Potenzreihen

Exponentialfunktion: $e^z = \sum_{n=0}^{\infty} \frac{z^n}{n!}$

Sinus: $\sin(z) = \sum_{n=0}^{\infty} (-1)^n \frac{z^{2n+1}}{(2n+1)!}$

Kosinus: $\cos(z) = \sum_{n=0}^{\infty} (-1)^n \frac{z^{2n}}{(2n)!}$

Sinushyperbolicus: $\sinh(z) = \sum_{n=0}^{\infty} \frac{z^{2n+1}}{(2n+1)!}$

Kosinushyperbolicus: $\cosh(z) = \sum_{n=0}^{\infty} \frac{z^{2n}}{(2n)!}$

Folgerungen Euler'sche Formel (Übersicht S. 303):

$e^{iz} = \cos(z) + i\,\sin(z)$ $\quad e^z = \cosh(z) + \sinh(z)$

$\cos(z) = \frac{e^{iz} + e^{-iz}}{2}$ $\quad \cosh(z) = \frac{e^z + e^{-z}}{2}$

$\sin(z) = \frac{e^{iz} - e^{-iz}}{2i}$ $\quad \sinh(z) = \frac{e^z - e^{-z}}{2}$

$\cos^2(z) + \sin^2(z) = 1$ $\quad \cosh^2(z) - \sinh^2(z) = 1$

Differenzialrechnung

(Übersicht S. 333)

Linearität:

$$(f+g)'(x) = f'(x) + g'(x) \qquad (af)'(x) = af'(x)$$

Produktregel:

$$(fg)'(x) = f'(x)g(x) + f(x)g'(x)$$

Quotientenregel:

$$\left(\frac{f}{g}\right)'(x) = \frac{f'(x)g(x) - f(x)g'(x)}{(g(x))^2}$$

Kettenregel:

$$(g \circ f)'(x) = g'(f(x))f'(x)$$

Differenziation der Umkehrabbildung:

$$(f^{-1})'(y) = \frac{1}{f'(f^{-1}(y))} = \left.\frac{1}{f'(x)}\right|_{x=f^{-1}(y)}$$

Integrationsregeln

(Übersicht S. 454)

Partielle Integration:

$$\int_a^b u(x)v'(x)\,dx = [u(x)v(x)]_a^b - \int_a^b u'(x)v(x)\,dx$$

Substitutionsregel:

$$\int_{x(a)}^{x(b)} f(x)\,dx = \int_a^b f(x(t))\,x'(t)\,dt$$

Stammfunktionen – Ableitungen

$f(x)$	$\leftrightarrow$	$f'(x)$
$\int f(x)\,dx$	$\leftrightarrow$	$f(x)$
a		0
x^a		$a\,x^{a-1}$
e^x		e^x
$\ln\lvert x\rvert$		$\frac{1}{x}$
a^x		$a^x \ln(a)\,, \quad a > 0$
$\log_a(x)$		$\frac{1}{x\ln(a)}\,, \quad x > 0$
$\sin(x)$		$\cos(x)$
$\cos(x)$		$-\sin(x)$
$\sinh(x)$		$\cosh(x)$
$\cosh(x)$		$\sinh(x)$
$\tan(x)$		$\frac{1}{\cos^2(x)} = 1 + \tan^2(x)$
$\cot(x)$		$\frac{-1}{\sin^2(x)} = -1 - \cot^2(x)$
$\arcsin(x)$		$\frac{1}{\sqrt{1-x^2}}$
$\arccos(x)$		$\frac{-1}{\sqrt{1-x^2}}$
$\arctan(x)$		$\frac{1}{1+x^2}$

Mehrdimensionale Differenziation

Ableitung/Jacobi-Matrix einer Funktion $\boldsymbol{f} : \mathbb{R}^n \to \mathbb{R}^m$:

$$\boldsymbol{f}'(\boldsymbol{x}) = J_{\boldsymbol{f}}(\boldsymbol{x}) = \frac{\partial(f_1, \ldots, f_m)}{\partial(x_1, \ldots, x_n)}(\boldsymbol{x}) = \left(\frac{\partial f_j}{\partial x_k}(\boldsymbol{x})\right)_{\substack{j=1,\ldots,m \\ k=1,\ldots,n}}$$

Zusammenhang Gradient/Ableitung für $f : \mathbb{R}^n \to \mathbb{R}$:

$$f'(\boldsymbol{x}) = (\nabla f(\boldsymbol{x}))^\top$$

Mehrdimensionale Kettenregel:

$$(\boldsymbol{f} \circ \boldsymbol{g})'(\boldsymbol{x}) = \boldsymbol{f}'(\boldsymbol{g}(\boldsymbol{x}))\boldsymbol{g}'(\boldsymbol{x}) \qquad \text{für} \quad \begin{matrix} \boldsymbol{f} : \mathbb{R}^n \to \mathbb{R}^m \\ \boldsymbol{g} : \mathbb{R}^p \to \mathbb{R}^n \end{matrix}$$

Totales Differenzial einer Funktion $f : \mathbb{R}^n \to \mathbb{R}$:

$$df = \sum_{k=1}^{n} \frac{\partial f}{\partial x_k}\,dx_k$$

Mathematik

Ihr Bonus als Käufer dieses Buches

Als Käufer dieses Buches können Sie kostenlos unsere Flashcard-App „SN Flashcards" mit Fragen zur Wissensüberprüfung und zum Lernen von Buchinhalten nutzen. Für die Nutzung folgen Sie bitte den folgenden Anweisungen:

1. Gehen Sie auf **https://flashcards.springernature.com/login**
2. Erstellen Sie ein Benutzerkonto, indem Sie Ihre Mailadresse angeben, ein Passwort vergeben und den Coupon-Code einfügen.

MOREMEDIA

Ihr persönlicher „SN Flashcards"-App Code FAA2D-25B3A-1DDCD-15245-2D01D

Sollte der Code fehlen oder nicht funktionieren, senden Sie uns bitte eine E-Mail mit dem Betreff **„SN Flashcards"** und dem Buchtitel an **customerservice@ springernature.com.**

Tilo Arens · Frank Hettlich · Christian Karpfinger ·
Ulrich Kockelkorn · Klaus Lichtenegger · Hellmuth Stachel

Mathematik

5. Auflage

Springer Spektrum

Tilo Arens
Karlsruher Institut für Technologie (KIT)
Karlsruhe, Deutschland

Frank Hettlich
Karlsruher Institut für Technologie (KIT)
Karlsruhe, Deutschland

Christian Karpfinger
Technische Universität München
München, Deutschland

Ulrich Kockelkorn
TU Berlin
Berlin, Deutschland

Klaus Lichtenegger
Data and Information Science
Graz, Österreich

Hellmuth Stachel
TU Wien
Wien, Österreich

ISBN 978-3-662-64388-4
ISBN 978-3-662-64389-1 (eBook)
https://doi.org/10.1007/978-3-662-64389-1

Die Deutsche Nationalbibliothek verzeichnet diese Publikation in der Deutschen Nationalbibliografie; detaillierte bibliografische Daten sind im Internet über http://dnb.d-nb.de abrufbar.

Springer Spektrum

Springer Spektrum ist ein Imprint der eingetragenen Gesellschaft Springer-Verlag GmbH, DE und ist ein Teil von Springer Nature.
Die Anschrift der Gesellschaft ist: Heidelberger Platz 3, 14197 Berlin, Germany

Vorwort

Vorwort zur 5. Auflage

Auch ein bereits etabliertes Lehrbuch entwickelt sich kontinuierlich weiter. Dankbar sind wir der Leserschaft für vielfältige Anregungen, die wir in Korrekturen und inhaltlichen Klarstellungen einfließen lassen konnten. Darüber hinaus bot sich uns die Möglichkeit, mit ergänzenden Boxen einige inhaltliche Aspekte weiter abzurunden.

Aber insbesondere haben wir mit den *FlashCards* das Werk durch eine neue, digitale Lernebene erweitert. Mit diesem online abrufbaren Karteikartensystem wird die Möglichkeit gegeben, gezielt zu einzelnen Themen oder in der gesamten Breite bei Prüfungsvorbereitungen den Stoff zu erarbeiten bzw. zu wiederholen. Bewusst haben wir in den Fragestellungen der Tests sowohl theoretische als auch rechnerische Aspekte abgedeckt. Dabei wurde darauf geachtet, dass im Gegensatz zu den gedruckten Aufgaben häufig direkte, schnelle Antworten ohne aufwendige, schriftliche Rechnungen möglich sind. Es ergibt sich somit für Sie die Chance, auch unterwegs Zeit zum Studium der Mathematik zu nutzen. Darüber hinaus ist die sofortige Rückmeldung zu Ihren Antworten ein weiteres, hilfreiches Werkzeug beim Erarbeiten des Stoffs.

Die App *Springer Flashcards* finden Sie unter

https://www.springernature.com/de/researchers/springer-nature-apps/sn-flashcards

bzw. für Android in Google Play und für iOS im Apple App Store. Diese kann sowohl auf dem Computer als auch auf dem Smartphone benutzt werden. In den Beschreibungen der didaktischen Elemente (siehe Abschn. 1.3) finden Sie weitere Hinweise zur Anwendung der Flashcards.

Wir hoffen, Ihnen damit ein weiteres nützliches Werkzeug beim Erlernen von Mathematik anbieten zu können, und sind bereits heute gespannt auf konstruktive Kommentare zu den neuen, digitalen Elementen. Unser besonderer Dank gilt den beteiligten Mitarbeiterinnen und Mitarbeitern des Verlags, die die neue Lernplattform und die Überarbeitung des Werks für die vorliegende Auflage weiterhin engagiert und professionell unterstützt haben.

Heidelberg, 2022

Tilo Arens, Frank Hettlich, Christian Karpfinger, Ulrich Kockelkorn, Klaus Lichtenegger, Hellmuth Stachel

Vorwort zur 4. Auflage

Nun bereits seit einer Dekade geben wir mit dem Lehrbuch *Mathematik* vielen Studierenden ein umfassendes Werkzeug beim Erlernen von Mathematik an die Hand. Für viele positive Kommentare, Hinweise, Korrekturvorschläge und Ideen aus den Reihen unserer Leserinnen und Lesern in dieser Zeit sind wir sehr dankbar. Sie tragen dazu bei, das Lehrwerk stetig weiter zu entwickeln.

In der nun vorliegenden vierten Auflage sind solche Anmerkungen eingeflossen. Darüber hinaus haben wir einen neuen Aspekt integrieren können: Moderne Software gibt Studierenden heute die Möglichkeit, ohne den Besuch umfangreicher Kurse mathematische Inhalte am Rechner durch kleine Programme nachzuvollziehen und/oder zu visualisieren. Deswegen haben wir im Text Beispiele zur

Umsetzung solcher Programme an passenden Stellen eingefügt. Diese Hinführung zum Programmieren mit Blick auf mathematische Grundlagen gibt Ihnen Gelegenheit, durch eigenes Ausprobieren das Verständnis des Stoffs erheblich zu vertiefen. Neben dem bislang im Zusatzmaterial zum Buch bereitgestellten Arbeitsblättern zum Computeralgebrasystem Maple haben wir uns für dieses Projekt für die weltweit etablierten Softwarepakete MATLAB® und R entschieden. Der Grund für diese Wahl liegt im Fokus auf numerische Aspekte der Mathematik, die in Anwendungen kontinuierlich an Bedeutung gewinnen.

Wir hoffen mit diesen neuen Inhalten den Leserinnen und Lesern eine weitere hilfreiche Unterstützung beim Entdecken von Mathematik zu bieten. Bei den Mitarbeitern des Verlags bedanken wir uns sehr für das motivierende Engagement und die professionelle Betreuung, die auch nach zehn Jahren weiterhin für unser Werk zu beobachten ist.

Heidelberg, 2018

Tilo Arens, Frank Hettlich, Christian Karpfinger,
Ulrich Kockelkorn, Klaus Lichtenegger, Hellmuth Stachel

Vorwort zur 3. Auflage

Nicht in erster Linie das Gewicht des gedruckten Buchs, sondern die verstärkte Nutzung elektronischer Medien unter den Studierenden gab dem Verlag und uns den Anlass, eine neue dritte Auflage unseres Lehrbuchs *Mathematik* in Angriff zu nehmen. Jetzt erscheint unser Werk also auch als E-Book. Ganz ohne Modifikationen gegenüber der 2. Auflage war dies nicht zu haben. Aber wir glauben mit dem nun vorliegenden Konzept sowohl den Leserinnen und Lesern des gedruckten Werks als auch denen der diversen elektronischen Formate die mathematischen Inhalte weiterhin in der von uns beabsichtigten ansprechenden und anregenden Weise bereitstellen zu können.

Für die vielen konstruktiven Anmerkungen und Anregungen von Leserinnen und Lesern der vorherigen Auflagen sind wir sehr dankbar und haben die Gelegenheit genutzt, die dabei aufgefallenen Korrekturen einzuarbeiten und Formulierungen abzurunden. Darüberhinaus sind an einigen wenigen Stellen Ergänzungen vorgenommen worden. So ist gleich im ersten Kapitel eine Übersicht zur Modellbildung hinzugekommen, einem Thema, das sicherlich für die meisten Studierenden im Verlauf des Studiums an beträchtlicher Relevanz gewinnen wird. Dazu passend ist in Kap. 24 eine Box zur Fehler- und Sensitivitätsanalyse eingefügt worden.

Wir wünschen uns, dass wir Ihnen insbesondere durch die neuen elektronischen Formate mit unserem Werk eine hilfreiche Quelle und motivierende Grundlage zum Lernen von Mathematik zur Verfügung stellen. Darüber hinaus nutzen wir die Gelegenheit, dem Verlag und allen, die ihr Know-How eingebracht haben, ganz herzlich zu danken für die gelungene, nicht immer unproblematische Full-Text-XML-Auszeichnung unseres Lehrbuchs, die Grundlage sowohl für das gedruckte Buch wie auch für die verschiedenen digitalen Ausgabeformen dieser Auflage ist.

Heidelberg, 2015

Tilo Arens, Frank Hettlich, Christian Karpfinger,
Ulrich Kockelkorn, Klaus Lichtenegger, Hellmuth Stachel

Vorwort zur 2. Auflage

Ein sehr positives Echo hat uns gezeigt, dass unser Lehrbuch für viele Studierende und Interessierte die sinnvolle Hilfe bietet, die wir erreichen wollten. Daher sind zwar keine prinzipiellen Änderungen erforderlich geworden, aber mit der zweiten Auflage werden nun einige inhaltliche Aspekte abgerundet. Selbstverständlich wurden alle aufgefallenen Errata der ersten Auflage korrigiert und gegebenenfalls missverständliche Formulierungen überarbeitet.

Eine Neuerung ist das Symbolverzeichnis, zusammengestellt zur schnelleren Orientierung. Darüber hinaus konnten einige Themen sowie einige Übungsaufgaben zusätzlich aufgenommen werden ohne die Seitenzahl spürbar zu erhöhen. Es wird zum Beispiel nun der Begriff der Abzählbarkeit erläutert. Auch das häufig genutzte QR-Verfahren zur Bestimmung von Eigenwerten wird behandelt. In einer neuen Vertiefung wird die Dimensionsanalyse der mathematischen Modellierung angesprochen. Darüber hinaus sind einige Übersichten etwa zu Quadriken neu hinzugekommen.

Auf der Website steht weiterhin ergänzendes Material wie Lösungen und Bonusmaterial frei zugänglich zur Verfügung. Das Arbeitsbuch mit den gedruckten Aufgaben und Lösungen erscheint in einer zweiten Auflage, ebenso die DVD für Dozenten. Die Kurzzusammenfassung *Mathematik zum Mitnehmen* und das Buch *Ergänzungen und Vertiefungen*, also das gedruckte Bonusmaterial, bleiben unverändert nutzbar.

Mit der verbesserten zweiten Auflage möchten wir Ihnen weiterhin ein Lehrbuch zur Verfügung stellen, das neben der Vermittlung von Wissen auch Ihre Freude an der Mathematik und Ihre Motivation zum Lernen fördern möchte. Für die vielen nützlichen Hinweise und Anregungen zur ersten Auflage sind wir allen Lesern und Dozenten sehr dankbar. Die gewissenhafte Zusammenstellung und Aufarbeitung dieser Anmerkungen durch den Verlag hat es ermöglicht, mit der zweiten Auflage einen systematisch korrigierten und überarbeiteten Text anzubieten. Dafür danken wir Autoren den engagierten Mitarbeitern des Verlags sehr.

Heidelberg, 2011

Tilo Arens, Frank Hettlich, Christian Karpfinger,
Ulrich Kockelkorn, Klaus Lichtenegger, Hellmuth Stachel

Vorwort zur 1. Auflage

Sechs Autoren mit unterschiedlichen Erfahrungen, ein engagierter Verlag und das ehrgeizige Projekt ein neuartiges Mathematiklehrbuch zu schreiben – das alles deutet auf langwierige Diskussionen hin. Aber schon früh in der Entstehungsphase dieses Werks stellte sich heraus, dass sich das Team bei wesentlichen Inhalten schnell einigen konnte und sich gegenseitig sinnvoll ergänzte. Der Leitgedanke, den Stoff verständlich, motivierend und einprägsam zu vermitteln, stand dabei stets im Vordergrund. Unser Augenmerk galt vor allem den grundlegenden Konzepten, die aus der Anwendung von Mathematik in Natur- und Ingenieurwissenschaften nicht wegzudenken sind.

Wir Autoren haben die Arbeit am Buch als sehr bereichernd empfunden und hoffen, Ihnen ein wenig von dieser Intention mitzugeben, sodass Ihr Interesse und vielleicht sogar Ihre Begeisterung für Mathematik aufkeimen können. Dieses Werk möchte Ihnen neben dem mathematisch technischen Wissen auch die Bedeutung von Mathematik für Ihr Fach deutlich machen. Erst mit einer gewissen Übersicht über die mathematischen Grundlagen können Sie das nötige Vertrauen in Ihr eigenes Arbeiten mit mathematischen Methoden bekommen.

Wir wünschen Ihnen viel Freude und Erfolg mit diesem Buch und in Ihrem Studium.

Selbstverständlich ensteht ein so umfangreiches Werk nicht ohne Austausch mit anderen. Den vielen Kollegen, die uns durch ihre Arbeiten und durch Gespräche Ideen mit auf den Weg gegeben haben, sind wir dankbar. Insbesondere die Bemerkungen und Anregungen von StdR P. Feldner, Dipl.Math.techn. A. Helfrich-Schkarbanenko, Prof. Dr. A. Kirsch, Dr. M. Kohls, T. Knott, Dipl.Math. A. Lechleiter, Dr. H. Schon, Dr. K.-D. Reinsch, Dipl.Math.techn. S. Ritterbusch waren hilfreich. Ein guter Teil der Abbildungen ist mit Open Geometry erstellt. Wir danken Herrn Prof. Georg Glaeser für seine Unterstützung. Unser Dank gilt auch Frau Monika Behrens, für die Eingabe von Teilen des Manuskripts in LaTeX, und Herrn Thomas Epp für die Umsetzung von Texten in LaTeX und die Ausarbeitung vieler Bilder. Das sorgsame Redigieren der Texte durch Herrn Martin Radke war uns eine große Hilfe. Ganz besonders bedanken wir uns für die von beeindruckender Sachkenntnis getragene, konstruktive und ideenreiche Zusammenarbeit mit Herrn Dr. Andreas Rüdinger und seiner Kollegin Frau Bianca Alton vom Verlag Spektrum Akademischer Verlag.

Heidelberg, 2008

Tilo Arens, Frank Hettlich, Christian Karpfinger,
Ulrich Kockelkorn, Klaus Lichtenegger, Hellmuth Stachel

Bemerkungen für Dozenten zur 1. Auflage

Das vorliegende Werk verfolgt zwei Ziele. Zum einen bietet es eine umfassende Darstellung von Mathematik, wie sie in den ersten Semestern an Hochschulen in nicht mathematischen Studiengängen unterrichtet wird. Andererseits ermöglicht es einen Einstieg und Übersicht in Bereiche der Mathematik, die je nach Spezialisierung dem Anwender von mathematischen Konzepten in höheren Semestern oder in der beruflichen Praxis begegnen. Inhaltlich gehen wir also in einigen Kapiteln über das hinaus, was etwa in einem Kurs zur Höheren Mathematik behandelt werden kann. Da neben der Modellbildung sowohl numerische als auch statistische Fragestellungen kontinuierlich an Bedeutung gewinnen, bleibt das Buch auch nach der Grundausbildung ein verlässlicher Begleiter in Studium und Beruf.

Die Erfahrung zeigt, dass ein relativ formal orientierter Schreibstil häufig abschreckend wirkt auf Leser, die Mathematik nicht im Hauptfach studieren. Deswegen haben wir die klassische Struktur von Definition, Satz und Beweis aufgebrochen. Dabei wird nicht auf Exaktheit verzichtet, die wir als ein zentrales Lernziel von Mathematik an Schulen und Hochschulen sehen.

Das Werk erhebt nicht den Anspruch, beweisvollständig zu sein. Herleitungen können aber einen wichtigen Beitrag zum Verständnis von Aussagen leisten. Daher haben wir überall dort, wo es uns inhaltlich geboten erscheint, Beweise vollständig präsentiert. Sind eine Vielzahl beweistechnischer Schritte auszuführen, verzichten wir auf die komplette Formulierung. In diesen Fällen verweisen wir auf entsprechende Literatur oder verlagern die Ausführungen in das Bonusmaterial, das als digitales Zusatzmaterial zum Buch erhältlich ist.

Speziell zur Stoffauswahl und Präsentation des Materials möchten wir exemplarisch ein paar Diskussionen des Autorenteams und des Verlags an dieser Stelle herausgreifen.

Komplexe Zahlen werden entgegen anderer Zugänge mit an den Anfang gestellt und in den folgenden Abschnitten immer wieder aufgegriffen. Dies bewirkt, dass sich der Leser im Laufe der Zeit an den Umgang mit komplexen Größen gewöhnt. Das hat sich in unseren Lehrveranstaltungen bewährt, da komplexe Zahlen üblicherweise in den Schulen nicht behandelt, aber später als selbstverständlich vorausgesetzt werden. Außerdem ergibt sich die Möglichkeit, Potenzreihen und die daraus definierten elementaren Funktionen frühzeitig mit komplexen Argumenten einzuführen.

An vielen Stellen wird versucht, Zugänge zu den Begriffen aufzuzeigen, die den Leser nicht mit zusätzlichen, später nicht benötigten Konzepten überfrachten. Wir verzichten etwa auf eine (ε, δ)-Definition der Stetigkeit und stützen den Begriff allein auf Folgen, die schon aus numerischer Sicht für die Anwendungen zentral sind. Aus demselben Grund haben wir uns bei der Integrationstheorie für das Lebesgue-Integral entschieden. Dies vermeidet später die oft zu beobachtende Verunsicherung, die bei anwendungsrelevanten Themen wie der Fouriertheorie oder der schwachen Behandlung von Differenzialgleichungen aufkommt.

Eine Schwierigkeit der Mathematikausbildung in den Anwendungsfächern besteht in der Abstimmung mit anderen Vorlesungen der Grundausbildung. In diesen Vorlesungen werden mathematische Techniken angewandt, die in den Veranstaltungen zur Mathematik noch nicht eingeführt sind. Dies ist ein grundsätzliches Problem, das sich nicht immer vermeiden lässt. Klassische Beispiele sind mehrdimensionale Integration und gewöhnliche Differenzialgleichungen. Bei letzteren haben wir uns dafür entschieden, die notwendigen Lösungstechniken früh zu bringen, sobald die entsprechenden Mittel der Analysis bereit stehen. Dies geschieht am Ende des zweiten Teils des Buchs. Andererseits stehen zu diesem Zeitpunkt die Begriffe der linearen Algebra, die für die Lösbarkeitstheorie benötigt werden, noch nicht zur Verfügung. So enthält das Kap. 13 die Lösungstechniken, die für das Verständnis der Anwendungen benötigt werden – die vollständige Theorie liefert das Kap. 28 nach. Auch wenn wir lieber auf einen solchen Spagat verzichtet hätten, erscheint er aus der Sicht der Studierenden sinnvoll und motivierend.

Diese Aspekte sollen Ihnen einen kurzen Eindruck geben von den vielen Überlegungen, die in das didaktische Design eingeflossen sind. Aus unseren eigenen Erfahrungen als Dozenten wissen wir, wie dankbar sinnvolle Skizzen und Bilder in den Vorlesungen und Übungen aufgenommen werden. Daher finden Sie auf der zum Buch erhältlichen DVD alle Bilder des Buchs zusammengestellt, sodass diese von Ihnen eingesetzt werden können. Außerdem stellen wir Ihnen die Aufgaben und Lösungen in Form des LaTeX-Quellcodes zur Verfügung.

Wir Autoren und der Verlag haben in den letzten Jahren viel Zeit und Energie investiert, um für Studierende und Dozenten ein Werk zu erstellen, das die Lehre bestmöglich unterstützt. Wir würden uns sehr freuen, wenn Sie das Buch einsetzen und Ihren Studierenden empfehlen. Für Kritik, Kommentare und Anmerkungen sind wir jederzeit dankbar.

Tilo Arens, Frank Hettlich, Christian Karpfinger, Ulrich Kockelkorn, Klaus Lichtenegger, Hellmuth Stachel

Inhaltsverzeichnis

Verzeichnis der Übersichten

Verzeichnis der Vertiefungen mit MATLAB®- und R-Programmen

Die Autoren

PD Dr. **Tilo Arens** ist als Dozent an der Fakultät für Mathematik des Karlsruher Instituts für Technologie (KIT) tätig. Für den Vorlesungszyklus Höhere Mathematik für Studierende des Maschinenbaus und des Chemieingenieurwesens erhielt er 2004 gemeinsam mit anderen Mitgliedern seines Instituts den Landeslehrpreis des Landes Baden-Württemberg.

PD Dr. **Frank Hettlich** ist als Dozent an der Fakultät für Mathematik des Karlsruher Instituts für Technologie (KIT) tätig. Für den Vorlesungszyklus Höhere Mathematik für Studierende des Maschinenbaus und des Chemieingenieurwesens erhielt er 2004 gemeinsam mit anderen Mitgliedern seines Instituts den Landeslehrpreis des Landes Baden-Württemberg.

Prof. Dr. **Christian Karpfinger** lehrt an der Technischen Universität München; 2004 erhielt er den Landeslehrpreis des Freistaates Bayern.

Dr. **Ulrich Kockelkorn** war bis zu seiner Pensionierung 2006 Professor für Statistik und Wirtschaftsmathematik an der Technischen Universität Berlin und langjähriger Vorsitzender des Ausbildungsausschusses der Deutschen Statistischen Gesellschaft.

Dr. **Klaus Lichtenegger** lehrt und forscht an der FH JOANNEUM, Graz (Österreich), im Bereich Data Science. Davor war er viele Jahre in der außeruniversitären Forschung im Bereich der erneuerbaren Energie tätig. Schon während seines Studiums der Physik und der Umweltsystemwissenschaften war er als Tutor und Studienassistent in der Mathematik-Lehre aktiv, und seine Begeisterung dafür, mathematische und naturwissenschaftliche Inhalte zu vermitteln, hat bis heute nicht abgenommen.

Dr. Dr. h.c. **Hellmuth Stachel** ist seit mehr als 25 Jahren Professor für Geometrie an der Technischen Universität Wien und in Forschung und Lehre um Anwendungsnähe bemüht.

Einführung und Grundlagen

I

Mathematik – Wissenschaft und Werkzeug

1

Teil I

Wozu braucht man Mathematik?

Modelle und Mathematik – wie passt das zusammen?

Was ist neu an diesem Buch?

T. Arens et al., *Mathematik*, https://doi.org/10.1007/978-3-662-64389-1_1

Das vorliegende Werk versteht sich als ein Lehrbuch, das angehende Ingenieure, Naturwissenschaftler und Mathematiker im Studium, aber auch noch im späteren Berufsleben begleiten soll. Das Buch zeigt einen Weg in die Gedankenwelt der Mathematik, der Sie, die Leserinnen und Leser, befähigen soll, Mathematik zu verstehen und anzuwenden, also auftretende Probleme analysieren, mathematisch fassen und nach Möglichkeit auch lösen zu können.

Es ist uns, den Autoren, sehr wohl bewusst, dass dieser Weg für Sie mit Mühen und sehr viel Arbeit verbunden ist. Aber es war unser besonderes Anliegen, es Ihnen so anregend, motivierend und verständlich wie möglich zu machen. Der vorgeschlagene Weg ist nicht steil, er umgeht verschiedene Hindernisse, vermeidet so manchen steilen Gipfel und führt doch ein gutes Stück hinauf. Auch versäumen wir es nicht, immer wieder innezuhalten für einen Rückblick auf das schon Erreichte, für eine Vorausschau und vor allem auch für einen Rundblick, um zu demonstrieren, was von der errungenen Position aus schon alles in *benachbarten Gebieten* erkennbar ist.

Im ersten Kapitel versuchen wir zu erklären, was Mathematik ist, weshalb sie heute – sichtbar oder unsichtbar – so viele Bereiche unseres Lebens durchdringt, aber auch, weshalb sie für viele Studien eine derart wichtige Rolle spielt. Wir wollen auch Empfehlungen geben, wie Mathematik gelernt werden sollte und wie wichtig dabei die aktive Mitarbeit ist. Aber selbstverständlich wollen wir auch die neuen didaktischen Elemente vorstellen, die dieses Werk gegenüber anderen Lehrbüchern auszeichnet. Mathematik muss bei aller Exaktheit nicht *trocken* sein. Folgen Sie uns auf der Entdeckungsreise in eine lebendige Wissenschaft!

1.1 Über dieses Lehrbuch, Mathematiker und Mathematik

Auf dem Stundenplan der ersten Semester eines natur- oder ingenieurwissenschaftlichen Studiums steht in der Regel eine Vorlesung „Höhere Mathematik“. Obwohl nur eines von vielen Fächern, ist die Höhere Mathematik für viele Erstsemester manchmal gar dominant – nicht unbedingt zur Freude der Studierenden.

Dass man aber vor der Mathematik keine Angst zu haben braucht, dass Mathematik keine graue Theorie, sondern öfters als gedacht eine anschauliche, in jedem Fall aber lebendige Wissenschaft ist, wollen wir mit diesem Lehrbuch zur Mathematik demonstrieren. Wir wenden uns vorrangig an Studierende der natur- und ingenieurwissenschaftlichen Fächer, aber auch Mathematikstudenten können dieses Lehrbuch gewinnbringend einsetzen.

Versteht man die Zusammenhänge, so kann es nicht schiefgehen

Was ist neu an diesem Lehrbuch? Mathematiker sind in ihrem Sprachgebrauch oftmals etwas … na ja *sonderbar*. Ingenieure, Wirtschaftler, Chemiker, Lehrer, alle Menschen, die ein Leben außerhalb mathematischer Forschungseinrichtungen verbringen, belächeln uns Mathematiker deswegen gerne als etwas *verschroben*. Wir Autoren, in der Regel Mathematiker, haben im Interesse der Studierenden – also insbesondere in Ihrem Interesse – versucht, uns von dieser sonst üblichen etwas kargen und nüchtern zweckorientierten Sprechweise zu distanzieren. Wir haben – so weit wie möglich – Formeln und abstrakte Dinge in Worte gefasst, auch vermeiden wir z. B. Sätze wie „Es sei $\varepsilon > 0$.“ Das ist neu; aber nicht nur das.

Schwierige Aufgabenstellungen gibt es zuhauf in der Mathematik – nicht zuletzt deswegen besteht oftmals eine gewisse Angst vor dieser Wissenschaft. Wir haben uns stets bemüht, komplexe, undurchsichtige und schwierige mathematische Zusammenhänge aufzudröseln und Schritt für Schritt zu erklären. Wir schildern, stellen dar, gliedern und liefern Beispiele für nicht leicht zu verstehende Dinge. Begreift man nämlich die Zusammenhänge in der Mathematik, so mag es vielleicht noch nicht zur mathematischen Forschung reichen, aber zu einem erfolgreichen Abschluss einer Vorlesung zur Höheren Mathematik allemal. In dem vorliegenden Lehrbuch nehmen Erklärungen viel Platz ein. Das ist neu, aber es gibt noch mehr.

Mathematik ist kein völlig erschlossenes Gebiet. Mathematische Forschung wird tagtäglich in fast allen Universitäten rund um den Globus betrieben. So umfangreich das vorliegende Buch auch sein mag, es war nicht unser Ziel – es liegt nicht einmal in unserem Vermögen – die bisher bekannte Mathematik in einem Buch darzustellen; die Wissenschaft *Mathematik* ist dazu viel zu umfangreich. Wir waren vielmehr von dem Wunsch getrieben, die wesentlichen Themenkreise, die in den verschiedenen Lehrveranstaltungen zur Mathematik gelehrt werden, aufzugreifen, verständlich darzustellen, mit Worten zu erklären und mit Abbildungen sichtbar zu machen. In einer Vorlesung ist das schon aus Zeitgründen kaum möglich.

Aber das ist nicht alles. Wir zeigen auch, dass Mathematik aktuell ist: Anhand vieler Beispiele aus der Physik, Technik, Biologie, Chemie und auch der Wirtschaft und weiteren Gebieten zeigen wir, dass Mathematik eine Sprache ist, in der diese Beispiele behandelt und diskutiert werden können. Die Diskussion zahlreicher Anwendungen der Mathematik in den verschiedensten Wissenschaften ist ein zentraler Bestandteil des Buches. Das Stichwort ist „Modellbildung“ – vereinfacht ausgedrückt besteht diese Modellbildung darin, dass man ein System durch mathematische Gleichungen beschreibt und diese mathematischen Gleichungen dann stellvertretend für das betrachtete System analysiert und etwa versucht, Vorhersagen über weitere Entwicklungen des Systems zu machen.

Anwendungsbeispiel Wir formulieren das sogenannte *logistische Modell*, angepasst an die Situation eines Erstsemesters, der Woche für Woche Höhere Mathematik lernt. Dabei gehen wir von folgenden Einflüssen aus:

- Durch Lernen von Mathematik vermehrt sich das Wissen; der Wissensstand in einer Woche ist proportional zum Wissensstand in der vorhergehenden Woche. Dies wird beschrieben durch die Gleichung

$$W_n = p_W \cdot W_{n-1},$$

hierbei sind p_W der Proportionalitätsfaktor und W_n der Wissensstand in der n-ten Woche. Beachten Sie, dass in dieser Gleichung implizit enthalten ist, dass man um so mehr neu erlernen kann, je mehr man weiß, sofern wir voraussetzen, dass p_W größer als 1 ist.

- Durch Vergessen verringert sich der Wissensstand; wir berücksichtigen dies, indem wir für den Proportionalitätsfaktor p_W den Ansatz

$$p_W = p_V \cdot (M - W_{n-1})$$

machen. Hier ist p_V ein (konstanter) Proportionalitätsfaktor für das Vergessen und M ein (theoretisch) existierendes Wissensmaximum.
Beachten Sie, dass hierin enthalten ist, dass man um so mehr vergisst, je mehr man weiß; im Grenzfall, also beim Erreichen des Wissensmaximums, vergisst man sogar zugleich alles.

Wir setzen p_W in die erste Gleichung ein und erhalten die folgende Gleichung, die den Wissensstand in einer Folgewoche beschreibt,

$$W_n = p_V \cdot W_{n-1} \cdot (M - W_{n-1}).$$

Um die Darstellung zu vereinfachen, dividieren wir diese Gleichung durch das Wissensmaximum M (wir unterstellen $M \neq 0$), setzen kurz $r = p_V \cdot M$ und $x_n = \frac{W_n}{M}$. Dadurch erhalten wir

$$x_n = r \cdot x_{n-1} \cdot (1 - x_{n-1}). \qquad (1.1)$$

Dieses Dividieren durch M ist nur ein sogenanntes *Normieren* – das Wissensmaximum ist nach diesem Normieren 1.

Wir haben in der Gl. (1.1) die sogenannte *logistische Differenzengleichung* hergeleitet. Sie ist in unserer Situation ein Modell dafür, wie sich der Wissenserwerb zum Wissensverlust verhält: Lernt man, so vermehrt man sein Wissen, weiß man, so vergisst man sein Wissen – wo ist der *Wendepunkt* – also der Punkt, wo sich Vergessen und Wissenserwerb die Waage halten?

Eine Auseinandersetzung mit der Gl. (1.1) liefert die Lösung. ◀

Dies als kleines Beispiel einer Modellbildung. Aber überschätzen Sie nicht die mathematischen Methoden – es wird Ihnen kaum gelingen, die Börsenkurse vorauszusagen.

Modellbildung ist die Schnittstelle von Naturwissenschaft und Mathematik

Diese Modellbildung ist nicht neu, ganz im Gegenteil – Modellbildung und Mathematik entstanden und entstehen oftmals zugleich.

Beispiel Tatsächlich kann man die Newton'schen Axiome

- *actio = reactio*
- $\boldsymbol{F} = m \cdot \boldsymbol{a}$
- *Ein Körper verharrt im Zustand der Ruhe oder der gleichförmigen Bewegung, solange keine Kraft auf ihn einwirkt.*

als Modellbildung für das System *Bewegung von Körpern* auffassen.

Aus den Newton'schen Axiomen folgen zahlreiche Gesetzmäßigkeiten, die unser tägliches Leben betreffen – als Stichworte erwähnen wir die Fallgesetze, die Mechanik unseres Sonnensystems und das Billardspiel.

Aber diese Axiome, also dieses Modell der Bewegung von Körpern, haben ihre Grenzen. Zu Beginn des 20. Jahrhunderts hat man festgestellt, dass Newtons Axiome manche physikalischen Phänomene bei hohen, mit der Lichtgeschwindigkeit vergleichbaren Geschwindigkeiten nicht korrekt beschreiben. Erst das sogenannte *Relativitätsprinzip von Einstein* machte es dann möglich, auch diese Phänomene im Rahmen eines Modells mit mathematischen Methoden zu beschreiben – Newtons Axiome sind als Grenzfall kleiner Geschwindigkeiten in der Relativitätstheorie enthalten. ◀

Eine vollständige und korrekte Beschreibung aller physikalischen Phänomene durch wenige Axiome, sprich *Gleichungen*, kann man nicht erwarten. Diesen Anspruch hat kein Modell – ein Modell wird immer einen *vereinfachenden* Charakter haben und die Wirklichkeit nur annähernd beschreiben.

Wir werden diesen Prozess, der **mathematische Modellbildung** genannt wird, an verschiedenen Stellen, z. B. im Kap. 4, genauer erläutern. Ganz allgemein ist Modellbildung ein Thema, das uns in unterschiedlicher Gestalt immer wieder begegnen wird. Ihre Grundprinzipien sind in der Übersicht „Modellbildung“ auf S. 7 zusammengefasst.

Auch die Mathematik hat ihre Axiome

Wir Mathematiker folgern unsere mathematischen Aussagen aus einem System von Axiomen. Darunter verstehen wir Aussagen, die nicht beweisbar sind, etwas salopp ausgedrückt betrachten wir diese Aussagen als *Wahrheiten*.

Beispiel Das sogenannte **Induktionsaxiom** besagt:

Jede nichtleere Menge natürlicher Zahlen besitzt ein kleinstes Element.

Kaum einer wird das bezweifeln, aber tatsächlich ist diese Aussage nicht *beweisbar*, wir nehmen sie als allgemeingültiges Gesetz an, also als Axiom. ◀

Eigentlich haben wir Mathematiker im Laufe der Jahre verschiedene Axiomensysteme entwickelt. Natürlich ist es wichtig, dass sich diese Vereinbarungen nicht widersprechen. Man versuchte, die Widerspruchsfreiheit der gängigen Axiomensysteme zu beweisen. Das ist aber nicht gelungen. Die Situation ist in der Tat noch verworrener: Kurt Gödel zeigte, dass die vermutete Widerspruchsfreiheit innerhalb des betrachteten Axiomensystems weder bewiesen noch widerlegt werden kann.

Also sind naturwissenschaftliches und mathematisches Arbeiten gar nicht so unterschiedlich. In der Naturwissenschaft ist oftmals eine Theorie bzw. ein Modell im Sinne einer Annäherung an die Wirklichkeit Ausgangspunkt. Hiervon ausgehend werden Aussagen bzw. Prognosen über die Wirklichkeit formuliert. In der Mathematik bilden Axiome eine Basis. Mathematische Aussagen sind Konsequenzen der Axiome und haben daher oft den Charakter von „wenn … dann"-Sätzen.

Mathematiker waren oft Naturwissenschaftler – und umgekehrt

Naturwissenschaft bzw. Technik und Mathematik gehen oftmals Hand in Hand. Diese Aussage wird auch durch die Geschichte belegt. Über viele Jahrhunderte hinweg waren bedeutende Mathematiker immer auch bedeutende Naturwissenschaftler.

Archimedes von Syrakus verband Mathematik mit Naturwissenschaft; er entdeckte die Hebelgesetze und das Gesetz des Auftriebs. Daneben gewann er zahlreiche Formeln zur Berechnung von Inhalten geometrischer Flächen.

Der Physiker und Mathematiker Galileo Galilei (1564–1642) postulierte die Mathematik als die Sprache, in der die Naturgesetze zu formulieren seien. Er wird daher vielmals als der Begründer der modernen theoretischen Physik genannt.

Weitere Forscher, die ihre mathematischen Entdeckungen aufgrund physikalischer Fragen machten, sind Isaac Newton (1643–1727) und Gottfried Wilhelm Leibniz (1646–1716). Beide entwickelten unabhängig von- und teilweise in Konkurrenz zueinander die Differenzial- und Integralrechnung.

Abb. 1.2 Leonard Euler (1707–1783)

Wir erwähnen noch die großen Mathematiker Leonard Euler (1707–1783), der auch in zahlreichen technischen und naturwissenschaftlichen Disziplinen tätig war, und Carl Friedrich Gauß (1777–1855), der als Astronom und Geodät wirkte.

Viele mathematische Resultate wurden von diesen Forschern dadurch erzielt, dass sie naturwissenschaftliche Phänomene durch mathematische Relationen beschrieben haben.

Im 19. Jahrhundert trat eine Veränderung ein. Die Mathematik begann sich als eigene Wissenschaft zu begreifen. Forscher wie Cauchy (1789–1857) oder Weierstraß (1815–1897), die wesentlich zur Entwicklung der Analysis beitrugen, arbeiteten rein mathematisch.

Auch wenn sich heute Mathematiker, Naturwissenschaftler und Ingenieure zu unterschiedlichen Spezies zählen, so ist doch die Mathematik die Sprache, in der sie alle ihre Resultate ausdrücken und oft auch begründen.

Abb. 1.1 Sir Isaac Newton (1643–1727)

Abb. 1.3 Augustin Louis Cauchy (1789–1857)

Übersicht: Modellbildung

Modellbildung ist ein zentrales Thema in der Wissenschaft und jener Punkt, an dem die oft abstrakte Sprache der Mathematik in Kontakt mit der „wirklichen" Welt tritt, siehe Abschn. 1.1.

Modellbildung beinhaltet üblicherweise Abgrenzung (zu dem, was man nicht modellieren will), Vereinfachungen, Zusammenfassung ähnlicher Strukturen und Weglassen irrelevanter Details. Grundregeln dabei sind:

- Modelle werden für einen speziellen Zweck entwickelt. Ein Modell für andere Aufgaben als den ursprünglichen Modellzweck einzusetzen ist potenziell gefährlich, und die Ergebnisse sollten kritisch hinterfragt werden.
- Modelle sollen so komplex wie nötig, aber so einfach wie möglich sein. „Supermodelle", die jedes noch so kleine Detail eines realen Systems abbilden, haben sich nicht als sinnvoll erwiesen.

Schon zur grundlegenden Struktur von Modellen gibt es sehr unterschiedliche Zugänge:

- **Black-Box-Modelle** geben das Verhalten eines Systems wieder ohne dessen innere Struktur abzubilden. Solche Modelle sind meist Funktionen einer oder mehrerer Variablen (Kap. 4 und 24). Man erhält sie üblicherweise durch Fitten, d. h. durch Anpassung einer vorgegebenen Funktion an einen Datensatz durch Optimierung freier Parameter.
- **White-Box-** (oder auch **Glass-Box-**)**Modelle** bilden die innere Struktur eines Systems ab. Sie werden anhand von grundlegenden fachspezifischen Überlegungen aufgebaut. Meist ergeben sich solche Modelle als Systeme von gewöhnlichen oder partiellen Differenzialgleichungen (Kap. 28 und 29).
- **Grey-Box-Modelle** sind eine Mischform: Die prinzipielle Struktur des Modells wird zwar anhand von grundlegenden Überlegungen ermittelt, es gibt aber freie Parameter, die durch Anpassung an vorhandene Datensätze ermittelt werden. Meist benutzt man für diese Art der Modellierung rekursive Folgen (Kap. 6) oder gewöhnliche Differenzialgleichungen.

Abgesehen davon gibt es noch viele andere Kriterien um Modelle zu klassifizieren. Wesentliche Merkmale sind, welche Rolle die Zeit im Modell spielt:

- **Statische** Modelle geben allgemeine Zusammenhänge zwischen mehreren Größen wieder; die zeitliche Dynamik wird dabei nicht betrachtet. Solche Modelle sind meist Funktionen einer oder mehrerer Variablen (z. B. eine Kennlinie, die durch einen analytischen Ausdruck beschrieben wird).
- **Dynamische** Modelle geben auch den Zeitablauf im System wieder. Solche Modelle können Funktionen sein, die als (ein) Argument die Zeit beinhalten, meist hat man aber Differenzialgleichungen vorliegen. Werden nur diskrete Zeitpunkte betrachtet, so verwendet man meist Systeme von Differenzengleichungen in Form rekursiv definierter Vektorfolgen.

Auch andere Kriterien können interessant sein. **Deterministische** Modelle beinhalten keine Zufallseffekte. Sie liefern bei gleichen Startwerten stets die gleichen Ergebnisse. (Bei Modellen chaotischer Systeme können allerdings schon geringfügig andere Startwerte bald zu völlig anderem Verhalten führen.) **Stochastische** Modelle hingegen verwenden gezielt Zufallszahlen. Solche Modelle werden nahezu immer mittels Simulation behandelt, und oft werden tausende Simulationsläufe durchgeführt und die Ergebnisse statistisch ausgewertet (siehe Teil VI). Stochastische Modelle sind meist deutlich robuster als deterministische.

Der Prozess der Modellbildung läuft üblicherweise in mehreren Stufen ab:

1. Zunächst wird das System in einem **Wortmodell** verbal beschrieben. Dabei wird meist auch der Zweck des Modells bestimmt und es werden oft bereits Aussagen zum Detailgrad der späteren Modellierung gemacht.
2. Das Wortmodell wird nun in ein **mathematisches Modell** übersetzt, wobei verschiedenste mathematische Werkzeuge zum Einsatz kommen können.
3. Insbesondere dynamische Modelle sind meist zu komplex, um noch analytisch lösbar zu sein. Daher wird auf Basis des mathematischen Modells ein **Computermodell** erstellt, das die Durchführung von **Simulationen** erlaubt.
4. Damit die Ergebnisse solcher Simulationen vertrauenswürdig sind, muss das Modell validiert und verifiziert werden:
   - Im Zuge der **Validierung** wird überprüft, ob das Modell sinnvolle Vorhersagen macht, etwa durch den Vergleich mit vorhandenen Daten oder durch einen Plausibilitätsprüfungen (mit „Hausverstand"). Oft ist auch die Untersuchung von speziellen Grenzfällen hilfreich, für die man analytische Aussagen treffen kann.
   - Im Zuge der **Verifikation** wird die korrekte Implementierung des Modells überprüft. Dabei müssen vor allem grobe Fehler ausgeschlossen werden, nach Möglichkeit soll aber auch der Einfluss numerischer Effekte minimiert werden. Für Programmcode gibt es inzwischen Algorithmen, die viele formale Probleme (etwa Programmteile, die im Folge von IF-Abfragen nie erreicht werden können) automatisch erkennen können.

Literatur

- Hartmut Bossel: *Systeme, Dynamik, Simulation: Modellbildung, Analyse und Simulation komplexer Systeme.* Books on Demand, 2004

Computer vereinfachen die Mathematik nicht

Die Verbreitung des Computers hat die Bedeutung der Mathematik ungemein vergrößert. Mathematik wirkt heute praktisch in allen Lebensbereichen, von der Telekommunikation, Verkehrsplanung, Meinungsbefragung angefangen bis zur Navigation von Schiffen oder Flugzeugen, dem Automobilbau, den neuen bildgebenden Verfahren der Medizin oder der Weltraumfahrt. Es gibt kaum ein Produkt, das nicht vor seinem Entstehen als virtuelles Objekt mathematisch beschrieben wird, um dessen Verhalten testen und den Entwurf damit weiter optimieren zu können.

Wenn auch viele Rechenroutinen heute bequem mit Softwarepaketen erledigt werden können ... was hilft die beste Software, wenn man nicht versteht, was dabei berechnet wird? Je leistungsfähiger eine Software ist, desto mehr Hintergrundwissen sollte der Nutzer haben. Dieses Wissen hilft insbesondere einschätzen zu können, wann man den Ergebnissen eines solchen Programms trauen kann und wann nicht mehr. Zudem sind von Programmen gelieferte Ergebnisse sehr viel allgemeiner als notwendig oder sinnvoll. Generell gilt, dass man Software nie als *Blackbox* benutzen sollte – vertrauen Sie nur Ergebnissen, von denen Sie zumindest wissen, auf welche Weise sie zustande gekommen sind.

1.2 Mathematik für Ingenieure und Naturwissenschaftler

Die Mathematik ist als Sprache zur Beschreibung von Modellen und Begründung von Phänomenen ein integraler Bestandteil der Naturwissenschaften.

Ein grundsätzliches Verständnis mathematischer Zusammenhänge ist unabdingbar

Mathematische Verfahren zu kennen, ist nicht nur nützlich. Funktionen, Ableitungen, Integrale, Vektoren und Matrizen bilden nur eine kleine Auswahl mathematischer Objekte, die wie Zahnräder in einem Uhrwerk mathematische Verfahren ablaufen lassen. Für Sie als Anwender der Mathematik sollte es nicht ausreichen, diese Verfahren zu kennen. Ein routinierter Umgang mit den Techniken ist wohl unabdingbar. Und dazu ist das Üben unerlässlich. Erst wenn Sie sich eigenständig mit Beispielen und Aufgaben auseinandersetzen, werden Sie Notationen und Zusammenhänge begreifen, Sie werden verstehen, *warum* manche Verfahren eben so laufen wie sie laufen.

Aufgaben sind also nicht nur *prüfungsrelevant*. Von einem Auswendiglernen von Schemata zum Lösen von gewissen Aufgabentypen raten wir ab. Ein solches Schema mag für gewisse Arten von Aufgaben eine gute Stütze sein, aber oftmals ist es doch so, dass eine kleine Änderung in der Aufgabenstellung viele schemenhafte Lösungsstrategien scheitern lässt. Wegen der geringen Flexibilität solcher Lösungsstrategien plädieren wir dafür, dass das Ziel eines Kurses zur Höheren Mathematik doch das grundsätzliche Verständnis der mathematischen Inhalte sein muss und weniger die Vermittlung von Lösungsstrategien von Aufgabentypen.

Viele Beispiele und auch Bezüge zu den Anwendungen, wie wir sie im vorliegenden Buch vermitteln, sind dazu nützlich. Aber vorrangig sind natürlich Ihr persönliches Engagement und Ihre Geduld gefragt – Sie sollten zu Papier und Bleistift greifen und mitarbeiten. Wir können Ihnen nur die Gelegenheit dazu bieten. Nur durch selbstständiges Ausarbeiten von Aufgaben bekommen Sie das nötige Zutrauen in Ihre eigenen Rechnungen.

In der Lerntheorie unterscheidet man verschiedene Stufen des Verstehens. Von der Fähigkeit der reinen Wiedergabe ausgehend bis zur kritischen Auseinandersetzung mit dem Gelernten. Ziel der Mathematikausbildung der Ingenieure und Naturwissenschaftler muss jedenfalls die Fähigkeit sein, das Gelernte auch kreativ anwenden und nach eingehender Analyse verschiedene Lösungswege gegeneinander abwägen zu können. All dies kann man nur durch aktives Mittun erreichen. Mathematik ist eine lebendige Wissenschaft, die es von Ihnen zu erkunden gilt.

Abstraktion ist eine Schlüsselfähigkeit

In der Mathematik stößt man immer wieder auf das Phänomen, dass unterschiedlichste Anwendungsprobleme durch dieselben oder sehr ähnliche mathematische Modelle beschrieben werden. Zum Beispiel beschreibt ein und dieselbe Differenzialgleichung die Schwingung eines Pendels und die Vorgänge in einem Stromkreis aus Spule und Kondensator.

Die Fähigkeit, das Wesentliche eines Problems zu erkennen und bei unterschiedlichen Problemen, Gemeinsamkeiten auszumachen, die für die Lösung zentral sind, nennt man die Fähigkeit zur **Abstraktion**. Für uns (erfahrene) Mathematiker ist Abstraktion eine Selbstverständlichkeit, ein Studienanfänger hingegen hat, wie wir sehr wohl wissen, anfänglich seine Schwierigkeiten damit. Aber Abstraktion ist nun mal unabdingbarer Bestandteil mathematischen Denkens. Daher haben wir viel Wert darauf gelegt, Ihnen den Zugang zur Abstraktion mit vielen Beispielen zu erleichtern.

Beispiel In der Abb. 1.4 sehen Sie 16 Kinder. Sie können dieses Bild kopieren und ausschneiden. Vertauscht man nun die oberen beiden Teile des Puzzles, so sind wieder Kinder zu sehen. Jetzt sind es aber nur noch 15! Wie kommt das zu Stande?

Das Problem ist schwer zu durchschauen, weil die Kinder mit ihrem komplizierten Erscheinungsbild von den wesentlichen

Abb. 1.4 Kopieren Sie die Seite und schneiden Sie das Puzzle aus und vertauschen die beiden oberen Puzzleteile. Zählen Sie die Kinder. Eines scheint verschwunden zu sein ... (mit freundlicher Genehmigung, © Mathematikum Gießen)

Aspekten ablenken. Man kann verstehen, was passiert, indem man das Puzzle selber nachbildet. Zeichnen Sie auf ein Stück Papier ein identisches Schema von drei Rechtecken. Nun aber *abstrahieren* Sie von den Kindern: Statt der komplizierten Figuren zeichnen Sie einfach senkrechte Striche. Nun, in dieser abstrakten Version, kann man viel besser verstehen, wie sich die unterschiedlichen Teile der Kinder/Striche verteilen und wie so die unterschiedliche Anzahl zu Stande kommt. Versuchen Sie, es sich selbst zu erklären.

Sie haben nun vom Werkzeug der Abstraktion Gebrauch gemacht, um ein schwieriges Problem auf seine wesentliche Struktur zu reduzieren und so zu vereinfachen. ◄

Erkennt ein Mathematiker bei unterschiedlichen Problemen gleiche Strukturen, so versucht er diese Strukturen zu isolieren und für sich zu beschreiben. Er löst sich dann von dem eigentlichen Problem und untersucht stattdessen die isolierte abstrakte Struktur. Durch diesen Prozess wird es möglich, mit ein und derselben mathematischen Theorie unterschiedliche Probleme gleichzeitig zu lösen.

Heutzutage ist beispielsweise der Begriff des (abstrakten) *Vektorraums* aus keiner mathematischen Grundvorlesung wegzudenken. Trotzdem hat es bis ins 20. Jahrhundert gedauert, bis die wenigen wichtigen Prinzipien erkannt und isoliert waren, die ihm zugrunde liegen. Das Prinzip der Abstraktion und die damit verbundene Kraft der mathematischen Argumentation kennenzulernen, erachten wir als ein wesentliches Lernziel einer natur- oder ingenieurwissenschaftlichen Ausbildung.

Die Inhalte der Höheren Mathematik

Als grundlegende Gebiete, die in jeder mathematischen Ausbildung behandelt werden, gelten die **Analysis** und die **lineare Algebra**. In der Analysis geht es um Funktionen und ihre Eigenschaften. Für Konzepte wie Stetigkeit, Differenzierbarkeit oder Integrierbarkeit ist der Begriff des Grenzwerts von zentraler Bedeutung. Den Themen aus diesem Bereich ist der zweite Teil des Buchs gewidmet.

Die lineare Algebra ist die Theorie der Vektorräume. In diesen Bereich gehören die linearen Gleichungssysteme, die Matrizen und viele Fragen der Geometrie. Wir stellen diesen Bereich im dritten Teil ausführlich vor.

Sowohl lineare Algebra als auch die Analysis bauen auf grundlegenderen Überlegungen auf, die üblicherweise als **Grundstrukturen** bezeichnet werden. Dazu gehören etwa die Zahlenmengen oder Abbildungen. Eine weitere notwendige Zutat ist die **formale Logik**. Diesen Aspekten ist Teil I gewidmet, wobei dieser Teil zugleich diejenigen Aspekte der Schulmathematik wiederholen soll, die wir später voraussetzen werden. Man könnte diesen Teil des Buches als *Vorkurs* beschreiben. In diesem Vorkurs führen wir auch die **komplexen Zahlen** ein. In den naturwissenschaftlichen und technischen Disziplinen werden diese Zahlen wie selbstverständlich verwendet, sodass man frühzeitig mit ihnen vertraut sein sollte.

In den weiterführenden Gebieten kommt es zu einem Zusammenspiel von Analysis und linearer Algebra – z. B. wird im

Teil III an manchen Stellen auf spätere Begriffe wie etwa Differenzialgleichungssysteme oder Fourierreihen vorgegriffen. Wir erwarten auch nicht, dass Ihre Vorlesungen mit der von uns gewählten Abfolge der Kapitel übereinstimmen werden. Daher sind die späteren Teile des Buches nur bedingt auf eine Reihenfolge angewiesen. Referenzen verweisen aber zu den verwandten Gebieten.

Im Teil IV sind diejenigen Gebiete der **mehrdimensionalen Analysis** angesprochen, die üblicherweise im Rahmen einer Vorlesung über Höhere Mathematik liegen. Es sind dies Differenziation und Integration in mehreren Dimensionen, Flächen und Kurven, Differenzialgleichungssysteme und die **partiellen Differenzialgleichungen.** Letztere sind diejenigen Gleichungen, die benutzt werden, um die Physik unserer dreidimensionalen Welt durch mathematische Modelle zu beschreiben.

Weitergehende Themengebiete, die üblicherweise in den Vorlesungszyklen nur angerissen werden, finden sich in Teil V. Unser Ziel ist es, hier ein ausführlicheres Bild zu liefern und so die Basis für ein weiteres selbstständiges Studium zu schaffen.

Ein Feld mit zunehmender Bedeutung für die Anwendungen ist die Wahrscheinlichkeitstheorie und die Statistik. Dieser Bereich wird üblicherweise nur wenig in den gängigen Vorlesungen zur Höheren Mathematik behandelt. Andererseits wird er aber bei Fragen der Datenakquisition und -analyse sowie der Behandlung von gemessenen Daten und von Messfehlern von immenser Bedeutung. Wir haben uns daher entschlossen, diesen Bereich ausführlich darzustellen und ihm den Teil VI des Buches gewidmet.

Damit sind zwar die Teile des Buches abschließend aufgezählt, aber ein wichtiges Feld – es betrifft gerade die Anwendungsgebiete – wurde noch nicht erwähnt. Die **numerische Mathematik** befasst sich mit Fragen der zahlenmäßigen Berechnung von Lösungen oder von Approximationen an Lösungen. Komplexe mathematische Modelle, wie sie in den Natur- und Ingenieurwissenschaften gang und gäbe sind, lassen sich oft nur durch numerische Methoden auf dem Computer simulieren. Eine Analyse mit Mitteln der herkömmlichen Mathematik scheitert meist an der Komplexität.

Trotzdem ist dieser Bereich nicht in einem eigenen Teil des Buches dargestellt. Wir haben uns dazu entschieden, numerische Aspekte immer dann zu besprechen, wenn die erforderlichen mathematischen Konzepte bekannt sind. So finden sich z. B. Interpolation, numerische Integration, direkte und iterative Lösungsmethoden für lineare Gleichungssysteme, der Simplex-Algorithmus sowie numerische Verfahren für Anfangs- und Randwertprobleme an den unterschiedlichsten Stellen des Buches wieder.

Nicht alles wird benötigt

Das vorliegende Buch ist umfangreich. Die Mathematikvorlesungen in verschiedenen Studiengängen und an verschiedenen Hochschulen setzen unterschiedliche Schwerpunkte. Das Buch soll aber für viele ein zuverlässiger Begleiter im Grundstudium, aber auch darüber hinaus, sein. Es werden alle angesprochenen Themen möglichst ausführlich behandelt.

Nicht für jeden ist daher der ganze Inhalt relevant. Die Autoren waren stets bemüht, so zu schreiben, dass manche Kapitel auch weggelassen werden können, ohne dass dadurch der rote Faden verloren geht. Wir wollen hier diesbezüglich ein paar Hinweise geben.

Die Kap. 2–5 sind je nach Vorwissen relevant. Für manche Leser wird es ausreichen, sie schnell durchzublättern, ob sich etwas Interessantes findet, während andere sie genau durcharbeiten sollten. Die komplexen Zahlen (Kap. 5) sind am ehesten für alle von Interesse, denn ein solides Grundwissen über diese Zahlen wird in allen späteren Kapiteln vorausgesetzt.

Die Kap. 6–21 bilden das Herzstück des Buchs. Sie enthalten die Elemente der Analysis und der Linearen Algebra, die in allen Hochschulvorlesungen zur Mathematik behandelt werden. Zwar unterscheiden sich die Kurse in der Ausführlichkeit, mit der sie diese Themen behandeln, aber normalerweise wird alles angesprochen.

Die Kap. 22–23 enthalten dagegen Material, das eher als optional zu sehen ist. So sind zum Beispiel die Begriffe und Methoden des Kap. 23 zur linearen Optimierung üblicherweise kein Bestandteil einer Mathematikvorlesung für angehende Ingenieure oder Physiker, aber Wirtschaftsingenieure werden sich auf jeden Fall damit auseinandersetzen.

Die Inhalte der Kap. 24–29 des vierten Teils des Buches sind an Universitäten üblicherweise Bestandteil der Mathematikvorlesungen. Diese Kapitel bauen vor allem auf dem Teil II auf. Sie nehmen zwar hin und wieder Bezug auf Aussagen aus dem Teil III, aber es ist möglich, diesen Teil ohne detailliertes Studium von Teil III zu verstehen. Auch innerhalb des Teils IV muss die Reihenfolge der Kapitel nicht überall eingehalten werden: Kap. 29 benötigt nur Kap. 24 und im geringeren Maße Kap. 26 zum Verständnis.

Im fünften Teil des Buches sind die Kapitel so gestaltet, dass sie möglichst unabhängig voneinander gelesen werden können. Nur manche dieser Themen werden in den Grundvorlesungen besprochen, vor allem die Fourierreihen aus Kap. 30 und die Integraltransformationen aus Kap. 32. Das übrige Material soll einen Einstieg zum Selbststudium bieten, wenn man im Rahmen späterer Vorlesungen oder einer Diplom-, Bachelor- oder Master-Arbeit mit diesen mathematischen Methoden konfrontiert wird.

Der sechste Teil zur Wahrscheinlichkeitstheorie und Statistik ist wieder weitgehend unabhängig von den anderen Teilen zu sehen. Grundlage ist auf jeden Fall der Teil II. Aus der linearen Algebra und der mehrdimensionalen Analysis werden nur Grundkenntnisse erwartet.

Keinesfalls sollte man sich beim Nachschlagen davon abschrecken lassen, dass ein Thema erst weit hinten im Buch behandelt wird. So ist zum Beispiel die Methode der Lagrange-Multiplikatoren ein Konzept, das zum Standard in der Mathematikausbildung gehört. Sie wird oft im Zusammenhang mit der mehrdimensionalen Differenzialrechnung erläutert. In diesem Buch sind die Lagrange-Multiplikatoren im Kap. 34 zu finden, denn es handelt sich um eine Methode zur Optimierung. Diese Einordnung soll Zusammenhänge verdeutlichen und anregen, sich ein wenig mehr über Optimierungsmethoden zu informieren.

Die stoffliche Reihenfolge im Buch muss somit keinesfalls mit derjenigen in Ihrer Vorlesung übereinstimmen. Manche Themen, wie etwa die Differenzialgleichungen, ziehen sich wie ein roter Faden durch das gesamte Werk und werden an unterschiedlichen Stellen als Beispiele behandelt. Auch hier ist unser Hauptaugenmerk, Zusammenhänge zwischen den verschiedenen mathematischen Thematiken zu verdeutlichen und so den gesamten Stoff überschaubarer zu machen.

1.3 Die didaktischen Elemente dieses Buches

Dieses Lehrbuch weist eine Reihe didaktischer Elemente auf, die Sie beim Erlernen des Stoffes unterstützen. Auch wenn diese eigentlich selbsterklärend sind, wollen wir kurz schildern, wie diese Elemente zu verstehen sind und welche Hintergedanken wir dabei verfolgen.

Blaue Überschriften geben den Kerngedanken eines Abschnitts wieder

Der gesamte Text ist durch **blaue Überschriften** gegliedert. Eine solche Überschrift fasst den Kerngedanken des folgenden Abschnitts zusammen. In der Regel kann man eine blaue Überschrift mit dem dazugehörigen Abschnitt als *eine Lerneinheit* betrachten. Machen Sie nach dem Lesen eines solchen Abschnitts eine Pause und rekapitulieren Sie Inhalte dieses Abschnitts – denken Sie auch darüber nach, inwieweit die zugehörige Überschrift den Kerngedanken fasst. Bedenken Sie, dass diese Überschriften oftmals nur kurz und prägnant gefasste mathematische Aussagen sind, die man sich gut merken kann, jedoch keinen Anspruch auf *Vollständigkeit* haben – es kann hier auch manche Voraussetzung weggelassen sein.

Im Gegensatz dazu gibt es die **gelben Merkkästen**. Sie beinhalten meist Definitionen oder wichtige Ergebnisse bzw. Formeln,

Definition des Betrags einer komplexen Zahl

Für eine komplexe Zahl $z = a + \mathrm{i}b$ gilt

$$|z| = \sqrt{a^2 + b^2} = \sqrt{(a + \mathrm{i}b)(a - \mathrm{i}b)} = \sqrt{z\,\overline{z}}\,.$$

Abb. 1.5 Gelbe Merkkästen heben das Wichtigste hervor

Achtung Das Matrizenprodukt ist nur für Matrizen A und B mit der Eigenschaft

$$\text{Spaltenzahl von } A = \text{Zeilenzahl von } B$$

definiert. ◀

Abb. 1.6 Mit einem roten **Achtung** beginnen Hinweise zu häufig gemachten Fehlern

die Sie sich wirklich merken sollten. Bei der Suche nach zentralen Aussagen und Formeln dienen sie zudem als Blickfang. In diesen Merkkästen sind in der Regel auch alle Voraussetzungen angegeben.

Von den vielen Fallstricken der Mathematik können wir Dozenten ein Lied singen. Wir versuchen Sie davor zu bewahren und weisen Sie mit einem roten **Achtung** auf gefährliche Stellen hin.

Um neue Begriffe, Ergebnisse oder auch Rechenschemata mit Ihnen einzuüben, haben wir zahlreiche Beispiele im Text integriert. Diese (kleinen) Beispiel erkennen Sie an der blauen Überschrift **Beispiel**, das Ende eines solchen Beispiels markiert ein kleines blaues Dreieck.

Neben diesen (kleinen) Beispielen gibt es – meist ganzseitige – (große) **Beispiele**. Diese ausführlich geschilderten Beispiele behandeln meist komplexere oder allgemeinere Probleme, deren

Beispiel

- Die Einheitsmatrix $\mathbf{E}_n \in \mathbb{K}^{n\times n}$ ist symmetrisch.
- Die Matrix $A = \begin{pmatrix} 1 & 2 & \mathrm{i} \\ \sqrt{2} & -1 & 2\,\mathrm{i}+1 \\ \mathrm{i}+1 & 3 & 11 \end{pmatrix} \in \mathbb{C}^{3\times 3}$ ist nicht symmetrisch. ◀

Abb. 1.7 Kleinere Beispiele sind in den Text integriert

Beispiel: Betrag und Argument komplexer Zahlen

Gesucht sind die Beträge und die Argumente der Zahlen

$$z_1, \quad z_2, \quad z_1 + z_2, \quad \text{und} \quad \frac{z_1}{z_2}$$

mit $z_1 = -1 + \mathrm{i}$ und $z_2 = 1 + \sqrt{3}\mathrm{i}$.

Problemanalyse und Strategie Zunächst berechnen wir Betrag und Argument von z_1 und z_2. Danach nutzen wir die Rechenregeln, um die weiteren Beträge und Argumente zu bestimmen.

Lösung Beginnen wir mit den Beträgen der angegebenen Zahlen: Wir berechnen

$$|z_1| = \sqrt{(-1)^2 + 1^2} = \sqrt{2} \quad \text{und} \quad |z_2| = \sqrt{1+3} = 2.$$

Für die Summe folgt weiter

$$\begin{aligned} |z_1 + z_2| &= |-1 + \mathrm{i} + 1 + \sqrt{3}\mathrm{i}| \\ &= \sqrt{(1+\sqrt{3})^2} = 1 + \sqrt{3} \end{aligned}$$

Den Betrag des Quotienten berechnen wir aus

$$\left|\frac{z_1}{z_2}\right| = \left|\frac{z_1\overline{z_2}}{|z_2|^2}\right| = \frac{1}{4}|z_1|\,|\overline{z_2}| = \frac{1}{4}|z_1|\,|z_2| = \frac{1}{\sqrt{2}}.$$

Die Hauptwerte der Argumente von z_1 und z_2 lassen sich entweder aus einer Skizze der Zahlen in der Zahlenebene ersehen oder wir berechnen diese mithilfe der Wertetabelle für die trigonometrischen Funktionen auf S. 127

$$\arg(z_1) = \arctan\left(\frac{-1}{1}\right) + \pi = -\frac{\pi}{4} + \pi = \frac{3\pi}{4}$$

und

$$\arg(z_2) = \arctan\left(\frac{\sqrt{3}}{1}\right) = \frac{\pi}{3},$$

wobei die Identität $\sin(\pi/3)/\cos(\pi/3) = \frac{\sqrt{3}/2}{1/2} = \sqrt{3}$ verwendet wurde. Das Argument der Summe berechnen wir direkt zu

$$\arg(z_1 + z_2) = \arg((1+\sqrt{3})\mathrm{i}) = \frac{\pi}{2}.$$

Für den Quotienten folgt mit den Rechenregeln

$$\begin{aligned} \arg\left(\frac{z_1}{z_2}\right) &= \arg\left(\frac{z_1\overline{z}_2}{|z_2|^2}\right) \\ &= \arg(z_1\overline{z}_2) \\ &= \arg(z_1) + \arg(\overline{z}_2) \\ &= \arg(z_1) - \arg(z_2) = \frac{3}{4}\pi - \frac{1}{3}\pi = \frac{5}{12}\pi. \end{aligned}$$

Abb. 1.8 Größere Beispiele stehen in einem Kasten und behandeln komplexere Probleme

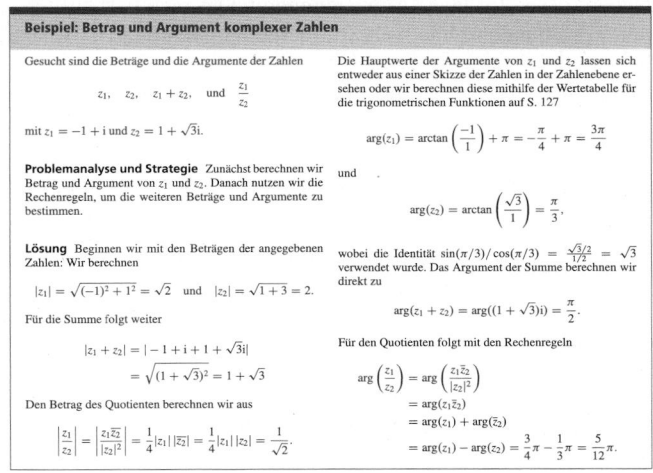

Anwendung: Wir zerlegen eine Pizza

Die übliche Art, eine Pizza zu zerlegen ist es, sie mit vier Schnitten in acht gleiche Teile von der Form eines Kreissektors zu zerlegen. Wir stellen uns nun die Frage in wie viele Stücke wir eine Pizza mit n geraden Schnitten *maximal* zerlegen können.

Dass die Schnitte durch den Mittelpunkt nicht die beste Strategie sind, um eine möglichst große Zahl von Stücken zu erreichen, sieht man leicht ein. Haben wir die Pizza geviertelt, so bringt ein Schnitt durch den Mittelpunkt insgesamt sechs Stücke, während man mit einem „schiefen" Schnitt sieben Stücke erhalten kann.

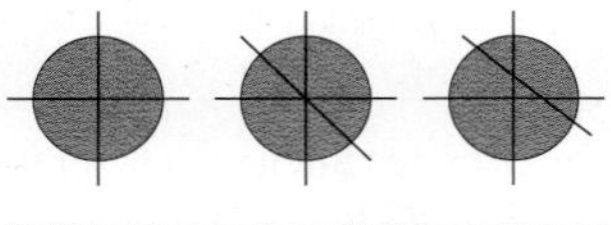

Die Stücke sind zwar recht unterschiedlich groß, aber darauf kommt es uns nicht an. Wie sieht nun die optimale Strategie für möglichst viele Stücke aus? Dazu nennen wir n die Zahl der Schnitte und $S(n)$ die maximal erzielbare Zahl der Stücke.

Zunächst stellen wir fest, dass ein gerader Schnitt jedes Stück höchstens in zwei Stücke zerlegen kann. Wir erhalten daher die Abschätzung

$$S(n) \leq 2^n.$$

Doch das Gleichheitszeichen ist für große n nicht erfüllbar, weil kein Schnitt mehr alle Stücke teilen kann.

Geometrisch können wir die Schnitte durch Geraden beschreiben: Die erste Gerade teilt die Pizza in zwei Stücke, der zweite die zwei Teile in vier. Der dritte allerdings kann die beiden anderen Geraden allerdings höchstens noch in zwei Punkten treffen und wird in drei Geradenstücke zerteilt, von denen jedes ein neues Pizzastück abtrennt.

Allgemein kann die n-te Gerade die $(n-1)$ vorangegangenen höchstens in $(n-1)$ Punkten treffen und wird somit in n Geradenstücke zerteilt. Jedes Geradenstück ergibt ein neues Pizzastück. Somit entstehen durch die n-te Gerade maximal n Pizzastücke.

Wir erhalten mit der arithmetischen Summenformel

$$\begin{aligned} S(n) &= 1_{\text{Ausgangslage}} + 1_{\text{erster Schnitt}} \\ &\quad + 2_{\text{zweiter Schnitt}} + \ldots + n_{n\text{-ter Schnitt}} \\ &= 1 + \sum_{k=1}^{n} k = 1 + \frac{n\,(n+1)}{2} \end{aligned}$$

Pizzastücke, die sich maximal erzeugen lassen.

Abb. 1.9 Probleme aus dem Alltag von Ingenieuren, Natur- und Wirtschaftswissenschaftlern werden in sogenannten *Anwendungen* abgesetzt vom Haupttext behandelt

Lösung mehr Raum einnimmt. Manchmal wird auch eine Mehrzahl prüfungsrelevanter Einzelbeispiele übersichtlich in einem solchen Kasten untergebracht. Ein solcher Kasten trägt einen Titel, einen blau unterlegten einleitenden Text, der die Problematik schildert, einen Lösungshinweis, in dem das Vorgehen zur Lösung kurz erläutert wird und schließlich den ausführlichen Lösungsweg.

Ganz ähnlich gestaltet sind die (großen) **Anwendungen**. Thematisch unterscheiden sich diese Anwendungen gegenüber den Beispielen dadurch, dass hier konkrete Fragestellungen zumeist aus anderen Wissenschaften erläutert und diskutiert werden. Während also die (blauen) Beispiele *pure* Mathematik sind, betreffen diese Anwendungen in erster Linie ein völlig anderes Gebiet, die ausgeführte Mathematik ist nur das Hilfsmittel zur Beschreibung bzw. Lösung der dargestellten Problematik.

Neben diesen (großen) Anwendungen findet man in den Fließtext eingebunden viele weitere (kleine) Anwendungen. Solche beginnen mit einer grünen Überschrift **Anwendungsbeispiel** und enden mit einem grünen Dreieck. Ihr Sinn und Zweck ist es, die Vielfalt der Mathematik in den unterschiedlichen Wissenschaften darzustellen.

Ein sehr häufig eingesetztes Element ist das des **Selbsttests**. Meist enthält dieser Selbsttest eine Frage an Sie. Sie erkennen dieses Merkmal an dem Fragezeichen. Mit dem Gelesenen sollten Sie die Frage beantworten können. Nutzen Sie diese Fragen als Kontrolle, ob Sie noch am Ball sind. Sollten Sie die Antworten nicht kennen, so empfehlen wir Ihnen, den vorhergehenden Text ein weiteres Mal durchzuarbeiten. Kurze Lösungen zu den Selbsttests („Antworten der Selbstfragen") finden Sie auch am Ende der jeweiligen Kapitel.

Selbstfrage 2

Bestimmen Sie Real- und Imaginärteil der Summe und des Produkts der beiden komplexen Zahlen $1 + 2\mathrm{i}$ und $-2 + 4\mathrm{i}$.

Abb. 1.10 Selbstfragen ermöglichen eine Verständniskontrolle

Übersicht: Die Klassifizierung der Folgen

In diesem Kapitel wurden Eigenschaften bestimmter Klassen von Folgen genauer untersucht. Hier werden diese Eigenschaften und die Zusammenhänge zwischen ihnen noch einmal gesammelt dargestellt.

Im folgenden Venn-Diagramm sind die Eigenschaften von Folgen, die wir näher untersucht haben, und ihre Zusammenhänge als Teilmengen der Menge aller Folgen dargestellt. Zu jeder Klasse ist auch ein typischer Vertreter mit angegeben.

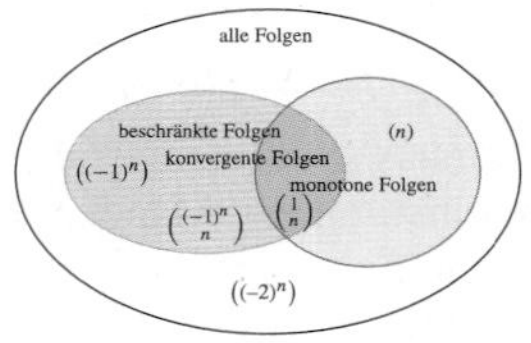

Beispiel Betrachten wir die Folge (a_n) mit

$$a_n = 1 + \frac{1}{n}, \quad n \in \mathbb{N}.$$

Da, für alle $n \in \mathbb{N}$, $0 \leq 1/n \leq 1$ ist, folgt auch $1 \leq a_n \leq 2$. Die Folge ist beschränkt und gehört zur gelb-orangefarbenen Menge. Ferner ist

$$a_{n+1} - a_n = \frac{1}{n+1} - \frac{1}{n} = -\frac{1}{n\,(n+1)} \leq 0.$$

Die Folge ist monoton fallend und gehört damit zur blauen Menge im Diagramm. Das Monotoniekriterium besagt nun, dass die Schnittmenge der blauen und der gelben Menge, also gerade der grüne Bereich im Diagramm, nur aus konvergenten Folgen besteht. Somit ist (a_n) konvergent.

Abb. 1.11 In Übersichten werden verschiedene Begriffe oder Rechenregeln zu einem Thema zusammengestellt

Im Allgemeinen werden wir Ihnen im Laufe eines Kapitels viele Rechenregeln oder Rechentechniken oder Merkregeln vermitteln. Wann immer es sich anbietet, formulieren wir diese Regeln oder Techniken in sogenannten **Übersichten**. Neben einem Titel hat jede Übersicht einen einleitenden Text. Meist sind die Regeln oder Techniken stichpunktartig aufgelistet. Einen Überblick über die Übersichten gibt ein Verzeichnis im Anschluss an das Inhaltsverzeichnis – die Übersichten dienen in diesem Sinne also auch als eine Formelsammlung.

Vertiefungen sind oft ganzseitige Kästen, die eine Thematik behandeln, die weiterführenden Charakter hat. Meist kann das Thema wegen Platzmangels nur angerissen, also keinesfalls erschöpfend behandelt werden. Die Gestaltung dieser Kästen ist analog zu jener von Anwendungen oder Übersichten. Die Themen, die hier angesprochen werden, sind vielleicht nicht unmittelbar grundlegend für eine Ingenieurausbildung, sie sollen

Vertiefung: Die Definition der Stetigkeit nach Cauchy

Den Begriff der Stetigkeit haben wir auf das Konzept der konvergenten Folgen zurückgeführt. Es gibt eine zweite äquivalente Definition dieses Begriffs, die ohne Folgen auskommt und auf den französischen Mathematiker Cauchy zurückgeht.

Durch die Folgen (x_n), die gegen ein $\hat{x}$ konvergieren, können wir das Verhalten von f in der Nähe der Stelle $\hat{x}$ untersuchen. Alternativ können wir zu diesem Zweck auch auf den Begriff der *Umgebung* zurückgreifen, der uns bereits bei der Definition konvergenter Folgen begegnet ist.

Salopp gesprochen ist eine Funktion f in $\hat{x}$ stetig, falls für Stellen x dicht bei $\hat{x}$ auch die Funktionswerte $f(x)$ dicht bei $f(\hat{x})$ liegen. Es kommen also zwei verschiedene Sorten von Umgebungen ins Spiel: solche um $\hat{x}$ und solche um $f(\hat{x})$.

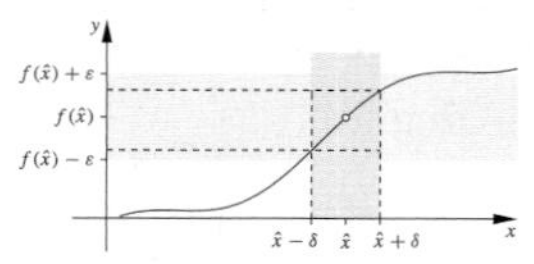

Formal erhalten wir dann die folgende Definition: Eine Funktion $f : D \to W$ heißt stetig an einer Stelle $\hat{x} \in D$, falls für jedes $\varepsilon > 0$ ein $\delta > 0$ existiert, sodass für alle $x \in D$ mit $|x - \hat{x}| < \delta$ auch $|f(x) - f(\hat{x})| < \varepsilon$ folgt.

Diese komplizierte Formulierung muss erst einmal aufgedröselt werden. Vorgegeben wird eine ε-Umgebung um $f(\hat{x})$. Zu dieser muss es eine passende δ-Umgebung um $\hat{x}$ geben, sodass diese δ-Umgebung durch f in die ε-Umgebung abgebildet wird. Wegen dieses Zusammenspiels von ε und δ spricht man auch von der *ε-δ-Definition* der Stetigkeit.

In der Tat kann man zeigen, dass für die Analysis diese Definition zu der von uns verwendeten vollständig äquivalent ist. Sie erlaubt aber eine völlig andere Interpretation. Unter Verwendung des Begriffs der abgeschlossenen Mengen, den wir in Abschn. 7.5 einführen, lässt sie sich so formulieren: Das Urbild eines Komplements einer abgeschlossenen Menge ist stets selbst Komplement einer abgeschlossenen Menge. Für alle von uns betrachteten Situationen sind diese beiden Definitionen der Stetigkeit äquivalent.

Abb. 1.12 Vertiefungen geben einen Einblick in weiterführende Themen

Übersicht: Ratschläge für das Studium Höherer Mathematik

Es gibt hierfür keine *allgemeingültigen* Regeln. Wir geben Ratschläge, die wir im Laufe vieler Jahre gesammelt haben.

- **Zur Vorlesung**
  - Denken und schreiben Sie mit. Durch das Schreiben prägt sich der Stoff besser ein.
  - Es ist üblich, dass man nicht alle Inhalte einer Vorlesung sofort versteht; versuchen Sie aber stets am Ball zu bleiben.
  - Stellen Sie an den Dozenten Fragen, falls Sie etwas nicht verstanden haben.
  - Auch Dozenten machen Fehler, weisen Sie ihn darauf hin, falls Sie dies bemerken.
- **Hausaufgaben und Nachbearbeitung der Vorlesung**
  - Planen Sie mehrere Stunden für Hausaufgaben und Nachbearbeitung der Vorlesungsinhalte ein.
  - Erinnern Sie sich an die Themen, zentralen Definitionen, Sätze und Regeln?
  - Arbeiten Sie die Vorlesungsinhalte anhand der Aufgaben nach.
  - Machen Sie sich Begriffe und Notationen an eigenen, einfachen Beispielen klar.
  - Lernen Sie nicht stur auswendig, versuchen Sie die Zusammenhänge zu verstehen.
  - Bilden Sie Arbeits-/Lerngruppen mit Kommilitonen, mit denen Sie gut zusammenarbeiten können.
  - Versuchen Sie sich an den Aufgaben zuerst selbst und gehen Sie nicht unvorbereitet in Ihre Arbeitsgruppe. Holen Sie sich erst dann Hinweise, wenn Sie nach intensiver Beschäftigung mit einer Aufgabe nicht weiterkommen.
  - Erklären Sie den Stoff Ihren Kommilitonen.
  - Formulieren Sie Ihre Lösungen so, dass jemand anderes Ihre Gedankengänge verstehen und nachvollziehen kann.
  - Haben Sie in Ihrer Vorlesungsmitschrift alle Fehler ausgemerzt?
- **Der Umgang mit einem Lehrbuch**
  - Lesen Sie langsam.
  - Beachten Sie bei Sätzen alle Voraussetzungen. Suchen Sie bei Herleitungen nach den Stellen, an denen die Voraussetzungen benutzt werden. Achten Sie auf *Generalvoraussetzungen*, wie etwa „X ist eine Menge".
  - Gedankenstriche könnten fälschlicherweise auch als Minuszeichen interpretiert werden.
  - Wenn Sie am Ende einer Zeile/Seite etwas nicht verstehen, gucken Sie in die nächste Zeile/Seite.
  - Bedenken Sie, dass in einem Buch auch Druckfehler sein können.
- **Übungsgruppen**
  - Stellen Sie Fragen.
  - Nutzen Sie die Möglichkeit zum Vorrechnen.
  - Besuchen Sie jede Woche möglichst die gleiche Übungsgruppe.
  - Machen Sie sich mit den Aufgaben vor der Übung vertraut – verstehen Sie alle Begriffe?
- **Das konkrete Lösen von Aufgaben**
  - Lesen Sie die Aufgabenstellung genau: Ist nach einer Lösung oder einer Lösungsmenge gefragt? Im zweiten Fall sollten Sie auch eine Menge angeben.
  - Ist Ihr Ergebnis plausibel? Stimmen die Einheiten?
  - Notieren Sie in Ihren Lösungen, wo Sie welche Ergebnisse der Vorlesung oder Übung benutzen – wiederholen Sie bei dieser Gelegenheit diese benutzten Ergebnisse.
  - Was sind die Voraussetzungen in der Aufgabenstellung? Welche Begriffe der Aufgabenstellung kennen Sie aus der Vorlesung oder anderen ähnlichen Aufgabenstellungen?
  - Seien Sie nicht demotiviert, wenn Sie eine Aufgabe nicht lösen können – auch beim Lösungsversuch lernt man.
  - Bearbeiten Sie viele Aufgaben, Übung macht den Meister.
  - Wenn Sie bei einer Aufgabe nicht weiterkommen, sollten Sie überlegen, ob eine ähnliche Aufgabe in einer Tutor-/Zentralübung besprochen worden ist. Wie wurde sie dort gegebenenfalls gelöst?
  - Auch wenn Sie einen (korrekten) Lösungsweg gefunden haben, ist es manchmal sinnvoll über andere, eventuell kürzere Wege nachzudenken.
- **Häufige Fehler**
  - Wird eine Voraussetzung nicht benutzt, so ist das Ergebnis selten richtig.
  - Geben Sie an, woher ihre *Variablen* sind – so haben Sie immer die Kontrolle über Ihre Elemente.
  - $f^{-1}(x)$ ist oft zweideutig; Stichwort Umkehrfunktion und Urbildmenge – beachten Sie das vor allem auf Ihrem Taschenrechner.
  - Wenn Sie durch $x-a$ teilen, müssen Sie den Fall $x = a$ gesondert betrachten – teilen Sie nicht durch null!
  - Achten Sie auf Vorzeichen beim Ziehen von Wurzeln.
  - Reflektieren Sie Ihre Rechnungen und Ergebnisse. Seitenlangen Umformungen bei Haus- oder Klausuraufgaben gehen oft Rechenfehler oder unpassende Ansätze voraus. Auch sehr große, rechenaufwendige Zahlen deuten auf Fehler hin.
  - Gilt tatsächlich $\Leftrightarrow$ oder doch nur $\Rightarrow$ bzw. $\Leftarrow$?
- **Prüfungsvorbereitung**
  - Ständiges Mitarbeiten spart viel Prüfungsvorbereitung.
  - Formulieren Sie die zentralen Definitionen, Sätze und Regeln separat in einer ausführlichen Zusammenfassung.
  - Machen Sie sich einen Spickzettel mit einer eigenen, stichwortartigen Gliederung: Was Sie notieren, werden Sie wissen.

Ihnen aber die Vielfalt und Tiefe verschiedener mathematischer Fachrichtungen zeigen und auch ein Interesse an dieser Wissenschaft wecken.

Ähnlich ist es mit den **optionalen Abschnitten**, die jeweils mit einem Sternchen vor der Überschrift gekennzeichnet sind. Diese Abschnitte kann man vielleicht auch als Vertiefungen bezeichnen, die nicht auf eine einzelne Seite passen. Die Inhalte sind weiterführend und meist rein mathematischer Natur.

Bitte beachten Sie, dass Sie weder die Vertiefungskästen noch die optionalen Abschnitte kennen müssen, um den sonstigen Text des Buches verstehen zu können. Diese beiden Elemente bringen also nur zusätzlichen Stoff, im restlichen Text wird nicht auf die vertiefenden Elemente Bezug genommen.

Zum Ende eines jeden Kapitels haben wir Ihnen die wesentlichen Inhalte, Ergebnisse und zentralen Vorgehensweisen in einer **Zusammenfassung** dargelegt. Die Inhalte dieser Zusammenfassung sind es, die Sie an Theorie aus den Kapiteln mitnehmen sollten. Die hier dargestellten Zusammenhänge sollten Sie nachvollziehen können, und mit den geschilderten Rechentechniken und Lösungsansätzen sollten Sie umgehen können.

Die erlernten Techniken können Sie an den zahlreichen **Aufgaben** zum Ende eines jeden Kapitels erproben. Wir unterscheiden zwischen Verständnisfragen, Rechenaufgaben und Anwendungsproblemen – jeweils in drei verschiedenen Schwierigkeitsgraden. Versuchen Sie sich zuerst selbstständig an den Aufgaben. Erst wenn Sie sicher sind, dass Sie es alleine nicht schaffen, sollten Sie die Hinweise am Ende des Buches zurate ziehen oder sich an Kommilitonen wenden. Zur Kontrolle finden Sie hier auch die Resultate. Sollten Sie trotz Hinweisen nicht mit der Aufgabe fertig werden, finden Sie die Lösungswege als elektronisches Zusatzmaterial zu den Kapiteln.

Digitale Karteikarten – kurz *Flashcards* – dienen zur Kontrolle des Erlernten

Karteikarten sind ein nützliches Instrument, um sich Vokabeln, Begriffe oder Definitionen einzuprägen. Im Zuge der Digitalisierung haben sich digitale Karteikarten (moderner: *Flashcards*), die auf Handys, Tablets oder Computern genutzt werden können, längst etabliert und vielfältige neue Anwendungsbereiche gefunden. So lassen sich Flashcards auch gewinnbringend für Sie als Studierende angewandter Mathematik einsetzen. Deshalb bieten wir zu jedem Kapitel des vorliegenden Buches zahlreiche Flashcards an.

Sobald Sie ein Kapitel des Buches durchgearbeitet haben, können Sie neben den Aufgaben zu dem Kapitel auch die Flashcards bearbeiten und erhalten so ein Feedback, ob Sie die Inhalte des jeweiligen Kapitels verstanden und verinnerlicht haben. Wir bezwecken mit den Flashcards weniger, Sie zum Auswendiglernen von Definitionen oder Ergebnissen zu motivieren – wie man vielleicht aufgrund der sonstigen Nutzung von Karteikarten meinen möchte. Die von uns angebotenen Flashcards bieten Ihnen vielmehr Fragestellungen oder Aufgaben, die Zusammenhänge, Hintergründe oder auch oftmals das Anwenden der in den Kapiteln vermittelten Theorie aufzeigen. Durch das Bearbeiten der Flashcards werden Sie im Umgang mit der Mathematik versierter und bereiten sich zugleich besser auf Prüfungen vor. Der Schwierigkeitsgrad der Aufgaben ist unterschiedlich. Manche Aufgaben kann man durch Nachdenken lösen, aber vielfach wird auch ein Rechnen mit Papier und Bleistift oder ein Blättern im Buch verlangt. Sie sollten also einen Block und gegebenenfalls auch das Buch griffbereit haben beim Bearbeiten der Flashcards.

Wie Sie an die Flashcards gelangen, haben wir im Vorwort beschrieben. Lassen Sie uns hier noch kurz beschreiben, was Sie beim Arbeiten mit den Flashcards noch berücksichtigen sollten, damit Sie den größtmöglichen Nutzen aus diesem Tool ziehen können.

Manche der digitalen Karteikarten nutzen eine sogenannte *Eselsbrücke*: Wir nutzen dieses Element weniger, um Ihnen ein Hilfsmittel zum Merken des Ergebnisses zu bieten, sondern eher um Ihnen einen Tipp zur Lösung der Aufgabe zu geben, damit Sie eine Systematik zum Lösen von gewissen, sich wiederholenden Aufgabenstellungen verinnerlichen.

Das digitale Tool zu den Karten bietet Ihnen natürlich auch das aus dem analogen Karteikartensystem bekannte Kastenprinzip: Sie können Karten, die Sie erfolgreich bearbeitet haben, in einem Kastensystem nach hinten verschieben. Sie haben auch die Wahl zwischen verschiedenen Lernmodi. So bietet das Tool einen *Powermodus*, einen *Prüfungsmodus* oder auch einen *Langzeitgedächtnismodus*. Das System bietet Ihnen auch statistische Auswertungen Ihrer Ergebnisse und sonstige Übersichten über Ihre Erfolge beim fortschreitenden Lernen. Den besten Überblick über die zahlreichen und modernen Features erhalten Sie durch Ihr aktives Probieren – sicher finden Sie sich schnell zurecht und können zügig die Vorteile und Möglichkeiten des Systems ausschöpfen.

Der Computer unterstützt beim Verständnis der Mathematik

Für die Anwendung mathematischer Techniken stehen heute leistungsfähige Softwarepakete zur Verfügung. Eines davon sind *Computer-Algebra-Systeme (CAS)*, die das symbolische Rechnen mit mathematischen Objekten wie Brüchen, Folgen, Funktionen oder Operatoren beherrschen. Es können also Rechnungen wie auf dem Papier in der Software durchgeführt werden. Lösungstechniken zum automatischen Lösen von Gleichungen, Berechnen von Grenzwerten o. ä. sind bereits eingebaut.

Auf der Website zum Buch finden sich Materialien, die Ihnen beispielhaft zeigen, welche Möglichkeiten sich bieten. Insbesondere finden Sie zu verschiedenen Themen Arbeitsblätter, die erläutern, wie die angesprochenen mathematischen Konzepte im CAS Maple umgesetzt werden. Dies bietet Ihnen auch eine Möglichkeit, Ihre Lösungen zu den Aufgaben zu prüfen.

Mit der 4. Auflage dieses Buchs haben wir außerdem eine Reihe neuer Vertiefungen eingefügt, die sich mit der Umsetzungen der Materie des Buchs auf dem Computer beschäftigen. Ein für Anwender wichtiges Feld der Mathematik ist die näherungsweise, numerische Berechnung von Lösungen von Anwendungsproblemen. Die neuen Vertiefungen beschäftigen sich mit diesem Thema.

Es ist nicht das Ziel dieser Vertiefungen einen Programmierkurs anzubieten. Dazu ist ein Buch über Mathematik auch nicht geeignet. Unser Ziel ist es, Sie zum numerischen Experimentieren mit dem Computer anzuregen und Ihnen das dazu unbedingt notwendige Rüstzeug an die Hand zu geben. Gleichzeitig sollte der Zugang zu den Beispielen so niederschwellig wie möglich sein. Die Möglichkeiten zur Visualisierung von Mathematik, die moderne mathematische Software bietet, ist eine großartige Chance, um das Verständnis für die Materie zu vertiefen. Daher wollen wir aufzeigen, wie diese Chance einfach genutzt werden kann.

Für die Teile 1–5 des Buchs, in denen die Analysis und Lineare Algebra behandelt werden, ist die Wahl auf die Programmierumgebung MATLAB® (MATrix LABoratory) gefallen. Viele Studierende haben über ihre Hochschulen Zugang zu Lizenzen für diese Software oder können eine günstige Studierenden-Lizenz erwerben. Es ist allerdings auch möglich, kostenlos erhältliche Implementierungen der MATLAB®-Programmiersprache, wie zum Beispiel *Octave* zu verwenden.

Im Gegensatz zu einem CAS arbeitet MATLAB® im Kern rein numerisch, also nur mit konkreten Zahlenwerten. Dies ist gepaart mit einer einfachen, aber leistungsfähigen Programmiersprache, die sich eng an mathematische Formulierungen anlehnt. In den letzten zwei Jahrzehnten hat sich MATLAB® zu einem führenden Werkzeug in der Mathematik und besonders auch in technischen Anwendungen entwickelt.

Im Teil 6, der sich mit Statistik und Wahrscheinlichkeitstheorie befasst, haben wir das Software System R gewählt. Es ist kostenlos aus dem Web herunterzuladen und wird an fast allen Hochschulen und Universitäten eingesetzt. R ist ein Open Source System, das dem Benutzer einerseits einen schier unermesslichen Vorrat an wichtigen Funktionen bereitstellt und andererseits einen komfortablen Einstieg in die individuelle und kreative Programmierung ermöglicht und somit die Vorteile einer *echten* Programmiersprache bietet. Wichtige Schnittstellen zu anderen Systemen wie Officepaketen, Datenbanken sowie zu einer Vielzahl moderner IT-Verfahren wie z. B. Data-Mining und ein leistungsfähiges Graphiksystem sind vorhanden. R verbindet die Möglichkeiten der mathematischen Programmierung mit dem breiten Spektrum der kommerziellen statistischen Anwendersoftware wie SAS oder SPSS. Der Anwender von R kann mit minimalem Programmieraufwand Daten aus diversen Quellen importieren, aufarbeiten und analysieren, statistische Modelle wählen und modifizieren und so statistische Inferenz betreiben. Er bleibt nicht darauf angewiesen, nur das nutzen zu können, was die Software ihm vorschlägt, sondern bleibt immer Herr des Verfahrens. Auch dies ein Grund, warum R akademischer Standard im Statistikbereich geworden ist.

Das Verzeichnis auf S. XXV listet sämtliche Vertiefungen mit MATLAB®- und R-Programmen und Hinweisen dazu auf. Diese Vertiefungen bauen aufeinander auf, spätere Boxen greifen Techniken auf, die in den früheren Boxen erläutert wurden. Ergänzt werden die Vertiefungen durch Programmieraufgaben, die wir bei einigen Kapiteln angefügt haben. Alle Programme und die Lösungen der Programmieraufgaben stehen auf der Website zum Buch zum Download bereit.

1.4 Ratschläge zum Studium der Höheren Mathematik

Wie lernt man Mathematik? Leider ist diese Frage nicht universell zu beantworten. Jeder Mensch hat seine typischen Lernmethoden, wir können Ihnen nur Ratschläge geben, die unserer Erfahrung entspringen.

Vermutlich beschäftigt Sie als Studienanfänger zuerst auch eine ganz andere Frage: Muss man Mathematik lernen?

Wir vermuten, dass Sie in der Schule gute Zensuren in Mathematik hatten, und dafür auch nicht viel tun mussten. Leider – vielleicht sollte man besser sagen *zum Glück* – ist die Situation an der Uni anders. Jetzt sollten Sie sich daran gewöhnen, Mathematik lernen zu müssen. Aber das ist auch gut so, es wäre ja sehr langweilig, wenn Mathematik so einfach wäre.

Gewöhnen Sie sich schnell ans Lernen. Beginnen Sie am besten nach der ersten Vorlesung zur Höheren Mathematik, und bleiben Sie stets am Ball, es ist sehr schwierig, verlorenen Stoff nachzuholen.

Auf der linken Seite geben wir Ihnen Ratschläge, was Sie zu Ihrem Studienbeginn zur Höheren Mathematik beachten sollten. Diese Hinweise sollen Ihnen eine Hilfe sein, Ihre eigene Lernmethode zu finden. Dazu wünschen wir Autoren Ihnen Geduld und Erfolg und hoffen, dass Sie einen motivierenden Eindruck von der Vielfalt und der Eleganz der Mathematik bekommen.

Logik, Mengen, Abbildungen – die Sprache der Mathematik

2

Was sind Aussagen?

Wie lassen sich Zusammenhänge zwischen Objekten formal beschreiben?

Wozu braucht man Mengen?

Was ist der Unterschied zwischen rationalen und reellen Zahlen?

Ergänzende Information Die elektronische Version dieses Kapitels enthält Zusatzmaterial, auf das über folgenden Link zugegriffen werden kann https://doi.org/10.1007/978-3-662-64389-1_2.

T. Arens et al., *Mathematik*, https://doi.org/10.1007/978-3-662-64389-1_2

Wer eine neue Sprache lernen will, benötigt ein gewisses Grundvokabular, um sich einigermaßen zurechtzufinden und seine Kenntnisse auf dieser Basis weiter auszubauen. In einer Fremdsprache sind das viele hundert, ja eher mehrere tausend Vokabeln. In der Mathematik kommt man für den Anfang mit sehr viel weniger *Wörtern* aus.

Viel ist dabei schon gewonnen, wenn man lernt, gewohnte Begriffe exakt zu verwenden und präzise Formulierungen lesen und verstehen zu können. Das mag simpel klingen, macht aber am Anfang oft Schwierigkeiten. Die saubere Handhabung der Sprache führt über Abstraktion zur Aussagenlogik, und diese wiederum ist die Grundlage der gesamten Digitalelektronik und damit der Grundstein der heutigen Informationsgesellschaft.

Natürlich ist präzises Formulieren alleine zu wenig, man muss auch wissen, worüber man überhaupt sprechen soll. Viele Begriffsbildungen in der Mathematik beruhen auf Mengen und Abbildungen, und diesen werden wir gebührenden Raum widmen.

Äußerst bekannte Mengen sind solche von Zahlen. Sicher spielen Zahlen in der Mathematik eine wichtige Rolle, die Bedeutung des bloßen Zahlenrechnens wird von Außenstehenden allerdings meist überschätzt. Es ist demnach auch weniger das konkrete Rechnen, das uns hier bei der Betrachtung der Zahlen interessiert. Es sind vielmehr die inneren Strukturen und allgemeinen Eigenschaften, die sie haben – der Beginn eines Analyseprozesses, der uns im Laufe dieses Buches bis zu den Hilberträumen der Funktionalanalysis und darüber hinaus führen wird.

2.1 Eine beweisende Wissenschaft

Zwei entscheidende Konzepte in der Mathematik sind *Sätze* und *Beweise*. Schon im Einleitungskapitel wurde darauf hingewiesen – nun wollen wir diesen Themenbereich vertiefen und mit Leben füllen. Um zu demonstrieren, wie ein Beweis funktionieren kann und was es dabei zu beachten gilt, machen wir einen kurzen Abstecher in die elementare Geometrie.

In rechtwinkligen Dreiecken nennt man die am rechten Winkel anliegenden Seiten die *Katheten*, die ihm gegenüberliegende Seite die *Hypotenuse*. Der *Satz des Pythagoras* besagt nun (salopp formuliert):

In jedem ebenen rechtwinkligen Dreieck ist die Summe der Quadrate der Katheten gleich dem Quadrat der Hypotenuse.

Abbildung 2.1 zeigt ein allgemeines rechtwinkliges Dreieck. Hier gilt $a^2 + b^2 = c^2$.

Diese Tatsache war schon den Babyloniern und in anderen Hochkulturen, etwa dem dynastischen Ägypten bekannt. Doch der entscheidende Sprung geschah im antiken Griechenland – die Geburt der Mathematik als beweisende Wissenschaft.

Pythagoras begnügte sich nicht damit, den obigen Sachverhalt als empirische Tatsache hinzunehmen, im Sinne von „bis man ein Gegenbeispiel findet, nehmen wir an, es stimmt". Er suchte

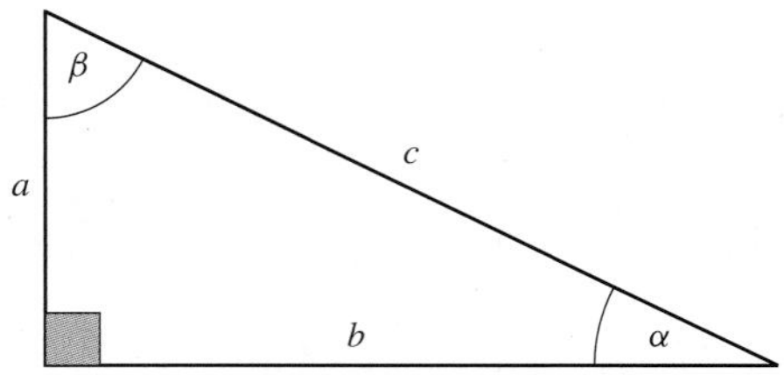

Abb. 2.1 Ein allgemeines rechtwinkliges Dreieck mit den Katheten a, b und der Hypotenuse c

und fand einen Beweis, in dem mit logischen Argumenten gezeigt wird, dass der Lehrsatz in der Tat *immer* gilt und niemand jemals ein Dreieck finden wird, das die Voraussetzungen erfüllt und sich trotzdem anders verhält.

Für einen solchen Beweis nehmen wir vier gleichartige, nur jeweils entsprechend gedrehte Exemplare des allgemeinen rechtwinkligen Dreiecks und setzen sie so zusammen, dass man ein großes Quadrat wie in Abb. 2.2 erhält.

Dabei stellen wir fest, dass das Viereck, das dabei im Inneren entsteht, wieder ein Quadrat ist. Da die Winkelsumme in jedem Dreieck 180° beträgt, ergänzen sich die beiden an einer Ecke anliegenden Winkel, wie in Abb. 2.3 dargestellt, jeweils zu 90°.

Die Seitenlänge des großen Quadrats ist $a + b$, seine Fläche beträgt damit

$$A_Q = (a + b)^2 = a^2 + 2ab + b^2.$$

Nun wissen wir, dass dieses Quadrat aus vier Dreiecken mit der Fläche

$$A_\Delta = \frac{ab}{2}$$

und einem kleinen Quadrat mit der Seitenlänge c, also der Fläche

$$A_q = c^2,$$

besteht. Da sich die Fläche des Quadrats nicht ändern darf, egal, nach welcher Methode sie gerade berechnet wird, muss gelten

$$A_Q = 4A_\Delta + A_q,$$

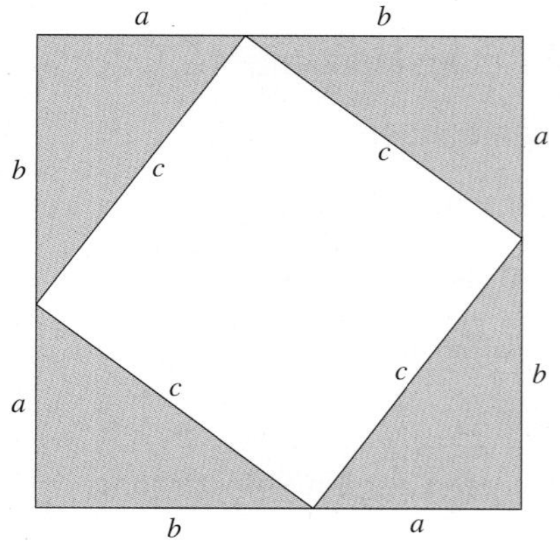

Abb. 2.2 Ein Quadrat, gebildet aus vier gleichartigen rechtwinkligen Dreiecken

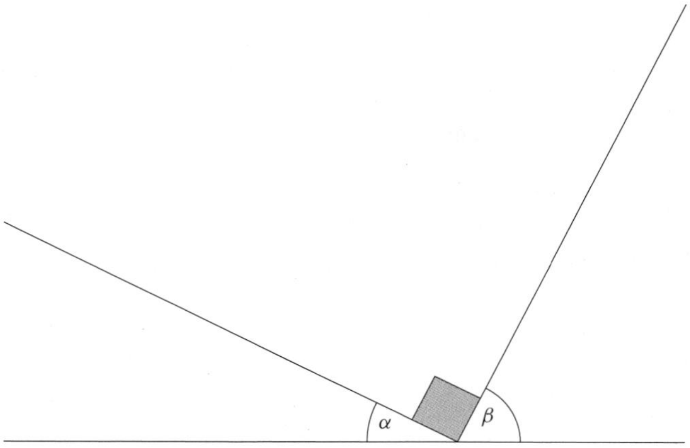

Abb. 2.3 Beim Aneinanderlegen der Dreiecke entstehen wieder rechte Winkel und damit im Inneren ein Quadrat

Abb. 2.4 Ein umfangreicherer Beweis, wie er gelegentlich in Mathematikvorlesungen an der Tafel steht

oder, wenn man die jeweiligen Flächenformeln einsetzt,

$$a^2 + 2ab + b^2 = 2ab + c^2.$$

Den Term $2ab$ kann man natürlich auf beiden Seiten subtrahieren, man erhält dann als Resultat

$$a^2 + b^2 = c^2.$$

Da die Seitenlängen a, b und c nicht näher festgelegt sind, gilt der Beweis für *jedes* ebene rechtwinklige Dreieck.

Pythagoras, so erzählt die Legende, opferte den Göttern hundert Ochsen, nachdem ihm der Beweis gelungen war – und, so heißt es, seitdem zittern alle Ochsen immer dann, wenn eine neue Wahrheit ans Licht kommt.

Wir lassen die Ochsen am Leben und betrachten lieber nochmals kritisch unser Beispiel, besonders bezüglich der Voraussetzungen:

- Wir sind ausgegangen von einem *ebenen* Dreieck. Sobald die Ebene verlassen wird, etwa in gekrümmten Räumen, bricht der Beweis zusammen, denn dann ist etwa das Argument mit den sich zu 90° ergänzenden Winkeln nicht mehr gültig.
- Schon unsere Formulierung des Satzes war schlampig: Statt „Summe der Quadrate der Katheten“ hätten wir beispielsweise präziser „Summe der Flächeninhalte der Quadrate über den Katheten“ schreiben sollen. Verwendete Begriffe sollen so genau wie möglich geklärt werden.
- Bereits vor der Beweisführung müssen wir – selbst wenn es trivial wirkt – wissen, was ein Dreieck überhaupt ist, was Winkel und insbesondere rechte Winkel sind. So klar das auch erscheinen mag, selbst in scheinbar einfachen Fällen kann es verborgene Tücken geben.
- Wir müssen davon ausgehen, dass wir die Flächenformeln für Quadrat und rechtwinkliges Dreieck kennen – dazu muss zunächst einmal geklärt sein, was überhaupt ein Flächeninhalt ist.
- Für die Umformung der Gleichung müssen wir wissen, ob diese Operation auch erlaubt ist. Man spricht in diesem Fall von *Äquivalenzumformungen*.
- Wir müssen davon ausgehen, dass wir die logische Argumentation, etwa „da die beiden Flächen gleich groß sind ...“ richtig führen.

Als kritische Punkte erweisen sich also: Was sind die *Objekte*, über die wir sprechen, welche *Voraussetzungen* oder „Spielregeln“ haben wir generell zu beachten, wie formulieren wir auf korrekte Weise möglichst weitreichende *Aussagen* und wie beweisen wir sie mit den Mitteln der *Logik*?

Diese Fragen geben folgerichtig auch das Programm für den Rest dieses Kapitels vor, ergänzt mit einigen weiteren wichtigen Begriffen.

2.2 Grundbegriffe der Aussagenlogik

Die **Aussagenlogik** ist ein Grundpfeiler der modernen Mathematik. Diese Erkenntnis ist noch nicht sehr alt. Erst zu Beginn des zwanzigsten Jahrhunderts wurde klar, dass letztlich nahezu alle mathematischen Sachverhalte *Aussagen* sind und mit den Mitteln der Aussagenlogik, die als eigene Disziplin bereits seit der Antike bestand, behandelt werden können.

Für uns entscheidend ist dabei vor allem eines:

Grundprinzip der Logik

In der Logik, ja generell bei der Formulierung mathematischer Sachverhalte, müssen alle verwendeten Ausdrücke eine klare, scharf definierte Bedeutung haben.

Diese *harte* Handhabung steht in klarem Gegensatz zur Alltagssprache, in der viele Dinge absichtlich oder unabsichtlich mehrdeutig sind und wo man sich hinterher oft mit „aber das hatte ich doch ganz anders gemeint ...“ aus der Affäre ziehen kann. Gerade das wollen wir hier eben nicht zulassen, bei jedem Satz sollen sowohl Voraussetzungen als auch Aussagen klar und präzise sein.

Dies hat natürlich weitreichende Konsequenzen. So darf man bei einem derartigen mathematischen Satz üblicherweise kein einziges Wort weglassen, dazunehmen oder verändern. Insbesondere der Versuchung, die Voraussetzungen verkürzt, und damit fast immer verfälscht, zu formulieren oder gar wegzulassen, muss man des Öfteren widerstehen.

Aussagen sind die Grundlage mathematischer Formulierungen

Grundvoraussetzung für eindeutige Formulierungen ist es einerseits, alle irgendwo vorkommenden Begriffe sauber zu *definieren* – damit werden wir uns in Abschn. 2.3 noch auseinandersetzen. Andererseits aber, und das ist unser dringlichstes Anliegen, müssen wir klarstellen, was *Aussagen* überhaupt sind und wie man sie handhabt:

Definition des Begriffs Aussage

Eine **Aussage** ist ein feststellender Satz, dem eindeutig einer der beiden **Wahrheitswerte** *wahr* oder *falsch* zugeordnet werden kann.

Beispiel Bei Aussagen kann es sich um Feststellungen aus dem Gebiet der Mathematik handeln, etwa

$$(a+b)^2 = a^2 + 2\,a\,b + b^2 \quad \text{für beliebige Zahlen } a \text{ und } b$$

oder

$$|\sin x| \leq 1 \quad \text{für alle reellen Zahlen } x.$$

Genauso gut sind aber auch andere Aussagen möglich, z. B. „der 1. Januar der Jahres 1492 fiel auf einen Donnerstag“ oder „der Himmel ist blau“. ◄

Bei alltäglichen Sätzen wie etwa „dieses Bild ist schön“ ist es oft schwer oder gar unmöglich, einen eindeutigen Wahrheitswert zuzuordnen. Streng genommen handelt es sich dabei nicht um Aussagen im Sinne der Logik. Keine Aussagen sind auf jeden Fall Fragen, Befehle oder Satzfragmente.

Selbstfrage 1

Welchen der folgenden Ausdrücke sind Aussagen?

1. Fünf ist eine ungerade Zahl.
2. Alle Schwäne sind weiß.
3. Fünf ist eine gerade Zahl.
4. Stimmt das überhaupt?
5. ... und überhaupt und sowieso.
6. Gib das her!

Zur Formulierung mathematischer Aussagen werden oft *Symbole* eingesetzt. Tatsächlich ist die intensive Verwendung von Symbolen ein am Anfang oft abschreckender Zug der Mathematik.

Doch Symbole ermöglichen eine effiziente Beschreibung vieler Sachverhalte, und oft sind sie die einzige Möglichkeit, eine Aussage übersichtlich zu formulieren.

In der Mathematik wird üblicherweise nur eine kleine Zahl von Symbolen benutzt. Und das ist gut so – denn ansonsten würde man eine überladene und unübersichtliche Notation erhalten. Das bedeutet aber auch, dass ein Symbol je nach Zusammenhang für verschiedene Dinge stehen kann.

Beispiel Das simple Zeichen „0“ kann zum Beispiel – je nach Zusammenhang – die Zahl Null, den Nullvektor, eine identisch verschwindende Funktion, die Nullmatrix oder allgemein das neutrale Element einer additiv geschriebenen Gruppe bedeuten, und damit sind die Möglichkeiten bei Weitem noch nicht erschöpft.

In manchen Fällen kann hier eine zusätzliche Kennzeichnung, etwa Fettdruck bei Vektoren, ein wenig helfen, aber auch damit ist das Problem nicht aus der Welt geschafft. Man muss sich von Fall zu Fall überlegen, was die unschuldig aussehende Null in diesem Zusammenhang bedeuten soll. ◄

Das ist kein Widerspruch zur oben verlangten Eindeutigkeit der Begriffe, bedeutet aber natürlich zusätzliche Verantwortung sowohl für Autoren als auch für Leser. Notgedrungen ist es die Aufgabe desjenigen, der einen mathematischen Text verfasst, sicherzustellen, dass bei jedem Symbol klar ist, was es in diesem Kontext bedeutet. Umgekehrt hat aber auch derjenige, der den Text liest, einen nicht minder wichtigen Auftrag.

Lesen von Symbolen

Bei jedem in einer mathematischen Aussage, etwa einer Formel, vorkommenden Symbol muss man sich bewusst machen, was dieses Symbol hier bedeutet, um die Aussage verstehen und verwenden zu können.

Man kann Aussagen mittels Junktoren zu neuen Aussagen verbinden; die wichtigsten sind *nicht*, *und* und *oder*

Meist ist man nicht nur an einzelnen Aussagen interessiert, sondern will sie irgendwie verknüpfen. Das geschieht auf ganz ähnliche Weise wie in der Alltagssprache mit Bindewörtern wie *nicht*, *und* oder *oder*. In der formalen Logik nennt man diese Bindewörter **Junktoren**. In ihrer Handhabung gibt es ab und zu gewisse Feinheiten zu beachten.

Diese werden wir nun der Reihe nach diskutieren. Um unsere Notation knapp und übersichtlich zu halten, werden wir Aussagen oft durch einen einzelnen Großbuchstaben, etwa A, B, C, kennzeichnen.

Eines der wichtigsten Dinge überhaupt, die man mit einer Aussage tun kann, ist, sie zu verneinen, also sie gewissermaßen umzukehren. Die **Negation** (NICHT-Verknüpfung) einer Aussage A wird durch „$\neg A$" gekennzeichnet. In manchen Büchern wird stattdessen auch die Notation $\sim A$ oder $\overline{A}$ verwendet.

Wie man es gewohnt ist, ist $\neg A$ dann falsch, wenn A wahr ist und umgekehrt. Dies kann man auch so ausdrücken: $\neg A$ ist *genau* dann falsch, wenn A wahr ist.

Da wir es bald mit komplizierteren Junktoren zu tun haben werden, führen wir schon jetzt ein praktisches Hilfsmittel ein – die **Wahrheitstafel**. Mit ihrer Hilfe kann man derartige Sachverhalte auf übersichtliche Weise darstellen. Links stehen alle möglichen Kombinationen der *Eingangsvariablen*, rechts die entsprechenden Ausgangswerte. *Wahr* und *Falsch* werden dabei einfach durch w und f abgekürzt.

In diesem Fall gibt es nur eine Eingangsvariable, wodurch die Wahrheitstafel noch sehr übersichtlich bleibt.

A	$\neg A$
w	f
f	w

Beispiel Die Negation von „heute regnet es" wäre „heute regnet es nicht". Widerstehen sollte man allerdings der Versuchung, als Verneinung etwa „heute scheint die Sonne" anzugeben, denn es könnte ja auch einfach bewölkt sein, schneien oder dichten Nebel geben.

Die Negation von „$x < 5$" darf man hingegen tatsächlich als „$x \geq 5$" schreiben, denn beim Vergleichen von reellen Zahlen gibt es nur drei Möglichkeiten – kleiner, größer oder gleich. Wenn die erste nicht zutrifft, dann muss eine der beiden anderen wahr sein. ◀

Ebenso wichtig wie eine einzelne Aussagen zu verneinen ist es, zwei Aussagen A und B zu einer neuen „A und B" zu verbinden. Dabei soll wie gewohnt gelten, dass „A und B" *nur* dann wahr ist, wenn sowohl A als auch B für sich wahr sind: „Die Sonne scheint und wir haben frei" kann eben nur stimmen, wenn auch

Abb. 2.5 Dass es nicht regnet, bedeutet noch lange nicht, dass auch die Sonne scheint

wirklich beides erfüllt ist; sobald eine der beiden Teilaussagen falsch ist, ist es auch die Gesamtaussage.

Den entsprechenden Junktor nennt man **Konjunktion** (UND-Verknüpfung), er wird üblicherweise durch das Zeichen „$\wedge$" dargestellt. Als Merkhilfe, die Spitze zeigt wie beim „A" von AND nach oben. Die Wahrheitstafel hat bereits vier Zeilen, entsprechend der möglichen Kombinationen von Wahrheitswerten.

A	B	$A \wedge B$
w	w	w
w	f	f
f	w	f
f	f	f

Kommentar Man sieht bereits den großen Nachteil der Wahrheitstafeln – für viele Eingangsvariablen explodieren sie regelrecht. Bei 3 Eingangsvariablen bräuchte man 8 Zeilen, bei 4 wären es 16 und bei 10 schon 1 024. ◀

Eine weitere Möglichkeit, zwei Aussagen zu verbinden ist mittels *oder*. Dabei muss man aber beachten, dass im Sprachgebrauch *oder* zwei verschiedene Bedeutungen haben kann. Es wird nämlich sowohl ein- als auch ausschließend verwendet.

Beispiel „Wir suchen eine Fachkraft mit Englisch- oder Französischkenntnissen" bedeutet üblicherweise nicht, dass jemand abgelehnt würde, der Englisch *und* Französisch beherrscht. „Die Maschine läuft oder sie tut es nicht" hingegen ist ausschließend – nur einer der beiden Fälle kann eintreten. ◀

In der Logik wird das Oder einschließend, also im Sinne eines *und/oder* verwendet. Der entsprechende Junktor heißt **Disjunktion** (ODER-Verknüpfung), symbolisiert durch ein „$\vee$". Eine Merkregel für humanistisch Gebildete ist, dass die Spitze wie beim v des lateinischen *vel* nach unten zeigt. $A \vee B$ ist also dann wahr, wenn zumindest eine der beiden Aussagen A und B wahr ist.

A	B	$A \vee B$
w	w	w
w	f	w
f	w	w
f	f	f

Doch nicht nur die fixe Festlegung auf ein einschließendes Oder unterscheidet die logischen Junktoren von ihren umgangssprachlichen Gegenstücken. So verbinden wir mit den Worten *und* bzw. *oder* oft einen zeitlichen oder gar kausalen Zusammenhang. Ein solcher Aspekt fehlt in der Aussagenlogik völlig.

Beispiel So gibt es in der Alltagssprache einen feinen Unterschied zwischen „Otto wurde krank und der Arzt verschrieb ihm Medikamente" und „Der Arzt verschrieb ihm Medikamente und Otto wurde krank".

Im Rahmen der Aussagenlogik gibt es zwischen diesen beiden Sätzen hingegen keinerlei Unterschied. ◄

Auch Implikation und Äquivalenz sind wichtige Junktoren

Natürlich gibt es noch weitere Möglichkeiten, zwei Aussagen zu verknüpfen. Eine der wichtigsten sind Folgerungen der Art „wenn A, dann B". *Wenn A wahr ist, so gilt auch B.*

Die **Implikation** (WENN-DANN-Verknüpfung, auch als **Subjunktion** bezeichnet) wird durch einen Doppelpfeil nach rechts dargestellt und soll genau das leisten. Allerdings geht man bei ihrer Definition einen auf den ersten Blick recht seltsamen Weg. $A \Rightarrow B$ ist nur dann falsch, wenn A wahr und B falsch ist. Ist also A von vornherein falsch, dann ist die *Gesamtaussage* $A \Rightarrow B$ immer wahr.

A	B	$A \Rightarrow B$
w	w	w
w	f	f
f	w	w
f	f	w

Diese Definition ist für die meisten anfangs recht kontraintuitiv. Ein wenig anschaulicher wird diese Konvention vielleicht durch folgendes Beispiel.

Beispiel Wir untersuchen das Produkt zweier ganzer Zahlen m und n und betrachten die Implikation „Für alle natürlichen Zahlen m und n gilt: Wenn m gerade ist, dann ist auch das Produkt $m \cdot n$ gerade". In unserer Notation liest sich das als

$$A: \text{„}m \text{ ist gerade“},$$
$$B: \text{„}m \cdot n \text{ ist gerade“}$$

Zu untersuchen haben wir die Aussage, dass für alle natürlichen Zahlen $A \Rightarrow B$ gilt.

Für n gibt es keine Einschränkungen, diese Zahl kann gerade oder ungerade sein. Wir haben vier mögliche Fälle zu unterscheiden.

1. m und n sind beide gerade. Gerade Zahlen kann man in der Form $m = 2\,k$, $n = 2\,l$ schreiben, wobei k und l immer noch ganze Zahlen sind. Für das Produkt erhalten wir
$$m \cdot n = 2\,k \cdot 2\,l = 4\,k\,l = 2 \cdot \underbrace{(2\,k\,l)}_{\text{ganze Zahl}},$$
was sicher wieder eine gerade Zahl ist. Sowohl Bedingung A als auch Folgerung B sind wahre Aussagen.
2. m ist weiterhin gerade, n hingegen ungerade und kann als $n = 2\,l + 1$ mit einer ganzen Zahl l geschrieben werden:
$$m \cdot n = 2\,k \cdot (2\,l + 1) = 4\,k\,l + 2\,k = 2 \cdot \underbrace{(2\,k\,l + k)}_{\text{ganze Zahl}}$$
Das Produkt ist wieder eine gerade Zahl. Auch hier sind sowohl Bedingung A als auch Folgerung B wahre Aussagen.
3. Nun betrachten wir den umgekehrten Fall, dass m ungerade und n gerade ist:
$$m \cdot n = (2\,k + 1) \cdot 2\,l = 4\,k\,l + 2\,l = 2 \cdot \underbrace{(2\,k\,l + l)}_{\text{ganze Zahl}}$$
Wieder erhalten wir eine gerade Zahl. Nun war die Bedingung A falsch, die Folgerung B hingegen weiterhin wahr.
4. Übrig bleibt noch der Fall, dass m und n ungerade sind,
$$\begin{aligned} m \cdot n &= (2\,k + 1) \cdot (2\,l + 1) = 4\,k\,l + 2\,k + 2\,l + 1 \\ &= 2 \cdot \underbrace{(2\,k\,l + k + l)}_{\text{ganze Zahl}} + 1, \end{aligned}$$
und nun haben wir ein ungerades Ergebnis erhalten. Hier sind also sowohl Bedingung A als auch Folgerung B falsch.

Wenn A wahr war, dann war auch B wahr; bei falschem A waren beide Fälle möglich. Für die Implikation $A \Rightarrow B$ haben wir in allen Fällen *wahr* erhalten – die Aussage ist also richtig. ◄

Kommentar In der Aussagenlogik gilt das Prinzip *ex falso quodlibet* – aus Falschem folgt Beliebiges. Mit einer einzigen falschen Grundannahme kann man also, zumindest prinzipiell, jede beliebige Aussage beweisen. Der Legende nach war einer der Altmeister der mathematischen Logik, je nach Quelle Russel oder Whitehead, unvorsichtig genug, diese Tatsache einem befreundeten Journalisten gegenüber zu erwähnen – woraus sofort die Aufgabe folgte: „Gut, dann beweis' doch, dass, wenn $1 + 1 = 3$ ist, du der Papst bist." Kurzes Nachdenken, dann der Konter: „Nun, $1+1 = 3$. Davon ziehe ich eins ab, also ist $1 = 2$

bzw. $2 = 1$. Zwei sind also eins, der Papst und ich sind zwei, wir sind eins – demnach bin ich der Papst."

Hier ist die Ungültigkeit des Schlusses offensichtlich. Gerade als Anfänger neigt man in der Mathematik aber tatsächlich gerne dazu, aus einer Folgerung $A \Rightarrow w$ zu schließen, dass auch A wahr ist. Das ist unzulässig!

Aus den beiden Aussagen „Alle Menschen sind exzellente Schachspieler" und „Kasparov ist ein Mensch" kann man sofort schließen, dass Kasparov ein exzellenter Schachspieler ist. Die erste Aussage ist jedoch sehr fragwürdig, und nur durch die Ableitung eines gültigen Schlusses hat man sie noch lange nicht bewiesen. ◀

Weiter möchte man gerne eine Art Gleichheitsbegriff für Aussagen zur Verfügung haben und definiert dazu die **Äquivalenz** (GENAU-DANN-WENN-Verknüpfung). Sie wird durch einen Doppelpfeil $\Leftrightarrow$ zwischen den Aussagen symbolisiert. $A \Leftrightarrow B$ wird gelesen als „genau dann A, wenn B".

Die Gesamtaussage $A \Leftrightarrow B$ ist wahr, wenn A und B entweder beide wahr oder beide falsch sind. Ist eine der beiden Aussagen wahr, die andere falsch, so ist auch $A \Leftrightarrow B$ falsch.

A	B	$A \Leftrightarrow B$
w	w	w
w	f	f
f	w	f
f	f	w

Im Zusammenhang mit der *Implikation* wollen wir eine gängige und sehr verbreitete Sprechweise vorstellen. Hat man eine wahre Aussage $A \Rightarrow B$ vorliegen, so sagt man oft, A ist **hinreichend** für B oder B ist **notwendig** für A.

Insbesondere die zweite Sprechweise ist ein wenig gewöhnungsbedürftig, letztlich aber leicht erklärbar. Wenn $A \Rightarrow B$ gilt und B bereits falsch ist, dann kann A keinesfalls mehr wahr sein. Insofern ist es tatsächlich notwendig, dass B wahr ist, damit A wahr sein kann.

Nochmal in Kurzfassung – $A \Rightarrow B$ bedeutet:

- Wenn A wahr ist, dann ist auch B wahr.
  A ist hinreichend für B
- A kann nie wahr sein, wenn B falsch ist.
  B ist notwendig für A

Sind zwei Aussagen äquivalent, so ist die eine notwendig und hinreichend für die jeweils andere.

Beispiel Um diese wichtigen Begriffe besser zu verdeutlichen, beginnen wir mit einem Fall aus dem Bereich der natürlichen Zahlen, wobei wir den Begriff der Teilbarkeit hier als bekannt voraussetzen. Dass eine Zahl m durch n teilbar ist, schreiben wir als $n \mid m$. Gesprochen wird das als „n teilt m", siehe auch Bonusmaterial „Zahlentheorie".

Abb. 2.6 Dass die Fensterscheibe zerbricht, ist notwendig dafür, dass ich einen Stein hindurchwerfe

Teilbarkeit durch zwölf ist *hinreichend* für die Teilbarkeit durch sechs. Jede Zahl, die durch zwölf teilbar ist, ist auch durch sechs teilbar:

$$(12 \mid n) \Rightarrow (6 \mid n)$$

Teilbarkeit durch drei hingegen ist *notwendig* für Teilbarkeit durch sechs:

$$(6 \mid n) \Rightarrow (3 \mid n)$$

Jede Zahl, die durch sechs teilbar sein soll, muss auch durch drei teilbar sein. In beiden Fällen gilt die Umkehrung nicht.

Noch ein Beispiel aus einem ganz anderen Bereich: Einen Stein durch eine Fensterscheibe zu werfen ist hinreichend dafür, dass die Scheibe zerbricht, aber nicht notwendig, sie könnte ja auch anders zu Bruch gehen. Andererseits ist es dafür, dass ich einen Stein hindurchwerfe, notwendig, dass die Scheibe zerbricht – ich kann den Stein auf keine Art hindurchwerfen, ohne dass das passiert.

Insbesondere am letzten Beispiel sieht man auch, dass *hinreichend* und *notwendig* von vornherein keine zeitliche oder kausale Bedeutung tragen. Wenn B eine unvermeidbare Konsequenz von A ist, dann ist B für A ebenso notwendig, wie wenn B eine unbedingt zu erfüllende Vorbedingung für A wäre. ◀

Junktoren können kombiniert werden, um komplexere Aussagen zu erhalten

Mithilfe der Junktoren können beliebig komplizierte Aussagen zusammengesetzt werden, beispielsweise

$$(A \Leftrightarrow B) \Leftrightarrow ((A \Rightarrow B) \wedge (B \Rightarrow A)). \qquad (2.1)$$

Teil I

Anwendung: Digitalelektronik und das NAND-Gatter

Die Aussagenlogik ist die Grundlage der gesamten Digitalelektronik und damit unter anderem der modernen Computertechnik. Erstaunlicherweise lassen sich beliebig komplizierte Schaltungen mit einer einzigen Art von Bauelement realisieren – dem NAND-Gatter.

Die Grundlage für das NAND-Gatter ist der entsprechende Junktor. Wir definieren das NAND $\uparrow$ über $(A \uparrow B) \Leftrightarrow \neg(A \wedge B)$ oder einfach mittels einer Wahrheitstafel

A	B	$A \uparrow B$
w	w	f
w	f	w
f	w	w
f	f	w

Nun zeigen wir, dass sich $\neg A$, $A \vee B$ und $A \wedge B$ jeweils durch eine geschickte Kombination von NANDs ausdrücken lassen. Da sich wiederum beliebige Verknüpfungen von Aussagen allein durch Negation, Konjunktion und Disjunktion beschreiben lassen, haben wir damit alles auf das NAND zurückgeführt.

- $A \uparrow A$ ist genau dann wahr, wenn A falsch ist; der Ausdruck ist also äquivalent mit $\neg A$.
- Nach Definition ist $A \uparrow B$ nur dann falsch, wenn A und B beide wahr sind. Eine einfache Negation liefert nun $A \wedge B$, und wie man eine Negation mittels NANDs ausführt, wissen wir ja schon. $A \wedge B$ ist demnach äquivalent zu $(A \uparrow B) \uparrow (A \uparrow B)$.
- Für $A \vee B$ werden wir zumindest zwei Ausdrücke X_1 und X_2 mittels NAND verbinden müssen – $X_1 \uparrow X_2$. $A \vee B$ darf nur dann falsch sein, wenn A und B beide falsch sind. Nach den Regeln für NAND dürfen X_1 und X_2 nur in diesem Fall *beide wahr* sein. Dies erhält man aber genau mittels Verneinung, also etwa mit X_1 als $A \uparrow A$ und X_2 als $B \uparrow B$. Insgesamt erhält man demnach $(A \uparrow A) \uparrow (B \uparrow B)$.

Zusammenfassend sehen wir

$$\neg A \Leftrightarrow (A \uparrow A)$$
$$A \vee B \Leftrightarrow ((A \uparrow A) \uparrow (B \uparrow B))$$
$$A \wedge B \Leftrightarrow ((A \uparrow B) \uparrow (A \uparrow B))$$

Wie gewohnt geben hier die Klammern die Reihenfolge an, in der die Ausdrücke auszuwerten sind. Die Analyse solcher Ausdrücke erfolgt ebenfalls mittels Wahrheitstafeln, wobei man gewöhnlich zuerst einmal die vorkommenden einfacheren Aussagen betrachtet. Die Wahrheitswerte der Gesamtaussage werden meist hervorgehoben, etwa durch Fettschreibung.

A	B	$(A \Leftrightarrow B)$	$\Leftrightarrow$	$((A \Rightarrow B)$	$\wedge$	$(B \Rightarrow A))$
w	w	w	**w**	w	w	w
w	f	f	**w**	f	f	w
f	w	f	**w**	w	f	f
f	f	w	**w**	w	w	w

Dass diese Aussage immer wahr ist, hat eine bemerkenswerte Konsequenz. „$A \Leftrightarrow B$“ ist gleichwertig mit „$(A \Rightarrow B) \wedge (B \Rightarrow A)$“. Daher lässt sich jede Äquivalenz $\Leftrightarrow$ durch eine geeignete Kombination von $\Rightarrow$ und $\wedge$ ersetzen. Auf ähnliche Weise gilt auch:

$$(A \vee B) \Leftrightarrow \neg(\neg A \wedge \neg B)$$
$$(A \wedge B) \Leftrightarrow \neg(\neg A \vee \neg B)$$
$$(A \Rightarrow B) \Leftrightarrow ((\neg A) \vee B)$$

Quantoren erlauben das knappe Hinschreiben von Existenz- und Allaussagen

Oft wollen wir Aussagen über ganze Klassen von Objekten machen, etwa „Zu jeder reellen Zahl x gibt es eine natürliche Zahl n, die größer ist als x“.

In den meisten Fällen werden wir dabei mit den beiden Phrasen „es gibt“ und „für alle“ völlig auskommen. Wie zumeist in der Logik lehnt sich die Bedeutung möglichst nahe an die Alltagssprache an.

Sagt man, *es gibt* ein x, das A erfüllt, so muss A für zumindest eines der in Frage kommenden Objekte wahr sein. Das ist das Kennzeichen einer **Existenzaussage**.

Beispiel Existenzaussagen sind

- „Es gibt eine gerade Zahl, die durch drei teilbar ist.“
- „Es gibt eine Möglichkeit, einen Kreis mit Zirkel und Lineal in ein flächengleiches Quadrat umzuwandeln.“
- „Es gibt Wolken, die aussehen wie Schafe.“ ◄

Wenn eine Aussage A *für alle* Objekte einer Art gelten soll, dann darf es kein erlaubtes x geben, dass A nicht erfüllt. Hier haben wir es mit einer **Allaussage** zu tun.

Übersicht: Logik – Junktoren und Quantoren

Wir fassen hier die wichtigsten Junktoren und Quantoren noch einmal kurz und übersichtlich zusammen.

Wichtige Junktoren

- $\neg$: Negation (nicht)
- $\wedge$: Konjunktion (und)
- $\vee$: Disjunktion (oder)
- $\Rightarrow$: Implikation (wenn-dann)
- $\Leftrightarrow$: Äquivalenz (genau-dann-wenn)

A	B	$\neg A$	$A \wedge B$	$A \vee B$	$A \Rightarrow B$	$A \Leftrightarrow B$
w	w	f	w	w	w	w
w	f	f	f	w	f	f
f	w	w	f	w	w	f
f	f	w	f	f	w	w

Außerdem werden gelegentlich verwendet:

$\uparrow$ (NAND): $A \uparrow B \Leftrightarrow \neg(A \wedge B)$

^{X} (XOR): $A {}^X B \Leftrightarrow ((A \vee B) \wedge \neg(A \wedge B))$

Einige wichtige logische Äquivalenzen

$$(A \Leftrightarrow B) \Leftrightarrow ((A \Rightarrow B) \wedge (B \Rightarrow A))$$
$$(A \Rightarrow B) \Leftrightarrow ((\neg A) \vee B)$$
$$(A \vee B) \Leftrightarrow \neg(\neg A \wedge \neg B)$$
$$(A \wedge B) \Leftrightarrow \neg(\neg A \vee \neg B)$$

Weitere Grundregeln der Logik

- Abtrennregel: $(A \wedge (A \Rightarrow B)) \Rightarrow B$
- Indirekter Schluss: $(A \Rightarrow B) \Leftrightarrow (\neg B \Rightarrow \neg A)$

Quantoren

- $\exists$: Existenzquantor (es gibt ein ...)
- $\forall$: Allquantor (für alle ...)

Verneinen von Quantoren

- $\neg(\forall x : A(x))$ ist äquivalent zu $\exists x : \neg A(x)$
- $\neg(\exists x : A(x))$ ist äquivalent zu $\forall x : \neg A(x)$

Beispiel Allaussagen sind

- „Alle Primzahlen, die größer sind als zwei, sind ungerade."
- „Alle Dreiecke sind gleichseitig."
- „Alle Mathematiker sind schlecht im Kopfrechnen." ◄

Für Existenz- und Allaussagen gibt es eine formale Schreibweise, die wir wegen ihrer weiten Verbreitung an dieser Stelle erwähnen wollen, die wir in diesem Buch aber nicht benutzen werden. Diese Schreibweise macht Gebrauch von **Quantoren**, die die Gültigkeit von Aussagen *quantifizieren* sollen.

Die beiden wichtigsten sind

- **Existenzquantor** $\exists$
  „$\exists x : A(x)$" ist gleichbedeutend mit
  „*Es existiert* ein x, für das $A(x)$ wahr ist".
- **Allquantor** $\forall$
  „$\forall x : A(x)$" ist gleichbedeutend mit
  „*Für alle* x ist $A(x)$ wahr".

Achtung Eine Existenzaussage von der Form „Es gibt ein x, für das A gilt" bedeutet, dass *zumindest* ein derartiges x existiert. A darf aber auch für mehrere oder sogar alle möglichen x wahr sein. Meinen wir, dass es *genau ein* entsprechendes Objekt geben soll, also *eines und nur eines*, so müssen wir das auch dazusagen. Wie auch überall sonst in Mathematik und Logik müssen wir die Sprache ernst nehmen und sauber einsetzen. ◄

Quantoren samt Variablen kann man nun miteinander und mit Junktoren zu vielfältigen Aussagen zusammensetzen. Sehr oft hat man es dabei auch mit dem Fall zu tun, dass mehrere Quantoren verschachtelt sind. Dadurch kommt es zu Abhängigkeiten, die unbedingt zu beachten sind.

Beispiel Wir betrachten die Aussage „Zu jeder reellen Zahl x gibt es eine natürliche Zahl n, die größer als x ist". Hier haben wir zunächst eine Allaussage, der eine Existenzaussage folgt. Die Gesamtaussage ist in diesem Fall wahr.

Würde man einfach naiv die Quantoren umstellen, so erhielte man „Es gibt eine natürliche Zahl n, die größer ist als jede reelle Zahl x". Das ist eine ganz andere Aussage als vorhin. In diesem Fall ist sie zudem falsch.

Die Reihenfolge der Quantoren spielt hier, wie fast immer, eine entscheidende Rolle. ◄

Abb. 2.7 Die Verneinung von „alle Raben sind schwarz" kann man ausdrücken als: „Es gibt einen Raben, der nicht schwarz ist." Genau genommen handelt es sich hier allerdings um eine Nebelkrähe ...

Existenz- und Allaussagen lassen sich auch verneinen, dabei ändert sich ihr Charakter von Grund auf. Sagen wir, eine Aussage A trifft nicht auf alle x zu, so muss es zumindest ein x *geben*, für das A nicht gilt. Umgekehrt, verneinen wir, dass es ein x gibt, für das A gilt, muss A *für alle* x falsch sein.

Kurz, *die Verneinung einer Allaussage ist eine Existenzaussage, die Verneinung einer Existenzaussage ist eine Allaussage.* In formaler Notation liest sich das als:

$$\begin{aligned} \neg\,(\forall x : A(x)) \quad &\text{ist äquivalent zu} \quad \exists x : \neg A(x) \\ \neg\,(\exists x : A(x)) \quad &\text{ist äquivalent zu} \quad \forall x : \neg A(x) \end{aligned}$$

Anwendungsbeispiel

- Wir verneinen die Allaussage „Alle Raben sind schwarz". Dafür erhalten wir zunächst „Nicht alle Raben sind schwarz" und aufgelöst „Es gibt einen Raben, der nicht schwarz ist".
- Wir verneinen die Aussage „Es gibt einen Hund, der alle Menschen beißt". Hier haben wir es mit einer Existenzaussage zu tun, von der eine Allaussage abhängt. Zunächst einmal können wir die Verneinung natürlich schlicht als „Es gibt keinen Hund, der alle Menschen beißt" formulieren.
  Nun machen wir die Verneinung der Existenzaussage explizit und erhalten „Für alle Hunde gilt, dass sie nicht alle Menschen beißen". Nun können wir auch die Verneinung der ursprünglichen Allaussage durchführen – „Für alle Hunde gilt, dass es einen Menschen gibt, den sie nicht beißen". Eleganter formuliert, „Zu jedem Hund gibt es einen Menschen, den er nicht beißt".
  Formal könnte man die ursprüngliche Aussage mit H für Hund und M für Mensch als
  $$\exists H\, \forall M : H \text{ beißt } M$$
  schreiben. Für die Verneinung erhält man letztlich
  $$\forall H\, \exists M : \neg\,(H \text{ beißt } M)\,.$$
  ◀

2.3 Definition, Satz, Beweis

Wir stellen nun im Einzelnen die wichtigsten Bausteine und Schritte im Formulieren mathematischer Sachverhalte vor. Selbst, wenn man Mathematik vor allem von der Seite des Anwenders sieht, ist es dennoch wichtig, von diesen Strukturen eine gewisse Vorstellung zu haben.

Axiome und Definitionen geben den Rahmen vor, innerhalb dessen sich eine mathematische Disziplin bewegt

Axiome, nach älterer Sprechweise auch *Postulate*, sind bestimmte Aussagen, die von vornherein als wahr vorausgesetzt werden und damit das grundlegende Fundament darstellen, auf dem mathematische Theorien aufbauen. Sie können nicht bewiesen werden – daher soll es sich bei Axiomen um solche Aussagen handeln, die jedem einleuchtend erscheinen.

Verständlicherweise versucht man, die Zahl der Axiome einer Theorie möglichst gering zu halten, und es kann passieren, dass das Ersetzen eines einzelnen Axioms durch ein anderes zu einer deutlich anderen Theorie führt. Ein bekanntes Beispiel ist die Mengenlehre (siehe Abschn. 2.4), von der es eigentlich viele Varianten gibt, je nachdem, ob man etwa das Wohlordnungsaxiom oder die Kontinuumshypothese (siehe Bonusmaterial) als wahr oder als falsch voraussetzt.

Wenn die Axiome gewissermaßen das Spielfeld abstecken und die wichtigsten Grundregeln angeben, ist doch noch immer nicht klar, wer die Spieler sind und wie der Ball aussieht – wenn es überhaupt einen gibt. In diese Bresche springen die Definitionen.

Denn während meist (aber bei weitem nicht immer!) klar ist, wovon alltägliche Aussagen handeln, sieht die Sache in einer so exakten Disziplin wie der Mathematik ganz anders aus. Natürlich sind viele mathematische und geometrische Begriffe eng an Alltagserfahrungen angelehnt.

Dennoch muss man schon ganz zu Anfang sauber klären, was man etwa unter einem „Punkt", einem „Kreis" oder einer „natürlichen Zahl" versteht. Alle „realen" Objekte können nur eine mehr oder weniger gute Näherung darstellen.

Durch Definitionen werden die Begriffe festgelegt, mit denen man später arbeiten kann. Im Gegensatz zu einer Aussage kann eine Definition nicht wahr oder falsch sein, wohl aber mehr oder weniger sinnvoll.

Was eine Definition auf jeden Fall erfüllen muss, sind die Forderungen von **Widerspruchsfreiheit** und **Wohldefiniertheit**. Klar, denn natürlich darf sich eine Definition nicht selbst *ad absurdum* führen. Die Definition muss eindeutig sein, und bei allen verwendeten Begriffen muss klar sein, worauf sie sich beziehen.

Neben diesen beiden Kriterien muss eine sinnvolle Definition allerdings noch ein drittes erfüllen – **Zweckmäßigkeit**. Alle drei Bedingungen sind nicht trivial. Bei manchen wichtigen Begriffen, etwa dem der komplexen Zahlen aus Kap. 5, hat es sehr lange gedauert, bis eine saubere, widerspruchsfreie und zweckmäßige Definition gefunden war.

Ein historisch interessantes Beispiel, das die Bedeutung von Axiomen und Definitionen schön illustriert, ist jenes des *fünften Postulats*, das im Bonusmaterial diskutiert wird.

Sätze sind zentrale Inhalte und Werkzeuge in der Mathematik

Naturgemäß sind wahre Aussagen für Anwender meist interessanter als falsche. Aussagen, die nicht nur wahr sind, sondern auch weitreichende Konsequenzen haben, werden in der Mathematik gerne als *Sätze* bezeichnet.

Beispiel Der Satz des Pythagoras ist dafür ein Musterbeispiel, denn dieser stellt eine Aussage über *alle* ebenen rechtwinkligen Dreiecke dar, die zahllose Anwendungen nicht nur in der Geometrie selbst, sondern auch in anderen Disziplinen der Mathematik, der Technik und den Naturwissenschaften hat.

Hingegen besitzt eine Aussage wie etwa „$1 < 2$", obwohl zweifellos richtig, wohl kaum genug Tragweite, um als Satz bezeichnet zu werden. ◄

Sätze werden für uns quasi die Werkzeuge sein, mit denen wir ständig agieren werden. Zu wissen, welche grundlegenden Sätze in der Mathematik zur Verfügung stehen und wie man sie anwendet, ist ein zentrales Ziel, das dieses Buch vermitteln will.

Kommentar Sätze, die nicht besonders wichtig sind oder nur dazu dienen, einen anderen Satz zu beweisen, werden oft *Lemmata* (Einzahl *Lemma*, griechisch für Weg) oder schlicht *Hilfssätze* genannt. Ein Satz, der unmittelbar aus einem anderen folgt, wird oft als *Korollar* oder *Folgesatz* bezeichnet. Eine Aussage, von der man zwar annehmen kann, sie sei richtig, weil es viele Anzeichen gibt, die dafür sprechen, die aber noch nicht bewiesen werden konnte, nennt man eine *Vermutung*. ◄

Erst der Beweis macht einen Satz zum Satz

Von jeder Aussage, die als Satz in Frage kommen soll, muss klar sein, dass sie wahr ist – sie muss sich hieb- und stichfest *beweisen* lassen. Tatsächlich ist das Führen der Beweise zugleich die wichtigste und die anspruchsvollste Tätigkeit in der Mathematik – Kern und Seele dieser Wissenschaft.

Das Finden komplexer Beweise ist ein höchst kreativer Prozess. Es steckt durchaus ein Körnchen Wahrheit in jenem Ausspruch des großen Mathematikers David Hilbert, der, nach einem ehemaligen Schüler gefragt, geantwortet haben soll: „Er ist Schriftsteller geworden. Für die Mathematik hatte er zu wenig Fantasie."

Natürlich gibt es einige oft bewährte Vorgehensweisen, und meist entwickelt man für einfache Probleme irgendwann einen gewissen Instinkt. Beides kann allerdings gründlich daneben gehen – die Mathematik wäre nicht auch nur annähernd so aufregend und manchmal frustrierend, wenn es anders wäre.

Einige sehr wesentliche Techniken, Sprech- und Schreibweisen werden wir hier noch kurz vorstellen. In späteren Kapiteln werden einige weitere folgen, so etwa die vollständige Induktion in Abschn. 3.5.

Betonen wollen wir an dieser Stelle allerdings noch den formalen Rahmen, an den man sich beim Führen von Beweisen im Idealfall halten sollte. Dabei werden zunächst einmal die Voraussetzungen festgehalten, anschließend wird die entsprechende Behauptung formuliert, und erst dann beginnt der eigentliche Beweis.

Tatsächlich werden die Voraussetzungen sehr oft in die Behauptung eingeschlossen, zumindest diese sollte aber sauber formuliert sein, bevor der eigentliche Beweis erfolgt.

Da das Ende eines Beweises für Außenstehende nicht immer auf den ersten Blick zu erkennen ist, kennzeichnet man es häufig mit „w. z. b. w." (was zu beweisen war), „q. e. d." (quod erat demonstrandum) oder einfach mit einem Kästchen „■".

Insgesamt haben wir folgende Struktur:

- Voraussetzungen: ...
- Behauptung: ...
- Beweis: ... ■

In diesem Buch wird das Ende eines logischen Abschnitts, egal ob es sich um Definition, Beweis oder Beispiel handelt, stets mit dem Symbol ◄ (teilweise in unterschiedlichen Farben) gekennzeichnet.

Der indirekte Beweis ist eine zentrale, fast universell einsetzbare Beweistechnik

Viele Beweise kann man *direkt* führen. Immer dann, wenn man eine Formel so umformt, dass man letztlich eine wahre Aussage erhält, ist man den direkten Weg gegangen.

Insbesondere haben interessante Aussagen häufig die Form $A \Rightarrow B$, also „aus A folgt B". Bei einem direkten Beweis zeigt man in diesem Fall, dass sich aus den Voraussetzungen A unmittelbar die Folgerungen B ergeben.

Oft ist diese direkte Methode aber nicht anwendbar oder mit großen Schwierigkeiten verbunden. Dann bietet sich eine Vorgehensweise an, die in vieler Hinsicht gerade konträr zum direkten Beweis ist – der **indirekte Beweis**.

Logisch äquivalent zur Behauptung $A \Rightarrow B$ ist, wie man leicht nachprüfen kann, $(\neg B) \Rightarrow (\neg A)$. Der Beweis für $A \Rightarrow B$ ist demnach auch erbracht, wenn man zeigen kann, dass aus der Annahme, die Folgerungen seien nicht erfüllt, folgt, dass auch die Voraussetzungen nicht erfüllt sein können.

Selbstfrage 2

Zeigen Sie die Äquivalenz

$$(A \Rightarrow B) \Leftrightarrow ((\neg B) \Rightarrow (\neg A))$$

mithilfe einer Wahrheitstafel.

Man nimmt also an, $\neg B$ sei wahr und zeigt, dass sich daraus zwangsläufig $\neg A$ ergibt. Was hier nach einem formalen Trick aussehen mag, besitzt tatsächlich eine bestechende Logik.

Beispiel Betrachten wir etwa A: „es hat geregnet" und B: „die Straße ist nass". Die Implikation $A \Rightarrow B$ bedeutet damit: „Wenn es geregnet hat, dann ist die Straße nass."

Wenn die Straße nass ist, muss das umgekehrt nicht bedeuten, dass es geregnet hat, es gibt ja auch die Straßenreinigung, über die Ufer getretene Flüsse oder überlaufende Badewannen.

Was wir aber sicher sagen können, ist, dass wenn die Straße *nicht* nass ist, es auch nicht geregnet haben kann. Das ist genau $(\neg B) \Rightarrow (\neg A)$. ◀

Eine wichtige Variante des indirekten Beweises ist der **Widerspruchsbeweis**, auch als *reductio ad absurdum* bekannt. Dabei versucht man eine Folgerung der Art „$A \Rightarrow B$" zu beweisen, indem man $A \wedge (\neg B)$ annimmt und daraus einen Widerspruch herleitet.

Die Anwendung aller drei Techniken wird in der Box auf S. 29 demonstriert.

Abb. 2.8 Die Straße ist nass. Hat es geregnet?

Zwei weitere berühmte und wichtige Beispiele für Widerspruchsbeweise sind im Folgenden angeführt.

Beispiel Die Wurzel aus zwei ist keine rationale Zahl, d. h. nicht als Bruch ganzer Zahlen darstellbar.

Wir setzen $x = \sqrt{2}$ bzw. fordern, dass $x^2 = 2$ und x positiv ist. Unsere Aussagen sind

$$\underbrace{x = \sqrt{2}}_{A} \Rightarrow \underbrace{x \neq \frac{a}{b}, \quad a, b \text{ ganze Zahlen}}_{B}. \quad ◀$$

Beweis Für den Widerspruchsbeweis nehmen wir nun $A \wedge (\neg B)$ an, es gelte also $x^2 = 2$ und x sei rational. Dann könnte man diese Zahl als

$$x = \frac{a}{b}$$

mit ganzen Zahlen a und b schreiben. Diese Darstellung könnte man so weit kürzen, bis man einen teilerfremden, nicht weiter kürzbaren Bruch

$$x = \frac{p}{q}$$

erhält. Jede rationale Zahl lässt sich als ein solcher teilerfremder Bruch darstellen. Nun ist

$$x^2 = \frac{p^2}{q^2} = 2,$$

also ist

$$p^2 = 2q^2.$$

Demnach ist p^2 eine gerade Zahl. Das Produkt zweier ungerader Zahlen wäre aber wieder ungerade, also muss auch p selbst gerade sein. Eine gerade Zahl kann man weiter als $p = 2r$ mit einer ganzen Zahl r darstellen. Das bedeutet,

$$p^2 = (2r)^2 = 4r^2,$$

andererseits ist aber

$$p^2 = 2q^2.$$

Damit ist

$$q^2 = 2r^2,$$

also ist auch q gerade. Wenn p und q aber beide gerade sind, ist

$$x = \frac{p}{q}$$

keine teilerfremde Darstellung. Wir haben einen Widerspruch zu unseren Annahmen erhalten. ■

Beispiel: Beweistechniken

Wir beweisen eine einfache Behauptung auf drei Arten, direkt, indirekt und mittels Widerspruch. Dabei betrachten wir zwei positive Zahlen $\boldsymbol{a}$ und $\boldsymbol{b}$. Unsere Behauptung ist nun „wenn $\boldsymbol{a^2 < b^2}$ ist, dann ist auch $\boldsymbol{a < b}$“.

Problemanalyse und Strategie Geben wir den Teilen der Behauptung Namen,

$$A: \quad a^2 < b^2$$
$$B: \quad a < b.$$

Beweisen wollen wir nun $A \Rightarrow B$ oder äquivalent $(\neg B) \Rightarrow (\neg A)$.

Lösung

Beweis **1. Direkt,** $A \Rightarrow B$: Wir setzen

$$a^2 < b^2$$

als wahr voraus. Addition von $-a^2$ auf beiden Seiten liefert

$$0 < b^2 - a^2.$$

Den Ausdruck auf der rechten Seite kann man elegant aufspalten,

$$0 < (b - a)\,(b + a).$$

Da nach Voraussetzung a und b positiv sind, ist auch $b + a > 0$, und wir dürfen durch $(b + a)$ dividieren, ohne dass es Probleme mit dem Ungleichheitszeichen gäbe. Wir erhalten

$$0 < (b - a),$$

und damit ist $b > a$. ■

Beweis **2. Indirekt,** $(\neg B) \Rightarrow (\neg A)$: Beim indirekten Beweis gehen wir von $\neg B$ aus, also von

$$a \geq b.$$

Diese Ungleichung können wir mit a multiplizieren,

$$a^2 \geq a\,b,$$

ebenso auch mit b,

$$a\,b \geq b^2.$$

Kombination dieser beiden Ungleichungen liefert

$$a^2 \geq b^2.$$

Dies ist genau $\neg A$. Wenn $a < b$ nicht gilt, dann kann auch $a^2 < b^2$ nicht gelten. ■

Beweis **3. Widerspruch,** $(\neg B) \wedge A$ **ist falsch**: Beim Widerspruchsbeweis versuchen wir, die Annahme, dass $\neg B$ und A gleichzeitig gelten können,

$$b \leq a \quad \text{und} \quad a^2 < b^2,$$

zum Widerspruch zu führen. Zuerst multiplizieren wir $(\neg B)$ mit a und erhalten $a\,b \leq a^2$. Zusammen mit A ergibt das die Ungleichungskette

$$a\,b \leq a^2 < b^2.$$

Nun multiplizieren wir $(\neg B)$ mit b und erhalten $b^2 \leq a\,b$. Die Ungleichungskette, mit diesem Ergebnis ergänzt, lautet nun

$$a\,b \leq a^2 < b^2 \leq a\,b.$$

Dies bedeutet $a\,b < a\,b$, was nicht sein kann. Wir haben also die Annahme, $(\neg B) \wedge A$ könnte gelten, zum Widerspruch geführt. ■

Die Wurzel aus zwei ist also nicht rational. Dieser Beweis geht auf Hippasos, einen Schüler des Pythagoras, zurück. Die Pythagoräer lehrten aber, dass alles im Universum durch rationale Zahlen ausgedrückt werden könne, und entsprechend kurz war die weitere Lebenserwartung des Hippasos. Er wurde bald nach seiner Entdeckung während einer Schiffsreise von den Pythagoräern ins Meer geworfen.

Beispiel Es gibt unendlich viele Primzahlen, also Zahlen, die nur durch eins und sich selbst teilbar sind.

Der Beweis dieser Aussage geht auf Euklid zurück und erfolgt ebenfalls mittels Widerspruch. Man nimmt an, es gäbe nur endlich viele Primzahlen. Dann muss es eine größte geben, die wir mit p bezeichnen wollen. Nun bildet man das Produkt aller Primzahlen von zwei bis p und addiert eins:

$$r = 2 \cdot 3 \cdot 5 \cdot 7 \cdot 11 \cdot \ldots \cdot p + 1$$

Diese neue Zahl r ist durch keine der Primzahlen von zwei bis p teilbar, bei der Division bleibt immer ein Rest von eins. Es gibt also nur zwei Möglichkeiten: Entweder es gibt eine Primzahl, die größer ist als p und durch die r teilbar ist, oder r ist selbst eine Primzahl – in beiden Fällen erhalten wir einen Widerspruch zur Annahme, dass p die größte Primzahl ist. ◀

2.4 Elementare Mengenlehre

Neben der Logik ist die Mengenlehre die zweite Säule jener Sprache, in der heutzutage Mathematik formuliert wird. Das war nicht immer so: Lange Zeit lagen die Prinzipien der Mengenlehre selbst im Dunkeln, erst Georg Cantor stellte die Theorie auf ein zumindest halbwegs sicheres Fundament.

Inzwischen hat man meist schon in der Schule den ersten Kontakt mit Mengen, unsere Aufgabe ist es nun, diese Konzepte zu wiederholen und zu vertiefen.

Beginnen wir aber ganz harmlos mit Cantors klassischer Definition von **Menge**. *Eine Menge ist die Zusammenfassung bestimmter, wohlunterschiedener Objekte unserer Anschauung oder unseres Denkens zu einem Ganzen.* Wohlgemerkt, das ist nicht die heute verwendete Definition einer Menge, denn sie enthält Widersprüche, die etwa in der Vertiefung auf S. 31 angesprochen werden, allerdings nur in sehr abstrakten Überlegungen wichtig sind. Dieses Buch beschäftigt sich nur mit *harmlosen* Mengen, die sich der obigen Definition entsprechend verhalten, ohne Widersprüche zu provozieren.

Eine Menge kann man, besonders wenn sie nur wenige Elemente enthält, einfach durch Aufzählung beschreiben, z. B.

$$M = \{1, 2, 3, 4, 5\}.$$

Die geschwungenen Klammern sind dabei eine allgemein übliche Schreibweise. Die Reihenfolge der Aufzählung spielt hier keine Rolle, man könnte die Menge von vorhin also genauso gut als

$$M = \{2, 3, 1, 5, 4\}$$

schreiben. Dafür, dass ein bestimmtes Element zu einer Menge gehört, gibt es eine universelle Schreibweise.

Definition des Elementsymbols

$x \in M$, gesprochen „x ist Element von M", bedeutet, dass das Element x zur Menge M gehört. Analog bedeutet $x \notin M$, dass x *kein* Element von M ist.

Ist die Bedeutung klar, kann man beim Aufzählen einer Menge auch ruhig einige Elemente auslassen, so könnte man zum Beispiel die Zahlen von 1 bis 50 als $\{1, 2, 3, \ldots, 50\}$ schreiben, oder die natürlichen Zahlen als $\{1, 2, 3, \ldots\}$.

Hingegen ist davon abzuraten, die Menge aller Primzahlen einfach als $\{2, 3, 5, 7, \ldots\}$ aufzuschreiben, und bei einer Menge $\{2, 71, 828, 1\,828, 45\,904, \ldots\}$ ist kaum mehr nachzuvollziehen, wie die drei Punkte denn nun gemeint sein sollen.

Also werden wir meist eine andere, saubere Schreibweise benutzen. Dazu greifen wir ein allgemeines Element der Menge heraus, unter Umständen noch mit Angabe einer Grundmenge und notieren nach einem senkrechten Strich die entsprechenden Eigenschaften. Statt des senkrechten Strichs wird anderswo häufig auch ein Doppelpunkt benutzt. Gelesen wird der Doppelpunkt oder Strich als „für die gilt".

Beispiel

$$M_1 = \{x \mid x \text{ ist ein Apfel}\},$$

die Menge aller x, für die gilt, dass x ein Apfel ist, ist die Menge aller Äpfel.

$$M_2 = \{n \in \mathbb{N} \mid n < 10\},$$

die Menge aller natürlichen Zahlen, für die gilt, dass sie kleiner sind als zehn, ist

$$M_2 = \{1, 2, 3, 4, 5, 6, 7, 8, 9\}.$$ ◄

Es gibt auch eine Menge, die überhaupt keine Elemente enthält, die **leere Menge**. Sie wird mit $\emptyset$ oder $\{\}$ bezeichnet.

Eine Menge A heißt **Teilmenge** einer anderen Menge B, wenn alle Elemente von A auch Elemente von B sind. Man schreibt dafür

$$A \subseteq B \quad \text{oder auch} \quad B \supseteq A.$$

Will man explizit darauf hinweisen, dass B noch mindestens ein Element besitzt, das nicht zu A gehört (A also eine **echte Teilmenge** von B ist), so schreibt man

$$A \subsetneq B \quad \text{oder auch} \quad B \supsetneq A.$$

Anmerkung In vielen Büchern werden auch die Symbole $\subset$ und $\supset$ anstelle von $\subseteq$ und $\supseteq$ verwendet, manchmal jedoch auch anstelle von $\subsetneq$ und $\supsetneq$. Oft wird aber auch gar kein spezielles Symbol für *echte* Teilmengen eingeführt. Hier sind generell viele leicht unterschiedliche Notationen möglich und üblich und man sollte sich davon nicht verunsichern lassen. Meist ist die Unterscheidung zwischen echten und „unechten" Teilmengen irrelevant, und wenn sie doch einmal Bedeutung haben sollte, dann wird das meist durch mehr als einen Strich im Teilmengensymbol betont.

Die leere Menge ist übrigens eine Teilmenge *jeder* Menge M. Da sie überhaupt keine Elemente enthält, enthält sie auch keine, die nicht auch in M liegen.

Zwei Mengen A und B sind gleich, wenn sie genau die gleichen Elemente enthalten, man schreibt dafür wie gewohnt $A = B$. Dies ist genau dann der Fall, wenn $A \subseteq B$ und $B \subseteq A$ ist. Tatsächlich ist oft der einfachste Weg, die Gleichheit zweier Mengen zu beweisen, zu zeigen, dass jede Teilmenge der jeweils anderen ist.

Beispiel Wir beweisen, dass die leere Menge eindeutig ist. Dazu nehmen wir an, es gäbe zwei leere Mengen $\emptyset$ und $\emptyset'$.

Da die leere Menge Teilmenge jeder Menge ist, gilt $\emptyset \subseteq \emptyset'$. Da aber auch $\emptyset'$ eine leere Menge ist, gilt mit derselben Berechtigung $\emptyset' \subseteq \emptyset$. Beides zugleich ist aber nur möglich, wenn $\emptyset = \emptyset'$ ist. ◄

Vertiefung: Die Russell'sche Antinomie

Cantors *naive* Definition einer Menge lässt Widersprüche zu. Der bekannteste ist die Russell'sche Antinomie.

Eine Menge kann sich selbst enthalten. Während zum Beispiel die Menge aller Bäume sicher kein Baum ist, und die Menge aller geraden Zahlen selbst keine gerade Zahl, sieht es bei der „Menge aller Dinge, die sich mit genau elf Worten beschreiben lassen" schon ganz anders aus. Da sich diese Menge ja mit genau elf Worten beschreiben lässt (wer es nicht glauben will, zähle nach!), ist sie ein Element von sich selbst. Bis jetzt ist das Ganze vielleicht ein wenig verwirrend, aber kein Beinbruch. Problematisch wird es bei folgender Aufgabe: *Man betrachte die Menge aller Mengen, die sich nicht selbst enthalten. Enthält sich diese Menge selbst?* Am hier auftretenden Widerspruch, der sogenannten Russell'schen Antinomie, scheitert Cantors Definition.

Zwei anschauliche Beispiele für diese Antinomie sind die beiden folgenden, die ebenfalls beträchtliche Berühmtheit erlangt haben:

- In einem Dorf ist es die Aufgabe des Barbiers, genau all diejenigen Männer zu rasieren, die sich nicht selbst rasieren. Muss er sich selbst rasieren?
- In einer Bibliothek gibt es viele Kataloge, darunter einen eigenen Katalog allein für Kataloge, die sich nicht selbst auflisten. Darf dieser Katalog sich selbst auflisten?

Ein konsistenter Aufbau der Mengenlehre ist relativ aufwendig – und für praktische Belange selten notwendig. Eine Analyse der Mengenlehre und letztlich auch der Logik selbst kann in umfassenderem Kontext erfolgen – Schlagwort *Kategorientheorie*.

Literatur

- P. Szekeres: *A Course in Mathematical Physics*. Cambridge University Press, 2004, Kapitel 1
- W. & F. Lawvere, S. H. Schanuel: *Conceptual Mathematics: A First Introduction to Categories*. Cambridge University Press, 1997
- R. Goldblatt: *Topoi: The Categorial Analysis of Logic*. Dover Publications, 2006

Elementare Mengenoperationen erlauben es, Mengen zu kombinieren

Natürlich werden Mengen erst dann wirklich interessant, wenn man sie miteinander verknüpfen kann. Speziell für den Fall von zwei Mengen gibt es dazu einige besonders verbreitete Arten. Diese lassen sich natürlich auch auf mehrere Mengen verallgemeinern.

Dabei ist es oft nützlich, sich Mengen grafisch zu veranschaulichen. Dabei werden Mengen gerne als gefüllte Flächen, oft Ellipsen gezeichnet, man spricht dabei von **Venn-Diagrammen**.

- Der **Durchschnitt** $A \cap B$ enthält alle Elemente, die sowohl in A als auch in B enthalten sind – „A geschnitten mit B".

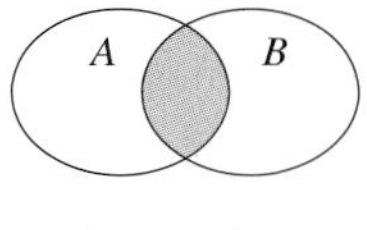

- Die **Vereinigung** $A \cup B$ enthält alle Elemente, die in A oder B enthalten sind „A vereinigt mit B".

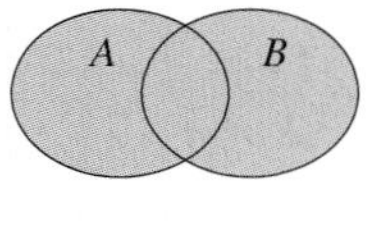

- Die **Differenz** $A \setminus B$ enthält alle Elemente von A, die kein Element von B sind – „A ohne B"

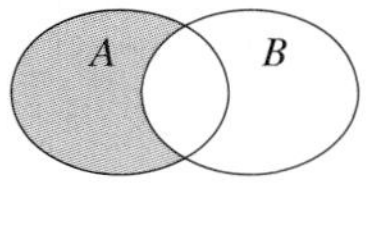

Kommentar $A \cap B$ enthält alle Elemente, die in A *und* B, $A \cup B$ alle, die in A *oder* B enthalten sind. Dabei sind UND und ODER ganz im Sinne der Aussagenlogik zu verstehen.

Überhaupt sind die Symbole $\cap$ und $\cup$ den Junktoren $\wedge$ und $\vee$ nachempfunden – sowohl was Aussehen als auch was Bedeutung angeht. Dies lässt sich formal durch folgende Identitäten sehen:

$$A \cap B = \{x \mid x \in A \wedge x \in B\}$$
$$A \cup B = \{x \mid x \in A \vee x \in B\}$$ ◄

Selbstfrage 3

Bestimmen Sie Vereinigung und Durchschnitt der beiden Mengen $A = \{1, 2, 3, 4\}$ und $B = \{4, 5, 6, 7\}$.

Gilt für zwei Mengen A und B, dass $A \cap B = \emptyset$ ist, so haben die beiden Mengen kein gemeinsames Element. Man nennt sie in diesem Fall *elementefremd* oder **disjunkt**.

Ist A eine Teilmenge von B, so wird $B \setminus A$ auch **Komplement** von A bezüglich B genannt. Man schreibt dafür $C_B(A)$, oft auch einfach A^C, $\overline{A}$ oder A'. Dabei muss aber klar sein, auf *welche* Menge sich das Komplement bezieht – ansonsten kann es leicht zu Missverständnissen kommen.

Für Mengen gelten bezüglich Vereinigung und Durchschnitt folgende Rechenregeln:

Kommutativgesetze:

$$M_1 \cup M_2 = M_2 \cup M_1$$
$$M_1 \cap M_2 = M_2 \cap M_1$$

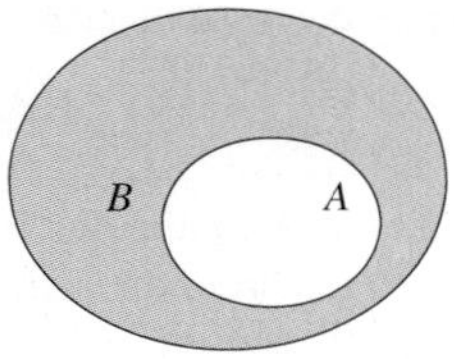

Abb. 2.9 Das Komplement $C_B(A)$ enthält alle Elemente von B, die nicht Element von $A \subseteq B$ sind

Assoziativgesetze:

$$M_1 \cup (M_2 \cup M_3) = (M_1 \cup M_2) \cup M_3$$
$$M_1 \cap (M_2 \cap M_3) = (M_1 \cap M_2) \cap M_3$$

Distributivgesetze:

$$M_1 \cap (M_2 \cup M_3) = (M_1 \cap M_2) \cup (M_1 \cap M_3)$$
$$M_1 \cup (M_2 \cap M_3) = (M_1 \cup M_2) \cap (M_1 \cup M_3)$$

Beweis Alle diese Rechenregeln lassen sich natürlich mit Rückgriffen auf die Aussagenlogik herleiten. So hat ein Beweis des Distributivgesetzes

$$M_1 \cap (M_2 \cup M_3) = (M_1 \cap M_2) \cup (M_1 \cap M_3)$$

etwa folgende Gestalt, wobei die aufgeführten Beziehungen einander jeweils äquivalent sind:

$$\begin{aligned} & x \in M_1 \cap (M_2 \cup M_3) \\ \Leftrightarrow\ & x \in M_1 \ \wedge\ x \in (M_2 \cup M_3) \\ \Leftrightarrow\ & x \in M_1 \ \wedge\ (x \in M_2 \ \vee\ x \in M_3) \\ & \text{und wegen } A \wedge (B \vee C) \Leftrightarrow (A \wedge B) \vee (A \wedge C) \\ \Leftrightarrow\ & (x \in M_1 \ \wedge\ x \in M_2) \ \vee\ (x \in M_1 \ \wedge\ x \in M_3) \\ \Leftrightarrow\ & x \in M_1 \cap M_2 \ \vee\ x \in M_1 \cap M_3 \\ \Leftrightarrow\ & x \in (M_1 \cap M_2) \cup (M_1 \cap M_3) \end{aligned}$$

Damit ist das Distributivgesetz bewiesen. ■

Selbstfrage 4

Zeigen Sie die oben verwendete aussagenlogische Äquivalenz $A \wedge (B \vee C) \Leftrightarrow (A \wedge B) \vee (A \wedge C)$ mithilfe einer Wahrheitstafel.

Anhand von Venn-Diagrammen lassen sich etwa die Distributivgesetze auch anschaulich leicht erfassen, das wird in Abb. 2.10 dargestellt.

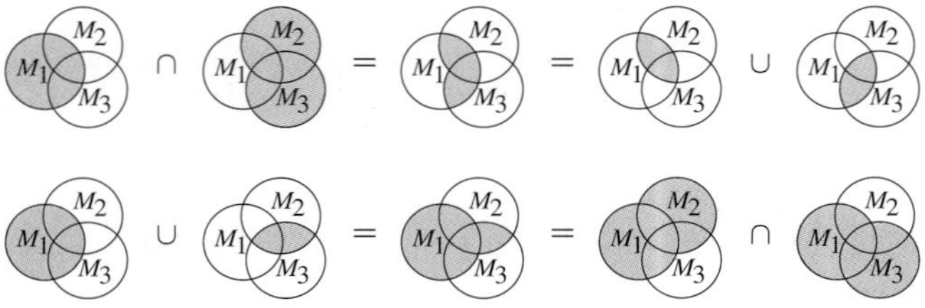

Abb. 2.10 Darstellung der Distributivgesetze für Mengen mithilfe von Venn-Diagrammen: $M_1 \cap (M_2 \cup M_3) = (M_1 \cap M_2) \cup (M_1 \cap M_3)$, $M_1 \cup (M_2 \cap M_3) = (M_1 \cup M_2) \cap (M_1 \cup M_3)$

Das kartesische Produkt bildet zwei Mengen auf eine neue ab

Es gibt verschiedenste Arten, aus zwei Mengen eine neue zu bilden. So haben wir bereits Durchschnitt, Vereinigung und Differenz von Mengen kennengelernt. Nun wollen wir uns einer anderen, sehr vielseitigen Art zuwenden, eine Art, bei der die Ergebnismenge von deutlich *anderer Natur* ist als die Ausgangsmengen.

Dazu betrachten wir zwei Mengen

$$A = \{a_1, a_2, \ldots, a_n\}$$
$$B = \{b_1, b_2, \ldots, b_m\},$$

wobei wir durchaus zulassen wollen, dass A und B gemeinsame Elemente haben oder sogar gleich sind.

Nun bilden wir alle **geordneten Paare** der Form (a_i, b_j) mit $a_i \in A$ und $b_j \in B$. Diese Paare sind keine Mengen, denn während in Mengen ja die Reihenfolge egal ist, ist für ein derartiges Paar im Allgemeinen $(a_i, b_j) \neq (b_j, a_i)$.

Die Menge aller geordneten Paare bezeichnen wir als *kartesisches Produkt*, und unsere Bezeichnungsweisen behalten wir auch für unendliche Mengen bei, selbst dann, wenn deren Elemente nicht einmal mehr durchnummeriert werden können.

Definition des kartesischen Produkts

Das **kartesische Produkt** $A \times B$ zweier Mengen A und B ist die Menge aller geordneten Paare (a, b) mit $a \in A$ und $b \in B$:

$$A \times B = \{(a, b) \mid a \in A,\ b \in B\}$$

Das kartesische Produkt $A \times B$, gesprochen „A Kreuz B", selbst ist nach Definition eine Menge. Während es innerhalb der Paare sehr wohl auf die Reihenfolge ankommt, ist die Reihenfolge, in der die Paare angeführt werden, wieder belanglos.

Beispiel Bildet man das kartesische Produkt der Menge $A = \{a, b, c\}$ mit $B = \{-1, 1\}$, so erhält man die Menge der geordneten Paare

$$A \times B = \{(a, 1), (a, -1), (b, 1), (b, -1), (c, 1), (c, -1)\}.$$

Das kann man natürlich auch schön als Tabelle schreiben:

	1	−1
a	$(a, 1)$	$(a, -1)$
b	$(b, 1)$	$(b, -1)$
c	$(c, 1)$	$(c, -1)$

◄

Für den Fall, dass sich die beiden Ursprungsmengen als eindimensionale Linien darstellen lassen, kann man das kartesische Produkt als Rechtecksfläche zeichnen. Das ist in Abb. 2.11 dargestellt.

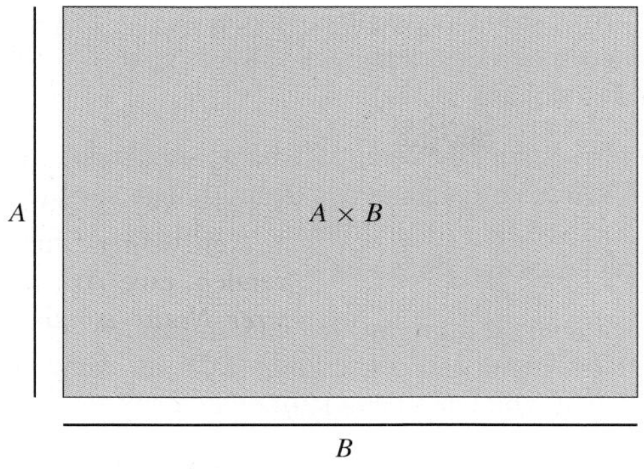

Abb. 2.11 Darstellung des kartesischen Produkts $A \times B$ als Rechtecksfläche

Für das kartesische Produkt einer Menge mit sich selbst ist auch eine *Potenzschreibweise* üblich, etwa $A^2 = A \times A$. Auch mehrfache kartesische Produkte kann man natürlich bilden, und es ist kein Problem, die beiden Produkte $(A \times B) \times C$ und $A \times (B \times C)$ miteinander zu identifizieren.

Selbstfrage 5

Warum ist es möglich

$$(A \times B) \times C = A \times (B \times C)$$

zu setzen? Was wäre dabei prinzipiell zu berücksichtigen?

Deswegen lässt man in mehrfachen kartesischen Produkten die Klammern üblicherweise ganz weg und schreibt etwa auch kurz

$$A^n = \underbrace{A \times \ldots \times A}_{n\text{-mal}}.$$

Besonders wichtig sind kartesische Produkte der reellen Zahlen $\mathbb{R}$ mit sich selbst. So beschreibt $\mathbb{R}^2 = \mathbb{R} \times \mathbb{R}$ die *Ebene*, $\mathbb{R}^3 = \mathbb{R} \times \mathbb{R} \times \mathbb{R}$ den *Raum*. Wir können jeden Punkt der Ebene durch ein Paar von *Koordinaten*, (x, y), beschreiben, jeden des Raums durch ein Tripel (x, y, z). Das ist in Abb. 2.12 dargestellt.

Dabei wird auch klar, warum wir solchen Wert auf die Reihenfolge gelegt haben. Der Punkt $P = (1, 0, 2)$ ist natürlich ein ganz anderer als $Q = (2, 1, 0)$.

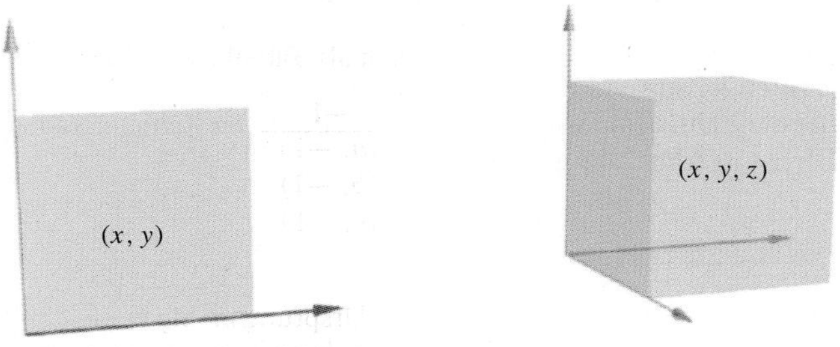

Abb. 2.12 Die kartesischen Produkte $\mathbb{R}^2 = \mathbb{R} \times \mathbb{R}$ und $\mathbb{R}^3 = \mathbb{R} \times \mathbb{R} \times \mathbb{R}$ beschreiben Ebene und Raum

2.5 Zahlenmengen

Die wichtigste Art von Mengen, mit denen man anfangs in der Mathematik zu tun hat, sind jene von Zahlen. Bis hierher haben wir diese Zahlen – natürliche, ganze, rationale und reelle – als völlig vertraut vorausgesetzt. Vielleicht sollten wir an dieser Stelle einmal kurz innehalten und uns die genauen Definitionen in Erinnerung rufen. Mehr als das, wir werden auch einige Eigenschaften aufzeigen, die auf den ersten Blick wahrhaft erstaunlich wirken.

In einer Vorlesung für Mathematiker würde man sich übrigens nicht damit begnügen, an die Eigenschaften der Zahlen zu erinnern – man würde sie axiomatisch einführen. So weit wollen wir hier nicht gehen, einen kleinen Eindruck von dieser Vorgehensweise können die Ausführungen im Bonusmaterial liefern.

Die natürlichen Zahlen sind das Fundament unseres Zahlensystems

Die natürlichen Zahlen hat uns der liebe Gott gegeben, alles andere ist Menschenwerk. Leopold Kronecker

Die natürlichen Zahlen sind wohl tatsächlich in vieler Hinsicht am *natürlichsten*, auf jeden Fall sind sie entwicklungsgeschichtlich die Ältesten. Zwei Antilopen, ein Säbelzahntiger, drei Zelte oder sechs Speere waren auch schon in der Steinzeit handhabbare Größen – bis auf den Tiger vielleicht.

Hingegen war, was sich heute gedanklich kaum mehr nachvollziehen lässt, schon die Einführung der Null ein gewaltiger intellektueller Sprung, und in vielen Hochkulturen war die Null als Zahl tatsächlich noch nicht vorhanden. Inzwischen allerdings ist es durchaus üblich, die Null den natürlichen Zahlen zuzurechnen, etwa in der entsprechenden DIN-Norm, wo $\mathbb{N}$ für die natürlichen Zahlen inklusive und $\mathbb{N}^*$ für jene ohne die Null steht.

So weit wollen wir in diesem Buch nicht gehen, wir greifen auf eine ältere, aber sehr eingängige und noch immer sehr verbreitete Notation zurück:

$$\mathbb{N} = \{1, 2, 3, 4, \ldots\}$$
$$\mathbb{N}_0 = \{0, 1, 2, 3, \ldots\} = \mathbb{N} \cup \{0\}$$

Die Bezeichnung für Zahlenmengen mit Doppelstrich-Buchstaben, dem sogenannten Blackboard-Font, hat sich inzwischen in den meisten Bereichen durchgesetzt, vor allem in älterer Literatur findet man aber auch noch andere Schreibweisen, etwa fette (**N**, **Z**, **Q**, **R**, **C**) oder überhaupt nicht speziell gekennzeichnete Buchstaben.

Ganze und rationale Zahlen sind naheliegende Erweiterungen des Zahlbereichs

Ein Theologe, ein Physiker und ein Mathematiker stehen vor der Tür eines leeren Zimmers. Gemeinsam beobachten sie, wie drei

Personen das Zimmer betreten und fünf es wenig später wieder verlassen.

„Ein Wunder!“ ruft der Theologe. „Muss ein Messfehler sein“, grummelt der Physiker. Der Mathematiker hingegen konstatiert trocken: „Jetzt müssen noch zwei hineingehen, damit das Zimmer wieder leer ist.“

Das Konzept der negativen Zahlen wirkt auf uns wohl nur deswegen nicht so seltsam, weil es im Alltag eine vertraute, wenn auch unangenehme Analogie gibt – Schulden. Natürliche Zahlen, ihr jeweiliges Negatives und die Null fasst man zu den **ganzen Zahlen** $\mathbb{Z}$ zusammen:

$$\begin{aligned}\mathbb{Z} &= \{0, \pm 1, \pm 2, \pm 3, \ldots\}\\ &= \{\ldots, -2, -1, 0, 1, 2, \ldots\}\end{aligned}$$

Auch der Schritt zu den **rationalen Zahlen** (Bruchzahlen) ist nahe liegend, denn von vielen Dingen machen auch ein Halbes oder zwei Drittel Sinn. Ganz salopp sind die rationalen Zahlen $\mathbb{Q}$ – was für *Quotienten* steht – alle Ausdrücke der Form p/q, wobei p eine ganze Zahl und q eine ganze Zahl ungleich null ist. Eindeutig ist eine solche Darstellung natürlich nicht, denn es ist ja zum Beispiel

$$\frac{1}{2} = \frac{3}{6} = \frac{-2}{-4}.$$

Eindeutigkeit erhält man, wenn man zusätzlich fordert, dass p und q teilerfremd sind und q eine natürliche Zahl ist.

Selbstfrage 6

Bruchrechnen ist oft nicht einfach, aber ein unbedingt notwendiges Handwerkszeug, siehe auch Abschn. 3.1. Welche der folgenden Ausdrücke haben den Wert Zwei?

$$a_1 = \frac{1/2}{1/2}, \quad a_2 = \frac{1}{1-\frac{1}{2}}, \quad a_3 = \frac{1}{1/2} \cdot \frac{1-\frac{1}{2}}{1-\frac{1}{2}}$$

Für alle, die sich beim praktischen Umgang mit Brüchen nicht sattelfest fühlen, steht in Abschn. 3.1 eine ausführliche Wiederholung der wichtigsten Rechenregeln auf dem Programm.

Die reellen Zahlen sind die Vervollständigung der rationalen Zahlen

Die rationalen Zahlen wirken bereits recht umfassend. Tatsächlich sind sie aber in mancher Hinsicht unvollständig. Wie auf S. 28 gezeigt, lässt sich bereits die simple Gleichung

$$x^2 = 2 \tag{2.2}$$

in den rationalen Zahlen nicht lösen. $x = \sqrt{2}$ ist nicht rational. Betrachtet man ein Quadrat der Seitenlänge eins, so sollte die Länge x von dessen Diagonale aber genau $x^2 = 2$ erfüllen – aus rein geometrischen Überlegungen sollte es also eine Zahl geben, die diese Darstellung besitzt.

Es muss also einen „größeren“ Zahlbereich geben – die reellen Zahlen $\mathbb{R}$. Diese enthalten neben den rationalen auch irrationale Zahlen, also solche Zahlen, die sich nicht als Quotient zweier ganzer Zahlen darstellen lassen.

Die tatsächliche Einführung der reellen Zahlen ist eine nicht ganz triviale Angelegenheit, es gibt dazu die verschiedensten Möglichkeiten, von denen einige in einer Vertiefung im Bonusmaterial besprochen werden.

Für uns wesentlich ist, dass sich eine reelle Zahl immer als **Dezimalbruch**

$$x = a_n a_{n-1} \ldots a_1 a_0 . a_{-1} a_{-2} a_{-3} \ldots$$

mit $a_k \in \{0, 1, \ldots, 8, 9\}$ schreiben lässt. Fragen der Eindeutigkeit dieser Darstellung können wir hier noch nicht klären, dazu müssen wir auf die Vertiefung auf S. 1176 verweisen.

Die reellen Zahlen sind auf eine Weise *vollständig*, die wir erst später wirklich erklären können. Untersucht man die Zahlengerade, so ist diese bei Betrachtung von $\mathbb{Q}$ allein gewissermaßen „löchrig“, man braucht die irrationalen Zahlen, um diese Lücken zu schließen. Das klingt wahrhaft erstaunlich, denn schließlich gibt es zwischen zwei beliebigen ungleichen rationalen Zahlen immer noch unendlich viele weitere. Trotzdem ist zwischen den rationalen Zahlen gewissermaßen noch viel freier Platz.

Lösungen von Gleichungen wie eben (2.2), die zwar keine rationalen Zahl sind, sich durch solche aber beliebig gut annähern lassen, sind in $\mathbb{R}$ enthalten. Nicht hingegen gilt das für die Lösung einer Gleichung wie

$$x^2 + 1 = 0,$$

bei der man mit rationalen Zahlen nicht einmal mehr Näherungen zustande bringt. Der Lösung solcher Gleichungen mittels *komplexer Zahlen* werden wir in Kap. 5 nachgehen.

Auch eine andere Eigenschaft der reellen Zahlen wollen wir hier kurz anführen. $\mathbb{R}$ ist **archimedisch angeordnet**, das bedeutet, zu jeder reellen Zahl x gibt es eine natürliche Zahl n, die größer ist als x. Diese so selbstverständlich klingende Tatsache ist tatsächlich gar nicht so leicht zu beweisen.

Grafisch dargestellt werden die reellen Zahlen meist durch eine **Zahlengerade**, auf der jeder Punkt einer Zahl entspricht. Je größer die Zahl, desto weiter rechts liegt sie auf der Zahlengeraden. Die ist in Abb. 2.13 dargestellt.

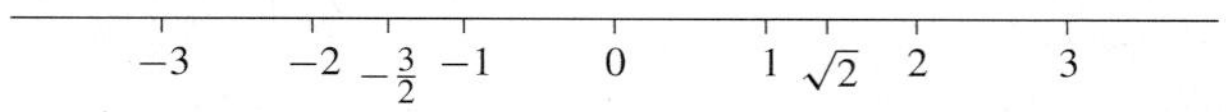

Abb. 2.13 Die Zahlengerade dient als grafische Veranschaulichung von $\mathbb{R}$

Anwendung: Darstellung von Zahlen zu verschiedenen Basen

Wir sind es gewohnt, reelle Zahlen als Dezimalbrüche darzustellen. Die Wahl der Basis Zehn als Grundlage dieser Schreibweise ist aber an sich völlig willkürlich, und tatsächlich gibt es auch andere Basen, die in manchen Bereichen große Bedeutung haben.

> *There are only 10 sorts of people: those that can read binary and those that can't.* Hackerslogan

Die Dezimalschreibweise

$$x = a_n a_{n-1} \ldots a_1 a_0 . a_{-1} a_{-2} a_{-3} \ldots$$

mit $a_k \in \{0, 1, \ldots, 8, 9\}$ ist ja nur eine praktische Abkürzung für

$$\begin{aligned} x = a_n \cdot 10^n + a_{n-1} \cdot 10^{n-1} + \ldots + a_1 \cdot 10^1 + a_0 \cdot 10^0 \\ + a_{-1} \cdot 10^{-1} + a_{-2} \cdot 10^{-2} + a_{-3} \cdot 10^{-3} + \ldots \end{aligned}$$

Nun kann man statt der Zahl 10 aber auch im Prinzip jede andere natürliche Zahl $p \geq 2$ als Basis der Darstellung verwenden, man spricht dann von *p-adischer Darstellung*.

Dass etwa im alten Babylon die 60 Basis des Zahlensystems war, spiegelt sich noch heute in unserer Zeitmessung mit Minuten und Sekunden, aber auch in der Gradangabe von Winkeln wider.

Im Computerbereich, in dem man auf unterster Ebene mit Bits (*binary digits*) zu tun hat, die nur die Werte Null und Eins annehmen können, wird häufig die Basis Zwei verwendet, die **Binärdarstellung**, und man erhält so zum Beispiel

$$13 = 1 \cdot 2^3 + 1 \cdot 2^2 + 0 \cdot 2^1 + 1 \cdot 2^0 = 1101_2 = 1101_{\text{bin}}.$$

Eine andere wichtige Basis ist die 16 der **Hexadezimaldarstellung**, weil sich die entsprechende Darstellung leicht in die binäre übersetzen lässt, aber wesentlich kompakter geschrieben werden kann. Als Ziffernsymbole für 10 bis 15 werden dabei die Buchstaben A bis F verwendet, zum Beispiel

$$499 = 1 \cdot 16^2 + 15 \cdot 16^1 + 3 \cdot 16^0 = 1\text{F}3_{16} = 1\text{F}3_{\text{hex}}.$$

Eine tiefgestellte Angabe der Basis oder eines entsprechenden Symbols, wie in den Beispielen oben benutzt, ist übrigens generell sehr hilfreich, um eventuelle Verwechslungen zu vermeiden. Gelegentlich wird dabei die Basis anstelle eines Kommas verwendet, wie etwa in $x = 102_3 211$.

Die Basis p einer Zahldarstellung hat in eben dieser Basis übrigens immer die Gestalt 10_p.

Zusätzlich kann man aber auch den **Betrag** einer Zahl betrachten, der üblicherweise durch zwei senkrechte Striche gekennzeichnet wird.

Betrag einer Zahl

Der **Betrag** einer reellen Zahl x ist definiert als:

$$|x| = \begin{cases} x & \text{für } x \geq 0 \\ -x & \text{für } x < 0 \end{cases}$$

Dabei steht $-x$ kurz für $(-1) \cdot x$.

Der Betrag einer Zahl ist nie negativ und nur für $x = 0$ null. Statt der senkrechten Striche wird für den Betrag von x gelegentlich auch abs(x) für *Absolutbetrag* geschrieben. Rechenregeln und Anwendungen des Betrags werden ausführlich in Abschn. 3.3 diskutiert.

Selbstfrage 7

Bestimmen Sie $a = |5|$, $b = |-7|$ und $c = \big|5 - |-7|\big|$.

Intervalle sind Teilmengen von $\mathbb{R}$

Teilmengen der reellen Zahlen werden uns immer wieder in den unterschiedlichsten Bereichen begegnen. Deswegen wird es sich als nützlich erweisen, für besonders häufig auftretende Mengen eigene Abkürzungen zu haben.

Insbesondere handelt es sich dabei um **Intervalle**. Das **abgeschlossene** Intervall $[a, b]$ ist die Menge aller reellen Zahlen, die größer oder gleich a und kleiner oder gleich b sind:

$$[a, b] = \{x \in \mathbb{R} \mid a \leq x \leq b\}$$

Das **offene** Intervall (a, b) enthält die beiden Endpunkte nicht:

$$(a, b) = \{x \in \mathbb{R} \mid a < x < b\}$$

Natürlich sind auch Mischungen der beiden Intervallarten möglich, also *halboffene* Intervalle wie etwa

$$(a, b] = \{x \in \mathbb{R} \mid a < x \leq b\}.$$

Kommentar Auch bei der Darstellung auf der Zahlengerade werden manchmal runde bzw. eckige Klammern verwendet,

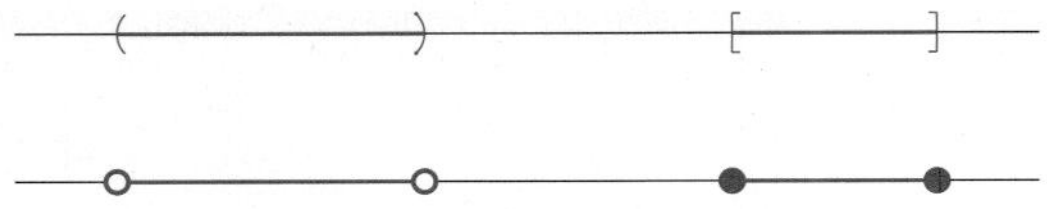

Abb. 2.14 Zwei unterschiedliche Darstellungsweisen für offene Intervalle (*links*) und abgeschlossene Intervalle (*rechts*)

um anzudeuten, dass Randpunkte zu einem Intervall gehören oder nicht gehören. Häufig werden auch volle bzw. offene Kreise gezeichnet, um anzudeuten, dass bestimmte Punkte zu einer Menge gehören bzw. nicht gehören.

Für die beiden Intervallarten sind auch andere Schreibweisen üblich, besonders häufig $]a, b[$ für offene Intervalle. ◄

Selbstfrage 8

Welche der folgenden Zahlenmengen sind offene Intervalle? $A = (-5, 2) \cup [2, 5)$, $B = [-5, 2] \cup (2, 5]$, $C = (-5, 2) \cup (2, 5)$, $D = (-5, 2] \cup [2, 5)$

Außerdem werden oft Schreibweisen verwendet, die auf die Unendlichkeitssymbole zurückgreifen:

$$\begin{aligned} (-\infty, b] &= \{x \in \mathbb{R} \mid x \leq b\} \\ (a, \infty) &= \{x \in \mathbb{R} \mid a < x\} \\ (-\infty, \infty) &= \mathbb{R} \end{aligned}$$

Die Klammern bei den Unendlichkeitssymbolen sind dabei immer offen (also rund) geschrieben. Solche Intervalle nennen wir **unbeschränkt**, die endlichen Intervalle von vorhin nennen wir analog **beschränkt**.

Gerade bei Intervallen ist der Betrag sehr praktisch, um eine effiziente Beschreibung zur Verfügung zu haben. Erinnern wir uns, dass $|x|$ den Abstand von x zum Ursprung 0 angibt. Ein symmetrisches offenes Intervall $(-a, a)$ kann man demnach auch durch die Bedingung $|x| < a$ kennzeichnen.

Natürlich kann man ein solches Intervall auch verschieben, sodass $|x - c|$ den Abstand von x zu c darstellt. Damit beschreibt $|x - c| < a$ alle Zahlen, die von c einen kleineren Abstand als a haben, also das gesamte Intervall $(c - a, c + a)$. Das ist in Abb. 2.15 dargestellt.

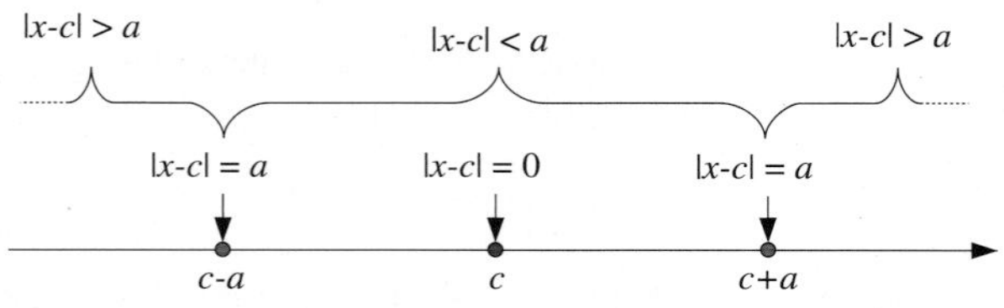

Abb. 2.15 Mit $|x - c| < a$ kann man das offene Intervall $(c - a, c + a)$ bezeichnen, mit $|x - c| \leq a$ das abgeschlossene Intervall $[c - a, c + a]$

Einschränkungen von Zahlenmengen können direkt angegeben werden

Eine wichtige Konvention wollen wir an dieser Stelle herausstreichen. Will man an eine Zahlenmenge eine Einschränkung stellen, also nur eine Untermenge herausgreifen, so kann man diese Einschränkung oft direkt tiefgestellt hinzufügen. Beispielsweise bedeutet

$$\mathbb{R}_{\geq 3} = \{x \in \mathbb{R} \mid x \geq 3\}$$

die Menge aller reellen Zahlen, die größer oder gleich drei sind. Für einige wichtige Zahlenteilmengen gibt es auch eigene, ältere Schreibweisen, so etwa ein hochgestelltes Plus oder Minus für die Einschränkung auf rein positive oder rein negative Werte, eine tiefgestellte Null für die Hinzunahme und ein hochgestellter Stern für das Weglassen der Null.

Beispiel Einige solcher Zahlenmengen sind:

$$\begin{aligned} \mathbb{R}^+ &= \mathbb{R}_{>0} = \{x \in \mathbb{R} \mid x > 0\} \\ \mathbb{R}_0^+ &= \mathbb{R}_{\geq 0} = \{x \in \mathbb{R} \mid x \geq 0\} \\ \mathbb{Z}^- &= \mathbb{Z}_{<0} = \{n \in \mathbb{Z} \mid n < 0\} \\ \mathbb{R}^* &= \mathbb{R}_{\neq 0} = \{x \in \mathbb{R} \mid x \neq 0\} \end{aligned}$$

◄

Es gibt auch noch andere Wege, Einschränkungen an Mengen symbolisch zu schreiben, etwa direkt mit Verwendung von Rechensymbolen: So sind etwa

$$\begin{aligned} \mathbb{G} &= 2\mathbb{Z} = \{n \mid n = 2k,\ k \in \mathbb{Z}\}, \\ \mathbb{U} &= 2\mathbb{Z} + 1 = \{n \mid n = 2k + 1,\ k \in \mathbb{Z}\} \end{aligned}$$

die Mengen aller geraden bzw. ungeraden Zahlen. Eine gerade Zahl n sofort als $2k$ und analog eine ungerade als $2k + 1$ anzusetzen, ist ein sehr praktischer Trick.

Beispiel Alle halbzahligen Werte etwa kann man auf diese Weise sehr knapp hinschreiben:

$$\mathbb{Z} + \frac{1}{2} = \left\{\ldots, -\frac{3}{2}, -\frac{1}{2}, \frac{1}{2}, \frac{3}{2}, \ldots\right\}$$

Eine derartige Schreibweise ist zwar bei vielen Mengen recht praktisch, kann aber bei anderen eher zu Verwirrungen führen. So ist etwa $2\mathbb{R} = \mathbb{R}$, weil ja jede reelle Zahl x in der Form $x = 2y$ mit einem reellen y geschrieben werden kann. Ebenso ist $2\mathbb{Z} + 1 = 2\mathbb{Z} - 1$, weil ja jede ungerade Zahl sowohl als $2k + 1$ als auch als $2k - 1$ mit $k \in \mathbb{Z}$ dargestellt werden kann.

Achtung Diese Schreibweisen haben ihre Grenzen, so ist $\mathbb{N}^2$ etwa eben nicht die Menge der Quadratzahlen, sondern das kartesische Produkt $\mathbb{N} \times \mathbb{N}$. Auch Quotienten von Mengen habe eine eigene Bedeutung, die rationalen Zahlen etwa dürfte man keinesfalls als $\mathbb{Z}/\mathbb{N}$ schreiben. ◄

Für komplizierte Bedingungen kommt man ohnehin meist an Mengenklammern und senkrechten Strichen nicht vorbei. Will man etwa die Menge X aller reellen Zahlen angeben, deren Betrag kleiner als π ist und die kein Vielfaches von $1/2$ sind, so ist

$$X = \left\{ x \in \mathbb{R} \;\middle|\; |x| < \pi \;\wedge\; x \neq \frac{n}{2} \text{ für } n \in \mathbb{Z} \right\}$$

wahrscheinlich doch eine bessere Schreibweise als

$$X = (\mathbb{R}_{>-\pi} \cap \mathbb{R}_{<\pi}) \setminus \frac{1}{2}\mathbb{Z}.$$

2.6 Abbildungen

Ein grundlegendes Konzept in der Mathematik ist jenes der *Abbildungen*. Diese sollte man nicht mit Bildern der Fotografie oder der bildenden Kunst verwechseln, obwohl es Analogien zwischen ihnen gibt. Viele Mathematikbücher kommen fast ohne Grafiken aus – aber wohl keines ohne Abbildungen. Auch uns werden sie von nun an auf Schritt und Tritt begegnen.

Man kann auf einfache Weise Abbildungen zwischen Mengen erklären

Oft will man Elementen einer bestimmten Menge auf klare Weise Elemente einer anderen zuordnen. Derartige Vorschriften nennt man **Abbildungen**.

Definition einer Abbildung

Eine **Abbildung** f aus einer Menge A in eine Menge B ist eine Vorschrift, die jedem Element a aus A genau ein Element $b = f(a)$ aus $f(A) \subseteq B$ zuordnet. Dabei nennt man $A = D(f)$ die **Definitionsmenge**, $f(A)$ ist das **Bild**, und $B = W(f)$ heißt die **Wertemenge**.

Für Definitions- und Wertemenge einer Abbildung f sind neben $D(f)$ und $W(f)$ auch die Schreibweisen D_f und W_f üblich. Ist klar, um welche Abbildung es geht, benutzt man oft einfach D und W ohne weitere Kennzeichnung.

Die Definition einer bestimmten Abbildung erfolgt durch Angabe einer Definitionsmenge, einer Wertemenge und einer Abbildungsvorschrift. Dass letztere von entscheidender Bedeutung ist, sieht man sofort. Die Charakteristiken einer Abbildung können sich aber auch dramatisch ändern, wenn man eine andere Definitions- oder Wertemenge betrachtet.

Um alle drei Dinge anzugeben, schreibt man manchmal:

$$f: \begin{cases} A & \to & B \\ a & \mapsto & f(a) \end{cases}$$

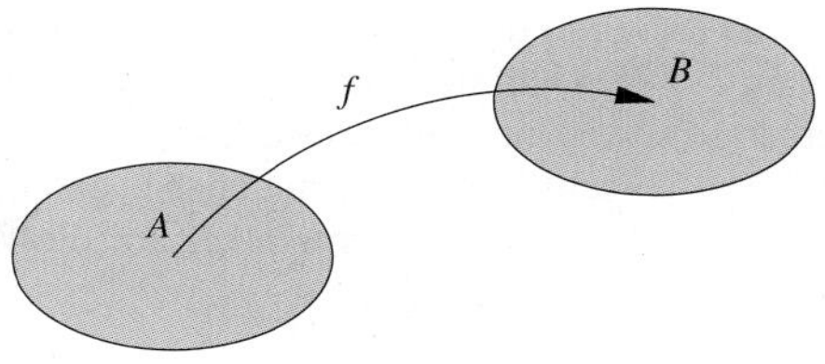

Abb. 2.16 Eine Abbildung von einer Menge A in eine Menge B

In dieser Schreibweise wird üblicherweise ein einfacher Pfeil ($\to$) verwendet, wenn man sich auf die Mengen bezieht, hingegen ein Abbildungspfeil ($\mapsto$), wenn es um die Elemente, sprich die konkrete Zuordnungsvorschrift geht.

Kommentar Auf keinen Fall durcheinanderbringen sollte man $f(a)$ mit $a \in A$, also ein einzelnes Bildelement, und

$$f(A) = \{b \in B \mid b = f(a) \text{ für ein } a \in A\},$$

das gesamte Bild der Abbildung. Dieses ist eine Menge, und zwar immer eine Teilmenge der Wertemenge. Im Extremfall kann das Bild nur ein Element besitzen bzw. im anderen Extremfall mit der Wertemenge identisch sein. ◄

Anwendungsbeispiel Auf Abbildungen stößt man tagtäglich, etwa wenn im Supermarkt jedem Produkt eindeutig ein Preis oder im Verkehr jedem Fahrzeug eindeutig ein Nummernschild zugeordnet wird.

Auch die hier vage als bekannt vorausgesetzten, elementaren Funktionen sind natürlich Abbildungen. So kann man eine Abbildung f etwa über $f(x) = x^2$ oder $f(x) = \sin x$ mit Definitions- und Wertemenge $\mathbb{R}$ definieren. In der oben angesprochenen Notation würde sich das als

$$f: \begin{cases} \mathbb{R} & \to & \mathbb{R} \\ x & \mapsto & x^2 \end{cases} \quad \text{bzw.} \quad f: \begin{cases} \mathbb{R} & \to & \mathbb{R} \\ x & \mapsto & \sin x \end{cases}$$

lesen. Die elementaren Funktionen werden in den Kap. 4 und 12 noch ausführlich behandelt. ◄

Meist geht man früher oder später zu einer Kurzfassung über, schreibt also etwa

$$f(x) = x^2 \quad \text{statt} \quad f: \begin{cases} \mathbb{R} & \to & \mathbb{R} \\ x & \mapsto & x^2. \end{cases}$$

Das ist natürlich völlig legitim, solange klar ist, was Definitions- und was Wertemenge sind. Meist ist es günstig, diese in der einen oder anderen Form doch explizit anzugeben, etwa „Wir betrachten die Funktion $f: \mathbb{R} \to \mathbb{R}$, die durch $f(x) = x^2$ gegeben ist …“.

Achtung Auch wenn in der Praxis häufig Sprechweisen wie „eine Funktion $f(x)$“ verwendet werden, muss einem bewusst sein, dass die Abbildung f und das Bildelement $f(x)$ völlig verschiedene Objekte sind.

$f(x) \in W(f)$ ist lediglich das Bild des Elements $x \in D(f)$ unter der Abbildung f. Die Abbildung hingegen umfasst Definitions- und Wertemenge sowie die vollständige Abbildungsvorschrift. Nur wenn diese Vorschrift relativ einfach ist, genügt die Angabe eines allgemeinen Bildelements $f(x)$, um die Abbildung zufriedenstellend zu kennzeichnen. ◀

Abbildungen sind keineswegs nur ein Hilfsmittel bei der Beschreibung anderer Objekte. In späteren Kapiteln werden sich im Gegenteil die Abbildungen oft als die zentralen Begriffe herausstellen, während die Mengen, zwischen denen abgebildet wird, nur Statistenrollen einnehmen.

Beispiel Viel mehr Dinge, als man anfangs glauben würde, lassen sich als Abbildungen auffassen. So sind nicht nur reelle Funktionen, sondern ebenso auch Rechenoperationen Abbildungen. Nehmen wir etwa die Addition. Diese ordnet jeweils zwei Zahlen eine neue, eben deren Summe zu. Als Abbildung geschrieben:

$$+ : \begin{cases} \mathbb{R} \times \mathbb{R} & \to & \mathbb{R} \\ (x, y) & \mapsto & x + y \end{cases}$$

Hier ist die Verwechslungsgefahr zwischen der Abbildung $+$ und dem Bildelement $x + y \in \mathbb{R}$ deutlich geringer. ◀

Geeignete Abbildungen können zu neuen verkettet werden

Es ist naheliegend, Abbildungen manchmal hintereinander ausführen zu wollen. Das macht natürlich nur dann Sinn, wenn jeweils das Bild einer Abbildung in der Definitionsmenge der nächsten enthalten ist. Zwei Abbildungen

$$f_1 : A \to B \quad \text{und} \quad f_2 : B \to C$$

lassen sich zu einer Abbildung $f : A \to C$ *verketten*, da in diesem Fall $W(f_1) \subseteq D(f_2)$ ist.

Wenn das möglich ist, dann schreibt man für diese Zusammensetzung $f_2(f_1)$, gesprochen „f_2 *verkettet mit* f_1" oder auch „f_2 *nach* f_1". Letztere Sprechweise scheint unlogisch, weil f_2 vor f_1 steht. Sie kommt daher, weil f_2 *nach* f_1 ausgeführt wird. Eine ebenfalls sehr verbreitete Schreibweise für die Verkettung ist der Ring $\circ$,

$$(f_2 \circ f_1)(x) = f_2(f_1(x)).$$

Beispiel Die beiden Abbildungen

$$f_1 : \begin{cases} \mathbb{N} & \to & \mathbb{R} \\ n & \mapsto & \frac{1}{n} \end{cases} \quad \text{und} \quad f_2 : \begin{cases} \mathbb{R}_{\geq 0} & \to & \mathbb{R}_{\geq 0} \\ x & \mapsto & \sqrt{x} \end{cases}$$

können zu

$$f_2 \circ f_1 : \begin{cases} \mathbb{N} & \to & \mathbb{R}_{\geq 0} \\ n & \mapsto & \sqrt{\frac{1}{n}} \end{cases}$$

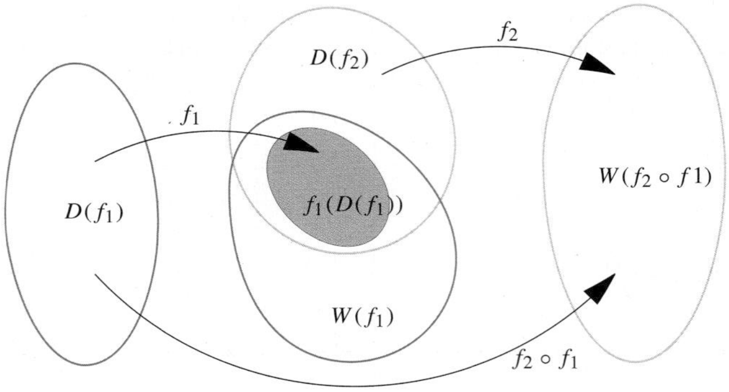

Abb. 2.17 Eine Verkettung von Abbildungen ist nur dann möglich, wenn der Bildbereich der ersten im Definitionsbereich der zweiten enthalten ist

verkettet werden. Hingegen ist das für

$$f_1 : \begin{cases} \mathbb{N} & \to & \mathbb{R} \\ n & \mapsto & -\frac{1}{n} \end{cases} \quad \text{und} \quad f_2 : \begin{cases} \mathbb{R}_{\geq 0} & \to & \mathbb{R}_{\geq 0} \\ x & \mapsto & \sqrt{x} \end{cases}$$

nicht möglich, weil Quadratwurzeln im Reellen nur für positive Argumente definiert sind. ◀

Bijektiv bedeutet injektiv und surjektiv

Eine Abbildung $f\colon A \to B$ kann ohne Weiteres mehrere verschiedene Elemente von A auf das gleiche Element von B abbilden. Andererseits kann es auch Elemente von B geben, die von f gar nicht „getroffen" werden. Beides ist natürlich prinzipiell zulässig, andererseits aber ist man oft gerade an Abbildungen interessiert, bei denen so etwas eben nicht vorkommen kann. Um das zu charakterisieren werden wir nun drei neue wichtige Begriffe einführen:

Definition von Injektivität, Surjektivität und Bijektivität

Eine Abbildung $f\colon A \to B,\ a \mapsto f(a)$ heißt

- **injektiv**, wenn aus $a_1 \neq a_2$ auch immer $f(a_1) \neq f(a_2)$ folgt,
- **surjektiv**, wenn auf jedes Element der Wertemenge hin abgebildet wird,
- **bijektiv**, wenn sie sowohl injektiv als auch surjektiv ist.

Injektivität bedeutet also, dass f in *beide* Richtungen eindeutig ist. Kennt man also ein Bildelement $b = f(a)$, dann kann man a damit eindeutig bestimmen. Noch einmal anders gesagt, gilt für eine injektive Abbildung f die Gleichung $f(a_1) = f(a_2)$, so folgt daraus, dass $a_1 = a_2$ ist.

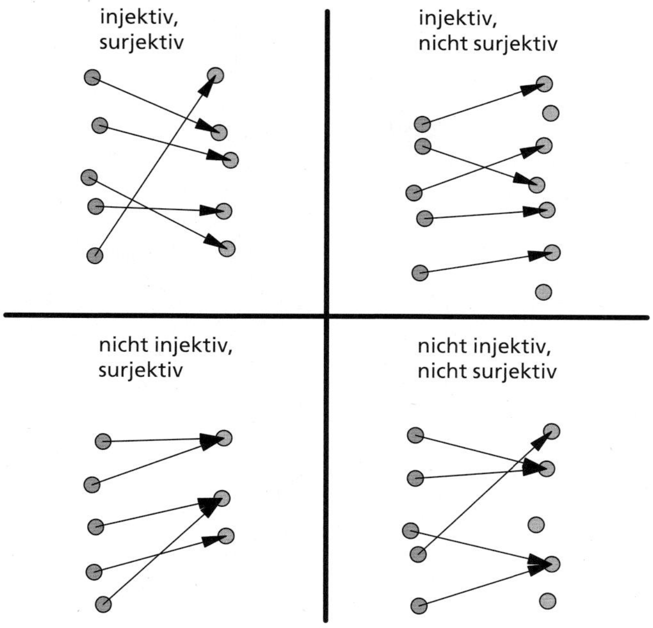

Abb. 2.18 Illustration der Eigenschaften *injektiv* und *surjektiv*. Nur die Abbildung *links oben* ist sowohl injektiv als auch surjektiv, also bijektiv

Statt *injektiv* wird manchmal auch die Bezeichnung *eineindeutig* benutzt. Dies wird in der Literatur allerdings nicht ganz einheitlich gehandhabt, manchmal ist damit auch bijektiv gemeint. Wir werden diesen Ausdruck daher nicht verwenden.

Surjektivität heißt, dass tatsächlich jedes Element von B Bild eines Elements von A ist. Anders gesagt: *Bei Surjektivität wird der gesamte mögliche Wertebereich ausgenutzt.*

Wenn eine Abbildung $A \to B$ surjektiv ist, sagt man, f bildet A nicht nur nach, sondern sogar **auf** B ab.

Beispiel Wird jedem angemeldeten Fahrzeug sein Kennzeichen zugeordnet, so ist diese Abbildung injektiv, aber nicht surjektiv. Der Rückschluss von Kennzeichen auf Fahrzeug ist eindeutig – zumindest wenn wir Wechselkennzeichen außer Acht lassen – aber nicht jede mögliche Nummer ist tatsächlich als Kennzeichen vergeben.

Wird jedem Produkt in einem Geschäft sein Preis zugeordnet, so ist diese Abbildung üblicherweise weder injektiv noch surjektiv. Einerseits können verschiedene Produkte den gleichen Preis haben, andererseits wird es sehr viele Preise geben, zu denen überhaupt kein Produkt existiert.

Im ASCII-Code, der in Abb. 2.19 dargestellt ist, werden Buchstaben, Ziffern, Satz- und Sonderzeichen eineindeutige Zahlen aus dem Bereich 0 bis $2^8 - 1 = 255$ zugeordnet. Das Zeichen ist eindeutig durch die Angabe der Zahl bestimmt. In hexadezimaler Darstellung (siehe S. 35) sind das gerade die maximal zweistelligen Zahlen.

+	0	1	2	3	4	5	6	7	8	9
30				!	"	#	$	%	&	'
40	(	)	*	+	,	-	.	/	0	1
50	2	3	4	5	6	7	8	9	:	;
60	<	=	>	?	@	A	B	C	D	E
70	F	G	H	I	J	K	L	M	N	O
80	P	Q	R	S	T	U	V	W	X	Y
90	Z	[	\	]	^	_	`	a	b	c
100	d	e	f	g	h	i	j	k	l	m

Abb. 2.19 Im ASCII-Code werden Buchstaben, Ziffern, Satz- und Sonderzeichen eineindeutigen Zahlen aus dem Bereich 0 bis $2^8 - 1 = 255$ zugeordnet

Die Abbildung

$$f_1 : \begin{cases} \mathbb{N} \to \mathbb{N} \\ n \mapsto n^2 \end{cases}$$

ist injektiv, aber nicht surjektiv. Im Bereich der natürlichen Zahlen ist die Zuordnung von Zahlen zu ihren Quadraten in beide Richtungen eindeutig. Es gibt aber viele natürliche Zahlen, die nicht das Quadrat einer anderen natürlichen Zahl sind.

Im Gegensatz dazu ist

$$f_2 : \begin{cases} \mathbb{N} \to \{-1, 1\} \\ n \mapsto (-1)^n \end{cases}$$

surjektiv, aber nicht injektiv. Der gesamte Wertebereich $\{-1, 1\}$ wird ausgenutzt. Aus dem Wissen, dass $(-1)^n = 1$ ist, kann man aber n keineswegs mehr rekonstruieren.

Die Abbildung

$$f_3 : \begin{cases} \mathbb{Z} \to \mathbb{Z} \\ n \mapsto 1 - n \end{cases}$$

ist sowohl injektiv als auch surjektiv, also bijektiv. Jede ganze Zahl ist Bild einer anderen, und die Zuordnung ist in beide Richtungen eindeutig. ◄

Urbilder bieten einen Blick in die Gegenrichtung einer Abbildung

Eine Abbildung f ordnet jedem Element aus der Definitionsmenge $A = D(f)$ genau *eines* aus der Wertemenge $B = W(f)$ zu. Hingegen ist es durchaus erlaubt, dass mehrere Elemente von A auf das gleiche Element in B abgebildet werden. Daher ist es im Allgemeinen nicht möglich, eine Abbildung unmittelbar *umzukehren*. Einen Begriff aber gibt es, der auch im allgemeinen Fall zumindest einen gewissen Blick in die andere Richtung erlaubt – das *Urbild*.

Betrachten wir einen beliebigen Teil Y der Wertemenge, so enthält das **Urbild** all jene Elemente der *Definitionsmenge*, die nach Y abgebildet werden:

$$f^{-1}(Y) = \{x \in D(f) \mid f(x) \in Y\}$$

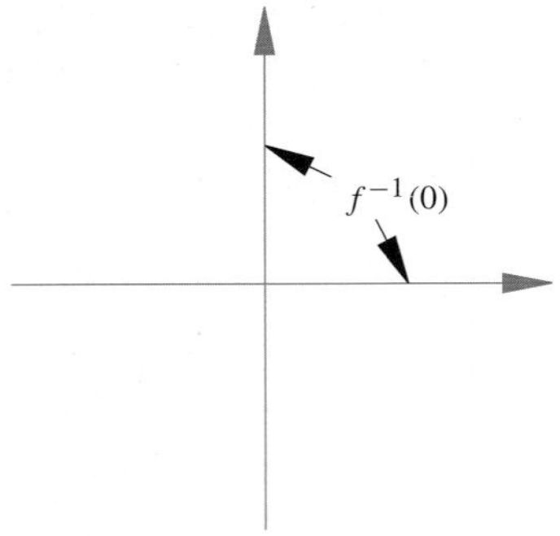

Abb. 2.20 Das Urbild der Null bei der Multiplikationsabbildung

Beispiel Wir betrachten die Abbildung $f : M \to N$, wobei

$$M = \{-3, -2, -1, 0, 1, 2, 3\}$$
$$N = \{0, 1, 2, 3, 4, 5, 6, 7, 8, 9\}$$

ist und die Abbildungsvorschrift durch $n = f(m) = m^2$ gegeben ist. Die Abbildung ist für alle $m \in M$ definiert, es wird aber nur auf die Quadratzahlen 0, 1, 4 und 9 hin abgebildet.

Greifen wir hier die Menge $\{4, 9\} \subseteq B(f) \subset N$ heraus, so erhalten wir für deren Urbild

$$f^{-1}(\{4, 9\}) = \{-3, -2, 2, 3\} \subset D(f).$$

Als weiteres Beispiel betrachten wir die Abbildung $f : \mathbb{R} \times \mathbb{R} \to \mathbb{R}$, $(x, y) \mapsto xy$, also die Multiplikation in den reellen Zahlen. Für diese wollen wir das Urbild des Wertes Null bestimmen. Ein Produkt ist genau dann null, wenn mindestens einer der Faktoren null ist. Wir erhalten also

$$f^{-1}(\{0\}) = \{(x, y) \in \mathbb{R} \times \mathbb{R} \mid x = 0 \text{ oder } y = 0\}.$$

In grafischer Darstellung wie in Abb. 2.20 sind das gerade die beiden Koordinatenachsen.

Das Urbild einer Konstanten $c \neq 0$ unter der Multiplikationsabbildung sind alle Wertepaare, für die $xy = c$, also $y = c/x$ ist. Dies sind gerade Hyperbeln, wie sie in Abb. 2.21 dargestellt sind. ◀

Achtung Vielleicht kennen Sie die Bezeichnung f^{-1} bereits für Umkehrfunktionen bzw. in unserer Bezeichnungsweise Umkehrabbildungen. Die Umkehrabbildung werden wir im Anschluss diskutieren – eine solche muss es aber bei Weitem nicht für jede Abbildung geben. Das Urbild einer Abbildung kann man hingegen stets angeben. ◀

Eine bijektive Abbildung besitzt auch eine Umkehrabbildung

Wir haben im Zusammenhang mit Urbildern bereits die Frage nach einer eventuellen *Umkehrabbildung* angeschnitten. So

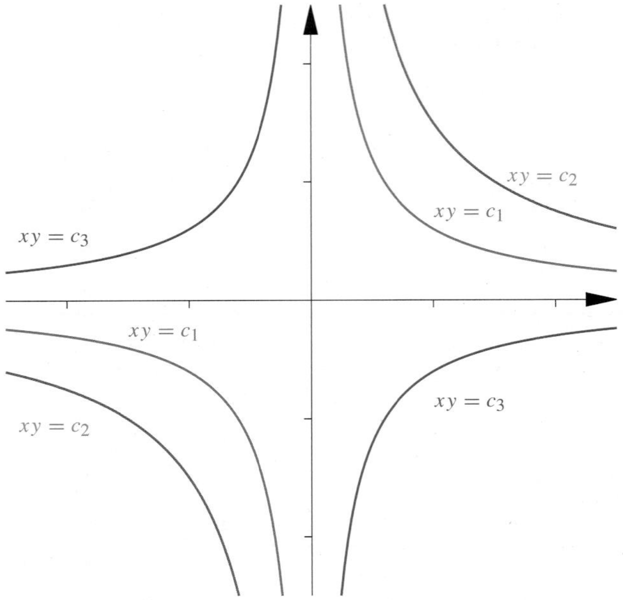

Abb. 2.21 Unter der Multiplikationsabbildung sind die Urbilder von Konstanten $\neq 0$ Hyperbeln. In dieser Abbildung sind c_1 und c_2 positiv, c_3 ist negativ

etwas wäre eine Vorschrift, die aus jedem Bildelement wieder eindeutig das Ausgangselement rekonstruiert. Dass es eine solche Vorschrift nicht immer geben kann, ist klar.

Wir betrachten wieder die Abbildung $f : M \to N$, wobei

$$M = \{-3, -2, -1, 0, 1, 2, 3\}$$
$$N = \{0, 1, 2, 3, 4, 5, 6, 7, 8, 9\}$$

ist und die Abbildungsvorschrift durch $f(m) = m^2$ gegeben ist. Dabei sind die beiden Schwierigkeiten, auf die man stoßen kann, deutlich erkennbar. Erstens gehören gar nicht alle Elemente der Wertemenge tatsächlich zum Bild, so wird etwa kein $m \in M$ nach $7 \in N$ abgebildet.

Zweitens, und das ist noch viel gravierender, ist ja $(-m)^2 = m^2$, eine eindeutige Rekonstruktion eines Elements der Definitionsmenge anhand des Bildelements ist also außer für $m = 0$ nicht möglich.

Beide Probleme kann man beheben, indem man entsprechende Forderungen an die Abbildung stellt: Einerseits soll jedes Element der Wertemenge auch zum Bild von f gehören, und andererseits soll die Zuordnung in beide Richtungen eindeutig sein. Beides zusammen war aber genau die Definition der *Bijektivität* und so stellen wir fest: *Zu jeder bijektiven Abbildung f gibt es eine Umkehrabbildung f^{-1}.*

Die Bijektivität einer Abbildung kann man natürlich immer erreichen, indem man nur das Bild als Wertemenge betrachtet und die Definitionsmenge weit genug einschränkt.

Beispiel Schränken wir die oben betrachtete Quadratabbildung weit genug ein, etwa auf

$$f : \begin{cases} M' & \to & N' \\ m & \mapsto & m^2 \end{cases}$$

mit Definitions- und Wertemenge

$$M' = \{0, 1, 2, 3\}$$
$$N' = \{0, 1, 4, 9\},$$

so ist es nun keine Schwierigkeit mehr, eine Umkehrabbildung anzugeben. Wir erhalten:

$$f^{-1}(0) = 0 \quad f^{-1}(1) = 1$$
$$f^{-1}(4) = 2 \quad f^{-1}(9) = 3$$

Genauso gut hätten wir die Definitionsmenge von f allerdings auch auf $M'' = \{-3, -2, -1, 0\}$ oder sogar $M''' = \{-3, -1, 0, 2\}$ einschränken können und könnten in jedem Fall eine Umkehrabbildung angeben. ◀

Beim Übergang von einer Abbildung zu ihrer Umkehrabbildung tauschen Definitions- und Wertemenge genau ihre Rollen. Für den Fall reeller und komplexer Funktionen werden wir uns damit genauer in den Kap. 4, 9 und 32 auseinandersetzen.

2.7 Mächtigkeit von Mengen

Die **Mächtigkeit** oder auch *Ordnung* einer Menge ist für diese eine wesentliche Kennzahl. Im Fall *endlicher* Mengen liegen die Dinge ganz einfach – hier ist Mächtigkeit die Zahl der Elemente:

$$M = \{0, 1, \mathrm{e}, \mathrm{i}, \pi\} \quad \to \quad |M| = 5$$

Die Mächtigkeit wird meist durch senkrechte Striche symbolisiert, diese haben nichts mit dem Betrag von Zahlen zu tun.

Während damit die Sache für endliche Mengen erledigt ist, liegen die Dinge bei *unendlichen* Mengen, also Mengen mit unendlich vielen Elementen, nicht mehr so einfach. Um die Probleme aufzuzeigen, die hier auftreten können, bringen wir ein berühmtes Beispiel, das auf den großen Mathematiker David Hilbert (1862–1943) zurückgeht – *Hilberts Hotel.*

Beispiel Hilberts Hotel hat die bemerkenswerte Eigenschaft, unendlich viele Zimmer zu besitzen, die – wie in einem Hotel üblich – säuberlich durchnummeriert sind. Eines Abends kommt ein neuer Gast an und muss zur Kenntnis nehmen, dass bereits alle Zimmer belegt sind. Empfangschef Hilbert denkt eine Weile über das Problem nach und versichert dem Neuankömmling schließlich, er werde ihm ein freies Zimmer beschaffen.

Hilbert bittet nun alle schon einquartierten Gäste, in das Zimmer mit der nächsthöheren Nummer umzuziehen. Wer zuerst in Zimmer eins gewohnt hat, übersiedelt nach Zwei, wer in Zwei gewohnt hat, nach Drei und so fort. Jeder, der vorher ein Zimmer gehabt hat, hat auch hinterher eines, und Nummer eins ist für den neuen Gast frei.

Doch am nächsten Abend stellt sich Hilbert ein noch viel größeres Problem: Wieder sind alle Zimmer belegt, aber diesmal hält vor dem Hotel ein Bus mit unendlich vielen Gästen, die alle ein Zimmer wollen. Doch auch hier lässt sich eine Lösung finden.

Jeder Hotelgast wird gebeten, in das Zimmer mit der doppelt so großen Nummer umzuziehen. Der Gast von Nummer eins übersiedelt nach Zwei, der von Zwei nach Vier, der von Drei nach Sechs usw. Damit werden unendlich viele Zimmer, nämlich alle mit einer ungeraden Nummer, für die neuen Gäste frei. ◀

Man sieht also, dass man mit unendlichen Mengen mancherlei Dinge anstellen kann, die mit endlichen nicht möglich wären. Insbesondere von einer Zahl der Elemente kann man schwer sprechen, denn die Zahl der Zimmer in Hilberts Hotel ändert sich nicht, und trotzdem können durch simples Umdisponieren plötzlich mehr Gäste ein Zimmer bekommen.

Die Mächtigkeit von Mengen wird mittels Abbildungen klassifiziert

Zwei unendliche Mengen können durchaus gleichmächtig (d. h. von gleicher Mächtigkeit) sein, selbst wenn man intuitiv erwarten würde, dass die eine Menge deutlich „größer" ist als die andere.

Beispiel Wir betrachten die natürlichen und die geraden natürlichen Zahlen. Intuitiv würde man wohl sagen, dass es doppelt so viele natürliche wie gerade natürliche Zahlen gibt. Doch schreiben wir die beiden Mengen einmal untereinander:

$$\mathbb{N} = \{1, 2, 3, 4, \;\; 5, \;\; 6, \;\; 7, \ldots\}$$
$$\mathbb{G} = \{2, 4, 6, 8, 10, 12, 14, \ldots\}$$

Anscheinend entspricht jeder natürlichen Zahl n genau eine gerade Zahl $2n$ und umgekehrt. Wenn es aber eine solche *bijektive Zuordnung* gibt, müssen beide Mengen in gewisser Weise „gleich viele" Elemente haben.

Analog betrachten wir die beiden Mengen

$$A = \mathbb{R}_{>0} = (0, \infty) \quad \text{und} \quad B = (0, 1).$$

Hier lässt sich mittels

$$y = \frac{1}{1 + x}$$

jedem $x \in A$ eindeutig ein $y \in B$ zuordnen und umgekehrt – wiederum scheint es „gleich viele" Elemente zu geben. ◀

Aufbauend auf derartige Betrachtungen definiert man:

Definition (Mächtigkeit und Abzählbarkeit)

Zwei Mengen sind gleichmächtig, wenn es eine *bijektive Abbildung* zwischen ihnen gibt, also eine Zuordnung, die in beide Richtungen eindeutig ist und beide Mengen voll abdeckt. Jede Menge, die gleichmächtig ist wie jene der natürlichen Zahlen, wird **abzählbar** genannt.

Es haben nun nicht alle unendlichen Mengen die gleiche Mächtigkeit. Wie wir bald sehen werden, gibt es keine Zuordnung, die jedem $n \in \mathbb{N}$ bijektiv ein $x \in (0, 1) \subseteq \mathbb{R}$ zuweist. Mit den natürlichen Zahlen (obwohl es derer unendlich viele gibt) kann man die reellen Zahlen des Einheitsintervalls nicht durchnummerieren.

Die rationalen Zahlen sind abzählbar, die reellen nicht

Nicht nur die geraden, auch die *rationalen* Zahlen sind abzählbar – und das obwohl nicht nur $\mathbb{N} \subsetneq \mathbb{Q}$ ist, sondern zwischen zwei natürlichen Zahlen sogar immer *unendlich* viele rationale liegen. Es gibt gewissermaßen „gleich viele" rationale wie natürliche Zahlen! Diese fast unglaublich klingende Tatsache müssen wir natürlich beweisen:

Dabei beschränken wir uns bei unseren Betrachtungen zunächst auf $\mathbb{Q}_{>0}$. Die positiven rationalen Zahlen ordnen wir nun im Schema aus Abb. 2.22 an, das auf Georg Cantor, den Begründer der Mengenlehre, zurückgeht. Es wird **erstes Cantor'sches Diagonalverfahren** genannt.

Geht man dieses Schema in der mit Pfeilen angedeuteten Reihenfolge durch und streicht dabei alle Zahlen, die man schon einmal erhalten hat, so ergibt sich eine Aufzählung, in der jeder positiven rationalen Zahl eine eindeutig bestimmte Nummer zugewiesen wurde, $n \leftrightarrow r_n$:

$$r_1 = 1, \quad r_2 = 2, \quad r_3 = \frac{1}{2}, \quad r_4 = \frac{1}{3}, \quad r_5 = 3, \ldots$$

Um nun *alle* rationalen Zahlen zu erfassen, benutzen wir zusätzlich die folgende Anordnung:

$$s_1 = 0, \quad s_2 = r_1, \quad s_3 = -r_1, \quad s_4 = r_2, \ldots$$

Es gibt mit $n \mapsto s_n$ also eine in beide Richtungen definierte Zuordnung zwischen $\mathbb{N}$ und $\mathbb{Q}$, die rationalen Zahlen sind tatsächlich abzählbar.

Die Abzählbarkeit ist der „kleinste" Grad an Unendlichkeit, die reellen Zahlen sind bereits **überabzählbar**. Es gibt also keine bijektive Abbildung zwischen natürlichen und reellen Zahlen.

Das sieht man am einfachsten durch Widerspruch. Dabei werden wir die Vorgehensweise vereinfachen, indem wir uns auf die reellen Zahlen aus (0, 1) beschränken.

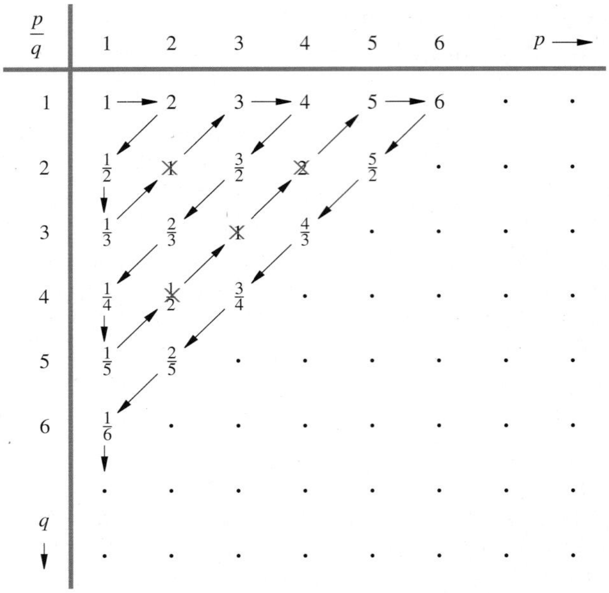

Abb. 2.22 Erstes Cantor'sches Diagonalverfahren zum Beweis der Abzählbarkeit von $\mathbb{Q}$. Die positiven rationalen Zahlen werden in einer Abfolge angeordnet, die sich durchnummerieren lässt. Zahlen, die in dieser Aufzählung bereits vorgekommen sind, kann man dabei streichen

Wir gehen, wie immer beim Widerspruchsbeweis, davon aus, dass das, was wir eigentlich widerlegen wollen, richtig sei. In diesem Fall nehmen wir also an, wir hätten bereits eine Liste aller reellen Zahlen zwischen null und eins:

n	x_n
1	0.14234211134...
2	0.35455555555...
3	0.19991961677...
4	0.50000000000...
⋮	⋮

Nun zeigen wir den Widerspruch zur Annahme, diese Liste sei vollständig, indem wir eine Zahl y aus dem Intervall (0, 1), konstruieren, die in der Liste sicher nicht vorkommt.

Betrachten wir zunächst die erste Zeile der Liste und nehmen als erste Nachkommastelle von y eine *andere* Ziffer, als die dortige. In unserem Fall könnte das jede Ziffer außer 1 sein, zum Beispiel 2. Nun gehen wir zur nächsten Zeile über und wählen als zweite Nachkommastelle von y eine andere Ziffer als dort an zweiter Stelle steht – jetzt alles außer 5, zum Beispiel 7.

So fahren wir fort und erhalten letztlich eine Zahl y, die sich jeweils in der n-ten Nachkommastelle von der n-ten Zahl auf der Liste unterscheidet. Dadurch ist sichergestellt, dass y in der Liste nicht vorkommt und wir haben einen Widerspruch zur ursprünglichen Annahme, die Liste sei vollständig. Diese Methode ist als **zweites Cantor'sches Diagonalverfahren** bekannt.

Für die Mächtigkeit von Mengen gibt es spezielle Symbole

Will man die Mächtigkeit von unendlichen Mengen genauer „quantifizieren", so stehen dafür eigene Symbole zur Verfügung. Insbesondere benutzt man das hebräische Zeichen *Aleph* mit einem Index k, der den Grad der Mächtigkeit angibt: $\aleph_k$.

Für die Mächtigkeit der natürlichen Zahlen schreibt man $\aleph_0$, für jene der reellen Zahlen $\mathfrak{c}$ (für „continuum") Man kann auch Mengen konstruieren, die eine größere Mächtigkeit als $\mathbb{R}$ haben.

Hingegen war lange ungeklärt, ob es eine Menge gibt, deren Mächtigkeit zwischen $\aleph_0$ und $\mathfrak{c}$ liegt. Die *Kontinuumshypothese* besagt, dass es keine solche Menge gibt, dass also $\mathfrak{c} = \aleph_1$ ist.

1940 bewies Kurt Gödel, dass sich die Kontinuumshypothese im Rahmen der üblichen Mengenlehre nicht widerlegen lässt. Etwa mehr als zwanzig Jahre später zeigte Paul Cohen allerdings, dass sie sich im Rahmen der Mengenlehre auch nicht beweisen lässt. Damit ist die Kontinuumshypothese eine im Rahmen der üblichen Mengenlehre unentscheidbare Aussage.

Zusammenfassung

Eine beweisende Wissenschaft

Grundprinzip der Logik

In der Logik, ja generell bei der Formulierung mathematischer Sachverhalte, müssen alle verwendeten Ausdrücke eine klare, scharf definierte Bedeutung haben.

Die Grundlage solcher Formulierung sind *Aussagen*. Eine Aussage ist ein feststellender Satz, dem eindeutig einer der beiden **Wahrheitswerte** *wahr* oder *falsch* zugeordnet werden kann.

Lesen von Symbolen

Bei jedem in einer mathematischen Aussage, etwa einer Formel, vorkommenden Symbol muss man sich bewusst machen, was dieses Symbol hier bedeutet, um die Aussage verstehen und verwenden zu können.

Man kann Aussagen mittels Junktoren zu neuen Aussagen verbinden, die wichtigsten sind *nicht*, *und* und *oder*, symbolisiert durch die Zeichen $\neg$, $\wedge$ und $\vee$. Auch Implikation $\Rightarrow$ (*wenn-dann*) und Äquivalenz $\Leftrightarrow$ (*genau-wenn-dann*) sind wichtige Junktoren.

Junktoren können auch kombiniert werden, um komplexere Aussagen zu erhalten. Bestimmte Junktoren kann man durch Kombination anderer Junktoren ausdrücken. Eine schnelle Übersicht über Junktoren und zusammengesetzte Aussagen bieten die *Wahrheitstafeln*.

Quantoren erlauben das knappe Hinschreiben von Existenz- und Allaussagen

Hier kann man Existenzquantor $\exists$ und Allquantor $\forall$ benutzen. Gelesen wird das als „es gibt“ bzw. „für alle“.

Definition, Satz, Beweis

Beweise sind ein zentraler Gegenstand der Mathematik. Wir unterscheiden den direkten und den indirekten Beweis. Letzteren kann man auch als Widerspruchsbeweis führen.

Elementare Mengenlehre

Definition des Elementsymbols

$x \in M$, gesprochen „x ist Element von M“, bedeutet, dass das Element x zur Menge M gehört. Analog bedeutet $x \notin M$, dass x *kein* Element von M ist.

Die leere Menge $\emptyset$ enthält überhaupt keine Elemente.

Elementare Mengenoperationen erlauben es, Mengen zu kombinieren

Diese Mengenoperationen sind insbesondere Vereinigung $\cup$, Durchschnitt $\cap$ und Differenz $\setminus$.

Definition des kartesischen Produkts

Das **kartesische Produkt** $A \times B$ zweier Mengen A und B ist die Menge aller geordneten Paare (a, b) mit $a \in A$ und $b \in B$:

$$A \times B = \{(a, b) \mid a \in A,\ b \in B\}$$

Zahlenmengen

Die natürlichen Zahlen $\mathbb{N}$ sind das Fundament unseres Zahlensystems. Ganze Zahlen $\mathbb{Z}$ und rationale Zahlen $\mathbb{Q}$ sind naheliegende Erweiterungen des Zahlbereichs. Die reellen Zahlen $\mathbb{R}$ sind die Vervollständigung der rationalen Zahlen.

Eine wichtige Kenngröße für Zahlen ist ihr Betrag:

$$|x| = \begin{cases} x & \text{für } x \geq 0 \\ (-1) \cdot x & \text{für } x < 0 \end{cases}$$

Intervalle sind Teilmengen von $\mathbb{R}$; sie lassen sich bequem mit Beträgen in der Form $|x - c| < a$ bzw. $|x - c| \leq a$ beschreiben. Manche anderen Teilmengen von Zahlenmengen können direkt angegeben werden, so steht etwa $\mathbb{R}_{>0}$ für alle positiven reellen Zahlen.

Abbildungen

Man kann auf einfache Weise Abbildungen zwischen Mengen erklären.

Definition einer Abbildung

Eine **Abbildung** f aus einer Menge A in eine Menge B ist eine Vorschrift, die jedem Element a aus A genau ein Element $b = f(a)$ aus $f(A) \subseteq B$ zuordnet. Dabei nennt man $A = D(f)$ die **Definitionsmenge**, $f(A)$ ist das **Bild**, und $B = W(f)$ heißt die **Wertemenge**.

Geeignete Abbildungen können zu neuen verkettet werden.

Aus injektiv und surjektiv folgt bijektiv

Bestimmte Abbildungen spielen eine besonders große Rolle, das sind injektive, surjektive und bijektive Abbildungen.

Definition von Injektivität, Surjektivität und Bijektivität

Eine Abbildung $f\colon A \to B$, $a \mapsto f(a)$ heißt

- **injektiv**, wenn aus $a_1 \neq a_2$ auch immer $f(a_1) \neq f(a_2)$ folgt,
- **surjektiv**, wenn auf jedes Element der Wertemenge hin abgebildet wird,
- **bijektiv**, wenn sie sowohl injektiv als auch surjektiv ist.

Das Urbild $f^{-1}(M)$ einer Menge $M \subseteq W(f)$ enthält alle Elemente, die nach M abgebildet werden.

Eine bijektive Abbildung besitzt auch eine Umkehrabbildung

Die Umkehrabbildung einer bijektiven Abbildung f wird gewöhnlich mit f^{-1} bezeichnet. Diese Bezeichnung sollte man nicht mit dem Urbild verwechseln.

Bonusmaterial

Im Bonusmaterial finden Sie eine Ergänzung zu Logik und Beweisen. Insbesondere illustrieren wir dort die Rolle von Axiomen am Beispiel des Fünften Postulats und stellen einige weitere nützliche Konventionen zu Beweisen vor. Eine Vertiefung ist dem Thema *Fuzzy-Logic* gewidmet, und in einer weiteren Vertiefung diskutieren wir den Gödel'schen Unvollständigkeitssatz sowie die Grenzen der Beweisbarkeit.

Relationen und *Klassen* sind wichtige weiterführende Begriffe. Sie spielen nicht nur im Anwendungsbereich relationaler Datenbanken eine tragende Rolle, sondern werden auch bei der axiomatischen Einführung des Zahlensystems benutzt.

Aufgaben

Die Aufgaben gliedern sich in drei Kategorien: Anhand der *Verständnisfragen* können Sie prüfen, ob Sie die Begriffe und zentralen Aussagen verstanden haben, mit den *Rechenaufgaben* üben Sie Ihre technischen Fertigkeiten und die *Anwendungsprobleme* geben Ihnen Gelegenheit, das Gelernte an praktischen Fragestellungen auszuprobieren.
Ein Punktesystem unterscheidet leichte •, mittelschwere •• und anspruchsvolle ••• Aufgaben. Lösungshinweise am Ende des Buches helfen Ihnen, falls Sie bei einer Aufgabe partout nicht weiterkommen. Dort finden Sie auch die Lösungen – betrügen Sie sich aber nicht selbst und schlagen Sie erst nach, wenn Sie selber zu einer Lösung gekommen sind. Ausführliche Lösungswege, Beweise und Abbildungen finden Sie als digitales Zusatzmaterial (electronic supplementary material).
Viel Spaß und Erfolg bei den Aufgaben!

Verständnisfragen

2.1 • Welche der folgenden Aussagen sind richtig? Für alle $x \in \mathbb{R}$ gilt:

1. „$x > 1$ ist hinreichend für $x^2 > 1$."
2. „$x > 1$ ist notwendig für $x^2 > 1$."
3. „$x \geq 1$ ist hinreichend für $x^2 > 1$."
4. „$x \geq 1$ ist notwendig für $x^2 > 1$."

2.2 • Welche der folgenden Schlüsse sind auf formaler Ebene (d. h. noch ohne tatsächliche Betrachtung der Wahrheitswerte der Aussagen) richtig? Welche sind als Implikationen wahre Aussagen, wenn man auch die Wahrheitswerte der jeweils verknüpften Aussagen betrachtet?

1. Alle Vögel können fliegen. Möwen sind Vögel.
   $\Rightarrow$ Möwen können fliegen.
2. Alle Vögel können fliegen. Pinguine sind Vögel.
   $\Rightarrow$ Pinguine können fliegen.
3. Alle Vögel können fliegen. Möwen können fliegen.
   $\Rightarrow$ Möwen sind Vögel.
4. Alle Vögel können fliegen. Libellen können fliegen.
   $\Rightarrow$ Libellen sind Vögel.

2.3 • Verneinen Sie die folgende (falsche) Aussage: „Alle stetigen Funktionen sind differenzierbar."

2.4 • Verneinen Sie die Aussage: „Zu jedem bekannten Teilchen gibt es ein entsprechendes Antiteilchen."

2.5 • Die *symmetrische Differenz* ist definiert über:

$$A \,\Delta\, B = (A \setminus B) \cup (B \setminus A)$$

Machen Sie sich die Bedeutung dieser Definition klar, und zeichnen Sie ein entsprechendes Venn-Diagramm.

2.6 • Wir betrachten die beiden folgenden Mengen:

$$N = \{1, 2, 3, 4, \ldots\}$$
$$M = \left\{1, \frac{1}{2}, \frac{1}{3}, \frac{1}{4}, \ldots\right\}$$

Geben Sie jeweils eine Abbildung $N \to M$ an, die (a) injektiv, aber nicht surjektiv, (b) surjektiv, aber nicht injektiv, (c) bijektiv ist.

2.7 •• Wie viele unterschiedliche binäre, also zwei Aussagen verknüpfende Junktoren gibt es?

2.8 •• Formulieren Sie die Aussage

$$\forall (x, z) \in \mathbb{R}^2 \quad \exists y \in \mathbb{R} : x \cdot y = z$$

in natürlicher Sprache und verneinen Sie sie. Ist diese Aussage oder ihre Verneinung wahr?

2.9 •• Wir betrachten die Teilmengen X, Y und Z von $\mathbb{R}$. Verneinen Sie die Aussage

$$\forall x \in X \; \exists y \in Y \; \forall z \in Z : x \cdot y < z.$$

2.10 •• Es seien M_1 und M_2 Teilmengen von X. Beweisen Sie die einfachste Form der *Regeln von de Morgan*, wobei wir C_X als Bezeichnung für die Komplementbildung bezüglich X verwenden:

$$C_X(M_1 \cap M_2) = C_X(M_1) \cup C_X(M_2),$$
$$C_X(M_1 \cup M_2) = C_X(M_1) \cap C_X(M_2).$$

Stellen Sie diesen Sachverhalt mittels Venn-Diagrammen dar.

2.11 •• Die Menge A_4 hat vier Elemente, die Mengen B_3, B_4 und B_5 haben entsprechend drei, vier und fünf Elemente. Überlegen Sie jeweils, ob es Abbildungen

$$f_{43} : A_4 \to B_3$$
$$f_{44} : A_4 \to B_4$$
$$f_{45} : A_4 \to B_5$$

geben kann, die (a) injektiv, aber nicht surjektiv, (b) surjektiv, aber nicht injektiv, (c) bijektiv sind.

2.12 •• Wir sind im Text nicht explizit auf den Unterschied zwischen *Aussagen* und *Aussageformen* eingegangen. Während wir Aussagen als feststellende Sätze definiert haben, die einen eindeutigen Wahrheitswert w oder f haben, sind **Aussageformen** Sätze, deren Wahrheitswert sich vorerst nicht bestimmen lässt, weil sie noch eine oder mehrere freie Variable beinhalten.

Beispiele für Aussageformen wären „Die Zahl x ist ungerade" oder "Monarch x regierte länger als 20 Jahre", wobei x jeweils die freie Variable bezeichnet. Ersetzt man in einer Aussageform die freien Variablen durch passende Objekte oder *bindet* die Variablen durch Quantoren, erhält man Aussagen. Überprüfen Sie, ob es sich bei den folgenden Sätzen um Aussagen, Aussageformen oder keines der beiden handelt:

(a) „x ist ungerade" mit $x = 2$
(b) „x ist ungerade" mit $x = 3$
(c) $\forall x \in \mathbb{R} : 1/(1 + x^2 y^2) \leq 1$
(d) $\forall (x, y) \in \mathbb{R}^2 : 1/(1 + x^2 y^2) \leq 1$

2.13 ••• Jene reellen Zahlen x, die Lösung einer Polynomgleichung

$$a_n x^n + a_{n-1} x^{n-1} + \ldots + a_1 x + a_0 = 0$$

mit Koeffizienten $a_k \in \mathbb{Z}$ sind, nennt man **algebraische Zahlen**. Dabei muss mindestens ein $a_k \neq 0$ sein.

Alle rationalen Zahlen sind algebraisch, aber auch viele irrationale Zahlen gehören zu dieser Klasse, etwa $\sqrt{2}$. Reelle Zahlen, die nicht algebraisch sind, heißen *transzendent*.

Zeigen Sie, dass unter der Voraussetzung, dass jedes Polynom nur endlich viele Nullstellen hat (was wir bald ohne Mühe beweisen werden können), die Menge aller algebraischen Zahlen abzählbar ist.

2.14 ••• Wir können Mengen M_α mit den Elementen α einer **Indexmenge** I kennzeichnen. So etwas nennt man ein **System** oder eine **Familie** von Mengen,

$$F = \{M_\alpha : \alpha \in I\} .$$

Eine besonders häufige Wahl ist $I = \mathbb{N}$, man kann dann Mengen M_n mit $n \in \mathbb{N}$ durchnummerieren.

Für Systeme von Mengen schreibt man Durchschnitt und Vereinigung häufig als:

$$\bigcup_{M \in F} M = \bigcup_{\alpha \in I} M_\alpha = \{x \mid \exists \alpha \in I : x \in M_\alpha\}$$

$$\bigcap_{M \in F} M = \bigcap_{\alpha \in I} M_\alpha = \{x \mid \forall \alpha \in I : x \in M_\alpha\}$$

- Beweisen Sie die Distributivgesetze:

$$A \cup \bigcap_{i \in I} B_i = \bigcap_{i \in I} (A \cup B_i)$$

$$A \cap \bigcup_{i \in I} B_i = \bigcup_{i \in I} (A \cap B_i)$$

- Beweisen Sie die **Regeln von de Morgan**, wobei alle $M \in F$ Teilmengen von X sind und C_X die Komplementbildung bezüglich X bezeichnet:

$$C_X\left(\bigcup_{M \in F} M\right) = \bigcap_{M \in F} C_X(M)$$

$$C_X\left(\bigcap_{M \in F} M\right) = \bigcup_{M \in F} C_X(M)$$

Stellen Sie diese Beziehungen für drei Mengen mittels Venn-Diagrammen dar.

2.15 ••• Betrachten Sie die Aussage des Kreters Epimenides „Alle Kreter sind Lügner" und die Aussage „Diese Aussage ist falsch". Wo liegt ein echtes, wo nur ein scheinbares Paradoxon vor und wie lässt sich letzteres auflösen?

Rechenaufgaben

2.16 • Beweisen Sie die Assoziativgesetze:

$$(A \wedge B) \wedge C \Leftrightarrow A \wedge (B \wedge C)$$

$$(A \vee B) \vee C \Leftrightarrow A \vee (B \vee C)$$

2.17 • Beweisen Sie die Abtrennregel (*modus ponens*):

$$(A \wedge (A \Rightarrow B)) \Rightarrow B$$

2.18 • Beweisen Sie die Äquivalenzen:

$$(A \vee B) \Leftrightarrow \neg(\neg A \wedge \neg B)$$

$$(A \wedge B) \Leftrightarrow \neg(\neg A \vee \neg B)$$

$$(A \Rightarrow B) \Leftrightarrow ((\neg A) \vee B)$$

2.19 • Gegeben sind die drei Mengen $M_1 = \{a, b, c, d, e\}$, $M_2 = \{e, f, g, h, i\}$ und $M_3 = \{a, c, e, g, i\}$. Bilden Sie die Mengen $M_1 \cap M_2$, $M_1 \cup M_2$, $M_1 \cap M_3$, $M_1 \cup M_3$, $M_2 \cap M_3$ und $M_2 \cup M_3$ sowie $M_1 \setminus M_2$, $M_2 \setminus M_1$, $M_1 \setminus M_3$, $M_2 \setminus M_3$, $\bigcap_{n=1}^3 M_n = M_1 \cap M_2 \cap M_3$ und $\bigcup_{n=1}^3 M_n = M_1 \cup M_2 \cup M_3$.

2.20 •• Beweisen Sie das Distributivgesetz:

$$M_1 \cup (M_2 \cap M_3) = (M_1 \cup M_2) \cap (M_1 \cup M_3)$$

2.21 •• Beweisen Sie die Absorptionsgesetze:

$$M_1 \cap (M_1 \cup M_2) = M_1$$

$$M_1 \cup (M_1 \cap M_2) = M_1$$

Anwendungsprobleme

2.22 • Ist der folgende Schluss richtig?

(„Wer von der Quantenmechanik nicht schockiert ist, der hat sie nicht verstanden" (Niels Bohr) $\wedge$ „Niemand versteht die Quantenmechanik" (Richard Feynman)) $\Rightarrow$ „Niemand ist von der Quantenmechanik schockiert"

2.23 •• Nach einem Mordfall gibt es drei Verdächtige, A, B und C, von denen zumindest einer der Täter sein muss. Nachdem sie und die Zeugen getrennt vernommen wurden, kennen die Ermittler folgende Fakten:

1. Wenn A Täter ist, dann müssen B oder C ebenfalls Täter sein.
2. Wenn B Täter ist, dann ist A unschuldig.
3. Wenn C Täter ist, dann ist auch B Täter.

Lässt sich damit herausfinden, wer von den dreien schuldig bzw. unschuldig ist?

2.24 •• An einer Weggabelung in der Wüste leben zwei Brüder, die vollkommen gleich aussehen, zwischen denen es aber einen gewaltigen Unterschied gibt: Der eine sagt immer die Wahrheit, der andere lügt immer. Schon halb verdurstet kommt man zu dieser Weggabelung und weiß genau: Einer der beiden Wege führt zu einer Oase, der andere hingegen immer tiefer in die Wüste hinein. Man darf aber nur einem der Brüder (man weiß nicht, welcher es ist) genau eine Frage stellen. Was muss man fragen, um sicher den Weg zur Oase zu finden?

2.25 •• Sie haben vier Karten, jeweils mit einem Buchstaben auf der einen und einer Zahl auf der anderen Seite. Wie viele und welche der im Folgenden dargestellten Karten müssen Sie mindestens umdrehen, um die Aussage „wenn auf einer Seite einer Karte ein Vokal ist, dann ist auf der anderen Seite eine gerade Zahl" zu bestätigen.

2.26 ••• Jede beliebige Aussage, die durch ihre Wahrheitstafel gegeben ist, kann auf zwei fundamentale Arten dargestellt werden: In der *konjunktiven Normalform* als Konjunktion von Disjunktionen der beteiligten Variablen bzw. ihrer Negationen, und in der *disjunktiven Normalform* als Disjunktion von entsprechenden Konjunktionen.

Dies ist in der Digitalelektronik sehr praktisch, weil es eine automatisierbare Möglichkeit darstellt, zu jeder Wahrheitstafel einen äquivalenten logischen Ausdruck und damit eine Schaltung zu konstruieren.

Wir betrachten nun die beiden Wahrheitstafeln

A	B	G
w	w	w
w	f	f
f	w	f
f	f	w

und

A	B	C	H
w	w	w	w
w	w	f	f
w	f	w	f
w	f	f	f
f	w	w	w
f	w	f	f
f	f	w	w
f	f	f	w

.

Für die Aussage G lautet die disjunktive Normalform

$$G \Leftrightarrow ((A \wedge B) \vee ((\neg A) \wedge (\neg B))),$$

die konjunktive

$$G \Leftrightarrow (((\neg A) \vee B) \wedge (A \vee (\neg B))).$$

- Bestimmen Sie nun diese beiden Normalformen für die Aussage H.
- Gibt es ein Kriterium, für welche Art von Wahrheitstafel welche Normalform vorzuziehen ist, wenn man einen möglichst einfachen Ausdruck erhalten will?
- Lassen sich die so erhaltenen Ausdrücke noch weiter vereinfachen?

Antworten zu den Selbstfragen

Antwort 1 Die ersten drei Ausdrücke sind feststellende Sätze, also Aussagen. Der vierte ist eine Frage, der fünfte ein Satzfragment und der sechste ein Befehl – alle drei sind also keine Aussagen.

Antwort 2

A	B	$(A \Rightarrow B)$	$\Leftrightarrow$	$((\neg B)$	$\Rightarrow$	$(\neg A))$
w	w	w	**w**	f	w	f
w	f	f	**w**	w	f	f
f	w	w	**w**	f	w	w
f	f	w	**w**	w	w	w

Antwort 3 Wir erhalten $A \cup B = \{1, 2, 3, 4, 5, 6, 7\}$ und $A \cap B = \{4\}$.

Antwort 4

A	B	C	$A \wedge$	$(B \vee C)$	$\Leftrightarrow$	$((A \wedge B)$	$\vee$	$(A \wedge C))$
w	w	w	w	w	**w**	w	w	w
w	w	f	w	w	**w**	w	w	f
w	f	w	w	w	**w**	f	w	w
w	f	f	f	f	**w**	f	f	f
f	w	w	f	w	**w**	f	f	f
f	w	f	f	w	**w**	f	f	f
f	f	w	f	w	**w**	f	f	f
f	f	f	f	f	**w**	f	f	f

Antwort 5 An sich gibt es schon einen kleinen strukturellen Unterschied zwischen $((a, b), c)$ und $(a, (b, c))$. In beiden Fälle aber ist die Reihenfolge der Elemente klar und jeweils gleich. Daher kann man gefahrlos auch sofort (a, b, c) schreiben.

Antwort 6 Die Ausdrücke a_2 und a_3 haben den Wert zwei.

Antwort 7 Wir erhalten $a = 5$, $b = 7$ und $c = |5 - 7| = |-2| = 2$.

Antwort 8 A und D sind offene Intervalle, $A = D = (-5, 5)$. $B = [-5, 5]$ ist ein abgeschlossenes, $C = (-5, 5) \setminus \{2\}$ gar kein Intervall.

Rechentechniken – die Werkzeuge der Mathematik

3

Wie rechnet man mit Brüchen und Potenzen?

Wie löst man Ungleichungen?

Wie schreibt man umfangreiche Summen effizient auf?

Welche Aussagen kann man mit vollständiger Induktion beweisen – und wie?

Ergänzende Information Die elektronische Version dieses Kapitels enthält Zusatzmaterial, auf das über folgenden Link zugegriffen werden kann https://doi.org/10.1007/978-3-662-64389-1_3.

T. Arens et al., *Mathematik*, https://doi.org/10.1007/978-3-662-64389-1_3

Wenn man seine ersten Kontakte mit der Mathematik macht, geht es einem darum, Dinge *auszurechnen*. Je weiter man sich mit dem Gebiet beschäftigt, desto stärker rückt der Aspekt des konkreten Rechnens in den Hintergrund und desto mehr geht es um Ansätze und allgemeine Strukturen. Der naive Glaube, mit einem Taschenrechner oder zumindest Computeralgebrasystem könne man alle mathematischen Probleme lösen, erweist sich als gravierender Irrtum.

Doch so fortgeschritten die Techniken auch sein mögen, die man im Lauf der Zeit erlernt, sie müssen doch auf einem soliden Fundament stehen. Nur dann kann man sie wirklich einsetzen. Dabei geht es vielleicht nicht so sehr um die Grundrechenarten und ihre Anwendung auf natürliche oder reelle Zahlen – das nimmt einem wirklich meist der Taschenrechner ab.

Solide Kenntnisse des Bruchrechnens, der Wurzeln und Potenzen, des Lösens von Gleichungen und Ungleichungen sind hingegen unabdingbar als Grundlage für fast alles, was später kommt. Noch so ausgefeilte Computeralgebrasysteme können das Beherrschen grundlegender Rechenfertigkeiten nicht ersetzen.

Derartige Dinge werden wir in diesem Kapitel ausführlich wiederholen, dabei aber auch gleich einige Bezeichnungsweisen einführen, die uns den Rest dieses Buches begleiten werden. Wenn das alles zur Verfügung steht, werden wir als Krönung dieses Kapitels eine Beweistechnik kennenlernen, die viele als die mächtigste der gesamten Mathematik ansehen – die vollständige Induktion.

3.1 Terme, Brüche und Potenzen

Wir haben bereits mehrfach mit Termen, Gleichungen und Ungleichungen gearbeitet – und es wird Zeit, diese genauer zu untersuchen. Natürlich wissen wir alle *im Prinzip*, wie man Doppelbrüche auflöst, was negative Potenzen bedeuten und wie man einfache Gleichungen oder Gleichungssysteme löst.

Die gesammelte Erfahrung eines sechsköpfigen Autorenteams reicht aber vielleicht aus, um eine nahezu unglaublich klingende Behauptung zu untermauern: *Mangelnde Sicherheit im Bruchrechnen, beim Umgang mit Potenzen und beim Lösen von Gleichungen ist für viele Studierende die größte Fehlerquelle in den ersten beiden Semestern ihrer Mathematikausbildung!*

Daher haben wir die wichtigsten Rechenregeln noch einmal zusammengestellt und man wird am Ende des Kapitels auch einige Übungsaufgaben finden, die auf den ersten Blick einem Lehrbuch der Hochschulmathematik nicht angemessen erscheinen mögen. Wer diese Techniken bereits sicher beherrscht, kann natürlich die ersten beiden Abschnitte dieses Kapitels ohne Probleme überspringen.

Umformen von Termen ist Grundlage für das Beherrschen aller weiterführenden mathematischen Disziplinen

Mathematische Ausdrücke verschiedenster Art, wie sie üblicherweise in Gleichungen und Ungleichungen auftreten, werden oft als *Terme* bezeichnet. Ein **Term** ist ein sinnvoller Ausdruck, der aus Zahlen, Variablen, Rechenzeichen und Klammern gebildet werden kann und nicht unmittelbar eine Summe oder Differenz solcher Ausdrücke ist.

Beispiel So ist etwa

$$T_1 = a \cdot (1 + x)^2$$

ein Term, hingegen ist

$$A_1 = x^2 + \left(\frac{a+b}{2}\right)^2 + \sin\varphi$$

eine Summe von drei Termen. Der zweite Term im Exponenten von

$$A_2 = e^{e^{x+y} - \sin x + x\,y\,z}$$

ist $T_2 = \sin x$. ◀

Die Verknüpfung von Termen mittels Rechenzeichen erfolgt in einer dreistufigen Hierarchie: In der untersten Stufe stehen Addition und Subtraktion („+" und „−"), darüber Multiplikation und Division („·" und „/"). Am höchsten in der Hierarchie der Rechenoperationen stehen Potenzen und Wurzeln. Operationen der höheren Hierarchiestufe werden zuerst ausgeführt.

Klammern dienen dazu, Terme zu strukturieren und obige Hierarchie zu umgehen. Beim Auflösen von Klammern gilt es einerseits das **Distributivgesetz** zu beachten,

$$a \cdot (b + c) = a\,b + a\,c,$$

andererseits den Umstand, dass ein negatives Vorzeichen vor der Klammer das Vorzeichen aller Summanden innerhalb einer Klammer ändert:

$$a - (b + c + d\,e - f - g\,h) = a - b - c - d\,e + f + g\,h$$

Beim Rechnen mit Zahlen ist das sofort klar, aber diese Regeln gelten natürlich auch beim Umgang mit beliebigen Termen. Sie sind auch dann wichtig, wenn man etwa aus einer Summe oder Differenz einen gemeinsamen Faktor ausklammern will.

Selbstfrage 1

Welche der folgenden Umformungen sind richtig?

$$(ac - ba) \stackrel{?}{=} (-a) \cdot (b - c)$$
$$(ac - ba) \stackrel{?}{=} a \cdot (b - c)$$
$$(ac - ba) \stackrel{?}{=} (-a) \cdot (c - b)$$
$$(ac - ba) \stackrel{?}{=} a \cdot (c - b)$$

Bruchrechnen ist eine entscheidende elementare Rechentechnik

Besonders große Probleme macht vielen Anwendern der Mathematik das Umformen von Brüchen. Bevor wir uns den Rechenregeln widmen, noch kurz zur Konvention. Den Ausdruck oberhalb des Bruchstrichs nennt man den **Zähler** des Bruchs, den unterhalb den **Nenner**. Als schnelle Merkregel:

$$\text{Bruch} = \frac{\text{Zähler}}{\text{Nenner}}$$

Dabei muss der Nenner ungleich null sein, sonst haben wir einen undefinierten Ausdruck vorliegen. Der Wert eines Bruchs ändert sich nicht, wenn man Zähler und Nenner mit dem *gleichen* Faktor multipliziert,

$$\frac{a}{b} = \frac{a\,c}{b\,c},$$

wobei wir $b \neq 0$ und $c \neq 0$ fordern müssen, um eine Division durch null zu verhindern. Das nennt man das **Erweitern** eines Bruchs. In die andere Richtung gelesen: Gemeinsame Faktoren in Zähler und Nenner darf man **kürzen**.

Auf jeden Fall widerstehen sollte man der Versuchung, unliebsame Ausdrücke aus *Summen* oder *Differenzen* zu kürzen. („Aus Summen kürzen nur die Dummen.") Wenn man in einem solchen Fall kürzen will, dann muss man zunächst einen gemeinsamen Faktor aus Zähler und Nenner ausklammern.

Beispiel Sofort kürzen kann man in

$$\frac{2\pi\,a^2\,b}{4\,a\,c} = \frac{\not{2}\not{a}\cdot\pi\,a\,b}{\not{2}\not{a}\cdot 2\,c} = \frac{\pi\,a\,b}{2\,c}.$$

Zuerst einen gemeinsamen Faktor ausklammern muss man in

$$\frac{n^2+7n}{n^3-2n^2+n} = \frac{\not{n}\,(n+7)}{\not{n}\,(n^2-2n+1)} = \frac{n+7}{n^2-2n+1}.$$ ◀

Brüche werden miteinander multipliziert, indem man jeweils Zähler und Nenner multipliziert:

$$\frac{a}{b}\cdot\frac{c}{d} = \frac{a\,c}{b\,d}$$

Die Summe oder Differenz von Brüchen kann man hingegen nur dann zu einem Bruch zusammenfassen („auf einen Bruchstrich schreiben"), wenn die Nenner übereinstimmen:

$$\frac{a}{b}+\frac{c}{b} = \frac{a+c}{b}$$

Ist das nicht der Fall, so muss man durch entsprechendes Erweitern dafür sorgen – die Brüche also *auf einen gemeinsamen Nenner bringen*.

Beispiel So können wir

$$A = \frac{x+a}{4\pi} + \frac{a-2}{2\,y} - \frac{x\,y}{\pi\,y}$$

etwa auf folgende Weise zusammenfassen:

$$\begin{aligned} A &= \frac{x+a}{4\pi} + \frac{a-2}{2\,y} - \frac{x\,y}{\pi\,y} \\ &= \frac{x+a}{4\pi}\cdot\frac{y}{y} + \frac{a-2}{2\,y}\cdot\frac{2\pi}{2\pi} - \frac{x\,y}{\pi\,y}\cdot\frac{4}{4} \\ &= \frac{x\,y+a\,y}{4\pi\,y} + \frac{2\pi\,a-4\pi}{4\pi\,y} - \frac{4\,x\,y}{4\pi\,y} \\ &= \frac{x\,y+a\,y+2\pi\,a-4\pi-4\,x\,y}{4\pi\,y} \\ &= \frac{a\,y+2\pi\,a-4\pi-3\,x\,y}{4\pi\,y} \end{aligned}$$ ◀

Selbstfrage 2

Die Differenz

$$x = \frac{1}{a} - \frac{1}{b}$$

ist identisch mit welchem der folgenden Ausdrücke?

1. $x \stackrel{?}{=} \dfrac{1}{a-b}$
2. $x \stackrel{?}{=} \dfrac{a\,b}{a+b}$
3. $x \stackrel{?}{=} \dfrac{b-a}{a\,b}$
4. $x \stackrel{?}{=} \dfrac{a-b}{a\,b}$

Ein wenig komplizierter sieht am Anfang das Dividieren von Brüchen aus. Hier hilft es, mit dem **Kehrwert** zu arbeiten,

$$1 \Big/ \frac{a}{b} = \frac{b}{a}.$$

Dabei gilt: *Durch einen Bruch zu dividieren bedeutet, mit dessen Kehrwert zu multiplizieren.* Mit diesem Wissen ist auch die Behandlung von **Doppelbrüchen** nicht mehr schwierig:

$$\frac{\frac{a}{b}}{\frac{c}{d}} = \frac{a}{b}\Big/\frac{c}{d} = \frac{a}{b}\cdot\frac{d}{c} = \frac{a\,d}{b\,c}$$

Selbstfrage 3

Betrachten Sie einen Doppelbruch

$$D = \frac{a/b}{c/d} = \frac{a}{b}\Big/\frac{c}{d}.$$

Setzen Sie voraus, dass alle vier Größen a, b, c und d positiv sind und das auch im Weiteren bleiben.

Machen Sie sich nun klar, was es für den Wert von D bedeutet, wenn man jede einzelne der vier Größen separat verkleinert bzw. vergrößert.

Selbstfrage 4

Was ist mehr – die Hälfte des Drittels eines Viertels oder das Viertel eines Drittels der Hälfte?

Fassen wir ruhig noch einmal zusammen:

Bruchrechnen

Die wichtigsten Rechenregeln für Brüche sind:

$$\frac{a}{b}\cdot\frac{c}{d}=\frac{a\,c}{b\,d}$$
$$\frac{\frac{a}{b}}{\frac{c}{d}}=\frac{a/b}{c/d}=\frac{a\,d}{b\,c}$$
$$\frac{a}{b}\pm\frac{c}{d}=\frac{a\,d\pm b\,c}{b\,d}$$

Natürlich kann man Brüche auch mit dem Divisionszeichen „/" schreiben, dabei ist aber oft das Setzen von Klammern notwendig, beispielsweise in

$$\frac{x+2}{7-\pi}=(x+2)/(7-\pi).$$

Beispiel Wir führen nun eine Reihe typischer Aufgaben aus dem Bereich des Bruchrechnens vor.

- So bringen wir den Ausdruck

$$A_1=\frac{1}{x+1}-\frac{1}{x+2}+\frac{1}{x+3}$$

auf einen gemeinsamen Nenner:

$$\begin{aligned}A_1&=\frac{(x+2)\,(x+3)}{(x+1)\,(x+2)\,(x+3)}-\frac{(x+1)\,(x+3)}{(x+1)\,(x+2)\,(x+3)}\\&\quad+\frac{(x+1)\,(x+2)}{(x+1)\,(x+2)\,(x+3)}\\&=\frac{x^2+5x+6-(x^2+4x+3)+(x^2+3x+2)}{(x+1)\,(x+2)\,(x+3)}\\&=\frac{x^2+5x+6-x^2-4x-3+x^2+3x+2}{(x+1)\,(x+2)\,(x+3)}\\&=\frac{x^2+4x+5}{(x+1)\,(x+2)\,(x+3)}\\&=\frac{(x+2)^2+1}{(x+1)\,(x+2)\,(x+3)}\end{aligned}$$

Hier den Nenner auszumultiplizieren ist keine gute Idee, denn für viele Anwendungen sind gerade die Nullstellen des Nenners interessant. In dieser Form sieht man auch noch sofort, dass A_1 für $x=-1$, $x=-2$ und $x=-3$ nicht definiert ist. Nach dem Ausmultiplizieren wäre das sehr viel schwieriger festzustellen.

- Als Nächstes lösen wir einen komplizierten Mehrfachbruch auf:

$$\begin{aligned}\frac{\pi^2/c}{a\,b}\bigg/\frac{\frac{b\,c}{\pi}}{\frac{x}{a+b}}&=\frac{\pi^2}{a\,b\,c}\bigg/\frac{b\,c\,(a+b)}{\pi\,x}\\&=\frac{\pi^2}{a\,b\,c}\cdot\frac{\pi\,x}{b\,c\,(a+b)}\\&=\frac{\pi^3\,x}{a\,b^2\,c^2\,(a+b)}\end{aligned}$$

- Zuletzt behandeln wir noch eine Kombination dieser Elemente, wobei wir den Ausdruck

$$B=\frac{\frac{a+x}{\pi}}{\frac{b+d}{1+y}}+\frac{\frac{c-y}{\pi}}{\frac{\pi}{a+x}}$$

so weit wie möglich vereinfachen wollen:

$$\begin{aligned}B&=\frac{\frac{a+x}{\pi}}{\frac{b+d}{1+y}}+\frac{\frac{c-y}{\pi}}{\frac{\pi}{a+x}}\\&=\frac{(a+x)\,(1+y)}{\pi\,(b+d)}+\frac{(c-y)\,(a+x)}{\pi^2}\\&=\frac{\pi\,(a+x)\,(1+y)}{\pi^2\,(b+d)}+\frac{(c-y)\,(a+x)\,(b+d)}{\pi^2\,(b+d)}\\&=\frac{\pi\,(a+x)\,(1+y)+(c-y)\,(a+x)\,(b+d)}{\pi^2\,(b+d)}\\&=\frac{(a+x)\,\{\pi\,(1+y)+(c-y)\,(b+d)\}}{\pi^2\,(b+d)}\end{aligned}$$ ◀

Potenzen erlauben das knappe Hinschreiben umfangreicher Ausdrücke

Potenzen haben für das Handhaben vieler mathematischer Ausdrücke große Bedeutung – umso wichtiger ist es, ihre Rechenregeln zu beherrschen. Eine **Potenz** steht für wiederholte Multiplikationen, zumindest dann, wenn die *Hochzahl* n eine natürliche Zahl ist:

$$a^n=\underbrace{a\cdot a\cdot\ldots\cdot a}_{n\text{-mal}}$$

Die verbreitete, „seriöse" Sprechweise ist bei einem Ausdruck a^n die Zahl a die **Basis** und die Hochzahl n den **Exponenten** zu nennen:

$$\text{Potenzausdruck}=\text{Basis}^{\text{Exponent}}$$

Anwendung: Schaltung von Widerständen

Widerstände sind wichtige Bauelemente in Elektrotechnik und Elektronik. Für das serielle und parallele Schalten von Widerständen gibt es einfache Regeln, mit denen der Gesamtwiderstand beliebig komplizierter Schaltungen ermittelt werden kann.

Es gibt nur zwei Grundregeln, die man sich beim Schalten von Widerständen merken muss:

1. *Bei Hintereinanderschaltung von Widerständen addieren sich die Widerstandswerte*:

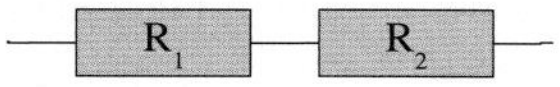

$$R_{\text{ges}} = R_1 + R_2$$

2. *Bei Parallelschaltung von Widerständen addieren sich die Leitwerte*:

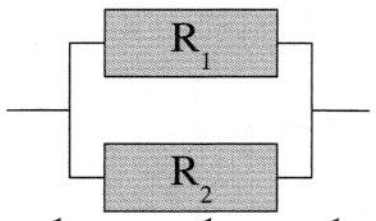

$$\frac{1}{R_{\text{ges}}} = \frac{1}{R_1} + \frac{1}{R_2}$$

Beide Regeln sind von ihrem physikalischen Inhalt her nicht schwer zu verstehen. Wir versuchen mit ihrer Hilfe, kompliziertere Schaltkreise zu vereinfachen.

Zunächst weisen wir nach, dass die oben nur für zwei Widerstände ausformulierten Regeln für jede beliebige Zahl von Widerständen gelten. Betrachten wir drei in Serie geschaltete Widerstände:

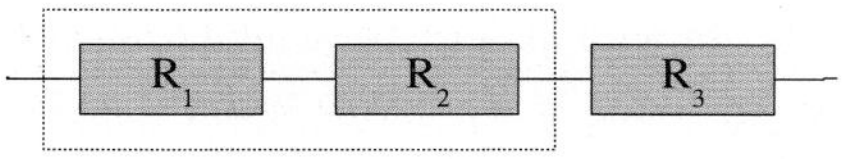

Nun können wir die ersten beiden Widerstände zu einem neuen Widerstand mit Wert $R_{12} = R_1 + R_2$ zusammenfassen. Der Gesamtwiderstand ist nun

$$R_{\text{ges}} = R_{12} + R_3 = R_1 + R_2 + R_3.$$

Analog können wir bei der Parallelschaltung von drei Widerständen vorgehen:

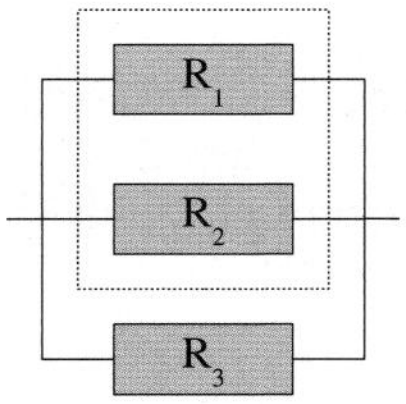

Wieder fassen wir R_1 und R_2 mittels $1/R_{12} = 1/R_1 + 1/R_2$ zusammen und erhalten

$$\frac{1}{R_{\text{ges}}} = \frac{1}{R_{12}} + \frac{1}{R_3} = \frac{1}{R_1} + \frac{1}{R_2} + \frac{1}{R_3}.$$

Diese Vorgehensweise lässt sich auf eine beliebige Zahl von Widerständen verallgemeinern. Zu einer formaleren Argumentation siehe Aufgabe 3.35.

Nun können wir komplizierte Schaltungen analysieren, etwa die Parallelschaltung von hintereinandergeschalteten Widerständen:

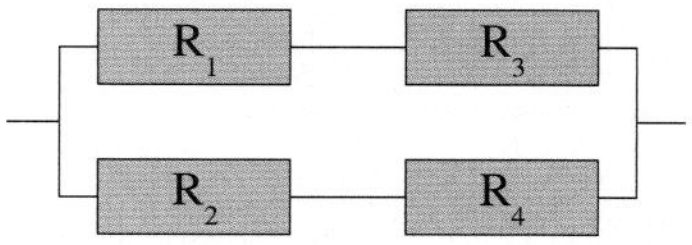

$$R = \left(\frac{1}{R_{13}} + \frac{1}{R_{24}}\right)^{-1} = \left(\frac{1}{R_1 + R_3} + \frac{1}{R_2 + R_4}\right)^{-1}$$

$$= \left(\frac{R_1 + R_2 + R_3 + R_4}{(R_1 + R_3)(R_2 + R_4)}\right)^{-1} = \frac{(R_1 + R_3)(R_2 + R_4)}{R_1 + R_2 + R_3 + R_4}$$

Eine solche Formel kann man oft einfach auf Konsistenz prüfen. Setzt man etwa $R_3 = R_4 = 0$, so muss sich der obige Ausdruck wieder zu $R = (R_1 R_2)/(R_1 + R_2)$ vereinfachen.

Ebenso kann man natürlich auch parallel geschaltete Widerstände in Serie schalten:

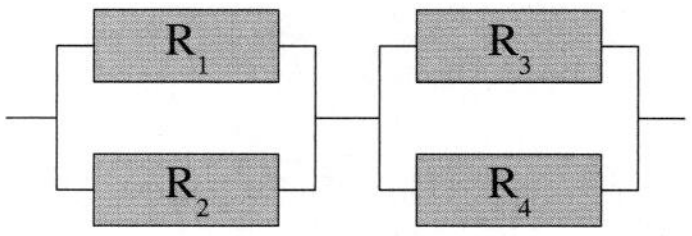

Dafür erhalten wir:

$$R = R_{12} + R_{34} = \left(\frac{1}{R_1} + \frac{1}{R_2}\right)^{-1} + \left(\frac{1}{R_3} + \frac{1}{R_4}\right)^{-1}$$

$$= \left(\frac{R_1 + R_2}{R_1 R_2}\right)^{-1} + \left(\frac{R_3 + R_4}{R_3 R_4}\right)^{-1} = \frac{R_1 R_2}{R_1 + R_2} + \frac{R_3 R_4}{R_3 + R_4}$$

Durch analoges Vorgehen erhält man zum Beispiel für die Schaltung

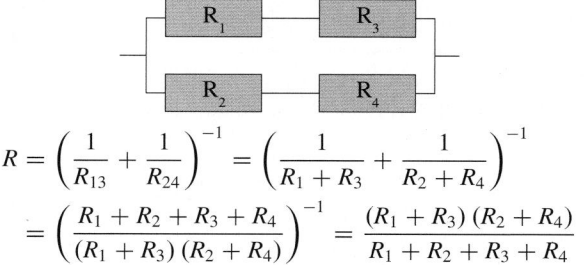

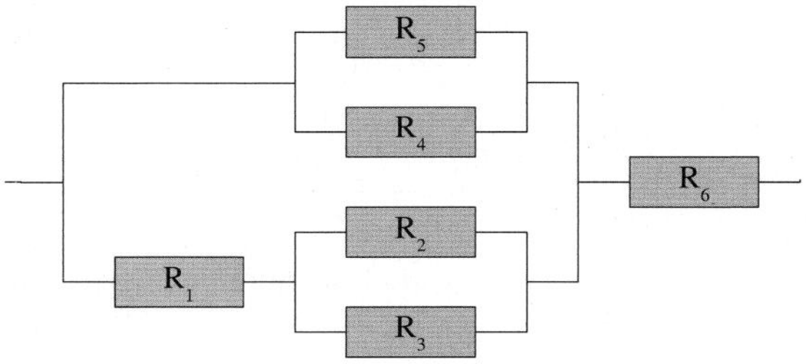

den Gesamtwiderstand:

$$R = R_{12345} + R_6 = \left(\frac{1}{R_{123}} + \frac{1}{R_{45}}\right)^{-1} + R_6$$

$$= \left(\left(R_1 + \left(\frac{1}{R_2} + \frac{1}{R_3}\right)^{-1}\right)^{-1} + \frac{1}{R_4} + \frac{1}{R_5}\right)^{-1} + R_6$$

$$= \left(\frac{R_2 + R_3}{R_1 R_2 + R_1 R_3 + R_2 R_3} + \frac{1}{R_4} + \frac{1}{R_5}\right)^{-1} + R_6$$

Wie man sich schnell überzeugen kann, gilt für solch ganzzahlige Exponenten n und m:

$$a^n \cdot a^m = \underbrace{a \cdot a \cdot \ldots \cdot a}_{n\text{-mal}} \cdot \underbrace{a \cdot a \cdot \ldots \cdot a}_{m\text{-mal}} = \underbrace{a \cdot a \cdot \ldots \cdot a}_{(n+m)\text{-mal}} = a^{n+m}$$

Ist außerdem $n > m$, so sieht man sofort:

$$\frac{a^n}{a^m} = \frac{\overbrace{a \cdot a \cdot \ldots \cdot a}^{n\text{-mal}}}{\underbrace{a \cdot a \cdot \ldots \cdot a}_{m\text{-mal}}} = \frac{\overbrace{a \cdot a \cdot \ldots \cdot a}^{(n-m)\text{-mal}} \cdot \overbrace{a \cdot a \cdot \ldots \cdot a}^{m\text{-mal}}}{\underbrace{a \cdot a \cdot \ldots \cdot a}_{m\text{-mal}}}$$
$$= \underbrace{a \cdot a \cdot \ldots \cdot a}_{(n-m)\text{-mal}} = a^{n-m}$$

Was bedeutet aber ein Ausdruck wie a^{-n} mit $n \in \mathbb{N}$? Um das klarzustellen, *postulieren* wir, dass die Rechenregeln

$$a^n \cdot a^m = a^{n+m} \quad \text{und} \quad \frac{a^n}{a^m} = a^{n-m} \qquad (3.1)$$

für beliebige ganzzahlige Exponenten gelten. Damit folgt sofort

$$a^0 = a^n\, a^{-n} = a^{n-n} = \frac{\overbrace{a \cdot a \cdot \ldots \cdot a}^{n\text{-mal}}}{\underbrace{a \cdot a \cdot \ldots \cdot a}_{n\text{-mal}}} = 1$$

für eine beliebige Basis $a \neq 0$. Nach unseren Regeln ist a^{-n} nun jene Zahl, die mit a^n multipliziert genau eins ergibt – das ist $1/a^n$. Wir erhalten also

$$a^{-n} = \frac{1}{a^n}.$$

Was kann man nun mit Potenzen tun, deren Basen unterschiedlich sind? Im Fall von Summen oder Differenzen meistens nichts. Im Fall von Produkten kann man hingegen bei gleichem Exponenten unterschiedliche Basen zusammenfassen:

$$a^n \cdot b^n = \underbrace{a \cdot a \cdot \ldots \cdot a}_{n\text{-mal}} \cdot \underbrace{b \cdot b \cdot \ldots \cdot b}_{n\text{-mal}}$$
$$= \underbrace{(ab) \cdot (ab) \cdot \ldots \cdot (ab)}_{n\text{-mal}} = (ab)^n$$

Potenzen von Potenzen sind ebenfalls nicht schwierig zu behandeln:

$$(a^n)^m = \underbrace{\underbrace{a \cdot a \cdot \ldots \cdot a}_{n\text{-mal}} \cdot \ldots \cdot \underbrace{a \cdot a \cdot \ldots \cdot a}_{n\text{-mal}}}_{m\text{-mal}} = \underbrace{a \cdot a \cdot \ldots \cdot a}_{nm\text{-mal}} = a^{nm}$$

Auch diese Regeln gelten für beliebige ganzzahlige Exponenten.

Selbstfrage 5

Prüfen Sie das für negative Exponenten selbst nach.

Damit ist das Rechnen mit ganzzahligen Potenzen geklärt. Anspruchsvoller ist die Frage, wie man mit nicht-ganzzahligen Potenzen agieren soll bzw. wie man so etwas überhaupt definieren soll. Was bedeutet etwa $2^{1/2}$?

Greifen wir auf unsere bewährte Vorgehensweise zurück und postulieren wiederum, dass Gl. (3.1) sogar für beliebige rationale Exponenten gelte. Dann erhalten wir

$$2^{1/2} \cdot 2^{1/2} = 2^{\frac{1}{2}+\frac{1}{2}} = 2^1 = 2.$$

Der Ausdruck $2^{1/2}$ ist jener, der mit sich selbst multipliziert zwei ergibt – das ist gerade $\sqrt{2}$. Natürlich wäre auch $-\sqrt{2}$ im Prinzip ein Kandidat, aber wir legen uns hier auf das positive Vorzeichen fest, definieren also $2^{1/2} = \sqrt{2}$.

Rationale Exponenten der Form $1/q$ sind demnach allgemein andere Schreibweisen für **Wurzeln**, weil die q-te Wurzel $\sqrt[q]{a}$ einer Zahl ja eben gerade so definiert ist, dass

$$\underbrace{\sqrt[q]{a} \cdot \sqrt[q]{a} \cdot \ldots \cdot \sqrt[q]{a}}_{q\text{-mal}} = a$$

ist.

Wurzeln als Potenzen

Für rationale Exponenten gilt

$$a^{1/q} = \sqrt[q]{a} \quad \text{und damit} \quad a^{p/q} = \left(\sqrt[q]{a}\right)^p .$$

Mehr zu Wurzeln wird in der Übersicht auf S. 57 gesagt.

Auf diese Weise haben wir Potenzen für beliebige rationale Exponenten erklärt. Die Verallgemeinerung auf beliebige reelle Exponenten wird in Abschn. 4.3 untersucht; unsere Rechenregeln übertragen sich völlig analog auch auf diesen Fall.

Etwas allerdings müssen wir nun beachten: Im Fall ganzzahliger Exponenten durfte die Basis durchaus auch negativ sein. Für rationale Exponenten allerdings wird es hier zu Problemen kommen; $(-1)^{1/2} = \sqrt{-1}$ beispielsweise ist kein wohldefinierter Ausdruck.

Klarerweise macht jede gerade Wurzel einer negativen Zahl Probleme. Diesen Schwierigkeiten entkommt man jedoch auch im Fall ungerader Wurzeln nicht, bei denen man naiv keine Komplikationen erwarten würde.

So ist natürlich

$$(-1) \cdot (-1) \cdot (-1) = -1,$$

in der Umkehrung aber können unsere Regeln auf einen undefinierten Ausdruck führen,

$$\sqrt[3]{-1} = (-1)^{1/3} = (-1)^{2/6} = \left((-1)^{1/6}\right)^2 = \left(\sqrt[6]{-1}\right)^2 ,$$

Übersicht: Umgang mit Wurzeln

Durch die Festsetzung $a^{1/p} = \sqrt[p]{a}$ wird das Rechnen mit Wurzeln *im Prinzip* in das Rechnen mit Potenzen eingegliedert. *In der Praxis* allerdings muss man natürlich trotzdem wissen, wie man mit Wurzelausdrücken umzugehen hat.

In der folgenden Diskussion setzen wir zur Vereinfachung der Sprechweise a und b als nichtnegative reelle Zahlen sowie p und q als natürliche Zahlen voraus.

Die p-te Wurzel von a, $\sqrt[p]{a}$, ist jene positive Zahl, die p-mal mit sich selbst multipliziert genau a ergibt,

$$\underbrace{\sqrt[p]{a} \cdot \ldots \cdot \sqrt[p]{a}}_{p\text{-mal}} = a.$$

So ist etwa $\sqrt[6]{64} = 2$, weil $2^6 = 64$ und 2 nicht negativ ist. Hingegen ist -2 nicht die sechste Wurzel von 64, weil zwar $(-2)^6 = 64$ ist, die Forderung der Nichtnegativität aber nicht erfüllt ist. Nur durch diese Forderung ist die p-te Wurzel von a eindeutig bestimmt.

Das *Argument* der Wurzel, in unserem Fall a, allgemein „das, was unter der Wurzel steht" wird auch manchmal als **Radikand** bezeichnet. Im Fall von *Quadratwurzeln*, $p = 2$, wird die Angabe der Ordnung der Wurzel üblicherweise weggelassen, $\sqrt{a} = \sqrt[2]{a}$.

Für Wurzeln gelten Rechenregeln, die sich natürlich aus denen für Potenzen herleiten lassen:

$$\sqrt[p]{a}\,\sqrt[p]{b} = \sqrt[p]{a\,b}$$

$$\sqrt[q]{\sqrt[p]{a}} = \sqrt[p]{\sqrt[q]{a}} = \sqrt[pq]{a}$$

$$\sqrt[q]{\frac{a}{b}} = \frac{\sqrt[q]{a}}{\sqrt[q]{b}}$$

Wurzelziehen und Potenzieren mit ganzzahligem Exponenten sind Umkehroperationen. Für einen beliebigen nichtnegativen Ausdruck $T(x)$ gilt immer

$$\left(\sqrt{T(x)}\right)^2 = T(x).$$

Auch in die umgekehrte Richtung gilt $\sqrt{T(x)^2} = T(x)$ – aber auch nur dann, wenn $T(x)$ nicht negativ ist.

Im Gegensatz zu oben wäre ein negatives $T(x)$ jetzt im Prinzip zulässig – es wird ja quadriert, bevor die Wurzel gezogen wird, damit ist das Argument der Wurzel sicher nicht negativ.

Da Wurzeln aber definitionsgemäß selbst nicht negativ sind, kann ein eventuelles negative Vorzeichen nicht wieder hergestellt werden und man erhält den allgemeinen Zusammenhang

$$\sqrt{T(x)^2} = |T(x)|\,.$$

Quadrieren und anschließendes Wurzelziehen liefert im Reellen also den *Betrag* eines Ausdrucks. Dies zu vergessen kann eine unangenehme Fehlerquelle sein.

In manchen Fällen kann *partielles Wurzelziehen* nützlich sein, insbesondere bei der Vereinfachung von numerischen Ausdrücken. Dabei wird die Wurzel eines Produkts so in ein Produkt von Wurzeln umgeschrieben, dass man zumindest eine der Wurzeln vereinfachen kann, beispielsweise ist

$$\sqrt[5]{96} = \sqrt[5]{3 \cdot 32} = \sqrt[5]{3} \cdot \sqrt[5]{2^5} = 2 \cdot \sqrt[5]{3}.$$

denn es gibt keine reelle Zahl, die sechsmal mit sich multipliziert (-1) ergeben würde. Der einzige Ausweg an dieser Stelle ist Potenzen mit negativer Basis überhaupt zu verwerfen. Wir werden die Thematik allerdings in Kap. 5 neu aufrollen.

Momentan genügt es uns zu wissen:

Rechnen mit Potenzen

Für $a > 0$, $b > 0$ und $x, y \in \mathbb{R}$ gilt:

$$a^x \cdot a^y = a^{x+y} \qquad \frac{a^x}{a^y} = a^{x-y}$$

$$a^{-x} = \frac{1}{a^x} \qquad (a^x)^y = a^{xy}$$

$$a^x \cdot b^x = (ab)^x \qquad a^0 = 1$$

Diese Regeln sind natürlich nicht alle unabhängig voneinander; trotzdem ist es empfehlenswert, sie sich alle gut einzuprägen und jederzeit parat zu haben. Vorsichtig sollte man generell bei mehrfachen Exponenten sein, denn schließlich ist

$$a^{x^y} = a^{(x^y)} \neq (a^x)^y = a^{xy}.$$

Achtung Wir weisen noch einmal explizit darauf hin: *Summen oder Differenzen von Potenzen mit unterschiedlicher Basis lassen sich nicht auf einfache Weise zusammenfassen!* Einen Ausdruck wie

$$A = a^2 - b^2 + x^3 - y^3$$

kann man nicht mehr weiter zusammenfassen – höchstens noch Teile davon faktorisieren, also in Produkte zerlegen. ◄

Anwendung: Potenzen in der Natur und ihre Auswirkungen

Potenzgesetze spielen in Natur und Technik eine wichtige Rolle; sie bestimmen Körperbau und Lebensweise von Tieren und Pflanzen ebenso wie baustatische Berechnungen. Wir bringen hier einige Beispiele.

- **Volumen und Oberfläche**: Eine Kugel mit Radius r hat die Oberfläche $O = 4\pi\, r^2$ und das Volumen $V = (4\pi/3)\, r^3$. Ein Würfel der Kantenlänge a hat die Oberfläche $O = 6a^2$, das Volumen a^3. Auch wenn die numerischen Vorfaktoren unterschiedlich sind, erhält man doch qualitativ das gleiche Verhalten.
  Wenn L eine typische Länge für den Körper ist, dann wächst die Oberfläche wie L^2, das Volumen hingegen wie L^3. Das Verhältnis von Oberfläche zu Volumen wird also mit zunehmender Längenskala immer kleiner:
  $$\frac{O}{V} \sim \frac{L^2}{L^3} = \frac{1}{L}$$
  Das spielt in der Natur eine gewaltige Rolle, weil viele physikalische und damit auch biologische Prozesse von der Oberfläche, andere hingegen vom Volumen abhängen. So passiert etwa Wärmeabstrahlung an der Oberfläche, Wärmespeicherung im Volumen.
  Eine Ratte hat also verglichen mit einem Bären einen viel größeren Wärmeverlust pro Gramm Körpermasse, entsprechend tut sie sich auch in kühlerem Klima sehr viel schwerer. Darum sind Tiere in der Arktis allgemein größer als ihre Verwandten aus gemäßigten oder gar heißen Zonen, und sehr kleine Tierarten wie Mäuse fehlen überhaupt.

  Dass die Oberfläche entscheidend für die Wärmeabgabe ist, lässt sich auch an einzelnen Körperteilen feststellen. So haben etwa Wüstenfüchse sehr viel größere Ohren als Polarfüchse – erste wollen möglichst viel Wärme abgeben, letztere möglichst wenig. Auch die großen Ohren der Elefanten dienen vor allem der Wärmeabgabe.
  Die Aufnahme von Sauerstoff und Nahrung und die Abgabe von Abfallprodukten passiert an Oberflächen, der Verbrauch bzw. die Produktion hingegen im Volumen. Deswegen können Zellen auch nur eine gewisse Größe haben, und Vielzeller besitzen oft raffinierte Geometrien wie etwa eine verästelte Lunge oder einen vielfach verschlungenen Darm, um die für sie entscheidenden Oberflächen groß genug zu machen.
- **Kinetische Energie und Bremsweg**: Die kinetische Energie E_{kin} eines Körpers der Masse m, der sich mit einer Geschwindigkeit v bewegt, ist nach den Gesetzen der klassischen Mechanik
  $$E_{\text{kin}} = m\,\frac{v^2}{2}.$$
  Eine Verdopplung der Geschwindigkeit bedeutet eine Vervierfachung der kinetischen Energie. Bei einem Fahrzeug muss diese kinetische Energie beim Bremsen abgeführt werden. Die Bremsleistung ist proportional zur Geschwindigkeit; gemäß Energie = Leistung · Zeit ist damit auch die Bremszeit proportional zur Geschwindigkeit. Der Bremsweg ist damit proportional zu v^2, die doppelte Geschwindigkeit führt zu einer Vervierfachung des notwendigen Bremswegs.
- **Das Hagen-Poiseuille'sche Gesetz**: Der Flüssigkeitsstrom Φ durch ein Rohr mit Länge l und Radius R ist nach dem Hagen-Poiseuille'schen Gesetz
  $$\Phi = \frac{\pi}{8\,\eta} \cdot \frac{\Delta p}{l} \cdot R^4,$$
  wobei η die *Viskosität* der Flüssigkeit und Δp die Druckdifferenz zwischen den Enden des Rohrs ist. Die Abhängigkeit von R^4 ist sehr stark, und damit ist es möglich, den Fluss durch eine geringe Änderung des Rohrradius drastisch zu erhöhen oder zu senken. Diese Eigenschaft spielt etwa beim Regulieren des Blutkreislaufs eine entscheidende Rolle.
  Auch in der Technik ist dieses Gesetz zu beachten: Will man etwa zwei Rohre durch eines ersetzen, so dass die Durchflussmenge gleich bleibt, muss der Radius des neuen Rohres das $\sqrt[4]{2}$-fache von dem des alten sein, also knapp 20% größer. Mit dem doppelten Radius hätte man das 16-Fache der ursprünglichen Durchflussmenge!
- **Wärmestrahlung**: Die Rate $\dot{Q}$, mit der ein Körper Wärmeenergie durch Strahlung abgibt, ist nach dem *Stefan-Boltzmann-Gesetz* durch
  $$\dot{Q} = \varepsilon\, \sigma\, A\, T^4$$
  gegeben, wobei $\varepsilon \in [0,\, 1]$ materialabhängig, σ eine universelle Konstante, A die Oberfläche des Körpers und T die absolute Temperatur, gemessen in Kelvin ist.
  Zugleich absorbiert der Körper Wärme aus der Umgebung, die wir hier der Einfachheit halber mit der konstanten Temperatur T_U versehen wollen. Netto ergibt sich
  $$\dot{Q}_{\text{netto}} = \varepsilon\, \sigma\, A\, \left(T^4 - T_U^4\right).$$
  Auch hier ist die Abhängigkeit durch die vierte Potenz sehr stark.
  Diese Abhängigkeit kommt allerdings beim Heizen von Gebäuden kaum zum Tragen, denn dort spielt Wärmeleitung die entscheidende Rolle.

Selbstfrage 6

Für den Ausdruck

$$x = \sqrt[3]{2}^5$$

gilt:

1. $x \stackrel{?}{=} 2^{5/3}$
2. $x \stackrel{?}{=} 2^{3/5}$
3. $x \stackrel{?}{=} \sqrt[3]{2^5}$
4. $x \stackrel{?}{=} 3^{2.5}$?

Potenzrechnung taucht in vielen Bereichen auf, und viele Möglichkeiten werden sich erst mit der *Exponentialfunktion* aus Abschn. 4.3 erschließen. Zumindest eine immens wichtige Anwendung der Potenzschreibweise wollen wir schon hier vorstellen.

Anwendungsbeispiel Zehnerpotenzen werden in den Naturwissenschaften und in der Technik gerne verwendet, um sehr große oder sehr kleine Zahlen besser handhaben zu können. Man vergleiche etwa die beiden im Prinzip gleichwertigen Darstellungen der Elektronenmasse:

$$m_e \approx 9.109 \cdot 10^{-31}\,\mathrm{kg}$$
$$m_e \approx 0.000\,000\,000\,000\,000\,000\,000\,000\,000\,000\,910\,9\,\mathrm{kg}$$

Die Darstellung mittels Zehnerpotenzen bringt vor allem dann große Vorteile, wenn verschiedene derartige Größen multipliziert oder dividiert werden sollen. So erhält man etwa mit der Lichtgeschwindigkeit in Vakuum, $c \approx 2.998 \cdot 10^8\,\mathrm{m/s}$, für die Ruheenergie des Elektrons:

$$\begin{aligned} E_e &= m_e c^2 \approx 9.109 \cdot 10^{-31} \cdot (2.998 \cdot 10^8)^2\,\mathrm{J} \\ &= 9.109 \cdot 2.998^2 \cdot 10^{-31} \cdot 10^{16}\,\mathrm{J} \approx 81.87 \cdot 10^{-15}\,\mathrm{J} \\ &= 8.187 \cdot 10^{-14}\,\mathrm{J} \end{aligned}$$

Die meisten Taschenrechner können direkt in Zehnerpotenzen-Darstellung arbeiten, das Umschalten erfolgt meist mit der Taste SCI – das steht für *scientific*, also die „wissenschaftliche“ Darstellung.

Eine weitere Anwendung der Zehnerpotenzen, die bereits gewisse Kenntnisse im Lösen von Gleichungssystemen voraussetzt, ist in der Anwendung im Bonusmaterial zu finden. ◄

Der Kehrwert entspricht der Potenz −1

Mit Potenzen umgehen zu können ist auch beim Bruchrechnen durchaus hilfreich. So kann man den Kehrwert eines Bruchs a/b elegant als $(a/b)^{-1}$ schreiben, wobei natürlich

$$\left(\frac{a}{b}\right)^{-1} = \frac{b}{a}$$

gilt. Für Potenzen von Brüchen und Brüche von Potenzen gilt die wichtige Regel

$$\left(\frac{a}{b}\right)^n = \frac{a^n}{b^n}.$$

Beim Zusammenfassen von Brüchen und dem Finden des gemeinsamen Nenners ist oft eine Primfaktorzerlegung hilfreich.

Beispiel Wir vereinfachen die Größe

$$x = \frac{1}{2\,400} + \frac{1}{1\,500} + \frac{1}{4\,000}$$

mittels teilweiser Primfaktorzerlegung zu:

$$\begin{aligned} x &= \frac{1}{2\,400} + \frac{1}{1\,500} + \frac{1}{4\,000} \\ &= \frac{1}{100} \cdot \left\{\frac{1}{2^3 \cdot 3} + \frac{1}{3 \cdot 5} + \frac{1}{2^3 \cdot 5}\right\} \\ &= \frac{1}{100} \cdot \left\{\frac{5}{2^3 \cdot 3 \cdot 5} + \frac{8}{2^3 \cdot 3 \cdot 5} + \frac{3}{2^3 \cdot 3 \cdot 5}\right\} \\ &= \frac{1}{100} \cdot \frac{16}{2^3 \cdot 3 \cdot 5} = \frac{1}{100} \cdot \frac{2}{15} = \frac{1}{750} \end{aligned}$$

Den in jedem Nenner vorkommenden Faktor 100 ebenfalls in Primfaktoren zu zerlegen, wäre natürlich nicht falsch, ist aber unnötig. ◄

3.2 Gleichungen und Ungleichungen

Mathematische Zusammenhänge werden oft – aber bei Weitem nicht immer – durch Gleichungen oder Ungleichungen ausgedrückt.

Das wichtigste Werkzeug zum Lösen von Gleichungen sind Äquivalenzumformungen

Gleichungen haben generell die Form

$$\text{linke Seite} = \text{rechte Seite}$$

und sind damit entweder Aussagen, die wahr oder falsch sein können, oder *Aussageformen*, deren Wahrheitsgehalt noch von einer oder mehreren Variablen abhängt.

In diesem Fall hat solch eine Gleichung eine bestimmte **Lösungsmenge**. Für alle Elemente dieser Menge wird die Gleichung zu einer wahren Aussage.

Kommentar Die Lösungsmenge kann natürlich von der Grundmenge abhängen, die überhaupt zugelassen ist. Das Einschränken der Grundmenge kann den Schwierigkeitsgrad beim

Lösen von Gleichungen sogar erhöhen. So stehen viele Probleme der Zahlentheorie in Zusammenhang mit *diophantischen Gleichungen*, bei denen als Lösung nur ganze Zahlen zugelassen werden. ◀

Beispiel Die Gleichung

$$x^2 - 2 = 0$$

hat über der Grundmenge $\mathbb{R}$ die Lösungsmenge

$$L = \left\{-\sqrt{2},\ \sqrt{2}\right\}.$$

Setzt man ein Element dieser Menge für x ein, erhält man eine wahre Aussage, sonst eine falsche. Schränkt man die Grundmenge auf die rationalen Zahlen $\mathbb{Q}$ ein, so ist die Lösungsmenge leer, weil es (siehe S. 28) keine rationale Zahl gibt, die diese Gleichung lösen könnte. ◀

Der Wahrheitsgehalt einer Gleichung oder ihre Lösungsmenge ändert sich nicht, wenn man eine beliebige reelle Zahl auf beiden Seiten addiert oder mit einer Zahl ungleich null multipliziert.

Multipliziert man hingegen eine beliebige falsche Gleichung, z. B. $-1 = 1$ mit null, so erhält man $0 = 0$, also eine wahre Aussage. Der Grund ist, dass Multiplikation mit null keine **Äquivalenzumformung** ist, also keine Operation, die in beide Richtungen definiert und eindeutig ist. Von $0 = 0$ kommt man mit Division durch null nie wieder zu $-1 = 1$ zurück – schon weil die Division durch null gar nicht definiert ist.

Ein anderes Beispiel für eine Nicht-Äquivalenzumformung ist das Quadrieren, da ja jede Quadratwurzel doppeldeutig ist. Quadriert man zum Beispiel $2 = -2$, also eine offensichtlich falsche Aussage, so erhält man $4 = 4$, was ebenso offensichtlich richtig ist.

Hat man also einen Beweis durch Umformen einer Gleichung erarbeitet, sollte man auf jeden Fall überprüfen, ob sich alle Umformungen auch in die umgekehrte Richtung durchführen lassen.

Beispiel Als kleine Demonstration, was man so alles „beweisen" kann, wenn man eine Nicht-Äquivalenzumformung in seine Rechnung einschmuggelt, zeigen wir hier gleich zwei wahrhaft erstaunliche Behauptungen:

Zunächst zeigen wir, dass tatsächlich $1 = 2$ ist:

$$\begin{aligned}
1 &= x && \big|\cdot x\\
x &= x^2 && \big|-1\\
x-1 &= x^2-1\\
x-1 &= (x+1)\cdot(x-1) && \big|/(x-1)\\
\frac{x-1}{x-1} &= \frac{(x+1)(x-1)}{x-1}\\
1 &= x+1 && \big|x=1\\
1 &= 2
\end{aligned}$$

Des Weiteren erbringen wir den lange gesuchten Nachweis, dass $4 = 5$ ist: Dazu setzen wir $x = 4$, $y = 5$ und berechnen

$$\begin{aligned}
x+y &= 9 && \big|\cdot(x-y)\\
x^2-y^2 &= 9x-9y && \big|+\frac{81}{4}\\
x^2-9x+\frac{81}{4} &= y^2-9y+\frac{81}{4}\\
\left(x-\frac{9}{2}\right)^2 &= \left(y-\frac{9}{2}\right)^2 && \big|\sqrt{\cdots}\\
x-\frac{9}{2} &= y-\frac{9}{2} && \big|+\frac{9}{2}\\
x &= y\\
4 &= 5.
\end{aligned}$$

◀

Selbstfrage 7

Finden Sie heraus, wo in den obigen beiden Beispielen der Fehler gemacht wird. Am einfachsten ist es dazu, einfach in jeder Zeile die konkreten Zahlenwerte einzusetzen und zu überprüfen, wie lange man noch eine wahre Aussage vorliegen hat.

Manchmal allerdings kann es notwendig sein, Nichtäquivalenzumformungen zu verwenden, um die Lösungen einer Gleichung zu bestimmen. In diesem Fall muss man hinterher überprüfen, ob die letztlich erhaltenen Werte auch wirklich die ursprüngliche Gleichung lösen.

Beispiel Um die Gleichung

$$\sqrt{x^2-1} = \sqrt{x-1}$$

über der Grundmenge $\mathbb{R}$ zu lösen, muss man wohl oder übel die Gleichung erst einmal quadrieren. Das führt auf

$$\begin{aligned}
x^2-1 &= x-1\\
x\,(x-1) &= 0
\end{aligned}$$

und man erhält die beiden Kandidaten für die Lösung $x_1 = 0$ und $x_2 = 1$. Während x_2 tatsächlich eine Lösung der ursprünglichen Gleichung ist, führt x_1 zu undefinierten Ausdrücken, nämlich Wurzeln aus negativen Zahlen. Nur eine der beiden ursprünglich erhaltenen Lösungen kommt also tatsächlich in Frage. ◀

Lösen einer Gleichung heißt umformen, sodass die Lösungsmenge direkt ablesbar ist

Der folgende Abschnitt ist wohl in erster Linie eine Wiederholung bereits bekannter Themen – allerdings sind diese Themen so zentral, dass sie auf jeden Fall noch einmal angesprochen werden sollten.

Eine Gleichung zu *lösen* bedeutet, sie so umzuformen, dass man die Lösungen direkt ablesen kann. Dazu gibt es leider keine fixen Algorithmen oder Kochrezepte, man wendet einfach geschickt (Äquivalenz-)Umformungen an, bis man die gesuchte Größe x isoliert hat.

Beispiel Wir wollen die Gleichung

$$\frac{2x+1}{5} + b = a$$

lösen, wobei wir a und b als vorgegebene Konstanten betrachten. Zufrieden sind wir also dann, wenn wir wissen, welche Werte die Variable x annehmen darf, damit obige Gleichung eine wahre Aussage ist. Salopp gesagt – „wir wollen die Gleichung nach der Variablen x auflösen." Zuerst subtrahieren wir b auf beiden Seiten:

$$\frac{2x+1}{5} + b - b = a - b$$
$$\frac{2x+1}{5} = a - b$$

Wir haben also b „auf die andere Seite gebracht". Diese Sprechweise ist allgemein üblich, man sollte sich aber immer vor Augen halten, dass hinter diesem „Auf-die-andere-Seite-bringen" letzten Endes eine Äquivalenzumformung wie Addition oder Multiplikation steckt.

Nun multiplizieren wir die zuletzt erhaltene Gleichung mit 5 und kommen zu

$$2x + 1 = 5(a - b).$$

Jetzt subtrahieren wir 1,

$$2x = 5(a - b) - 1,$$

dividieren durch 2 und erhalten als Ergebnis

$$x = \frac{5(a-b)-1}{2}.$$

Das ist zugleich auch die einzige Lösung der Gleichung. ◄

Nicht immer hat eine Gleichung eine Lösung. Gelangt man durch Äquivalenzumformungen zu einer eindeutig falschen Aussage, so gibt es keine Lösung, die Lösungsmenge ist leer.

Beispiel Wir versuchen, die Gleichung

$$3x(x+5) + 11 = x(3x+5) + 10(x+1)$$

zu lösen:

$$\begin{aligned} & 3x(x+5) + 11 = x(3x+5) + 10(x+1) \\ \Leftrightarrow\quad & 3x^2 + 15x + 11 = 3x^2 + 5x + 10x + 10 \\ \Leftrightarrow\quad & 3x^2 + 15x + 11 = 3x^2 + 15x + 10 \\ \Leftrightarrow\quad & 11 = 10 \quad \text{falsche Aussage} \end{aligned}$$

Die Gleichung hat demnach keine Lösung. ◄

Das andere Extrem liegt vor, wenn man durch Äquivalenzumformungen zu einer wahren Aussage kommt. In diesem Fall ist jede beliebige Zahl Lösung der Gleichung.

Beispiel Wir ermitteln alle Lösungen der Gleichung

$$2x\left(x + 1 + \frac{1}{x}\right) = 2(x^2 + x) + 2$$

wiederum durch Umformen:

$$\begin{aligned} & 2x\left(x + 1 + \frac{1}{x}\right) = 2(x^2 + x) + 2 \\ \Leftrightarrow\quad & 2x^2 + 2x + 2 = 2x^2 + 2x + 2 \\ \Leftrightarrow\quad & 0 = 0 \quad \text{wahre Aussage} \end{aligned}$$

Jede Zahl x ist Lösung der Gleichung – mit Ausnahme von $x = 0$, denn für diesen Fall ist die ursprüngliche Gleichung gar nicht definiert, da ja eine Division durch null vorliegen würde. ◄

Oft hilft es beim Lösen von Gleichungen enorm, dass ein Produkt genau dann null wird, wenn zumindest einer der Faktoren null ist.

Beispiel Die Gleichung

$$x^2 = 5x$$

kann man umschreiben auf

$$x^2 - 5x = 0$$

und weiter auf

$$x \cdot (x - 5) = 0.$$

Das kann nur der Fall sein, wenn entweder $x = 0$ oder $x - 5 = 0$, also $x = 5$ ist. Würde man hingegen die Ausgangsgleichung durch x dividieren, ginge die Lösung $x = 0$ verloren. ◄

Für quadratische Gleichungen gibt es ausgefeilte Lösungsmethoden

Oft kommen in Gleichungen auch Terme höherer Ordnung (also z. B. $x^2, x^3, \ldots$) vor. Besonders häufig ist der Fall quadratischer Gleichungen, für den hier eine allgemeine Lösungsformel abgeleitet werden soll.

Dabei wird eine Technik verwendet, die beim Behandeln von quadratischen Ausdrücken überragende Bedeutung hat – das **Ergänzen auf vollständige Quadrate**. Ziel dabei ist es, einen quadratischen Ausdruck

$$Q(x) = ax^2 + bx + c \tag{3.2}$$

Anwendung: Dreisatz/Schlussrechnung und Prozente

Jene Methode, die in Deutschland als **Dreisatz** und in Österreich als **Schlussrechnung** bekannt ist, beruht ebenfalls auf dem Aufstellen und Lösen von Gleichungssystemen. In Form von Gleichungen ist die Vorgehensweise auch deutlich klarer als bei den etwas kryptischen Rezepten, die man in der Schule manchmal präsentiert bekommt.

Verwandt mit dem Dreisatz sind viele Aufgaben der Prozentrechnung.

Dreisatz Als Beispiel für den Dreisatz betrachten wir folgende Aufgabe: *In einer Fabrik stellen drei baugleiche Maschinen in zehn Tagen die benötigte Produktion von 45 000 Stück her. Wie lange würden fünf Maschinen dafür brauchen? Wie viel Stück könnten zwei Maschinen in zwölf Tagen herstellen?*

Natürlich muss man eine solche Aufgabe nicht zwangsläufig mit formalen Methoden und Gleichungen lösen – besser gesagt sind die Gleichungen so einfach, dass man sie auch im Kopf lösen kann. Wir wollen hier aber trotzdem die Lösung ausführlich diskutieren.

Zunächst wollen wir bestimmen, wie viel Stück eine Maschine an einem Tag herstellt. Diese Zahl nennen wir x, und aus der Angabe erhalten wir $3 \cdot 10 \cdot x = 45\,000$. Damit ist $x = 45\,000/30 = 1\,500$.

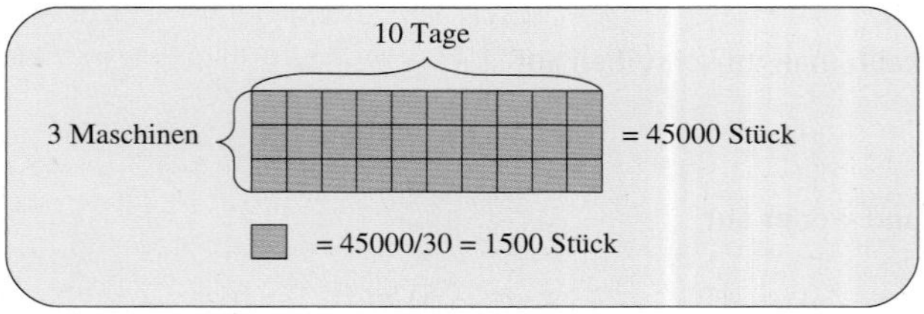

Nun können wir uns den beiden Fragen zuwenden. Nennen wir t die Zahl der Tage, die fünf Maschinen für die Produktion von 45 000 Stück benötigen, so gilt $5 \cdot t \cdot 1\,500 = 45\,000$ und daher $t = 6$. Bezeichnen wir des Weiteren mit n die Produktion von zwei Maschinen in zwölf Tagen, so gilt unmittelbar $n = 2 \cdot 12 \cdot 1\,500 = 36\,000$. Fünf Maschinen bräuchten demnach nur sechs Tage; zwei Maschinen schaffen in zwölf Tagen 36 000 Stück.

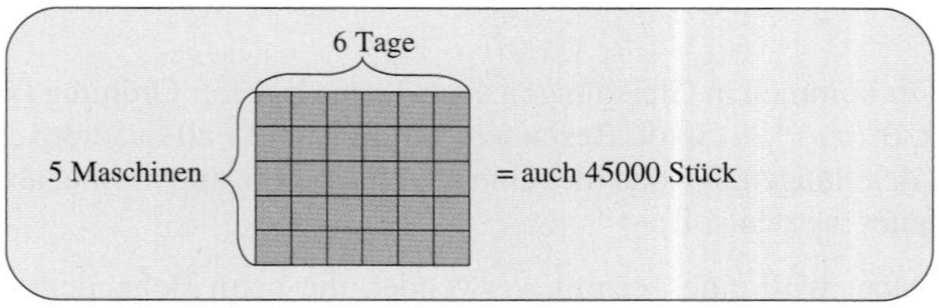

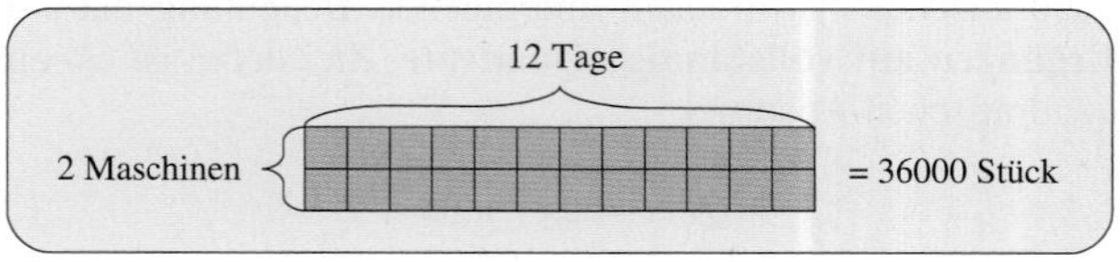

Die hier im Beispiel gebrauchte Taktik ist bei derartigen Aufgaben allgemein zielführend: Man bestimme eine Grundgröße (hier Produktion pro Maschine und Tag), auf die man dann leicht alle folgenden Fragen beziehen kann.

Selbst unter den an sich einfachen Beispielen, die mittels Dreisatz zu lösen sind, gibt es allerdings einige, die auf die Schnelle durchaus Probleme machen können, etwa die berühmte Aufgabe *Anderthalb Hühner legen in anderthalb Tagen anderthalb Eier. Wie viele Eier legt ein Huhn pro Tag?*

Nennen wir x die Zahl der Eier, die ein Huhn pro Tag legt, so gilt $1.5 \cdot 1.5 \cdot x = 1.5$, also $x = 1/1.5 = 2/3$. Die Lösung ist demnach ein Zweidrittelei. Um tatsächlich Sinn zu machen, sind die Zahlenangaben natürlich im Kontext statistischer Aussagen zu sehen.

Prozentrechnen Das Prozentrechnen ist keine mathematische Disziplin im engeren Sinne. Boshafterweise könnte man sogar sagen, dass die einzige Besonderheit des Prozentrechnens ist, dass manche Zahlen mit Hundert multipliziert werden und ein Prozentsymbol „%“ dahinter geschrieben wird.

Selbst wohlwollender betrachtet muss man feststellen, dass die simple Definition $1 = 100\%$ die Grundlage des Prozentrechnens ist. Statt Anteile direkt in Dezimalschreibweise anzugeben, wird der entsprechende Wert mit 100 multipliziert und mit der Angabe % versehen.

So wird aus einem Anteil von 0.23 einer von 23%. Derartige Angaben kommen der menschlichen Anschauung entgegen, denn solche Größen kann man sofort auf eine überschaubare Stichprobe von hundert Stück oder hundert Personen umlegen. Das Wort *Prozent* kommt übrigens aus dem Lateinischen von *pro*, für oder von, und *centum*, hundert.

Die Verbindung zum Dreisatz kommt daher zustande, dass es für die meisten einfachen Aufgaben zum Thema Prozentrechnen sehr hilfreich ist, zunächst einmal die Grundgröße 1% zu bestimmen und damit weiterzuarbeiten.

Als kleines Beispiel: 4% *der Bevölkerung einer Stadt, das sind* 900 *Personen, leiden an einer Birkenpollenallergie.* 3 000 *Personen haben die Forderung nach dem Bau eines neuen Schwimmbads unterstützt. Wie viel Prozent der Bevölkerung sind das? Unter der Annahme, dass Pollenallergie und Schwimmbäder nichts miteinander zu tun haben, wie viele Personen mit Birkenpollenallergie haben den Bau des Bades unterstützt? Wie viele Einwohner hat die Stadt insgesamt?*

Wenn 4% der Bevölkerung 900 Personen sind, dann sind 1% genau $900/4 = 225$. Die 3 000 Personen entsprechen damit $(3\,000/225)\% \approx 13.33\%$. Wenn die Allergie die Bereitschaft zum Unterschreiben für das Schwimmbad nicht beeinflusst, ist anzunehmen, dass auch 4% der Unterschriftsleister an der Allergie leiden, dass sind $0.04 \cdot 3\,000 = 120$ Personen. Die Gesamtbevölkerung der Stadt sind $100 \cdot 225 = 22\,500$ Personen.

so umzuformen, dass man nur noch eine Form

$$\tilde{Q}(u) = au^2 + \gamma \tag{3.3}$$

vorliegen hat, wobei u auf einfache Art mit x zusammenhängen soll, γ hingegen eine Konstante ist. Anders gesagt, man will den *linearen Term* verschwinden lassen.

Zunächst klammern wir einen Faktor a aus den ersten beiden Termen auf der rechten Seite von (3.2) aus und erhalten

$$Q(x) = a\left(x^2 + \frac{b}{a}x\right) + c.$$

Nun gilt unmittelbar $(x + y)^2 = x^2 + 2\,x\,y + y^2$. Hätten wir in der Klammer einen Ausdruck der Form

$$x^2 + \frac{b}{a}x + \frac{b^2}{4a^2} = \left(x + \frac{b}{2a}\right)^2$$

vorliegen, so könnten wir das sofort als Quadrat schreiben. Eine solche Form lässt sich leicht erreichen, indem wir eine passende Konstante addieren und wieder abziehen:

$$\begin{aligned} Q(x) &= a\left(x^2 + \frac{b}{a}x\right) + c \\ &= a\left(x^2 + \frac{b}{a}x + \frac{b^2}{4a^2} - \frac{b^2}{4a^2}\right) + c \\ &= a\left(x^2 + 2\,\frac{b}{2a}\,x + \frac{b^2}{4a^2}\right) - \frac{b^2}{4a} + c \\ &= a\left(x + \frac{b}{2a}\right)^2 + c - \frac{b^2}{4a} \end{aligned}$$

Dies ist genau die Form von Gl. (3.3) mit $u = x + b/(2a)$ und $\gamma = c - b^2/(4a)$. Halten wir fest:

Quadratisches Ergänzen

Jeder quadratische Ausdruck

$$Q(x) = ax^2 + bx + c$$

lässt sich in der Form

$$Q(x) = a\left(x + \frac{b}{2a}\right)^2 + c - \frac{b^2}{4a}$$

schreiben.

Die obige Formel braucht man sich nicht auswendig zu merken; solange man die Idee hinter dem quadratischen Ergänzen kennt, kann man den Vorgang selbst ohne Probleme durchführen und sich die Formel innerhalb einer Minute wieder herleiten.

Beispiel Wir wollen

$$Q(x) = x^2 - 6x + 1$$

auf vollständige Quadrate ergänzen. In $(a+b)^2 = a^2 + 2\,ab + b^2$ setzen wir $a = x$ und $2ab = -6x$, also $b = -3$. Damit brauchen wir eine Konstante $b^2 = 9$, die wir auf korrekte Weise einführen müssen,

$$Q(x) = x^2 - 6x + 9 - 8 = (x - 3)^2 - 8\,,$$

und schon haben wir auf ein vollständiges Quadrat ergänzt. ◄

Mit diesem Werkzeug sind wir bereit, quadratische Gleichungen zu untersuchen. Jede Gleichung dieser Art lässt sich als

$$ax^2 + bx + c = 0$$

schreiben.

Dividieren wir durch a und bringen den Ausdruck c/a auf die andere Seite. Dabei wird $a \neq 0$ vorausgesetzt, denn sonst hätten wir ja überhaupt keine quadratische Gleichung vorliegen:

$$x^2 + \frac{b}{a}x = -\frac{c}{a}$$

Nun ergänzen wir auf vollständige Quadrate:

$$x^2 + \frac{b}{a}x + \frac{b^2}{4a^2} = -\frac{c}{a} + \frac{b^2}{4a^2}$$

Jetzt wird der Ausdruck auf der linken Seite tatsächlich als Quadrat aufgeschrieben, die rechte Seite wird auf einen gemeinsamen Nenner gebracht:

$$\left(x + \frac{b}{2a}\right)^2 = \frac{b^2 - 4ac}{4a^2}$$

Ziehen der Wurzel liefert ein Doppelvorzeichen,

$$x + \frac{b}{2a} = \frac{\pm\sqrt{b^2 - 4ac}}{2a},$$

und man erhält letztendlich, dass die beiden Lösungen der quadratischen Gleichung

$$ax^2 + bx + c = 0$$

durch

$$x_{1,2} = \frac{-b \pm \sqrt{b^2 - 4ac}}{2a} \tag{3.4}$$

gegeben sind. Je nach Vorzeichen der **Diskriminante** $D = b^2 - 4ac$ hat die Gleichung zwei reelle Lösungen ($D > 0$), eine reelle Doppellösung ($D = 0$) oder keine reellen Lösung ($D < 0$).

Diese Lösungsformel ist zwar die schnellste Variante, wenn es nur darum geht, die Lösungen einer quadratischen Gleichung zu bestimmen. Das quadratische Ergänzen bietet aber noch viele andere Anwendungsmöglichkeiten und sollte dementsprechend gut beherrscht werden.

Beispiel Die Gleichung

$$3x^2 + 8x - 12 = 0$$

lässt sich umschreiben auf:

$$3\left(x^2 + \frac{8}{3}x\right) - 12 = 0$$

$$3\left(x^2 + \frac{8}{3}x + \frac{16}{9}\right) - 12 - \frac{16}{3} = 0$$

$$3\left(x + \frac{4}{3}\right)^2 = 12 + \frac{16}{3}$$

$$\left(x + \frac{4}{3}\right)^2 = 4 + \frac{16}{9}$$

$$x + \frac{4}{3} = \pm\sqrt{4 + \frac{16}{9}}$$

$$x = -\frac{4}{3} \pm \sqrt{4 + \frac{16}{9}}$$ ◀

Auch kubische Gleichungen lassen sich noch exakt lösen (*Formel von Cardano*), und ebenso gibt es für Gleichungen vierten Grades analytische Lösungsverfahren. Gleichungen höheren Grades sind aber im Allgemeinen nicht mehr exakt lösbar, hier kommen Näherungsverfahren ins Spiel.

Eine Ausnahme sind dabei Gleichungen wie etwa $x^6 + x^3 - 2 = 0$. Hier kann man $u = x^3$ substituieren und erhält eine quadratische Gleichung in u. Hat man deren Lösungen gefunden, muss man nur noch die dritte Wurzel ziehen.

Zum Lösen von Gleichungssystemen gibt es verschiedene Methoden

Oft hat man es nicht nur mit einzelnen Gleichungen zu tun, sondern mit Gleichungssystemen, also mehreren Gleichungen, die simultan erfüllt sein müssen. Als keineswegs immer gültige Faustregel kann man sich dabei merken, dass ein Gleichungssystem meist dann eindeutig lösbar ist, wenn es genauso viele unabhängige Gleichungen gibt wie Variablen.

Hat man nur n Gleichungen, aber $m > n$ Variable, so bleiben meist $m - n$ freie Parameter übrig. Im Fall widersprüchlicher Gleichungen (z. B. $x + y = 1$, $x + y = 2$) gibt es für das Gleichungssystem natürlich überhaupt keine Lösung – und das ist besonders leicht möglich, wenn es mehr Gleichungen als Unbekannte gibt.

Kommentar Es kann auch vorkommen, dass eine einzelne Gleichung mit mehreren Unbekannten eindeutig lösbar ist. So hat etwa

$$x^2 + y^2 + z^2 = 0$$

als einzige reelle Lösung $x = y = z = 0$. ◀

In vielen Fällen ist ein Gleichungssystem lösbar, indem man in einer Gleichung eine Variable explizit ausdrückt, diese dann in eine andere Gleichung einsetzt, dort eine zweite Variable ausdrückt usw., bis man am Ende nur mehr eine Gleichung mit einer Variablen vorliegen hat. Man spricht dabei vom **Einsetzungsverfahren**.

Beispiel Wir lösen das Gleichungssystem

$$\text{(I)}\quad 3x + 2y = 9$$
$$\text{(II)}\quad 4x - y = 1$$

mittels Einsetzungsverfahren: Aus (II) erhält man

$$y = 4x - 1.$$

Einsetzen in (I) liefert

$$3x + 2\,(4x - 1) = 9$$

und weiter

$$3x + 8x = 9 + 2 \quad \to \quad 11x = 11$$

Dies liefert sofort $x = 1$ und damit weiter

$$y = 4 \cdot 1 - 1 = 3.$$ ◀

Ebenso gut kann man in zwei Gleichungen jeweils dieselbe Unbekannte ermitteln und die beiden Ausdrücke gleichsetzen. Auch auf diese Art lässt sich die Zahl der Gleichungen und Variablen oft so weit reduzieren, dass man am Ende nur mehr eine Gleichung mit einer Unbekannten vorliegen hat. Diese Methode bezeichnet man als **Gleichsetzungsverfahren**.

Beispiel Wieder lösen wir das Gleichungssystem

$$\text{(I)}\quad 3x + 2y = 9$$
$$\text{(II)}\quad 4x - y = 1,$$

diesmal allerdings mittels Gleichsetzungsverfahren: Auflösen von (I) nach y ergibt

$$y = \frac{1}{2}(9 - 3x).$$

Aus (II) folgt analog

$$y = 4x - 1.$$

Setzt man beide Ausdrücke gleich, erhält man

$$\frac{1}{2}(9 - 3x) = 4x - 1 \quad \to \quad 11x = 11$$

und wie zu erwarten $x = 1$ und $y = 3$. ◀

Eine weitere Möglichkeit ist es, die vorliegenden Gleichungen mittels Äquivalenzumformungen so zu manipulieren, dass sich das Gleichungssystem vereinfacht, wenn Gleichungen direkt addiert oder subtrahiert werden. Dass eine solche Operation im Prinzip erlaubt ist, kann man sich sofort klarmachen, denn wenn $A = B$ und $C = D$ ist, dann ist sicher auch $A + C = B + D$ und $A - C = B - D$.

Weiterhelfen tut dieses **Eliminationsverfahren** allerdings üblicherweise nur, wenn durch das Addieren oder Subtrahieren eine Variable wegfällt oder sich die Struktur der Gleichung wesentlich vereinfacht. Daher ist es entscheidend, Übung darin zu bekommen, wie man Gleichungen am besten für das Eliminationsverfahren vorbereitet.

Beispiel Und noch einmal lösen wir

$$\begin{aligned} &\text{(I)} \quad 3x + 2y = 9 \\ &\text{(II)} \quad 4x - y = 1, \end{aligned}$$

diesmal mittels Eliminationsverfahren: Addiert man das Doppelte der zweiten Gleichung zur ersten, so ergibt das

$$\begin{aligned} 3x + 2y + 2\,(4x - y) &= 9 + 2 \\ 11x + 2y - 2y &= 11 \\ 11x &= 11. \end{aligned}$$

Wie zu erwarten findet man wiederum $x = 1$, $y = 3$. ◄

In Spezialfällen kann auch eine *grafische Lösung* des Gleichungssystems praktikabel sein.

Für den häufig vorkommenden Fall *linearer* Gleichungssysteme stellt die *lineare Algebra*, die in Teil III ausführlich behandelt wird, elegante und sehr effiziente Methoden zur Verfügung. Deshalb werden wir uns hier nun stärker auf den Fall nichtlinearer Gleichungssysteme konzentrieren.

Beispiel Wir versuchen nun, das Gleichungssystem

$$\begin{aligned} &\text{(I)} \quad x^2 + y^2 = 41 \\ &\text{(II)} \quad xy = 20 \end{aligned}$$

auf unsere drei Arten lösen:

- Aus (II) erhält man

  $$y = \frac{20}{x}.$$

  Einsetzen in (I) liefert

  $$x^2 + \frac{400}{x^2} = 41.$$

  Das ist eine quadratische Gleichung in x^2, wie man sofort sieht, wenn man die ganze Gleichung mit x^2 multipliziert. Das ist sicher erlaubt, da $x = 0$ die Gleichung (II) nie erfüllen könnte:

  $$(x^2)^2 - 41\,x^2 + 400 = 0$$

  Quadratisches Ergänzen oder die Lösungsformel (3.4) liefert sofort $x^2 = 25$ oder $x^2 = 16$, also $x = \pm 5$ oder $x = \pm 4$. Dementsprechend ist $y = 20/(\pm 5) = \pm 4$ oder $y = 20/(\pm 4) = \pm 5$.
- Auflösen von (II) nach y ergibt $y = 20/x$. Analog liefert Auflösen von (I) nach y

  $$y = \pm\sqrt{41 - x^2}.$$

  Gleichsetzen der beiden Ausdrücke ergibt

  $$\frac{20}{x} = \pm\sqrt{41 - x^2}$$

  oder nach Quadrieren

  $$\frac{400}{x^2} = 41 - x^2,$$

  was man wieder wie oben lösen kann.
- Am diffizilsten ist hier das Eliminationsverfahren: Addiert man das Doppelte von (II) zu (I), so ergibt sich

  $$x^2 + 2xy + y^2 = 81.$$

  Der Ausdruck auf der linken Seite ist ein Quadrat,

  $$(x + y)^2 = 81 \quad \Leftrightarrow \quad x + y = \pm 9.$$

  Damit haben wir zwar noch keine Variable isoliert, aber zumindest einen viel einfacheren Zusammenhang zwischen x und y gefunden, etwa $y = \pm 9 - x$, den wir in (I) oder (II) verwenden können:

  $$\begin{aligned} x\,(\pm 9 - x) &= 20 \\ \pm 9x - x^2 &= 20 \\ x^2 \mp 9x + 20 &= 0 \end{aligned}$$

  Lösung dieser Gleichung liefert wieder $x = \pm 5$ oder $x = \pm 4$ mit den entsprechenden Werten $y = \pm 5$ und $y = \pm 4$.

Die Lösungsmenge des obigen Gleichungssystems ist also $L = \{(5, 4), (4, 5), (-5, -4), (-4, -5)\}$. Dass hier die Lösungsmenge symmetrisch in x und y ist, ist klar, denn auch beide Gleichungen sind es. ◄

Gleichungssysteme werden uns immer wieder begegnen, und speziell in Kap. 35 werden es manche Aufgaben notwendig machen, komplizierte nichtlineare Gleichungssysteme zu lösen. Daneben tauchen Gleichungssysteme auch in diversen Anwendungen auf.

Anwendungsbeispiel Als Beispiel betrachten wir den sogenannten *zentralen, elastischen Stoß*, bei dem zwei Körper längs der Verbindungslinie ihrer Schwerpunkte – daher *zentral* – aufeinanderstoßen und beim Stoß keine kinetische Energie verloren geht – daher *elastisch*. Dies ist näherungsweise bei Billardkugeln der Fall.

Für den Impuls p eines Körpers mit der Masse M, der sich mit der Geschwindigkeit v bewegt, gilt

$$p = M\,v\,.$$

Die kinetische Energie des Körpers ist

$$E = 1/2\,M\,v^2\,.$$

Der Impulserhaltungssatz besagt, dass der Gesamtimpuls zweier Körper vor und nach einem Stoß identisch ist. Betrachten wir zwei Körper mit den Massen M_1 und M_2 und den entsprechenden Geschwindigkeiten, so besagt dies

$$M_1\,v_1 + M_2\,v_2 = M_1\,w_1 + M_2\,w_2\,, \tag{3.5}$$

wobei wir v_1 bzw. v_2 für die Geschwindigkeiten der Körper vor dem Stoß und w_1 bzw. w_2 für jene nach dem Stoß geschrieben haben.

Mit den gleichen Bezeichnungen besagt der Energieerhaltungssatz, dass die kinetische Gesamtenergie der beiden Körper vor und nach dem Stoß identisch ist, also

$$1/2\,M_1\,v_1^2 + 1/2\,M_2\,v_2^2 = 1/2\,M_1\,w_1^2 + 1/2\,M_2\,w_2^2\,. \tag{3.6}$$

Prinzipiell ist es natürlich möglich, den Impulssatz nach einer der gesuchten Größen aufzulösen, den so erhaltenen Ausdruck in den Energiesatz einzusetzen und die resultierende quadratische Gleichung zu lösen. Mit einigen, etwas umständlichen Zwischenschritten erhält man

$$w_1 = \frac{M_1\,v_1 + M_2\,v_2}{M_1 + M_2} \pm \frac{M_2\,(v_1 - v_2)}{M_1 + M_2}\,.$$

Abb. 3.1 Billardkugeln werden aus einem hochelastischen Kunststoff gefertigt. Beim Aufeinandertreffen führen sie – fast – einen elastischen Stoß aus

Das positive Vorzeichen liefert $w_1 = v_1$ (und in weiterer Folge $w_2 = v_2$). Diese Lösung beschreibt die Situation vor dem Stoß, die trivialerweise Impuls- und Energiesatz erfüllt. Hier interessiert uns die andere Lösung, die man durch Wahl des negativen Vorzeichens zu

$$w_1 = \frac{1}{M_1 + M_2}\,((M_1 - M_2)\,v_1 + 2\,M_2\,v_2)$$

erhält. Einsetzen in den Impulssatz ergibt

$$w_2 = \frac{1}{M_1 + M_2}\,((M_2 - M_1)\,v_2 + 2\,M_1\,v_1)\,.$$

Eine elegantere Methode, zu diesem Ergebnis zu kommen ist es, einerseits den Impulssatz in der Form

$$M_1\,(v_1 - w_1) = M_2\,(w_2 - v_2) \tag{3.7}$$

anzuschreiben, andererseits den mit 2 multiplizierten Energiesatz in der Form

$$M_1\,(v_1^2 - w_1^2) = M_2\,(w_2^2 - v_2^2).$$

Die beiden Seiten dieser Gleichung kann man mit der dritten binomischen Formel zu

$$M_1\,(v_1 - w_1)\,(v_1 + w_1) = M_2\,(w_2 - v_2)\,(w_2 + v_2)$$

faktorisieren. Benutzt man nun (3.7), so ergibt sich daraus

$$M_1\,(v_1 - w_1)\,(v_1 + w_1) = M_1\,(v_1 - w_1)\,(w_2 + v_2)\,.$$

Diese Gleichung kann einerseits dadurch erfüllt werden, dass $w_1 = v_1$ ist, was die Situation vor dem Stoß beschreibt. Schließt man diesen Fall aber aus, so kann man durch $M_1(v_1 - w_1) \neq 0$ dividieren und erhält

$$v_1 + w_1 = w_2 + v_2\,.$$

Das ist ebenso wie der Impulssatz eine lineare Gleichung in w_1 und w_2. Nehmen wir die durch M_2 dividierte Gleichung (3.7) hinzu, so erhalten wir das Gleichungssystem

$$\begin{aligned} v_1 + \quad w_1 &= w_2 + v_2\,,\\ \frac{M_1}{M_2}\,v_1 - \frac{M_1}{M_2}\,w_1 &= w_2 - v_2. \end{aligned}$$

Subtrahiert man die zweite Gleichung von der ersten, so ergibt sich

$$\left(1 - \frac{M_1}{M_2}\right)\,v_1 + \left(1 + \frac{M_1}{M_2}\right)\,w_1 = 2v_2$$

und weiter

$$\frac{M_2 + M_1}{M_2}\,w_1 = 2v_2 - \frac{M_2 - M_1}{M_2}\,v_1,$$

was wiederum zum obigen Ergebnis führt.

Betrachten wir als anderen Grenzfall den **total inelastischen Stoß**: Dabei stoßen wieder zwei Körper der Massen M_1, M_2 und Geschwindigkeiten v_1, v_2 aufeinander. Diesmal erfolgt der Stoß jedoch *total inelastisch*, das heißt, die beiden Kugeln bleiben aneinander kleben und bewegen sich mit einer gemeinsamen Geschwindigkeit w fort. Den Energiesatz können wir nun nicht mehr verwenden, da bei dieser Art von Stoß kinetische Energie in Verformungsarbeit investiert oder in Wärme umgewandelt wird. Was uns bleibt, ist der Impulssatz:

$$M_1 v_1 + M_2 v_2 = (M_1 + M_2)\, w$$

und hier können wir sofort auflösen:

$$w = \frac{M_1 v_1 + M_2 v_2}{M_1 + M_2}$$ ◀

Selbstfrage 8

Welche Endgeschwindigkeit für den Körper mit der Masse M_1 erhalten Sie, wenn der Körper M_2 eine unbewegliche Mauer darstellt?

Kommentar Bei Billardkugeln geht man von gleichen Massen, also $M_1 = M_2$, aus. Steht die Kugel mit der Masse M_2 vor dem Stoß still, d. h., gilt $v_2 = 0$, so haben die Kugeln nach dem Stoß die Geschwindigkeiten $w_1 = 0$ und $w_2 = v_1$. ◀

Ungleichungen lassen sich oft ähnlich wie Gleichungen behandeln, es gibt aber auch gravierende Unterschiede

In einer Ungleichung steht statt des Gleichheitszeichens „=" eines der Symbole $>$, $<$, $\geq$ oder $\leq$. Gelesen wird das als:

$a < b$	a ist kleiner als b
$a > b$	a ist größer als b
$a \leq b$	a ist kleiner gleich b
$a \geq b$	a ist größer gleich b

Eine simple Merkregel für diese Symbole ist, dass die Spitze eines Ungleichheitszeichens immer zum kleineren Ausdruck zeigt. Nur zur Sicherheit sei außerdem betont, $a \leq b$ bedeutet $a < b$ *oder* $a = b$: $4 \leq 5$ ist also ebenso eine wahre Aussage wie $5 \leq 5$.

Selbstfrage 9

Welche der folgenden Ungleichungen sind wahre Aussagen?

1. $\pi^2 < 10$
2. $\pi^2 \leq 10$
3. $\pi^2 > 10$
4. $\pi^2 \geq 10$

Oft werden Ungleichungen auch verkettet, das sollte aber immer nur gleichsinnig passieren, wie etwa in $A < B < C \leq D$. Nie sollte man Formen wie $A > B \leq C > D$ verwenden, da in diesem Fall über den Zusammenhang zwischen A und C oder D keine Aussage mehr gemacht werden kann.

Ungleichungen können bezüglich Äquivalenzumformungen ebenso behandelt werden wie Gleichungen – mit einer entscheidenden Ausnahme:

Ungleichungen

Bei Multiplikationen mit einem negativen Ausdruck ändert sich die Richtung der Ungleichung, „es dreht sich das Ungleichheitszeichen um".

Multipliziert man etwa $-2 < 2$ mit (-3), so erhält man $6 > -6$, und nicht $6 < -6$, was ja eine falsche Aussage wäre. Multiplikationen schließen natürlich auch Divisionen mit ein, denn etwa eine Division durch -2 ist ja nichts anderes als eine Multiplikation mit $-1/2$.

Bei Multiplikation mit einer Variablen x muss man also die Fälle $x > 0$ und $x < 0$ getrennt behandeln, analog für kompliziertere Terme, die von einer oder mehreren Variablen abhängen. Eine derartige Auftrennung nennt man **Fallunterscheidung**.

Beispiel Wir bestimmen alle $x \in \mathbb{R}$, für die die Ungleichung

$$\frac{x+1}{x-3} < 2$$

gilt. Um die Ungleichung zu lösen, multiplizieren wir sie mit $(x-3)$ und haben dabei zwei Fälle zu unterscheiden.

- $x - 3 > 0 \Leftrightarrow x > 3$: Wir erhalten
$$x + 1 < 2\,(x-3)$$
und damit $x > 7$. Der erste Teil der Lösungsmenge ist $L_1 = (7, \infty)$.
- $x - 3 < 0 \Leftrightarrow x < 3$: Hier ändert sich die Richtung der Ungleichung
$$x + 1 > 2\,(x-3),$$
und man erhält die Bedingung $x < 7$. Das ist für $x < 3$ immer erfüllt, und der zweite Teil der Lösungsmenge ist $L_2 = (-\infty, 3)$.

Insgesamt erhält man

$$L = L_1 \cup L_2 = \mathbb{R} \setminus [3, 7].$$ ◀

Besonders umfangreiche Fallunterscheidungen sind bei Ungleichungen notwendig, die zusätzlich Beträge enthalten. Derartige Beispiele werden in Abschn. 3.3 ausführlich diskutiert.

Kehrwerte von Ungleichungen werden seltener benötigt, aber wenn das doch der Fall ist, muss man gewisse Feinheiten berücksichtigen. Bei Kehrwertbildung ändert sich die Richtung des Ungleichheitszeichens, wenn die Seiten der Ungleichung beide positiv oder beide negativ sind. Ist hingegen eine Seite positiv, die andere negativ, dann bleibt die Richtung des Ungleichheitszeichens erhalten.

Beispiel Die folgenden Ungleichungen hängen über Kehrwertbildung zusammen:

$$\begin{aligned} 2 < 3 \quad &\Leftrightarrow \quad \frac{1}{2} > \frac{1}{3} \\ -3 < -2 \quad &\Leftrightarrow \quad -\frac{1}{3} > -\frac{1}{2} \\ -2 < 3 \quad &\Leftrightarrow \quad -\frac{1}{2} < \frac{1}{3} \end{aligned}$$

◀

Manche Ungleichungen kann man durch Umschreiben auf Quadrate zeigen

Wichtig beim Beweisen von Ungleichungen ist oft, dass Quadrate reeller Zahlen nie negativ sein können. Um zu zeigen, dass ein Ausdruck größer oder gleich null ist, kann man also versuchen, ihn irgendwie als Quadrat aufzuschreiben.

Beispiel Im einfachsten Fall lautet die Ungleichung zwischen arithmetischem und geometrischem Mittel

$$\frac{a_1 + a_2}{2} \geq \sqrt{a_1\, a_2},$$

wobei a_1 und a_2 positive reelle Zahlen sind. Diese Ungleichung, deren allgemeinere Form in der Anwendung auf S. 82 vorgestellt wird, wollen wir nun beweisen.

Dazu multiplizieren wir die Ungleichung zunächst mit 2,

$$a_1 + a_2 \geq 2\sqrt{a_1\, a_2},$$

und quadrieren sie dann,

$$a_1^2 + 2a_1\, a_2 + a_2^2 \geq 4\, a_1\, a_2.$$

Das ist in diesem Fall eine Äquivalenzumformung, da beide Seiten positiv sind. Nun subtrahieren wir auf beiden Seiten $4\, a_1\, a_2$ und erhalten

$$a_1^2 - 2a_1\, a_2 + a_2^2 \geq 0.$$

Die linke Seite der Ungleichung hat die Form eines Quadrats, und so erhalten wir letztlich

$$(a_1 - a_2)^2 \geq 0.$$

Diese Aussage ist sicher richtig, das Gleichheitszeichen trifft nur im Fall $a_1 = a_2$ zu. Da wir nur Äquivalenzumformungen benutzt haben, können wir jeden Schritt unserer Rechnung umkehren, und aus dieser sicher richtigen Aussage unsere ursprüngliche Behauptung herleiten.

Die Eindeutigkeit aller Umformungen in beide Richtungen ist entscheidend! Um eine Behauptung zu beweisen, genügt es keineswegs, aus ihr eine wahre Aussage abzuleiten. Auch aus falschen Voraussetzungen lassen sich richtige Dinge schließen – *ex falso quodlibet.* ◀

3.3 Von Betrag und Abschätzungen

Das Rechnen mit Beträgen und das Beherrschen von Abschätzungen nimmt in der Mathematik eine zentrale Rolle ein.

Der Betrag schluckt das Vorzeichen

Den Betrag einer Zahl haben wir bereits auf S. 35 als

$$|x| = \begin{cases} x & \text{wenn } x \geq 0 \\ -x & \text{wenn } x < 0 \end{cases}$$

mit $-x = (-1) \cdot x$ eingeführt. Nun wird es Zeit, seine Eigenschaften ausführlicher zu diskutieren.

Ist x negativ, so ist $-x$ wieder eine positive Zahl, oder, salopp und leicht zu merken: *Der Betrag schluckt das Vorzeichen.* So erhalten wir etwa $|2| = 2$ und $|-22| = 22$. In der Darstellung auf der Zahlengerade, wie etwa in Abb. 3.2 gibt der Betrag einer Zahl x ihren Abstand zur Zahl Null an.

Rechenregeln für den Betrag

Für den Betrag von Zahlen gilt:

$$|x| = |-x| \geq 0 \qquad |x^n| = |x|^n$$
$$|x| = 0 \Leftrightarrow x = 0$$
$$|x\,y| = |x| \cdot |y| \qquad \left|\frac{x}{y}\right| = \frac{|x|}{|y|} \quad (y \neq 0)$$

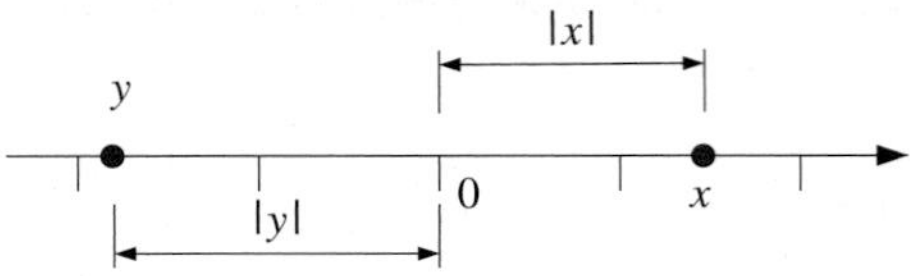

Abb. 3.2 Der Betrag einer Zahl kann als Abstand auf der Zahlengerade zur Null interpretiert werden

Die wahrscheinlich wichtigste der obigen Formeln noch einmal in Worten: *Der Betrag eines Produkts ist gleich dem Produkt der Beträge.*

Das lässt sich natürlich mittels *Fallunterscheidung* leicht nachweisen. Dazu braucht man nur alle möglichen Vorzeichenkombinationen von x und y zu untersuchen.

Außerdem gelten für den Betrag von Summen oder Differenzen zwei sehr wichtige Ungleichungen:

Dreiecksungleichung

Für beliebige x und y gelten die **Dreiecksungleichung** und die *erweiterte Dreiecksungleichung*:

$$|x + y| \leq |x| + |y|$$
$$\big||x| - |y|\big| \leq |x - y|$$

Die erweiterte Dreiecksungleichung bedeutet, dass sowohl

$$|x| - |y| \leq |x - y|$$

als auch

$$|y| - |x| \leq |x - y|$$

ist.

Diese Ungleichungen werden uns bei diversen Abschätzungen noch öfters begegnen.

Ihr Beweis erfolgt mittels Fallunterscheidung. Das führen wir am Beispiel der Dreiecksungleichung vor. Dabei können wir den Fall, dass x oder y gleich Null ist, als unmittelbar klar („trivial") abhaken. Zu untersuchen bleiben vier Fälle.

- Sind x und y beide positiv, so ist $|x| = x$, $|y| = y$ und $|x+y| = x + y = |x| + |y|$. In diesem Fall gilt das Gleichheitszeichen.
- Sind x und y beide negativ, so ist $|x| = -x$, $|y| = -y$ und $|x + y| = -(x + y) = -x - y = |x| + |y|$. Auch in diesem Fall herrscht Gleichheit.
- Nun nehmen wir an, x sei positiv, y negativ und $|y| \leq |x|$. Dann ist $|x| = x$, $|y| = -y$ und $|x + y| = x + y = |x| - |y| \leq |x| + |y|$.
- Wieder betrachten wir ein positives x und ein negatives y, aber diesmal sei $|y| > |x|$. In diesem Fall ist $|x + y| = -(x + y) = -y - x = |y| - |x| \leq |x| + |y|$.
- Da die Formel in x und y symmetrisch ist, erfolgt die Argumentation für negatives x und positives y gleich wie oben.

Beispiel Als kleine Demonstration für die Anwendung des Betrages bestimmen wir den Ausdruck:

$$x = \big||2 - 3| - (2 + |4 - 2|)\big| = \big|| - 1| - (2 + |2|)\big|$$
$$= |1 - (2 + 2)| = |1 - 4| = | - 3| = 3$$ ◄

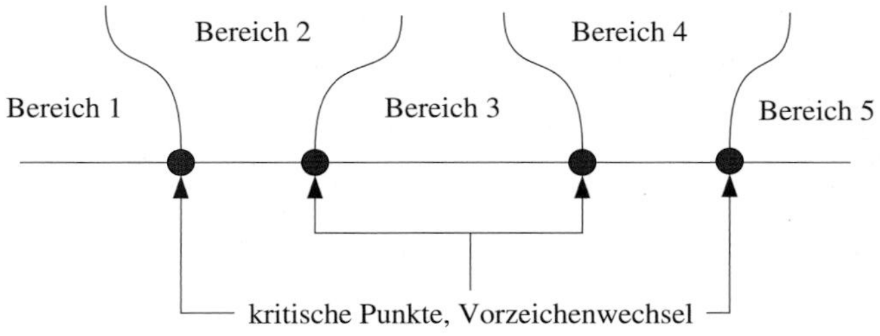

Abb. 3.3 Beim Lösen von Gleichungen mit Beträgen müssen die kritischen Punkte bestimmt werden, an denen das Argument eines Betrags das Vorzeichen wechselt. Die von diesen Punkten getrennten Bereich müssen jeweils getrennt untersucht werden

Um Gleichungen mit Beträgen aufzulösen, benötigt man meist Fallunterscheidungen

Wenn in einer Gleichung Beträge vorkommen, sind meistens Fallunterscheidungen notwendig. Dabei sind die kritischen Stellen jene, bei denen ein Ausdruck zwischen Betragsstrichen das Vorzeichen wechselt. Zusätzlich muss man natürlich Punkte ausnehmen, an denen die Gleichung gar nicht definiert ist.

Hat man alle diese Stellen bestimmt, muss die Gleichung für jeden Abschnitt zwischen zwei benachbarten kritischen Stellen separat betrachtet werden. Ebenso muss man sie natürlich jenseits der letzten kritischen Stelle untersuchen, sowohl in positiver als auch in negativer Richtung.

Beispiel

- Wir suchen alle $x \in \mathbb{R}$, für die die Gleichung

  $$|2x - 3| = 1$$

  erfüllt ist. Dabei müssen wir die beiden Fälle $2x - 3 \geq 0$ und $2x - 3 < 0$ unterscheiden.
  - Für $2x - 3 \geq 0$, also $x \geq 3/2$ hat der Betrag keine Auswirkungen, die Gleichung lautet $2x - 3 = 1$ und hat die einzige Lösung $x = 2$.
  - Für $2x - 3 < 0$, also $x < 3/2$, dreht der Betrag das Vorzeichen um, und die Gleichung lautet $-(2x - 3) = 1$, $2x - 3 = -1$, und man erhält $x = 1$.

  Die Lösungsmenge der Gleichung ist also $L = \{1, 2\}$.
- Wir wollen alle Lösungen der Gleichung

  $$|x + 2| = |2x - 3| + 1$$

  bestimmen. Kritische Stellen sind hier $x = -2$ und $x = 3/2$, wo jeweils das Argument eines Betrags das Vorzeichen wechselt. Wir haben also drei Bereiche zu untersuchen.
  - Für $x < -2$ liefern beide Beträge einen Vorzeichenwechsel und man erhält

    $$-(x + 2) = -(2x - 3) + 1.$$

    Die umgeformte Gleichung hat zwar die Lösung $x = 6$, dies liegt aber außerhalb des betrachteten Bereichs.

- Für $-2 \leq x < 3/2$ ändert der erste Betrag das Vorzeichen nicht mehr und man erhält für die Gleichung

$$x + 2 = -(2x - 3) + 1.$$

Die Lösung dieser Gleichung ist $x = 2/3$, das liegt im betrachteten Bereich.
- Im Bereich $x \geq 3/2$ ändern beide Beträge das Vorzeichen nicht,

$$x + 2 = 2x - 3 + 1.$$

Hier erhalten wir die Lösung $x = 4$, die ebenfalls im aktuellen Bereich liegt.

Die beiden Lösungen der Gleichung sind $x = 2/3$ und $x = 4$. ◀

Ungleichungen erfordern meist Fallunterscheidungen

Öfter noch als bei Gleichungen stößt man bei Ungleichungen auf die Notwendigkeit von Fallunterscheidungen.

Beispiel

- Man bestimme alle $x \in \mathbb{R}$, für die gilt:

$$x^2 - 2x > 2$$

Zunächst addieren wir auf beiden Seiten 1, um anschließend auf vollständige Quadrate ergänzen zu können,

$$x^2 - 2x + 1 > 3,$$
$$(x - 1)^2 > 3.$$

Nun können wir die Wurzel ziehen, wobei die Wurzel eines Quadrats ja den Betrag liefert,

$$|x - 1| > \sqrt{3}.$$

Jetzt gibt es zwei Möglichkeiten, die wir unterscheiden müssen:
- $(x - 1)$ ist größer gleich null, in diesem Fall haben die Betragsstriche keine Auswirkungen,

$$x - 1 > \sqrt{3}, \quad x > \sqrt{3} + 1.$$

Wenn dies gilt, ist auch die Bedingung $x - 1 \geq 0$ immer erfüllt, diese liefert also keine zusätzlichen Einschränkungen.
- $(x-1)$ ist kleiner null, in diesem Fall bringen die Betragsstriche ein zusätzliches Vorzeichen,

$$-x + 1 > \sqrt{3}, \quad -x > \sqrt{3} - 1.$$

Um eine Bedingung für x zu erhalten, muss man diese Ungleichung noch mit (-1) multiplizieren. Man erhält $x < 1 - \sqrt{3}$, und das impliziert auch $(x - 1) < 0$. Wieder gibt es keine zusätzlichen Einschränkungen.

Der erste Fall liefert uns als Lösungsmenge $L_1 = \mathbb{R}_{>\sqrt{3}+1}$, der zweite $L_2 = \mathbb{R}_{<1-\sqrt{3}}$. Die gesamte Lösungsmenge ist die Vereinigung

$$L = L_1 \cup L_2 = \mathbb{R}_{>\sqrt{3}+1} \cup \mathbb{R}_{<1-\sqrt{3}}.$$

An diesem Beispiel sieht man auch deutlich, welche Vorteile die Technik des quadratischen Ergänzens gegenüber der simplen Lösungsformel (3.4) hat. Diese lässt sich unmittelbar nur auf Gleichungen anwenden, während man mit quadratischem Ergänzen auch Ungleichungen problemlos in den Griff bekommt.

- Man finde alle $x \in \mathbb{R}_{\neq 0}$, für die gilt:

$$\frac{1}{x} > x^2$$

Bei Multiplikation mit x ist eine Fallunterscheidung notwendig:
- Für $x > 0$ erhält man: $1 > x^3$, also weiter:

$$x < \sqrt[3]{1} = 1 \quad \rightarrow \quad L_1 = (0, 1)$$

- Für $x < 0$ erhält man: $1 < x^3$, also weiter:

$$x > \sqrt[3]{1} = 1 \quad \rightarrow \quad L_2 = \emptyset$$

Die gesamte Lösungsmenge ist die Vereinigung:

$$L = L_1 \cup L_2 = (0, 1)$$ ◀

Die notwendigen Fallunterscheidungen werden insbesondere dann kompliziert, wenn in der Ungleichung von vornherein bereits Beträge vorkommen, wie es in den Beispielen auf S. 71 demonstriert wird.

Sinnvolles Abschätzen von Ausdrücken ist eine wesentliche Grundfertigkeit

Oft hat man es in Rechnungen mit relativ komplizierten Ausdrücken zu tun, deren genaue Form aber gar keine Rolle spielt. So ist es für viele Zwecke völlig ausreichend, brauchbare *Abschätzungen* zur Verfügung zu haben.

Besonders häufig stößt man im Zusammenhang mit Brüchen auf dieses Problem. Bei der folgenden Diskussion wollen wir voraussetzen, dass Zähler und Nenner beide größer als null sind und es bei allen Manipulationen auch bleiben.

Ist das der Fall, wird ein Bruch größer, wenn man den Zähler vergrößert oder den Nenner verkleinert. Umgekehrt kann man einen solchen Bruch verkleinern, indem man den Zähler verkleinert oder indem man den Nenner vergrößert.

Sind a, b, c und d alle positive Ausdrücke, so gilt sicher die Ungleichungskette

$$\frac{a}{c+d} < \frac{a+b}{c+d} < \frac{a+b}{c}.$$

Beispiel: Ungleichungen mit Beträgen

Man bestimme jeweils alle $x \in \mathbb{R}$, die die folgenden Ungleichungen erfüllen:

1. $|x+5| - x - 9 < 0$,
2. $|x-2| + \frac{2}{x} + |x+2| > 0$

Problemanalyse und Strategie Es gibt zwei kritische Operationen, einerseits das Auflösen von Betragsstrichen, andererseits das Multiplizieren mit einem x-abhängigen Ausdruck. Dabei sind jeweils Fallunterscheidungen notwendig. Dabei kann es mehrere Bereiche geben, die getrennt zu untersuchen sind und jeweils einen Beitrag L_k zur Lösungsmenge liefern. Die gesamte Lösungsmenge ist dann die Vereinigung $L = \bigcup L_k = L_1 \cup \ldots \cup L_n$.

Lösung

1. Zunächst untersuchen wir die Ungleichung $|x+5| - x - 9 < 0$. Diese Ungleichung können wir erst dann mit unseren Standardmethoden lösen, wenn wir die Betragsstriche beseitigt haben. Dabei gilt es zwei Fälle zu unterscheiden:
   (a) Wenn $x \geq -5$ ist, dann ist $|x+5| = x+5$ und die Ungleichung liest sich als $x + 5 - x - 9 < 0$ oder vereinfacht $-4 < 0$. Das ist eine wahre Aussage. Der Gültigkeitsbereich für diese Form der Gleichung ist aber nur $x \geq -5$. Der erste Teil unserer Lösungsmenge ist
   $$L_1 = \{x \in \mathbb{R} \,|\, x \geq -5 \text{ und } -4 < 0\} = [-5, \infty).$$
   (b) Ist hingegen $x < -5$, so bringt der Betrag ein zusätzliches Vorzeichen, $|x+5| = -x-5$. Die Ungleichung wird zu $-x - 5 - x - 9 < 0$, Umformen liefert $-2x < 14$ und mit Division durch (-2) erhält man letztlich $x > -7$. Da wir uns jetzt im Bereich von $x < -5$ befinden, ist der zweite Beitrag zu unserer Lösungsmenge
   $$L_2 = \{x \in \mathbb{R} \,|\, x < -5 \text{ und } x > -7\} = (-7, -5).$$
   Die gesamte Lösungsmenge ist die Vereinigung
   $$L = L_1 \cup L_2 = (-7, \infty) = \{x \,|\, x > -7\}.$$
2. Nun wollen wir alle $x \in \mathbb{R}$ bestimmen, für die $|x-2| + \frac{2}{x} + |x+2| > 0$ gilt. Hier gibt es drei Stellen, an denen sich die Strategie beim Lösen dieser Ungleichung orientieren muss. An $x = -2$ und $x = 2$ wechselt jeweils das Argument eines Betrags das Vorzeichen.
   Da beim Lösen der Ungleichung vermutlich eine Multiplikation mit x notwendig sein wird, sind auch die Fälle $x < 0$ und $x > 0$ zu unterscheiden. Für $x = 0$ ist die linke Seite der Ungleichung gar nicht definiert. Nach diesen Überlegungen sind also vier Bereiche zu untersuchen, $(-\infty, -2)$, $[-2, 0)$, $(0, 2)$ und $[2, \infty)$.

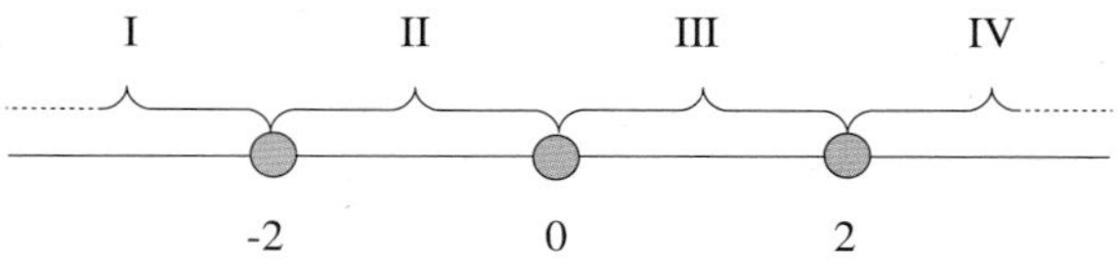

   Allerdings werden wir sehen, dass sich die letzten beiden doch gemeinsam und dazu noch auf sehr einfache Weise behandeln lassen.
   (a) Für $x < -2$ bringen beide Beträge je ein zusätzliches Vorzeichen,
   $$-x + 2 + \frac{2}{x} - x - 2 > 0, \quad -2x + \frac{2}{x} > 0.$$
   Diese Ungleichung multipliziert man am besten mit x. Da dieses kleiner als null ist, dreht sich das Ungleicheitszeichen um, $-2x^2 + 2 < 0$ bzw. $2x^2 - 2 > 0$. Vereinfacht liest sich das als $x^2 > 1$, und wenn man die Wurzel zieht, erhält man $|x| > 1$. Diese Bedingung gilt sicher für alle $x < -2$. Damit ist die erste Lösungsteilmenge $L_1 = \{x | x < -2\}$.
   (b) Ist $-2 \leq x < 0$, so ändert der zweite Betrag das Vorzeichen nicht mehr und man erhält
   $$-x + 2 + \frac{2}{x} + x + 2 > 0$$
   bzw. nach Vereinfachen $4 + \frac{2}{x} > 0$. Diese Ungleichung wird nun ebenfalls mit x multipliziert, und da wir immer noch im Bereich von $x < 0$ sind, dreht sich auch hier das Vorzeichen um, $4x + 2 < 0$ bzw. $2x < -1$. Diese Ungleichung wird von allen $x < -\frac{1}{2}$ erfüllt, $L_2 = \{x \,|\, -2 \leq x < -\frac{1}{2}\}$.
   (c) Für $x > 0$ hätten wir an sich noch einmal zwei Fälle zu unterscheiden. Hier sieht man allerdings sofort, dass nun alle drei Summanden auf der linken Seite der Ungleichung
   $$|x-2| + \frac{2}{x} + |x+2| > 0$$
   nicht negativ sein können. Damit ist die Ungleichung für alle $x > 0$ erfüllt, $L_3 = \mathbb{R}_{>0}$.

   Als Lösungsmenge erhält man demzufolge
   $$L = L_1 \cup L_2 \cup L_3 = \left\{x \,\middle|\, x < -\frac{1}{2} \text{ oder } x > 0\right\}.$$

Beispiel Wir betrachten den Bruch

$$B = \frac{n^2+n}{n^3+5n^2+4n+2},$$

wobei n eine natürliche Zahl ist. Dann können wir sofort eine *Abschätzung* angeben, indem wir zuerst den Zähler vergrößern und dann den Nenner verkleinern:

$$B = \frac{n^2+n}{n^3+5n^2+4n+2} < \frac{n^2+2n+1}{n^3+5n^2+4n+2}$$
$$< \frac{n^2+2n+1}{n^3+3n^2+3n+1} = \frac{(n+1)^2}{(n+1)^3} = \frac{1}{n+1} < \frac{1}{n}$$

Damit kennen wir einen einfachen Ausdruck, mit dessen Hilfe wir bereits viel über den komplizierten Bruch B aussagen können. ◀

Oft geht es darum den Betrag eines Ausdrucks abzuschätzen, dabei hilft oft die Dreiecksungleichung $|x+y| \leq |x|+|y|$ weiter. Beim Abschätzen von Potenzen ist es hilfreich zu wissen, dass für alle $n \in \mathbb{N}$ immer $|x|^n \geq |x|$ für $|x| > 1$ und $|x|^n \leq |x|$ für $|x| < 1$ ist.

Beispiel Wir schätzen den Ausdruck

$$A(x) = \frac{x}{2} - \frac{x^2}{3} + \frac{x^3}{6}$$

für $|x| < 1$ ab. In diesem Fall ist $|x^2| = |x|^2 \leq 1$ und ebenso $|x^3| = |x|^3 \leq 1$. Wir erhalten mit der Dreiecksungleichung:

$$\begin{aligned} |A(x)| &= \left|\frac{x}{2} - \frac{x^2}{3} + \frac{x^3}{6}\right| \\ &\leq \left|\frac{x}{2}\right| + \left|-\frac{x^2}{3}\right| + \left|\frac{x^3}{6}\right| \\ &= \frac{|x|}{2} + \frac{|x|^2}{3} + \frac{|x|^3}{6} \leq \frac{1}{2} + \frac{1}{3} + \frac{1}{6} = 1 \end{aligned}$$ ◀

Ungleichungen erlauben oft noch weitere Verkettungen

Sind beide Seiten einer Ungleichung positiv, so sind mit Ungleichungen noch weitergehende Manipulationen möglich. Ist etwa

$$A < B \quad \text{und} \quad C < D,$$

so dürfen die Ungleichungen multipliziert werden, $A\,C < B\,D$. Ist hingegen

$$A < B \quad \text{und} \quad C > D,$$

so kann man die Ungleichungen dividieren und erhält

$$\frac{A}{C} < \frac{B}{D} \quad \text{bzw.} \quad \frac{C}{A} > \frac{D}{B}.$$

Auch für negative Ausdrücke stehen diese Techniken teilweise zur Verfügung, man muss sich aber von Fall zu Fall Gedanken über die Auswirkungen der Vorzeichen machen.

3.4 Summen und Produkte

Eine wichtige Aufgabe der natürlichen Zahlen ist das Zählen und Indizieren

Eines der wichtigsten Dinge, die man mit natürlichen Zahlen tun kann, ist das Zählen. So werden natürliche Zahlen oft als Laufzahlen oder *Indizes*, Einzahl **Index**, für Summen und Produkte verwendet.

Es ist zwar völlig in Ordnung, drei unbekannte Größen mit a, b, c und ihre Summe mit $a+b+c$ zu bezeichnen. Ganz anders liegt die Sache aber, wenn man es mit fünfzig solcher Größen zu tun hat. Dann ist eine andere Schreibweise weit praktischer.

Dabei nennt man die Größen zum Beispiel $a_1, a_2, a_3, \ldots, a_{50}$. Man hat einen Index k eingeführt, der die Werte $1, 2, \ldots, 50$ annehmen kann und damit auf die entsprechenden Größen a_k verweist.

Diese Arbeitsweise lässt sich ohne Probleme auf n Zahlen mit einem ganz beliebigen $n \in \mathbb{N}$ verallgemeinern. Die Summe von n solchen Zahlen kann man kurz als

$$\sum_{k=1}^{n} a_k = a_1 + a_2 + \ldots + a_n$$

schreiben – gelesen als „Summe über a_k, k von 1 bis n".

Der Index k ist hier zu einem *Summationsindex* geworden. Er nimmt weiterhin alle Werte von 1 bis n an, aber nun ist zwischen die einzelnen Zahlen immer noch ein Plus zu setzen. Das Summenzeichen ist ein enorm wichtiges Symbol, mit dem wir von nun an ständig zu tun haben werden.

Gelegentlich hat man es auch mit Produkten von n Zahlen zu tun. Dafür schreibt man

$$\prod_{k=1}^{n} a_k = a_1 \cdot a_2 \cdot \ldots \cdot a_n,$$

analog gelesen als „Produkt über a_k, k von 1 bis n".

Achtung Wie der Summationsindex oder Multiplikationsindex tatsächlich heißt, ist im Grunde beliebig, auch wenn sich die Buchstaben von i bis n im Lauf der Zeit durchgesetzt haben.

Übersicht: Elementare Rechenregeln

Wir fassen hier noch einmal die wichtigsten Rechenregeln für Brüche, Potenzen, Beträge, Gleichungen und Ungleichungen zusammen. Alle vorkommenden Variablen können, soweit nicht anders angegeben, Werte aus ganz $\mathbb{R}$ annehmen

Klammern

$$a + (b \pm c) = a + b \pm c$$
$$a - (b \pm c) = a - b \mp c$$
$$a \cdot (b \pm c) = a\,b \pm a\,c$$

Brüche Für $b \neq 0$ und $d \neq 0$ gilt:

$$\frac{a}{b} \cdot \frac{c}{d} = \frac{a\,c}{b\,d}$$
$$\frac{\frac{a}{b}}{\frac{c}{d}} = \frac{a/b}{c/d} = \frac{a\,d}{b\,c}$$
$$\frac{a}{b} \pm \frac{c}{d} = \frac{a\,d \pm b\,c}{b\,d}$$

Potenzen Für $a > 0$, $b > 0$ gilt:

$$a^x \cdot a^y = a^{x+y} \qquad \frac{a^x}{a^y} = a^{x-y}$$
$$a^{-x} = \frac{1}{a^x} \qquad (a^x)^y = a^{x\,y}$$
$$a^x \cdot b^x = (ab)^x \qquad a^0 = 1$$

Für $a > 0$, $p \in \mathbb{Z}$ und $q \in \mathbb{N}$ setzen wir

$$a^{1/q} = \sqrt[q]{a} \quad a^{p/q} = \left(\sqrt[q]{a}\right)^p .$$

Betrag

$$|x| = \begin{cases} x & \text{wenn } x \geq 0 \\ -x & \text{wenn } x < 0 \end{cases}$$

Der Betrag einer Zahl wird nie negativ, er kann als Abstand auf der Zahlengerade zur Null interpretiert werden.

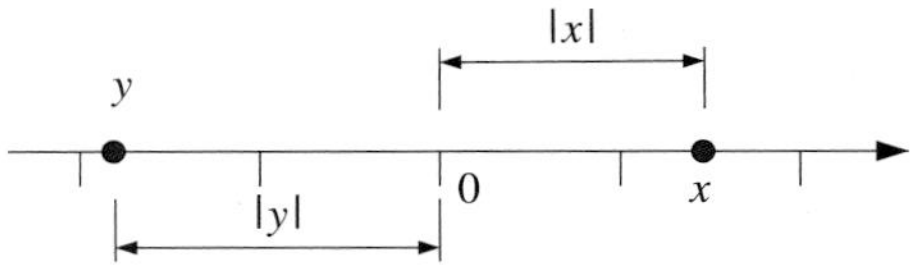

$|x - c|$ gibt entsprechend den Abstand von x zur Zahl c an.

Für den Betrag von Zahlen gilt:

$$|x| = |-x| \geq 0 \qquad |x^n| = |x|^n$$
$$|x| = 0 \Leftrightarrow x = 0$$
$$|x\,y| = |x| \cdot |y| \qquad \left|\frac{x}{y}\right| = \frac{|x|}{|y|} \quad (y \neq 0)$$

Für den Betrag gelten die *Dreiecksungleichung* und die erweiterte Dreiecksungleichung:

$$|x + y| \leq |x| + |y|$$
$$\big||x| - |y|\big| \leq |x - y|$$

Gleichungen und Ungleichungen

- Quadratische Gleichungen und Ungleichungen lassen sich mittels quadratischen Ergänzens lösen,

$$ax^2 + bx + c = a\left(x + \frac{b}{2a}\right)^2 + c - \frac{b^2}{4a}.$$

- Bei Multiplikationen mit einem negativen Ausdruck ändert sich die Richtung der Ungleichung, „es dreht sich das Ungleichheitszeichen um".
- Bei Kehrwertbildung ändert sich die Richtung einer Ungleichung, wenn beide Seiten positiv oder beide negativ sind.

Der entsprechende Buchstabe darf allerdings nicht außerhalb der Summe oder des Produkts noch eine andere, eigenständige Bedeutung haben. Schreibweisen wie

$$b_n = \sum_{n=1}^{n} a_n \quad \text{oder} \quad c_n = b_n - \sum_{n=1}^{5} a_n$$

führen fast zwangsläufig zu Verwirrung. Von der Verwendung eines i als Index ist dann abzuraten, wenn in den entsprechenden Formeln auch komplexe Zahlen vorkommen. ◀

Die Summation oder Multiplikation muss natürlich nicht bei 1 beginnen. Für die Summe aller Zweierpotenzen von 64 bis 2 048 oder das Produkt der Zahlen von Zehn bis Zwanzig würde man etwa

$$\sum_{k=6}^{11} 2^k \quad \text{und} \quad \prod_{k=10}^{20} k$$

schreiben. Hier hat man bereits den meist erwünschten Fall vorliegen, dass man die Zahlen a_k direkt als Funktion des Summationsindex k angeben kann.

Kommentar Das Summenzeichen, ein griechisches großes Sigma, neigt dazu, gerade am Anfang recht einschüchternd zu wirken, und gerne wird deswegen auf die weniger leicht nachvollziehbare Schreibweise mit den drei Punkten zurückgegriffen. Zu Zurückhaltung oder gar Angst gibt es aber keinen Grund, und sobald man einmal ein wenig mit dem Summenzeichen gearbeitet hat, ist einem auch klar, wie praktisch dieses ist. Nicht zuletzt wird auch bei den unendlichen Reihen, die uns im Kap. 8 und auch später immer wieder beschäftigen werden, auf eine eng verwandte Schreibweise zurückgegriffen. ◄

Selbstfrage 10

Wir setzen $a_1 = 2$, $a_2 = 3$ und $a_3 = 5$. Dann gilt

$$A = \prod_{k=2}^{3} a_k - \sum_{k=1}^{3} a_k = \ldots$$

Sauber werden Summen und Produkte **rekursiv** definiert. Das bedeutet, eine Summe n-ter Ordnung wird auf eine $(n-1)$-ter Ordnung zurückgeführt, diese auf eine Summe $(n-2)$-ter Ordnung und so fort. Dieses Spiel wird so lange fortgesetzt, bis man nur mehr eine Summe erster Ordnung vorliegen hat, die man leicht festsetzen kann:

$$\sum_{k=1}^{n} a_k = \begin{cases} a_n + \sum\limits_{k=1}^{n-1} a_k & \text{für } n \geq 2 \\ a_1 & \text{für } n = 1 \end{cases}$$

$$\prod_{k=1}^{n} a_k = \begin{cases} a_n \cdot \prod\limits_{k=1}^{n-1} a_k & \text{für } n \geq 2 \\ a_1 & \text{für } n = 1 \end{cases}$$

Nicht immer allerdings werden Summenzeichen in der Form wie oben angegeben verwendet; analog gilt das natürlich auch für Produkte. Gelegentlich schreibt man unter das Summenzeichen eine Bedingung für einen Index oder mehrere Indizes; so bedeutet beispielsweise

$$\sum_{n_1+\ldots+n_k=n} a_{n_1,\ldots,n_k}$$

eine Summe, in der alle Indizes n_j erlaubt sind, die zusammen gerade n ergeben. Dabei muss natürlich klar sein, welche Werte für die einzelnen n_j erlaubt sind, z. B. $n_j \in \mathbb{N}_0$.

Anwendungsbeispiel Die elektrostatische Energie von Ladungen q_i, die fix an jeweils unterschiedlichen Orten $\boldsymbol{x}_i$ befestigt sind, ist

$$U = \frac{1}{4\pi\,\varepsilon_0} \sum_{\boldsymbol{x}_i \neq \boldsymbol{x}_j} \frac{q_i\, q_j}{\|\boldsymbol{x}_i - \boldsymbol{x}_j\|}.$$

(Zur Bedeutung von $\|\cdot\|$ siehe S. 590.)

Würde man den Fall $x_i = x_j$ bei der Summation nicht ausschließen, hätte man Divisionen durch null und damit undefinierte Ausdrücke vorliegen. ◄

Eine wichtige Festlegung ist an dieser Stelle noch zu erwähnen. *Leere* Summen bzw. Produkte werden vereinbarungsgemäß gleich null bzw. gleich eins gesetzt, also:

$$\sum_{k=n_0}^{n_1} a_k = 0, \qquad \prod_{k=n_0}^{n_1} a_k = 1 \quad \text{für } n_1 < n_0$$

Achtung Speziell das Multiplizieren von Produkten mit anderen Ausdrücken oder das Vorziehen von konstanten Faktoren verleitet zu Fehlern. So ist etwa

$$\lambda \prod_{k=1}^{n} a_k \neq \prod_{k=1}^{n} \lambda a_k = \lambda^n \prod_{k=1}^{n} a_k.$$ ◄

Indizes dürfen verschoben und umbenannt werden

Der Summationsindex ist eine *gebundene* Größe. Das bedeutet, er darf außerhalb der Summe nicht vorkommen. Damit darf er beliebig umbenannt werden, es ist etwa

$$\sum_{k=1}^{n} a_k = \sum_{\ell=1}^{n} a_\ell = \sum_{m=1}^{n} a_m.$$

Nicht verwenden darf man hier allerdings den Summationsindex n, denn n hat als obere Grenze der Summation eine Bedeutung, die auch außerhalb der Summe Gültigkeit bewahrt.

Doch nicht nur umbenennen darf man Indizes, ebenso gut darf man sie auch beliebig verschieben, solange man dabei konsistent bleibt. Insbesondere muss man beim Verschieben eines Summationsindex auch die untere und obere Summationsgrenze entsprechend abändern. So ist

$$\sum_{k=1}^{n} a_k = \sum_{\ell=5}^{n+4} a_{\ell-4}.$$

Den neuen Index ℓ hätte man natürlich im Prinzip auch wieder k nennen dürfen; hier einen neuen Buchstaben zu verwenden hilft aber, die Übersichtlichkeit zu erhöhen.

Selbst die Reihenfolge der Summation darf man problemlos umkehren, etwa in

$$\sum_{k=1}^{n} a_k = \sum_{\ell=1}^{n} a_{n+1-\ell}.$$

Man muss lediglich darauf achten, dass jeder Summand auch wirklich vorkommt und kein Summand plötzlich mehrmals auftaucht. Beispiele für die Nützlichkeit der Indexverschiebungen werden wir bald kennenlernen.

Summen dürfen aufgespalten und vereinigt werden

Auch in der symbolischen Notation mit dem Summenzeichen sind für Summen alle üblichen Operationen erlaubt. So können wir eine Summe selbstverständlich in zwei oder mehr Summen zerlegen,

$$\sum_{k=1}^{100} a_k = \sum_{k=1}^{50} a_k + \sum_{k=51}^{100} a_k = \sum_{k=1}^{33} a_k + \sum_{\ell=34}^{66} a_\ell + \sum_{m=67}^{100} a_m.$$

Konstante Faktoren, also solche, die nicht vom Summationsindex abhängen, kann man vor die Summe ziehen,

$$\sum_{k=1}^{n} c\, a_k = c \sum_{k=1}^{n} a_k.$$

Auch einzelne Summanden können wir ganz nach Belieben abspalten,

$$\sum_{k=1}^{n} a_k = a_1 + \sum_{k=2}^{n-2} a_k + a_{n-1} + a_n.$$

Zwei Summen zu einer zusammenzufassen ist ebenfalls möglich,

$$\sum_{k=1}^{n} a_k + \sum_{k=1}^{n} b_k = \sum_{k=1}^{n} (a_k + b_k)\,.$$

Voraussetzung dafür ist, dass obere und untere Grenze der Summation übereinstimmen. Um das zu erreichen sind manchmal Indexverschiebungen oder das Abspalten einzelner Summanden notwendig.

Beispiel Durch Indexverschiebung, Umbenennung und Abspalten von zwei Summanden können wir die folgenden beiden Summen zu einer zusammenfassen:

$$\begin{aligned} S &= \sum_{k=1}^{n} 2^k + \sum_{\ell=11}^{n+12} \ell^3 = \sum_{k=1}^{n} 2^k + \sum_{k=1}^{n+2} (k+10)^3 \\ &= \sum_{k=1}^{n} \left\{2^k + (k+10)^3\right\} + (n+11)^3 + (n+12)^3 \end{aligned}$$ ◄

Manche Summen lassen sich so wesentlich vereinfachen oder teilweise ganz bestimmen. Insbesondere lassen sich Summen sofort auswerten, wenn die Summanden überhaupt nicht vom Summationsindex abhängen. In diesem Fall hat man ein einfaches Produkt vorliegen.

Beispiel So erhalten wir durch Umformen:

$$\begin{aligned} \sum_{k=1}^{n} (2\,n\,k + n) &= n \sum_{k=1}^{n} (2k+1) = n \cdot \left(2 \sum_{k=1}^{n} k + \sum_{k=1}^{n} 1\right) \\ &= n \cdot \left(2 \sum_{k=1}^{n} k + n\right) = 2n \sum_{k=1}^{n} k + n^2 \end{aligned}$$

Um einen expliziten Ausdruck für die Summe („eine Formel") zu finden, müssen wir lediglich noch den Wert von $\sum_{k=1}^{n} k$ kennen. Mit einer Herleitung für diesen Ausdruck werden wir uns im folgenden Abschnitt beschäftigen. ◄

Für bestimmte Summen und Produkte lassen sich bequeme Formeln angeben

Wie groß ist die Summe der ersten hundert natürlichen Zahlen? Bis man durch bloßes Zusammenzählen, selbst mit Taschenrechner, zu einem Ergebnis kommt, dauert es wahrscheinlich relativ lange. Doch es gibt eine elegantere und vor allem wesentlich schnellere Methode, derartige Ausdrücke zu berechnen.

In unserem Fall braucht man ja die Zahlen nicht der Reihe nach zu addieren, sondern man kann etwa zunächst 1 und 100 zusammenzählen und erhält 101. Auch $2 + 99$ ergibt wieder 101, ebenso $3+98$ und so weiter. Man erhält also insgesamt 50 Paare, die jeweils 101 ergeben, die gesuchte Summe ist also 5 050.

Der Legende nach wurde diese Aufgabe dem jungen Carl Friedrich Gauß in der Schule gestellt, weil sein Mathematiklehrer ihn endlich einmal für einige Minuten dazu bringen wollte, keine Fragen mehr zu stellen. Der Versuch misslang, da Gauß die Aufgabe mit demselben Trick, den auch wir angewandt haben, binnen kürzester Zeit löste.

Verallgemeinert man diesen Schluss, bildet man also in der Summe

$$\sum_{k=1}^{n} k = 1 + 2 + 3 + 4 + \ldots + (n-1) + n$$

jeweils Paare mit konstanter Summe, so erhält man $\frac{n}{2}$ solcher Paare mit jeweils dem Wert $n + 1$. Dieses Ergebnis bleibt, wie man sich schnell überlegen kann, auch für ungerade n gültig. Das halbe Paar entspricht dabei einer einzelnen Zahl mit dem halben Wert eines Zahlenpaares.

Formal erhält man dieses Ergebnis am einfachsten mittels Indexverschiebung,

$$\begin{aligned} 2\sum_{k=1}^{n} k &= \sum_{k=1}^{n} k + \sum_{k=1}^{n} k = \sum_{k=1}^{n} k + \sum_{k=1}^{n} (n+1-k) \\ &= \sum_{k=1}^{n} (k+n+1-k) = \sum_{k=1}^{n} (n+1) \\ &= n\,(n+1). \end{aligned}$$

Dabei konnte die Summe im letzten Schritt aufgelöst werden, weil die Summanden nicht mehr vom Summationsindex abhängig waren. In diesem Fall hat man einfach n-mal den gleichen Term vorliegen, also ein einfaches Produkt.

Wir erhalten die arithmetische Summenformel:

Arithmetische Summenformel

$$\sum_{k=1}^{n} k = \frac{n\,(n+1)}{2}.$$

Anwendung: Wir zerlegen eine Pizza

Die übliche Art, eine Pizza zu zerlegen ist es, sie mit vier Schnitten in acht gleiche Teile von der Form eines Kreissektors zu zerlegen. Wir stellen uns nun die Frage in wie viele Stücke wir eine Pizza mit n geraden Schnitten *maximal* zerlegen können.

Dass die Schnitte durch den Mittelpunkt nicht die beste Strategie sind, um eine möglichst große Zahl von Stücken zu erreichen, sieht man leicht ein. Haben wir die Pizza geviertelt, so bringt ein Schnitt durch den Mittelpunkt insgesamt sechs Stücke, während man mit einem „schiefen" Schnitt sieben Stücke erhalten kann.

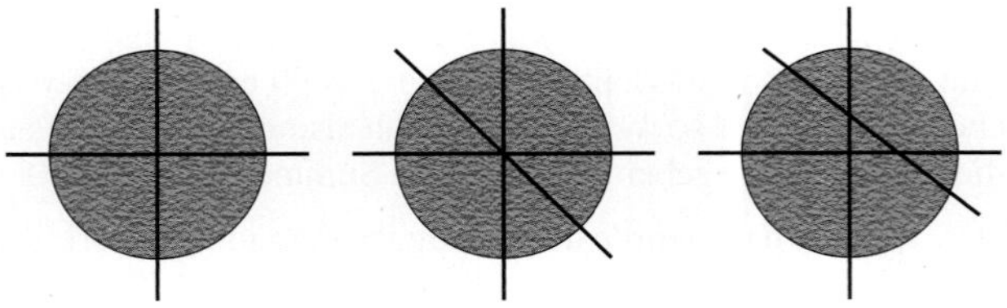

Die Stücke sind zwar recht unterschiedlich groß, aber darauf kommt es uns nicht an. Wie sieht nun die optimale Strategie für möglichst viele Stücke aus? Dazu nennen wir n die Zahl der Schnitte und $S(n)$ die maximal erzielbare Zahl der Stücke.

Zunächst stellen wir fest, dass ein gerader Schnitt jedes Stück höchstens in zwei Stücke zerlegen kann. Wir erhalten daher die Abschätzung

$$S(n) \leq 2^n.$$

Doch das Gleichheitszeichen ist für große n nicht erfüllbar, weil kein Schnitt mehr alle Stücke teilen kann.

Geometrisch können wir die Schnitte durch Geraden beschreiben: Die erste Gerade teilt die Pizza in zwei Stücke, der zweite die zwei Teile in vier. Der dritte allerdings kann die beiden anderen Geraden allerdings höchstens noch in zwei Punkten treffen und wird in drei Geradenstücke zerteilt, von denen jedes ein neues Pizzastück abtrennt.

Allgemein kann die n-te Gerade die $(n-1)$ vorangegangenen höchstens in $(n-1)$ Punkten treffen und wird somit in n Geradenstücke zerteilt. Jedes Geradenstück ergibt ein neues Pizzastück. Somit entstehen durch die n-te Gerade maximal n Pizzastücke.

Wir erhalten mit der arithmetischen Summenformel

$$\begin{aligned} S(n) &= 1_{\text{Ausgangslage}} + 1_{\text{erster Schnitt}} \\ &\quad + 2_{\text{zweiter Schnitt}} + \ldots + n_{n\text{-ter Schnitt}} \\ &= 1 + \sum_{k=1}^{n} k = 1 + \frac{n\,(n+1)}{2} \end{aligned}$$

Pizzastücke, die sich maximal erzeugen lassen.

Diese Beziehung wird auch oft als *Gauß'sche Summenformel* bezeichnet und ist eine jener wenigen Formeln, die man wirklich ständig parat haben sollte.

Weitere wichtige, vielleicht sogar noch bedeutendere Summen sind jene der Gestalt

$$\begin{aligned} S &= \sum_{k=0}^{n} q^k \\ &= 1 + q + q^2 + \ldots + q^n \end{aligned} \tag{3.8}$$

mit einem beliebigen, nur fixen $q \in \mathbb{R}$. Wieder würde es unter Umständen sehr lange dauern, diese Summe direkt auszurechnen, und wiederum hilft ein wenig Nachdenken.

Dazu multiplizieren wir (3.8) mit q,

$$\begin{aligned} q\,S &= \sum_{k=0}^{n} q^{k+1} \\ &= q + q^2 + q^3 + \ldots + q^n + q^{n+1}. \end{aligned} \tag{3.9}$$

Nun subtrahieren wir (3.9) von (3.8) und erhalten

$$\begin{aligned} S - q\,S &= \sum_{k=0}^{n} q^k - \sum_{k=0}^{n} q^{k+1} = \sum_{k=0}^{n} q^k - \sum_{k=1}^{n+1} q^k \\ &= 1 + \sum_{k=1}^{n} q^k - \sum_{k=1}^{n} q^k - q^{n+1} \\ &= 1 - q^{n+1}, \end{aligned}$$

da bis auf 1 und q^{n+1} alle anderen Terme je einmal mit positivem und negativem Vorzeichen vorkommen. Nun muss man nur noch auf der linken Seite S ausklammern und erhält für $q \neq 1$ die

Geometrische Summenformel

Für $q \neq 1$ gilt:

$$\sum_{k=0}^{n} q^k = \frac{1 - q^{n+1}}{1 - q}$$

Dabei ist es wichtig, dass die Summation hier bei null beginnt und damit $q^0 = 1$ ein Summand ist. Ist das in einer Anwendung nicht der Fall, so muss man das speziell berücksichtigen:

$$\sum_{k=1}^{n} q^k = \sum_{k=0}^{n} q^k - 1 = \frac{1-q^{n+1}}{1-q} - 1 = \frac{q-q^{n+1}}{1-q}$$

Auch die geometrische Summenformel sollte man sich gut einprägen, wir werden ihr bei den verschiedensten Gelegenheiten wieder begegnen. Insbesondere spielt sie in der Finanzmathematik eine überragende Rolle, wie es in der Anwendung auf S. 78 kurz angerissen wird.

Die Fakultät ist ein spezielles Produkt

Wir wollen eine Größe behandeln, die in der Analysis in vielen Beispielen und Problemen auftauchen wird. Noch wichtiger ist sie allerdings in der Kombinatorik, die im Teil über Wahrscheinlichkeitsrechnung und Statistik behandelt wird.

Konkret geht es um den Ausdruck $n!$, gesprochen „n Faktorielle“ oder „n Fakultät,“ das Produkt aller natürlichen Zahlen von eins bis n:

Fakultät

$$n! = \prod_{k=1}^{n} k = n\,(n-1)\cdot\ldots\cdot 3\cdot 2\cdot 1$$

Aus der Definition des leeren Produkts folgt $0! = 1$, was äußerst praktisch ist, da die Beziehung $(n+1)! = (n+1)\cdot n!$ so auch für $n = 0$ gilt. Natürlich kann man auch die Fakultät rekursiv aufschreiben:

$$n! = \begin{cases} n\cdot(n-1)! & \text{für } n \geq 1 \\ 1 & \text{für } n = 0 \end{cases}$$

Selbstfrage 11

Welchen Zahlenwert erhalten wir für den Ausdruck „6!“?

Die Fakultät $n!$ gibt die Zahl der Möglichkeiten an, n unterscheidbare Objekte anzuordnen. Das ist relativ leicht klar: Als erstes Objekt können wir jedes der n wählen, haben also n Möglichkeiten. Für das zweite gibt es nur noch $(n-1)$ Wahlmöglichkeiten, für das dritte nur noch $(n-2)$, denn immer mehr Objekte wurden bereits fix gewählt und immer weniger Möglichkeiten bleiben übrig.

Anwendungsbeispiel Ein französisches Kartenspiel ohne Joker besteht aus $n = 52$ Karten. Wie viele Möglichkeiten gibt es, diese Karten anzuordnen?

Für die erste Karte gibt es 52 Möglichkeiten, für die zweite 51, für die dritte 50 usw. Insgesamt erhalten wir

$$52! = 52\cdot 51\cdot\ldots\cdot 2\cdot 1 \approx 8.065\,818\cdot 10^{67},$$

also eine Zahl mit 67 Stellen. Auch tausend extrem flinke Kartenmischer, die jeder tausend verschiedene Kartenanordnungen pro Sekunde herstellen können, hätten in den etwa fünfzehn Milliarden Jahren, die das Universum wahrscheinlich alt ist, alle gemeinsam nur einen verschwindend kleinen Bruchteil dieser Kombinationen erzeugen können.

Warum man manchmal trotzdem das Gefühl hat, immer wieder die gleichen Karten zu bekommen, darauf kann die Kombinatorik allein nur begrenzt Antworten geben. ◀

Binomialkoeffizienten ergeben sich beim Ausmultiplizieren von Binomen

Eine weitere Größe, die wir häufig benötigen werden, sind die mit der der Fakultät eng verknüpften *Binomialkoeffizienten*. Beim Ausmultiplizieren von Potenzen eines Binoms, also von Ausdrücken der Form $(a+b)^n$, erhalten wir für die kleinsten Exponenten $n \in \mathbb{N}$ die Ausdrücke:

$$\begin{aligned}(a+b)^1 &= a+b\\ (a+b)^2 &= a^2+2ab+b^2\\ (a+b)^3 &= a^3+3a^2b+3ab^2+b^3\\ (a+b)^4 &= a^4+4a^3b+6a^2b^2+4ab^3+b^4\end{aligned}$$

Das lässt sich durch simples Ausmultiplizieren zeigen, dieses Vorgehen wird für große n aber zunehmend umständlicher. Andererseits scheint sich bei den Koeffizienten der einzelnen Terme ein gewisses Muster zu ergeben, mit dessen Hilfe sich das Berechnen von $(a+b)^n$ vereinfachen lässt.

Es ist klar, dass der Term a^n immer den Vorfaktor 1 haben wird, denn es gibt nur eine Möglichkeit, aus jedem Binom in

$$(a+b)^n \equiv (a+b)\,(a+b)\cdot\ldots\cdot(a+b)$$

immer das a auszuwählen, um ein solches Produkt zu bilden,

$$(a+b)\,(a+b)\,(a+b)\cdot\ldots\cdot(a+b)$$

Der Vorfaktor von $a^{n-1}b$ scheint immer n zu sein, und auch das lässt sich anschaulich begründen. Um ein solches Produkt zu bilden, muss man in *einem* Binom das b wählen, in allen anderen jeweils das a,

$$\begin{gathered}(a+b)\,(a+b)\,(a+b)\cdot\ldots\cdot(a+b),\\ (a+b)\,(a+b)\,(a+b)\cdot\ldots\cdot(a+b),\\ \ldots\end{gathered}$$

Anwendung: Rentenrechnung und Kredite

Eine wichtige Anwendung der geometrischen Summenformel sind Zins-, Renten- und Kreditrechnung. Auch die Investitionsrechnung beruht wesentlich auf Anwendungen der geometrischen Summenformel.

Viele Aufgaben der Finanzmathematik führen auf geometrische Summenformeln, und zwar, weil Kapital üblicherweise verzinst wird. Ein Musterbeispiel dafür ist die **Rentenrechnung**, die allerdings trotz ihres Namens nicht zwangsläufig etwas mit Renten und Pensionen zu tun haben muss. Insbesondere kann man mit ihr auch den gesamten Rückzahlungsbetrag für einen Kredit bestimmen.

Als realistisches Beispiel betrachten wir einen Kredit von $K = 100\,000$ € bei einem *nominellen* Zinssatz von $p_{\text{nom}} = 4.8\%$ und einer Laufzeit von 20 Jahren. Das ergibt einen monatlichen Zinssatz von

$$p_{\text{monat}} = \frac{4.8\%}{12} = 0.4\% = 0.004.$$

Insgesamt werden $N = 20 \cdot 12 = 240$ Monatsraten R eingezahlt. Durch die Verzinsung sind aber die Raten, bezogen auf die Gesamtsumme K „immer weniger wert", je später die Einzahlung erfolgt. Konkret führt man hier gerne als Hilfsgröße den **Abzinsungsfaktor** v ein,

$$v = (1 + p)^{-1}\,.$$

In unserem Beispiel ist $v_{\text{monat}} \approx 0.996\,016$. Die erste Rate wird mit v abgezinst, die zweite mit v^2, analog die späteren, bis zur letzten mit v^N.

Auf den Beginn zurückgerechnet, haben alle Raten zusammen den **Barwert**

$$\begin{aligned} B &= R\,v + R\,v^2 + \ldots + R\,v^N \\ &= R \sum_{k=1}^{N} v^k = R\,v \sum_{k=0}^{N-1} v^k = R\,v\,\frac{1 - v^N}{1 - v}, \end{aligned}$$

der gleich der Kreditsumme K sein muss. Damit erhält man für die einzelne Rate den Betrag

$$R = K\,\frac{1 - v}{v - v^{N+1}}.$$

In unserem Beispiel ist

$$R_{\text{monat}} \approx 648.95\,€.$$

Die Summe aller Raten beträgt

$$S = 240 \cdot R_{\text{monat}} \approx 155\,749.00\,€,$$

etwas mehr als die eineinhalbfache Kreditsumme. Generell gilt die Faustregel, dass man auch bei einem relativ günstigen Kredit mindestens die eineinhalbfache Kreditsumme an Raten zurückzahlt.

Verlängert man die Laufzeit auf 30 Jahre, so verringert sich die Monatsrate auf

$$R'_{\text{monat}} \approx 524.66\,€.$$

Insgesamt zahlt man

$$S' = 360 \cdot R'_{\text{monat}} \approx 188\,878.00\,€.$$

In diesem Fall zahlt man fast die doppelte Kreditsumme zurück – und das bei einem doch vergleichsweise günstigen Zinssatz.

In die obigen Betrachtungen müsste allerdings realistischerweise noch die Inflation miteinbezogen werden, was das Bild ein wenig zugunsten der Kredite verschiebt.

Diese Beispiele gehören im Jargon der Finanzmathematik zur Kategorie *Barwert mit nachschüssiger Zahlung*. **Barwert**, weil wir alle Werte auf den Beginn des Zeitraums bezogen haben, **nachschüssig**, weil die Raten jeweils am Ende eines Zeitabschnitts (hier eines Monats) eingezahlt werden.

Will man hingegen mit monatlichen Einzahlungen ein Vermögen ansparen, so wählt man meist **vorschüssige** Zahlung und betrachtet den **Endwert**, also die Geldsumme am Ende des Gesamtzeitraums.

Für Endwertrechnungen benutzt man gerne den **Aufzinsungsfaktor** $r = 1 + p$. Der Endwert E bei N Zahlungen jeweils einer Rate R beträgt

$$E = r\,R + r^2\,R + \ldots + r^N\,R = R\,r\,\frac{1 - r^N}{1 - r}.$$

Dabei ist der Zinssatz p und damit der Aufzinsungsfaktor r natürlich ebenfalls auf den Zeitraum einer Teilzahlung zu beziehen.

Alle vier Möglichkeiten (Barwert/Endwert und vorschüssig/nachschüssig) werden im Folgenden zusammengefasst, wobei wiederum Aufzinsungsfaktor $r = 1 + p$ und Abzinsungsfaktor $v = 1/(1 + p)$ benutzt wurden:

$$B_{\text{vor}} = R\,\frac{v^n - 1}{v - 1} \qquad E_{\text{vor}} = R\,r\,\frac{r^n - 1}{r - 1}$$
$$B_{\text{nach}} = R\,v\,\frac{v^n - 1}{v - 1} \qquad E_{\text{nach}} = R\,\frac{r^n - 1}{r - 1}$$

Anmerkung Die Umrechnung zwischen nominellen Jahres- und Monatszinssatz wird in der Finanzwelt üblicherweise mit

$$p_{\text{monat}} = \frac{p_{\text{jahr,nom}}}{12}$$

vorgenommen. Streng korrekt wäre, wie man sich überlegen kann,

$$p_{\text{monat}} = \sqrt[12]{1 + p_{\text{jahr}}} - 1.$$

Durch diese Diskrepanz ergibt sich ein *effektiver Jahreszins*, der geringfügig höher ist als der nominelle,

$$p_{\text{jahr,eff}} = \left(1 + \frac{p_{\text{jahr,nom}}}{12}\right)^{12} - 1.$$

In unserem Beispiel erhalten wir mit $p_{\text{jahr,nom}} = 4.8\% = 0.048$ den effektiven Zinssatz

$$p_{\text{jahr,eff}} \approx 0.049\,07 = 4.907\%.$$

Da es n Binome gibt, sind das insgesamt n unterschiedliche Varianten. Komplizierter wird es für $a^{n-2}b^2$. Hier muss man zwei Binome aus insgesamt n auswählen. Für das erste gibt es n Möglichkeiten, für das zweite $(n-1)$. Es ist für das Ergebnis jedoch egal, ob ein spezielles Binom als erstes oder als zweites gewählt wird,

$$(a+b)\,(a+b)\,(a+b)\cdot\ldots\cdot(a+b),$$
$$(a+b)\,(a+b)\,(a+b)\cdot\ldots\cdot(a+b),$$

damit erhalten wir als Vorfaktor $n\,(n-1)/2$.

Nun versuchen wir einen allgemeinen Ausdruck für den Koeffizienten von $a^{n-k}b^k$ zu bestimmen, wobei $k \in \mathbb{N}$ und $k < n$ sein soll. Zunächst müssen wir k Binome bestimmen, aus denen wir das b auswählen wollen. Dafür gibt es $n\,(n-1)\cdot\ldots\cdot(n-k+1)$ Möglichkeiten. Von diesen sind aber alle gleichwertig, die sich nur in der Reihenfolge der Wahl der Binome unterscheiden – das sind jeweils $k!$. Durch diese Zahl müssen wir dividieren und erhalten für den Vorfaktor

$$\frac{n\,(n-1)\cdot\ldots\cdot(n-k+1)}{k!} = \frac{n!}{(n-k)!\,k!}.$$

Die zweite Form ist eine Darstellung mithilfe der Eigenschaften der Fakultät. Wegen unserer Definition $0! = 1$ ist sie auch für $k = 0$ und $k = n$ gültig.

Selbstfrage 12

Rechnen Sie das nach und versuchen Sie, auch den zweiten Ausdruck anschaulich zu begründen.

Dieser Koeffizient ist so wichtig, dass er einen eigenen Namen und ein eigenes Symbol erhält.

Binomialkoeffizient

Der **Binomialkoeffizient**

$$\binom{n}{k} = \frac{n!}{k!\,(n-k)!},$$

gesprochen „n über k“ gibt die Anzahl der Möglichkeiten an, aus einer Menge von n Objekten genau k auszuwählen.

Beispiel Greifen wir noch einmal das Kartenspiel von vorhin auf: Beim Pokern erhält man eine Eröffnungshand von fünf Karten. Wie viele unterschiedliche Möglichkeiten gibt es dafür? Wie viele Möglichkeiten gibt es also, aus 52 Karten genau fünf auszuwählen?

Die Antwort wird durch den entsprechenden Binomialkoeffizienten gegeben:

$$N = \binom{52}{5} = 2\,598\,960$$

Diese Zahl ist zwar immer noch groß, aber schon deutlich geringer als die aller möglichen Anordnungen von Karten. ◀

Abb. 3.4 Die Wahrscheinlichkeit für eine bestimmte Eröffnungshand beim Poker lässt sich mittels Binomialkoeffizienten bestimmen

Mit unseren vorherigen Überlegungen können wir nun sofort eine der wichtigsten Formeln der elementaren Mathematik angeben.

Binomische Formel

Für die Potenzen eines *Binoms* $(a+b)$ gilt:

$$(a+b)^n = \sum_{k=0}^{n} \binom{n}{k} a^{n-k}\, b^k \qquad (3.10)$$

Speziell Produkte von zwei Binomen spielen an vielen Stellen eine große Rolle. Daher geben wir hier noch drei Formeln an, die ebenfalls als *binomische Formeln* bezeichnet werden:

$$(a+b)^2 = a^2 + 2\,a\,b + b^2$$
$$(a-b)^2 = a^2 - 2\,a\,b + b^2$$
$$(a+b)\,(a-b) = a^2 - b^2$$

Eine geometrische Veranschaulichung dieser Beziehungen wird in Abb. 3.5 dargestellt.

Diese Formeln erweisen sich zum Auflösen vieler Ausdrücke als außerordentlich nützlich, und es ist ein gutes Zeichen, wenn man bei einem Ausdruck wie $1-x^4$ schon fast automatisch daran denkt, dass man das ja auch als $(1+x^2)\,(1-x^2)$ schreiben könnte.

Beispiel Wir erhalten mit der letzten unserer Formeln

$$25x^4 - 9y^2 = (5x^2 + 3y)\,(5x^2 - 3y),$$

Derartige Aufspaltungen sind auch mehrfach möglich, so erhalten wir etwa

$$\begin{aligned} 81\,x^4 - 16\,y^4 &= (9\,x^2 + 4\,y^2)\,(9\,x^2 - 4\,y^2) \\ &= (9\,x^2 + 4\,y^2)\,(3\,x + 2\,y)\,(3\,x - 2\,y). \end{aligned}$$ ◀

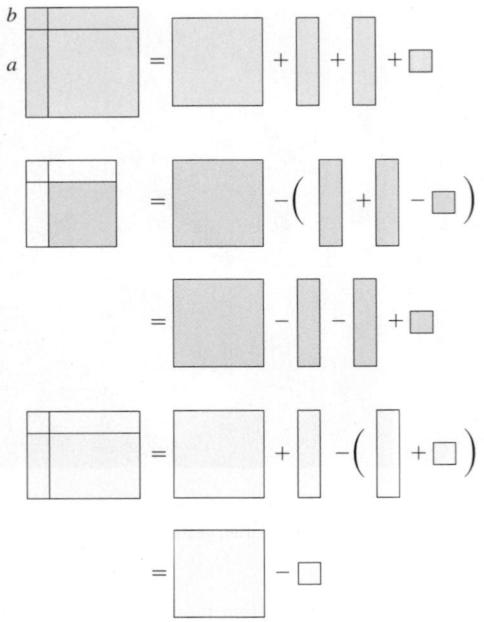

Abb. 3.5 Die Rechtecksflächen geben eine geometrische Darstellung der Beziehungen $(a+b)^2 = a^2 + 2\,a\,b + b^2$, $(a-b)^2 = a^2 - 2\,a\,b + b^2$ und $(a+b)\,(a-b) = a^2 - b^2$

Zwischen verschiedenen Binomialkoeffizienten bestehen teilweise tief liegende Zusammenhänge

Wir haben die Binomialkoeffizienten anhand von Überlegungen zum Ausmultiplizieren von Binomen als Quotienten von Fakultäten definiert. Damit können wir jeden gewünschten Binomialkoeffizienten sofort berechnen.

Zwischen den verschiedenen Binomialkoeffizienten bestehen aber Beziehungen, die solche Rechnungen oft unnötig machen und zum Teil noch tief liegende Zusammenhänge enthüllen.

Da es immer nur eine Möglichkeit gibt, kein oder alle Objekte auszuwählen, ist

$$\binom{n}{n} = \binom{n}{0} = 1.$$

Wählt man genau ein Objekt oder alle bis auf eines – damit wählt man genau eines, das man nicht will – gibt es n Möglichkeiten,

$$\binom{n}{1} = \binom{n}{n-1} = n.$$

Ganz allgemein gilt auch: Wählt man k Objekte aus, lässt man damit die übrigen links liegen, was einer umgekehrten Auswahl

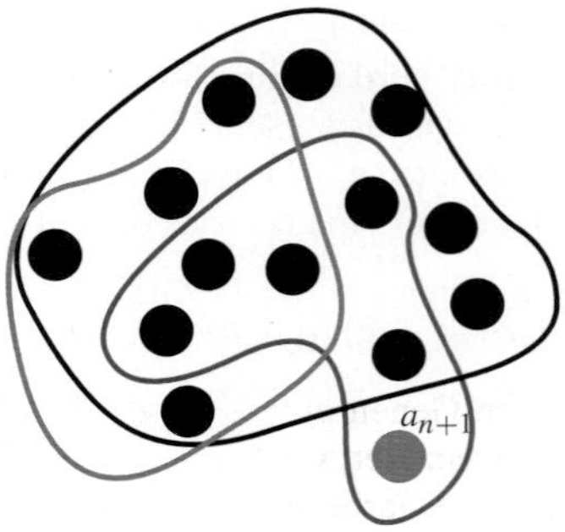

Abb. 3.6 Jeweils ein Beispiel für eine Auswahl, in der ein spezielles Element a_{n+1} enthalten (*rot gekennzeichnet*), bzw. nicht enthalten (*blau gekennzeichnet*) ist

entspricht, für die es genau gleich viele Möglichkeiten geben muss,

$$\binom{n}{k} = \binom{n}{n-k}.$$

Bei diesen Zusammenhängen geht es immer um Binomialkoeffizienten mit fixem n. Nun wollen wir uns aber überlegen, wie man einen Koeffizienten $\binom{n+1}{k+1}$ durch „niedrigere" Koeffizienten ausdrücken kann.

Dazu betrachten wir uns folgende Situation. Wir haben eine Menge von n Elementen a_1 bis a_n vorliegen und fügen nun noch ein neues, nämlich a_{n+1} hinzu.

Nun gibt es zwei Arten, $k+1$ Elemente aus dieser Menge auszuwählen: So, dass das neue Element a_{n+1} enthalten, und so, dass es nicht enthalten ist (Abb. 3.6).

Alle Möglichkeiten $\binom{n+1}{k+1}$ erhält man damit als Summe der Möglichkeiten beider Varianten:

$$\binom{n+1}{k+1} = \text{Zahl}(a_{n+1} \in \text{Ausw.}) + \text{Zahl}(a_{n+1} \notin \text{Ausw.})$$

Für den ersten Fall ist ein Element (nämlich a_{n+1}) fix gewählt, man muss also noch k Elemente aus den übrigen n aussuchen, daher ist

$$\text{Zahl}(a_{n+1} \in \text{Ausw.}) = \binom{n}{k}.$$

Im zweiten Fall muss man alle $k+1$ Elemente aus den übrigen n wählen, denn a_{n+1} ist ja sicher nicht in der Auswahl enthalten,

$$\text{Zahl}(a_{n+1} \notin \text{Ausw.}) = \binom{n}{k+1}.$$

So erhalten wir die wichtige Formel

$$\binom{n+1}{k+1} = \binom{n}{k} + \binom{n}{k+1}. \tag{3.11}$$

Anwendung: Die Hardy-Weinberg-Formel

Die so einfach wirkende Formel $(a+b)^2 = a^2+2\,a\,b+b^2$ hat unmittelbare praktische Anwendungen in der Populationsgenetik. Dieser Sachverhalt wird durch die *Hardy-Weinberg-Formel* beschrieben.

Von nahezu allen Genen gibt es unterschiedliche Varianten, die als *Allele* bezeichnet werden. So kann es etwa verschiedene Allele für die Farbe einer Erbsensorte geben, für die Größe von Individuen, aber auch für bestimmte Proteine, die im Stoffwechsel eine tragende Rolle spielen.

Die Rate, mit der ein solches Allel in einer Population vorkommt, nennt man *Allelfrequenz*. Im einfachsten Fall gibt es nur zwei Allele, also zwei Genvarianten, die wir A und B nennen wollen. Für die entsprechenden Allelfrequenzen a und b gilt dann $a + b = 1$. Nun trägt jedes Individuum von einem bestimmten Gen zwei Stück, eines vom Vater, eines von der Mutter. Eine Ausnahme von dieser Regel sind lediglich bestimmte geschlechtsgebundene Gene – Stichwort *X-chromosomale Vererbung*.

Unter der Annahme einer perfekten Durchmischung der betrachteten Population erhalten wir die *Hardy-Weinberg-Formel*,

$$1 \cdot 1 = \underbrace{(a+b)}_{\text{1. Gen}} \cdot \underbrace{(a+b)}_{\text{2. Gen}} = a^2 + 2\,a\,b + b^2.$$

Nehmen wir nun an, das Allel A sei *dominant*. Das bedeutet, die Merkmale von Allel B sind bei der Genkombination AB nicht erkenntlich, sondern nur bei BB. Die von B getragenen Merkmale nennt man dann *rezessiv*,

$$\underbrace{a^2 + 2\,a\,b}_{\text{Merkmal } A} + \underbrace{b^2}_{\text{Merkmal } B} = 1.$$

Sind beispielsweise vier Prozent einer Population Merkmalsträger von B, so ist die Allelfrequenz von B wesentlich höher, als man vielleicht naiv erwarten würde: Die Hardy-Weinberg-Formel liefert $b^2 = 0.04$ und damit $b = 0.2$. Demzufolge ist $a = 1 - b = 0.8$ und immerhin $2\,a\,b = 0.32 = 32\%$ der Bevölkerung sind Träger des Allels B, ohne aber Merkmalsträger zu sein.

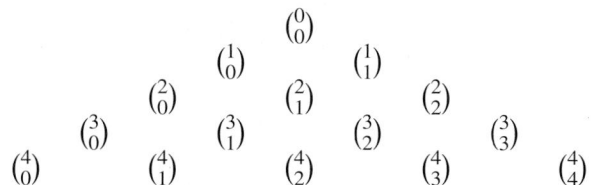

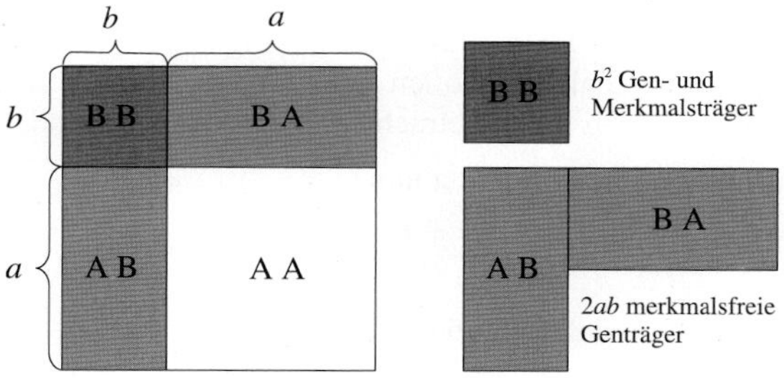

Dass die Merkmalsträger bei rezessiven Eigenschaften so viel seltener sind als die Allelträger, hat große Bedeutung. Vermutlich trägt nahezu jeder Mensch einige Allele für schwere oder sogar tödliche Krankheiten, die aber so selten sind, dass es kaum jemals dazu kommt, dass ein Individuum zwei dieser Allele besitzt.

Diese an sich sehr geringe Wahrscheinlichkeit wird durch Inzucht allerdings wesentlich erhöht – sehr wahrscheinlich der Hauptgrund, warum die Ehe unter nahen Verwandten in den meisten Kulturen verpönt oder überhaupt verboten ist.

Literatur

- N. Campbell: *Biologie*. Spektrum Akademischer Verlag, 1997
- Alberts et al.: *Molekularbiologie der Zelle*. Wiley VCH, 2003

Damit haben wir eine fantastische Möglichkeit gewonnen, viele Binomialkoeffizienten sehr schnell zu bestimmen – deutlich schneller als durch direktes Einsetzen in die Definition. Ordnen wir zunächst die Binomialkoeffizienten in einem Dreieck an, wie es in Abb. 3.7 dargestellt ist.

Die Koeffizienten $\binom{n}{0}$ und $\binom{n}{n}$ sind nach dem vorher Gesagten gleich eins, alle anderen aber lassen sich nach Gl. (3.11) sofort als Summe des linken und rechten oberen Nachbarn berechnen. Ausgehend von der ersten Zeile kann man so nach unten hin das sogenannte **Pascal'sche Dreieck** aufbauen, das in Abb. 3.8 dargestellt ist.

In der $(n+1)$-ten Zeile stehen dabei immer die Binomialkoeffizienten $\binom{n}{k}$ mit $k = 0, 1, \ldots n$.

$$\binom{0}{0}$$
$$\binom{1}{0} \quad \binom{1}{1}$$
$$\binom{2}{0} \quad \binom{2}{1} \quad \binom{2}{2}$$
$$\binom{3}{0} \quad \binom{3}{1} \quad \binom{3}{2} \quad \binom{3}{3}$$
$$\binom{4}{0} \quad \binom{4}{1} \quad \binom{4}{2} \quad \binom{4}{3} \quad \binom{4}{4}$$

Abb. 3.7 Binomialkoeffizienten lassen sich in einem Dreieck anordnen

$$1$$
$$1 \quad 1$$
$$1 \quad 2 \quad 1$$
$$1 \quad 3 \quad 3 \quad 1$$
$$1 \quad 4 \quad 6 \quad 4 \quad 1$$
$$1 \quad 5 \quad 10 \quad 10 \quad 5 \quad 1$$
$$1 \quad 6 \quad 15 \quad 20 \quad 15 \quad 6 \quad 1$$

Abb. 3.8 Im Pascal'schen Dreieck ergeben sich die Zahlen als Summe des linken und rechten oberen Nachbarn

Anwendung: Mittelwertbegriffe

Der Mittelwert einer Menge von Zahlen ist nicht eindeutig. Es gibt mehrere Mittelbegriffe, die je nach Situation Bedeutung haben können. Wir untersuchen hier genauer, wann man welches Mittel zweckmäßig verwendet. Eine weitere Größe, die als eine Art von Mittel Bedeutung hat, den *Median*, werden wir erst in Teil IV kennenlernen.

Der naheliegendste Mittelwertbegriff ist der des arithmetischen Mittels. Dieses Mittel kann für beliebige Zahlen definiert werden. Da das aber für die folgenden Mittel nicht unbedingt der Fall ist, wollen wir hier von vornherein nur Zahlen a_k, $k = 1, \ldots, n$ betrachten, die alle positiv sind.

Ihr arithmetisches Mittel ist nun

$$A_n = \frac{a_1 + a_2 + \ldots + a_n}{n}$$

und kommt in vielen Bereichen zum Tragen.

So wird man etwa den durchschnittlichen Preis einer Reihe von Produkten ebenso mit dem arithmetischen Mittel bestimmen wie das durchschnittliche Alter einer Personengruppe.

Nicht immer allerdings ist das arithmetische Mittel ausreichend. Betrachten wir als Beispiel etwa die Preisentwicklung eines bestimmten Produkts. Dieses wurde im ersten Jahr um 5% und im zweiten um 3% teurer, im dritten um 1% billiger, im vierten und fünften wieder um jeweils 2% teurer.

Der Preis nach fünf Jahren beträgt damit

$$P_5 = 1.05 \cdot 1.03 \cdot 0.99 \cdot 1.02^2\, P_0 \approx 1.1139\, P_0.$$

Wollen wir die mittlere Preissteigerung berechnen, so würden wir naiv, also mit dem arithmetischen Mittel,

$$q_\varnothing = \frac{0.05 + 0.03 - 0.01 + 2 \cdot 0.02}{5} = 0.022 = 2.2\%$$

erhalten. Das würde aber

$$P_5' = 1.022^5\, P_0 \approx 1.1149\, P_0$$

ergeben, also nicht den Wert von oben. Was man hier benötigt ist das *geometrische Mittel*

$$q = \sqrt[5]{1.05 \cdot 1.03 \cdot 0.99 \cdot 1.02^2} \approx 1.021\,815$$

und dieses liefert (bis auf eventuelle Rundungsfehler) genau das gewünschte Ergebnis:

$$P_5 \approx 1.021\,815^5\, P_0 \approx 1.1139\, P_0$$

Allgemein ist das **geometrische Mittel** der positiven Zahlen a_1 bis a_n definiert als

$$G_n = \sqrt[n]{a_1\, a_2 \ldots a_n}.$$

Dieses Mittel ist besonders dann sinnvoll, wenn Größen auf sehr unterschiedlichen Skalen verglichen werden sollen. Das arithmetische Mittel von einem Kilometer und einem Millimeter wäre etwa ein halber Kilometer, also wenig aussagekräftig.

Das geometrische Mittel hingegen ist ein Meter, also jene Größenskala, die man intuitiv *in der Mitte* anordnen würde.

Neben arithmetischem und geometrischem gibt es noch andere Mittelbegriffe, die gelegentlich nützlich sind. Überlegen wir uns z. B., wie man die Durchschnittsgeschwindigkeit v einer Laufstaffel bestimmen kann, wenn die einzelnen Geschwindigkeiten v_k bekannt sind.

Dabei dürfte man das arithmetische Mittel nur anwenden, wenn jeder Läufer dieselbe Zeit t zur Verfügung hätte und hinterher die Strecken s_1 bis s_n addiert würden. Dann wäre in der Tat

$$v = \frac{1}{n}\left(v_1 + v_2 + \ldots + v_n\right) = \frac{1}{n} \sum_{k=1}^{n} \frac{s_k}{t}.$$

In den meisten Wettkämpfen ist es jedoch so, dass jeder Läufer die gleiche Strecke s zurücklegen muss und die Zeiten t_k addiert werden. Das liefert nicht das gleiche Ergebnis wie zuvor, denn der langsamste Läufer ist die längste Zeit unterwegs und beeinflusst das Ergebnis am stärksten.

Für den einfachsten Fall einer Zweierstaffel erhält man

$$v = \frac{2s}{t_1 + t_2} = 2\left(\frac{t_1 + t_2}{s}\right)^{-1} = 2\left(\frac{t_1}{s} + \frac{t_2}{s}\right)^{-1}$$
$$= 2\left(\frac{1}{v_1} + \frac{1}{v_2}\right)^{-1}.$$

Allgemein verwendet man bei solchen Problemen das **harmonische Mittel**,

$$H_n = n\left(\frac{1}{a_1} + \ldots + \frac{1}{a_n}\right)^{-1}.$$

Zwischen dem arithmetischen Mittel A_n, dem geometrischen Mittel G_n und dem harmonischen Mittel H_n gilt die **Mittelungleichung**

$$A_n \geq G_n \geq H_n.$$

Das Gleichheitszeichen gilt nur, wenn $a_1 = \ldots = a_n$ ist. Alle diese Mittel erfüllen die grundlegende Bedingung, nicht kleiner als das kleinste und nicht größer als das größte der Elemente a_k zu sein.

Der elegante Beweis dieser Ungleichung erfordert allerdings Werkzeuge der Differenzialrechnung, die uns momentan noch nicht zur Verfügung stehen. Wir werden das in Aufgabe 35.2 nachholen.

Kommentar Man kann den Binomialkoeffizienten noch verallgemeinern, und zwar setzt man

$$\binom{\alpha}{k} = \frac{\alpha \cdot (\alpha - 1) \cdot (\alpha - 2) \cdot \ldots \cdot (\alpha - k + 1)}{k!}$$

für beliebige Zahlen $\alpha \in \mathbb{R}$.

Gelegentlich stößt man auch auf den Ausdruck $n!!$: Das bedeutet das Produkt aller geraden bzw. ungeraden Zahlen von n bis zwei bzw. eins.

$$n!! = \begin{cases} n \cdot (n-2) \cdot \ldots \cdot 4 \cdot 2 & \text{für gerade } n \\ n \cdot (n-2) \cdot \ldots \cdot 3 \cdot 1 & \text{für ungerade } n \end{cases}$$

Deswegen sollte die Schreibweise $n!!$ für den ohnehin selten auftretenden Ausdruck $(n!)!$ nicht benutzt werden. ◀

3.5 Die vollständige Induktion

Wir kommen nun zu einer außerordentlich mächtigen Beweistaktik, die sich in vielen Fällen anwenden lässt, wenn eine Aussage von einer natürlichen Zahl n abhängt – der vollständigen Induktion. Wir wollen sie zunächst anhand zweier Beispiele demonstrieren, bevor wir diese Technik formal ausgearbeitet vorstellen.

Vollständige Induktion arbeitet damit, die Aussage $A(n)$ für ein allgemeines n als richtig anzunehmen

Einige Beispiele für Aussagen, die von natürlichen Zahlen abhängen, haben wir ja schon kennengelernt, etwa die Summenformeln:

$$\sum_{k=1}^{n} k = \frac{n\,(n+1)}{2} \qquad (3.12)$$

$$\sum_{k=0}^{n} q^k = \frac{1 - q^{n+1}}{1 - q} \qquad (3.13)$$

Schon der Beweis dieser Formeln, wie er in Abschn. 3.4 erfolgt ist, erforderte etwas Gehirnakrobatik, und erst recht mühsam würde es, wenn man Aussagen wie etwa

$$\sum_{k=0}^{n} \frac{k+1}{2^k} = 4 - \frac{n+3}{2^n} \qquad \text{für alle } n \in \mathbb{N}$$

so angehen wollte. Deswegen wollen wir nun einen quasi automatisierten Weg suchen, derartige Formeln zu beweisen. Als einfaches Beispiel betrachten wir noch einmal die arithmetische Summenformel (3.12). Dabei stellen wir uns auf den Standpunkt des Unwissenden, der zwar durch Probieren leicht herausfindet, dass diese Formel für *einige* natürliche Zahlen n gilt, aber natürlich nicht alle Zahlen durchprobieren kann.

Setzen wir nun einen radikalen Schritt und nehmen an, (3.12) sei für ein beliebiges, dann allerdings fix gewähltes n gültig.

Das allein bringt natürlich noch nichts. Nun betrachten wir aber die *nächste* Summe, also jene für $n + 1$,

$$\sum_{k=1}^{n+1} k = 1 + 2 + 3 + \ldots + n + (n+1).$$

In einer Summe können wir immer einzelne Summanden herausgreifen, und in diesem Fall wollen wir gerade den letzten einzeln betrachten,

$$\sum_{k=1}^{n+1} k = \sum_{k=1}^{n} k + (n+1).$$

Nun benutzen wir unsere *Annahme*, nämlich dass Gl. (3.12) für n selbst richtig ist, um die rechte Seite dieser Gleichung umzuschreiben:

$$\begin{aligned} \sum_{k=1}^{n+1} k &= \sum_{k=1}^{n} k + (n+1) \\ &= \frac{n\,(n+1)}{2} + (n+1) \\ &= \frac{n\,(n+1)}{2} + \frac{2(n+1)}{2} \\ &= \frac{n\,(n+1) + 2(n+1)}{2} \\ &= \frac{(n+1)\,(n+2)}{2} \end{aligned}$$

Dies ist aber *genau die gleiche Formel*, mit dem einzigen Unterschied, dass überall, wo vorhin n stand, nun ein $(n + 1)$ zu finden ist. Wir haben also bewiesen: Wenn die obige Formel für ein bestimmtes $n \in \mathbb{N}$ gilt, dann gilt sie auch für das nächste. Damit gilt die wiederum auch für das übernächste und so fort. Wenn wir wissen, dass unsere Aussage für $n = 1$ richtig ist, können wir eine Kette von Aussagen bilden, wie sie in Abb. 3.9 dargestellt ist.

Dass für $n = 1$

$$\sum_{k=1}^{1} k = 1 = \frac{1 \cdot 2}{2}$$

ist, ist aber leicht zu überprüfen. Damit haben wir die arithmetische Summenformel ebenfalls bewiesen.

Testen wir, ob diese Vorgehensweise auch bei der geometrischen Summenformel (3.13) funktioniert. Wieder nehmen wir an, die Formel sei für ein $n \in \mathbb{N}$ korrekt und betrachten die nächsthöhere Summe:

$$\sum_{k=0}^{n+1} q^k = \sum_{k=0}^{n} q^k + q^{n+1}$$

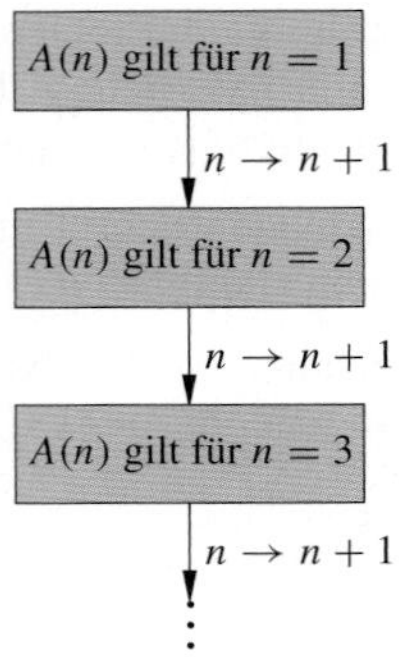

Abb. 3.9 Die Aussagenkette der vollständigen Induktion: Die Gültigkeit der Aussage für $n = 1$ und des Schritts $n \to n + 1$ beweisen die Gültigkeit der Aussage für alle $n \in \mathbb{N}$

Nun benutzen wir unsere Annahme, Gl. (3.13) sei für n richtig, um die rechte Seite umzuschreiben:

$$\begin{aligned}\sum_{k=0}^{n+1} q^k &= \sum_{k=0}^{n} q^k + q^{n+1} = \frac{1-q^{n+1}}{1-q} + q^{n+1}\\ &= \frac{1-q^{n+1}}{1-q} + \frac{(1-q)\,q^{n+1}}{1-q}\\ &= \frac{1-q^{n+1}}{1-q} + \frac{q^{n+1}-q^{n+2}}{1-q}\\ &= \frac{1-q^{n+1}+q^{n+1}-q^{n+2}}{1-q}\\ &= \frac{1-q^{n+2}}{1-q}\end{aligned}$$

Wieder haben wir die gleiche Formel für $(n + 1)$ erhalten und wiederum schließen wir: Wenn (3.13) für ein bestimmtes n gilt, gilt es auch für alle folgenden. Zusammen mit

$$\sum_{k=0}^{0} q^k = q^0 = 1 = \frac{1-q}{1-q}$$

haben wir also wieder den Beweis erbracht, dass (3.13) für alle $n \in \mathbb{N}_0$ gilt.

Eine häufig zitierte Analogie zu dieser Vorgehensweise ist übrigens die des Dominos:

Will man erreichen, dass dabei alle Steine umfallen, dann genügen dazu zwei Dinge:

1. Jeder Stein muss im Fallen auch den nächsten umwerfen – bei uns, aus der Gültigkeit der Formel für n folgt immer auch die für $n + 1$, *Induktionsschritt*.
2. Der erste Stein muss per Hand umgestoßen werden – explizite Überprüfung des Falles $n = 0$ oder $n = 1$, *Induktionsanfang*.

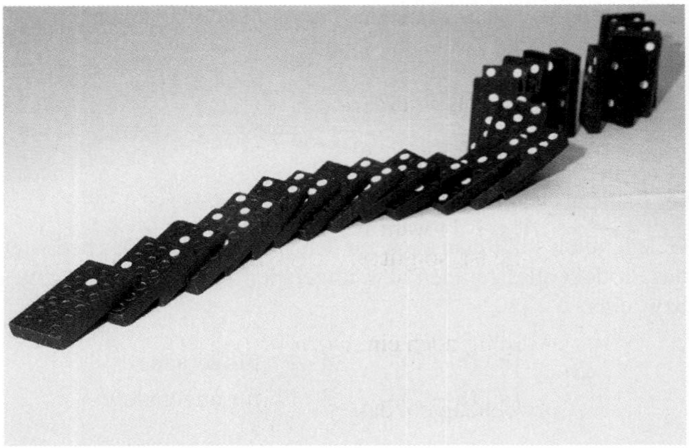

Abb. 3.10 Domino als Analogie zur vollständigen Induktion: Damit alle Steine umfallen, muss man dafür sorgen, dass jeder fallende Stein den nächsten umstößt – und den ersten per Hand umwerfen

Die vollständige Induktion besteht immer aus Induktionsanfang und Induktionsschritt

Nun wollen wir der vorhin anhand zweier Beispiele demonstrierten Idee wirklich einen formalen Rahmen geben. Der allgemeine Fall ist jener einer Aussageform $A(n)$, die von einer natürlichen Zahl n abhängt und die wir für alle $n \in \mathbb{N}$ beweisen wollen.

Der **Beweis mittels vollständiger Induktion**, auch **induktiver** Beweis einer Aussage $A(n)$ verläuft in folgenden Schritten:

1. $n = 1$: Der **Induktionsanfang** $A(1)$ muss eine wahre Aussage sein.
2. **Induktionsschritt**, $n \to n + 1$: Nun zeigen wir, dass aus der Gültigkeit von $A(n)$ die Gültigkeit von $A(n + 1)$ folgt. Der Übersicht halber spaltet man diesen aufwendigeren Schritt meist in drei Teile auf.

2.a **Induktionsannahme** $A(n)$: Wir setzen $A(n)$ für ein allgemeines n als wahr voraus.
2.b Zeigen wollen wir die **Induktionsbehauptung** $A(n+1)$, die man sich ruhig explizit hinschreiben sollte.
2.c Entscheidend ist nun der **Beweis der Behauptung**. Durch geschickte Umformungen und unter Umständen Abschätzungen muss man zeigen, dass die Induktionsbehauptung aus der Induktionsannahme folgt.

Die Aufspaltung des Induktionsschritts in drei Unterpunkte ist oft nützlich. Gelegentlich, insbesondere bei einfachen Induktionsbeweisen, werden wir aber die formale Struktur durchbrechen und darauf verzichten. Unbedingt notwendig sind hingegen der Induktionsanfang und der Nachweis, dass aus der Gültigkeit von $A(n)$ die von $A(n + 1)$ folgt.

Fassen wir noch einmal kurz und bündig zusammen:

Beweis durch vollständige Induktion

Wir betrachten die Aussagen $A(n)$ mit $n \in \mathbb{N}$.

Wenn aus der Annahme, $A(n)$ sei für ein beliebiges n wahr, folgt, dass $A(n+1)$ wahr ist, und wenn zudem $A(1)$ eine wahre Aussage ist, so gilt $A(n)$ für alle $n \in \mathbb{N}$.

Zeigen wir das ruhig noch einmal anhand eines Beispiels.

Beispiel Wir behaupten, dass alle Zahlen der Form

$$a_n = 5^n - 1$$

mit $n \in \mathbb{N}$ durch 4 teilbar sind, und wollen das nun mittels vollständiger Induktion beweisen.

1. Für $n = 1$ erhalten wir

$$a_1 = 5 - 1 = 4$$

und das ist sicher durch 4 teilbar.

2.a Wir nehmen an, $a_n = 5^n - 1$ sei für ein n durch 4 teilbar.

2.b Beweisen wollen wir die Behauptung, auch

$$a_{n+1} = 5^{n+1} - 1$$

sei durch 4 teilbar.

2.c Nun wollen wir den Induktionsschritt vollziehen. Dazu müssen wir die Behauptung so aufschreiben, dass wir unsere Annahme irgendwie sinnvoll einsetzen können:

$$\begin{aligned} a_{n+1} &= 5^{n+1} - 1 = 5 \cdot 5^n - 1 \\ &= (4+1)\,5^n - 1 = \underbrace{4 \cdot 5^n}_{\mathrm{I}} + \underbrace{5^n - 1}_{\mathrm{II}} \end{aligned}$$

Wir haben a_{n+1} also in zwei Teile aufgespalten, über die wir jeweils definitive Aussagen machen können: (I) ist ein ganzzahliges Vielfaches von 4, (II) aber bereits laut Annahme durch 4 teilbar. Demnach ist auch die ganze Summe durch 4 teilbar.

Wieder haben wir gezeigt, dass aus der Annahme der Gültigkeit unserer Aussage für ein $n \in \mathbb{N}$ auch die für $n+1$ folgt. Zusammen mit dem Induktionsanfang folgt, dass die Aussage also für alle natürlichen Zahlen gilt. ◄

Besonders raffiniert muss man manchmal beim Beweisen von Ungleichungen mittels vollständiger Induktion vorgehen, denn dabei sind manchmal gekonnte Umformungen notwendig.

Beispiel Zur Demonstration beweisen wir

$$\sum_{k=1}^{n} (k-1)^2 < \frac{n^3}{3} \tag{3.14}$$

für alle $n \in \mathbb{N}$ mittels vollständiger Induktion.

1. $n = 1$: Die Ungleichung $0 < 1/3$ ist sicher richtig.

2.a *Annahme*: Wir nehmen an, Gl. (3.14) sei für ein n richtig.

2.b Beweisen müssen wir nun die *Behauptung*

$$\sum_{k=1}^{n+1} (k-1)^2 < \frac{(n+1)^3}{3}.$$

2.c $n \to n+1$: Beim Beweis beginnen wir ganz konventionell mit einem Aufspalten der Summe und Verwenden der Induktionsannahme:

$$\begin{aligned} \sum_{k=1}^{n+1} (k-1)^2 &= \sum_{k=1}^{n} (k-1)^2 + n^2 \\ &\overset{\text{laut Induktionsann.}}{<} \frac{n^3}{3} + n^2 = \frac{n^3 + 3n^2}{3} \end{aligned}$$

Nun stecken wir anscheinend fest, denn was wir eigentlich zeigen wollten, war ja, dass dieser Ausdruck kleiner ist als $(n+1)^3/3$. Multiplizieren wir dieses Wunschergebnis aber doch einmal aus. Das liefert uns $(n^3 + 3n^2 + 3n + 1)/3$, also fast den Ausdruck von oben. Es gibt nur einige Terme mehr, nämlich $(3n+1)/3$. Diese sind sicher immer positiv, da n ja eine natürliche Zahl ist, und so können wir unsere Ungleichungskette so fortsetzen, dass wir am Ende das gewünschte Ziel erreichen:

$$\begin{aligned} \sum_{k=1}^{n+1} (k-1)^2 &= \sum_{k=1}^{n} (k-1)^2 + n^2 \\ &\overset{\text{laut Induktionsann.}}{<} \frac{n^3}{3} + n^2 = \frac{n^3 + 3n^2}{3} \\ &< \frac{n^3 + 3n^2 + 3n + 1}{3} = \frac{(n+1)^3}{3} \end{aligned}$$ ◄

Wichtige Beziehungen der Analysis lassen sich mittels vollständiger Induktion beweisen

Mittels vollständiger Induktion lassen sich einige der wichtigsten Beziehungen der Analysis beweisen. Als charakteristisches Beispiel betrachten wir hier die

Bernoulli-Ungleichung

Für $n \in \mathbb{N}_0$ und $a \geq -1$ gilt die **Bernoulli-Ungleichung**:

$$(1+a)^n \geq 1 + n\,a$$

Schließt man den Fall $a = 0$ aus, so erhält man für $n \geq 2$ statt des „$\geq$" ein echt „$>$". Diese Ungleichung spielt bei diversen Abschätzungen eine tragende Rolle und wird uns noch wiederholt begegnen.

Dementsprechend wichtig ist es, dass wir sie hier beweisen.

Teil I

Beispiel: Summenformeln höherer Ordnung

Wir beweisen die Summenformeln

$$\sum_{k=1}^{n} k^2 = \frac{n\,(n+1)\,(2n+1)}{6} \quad \text{und} \quad \sum_{k=1}^{n} k^3 = \left\{\frac{n\,(n+1)}{2}\right\}^2$$

mittels vollständiger Induktion.

Problemanalyse und Strategie Das Vorgehen ist völlig exemplarisch für Beweise von Summenformeln mittels Induktion. Wir machen zunächst den Induktionsanfang für $n = 1$. Anschließend nehmen wir die Formel für ein $n \in \mathbb{N}$ als richtig an und zeigen, dass sie dann auch für $n + 1$ gilt.

Lösung Zunächst beweisen wir die Formel zweiter Ordnung:

1. $n = 1$: $\sum_{k=1}^{1} k^2 = 1^2 = \frac{1 \cdot 2 \cdot 3}{6}$ stimmt.

2. $n \to n + 1$:

2.a Induktionsannahme: $\sum_{k=1}^{n} k^2 = \frac{n\,(n+1)\,(2n+1)}{6}$

2.b Induktionsbehauptung:

$$\sum_{k=1}^{n+1} k^2 = \frac{(n+1)\,(n+2)\,(2n+3)}{6}$$

2.c $n \to n + 1$

$$\begin{aligned}
\sum_{k=1}^{n+1} k^2 &= \sum_{k=1}^{n} k^2 + (n+1)^2 \\
&\overset{\text{Ann.}}{=} \frac{n\,(n+1)\,(2n+1)}{6} + (n+1)^2 \\
&= \frac{(n+1) \cdot \{n \cdot (2n+1) + 6\,(n+1)\}}{6} \\
&= \frac{(n+1) \cdot \{2n^2 + 7n + 6\}}{6} \\
&= \frac{(n+1)\,(n+2)\,(2n+3)}{6}
\end{aligned}$$

Weitgehend analog lässt sich die Formel dritter Ordnung behandeln:

1. $n = 1$: $\sum_{k=1}^{1} k^3 = 1^3 = \left\{\frac{1 \cdot 2}{2}\right\}^2$ stimmt.

2. $n \to n + 1$:

2.a Induktionsannahme: $\sum_{k=1}^{n} k^3 = \left\{\frac{n\,(n+1)}{2}\right\}^2$

2.b Induktionsbehauptung:

$$\sum_{k=1}^{n+1} k^3 = \left\{\frac{(n+1)\,(n+2)}{2}\right\}^2$$

2.c $n \to n + 1$

$$\begin{aligned}
\sum_{k=1}^{n+1} k^3 &= \sum_{k=1}^{n} k^3 + (n+1)^3 \\
&\overset{\text{Ann.}}{=} \left\{\frac{n\,(n+1)}{2}\right\}^2 + (n+1)^3 \\
&= \frac{n^2\,(n+1)^2}{4} + \frac{4\,(n+1)^3}{4} \\
&= \frac{(n+1)^2\,\left(n^2 + 4n + 4\right)}{4} \\
&= \left\{\frac{(n+1)\,(n+2)}{2}\right\}^2
\end{aligned}$$

Übersicht: Wichtige Gleichungen und Ungleichungen

Die folgenden Gleichungen und Ungleichungen sind so zentral, dass man sie sich auf jeden Fall gut einprägen sollte. Dabei können a, b und q, soweit nicht anders angegeben, beliebige reelle, n und m beliebige natürliche Zahlen sein.

Arithmetische Summenformel

$$\sum_{k=1}^{n} k = \frac{n\,(n+1)}{2}$$

Geometrische Summenformel

$$\sum_{k=0}^{n} q^k = \frac{1-q^{n+1}}{1-q}$$

Fakultät und Binomialkoeffizient

$$n! = \prod_{k=1}^{n} k = n\,(n-1)\cdot\ldots\cdot 3\cdot 2\cdot 1$$

$$\binom{n}{m} = \frac{n!}{m!\,(n-m)!}$$

Binomische Formeln

$$(a+b)^2 = a^2 + 2\,a\,b + b^2$$

$$(a-b)^2 = a^2 - 2\,a\,b + b^2$$

$$(a+b)\,(a-b) = a^2 - b^2$$

$$(a+b)^n = \sum_{k=0}^{n} \binom{n}{k} a^{n-k}\, b^k$$

Bernoulli-Ungleichung Für $n \in \mathbb{N}_0$ und $a \geq -1$ gilt

$$(1+a)^n \geq 1 + n\,a.$$

Für $a \geq -1$, $a \neq 0$ und $n \geq 2$ gilt die Ungleichung strikt,

$$(1+a)^n > 1 + n\,a.$$

Beweis

1. $n = 0$: Die Ungleichung $(1+a)^0 = 1 \geq 1 = 1 + 0\cdot a$ ist trivialerweise richtig.

2.a Unsere Induktionsannahme ist nun

$$(1+a)^n \geq 1 + n\,a$$

mit $a \geq -1$ sei für ein $n \in \mathbb{N}$ wahr.

2.b Die Induktionsbehauptung ist

$$(1+a)^{n+1} \geq 1 + (n+1)\,a.$$

2.c $n \to n+1$: Auf jeden Fall ist $a^2 \geq 0$, nach unseren Voraussetzungen ist aber zusätzlich $1 + a \geq 0$. Das wird sich beim Umformen der Ungleichung noch als wichtig erweisen:

$$\begin{aligned}(1+a)^{n+1} &= (1+a)\cdot(1+a)^n \\ &\overset{\text{lt. Ann.}}{\geq} (1+a)\cdot(1+n\,a) \\ &= 1 + n\,a + a + n\,a^2 \geq \\ &\geq 1 + n\,a + a = 1 + (n+1)\,a\end{aligned}$$ ■

Zusätzlich zur schon bekannten arithmetischen und geometrischen Summenformel beweisen wir außerdem in der Beispiel auf S. 86 die Gültigkeit der Summenformeln zweiter und dritter Ordnung:

$$\sum_{k=1}^{n} k^2 = \frac{n\,(n+1)\,(2n+1)}{6}$$

$$\sum_{k=1}^{n} k^3 = \left\{\frac{n\,(n+1)}{2}\right\}^2$$

Vertiefung: MATLAB®-Grundlagen: Workspace, Variablen, Skripte

MATLAB® ist ein sehr verbreitetes und vielseitiges Software-Paket vor allem für technisch-naturwissenschaftliche Berechnungen. Zudem ist auch *open-source*-Software verfügbar, die mit der MATLAB®-Syntax großteils kompatibel ist und entsprechend für viele Aufgaben verwendet werden kann. Am häufigsten kommt hier wohl *GNU Octave* zum Einsatz, das unter https://www.gnu.org/software/octave/ frei verfügbar ist.

Auch wir werden in diesem Buch an verschiedenen Stellen zeigen, wie sich bestimmte Probleme mit MATLAB® bzw. Octave lösen lassen. Hier geben wir eine kleine Einführung in das Programm, die natürlich einen umfassenderen Kurs nicht ersetzen kann.

Startet man MATLAB®, so gelangt man zum *Command Window*. In diesem Fenster kann man direkt Befehle eingeben. Je nach Version und Konfiguration können auch noch diverse andere Fenster zu sehen sein, z. B. für den aktuellen Ordner oder eine Übersicht über die Variablen im aktuellen *Workspace*.

Befehle lassen sich nach dem Prompt, das meist die Gestalt >> oder (z. B. in manchen Studentenversionen) `EDU>` hat, eingeben. Ein hier eingegebener Befehl wird mit Enter sofort ausgeführt. MATLAB® kann in diesem Modus wie ein Taschenrechner verwendet werden:

```
>> 2+2
ans =
    4
>> sin(pi/2)
ans =
    1
```

Das jeweils letzte Ergebnis einer solchen Berechnung wird in der internen Variable `ans` gespeichert und steht damit für weitere Berechnungen zur Verfügung. Besonders bequem ist die Verwendung von `ans` aber nicht.

Zumeist ist es wesentlich sinnvoller, eigene Variablen zu definieren. Wollen wir einige Kenngrößen einer Kugel mit vorgegebenem Radius berechnen, so können wir das etwa auf folgende Weise machen:

```
>> r_Kugel=2;
>> O_Kugel=4*pi*r_Kugel^2
O_Kugel =
    50.2655
>> V_Kugel = (4/3)*pi*r_Kugel^3
V_Kugel =
    33.5103
```

Mit einem Strichpunkt hinter dem Befehl weisen wir MATLAB® an, das Ergebnis nicht anzuzeigen – sehr nützlich für Eingabegrößen oder wenn es viele bzw. umfangreiche Zwischenergebnisse gibt. Die Klammern um den Faktor `(4/3)` wären strenggenommen nicht notwendig, aber zusätzliche Klammern helfen, in umfangreicheren Formeln die Übersicht zu behalten.

Generell berücksichtigt MATLAB® natürlich alle gängigen Rechenregeln, etwa die Priorität der Rechenoperationen. Zu beachten ist allerdings, dass Winkel immer in Radiant angegeben werden ($\pi = 180°$).

Die so eingeführten Variablen stehen uns so lange zur Verfügung, bis sie absichtlich gelöscht werden (z. B. mit dem Befehl `clear all`) oder bis die aktuelle MATLAB®-Sitzung beendet wird.

Für die Namen von Variablen können Groß- und Kleinbuchstaben verwendet werden. Zudem sind Ziffern und der Unterstrich zulässig, allerdings nicht als erstes Zeichen des Namens. Umlaute sind nicht erlaubt; Groß- und Kleinschreibung werden unterschieden.

Zur Benennung von Variablen gibt es unterschiedliche Philosophien und Konventionen. Auf jeden Fall aber soll ein Variablenname aussagekräftig sein. Auch wenn es verführerisch sein mag, kurze Namen wie `a`, `b` oder `c` zu verwenden, um sich Tipparbeit zu sparen, führt das doch meistens schnell zu Verwirrung.

Das Gleichheitszeichen „=" wird in MATLAB® – wie in den meisten gängigen Programmiersprachen – als Zuweisung benutzt, nicht zur Definition einer Gleichung im mathematischen Sinne. Mit

```
>> r_Kugel=2*r_Kugel - 1
r_Kugel =
    3
```

weisen wir der Variablen `r_Kugel` das Doppelte ihres ursprünglichen Wertes abzüglich eins zu und fordern MATLAB® nicht etwa auf, die Gleichung $r_K = 2\,r_K - 1$ zu lösen.

Natürlich ist MATLAB® weit mehr als nur ein Taschenrechner mit einer größeren Tastatur. Dass man viele Befehle hintereinander in der Kommandozeile eingibt, ist eher eine Ausnahme. Oft wird hingegen eine Abfolge von Befehlen in einem sogenannten *Skript* abgespeichert. Das Skript kann durch Eingabe des Dateinamens aufgerufen werden, und die darin gespeicherte Abfolge von Befehlen wird dann ausgeführt.

Die übliche Endung für solche MATLAB®-Skript-Dateien ist `.m`. Alle MATLAB®-m-Dateien sind Textdateien, die prinzipiell mit jedem Text-Editor erstellt und bearbeitet werden können. Es empfiehlt sich jedoch, den in MATLAB® integrierten Editor zu verwenden. Dieser nutzt z. B. farbliche Hervorhebungen, unterstützt automatische Einrückungen und gibt unaufdringliche Hinweise auf Fehler oder Möglichkeiten, den Code effizienter zu machen.

Vertiefung: MATLAB®-Grundlagen: Funktionen und logische Operationen

Wir stellen als direkte Fortsetzung der Vertiefung von S. 88 einige weitere Grundlagen des Arbeitens mit MATLAB® (bzw. Octave) vor. Wir zeigen, wie man Funktionen verwendet und wie man mit logischen Abfragen arbeitet.

Wir haben bereits gesehen, dass MATLAB®-Skripte in Dateien mit der Endung `.m` abgespeichert werden. Die Endung `.m` wird jedoch genauso auch für Dateien verwendet, die selbstdefinierte Funktionen enthalten.

Funktionen sind außerordentlich nützlich, um immer wieder benutzte Funktionalitäten zur Verfügung zu stellen. Für das Kugelbeispiel von S. 88 könnte eine solche Funktion etwa die folgende Form haben:

```
function [O_Kugel, V_Kugel] ...
    = kugelberechnung(r_Kugel)
O_Kugel = 4*pi*r_Kugel^2;
V_Kugel = (4/3)*pi*r_Kugel^3;
end
```

Dieser Code muss in einer Datei mit Namen `kugelberechnung.m` abgespeichert werden. (Bei etwaigen Widersprüchen „schlägt" der Dateiname den im Code verwendeten Namen; solche Konflikte sollte man aber vermeiden.)

Eine Funktion hat, im Unterschied zu einem Skript, keinen Zugriff auf den allgemeinen Workspace. Der Funktion stehen nur die übergebenen Größen, die *Argumente* (hier lediglich `r_Kugel`), zur Verfügung, und sie gibt auch nur die definierten Rückgabewerte (hier `O_Kugel` und `V_Kugel`) zurück.

Durch diese saubere Trennung kann es nicht passieren, dass sich z. B. Komplikationen durch einen doppelt verwendeten Variablennamen ergeben. Man braucht auch nicht zu wissen, wie die Rückgabevariablen in der Definition der Funktion heißen – wesentlich ist, welche Namen man ihnen im eigenen Workspace gibt. So ist

```
>> [Obfl, Vol] = kugelberechnung(1.5)
Obfl =
   28.2743
Vol =
   14.1372
```

ein völlig legitimer Aufruf unserer vorher definierten Funktion. Selbst wenn es im Workspace Variablen mit dem Namen `O_Kugel` oder `V_Kugel` gäbe, würden diese vom Aufruf der Funktion nicht beeinflusst.

Eine Funktion kann, wie in unserem Beispiel, einfach Formeln auswerten, sie kann aber auch wesentlich umfangreichere Operationen beinhalten oder benutzt werden, um bestimmte Aufgaben auszuführen.

Wir betrachten als Beispiel eine Funktion, die überprüft, ob das Argument eine positive Zahl ist und eine entsprechende Meldung ausgibt:

```
function is_pos = check_pos(zahl)
is_pos = false; % Default-Wert
if isnumeric(zahl)
    if isreal(zahl)
        if zahl>0
            disp([num2str(zahl), ...
                ' ist positiv.']);
            is_pos = true;
        else
            disp([num2str(zahl), ...
                ' ist nicht pos.']);
        end
    else
        disp([num2str(zahl), ...
            ' ist nicht reell.']);
    end
else
    disp('Argument ist keine Zahl.');
end
end
```

Mit dem `if`-Befehl wird überprüft, ob eine bestimmte Bedingung erfüllt ist. Dabei können Vergleichsoperatoren wie <, >, <=, >= oder == (Überprüfung auf Gleichheit im Unterschied zur Zuweisung =) verwendet werden. Zusätzlich gibt es Befehle, die bestimmte Eigenschaften testen, hier z. B. `isnumeric`, ob es sich beim Argument um einen numerischen Ausdruck handelt, und `isreal`, ob es eine reelle Zahl ist.

Als Ergebnis einer solchen Überprüfung erhält man eine logische Variable, die den Wert `true` oder `false` haben kann. Mehrere solcher logischen Abfragen lassen sich mit `&` (und) bzw. `|` (oder) kombinieren. Auch die Verneinung steht zur Verfügung.

So kann man die Abfrage, ob $x \in (-3, -1) \cup [1, 3]$ ist, mit `if (x>-3 & x<-1)|(x>=1 & x<=3)` oder einfacher mit `if abs(x+2)<1 | abs(x-2)<=1` durchführen.

Vorsicht ist in der numerischen Mathematik übrigens stets bei Überprüfungen auf Gleichheit geboten. Wegen der Möglichkeit von Rundungsfehlern sollte man Ergebnisse von Berechnungen nie auf exakte Gleichheit abfragen, sondern überprüfen, ob die Abweichung vernachlässigbar klein ist, z. B. `if abs(x-pi)<1e-8` statt `if x==pi`.

Teil I

Zusammenfassung

Terme, Brüche und Potenzen

Umformen von Termen ist die Grundlage für das Beherrschen aller weiterführenden mathematischen Disziplinen. Dabei muss man insbesondere auf Vorzeichen achten. Eine entscheidende elementare Rechentechnik ist das Bruchrechnen.

Bruchrechnen

Die wichtigsten Rechenregeln für Brüche sind:

$$\frac{a}{b} \cdot \frac{c}{d} = \frac{a\,c}{b\,d}$$

$$\frac{\frac{a}{b}}{\frac{c}{d}} = \frac{a/b}{c/d} = \frac{a\,d}{b\,c}$$

$$\frac{a}{b} \pm \frac{c}{d} = \frac{a\,d \pm b\,c}{b\,d}$$

Potenzen erlauben das knappe Hinschreiben umfangreicher Ausdrücke, auch Wurzeln lassen sich als Potenzen darstellen,

$$a^{p/q} = \left(\sqrt[q]{a}\right)^p .$$

Rechnen mit Potenzen

Für $a > 0$, $b > 0$ und $x, y \in \mathbb{R}$ gilt:

$$a^x \cdot a^y = a^{x+y} \qquad \frac{a^x}{a^y} = a^{x-y}$$

$$a^{-x} = \frac{1}{a^x} \qquad (a^x)^y = a^{x\,y}$$

$$a^x \cdot b^x = (ab)^x \qquad a^0 = 1$$

Insbesondere gilt damit, dass der Kehrwert der Potenz -1 entspricht.

Gleichungen und Ungleichungen

Das wichtigste Werkzeug zum Lösen von Gleichungen sind Äquivalenzumformungen. Das sind Umformungen, die in beide Richtungen definiert und eindeutig sind.

Lösen einer Gleichung heißt umformen, sodass die Lösungsmenge direkt ablesbar ist

Für quadratische Gleichungen gibt es ausgefeilte Lösungsmethoden. Diese beruhen auf dem Ergänzen zu vollständigen Quadraten,

$$ax^2 + bx + c = a\left(x + \frac{b}{2a}\right)^2 + c - \frac{b^2}{4a}.$$

Zum Lösen von Gleichungssystemen gibt es verschiedene Methoden, etwa Eliminations-, Einsetzungs- und Gleichsetzungsverfahren.

Ungleichungen lassen sich oft ähnlich wie Gleichungen behandeln, es gibt aber auch gravierende Unterschiede

Ungleichungen

Bei Multiplikationen mit einem negativen Ausdruck ändert sich die Richtung der Ungleichung, „es dreht sich das Ungleichheitszeichen um".

Manche Ungleichungen kann man durch Umschreiben auf vollständige Quadrate zeigen.

Von Betrag und Abschätzungen

Rechenregeln für den Betrag

Für den Betrag von Zahlen gilt:

$$|x| = |-x| \ge 0 \qquad |x^n| = |x|^n$$

$$|x| = 0 \Leftrightarrow x = 0$$

$$|x\,y| = |x| \cdot |y| \qquad \left|\frac{x}{y}\right| = \frac{|x|}{|y|} \quad (y \neq 0)$$

Eine der wichtigsten Ungleichungen der Mathematik ist die Dreiecksungleichung.

Dreiecksungleichung

Für beliebige x und y gelten die **Dreiecksungleichung** und die *erweiterte Dreiecksungleichung*:

$$|x+y| \le |x| + |y|$$
$$\big||x| - |y|\big| \le |x-y|$$

Um Gleichungen mit Beträgen oder Ungleichungen aufzulösen, benötigt man meist Fallunterscheidungen.

Sinnvolles Abschätzen von Ausdrücken ist eine wesentliche Grundfertigkeit

So wird zum Beispiel ein Bruch zweier positiver Ausdrücke größer, wenn man den Zähler vergrößert oder den Nenner verkleinert.

Summen und Produkte

Eine wichtige Aufgabe der natürlichen Zahlen ist das Zählen und Indizieren. Indizes dürfen verschoben und umbenannt werden. Summen dürfen aufgespalten und vereinigt werden.

Für bestimmte Summen und Produkte lassen sich bequeme Formeln angeben

Arithmetische Summenformel

$$\sum_{k=1}^{n} k = \frac{n\,(n+1)}{2}.$$

Geometrische Summenformel

Für $q \neq 1$ gilt:

$$\sum_{k=0}^{n} q^k = \frac{1-q^{n+1}}{1-q}$$

Die Fakultät ist ein spezielles Produkt:

$$n! = \prod_{k=1}^{n} k = n\,(n-1)\cdot \ldots \cdot 3 \cdot 2 \cdot 1 \quad \text{für } n \in \mathbb{N}.$$

Zusätzlich setzt man $0! = 1$. Damit gilt die Gleichung

$$(n+1)! = (n+1)\cdot n!$$

für alle $n \in \mathbb{N}$.

Binomialkoeffizienten ergeben sich beim Ausmultiplizieren von Binomen

Binomialkoeffizient

Der **Binomialkoeffizient**

$$\binom{n}{k} = \frac{n!}{k!\,(n-k)!},$$

gesprochen „n über k" gibt die Anzahl der Möglichkeiten an, aus einer Menge von n Objekten genau k auszuwählen.

Binomische Formel

Für die Potenzen eines *Binoms* $(a+b)$ gilt:

$$(a+b)^n = \sum_{k=0}^{n} \binom{n}{k} a^{n-k}\, b^k \tag{3.15}$$

Zwischen verschiedenen Binomialkoeffizienten bestehen teilweise tief liegende Zusammenhänge, etwa die Formel

$$\binom{n+1}{k+1} = \binom{n}{k} + \binom{n}{k+1}.$$

Die vollständige Induktion

Vollständige Induktion arbeitet damit, die Aussage $A(n)$ für ein allgemeines n als richtig anzunehmen. Die vollständige Induktion besteht immer aus Induktionsanfang und Induktionsschritt.

Beweis durch vollständige Induktion

Wir betrachten die Aussagen $A(n)$ mit $n \in \mathbb{N}$.

Wenn aus der Annahme, $A(n)$ sei für ein beliebiges n wahr, folgt, dass $A(n+1)$ wahr ist, und wenn zudem $A(1)$ eine wahre Aussage ist, so gilt $A(n)$ für alle $n \in \mathbb{N}$.

Wichtige Beziehungen der Analysis lassen sich mittels vollständiger Induktion beweisen

Bernoulli-Ungleichung

Für $n \in \mathbb{N}_0$ und $a \geq -1$ gilt die **Bernoulli-Ungleichung**:

$$(1 + a)^n \geq 1 + n\,a$$

Fordert man zusätzlich $a \neq 0$ und $n \geq 2$, so gilt die Ungleichung strikt,

$$(1 + a)^n > 1 + na.$$

Bonusmaterial

Im digitalen Zusatzmaterial wir die Grundrechenarten genauer diskutieren. Als Anwendung von Zehnerpotenzen stellen wir die *Planck-Einheiten* vor.

Desweiteren diskutieren wir den Unterschied zwischen Gleichungen und Identitäten sowie die Bedeutung der Zeichen $\approx$, $\ll$ und $\gg$. Als einfache Anwendung von Gleichungen behandeln wir Bewegungs- und Mischungsaufgaben.

Zudem gehen wir der Frage nach, wie man mittels vollständiger Induktion Aussagen beweist, die von *mehreren* natürlichen Zahlen abhängen.

Aufgaben

Die Aufgaben gliedern sich in drei Kategorien: Anhand der *Verständnisfragen* können Sie prüfen, ob Sie die Begriffe und zentralen Aussagen verstanden haben, mit den *Rechenaufgaben* üben Sie Ihre technischen Fertigkeiten und die *Anwendungsprobleme* geben Ihnen Gelegenheit, das Gelernte an praktischen Fragestellungen auszuprobieren.
Ein Punktesystem unterscheidet leichte •, mittelschwere •• und anspruchsvolle ••• Aufgaben. Lösungshinweise am Ende des Buches helfen Ihnen, falls Sie bei einer Aufgabe partout nicht weiterkommen. Dort finden Sie auch die Lösungen – betrügen Sie sich aber nicht selbst und schlagen Sie erst nach, wenn Sie selber zu einer Lösung gekommen sind. Ausführliche Lösungswege, Beweise und Abbildungen finden Sie als digitales Zusatzmaterial (electronic supplementary material).
Viel Spaß und Erfolg bei den Aufgaben!

Verständnisfragen

3.1 • Welche Probleme hat das folgende Vorgehen zur Lösung der Gleichung $x^3 - 2x^2 + x = 0$?

$$\begin{aligned} x^3 - 2x^2 + x &= 0 \quad &&|/x \\ x^2 - 2x + 1 &= 0 \\ (x-1)^2 &= 0 \quad &&|\sqrt{\ldots} \\ x - 1 &= 0 \\ x &= 1 \end{aligned}$$

3.2 • Können Angaben von Werten über 100% sinnvoll sein?

3.3 • Warum werden leere Summen gleich null, leere Produkte aber gleich eins gesetzt?

3.4 • Bestimmen Sie die Summe aller natürlichen Zahlen von eins bis tausend.

3.5 • Scheitert der Beweis von „$2n + 1$ ist für alle $n \geq 100$ eine gerade Zahl" am Induktionsanfang, am Induktionsschritt oder an beidem?

3.6 • Die Zahlen a_k mit $k \in \mathbb{N}$ seien beliebig aus $\mathbb{R}$. Eine Summe der Form

$$T_n = \sum_{k=1}^{n-1} (a_{k+1} - a_k)$$

nennt man eine *Teleskopsumme*. Bestimmen Sie eine geschlossene Formel für den Wert einer solchen Summe und beweisen Sie sie mit Indexverschiebungen sowie mittels vollständiger Induktion.

3.7 •• Finden Sie zusätzlich zu den bereits im Text angegebenen Beispielen eine Aussage, die für alle $n \in \mathbb{N}$ falsch ist, für die sich der Induktionsschritt aber trotzdem durchführen lässt.

3.8 •• Beweisen oder widerlegen Sie:

$$p_n = n^2 - n + 41$$

ist für alle $n \in \mathbb{N}$ eine Primzahl.

3.9 •• Seltener als mit dem Binomialkoeffizienten hat man es mit seiner Verallgemeinerung, dem **Multinomialkoeffizienten** zu tun. Dieser ist definiert als

$$\binom{n}{\{k_1, \ldots, k_m\}} = \frac{n!}{k_1!\,k_2!\ldots k_m!}$$

mit Zahlen $k_i \in \mathbb{N}_0$, die zusätzlich die Bedingung

$$k_1 + k_2 + \ldots + k_m = n$$

erfüllen. Im Fall $m = 2$ reduziert sich das mit $k_1 = k$ und $k_2 = n - k$ auf den bekannten Binomialkoeffizienten. „Echte" Multinomialkoeffizienten treten dann auf, wenn man ein Multinom, also eine Summe mit mehr als zwei Summanden potenziert:

$$\begin{aligned} &(a_1 + a_2 + \ldots + a_m)^n \\ &= \sum_{k_1+\ldots+k_m=n} \binom{n}{\{k_1, \ldots, k_m\}} a_1^{k_1} a_2^{k_2} \ldots a_m^{k_m} \end{aligned}$$

Bestimmen Sie die Multinomialkoeffizienten für $n = 2$ und $m = 3$ und ermitteln Sie damit ohne Ausmultiplizieren den Ausdruck $(a + b + c)^2$.

3.10 ••• Beweisen Sie die allgemeine binomische Formel

$$(a+b)^n = \sum_{k=0}^{n} \binom{n}{k} a^k b^{n-k}$$

für $n \in \mathbb{N}_0$ mittels vollständiger Induktion.

Teil I

3.11 ••• Finden Sie den Fehler im folgenden „Beweis" dafür, dass der Mars bewohnt ist:

Satz: Wenn in einer Menge von n Planeten einer bewohnt ist, dann sind alle bewohnt.

Beweis mittels vollständiger Induktion:

$n = 1$: trivial

$n \to n + 1$: Laut Annahme sind von einer Menge von n Planeten alle bewohnt, sobald nur einer bewohnt ist. Nun betrachten wir eine Menge von $n + 1$ Planeten (die wir willkürlich mit p_1 bis p_{n+1} bezeichnen). Von diesen schließen wir vorläufig einen aus unsere Betrachtungen aus, z. B. p_{n+1}. Wenn von der übriggebliebenen Menge von n Planeten nur einer bewohnt ist, sind laut Annahme alle bewohnt. Nun schließen wir von den n bewohnten Planeten einen aus, z. B. p_1, und nehmen p_{n+1} wieder hinzu. Wir erhalten wieder eine Menge von n Planeten, die bis auf p_{n+1} alle bewohnt sind. Auf jeden Fall ist einer bewohnt, demnach alle, also ist auch p_{n+1} bewohnt.

Korollar: Der Mars ist bewohnt.

Beweis: Betrachten Sie die n Planeten des Sonnensystems. Je nach aktueller Meinung zum Status des Pluto ist $n = 8$ oder $n = 9$, doch auf jeden Fall ist n endlich. Die Erde ist bewohnt, damit sind alle Planeten des Sonnensystems bewohnt – auch der Mars.

3.12 • Neben den auf S. 89 erwähnten logischen Verknüpfungen `&` und `|` gibt es auch die Varianten `&&` und `||`. Bei einer Verknüpfung `a&&b` bzw. `a||b` wird die Bedingung `b` gar nicht überprüft, wenn das Ergebnis durch den Wert von `a` bereits festgelegt ist (*shortcut operators*).

Wann ist das der Fall? Welche Vorteile hat das?

3.13 •• Im Beispiel-Code für die Funktion `check_pos` auf S. 89 wird das Argument zuerst mit `isnumeric` darauf überprüft, ob es sich um einen numerischen Wert handelt. Danach erfolgt mit `isreal` die Überprüfung, ob es sich um eine reelle Zahl handelt. Das sieht auf den ersten Blick redundant aus, ist es aber nicht.

Finden Sie ein Argument `x`, für das `isreal(x)` den Wert `true` liefert, obwohl es sich bei `x` dem Anschein nach nicht einmal um eine Zahl handelt. Welche Erklärung haben Sie für dieses Verhalten?

Rechenaufgaben

3.14 • Ein müder Floh springt zuerst einen Meter, dann nur mehr einen halben, dann gar nur mehr einen viertel Meter, kurz bei jedem Sprung schafft er nur mehr die Hälfte der vorangegangenen Distanz. Wie weit ist er nach sieben Sprüngen gekommen?

3.15 • Vereinfachen Sie die folgenden Ausdrücke so weit wie möglich. Dabei ist $x \in \mathbb{R}_{>0}$:

$$\begin{aligned}
A_1 &= |5 - |2 - 3|| \\
A_2 &= \frac{x^2 - 1}{x + 1} \\
A_3 &= \frac{|x^2 - 1|}{|(x + 1)^2|} \\
A_4 &= 4^{(3^2)} - \left(4^3\right)^2 \\
A_5 &= \frac{9 + x + x^2 + 5x}{|-3| + \left(\sqrt{x}\right)^2}
\end{aligned}$$

3.16 •• Bestimmen Sie alle $x \in \mathbb{R}$, für die gilt:

$$\left|x^2 - 4\right| - \left|x + 2\right| \left(x^2 + x - 6\right) > 0$$

3.17 • Zeigen Sie dass (sofern in den folgenden Ausdrücken die Nenner nicht verschwinden) stets gilt:

$$\frac{a}{b} = \frac{c}{d} \quad \to \quad \frac{a}{a \pm b} = \frac{c}{c \pm d}.$$

Diese Regel ist als **korrespondierende Addition** bekannt. Versuchen Sie, eine analoge Regel auch für Ungleichungen (unter der Voraussetzung $\frac{a}{b} < \frac{c}{d}$) zu finden.

3.18 • Beweisen Sie mittels vollständiger Induktion für alle natürlichen n:

$$\sum_{k=1}^{n} (2k + 1) = n\,(n + 2)$$

3.19 • Beweisen Sie für $n \in \mathbb{N}_{\geq 2}$:

$$\prod_{k=2}^{n} (k - 1) = (n - 1)!$$

3.20 •• Bestimmen Sie alle $x \in \mathbb{R}$, die die Ungleichung

$$\frac{|x - 2| \cdot (x + 2)}{x} < |x|$$

erfüllen.

3.21 •• Beweisen Sie die Pascal'sche Formel (3.11),

$$\binom{n+1}{k+1} = \binom{n}{k} + \binom{n}{k+1}$$

durch Aufspalten der Binomialkoeffizienten in Fakultäten.

3.22 •• Beweisen Sie für alle $n \in \mathbb{N}$:

$$\sum_{k=1}^{n} k \cdot 2^k = 2 + 2^{n+1} \cdot (n-1)$$

$$\sum_{k=1}^{n} (-1)^{k+1} k^2 = (-1)^{n+1} \frac{n\,(n+1)}{2}$$

3.23 •• Beweisen Sie mittels Induktion für alle natürlichen n:

- $n^3 + 5n$ ist durch 6 teilbar
- $11^{n+1} + 12^{2n-1}$ ist durch 133 teilbar
- $3^{(2^n)} - 1$ ist durch 2^{n+2} teilbar

3.24 •• $x \in \mathbb{R}$ sei eine feste Zahl, und es sei $p_1(x) = 1 + x$. Nun definieren wir für $n \in \mathbb{N}$:

$$p_{n+1}(x) = (1 + x^{(2^n)}) \cdot p_n(x)$$

Finden Sie einen expliziten Ausdruck für $p_n(x)$ und beweisen Sie dessen Gültigkeit mittels vollständiger Induktion.

3.25 •• Beweisen Sie mittels Induktion für alle natürlichen Zahlen n:

$$\sum_{k=1}^{n} k^3 = \left(\sum_{k=1}^{n} k\right)^2$$

3.26 •• Betrachten Sie eine Menge von reellen Zahlen x_k, wobei entweder alle $x_k \in (-1, 0)$ oder alle $x_k > 0$ sind. Beweisen Sie für diese die *verallgemeinerte Bernoulli-Ungleichung*

$$\prod_{k=1}^{n} (1 + x_k) \geq 1 + \sum_{k=1}^{n} x_k$$

mittels vollständiger Induktion.

3.27 •• Beweisen Sie für alle $n \in \mathbb{N}$:

$$\sum_{k=0}^{n} \binom{n}{k} = 2^n$$

$$\sum_{k=0}^{n} (-1)^k \binom{n}{k} = 0$$

3.28 ••

1. Zeigen Sie, dass für beliebige positive Zahlen x und y stets die Ungleichung

$$\frac{x}{y} + \frac{y}{x} \geq 2$$

gilt.
2. Die Zahlen a_k mit $k \in \mathbb{N}$ seien alle positiv. Zeigen Sie, dass stets

$$\left(\sum_{k=1}^{n} a_k\right) \cdot \left(\sum_{k=1}^{n} \frac{1}{a_k}\right) \geq n^2$$

gilt.

3.29 ••• Beweisen Sie für alle $n \in \mathbb{N}_{\geq 2}$:

$$\prod_{k=2}^{n} \left(1 - \frac{2}{k\,(k+1)}\right) = \frac{1}{3}\left(1 + \frac{2}{n}\right)$$

3.30 ••• Man zeige für $n \in \mathbb{N}$:

$$\sum_{k=0}^{n-1} (n+k)\,(n-k) = \frac{n\,(n+1)\,(4n-1)}{6}$$

Anwendungsprobleme

3.31 • Zehn Katzen fangen in zehn Minuten zehn Mäuse. Wie viele Mäuse fangen hundert Katzen in hundert Minuten?

3.32 • Ein Erfinder stellt drei Maßnahmen vor, die jeweils den Energieverbrauch eines Motors reduzieren sollen. Die erste verringert den Verbrauch um 20%, die zweite um 30% und die dritte gar um 50%. Kann der Verbrauch des Motors mit allen drei auf null reduziert werden? Wenn nein, auf wie viel dann?

3.33 • Wieder taucht der Erfinder aus der vorherigen Aufgabe auf, diesmal mit einer Vorrichtung, die den Stromverbrauch von Glühlampen um 250% reduzieren soll. Was kann das bedeuten?

3.34 • Drei Firmen haben anfangs den gleichen Jahresumsatz. Der Umsatz von A bleibt in den darauffolgenden Jahren gleich. Der Umsatz von B nimmt zuerst um 50% zu und dann um 50% ab. Bei C hingegen nimmt der Umsatz zuerst um 50% ab, dann um 50% zu. Vergleichen Sie den Jahresumsatz der Firmen am Ende dieser Entwicklung.

3.35 • Für zwei in Serie geschaltete Widerstände R_1 und R_2 gilt

$$R_{\text{ges}} = R_1 + R_2,$$

bei Parallelschaltung erhält man

$$\frac{1}{R_{\text{ges}}} = \frac{1}{R_1} + \frac{1}{R_2}.$$

Beweisen Sie mittels vollständiger Induktion, dass für eine beliebige Zahl n von Widerständen bei serieller Schaltung

$$R_{\text{ges}} = \sum_{k=1}^{n} R_k,$$

und bei Parallelschaltung

$$\frac{1}{R_{\text{ges}}} = \sum_{k=1}^{n} \frac{1}{R_k}$$

gilt.

3.36 •• Ein Schwimmbecken kann mit drei Pumpen A, B und C gefüllt werden. A benötigt allein 2400 Minuten, B allein 1500 und C allein 4000 Minuten. Wie lange benötigen alle drei Pumpen zusammen?

3.37 •• Betrachten Sie den inelastischen Stoß auf S. 67 und bestimmen Sie die Menge an kinetischer Energie, die bei diesem Prozess in andere Energieformen umgewandelt wird.

3.38 • Lösen Sie die folgenden wichtigen Formeln aus Physik und Technik jeweils nach allen vorkommenden Größen auf:

(a) Für den zurückgelegten Weg s einer Bewegung bei gleichmäßiger Beschleunigung a gilt nach der Zeit t:

$$s = \frac{1}{2} a\, t^2 .$$

(b) Das *Aktionsprinzip* der Newton'schen Mechanik gibt zwischen der Kraft F, die auf einen Körper der Masse m wirkt, und der Beschleunigung, die dieser Körper erfährt, den Zusammenhang

$$F = m\, a$$

an.

(c) Das Newton'sche Gravitationsgesetz ergibt für die Kraft F zwischen zwei Punktmassen m_1 und m_2 im Abstand r

$$F = G \frac{m_1\, m_2}{r^2},$$

wobei G die *Gravitationskonstante* ist.

(d) Nach dem dritten Kepler'schen Gesetz verhalten sich die Quadrate der Umlaufzeiten t_1, t_2 zweier Planeten wie die Kuben der großen Halbachsen a_1, a_2 ihrer Umlaufbahnen,

$$\frac{t_1^2}{t_2^2} = \frac{a_1^3}{a_2^3}.$$

(e) Die Gesamtenergie W eines harmonisch schwingenden Körpers der Masse m, der mit einer Feder der Federkonstante k eingespannt ist, beträgt

$$W = \frac{m}{2} v^2 + \frac{k}{2} x^2,$$

wobei x die Position und v die Geschwindigkeit des Körpers bezeichnet.

(f) Brennweite f, Gegenstandweite g und Bildweite b einer Linse sind durch die Gleichung

$$\frac{1}{f} = \frac{1}{g} + \frac{1}{b}.$$

verknüpft.

(g) Beim senkrechten Einfall eines Lichtstrahls auf die Grenzschicht zwischen zwei Medien mit Brechzahlen n_1 und n_2 gilt für das Reflexionsvermögen R

$$R = \left(\frac{n_1 - n_2}{n_1 + n_2}\right)^2.$$

(h) Für den Wirkungsgrad η eines Carnot-Prozesses, der zwischen den beiden Temperaturniveaus T_1 und T_2 mit $T_1 > T_2 > 0$ läuft, gilt

$$\eta = \frac{T_1 - T_2}{T_1}.$$

(i) Zwischen Widerstand R, Stromstärke I und Spannung U besteht in einem Leiter der Zusammenhang

$$U = R \cdot I .$$

(j) Die Masse m eines Körpers der Ruhemasse m_0, der sich mit Geschwindigkeit v bewegt, ist nach der speziellen Relativitätstheorie

$$m = \frac{m_0}{\sqrt{1 - \left(\frac{v}{c}\right)^2}},$$

wobei c die konstante Vakuumlichtgeschwindigkeit bezeichnet.

(k) Springt das Elektron des Wasserstoffatoms von einem Orbital der Hauptquantenzahl $m \in \mathbb{N}$ in eines mit Hauptquantenzahl $n \in \mathbb{N}$, $n < m$ zurück, so gilt für die Energie W des emittierten Photons

$$W = R\left(\frac{1}{n^2} - \frac{1}{m^2}\right),$$

wobei R die *Rydberg-Konstante* bezeichnet.

Antworten zu den Selbstfragen

Antwort 1 Die erste und die vierte Umformung sind richtig.

Antwort 2 Nur die dritte Variante ist richtig.

Antwort 3 D wird sicher größer, wenn man a vergrößert, denn das vergrößert zuerst den Bruch a/b, und dieser wiederum ist der Zähler von D. Vergrößert man hingegen b, so verkleinert das den Zähler von D und damit auch D selbst. Unter dem Hauptbruchstrich sieht die Sache hingegen ganz anders aus: Vergößert man c, so vergrößert das den Nenner von D und verkleinert damit D selbst. Vergößern von d verkleinert c/d, also den Nenner von D, und D selbst wird größer.

Antwort 4 Beide Ausdrücke sind gleichwertig. Es gilt

$$\frac{1}{2}\cdot\frac{1}{3}\cdot\frac{1}{4}=\frac{1}{4}\cdot\frac{1}{3}\cdot\frac{1}{2}.$$

Antwort 5 Wir wählen $n \in \mathbb{N}$ sowie $m \in \mathbb{N}$ und erhalten mit unseren bisherigen Ergebnissen

$$\begin{aligned}(a^{-n})^{-m} &= \left(\frac{1}{a^n}\right)^{-m}\\ &= \frac{1}{\left(\frac{1}{a^n}\right)^m} = \frac{1}{\frac{1}{a^{nm}}}\\ &= a^{nm} = a^{(-n)\,(-m)}.\end{aligned}$$

Antwort 6 Nur 1 und 3 sind richtig.

Antwort 7 Bis zur Zeile $x-1=(x+1)\cdot(x-1)$ stimmt die erste Rechnung. Setzt man hier $x=1$ an, so erkennt man, dass diese Gleichung $0=2\cdot 0$ lautet, und die unerlaubte Division durch $x-1=0$ liefert eine falsche Aussage.

Bei der zweiten Rechnung lautet die Zeile $(x-\frac{9}{2})^2=(y-\frac{9}{2})^2$ mit den Werten $x=4$ und $y=5$ richtigerweise $(-\frac{1}{2})^2=(\frac{1}{2})^2$. Zieht man hier allerdings naiv die Wurzel, ohne zu bedenken, dass ja $\sqrt{x^2}=|x|$ ist, erhält man eine falsche Aussage.

Antwort 8 Man interpretiert M_2 als unendlich groß und setzt $v_2=0$. Es ist dann $w_1=-v_1$ – die Reflexion an der Wand.

Antwort 9 Wir erhalten $\pi^2 \approx 9.869\,6$, damit sind die erste und die zweite Ungleichung wahr, die beiden anderen nicht.

Antwort 10 Wir erhalten

$$A = a_2\,a_3-(a_1+a_2+a_3)=3\cdot 5-(2+3+5)=5.$$

Antwort 11

$$6! = 1\cdot 2\cdot 3\cdot 4\cdot 5\cdot 6 = 720$$

Antwort 12 Die Fakultät $n!$ gibt die Zahl der Möglichkeiten an, die n Binome in eine Reihenfolge zu bringen. Wählen wir nun jeweils aus den ersten k das b, so nehmen wir damit gleichzeitig aus $(n-k)$ das a.

In beiden Fällen spielt die Reihefolge keine Rolle, und man muss sowohl durch alle Anordnungsmöglichkeiten von k als auch durch alle von $(n-k)$ Elementen dividieren.

Elementare Funktionen – Bausteine der Analysis

4

Teil I

Was ist ein Polynom?

Wie sieht der Graph der e-Funktion aus?

Wo liegen die Nullstellen der Kosinusfunktion?

Ergänzende Information Die elektronische Version dieses Kapitels enthält Zusatzmaterial, auf das über folgenden Link zugegriffen werden kann https://doi.org/10.1007/978-3-662-64389-1_4.

T. Arens et al., *Mathematik*, https://doi.org/10.1007/978-3-662-64389-1_4

Die Mathematik findet ihre Anwendung, wenn natürliche Phänomene theoretisch erfasst und ergründet werden sollen. Wir bilden abstrakte Modelle von Teilaspekten der Wirklichkeit, letztendlich um natürliche oder technische Gegebenheiten besser zu verstehen oder am Rechner zu simulieren. Dabei werden die Abhängigkeiten von verschiedenen Größen durch Abbildungen bzw. Funktionen beschrieben. Neben den Zahlen sind somit die Funktionen zentrale Objekte, mit denen sich Mathematik beschäftigt.

Eine bestimmte Klasse von Funktionen steht dabei am Anfang, nämlich die aus der Schule geläufigen Abbildungen von reellen Zahlen auf reelle Zahlen. Genauer sprechen wir von reellwertigen Funktionen einer Veränderlichen. Bevor wir uns aber einen analytischen Zugang zu diesen Objekten im zweiten Teil verschaffen, ist es sinnvoll einige Archetypen von Funktionen vorab herauszugreifen, die uns später ständig begegnen werden. Eine solide Routine im Umgang mit Polynomen, Exponentialfunktion und trigonometrischen Funktionen ist unerlässlich für die weitere Entdeckungsreise in die Mathematik.

4.1 Reellwertige Funktionen einer Veränderlichen

Immer wenn eine Größe in Abhängigkeit zu einer anderen steht, sprechen wir von einem funktionalen Zusammenhang. Aus der Erfahrung heraus wissen wir etwa, dass sich der Radius eines Balls ändert, wenn wir sein Volumen vergrößern. Also können wir den Radius als Funktion des Volumens des Balls oder auch umgekehrt das Volumen als Funktion des Radius auffassen.

Oder wir betrachten das Wachstum der Bevölkerung einer Stadt über einen Zeitraum von mehreren Jahrzehnten. In diesem Fall haben wir meist jährliche Schätzungen der Einwohnerzahl, und wir können diese in Abhängigkeit der Zeit in einer Tabelle notieren und untersuchen.

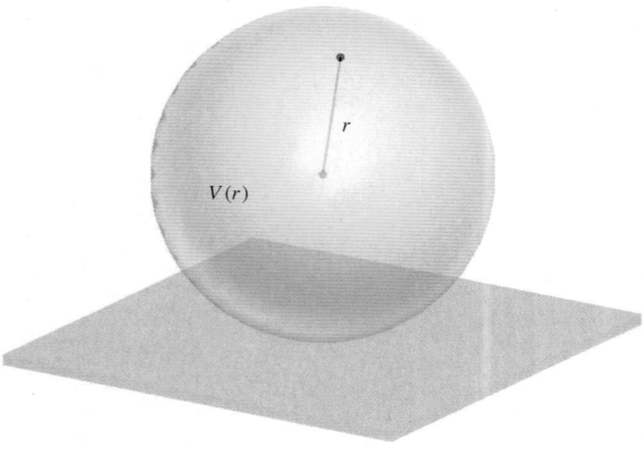

Abb. 4.1 Volumen und Radius einer Kugel besitzen einen funktionalen Zusammenhang

Tab. 4.1 Fortschreibung des Bevölkerungsstands des Stadtkreis Karlsruhe ab der Volkszählung von 1987 nach Angaben des Statistischen Landesamts Baden-Württemberg

Jahr	Bevölkerung	Jahr	Bevölkerung
1987	262 209	1996	277 191
1988	265 100	1997	276 571
1989	270 659	1998	276 536
1990	275 061	1999	277 204
1991	278 579	2000	278 558
1992	279 329	2001	279 578
1993	277 998	2002	281 334
1994	277 011	2003	282 595
1995	275 690	2004	284 163

Häufig gibt es technische Geräte, die uns helfen, einen Zusammenhang zwischen Größen zu messen und aufzuzeigen. So zeichnet ein Seismograph die Bewegungen des Bodens bei Erschütterungen zum Beispiel durch Erdbeben auf.

Wir könnten die Reihe der Beispiele beliebig fortsetzen. Aber schauen wir genau hin, so unterscheiden sich die angesprochenen Beispiele darin, wie sie dargestellt sind. Intuitiv, in Worten, haben wir den qualitativen Zusammenhang zwischen Radius und Volumen beschrieben. Durch diskrete Messergebnisse erhalten wir die Tabelle zur Bevölkerungsentwicklung und der Seismograph gibt uns ein kontinuierliches Bild eines Erdbebenverlaufs über der Zeit (siehe Abb. 4.2). Diese Angaben sind quantitativer Natur. Wir können uns natürlich im ersten Fall etwa mit einem Luftballon einen Versuch basteln, der uns eine Tabelle von Volumina versus der Radien liefert. Also lässt sich auch hier eine quantitative Darstellung wie im zweiten Beispiel finden.

Mit ein wenig mehr Aufwand, etwa mit einer Wasseruhr können wir uns ein kontinuierlicheres Bild verschaffen. Genauso können wir aber auch in einer Formelsammlung nachsehen, wo wir

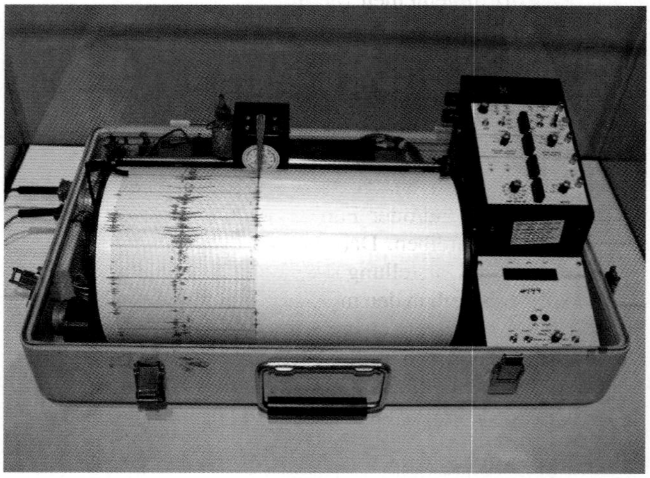

Abb. 4.2 Bei einem Seismographen wird der Graph der Funktion, die Erschütterungen in Abhängigkeit der Zeit angibt, mechanisch durch eine Nadel aufgezeichnet

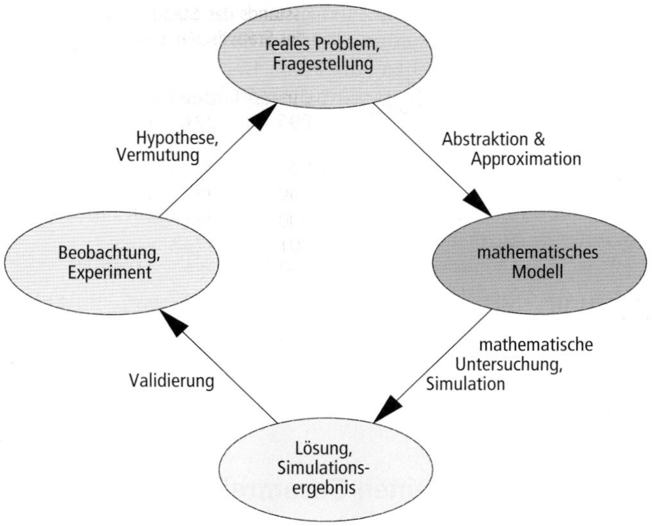

Abb. 4.3 Elemente der mathematischen Modellbildung: Iterationen zwischen realer Welt (*rot*) und Modellwelt (*blau*) erschließen naturwissenschaftliche und/oder technische Fragen

für das Volumen V in Abhängigkeit des Radius den Ausdruck

$$V = \frac{4}{3}\pi r^3$$

finden. Am eigentlichen Zusammenhang ändert dies natürlich nichts. Es sind nur verschiedene Darstellungsweisen für ein und dieselbe Beziehung zwischen Radius und Volumen.

Funktionale Zusammenhänge konkret fassbar zu machen, sodass diese mit mathematischen Methoden behandelt werden können, ist Ziel vieler Fragestellungen und wird **Modellbildung** genannt. Offensichtlich sind Funktionen wesentlicher Bestandteil dieser ganz allgemeinen Methodik wissenschaftlichen Arbeitens. Das Diagramm in Abb. 4.3 illustriert die mathematische Modellbildung.

Aus Beobachtungen und Vermutungen kristallisieren sich Abhängigkeiten heraus. Indem wir abhängige und unabhängige Größen trennen und gegebenenfalls vereinfachende Annahmen hinzufügen, kommen wir zu einem mathematischen Modell, also Gleichungen und/oder Funktionen, die die interessierenden Aspekte beschreiben. Dabei ist es nicht erforderlich, dass wir eine explizite Darstellung der Zusammenhänge als Formel kennen. Im Gegenteil, in den meisten Fällen kennen wir nur weitergehende Beziehungen, etwa Differenzialgleichungen, die die auftretenden Funktionen erfüllen müssen. Aus dem Modell lassen sich aber eventuell Schlüsse ziehen, die helfen, das reale Problem zu verstehen, zu simulieren oder das Modell zu verbessern.

Funktionen sind Abbildungen

Den passenden mathematischen Begriff, *Abbildung*, haben wir schon kennengelernt. Aber in der speziellen Situation, wenn ein Zusammenhang zwischen Zahlen betrachtet wird, sprechen wir üblicherweise von Funktionen.

Definition reellwertiger Funktionen einer Veränderlichen

Eine reellwertige **Funktion** einer reellen Veränderlichen ist eine Vorschrift f, die jeder Zahl $x \in D \subseteq \mathbb{R}$ genau eine Zahl $f(x) \in \mathbb{R}$ zuordnet.

Wir schreiben $f : D \to W$. Dabei ist die Menge $D \subseteq \mathbb{R}$ die **Definitionsmenge** der Funktion. Also die Teilmenge der reellen Zahlen, an denen die Funktion ausgewertet werden darf. Die Funktionswerte sind Elemente der **Wertemenge** $W \subseteq \mathbb{R}$ einer Funktion. Die Auswertung der Funktion an einer Stelle x bedeutet, dass der Wert $f(x)$ gebildet wird. Es wird also x durch die Funktion f auf den Wert $f(x)$ abgebildet.

Eine Wertemenge ist eine Obermenge zur Menge aller möglichen Funktionswerte. Diese Menge notieren wir im Folgenden mit

$$f(D) = \{y \in \mathbb{R} \mid \text{es gibt } x \in D \text{ mit } f(x) = y\}.$$

Die Menge $f(D)$ wird das **Bild** von f über D genannt. Entsprechend wird bei der Auswertung $f(x)$ vom **Funktionswert** oder dem **Bild an der Stelle** x gesprochen. Die unabhängige Variable x wird häufig als das **Argument** der Funktion bezeichnet.

Wir sehen, dass die Definition des Begriffs Funktion über die Darstellungsform keine Aussage macht. Wichtig ist nur, dass jedem Argument, jeder erlaubten Eingabe, **genau eine** Zahl als Bild, also als Ausgabe, zugeordnet wird. Anschaulich bedeutet dies, dass im Diagramm Abb. 4.4 stets genau ein Pfeil aus der „black box" herauszeigt.

Die angenehmste Art eine Funktion darzustellen ist offensichtlich ein expliziter, algebraischer Ausdruck wie in den folgenden Beispielen. Aber dies wird nicht immer möglich sein. Das Seismogramm in Abb. 4.2 gibt einen Eindruck einer komplizierteren Funktion, die nicht in expliziter Form vorliegt.

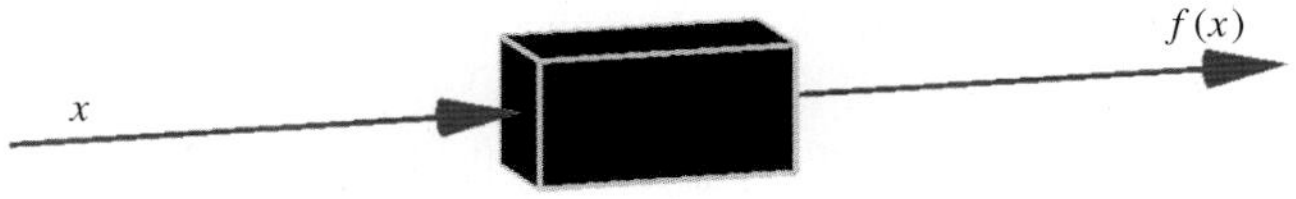

Abb. 4.4 Abstrakte Sicht einer Funktion

Beispiel

- Im obigen Beispiel wird durch die Zuordnung zwischen Radius und Volumen eine Funktion $V : \mathbb{R}_{\geq 0} \to \mathbb{R}$ festgelegt. In expliziter Darstellungsform ist diese beschrieben durch

$$V(r) = \frac{4}{3}\pi r^3.$$

Offensichtlich ist der Definitionsbereich $D = \mathbb{R}_{\geq 0}$ sinnvoll, da für den Radius einer Kugel nur positive Werte infrage kommen.
- Wir können uns die Bevölkerungsentwicklung in der Tabelle auf S. 100 als Funktion $b : \mathbb{R}_{\geq T_0} \to \mathbb{R}$ vorstellen, wobei jedem Zeitpunkt $t \geq T_0$ etwa seit der Volkszählung von 1871 eine Einwohnerzahl zugeordnet wird. Die Tabelle gibt nur zu bestimmten Zeiten statistisch geschätzte Funktionswerte an. Aber es ist evident, dass eine solche Funktion für $t \geq T_0$ existiert. Die wirkliche Funktion etwa in expliziter Form kennen wir in diesem Fall nicht.
- Durch die explizite Definition

$$g(x) = x^2 \quad \text{für } x \in \mathbb{R}$$

wird eine Funktion $g : \mathbb{R} \to \mathbb{R}$ auf ganz $\mathbb{R}$ festgelegt. Selbstverständlich können wir jederzeit den Definitionsbereich $D \subseteq \mathbb{R}$ einschränken und den Ausdruck etwa nur für Zahlen $x \in [0, 1]$ betrachten. Wenn uns nur Argumente in dieser Teilmenge interessieren, haben wir es genau genommen mit einer anderen Funktion, $\tilde{g} : [0, 1] \to \mathbb{R}$, zu tun. Die Definitionsmenge ist Teil der Definition einer Funktion.
- Die Funktion $f : \mathbb{R} \to \mathbb{R}$, die jede reelle Zahl auf sich selbst abbildet, also gegeben ist durch

$$f(x) = x,$$

heißt **Identitätsfunktion**. Diese wird häufig mit dem Kürzel id statt f bezeichnet.
- Für $x \in \mathbb{R}\backslash\{2\}$ können wir den Ausdruck

$$\frac{x^2 + 1}{x - 2}$$

betrachten. Er liefert uns eine Funktion $h : D \to \mathbb{R}$ mit

$$h(x) = \frac{x^2 + 1}{x - 2}.$$

In diesem Beispiel ist als Definitionsmenge $D \subseteq \mathbb{R}\backslash\{2\}$ nur eine Teilmenge von $\mathbb{R}$ zulässig, die $x = 2$ nicht enthält, da der Ausdruck an dieser Stelle nicht definiert ist. ◀

Auch wenn wir häufig Funktionen betrachten werden, die in expliziter Form vorliegen, sollte uns dies nicht darüber hinwegtäuschen, dass wir es eigentlich mit abstrakteren Objekten zu tun haben. Beachten müssen wir, dass mit der Funktion die Vorschrift, also das *Programm*, zusammen mit Definitionsmenge und Wertemenge bezeichnet wird und zwar zunächst völlig unabhängig von der Darstellung dieser Abbildungsvorschrift etwa durch einen algebraischen Ausdruck. Bei der Verwendung von Computeralgebrasystemen wird dieser Unterschied sehr deutlich, wie man es aus den entsprechenden Arbeitsblättern auf der Website zum Buch ersehen kann. Es muss unterschieden werden, ob ein Name eine Funktion, also eigentlich ein Programm, bezeichnet, oder ob ein Name nur als Abkürzung für einen komplizierteren Ausdruck verwendet wird.

Achtung Mit der Funktion $f : D \to \mathbb{R}$ ist die gesamte Abbildung beschrieben. Die Schreibweise $f(x)$ bezeichnet hingegen die Auswertung einer Funktion an einer Stelle x, also die reelle Zahl $f(x) \in \mathbb{R}$. ◀

Der Graph kann einen Gesamteindruck zu einer Funktion liefern

Neben der expliziten Form ist die grafische Darstellung einer Funktion, wie sie uns etwa durch das Seismogramm geliefert wird, sicherlich sehr nützlich, da wir den Verlauf der Relation zwischen Argument und Wert auf einen Blick erfassen können. Es handelt sich dabei um die Veranschaulichung der Wertepaare $(x, f(x))$ als Punkte einer Ebene. Wir definieren den **Graph** einer Funktion $f : D \to \mathbb{R}$ als die Menge

$$\text{Graph}(f) = \{(x, f(x)) \mid x \in D\}.$$

Tragen wir diese Punktepaare in ein Koordinatensystem ein, so ergeben sich Bilder wie in Abb. 4.5. Dabei verwenden wir hier die übliche Konvention, die Argumente auf der horizontalen Achse nach rechts ansteigend abzutragen und die Funktionswerte nach oben ansteigend auf der vertikalen Achse. Dies ist aber nicht zwingend erforderlich. Es gibt durchaus andere Situationen. So werden etwa bei vielen Abbildungen in der Geophysik positive Funktionswerte nach unten abgetragen.

Offensichtlich erkennen wir an dieser Darstellung auch schnell den Definitionsbereich und das Bild bzw. zumindest Teilmengen dieser Mengen. Dies ist in Abb. 4.6 gezeigt.

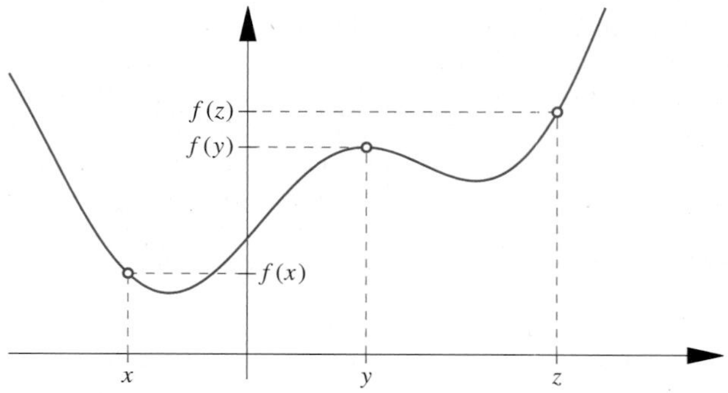

Abb. 4.5 Der Graph einer Funktion

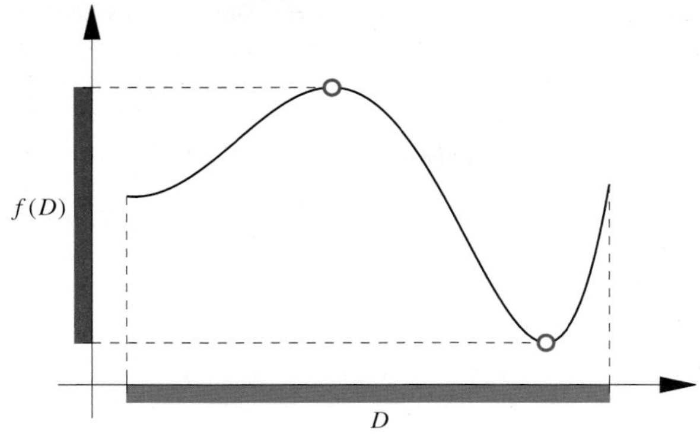

Abb. 4.6 Definitions- und Bildmenge der Funktion eines Graphen lassen sich direkt ablesen

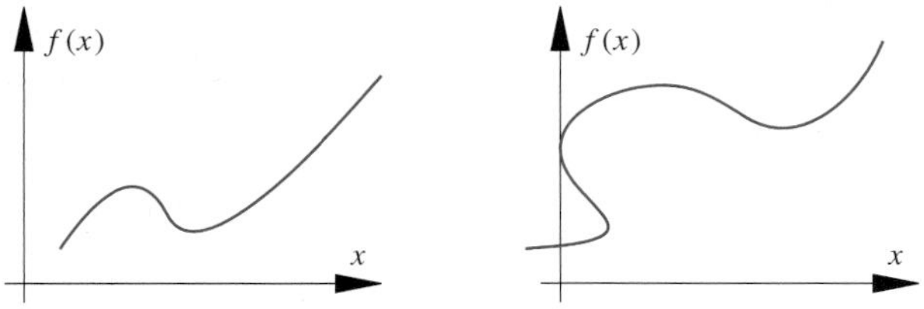

Abb. 4.7 Welches Bild stellt den Graphen einer Funktion dar?

Selbstfrage 1

Nicht jede Linie in einem solchen Schaubild kann Graph einer Funktion sein. Warum ist im linken Bild in Abb. 4.7 ein Graph einer Funktion gegeben, aber im rechten nicht?

Beispiel Die Graphen zu denen in den Beispielen auf S. 102 vorgestellten Funktionen lassen sich heute schnell mit einem entsprechenden Computerprogramm oder einem Taschenrechner anzeigen (siehe Abb. 4.8). Wir sehen, dass der Graph zur Identität f im vierten Beispiel gerade die Winkelhalbierende zwischen den beiden Koordinatenachsen ist. Auch die **Normalparabel**, der Graph zur Funktion g im vorherigen Beispiel ist wohlbekannt. Wir werden uns im nächsten Abschnitt noch intensiver auf diese Funktionenklasse einlassen müssen.

Im Beispiel der Bevölkerungsentwicklung lässt sich zumindest eine Näherung an den Graphen dieser Funktion zeichnen, indem die Schätzwerte eingetragen werden und diese Punkt durch gerade Strecken verbunden werden (siehe Abb. 4.9). Andere Varianten aus Messergebnissen Graphen zu bekommen, werden wir noch kennenlernen. ◀

Transformationen führen auf verwandte Funktionen

Da sowohl die Argumente als auch die Bilder der betrachteten Funktionen reelle Zahlen sind, bieten sich eine Vielzahl von Möglichkeiten an, diese zu transformieren und somit aus gegebenen Funktionen neue, aber verwandte Funktionen zu bilden.

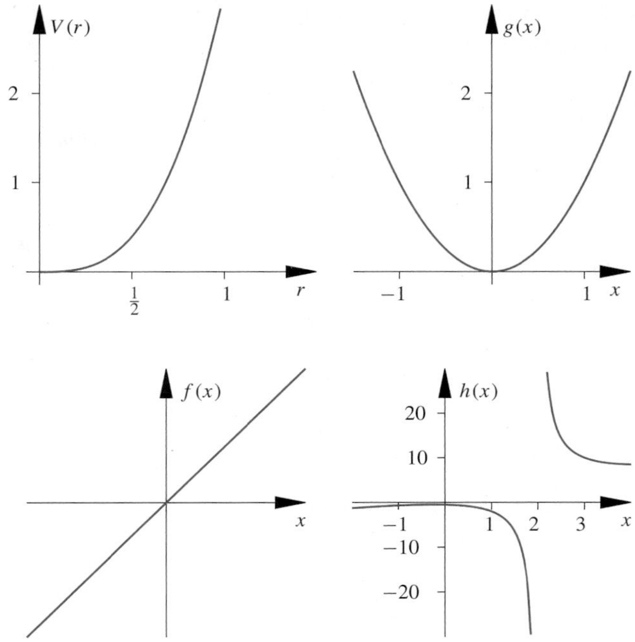

Abb. 4.8 Graphen einiger Funktionen aus dem Beispiel auf S. 102

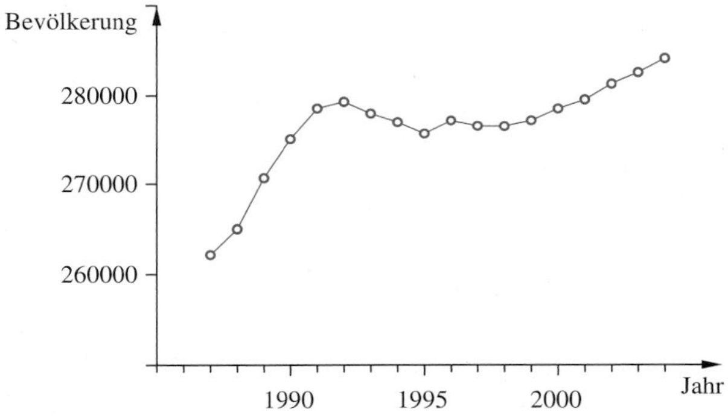

Abb. 4.9 Näherung an den Graphen der Funktion zur Bevölkerungsentwicklung in Karlsruhe

Wir können etwa das Argument um eine Konstante verschieben, d. h., aus einer gegebenen Funktion $f : D \subseteq \mathbb{R} \to \mathbb{R}$ und einer Konstanten $c \in \mathbb{R}$ erhalten wir eine neue Funktion $\tilde{h} : \tilde{D} \to \mathbb{R}$ durch

$$\tilde{h}(x) = f(x + c).$$

Ausführlich bedeutet diese Schreibweise, dass wir den Wert der Funktion $\tilde{h}$ an einer Stelle x bekommen, wenn wir die Funktion f an der Stelle $x + c$ auswerten. Der Definitionsbereich der neuen Funktion $\tilde{h}$ muss natürlich auch entsprechend verschoben werden, d. h., für $x \in \tilde{D}$ muss gelten $x + c \in D$. Stellen wir die Graphen dieser beiden Funktionen nebeneinander (siehe Abb. 4.10), so sehen wir, dass sich der Graph von $\tilde{h}$ aus einer Verschiebung des Graphen von f genau um c nach links ergibt. Diese einfache Transformation von Funktionen nennt man **Translation**. Analog verschiebt sich der Graph einer Funktion

Beispiel: Affin-lineare Funktionen einer Veränderlichen

Funktionen mit ähnlicher Struktur werden häufig zu Mengen von Funktionen zusammengefasst. Wie lässt sich etwa die Menge aller Funktionen angeben, die sich aus beliebigen Translationen und Streckungen der Identität ergeben?

Problemanalyse und Strategie Wir betrachten beliebige Verkettungen der entsprechenden Transformationen. Fassen wir alle Möglichkeiten zusammen, so ergibt sich die Menge der affin-linearen Funktionen. Graphen dieser Funktionen sind Geraden, und die geometrische Bedeutung der auftretenden Parameter lässt sich anhand der Graphen leicht veranschaulichen.

Lösung Durch die Funktion $g_a : \mathbb{R} \to \mathbb{R}$ mit $g_a(x) = ax$ ist eine Streckung um den Faktor $a \in \mathbb{R}$ beschrieben und durch $h_b : \mathbb{R} \to \mathbb{R}$ mit $h_b(x) = x + b$ eine Translation um den Wert $b \in \mathbb{R}$. Um auszudrücken, dass die auftretenden Variablen a, b eine andere Rolle spielen als die Variable x, nennen wir in einem solchen Zusammenhang a und b **Parameter**, da sie nicht als Argument der Funktion auftreten. Erst durch Auswahl der Parameter wird die Funktion eindeutig festgelegt.

Mit den oben definierten Funktionen erhalten wir

$$(h_b \circ g_a)\,(x) = ax + b.$$

Wenn wir diese Funktion mit einer weiteren Translation h_c verketten, folgt etwa

$$((h_b \circ g_a) \circ h_c)\,(x) = ah_c(x) + b = ax + (ac + b).$$

So lassen sich beliebige weitere Transformationen betrachten. Wir beobachten, dass bei allen Möglichkeiten stets Funktionen von einer speziellen Struktur auftreten, die als Menge mithilfe von zwei Parametern zu

$$M = \{f : \mathbb{R} \to \mathbb{R} \,|\, f(x) = ax + b, \quad a, b \in \mathbb{R}\}$$

zusammengefasst werden kann. Wir erhalten so die Menge der Funktionen, die sich explizit mit irgendwelchen Konstanten $a, b \in \mathbb{R}$ durch einen Ausdruck $ax+b$ beschreiben lassen. Man spricht auch von einer Klasse von Funktionen. In unserem Fall ist es die Klasse der **affin-linearen Funktionen**.

Betrachten wir einen Graphen zu solch einer Funktion f, etwa mit $a = \frac{1}{2}$ und $b = -1$, d. h., es gilt

$$f(x) = \frac{1}{2}x - 1.$$

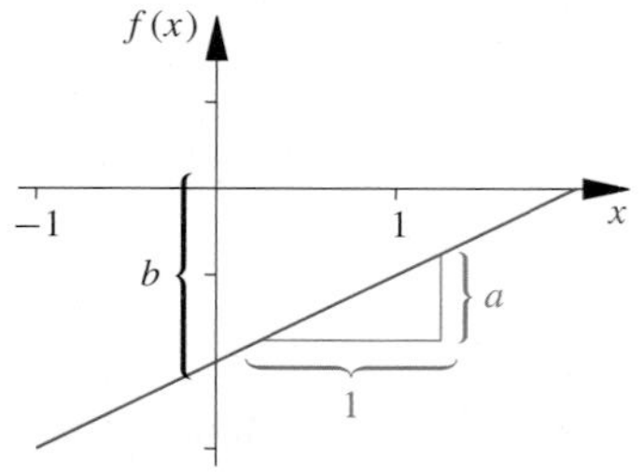

Die anschauliche Bedeutung der Konstanten b ist offensichtlich; denn es gilt $f(0) = b$, d. h., die Konstante b gibt den Wert an, bei dem der Graph einer affin-linearen Funktion die vertikale Achse schneidet. Daher wird b der **Achsenabschnitt** genannt.

Die Konstante a ist ähnlich einfach zu interpretieren. Betrachten wir für $x \neq y$ das Verhältnis

$$\frac{f(y) - f(x)}{y - x} = \frac{ay + b - (ax + b)}{y - x} = a.$$

Also ist der Wert dieses Verhältnisses unabhängig von x und y stets die feste Konstante a. Geometrisch bedeutet dies, dass der Graph der Funktion eine **Gerade** ist. Wir nennen den Wert a die **Steigung** der Funktion f; denn, wenn wir, wie im Bild gezeigt, um eine Längeneinheit nach rechts gehen, d. h., wir setzen $y = x + 1$ so verändert sich der Funktionswert

$$f(x + 1) = a(x + 1) + b = ax + b + a = f(x) + a$$

gerade um den Wert a.

Kommentar Einen Zusammenhang wie zwischen Grad Celsius und Grad Fahrenheit, der sich durch eine Funktion aus dieser Klasse beschreiben lässt, wird affin-linear bzw. häufig auch nur als linear bezeichnet. Genau genommen ist eine **lineare Abbildung** gegeben durch die beiden Eigenschaften: $f(x + y) = f(x) + f(y)$ und $f(cx) = cf(x)$ für jede Zahl $c \in \mathbb{R}$. In unserem Fall sind dies alle Funktionen in M mit $b = 0$. Wenn eine solche lineare Abbildung zusätzlich noch wie hier um den Wert b verschoben wird, sprechen wir allgemeiner von **affin-linear**. Die Eigenschaft der Linearität ist im Fall einer Veränderlichen noch sehr übersichtlich, wird aber in höheren Dimensionen zu einem ganz zentralen Aspekt, wie wir in Teil III sehen werden. ◄

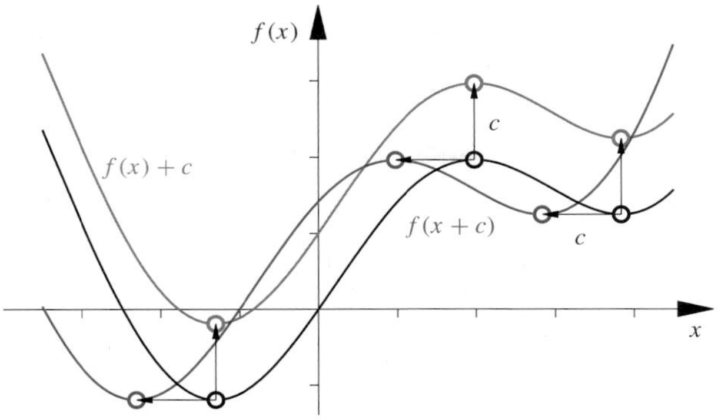

Abb. 4.10 Translationen einer Funktion f (*schwarze Kurve*) um $c = 1$ im Argument, $\tilde{h}(x) = f(x + c)$ (*rote Kurve*), bzw. im Bild, $h(x) = f(x) + c$ (*blaue Kurve*)

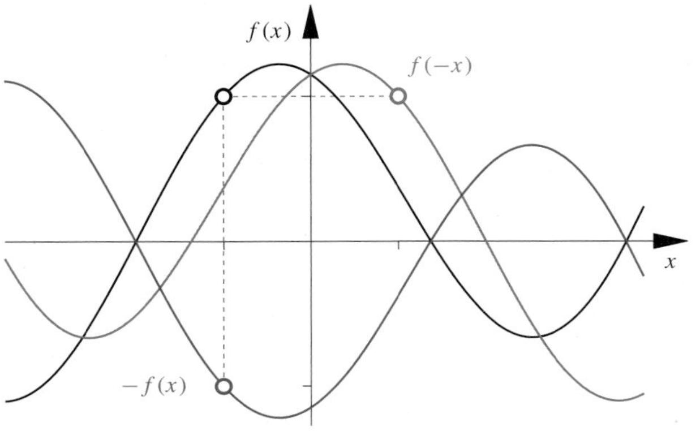

Abb. 4.11 Spiegelungen des Graphen einer Funktion f (*schwarz*) mit $h(x) = f(-x)$ (*blau*) und $\tilde{h}(x) = -f(x)$ (*rot*)

um einen Wert c nach oben bzw. unten, wenn die Funktion $h : D \to \mathbb{R}$ mit $h(x) = f(x) + c$ betrachtet wird.

Auch Streckungen und Spiegelungen der Graphen lassen sich durch Multiplikation des Arguments oder der Funktion mit einem Faktor erreichen. Es ergibt sich etwa durch $h(x) = f(-x)$ als Graph von h die Spiegelung des Graphen von f an der vertikalen Achse bzw. durch $\tilde{h}(x) = -f(x)$ eine Funktion $\tilde{h}$, deren Graph die Spiegelung des Schaubilds von f an der horizontalen Achse ist.

Anwendungsbeispiel Umrechnungen von Maßeinheiten lassen sich als Transformationen der Identität auffassen. So führte etwa der schwedische Astronom Anders Celsius im Jahr 1742 die Maßeinheit „Grad Celsius" ein, die durch den Schmelzpunkt, 0 °C, und den Siedepunkt, 100 °C, von Wasser festgelegt ist. Hingegen wird im angelsächsischen Bereich die Temperatur häufig in „Grad Fahrenheit" gemessen. Diese Maßeinheit wurde vom Physiker Daniel Gabriel Fahrenheit festgelegt, wobei er als Fixpunkt für 0 °F die tiefste Temperatur von −17.8 °C im Winter 1708/1709 in Danzig und für 96 °F die von ihm unterschätzte durchschnittliche Körpertemperatur

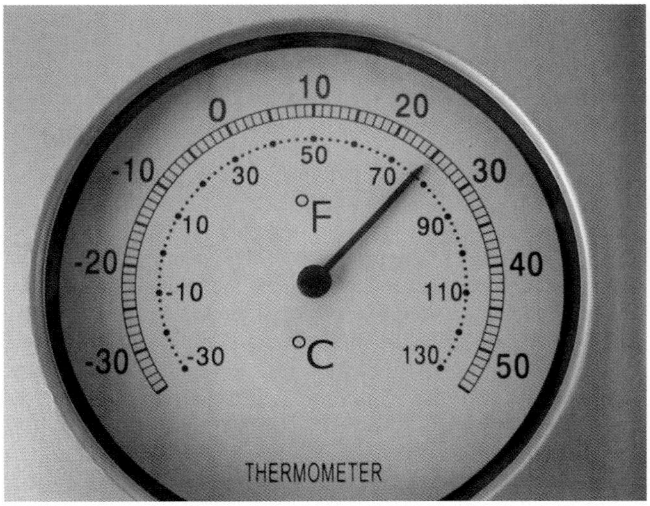

Abb. 4.12 Die Temperaturskalen Fahrenheit und Celsius gehen mittels affin-linearer Abbildungen auseinander hervor

eines Menschen mit 35.6 °C gewählt hat. Später wurde die Skala durch 32 °F für den Gefrierpunkt und 212 °F für den Siedepunkt von Wasser festgelegt.

Der Zusammenhang der beiden Temperaturmaßeinheiten lässt sich durch eine affin-lineare Funktion $C : \mathbb{R} \to \mathbb{R}$ mit $C(F) = aF + b$ beschreiben. Aus den Bedingungen $32a + b = 0$ und $212a + b = 100$ folgt der Streckfaktor $a \approx 0.56$ und die Verschiebung des Nullpunkts $b \approx -17.78$. Insgesamt bekommen wir den Ausdruck

$$C(F) = -17.78 + 0.56\,F,$$

wobei F den Temperaturwert in Grad Fahrenheit und C den Wert in Grad Celsius bezeichnen.

Eine einfache Translation der Temperaturskala gegenüber der von Celsius wurde von dem britischen Physiker William Thomson dem späteren Lord Kelvin 1848 eingeführt. Dabei wird null Kelvin auf den absoluten Nullpunkt bei −273.15 °C festgelegt, d. h., die Umrechnung erfolgt durch $C(K) = K - 273.15$, wenn K die Temperatur in Kelvin bezeichnet. Die Temperatur in Kelvin anzugeben, ist der heute in der Wissenschaft verwendete SI-Standard. ◄

All diese Transformationen sind gut zu veranschaulichende spezielle Beispiele von **Verkettungen** von Funktionen. Wir sprechen auch von **Komposition** oder **Hintereinanderausführung** von Funktionen. Allgemein notieren wir diese Verknüpfungen wie folgt: Wenn $f : D_f \to \mathbb{R}$ und $g : D_g \to \mathbb{R}$ zwei Funktionen mit Definitionsmengen D_f bzw. D_g sind, sodass für das Bild $g(D_g) \subseteq D_f \subseteq \mathbb{R}$ gilt, so ist durch $f \circ g : D_g \to \mathbb{R}$ mit

$$(f \circ g)(x) = f(g(x))$$

eine neue Funktion gegeben, die Verkettung von f mit g. Wir erhalten also die neue Funktion $f \circ g$ an einer Stelle x, indem wir das Bild $g(x)$ als Argument von f einsetzen. Als Sprechweise für die Notation $f \circ g$ ist *f verkettet g* oder *f nach g* üblich.

Beispiel Man betrachte die beiden Funktionen f, g mit $f(x) = \frac{1+x}{1-x}$ und $g(x) = \frac{1}{1+x}$ für $x \neq 1$ bzw. $x \neq -1$. Dann ergibt sich

$$(f \circ g)(x) = f(g(x)) = \frac{1 + g(x)}{1 - g(x)} = \frac{1 + \frac{1}{1+x}}{1 - \frac{1}{1+x}} = 1 + \frac{2}{x},$$

wobei noch der Definitionsbereich festzulegen ist. Da g nur für $x \neq -1$ definiert ist, müssen wir diese Stelle ausnehmen. Weiter muss aber auch der Wert $x = 0$ ausgeschlossen werden, da $g(0) = 1$ die kritische Stelle für die Funktion f ergibt und somit $g(0)$ nicht als Argument von f verwendet werden kann. Insgesamt ist also eine Einschränkung des Definitionsbereichs von g auf die Menge $D = \mathbb{R}\setminus\{-1, 0\}$ erforderlich. Beachten Sie, dass wir die resultierende Funktion ohne Weiteres an der Stelle $x = -1$ angeben können. Dies bedeutet, wir können die Funktion, die sich aus der Verkettung ergibt, fortsetzen (siehe Abb. 4.13). Das ist ein Aspekt, den wir später genauer analysieren werden.

Analog folgt

$$(g \circ f)(x) = g(f(x)) = \frac{1}{1 + f(x)} = \frac{1}{1 + \frac{1+x}{1-x}} = \frac{1}{2}(1 - x),$$

wobei in diesem Fall nur $x \neq 1$ für den Definitionsbereich gefordert werden muss, da $f(x) \neq -1$ für alle $x \in \mathbb{R}$ gilt; denn die Gleichung $\frac{1+x}{1-x} = -1$ besitzt keine reelle Lösung. ◀

Die oben angesprochenen Translationen lassen sich etwa mit $g(x) = x + c$ und den Verkettungen $h = f \circ g$ bzw. $\tilde{h} = g \circ f$ angeben. Oder die Spiegelungen an den Achsen sind gegeben durch die beiden Kompositionen mit der Funktion g mit $g(x) = -x$.

Selbstfrage 2

Drücken Sie die Funktion $h : \mathbb{R} \to \mathbb{R}$ mit $h(x) = 2(x - 2)^3$ als Verkettung der Funktion $f : \mathbb{R} \to \mathbb{R}$ mit $f(x) = x^3$ mit einer weiteren Funktion aus. Welche Transformationen des Graphen von f werden so beschrieben?

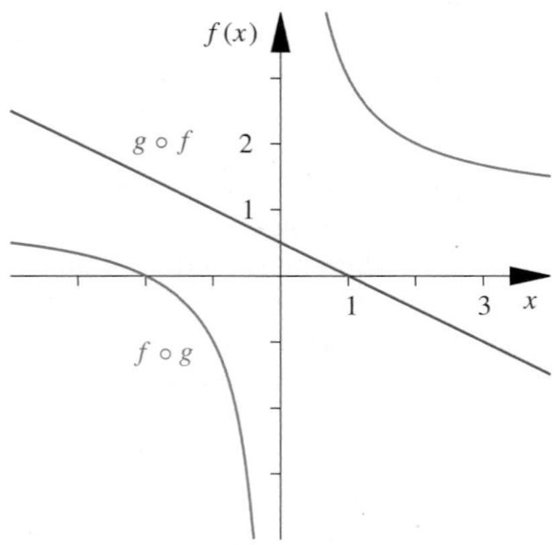

Abb. 4.13 Graphen der Verkettungen der angegebenen Funktionen f, g

Verkettungen sind nicht kommutativ

Es fällt bei allen betrachteten Beispielen auf, dass

$$f \circ g \neq g \circ f$$

ist. Es kommt also auf die Reihenfolge der Funktionen an. Bei $f \circ g$ wird zunächst g ausgewertet und das Ergebnis als Argument in f eingesetzt. Wenn wir bei einer Verknüpfung die Reihenfolge vertauschen dürfen, so haben wir dies „kommutativ" genannt. Wir haben mit der Komposition eine Verknüpfung zwischen Objekten kennengelernt, die diese Eigenschaft nicht besitzt.

Neben den Verkettungen von Funktionen können wir auch Kombinationen nutzen, um Funktionen zu verknüpfen. Von **Kombinationen** sprechen wir immer dann, wenn aus zwei Funktionen f, g durch die üblichen Rechenoperationen in $\mathbb{R}$ neue Funktionen gebildet werden. So ist naheliegenderweise die Funktion $f + g$ gegeben durch die Auswertung $(f + g)(x) = f(x) + g(x)$. Entsprechend definieren wir die Funktionen $f - g$, fg und $\frac{f}{g}$ punktweise, d. h. an jeder Stelle $x \in D$ (siehe Übersicht oben).

Beispiel Mit den Funktionen f und g mit $f(x) = \frac{1}{x}$ und $g(x) = \frac{1}{x-1}$ erhalten wir für $x \neq 0, 1$ etwa die Kombinationen

$$(f - g)(x) = \frac{1}{x} - \frac{1}{x - 1} = \frac{1}{x - x^2}$$

oder

$$(fg)(x) = \frac{1}{x}\frac{1}{x - 1} = \frac{1}{x^2 - x}.$$ ◀

Mit den algebraischen Transformationen und Kombinationen haben wir unzählige Möglichkeiten, aus gegebenen Funktionen neue zu gewinnen. Im nächsten Abschnitt betrachten wir wichtige Klassen von Funktionen, die wir auf diesem Wege erhalten.

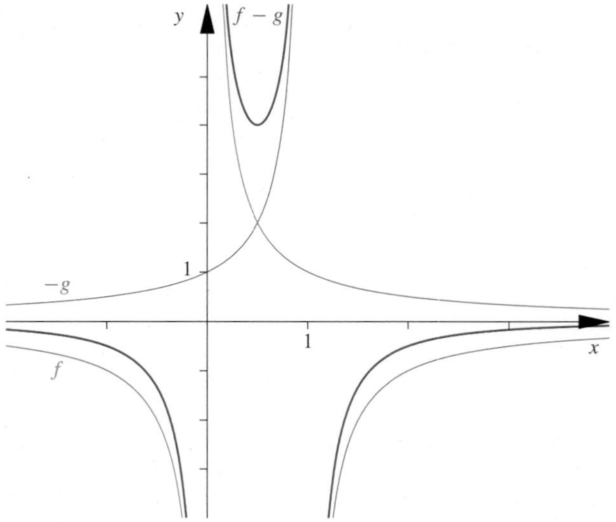

Abb. 4.14 Kombination $f - g$ für $f(x) = 1/x$ und $g(x) = 1/(x - 1)$

Übersicht: Transformationen und Kombinationen von Funktionen

Durch Transformationen oder Kombinationen lassen sich aus bekannten Funktionsausdrücken eine Vielzahl von weiteren Funktionen gewinnen.

In dieser Zusammenstellung sind $f : D_f \subseteq \mathbb{R} \to \mathbb{R}$ und $g : D_g \subseteq \mathbb{R} \to \mathbb{R}$ Funktionen.

Kombination Durch algebraische Kombinationen ergeben sich neue Funktionen mit folgenden Definitionsbereichen:

$$\begin{aligned}(f+g)(x) &= f(x)+g(x), \quad D = D_f \cap D_g\\ (f-g)(x) &= f(x)-g(x), \quad D = D_f \cap D_g\\ (fg)(x) &= f(x)\,g(x), \quad D = D_f \cap D_g\\ \frac{f}{g}(x) &= \frac{f(x)}{g(x)}, \quad D = \{x \in D_f \cap D_g \mid g(x) \neq 0\}\end{aligned}$$

Verkettung

$$(f \circ g)(x) = f(g(x)), \quad D = D_g$$

definiert, falls $g(D_g) \subseteq D_f$.

Translation, Streckung oder Spiegelung Bei einfachen Transformationen ergeben sich folgende Änderungen des Graphen einer Funktion f:

$$f(x+c)\begin{cases} c>0 & \text{Translation um } c \text{ nach links}\\ c<0 & \text{Translation um } |c| \text{ nach rechts}\end{cases}$$

$$f(x)+c\begin{cases} c>0 & \text{Translation um } c \text{ nach oben}\\ c<0 & \text{Translation um } |c| \text{ nach unten}\end{cases}$$

$$f(cx)\begin{cases} c>1 & \text{horizontale Stauchung um } \frac{1}{c}\\ c\in(0,1) & \text{horizontale Streckung um } \frac{1}{c}\\ c=-1 & \text{Spiegelung an der vertikalen Achse}\end{cases}$$

$$cf(x)\begin{cases} c>1 & \text{vertikale Streckung um } c\\ c\in(0,1) & \text{vertikale Stauchung um } c\\ c=-1 & \text{Spiegelung an der horizontalen Achse}\end{cases}$$

4.2 Polynome

Ein zentraler Typ von Funktionen, der uns ständig begleiten wird, sind die **Polynome**. Genauer wird von Polynomfunktionen gesprochen. In mancher Literatur werden Elemente dieser Klasse auch ganzrationale Funktionen genannt.

Definition von Polynomen

Eine Funktion $p : \mathbb{R} \to \mathbb{R}$ heißt **Polynom**, wenn es eine explizite Darstellung der Funktion durch

$$p(x) = a_0 + a_1x + a_2x^2 + \cdots + a_{n-1}x^{n-1} + a_nx^n \quad (4.1)$$

mit reellen Zahlen $a_0, a_1, a_2, \ldots, a_n \in \mathbb{R}$ gibt.

Die auftretenden Parameter $a_0, a_1, \ldots, a_n$ bei einem Polynom werden **Koeffizienten** des Polynoms genannt. Wenn in der obigen Darstellung $a_n \neq 0$ gilt, so ist die Zahl $n \in \mathbb{N}_0$ der **Grad** des Polynoms p.

Die Polynome vom Grad $n = 1$, also $p(x) = a_0 + a_1x$ haben wir schon im Beispiel auf S. 104 als die Klasse der affinlinearen Funktionen kennengelernt. Ein weiterer Spezialfall sind die Polynome vom Grad $n = 0$. Dies sind offensichtlich alle konstanten Funktionen, d. h. $p(x) = a_0 \neq 0$ für alle $x \in \mathbb{R}$.

Beispiel

- Durch

$$p(x) = x^3 - x^2 + 2x - 1$$

ist ein Polynom vom Grad $n = 3$ mit den vier Koeffizienten $a_0 = -1$, $a_1 = 2$, $a_2 = -1$ und $a_3 = 1$ gegeben. Der Graph dieser Funktion ist in der Abb. 4.15 zu sehen.

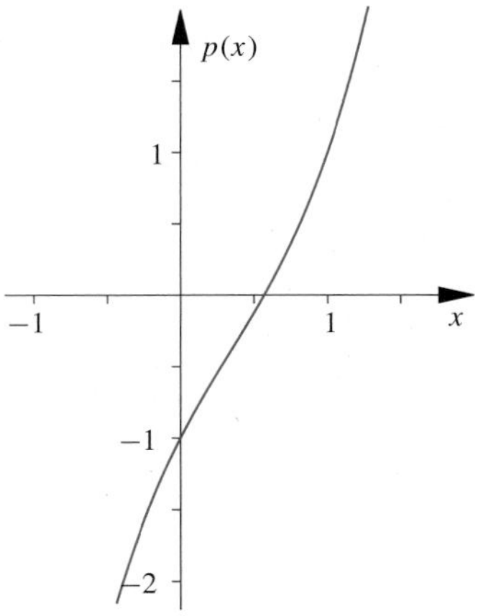

Abb. 4.15 Der Graph zum Polynom p mit $p(x) = x^3 - x^2 + 2x - 1$

Vertiefung: Funktionen in mehreren Variablen

Die uns umgebenden Phänomene sind offensichtlich selten durch eindimensionale Zusammenhänge zu beschreiben. Es ist somit erforderlich Funktionen in mehreren Variablen genauso systematisch zu untersuchen. Ausgehend vom analytischen Konzept der reellwertigen Funktionen einer Veränderlichen werden Sie die Übertragung der Begriffe auf den allgemeinen Fall später kennenlernen.

Als Beispiel einer Funktion in mehreren Variablen dient hier der tägliche Wetterbericht. Wollen wir ein Klimamodell aufstellen, so müssen wir die Temperatur an jedem beliebigen Ort in der Atmosphäre berücksichtigen und dürfen auch die zeitliche Abhängigkeit nicht außer Acht lassen. Also haben wir es mit einer Funktion T zu tun, die von mindestens vier Veränderlichen abhängt, dem Längen- und dem Breitengrad, der Höhe über Normalnull und der Zeit. Um das Modell zu vervollständigen, muss zumindest auch noch der Druck an jedem Ort und die Luftfeuchtigkeit mit hinzugezogen werden. Insgesamt haben wir vier unabhängige Variablen, die irgendwie drei Größen bestimmen.

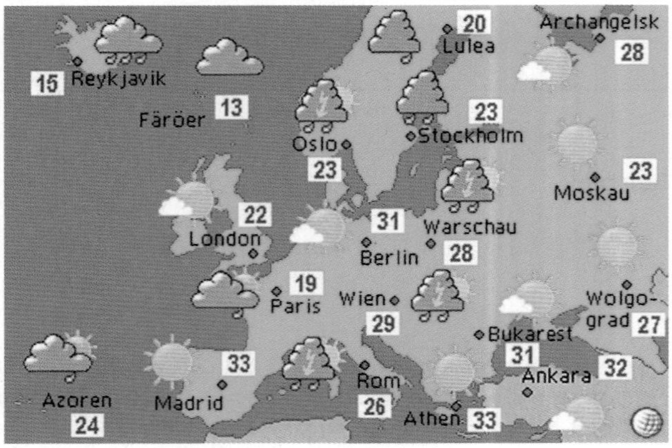

Graphen von Funktionen, bei denen mehrere Größen eingehen, lassen sich nur in bestimmten Fällen veranschaulichen. So können wir uns den Graph einer Funktion ansehen, die zwei reelle Variablen auf eine reelle abhängige Variable wirft, indem wir die entstehende Menge dreidimensional aufzeichnen. Als Beispiel betrachten wir die Funktion $f : \mathbb{R} \times \mathbb{R} \to \mathbb{R}$, die durch

$$f(x, y) = xy, \quad x, y \in \mathbb{R},$$

gegeben ist. Tragen wir die Werte x, y in ein Koordinatensystem ein und markieren über (x, y) den Punkt mit der Höhe $f(x, y)$, so beschreibt der Graph eine Oberfläche im Raum.

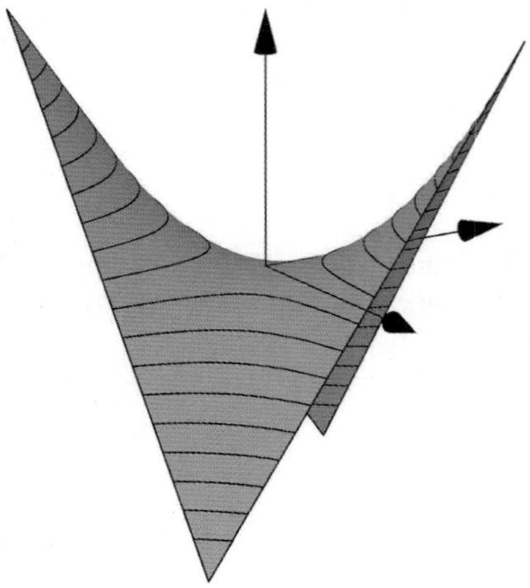

Die Linien in der Abbildung sind die **Höhenlinien** oder auch **Niveaulinien**. Das sind Linien, auf denen die Funktionswerte $f(x, y) = c$ konstant sind. Zeichnen wir diese Linien für verschiedene äquidistante Werte von c in die Koordinatenebene ein, wie in der nächsten Abbildung, so lässt sich das Höhenprofil auch in der zweidimensionalen Darstellung erahnen. Diese Linien sind Sie von Landkarten her gewohnt. Auch die Isobaren, also Linien gleichen Luftdrucks, auf den Wetterkarten sind solche Niveaulinien.

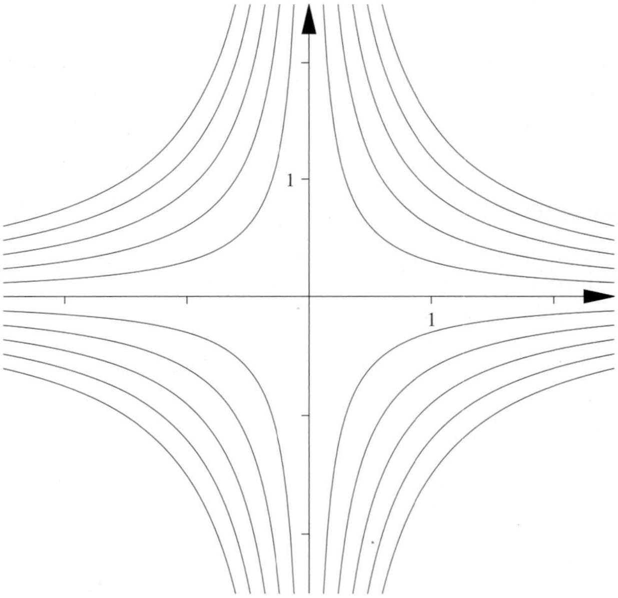

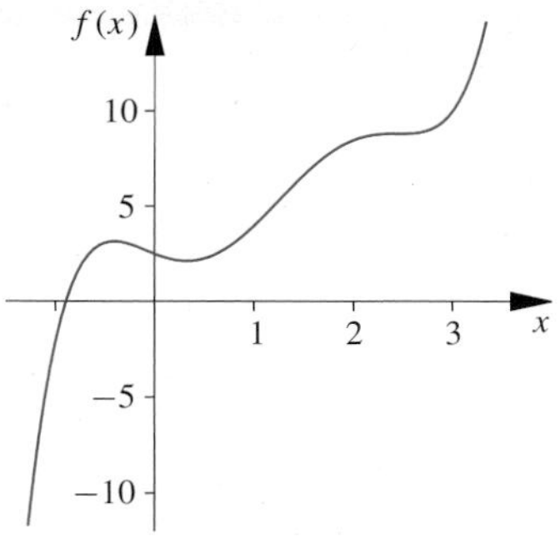

Abb. 4.16 Der Graph zur Funktion f mit $f(x) = (x-3)^2(x^3+1)/2 + (x+2)(x-1)$

- Betrachten wir die Funktion $f : \mathbb{R} \to \mathbb{R}$ mit

$$f(x) = \frac{1}{2}(x-3)^2(x^3+1) + (x+2)(x-1),$$

so handelt es sich auch um ein Polynom. Denn durch Ausmultiplizieren ergibt sich

$$\begin{aligned} f(x) &= \frac{1}{2}(x^2 - 6x + 9)(x^3+1) + x^2 + x - 2 \\ &= \frac{1}{2}x^5 - 3x^4 + \frac{9}{2}x^3 + \frac{3}{2}x^2 - 2x + \frac{5}{2}. \end{aligned}$$

Also ist f ein Polynom vom Grad $n = 5$ (siehe Abb. 4.16). ◀

Mit dem letzten Beispiel lässt sich schon erahnen, dass eine Kombination von Polynomen durch Summen oder Produkte wieder auf ein Polynom führt. Dies untersuchen wir noch genauer. Zur Abkürzung verwendet man in der Darstellung der Polynome das Summenzeichen. Zunächst bilden wir die Summe zweier Polynome p und q mit

$$p(x) = \sum_{j=0}^{m} a_j x^j, \quad q(x) = \sum_{j=0}^{n} b_j x^j,$$

Koeffizienten $a_j \in \mathbb{R}$ bzw. $b_j \in \mathbb{R}$ und Grad $m \in \mathbb{N}_0$ bzw. $n \in \mathbb{N}_0$. Nehmen wir ohne Einschränkung an, dass $m \leq n$ gilt. Im anderen Fall könnten wir die beiden Polynome einfach umbenennen. Dann erhalten wir:

$$\begin{aligned} (p+q)(x) &= \sum_{j=0}^{m} a_j x^j + \sum_{j=0}^{n} b_j x^j \\ &= \sum_{j=0}^{m} (a_j x^j + b_j x^j) + \sum_{j=m+1}^{n} b_j x^j \\ &= \sum_{j=0}^{m} (a_j + b_j) x^j + \sum_{j=m+1}^{n} b_j x^j \end{aligned}$$

Also ist die Summe zweier Polynome $p+q$ wieder ein Polynom, wobei der Grad des Polynoms kleiner oder gleich dem maximalen Grad von p und q ist.

Selbstfrage 3

In welchem Fall ist der Grad der Summe zweier Polynome kleiner als der maximale Grad der beiden Polynome?

In diesem Sinne ist übrigens jedes Polynom p mit

$$\begin{aligned} p(x) &= a_0 + a_1 x + a_2 x^2 + \cdots + a_{n-1}x^{n-1} + a_n x^n \\ &= \sum_{j=0}^{n} a_j x^j \end{aligned}$$

durch Kombination von Funktionen $p_j : \mathbb{R} \to \mathbb{R}$ mit $p_j(x) = x^j$, den sogenannten **Monomen**, gegeben. Anwendungen der Potenzen haben wir schon früher auf S. 58 gesehen.

Anwendungsbeispiel In der Kinetik werden Modelle für die Geschwindigkeit einer homogenen chemischen Reaktion nach ihrer Ordnung unterschieden. Betrachten wir eine Reaktion

$$A_1 + A_2 + \cdots + A_n \longrightarrow C$$

von Stoffen $A_1, A_2, \ldots, A_n$ zu einem Stoff C. Für die Geschwindigkeit v der Reaktion, die von der Konzentration der beteiligten Stoffe abhängt, geht man von einem Modell der Form

$$v = k(a_1 - x)^{p_1}(a_2 - x)^{p_2} \ldots (a_n - x)^{p_n}$$

aus, wobei $a_1, \ldots, a_n$ die Konzentrationen der Ausgangsstoffe $A_1, A_2, \ldots, A_n$ bezeichnen und x die Konzentration des Stoffs C zu einem Zeitpunkt $t \in \mathbb{R}$ ist. Also ist bei einem solchen Modell v ein Polynom in x. Die Zahl k wird Geschwindigkeitskonstante genannt und hängt im Allgemeinen von der Temperatur ab. Die Reaktionsordnung p ist nun gerade der Grad dieses Polynoms, d. h.

$$p = \sum_{j=1}^{n} p_j.$$

Die Potenzen p_j lassen sich im Allgemeinen nicht aus der Reaktionsgleichung ablesen, sondern müssen experimentell bestimmt werden.

Für die Gasphasenreaktion von Stickstoffmonoxid mit Sauerstoff

$$2\,NO + O_2 \longrightarrow 2\,NO_2$$

findet man experimentell ein Geschwindigkeitsgesetz dritter Ordnung mit der Reaktionsgeschwindigkeit

$$v = k(a_1 - x)^2\,(a_2 - x)$$

bei Konzentrationen $a_1 = [NO]$, $a_2 = [O_2]$ und $x = [NO_2]$ für Stickstoffmonoxid, Sauerstoff und Stickstoffdioxid.

Fasst man die Geschwindigkeit v und die Konzentration x als Funktionen in der Zeit auf, so werden wir im Kap. 13 sehen, wie sich aus einem solchen Modell, einer *Differenzialgleichung*, die Funktion x bestimmen lässt. ◀

Beispiel: Quadratische Funktionen

Die Graphen quadratischer Polynome sind **Parabeln**, die durch Translationen und Streckungen aus der Normalparabel hervorgehen. Wie sieht man diese Transformationen im quadratischen Ausdruck, etwa bei

$$p(x) = x^2 + x + 1 \quad \text{oder} \quad q(x) = -2x^2 + 2x + 1\,?$$

Problemanalyse und Strategie Das Polynom vom Grad 2 wird mittels quadratischer Ergänzung auf Scheitelpunktsform gebracht. In dieser Darstellung lassen sich die Transformationen der Normalparabel und gegebenenfalls Nullstellen ablesen.

Lösung Mittels quadratischer Ergänzung lässt sich jeder quadratische Ausdruck $f(x) = ax^2 + bx + c$ umformen zu

$$\begin{aligned} ax^2 + bx + c &= a\left[x^2 + \frac{b}{a}x + \frac{c}{a}\right] \\ &= a\left[\left(x + \frac{b}{2a}\right)^2 - \frac{b^2}{4a^2} + \frac{c}{a}\right]. \end{aligned}$$

Es ist natürlich $a \neq 0$ vorauszusetzen, damit es sich um einen quadratischen Ausdruck handelt. Diese Darstellung des Polynoms wird **Scheitelpunktsform** genannt, da die Extremalstelle der Parabel, der Scheitelpunkt, bei $x = -\frac{b}{2a}$ ablesbar ist. Denn das Quadrat $(x + \frac{b}{2a})^2 \geq 0$ ist stets größer oder gleich null, sodass eine Extremalstelle vorliegt, wenn dieser Term gleich null ist. Im Sinne der Transformationen ist ersichtlich, dass der Graph des quadratischen Polynoms erstens durch eine Parallelverschiebung um $-\frac{b}{2a}$ in horizontaler Richtung, eine Verschiebung um $\frac{c}{a} - \frac{b^2}{4a^2}$ nach oben bzw. unten und danach eine Streckung bzw. Spiegelung um den Faktor a aus der Normalparabel hervorgeht.

Für die angegebenen Beispiele ergibt sich so

$$p(x) = x^2 + x + 1 = \left(x + \frac{1}{2}\right)^2 + \frac{3}{4}.$$

Also ist der Graph eine nach oben offene Parabel mit Scheitelpunkt bei $x = -\frac{1}{2}$ und Minimalwert $f(-\frac{1}{2}) = \frac{3}{4}$. In diesem Beispiel besitzt das quadratische Polynom offensichtlich keine Nullstellen.

Anders im zweiten Beispiel:

$$\begin{aligned} q(x) &= -2x^2 + 2x + 1 \\ &= -2\left[x^2 - x - \frac{1}{2}\right] \\ &= -2\left[\left(x - \frac{1}{2}\right)^2 - \frac{3}{4}\right] \end{aligned}$$

In diesem Fall handelt sich um eine nach unten offene Parabel mit Scheitelpunkt bei $x = \frac{1}{2}$ und maximalem Wert $f(\frac{1}{2}) = \frac{3}{2}$. Die beiden Nullstellen dieser Funktion lassen sich aus

$$\left(x_\pm - \frac{1}{2}\right)^2 = \frac{3}{4}$$

ablesen mit

$$x_- = \frac{1}{2}(1 - \sqrt{3}) \quad \text{und} \quad x_+ = \frac{1}{2}(1 + \sqrt{3}).$$

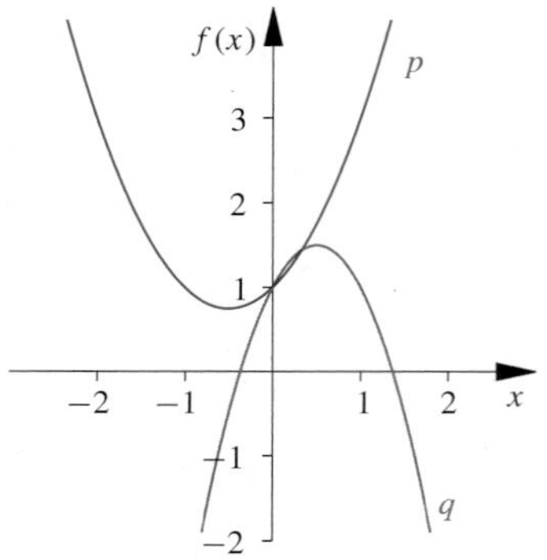

Wir wissen, dass ein quadratisches Polynom in den reellen Zahlen maximal zwei Nullstellen besitzen kann. Mit dem ersten Beispiel sehen wir, dass dies aber nicht sein muss, sondern auch Situationen auftreten, bei denen keine Nullstelle oder auch nur eine Nullstelle wie bei $f(x) = x^2$ auftreten. Anschaulich ist klar, dass bei einer Parallelverschiebung der Normalparabel nach unten zwei Nullstellen auftreten und bei Verschiebungen nach oben keine.

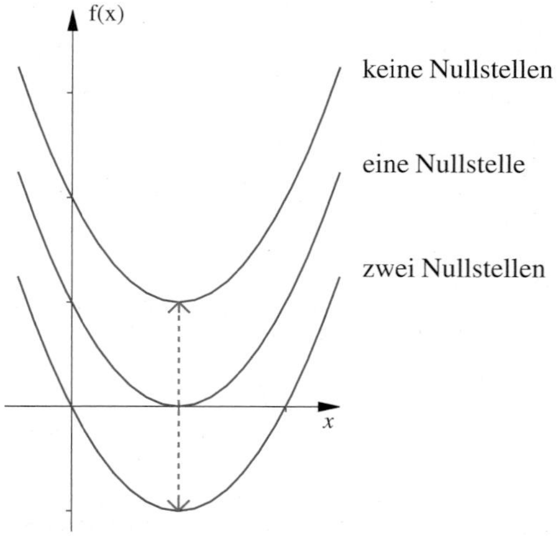

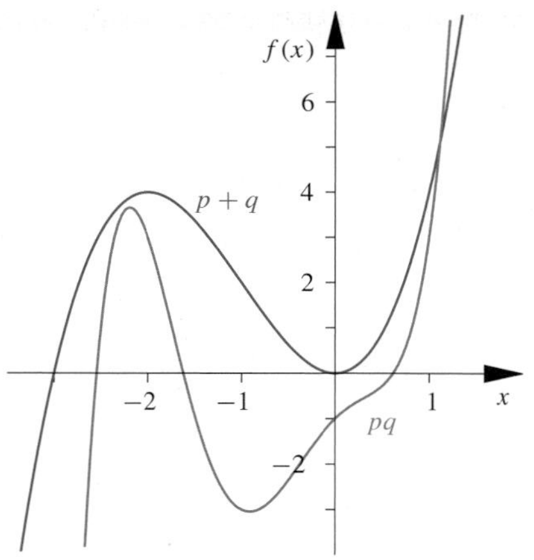

Abb. 4.17 Graphen der Polynome $p + q$ und pq im Beispiel

Durch Ausmultiplizieren erhalten wir auch eine Darstellung des Produkts zweier Polynome. Das folgende Beispiel macht dies deutlich.

Beispiel Mit $p(x) = x^3 + 2x^2 - x + 1$ und $q(x) = x^2 + x - 1$ ist die Summe der Polynome durch

$$(p+q)(x) = (x^3 + 2x^2 - x + 1) + (x^2 + x - 1) = x^3 + 3x^2$$

gegeben. Für das Produkt berechnen wir:

$$\begin{aligned}(pq)(x) &= (1 - x + 2x^2 + x^3)(-1 + x + x^2)\\ &= -1 + x + x^2 + x - x^2 - x^3\\ &\quad - 2x^2 + 2x^3 + 2x^4 - x^3 + x^4 + x^5\\ &= -1 + (1+1)x + (1 - 1 - 2)x^2\\ &\quad + (-1 + 2 - 1)x^3 + (2+1)x^4 + x^5\end{aligned}$$

Es ergibt sich das Polynom

$$(pq)(x) = -1 + 2x - 2x^2 + 3x^4 + x^5. \quad ◀$$

Allgemein erhalten wir für das Produkt zweier beliebiger Polynome

$$\begin{aligned}(pq)(x) &= \left(\sum_{i=0}^{m} a_i x^i\right)\left(\sum_{j=0}^{n} b_j x^j\right)\\ &= \sum_{i=0}^{m}\sum_{j=0}^{n} a_i b_j x^{i+j}\\ &= \sum_{k=0}^{m+n} \underbrace{\left(\sum_{l=0}^{k} a_l b_{k-l}\right)}_{=c_k} x^k,\end{aligned}$$

wobei wir $a_i = 0$ für $i > m$ und $b_j = 0$ für $j > n$ gesetzt haben. In der letzten Identität sind die Terme mit gleichem Exponenten $k = i + j$ zusammengefasst. Wenn Sie das Beispiel zuvor genau ansehen, so lässt sich entdecken, dass die Summenschreibweise mit dem Index k im allgemeinen Fall mit der Sortierung der Summanden im Beispiel übereinstimmt. Offensichtlich ist das Ergebnis des Produkts wieder ein Polynom und zwar vom Grad $m + n$.

Selbstfrage 4

Geben Sie ohne größere Rechnung den Grad des Polynoms p an, das definiert ist durch

$$p(x) = 3(x^2 + 1)^3(x^3 - x + 1).$$

Polynome lassen sich um beliebige Stellen entwickeln

Bei quadratischen Ausdrücken haben wir schon mehrfach gesehen – etwa im Beispiel auf S. 110 –, dass eine Umformung des Ausdrucks zu einem Polynom in die Form

$$p(x) = \sum_{j=0}^{n} \tilde{a}_j (x - \hat{x})^j \tag{4.2}$$

mit einer Konstanten $\hat{x} \in \mathbb{R}$ und neuen Koeffizienten $\tilde{a}_0, \tilde{a}_1, \ldots, \tilde{a}_n \in \mathbb{R}$ nützlich sein kann. Wir nennen diese Darstellung eine **Entwicklung von** p **um die Stelle** $\hat{x} \in \mathbb{R}$. Wenn p in der Form (4.2) vorliegt, so erhalten wir die kanonische Darstellung (4.1) einfach durch Ausmultiplizieren der Klammern und Umsortieren nach den Potenzen von x. Wollen wir aber aus der kanonischen Darstellung

$$p(x) = \sum_{j=0}^{n} a_j x^j,$$

also genauer aus der Entwicklung des Polynoms um den Punkt $\hat{x} = 0$, eine Entwicklung des Polynoms um eine andere Stelle $\hat{x} \in \mathbb{R}$ erreichen, so müssen wir die binomische Formel verwenden. Indem die fest vorgegebene Stelle $\hat{x}$ im Argument abgezogen und gleich wieder addiert wird, erhalten wir

$$\begin{aligned}p(x) &= \sum_{j=0}^{n} a_j x^j = \sum_{j=0}^{n} a_j (x - \hat{x} + \hat{x})^j\\ &= \sum_{j=0}^{n} a_j \sum_{l=0}^{j} \binom{j}{l} \hat{x}^{j-l}(x - \hat{x})^l.\end{aligned}$$

Definieren wir $\binom{j}{l} = 0$ für $0 \le j < l$, so ergibt sich die gesuchte Entwicklung nach Vertauschen der Summationsreihenfolge zu

$$\begin{aligned}p(x) &= \sum_{j=0}^{n}\sum_{l=0}^{n} a_j \binom{j}{l} \hat{x}^{j-l}(x - \hat{x})^l\\ &= \sum_{l=0}^{n} \underbrace{\left(\sum_{j=0}^{n} a_j \binom{j}{l} \hat{x}^{j-l}\right)}_{=\tilde{a}_l} (x - \hat{x})^l.\end{aligned}$$

Vertiefung: Horner-Schema

Die Auswertung von Polynomen, d. h. Einsetzen einer reellen Zahl anstelle von x, ist in den Anwendungen häufiger nötig, als Sie es im Moment erahnen können. Daher ist es sinnvoll, sich über den Rechenaufwand Gedanken zu machen. Eine Methode, den Aufwand gegenüber einem naiven Vorgehen zu reduzieren, ist das *Horner-Schema*.

Wir wollen den Funktionswert $p(\hat{x})$ eines Polynoms $p : \mathbb{R} \to \mathbb{R}$ mit

$$p(x) = \sum_{j=0}^{n} a_j x^j$$

an einer Stelle $\hat{x} \in \mathbb{R}$ direkt berechnen. Zählen wir die Anzahl der Operationen, so ergibt sich, dass n Additionen und $n + (n-1) + \cdots + 1 = \frac{1}{2}n(n+1)$ Multiplikationen nötig sind. Die Idee diesen Aufwand zu reduzieren besteht darin, das Polynom einfach anders hinzuschreiben. Es gilt

$$\begin{aligned} p(\hat{x}) &= a_0 + a_1\hat{x} + \ldots + a_n\hat{x}^n \\ &= a_0 + \hat{x}(a_1 + \hat{x}(a_2 + \ldots + \hat{x}(a_{n-1} + \hat{x}a_n)\ldots)). \end{aligned}$$

Zählen wir nun in der zweiten Zeile die benötigten Operationen, so ergeben sich n Multiplikationen und n Additionen. Da der Rechenaufwand im ersten Fall quadratisch mit n ansteigt und im zweiten nur mit n wächst, lässt sich der Aufwand mit dieser Überlegung erheblich reduziert.

Für die Implementierung im Rechner ist somit dieser Weg vorzuziehen. Aber auch beim Rechnen mit Papier und Bleistift ist der Vorteil unübersehbar. Das Vorgehen lässt sich in einer Tabelle schematisieren. Die Klammern müssen von rechts nach links ausgewertet werden. Dazu schreibt man zunächst die Koeffizienten in eine Zeile und führt dann die angedeuteten Rechnungen aus:

	a_n		a_{n-1}		$\ldots$		a_1		a_0
	$\downarrow$		$+\downarrow$				$+\downarrow$		$+\downarrow$
$\hat{x}$	a_n	$\xrightarrow{\times\hat{x}}$	$(a_{n-1}+\hat{x}a_n)$	$\xrightarrow{\times\hat{x}}$	$\ldots$	$\xrightarrow{\times\hat{x}}$	$(a_1+\hat{x}(\ldots))$	$\xrightarrow{\times\hat{x}}$	$p(\hat{x})$

Diese Methode wird nach dem englischen Mathematiker William George Horner (1786–1837) benannt.

Als Beispiel berechnen wir den Wert des Polynoms $p(x) = x^4 - 2x^3 + 3x^2 - 4x + 5$ an der Stelle $x = 3$. Mit dem Horner-Schema erhalten wir

	1		−2		3		−4		5
	$\downarrow$		$+\downarrow$		$+\downarrow$		$+\downarrow$		$+\downarrow$
3	1	$\xrightarrow{\times 3}$	1	$\xrightarrow{\times 3}$	6	$\xrightarrow{\times 3}$	14	$\xrightarrow{\times 3}$	47

Also ist $p(3) = 47$.

Das Vorgehen zeigt, dass manchmal mit einer relativ leichten Überlegung ein großer Effizienzgewinn erreicht werden kann.

Übrigens hat die Auswertung von Polynomen mit dem Horner-Schema noch einen weiteren wichtigen Effekt. In der Praxis haben wir es mit fehlerbehafteten und gerundeten Zahlen zu tun. Dazu machen wir folgendes Experiment. Berechnen Sie den Wert des Polynoms an der Stelle $x = 3.01$, wobei aber alle auftretenden Zahlen bei jeder Operation auf zwei Nachkommastellen gerundet werden. Sie erhalten dann bei der direkten Auswertung den Wert $p(3.01) \approx 47.82$ und mit dem Horner-Schema $p(3.01) \approx 47.68$. Vergleichen wir die Ergebnisse mit dem exakten Wert $p(3.01) = 47.683\,910\,01$, so fällt auf, dass das Resultat des Horner-Schemas erheblich besser ist. Die Rundungsfehler wirken sich beim direkten Rechenweg stärker aus.

Dieser Effekt lässt sich mit entsprechenden Abschätzungen belegen. Ein akzeptables Verhalten einer Methode gegenüber Daten- und/oder Rundungsfehlern nennt man **Stabilität**. Effizienz und Stabilität eines numerischen Verfahrens sind mathematische Probleme, die bei praktischen Anwendungen etwa bei Simulationen auf keinen Fall außer Acht gelassen werden dürfen, damit einer maschinellen Rechnung vertraut werden kann.

Literatur

- M. Hanke-Bourgeois: *Grundlagen der Numerischen Mathematik und des Wissenschaftlichen Rechnens.* 2. Aufl., Teubner, 2006
- H. Schwetlick und H. Kretzschmar: *Numerische Verfahren für Naturwissenschaftler und Ingenieure.* Fachbuchverlag Leipzig, 1991

Beispiel Es soll das Polynom $p : \mathbb{R} \to \mathbb{R}$ mit $p(x) = x^3 + 2x^2 - 1$ um den Punkt $\hat{x} = 1$ entwickelt werden. Bei Polynomen vom Grad Drei sprechen wir auch von **kubischen** Funktionen. Wir berechnen:

$$\begin{aligned} x^3 + 2x^2 - 1 &= (x-1+1)^3 + 2(x-1+1)^2 - 1 \\ &= (x-1)^3 + 3(x-1)^2 + 3(x-1) + 1 \\ &\quad + 2(x-1)^2 + 4(x-1) + 2 - 1 \\ &= (x-1)^3 + 5(x-1)^2 + 7(x-1) + 2 \end{aligned}$$ ◀

Aus dem allgemeinen Resultat lässt sich folgern, dass es zu jedem Polynom p und jeder Stelle $\hat{x} \in \mathbb{R}$ eine Entwicklung des Polynoms um diese Stelle gibt.

Gleichungen lösen bedeutet Nullstellen bestimmen

In vielen Situationen interessieren uns Lösungen von Gleichungen der Form $q(x) = y$ wobei q ein Polynom ist. Das folgende Beispiel illustriert dies.

Anwendungsbeispiel Werfen Sie einen Stein senkrecht in die Höhe, so beschreibt das quadratische Polynom mit

$$h(t) = v_0 t - \frac{g}{2} t^2$$

die aktuelle Höhe des Steins zum Zeitpunkt t. Dabei bezeichnet v_0 die Anfangsgeschwindigkeit etwa in Meter pro Sekunde, $\frac{\text{m}}{\text{s}}$, mit der der Stein geworfen wird und g ist die Erdbeschleunigung mit $g \approx 9.81 \, \frac{\text{m}}{\text{s}^2}$ zumindest in Nähe des Äquators. Der Zeitpunkt T, zu dem der Stein wieder am Boden ankommt, ist eine Nullstelle von h, da wir voraussetzen, dass der Stein vom Boden mit $h(0) = 0$ startet. Um also T zu bestimmen berechnen wir aus

$$0 = h(T) = T\left(v_0 - \frac{g}{2} T\right)$$

die beiden Nullstellen. Da der Zeitpunkt $T = 0$ nicht infrage kommt, bleibt somit nur die Lösung

$$T = \frac{2v_0}{g}$$

für den Zeitpunkt, bei dem der Stein wieder auftrifft. ◀

Formulieren wir die allgemeine Gleichung als $q(x) - y = 0$ so sehen wir, dass das Lösen der Gleichung sich auch umschreiben lässt zu

$$p(x) = 0$$

mit dem Polynom p, dass durch $p(x) = q(x) - y$ gegeben ist und vom selben Grad wie q ist. Uns interessieren also **Nullstellen** von Polynomen, d. h. Stellen $\hat{x} \in \mathbb{R}$ mit $p(\hat{x}) = 0$.

Beispiel

- Wir betrachten das quadratische Polynom $p : \mathbb{R} \to \mathbb{R}$ mit $p(x) = x^2 - x - 6$. Mittels quadratischer Ergänzung berechnen wir Nullstellen,

  $$0 = x^2 - x - 6 = \left(x - \frac{1}{2}\right)^2 - \frac{25}{4}.$$

  Lösen wir die Gleichung nach x auf, so ergeben sich die beiden Nullstellen zu $x_1 = 1/2 - \sqrt{25/4} = -2$ und $x_2 = 1/2 + \sqrt{25/4} = 3$, und es gilt

  $$p(x) = x^2 - x - 6 = (x+2)(x-3).$$

- Durch Ausprobieren findet man die Nullstellen $\hat{x} = -1$ und $\hat{x} = 2$ des kubischen Polynoms $q : \mathbb{R} \to \mathbb{R}$ mit

  $$q(x) = x^3 - 3x^2 + 4,$$

  und q lässt sich beschreiben durch

  $$q(x) = (x+1)(x^2 - 4x + 4) = (x+1)(x-2)^2.$$

- Das Polynom $r : \mathbb{R} \to \mathbb{R}$ mit

  $$r(x) = x^2 + x + 1$$

  besitzt keine reelle Nullstelle, denn aus

  $$\begin{aligned} x^2 + x + 1 &= \left(x + \frac{1}{2}\right)^2 - \frac{1}{4} + 1 \\ &= \left(x + \frac{1}{2}\right)^2 + \frac{3}{4} \end{aligned}$$

  sehen wir, dass für alle $x \in \mathbb{R}$ gilt $r(x) \geq \frac{3}{4}$. ◀

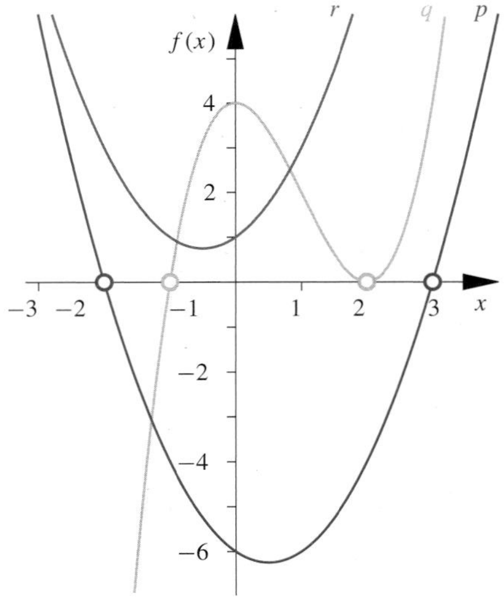

Abb. 4.18 Die Polynome p, q, r mit ihren Nullstellen

Teil I

In den Beispielen sehen wir, dass im Fall einer Nullstelle $\hat{x}$ ein Faktor $(x - \hat{x})$ ausgeklammert werden kann. Solche Faktoren nennt man **Linearfaktoren**, da es sich bei diesem Term um ein Polynom vom Grad eins, also eine affin-lineare Funktion handelt. Die Beobachtung ist allgemein gültig; denn wenn wir zu einem gegebenen Polynom mit Nullstelle $\hat{x} \in \mathbb{R}$ die Entwicklung von p um diese Stelle betrachten, also die Darstellung

$$p(x) = \sum_{j=0}^{n} \tilde{a}_j (x - \hat{x})^j,$$

so folgt

$$0 = p(\hat{x}) = \tilde{a}_0 + \sum_{j=1}^{n} \tilde{a}_j (\hat{x} - \hat{x})^j = \tilde{a}_0.$$

Der erste Summand verschwindet in der Darstellung, und wir können den entsprechenden Linearfaktor ausklammern,

$$p(x) = \sum_{j=1}^{n} \tilde{a}_j (x - \hat{x})^j = (x - \hat{x}) \underbrace{\sum_{j=1}^{n} \tilde{a}_j (x - \hat{x})^{j-1}}_{=q(x)}.$$

Dabei ist offensichtlich q wieder ein Polynom, aber vom Grad $n - 1$.

Linearfaktoren eines Polynoms

Wenn $\hat{x}$ Nullstelle eines Polynoms p vom Grad n ist, dann gibt es ein Polynom q vom Grad $n - 1$, sodass

$$p(x) = (x - \hat{x})\, q(x)$$

gilt.

Mit anderen Worten bedeutet diese Aussage, dass wir ein Polynom durch einen linearen Faktor $(x - \hat{x})$ teilen können, wenn $\hat{x}$ eine Nullstelle ist.

Polynome vom Grad n besitzen höchstens n Nullstellen

Die letzte Aussage impliziert eine wichtige Konsequenz. Haben wir eine Nullstelle, sagen wir x_1, und weitere Nullstellen $x_2, x_3, \ldots$, so sind die Zahlen $x_2, x_3, \ldots$ nicht nur Nullstellen des Polynoms p, sondern auch Nullstellen des Polynoms q. Wir können die Aussage auf q wieder anwenden, sodass sich sukzessive Linearfaktoren abspalten lassen. Somit ergibt sich eine Darstellung der Form

$$p(x) = (x - x_1)(x - x_2)\ldots(x - x_m)q_m(x)$$

mit einem Polynom q_m vom Grad $n - m$. Aber dieses Abspalten können wir nur maximal n-mal machen, denn mit q_n hätten wir den Grad 0 erreicht. q_n ist also eine Konstante und wenn p nicht konstant null ist, muss diese Konstante von Null verschieden sein. Also besitzt q_n keine Nullstelle. Mit dieser Überlegung haben wir gezeigt, dass ein Polynom vom Grad n höchstens n Nullstellen besitzen kann.

Der wichtige Merksatz auf S. 114 besagt zwar, dass wir im Fall einer Nullstelle stets einen linearen Faktor abspalten können, aber wie wir eine Nullstelle finden und wie sich das neue Polynom q effektiv berechnen lässt, bleibt offen. Der zweite Teil ist relativ einfach zu beantworten. Anstelle die Entwicklung um $\hat{x}$ wie in der Herleitung der Aussage explizit zu berechnen, bietet sich hier eine **Polynomdivision** an. Wir erinnern uns an das schriftliche Dividieren aus der Schule und berechnen das Polynom q.

Beispiel Das Polynom $p : \mathbb{R} \to \mathbb{R}$ mit

$$p(x) = x^3 - x^2 - x - 2$$

besitzt die Nullstelle $\hat{x} = 2$. Damit folgt:

$$\begin{array}{l}
\overbrace{(x^3 - \ x^2 - \ x - 2)}^{=p(x)} = (x - 2)\ \overbrace{(x^2 + x + 1)}^{=q(x)} \\
\underline{x^3 - 2x^2} \\
\qquad x^2 - \ x \\
\qquad \underline{x^2 - 2x} \\
\qquad\qquad x - 2 \\
\qquad\qquad \underline{x - 2} \\
\qquad\qquad\quad 0
\end{array}$$

Dies bedeutet, dass $p(x) = (x - 2)\, q(x)$ gilt. ◄

Die Polynomdivision gilt allgemein, also nicht nur bei der Division eines Polynoms durch einen linearen Faktor. Auf S. 115 finden sich dazu zwei Beispiele.

Die Bedeutung von Polynomen und ihren Nullstellen kann hier zunächst nur angerissen werden. Wir werden diesen Fragen an verschiedenen Stellen wieder begegnen. Aber es ist sicher aufgefallen, dass bisher nur bei linearen und bei quadratischen Polynomen wirklich Nullstellen berechnet wurden.

Bei höherem Grad haben wir versucht, durch Ausprobieren Nullstellen zu entdecken. Das werden wir auch im Folgenden so handhaben. Im Allgemeinen ist es nämlich ein unlösbares Problem, Nullstellen eines Polynoms anhand der Koeffizienten exakt zu bestimmen, da es für Polynome ab Grad 5 keine allgemeine Lösungsformel geben kann. Ein Beweis dieser Tatsache wird in der Algebra geführt und kann nicht im Rahmen dieses Buchs dargestellt werden. Für Anwendungszwecke sind die Lösungen von Gleichungen, also Nullstellen, aber häufig wichtig, wie wir anhand von Beispielen schon gesehen haben. Der einzige Weg in diesen Fällen, ist die numerische Approximation solcher Nullstellen etwa durch Intervallschachtelungen oder andere Methoden, auf die wir später zu sprechen kommen.

Beispiel: Polynomdivision

Es sollen die rationalen Ausdrücke

$$\frac{x^5 + x^4 - 4x^3 + x^2 - x - 2}{x^2 - x - 1} \quad \text{und}$$

$$\frac{x^5 + x^4 - 4x^3 + x^2 - x - 2}{x^2 + x + 1}$$

mittels Polynomdivision umgeformt werden.

Problemanalyse und Strategie Zur Division von Polynomen lässt sich der Divisionsalgorithmus analog wie bei den natürlichen Zahlen anwenden. Auch gegebenenfalls bestehende Reste lassen sich so bestimmen.

Lösung Bei der Polynomdivision von $p(x) = p_n x^n + \cdots + p_0$ und $q(x) = q_m x^m + \cdots + q_0$ mit $m \leq n$ geht man ähnlich vor, wie beim schriftlichen Dividieren natürlicher Zahlen. Wir schreiben zunächst $p_n x^n + \cdots + p_0 = (q_m x^m + \cdots + q_0)\,(\ldots$ Nun bestimmen wir den Faktor $p_n/q_m\, x^{n-m}$, sodass die Identität für die höchste Potenz erfüllt ist, und tragen diesen rechts ein, d.h. $p_n x^n + \cdots + p_0 = (q_m x^m + \cdots + q_0)\,(\frac{p_n}{q_m} x^{n-m} + \ldots$. Die Multiplikation von q mit dem Faktor wird ausgerechnet und vom Polynom p abgezogen. Wir erhalten einen aktuellen Rest, ein Polynom r mit $\text{grad}(r) \leq n - 1$. Dieser erste Schritt im ersten Beispiel ist

$$\begin{array}{l} x^5 + x^4 - 4x^3 + x^2 - x - 2 = (x^2 - x - 1)\,(x^3 + \\ \underline{x^5 - x^4 - x^3} \\ \qquad \underbrace{2x^4 - 3x^3 + x^2 - x - 2}_{=r(x)} \end{array}$$

Mit dem Rest r verfahren wir analog, um den nächsten Faktor zu bestimmen und rechts zu addieren, usw. bis der Rest einen Grad kleiner als m hat. Für die Beispiele sehen die Rechnungen wie folgt aus:

$$\begin{array}{l} x^5 + x^4 - 4x^3 + x^2 - x - 2 = (x^2 - x - 1)\,(x^3 + 2x^2 - x + 2) \\ \underline{x^5 - x^4 - x^3} \\ \quad 2x^4 - 3x^3 + x^2 \\ \quad \underline{2x^4 - 2x^3 - 2x^2} \\ \qquad -x^3 + 3x^2 - x \\ \qquad \underline{-x^3 + x^2 + x} \\ \qquad\quad 2x^2 - 2x - 2 \\ \qquad\quad \underline{2x^2 - 2x - 2} \\ \qquad\qquad\quad 0 \end{array}$$

Also ist:

$$\frac{x^5 + x^4 - 4x^3 + x^2 - x - 2}{x^2 - x - 1} = x^3 + 2x^2 - x + 2$$

Im zweiten Beispiel erhalten wir:

$$\begin{array}{l} x^5 + x^4 - 4x^3 + x^2 - x - 2 = (x^2 + x + 1)(x^3 - 5x + 6) - 2x - 8 \\ \underline{x^5 + x^4 + x^3} \\ \quad -5x^3 + x^2 - 5x \\ \quad \underline{-5x^3 - 5x^2 - 5x} \\ \qquad 6x^2 + 4x - 2 \\ \qquad \underline{6x^2 + 6x + 6} \\ \qquad\quad -2x - 8 \end{array}$$

Das heißt, es gilt die Identität:

$$\frac{x^5 + x^4 - 4x^3 + x^2 - x - 2}{x^2 + x + 1} = x^3 - 5x + 6 - \frac{2x + 8}{x^2 + x + 1}$$

Die Wurzelfunktion ist die Umkehrfunktion zum Quadrieren

Beim Lösen quadratischer Gleichungen sind wir implizit auf eine weitere Funktion gestoßen, die Wurzel. Wir haben schlicht das Symbol $\sqrt{a}$ für $a > 0$ verwendet, um die positive Lösung der Gleichung

$$x^2 = a$$

zu notieren. Wir können dieser Gleichung für jede Zahl $a > 0$ genau eine positive Lösung zuordnen, etwa indem wir den Graphen der Normalparabel hernehmen und den Wert versuchen abzulesen (siehe Abb. 4.19).

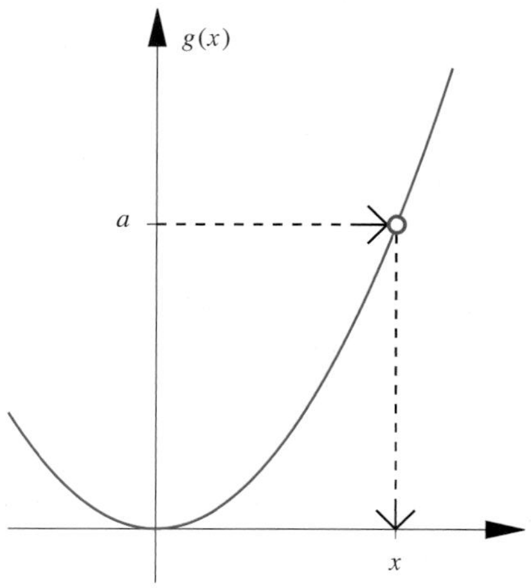

Abb. 4.19 Aus dem Graphen zu $g(x) = x^2$ lässt sich näherungsweise die positive Lösung der Gleichung $x^2 = a$ ablesen

Wir erhalten so eine Funktion $f : \mathbb{R}_{\geq 0} \to \mathbb{R}$ mit $f(x) = \sqrt{x}$, die **Wurzelfunktion**. Den Graphen dieser Funktion können wir dem Bild des rechten Zweigs der Normalparabel entnehmen,

Anwendung: Polynom-Interpolation

Die Resultate zu Nullstellen von Polynomen helfen, explizite Darstellungen von Polynomen zu finden, wenn Funktionswerte nur an einigen Stellen gegeben sind. Dies ist die übliche Situation, wenn etwa zu einem vermuteten funktionalen Zusammenhang nur Messergebnisse vorliegen.

Oft kennen wir zu einer Funktion nur Werte an diskreten Stellen. Haben wir etwa die Werte

x	-2	0	1	3
$p(x)$	$-\frac{1}{2}$	$\frac{3}{2}$	1	12

und suchen das Polynom vom Grad drei, das genau diese Werte annimmt, so müssen wir für p ansetzen

$$p(x) = a_0 + a_1 x + a_2 x^2 + a_3 x^3 .$$

Aus den vier Gleichungen

$$p(-2) = -\frac{1}{2}, \quad p(0) = \frac{3}{2}, \quad p(1) = 1, \quad p(3) = 12$$

lassen sich die unbekannten Koeffizienten $a_0, \ldots, a_3$ bestimmen.

Allgemein betrachten wir das Problem: Zu n vorgegebenen verschiedenen Stellen x_j, $j = 1, \ldots, n$, den **Stützstellen**, und zugehörigen Werten, $p_j \in \mathbb{R}$, ein Polynom p vom Grad $n-1$ zu finden, das die Bedingungen

$$p(x_j) = p_j, \quad j = 1, \ldots, n,$$

erfüllt. Man nennt diese Forderungen **Interpolationsbedingungen** und ein Polynom mit dieser Eigenschaft heißt **Interpolations-Polynom**.

Übrigens gibt es nur ein Polynom vom Grad $n-1$, das die n Interpolationsbedingungen erfüllt. Denn nehmen wir an, wir hätten zwei Polynome p und q, beide mit dem Grad $n-1$ und beide erfüllen die Bedingungen $p(x_j) = q(x_j) = p_j$, für $j = 1, \ldots, n$. Die Differenz der beiden Polynome $p - q$ besitzt somit n Nullstellen x_j. Da $p - q$ aber den Grad $n-1$ hat, kann dies nur sein, wenn $p - q = 0$ das Nullpolynom ist. Die beiden Polynome sind gleich.

Wie im Beispiel gesehen, führt die Suche nach dem Interpolations-Polynom auf ein Gleichungssystem für die Koeffizienten des Polynoms. Aber das Lösen von Gleichungssystemen lässt sich hier vermeiden. Angenommen wir hätten n Polynome L_j, $j = 1, \ldots, n$, alle vom Grad $n-1$ mit der Eigenschaft:

$$L_j(x_k) = \begin{cases} 1, & \text{für } j = k \\ 0, & \text{für } j \neq k \end{cases}$$

Dann erhalten wir das Interpolations-Polynom p direkt aus Kombinationen dieser Polynome durch

$$p = \sum_{j=1}^{n} p_j L_j .$$

Die Polynome L_j besitzen je $n-1$ Nullstellen an den Stellen x_k mit $k \neq j$. Also können wir die Zerlegung in Linearfaktoren angeben und erhalten

$$L_j(x) = \frac{(x - x_1) \ldots (x - x_{j-1})(x - x_{j+1}) \ldots (x - x_n)}{(x_j - x_1) \ldots (x_j - x_{j-1})(x_j - x_{j+1}) \ldots (x_j - x_n)} .$$

Diese Polynome werden **Lagrange-Polynome** genannt nach dem französischen Mathematiker Joseph-Louis Lagrange (1736–1813).

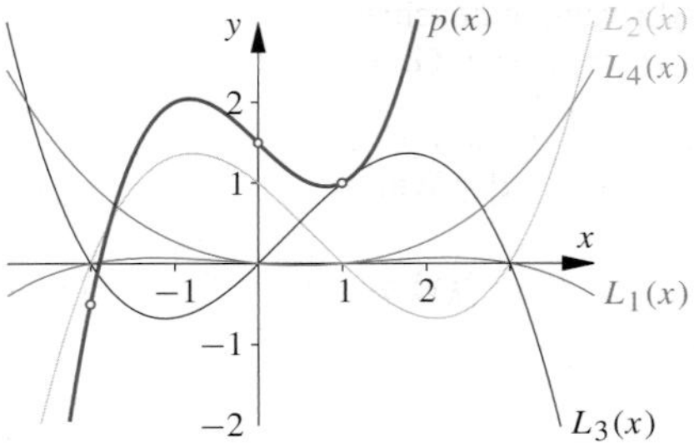

Betrachten wir etwa das Interpolations-Polynom vom Grad 3 zu den oben angegebenen Werten. Die Lagrange-Polynome L_j zu den Stützstellen $x_1 = -2$, $x_2 = 0$, $x_3 = 1$ und $x_4 = 3$ liefern das gesuchte interpolierende Polynom vom Grad 3 durch

$$\begin{aligned} p(x) &= \sum_{j=1}^{4} p_j L_j(x) \\ &= -\frac{1}{2} L_1(x) + \frac{3}{2} L_2(x) + L_3(x) + 12 L_4(x). \end{aligned}$$

Ausrechnen der Terme ergibt $p(x) = \frac{1}{2}x^3 - x + \frac{3}{2}$.

Kommentar Allgemeiner sucht man bei einer Interpolation aus einer vorgegebenen Klasse von Funktionen eine spezielle Funktion, die gerade die Vorgabewerte an den Stützstellen trifft. Wir werden uns später noch mit der für die Anwendung wichtigen Spline-Interpolation und mit der trigonometrischen Interpolation beschäftigen. ◄

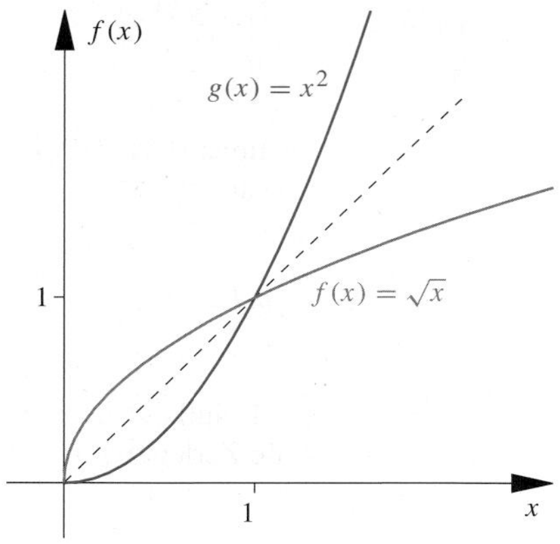

Abb. 4.20 Graph der Funktion mit $f(x) = \sqrt{x}$

indem wir die Rollen der vertikalen Achse und der horizontalen Achse vertauschen, d. h., wir drehen das System um 90° nach links und spiegeln dann das Bild an der vertikalen Achse. Diese Transformation lässt sich auch durch eine Spiegelung an der ersten Winkelhalbierenden beschreiben. Letztendlich erhalten wir den in Abb. 4.20 gezeigten Graphen für die Wurzelfunktion.

Definieren wir die Funktion $g : \mathbb{R}_{\geq 0} \to \mathbb{R}$ durch $g(x) = x^2$, so bedeutet die Definition der Wurzel, dass

$$(g \circ f)(x) = (\sqrt{x})^2 = x$$

und

$$x = \sqrt{x^2} = (f \circ g)(x)$$

ist für $x \geq 0$. Die Verkettungen dieser beiden Funktionen ergeben jeweils die Identitätsfunktion. Die eine macht die Wirkung der anderen rückgängig. Eine Funktion mit dieser Eigenschaft nennt man **Umkehrfunktion**.

Also ist die Wurzelfunktion die Umkehrfunktion zu g mit $g(x) = x^2$ auf der Menge $D = \mathbb{R}_{\geq 0}$. Mit dem allgemeinen Begriff und der Existenz von Umkehrfunktionen, d. h., unter welchen Bedingungen an eine Funktion und ihre Definitions- und Wertebereiche eine solche Umkehrung möglich ist, beschäftigen wir uns ausführlich in Abschn. 7.3.

Im Zusammenhang mit Abbildungen sind wir aber schon auf dieses Phänomen gestoßen (siehe S. 38). Anstelle von *umkehrbar* spricht man allgemein bei Abbildungen von *invertierbar* und wir wissen bereits, dass die Existenz einer Umkehrfunktion durch die Eigenschaft der Bijektivität gekennzeichnet ist. Bei Funktionen erzwingen wir die Surjektivität, indem bei der Abbildung $f : D \to f(D)$ der Wertebereich auf die Bildmenge $f(D)$ eingeschränkt wird. Es bleibt die Injektivität zu klären, die Bedingung, dass aus $f(x) = f(y)$ für alle $x, y \in D$ stets $x = y$ folgt.

Beispiel Wir betrachten die Funktion $f : \mathbb{R}_{>0} \to \mathbb{R}$ mit

$$f(x) = \frac{1}{2}\sqrt{1 + \frac{1}{x^2}}.$$

Um die Umkehrfunktion zu finden, lösen wir die Gleichung

$$y = f(x) = \frac{1}{2}\sqrt{1 + \frac{1}{x^2}}.$$

Es folgt

$$2xy = \sqrt{x^2 + 1}.$$

Quadrieren wir diese Identität, so ergibt sich

$$4x^2y^2 = x^2 + 1$$

bzw.

$$(4y^2 - 1)x^2 = 1.$$

Damit x eine reelle Zahl ist, muss $y > \frac{1}{2}$ gelten. Der Faktor ist dann positiv und wir können dividieren zu

$$x = \sqrt{\frac{1}{4y^2 - 1}}.$$

Somit ist durch

$$g(y) = \sqrt{\frac{1}{4y^2 - 1}}$$

ein Kandidat für die Umkehrfunktion gefunden.

Nun prüfen wir das Resultat, indem wir

$$f(g(y)) = \frac{1}{2}\sqrt{1 + \frac{1}{\frac{1}{4y^2-1}}} = y$$

und

$$g(f(x)) = \sqrt{\frac{1}{4(\frac{1}{4}(1 + \frac{1}{x^2})) - 1}} = x$$

berechnen. Auf diesem Weg haben wir gezeigt, dass $g : \mathbb{R}_{>\frac{1}{2}} \to \mathbb{R}_{>0}$ mit

$$g(x) = \sqrt{\frac{1}{4x^2 - 1}}$$

die Umkehrfunktion zu f ist. ◀

Dasselbe Vorgehen wie bei der Quadratwurzel führt mit den Funktionen $g(x) = x^n$ auf die n-te Wurzel, also auf die Funktionen $f : \mathbb{R}_{\geq 0} \to \mathbb{R}$ mit $f(x) = \sqrt[n]{x}$.

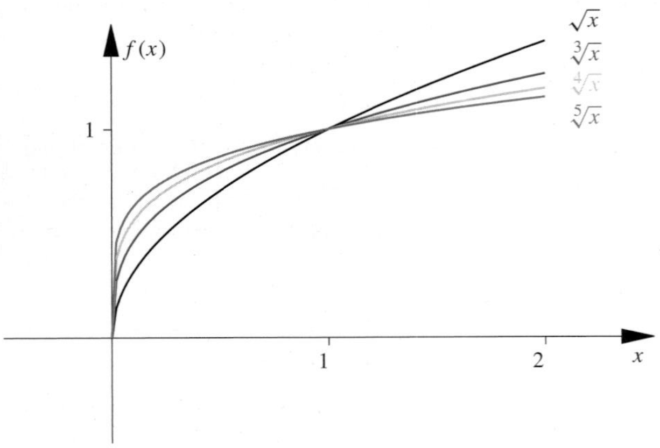

Abb. 4.21 Graphen einiger Wurzelfunktionen von höherem Grad

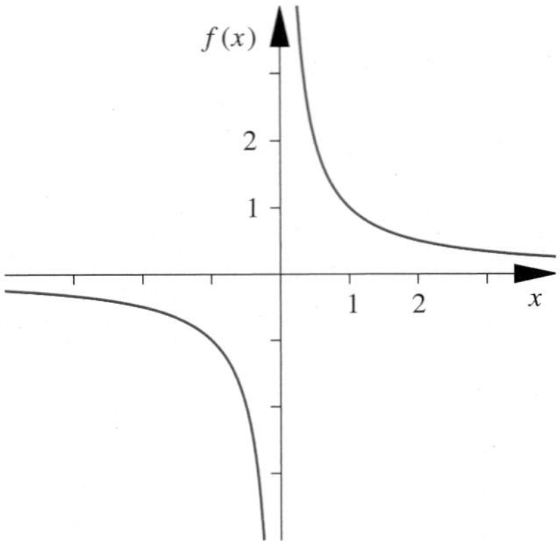

Abb. 4.22 Die Hyperbel, der Graph zur Funktion $f(x) = \frac{1}{x}$, $x \neq 0$

Anwendungsbeispiel In guter Näherung geht man davon aus, dass sich das Volumen eines Körpers bei Erwärmung linear mit einem materialabhängigen Ausdehnungskoeffizienten γ ändert. Wenn ein Würfel mit Volumen V_0 um eine Temperaturdifferenz Δt erwärmt wird, so ist die Änderung des Volumens gegeben durch

$$V(\Delta t) = V_0 + \gamma V_0 \, \Delta t.$$

Betrachten wir nun die Ausdehnung der Kanten des Würfels. Auch diese lässt sich als Funktion der Temperaturdifferenz schreiben. Wir definieren $a : \mathbb{R} \to \mathbb{R}$ mit $a(\Delta t) = \sqrt[3]{V(\Delta t)}$ als die Kantenlänge des Würfels bei Erwärmung um Δt. Dabei nehmen wir an, dass der Würfel bei Erwärmung auch ein Würfel bleibt. Die Änderung der Kantenlänge des Würfels ist somit als Funktion durch die dritte Wurzel beschrieben. Es gilt

$$a(\Delta t) = \sqrt[3]{V_0 + \gamma V_0 \, \Delta t}.$$

Die Größen V_0, also das Anfangsvolumen, und den räumlichen Ausdehnungskoeffizient γ würde man in diesem Fall **Parameter** dieser Funktion nennen, die je nach Material und Menge anzupassen sind. ◀

Wir hatten gesehen, dass Kombinationen $f \pm g$ und fg von Polynomen wieder auf Polynome führen. Anders ist es bei der Division von Polynomen. Die resultierende Funktion ist im Allgemeinen kein Polynom.

Definition rationaler Funktionen

Funktionen der Form

$$\frac{p}{q}(x) = \frac{p(x)}{q(x)}$$

auf $D = \{x \in \mathbb{R} \mid q(x) \neq 0\}$ mit Polynomen p und q heißen **rationale Funktionen**.

Beispiel

- Der Prototyp einer rationalen Funktion ist die Funktion $f : \mathbb{R} \setminus \{0\} \to \mathbb{R}$ mit

$$f(x) = \frac{1}{x}.$$

  Der Graph dieser Funktion heißt **Hyperbel**.
- Durch den Ausdruck

$$f(x) = \frac{x^3 - x + 1}{x^2 + x - 2}$$

  ist eine weitere rationale Funktion $f : \mathbb{R} \setminus \{-2, 1\} \to \mathbb{R}$ gegeben, wobei wir die Ausnahmen im Definitionsbereich vorab bestimmen müssen durch Lösen der quadratischen Gleichung $x^2 + x - 2 = 0$. ◀

Nullstellen des Nenners einer rationalen Funktion sind sogenannte **Singularitäten** der Funktion. Das Verhalten einer rationalen Funktion in einer Umgebung einer Singularität kann recht

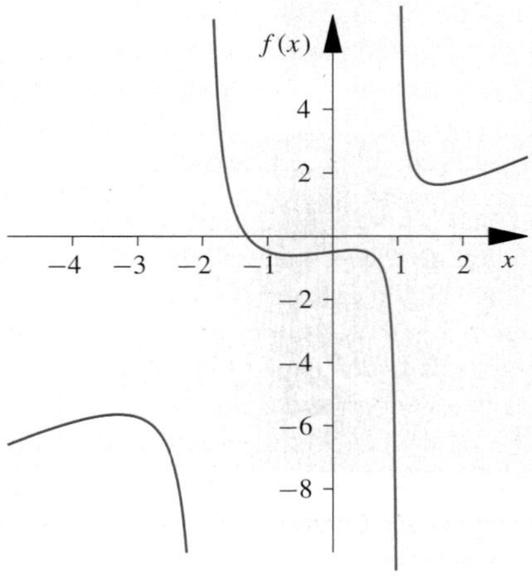

Abb. 4.23 Der Graph der rationalen Funktion f mit $f(x) = \frac{x^3-x+1}{x^2+x-2}$

unterschiedlich sein. Wird der Betrag der Funktionswerte immer größer bei Annäherung an eine solche Lücke im Definitionsbereich, so spricht man von einer **Polstelle** oder einem **Pol**. Auch das Verhalten der Funktion für sehr große oder sehr kleine Argumente birgt interessante Aspekte. Solche Betrachtungen zu Funktionen fallen in den Bereich der Analysis. Wir werden diese Aspekte im zweiten Teil des Buchs systematisch erarbeiten.

Anwendungsbeispiel Ein Draht hat einen Widerstand R von einem *Ohm*, wenn bei einer Spannung U von einem *Volt* ein Strom I mit der Stromstärke ein *Ampere* fließt. Der Zusammenhang dieser Größen wird durch das **Ohm'sche Gesetz**

$$I = \frac{U}{R}$$

beschrieben. Also ist bei konstant angelegter Spannung die Stromstärke umgekehrt proportional zum Widerstand, d. h., die Situation ist beschrieben durch die Funktion $I : \mathbb{R}_{>0} \to \mathbb{R}$ mit $I(R) = \frac{U}{R}$. Den als konstant angenommenen Wert U der Spannung bezeichnet man als Parameter dieser einfachen Modellfunktion. ◀

All diese Funktionen, die sich aus Kombinationen und Verkettungen von Polynomen, rationalen Funktionen und ihren Umkehrungen, den Wurzelfunktionen, gewinnen lassen werden zusammenfassend **algebraische Funktionen** genannt. Gleichungen, die sich etwa aus der Bestimmung von Nullstellen solcher Funktionen ergeben, heißen algebraische Gleichungen. Die Beschäftigung mit den Lösungsmengen solcher Gleichungen kennzeichnet eines der großen Felder der Mathematik, die *Algebra*. Andere Funktionen, die sich nicht in diese Klasse einordnen lassen, werden wir in den nächsten beiden Abschnitten ansprechen. Die vollständige Einführung solcher Funktionen erfordert aber den Begriff des Grenzwerts, mit dem wir uns noch intensiv befassen werden.

Abb. 4.24 Messgerät zur Bestimmung von Stromstärke, Widerstand oder Spannung eines Schaltkreises

Beispiel Algebraische Funktionen ergeben sich durch Verketten von Operationen wie Addition, Subtraktion, Multiplikation, Division und Wurzelziehen. So ergeben die folgenden Ausdrücke algebraische Funktionen: Zum Beispiel Monome, d. h. Potenzen wie

$$f(x) = x^3 \quad \text{oder} \quad f(x) = x^{12},$$

oder Linearkombinationen der Monome, also Polynome wie

$$f(x) = 2x^7 - 3x^5 + 2x^4 - x^2 + 5x + 1.$$

Auch rationale Ausdrücke wie

$$f(x) = \frac{(x-2)^3 + 2(x+3) - 2}{(x+1)^4 - 1}$$

für $x \neq -2,\ 0$ und Kombinationen mit den zugehörige Umkehrfunktionen wie

$$f(x) = \sqrt{x + \sqrt[4]{x} + 1}, \quad x > 0,$$

oder

$$f(x) = \frac{x^3 - x^2 + 1}{x^4 + \sqrt{2x^2 + 2x + 1}} - (x-2)\sqrt{x^2+1}$$

liefern Funktionen, die der Klasse der algebraischen Funktionen zugeordnet werden. ◀

4.3 Die Exponentialfunktion

Neben den algebraischen Funktionen, die wir im letzten Abschnitt betrachtet haben, spielt eine andere Funktion in der mathematischen Modellbildung eine ganz entscheidende Rolle – die **Exponentialfunktion**. Da diese keine algebraische Funktion ist, ist die Definition der Exponentialfunktion aufwendiger. Die folgende Aussage soll uns zunächst genügen.

Es gibt genau eine Funktion $\exp : \mathbb{R} \to \mathbb{R}$ mit den beiden Eigenschaften

$$\exp(x+y) = \exp(x)\,\exp(y) \tag{4.3}$$

$$1 + x \leq \exp(x) \tag{4.4}$$

Dabei wird die erste Gl. (4.3) **Funktionalgleichung** der Exponentialfunktion genannt. Die Abschätzung in (4.4) bedeutet anschaulich, dass wir den Graphen von exp oberhalb der Geraden, die durch $g(x) = x + 1$ gegeben ist, suchen müssen (siehe Abb. 4.25).

Durch die Aussage, dass es genau eine Funktion gibt, die die Bedingungen (4.3) und (4.4) erfüllt, lässt sich die Exponentialfunktion definieren. Dass diese Aussage gilt, lässt sich aber mit den bisherigen Mitteln nicht zeigen. Wir werden im nächsten Teil des Buchs den Begriff des Grenzwerts erarbeiten, der an dieser Stelle nötig ist. In diesem Abschnitt rufen wir uns aber einige Eigenschaften und Rechentechniken in Erinnerung, die mit der Exponentialfunktion zusammenhängen. Auf Grundlage der Definition tasten wir uns an diese Funktion heran, um letztendlich die gewohnte Potenzrechnung wiederzuentdecken.

Zunächst betrachten wir beide definierenden Eigenschaften an der Stelle $x = y = 0$. Aus (4.4) ergibt sich $1 \leq \exp(0)$ und mit der Funktionalgleichung (4.3) erhalten wir

$$1 \leq \exp(0) = \exp(0+0) = (\exp(0))^2.$$

Also ist $a = \exp(0) \in \mathbb{R}$ insbesondere positiv und Lösung der Gleichung $a^2 = a$. Als einzige positive Lösung dieser quadratischen Gleichung ergibt sich $\exp(0) = 1$.

Wenn wir nun diese Identität gezeigt haben, so folgt wiederum aus der Funktionalgleichung

$$1 = \exp(0) = \exp(x - x) = \exp(x)\,\exp(-x).$$

Aus dieser Beziehung sehen wir, dass $\exp(x) \neq 0$ für alle $x \in \mathbb{R}$ gilt und weiter

$$\exp(-x) = \frac{1}{\exp(x)}$$

ist. Insbesondere impliziert diese Identität auch, dass für $x \in \mathbb{R}$ gilt

$$\exp(x) \geq 0.$$

Dies ergibt sich zunächst für $x \geq 0$ mit der Ungleichung (4.4), da $\exp(x) \geq 1 + x \geq 0$ gilt. Wegen $\exp(-x) = \frac{1}{\exp(x)} \geq 0$ folgt dann auch die Positivität für negative Argumente $x < 0$.

Die Euler'sche Zahl

Nun kommen wir zur Potenzrechnung. Wiederum aus der Funktionalgleichung ergibt sich für eine natürliche Zahl $n \in \mathbb{N}$

$$\begin{aligned}\exp(n) &= \exp(\underbrace{1 + \cdots + 1}_{n\text{-mal}}) \\ &= \underbrace{\exp(1) \ldots \exp(1)}_{n\text{-mal}} = (\exp(1))^n.\end{aligned}$$

Wir erahnen, dass der Funktionswert $\exp(1)$ eine besondere Rolle spielt. Dieser reellen Zahl wird deshalb ein Name gegeben, die **Euler'sche Zahl**, nach dem Mathematiker Leonhard Euler (1707–1783). Wir halten fest

$$\mathrm{e} = \exp(1).$$

Der Wert dieser Zahl lässt sich nicht ohne das Konzept des Grenzwerts berechnen. Daher verschieben wir dies auf später und glauben zunächst dem Taschenrechner. Aber aus unseren Überlegungen ergibt sich, dass die Schreibweise

$$\mathrm{e}^n = \exp(n)$$

sinnvoll ist.

Betrachten wir in einem weiteren Schritt noch die Identität

$$\exp(x) = \underbrace{\exp\left(\frac{1}{n}x\right) \ldots \exp\left(\frac{1}{n}x\right)}_{n\text{-mal}} = \left(\exp\left(\frac{1}{n}x\right)\right)^n,$$

so sehen wir, dass offensichtlich der Funktionswert $\exp(x)$ zu einem Wert $x \in \mathbb{R}$ die Gleichung

$$\exp\left(\frac{1}{n}x\right) = \sqrt[n]{\exp(x)}$$

erfüllt. Somit können wir festhalten, dass

$$\mathrm{e}^{\frac{x}{n}} = \sqrt[n]{\mathrm{e}^x}$$

gilt. Dieser Gedanke lässt sich weiter ausbauen, sodass wir den Funktionswert für jede rationale Zahl $\frac{m}{n} \in \mathbb{Q}$ in eine algebraische Beziehung zur Euler'schen Zahl stellen können. Es gelten die Identitäten

$$\exp\left(\frac{m}{n}\right) = (\sqrt[n]{e})^m = \sqrt[n]{\mathrm{e}^m} = \mathrm{e}^{\frac{m}{n}}$$

Also liefert die Exponentialfunktion die gewohnte Potenzrechnung zur Basis e und weiter lässt sich mit der Funktion die Potenz für beliebige Exponenten $x \in \mathbb{R}$ definieren.

Die e-Funktion

Die oben definierte Exponentialfunktion $\exp : \mathbb{R} \to \mathbb{R}$ lässt sich darstellen durch

$$\exp(x) = \mathrm{e}^x.$$

Dabei setzen wir voraus, dass die Fortsetzung der Notation als Potenz auch im Fall irrationaler Argumente sinnvoll ist. Später werden wir dies genau begründen.

Nun ist es aber Zeit sich den Graphen der e-Funktion vor Augen zu führen und einzuprägen (siehe Abb. 4.25).

Am Schaubild fällt eine weitere wichtige Eigenschaft der Exponentialfunktion auf. Es geht stets aufwärts. Diese Eigenschaft nennen wir *monoton wachsend.* Mit den beiden Bedingungen kann die Monotonieeigenschaft belegt werden. Dazu betrachten wir die Ungleichung (4.4) an der Stelle $x - y$, also der Differenz zweier reeller Zahlen $x, y \in \mathbb{R}$,

$$1 + (x - y) \leq \mathrm{e}^{x-y} = \mathrm{e}^x\,\mathrm{e}^{-y} = \frac{\mathrm{e}^x}{\mathrm{e}^y}.$$

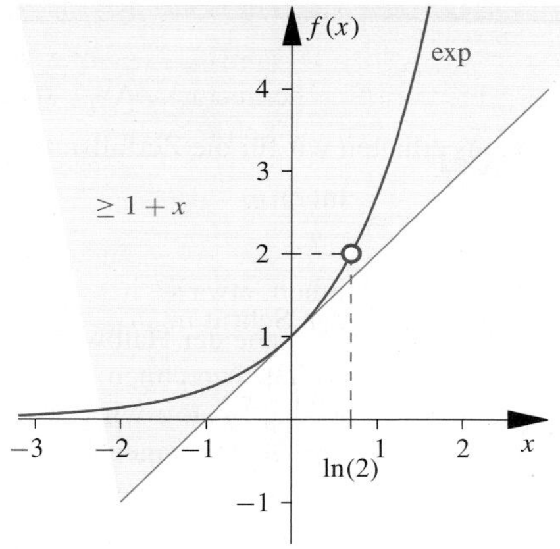

Abb. 4.25 Der Graph zur Exponentialfunktion

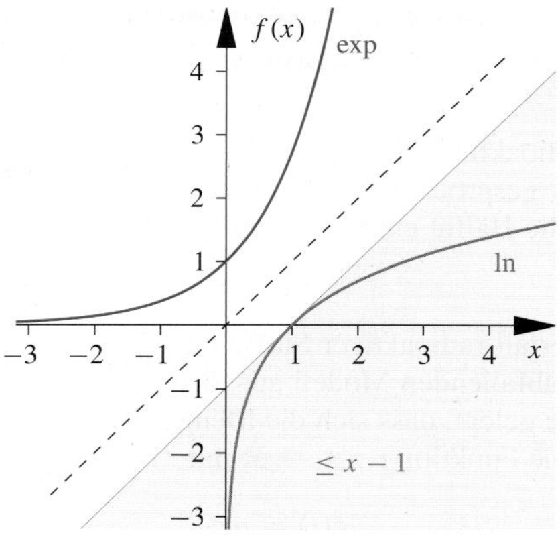

Abb. 4.26 Der Graph des natürlichen Logarithmus ln

Multiplizieren wir die Ungleichung mit der positiven Zahl e^y, so ergibt sich

$$(x-y)e^y \leq e^x - e^y.$$

Wenn nun $x > y$ ist, so wissen wir bereits, dass die linke Seite der Ungleichung positiv ist. Somit erhalten wir

$$e^y \leq e^x$$

für $y \leq x$. Dies bedeutet aber gerade, dass die Funktionswerte mit wachsendem Argument ansteigen.

Achtung Beachten Sie, dass

$$e^{(x^y)} \neq (e^x)^y = e^{xy}$$

ist. So gilt etwa $e^{(2^3)} = e^8 \neq e^6 = e^{2\cdot 3} = (e^2)^3$. Das Setzen von Klammern ist in diesem Zusammenhang notwendig, um Missverständnisse zu vermeiden. ◀

Der Logarithmus ist die Umkehrfunktion der Exponentialfunktion

Analog zu quadratischen Gleichungen und dem Wurzelziehen, möchte man selbstverständlich auch Gleichungen lösen können, in denen die Exponentialfunktion vorkommt. Betrachten wir den Graphen der e-Funktion, so finden wir für jede positive Zahl y genau eine Stelle auf der x-Achse, sodass e^x den Wert y annimmt. Also führt uns die Umkehrung von Gleichungen der Form $e^x = y$ wieder auf eine Funktion. Diese Funktion wird **natürlicher Logarithmus** genannt. Wir schreiben für diese Funktion $\ln : \mathbb{R}_{>0} \to \mathbb{R}$.

Wie bei der Wurzel ergibt sich durch Spiegeln an der ersten Winkelhalbierenden aus dem Graphen der Exponentialfunktion der Graph des Logarithmus (siehe Abb. 4.26).

Der Logarithmus

Die Logarithmusfunktion ist die Umkehrfunktion der Exponentialfunktion, d. h., es gilt

$$e^{\ln x} = x \text{ für } x > 0 \quad \text{und} \quad \ln(e^x) = x \text{ für } x \in \mathbb{R}.$$

Aus der Umkehreigenschaft folgt

$$\ln(x^r) = \ln(e^{r \ln x}) = r \ln x$$

für $x > 0$ und $r \in \mathbb{R}$. Somit ist etwa $\ln(\sqrt{x}) = \frac{1}{2} \ln x$.

Da der Logarithmus die Umkehrung zur Exponentialfunktion ist, lassen sich die Eigenschaften (4.3) und (4.4) übertragen. Aus (4.3) folgt

$$\ln(xy) = \ln(e^{\ln x} e^{\ln y}) = \ln(e^{\ln(x)+\ln(y)}) = \ln(x) + \ln(y),$$

die **Funktionalgleichung des Logarithmus**. Genauso können wir uns die Ungleichung (4.4) mit dem Argument $\ln x$ ansehen und erhalten

$$1 + \ln x \leq e^{\ln x} = x$$

oder

$$\ln x \leq x - 1$$

Anschaulich bedeutet dies, dass der Graph der Logarithmusfunktion stets unterhalb des Graphen der affin-linearen Funktion mit $f(x) = x - 1$ liegt (siehe Abb. 4.26).

Beispiel Mit den Rechenregeln zum Logarithmus lassen sich Ausdrücke häufig überraschend vereinfachen. So gilt etwa für $x > 0$ die Identität

$$\begin{aligned} \ln \sqrt[3]{x^2} + \ln \sqrt[3]{x^4} &= \ln x^{\frac{2}{3}} + \ln x^{\frac{4}{3}} \\ &= \frac{2}{3} \ln x + \frac{4}{3} \ln x = 2 \ln x \end{aligned}$$

Anwendung: Die Halbwertszeit

Beim radioaktiven Zerfall von Stoffen wird oft von der *Halbwertszeit* gesprochen. Darunter versteht man den Zeitraum, in dem die Hälfte eines strahlenden Materials zerfallen sein wird.

Beim Zerfall radioaktiver Stoffe geht man von einem exponentiell abfallenden Modell aus, d. h., es wird die Annahme zugrunde gelegt, dass sich die Menge des Stoffs mit der Zeit durch eine Funktion $f : \mathbb{R} \to \mathbb{R}$ mit

$$f(t) = m\mathrm{e}^{-kt}$$

beschreiben lässt. Haben wir zum Zeitpunkt $t = 0$ eine Masse m des Stoffs vorliegen, so gibt diese Funktion die verbleibende Masse des Materials zu entsprechenden späteren Zeitpunkten an. Aus der Angabe der Halbwertszeit $T > 0$ lässt sich die Zerfallsrate k bestimmen und somit der Verlauf über einen beliebigen Beobachtungszeitraum angeben. Dazu ist die Gleichung

$$m\mathrm{e}^{-kT} = \frac{m}{2}$$

zu lösen, d. h., für den Kehrwert nach Kürzen von m gilt

$$\mathrm{e}^{kT} = 2.$$

Mit dem Logarithmus erhalten wir für die Zerfallsrate

$$k = \frac{\ln(2)}{T}$$

in einer entsprechenden Maßeinheit, etwa s^{-1}.

So lässt sich aus der üblichen Angabe der Halbwertszeit eines Stoffes die Zerfallsrate k leicht berechnen. Für das in Kernkraftwerken genutzte Uran 235 Isotop wird etwa eine Halbwertszeit von ca. $T = 7 \cdot 10^8$ Jahren angegeben, sodass wir $k = \frac{\ln(2)}{7 \cdot 10^8 \cdot 3.15 \cdot 10^7\,\mathrm{s}} \approx 3.1 \cdot 10^{-17}\,\mathrm{s}^{-1}$ errechnen.

Eine andere Halbwertszeit, die des Kohlenstoffisotops $^{14}\mathrm{C}$ mit $T \approx 5730$ Jahren wird genutzt, um bei archäologischen Funden das Alter von Holz zu bestimmen. Man kann den prozentualen Anteil P des Isotops in frischem Holz abschätzen. So lässt sich durch Messung des aktuellen $^{14}\mathrm{C}$-Anteils, p, im Fund durch die Gleichung

$$Pm\mathrm{e}^{-kt} = pm$$

bzw. aufgelöst durch

$$t = -\frac{1}{k} \ln\left(\frac{p}{P}\right)$$

die Zeit t recht genau angeben, vor wie vielen Jahren das verwendete Holz geschlagen wurde.

oder

$$\begin{aligned}\ln(x^2 - y^2) + \ln \frac{1}{x-y} &= \ln[(x+y)(x-y)] - \ln(x-y)\\ &= \ln(x+y)\end{aligned}$$

für $x > y \geq 0$. ◀

Der Trick, einen positiven reellen Ausdruck a durch $a = \mathrm{e}^{\ln a}$ zu ersetzen, wird oft angewandt. Wir sollten uns dieses Umschreiben merken. Insbesondere lassen sich so aus der Exponentialfunktion alle **Potenzfunktionen** und **Logarithmen** auch zu anderen Basen als $a = \mathrm{e}$ angeben. Wir definieren für $a > 0$

$$a^x = (\mathrm{e}^{\ln a})^x = \mathrm{e}^{x \ln a}.$$

Anwendungsbeispiel Bei jährlicher Verzinsung eines Sparguthabens von $k_0 = 5\,000$ € mit einem Prozentsatz von 3% ergibt sich nach einem Jahr ein Guthaben von $5\,000 \cdot (1 + 0.03) = 5150$ €. Lassen wir das Geld unangetastet, so steigt der Wert des Guthabens nach dem zweiten Jahr auf $k_0(1 + z)\,(1 + z) = 5\,000(1 + z)^2$, wenn $z = 0.03$ gesetzt wird, d. h., $5000 \cdot 1.03 \cdot 1.03 = 5304.50$, usw. Wir erhalten also für die Entwicklung des Guthabens im Laufe von n Jahren eine Exponentialfunktion

$$k(n) = k_0(1 + z)^n = k_0\mathrm{e}^{n\,\ln(1+z)}$$

mit der Basis $1 + z$. ◀

Für die zugehörige Umkehrung, also die Funktion $\log_a : \mathbb{R}_{>0} \to \mathbb{R}$ mit

$$\log_a(a^x) = x \quad \text{bzw.} \quad a^{\log_a x} = x \text{ für } x > 0$$

erhalten wir

$$\log_a(x) = \frac{\ln x}{\ln a}.$$

Die letzte Identität müssen wir noch nachprüfen, indem wir den Ausdruck auf der rechten Seite in die Umkehrgleichungen einsetzen. Es ist

$$\log_a(a^x) = \frac{\ln(a^x)}{\ln a} = \frac{\ln(\mathrm{e}^{x \ln a})}{\ln a} = \frac{x \ln a}{\ln a} = x$$

und

$$a^{\log_a(x)} = \mathrm{e}^{\ln a \frac{\ln x}{\ln a}} = \mathrm{e}^{\ln x} = x.$$

Beachten Sie, dass stets beide Verkettungen geprüft werden müssen, da die Verkettung im Allgemeinen nicht kommutativ ist, d. h., wir dürfen die Reihenfolge der Operationen nicht ohne Weiteres vertauschen.

Mit dieser Definition der Funktion $f : \mathbb{R} \to \mathbb{R}$ mit $f(x) = a^x$ und des Logarithmus zur Basis $a > 0$ bleiben die Funktionalgleichungen auch gültig, d. h.

$$a^{x+y} = a^x\,a^y$$

für $x, y \in \mathbb{R}$ und

$$\log_a(xy) = \log_a(x) + \log_a(y)$$

für positive Zahlen $x, y \in \mathbb{R}_{>0}$.

Beispiel: Der Kosinus hyperbolicus und der Sinus hyperbolicus

Mit der Exponentialfunktion werden weitere Standardfunktionen definiert. Die sogenannten Hyperbelfunktionen sind der Sinus und der Kosinus hyperbolicus. Diese sind für $x \in \mathbb{R}$ gegeben durch

$$\cosh x = \frac{1}{2}(e^x + e^{-x}) \quad \text{und} \quad \sinh x = \frac{1}{2}(e^x - e^{-x}).$$

Welche Bildmengen und welche Umkehrfunktionen gehören zu diesen Funktionen?

Problemanalyse und Strategie Wir skizzieren die Graphen zu den Funktionen. Um Kandidaten für die Umkehrfunktionen zu bekommen, müssen die Gleichungen $y = \frac{1}{2}(e^x + e^{-x})$ und $y = \frac{1}{2}(e^x - e^{-x})$ nach x aufgelöst werden.

Lösung Die Graphen der beiden Funktionen zeigt folgende Abbildung:

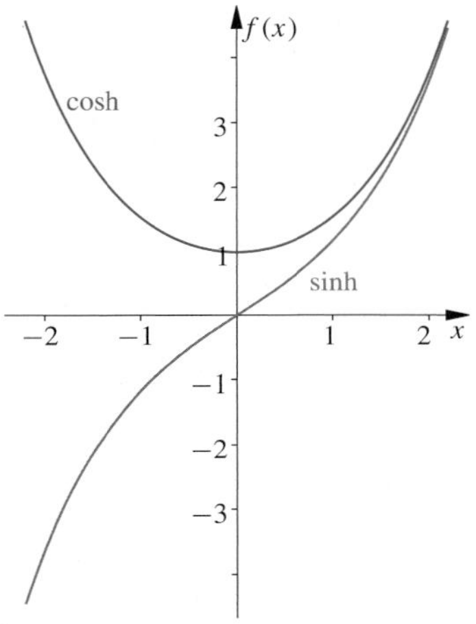

Aus dem Bild lässt sich vermuten, dass es für $y \in \mathbb{R}$ eine Umkehrung zu sinh und für $y \geq 1$ und $x \geq 0$ oder $x \leq 0$ je eine Umkehrung zu cosh gibt.

Betrachten wir $y = \cosh x = \frac{1}{2}(e^x + e^{-x})$ für $x \geq 0$ und $y \geq 1$. Multiplizieren der Gleichung mit e^x führt auf

$$ye^x = \frac{1}{2}e^{2x} + \frac{1}{2}.$$

Mit $u = e^x$ ergibt sich die quadratische Gleichung $u^2 - 2yu = -1$ bzw. $(u-y)^2 = y^2 - 1$. An dieser Stelle erkennen wir, dass die vermutete Voraussetzung $y \geq 1$ notwendig ist. Wir erhalten für die beiden Lösungen $u = y \pm \sqrt{y^2-1}$. Mit der Substitution $u = e^x$ ergeben sich für x die zwei Möglichkeiten

$$x = \ln\left(y \pm \sqrt{y^2-1}\right).$$

Für die Auswahl des Vorzeichens müssen wir uns für einen Zweig entscheiden. Im ersten Fall sehen wir aus $y - 1 + \sqrt{y^2-1} \geq 0$ für $y \geq 1$, dass stets $y + \sqrt{y^2-1} \geq 1$ gilt. Somit ist durch den Ausdruck $\ln(y + \sqrt{y^2-1}) \geq 0$ ein Kandidat für eine Umkehrfunktion

$$\operatorname{arcosh}(y) = \ln\left(y + \sqrt{y^2-1}\right), \quad y \geq 1,$$

zu $\cosh : \mathbb{R}_{\geq 0} \to \mathbb{R}_{\geq 1}$ gegeben. Man bezeichnet diese Umkehrfunktionen mit der Vorsilbe *Area-* und schreibt kurz arcosh, acosh oder $\cosh^{-1}$. Es bleibt noch zu prüfen, dass durch die Rechnung wirklich der **Areakosinus hyperbolicus** gegeben ist,

$$\begin{aligned}\cosh(\operatorname{arcosh}(y)) &= \frac{1}{2}\left(e^{\ln(y+\sqrt{y^2-1})} + e^{-\ln(y+\sqrt{y^2-1})}\right)\\ &= \frac{1}{2}\left(y + \sqrt{y^2-1} + \frac{1}{y+\sqrt{y^2-1}}\right)\\ &= \frac{1}{2}\frac{(y+\sqrt{y^2-1})^2+1}{y+\sqrt{y^2-1}}\\ &= \frac{1}{2}\frac{2y^2+2y\sqrt{y^2-1}}{y+\sqrt{y^2-1}} = y\end{aligned}$$

und

$$\begin{aligned}\operatorname{arcosh}(\cosh(x)) &= \ln\left(\frac{1}{2}(e^x+e^{-x}) + \sqrt{\frac{1}{4}(e^x+e^{-x})^2 - 1}\right)\\ &= \ln\left(\frac{1}{2}(e^x+e^{-x}) + \sqrt{\frac{1}{4}(e^x-e^{-x})^2}\right) = x.\end{aligned}$$

Analog betrachten wir den zweiten Fall $x = \ln(y - \sqrt{y^2-1})$ für $y \geq 1$. Mit der binomischen Formel

$$\left(y - \sqrt{y^2-1}\right)\left(y + \sqrt{y^2-1}\right) = y^2 - (y^2-1) = 1 > 0$$

ergibt sich, dass $y - \sqrt{y^2-1} \geq 0$ ist. Außerdem ist

$$\begin{aligned}&\left((y-1) - \sqrt{y^2-1}\right)\underbrace{\left((y-1) + \sqrt{y^2-1}\right)}_{\geq 0}\\ &= (y-1)^2 - (y^2-1) = -2y + 2 \leq 0.\end{aligned}$$

Also gilt $0 \leq y - \sqrt{y^2-1} \leq 1$ und somit ist $\ln(y - \sqrt{y^2-1}) \leq 0$ für $y \geq 1$. Wir erhalten einen Kandidaten für eine Umkehrfunktion zu $\cosh : \mathbb{R}_{\leq 0} \to \mathbb{R}_{\geq 1}$. Wie im ersten Fall lässt sich durch Einsetzen prüfen, dass es sich um eine Umkehrung handelt.

Ähnliche Überlegungen liefern die Umkehrfunktion zu $\sinh : \mathbb{R} \to \mathbb{R}$. Ohne Einschränkungen an den Definitionsbereich gilt für den **Areasinus hyperbolicus**, $\operatorname{arsinh} : \mathbb{R} \to \mathbb{R}$ der Ausdruck

$$\operatorname{arsinh}(y) = \ln\left(y + \sqrt{y^2+1}\right).$$

Teil I

Übersicht: Exponentialfunktion und Logarithmus

Einige Eigenschaften der Exponentialfunktionen und des Logarithmus werden ständig genutzt. Daher ist ein routinierter Umgang mit den aufgelisteten Identitäten unumgänglich.

Exponentialfunktion Eigenschaften von $\exp : \mathbb{R} \to \mathbb{R}$:

$$\begin{aligned} e^{x+y} &= e^x e^y \quad \text{(Funktionalgleichung)} \\ e^x &\geq 1 + x \\ e^{-x} &= \frac{1}{e^x} \qquad e^{xy} = (e^x)^y \\ e^x &< e^y \quad \text{für } x < y \quad \text{(Monotonie)} \end{aligned}$$

Logarithmus Die Umkehrfunktion $\ln : \mathbb{R}_{>0} \to \mathbb{R}$ zur e-Funktion, d. h.

$$e^{\ln x} = x \quad \text{und} \quad \ln(e^x) = x.$$

Weitere Eigenschaften des natürlichen Logarithmus:

$$\begin{aligned} \ln(x^r) &= r \ln x, \quad r \in \mathbb{R} \\ \ln(xy) &= \ln x + \ln y \quad \text{(Funktionalgleichung)} \\ \ln x &\leq x - 1 \\ \ln x &< \ln y \quad \text{für } x < y \quad \text{(Monotonie)} \end{aligned}$$

Exponentialfunktionen zur Basis $a > 0$

$$a^x = e^{x \ln a}$$

$$\log_a(x) = \frac{\ln x}{\ln a}$$

$$a^{x \pm y} = a^x a^{\pm y}$$

$$a^{xy} = (a^x)^y$$

$$\log_a(xy) = \log_a(x) + \log_a(y)$$

Hyperbolische Funktionen

$$\cosh(x) = \frac{1}{2}(e^x + e^{-x})$$

$$\sinh(x) = \frac{1}{2}(e^x - e^{-x})$$

$$\operatorname{arcosh}(x) = \ln\left(x + \sqrt{x^2 - 1}\right), \quad x \geq 1$$

$$\operatorname{arsinh}(x) = \ln\left(x + \sqrt{x^2 + 1}\right)$$

Selbstfrage 5

Bestimmen Sie die Differenz

$$\log_2(6) - \log_2(3).$$

Für die Logarithmusfunktionen sind in der Literatur auch andere Notationen durchaus gebräuchlich. So wird etwa der natürliche Logarithmus durch $\ln = \log = \log_e$ bezeichnet. Der duale Logarithmus zur Basis $a = 2$ wird manchmal mit $\text{ld} = \log_2$ abgekürzt und für den Logarithmus zur Basis $a = 10$ schreibt man auch $\lg = \log_{10}$.

Die Berechnung der Funktionswerte und wie angedeutet auch die Definition all dieser Funktionen kommt nicht ohne die Bildung von Grenzwerten aus. Wie sich dies etwa im Taschenrechner realisieren lässt, werden wir später sehen. Für eine weitere Klasse elementarer Funktionen, die uns häufig begegnen, etwa sin oder cos gilt dasselbe. Diesen werden wir uns im folgenden Abschnitt zuwenden. Zusammenfassend spricht man bei solchen Funktionen von der Klasse der **transzendenten Funktionen** im Gegensatz zu den algebraischen Funktion, die wir im Abschn. 4.2 behandelt haben.

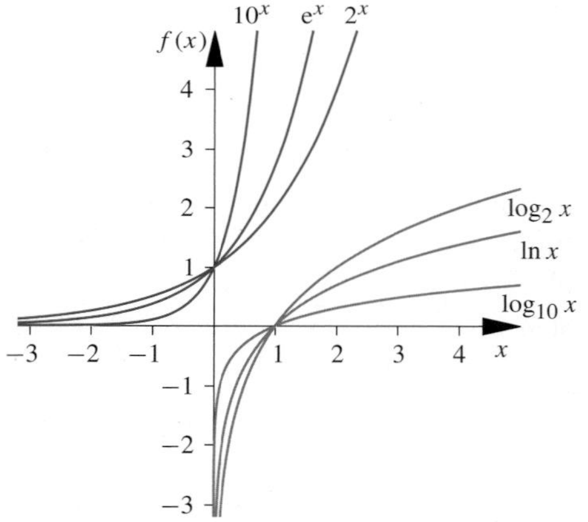

Abb. 4.27 Potenzfunktionen zu den Basen $a = 2$, $a = e$ und $a = 10$

Anwendung: Logarithmische Skalen

Messdaten, die über viele Größenordnungen variieren können, werden meist zweckmäßig mit logarithmischer oder doppeltlogarithmischer Skalierung der Achsen dargestellt. Besonders naheliegend ist die logarithmische Darstellung, wenn die Daten selber einen exponentiellen Zusammenhang aufweisen.

Nehmen wir etwa an, wir beobachten eine Zellkultur und schätzen die Anzahl der Zellen jeweils nach fünf Tagen. Dies liefert eine Liste von Zahlen etwa wie

Tag	0	5	10	15	20
Anzahl	100	430	4 600	14 000	120 000

Eine normale Skalierung der vertikalen Achse, bei der alle Daten deutlich sichtbar bleiben, sprengt das Seitenformat. Daher wählen wir eine logarithmische Skala etwa zur Basis 10, d. h., anstelle von $f(t)$ tragen wir $\log_{10}(f(t))$ an und bezeichnen die Achse mit den entsprechenden Potenzen.

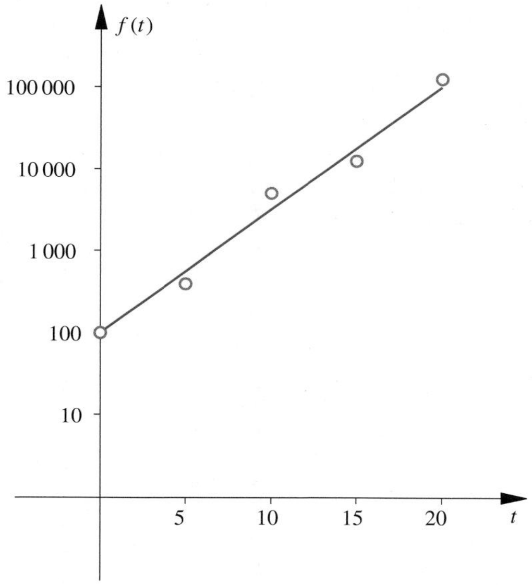

Gehen wir von einem exponentiellen Verhalten aus, so ist

$$f(t) = p_0\, a^t$$

mit einer Basis $a > 0$ ein sinnvolles Modell für das Wachstum, wobei p_0 die Anfangspopulation zum Zeitpunkt $t = 0$ bezeichnet. In unserem Beispiel ist $p_0 = 100$. Betrachten wir den Logarithmus zur Basis 10 dieser Modellfunktion so folgt

$$\log_{10}(f(t)) = \log_{10}(p_0 a^t) = \log_{10} p_0 + \log_{10}(a)\, t.$$

Wir bekommen bei dieser Modellfunktion in der logarithmischen Darstellung des Graphen eine Gerade mit der Steigung $\log_{10}(a)$ und dem Achsenabschnitt $\log_{10}(p_0)$.

Da unsere Daten ziemlich gut auf einer Geraden liegen, schätzten wir die Steigung mit $0.15 \approx \log_{10}(a)$ ab. Es lässt sich eine Basis $a \approx 1.4$ vermuten, sodass das Wachstumsverhalten durch $f(t) = 100 \cdot 1.4^t \approx 100 \cdot 2^{\frac{t}{2}}$ relativ gut beschrieben werden kann. Die Population verdoppelt sich ca. alle zwei Tage. Nun könnten wir hochrechnen, in wie vielen Tagen das Labor nicht mehr zu betreten ist, wenn wir nur hinreichend Nahrung zur Verfügung stellen.

Eine bekannte logarithmische Skalierung ist die *Richter-Skala* zur Messung von Erdbeben. Diese Maßeinheit ergibt sich aus dem Logarithmus zur Basis 10 des maximalen Ausschlags (in mm) der Nadel eines speziellen Seismometers plus einem Korrekturterm, der von der Laufzeit der Wellen und somit von der Entfernung des Geräts vom Epizentrum abhängt.

Auch doppeltlogarithmische Skalen, d. h., sowohl die horizontale als auch die vertikale Achse bekommen eine logarithmische Indizierung, sind gegebenenfalls sinnvoll. Die Abbildung zeigt den Graphen der Funktion $f : \mathbb{R}_{\geq 0} \to \mathbb{R}$ mit $f(t) = t^{1/2}$.

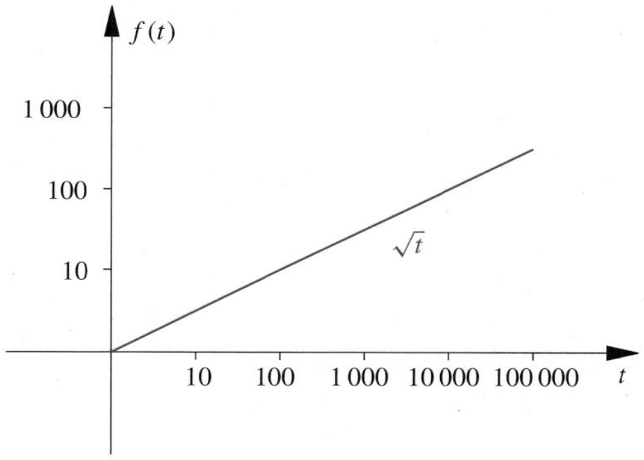

Vermutet man bei doppeltlogarithmischem Antragen von Werten einen linearen Zusammenhang, d. h., der Verlauf des Graphen ist von der Form $ax + b$, so liegt diesem Verhalten eine Funktion $f(t) = 10^{a \log_{10} t + b} = 10^b \cdot t^a$ zu Grunde. Dies bedeutet, dass sich diese Skalierung gerade bei Potenzgesetzen anbietet, die so als Geraden erscheinen. An der Steigung bei doppeltlogarithmischer Darstellung eines funktionalen Zusammenhangs lässt sich für große t der maximale Exponent eines polynomialen Verhaltens ablesen.

4.4 Trigonometrische Funktionen

Die dritte Klasse elementarer Funktionen ergibt sich anschaulich aus der Geometrie von Dreiecken, der Trigonometrie. Dazu betrachten wir am besten die **Winkel** in einem rechtwinkligen Dreieck (siehe Abb. 4.28). Aus der Schulzeit sind die Bezeichnungen, Hypotenuse, Ankathete und Gegenkathete sicher noch geläufig. Das gezeigte Dreieck charakterisiert den Winkel φ, der durch Ankathete und Hypotenuse eingeschlossen wird.

Für die Größe eines Winkels haben sich verschiedene Maßeinheiten eingebürgert. Eine ist die wahrscheinlich auf die Babylonier zurückgehende Messung der Winkel in Grad. Dazu wird ein vollständiger Umlauf in 360 Teile geteilt und relativ dazu der Winkel angegeben.

Im wissenschaftlichen Bereich, und als SI-Standard zur Winkelmessung festgelegt, nutzt man heute das Bogenmaß, auch Radiant genannt. Diese dimensionslose Maßeinheit wird mit *rad* gekennzeichnet. Als Referenzgröße dient die absolute Länge $L = 2\pi$ des Kreisumfangs eines Kreises mit Radius $r = 1$. Somit wird ein Winkel angegeben durch die Länge des Kreisbogenstücks des Einheitskreises, das durch diesen Winkel ausgeschnitten wird. Das Bogenmaß ist bei beliebigem Radius r gerade das Verhältnis $\varphi = l/r$ zwischen der Bogenlänge l und dem Radius r, des durch Ausschneiden eines solchen Kreissektors gegebenen Bogens (siehe Abb. 4.29). Durch

$$\varphi = \phi^\circ \frac{\pi}{180^\circ}$$

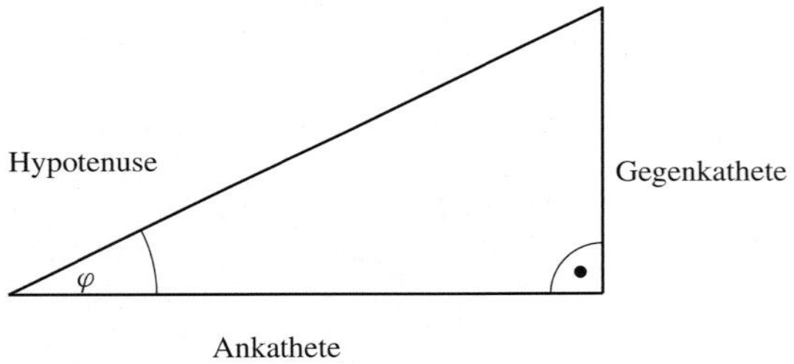

Abb. 4.28 Die Seiten eines rechtwinkligen Dreiecks

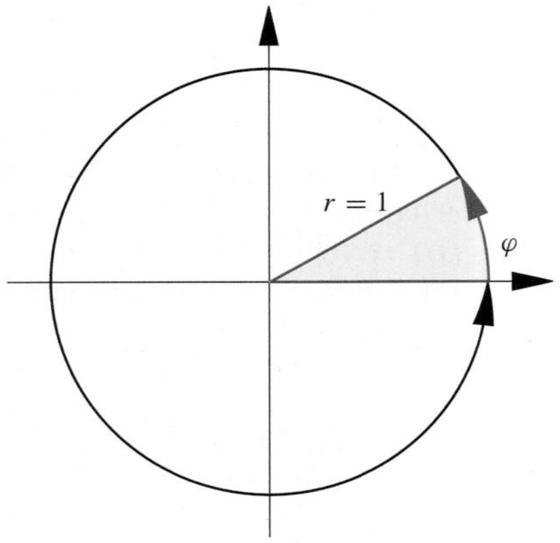

Abb. 4.29 Das Bogenmaß gibt die Länge des Kreisbogens am Kreis mit Radius $r = 1$ an, der durch den Winkel ausgeschnitten wird

lassen sich die Winkelmessung im Gradmaß ϕ° und im Bogenmaß φ leicht umrechnen. In der Tabelle sind einige Winkel in beiden Einheiten aufgelistet.

Grad	0°	30°	45°	60°	90°	180°	360°
Bogenmaß	0	$\frac{\pi}{6}$	$\frac{\pi}{4}$	$\frac{\pi}{3}$	$\frac{\pi}{2}$	π	2π

Kosinus und Sinus, die Seitenverhältnisse im rechtwinkligen Dreieck

Nun kommen wir zurück zum rechtwinkligen Dreieck. Der Winkel zwischen Ankathete und Hypotenuse ist ebenso durch Verhältnisse der Längen der Dreiecksseiten festgelegt. Diesen Relationen werden Namen gegeben. Es ist durch

$$\cos\varphi = \frac{x}{r} = \frac{\text{Ankathete}}{\text{Hypotenuse}}$$

der **Kosinus** eines Winkels und durch

$$\sin\varphi = \frac{y}{r} = \frac{\text{Gegenkathete}}{\text{Hypotenuse}}$$

der **Sinus** definiert. Wählen wir für die Hypotenuse die Länge $r = 1$, so lassen sich die Werte dieser Größen direkt am Dreieck ablesen, wie es in der Abb. 4.30 gezeigt ist.

Betrachten wir die Konstruktion in Spezialfällen, wenn der Winkel $\varphi = 0$ oder $\varphi = \frac{\pi}{2}$ ist, so finden wir $\sin 0 = 0$ und $\cos 0 = 1$, oder $\sin\frac{\pi}{2} = 1$ und $\cos\frac{\pi}{2} = 0$. Weitere Werte bekommen wir aus dem Satz des Pythagoras. Wenn wir ein gleichschenkliges, rechtwinkliges Dreieck mit Hypotenuse $r = 1$ betrachten, so erhalten wir die Kantenlänge $\frac{1}{\sqrt{2}}$. Also folgt $\sin\frac{\pi}{4} = \frac{1}{\sqrt{2}} = \cos\frac{\pi}{4}$. Einige dieser Verhältnisse sind in der Übersicht auf S. 131 aufgelistet. Es ist nützlich, diese Werte parat zu haben.

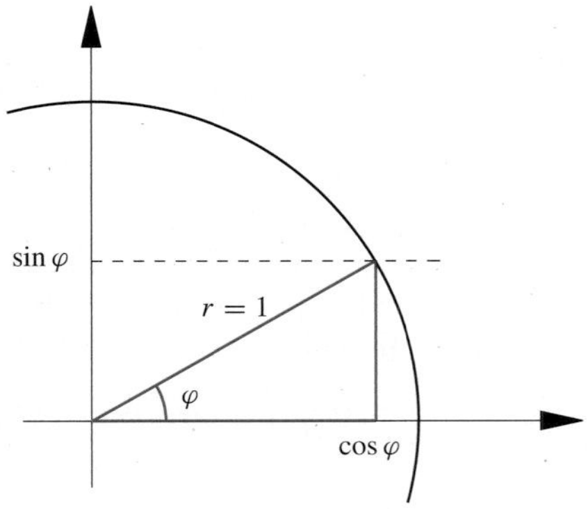

Abb. 4.30 Sinus und Kosinus eines Winkels lassen sich am Einheitskreis ablesen

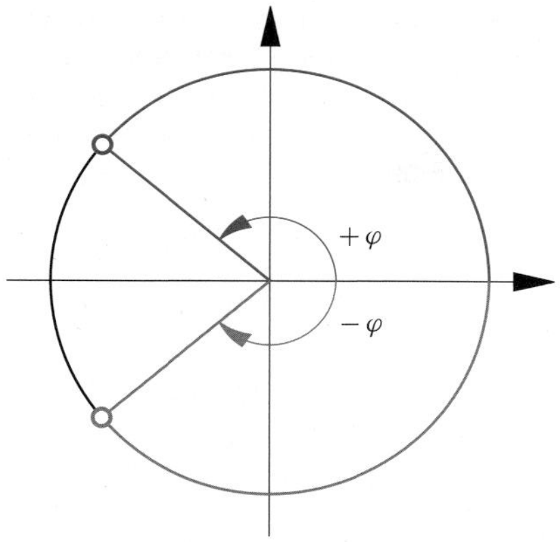

Abb. 4.31 Winkel werden gegen den Uhrzeigersinn als positive Werte und mit dem Uhrzeigersinn als negative Werte aufgefasst

Offensichtlich lassen sich jedem Winkel $\varphi \in [0, \frac{\pi}{2}]$ auf diese Weise Werte $\sin\varphi$ und $\cos\varphi$ zuordnen, auch wenn wir noch keine allgemeine Methode haben, um diese zu berechnen. Im Intervall $[\frac{\pi}{2}, 2\pi]$ wird die Konstruktion fortgesetzt, wobei aber noch die Orientierung berücksichtigt wird, d. h., wir ordnen der Ankathete bzw. der Gegenkathete entsprechend negative Werte x bzw. y zu, wenn wir in der linken bzw. unteren Halbebene des Koordinatensystems sind. Auch für Werte von $\varphi > 2\pi$ oder $\varphi < 0$ lassen sich aus der Konstruktion sinnvoll Funktionswerte für sin und cos festlegen. Rotieren wir den Punkt p in der Abb. 4.30 weiter, so lassen sich nach mehr als einer Umrundung weiterhin die Verhältnisse der Strecken zuordnen. Analog gilt dies, wenn wir nicht im mathematisch positiven Sinne, d. h. gegen den Uhrzeiger Sinn, sondern mit der Uhr den Kreis durchlaufen. In diesem Fall ordnen wir der Winkelmessung negative Werte zu.

Insgesamt ergeben sich auf diesem konstruktiven Weg zwei Funktionen $\sin : \mathbb{R} \to \mathbb{R}$ und $\cos : \mathbb{R} \to \mathbb{R}$, die **Sinus-** und die **Kosinusfunktion**.

Den spannenden Zusammenhang dieser Funktionen zur Exponentialfunktion werden wir später entdecken. Aber auch mit dem bisherigen Wissen lassen sich einige nützliche Eigenschaften zu diesen sogenannten **trigonometrischen Funktionen** oder **Winkelfunktionen** untersuchen.

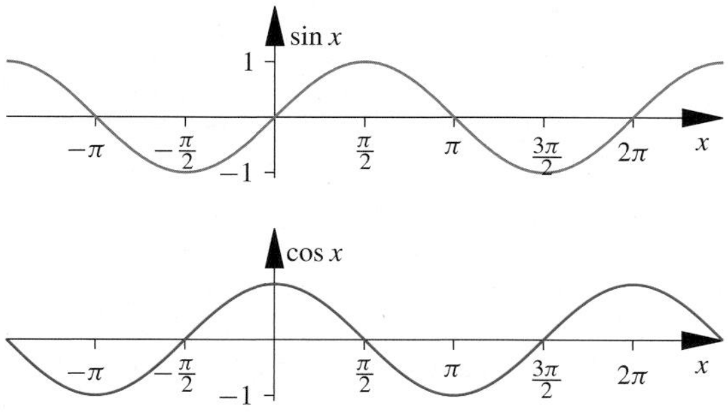

Abb. 4.32 Die Graphen der Funktionen $\sin x$ und $\cos x$

Die Graphen der beiden Funktionen sollten Sie sich gut einprägen, da das Verhalten der Funktionen für spätere Anwendungen wichtig ist.

Arkus („Bogen") – Vorsilbe für Umkehrfunktionen in der Trigonometrie

Anhand der Graphen sehen wir, auf welchen Intervallen wir aus der Kenntnis des Sinus oder des Kosinus auf den zugehörigen Winkel schließen können. Daraus ergeben sich die zugehörigen Umkehrfunktionen. Man legt die sogenannten Hauptwerte des **Arkussinus** und des **Arkuskosinus** fest durch die Definitions- und Wertemengen

$$\arcsin : [-1, 1] \to \left[-\frac{\pi}{2}, \frac{\pi}{2}\right], \qquad \arccos : [-1, 1] \to [0, \pi].$$

Betrachten wir die Tabelle auf S. 131, so lassen sich einige Funktionswerte der Umkehrfunktionen ablesen, etwa

$$\arcsin\frac{1}{2} = \frac{\pi}{6} \quad \text{und} \quad \arccos\frac{1}{2} = \frac{\pi}{3}.$$

Kommentar Am Taschenrechner werden Ihnen stets diese Hauptwerte ausgegeben. Um auf Winkel in anderen Intervallen zu schließen, den sogenannten Nebenwerten dieser Funktionen, müssen die Hauptwerte um ein Vielfaches von π verschoben werden durch $(2n+1)\pi - \arcsin(x)$ bzw. $2n\pi + \arcsin(x)$ und $2n\pi - \arccos(x)$ bzw. $2n\pi + \arccos(x)$ mit entsprechender Wahl der Zahl $n \in \mathbb{Z}$. Suchen wir etwa den Winkel φ im Intervall $\left[-\frac{3}{2}\pi, -\frac{\pi}{2}\right]$ mit der Eigenschaft $\sin\varphi = \frac{1}{2}$, so muss die Bildmenge $\left[-\frac{\pi}{2}, \frac{\pi}{2}\right]$ des Arcussinus um $-\pi$ verschoben werden. Also ist $\varphi = (2 \cdot (-1) + 1)\pi - \arcsin\left(\frac{1}{2}\right) = -\pi - \frac{\pi}{6} = -\frac{7}{6}\pi$. Analog erhalten wir den Winkel $\psi \in [3\pi, 4\pi]$ mit $\cos\psi = \frac{1}{2}$ durch $\psi = 2 \cdot 2\pi - \arccos\left(\frac{1}{2}\right) = \frac{11}{3}\pi$. ◀

Anwendungsbeispiel Für die optimale Ausrichtung von Sonnenkollektoren ist der Höhenwinkel h der Sonne wichtig. Mit diesem Winkel bezeichnet man den Winkel unter dem man an einem festen Ort die Sonne am Himmel sieht (siehe Abb. 4.33). Für seine Berechnung findet man in der Astronomie den Ausdruck

$$h = \arcsin(\cos\delta\,\cos\theta\,\cos\varphi + \sin\delta\,\sin\varphi),$$

wobei mit φ der Breitengrad des Orts bezeichnet wird. Der Winkel δ ist die von der Jahreszeit abhängige Deklination der Sonne. Dies ist der Winkel zwischen der Position der Sonne am Himmel und der Äquatorialebene. Mit θ wird in dieser Formel der von der Tageszeit abhängige Stundenwinkel bezeichnet, der sich mit der Erddrehung um ca. 15° pro Stunde verändert.

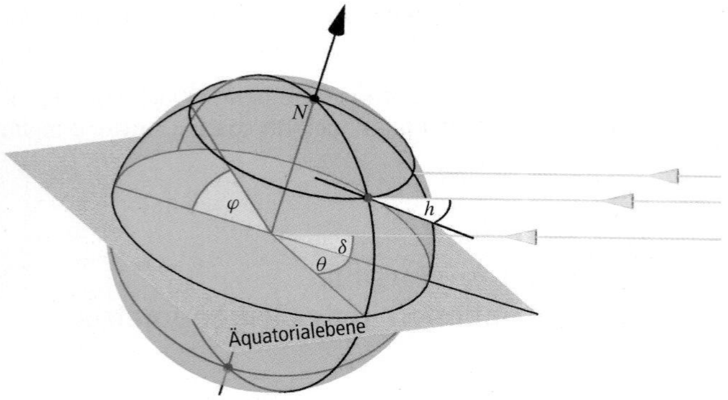

Abb. 4.33 Der Höhenwinkel ist der Winkel zwischen den Sonnenstrahlen und dem Erdboden

Der Höchststand zur Mittagszeit, die Mittagshöhe oder auch der obere Kulminationspunkt, wird erreicht bei $\theta = 0$. Also gilt mit den *Additionstheoremen*

$$\begin{aligned} h_{\max} &= \arcsin(\cos\delta\,\cos\varphi + \sin\delta\,\sin\varphi) \\ &= \arcsin(\cos(\delta - \varphi)) \\ &= \arcsin\left(\sin\left(\frac{\pi}{2} + (\delta - \varphi)\right)\right) = \frac{\pi}{2} - \varphi + \delta. \quad ◀ \end{aligned}$$

Drei Eigenschaften sind wesentlich für den Umgang mit den trigonometrischen Funktionen: die Periodizität, die Symmetrien und die Additionstheoreme. Die erste Beobachtung ergibt sich direkt aus der angegebenen Fortsetzung der Funktionen außerhalb des Intervalls $[0, 2\pi]$. Die beiden Funktionen sind **periodisch** mit der Periode 2π, d. h., es gilt

$$\begin{aligned} \sin(x + 2\pi) &= \sin x \\ \cos(x + 2\pi) &= \cos x \end{aligned}$$

für alle $x \in \mathbb{R}$. Anschaulich bedeutet dies, das horizontale Translationen um 2π die Graphen dieser Funktionen nicht ändern.

Obwohl nach der Definition

$$\cos(x) = \sin\left(x + \frac{\pi}{2}\right)$$

gilt, d. h., die eine Funktion geht durch Translation aus der anderen hervor, ist es angebracht beiden Funktionen eigenständige Namen zu geben, da sie oft paarweise auftreten.

Darüber hinaus weisen beide Funktionen mathematisch wesentliche Unterschiede auf. Es ergeben sich grundlegend verschiedene Symmetrien der beiden Funktionen um den Nullpunkt, die direkt aus der obigen Konstruktion der Funktionen zu sehen sind. Es gilt

$$\begin{aligned} \sin(-x) &= -\sin x \\ \cos(-x) &= \cos x \end{aligned}$$

für $x \in \mathbb{R}$. Auch diese Eigenschaften lassen sich am Schaubild interpretieren (siehe Abb. 4.32). Sie bedeuten, dass der Graph zum Kosinus symmetrisch ist zur vertikalen Achse und der Graph der Sinusfunktion punktsymmetrisch zum Ursprung $(0, 0)$ des Koordinatensystems.

Die beiden Arten von Symmetrien werden auch allgemein bei Funktionen $f : \mathbb{R} \to \mathbb{R}$ betrachtet. Man spricht von einer **geraden** Funktion, wenn wie beim Kosinus gilt

$$f(-x) = f(x), \quad \text{für alle } x \in D.$$

Entsprechend heißt eine Funktion **ungerade**, wenn

$$f(-x) = -f(x) \quad \text{für alle } x \in D$$

gilt, wie wir es beim Sinus beobachtet haben. Interessant ist, dass man jede Funktion $f : \mathbb{R} \to \mathbb{R}$ durch

$$f(x) = \underbrace{\frac{f(x) + f(-x)}{2}}_{\text{gerade}} + \underbrace{\frac{f(x) - f(-x)}{2}}_{\text{ungerade}}$$

in einen geraden und einen ungeraden Anteil zerlegen kann.

Selbstfrage 6

Kennen Sie die Funktionen, die bei der Zerlegung der Exponentialfunktion in einen geraden und einen ungeraden Anteil auftauchen?

Die dritte Klasse von Eigenschaften sind die sogenannten **Additionstheoreme**. Zunächst betrachten wir noch einmal den Satz des Pythagoras im rechtwinkligen Dreieck in Abb. 4.30. Also gilt die Identität

$$\sin^2 x + \cos^2 x = 1. \tag{4.5}$$

Aufgrund der Periodizität gilt diese Beziehung sogar allgemein für jedes Argument $x \in \mathbb{R}$.

Achtung Die Notation $\sin^2 x = (\sin x)^2$ bzw. $\cos^2 x = (\cos x)^2$ ist bei trigonometrischen Funktionen üblich. ◀

Mithilfe der Strahlensätze, die wir hier nicht genauer aufgreifen wollen, lassen sich erheblich allgemeiner die **Additionstheoreme** zeigen. Es gilt für $x, y \in \mathbb{R}$:

$$\begin{aligned} \sin(x + y) &= \sin x \cos y + \cos x \sin y \\ \cos(x + y) &= \cos x \cos y - \sin x \sin y \end{aligned}$$

Wir werden später einen anderen Zugang zu den trigonometrischen Funktionen erarbeiten, bei dem diese Aussagen direkt aus den Regeln zur Potenzrechnung folgen. Daher verzichten wir an dieser Stelle auf eine Herleitung.

Anwendung: Harmonische Schwingungen

Die mathematische Beschreibung von Schwingungsphänomenen ist in vielen technischen Bereichen von Interesse. Das periodische Verhalten der Funktionen Sinus und Kosinus liefern die Möglichkeit zumindest ideale Schwingungen, sogenannte *harmonische* Schwingungen, exakt anzugeben.

Nicht nur in der Musik spielen Schwingungen eine Rolle. Töne, also durch periodische Schwankungen des Luftdrucks erzeugte akustische Signale, sind auch etwa bei Fahrgeräuschen von Bahnen oder Autos eine technische Herausforderung. Bei mechanischen Meisterleistungen wie einem Uhrwerk oder wie dem von dem Erfinder J. N. Mälzel (1772–1838) entwickelten Metronom wird auf mechanischem Wege versucht, eine gleichmäßige Schwingung so gut wie möglich zu erreichen. Auch elektrische Schwingungen sind im Alltag allgegenwärtig, etwa der mit ca. 50 Hertz an der Steckdose bereitgestellte Wechselstrom oder die vom Handy empfangenen elektromagnetischen Wellen.

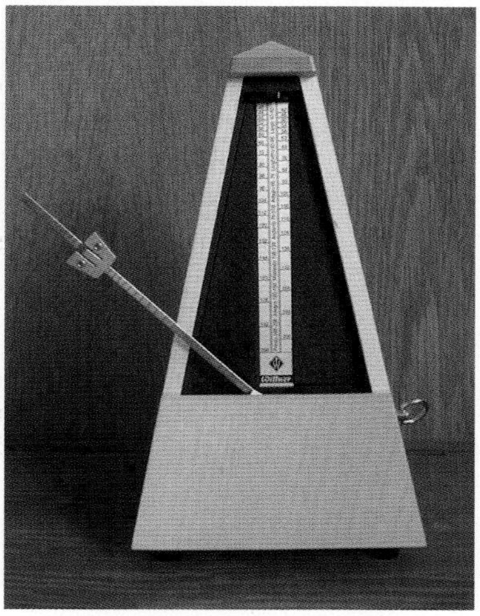

Allgemein sprechen wir von einer harmonischen Schwingung, wenn sich ein Phänomen durch Funktionen $f : \mathbb{R} \to \mathbb{R}$ mit

$$f(x) = a\cos(\omega x + p) \quad \text{oder} \quad f(x) = a\sin(\omega x + p)$$

beschreiben lässt. Dies ist der Idealfall gegenüber den in der Praxis auftretenden Schwingungen, die sich aus Überlagerungen, also einer Summe solcher Funktionen mit unterschiedlichen Parametern a, ω, p, zusammensetzen, wobei im Allgemeinen a, ω oder p auch noch von x abhängen.

Welche der beiden Darstellungen wir wählen, spielt hier zunächst keine Rolle, da wir durch eine Translation

$$a\cos(\omega x + p) = a\sin\left(\omega x + p + \frac{\pi}{2}\right)$$

die eine in die andere überführen können. Trotzdem ist es oft passend beide Funktionen zu nutzen, um sowohl gerade als auch ungerade Anteile bei gleicher Frequenz und Phase beschreiben zu können.

Damit sind wir bei den technisch häufig verwendeten Begriffen für die Parameter, die die harmonische Schwingung festlegen. Zunächst entscheidet die **Kreisfrequenz** ω bzw. die sogenannte **Frequenz**, $F = \frac{\omega}{2\pi}$, über die Periode der Funktion, denn es gilt

$$\cos\left(\omega\left(x + \frac{2\pi}{\omega}\right) + p\right) = \cos(\omega x + p).$$

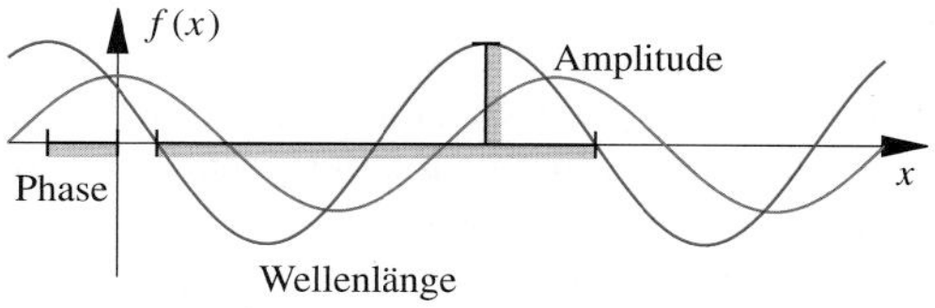

Der Wert $p \in [0, 2\pi]$ wird die **Phasenverschiebung** genannt. Man nennt zwei Schwingungen mit ganzzahligem Verhältnis der Frequenzen *in Phase*, wenn sich diese Verschiebungen nicht unterscheiden. Die letzte Größe, die eine harmonische Schwingung bestimmt, ist die **Amplitude** $a \in \mathbb{R}_{\geq 0}$ der Schwingung. Dieser Wert gibt die maximale Auslenkung der Schwingung an.

Die Wirkungen dieser technisch wichtigen Parameter sind uns schon geläufig, handelt sich es doch um die linearen Transformationen aus Abschn. 4.1.

Der Kehrwert der Frequenz, d. h. $L = \frac{2\pi}{\omega}$, ist die **Periode**. Dieser Wert gibt die Intervallbreite an, in der eine vollständige Schwingung zu finden ist. Der enge Zusammenhang zwischen Kreisfrequenz, Frequenz und Periode lässt sich ablesen an den Identitäten

$$\cos(2\pi F x) = \cos(\omega x) = \cos\left(\frac{2\pi}{L}x\right).$$

Interpretiert man die Variable x räumlich, so ist die Periode die **Wellenlänge**. Hingegen wird für die Periode auch **Periodendauer** verwendet, wenn x die Zeit bezeichnet. Dann ergibt sich die Maßeinheit *Hertz*, $\mathrm{Hz} = \frac{1}{\mathrm{sec}}$ für Frequenzen, benannt nach dem Physiker H. R. Hertz (1857–1894). Diese Maßeinheit gibt die Anzahl der Schwingungen pro Sekunde an.

Wie schon angedeutet, beobachtet man reine harmonische Schwingungen nur selten in den Anwendungen. Oft setzen sich die Signale aus Überlagerungen, sogenannten Superpositionen, solcher Schwingungen zusammen, sodass wir es mit Linearkombinationen der Form

$$f(x) = \sum_{j=0}^{n} \left[a_j\cos(\omega_j x + p_j) + b_j\sin(\omega_j x + p_j)\right]$$

zu tun haben.

Viele nützlich Identitäten lassen sich aus den Additionstheoremen und gegebenenfalls speziellen Funktionswerten, wie $\sin 0 = 0$ oder $\cos 0 = 1$ gewinnen. In der Übersicht auf S. 131 sind einige häufig genutzte zusammengestellt. Wir erhalten etwa mit $y = \frac{\pi}{2}$ aus dem zweiten Additionstheorem die Gleichung

$$\cos\left(x + \frac{\pi}{2}\right) = \cos x \cos\frac{\pi}{2} - \sin x \sin\frac{\pi}{2} = -\sin x.$$

Selbstfrage 7

Wie ergibt sich die Identität $\sin(2x) = 2\sin x \cos x$ aus den Additionstheoremen?

Beispiel

- Die sehr häufig angewandte Identität (4.5) ist eine Folgerung aus den beiden angegebenen Additionstheoremen. Setzen wir $y = -x$ und nutzen die Symmetrieeigenschaften, so folgt mit dem zweiten Additionstheorem

$$\begin{aligned} 1 = \cos(x - x) &= \cos x \cos(-x) - \sin x \sin(-x) \\ &= \cos^2 x + \sin^2 x. \end{aligned}$$

- Für $x^2 + y^2 \leq 1$ finden wir in Formelsammlungen die Identität

$$\arcsin x + \arcsin y = \arcsin\left(x\sqrt{1-y^2} + y\sqrt{1-x^2}\right).$$

Auch diese lässt sich aus den Additionstheoremen herleiten. Da $|x| \leq 1$ gilt, erhalten wir mit (4.5) und der Umkehrfunktion arcsin zu sin, dass

$$\cos^2(\arcsin(x)) = 1 - \sin^2(\arcsin(x)) = 1 - x^2$$

ist. Da der Kosinus auf der Bildmenge von arcsin positiv ist, folgt

$$\cos(\arcsin(x)) = \sqrt{1-x^2}.$$

Wenden wir die Umkehrfunktion arccos auf beiden Seiten der Gleichung an, erhalten wir die Identität

$$\arcsin(x) = \arccos\left(\sqrt{1-x^2}\right).$$

Analog ergibt sich übrigens auch

$$\arccos(x) = \arcsin\left(\sqrt{1-x^2}\right).$$

Nutzen wir diese Beziehungen, so folgt aus dem ersten Additionstheorem

$$\begin{aligned} \sin(\arcsin(x) + \arcsin(y)) &= \sin(\arcsin(x))\cos(\arcsin(y)) \\ &\quad + \cos(\arcsin(x))\sin(\arcsin(y)) \\ &= x\sqrt{1-y^2} + y\sqrt{1-x^2}. \end{aligned}$$

Anwenden der Umkehrfunktion arcsin auf beiden Seiten der Gleichung liefert die gesuchte Formel. ◄

Einige weitere trigonometrische Funktionen und ihre Umkehrfunktionen begegnen uns gelegentlich. So taucht häufig die **Tangensfunktion**

$$\tan(x) = \frac{\sin x}{\cos x}$$

für $x \neq \frac{\pi}{2} + n\pi$ mit $n \in \mathbb{Z}$ auf. Setzen wir die geometrische Definition des Sinus und des Kosinus ein, so ist durch den Tangens

$$\tan\varphi = \frac{a}{b}$$

gerade das Verhältnis von Gegen- zur Ankathete gegeben. Wenn zu diesem Verhältnis der Winkel φ gefragt ist, so benötigen wir die Umkehrfunktion des Tangens den Arkustangens, $\arctan : \mathbb{R} \to (-\frac{\pi}{2}, \frac{\pi}{2})$. Aus den Graphen zum Tangens bzw. Arkustangens (siehe Abb. 4.34 und 4.35) lassen sich Definitionsmengen und Bildmengen der beiden Funktionen herauslesen.

Auch der Kehrwert des Tangens wird definiert, der **Kotangens**. Also ist durch

$$\cot\varphi = \frac{1}{\tan\varphi} = \frac{b}{a}$$

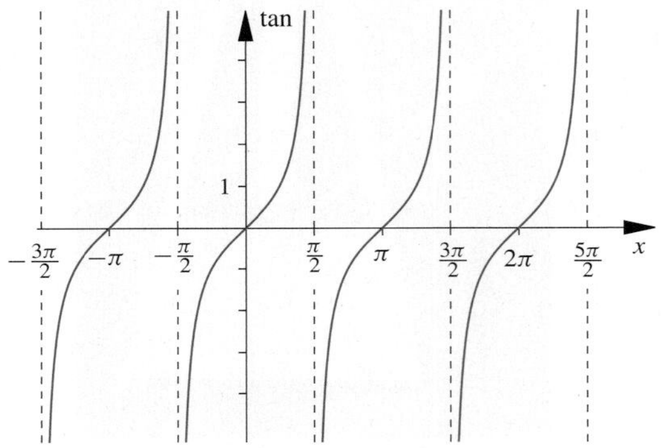

Abb. 4.34 Der Graph zur Tangensfunktion

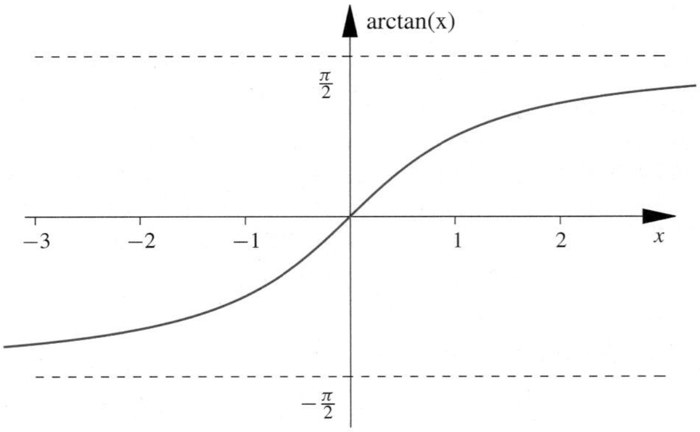

Abb. 4.35 Der Graph zur Arkustangensfunktion

Übersicht: Eigenschaften von sin und cos

Die folgenden Eigenschaften der Sinus- und der Kosinusfunktion werden oft genutzt.

Graphen

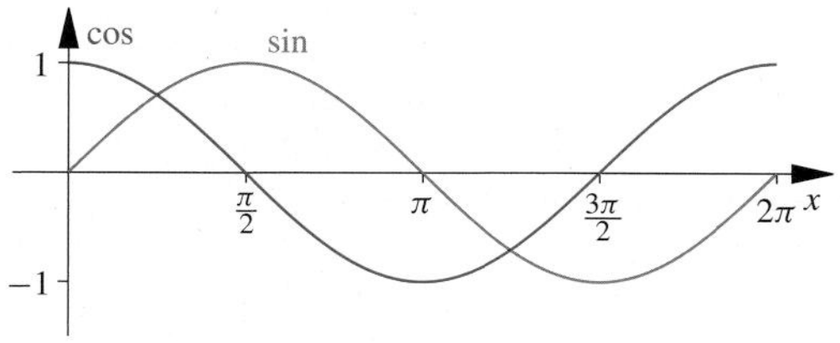

Wertetabelle

φ	0	$\frac{\pi}{6}$	$\frac{\pi}{4}$	$\frac{\pi}{3}$	$\frac{\pi}{2}$
sin	0	$\frac{1}{2}$	$\frac{1}{\sqrt{2}}$	$\frac{\sqrt{3}}{2}$	1
cos	1	$\frac{\sqrt{3}}{2}$	$\frac{1}{\sqrt{2}}$	$\frac{1}{2}$	0

Nullstellen

$$\sin(n\pi) = 0, \quad \cos\left(\frac{\pi}{2} + n\pi\right) = 0 \quad \text{für } n \in \mathbb{Z}$$

Maxima und Minima

$$\left.\begin{aligned} \sin\left(\frac{\pi}{2} + n\pi\right) &= (-1)^n \\ \cos(n\pi) &= (-1)^n \end{aligned}\right\} \quad \text{für } n \in \mathbb{Z}$$

2π-Periodizität

$$\sin(x + 2\pi) = \sin x$$
$$\cos(x + 2\pi) = \cos x$$

Symmetrie

$$\sin(-x) = -\sin x$$
$$\cos(-x) = \cos x$$

Additionstheoreme

$$\sin(x + y) = \sin x \cos y + \cos x \sin y$$
$$\cos(x + y) = \cos x \cos y - \sin x \sin y$$

Folgerungen aus den Additionstheoremen

$$\sin\left(x + \frac{\pi}{2}\right) = \cos x$$
$$\cos\left(x + \frac{\pi}{2}\right) = -\sin x$$
$$\sin 2x = 2 \sin x \cos x$$
$$\cos 2x = \cos^2 x - \sin^2 x = 2\cos^2 x - 1$$
$$\sin^2 x + \cos^2 x = 1$$
$$\sin^2 x = \frac{1 - \cos 2x}{2}$$
$$\cos^2 x = \frac{1 + \cos 2x}{2}$$
$$\sin x \pm \sin y = 2 \sin \frac{x \pm y}{2} \cos \frac{x \mp y}{2}$$
$$\cos x + \cos y = 2 \cos \frac{x + y}{2} \cos \frac{x - y}{2}$$
$$\cos x - \cos y = -2 \sin \frac{x + y}{2} \sin \frac{x - y}{2}$$
$$\sin x \sin y = \frac{1}{2}(\cos(x - y) - \cos(x + y))$$
$$\cos x \cos y = \frac{1}{2}(\cos(x - y) + \cos(x + y))$$
$$\sin x \cos y = \frac{1}{2}(\sin(x - y) + \sin(x + y))$$

Weitere trigonometrische Funktionen

$$\tan x = \frac{\sin x}{\cos x}, \quad x \neq (2n+1)\frac{\pi}{2}, \; n \in \mathbb{Z}$$
$$\cot x = \frac{\cos x}{\sin x}, \quad x \neq n\pi, \; n \in \mathbb{Z}$$
$$\sec x = \frac{1}{\cos x}, \quad x \neq (2n+1)\frac{\pi}{2}, \; n \in \mathbb{Z}$$
$$\csc x = \frac{1}{\sin x}, \quad x \neq n\pi, \; n \in \mathbb{Z}$$

Zugehörige Umkehrfunktionen

$$\arccos : [-1, 1] \to [0, \pi]$$
$$\arcsin : [-1, 1] \to \left[-\frac{\pi}{2}, \frac{\pi}{2}\right]$$
$$\arctan : \mathbb{R} \to \left[-\frac{\pi}{2}, \frac{\pi}{2}\right]$$
$$\text{arccot} : \mathbb{R} \to [0, \pi]$$

Beispiel: Anwenden der Additionstheoreme

Mit den Additionstheoremen zu den trigonometrischen Funktionen lassen sich oft andere Darstellungen der Funktionen finden. Wir zeigen zum Beispiel die Identitäten

$$\cos x = \frac{1-\tan^2(\frac{x}{2})}{1+\tan^2(\frac{x}{2})} \quad \text{und} \quad \sin x = \frac{2\tan(\frac{x}{2})}{1+\tan^2(\frac{x}{2})}$$

für $x \in (-\pi, \pi)$, die später beim Integrieren nützlich sind.

Problemanalyse und Strategie Wir setzen in den Ausdrücken auf den rechten Seiten die Definition des Tangens als Verhältnis zwischen Sinus und Kosinus ein und verwenden passende Folgerungen aus den Additionstheoremen, die in der Übersicht auf S. 131 aufgelistet sind.

Lösung Erweitern wir den Ausdruck für $\cos x$ mit dem Faktor $\cos^2(x/2)$ und verwenden die Additionstheoreme, so erhalten wir:

$$\begin{aligned}\frac{1-\tan^2\left(\frac{x}{2}\right)}{1+\tan^2\left(\frac{x}{2}\right)} &= \frac{1-\frac{\sin^2(\frac{x}{2})}{\cos^2(\frac{x}{2})}}{1+\frac{\sin^2(\frac{x}{2})}{\cos^2(\frac{x}{2})}}\\ &= \frac{\cos^2\frac{x}{2}-\sin^2\frac{x}{2}}{\cos^2\frac{x}{2}+\sin^2\frac{x}{2}}\\ &= \cos^2\frac{x}{2}-\sin^2\frac{x}{2}\\ &= \frac{1+\cos x}{2}-\frac{1-\cos x}{2} = \cos x\end{aligned}$$

Die zweite Gleichung bekommt man aus:

$$\begin{aligned}\frac{2\tan\left(\frac{x}{2}\right)}{1+\tan^2\left(\frac{x}{2}\right)} &= 2\frac{\sin\left(\frac{x}{2}\right)}{\cos\left(\frac{x}{2}\right)\left(1+\frac{\sin^2(\frac{x}{2})}{\cos^2(\frac{x}{2})}\right)}\\ &= 2\frac{\sin\left(\frac{x}{2}\right)\cos\left(\frac{x}{2}\right)}{\cos^2\left(\frac{x}{2}\right)+\sin^2\left(\frac{x}{2}\right)}\\ &= 2\sin\left(\frac{x}{2}\right)\cos\left(\frac{x}{2}\right)\\ &= \sin\left(\frac{x}{2}-\frac{x}{2}\right)+\sin\left(\frac{x}{2}+\frac{x}{2}\right) = \sin x\end{aligned}$$

Übrigens gilt für den Nenner dieser Ausdrücke:

$$1+\tan^2 x = \frac{\cos^2 x}{\cos^2 x}+\frac{\sin^2 x}{\cos^2 x} = \frac{\cos^2 x+\sin^2 x}{\cos^2 x} = \frac{1}{\cos^2 x}$$

Es ergibt sich der Kehrwert der Kosinusfunktion ins Quadrat. Den Funktionen, die wir durch die Kehrwerte der Sinus- und der Kosinusfunktion bekommen, werden auch Namen zugeordnet. Der **Sekans** und **Kosekans** sind mit ihren Definitionsbereichen definiert durch:

$$\sec x = \frac{1}{\cos x}, \quad x \in \mathbb{R} \setminus \left\{x = \frac{\pi}{2} + n\pi \mid n \in \mathbb{Z}\right\}$$

$$\csc x = \frac{1}{\sin x}, \quad x \in \mathbb{R} \setminus \{x = n\pi \mid n \in \mathbb{Z}\}$$

Mit einem grafikfähigen Rechner können wir uns die Graphen dieser Funktionen schnell verschaffen.

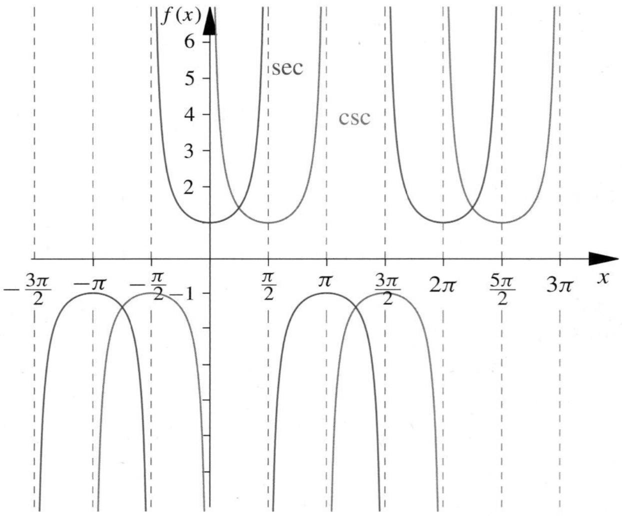

Mit der obigen Rechnung lässt sich

$$1+\tan^2 x = \sec^2 x$$

und analog

$$1+\cot^2 x = \csc^2 x$$

schreiben.

Vertiefung: Plotten von Funktionsgraphen in MATLAB®

Zur Visualisierung des Graphen einer Funktion kann in MATLAB® der Befehl *plot* genutzt werden.

Um den Graphen $\{(x, f(x)) : x \in D\}$ einer Funktion darzustellen, müssen Koordinatenpaare generiert werden. Als Beispiel wählen wir $f : [-1, 1] \to \mathbb{R}$ mit $f(x) = \frac{1}{\sqrt{1+x^2}}$.

Zu Beginn erzeugen wir x-Werte im Intervall $[-1, 1]$, die wir in einer Liste, genauer einem *Vektor* sammeln. Wir bekommen diesen Vektor etwa mit 101 Stellen $x_j = -1 + \frac{1}{50}j$, $j = 0, \dots 100$, durch

```
>> x = -1:1/50:1
```

Als Nächstes wird eine Liste mit den Funktionswerten an diesen Stellen berechnet. Dazu benötigen wir einen weiteren Vektor von derselben Größe wie x, der aber nur Einsen enthält. Dies erreichen wir mit

```
>> e = ones(size(x))
```

Nun können wir komponentenweise Funktionswerte ausrechnen und uns den Graphen der Funktion ansehen.

```
>> y = sqrt(e./(e+x.*x))
>> plot(x,y)
```

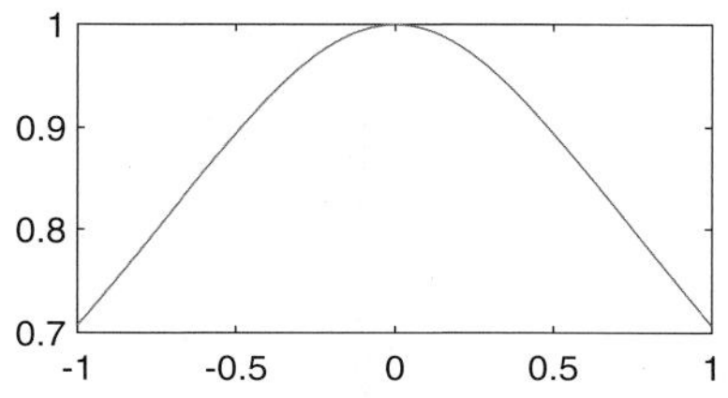

Bei der Berechnung der Funktionswerte in MATLAB® muss man aufpassen. MATLAB® arbeitet matrix-orientiert, d. h. Operationen wie die Multiplikation $*$ bezeichnen Matrixoperationen, so dass der Befehl $x*x$ hier keinen Sinn macht. Erst mit Abschn. 16.1 wird deutlich, wie diese Notation gemeint ist. Um die Operation komponentenweise für jeden Eintrag im Vektor x durchzuführen, also etwa im Nenner die Werte x_j^2 auszurechnen und zu 1 zu addieren, sind elementweise Operationen erforderlich, die mit einem Punkt gekennzeichnet sind. Funktionsaufrufe elementarer Funktionen, wie hier *sqrt*, sind in MATLAB® so implementiert, dass die Funktion auf jede Komponente des Arguments angewendet wird, hier also in jeder Komponente die Wurzel gezogen wird.

Wir haben mit 101 Stützstellen genug Werte um ein passendes Bild zu erzeugen. Die Koordinatenpunkte werden im Plot durch gerade Linien verbunden. Schauen wir uns dasselbe Bild mit nur drei Stützpunkten an,

```
>> x3p = linspace(-1,1,3);
>> y3p = sqrt(1./(1+x3p.^2));
>> plot(x3p,y3p)
```

erhalten wir zwei Verbindungsstrecken und somit keinen guten Eindruck vom Graphen der Funktion. Man beachte, dass wir hier die Eingabe abgekürzt haben. Das Ausrechnen des Faktors, um äquidistante Unterteilungen des Intervalls $[-1, 1]$ zu bekommen, haben wir dem Befehl *linspace* überlassen. Beim Berechnen der Funktionswerte haben wir die Alternative `x.^2=x.*x` für das komponentenweise Quadrieren gewählt, und den Vektor e gespart, da das System die beiden 1'n automatisch zur richtigen Größe von x ergänzt, um eine komponentenweise Addition und Division zu erlauben.

MATLAB® bietet viele Optionen an, den Plot individuell zu gestalten. So können wir etwa die Farbe, den Stil oder die Linienstärke modifizieren:

```
>> plot(x,y,'r--','LineWidth',2)
```

Titel oder Achsenbezeichnungen erhalten wir durch

```
>> title('Beispiel')
>> xlabel('x'); ylabel('f(x) = 1/(1+x^2)');
```

Wollen wir in dieses Bild noch den zweiten Versuch mit drei Stützstellen einfügen, können wir mit

```
>> hold on
```

aktivieren, dass der weitere Plot

```
>> plot(x3p,y3p,'b--','LineWidth',2)}
```

zu dem schon Bestehenden hinzugefügt wird. Mit

```
>> hold off
```

schaltet man wieder um, auf das standardmäßige Überschreiben des vorherigen Zeichenbereichs.

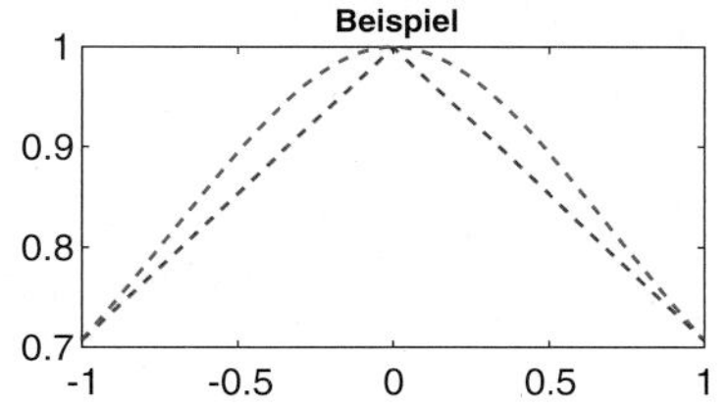

Wir können denselben Plot (ohne Titel und Achsenbezeichnung) übrigens auch direkt durch

```
>> plot(x,y,'r--',xp3,yp3,'b--', ...
    'LineWidth',2)
```

erreichen. Wollen wir die beiden Graphen lieber untereinander in zwei Bildern sehen, so liefert uns der Befehl `subplot` dazu eine elegante Möglichkeit.

```
>> subplot(2,1,1);  plot(x,y,'r');
>> subplot(2,1,2);  plot(x3p,y3p,'b');
```

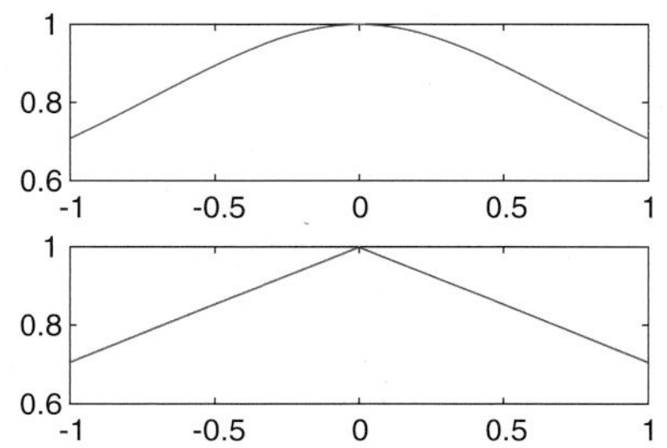

das Verhältnis von Ankathete zur Gegenkathete im rechtwinkligen Dreieck gegeben. Da die Graphen von Kosinus und Sinus durch eine Verschiebung auseinander hervorgehen, gelten entsprechende Relationen für Tangens und Kotangens, etwa

$$\cot\left(x + \frac{\pi}{2}\right) = -\tan x.$$

Anwendungsbeispiel Der Zimmermann verwendet den Tangens bzw. die Umkehrfunktion Arkustangens, um bei Dachneigungen zwischen einer Winkelangabe und einer prozentualen Angabe umzurechnen. Die prozentuale Angabe eines Winkels kennen wir von den Straßenschildern. So bedeutet etwa 20% Steigung, dass auf einer (horizontal gemessenen) Strecke von 1 m ein Höhenunterschied von 20 cm vorliegt. Der entsprechende Winkel zwischen Ankathete und Hypotenuse ist durch das gegebene Verhältnis von Gegenkathete zu Ankathete also dem Tangens charakterisiert. Somit errechnet sich der Winkel aus der prozentualen Angabe durch

$$\varphi = \arctan\left(\frac{20}{100}\right) \approx 0.197.$$

Das sind ca. 11.3° in unserem Beispiel. ◀

Abb. 4.36 Die Umrechnung der Dachneigung von Grad in Prozent erfolgt über den Tangens

Zusammenfassend können wir festhalten, dass sich eine Vielzahl von Identitäten aus den Additionstheoremen und den wesentlichen Eigenschaften der trigonometrischen Funktionen ergeben. Auf S. 132 finden Sie noch weitere Beispiele.

Zusammenfassung

Reellwertige Funktionen einer Veränderlichen

Naturwissenschaftliche und technische Phänomene werden durch mathematische Modelle beschrieben. Die dabei auftretenden funktionalen Zusammenhänge sind durch Abbildungen bzw. Funktionen gegeben.

Funktionen sind Abbildungen

Grundlegend sind die reellwertigen Funktionen in einer Veränderlichen.

Definition reellwertiger Funktionen einer Veränderlichen

Eine reellwertige **Funktion** einer reellen Veränderlichen ist eine Vorschrift f, die jeder Zahl $x \in D \subseteq \mathbb{R}$ genau eine Zahl $f(x) \in \mathbb{R}$ zuordnet.

Transformationen führen auf verwandte Funktionen

Anhand der **Graphen** lässt sich das Verhalten der Funktionen anschaulich erfassen. Mit elementaren Verknüpfungen, wie Addition, Multiplikation oder Verkettung, lassen sich aus Funktionen weitere Funktionen konstruieren.

Polynome

Definition von Polynomen

Eine Funktion $p : \mathbb{R} \to \mathbb{R}$ heißt **Polynom**, wenn es eine explizite Darstellung der Funktion durch

$$p(x) = a_0 + a_1 x + a_2 x^2 + \cdots + a_{n-1} x^{n-1} + a_n x^n$$

mit reellen Zahlen $a_0, a_1, a_2, \ldots, a_n \in \mathbb{R}$ gibt.

Polynome lassen sich um beliebige Stellen entwickeln

Da Polynome aus einer Linearkombination von ganzzahligen Potenzen bestehen, lassen sich die Ausdrücke mit elementaren algebraischen Rechnungen nach Bedarf umformen.

Gleichungen lösen bedeutet Nullstellen bestimmen

Aber nur bei niedrigem Grad lassen sich die Nullstellen eines Polynoms explizit ausrechnen und Linearfaktoren bestimmen.

Linearfaktoren eines Polynoms

Wenn $\hat{x}$ Nullstelle eines Polynoms p vom Grad n ist, dann gibt es ein Polynom q vom Grad $n-1$, sodass

$$p(x) = (x - \hat{x})\, q(x)$$

gilt.

Polynome vom Grad n besitzen höchstens n Nullstellen

Um Nullstellen eines Polynoms anzugeben, sind Wurzeln zu ziehen. Die **Wurzelfunktion** ist die Umkehrfunktion zum Quadrieren.

Die Exponentialfunktion

Zwei Eigenschaften

$$\exp(x+y) = \exp(x)\,\exp(y) \quad \text{und} \quad 1 + x \le \exp(x).$$

legen die **Exponentialfunktion** fest.

Die e-Funktion

Die oben definierte Exponentialfunktion $\exp : \mathbb{R} \to \mathbb{R}$ lässt sich darstellen durch

$$\exp(x) = \mathrm{e}^x.$$

Die Basis, die Zahl $\mathrm{e} = \exp(1)$, heißt Euler'sche Zahl.

Die Exponentialfunktion ist monoton steigend und lässt sich nutzen, um exponentielles Wachstum zu beschreiben.

Der Logarithmus ist die Umkehrfunktion der Exponentialfunktion

Der Logarithmus

Die Logarithmusfunktion ist die Umkehrfunktion der Exponentialfunktion, d. h., es gilt

$$e^{\ln x} = x, \text{ für } x > 0, \quad \text{und} \quad \ln(e^x) = x \text{ für } x \in \mathbb{R}.$$

Mit der Exponentialfunktion und dem Logarithmus ist die allgemeine Potenzrechnung definiert durch

$$a^x = e^{x \ln a}$$

zu beliebigen Basen $a \in \mathbb{R}_{>0}$ und Exponenten $x \in \mathbb{R}$.

Trigonometrische Funktionen

Eine weitere in den Anwendungen wichtige Klasse sind die trigonometrischen Funktionen. Sie dienen zur Beschreibung von Schwingungsphänomenen.

Kosinus und Sinus, die Seitenverhältnisse im rechtwinkligen Dreieck

Die Kosinus- und die Sinusfunktion sind 2π-**periodisch**. Der Kosinus ist eine **gerade Funktion**, und der Sinus ist **ungerade**. Die Zusammenhänge von linearen Transformationen und Kombinationen dieser Funktionen sind durch die **Additionstheoreme** gegeben.

Arkus – Vorsilbe für Umkehrfunktionen in der Trigonometrie

Bei den Umkehrungen der periodischen Funktionen ist auf die Definitions- und Wertebereiche genau zu achten.

Aufgaben

Die Aufgaben gliedern sich in drei Kategorien: Anhand der *Verständnisfragen* können Sie prüfen, ob Sie die Begriffe und zentralen Aussagen verstanden haben, mit den *Rechenaufgaben* üben Sie Ihre technischen Fertigkeiten und die *Anwendungsprobleme* geben Ihnen Gelegenheit, das Gelernte an praktischen Fragestellungen auszuprobieren.
Ein Punktesystem unterscheidet leichte •, mittelschwere •• und anspruchsvolle ••• Aufgaben. Lösungshinweise am Ende des Buches helfen Ihnen, falls Sie bei einer Aufgabe partout nicht weiterkommen. Dort finden Sie auch die Lösungen – betrügen Sie sich aber nicht selbst und schlagen Sie erst nach, wenn Sie selber zu einer Lösung gekommen sind. Ausführliche Lösungswege, Beweise und Abbildungen finden Sie als digitales Zusatzmaterial (electronic supplementary material).
Viel Spaß und Erfolg bei den Aufgaben!

Verständnisfragen

4.1 • Bestimmen Sie ein Polynom vom Grad 3, das die folgenden Werte annimmt:

x	-2	-1	0	1
$p(x)$	-3	-1	-1	3

4.2 •• Jede Nullstelle $\hat{x}$ eines Polynoms p mit

$$p(x) = a_0 + a_1 x + \ldots + a_n x^n \quad (a_n \neq 0)$$

lässt sich abschätzen durch

$$|\hat{x}| < \frac{|a_0| + |a_1| + \ldots + |a_n|}{|a_n|}.$$

Zeigen Sie diese Aussage, indem Sie die Fälle $|\hat{x}| < 1$ und $|\hat{x}| \geq 1$ getrennt betrachten.

4.3 •• Verwenden Sie die charakterisierende Ungleichung (4.4) zur Exponentialfunktion, um zu entscheiden, welche von den beiden Zahlen π^e oder e^π die größere ist.

4.4 • Begründen Sie die *Monotonie* der Logarithmusfunktion, das heißt, es gilt

$$\ln x < \ln y \quad \text{für } 0 < x < y.$$

4.5 •• Zeigen Sie, dass $\log_2 3$ irrational ist.

Rechenaufgaben

4.6 • Entwickeln Sie das Polynom p um die angegebene Stelle x_0, das heißt, finden Sie die Koeffizienten a_j zur Darstellung $p(x) = \sum_{j=0}^{n} a_j (x - x_0)^j$,

(a) mit $p(x) = x^3 - x^2 - 4x + 2$ und $x_0 = 1$,
(b) mit $p(x) = x^4 + 6x^3 + 10x^2$ und $x_0 = -2$.

4.7 • Zerlegen Sie die Polynome $p, q, r : \mathbb{R} \to \mathbb{R}$ in Linearfaktoren:

$$p(x) = x^3 - 2x - 1$$
$$q(x) = x^4 - 3x^3 - 3x^2 + 11x - 6$$
$$r(x) = x^4 - 6x^2 + 7$$

4.8 ••• Betrachten Sie die beiden rationalen Funktionen $f : D_f \to \mathbb{R}$ und $g : D_g \to \mathbb{R}$, die durch

$$f(x) = \frac{x^3 + x^2 - 2x}{x^2 - 1},$$
$$g(x) = \frac{x^2 + x + 1}{x + 2}$$

definiert sind. Geben Sie die maximalen Definitionsbereiche $D_f \subseteq \mathbb{R}$ und $D_g \subseteq \mathbb{R}$ an und bestimmen Sie die Bildmengen $f(D_f)$ und $g(D_g)$. Auf welchen Intervallen lassen sich Umkehrfunktionen zu diesen Funktionen angeben?

4.9 • Berechnen Sie folgende Zahlen ohne Zuhilfenahme eines Taschenrechners:

$$\sqrt{e^{3\ln 4}}, \quad \frac{1}{2}\log_2(4\,e^2) - \frac{1}{\ln 2}, \quad \frac{\sqrt[x]{e^{(2+x)^2-4}}}{e^x}$$

mit $x > 0$.

4.10 • Vereinfachen Sie für $x, y, z > 0$ die Ausdrücke:

(a) $\ln(2x) + \ln(2y) - \ln z - \ln 4$
(b) $\ln(x^2 - y^2) - \ln(2(x - y))$ für $x > y$
(c) $\ln(x^{\frac{2}{3}}) - \ln(\sqrt[3]{x^{-4}})$

4.11 •• Der Tangens hyperbolicus ist gegeben durch

$$\tanh x = \frac{\sinh x}{\cosh x}.$$

- Verifizieren Sie die Identität

$$\tanh \frac{x}{2} = \frac{\sinh x}{\cosh x + 1}.$$

- Begründen Sie, dass für das Bild der Funktion gilt

$$\tanh(\mathbb{R}) \subseteq (-1, 1).$$

- Zeigen Sie, dass durch

$$\operatorname{artanh} x = \frac{1}{2} \ln \left(\frac{1+x}{1-x} \right).$$

die Umkehrfunktion artanh: $(-1, 1) \to \mathbb{R}$, der Areatangens hyperbolicus Funktion gegeben ist.

4.12 •• Bei einer der beiden Identitäten

$$\sin(x+y)\sin^2\left(\frac{x-y}{2}\right) = \frac{1}{2}\sin(x+y) - \frac{1}{4}\sin(2x) - \frac{1}{4}\sin(2y)$$

und

$$\cos(3(x+y)) = 4\cos^3(x+y) - 3\cos x \cos y - 3\sin x \sin y$$

hat sich ein Druckfehler eingeschlichen. Finden Sie heraus bei welcher, und korrigieren Sie die falsche Gleichung.

4.13 •• Zeigen Sie die Identitäten

$$\cos(\arcsin(x)) = \sqrt{1-x^2}$$

und

$$\sin(\arctan(x)) = \frac{x}{\sqrt{1+x^2}}.$$

Anwendungsprobleme

4.14 • Skizzieren Sie grob ohne einen grafikfähigen Rechner die Graphen der folgenden Funktionen:

$$f_1(x) = (x+1)^2 - 2, \quad f_2(x) = \sqrt{2x+1}$$
$$f_3(x) = 3\,|2x-1|, \quad f_4(x) = e^{x-1} - 1$$
$$f_5(x) = 2\sin(3x - \pi), \quad f_6(x) = 1/(\ln(2x))$$

4.15 •• Die Lichtempfindlichkeit von Filmen wird nach der Norm ISO 5800 angegeben. Dabei ist zum einen die lineare Skala ASA (American Standards Association) vorgesehen, bei der eine Verdoppelung der Empfindlichkeit auch eine Verdoppelung des Werts bedeutet. Zum anderen gibt es die logarithmische DIN-Norm, bei der eine Verdoppelung der Lichtempfindlichkeit durch eine Zunahme des Werts um 3 Einheiten gegeben ist. So finden sich auf Filmen Angaben wie 100/21 oder 200/24 für die ASA und DIN Werte zur Lichtempfindlichkeit. Finden Sie eine Funktion $f : \mathbb{R}_{>0} \to \mathbb{R}$ mit $f(1) = 1$, die den funktionalen Zusammenhang des ASA Werts a zum DIN Wert $f(a)$ (gerundet auf ganze Zahlen) beschreibt.

4.16 • Wenn sich zwei Schwingungen mit gleicher Amplitude und relativ ähnlichen Frequenzen überlagern, spricht man in der Akustik von einer **Schwebung**.

(a) Zeichnen Sie den Graphen einer Schwebung $f : \mathbb{R} \to \mathbb{R}$ mit

$$f(t) = \sin(2\pi\omega_1 t) + \sin(2\pi\omega_2 t)$$

und $\omega_1 = 1.9$, $\omega_2 = 2.1$ im Intervall $[-20, 20]$ mithilfe eines grafikfähigen Rechners.

(b) Verwenden Sie Additionstheoreme, um die sich einstellende sogenannte *mittlere Frequenz* der Überlagerungsschwingung zu ermitteln. Die Amplitude dieser Schwingung variiert mit der sogenannten *Schwebungsfrequenz*. Geben Sie auch diesen Wert an und tragen Sie die zu dieser Frequenz gehörende Wellenlänge am Graphen ab.

Antworten zu den Selbstfragen

Antwort 1 Das rechte Bild stellt keinen Graphen einer Funktion da, da sich einigen x-Werten zwei oder drei y-Werte zuordnen lassen.

Antwort 2 Mit $g(x) = \sqrt[3]{2}(x-2)$ und der Komposition $h = f \circ g$ wird die gewünschte Änderung erreicht. Es handelt sich insgesamt um eine Translation um 2 Einheiten nach Rechts und eine Streckung des Graphen um den Faktor 2.

Antwort 3 Wenn $p = \sum_{j=0}^{n} a_j x^j$ und $q = \sum_{j=0}^{n} b_j x^j$ denselben Grad haben und für die n-ten Koeffizienten $a_n = -b_n$ gilt. Denn dann hat $(p+q)(x) = \sum_{j=0}^{n-1}(a_j + b_j)x^j$ maximal den Grad $n-1$.

Antwort 4 Der Grad ergibt sich aus der Summe der höchsten Potenzen zu $(2 \cdot 3) + 3 = 9$.

Antwort 5 Es gilt

$$\log_2(6) - \log_2(3) = \log_2\left(\frac{6}{3}\right) = \log_2(2) = 1.$$

Antwort 6 Der gerade Anteil ist der Kosinus hyperbolicus $\cosh = \frac{1}{2}(\mathrm{e}^x + \mathrm{e}^{-x})$ und der ungerade Anteil ist der Sinus hyperbolicus $\sinh = \frac{1}{2}(\mathrm{e}^x - \mathrm{e}^{-x})$.

Antwort 7 Die Gleichung folgt mit $x = y$ aus dem ersten Additionstheorem.

Komplexe Zahlen – Rechnen mit imaginären Größen

5

Teil I

Warum benötigen wir noch mehr Zahlen?

Was ist eine imaginäre Zahl?

Wie lässt sich in der Zahlenebene rechnen?

T. Arens et al., *Mathematik*, https://doi.org/10.1007/978-3-662-64389-1_5

Der Schritt hin zu den komplexen Zahlen wird oft als schwer greifbarer Einstieg in die „Höhere Mathematik" empfunden. Dabei handelt es sich nur um eine konsequente Erweiterung in der Ausgestaltung unseres Zahlenbereichs, so wie man von den natürlichen zu den ganzen Zahlen, zu den rationalen Zahlen und schließlich zu den reellen Zahlen gelangt. Frühzeitig werden diese Zahlen hier vorgestellt und weitere Beispiele finden sich in den folgenden Kapiteln, sodass man sich an den Umgang auch mit diesen Zahlen gewöhnen kann.

Die faszinierenden Möglichkeiten, die sich durch dieses Zahlensystem ergeben, werden sich im Laufe der weiteren Kapitel erschließen. So werden wir im Komplexen auf einen der Höhepunkte der Analysis stoßen, eine enge Beziehung zwischen der Exponentialfunktion und den trigonometrischen Funktionen. Dies ist ein Zusammenhang, der in vielen Situationen die Darstellung von Schwingungsphänomenen erheblich erleichtert. Es ist der Grund dafür, dass in der Physik, der Elektrotechnik und vielen weiteren Anwendungen imaginäre Zahlen heute zur selbstverständlichen Routine gehören.

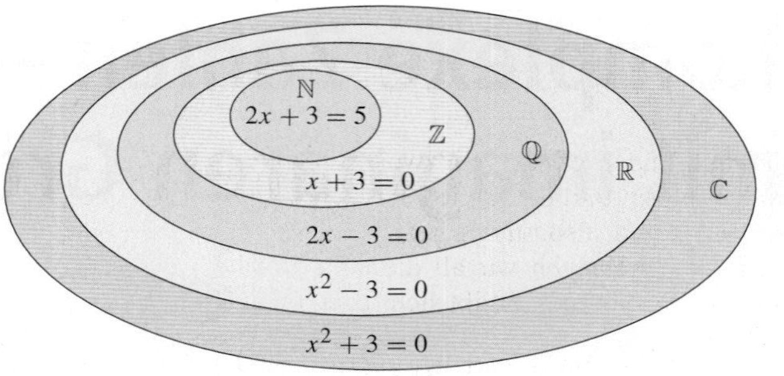

Abb. 5.1 Erweiterung der Zahlbereiche in Hinblick auf die Lösbarkeit von Gleichungen

5.1 Die Menge der komplexen Zahlen

Anlass für eine Erweiterungen des Zahlenbereichs geben Gleichungen, die mit den bis dahin bekannten Zahlen nicht zu lösen sind. So werden etwa die negativen Zahlen zu den natürlichen Zahlen hinzugefügt, damit auch eine Gleichung wie

$$x + 5 = 3$$

eine Lösung bekommt. Genauso führt man die reellen Zahlen ein, um beispielsweise Lösungen der Gleichung

$$x^2 - 2 = 0$$

angegeben zu können.

Quadratische Gleichungen sind neben den linearen Gleichungen relativ einfach zu handhaben, da wir sie mithilfe der quadratischen Ergänzung (siehe Abschn. 3.2) auflösen können, zumindest wenn eine reelle Lösung existiert. Ändern wir ein Vorzeichen in der letzten Gleichung, so gilt dies nicht. Wir stehen wieder vor dem gleichen Dilemma, dass wir zu einer relativ einfachen Klasse von Gleichungen keine Lösung notieren können. Es gibt keine reelle Zahl, die etwa die Gleichung

$$x^2 + 2 = 0$$

erfüllt. Somit ist es naheliegend, dass wir die Menge der Zahlen um eine weitere Stufe ergänzen, um für alle quadratischen Gleichungen Lösungen hinschreiben zu können. Natürlich sollte ein solches Vorgehen mit den uns geläufigen Rechenregeln verträglich bleiben. Insbesondere fordern wir, dass sich die reellen Zahlen zusammen mit den grundlegenden Verknüpfungen, Addition und Multiplikation, ohne weiteres als Teilmenge in diesen Zahlen wiederfinden lassen.

Beginnen wir ein Gedankenspiel, indem wir zunächst jede anschauliche Vorstellung von Zahlen außer Acht lassen und einfach eine neue Zahl i einführen, mit der Eigenschaft

$$\mathrm{i}^2 = -1.$$

Dann ist i eine Lösung der Gleichung $x^2 + 1 = 0$. Das Symbol i soll uns an **imaginäre Zahl** erinnern.

Achtung In der Elektrotechnik wird statt i der Buchstabe j für die imaginäre Einheit verwendet. Wir werden aber im Folgenden stets die Notation i benutzen, wie es in der Mathematik und in anderen Anwendungsfeldern gebräuchlich ist. ◄

Betrachten wir nun wieder die Gleichung $x^2 = -2$ bzw. $\left(\frac{x}{\sqrt{2}}\right)^2 = -1$. Eine Lösung dieser Gleichung wäre durch $\frac{x}{\sqrt{2}} = \mathrm{i}$, also durch $x = \mathrm{i}\sqrt{2}$, gegeben. Somit verlangen wir eine Multiplikation der Zahl i mit reellen Zahlen $b \in \mathbb{R}$ und das Ergebnis soll wieder als Element im neuen Zahlensystem zu finden sein. Außerdem erwarten wir, dass $b\mathrm{i} = \mathrm{i}b$ ist, also dieses Produkt kommutativ ist.

Betrachten wir weiter die modifizierte quadratische Gleichung $x^2 - 2x + 3 = 0$, d. h. $(x-1)^2 = -2$. Es ergibt sich mit unserer Definition für eine Lösung der Wert $x - 1 = \mathrm{i}\sqrt{2}$, also $x = 1 + \mathrm{i}\sqrt{2}$. Allgemein erhalten wir Objekte von der Form

$$a + \mathrm{i}b,$$

wobei $a, b \in \mathbb{R}$ reelle Zahlen sind. Diese Ausdrücke müssen Elemente des neu zu definierenden Zahlenbereichs sein. Weiter vereinfachen lassen sich solche Summen nicht, da $\mathrm{i}b$ keine reelle Zahl sein kann.

Selbstfrage 1

Finden Sie eine Lösung der Gleichung

$$x^2 + 4x + 8 = 0.$$

Mit komplexen Zahlen lässt sich wie gewohnt rechnen

Summe und Produkt von zwei Zahlen dieser Gestalt sollten möglich sein und den üblichen Rechenregeln, etwa den Distributivgesetzen, also, salopp gesagt, dem Rechnen mit Klammern, genügen. Verlangen wir all diese Eigenschaften für die angestrebte Erweiterung, ergibt sich für $a, b, c, d \in \mathbb{R}$ die Summe

$$\begin{aligned}(a + \mathrm{i}b) + (c + \mathrm{i}d) &= a + \mathrm{i}b + c + \mathrm{i}d \\ &= \underbrace{(a + c)}_{\in\mathbb{R}} + \underbrace{(b + d)}_{\in\mathbb{R}}\,\mathrm{i} \qquad (5.1)\end{aligned}$$

und mit der Voraussetzung $\mathrm{i}^2 = -1$ das Produkt

$$\begin{aligned}(a + \mathrm{i}b)(c + \mathrm{i}d) &= ac + a\mathrm{i}d + \mathrm{i}bc + \mathrm{i}b\mathrm{i}d \\ &= ac + (ad + bc)\mathrm{i} + bd\,\mathrm{i}^2 \\ &= \underbrace{ac - bd}_{\in\mathbb{R}} + \underbrace{(ad + bc)}_{\in\mathbb{R}}\,\mathrm{i}\,. \qquad (5.2)\end{aligned}$$

Beispiel Es gilt für $1 + 2\mathrm{i}$ und $3 + \mathrm{i}$ die Summe

$$(1 + 2\mathrm{i}) + (3 + \mathrm{i}) = (1 + 3) + (2 + 1)\mathrm{i} = 4 + 3\mathrm{i}.$$

Man lässt sich durch das Symbol i nicht irritieren und berechnet das Produkt wie gewohnt. Jeder Summand der ersten Klammer wird mit jedem der anderen multipliziert. Dabei wird die Identität $\mathrm{i}^2 = -1$ ausgenutzt. Es folgt

$$(1 + 2\mathrm{i})(3 + \mathrm{i}) = 3 + 2\mathrm{i}^2 + 6\mathrm{i} + \mathrm{i} = 1 + 7\mathrm{i}.$$ ◄

Offensichtlich haben sowohl die Summe als auch das Produkt der beiden Elemente wieder dieselbe Form, eine reelle Zahl und eine reelle Zahl multipliziert mit dem neuen Objekt i. Wir fassen alle Elemente, die diese Gestalt haben, zusammen zur Menge der komplexen Zahlen.

Definition der komplexen Zahlen

Ausdrücke der Form $a + \mathrm{i}b$ mit $a, b \in \mathbb{R}$ heißen **komplexe Zahl**. Die Menge der komplexen Zahlen notieren wir durch

$$\mathbb{C} = \{z = a + \mathrm{i}b \mid a, b \in \mathbb{R}\}.$$

Bei einer komplexen Zahl $z = a + \mathrm{i}b$ heißt

$$\mathrm{Re}(z) = a$$

der **Realteil** der komplexen Zahl z und die reelle Zahl

$$\mathrm{Im}(z) = b$$

wird **Imaginärteil** von z genannt. Wichtig ist festzuhalten, dass Real- und Imaginärteil reelle Zahlen sind. So sind bei der komplexen Zahl $z = 3 + 5\mathrm{i}$ durch $\mathrm{Re}(z) = 3$ und $\mathrm{Im}(z) = 5$ Real- und Imaginärteil gegeben.

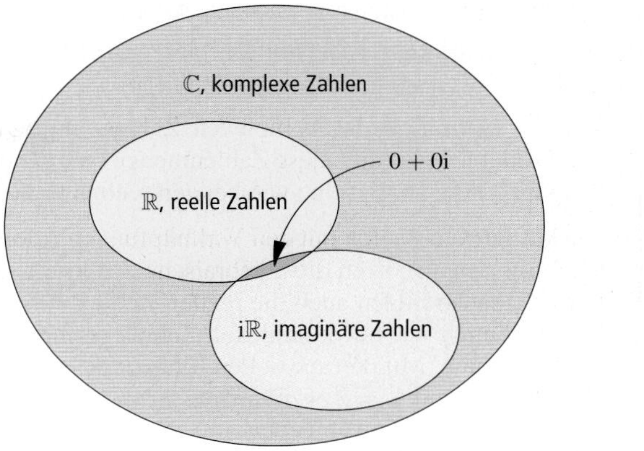

Abb. 5.2 Die reellen Zahlen sind eine Teilmenge der komplexen Zahlen

Selbstfrage 2

Bestimmen Sie Real- und Imaginärteil der Summe und des Produkts der beiden komplexen Zahlen $1 + 2\mathrm{i}$ und $-2 + 4\mathrm{i}$.

Man unterscheidet in der Sprechweise zwischen *komplexen Zahlen*, als die Elemente von $\mathbb{C}$, und den *imaginären Zahlen* oder auch deutlicher den *rein imaginären Zahlen*, die die Gestalt $z = 0 + \mathrm{i}b$ mit $b \in \mathbb{R}$ haben. Abkürzend schreiben wir in diesem Fall $0 + \mathrm{i}b = \mathrm{i}b$ und lassen den verschwindenden Realteil aus. Analog lässt sich eine reelle Zahl $a \in \mathbb{R}$ als Element in $\mathbb{C}$ auffassen mit der Notation $a = a + \mathrm{i}0$.

Wenn der Imaginärteil einer komplexen Zahl $b = \mathrm{Im}(z) < 0$ negativ ist, schreiben wir

$$a + \mathrm{i}b = a - \mathrm{i}|b|, \quad \text{für } b < 0.$$

Im Zahlenbeispiel bedeutet dies

$$1 + \mathrm{i}(-2) = 1 - 2\mathrm{i}.$$

So ist auch allgemein die Differenz zweier komplexer Zahlen gegeben.

Zwei komplexe Zahlen $a + \mathrm{i}b$ und $c + \mathrm{i}d$ mit $a, b, c, d \in \mathbb{R}$ sind genau dann gleich, wenn $a = c$ und $b = d$ gilt. Mit anderen Worten, die Darstellung $z = a + \mathrm{i}b$ mit $a, b \in \mathbb{R}$ ist eindeutig. Es gibt neben dem Paar (a, b) keine weitere Paarung reeller Zahlen, mit der wir dieselbe komplexe Zahl beschreiben könnten. Diese Eindeutigkeit ergibt sich aus unseren Überlegungen; denn eine reelle Zahl kann kein reelles Vielfaches des Symbols i sein, d. h., $a + \mathrm{i}b = 0$ gilt genau dann, wenn sowohl $a = 0$ als auch $b = 0$ ist. Somit folgt aus einer Identität $a + \mathrm{i}b = c + \mathrm{i}d$, d. h. $(a - c) + \mathrm{i}(b - d) = 0$, dass $a = c$ und $b = d$ gilt.

Vertiefung: Der Körper der komplexen Zahlen

Mit der Definition der komplexen Zahlen, ihrer Summen und Produkte bekommt diese Zahlenmenge eine algebraische Struktur. Diese ist dieselbe wie bei den reellen Zahlen.

Die komplexen Zahlen mit den Verknüpfungen Addition und Multiplikation besitzen die algebraische Struktur eines **Körpers**. Genauso bilden auch die reellen Zahlen einen Körper. Daher können wir mit komplexen Zahlen rechnen, wie mit reellen Zahlen. Mit den speziellen Elementen $0 = 0 + \mathrm{i}0$ als *Nullelement* und $1 = 1 + \mathrm{i}0$ als das *Einselement* gelten für alle $u, v, w \in \mathbb{C}$ die folgenden, uns von den reellen Zahlen bekannten Regeln:

Eigenschaften der Addition

- Es gilt das *Assoziativgesetz*, $(u+v)+w = u+(v+w)$. Dies bedeutet, dass Klammern innerhalb einer Summe beliebig gesetzt werden dürfen.
- Es gibt eine *Null*, $0 = 0 + \mathrm{i}0$, das sogenannte neutrale Element bezüglich Addition, d. h. $u + 0 = 0 + u = u$.
- Zu jedem u gibt es $(-u) \in \mathbb{C}$ mit $u+(-u) = (-u)+u = 0$. Das *Negative* $-u = -a-\mathrm{i}b$ zu einer Zahl $u = a+\mathrm{i}b$ führt also bei Addition auf das neutrale Element. Es wird auch inverses Element bezüglich der Addition genannt.
- Es gilt das *Kommutativgesetz* $u + v = v + u$. Wir dürfen beim Addieren die Reihenfolge vertauschen.

Eigenschaften der Multiplikation

- Es gilt das *Assoziativgesetz*, $(u\,v)\,w = u\,(v\,w)$. Also auch innerhalb von Produkten dürfen Klammern beliebig gesetzt werden.
- Es gibt eine *Eins*, $1 = 1 + \mathrm{i}0$, das neutrale Element bezüglich der Multiplikation, d. h. $u \cdot 1 = 1 \cdot u = u$.
- Zu jedem $u \neq 0$ gibt es $u^{-1} \in \mathbb{C}$ mit $u\,u^{-1} = u^{-1}\,u = 1$. Den Kehrwert nennt man das *inverse Element* von u bezüglich der Multiplikation. Wenn $u = a + \mathrm{i}b \neq 0$ durch Real- und Imaginärteil $a, b \in \mathbb{R}$ gegeben ist, so errechnen wir mit der Division das inverse Element
$$u^{-1} = \frac{1}{u} = \frac{1}{a+\mathrm{i}b} = \frac{a}{a^2+b^2} - \mathrm{i}\frac{b}{a^2+b^2}.$$
- Auch bezüglich der Multiplikation gilt *Kommutativität*: $uv = vu$. Wir dürfen beim Multiplizieren Reihenfolgen vertauschen.

Eigenschaften beider Verknüpfungen

- Bei einer Kombination beider Verknüpfungen gelten die *Distributivgesetze*
$$u(v+w) = uv + uw \quad \text{bzw.} \quad (u+v)w = uw + vw.$$
Dies ist das Rechnen mit Klammern. Wir können somit *ausklammern* und *ausmultiplizieren* wie gewohnt.

Wenn eine Menge mit zwei Verknüpfungen diese neun Regeln erfüllt, spricht man von einem **Körper**. Die Regeln heißen Axiome, da sie in einem Körper vorausgesetzt werden und nicht innerhalb der Struktur beweisbar sind. Viele weitere Regeln im Umgang mit Zahlen leiten sich aus diesen grundlegenden Axiomen ab. Zum Beispiel, der für uns alle so fehlerträchtige Umgang mit Vorzeichen bei geklammerten Ausdrücken. Um das Negative einer Summe von zwei komplexen Zahlen, $-(u+v)$, auszudrücken, lässt sich die Summe aus den beiden Negative Zahlen bilden, d. h.
$$-(u+v) = ((-u)+(-v)) = (-u-v).$$

Dies ergibt sich aus den Regeln, indem zu den beiden Zahlen u und v ihre Negativen betrachtet werden zusammen mit Assoziativ- und Kommutativgesetz:
$$\begin{aligned}(u+v)+((-u)+(-v)) &= u+v+(-u)+(-v)\\ &= \underbrace{u+(-u)}_{=0} + \underbrace{v+(-v)}_{=0} = 0\end{aligned}$$

Der gewaltige Vorteil, solche algebraischen Strukturen zu identifizieren, liegt darin begründet, dass Aussagen, die wir aus den Axiomen folgern, in jedem beliebigen Körper gelten, ohne spezielle Berücksichtigung der betreffenden Elemente. So sind etwa die grundlegenden Rechenregeln wie gezeigt, in den komplexen Zahlen dieselben, wie in den reellen Zahlen. Im Laufe des Studiums, werden noch einige algebraische Strukturen zu betrachten sein. Die Struktur des Körpers spielt übrigens in der modernen Datenverarbeitung bei der Kodierung und Verschlüsselung eine entscheidende Rolle.

Die Division im Komplexen lässt sich auf die Multiplikation zurückführen

Die Addition und die Multiplikation zweier komplexer Zahlen haben wir durch die Gln. (5.1) und (5.2) erklärt. Es bleibt noch zu untersuchen, wie sich denn die Division, also die Umkehrung der Multiplikation übertragen lässt. Dazu betrachten wir ein Beispiel.

Beispiel Wir wollen die komplexen Zahlen $2 + \mathrm{i}$ und $1 - \mathrm{i}$ durcheinander dividieren. Genauer gesagt, suchen wir den Real- und den Imaginärteil der komplexen Zahl

$$z = \frac{2 + \mathrm{i}}{1 - \mathrm{i}}.$$

Berücksichtigen wir, dass für das Produkt

$$(1 - \mathrm{i})(1 + \mathrm{i}) = 1 + 1 = 2$$

gilt, so lässt sich die Division der beiden Zahlen durch Erweitern des Bruchs mit dem Faktor $1 + \mathrm{i}$ auf ein Produkt zweier komplexer Zahlen im Zähler und eine reelle Zahl im Nenner zurückführen, d. h.

$$\frac{2 + \mathrm{i}}{1 - \mathrm{i}} = \frac{(2 + \mathrm{i})(1 + \mathrm{i})}{(1 - \mathrm{i})(1 + \mathrm{i})} = \frac{1 + 3\mathrm{i}}{2} = \frac{1}{2} + \frac{3}{2}\mathrm{i}.$$

Dies liefert uns den Realteil $\mathrm{Re}(z) = 1/2$ und den Imaginärteil $\mathrm{Im}(z) = 3/2$ der Zahl z. ◀

Der Trick mit der Erweiterung im letzten Beispiel lässt sich auf alle Brüche komplexer Zahlen anwenden. Somit ist das Teilen im Komplexen auf die Division durch reelle Zahlen zurückführbar. Wir definieren zu einer Zahl $z = a + \mathrm{i}b$ die **konjugiert komplexe Zahl**

$$\bar{z} = a - \mathrm{i}b,$$

d. h., das Konjugieren einer komplexen Zahl besteht allein im Umdrehen des Vorzeichens des Imaginärteils.

Achtung In der Literatur findet sich auch häufiger die Schreibweise $z^* = \bar{z}$ für die konjugiert komplexe Zahl. ◀

Mit dieser Notation können wir uns die Division komplexer Zahlen relativ leicht merken.

Division komplexer Zahlen

Zwei komplexe Zahlen $z_1 = a + \mathrm{i}b$ und $z_2 = c + \mathrm{i}d \neq 0$ mit $a, b, c, d \in \mathbb{R}$ werden geteilt, indem der Bruch mit dem konjugiert komplexen Nenner $\overline{z_2} = c - \mathrm{i}d$ erweitert wird,

$$\frac{z_1}{z_2} = \frac{z_1 \overline{z_2}}{z_2 \overline{z_2}} = \frac{(ac + bd) + \mathrm{i}(bc - ad)}{c^2 + d^2}.$$

Kommentar An diesem einfachen Beispiel zeigt sich deutlich, worauf beim Lernen zu achten ist. Natürlich kann man die Formel auf der rechten Seite auswendig lernen. Aber es ist viel sinnvoller zu verstehen, wie man durch Erweitern des Bruchs den Nenner reell macht. So ist ein Auswendiglernen der Formel überflüssig, zumindest wenn der Begriff *konjugiert komplex* und das Rechnen mit Klammern selbstverständliche Routine ist. ◀

Mit den üblichen Regeln zum Ausmultiplizieren von geklammerten Ausdrücken lassen sich, wie gesehen, Summe, Produkt, Differenz und Kehrwert der komplexen Zahlen bestimmen. Dabei ist wichtig, dass all diese Operationen wieder komplexe Zahlen ergeben. Man spricht auch von der Abgeschlossenheit der komplexen Zahlen bezüglich dieser Verknüpfungen.

Selbstfrage 3

Geben Sie Real- und Imaginärteil der Zahl $\frac{1}{\mathrm{i}}$ an.

Das Konjugieren komplexer Zahlen ist nicht nur beim Dividieren eine nützliche Operation. So ergibt sich etwa $\frac{1}{2}(z + \bar{z}) = \frac{1}{2}(a + \mathrm{i}b + a - \mathrm{i}b) = \mathrm{Re}(z)$ und die entsprechende Differenz liefert den Imaginärteil. Beide Identitäten werden häufig verwendet.

Real- und Imaginärteil komplexer Zahlen

Für den Realteil und den Imaginärteil einer komplexen Zahl $z = a + \mathrm{i}b$ gilt

$$a = \mathrm{Re}(z) = \frac{1}{2}(z + \bar{z}).$$

und

$$b = \mathrm{Im}(z) = \frac{1}{2\mathrm{i}}(z - \bar{z}).$$

Beispiel Wir erhalten zum Beispiel für $z = 2 - \mathrm{i}$ den Realteil aus

$$\mathrm{Re}(z) = \frac{1}{2}(z + \bar{z}) = \frac{1}{2}((2 - \mathrm{i}) + (2 + \mathrm{i})) = 2$$

und analog gilt für den Imaginärteil

$$\mathrm{Im}(z) = \frac{1}{2\mathrm{i}}(z - \bar{z}) = \frac{1}{2\mathrm{i}}((2 - \mathrm{i}) - (2 + \mathrm{i})) = -1.$$ ◀

Einige weitere nützliche Identitäten beim Rechnen mit komplexen Zahlen sind in der Übersicht auf S. 147 aufgeführt. Sie ergeben sich durch Ausschreiben der Ausdrücke in Form von Real- und Imaginärteil.

Beispiel: Rechnen mit komplexen Zahlen

Bestimmen Sie zu den Zahlen $z_1 = 1 + 2\mathrm{i}$, $z_2 = (1 - \mathrm{i})/2$ und $z_3 = -2 + \mathrm{i}$ Real- und Imaginärteil folgender Ausdrücke

$$z_1^3 - 3z_1^2 + 2z_1, \quad \frac{z_1 \cdot z_3}{4z_2 - z_3} \quad \text{und} \quad \frac{\overline{z_3}^2}{2z_1 + 2z_2 + \mathrm{i}}.$$

Welche komplexe Zahl $z \in \mathbb{C}$ erfüllt die Gleichung

$$z - 1 + 2\mathrm{i}\overline{z} - \mathrm{i} = 0\,?$$

Problemanalyse und Strategie Mit den Rechenregeln müssen die Ausdrücke nach Real- und Imaginärteilen aufgeschlüsselt werden. Ein Vergleich von Real- und Imaginärteil der Gleichung führt auf ein Gleichungssystem für Real- und Imaginärteil der komplexen Lösung z der ursprünglichen Gleichung. Lösen des Gleichungssystems liefert die gesuchte Zahl.

Lösung Wir berechnen zunächst

$$z_1^2 = (1 + 2\mathrm{i})^2 = 1 + 2\mathrm{i} + 2\mathrm{i} - 4 = -3 + 4\mathrm{i}$$

und weiter

$$\begin{aligned} z_1^3 &= (-3 + 4\mathrm{i})(1 + 2\mathrm{i}) \\ &= -3 + 4\mathrm{i} - 6\mathrm{i} - 8 = -11 - 2\mathrm{i}. \end{aligned}$$

Somit ist

$$\begin{aligned} z_1^3 - 3z_1^2 + 2z_1 &= -11 - 2\mathrm{i} - 3(-3 + 4\mathrm{i}) + 2(1 + 2\mathrm{i}) \\ &= -11 - 2\mathrm{i} + 9 - 12\mathrm{i} + 2 + 4\mathrm{i} \\ &= -10\mathrm{i}. \end{aligned}$$

Für den zweiten Ausdruck ergibt sich

$$\begin{aligned} \frac{z_1 \cdot z_3}{4z_2 - z_3} &= \frac{(1 + 2\mathrm{i})(-2 + \mathrm{i})}{2 - 2\mathrm{i} + 2 - \mathrm{i}} = \frac{-4 - 3\mathrm{i}}{4 - 3\mathrm{i}} \\ &= \frac{(-4 - 3\mathrm{i})(4 + 3\mathrm{i})}{(4 - 3\mathrm{i})(4 + 3\mathrm{i})} = -\frac{7 + 24\mathrm{i}}{25}. \end{aligned}$$

Den letzten Ausdruck berechnen wir analog. Es ergibt sich

$$\begin{aligned} \frac{\overline{z_3}^2}{2z_1 + 2z_2 + \mathrm{i}} &= \frac{(-2 - \mathrm{i})^2}{2 + 4\mathrm{i} + 1 - \mathrm{i} + \mathrm{i}} \\ &= \frac{3 + 4\mathrm{i}}{3 + 4\mathrm{i}} = 1. \end{aligned}$$

Um die Gleichung zu lösen, zerlegen wir $z = x + \mathrm{i}y$ mit $x, y \in \mathbb{R}$ und bekommen somit die Gleichung

$$x + \mathrm{i}y - 1 + 2\mathrm{i}(x - \mathrm{i}y) - \mathrm{i} = 0$$

bzw.

$$(x + 2y) + \mathrm{i}(2x + y) = 1 + \mathrm{i}.$$

Ein Vergleich des Real- sowie des Imaginärteils der Gleichung liefert das Gleichungssystem

$$x + 2y = 1 \quad \text{und} \quad 2x + y = 1.$$

Durch Einsetzen lassen sich die beiden Gleichungen lösen, und wir bekommen die komplexe Lösung

$$z = \frac{(1 + \mathrm{i})}{3}.$$

Quadratische Gleichungen lassen sich in $\mathbb{C}$ stets lösen

Kehren wir zurück zu den quadratischen Gleichungen. Es stellt sich heraus, dass wir mit quadratischer Ergänzung und den komplexen Zahlen Lösungen von quadratischen Gleichungen, also Nullstellen von quadratischen Polynomen, finden können.

Beispiel Die quadratische Gleichung

$$x^2 + 2x + 2 = 0$$

lässt sich mittels quadratischer Ergänzung schreiben zu

$$(x + 1)^2 + 2 - 1 = 0$$

bzw.

$$(x + 1)^2 = -1.$$

Eine Lösung dieser Gleichung ist durch eine Zahl x gegeben, wenn

$$x + 1 = \mathrm{i}$$

gilt. Somit ist $x = -1 + \mathrm{i}$ Lösung dieser quadratischen Gleichung. Da $(-1)^2 = 1$ ist, erhalten wir eine weitere Lösung durch $x + 1 = -\mathrm{i}$ bzw. $x = -1 - \mathrm{i}$. ◀

Achtung Vorsicht ist aber geboten beim Wurzelziehen im Komplexen. Es ist an dieser Stelle nicht einsichtig, wie etwa das Wurzelzeichen oder auch andere gebrochene Potenzen einer komplexen Zahl sinnvoll festzulegen sind. Die Notation sollte kompatibel bleiben mit der üblichen Potenzrechnung. Betrachten wir zum Beispiel die Gleichung $\mathrm{i} \cdot \mathrm{i} = -1$. Wenden wir formal die üblichen Potenzregeln an, so bekommen wir einerseits das gewünschte Resultat $(-1)^{1/2} \cdot (-1)^{1/2} = (-1)^{1/2+1/2} = -1$ aber andererseits einen Widerspruch durch $(-1)^{1/2} \cdot (-1)^{1/2} = ((-1) \cdot (-1))^{1/2} = 1$. Eine Definition des

Übersicht: Rechenregeln zu den komplexen Zahlen

Für die angegebenen Identitäten sind $z = z_1 = a + ib$ und $z_2 = c + id$ komplexe Zahlen mit $a, b, c, d \in \mathbb{R}$

Addition/Subtraktion

$$\begin{aligned} z_1 + z_2 &= (a + \mathrm{i}b) + (c + \mathrm{i}d) \\ &= (a + c) + \mathrm{i}(b + d) \\ z_1 - z_2 &= (a + \mathrm{i}b) - (c + \mathrm{i}d) \\ &= (a - c) + \mathrm{i}(b - d) \end{aligned}$$

Konjugiert komplexe Zahlen

$$\begin{aligned} \overline{z} &= a - \mathrm{i}b \\ \overline{\overline{z}} &= z \\ \overline{z_1 + z_2} &= \overline{z_1} + \overline{z_2} \\ \overline{z_1\, z_2} &= \overline{z_1}\,\overline{z_2} \\ \operatorname{Re}(z) &= \frac{1}{2}(z + \overline{z}) \\ \operatorname{Im}(z) &= \frac{1}{2\mathrm{i}}(z - \overline{z}) \end{aligned}$$

$z = \overline{z}$ gilt genau dann, wenn $z = a \in \mathbb{R} \subseteq \mathbb{C}$

$z = -\overline{z}$ gilt genau dann, wenn $z = ib \in \mathrm{i}\mathbb{R} \subseteq \mathbb{C}$

Multiplikation

$$\begin{aligned} z_1\, z_2 &= (a + \mathrm{i}b)\,(c + \mathrm{i}d) \\ &= (ac - bd) + \mathrm{i}(ad + bc) \end{aligned}$$

Division

$$\frac{a + \mathrm{i}b}{c + \mathrm{i}d} = \frac{z_1}{z_2} = \frac{z_1\,\overline{z_2}}{z_2\,\overline{z_2}} = \frac{z_1\,\overline{z_2}}{|z_2|^2}$$

Der Betrag komplexer Zahlen

$$\begin{aligned} |z| &= \sqrt{a^2 + b^2} \\ |\overline{z}| &= |z| \\ |z|^2 &= z\,\overline{z} \\ |z_1\, z_2| &= |z_1|\,|z_2| \\ |z_1 \pm z_2|^2 &= |z_1|^2 + |z_2|^2 \pm 2\operatorname{Re}(z_1\overline{z_2}) \\ |z_1 + z_2| &\le |z_1| + |z_2| \quad \text{(Dreiecksungleichung)} \\ |z_1 - z_2| &\ge |z_1| - |z_2| \end{aligned}$$

Polarkoordinatendarstellung

$$z = r(\cos\varphi + \mathrm{i}\sin\varphi)$$

mit

$$r = |z| \ge 0\,, \quad \varphi = \arg(z) \in (-\pi, \pi]$$

und

$$\operatorname{Re}(z) = r\cos\varphi\,, \quad \operatorname{Im}(z) = r\sin\varphi\,.$$

Für $z_j = r_j(\cos\varphi_j + \mathrm{i}\sin\varphi_j), j = 1, 2$ ist

$$\begin{aligned} z_1 z_2 &= r_1 r_2\big(\cos(\varphi_1 + \varphi_2) + \mathrm{i}\,\sin(\varphi_1 + \varphi_2)\big) \\ \frac{z_1}{z_2} &= \frac{r_1}{r_2}\big(\cos(\varphi_1 - \varphi_2) + \mathrm{i}\,\sin(\varphi_1 - \varphi_2)\big) \\ z_1^n &= r_1^n\big(\cos(n\varphi_1) + \mathrm{i}\,\sin(n\varphi_1)\big) \end{aligned}$$

(Moivre'sche Formel)

Wurzelzeichens bzw. der Operation $z^{1/2}$ kann erst dann erfolgen, wenn geklärt ist, wie die allgemeine Potenz sich ins Komplexe fortsetzt. Denken wir an die Definition bei positiven reellen Zahlen (siehe S. 54), so wird deutlich, dass wir zunächst klären müssen, was die Exponentialfunktion und ihre Umkehrung, der Logarithmus, mit einem komplexen Argument machen. Dies werden wir in Abschn. 9.5 aufdecken. Zumindest sollte das Wurzelzeichen $\sqrt{z}$ wie gewohnt nur bei reellen positiven Zahlen verwendet werden. Insbesondere sind irreführende Notationen wie $\mathrm{i} = \sqrt{-1}$ zu vermeiden. ◀

Bisher haben wir ausschließlich quadratische Ausdrücke der Form $z^2 \in \mathbb{R}$ betrachtet. Beim Lösen quadratischer Gleichungen treten aber auch Gleichungen wie

$$z^2 = a + \mathrm{i}b$$

auf. Auch diese haben stets zwei Lösungen in den komplexen Zahlen. Wenn $z = x + \mathrm{i}y$ mit $x, y \in \mathbb{R}$ eine Lösung dieser Gleichung ist, so lassen sich Real- und Imaginärteil der beiden Wurzeln aus der Gleichung $z^2 = a + \mathrm{i}b$ bestimmen. Denn aus der Identität

$$z^2 = x^2 - y^2 + \mathrm{i}(xy + xy) = a + \mathrm{i}b$$

folgen durch vergleichen der Real- und der Imaginärteile die beiden Bedingungen

$$x^2 - y^2 = a \quad \text{und} \quad 2xy = b$$

Daraus ergibt sich weiter

$$(x^2 + y^2)^2 = (x^2 - y^2)^2 + 4x^2y^2 = a^2 + b^2$$

bzw.

$$x^2 + y^2 = \sqrt{a^2 + b^2}.$$

Zusammen mit $x^2 - y^2 = a$ erhalten wir

$$\begin{aligned} x^2 &= \frac{1}{2}\left((x^2 - y^2) + (x^2 + y^2)\right) \\ &= \frac{1}{2}\left(a + \sqrt{a^2 + b^2}\right) \end{aligned}$$

und

$$\begin{aligned} y^2 &= -\frac{1}{2}\left((x^2 - y^2) - (x^2 + y^2)\right) \\ &= \frac{1}{2}\left(-a + \sqrt{a^2 + b^2}\right). \end{aligned}$$

Zur Festlegung der Vorzeichen berücksichtigen wir noch einmal die Bedingung $2xy = b$. Wenn $b > 0$ ist, müssen x und y dasselbe Vorzeichen haben und im Fall $b < 0$ sind die Vorzeichen unterschiedlich. Insgesamt lassen sich so die beiden Lösungen der quadratischen Gleichung angeben zu

$$z_{1,2} = \pm\left(\sqrt{\frac{a + \sqrt{a^2 + b^2}}{2}} + \mathrm{i}\sqrt{\frac{-a + \sqrt{a^2 + b^2}}{2}}\right),$$

wenn $b \geq 0$ ist, bzw.

$$z_{1,2} = \pm\left(\sqrt{\frac{a + \sqrt{a^2 + b^2}}{2}} - \mathrm{i}\sqrt{\frac{-a + \sqrt{a^2 + b^2}}{2}}\right),$$

wenn $b < 0$ gilt. Mit diesen Überlegungen wird deutlich, dass wir zu jeder quadratischen Gleichung die komplexen Lösungen finden können, indem wir $z = x + iy$ ansetzen und den Vergleich der Real- und Imaginärteile ausnutzen. Die obigen Formeln für $z_{1,2}$ müssen wir uns dazu nicht merken (siehe die Beispiele auf S. 149). Mit der geometrischen Anschauung von komplexen Zahlen, die wir im nächsten Abschnitt behandeln, werden wir aber noch eine elegantere Möglichkeit kennenlernen.

Selbstfrage 4

Bestimmen Sie die beiden Lösungen der Gleichung $z^2 = \mathrm{i}$.

Polynome mit reellen Koeffizienten besitzen zueinander konjugiert komplexe Nullstellen

Die Nullstellen quadratischer Gleichungen werden uns noch häufig begegnen. In diesem Zusammenhang ist es manchmal nützlich, zu beachten, dass bei reellen Koeffizienten die komplexen Nullstellen zueinander konjugiert sein müssen.

Die Aussage ist mit der Notation der konjugiert komplexen Zahl leicht einsichtig. Denn wenn $z \in \mathbb{C}$ Nullstelle eines Polynoms p mit

$$p(z) = \sum_{j=0}^{n} a_j z^j$$

und reellen Koeffizienten $a_j \in \mathbb{R}, j = 0, \ldots, n$, ist, so folgt

$$0 = \overline{p(z)} = \overline{\sum_{j=0}^{n} a_j z^j} = \sum_{j=0}^{n} a_j \bar{z}^j = p(\bar{z}).$$

Entweder ist die Nullstelle z reell oder durch die konjugiert komplexe Zahl $\bar{z}$ ist eine weitere Nullstelle des Polynoms gegeben. Beachten Sie, dass diese Argumentation nur im Fall reeller Koeffizienten gültig ist.

Damit haben wir das Gedankenexperiment hin zu den komplexen Zahlen abgeschlossen. Zum Glück muss man sich nicht an noch weitere Erweiterungen des Zahlensystems gewöhnen. Dies liegt in der Tragweite der komplexen Zahlen begründet. Alle Nullstellen irgendeines Polynoms sind komplexe Zahlen. Es gilt sogar, dass jedes Polynom genau n Nullstellen in den komplexen Zahlen besitzt, wenn man die Vielfachheit einer Nullstelle mitzählt. Auf diesen fundamentalen Satz der Algebra werden wir noch häufiger zu sprechen kommen.

5.2 Geometrische Darstellung der komplexen Zahlen

Im Umgang mit reellen Zahlen ist oft die Vorstellung eines Zahlenstrahls hilfreich. Dies ist für die komplexen Zahlen nicht mehr ausreichend. Aber eine andere geometrische Vorstellung liefert uns ein ganz ähnliches Werkzeug. Wir müssen uns allerdings von dem Konzept, dass Zahlen auf einer Geraden angeordnet sind, lösen. Da Realteil und Imaginärteil voneinander unabhängig sind, fassen wir beide als kartesische Koordinaten in einer Ebene auf – der **Gauß'schen Zahlenebene** (siehe Abb. 5.3). Wir können uns jede komplexe Zahl als einen Punkt in dieser Ebene vorstellen.

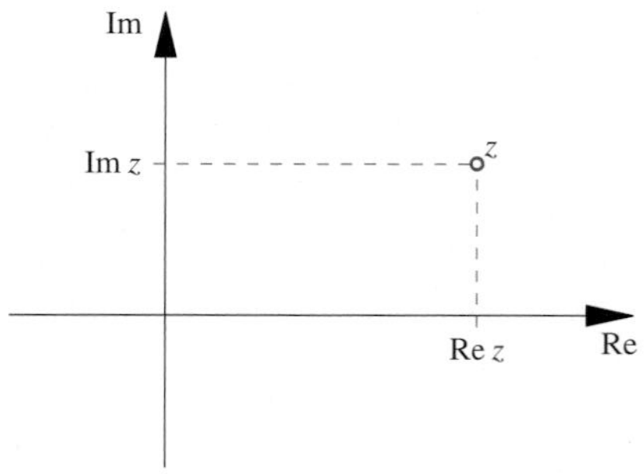

Abb. 5.3 Eine komplexe Zahl kann man als Punkt in der Zahlenebene darstellen. Seine kartesischen Koordinaten sind Real- und Imaginärteil der Zahl

Beispiel: Quadratische Gleichungen in $\mathbb{C}$

Es sind die komplexen Lösungen der folgenden drei Gleichungen gesucht:

$$z^2 + 2z + 2 = 0,$$
$$z^2 + (1 - 2\mathrm{i})z - (3 + \mathrm{i}) = 0 \quad \text{und}$$
$$z^2 + 2(1 - \mathrm{i})z - 3 - 6\mathrm{i} = 0.$$

Problemanalyse und Strategie Es ist jeweils eine quadratische Ergänzung in den gegebenen Ausdrücken erforderlich. Dann können, wie im allgemeinen Fall beschrieben, durch Vergleichen der Realteile und der Imaginärteile die beiden Lösungen berechnet werden.

Lösung Der erste quadratische Ausdruck ist durch

$$z^2 + 2z + 2 = (z + 1)^2 + 1$$

darstellbar. Also folgt für Lösungen der Gleichung

$$(z + 1)^2 = -1 \quad \text{bzw. } z + 1 = \pm\mathrm{i}.$$

Somit ergeben sich die beiden Lösungen

$$z_1 = -1 + \mathrm{i} \quad \text{und} \quad z_2 = -1 - \mathrm{i}.$$

Im zweiten Beispiel liefert eine quadratische Ergänzung

$$\begin{aligned} 0 &= z^2 + (1 - 2\mathrm{i})z - (3 + \mathrm{i}) \\ &= \left(z + \frac{1 - 2\mathrm{i}}{2}\right)^2 - (3 + \mathrm{i}) - \frac{(1 - 2\mathrm{i})^2}{4}. \end{aligned}$$

Wir berechnen

$$\left(z + \frac{1 - 2\mathrm{i}}{2}\right)^2 = \frac{9}{4}$$

und erhalten die beiden Lösungen

$$z_1 = \frac{3}{2} - \frac{1}{2} + \mathrm{i} = 1 + \mathrm{i} \quad \text{und} \quad z_2 = -\frac{3}{2} - \frac{1}{2} + \mathrm{i} = -2 + \mathrm{i}.$$

Betrachten wir noch das letzte Beispiel. Auch hier führen wir eine quadratische Ergänzung aus und erhalten

$$0 = z^2 + 2(1 - \mathrm{i})z - 3 - 6\mathrm{i} = (z + (1 - \mathrm{i}))^2 - 3 - 4\mathrm{i}.$$

Zunächst löst man die Identität

$$w^2 = 3 + 4\mathrm{i}.$$

Man könnte nun die auf S. 148 ermittelten Darstellungen der Lösungen verwenden. Aber dann müssten wir stets zum Lösen solcher Gleichungen eine Formelsammlung zur Hand nehmen. Sinnvoller ist es, den Vergleich im Real- und Imaginärteil explizit durchzuführen.

Also setzen wir $w = x + \mathrm{i}y$ und berechnen das Quadrat $w^2 = x^2 - y^2 + 2\mathrm{i}xy$. Vergleichen wir die Real- und Imaginärteile, so bekommen wir die beiden Gleichungen $x^2 - y^2 = 3$ und $2xy = 4$. Aus der zweiten Bedingung folgt sofort, dass $x, y \neq 0$ ist, und wir können die Bedingung zu $x = 2/y$ auflösen. Setzen wir dies in die erste Bedingung ein, so folgt die in y^2 quadratische Gleichung

$$y^4 + 3y^2 - 4 = 0.$$

Mit quadratischer Ergänzung ergibt sich

$$\left(y^2 + \frac{3}{2}\right)^2 = \frac{25}{4},$$

und wir erhalten $y^2 = 1$ oder $y^2 = -4$. Da y reell ist, bleibt nur eine der beiden Möglichkeiten, und es folgt $y = \pm 1$. Insgesamt ergeben sich für w die beiden Lösungen $w_{1,2} = \pm(2 + \mathrm{i})$. Zurück zur ursprünglichen Gleichung folgen nun aus $z_{1,2} = -1 + \mathrm{i} + w_{1,2}$ die beiden Lösungen

$$z_1 = 1 + 2\mathrm{i} \quad \text{und} \quad z_2 = -3.$$

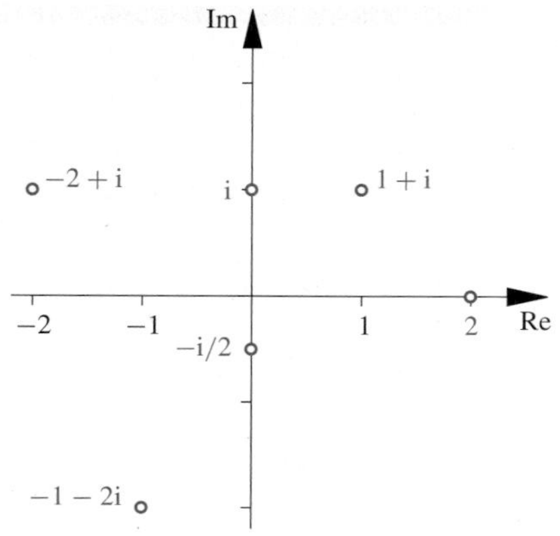

Abb. 5.4 Die Darstellung komplexer Zahlen in der Ebene anhand einiger Beispiele

Beispiel In Abb. 5.4 sind die komplexen Zahlen,

$$1 + \mathrm{i},\ \mathrm{i},\ -2 + \mathrm{i},\ -1 - 2\mathrm{i},\ -\frac{\mathrm{i}}{2},\ 2$$

als Punkte in der Zahlenebene eingetragen, wobei jeweils der Realteil und der Imaginärteil als Koordinaten aufzufassen sind. ◀

Komplexe Zahlen lassen sich in Polarkoordinaten darstellen

Neben einem kartesischen Koordinatensystem, bei dem ein Zahlenpaar $(x, y) \in \mathbb{R} \times \mathbb{R}$ als Koordinaten auf senkrecht zueinander stehenden Achsen abgetragen werden, gibt es viele andere Möglichkeiten, Punkte in der Zahlenebene zu beschreiben. So lässt sich jeder Punkt der Zahlenebene auch durch seinen Abstand zum Nullpunkt und durch den Winkel der Linie zwischen Punkt und Ursprung zur reellen Achse charakterisieren. Dies ist in der Abb. 5.5 angedeutet.

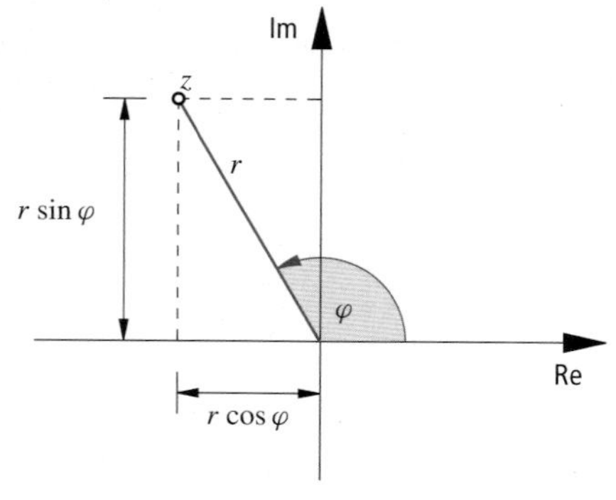

Abb. 5.5 Die Polarkoordinatendarstellung einer komplexen Zahl besteht aus Radius und Winkel

Verwenden wir die trigonometrischen Funktionen zur Beschreibung des Realteils und des Imaginärteils einer komplexen Zahl mit dem Radius $r \geq 0$ und dem Winkel φ, so bekommen wir für jede komplexe Zahl z eine andere Darstellung.

Polarkoordinatendarstellung einer komplexen Zahl

Die Darstellung

$$z = r\cos\varphi + \mathrm{i}\, r\sin\varphi.$$

einer komplexen Zahl heißt **Polarkoordinatendarstellung**. Dabei ist r der Abstand der Zahl z vom Ursprung, der sogenannte **Betrag** der Zahl z, und φ bezeichnet den Winkel zur reellen Achse, dieser wird **Argument** der Zahl z genannt.

Das Argument einer komplexen Zahl wird auch **die Phase** der komplexen Zahl genannt. Legen wir das Intervall zur Angabe des Arguments auf $(-\pi, \pi]$ fest, so sprechen wir vom **Hauptwert des Arguments** von z und schreiben $\arg(z) \in (-\pi, \pi]$. Eine Festlegung des Hauptwerts im Intervall $[0, 2\pi)$ ist durchaus auch üblich. In diesem Buch bleiben wir aber bei der Konvention, das Argument in $(-\pi, \pi]$ anzugeben.

Wenn Polarkoordinaten r, φ einer komplexen Zahl bekannt sind, lassen sich Realteil,

$$\mathrm{Re}(z) = r\cos\varphi,$$

und Imaginärteil,

$$\mathrm{Im}(z) = r\sin\varphi,$$

der Zahl mit den trigonometrischen Funktionen berechnen.

Anwendungsbeispiel Die Polarkoordinatendarstellung der komplexen Zahlen findet Anwendung in der Darstellung von Schwingungsphänomenen. Man stellt sich eine harmonische Schwingung (siehe auch S. 129) durch ein sogenanntes **Zeigerdiagramm** vor. Dabei läuft ein Zeiger mit der entsprechenden Periode gegen den Uhrzeigersinn. Die Länge des Zeigers spiegelt die Amplitude $r > 0$ wider und die eigentliche Schwingung ist ersichtlich in der Projektion des Zeigers auf die y- bzw. x-Achse, wie es in Abb. 5.6 dargestellt ist. Phasenverschiebun-

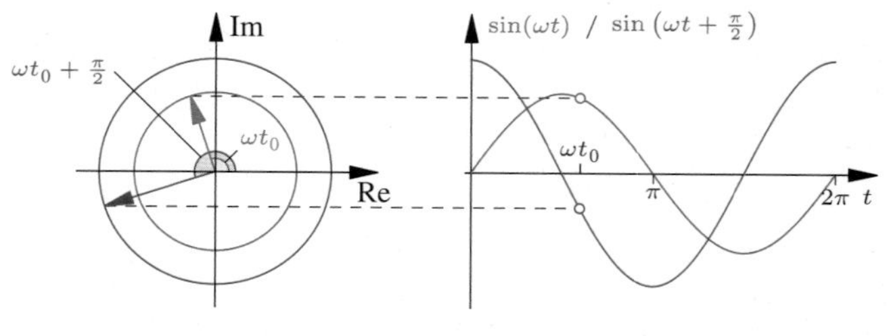

Abb. 5.6 Harmonische Schwingungen lassen sich mit einem Zeigerdiagramm als komplexe Zahlen auf einer Kreislinie veranschaulichen

Vertiefung: Die Riemann'sche Zahlenkugel

Es gibt neben der Gauß'schen Zahlenebene eine weitere geometrische Interpretationen der komplexen Zahlen. Mithilfe der stereografischen Projektion, können wir jeder komplexen Zahl eindeutig einen Punkt auf einer Kugeloberfläche zuordnen.

Legen wir die Zahlenebene in die x_1, x_2 Ebene eines dreidimensionalen Raums und betrachten die Einheitskugel

$$S^2 = \{x \in \mathbb{R}^3 \mid x_1^2 + x_2^2 + x_3^2 = 1\}.$$

Dann lässt sich durch jede komplexe Zahl z, also jeden Punkt der x_1, x_2 Ebene, genau eine Gerade durch den Nordpol der Kugel bei $(0, 0, 1)$ legen, wie es in der Abbildung gezeigt ist. Der Schnittpunkt dieser Geraden mit der Einheitskugeloberfläche ist eindeutig bestimmt und lässt sich als Repräsentant dieser komplexen Zahl verstehen. Die Konstruktion des Schnittpunkts zusammen mit dem entsprechenden Punkt in der Ebene wird **stereografische Projektion** genannt.

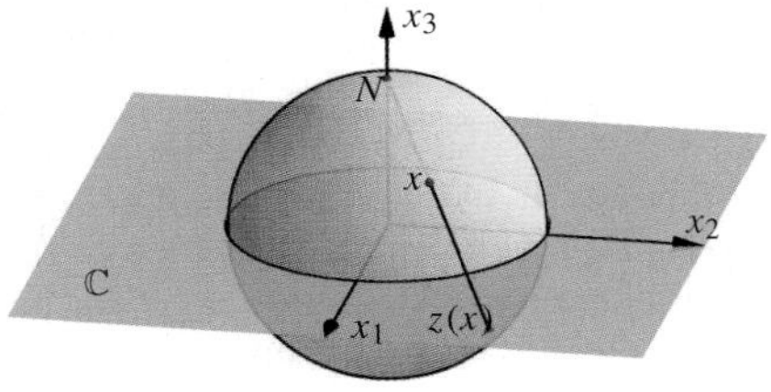

Diese Zuordnung lässt sich durch

$$z(x) = \frac{x_1}{1 - x_3} + \mathrm{i}\frac{x_2}{1 - x_3}$$

beschreiben. Die Abbildung $z : S^2 \setminus \{(0, 0, 1)\} \to \mathbb{C}$ ist umkehrbar. Die Umkehrung lässt sich wie folgt ermitteln. Zunächst betrachten wir den Betrag der Zahl $z = z(x)$ mit

$$|z|^2 = \frac{x_1^2 + x_2^2}{(1 - x_3)^2} = \frac{1 - x_3^2}{(1 - x_3)^2} = \frac{1 + x_3}{1 - x_3}.$$

Also ist

$$x_3 = \frac{|z|^2 - 1}{|z|^2 + 1}.$$

Mit dieser Darstellung für x_3 folgern wir

$$x_1 = (1 - x_3)\,\mathrm{Re}(z) = \left(1 - \frac{|z|^2 - 1}{|z|^2 + 1}\right)\frac{1}{2}(z + \overline{z}) = \frac{z + \overline{z}}{|z|^2 + 1}$$

und

$$x_2 = (1 - x_3)\,\mathrm{Im}(z) = \left(1 - \frac{|z|^2 - 1}{|z|^2 + 1}\right)\frac{1}{2\mathrm{i}}(z - \overline{z}) = \frac{z - \overline{z}}{\mathrm{i}(|z|^2 + 1)}.$$

Nützlich ist es, die Konstruktion um den Punkt $(x_1, x_2, x_3) = (0, 0, 1)$ zu ergänzen, indem man die komplexen Zahlen um einen abstrakten Punkt ∞ erweitert. Dann wird dieser Punkt gerade dem Nordpol zugeordnet. Diese Vorstellung von den erweiterten komplexen Zahlen als Punkte auf einer Kugeloberfläche wird nach dem Mathematiker G. F. B. Riemann (1826–1866) die **Riemann'sche Zahlenkugel** genannt.

Kommentar In der Literatur findet man auch häufig, dass bei der Zahlenkugel die Zahlenebene nicht in die Äquatorialebene, sondern tangential an den Südpol gelegt wird. In diesem Fall ist in den angegebenen Darstellungen für x_1, x_2, x_3 die Zahl z durch $z/2$ zu ersetzen. ◀

gen zweier verschiedener Schwingungen mit gleicher Frequenz werden in solchen Bildern entsprechend durch einen festen Winkel zwischen zwei Zeigern deutlich. So bedeutet eine Phasenverschiebung zweier Schwingungen um $\pi/2$, dass die Zeiger beim Umlauf stets senkrecht zueinander stehen. Die Spitze des Zeigers lässt sich in Abhängigkeit einer Zeitvariable t als die entsprechende komplexe Zahl

$$z(t) = r\cos\omega t + \mathrm{i}r\sin\omega t$$

in der Zahlenebene interpretieren. ◀

Wie sieht es nun andersherum aus, also wie lassen sich, wenn Realteil und Imaginärteil gegeben sind, die Polarkoordinaten der komplexen Zahl berechnen?

Betrachten wir zunächst den Radius in der Polarkoordinatendarstellung, also den euklidischen Abstand einer Zahl z in der Gauß'schen Zahlenebene zum Ursprung. Mit dem Satz des Pythagoras können wir diesen in Abhängigkeit von Real- und Imaginärteil bestimmen. Für $z = a + \mathrm{i}b$ errechnet sich der Abstand zu

$$|z| = r = \sqrt{a^2 + b^2} = \sqrt{(\mathrm{Re}(z))^2 + (\mathrm{Im}(z))^2}.$$

Wie schon erwähnt heißt dieser Wert der Betrag der komplexen Zahl.

Beachten Sie, dass wir im Fall $b = \mathrm{Im}(z) = 0$ den bekannten Betrag der reellen Zahl $z = a$ erhalten.

Definition des Betrags einer komplexen Zahl

Für eine komplexe Zahl $z = a + \mathrm{i}b$ gilt

$$|z| = \sqrt{a^2 + b^2} = \sqrt{(a + \mathrm{i}b)(a - \mathrm{i}b)} = \sqrt{z\bar{z}}.$$

Selbstfrage 5

Wie lautet die Polarkoordinatendarstellung der Zahl $z = 1 - \mathrm{i}$.

Wenn Sie ein paar Seiten zurückblättern, entdecken Sie, dass wir das Quadrat des Betrags des Nenners bei der Division von komplexen Zahlen schon verwendet haben, denn es ist

$$\frac{z_1}{z_2} = \frac{z_1\overline{z_2}}{|z_2|^2}.$$

Achtung Im Gegensatz zu den reellen Zahlen ist im Komplexen im Allgemeinen $|z|^2 \neq z^2$; denn es gilt $|z|^2 = a^2 + b^2$ und $z^2 = a^2 - b^2 + 2\mathrm{i}ab$. ◀

Es interessiert natürlich nicht nur der Abstand einer komplexen Zahl zum Ursprung, sondern auch Abstände zu anderen komplexen Zahlen in der Zahlenebene. Mit dem Betrag komplexer Zahlen lässt sich ein solcher Abstand zwischen zwei Zahlen $z_1 = a + \mathrm{i}b$ und $z_2 = c + \mathrm{i}d$ durch

$$\begin{aligned}|z_1 - z_2| &= |(a - c) + \mathrm{i}(b - d)| \\ &= \sqrt{(a - c)^2 + (b - d)^2}\end{aligned}$$

angeben.

Beispiel

- Wir bestimmen die Beträge der komplexen Zahlen

$$1 + \mathrm{i},\ \mathrm{i},\ -2 + \mathrm{i},\ -1 - 2\mathrm{i},\ -\frac{\mathrm{i}}{2},\ 2$$

aus dem vorhergehenden Beispiel. Es ist

$$\begin{aligned}|1 + \mathrm{i}| &= \sqrt{1^2 + 1^2} = \sqrt{2} \\ |\mathrm{i}| &= \sqrt{0^2 + 1^2} = 1 \\ |-2 + \mathrm{i}| &= \sqrt{4 + 1} = \sqrt{5} \\ |-1 - 2\mathrm{i}| &= \sqrt{(-1)^2 + (-2)^2} = \sqrt{5} \\ \left|-\frac{\mathrm{i}}{2}\right| &= \sqrt{\left(\frac{1}{2}\right)^2} = \frac{1}{2} \\ |2| &= \sqrt{2^2 + 0^2} = 2.\end{aligned}$$

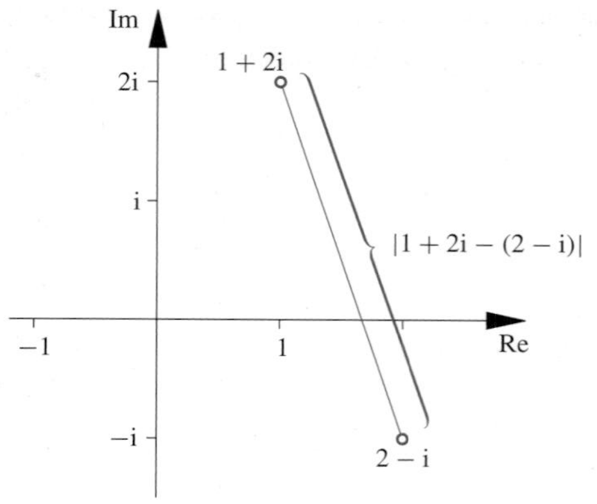

Abb. 5.7 Der Abstand zweier komplexer Zahlen ist in der Zahlenebene einfach der geometrische Abstand der entsprechenden Punkte

- Wählen wir die Zahlen $1 + 2\mathrm{i}$ und $2 - \mathrm{i}$. So ist durch

$$|1 + 2\mathrm{i} - (2 - \mathrm{i})| = |-1 + 3\mathrm{i}| = \sqrt{1 + 9} = \sqrt{10}$$

der Abstand zwischen den Zahlen $z_1 = 1 + 2\mathrm{i}$ und $z_2 = 2 - \mathrm{i}$ berechnet (siehe Abb. 5.7). ◀

In der Übersicht auf S. 147 sind weitere nützliche Regeln zum Umgang mit den Beträgen komplexer Zahlen zusammengestellt, die sich alle direkt aus der Definition ergeben. Fassen wir alle Zahlen mit demselben Betrag zusammen, das heißt wir betrachten die Menge

$$S = \{z \in \mathbb{C} \mid |z| = r\}$$

für ein $r > 0$, so ist S die Kreislinie in der Zahlenebene um den Ursprung mit Radius r (siehe Abb. 5.8).

Nachdem wir gesehen haben, wie sich der Betrag, also der Radius, einer komplexen Zahl bei Polarkoordinatendarstellung aus Realteil und Imaginärteil berechnen lässt, bleibt nun noch das Argument zu untersuchen. Um den Hauptwert des Arguments zu bestimmen, nutzen wir das Verhältnis zwischen b und a. Also betrachten wir den Tangens des Winkels und ver-

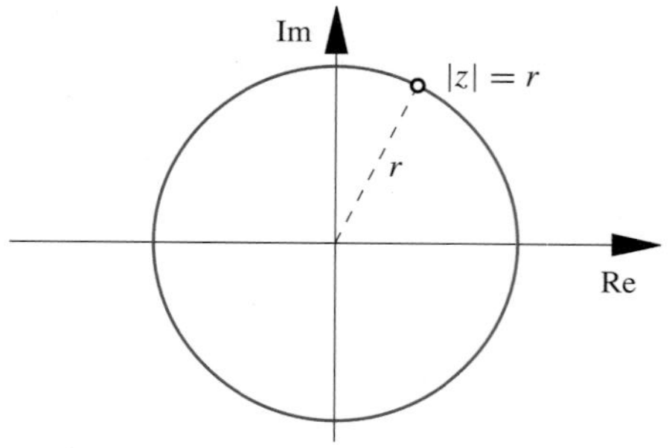

Abb. 5.8 Die Menge aller komplexen Zahlen mit demselben Betrag $|z| = r$ bildet in der Zahlenebene eine Kreislinie mit dem Abstand r um den Ursprung

wenden die Umkehrung, den Arkustangens, um den Winkel zu bestimmen (siehe Abb. 5.5). Dabei müssen wir aber auf den Definitionsbereich $(-\pi/2, \pi/2)$ des Tangens aufpassen. In der Zahlenebene ist ersichtlich, dass für $z = a + ib$ der Radius $r = |z| = \sqrt{a^2 + b^2}$ ist und für das Argument gilt:

$$\arg(z) = \arctan \frac{b}{a}, \quad \text{für } a > 0.$$

Ist der Realteil $a < 0$, so lässt sich durch passendes Verschieben um π der Winkel aus $\arg(z) = \arctan \frac{b}{a} \pm \pi$ berechnen, wobei das richtige Vorzeichen durch das Vorzeichen des Imaginärteils b gegeben ist. Im Spezialfall $a = 0$ ist offensichtlich $\arg(z) = \pm\frac{\pi}{2}$, je nachdem ob z auf der oberen Halbachse, d.h. $b > 0$, oder der unteren Halbachse, $b < 0$, liegt.

So ist etwa

$$\arg(-1 - \mathrm{i}) = \arctan(1) - \pi = \frac{\pi}{4} - \pi = -\frac{3}{4}\pi,$$

und der Betrag dieser Zahl ist $|-1 - \mathrm{i}| = \sqrt{1^2 + 1^2} = \sqrt{2}$.

Beispiel Aus der Beschreibung des Arguments mithilfe des Tangens, also dem Verhältnis von Imaginärteil zu Realteil, gilt mit der Punktsymmetrie des Tangens und seiner Umkehrfunktion

$$\arg(\bar{z}) = \arctan \frac{-b}{a} = -\arctan \frac{b}{a} = -\arg(z)$$

für $a > 0$ und $z = a + ib$.

Im Fall $a < 0$ und $b > 0$ folgt

$$\arg(\bar{z}) = \arctan \frac{-b}{a} - \pi = -\left(\arctan \frac{b}{a} + \pi\right) = -\arg(z)$$

und analog im Fall $a < 0$ und $b < 0$ oder im Fall $a = 0$. Damit ist belegt, dass allgemein gilt

$$\arg(\bar{z}) = -\arg(z),$$

wie wir es aus der Konstruktion der konjugiert komplexen Zahl als die Spiegelung der Zahl an der reellen Achse erwarten (siehe Abb. 5.9).

Beachten Sie, dass sich die Punktsymmetrie des Arkustangens aus der Symmetrie der Tangensfunktion und der Umkehreigenschaft ergibt; denn mit $-\tan(y) = \tan(-y)$ für $y \in (-\pi/2, \pi/2)$ folgt

$$\begin{aligned} \arctan(-x) &= \arctan(-\tan(\arctan(x))) \\ &= \arctan(\tan(-\arctan(x))) = -\arctan(x). \end{aligned}$$ ◀

Die Addition komplexer Zahlen lässt sich durch ein Parallelogramm illustrieren

Betrachten wir nun in der Zahlenebene die Addition zweier komplexer Zahlen $z_1 = a + ib$ und $z_2 = c + id$ so gilt nach der Definition

$$z_1 + z_2 = (a + c) + (b + d)\mathrm{i}.$$

Tragen wir diesen Punkt in der Ebene ein, so ist ersichtlich, dass die Summe zweier komplexer Zahlen geometrisch auf die erste Diagonale des aufgespannten Parallelogramms führt. Wir können dies so interpretieren, dass wir die Strecke zwischen 0 und z_2 an z_1 kleben, und so die Summe als den Endpunkt dieser Konstruktion bekommen (siehe Abb. 5.10). Diese Art der Addition ist Ihnen wahrscheinlich schon als *Kräfteparallelogramm* aus der Physik oder als Summe zweier *Vektoren* im $\mathbb{R}^2$ in der linearen Algebra begegnet.

Für die Differenz

$$z_1 - z_2 = (a - c) + (b - d)\mathrm{i}$$

ist analog das Negative $-z_2$ an z_1 zu heften. Auch diese Situation ist in der Abb. 5.10 aufgezeigt. Geometrisch entspricht die Differenz einer Parallelverschiebung der zweiten Diagonalen im Parallelogramm.

Zur Berechnung des Betrags der Summe zweier Zahlen können wir die konjugiert komplexen Elemente verwenden. Es ergibt

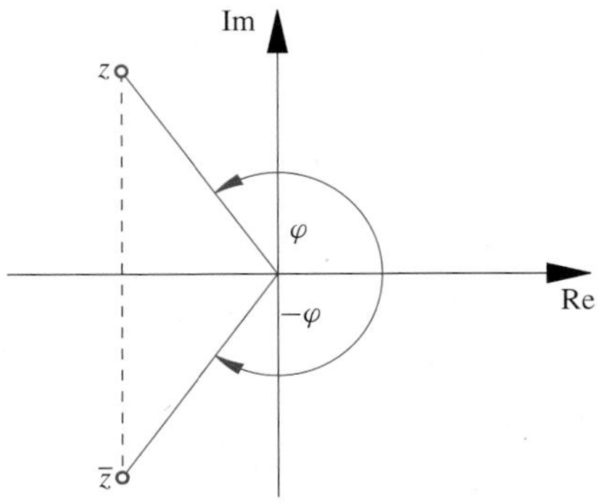

Abb. 5.9 Konjugieren einer komplexen Zahl in der Gauß'schen Ebene entspricht dem Spiegeln an der x-Achse

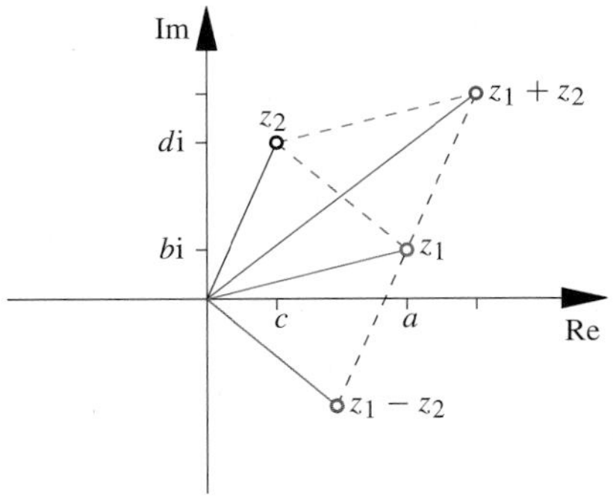

Abb. 5.10 Summe und Differenz komplexer Zahlen in der Zahlenebene entsprechen der Vektoraddition im $\mathbb{R}^2$

Teil I

Beispiel: Betrag und Argument komplexer Zahlen

Gesucht sind die Beträge und die Argumente der Zahlen

$$z_1, \quad z_2, \quad z_1 + z_2, \quad \text{und} \quad \frac{z_1}{z_2}$$

mit $z_1 = -1 + \mathrm{i}$ und $z_2 = 1 + \sqrt{3}\mathrm{i}$.

Problemanalyse und Strategie Zunächst berechnen wir Betrag und Argument von z_1 und z_2. Danach nutzen wir die Rechenregeln, um die weiteren Beträge und Argumente zu bestimmen.

Lösung Beginnen wir mit den Beträgen der angegebenen Zahlen: Wir berechnen

$$|z_1| = \sqrt{(-1)^2 + 1^2} = \sqrt{2} \quad \text{und} \quad |z_2| = \sqrt{1+3} = 2.$$

Für die Summe folgt weiter

$$\begin{aligned} |z_1 + z_2| &= |-1 + \mathrm{i} + 1 + \sqrt{3}\mathrm{i}| \\ &= \sqrt{(1+\sqrt{3})^2} = 1 + \sqrt{3} \end{aligned}$$

Den Betrag des Quotienten berechnen wir aus

$$\left|\frac{z_1}{z_2}\right| = \left|\frac{z_1\overline{z_2}}{|z_2|^2}\right| = \frac{1}{4}|z_1|\,|\overline{z_2}| = \frac{1}{4}|z_1|\,|z_2| = \frac{1}{\sqrt{2}}.$$

Die Hauptwerte der Argumente von z_1 und z_2 lassen sich entweder aus einer Skizze der Zahlen in der Zahlenebene ersehen oder wir berechnen diese mithilfe der Wertetabelle für die trigonometrischen Funktionen auf S. 131

$$\arg(z_1) = \arctan\left(\frac{-1}{1}\right) + \pi = -\frac{\pi}{4} + \pi = \frac{3\pi}{4}$$

und

$$\arg(z_2) = \arctan\left(\frac{\sqrt{3}}{1}\right) = \frac{\pi}{3},$$

wobei die Identität $\sin(\pi/3)/\cos(\pi/3) = \frac{\sqrt{3}/2}{1/2} = \sqrt{3}$ verwendet wurde. Das Argument der Summe berechnen wir direkt zu

$$\arg(z_1 + z_2) = \arg((1+\sqrt{3})\mathrm{i}) = \frac{\pi}{2}.$$

Für den Quotienten folgt mit den Rechenregeln

$$\begin{aligned} \arg\left(\frac{z_1}{z_2}\right) &= \arg\left(\frac{z_1\overline{z}_2}{|z_2|^2}\right) \\ &= \arg(z_1\overline{z}_2) \\ &= \arg(z_1) + \arg(\overline{z}_2) \\ &= \arg(z_1) - \arg(z_2) = \frac{3}{4}\pi - \frac{1}{3}\pi = \frac{5}{12}\pi. \end{aligned}$$

sich für die Summe bzw. die Differenz die Darstellung

$$\begin{aligned} |z_1 \pm z_2|^2 &= (z_1 \pm z_2)\overline{(z_1 \pm z_2)} \\ &= z_1\overline{z_1} + z_2\overline{z_2} \pm z_1\overline{z_2} \pm z_2\overline{z_1} \\ &= |z_1|^2 + |z_2|^2 \pm (z_1\overline{z_2} + \overline{z_1\overline{z_2}}) \\ &= |z_1|^2 + |z_2|^2 \pm 2\,\mathrm{Re}(z_1\overline{z_2}), \end{aligned}$$

wobei wir schon einige der aufgelisteten Regeln zum Umgang mit den komplexen Zahlen angewandt haben.

Weiter gilt für die reelle Zahl $\mathrm{Re}(z_1\overline{z_2})$ die Abschätzung

$$|\mathrm{Re}(z_1\overline{z_2})| \le |z_1\overline{z_2}| = |z_1|\,|z_2|.$$

Somit können wir aus obiger Identität die Ungleichung

$$|z_1 + z_2|^2 \le |z_1|^2 + |z_2|^2 + 2|z_1|\,|z_2| = (|z_1| + |z_2|)^2$$

mit den binomischen Formeln herleiten, d. h., es gilt die Dreiecksungleichung

$$|z_1 + z_2| \le |z_1| + |z_2|.$$

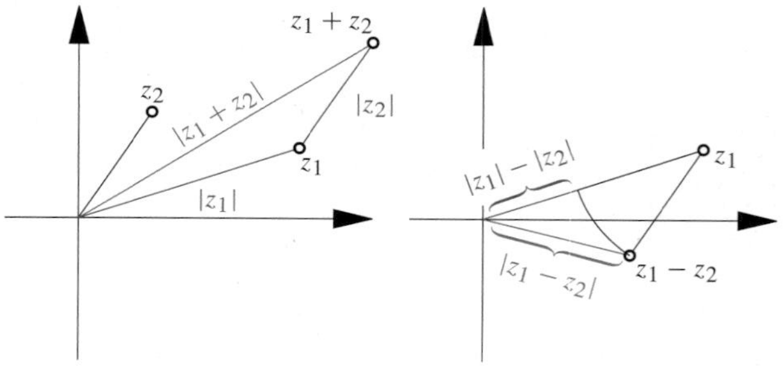

Abb. 5.11 Den Namen *Dreiecksungleichung* bei komplexen Zahlen kann man in der Zahlenebene wörtlich verstehen

Selbstfrage 6

Eine zweite, häufig angegebene Variante der Dreiecksungleichung ist

$$|z_1 - z_2| \ge |z_1| - |z_2|.$$

Wie ergibt sich diese Ungleichung aus der im Text gezeigten Dreiecksungleichung?

Wir sehen viele Aspekte, die uns von den reellen Zahlen her vertraut sind, und die sich – mehr oder weniger direkt – auch auf die komplexen Zahlen übertragen lassen. In diesem Zusammenhang offenbart sich aber auch ein grundsätzlicher Unterschied zwischen der Zahlengerade und der Zahlenebene. Während wir auf der Zahlengeraden stets bei zwei verschiedenen Zahlen angeben können welche von beiden die größere ist, haben wir eine solche Möglichkeit der Anordnung in der Zahlenebene nicht mehr zur Verfügung. Wir können bei komplexen Zahlen also nicht von kleiner oder größer sprechen, sondern höchstens die Beträge der Zahlen vergleichen. Dies ist der Preis für die Erweiterung des Zahlbereichs.

Beim Produkt komplexer Zahlen multiplizieren sich die Beträge und addieren sich die Argumente

Nun bleibt die Frage, wie sich das Produkt komplexer Zahlen in der Zahlenebene wiederfinden lässt. Dazu nutzen wir die Polarkoordinatendarstellung. Betrachten wir zwei komplexe Zahlen, die in Polarkoordinaten durch

$$z_1 = r_1(\cos\varphi_1 + \mathrm{i}\sin\varphi_1) \quad \text{und} \quad z_2 = r_2(\cos\varphi_2 + \mathrm{i}\sin\varphi_2)$$

gegeben sind. Wir berechnen

$$\begin{aligned} z_1\,z_2 &= r_1(\cos\varphi_1 + \mathrm{i}\sin\varphi_1)\cdot r_2(\cos\varphi_2 + \mathrm{i}\sin\varphi_2) \\ &= r_1 r_2\big(\cos\varphi_1\cos\varphi_2 - \sin\varphi_1\sin\varphi_2 \\ &\qquad + \mathrm{i}(\cos\varphi_1\sin\varphi_2 + \sin\varphi_1\cos\varphi_2)\big) \\ &= r_1 r_2\big(\cos(\varphi_1+\varphi_2) + \mathrm{i}\sin(\varphi_1+\varphi_2)\big), \end{aligned}$$

wobei die Additionstheoreme (siehe S. 131) angewandt wurden. Interpretieren wir das Ergebnis geometrisch in der komplexen Zahlenebene, so ist das Produkt der Zahlen gegeben durch die komplexe Zahl, die als Betrag das Produkt der Beträge der Faktoren hat und als Argument die Summe der beiden Winkel, wie es in der Skizze 5.12 angedeutet ist.

Mit der geometrischen Vorstellung der Multiplikation komplexer Zahlen lässt sich auch die Frage nach den beiden Lösungen einer Gleichung der Form

$$w^2 = a + \mathrm{i}b$$

neu beleuchten. Schreiben wir die rechte Seite in Polarkoordinaten zu

$$a + \mathrm{i}b = r(\cos\varphi + \mathrm{i}\sin\varphi)$$

mit dem Betrag $r = \sqrt{a^2+b^2}$ und dem Hauptwert des Arguments $\varphi = \arg(a+\mathrm{i}b)$. So ergeben sich die beiden „Wurzeln" $w_1, w_2 \in \mathbb{C}$ dieser Zahl aus der geometrischen Interpretation. Das Quadrat des Betrags einer Lösung muss r ergeben, also ist

$$|w_1| = |w_2| = \sqrt{r}.$$

Für mögliche Argumente muss gelten, dass das Doppelte des Arguments der Winkel φ ist. Somit bleiben die beiden Möglichkeiten

$$\arg(w_1) = \frac{\varphi}{2},$$

und

$$\arg(w_2) = \frac{\varphi \pm 2\pi}{2} = \frac{\varphi}{2} \pm \pi.$$

Beim Argument zu w_2 ist das Vorzeichen so zu wählen, dass der Hauptwert $\arg(w_2) \in (-\pi, \pi]$ erreicht wird.

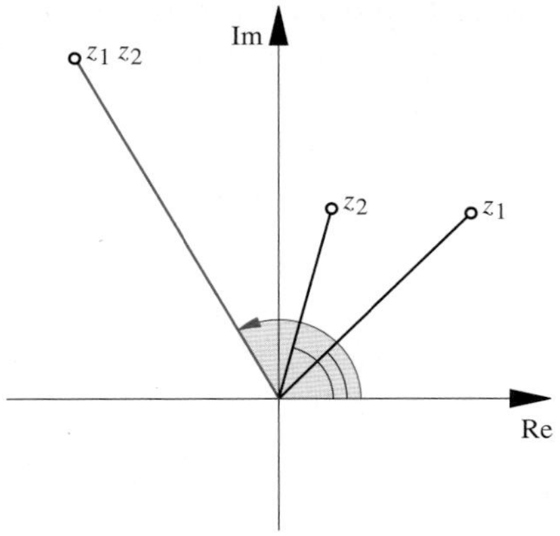

Abb. 5.12 Beim Produkt komplexer Zahlen addieren sich die Winkel der Polarkoordinatendarstellung und multiplizieren sich deren Beträge

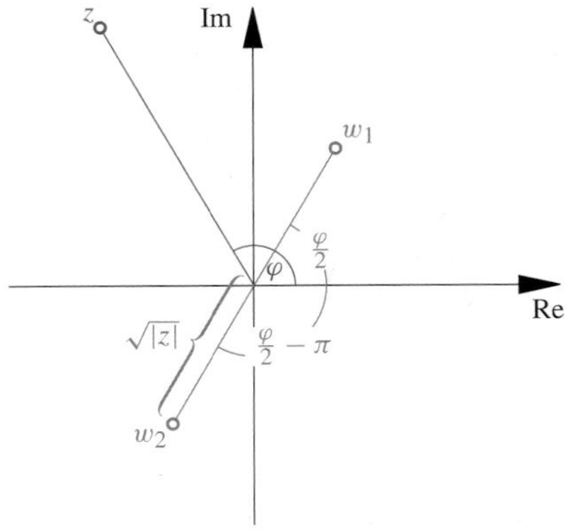

Abb. 5.13 Die *Wurzel* einer komplexen Zahl ergibt sich geometrisch durch Halbierung des Winkels und die Wurzel des Betrags

Anwendung: Das Ohm'sche Gesetz

In Wechselstromkreisen bietet sich eine komplexe Notation für das Ohm'sche Gesetz $U(t) = ZI(t)$ an, um die Wirkung von Widerständen, Spulen und Kondensatoren auf die periodisch mit der Zeit variierenden Spannungen und Stromstärken zu beschreiben.

Bei elektrischen Schaltungen interessiert der funktionale Zusammenhang zwischen Spannung U und Stromstärke I. Im Fall von Gleichstrom, also zeitlich konstantem Strom, ist dies durch das Ohm'sche Gesetz $U = RI$ mit Widerstand R gegeben.

Sobald Ströme sich zeitlich ändern wird der Zusammenhang komplizierter, da Induktion und Kapazität Einfluss auf den Stromfluss haben. Im Spezialfall von Wechselströmen sind Spannung und Stromstärke durch harmonische Schwingungen beschrieben, d. h.

$$U(t) = U_0 \cos(\omega t + p) \quad \text{und} \quad I(t) = I_0 \cos(\omega t + q).$$

Formal bleibt das Ohm'sche Gesetz in gewohnter Form bestehen, wenn man komplexe Zahlen zulässt.

Die Schwingungen U und I werden in einem Wechselstromkreis als Realteile komplexer Zahlen aufgefasst, wie es im Zeigerdiagram (siehe S. 151) schon angesprochen wurde. Anstelle reellwertige Funktionen $U(t)$ und $I(t)$ zu betrachten, verwendet man komplexwertige Funktionen $U(t) = U_0(\cos(\omega t + p) + \mathrm{i}\sin(\omega t + p))$ und $I(t) = I_0(\cos(\omega t + q) + \mathrm{i}\sin(\omega t + q))$.

Gehen wir von Schaltelementen aus, deren elektrische Eigenschaften zeitlich konstant sind, wie Ohm'sche Widerstände, Kondensatoren oder Spulen. Dann gilt das Ohm'sche Gesetz in der Form

$$U(t) = ZI(t).$$

Die komplexe Zahl $Z \in \mathbb{C}$ wird dabei Gesamtwiderstand genannt. Man nennt $\operatorname{Re}(Z)$ den *Wirkwiderstand*, den Imaginärteil $\operatorname{Im}(Z)$ den *Blindwiderstand* und der Betrag, $|Z|$, ist die sogenannte *Impedanz* (oder *Scheinwiderstand*) des Schaltkreises. Die Beobachtung, dass sich Wechselströme elegant durch komplexe Zahlen beschreiben lassen, geht auf den Ingenieur A. E. Kennelly (1861–1939) zurück.

Betrachten wir die drei grundlegenden Schaltelemente. Im Fall eines Ohm'schen Widerstands sind U und I in Phase, d. h. $p = q$, und wir erhalten den Widerstand $Z = U(t)/I(t) = U_0/I_0$, der in der Maßeinheit *Ohm* angegeben wird.

Bei Kondensatoren gilt dies nicht mehr. Der Kondensator bewirkt eine Phasenverschiebung der Stromstärke gegenüber der Spannung um $\pi/2$, d. h. $q = p + \pi/2$. Dies lässt sich so verstehen, dass der Strom am Kondensator eine Spannung erst aufbaut, deren Wirkung dann mit dieser Verzögerung messbar wird. Für den Widerstand folgt mit den Eigenschaften der trigonometrischen Funktionen

$$\begin{aligned} Z &= \frac{U(t)}{I(t)} = \frac{U(t)\overline{I(t)}}{|I(t)|^2} \\ &= \frac{U_0}{I_0}(\cos(\omega t + p) + \mathrm{i}\sin(\omega t + p)) \\ &\quad \cdot \left(\cos\left(\omega t + p + \frac{\pi}{2}\right) - \mathrm{i}\sin\left(\omega t + p + \frac{\pi}{2}\right)\right) \\ &= \frac{U_0}{I_0}(\cos(\omega t + p) + \mathrm{i}\sin(\omega t + p)) \\ &\quad \cdot (-\sin(\omega t + p) - \mathrm{i}\cos(\omega t + p)) = -\frac{U_0}{I_0}\mathrm{i} \end{aligned}$$

Mit der in *Farad* gemessenen Kapazität C eines Kondensators wird die Frequenzabhängigkeit deutlich, denn es gilt für ein solches Schaltelement

$$Z = -\frac{U_0}{I_0}\mathrm{i} = -\frac{1}{\omega C}\mathrm{i}$$

Bei einer idealen Spule hingegen induziert das sich aufbauende Magnetfeld eine Spannung, sodass eine Phasenverschiebung der Spannung gegenüber der Stromstärke um $\pi/2$ auftritt, d. h., es gilt $q = p - \pi/2$. Für den Widerstand der Spule folgt analog zum Kondensator $Z = \mathrm{i}\,U_0/I_0$. Die Wirkung einer Spule wird durch ihre Induktivität L angegeben (mit der Maßeinheit *Henry*) und der Widerstand ist

$$Z = \frac{U_0}{I_0}\mathrm{i} = \omega L\,\mathrm{i}.$$

In einem Schaltkreis werden solche Elemente entweder in Reihe oder parallel geschaltet. Dabei gelten die Kirchhoff'schen Regeln: Bei Reihenschaltung addieren sich die Widerstände, d. h., der Gesamtwiderstand ist $Z_{\text{ges}} = Z_1 + Z_2$. Bei Parallelschaltung hingegen addieren sich die Kehrwerte, d. h. $\frac{1}{Z_{\text{ges}}} = \frac{1}{Z_1} + \frac{1}{Z_2}$.

Schalten wir etwa eine Spule und einen Kondensator in Reihe, so erhalten wir als Gesamtwiderstand

$$Z = \left(\omega L - \frac{1}{\omega C}\right)\mathrm{i}.$$

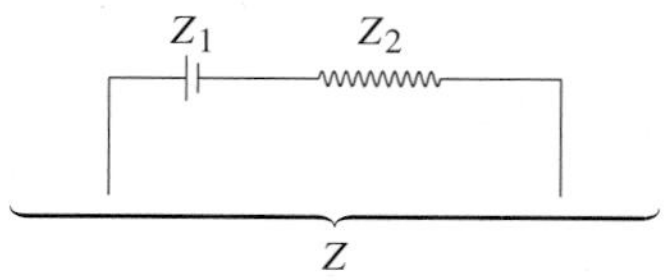

Legen wir an diesen Schaltkreis einen Wechselstrom mit $\omega = \frac{1}{\sqrt{LC}}$ an, so verschwindet der Widerstand. Diese Frequenz $f = \omega/(2\pi)$ heißt Resonanzfrequenz.

Vertiefung: Die Einheitswurzeln

Die Lösungen der Gleichung $z^n = 1$ in $\mathbb{C}$ für ein $n \in \mathbb{N}$ heißen n-te Einheitswurzeln. Mit der Polarkoordinatendarstellung lassen sich diese n verschiedenen komplexen Zahlen angeben.

Wir gehen davon aus, dass $z \in \mathbb{C}$ die Gleichung $z^n = 1$ löst. Das Argument von z kürzen wir ab zu $\varphi = \arg(z)$. Da sich beim Produkt komplexer Zahlen die Argumente addieren, ist induktiv einsichtig, dass für die n-te Potenz von z die Polarkoordinatendarstellung

$$z^n = |z|^n(\cos(n\varphi) + \mathrm{i}\sin(n\varphi))$$

gilt. Vergleichen wir diese Darstellung mit den Polarkoordinaten $r = 1$ und $\arg(1) = 0$ der Zahl 1, so folgt für Lösungen der Gleichung $z^n = 1$, dass

$$|z|^n = 1 \quad \text{bzw.} \quad |z| = 1$$

ist. Für das Argument φ gilt

$$n\,\varphi = 2\pi\, m$$

mit irgendeiner ganzen Zahl $m \in \mathbb{Z}$. Untersuchen wir die letzte Bedingung genauer, so sehen wir, dass sich mit $m = 0, \ldots, n-1$ verschiedene Winkel $\varphi = 2\pi \frac{m}{n} \in [0, 2\pi)$ ergeben. Wählen wir andere Zahlen für $m \in \mathbb{Z}$, so bekommen wir Werte außerhalb dieses Intervalls, die aber letztendlich bezüglich des Hauptwerts des Winkels mit einem der ersten n zusammenfallen. Somit finden wir n verschiedene Einheitswurzeln mit $\varphi = m\frac{2\pi}{n}$, $m = 0, \ldots, n-1$. Beachten sie, dass wir für die Angabe der Hauptwerte im Fall $\varphi > \pi$ in dieser Darstellung den Wert zu $\varphi - 2\pi$ transformieren müssen. Tragen wir diese sogenannten **Einheitswurzeln**

$$z_k = \cos\frac{2k\pi}{n} + \mathrm{i}\sin\frac{2k\pi}{n}$$

mit $k = 0, \ldots, n-1$ auf dem Einheitskreis ein, so bekommen wir geometrisch die Eckpunkte eines regelmäßigen n-Ecks in der Zahlenebene, wie in den Abbildungen zu $n = 5$ und $n = 16$ gezeigt.

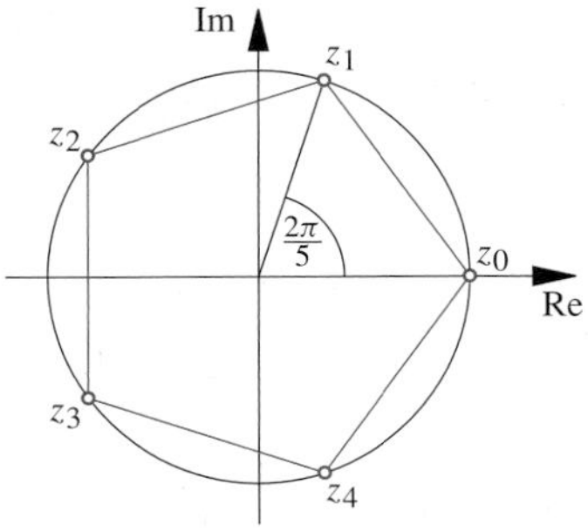

Mit dem Wissen über Polynome lassen sich weitere Eigenschaften der Einheitswurzeln ermitteln. Die Einheitswurzeln z_k sind die Nullstellen des Polynoms

$$p(z) = z^n - 1.$$

Also gilt die Darstellung

$$z^n - 1 = (z - z_0)(z - z_1)\ldots(z - z_{n-1}).$$

Multiplizieren wir die rechte Seite aus, so ergeben sich die Koeffizienten des Polynoms in Abhängigkeit der Zahlen z_k. Insbesondere erhalten wir

$$\begin{aligned} p(z) = z^n &- (z_0 + z_1 + \cdots + z_{n-1})z^{n-1} \\ &+ \cdots + (-1)^n(z_0 z_1 \ldots z_{n-1}). \end{aligned}$$

Denn die höchste Potenz z^n erhalten wir ausschließlich aus dem Produkt der ersten Summanden in jeder Klammer. Genauso ergibt sich der Term in dem kein z vorkommt aus dem Produkt der letzten Zahlen in den Klammern. Der Koeffizient zu z^{n-1} ist auch recht leicht zu sehen, denn er setzt sich zusammen aus $n-1$ mal dem Faktor z und nur einer Einheitswurzel. Wie auch immer die weiteren Koeffizienten im Detail aussehen, lassen sich aus dieser Überlegung durch Koeffizientenvergleich zwei Tatsachen über die Einheitswurzeln ablesen. Mit $n \geq 2$ gilt für die Summe

$$\sum_{k=0}^{n-1} z_k = 0,$$

und für das Produkt über alle Einheitswurzeln folgt

$$\prod_{k=0}^{n-1} z_k = (-1)^{n-1}.$$

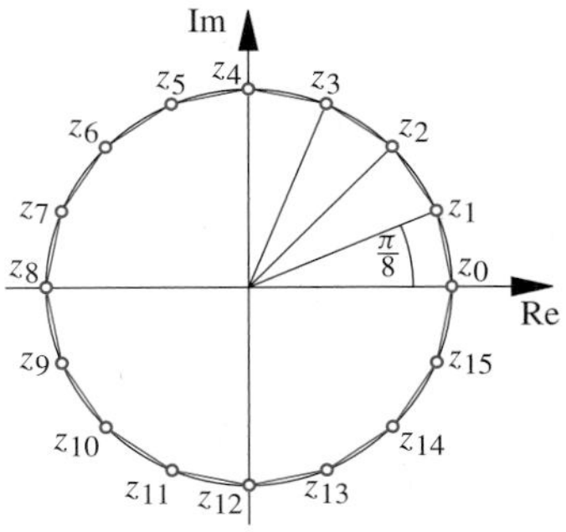

Beispiel: Gleichungen in den komplexen Zahlen

Beim Lösen von Gleichungen in den komplexen Zahlen ist es manchmal nützlich, Ausdrücke zu substituieren, um so in Teilschritten Lösungen zu errechnen. Wir wollen etwa alle Lösungen zu

$$(z+1)^5 = (z-1)^5$$

oder der Gleichung

$$z^6 - (3+\mathrm{i})z^3 + 2 + 2\mathrm{i} = 0$$

finden.

Problemanalyse und Strategie Im ersten Fall bietet sich eine Substitution $w = (z+1)/(z-1)$ an, um zunächst die Lösungen der Gleichung $w^5 = 1$ zu bestimmen und danach die Möglichkeiten für z zu berechnen. Beachten Sie, dass $z = 1$ keine Lösung des Problems ist und somit in den interessierenden Fällen die Substitution ein sinnvoller Ausdruck ist.

Im zweiten Fall bietet es sich an, dass Polynom sechsten Grades durch die Substitution $w = z^3$ auf ein quadratisches Polynom zu reduzieren. Dies können wir lösen und so auf z zurückschließen.

Lösung Zum Lösen der Gleichung

$$(z+1)^5 = (z-1)^5$$

setzen wir $w = (z+1)/(z-1)$, so folgt $w^5 = 1$. Somit ist $|w| = 1$ und $5\arg(w) = 0 + 2k\pi$. Also gilt für die Polarkoordinatendarstellung $w = r(\cos\varphi + \mathrm{i}\sin\varphi)$, dass

$$r^5 = 1 \quad \text{und} \quad 5\varphi = 2k\pi$$

für ein $k \in \mathbb{Z}$ ist. Wir erhalten

$$w = \cos\frac{2}{5}k\pi + \mathrm{i}\sin\frac{2}{5}k\pi,$$

wobei wir für $k = -2, -1, 0, 1, 2$ verschiedene Hauptwerte von Winkeln treffen. Für alle weiteren Werte für k wiederholen sich diese Winkel periodisch. Bezeichnen wir diese fünf Einheitswurzeln mit $w_0, w_1, \ldots, w_4$, so bleiben die Gleichungen

$$\frac{z+1}{z-1} = w_k$$

bzw.

$$(z+1) = (z-1)w_k$$

zu lösen. Für $w_k \neq 1$, d. h. $k \neq 0$, folgen mit

$$z = \frac{w_k + 1}{w_k - 1}.$$

die vier verschiedenen Lösungen der ursprünglichen Gleichung.

Im zweiten Beispiel setzen wir $w = z^3$. Dann ergibt sich für w die quadratische Gleichung

$$w^2 - (3+\mathrm{i})w + 2 + 2\mathrm{i} = 0.$$

Mit einer quadratischen Ergänzung folgt

$$\begin{aligned}\left(w - \frac{3+\mathrm{i}}{2}\right)^2 &= \frac{(3+\mathrm{i})^2}{4} - 2 - 2\mathrm{i} \\ &= -\frac{1}{2}\mathrm{i}.\end{aligned}$$

Wie schon im Text angegeben, finden wir aus den beiden Bedingungen

$$x^2 - y^2 = 0 \quad \text{und} \quad 2xy = -\frac{1}{2}$$

für Real- und Imaginärteil der Wurzeln die Lösungen

$$w_1 - \frac{3+\mathrm{i}}{2} = \frac{1}{2} - \frac{1}{2}\mathrm{i} \quad \text{bzw.} \quad w_2 - \frac{3+\mathrm{i}}{2} = -\frac{1}{2} + \frac{1}{2}\mathrm{i}.$$

Also sind die beiden Lösungen $w_1 = 2$ und $w_2 = 1 + \mathrm{i}$. Um die sechs Lösungen der ursprünglichen Gleichung zu bestimmen, müssen wir noch die Gleichungen

$$z^3 = 2 \quad \text{und} \quad z^3 = 1 + \mathrm{i}$$

untersuchen. Dazu schreiben wir die rechte Seite in Polarkoordinaten um. Es gilt

$$z^3 = 2\big(\cos(0) + \mathrm{i}\sin(0)\big)$$

bzw.

$$z^3 = \sqrt{2}\left(\cos\left(\frac{\pi}{4}\right) + \mathrm{i}\sin\left(\frac{\pi}{4}\right)\right).$$

Somit ergeben sich die sechs Lösungen

$$\begin{aligned} z_1 &= \sqrt[3]{2} \\ z_2 &= \sqrt[3]{2}\left(\cos\frac{2}{3}\pi + \mathrm{i}\sin\frac{2}{3}\pi\right) \\ z_3 &= \sqrt[3]{2}\left(\cos\left(-\frac{2}{3}\pi\right) + \mathrm{i}\sin\left(-\frac{2}{3}\pi\right)\right)\end{aligned}$$

und

$$\begin{aligned} z_4 &= \sqrt[6]{2}\left(\cos\frac{\pi}{12} + \mathrm{i}\sin\frac{\pi}{12}\right) \\ z_5 &= \sqrt[6]{2}\left(\cos\left(\frac{\pi}{12} + \frac{2}{3}\pi\right) + \mathrm{i}\sin\left(\frac{\pi}{12} + \frac{2}{3}\pi\right)\right) \\ z_6 &= \sqrt[6]{2}\left(\cos\left(\frac{\pi}{12} - \frac{2}{3}\pi\right) + \mathrm{i}\sin\left(\frac{\pi}{12} - \frac{2}{3}\pi\right)\right).\end{aligned}$$

5.3 Mengen und Transformationen in der komplexen Ebene

Mit den beiden Darstellungsvarianten für komplexe Zahlen bieten sich elegante Möglichkeiten, bestimmte Teilmengen der komplexen Zahlen zu beschreiben. Kreise um den Ursprung, d. h.

$$\{z \in \mathbb{C} \mid |z| = r\} = \{r(\cos\varphi + \mathrm{i}\sin\varphi) \in \mathbb{C} \mid \varphi \in (-\pi, \pi]\},$$

oder die gesamte Kreisscheibe,

$$\{z \in \mathbb{C} \mid |z| < r\}$$
$$= \{s(\cos\varphi + \mathrm{i}\sin\varphi) \in \mathbb{C} \mid 0 \le s < r, \varphi \in (-\pi, \pi]\},$$

haben wir schon kennengelernt. Einige weitere Beispiele können helfen, ein Gefühl für die komplexen Zahlen und ihre Teilmengen zu bekommen.

Beispiel

- Halbräume in der Zahlenebene sind dadurch charakterisiert, dass alle Punkte auf einer Seite einer begrenzenden Gerade liegen. Geraden in der Ebene sind durch einen linearen Zusammenhang der Koordinaten, also von Real- und Imaginärteil in der Zahlenebene, beschreibbar. Somit ist zum Beispiel durch

$$H = \{z \in \mathbb{C} \mid \mathrm{Im}(z) - \mathrm{Re}\,(z) < 1\}$$

der Halbraum unter der Geraden beschrieben, die durch die Gleichung $y = x + 1$ gegeben ist (siehe Abb. 5.14).
Um eine solche Mengenangabe zu interpretieren, ist es stets nützlich, sich zunächst nicht die Ungleichungsbedingung sondern die entsprechende Gleichungsbedingung $\mathrm{Im}(z) - \mathrm{Re}(z) = 1$ anzusehen. Wenn Sie diese Linie ermittelt haben, ist es relativ einfach zu entscheiden, welche Seite der Linie letztendlich durch die Ungleichung beschrieben wird.

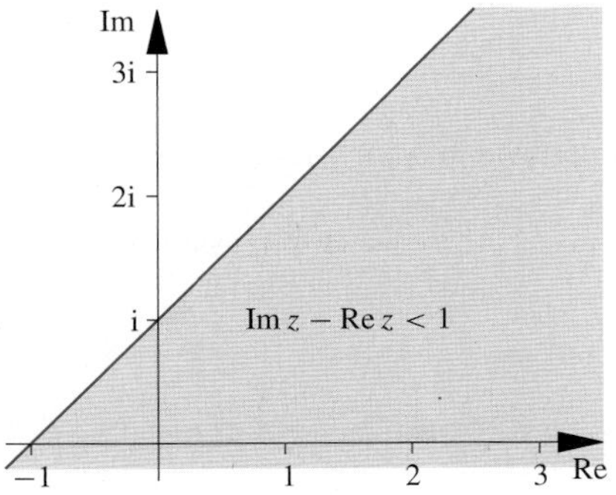

Abb. 5.14 Eine Halbebene in der komplexen Zahlenebene wird durch eine Ungleichung beschrieben

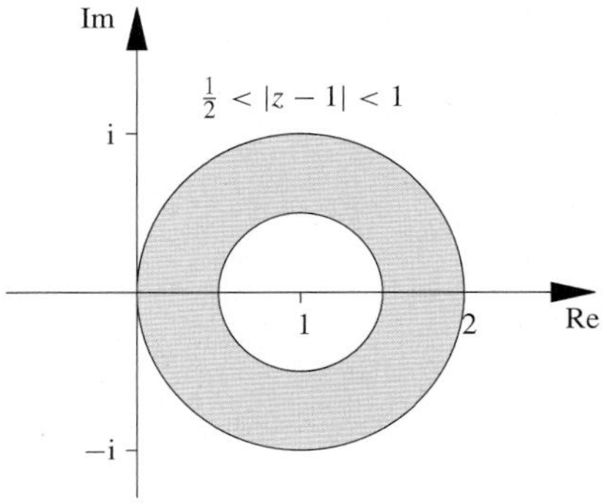

Abb. 5.15 Ein Ringgebiet in der komplexen Ebene wird durch Eingrenzung eines Betrags durch zwei Ungleichungen beschrieben

Setzen Sie einen Punkt ein, hier etwa den Ursprung 0. Erfüllt der Punkt die Ungleichungsbedingung sind Sie in der beschriebenen Menge, ansonsten außerhalb.

- Durch den Betrag $|z-1|$ ist der Abstand zwischen den Zahlen $z \in \mathbb{C}$ und $1 + 0\mathrm{i}$ gegeben. Es lassen sich mit Beschränkungen an solche Beträge, also an Abstände, leicht Kreise in der Zahlenebene festlegen. So beschreibt die Menge

$$\left\{z \in \mathbb{C} \;\middle|\; \frac{1}{2} < |z - 1| < 1\right\}$$

ein Ringgebiet um die Zahl $1 \in \mathbb{C}$ mit innerem Radius $1/2$ und äußerem Radius 1 (siehe Abb. 5.15).

- Eine Ellipse ist dadurch charakterisiert, dass die Summe der Abstände eines Punktes auf dem Rand zu den Brennpunkten für alle Randpunkte denselben Wert ergibt. Aus dieser geometrischen Beschreibung heraus wird deutlich, dass durch eine Identität wie

$$|z - 1| + |z - \mathrm{i}| = 2$$

Punkte auf dem Rand einer Ellipse mit den Brennpunkten $z_1 = 1$ und $z_2 = \mathrm{i}$ beschrieben werden. Somit lässt sich auch die Menge

$$\{z \in \mathbb{C} \mid |z - 1| + |z - \mathrm{i}| \le 2\}.$$

in der Zahlenebene deuten. Berücksichtigen wir, dass die Ungleichung für innere Punkte, wie etwa $\frac{1}{2} + \frac{1}{2}\mathrm{i}$, erfüllt ist, so ist ersichtlich, dass die angegebene Menge alle komplexen Zahlen im Inneren der Ellipse beinhaltet (siehe Abb. 5.16). ◀

Nachdem wir einige Teilmengen in der komplexen Ebene beschreiben können, interessiert uns, wie wir solche Mengen transformieren können. Mit dem passenden allgemeinen Konzept, *Abbildung*, haben wir uns schon beschäftigt. Außerdem sind die elementaren Funktionen und ihre Graphen im Kap. 4 schon angesprochen worden. Völlig analog lassen sich auch Funktionen betrachten, die einer komplexen Zahl eindeutig eine

Teil I

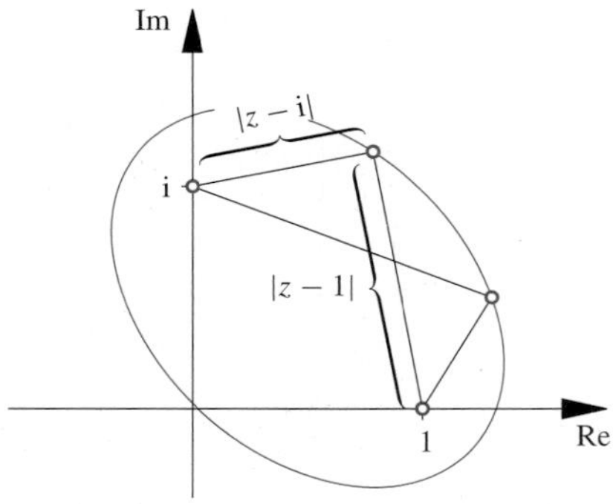

Abb. 5.16 Die komplexen Zahlen mit konstanter Summe von Abständen zu zwei Zahlen in der Zahlenebene liegen alle auf einer Ellipse mit diesen Brennpunkten

komplexe Zahl zuordnen. Wählen wir dieselbe Notation, so ist etwa durch $f : \mathbb{C} \to \mathbb{C}$ mit

$$f(z) = (1 + i)z$$

eine solche Funktion gegeben.

Wir können diese Art von Abbildungen genauso untersuchen wie die uns bekannten Funktionen in den reellen Zahlen. Schwierigkeiten bekommen wir aber, wenn wir versuchen, den Graph einer solchen Funktion zu zeichnen; denn diese Zeichnung müssten wir ja in einem vierdimensionalen Raum anfertigen.

Lineare und affin-lineare Transformationen im Komplexen entsprechen Translation, Streckungen oder Drehungen in der Zahlenebene

Um trotzdem einen Eindruck von Abbildungseigenschaften solcher Funktionen zu bekommen, sind also andere Wege zu gehen. Oft ist es sinnvoll sich das Bild einer Teilmenge der komplexen Zahlen unter einer solchen Funktion anzusehen. Dabei wählt man als Teilmenge etwa Geraden oder Kreislinien in der Zahlenebene.

Einfache und anschaulich klare Funktionen sind Translationen, Streckungen und Drehungen. Eine Translation ergibt sich durch Addition einer entsprechenden komplexen Zahl $a \in \mathbb{C}$. Es lassen sich also alle Translationen der komplexen Ebene durch Funktionen der Form

$$f : \mathbb{C} \to \mathbb{C} \quad \text{mit} \, f(z) = z + a$$

beschreiben. Streckungen oder Stauchungen der Zahlenebene sind durch Multiplikation mit einer reellen positiven Zahl gegeben. Bei Multiplikation mit einer negativen Zahl wird zusätzlich noch am Ursprung gespiegelt.

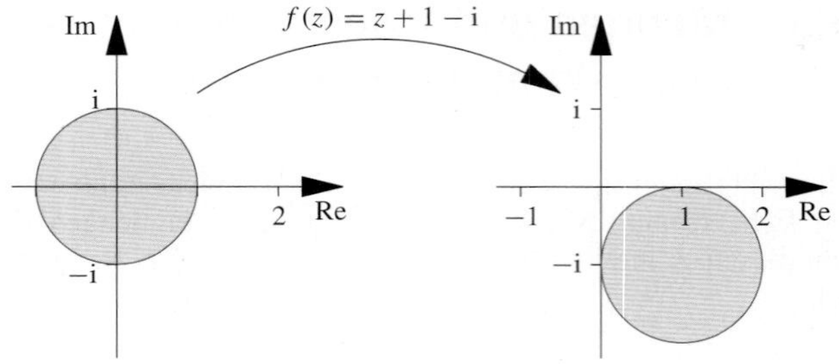

Abb. 5.17 Eine Translation der Einheitskreisscheibe in der komplexen Ebene durch $1 - i$

Eine Multiplikation mit einer komplexen Zahl $a \in \mathbb{C}$, d. h. eine Abbildung der Form

$$f : \mathbb{C} \to \mathbb{C} \quad \text{mit} \, f(z) = az,$$

bewirkt hingegen zwei geometrische Effekte. Schreiben wir in Polarkoordinaten $a = |a|(\cos\varphi + i \sin\varphi)$, so haben wir schon festgestellt, dass die Multiplikation mit a eine Streckung um den Faktor $|a|$ und eine Drehung um den Winkel φ bedeutet.

Beispiel

- Die Funktion $f : \mathbb{C} \to \mathbb{C}$ mit

$$f(z) = z + 1 - i$$

verschiebt jeden Punkt der komplexen Ebene um $1 - i$. Den Effekt einer solchen Abbildung kann man sich durch die Wirkung der Abbildung auf den Einheitskreis veranschaulichen, wie in der Abb. 5.17 gezeigt wird.
- Die Funktion $f : \mathbb{C} \to \mathbb{C}$ mit

$$f(z) = (1 + i)z$$

dreht alle Punkte der Zahlenebene um den Winkel $\arg(a) = \pi/4$ und streckt um den Faktor $|a| = \sqrt{2}$. So wird der Kreis mit Radius 1 und Mittelpunkt bei $1 + i0$, also die Menge

$$K = \{z \in \mathbb{C} \mid |z - 1| < 1\},$$

transformiert wie in Abb. 5.18 gezeigt. ◄

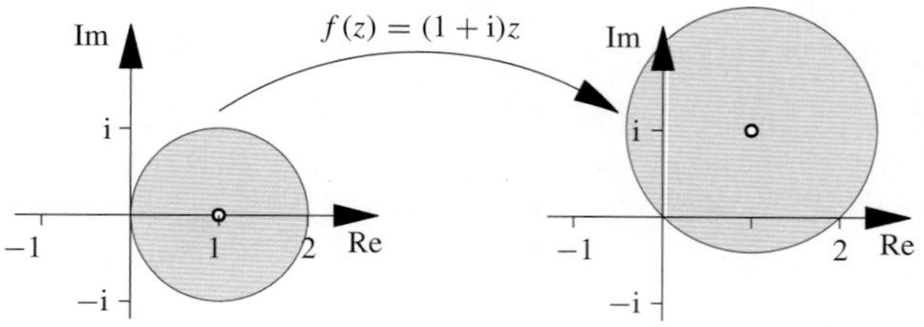

Abb. 5.18 Durch Multiplikation mit einer komplexen Zahl ergibt sich eine Drehung und Streckung in der Zahlenebene

Geraden und Kreise lassen sich in der komplexen Ebene einfach definieren

Für kompliziertere Abbildungen ist es sinnvoll, eine einheitliche Darstellung dieser Linien in der komplexen Zahlenebene zu nutzen. Durch Mengen in der Form

$$K = \{z \in \mathbb{C} \mid a|z|^2 + qz + \overline{qz} + b = 0\}$$

mit reellen Zahlen $a, b \in \mathbb{R}$ und einer komplexen Zahl $q \in \mathbb{C}$ lassen sich Geraden oder Kreislinien in der komplexen Ebene angeben.

Wir wollen untersuchen, für welche Bedingungen an a, b, q wir wirklich eine Gerade oder eine Kreislinie bekommen und wie die charakterisierenden Eigenschaften wie Steigung der Geraden oder Mittelpunkt und Radius des Kreises von den Parametern a, b und q abhängen.

Es ist eine Fallunterscheidung $a = 0$ und $a \neq 0$ erforderlich. Diese beiden Fälle untersuchen wir getrennt.

Für den Fall $a = 0$ ist

$$K = \{z \in \mathbb{C} \mid qz + \overline{qz} + b = 0\}.$$

Setzen wir $z = x + \mathrm{i}y$, so folgt

$$(q + \overline{q})x + \mathrm{i}(q - \overline{q})y + b = 0$$

bzw.

$$2\,\mathrm{Re}(q)x - 2\,\mathrm{Im}(q)y + b = 0.$$

Alle Ausdrücke in dieser Gleichung sind reell und der Zusammenhang zwischen den Variablen x und y ist affin-linear (siehe S. 104). Also beschreibt die Menge K eine Gerade in der komplexen Ebene. Wenn $\mathrm{Im}(q) \neq 0$ gilt, ist die Gerade durch

$$y = \frac{\mathrm{Re}(q)}{\mathrm{Im}(q)}x + \frac{b}{2\,\mathrm{Im}(q)}$$

mit Steigung $\mathrm{Re}(q)/\,\mathrm{Im}(q)$ und Achsenabschnitt $b/2\,\mathrm{Im}(q)$ gegeben.

Auch wenn $\mathrm{Im}(q) = 0$ ist, wird durch K eine Gerade beschrieben. Da diese aber senkrecht auf der reellen Achse mit $x = -b/(2\,\mathrm{Re}(q))$ und beliebigen Imaginärteil $y \in \mathbb{R}$ steht, können wir sie nicht als Funktion $y = f(x)$ beschreiben.

Dies ist natürlich nur der Fall, wenn $\mathrm{Re}(q) \neq 0$ ist. Wenn die Parameter a und q beide verschwinden, beschreibt K entweder die leere Menge ($b \neq 0$) oder die Zahlenebene ($b = 0$).

Nun kommen wir zum zweiten Fall, $a \neq 0$: Die Gleichung, die K darstellt, ist äquivalent zu

$$z\overline{z} + \frac{q}{a}z + \frac{\overline{q}}{a}\overline{z} + \frac{b}{a} = 0$$

bzw.

$$\left(z + \frac{\overline{q}}{a}\right)\left(\overline{z} + \frac{q}{a}\right) + \frac{b}{a} - \frac{|q|^2}{a^2} = 0.$$

Es folgt

$$\left|z + \frac{\overline{q}}{a}\right|^2 = \frac{|q|^2 - ab}{a^2}.$$

Diese Gleichung besitzt nur Lösungen, wenn der reelle Ausdruck auf der rechten Seite positiv oder null ist. Es muss also vorausgesetzt werden, dass

$$|q|^2 \geq ab$$

gilt. Dann ergibt sich aus der Identität, dass alle Punkte z in der Menge K sind, die auf der Kreislinie mit Radius $r = \sqrt{|q|^2 - ab}/|a|$ um den Mittelpunkt $z_m = -\overline{q}/a$ liegen

Mit Möbiustransformationen werden Geraden zu Kreisen

Kommen wir zurück auf Abbildungen in den komplexen Zahlen. Die bisherigen Beispiele von Transformationen der komplexen Ebene waren alle linear, d. h., die Funktionen sind von der Gestalt

$$f(z) = az + b$$

mit komplexen Zahlen $a, b \in \mathbb{C}$. Die obige Darstellung zu Geraden und zu Kreisen wird nützlich, wenn wir uns etwa die Abbildungseigenschaften einer Funktion wie $f(z) = 1/z$, $z \in \mathbb{C}\backslash\{0\}$, ansehen (siehe das Beispiel auf S. 162). Diese Funktion ist das Paradebeispiel einer weiteren Klasse von Transformationen, die noch genauer betrachtet werden soll, den sogenannten **Möbius-Transformationen**. Unter diesem Namen fasst man alle Abbildungen $f : \mathbb{C}\backslash\{-d/c\} \to \mathbb{C}$ zusammen, die die Gestalt

$$f(z) = \frac{az + b}{cz + d}$$

mit $a, b, c, d \in \mathbb{C}$ haben. Die durch diese Abbildung beschriebenen Transformationen lassen sich als Kompositionen von Streckungen, Translationen, Rotationen und, im Fall $c \neq 0$, einer Inversion auffassen. Sie werden in manchen Büchern auch als gebrochen linear bezeichnet, da es sich um Quotienten von linearen Funktionen handelt.

Zu einer *Transformation* interessiert die Umkehrung, d. h., dass f eine Umkehrfunktion f^{-1} besitzt. Wenn $ad - bc \neq 0$ ist, existiert diese und ist gegeben durch

$$f^{-1}(z) = \frac{dz - b}{-cz + a}.$$

Beispiel: Die Abbildung $f : \mathbb{C} \setminus \{0\} \to \mathbb{C}$ mit $f(z) = 1/z$

Ein Beispiel für eine Möbiustransformation in der komplexen Zahlenebene ist die Bildung des Kehrwerts, also die Abbildung $f : \mathbb{C}\setminus\{0\} \to \mathbb{C}$ mit

$$f(z) = \frac{1}{z}.$$

Wie verändern sich Geraden und/oder Kreise unter dieser Abbildung?

Problemanalyse und Strategie Man kann die im Text aufgezeigte allgemeine Darstellung von Kreisen und Geraden anwenden, um die Bildmengen in der Zahlenebene zu interpretieren.

Lösung Wir versuchen uns die Wirkung dieser Abbildung zu veranschaulichen. Dazu schreiben wir zunächst die Division um zu

$$f(z) = \frac{\overline{z}}{|z|^2}.$$

Mit $|z| = |\overline{z}|$ und

$$|f(z)| = \left|\frac{\overline{z}}{|z|^2}\right| = \frac{1}{|z|}$$

machen wir die Beobachtung, dass Punkte außerhalb des Einheitskreises durch diese Abbildung in den Einheitskreis geworfen werden und umgekehrt.

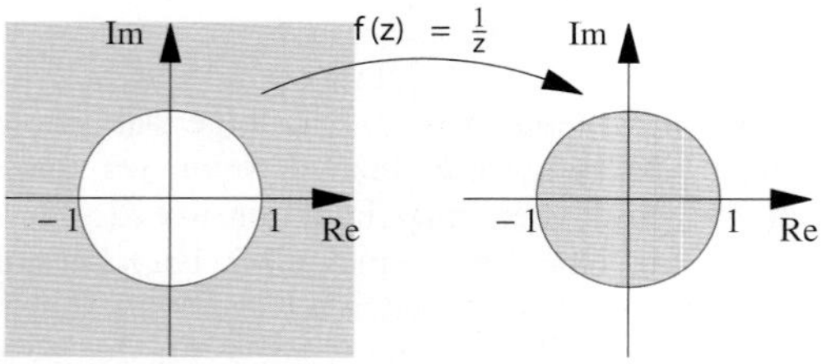

Betrachten wir die Bilder von Kreisen und von Geraden in der komplexen Ebene unter dieser Abbildung. Wir nutzen die Darstellung

$$K = \{z \in \mathbb{C} \mid a|z|^2 + qz + \overline{qz} + b = 0\}$$

aus, die wir schon auf S. 161 mit den verschiedenen Möglichkeiten für die Parameter $a, b \in \mathbb{R}$ und $q \in \mathbb{C}$ untersucht haben. Nehmen wir an, dass $0 \notin K$ ist, so können wir die Bildmenge von K unter der Abbildung f entsprechend angeben,

$$f(K) = \{w \in \mathbb{C} \mid \frac{a}{|w|^2} + \frac{q}{w} + \overline{\left(\frac{q}{w}\right)} + b = 0\}.$$

Multiplizieren wir die charakterisierende Gleichung mit $|w|^2$ so folgt

$$a + q\overline{w} + \overline{q}w + b|w|^2 = 0.$$

Somit können wir die Bildmenge angeben durch

$$f(K) = \{w \in \mathbb{C} \mid a + q\overline{w} + \overline{q}w + b|w|^2 = 0\}.$$

Diese Menge hat dieselbe Struktur mit vertauschten Rollen von a mit b und von q mit $\overline{q}$. Also ist die Bildmenge wieder ein Kreis oder eine Gerade.

Den Rollentausch der Parameter schauen wir uns genauer an. Betrachten wir etwa die Gerade, die durch

$$G = \{z \in \mathbb{C} \mid \mathrm{Re}(z) - \mathrm{Im}(z) - 1 = 0\}$$

gegeben ist, d. h. $q = \frac{1}{2}(1 + \mathrm{i})$, $a = 0$ und $b = -1$ in der allgemeinen Darstellung. Dann ist:

$$\begin{aligned} f(G) &= \{w \in \mathbb{C} \mid q\overline{w} + \overline{q}w - |w|^2 = 0\} \\ &= \{w \in \mathbb{C} \mid |w|^2 - \frac{1}{2}(1 - \mathrm{i})w - \frac{1}{2}(1 + \mathrm{i})\overline{w} = 0\} \\ &= \{w \in \mathbb{C} \mid \tilde{a}|w|^2 + \tilde{q}w + \overline{\tilde{q}w} + \tilde{b} = 0\} \end{aligned}$$

Nutzen wir die allgemeinen Überlegungen auf S. 161 mit den Parametern $\tilde{q} = -(1-\mathrm{i})/2$ und $\tilde{a} = 1, \tilde{b} = 0$, so ergibt sich, dass $f(G)$ ein Kreis mit Radius

$$r = \sqrt{|\tilde{q}|^2} = \frac{1}{2}|1 - \mathrm{i}| = \frac{1}{\sqrt{2}}$$

um den Punkt

$$z_m = \frac{1 + \mathrm{i}}{2}.$$

ist (siehe Abbildung). Es gilt übrigens immer, dass Geraden, die nicht durch den Ursprung laufen, aber den Einheitskreis schneiden auf eine Kreislinie geworfen werden, die den Ursprung berührt. Beachten Sie, dass die unendliche Ausdehnung der Geraden in der Bildmenge im Punkt $0 + \mathrm{i}0$ zusammenläuft. Umgekehrt werden aus solchen Kreisen bei dieser Abbildung Geraden.

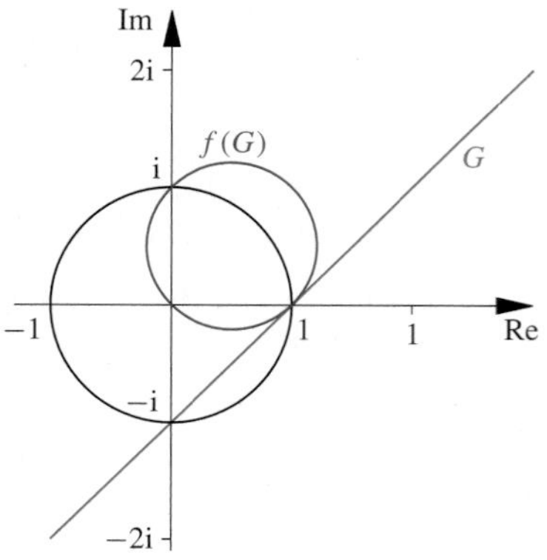

Selbstfrage 7

Zeigen Sie, dass durch diese Definition die Umkehrfunktion f^{-1} der Transformation gegeben ist.

Allein aus der Vorgabe von Bildern dreier Punkte $z_1, z_2, z_3 \in \mathbb{C}$, das heißt, wir geben uns zu diesen drei komplexen Zahlen die Werte $f(z_1), f(z_2)$ und $f(z_3)$ vor, lässt sich genau eine Möbiustransformation f aus dem Verhältnis

$$\frac{(z - z_1)(z_2 - z_3)}{(z_2 - z_1)(z - z_3)}$$

konstruieren, da dieses Verhältnis invariant ist unter einer Möbiustransformation. Invarianz einer Größe bedeutet, dass sich der Wert, wenn wir alle Zahlen transformieren, nicht ändert. In unserem Fall bedeutet es

$$\frac{(z - z_1)(z_2 - z_3)}{(z_2 - z_1)(z - z_3)} = \frac{(f(z) - f(z_1))(f(z_2) - f(z_3))}{(f(z_2) - f(z_1))(f(z) - f(z_3))}.$$

Lösen wir diesen Ausdruck nach $f(z)$ auf, so ergibt sich die gesuchte Transformation.

Diese Gleichung lässt sich zeigen, wenn wir zunächst eine Differenz wie $f(z) - f(z_1)$ auf einen Nenner erweitern zu

$$\begin{aligned}\frac{az + b}{cz + d} - \frac{az_1 + b}{cz_1 + d} &= \frac{(az + b)(cz_1 + d) - (az_1 + b)(cz + d)}{(cz_1 + d)(cz + d)} \\ &= \frac{(ad - bc)(z - z_1)}{(cz + d)(cz_1 + d)}.\end{aligned}$$

Setzen wir diese Darstellung entsprechend für alle vier Differenzen ein, so folgt die gesuchte Identität. Das Verhältnis ändert sich nicht, wenn alle Punkte transformiert werden.

Beispiel Wir suchen eine Möbiustransformation, die die Punkte

$$z_1 = 1, \quad z_2 = 1 - \mathrm{i}, \quad \text{und} \quad z_3 = -\mathrm{i}$$

auf die Bildpunkte

$$f(z_1) = -1, \quad f(z_2) = -1 - \mathrm{i}, \quad \text{und} \quad f(z_3) = \mathrm{i}$$

abbildet. Aus der Gleichung

$$\frac{(z - 1)(1 - \mathrm{i} + \mathrm{i})}{(1 - \mathrm{i} - 1)(z + \mathrm{i})} = \frac{(f(z) + 1)(-1 - \mathrm{i} - \mathrm{i})}{(-1 - \mathrm{i} + 1)(f(z) - \mathrm{i})}$$

bzw.

$$\frac{(z - 1)}{-\mathrm{i}(z + \mathrm{i})} = \frac{(f(z) + 1)(-1 - 2\mathrm{i})}{-\mathrm{i}(f(z) - \mathrm{i})}.$$

ergibt sich, indem wir nach $f(z)$ auflösen, die Transformation

$$f(z) = -\frac{(1 - \mathrm{i})z + 2 + 2\mathrm{i}}{(2 - 2\mathrm{i})z + 1 + 3\mathrm{i}}.$$ ◄

Eine Möbiustransformation besitzt eine *Singularität*, die Stelle $z = -d/c$, in der die Funktion nicht definiert ist. Es findet sich in der Literatur für diese Stelle die symbolische Zuordnung $f(-d/c) = \infty$ und analog wird $f(\infty) = a/c$ gesetzt.

Kommentar Mit dem oben angegebenen Verhältnis haben wir eine **Invariante** zur Möbiustransformation gefunden, also eine Größe, die sich unter der Abbildung f nicht ändert. Die Identifizierung von Invarianten einer Transformation und ihre Charakterisierung durch diese Größen, findet sich in vielen Bereichen der Physik und hat zu bedeutenden Theorien geführt. Das berühmteste Beispiel ist die Lichtgeschwindigkeit im Vakuum und ihre Invarianz unter Transformationen des Raum-Zeit-Koordinatensystems, den sogenannten Lorentz-Transformationen, als wesentliche Grundlage der speziellen Relativitätstheorie. ◄

Transformationen durch komplexe Funktionen spielen in einigen Anwendungen eine gewichtige Rolle, da zumindest bei Problemen in zwei Dimensionen komplizierte Geometrien durch Funktionen dieser Art auf einfache Formen etwa Kreise transformiert werden. Viele weitere, völlig anders gelagerte Anwendungen von Funktionen im Komplexen werden uns noch begegnen. Gerade die Darstellung der komplexen Zahlen durch Polarkoordinaten wird dabei entscheidend sein, da, wie wir gesehen haben, Drehungen bzw. Schwingungen sich elegant erfassen lassen. Dies ist an dieser Stelle noch nicht vollständig zum Tragen gekommen, da wir den Zusammenhang zur Exponentialfunktion erst in den folgenden Kapiteln erarbeiten. Wir belassen es zunächst bei diesen einführenden, geometrischen Betrachtungen zu den komplexen Zahlen. Im Kap. 32 wird später die Analysis solcher Funktionen genauer beleuchtet, die sogenannte *Funktionentheorie*.

Zusammenfassung

Die Menge der komplexen Zahlen

Die Erweiterung des Zahlbereichs auf komplexe Zahlen ist oft nützlich.

Definition der komplexen Zahlen

Ein Ausdruck der Form $a + ib$ mit $a, b \in \mathbb{R}$ heißt **komplexe Zahl**. Die Menge der komplexen Zahlen notieren wir durch

$$\mathbb{C} = \{z = a + ib \mid a, b \in \mathbb{R}\}.$$

Mit komplexen Zahlen lässt sich wie gewohnt rechnen

Berücksichtigt man die Eigenschaften der Zahl i, so gelten die Rechenregeln wie gewohnt auch im Komplexen. Die Division lässt sich dabei auf die Multiplikation komplexer Zahlen zurückführen.

Division komplexer Zahlen

Zwei komplexe Zahlen $z_1 = a + ib$ und $z_2 = c + id \neq 0$ mit $a, b, c, d \in \mathbb{R}$ werden geteilt, indem der Bruch mit dem konjugiert komplexen Nenner $\overline{z_2} = c - id$ erweitert wird,

$$\frac{z_1}{z_2} = \frac{z_1\overline{z_2}}{z_2\,\overline{z_2}} = \frac{(ac + bd) + i(bc - ad)}{c^2 + d^2}.$$

Für den Realteil und den Imaginärteil einer komplexen Zahl $z = a + ib$ gilt

$$\operatorname{Re}(z) = \frac{1}{2}(z + \overline{z}) \quad \text{und} \quad \operatorname{Im}(z) = \frac{1}{2i}(z - \overline{z}).$$

Quadratische Gleichungen lassen sich in $\mathbb{C}$ stets lösen

Die geometrische Darstellung der komplexen Zahlen als Punkte in der **Gauß'schen Zahlenebene** hilft beim Arbeiten mit imaginären Größen.

Komplexe Zahlen lassen sich in Polarkoordinaten darstellen

Polarkoordinatendarstellung einer komplexen Zahl

Die Darstellung

$$z = r\cos\varphi + i\, r\sin\varphi.$$

einer komplexen Zahl heißt **Polarkoordinatendarstellung**. Dabei ist r der Abstand der Zahl z vom Ursprung, der sogenannte **Betrag** der Zahl z, und φ bezeichnet den Winkel zur reellen Achse, dieser wird **Argument** der Zahl z genannt.

Ein Wechsel zwischen den beiden Darstellungsvarianten, zum einen durch kartesische Koordinaten und zum anderen in Polarkoordinaten, ist häufig sinnvoll. Dabei heißt der Radius in der Polarkoordinatendarstellung der Betrag einer komplexen Zahl und der Winkel ist das Argument der Zahl.

Definition des Betrags einer komplexen Zahl

Für eine komplexe Zahl $z = a + ib$ gilt

$$|z| = \sqrt{a^2 + b^2} = \sqrt{(a + ib)(a - ib)} = \sqrt{z\overline{z}}.$$

Die Grundrechenarten lassen sich geometrisch interpretieren:

- Die Addition komplexer Zahlen lässt sich durch ein Parallelogramm illustrieren.
- Beim Produkt komplexer Zahlen multiplizieren sich die Beträge und addieren sich die Argumente.

Mengen und Transformationen in der komplexen Ebene

Lösungsmengen von Gleichungen und Ungleichungen in der komplexen Zahlenebene lassen sich häufig geometrisch veranschaulichen.

Lineare und affin-lineare Transformationen im Komplexen entsprechen Translation, Streckungen oder Drehungen in der Zahlenebene

Kreis und Ringgebiete in der Zahlenebene sind durch Abschätzungen von Beträgen komplexer Zahlen gegeben.

Aufgaben

Die Aufgaben gliedern sich in drei Kategorien: Anhand der *Verständnisfragen* können Sie prüfen, ob Sie die Begriffe und zentralen Aussagen verstanden haben, mit den *Rechenaufgaben* üben Sie Ihre technischen Fertigkeiten und die *Anwendungsprobleme* geben Ihnen Gelegenheit, das Gelernte an praktischen Fragestellungen auszuprobieren.
Ein Punktesystem unterscheidet leichte •, mittelschwere •• und anspruchsvolle ••• Aufgaben. Lösungshinweise am Ende des Buches helfen Ihnen, falls Sie bei einer Aufgabe partout nicht weiterkommen. Dort finden Sie auch die Lösungen – betrügen Sie sich aber nicht selbst und schlagen Sie erst nach, wenn Sie selber zu einer Lösung gekommen sind. Ausführliche Lösungswege, Beweise und Abbildungen finden Sie als digitales Zusatzmaterial (electronic supplementary material).
Viel Spaß und Erfolg bei den Aufgaben!

Verständnisfragen

5.1 •

- Geben Sie zu folgenden komplexen Zahlen die Polarkoordinatendarstellung an,

$$z_1 = -2\mathrm{i}, \quad z_2 = 1 + \mathrm{i}, \quad z_3 = \frac{1}{2}(-1 + \sqrt{3}\,\mathrm{i})\,.$$

- Zu den komplexen Zahlen mit Polarkoordinaten $r_4 = 2$, $\varphi_4 = \frac{1}{2}\pi$, $r_5 = 1$, $\varphi_5 = \frac{3}{4}\pi$, bzw. $r_6 = 3$, $\varphi_6 = \frac{5}{4}\pi$ sind Real- und Imaginärteil gesucht.

5.2 •• Skizzieren Sie in der komplexen Zahlenebene die Mengen der komplexen Zahlen, die durch folgende Angaben definiert sind:

$$M_1 = \{z \in \mathbb{C} \mid \operatorname{Re}(z) + \operatorname{Im}(z) = 1\}$$
$$M_2 = \{z \in \mathbb{C} \mid |z - 1 - \mathrm{i}| = |z + 1|\}$$
$$M_3 = \{z \in \mathbb{C} \mid |2z - 1 + \mathrm{i}| \le 3\}$$

5.3 •• Zeigen Sie, dass für zwei komplexe Zahlen $z, w \in \mathbb{C}$, die in der oberen Halbebene liegen, d. h. $\operatorname{Im}(z) \ge 0$ und $\operatorname{Im}(w) \ge 0$, gilt

$$|w - z| \le |\overline{w} - z|\,.$$

Veranschaulichen Sie sich die Aussage in der komplexen Zahlenebene.

Rechenaufgaben

5.4 • Berechnen Sie zu den komplexen Zahlen

$$z_1 = 1 - \mathrm{i}, z_2 = 1 + 3\mathrm{i} \quad \text{und} \quad z_3 = 2 - 4\mathrm{i}$$

die Real- und Imaginärteile der Ausdrücke

$$-z_1\,, \overline{z_1}\,, z_1 z_2\,, \frac{z_2}{z_3}\,, \frac{z_1}{\overline{z_2} - z_1^2}\,, \frac{z_3}{2z_1 - \overline{z_2}}\,.$$

5.5 • Bestimmen Sie in Abhängigkeit von $z = x + \mathrm{i}\,y \in \mathbb{C}\setminus\{-\mathrm{i}\}$ den Real- und den Imaginärteil der Zahl

$$w = \frac{(1 - \mathrm{i})(z + 2) - 1 + 3\mathrm{i}}{z + \mathrm{i}}\,.$$

5.6 • Berechnen Sie alle komplexen Zahlen $z \in \mathbb{C}$, die die Gleichung

$$\frac{z - 3}{z - \mathrm{i}} + \frac{z - 4 + \mathrm{i}}{z - 1} = 2\frac{-3 + 2\mathrm{i}}{z^2 - (1 + \mathrm{i})z + \mathrm{i}}$$

erfüllen.

5.7 • Bestimmen Sie Real- und Imaginärteil der Lösungen folgender quadratischer Gleichungen

(a) $z^2 - 4\mathrm{i}z + 4z - 8\mathrm{i} = 0$
(b) $(z - (1 + 2\mathrm{i}))z = 3 - \mathrm{i}$
(c) $z^2 + 2(1 + \mathrm{i})z = 1 - 3\mathrm{i}$

5.8 •• Finden Sie alle Lösungen $z \in \mathbb{C}$ der Gleichung

$$z^6 + (1 - 3\mathrm{i})z^3 - 2 - 2\mathrm{i} = 0\,.$$

5.9 •• Bestimmen Sie alle komplexen Zahlen $u, v \in \mathbb{C}$ mit der Eigenschaft

$$\frac{1}{u} + \frac{1}{v} = \frac{1}{u + v}\,.$$

5.10 ••• Zeigen Sie, dass eine komplexe Zahl $z \in \mathbb{C}$ genau dann den Betrag $|z| = 1$ hat, wenn die Identität

$$\left|\frac{\overline{u}z + v}{\overline{v}z + u}\right| = 1$$

für alle Zahlen $u, v \in \mathbb{C}$ mit $|u| \neq |v|$ gilt.

5.11 •• Welche Menge von Punkten in der komplexen Ebene wird durch die Gleichung

$$M = \{z \in \mathbb{C} \mid |z - 3| = 2|z + 3|\}$$

beschrieben?

5.12 • Zeigen Sie, dass durch die Abbildung $f : \mathbb{C}\backslash\{-1\} \to \mathbb{C}$ mit $f(z) = \frac{1}{1+z}$ Punkte auf dem Kreis $K = \{z \in \mathbb{C} \mid |z| = 2\}$ auf einen Kreis $f(K)$ mit Mittelpunkt $M = -1/3 \in \mathbb{C}$ abgebildet werden und bestimmen Sie den Radius dieses Kreises.

5.13 ••

- Bestimmen Sie die Möbiustransformation f mit den Abbildungseigenschaften

$$f(\mathrm{i}) = 0, \quad f(0) = -1, \quad f(1) = \frac{1-\mathrm{i}}{1+\mathrm{i}}.$$

- Wie lautet die Umkehrfunktion zu f ?
- Auf welche Mengen in der komplexen Zahlenebene werden die reelle Achse, d. h. $\mathrm{Im}(z) = 0$, und die obere Halbebene, d. h. $\mathrm{Im}(z) > 0$, abgebildet?

Anwendungsprobleme

5.14 •• Ein *Fischauge* ist eine spezielle Linse in der Fotografie, die die Krümmung des Bildes zum Rand hin verstärkt. Durch eine Transformation der komplexen Ebene lässt sich dieser Effekt nachbilden. Betrachten Sie die Abbildung $f : \mathbb{C} \to \mathbb{C}$ mit

$$f(z) = \frac{z}{|z| + a}$$

für ein $a > 0$.

- Veranschaulichen Sie sich die Abbildung anhand von Polarkoordinaten.
- Zeigen Sie $f(\mathbb{C}) \subseteq B = \{z \in \mathbb{C} \mid |z| < 1\}$ und bestimmen Sie die Umkehrabbildung $f^{-1} : B \to \mathbb{C}$.
- Auf welche Teilmenge der komplexen Zahlen wird die reelle Achse abgebildet? Auf welche geometrischen Objekte werden Kreise um den Ursprung abgebildet?
- Mithilfe eines grafikfähigen Rechners, zeichnen Sie für $a = 1$ die Bilder folgender Teilmengen:

$$M_1 = \{z \in \mathbb{C} \mid z = t + \mathrm{i}/2, t \in \mathbb{R}\}$$

$$M_2 = \{z \in \mathbb{C} \mid z = -2 + t\mathrm{i}, t \in \mathbb{R}\}$$

$$M_3 = \{z \in \mathbb{C} \mid |z| = 1/2\}$$

$$M_4 = \{z \in \mathbb{C} \mid |z - 1| = 1/2\}$$

5.15 • In den meisten Stromnetzen wird *Drehstrom* verwendet. Dabei gibt es neben dem Neutralleiter noch drei weitere Leiter, deren Spannungen mit gleicher Frequenz und gleicher Amplitude, aber jeweils um die Phase $2\pi/3$ gegeneinander verschoben sind. Demnach liegen an den unterschiedlichen Leitern die Spannungen

$$u_1(t) = U_0\,(\cos(\omega t) + \mathrm{i}\sin(\omega t))$$

$$u_2(t) = U_0\left(\cos\left(\omega t + \frac{2}{3}\pi\right) + \mathrm{i}\sin\left(\omega t + \frac{2}{3}\pi\right)\right)$$

$$u_3(t) = U_0\left(\cos\left(\omega t + \frac{4}{3}\pi\right) + \mathrm{i}\sin\left(\omega t + \frac{4}{3}\pi\right)\right)$$

an. Zeigen Sie, dass sich zu allen Zeitpunkten die Summe der Spannungen neutralisiert, d. h.

$$u_1(t) + u_2(t) + u_3(t) = 0$$

für alle $t \in \mathbb{R}$ gilt.

Antworten zu den Selbstfragen

Antwort 1 Mit quadratischer Ergänzung ist

$$x^2 + 4x + 8 = (x + 2)^2 + 4.$$

Somit muss eine Lösung die Gleichung

$$(x + 2)^2 = -4$$

erfüllen. Mit der Zahl i lässt sich eine Lösung durch

$$x = -2 + 2\mathrm{i}$$

darstellen. Eine weitere Lösung ist $x = -2 - 2\mathrm{i}$.

Antwort 2 Die Summe ist $z_s = 1 + 2\mathrm{i} - 2 + 4\mathrm{i} = -1 + 6\mathrm{i}$ Also ist $\mathrm{Re}(z_s) = -1$ und $\mathrm{Im}(z_s) = 6$. Weiter berechnen wir das Produkt $z_p = (1+2\mathrm{i})(-2+4\mathrm{i}) = -10+0\mathrm{i}$. Also erhalten wir für z_p den Realteil $\mathrm{Re}(z_p) = -10$ und den Imaginärteil $\mathrm{Im}(z_p) = 0$.

Antwort 3 Es gilt

$$\frac{1}{\mathrm{i}} = \frac{1(-\mathrm{i})}{\mathrm{i}(-\mathrm{i})} = \frac{-\mathrm{i}}{1} = -\mathrm{i}$$

Also ist $\mathrm{Re}(1/\mathrm{i}) = 0$ und $\mathrm{Im}(1/\mathrm{i}) = -1$.

Antwort 4 Mit $z = x + \mathrm{i}y$ folgen wie in der allgemeinen Rechnung aus der Gleichung die Bedingungen $x^2 - y^2 = 0$ und $2xy = 1$. Somit ist $x^2 = y^2$ und wegen der zweiten Bedingung bleibt nur die Möglichkeit gleicher Vorzeichen, d. h. $x = y$. Setzen wir dies in die zweite Bedingung ein, so folgt $x^2 = 1/2$. Also ist $x = y = \pm 1/\sqrt{2}$ und wir erhalten die beiden Lösungen

$$z_1 = \frac{1}{\sqrt{2}}(1 + \mathrm{i}) \quad \text{und} \quad z_2 = -\frac{1}{\sqrt{2}}(1 + \mathrm{i}).$$

Antwort 5 Wir berechnen den Betrag $|z| = \sqrt{1^2 + (-1)^2} = \sqrt{2}$ und lesen aus einer Skizze der Zahl in der Zahlenebene den Hauptwert des Arguments $\varphi = -\pi/4$ ab. Somit ergibt sich die Darstellung

$$z = 1 - \mathrm{i} = \sqrt{2}\left(\cos\left(-\frac{\pi}{4}\right) + \mathrm{i}\sin\left(-\frac{\pi}{4}\right)\right).$$

Antwort 6 Wir nutzen aus, dass sich nichts ändert, wenn wir zu einer Zahl z_1 eine Zahl z_2 addieren und gleich wieder abziehen. So ist $|z_1| = |z_1 - z_2 + z_2|$. Wenden wir nun auf der rechten Seite die Dreiecksungleichung an, so folgt

$$|z_1| \leq |z_1 - z_2| + |z_2|.$$

Bringen wir $|z_2|$ auf die linke Seite der Ungleichung, so folgt die Behauptung. Auch diese Variante ist in der Übersicht auf S. 147 aufgeführt.

Antwort 7 Betrachten wir die Verkettungen $f^{-1} \circ f$ und $f \circ f^{-1}$. Es gilt

$$\frac{d\frac{az+b}{cz+d} - b}{-c\frac{az+b}{cz+d} + a} = \frac{d(az + b) - b(cz + d)}{-c(az + b) + a(cz + d)}$$
$$= \frac{(ad - bc)z}{ad - bc} = z.$$

Genauso folgt $f(f^{-1}(z)) = z$.

Antworten zu den Selbstfragen

Analysis einer reellen Variablen

II

Folgen – der Weg ins Unendliche

6

Warum überholt Achilles die Schildkröte?

Was ist ein Grenzwert?

Wie berechnet man die Dezimaldarstellung von $\sqrt{2}$?

Teil II

Ergänzende Information Die elektronische Version dieses Kapitels enthält Zusatzmaterial, auf das über folgenden Link zugegriffen werden kann https://doi.org/10.1007/978-3-662-64389-1_6.

T. Arens et al., *Mathematik*, https://doi.org/10.1007/978-3-662-64389-1_6

Eine der wichtigsten Errungenschaften der Mathematik ist die konkrete Beschreibung vom Unendlichen. Dadurch wurde das Unendliche greifbar und mathematischen Aussagen zugänglich. Die Geschichte der Naturwissenschaften und Technik ist voll von Irrtümern, die man bei dem Versuch begann, Unendlichkeit zu fassen. Sie zeigen, wie komplex eigentlich unser heutiger Begriff des „Grenzwerts" ist.

Folgen spielen bei der Beschreibung des Unendlichen eine entscheidende Rolle und sind daher eines der wichtigsten Handwerkszeuge in der Analysis. Zahlreiche neue, nützliche Begriffe lassen sich mit ihrer Hilfe definieren und erklären. Andererseits sind Folgen Grundlage für ganz alltägliche Dinge geworden: Ständig werden in Taschenrechnern, MP3-Playern oder für Wettervorhersagen Folgenglieder berechnet. Hierbei geht es um die Gewinnung von Näherungslösungen von Gleichungen. Wir werden in diesem Kapitel exemplarisch auf eine solche Anwendung eingehen.

Die Grundlage für einen fehlerfreien Einsatz von Folgen ist eine genaue Begriffsbildung. Die Erfahrung zeigt aber, dass sich viele damit zunächst schwertun. Doch mit ein wenig Routine und vielen Beispielen werden die Sachverhalte schnell überschaubar. Damit wir die späteren Anwendungen verstehen, müssen wir uns auf das abstrakte Konzept von Folgen und Grenzwerten einlassen. Dabei werden die Konvergenz von Zahlenfolgen, also die Existenz eines Grenzwerts, und gegebenenfalls die analytische Berechnung solcher Werte im Vordergrund stehen.

Teil II

6.1 Der Begriff einer Folge

Um ein Verständnis für den Begriff der Folge zu erhalten, werden wir uns ihm behutsam nähern. Wir tun dies anhand von zwei Beispielen.

Bei einer Folge stehen Objekte in einer Reihenfolge

Nehmen Sie einmal an, Sie haben sich ein neues Bücherregal bestellt, nicht zuletzt, um auch dieses schwere Buch irgendwo aufbewahren zu können. Nun ist das Paket eingetroffen, und das Regal muss aufgebaut werden. Im Karton befindet sich auch der Zettel mit der mehr oder weniger detaillierten Bauanleitung. Die einzelnen Arbeitsschritte sind üblicherweise nummeriert und Sie führen diese nacheinander aus, bis das Regal steht.

Wir haben es hier mit einer *Abfolge* von Arbeitsschritten zu tun. Es ist wichtig, die Schritte in der richtigen Reihenfolge nacheinander durchzuführen. Leidvolle Erfahrungen von ungeduldigen Zeitgenossen bestätigen zumindest diese These. Diesen Aspekt werden wir bei einer mathematischen Folge wiederfinden: Irgendwelche Objekte sind in einer Reihenfolge, wir können sie *abzählen*.

Im zweiten Beispiel werden wir einen weiteren Aspekt hinzufügen. In der Abb. 6.1 sehen Sie einen Börsenchart des Aktienindex DAX für einen Zeitraum im Herbst 2006. Der Verlauf der Kurve entspricht den täglichen Schlusskursen dieses Index. Man sieht, wie der Aktienkurs sich geändert hat, wie er von Tag zu Tag steigt oder fällt. Eigentlich müssten hier diskrete isolierte Werte eingezeichnet sein, eben die Schlusskurse der entsprechenden Tage, aber aus optischen Gründen wurden diese Werte durch Strecken verbunden, sodass eine durchgehende Line entsteht.

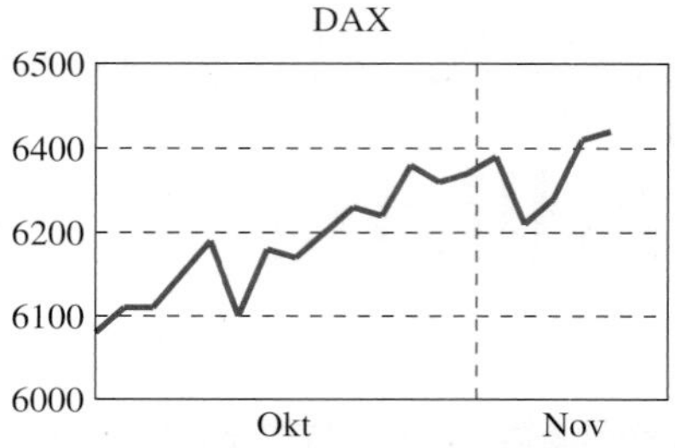

Abb. 6.1 Der Indexchart des DAX, wie man ihn in einer Börsenzeitschrift findet, stellt eine Folge von Tagesschlusskursen dar

Auch hier haben wir es wieder mit einer Abfolge zu tun, der Folge der Aktienschlusskurse. Begriffe wie *steigen* oder *fallen* machen nur einen Sinn, wenn wir die Reihenfolge der Tage einhalten.

Es gibt aber einen entscheidenden Unterschied zum Bücherregal: Wir haben es hier mit einer Liste von Kurswerten zu tun, für die kein Ende definiert ist. Das Diagramm gibt nur einen Ausschnitt der Abfolge aller Schlusskurse dieses Index wieder. Es gibt zwar einen Beginn, nämlich der Tag, an dem der Index an der Börse eingeführt wurde, aber sofern der Index nicht abgeschafft wird, kommt mit jedem Handelstag ein neuer Schlusskurs hinzu.

Bei einer Folge haben wir es mit unendlich vielen Objekten zu tun

Statt des Beispiels des Aktienindex hätten wir auch jede wissenschaftliche Messreihe wählen können, etwa die tägliche Luftdruckmessung an einer Wetterstation. Natürlich kann man jetzt einwenden, dass in der Realität zu jedem festen Zeitpunkt auch die Abfolge solcher Aktienkurse oder Messwerte endlich ist. Wir gelangen zu einer mathematischen Definition einer Folge, indem wir uns über diesen Einwand hinwegsetzen: Wir *konstruieren gedanklich* eine Abfolge irgendwelcher Objekte, die unendlich fortgesetzt wird, indem wir den Objekten eine Nummerierung zuordnen.

Definition einer Folge

Eine **Folge** ist eine Abbildung der natürlichen Zahlen in eine Menge M, die jeder natürlichen Zahl $n \in \mathbb{N}$ ein Element $x_n \in M$ zuordnet.

Die Elemente x_n werden **Folgenglieder** genannt und üblicherweise mit einem **Index** angegeben, obwohl es sich um Bilder einer Abbildung handelt, d. h., wir schreiben x_n anstelle von $x(n)$. Die gesamte Folge wird mit $(x_n)_{n=1}^{\infty}$, $(x_n)_{n\in\mathbb{N}}$ oder, wenn es unmissverständlich ist, einfach mit (x_n) bezeichnet. Im übrigen werden wir statt (x_n) auch beliebige andere Buchstaben verwenden, zum Beispiel (y_n), (a_l), (z_k).

Da wir über die Menge M, aus der die Folgenglieder stammen, keinerlei Annahme getroffen haben, können wir Folgen von ganz beliebigen Objekten betrachten. Unten zeigen wir auch dazu einige Beispiele. Am häufigsten aber werden wir es mit **Zahlenfolgen** zu tun haben, bei denen jedes Folgenglied entweder eine reelle oder eine komplexe Zahl ist. Es ist dann $M = \mathbb{R}$ oder $M = \mathbb{C}$ oder eine Teilmenge davon.

Beispiel

- Die Folge (x_n) bestehend aus den positiven geraden Zahlen bzw. aus den positiven ungeraden Zahlen ist durch

$$x_n = 2n \quad \text{bzw.} \quad x_n = 2n - 1$$

für $n \in \mathbb{N}$ gegeben.
- Bei der Folge (x_n) mit

$$x_n = \left(1 + \frac{1}{n}\right)^n, \quad n \in \mathbb{N},$$

ist ebenfalls jedes Folgenglied x_n eine positive reelle Zahl. In der Abb. 6.2 sind die ersten 10 Folgenglieder dargestellt.
- Durch die Definition

$$x_n = \sum_{j=1}^{n} j$$

erhalten wir eine Folge von Summen, ein spezieller Fall einer Zahlenfolge. Wir wissen aus Kap. 3 (siehe S. 75), dass diese Folge auch anders beschrieben werden kann, nämlich durch

$$x_n = \frac{n(n+1)}{2}, \quad n \in \mathbb{N}.$$

Solche Folgen von Summen sind mathematische Objekte, die uns als *Reihen* im Kap. 8 wieder begegnen werden. ◄

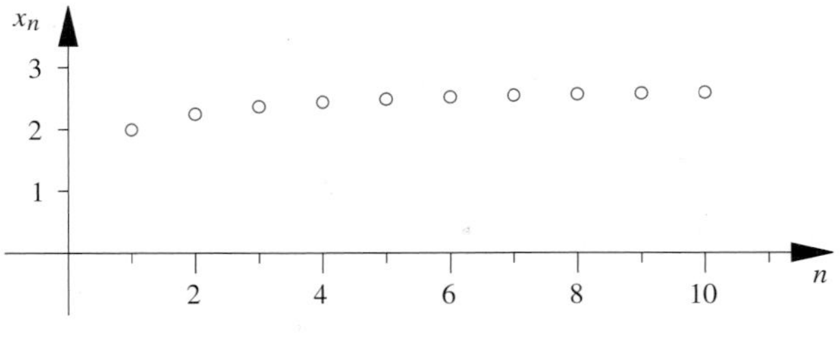

Abb. 6.2 Die ersten 10 Folgenglieder der Folge $\left(\left(1 + \frac{1}{n}\right)^n\right)_{n=1}^{\infty}$

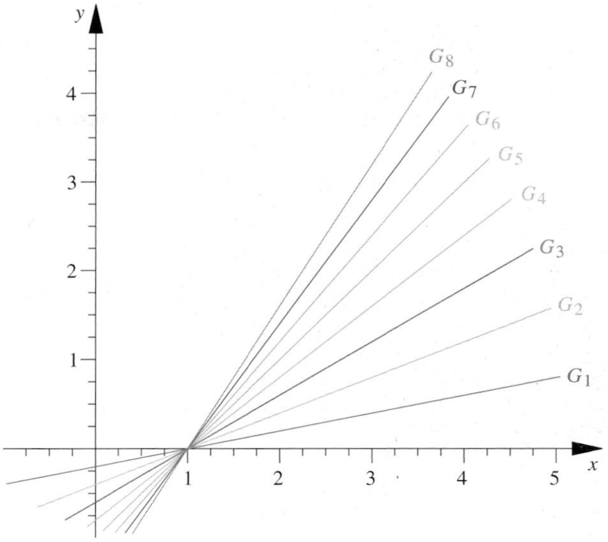

Abb. 6.3 Die ersten 8 Folgenglieder einer Folge von Geraden

Die Definition einer Folge auf S. 172 lässt auch Folgen zu, die nicht aus Zahlen bestehen. Für jedes $n \in \mathbb{N}$ erhalten wir mit der Vorschrift

$$G_n = \left\{(x, y) \in \mathbb{R}^2 \mid y = \frac{n}{5}(x - 1)\right\}$$

eine Gerade G_n in der Ebene, insgesamt also eine Folge von Geraden (G_n). Die ersten Glieder dieser Folge sind in der Abb. 6.3 dargestellt. Als Menge M kann hier die Menge aller Geraden in der Ebene gewählt werden, oder sogar die Menge aller Geraden durch $(1, 0)$.

Ein anderes Beispiel erhalten wir mit den Polynomen, mit denen wir uns schon in Kap. 4 beschäftigt haben. So ist $p_n(x) = nx^n$ ein Polynom vom Grad n, und wir erhalten die Folge (p_n), bei der jedes Folgenglied ein Polynom ist. Allgemeiner sprechen wir von einer *Funktionenfolge*. Dementsprechend können wir für M die Menge aller Polynomfunktionen oder allgemeiner die Menge aller reellwertigen Funktionen wählen.

Selbstfrage 1

- Machen Sie sich die Reihenfolge der Folgenglieder für jede der Folgen klar, die wir in den Beispielen vorgestellt haben!
- Bestimmen Sie jeweils die ersten 5–10 Folgenglieder!

Achtung Es ist nicht unbedingt notwendig, dass die Folge mit dem Index 1 beginnt. Der Startindex kann durchaus 0 oder eine andere beliebige ganze Zahl sein. Auch solche Folgen werden uns noch begegnen. Eine verallgemeinerte Definition ist hier aber nicht nötig, da mit einer Verschiebung des Index der Zähler der Folgenglieder stets der ursprünglichen Definition angepasst werden kann. ◄

Teil II

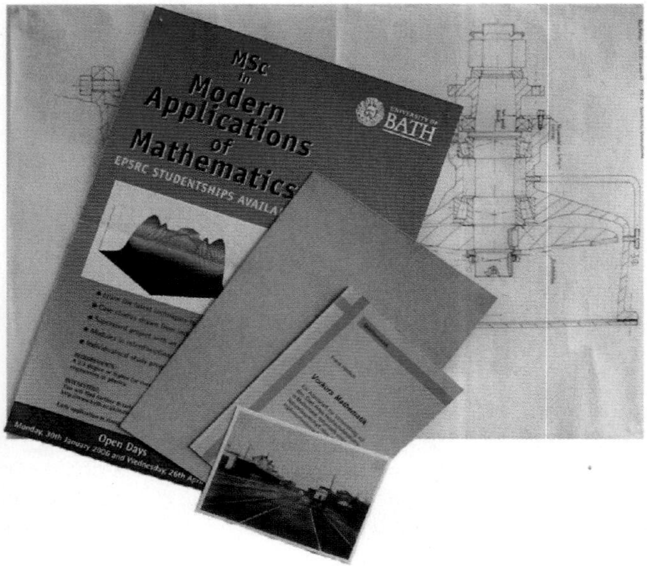

Abb. 6.4 Ein Ausschnitt aus der Folge der Papierformate nach DIN 476, von der technischen Zeichnung (DIN A2) bis zur Postkarte (DIN A6)

Die Beispiele zu Beginn des Kapitels haben es schon gezeigt: Man begegnet Folgen nicht nur in der Mathematik, sondern auch in der Realität. Hier ist ein weiteres Beispiel für eine Folge, mit der fast jeder täglich zu tun hat.

Anwendungsbeispiel Das Referenzformat für Papiergrößen nach Norm DIN 476 ist das Format A0, bei dem ein Blatt eine Fläche von einem Quadratmeter und ein Seitenverhältnis von $1 : \sqrt{2}$ besitzt. Ausgehend von diesem Format erhält man das Format An durch n-maliges Halbieren der längeren Seite des vorhergehenden Formats. Eine Eigenschaft dieser Konstruktion ist, dass dabei das Seitenverhältnis immer gleich bleibt. Die Norm DIN 476 definiert also eine Folge $(\mathrm{A}n)_{n\in\mathbb{N}}$ von Papierformaten. In der Abb. 6.4 sind einige typische Vertreter der Folgenglieder dargestellt. ◄

Folgen können explizit oder rekursiv definiert werden

Es gibt einen wichtigen Unterschied in der Definition zwischen dieser letzten Folge und denen, die uns bisher begegnet sind: Bisher ließ sich für ein vorgegebenes $n \in \mathbb{N}$ das zugehörige Folgenglied x_n direkt aus der Definition bestimmen. Wir nennen diese Art der Definition einer Folge **explizit**. Im Beispiel der Papierformate wurde das Folgenglied für den Startindex angegeben, der *Startwert*, und außerdem eine *Rekursionsvorschrift*, mit der ein Folgenglied x_{n+1} aus dem vorhergehenden Folgenglied x_n bestimmt werden kann. Diese Art der Definition heißt **rekursiv**. Allgemeiner sind auch Vorschriften möglich, bei denen x_{n+1} aus mehreren Vorgängern bestimmt wird.

Beispiel (Rekursiv definierte Folgen)

- Wir beginnen mit den Zahlen $a_0 = 0$ und $a_1 = 1$. Das nächste Folgenglied soll die Summe der beiden vorhergehenden Glieder sein. Die Rekursionsvorschrift lautet

$$a_{n+1} = a_n + a_{n-1}, \quad n \in \mathbb{N}.$$

  Wir erhalten so eine Folge, deren erste Glieder

$$0, 1, 1, 2, 3, 5, 8, 13, 21, \ldots$$

  lauten. Dies ist die Folge der **Fibonacci-Zahlen**, die eine Reihe überraschender Anwendungen besitzt, die wir im weiteren Verlauf kennenlernen werden.
- Bei einer rekursiv definierten Folge können unterschiedliche Startwerte zu einer völlig anderen Folge führen. Betrachten wir etwa die Rekursionsvorschrift

$$a_{n+1} = \frac{1}{2}\left(1 + \frac{1}{a_n}\right),$$

  so erhalten wir für den Startwert $a_1 = 2$ eine Folge, die mit den Gliedern

$$2, \frac{3}{4}, \frac{7}{6}, \frac{13}{14}, \frac{27}{26}, \ldots$$

  beginnt. Dagegen bekommt man mit dem Startwert $a_1 = 1$ die konstante Folge

$$1, 1, 1, 1, 1, \ldots$$ ◄

Selbstfrage 2

Geben Sie sowohl eine explizite als auch eine rekursive Beschreibung der Folge der Potenzen von 3 an, also $1, 3, 9, 27, \ldots$ Die Identität beider Darstellungen lässt sich mit vollständiger Induktion (vergleiche Abschn. 3.5) einfach begründen – probieren Sie es aus!

Auch für komplexe Zahlenfolgen gibt es die Möglichkeiten der expliziten oder der rekursiven Darstellung. Wir betrachten die rekursiv definierte Folge (z_n) mit

$$z_1 = 1 \quad \text{und} \quad z_{n+1} = \left(\frac{9}{10} + \frac{3}{10}\mathrm{i}\right) z_n, \quad n \in \mathbb{N}.$$

Indem wir die ersten paar Folgenglieder bestimmen, erhalten wir eine Vermutung für eine explizite Darstellung,

$$z_n = \left(\frac{9}{10} + \frac{3}{10}\mathrm{i}\right)^{n-1}, \quad n \in \mathbb{N},$$

deren Korrektheit für alle $n \in \mathbb{N}$ mit vollständiger Induktion nachgewiesen werden kann.

Bei der grafischen Darstellung haben wir verschiedene Möglichkeiten. Eine davon ist, die Folgenglieder als Punkte in der komplexen Zahlenebene darzustellen. Für diese Folge ist das in Abb. 6.5 aufgezeigt.

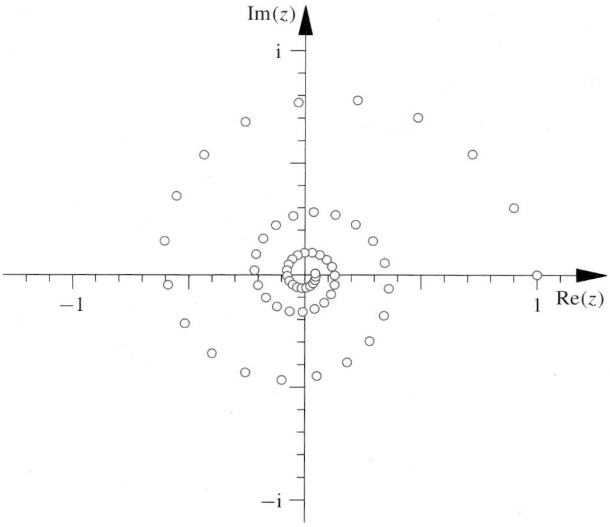

Abb. 6.5 Die ersten 60 Folgenglieder der Folge $\left(\left(\frac{9}{10}+\frac{3}{10}\mathrm{i}\right)^{n-1}\right)_n$ in der komplexen Zahlenebene

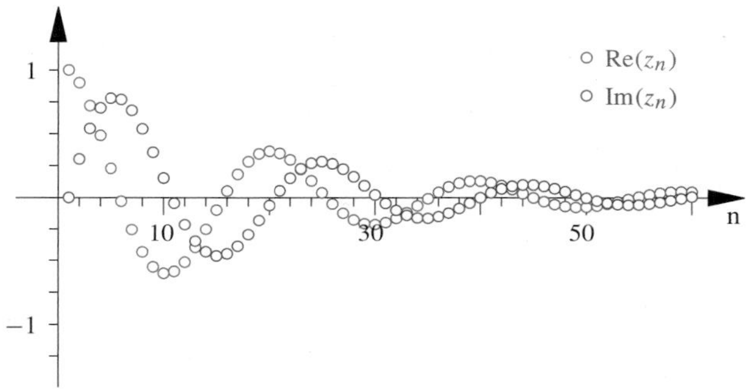

Abb. 6.6 Die ersten 60 Folgenglieder der Folge $\left(\left(\frac{9}{10}+\frac{3}{10}\mathrm{i}\right)^{n-1}\right)_n$ aufgespalten in Real- und Imaginärteil

Eine zweite Möglichkeit ist, Real- und Imaginärteil der Folgenglieder als reelle Zahlenfolgen aufzufassen und getrennt abzubilden. In der Abb. 6.6 ist der Realteil der Folge blau, der Imaginärteil rot dargestellt.

Achtung Bei der Darstellung von komplexen Folgen als Punkte in der komplexen Zahlenebene wird die relative Lage der Folgenglieder sehr deutlich. Andererseits geht die Information über die Reihenfolge der Folgenglieder hierbei verloren! In der Abb. 6.7 ist eine Folge dargestellt, deren erste 60 Glieder eine zufällige Umordnung der ersten 60 Glieder der Folge (z_n) darstellen.

Dies führt natürlich auf genau dasselbe Bild in der komplexen Ebene wie in Abb. 6.5. Für eine eindeutige Darstellung hätten wir also in Abb. 6.5 die einzelnen Punkte mit dem jeweiligen n beschriften müssen – eine mühselige und für größere n unpraktikable Lösung. ◀

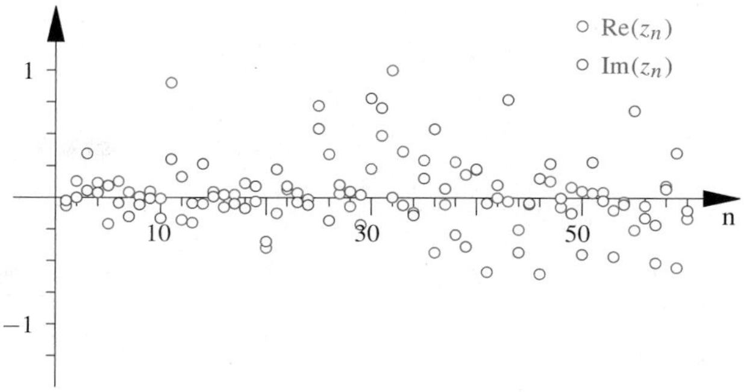

Abb. 6.7 Eine zufällige Umordnung der Folgenglieder von (z_n)

Für den Rest dieses Kapitels werden wir uns ausschließlich mit Zahlenfolgen, sowohl reellen als auch komplexen, beschäftigen. Andere Typen von Folgen werden uns aber in späteren Kapiteln dieses Buchs noch begegnen.

6.2 Elementare Eigenschaften von Zahlenfolgen

In der Abb. 6.8 ist die komplexe Folge (w_n) dargestellt, die durch

$$w_n = \frac{1}{4}\left(\frac{99}{100}+\frac{3}{10}\mathrm{i}\right)^{n-1}, \qquad n \in \mathbb{N},$$

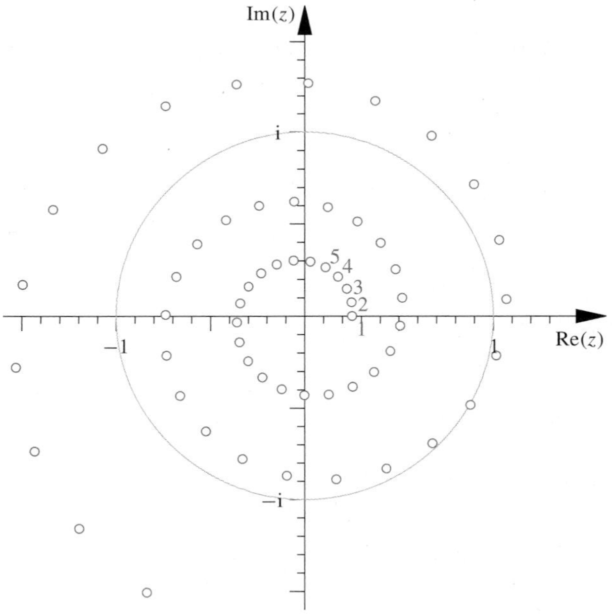

Abb. 6.8 Die Glieder der Folge $\left(\frac{1}{4}\left(\frac{99}{100}+\frac{3}{10}\mathrm{i}\right)^{n-1}\right)_n$ werden mit zunehmendem n beliebig groß (die Spirale wird gegen den Uhrzeigersinn durchlaufen)

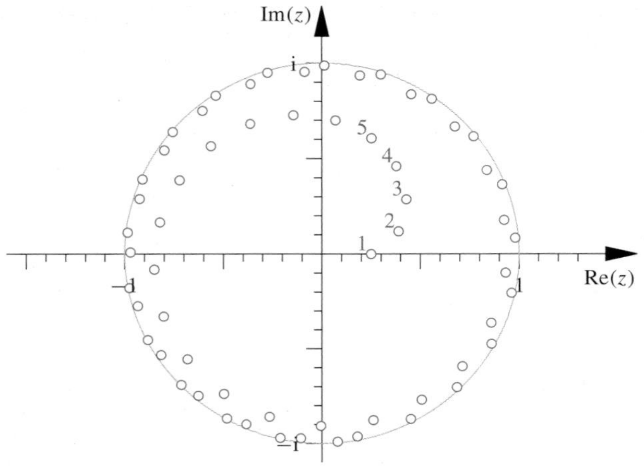

Abb. 6.9 Die Folge (u_n) scheint den Einheitskreis nicht zu verlassen

definiert ist. Zusätzlich ist der komplexe Einheitskreis eingezeichnet. Die Folgenglieder verlassen ab einem gewissen Index den Einheitskreis und scheinen sich auch danach immer weiter vom Ursprung zu entfernen.

Ganz anders die Folge (u_n), die wir aus (w_n) durch die Vorschrift

$$u_n = \frac{w_n}{|w_n| + \frac{3}{4n}}, \qquad n \in \mathbb{N},$$

gewinnen. Ihre Folgenglieder nähern sich mit größerem n der grauen Einheitskreislinie immer mehr an. Anscheinend verlassen sie den Kreis aber nicht.

Davon können wir uns auch mathematisch überzeugen. Mit der Bernoulli-Ungleichung (siehe S. 85) gilt

$$\begin{aligned} |w_n| &= \frac{1}{4}\left(\sqrt{\frac{99^2+30^2}{100^2}}\right)^{n-1} = \frac{1}{4}\sqrt{\left(\frac{10\,701}{10\,000}\right)^{n-1}} \\ &\geq \frac{1}{4}\sqrt{1+(n-1)\,\frac{701}{10\,000}}. \end{aligned}$$

Der Betrag von w_n wird mit zunehmendem n beliebig groß. Für (u_n) gilt dagegen

$$|u_n| = \frac{|w_n|}{|w_n| + \frac{3}{4n}} \leq \frac{|w_n|}{|w_n|} = 1,$$

denn durch Weglassen des Summanden $3/(4n)$ wird der Nenner kleiner. Die Folgenglieder u_n liegen also stets innerhalb des komplexen Einheitskreises.

Dieses grundsätzlich unterschiedliche Verhalten der beiden komplexen Zahlenfolgen wird sich als wichtiger Aspekt bei unseren weiteren Untersuchungen herausstellen.

Definition einer beschränkten Folge

Eine reelle oder komplexe Zahlenfolge (x_n) heißt **beschränkt**, falls es eine positive reelle Zahl R gibt, sodass $|x_n| \leq R$ für alle $n \in \mathbb{N}$ gilt. Falls dies nicht der Fall ist, heißt die Folge **unbeschränkt**.

Anschaulich bedeutet diese Definition, dass die Folgenglieder einen bestimmten Kreis um die Null nicht verlassen. Im Reellen ist dies ein Intervall mit der Null als Mittelpunkt. Wir können die Definition auch abschwächen und gelangen so zu spezielleren Begriffen: Eine *reelle* Zahlenfolge (x_n) heißt **nach unten** bzw. **nach oben** beschränkt, falls es eine Zahl m bzw. M gibt mit

$$m \leq x_n \quad \text{bzw.} \quad x_n \leq M$$

für alle $n \in \mathbb{N}$. Die Zahl m heißt **untere Schranke**, die Zahl M heißt **obere Schranke** der Folge.

Beispiel

- Eine sehr einfache reelle Folge ist durch

  $$a_n = (-1)^n, \qquad n \in \mathbb{N},$$

  definiert. Die Folgenglieder nehmen abwechselnd den Wert 1 und -1 an. Es gilt $|a_n| = 1$, also erst recht $|a_n| \leq 1$. Die Folge ist beschränkt.
- Wir betrachten nun die reelle Folge (x_n) mit

  $$x_n = \frac{2n^2 - 2n + 1}{n^2 - n + 1}, \qquad n \in \mathbb{N}.$$

  Den Nenner kann man auch als $(n - 1/2)^2 + 3/4$ schreiben, den Zähler als $n^2 + (n-1)^2$. Beide sind also stets positiv. Damit haben wir die untere Schranke $x_n > 0$ gefunden.
  Um eine obere Schranke zu finden, addieren wir null in der Form $1 - 1$ im Zähler und können dann kürzen:

  $$\begin{aligned} x_n &= \frac{2n^2 - 2n + 2}{n^2 - n + 1} - \frac{1}{n^2 - n + 1} \\ &= 2 - \frac{1}{n^2 - n + 1} \leq 2 \end{aligned}$$

  Die Folge ist durch 2 nach oben beschränkt.
- Bei der rekursiv definierten Folge (y_n) mit

  $$y_1 = \frac{1}{2}, \quad y_{n+1} = \frac{1}{2 - y_n}, \qquad n \in \mathbb{N},$$

  muss vollständige Induktion angewandt werden, um die Beschränktheit nachzuweisen. Wir berechnen die ersten Folgenglieder,

  $$\frac{1}{2}, \ \frac{2}{3}, \ \frac{3}{4}, \ \frac{4}{5}, \ \ldots,$$

  und vermuten $0 < y_n < 1$ für alle $n \in \mathbb{N}$. Da y_1 in diesem Intervall liegt, ist der Induktionsanfang schon gemacht.

Beispiel: Zeigen Sie, dass eine Folge beschränkt ist

Für die Folge (x_n) mit

$$x_n = \left(1 + \frac{1}{n}\right)^n$$

soll nachgewiesen werden, dass sie durch 1 nach unten und durch 3 nach oben beschränkt ist.

Problemanalyse und Strategie Die einzelnen Folgenglieder werden untersucht. Durch Anwendung bekannter elementarer Ungleichungen wollen wir zeigen, dass die Schranken gelten.

Lösung Da $1 + 1/n > 1$ ist für $n \in \mathbb{N}$, ist auch

$$x_n = \left(1 + \frac{1}{n}\right)^n > 1.$$

Somit ist schon gezeigt, dass 1 eine untere Schranke ist.

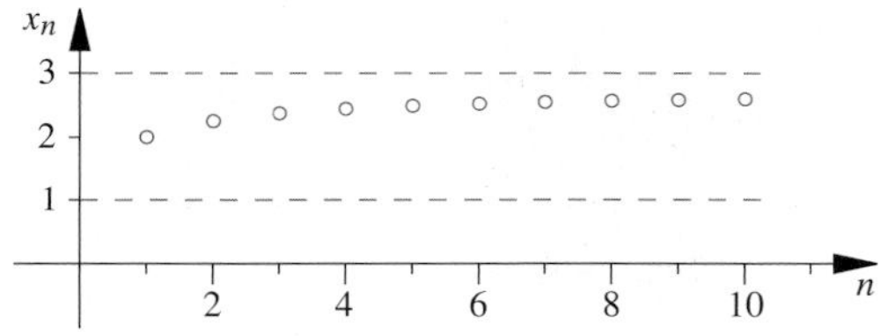

Mit der binomischen Formel (vergleiche S. 79) erhalten wir

$$\begin{aligned} x_n &= \left(1 + \frac{1}{n}\right)^n \\ &= \sum_{k=0}^{n} \binom{n}{k} 1^{n-k} \left(\frac{1}{n}\right)^k \\ &= 1 + \sum_{k=1}^{n} \binom{n}{k} \frac{1}{n^k}. \end{aligned}$$

Die Terme in der Summe

$$\binom{n}{k} \frac{1}{n^k} = \frac{1}{k!} \frac{n(n-1)(n-2)\cdots(n-k+1)}{\underbrace{n\cdots n}_{k \text{ mal}}}$$

können wir weiter abschätzen: Im rechten Bruch stehen im Zähler und Nenner je k Faktoren, wobei die Faktoren im Zähler kleiner oder gleich denen im Nenner sind. Daher ist der rechte Bruch insgesamt kleiner oder gleich 1. Es folgt mit der geometrischen Summenformel (siehe S. 76)

$$\begin{aligned} x_n &\le 1 + \sum_{k=1}^{n} \frac{1}{k!} \\ &\le 1 + \sum_{k=0}^{n-1} \left(\frac{1}{2}\right)^k = 1 + \frac{1 - \left(\frac{1}{2}\right)^n}{1 - \frac{1}{2}} \\ &= 1 + 2\left(1 - \left(\frac{1}{2}\right)^n\right) \\ &\le 3. \end{aligned}$$

Damit haben wir auch bewiesen, dass 3 eine obere Schranke ist.

Kommentar Die Zahlen 1 und 3 sind keineswegs optimale Schranken für die Folge. Dies ist aber für die Tatsache, dass die Folge beschränkt ist, überhaupt nicht wichtig.

Die ersten paar Folgenglieder sind in der Abbildung dargestellt. Die Vermutung liegt nahe, dass die optimale obere Schranke für die Folge (x_n) irgendwo bei 2.7 liegt. Tatsächlich werden wir später beweisen können, dass die kleinstmögliche obere Schranke eine irrationale Zahl ist, deren erste Stellen so aussehen:

$$2.718\,281\,828\,459\,05\ldots$$

Diese Zahl, die *Euler'sche Zahl* genannt und mit e bezeichnet wird, wird noch eine große Rolle spielen. ◀

Für den Induktionsschritt nehmen wir an, dass für ein $n \in \mathbb{N}$ gilt: $0 < y_n < 1$. Dann ist

$$2 - y_n > 2 - 1 = 1.$$

Damit folgt

$$y_{n+1} = \frac{1}{2 - y_n} < \frac{1}{1} = 1.$$

Andererseits ist auch $2 - y_n > 0$ und damit $y_{n+1} > 0$. Somit ist die Induktionsbehauptung gezeigt. Es folgt $0 < y_n < 1$ für alle $n \in \mathbb{N}$. ◀

Eine weitere sehr wichtige Eigenschaft können wir nur für reelle Folgen definieren:

Definition monotoner Folgen

Eine reelle Zahlenfolge (x_n) heißt **monoton wachsend**, falls $x_{n+1} \ge x_n$ für alle $n \in \mathbb{N}$ gilt. Falls $x_{n+1} \le x_n$ für alle $n \in \mathbb{N}$ gilt, so heißt die Folge **monoton fallend**.

Anwendung: Die Mandelbrotmenge

... oder wie man mit einer einfachen Formel Kunst erzeugt

Vielleicht haben Sie das folgende Bild oder eine Variante davon schon einmal gesehen:

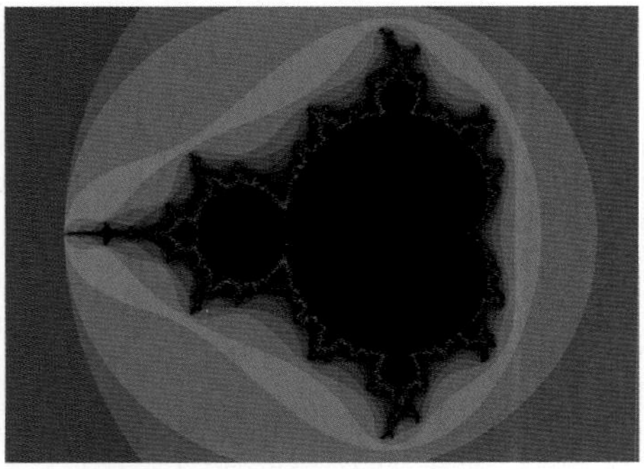

Das Bild ist eine Visualisierung der sogenannten *Mandelbrotmenge* (nach dem französischen Mathematiker Benoît Mandelbrot), die etwas mit komplexen Zahlenfolgen zu tun hat. Dazu betrachtet man die Folge (z_n) mit

$$z_0 = 0, \quad z_n = z_{n-1}^2 + c, \quad n \in \mathbb{N},$$

für verschiedene Werte $c \in \mathbb{C}$. Es stellt sich die Frage, für welche Parameter c diese Folge beschränkt bleibt. Die Menge dieser Parameter ist die Mandelbrotmenge.

Es lässt sich zeigen, dass die Folge auf jeden Fall dann unbeschränkt ist, wenn für ein $n_0 \in \mathbb{N}$ die beiden Bedingungen $|z_{n_0}| > 2$ und $|z_{n_0}| \geq |c|$ erfüllt sind. In diesem Fall gilt nämlich $|z_{n_0+m}| \geq q^m\, |z_{n_0}|$ mit einer reellen Zahl $q > 1$.

Eine weitere Überlegung ist, dass im Fall $|c| > 2$ schon für $n_0 = 1$ beide Bedingungen erfüllt sind. Daher ist die Bedingung $|z_{n_0}| > 2$ allein bereits hinreichend, damit die Folge unbeschränkt ist.

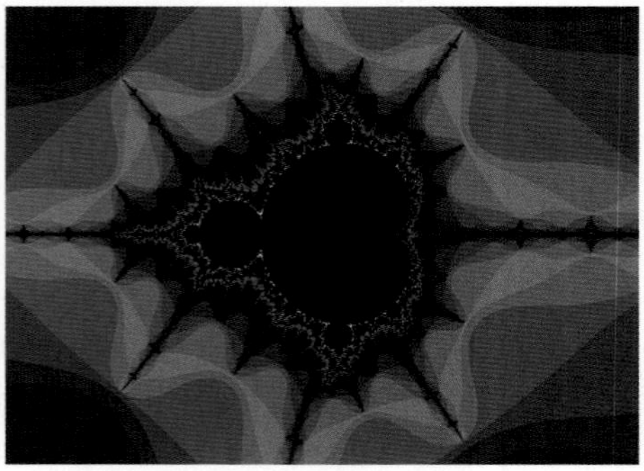

Um die Bilder auf dieser Seite zu erzeugen, macht man sich diese Tatsache zu nutze. Man legt einen *Fluchtradius* fest, der größer als 2 sein muss. Dann berechnet man für ein festes c so lange Folgenglieder, bis der Betrag von z_n den Fluchtradius übersteigt oder aber eine vorher festgelegte Maximalzahl von Iterationen erreicht ist. Im ersten Fall weiß man, dass die Folge unbeschränkt ist. Der Bildpunkt, der dem Parameter c in der komplexen Ebene entspricht, erhält eine Farbe, die der Anzahl der benötigten Iterationen entspricht. Im zweiten Fall nimmt man an, dass die Folge beschränkt bleibt. Der Bildpunkt wird schwarz eingefärbt. Alle farbigen Punkte liegen also außerhalb der Mandelbrotmenge.

Die Mandelbrotmenge ist ein Beispiel für ein *Fraktal*. Sie ist eine Menge, die selbst wieder verkleinerte, sich selbst ähnliche Kopien enthält. Ein Beispiel ist die Abbildung links unten, die einen Ausschnitt aus der Spitze links in der ersten Abbildung zeigt. Auch in den 4 kleineren Abbildungen finden Sie zahlreiche, einander ähnliche Strukturen. Beim Betrachten eines Ausschnitts kann man auch nicht entscheiden, welche Vergrößerung vorliegt, da die Strukturen sich auf jeder Skala ähneln.

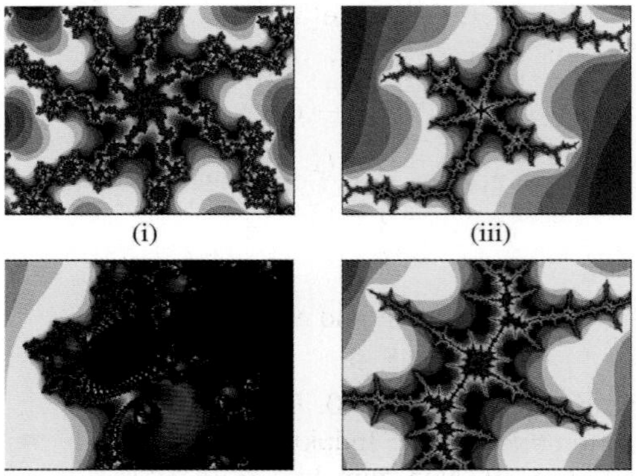

(i) (iii) (ii) (iv)

Die Mandelbrotmenge erreichte in den 80er Jahren des 20. Jahrhunderts einen für ein mathematisches Thema seltenen Bekanntheitsgrad. Die Ästhetik der Bilder faszinierte ein breites Publikum. Ein zusätzlicher Faktor war die zunehmende Verbreitung von Heimcomputern, durch die jeder Interessierte selbst Bilder berechnen konnte. Die Abbildungen auf dieser Seite wurden mit dem Programm `xaos` (http://xaos.sf.net) erzeugt. Ein Bildausschnitt wird in diesem Programm durch den Mittelpunkt und einen Radius festgelegt. Für die Abbildungen auf dieser Seite wurden die folgenden Koordinaten gewählt:

Abbildung	Mittelpunkt	Radius
links, oben	−0.55	2.5
links, unten	−1.76	0.063
rechts, (i)	−0.651 30 − 0.492 638i	0.002 140 05
rechts, (ii)	−0.747 − 0.0887i	0.0046
rechts, (iii)	−0.058 197 6 − 0.984 697i	$4.466\,45 \cdot 10^{-5}$
rechts, (iv)	−1.479 01 − 0.010 740 1i	0.001 185 96

Fluchtradius: 4; max. Iterationen: 170

Literatur

- B. Mandelbrot: *Die Fraktale Geometrie der Natur*. Birkhäuser, 1991
- H.-O. Peitgen, P. H. Richter: *The Beauty of Fractals*, Springer, 1986

Beispiel: Monotonie bei rekursiv definierten Folgen

Untersuchen Sie die Folgen $(x_n)_{n=0}^{\infty}$ bzw. $(y_n)_{n=0}^{\infty}$ mit

$$x_0 = \frac{1}{2}, \quad x_n = 2x_{n-1} - x_{n-1}^2 \quad \text{bzw.}$$
$$y_0 = 0, \quad y_n = \frac{1}{2 - y_{n-1}}, \quad n \in \mathbb{N},$$

auf Monotonie.

Problemanalyse und Strategie Fast immer muss man bei rekursiv definierten Folgen die Beschränktheit ausnutzen, um Monotonie nachzuweisen. Wir werden also zunächst die Folgen auf Beschränktheit untersuchen und dann die Monotonie nachweisen, indem wir Differenz bzw. Quotient aufeinander folgender Folgenglieder ansehen.

Lösung Eine obere Schranke für die Folge (x_n) erhält man mit quadratischer Ergänzung,

$$\begin{aligned} x_{n+1} &= 2x_n - x_n^2 \\ &= 1 - (1 - 2x_n + x_n^2) \\ &= 1 - (1 - x_n)^2 \\ &< 1, \end{aligned}$$

da das Quadrat positiv ist und es von 1 abgezogen wird. Da auch $x_1 = 3/4 < 1$ ist, ist $x_n < 1$ für alle $n \in \mathbb{N}$.

Außerdem sind alle $x_n > 0$. Dies zeigen wir durch vollständige Induktion: Der Induktionsanfang ist die Aussage $x_0 = 1/2 > 0$. Nun zum Induktionsschritt: Wir wissen schon, dass $x_n \leq 1$ ist, also auch $2 - x_n > 0$. Aus der Induktionsannahme $x_n > 0$ folgt nun

$$x_{n+1} = 2x_n - x_n^2 = x_n(2 - x_n) > 0,$$

denn beide Faktoren sind positiv. Also ist $x_n > 0$ für alle $n \geq 0$.

Nun können wir den Quotienten der Folgenglieder betrachten,

$$\frac{x_{n+1}}{x_n} = 2 - x_n \overset{x_n<1}{>} 2 - 1 = 1.$$

Also ist $x_{n+1} > x_n$, die Folge ist streng monoton wachsend.

Nun zur Folge (y_n). Wir betrachten die Differenz zweier Folgenglieder,

$$\begin{aligned} y_n - y_{n-1} &= \frac{1}{2 - y_{n-1}} - y_{n-1} \\ &= \frac{1 - 2y_{n-1} + y_{n-1}^2}{2 - y_{n-1}} \\ &= \frac{(1 - y_{n-1})^2}{2 - y_{n-1}}. \end{aligned}$$

Das Quadrat im Zähler ist immer positiv. Somit wächst die Folge streng monoton, falls $2 - y_{n-1} > 0$, d. h., falls $y_{n-1} < 2$ ist, sie fällt streng monoton, falls $y_{n-1} > 2$ gilt. Auch hier ist eine Schranke für die Folgenglieder y_n entscheidend.

Wir wollen sogar zeigen, dass $y_n < 1$ für alle $n \in \mathbb{N}$ gilt. Dies beweisen wir durch vollständige Induktion. Den Induktionsanfang bildet die Aussage für $n = 0$, und diese ist laut Voraussetzung erfüllt: $y_0 = 0 < 1$.

Für den Induktionsschritt gelte für ein $n \in \mathbb{N}$, dass $y_{n-1} < 1$ ist. Dann folgt

$$2 - y_{n-1} > 1, \quad \text{also} \quad y_n = \frac{1}{2 - y_{n-1}} < 1.$$

Damit ist insgesamt gezeigt: $y_n < 1$ für alle $n \in \mathbb{N}$. Mit der Überlegung oben erhalten wir die Aussage, dass die Folge streng monoton wachsend ist.

Ist bei diesen Ungleichungen die Gleichheit ausgeschlossen, sprechen wir von **streng monoton wachsenden** oder **streng monoton fallenden** Folgen.

Es gibt prinzipiell zwei Techniken, um zu überprüfen, ob eine Folge monoton wächst oder fällt. Einerseits kann man die Differenz zweier aufeinander folgender Folgenglieder betrachten,

$$\begin{aligned} x_{n+1} - x_n \geq 0 &\quad \Longrightarrow \quad (x_n) \text{ wächst monoton,} \\ x_{n+1} - x_n \leq 0 &\quad \Longrightarrow \quad (x_n) \text{ fällt monoton.} \end{aligned}$$

Die zweite Möglichkeit setzt voraus, dass alle x_n positiv sind. Dann kann man den Quotienten der Folgenglieder untersuchen,

$$\begin{aligned} \frac{x_{n+1}}{x_n} \geq 1 &\quad \Longrightarrow \quad (x_n) \text{ wächst monoton,} \\ \frac{x_{n+1}}{x_n} \leq 1 &\quad \Longrightarrow \quad (x_n) \text{ fällt monoton.} \end{aligned}$$

Für strenge Monotonie darf bei diesen Kriterien die Gleichheit nicht zugelassen sein. Sehen wir uns einige Beispiele an.

Beispiel

- Die Folgen der geraden Zahlen $(2n)_{n=1}^{\infty}$ und der ungeraden Zahlen $(2n-1)_{n=1}^{\infty}$ sind streng monoton wachsend, denn hier ist die Differenz zweier aufeinanderfolgender Glieder stets 2. Allgemein sind arithmetische Folgen, d. h. Folgen, die gegeben sind durch

$$a_n = a_0 + nd, \quad n \in \mathbb{N},$$

mit Startwert $a_0 \in \mathbb{R}$, für $d > 0$ streng monoton wachsend und für $d < 0$ streng monoton fallend.

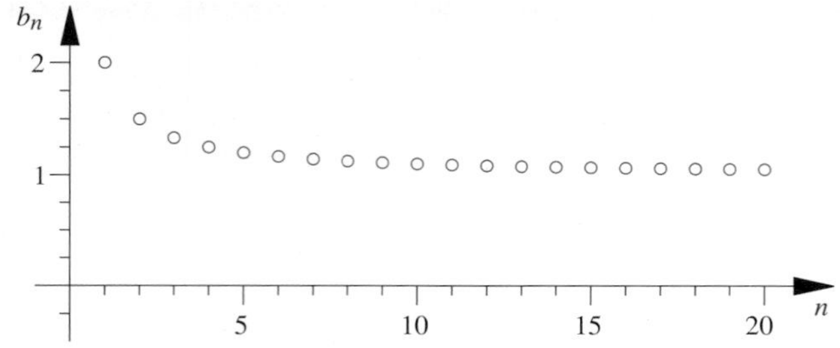

Abb. 6.10 Die ersten 20 Glieder der monoton fallenden Folge $\left(1 + \frac{1}{n}\right)_n$

- Die Folge (b_n) mit

$$b_n = 1 + \frac{1}{n}, \qquad n \in \mathbb{N},$$

ist streng monoton fallend, denn

$$b_{n+1} - b_n = \frac{1}{n+1} - \frac{1}{n} = -\frac{1}{n(n+1)} < 0.$$

Diese Folge ist in Abb. 6.10 dargestellt.

- Die Folge (c_n) mit

$$c_n = 1 + \frac{(-1)^n}{n}, \qquad n \in \mathbb{N},$$

ist weder monoton fallend noch monoton wachsend. Dafür müssen wir nur die ersten drei Folgenglieder betrachten, denn es ist

$$c_2 - c_1 = 1 + \frac{1}{2} - 1 + 1 = \frac{3}{2} > 0$$

und

$$c_3 - c_2 = 1 - \frac{1}{3} - 1 - \frac{1}{2} = -\frac{5}{6} < 0.$$

Diese Folge sehen Sie in Abb. 6.11.

- Bei der Folge (d_n) mit

$$d_n = \frac{n^2 - 1}{n^2 + 1}, \qquad n \in \mathbb{N},$$

kann man den Quotienten der Glieder betrachten. Es folgt für $n \geq 2$

$$\begin{aligned} \frac{d_{n+1}}{d_n} &= \frac{(n+1)^2 - 1}{(n+1)^2 + 1} \cdot \frac{n^2 + 1}{n^2 - 1} \\ &= \frac{(n^2 + 2n)(n^2 + 1)}{(n^2 + 2n + 2)(n^2 - 1)} \\ &= \frac{n^4 + 2n^3 + n^2 + 2n}{n^4 + 2n^3 + n^2 - 2n - 2} \\ &= 1 + \frac{4n + 2}{n^4 + 2n^3 + n^2 - 2n - 2} \geq 1. \end{aligned}$$

Die Ungleichung am Schluss gilt, da im Bruch sowohl Zähler als auch Nenner positiv sind. Dass der Nenner positiv ist, erkennt man an der faktorisierten Darstellung aus der 2. Zeile. Es gilt also $d_{n+1} \geq d_n$ für $n \geq 2$. Da auch $d_2 = 3/5 > 0 = d_1$ ist, wächst die Folge monoton. ◀

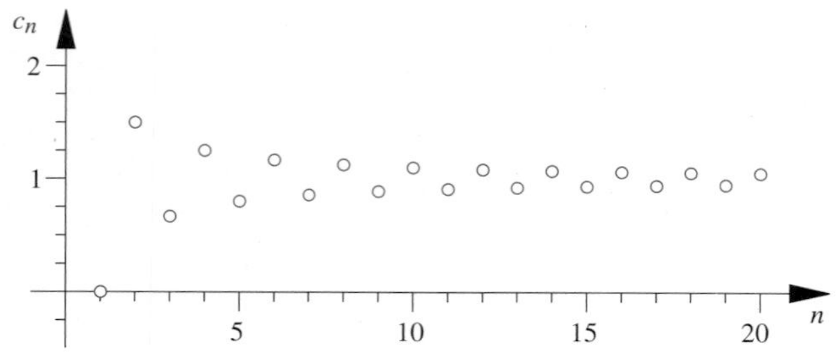

Abb. 6.11 Die ersten 20 Glieder der Folge $\left(1 + \frac{(-1)^n}{n}\right)_n$, die nicht monoton ist

6.3 Konvergenz

Vom Philosophen Zenon von Elea (ca. 450 v. Chr.) ist das berühmte Paradoxon von Achilles und der Schildkröte überliefert.

Zenon behauptet, dass bei einem Wettrennen zwischen Achilles und einer Schildkröte Achilles die Schildkröte nie einholen wird, wenn die Schildkröte zu Anfang einen Vorsprung bekommt. Sein Argument ist bestechend: Achilles muss nach dem Start zunächst den Punkt erreichen, an dem die Schildkröte gestartet ist. In der Zwischenzeit ist die Schildkröte aber schon weitergekrochen. Wenn Achilles nun diesen Punkt erreicht, ist die Schildkröte wieder ein Stück voraus, usw.

Warum überholt Achilles aber doch die Schildkröte, wenn das Wettrennen wirklich stattfindet? Versuchen wir das Rennen formal durch Folgen zu erfassen: Nehmen wir an, der Vorsprung ist 1 $\mathcal{A}$ lang, wobei diese Längeneinheit gerade die Strecke sein soll, die Achilles pro Zeiteinheit, sagen wir pro Minute, zurücklegt. Also hat Achilles die Geschwindigkeit 1 $\mathcal{A}$/min. Wenn Achilles nun viermal so schnell ist wie die Schildkröte, dann ist der Abstand zwischen Achilles und der Schildkröte bei jedem Betrachtungspunkt in Zenons Gedanken durch die Folge (d_n) mit $d_n = \left(\frac{1}{4}\right)^n > 0$ für alle $n \in \mathbb{Z}_{\geq 0}$ gegeben. Da d_n stets positiv

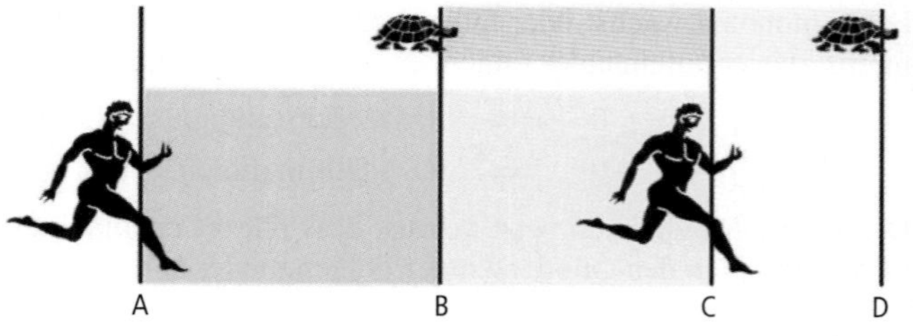

Abb. 6.12 In der Zeit, in der Achilles von A nach B läuft, kriecht die Schildkröte von B nach C. Erreicht der Held aber C, ist die Schildkröte schon bei D. Holt er sie niemals ein?

bleibt, holt Achilles die Schildkröte während des Experiments nicht ein.

Die scheinbare Paradoxie entsteht dadurch, dass wir die Zeit nicht berücksichtigt haben. Die Messungen von Zenon finden zu den Zeitpunkten $t_1 = 1$, $t_2 = t_1 + 1/4$, $t_3 = t_2 + 1/16, \ldots$ statt. Das heißt, nach der n-ten Messung ist die Gesamtzeit

$$T_n = \sum_{j=0}^{n} \left(\frac{1}{4}\right)^j = \frac{1 - \left(\frac{1}{4}\right)^{n+1}}{1 - \frac{1}{4}} = \frac{4}{3}\left(1 - \left(\frac{1}{4}\right)^{n+1}\right)$$

vergangen. Hier haben wir die geometrische Summenformel angewandt!

Nun löst sich die scheinbare Paradoxie auf. Keine der Messung findet später als $T_{\max} = \frac{4}{3}$ statt. Es ist also nicht so, dass Achilles die Schildkröte niemals einholt, sondern er holt sie nicht innerhalb der ersten $\frac{4}{3}$ Minuten des Experiments ein. Tatsächlich werden wir später sehen, dass der Zeitpunkt, an dem die beiden gleichauf sind, eben genau $T_{\max}$ ist.

Viele Generationen von Philosophen rätselten über dieses oder ähnliche scheinbare Paradoxa. Dies sollte uns aber nicht davon abhalten, die wichtigste Frage im Zusammenhang mit Folgen zu stellen: Was passiert mit den Folgengliedern, wenn wir den Index $n \in \mathbb{N}$ immer größer werden lassen? Blättern Sie mal zurück und stellen Sie anhand der Bilder zu den verschiedenen Beispielen Vermutungen auf.

Beim Beispiel von Achilles und der Schildkröte kommt es zu einer Häufung der Zeitpunkte und der Positionen der beiden Protagonisten. Wir werden den Begriff der **Konvergenz** dafür einführen. Wie können wir aber eine solche Situation im Allgemeinen erkennen?

Vielleicht nützt ja eine Betrachtung der Dezimaldarstellungen von Folgengliedern. Als Beispiel bilden wir Summen aus den Kehrwerten der natürlichen Zahlen bzw. den Quadratzahlen, d. h., wir betrachten die beiden Folgen (x_n) und (y_n) mit

$$x_n = \sum_{j=1}^{n} \frac{1}{j} \quad \text{und} \quad y_n = \sum_{j=1}^{n} \frac{1}{j^2}, \qquad \text{für } n \in \mathbb{N}.$$

Dezimaldarstellungen einiger Folgenglieder auf 6 Nachkommastellen gerundet sind:

n	x_n	y_n
1	1.000 000	1.000 000
2	1.500 000	1.250 000
3	1.833 333	1.361 111
⋮	⋮	⋮
1 000	7.485 471	1.643 935
2 000	8.178 368	1.644 434
3 000	8.583 749	1.644 601

Dieses Ergebnis ist wenig aufschlussreich. Zwar scheint die Folge (y_n) beschränkt zu sein, aber bei der Folge (x_n) kann man sich da keineswegs sicher sein. Wir werden später zeigen, dass im Fall der Folge (y_n) Konvergenz vorliegt, im Fall von (x_n) nicht. Es ist aber offensichtlich, dass wir selbst durch beliebig langes Weiterrechnen stets nur Vermutungen anstellen, nie aber eine definitive Antwort finden können. Der Taschenrechner, auch wenn er algebraische Auswertungen ermöglicht, nützt uns hier nichts mehr. Es ist zwingend notwendig, zwei neue Begriffe einzuführen, die *Konvergenz* und den *Grenzwert*. Sie beschreiben mathematisch beweisbare Eigenschaften der Folgen.

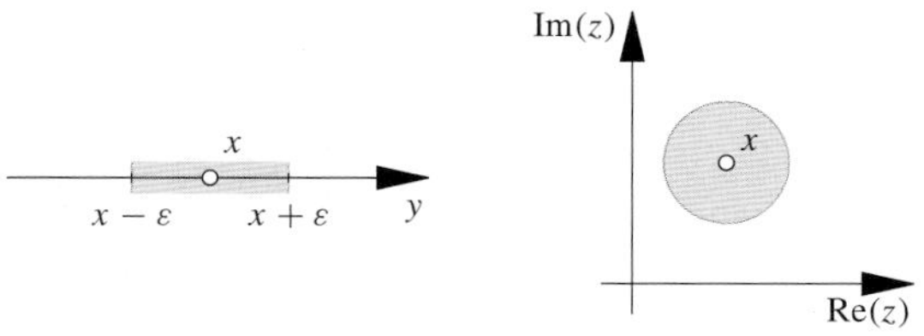

Abb. 6.13 ε-Umgebungen im Reellen und Komplexen

Ein Hilfsmittel für die Definition dieser Begriffe sind Mengen der Form

$$\{y \mid |y - x| < \varepsilon\}$$

für festes $x \in \mathbb{R}$ (oder $\in \mathbb{C}$) und festes $\varepsilon > 0$. Die Menge der so definierten $y \in \mathbb{R}$ (oder $\in \mathbb{C}$) nennt man ε-Umgebung um x. Beispiele sind in der Abb. 6.13 dargestellt.

Definition des Grenzwerts einer Folge

Eine Zahl $x \in \mathbb{C}$ heißt **Grenzwert** einer Folge $(x_n)_{n=1}^{\infty}$ in $\mathbb{C}$, wenn es zu jeder Zahl $\varepsilon > 0$ eine natürliche Zahl $N \in \mathbb{N}$ gibt, sodass

$$|x_n - x| < \varepsilon \quad \text{für alle } n \geq N$$

gilt. Eine Folge (x_n) in $\mathbb{C}$, die einen Grenzwert hat, heißt **konvergent**, ansonsten heißt die Folge **divergent**.

Für den Fall einer reellen Zahlenfolge können wir in der Definition oben überall $\mathbb{R}$ statt $\mathbb{C}$ schreiben.

In dem Fall, dass eine Folge (x_n) einen Grenzwert x besitzt, schreiben wir

$$\lim_{n \to \infty} x_n = x \quad \text{oder} \quad x_n \to x \quad (n \to \infty).$$

Auch andere Schreibweisen, wie zum Beispiel $x_n \xrightarrow{n \to \infty} x$, sind in der Literatur zu finden.

Anschaulich können wir den Begriff des Grenzwerts auch so interpretieren: Bei einer konvergenten Folge liegen in jeder ε-Umgebung um den Grenzwert fast alle Folgenglieder. Nur endlich viele liegen außerhalb. In der Abb. 6.14 ist dies zum

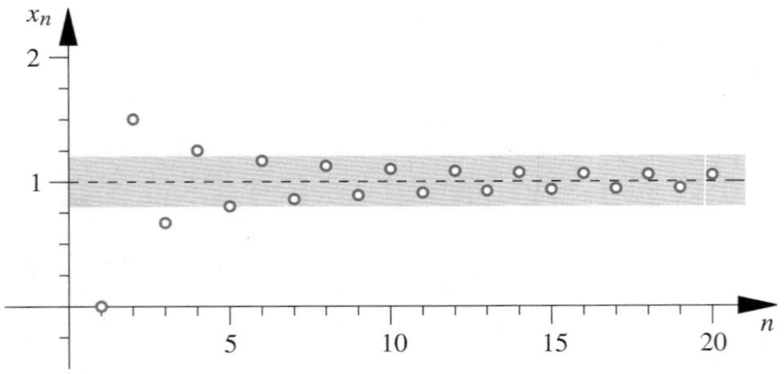

Abb. 6.14 Ab $n = 5$ liegen alle Folgenglieder in der Umgebung um den Grenzwert mit $\varepsilon = 0.25$

Beispiel für die Folge (x_n) mit $x_n = 1 + \frac{(-1)^n}{n}$ veranschaulicht. Man kann auch sagen: Ab einem gewissen N liegen *alle* Folgenglieder innerhalb der ε-Umgebung.

Eine Folge besitzt höchstens einen Grenzwert

Diese Beschreibung und auch die Notation für einen Grenzwert ist sinnvoll, da es zu einer konvergenten Folge nur einen einzigen Grenzwert geben kann. Die Herleitung dieser Aussage benutzt direkt die abstrakte Definition, und ist daher nützlich, um sich an Argumentationen im Umgang mit Grenzwerten zu gewöhnen. Nehmen wir an, a und b seien beides Grenzwerte ein und derselben Folge (x_n), so gibt es nach der Definition zu $\varepsilon > 0$ eine natürliche Zahl $N \in \mathbb{N}$ mit $|x_n - a| < \varepsilon$ und $|x_n - b| < \varepsilon$ für alle $n \geq N$. Es folgt mit der Dreiecksungleichung

$$\begin{aligned} |a-b| &= |a - x_n + x_n - b| \\ &\leq |a - x_n| + |x_n - b| < 2\varepsilon \quad \text{für } n \geq N. \end{aligned}$$

Da dies für jede beliebige Zahl $\varepsilon > 0$ gilt, muss die Identität $a = b$ für die Grenzwerte gelten.

Folgen, die den Grenzwert $x = 0$ haben, heißen **Nullfolgen**. Wir betrachten zwei Beispiele.

Beispiel

- Sei $r = \frac{p}{q} \in \mathbb{Q}$ eine positive rationale Zahl (mit $p, q \in \mathbb{N}$). Dann gilt

$$x_n = \left(\frac{1}{n}\right)^{\frac{p}{q}} \to 0, \quad \text{für} \quad n \to \infty,$$

  d. h., die Folge (x_n) ist eine Nullfolge. Wegen der Tatsache, dass die reellen Zahlen archimedisch angeordnet sind (vergleiche Abschn. 2.5), können wir zu $\varepsilon > 0$ eine Zahl $N \in \mathbb{N}$ wählen mit $N > \frac{1}{\varepsilon^{q/p}}$. So folgt für alle $n \geq N$

$$|x_n - 0| = |x_n| = \frac{1}{n^{p/q}} \leq \frac{1}{N^{p/q}} < \varepsilon.$$

  Übrigens: im Fall $r = 1$, d. h. $x_n = \frac{1}{n}$, wird (x_n) als **die harmonische Folge** bezeichnet und ist der Prototyp einer Nullfolge.

- Sei $q \in \mathbb{C}$ mit $|q| < 1$. Dann ist die **geometrische Folge** (x_n) mit

$$x_n = q^n, \quad n \in \mathbb{N}$$

  eine Nullfolge. Um dies zu beweisen, erinnern wir uns an die Bernoulli-Ungleichung,

$$(1+h)^n \geq 1 + nh \quad \text{für } n \in \mathbb{N} \text{ und } h > -1.$$

  Mit $h = \frac{1-|q|}{|q|} > 0$ lässt sich

$$\begin{aligned} \frac{1}{|q^n|} &= \left(\frac{1}{|q|}\right)^n \\ &= \left(1 + \frac{1-|q|}{|q|}\right)^n \geq 1 + n\left(\frac{1-|q|}{|q|}\right) \end{aligned}$$

  abschätzen. Bilden wir den Kehrwert, so folgt

$$\begin{aligned} |q^n - 0| &\leq \frac{1}{1 + n\left(\frac{1-|q|}{|q|}\right)} \\ &= \frac{|q|}{|q| + n(1-|q|)} \leq \frac{|q|}{n\,(1-|q|)}, \end{aligned}$$

  da wir bei der letzten Abschätzung den Nenner durch Weglassen des Summanden $|q|$ verkleinert haben. Mit dieser Ungleichung können wir nun zu einem Wert $\varepsilon > 0$ eine entsprechende Zahl $N \in \mathbb{N}$ mit $N > \frac{|q|}{\varepsilon(1-|q|)}$ angeben, sodass

$$|q^n - 0| \leq \frac{|q|}{1-|q|}\,\frac{1}{n} \leq \frac{|q|}{1-|q|}\,\frac{1}{N} < \varepsilon$$

  für alle $n \geq N$ gilt. Also ist (x_n) eine konvergente Folge mit Grenzwert $x = 0$. ◀

Selbstfrage 3

Falls eine Folge (x_n) konvergent ist, bildet dann die Folge der Differenzen $(x_{n+1} - x_n)$ eine Nullfolge?

Der Zusammenhang zwischen dem Konvergenzbegriff und den Eigenschaften von Folgen aus dem vorherigen Abschnitt kann uns oft weiterhelfen. Wir beginnen damit, einen Zusammenhang zwischen Konvergenz und Beschränktheit herzuleiten.

Jede konvergente Folge ist beschränkt

Wir betrachten dazu eine Folge (x_n) in $\mathbb{C}$ mit Grenzwert $x \in \mathbb{C}$. Mit der Dreiecksungleichung folgt zunächst

$$|x_n| = |x_n - x + x| \leq |x_n - x| + |x|.$$

Wegen der Konvergenz von (x_n) gibt es insbesondere eine natürliche Zahl N, sodass $|x_n - x| \leq 1$ für alle $n \geq N$ ist. Wir erhalten die Abschätzung

$$|x_n| \leq 1 + |x| \quad \text{für } n \geq N.$$

Insgesamt ist somit die Folge beschränkt mit

$$|x_n| \leq \max\{|x_1|, |x_2|, \ldots, |x_{N-1}|, 1 + |x|\}$$

für alle $n \in \mathbb{N}$. Diese Überlegung bedeutet, dass jede konvergente Folge beschränkt sein muss.

Selbstfrage 4

Suchen Sie ein Beispiel für eine divergente Folge, die beschränkt ist.

Häufig wird die Umkehrung dieser Aussage genutzt, um die Divergenz einer Folge zu belegen: *Jede unbeschränkte Folge ist divergent.* Betrachten wir zum Beispiel die Folge $(q^n)_{n=0}^{\infty}$ mit einer komplexen Zahl q mit $|q| > 1$. Da

$$|q^n| = |q|^n$$

unbeschränkt ist, ist die Folge divergent.

Die geometrische Folge $(q^n)_{n=0}^{\infty}$ haben wir für den Fall $|q| < 1$ und für $|q| > 1$ betrachtet. Im ersten Fall ist sie konvergent, im zweiten Fall divergent. Es bleibt noch der Fall $|q| = 1$ zu klären. Für $q = 1$ ist $x_n = 1$ konstant für alle $n \in \mathbb{N}$, insbesondere auch konvergent.

Für alle anderen q auf dem komplexen Einheitskreis müssen wir anders argumentieren. Es ist

$$q^{n+1} - q^n = q^n\,(q - 1).$$

Daher gilt für $|q| = 1$

$$|q^{n+1} - q^n| = |q|^n\,|q - 1| = |q - 1|.$$

Die Differenzen aufeinanderfolgender Glieder bilden keine Nullfolgen, daher ist (q^n) divergent. Zum Beispiel erhält man für $q = -1$ die alternierende Folge

$$+1,\ -1,\ +1,\ -1,\ +1,\ \ldots,$$

für $q = \mathrm{i}$ die Folge

$$+1,\ +\mathrm{i},\ -1,\ -\mathrm{i},\ +1,\ \ldots$$

Die Abb. 6.15 illustriert dies für

$$q = r\left(\cos\frac{\pi}{16} + \mathrm{i}\,\sin\frac{\pi}{16}\right)$$

mit $r \in \{0.975\,,\ 1\,,\ 1.025\}$.

Sehen wir uns nocheinmal an, was wir im Teil (b) des Beispiels auf S. 182 gemacht haben. Wir haben versucht den Ausdruck $|x_n - x|$ abzuschätzen gegen einen Term, bei dem wir leichter

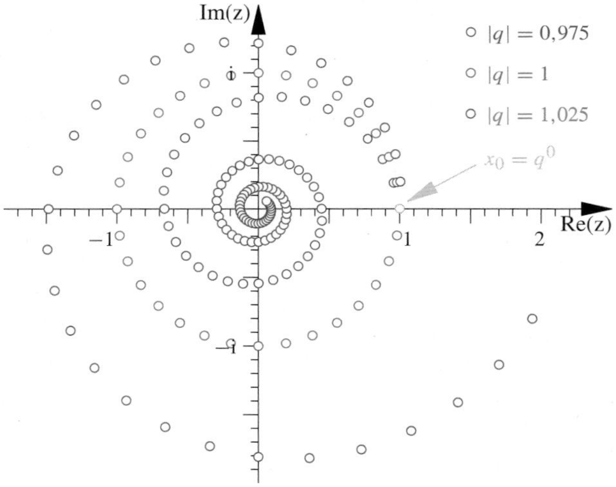

Abb. 6.15 Die geometrische Folge (q^n) für verschiedene Werte für q. Die Glieder werden jeweils gegen den Uhrzeigersinn durchlaufen, das erste Folgenglied $q^0 = 1$ ist für alle drei Folgen gleich

die Konvergenz sehen. Im Beispiel war das die uns bekannte Nullfolge $\left(\frac{1}{n}\right)_{n=1}^{\infty}$.

Allgemein gilt, falls wir für eine Nullfolge (y_n) die Abschätzung $|x_n - x| \leq |y_n|$ gefunden haben, so lässt sich zu $\varepsilon > 0$ ein $N \in \mathbb{N}$ angeben mit $|y_n| < \varepsilon$ für alle $n \geq N$. Es folgt $|x_n - x| < \varepsilon$ für $n \geq N$. Diese Überlegung halten wir fest, damit wir uns in Zukunft die explizite Konstruktion von N in Abhängigkeit von ε sparen können.

Majorantenkriterium

Wenn es zu einer Folge (x_n) in $\mathbb{C}$ eine Nullfolge (y_n) und einen Wert $x \in \mathbb{C}$ gibt, sodass

$$|x_n - x| \leq |y_n| \quad \text{für } n \geq N \in \mathbb{N}$$

gilt, dann konvergiert die Folge (x_n) gegen den Grenzwert x.

Beispiel Wir wollen zeigen, dass die Folge $\left(1 + \frac{1}{n+1}\right)$ den Grenzwert 1 besitzt. Es gilt die Abschätzung

$$\left|1 + \frac{1}{n+1} - 1\right| = \frac{1}{n+1} \leq \frac{1}{n}.$$

Da $(1/n)$ eine Nullfolge ist, folgt mit dem Majorantenkriterium die Behauptung. ◀

Das Majorantenkriterium soll nun für den Nachweis der Konvergenz einer wichtigen Folge verwendet werden. Die hierzu notwendigen Abschätzungen sind allerdings nicht leicht.

Die Fakultät strebt schneller gegen Unendlich als die Potenzen einer Zahl

Wir wollen zeigen, dass für jedes $q \in \mathbb{C}$ gilt

$$\lim_{n\to\infty} \frac{q^n}{n!} = 0.$$

Dies bedeutet, dass die Fakultät, $n!$, mit n schneller anwächst als die geometrische Folge q^n. Wir wählen dazu ein $N \in \mathbb{N}$ mit

$$\frac{|q|}{N} \leq \frac{1}{2}.$$

Dann gilt für alle $n \in \mathbb{N}$ mit $n \geq N$ die Ungleichungskette

$$\begin{aligned}\frac{|q|^n}{n!} &= \frac{|q|}{n} \cdot \frac{|q|^{n-1}}{(n-1)!} \leq \frac{1}{2} \cdot \frac{|q|^{n-1}}{(n-1)!} \\ &\leq \cdots \leq \left(\frac{1}{2}\right)^{n-N} \frac{|q|^N}{N!}.\end{aligned}$$

Anders geschrieben haben wir

$$\frac{|q|^n}{n!} \leq \frac{|2q|^N}{N!} \left(\frac{1}{2}\right)^n$$

erhalten. Die geometrische Folge $((1/2)^n)$ ist eine Nullfolge, der positive konstante Faktor davor ändert daran nichts. Das Majorantenkriterium liefert die Konvergenz $\lim\limits_{n\to\infty} q^n/n! = 0$.

Die Abb. 6.16 zeigt das Verhalten der Folge $(q^n/n!)$ für verschiedene Werte von q. Man sieht, dass $q^n/n!$ durchaus große Werte annehmen kann. Konvergenz sagt nur etwas aus über das Verhalten für große n.

Die Rechnung oben zeigt, wie umständlich es sein kann, auf diese Weise die Konvergenz einzelner Folgen nachzuweisen. Wir wollen uns nach Rechenregeln umsehen, die es einfacher machen, Grenzwerte zu bestimmen. Dabei wird aber das Majorantenkriterium unser wichtigstes Werkzeug bleiben.

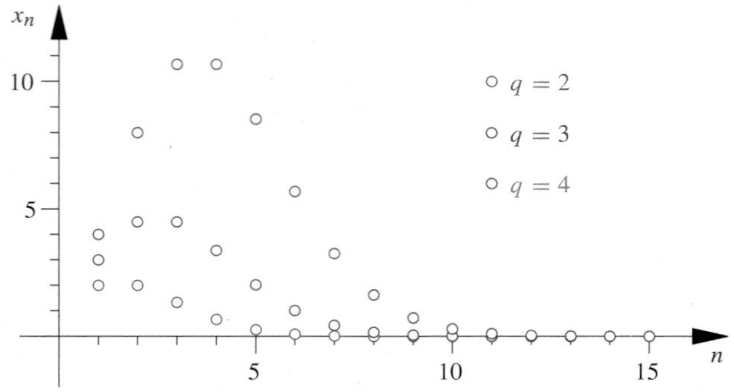

Abb. 6.16 Die ersten 15 Glieder der Folge $(q^n/n!)_n$ für verschiedene Werte von q

Die Grundrechenarten übertragen sich auf das Rechnen mit Grenzwerten

Betrachten wir zwei konvergente Folgen (x_n) bzw. (y_n) mit Grenzwerten x bzw. y. Damit können wir eine weitere Folge (z_n) durch $z_n = x_n + y_n$ definieren. Ist diese auch konvergent? Falls ja, was ist ihr Grenzwert?

Es ist zu vermuten, dass der Grenzwert $z = x + y$ ist. Dies ist in der Tat so, denn mit der Dreiecksungleichung folgt

$$|z - z_n| = |x + y - x_n - y_n| \leq |x - x_n| + |y - y_n|.$$

Die rechte Seite strebt gegen null und daher folgt mit dem Majorantenkriterium die gewünschte Aussage. Griffig lässt sie sich übrigens als

$$\lim_{n\to\infty}(x_n + y_n) = \lim_{n\to\infty} x_n + \lim_{n\to\infty} y_n$$

formulieren.

Auch die anderen üblichen Rechenregeln lassen sich auf Grenzwerte konvergenter Folgen übertragen. Eine Liste der wichtigsten Regeln enthält die Übersicht auf S. 186. Wir wollen nur noch die Herleitung der Regel für den Quotienten näher betrachten. Es soll so deutlich werden, dass das Majorantenkriterium die Grundlage für all diese Aussagen ist.

Betrachten wir die Folge (z_n) mit $z_n = x_n/y_n$. Wenn der Grenzwert $y \neq 0$ ist, so gibt es $n \in \mathbb{N}$ mit $|y_n - y| \leq \frac{1}{2}|y|$ für $n \geq N$, und es folgt mit der Dreiecksungleichung

$$|y_n| = |y - (y - y_n)| \geq |y| - |y_n - y| \geq \frac{1}{2}|y|$$

für alle $n \geq N$. Insbesondere sind die Folgenglieder $y_n \neq 0$ für $n \geq N$. Somit liefert das Majorantenkriterium die Konvergenz wegen der Abschätzung

$$\begin{aligned}\left|\frac{x_n}{y_n} - \frac{x}{y}\right| &= \left|\frac{yx_n - y_n x}{y_n y}\right| \\ &= \frac{1}{|y_n|\,|y|}\,|y(x_n - x) + (y - y_n)x| \\ &\leq \frac{1}{|y_n|}\,|x_n - x| + \frac{|x|}{|y_n|\,|y|}\,|y - y_n| \\ &\leq \frac{2}{|y|}\,|x_n - x| + \frac{2\,|x|}{|y|^2}\,|y - y_n|\end{aligned}$$

für $n \geq N$. Rechts steht jetzt die Summe von zwei Nullfolgen, also wieder eine Nullfolge. Das Majorantenkriterium kann somit angewandt werden. Wir folgern, dass auch die Folge (x_n/y_n) konvergiert, und der Grenzwert x/y ist. In Kurzform lautet die Aussage

$$\lim_{n\to\infty} \frac{x_n}{y_n} = \frac{x}{y}.$$

Beispiel: Grenzwerte mit n-ten Wurzeln

Zeigen Sie, dass die Folgen $(\sqrt[n]{a})$ für $a > 0$ und $(\sqrt[n]{n})$ jeweils gegen 1 konvergieren, die Folge $(\sqrt[n]{n!})$ aber divergiert.

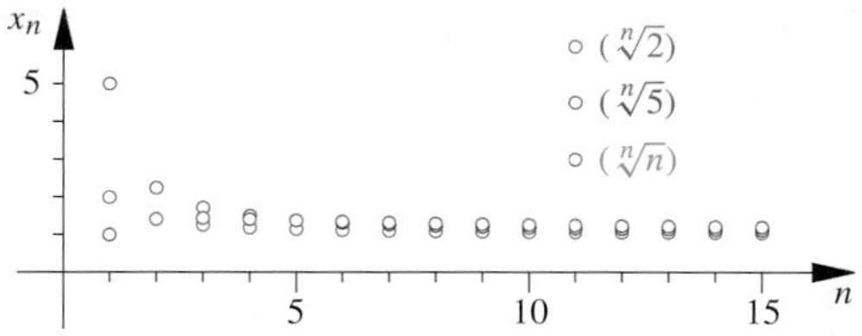

Problemanalyse und Strategie Es soll jeweils das Majorantenkriterium angewandt werden. Will man die Konvergenz zeigen, muss die Differenz von Folgenglied und vermutetem Grenzwert durch eine Nullfolge nach oben abgeschätzt werden. Bei der Divergenz werden wir versuchen zu zeigen, dass die Folge unbeschränkt ist.

Lösung Wir betrachten zunächst $x_n = \sqrt[n]{a}$. Dann ist auf jeden Fall $x_n > 0$. Mit der Bernoulli-Ungleichung gilt

$$a = x_n^n = (1 + \underbrace{x_n - 1}_{>-1})^n \geq 1 + n(x_n - 1).$$

Nehmen wir zunächst an, dass $a \geq 1$ gilt. Dann ist auch $x_n = \sqrt[n]{a} \geq 1$ und aus der Ungleichung oben folgt

$$|x_n - 1| = x_n - 1 \leq \frac{a-1}{n} \to 0 \quad (n \to \infty).$$

Also ist nach dem Majorantenkriterium $\lim\limits_{n\to\infty} x_n = 1$.

Nun bleibt noch der Fall $0 < a < 1$ zu untersuchen. Hier gilt $0 < x_n < 1$. Wir betrachten den Kehrwert $\frac{1}{a} > 1$. Da wir bereits wissen, dass

$$\frac{1}{x_n} = \sqrt[n]{\frac{1}{a}} \to 1 \quad (n \to \infty)$$

gilt, erhalten wir die Konvergenz aus der Abschätzung

$$|x_n - 1| = |x_n| \left|1 - \frac{1}{x_n}\right| \leq \left|1 - \frac{1}{x_n}\right| \to 0 \quad (n \to \infty)$$

mit dem Majorantenkriterium und der Nullfolge $(1 - 1/x_n)_{n=0}^\infty$.

Wir kommen nun zur zweiten Folge, setzen also $x_n = \sqrt[n]{n} - 1$ für $n \in \mathbb{N}$. Dann gilt $x_n \geq 0$, und es ergibt sich mit der binomischen Formel

$$n = (x_n + 1)^n = \sum_{j=0}^{n} \binom{n}{j} x_n^j.$$

In der Summe rechts sind nun alle Summanden positiv. Wenn wir davon einige weglassen, wird die Summe kleiner. Wir betrachten $n \geq 2$ und lassen sogar alle Glieder bis auf das erste und dritte aus, also

$$n = \sum_{j=0}^{n} \binom{n}{j} x_n^j \geq 1 + \binom{n}{2} x_n^2.$$

Es folgt mit $\binom{n}{2} = n(n-1)/2$, dass

$$x_n^2 \leq \frac{2}{n} \quad \text{bzw.} \quad x_n \leq \sqrt{\frac{2}{n}} \to 0 \quad (n \to \infty)$$

mit dem Majorantenkriterium und der Nullfolge $(1/\sqrt{n})_{n=1}^\infty$. Da wir $x_n = \sqrt[n]{n} - 1$ gesetzt hatten, folgt $\lim\limits_{n\to\infty} \sqrt[n]{n} = 1$.

Als drittes betrachten wir $x_n = \sqrt[n]{n!}$. Wir wollen versuchen zu zeigen, dass (x_n) unbeschränkt ist. Dazu führen wir einen Widerspruchsbeweis durch. Wir nehmen an, dass die Folge (x_n) beschränkt ist. Dann gibt es eine Konstante $c > 0$ mit $n! \leq c^n$ für alle $n \in \mathbb{N}$. Dies steht aber im Widerspruch dazu, dass $c^n/n!$ eine Nullfolge ist (siehe S. 184). Also ist die Folge unbeschränkt und somit nicht konvergent.

Wie diese Regeln zur Berechnung von Grenzwerten genutzt werden können, wird im Beispiel auf S. 187 aufgezeigt. Die beiden Beispiele sollten sorgfältig betrachtet werden, damit sich diese grundlegenden Konzepte einprägen.

Achtung Bei diesen Rechenregeln haben wir stets die Voraussetzung, dass sowohl (x_n) als auch (y_n) konvergieren. Diese Voraussetzung ist notwendig und muss unbedingt berücksichtigt werden. ◄

Selbstfrage 5

Finden Sie zur harmonischen Folge, d. h. $x_n = 1/n$, drei Nullfolgen (y_n), sodass die Folge $(x_n/y_n)_{n=1}^\infty$

1. auch eine Nullfolge,
2. eine konvergente Folge mit Grenzwert 2 bzw.
3. divergent ist.

Teil II

Teil II

Übersicht: Grenzwerte von Folgen

Einige Folgen mit ihren Grenzwerten genauso wie die Rechenregeln werden uns ständig begleiten. Daher ist eine Zusammenstellung dieser Ergebnisse nützlich.

Liste einiger Grenzwerte

Harmonische Folge:

$$\lim_{n\to\infty} \frac{1}{n} = 0$$

Geometrische Folge:

$$\lim_{n\to\infty} q^n = 0 \quad \text{für } |q| < 1$$

***n*-te Wurzeln:**

$$\lim_{n\to\infty} \sqrt[n]{a} = 1 \quad \text{für } a \in \mathbb{C}$$

$$\lim_{n\to\infty} \sqrt[n]{n} = 1$$

Weitere Grenzwerte:

$$\lim_{n\to\infty} \frac{q^n}{n!} = 0 \quad \text{für } q \in \mathbb{C}$$

$$\lim_{n\to\infty} n^p q^n = 0 \quad \text{für } |q| < 1 \text{ und } p \in \mathbb{N}$$

Divergente Folgen

$$(\sqrt[n]{n!})_{n=1}^{\infty}$$

$$(q^n)_{n=1}^{\infty} \quad \text{mit } |q| > 1$$

$$(a + nd)_{n=1}^{\infty} \quad \text{mit } a, d \in \mathbb{C},\ d \neq 0$$

Liste der Rechenregeln Wenn (x_n) und (y_n) konvergente Folgen in $\mathbb{C}$ mit Grenzwerten $\lim_{n\to\infty} x_n = x$ und $\lim_{n\to\infty} y_n = y$ sind, und $\lambda \in \mathbb{C}$ eine Zahl ist, dann existieren auch die folgenden Grenzwerte:

$$\lim_{n\to\infty} (\lambda x_n) = \lambda x$$

$$\lim_{n\to\infty} (x_n + y_n) = x + y$$

$$\lim_{n\to\infty} (x_n - y_n) = x - y$$

$$\lim_{n\to\infty} (x_n\, y_n) = x\, y$$

$$\lim_{n\to\infty} \frac{x_n}{y_n} = \frac{x}{y}, \quad \text{wenn } y \neq 0$$

$$\lim_{n\to\infty} x_n^{\frac{p}{q}} = x^{\frac{p}{q}} \quad \text{für } p, q \in \mathbb{N}$$

Wenn (a_n) eine beschränkte Folge ist und (x_n) eine Nullfolge, so gilt:

$$\lim_{n\to\infty} (a_n\, x_n) = 0$$

Ungleichungen Wenn (x_n) und (y_n) konvergente Folgen in $\mathbb{R}$ mit Grenzwerten $\lim_{n\to\infty} x_n = x$ und $\lim_{n\to\infty} y_n = y$ sind, gilt:

Aus $x_n \leq y_n$ für alle $n \in \mathbb{N}$ folgt $x \leq y$

Aus $x_n < y_n$ für alle $n \in \mathbb{N}$ folgt nur $x \leq y$

Lösungen der Fixpunktgleichung sind mögliche Grenzwerte

Die Rechenregeln geben uns übrigens auch eine elegante Möglichkeit, bei rekursiv definierten Folgen Kandidaten für Grenzwerte zu bestimmen. Machen wir uns dies an einem Beispiel klar.

Beispiel Die rekursiv definierte Folge $a_{n+1} = \sqrt{2a_n}$ mit $a_0 = 1$ liefert

$$1,\ \sqrt{2},\ \sqrt{2\sqrt{2}},\ \sqrt{2\sqrt{2\sqrt{2}}},\ \ldots$$

Nun nehmen wir an, dass die Folge konvergiert, bzw. genauer, es gibt eine Zahl $a \in \mathbb{R}$ mit $\lim_{n\to\infty} a_n = a$. Dann folgt aus der Rekursionsformel mit den Rechenregeln (siehe die Übersicht auf S. 186) für a die Gleichung

$$a = \lim_{n\to\infty} a_{n+1} = \lim_{n\to\infty} \sqrt{2a_n} = \sqrt{2a}.$$

Eine solche Identität für einen möglichen Grenzwert ergibt sich immer bei rekursiv definierten Folgen mit den Rechenregeln direkt aus der Rekursionsvorschrift. Sie wird **Fixpunktgleichung** genannt. Wir erhalten die Fixpunktgleichung, indem in der Rekursionsformel die Folgenglieder durch den Grenzwert ersetzt werden. Im Beispiel bestimmen wir durch Quadrieren die Lösungen der Gleichung $a = \sqrt{2a}$ als $a = 0$ und $a = 2$. Da mit $a_n \geq 1$ auch $\sqrt{2a_n} \geq 1$ folgt, kommt von den beiden Werten nur $a = 2$ als möglicher Grenzwert der Folge infrage.

Die Abb. 6.17 illustriert das Vorgehen. Die Lösung der Fixpunktgleichung ist gegeben durch einen Schnittpunkt der Kurve $y = \sqrt{2x}$ mit der Winkelhalbierenden $y = x$. Die Stufen deuten die Rekursionsschritte an. ◀

Achtung Mithilfe der Fixpunktgleichung bei rekursiv definierten Folgen lassen sich oft Kandidaten für Grenzwerte ermitteln. Dies ist aber kein Beweis dafür, ob die Folge überhaupt konvergiert. So liefert uns etwa bei der Folge mit $a_{n+1} = 2a_n$

Beispiel: Ausnutzen der Rechenregeln

Untersuchen Sie die Folgen (x_n) mit den folgenden Gliedern auf Konvergenz.

(a) $x_n = \dfrac{3n^2 + 2n + 1}{5n^2 + 4n + 2}$,

(b) $x_n = \dfrac{3^{n+1} + 2^n}{3^n + 2}$,

(c) $x_n = \sqrt{n^2 + 1} - \sqrt{n^2 - 2n - 1}$.

Problemanalyse und Strategie Man muss die Folgenglieder so umschreiben, dass die Rechenregeln angewandt werden können. Am einfachsten ist das, wenn man einen Bruch erzeugt, bei dem im Zähler und Nenner jeweils nur noch einfache Folgen stehen, zum Beispiel Konstanten oder Nullfolgen. Dann erhält man mit den Rechenregeln sofort den Grenzwert.

Lösung

(a) In der Folge können wir durch Kürzen von n^2 direkt Nullfolgen erzeugen,

$$x_n = \frac{3 + \frac{2}{n} + \frac{1}{n^2}}{5 + \frac{4}{n} + \frac{2}{n^2}}.$$

Bis auf die jeweils ersten Summanden in Zähler und Nenner haben wir es jetzt durchweg mit Nullfolgen zu tun. Der Zähler konvergiert gegen 3, der Nenner gegen 5. Nach der Regel für den Quotienten gilt nun

$$\lim_{n\to\infty} x_n = \frac{\lim\limits_{n\to\infty} (3 + \frac{2}{n} + \frac{1}{n^2})}{\lim\limits_{n\to\infty} (5 + \frac{4}{n} + \frac{2}{n^2})} = \frac{3}{5}.$$

(b) Wir setzen die Strategie um, indem wir den Term 3^n im Zähler und Nenner kürzen. Dann ergibt sich

$$\frac{3^{n+1} + 2^n}{3^n + 2} = \frac{3 + \left(\frac{2}{3}\right)^n}{1 + \frac{2}{3^n}}.$$

Die Terme rechts sind entweder Konstanten oder Glieder von Nullfolgen. Ausführlich ergibt sich

$$\begin{aligned}\lim_{n\to\infty} x_n &= \frac{\lim\limits_{n\to\infty} \left(3 + \left(\frac{2}{3}\right)^n\right)}{\lim\limits_{n\to\infty} \left(1 + \frac{2}{3^n}\right)} \\ &= \frac{3 + \lim\limits_{n\to\infty} \left(\frac{2}{3}\right)^n}{1 + \lim\limits_{n\to\infty} \frac{2}{3^n}} \\ &= \frac{3 + 0}{1 + 0} = 3.\end{aligned}$$

(c) Wir erinnern uns an die dritte binomische Formel und erweitern die Differenz der Wurzeln mit ihrer Summe,

$$\begin{aligned}x_n &= \left(\sqrt{n^2 + 1} - \sqrt{n^2 - 2n - 1}\right) \\ &\quad \cdot \frac{\sqrt{n^2 + 1} + \sqrt{n^2 - 2n - 1}}{\sqrt{n^2 + 1} + \sqrt{n^2 - 2n - 1}} \\ &= \frac{(n^2 + 1) - (n^2 - 2n - 1)}{\sqrt{n^2 + 1} + \sqrt{n^2 - 2n - 1}} \\ &= \frac{2n + 2}{\sqrt{n^2 + 1} + \sqrt{n^2 - 2n - 1}}.\end{aligned}$$

Nun klammern wir in Zähler und Nenner den Term n aus und kürzen,

$$x_n = \frac{2 + \frac{2}{n}}{\sqrt{1 + \frac{1}{n^2}} + \sqrt{1 - 2\frac{1}{n} - \frac{1}{n^2}}}.$$

Jetzt haben wir wieder die einfache Form mit Konstanten und Nullfolgen. Die Rechenregeln liefern

$$\begin{aligned}\lim_{n\to\infty} x_n &= \frac{\lim\limits_{n\to\infty} 2 + \lim\limits_{n\to\infty} \frac{2}{n}}{\lim\limits_{n\to\infty} \sqrt{1 + \frac{1}{n^2}} + \lim\limits_{n\to\infty} \sqrt{1 - 2\frac{1}{n} - \frac{1}{n^2}}} \\ &= \frac{2}{1 + 1} = 1.\end{aligned}$$

Kommentar Diese drei Beispiele zeigen zwei wichtige Techniken beim Durchführen solcher Rechnungen:

- Man kürzt stets den Term, der am stärksten wächst, etwa das Monom höchsten Grades im Zähler und Nenner.
- Differenzen von Wurzeln kann man häufig durch Erweitern mit ihrer Summe vereinfachen. ◀

Teil II

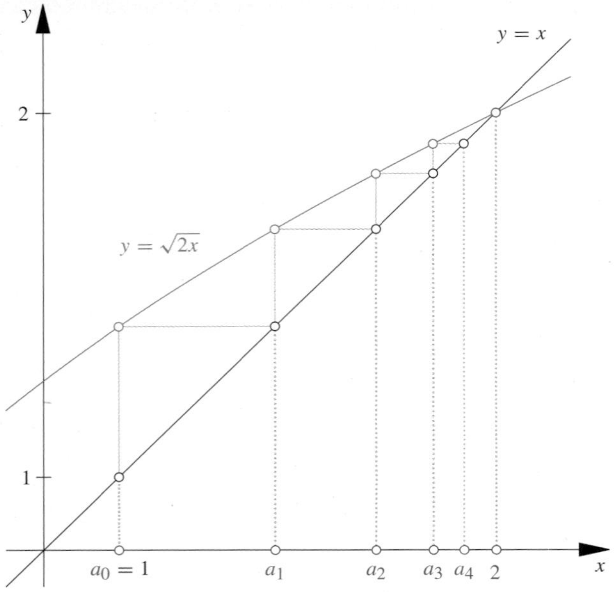

Abb. 6.17 Fixpunktgleichung und Iterationen für eine Folge mit der Rekursionsvorschrift $a_{n+1} = \sqrt{2a_n}$

und $a_0 = 1$ die Fixpunktgleichung, $a = 2a$ als Kandidaten für einen Grenzwert nur die Möglichkeit $a = 0$. Aber offensichtlich ist die Folge unbeschränkt und somit nicht konvergent. ◀

Die Bemerkung zeigt die Notwendigkeit von theoretischen Konvergenzaussagen und zwar eben gerade bei den heute vielfältigen praktischen Anwendungen von Folgen wie etwa im Beispiel der Berechnung von $\sqrt{2}$ auf S. 189.

6.4 * Teilfolgen und Häufungspunkte

In der Abb. 6.18 ist die reelle Folge $(x_n)_{n=1}^{\infty}$ mit

$$x_n = (-1)^n \left(1 + \frac{1}{n}\right), \quad n \in \mathbb{N},$$

abgebildet. Es sieht auf den ersten Blick so aus, als ob zwei Folgen abgebildet sind. Beide davon scheinen zu konvergieren, aber mit unterschiedlichen Grenzwerten. Insgesamt ist die Folge $(x_n)_{n=1}^{\infty}$ allerdings divergent.

Um ein solches Verhalten mathematisch beschreiben zu können, führen wir ein neues Konzept ein. Dazu benötigen wir eine streng monoton wachsende Folge $(n_k)_{k=1}^{\infty}$ in $\mathbb{N}$, d. h., alle Folgenglieder sind natürliche Zahlen. Dann bezeichnet man die Folge $(x_{n_k})_{k=1}^{\infty}$ als **Teilfolge** von $(x_n)_{n=1}^{\infty}$. Mit $n_k = 2^k$ erzeugt man zum Beispiel aus der Folge

$$a_1, a_2, a_3, a_4, a_5, a_6, \ldots$$

die Teilfolge

$$a_1, a_2, a_4, a_8, a_{16}, a_{32}, \ldots$$

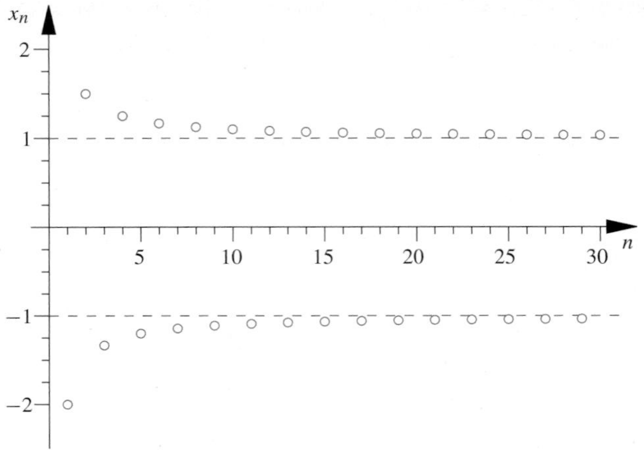

Abb. 6.18 Die Folge $\left((-1)^n(1 + \frac{1}{n})\right)_n$ hat zwei Häufungspunkte

Achtung Es ist ganz wesentlich, dass (n_k) streng monoton wachsend ist. Dadurch treffen wir bei einer Teilfolge eine Auswahl der Glieder einer Folge, behalten aber ihre Reihenfolge bei. ◀

Wie sieht das konkret aus? Häufig betrachtet man alle Folgenglieder mit geradem oder ungeradem Index. Mit $n_k = 2k$ erhält man im Beispiel oben die Folge (x_{n_k}) mit

$$x_{n_k} = (-1)^{2k} \left(1 + \frac{1}{2k}\right) = 1 + \frac{1}{2k}, \quad k \in \mathbb{N}.$$

Mit $n_k = 2k - 1$ erhält man dagegen

$$x_{n_k} = (-1)^{2k-1} \left(1 + \frac{1}{2k-1}\right) = -1 - \frac{1}{2k-1}, \quad k \in \mathbb{N}.$$

In diesem Fall sind beide Teilfolgen konvergent: Die Folge (x_{2k}) hat den Grenzwert 1, die Folge (x_{2k-1}) hat den Grenzwert -1. Diese Grenzwerte charakterisieren natürlich auch die Folge (x_n) selbst, daher verdienen sie eine besondere Bezeichnung. Ist eine Teilfolge einer Folge (x_n) konvergent, so heißt ihr Grenzwert **Häufungspunkt** der Folge (x_n).

Wir wollen zwei wichtige Aussagen über den Zusammenhang von Konvergenz und Häufungspunkten festhalten.

- Ist eine Folge (x_n) konvergent mit Grenzwert a, so ist a der einzige Häufungspunkt und jede Teilfolge von (x_n) konvergiert ebenfalls gegen a.
- Falls eine Folge (x_n) beschränkt ist und nur einen einzigen Häufungspunkt a besitzt, dann konvergiert die Folge, und a ist ihr Grenzwert.

Selbstfrage 6

Warum benötigt man bei der zweiten Aussage die Voraussetzung, dass (x_n) beschränkt ist? Überlegen Sie sich ein Beispiel!

Anwendung: Wie berechnet der Taschenrechner $\sqrt{2}$?

Bei einem Taschenrechner lassen sich die Grundrechenarten durch elementare elektrische Schaltelemente in einem Chip realisieren. Aber was passiert, wenn wir das Wurzelzeichen auf einem Taschenrechner drücken?

Die Lösung wird auf hinreichend viele Stellen *genähert*. Das bedeutet, dass eine Folge konstruiert wird, die $\sqrt{2}$ als Grenzwert besitzt. Es wird dann ein Folgenglied berechnet, das mit einer hinreichenden Genauigkeit den Grenzwert approximiert. Für $x > 0$ lässt sich die Rekursion

$$a_{n+1} = \frac{1}{2}\left(a_n + \frac{x}{a_n}\right)$$

verwenden, um $\sqrt{x}$ zu approximieren. Diese Methode wird Heron-Verfahren genannt. Da sie schon den Bewohnern des antiken Babylon bekannt war, spricht man auch vom Babylonischen Wurzelziehen.

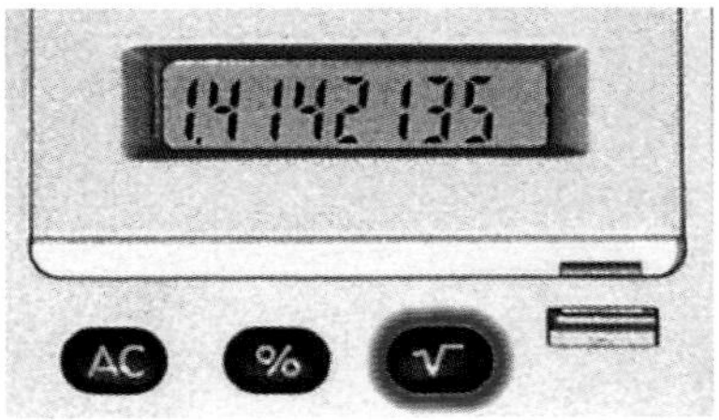

Die zugehörige Fixpunktgleichung,

$$a = \frac{1}{2}\left(a + \frac{x}{a}\right),$$

hat nur die positive Lösung $a = \sqrt{x}$. Sie liefert daher, dass der Grenzwert der Folge $\sqrt{x}$ sein muss, falls die Folge konvergiert. Davon müssen wir uns zunächst überzeugen.

Eine Anwendung der binomischen Formel liefert

$$0 \leq (a_n - \sqrt{x})^2 = a_n^2 - 2a_n\sqrt{x} + x.$$

Diese Ungleichung lösen wir nach $\sqrt{x}$ auf,

$$\sqrt{x} \leq \frac{1}{2}\left(a_n + \frac{x}{a_n}\right) = a_{n+1}.$$

Es gilt also für alle $n \geq 1$, dass $a_n \geq \sqrt{x}$ ist. Zweimaliges Anwenden dieser Abschätzung führt dann auf

$$\begin{aligned} a_{n+1} &= \frac{1}{2}\left(a_n + \frac{x}{a_n}\right) \leq \frac{1}{2}\left(a_n + \frac{x}{\sqrt{x}}\right) \\ &= \frac{1}{2}(a_n + \sqrt{x}) \leq a_n. \end{aligned}$$

Die Folge (a_n) ist also zumindest ab dem Index 1 nach unten durch $\sqrt{x}$ beschränkt und sie fällt monoton. Die Abbildung der Fixpunktiteration oben rechts zeigt dieses Verhalten. Damit ist die Folge nach dem Monotoniekriterium konvergent.

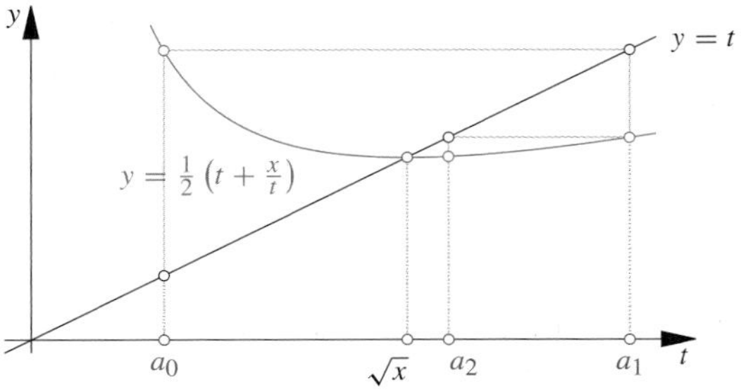

Damit ist sichergestellt, dass die Folgenglieder a_n den Wert $\sqrt{x}$ *approximieren* (annähern). Weitere Fragen sind, wie gut und wie schnell die Approximation von Lösungen mit dem Verfahren funktioniert.

Mithilfe der Überlegung von oben lässt sich ebenfalls ermitteln, wie schnell das Heron-Verfahren eine gewünschte Genauigkeit erzielt. Aus der Gleichung

$$a_{n+1} - \sqrt{x} = \frac{1}{2}\left(a_n - 2\sqrt{x} + \frac{x}{a_n}\right) = \frac{1}{2\,a_n}\,(a_n - \sqrt{x})^2$$

und der Beschränktheit von a_n folgt, dass es eine Konstante $c > 0$ gibt mit

$$|a_{n+1} - \sqrt{x}| \leq c|a_n - \sqrt{x}|^2.$$

Dieses Verhalten der Folge nennt man *quadratische Konvergenz*. Es bedeutet zum Beispiel, wenn wir im n-ten Schritt einen Abstand $|a_n - \sqrt{x}| \leq 1/100$ erreicht haben, so ergibt sich durch Berechnen von a_{n+1} schon eine Näherung mit $|a_{n+1} - \sqrt{x}| \leq c/10\,000$. Die Tabelle illustriert dieses Konvergenzverhalten bei $a_0 = 1$ und $x = 2$.

Index n	Näherung a_n	Fehler $\lvert a_n - \sqrt{2}\rvert$
0	1.000 000 00	0.414 213 56
1	1.500 000 00	0.085 786 44
2	1.416 666 67	0.002 453 10
3	1.414 215 69	0.000 002 12
4	1.414 213 56	0.000 000 00

Die Angaben sind auf 8 Stellen gerundet. Offensichtlich ist ein quadratisches Konvergenzverhalten wünschenswert, da die Folge schnell gegen ihren Grenzwert konvergiert. All diese Aspekte sind Teil der *Numerischen Mathematik*. Wir werden einige grundlegende numerische Verfahren und ihr *Konvergenzverhalten* in späteren Kapiteln noch ansprechen.

Vertiefung: Cauchy-Folgen und Vollständigkeit

Ein weiteres zentrales Konzept sind die Cauchy-Folgen, die wir aber im Rahmen dieses Buchs erst in Kap. 31 benötigen werden. Die grundlegende Bedeutung von Folgen, schon bei der Definition der reellen Zahlen, hängt aber eng mit den Cauchy-Folgen zusammen.

Wir nennen eine Folge (x_n) eine *Cauchy-Folge*, wenn es zu jedem Wert $\varepsilon > 0$ eine Zahl $N \in \mathbb{N}$ gibt mit der Eigenschaft, dass für alle Indizes $m, n > N$ die Abschätzung $|x_m - x_n| \leq \varepsilon$ gilt. Dies bedeutet, dass mit hinreichend großen Indizes die Differenz von Folgengliedern beliebig klein wird. Cauchy-Folgen sind benannt nach dem französischen Mathematiker Augustin Louis Cauchy (1789–1857), der den Weg zur modernen Analysis mit bereitet hat.

Als Beispiel einer Cauchy-Folge wählen wir die rekursiv definierte Folge (x_n) mit $x_{n+1} = (1/3)\,(1 - x_n^2)$ und $x_0 = 0$. Induktiv sieht man, dass (x_n) im Intervall $(0, 1/3)$ beschränkt ist. In zwei Schritten zeigen wir, dass es sich um eine Cauchy-Folge handelt. Zunächst gilt mit der Rekursionsformel und der Beschränkung $|x_n + x_{n-1}| \leq |x_n| + |x_{n-1}| \leq 2/3$ die Abschätzung

$$\begin{aligned}|x_{n+1} - x_n| &= \left|\frac{1}{3}(1 - x_n^2) - \frac{1}{3}(1 - x_{n-1}^2)\right| \\ &= \frac{1}{3}\,|x_{n-1}^2 - x_n^2| \\ &= \frac{1}{3}\,|x_{n-1} + x_n|\,|x_{n-1} - x_n| \\ &\leq \frac{2}{9}|x_n - x_{n-1}|.\end{aligned}$$

Diese Abschätzung gilt für jede Zahl $n \in \mathbb{N}$. Setzen wir $q = 2/9$ und nutzen die Ungleichung n–mal, so folgt $|x_{n+1} - x_n| \leq q^n\,|x_1 - x_0| = (1/3)\,q^n$.

Der zweite Schritt: Für Zahlen $m, n \in \mathbb{N}$ mit $m > n$ lässt sich $|x_m - x_{m-1}| \leq q\,|x_{m-1} - x_{m-2}| \leq \cdots \leq q^{m-n-1}\,|x_{n+1} - x_n|$ abschätzen. Mit der geometrischen Summe erhält man für $m > n$ die Ungleichung

$$\begin{aligned}|x_m - x_n| &\leq \sum_{l=0}^{m-n-1} q^l\,|x_{n+1} - x_n| \\ &= \frac{1 - q^{m-n}}{1 - q}\,|x_{n+1} - x_n| \leq \frac{|x_{n+1} - x_n|}{1 - q} \\ &= \frac{9}{7}\,|x_{n+1} - x_n|.\end{aligned}$$

Es folgt $|x_m - x_n| \leq (9/21)\,q^n \leq \varepsilon$ für alle hinreichend großen Zahlen $n, m \geq N \geq \ln((21/9)\,\varepsilon)/\ln q$. Wir haben so die Cauchy-Folgen-Eigenschaft gezeigt.

Konvergente Folgen sind auch Cauchy-Folgen, denn mit dem Grenzwert x können wir abschätzen

$$|x_m - x_n| = |x_m - x + x - x_n| \leq |x_m - x| + |x_n - x|.$$

Wegen der Konvergenz der Folge (x_n) streben die beiden Terme auf der rechten Seite gegen 0 für $n, m \to \infty$. Also ist die Folge eine Cauchy-Folge. Die Umkehrung dieser Aussage gilt auch:

Jede Cauchy-Folge in $\mathbb{R}$ (bzw. $\mathbb{C}$) ist konvergent.

Dieser Satz lässt sich mit dem oben erwähnten Satz von Bolzano-Weierstraß (siehe S. 191) zeigen. Falls (x_n) eine Cauchy-Folge ist, können wir zu $\varepsilon = 1$ ein $N \in \mathbb{N}$ finden mit $|x_n| = |x_n - x_N + x_N| \leq |x_n - x_N| + |x_N| \leq 1 + |x_N|$ für alle $n \geq N$. Also ist die Cauchy-Folge beschränkt durch $\max\{1 + |x_N|, |x_1|, |x_2|, \ldots, |x_{N-1}|\}$. Der Satz von Bolzano-Weierstraß besagt dann, dass (x_n) einen Häufungspunkt x hat. Wenn wir mit $(x_{n_j})_{j=1}^{\infty}$ eine Teilfolge bezeichnen, die gegen x konvergiert, ergibt sich mit $|x_n - x| \leq |x - x_{n_j}| + |x_{n_j} - x_n|$, dass x Grenzwert der gesamten Folge (x_n) ist.

Die oben kursiv gedruckte Aussage wird in der Literatur oft als Cauchy-Kriterium bezeichnet. Denn wenn wir zeigen können, dass (x_n) eine Cauchy-Folge in $\mathbb{R}$ oder $\mathbb{C}$ ist, so folgt Konvergenz. Wir haben so eine weitere Möglichkeit, die Konvergenz einer Folge zu zeigen, ohne den Grenzwert zu kennen.

Die Bedeutung von Cauchy-Folgen ist aber grundsätzlicherer Natur. Betrachten wir die rekursiv definierte Folge $a_{n+1} = \frac{1}{2}(a_n + \frac{2}{a_n})$ aus dem Beispiel auf S. 189. Mit dem Anfangswert $a_0 = 1$ ist die Folge (a_n) eine Folge rationaler Zahlen, und sie ist eine Cauchy-Folge. Aber in der Menge der rationalen Zahlen ist die Folge nicht konvergent; denn wie wir wissen, ist der Grenzwert $\lim_{n\to\infty} a_n = \sqrt{2}$, also keine rationale Zahl. Somit gilt die Aussage des Cauchy-Kriteriums nicht in den rationalen Zahlen. Dies ist ein substantieller Unterschied zwischen diesen beiden Mengen von Zahlen. Eine Menge von Zahlen, Vektoren oder auch anderen Elementen heißt *vollständig*, wenn jede Cauchy-Folge konvergiert.

Die Vollständigkeit der reellen Zahlen muss man bei der Definition der reellen Zahlen durch ein Axiom, d. h. eine nicht beweisbare Voraussetzung, verankern. Verschiedene Varianten eines Vollständigkeitsaxioms werden in der Literatur behandelt, zum Beispiel Dedekind'sche Schnitte, oder, wie es in der Schule üblich ist, Intervallschachtelungen. Wir können aber eben auch das Cauchy-Kriterium oder den Satz von Bolzano-Weierstraß als Vollständigkeitsaxiom zugrunde legen. Im Rahmen dieses Werks fassen wir den Satz von Bolzano-Weierstraß als eine Tatsache auf, die nicht aus weiteren Überlegungen heraus herleitbar ist. Die Bedeutung der Cauchy-Folgen in diesem Zusammenhang liegt dann darin, dass wir die Menge $\mathbb{R}$ aller reellen Zahlen aus der Menge der rationalen Zahlen mithilfe von Cauchy-Folgen konstruieren können. Dazu sei hier aber auf das Buch von H.-D. Ebbinghaus et al. (Zahlen-Grundwissen Mathematik) verwiesen.

Die wichtigste Aussage im Zusammenhang mit Häufungspunkten ist der folgende **Satz von Bolzano-Weierstraß:** *Jede beschränkte Folge besitzt mindestens einen Häufungspunkt* oder auch *jede beschränkte Folge besitzt mindestens eine konvergente Teilfolge*. Dieser Satz hat wesentliche Konsequenzen für die gesamte Analysis, von denen wir in diesem Buch nur einige wenige kennenlernen werden. Ein Beispiel ist das Monotoniekriterium für die Konvergenz von Folgen (siehe S. 191). Der Satz von Bolzano-Weierstraß ist sehr eng mit der Definition der reellen bzw. komplexen Zahlen selbst verknüpft. Einige Hinweise in diese Richtung gibt die Vertiefung auf S. 190.

6.5 Konvergenzkriterien

Um zu zeigen, dass eine Folge konvergent ist, benötigten wir bislang eine Vermutung für den Grenzwert, um passende Abschätzungen zu finden. Dies ist aber oft explizit nicht möglich. Es ist somit wichtig, Kriterien zur Verfügung zu haben, die erlauben, über die Konvergenz einer Folge Aussagen zu machen ohne Kenntnis des Grenzwerts.

Zunächst können wir festhalten: Wenn drei reelle Folgen (a_n), (b_n) und (c_n) gegeben sind und wir wissen, dass (a_n) und (b_n) gegen denselben Grenzwert $a \in \mathbb{R}$ konvergieren, so genügt es zu zeigen, dass $a_n \leq c_n \leq b_n$ für $n \in \mathbb{N}$ gilt, um zu sehen, dass auch $\lim\limits_{n\to\infty} c_n = a$ gilt. Diese Tatsache wird **Einschließungskriterium** oder auch *Sandwich Theorem* genannt.

Beispiel Mit dem Einschließungskriterium lässt sich leicht einsehen, dass die Folge (c_n) mit

$$c_n = \sqrt[n]{1 - x^n}$$

für jedes $x \in (-1, 1)$ gegen 1 konvergiert. Denn wir können

$$1 - x^n \geq 1 - |x|^n \geq 1 - |x|$$

und

$$1 - x^n \leq 1 + |x|^n \leq 2$$

abschätzen. Also ist

$$2 \geq 1 - x^n \geq 1 - |x|.$$

Es folgt aus der Monotonie der n-ten Wurzel

$$\sqrt[n]{2} \geq \sqrt[n]{1 - x^n} \geq \sqrt[n]{1 - |x|}.$$

Da sowohl die linke als auch die rechte Seite dieser Ungleichungskette für $n \to \infty$ gegen 1 konvergiert, folgt mit dem Einschließungskriterium auch $\lim\limits_{n\to\infty} c_n = 1$.

Die Abb. 6.19 illustriert diese Anwendung des Einschließungskriterium für den Fall $x = 1/2$. ◀

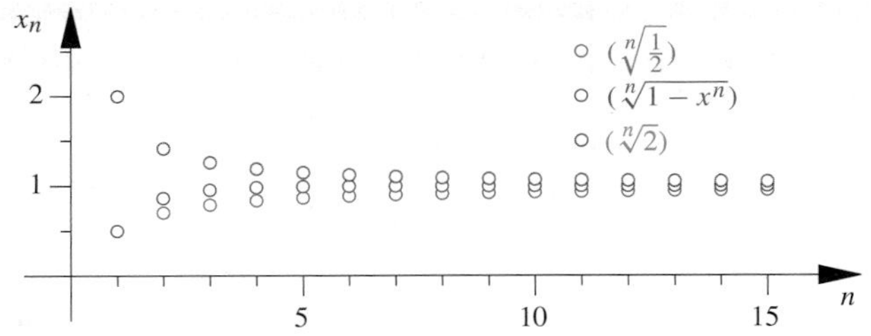

Abb. 6.19 Mittels Einschließungskriterium lässt sich oft ein Grenzwert finden

Gehen Sie einmal die Abbildungen dieses Kapitels durch: Häufig beobachtet man ein konvergentes Verhalten. In vielen Fällen ist die Folge dabei monoton und außerdem beschränkt. Es zeigt sich nun, dass diese beiden Eigenschaften hinreichend sind, damit Konvergenz vorliegt. Im Weiteren wird sich noch herausstellen, dass diese Beobachtung eine ganz zentrale Bedeutung für das Verständnis grundlegender Definitionen und Konzepte im Zusammenhang mit den elementaren Größen und Funktionen der Analysis hat. Deswegen zeigen wir zur Vertiefung einen Beweis dieser Aussage, der sich auf den Satz von Bolzano-Weierstraß (siehe S. 191) stützt.

Monotoniekriterium

Jede beschränkte und monotone Folge reeller Zahlen ist konvergent.

Beweis Der Beweis des Monotoniekriteriums verwendet das Konzept der Teilfolgen, dass wir als Option vorgesehen haben. Wer sich mit Teilfolgen beschäftigt hat, findet hier eine Anwendung dieses Konzepts.

Wir wollen nur den Fall einer monoton wachsende Folge in $\mathbb{R}$ untersuchen. Für monoton fallende Folgen ergibt sich der Beweis aber ganz analog. Sei also (x_n) eine monoton wachsende und beschränkte Folge, d. h., es gilt $x_{n+1} \geq x_n$ und es gibt eine Konstante $c > 0$ mit $x_n \leq c$ für alle $n \in \mathbb{N}$. Nach der Aussage des Satzes von Bolzano-Weierstraß besitzt die Folge (x_n) eine konvergente Teilfolge $(x_{n_j})_{j\in\mathbb{N}}$, die gegen einen Grenzwert $x \in \mathbb{R}$ konvergiert. Nun bleibt noch zu zeigen, dass auch die gesamte Folge gegen diesen Wert konvergiert. Dazu nutzen wir zunächst die Konvergenz der Teilfolge, d. h., zu einem $\varepsilon > 0$ lässt sich stets j_0 finden mit $|x - x_{n_j}| \leq \varepsilon$ für alle $j \geq j_0$. Wegen der Monotonie gilt weiterhin, dass $x \geq x_n \geq x_{n_j}$ für alle $n \in \mathbb{N}$ mit $n \geq n_j$ ist. Es folgt

$$0 \leq x - x_n \leq x - x_{n_j} \leq \varepsilon$$

für alle $n \geq n_j$. Dies bedeutet aber gerade Konvergenz von (x_n) gegen x. ■

Bevor wir tiefer in die Anwendung des Monotoniekriteriums einsteigen, wollen wir kurz rekapitulieren: Wir haben jetzt

Beispiel: Grenzwertberechnung bei einer rekursiven Folge

Betrachten Sie die Folge (x_n) mit einem Startwert $x_0 \geq 0$ und

$$x_n = \sqrt{5 + 4x_{n-1}}, \quad n \in \mathbb{N}.$$

Für welche Startwerte x_0 konvergiert die Folge? Wie lautet gegebenenfalls der Grenzwert?

Problemanalyse und Strategie Es soll das Monotoniekriterium verwendet werden, um die Konvergenz der Folge nachzuweisen. Es muss sichergestellt werden, dass die Folge monoton und beschränkt ist. Das Verhalten von rekursiven Folgen hängt oft entscheidend von der relativen Lage von Startwert und Grenzwert ab. Daher bestimmen wir zunächst mögliche Kandidaten für den Grenzwert als Lösungen der Fixpunktgleichung.

Lösung Wir nehmen an, dass die Folge konvergiert und setzen $x = \lim_{n\to\infty} x_n$. Indem man in der Rekursionsvorschrift auf beiden Seiten zum Grenzwert übergeht, erhält man die Fixpunktgleichung

$$x = \sqrt{5 + 4x}.$$

Durch Quadrieren ergibt sich die quadratische Gleichung $x^2 - 4x - 5 = 0$ mit den Lösungen -1 und 5. Dies sind die Kandidaten für den Grenzwert.

Für einen Startwert $x_0 \geq 0$ erkennt man durch Induktion leicht, dass $x_n \geq 0$ für alle $n \in \mathbb{N}$ gilt. Die Folge ist durch 0 nach unten beschränkt. Aus dieser Beobachtung folgt auch, dass -1 als Grenzwert nicht infrage kommt.

Es ist nun am einfachsten, die Folge zunächst auf Monotonie zu untersuchen. Es gilt

$$\begin{aligned} x_n - x_{n-1} &= \sqrt{5 + 4x_{n-1}} - x_{n-1} \\ &= \frac{5 + 4x_{n-1} - x_{n-1}^2}{\sqrt{5 + 4x_{n-1}} + x_{n-1}} \\ &= \frac{(5 - x_{n-1})\,(1 + x_{n-1})}{\sqrt{5 + 4x_{n-1}} + x_{n-1}}. \end{aligned}$$

Beachten Sie, dass wir hier wieder den Trick angewandt haben, eine Differenz von Wurzeln mit der Summe der Wurzeln zu erweitern und die dritte binomische Formel anzuwenden. Die Summe, die jetzt im Nenner steht, ist positiv, denn $x_{n-1} \geq 0$. Der Term $1 + x_{n-1}$ ist auch positiv. Daher hängt das Vorzeichen von $x_n - x_{n-1}$ nur von der Differenz $5 - x_{n-1}$ ab: Ist $x_{n-1} > 5$, so ist $x_n < x_{n-1}$, ist $x_{n-1} < 5$, so ist $x_n > x_{n-1}$.

Wir betrachten nun zwei Fälle. Zunächst sei $x_{n-1} > 5$. Dann gilt

$$5 - x_n = 5 - \sqrt{5 + 4x_{n-1}} < 5 - \sqrt{5 + 20} = 0,$$

und es ist auch $x_n > 5$. Mit den bisherigen Überlegungen folgt durch Induktion: Für einen Startwert $x_0 > 5$, gilt $x_n > 5$ für alle $n \in \mathbb{N}$. Die Folge ist in diesem Fall monoton fallend. Mit dem Monotoniekriterium folgt, dass sie auch konvergent ist. Da 5 der einzige verbleibende Kandidat für den Grenzwert ist, gilt $\lim_{n\to\infty} x_n = 5$.

Nun zum zweiten Fall. Wir nehmen jetzt an $x_{n-1} < 5$. Es folgt, dass

$$x_n - 5 = \sqrt{5 + 4x_{n-1}} - 5 < \sqrt{5 + 20} - 5 = 0,$$

also $x_n < 5$. Jetzt dreht sich die Argumentation um: Für einen Startwert $x_0 < 5$ gilt $x_n < 5$ für alle $n \in \mathbb{N}$, und die Folge ist monoton wachsend. Nach dem Monotoniekriterium konvergiert die Folge, wieder ist 5 der einzige Kandidat für den Grenzwert.

Es bleibt noch der Fall $x_0 = 5$, in dem die Folge konstant ist. Insgesamt haben wir gezeigt, dass die Folge für jeden Startwert $x_0 \geq 0$ gegen 5 konvergiert.

Kommentar Dieses Beispiel zeigt, wie sehr gerade bei rekursiv definierten Folgen die Begriffe der Monotonie, Beschränktheit und Konvergenz ineinander verzahnt sind. Ein genaues Verständnis jedes dieser Begriffe ist notwendig, um eine korrekte Argumentationskette aufzubauen. ◄

verschiedene Eigenschaften von Folgen und die Beziehungen zwischen ihnen kennengelernt. Das Monotoniekriterium bildet gewissermaßen den Abschluss, die letzte dieser Aussagen, die wir hier vorstellen wollen. Zusammengefasst ist das bisher errichtete Gebäude der Folgen und ihrer Eigenschaften in der Übersicht auf S. 193. Es werden die einzelnen Klassen von Folgen, die wir eingeführt haben, und ihre Zusammenhänge übersichtlich dargestellt.

Beispiel Betrachten wir eine Folge, die wir schon kennengelernt haben, nämlich

$$x_n = \left(1 + \frac{1}{n}\right)^n.$$

Im Beispiel auf S. 177 haben wir gezeigt, dass diese Folge beschränkt ist mit $1 \leq x_n \leq 3$.

Übersicht: Die Klassifizierung der Folgen

In diesem Kapitel wurden Eigenschaften bestimmter Klassen von Folgen genauer untersucht. Hier werden diese Eigenschaften und die Zusammenhänge zwischen ihnen noch einmal gesammelt dargestellt.

Im folgenden Venn-Diagramm sind die Eigenschaften von Folgen, die wir näher untersucht haben, und ihre Zusammenhänge als Teilmengen der Menge aller Folgen dargestellt. Zu jeder Klasse ist auch ein typischer Vertreter mit angegeben.

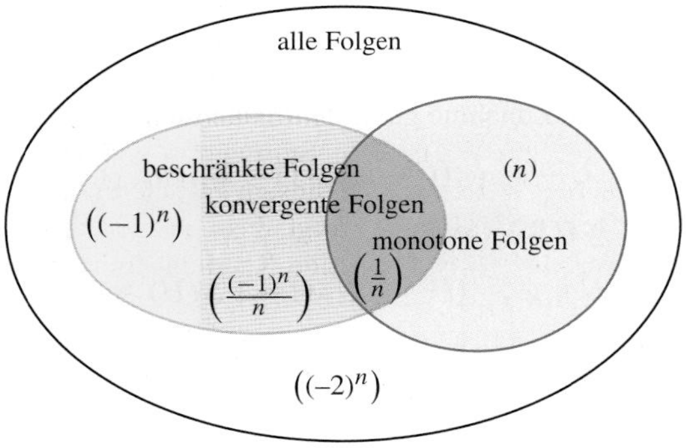

Beispiel Betrachten wir die Folge (a_n) mit

$$a_n = 1 + \frac{1}{n}, \qquad n \in \mathbb{N}.$$

Da, für alle $n \in \mathbb{N}$, $0 \le 1/n \le 1$ ist, folgt auch $1 \le a_n \le 2$. Die Folge ist beschränkt und gehört zur gelb-orangefarbenen Menge. Ferner ist

$$a_{n+1} - a_n = \frac{1}{n+1} - \frac{1}{n} = -\frac{1}{n\,(n+1)} \le 0.$$

Die Folge ist monoton fallend und gehört damit zur blauen Menge im Diagramm. Das Monotoniekriterium besagt nun, dass die Schnittmenge der blauen und der gelben Menge, also gerade der grüne Bereich im Diagramm, nur aus konvergenten Folgen besteht. Somit ist (a_n) konvergent.

Um über die Monotonie dieser Folge eine Aussage machen zu können, schauen wir uns den Quotienten x_{n+1}/x_n an. Mit elementaren Umformungen ergibt sich

$$\begin{aligned}
\frac{x_{n+1}}{x_n} &= \frac{\left(1+\frac{1}{n+1}\right)^{n+1}}{\left(1+\frac{1}{n}\right)^n} \\
&= \left(1+\frac{1}{n}\right)\left(\frac{1+\frac{1}{n+1}}{1+\frac{1}{n}}\right)^{n+1} \\
&= \left(1+\frac{1}{n}\right)\left(\frac{n(n+1)+n}{n(n+1)+n+1}\right)^{n+1} \\
&= \left(1+\frac{1}{n}\right)\left(\frac{(n+1)^2-1}{(n+1)^2}\right)^{n+1} \\
&= \left(1+\frac{1}{n}\right)\left(1-\frac{1}{(n+1)^2}\right)^{n+1}.
\end{aligned}$$

Nun verwenden wir die Bernoulli-Ungleichung mit $h = -1/(n+1)^2$ und erhalten die Abschätzung

$$\begin{aligned}
\frac{x_{n+1}}{x_n} &\ge \left(1+\frac{1}{n}\right)\left(1-(n+1)\frac{1}{(n+1)^2}\right) \\
&= \left(1+\frac{1}{n}\right)\left(1-\frac{1}{n+1}\right) \\
&= \frac{n+1}{n}\cdot\frac{n+1-1}{n+1} = 1.
\end{aligned}$$

Es ist stets $x_{n+1} \ge x_n$, d. h., die Folge ist monoton wachsend. Mit dem Monotoniekriterium folgt die Konvergenz der Folge (x_n). Der Grenzwert dieser Zahlenfolge ist die Euler'sche Zahl e, die wir später in anderem Zusammenhang wiederentdecken werden. ◄

Der Goldene Schnitt ergibt sich aus den Fibonacci-Zahlen

Im Beispiel auf S. 174 sind die Fibonacci-Zahlen rekursiv definiert durch $a_{n+1} = a_n + a_{n-1}$ und $a_0 = 0, a_1 = 1$. Betrachten wir die Verhältnisse aufeinander folgender Zahlen, d. h. die Folge (b_n) mit $b_n = a_{n+1}/a_n$ für $n \ge 1$. Wir zeigen, dass (b_n) gegen den Wert des *Goldenen Schnitts* $b = \frac{1}{2}(1+\sqrt{5})$ konvergiert.

Dazu beginnen wir mit einer Rekursionsformel für die Folge (b_n):

$$\begin{aligned}
b_{n+1} &= \frac{a_{n+2}}{a_{n+1}} = \frac{a_{n+1}+a_n}{a_n+a_{n-1}} \\
&= \frac{a_n+a_{n-1}+a_n}{a_n+a_{n-1}} = 1 + \frac{a_n}{a_{n+1}} \\
&= 1 + \frac{1}{b_n}
\end{aligned}$$

Also ist durch $b_{n+1} = 1 + \frac{1}{b_n}$ eine Rekursion gegeben.

Anwendung: Exponentielles und logistisches Wachstum

Eine Möglichkeit, Wachstumsprozesse zu beschreiben, besteht in ihrer Formulierung als rekursive Folgen. Selbst an sehr einfachen Modellen lassen sich grundlegende Eigenschaften dieser Prozesse erkennen. Dabei kann ein und dasselbe mathematische Modell als Beschreibung der unterschiedlichsten physikalischen, biologischen, chemischen oder auch wirtschaftlichen Prozesse dienen. Hier sollen beispielhaft zwei grundlegende Wachstumsprozesse betrachtet werden.

Grundsätzlich gehen wir bei Wachstumsprozessen von einer Population aus, die wir zu den Zeitpunkten

$$t_0, \quad t_1 = t_0 + \Delta t, \quad t_2 = t_0 + 2\Delta t, \quad \ldots$$

betrachten. Wir bezeichnen mit u_n die Größe der Population zum Zeitpunkt t_n. Der Ausdruck Population ist hier recht allgemein zu verstehen: Es kann sich um die Anzahl der Bakterien in einer Kultur handeln, um die Konzentration eines chemischen Stoffes in einer Lösung oder um den Stand eines Bankkontos. Beim **exponentiellen Wachstum** wird die Entwicklung der Population durch den Startwert u_0 und die Rekursionsformel

$$u_n = u_{n-1} + k\,\Delta t\, u_{n-1}, \quad n \in \mathbb{N},$$

beschrieben. Die Zahl k heißt *Wachstumskonstante* und ist positiv. Die Rekursionsvorschrift besagt, dass der Anstieg der Population in einem Zeitschritt Δt proportional zur verstrichenen Zeit, zur Wachstumskonstante k und zur Population am Anfang des Zeitschritts ist. Untersuchen wir etwa die Entwicklung eines Bankkontos mit 4% jährlicher Verzinsung, so entspricht hier Δt einem Jahr, und es ist $k = 0.04$ der Zinssatz. In diesem Fall handelt es sich schlicht und einfach um Zinseszinsrechnung. Aber auch die Entwicklung von Bakterienkulturen oder der Weltbevölkerung könnten mit diesem Modell beschrieben werden.

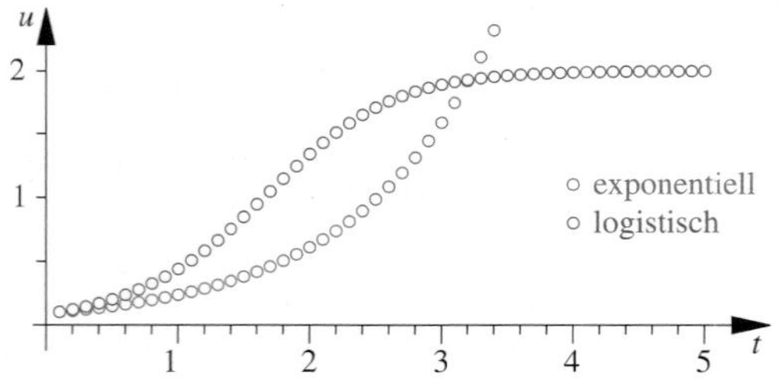

Durch vollständige Induktion kann aus der Rekursionsformel eine explizite Darstellung der Folgenglieder u_n gewonnen werden:

$$u_n = (1 + k\,\Delta t)^n\, u_0, \quad n \in \mathbb{N}_0$$

Es handelt sich um einen speziellen Fall einer geometrischen Folge mit $q = 1 + k\,\Delta t > 1$. Daher ist die Folge unbeschränkt, die Population wächst immer weiter. Da das Wachstum proportional zur bereits bestehenden Population ist, wird es im Laufe der Zeit selbst dramatisch schneller, wie die Abbildung eindrucksvoll zeigt. Als Parameter wurden $k = 1$ und $\Delta t = 0.1$ gewählt.

Ein anderer Wachstumsprozess ist das **logistische Wachstum,** dessen Rekursionsvorschrift nur wenig von der des exponentiellen Wachstums abweicht:

$$u_n = u_{n-1} + k\,\Delta t\, u_{n-1}\,(U - u_{n-1}), \quad n \in \mathbb{N}$$

Wir wollen dabei annehmen, dass $u_0 < U$ und $k\,\Delta t\, U \leq 1$ gilt. Welche Rolle spielt nun die neue Konstante U?

Offensichtlich sorgt der zusätzliche Faktor für ein Bremsen des Wachstums, denn wenn u_{n-1} dem Wert U nahe kommt, wird auch die Zunahme geringer. In der Tat ist

$$U - u_n = (U - u_{n-1})\,(1 - k\,\Delta t\, u_{n-1}).$$

Aus $u_{n-1} \leq U$ folgt auch

$$U - u_n \geq (U - u_{n-1})\,(1 - k\,\Delta t\, U) \geq 0.$$

Mit $u_0 \leq U$ erhalten wir mittels vollständiger Induktion, dass (u_n) durch U nach oben beschränkt ist. Mit

$$\frac{u_n}{u_{n-1}} = 1 + k\,\Delta t\,(U - u_{n-1}) \geq 1$$

erhalten wir auch, dass die Folge monoton wächst. Mit dem Monotoniekriterium folgt, dass die Folge konvergent ist. Den Grenzwert u kann man berechnen, indem man von der Rekursionsvorschrift zur Fixpunktgleichung übergeht:

$$u = u + k\,\Delta t\, u\,(U - u), \quad \text{also} \quad u\,(U - u) = 0$$

Da $u = 0$ aufgrund der Monotonie ausgeschlossen werden kann, folgt $\lim_{n\to\infty} u_n = U$. Die Population nähert sich also der Größe U immer mehr an, ohne sie aber überschreiten zu können. In einem Modell können beschränkte Ressourcen oder die Auswirkungen einer hohen Bevölkerungsdichte den Grund hierfür darstellen.

Die Abbildung links zeigt auch ein typisches logistisches Wachstum: Es beginnt bei kleiner Population langsam, um dann anzusteigen und sich schließlich bei der Annäherung an die Populationsgrenze U wieder zu verlangsamen. Als Wachstumsschranke U wurde 2 gewählt. Mit einem solchen Prozess lässt sich z. B. das Wachstum einer Bakterienkultur in einer Petrischale, also einem begrenzten Lebensraum, beschreiben.

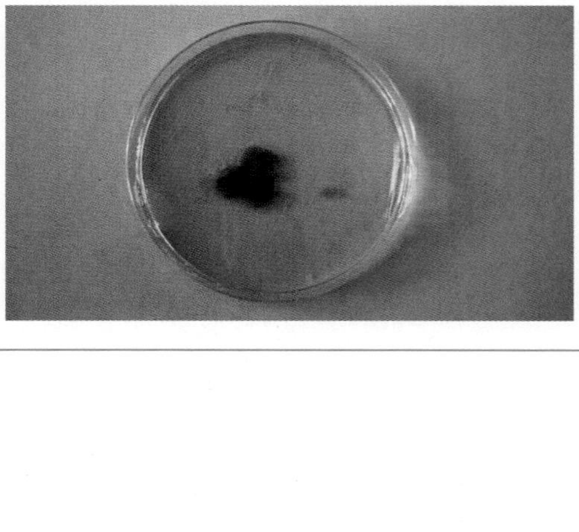

Abb. 6.20 Der Goldene Schnitt findet sich in vielen Bau- und Kunstwerken wieder, zum Beispiel in dem Gemälde *Impression Sonnenaufgang* von Claude Monet. Die Sonne und ihre Reflexion teilt das Bild im Verhältnis des Goldenen Schnitts

Betrachten wir nun die Fixpunktgleichung $b = 1 + \frac{1}{b}$, so ergibt sich als einziger positiver Kandidat für einen Grenzwert aus der quadratischen Gleichung $b^2 - b - 1 = (b - \frac{1}{2})^2 - \frac{5}{4} = 0$ die Nullstelle $b = \frac{1}{2}(1 + \sqrt{5})$.

Im nächsten Schritt zeigen wir induktiv

$$b_{2n-1} \in [1, b] \quad \text{und} \quad b_{2n} \in [b, 2].$$

Mit $b_1 = 1 \in [1, b]$ und $b_2 = 1 + 1/1 = 2 \in [b, 2]$ ist der Induktionsanfang offensichtlich. Für den Induktionsschritt nehmen wir an, dass $1 \leq b_{2n-1} \leq b$ und $b \leq b_{2n} \leq 2$ gilt. Dann folgt

$$1 \leq \underbrace{1 + \frac{1}{b_{2n}}}_{=b_{2n+1}} \leq 1 + \frac{1}{b}.$$

Also ist $b_{2n+1} \leq 1 + \frac{1}{b} = b$. Dabei folgt die letzte Gleichung aus der Fixpunktgleichung. Mit dieser Ungleichung folgern wir weiter

$$b = 1 + \frac{1}{b} \leq \underbrace{1 + \frac{1}{b_{2n+1}}}_{b_{2n+2}} \leq 2.$$

Damit ist die Induktion abgeschlossen und wir wissen insbesondere, dass die beiden Teilfolgen beschränkt sind.

Nun betrachten wir die Differenz

$$b_{n+2} - b_n = 1 + \frac{1}{1 + \frac{1}{b_n}} - b_n = \frac{-b_n^2 + b_n + 1}{b_n + 1}.$$

Abb. 6.21 Teilung der Strecke $x + y$ im Verhältnis des Goldenen Schnitts. Es gilt die Gleichung $x/y = (x + y)/x$

Der Graph des Zählerpolynoms ist eine nach unten offene Parabel mit den von uns bereits berechneten Nullstellen

$$\frac{1}{2}(1 - \sqrt{5}) \quad \text{und} \quad \frac{1}{2}(1 + \sqrt{5}).$$

Da $b_n + 1 > 0$ ist, sehen wir

$$b_{n+2} - b_n \leq 0 \quad \text{für } b_n \geq b$$

und

$$b_{n+2} - b_n \geq 0 \quad \text{für } 0 \leq b_n \leq b.$$

Somit ist die Folge (b_{2n}) in $[b, 2]$ beschränkt und monoton fallend und andererseits die Folge (b_{2n-1}) in $[1, b]$ beschränkt und monoton wachsend. Mit dem Monotoniekriterium erhalten wir die Konvergenz beider Teilfolgen, d. h., es gibt Zahlen $l_1 \in [1, b]$ und $l_2 \in [b, 2]$ mit

$$\lim_{n\to\infty} b_{2n-1} = l_1 \quad \text{und} \quad \lim_{n\to\infty} b_{2n} = l_2.$$

Beide Zahlen l_1, l_2 müssen aber Lösung der Fixpunktgleichung

$$l = \lim_{n\to\infty} b_{n+2} = \lim_{n\to\infty}\left(1 + \frac{1}{1 + \frac{1}{b_n}}\right) = 1 + \frac{1}{1 + \frac{1}{l}}$$

sein mit der einzigen positiven Lösung $b = \frac{1}{2}(1 + \sqrt{5})$. Somit konvergieren beide Teilfolgen gegen denselben Grenzwert, d. h., die Folge (b_n) hat nur einen einzigen Häufungspunkt b. Da sie beschränkt ist, folgt $\lim_{n\to\infty} b_n = b$.

Kommentar Der Wert $b = \frac{1}{2}(1 + \sqrt{5})$ hat eine weitreichende kulturhistorische Bedeutung und wird *die Zahl des goldenen Schnitts* genannt. Objekte im Verhältnis des goldenen Schnitts anzuordnen, fasziniert Künstler und Architekten seit Jahrtausenden. Der Wert ergibt sich als das Verhältnis $b = \frac{x}{y}$ zweier Strecken $x > y > 0$, wenn diese so gewählt sind, dass die längere Strecke zur kürzeren im gleichen Verhältnis steht, wie die Summe beider Strecken zur längeren; also kurz, wenn gilt

$$\frac{x}{y} = \frac{x + y}{x}.$$

Übrigens, wenn man analog zu den Fibonacci-Zahlen andere Folgen (a_n) mit derselben Rekursion $a_{n+1} = a_{n-1} + a_n$ aber mit anderen Startwerten a_0 und a_1 bildet, so ergibt sich derselbe Grenzwert für die Folge der Verhältnisse a_{n+1}/a_n. Beispiele und viele weitere Betrachtungen zum goldenen Schnitt finden sich in dem Buch *Der goldene Schnitt* von A. Beutelspacher und B. Petri, das im BI-Wiss.-Verlag 1989 erschienen ist. ◄

Teil II

Vertiefung: Das Heron-Verfahren

Das Heron-Verfahren zur Bestimmung von $\sqrt{x}$ für $x > 0$ soll in MATLAB® implementiert werden. Die eigentliche Rekursionsvorschrift ist einfach, aber die Programmierung erfordert einige grundsätzliche Vorüberlegungen.

Um $\sqrt{x}$ für $x > 0$ mit dem Heron-Verfahren zu bestimmen, sind nur die Glieder der rekursiven Folge

$$a_1 = 1, \qquad a_{n+1} = \frac{1}{2}\left(a_n + \frac{x}{a_n}\right), \qquad n \in \mathbb{N},$$

zu bestimmen. Die Umsetzung als Computer-Programm erfordert aber vorab noch die Beantwortung einiger *Design-Fragen:*

- Interessiert nur das letzte berechnete Folgenglied, weil man nur eine möglichst gute Näherung von $\sqrt{x}$ erhalten möchte, oder benötigt man alle berechneten Glieder, um z. B. das Konvergenzverhalten zu betrachten?
- Wann bricht man die Berechnung ab?

Für dieses Beispiel wollen wir eine Funktion erstellen, die sämtliche berechneten Folgenglieder zurückgibt. Es muss also ein Vektor erstellt werden, dessen n-ter Eintrag gerade der Wert a_n ist. Allerdings ist es in MATLAB® ineffizient einen Vektor immer wieder zu vergrößern. Daher lassen wir den Benutzer unserer Funktion von vornherein festlegen, wieviele Glieder höchstens berechnet werden sollen. Außerdem soll die Berechnung auch gestoppt werden, wenn der Wert von $\sqrt{x}$ hinreichend genau berechnet wurde. Dies soll geschehen, sobald mit einem vorgegebenen ε für ein n die Ungleichung

$$|a_{n+1} - a_n| \leq \varepsilon$$

erfüllt ist.

Diese Vorgaben setzt die folgende Implementierung einer MATLAB® Funktion um:

```
function a = heronVerfahren(x, N, epsil)

a = ones(N,1);

n = 1;
diff = epsil + 1;

while (n < N && diff > epsil)
    a(n+1) = 0.5 * ( a(n) + x/a(n) );

    n = n + 1;
    diff = abs( a(n) - a(n-1) );
end

a = a(1:n);

end
```

Zunächst wird die Funktion deklariert. Eingabeparameter sind die Zahl `x`, die maximale Anzahl an Iterationen `N` und die Toleranz `epsil`. In der dritten Zeile wird der Rückgabevektor `a` auf seine maximale Größe initialisiert. Da der Speicher mit Einsen vorbelegt wird, ist auch schon der Startwert `a(1)` richtig gesetzt.

In den folgenden beiden Zeilen werden zwei Hilfsvariablen definiert, die zur Überprüfung des Abbruchkriteriums dienen: Die Anzahl `n` der tasächlich berechneten Glieder und die Variable `diff` für die Differenz zweier aufeinander folgender Glieder.

In dem nun folgenden `while...end`-Block finden die tatsächlichen Berechnungen in einer Schleife statt. Zunächst wird die Rekursionsvorschrift des Heron-Verfahrens angewandt, dann werden die Hilfsvariablen aktualisiert. Das Ganze wird wiederholt, bis das Abbruchkriterium erfüllt ist: Entweder ist die maximale Iterationsanzahl erreicht (`n` = `N`) oder die geforderte Toleranz ist unterschritten (`diff` ≤ `epsil`). Die Initialisierung von `diff` mit `epsil` + `1` verhindert einen Abbruch der Schleife vor dem ersten Durchlauf.

Im abschließenden Befehl der Funktion wird schließlich noch der Vektor `a` auf die tatsächlich berechneten Folgenglieder gekürzt.

Ein Aufruf zur Berechnung von $\sqrt{2}$ könnte also folgendermaßen aussehen:

```
>> a = heronVerfahren(2, 10, 1e-10);
```

Die Werte der Tabelle auf Seite 183 erhält man dann durch die zwei Befehle

```
>> A = [ 1:length(a)).', a, abs(a-sqrt(2)) ];
>> fprintf('%d   %10.8f  %10.8f\n', A.');
```

In der ersten der beiden Zeilen wird dabei die auszugebende Tabelle als Matrix erzeugt, der Befehl `fprintf` gibt die Einträge formatiert aus. Dabei wird die übergebene Matrix spaltenweise durchlaufen, wir müssen `A` also transponieren, um die gewünschte Ausgabe zu erhalten.

Das Konvergenzverhalten kann auch mithilfe von Grafiken visualisiert werden. Mit

```
>> plot( 1:length(a), a, 'x' )
```

erhält man einen einfachen Plot der Glieder. Die Abweichung vom Grenzwert visualisiert man am besten in einer logarithmischen Skala, etwa durch

```
>> semilogy(1:length(a), abs(a-sqrt(2)), 'x')
```

Man erkennt hier schon bei der 6. Iteration, dass die Konvergenz schlechter wird, was auf Rundungsfehler zurückzuführen ist. Ab dem 7. Iterationsschritt erhält man immer dieselbe Fließkommazahl bei den Iterationen.

Vertiefung: Folgen aus ℂ und ein einfacher Fraktalgenerator in MATLAB®

MATLAB® ermöglicht das Rechnen mit komplexen Zahlen genau so einfach wie das mit reellen Zahlen. So lässt sich auch eine Folge komplexer Zahlen leicht visualisieren oder ein simpler Generator für die Mandelbrotmenge schreiben.

In MATLAB® können imaginäre Zahlen durch Produkte mit der imaginären Einheit `1i` ausgedrückt werden. Die üblichen Rechenoperationen wie + oder * sind auch für komplexe Zahlen definiert:

```
>> (3 + 1i*4)*(-1 + 1i*2)

ans =
-11.0000 + 2.0000i
```

Durch eine Reihe von Funktionen hat man Zugriff auf Real- und Imaginärteil, Betrag, Hauptwert des Arguments oder das komplex Konjugierte.

```
>> real(3 + 1i*4)    % ans = 3
>> imag(3 + 1i*4)    % ans = 4
>> abs(3 + 1i*4)     % ans = 5
>> angle(3 + 1i*4)   % ans = 0.9273
>> conj(3 + 1i*4)    % ans = 3 - 4i
```

Auch alle Standardfunktionen wie `exp()`, `cos()`, `sin()` oder die Wurzelfunktion `sqrt()` können auf komplexe Zahlen angewandt werden. So gelingen zum Beispiel sehr einfach Visualisierungen von komplexen Folgen wie etwa in Abbildung 6.15.

```
>> q = cos(pi/16) + 1i * sin(pi/16);
>> a_n = q.^(0:100);
>> b_n = (0.975 * q).^(0:32);
>> c_n = (1.025 * q).^(0:30);
>> plot( real(a_n), imag(a_n), 'bo', ...
        real(b_n), imag(b_n), 'ro', ...
        real(c_n), imag(c_n), 'go' );
>> axis equal
```

Hier wird zunächst eine komplexe Zahl q mit Betrag 1 berechnet. Dann werden Potenzen dieser Zahl und von zwei skalierten Zahlen bestimmt, einmal mit Betrag kleiner, einmal mit Betrag größer als 1. Bei den Potenzen werden sämtliche Exponenten in einem Vektor zusammengefasst und daher der `.^`-Operator verwendet (vgl. die Box auf S. 133). Der `plot` Befehl erzeugt die Abbildung der drei Folgen, der letzte Befehl `axis equal` sorgt für die gleiche Skalierung beider Achsen des Plots.

Um eine Visualisierung der Mandelbrotmenge wie in der Anwendungsbox auf S. 178 zu erzeugen, muss man zunächst die Iteration aus der Definition dieser Menge für eine beliebige komplexe Zahl c implementieren. Dies tut die folgende MATLAB®-Funktion:

```
function n = mbrot_iteration(c,N)

% Initialisierung der Variable fuer z_n
% und des Zaehlers n.
z = 0;
n = 0;
while ( abs( z ) <= 2.0  && n < N )

    % Berechne die neue Iterierte.
    z = z^2 + c;

    % Erhoehe den Zaehler
    n = n + 1;

end
end
```

In der `while`-Schleife wird die Iteration so lange durchgeführt, bis entweder der Betrag einer Iterierten größer als 2 ist oder die vorgegebene Maxmialzahl an Iterationen N erreicht ist. Die Funktion gibt die Anzahl der Schleifendurchläufe zurück.

Im Download-Paket für die MATLAB®-Boxen ist eine weitere Funktion `fraktal.m` enthalten, die für ein Gitter von Punkten in der komplexen Zahlenebene jeweils `mbrot_iteration()` aufruft und die Iterationszahl graphisch darstellt. Mit dem Aufruf

```
>> fraktal(-2,-1.5,1,1.5,800,800,100);
```

wird das unten stehende Bild erzeugt. Die ersten 4 Argumente definieren dabei den Ausschnitt der komplexen Zahlenebene, der betrachtet wird, die Argumente 5 und 6 geben die Anzahl der zu berechnenden Werte in Real- und Imaginärrichtung an, das letzte Argument ist die maximale Anzahl der Iterationen. Ist diese Iterationszahl für eine Zahl c erreicht, so wird der entsprechende Punkt schwarz dargestellt. Da die Funktion `fraktal.m` vor allem aus technischen Befehlen zur Darstellung des Plots besteht, haben wir auf ihren Abdruck verzichtet. Die Datei enthält ausführliche Kommentare.

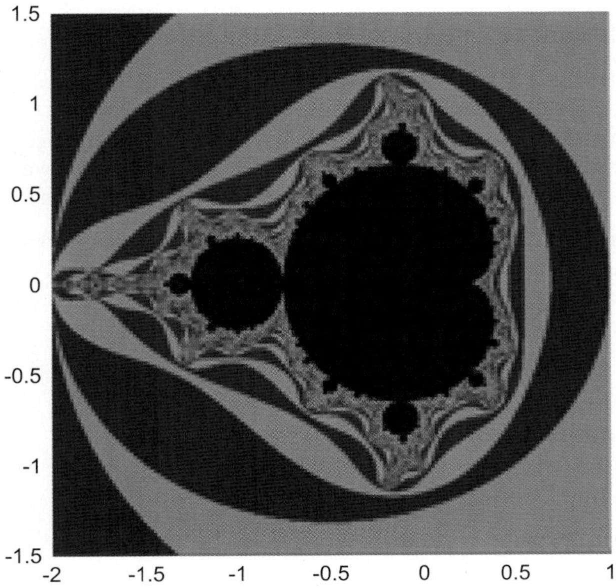

Teil II

Zusammenfassung

Der Begriff der Folge

Bei einer Folge sind unendlich viele Folgenglieder in eine Reihenfolge gebracht. Beginnend bei einem ersten Glied können sie abgezählt werden.

Definition einer Folge

Eine **Folge** ist eine Abbildung der natürlichen Zahlen in eine Menge M, die jeder natürlichen Zahl $n \in \mathbb{N}$ ein Element $x_n \in M$ zuordnet.

Besonders interessant für uns sind Zahlenfolgen, bei denen alle Glieder komplexe Zahlen sind.

Folgen können explizit oder rekursiv definiert werden

Es gibt zwei wesentliche Möglichkeiten, eine Folge (a_n) zu definieren. Bei der **expliziten** Definition kann man durch eine Formel aus dem Index n direkt das Folgenglied a_n bestimmen. Bei der **rekursiven** Definition hat man den Startwert a_1 und berechnet aus diesem mit einer Rekursionsvorschrift sukzessive alle weiteren Folgenglieder.

Elementare Eigenschaften von Zahlenfolgen

Bei einer **beschränkten** Zahlenfolge gibt es einen Kreis in der komplexen Zahlenebene, in dem alle Glieder der Folge liegen. Der Betrag der Folgenglieder kann also nicht beliebig groß werden, sondern übersteigt eine bestimmte endliche Größe niemals.

Reelle Zahlenfolgen können die Eigenschaft besitzen, **monoton** zu sein. Bei einer monoton wachsenden Folge werden die Glieder mit zunehmendem Index größer, bei einer monoton fallenden Folge werden sie mit zunehmendem Index kleiner.

Konvergenz

Die interessantesten Folgen sind solche, die konvergieren, also einen Grenzwert besitzen.

Definition des Grenzwerts einer Folge

Eine Zahl $x \in \mathbb{C}$ heißt **Grenzwert** einer Folge $(x_n)_{n=1}^{\infty}$ in $\mathbb{C}$, wenn es zu jeder Zahl $\varepsilon > 0$ eine natürliche Zahl $N \in \mathbb{N}$ gibt, sodass

$$|x_n - x| < \varepsilon \quad \text{für alle } n \geq N$$

gilt. Eine Folge (x_n) in $\mathbb{C}$, die einen Grenzwert hat, heißt **konvergent**, ansonsten heißt die Folge **divergent**.

Eine Folge besitzt höchstens einen Grenzwert

Ist eine Folge konvergent, so ergibt sich aus der Definition, dass der Grenzwert eindeutig bestimmt ist.

Jede konvergente Folge ist beschränkt

Eine konvergente Folge muss automatisch auch beschränkt sein. Die Folgenglieder können sich nicht beliebig weit vom Grenzwert entfernen.

Um nicht immer die Definition der Konvergenz bemühen zu müssen, gibt es Konvergenzkriterien. Beim Majorantenkriterium vergleicht man eine Folge mit einer **Nullfolge**, also einer Folge, die den Grenzwert Null besitzt.

Majorantenkriterium

Wenn es zu einer Folge (x_n) in $\mathbb{C}$ eine Nullfolge (y_n) und einen Wert $x \in \mathbb{C}$ gibt, sodass

$$|x_n - x| \leq |y_n| \quad \text{für } n \geq N \in \mathbb{N}$$

gilt, dann konvergiert die Folge (x_n) gegen den Grenzwert x.

Die Grundrechenarten übertragen sich auf das Rechnen mit Grenzwerten

Grenzwerte können auch direkt bestimmt werden, in dem man eine Folge als Summe, Produkt oder Quotient von Folgen schreibt, deren Grenzwerte bekannt sind. Für die Grenzwerte kann man dann die Grundrechenarten anwenden.

Lösungen der Fixpunktgleichung sind mögliche Grenzwerte

Bei rekursiv definierten Folgen kann man Kandidaten für den Grenzwert bestimmen, indem man Lösungen der **Fixpunktgleichung** berechnet. Die Fixpunktgleichung entsteht, indem man in der Rekursionsvorschrift auf beiden Seiten zum Grenzwert übergeht.

Um nachzuweisen, dass eine rekursiv definierte Folge tatsächlich konvergiert, kommt häufig das Monotoniekriterium zum Einsatz.

Monotoniekriterium

Jede beschränkte und monotone Folge reeller Zahlen ist konvergent.

Aufgaben

Die Aufgaben gliedern sich in drei Kategorien: Anhand der *Verständnisfragen* können Sie prüfen, ob Sie die Begriffe und zentralen Aussagen verstanden haben, mit den *Rechenaufgaben* üben Sie Ihre technischen Fertigkeiten und die *Anwendungsprobleme* geben Ihnen Gelegenheit, das Gelernte an praktischen Fragestellungen auszuprobieren.
Ein Punktesystem unterscheidet leichte •, mittelschwere •• und anspruchsvolle ••• Aufgaben. Lösungshinweise am Ende des Buches helfen Ihnen, falls Sie bei einer Aufgabe partout nicht weiterkommen. Dort finden Sie auch die Lösungen – betrügen Sie sich aber nicht selbst und schlagen Sie erst nach, wenn Sie selber zu einer Lösung gekommen sind. Ausführliche Lösungswege, Beweise und Abbildungen finden Sie als digitales Zusatzmaterial (electronic supplementary material).
Viel Spaß und Erfolg bei den Aufgaben!

Verständnisfragen

6.1 • Gegeben sei die Folge $(x_n)_{n=2}^{\infty}$ mit $x_n = (n-2)/(n+1)$ für $n \geq 2$. Bestimmen Sie eine Zahl $N \in \mathbb{N}$ so, dass $|x_n - 1| \leq \varepsilon$ für alle $n \geq N$ gilt, wenn

(a) $\varepsilon = \frac{1}{10}$
(b) $\varepsilon = \frac{1}{100}$

ist.

6.2 • Stellen Sie eine Vermutung auf für eine explizite Darstellung der rekursiv gegebenen Folge (a_n) mit

$$a_{n+1} = 2a_n + 3a_{n-1} \quad \text{und} \quad a_1 = 1,\ a_2 = 3$$

und zeigen Sie diese mit vollständiger Induktion.

6.3 •• Zeigen Sie, dass für zwei positive Zahlen $x, y > 0$ gilt

$$\lim_{n\to\infty} \sqrt[n]{x^n + y^n} = \max\{x, y\}\,.$$

6.4 • Welche der folgenden Aussagen sind richtig? Begründen Sie Ihre Antwort.

(a) Eine Folge konvergiert, wenn Sie monoton und beschränkt ist.
(b) Eine konvergente Folge ist monoton und beschränkt.
(c) Wenn eine Folge nicht monoton ist, kann sie nicht konvergieren.
(d) Wenn eine Folge nicht beschränkt ist, kann sie nicht konvergieren.
(e) Wenn es eine Lösung zur Fixpunktgleichung einer rekursiv definierten Folge gibt, so konvergiert die Folge gegen diesen Wert.

6.5 ••• Beweisen Sie mit der Definition des Grenzwerts folgende Aussage: Wenn (a_n) eine Nullfolge ist, so ist auch die Folge (b_n) mit

$$b_n = \frac{1}{n}\sum_{j=1}^{n} a_j, \qquad n \in \mathbb{N},$$

eine Nullfolge.

Rechenaufgaben

6.6 • Untersuchen Sie die Folge (x_n) auf Monotonie und Beschränktheit. Dabei ist

(a) $x_n = \dfrac{1-n+n^2}{n+1}$,
(b) $x_n = \dfrac{1-n+n^2}{n(n+1)}$,
(c) $x_n = \dfrac{1}{1+(-2)^n}$,
(d) $x_n = \sqrt{1+\dfrac{n+1}{n}}$.

6.7 • Untersuchen Sie die Folgen (a_n), (b_n), (c_n) und (d_n) mit den unten angegebenen Gliedern auf Konvergenz.

$$a_n = \frac{n^2}{n^3-2} \qquad b_n = \frac{n^3-2}{n^2}$$
$$c_n = n-1 \qquad d_n = b_n - c_n$$

6.8 • Berechnen Sie jeweils den Grenzwert der Folge (x_n), falls dieser existiert:

(a) $x_n = \dfrac{1-n+n^2}{n(n+1)}$,
(b) $x_n = \dfrac{n^3-1}{n^2+3} - \dfrac{n^3(n-2)}{n^2+1}$,
(c) $x_n = \sqrt{n^2+n} - n$,
(d) $x_n = \sqrt{4n^2+n+2} - \sqrt{4n^2+1}$.

6.9 •• Bestimmen Sie mit dem Einschließungskriterium Grenzwerte zu den Folgen (a_n) und (b_n), die durch

$$a_n = \sqrt[n]{\frac{3n+2}{n+1}}, \quad b_n = \sqrt{\frac{1}{2^n} + n} - \sqrt{n}, \quad n \in \mathbb{N},$$

gegeben sind.

6.10 ••• Untersuchen Sie die Folgen (a_n), (b_n), (c_n) bzw. (d_n) mit den unten angegebenen Gliedern auf Konvergenz und bestimmen Sie gegebenenfalls ihre Grenzwerte:

$$a_n = \left(1 - \frac{1}{n^2}\right)^n \quad \text{(Hinweis: Bernoulli-Ungleichung)}$$

$$b_n = 2^{n/2} \frac{(n+\mathrm{i})(1+\mathrm{i}n)}{(1+\mathrm{i})^n}$$

$$c_n = \frac{1+q^n}{1+q^n+(-q)^n}, \quad \text{mit } q > 0$$

$$d_n = \frac{(\mathrm{i}q)^n + \mathrm{i}^n}{2^n + \mathrm{i}}, \quad \text{mit } q \in \mathbb{C}$$

6.11 •• Zu $a > 0$ ist die rekursiv definierte Folge (x_n) mit

$$x_{n+1} = 2x_n - ax_n^2$$

und $x_0 \in (0, \frac{1}{a})$ gegeben. Überlegen Sie sich zunächst, dass $x_n \leq \frac{1}{a}$ gilt für alle $n \in \mathbb{N}_0$ und damit induktiv auch $x_n > 0$ folgt. Zeigen Sie dann, dass diese Folge konvergiert und berechnen Sie ihren Grenzwert.

6.12 •• Für welche Startwerte $a_0 \in \mathbb{R}$ konvergiert die rekursiv definierte Folge (a_n) mit

$$a_{n+1} = \frac{1}{4}\left(a_n^2 + 3\right), \quad n \in \mathbb{N}?$$

Anwendungsprobleme

6.13 • Es sollen explizite Formeln für die Seitenlängen der Papierformate DIN An, DIN Bn und DIN Cn bestimmt werden. Für die Definition von DIN An vergleiche das Anwendungsbeispiel auf S. 174. Die Seitenlängen von DIN Bn ergeben sich als geometrisches Mittel entsprechende Längen von DIN A$(n-1)$ und DIN An, diejenigen von DIN Cn als geometrisches Mittel der Längen von DIN An und DIN Bn.

Bestimmen Sie explizite Darstellungen für die Folgen (a_n), (b_n) und (c_n) der jeweils längeren Seite der Formate DIN An, DIN Bn bzw. DIN Cn.

6.14 • Die Folge (x_k) definiert durch

$$x_0 = 0, \quad x_1 = 3, \quad x_k = \frac{x_{k-1}x_{k-2} + 3}{x_{k-1} + x_{k-2}}, \quad k \geq 2,$$

konvergiert gegen $\sqrt{3}$ und liefert somit ein Verfahren zur numerischen Berechnung dieser Zahl. Vergleichen Sie dieses Verfahren mit dem Heron-Verfahren mit dem Startwert 3. Nach wie vielen Iterationsschritten sind jeweils ein, vier bzw. 12 Dezimalstellen korrekt bestimmt? Die auf 13 Stellen korrekte Dezimaldarstellung von $\sqrt{3}$ lautet

$$1.732\,050\,807\,568\,9\,.$$

6.15 •• Die *Van-der-Waals-Gleichung*,

$$\left(p + \frac{a}{V^2}\right)(V - b) = RT,$$

beschreibt den Zusammenhang zwischen dem Druck p, der Temperatur T und dem molaren Volumen V eines Gases. Dabei ist $R = 8.314\,472\,\mathrm{J/(mol\,K)}$ die universelle Gaskonstante. Die Konstanten a und b werden Kohäsionsdruck bzw. Kovolumen genannt und sind vom betrachteten Gas abhängig. Für Luft betragen sie

$$a = 135.8 \frac{\mathrm{kPa\,l^2}}{\mathrm{mol^2}} \quad \text{und} \quad b = 0.0364 \frac{\mathrm{l}}{\mathrm{mol}}.$$

Es soll nun das molare Volumen für Luft bei einer Temperatur von 300 K und einem Druck von 100 kPa näherungsweise bestimmt werden, indem eine Folge konstruiert wird, die gegen diesen Wert konvergiert.

(a) Leiten Sie aus der Van-der-Waals-Gleichung eine Rekursionsvorschrift der Form

$$V_{n+1} = f(V_n), \quad n \in \mathbb{N}_0,$$

her, die die Eigenschaft

$$|V_{n+1} - V_n| \leq q\,|V_n - V_{n-1}|, \quad n \in \mathbb{N},$$

mit einer Zahl $q \in (0,1)$ besitzt, falls $20\,\mathrm{l/mol} \leq V_n \leq 30\,\mathrm{l/mol}$ für alle $n \in \mathbb{N}_0$ gilt.

(b) Aus der in (a) bewiesenen Eigenschaft folgt mit Argumenten, wie sie in der Vertiefung auf S. 190 verwandt werden, dass die Folge der (V_n) für jeden Startwert V_0 zwischen $20\,\mathrm{l/mol}$ und $30\,\mathrm{l/mol}$ konvergiert. Der Grenzwert V ist das gesuchte molare Volumen, und es gilt dabei die Abschätzung

$$|V - V_n| \leq \frac{q^n}{1-q}\,|V_1 - V_0|, \quad n \in \mathbb{N}.$$

Berechnen Sie das gesuchte molare Volumen auf 4 Dezimalstellen genau.

Teil II

Antworten zu den Selbstfragen

Antwort 1 1. Beispiel: 2, 4, 6, 8, 10,... und 1, 3, 5, 7, 9, ...

2. Beispiel: 2, 9/4, 64/27, 625/256, 7 776/3 125, ...

3. Beispiel: 1, 3, 6, 10, 15, 21, 28, ...

Antwort 2 rekursiv: $x_0 = 1$, $x_n = 3 \cdot x_{n-1}$, $n \in \mathbb{N}$

explizit: $x_n = 3^n$, $n \in \mathbb{N}_0$

Antwort 3 Setze $x := \lim\limits_{n\to\infty} x_n$. Zu $\varepsilon > 0$ wähle N, sodass $|x_n - x| < \varepsilon/2$ für alle $n \geq N$. Dann ist

$$|x_{n+1} - x_n| = |x_{n+1} - x - x_n + x| \leq |x_{n+1} - x| + |x_n - x| < \varepsilon$$

für alle $n \geq N$. Die Folge der Differenzen bildet eine Nullfolge.

Antwort 4 Ein mögliches Beispiel ist $x_n = (-1)^n$.

Antwort 5

1. $y_n = 1/\sqrt{n}$
2. $y_n = 1/(2n)$
3. $y_n = 1/n^2$

Antwort 6 Die Folge (x_n) mit $x_{2k} = 1/k$ und $x_{2k-1} = k$ hat nur den einen Häufungspunkt 0, aber sie divergiert.

Stetige Funktionen – kleine Ursachen haben kleine Wirkungen

7

Teil II

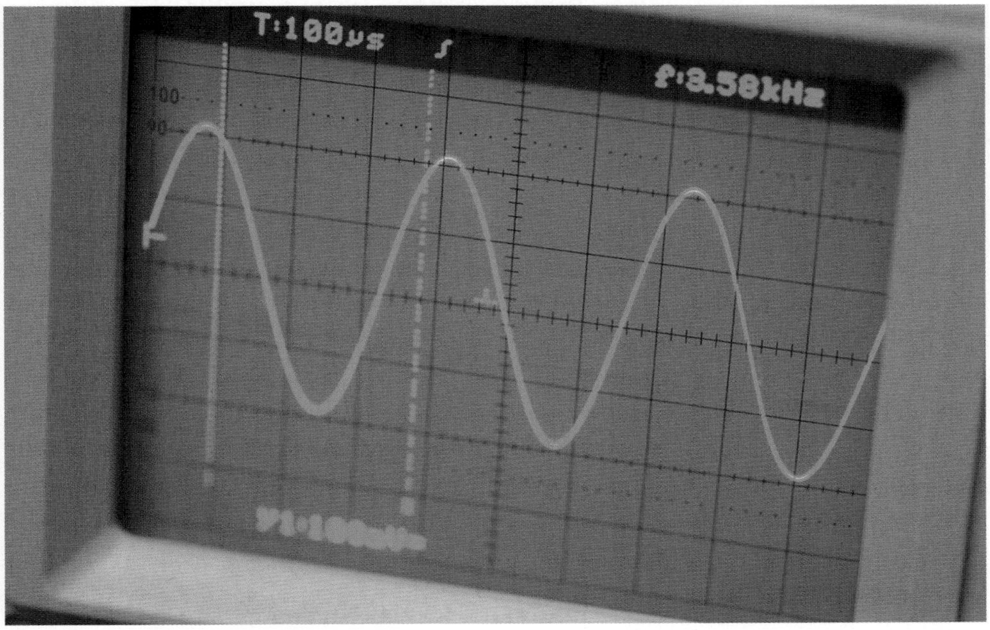

Was bedeutet Stetigkeit?

Wann kann man eine Funktion umkehren?

Was ist eine Optimierungsaufgabe?

T. Arens et al., *Mathematik*, https://doi.org/10.1007/978-3-662-64389-1_7

Im Kap. 2 haben wir bereits den Begriff der *Abbildung* kennengelernt, eines der ganz wesentlichen Konzepte der abstrakten Mathematik. Hier wollen wir uns mit ganz speziellen Abbildungen, den Funktionen, beschäftigen, bei denen Zahlen wieder Zahlen zugeordnet werden. Solche Abbildungen waren schon das Thema des Kap. 4.

In den Anwendungen, etwa aus Naturwissenschaft und Technik, erhält man durch den Prozess der Modellbildung eine Beschreibung eines Phänomens, in der Zusammenhänge zwischen den auftretenden Größen durch Funktionen dargestellt werden. In diesem Zusammenhang hat man meist mit einer der folgenden zwei Fragestellungen zu tun:

- Hat eine Gleichung, in der Funktionen auftauchen, eine Lösung?
- Kann ich eine Stelle finden, an der ein Funktionswert optimal wird, zum Beispiel maximal oder minimal?

Auf diese beiden Fragen werden wir im Verlauf dieses Kapitels immer wieder eingehen und sie zumindest teilweise beantworten.

Der zentrale Begriff hierbei wird die *Stetigkeit* sein. Anschaulich gesprochen bedeutet dies, dass ein funktionaler Zusammenhang *stabil* ist: Kleine Änderungen im Argument bewirken auch nur kleine Änderungen im Funktionswert. Für eine wasserdichte mathematische Definition werden wir aber den Begriff des Grenzwerts aus dem vorherigen Kapitel bemühen.

Stetige Funktionen haben deswegen eine solch herausragende Bedeutung, weil man für sie unter geeigneten Voraussetzungen die beiden Fragen oben bejahen kann. Sie bilden damit das Fundament für alle weiteren Überlegungen in der Analysis.

7.1 Zur Definition von Funktionen

Erinnern wir uns noch einmal an die wesentlichen Komponenten einer Abbildung, die wir mit f bezeichnen wollen:

- Die *Definitionsmenge* D ist die Menge aller x, für die die Abbildung definiert ist. Für jedes $x \in D$ muss es ein entsprechendes Bild $f(x)$ geben.
- Die *Wertemenge* W ist eine Menge, in der alle Bilder $f(x)$ enthalten sind. Allerdings muss nicht jedes Element von W das Bild eines Elements der Definitionsmenge sein.
- Die *Abbildungsvorschrift* schließlich gibt an, wie man von einem $x \in D$ zu dem entsprechenden $f(x) \in W$ kommt.

In Kurzform notieren wir eine Abbildung als $f : D \to W$, d. h., f bildet die Elemente von D nach W ab.

Es sei daran erinnert, dass alle drei Komponenten für die Beschreibung einer Abbildung wesentlich sind. In den Abschnitten dieses Kapitels werden wir wiederholt auf Aussagen stoßen, die dies bekräftigen.

Unter einer **Funktion einer Veränderlichen** verstehen wir nun eine Abbildung bei der sowohl D also auch W eine Teilmenge der reellen Zahlen $\mathbb{R}$ oder der komplexen Zahlen $\mathbb{C}$ ist. Später in diesem Buch werden wir den Begriff der Funktion noch verallgemeinern und zum Beispiel $D \subseteq \mathbb{R}^n$ zulassen. Dann spricht man von einer *Funktion mehrerer Veränderlicher*.

In Kap. 4 wurden auch die Begriffe des Graphen und des Bildes einer reellwertigen Funktion eingeführt. Formal ist die Definition des **Graphen** für Funktionen mit $D, W \subseteq \mathbb{C}$ immer noch die gleiche, nämlich

$$\mathrm{Graph}(f) = \{(x, f(x)) \mid x \in D\}.$$

Da aber hier D und W Teilmengen der komplexen Zahlenebene sind, handelt es sich in der Anschauung nun um ein 4-dimensionales Objekt, das man nicht mehr so einfach zeichnen kann. Daher ist es oft hilfreich, auch das **Bild** der Funktion f,

$$f(D) = \{y \in W \mid \text{es gibt } x \in D \text{ mit } f(x) = y\},$$

zu betrachten.

Beispiel

- Die Abbildung $f : \mathbb{R} \to \mathbb{R}$ mit $f(x) = x^2$ ist eine sehr einfache Funktion. Hier handelt es sich um eine Funktion mit reellem Definitions- und Wertebereich, und wir können den Graphen wie in Kap. 4 zeichnen. In der Abb. 7.1 ist er zu sehen, man nennt ihn *Normalparabel*.
- Auch $g : [0, 2\pi] \to \mathbb{C}$ mit $g(x) = \cos(x) + \mathrm{i}\sin(x)$ ist eine Funktion. Das Bild der Funktion ist eine Teilmenge der komplexen Zahlenebene und in der Abb. 7.2 zu sehen. Es handelt sich gerade um den Einheitskreis. Der Graph der Funktion ist

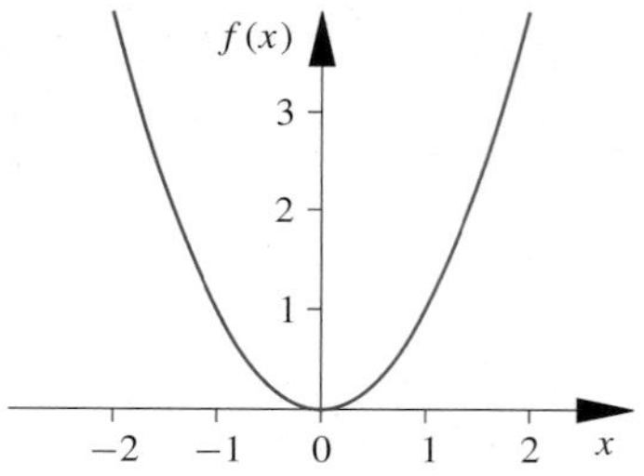

Abb. 7.1 Die Normalparabel ist der Graph der Funktion $f : \mathbb{R} \to \mathbb{R}$, $f(x) = x^2$

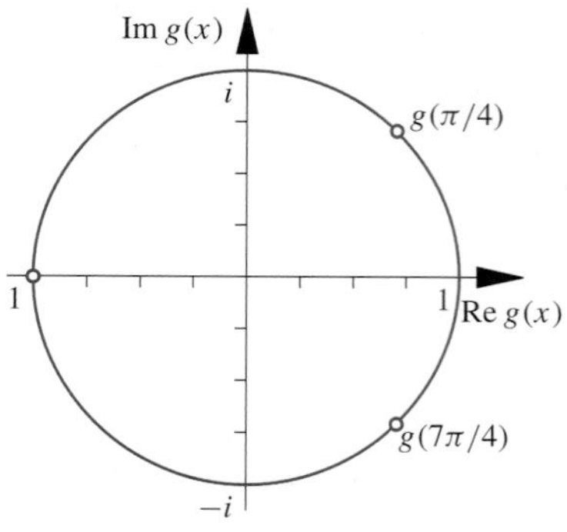

Abb. 7.2 Das Bild der Funktion $g : [0, 2\pi] \to \mathbb{C}$ mit $g(x) = \cos(x) + \mathrm{i}\sin(x)$ ist der Einheitskreis. Der Graph ist in Abb. 7.3 dargestellt

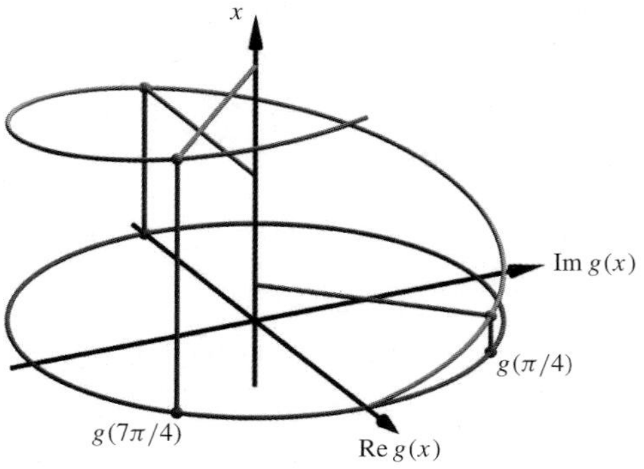

Abb. 7.3 Die blaue Kurve ist der Graph der Funktion $g(x) = \cos(x) + \mathrm{i}\sin(x)$ für $x \in [0, 2\pi]$. Die horizontale Koordinatenebene entspricht der Abb. 7.2

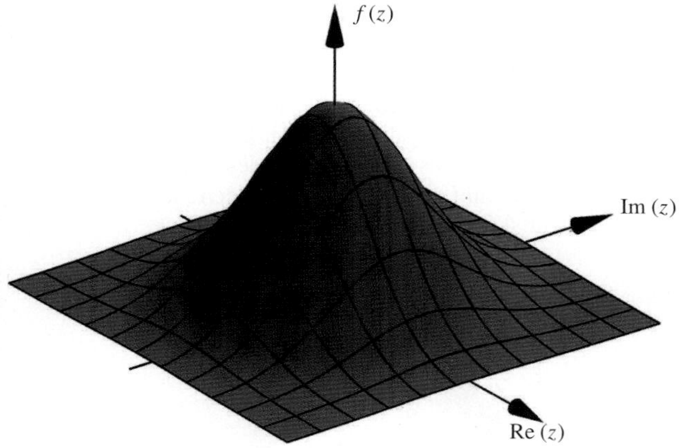

Abb. 7.4 Der Graph einer Funktion $f : \mathbb{C} \to \mathbb{R}$ kann als Fläche über der komplexen Zahlenebene dargestellt werden

in der Anschauung ein dreidimensionales Objekt, da der Definitionsbereich im Reellen, der Wertebereich im Komplexen liegt. In Abb. 7.3 ist der Graph als blaue Kurve dargestellt ist. Das Bild von g ist ebenfalls wieder als roter Kreis dargestellt.

- Bei der Funktion $h : \mathbb{C} \to \mathbb{R}$ mit $h(z) = \frac{1}{1+|z|^2}$ werden komplexe auf reelle Zahlen abgebildet. Der Graph lässt sich als Fläche über der komplexen Zahlenebene darstellen (siehe Abb. 7.4). ◄

Funktionen sind eine abstrakte Darstellung für etwas, was uns in Naturwissenschaft und Technik laufend begegnet: Verschiedene Größen, die sich durch Zahlen beschreiben lassen, stehen in einem Zusammenhang. Kennen wir eine davon, so lassen sich andere bestimmen.

Anwendungsbeispiel Die Abb. 7.5 demonstriert gleich mehrfach das Auftreten von Zusammenhängen in der Physik, die sich durch Funktionen beschreiben lassen. An vier verschiedenen Stellen der Konservendose kann Wasser austreten. Dabei hängt die Austrittsgeschwindigkeit vom Druck ab, mithin also von der Höhe der Wassersäule über einer Öffnung. Man sieht, wie die Austrittsgeschwindigkeit mit der Höhe der Wassersäule zunimmt. Für jeden einzelnen Strahl gibt es einen Zusammenhang zwischen dem horizontalen Abstand zur Konservendose und der Höhe des Strahls. Hier erinnert schon die Form der Strahlen an die Graphen von Funktionen. ◄

Abb. 7.5 Der Wasserdruck bestimmt die Geschwindigkeit des Austritts des Wassers aus der Dose, jeder Strahl wird mit zunehmendem Abstand von der Dose nach unten abgelenkt. Dies sind Beispiele für funktionale Zusammenhänge

Es gibt viele Notationen für Abbildungsvorschriften

Bei der Notation einer Funktion als $f : D \to W$ bleibt die Abbildungsvorschrift zunächst außen vor. In den Beispielen bisher hatten wir es mit sehr einfachen Funktionen zu tun, bei denen man die Abbildungsvorschrift mit einer einzelnen Gleichung hinschreiben kann, etwa $f(x) = x^2$.

Sehr häufig kommt es vor, dass dieses einfache Vorgehen nicht ausreicht. Eine Möglichkeit, mit der wir oft zu tun haben werden, ist die Funktion *abschnittsweise* zu erklären, etwa bei der Funktion $f : [0, 2] \to \mathbb{R}$ mit:

$$f(x) = \begin{cases} x^2, & 0 \leq x < 1 \\ 2, & x = 1 \\ x - 1, & 1 < x \leq 2 \end{cases}$$

Die Definitionsmenge wird also in disjunkte Teilmengen zerlegt und für jede dieser Teilmengen ist eine Definition durch eine Formel möglich. Den Graphen dieser Funktion sehen Sie übrigens in der Abb. 7.6.

Alle bisher vorgestellten Formulierungen von Abbildungsvorschriften sind **explizit**, d. h., aus Kenntnis der Stelle x kann man direkt den Funktionswert $f(x)$ bestimmen. Eine andere Form der expliziten Darstellung haben wir schon im Kap. 2 kennengelernt: eine Tabelle der Werte. Diese bietet sich insbesondere bei Funktionen mit endlichem Definitionsbereich an.

Beispiel: Visualisierung von Funktionen

Stellen Sie den Graphen oder das Bild der Funktionen $f : \mathbb{R} \setminus \{1\} \to \mathbb{R}$, $g : \mathbb{R} \to \mathbb{C}$ bzw. $h : \mathbb{C} \setminus \{1\} \to \mathbb{C}$ dar, mit

$$f(x) = \begin{cases} \exp(x), & x \le 0, \\ \dfrac{2}{x+1}, & x > 0,\ x \ne 1, \end{cases}$$

$$g(x) = x^2 + \mathrm{i}\,\sin x^2 \quad \text{bzw.}$$

$$h(z) = \frac{\mathrm{i}z + 1}{z - 1}.$$

Problemanalyse und Strategie Insbesondere bei Funktionen im Komplexen ist es oft nicht möglich, den Graphen angemessen auf ein Blatt Papier, das ja von Natur aus zweidimensional ist, zu zeichnen. Bei einer Funktion von $\mathbb{C}$ nach $\mathbb{C}$ geht die Abbildung von der komplexen Zahlenebene in die komplexe Zahlenebene, der Graph ist in der Anschauung ein vierdimensionales Objekt! Wir werden unterschiedliche Formen der Darstellung ausprobieren und nebeneinander stellen.

Lösung Die Funktion f ist abschnittsweise definiert, wir können also einfach eine Skizze der einzelnen Abschnitte anfertigen. Kritische Punkte in der Darstellung sind nur die Grenze zwischen den beiden Abschnitten bei $x = 0$ und die Lücke im Definitionsbereich bei $x = 1$. Bei $x = 0$ muss deutlich werden, zu welchem Teilgraph der Funktionswert bei 0 gehört. Im zweiten Fall muss man andeuten, dass der Punkt $(1, 1)$ nicht zum Graphen gehört. Eine Möglichkeit der Darstellung ist also die folgende:

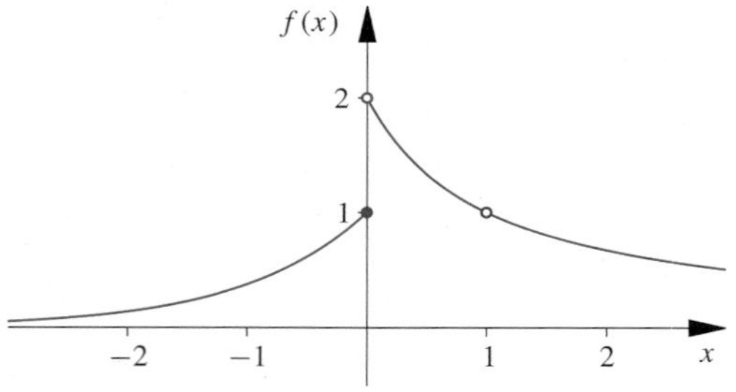

Bei der Funktion g werden reelle Zahlen auf komplexe abgebildet. Der Graph dieser Funktion hat also einen dreidimensionalen Charakter. Eine erste Möglichkeit zur Visualisierung ist also, nur das Bild der Funktion in der komplexen Zahlenebene zu zeigen. Dadurch erhält man eine Sinus-Kurve in der komplexen Zahlenebene, die als rote Kurve in der folgenden Abbildung dargestellt ist.

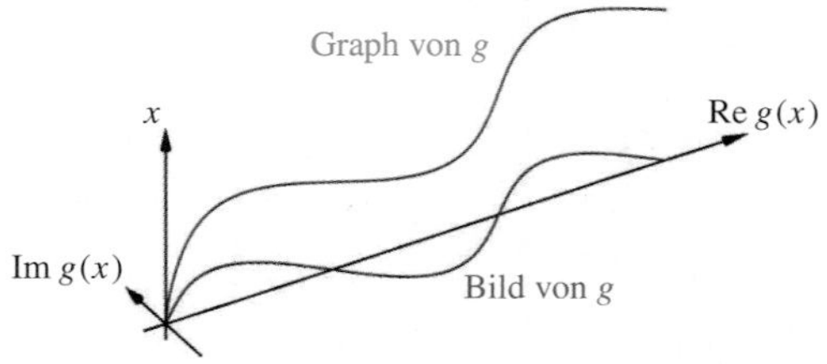

Eine zweite Möglichkeit ist den Graphen in ein dreidimensionales Koordinatensystem zu zeichnen, mit einer Achse für die Definitionsmenge und je einer Achse für Real- und Imaginärteil der Wertemenge. Diese Möglichkeit wird in der Abbildung oben durch die grüne Kurve demonstriert.

Bei der Funktion h ist es nicht mehr möglich, den Graphen in einer einzigen Abbildung darzustellen. Eine häufig verwendete Methode ist, jeweils den Graphen des Realteils und des Imaginärteils getrennt darzustellen. In beiden Fällen erhalten wir eine Fläche über der komplexen Zahlenebene.

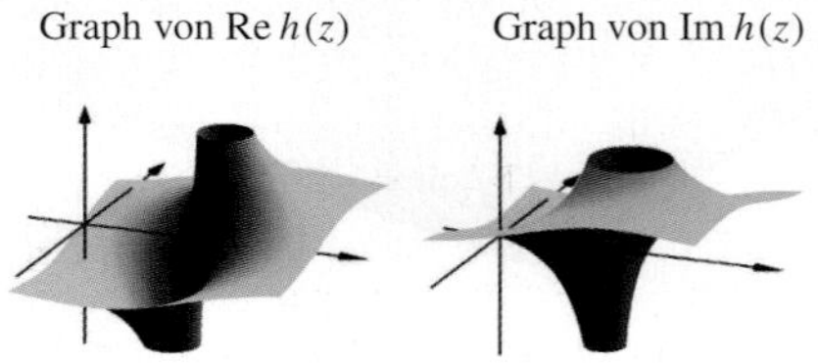

Eine letzte Möglichkeit der Visualisierung lässt sich aus speziellen Eigenschaften der Funktion h gewinnen. Es ist eine sogenannte *Möbius-Transformation* (siehe Abschn. 5.3), bei der Kreise und Geraden in der komplexen Zahlenebene wieder auf Kreise bzw. Geraden abgebildet werden. Diese Eigenschaft machen wir uns zu Nutze: In der linken Abbildung sind einige Kreise und Geraden eingezeichnet, rechts ihre Bilder unter h.

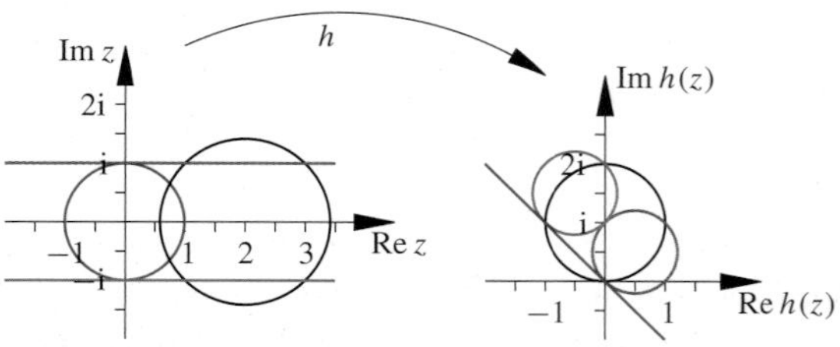

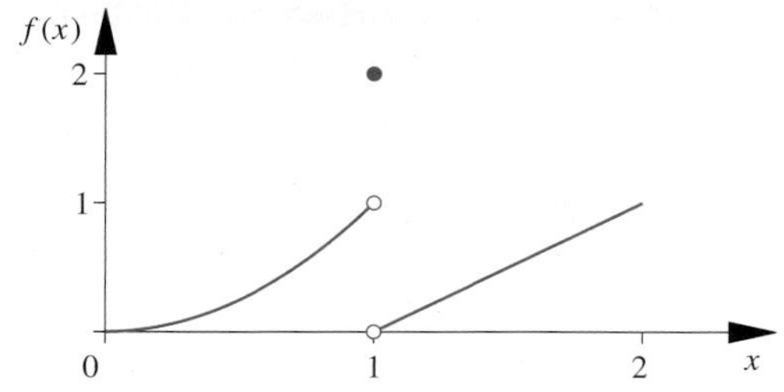

Abb. 7.6 Die Abbildungsvorschrift dieser Funktion definiert man am besten abschnittsweise

Es gibt aber auch nicht explizite Formen der Formulierung von Abbildungsvorschriften: Die Vertiefung auf S. 208 beschäftigt sich mit **impliziten** Definitionen, bei denen eine Gleichung gelöst werden muss, um aus der Kenntnis von x den Funktionswert $f(x)$ zu bestimmen. Für die Natur- oder Ingenieurwissenschaften ist die Definition durch *Angabe einer Messvorschrift* besonders wichtig. Der Funktionswert ergibt sich also als Ergebnis eines Experiments.

Als weitere Möglichkeit soll die Definition durch einen *Algorithmus* nicht unerwähnt bleiben. Unter einem Algorithmus versteht man eine Vorschrift, die nach einer endlichen Anzahl von Schritten zu dem gewünschten Ergebnis führt. Ein Kochrezept ist ein Beispiel für einen Algorithmus.

Im Beispiel auf S. 178 wurde bereits eine Funktion $f : \mathbb{C} \to \mathbb{N}$ durch einen Algorithmus definiert: Sie bildet eine komplexe Zahl c auf die Anzahl der Iterationen ab, ab der die Glieder einer rekursiv definierten Folge einen vorgegebenen Kreis verlassen. Dafür müssen eine bestimmte, vorher nicht bekannte Anzahl von Folgengliedern berechnet werden.

Die Kombination von Funktionen ergibt wieder eine Funktion

In den Kap. 2 und 4 wurden zahlreiche Möglichkeiten der Kombination von Abbildungen bzw. Funktionen vorgestellt: Man kann Abbildungen ineinander einsetzen ($h(x) = g(f(x))$) bzw., was dasselbe ist, verketten ($h = g \circ f$). Insbesondere gibt es für Funktionen die Möglichkeiten der Transformationen und der Kombination von Funktionen durch die Grundrechenarten, die alle bereits in Kap. 4 besprochen wurden.

Es ist dabei notwendig zu überprüfen, dass die Definition der neuen Funktion wirklich für alle Elemente des Definitionsbereichs einen Sinn ergibt. Speziell für das Einsetzen ist es zum Beispiel essenziell, dass alle Werte, die die *innere* Funktion f annimmt, auch im Definitionsbereich der *äußeren* Funktion g liegen. Um solche Aussagen einfacher zu formulieren, hatten wir für eine Funktion $f : D \to W$ die Menge

$$f(D) = \{f(x) \mid x \in D\} \subseteq W$$

das **Bild** von f genannt. Dies ist also diejenige Teilmenge des Wertebereichs W, die genau die tatsächlich angenommenen Werte umfasst. Unsere Voraussetzung oben besagt nun, dass das Bild von f im Definitionsbereich von g enthalten sein muss.

Beispiel

- Mit dem Polynom

$$g : [-2, 2] \to \mathbb{R}, \quad g(x) = 1 - x^2$$

und der Funktion

$$f : \mathbb{R} \to \mathbb{R}, \quad f(x) = \sin(x),$$

erhält man eine Funktion $h : \mathbb{R} \to \mathbb{R}$ durch

$$h(x) = g(f(x)) = g(\sin(x)) = 1 - \sin^2 x = \cos^2 x.$$

Dabei ist aus Kap. 4 bekannt, dass das Bild der Sinus-Funktion das abgeschlossene Intervall $[-1, 1]$ ist. Dieses ist im Intervall $[-2, 2]$, dem Definitionsbereich von f, enthalten.

- Bei den Funktionen

$$g : (0, 1) \to \mathbb{R}, \quad g(x) = \frac{1}{x^2 - x}$$

und

$$f : \mathbb{R} \to \mathbb{R}, \quad f(x) = \frac{1}{1 + x^2}$$

kann f nicht in g eingesetzt werden. Denn an der Stelle 0 hat f den Wert $f(0) = 1$, der nicht im Definitionsbereich von g liegt. ◀

Da so viele Eigenschaften einer Funktion auch von ihrem Definitionsbereich abhängig sind, ist es nützlich, eine Funktion nur auf einem Teil ihrer Definitionsmenge zu betrachten. Man spricht in diesem Zusammenhang von einer *Einschränkung des Definitionsbereichs*. Formelmäßig wird das für eine Funktion $f : D \to W$ folgendermaßen aufgeschrieben: Ist $A \subseteq D$, so bezeichnet $f|_A$ die **Einschränkung von** f **auf** A. Ist etwa $f : \mathbb{R} \to \mathbb{R}, f(x) = x^2$ die Normalparabel, so ist $f|_{[0,\infty)}$ diejenige Funktion, deren Graph der rechte Zweig der Normalparabel ist (siehe Abb. 7.7).

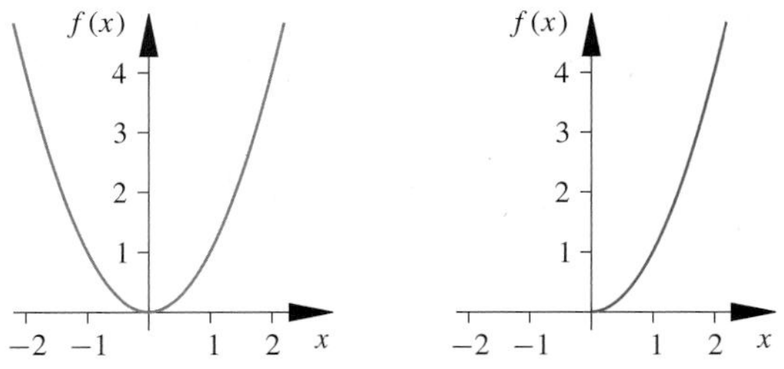

Abb. 7.7 Die Funktion $f : \mathbb{R} \to \mathbb{R}, f(x) = x^2$ (*links*) und ihre Einschränkung auf $\mathbb{R}_{\geq 0}$ (*rechts*)

Teil II

Vertiefung: Implizit definierte Funktionen

Bisher wurden alle Funktionen durch die explizite Angabe der Abbildungsvorschrift definiert. Manchmal ist das zwar nicht möglich, aber man hat trotzdem genug Informationen, um eine Funktion festzulegen.

In dem Anwendungsbeispiel auf S. 211 geht es um das Snellius'sche Gesetz der Lichtbrechung,

$$n_1 \sin\varphi = n_2 \sin\psi,$$

wobei φ der Einfallswinkel und ψ der Ausfallswinkel eines Lichtstrahls ist (siehe Abb. 7.13 auf S. 212). Die beiden Zahlen n_1 und n_2 sind die Brechungsindizes der beiden Medien, an deren Übergang die Brechung stattfindet, n_1 für das Medium auf der einfallenden Seite, n_2 für die ausfallende Seite. Offensichtlich wird durch diese Gleichung eine Funktion festgelegt, bei der der Einfallswinkel auf den Ausfallswinkel abgebildet wird.

Die Situation, dass verschiedene Größen durch eine Gleichung in Zusammenhang stehen, tritt sehr häufig auf. Es stellt sich die Frage, unter welchen Umständen durch eine solche Gleichung eine Funktion definiert wird, die die eine Größe auf die andere abbildet. In einem solchen Fall sprechen wir davon, dass die Funktion durch die Gleichung *implizit* definiert ist.

Diese Frage ist keinesfalls einfach zu beantworten. Mit den uns derzeit zu Verfügung stehenden mathematischen Mitteln ist dies nicht möglich. An einem Beispiel können wir uns jedoch wesentliche Aspekte bei der impliziten Definition einer Funktion klarmachen.

Durch die Gleichung

$$(x^2 + y^2)^2 - 2\,(x^2 - y^2) = 0$$

ist eine Teilmenge des $\mathbb{R}^2$ definiert, nämlich die Menge aller Punkte (x, y), die diese Gleichung erfüllen. Beispiele sind $(0, 0)$, $(-\sqrt{2}, 0)$ oder $(\sqrt{3}/2, 1/2)$. Die Menge dieser Punkte ist die in der Abbildung blau dargestellte Kurve. Man nennt sie *Lemniskate*.

In der Abbildung sind auch zwei Ausschnitte vergrößert. Betrachten wir zunächst den rechten Ausschnitt, der eine Umgebung des Punktes $(\sqrt{3}/2, 1/2)$ zeigt. Betrachtet man nur die Vergrößerung, so würde man sofort davon ausgehen, hier den Graphen einer Funktion $y = f(x)$ vor sich zu haben.

Betrachten wir nun den linken Ausschnitt, der eine Umgebung des Punktes $(-\sqrt{2}, 0)$ zeigt. In diesem Ausschnitt haben wir es sicher nicht mit einer Funktion $y = f(x)$ zu tun: Die Kurve verläuft so, dass manchen x zwei verschiedene y-Werte zugeordnet sind, anderen x gar kein y-Wert. Dabei ist es egal, wie stark wir vergrößern, solange nur $(-\sqrt{2}, 0)$ im Zentrum unseres Interesses bleibt. Suchen wir uns aber einen Punkt aus, der nur ein wenig entfernt von $(-\sqrt{2}, 0)$ liegt und vergrößern stark genug, so liegt wieder eine Funktion $y = f(x)$ vor. Der Definitionsbereich ist nur entsprechend klein zu wählen.

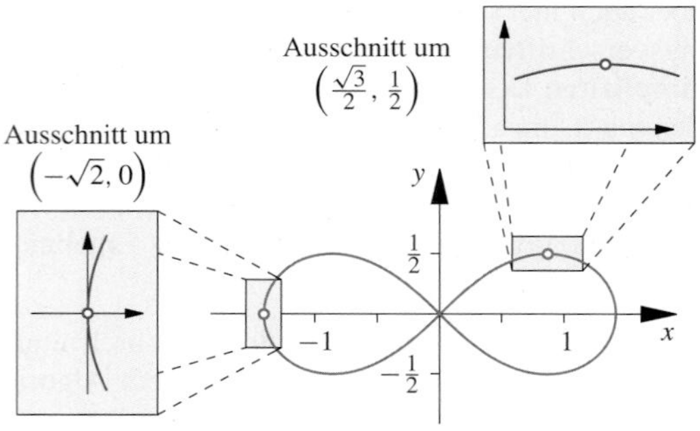

Die Schlussfolgerung ist, dass wir die Frage danach, ob eine Gleichung implizit eine Funktion definiert, nur *lokal* beantworten können. D. h., wir suchen uns einen Punkt, der die Gleichung erfüllt und betrachten dessen unmittelbare Umgebung.

Übrigens kann man die Rolle der Koordinaten in diesem Spiel auch vertauschen: In der Umgebung von $(-\sqrt{2}, 0)$ ist sehr wohl eine Funktion $x = g(y)$ durch die Lemniskatengleichung festgelegt. Dies geht allerdings bei $(\sqrt{3}/2, 1/2)$ schief.

Selbstfrage 1

Überlegen Sie sich, in der Umgebung welcher Punkte auf der Lemniskate Funktionen $y = f(x)$ oder $x = g(y)$ festgelegt sind. Gibt es Punkte, in denen weder die eine noch die andere Möglichkeit funktioniert?

Theoretisch werden wir die hier aufgeworfene Problematik erst sehr viel später in diesem Buch klären können. Da Sie aber in der Praxis immer wieder komplizierte Gleichungen lösen werden müssen, ist es nützlich, eine Vorstellung von den auftretenden Problemen zu haben.

7.2 Beschränkte und monotone Funktionen

Wir wenden uns zunächst einigen sehr einfachen Eigenschaften von Funktionen zu, die den entsprechenden Eigenschaften der Folgen ähneln. Die erste Eigenschaft gibt zum Ausdruck, dass die Funktionswerte einer Funktion nicht beliebig groß werden. Da Funktionen negative oder sogar komplexe Werte annehmen können, ist dieses *groß* im Sinne des Betrages zu verstehen. Demnach heißt eine Funktion $f : D \to W$ **beschränkt**, falls es eine positive Zahl C gibt mit

$$|f(x)| \leq C \quad \text{für alle } x \in D.$$

Eine Funktion, die diese Eigenschaft für keine positive Zahl C besitzt, heißt **unbeschränkt**.

Bei diesem Begriff wird wieder klar, dass eine Eigenschaft einer Funktion nicht nur von der Abbildungsvorschrift, sondern auch vom Definitionsbereich abhängt. Betrachten wir die Funktion $f : (1, 2) \to \mathbb{R}$ mit

$$f(x) = \frac{1}{x}.$$

Da sich beim Bilden des Kehrwerts (bei gleichen Vorzeichen auf beiden Seiten) Ungleichungszeichen umdrehen, erhalten wir aus $x > 1$ die Abschätzung

$$f(x) = \frac{1}{x} < 1.$$

Da die Funktionswerte auch alle positiv sind, gilt also $|f(x)| < 1$ für alle $x \in (1, 2)$ – die Funktion f ist beschränkt.

Nun betrachten wir $g : (0, 1) \to \mathbb{R}$, ebenfalls mit

$$g(x) = \frac{1}{x}.$$

Diese Funktion ist unbeschränkt, denn für $x < 1/n$, $n \in \mathbb{N}$, gilt

$$g(x) > n.$$

Die Funktionswerte können also größer werden als jede beliebige natürliche Zahl.

Die beiden Funktionen f und g unterscheiden sich nur im Definitionsbereich, die Abbildungsvorschrift ist dieselbe. Trotzdem ist die eine beschränkt, die andere nicht. Die Situation ist auch in der Abb. 7.8 veranschaulicht.

Wie bei Folgen kann man bei *reellwertigen* Funktionen auch von **nach oben beschränkten** oder **nach unten beschränkten** Funktionen sprechen, wenn

$$f(x) \leq C \quad \text{bzw.} \quad f(x) \geq C$$

für alle $x \in D$ gilt. So ist etwa die Funktion $f : (0, 1) \to \mathbb{R}$ mit $f(x) = \frac{1}{x}$ zwar, wie wir oben gesehen haben, unbeschränkt, aber sehr wohl nach unten beschränkt, siehe Abb. 7.8.

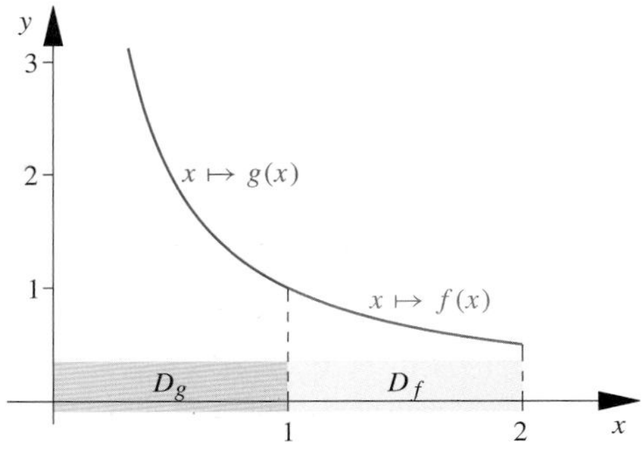

Abb. 7.8 Die beiden Funktionen f und g haben dieselbe Abbildungsvorschrift – aber f ist beschränkt, g nicht

Noch allgemeiner kann bei zwei reellwertigen Funktionen $f : D \to \mathbb{R}$, $g : D \to \mathbb{R}$ mit demselben Definitionsbereich die eine Funktion eine Schranke für eine andere Funktion bilden, wenn nämlich die Ungleichung

$$f(x) \leq g(x) \quad \text{für alle } x \in D$$

gilt. Dies ist oft ein nützliches Werkzeug: Man kann etwa eine kompliziertere Funktion durch eine einfachere beschränken, um auf Eigenschaften der komplizierteren Funktion zu schließen.

Beispiel Wir betrachten die Funktion $f : \mathbb{R}_{>-1} \to \mathbb{R}$, definiert durch

$$f(x) = \frac{x^2}{x+1}.$$

Der Graph der Funktion ist in der Abb. 7.9 dargestellt. Indem wir im Zähler eine Null addieren, erhalten wir

$$f(x) = \frac{x^2 - 1 + 1}{x+1} = x - 1 + \frac{1}{x+1}.$$

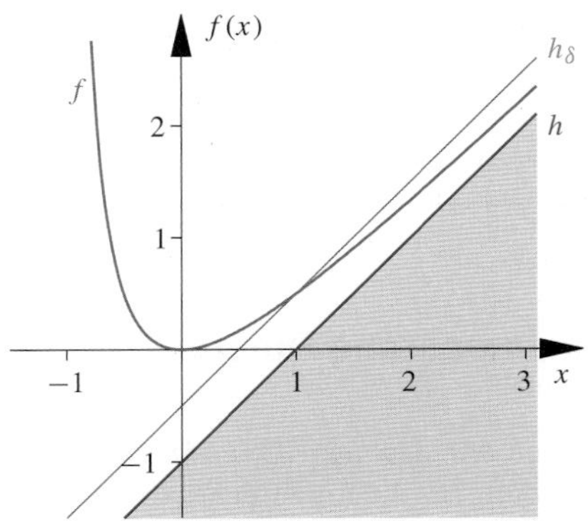

Abb. 7.9 Der Graph der Funktion $f(x) = \frac{x^2}{x+1}$ befindet sich oberhalb der Geraden $h(x) = x - 1$, aber unterschreitet die Parallele h_δ für genügend großes x

Der Bruch $1/(x+1)$ ist aber stets positiv für $x > -1$. Also folgt

$$f(x) = x - 1 + \frac{1}{x+1} \geq x - 1.$$

Der Graph von f befindet sich also stets oberhalb der Geraden $h : \mathbb{R} \to \mathbb{R}$, $h(x) = x - 1$, wie in der Abb. 7.9 gezeigt ist. Wir sagen, dass f durch h nach unten beschränkt ist. Unter anderem können wir daran ablesen, dass f nicht nach oben beschränkt ist, denn h ist nicht nach oben beschränkt.

In der Abbildung sieht man aber auch, dass sich der Graph von f dem Graphen von h anzunähern scheint. Um dies mathematisch zu erfassen, verschieben wir den Graphen von h ein kleines Stück nach oben und erhalten $h_\delta : \mathbb{R} \to \mathbb{R}$ mit $h_\delta(x) = x - 1 + \delta$ für ein $\delta > 0$. Setze $x_\delta = 1/\delta - 1$. Dann gilt für $x \geq x_\delta$ die Ungleichung:

$$\begin{aligned} f(x) &= x - 1 + \frac{1}{x+1} \\ &\overset{x \geq x_\delta}{\leq} x - 1 + \frac{1}{x_\delta + 1} \\ &= x - 1 + \delta = h_\delta(x) \end{aligned}$$

Für $x \geq x_\delta$ gilt also $f(x) \leq h_\delta(x)$. Da wir diese Überlegung für jedes noch so kleine $\delta > 0$ durchführen können, muss sich der Graph von f also dem Graphen von h immer weiter annähern. ◀

Eine zweite elementare Eigenschaft, die wir bei Folgen kennengelernt haben, ist die Monotonie. Auch diese lässt sich ganz analog auf Funktionen übertragen. Bei diesem Begriff müssen aber D und W Teilmengen von $\mathbb{R}$ sein. Eine Funktion $f : D \to W$ heißt **monoton wachsend** bzw. **monoton fallend**, falls für $x, y \in D$ mit $x < y$ stets

$$f(x) \leq f(y) \quad \text{bzw.} \quad f(x) \geq f(y)$$

gilt. Ist in diesen Ungleichungen die Gleichheit nicht zugelassen, so sprechen wir von einer **streng** monoton wachsenden bzw. einer **streng** monoton fallenden Funktion.

Selbstfrage 2

Überlegen Sie sich zwei Funktionen mit derselben Abbildungsvorschrift aber unterschiedlichen Definitionsbereichen, sodass die eine monoton wachsend, die andere monoton fallend ist.

Jede streng monotone Funktion ist injektiv

Auf S. 38 haben wir den Begriff *injektiv* kennengelernt. Eine injektive Abbildung hat die Eigenschaft, dass es zu jedem Funktionswert $f(x)$ nur genau ein Urbild $x \in D$ gibt. Wir wollen uns klar machen, dass dies bei einer streng monotonen Funktion

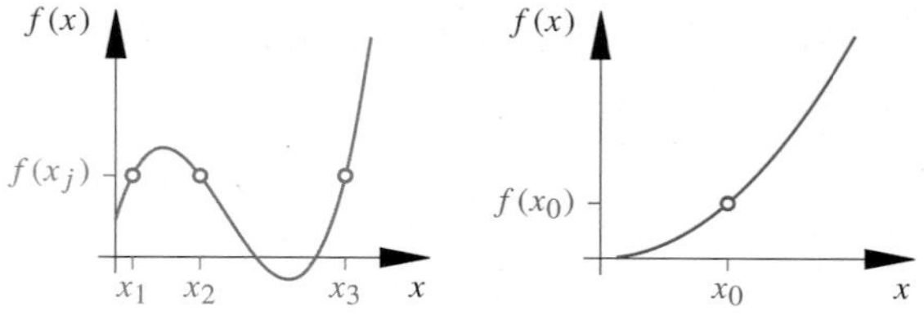

Abb. 7.10 Eine nicht-monotone Funktion braucht nicht injektiv zu sein (links). Eine streng monotone Funktion ist immer injektiv (rechts)

stets der Fall ist. Wir beschränken uns auf den Fall einer streng monoton wachsenden Funktion. Für eine streng monoton fallende Funktion geht die Herleitung analog. Wir nehmen an, dass es zwei Stellen $x, y \in D$ mit $f(x) = f(y)$ gibt. Ist nun $x < y$, so muss $f(x) < f(y)$ sein, da f streng monoton wächst. Ist dagegen $x > y$, so muss auch $f(x) > f(y)$ gelten. Beides steht im Widerspruch zu $f(x) = f(y)$, es bleibt also nur $x = y$. Somit ist gezeigt, dass jede streng monotone Funktion injektiv ist. Geometrisch ist diese Aussage sofort klar, wie man in der Abb. 7.10 sieht.

Wir wollen uns klar machen, dass die Umkehrung dieser Aussage keinesfalls gilt. Es ist also nicht jede injektive Funktion streng monoton. Dazu betrachten wir die Funktion $f : [0, 2] \to \mathbb{R}$ mit

$$f(x) = \begin{cases} x, & 0 \leq x < 1 \\ 3 - x, & 1 \leq x \leq 2 \end{cases},$$

die in Abb. 7.11 zu sehen ist. Für $0 \leq x < 1$ ist auch $0 \leq f(x) < 1$. Dagegen ist für $1 \leq x \leq 2$ die Ungleichung $1 \leq f(x) \leq 2$ erfüllt. Die Bilder der beiden Intervalle $[0, 1)$ und $[1, 2]$ unter f haben keine gemeinsamen Punkte. Es reicht also aus, die beiden Intervalle getrennt zu betrachten. Auf beiden ist f aber streng monoton, also injektiv. Es folgt, dass f insgesamt injektiv ist.

Eine Bemerkung zum Abschluss: Am Graphen in Abb. 7.11 ist zu sehen, dass f einen Sprung hat. Im übernächsten Abschnitt werden wir uns den Zusammenhang zwischen Monotonie, Injektivität und dem Auftreten von Sprüngen genauer klar machen.

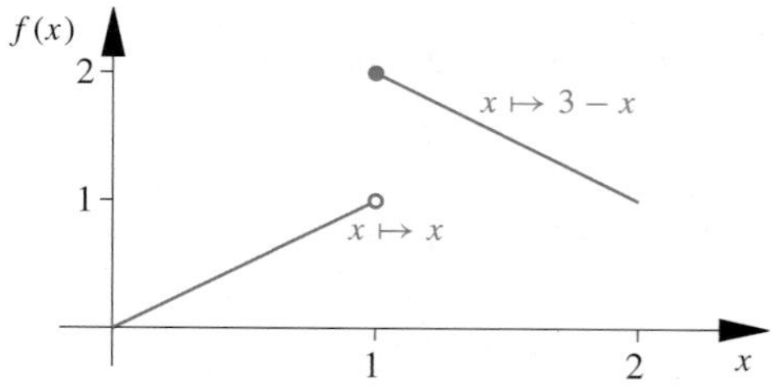

Abb. 7.11 Eine Funktion, die nicht monoton, aber trotzdem injektiv ist: Zu jedem Funktionswert gibt es nur ein Urbild

7.3 Die Umkehrfunktion

Wir wollen uns nun einige grundlegende Gedanken zu einer der beiden fundamentalen Aufgaben machen, die in der Einleitung zu diesem Kapitel angesprochen wurden. Es geht um die Frage, ob eine Gleichung eine Lösung besitzt. Betrachten wir etwa die Gleichung

$$\frac{x}{3} + 7 = 4,$$

so können wir mit den elementaren Rechentechniken schnell herausfinden, dass $x = -9$ die einzige Lösung ist. Bei quadratischen Gleichungen, etwa

$$x^2 - 3x + 2 = 6,$$

kann es mehrere Lösungen geben, hier zum Beispiel $x_1 = 4$ und $x_2 = -1$. Wir wissen auch bereits, dass es quadratische Gleichungen mit nur einer Lösung gibt, und solche, die keine reelle Lösung besitzen.

Wir suchen jetzt nach einer abstrakten Methode, um das Vorgehen zu formalisieren. Dazu schreiben wir die Gleichung mithilfe einer Funktion $f : D \to W$ als

$$f(x) = y.$$

Im letzten Beispiel war $f(x) = x^2 - 3x + 2$ und $y = 6$.

Angenommen, es gibt eine Funktion g mit $g(f(x)) = x$. Dann folgt sofort

$$x = g(f(x)) = g(y),$$

und wir haben die Lösung gefunden! Gleich vorweg zwei Bemerkungen: Ein solches g gibt es keinesfalls immer, und falls es existiert, ist es meist nicht leicht rechnerisch zu bestimmen. Bevor wir uns mit diesen Fragen auseinander setzen, wollen wir der Funktion g einen Namen geben.

Definition der Umkehrfunktion

Falls es zu einer Funktion $f : D \to W$ eine Funktion $g : W \to D$ gibt mit den Eigenschaften

$$g(f(x)) = x \quad \text{für alle } x \in D$$

und

$$f(g(y)) = y \quad \text{für alle } y \in W,$$

so nennt man g die **Umkehrfunktion** zu f. Man verwendet auch häufig die Schreibweise $g = f^{-1}$.

Achtung Verwechseln Sie die Schreibweise f^{-1} für eine Umkehrfunktion zu einer Funktion f nicht mit der Schreibweise x^{-1} für den Kehrwert einer Zahl x. Bei den Zahlen drückt das *hoch minus eins* aus, dass die Gleichungen

$$x \cdot x^{-1} = 1 \quad \text{bzw.} \quad x^{-1} \cdot x = 1$$

gelten. Bei den Funktionen haben wir es mit den Gleichungen

$$f \circ f^{-1} = \text{id} \quad \text{bzw.} \quad f^{-1} \circ f = \text{id}$$

zu tun. Ist aber

$$g(x) = (f(x))^{-1} = \frac{1}{f(x)},$$

so gilt das erste Paar von Gleichungen für die Funktionswerte, aber nicht das zweite Paar für die Funktionen! ◀

Kommentar Aus den beiden Gleichungen in der Definition der Umkehrfunktion kann man ableiten, dass eine umkehrbare Funktion *bijektiv*, d. h. sowohl injektiv als auch surjektiv, sein muss. Im Folgenden wird vor allem der Begriff *injektiv* eine Rolle spielen. Dies liegt daran, dass die Surjektivität immer dadurch garantiert werden kann, dass der Wertebereich auf das Bild der Funktion reduziert wird. ◀

Anwendungsbeispiel Umkehrfunktionen treten ganz natürlich bei physikalischen Phänomenen auf. Zum Beispiel wird ein Lichtstrahl an einem Übergang zwischen zwei Medien abgelenkt, man spricht von *Lichtbrechung* (siehe Abb. 7.12). Das Snellius'sche Brechungsgesetz,

$$n_1 \sin\varphi = n_2 \sin\psi,$$

Abb. 7.12 Durch die Lichtbrechung scheint der Wasserfilter durch das Eintauchen in das Wasser eine andere Breite zu bekommen

Teil II

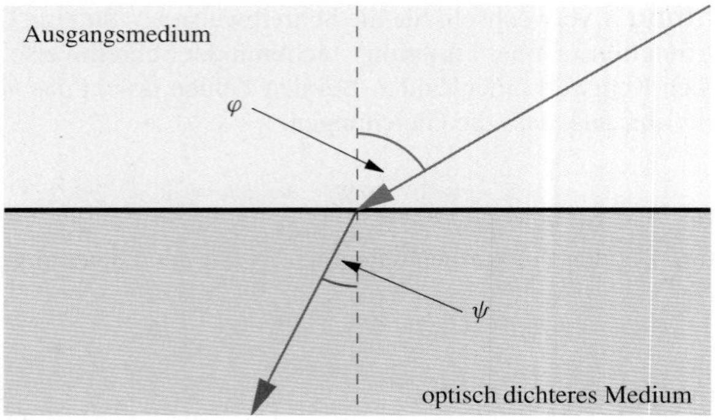

Abb. 7.13 Das Brechungsgesetz bei einem Übergang in ein optisch dichteres Medium

beschreibt dabei, wie der Ausfallswinkel ψ eines Lichtstrahls vom Einfallswinkel φ abhängt. Dabei werden beide Winkel von der Normalen der Brechungsebene aus gemessen, siehe auch Abb. 7.13. Die dimensionslosen Brechungszahlen n_j berechnen sich als Quotienten der Lichtgeschwindigkeit im Vakuum geteilt durch die Lichtgeschwindigkeit im Medium j.

Der Zusammenhang zwischen den beiden Winkeln ist in der Abb. 7.14 für den Fall, dass das Medium auf der Ausfallsseite optisch dichter ist als dasjenige auf der Einfallsseite, d. h. $n_2 > n_1$, dargestellt. Man sieht, dass jedem möglichen Einfallswinkel $\varphi \in [0, \pi/2)$ ein Ausfallswinkel zugeordnet ist – wir haben es mit einer Funktion f zu tun. Auch umgekehrt ist jedem auftretenden Ausfallswinkel auch nur ein Einfallswinkel zugeordnet. Es gibt also auch eine Umkehrfunktion f^{-1}. Diese Umkehrfunktion hat aber einen kleineren Definitionsbereich als $[0, \pi/2)$, denn nicht jeder Winkel in diesem Intervall kommt als Ausfallswinkel vor. Um den Definitionsbereich zu bestimmen, müssen wir das Bild von f kennen, also alle auftretenden Ausfallswinkel. ◀

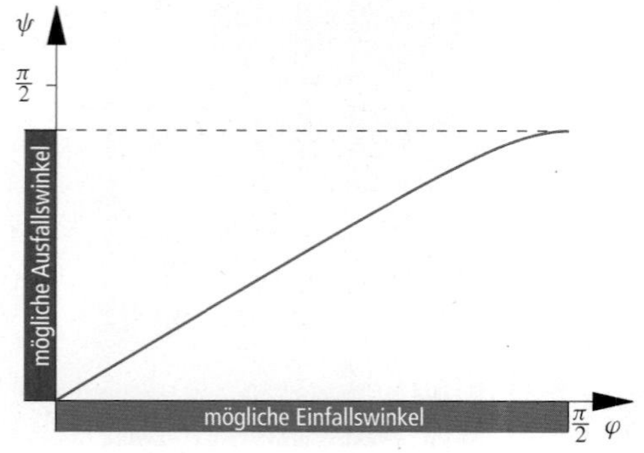

Abb. 7.14 Die Zuordnung beim Brechungsgesetz ist eine Funktion, aber nicht jeder Winkel zwischen 0 und $\pi/2$ kommt als Ausfallswinkel infrage

Den Graphen der Umkehrfunktion erhält man durch Spiegelung an der ersten Winkelhalbierenden

Bevor wir uns an die rechnerische Bestimmung von Umkehrfunktionen machen, wollen wir es zunächst mit einer grafischen Lösung versuchen. Wir geben uns eine bijektive Funktion $f : D \to W$ vor. Es ist also hier $W = f(D)$: Der Graph von f ist die Menge

$$\text{Graph}(f) = \{(x, y) \in \mathbb{R}^2 \mid x \in D \text{ und } y = f(x)\},$$

und der Graph von $f^{-1} : W \to D$ die Menge

$$\text{Graph}(f^{-1}) = \{(y, z) \in \mathbb{R}^2 \mid y \in W \text{ und } z = f^{-1}(y)\}.$$

Ist nun (x, y) ein Punkt auf dem Graphen von f, so ist $y \in W$ und $x = f^{-1}(f(x)) = f^{-1}(y)$. Also ist dann $(y, x) \in \text{Graph}(f^{-1})$. Ist umgekehrt (y, z) ein Punkt auf dem Graphen von f^{-1}, so ist $z \in D$ und $f(z) = f(f^{-1}(y)) = y$, d. h. $(z, y) \in \text{Graph}(f)$.

Die Punkte des Graphen von f^{-1} entstehen also gerade dadurch, dass wir die Punkte des Graphen von f bilden und dann deren Koordinaten vertauschen (und umgekehrt). Dies entspricht aber gerade einer Spiegelung an den Diagonalen $y = x$. Die Konstruktion ist in der Abb. 7.15 dargestellt.

Beispiel Zu der Funktion $f : \mathbb{R} \to \mathbb{R}$ mit $f(x) = x/3 + 7$ gehört die Umkehrfunktion $g : \mathbb{R} \to \mathbb{R}$ mit $g(y) = 3y - 21$. Denn es gilt für jedes $x \in \mathbb{R}$

$$g(f(x)) = 3\left(\frac{x}{3} + 7\right) - 21 = x + 21 - 21 = x$$

und

$$f(g(y)) = \frac{1}{3}(3y - 21) + 7 = y - 7 + 7 = y.$$

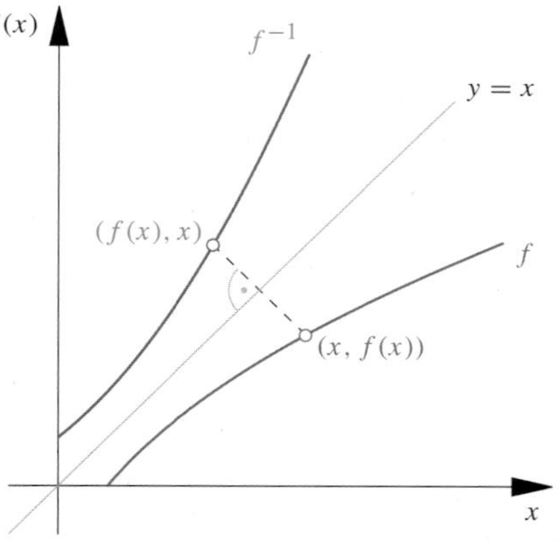

Abb. 7.15 Den Graphen der Umkehrfunktion f^{-1} erhält man durch Spiegelung des Graphen von f an der Winkelhalbierenden $y = x$

Beispiel: Rechnerisches Bestimmen von Umkehrfunktionen

Bestimmen Sie jeweils die Umkehrfunktion der folgenden Funktionen:

(a) $f : [2, \infty) \to \mathbb{R}, \quad f(x) = x^2 - 4x + 1,$

(b) $f : \mathbb{R} \to \mathbb{R}, \quad f(x) = x\,|x|,$

(c) $f : \mathbb{C} \setminus \{i\} \to \mathbb{C}, \quad f(z) = \frac{z+i}{i-z}.$

Problemanalyse und Strategie Eine Formel für die Umkehrfunktion können wir durch Auflösen der Gleichung $y = f(x)$ nach x bestimmen. Damit haben wir aber nur die Abbildungsvorschrift gewonnen. Man muss immer beide Gleichungen aus der Definition der Umkehrfunktion auf S. 211 überprüfen.

Lösung (a) Wir starten mit der Gleichung

$$y = x^2 - 4x + 1 = (x-2)^2 - 3.$$

Zunächst erhalten wir zwei mögliche Lösungen,

$$x = 2 \pm \sqrt{y+3}.$$

Da aber $x \geq 2$ ist, kommt nur $g(y) = 2 + \sqrt{y+3}$ in Frage, mit $y \geq -3$. Wir prüfen jetzt nach

$$\begin{aligned} g(f(x)) &= 2 + \sqrt{x^2 - 4x + 4} = 2 + x - 2 = x, \\ f(g(y)) &= (2 + \sqrt{y+3})^2 - 4\,(2 + \sqrt{y+3}) + 1 \\ &= 4 + 4\sqrt{y+3} + y + 3 - 8 - 4\sqrt{y+3} + 1 \\ &= y, \end{aligned}$$

jeweils für $x \geq 2$ bzw. für $y \geq -3$. Also ist g tatsächlich die Umkehrfunktion von f.

Überzeugen Sie sich selbst, dass nur eine der beiden Gleichungen in dem Fall nicht stimmt, in dem wir das „–" in der Definition von g wählen.

(b) Durch Auflösen des Betrags erhalten wir $f(x) = x^2$ für $x \geq 0$ und $f(x) = -x^2$ für $x < 0$. Also muss für die Umkehrfunktion gelten $g(y) = \sqrt{y}$ für $y \geq 0$ und $g(y) = -\sqrt{-y}$ für $y < 0$. Dies können wir auch schreiben als:

$$g(y) = \begin{cases} \frac{y}{\sqrt{|y|}}, & y \neq 0 \\ 0, & y = 0 \end{cases}$$

Damit ist $g : \mathbb{R} \to \mathbb{R}$ eine wohldefinierte Funktion.

Wir müssen jetzt beide Gleichungen für die Umkehrfunktion nachprüfen. Zunächst gilt für $x \neq 0$ auch $f(x) \neq 0$, und daher

$$g(f(x)) = \frac{x\,|x|}{\sqrt{|x\,|x|\,|}} = \frac{x\,|x|}{\sqrt{|x|^2}} = \frac{x\,|x|}{|x|} = x.$$

Für $x = 0$ gilt auch $f(0) = 0$ und daher $g(f(0)) = g(0) = 0$. Also ist die erste Formel auch in diesem Fall richtig.

Bei der zweiten Formel gilt für $y \neq 0$

$$f(g(y)) = \frac{y}{\sqrt{|y|}}\left|\frac{y}{\sqrt{|y|}}\right| = \frac{y\,|y|}{\sqrt{|y|}\,\sqrt{|y|}} = \frac{y\,|y|}{|y|} = y.$$

Und für $y = 0$ ist $f(g(0)) = f(0) = 0$ ebenfalls richtig. Also stimmen beide Formeln, es ist $g = f^{-1}$.

(c) Wir setzen $w = f(z)$ und lösen nach z auf, wobei wir $z \neq i$ und $w \neq -1$ verlangen müssen:

$$\begin{aligned} w = \frac{z+i}{i-z} \quad &\overset{z \neq i}{\iff} \quad (i - z)\,w = z + i \\ &\iff \quad (1 + w)\,z = i\,w - i \\ &\overset{w \neq -1}{\iff} \quad z = i\,\frac{w-1}{1+w} \end{aligned}$$

Als Kandidaten für die Umkehrfunktion erhalten wir nun also $g : \mathbb{C} \setminus \{-1\} \to \mathbb{C}$ mit

$$g(w) = i\,\frac{w-1}{1+w}.$$

Wieder müssen beide Formeln nachgeprüft werden. Wenn wir $g(w) \neq i$ annehmen, gilt

$$\begin{aligned} f(g(w)) &= \frac{g(w) + i}{i - g(w)} = \frac{i\,\frac{w-1}{1+w} + i}{i - i\,\frac{w-1}{1+w}} \\ &= \frac{w - 1 + 1 + w}{1 + w - w + 1} = \frac{2w}{2} = w. \end{aligned}$$

Kann aber $g(w) = i$ sein? Dann müsste

$$\frac{w-1}{1+w} = 1 \quad \text{gelten, also} \quad w - 1 = 1 + w,$$

und das kann nicht sein. Also ist die erste Formel für alle $w \in \mathbb{C} \setminus \{-1\}$ richtig.

Für die zweite Formel müssen wir zunächst $f(z) = -1$ ausschließen. Die Annahme, dass diese Gleichung für ein z richtig ist, führt aber auf den Widerspruch $z + i = z - i$, also ist tatsächlich $f(z) \neq -1$. Es gilt nun

$$\begin{aligned} g(f(z)) &= i\,\frac{f(z) - 1}{1 + f(z)} = i\,\frac{\frac{z+i}{i-z} - 1}{1 + \frac{z+i}{i-z}} \\ &= i\,\frac{z + i - i + z}{i - z + z + i} = i\,\frac{2z}{2i} = z. \end{aligned}$$

Damit ist gezeigt, dass $g = f^{-1}$ die Umkehrfunktion von f ist.

Beispiel: Bestimmen von abschnittsweisen Umkehrfunktionen

Es sollen möglichst große Intervalle bestimmt werden, auf denen die Funktion $f : \mathbb{R} \to \mathbb{R}$ mit

$$f(x) = \begin{cases} -x\,(x+2), & x \leq 0 \\ 1 + 2x - x^2, & x > 0 \end{cases}$$

jeweils eine Umkehrfunktion besitzt. Die Vereinigung all dieser Intervalle soll $\mathbb{R}$ ergeben.

Problemanalyse und Strategie Beim Betrachten des Graphen von f fällt auf, dass es Funktionswerte gibt, die an drei verschiedenen Stellen angenommen werden. Insgesamt ist also zu erwarten, dass es mindestens drei Intervalle sein müssen. Zur Analyse sind Fallunterscheidungen nötig, je nachdem, wie die Funktion definiert ist.

Lösung Wir beginnen mit dem Fall $x \leq 0$. Mit quadratischer Ergänzung erhalten wir

$$y = f(x) = -x^2 - 2x = 1 - x^2 - 2x - 1 = 1 - (x+1)^2,$$

also $x = -1 \pm \sqrt{1-y}$, wobei $y \leq 1$ gelten muss. Mit dem Minus vor der Wurzel folgt $x \leq -1$. Damit haben wir auf einem ersten Intervall eine Umkehrfunktion gefunden:

$$\left(f|_{(-\infty,-1]}\right)^{-1}(y) = -1 - \sqrt{1-y}, \quad y \leq 1$$

Mit dem Plus vor der Wurzel folgt $x \geq -1$. Da wir mit dem Fall $x \leq 0$ zu tun haben, ist also auf dem Intervall $[-1, 0]$ die Umkehrfunktion

$$\left(f|_{[-1,0]}\right)^{-1}(y) = -1 + \sqrt{1-y}, \quad 0 \leq y \leq 1.$$

Nun zum Fall $x > 0$. Hier erhält man

$$y = f(x) = 1 + 2x - x^2 = 2 - x^2 + 2x - 1 = 2 - (x-1)^2.$$

Es folgt also $x = 1 \pm \sqrt{2-y}$ mit $y \leq 2$. Wie im ersten Fall entsprechen die beiden Vorzeichen vor der Wurzel zwei abschnittsweisen Umkehrfunktionen,

$$\left(f|_{(0,1]}\right)^{-1}(y) = 1 - \sqrt{2-y}, \quad 1 < y \leq 2,$$
$$\left(f|_{[1,\infty)}\right)^{-1}(y) = 1 + \sqrt{2-y}, \quad y \leq 2.$$

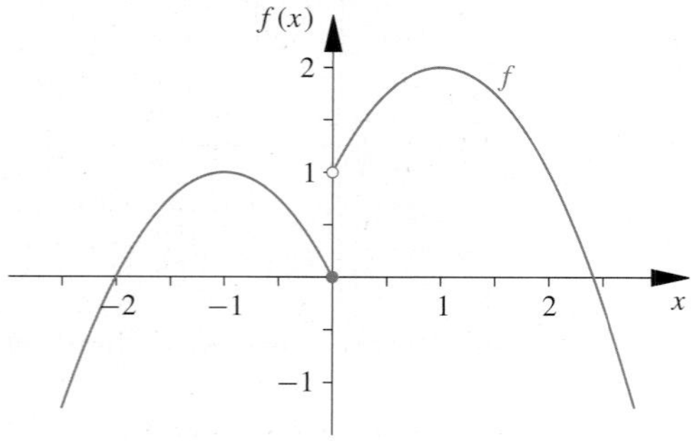

Diese Umkehrfunktionen haben wir rein rechnerisch hergeleitet. Es ist nun nachzuprüfen, dass sie tatsächlich die Gleichungen für die Umkehrfunktion erfüllen. Damit weisen wir dann auch nach, dass die jeweils angegebenen Bereiche für y auch richtig gewählt sind. Wir machen das exemplarisch für die Umkehrfunktion auf dem Intervall $(0, 1]$:

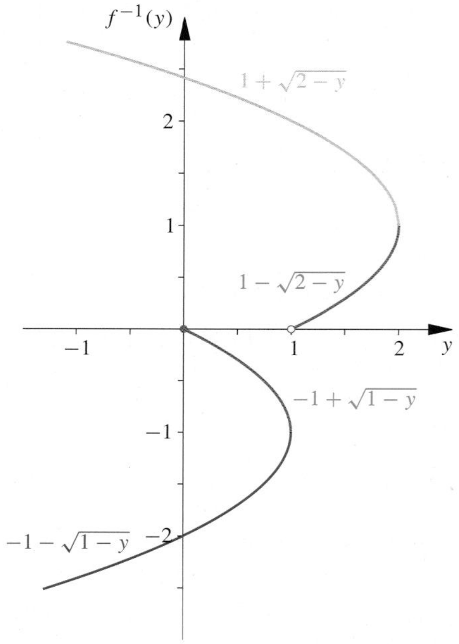

$$\begin{aligned} f(f^{-1}(y)) &= f(1-\sqrt{2-y}) \\ &= 1 + 2(1-\sqrt{2-y}) - (1-\sqrt{2-y}))^2 \\ &= 1 + 2 - 2\sqrt{2-y} - 1 + 2\sqrt{2-y} - 2 + y \\ &= y \\ f^{-1}(f(x)) &= f^{-1}(1+2x-x^2) = f^{-1}(2-(x-1)^2) \\ &= 1 - \sqrt{2-2+(x-1)^2} = 1 - \sqrt{(x-1)^2} \\ &\overset{0<x\leq 1}{=} 1 + (x-1) = x \end{aligned}$$

Führen Sie die entsprechenden Rechnungen für die anderen Umkehrfunktionen selbst durch!

Allerdings bleibt noch die Frage, ob dies die größtmöglichen Intervalle sind. Betrachtet man die Umkehrfunktionen für die Intervalle $[-1, 0]$ und $(0, 1]$, so sieht man, dass deren Definitionsbereiche disjunkt sind. Also können wir diese Umkehrfunktionen zu einer zusammenfassen:

$$\left(f|_{[-1,1]}\right)^{-1}(y) = \begin{cases} -1 + \sqrt{1-y}, & 0 \leq y \leq 1 \\ 1 - \sqrt{2-y}, & 1 < y \leq 2 \end{cases}$$

Damit haben wir, wie anfangs vermutet, für drei Abschnitte der reellen Achse Umkehrfunktionen von f gefunden, die die ganze reelle Achse abdecken.

Wie haben wir dieses g bestimmt? Wir haben die Gleichung $y = x/3 + 7$ nach x aufgelöst, denn dann erhält man ja gerade

$$x = 3y - 21.$$

Für den Wert $y = 4$ erhalten wir den Wert $x = -9$ aus der Überlegung vom Anfang des Abschnitts auf S. 211. Aber auch für jedes andere $y \in \mathbb{R}$ können wir die Gleichung durch g sofort lösen. ◀

Zu der zweiten Gleichung vom Beginn dieses Abschnitts gehört die Funktion $f : \mathbb{R} \to \mathbb{R}$ mit

$$f(x) = x^2 - 3x + 2.$$

Zu dieser Funktion kann es keine Umkehrfunktion geben, denn es müsste $f^{-1}(6)$ sowohl 4 als auch -1 sein, um der Definition zu genügen. Wir haben hier einen Hinweis auf die folgende Aussage gefunden, die wir festhalten wollen.

Existenz der Umkehrfunktion

Eine Funktion $f : D \to f(D)$ besitzt genau dann eine Umkehrfunktion, wenn sie injektiv ist. Insbesondere besitzt jede streng monotone Funktion eine Umkehrfunktion.

Beweis Bei einer „genau dann wenn"-Aussage wie hier, müssen wir immer beide Richtungen zeigen. Hier bedeutet dies: Aus der Existenz der Umkehrfunktion folgt Injektivität, und aus der Injektivität folgt die Existenz der Umkehrfunktion.

Ist eine Funktion $f : D \to f(D)$ injektiv, so gibt es zu jedem $y \in f(D)$ genau ein Urbild $x \in D$. Die Definition $g(y) = x$ ist also möglich und sinnvoll.

Nun nehmen wir an, dass $f : D \to f(D)$ eine Umkehrfunktion besitzt. Ferner gelte für $x_1, x_2 \in D$, dass $f(x_1) = f(x_2)$. Dann folgt

$$x_1 = f^{-1}(f(x_1)) = f^{-1}(f(x_2)) = x_2.$$

Jedes Element des Bildes von f hat also nur ein Urbild, damit ist f injektiv.

Auf S. 210 hatten wir schon festgestellt, dass jede streng monotone Funktion injektiv ist. Also folgt die zweite Aussage mit der ersten. ■

Wie können wir nun für eine nicht injektive Funktion das Lösen von Gleichungen angehen? Eine mögliche Antwort ist, den Definitionsbereich in Abschnitte aufzuteilen, auf denen die Funktion jeweils streng monoton ist. Betrachten wir $f : \mathbb{R} \to \mathbb{R}$ mit $f(x) = x^2 - x - 1/4$. Wir schreiben die Formel durch quadratisches Ergänzen um zu

$$f(x) = \left(x - \frac{1}{2}\right)^2 - \frac{1}{2}.$$

Nun ist nicht schwer zu erkennen, dass f für $x \leq 1/2$ streng monoton fällt, für $x \geq 1/2$ dagegen streng monoton wächst. Also besitzen die beiden Einschränkungen $f|_{(-\infty,1/2]}$ und $f|_{[1/2,\infty)}$

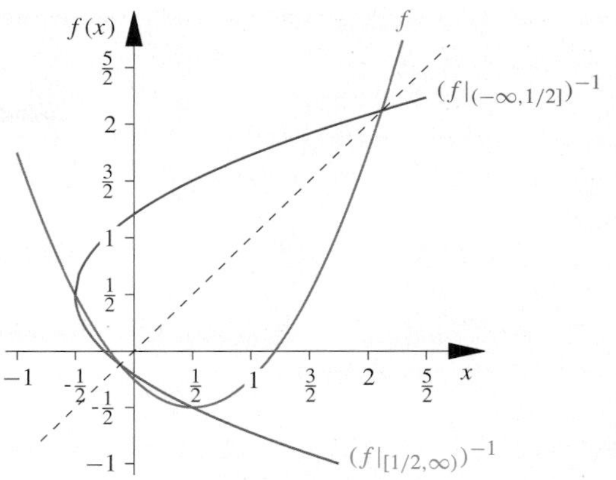

Abb. 7.16 Die beiden Umkehrfunktionen von f gelten nur für Abschnitte der Definitionsmenge

jeweils eine Umkehrfunktion. Man spricht davon, die Funktion *abschnittsweise* umzukehren. Die beiden Umkehrfunktionen für das Beispiel oben sind in der Abb. 7.16 dargestellt.

7.4 Grenzwerte für Funktionen und die Stetigkeit

In diesem Kapitel wurden schon die unterschiedlichsten Beispiele für Funktionen betrachtet. In den meisten von uns untersuchten Fällen ist der Graph der Funktion eine glatte Kurve gewesen, aber wir haben auch schon Graphen mit Sprüngen kennengelernt. Auch für dieses unterschiedliche Verhalten gibt es Beispiele in den Naturwissenschaften.

Anwendungsbeispiel Zu den essenziellen Instrumenten an Bord jedes Autos gehört der Tachometer, der zu jedem Zeitpunkt die *Momentangeschwindigkeit* anzeigt (Abb. 7.17). Auch

Abb. 7.17 Das Armaturenbrett eines Autos umfasst die Anzeige vieler stetiger Funktionen – auch die Momentangeschwindigkeit auf dem Tacho

Abb. 7.18 Die Bewegung einer Billardkugel beim Stoß mit einem Queue lässt sich als eine sprunghafte Änderung der Momentangeschwindigkeit idealisieren

wenn sich die Anzeige bei entsprechender Fahrweise durchaus schnell ändern kann, wird sie das niemals sprunghaft tun – oder zumindest nur dann, wenn gerade ein für Fahrzeug und Passagiere katastrophales Ereignis stattfindet.

Beim Billard (Abb. 7.18) stellt sich die Situation vollkommen anders dar. Dazu wollen wir die Idealisierung des vollkommen elastischen Stoßes betrachten, bei dem Impuls und Energie erhalten bleiben (siehe auch das Anwendungsbeispiel auf S. 66) und ferner noch annehmen, dass es sich bei den Kugeln um starre Körper handelt, sie also nicht verformbar sind. Die Kugeln ruhen dann, bis sie entweder vom Queue eines Spielers oder durch eine andere Kugel einen Impuls erhalten. Dann bewegen sie sich sofort mit einer gewissen Geschwindigkeit vorwärts. Den Verlauf der Momentangeschwindigkeit einer Billardkugel zeigt die Abb. 7.19.

Bei diesen Anwendungen ist das Modell ganz entscheidend für die mathematischen Eigenschaften der auftretenden Funktionen: Wählt man statt des idealisierten vollkommen elastischen Stoßes zwischen starren Körpern eine andere Beschreibung der Impulsübertragung für die Billardkugeln, so mag sich die Geschwindigkeitsänderung zwar sehr schnell, aber nicht mehr sprunghaft vollziehen. ◀

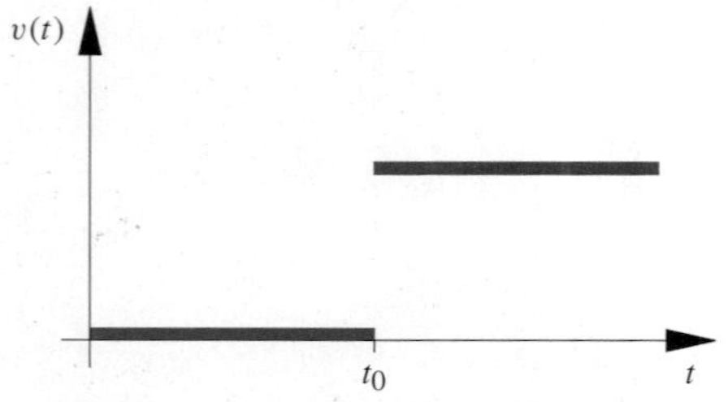

Abb. 7.19 Die Momentangeschwindigkeit einer Billardkugel ist vor und nach dem Stoß konstant. Im Augenblick des als ideal angenommenen Stoßes springt sie

Wie können wir dieses Verhalten nun mathematisch fassen? Der Unterschied zwischen den beiden Situationen besteht darin, dass wir im ersten Fall vom Verhalten in der Nähe eines bestimmten Zeitpunkts auf das Verhalten zu diesem Zeitpunkt schließen können. Wir können auch sagen, dass sich diese Funktion *stabil* verhält: Eine kleine Änderung des Arguments (des Zeitpunktes) bewirkt nur eine kleine Änderung des Funktionswertes (der Momentangeschwindigkeit). Im zweiten Fall ist das nicht möglich, das Verhalten kurz vor dem Stoß hat nichts mit dem Verhalten danach zu tun. Die Funktion verhält sich *instabil*, denn man kann die Änderungen in den Funktionswerten nicht dadurch beliebig klein machen, dass man nur sehr kleine Änderungen im Argument zulässt.

Allerdings könnte sich eine Änderung zwar stabil aber sehr schnell vollziehen. Dann kann man trotzdem durch sehr kleine Änderungen der Argumente nur kleine Änderungen der Funktionswerte zulassen. Allerdings müssen wir dann sehr genau hinsehen, quasi mit einer Lupe. Die Rolle dieser mathematischen Lupe werden konvergente Folgen übernehmen.

Zunächst wird der Begriff des Grenzwertes auf Funktionen übertragen. Dazu sei $f : D \to W$ eine Funktion, sowie $\hat{x}, y \in \mathbb{C}$. Dann heißt y **Grenzwert der Funktionswerte $f(x)$ für x gegen** $\hat{x}$, falls es eine Folge (x_n) in D mit $\lim\limits_{n\to\infty} x_n = \hat{x}$ gibt und falls für jede solche Folge gilt, dass

$$\lim_{n\to\infty} f(x_n) = y$$

(siehe dazu auch Abb. 7.20). Diese Tatsache drückt man dann formelmäßig durch

$$\lim_{x\to\hat{x}} f(x) = y$$

aus.

Was unterscheidet nun eine Funktion mit Sprung von einer ohne? Die Antwort gibt der folgende Begriff, der für die gesamte Analysis zentral ist.

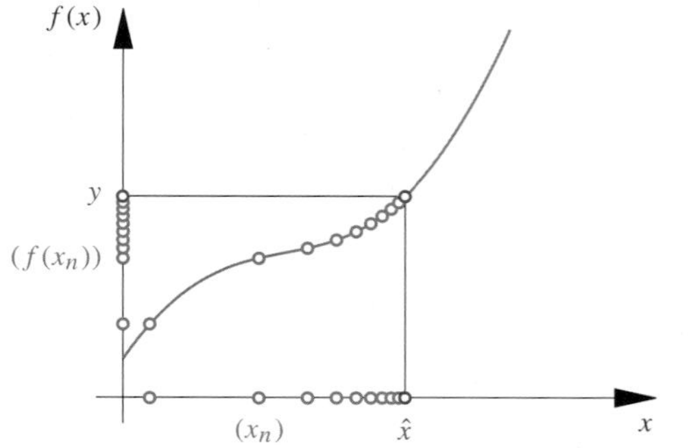

Abb. 7.20 Die Definition des Grenzwertes für Funktionswerte: Für jede Folge (x_n) mit $x_n \to \hat{x}$ konvergiert $f(x_n)$ gegen y

Definition der Stetigkeit

Eine Funktion $f : D \to W$ heißt an der Stelle $\hat{x} \in D$ **stetig**, falls

$$\lim_{x\to\hat{x}} f(x) = f(\hat{x})$$

gilt. Ist f an jedem $x \in D$ stetig, so heißt f **auf D stetig**.

Noch klarer wird die Bedeutung dieses Begriffs mit der Formel

$$\lim_{x\to\hat{x}} f(x) = f\big(\lim_{x\to\hat{x}} x\big).$$

Ist eine Funktion also an einer Stelle $\hat{x}$ stetig, so darf man die Grenzwertbildung gegen $\hat{x}$ und die Anwendung der Funktion vertauschen.

Jedes Polynom ist stetig

Untersuchen wir zunächst einige einfache Funktionen auf Stetigkeit.

Beispiel

- Betrachten wir zunächst ein Polynom, etwa $p : \mathbb{R} \to \mathbb{R}$ mit $p(x) = 5x^2 - 2x + 1$, das wir an der Stelle $\hat{x} = 0$ auf Stetigkeit überprüfen wollen. Gegeben ist eine beliebige reelle Nullfolge (x_k). Dann gilt nach den Rechenregeln für Grenzwerte von Folgen (siehe S. 186),

$$\lim_{k\to\infty} p(x_k) = \lim_{k\to\infty} \big(5x_k^2 - 2x_k + 1\big) = 1 = p(0).$$

Da die Folge (x_k) ganz beliebig war, folgt also

$$\lim_{x\to 0} p(x) = p(0),$$

das Polynom p ist also in 0 stetig.
- Diese Rechnung lässt sich sofort auf jedes Polynom, auch mit komplexen Koeffizienten, übertragen. Mit $p : \mathbb{C} \to \mathbb{C}$ bezeichnen wir ein Polynom vom Grad n,

$$p(x) = \sum_{j=0}^{n} \alpha_j x^j,$$

mit irgendwelchen komplexen Koeffizienten $\alpha_j \in \mathbb{C}$. Wir wollen untersuchen, ob p an einer beliebigen Stelle $\hat{x} \in \mathbb{C}$ stetig ist. Geben wir uns dazu eine Folge (x_k) in $\mathbb{C}$ vor, die gegen $\hat{x}$ konvergiert. Dann gilt nach den Rechenregeln für Grenzwerte von Folgen,

$$\lim_{k\to\infty} p(x_k) = \sum_{j=0}^{n} \alpha_j \lim_{k\to\infty} x_k^j = \sum_{j=0}^{n} \alpha_j \hat{x}^j = p(\hat{x}).$$

Da die Folge (x_k) beliebig gewählt war, gilt also

$$\lim_{x\to\hat{x}} p(x) = p(\hat{x}),$$

p ist also in $\hat{x}$ stetig. Da aber auch $\hat{x}$ beliebig gewählt war, haben wir die Stetigkeit von p auf ganz $\mathbb{C}$ nachgewiesen.

Wir halten fest: *Jedes Polynom ist auf $\mathbb{C}$ eine stetige Funktion.* ◀

Kommentar Das Beispiel zeigt, dass es sehr mühsam ist, bei der Verwendung von Grenzwerten für Funktionswerte immer mit Folgen hantieren zu müssen. Glücklicherweise ist das auch gar nicht notwendig: Alle Rechenregeln für Grenzwerte, die wir von den Folgen her kennen, übertragen sich auf das Rechnen mit Funktionen. Die Übersicht auf S. 186 listet alle diese Regeln auf, sie gelten ganz entsprechend bei Grenzwerten für Funktionswerte. Wir werden sie ab jetzt verwenden und uns dadurch das Leben erheblich vereinfachen. ◀

Eine Folge der Rechenregeln ist, dass die meisten Funktionen, die durch einfache Formeln definiert werden, stetig sind. Die Übersicht auf S. 218 listet die wichtigsten Fälle stetiger Funktionen auf. Um den Begriff der Stetigkeit aber noch besser verstehen zu können, wollen wir uns mit Funktionen beschäftigen, die *nicht* stetig sind.

Vorher definieren wir noch ein wichtiges Hilfsmittel. Insbesondere bei Funktionen mit Sprüngen ist es oft nützlich, sich bei der Bestimmung eines Grenzwerts nur auf eine Richtung zu beschränken. Dazu betrachten wir etwa alle Folgen (x_n) mit Grenzwert $\hat{x}$ und $x_n > \hat{x}$ für alle $n \in \mathbb{N}$. Wir nähern uns $\hat{x}$ also stets *von oben*. Existiert nun für jede solche Folge der Grenzwert $\lim_{n\to\infty} f(x_n)$ und sind alle diese Grenzwerte gleich, so setzen wir

$$\lim_{x\to\hat{x}+} f(x) = \lim_{n\to\infty} f(x_n).$$

Analog definiert man den Grenzwert $\lim_{x\to\hat{x}-} f(x)$ für einen Grenzwert *von unten*.

Für diese einseitigen Grenzwerte findet man in der Literatur auch andere Notationen. So ist es etwa auch üblich einen schrägen Pfeil beim Limessymbol zu verwenden:

$$\lim_{x\nearrow\hat{x}} f(x) = \lim_{x\to\hat{x}-} f(x) \quad \text{und}$$

$$\lim_{x\searrow\hat{x}} f(x) = \lim_{x\to\hat{x}+} f(x)$$

Noch kürzer ist die Schreibweise $f(\hat{x}-) = \lim_{x\to\hat{x}-} f(x)$.

Es gibt nun drei typische Situationen, bei denen Funktionen unstetig sein können, die wir im Folgenden vorstellen wollen.

Übersicht: Stetige Funktionen und Unstetigkeiten

In dieser Übersicht wurden die wichtigsten stetigen Funktionen zusammengestellt. Auch die wichtigsten Beispiele für Unstetigkeiten sind noch einmal aufgeführt.

Polynomfunktionen Ein Polynom

$$p(z) = \sum_{j=0}^{n} \alpha_j z^j,$$

ist an jeder Stelle $z \in \mathbb{C}$ definiert und stetig.

Rationale Funktionen Eine rationale Funktion

$$f(z) = \frac{p(z)}{q(z)}$$

mit zwei Polynomen p, q ist an jeder Stelle $z \in \mathbb{C}$ stetig, an der sie definiert ist (d. h. an der $q(z) \neq 0$ gilt).

An Nullstellen des Nenners, die nicht gleichzeitig Nullstellen des Zählers sind, haben rationale Ausdrücke einen *Pol*. Ist ein Funktionswert an dieser Stelle festgelegt, ist die Funktion dort nicht stetig.

Potenzfunktionen Eine Funktion der Form

$$f(x) = x^{p/q}$$

für $p \in \mathbb{Z}$ und $q \in \mathbb{N}$ ist in allen Stellen $x \in (0, \infty)$ stetig.

Insbesondere sind alle *Wurzelfunktionen*

$$f(x) = \sqrt[q]{x}$$

auf $\mathbb{R}_{\geq 0}$ stetig.

Transzendente Standardfunktionen Die im Kap. 4 vorgestellten Funktionen

$$\exp \quad \ln \quad \sin \quad \cos$$

sind auf ihrem gesamten Definitionsbereich stetig.

Für den natürlichen Logarithmus gilt

$$\lim_{x \to 0} \ln(x) = -\infty.$$

Man spricht von einer *Singularität*.

Sprünge Ist $f : D \to \mathbb{R}$ eine Funktion mit $D \subseteq \mathbb{R}$ und gilt

$$\lim_{x \to \hat{x}-} f(x) \neq \lim_{x \to \hat{x}+} f(x),$$

so spricht man von einem *Sprung* an der Stelle $\hat{x}$. Ist $\hat{x} \in D$, so ist f an der Stelle $\hat{x}$ nicht stetig.

Beispiel

- Die Funktion $f : [0, 2] \to \mathbb{R}$ mit

$$f(x) = \begin{cases} x^2, & 0 \leq x \leq 1 \\ \frac{x}{2} + 1, & 1 < x \leq 2 \end{cases}$$

ist in der Abb. 7.21 links dargestellt. Der Graph dieser Funktion hat einen *Sprung*. Die Vermutung liegt nahe, dass f an dieser Stelle nicht stetig ist.
In der Tat ist

$$\lim_{x \to 1+} f(x) = \lim_{x \to 1+} \left(\frac{x}{2} + 1\right) = \frac{3}{2} \neq 1 = f(1).$$

Also ist f in 1 nicht stetig

- Die Funktion $g : [-1, 1] \to \mathbb{R}$ soll durch

$$g(x) = \begin{cases} \frac{1}{x}, & x \neq 0 \\ 0, & x = 0 \end{cases}$$

definiert sein. Der Graph ist in der Abb. 7.21 rechts dargestellt. Schon im Kap. 4 hatten wir das Verhalten von $1/x$ bei null einen *Pol* genannt. In der Tat ist g in der Nähe von null unbeschränkt, weder der Grenzwert $\lim_{x \to 0-} g(x)$ noch der Grenzwert $\lim_{x \to 0+} g(x)$ existieren. Also ist g auch nicht stetig.

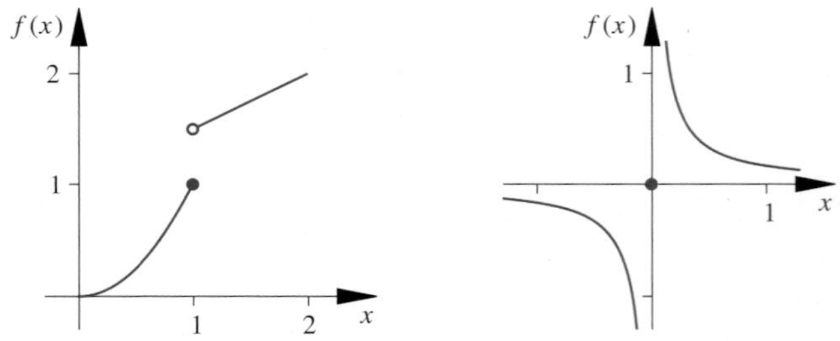

Abb. 7.21 Links: Unstetigkeit durch einen Sprung; rechts: Unstetigkeit durch einen Pol

Vertiefung: Die Definition der Stetigkeit nach Cauchy

Den Begriff der Stetigkeit haben wir auf das Konzept der konvergenten Folgen zurückgeführt. Es gibt eine zweite äquivalente Definition dieses Begriffs, die ohne Folgen auskommt und auf den französischen Mathematiker Cauchy zurückgeht.

Durch die Folgen (x_n), die gegen ein $\hat{x}$ konvergieren, können wir das Verhalten von f in der Nähe der Stelle $\hat{x}$ untersuchen. Alternativ können wir zu diesem Zweck auch auf den Begriff der *Umgebung* zurückgreifen, der uns bereits bei der Definition konvergenter Folgen begegnet ist.

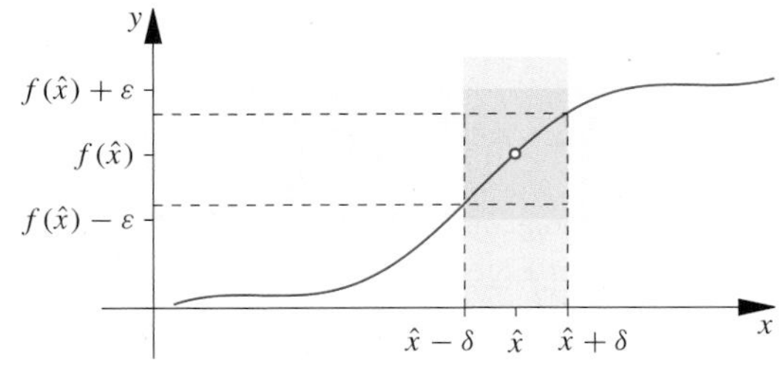

Salopp gesprochen ist eine Funktion f in $\hat{x}$ stetig, falls für Stellen x dicht bei $\hat{x}$ auch die Funktionswerte $f(x)$ dicht bei $f(\hat{x})$ liegen. Es kommen also zwei verschiedene Sorten von Umgebungen ins Spiel: solche um $\hat{x}$ und solche um $f(\hat{x})$.

Formal erhalten wir dann die folgende Definition: Eine Funktion $f : D \to W$ heißt stetig an einer Stelle $\hat{x} \in D$, falls für jedes $\varepsilon > 0$ ein $\delta > 0$ existiert, sodass für alle $x \in D$ mit $|x - \hat{x}| < \delta$ auch $|f(x) - f(\hat{x})| < \varepsilon$ folgt.

Diese komplizierte Formulierung muss erst einmal aufgedröselt werden. Vorgegeben wird eine ε-Umgebung um $f(\hat{x})$. Zu dieser muss es eine passende δ-Umgebung um $\hat{x}$ geben, sodass diese δ-Umgebung durch f in die ε-Umgebung abgebildet wird. Wegen dieses Zusammenspiels von ε und δ spricht man auch von der *ε-δ-Definition* der Stetigkeit.

In der Tat kann man zeigen, dass für die Analysis diese Definition zu der von uns verwendeten vollständig äquivalent ist. Sie erlaubt aber eine völlig andere Interpretation. Unter Verwendung des Begriffs der abgeschlossenen Mengen, den wir in Abschn. 7.5 einführen, lässt sie sich so formulieren: Das Urbild eines Komplements einer abgeschlossenen Menge ist stets selbst Komplement einer abgeschlossenen Menge. Für alle von uns betrachteten Situationen sind diese beiden Definitionen der Stetigkeit äquivalent.

- Als dritten Fall betrachten wir die Funktion $h : \mathbb{R} \to \mathbb{R}$ mit:

$$h(x) = \begin{cases} 0, & x \leq 0 \\ \sin\left(\frac{1}{x}\right), & x > 0 \end{cases}$$

Den Graphen zeigt die Abb. 7.22. Während der Grenzwert $\lim\limits_{x\to 0-} h(x)$ existiert (und gleich null ist), existiert der Grenzwert $\lim\limits_{x\to 0+} h(x)$ nicht. Betrachten wir dazu die beiden Folgen (x_n) und (y_n) mit

$$x_n = \frac{1}{n\pi} \quad \text{bzw.} \quad y_n = \frac{2}{(4n-3)\pi}, \qquad n \in \mathbb{N}.$$

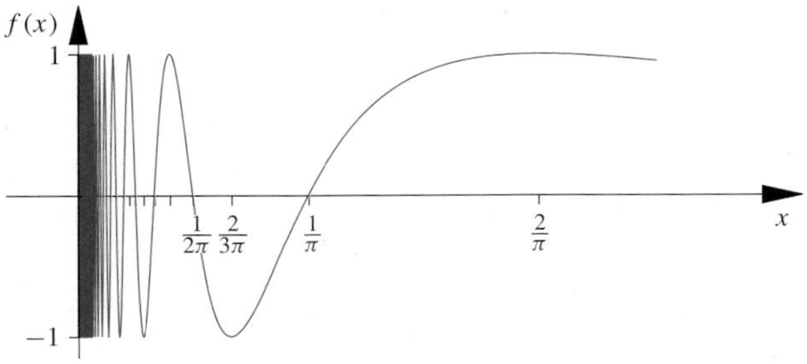

Abb. 7.22 Unstetigkeit durch Oszillation

Es gilt $\lim\limits_{n\to\infty} x_n = \lim\limits_{n\to\infty} y_n = 0$. Aber während $h(x_n) = 0$ für alle n ist, erhält man $h(y_n) = 1$. Bei diesem Beispiel kann man übrigens durch eine geeignete Wahl der Nullfolge (x_n) jeden beliebigen Wert zwischen -1 und 1 für $\lim\limits_{n\to\infty} h(x_n)$ erhalten. Man spricht von einer *Oszillationsstelle*. ◄

Achtung Für die vorangegangenen Beispiele ist es ganz wesentlich, dass die Unstetigkeitsstelle zum Definitionsbereich der Funktion gehört. Betrachtet man etwa $f : \mathbb{R} \setminus \{0\} \to \mathbb{R}$ mit $f(x) = 1/x$, so ist diese Funktion auf ihrem gesamten Definitionsbereich stetig! Dies ist auch die Grenze der anschaulichen Vorstellung, dass eine Funktion stetig ist, wenn man ihren Graphen zeichnen kann, ohne den Stift dabei abzusetzen. Von Stetigkeit kann man nur an Stellen sprechen, an denen eine Funktion auch definiert ist. ◄

Für den Fall der Polstellen kann man die Definition des Grenzwertes für Funktionen erweitern, um auch in diesen Situationen mit einer einfachen, formelmäßigen Darstellung arbeiten zu können. Betrachten wir dazu eine reellwertige Funktion $f : D \to W$, $W \subseteq \mathbb{R}$ und eine konvergente Folge (x_n) in D mit $\lim\limits_{n\to\infty} x_n = \hat{x}$. Es muss dabei $\hat{x}$ selbst kein Element von D sein.

Gibt es nun für jede Zahl $C > 0$ ein $N \in \mathbb{N}$ mit

$$f(x_n) > C \quad \text{für alle } n \geq N,$$

Vertiefung: Lipschitz-stetige Funktionen

Bei einer stetigen Funktion gibt das Verhalten der Funktion in der Nähe einer Stelle Auskunft über das Verhalten an der Stelle selbst. Allerdings haben wir noch kein Mittel gefunden, dieses Verhalten zu quantifizieren. Eine solche Möglichkeit bietet der Begriff der Lipschitz-Stetigkeit.

Falls für eine Funktion $f : D \to W$ eine Konstante $L > 0$ mit der Eigenschaft

$$|f(x) - f(y)| \leq L\,|x - y| \quad \text{für alle } x, y \in D$$

existiert, so nennen wir die Funktion **lipschitz-stetig** mit **Lipschitzkonstante** L.

In der Tat bedeutet diese Definition, dass die Funktionswerte an zwei Stellen dicht zusammenliegen müssen, falls auch diese Stellen dicht zusammen liegen. Die Lipschitzkonstante *quantifiziert* diesen Zusammenhang, sie gibt eine *Höchstrate der Änderung* der Funktionswerte an. Insbesondere impliziert Lipschitz-Stetigkeit auf D immer, dass die Funktion auch auf D stetig ist.

Sehr gut kann man sich das am Beispiel der Wurzelfunktion klar machen. Wir betrachten $D = [\delta, 1]$ mit $\delta > 0$ und setzen

$$f(x) = \sqrt{x}, \quad x \in D.$$

Dann gilt für $\delta \leq y \leq x \leq 1$ die Abschätzung

$$|f(x) - f(y)| = \sqrt{x} - \sqrt{y} = \frac{x - y}{\sqrt{x} + \sqrt{y}} \leq \frac{1}{2\sqrt{\delta}}\,|x - y|.$$

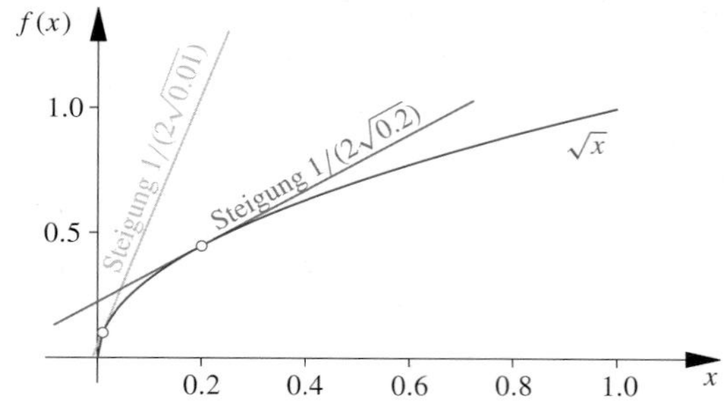

Da

$$\frac{1}{\sqrt{x} + \sqrt{y}} \to \frac{1}{2\sqrt{\delta}} \quad x, y \to \delta,$$

ist diese Abschätzung optimal: Wir können keine kleinere Konstante mit dieser Eigenschaft finden als $1/(2\sqrt{\delta})$.

Nun lassen wir $\delta \to 0$ gehen. Wir wissen ja, dass die Wurzelfunktion auch auf dem Intervall $[0, 1]$ stetig ist, aber die Lipschitzkonstante geht dann gegen Unendlich! Die Wurzelfunktion ist also auf dem Intervall $[0, 1]$ nicht mehr lipschitz-stetig. Am Graphen kann man auch gut erkennen, warum dies so ist: Die Kurve wird zunehmend steiler, wenn sie sich der Null nähert, die Änderungsrate wird immer größer.

Lipschitz-Stetigkeit spielt immer dort eine Rolle, wo es auf eine Beschränkung von Änderungsraten ankommt. Dies ist vor allem bei numerischen Anwendungen der Fall, aber auch in den Kapiteln zu Differenzialgleichungen wird uns dieser Begriff wieder begegnen.

---

so wird die Folge $(f(x_n))$ beliebig groß. Ist dies nun für *jede* solche Folge der Fall, so schreiben wir kurz

$$\lim_{x \to \hat{x}} f(x) = \infty.$$

Gilt andererseits, dass

$$f(x_n) < -C \quad \text{für alle } n \geq N,$$

so wird die Folge $(f(x_n))$ beliebig klein. Die Kurzschreibweise ist dann

$$\lim_{x \to \hat{x}} f(x) = -\infty.$$

In diesen Situationen sprechen wir von einem **uneigentlichen Grenzwert** und sagen f *geht für* x *gegen* $\hat{x}$ *gegen plus (oder minus) unendlich.*

Analog definieren wir einseitige uneigentliche Grenzwerte ($x \to \hat{x}\pm$) und uneigentliche Grenzwerte der Form

$$\lim_{x \to \pm\infty} f(x),$$

um das Verhalten einer Funktion für sehr große Argumente zu charakterisieren.

Beispiel Die Funktion $f : \mathbb{R} \setminus \{-1\} \to \mathbb{R}$ mit

$$f(x) = \frac{x^2 + x + 2}{x + 1} = x + \frac{2}{x + 1}$$

hat an der Stelle -1 einen Pol. An der zweiten Darstellung lässt sich das Verhalten der Funktion gut ablesen: Für $x < -1$ ist der Nenner des Bruchs stets negativ. Er konvergiert gegen null für $x \to -1$, während der erste Summand x beschränkt bleibt, also

Beispiel: Unstetigkeit bei einer komplexen Funktion

Ist die Funktion $f : \mathbb{C} \to \mathbb{C}$ mit

$$f(z) = \begin{cases} \frac{z}{\bar{z}} - \frac{\bar{z}}{z}, & z \neq 0, \\ 0, & z = 0 \end{cases}$$

an der Stelle $z = 0$ stetig?

Problemanalyse und Strategie Beim Nachweis von Stetigkeit im Komplexen muss man sicherstellen, dass man das Verhalten einer Funktion an der zu untersuchenden Stelle in allen Richtungen betrachtet. Aus einzelnen Richtungen mag eine Funktion stetig erscheinen, aber aus anderen nicht. Dies ist hier der Fall.

Lösung Als eine erste Folge betrachten wir (z_n) mit $z_n = 1/n$. Dann gilt

$$\frac{z_n}{\overline{z_n}} = \frac{\overline{z_n}}{z_n} = 1.$$

Damit ist dann $f(z_n) = 0$ für alle $n \in \mathbb{N}$ und damit gilt $\lim\limits_{n\to\infty} f(z_n) = 0 = f(0)$.

Doch dieses Ergebnis stimmt nicht für alle Folgen, wie wir anhand einer zweiten Folge nachprüfen können. Wir wählen (z_n) mit

$$z_n = \frac{1+i}{n}, \quad n \in \mathbb{N}.$$

Auch hier gilt $\lim\limits_{n\to\infty} z_n = 0$, allerdings ist nun

$$\frac{z_n}{\overline{z_n}} = \frac{1+i}{1-i} = i.$$

Damit folgt

$$\frac{\overline{z_n}}{z_n} = -i \quad \text{und daher} \quad f(z_n) = 2i.$$

Es ist also $\lim\limits_{n\to\infty} f(z_n) = 2i \neq f(0)$. Die Funktion f ist in 0 nicht stetig.

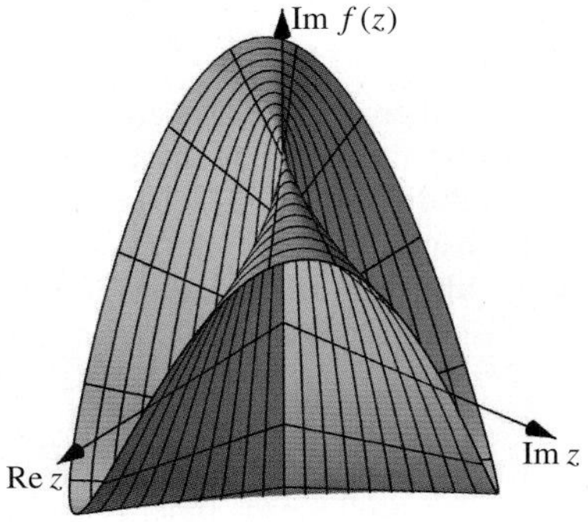

Die Abbildung zeigt einen Ausschnitt des Graphen des Imaginärteils von f. Man kann gut das Verhalten von f in der Nähe der Stelle 0 erkennen: je nachdem aus welcher Richtung in der komplexen Zahlenebene man sich nähert, erhält man einen anderen Grenzwert für $z \to 0$.

gilt

$$\lim_{x\to -1-} f(x) = \lim_{x\to -1-} \frac{2}{x+1} = -\infty.$$

Dagegen ist der Nenner des Bruchs für $x > -1$ stets positiv, hier gilt

$$\lim_{x\to -1+} f(x) = \lim_{x\to -1+} \frac{2}{x+1} = +\infty.$$

Für betragsmäßig große Werte von x dominiert der erste Summand, das x, denn der Bruch konvergiert hier gegen null. Hier gilt

$$\lim_{x\to -\infty} f(x) = \lim_{x\to -\infty} x = -\infty,$$
$$\lim_{x\to \infty} f(x) = \lim_{x\to \infty} x = \infty. \quad ◄$$

7.5 Kompakte Mengen

Stetige Funktionen sind besonders wichtig, aber ihre besondere Bedeutung ergibt sich erst, wenn sie auch besonders gutartige Definitionsmengen besitzen. Solche Mengen werden wir als *kompakt* bezeichnen.

Um die Definition dieses Begriffs zu motivieren, erinnern wir noch einmal daran, dass $f : \mathbb{R} \setminus \{0\} \to \mathbb{R}$ mit $f(x) = 1/x$ stetig ist. Der einzige Kandidat für eine Unstetigkeitsstelle, die Polstelle $\hat{x} = 0$, gehört nicht zum Definitionsbereich. Von Stetigkeit oder Unstetigkeit zu sprechen, macht aber nur für solche Stellen Sinn, an denen ein Funktionswert definiert ist. Wir wollen nun unsere Betrachtungen auf solche Definitionsmengen beschränken, bei denen keine isolierten Punkte ausgenommen sind. Solche Mengen haben also keine Lücken.

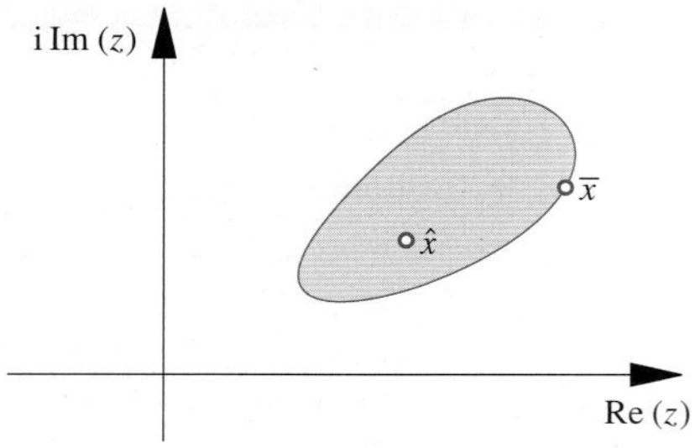

Abb. 7.23 Ein Punkt $\hat{x}$ im Innern und ein Punkt $\bar{x}$ auf dem Rand einer Menge in der komplexen Zahlenebene. Ist die Menge abgeschlossen, gehören beide Punkte zur Menge

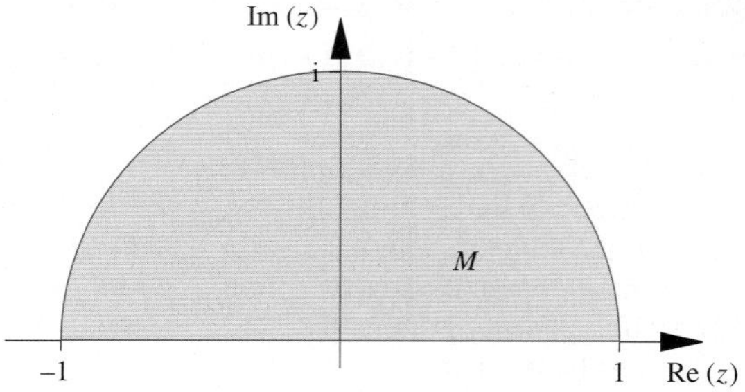

Abb. 7.24 Die Menge M aus dem Beispiel (c) ist eine abgeschlossene Menge in der komplexen Zahlenebene

Abgeschlossene Mengen besitzen keine Lücken und enthalten alle ihre Randpunkte

Wie fassen wir nun mathematisch, dass eine Menge von Zahlen keine Lücken besitzt – denn genau darum geht es hier. Wir greifen dazu erneut auf die Folgen als unser Werkzeug zurück. Vorgegeben ist zunächst eine Menge $A \subseteq \mathbb{C}$ von Zahlen. Wir nennen diese Menge **abgeschlossen**, wenn für jede Folge (x_n) in A, die konvergent ist, auch der Grenzwert $\lim_{n\to\infty} x_n$ ein Element von A ist.

Um die Situation zu veranschaulichen, betrachten wir die Abb. 7.23. Hier liegt die Stelle $\hat{x}$ im Innern der Menge A, wir können $\hat{x}$ also durch Elemente aus A beliebig gut approximieren. Dies entspricht gerade der Tatsache, dass wir $\hat{x}$ als Grenzwert einer Folge aus A betrachten. Damit $\hat{x}$ keine Lücke in A darstellt, muss es selbst ein Element von A sein.

Die Stelle $\bar{x}$ in der Abb. 7.23 liegt auf dem Rand der Menge A. Auch $\bar{x}$ können wir aber durch Elemente von A approximieren. Damit A abgeschlossen ist, muss also auch $\bar{x}$ dazugehören. Als Merkregel können wir also festhalten, dass eine abgeschlossene Menge keine Lücken in ihrem Innern besitzt, und dass alle Randpunkte auch Elemente der Menge sind.

Für konkret gegebene Mengen, muss man die Abgeschlossenheit anhand der Definition rechnerisch nachprüfen, was wir in den folgenden Beispielen vorführen wollen.

Beispiel

- Wir beginnen mit dem reellen Intervall $I = [-1, 1]$. Schon in der Schule bezeichnet man dies als ein *abgeschlossenes Intervall*. Es liegt also nahe zu vermuten, dass es eine abgeschlossene Menge bildet.
  Zum Nachweis geben wir das Intervall I durch eine Ungleichung an:
  $$I = \{x \in \mathbb{R} \mid -1 \leq x \leq 1\}.$$
  Nun betrachten wir eine beliebige konvergente Folge (x_n) in I. Dann gilt für jedes Folgenglied x_n die Ungleichung
  $$-1 \leq x_n \leq 1.$$
  Nach den Regeln für Grenzwerte gilt dann auch
  $$-1 \leq \lim_{n\to\infty} x_n \leq 1,$$
  und daher $\lim_{n\to\infty} x_n \in I$.
  Wir rekapitulieren: Wir haben gezeigt, dass der Grenzwert einer beliebigen konvergenten Folge aus I selbst wieder ein Element von I ist. Dies besagt aber gerade, dass I abgeschlossen ist.
- Bei der Funktion f definiert durch $f(x) = 1/x$ ist die maximale Definitionsmenge $D = \mathbb{R} \setminus \{0\}$. Wir wollen zeigen, dass D nicht abgeschlossen ist. Es reicht dazu, eine einzige konvergente Folge anzugeben, deren Glieder Elemente von D sind, ihr Grenzwert aber nicht.
  Die Nullfolge $(1/n)$ ist ein Beispiel. Die Zahlen $1/n$ sind alle Elemente von D, nicht aber der Grenzwert $\lim_{n\to\infty} \frac{1}{n} = 0$. Also ist D nicht abgeschlossen.
- Als letztes betrachten wir eine Menge im Komplexen,
  $$M = \{z \in \mathbb{C} \mid |z| \leq 1 \text{ und } \operatorname{Im}(z) \geq 0\}.$$
  Die Menge ist in der Abb. 7.24 dargestellt.
  Auch diese Menge ist abgeschlossen. Der Nachweis funktioniert ganz genauso wie bei dem Intervall aus Beispiel (a). Wir wählen uns eine beliebige konvergente Folge (z_n) in M. Es gilt dann
  $$|z_n| \leq 1 \quad \text{und} \quad \operatorname{Im}(z_n) \geq 0$$
  für alle $n \in \mathbb{N}$. Wegen der Rechenregeln für Grenzwerte folgt, dass auch der Grenzwert $\hat{z} = \lim_{n\to\infty} z_n$ beide Ungleichungen erfüllt. Also liegt der Grenzwert selbst in M. ◀

Achtung Für die Untersuchung auf Abgeschlossenheit ist das Verhalten von Ungleichungen bei einem Grenzwert ganz wichtig. Aus

$$x_n \leq a \quad \text{folgt stets auch} \quad \lim_{n\to\infty} x_n \leq a,$$

aber aus

$$x_n < a \quad \text{folgt nicht} \quad \lim_{n\to\infty} x_n < a$$

(vgl. dazu die Übersicht auf S. 186). Dementsprechend deutet eine Ungleichung mit „$\leq$" bei der Definition einer Menge auf Abgeschlossenheit hin, eine Ungleichung mit „$<$" auf eine Menge, die nicht abgeschlossen ist. Aber Vorsicht: Man muss das im Einzelfall genauer prüfen, die Ungleichungszeichen bieten nur einen Anhaltspunkt. ◄

Selbstfrage 3

Welche der folgenden Mengen sind abgeschlossen?

$$A = \{x \in \mathbb{R} \mid -1 < x < 1\}$$
$$B = \{x \in \mathbb{R} \mid 0 \leq x < \infty\}$$
$$C = \{z \in \mathbb{C} \mid \operatorname{Im}(z) \geq 0 \text{ und } \operatorname{Re}(z) < 0\}$$
$$D = \{z \in \mathbb{C} \mid 1 \geq |z| > 0\} \cup \{0\}$$

Kommentar Wir haben in diesem Abschnitt anschaulich von Punkten im Innern oder von Randpunkten einer Menge gesprochen. Auch diese Begriffe lassen sich mathematisch exakt definieren. An einer späteren Stelle im Buch wird dies auch nötig sein, hier jedoch reicht die Anschauung vollständig aus. Beachten Sie aber, dass der Begriff der Abgeschlossenheit exakt definiert wurde. Diese Definition zu verstehen und damit umgehen zu können ist ein ganz wichtiges Lernziel dieses Kapitels. ◄

Die Idee der Abgeschlossenheit von Definitionsmengen ist der zentrale Gedanke bei der Herleitung wichtiger Sätze über stetige Funktionen, die wir im nächsten Abschnitt vorstellen wollen. Allerdings reicht dieser Begriff alleine noch nicht aus. Zusätzlich wollen wir auch fordern, dass diese Mengen beschränkt sind. Dies führt auf die folgende Definition.

Definition einer kompakten Menge

Eine Menge $K \subseteq \mathbb{C}$ wird **kompakt** genannt, wenn sie beschränkt und abgeschlossen ist.

Kompakte Mengen spielen für die Analysis eine ganz wesentliche Rolle. Die hier vorgestellte Definition ist nur eine von mehreren möglichen, die Vertiefung auf S. 225 stellt einige weitere Möglichkeiten vor, die für die theoretische Mathematik sogar noch bedeutsamer sind.

Die Archetypen für kompakte Mengen im Reellen sind abgeschlossene Intervalle $[a, b]$. Es ist sehr hilfreich, zunächst an ein solches zu denken, wenn von einer kompakten Menge die Rede ist. Aber auch komplizierte Mengen im Reellen, zum Beispiel Vereinigungen endlich vieler disjunkter kompakter Mengen sind kompakt, etwa

$$[1, 2] \cup [3, 4] \quad \text{oder} \quad [-2, -1] \cup [0, 1] \cup [100, 101].$$

Eine kompakte reelle Menge besitzt ein Maximum und ein Minimum

Um eine erste Idee von der Tragfähigkeit des Begriffs einer kompakten Menge zu erhalten, beginnen wir mit einer kleinen Folgerung für reelle Mengen. Wir untersuchen dafür eine kompakte Menge $K \subseteq \mathbb{R}$. Diese Menge ist also insbesondere beschränkt und daher wissen wir, dass K eine untere Schranke u und eine obere Schranke o besitzt,

$$u \leq x \leq o \quad \text{für alle } x \in K.$$

Es ist eine Tatsache, dass es eine *größte untere* und eine *kleinste obere* Schranke für K gibt. Dies ist eine Konsequenz der *Vollständigkeit* der reellen Zahlen, die in den Vertiefungen im Kapitel über Folgen vorgestellt wurde (siehe S. 190). Diese größte untere bzw. kleinste obere Schranke lassen sich als Grenzwerte von Folgen aus K darstellen. Wie wir uns unten gleich überlegen wollen, hat die Kompaktheit von K zur Folge, dass diese beiden Schranken selbst wieder Elemente von K sind. In einer solchen Situation nennt man die größte untere Schranke das *Minimum* und die kleinste obere Schranke das *Maximum* der Menge K, symbolisch $\min K$ und $\max K$.

Wir wollen nun darlegen, dass $\max K$ selbst wieder ein Element von K ist. Für $\min K$ funktioniert die Überlegung analog. Dazu konstruieren wir rekursiv zwei Folgen (x_n) und (y_n). Wir beginnen mit den Startwerten. Als Folgenglied x_1 wählen wir irgendein Element von K und als Folgenglied y_1 irgendeine obere Schranke von K. Es gilt dann natürlich $0 \leq y_1 - x_1$.

Nun müssen wir die Rekursionsvorschrift angeben. Dazu wählen wir irgendein Element x_n von K und irgendeine obere Schranke y_n von K. Wir berechnen die Zahl

$$a = \frac{1}{2}(x_n + y_n).$$

Ist nun a eine obere Schranke von K, so setzen wir $y_{n+1} = a$ und $x_{n+1} = x_n$. Ist a keine obere Schranke von K, so setzen wir $y_{n+1} = y_n$ und wählen uns als x_{n+1} irgendein Element von K aus, das größer ist als a.

In beiden Fällen gilt aber

$$0 \leq y_{n+1} - x_{n+1} \leq \frac{1}{2}(y_n - x_n)$$

sowie

$$x_n \leq x_{n+1} \quad \text{und} \quad y_{n+1} \leq y_n.$$

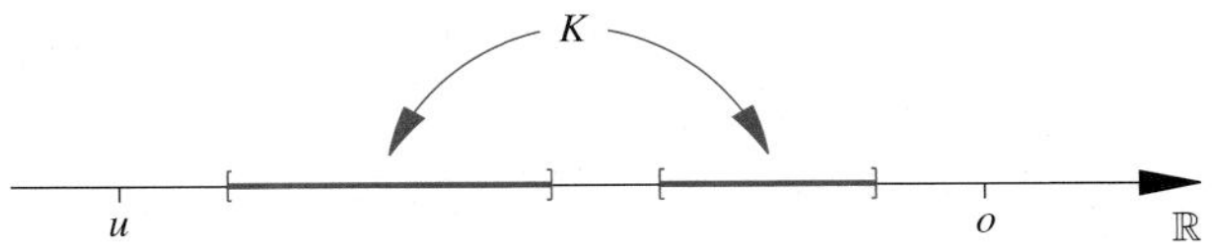

Abb. 7.25 Eine kompakte Menge in den reellen Zahlen mit je einer oberen Schranke o und einer unteren Schranke u

Teil II

Beispiel: Kompakte Mengen

Untersuchen Sie die folgenden Mengen daraufhin, ob sie kompakte Teilmengen von $\mathbb{C}$ sind.

(a) $M_1 = \{1, \dots, n\}$,

(b) $M_2 = \left\{x \mid x \in \left[\frac{1}{n+1}, \frac{1}{n}\right] \text{ für ein } n \in \mathbb{N}\right\}$,

(c) $M_3 = \left\{z = \frac{1}{x}(\cos x + \mathrm{i}\sin x) \mid x \in \mathbb{R}_{>0}\right\}$,

(d) $M_4 = \{z \in \mathbb{C} \mid \operatorname{Re}(z) \geq 0, \operatorname{Im}(z) \geq 0, \operatorname{Re}[(1-\mathrm{i})z] \leq 1\}$.

Problemanalyse und Strategie Es muss jeweils gezeigt werden, dass die Menge beschränkt und abgeschlossen ist, falls man vermutet, dass die Menge tatsächlich kompakt ist. Vermutet man dagegen, dass sie es nicht ist, reicht es aus, eine der beiden Eigenschaften zu widerlegen.

Lösung (a) Die Menge M_1 ist offensichtlich beschränkt, denn für alle $x \in M_1$ gilt $|x| \leq n$. Ist nun (x_k) eine konvergente Folge in M_1, so muss sie ab einem bestimmten Index k_0 eine konstante Folge $c \in M_1$ sein. Also ist ihr Grenzwert diese Konstante c und damit selbst in M_1. Die Menge M_1 ist also kompakt.

(b) Zunächst verdeutlicht man sich die Menge M_2 am besten grafisch.

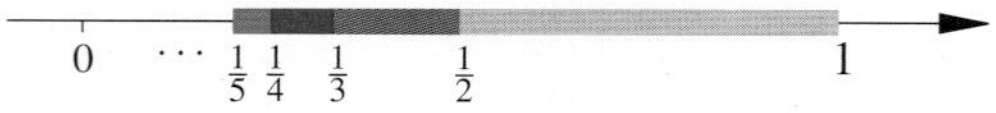

Anscheinend kommen die Elemente von M_2 der Null beliebig nahe, diese ist aber selbst kein Element von M_2. Formal gilt: Für jedes $k \in \mathbb{N}$ ist $\frac{1}{k} \in \left[\frac{1}{k+1}, \frac{1}{k}\right] \subseteq M_2$. Also ist die konvergente Folge $(\frac{1}{k})$ in M_2 enthalten, ihr Grenzwert 0 aber nicht. Also ist M_2 nicht abgeschlossen, also auch nicht kompakt.

(c) Auch hier macht man sich die Lage der Menge am besten zunächst grafisch klar. Der Term $\cos x + \mathrm{i}\sin x$ hat stets den Betrag 1, gibt also nur eine Richtung an. Der Betrag $\frac{1}{x}$ wird dagegen immer kleiner. Insgesamt erhalten wir eine Spirale in der komplexen Zahlenebene.

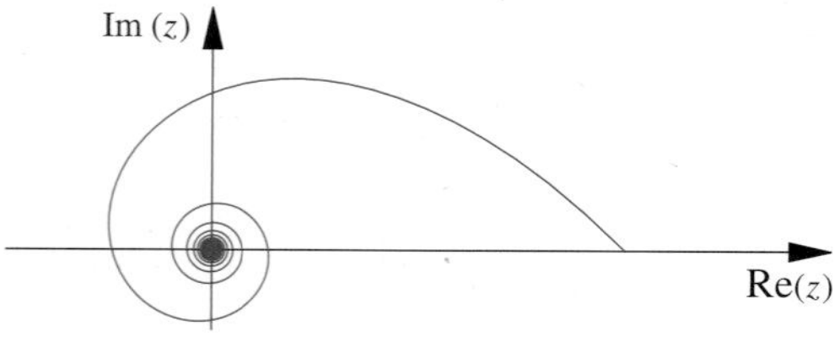

Wiederum können wir der Null beliebig nahe kommen, aber sie ist selbst kein Element von M_3. Wähle dazu zum Beispiel die Folge (x_k) in $\mathbb{R}$ mit $x_k = 2k\pi$. Dann ist

$$z_k = \frac{1}{x_k}(\cos x_k + \mathrm{i}\sin x_k) = \frac{1}{2k\pi}\cos(2k\pi) = \frac{1}{2k\pi} \in M_3.$$

Es gilt offensichtlich $\lim_{k\to\infty} z_k = 0$, aber dieser Grenzwert ist kein Element von M_3. Also ist diese Menge nicht kompakt.

(d) Die Bedingungen $\operatorname{Re}(z) \geq 0$ bzw. $\operatorname{Im}(z) \geq 0$ lassen sich einfach geometrisch deuten: die Menge M_4 ist eine Teilmenge des 1. Quadranten der komplexen Zahlenebene. Wie sieht das mit der dritten Bedingung aus?

Schreibt man $z = x + \mathrm{i}y$, so ist $\operatorname{Re}[(1-\mathrm{i})z] = x + y$, die Bedingung lautet also

$$\operatorname{Re}(z) + \operatorname{Im}(z) \leq 1 \quad \text{oder} \quad \operatorname{Im}(z) \leq 1 - \operatorname{Re}(z).$$

Die Menge M_4 befindet sich also unterhalb der Geraden mit Steigung -1 und Imaginär-Achsenabschnitt i in der komplexen Zahlenebene. Es ergibt sich das folgende Bild.

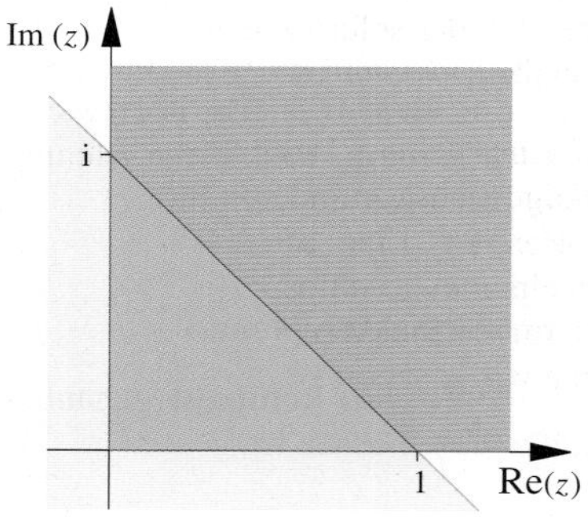

Damit ist die Menge M_4 beschränkt, denn es gilt stets $|z| \leq 1$ für $z \in M_4$. Durch die Ungleichungszeichen in allen drei Bedingungen, die die Gleichheit zulassen, gehört der gesamte Rand von M_4 zu der Menge dazu. Also ist M_4 auch abgeschlossen und damit kompakt.

Vertiefung: Zwei alternative Definitionen kompakter Mengen

Auch wenn sie für die Zwecke dieses Buch vollkommen ausreichend ist, hat sich herausgestellt, dass die von uns gegebene Definition von Kompaktheit mathematischen Ansprüchen nicht genügt. Andere, allgemeinere Begriffe sind notwendig. Für diese Vertiefung ist der optionale Abschn. 6.4 über Teilfolgen und Häufungspunkte vorausgesetzt.

Wenn man die Beweise der Sätze im Abschn. 7.6 analysiert, stellt man fest, dass kompakte Mengen stets auf folgende Art und Weise zum Tragen kommen:

1. Eine Folge aus einer kompakten Menge liegt vor.
2. Da die kompakte Menge beschränkt ist, gibt es eine konvergente Teilfolge (Satz von Bolzano-Weierstraß).
3. Da die kompakte Menge abgeschlossen ist, liegt auch der Häufungspunkt der Folge innerhalb der kompakten Menge.

Geht man nun zu allgemeineren mathematischen Konstrukten (Stichwort: unendlichdimensionale Räume) über, so funktioniert diese Argumentation nicht mehr. Der Satz von Bolzano-Weierstraß gilt dann nämlich nicht. Also muss man anders vorgehen, um Mengen zu charakterisieren, in denen Folgen immer Häufungspunkte besitzen.

Eine erste alternative Definition kompakter Mengen ergibt sich direkt aus der obigen Argumentationskette: Wir nennen eine Menge K kompakt, wenn jede Folge in K einen Häufungspunkt besitzt, der selbst wieder in K liegt. Man spricht dann auch von *folgenkompakten* Mengen.

Es gibt noch eine weitere Definition der Kompaktheit, die ganz ohne Folgen auskommt. Sie verwendet das Konzept der *offenen Mengen*: Eine offene Menge ist einfach das Komplement einer abgeschlossenen Menge. Die einfachsten Beispiele für offene Mengen sind die offene Intervalle $(a, b) \subseteq \mathbb{R}$, die wir ja schon kennen.

Damit kann man folgende Definition der Kompaktheit formulieren: Eine Menge K heißt kompakt, wenn jede Überdeckung von K durch offene Mengen eine endliche Teilüberdeckung besitzt. Dabei bedeutet *Überdeckung*, dass K eine Teilmenge der Vereinigung all dieser offenen Mengen darstellt.

Betrachten wir als Beispiel das abgeschlossene Intervall $[0, 1]$. Als Überdeckung kommen für festes $\varepsilon > 0$ die offenen Intervalle der Form $(x - \varepsilon, x + \varepsilon)$ mit $x \in (0, 1)$ in Frage. Dann gilt

$$[0, 1] \subseteq \{y \in \mathbb{R} \mid y \in (x - \varepsilon, x + \varepsilon) \text{ für ein } x \in (0, 1)\}.$$

Nun wählt man $N \in \mathbb{N}$, sodass $N > 1/\varepsilon$, und definiert

$$x_j = \varepsilon\left(\frac{1}{2} + j\right), \quad j = 0, \ldots, N - 1.$$

Die Vereinigung dieser N Intervalle enthält das Intervall $(-\varepsilon/2, 1 + \varepsilon/2)$, und dieses überdeckt $[0, 1]$.

Ganz anders das offene Intervall $(0, 1)$. Dies wird zum Beispiel überdeckt durch die offenen Intervalle $(1/n, 1)$. Aber man kann sich niemals auf eine endliche Anzahl dieser Intervalle beschränken, da man dann ein kleines Intervall der Form $(0, 1/N]$ nicht überdecken würde, wobei $(1/N, 1)$ das größte der endlich vielen Intervalle wäre.

Im mathematischen Gebiet der *Topologie* werden diese Begriffe der Kompaktheit analysiert. Es zeigt sich, dass die Überdeckung durch offene Mengen die allgemeinste dieser drei Definitionen ist. Wir halten aber noch einmal fest, dass für große Teile dieses Buchs alle drei Definitionen als äquivalent angesehen werden dürfen. Erst im Kap. 31 über Funktionalanalysis werden die Unterschiede eine Rolle spielen.

Aus der ersten Ungleichung folgt induktiv

$$0 \le y_n - x_n \le \frac{1}{2^{n-1}}\,(y_1 - x_1).$$

Wir haben nun eine Folge von oberen Schranken (y_n) von K konstruiert, die monoton fällt, und eine Folge (x_n) von Elementen von K, die monoton wächst. Es gilt dann auch $x_1 \le y_n$ und $x_n \le y_1$. Nun wenden wir das Monotoniekriterium für Folgen (siehe S. 191) an und erhalten, dass beide Folgen konvergieren. Wir setzen

$$x = \lim_{n\to\infty} x_n \quad \text{und} \quad y = \lim_{n\to\infty} y_n.$$

Dann folgt

$$\begin{aligned} 0 \le y - x &= \lim_{n\to\infty} (y_n - x_n) \\ &\le \lim_{n\to\infty} \left[\frac{1}{2^{n-1}}\,(y_1 - x_1)\right] = 0. \end{aligned}$$

Also haben wir $x = y$ gezeigt, die beiden Grenzwerte sind gleich. Damit ist $x = y$ eine obere Schranke von K, die Grenzwert einer Folge in K ist, also $x = y = \max K$. Da K aber kompakt, also auch abgeschlossen ist, muss $\max K$ als Grenzwert der Folge (x_n) aus K selbst zu K gehören.

Für das Minimum können wir ganz analog argumentieren. Es folgt also, dass für eine reelle kompakte Menge, ihr Maximum und ihr Minimum stets selbst zu der Menge gehören.

Teil II

7.6 Sätze über reellwertige, stetige Funktionen mit kompaktem Definitionsbereich

In diesem abschließenden Abschnitt wollen wir wieder nach Antworten auf die beiden Fragen aus der Einleitung des Kapitels suchen. Es wird sich herausstellen, dass hierbei Kompaktheit des Definitionsbereichs einer Funktion eine zentrale Voraussetzung ist. Genauer werden wir reellwertige, stetige Funktionen mit kompaktem Definitionsbereich betrachten.

Eine stetige Funktion nimmt auf einer kompakten Menge ihr Maximum und ihr Minimum an

Im Abschn. 7.3 hatten wir bereits eine wichtige Grundaufgabe der Analysis kennengelernt, die Frage, ob eine Gleichung

$$f(x) = y$$

eine Lösung besitzt, und wie diese gegebenenfalls zu berechnen ist. Es gibt noch eine zweite wichtige Grundaufgabe der Analysis, die *Optimierungsaufgabe*. Um diese Aufgabe zu formulieren, benötigen wir einen neuen Begriff.

Definition des globalen Minimums/Maximums einer Funktion

Gegeben ist eine Funktion $f : D \to \mathbb{R}$. Besitzt ihr Bild $f(D)$ ein Minimum, so heißt eine Zahl $x^- \in D$ mit

$$f(x^-) = \min f(D)$$

Minimalstelle und der Funktionswert $f(x^-)$ das **globale Minimum** von f.

Analog definieren wir eine **Maximalstelle** $x^+ \in D$ und das **globale Maximum** von f, falls $f(D)$ ein Maximum besitzt.

Es folgt, dass das globale Minimum bzw. globale Maximum einer Funktion durch die Ungleichung

$$f(x^-) \leq f(x) \quad \text{bzw.} \quad f(x^+) \geq f(x) \quad \text{für alle } x \in D$$

charakterisiert ist. Die Schreibweisen

$$f(x^-) = \min_{x\in D} f(x) \quad \text{bzw.} \quad f(x^+) = \max_{x\in D} f(x)$$

sind auch üblich und vielleicht etwas leichter zu lesen. In der Literatur trifft man auch häufig auf die Formulierung *f nimmt sein Minimum an*, um auszudrücken, dass f ein globales Minimum besitzt.

Zusammengefasst bezeichnet man sowohl globales Maximum als auch globales Minimum als **globales Extremum** und die entsprechende Minimal- oder Maximalstelle als **Extremalstelle**.

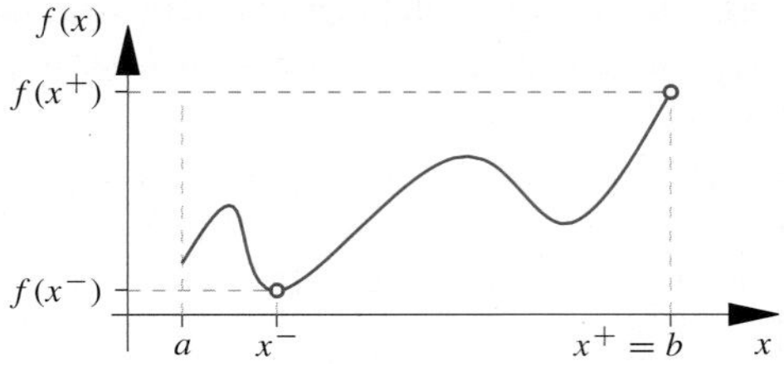

Abb. 7.26 Globales Maximum und Minimum bei einer reellwertigen Funktion

Achtung Unterscheiden Sie die Ausdrücke *Extremalstelle* für den x-Wert und *Extremum* für den Funktionswert an dieser Stelle. ◄

Die Optimierungsaufgabe besteht nun aus der Frage, ob eine gegebene Funktion $f : D \to \mathbb{R}$ ein globales Minimum oder ein globales Maximum besitzt. Dies ist ein zentrales Problem für viele Anwendungen aus der Wirtschaft (Maximiere einen Gewinn, minimiere einen Verlust) oder der Technik (Minimiere einen Energieaufwand). Die Entwicklung effizienter Verfahren zur Lösung solcher, wenn auch viel komplexerer, Optimierungsaufgaben ist noch stets aktuelles Forschungsgebiet der Mathematik.

Auch bei der Optimierungsaufgabe gibt es streng genommen wiederum verschiedene Fragestellungen: Gibt es überhaupt ein globales Maximum oder Minimum? Gibt es jeweils genau eine solche Stelle? Wie berechne ich eine solche Stelle?

Auf die ersten beiden Fragen gibt es je nach Situation verschiedene Antworten, wie im Beispiel auf S. 229 gezeigt wird. Die Frage nach der Berechnung von solchen Stellen müssen wir, außer in ganz einfachen Fällen, zunächst zurückstellen. Wir können aber in vielen wichtigen Fällen eine Antwort auf die erste Frage geben, und diese Antwort führt uns zurück auf die stetigen Funktionen.

Existenz globaler Extrema

Ist $f : D \to \mathbb{R}$ eine reellwertige, stetige Funktion mit kompaktem Definitionsbereich D, so nimmt f sowohl sein Maximum als auch sein Minimum auf D an.

Selbstfrage 4

Bei diesem Satz sind beide Voraussetzungen essenziell. Überlegen Sie sich je ein Beispiel für eine beschränkte Funktion, die entweder nicht stetig ist oder keinen kompakten Definitionsbereich besitzt, und die zumindest eines ihrer Extrema nicht annimmt.

Beweis Die Grundidee des Beweises dieses Satzes ist es zu zeigen, dass das Bild $f(D)$ eine kompakte Menge ist. Dazu benutzt man das Konzept der Teilfolgen aus Abschn. 6.4. Da dies ein optionaler Abschnitt war, ist auch dieser Beweis nur für diejenigen Leser gedacht, die sich mit Teilfolgen beschäftigt haben.

Zunächst überlegen wir uns durch einen indirekten Beweis, dass $f(D)$ beschränkt sein muss. Wir nehmen also an, $f(D)$ ist nicht beschränkt. Dann gibt es zu jedem $n \in \mathbb{N}$ ein $x_n \in D$, sodass

$$|f(x_n)| \geq n \quad \text{für alle } n \in \mathbb{N}$$

gilt. Die Zahlen x_n bilden eine Folge (x_n), deren Glieder alle in D liegen. Da D kompakt, also insbesondere beschränkt ist, besitzt die Folge (x_n) eine konvergent Teilfolge (x_{n_k}), deren Grenzwert wir $\hat{x}$ nennen wollen. Auch $\hat{x}$ ist ein Element von D. Da f stetig ist, folgt

$$f(\hat{x}) = f\big(\lim_{k\to\infty} x_{n_k}\big) = \lim_{k\to\infty} f(x_{n_k}).$$

Aber $\lim_{k\to\infty} f(x_{n_k})$ existiert nach Definition der Folge (x_n) nicht. Also haben wir einen Widerspruch, $f(D)$ muss beschränkt sein.

Nun überlegen wir uns, dass $f(D)$ auch abgeschlossen ist. Dazu sei (y_n) eine konvergente Folge, die in $f(D)$ enthalten ist. Ihren Grenzwert nennen wir y. Es gibt dann auch eine Folge (x_n) in D mit $f(x_n) = y_n$. Da D kompakt ist, gibt es eine konvergent Teilfolge (x_{n_k}) von (x_n), deren Grenzwert wir x nennen wollen und der selbst in D liegt. Da f stetig ist, folgt nun

$$f(x) = f\big(\lim_{k\to\infty} x_{n_k}\big) = \lim_{k\to\infty} f(x_{n_k}) = \lim_{k\to\infty} y_{n_k} = y:$$

Also ist $y \in f(D)$, und damit haben wir gezeigt, dass $f(D)$ abgeschlossen ist.

Auf S. 223 hatten wir gesehen, dass jede kompakte Menge reeller Zahlen ihr Maximum und ihr Minimum enthält. Also enthält auch $f(D)$ sein Maximum und sein Minimum, was wir zu zeigen hatten. ■

Es ergibt sich noch eine Folgerung aus dem Satz über die Existenz von Extremalstellen, die wir an verschiedenen Stellen verwenden werden. Dazu geben wir uns eine Funktion $f : D \to \mathbb{R}$ vor, die stetig sein soll. In der Stelle $\hat{x} \in D$ soll $f(\hat{x}) > 0$ gelten. Außerdem soll D so beschaffen sein, dass ein ganzes Intervall $[\hat{x} - \varepsilon, \hat{x} + \varepsilon] \subseteq D$ ist. Die Situation ist in Abb. 7.27 veranschaulicht.

Nun sind alle Intervalle der Form $I_n = [\hat{x}-\varepsilon/n, \hat{x}+\varepsilon/n]$, $n \in \mathbb{N}$, kompakt. Es gibt also jeweils eine Minimalstelle x_n^- von $f|_{I_n}$. Da außerdem

$$\lim_{n\to\infty}\left(\hat{x} - \frac{\varepsilon}{n}\right) = \lim_{n\to\infty}\left(\hat{x} + \frac{\varepsilon}{n}\right) = \hat{x},$$

folgt mit dem Einschließungskriterium für Folgen (siehe S. 191) auch

$$\lim_{n\to\infty} x_n^- = \hat{x}.$$

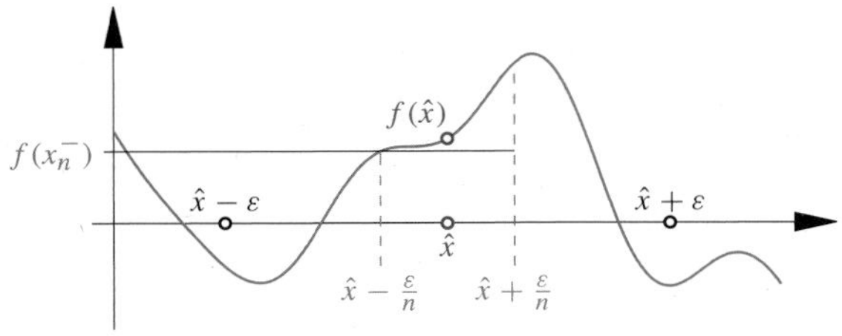

Abb. 7.27 Enthält der Definitionsbereich von f ein Intervall um $\hat{x}$ und ist $f(\hat{x})$ nicht null, so gibt es ein Intervall, in dem f sein Vorzeichen nicht wechselt

Weil f eine stetige Funktion ist, haben wir den entsprechenden Grenzübergang für die Funktionswerte

$$\lim_{n\to\infty} f(x_n^-) = f(\hat{x}).$$

Vorausgesetzt war $f(\hat{x}) > 0$, und das bedeutet, dass auch $f(x_n^-) > 0$ sein muss für alle n ab einem geeignet gewählten n_0. Somit ist

$$f(x) \geq f(x_{n_0}^-) > 0 \quad \text{für alle } x \in I_{n_0}.$$

Dieselbe Überlegung können wir auch für den Fall durchführen, dass $f(\hat{x}) < 0$ ist. Damit haben wir den folgenden Satz erhalten.

Folgerung aus der Existenz von Extrema

Ist I ein offenes Intervall, $f : I \to \mathbb{R}$ stetig und $\hat{x}$ eine Stelle in I mit $f(\hat{x}) \neq 0$, so gibt es ein offenes Intervall $J \subseteq I$ mit $\hat{x} \in J$, auf dem alle Funktionswerte von f dasselbe Vorzeichen haben wie in der Stelle $\hat{x}$.

Zur Erklärung: Das offene Intervall J ist gerade das Intervall I_{n_0} aus der Überlegung oben ohne seine beiden Randpunkte.

Der Zwischenwertsatz garantiert die Existenz der Lösung einer Gleichung

Wir kehren nun zur ersten Grundaufgabe zurück, der Frage, ob eine Gleichung lösbar ist. Auch bei dieser Frage können wir eine Antwort in dem Fall geben, dass die Funktion $f : D \to \mathbb{R}$ stetig ist. Hier schränken wir uns sogar auf den Fall ein, dass der Definitionsbereich D ein abgeschlossenes Intervall $[a, b]$ ist.

Beispiel Die Funktion $f : [-1, 1] \to \mathbb{R}$ mit $f(x) = 3x^3 - x$ ist in der Abb. 7.28 zu sehen. Als Polynomfunktion ist sie eine

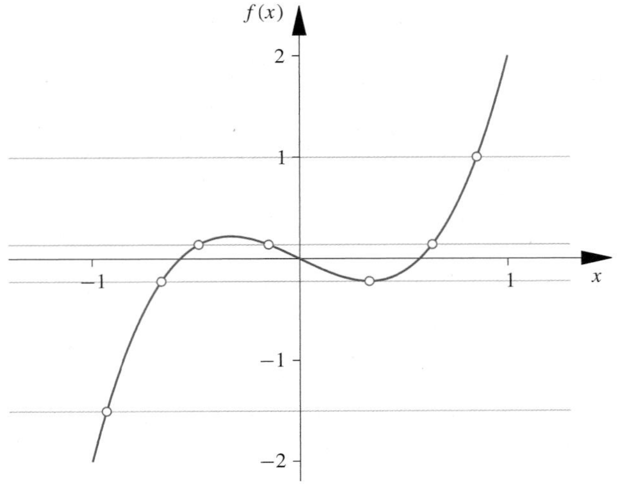

Abb. 7.28 Jeder Funktionswert zwischen −2 und 2 wird bei dem Polynom $f(x) = 3x^3 - x$ im Intervall $[-1, 1]$ angenommen

Teil II

Anwendung: Experimentelle Bestimmung der Erdbeschleunigung

Als einfaches Beispiel eines naturwissenschaftlichen Experiments soll die Erdbeschleunigung aus verschiedenen Messungen bestimmt werden. Dabei unterlaufen natürlich Messfehler. Wie kommt man trotzdem auf ein sinnvolles Ergebnis?

Nach dem 2. Newton'schen Axiom besteht ein linearer Zusammenhang zwischen der Masse m eines Körpers und der zugehörigen Gewichtkraft F,

$$F = g\,m.$$

Die Proportionalitätskonstante g ist die *Erdbeschleunigung*, ihre Einheit ist $[\mathrm{m/s^2}]$. Als Folge der Erdrotation und der Tatsache, dass die Erde keine perfekte homogene Kugel ist, ist die Größe g nicht überall auf der Erde identisch, sondern von Ort zu Ort unterschiedlich. Es macht also Sinn, sie für einen bestimmten Ort experimentell zu bestimmen.

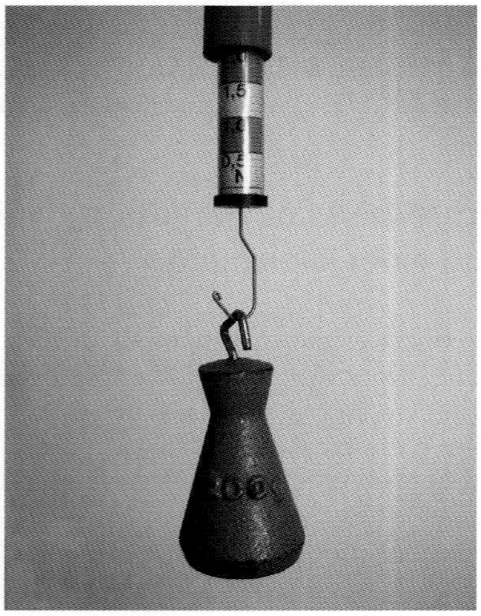

Hierfür wird eine Reihe von Experimenten durchgeführt, indem für Körper unterschiedlicher Masse ihre Gewichtskraft gemessen wird. Als Quotienten von Kraft und Masse erhalten wir dann einen experimentellen Wert für g. Die folgende Tabelle gibt typische Messergebnisse wieder.

m [kg]	F [N]	$g = F/m$ [m/s²]
0.050	0.4 875	9.75
0.100	0.9 810	9.81
0.200	2.0 200	10.10
0.500	4.9 200	9.84
1.000	9.7 900	9.79

Durch Messung ergaben sich 5 verschiedene Werte. Wie kommen wir nun auf einen wahrscheinlich richtigen Wert für g?

Ein erster Ansatz wäre, das arithmetische Mittel aller 5 Messergebnisse zu bestimmen,

$$g = \frac{9.75 + 9.81 + 10.10 + 9.84 + 9.79}{5} \approx 9.86.$$

Allerdings fällt auf, dass vier der fünf Messergebnisse relativ nahe beieinanderliegen. Der Ausreißer bei 200 g hat aber beim arithmetischen Mittel einen großen Einfluss.

Um den Einfluss des Ausreißers zu begrenzen, wählt man einen anderen Ansatz und formuliert das Problem als Optimierungsaufgabe: Wir stellen die Funktion $f : \mathbb{R}_{>0} \to \mathbb{R}$ auf mit

$$\begin{aligned} f(g) = {} & |g - 9.75| + |g - 9.81| + |g - 10.10| \\ & + |g - 9.84| + |g - 9.79|, \end{aligned}$$

d. h., wir berechnen zu jedem möglichen Wert g die Summe der Unterschiede zu jedem einzelnen Messergebnis. Jetzt versuchen wir diese Funktion zu minimieren, etwa auf dem Intervall $[9.5, 10.5]$, in dem ja alle Messergebnisse liegen.

Die Funktion f ist als Summe von Beträgen von Polynomen eine stetige Funktion, das betrachtete Intervall ist kompakt, also existiert ein globales Minimum von f. Um es zu bestimmen, zeichnen wir den Graphen von f.

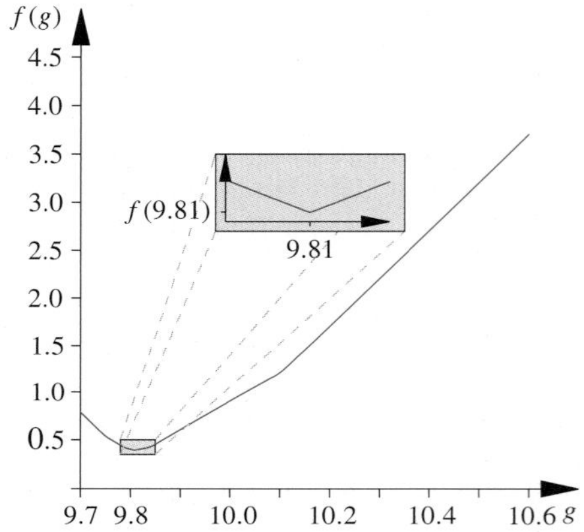

Das globale Minimum liegt also bei $g \approx 9.81$. Dies entspricht viel mehr der Erwartung, dass der korrekte Wert vor allem durch die 4 dicht beieinanderliegenden Messergebnisse wiedergegeben wird.

Wir haben das Minimum grafisch bestimmt. In diesem Beispiel wäre auch eine rechnerische Bestimmung möglich. Beachten Sie aber, dass Methoden zur Bestimmung von Extrema, die Sie vielleicht aus der Schule kennen (Stichwort waagerechte Tangente), nicht greifen: Der Graph von f hat im Minimum eine Ecke, es gibt also gar keine Tangente.

Dies ist nur ein sehr einfaches Beispiel für ein Problem, das im Leben eines Ingenieurs oder Naturwissenschaftlers immer wieder auftritt. Im Kapitel über Optimierung und vor allem im Teil VI des Buches, der der Statistik gewidmet ist, werden wir die Problematik wieder aufgreifen und auch erklären, in welchem Sinn der hier gewählte Ansatz tatsächlich besser ist, als das arithmetische Mittel zu wählen.

Beispiel: Situationen bei der Lösung von Optimierungsaufgaben

Für eine stetige Funktion $f : D \to \mathbb{R}$ mit $D \subset \mathbb{R}$ soll die Optimierungsaufgabe

$$\text{minimiere} \quad f(x) \quad \text{für } x \in D$$

untersucht werden. Welche typischen Fälle gibt es? Muss es eine Lösung geben?

Problemanalyse und Strategie Ziel ist es, einfache Situationen zu identifizieren, in denen die Lösung der Optimierungsaufgabe angegeben werden kann. Andererseits werden wir uns Fälle überlegen, in denen es keine Lösung gibt.

Lösung Zunächst betrachten wir den Fall, dass D ein abgeschlossenes Intervall $[a, b]$ ist und f streng monoton fällt.

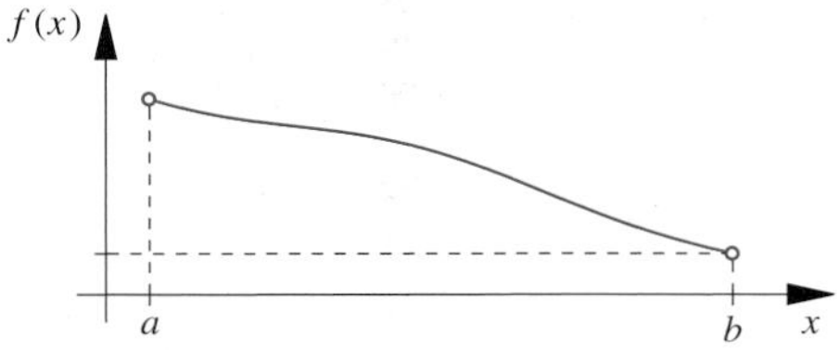

Aus dem Graphen wird sofort klar, dass in diesem Fall die Optimierungsaufgabe eine Lösung besitzt: das Minimum wird am rechten Rand des Intervalls b angenommen.

Als zweiten Fall sei nun $D = [a, \infty)$, also nach rechts unbeschränkt. Dann besitzt ein streng monoton fallendes f kein Minimum, die Optimierungsaufgabe also keine Lösung. Dies gilt auch, wenn f nach unten beschränkt ist, wie in der folgenden Abbildung.

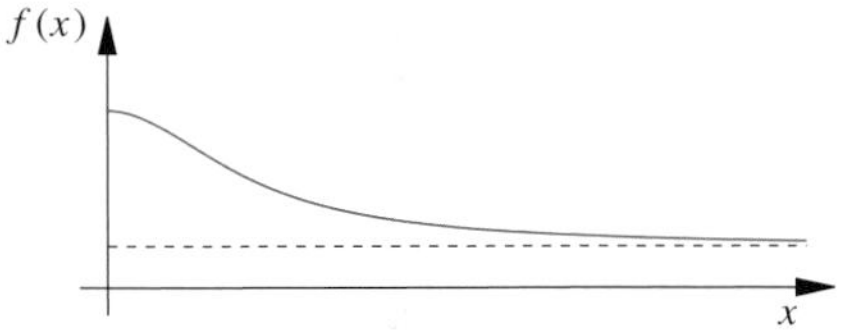

Falls f nicht streng monoton ist, kann es auch im Inneren von D Lösungen der Optimierungsaufgabe geben. In der Abbildung links ist die einfachste Situation dargestellt: D ist wieder ein abgeschlossenes Intervall, und es gibt eine eindeutig bestimmte Lösung der Minimierungsaufgabe.

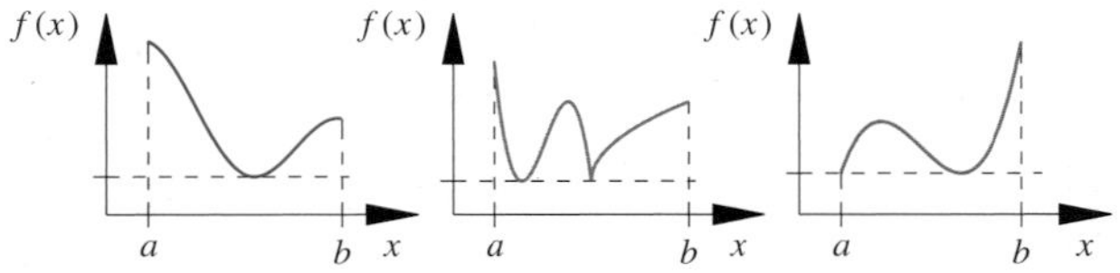

In den Abbildungen in der Mitte und rechts gibt es dagegen zwei Lösungen der Minimierungsaufgabe. Dabei können diese Lösungen sowohl im Innern als auch am Rand liegen.

Neben den bisher betrachteten *globalen* Extrema gibt es auch sogenannte *lokale* Extrema: Dies sind Stellen, die eine Lösung der Optimierungsaufgabe wären, wenn man die Funktion nur in einer kleinen Umgebung dieser Stelle betrachtet. Die Abbildung zeigt zwei solcher lokalen Minima – nur eines davon ist ein globales Minimum.

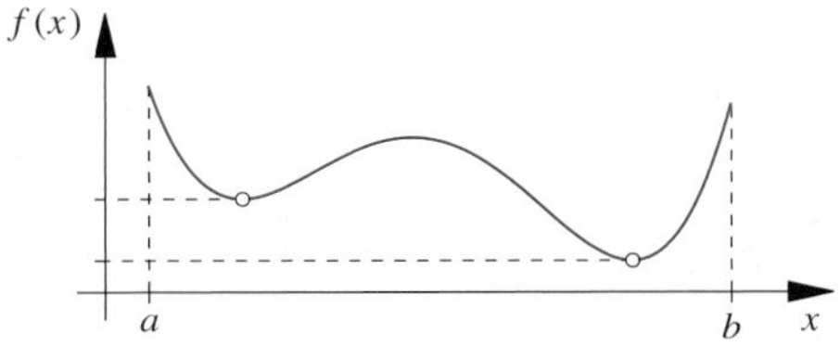

Kommentar Als Fazit halten wir fest: Sofern Extrema existieren, können sie sowohl

- auf dem Rand des Definitionsbereichs oder
- im Innern des Definitionsbereichs

liegen. Es müssen stets beide Fälle untersucht werden. ◄

stetige Funktion. In der Abbildung ist auch gut zu erkennen, dass das Maximum bzw. das Minimum von f in den beiden Randpunkten 1 bzw. -1 angenommen wird. Das Bild von f ist $[-2, 2]$.

Wir wählen jetzt eine beliebige Stelle $y \in [-2, 2]$ auf der vertikalen Achse aus und zeichnen eine horizontale Gerade durch diese Stelle. In der Abbildung ist das für verschiedene Werte von y durchgeführt worden. Egal, welches y man wählt, stets schneidet die horizontale Gerade den Graphen von f – manchmal in einem, manchmal aber auch in zwei oder drei Punkten. Insgesamt aber können wir festhalten: Stets gibt es ein $x \in [-1, 1]$ mit $f(x) = y$. ◄

Tatsächlich können wir diese Aussage ganz allgemein zeigen, und wollen dies auch gleich tun. Dabei werden zwei Voraussetzungen entscheidend sein: dass f eine stetige Funktion ist und dass f ein abgeschlossenes Intervall als Definitionsbereich hat.

Zwischenwertsatz von Bolzano

Die Funktion $f : [a, b] \to \mathbb{R}$ soll stetig sein und besitzt daher eine Minimalstelle x^- und eine Maximalstelle x^+ auf $[a, b]$. Es gibt dann für jedes $y \in [f(x^-), f(x^+)]$ eine Zahl $\hat{x} \in [a, b]$ mit

$$f(\hat{x}) = y.$$

Beispiel: Extremalwerte bei einer Funktion über $\mathbb{C}$

Hat die Funktion $f : D \to \mathbb{R}$ mit $D = \{z \in \mathbb{C} \mid |z| \leq 1\}$ und

$$f(z) = |\mathrm{Im}((2 - \mathrm{i})z)|$$

globale Extrema? Falls es Extremalstellen gibt, sollen diese berechnet werden.

Problemanalyse und Strategie Zunächst werden wir uns eine untere und eine obere Schranke für die Funktionswerte von f überlegen. Danach werden explizit Stellen angeben, an denen f diese Schranken als Funktionswert hat. Dies müssen dann Extremalstellen sein.

Lösung Die Definitionsmenge D ist gerade die abgeschlossene Einheitskreisscheibe in der komplexen Zahlenebene. In der Abbildung wird sie durch die blaue Kreislinie begrenzt. Da D beschränkt und abgeschlossen ist, ist D auch kompakt. Die Funktion f ist stetig. Also nimmt f auf D sein Maximum und Minimum an.

Die Funktionswerte von f sind Beträge von irgendwelchen Zahlen, insbesondere gilt also $f(z) \geq 0$ für alle $z \in D$. Damit haben wir eine untere Schranke gefunden.

Ferner gilt für alle $z \in D$ die Abschätzung

$$f(z) \leq |(2 - \mathrm{i})z| = |2 - \mathrm{i}|\,|z| = \sqrt{5}\,|z|.$$

Da $|z| \leq 1$ ist für alle $z \in D$ folgt also $f(z) \leq \sqrt{5}$ für alle $z \in D$. Dies ist die obere Schranke.

Es ist leicht, die Stelle zu finden, in der die untere Schranke als Funktionswert angenommen wird: Dies ist zum Beispiel in $z_0 = 0$ der Fall. Es gibt sogar unendlich viele solche Stellen, in der Abbildung kennzeichnet die rote Strecke alle Minimalstellen.

Wir suchen jetzt noch eine Stelle $z_0 \in D$ mit $f(z_0) = \sqrt{5}$. Wir nehmen an, dass es tatsächlich eine solche Stelle gibt. Da $f(z) = f(-z)$ ist, nehmen wir zusätzlich an, dass $\mathrm{Im}(z_0) \geq 0$ ist. Dann muss mit der Abschätzung von oben gelten

$$\sqrt{5} = f(z_0) \leq \sqrt{5}\,|z_0|.$$

Es folgt also $|z_0| = 1$.

Ferner gilt

$$\begin{aligned}\mathrm{Im}((2 - \mathrm{i})z_0) &= \frac{1}{2\mathrm{i}}\left((2 - \mathrm{i})\,z_0 - (2 + \mathrm{i})\,\overline{z_0}\right)\\ &= \frac{1}{2\mathrm{i}}\left(2(z_0 - \overline{z_0}) - \mathrm{i}(z_0 + \overline{z_0})\right)\\ &= 2\,\mathrm{Im}(z_0) - \mathrm{Re}(z_0).\end{aligned}$$

Wir setzen $z_0 = x + \mathrm{i}y$. Es folgt

$$5 = (f(z_0))^2 = 4y^2 - 4xy + x^2$$

und daher durch Auflösen nach $-4xy$ und abermaliges Quadrieren

$$16x^2y^2 = (5 - x^2 - 4y^2)^2.$$

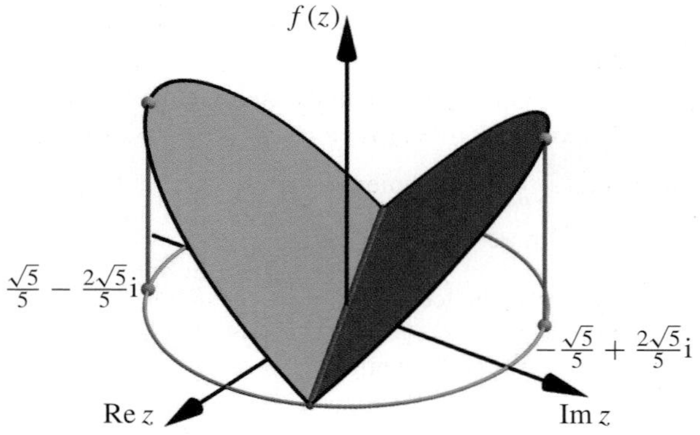

Da $|z_0| = 1$ ist, folgt $x^2 = 1 - y^2$. Dies eingesetzt liefert

$$\begin{aligned} 16x^2 - 16x^4 &= (5 - x^2 - 4 + 4x^2)^2,\\ \text{also}\quad 25x^4 - 10x^2 + 1 &= 0,\\ \text{und daher}\quad (5x^2 - 1)^2 &= 0.\end{aligned}$$

Es muss also $x = \pm\sqrt{5}/5$ sein und somit $y = 2\sqrt{5}/5$. Wir setzen diese beiden Werte in f ein:

$$\begin{aligned} f\left(\frac{\sqrt{5}}{5} + \frac{2\sqrt{5}}{5}\mathrm{i}\right) &= \left|\mathrm{Im}\left((2 - \mathrm{i})\left(\frac{\sqrt{5}}{5} + \frac{2\sqrt{5}}{5}\mathrm{i}\right)\right)\right|\\ &= \left|\mathrm{Im}\left(\frac{4\sqrt{5}}{5} + \frac{3\sqrt{5}}{5}\mathrm{i}\right)\right| = \frac{3\sqrt{5}}{5},\\ f\left(-\frac{\sqrt{5}}{5} + \frac{2\sqrt{5}}{5}\mathrm{i}\right) &= \left|\mathrm{Im}\left((2 - i)\left(-\frac{\sqrt{5}}{5} + \frac{2\sqrt{5}}{5}\mathrm{i}\right)\right)\right|\\ &= \left|\mathrm{Im}\left(\frac{5\sqrt{5}}{5}\mathrm{i}\right)\right| = \sqrt{5}.\end{aligned}$$

Also ist eine Maximalstelle $z_0 = -\frac{\sqrt{5}}{5} + \frac{2\sqrt{5}}{5}\mathrm{i}$. Diese, und die außerdem existierende zweite Maximalstelle $-z_0$, sind in der Abbildung als graue Punkte eingezeichnet.

Selbstfrage 5

Überlegen Sie sich Beispiele dafür, dass der Zwischenwertsatz nicht gilt, wenn

- $f : [a, b] \to \mathbb{R}$ nicht stetig ist,
- $f : D \to \mathbb{R}$ stetig ist, aber $D = (a, b)$ ein offenes Intervall ist,
- $f : D \to \mathbb{R}$ stetig und D kompakt, aber kein abgeschlossenes Intervall ist.

Beweis Wir starten mit einer beliebigen stetigen Funktion $f : [a, b] \to \mathbb{R}$. Da $[a, b]$ kompakt ist, nimmt f sein Maximum und sein Minimum an. Es gibt also eine Minimalstelle x^- und eine Maximalstelle x^+ in $[a, b]$. Ferner wählen wir noch $y \in [f(x^-), f(x^+)]$ beliebig.

Wir untersuchen nun die drei Fälle $y = f(a)$, $y > f(a)$ und $y < f(a)$. Im ersten Fall $y = f(a)$ ist der Beweis bereits beendet.

Im zweiten Fall $y > f(a)$ definieren wir die Menge

$$A = \{x \in [a, x^+] \,|\, f(x) \leq y\}.$$

Die Menge A ist nicht leer, denn sie enthält a. Sie ist auch beschränkt, denn es ist $A \subseteq [a, x^+]$. Schließlich ist A abgeschlossen, denn für eine konvergente Folge (x_n) in A gilt auch $\lim\limits_{n\to\infty} x_n \in A$.

Insgesamt haben wir also jetzt gezeigt, dass A kompakt ist. Das bedeutet, dass A sein Maximum enthält, das wir mit $\hat{x}$ bezeichnen. Es gilt also auf jeden Fall $f(\hat{x}) \leq y$.

Wir nehmen nun $f(\hat{x}) < y$. Nach der Folgerung aus der Existenz von Extrema auf S. 227 gibt es dann ein offenes Intervall, dass $\hat{x}$ enthält und auf dem $f(x) < y$ gilt. Dieses Intervall enthält dann aber auch Stellen, die größer sind als $\hat{x}$ – wir erhalten einen Widerspruch dazu, dass $\hat{x}$ das Maximum von A ist. Es muss also $f(\hat{x}) = y$ sein.

Der Beweis im Fall $y < f(a)$ funktioniert vom Prinzip her genauso. Man definiert hier die Menge

$$B = \{x \in [a, x^-] \,|\, f(x) \geq y\}$$

und untersucht deren Maximum. ■

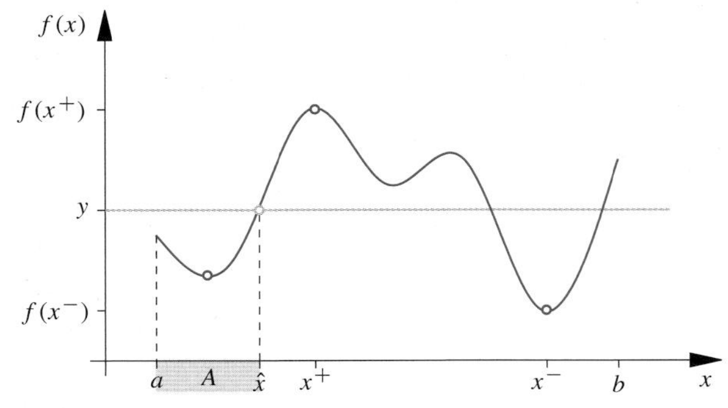

Abb. 7.29 Die Konstruktion der Menge A im Beweis des Zwischenwertsatzes

Kommentar Man kann die Aussage des Zwischenwertsatzes auch so formulieren, dass bei einer stetigen Funktion jeder Wert zwischen ihrem Maximum und ihrem Minimum als Funktionswert angenommen wird. ◀

Anwendungsbeispiel Der Zwischenwertsatz hat viele Anwendungen bei Betrachtungen zu Durchschnittswerten. Als Aufgabenstellung betrachten wir folgendes Problem: Ein Flugzeug legt in einer Stunde eine Strecke von 240 km zurück. Gibt es eine Minute, in der es exakt 4 km zurücklegt?

Zur Beantwortung betrachten wir die Funktion $f : [0{,}59] \to \mathbb{R}$, die jedem t diejenige Strecke $f(t)$ zuordnet, die das Flugzeug im Zeitintervall $[t, t + 1]$ zurücklegt. Die Aufgabenstellung macht die Annahme plausibel, dass diese Funktion stetig ist.

Wäre nun $f(t) > 4$ für alle $t \in [0, 59]$, so würde das Flugzeug eine Strecke von mehr als 240 km zurücklegen. Es gibt also ein t_1 mit $f(t_1) \leq 4$. Genauso überlegen wir uns, dass es ein t_2 mit $f(t_2) \geq 4$ gibt. Der Zwischenwertsatz liefert nun, dass es einen Wert t_0 mit $f(t_0) = 4$ geben muss. In der Minute von t_0 bis $t_0 + 1$ legt das Flugzeug also genau 4 km zurück. ◀

Der Nullstellensatz ist ein Spezialfall des Zwischenwertsatzes

Häufig wird eine andere Formulierung des Zwischenwertsatzes verwendet, die ein klein wenig spezieller ist. Hierfür erinnern wir zunächst daran, dass eine **Nullstelle** einer Funktion $f : D \to W$ eine Zahl $x \in D$ mit $f(x) = 0$ ist.

Nullstellensatz

Für eine stetige Funktion $f : [a, b] \to \mathbb{R}$ gelte $f(a) \cdot f(b) < 0$. Dann gibt es eine Nullstelle von f im Intervall $[a, b]$.

Die Voraussetzung $f(a) \cdot f(b) < 0$ besagt nur, dass f an diesen beiden Stellen unterschiedliche Vorzeichen hat, d. h., die Zahl 0 liegt zwischen $f(a)$ und $f(b)$. Beim Nullstellsatz handelt es sich also um einen Spezialfall des Zwischenwertsatzes.

Beispiel Eine typische Anwendung des Nullstellensatzes ist es, die Nullstellen von Polynomen zu finden. Betrachten wir etwa die Polynomfunktion $p : [-2, 2] \to \mathbb{R}$ mit

$$p(x) = x^5 - 3x^4 - \frac{10}{3}x^3 + 10x^2 + x - 3.$$

Die Frage ist: Wie viele Nullstellen besitzt die Funktion p?

Wir nützen aus, dass wir das Polynom für beliebige $x \in \mathbb{R}$ auswerten können, nicht nur für Zahlen aus $[-2, 2]$. Damit können wir eine Wertetabelle aufstellen:

Stelle	-3	-2	-1	0	1	2	3
Wert	-312	$-\frac{55}{3}$	$\frac{16}{3}$	-3	$\frac{8}{3}$	$-\frac{11}{3}$	0

Übersicht: Sätze über Funktionen mit kompaktem Definitionsbereich und Gegenbeispiele

Die Sätze aus dem Abschn. 7.6 haben gemeinsam, dass ihre Voraussetzungen *scharf* sind: Stets findet man ein Gegenbeispiel für die Aussage, wenn nur ein kleiner Teil der Annahmen nicht erfüllt ist. Hier sind typische Fälle zusammengetragen.

Existenz von Extrema

- Stetige Funktion mit kompakten Definitionsbereich:

$$f : [1, 3] \to \mathbb{R}, \quad f(x) = \frac{1}{x}$$

Der Satz gilt, Maximum und Minimum werden angenommen.

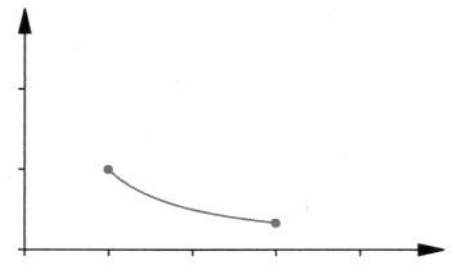

- Stetige Funktion mit beschränktem Definitionsbereich, nicht abgeschlossen:

$$f : (0, 1) \to \mathbb{R}, \quad f(x) = \frac{1}{x}$$

Das Maximum wird nicht angenommen.

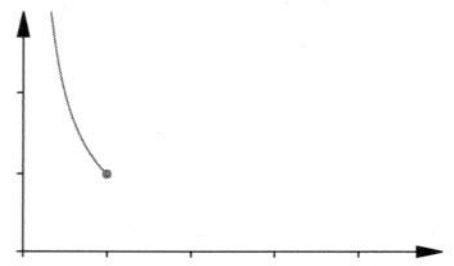

- Stetige Funktion mit abgeschlossenem Definitionsbereich, nicht beschränkt:

$$f : [1, \infty) \to \mathbb{R}, \quad f(x) = \frac{1}{x}$$

Das Minimum wird nicht angenommen.

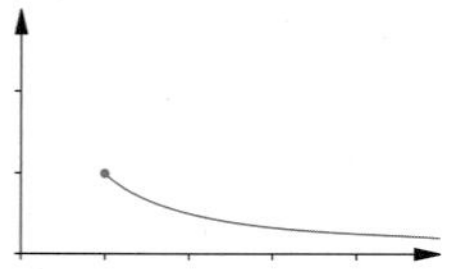

- Stetige Funktion, Definitionsbereich weder abgeschlossen noch beschränkt:

$$f : (0, \infty) \to \mathbb{R}, \quad f(x) = \frac{1}{x}$$

Weder Maximum noch Minimum werden angenommen.

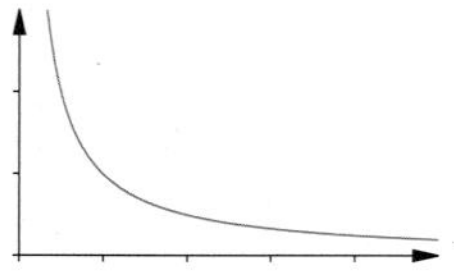

- Definitionsbereich kompakt, aber unstetige Funktion:

$$f : [1, 3] \to \mathbb{R}, \quad f(x) = \begin{cases} x & 1 \leq x < 2 \\ 1 & 2 \leq x \leq 3 \end{cases}$$

Das Maximum wird nicht angenommen.

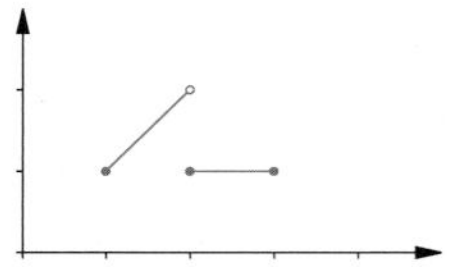

Zwischenwertsatz

- Stetige Funktion mit abgeschlossenem Intervall als Definitionsbereich:

$$f : [1, 3] \to \mathbb{R}, \quad f(x) = x^2$$

Der Satz gilt, jeder Zwischenwert wird angenommen.

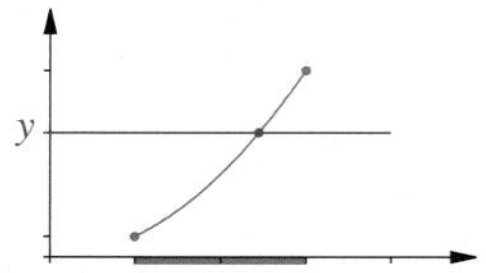

- Stetige Funktion, Definitionsbereich kein abgeschlossenes Intervall:

$$f : [1, 2] \cup [4, 5] \to \mathbb{R}, \quad f(x) = x^2$$

Der Wert 9 wird nicht angenommen.

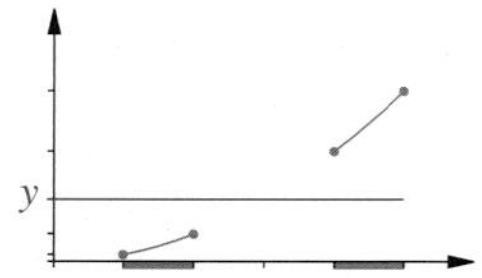

- Definitionsbereich abgeschlossenes Intervall, aber Funktion nicht stetig:

$$f : [1, 3] \to \mathbb{R}, \quad f(x) = \begin{cases} x^2 & 1 \leq x \leq 2 \\ \frac{1}{2} & 2 < x \leq 3 \end{cases}$$

Der Wert $3/4$ wird nicht angenommen.

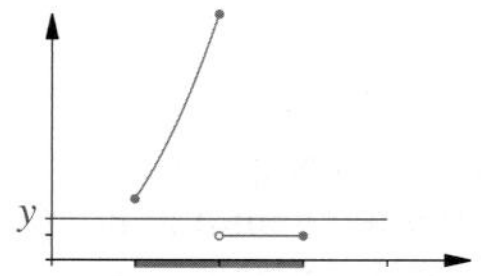

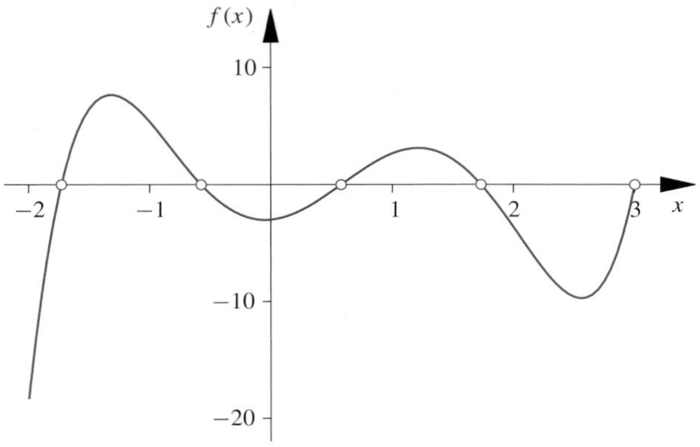

Abb. 7.30 Die Nullstellen des Polynoms $p(x) = x^5 - 3x^4 - \frac{10}{3}x^3 + 10x^2 + x - 3$. Es gibt genau 4 Nullstellen im Intervall $[-2, 2]$

Eine Nullstelle haben wir also bereits gefunden, an der Stelle 3. Diese liegt aber außerhalb des Definitionsbereichs. Allerdings kann ein Polynom vom Grad 5 höchstens 5 Nullstellen besitzen, also bleiben maximal 4 im Intervall $[-2, 2]$ übrig.

Nun kommt der Nullstellensatz ins Spiel: Zwischen -2 und -1 wechselt p das Vorzeichen, also liegt dazwischen mindestens eine Nullstelle (vergleiche auch die Abb. 7.30. Genauso zwischen -1 und 0, zwischen 0 und 1 sowie zwischen 1 und 2. Also liegen auch mindestens 4 Nullstellen im Intervall $[-2, 2]$. Insgesamt folgt also, dass die Funktion p insgesamt 4 Nullstellen besitzt. ◀

Kommentar Die Sätze, die wir in diesem Abschnitt kennengelernt haben, haben eine Gemeinsamkeit: Sie machen nur eine Aussage, dass es bestimmte Zahlen (Extremstellen, Nullstellen) gibt, wir erhalten aber kaum Informationen über die Lage dieser Zahlen, wie wir sie berechnen können oder wie viele es gibt. Man nennt solche Aussagen *Existenzsätze*.

Der hauptsächliche Wert von Existenzsätzen ist theoretischer Natur: Wir können diese Aussagen in Beweisen verwenden, um andere Aussagen herzuleiten. Aber auch für viele numerische Berechnungsverfahren muss man vor der Anwendung wissen, dass eine Lösung existiert. Sonst liefert der Computer einem vielleicht irgendetwas zufälliges als Ergebnis, das mit dem eigentlichen Problem nichts zu tun hat. Schließlich kann man auch manchmal durch geschicktes Anwenden von Existenzaussagen ein Berechnungsverfahren entwickeln. Die Anwendung auf S. 234 liefert ein Beispiel dafür. ◀

Der Fundamentalsatz der Algebra: Jedes komplexe Polynom vom Grad n ist ein Produkt von genau n Linearfaktoren

Mit dem letzten Satz dieses Kapitels, dem *Fundamentalsatz der Algebra* wollen wir aber noch einmal unterstreichen, wie tragfähig die in diesem Kapitel gewonnen Aussagen tatsächlich sind. Der Name *Fundamentalsatz* deutet bereits darauf hin, dass es sich bei dieser Aussage um einen besonders bedeutenden Satz handelt. Um so erstaunlicher ist es, dass wir ihn mit den bisher gewonnen Mitteln bereits beweisen können. Der Satz garantiert die Existenz von Nullstellen von Polynomen im Komplexen.

Fundamentalsatz der Algebra

Jedes Polynom $p : \mathbb{C} \to \mathbb{C}$ vom Grad $n \geq 1$ besitzt mindestens eine Nullstelle.

Wichtig bei dieser Aussage ist natürlich, dass wir im Komplexen arbeiten müssen. Es ist ja hinlänglich bekannt, dass eine quadratische Gleichung im Reellen eben keine Lösung zu haben braucht. Sehr wohl gibt es aber immer Lösungen im Komplexen. Zum Beispiel gilt

$$x^2 + 1 = (x + \mathrm{i})(x - \mathrm{i}),$$

es ist keine reelle Nullstelle vorhanden, aber die komplexen Nullstellen $\pm\mathrm{i}$.

Aus dem Kap. 4 wissen wir bereits, dass für eine Nullstelle z_0 stets ein Linearfaktor aus dem Polynom ausgeklammert werden kann,

$$p(z) = (z - z_0)\, q(z),$$

wobei q einen um eins geringeren Grad als p besitzt. Der Fundamentalsatz sagt nun aus, dass auch q wieder eine Nullstelle besitzt, solange es noch nicht eine Konstante ist. Wie verträgt sich dies damit, dass manche Polynome nur eine einzige Nullstelle haben? Die Antwort ist, dass natürlich auch q wieder z_0 als Nullstelle besitzen kann. Es folgt, dass man bei Verwendung von komplexen Zahlen, ein Polynom vom Grad n stets als ein Produkt von n Linearfaktoren schreiben kann,

$$p(z) = (z - z_0)(z - z_1) \cdots (z - z_{n-1}),$$

wobei die Nullstellen $z_j \in \mathbb{C}$ nicht alle verschieden sein müssen. Kommt eine Nullstelle mehrfach vor, so spricht man von **mehrfachen Nullstellen** (etwa doppelte Nullstelle, dreifache Nullstelle, ...). Die Anzahl der Faktoren, die dieselbe Nullstelle enthalten, nennt man auch **algebraische Häufigkeit** dieser Nullstelle.

Der Beweis des Fundamentalsatzes ist geprägt von vielen technisch schwierigen Rechnungen und Abschätzungen. Wir wollen ihn daher nur als optionale Vertiefung anführen. Das Grundgerüst ist aber leicht zu verstehen, und man kann erkennen, dass hier nur die Aussagen dieses Kapitels Anwendung finden.

- Statt p selbst betrachten wir $|p|$. Dies ist eine stetige Funktion auf ganz $\mathbb{C}$.
- Man überlegt sich, dass das Minimum von $|p|$ existiert und innerhalb einer bestimmten kompakten Menge liegen muss. Hier findet der Satz von der Existenz des globalen Minimums einer Funktion Anwendung.
- Man zeigt nun durch einen indirekten Beweis, dass das Minimum von $|p|$ die Zahl 0 ist. Damit haben wir eine Nullstelle von p gefunden.

Teil II

Anwendung: Das Bisektionsverfahren

Der Nullstellensatz garantiert die Existenz einer Nullstelle einer Funktion in einem Intervall, falls die Funktion stetig ist und die Funktionswerte an den Endpunkten des Intervalls unterschiedliche Vorzeichen haben. Es ist möglich, auf der Grundlage dieses Satzes ein Verfahren anzugeben, das Nullstellen tatsächlich bestimmen kann.

Wir untersuchen eine reellwertige, stetige Funktion der Form $f : [a, b] \to \mathbb{R}$, für die $f(a) \cdot f(b) < 0$ gelten soll. Es sind damit genau die Voraussetzungen des Nullstellensatzes erfüllt. Wir wissen also, dass es eine Nullstelle $\hat{x}$ von f im Intervall $[a, b]$ gibt. Allerdings ist es natürlich auch möglich, dass mehrere Nullstellen existieren, wie die Abbildung illustriert.

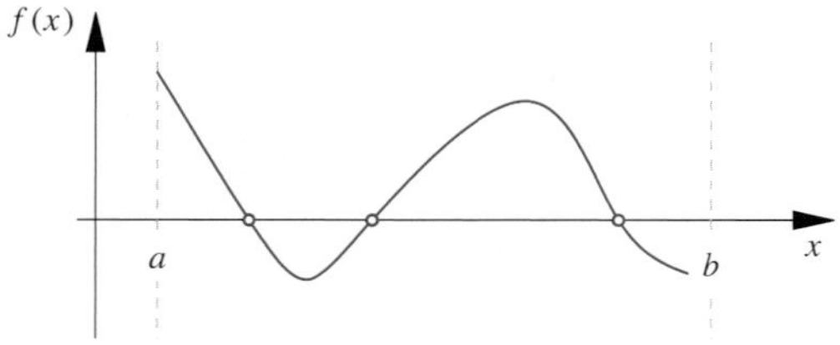

Wir betrachten nun den Mittelpunkt des Intervalls,

$$x_1 = \frac{a+b}{2}.$$

Es gibt drei Fälle: Am einfachsten ist der Fall $f(x_1) = 0$. Dann haben wir schon eine Nullstelle gefunden. Die anderen beiden Fälle sind diejenigen, dass $f(x_1)$ dasselbe Vorzeichen hat wie $f(b)$ oder aber dasselbe wie $f(a)$. Falls das erste zutrifft, muss eine Nullstelle von f im Intervall $[a, x_1]$ liegen, im zweiten Fall im Intervall $[x_1, b]$. Wir haben also das Intervall halbiert, und können jetzt dieselbe Überlegung für das halbierte Intervall durchführen. Damit erhalten wir den folgenden Algorithmus:

1. Starte mit dem Intervall $[x_j, y_j]$, sodass $f(x_j) \cdot f(y_j) < 0$ gilt. Zu Anfang des Verfahrens ($j = 0$) ist dies gerade das Intervall $[a, b]$.
2. Berechne $m_j = (x_j + y_j)/2$.
3. Ist $f(m_j) = 0$, so haben wir eine Nullstelle gefunden.
4. Ist $f(x_j) \cdot f(m_j) < 0$, so setze
$$x_{j+1} = x_j \quad \text{und} \quad y_{j+1} = m_j.$$
5. Andernfalls gilt $f(y_j) \cdot f(m_j) < 0$. Setze dann
$$x_{j+1} = m_j \quad \text{und} \quad y_{j+1} = y_j.$$
6. Erhöhe j um eins und starte wieder bei Schritt 2.

Da dieses Verfahren auf der Halbierung von Intervallen beruht, nennt man es Intervallhalbierungs- oder *Bisektionsverfahren*. Auch der Name *Intervallschachtelung* ist dafür üblich.

Wir wollen nun annehmen, dass das Verfahren nie im 3. Schritt abbricht. Dann konstruieren wir auf diese Weise 2 Folgen (x_j) und (y_j). Mithilfe der Abbildung wird klar, dass diese die Eigenschaft

$$a = x_0 \le x_1 \le \cdots \le x_j \le y_j \le \cdots \le y_1 \le y_0 = b$$

für alle $j \in \mathbb{N}$ erfüllen.

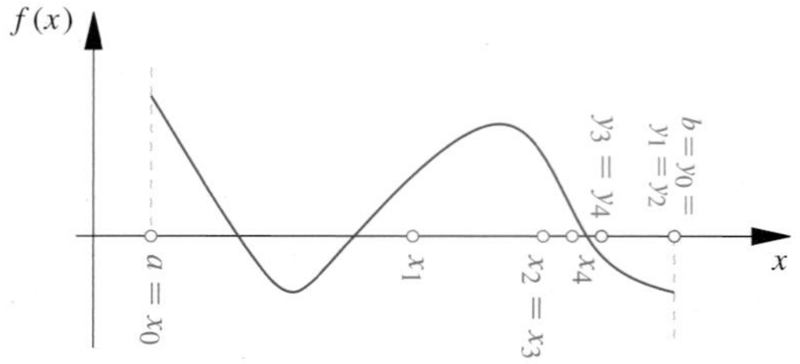

Mit dem Monotoniekriterium für Folgen (S. 191) sehen wir also, dass sowohl die Folge (x_j) als auch die Folge (y_j) konvergiert. Außerdem kann man durch vollständige Induktion schnell zeigen, dass

$$y_j - x_j = \left(\frac{1}{2}\right)^j (b-a)$$

ist. Damit folgt $\lim\limits_{j\to\infty} x_j = \lim\limits_{j\to\infty} y_j$. Wir nennen diesen Grenzwert $\hat{x}$ und sehen, dass sowohl $f(\hat{x}) \ge 0$ also auch $f(\hat{x}) \le 0$ gelten muss. Also ist $\hat{x}$ eine Nullstelle von f. Auch die Folge (m_j) der Intervallmittelpunkte konvergiert gegen $\hat{x}$, und es gilt die Abschätzung

$$|\hat{x} - m_j| \le \left(\frac{1}{2}\right)^j (b-a).$$

Wir wollen das Verfahren auf die Funktion $f : [1, 2] \to \mathbb{R}$, $f(x) = x^2 - 2$ anwenden. Die Funktion f hat genau eine Nullstelle, nämlich bei $\sqrt{2}$. Es ergeben sich folgende Werte für die Intervallmittelpunkte.

j	m_j	$f(m_j)$	$(1/2)^j\,(b-a)$
0	1.500 00	0.250 00	1.000 0
1	1.250 00	−0.437 50	0.500 0
2	1.375 00	−0.109 38	0.250 0
3	1.437 50	0.066 41	0.125 0
4	1.406 25	−0.022 46	0.062 5
5	1.421 88	0.021 73	0.031 3
6	1.414 06	−0.000 43	0.015 6

Es müssen bereits 6 Schritte durchgeführt werden, um zum ersten Mal zwei richtige Dezimalstellen hinterm Komma im Ergebnis zu erhalten. Wenn Sie diese Konvergenzgeschwindigkeit mit der des Heron-Verfahrens (S. 189) vergleichen, stellen Sie fest, dass das Bisektionsverfahren sehr langsam konvergiert. Zur *schnellen* Berechnung von Nullstellen ist es daher nicht geeignet. Es hat aber einen entscheidenden Vorteil gegenüber anderen Verfahren zur Nullstellenberechnung, die wir später im Buch noch besprechen werden: Sofern im Anfangsintervall eine Nullstelle von f liegt, konvergiert das Bisektionsverfahren mit Sicherheit.

Der Beweis des Fundamentalsatzes der Algebra verwendet die Sätze über stetige reellwertige Funktionen

Wir wollen nun noch den Beweis des Fundamentalsatzes der Algebra ausführlich durchführen. Wir schreiben das Polynom p in der Form

$$p(z) = \sum_{j=0}^{n} \alpha_j z^j$$

mit Koeffizienten $\alpha_j \in \mathbb{C}$. Wir können annehmen, dass $\alpha_n = 1$ ist, denn beim Teilen der Gleichung $p(z) = 0$ durch α_n würde sich an der Lage der Nullstelle nichts ändern.

Wir setzen nun $f(z) = |p(z)|$. Die Funktion $f : \mathbb{C} \to \mathbb{R}$ ist stetig und reellwertig. Wir wollen nun zeigen, dass $f(z) \geq f(0)$ ist, falls $|z|$ groß genug ist. Wir setzen $C = \max\{1, (2f(0))^{1/n}, 2\sum_{j=0}^{n-1} |\alpha_j|\}$ und betrachten z mit $|z| \geq C$. Die Konstante C ist gerade so geschickt gewählt, dass wir nun abschätzen können:

$$\begin{aligned} f(z) &= |z|^n \left| 1 + \sum_{j=0}^{n-1} \alpha_j z^{j-n} \right| \\ &\geq |z|^n \left(1 - \frac{1}{|z|} \sum_{j=0}^{n-1} \frac{|\alpha_j|}{|z|^{n-j-1}} \right) \\ &\overset{|z|\geq 1}{\geq} |z|^n \left(1 - \frac{1}{|z|} \sum_{j=0}^{n-1} |\alpha_j| \right) \\ &\overset{|z|\geq 2\sum_{j=0}^{n-1}|\alpha_j|\}}{\geq} |z|^n \left(1 - \frac{1}{2} \right) \\ &\overset{|z|\geq (2f(0))^{1/n}}{\geq} f(0) \end{aligned}$$

Aus dieser Rechnung folgt also, dass ein globales Minimum von f, falls es existiert, auf jeden Fall im Kreis $|z| \leq C$ angenommen wird. Dieser Kreis ist aber eine kompakte Menge. Da f stetig ist, folgt also aus dem Existenzsatz für globale Extrema, dass das Minimum von f im Kreis $|z| \leq C$ angenommen wird. Die zugehörige Minimalstelle bezeichnen wir mit $\hat{z}$.

Aus Kap. 4 wissen wir, dass wir das Polynom p um $\hat{z}$ entwickeln können, also als

$$p(z) = \beta_0 + \sum_{j=k}^{n} \beta_j (z - \hat{z})^j$$

schreiben. Hierbei ist k eine natürliche Zahl zwischen 1 und n, die so gewählt wird, dass $\beta_k \neq 0$ ist. Da p mindestens den Grad 1 hat, gibt es ein solches k auch sicherlich.

Wir wollen nun annehmen, dass p keine Nullstelle besitzt. Dann ist insbesondere auch $\beta_0 \neq 0$. Wir betrachten nun die Gleichung $z^k = -\beta_0/\beta_k$. Diese besitzt im Komplexen stets eine Lösung w.

Für ein $\varepsilon > 0$ können wir nun schreiben

$$\begin{aligned} p(\hat{z} + \varepsilon w) &= \beta_0 + \sum_{j=k}^{n} \beta_j (\varepsilon w)^j \\ &= \beta_0 + \varepsilon^k \beta_k w^k + \sum_{j=k+1}^{n} \beta_j (\varepsilon w)^j \\ &= \beta_0 - \varepsilon^k \beta_0 + \varepsilon^k \beta_0 \sum_{j=k+1}^{n} \frac{\beta_j}{\beta_0} \varepsilon^{j-k} w^j \\ &= \beta_0 \left[1 - \varepsilon^k \left(1 - \sum_{j=k+1}^{n} \frac{\beta_j}{\beta_0} \varepsilon^{j-k} w^j \right) \right]. \end{aligned}$$

Jeder Term in der Summe enthält mindestens den Faktor ε. Falls also ε klein genug gewählt wird, so gilt

$$\left| \sum_{j=k+1}^{n} \frac{\beta_j}{\beta_0} \varepsilon^{j-k} w^j \right| \leq \frac{1}{2}.$$

Damit wiederum erhalten wir

$$|p(\hat{z} + \varepsilon w)| \leq |\beta_0| \left(1 - \frac{\varepsilon^k}{2} \right) < |\beta_0| = |p(\hat{z})|.$$

Dies ist aber ein Widerspruch, denn $\hat{z}$ ist eine Minimalstelle von $|p|$. Also besitzt p mindestens eine Nullstelle.

Teil II

Zusammenfassung

Es gibt viele Notationen für Abbildungsvorschriften

Funktionen sind Abbildungen von Teilmengen der reellen oder komplexen Zahlen auf ebensolche Teilmengen. Um eine Funktion zu definieren, müssen immer Definitionsmenge, Wertemenge und Abbildungsvorschrift angegeben werden. Oft wird die Abbildungsvorschrift explizit angegeben, aber es gibt auch andere Möglichkeiten wie etwa eine implizite Definition durch eine Gleichung oder durch Angabe eines Algorithmus.

Wie auch bei Folgen gibt es beschränkte Funktionen, deren Bild innerhalb eines Kreises um den Ursprung liegt. Für reelle Funktionen ist auch der Begriff der Monotonie wichtig. Eine Funktion ist monoton, falls die Funktionswerte mit wachsendem Argument auch selbst wachsen bzw. fallen.

Jede streng monotone Funktion ist injektiv

Definition der Umkehrfunktion

Falls es zu einer Funktion $f : D \to W$ eine Funktion $g : W \to D$ gibt mit den Eigenschaften

$$g(f(x)) = x \quad \text{für alle } x \in D$$

und

$$f(g(y)) = y \quad \text{für alle } y \in W,$$

so nennt man g die **Umkehrfunktion** zu f. Man verwendet auch häufig die Schreibweise $g = f^{-1}$.

Der Graph einer reellen Funktion und ihrer Umkehrfunktion hängen eng zusammen. Man erhält den Graphen der Umkehrfunktion durch Spiegelung an der ersten Winkelhalbierenden.

Eine Funktion $f\colon D \to f(D)$ besitzt genau dann eine Umkehrfunktion, wenn sie injektiv ist. Insbesondere besitzt jede streng monotone Funktion eine Umkehrfunktion.

Grenzwerte für Funktionen und die Stetigkeit

Grenzwerte für Funktionen werden auf Grenzwerte für Folgen zurückgeführt. Es ist $\lim_{x\to\hat{x}} f(x) = y$, wenn für jede Folge (x_n) mit $x_n \to \hat{x}$ auch $f(x_n) \to y$ für $n \to \infty$ gilt.

Definition der Stetigkeit

Eine Funktion $f : D \to W$ heißt an der Stelle $\hat{x} \in D$ **stetig**, falls

$$\lim_{x\to\hat{x}} f(x) = f(\hat{x})$$

gilt. Ist f an jedem $x \in D$ stetig, so heißt f **auf** D **stetig**.

Beispiele für stetige Funktionen sind Polynome. Auch rationale Ausdrücke sind auf ihrem gesamten Definitionsbereich stetig.

Besitzt auch der Definitionsbereich einer stetigen Funktion noch besondere Eigenschaften, haben solche Funktionen besonders gutartige Eigenschaften.

Abgeschlossene Mengen besitzen keine Lücken und enthalten alle ihre Randpunkte

Ist eine abgeschlossene Menge zusätzlich noch beschränkt, so wird sie **kompakt** genannt. Eine kompakte Teilmenge der reellen Zahlen enthält stets ihr **Minimum** und ihr **Maximum.**

Eine stetige Funktion nimmt auf einer kompakten Menge ihr Maximum und ihr Minimum an

Eine reellwertige Funktion besitzt ein globales Minimum, falls ihr Bild ein Minimum besitzt. Analog ist das globale Maximum definiert. Die zugehörigen Werte für das Argument heißen Minimal- bzw. Maximalstellen.

Existenz globaler Extrema

Ist $f : D \to \mathbb{R}$ eine reellwertige, stetige Funktion mit kompaktem Definitionsbereich D, so nimmt f sowohl sein Maximum als auch sein Minimum auf D an.

Dieser Satz garantiert also, sofern seine Voraussetzungen erfüllt sind, die Lösbarkeit von Optimierungsaufgaben.

Um die Lösbarkeit einer Gleichung zu garantieren, muss man stetige Funktionen betrachten, die auf abgeschlossenen, beschränkten Intervallen definiert sind. Eine entsprechende Aussage macht dann der Zwischenwertsatz.

Zwischenwertsatz von Bolzano

Die Funktion $f : [a, b] \to \mathbb{R}$ soll stetig sein und besitzt daher eine Minimalstelle x^- und eine Maximalstelle x^+ auf $[a, b]$. Es gibt dann für jedes $y \in [f(x^-), f(x^+)]$ eine Zahl $\hat{x} \in [a, b]$ mit

$$f(\hat{x}) = y.$$

Der Nullstellensatz ist ein Spezialfall des Zwischenwertsatzes

Jede Gleichung kann so umformuliert werden, dass auf einer Seite die Null steht. Dann entspricht eine Lösung der Gleichung einer Nullstelle derjenigen Funktion, die durch den Ausdruck auf der anderen Seite definiert ist.

Nullstellensatz

Für eine stetige Funktion $f : [a, b] \to \mathbb{R}$ gelte $f(a) \cdot f(b) < 0$. Dann gibt es eine Nullstelle von f im Intervall $[a, b]$.

Der Fundamentalsatz der Algebra: Jedes komplexe Polynom vom Grad n ist ein Produkt von genau n Linearfaktoren

Eine wichtige Konsequenz aus dem Zwischenwertsatz ist eine Aussage über die Existenz von Nullstellen von Polynomen.

Fundamentalsatz der Algebra

Jedes Polynom $p : \mathbb{C} \to \mathbb{C}$ vom Grad $n \geq 1$ besitzt mindestens eine Nullstelle.

Durch iteratives Anwenden dieses Satzes kann man ein Polynom vom Grad n also stets als ein Produkt von n Linearfaktoren darstellen.

Aufgaben

Die Aufgaben gliedern sich in drei Kategorien: Anhand der *Verständnisfragen* können Sie prüfen, ob Sie die Begriffe und zentralen Aussagen verstanden haben, mit den *Rechenaufgaben* üben Sie Ihre technischen Fertigkeiten und die *Anwendungsprobleme* geben Ihnen Gelegenheit, das Gelernte an praktischen Fragestellungen auszuprobieren.
Ein Punktesystem unterscheidet leichte •, mittelschwere •• und anspruchsvolle ••• Aufgaben. Lösungshinweise am Ende des Buches helfen Ihnen, falls Sie bei einer Aufgabe partout nicht weiterkommen. Dort finden Sie auch die Lösungen – betrügen Sie sich aber nicht selbst und schlagen Sie erst nach, wenn Sie selber zu einer Lösung gekommen sind. Ausführliche Lösungswege, Beweise und Abbildungen finden Sie als digitales Zusatzmaterial (electronic supplementary material).
Viel Spaß und Erfolg bei den Aufgaben!

Verständnisfragen

7.1 • Bestimmen Sie jeweils den größtmöglichen Definitionsbereich $D \subseteq \mathbb{R}$ und das zugehörige Bild der Funktionen $f : D \to \mathbb{R}$ mit den folgenden Abbildungsvorschriften:

(a) $f(x) = \dfrac{x + \frac{1}{x}}{x}$,

(b) $f(x) = \dfrac{1}{x^4 - 2x^2 + 1}$,

(c) $f(x) = \dfrac{x^2 + 3x + 2}{x^2 + x - 2}$,

(d) $f(x) = \sqrt{x^2 - 2x - 1}$.

7.2 • Welche dieser Funktionen besitzen eine Umkehrfunktion? Geben Sie diese gegebenenfalls an.

(a) $f : \mathbb{R} \setminus \{0\} \to \mathbb{R} \setminus \{0\}$ mit $f(x) = \dfrac{1}{x^2}$,

(b) $f : \mathbb{R} \setminus \{0\} \to \mathbb{R} \setminus \{0\}$ mit $f(x) = \dfrac{1}{x^3}$,

(c) $f : \mathbb{R} \to \mathbb{R}$ mit $f(x) = x^2 - 4x + 2$,

(d) $f : \mathbb{R} \setminus \{-1\} \to \mathbb{R} \setminus \{1\}$ mit $f(x) = \dfrac{x^2 - 1}{x^2 + 2x + 1}$.

7.3 •• Welche der folgenden Teilmengen von $\mathbb{C}$ sind beschränkt, abgeschlossen und/oder kompakt?

(a) $\{z \in \mathbb{C} \mid |z - 2| \leq 2 \text{ und } \operatorname{Re}(z) + \operatorname{Im}(z) \geq 1\}$,

(b) $\{z \in \mathbb{C} \mid |z|^2 + 1 \geq 2 \operatorname{Im}(z)\}$,

(c) $\{z \in \mathbb{C} \mid 1 > \operatorname{Im}(z) \geq -1\}$
$\cap \{z \in \mathbb{C} \mid \operatorname{Re}(z) + \operatorname{Im}(z) \leq 0\}$
$\cap \{z \in \mathbb{C} \mid \operatorname{Re}(z) - \operatorname{Im}(z) \geq 0\}$,

(d) $\{z \in \mathbb{C} \mid |z + 2| \leq 2\} \cap \{z \in \mathbb{C} \mid |z - \mathrm{i}| < 1\}$.

7.4 • Welche der folgenden Aussagen über eine Funktion $f : (a, b) \to \mathbb{R}$ sind richtig, welche sind falsch.

(a) f ist stetig, falls für jedes $\hat{x} \in (a, b)$ der linksseitige Grenzwert $\lim\limits_{x \to \hat{x}-} f(x)$ mit dem rechtsseitigen Grenzwert $\lim\limits_{x \to \hat{x}+} f(x)$ übereinstimmt.

(b) f ist stetig, falls für jedes $\hat{x} \in (a, b)$ der Grenzwert $\lim\limits_{x \to \hat{x}} f(x)$ existiert und mit dem Funktionswert an der Stelle $\hat{x}$ übereinstimmt.

(c) Falls f stetig ist, ist f auch beschränkt.

(d) Falls f stetig ist und eine Nullstelle besitzt, aber nicht die Nullfunktion ist, dann gibt es Stellen $x_1, x_2 \in (a, b)$ mit $f(x_1) < 0$ und $f(x_2) > 0$.

(e) Falls f stetig und monoton ist, wird jeder Wert aus dem Bild von f an genau einer Stelle angenommen.

7.5 • Wie muss jeweils der Parameter $c \in \mathbb{R}$ gewählt werden, damit die folgenden Funktionen $f : D \to \mathbb{R}$ stetig sind?

(a) $D = [-1, 1], f(x) = \begin{cases} \dfrac{x^2 + 2x - 3}{x^2 + x - 2}, & x \neq 1, \\ c, & x = 1, \end{cases}$

(b) $D = (0, 1], f(x) = \begin{cases} \dfrac{x^3 - 2x^2 - 5x + 6}{x^3 - x}, & x \neq 1, \\ c, & x = 1. \end{cases}$

Rechenaufgaben

7.6 • Berechnen Sie die folgenden Grenzwerte:

(a) $\lim\limits_{x \to 2} \dfrac{x^4 - 2x^3 - 7x^2 + 20x - 12}{x^4 - 6x^3 + 9x^2 + 4x - 12}$,

(b) $\lim\limits_{x \to \infty} \dfrac{2x - 3}{x - 1}$,

(c) $\lim\limits_{x \to \infty} \left(\sqrt{x + 1} - \sqrt{x}\right)$,

(d) $\lim\limits_{x \to 0} \left(\dfrac{1}{x} - \dfrac{1}{x^2}\right)$.

7.7 •• Bestimmen Sie die Umkehrfunktion der Funktion $f : \mathbb{R} \to \mathbb{R}$ mit:

$$f(x) = \begin{cases} x^2 - 2x + 2, & x \geq 1 \\ 4x - 2x^2 - 1, & x < 1 \end{cases}$$

Dabei ist auch nachzuweisen, dass es sich tatsächlich um die Umkehrfunktion handelt.

7.8 ••• Gegeben ist die Funktion $f : \mathbb{R} \to \mathbb{R}$ mit:

$$f(x) = \begin{cases} 1 - 2x - x^2, & x \leq 1 \\ 9 - 6x + x^2, & x > 1 \end{cases}$$

Bestimmen Sie möglichst große Intervalle, auf denen die Funktion umkehrbar ist. Geben Sie jeweils die Umkehrfunktion an und fertigen Sie eine Skizze an.

7.9 •• Bestimmen Sie die globalen Extrema der folgenden Funktionen.

(a) $f : [-2, 2] \to \mathbb{R}$ mit $f(x) = 1 - 2x - x^2$,
(b) $f : \mathbb{R} \to \mathbb{R}$ mit $f(x) = x^4 - 4x^3 + 8x^2 - 8x + 4$.

7.10 ••• Auf der Menge $M = \{z \in \mathbb{C} \mid |z| \leq 2\}$ ist die Funktion $f : \mathbb{C} \to \mathbb{R}$ mit

$$f(z) = \operatorname{Re}[(3 + 4\mathrm{i})z]$$

definiert.

(a) Untersuchen Sie die Menge M auf Offenheit, Abgeschlossenheit, Kompaktheit.
(b) Begründen Sie, dass f globale Extrema besitzt und bestimmen Sie diese.

7.11 • Zeigen Sie, dass das Polynom

$$p(x) = x^5 - 9x^4 - \frac{82}{9}x^3 + 82x^2 + x - 9$$

auf dem Intervall $[-1, 4]$ genau drei Nullstellen besitzt.

7.12 •• Betrachten Sie die beiden Funktionen $f, g : \mathbb{R} \to \mathbb{R}$ mit

$$f(x) = \begin{cases} 4 - x^2, & x \leq 2 \\ 4x^2 - 24x + 36, & x > 2 \end{cases}$$

und

$$g(x) = x + 1.$$

Zeigen Sie, dass die Graphen der Funktionen mindestens vier Schnittpunkte haben.

Anwendungsprobleme

7.13 • Ein Wanderer läuft in drei Stunden am Vormittag von Adorf nach Bestadt. Dort macht er bei einer deftigen Brotzeit Mittagspause, um anschließend in derselben Zeit wie auf dem Hinweg den Rückweg zurückzulegen. Gibt es einen Ort auf der Strecke, den er sowohl auf dem Hin- als auch auf dem Rückweg nach derselben Zeit erreicht?

7.14 •• Weisen Sie nach, dass es zu jedem Ort auf dem Äquator einen zweiten Ort auf der Erde gibt, an dem die Temperatur dieselbe ist – mit der möglichen Ausnahme von zwei Orten auf dem Äquator. Nehmen Sie dazu an, dass die Temperatur stetig vom Ort abhängt.

7.15 ••• Auf einer Scheibe Brot liegt eine Scheibe Schinken, wobei die beiden nicht deckungsgleich zu sein brauchen (siehe Abb. 7.31). Zeigen Sie, dass man mit einem Messer das Schinkenbrot durch einen geraden Schnitt fair teilen kann, d. h., beide Hälften bestehen aus gleich viel Brot und Schinken. Machen Sie zur Lösung geeignete Annahmen über stetige Abhängigkeiten.

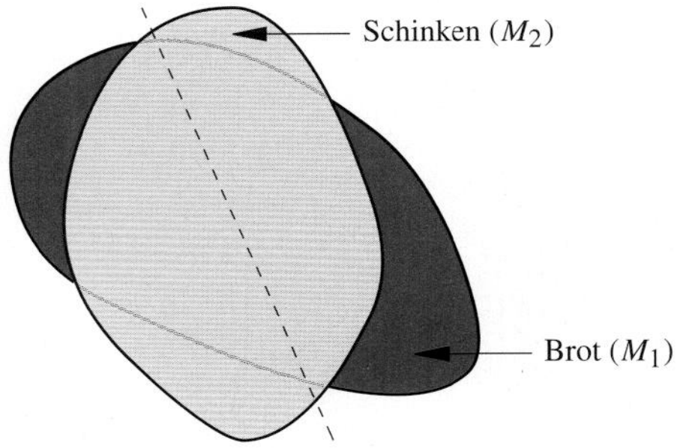

Abb. 7.31 Wie teilt man ein Schinkenbrot gerecht in zwei Teile?

7.16 • Begründen Sie, dass das Polynom

$$p(x) = x^4 - 4x^3 - 23x^2 + 98x - 60$$

im Intervall $[0, 1]$ mindestens eine Nullstelle besitzt und bestimmen Sie diese mit dem Bisektionsverfahren auf zwei Dezimalstellen genau.

7.17 •• Implementieren Sie das Bisektionsverfahren in MATLAB®. Eine Nullstelle einer Funktion soll bis auf eine vorgegebene Genauigkeit bestimmt werden. Testen Sie Ihr Programm mit der Funktion

$$f(x) = x^2 - 2, \quad x \in [1, 2].$$

Antworten zu den Selbstfragen

Antwort 1 $y = f(x)$: In jedem Punkt außer denen mit senkrechter Tangente und dem Ursprung.

$x = g(y)$: In jedem Punkt außer denen mit horizontaler Tangente und dem Ursprung.

Antwort 2 Etwa $f : [0, 1] \to \mathbb{R}$, $g : [-1, 0] \to \mathbb{R}$ mit $f(x) = x^2$, $g(x) = x^2$

Antwort 3 Die Mengen B und D sind abgeschlossen, die Mengen A und C nicht.

Antwort 4 Nicht stetig:

$$f(x) = \begin{cases} x, & -1 \le x \le 0 \\ 1 - x, & 0 < x \le 1 \end{cases}$$

nimmt Maximum 1 nicht an.

nicht kompaktes D: $f(x) = x^2$ auf $(-1, 1)$ nimmt Maximum 1 nicht an.

Antwort 5

- Funktion mit einem Sprung
- $f : (-1, 1) \to \mathbb{R}, f(x) = x$. Die Randpunkte $y = -1$ bzw. $y = 1$ werden nicht angenommen.
- $f : [-2, 0] \cup [1, 2] \to \mathbb{R}, f(x) = x$. Der Wert $y = 1/2$ zwischen -2 und 2 wird nicht angenommen.

Reihen – Summieren bis zum Letzten

8

Schon wieder Achilles und die Schildkröte?

Wie definiert man eine Summe mit unendlich vielen Summanden?

Wie schief kann man einen Turm bauen?

Was besagt das Quotientenkriterium?

Teil II

T. Arens et al., *Mathematik*, https://doi.org/10.1007/978-3-662-64389-1_8

In diesem Kapitel kehren wir wieder zu den Folgen zurück. Allerdings werden wir uns nun mit einer sehr speziellen Klasse von Folgen beschäftigen, bei denen die Folgenglieder Summen sind. Solche Objekte nennt man *Reihen*.

Man stößt bei mathematischen Betrachtungen, aber auch in Anwendungen, auf ganz natürliche Art und Weise auf Reihen: Die Dezimaldarstellung der reellen Zahlen kann man als eine Reihe auffassen. Ein Anwendungsbeispiel wird die korrekte Austarierung eines Mobiles betreffen. Und schließlich werden wir es in vielen der folgenden Kapitel zur Analysis mit Reihen zu tun bekommen, sei es bei der Darstellung von Standardfunktionen wie sin, cos und exp, bei der Definition von Integralen oder bei der Lösung von Differenzialgleichungen.

Im Gegensatz zu den meisten Beispielen, die wir im Kapitel über Folgen kennengelernt haben, ist es bei Reihen oft sehr schwierig, den Grenzwert tatsächlich zu bestimmen. Aber es gibt ausgefeilte Werkzeuge, sogenannte *Konvergenzkriterien*, um festzustellen, ob eine Reihe konvergiert oder divergiert.

Die historische Schreibweise für Reihen ist die als eine Summe mit unendlich vielen Summanden. Diese Notation ist gleichermaßen praktisch wie verwirrend, suggeriert sie doch eine Analogie zwischen Summen und Reihen. Allerdings gibt es entscheidende Unterschiede. Zum Beispiel darf die Reihenfolge der Glieder bei einer Reihe im Gegensatz zu einer Summe im Allgemeinen nicht vertauscht werden. Eine Ausnahme von dieser Regel bilden die *absolut konvergenten Reihen*. Solchen Reihen begegnet man in Gestalt von *Potenzreihen*, die das Thema des Kap. 9 bilden, sehr häufig. Aufgrund ihrer besonderen Eigenschaften sind sie ein zentraler Bestandteil des Fundaments der Analysis.

8.1 Die Idee der Reihen

Viele Probleme scheinen auf das Summieren unendlich vieler Zahlen hinauszulaufen

Wir hatten es bereits mit Aufgaben zu tun, bei denen es darum ging, eine unendlich große Menge von Zahlen aufzusummieren. Der berühmte Wettlauf von Achilles und der Schildkröte in Abschn. 6.3 etwa ist ein Musterbeispiel dafür, das sich auch noch in verschiedener Art und Weise variieren lässt:

Anwendungsbeispiel

- Nach dem harten Wettkampf mit der Schildkröte ist Achilles erschöpft, und das Laufen wird auf dem Weg nach Hause mit jedem Meter anstrengender. Während er in der ersten Minute noch einen Kilometer schafft, ist es in der zweiten Minute nur noch ein halber, in der dritten nur noch ein drittel, in der vierten gar nur noch ein viertel Kilometer. Wie weit kommt Achilles, wenn sein Tempo weiter in diesem Maß nachlässt? Anders gefragt, wie viel ist

$$S = 1 + \frac{1}{2} + \frac{1}{3} + \frac{1}{4} + \frac{1}{5} + \ldots?$$

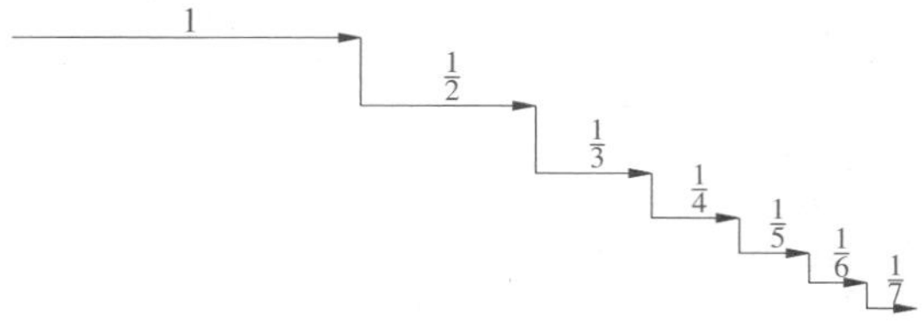

Abb. 8.1 Grafische Darstellung von $1 + \frac{1}{2} + \frac{1}{3} + \frac{1}{4} + \frac{1}{5} + \ldots$

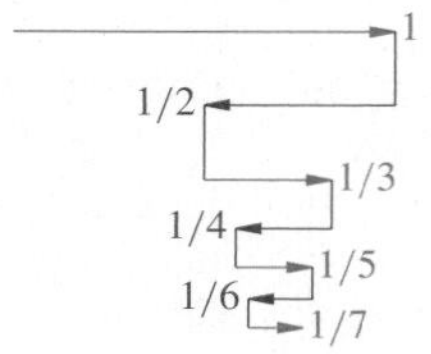

Abb. 8.2 Grafische Darstellung von $1 - \frac{1}{2} + \frac{1}{3} - \frac{1}{4} + \frac{1}{5} \mp \ldots$

- Der Schildkröte geht es noch viel schlechter. Nicht nur lässt ihre Leistung im gleichen Maß nach wie die von Achilles, es ist auch ihr Orientierungssinn so beeinträchtigt, dass sie immer, nachdem sie eine Minute in eine Richtung marschiert ist, plötzlich kehrtmacht und in die genau entgegengesetzte Richtung aufbricht. Wie weit wird sie damit letztendlich kommen? Wiederum in Zahlen gegossen, wie viel ist

$$S' = 1 - \frac{1}{2} + \frac{1}{3} - \frac{1}{4} + \frac{1}{5} \mp \ldots?$$ ◄

Derartige Fragestellungen haben uns in Kap. 6 auf den Begriff der *Folge* und letztlich zu den tief greifenden Konzepten *Konvergenz* und *Grenzwert* geführt. Folgen können ganz allgemeine Bildungsgesetze haben, während sich die obigen Beispiele dadurch auszeichnen, dass zu einem vorangegangenen Wert ständig Zahlen, manchmal eben auch negative, addiert werden.

Was spricht denn nun dagegen, mit „unendlichen Summen" der Art

$$S' = 1 - \frac{1}{2} + \frac{1}{3} - \frac{1}{4} + \frac{1}{5} - \frac{1}{6} \pm \ldots$$

genau so zu hantieren, wie mit bekannten endlichen Summen? Muss man bei derartigen Problemen wirklich die Maschinerie der Folgen auspacken und sich den Kopf über Fragen wie Konvergenz zerbrechen?

Ja, man muss, denn ein naives Hantieren mit solchen Ausdrücken, der sich am Umgang mit endlichen Summen orientiert, liefert schnell Widersprüche. Wir wollen dies gleich demonstrieren. Die Herangehensweise über Folgen und ihre Grenzwerte führt uns dagegen zum Konzept der unendlichen Reihen, die sauber definiert sind und eindeutigen Rechenregeln gehorchen.

Um zu zeigen, in welche Widersprüche man sich beim naiven Umgang mit unendlichen Summen verstrickt, greifen wir unser Beispiel

$$S' = 1 - \frac{1}{2} + \frac{1}{3} - \frac{1}{4} + \frac{1}{5} \mp \ldots$$

noch einmal auf. Wir addieren nun das $1/2$-fach von S':

$$\begin{aligned} S' &= 1 - \frac{1}{2} + \frac{1}{3} - \frac{1}{4} + \frac{1}{5} - \frac{1}{6} \pm \ldots \\ \frac{1}{2}S' &= \quad\;\; \frac{1}{2} \qquad\; - \frac{1}{4} \qquad\; + \frac{1}{6} \mp \ldots \\ \hline \frac{3}{2}S' &= 1 \qquad + \frac{1}{3} - \frac{1}{2} + \frac{1}{5} \qquad \pm \ldots \end{aligned}$$

Alle Summanden aus S' mit positivem Vorzeichen sind auch in der Summe unverändert. Die Summanden mit negativem Vorzeichen tauchen ebenfalls alle wieder auf, nur an anderen Stellen. Wir scheinen als Ergebnis der Addition wieder S' erhalten zu haben, denn alle Glieder der ursprünglichen Summe kommen, wenn auch in veränderter Reihenfolge, wieder vor. Damit erhielten wir

$$S' = \frac{3}{2}S'$$

und damit $S' = 0$. Das kann aber nicht sein, da

$$S' = \underbrace{1 - \frac{1}{2}}_{=\frac{1}{2}} + \underbrace{\frac{1}{3} - \frac{1}{4}}_{>0} + \underbrace{\frac{1}{5} - \frac{1}{6}}_{>0} \pm \ldots > \frac{1}{2}$$

ist. Auch die Lösung Unendlich kommt nicht in Frage, denn wir erhalten ja

$$S' = 1 \underbrace{- \frac{1}{2} + \frac{1}{3}}_{<0} \underbrace{- \frac{1}{4} + \frac{1}{5}}_{<0} \underbrace{- \frac{1}{6} + \frac{1}{7}}_{<0} \mp \ldots < 1.$$

Woher dieser Widerspruch kommt, werden wir in Abschn. 8.3 aufklären. Man erkennt aber schon, mit welcher Art von Problemen man beim sorglosen Umgang mit unendlichen Summen rechnen muss.

Lange Zeit führte der naive Umgang mit unendlichen Summen immer wieder zu Problemen

Schon Zenons Paradoxon von Achill und der Schildkröte allein beschäftigte und irritierte Denker für lange Zeit. Doch auch nach Zenon standen Probleme, die letztendlich auf Reihen führen, immer wieder im Mittelpunkt mathematischer, philosophischer, ja sogar theologischer Diskussionen. Eines der berühmtesten Beispiele ist dabei die Summe

$$S'' = 1 - 1 + 1 - 1 + 1 - 1 \pm \ldots$$

Mit unterschiedlichen Begründungen wurde ihr der Wert null, eins oder $\frac{1}{2}$ zugewiesen, und keine dieser Vorschläge erschien eindeutig richtig oder falsch. Fasst man nämlich jeweils zwei Glieder zusammen, so kann man das auf folgende Weise tun:

$$S'' = \underbrace{1-1}_{0} + \underbrace{1-1}_{0} + \underbrace{1-1}_{0} + \ldots = 0 + 0 + 0 + \ldots = 0$$

Genauso gut könnte man aber auch so zusammenfassen:

$$\begin{aligned} S'' &= 1 + \underbrace{(-1+1)}_{0} + \underbrace{(-1+1)}_{0} + \underbrace{(-1+1)}_{0} - \ldots \\ &= 1 + 0 + 0 + 0 + \ldots = 1 \end{aligned}$$

Anhand dieser Summe wurden sogar Gottesbeweise geführt, denn, so lautete die Überlegung, wenn

$$\begin{aligned} 0 &= 0 + 0 + 0 + \ldots = (1-1) + (1-1) + (1-1) + \ldots \\ &= 1 + (-1+1) + (-1+1) + \ldots = 1 + 0 + 0 + \ldots = 1 \end{aligned}$$

ist, dann kann Gott auch die ganze Welt aus dem Nichts erschaffen haben.

Das Ergebnis $S'' = \frac{1}{2}$ erhält man, indem man die durch formale Division gewonnene Formel

$$\frac{1}{1-x} = 1 + x + x^2 + x^3 + x^4 + \ldots \tag{8.1}$$

anwendet:

$$S'' = 1 - 1 + 1 - 1 + 1 - 1 + \ldots = \frac{1}{1-(-1)} = \frac{1}{2}.$$

Dieses Ergebnis wurde auch noch mit diversen Argumenten untermauert – etwa, wenn zwei Brüder einen Edelstein immer untereinander hin und her geben, so besitzt ihn jeder insgesamt die halbe Zeit.

In Wirklichkeit gilt Formel (8.1) nur für einen begrenzten Zahlenbereich, nämlich $|x| < 1$, früher allerdings wurde sie bedenkenlos für alle $x \neq 1$ verwendet, und selbst große Mathematiker wie Leibniz verteidigten seitenlang recht fragwürdige Resultate wie etwa

$$1 + 2 + 4 + 8 + 16 + 32 + \ldots = -1.$$

Erst langsam wurde deutlich, dass man das Konzept der Summen durch das unendlicher Reihen ersetzen muss – und gar nicht alle Reihen überhaupt einen definierten Wert haben. Solche die das tun, nennt man wie bei Folgen *konvergent*, die anderen *divergent*.

Teilweise wurde, etwa von Euler, recht erfolgreich, mit divergenten Reihen gerechnet – um das zu tun, braucht man aber ein gehöriges mathematisches Fingerspitzengefühl. So gerieten divergente Reihen allmählich in Verruf. Nils Henrik Abel etwa schrieb: „Divergente Reihen sind ein Unglücksding, und es ist eine Schande, damit etwas zu beweisen." Mehr noch, er nannte sie sogar „eine Erfindung des Teufels".

Um sinnvoll mit Reihen zu arbeiten, ist eine saubere Definition notwendig, die auch klärt, was Konvergenz in diesem Zusammenhang bedeutet. Darüber hinaus sind Methoden notwendig, um entscheiden zu können, ob eine gegebene Reihe konvergiert oder nicht.

Teil II

Reihen werden als spezielle Folgen definiert

Wie schon angekündigt werden wir etwas tun, was in der Mathematik immer sehr beliebt ist, nämlich ein neues Problem auf ein schon gelöstes zurückführen. Statt unendlich viele Beiträge aufzusummieren, werden wir endliche Summen betrachten. Indem jeweils ein neuer Summand hinzugefügt wird, entsteht eine Folge von Summen. Um diese zu untersuchen, kann auf die Theorie der Folgen aus Kap. 6 zurückgegriffen werden.

Wir gehen dazu von einer ganz beliebigen Folge (a_k) aus. Statt uns direkt Gedanken über

$$a_1 + a_2 + a_3 + a_4 + a_5 + \dots$$

zu machen, definieren wir eine zweite Folge, nämlich jene der *Partialsummen* mittels:

$$\begin{aligned} s_1 &= a_1 \\ s_2 &= a_1 + a_2 \\ s_3 &= a_1 + a_2 + a_3 \\ &\vdots \end{aligned}$$

Allgemein gilt also

$$s_n = \sum_{k=1}^{n} a_k = a_1 + a_2 + \dots + a_n.$$

Jedes der Folgenglieder s_n ist klar definiert, und nun ist es die Folge (s_n), die wir auf Konvergenz untersuchen und für die wir möglicherweise einen Grenzwert bestimmen können.

Definition der Reihen

Für eine beliebige Zahlenfolge (a_k) aus $\mathbb{C}$ heißt die Folge (s_n) der **Partialsummen**

$$s_n = \sum_{k=1}^{n} a_k$$

eine **unendliche Reihe**. Konvergiert die Folge (s_n), so heißt auch die Reihe **konvergent**, andernfalls **divergent**. Konvergiert die Reihe, so schreibt man für den Grenzwert

$$\sum_{k=1}^{\infty} a_k = \lim_{n\to\infty} s_n$$

und nennt ihn den **Wert** der Reihe.

Für die Reihe selbst schreiben wir

$$\left(\sum_{k=1}^{n} a_k\right)_{n=1}^{\infty} \quad \text{oder kurz} \quad \left(\sum_{k=1}^{\infty} a_k\right).$$

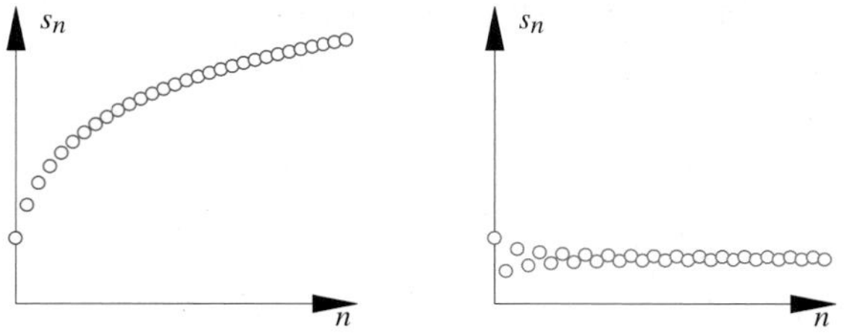

Abb. 8.3 Die Visualisierung von Reihen erfolgt meist durch das Plotten der Folge der Partialsummen. Hier sind die beiden Reihen aus dem Anwendungsbeispiel von S. 242 dargestellt

Die Glieder der Folge (a_k) nennt man **Reihenglieder**.

Ob der Summationsindex der Reihe k oder anders heißt, spielt natürlich keine Rolle, und auch ob die Summation bei eins oder einer anderen ganzen Zahl beginnt, ändert nichts an der grundlegenden Definition – je nach Art der Summationsvorschrift aber oft den Wert der Reihen.

Es ist eine verbreitete Schreibweise, mit dem Symbol

$$\sum_{k=1}^{\infty} a_k$$

nicht nur den Wert einer Reihe zu bezeichnen, sondern auch die Reihe selbst. Wir wollen allerdings bei der oben eingeführten strengen Schreibweise bleiben, in der $\left(\sum_{k=1}^{\infty} a_k\right)$ die Reihe bezeichnet, also die Folge der Partialsummen, $\sum_{k=1}^{\infty} a_k$ hingegen den Reihenwert – der ja nur dann existiert, wenn die Reihe konvergiert.

Beispiel Sehen wir uns nun an, wie diese Definition mit problematischen Fällen vom Schlage

$$S'' = 1 - 1 + 1 - 1 + 1 - 1 \pm \dots$$

fertig wird. Die zugrunde liegende Folge ist in diesem Fall

$$(a_k) = (1, -1, 1, -1, 1, -1, \dots).$$

Für die Partialsummen erhalten wir

$$\begin{aligned} s_1 &= 1 \\ s_2 &= 1 - 1 = 0 \\ s_3 &= 1 - 1 + 1 = 1 \\ s_4 &= 1 - 1 + 1 - 1 = 0 \end{aligned}$$

und allgemein:

$$s_n = \begin{cases} 1 & \text{wenn } n \text{ ungerade} \\ 0 & \text{wenn } n \text{ gerade} \end{cases}$$

Von dieser Folge können wir sofort sagen, dass sie sicher nicht konvergiert. Damit besitzt die Reihe keinen Grenzwert und das Symbol

$$\sum_{n=0}^{\infty}(-1)^n = 1 - 1 + 1 - 1 + 1 \mp \ldots$$

hat keine Bedeutung. $\left(\sum_{n=0}^{\infty}(-1)^n\right)$ ist eine divergente Reihe. ◀

Die Vorstellung von Reihen als „Summen mit unendlich vielen Summanden“ kann zwar manchmal hilfreich sein – insbesondere beim Aufstellen von Reihen –, birgt aber so viele Gefahren, dass man letztlich besser von ihr Abschied nehmen sollte. Wir haben es bei Reihen mit speziell definierten Folgen (s_n) zu tun – und mit nichts sonst. Mathematisch gesehen gibt es keine Summen mit unendlich vielen Summanden, sondern eben Folgen von Partialsummen.

Trotzdem wird die Schreibweise

$$\sum_{k=1}^{\infty} a_k = a_1 + a_2 + a_3 + \ldots$$

häufig verwendet, und auch wir werden uns dieser Praxis manchmal anschließen. Sie ist als ein neues Symbol für den Grenzwert einer konvergenten Folge von Partialsummen zu sehen.

Manchen wichtigen Reihen begegnet man immer wieder

Bestimmte Typen von Reihen sind in der Mathematik und ihren Anwendungen von großer Bedeutung. Die wichtigsten werden wir nun kennenlernen und dabei auch gleich den Umgang mit Reihen üben.

Nehmen wir als erstes konkretes Beispiel die Reihe

$$\sum_{k=0}^{\infty} \frac{1}{2^k} = 1 + \frac{1}{2} + \frac{1}{4} + \frac{1}{8} + \ldots .$$

Für endliche Summen von analoger Gestalt mit beliebigem $q \in \mathbb{C}$ gilt die geometrische Summenformel

$$\sum_{k=0}^{n} q^k = \frac{1 - q^{n+1}}{1 - q}.$$

Falls $|q| < 1$ ist, geht q^{n+1} gegen null für $n \to \infty$. Daher konvergiert in diesem Fall die entsprechende Reihe, und es gilt

$$\sum_{k=0}^{\infty} q^k = \lim_{n\to\infty} \sum_{k=0}^{n} q^k = \lim_{n\to\infty} \frac{1 - q^{n+1}}{1 - q} = \frac{1}{1 - q}.$$

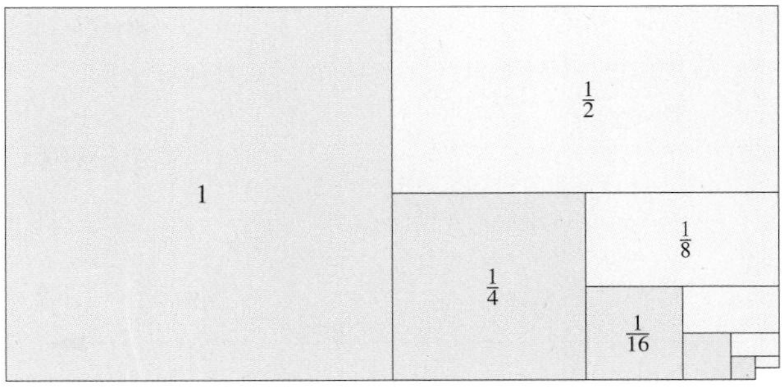

Abb. 8.4 Grafische Darstellung des Werts einer geometrischen Reihe mit $q = 1/2$

Das liefert ganz allgemein die

Geometrische Reihe

Man erhält als Wert für die **geometrische Reihe**:

$$\sum_{k=0}^{\infty} q^k = \frac{1}{1 - q}$$

sofern $|q| < 1$ ist. Für $|q| \geq 1$ divergiert die Reihe.

Diese Formel wird uns in der gesamten Analysis in den unterschiedlichsten Zusammenhängen immer wieder begegnen. Für den obigen Spezialfall $q = \frac{1}{2}$ ergibt sich somit

$$\sum_{k=0}^{\infty} \frac{1}{2^k} = \frac{1}{1 - \frac{1}{2}} = 2,$$

wie es auch die grafische Anschauung in der Abb. 8.4 nahelegt.

Für $|q| > 1$ divergiert q^{n+1} mit $n \to \infty$ und damit auch die Reihe; auch für $|q| = 1$ liegen divergente Reihen vor. Im Fall eines reellen q sind dies:

$$\left(\sum_{k=0}^{n}(-1)^k\right) \quad \text{bzw.} \quad \left(\sum_{k=0}^{n} 1\right)$$

Für allgemeines komplexes q mit $|q| = 1$ kann man die Divergenz der Reihe aus dem *Nullfolgenkriterium* folgern, das wir auf S. 246 vorstellen werden. Das Konvergenzverhalten der geometrischen Reihe wird in Abb. 8.5 dargestellt.

Ein typisches geometrisches Problem, in dem die geometrische Reihe Verwendung findet, wird in dem Beispiel auf S. 247 vorgestellt; weitere ähnliche Beispiele werden wir in den Übungen behandeln.

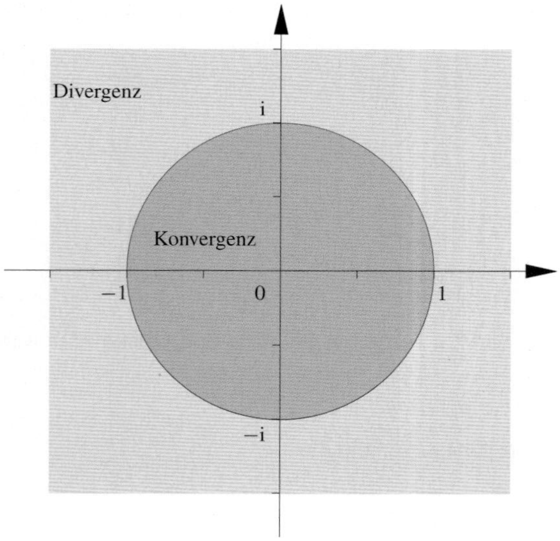

Abb. 8.5 Konvergenzverhalten der geometrischen Reihe in der komplexen Ebene: Die Reihe konvergiert in $|q| < 1$ und divergiert für $|q| \geq 1$

Anwendungsbeispiel Die Dezimaldarstellung der reellen Zahlen beruht ebenfalls auf Reihen. Man stellt dabei eine Zahl zwischen 0 und 1 dar als

$$x = \sum_{n=1}^{\infty} a_n \left(\frac{1}{10}\right)^n .$$

Hierbei ist a_n eine der Ziffern $0, 1, \ldots, 9$. Mit dem Majorantenkriterium für Folgen (siehe S. 183) lässt sich leicht nachweisen, dass eine so definierte Reihe konvergiert.

Als eine Anwendung der geometrischen Reihe greifen wir die Frage auf, ob diese Dezimaldarstellung *eindeutig* ist. In der Tat ist dies der Fall, wenn die entsprechende Darstellung nie abbricht, wie etwa bei:

$$\pi = 3.141\,592\,653\,589\,793\,238\,462\,643\,383\,279\ldots$$
$$\frac{1}{3} = 0.333\,333\,333\,333\,333\,333\,333\,333\,333\,333\ldots$$

Bricht die Darstellung hingegen irgendwo ab, dann hat man zwei mögliche Darstellungen: einerseits die naheliegende abbrechende, etwa

$$\frac{1}{2} = 0.5 = 0.500\,000\,000\,000\ldots$$

Andererseits erhält man aber auch:

$$\begin{aligned} 0.499\,999\,99\ldots &= \frac{4}{10} + \frac{9}{100} + \frac{9}{1\,000} + \frac{9}{10\,000} + \ldots \\ &= \frac{4}{10} + \frac{9}{100} \cdot \left(1 + \frac{1}{10} + \frac{1}{100} + \ldots\right) \\ &= \frac{4}{10} + \frac{9}{100} \cdot \sum_{k=0}^{\infty} \left(\frac{1}{10}\right)^k \\ &= \frac{4}{10} + \frac{9}{100} \cdot \frac{1}{1 - \frac{1}{10}} \\ &= \frac{4}{10} + \frac{9}{100} \cdot \frac{10}{9} = \frac{5}{10} = \frac{1}{2} \end{aligned}$$

Man hat also zwei gleichwertige unterschiedliche Dezimaldarstellungen derselben Zahl gefunden. ◀

Das hauptsächliche Ziel in diesem Kapitel wird es sein, allgemeine Aussagen über die Konvergenz oder Divergenz von Reihen zu finden, sogenannte *Konvergenzkriterien.* Den größten Teil dieser Arbeit werden wir in den Abschn. 8.2 und 8.4 erledigen. Was man sich aber sofort überlegen kann, das ist, dass die aufzusummierenden Glieder (a_n) auf jeden Fall eine Nullfolge bilden müssen.

Nullfolgenkriterium *Wenn die Reihe* $\left(\sum_{n=0}^{\infty} a_n\right)$ *konvergiert, dann ist notwendigerweise* $\lim\limits_{n\to\infty} a_n = 0$.

Die Umkehrung dieser Aussage ist aber nicht wahr! Es gibt viele Reihen

$$\left(\sum_{n=0}^{\infty} a_n\right),$$

für die zwar

$$\lim_{n\to\infty} a_n = 0$$

ist, die aber trotzdem divergieren. Als Kriterium zum Nachweis der Konvergenz einer Reihe ist die obige Aussage also ungeeignet. Wir haben aber immerhin eine *notwendige* Bedingung für die Konvergenz von Reihen gefunden. Aus der Umkehrung der Aussage ergibt sich nämlich:

Ist $\lim\limits_{n\to\infty} a_n \neq 0$ *oder existiert der Grenzwert gar nicht, so ist die Reihe* $\left(\sum_{n=0}^{\infty} a_n\right)$ *auf jeden Fall divergent.*

Allerdings sind solche Reihen auf eine sehr *grobe* Art divergent, und jene Reihen, die bei der Überprüfung ihrer Konvergenzeigenschaften die meisten Schwierigkeiten machen, fallen relativ selten in diese Kategorie.

Teil II

Beispiel: Anwendungen der geometrischen Reihe

Zur geometrischen Reihe gibt es viele Beispiele, meist elementargeometrischen Ursprungs, von denen wir hier ein typisches zeigen wollen: Einem Kegel mit Radius $r = 9\,\text{cm}$ und Höhe $h = 27\,\text{cm}$ wird ein Zylinder so eingeschrieben, dass dessen Höhe ein Drittel jener des Kegels beträgt. Dem so entstandenen ähnlichen Kegel wird wiederum auf gleiche Weise ein Zylinder eingeschrieben, u. s. w. Wie groß sind Oberfläche und Volumen all dieser Zylinder?

Problemanalyse und Strategie Dieses Beispiel führt ganz natürlich auf geometrische Reihen; man muss dabei lediglich die numerischen Faktoren richtig bestimmen. Eine Skizze hilft bei Beispielen dieser Art oft weiter.

Lösung Für den Radius des ersten Zylinders erhalten wir $r_0 = 6\,\text{cm}$, für seine Höhe $h_0 = 9\,\text{cm}$. Der neue Kegel hat die Maße $r' = r_0 = 6\,\text{cm}$ und Höhe $h' = h - h_0 = 18\,\text{cm}$. Dementsprechend erhalten wir $r_1 = 4\,\text{cm}$ und $h_1 = 6\,\text{cm}$. Allgemein gilt stets, dass $r_{n+1} = \frac{2}{3}\,r_n$ und $h_{n+1} = \frac{2}{3}\,h_n$ ist. Durch vollständige Induktion kann man daraus wieder

$$r_n = \left(\frac{2}{3}\right)^n r_0 \quad \text{und} \quad h_n = \left(\frac{2}{3}\right)^n h_0$$

folgern.

Für den Oberflächeninhalt der ersten $N+1$ Zylinder erhalten wir:

$$\begin{aligned}
O_N &= \sum_{n=0}^{N} \left(2\pi\, r_n^2 + 2\pi\, r_n\, h_n\right) \\
&= \sum_{n=0}^{N} \left(2\pi \left(\frac{2}{3}\right)^{2n} r_0^2 + 2\pi \left(\frac{2}{3}\right)^{2n} r_0\, h_0\right) \\
&= 2\pi \sum_{n=0}^{N} \left(\left(\frac{4}{9}\right)^n r_0^2 + \left(\frac{4}{9}\right)^n r_0\, h_0\right) \\
&= 2\pi\, (r_0^2 + r_0\, h_0) \sum_{n=0}^{N} \left(\left(\frac{4}{9}\right)^n\right) \\
&= 2\pi\, (r_0^2 + r_0\, h_0)\, \frac{1 - \left(\frac{4}{9}\right)^{N+1}}{1 - \frac{4}{9}}
\end{aligned}$$

Für $N \to \infty$ gelangen wir zur geometrischen Reihe und zu

$$O = \lim_{N\to\infty} O_N = 2\pi\,(36 + 54)\,\frac{1}{1 - \frac{4}{9}} = 324\pi.$$

Analog gehen wir bei den Volumeninhalten vor. Dabei ist der Volumeninhalt der ersten $N+1$ Zylinder gegeben durch:

$$\begin{aligned}
V_N &= \sum_{n=0}^{N} \pi\, r_n^2\, h_n = \sum_{n=0}^{N} \pi \left(\frac{2}{3}\right)^{3n} r_0^2\, h_0 \\
&= \pi \sum_{n=0}^{N} \left(\frac{8}{27}\right)^n r_0^2\, h_0 \\
&= \pi\, (r_0^2\, h_0) \sum_{n=0}^{N} \left(\left(\frac{8}{27}\right)^n\right) \\
&= \pi\, (r_0^2\, h_0)\, \frac{1 - \left(\frac{8}{27}\right)^{N+1}}{1 - \frac{8}{27}}
\end{aligned}$$

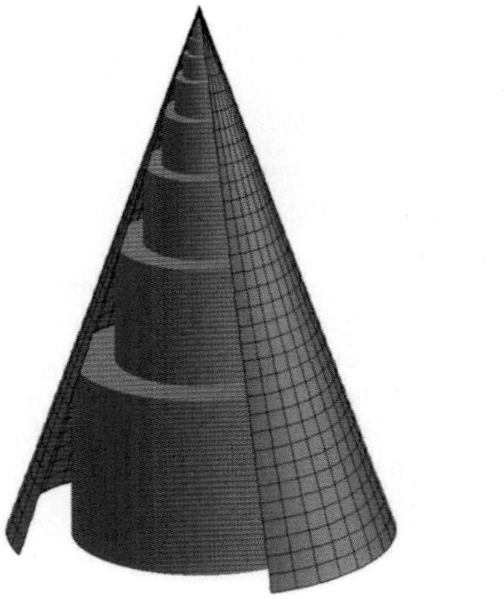

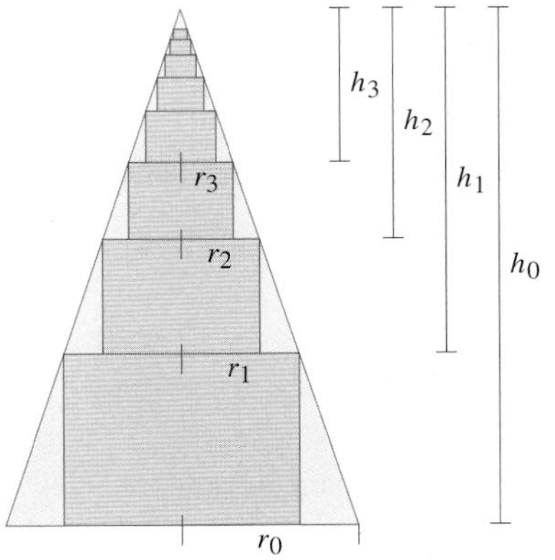

Wiederum liefert uns $N \to \infty$ eine geometrische Reihe

$$V = \lim_{N\to\infty} V_N = 324\,\pi \cdot \frac{1}{1 - \frac{8}{27}} = \frac{8\,748}{19}\,\pi.$$

Anwendung: Wie baut man ein Mobile?

Mobiles sind sehr beliebte Dekorationsgegenstände, die man auch selbst aus verschiedensten Gegenständen basteln kann. Dies erfordert natürlich ein wenig handwerkliches Geschick und etwas Fingerspitzengefühl, aber auch die Mathematik kann hier weiterhelfen – zumindest bei manchen Typen von Mobiles.

Als Modell untersuchen wir ein Mobile aus gleichartigen Stäben konstanter Massendichte, die untereinanderhängen und bei gleichbleibender Dicke jeweils um einen konstanten Faktor q kürzer werden.

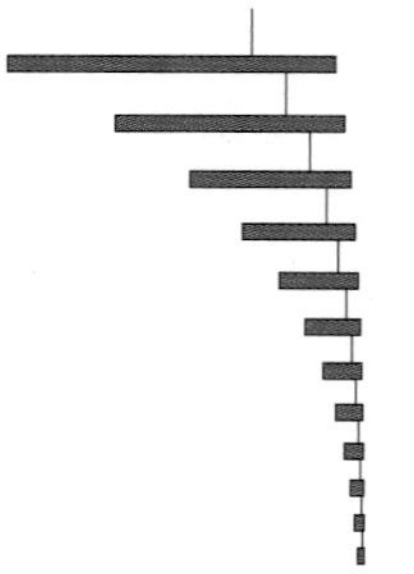

Wir betrachten nun einen Stab der Länge $2L$ und beziehen unsere Positionsangaben auf die Mitte des Stabes. Der nächste Stab ist mit einem dünnen Faden an einem Punkt $x = a$ mit $0 \leq a \leq L$ befestigt. Den Wert a kann man innerhalb der Grenzen frei wählen. Da an diesem Stab letztlich auch alle anderen hängen, ist es das Gesamtgewicht aller verbleibenden Stäbe, das an diesem Punkt angreift.

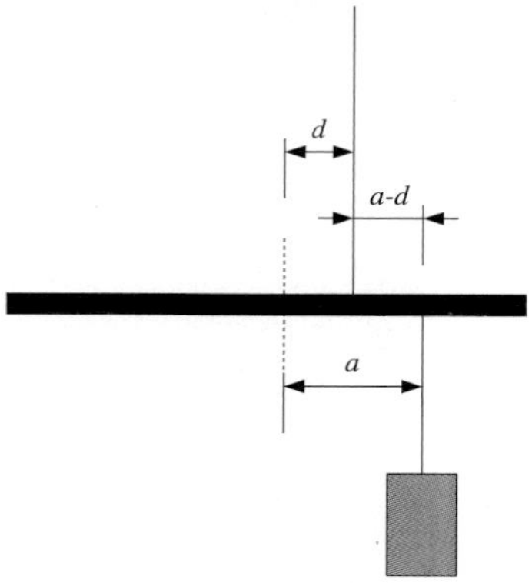

Damit das Mobile stabil hängen kann, muss es sich im *statischen Gleichgewicht* befinden, d. h., alle angreifenden Kräfte und Drehmomente müssen sich exakt kompensieren. Die Gewichtskräfte werden genau durch die Kräfte in den Fäden ausgeglichen (die natürlich tragfähig genug sein müssen).

Entscheidend ist nun, dass sich auch die Drehmomente genau kompensieren, also die Produkte aus Kraft mal Kraftarm. Im Aufhängepunkt $x = d$ des Stabes wirken zwei Drehmomente: einerseits die Gewichtskraft des Stabes selbst, die in unserer Skizze gegen den Uhrzeigersinn drehen würde, andererseits die Gewichtskraft aller darunterhängenden Stäbe, die im Uhrzeigersinn dreht.

Für das erste Moment erhalten wir $g\,d\,M$, wobei M die Gesamtmasse des Stabes ist, die wir uns am Schwerpunkt $x = 0$ vereinigt denken können. g ist dabei die Erdbeschleunigung. Das zweite Moment ist $g\,(a-d)\,\sum_i M_i$, wobei $\sum_i M_i$ die Gesamtmasse aller darunterhängenden Stäbe ist, die am Punkt $x = a$ angreifen.

Dass wir Stäbe mit konstanter Massendichte ρ betrachten, vereinfacht unsere Überlegungen deutlich, wir erhalten für die Gleichgewichtsbedingung

$$g\,d\,\rho\,2L = g\,(a-d)\rho \sum_i L_i,$$

wobei nun $\sum_i L_i$ die Gesamtlänge aller darunterhängenden Stäbe bezeichnet.

Diese Länge können wir aber sofort bestimmen, denn nach unseren Voraussetzungen werden die Stäbe ja immer um einen Faktor q kürzer,

$$\begin{aligned}\sum_i L_i &= 2L\,q + 2L\,q^2 + 2L\,q^3 + \ldots = \sum_{k=1}^{\infty} 2L\,q^k \\ &= 2L\left(\sum_{k=0}^{\infty} q^k - 1\right) = 2L\left(\frac{1}{1-q} - 1\right) = 2L\,\frac{q}{1-q}.\end{aligned}$$

Damit ergibt sich

$$d\,\rho\,2L = (a-d)\,\rho\,2L\,\frac{q}{1-q}.$$

Kürzen und Umformen liefert:

$$\begin{aligned} d \cdot \left(1 + \frac{q}{1-q}\right) &= a \cdot \frac{q}{1-q} \\ d \cdot \frac{1}{1-q} &= a \cdot \frac{q}{1-q} \\ d &= q\,a \end{aligned}$$

Die Abstände der Aufhängepunkte zum Schwerpunkt stehen also im gleichen Verhältnis zueinander wie die Längen der Stäbe. Im Grenzfall $q = 1$ würden die beiden Punkte zusammenfallen – aber für diese Situation gilt unsere Herleitung nicht mehr, die ja von der Summenformel für geometrische Reihen Gebrauch macht.

Völlig vernachlässigt hatten wir in unseren Überlegungen die Masse der Fäden. Um weiter mit geometrischen Reihen arbeiten zu können, sollen auch die Fäden im gleichen Verhältnis wie die Stäbe kürzer werden.

Unser Modell kann man natürlich auch auf zwei- und dreidimensionale Objekte ausdehnen. Dabei wird die Bestimmung des Schwerpunkts komplizierter, und es müssen sich mehr Drehmomente ausgleichen. Im Prinzip kann man aber wieder auf analoge Weise die Aufhängepunkte bestimmen.

Selbstfrage 1

Ist die Reihe

$$\left(\sum_{n=1}^{\infty} \frac{n^2+3n+2}{2n^2-n+1}\right)$$

konvergent oder divergent? Begründen Sie Ihre Antwort.

Das berühmteste Beispiel für eine divergente Reihe mit $a_n \to 0$ ist die

Harmonische Reihe

Die **harmonische Reihe** $\left(\sum_{n=1}^{\infty} \frac{1}{n}\right)$ ist divergent.

Hier hat man mit $a_n = \frac{1}{n}$ Glieder vorliegen, die eine Nullfolge bilden. Trotzdem divergiert diese Reihe. Dies ist auch die Antwort auf eine der beiden Fragen, die wir in dem Anwendungsbeispiel zu Beginn dieses Kapitels gestellt hatten: Auch wenn er immer langsamer wird und dementsprechend lange braucht, kommt Achilles bei diesem Leistungsabfall beliebig weit. Ganz anders, so werden wir bald sehen, sieht die Sache für die Schildkröte aus.

Um die Divergenz zu zeigen, untersuchen wir die Partialsummen, und zwar aus Gründen, die bald klar werden, genau jene, deren Index eine Zweierpotenz ist:

$$\begin{aligned} s_1 &= 1 \\ s_2 &= 1 + \frac{1}{2} \\ s_4 &= 1 + \frac{1}{2} + \underbrace{\frac{1}{3} + \frac{1}{4}}_{\geq 2\cdot\frac{1}{4}=\frac{1}{2}} \\ s_8 &= 1 + \frac{1}{2} + \underbrace{\frac{1}{3} + \frac{1}{4}}_{\geq 2\cdot\frac{1}{4}=\frac{1}{2}} + \underbrace{\frac{1}{5} + \ldots + \frac{1}{8}}_{\geq 4\cdot\frac{1}{8}=\frac{1}{2}} \\ &\vdots \end{aligned}$$

Jeder der Ausdrücke, die man durch dieses Zusammenfassen erhält, ist größer oder gleich $\frac{1}{2}$, man erhält also die Abschätzung

$$s_{2^n} \geq \frac{1}{2}\, n,$$

und damit divergiert die Reihe.

Baut man allerdings einen zusätzlichen Vorzeichenwechsel ein, so verbessern sich die Konvergenzeigenschaften der harmonischen Reihe außerordentlich. Die Reihe

$$\left(\sum_{k=1}^{\infty} \frac{(-1)^{k+1}}{k}\right)$$

konvergiert und hat den Wert $\ln 2$. Die Schildkröte kommt also niemals wieder so weit, wie sie beim ersten Richtungswechsel war.

Den Wert einer Reihe kann man nur in seltenen Fällen bestimmen

Im Fall der geometrischen Reihe hatten wir das Glück, eine explizite Formel für die Partialsummen s_n zur Hand zu haben. In diesem Fall konnten wir nicht nur definitive Aussagen über die Konvergenz der Reihe machen, sondern im Fall der Konvergenz sogar noch ihren Wert bestimmen. In den meisten Fällen wird das nicht ohne Weiteres möglich sein, und oft ist man schon mit einer Beantwortung der Kernfrage *konvergent oder divergent* vollauf zufrieden.

Die Ausnahmen von dieser Regel sind selten. Geometrische Reihen gehören dazu, den Wert der *Exponentialreihe*

$$\sum_{n=0}^{\infty} \frac{1}{n!} = \mathrm{e} \approx 2.718\,281\,8$$

ermitteln wir im Beispiel auf S. 253, und mit ein wenig Geschick können wir auch den Wert von manchen anderen Reihen bestimmen.

Beispiel Um etwa

$$\sum_{k=1}^{\infty} \frac{1}{k\,(k+1)}$$

zu berechnen, benutzen wir einen kleinen Trick und spalten auf:

$$\begin{aligned} \frac{1}{k\,(k+1)} &= \frac{k+1-k}{k\,(k+1)} = \frac{k+1}{k\,(k+1)} - \frac{k}{k\,(k+1)} \\ &= \frac{1}{k} - \frac{1}{k+1} \end{aligned}$$

Wir betrachten nun also die Reihe

$$\left(\sum_{k=1}^{\infty} \left(\frac{1}{k} - \frac{1}{k+1}\right)\right).$$

Auf keinen Fall darf man hier die beiden Brüche trennen und in zwei separate Reihen verpacken – jede dieser beiden Reihen wäre für sich divergent. Stattdessen untersuchen wir die ersten Partialsummen:

$$\begin{aligned} s_1 &= 1 - \frac{1}{2} & &= 1 - \frac{1}{2} \\ s_2 &= 1 - \frac{1}{2} + \frac{1}{2} - \frac{1}{3} & &= 1 - \frac{1}{3} \\ s_3 &= 1 - \frac{1}{2} + \frac{1}{2} - \frac{1}{3} + \frac{1}{3} - \frac{1}{4} & &= 1 - \frac{1}{4} \\ &\vdots & &\vdots \end{aligned}$$

Teil II

Teil II

Anwendung: Der harmonische Turmbau

Wir stellen uns die Frage, wie weit man die Spitze eines Turms von der Grundfläche weg verschieben kann. Die Antwort auf diese Frage wird für die meisten Leser wohl recht überraschend ausfallen.

Als einfaches Modell für den Turm betrachten wir einen Stapel von Brettern der Länge $2L$, die wir nun so gegeneinander verschieben wollen, dass das oberste Brett möglichst weit rechts liegt, der Stapel aber eben noch stabil bleibt.

Es ist überraschend schwierig, dieses Beispiel von *unten* her anzugehen, deswegen betrachten wir lieber den obersten Teil des Stapels. Dazu nummerieren wir die Bretter von oben nach unten mit 1 beginnend durch.

Dabei wissen wir, dass jedes Brett so positioniert sein muss, dass der gemeinsame Schwerpunkt aller Bretter darüber zumindest noch über dessen Kante liegt.

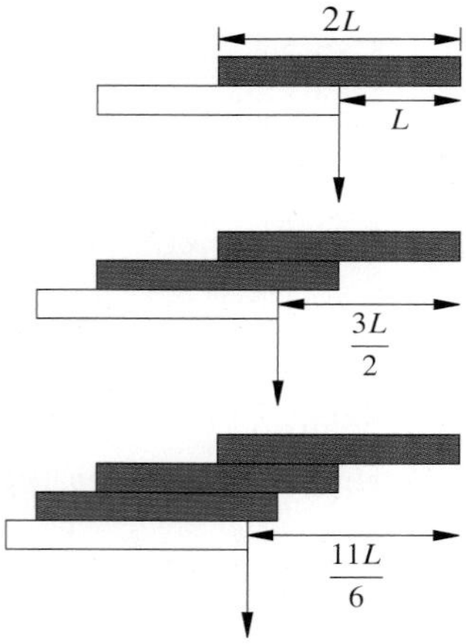

Zählen wir die Verschiebungen von der rechten Kante des ersten Bretts weg, so kann sich die Kante des zweiten Bretts höchstens beim Schwerpunkt des ersten

$$S_1 = L$$

befinden. Der gemeinsame Schwerpunkt der beiden Bretter liegt bei

$$S_2 = \frac{L + (L + L)}{2} = L + \frac{L}{2},$$

und das dritte Brett darf gegenüber dem zweiten nur noch um $L/2$ verschoben werden.

Für den Schwerpunkt der ersten drei Bretter erhalten wir

$$S_3 = \frac{L + (L + L) + \left(L + L + \frac{L}{2}\right)}{3} = L + \frac{L}{2} + \frac{L}{3},$$

und eine Verschiebung um $L/3$. Analog kann das n-te Brett jeweils nur noch um L/n gegenüber dem darüberliegenden verschoben werden. Für die mit n Brettern insgesamt mögliche Verschiebung ergibt sich

$$\begin{aligned} V_n = S_n - L &= L + \frac{L}{2} + \frac{L}{3} + \ldots + \frac{L}{n} - L \\ &= \frac{L}{2} + \frac{L}{3} + \ldots + \frac{L}{n} = L \cdot \sum_{k=2}^{n} \frac{1}{k}. \end{aligned}$$

Das ist eine Summe, die für $n \to \infty$ in eine harmonische Reihe übergeht, also divergiert. Mit genügend vielen Brettern kommt man (theoretisch) also beliebig weit nach rechts.

Es sieht also so aus, als würde immer

$$s_n = 1 - \frac{1}{n+1}$$

gelten. Das lässt sich einerseits mittels vollständiger Induktion leicht beweisen, andererseits ist es aber auch von der Form der Partialsummen her klar: Bis auf den ersten und den letzten Term kommt jeder Ausdruck einmal mit positivem und einmal mit negativem Vorzeichen vor, und diese Ausdrücke heben sich gegenseitig weg.

Ein solches Gebilde nennt man eine *Teleskopsumme*, und mit diesem Wissen können wir auch sofort den Reihenwert berechnen. Wegen

$$\begin{aligned} \lim_{n\to\infty} \sum_{k=1}^{n} \frac{1}{k\,(k+1)} &= \lim_{n\to\infty} \sum_{k=1}^{n} \left(\frac{1}{k} - \frac{1}{k+1}\right) \\ &= \lim_{n\to\infty} \left[1 - \frac{1}{n+1}\right] = 1, \end{aligned}$$

erhalten wir

$$\sum_{k=1}^{\infty} \frac{1}{k\,(k+1)} = 1.$$

◀

Die gerade im Beispiel benutzte Vorgehensweise kann man verallgemeinern: Haben die Partialsummen einer Reihe die Form von **Teleskopsummen**

$$\sum_{k=1}^{n} (b_k - b_{k+1}),$$

so heben sich durch die unterschiedlichen Vorzeichen immer alle Terme außer dem ersten und dem letzten weg. Damit gilt

$$\sum_{k=1}^{n} (b_k - b_{k+1}) = b_1 - b_{n+1} \tag{8.2}$$

und weiter

$$\sum_{k=1}^{\infty} (b_k - b_{k+1}) = b_1 - \lim_{n\to\infty} b_n, \tag{8.3}$$

sofern der rechts stehende Grenzwert existiert. Ansonsten divergiert die Reihe.

Achtung Ein Umsortieren der Reihenglieder ist nicht erlaubt. Beachten Sie, dass die Reihenfolge bei diesem Vorgehen exakt eingehalten wird. ◄

Selbstfrage 2

1. Beweisen Sie Formel (8.2) mittels vollständiger Induktion.
2. Warum steht in Formel (8.3) eigentlich $\lim_{n\to\infty} b_n$ statt $\lim_{n\to\infty} b_{n+1}$?

Damit sind unsere Möglichkeiten aber nahezu erschöpft. Einige Reihen ermöglichen vielleicht noch andere trickreiche Umformungen, zumeist aber werden wir uns auf ein Überprüfen der Konvergenz beschränken. Eine Bestimmung des Werts ist dann nur auf numerischem Wege möglich.

Sehr viel später werden wir allerdings Wege kennenlernen, den Wert von sehr viel mehr Reihen zu bestimmen. Mit der Abschätzung

$$\sum_{k=1}^{n} \frac{1}{k^2} = \sum_{k=0}^{n-1} \frac{1}{(k+1)(k+1)} \leq 1 + \sum_{k=1}^{n-1} \frac{1}{k(k+1)}$$

und dem Beispiel oben erhalten wir mit dem Monotoniekriterium für Folgen, dass die Reihe $\left(\sum_{k=1}^{\infty} \frac{1}{k^2}\right)$ konvergiert. Ergebnisse wie

$$\sum_{k=1}^{\infty} \frac{1}{k^2} = \frac{\pi^2}{6} \quad \text{oder} \quad \sum_{k=1}^{\infty} \frac{(-1)^{k+1}}{k^2} = \frac{\pi^2}{12}$$

benötigen aber Hilfsmittel, die wir uns erst im Kap. 30 über Fourierreihen erarbeiten. Sind diese Mittel bereitgestellt, dann fallen uns solche Ergebnisse allerdings als Nebenprodukte anderer Rechnungen fast ohne Aufwand in den Schoß.

8.2 Kriterien für Konvergenz

Im vorherigen Abschnitt haben wir verschiedene Reihen auf Konvergenz oder Divergenz untersucht und manchmal sogar ihren Wert bestimmen können. Wir wollen nun systematischer vorgehen und Aussagen allgemeiner Natur formulieren. Dabei wäre es angenehm, auf möglichst einfachem Weg feststellen zu können, ob eine Reihe konvergent ist oder nicht. *Konvergenzkriterien* liefern genau dies.

Die einfachsten Kriterien erhalten wir dadurch, dass wir die Rechenregeln für Grenzwerte von Folgen anwenden. Reihen sind ja spezielle Folgen, das heißt, diese Rechenregeln lassen sich sofort anwenden. Speziell erhalten wir die Aussagen:

- Sind $\left(\sum_{n=0}^{\infty} a_n\right)$ und $\left(\sum_{n=0}^{\infty} b_n\right)$ konvergente Reihen, so konvergieren auch $\left(\sum_{n=0}^{\infty} (a_n \pm b_n)\right)$ und für den Reihenwert gilt die Gleichung
$$\sum_{n=0}^{\infty} (a_n \pm b_n) = \sum_{n=0}^{\infty} a_n \pm \sum_{n=0}^{\infty} b_n.$$
- Ist $\left(\sum_{n=0}^{\infty} a_n\right)$ eine konvergent Reihe und $\lambda \in \mathbb{C}$ eine beliebige Zahl, so konvergiert auch die Reihe $\left(\sum_{n=0}^{\infty} (\lambda a_n)\right)$ und für den Reihenwert gilt die Gleichung
$$\sum_{n=0}^{\infty} (\lambda a_n) = \lambda \sum_{n=0}^{\infty} a_n.$$

Achtung Das Produkt von zwei Reihen erhält man *nicht* durch gliedweises Multiplizieren. Im Allgemeinen ist

$$\left[\sum_{n=1}^{\infty} a_n\right] \cdot \left[\sum_{n=1}^{\infty} b_n\right]$$

etwas ganz anderes als

$$\sum_{n=1}^{\infty} a_n b_n.$$

Dass eine solche Formel falsch sein muss, wird einem sofort klar, wenn man sich daran erinnert, dass Reihenwerte Grenzwerte von Partialsummen sind. Und bei Summen ist schon im einfachsten Fall

$$(a_1 + a_2) \cdot (b_1 + b_2) \neq a_1 b_1 + a_2 b_2.$$ ◄

Beispiel Wir wollen die Reihe

$$\left(\sum_{n=1}^{\infty} \frac{1 + 2n \cos(n\pi)}{n^2}\right)$$

auf Konvergenz untersuchen. Die Reihenglieder sind Summen der Form

$$\frac{1 + 2n \cos(n\pi)}{n^2} = \frac{1}{n^2} + 2\,\frac{\cos(n\pi)}{n}.$$

Teil II

Von der Reihe über $1/n^2$ wissen wir bereits, dass sie konvergiert. Der Term $\cos(n\pi)$ lässt sich einfacher als $(-1)^n$ schreiben. Damit ist die Reihe über den zweiten Summanden gleich zweimal der alternierenden harmonischen Reihe, die ebenfalls konvergiert. Nach den Rechenregeln konvergiert also auch die gesamte Reihe, und für den Reihenwert gilt

$$\begin{aligned}\sum_{n=1}^{\infty} \frac{1+2n\cos(n\pi)}{n^2} &= \sum_{n=1}^{\infty} \frac{1}{n^2} + 2\sum_{n=1}^{\infty} \frac{(-1)^n}{n} \\ &= \frac{\pi^2}{6} - 2\ln 2.\end{aligned}$$ ◀

Ein zweites einfaches Kriterium für Konvergenz zumindest von Reihen mit reellen Gliedern beruht auf dem Monotoniekriterium für Folgen. Wir erinnern uns daran, dass jede beschränkte, monotone Folge konvergiert. Diese Tatsache können wir zum einen auf diejenigen Reihen $\left(\sum_{n=0}^{\infty} a_n\right)$ übertragen, deren Partialsummen monoton wachsend sind. Dies bedeutet, dass alle Reihenglieder $a_n \geq 0$ sind. Dabei ist es allerdings nicht wichtig, dass die Folge der Partialsummen immer monoton wächst, es reicht wenn sie dies ab einem bestimmten Index n_0 tut.

Zusammengefasst haben wir also das folgende **Monotoniekriterium für Reihen:** Ist $\left(\sum_{n=0}^{\infty} a_n\right)$ eine Reihe gegeben und gibt es ferner einen Index $n_0 \in \mathbb{N}$ mit $a_n \in \mathbb{R}_{\geq 0}$ für alle $n \geq n_0$, sowie eine Schranke $C > 0$ mit

$$\sum_{n=0}^{N} a_n \leq C \quad \text{für alle } N \in \mathbb{N},$$

so konvergiert die Reihe. Dargestellt ist die Situation auch in der Abb. 8.6.

Schon in dieser Form kann das Monotoniekriterium ein sehr nützliches Werkzeug zur Untersuchung von Reihen darstellen. Ein Beispiel dafür ist der Nachweis, dass die *Exponentialreihe* konvergiert, den wir auf S. 253 führen.

Häufig wird das Monotoniekriterium in einem speziellen Fall verwendet: Angenommen, man hat zwei Reihen, $\left(\sum_{n=0}^{\infty} a_n\right)$ und $\left(\sum_{n=0}^{\infty} b_n\right)$. Es soll hierbei $0 \leq a_n \leq b_n$ gelten, und es soll

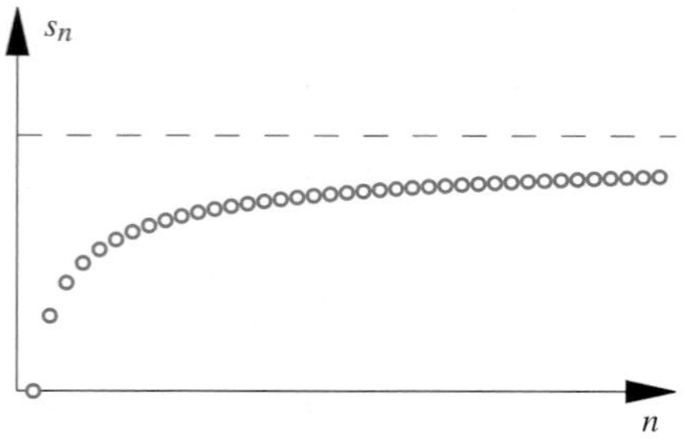

Abb. 8.6 Das Monotoniekriterium für Reihen: Die Folge der Partialsummen wächst monoton, überschreitet aber niemals die gestrichelte obere Schranke. Die Reihe konvergiert

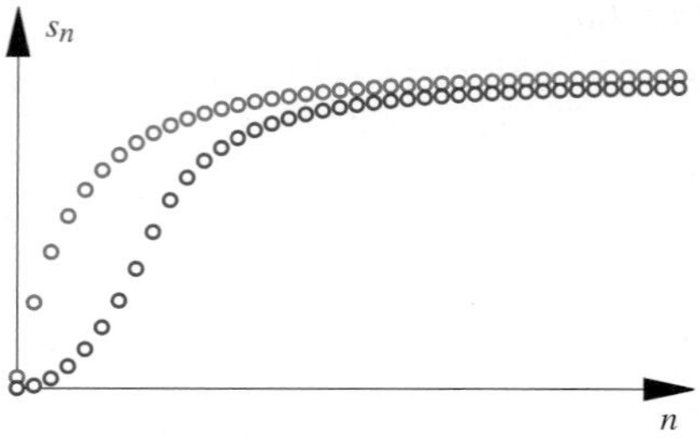

Abb. 8.7 Die blau dargestellte Reihe bildet eine konvergente Majorante. Die rot dargestellte Reihe darunter muss ebenfalls konvergieren

bekannt sein, dass die Reihe $\left(\sum_{n=0}^{\infty} b_n\right)$ konvergiert. Da alle Reihenglieder positiv sind, gilt natürlich die Abschätzung

$$\sum_{n=0}^{N} a_n \leq \sum_{n=0}^{N} b_n$$

für alle $N \in \mathbb{N}$. Die Voraussetzung des Monotoniekriteriums sind also erfüllt, wobei die Schranke C gerade der Reihenwert der konvergenten Reihe $\left(\sum_{n=0}^{\infty} b_n\right)$ ist. Da die Partialsummen der Reihe $\left(\sum_{n=0}^{\infty} b_n\right)$ hierbei stets größer sind als die der Reihe $\left(\sum_{n=0}^{\infty} a_n\right)$, und die erste Reihe konvergiert, bezeichnet man sie als *konvergente Majorante*, siehe auch Abb. 8.7.

Hat eine Reihe eine konvergente Majorante, so konvergiert sie

Nun drehen wir die Situation um und nehmen an, dass wir wissen, dass die Reihe $\left(\sum_{n=0}^{\infty} a_n\right)$ divergiert. Da die Partialsummen der Reihe über die b_n stets größer sind, muss also auch diese Reihe divergieren. In dieser Situation nennt man die Reihe über die a_n eine *divergente Minorante*.

Da wir diese Überlegung recht häufig verwenden wollen, halten wir sie – sogar in etwas allgemeinerer Form – gesondert fest.

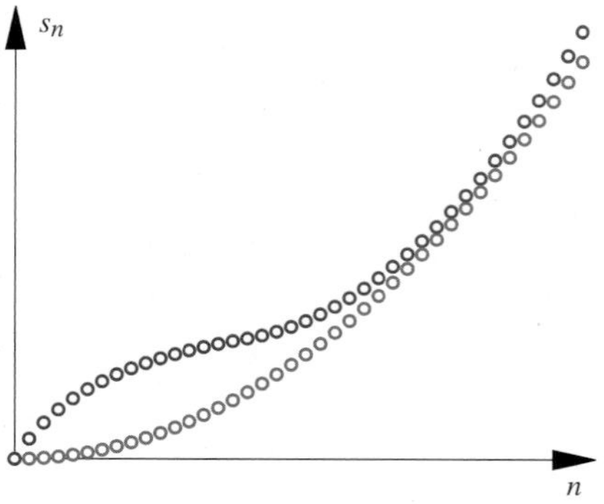

Abb. 8.8 Die blau dargestellte Reihe bildet eine divergente Minorante. Die rot dargestellte Reihe darüber muss auch divergieren

Beispiel: Die Exponentialreihe

Eine der wichtigsten Reihen überhaupt ist die Exponentialreihe $\left(\sum_{n=0}^{\infty}\frac{1}{n!}\right)$, für die wir nun den erstaunlichen Zusammenhang

$$\sum_{n=0}^{\infty}\frac{1}{n!} = \lim_{n\to\infty}\left(1+\frac{1}{n}\right)^n$$

zeigen wollen.

Problemanalyse und Strategie Zunächst zeigen wir, dass die Reihe überhaupt konvergiert. Dazu untersuchen wir die Folge der Partialsummen auf Beschränktheit mit dem Ziel, das Monotoniekriterium für Folgen anwenden zu können. Eine zusätzliche Überlegung liefert dann die Aussage, dass die obere Schranke auch gleichzeitig der Reihenwert sein muss.

Lösung Die Zahl e ist uns schon verschiedentlich begegnet. Für uns entscheidend sind die Beispiele auf S. 177 und 192 im Kapitel über Folgen. Zusammen liefern diese Beispiele die Konvergenz der Folge oben, deren Grenzwert als die Zahl e bezeichnet wird:

$$\mathrm{e} = \lim_{n\to\infty}\left(1+\frac{1}{n}\right)^n .$$

Die Folgenglieder werden wir jetzt mithilfe der binomischen Formel umschreiben:

$$\begin{aligned}\left(1+\frac{1}{n}\right)^n &= \sum_{k=0}^{n}\binom{n}{k}\left(\frac{1}{n}\right)^k\\ &= \sum_{k=0}^{n}\frac{n!}{k!\,(n-k)!}\,\frac{1}{n^k}\\ &= \sum_{k=0}^{n}\frac{1}{k!}\left[\prod_{j=0}^{k-1}\frac{n-j}{n}\right].\end{aligned}$$

Mit dieser Darstellung gelingen uns jetzt schnell zwei Abschätzungen. Zunächst setzen wir $m > n$ voraus. Dann gilt die Ungleichung

$$\begin{aligned}\left(1+\frac{1}{m}\right)^m &= \sum_{k=0}^{m}\frac{1}{k!}\left[\prod_{j=0}^{k-1}\frac{m-j}{m}\right]\\ &\geq \sum_{k=0}^{n}\frac{1}{k!}\left[\prod_{j=0}^{k-1}\frac{m-j}{m}\right].\end{aligned}$$

In dieser Ungleichung lassen wir jetzt $m\to\infty$ gehen. Da

$$\frac{m-j}{m} = 1-\frac{j}{m}\to 1 \quad (m\to\infty)$$

für jedes $j = 0,\ldots,n$, folgt also

$$\mathrm{e} = \lim_{m\to\infty}\left(1+\frac{1}{m}\right)^m \geq \sum_{k=0}^{n}\frac{1}{k!}.$$

Somit ist die Folge der Partialsummen $\left(\sum_{k=0}^{n}\frac{1}{k!}\right)_{n=0}^{\infty}$ durch e nach oben beschränkt. Da die Brüche $\frac{1}{k!}$ alle positiv sind, ist es auch eine monoton wachsende Folge. Mit dem Monotoniekriterium erhalten wir also die Aussage, dass die Folge der Partialsummen, also die Reihe

$$\left(\sum_{n=0}^{\infty}\frac{1}{k!}\right),$$

konvergiert und dass der Reihenwert kleiner oder gleich e ist.

Nun zur zweiten Abschätzung. Auch hier starten wir mit

$$\left(1+\frac{1}{n}\right)^n = \sum_{k=0}^{n}\frac{1}{k!}\left[\prod_{j=0}^{k-1}\frac{n-j}{n}\right].$$

Nun ersetzen wir jeden Faktor $(n-j)/n$ durch 1 und machen dadurch das Produkt auf der rechten Seite größer. Es gilt also

$$\left(1+\frac{1}{n}\right)^n \leq \sum_{k=0}^{n}\frac{1}{k!}$$

für jedes n. Somit bleibt diese Ungleichung erhalten, wenn wir zum Grenzwert für $n\to\infty$ übergehen,

$$\mathrm{e} = \lim_{n\to\infty}\left(1+\frac{1}{n}\right)^n \leq \sum_{k=0}^{\infty}\frac{1}{k!}.$$

Insgesamt haben wir also gezeigt, dass die Exponentialreihe konvergiert, und dass für ihren Reihenwert die Ungleichungskette

$$\sum_{k=0}^{\infty}\frac{1}{k!} \leq \mathrm{e} \leq \sum_{k=0}^{\infty}\frac{1}{k!}$$

gilt. Also ist der Reihenwert selbst gleich e.

Kommentar Das Beispiel liefert zwei völlig unterschiedliche Darstellungen für die irrationale Zahl $\mathrm{e}\approx 2.718\,281\,828\,459\,05$. Je nach der Situation können wir die eine oder andere Darstellung in einer Überlegung verwenden. Mit einem Taschenrechner kann man sich zum Beispiel schnell davon überzeugen, dass zur Bestimmung der Dezimaldarstellung, die Darstellung als Reihe sehr deutlich geeigneter ist: Sie konvergiert deutlich schneller. ◄

Teil II

Das Majoranten-/Minorantenkriterium

Für eine Reihe $\left(\sum\limits_{n=0}^{\infty} a_n\right)$ mit $a_n \in \mathbb{C}$ gelten folgende Konvergenzaussagen:

- Gibt es eine reelle Folge (b_n) mit $|a_n| \leq b_n$ für alle $n \geq n_0$ und konvergiert die Reihe $\left(\sum\limits_{n=0}^{\infty} b_n\right)$, so konvergiert auch die Reihe $\left(\sum\limits_{n=0}^{\infty} a_n\right)$.
- Sind alle a_n reell und gibt es eine divergente Reihe $\left(\sum\limits_{n=0}^{\infty} b_n\right)$ mit $0 \leq b_n \leq a_n$ für alle $n \geq n_0$, so divergiert auch die Reihe $\left(\sum\limits_{n=0}^{\infty} a_n\right)$.

Hat die Reihe $\left(\sum\limits_{n=0}^{\infty} a_n\right)$ nur reelle Glieder, so erhalten wir im ersten Fall des Kriteriums zusätzlich noch die Abschätzung

$$\sum_{n=0}^{\infty} a_n \leq \sum_{n=0}^{\infty} b_n$$

für die Reihenwerte.

Beispiel

- Wir betrachten die Reihe

$$\left(\sum_{n=1}^{\infty} \frac{1}{n^2 - n + 1}\right).$$

Da der dominante Term im Nenner der Summand n^2 ist, liegt die Vermutung nahe, dass die Reihe konvergiert, denn schließlich konvergiert auch die Reihe über $1/n^2$. Wir versuchen also eine konvergente Majorante zu finden. Dazu überlegen wir uns

$$n^2 - n + 1 = (n-1)^2 + n \geq (n-1)^2.$$

Also gilt

$$0 \leq \frac{1}{n^2 - n + 1} \leq \frac{1}{(n-1)^2}.$$

Die Reihe über $\frac{1}{(n-1)^2}$ ist aber vom Konvergenzverhalten her dieselbe wie die Reihe über $\frac{1}{n^2}$ (Indexverschiebung), d. h., sie ist eine konvergente Majorante.

- Bei der Reihe

$$\left(\sum_{n=1}^{\infty} \frac{1}{\sqrt{n}}\right)$$

vermutet man aus der Kenntnis der harmonischen Reihe, dass Divergenz vorliegt. In der Tat ist

$$\sqrt{n} \leq n \quad \text{und daher} \quad \frac{1}{\sqrt{n}} \geq \frac{1}{n}$$

für alle $n \in \mathbb{N}$. Daher ist die harmonische Reihe eine divergente Minorante, und auch die Reihe über $1/\sqrt{n}$ divergiert. ◀

Zusammengefasst spricht man bei diesen Kriterien von *Vergleichskriterien*, da hier verschiedene Reihen miteinander verglichen werden. Ein weiteres Kriterium dieser Art vergleicht die Quotienten der Glieder von zwei Reihen. Sind $\left(\sum_{n=0}^{\infty} a_n\right)$ und $\left(\sum_{n=0}^{\infty} b_n\right)$ zwei Reihen mit reellen nichtnegativen Reihengliedern, so können wir die Folge der Quotienten (a_n/b_n) betrachten, wobei wir $b_n = 0$ für mehr als endlich viele Indizes n ausschließen. Gilt jetzt

$$\lim_{n\to\infty} \frac{a_n}{b_n} = C$$

für eine Zahl $C \in \mathbb{R}_{>0}$, so kann man durch einen indirekten Beweis ganz leicht zeigen, dass für geeignete Konstanten $c_1, c_2 \in \mathbb{R}_{>0}$ und $n_0 \in \mathbb{N}$ die Ungleichung

$$c_1 a_n \leq b_n \leq c_2 a_n$$

für alle $n \in \mathbb{N}_{\geq n_0}$ gilt. Eine Anwendung des Majoranten-/Minorantenkriteriums liefert nun die Aussage, dass *die Reihe* $\left(\sum_{n=0}^{\infty} a_n\right)$ *genau dann konvergiert, wenn die Reihe* $\left(\sum_{n=0}^{\infty} b_n\right)$ *dies tut.* Dieser Sachverhalt wird auch als **Grenzwertkriterium** bezeichnet.

Beispiel Wir wollen die Reihe

$$\left(\sum_{n=1}^{\infty} \frac{n^2 - 7n + 1}{4n^4 + 3n^3 + 2n^2 + n}\right)$$

auf Konvergenz untersuchen.

Die höchste Potenz im Zähler ist n^2, die höchste im Nenner n^4; man kann also vermuten, dass die Reihe ein analoges Verhalten haben wird wie

$$\left(\sum_{n=1}^{\infty} \frac{n^2}{n^4}\right) = \left(\sum_{n=1}^{\infty} \frac{1}{n^2}\right),$$

dass also Konvergenz vorliegt.

Mit der eben erwähnten Variante der Vergleichskriterien können wir das tun. Mit

$$a_n = \frac{n^2 - 7n + 1}{4n^4 + 3n^3 + 2n^2 + n} \quad \text{und} \quad b_n = \frac{1}{n^2}$$

Beispiel: Die divergente Majorante und die konvergente Minorante

Was kann man unter der Voraussetzung $a_n \leq b_n \leq c_n$ über die Konvergenz der Reihe $\left(\sum_{n=1}^{\infty} b_n\right)$ aussagen?

„Alles oder nichts" lautet die Antwort, wie wir uns an einigen Beispielen klar machen werden.

Problemanalyse und Strategie Bei der Anwendung des Minoranten-/Majorantenkriteriums werden die Rollen der Minoranten- und Majoranten oft durcheinandergebracht. Vorsicht: Eine divergente Majorante oder eine konvergente Minorante bringt überhaupt nichts. Nur divergente Minoranten und konvergente Majoranten liefern brauchbare Aussagen.

Lösung Betrachten wir zunächst den Fall

$$\frac{1}{n^2} \leq \frac{1}{n^{3/2}} \leq \frac{1}{n}, \quad n \in \mathbb{N}.$$

Die Reihe über $1/n^2$ konvergiert, die Reihe über $1/n$ divergiert. Also ist

$$\left(\sum_{n=1}^{\infty} \frac{1}{n^2}\right)$$

eine *konvergente Minorante* und

$$\left(\sum_{n=1}^{\infty} \frac{1}{n}\right)$$

ist eine *divergente Majorante*.

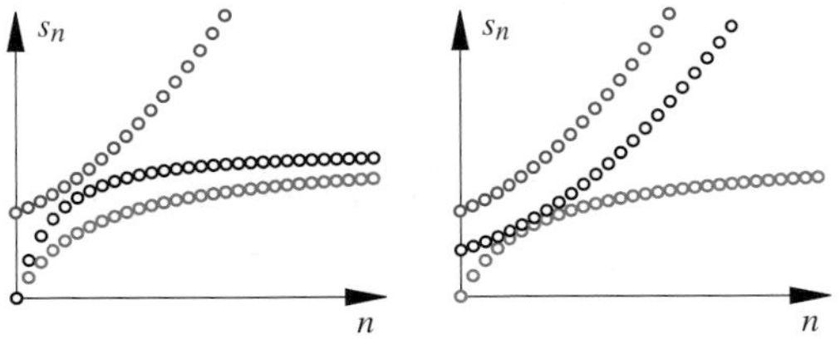

Die beiden Abbildungen zeigen exemplarisch, dass wir mit diesen Aussagen nicht weiterkommen. Dargestellt ist das qualitative Verhalten: Die Reihe mit den rot markierten Partialsummen ist jeweils die divergente Majorante, die blau markierte die konvergente Minorante. Die schwarz dargestellte Reihe, in unserem Fall die Reihe über $1/n^{3/2}$, könnte sowohl konvergieren (links) oder divergieren (rechts).

Wir können kein Urteil fällen. Das Majoranten-/Minorantenkriterium macht in diesem Fall auch keine Aussage, dort geht es um *divergente Minoranten* oder *konvergente Majoranten*.

Anwenden kann man das Kriterium etwa bei der Ungleichung

$$\frac{1}{n^2} \geq \frac{1}{n^\alpha} \geq 0, \quad n \in \mathbb{N}, \quad \alpha \geq 2.$$

Hier bilden die Glieder der konvergenten Reihe über $1/n^2$ tatsächlich die obere Schranke. Wir folgern:

$$\text{Die Reihe} \quad \left(\sum_{n=1}^{\infty} \frac{1}{n^\alpha}\right) \quad \text{konvergiert für } \alpha \geq 2.$$

Die zweite Aussage des Kriteriums ist anwendbar bei

$$0 \leq \frac{1}{n} \leq \frac{1}{n^\alpha}, \quad n \in \mathbb{N}, \quad \alpha \leq 1.$$

Damit erhalten wir:

$$\text{Die Reihe} \quad \left(\sum_{n=1}^{\infty} \frac{1}{n^\alpha}\right) \quad \text{divergiert für } \alpha \leq 1.$$

Tatsächlich kann man auch für die Reihe über $1/n^{3/2}$ zeigen, dass sie konvergiert. Dies wird im Abschnitt ab S. 257 mithilfe des *Verdichtungskriteriums* durchgeführt.

erhält man:

$$\begin{aligned}\frac{a_n}{b_n} &= \frac{n^2 - 7n + 1}{4n^4 + 3n^3 + 2n^2 + n} \cdot \frac{n^2}{1} \\ &= \frac{n^4 - 7n^3 + n^2}{4n^4 + 3n^3 + 2n^2 + n} \\ &= \frac{1 - \frac{7}{n} + \frac{1}{n^2}}{4 + \frac{3}{n} + \frac{2}{n^2} + \frac{1}{n^3}} \to \frac{1}{4} \in \mathbb{R}_{>0} \quad (n \to \infty)\end{aligned}$$

Die beiden Folgen haben also gleiches Konvergenzverhalten, und wie erwartet konvergiert die betrachtete Reihe tatsächlich.

In der Abb. 8.9 sind einzelne Glieder der Folgen (a_n) (blau) und (b_n) (grün) in einem logarithmischen Koordinatensystem eingezeichnet. In einer solchen Darstellung wird der asymptotische Faktor $1/4$ zu einer Verschiebung der Graphen, denn aus

$$\ln \frac{a_n}{b_n} \approx \ln \frac{1}{4} \quad \text{folgt} \quad \ln a_n \approx \ln b_n + \ln \frac{1}{4}.$$

Die Aussage des Grenzwertkriteriums ist dann, dass zwei Reihen dasselbe Konvergenzverhalten haben, wenn ihre Glieder asymptotisch in einem Plot mit logarithmischen Skalen durch eine Verschiebung auseinander hervorgehen. ◀

Teil II

Vertiefung: Fast-harmonische Reihen

Wir möchten der Vorstellung ganz entschieden entgegentreten, dass es sich bei Reihen um Summen mit unendlich vielen Summanden handelt. So verhalten sich Reihen beim Weglassen einzelner Reihenglieder zum Beispiel überhaupt nicht so, wie man es vielleicht von einer Summe erwarten würde. Dies wollen wir anhand zweier Reihen vorführen, die eng mit der harmonischen Reihe verwandt sind.

Wir wollen uns mit Reihen beschäftigen, die aus der harmonischen Reihe dadurch entstehen, dass man einzelne Reihenglieder bei der Bildung der Partialsummen auslässt. Dazu führen wir zunächst die Menge J aller natürlichen Zahlen ein, deren Dezimaldarstellung keine Null enthält.

Wir betrachten nun die Reihe

$$\left(\sum_{n\in J}\frac{1}{n}\right).$$

Wir bilden also die Partialsummen nicht über die Kehrwerte aller natürlichen Zahlen, sondern nur über diejenigen aus J. Es werden also gegenüber der harmonischen Reihe einige Summanden ausgelassen,

$$1+\frac{1}{2}+\cdots+\frac{1}{9}+\frac{1}{11}+\cdots+\frac{1}{19}+\frac{1}{21}+\cdots$$

Konvergiert diese Reihe oder nicht?

Wir betrachten diejenigen Partialsummen, die alle natürlichen Zahlen mit maximal N Stellen berücksichtigen, und schreiben diese um:

$$\sum_{\substack{n\in J\\ n\le 10^N-1}}\frac{1}{n}=\sum_{p=1}^{N}\sum_{\substack{n=10^{p-1}\\ n\in J}}^{10^p-1}\frac{1}{n}$$

Die innere Summe rechts berücksichtigt alle Zahlen mit genau p Stellen. Für jede Stelle kommen nur die Ziffern $1,\ldots,9$ in Frage, also gibt es genau 9^p solcher Zahlen. Damit können wir abschätzen:

$$\begin{aligned}\sum_{p=1}^{N}\sum_{\substack{n=10^{p-1}\\ n\in J}}^{10^p-1}\frac{1}{n}&\le\sum_{p=1}^{N}\sum_{\substack{n=10^{p-1}\\ n\in J}}^{10^p-1}\frac{1}{10^{p-1}}\\&\le\sum_{p=1}^{N}\frac{1}{10^{p-1}}\cdot 9^p\\&=9\sum_{p=0}^{N-1}\left(\frac{9}{10}\right)^p.\end{aligned}$$

Die letzte Summe ist eine Partialsumme der geometrischen Reihe. Jetzt können wir eine Variante des Majorantenkriteriums anwenden. Es garantiert uns, dass die Reihe $\left(\sum_{n\in J}\frac{1}{n}\right)$ im Gegensatz zur harmonischen Reihe konvergiert.

Jetzt betrachten wir eine zweite Reihe, nämlich

$$\left(\sum_{n=0}^{\infty}\frac{1}{1\,000n+1}\right).$$

Auch bei dieser Reihe sind gegenüber der harmonischen Reihe viele Reihenglieder gestrichen worden: Von jeweils 1 000 Gliedern der harmonischen Reihe kommt nur eines vor,

$$1+\frac{1}{1\,001}+\frac{1}{2\,001}+\frac{1}{3\,001}+\cdots$$

Vom Gefühl her hat man hier noch viel weniger Reihenglieder, als im ersten Beispiel. Aber es stellt sich heraus, dass diese Reihe trotzdem divergiert.

Dazu schätzen wir die Partialsummen nach unten ab:

$$\begin{aligned}\sum_{n=0}^{N}\frac{1}{1\,000n+1}&=\frac{1}{1\,000}\sum_{n=0}^{N}\frac{1}{n+\frac{1}{1\,000}}\\&\ge\frac{1}{1\,000}\sum_{n=0}^{N}\frac{1}{n+1}\\&=\frac{1}{1\,000}\sum_{n=1}^{N+1}\frac{1}{n}.\end{aligned}$$

Hier können wir also das Minorantenkriterium anwenden und erhalten die Divergenz der Reihe.

Als Fazit halten wir fest: Die Vorstellung von einer Reihe als unendliche Summe kann schnell aufs Glatteis führen, da sich Reihen anders verhalten können, als man es intuitiv von einer Summe erwarten würde. Man ist dagegen stets auf der sicheren Seite, wenn man die Reihe als spezielle Folge und ihren Wert als Grenzwert betrachtet.

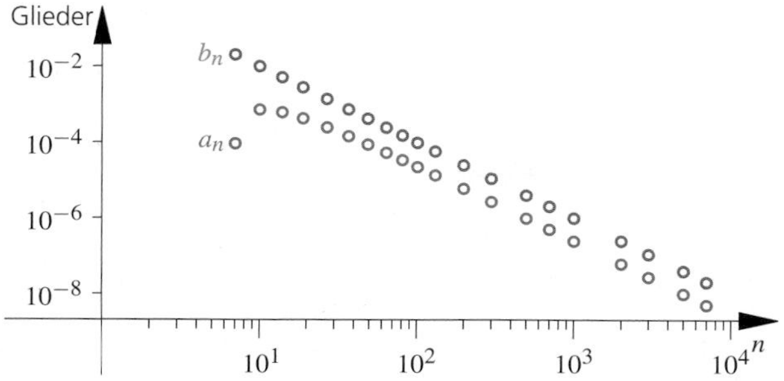

Abb. 8.9 Glieder zweier Reihen in logarithmischen Skalen. Für große n sind die Glieder um einen konstanten Betrag verschoben, sie haben also dasselbe Abfallverhalten. Nach dem Grenzwertkriterium haben die Reihen darüber dasselbe Konvergenzverhalten

Die allgemeine harmonische Reihe konvergiert für $\alpha > 1$

Die Vergleichskriterien beruhen darauf, einen direkten Bezug zu einer bereits bekannten Reihe herzustellen. Es gibt aber auch subtilere Möglichkeiten, einen solchen Bezug zu erzeugen. Dazu wollen wir uns nun noch einmal das Vorgehen anschauen, das wir bei der harmonischen Reihe angewandt haben. Dort hatten wir bestimmte Summen von Brüchen abgeschätzt,

$$\sum_{n=0}^{2^{N-1}-1} \frac{1}{2^N - n} \geq 2^{N-1} \cdot \frac{1}{2^N} = \frac{1}{2},$$

etwa für $N = 3$

$$\frac{1}{8} + \frac{1}{7} + \frac{1}{6} + \frac{1}{5} \geq 4 \cdot \frac{1}{8} = \frac{1}{2}.$$

Können wir dieses Vorgehen verallgemeinern? Betrachten wir eine Reihe $\left(\sum_{n=0}^{\infty} a_n\right)$, bei der die Reihenglieder (a_n) eine monoton fallende Nullfolge bilden. Nun definieren wir

$$\begin{aligned} b_{2^k+m} &= a_{2^{k+1}} \\ c_{2^k+m} &= a_{2^k} \end{aligned} \qquad \text{für } k \in \mathbb{N}_0,\ m = 0, \ldots, 2^k - 1.$$

Es gilt also

$$\begin{aligned} &b_1 = a_2, \quad b_2 = b_3 = a_4, \quad b_4 = \cdots = b_7 = a_8, \ \ldots \\ &c_1 = a_1, \quad c_2 = c_3 = a_2, \quad c_4 = \cdots = c_7 = a_4, \ \ldots \end{aligned}$$

Wie sehen nun die Reihen über b_n bzw. c_n aus?

$$\begin{aligned} \left(\sum_{n=1}^{\infty} b_n\right) &= \left(\sum_{k=0}^{\infty} \sum_{m=0}^{2^k-1} b_{2^k+m}\right) = \left(\sum_{k=0}^{\infty} \sum_{m=0}^{2^k-1} a_{2^{k+1}}\right) \\ &= \left(\sum_{k=0}^{\infty} 2^k\, a_{2^{k+1}}\right) = \left(\frac{1}{2}\sum_{k=0}^{\infty} 2^{k+1}\, a_{2^{k+1}}\right) \\ &= \left(\frac{1}{2}\sum_{k=1}^{\infty} 2^k a_{2^k}\right). \end{aligned}$$

Analog erhalten wir

$$\left(\sum_{n=1}^{\infty} c_n\right) = \left(\sum_{k=0}^{\infty} 2^k\, a_{2^k}\right).$$

Es handelt sich also bei den Reihen über b_n bzw. über c_n um praktisch dieselbe Reihe. Die beiden unterscheiden sich nur durch den Startindex und einen konstanten Vorfaktor.

Nun gilt aber auch $b_{2^k+m} = a_{2^{k+1}} \leq a_{2^k+m}$ und $c_{2^k+m} = a_{2^k} \geq a_{2^k+m}$, da ja (a_n) eine monoton fallende Folge ist. Insgesamt also

$$b_n \leq a_n \leq c_n \quad \text{für alle } n \in \mathbb{N}.$$

Jetzt sind wir genau in der Situation des Majoranten-/Minorantenkriteriums. Dessen Anwendung liefert uns die folgende Aussage.

Verdichtungskriterium

Ist (a_n) eine monoton fallende Nullfolge, so konvergiert die Reihe $\left(\sum_{n=0}^{\infty} a_n\right)$ genau dann, wenn $\left(\sum_{k=0}^{\infty} 2^k a_{2^k}\right)$ konvergiert.

Das Verdichtungskriterium ist das Werkzeug der Wahl, eine Aussage über die Konvergenz von Reihen der Form

$$\left(\sum_{n=1}^{\infty} \frac{1}{n^\alpha}\right), \quad \alpha > 0,$$

zu treffen. Diese Reihen nennen wir zusammengefasst *allgemeine harmonische Reihe*.

Wir wissen bereits, dass diese Reihe für $\alpha = 1$ divergiert, für $\alpha = 2$ dagegen konvergiert. Mit dem Majoranten-/ Minorantenkriterium konnten wir diese Aussagen für alle kleineren bzw. größeren α verallgemeinern (siehe Beispiel auf S. 255). Was aber ist mit $\alpha \in (1, 2)$?

Mit dem Verdichtungskriterium erhalten wir die Aussage, dass die allgemeine harmonische Reihe dasselbe Konvergenzverhalten hat, wie die Reihe

$$\begin{aligned} \left(\sum_{k=0}^{\infty} 2^k \frac{1}{(2^k)^\alpha}\right) &= \left(\sum_{k=0}^{\infty} \frac{1}{2^{k(\alpha-1)}}\right) \\ &= \left(\sum_{k=0}^{\infty} \left(\frac{1}{2^{\alpha-1}}\right)^k\right). \end{aligned}$$

Auf der rechten Seite steht nun eine geometrische Reihe, von der wir bereits wissen, dass sie genau für $\frac{1}{2^{\alpha-1}} < 1$ konvergiert. Das ist genau für $\alpha > 1$ der Fall. Wir halten also fest, dass die allgemeine harmonische Reihe für $\alpha \leq 1$ divergiert, für $\alpha > 1$ dagegen konvergiert.

Teil II

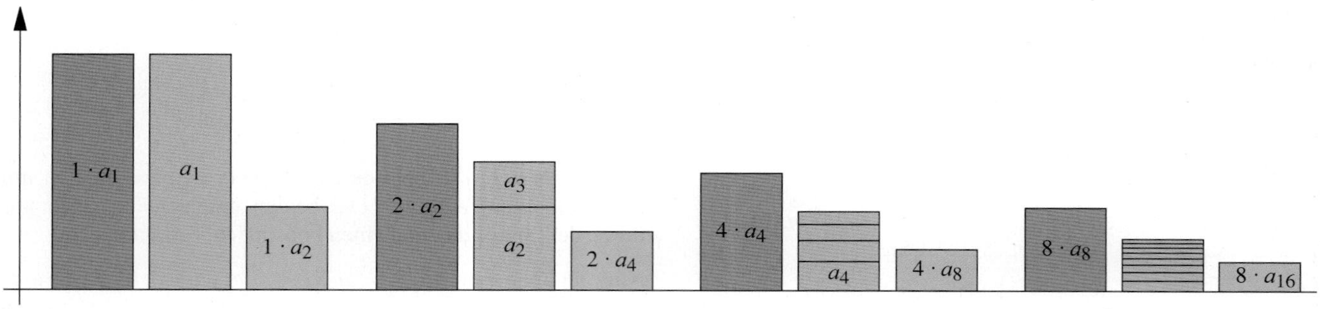

Abb. 8.10 Das Verdichtungskriterium: Für jedes $k \in \mathbb{N}_0$ ist die Summe aus 2^k Reihengliedern zwischen $2^k a_{2^k}$ nach oben und $2^k a_{2^{k+1}}$ nach unten eingeschlossen. Die Reihe über a_n hat daher das gleiche Konvergenzverhalten wie die Reihe über $2^k a_{2^k}$

Alternierende Reihen konvergieren schon, wenn die Beträge der Glieder eine monotone Nullfolge bilden

Die bisher betrachteten Kriterien gehen von Reihen mit positiven reellen Gliedern aus. Was können wir aber in Fällen sagen, bei denen die Glieder nicht positiv sind? Ein Fall, den wir ja schon kennengelernt haben, ist der Weg der Schildkröte

$$\left(\sum_{n=1}^{\infty} \frac{(-1)^n}{n}\right),$$

bei dem sich das Vorzeichen der Reihenglieder immer ändert.

Reihen dieser Art werden uns sehr häufig begegnen, sie erhalten daher einen Namen. Ist (a_n) eine *positive* reelle Folge, so heißt eine Reihe der Form

$$\left(\sum_{n=1}^{\infty}(-1)^n a_n\right)$$

eine **alternierende Reihe**.

Eine schöne Eigenschaft alternierender Reihen ist, dass es für ihre Konvergenz schon ausreicht, dass die Folge monoton fällt und die Glieder eine Nullfolge bilden. Der Satz, der dies als Konvergenzkriterium formuliert, wurde nach dem deutschen Mathematiker Gottfried Wilhelm Leibniz (1646–1716) benannt.

Leibniz-Kriterium

Ist die Folge (a_n) eine reelle positive, monoton fallende Nullfolge, so konvergiert die Reihe

$$\left(\sum_{n=1}^{\infty}(-1)^n a_n\right).$$

Für ihren Reihenwert gilt die Abschätzung

$$\left|\sum_{n=1}^{\infty}(-1)^n a_n - \sum_{n=1}^{N}(-1)^n a_n\right| \le a_{N+1}$$

für alle $N \in \mathbb{N}$.

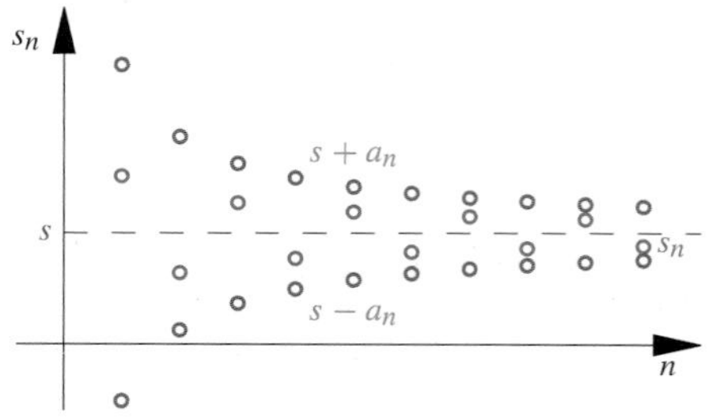

Abb. 8.11 Die Abschätzung des Leibniz-Kriteriums garantiert, dass die Partialsummen s_n den Reihenwert s besser approximieren als $s \pm a_n$

Die Abschätzung, die auch grafisch in der Abb. 8.11 veranschaulicht ist, gibt an, wie gut eine Partialsumme den Reihenwert approximiert. Die Differenz zwischen Reihenwert und Partialsumme ist also höchstens so groß wie das erste weggelassene Reihenglied. Diese Abschätzung ist ein geeignetes Werkzeug für eine numerische Approximation. Man kann sofort sagen, wie viele Reihenglieder berechnet werden müssen, um eine gewünschte Genauigkeit zu garantieren.

Kommentar Im Leibniz-Kriterium könnte man genauso gut fordern, dass (a_n) eine *negative* monoton wachsende reelle Nullfolge ist. Dies entspricht ja nur einem Ausklammern eines Faktors -1 aus den Partialsummen und ist daher für die Konvergenz der Reihe unerheblich. Wichtig ist nur, dass alle a_n *dasselbe Vorzeichen* haben. ◀

Beweis Der Beweis des Leibniz-Kriteriums verwendet das Konzept der *Teilfolgen* aus Abschn. 6.4. Da dies ein optionales Thema war, ist er nur für diejenigen Leser gedacht, die sich mit diesem Thema beschäftigt haben.

Wir definieren die Folge der Partialsummen (s_N) durch

$$s_N = \sum_{n=1}^{N}(-1)^n a_n$$

und betrachten die Teilfolgen (s_{2N}) und (s_{2N-1}). Es gilt dann

$$s_{2N+2} - s_{2N} = a_{2N+2} - a_{2N+1} \le 0$$

und

$$s_{2N+1} - s_{2N-1} = -a_{2N+1} + a_{2N} \ge 0,$$

Übersicht: Wichtige Reihen

Einigen Reihen begegnet man häufig in Anwendungen und Aufgaben. Diese sind hier zusammengestellt.

Geometrische Reihe

$$\left(\sum_{n=0}^{\infty} q^n\right) \quad \text{mit } q \in \mathbb{C}$$

- Konvergent für $|q| < 1$ und Reihenwert:

$$\sum_{n=0}^{\infty} q^n = \frac{1}{1-q}$$

- Divergent für $|q| \geq 1$.

Allgemeine harmonische Reihe

$$\left(\sum_{n=1}^{\infty} \frac{1}{n^\alpha}\right) \quad \text{mit } \alpha > 0$$

- Konvergent für $\alpha > 1$, Reihenwerte nur in speziellen Fällen anzugeben, etwa:

$$\sum_{n=1}^{\infty} \frac{1}{n^2} = \frac{\pi^2}{6} \qquad \sum_{n=1}^{\infty} \frac{1}{n^4} = \frac{\pi^4}{90}$$

- Divergent für $\alpha \leq 1$.

Allgemeine alternierende harmonische Reihe

$$\left(\sum_{n=1}^{\infty} (-1)^{n+1} \frac{1}{n^\alpha}\right) \quad \text{mit } \alpha > 0$$

- Absolut konvergent für $\alpha > 1$
- Konvergent für $0 < \alpha \leq 1$.
- Reihenwerte nur in Spezialfällen anzugeben, etwa:

$$\sum_{n=1}^{\infty} \frac{(-1)^{n+1}}{n} = \ln 2$$

$$\sum_{n=1}^{\infty} \frac{(-1)^{n+1}}{n^2} = \frac{\pi^2}{12}$$

Exponentialreihe

$$\left(\sum_{n=0}^{\infty} \frac{1}{n!}\right)$$

- Konvergiert absolut.
- Der Reihenwert ist:

$$\mathrm{e} = \sum_{n=0}^{\infty} \frac{1}{n!} \approx 2.718\,281\,828\,459$$

da ja (a_n) eine monoton fallende Folge ist. Außerdem gilt noch

$$s_{2N} - s_{2N-1} = a_{2N} \geq 0, \quad \text{also} \quad s_{2N} \geq s_{2N-1}.$$

Wir fassen das eben gezeigte zusammen: Die Folge (s_{2N}) ist monoton fallend und nach unten beschränkt, zum Beispiel durch s_1. Die Folge (s_{2N-1}) ist monoton wachsend und nach oben beschränkt, zum Beispiel durch s_2. Beide Teilfolgen sind also konvergent, siehe Abb. 8.12.

Die Grenzwerte sind ebenfalls gleich. Das folgt aus der Gleichung $s_{2N} - s_{2N-1} = a_{2N}$, da (a_n) eine Nullfolge ist. Also konvergiert die Folge (s_n) selbst, die ja gerade unsere alternierende Reihe ist – den Reihenwert nennen wir S.

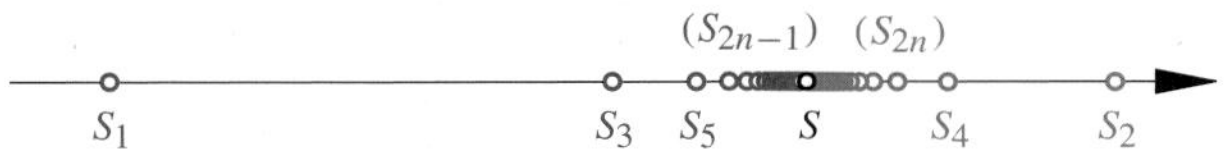

Abb. 8.12 Grafische Darstellung der Folgenglieder s_N im Beweis des Leibniz-Kriteriums

Aus unseren Überlegungen folgt auch, dass S für alle N zwischen s_N und s_{N+1} liegt. Es gilt eine der beiden Ungleichungsketten

$$s_N \leq S \leq s_{N+1} \quad \text{oder} \quad s_{N+1} \leq S \leq s_N.$$

Es folgt daher

$$|S - s_N| \leq |s_{N+1} - s_N| = a_{N+1}.$$

Damit ist auch die Abschätzung für den Grenzwert bewiesen. ■

Selbstfrage 3

An welcher Stelle des Beweises wird die Monotonieforderung benutzt?

Wir wollen uns jetzt einige Fälle anschauen, in denen die Anwendung des Leibniz-Kriteriums ins Auge gefasst werden könnte – auch wenn das manchmal gar nicht erlaubt ist. Weil

Teil II

es so einfach ist, verleitet das Leibniz-Kriterium häufig dazu, es unerlaubterweise anzuwenden.

Beispiel

- Zunächst ein Beispiel, bei dem die Anwendung erlaubt ist:

$$\left(\sum_{n=1}^{\infty} \frac{\cos(n\pi)}{\sqrt{n}}\right)$$

  Wir hatten in diesem Kapitel bereits darauf hingewiesen, dass $\cos(n\pi) = (-1)^n$ ist. Die Folge $(\frac{1}{\sqrt{n}})$ ist eine monoton fallende Nullfolge, also liegt nach dem Leibniz-Kriterium Konvergenz vor.
- Bei der Reihe

$$\left(\sum_{n=0}^{\infty} (-1)^n \frac{\cos(n\pi)}{n+1}\right)$$

  ist die Anwendung des Leibniz-Kriteriums dagegen nicht erlaubt. Sie sieht nur vordergründig wie eine alternierende Reihe aus, denn $(-1)^n \cos(n\pi) = 1$ für alle $n \in \mathbb{N}$. Hier handelt es sich also um eine „getarnte" harmonische Reihe.
- Ein weiterer Fall, bei dem man genau hinsehen muss, ist die Reihe

$$\left(\sum_{n=1}^{\infty} (-1)^n \frac{n}{n+1}\right).$$

  Hier liegt das Problem darin, dass $(n/(n+1))$ gar keine Nullfolge ist, was man schnell einmal übersehen kann. ◄

Zum Ende dieses Abschnitts noch ein Wort zu Reihen mit komplexen Gliedern. Man hat hier zwei mögliche Vorgehensweisen zur Verfügung: Die eine Möglichkeit besteht darin, Real- und Imaginärteil der Reihe getrennt zu untersuchen. Die zweite Möglichkeit besteht darin, solche Reihen auf *absolute Konvergenz* zu untersuchen, der wir uns im nächsten Abschnitt widmen wollen.

8.3 Absolute Konvergenz

Schon im ersten Abschnitt dieses Kapitels hatten wir gesehen, dass bei Reihen die Reihenfolge der Reihenglieder nicht vertauscht werden darf, zumindest nicht, wenn man erwartet, dass sich der Reihenwert nicht ändert. In diesem Abschnitt wollen wir diese Fragestellung näher untersuchen. Ziel ist es, solche Reihen zu finden, bei denen man wie bei einer endlichen Summe die Reihenfolge der Glieder beliebig ändern kann, ohne dass sich der Reihenwert ändert. Es wird sich herausstellen, dass sich solche Reihen alle durch eine einfache gemeinsame Eigenschaft charakterisieren lassen, die wir *absolute Konvergenz* nennen wollen.

Definition der absoluten Konvergenz

Ist (a_n) eine Folge in $\mathbb{C}$ und konvergiert die Reihe $\left(\sum_{n=1}^{\infty} |a_n|\right)$, so nennen wir die Reihe $\left(\sum_{n=1}^{\infty} a_n\right)$ **absolut konvergent**.

Beispiel Viele der Reihen, die wir kennengelernt haben, sind absolut konvergent. Dazu zählen zum Beispiel alle konvergenten Reihen mit positiven reellen Gliedern, wie etwa

$$\left(\sum_{n=1}^{\infty} \frac{1}{n^2}\right) \quad \text{oder} \quad \left(\sum_{n=0}^{\infty} \left(\frac{1}{3}\right)^n\right).$$

Konvergent, aber nicht absolut konvergent ist dagegen die alternierende harmonische Reihe

$$\left(\sum_{n=1}^{\infty} \frac{(-1)^n}{n}\right).$$ ◄

Wie sieht nun der Zusammenhang zwischen herkömmlicher und absoluter Konvergenz aus? Ein wichtiges Resultat, dass wir nicht herleiten können, weil der Beweis das Konzept der Cauchy-Folgen verwendet (vgl. S. 190), ist die folgende Aussage: *Jede absolut konvergente Reihe ist auch konvergent.*

Die Umkehrung gilt aber, wie wir bereits gesehen haben, nicht. Es gibt auch konvergente Reihen, die nicht absolut konvergent sind. In diesem Fall spricht man von *bedingter Konvergenz*.

Bei absolut konvergenten Reihen gilt die Dreiecksungleichung

Eine weitere Eigenschaft, die wir sofort von endlichen Summen auf absolut konvergente Reihen übertragen können, ist die Dreiecksungleichung. Ist $\left(\sum_{n=1}^{\infty} a_n\right)$ eine absolut konvergente Reihe, so gilt natürlich für alle Partialsummen

$$\left|\sum_{n=1}^{N} a_n\right| \leq \sum_{n=1}^{N} |a_n|.$$

Nach den Regeln für Grenzwerte bleibt diese Ungleichung erhalten, wenn $N \to \infty$ geht. Es gilt also für *jede absolut konvergente Reihe* $\left(\sum_{n=1}^{\infty} a_n\right)$ die **Dreiecksungleichung** in der Form

$$\left|\sum_{n=1}^{\infty} a_n\right| \leq \sum_{n=1}^{\infty} |a_n|.$$

Teil II

Beispiel Ein möglicher Weg zur Berechnung der Zahl $\ln(2/3)$ ist die Reihendarstellung

$$\ln\frac{2}{3} = \sum_{n=1}^{\infty}\frac{(-1)^n}{n\,2^n},$$

die wir einer mathematischen Formelsammlung entnommen haben. Wenn wir irgendeine Partialsumme dieser Reihe berechnen, erhalten wir eine Näherung an den Wert von $\ln(2/3)$. Aber wie gut ist diese Näherung?

Mit der Dreiecksungleichung erhalten wir die Abschätzung

$$\left|\ln\frac{2}{3} - \sum_{n=1}^{N}\frac{(-1)^n}{n\,2^n}\right| = \left|\sum_{n=N+1}^{\infty}\frac{(-1)^n}{n\,2^n}\right| \le \sum_{n=N+1}^{\infty}\frac{1}{n\,2^n}.$$

Den Faktor n im Nenner der Reihenglieder ersetzen wir jetzt durch 1, dadurch werden alle Reihenglieder größer, d. h., wir erhalten die Abschätzung

$$\begin{aligned}\left|\ln\frac{2}{3} - \sum_{n=1}^{N}\frac{(-1)^n}{n\,2^n}\right| &\le \sum_{n=N+1}^{\infty}\frac{1}{2^n}\\ &= \frac{1}{2^{N+1}}\sum_{n=0}^{\infty}\frac{1}{2^n}\\ &= \frac{1}{2^{N+1}}\cdot\frac{1}{1-\frac{1}{2}} = \frac{1}{2^N}.\end{aligned}$$

Hier haben wir die Reihe durch eine Indexverschiebung auf die geometrische Reihe zurückgeführt, deren Reihenwert wir ausrechnen können.

Wir halten fest: Wenn wir die N-te Partialsumme berechnen, erhalten wir eine Näherung an $\ln\frac{2}{3}$, die höchstens 2^{-N} vom richtigen Ergebnis entfernt ist. Für $N = 10$ ist etwa der Wert der Partialsumme

$$\sum_{n=1}^{10}\frac{(-1)^n}{n\,2^n} \approx -0.405\,434\,6,$$

die korrekte Dezimaldarstellung ist

$$\ln\frac{2}{3} = -0.405\,465\,1\ldots$$

Der Fehler ist ungefähr $3.046\cdot 10^{-5}$, unsere Abschätzung garantiert einen Fehler von höchstens $9.766\cdot 10^{-4}$.

Solche oder ähnliche Abschätzungen benötigt man, wenn Reihenwerte numerisch berechnet werden sollen, wobei aber eine gewünschte Genauigkeit garantiert werden soll. Ein Vergleich des tatsächlichen Fehlers und der Abschätzung für verschiedene Werte von N ist in der Abb. 8.13 dargestellt. Die Abschätzung gibt den Fehler gut wieder, bis $N \approx 60$. Das Verhalten für größere Werte von N liegt an Rundungsfehlern bei der Bestimmung des korrekten Werts für $\ln(2/3)$: In der heute üblichen Standardarithmetik bestimmen Computer Funktionswerte auf maximal 16 Dezimalstellen genau. ◄

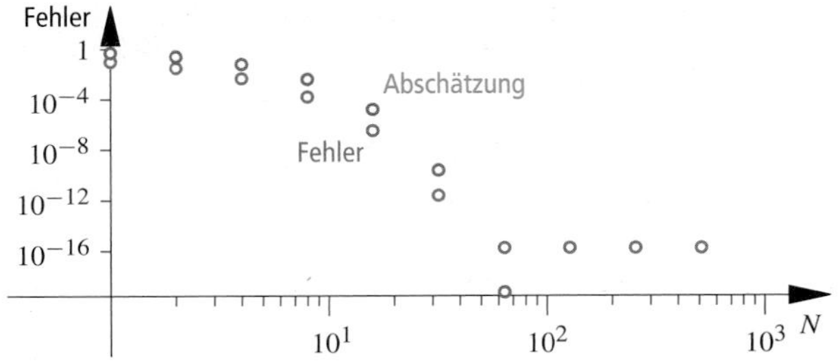

Abb. 8.13 Der tatsächliche Fehler und die Abschätzung für die Berechnung von $\ln(2/3)$. Die Abschätzung gibt das Verhalten des Fehlers gut wieder, bis Rundungsfehler eine Rolle spielen

Bei absolut konvergenten Reihen sind beliebige Umordnungen der Reihenglieder erlaubt

Eine der nützlichsten Eigenschaften absolut konvergenter Reihen ist, dass man die Reihenfolge der Reihenglieder beliebig ändern kann, ohne dass sich der Reihenwert dabei verändert. In dieser Hinsicht verhalten sich absolut konvergente Reihen also ganz genauso wie endliche Summen.

Wir wollen uns den Grund für diese Eigenschaft überlegen. Wir wählen eine absolut konvergente Reihe $\left(\sum_{n=1}^{\infty} a_n\right)$, ihren Reihenwert wollen wir mit A bezeichnen. Nun sei (b_n) eine Folge, die aus genau denselben Folgengliedern wie (a_n) besteht, nur eben in einer anderen Reihenfolge. Dann konvergiert auch die Reihe $\left(\sum_{n=1}^{\infty} b_n\right)$ (siehe Übungsaufgabe 8.5), ihren Reihenwert bezeichnen wir mit B. Wir müssen uns überlegen, dass nun $A = B$ sein muss.

Wir geben uns dazu $\varepsilon > 0$ beliebig vor. Da die Reihe $\left(\sum_{n=1}^{\infty} a_n\right)$ absolut konvergiert, gibt es eine Zahl $N \in \mathbb{N}$, sodass für den *Reihenrest* der Betragsreihe gilt

$$\sum_{n=N+1}^{\infty} |a_n| \le \varepsilon.$$

Damit ist nach der Dreiecksungleichung

$$\left|\sum_{n=1}^{N} a_n - A\right| = \left|\sum_{n=N+1}^{\infty} a_n\right| \le \sum_{n=N+1}^{\infty} |a_n| \le \varepsilon.$$

Nun untersuchen wir die Folge (b_n). Wir suchen uns eine Zahl $M \in \mathbb{N}$, sodass die Folgenglieder $a_1, \ldots, a_N$ unter den Zahlen $b_1, \ldots, b_M$ sind. Das geht, da ja die Folgenglieder von (a_n) und (b_n) dieselben sind. Dann gilt aber auch

$$\left|\sum_{n=1}^{M} b_n - B\right| \le \sum_{n=M+1}^{\infty} |b_n| \le \sum_{n=N+1}^{\infty} |a_n| \le \varepsilon.$$

Schließlich ist auch

$$\left|\sum_{n=1}^{N} a_n - \sum_{n=1}^{M} b_n\right| \le \sum_{n=N+1}^{\infty} |a_n| \le \varepsilon,$$

denn in der ersten Differenz bleiben nur Glieder übrig, die in den $a_{N+1}, a_{N+2}, \ldots$ enthalten sind.

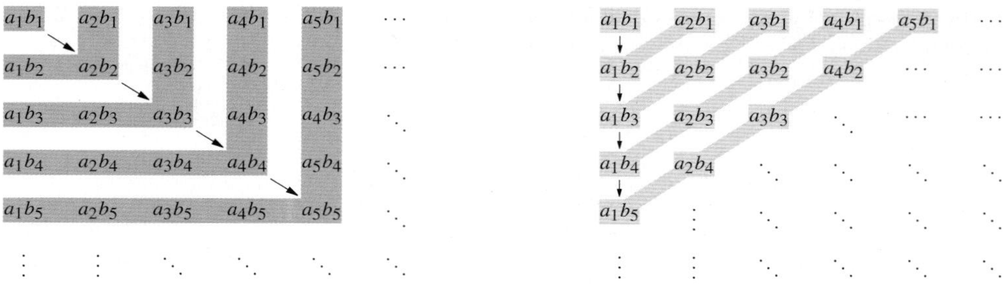

Abb. 8.14 Die Ordnung der Reihenglieder in einer Produktreihe. Links ist die Abfolge der Glieder nach der Definition der Reihen abgebildet, rechts die Abfolge im Cauchy-Produkt

Nun schätzen wir die Differenz der beiden Reihenwerte durch die Dreiecksungleichung ab:

$$|A - B| \leq \left|A - \sum_{n=1}^{N} a_n\right| + \left|\sum_{n=1}^{N} a_n - \sum_{n=1}^{M} b_n\right| + \left|\sum_{n=1}^{M} b_n - B\right|$$
$$\leq 3\varepsilon$$

Wir rekapitulieren: Für jedes $\varepsilon > 0$ ist also $|A - B| \leq 3\varepsilon$. Also muss $A = B$ sein. Als Schlussfolgerung können wir festhalten, dass sich der Reihenwert bei absolut konvergenten Reihen durch eine Umordnung der Reihenglieder nicht ändert.

Zur Berechnung von Produkten von Reihen dient das Cauchy-Produkt

Von der Möglichkeit, die Glieder einer absolut konvergenten Reihe umzuordnen, wollen wir gleich Gebrauch machen. Dazu wollen wir uns mit Produkten von Reihen beschäftigen. Nach den Rechenregeln für Grenzwerte von Folgen wissen wir, dass das Produkt zweier konvergenter Reihen stets auch konvergieren muss. Allerdings ist das Ausmultiplizieren der Partialsummen problematisch: Man hat es mit zwei Grenzübergängen zu tun, von denen nicht klar ist, ob sie unabhängig voneinander sind. Die Abb. 8.14 stellt links die Bildung der Produktreihe schematisch dar, wenn man bei beiden Reihen die Partialsummen für dasselbe n miteinander multipliziert. Zum einen führt dies auf keine angenehme Darstellung des Produkts, aber es ist auch nicht klar, ob dieses Vorgehen überhaupt sinnvoll ist.

Um eine schöne, eingängige Formel zu erhalten, müssen wir die Reihenglieder in der *Produktreihe* umordnen. Nach dem bisher gesagten ist klar: Das dürfen wir nur tun, wenn diese Reihe absolut konvergiert.

Auf der rechten Seite der Abb. 8.14 ist dieses Umordnen schematisch dargestellt. Als Formel schreibt sich die Produktreihe für zwei Reihen $\left(\sum_{n=1}^{\infty} a_n\right)$ und $\left(\sum_{n=1}^{\infty} b_n\right)$ dann als

$$\left(\sum_{n=1}^{\infty}\sum_{k=1}^{n-1} a_k\, b_{n-k}\right).$$

Diese Reihe nennen wir **Cauchy-Produkt** der beiden Reihen. Es gilt nun das folgende wichtige Ergebnis, das man mithilfe des Majorantenkriteriums beweisen kann.

Konvergenz des Cauchy-Produkts

Sind die Reihen $\left(\sum_{n=1}^{\infty} a_n\right)$ und $\left(\sum_{n=1}^{\infty} b_n\right)$ absolut konvergent, dann konvergiert auch ihr Cauchy-Produkt absolut, und für die Grenzwerte gilt

$$\left[\sum_{n=1}^{\infty} a_n\right] \cdot \left[\sum_{n=1}^{\infty} b_n\right] = \sum_{n=1}^{\infty}\sum_{k=1}^{n-1} a_k\, b_{n-k}.$$

Durch Indexverschiebung zeigt man unmittelbar, dass für zwei absolut konvergente Reihen $\left(\sum_{n=0}^{\infty} a_n\right)$ und $\left(\sum_{n=0}^{\infty} b_n\right)$ auch das Cauchy-Produkt absolut konvergiert. Dafür gilt die Beziehung

$$\left[\sum_{n=0}^{\infty} a_n\right] \cdot \left[\sum_{n=0}^{\infty} b_n\right] = \sum_{n=0}^{\infty}\sum_{k=0}^{n} a_k\, b_{n-k}.$$

Beispiel Das Quadrat der Euler'schen Zahl können wir als Produkt der Exponentialreihe mit sich selbst schreiben,

$$\mathrm{e}^2 = \left(\sum_{n=0}^{\infty} \frac{1}{n!}\right) \cdot \left(\sum_{n=0}^{\infty} \frac{1}{n!}\right).$$

Mithilfe des Cauchy-Produkts folgt

$$\begin{aligned}\mathrm{e}^2 &= \sum_{n=0}^{\infty}\sum_{k=0}^{n} \frac{1}{k!} \cdot \frac{1}{(n-k)!} \\ &= \sum_{n=0}^{\infty} \frac{1}{n!} \sum_{k=0}^{n} \frac{n!}{k!\,(n-k)!}.\end{aligned}$$

Der letzte Bruch ist aber gerade ein Binom. Also gilt mit der allgemeinen binomischen Formel

$$\begin{aligned}\mathrm{e}^2 &= \sum_{n=0}^{\infty} \frac{1}{n!} \sum_{k=0}^{n} \binom{n}{k} 1^k\, 1^{n-k} \\ &= \sum_{n=0}^{\infty} \frac{1}{n!}\,(1+1)^n \\ &= \sum_{n=0}^{\infty} \frac{2^n}{n!}.\end{aligned}$$

Vertiefung: Der Riemann'sche Umordnungssatz

Es soll eine Reihe $\left(\sum_{n=1}^{\infty} a_n\right)$ betrachtet werden, die konvergent, aber nicht absolut konvergent ist. Ein Beispiel hierfür ist die Reihe $\left(\sum_{n=1}^{\infty} (-1)^{n+1}/n\right)$ aus dem Anwendungsbeispiel zu Beginn des Kapitels. Durch eine Umordnung der Reihenglieder kann man dann jeden beliebigen Reihenwert erhalten.

Wir wollen annehmen, dass die Folgenglieder a_n reell sind und definieren:

$$b_n = \begin{cases} a_n, & a_n \geq 0 \\ 0, & a_n < 0 \end{cases} \quad \text{und} \quad c_n = \begin{cases} 0, & a_n \geq 0 \\ -a_n, & a_n < 0 \end{cases}$$

Dann gilt

$$\sum_{n=1}^{\infty} a_n = \sum_{n=1}^{\infty} (b_n - c_n).$$

Keinesfalls aber dürfen wir den Ausdruck rechts als Differenz von zwei Reihen schreiben, denn die Reihen über b_n und über c_n divergieren beide. Dies wollen wir uns schnell klar machen.

Angenommen die Reihe über b_n konvergiert. Dann gilt nach den Rechenregeln für Grenzwerte

$$\sum_{n=1}^{\infty} c_n = \sum_{n=1}^{\infty} b_n - \sum_{n=1}^{\infty} a_n,$$

also konvergiert dann auch die Reihe über c_n. Damit folgt aber

$$\sum_{n=1}^{\infty} |a_n| = \sum_{n=1}^{\infty} b_n + \sum_{n=1}^{\infty} c_n,$$

d. h., die Reihe über a_n wäre absolut konvergent. Die Argumentation ist ganz analog, wenn man annimmt, dass die andere Reihe konvergent ist.

Beide Reihen divergieren also, aber die Folgen (b_n) und (c_n) sind jeweils Nullfolgen. Diese Aussage gilt, da die Folge (a_n) selbst eine Nullfolge ist.

Nun geben wir uns eine beliebige Zahl $S \in \mathbb{R}$ vor und konstruieren rekursiv eine Reihe, die gegen S konvergiert. Setze dazu

$$S_N = \sum_{n=1}^{P_N} b_n - \sum_{n=1}^{Q_N} c_n,$$

wobei die Zahlen P_N und Q_N rekursiv definiert sind,

$$P_1 = Q_1 = 0$$

und

$$P_{N+1} = P_N, \quad Q_{N+1} = Q_N + 1 \quad \text{falls } S_N \geq S$$

sowie

$$P_{N+1} = P_N + 1, \quad Q_{N+1} = Q_N \quad \text{falls } S_N < S$$

für $N \geq 2$. Es folgt, dass sowohl (P_N) als auch (Q_N) monoton wachsende, unbeschränkte Folgen in $\mathbb{N}$ sind.

Nun wählen wir ein $\varepsilon > 0$. Dann gibt es ein $M \in \mathbb{N}$ mit $b_m < \varepsilon$ und $c_m < \varepsilon$ für alle $m \geq M$, denn beides sind Nullfolgen. Außerdem gibt es eine Zahl $N_0 \in \mathbb{N}$ mit $P_N \geq M$ und $Q_N \geq M$ für $N \geq N_0$.

Wir wählen nun solch ein $N \geq N_0$. Ist nun $S_N < S < S + \varepsilon$, so gilt

$$S_N \leq S_N + b_{P_{N+1}} = S_{N+1} < S + b_{P_{N+1}} < S + \varepsilon.$$

Durch Induktion folgt also $S_{N+k} < S + \varepsilon$ für alle $k \in \mathbb{N}$.

Ist dagegen $S_N \geq S > S - \varepsilon$, so folgt analog

$$S_N \geq S_{N+1} > S - \varepsilon,$$

und wir erhalten $S_{N+k} > S - \varepsilon$ für alle $k \in \mathbb{N}$.

Ist aber $S_N < S$, so wächst die Folge (S_N) solange, bis S überschritten wird. Umgekehrt fällt sie für $S_N \geq S$ solange, bis S unterschritten wird. In der Konsequenz findet man also ein N_1 mit

$$|S_N - S| < \varepsilon \quad \text{für alle } N \geq N_1.$$

Die Folge (S_N) konvergiert also gegen S. Sie ist aber nach Konstruktion eine Reihe, die aus einer Umordnung der (a_n) entstanden ist. Es folgt also, dass durch Umordnung einer reellen konvergenten, aber nicht absolut konvergenten Reihe jeder beliebige Reihenwert erzielt werden kann. Diese Tatsache, die auch als *Riemann'scher Umordnungssatz* bekannt ist, steht im Kontrast zum Verhalten der absolut konvergenten Reihen, bei denen sich der Reihenwert niemals ändert, egal wie man umordnet.

Bei komplexen Reihen ist die Situation komplizierter. Ist eine solche Reihe konvergent, aber nicht absolut konvergent, so können nicht sowohl Real- als auch Imaginärteil absolut konvergieren. Mit der hier beschriebenen Methode kann man sie also so umordnen, dass entweder der Real- oder der Imaginärteil der Reihe einen beliebigen Wert hat. Es ist aber nicht klar, ob der jeweils andere Teil nach der Umordnung überhaupt noch konvergiert.

Trotzdem gilt auch in diesem Fall: Ist die Reihe absolut konvergent, kann man beliebig umordnen, ohne dass sich der Reihenwert ändert. Kann man umgekehrt bei einer Reihe die Glieder beliebig umordnen, ohne dass sich der Reihenwert ändert, so muss die Reihe absolut konvergent sein.

Ausgehend von diesem Ergebnis kann man nun eine Reihendarstellung von e^3 berechnen, anschließend dann für e^4, usw. Mit vollständiger Induktion lässt sich dabei beweisen, dass

$$e^p = \sum_{n=0}^{\infty} \frac{p^n}{n!}$$

für jedes $p \in \mathbb{N}$ gilt. Im nächsten Kapitel des Buches über Potenzreihen wollen wir uns dieses Ergebnis für alle $p \in \mathbb{C}$ erarbeiten. ◀

Teil II

Kommentar Von *beiden* Reihen im Cauchy-Produkt *absolute* Konvergenz zu verlangen, ist eine recht scharfe Forderung. Konvergiert von zwei Reihen eine absolut, die andere hingegen nur bedingt, so konvergiert ihr Cauchy-Produkt immer noch – allerdings im Allgemeinen nicht mehr absolut. ◀

Selbstfrage 4

Können Sie eine Reihe angeben, deren Cauchy-Produkt mit jeder beliebigen anderen Reihe konvergiert?

8.4 Kriterien für absolute Konvergenz

Im Abschn. 8.2 ging es darum, auf einfachem Wege entscheiden zu können, ob eine Reihe konvergiert oder nicht. Wir wollen uns jetzt ganz analog damit beschäftigen, Kriterien zu finden, mit denen wir eine Reihe auf absolute Konvergenz überprüfen können.

Das *Wurzel-* und das *Quotientenkriterium*, die wir jetzt vorstellen wollen, erledigen diese Aufgabe und sind leicht zu handhaben. Bei vielen Reihen stellen sie den bei weitem einfachsten Weg dar, die Konvergenz zu überprüfen. Beide Kriterien sind allerdings nicht sehr *fein*: Bei vielen Reihen, die „gerade noch" oder „gerade nicht mehr" konvergent sind, erhält man keine Aussage. Da beide Kriterien eben auf *absolute* Konvergenz prüfen, können sie über bedingt konvergente Reihen niemals Aussagen treffen.

Das Wurzelkriterium folgt aus dem Vergleich mit der geometrischen Reihe

Vergleichskriterien sind immer nur so gut wie die Reihen, die man zum Vergleichen zur Verfügung hat. Eine Reihe, die sich für Vergleiche anbietet – weil wir ja ihre Konvergenzeigenschaften ganz genau kennen – ist die geometrische. Wir werden aus diesem Vergleich sogar ein ganz allgemeines Kriterium gewinnen, eben das *Wurzelkriterium*.

Betrachten wir dazu eine Reihe mit rein positiven Gliedern a_n. Mit Sicherheit wissen wir, dass diese konvergiert, wenn es eine positive Zahl $q < 1$ gibt, sodass ab einem bestimmten Index n_0

$$a_n \leq q^n$$

ist. Diese Bedingung kann man aber sofort umschreiben zu

$$\sqrt[n]{a_n} \leq q.$$

Gäbe es umgekehrt eine Zahl $Q \geq 1$, sodass

$$\sqrt[n]{a_n} \geq Q$$

ab einem bestimmten Index n_0 wäre, dann hätten wir sofort die Abschätzung

$$\sum_{n=n_0}^{N} a_n \geq \sum_{n=n_0}^{N} Q^n$$

und auf der rechten Seite stünde eine divergente Minorante. Es wird also für viele Reihen genügen, $\sqrt[n]{a_n}$ zu betrachten, um Aussagen über Konvergenz oder Divergenz zu treffen:

Ist ab einem bestimmten Index $\sqrt[n]{a_n} \leq q < 1$, so ist die Reihe konvergent. Das ist aber sicher dann der Fall, wenn

$$\lim_{n\to\infty} \sqrt[n]{a_n} = \rho < 1 \tag{8.4}$$

ist, der Grenzwert also existiert und *echt kleiner* als eins ist. Umgekehrt gilt nach den obigen Überlegungen, dass die Reihe sicher divergiert, wenn der Grenzwert in (8.4) zwar existiert, aber *echt größer* als eins ist.

Bei diesen Überlegungen sind wir von positiven reellen Reihengliedern ausgegangen. Aber alles bleibt sogar für komplexe Reihenglieder korrekt, wenn wir mit Beträgen arbeiten. Damit erhalten wir das folgende Kriterium.

Wurzelkriterium

Wenn der Grenzwert

$$\rho = \lim_{n\to\infty} \sqrt[n]{|a_n|} \tag{8.5}$$

existiert und kleiner als eins ist, so ist die Reihe $\left(\sum_{n=1}^{\infty} a_n\right)$ absolut konvergent.

Ist ρ größer als eins, so divergiert die Reihe.

Im Fall $\rho = 1$ kann mit diesem Kriterium keine Aussage getroffen werden.

Das lässt sich knapp und kompakt schreiben als

$$\lim_{n\to\infty} \sqrt[n]{|a_n|} \begin{cases} < 1 & \text{absolute Konvergenz} \\ = 1 & \text{keine Aussage} \\ > 1 & \text{Divergenz} \end{cases}$$

Falls man die Überlegungen oben genau betrachtet, sieht man, dass es nicht unbedingt notwendig ist, mit einem Grenzwert zu arbeiten. Im Abschnitt ab S. 267 werden wir uns diese allgemeinere Form des Kriteriums überlegen, für die der Grenzwert $\lim_{n\to\infty} \sqrt[n]{|a_n|}$ nicht zu existieren braucht. In der hier angegebenen Form wird das Wurzelkriterium aber am häufigsten verwendet.

Beispiel Wir untersuchen die Reihe

$$\sum_{n=1}^{\infty} \left(\frac{1}{3} - \frac{1}{\sqrt{n}}\right)^n$$

auf Konvergenz. Das Wurzelkriterium liefert

$$\sqrt[n]{|a_n|} = \sqrt[n]{\left|\frac{1}{3} - \frac{1}{\sqrt{n}}\right|^n} = \left|\frac{1}{3} - \frac{1}{\sqrt{n}}\right| \to \frac{1}{3} < 1.$$

Diese Reihe ist also absolut konvergent.

Nun untersuchen wir die Reihe

$$\sum_{n=1}^{\infty} \left(1 + \frac{1}{n}\right)^{n^2}$$

auf Konvergenz:

$$\sqrt[n]{|a_n|} = \sqrt[n]{\left(1 + \frac{1}{n}\right)^{n^2}} = \left(1 + \frac{1}{n}\right)^n \to e > 1$$

Die Reihe ist divergent. ◀

Diese Beispiele illustrieren auch schon, in welchen Fällen das Wurzelkriterium besonders praktisch ist, nämlich dann, wenn die Reihenglieder a_n einen Exponenten wie n oder n^2 beinhalten und daher beim Ziehen der n-ten Wurzel eine einfachere Gestalt erhalten.

Ist das nicht der Fall, so kann oft das zweite wichtige Kriterium dieses Abschnitts weiterhelfen, das Quotientenkriterium.

Das Quotientenkriterium ist noch einfacher anzuwenden als das Wurzelkriterium

Das Ziehen von n-ten Wurzeln kann gelegentlich ein wenig mühsam sein. Betrachten wir stattdessen jeweils den Betrag des Quotienten zweier aufeinanderfolgender Glieder, $|a_{n+1}/a_n|$.

Dass diese Größe eine Bedeutung für die Konvergenz haben kann, ist schon anschaulich klar. Fällt die Folge (a_k) schnell, so wird einerseits dieser Quotient klein sein, andererseits die entsprechende Reihe $\left(\sum_{n=0}^{\infty} a_n\right)$ konvergieren. Fällt (a_k) hingegen nur langsam oder gar nicht ab, so wird einerseits der Quotient vergleichsweise groß, andererseits auch die Reihe divergent sein.

Diese Idee wollen wir nun präzisieren und formulieren dazu gleich unsere Behauptung:

Quotientenkriterium

Wenn der Grenzwert

$$\rho = \lim_{n\to\infty} \left|\frac{a_{n+1}}{a_n}\right| \tag{8.6}$$

existiert und kleiner als eins ist, so ist die Reihe $\left(\sum_{n=1}^{\infty} a_n\right)$ absolut konvergent.

Ist ρ größer als eins, so divergiert die Reihe. Im Fall $\rho = 1$ kann mit diesem Kriterium keine Aussage getroffen werden.

Wieder gibt es dafür eine knappe und einprägsame Schreibweise:

$$\lim_{n\to\infty} \left|\frac{a_{n+1}}{a_n}\right| \begin{cases} < 1 & \text{absolute Konvergenz} \\ = 1 & \text{keine Aussage} \\ > 1 & \text{Divergenz} \end{cases}$$

Nur nebenbei wollen wir an dieser Stelle daran erinnern, dass $|a/b| = |a|/|b|$ ist und dass natürlich

$$\frac{|a_{n+1}|}{|a_n|} = |a_{n+1}| \, (|a_n|)^{-1}$$

ist. Das Verwenden von Kehrwerten ist insbesondere dann sehr praktisch, wenn die Reihenglieder a_n selbst schon die Form von Brüchen haben.

Nun, warum gilt die obige Behauptung? Wenn der Grenzwert in (8.6) existiert und kleiner als eins ist, dann gibt es eine positive reelle Zahl $q < 1$ und ein $N \in \mathbb{N}$ sodass für alle $n > N$

$$\frac{|a_n|}{|a_{n-1}|} \le q$$

ist. Damit gilt aber auch, dass für beliebige $n > N$

$$\frac{|a_n|}{|a_N|} \equiv \frac{|a_{N+1}|}{|a_N|} \cdot \frac{|a_{N+2}|}{|a_{N+1}|} \cdots \frac{|a_n|}{|a_{n-1}|} \le q^{n-N}$$

ist. Demnach ist

$$|a_n| \le \frac{|a_N|}{q^N} \, q^n,$$

und man kann wieder eine geometrische Reihe als konvergente Majorante einsetzen.

Ist umgekehrt der Grenzwert aus Gl. (8.6) größer als eins, dann gibt es eine Zahl $Q > 1$ und ein $N \in \mathbb{N}$, sodass für $n > N$ immer

$$\frac{|a_{n+1}|}{|a_n|} \ge Q$$

ist. Damit ist natürlich $|a_{n+1}| \ge Q\,|a_n|$ und die Folge (a_n) kann keine Nullfolge sein.

Teil II

Übersicht: Konvergenzkriterien für Reihen

In dieser Übersicht sind die wichtigsten Konvergenzkriterien kurz zusammengefasst. Zusätzlich wollen wir noch eine kleine Orientierungshilfe geben, wann welches Kriterium am ehesten einen Versuch wert ist.

Für die Kurzvorstellung der Kriterien betrachten wir eine Reihe der Form $\left(\sum_{n=0}^{\infty} a_n\right)$ mit Reihengliedern $a_n \in \mathbb{C}$.

Quotientenkriterium *Anwendungen*: Reihenglieder mit Fakultäten, Binomialkoeffizienten oder Potenzen.

Falls der Grenzwert existiert, gilt:

$$\lim_{n\to\infty}\left|\frac{a_{n+1}}{a_n}\right| \dots \begin{cases} < 1 & \text{absolute Konvergenz} \\ = 1 & \text{keine Aussage} \\ > 1 & \text{Divergenz} \end{cases}$$

Wurzelkriterium *Anwendungen:* Reihenglieder sind Potenzausdrücke mit Exponenten wie n oder n^2.

Falls der Grenzwert existiert, gilt:

$$\lim_{n\to\infty}\sqrt[n]{|a_n|} \dots \begin{cases} < 1 & \text{absolute Konvergenz} \\ = 1 & \text{keine Aussage} \\ > 1 & \text{Divergenz} \end{cases}$$

Grenzwertkriterium *Anwendungen:* a_n ist ein rationaler Ausdruck in n.

Voraussetzungen: a_n, b_n reell und positiv.

$$\text{Betrachten Sie} \quad \lim_{n\to\infty}\frac{a_n}{b_n}.$$

- Grenzwert existiert und ist > 0: Die Reihen
$$\left(\sum_{n=0}^{\infty} a_n\right) \quad \text{und} \quad \left(\sum_{n=0}^{\infty} b_n\right)$$
haben das gleiche Konvergenzverhalten.
- Grenzwert existiert und ist $= 0$:
$$\left(\sum_{n=0}^{\infty} b_n\right) \text{ konvergiert} \implies \left(\sum_{n=0}^{\infty} a_n\right) \text{ konvergiert}$$
- Grenzwert ist unendlich:
$$\left(\sum_{n=0}^{\infty} b_n\right) \text{ divergiert} \implies \left(\sum_{n=0}^{\infty} a_n\right) \text{ divergiert}$$

Majoranten-/Minorantenkriterium *Anwendungen:* Vergleich mit einfacher bekannter Reihe ist möglich.

Voraussetzungen: b_n reell mit $0 \le |a_n| \le b_n$ für alle $n \ge n_0$.

$$\left(\sum_{n=0}^{\infty} b_n\right) \text{ konvergiert} \implies \left(\sum_{n=0}^{\infty} a_n\right) \text{ konv. abs.}$$
$$\left(\sum_{n=0}^{\infty} a_n\right) \text{ divergiert} \implies \left(\sum_{n=0}^{\infty} b_n\right) \text{ divergiert}$$

Verdichtungskriterium *Anwendungen:* Eine der Reihen

$$\left(\sum_{n=0}^{\infty} a_n\right) \quad \text{und} \quad \left(\sum_{k=0}^{\infty} 2^k a_{2^k}\right)$$

ist eine geometrische.

Voraussetzungen: (a_n) ist monoton fallende Nullfolge.

Dann haben die Reihen das gleiche Konvergenzverhalten.

Leibniz-Kriterium *Anwendungen:* Alternierende Reihen.

Voraussetzung: Die Reihenglieder haben die Form $(-1)^n a_n$ mit einer monoton fallenden Nullfolge (a_n).

Eine Reihe dieser Form konvergiert.

Nullfolgenkriterium Damit die Reihe überhaupt konvergieren kann, muss $a_n \to 0$ $(n \to \infty)$ gelten.

Fahrplan für die Kriterien Das folgende Diagramm enthält einen Fahrplan für das Ausprobieren der Kriterien.

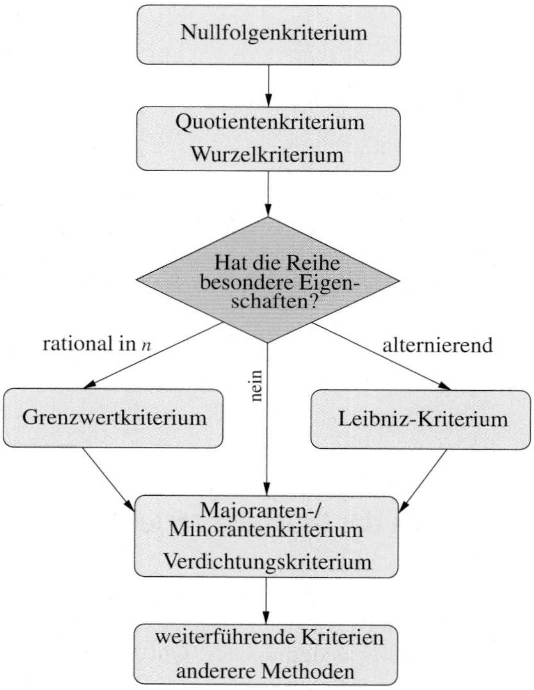

Beachten Sie auch die verallgemeinerten Versionen von Quotienten- und Wurzelkriterium, die ab S. 267 beschrieben werden.

Weiterführende Kriterien, die in der Literatur zu finden sind, werden in der Vertiefung auf S. 270 genannt.

Aufgrund der Leichtigkeit in seiner Handhabung ist das Quotientenkriterium das wahrscheinlich beliebteste Konvergenzkriterium für Reihen überhaupt – es ist jenes, das man im Normalfall als erstes einmal versucht.

Beispiel Wir wissen bereits, dass die Reihe

$$\left(\sum_{n=1}^{\infty} \frac{2^n}{n!}\right)$$

absolut konvergiert und ihr Reihenwert e^2 ist. Liefert auch das Quotientenkriterium diese Aussage?

Dazu bilden wir mit $a_n = \frac{2^n}{n!}$

$$\begin{aligned}\left|\frac{a_{n+1}}{a_n}\right| &= \frac{2^{n+1}}{(n+1)!} \cdot \left(\frac{2^n}{n!}\right)^{-1} = \frac{2^{n+1}}{(n+1)!} \cdot \frac{n!}{2^n} \\ &= \frac{2 \cdot 2^n}{(n+1) \cdot n!} \cdot \frac{n!}{2^n} = \frac{2}{n+1} \to 0 < 1.\end{aligned}$$

Die Reihe konvergiert demnach absolut.

Weiter untersuchen wir die Reihe

$$\left(\sum_{n=1}^{\infty} \frac{n^n}{2^n\, n!}\right)$$

auf Konvergenz:

$$\begin{aligned}\left|\frac{a_{n+1}}{a_n}\right| &= \frac{(n+1)^{n+1}}{2^{n+1}\,(n+1)!} \cdot \frac{2^n\, n!}{n^n} \\ &= \frac{(n+1)\,(n+1)^n\, 2^n\, n!}{2 \cdot 2^n\,(n+1)\, n!\, n^n} = \frac{(n+1)^n}{2\, n^n} \\ &= \frac{1}{2}\left(\frac{1+n}{n}\right)^n = \frac{1}{2}\left(1+\frac{1}{n}\right)^n \to \frac{e}{2} > 1\end{aligned}$$

Diese Reihe divergiert also. ◄

Generell ist das Auftreten von Fakultäten in den Reihengliedern ein fast sicheres Zeichen dafür, dass man das Quotientenkriterium benutzen sollte. Auch Potenzen kürzen sich, wie man auch an den Beispielen oben sieht, auf saubere Weise, was für die tatsächliche Berechnung des Grenzwerts in (8.6) außerordentlich nützlich ist.

Achtung Vor einem sehr verbreiteten Fehler bei der Handhabung beider Kriterien wollen wir hier ganz ausdrücklich warnen. In den Kriterien wurde verlangt, dass der *Grenzwert* für $n \to \infty$ von

$$\sqrt[n]{|a_n|} \quad \text{bzw.} \quad \frac{|a_{n+1}|}{|a_n|}$$

existiert und für Konvergenz *echt kleiner* bzw. für Divergenz *echt größer* als eins ist. Es genügt zum Feststellen der Konvergenz *nicht*, dass

$$\sqrt[n]{|a_n|} < 1 \quad \text{bzw.} \quad \frac{|a_{n+1}|}{|a_n|} < 1$$

für alle n ab einem bestimmten Index ist. Allerdings reicht

$$\sqrt[n]{|a_n|} > 1 \quad \text{bzw.} \quad \frac{|a_{n+1}|}{|a_n|} > 1$$

für alle n ab einem bestimmten Index zum Feststellen der Divergenz. ◄

Beispiel Betrachten wir etwa wieder die harmonische Reihe

$$\left(\sum_{n=1}^{\infty} \frac{1}{n}\right),$$

so gilt für den Quotienten

$$\frac{|a_{n+1}|}{|a_n|} = \frac{1}{n+1} \cdot \left(\frac{1}{n}\right)^{-1} = \frac{n}{n+1} < 1,$$

er ist also immer kleiner als eins. Daraus darf man nun keinesfalls auf eine etwaige Konvergenz der harmonischen Reihe schließen. Für den Grenzwert nämlich erhalten wir

$$\lim_{n\to\infty} \frac{|a_{n+1}|}{|a_n|} = \lim_{n\to\infty} \frac{n}{n+1} = 1.$$

Das Quotientenkriterium trifft also keine Aussage, dasselbe gilt bei dieser Reihe für das Wurzelkriterium. Auch wenn immer $|a_{n+1}|/|a_n| < 1$, so gibt es doch keine Zahl $q < 1$, sodass immer

$$\frac{|a_{n+1}|}{|a_n|} < q$$

wäre. ◄

Selbstfrage 5

Untersuchen Sie eine bedingt konvergente Reihe Ihrer Wahl mit Wurzel- und Quotientenkriterium. Welches Ergebnis erwarten Sie?

Wurzel- und Quotientenkriterium lassen sich noch verallgemeinern

Die Form, in der wir vorhin Wurzel- bzw. Quotientenkriterium vorgestellt haben, ist zwar die geläufigste, aber bei weitem nicht die allgemeinste.

Wer sich die Mühe macht, die Herleitung bzw. den Beweis von Wurzel- und Quotientenkriterium genauer unter die Lupe zu nehmen, dem wird auffallen, dass wir mit der Existenz eines Grenzwerts eine unnötig scharfe Forderung gestellt haben. Die oben angeführte Formulierung mit Grenzwert ist bequem, schließt aber manche Fälle aus, in denen man mit weniger harten Forderungen durchaus noch Aussagen treffen könnte. Daher

Teil II

wollen wir hier als Ergänzung allgemeinere Formulierungen von Wurzel- und Quotientenkriterium angeben, die gelegentlich dann weiterhelfen können, wenn die Grenzwerte in (8.5) oder (8.6) nicht existieren.

Tatsächlich genügt es beim Wurzelkriterium für die absolute Konvergenz, dass der Ausdruck

$$\sqrt[n]{|a_n|} \leq q < 1$$

ist für alle n ab einem $n_0 \in \mathbb{N}$. Man erhält für

$$\sqrt[n]{|a_n|} \geq 1$$

schon die Divergenz der Reihe über die a_n. Hierzu reicht es sogar aus, dass diese Ungleichung für unendlich viele $n \in \mathbb{N}$ gilt (sie darf also auch für unendlich viele n nicht gelten).

So können wir ein **allgemeines Wurzelkriterium** knapp schreiben als:

$$\sqrt[n]{|a_n|} \begin{cases} \leq q < 1 & \text{für alle } n \geq n_0\text{: abs. Konvergenz} \\ \geq 1 & \text{für unendlich viele } n\text{: Divergenz} \end{cases}$$

In anderen Fällen ist keine Aussage möglich.

Achtung Dass die Zahl q existiert, ist wichtig und notwendig. Hat man nur

$$\sqrt[n]{|a_n|} < 1,$$

so macht das Wurzelkriterium keine Aussage. ◀

Beispiel Untersuchen wir etwa die Reihe

$$\left(\sum_{n=1}^{\infty}\left(1+\frac{(-1)^n}{n}\right)^{n^2}\right)$$

auf Konvergenz. Durch das wechselnde Vorzeichen erhalten wir für gerade und ungerade n jeweils unterschiedliche Ergebnisse:

$$\sqrt[n]{|a_n|} = \begin{cases} (1+\frac{1}{n})^n & \text{wenn } n \text{ gerade} \\ (1-\frac{1}{n})^n & \text{wenn } n \text{ ungerade} \end{cases}$$

Damit erhalten wir

$$\begin{aligned} \lim_{k\to\infty} \sqrt[2k]{|a_{2k}|} &= \lim_{k\to\infty}\left(1+\frac{1}{2k}\right)^{2k} \\ &= \mathrm{e}, \\ \lim_{k\to\infty} \sqrt[2k+1]{|a_{2k+1}|} &= \lim_{k\to\infty}\left(1-\frac{1}{2k+1}\right)^{2k+1} \\ &= \frac{1}{\mathrm{e}}. \end{aligned}$$

Damit ist für unendlich viele $n \in \mathbb{N}$ die Ungleichung

$$\sqrt[n]{|a_n|} \geq \mathrm{e} - \frac{1}{10} > 1$$

erfüllt. Zwar ist ebenfalls für unendlich viele $n \in \mathbb{N}$ die Ungleichung

$$\sqrt[n]{|a_n|} \leq \frac{1}{\mathrm{e}} + \frac{1}{10} < 1$$

erfüllt, aber diese Aussage spielt keine Rolle: Nach dem allgemeinen Wurzelkriterium divergiert die Reihe. ◀

Noch einsichtiger, aber auch ein klein wenig anders, ist die Sache beim Quotientenkriterium. Das allgemeine Quotientenkriterium lautet: Falls

$$\left|\frac{a_{n+1}}{a_n}\right| \leq q < 1$$

für alle $n \geq n_0$ ist, dann konvergiert die Reihe $\left(\sum_{n=0}^{\infty} a_n\right)$ absolut. Hingegen divergiert sie, wenn

$$\left|\frac{a_{n+1}}{a_n}\right| \geq 1$$

für alle $n \geq n_0$ ist. Unendlich viele Ausnahmen dürfen wir hier nicht zulassen.

Beispiel Betrachten wir die Reihe

$$\left(\sum_{n=0}^{\infty}\frac{3+(-1)^n}{5^n}\right).$$

Wieder müssen wir gerade und ungerade n unterscheiden,

$$\begin{aligned} \frac{a_{2k+1}}{a_{2k}} &= \frac{3+(-1)^{2k+1}}{5^{2k+1}}\cdot\frac{5^{2k}}{3+(-1)^{2k}} = \frac{2}{5}\cdot\frac{1}{4} = \frac{1}{10} \\ \frac{a_{2k}}{a_{2k-1}} &= \frac{3+(-1)^{2k}}{5^{2k}}\cdot\frac{5^{2k-1}}{3+(-1)^{2k-1}} = \frac{4}{5}\cdot\frac{1}{2} = \frac{2}{5} \end{aligned}$$

In beiden Fällen gilt

$$\left|\frac{a_{n+1}}{a_n}\right| \leq \frac{2}{5} < 1,$$

die Reihe konvergiert also absolut. ◀

Wurzel- und Quotientenkriterium sind nahe verwandt

Sowohl Wurzel- als auch Quotientenkriterium erhält man aus dem Vergleich mit einer geometrischen Reihe. Die Vermutung, dass es zwischen den beiden Kriterien gewisse Zusammenhänge gibt, ist naheliegend und richtig.

Beispiel: Anwendung der Kriterien für absolute Konvergenz

Es soll gezeigt werden, dass die Reihe

$$\left(\sum_{n=0}^{\infty} a_n\right) \quad \text{mit} \quad a_n = \begin{cases} \frac{-1}{2^n} & n \text{ gerade} \\ \frac{1}{4^n} & n \text{ ungerade} \end{cases}$$

absolut konvergiert, und ihr Reihenwert soll berechnet werden.

Problemanalyse und Strategie Es gibt verschiedene Möglichkeiten die absolute Konvergenz nachzuweisen, allen voran das Quotienten- und das Wurzelkriterium. Man muss ausprobieren, welches Kriterium im konkreten Fall geeignet ist bzw. funktioniert. Die Berechnung des Reihenwerts kann wegen der absoluten Konvergenz durch eine Umordnung der Reihenglieder erfolgen.

Lösung Für das Quotientenkriterium erhalten wir für gerades n

$$\left|\frac{a_{n+1}}{a_n}\right| = \frac{1}{4^{n+1}} \cdot \frac{2^n}{1} = \frac{2^n}{2^{2n+2}} = \frac{1}{2^{n+2}} \leq \frac{1}{2} < 1.$$

Allerdings gilt für ungerades n

$$\left|\frac{a_{n+1}}{a_n}\right| = \left|\frac{1}{2^{n+1}} \cdot \frac{4^n}{1}\right| = 2^{n-1} > 1.$$

Also kann das Quotientenkriterium nicht angewandt werden.

Mit dem Wurzelkriterium erhält man für gerades n

$$\sqrt[n]{|a_n|} = \frac{1}{2}$$

und für ungerades n

$$\sqrt[n]{|a_n|} = \frac{1}{4} \leq \frac{1}{2}.$$

Da $1/2 < 1$, ist das Wurzelkriterium anwendbar: Die Reihe konvergiert absolut.

Eine andere Möglichkeit, die absolute Konvergenz zu zeigen, bietet übrigens das Majorantenkriterium. Es gilt ja stets

$$|a_n| \leq \left(\frac{1}{2}\right)^n,$$

also ist

$$\sum_{n=0}^{\infty} |a_n| \leq \sum_{n=0}^{\infty} \left(\frac{1}{2}\right)^n = 2.$$

Da die Reihe absolut konvergiert, darf man die Summanden umtauschen. Zum Beispiel kann man eine Reihe bilden, die nur die Glieder für gerades n und eine, die nur die Glieder für ungerades n umfasst. Damit ist

$$\begin{aligned}\sum_{n=0}^{\infty} a_n &= \sum_{n=0}^{\infty} \frac{1}{4^{2n+1}} + \sum_{n=0}^{\infty} \frac{-1}{2^{2n}} \\ &= \frac{1}{4} \sum_{n=0}^{\infty} \frac{1}{16^n} - \sum_{n=0}^{\infty} \frac{1}{4^n} \\ &= \frac{1}{4} \cdot \frac{1}{1-\frac{1}{16}} - \frac{1}{1-\frac{1}{4}} \\ &= \frac{4}{15} - \frac{4}{3} = -\frac{16}{15}.\end{aligned}$$

Von den beiden ist das Wurzelkriterium das stärkere, insofern als dass es auch für Fälle, in denen das Quotientenkriterium keine Entscheidung bringt, noch manchmal Aussagen erlaubt. Das gilt allerdings nur dann, wenn der Grenzwert von $|a_{n+1}/a_n|$ nicht existiert. Falls $|a_{n+1}/a_n| \to 1$, so gilt auch $\sqrt[n]{|a_n|} \to 1$, sodass das Wurzelkriterium ebenfalls keine Entscheidung liefert. Versagt hingegen das Wurzelkriterium, so bringt auch das Quotientenkriterium sicher keine Aussage.

Beispiel Untersuchen wir die Reihe

$$\left(\sum_{n=1}^{\infty} \frac{2+(-1)^n}{2^{n-1}}\right)$$

auf Konvergenz, zunächst mit dem Quotientenkriterium. Das wechselnde Vorzeichen im Zähler sorgt dafür, dass der Quotient für gerade und ungerade n unterschiedlich aussieht:

$$\begin{aligned}\frac{|a_{2k+1}|}{|a_{2k}|} &= \frac{2+(-1)^{2k+1}}{2^{2k}} \cdot \frac{2^{2k-1}}{2+(-1)^{2k}} \\ &= \frac{2-1}{2 \cdot 2^{2k-1}} \cdot \frac{2^{2k-1}}{2+1} = \frac{1}{6} \\ \frac{|a_{2k}|}{|a_{2k-1}|} &= \frac{2+(-1)^{2k}}{2^{2k-1}} \cdot \frac{2^{2k-2}}{2+(-1)^{2k-1}} = \\ &= \frac{2+1}{2 \cdot 2^{2k-2}} \cdot \frac{2^{2k-2}}{2-1} = \frac{3}{2}\end{aligned}$$

Vertiefung: Weitere Konvergenzkriterien für Reihen

Neben den bisher betrachteten Kriterien gibt es noch einige weitere, die entweder technisch deutlich anspruchsvoller sind oder auf Kenntnisse zurückgreifen, die erst später in diesem Buch gebracht werden. Um die Darstellung in diesem Kapitel abzurunden, werden diese Kriterien hier zumindest kurz angerissen.

- Wie schon bei den Folgen gibt es auch bei den Reihen ein Cauchy-Kriterium. Im Gegensatz zu allen bisher angegebenen Kriterien setzt dieses keine spezielle Gestalt der Glieder a_n voraus und ist damit das allgemeinste Kriterium – allerdings ist es auch technisch anspruchsvoll, und man wird es nur dann verwenden, wenn die anderen Kriterien alle nicht anwendbar sind oder versagen. Auf Reihen umgelegt lautet seine Formulierung:
  Eine Reihe $\left(\sum_{k=1}^{\infty} a_k\right)$ *ist genau dann konvergent, wenn es zu jedem* $\varepsilon > 0$ *ein* $N \in \mathbb{N}$ *gibt, so dass*
  $$\left|\sum_{k=n+1}^{m} a_k\right| < \varepsilon$$
  für beliebige $m > n > N$ *ist.*
  Generell gilt dieses Kriterium nur dann, wenn man es mit reellen oder komplexen Zahlen, allgemeiner einem vollständigen Raum, zu tun hat, aber nicht notwendigerweise in einem *unvollständigen* Zahlenbereich wie etwa den rationalen Zahlen.
- Eine Verfeinerung des Quotientenkriteriums ist das *Kriterium von Raabe*: Ist
  $$\left|\frac{a_{n+1}}{a_n}\right| \leq 1 - \frac{\beta}{n}$$
  für alle $n \geq n_0$ mit einer Konstanten $\beta > 1$, so ist die Reihe $\left(\sum_{n=0}^{\infty} a_n\right)$ absolut konvergent. Sie divergiert jedoch, wenn
  $$\frac{a_{n+1}}{a_n} \geq 1 - \frac{1}{n}$$
  für alle $n \geq n_0$ ist.

Für Reihen von spezieller Gestalt können auch die folgenden beiden Kriterien nützlich sein.

- *Kriterium von Abel*: Ist die Reihe
  $$\left(\sum_{k=0}^{\infty} a_k\right)$$
  konvergent und ist die Folge (b_k) monoton und beschränkt, so konvergiert auch
  $$\left(\sum_{k=0}^{\infty} a_k\, b_k\right).$$
- *Kriterium von Dirichlet*: Ist die Folge der Partialsummen
  $$(s_n) = \left(\sum_{k=0}^{n} b_k\right)$$
  beschränkt und ist (a_k) eine monotone Nullfolge, so konvergiert
  $$\left(\sum_{k=0}^{\infty} a_k\, b_k\right).$$
  Der Spezialfall $b_k = (-1)^k$ entspricht übrigens genau dem Leibniz-Kriterium.

In manchen Fällen ist auch das *Integralkriterium* sehr praktisch. Wie der Name schon andeutet, setzt es Kenntnisse der Integralrechnung voraus und wird deshalb erst in Kap. 11 behandelt.

Der Grenzwert der Quotienten existiert nicht, und auch mit der allgemeinen Version des Quotientenkriteriums erhalten wir keine Aussage.

Benutzen wir nun das Wurzelkriterium:

$$\sqrt[n]{|a_n|} = \sqrt[n]{\frac{2+(-1)^n}{2^{n-1}}} = \frac{\sqrt[n]{2+(-1)^n}}{2^{\frac{n-1}{n}}} \to \frac{1}{2},$$

weil ja $\sqrt[n]{3} \to 1$ ebenso wie $\sqrt[n]{1} \to 1$ gilt. Die Reihe ist also konvergent, was auch durch einen Vergleich mit der geometrischen Reihe

$$\left(\sum_{n=1}^{\infty} \frac{3}{2^{n-1}}\right)$$

ersichtlich ist. ◀

Dass das Quotientenkriterium trotz dieser Einschränkungen meist als erstes angewandt wird, liegt an seiner einfachen Handhabbarkeit. Das Quotientenkriterium ist recht schnell überprüft, und oft gelangt man bereits auf diesem Weg zu einer eindeutigen Aussage über Konvergenz oder Divergenz.

Zusammenfassung

Reihen werden als spezielle Folgen definiert

Definition der Reihen

Für eine beliebige Zahlenfolge (a_k) aus $\mathbb{C}$ heißt die Folge (s_n) der **Partialsummen**

$$s_n = \sum_{k=1}^{n} a_k$$

eine **unendliche Reihe**. Konvergiert die Folge (s_n), so heißt auch die Reihe **konvergent**, andernfalls **divergent**. Konvergiert die Reihe, so schreibt man für den Grenzwert

$$\sum_{k=1}^{\infty} a_k = \lim_{n\to\infty} s_n$$

und nennt ihn den **Wert** der Reihe.

Manchen wichtigen Reihen begegnet man immer wieder

Bestimmte Reihen spielen in der Analysis eine wichtige Rolle, sie tauchen in den unterschiedlichsten Zusammenhängen auf. Wichtige Vertreter sind die **geometrische Reihe**, die **Exponentialreihe** und die **harmonische Reihe.** Die geometrische Reihe besteht aus Potenzen einer Zahl $q \in \mathbb{C}$. Ist $|q| < 1$, so konvergiert sie, und es gilt

$$\sum_{n=0}^{\infty} q^n = \frac{1}{1-q}.$$

Die Exponentialreihe konvergiert gegen die Euler'sche Zahl,

$$\sum_{n=0}^{\infty} \frac{1}{n!} = \lim_{n\to\infty} \left(1 + \frac{1}{n}\right)^n = \mathrm{e}.$$

Die harmonische Reihe schließlich ist ein Beispiel für eine divergente Reihe.

Den Wert einer Reihe kann man nur in seltenen Fällen bestimmen. Stattdessen steht meist die Frage im Vordergrund, ob eine Reihe überhaupt konvergent ist. Zu diesem Zweck gibt es Konvergenzkriterien.

Kriterien für Konvergenz

Eine Reihe von Kriterien werden aus dem Vergleich verschiedener Reihen gewonnen. Das wichtigste ist das Majoranten-/Minorantenkriterium.

Das Majoranten-/Minorantenkriterium

Für eine Reihe $\left(\sum_{n=0}^{\infty} a_n\right)$ mit $a_n \in \mathbb{C}$ gelten folgende Konvergenzaussagen:

- Gibt es eine reelle Folge (b_n) mit $|a_n| \leq b_n$ für alle $n \geq n_0$ und konvergiert die Reihe $\left(\sum_{n=0}^{\infty} b_n\right)$, so konvergiert auch die Reihe $\left(\sum_{n=0}^{\infty} a_n\right)$.
- Sind alle a_n reell und gibt es eine divergente Reihe $\left(\sum_{n=0}^{\infty} b_n\right)$ mit $0 \leq b_n \leq a_n$ für alle $n \geq n_0$, so divergiert auch die Reihe $\left(\sum_{n=0}^{\infty} a_n\right)$.

Weitere Beispiele für Vergleichskriterien sind das **Verdichtungskriterium** und das **Grenzwertkriterium.**

Alternierende Reihen konvergieren schon, wenn die Beträge der Glieder eine monotone Nullfolge bilden

Eine Reihe mit reellen Gliedern, bei denen das Vorzeichen jeweils wechselt, nennt man eine **alternierende Reihe**. Für solche Reihen gibt es ein besonderes Kriterium.

Leibniz-Kriterium

Ist die Folge (a_n) eine reelle positive, monoton fallende Nullfolge, so konvergiert die Reihe

$$\left(\sum_{n=1}^{\infty} (-1)^n\, a_n\right).$$

Teil II

Absolute Konvergenz

Konvergiert bei einer Reihe auch die Reihe über die Beträge der Glieder, so nennt man die Reihe **absolut konvergent.** Ist eine Reihe absolut konvergent, so ist sie auch konvergent.

Bei absolut konvergenten Reihen sind beliebige Umordnungen der Reihenglieder erlaubt

Anders als bei Summen ist bei konvergenten Reihen die Reihenfolge der Glieder entscheidend für den Wert der Reihe. Bei absolut konvergenten Reihen kann die Reihenfolge jedoch beliebig abgeändert werden, ohne dass sich der Reihenwert ändert. Diese Eigenschaft verwendet das Cauchy-Produkt.

Konvergenz des Cauchy-Produkts

Sind die Reihen $\left(\sum_{n=1}^{\infty} a_n\right)$ und $\left(\sum_{n=1}^{\infty} b_n\right)$ absolut konvergent, dann konvergiert auch ihr Cauchy-Produkt absolut, und für die Grenzwerte gilt

$$\left[\sum_{n=1}^{\infty} a_n\right] \cdot \left[\sum_{n=1}^{\infty} b_n\right] = \sum_{n=1}^{\infty} \sum_{k=1}^{n-1} a_k\, b_{n-k}.$$

Es gibt auch Konvergenzkriterien, die die absolute Konvergenz einer Reihe garantieren.

Wurzelkriterium

Wenn der Grenzwert

$$\rho = \lim_{n\to\infty} \sqrt[n]{|a_n|}$$

existiert und kleiner als eins ist, so ist die Reihe $\left(\sum_{n=1}^{\infty} a_n\right)$ absolut konvergent.

Ist ρ größer als eins, so divergiert die Reihe.

Im Fall $\rho = 1$ kann mit diesem Kriterium keine Aussage getroffen werden.

Quotientenkriterium

Wenn der Grenzwert

$$\rho = \lim_{n\to\infty} \left|\frac{a_{n+1}}{a_n}\right|$$

existiert und kleiner als eins ist, so ist die Reihe $\left(\sum_{n=1}^{\infty} a_n\right)$ absolut konvergent.

Ist ρ größer als eins, so divergiert die Reihe. Im Fall $\rho = 1$ kann mit diesem Kriterium keine Aussage getroffen werden.

Noch allgemeinere Fassungen dieser Kriterien wurden ebenfalls besprochen.

Teil II

Aufgaben

Die Aufgaben gliedern sich in drei Kategorien: Anhand der *Verständnisfragen* können Sie prüfen, ob Sie die Begriffe und zentralen Aussagen verstanden haben, mit den *Rechenaufgaben* üben Sie Ihre technischen Fertigkeiten und die *Anwendungsprobleme* geben Ihnen Gelegenheit, das Gelernte an praktischen Fragestellungen auszuprobieren.
Ein Punktesystem unterscheidet leichte •, mittelschwere •• und anspruchsvolle ••• Aufgaben. Lösungshinweise am Ende des Buches helfen Ihnen, falls Sie bei einer Aufgabe partout nicht weiterkommen. Dort finden Sie auch die Lösungen – betrügen Sie sich aber nicht selbst und schlagen Sie erst nach, wenn Sie selber zu einer Lösung gekommen sind. Ausführliche Lösungswege, Beweise und Abbildungen finden Sie als digitales Zusatzmaterial (electronic supplementary material).
Viel Spaß und Erfolg bei den Aufgaben!

Verständnisfragen

8.1 •• Ist es möglich, eine divergente Reihe der Form

$$\sum_{n=1}^{\infty}(-1)^n\, a_n$$

zu konstruieren, wobei alle $a_n > 0$ sind und $a_n \to 0$ gilt. Beispiel oder Gegenbeweis angeben.

8.2 • Gegeben ist eine Folge (a_n) mit Gliedern $a_n \in \{0, 1, 2, \ldots, 9\}$. Zeigen Sie, dass die Reihe

$$\left(\sum_{n=0}^{\infty} a_n \left(\frac{1}{10}\right)^n\right)$$

konvergiert.

8.3 •• Beweisen Sie das Nullfolgenkriterium: Wenn eine Reihe $\left(\sum_{n=1}^{\infty} a_n\right)$ konvergiert, dann gilt $\lim\limits_{n\to\infty} a_n = 0$.

8.4 •• Zeigen Sie, dass die Reihe

$$\left(\sum_{n=1}^{\infty} \frac{(-1)^{n+1}}{\sqrt{n}}\right)$$

zwar konvergiert, ihr Cauchy-Produkt mit sich selbst allerdings divergiert. Warum ist das möglich?

8.5 ••• Zeigen Sie, dass jede Umordnung einer absolut konvergenten Reihe auch wieder konvergiert.

Rechenaufgaben

8.6 • Sind die folgenden Reihen konvergent?

(a) $\left(\sum\limits_{n=1}^{\infty} \frac{1}{n+n^2}\right)$

(b) $\left(\sum\limits_{n=1}^{\infty} \frac{3^n}{n^3}\right)$

(c) $\left(\sum\limits_{n=1}^{\infty} (-1)^n \left[\mathrm{e} - \left(1 + \frac{1}{n}\right)^n\right]\right)$

8.7 • Zeigen Sie, dass die folgenden Reihen konvergieren und berechnen Sie ihren Wert:

(a) $\left(\sum\limits_{n=1}^{\infty} \left(\frac{1}{\sqrt{n}} - \frac{1}{\sqrt{n+1}}\right)\right)$

(b) $\left(\sum\limits_{n=0}^{\infty} \left(\frac{3+4\mathrm{i}}{6}\right)^n\right)$

8.8 •• Zeigen Sie, dass die folgenden Reihen absolut konvergieren:

(a) $\left(\sum\limits_{n=1}^{\infty} \frac{2+(-1)^n}{2^{n-1}}\right)$

(b) $\left(\sum\limits_{n=1}^{\infty} (-1)^n \frac{1}{n} \left(\frac{1}{3} + \frac{1}{n}\right)^n\right)$

(c) $\left(\sum\limits_{n=1}^{\infty} \binom{4n}{3n}^{-1}\right)$

8.9 • Untersuchen Sie die Reihe

$$\left(\sum_{n=1}^{\infty} \frac{1\cdot 3\cdot 5\cdot \ldots \cdot (2n+3)}{n!}\right)$$

auf Konvergenz.

8.10 •• Stellen Sie fest, ob die folgenden Reihen divergieren, konvergieren oder sogar absolut konvergieren:

(a) $\left(\sum\limits_{n=1}^{\infty} \binom{2n}{n} 2^{-3n-1}\right)$

(b) $\left(\sum\limits_{n=1}^{\infty} \frac{n\cdot(\sqrt{n}+1)}{n^2+5n-1}\right)$

(c) $\left(\sum\limits_{n=1}^{\infty} (-1)^n \frac{\sin\sqrt{n}}{n^{5/2}}\right)$

8.11 •• Zeigen Sie, dass die folgenden Reihen konvergieren. Konvergieren sie auch absolut?

(a) $\left(\sum_{k=1}^{\infty}(-1)^k \frac{k+2\sqrt{k}}{k^2+4k+3}\right)$

(b) $\left(\sum_{k=1}^{\infty}\left[\frac{(-1)^k}{k+3} - \frac{\cos(k\pi)}{k+2}\right]\right)$

8.12 •• Bestimmen Sie die Menge M aller $x \in I$, für die die Reihen

(a) $\left(\sum_{n=0}^{\infty}(\sin 2x)^n\right)$, $I = (-\pi, \pi)$,

(b) $\left(\sum_{n=0}^{\infty}(x^2-4)^n\right)$, $I = \mathbb{R}$,

(c) $\left(\sum_{n=0}^{\infty}\frac{n^x+1}{n^3+n^2+n+1}\right)$, $I = \mathbb{Q}_{>0}$

konvergieren.

Anwendungsprobleme

8.13 • Wir betrachten ein gleichseitiges Dreieck der Seitenlänge a. Nun wird ein neues Dreieck konstruiert, dessen Seiten genauso lang sind, wie die Höhen des ursprünglichen Dreiecks. Dieser Vorgang wird iterativ wiederholt.

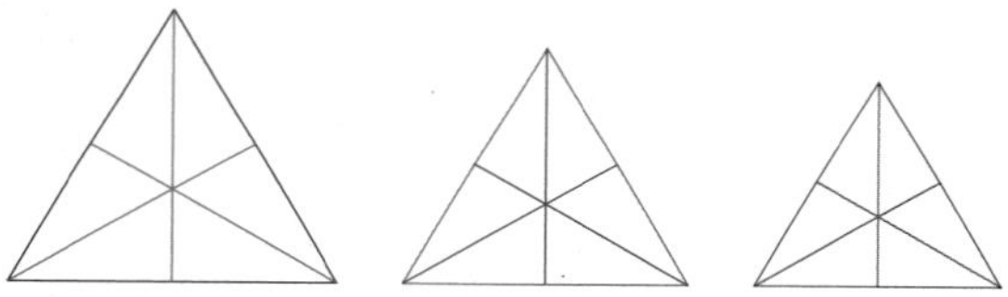

Bestimmen Sie den Gesamtumfang und den gesamten Flächeninhalt all dieser Dreiecke.

8.14 • Eine Aufgabe für die Weihnachtszeit: Eine Gruppe von Freunden möchte eine Weihnachtsfeier veranstalten. Dafür werden 5 Liter Glühwein gekauft. Die 0.2-Liter-Becher stehen bereit, und es wird rundenweise getrunken. Die Freunde sind aber vorsichtig, daher trinken sie nur bei der 1. Runde einen ganzen Becher, in der 2. Runde nur noch einen halben, danach einen viertel Becher, usw.

Wie groß muss die Gruppe mindestens sein, damit alle 5 Liter Glühwein verbraucht werden? Wie viele Runden müssen bei dieser minimalen Zahl von Freunden getrunken werden?

8.15 •• Unter einer Koch'schen Schneeflocke versteht man eine Menge, die von einer Kurve eingeschlossen wird, die durch den folgenden iterativen Prozess entsteht: Ausgehend von einem gleichseitigen Dreieck der Kantenlänge 1 wird jede Kante durch den in Abb. 8.15 gezeigten Streckenzug ersetzt. Die Abb. 8.16 zeigt die ersten drei Iterationen der Kurve.

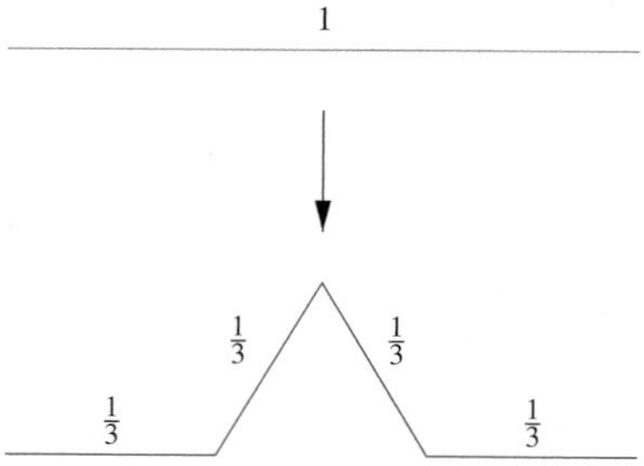

Abb. 8.15 In jedem Iterationsschritt wird eine Kante durch den roten Streckenzug ersetzt

Bestimmen Sie den Umfang und den Flächeninhalt der Koch'schen Schneeflocke.

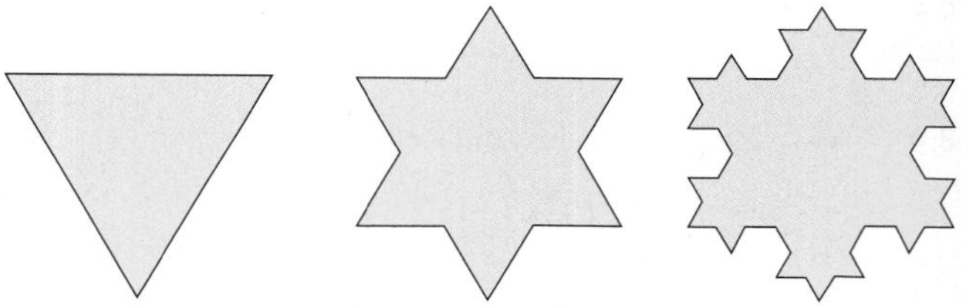

Abb. 8.16 Die ersten drei Iterationen bei der Konstruktion der Koch'schen Schneeflocke

Antworten zu den Selbstfragen

Antwort 1 Da

$$\lim_{n\to\infty} \frac{n^2+3n+2}{2n^2-n+1} = \lim_{n\to\infty} \frac{1+\frac{3}{n}+\frac{2}{n^2}}{2-\frac{1}{n}+\frac{1}{n^2}} = \frac{1}{2} \neq 0$$

ist, bilden die Glieder der Reihe keine Nullfolge. Die Reihe ist demnach divergent.

Antwort 2

1. Für $n = 1$ ist

$$\sum_{k=1}^{1} (b_k - b_{k+1}) = b_1 - b_2$$

trivial erfüllt. Der Schluss $n \to n+1$ ergibt unmittelbar

$$\sum_{k=1}^{n+1} (b_k - b_{k+1}) = \sum_{k=1}^{n} (b_k - b_{k+1}) + b_{n+1} - b_{n+2}$$
$$\overset{\text{Ann.}}{=} b_1 - b_{n+1} + b_{n+1} - b_{n+2} = b_1 - b_{n+2},$$

damit ist die Behauptung bewiesen.

2. Für jede konvergente Folge ist

$$\lim_{n\to\infty} b_{n+1} = \lim_{n\to\infty} b_n.$$

Eine Indexverschiebung ändert nichts am Konvergenzverhalten einer Folge.

Antwort 3 Für die Abschätzung der Differenzen $s_{2N+2} - s_{2N}$ und $s_{2N+1} - s_{2N-1}$ wird von der Monotonie der Folge (a_n) Gebrauch gemacht.

Antwort 4 Diese Eigenschaft hat nur die Nullreihe $\left(\sum\limits_{k=1}^{\infty} 0\right)$, deren Glieder alle verschwinden. Das Cauchy-Produkt dieser Reihe mit jeder anderen ergibt wieder die Nullreihe, und diese konvergiert selbstverständlich.

Antwort 5 Das Musterbeispiel einer bedingt konvergenten Reihe ist die alternierende harmonische Reihe

$$\left(\sum_{n=1}^{\infty} \frac{(-1)^n}{n}\right).$$

Wir erhalten

$$\sqrt[n]{|a_n|} = \frac{1}{\sqrt[n]{n}} \to 1$$
$$\frac{|a_{n+1}|}{|a_n|} = \frac{n}{n+1} \to 1.$$

Beide Kriterien liefern wie erwartet keine Aussage, da die Reihe zwar konvergiert, aber nicht absolut.

Potenzreihen – Alleskönner unter den Funktionen

9

Was ist ein Konvergenzradius?

Wie lässt sich die Zahl e berechnen?

Worin steckt der Zusammenhang zwischen trigonometrischen Funktionen und der Exponentialfunktion?

Teil II

T. Arens et al., *Mathematik*, https://doi.org/10.1007/978-3-662-64389-1_9

Ein Taschenrechner bietet neben den Grundrechenarten üblicherweise weitere Funktionen an, zum Beispiel die Berechnung des Kosinus oder des Sinus. Anders als die Grundrechenarten wird die Bestimmung solcher Funktionswerte nicht exakt durch elektronische Schaltungen, sondern durch Näherungen auf genügend viele Dezimalstellen durchgeführt. Das funktioniert, wie wir es schon beim Wurzelziehen auf S. 189 gesehen haben, durch eine Formulierung als Grenzwert.

Zu diesem Zweck werden Darstellungen von Funktionswerten als Grenzwerte benötigt. Genauer gesagt handelt es sich bei diesen Grenzwerten um Werte von speziellen Reihen, den Potenzreihen. Der Name kommt daher, dass Potenzen des Arguments der Funktion in den Reihengliedern auftauchen.

Neben der Definition solcher Reihen und dem Studium ihres Konvergenzverhaltens wird es in diesem Kapitel vor allem darum gehen, wie man Funktionen mit ihrer Hilfe darstellt und welche Funktionen so dargestellt werden können. Dabei stoßen wir wieder auf alte Bekannte, wie die Exponentialfunktion und die trigonometrischen Funktionen.

Wir gehen sogar noch einen Schritt weiter. Genau genommen liefern uns erst die Potenzreihen die Möglichkeit, diese Funktionen streng analytisch zu definieren. Unsere bisherigen Definitionen dagegen waren unvollständig und nur aus der Anschauung oder bestimmten Eigenschaften motiviert. Jetzt können wir eine große Lücke im mathematischen Gedankengebäude schließen. Gleichzeitig verallgemeinern wir so diese Funktionen auch für komplexe Argumente und werden viele neue Ergebnisse im Zusammenhang mit den komplexen Zahlen entdecken.

Potenzreihen sind Alleskönner – so behauptet es unsere Überschrift. Am Ende des Kapitels werden wir das so verstehen, dass sich die bekannten Standardfunktionen durch Potenzreihen darstellen lassen. Dass diese Reihen noch vieles mehr können, wird erst in den kommenden Kapiteln deutlich werden, wenn wir durch Differenzieren und Integrieren funktionale Zusammenhänge genauer durchleuchten.

9.1 Definition und Grundlagen

Zum Einstieg in das Thema *Potenzreihen* rekapitulieren wir noch einmal ein Beispiel aus dem Kapitel über Reihen, die geometrische Reihe. Wir wissen, dass für jedes x mit $|x| < 1$ die geometrische Reihe konvergiert, und wir kennen auch ihren Reihenwert:

$$\sum_{n=0}^{\infty} x^n = \frac{1}{1-x} \tag{9.1}$$

Die rechte Seite dieses Ausdrucks ist ein Term, wie wir ihn schon oft in den Kapiteln über Funktionen gesehen haben. Der Ausdruck macht für alle $x \in \mathbb{C}$ mit $x \neq 1$ Sinn. Wir haben es also mit einer Funktion $f : \mathbb{C}_{\neq 1} \to \mathbb{C}$ zu tun, wobei

$$f(x) = \frac{1}{1-x}$$

gilt.

Die linke Seite in Gl. (9.1) macht jedoch nur für $|x| < 1$ Sinn, also nur für einen Teil des Definitionsbereichs der Funktion. Für eine bestimmte Teilmenge des Definitionsbereichs haben wir eine andere Abbildungsvorschrift für die Funktion f gefunden, nämlich als Wert einer speziellen Reihe.

Immer wenn die Reihenglieder einer konvergenten Reihe in irgendeiner Form von einem Parameter x abhängen, erhält man durch die Reihenwerte eine Funktion in Abhängigkeit von x. Die Situation in (9.1) ist allerdings noch spezieller. Wenn wir die Partialsummen der Reihe betrachten, erhalten wir

$$1, \quad 1+x, \quad 1+x+x^2, \quad 1+x+x^2+x^3, \quad \ldots$$

Jede der Partialsummen s_n ist ein Polynom in x, und beim Übergang von der Partialsumme s_{n-1} zur Partialsumme s_n kommt genau ein Term n-ten Grades hinzu. Dies ist die Situation, in der man von einer *Potenzreihe* spricht. Wie wir in der Definition unten gleich sehen werden, ist dieser Begriff jedoch noch etwas allgemeiner gefasst.

Die Abb. 9.1 zeigt für das Intervall $(-1, 1)$ die Funktion f und einige der Polynome, die Partialsummen der Reihendarstellung bilden. Man erkennt, dass schon für recht geringe Werte von n die Graphen der Polynome den Graphen der Funktion in der Nähe der Stelle 0 recht gut approximieren. Weiter weg von der Null hin zum Rand des Intervalls $(-1, 1)$, in dem die Reihe konvergiert, gibt es auch für $n = 10$ erhebliche Unterschiede. Diese Frage der Approximation einer Funktion durch Reihen wird im Kap. 10 über Differenzierbarkeit wieder eine zentrale Rolle spielen (Stichwort: Taylorreihe).

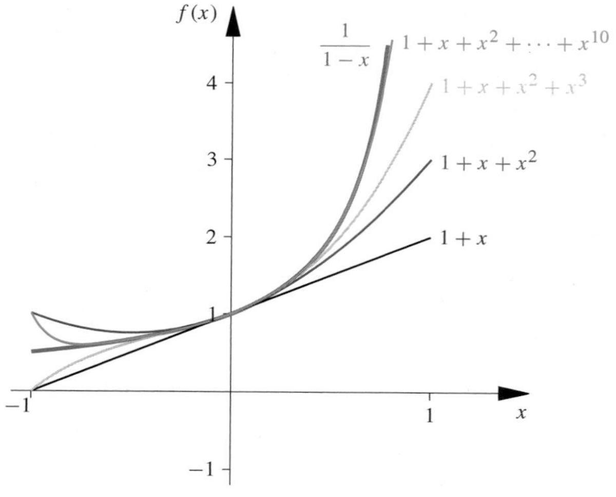

Abb. 9.1 Die Funktion $f(x) = 1/(1-x)$ und einige ihrer Partialsummen auf dem Intervall $(-1, 1)$. In der Nähe der Null bilden die Partialsummen gute Approximationen

Definition einer Potenzreihe

Unter einer **Potenzreihe** versteht man eine Reihe der Form

$$\left(\sum_{n=0}^{\infty} a_n\,(z - z_0)^n\right).$$

Hierbei ist (a_n) eine Folge von komplexen **Koeffizienten**, die feste Zahl $z_0 \in \mathbb{C}$ heißt **Entwicklungspunkt**.

Neu hinzugekommen ist bei dieser Definition der Entwicklungspunkt z_0. Er erlaubt es, eine Potenzreihe an den verschiedensten Stellen der komplexen Zahlenebene zu lokalisieren. Im Fall $z_0 = 0$ ist natürlich $(z - z_0)^n = z^n$.

Selbstfrage 1

Welche dieser Reihen sind Potenzreihen?

(a) $\left(\sum\limits_{n=1}^{\infty} \dfrac{(x-2)^n}{2n^2}\right)$

(b) $\left(\sum\limits_{n=0}^{\infty} \dfrac{2^n\,\sqrt{1-y^2}}{n!}\,y^{2n}\right)$

(c) $\left(\sum_{n=0}^{\infty}\left(z^n + \dfrac{1}{z^n}\right)\right)$

(d) $\left(\sum_{n=2}^{\infty} \dfrac{(x-1)^n}{x^2 - 2x + 1}\right)$

Eine große Klasse von Potenzreihen kennen wir schon sehr gut: Jedes Polynom ist eine Potenzreihe. Es handelt sich dabei um den speziellen Fall, dass nur endlich viele der a_n von null verschieden sind. Ab einem bestimmten Index ändern sich dann die Partialsummen nicht mehr. Die Entwicklung von Polynomen um verschiedene Entwicklungspunkte haben wir schon im Kap. 4 ab S. 111 kennengelernt.

Sofern eine Potenzreihe für ein $z \in \mathbb{C}$ konvergiert, hängt dieser Reihenwert von z ab: Wir erhalten eine Funktion mit z als Argument. Für den Rest dieses Abschnitts werden uns zwei zentrale Fragen beschäftigen:

- Kann man die Menge derjenigen z, für die eine Potenzreihe konvergiert, charakterisieren? Man spricht auch vom *Konvergenzbereich* der Potenzreihe.
- Welche Eigenschaften hat die durch die Reihenwerte auf diesem Konvergenzbereich definierte Funktion?

Zu jeder Potenzreihe gehört ein Konvergenzradius

Um die Konvergenz einer Potenzreihe zu untersuchen, bedient man sich am sinnvollsten genau jener Kriterien, die wir ja schon

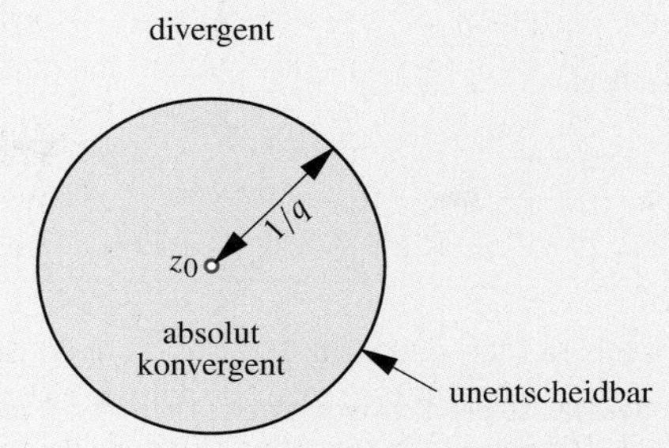

Abb. 9.2 Die Potenzreihe konvergiert nach dem Quotientenkriterium für $|z - z_0| < 1/q$ absolut, außerhalb dieses Kreises divergiert sie. Auf der Kreislinie selbst macht das Kriterium keine Aussage

für allgemeine Reihen entwickelt haben. Beginnen wir etwa mit dem Quotientenkriterium. Zu untersuchen ist der Quotient

$$\left|\frac{a_{n+1}\,(z-z_0)^{n+1}}{a_n\,(z-z_0)^n}\right| = \left|\frac{a_{n+1}}{a_n}\right| |z - z_0|.$$

Wir nehmen nun an, dass die Koeffizientenfolge (a_n) so beschaffen ist, dass die Folge der Quotienten $(|a_{n+1}/a_n|)$ konvergiert, etwa

$$\lim_{n\to\infty}\left|\frac{a_{n+1}}{a_n}\right| = q.$$

Die Zahl q ist dann auf jeden Fall reell und nicht negativ. Das Quotientenkriterium macht hier die Aussage, dass die Reihe absolut konvergiert, falls

$$q\,|z - z_0| < 1$$

ist. Ist dieser Ausdruck größer als 1, so divergiert die Reihe, ist er gleich 1 macht das Kriterium keine Aussage.

Im einfachsten Fall ist $q = 0$. Dann ist der Ausdruck $q\,|z - z_0|$ stets gleich null, die Potenzreihe konvergiert, egal welchen Wert z besitzt. Ist dagegen $q > 0$, so konvergiert die Potenzreihe absolut für

$$|z - z_0| < \frac{1}{q}.$$

Ist dagegen $|z - z_0| > 1/q$, so divergiert die Potenzreihe.

Diese Ungleichungen beschreiben nun aber genau die Mengen innerhalb oder außerhalb eines bestimmten Kreises, nämlich desjenigen Kreises mit z_0 als Mittelpunkt und Radius $1/q$. Im Innern des Kreises konvergiert die Potenzreihe absolut, außerhalb des Kreises divergiert sie. Auf der Kreislinie selbst kann die Potenzreihe konvergieren oder divergieren, zumindest mit dem Quotientenkriterium erhält man keine Aussage.

Diese Aussage haben wir unter der Prämisse hergeleitet, dass der Grenzwert $\lim_{n\to\infty}\left|\frac{a_{n+1}}{a_n}\right|$ existiert. Es ist allerdings möglich,

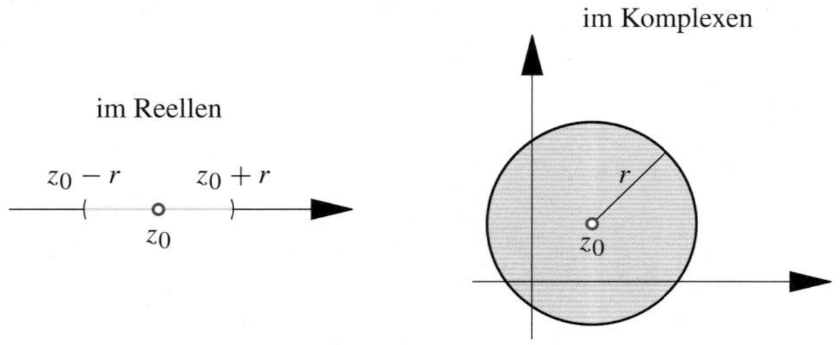

Abb. 9.3 Im Reellen ist der Konvergenzkreis ein Intervall mit dem Entwicklungspunkt als Mittelpunkt. Im Komplexen ist der Konvergenzkreis auch geometrisch ein Kreis

eine ähnliche Aussage auch in allgemeineren Fällen herzuleiten. Damit erhalten wir dann den folgenden Satz.

Der Konvergenzradius einer Potenzreihe

Zu jeder Potenzreihe gehört eine eindeutig bestimmte Zahl $r \in \mathbb{R}_{\geq 0} \cup \{\infty\}$, die **Konvergenzradius** genannt wird. Für alle z aus der Kreisscheibe

$$\{z \in \mathbb{C} \mid |z - z_0| < r\}$$

konvergiert die Potenzreihe absolut, für alle $z \in \mathbb{C}$ mit $|z - z_0| > r$ divergiert die Reihe. Für Zahlen z mit $|z - z_0| = r$ ist sowohl Konvergenz als auch Divergenz möglich.

Die Menge aller z, für die die Potenzreihe konvergiert, wird auch **Konvergenzbereich** oder **Konvergenzkreis** der Potenzreihe genannt.

Im Fall $r = \infty$ konvergiert die Potenzreihe für alle $z \in \mathbb{C}$, im Fall $r = 0$ nur im Entwicklungspunkt $z = z_0$. Übrigens konvergiert jede Potenzreihe auf jeden Fall in z_0, denn dann sind alle Reihenglieder außer möglicherweise dem allerersten null, und damit konvergiert auch die Reihe.

Achtung Häufig werden Potenzreihen nur im Reellen betrachtet. Es sind dann alle Koeffizienten und der Entwicklungspunkt reell und man untersucht auch nur die Konvergenz für $z \in \mathbb{R}$. *In diesem Fall ist der Konvergenzbereich stets ein symmetrisches Intervall mit dem Entwicklungspunkt z_0 als Mittelpunkt!* ◀

Selbstfrage 2

Welche der folgenden Mengen können im Reellen den Konvergenzbereich einer Potenzreihe darstellen?

$$(-2, 2), \quad (0, \infty), \quad \{-1\}, \quad [1, 3], \quad \mathbb{R}.$$

Überlegen Sie sich jeweils auch den Konvergenzradius und den Entwicklungspunkt.

Beispiel

- Bei der Potenzreihe

$$\left(\sum_{n=1}^{\infty} \frac{2\,n! + 1}{n!} (z - 1)^n \right)$$

bietet es sich an, das Quotientenkriterium anzuwenden. Diese Untersuchung ergibt

$$\begin{aligned} &\left| \frac{2\,(n+1)! + 1}{(n+1)!} \cdot \frac{n!}{2\,n! + 1} \cdot (z-1) \right| \\ &= \left| \frac{2\,(n+1)! + 1}{(2\,n! + 1)\,(n+1)} \cdot (z-1) \right| \\ &= \left| \frac{2\,(n+1) + \frac{1}{n!}}{(2 + \frac{1}{n!})\,(n+1)} \cdot (z-1) \right| \\ &= \left| \frac{2 + \frac{1}{(n+1)!}}{(2 + \frac{1}{n!})} \cdot (z-1) \right| \\ &\longrightarrow 1\,|z-1| \quad (n \to \infty). \end{aligned}$$

Die Potenzreihe konvergiert also absolut für

$$|z - 1| < 1,$$

das heißt, für alle z in einem Kreis mit Mittelpunkt 1 und Radius 1. Für alle z mit $|z-1| > 1$ divergiert die Potenzreihe. Der Konvergenzradius ist demnach 1.
- Die Potenzreihe

$$\left(\sum_{n=0}^{\infty} 2^n (z - \mathrm{i})^n \right)$$

kann mit dem Wurzelkriterium untersucht werden. Es ist

$$\sqrt[n]{|2^n\,(z - \mathrm{i})^n|} = 2\,|z - \mathrm{i}|.$$

Die Potenzreihe konvergiert nach dem Wurzelkriterium also absolut für alle $z \in \mathbb{C}$ mit

$$|z - \mathrm{i}| < \frac{1}{2}.$$

Ist $|z - \mathrm{i}| > 1/2$, so divergiert sie. Demnach beträgt der Konvergenzradius $1/2$. ◀

Zur Bestimmung des Konvergenzradius behandelt man Potenzreihen am besten wie gewöhnliche Reihen

Die Beispiele oben haben schon gezeigt, dass wir den Konvergenzradius sowohl mit dem Quotienten- als auch mit dem

Beispiel: Auf dem Rand des Konvergenzkreises ist jedes Verhalten möglich

Für welche $x \in \mathbb{R}$ konvergieren die folgenden Potenzreihen?

$$\left(\sum_{n=1}^{\infty} \frac{(x-1)^n}{n}\right) \quad \left(\sum_{n=0}^{\infty} \frac{n}{n+1}(x-2)^n\right) \quad \left(\sum_{n=0}^{\infty} \frac{(x-3)^n}{n^2+1}\right)$$

Problemanalyse und Strategie Die Konvergenzradien können in allen drei Fällen mit dem Quotientenkriterium bestimmt werden. Die Fragestellung bedeutet aber, dass nicht nur der Konvergenzradius ermittelt werden muss, sondern auch eine Untersuchung des Randes des Konvergenzkreises erforderlich ist. Dies muss man separat durchführen. Aufgrund der Aufgabenstellung müssen wir aber nur reelle Randpunkte untersuchen, nicht die gesamte Kreislinie in der komplexen Ebene.

Lösung Zunächst wollen wir für alle drei Reihen das Quotientenkriterium anwenden, um den Konvergenzradius zu bestimmen. Es gilt

$$\left|\frac{(x-1)^{n+1}}{n+1} \cdot \frac{n}{(x-1)^n}\right| = \frac{n}{n+1}|x-1| \longrightarrow |x-1|,$$

$$\left|\frac{(n+1)(x-2)^{n+1}}{n+2} \cdot \frac{n+1}{n(x-2)^n}\right| = \frac{(n+1)^2}{n(n+2)}|x-2| \longrightarrow |x-2|,$$

$$\left|\frac{(x-3)^{n+1}}{(n+1)^2+1} \cdot \frac{n^2+1}{(x-3)^n}\right| = \frac{n^2+1}{n^2+2n+2}|x-3| \longrightarrow |x-3|,$$

jeweils für $n \to \infty$. Nach dem Quotientenkriterium konvergieren die Reihen absolut, falls der Grenzwert kleiner als 1 ist, etwa

$$|x-1| < 1$$

im Fall der ersten Reihe. Also ist in allen drei Fällen der Konvergenzradius 1.

Wir müssen nun die Randpunkte separat untersuchen. Im Fall der ersten Reihe ist der Konvergenzkreis das Intervall $(0,2)$, die Randpunkte also 0 und 2. Wir setzen zunächst null für x ein und erhalten die Reihe

$$\left(\sum_{n=1}^{\infty} \frac{(0-1)^n}{n}\right) = \left(\sum_{n=1}^{\infty} \frac{(-1)^n}{n}\right).$$

Dies ist genau die alternierende harmonische Reihe, von der wir wissen, dass sie konvergiert.

Nun setzen wir den zweiten Randpunkt für x ein:

$$\left(\sum_{n=1}^{\infty} \frac{(2-1)^n}{n}\right) = \left(\sum_{n=1}^{\infty} \frac{1}{n}\right)$$

Dies ist die harmonische Reihe, von der wir wissen, dass sie divergiert. Also konvergiert die erste Reihe genau für $x \in [0,2)$, für alle anderen $x \in \mathbb{R}$ divergiert sie.

Nun zur zweiten Reihe: Der Konvergenzkreis ist das Intervall $(1,3)$, die Randpunkte sind also 1 und 3. Setzt man diese Werte für x ein, erhält man die Reihen

$$\left(\sum_{n=0}^{\infty} \frac{(-1)^n n}{n+1}\right) \quad \text{bzw.} \quad \left(\sum_{n=0}^{\infty} \frac{n}{n+1}\right).$$

In beiden Fällen bilden die Glieder keine Nullfolge, die Reihen müssen also divergieren. Also konvergiert die zweite Reihe genau für $x \in (1,3)$, für alle anderen x divergiert sie.

Bei der dritten Reihe ist der Konvergenzkreis $(2,4)$, die Randpunkte also 2 und 4. Wieder setzen wir diese Werte für x ein und erhalten

$$\left(\sum_{n=0}^{\infty} \frac{(-1)^n}{n^2+1}\right) \quad \text{bzw.} \quad \left(\sum_{n=0}^{\infty} \frac{1}{n^2+1}\right).$$

Jetzt konvergieren beide Reihen absolut, dies folgt zum Beispiel mit dem Grenzwertkriterium. Also konvergiert diese Potenzreihe für $x \in [2,4]$, für alle anderen x divergiert sie.

Kommentar Das Beispiel verdeutlicht, dass auf dem Rand des Konvergenzkreises jedes Verhalten möglich ist: Die erste Reihe konvergiert in einem Randpunkt, im anderen aber nicht, die zweite divergiert in beiden Randpunkten, die dritte konvergiert in beiden absolut. Alle drei haben aber denselben Konvergenzradius. Bei solchen Untersuchungen ist wirklich jeder Randpunkt separat zu untersuchen. Nimmt man noch die komplexen Zahlen hinzu, bedeutet dies natürlich noch viel mehr Aufwand, denn dann besteht der Rand aus einer Kreislinie und nicht nur aus zwei Punkten. ◄

Wurzelkriterium bestimmen können. Dabei behandelt man die Potenzreihe wie eine ganz gewöhnliche Reihe und erhält am Ende eine Bedingung der Form

$$q\,|z - z_0| < 1,$$

das heißt, der Konvergenzradius ist gerade $1/q$. In komplizierten Fällen muss man gegebenenfalls auf die allgemeineren Formen dieser Kriterien aus dem Abschn. 8.4 zurückgreifen.

Es soll jedoch nicht verschwiegen werden, dass es auch ausformulierte Formeln für die Bestimmung des Konvergenzradius gibt. Die berühmteste ist die **Formel von Hadamard**,

$$r = \left(\lim_{n\to\infty} \sqrt[n]{|a_n|}\right)^{-1},$$

falls dieser Grenzwert existiert, wobei man $r = \infty$ setzt, falls der Grenzwert 0 ist, und $r = 0$, falls der Grenzwert unendlich ist.

Offensichtlich beruht die Formel von Hadamard auf dem Wurzelkriterium. Das Analogon für das Quotientenkriterium ist die Formel

$$r = \lim_{n\to\infty} \left|\frac{a_n}{a_{n+1}}\right|.$$

Beiden Formeln gemeinsam ist, dass sie den Konvergenzradius allein aus den Koeffizienten der Potenzreihe bestimmen, die vordergründig lästige Behandlung des Terms $(z - z_0)^n$ entfällt. Allerdings haben diese Formeln ihre Tücken, die ihre korrekte Handhabung für viele Studierende schwierig macht.

Beispiel Wir betrachten die Potenzreihe

$$\left(\sum_{k=1}^{\infty} \frac{2^k}{k^2}\,(z-1)^{2k}\right).$$

Diese Potenzreihe hat eine etwas andere Form, als diejenige aus der Definition: Es tauchen nur Potenzen mit geradem Exponenten auf. Wenn man es genau nimmt, lauten die Koeffizienten:

$$a_n = \begin{cases} 0 & n = 0 \text{ oder } n = 2k-1,\ k \in \mathbb{N} \\ \frac{2^k}{k^2} & n = 2k,\ k \in \mathbb{N} \end{cases}$$

Damit sieht man, dass die Formel von Hadamard nicht anwendbar ist, denn der Grenzwert $\lim\limits_{n\to\infty} \sqrt[n]{|a_n|}$ existiert nicht.

Ein gern gemachter Fehler ist jedoch die Rechnung

$$\sqrt[k]{\left|\frac{2^k}{k^2}\right|} = \frac{2}{(\sqrt[k]{k})^2} \longrightarrow 2 \quad (k\to\infty),$$

die nahelegt, dass der Konvergenzradius $1/2$ sein könnte.

Betrachtet man die Potenzreihe aber als eine ganz gewöhnliche Reihe, so liefert das Wurzelkriterium das Ergebnis, dass die Reihe absolut konvergiert, falls

$$\sqrt[k]{\left|\frac{2^k}{k^2}\,(z-1)^{2k}\right|} = \sqrt[k]{\left|\frac{2^k}{k^2}\right|}\,|z-1|^2 \to 2\,|z-1|^2 < 1,$$

also $|z-1| < 1/\sqrt{2}$ ist.

Das Mitführen des Terms $(z-1)^{2k}$ beseitigt alle Schwierigkeiten, die damit zusammenhängen, dass die Potenzreihe nicht ganz der Standarddarstellung aus der Definition entspricht. ◀

Die im Beispiel vorgestellte Reihe, bei der jeder zweite Koeffizient null ist, ist nicht etwa eine außergewöhnliche Konstruktion. Im Abschn. 9.4 werden wir uns unter anderem mit Darstellungen der trigonometrischen Funktionen sin oder cos als Potenzreihen beschäftigen, welche genau diese Gestalt besitzen.

Die Formel von Hadamard wird in der Literatur häufig als die Methode der Wahl zur Bestimmung der Konvergenzradien dargestellt. Wir empfehlen dagegen, einfach das gewöhnliche Quotienten- oder Wurzelkriterium für Reihen zu verwenden, was zweierlei unterstreicht:

- Potenzreihen sind Spezialfälle gewöhnlicher Reihen. Für die Methoden zur Untersuchung auf Konvergenz gibt es nichts Neues zu lernen.
- Die Kriterien aus dem Kap. 8 sind allgemeiner Natur und kommen mit Potenzreihen, die nicht die Standardform haben, viel besser zurecht.

Selbstfrage 3

Bestimmen Sie den Konvergenzradius der Potenzreihe

$$\left(\sum_{n=0}^{\infty} 3^n\,(x - x_0)^{2n+1}\right).$$

Kann die Formel von Hadamard angewandt werden?

Eine Potenzreihe definiert eine stetige Funktion

Als Fazit der bisherigen Untersuchungen können wir festhalten, dass durch eine Potenzreihe eine Funktion definiert ist, deren Definitionsbereich vom Innern des Konvergenzkreises gebildet wird. In diesem Abschnitt soll damit begonnen werden, die grundlegenden Eigenschaften der so definierten Funktionen zu untersuchen. Dieses Thema können wir hier keinesfalls abschließend behandeln, es wird sich wie ein roter Faden durch die weiteren Kapitel ziehen, die sich mit Analysis beschäftigen.

Als eine ganz wesentliche analytische Eigenschaft von Funktionen haben wir in Kap. 7 die Stetigkeit kennengelernt. Wir wollen nun Potenzreihen auf Stetigkeit hin untersuchen. Dazu betrachten wir eine Potenzreihe

$$\left(\sum_{n=0}^{\infty} a_n\, z^n\right),$$

die einen Konvergenzradius $r > 0$ haben soll. Weiterhin wählen wir eine Stelle $\hat{z}$ mit $|\hat{z}| < r$ und eine Folge (z_k) mit $|z_k| < r$ und $\lim_{k\to\infty} z_k = \hat{z}$. Zur Abkürzung setzen wir noch

$$f(z) = \sum_{n=0}^{\infty} a_n\, z^n, \qquad |z| < r.$$

Wir wollen nun f an der Stelle $\hat{z}$ auf Stetigkeit untersuchen. Dafür müssen wir $\lim_{k\to\infty} f(z_k)$ betrachten. Vorsicht ist geboten: Einerseits haben wir es mit dem Grenzprozess zur Bestimmung der Reihenwerte zu tun, anderseits mit dem Grenzprozess $z_k \to \hat{z}$. Dieses gleichzeitige Auftreten verschiedener Grenzprozesse ist typisch für die Analysis. Es ist eines ihrer Grundprobleme, wann solche Grenzprozesse vertauscht werden dürfen – genau das, was wir hier tun wollen.

Da wir über das Verhalten der Potenzreihe auf dem Rand des Konvergenzbereichs ohne explizite Kenntnis der Koeffizienten (a_n) nichts aussagen können, wollen wir zunächst sicherstellen, dass wir zumindest ein Stückchen davon entfernt sind. Dazu wählen wir $\rho > 0$ mit $|\hat{z}| < \rho < r$. Da (z_n) gegen $\hat{z}$ konvergiert, muss dann auch $|z_k| < \rho$ sein, zumindest für alle k größer oder gleich einer geeignet gewählten Zahl $K \in \mathbb{N}$. Die Situation finden Sie in der Abb. 9.4 veranschaulicht.

Wir wählen nun ein $\varepsilon > 0$. Auch ρ liegt im Konvergenzbereich der Potenzreihe, die Reihe konvergiert für $z = \rho$ sogar absolut. Das bedeutet, es gibt insbesondere eine Zahl $m \in \mathbb{N}$ mit

$$\sum_{n=m+1}^{\infty} |a_n|\, \rho^n < \frac{\varepsilon}{4}.$$

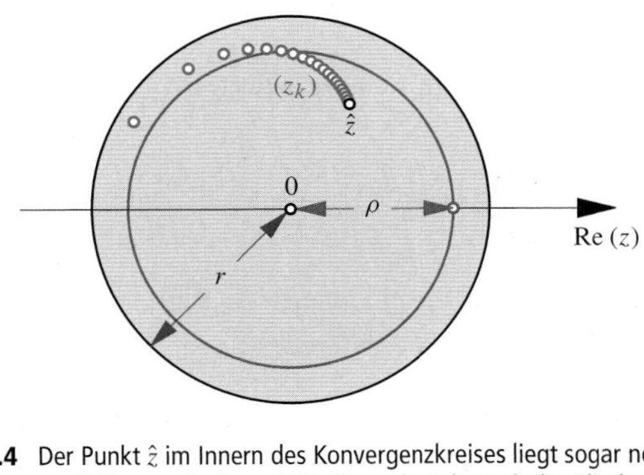

Abb. 9.4 Der Punkt $\hat{z}$ im Innern des Konvergenzkreises liegt sogar noch innerhalb des etwas kleineren Kreises mit Radius ρ (grün). Auch die Glieder der Folge (z_k), die gegen $\hat{z}$ konvergiert, liegen ab einem bestimmten Index alle innerhalb des grünen Kreises

Damit können wir nun die Differenz zwischen $f(z_n)$ und $f(\hat{z})$ abschätzen:

$$\begin{aligned}
|f(\hat{z}) - f(z_k)| &= \left|\sum_{n=0}^{\infty} a_n\, \hat{z}^n - \sum_{n=0}^{\infty} a_n\, z_k^n\right| \\
&\le \left|\sum_{n=0}^{m} a_n\, \hat{z}^n - \sum_{n=0}^{m} a_n\, z_k^n\right| \\
&\quad + \left|\sum_{n=m+1}^{\infty} a_n\, \hat{z}^n\right| + \left|\sum_{n=m+1}^{\infty} a_n\, z_k^n\right| \\
&\le \left|\sum_{n=0}^{m} a_n\, \hat{z}^n - \sum_{n=0}^{m} a_n\, z_k^n\right| \\
&\quad + \sum_{n=m+1}^{\infty} |a_n|\, |\hat{z}|^n + \sum_{n=m+1}^{\infty} |a_n|\, |z_k|^n
\end{aligned}$$

Da nun $|\hat{z}| < \rho$ und $|z_k < \rho$, gilt nach der Überlegung von oben, dass

$$|f(\hat{z}) - f(z_k)| < \left|\sum_{n=0}^{m} a_n\, \hat{z}^n - \sum_{n=0}^{m} a_n\, z_k^n\right| + \frac{\varepsilon}{2}.$$

Die beiden verbleibenden Summen stellen nun aber Polynome dar, und zwar dieselbe Polynomfunktion einmal an $\hat{z}$ und einmal an z_k ausgewertet. Polynome sind aber stetig, daher muss auch diese erste Differenz kleiner als $\varepsilon/2$ werden für alle $k \ge L \in \mathbb{N}$. Es gilt damit

$$|f(\hat{z}) - f(z_k)| < \varepsilon \quad \text{für} \quad k \ge \max\{K, L\}.$$

Wir rekapitulieren: Zu einem $\varepsilon > 0$ finden wir eine Zahl $N = \max\{K, L\}$, sodass $|f(\hat{z}) - f(z_k)| < \varepsilon$ für alle $k \ge N$. Dies gilt für jede beliebige Folge (z_k) im Konvergenzbereich der Potenzreihe, die $\hat{z}$ als Grenzwert besitzt. Also ist f an der Stelle $\hat{z}$ stetig.

Bei dieser Überlegung haben wir den Entwicklungspunkt z_0 zu null gesetzt. Wenn man diesen mit in die Überlegung einbezieht, ergeben sich aber keine neuen Schwierigkeiten. Er stellt nur eine Translation der Potenzreihe dar, die auf die Frage nach Stetigkeit keinen Einfluss besitzt. Das so erhaltene Ergebnis wollen wir festhalten.

Stetigkeit von Potenzreihen

Durch eine Potenzreihe ist im Innern ihres Konvergenzkreises eine stetige Funktion definiert.

Kommentar Es soll noch einmal darauf hingewiesen werden, dass diese Aussage bedeutet, dass eine Vertauschung von Grenzprozessen erlaubt ist,

$$\lim_{k\to\infty} \sum_{n=0}^{\infty} a_n\, z_k^n = \sum_{n=0}^{\infty} a_n\, (\lim_{k\to\infty} z_k)^n,$$

Teil II

sofern $\lim_{k\to\infty} z_k$ im Innern des Konvergenzbereichs liegt. Dies ist eine sehr wichtige Eigenschaft von Potenzreihen, die für unsere weiteren Überlegungen entscheidende Bedeutung haben wird. ◀

Potenzreihen mit demselben Entwicklungspunkt kann man addieren und multiplizieren

Da Potenzreihen nichts anderes sind als spezielle Reihen, steht uns für sie das gesamte Arsenal der Rechenregeln für Reihen und Reihenwerte zur Verfügung. Eine einfache Konsequenz ist die Tatsache, dass man Potenzreihen, oder Vielfache von ihnen, addieren kann und als Ergebnis wieder eine Potenzreihe erhält.

Einige Voraussetzungen sind hierbei zu beachten: Zunächst sollen beide Potenzreihen denselben Entwicklungspunkt z_0 besitzen. Ferner gehört zu jeder der beiden ursprünglichen Potenzreihen ein Konvergenzkreis, und es sollen nur solche z betrachtet werden, die im *kleineren* dieser beiden Kreise liegen. Dann gilt die Formel

$$\lambda \sum_{n=0}^{\infty} a_n (z-z_0)^n + \mu \sum_{n=0}^{\infty} b_n (z-z_0)^n = \sum_{n=0}^{\infty} (\lambda a_n + \mu b_n)(z-z_0)^n$$

für alle $\lambda, \mu \in \mathbb{C}$.

Beispiel Wir betrachten die reellwertige Funktion

$$f(x) = \frac{1}{1-x} + \frac{1}{1-x^2}, \quad |x| < 1.$$

Für beide Brüche kennen wir schon eine Darstellung als Potenzreihe mit dem Entwicklungspunkt Null,

$$\frac{1}{1-x} = \sum_{n=0}^{\infty} x^n,$$

$$\frac{1}{1-x^2} = \sum_{n=0}^{\infty} x^{2n}.$$

Also hat f die Darstellung

$$f(x) = \sum_{n=0}^{\infty} a_n x^n$$

mit $a_n = 2$ für gerades n und $a_n = 1$ für ungerades n. ◀

Für die Multiplikation von Potenzreihen machen wir uns zu Nutze, dass Potenzreihen im Innern ihres Konvergenzkreises stets absolut konvergieren. Damit steht uns das Cauchy-Produkt zur Verfügung. Dieselben Voraussetzungen wie oben sollen gelten: Beide Reihen haben denselben Entwicklungspunkt z_0, und wir betrachten nur den kleineren der beiden Konvergenzkreise. Dann gilt die Formel

$$\left[\sum_{n=0}^{\infty} a_n (z-z_0)^n\right] \cdot \left[\sum_{n=0}^{\infty} b_n (z-z_0)^n\right] = \sum_{n=0}^{\infty} c_n (z-z_0)^n,$$

wobei die Koeffizienten c_n durch

$$c_n = \sum_{k=0}^{n} a_k b_{n-k}$$

gegeben sind.

Beispiel Für $|x| < 1$ gilt die Gleichung

$$\frac{1}{1+x^2} = \frac{1}{1+\mathrm{i}x} \cdot \frac{1}{1-\mathrm{i}x}.$$

Die beiden hinteren Faktoren können wir mit der geometrischen Reihe als Potenzreihen schreiben,

$$\frac{1}{1+\mathrm{i}x} = \sum_{n=0}^{\infty} (-\mathrm{i})^n x^n,$$

$$\frac{1}{1-\mathrm{i}x} = \sum_{n=0}^{\infty} \mathrm{i}^n x^n.$$

Die Koeffizienten im Cauchy-Produkt sind

$$c_n = \sum_{k=0}^{n} (-\mathrm{i})^k (\mathrm{i})^{n-k} = \mathrm{i}^n \sum_{k=0}^{n} (-1)^k.$$

Die in der Summe auftretenden Terme sind abwechselnd 1 und -1. Damit ergibt sich für $n = 2k$ die Darstellung

$$c_{2k} = \mathrm{i}^{2k} \cdot 1 = (-1)^k,$$

und für $n = 2k+1$ ist $c_{2k+1} = 0$. Also gilt

$$\frac{1}{1+x^2} = \sum_{n=0}^{\infty} c_n x^n = \sum_{k=0}^{\infty} c_{2k} x^{2k} = \sum_{k=0}^{\infty} (-1)^k x^{2k}.$$

Allerdings kann man die geometrische Reihe auch direkt auf den Bruch $1/(1+x^2)$ anwenden:

$$\frac{1}{1+x^2} = \frac{1}{1-(-x^2)} = \sum_{n=0}^{\infty} (-x^2)^n = \sum_{n=0}^{\infty} (-1)^n x^{2n}$$

Beide Rechnungen liefern die gleiche Potenzreihe. ◀

Beispiel: Bestimmung einer Potenzreihendarstellung mit dem Cauchy-Produkt

Bestimmen Sie eine Potenzreihendarstellung der Funktion

$$f(z) = \frac{z^2}{2 - 3z + z^2} \quad \text{für} \quad z \in \{w \in \mathbb{C} \mid |w| < 1\}$$

mit Entwicklungspunkt $z_0 = 0$.

Problemanalyse und Strategie Die Funktion wird als ein Produkt geschrieben, wobei wir für jeden Faktor eine Potenzreihe angeben können. Die Berechnung der Produktreihe kann dann mit dem Cauchy-Produkt erfolgen.

Lösung Um die Funktion f zu faktorisieren, überlegen wir uns zunächst die Nullstellen des Nenners. Die Nullstelle 1 lässt sich leicht erraten. Damit erhält man

$$2 - 3z + z^2 = (1 - z)(2 - z).$$

Die andere Nullstelle ist also 2. Daran erkennt man auch, dass die Funktion wohldefiniert ist, denn keine dieser Nullstellen liegt im Definitionsbereich.

Somit lässt sich f umschreiben zu

$$f(z) = \frac{z^2}{1-z} \cdot \frac{1}{2-z}.$$

Die beiden Faktoren erinnern schon an die geometrische Reihe. Wenn wir beim zweiten Faktor $1/2$ ausklammern, so erhalten wir

$$\frac{1}{2-z} = \frac{1}{2} \frac{1}{1 - \frac{z}{2}} = \frac{1}{2} \sum_{n=0}^{\infty} \left(\frac{z}{2}\right)^n$$

für alle z aus dem Definitionsbereich von f.

Den ersten Faktor in der Darstellung von f schreiben wir als

$$\frac{z^2}{1-z} = z^2 \sum_{n=0}^{\infty} z^n = \sum_{n=0}^{\infty} z^{n+2} = \sum_{n=2}^{\infty} z^n.$$

Diese Darstellung ist ebenfalls für alle z aus dem Definitionsbereich von f gültig.

Da beide Potenzreihen für $|z| < 1$ absolut konvergieren, kann man die Produktreihe mit dem Cauchy-Produkt bestimmen. Dabei muss man allerdings vorsichtig sein, denn die Reihe in der Darstellung des ersten Faktors beginnt erst beim Index 2 und entspricht somit nicht ganz genau der Darstellung in der Definition des Cauchy-Produkts. Wir schreiben

$$\left(\sum_{n=2}^{\infty} z^n\right) \cdot \left(\sum_{n=0}^{\infty} \left(\frac{z}{2}\right)^n\right) = \sum_{n=0}^{\infty} z^n \sum_{k=0}^{n} a_k b_{n-k}$$

mit

$$a_k = \begin{cases} 0, & k = 0, 1, \\ 1, & \text{sonst} \end{cases} \quad \text{und} \quad b_k = \frac{1}{2^n}.$$

Damit erhalten wir

$$\sum_{k=0}^{n} a_k b_{n-k} = \sum_{k=2}^{n} \frac{1}{2^{n-k}} = \sum_{k=0}^{n-2} \frac{1}{2^{n-k-2}} = \frac{1}{2^{n-2}} \sum_{k=0}^{n-2} 2^k.$$

Die Summe im letzten Term lässt sich mit der geometrischen Summenformel explizit berechnen. Es ergibt sich für $n \geq 2$

$$\sum_{k=0}^{n} a_k b_{n-k} = \frac{1}{2^{n-2}} \cdot \frac{1 - 2^{n-1}}{1 - 2} = \frac{2^{n-1} - 1}{2^{n-2}} = 2 - \frac{1}{2^{n-2}}.$$

Für $n = 0$ oder 1 ist die Summe null. Damit erhalten wir

$$f(z) = \frac{1}{2} \left(\sum_{n=2}^{\infty} z^n\right) \cdot \left(\sum_{n=0}^{\infty} \left(\frac{z}{2}\right)^n\right) = \sum_{n=2}^{\infty} \left(1 - \frac{1}{2^{n-1}}\right) z^n.$$

Kommentar Die durch den Ausdruck

$$f(x) = \frac{1}{1 + x^2}$$

definierte Funktion kann auf ganz $\mathbb{R}$ definiert werden. Betrachtet man dagegen ihre Potenzreihendarstellung

$$f(x) = \sum_{n=0}^{\infty} (-1)^n x^{2n},$$

so ist diese nur für $|x| < 1$ gültig. Betrachtet man nur die reellen Zahlen, so gibt es für dieses Phänomen keine Erklärung. Erst durch Betrachtung der Potenzreihe im Komplexen wird der Grund klar: Die Potenzreihe *sieht* die komplexen Nullstellen des Nenners, auch wenn nur reell gerechnet wird. Diese Nullstellen schränken den Konvergenzbereich ein. Die komplexen Zahlen bilden also das natürliche Umfeld, um Potenzreihen zu betrachten und ihre Eigenschaften zu verstehen. ◄

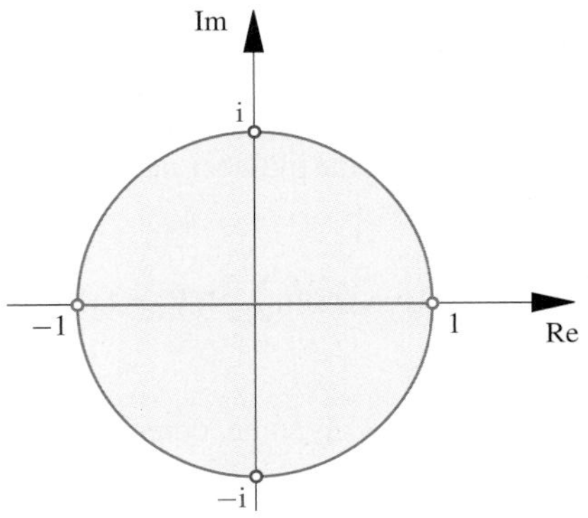

Abb. 9.5 Der Konvergenzbereich der Potenzreihe von $1/(1 + x^2)$. In der komplexen Zahlenebene trifft der Rand des Konvergenzkreises die komplexen Nullstellen des Nenners bei $\pm i$

9.2 Die Darstellung von Funktionen durch Potenzreihen

Im einführenden Beispiel dieses Kapitels haben wir schon einen Fall kennengelernt, in dem sich eine Funktion einerseits durch eine Potenzreihe, andererseits durch eine explizite Abbildungsvorschrift darstellen lässt. In der Tat sind Darstellungen von Funktionen durch Potenzreihen sehr wichtige Hilfsmittel der Mathematik. Sie dienen zur Lösung von Differentialgleichungen, zur Berechnung von Integralen oder zur numerischen Auswertung von Funktionen. Gibt man den Entwicklungspunkt z_0 vor, spricht man auch von der **Potenzreihenentwicklung** einer Funktion um z_0.

Im ersten Abschnitt des Kapitels haben wir gesehen, dass durch jede Potenzreihe innerhalb ihres Konvergenzkreises eine Funktion definiert wird. Jetzt wollen wir die umgekehrte Frage stellen: Falls eine Funktion durch eine Potenzreihe dargestellt wird, ist diese Darstellung dann eindeutig? Es ist für die Anwendungen entscheidend, dass diese Frage mit ja beantwortet werden kann, wobei man sich natürlich auf einen Entwicklungspunkt festlegen muss. Dadurch wird garantiert, dass sich aus der Kenntnis der Funktion die Koeffizienten der Potenzreihe bestimmen lassen.

Gegeben sind also zwei Potenzreihen mit demselben Entwicklungspunkt z_0 und Koeffizientenfolgen (a_n) bzw. (b_n). Die Fragestellung lautet nun: Falls es ein $r > 0$ gibt mit

$$\sum_{n=0}^{\infty} a_n (z - z_0)^n = \sum_{n=0}^{\infty} b_n (z - z_0)^n$$

für alle z mit $|z - z_0| < r$, müssen dann die beiden Koeffizientenfolgen identisch sein?

Wir wollen versuchen, genau dies durch vollständige Induktion zu beweisen. Mit $z = z_0$ folgt natürlich sofort die Gleichung $a_0 = b_0$. Dies ist der Induktionsanfang.

Nun nehmen wir an, dass wir wissen, dass $a_j = b_j$ ist für $j = 1, \ldots, N$. Wir wollen zeigen, dass dann auch $a_{N+1} = b_{N+1}$ sein muss. Aufgrund der Annahme gilt aber natürlich

$$\sum_{j=0}^{N} a_j (z - z_0)^j = \sum_{j=0}^{N} b_j (z - z_0)^j.$$

Dies sind ja einfach zwei Polynome, deren Koeffizienten übereinstimmen. Also folgt sofort

$$\sum_{n=N+1}^{\infty} a_n (z - z_0)^n = \sum_{n=N+1}^{\infty} b_n (z - z_0)^n$$

für alle z mit $|z - z_0| < r$. Auf beiden Seiten kann nun der Term $(z - z_0)^{N+1}$ ausgeklammert werden:

$$\begin{aligned}(z - z_0)^{N+1} &\sum_{n=0}^{\infty} a_{N+1+n} (z - z_0)^n \\ &= (z - z_0)^{N+1} \sum_{n=0}^{\infty} b_{N+1+n} (z - z_0)^n\end{aligned}$$

Auch diese Gleichung gilt für alle z mit $|z - z_0| < r$. Für $z \neq z_0$ ist der ausgeklammerte Faktor aber ungleich null, daher muss zwangsweise

$$\sum_{n=0}^{\infty} a_{N+1+n} (z - z_0)^n = \sum_{n=0}^{\infty} b_{N+1+n} (z - z_0)^n$$

sein. Da diese Potenzreihen im Inneren ihres Konvergenzbereichs stetig sind, gilt die Identität auch für $z = z_0$. Wie im Induktionsanfang folgt daraus aber für $z = z_0$ die Identität $a_{N+1} = b_{N+1}$. Damit ist auch der Induktionsschritt durchgeführt.

Wir haben also mit vollständiger Induktion gezeigt, dass die beiden Koeffizientenfolgen identisch sind: Für alle $n \in \mathbb{N}$ gilt $a_n = b_n$. Diese wichtige Aussage wollen wir noch einmal zusammengefasst festhalten

Identitätssatz für Potenzreihen

Gilt für zwei Potenzreihen und $r > 0$ die Gleichung

$$\sum_{n=0}^{\infty} a_n (z - z_0)^n = \sum_{n=0}^{\infty} b_n (z - z_0)^n$$

für alle z mit $|z - z_0| < r$, so sind die Koeffizientenfolgen (a_n) und (b_n) identisch.

Durch Koeffizientenvergleich lassen sich Darstellungen von Funktionen gewinnen

Der Identitätssatz liefert uns eine sehr wichtige Technik zur Bestimmung der Koeffizienten von Potenzreihen, den *Koeffizientenvergleich*. Wir überlegen uns diese Technik zunächst an einem Beispiel.

Beispiel Gesucht ist eine Potenzreihendarstellung der Funktion

$$f(z) = \frac{1 + z^2}{1 - z}, \quad |z| < 1,$$

um den Entwicklungspunkt $z_0 = 0$, d. h. eine Folge von Koeffizienten (a_n) mit

$$\sum_{n=0}^{\infty} a_n z^n = \frac{1+z^2}{1-z}, \quad |z| < 1.$$

Der Nenner ist uns schon von der geometrischen Reihe her bekannt, es gilt

$$\frac{1}{1-z} = \sum_{n=0}^{\infty} z^n, \quad |z| < 1.$$

Daher können wir die Funktion folgendermaßen darstellen:

$$\begin{aligned} f(z) &= (1+z^2) \cdot \frac{1}{1-z} = (1+z^2) \sum_{n=0}^{\infty} z^n \\ &= \sum_{n=0}^{\infty} z^n + z^2 \sum_{n=0}^{\infty} z^n = \sum_{n=0}^{\infty} z^n + \sum_{n=0}^{\infty} z^{n+2} \\ &= \sum_{n=0}^{\infty} z^n + \sum_{n=2}^{\infty} z^n. \end{aligned}$$

In der letzten Umformung haben wir einfach eine Indexverschiebung in der Reihe durchgeführt. Also gilt für unsere gesuchte Potenzreihendarstellung

$$\sum_{n=0}^{\infty} a_n z^n = \sum_{n=0}^{\infty} z^n + \sum_{n=2}^{\infty} z^n = 1 + z + \sum_{n=2}^{\infty} 2\,z^n.$$

Aufgrund des Identitätssatzes müssen die beiden Potenzreihen die gleichen Koeffizienten haben – wir *vergleichen* also jetzt *Koeffizienten für dieselbe Potenz* z^n: Für $n = 0$ steht rechts eine 1, also ist $a_0 = 1$. Für $n = 1$ steht rechts z, also ist der Koeffizient dort ebenfalls $a_1 = 1$. Für alle $n \geq 2$ steht rechts $2z^n$, also ist $a_n = 2$ für alle $n \geq 2$.

Insgesamt haben wir also die folgende Potenzreihendarstellung für f gefunden:

$$f(z) = 1 + z + 2 \sum_{n=2}^{\infty} z^n \qquad ◀$$

Das Beispiel ist noch sehr einfach – bald werden wir viel kompliziertere Potenzreihen bestimmen – doch es zeigt die wesentlichen Prinzipien der **Methode des Koeffizientenvergleichs:** Ausgangspunkt ist immer eine Gleichung, bei der auf beiden Seiten eine Potenzreihe mit demselben Entwicklungspunkt steht. Dann stimmen die Koeffizienten links und rechts für dieselben Potenzen überein.

Ein paar Dinge sind dabei zu beachten:

- Die Potenzreihen links und rechts können die Gestalt von Polynomen oder, was häufig vorkommt, der Nullfunktion annehmen. Dann sind unendlich viele Koeffizienten bzw. sogar alle null.
- Steht auf einer Seite eine Summe von Potenzreihen, so sind wie im Beispiel oben gegebenenfalls Indexverschiebungen notwendig, um diese Reihen zusammenzufassen.
- Wichtig ist, dass man wirklich Koeffizienten für dieselbe Potenzen vergleicht – das ist nicht unbedingt dasselbe, wie Koeffizienten für das gleiche n.

Selbstfrage 4

Angenommen es gilt die Gleichung

$$\sum_{n=0}^{\infty} a_n x^n = \sum_{n=0}^{\infty} b_n (x-1)^n = \sum_{n=1}^{\infty} c_n x^n = \sum_{n=0}^{\infty} \frac{x^{2n+1}}{n!}$$

für alle x aus einem Intervall $I \subseteq \mathbb{R}$. Welche Aussagen kann man über die Koeffizientenfolgen (a_n), (b_n) bzw. (c_n) durch Koeffizientenvergleich treffen?

Im folgenden Beispiel wollen wir uns einige dieser Fälle noch einmal genauer anschauen.

Beispiel

- Es sollen drei Konstanten A, B, C so bestimmt werden, dass gilt

$$\frac{2x+1}{x^3 - x^2 + x - 1} = \frac{Ax+B}{x^2+1} + \frac{C}{x-1}$$

für alle $x \in \mathbb{R} \setminus \{1\}$. Da gerade

$$x^3 - x^2 + x - 1 = (x^2+1)(x-1)$$

ist, erhält man durch Multiplikation mit dem Nenner der linken Seite die Gleichung:

$$\begin{aligned} 2x + 1 &= (Ax+B)(x-1) + C(x^2+1) \\ &= Ax^2 + (B-A)\,x - B + Cx^2 + C \\ &= (A+C)\,x^2 + (B-A)\,x + (C-B) \end{aligned}$$

Damit haben wir die Gleichung nach Potenzen von x sortiert. Wir haben hier eigentlich eine Gleichheit von Polynomen, aber indem wir alle Koeffizienten für $n \geq 4$ zu null setzen, können wir dies auch als eine Gleichheit von Potenzreihen interpretieren. Der Koeffizientenvergleich liefert dann folgende Gleichungen für A, B und C:

$$\begin{aligned} A + C &= 0 \\ B - A &= 2 \\ C - B &= 1 \end{aligned}$$

Die Lösung ist $A = -3/2$, $B = 1/2$, $C = 3/2$, also gilt

$$\frac{2x+1}{x^3 - x^2 + x - 1} = \frac{1-3x}{2\,(x^2+1)} + \frac{3}{2\,(x-1)}.$$

Beispiel: Bestimmung einer Potenzreihe durch Koeffizientenvergleich

Bestimmen Sie eine Potenzreihendarstellung der Funktion

$$f(z) = \frac{1}{2}\,\frac{z^2-2z+5}{z^2-6z+9}, \qquad z \in \mathbb{C} \setminus \{3\},$$

um den Entwicklungspunkt $z_0 = 1$.

Problemanalyse und Strategie Mit einem Ansatz für f als Potenzreihe kann man durch Koeffizientenvergleich eine Rekursionsformel für die Koeffizienten herleiten. Dazu müssen auch die auftretenden Polynome um z_0 entwickelt werden.

Lösung Der Ansatz für f lautet

$$f(z) = \sum_{n=0}^{\infty} a_n\,(z-1)^n.$$

Multipliziert man mit dem Nenner aus der Abbildungsvorschrift von f, so ergibt sich

$$\frac{1}{2}\,(z^2-2z+5) = (z^2-6z+9)\sum_{n=0}^{\infty} a_n\,(z-1)^n.$$

Zunächst müssen jetzt auch die Polynome in Potenzen von $z-1$ geschrieben werden. Es gilt

$$z^2-6z+9 = (z-1)^2-4(z-1)+4,$$
$$\frac{1}{2}\,(z^2-2z+5) = \frac{1}{2}\,(z-1)^2+2.$$

Somit können wir jetzt auf der rechten Seite ausmultiplizieren und erhalten:

$$\begin{aligned}\frac{1}{2}\,(z-1)^2+2 &= [(z-1)^2-4(z-1)+4]\sum_{n=0}^{\infty} a_n\,(z-1)^n\\ &= \sum_{n=0}^{\infty} a_n\,(z-1)^{n+2} - 4\sum_{n=0}^{\infty} a_n\,(z-1)^{n+1}\\ &\quad + 4\sum_{n=0}^{\infty} a_n\,(z-1)^n\end{aligned}$$

Im nächsten Schritt werden die drei Reihen durch Indexverschiebungen so umgeschrieben, dass in ihnen jeweils $(z-1)^n$ als Faktor steht. Dies ergibt

$$\begin{aligned}\frac{1}{2}\,(z-1)^2+2 &= \sum_{n=2}^{\infty} a_{n-2}\,(z-1)^n - 4\sum_{n=1}^{\infty} a_{n-1}\,(z-1)^n\\ &\quad + 4\sum_{n=0}^{\infty} a_n\,(z-1)^n.\end{aligned}$$

Ab dem Index $n = 2$ können die Reihen jetzt zusammengefasst werden. In der zweiten und dritten Reihe bleiben dabei Terme übrig, die einzeln hingeschrieben werden müssen:

$$\begin{aligned}\frac{1}{2}\,(z-1)^2+2 &= \sum_{n=2}^{\infty}(a_{n-2}-4a_{n-1}+4a_n)\,(z-1)^n\\ &\quad + (4a_1-4a_0)\,(z-1)+4a_0\end{aligned}$$

Jetzt haben wir die Voraussetzung für den Koeffizientenvergleich geschaffen: Auf beiden Seiten des Gleichheitszeichens steht eine Potenzreihe in $(z-1)$. Daher müssen die Koeffizienten gleich sein. Für die beiden einzelnen Terme bedeutet dies

$$4a_0 = 2 \quad \text{also} \quad a_0 = \frac{1}{2},$$
$$4a_1 - 4a_0 = 0 \quad \text{also} \quad a_1 = \frac{1}{2}.$$

Für die Potenz $(z-1)^2$ erhält man noch

$$\frac{1}{2} = a_0 - 4a_1 + 4a_2 = -\frac{3}{2} + 4a_2 \quad \text{also} \quad a_2 = \frac{1}{2}.$$

Für alle größeren n gilt $0 = a_{n-2} - 4a_{n-1} + 4a_n$, was die Rekursionsformel

$$a_n = a_{n-1} - \frac{1}{4}\,a_{n-2}, \qquad n \geq 3,$$

liefert. Man kann jetzt noch versuchen, ob sich aus der Rekursionsformel auch eine explizite Darstellung der Koeffizienten bestimmen lässt. Meist ist das sehr schwer, hier aber ist es möglich. Die nächsten paar Koeffizienten ab $n = 3$ lauten nämlich

$$\frac{3}{8}, \quad \frac{4}{16}, \quad \frac{5}{32}, \quad \ldots$$

Dies legt die Vermutung nahe, dass $a_n = n/2^n$ gilt. Zum Nachweis, das dies richtig ist, verwenden wir vollständige Induktion. Der Induktionsanfang ist schon erbracht, für den Induktionsschritt nehmen wir an, dass diese Darstellung für $n-1$ und $n-2$ stimmt. Dann gilt

$$a_n = \frac{n-1}{2^{n-1}} - \frac{n-2}{4\cdot 2^{n-2}} = \frac{2n-2-n+2}{2^n} = \frac{n}{2^n}.$$

Damit ist gezeigt, dass die Koeffizienten für alle $n \geq 3$ dieser Darstellung genügen. Da auch a_1 und a_2 sich genauso schreiben lassen, erhält man also

$$f(z) = \frac{1}{2} + \sum_{n=1}^{\infty} \frac{n}{2^n}\,(z-1)^n.$$

- Eine Koeffizientenfolge (b_n) mit

$$\sum_{n=0}^{\infty} b_n (z-1)^n = \frac{z^2+1}{z}, \quad |z-1| < 1,$$

soll gefunden werden. Dazu schreiben wir den Nenner geschickt um:

$$\frac{z^2+1}{z} = \frac{z^2+1}{1-(1-z)} = (z^2+1) \sum_{n=0}^{\infty} (1-z)^n$$

für $|1-z| < 1$. Auch das Polynom z^2+1 muss hier um den Punkt $z_0 = 1$ entwickelt werden. Mit $z = z - 1 + 1$ folgt

$$z^2 + 1 = (z-1)^2 + 2(z-1) + 2.$$

Also muss gelten

$$\begin{aligned}\sum_{n=0}^{\infty} b_n (z-1)^n &= \sum_{n=0}^{\infty} (-1)^n (z-1)^{n+2} \\ &\quad + \sum_{n=0}^{\infty} 2(-1)^n (z-1)^{n+1} \\ &\quad + \sum_{n=0}^{\infty} 2(-1)^n (z-1)^n.\end{aligned}$$

Keinesfalls darf hieraus durch Koeffizientenvergleich geschlossen werden, dass $b_n = (-1)^n + 2(-1)^n + 2(-1)^n$ ist, denn die Potenzen stimmen nicht überein. Stattdessen führt man bei den ersten zwei Summen eine Indexverschiebung durch:

$$\begin{aligned}\sum_{n=0}^{\infty} (-1)^n (z-1)^{n+2} &= \sum_{n=2}^{\infty} (-1)^n (z-1)^n \\ \sum_{n=0}^{\infty} (-1)^n (z-1)^{n+1} &= -\sum_{n=1}^{\infty} (-1)^n (z-1)^n\end{aligned}$$

Jetzt stimmen die Potenzen überein, allerdings starten die Summen bei unterschiedlichem Index. Das wird dadurch aufgelöst, dass die überzähligen Summanden getrennt aufgeführt werden. Damit ergibt sich jetzt:

$$\begin{aligned}\sum_{n=0}^{\infty} b_n (z-1)^n &= 2 + (2-2) \cdot (z-1) \\ &\quad + \sum_{n=2}^{\infty} [(-1)^n - 2\,(-1)^n + 2(-1)^n](z-1)^n \\ &= 2 + \sum_{n=2}^{\infty} (-1)^n (z-1)^n\end{aligned}$$

Also ergibt sich $b_0 = 2$, $b_1 = 0$ und $b_n = (-1)^n$ für $n \geq 2$. ◄

Bei einer Funktion hängen Konvergenzradius und Entwicklungspunkt zusammen

Je nachdem, wie der Entwicklungspunkt gewählt wird, erhält man für eine Funktion ganz unterschiedliche Darstellungen als Potenzreihe. Dementsprechend werden sich auch ganz unterschiedliche Konvergenzradien ergeben.

Allgemein lässt sich dabei nicht formulieren, wie sich der Zusammenhang zwischen Entwicklungspunkt und Konvergenzradius darstellt. Die Eigenschaften der jeweiligen Funktion bestimmen dies entscheidend. Für ein einfaches Beispiel können wir den Zusammenhang aber klar darstellen.

Wir betrachten die Funktion

$$f(z) = \frac{1}{\mathrm{i} - z}, \quad z \in \mathbb{C} \setminus \{\mathrm{i}\}.$$

Die Darstellung als Potenzreihe um den Entwicklungspunkt $z_0 = 0$ können wir sofort über die geometrische Reihe gewinnen. Es gilt

$$\frac{1}{\mathrm{i} - z} = -\mathrm{i} \frac{1}{1 - (-\mathrm{i}z)}$$

und daher

$$f(z) = -\mathrm{i} \sum_{n=0}^{\infty} (-\mathrm{i}z)^n \quad \text{für } |z| < 1.$$

Der Konvergenzradius ist $r = 1$, was mit dem Wurzelkriterium unmittelbar ermittelt werden kann.

Wir wollen nun versuchen, die Potenzreihe für den Entwicklungspunkt $z_0 = 1$ zu bestimmen. Dazu ist eine kleine Umformung notwendig, um wiederum die geometrische Reihe anwenden zu können,

$$\frac{1}{\mathrm{i} - z} = \frac{1}{\mathrm{i} - 1 - (z-1)} = \frac{1}{\mathrm{i} - 1} \cdot \frac{1}{1 - \frac{z-1}{\mathrm{i}-1}}.$$

Damit erhalten wie die Reihendarstellung

$$f(z) = \frac{1}{\mathrm{i} - 1} \cdot \sum_{n=0}^{\infty} \left(\frac{1}{\mathrm{i} - 1}\right)^n (z-1)^n,$$

die für

$$|z - 1| < |\mathrm{i} - 1| = \sqrt{2}$$

konvergiert.

Mit einer analogen Überlegung erhalten wir noch

$$f(z) = -2 \sum_{n=0}^{\infty} (-2)^n \left(z - \left(\mathrm{i} + \frac{1}{2}\right)\right)^n$$

Teil II

Anwendung: Der Annuitätenkredit oder die erzeugende Funktion

Annuitätenkredite sind das gängigste Modell zur Finanzierung von privaten Immobilien. Zwischen Kreditgeber und -nehmer werden ein Zinssatz, eine monatlich zu zahlende Rate und eine Laufzeit vereinbart. Am Ende der Laufzeit bleibt eine Restschuld, für die dann ein neuer Kreditvertrag abgeschlossen wird, wobei die Zinsrate an die aktuelle Geldmarktsituation angepasst wird. Um das Risiko zu kennen, ist es also für jeden *Häuslebauer* wichtig, die Restschuld zu bestimmen.

Wir wollen die Kreditsumme mit K bezeichnen, die monatliche Rate mit R und die jährliche Zinsrate mit p. Die nach n Monaten noch bestehende Restschuld sei a_n. Die im n-ten Monat zu entrichtenden Zinsen werden im Bankwesen zu $a_{n-1} \cdot (p/12)$ bestimmt (siehe auch S. 78).

Für die Folge der Beträge der Restschuld nach n Monaten können wir nun eine Rekursionsformel angeben. Es gilt

$$a_0 = K$$

und

$$a_n = \left(1 + \frac{p}{12}\right) a_{n-1} - R, \qquad n \in \mathbb{N}.$$

Zur Abkürzung setzen wir noch $c = 1 + p/12$.

Bei 10 Jahren Laufzeit, wären nun 120 Rekursionsschritte durchzuführen. Das ist zwar mithilfe von Spreadsheets und anderen modernen Hilfsmitteln schnell erledigt, aber wir wollen trotzdem versuchen, eine explizite Formel für den Wert von a_n zu bestimmen. Hierbei kommen Potenzreihen ins Spiel.

Unter der **erzeugenden Funktion** einer Folge (a_n) versteht man diejenige Funktion, die gerade die Koeffizienten a_n in ihrer Potenzreihendarstellung mit Entwicklungspunkt 0 besitzt. Wir wollen annehmen, dass es zu der oben rekursiv definierten Folge eine solche Funktion gibt und sie mit f bezeichnen. Es ist also

$$f(x) = \sum_{n=0}^{\infty} a_n x^n$$

für alle x aus dem Konvergenzbereich.

Jetzt setzen wir die Rekursionsformel für a_n in diese Darstellung ein und erhalten die Gleichung:

$$\begin{aligned} f(x) &= K + \sum_{n=1}^{\infty} (c a_{n-1} - R) x^n \\ &= K + cx \sum_{n=0}^{\infty} a_n x^n - Rx \sum_{n=0}^{\infty} x^n = K + cxf(x) - \frac{Rx}{1-x} \end{aligned}$$

Damit ist f explizit bestimmt, denn es gilt nun

$$f(x) = \frac{K}{1-cx} - \frac{Rx}{(1-x)(1-cx)}.$$

Es bleibt das Problem, die Potenzreihendarstellung von f zu finden, um die a_n zu bestimmen. Dazu schreiben wir f um zu

$$f(x) = \frac{K}{1-cx} - \frac{R}{1-c} \cdot \frac{1}{1-x} + \frac{R}{1-c} \cdot \frac{1}{1-cx}$$

und können nun überall die geometrische Reihe einsetzen. Das liefert

$$\begin{aligned} f(x) &= K \sum_{n=0}^{\infty} c^n x^n - \frac{R}{1-c} \sum_{n=0}^{\infty} x^n + \frac{R}{1-c} \sum_{n=0}^{\infty} c^n x^n \\ &= \sum_{n=0}^{\infty} \left(K c^n - R \frac{1-c^n}{1-c} \right) x^n. \end{aligned}$$

Es folgt also

$$a_n = K c^n - R \frac{1-c^n}{1-c}, \qquad n \in \mathbb{N}.$$

Das hier verwendete Verfahren zur Herleitung einer expliziten Formel für die Glieder einer rekursiv definierten Folge durch das Aufstellen der erzeugenden Funktion hat noch viele weitere Anwendungen. So kann man damit zum Beispiel eine explizite Formel für die Fibonacci-Zahlen (siehe die S. 174, 193 und auch 588) berechnen.

Aber es gibt auch noch viele weitere Anwendungsmöglichkeiten. Häufig kann man den Wert einer interessanten Größe nur zu bestimmten diskreten Zeitpunkten messen und möchte von diesen Messungen auf ein Bildungsgesetz für die Größe schließen. Gelingt es, einen Zusammenhang für die Änderung zwischen aufeinanderfolgenden Messungen aufzustellen, kann die hier beschriebene Methode angewandt werden.

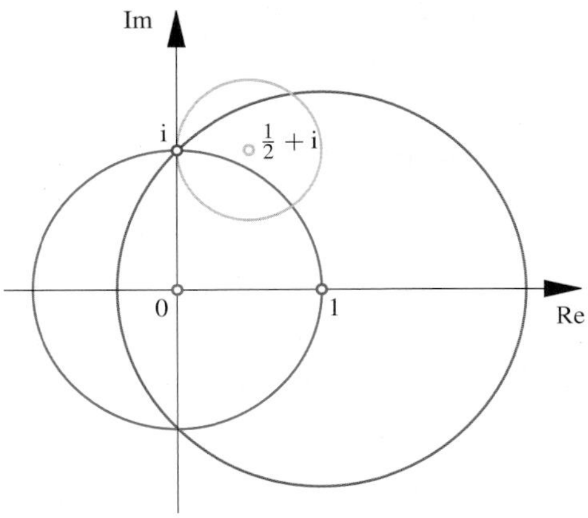

Abb. 9.6 Die Konvergenzkreise der Darstellungen als Potenzreihe von $1/(\mathrm{i}-z)$ für die Entwicklungspunkte 0 (blau), 1 (grün) und $\mathrm{i}+1/2$ (orange). Alle drei Kreise treffen den Punkt i, in dem die Funktion eine Singularität besitzt

für

$$\left|z-\left(\mathrm{i}+\frac{1}{2}\right)\right|<\frac{1}{2}.$$

In der Abb. 9.6 sind alle 3 Konvergenzkreise eingezeichnet. Man erkennt, dass die Konvergenzradien sich so ergeben, dass der Konvergenzkreis immer durch i geht. Das ist gerade die Stelle an der die Funktion f nicht definiert ist, da der Ausdruck $1/(\mathrm{i}-z)$ dort eine Singularität besitzt.

Kommentar Heuristisch kann man das Verhalten folgendermaßen beschreiben: Ausgehend vom Entwicklungspunkt dehnt sich der Konvergenzkreis aus, bis er auf eine Stelle stößt, an der es eine *Unregelmäßigkeit* in der Funktion gibt. Beispiele dafür sind Polstellen oder Unstetigkeitsstellen. Im Abschn. 10.4 werden wir im Kontext der sogenannten *Taylorreihen* genauer klären können, welche Eigenschaften einer Funktion den Konvergenzradius beeinflussen. ◀

Um das Verhalten einer Funktion für kleine Argumente zu beschreiben, gibt es eine spezielle Notation

Aus der Darstellung einer Funktion als Potenzreihe lassen sich viele Dinge direkt ablesen. Der Funktionswert im Entwicklungspunkt ist zum Beispiel gerade der Koeffizient a_0. Im Abschn. 10.1 werden wir feststellen, dass die anderen Koeffizienten im Zusammenhang mit *Ableitungen* der Funktion im Entwicklungspunkt stehen.

Für numerische Zwecke ist eine Anwendung der Potenzreihen die Approximation von Funktionen: Statt der vollen Potenzreihe wählt man nur eine Partialsumme, also ein Polynom. Der Fehler bei dieser Rechnung ist gerade der Reihenrest. Kennt man die volle Potenzreihendarstellung, hat man auch diesen Reihenrest im Griff.

Häufig benötigt man allerdings gar nicht den vollen Reihenrest, sondern es genügt, den ersten Koeffizienten im Rest zu kennen. Betrachten wir noch einmal die Funktion

$$f(x)=\frac{1}{1+x^2},\quad x\in\mathbb{R},\quad |x|<1.$$

Sie hat die Potenzreihendarstellung

$$f(x)=\sum_{n=0}^{\infty}(-1)^n x^{2n}.$$

Diese können wir benutzen, um f für kleine Werte von x näherungsweise zu bestimmen, etwa über ein Polynom vierten Grades:

$$\begin{aligned}f(x)&=1-x^2+x^4+\sum_{n=3}^{\infty}(-1)^n x^{2n}\\&=1-x^2+x^4-x^6\sum_{n=0}^{\infty}(-1)^n x^{2n}\\&=1-x^2+x^4-x^6\,\frac{1}{1+x^2}\quad\text{für } |x|<1\end{aligned}$$

Im zweiten Schritt haben wir nur eine Indexverschiebung gemacht.

Der Faktor, mit dem x^6 multipliziert wird, ist nun stets kleiner oder gleich eins, egal wie wir x wählen. Damit folgt

$$\left|f(x)-(1-x^2+x^4)\right|\leq|x|^6\quad\text{für } |x|<1.$$

Allgemein gilt für die Differenz zwischen Partialsumme und Funktion eine Abschätzung

$$\left|f(x)-\sum_{k=0}^{n}a_k\,(x-x_0)^k\right|\leq C\,|x-x_0|^{n+1},$$

wobei die Konstante C eine Schranke für die verbleibende Reihe

$$\left(\sum_{k=0}^{\infty}a_{k+n+1}(x-x_0)^k\right)$$

darstellt. Kennen wir C, können wir den Fehler also komplett kontrollieren. Beachten Sie aber, dass diese verbleibende Reihe nur auf einer kompakten Teilmenge des Inneren des Konvergenzkreises beschränkt sein muss.

Anders als für numerische Zwecke, ist es für die Analysis häufig nicht wichtig, den Wert von C zu kennen, sondern es spielt nur eine Rolle, dass und mit welcher Potenz von $x-x_0$ der Fehler für $x\to x_0$ gegen null geht. Auch in den Naturwissenschaften

Anwendung: Das Newton'sche Gravitationsgesetz

Mit dem Newton'schen Gravitationsgesetz kann der Betrag der Gravitationskraft der Erde durch eine gebrochen rationale Funktion der Höhe über der Erdoberfläche beschrieben werden. Andererseits kennt man die Formel, dass die Gewichtskraft von Körpern auf der Erde proportional zu ihrer Masse ist, insbesondere also unabhängig von der Höhe. Wie sind beide Aussagen miteinander zu vereinbaren?

Das Newton'sche Gravitationsgesetz beschreibt die Kraft, die zwischen zwei punktförmigen Körpern wirkt. Dabei ist es für kugelförmige Körper wie die Erde erlaubt, sie als punktförmige Objekte zu betrachten, deren Masse in ihrem Schwerpunkt konzentriert ist. Betrachtet man die Erde als Kugel mit Radius R, so ergibt sich die Formel

$$F(h) = GM\,\frac{m}{(R+h)^2}, \qquad h \geq 0,$$

für einen Körper der Masse m in der Höhe h über der Erdoberfläche. Die Konstanten G bzw. M sind die Gravitationskonstante

$$G = 6.6742 \cdot 10^{-11}\,\frac{\mathrm{m}^3}{\mathrm{kgs}^2},$$

sowie die Masse der Erde

$$M = 5.9736 \cdot 10^{24}\,\mathrm{kg}.$$

Der Radius der Erde beträgt im Mittel

$$R = 6.3710 \cdot 10^6\,\mathrm{m}.$$

Zunächst lernt man jedoch eine viel einfachere Aussage: Die Gravitationskraft, die auf einen Körper auf der Erdoberfläche einwirkt, ist proportional zu seiner Masse m,

$$F = g\,m,$$

mit der Erdbeschleunigung g, die im Mittelwert

$$g = 9.81\,\frac{\mathrm{m}}{\mathrm{s}^2}$$

beträgt, als Proportionalitätsfaktor. Die Gravitationskraft ist jedoch unabhängig von der Höhe. Stehen die beiden Formeln nicht in einem Widerspruch zueinander?

Um eine Antwort zu finden, schreiben wir die Funktion F im Newton'schen Gravitationsgesetz so um, dass wir sie als Potenzreihe darstellen können:

$$\begin{aligned} F(h) &= \frac{GM}{R^2}\,\frac{1}{\left(\frac{R+h}{R}\right)^2}\,m \\ &= \frac{GM}{R^2}\,\frac{1}{1-\left(1-\left(\frac{R+h}{R}\right)^2\right)}\,m. \end{aligned}$$

Also ist mit der geometrischen Reihe

$$\begin{aligned} F(h) &= \frac{GM}{R^2}\,m \sum_{n=0}^{\infty}\left(1-\left(\frac{R+h}{R}\right)^2\right)^n \\ &= \frac{GM}{R^2}\,m + \frac{GM}{R^2}\,m \sum_{n=1}^{\infty}\left(1-\left(\frac{R+h}{R}\right)^2\right)^n. \end{aligned}$$

Damit ist der Widerspruch aufgelöst: Die einfache Formel ist gerade die erste Partialsumme dieser Potenzreihe, die restliche Reihe stellt eine Korrektur dar. In der Tat ist

$$\frac{GM}{R^2} = 9.822\,\frac{\mathrm{m}}{\mathrm{s}^2}.$$

Wie groß ist nun aber die Korrektur? Dazu verwenden wir die geometrische Reihe

$$\sum_{n=1}^{\infty}(1-x^2)^n = \frac{1-x^2}{x^2}$$

für $|1-x^2| < 1$. Mit $x = (R+h)/R$ ist dies gerade der *relative Fehler* $(F(h) - mg)/(mg)$. Die Abbildung zeigt einen Plot dieses Fehlers in logarithmischen Skalen für Höhen zwischen 1 cm und 1 000 km.

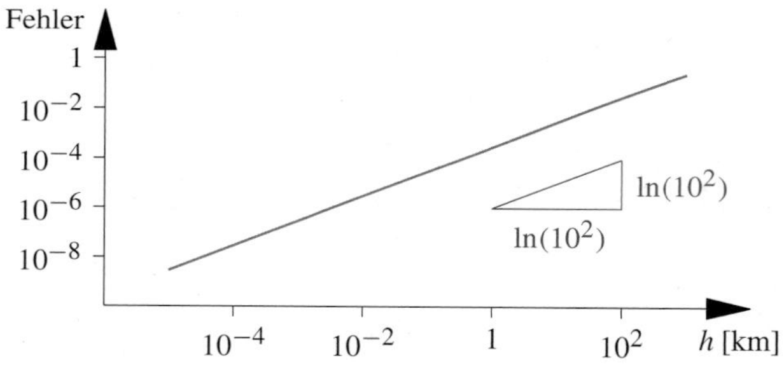

Der Fehlerterm stellt sich für kleine Werte von h in logarithmischen Skalen als eine Gerade dar. Die Steigung ist 1, wie wir durch Vergleich mit dem Rot eingezeichneten Steigungsdreieck ablesen können (Beachten Sie die unterschiedlichen Skalen auf den Achsen). In der Landau-Symbolik liegt also ein relativer Fehler der Ordnung $O(h)$ vor. Selbst in Höhen von 10 km und mehr liegt er noch unter einem Prozent.

ist dies für die Herleitung von Naturgesetzen eine ganz wichtige Technik. Betrachtet man die komplizierten Gesetze, die das elastische Verhalten von Körpern allgemein beschreiben, kann man sich zum Beispiel auf die ersten beiden Summanden in den Partialsummen beschränken. Das Ergebnis ist die *lineare Elastizitätstheorie,* die nur für kleine Verformungen angewandt werden kann. Der Grund ist jetzt klar: Für kleine Verformungen ist die Differenz zwischen der gewählten Partialsumme und der eigentlichen Funktion klein genug, sodass sich eine gute Näherung an die Wirklichkeit ergibt. Ein weiteres Beispiel findet sich auch in der Anwendung auf S. 292.

Es hat sich daher für diese Art der Näherung eine eigene Notation eingebürgert, die **Landau-Symbolik** (nach dem deutschen Mathematiker Edmund Landau, 1877–1938). Statt den kompletten Fehlerterm aufzuschreiben, geben wir etwa im Beispiel oben an, dass

$$f(x) = 1 - x^2 + x^4 + \mathrm{O}(x^6) \quad \text{für } x \to 0,$$

in Worten: Der Fehler zwischen f und dem angegebenen Polynom ist **von der Ordnung** x^6 für x gegen null. Auch die Sprechweise *groß O von* x^6 ist gängig.

Achtung Die Angabe des $x \to x_0$ ist bei dieser Notation eigentlich essentiell, wird in der Literatur aber häufig ausgelassen, da die Autoren der Ansicht sind, dass aus dem Kontext klar ist, welches x_0 gemeint ist. Hier ist Vorsicht angebracht. ◀

Die Definition des Symbols $\mathrm{O}(\,\cdot\,)$ ist die folgende: Man schreibt

$$f(x) = \mathrm{O}((x - x_0)^p) \quad \text{für } x \to x_0,$$

falls die Funktion

$$\frac{f(x)}{(x - x_0)^p}$$

beschränkt ist für alle x aus einer Umgebung von x_0 und $x \neq x_0$.

Selbstfrage 5

Bestimmen Sie ein Polynom p, sodass gilt,

$$\frac{x}{1 - x^2} = p(x) + \mathrm{O}(x^6) \quad \text{für } x \to 0.$$

Es gibt auch eine entsprechende Notation, die ein kleines o verwendet. Ihre Definition ist

$$f(x) = \mathrm{o}((x - x_0)^p) \quad \text{für } x \to x_0,$$

falls

$$\lim_{x \to x_0} \frac{f(x)}{(x - x_0)^p} = 0, \quad x \neq x_0.$$

In Worten ausgedrückt bedeutet dies, dass $f(x)$ *schneller gegen null geht als* $(x - x_0)^p$. Die Sprechweise *f ist klein o von $(x - x_0)^p$* ist auch gebräuchlich.

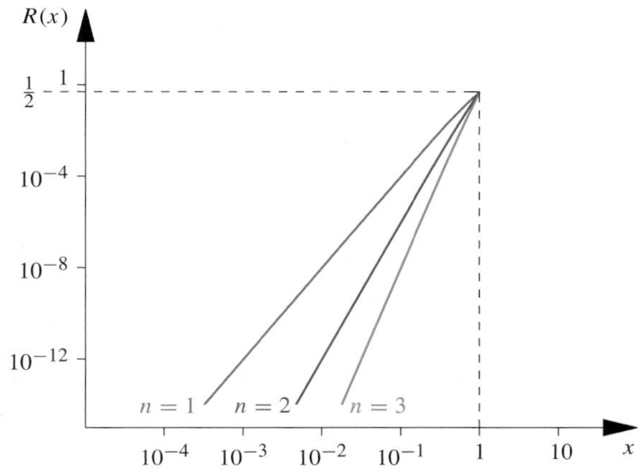

Abb. 9.7 Differenz zwischen der Funktion $1/(1 + x^2)$ und einiger Partialsummen ihrer Potenzreihe mit Entwicklungspunkt $x_0 = 0$. Die Fehlerkurven in logarithmischen Skalen sind annähernd Geraden, was auf einen Fehler der Form $\mathrm{O}(x^p)$ hinweist

Um sich ein Verhalten der Form $\mathrm{O}(x^p)$ zu veranschaulichen, ist ein Plot in logarithmischen Skalen am besten geeignet. Wendet man in der Abschätzung

$$\left|\frac{f(x)}{x^p}\right| \leq C$$

nämlich auf beiden Seiten den Logarithmus an, so ergibt sich

$$\ln |f(x)| \leq \ln C + p \, \ln |x|.$$

Ist also $f(x) = \mathrm{O}(x^p)$ (und ist das p hier das größtmögliche), so ist der Plot von f in logarithmischen Skalen in der Nähe von x_0 eine Gerade. Die Abb. 9.7 zeigt dies am Beispiel von $f(x) = 1/(1 + x^2)$ und verschiedenen Partialsummen.

9.3 Die Exponentialfunktion

Bei den bisher untersuchten Funktionen hatten wir es mit einer herkömmlichen expliziten Abbildungsvorschrift und äquivalenten Darstellungen als Potenzreihen zu tun. Wir wenden uns nun komplizierteren Funktionen zu, den transzendenten Standardfunktionen wie der Exponentialfunktion oder den trigonometrischen Funktionen. In den vorhergehenden Kapiteln haben wir zwar mit diesen Funktionen gearbeitet und über einige ihrer Eigenschaften gesprochen, aber es gab noch keine strenge mathematische Definition, da wir zunächst den Begriff des Grenzwerts klären mussten.

Wir wollen als erstes an die Einführung der Exponentialfunktion, auch e-Funktion genannt, in Abschn. 4.3 erinnern. Dort wurde die Funktion anhand von zwei Eigenschaften charakterisiert,

$$\exp(x + y) = \exp(x)\,\exp(y),$$
$$1 + x \leq \exp(x).$$

Mit der Euler'schen Zahl $\mathrm{e} = \exp(1)$ haben wir dadurch die Identität

$$\mathrm{e}^q = \exp(q) \quad \text{für } q \in \mathbb{Q} \tag{9.2}$$

gefunden. Aber letztendlich berechnen können wir den Wert etwa von e auf diese Weise nicht. Was macht aber nun der Taschenrechner, wenn wir zum Beispiel e^π eintippen, oder wenn wir uns sogar den Graphen der Funktion anzeigen lassen? Diese Überlegungen lassen vermuten, dass es noch andere Darstellungen dieser Funktion geben muss.

Wir haben schon weitere Möglichkeiten im Beispiel auf S. 192 und bei der Betrachtung der Exponentialreihe auf S. 253 gesehen. Es gilt die Identität

$$\sum_{n=0}^{\infty} \frac{x^n}{n!} = \lim_{n\to\infty} \left(1 + \frac{x}{n}\right)^n.$$

Zumindest für den Fall $x = 1$ haben wir diese Gleichung zusammen mit der Konvergenz der Grenzwerte schon gezeigt.

Die Darstellungen liefern uns verschiedene Varianten, wie die Funktionswerte für $x \in \mathbb{R}$ zu berechnen sind. Aber die links stehende Potenzreihe lässt sich grundlegender für eine allgemeine Definition der Exponentialfunktion nutzen. Vor allem ermöglicht sie uns auch eine Definition für komplexe Argumente.

Definition der Exponentialfunktion

Die Exponentialfunktion $\exp : \mathbb{C} \to \mathbb{C}$ ist für alle $z \in \mathbb{C}$ definiert durch die Potenzreihe

$$\exp(z) = \sum_{n=0}^{\infty} \frac{1}{n!} z^n.$$

Man definiert außerdem die allgemeine Potenz von e durch

$$\mathrm{e}^z = \exp(z) \quad \text{für } z \in \mathbb{C},$$

motiviert durch die Gl. (9.2).

Die so definierte Funktion ist die natürliche Erweiterung von $\mathbb{Q}$ auf $\mathbb{C}$ derjenigen Funktion, die wir in Abschn. 4.3 eingeführt haben. Aber bevor wir uns die Eigenschaften der Funktion genauer ansehen, müssen wir sicherstellen, dass die Potenzreihe auch wirklich konvergiert. Mit dem Quotientenkriterium und dem Grenzwert

$$\left| \frac{n!\, z^{n+1}}{(n+1)!\, z^n} \right| = \frac{1}{n+1} |z| \to 0 \quad \text{für } n \to \infty$$

ergibt sich, dass die Reihe für jede komplexe Zahl $z \in \mathbb{C}$ absolut konvergiert. Der Konvergenzradius dieser Reihe ist also unendlich.

Beispiel Wir nutzen die Darstellung der Funktion um die Euler'sche Zahl und den Wert $\exp(1 + \mathrm{i})$ zu approximieren. Um eine Näherung an die Funktionswerte zu bekommen, rechnen wir die Partialsumme der Potenzreihe bis zu einem $N \in \mathbb{N}$ aus. So erhalten wir auf acht Dezimalstellen gerundet:

N	$\mathrm{e} \approx \sum_{n=0}^{N} \frac{1}{n!}$	$\mathrm{e}^{1+\mathrm{i}} \approx \sum_{n=0}^{N} \frac{1}{n!}(1+\mathrm{i})^n$
2	2.500 000 0	2.000 000 0 + 2.000 000 0 i
5	2.716 666 7	1.468 694 9 + 2.287 354 5 i
10	2.718 281 8	1.468 693 9 + 2.287 355 2 i
20	2.718 281 8	1.468 693 9 + 2.287 355 2 i

Es scheint, dass wir relativ schnell eine gute Approximation an den wahren Wert der Zahl $\mathrm{e} = \exp(1) \in \mathbb{R}$ oder der Zahl $\exp(1+\mathrm{i}) \in \mathbb{C}$ bekommen. Wir können diese Vermutung mit der auf S. 291 entwickelten Abschätzung für die Differenz zwischen Partialsumme und Wert einer Potenzreihe schnell bestätigen. Der Grund ist, dass der Ausdruck $n!$ im Nenner der Reihenglieder viel schneller wächst als die Potenzen im Zähler.

Eine Möglichkeit den Funktionswert der Exponentialfunktion zumindest anzunähern (siehe Abb. 9.8), liegt darin, ein bestimmtes Polynom mit hinreichend hohem Grad auszuwerten, denn nichts anderes ist die Partialsumme. An dieser Stelle wird verständlicher, wo die effiziente Auswertung von Polynomen, wie wir es in einer Vertiefung auf S. 112 betrachtet haben, Bedeutung erlangt. Wir werden sehen, dass nicht nur die Exponentialfunktion eine Approximation durch Partialsummen erlaubt. ◄

Wie wir in Abschn. 4.3 gesehen haben, sind für die Eigenschaften der Exponentialfunktion die Funktionalgleichung (4.3) und die Abschätzung (4.4) entscheidend. Da die Abschätzung für komplexe Zahlen keinen Sinn ergibt, können wir diese nur für

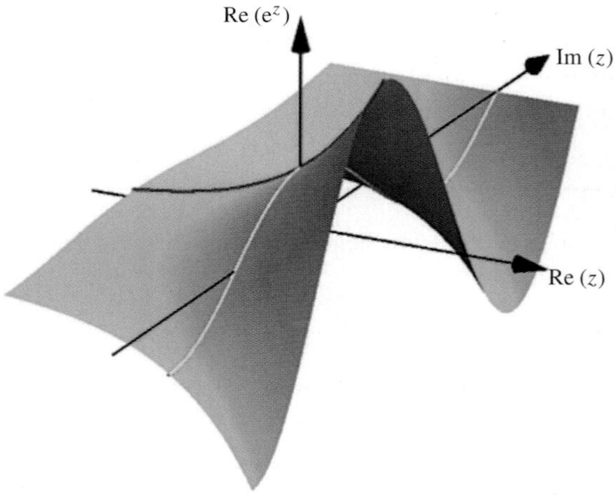

Abb. 9.8 Der Realteil $\mathrm{Re}(\mathrm{e}^z)$ als Funktion über der komplexen Ebene. Die rote Kurve ist der Graph von $x \mapsto \exp(x)$, die gelbe Kurve der Graph von $y \mapsto \cos(y)$, jeweils für $x, y \in \mathbb{R}$

reelle x betrachten. Damit aber die Potenznotation e^z sinnvoll ist, sollte die Funktionalgleichung auch für komplexe Zahlen gelten.

Die Funktionalgleichung gilt auch im Komplexen

Die Funktionalgleichung

$$e^{(x+y)} = e^x e^y$$

lässt sich aus der Definition der Exponentialfunktion durch die Potenzreihe mithilfe des Cauchy-Produkts (siehe S. 262) ableiten, denn auf der rechten Seite steht das Produkt zweier konvergenter Reihen. Es gilt

$$e^x e^y = \left(\sum_{j=0}^{\infty} \frac{x^j}{j!}\right)\left(\sum_{k=0}^{\infty} \frac{y^k}{k!}\right) = \sum_{n=0}^{\infty} c_n$$

mit

$$c_n = \sum_{l=0}^{n} \frac{x^l}{l!}\frac{y^{n-l}}{(n-l)!} = \frac{1}{n!}\sum_{l=0}^{n}\binom{n}{l}x^l y^{n-l} = \frac{1}{n!}(x+y)^n,$$

wobei wir die allgemeine binomische Formel 3.10 verwendet haben. Da es bei dieser Rechnung keine Rolle spielt, ob x, y reelle oder komplexe Zahlen sind, haben wir die Funktionalgleichung sogleich auf ganz $\mathbb{C}$ gezeigt.

Nun müssen wir uns noch die Ungleichung $e^x \geq 1 + x$ für alle $x \in \mathbb{R}$ mithilfe der Potenzreihe überlegen, um den Kreis mit Abschn. 4.3 zu schließen. Für positive Argumente $x \geq 0$ sehen wir die Bedingung direkt aus der Potenzreihe mit

$$e^x = \sum_{n=0}^{\infty} \frac{x^n}{n!} = 1 + x + \sum_{n=2}^{\infty} \frac{x^n}{n!} \geq 1 + x,$$

da alle Summanden positiv sind.

Außerdem ergibt sich aus der Funktionalgleichung, wie wir schon in Abschn. 4.3 gesehen haben $e^z e^{-z} = e^{z-z} = e^0 = 1$, d. h., es gilt

$$e^{-z} = \frac{1}{e^z}.$$

Als erste Folgerung bemerken wir, dass aus dieser Identität $e^x > 0$ für alle reellen Zahlen $x \in \mathbb{R}$ folgt. Für $x > 0$ sehen wir dies direkt aus der Ungleichung $e^x \geq x + 1$. Im Fall $x < 0$ gilt $e^x = 1/e^{-x} > 0$. Daher gilt die gesuchte Ungleichung

$$e^x \geq 1 + x$$

offensichtlich für $x \leq -1$, denn in diesem Fall ist die rechte Seite negativ.

Es verbleibt noch die Ungleichung für das Intervall $(-1, 0)$ zu untersuchen. Wir betrachten für $x \in (-1, 0)$ die Differenz

$$e^x - x - 1 = \sum_{n=2}^{\infty} \frac{x^n}{n!} = \sum_{n=2}^{\infty} \frac{(-1)^n\,|x|^n}{n!}$$

zwischen der Exponentialfunktion und dem Ausdruck $1+x$. Fassen wir je zwei aufeinander folgende Reihenglieder zusammen, so ergibt sich

$$\frac{|x|^{2k}}{(2k)!} - \frac{|x|^{2k+1}}{(2k+1)!} = \frac{|x|^{2k}}{(2k)!}\left(1 - \frac{|x|}{2k+1}\right).$$

Da der Faktor $\left(1 - \frac{|x|}{2k+1}\right) > 0$ stets positiv ist für $x \in (-1, 0)$ und $k \in \mathbb{N}$, sind diese Summanden positiv. Zusammen mit der absoluten Konvergenz der Reihe für die Differenz ergibt sich auch in diesem Fall $e^x \geq 1 + x$. Wir haben die Ungleichungen für jedes $x \in \mathbb{R}$ hergeleitet.

Durch die Potenzreihe ist also wirklich eine Darstellung der Funktion gegeben, die wir in Abschn. 4.3 betrachtet haben. Die offene Frage, warum die beiden charakterisierenden Bedingungen genau eine Funktion festlegen, beantworten wir zur Vertiefung auf S. 296.

In der Herleitung der Ungleichung haben wir angedeutet, dass wir für die Exponentialfunktion, wie in Kap. 4 gezeigt, die Rechenregeln der Potenzrechnung aus den beiden charakterisierenden Eigenschaften bekommen (siehe Übersicht auf S. 124). Insbesondere liefert uns die Definition auch die Fortsetzung der Notation $\exp(x) = e^x$ als Potenz für alle $x \in \mathbb{C}$, die wir bisher nur für rationale Argumente $x \in \mathbb{Q}$ durch den algebraischen Zusammenhang zur Zahl e erklären konnten.

Der Kosinus hyperbolicus ist gerade und der Sinus hyperbolicus ungerade

In Abschn. 4.4 haben wir bei den Symmetrien der trigonometrischen Funktionen die Zerlegung einer Funktion $f : \mathbb{C} \to \mathbb{C}$ in gerade und ungerade Anteile durch

$$f(z) = \underbrace{\frac{f(z) + f(-z)}{2}}_{\text{gerade}} + \underbrace{\frac{f(z) - f(-z)}{2}}_{\text{ungerade}}$$

besprochen. Dabei nennen wir bei Achsensymmetrie, also wenn eine Funktion der Bedingung

$$f(z) = f(-z)$$

Vertiefung: Charakterisierende Bedingungen für die Exponentialfunktion

In Kap. 4 wurde behauptet, dass durch die beiden Bedingungen $\exp(x + y) = \exp(x)\exp(y)$ und $\exp(x) \geq 1 + x$ genau eine Funktion $\exp : \mathbb{R} \to \mathbb{R}$ festgelegt ist. Mit der Einführung des Grenzwerts und der allgemeinen Potenzfunktion lässt sich dies nun belegen.

Wenn eine Funktion $f : \mathbb{R} \to \mathbb{R}$ die beiden Bedingungen

$$f(x+y) = f(x)f(y) \quad \text{und}$$
$$f(x) \geq 1 + x$$

für alle $x, y \in \mathbb{R}$ erfüllt, so folgen zunächst einige Eigenschaften, wie wir sie in Kap. 4.3 angedeutet haben. Es folgt aus den Bedingungen $f(0) = 1, f(x) = 1/f(-x)$ und induktiv $(f(x/n))^n = f(x)$ bzw.

$$f\left(\frac{x}{n}\right) = \sqrt[n]{f(x)}$$

für $n \in \mathbb{N}$ und für $x \in \mathbb{R}$. Damit erhalten wir die Abschätzung

$$1 + \frac{x}{n} \leq f\left(\frac{x}{n}\right) = \sqrt[n]{f(x)} = \frac{1}{f(-\frac{x}{n})} \leq \frac{1}{1 - \frac{x}{n}}.$$

Also gilt die Einschließung

$$\left(1 + \frac{x}{n}\right)^n \leq f(x) \leq \frac{1}{(1 - \frac{x}{n})^n}$$

für alle $n \in \mathbb{N}$ und alle $x \in \mathbb{R}$.

Um die Behauptung, dass es nur eine Funktion f mit diesen Eigenschaften gibt, zu beweisen, zeigen wir, dass für jedes $x \in \mathbb{R}$ beide Folgen gegen denselben Grenzwert konvergieren.

Dazu betrachten wir allgemein eine beliebige Nullfolge (a_n) positiver reeller Zahlen, $a_n \in \mathbb{R}_{>0}$. Da (a_n) eine Nullfolge ist, gibt es zu jedem n eine natürliche Zahl $m_n \in \mathbb{N}$ mit der Eigenschaft

$$m_n \leq \frac{1}{a_n} < m_n + 1.$$

Mit der Monotonie der allgemeinen Potenzfunktion erhalten wir die Abschätzung

$$\left(1 + \frac{1}{m_n + 1}\right)^{m_n} < (1 + a_n)^{\frac{1}{a_n}} < \left(1 + \frac{1}{m_n}\right)^{m_n+1}.$$

Wir beobachten, dass die so konstruierten Zahlen m_n mit $n \to \infty$ auch gegen Unendlich streben. Da wir für die Folge (b_m) mit $b_m = (1 + 1/m)^m$ im Beispiel auf S. 253 gezeigt haben, dass (b_m) gegen e konvergiert, lässt sich das Einschließungskriterium anwenden und aus

$$e = \lim_{n\to\infty} \frac{(1 + \frac{1}{m_n+1})^{m_n+1}}{(1 + \frac{1}{m_n+1})} \leq \lim_{n\to\infty} (1 + a_n)^{\frac{1}{a_n}}$$

und

$$\lim_{n\to\infty} (1 + a_n)^{\frac{1}{a_n}} \leq \lim_{n\to\infty} \left(1 + \frac{1}{m_n}\right)^{m_n} \left(1 + \frac{1}{m_n}\right) = e$$

folgt die Konvergenz

$$(1 + a_n)^{\frac{1}{a_n}} \to e, \quad n \to \infty.$$

Wenden wir dieses Ergebnis auf die Nullfolgen $a_n = x/n$ bzw. auf $a_n = \frac{x/n}{1-x/n}$ an, so folgt aus der Einschließung für die Funktion f, dass für alle $x \in \mathbb{R}$

$$\begin{aligned} e^x &= \lim_{n\to\infty} \left(1 + \frac{x}{n}\right)^n \leq f(x) \\ &\leq \lim_{n\to\infty} \frac{1}{(1 - \frac{x}{n})^n} = \lim_{n\to\infty} \left(1 + \frac{x/n}{1 - x/n}\right)^n = e^x \end{aligned}$$

gilt. Die Funktion f ist also die Exponentialfunktion.

Kommentar Da im Beweis die allgemeine Potenzfunktion verwendet wird, benötigen wir hier die Exponentialfunktion definiert durch die Potenzreihe. Es folgt, dass diese Funktion die einzige ist, die die beiden charakterisierenden Bedingungen erfüllt. Will man die Exponentialfunktion nur über diese beiden Bedingungen definieren, muss man streng genommen anders argumentieren. ◄

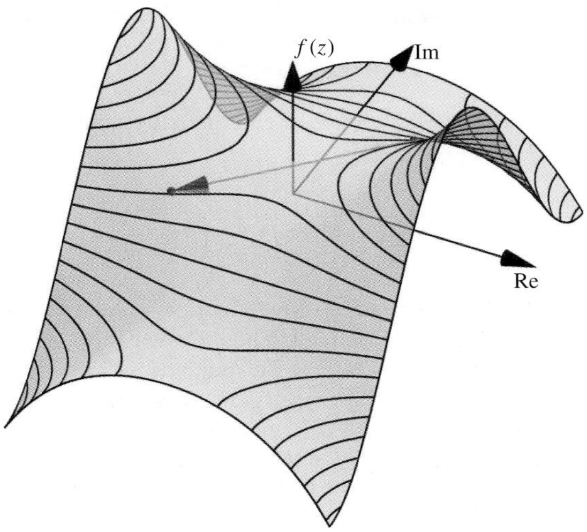

Abb. 9.9 Der Realteil von cosh als Funktion über der komplexen Zahlenebene. Die roten Punkte markieren die Punkte auf dem Graphen für z und $-z$. Der Realteil von cosh ist gerade, es gilt $\operatorname{Re}\cosh z = \operatorname{Re}\cosh(-z)$

genügt, die Funktion **gerade**, und im anderen Fall der Punktsymmetrie um den Ursprung, also wenn

$$f(z) = -f(-z)$$

gilt, **ungerade** (siehe Abb. 9.9 und 9.10).

Im Fall der Exponentialfunktion haben wir diese beiden Anteile, den Kosinus hyperbolicus und den Sinus hyperbolicus,

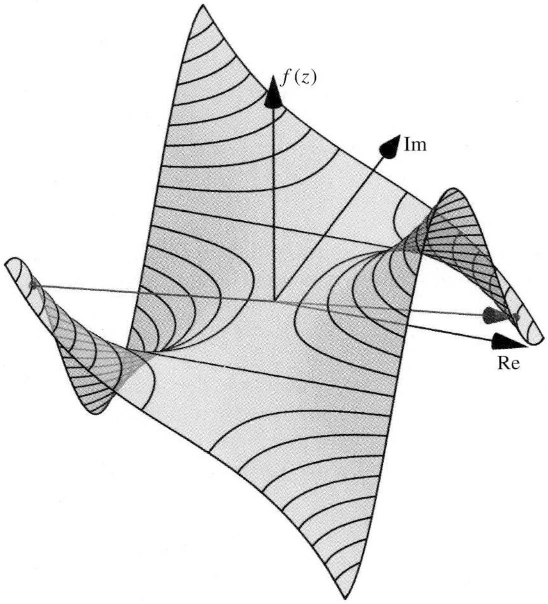

Abb. 9.10 Der Realteil von $\sinh z$ als Funktion über der komplexen Zahlenebene. Die roten Punkte markieren die Punkte auf dem Graphen für z und $-z$. Der Realteil von sinh ist ungerade, es gilt $\operatorname{Re}\sinh z = -\operatorname{Re}\sinh(-z)$

in Abschn. 4.3 schon betrachtet. Aus der Potenzreihe für die Exponentialfunktion ergeben sich die Erweiterungen auf die komplexen Zahlen und Potenzreihendarstellungen für diese Funktionen. Wir erhalten für den geraden Anteil:

$$\begin{aligned}\cosh z &= \frac{1}{2}(\mathrm{e}^z + \mathrm{e}^{-z})\\ &= \frac{1}{2}\left(\sum_{n=0}^{\infty}\frac{z^n}{n!} + \sum_{n=0}^{\infty}\frac{(-z)^n}{n!}\right)\\ &= \frac{1}{2}\left(\sum_{n=0}^{\infty}(1+(-1)^n)\frac{z^n}{n!}\right)\\ &= \sum_{k=0}^{\infty}\frac{z^{2k}}{(2k)!}\end{aligned}$$

Selbstfrage 6

Prüfen Sie den Konvergenzbereich für die Potenzreihe zum Kosinus hyperbolicus.

Genauso erhalten wir für den ungeraden Sinus hyperbolicus:

$$\begin{aligned}\sinh z &= \frac{1}{2}(\mathrm{e}^z - \mathrm{e}^{-z})\\ &= \frac{1}{2}\left(\sum_{n=0}^{\infty}\frac{z^n}{n!} - \sum_{n=0}^{\infty}\frac{(-z)^n}{n!}\right)\\ &= \frac{1}{2}\left(\sum_{n=0}^{\infty}(1-(-1)^n)\frac{z^n}{n!}\right)\\ &= \sum_{k=0}^{\infty}\frac{z^{2k+1}}{(2k+1)!}\end{aligned}$$

Wiederum mit dem Quotientenkriterium zeigt sich, dass die Potenzreihen für alle $z \in \mathbb{C}$ konvergieren.

Beachten Sie, dass bei der Potenzreihe der geraden Funktion nur gerade Potenzen auftauchen und bei ungeraden Funktion umgekehrt nur ungerade Potenzen in der Potenzreihe einen Beitrag leisten.

Beispiel Mit der Funktionalgleichung der Exponentialfunktion oder aus den Potenzreihendarstellungen lässt sich zum Beispiel die Identität

$$\sinh z \cosh z = \frac{1}{2}\sinh(2z)$$

zeigen.

Wir rechnen nach:

$$\begin{aligned}\sinh z \cosh z &= \frac{\mathrm{e}^z - \mathrm{e}^{-z}}{2}\frac{\mathrm{e}^z + \mathrm{e}^{-z}}{2}\\ &= \frac{1}{4}(\mathrm{e}^z\mathrm{e}^z - \mathrm{e}^{-z}\mathrm{e}^{-z})\\ &= \frac{1}{4}\left(\mathrm{e}^{2z} - \mathrm{e}^{-2z}\right)\\ &= \frac{1}{2}\sinh(2z)\end{aligned}$$ ◀

Der Betrag von e^z hängt nur von Re z ab

Mit der Potenzreihendarstellung können wir die Exponentialfunktion nun weiter untersuchen. Betrachten wir die konjugiert komplexe Zahl zu e^z mit $z \in \mathbb{C}$. Die Rechenregeln zum Konjugieren komplexer Zahlen und die Stetigkeit dieser Operation führen auf

$$\overline{e^z} = \overline{\sum_{n=0}^{\infty} \frac{z^n}{n!}} = \sum_{n=0}^{\infty} \frac{\overline{z}^n}{n!} = e^{\overline{z}}.$$

Diese Gleichung lässt sich verwenden, um den Betrag von e^z zu bestimmen. Es gilt

$$|e^z|^2 = e^z\overline{e^z} = e^z e^{\overline{z}} = e^{z+\overline{z}} = e^{2\,\mathrm{Re}\,z}.$$

Da es sich bei der Identität um positive reelle Zahlen handelt, können wir die Quadratwurzel ziehen und erhalten

$$|e^z| = e^{\mathrm{Re}\,z}.$$

Der Betrag von e^z ist also allein durch den Realteil der Zahl z bestimmt.

9.4 Trigonometrische Funktionen

Nachdem wir den Betrag und die konjugiert komplexe Zahl zu $e^z \in \mathbb{C}$ bestimmt haben, fehlen uns noch der Real- und der Imaginärteil dieser komplexen Zahl. Wir suchen also im Folgenden die Zerlegung einer Zahl e^z mit $z = x + iy$ und $x, y \in \mathbb{R}$ in Real- und Imaginärteil.

Aus der Funktionalgleichung folgt die Identität

$$e^z = e^{x+iy} = e^x\, e^{iy}.$$

Da e^x für $x \in \mathbb{R}$ reell ist, bleibt der Term e^{iy} mit einer reellen Zahl y zu untersuchen. Mit dem oben ermittelten Betrag

$$e^x = |e^z| = e^x |e^{iy}|$$

erhalten wir

$$|e^{iy}| = 1 \quad \text{für } y \in \mathbb{R}.$$

Also liegt e^{iy} auf dem Einheitskreis in der komplexen Zahlenebene. Damit gibt es eine Polarkoordinatendarstellung dieser Zahl von der Form $e^{iy} = \cos t + i \sin t$, wobei $t \in [0, 2\pi)$ gerade das Argument der komplexen Zahl ist, also der Winkel zur reellen Achse im Bogenmaß.

Es ist naheliegend zu vermuten, dass $y = t + 2\pi n$ für ein $n \in \mathbb{Z}$ ist, und es erweist sich als richtig. Dieser überraschende und zentrale Zusammenhang zwischen Exponentialfunktion und den trigonometrischen Funktionen ist sicher ein Höhepunkt der Analysis und wird in der *Euler'schen Formel* festgehalten.

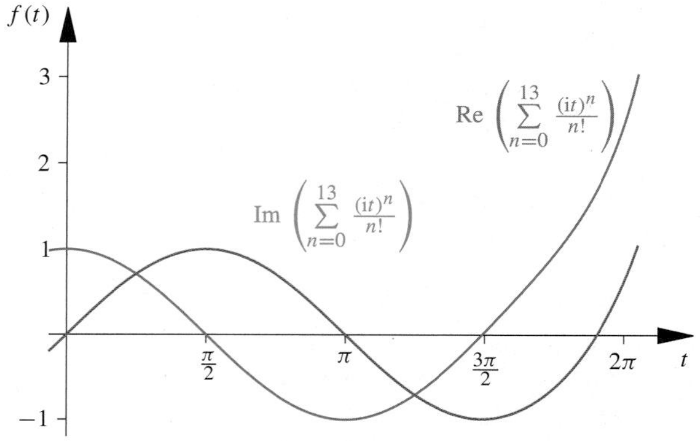

Abb. 9.11 Real- und Imaginärteil einer Partialsumme von e^{it}, $t \in \mathbb{R}$. Auf dem Intervall $[0, 3\pi/2]$ ergibt sich bereits eine gute Approximation des Kosinus bzw. des Sinus

Die Euler'sche Formel

Für $t \in \mathbb{R}$ gilt

$$e^{it} = \cos t + i \sin t.$$

Kommentar Wir müssen an dieser Stelle darauf verzichten den Zusammenhang zwischen der geometrischen Definition der trigonometrischen Funktionen und der hier gegebenen rein analytischen Definition über die Exponentialfunktion zu beweisen. Dazu müssten wir noch zeigen, dass unsere Vermutung $y = t$ wirklich gilt. Dies erfordert unter anderem eine Definition des Begriffs der *Bogenlänge*, also der Länge eines Kreisbogenstücks. Die Lücke schließt sich später, wenn die Integration und der Begriff einer Kurve eingeführt ist. ◀

Aus der Euler'schen Formel folgt sofort auch

$$e^{-it} = \cos t - i \sin t, \quad t \in \mathbb{R}.$$

Aus den Eigenschaften von Kosinus und Sinus erhält man auch wieder die oben schon gefundene Gleichung

$$\left|e^{it}\right| = 1, \quad t \in \mathbb{R}.$$

Mithilfe der Potenzreihe können wir den Ausdruck e^{it} für Argumente $t \in \mathbb{R}$ auswerten. An den Graphen des Real- und Imaginärteils einer der Partialsummen in Abb. 9.11 wird bereits deutlich, dass es sich um die Kosinus- bzw. die Sinusfunktion handelt.

Beispiel Schreiben wir mit der Euler'schen Formel $1 = e^{i2m\pi}$, für $m \in \mathbb{Z}$, so ergeben sich die n-ten Einheitswurzeln durch

$$z_m = e^{2\pi \frac{m}{n} i} = \cos 2\pi \frac{m}{n} + i \sin 2\pi \frac{m}{n}.$$

Anwendung: Wellendarstellung durch komplexe Zahlen

Zur Beschreibung von Wellenphänomenen kann man die trigonometrischen Funktionen verwenden. Das Rechnen mit den Additionstheoremen wird allerdings schnell mühsam. Daher ist es in Physik und Elektrotechnik üblich, im Komplexen zu rechnen. Den Zusammenhang stellt die Euler'sche Formel her.

In der Anwendung auf S. 129 hatten wir schon harmonische Schwingungen und ihre Beschreibung durch die Sinus-Funktion vorgestellt. Bei einem Wellenphänomen haben wir es nicht nur mit einer harmonischen Schwingung in der Zeit t zu tun, sie setzt sich auch im Raum, zum Beispiel in x-Richtung, fort. Mathematisch hat sie die Form

$$a \sin(kx - \omega t + \varphi),$$

wobei die Amplitude a, die Kreisfrequenz ω und die Phasenverschiebung φ schon von S. 129 bekannt sind. Die Zahl k heißt Wellenzahl und gibt die Anzahl der Wellenperioden pro Längeneinheit an. Ihr Zusammenhang mit der Kreisfrequenz ist durch

$$k = \frac{\omega}{c}$$

gegeben, wobei c die Ausbreitungsgeschwindigkeit der Welle bezeichnet.

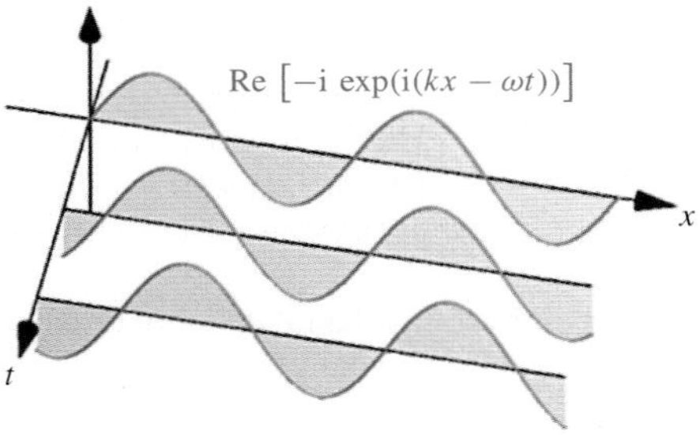

Mit dem Additionstheorem für die Sinusfunktion erhält man

$$\begin{aligned} &a \sin(kx - \omega t + \varphi) \\ &= a\,(\cos(\varphi)\,\sin(kx - \omega t) + \sin(\varphi)\,\cos(kx - \omega t))\,. \end{aligned}$$

Die phasenverschobene Welle ergibt sich also als Überlagerung von einer Sinus- und einer Kosinus-Welle, jeweils mit Phase null.

Will man umgekehrt Überlagerung mehrerer Wellen berechnen, so sind zahlreiche umständliche Anwendungen von Additionstheoremen notwendig. Die Rechnung wird jedoch deutlich einfacher, wenn komplexe Zahlen verwendet werden. Es ist nämlich:

$$\begin{aligned} &a\,(\sin(\varphi)\,\cos(kx - \omega t) + \cos(\varphi)\,\sin(kx - \omega t)) \\ &= \operatorname{Re}\left[a\,(\sin\varphi - i\cos\varphi)(\cos(kx - \omega t) + i\sin(kx - \omega t))\right] \\ &= \operatorname{Re}\left[a\,(\sin\varphi - i\cos\varphi)\,\exp(i(kx - \omega t))\right] \end{aligned}$$

Die Phasenverschiebung lässt sich also durch die komplexe Amplitude

$$A = a\,(\sin\varphi - i\cos\varphi) = -i\,a\,\exp(i\,\varphi)$$

ausdrücken, die Welle selbst durch die Exponentialfunktion,

$$A\,\exp(i(kx - \omega t)).$$

Eine Überlagerung von Wellen derselben Frequenz stellt sich nun einfach als eine Addition der Amplituden dar. Es ist in Physik und Elektrotechnik üblich, Wellenphänomene durch komplexe Zahlen auszudrücken. Dabei wird implizit die Vereinbarung getroffen, dass nur der Realteil des Ausdrucks $A\exp(i(kx - \omega t))$ physikalisch relevant ist.

Ein zusätzlicher Vorteil dieser Notation ist, dass absorbierende Medien ohne Einführung eines neuen Faktors berücksichtigt werden können. Bei einem absorbierenden Medium fällt die Amplitude der Welle beim Durchqueren des Mediums exponentiell ab. In der komplexen Schreibweise kann dies durch eine Modifikation von k dargestellt werden. Indem k einen positiven Imaginärteil erhält, erhalten wir einen Faktor

$$\exp(-\operatorname{Im}(k)\,x).$$

Bei der Betrachtung von elektromagnetischen Wellen ist Leitfähigkeit des Mediums ein Grund für Absorption. In diesem Fall gilt

$$k^2 = \frac{\omega^2}{c^2} + i\,\mu\sigma\omega,$$

wobei σ die Leitfähigkeit und μ die magnetische Permeabilität bezeichnet.

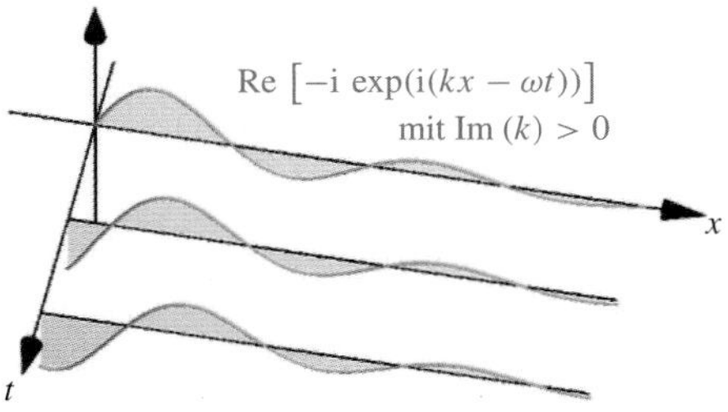

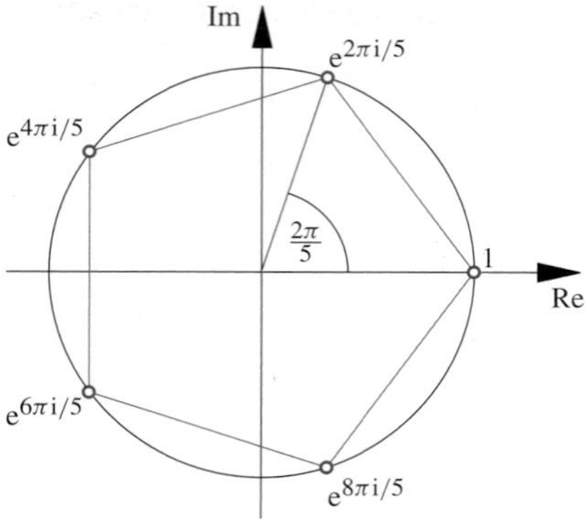

Abb. 9.12 Die 5 Einheitswurzeln für $n = 5$ bilden die Eckpunkte eines gleichseitigen Fünfecks auf dem Einheitskreis

Dies sind alle komplexen Zahlen mit

$$z^n = 1 = e^{i2m\pi}.$$

Die Gleichung $z^n = 1$ hat also genau die n verschiedenen Lösungen

$$z_0 = e^0 = 1, \quad z_1 = e^{i2\pi/n}, \quad \ldots \quad z_{n-1} = e^{i2\pi(n-1)/n}.$$

Für $m \geq n$ oder $m < 0$ wiederholen sich die Zahlen, da sich die Argumente dann nur um Vielfache von 2π von den oben aufgelisteten Lösungen unterscheiden. In der Abb. 9.12 sind die Einheitswurzeln für $n = 5$ eingezeichnet. ◀

Selbstfrage 7

Bestimmen Sie alle Lösungen $z \in \mathbb{C}$ der Gleichung

$$z^3 - 2 = 0.$$

Kehren wir zurück zur anfänglichen Frage nach dem Real- und dem Imaginärteil des Bilds e^z einer komplexen Zahl z. Wir erhalten mit der Euler'schen Formel aus

$$e^z = e^x e^{iy} = e^x(\cos y + i \sin y)$$

für eine komplexe Zahl $z = x + iy \in \mathbb{C}$ die Zerlegung

$$\operatorname{Re}(e^z) = e^x \cos y \quad \text{und} \quad \operatorname{Im}(e^z) = e^x \sin y.$$

Genauso lassen sich die Polarkoordinaten von e^z angeben durch

$$|e^z| = e^x \quad \text{und} \quad \arg(e^z) = y + 2\pi m$$

für eine ganze Zahl $m \in \mathbb{Z}$, die so zu wählen ist, dass der Hauptwert des Arguments im Intervall $(-\pi, \pi]$ erreicht wird. Der Betrag der komplexen Zahl e^z ist durch e^x, also durch den Realteil der Zahl z festgelegt und das Argument von e^z wird ausschließlich durch den Imaginärteil von z bestimmt.

Übrigens lässt sich so für jede komplexe Zahl $z \in \mathbb{C}$ ihre Polarkoordinatendarstellung angenehmer schreiben.

Polarkoordinatendarstellung komplexer Zahlen

Für eine komplexe Zahl $z \in \mathbb{C}$ gilt

$$z = r(\cos\varphi + i \sin\varphi) = re^{i\varphi},$$

wobei r der Betrag und φ das Argument der Zahl z sind.

Beispiel Für komplexe Zahlen z, die in der komplexen Ebene auf der Kreislinie mit Radius 2 um den Ursprung liegen, soll der Betrag $|e^{iz}|$ bestimmt werden.

Die Kreislinie mit Radius 2 lässt sich durch

$$K = \{z = 2e^{i\varphi} \in \mathbb{C} \mid 0 \leq \varphi < 2\pi\}$$

beschreiben. Somit folgt mit der Euler'schen Formel für $z \in K$, dass

$$\begin{aligned} |e^{iz}| = |e^{i2e^{i\varphi}}| &= |e^{i2(\cos\varphi + i \sin\varphi)}| \\ &= |e^{-2\sin\varphi + i2\cos\varphi}| \\ &= e^{-2\sin\varphi} \end{aligned}$$

gilt. ◀

Die Euler'sche Formel liefert uns auch die Möglichkeit, Potenzreihen für den Kosinus und den Sinus herzuleiten, sodass wir dann diese Funktionen für komplexe Argumente allgemein definieren können. Dazu nehmen wir die Euler'sche Formel und die konjugiert komplexe Gleichung

$$\overline{e^{it}} = \cos t - i \sin t = \cos(-t) + i \sin(-t) = e^{-it}.$$

Da die Addition einer komplexen Zahl mit ihrer konjugiert komplexen auf den doppelten Realteil führt erhalten wir

$$\cos t = \frac{1}{2}(e^{it} + e^{-it}).$$

Setzen wir die Potenzreihe der Exponentialfunktion ein, so folgt

$$\begin{aligned} \cos t &= \frac{1}{2}\left(\sum_{n=0}^{\infty} \frac{(it)^n}{n!} + \sum_{n=0}^{\infty} \frac{(-it)^n}{n!}\right) \\ &= \frac{1}{2}\sum_{n=0}^{\infty} \frac{i^n + (-1)^n i^n}{n!} t^n \\ &= \sum_{k=0}^{\infty} \frac{i^{2k}}{(2k)!} t^{2k} \\ &= \sum_{k=0}^{\infty} \frac{(-1)^k}{(2k)!} t^{2k}, \end{aligned}$$

da sich die ungeraden Potenzen auslöschen. Analog erhalten wir den Imaginärteil aus

$$\sin t = \frac{1}{2\mathrm{i}}(\mathrm{e}^{\mathrm{i}t} - \mathrm{e}^{-\mathrm{i}t})$$

und somit die Potenzreihenentwicklung

$$\begin{aligned}\sin t &= \frac{1}{2\mathrm{i}}\left(\sum_{n=0}^{\infty}\frac{(\mathrm{i}t)^n}{n!} - \sum_{n=0}^{\infty}\frac{(-\mathrm{i}t)^n}{n!}\right)\\ &= \frac{1}{2\mathrm{i}}\sum_{n=0}^{\infty}\frac{\mathrm{i}^n - (-1)^n\mathrm{i}^n}{n!}t^n\\ &= \frac{1}{\mathrm{i}}\sum_{k=0}^{\infty}\frac{\mathrm{i}^{2k+1}}{(2k+1)!}t^{2k+1}\\ &= \sum_{k=0}^{\infty}\frac{(-1)^k}{(2k+1)!}t^{2k+1}.\end{aligned}$$

Aus der Euler'schen Formel folgt also, dass die bisher geometrisch für reelle Argumente definierten Funktionen Sinus und Kosinus durch bestimmte Potenzreihen dargestellt werden können. Da diese Potenzreihen auch für komplexe Argumente konvergieren, können wir sie benutzen, um Sinus und Kosinus für komplexe Argumente zu definieren.

Definition der Kosinus- und der Sinusfunktion

Durch die Potenzreihen

$$\cos z = \sum_{k=0}^{\infty}\frac{(-1)^k}{(2k)!}z^{2k}$$

$$\sin z = \sum_{k=0}^{\infty}\frac{(-1)^k}{(2k+1)!}z^{2k+1}$$

sind die trigonometrischen Funktionen für $z \in \mathbb{C}$ definiert.

Auch bei diesen beiden Potenzreihen folgt die Konvergenz für jede komplexe Zahl $z \in \mathbb{C}$ direkt aus dem Quotientenkriterium. Also besitzen die Potenzreihen einen unendlichen Konvergenzradius. Die Funktionen sin und cos sind so auf ganz $\mathbb{C}$ definiert.

Ersetzen wir in der obigen Herleitung die reelle Variable t durch $z \in \mathbb{C}$, so folgen die nützlichen Identitäten

$$\cos z = \frac{1}{2}(\mathrm{e}^{\mathrm{i}z} + \mathrm{e}^{-\mathrm{i}z}) \quad \text{und} \quad \sin z = \frac{1}{2\mathrm{i}}(\mathrm{e}^{\mathrm{i}z} - \mathrm{e}^{-\mathrm{i}z}).$$

Oder, wenn wir Summe bzw. Differenz der beiden Identitäten ansehen, ergibt sich entsprechend der Euler'schen Formel allgemein

$$\mathrm{e}^{\mathrm{i}z} = \cos z + \mathrm{i}\sin z$$

und

$$\mathrm{e}^{-\mathrm{i}z} = \cos z - \mathrm{i}\sin z.$$

Selbstfrage 8

Überlegen Sie sich die Identitäten $\cos(\mathrm{i}z) = \cosh z$ und $\sin(\mathrm{i}z) = \mathrm{i}\sinh z$.

Die Symmetrie-Eigenschaften der Funktionen gelten auch im Komplexen: Der Kosinus ist gerade, d. h. $\cos(-z) = \cos(z)$, und der Sinus ist eine ungerade Funktion, d. h. $\sin(-z) = -\sin(z)$. Dies ist direkt aus den Potenzreihen ersichtlich. Denn beim Kosinus treten nur gerade Potenzen in der Reihe auf, beim Sinus nur ungerade Potenzen.

Auch die anderen uns schon geläufigen Eigenschaften der trigonometrischen Funktionen sind direkt aus der Potenzreihendarstellung herleitbar. Sehr angenehm ist, dass sich nebenbei die Additionstheoreme für die trigonometrischen Funktionen aus der Funktionalgleichung der Exponentialfunktion ergeben. Denn aus

$$\begin{aligned}\cos(w+z) \pm \mathrm{i}\sin(w+z) &= \mathrm{e}^{\pm\mathrm{i}(z+w)}\\ &= \mathrm{e}^{\pm\mathrm{i}w}\mathrm{e}^{\pm\mathrm{i}z}\\ &= (\cos w \pm \mathrm{i}\sin w)(\cos z \pm \mathrm{i}\sin z)\\ &= (\cos w\cos z - \sin w\sin z)\\ &\quad \pm \mathrm{i}(\cos w\sin z + \sin w\cos z)\end{aligned}$$

lassen sich, wenn wir die Summe oder die Differenz dieser beiden Gleichungen betrachten, die Additionstheoreme

$$\cos(w+z) = \cos w\cos z - \sin w\sin z,$$
$$\sin(w+z) = \cos w\sin z + \sin w\cos z$$

ablesen. Insbesondere folgt, dass die häufig verwendete Identität

$$\cos^2 z + \sin^2 z = 1$$

im Komplexen erhalten bleibt, wenn wir im ersten Additionstheorem $w = -z$ setzen.

Beispiel Viele Beziehungen zwischen den elementaren Funktionen ergeben sich aus dem Zusammenhang zwischen Exponentialfunktion und trigonometrischen Funktionen. Wir können zum Beispiel das Konjugieren bei den trigonometrischen Funktionen betrachten. Es gilt

$$\overline{\cos z} = \frac{1}{2}\overline{(\mathrm{e}^{\mathrm{i}z} + \mathrm{e}^{-\mathrm{i}z})} = \frac{1}{2}(\mathrm{e}^{-\mathrm{i}\bar{z}} + \mathrm{e}^{\mathrm{i}\bar{z}}) = \cos(\bar{z})$$

und

$$\overline{\sin z} = -\frac{1}{2\mathrm{i}}\overline{(\mathrm{e}^{\mathrm{i}z} - \mathrm{e}^{-\mathrm{i}z})} = -\frac{1}{2\mathrm{i}}(\mathrm{e}^{-\mathrm{i}\bar{z}} - \mathrm{e}^{\mathrm{i}\bar{z}}) = \sin(\bar{z}).$$

Auch der Real- und der Imaginärteil zum Beispiel der komplexen Zahl $\cos z$ für $z = x + \mathrm{i}y \in \mathbb{C}$ ergibt sich aus der Euler'schen

Formel. Für den Realteil erhalten wir aus der Summe der komplexen Zahl mit ihrer konjugiert komplexen Zahl die Gleichung

$$\begin{aligned}
\operatorname{Re}\cos z &= \frac{1}{2}\left(\cos z + \overline{\cos z}\right) = \frac{1}{2}\left(\cos z + \cos \overline{z}\right)\\
&= \frac{1}{4}\left(e^{i(x+iy)} + e^{-i(x+iy)} + e^{i(x-iy)} + e^{-i(x-iy)}\right)\\
&= \frac{1}{4}\left(e^{ix}e^{-y} + e^{-ix}e^{y} + e^{ix}e^{y} + e^{-ix}e^{-y}\right)\\
&= \frac{1}{4}\left(e^{y}(e^{ix} + e^{-ix}) + e^{-y}(e^{ix} + e^{-ix})\right)\\
&= \frac{1}{4}(e^{y} + e^{-y})(e^{ix} + e^{-ix}) = \cos x \cosh y
\end{aligned}$$

und

$$\begin{aligned}
\operatorname{Im}\cos z &= \frac{1}{2i}\left(\cos z - \overline{\cos z}\right) = \frac{1}{2i}\left(\cos z - \cos \overline{z}\right)\\
&= \frac{1}{4i}\left(e^{i(x+iy)} + e^{-i(x+iy)} - e^{i(x-iy)} - e^{-i(x-iy)}\right)\\
&= \frac{1}{4i}\left(e^{ix}e^{-y} + e^{-ix}e^{y} - e^{ix}e^{y} - e^{-ix}e^{-y}\right)\\
&= \frac{1}{4i}\left(e^{y}(-e^{ix} + e^{-ix}) + e^{-y}(e^{ix} - e^{-ix})\right)\\
&= -\frac{1}{4i}(e^{y} - e^{-y})(e^{ix} - e^{-ix}) = -\sin x \sinh y. \blacktriangleleft
\end{aligned}$$

Nullstellen der trigonometrischen Funktionen

Genau genommen haben wir jetzt die Exponentialfunktion und Kosinus und Sinus vollständig über ihre Potenzreihendarstellungen definiert ohne die geometrische Anschauung. Daraus ergibt sich nun auch die Möglichkeit einer exakten Definition der Zahl π, die wir bisher als irgendwie durch den Kreisumfang gegeben hingenommen haben.

Aus den allgemeinen Eigenschaften von Potenzreihen wissen wir, dass $\cos : \mathbb{R} \to \mathbb{R}$ eine stetige Funktion ist. Um eine Nullstelle dieser Funktion zu charakterisieren können wir also den Nullstellensatz (siehe S. 231) anwenden.

Die Zahl π

Die Funktion $\cos : \mathbb{R} \to \mathbb{R}$ besitzt genau eine Nullstelle $\hat{x}$ im Intervall $[0, 2] \subseteq \mathbb{R}$. Diese Nullstelle definiert die Zahl

$$\pi = 2\hat{x}.$$

Beweis Mit der Potenzreihe zum Kosinus ist für reelle Zahlen $|x| \leq 2$ durch

$$1 - \cos x = \sum_{n=1}^{\infty} \frac{(-1)^{n+1}}{(2n)!} x^{2n} = x^2 \sum_{n=0}^{\infty} \frac{(-1)^n}{(2n+2)!} x^{2n}$$

eine alternierende Reihe gegeben. Außerdem fällt die Folge $(x^{2n}/(2n+2)!)$ für $|x| \leq 2$ monoton und konvergiert gegen 0. Also lässt sich das Leibniz-Kriterium (siehe S. 258) anwenden, und wir erhalten die Fehlerabschätzung

$$\begin{aligned}
\cos x - 1 + \frac{x^2}{2!} &\leq \left|1 - \cos x - \frac{x^2}{2!}\right|\\
&\leq \frac{x^4}{4!} \leq \frac{16}{24} = \frac{2}{3}
\end{aligned}$$

für reelle Zahlen $x \in \mathbb{R}$ mit $|x| \leq 2$. Also ist $\cos 2 \leq 1 - 2^2/2! + 2/3 = -1/3 < 0$.

Andererseits erkennen wir aus der Definition, dass $\cos 0 = 1 > 0$ ist. Damit existieren nach dem Nullstellensatz (S. 231) Nullstellen im Intervall $[0, 2]$.

Nun bleibt noch zu zeigen, dass es nur eine einzige Nullstelle ist. Wiederum nach dem Leibniz-Kriterium gilt für die Reihe

$$\frac{\sin x}{x} = \sum_{n=0}^{\infty} \frac{(-1)^n}{(2n+1)!} x^{2n}$$

die Fehlerabschätzung

$$\left|\frac{\sin x}{x} - 1\right| \leq \frac{x^2}{6} \leq \frac{2}{3} \quad \text{für reelle } |x| \leq 2.$$

Somit ist $\sin x > 0$ für $x \in (0, 2]$. Aus den Additionstheoremen folgt

$$\cos(x) - \cos(y) = 2\sin\left(\frac{x+y}{2}\right)\sin\left(\frac{y-x}{2}\right) > 0$$

für alle $x, y \in (0, 2)$ mit $y > x$. Also ist die Kosinusfunktion streng monoton fallend auf dem Intervall $(0, 2)$ und es kann nur eine Nullstelle $\hat{x} \in [0, 2]$ geben (siehe Abb. 9.13). ■

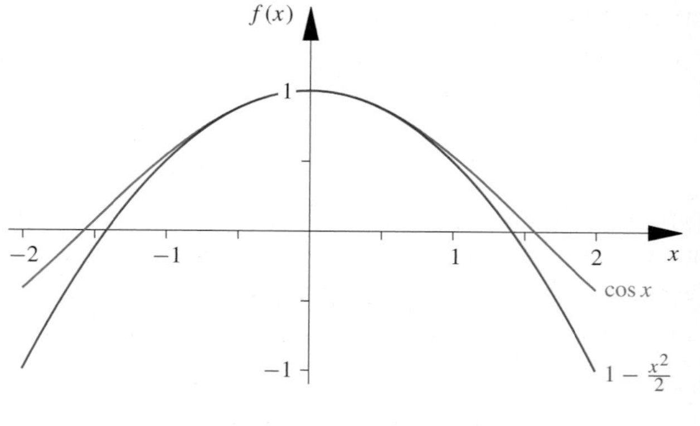

Abb. 9.13 Die Funktionen $\cos(x)$ und $1 - x^2/2$ im Vergleich

Übersicht: Die Euler'sche Formel

Die Euler'sche Formel ist zentrales Hilfsmittel im Umgang mit komplexen Zahlen. Entsprechend häufig begegnen wir dieser Identität. In den unten aufgeführten Formeln gilt stets $z \in \mathbb{C}$ mit $z = x + iy, x, y \in \mathbb{R}$.

Euler'sche Formel

$$e^{it} = \cos t + i \sin t, \qquad t \in \mathbb{R}$$

Komplexe Varianten

$$\begin{aligned} e^{iz} &= \cos z + i \sin z \\ &= e^{-y} (\cos x + i \sin x) \\ e^{-iz} &= \cos z - i \sin z \\ &= e^{y} (\cos x - i \sin x) \end{aligned}$$

Polarkoordinatendarstellung von z

$$z = r(\cos\varphi + i \sin\varphi) = re^{i\varphi}$$

mit $r = |z|$ und $\varphi = \arg(z)$.

Eigenschaften der Exponentialfunktion

$$\begin{aligned} e^{-z} &= \frac{1}{e^z} \\ \overline{e^z} &= e^{\bar{z}} \\ |e^z| &= e^x \end{aligned}$$

Mit einem passenden $n \in \mathbb{Z}$ gilt:

$$\arg(e^z) = y + 2\pi n \in (-\pi, \pi]$$

Kosinus und Sinus hyperbolicus

$$\cosh z = \frac{1}{2} (e^z + e^{-z})$$

$$\sinh z = \frac{1}{2} (e^z - e^{-z})$$

$$\cosh^2 z - \sinh^2 z = 1$$

Kosinus und Sinus

$$\cos z = \frac{1}{2} \left(e^{iz} + e^{-iz}\right)$$

$$\sin z = \frac{1}{2i} \left(e^{iz} - e^{-iz}\right)$$

$$\cos^2 z + \sin^2 z = 1$$

Logarithmus

$$\ln(z) = \ln|z| + i \arg(z)$$

$$\ln w + \ln z = \ln(wz) + 2\pi\beta i$$

$$\text{mit } \beta = \begin{cases} -1 & \arg(w) + \arg(z) \le -\pi \\ 0 & -\pi < \arg(w) + \arg(z) \le \pi \\ 1 & \arg(w) + \arg(z) > \pi \end{cases}$$

Beispiel Setzen wir in der Euler'schen Formel $t = \pi$, so erhalten wir die schöne Identität

$$e^{i\pi} = -1,$$

(siehe Titelbild). Oder mit $t = \pi/2$ folgt

$$e^{i\frac{\pi}{2}} = i.$$

◄

Aus $\sin^2 \frac{\pi}{2} = \cos^2 \frac{\pi}{2} + \sin^2 \frac{\pi}{2} = 1$ folgt weiter, dass

$$\sin \frac{\pi}{2} = 1$$

ist, da $\sin \frac{\pi}{2} > 0$ gelten muss, wie wir im obigen Beweis gesehen haben. Alle weiteren reellen Nullstellen und Extrema der trigonometrischen Funktionen sin und cos, wie sie in der Übersicht auf S. 131 aufgelistet sind, folgen nun aus der Identität

$$e^{in\frac{\pi}{2}} = \left(e^{i\frac{\pi}{2}}\right)^n = \left(\cos\frac{\pi}{2} + i \sin\frac{\pi}{2}\right)^n = i^n.$$

So sehen wir etwa aus $e^{i\pi} = -1$ die Werte

$$\cos\pi = -1 \quad \text{und} \quad \sin\pi = 0.$$

Beispiel Aus den speziellen Werten und den Additionstheoremen ergeben sich weitere nützliche Beziehungen der trigonometrischen Funktionen. So erhalten wir mit den Additionstheoremen bei einer Phasenverschiebung um $\frac{\pi}{2}$

$$\begin{aligned} \cos\left(z + \frac{\pi}{2}\right) &= \cos z \cos\frac{\pi}{2} - \sin z \sin\frac{\pi}{2} \\ &= -\sin z \end{aligned}$$

und

$$\begin{aligned} \sin\left(z + \frac{\pi}{2}\right) &= \cos z \sin\frac{\pi}{2} + \sin z \cos\frac{\pi}{2} \\ &= \cos z. \end{aligned}$$

◄

Teil II

Beispiel: Rechnen mit der Euler'schen Formel

Bestimmen Sie alle $z \in \mathbb{C}$ mit

$$\cos z = 4.$$

Problemanalyse und Strategie Es gibt zwei Wege zur Berechnung der Lösungen. Zum einen kann der Kosinus direkt durch die Exponentialfunktion ausgedrückt werden, was auf eine quadratische Gleichung führt. Der zweite Weg ist die Aufspaltung der Gleichung in Real- und Imaginärteil, was zu einem Gleichungssystem mit zwei Unbekannten führt. In beiden Fällen ist die Euler'sche Formel das zentrale Werkzeug.

Lösung Wir wollen beide Lösungswege vorführen. Im ersten Fall verwenden wir die Darstellung der Kosinus-Funktion, die wir aus der Euler'schen Formel gewonnen haben,

$$\cos z = \frac{1}{2}\left(e^{iz} + e^{-iz}\right).$$

Dies setzt man in die Gleichung ein und multipliziert auf beiden Seiten mit $2e^{iz}$,

$$e^{2iz} + 1 = 8e^{iz}.$$

Wenn wir jetzt alle Terme auf die linke Seite bringen, und noch $w = e^{iz}$ substituieren, erkennen wir, dass es sich um eine quadratische Gleichung handelt,

$$w^2 - 8w + 1 = 0.$$

Mit quadratischer Ergänzung bestimmen wir die Lösungen,

$$(w-4)^2 - 15 = 0, \quad \text{also} \quad w = 4 \pm \sqrt{15}.$$

Wir müssen jetzt resubstituieren,

$$4 \pm \sqrt{15} = w = e^{iz}.$$

Gesucht sind alle $z \in \mathbb{C}$, die diese Gleichung erfüllen. Ist allerdings eine Lösung gefunden, so unterscheidet sich jede weitere davon nur durch ein Vielfaches von $2\pi i$. Eine besondere Lösung z ist diejenige, bei der iz reell ist. Diese erhält man durch Anwendung des natürlichen Logarithmus. Daher gilt

$$iz = \ln(4 \pm \sqrt{15}) + 2\pi i n, \quad n \in \mathbb{Z},$$

oder

$$z = 2\pi n - i \ln(4 \pm \sqrt{15}), \quad n \in \mathbb{Z}.$$

Für den zweiten Weg schreiben wir $z = x + iy$ mit $x, y \in \mathbb{R}$. Dann haben wir schon mit der Euler'schen Formel berechnet, dass

$$\operatorname{Re} \cos z = \cos x \cosh y$$

und

$$\operatorname{Im} \cos z = -\sin x \sinh y$$

ist. Wir können also Real- und Imaginärteil der Gleichung getrennt betrachten, d. h.

$$\cos x \cosh y = 4, \quad \sin x \sinh y = 0.$$

Wir haben es jetzt mit einem Gleichungssystem zu tun, andererseits ist alles reell. Die zweite Gleichung kann nur erfüllt sein, falls $y = 0$, oder aber $\sin x = 0$ ist. Die Annahme $y = 0$ bedeutet $\cosh y = 1$. Dann kann die erste Gleichung aber für ein reelles x nicht erfüllt werden. Also muss $\sin x = 0$ gelten, d. h. $x = \pi n$ mit $n \in \mathbb{Z}$.

Es gilt dann $\cos x = \cos(n\pi) = (-1)^n$. Da $\cosh y > 0$ ist, muss $\cos x \geq 0$ sein, damit die erste Gleichung erfüllt ist. Es folgt, dass n gerade und somit $\cos x = 1$ ist. Damit ergibt sich schließlich $y = \pm \operatorname{arcosh} 4$ – beachten Sie, dass cosh nur abschnittsweise umkehrbar ist. Die Lösung auf dem zweiten Weg ist also

$$z = x + iy = 2\pi n \pm i \operatorname{arcosh} 4, \quad n \in \mathbb{Z}.$$

Kommentar Auf den ersten Blick sehen die Lösungen, die wir auf den zwei Wegen gewonnen haben, unterschiedlich aus. Es gilt aber

$$\begin{aligned}\cosh \ln\left(4 \pm \sqrt{15}\right) &= \frac{1}{2}\left(e^{\ln(4\pm\sqrt{15})} + e^{-\ln(4\pm\sqrt{15})}\right)\\ &= \frac{1}{2}\left(4 \pm \sqrt{15} + \frac{1}{4 \pm \sqrt{15}}\right)\\ &= \frac{1}{2}\left(4 \pm \sqrt{15} + \frac{4 \mp \sqrt{15}}{16-15}\right)\\ &= 4.\end{aligned}$$

Es handelt sich also um dieselbe Lösung in zwei verschiedenen Darstellungen. ◄

9.5 Der Logarithmus für komplexe Argumente

Aus den anschaulichen Abbildungseigenschaften der Exponentialfunktion,

$$|e^z| = e^{\operatorname{Re}(z)} \quad \text{und} \quad \arg(e^z) = \operatorname{Im}(z) + 2n\pi,$$

wobei $n \in \mathbb{N}$ so zu wählen ist, dass $\arg(e^z) \in (-\pi, \pi]$ gilt, können wir uns auch eine Definition der Umkehrfunktion der Exponentialfunktion, den Logarithmus, verschaffen. Dazu kehren wir diese beiden Zusammenhänge zwischen z und den Polarkoordinaten von e^z um. Offensichtlich benötigen wir den Logarithmus im Reellen, den wir in Abschn. 4.3 als Umkehrfunktion zur Exponentialfunktion definiert und schon genauer betrachtet haben.

Der komplexe Logarithmus

Für eine komplexe Zahl $z \in \mathbb{C}\setminus\{0\}$ ist durch

$$\ln z = \ln|z| + \mathrm{i}\arg(z)$$

der **Hauptwert des Logarithmus** gegeben, wenn $\arg(z) \in (-\pi, \pi]$ den Hauptwert des Arguments von z bezeichnet. Dabei wird bei $\ln|z|$ der bekannte Logarithmus für reelle positive Zahlen angewandt.

Beachten Sie, dass die Definition mit dem reellen Logarithmus kompatibel ist. Außerdem gilt für den Hauptwert des Logarithmus stets $\operatorname{Im}(\ln z) \in (-\pi, \pi]$.

Wir müssen noch prüfen, dass der so definierte Logarithmus auch im Komplexen eine Umkehrfunktion zur Exponentialfunktion ist. Dies ergibt sich direkt aus der Euler'schen Formel und den Polarkoordinaten. Es gilt für $z \neq 0$:

$$\begin{aligned}\exp(\ln z) &= e^{\ln|z| + \mathrm{i}\arg(z)} \\ &= e^{\ln|z|}(\cos(\arg(z)) + \mathrm{i}\sin(\arg(z))) \\ &= z\end{aligned}$$

Für alle $z \in \mathbb{C}$ mit $\operatorname{Im}(z) \in (-\pi, \pi]$ folgt:

$$\begin{aligned}\ln(\exp(z)) &= \ln|e^z| + \mathrm{i}\,\arg(e^z) \\ &= \ln(e^{\operatorname{Re} z}) + \mathrm{i}\operatorname{Im}(z) \\ &= \operatorname{Re}(z) + \mathrm{i}\,\operatorname{Im}(z) = z\end{aligned}$$

Somit ist der Logarithmus die Umkehrfunktion zu

$$\exp : \{z \in \mathbb{C} \mid -\pi < \operatorname{Im} z \le \pi\} \to \mathbb{C} \setminus \{0\}.$$

Eine Translation des Imaginärteils im Argument der Exponentialfunktion um ganzzahlige Vielfache von 2π ändert den

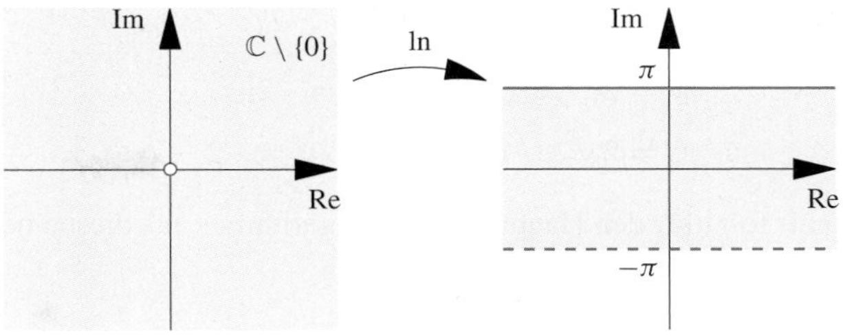

Abb. 9.14 Das Bild des Hauptwerts des komplexen Logarithmus auf $\mathbb{C}\setminus\{0\}$

Funktionswert nicht, denn mit der Euler'schen Formel ist

$$\begin{aligned}e^{x+\mathrm{i}(y+2\pi n)} &= e^x(\cos(y + 2\pi n) + \mathrm{i}\sin(y + 2\pi n)) \\ &= e^x(\cos y + \mathrm{i}\sin y) \;=\; e^{x+\mathrm{i}y}\end{aligned}$$

für $n \in \mathbb{Z}$. Dies zeigt, dass die Beschränkung im Bild auf den Streifen $-\pi < \operatorname{Im} z \le \pi$ für die Umkehrung der Exponentialfunktion nötig ist (siehe Abb. 9.14), damit wir eine surjektive Abbildung betrachten.

Auch die Funktionalgleichung des Logarithmus (siehe S. 124) überträgt sich ins Komplexe. Aber hier müssen wir aufpassen, dass die auftretenden Argumente im Definitionsbereich des Hauptwerts bleiben.

Funktionalgleichung des komplexen Logarithmus

Für $w, z \in \mathbb{C}$ gilt

$$\ln w + \ln z = \ln(wz) + 2\pi\beta\mathrm{i},$$

für

$$\beta = \begin{cases} 1 & \text{falls } \arg(w) + \arg(z) > \pi \\ 0 & \text{falls } -\pi < \arg(w) + \arg(z) \le \pi \\ -1 & \text{falls } \arg(w) + \arg(z) \le -\pi. \end{cases}$$

Die Fallunterscheidung wird notwendig, da beim Produkt wz sich die Argumente der komplexen Zahlen addieren, d. h. $\arg w + \arg z \in (-2\pi, 2\pi]$. Auf der anderen Seite ist aber nach Definition stets das Argument $\arg(wz) \in (-\pi, \pi]$. Um also den Hauptwert des Arguments von wz zu bekommen, der für den Logarithmus benötigt wird, muss gegebenenfalls der Wert der Summe der beiden Winkel um 2π vergrößert oder verkleinert werden.

Beispiel Für die Zahlen

$$\begin{aligned}v &= 1 + \mathrm{i} = \sqrt{2}e^{\mathrm{i}\frac{\pi}{4}}, \\ w &= -1 - \mathrm{i} = \sqrt{2}e^{-\mathrm{i}\frac{3\pi}{4}}, \\ z &= -2 = 2e^{\mathrm{i}\pi}\end{aligned}$$

erhalten wir die Produkte:

$$vw = 2e^{i\frac{\pi}{4}}\,e^{-i\frac{3\pi}{4}} = 2e^{-i\frac{\pi}{2}} = -2i$$
$$vz = 2\sqrt{2}e^{i\frac{\pi}{4}}\,e^{i\pi} = 2\sqrt{2}e^{i\frac{5\pi}{4}} = -2-2i$$

Damit folgt für den Hauptwert des Logarithmus aus diesen beiden Produkten

$$\begin{aligned}\ln v + \ln w &= \ln\sqrt{2} + i\frac{\pi}{4} + \ln\sqrt{2} - i\frac{3\pi}{4}\\ &= \ln 2 - i\frac{\pi}{2} = \ln(-2i) = \ln(vw)\end{aligned}$$

und

$$\begin{aligned}\ln v + \ln z &= \ln\sqrt{2} + i\frac{\pi}{4} + \ln 2 + i\pi\\ &= \ln 2\sqrt{2} + i\frac{5\pi}{4}\\ &= \ln 2\sqrt{2} + \left(-i\frac{3\pi}{4}\right) + i2\pi = \ln(vz) + i2\pi.\end{aligned}$$ ◀

Da der Hauptwert des Logarithmus nur auf dem Streifen $-\pi < \mathrm{Im}(z) \le \pi$ als Umkehrfunktion der Exponentialfunktion betrachtet werden kann, sind manchmal auch sogenannte Nebenzweige also Phasenverschiebungen um ganzzahlige Vielfache von 2π zu betrachten, d. h.

$$\ln(z) + i2\pi m \quad \text{mit } m \in \mathbb{Z}.$$

In Abb. 9.15 bedeutet dies, dass wir an der Nahtstelle bei der negativen reellen Achse, die gezeigte Fläche noch einmal stetig nach oben oder unten ankleben.

Behalten wir diese Einschränkung im Hinterkopf, so erschließt sich mit dem Hauptzweig des Logarithmus auch die allgemeine Potenzrechnung.

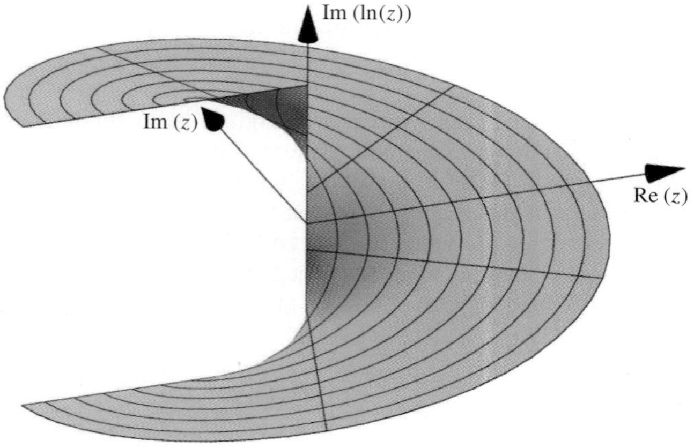

Abb. 9.15 Der Imaginärteil des Hauptzweigs beim Logarithmus mit der Unstetigkeit auf der negativen reellen Achse

Die allgemeine Potenzfunktion

Für $a \in \mathbb{C}\setminus\{0\}$ ist durch

$$a^z = e^{z\ln a}$$

der Hauptwert der allgemeinen Potenz definiert. Im Fall $a = 0$ und $z \ne 0$ definieren wir $a^z = 0$.

Achtung Bei dieser Definition ist zu beachten, dass dem Ausdruck 0^0 keine sinnvolle Bedeutung zugeordnet werden kann. Wenn Ihnen bei Grenzwerten ein solcher Ausdruck begegnen sollte, müssen Sie genau hinsehen, und die Konvergenz analysieren. ◀

Beispiel Gesucht sind Real- und Imaginärteil der Zahl i^i. Wir verwenden den Hauptwert des Logarithmus und erhalten

$$i^i = e^{i\ln(i)} = e^{i\left(\ln 1 + i\frac{\pi}{2}\right)} = e^{-\frac{\pi}{2}}.$$ ◀

Wegen der Einschränkung des Definitionsbereichs bei der Umkehrung der Exponentialfunktion, wird nun verständlich, warum im Kap. 5 das Wurzelzeichen nicht auf die komplexen Zahlen übertragen worden ist. Wählen wir den Hauptwert, so erhalten wir die Identität der Form

$$(-1)^{\frac{1}{2}} = e^{\frac{1}{2}\ln(-1)} = e^{\frac{1}{2}(\ln 1 + i\pi)} = e^{i\frac{\pi}{2}} = i.$$

Aber verwenden wir einen Nebenzweig des Logarithmus etwa $\ln(-1) + 2\pi i$, so ergibt sich mit gleicher Berechtigung die zweite Lösung $-i$ der Gleichung $z^2 = -1$.

Die Funktionalgleichung der Exponentialfunktion überträgt sich direkt auf die allgemeine Potenz und wir erhalten für $a \in \mathbb{C}\setminus\{0\}$

$$a^w a^z = e^{w\ln a}e^{z\ln a} = e^{w\ln a + z\ln a} = a^{w+z}$$

für alle $w, z \in \mathbb{C}$.

Mit der allgemeinen Definition lassen sich auch weitere wichtige Regeln zur Potenzrechnung nachvollziehen. Es gilt

$$(e^x)^y = e^{(\ln e^x)y} = e^{xy}$$

für alle $x, y \in \mathbb{C}$ mit $\mathrm{Im}(x) \in (-\pi, \pi]$. Analog gilt die Beziehung für die allgemeine Potenz zu einer Basis $a \in \mathbb{C}\setminus\{0\}$.

Achtung Beachten Sie, dass im Allgemeinen $(a^x)^y$ und $a^{(x^y)}$ verschiedene Ausdrücke sind,

$$a^{(x^y)} \ne (a^x)^y = a^{xy}.$$ ◀

Beispiel: Anwenden des komplexen Logarithmus

Zu den trigonometrischen und den hyperbolischen Funktionen lassen sich auch im Komplexen Umkehrfunktionen angeben. Da alle diese Funktionen mithilfe der Exponentialfunktion definiert sind, ergibt sich der Zusammenhang dieser Umkehrfunktionen zum Logarithmus. Es gelten etwa für $\cos : D_{\cos} \to \mathbb{C}$ und $\sin : D_{\sin} \to \mathbb{C}$ mit dem Logarithmus die Darstellungen

$$\cos^{-1}(z) = \arccos(z) = \frac{1}{\mathrm{i}} \ln\left(z + (z^2-1)^{1/2}\right) \quad \text{und}$$
$$\sin^{-1}(z) = \arcsin(z) = \frac{1}{\mathrm{i}} \ln\left(\mathrm{i}z + (1-z^2)^{1/2}\right)$$

bei entsprechenden Definitionsbereichen $D_{\cos}, D_{\sin} \subseteq \mathbb{C}$.

Problemanalyse und Strategie Man erhält die angegebenen Formeln, wenn man die Identitäten

$$z = \cos w = \frac{1}{2}\left(\mathrm{e}^{\mathrm{i}w} + \mathrm{e}^{-\mathrm{i}w}\right)$$

bzw.

$$z = \sin w = \frac{1}{2\mathrm{i}}\left(\mathrm{e}^{\mathrm{i}w} - \mathrm{e}^{-\mathrm{i}w}\right)$$

nach $w \in \mathbb{C}$ auflöst.

Lösung Ähnlich zu den hyperbolischen Funktionen im Beispiel auf S. 123 lassen sich die Gleichungen für die trigonometrischen Funktionen zeigen.

Sehen wir uns die Herleitung beim Sinus genauer an. Mit

$$z = \sin w = \frac{1}{2\mathrm{i}}\left(\mathrm{e}^{\mathrm{i}w} - \mathrm{e}^{-\mathrm{i}w}\right)$$

folgt nach Multiplikation mit dem Faktor $\mathrm{e}^{\mathrm{i}w}$ die quadratische Gleichung

$$(\mathrm{e}^{\mathrm{i}w} - \mathrm{i}z)^2 = 1 + (\mathrm{i}z)^2 = 1 - z^2.$$

Wir erhalten

$$\mathrm{e}^{\mathrm{i}w} = \mathrm{i}z \pm (1-z^2)^{\frac{1}{2}}.$$

Unter der Voraussetzung, dass $\operatorname{Im}(\mathrm{i}w) \in (-\pi, \pi)$ ist, d. h. $\operatorname{Re}(w) \in (-\pi, \pi)$, können wir die Umkehreigenschaft des Hauptwerts des Logarithmus nutzen und erhalten die angegebene Formel

$$\begin{aligned} w &= \frac{1}{\mathrm{i}} \ln\left(\mathrm{i}z \pm (1-z^2)^{\frac{1}{2}}\right) \\ &= \arg\left(\mathrm{i}z \pm (1-z^2)^{\frac{1}{2}}\right) - \mathrm{i}\ln\left|\mathrm{i}z \pm (1-z^2)^{\frac{1}{2}}\right|. \end{aligned}$$

Dabei ist zu beachten, dass die Gleichungen $z \pm (z^2-1)^{1/2} = 0$ und $\mathrm{i}z \pm (1-z^2)^{1/2} = 0$ keine Lösungen besitzen und daher die logarithmischen Ausdrücke für alle $z \in \mathbb{C}$ definiert sind.

Zur Festlegung des Vorzeichens, müssen wir uns den Wertebereich des Ausdrucks, also den für die Umkehrung ausgewählten Definitionsbereich $D_{\sin}$ der Sinusfunktion ansehen. In der Abbildung ist illustriert wie Geraden mit konstantem Realteil durch $\sin z$ auf Hyperbeln abgebildet werden. Zumindest anschaulich ist so ersichtlich, dass der Sinus die Menge $D_{\sin} = \{z \in \mathbb{C} \mid -\pi/2 < \operatorname{Re}(z) < \pi/2)\} \setminus \{\pm(\pi/2 + \mathrm{i}t) : t > 0\}$ bijektiv auf $\mathbb{C}$ abbildet. Es bleibt noch zu überlegen, ob $\arg(\mathrm{i}z + (1-z^2)^{\frac{1}{2}}) \in [-\pi/2, \pi/2]$ für $z \in \mathbb{C}$ gilt, um zu belegen, dass für die gesuchte Umkehrung gerade das „+"-Zeichen gewählt werden muss.

Die Bedingung $\arg(\mathrm{i}z + (1-z^2)^{\frac{1}{2}}) \in [-\pi/2, \pi/2]$ bedeutet, dass $\operatorname{Re}(\mathrm{i}z + (1-z^2)^{\frac{1}{2}}) \geq 0$ sein muss. Setzen wir

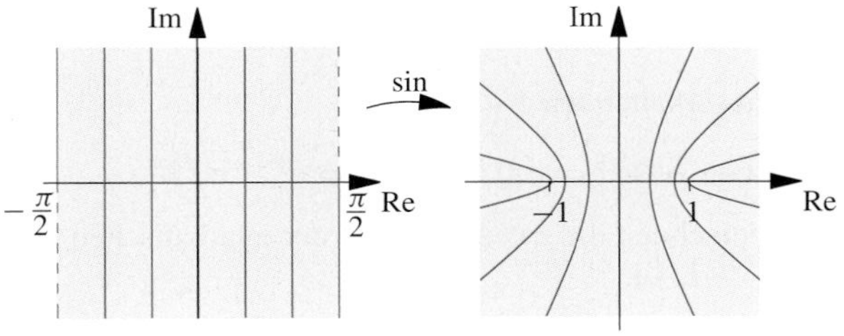

$z = x + \mathrm{i}y$, so folgt nach einigen Umformungen mit der Darstellung der komplexen Wurzeln auf S. 148, dass

$$\begin{aligned} 2\operatorname{Re}(\mathrm{i}z + \sqrt{1-z^2}) &= \mathrm{i}z + \sqrt{1-z^2} - \mathrm{i}\bar{z} + \sqrt{1-\bar{z}^2} \\ &= -2y + 2\sqrt{\frac{1}{2}\left[1 - x^2 + y^2 + \sqrt{(1-x^2-y^2)^2 + 4y^2}\right]} \end{aligned}$$

gilt. Den Ausdruck in der eckigen Klammer schätzen wir nun ab. Wenn $y^2 \geq 1 - x^2$ ist, gilt

$$\begin{aligned} &1 - x^2 + y^2 + \sqrt{(1-x^2-y^2)^2 + 4y^2} \\ &\geq 1 - x^2 + y^2 + y^2 - (1-x^2) = 2y^2. \end{aligned}$$

Im anderen Fall, $y^2 < 1 - x^2$, folgt

$$1 - x^2 + y^2 + \sqrt{(1-x^2-y^2)^2 + 4y^2} \geq 1 - x^2 + y^2 \geq 2y^2.$$

In jedem Fall ist also der Ausdruck größer als $2y^2$ und wir erhalten für alle $z \in \mathbb{C}$ die gesuchte Abschätzung

$$2\operatorname{Re}\left(\mathrm{i}z + (1-z^2)^{\frac{1}{2}}\right) \geq -2y + 2\sqrt{y^2} = -2y + 2|y| \geq 0.$$

Bemerkung Würden wir im Ausdruck für w das negative Vorzeichen wählen, so erhalten wir eine Umkehrung des Sinus auf dem Definitionsbereich $\{z \in \mathbb{C} \mid -\pi < \operatorname{Re}(z) < -\pi/2)\} \cup \{z \in \mathbb{C} \mid \pi/2 < \operatorname{Re}(z) < \pi)\} \to \mathbb{C}$. Die Umkehrungen auf anderen Streifen ergeben sich entsprechend durch die Nebenzweige des Logarithmus, also Verschiebungen um Vielfache von 2π im Argument. Mit der Translation $\cos z = \sin(z + \pi/2)$ lassen sich die Argumente zum Definitions- und Wertebereich der Umkehrfunktion auch auf den Kosinus übertragen.

Aufpassen müssen wir bei der Anwendung einer anderen uns aus dem Reellen geläufigen Regel zur Potenzrechnung. Es gilt für $a, b \in \mathbb{C}\backslash\{0\}$ mit $\arg a + \arg b \in (-\pi, \pi]$ die Gleichung

$$a^z b^z = e^{z \ln a} e^{z \ln b} = e^{z(\ln a + \ln b)} = e^{z \ln(ab)} = (ab)^z.$$

Dabei ist die Voraussetzung $\arg a + \arg b \in (-\pi, \pi]$ notwendig, denn wir haben die Funktionalgleichung des Logarithmus angewandt. Sobald die Bedingung nicht erfüllt ist, muss man den zusätzlichen Term der Funktionalgleichung für $\beta \neq 0$ berücksichtigen.

Beispiel Betrachten wir $a = \mathrm{i}$ und $b = (-1 + \mathrm{i})$, so ist die Bedingung für das Argument verletzt und wir erwarten, dass die Identität verletzt ist. In der Tat gilt mit dem Hauptwert des Logarithmus im einen Fall

$$\mathrm{i}^{1/2}(-1 + \mathrm{i})^{1/2} = e^{\mathrm{i}\frac{\pi}{4}}\, e^{\frac{\ln\sqrt{2}}{2} + \mathrm{i}\frac{3\pi}{8}} = e^{\frac{\ln\sqrt{2}}{2}}\, e^{\mathrm{i}\frac{5\pi}{8}}.$$

Andererseits erhalten wir

$$(-1 - \mathrm{i})^{1/2} = e^{\frac{1}{2}\left(\ln\sqrt{2} - \mathrm{i}\frac{3}{4}\pi\right)} = e^{\frac{\ln\sqrt{2}}{2}}\, e^{-\mathrm{i}\frac{3}{8}\pi},$$

d. h., wir berechnen die zweite Lösung der quadratischen Gleichung $z^2 = -1 - \mathrm{i}$. ◄

Achtung Aus dem Reellen geläufige Rechenregeln für Potenzen übertragen sich teilweise nur mit Einschränkungen ins Komplexe. Im Zweifelsfall müssen neben dem Hauptwert des Logarithmus auch Nebenwerte mit überprüft werden. ◄

Für die Umkehrung der allgemeinen Potenzfunktion nutzen wir, wie es schon in Abschn. 4.3 gezeigt wurde, die Definition des natürlichen Logarithmus und erhalten für $z \in \mathbb{C}\backslash\{0\}$ und $a \in \mathbb{C}\backslash\{0, 1\}$ die Darstellung des Hauptwerts

$$\log_a z = \frac{\ln z}{\ln a}.$$

In den letzten drei Abschnitten haben wir gesehen, dass sich die grundlegenden Funktionen wie exp, cos, sin alle mittels Potenzreihen definieren lassen. Weitere Darstellungen von gegebenen Funktionen durch Potenzreihen um passende Entwicklungspunkte etwa zum Logarithmus wollen wir an dieser Stelle noch aufschieben. Wenn wir uns nämlich zunächst mit dem Differenzieren beschäftigen, ergibt sich über die Taylorreihe ein eleganter Weg, um sich explizit Potenzreihen zu gegebenen Funktionen zu verschaffen.

Zusammenfassung

Definition einer Potenzreihe

Unter einer **Potenzreihe** versteht man eine Reihe der Form

$$\left(\sum_{n=0}^{\infty} a_n (z - z_0)^n\right).$$

Hierbei ist (a_n) eine Folge von komplexen **Koeffizienten**, die feste Zahl $z_0 \in \mathbb{C}$ heißt **Entwicklungspunkt**.

Zu jeder Potenzreihe gehört ein **Konvergenzradius** r, entweder eine nicht-negative Zahl oder unendlich. Für alle z aus der Kreisscheibe

$$\{z \in \mathbb{C} \mid |z - z_0| < r\}$$

konvergiert die Potenzreihe absolut, für alle $z \in \mathbb{C}$ mit $|z - z_0| > r$ divergiert die Reihe. Für Zahlen z mit $|z - z_0| = r$ ist sowohl Konvergenz als auch Divergenz möglich. Diese Kreisscheibe ist der **Konvergenzkreis** der Potenzreihe.

Zur Bestimmung des Konvergenzradius behandelt man Potenzreihen am besten wie gewöhnliche Reihen

Mit dem Quotienten- oder dem Wurzelkriterium lässt sich am einfachsten der Konvergenzradius bestimmen. Für Punkte auf dem Rand des Konvergenzkreises machen diese Kriterien jedoch keine Aussage.

Stetigkeit von Potenzreihen

Durch eine Potenzreihe ist im Innern ihres Konvergenzkreises eine stetige Funktion definiert.

Potenzreihen mit demselben Entwicklungspunkt kann man addieren und multiplizieren

Die Addition von Potenzreihen geschieht durch gliedweise Addition der Koeffizienten. Für die Multiplikation wird das Cauchy-Produkt angewandt. Die so gewonnenen Potenzreihen konvergieren auf dem kleineren der Konvergenzkreise der ursprünglichen Reihen.

Durch Koeffizientenvergleich lassen sich Darstellungen von Funktionen gewinnen

Die Grundlage des **Koeffizientenvergleichs** ist der Identitätssatz.

Identitätssatz für Potenzreihen

Gilt für zwei Potenzreihen und $r > 0$ die Gleichung

$$\sum_{n=0}^{\infty} a_n (z - z_0)^n = \sum_{n=0}^{\infty} b_n (z - z_0)^n$$

für alle z mit $|z - z_0| < r$, so sind die Koeffizientenfolgen (a_n) und (b_n) identisch.

Um das Verhalten einer Funktion für kleine Argumente zu beschreiben, gibt es eine spezielle Notation, die **Landau-Symbolik.** Ist der Quotient $f(x)/x^n$ für x gegen 0 beschränkt, so schreibt man dies als $f(x) = O(x^n)$ für $x \to 0$.

Die Exponentialfunktion

Definition der Exponentialfunktion

Die Exponentialfunktion $\exp : \mathbb{C} \to \mathbb{C}$ ist für alle $z \in \mathbb{C}$ definiert durch die Potenzreihe

$$\exp(z) = \sum_{n=0}^{\infty} \frac{1}{n!} z^n.$$

Man definiert außerdem die allgemeine Potenz von e durch

$$e^z = \exp(z) \quad \text{für } z \in \mathbb{C}.$$

Die aus Kap. 4 bekannte **Funktionalgleichung** gilt auch im Komplexen. Als gerade bzw. ungerader Anteil der Exponentialfunktion ergeben sich die **hyperbolischen Funktionen** cosh und sinh.

Der Betrag von e^z hängt nur von $\operatorname{Re} z$ ab

Aus der Darstellung der Exponentialfunktion als Potenzreihe lassen sich viele nützliche Eigenschaften ableiten. Aus der Beobachtung, dass e^{it} für jedes $t \in \mathbb{R}$ den Betrag 1 hat, ergibt sich die **Euler'sche Formel.**

Die Euler'sche Formel

Für $t \in \mathbb{R}$ gilt

$$e^{it} = \cos t + i \sin t.$$

Aus dieser Formel folgt auch eine neue Polarkoordinatendarstellung komplexer Zahlen. Für eine komplexe Zahl $z \in \mathbb{C}$ gilt

$$z = r(\cos \varphi + i \sin \varphi) = re^{i\varphi},$$

wobei r der Betrag und φ das Argument der Zahl z sind.

Aus der Euler'schen Formel folgt auch die Darstellung der **trigonometrischen Funktionen** durch Potenzreihen, die wir als ihre analytische Definition auffassen.

Definition der Kosinus- und der Sinusfunktion

Durch die Potenzreihen

$$\cos z = \sum_{k=0}^{\infty} \frac{(-1)^k}{(2k)!} z^{2k}$$

$$\sin z = \sum_{k=0}^{\infty} \frac{(-1)^k}{(2k+1)!} z^{2k+1}$$

sind die trigonometrischen Funktionen für $z \in \mathbb{C}$ definiert.

Die **Zahl** π wird als das Doppelte der ersten positiven Nullstelle des Kosinus definiert. Alle anderen Nullstellen der trigonometrischen Funktionen ergeben sich als ganzzahlige Vielfache von $\pi/2$.

Der komplexe Logarithmus

Für eine komplexe Zahl $z \in \mathbb{C} \setminus \{0\}$ ist durch

$$\ln z = \ln |z| + i \arg(z)$$

der **Hauptwert des Logarithmus** gegeben, wenn $\arg(z) \in (-\pi, \pi]$ den Hauptwert des Arguments von z bezeichnet. Dabei wird bei $\ln |z|$ der bekannte Logarithmus für reelle positive Zahlen angewandt.

Auch für den komplexen Logarithmus gibt es eine **Funktionalgleichung.** Für $w, z \in \mathbb{C}$ gilt

$$\ln w + \ln z = \ln(wz) + 2\pi\beta i,$$

wobei $\beta \in \{-1, 0, 1\}$ in Abhängigkeit der Summe der Argumente von w und z gewählt werden muss.

Mithilfe der Exponentialfunktion und des komplexen Logarithmus lässt sich schließlich die **allgemeine Potenzfunktion** definieren.

Die allgemeine Potenzfunktion

Für $a \in \mathbb{C} \setminus \{0\}$ ist durch

$$a^z = e^{z \ln a}$$

der Hauptwert der allgemeinen Potenz definiert. Im Fall $a = 0$ und $z \neq 0$ definieren wir $a^z = 0$.

Aufgaben

Die Aufgaben gliedern sich in drei Kategorien: Anhand der *Verständnisfragen* können Sie prüfen, ob Sie die Begriffe und zentralen Aussagen verstanden haben, mit den *Rechenaufgaben* üben Sie Ihre technischen Fertigkeiten und die *Anwendungsprobleme* geben Ihnen Gelegenheit, das Gelernte an praktischen Fragestellungen auszuprobieren.
Ein Punktesystem unterscheidet leichte •, mittelschwere •• und anspruchsvolle ••• Aufgaben. Lösungshinweise am Ende des Buches helfen Ihnen, falls Sie bei einer Aufgabe partout nicht weiterkommen. Dort finden Sie auch die Lösungen – betrügen Sie sich aber nicht selbst und schlagen Sie erst nach, wenn Sie selber zu einer Lösung gekommen sind. Ausführliche Lösungswege, Beweise und Abbildungen finden Sie als digitales Zusatzmaterial (electronic supplementary material).
Viel Spaß und Erfolg bei den Aufgaben!

Verständnisfragen

9.1 • Handelt es sich bei den folgenden für $z \in \mathbb{C}$ definierten Reihen um Potenzreihen? Falls ja, wie lautet die Koeffizientenfolge und wie der Entwicklungspunkt?

(a) $\left(\sum\limits_{n=0}^{\infty} \frac{3^n}{n!}\,\frac{1}{z^n}\right)$

(b) $\left(\sum\limits_{n=2}^{\infty} \frac{n\,(z-1)^n}{z^2}\right)$

(c) $\left(\sum\limits_{n=0}^{\infty}\sum\limits_{j=0}^{n} \frac{1}{n!}\binom{n}{j} z^j\right)$

(d) $\left(\sum\limits_{n=0}^{\infty} z^{2n}\cos z\right)$

9.2 • Welche der folgenden Aussagen über eine Potenzreihe mit Entwicklungspunkt $z_0 \in \mathbb{C}$ und Konvergenzradius ρ sind richtig?

(a) Die Potenzreihe konvergiert für alle $z \in \mathbb{C}$ mit $|z - z_0| < \rho$ absolut.
(b) Die Potenzreihe ist eine auf dem Konvergenzkreis beschränkte Funktion.
(c) Die Potenzreihe ist auf jedem Kreis mit Mittelpunkt z_0 und Radius $r < \rho$ eine beschränkte Funktion.
(d) Die Potenzreihe konvergiert für kein $z \in \mathbb{C}$ mit $|z - z_0| = \rho$.
(e) Konvergiert die Potenzreihe für ein $\hat{z} \in \mathbb{C}$ mit $|\hat{z} - z_0| = \rho$ absolut, so gilt dies für alle $z \in \mathbb{C}$ mit $|z - z_0| = \rho$.

9.3 •• Bestimmen Sie mithilfe der zugehörigen Potenzreihen die folgenden Grenzwerte,

(a) $\lim\limits_{x\to 0} \frac{1-\cos x}{x\,\sin x}$,

(b) $\lim\limits_{x\to 0} \frac{e^{\sin(x^4)}-1}{x^2\,(1-\cos(x))}$.

9.4 • Zeigen Sie die *Formel von Moivre*,

$$(\cos\varphi + \mathrm{i}\,\sin\varphi)^n = \cos(n\varphi) + \mathrm{i}\sin(n\varphi)$$

für alle $\varphi \in \mathbb{R}$, $n \in \mathbb{Z}$. Benutzen Sie diese Formel, um die Identität

$$\cos(2n\varphi) = \sum_{k=0}^{n} (-1)^k \binom{2n}{2k} \cos^{2(n-k)}(\varphi)\,\sin^{2k}(\varphi)$$

für alle $\varphi \in \mathbb{R}$, $n \in \mathbb{N}_0$ zu beweisen.

9.5 • Finden Sie je ein Paar (w, z) von komplexen Zahlen, sodass die Funktionalgleichung des Logarithmus für $\beta = 0$, $\beta = 1$ und $\beta = -1$ erfüllt ist.

Rechenaufgaben

9.6 •• Bestimmen Sie den Konvergenzradius und den Konvergenzkreis der folgenden Potenzreihen.

(a) $\left(\sum\limits_{k=0}^{\infty} \frac{(k!)^4}{(4k)!} z^k\right)$

(b) $\left(\sum\limits_{n=1}^{\infty} n^n (z-2)^n\right)$

(c) $\left(\sum\limits_{n=0}^{\infty} \frac{n+\mathrm{i}}{(\sqrt{2}\,\mathrm{i})^n}\binom{2n}{n} z^{2n}\right)$

(d) $\left(\sum\limits_{n=0}^{\infty} \frac{(2+\mathrm{i})^n - \mathrm{i}}{\mathrm{i}^n}(z+\mathrm{i})^n\right)$

9.7 • Für welche $x \in \mathbb{R}$ konvergieren die folgenden Potenzreihen?

(a) $\left(\sum\limits_{n=1}^{\infty} \frac{(-1)^n\,(2^n+1)}{n}\left(x - \frac{1}{2}\right)^n\right)$

(b) $\left(\sum\limits_{n=0}^{\infty} \frac{1-(-2)^{-n-1}\,n!}{n!}(x-2)^n\right)$

(c) $\left(\sum\limits_{n=1}^{\infty} \frac{1}{n^2}\left[\sqrt{n^2+n} - \sqrt{n^2+1}\right]^n (x+1)^n\right)$

9.8 ••• Für welche $z \in \mathbb{C}$ konvergiert die Potenzreihe

$$\left(\sum_{n=1}^{\infty} \frac{(2\mathrm{i})^n}{n^2 + \mathrm{i}n} (z - 2\mathrm{i})^n\right)?$$

9.9 •• Gesucht ist eine Potenzreihendarstellung der Form $\left(\sum\limits_{n=0}^{\infty} a_n x^n\right)$ zu der Funktion

$$f(x) = \frac{\mathrm{e}^x}{1 - x}, \qquad x \in \mathbb{R} \setminus \{1\}.$$

(a) Zeigen Sie $a_n = \sum\limits_{k=0}^{n} \frac{1}{k!}$.
(b) Für welche $x \in \mathbb{R}$ konvergiert die Potenzreihe?

9.10 •• Gegeben ist die Funktion $D \to \mathbb{C}$ mit

$$f(z) = \frac{z - 1}{z^2 + 2}, \qquad z \in D.$$

(a) Bestimmen Sie den maximalen Definitionsbereich $D \subseteq \mathbb{C}$ von f.
(b) Stellen Sie f als eine Potenzreihe mithilfe des Ansatzes

$$z - 1 = (z^2 + 2) \sum_{n=0}^{\infty} a_n z^n$$

dar. Was ist der Konvergenzradius dieser Potenzreihe?

9.11 •• Berechnen Sie eine Potenzreihendarstellung der rationalen Funktion

$$f(z) = \frac{1 + z^3}{2 - z}, \qquad z \in \mathbb{C} \setminus \{2\},$$

indem Sie die geometrische Reihe verwenden.

9.12 ••• Bestimmen Sie die ersten beiden Glieder der Potenzreihenentwicklung von

$$f(x) = (1 + x)^{1/n}, \qquad x > -1,$$

um den Entwicklungspunkt $x_0 = 1$.

9.13 •• Bestimmen Sie alle $z \in \mathbb{C}$, die der folgenden Gleichung genügen.

(a) $\cosh(z) = -1$,

(b) $\cosh z - \frac{1}{2}(1 - 8\mathrm{i})\,\mathrm{e}^{-z} = 2 + 2\mathrm{i}$.

9.14 •• Bestimmen Sie jeweils alle $z \in \mathbb{C}$, die Lösungen der folgenden Gleichung sind.

(a) $\cos \bar{z} = \overline{\cos z}$,
(b) $\mathrm{e}^{\mathrm{i}\bar{z}} = \overline{\mathrm{e}^{\mathrm{i}z}}$.

Anwendungsprobleme

9.15 •• Berechnen Sie mithilfe der Potenzreihendarstellung der Exponentialfunktion die ersten 5 Stellen der Dezimaldarstellung von e^2. Überlegen Sie sich dazu eine Abschätzung, die Ihnen die Richtigkeit Ihres Ergebnisses garantiert.

9.16 •• Berechnen Sie mit dem Taschenrechner die Differenz $\sin(\sinh(x)) - \sinh(\sin(x))$ für $x \in \{0.1, 0.01, 0.001\}$. Erklären Sie diese Beobachtung, indem Sie das erste Glied der Potenzreihenentwicklung dieser Differenz um den Entwicklungspunkt 0 bestimmen.

9.17 • Wie schon in der Aufgabe 6.15 zu Kapitel 6 betrachten wir die *Van-der-Waals-Gleichung*,

$$\left(p + \frac{a}{V^2}\right)(V - b) = RT,$$

die den Zusammenhang zwischen dem Druck p, der Temperatur T und dem molaren Volumen V eines Gases beschreibt. Dabei ist R die universelle Gaskonstante, a der Kohäsionsdruck und b das Kovolumen, die beide vom betrachteten Gas abhängen. Im Allgemeinen gilt $b \ll V$.

Stellen Sie den Druck p als eine Potenzreihe im Kehrwert des molaren Volumens auf. Was erhalten Sie, wenn Sie nur den ersten Term dieser Reihe berücksichtigen?

Antworten zu den Selbstfragen

Antwort 1 (a) Ja.

(b) Nein: Der Term $\sqrt{1-y^2}$ hängt von y, ab, ist aber keine Potenz von y.

(c) Nein: Der Term $1/z^n$ passt nicht ins Schema.

(d) Ja: Da $x^2 - 2x + 1 = (x-1)^2$ ist, kann man die Reihe auch in der Form

$$\left(\sum_{n=2}^{\infty}(x-1)^{n-2}\right) = \left(\sum_{n=0}^{\infty}(x-1)^n\right)$$

schreiben.

Antwort 2 $(-2, 2)$: Radius 2, Entwicklungspunkt 0.

$(0, \infty)$: Kein möglicher Konvergenzbereich.

$\{-1\}$: Radius 0, Entwicklungspunkt -1.

$[1, 3]$: Radius 1, Entwicklungspunkt 2.

$\mathbb{R}$: Radius ∞, Entwicklungspunkt könnte jede Zahl aus $\mathbb{R}$ sein.

Antwort 3 Aus

$$\sqrt[n]{|3^n\,(x-x_0)^{2n+1}|} = 3\,|x-x_0|^2\,\sqrt[n]{|x-x_0|} \to 3|x-x_0|^2$$

für $n \to \infty$, folgt mit dem Wurzelkriterium, dass der Konvergenzradius $\sqrt{1/3}$ ist. Die Formel von Hadamard kann nicht angewandt werden.

Antwort 4 Aus der letzten Gleichheit folgt mit Koeffizientenvergleich $c_{2k} = 0$ und $c_{2k-1} = 1/(k-1)!$ für $k \in \mathbb{N}$. Ebenfalls durch Koeffizientenvergleich folgt $a_0 = 0$ und $a_n = c_n$ für $n \in \mathbb{N}$. Über die Koeffizientenfolge (b_n) kann man durch Koeffizientenvergleich keine Aussage treffen, da der Entwicklungspunkt in dieser Potenzreihe ein anderer ist.

Antwort 5 Wegen der geometrischen Reihe ist

$$\frac{1}{1-x^2} = \sum_{n=0}^{\infty} x^{2n}, \qquad |x| < 1.$$

Damit ist

$$\frac{x}{1-x^2} = x + x^3 + x^5 + \mathrm{O}(x^7)$$

für x gegen 0. Da ein Ausdruck $\mathrm{O}(x^7)$ auch $\mathrm{O}(x^6)$ ist, ist $p(x) = x + x^3 + x^5$ das gesuchte Polynom.

Antwort 6 Wir betrachten den Quotienten

$$\left|\frac{(2k)!z^{2(k+1)}}{(2(k+1))!z^{2k}}\right| = \frac{1}{(2k+1)(2k+2)}|z|^2 \to 0$$

für $k \to \infty$. Nach dem allgemeinen Quotientenkriterium ist der Konvergenzradius unendlich, d. h., die Potenzreihe konvergiert für jede Zahl $z \in \mathbb{C}$ absolut.

Antwort 7 Es muss $z^3 = 2$ sein, also $z = \sqrt[3]{2}\,u$, wobei $u \in \mathbb{C}$ mit $u^3 = 1$ ist. Die 3. komplexen Einheitswurzeln sind

$$\mathrm{e}^{2\pi\frac{0}{3}\mathrm{i}}, \quad \mathrm{e}^{2\pi\frac{1}{3}\mathrm{i}}, \quad \mathrm{e}^{2\pi\frac{2}{3}\mathrm{i}},$$

also ist die Lösungsmenge der Gleichung

$$\left\{\sqrt[3]{2},\ \sqrt[3]{2}\,\mathrm{e}^{\frac{2\pi}{3}\mathrm{i}},\ \sqrt[3]{2}\,\mathrm{e}^{\frac{4\pi}{3}\mathrm{i}}\right\}.$$

Antwort 8 Es gilt

$$\cos(\mathrm{i}z) = \frac{1}{2}(\mathrm{e}^{\mathrm{i}(\mathrm{i}z)} + \mathrm{e}^{-\mathrm{i}(\mathrm{i}z)}) = \frac{1}{2}(\mathrm{e}^{-z} + \mathrm{e}^{z}) = \cosh(z)$$

und entsprechend

$$\sin(\mathrm{i}z) = \frac{1}{2\mathrm{i}}\overline{(\mathrm{e}^{-z} - \mathrm{e}^{z})} = -\frac{1}{\mathrm{i}}\sinh z = \mathrm{i}\sinh z.$$

Differenzialrechnung – Veränderungen kalkulieren

10

Wann lässt sich eine Funktion linearisieren?

Was ist ein Differenzial?

Wie bestimmt man eine Taylorreihe?

Wozu verwendet man Splines?

T. Arens et al., *Mathematik*, https://doi.org/10.1007/978-3-662-64389-1_10

Die Differenzialrechnung ist mit Sicherheit das zentrale Kalkül der Mathematik in den technischen und naturwissenschaftlichen Anwendungen. Den meisten Lesern werden deswegen die Begriffe Ableitung und Differenzial schon in verschiedenen Facetten begegnet sein. Häufig überlagern aber die mathematisch-technischen Aspekte den wesentlichen Charakter des Differenzierens, nämlich Veränderungen berechenbar zu machen. Das Konzept der Linearisierung eines funktionalen Zusammenhangs ist der entscheidende Hintergrund für die herausragende Bedeutung von Ableitungen.

Der Weg zur Differenzialrechnung wurde durch Sir Isaac Newton (1643–1727) und Gottfried Wilhelm von Leibniz (1646–1716) geebnet. Beiden stand ein genauer Grenzwertbegriff noch nicht zur Verfügung und die damaligen Argumente von *unendlich kleinen Größen* wirken heute sehr vage. Mit dem Begriff des Grenzwerts, wie wir ihn in Kap. 6 kennengelernt haben, gibt es diese philosophischen Probleme beim Umgang mit Ableitungen nicht mehr. Somit liegt heute eine mathematisch exakte Definition vor, die wir in diesem Kapitel untersuchen. Die weitreichende Leistungsfähigkeit des Differenzierens lässt sich aber sicherlich erst abschätzen, wenn man etwa mathematische Modelle basierend auf Differenzialgleichungen in verschiedenen Anwendungen gesehen und genutzt hat (siehe u. a. Kap. 13).

10.1 Die Ableitung

In der Anwendung von Potenzreihen zur Modellierung der Gravitation auf S. 292 ist ein extrem wichtiges Vorgehen in den Naturwissenschaften und in der Technik angeklungen. Ein funktionaler Zusammenhang, den man durch eine Potenzreihe beschreiben kann, wird durch die ersten beiden Summanden der Potenzreihe genähert.

Dies bedeutet, dass man in einem Modell eine komplizierte Funktion $f : I \subseteq \mathbb{R} \to \mathbb{R}$ mit

$$f(x) = \sum_{j=0}^{\infty} a_j (x - x_0)^j$$

zunächst durch die einfachere Funktion

$$g(x) = a_0 + a_1(x - x_0)$$

ersetzt. Diese Approximation ist natürlich nur sinnvoll, solange das Argument x relativ nah beim Entwicklungspunkt x_0 liegt. Je weiter davon abgewichen wird, um so schlechter ist die Näherung (siehe Abb. 10.1).

Man nennt eine solche Näherung *Linearisierung* der Funktion f, da die approximierende Funktion $g(x) = a_0 + a_1(x - x_0)$ eine affin-lineare Funktion ist. Bei diesem Vorgehen drängen sich zwei mathematische Fragen auf. Ein passender Koeffizient a_0 für die Funktion g lässt sich aus der Kenntnis von f bestimmen, denn es ist $f(x_0) = a_0$. Also können wir mit f den Wert a_0 für die affin-lineare Funktion g direkt angeben. Aber wie lässt sich der Koeffizient a_1 bestimmen, wenn die Funktion f gegeben ist?

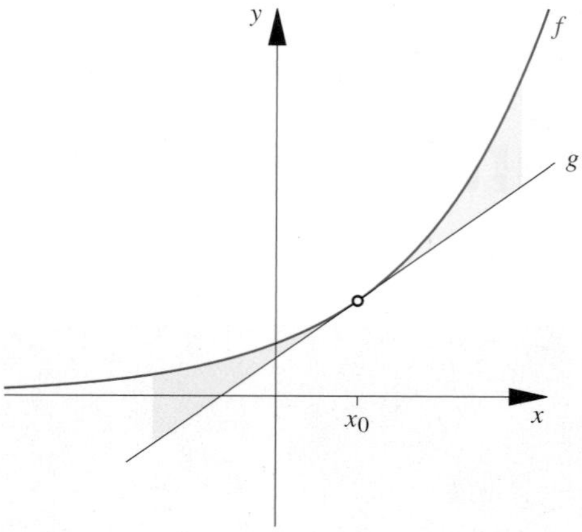

Abb. 10.1 Die ersten beiden Summanden einer Potenzreihe liefern eine Näherung an die Funktion in einer Umgebung um den Entwicklungspunkt

Daran schließt sich gleich die zweite Frage an: Für welchen Typ von Funktionen und in welchem Intervall um die Stelle x_0 ist ein solches Vorgehen angemessen?

Betrachten wir ein Beispiel, das historisch den Weg hin zur Differenzialrechnung aufgezeigt hat.

Anwendungsbeispiel Wenn sich ein Massenpunkt gleichmäßig in der Zeit von A nach B bewegt, so können wir die zurückgelegte Strecke als Funktion $s : \mathbb{R}_{\geq 0} \to \mathbb{R}$ in Abhängigkeit der Zeit auffassen. Diese physikalische Situation sind wir gewohnt, z. B. im Auto, wenn es sich mit konstanter **Geschwindigkeit** bewegt. Dabei ist die Geschwindigkeit definiert als die Strecke, die pro Zeiteinheit zurückgelegt wird, d. h., zu einem Zeitpunkt t_0 können wir die Geschwindigkeit bestimmen, indem

Abb. 10.2 Die momentane Geschwindigkeit ist der Grenzwert des Verhältnisses von Streckendifferenz zur Zeitdifferenz

wir einen weiteren Zeitpunkt betrachten und das Verhältnis

$$v = \frac{s(t) - s(t_0)}{t - t_0}$$

berechnen. Lösen wir diese Identität nach $s(t)$ auf, so folgt mit

$$s(t) = s(t_0) + v(t - t_0)$$

eine affin-lineare Funktion für die zurückgelegte Strecke bei gleichförmiger Bewegung. Der uns interessierende Koeffizient a_1 ist dabei durch die Geschwindigkeit v gegeben.

Gibt man aber Gas, so ändert sich dieses Verhältnis in Abhängigkeit von t und t_0. Um die vom Tachometer angezeigte Geschwindigkeit zu einem Zeitpunkt t_0 zu bekommen, können nur kleine Differenzen $|t - t_0|$ betrachtet werden, in einem kurzen Zeitraum. Letztendlich bleibt nur eine Möglichkeit, um die *momentane Geschwindigkeit* zu beschreiben: Wir müssen zum Zeitpunkt t_0 den Grenzwert

$$v_{t_0} = \lim_{\substack{t \to t_0 \\ t \neq t_0}} \frac{s(t) - s(t_0)}{t - t_0}$$

betrachten.

Für eine Funktion s liefert uns dieser Grenzwert den passenden Koeffizient zur Linearisierung der Zeit/Strecke-Funktion um einen Zeitpunkt t_0, d. h.

$$s(t) \approx g(t) = s(t_0) + v_{t_0}(t - t_0)$$

wenn der Zeitabstand $|t - t_0|$ hinreichend klein ist. ◄

Das Beispiel dient als Grundlage für die Definition der Ableitung einer Funktion. Bevor die Definition festgelegt wird, betrachten wir aber noch eine anschauliche Interpretation der Linearisierung einer Funktion. Vergleichen wir den Graphen einer Funktion f mit einer affin-linearen Funktion g mit $g(x) = f(x_0) + a(x - x_0)$.

In Abb. 10.3 sind einige affin-lineare Funktionen g mit verschiedenen Werten a eingezeichnet, die mit dem Graphen der Funktion f den Punkt $(x_0, f(x_0))$ gemeinsam haben. Offensichtlich lässt sich der jeweilige Wert von a mithilfe der Schnittstelle x_1 der Graphen von f und g bestimmen, da $f(x_1) = g(x_1) = f(x_0) + a(x_1 - x_0)$ gilt. Wir erhalten

$$a = \frac{f(x_1) - f(x_0)}{x_1 - x_0}.$$

Die Differenz der Funktionswerte im Verhältnis zur Differenz der Argumente liefert die Steigung des Graphen von g (siehe auch das Beispiel auf S. 104). Eine solche Gerade durch zwei Punkte auf dem Graphen wird **Sekante** genannt und Quotienten von der Form

$$\frac{f(x_1) - f(x_0)}{x_1 - x_0}$$

heißen **Differenzenquotient** der Funktion f.

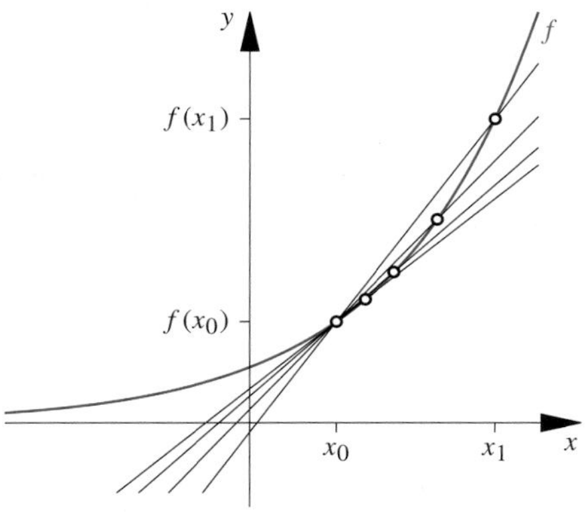

Abb. 10.3 Verschiedene Sekanten zum Graphen einer Funktion f

Lassen wir im Differenzenquotienten den Abstand $|x_1 - x_0|$ immer kleiner werden, so wird offensichtlich, dass die durch die Funktion g beschriebene Gerade im Grenzfall tangential am Graphen von f liegen wird. Wenn es einen Grenzwert des Differenzenquotienten gibt, so ist dies gerade der gesuchte Koeffizient a_1 der Linearisierung von f um x_0.

Definition der Ableitung

Eine Funktion $f : I \to \mathbb{R}$, die auf einem offenen Intervall $I \subseteq \mathbb{R}$ gegeben ist, heißt **an einer Stelle $\mathbf{x}_0 \in I$ differenzierbar**, wenn der Grenzwert

$$\lim_{\substack{x \to x_0 \\ x \neq x_0}} \frac{f(x) - f(x_0)}{x - x_0}$$

existiert. Diesen Grenzwert nennt man die **Ableitung von f in x_0** und er wird mit $f'(x_0)$ bezeichnet.

Kommentar

- Wir werden im Folgenden den Zusatz $x \neq x_0$ bei solchen Grenzwerten weglassen, obwohl dieser streng genommen benötigt wird, da für den Grenzwert nur Folgen betrachtet werden können, für die der Differenzenquotient definiert ist. Um eine Überfrachtung mit Notationen zu vermeiden, legen wir fest, dass stets bei Ausdrücken, die an der kritischen Stelle nicht definiert sind, diese eingeschränkte Variante des Grenzwertbegriffs zum Tragen kommt.
- Die Betrachtungen zur Differenzierbarkeit von Funktionen werden in diesem Kapitel nur für Funktionen in einer reellen Variablen gemacht. Später im Kap. 24 werden wir sehen, wie sich die Begriffe auf mehrdimensionale Abhängigkeiten übertragen lassen. Aspekte, die auftreten, wenn komplexe Variablen betrachtet werden, behandeln wir im Kap. 32 zur Funktionentheorie. ◄

Teil II

Beispiel

- Als erstes Beispiel differenzierbarer Funktionen betrachten wir Monome, also eine Funktion $f : \mathbb{R} \to \mathbb{R}$ mit $f(x) = x^n$ und $n \in \mathbb{N}$. Klammern wir an einer Stelle $x_0 \in \mathbb{R}$ den linearen Faktor $(x - x_0)$ zu dieser Nullstelle des Polynoms $x^n - x_0^n$ aus, so folgt für den Differenzenquotienten

$$\begin{aligned}\frac{x^n - x_0^n}{x - x_0} &= \frac{(x - x_0)(x^{n-1} + x^{n-2}x_0 + \cdots + x x_0^{n-2} + x_0^{n-1})}{x - x_0} \\ &= x^{n-1} + x^{n-2}x_0 + \cdots + x x_0^{n-2} + x_0^{n-1},\end{aligned}$$

wenn $x \neq x_0$ ist. Der Grenzwert für $x \to x_0$ existiert und wir erhalten

$$f'(x_0) = \lim_{x \to x_0} \frac{x^n - x_0^n}{x - x_0} = n x_0^{n-1}.$$

- Untersucht man die Betragsfunktion $f : \mathbb{R} \to \mathbb{R}$ mit $f(x) = |x|$, so ergibt sich für den Differenzenquotienten an der Stelle $x_0 = 0$ der Ausdruck

$$\frac{|x| - |0|}{x - 0} = \begin{cases} 1, & \text{für } x > 0, \\ -1, & \text{für } x < 0. \end{cases}$$

Es gibt in diesem Fall keinen Grenzwert für $x \to x_0$, da unterschiedliche Werte beim Grenzübergang von rechts bzw. von links gegen die kritische Stelle angenommen werden. Die Betragsfunktion ist somit an der Stelle $x_0 = 0$ nicht differenzierbar.
An beliebigen anderen Stellen $x_0 \neq 0$ ist die Funktion mit $f(x) = |x|$ differenzierbar mit den Ableitungen

$$f'(x_0) = \lim_{x \to x_0} \frac{|x| - |x_0|}{x - x_0} = \begin{cases} 1, & \text{für } x_0 > 0 \\ -1, & \text{für } x_0 < 0 \end{cases}$$

- Die Exponentialfunktion $f(x) = \mathrm{e}^x$ ist an jeder Stelle $x_0 \in \mathbb{R}$ differenzierbar. Wir sehen diese Eigenschaft der Exponentialfunktion, wenn wir die charakterisierende Ungleichung, siehe S. 119, ausnutzen. Es gilt

$$1 + (x - x_0) \leq \mathrm{e}^{x - x_0} = \frac{\mathrm{e}^x}{\mathrm{e}^{x_0}},$$

also ist

$$\mathrm{e}^{x_0} + \mathrm{e}^{x_0}(x - x_0) \leq \mathrm{e}^x.$$

Für den Differenzenquotienten mit $x \neq x_0$ folgt

$$\mathrm{e}^{x_0} \leq \frac{\mathrm{e}^x - \mathrm{e}^{x_0}}{x - x_0}.$$

Analog verschaffen wir uns eine Abschätzung nach oben. Mit

$$1 - (x - x_0) \leq \mathrm{e}^{-(x - x_0)} = \frac{\mathrm{e}^{x_0}}{\mathrm{e}^x}$$

bzw. unter der Annahme $|x - x_0| < 1$ mit dem Kehrwert

$$\frac{\mathrm{e}^x}{\mathrm{e}^{x_0}} \leq \frac{1}{1 - (x - x_0)}$$

ergibt sich

$$\frac{\mathrm{e}^{x_0}}{1 - (x - x_0)} \geq \mathrm{e}^x.$$

Also ist

$$\mathrm{e}^x - \mathrm{e}^{x_0} \leq \frac{\mathrm{e}^{x_0}}{1 - (x - x_0)} - \mathrm{e}^{x_0} = \frac{(x - x_0)}{1 - (x - x_0)} \mathrm{e}^{x_0}.$$

Wir bekommen insgesamt für den Differenzenquotienten die Abschätzungen

$$\mathrm{e}^{x_0} \leq \frac{\mathrm{e}^x - \mathrm{e}^{x_0}}{x - x_0} \leq \frac{1}{1 - (x - x_0)} \mathrm{e}^{x_0}$$

für $x \neq x_0$ und $|x - x_0| < 1$. Das Einschließungskriterium liefert Konvergenz für $x \to x_0$ und die Ableitung

$$f'(x_0) = \lim_{x \to x_0} \frac{\mathrm{e}^x - \mathrm{e}^{x_0}}{x - x_0} = \mathrm{e}^{x_0}.$$ ◀

Zur Bestimmung von Ableitungen ist es manchmal günstiger, den Grenzwert anders zu notieren, indem wir $x = x_0 + h$ als Störung der Stelle x_0 um einen Wert h auffassen. Dann ist

$$\begin{aligned} f'(x_0) &= \lim_{x \to x_0} \frac{f(x) - f(x_0)}{x - x_0} \\ &= \lim_{h \to 0} \frac{f(x_0 + h) - f(x_0)}{h}. \end{aligned}$$

Beachten Sie, dass in der Definition keine Vorzeichenbeschränkung an $x - x_0$ bzw. h vorausgesetzt ist, d. h., der Grenzwert gilt nicht nur für monotone Folgen die ausschließlich von rechts oder von links gegen x_0 konvergieren, sondern auch für beliebig um x_0 alternierende Folgen.

Selbstfrage 1

Die Definition der Ableitung würde sich ändern, wenn der Grenzwert des Differenzenquotienten durch den symmetrischen Ausdruck

$$\lim_{h \to 0} \frac{f(x_0 + h) - f(x_0 - h)}{2h}$$

ersetzt wird. Finden Sie ein Beispiel, bei dem ein Unterschied sichtbar wird.

Neben der Notation $f'(x_0)$ ist auch eine weitere Schreibweise für die Ableitung üblich, der sogenannte **Differenzialquotient**

$$\frac{\mathrm{d}f}{\mathrm{d}x}(x_0) = f'(x_0).$$

Um den Begriff eines Differenzials zu verstehen, nutzen wir die anschauliche Vorstellung, die wir von Ableitungen erarbeitet haben. Zunächst konkretisieren wir die vage Vorstellung von der lokalen Approximation durch eine affin-lineare Funktion.

Beispiel: Die Ableitungen von sin und cos

Mithilfe der allgemeinen Definition wird die Differenzierbarkeit der Sinus- und der Kosinusfunktion gezeigt. Dazu ist eine geeignete Abschätzung des Zählers im entsprechenden Differenzenquotienten erforderlich.

Problemanalyse und Strategie Mit einem geeigneten Additionstheorem zum Sinus schreiben wir den Zähler $\sin(x+h)-\sin(x)$ im Differenzenquotienten zur Sinusfunktion so, dass eine Abschätzung gegenüber der Störung h deutlich wird.

Lösung Mit den Additionstheoremen lässt sich eine Differenz von Funktionswerten zur Sinusfunktion, $f : \mathbb{R} \to \mathbb{R}$ mit $f(x) = \sin x$, durch

$$\begin{aligned} f(x+h) - f(x) &= \sin(x+h) - \sin x \\ &= \sin x \cos h + \cos x \sin h - \sin x \\ &= \sin x (\cos h - 1) + \cos x \sin h \end{aligned}$$

ausdrücken. In der Herleitung zur Zahl π im Abschn. 9.4 haben wir mit dem Leibnizkriterium die beiden Abschätzungen

$$\left| \frac{\sin h}{h} - 1 \right| \leq \frac{h^2}{6}$$

und

$$|\cos h - 1| \leq \frac{h^2}{2}$$

für $|h| \leq 2$ gezeigt. Mit diesen Abschätzungen folgt für den Differenzenquotienten

$$\begin{aligned} \frac{\sin(x+h) - \sin(x)}{h} &= \sin x \frac{\cos h - 1}{h} + \cos x \frac{\sin h}{h} \\ &\to \cos x, \quad \text{für } h \to 0. \end{aligned}$$

Also existiert der Grenzwert und wir erhalten die Ableitung

$$f'(x) = \cos x.$$

Wir können ähnlich vorgehen, um die Ableitung des Kosinus zu zeigen. Schneller sehen wir dies aber, wenn wir die Verschiebung $\cos x = \sin(x + \frac{\pi}{2})$ ausnutzen. Denn so erhalten wir mit dem oben betrachteten Grenzwert an der Stelle $x + \frac{\pi}{2}$ für den Differenzenquotienten der Kosinusfunktion

$$\begin{aligned} \frac{\cos(x+h) - \cos x}{h} &= \frac{\sin(x + \frac{\pi}{2} + h) - \sin(x + \frac{\pi}{2})}{h} \\ &\to \cos\left(x + \frac{\pi}{2}\right) = -\sin x. \end{aligned}$$

Die letzte Identität sieht man mit dem Additionstheorem $\cos(x + \frac{\pi}{2}) = \cos x \cos \frac{\pi}{2} - \sin x \sin \frac{\pi}{2} = -\sin x$, wobei die Funktionswerte $\cos \frac{\pi}{2} = 0$ und $\sin \frac{\pi}{2} = 1$ eingesetzt wurden.

Die Ableitung beschreibt die lineare Approximation

Betrachten wir die Differenz der Funktion f und der affin-linearen Funktion $g : \mathbb{R} \to \mathbb{R}$ mit $g(x) = f(x_0) + f'(x_0)(x - x_0)$. Die Differenz der beiden Funktionswerte beschreiben wir mit einer Hilfsfunktion $h : \mathbb{R} \to \mathbb{R}$ durch

$$\begin{aligned} f(x) - g(x) &= f(x) - f(x_0) - f'(x_0)(x - x_0) \\ &= (x - x_0)\, h(x). \end{aligned}$$

Wir setzen

$$h(x) = \begin{cases} \frac{f(x)-f(x_0)}{x-x_0} - f'(x_0) & \text{für } x \neq x_0 \\ 0 & \text{für } x = x_0. \end{cases}$$

Wenn die Funktion f in x_0 differenzierbar ist, so ist h eine stetige Funktion in x_0 mit dem Grenzwert

$$\lim_{x \to x_0} h(x) = 0.$$

Damit wird deutlich, was unter einer **Linearisierung** einer Funktion zu verstehen ist. Wir sprechen von Linearisierung von f um x_0, wenn $f : D \subseteq \mathbb{R} \to \mathbb{R}$ lokal um die Stelle $x_0 \in D$ zerlegt werden kann in

$$f(x) = \underbrace{f(x_0) + f'(x_0)(x - x_0)}_{=g(x), \text{ „Linearisierung"}} + h(x)(x - x_0)$$

mit einem Rest $h(x)(x - x_0)$ und der Eigenschaft $h(x) \to 0$ für $x \to x_0$ (siehe Abb. 10.4). In anderen Worten ausgedrückt besagt diese Darstellung, dass die Differenz zwischen f und der

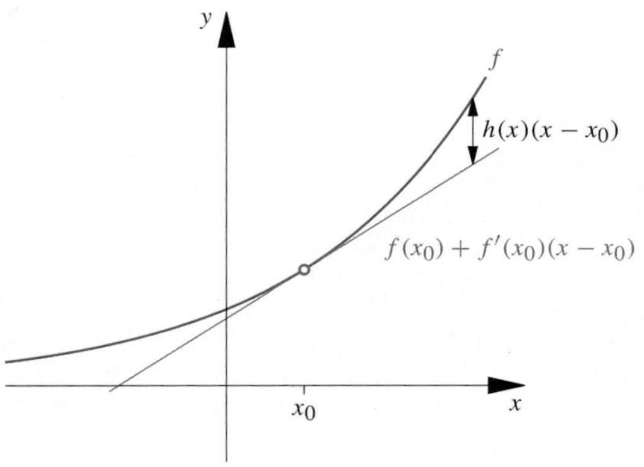

Abb. 10.4 Der Graph der Linearisierung einer Funktion um eine Stelle x_0 ist die Tangente an f in x_0

Linearisierung g, also der Term $h(x)(x - x_0)$, *schneller* gegen null konvergiert als der lineare Ausdruck $(x - x_0)$, wenn x gegen x_0 strebt. In diesem Sinne approximiert die Linearisierung eine Funktion. Mit der Landau-Symbolik, wie wir sie schon in Abschn. 9.2 eingeführt haben, schreibt man kurz

$$f(x) - g(x) = o(|x - x_0|).$$

Die Ableitung gibt die Steigung der Tangente an

Wir nennen die Gerade, die durch den Graphen von g beschrieben ist, die **Tangente** zu f an der Stelle x_0 (siehe Abb. 10.4). Betrachten wir die Tangente vom Punkt $(x_0, f(x_0)) \in \mathbb{R}^2$ aus, so gilt lokal, d. h. in einer entsprechend kleinen Umgebung um die Stelle x_0,

$$(f(x) - f(x_0)) \approx g(x) - f(x_0) = f'(x_0)(x - x_0)$$

in dem oben beschriebenen Sinn.

Verschieben wir den Ursprung des Koordinatensystems in den Punkt $(x_0, f(x_0))$ und bezeichnen die neuen Koordinaten mit $(\mathrm{d}x, \mathrm{d}f)$, so ist die Tangente gegeben durch die Gleichung

$$\mathrm{d}f = f'(x_0)\mathrm{d}x.$$

(siehe Abb. 10.6). Die so beschriebene lineare Abbildung $\mathrm{d}f : \mathbb{R} \to \mathbb{R}$ mit $\mathrm{d}f(\mathrm{d}x) = f'(x_0)\mathrm{d}x$ wird als das **Differenzial** $\mathrm{d}f$ von f in x_0 bezeichnet.

Abb. 10.5 Der Begriff Steigung besitzt auch eine umgangssprachliche Bedeutung

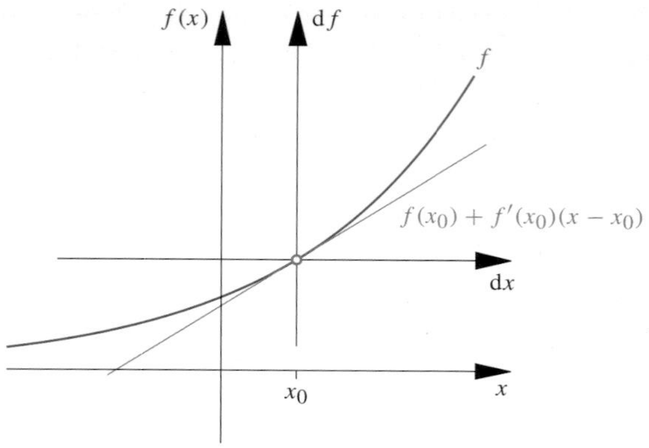

Abb. 10.6 Das Differenzial beschreibt die lineare Abbildung $\mathrm{d}f(\mathrm{d}x) = f'(x_0)\,\mathrm{d}x$

Die Ableitung liefert die lokale Änderungsrate

Wir können die Darstellung als Differenzial auch so interpretieren: Im Grenzfall bewirken infinitesimal kleine Änderungen $\mathrm{d}x$ des Arguments x_0 eine Änderung $\mathrm{d}f$ der Funktionswerte um die Rate $f'(x_0)$. Die Ableitung einer Funktion an einer Stelle x_0 beschreibt die **Änderungsrate** der Funktion an dieser Stelle.

Anwendungsbeispiel Wir betrachten noch einmal die Volumenänderung eines Würfels bei Erwärmung wie im Beispiel auf S. 118. Man geht von einem affin-linearen Modell aus, d. h., das Volumen in Abhängigkeit der Temperatur ist gegeben durch

$$v(t) = V_0(1 + \gamma t)$$

mit einem Referenzvolumen $V_0 > 0$ und räumlichen Ausdehnungskoeffizient $\gamma \in \mathbb{R}$. Wir erhalten als Änderungsrate des Referenzvolumens bei kleinen Temperaturänderungen die Ableitung

$$v'(t) = V_0\gamma.$$

Fassen wir das Volumen $V_0 = L_0^3$ als einen Würfel mit Kantenlänge L_0 auf. Dann ist die Änderung der Kantenlänge auch durch eine Funktion gegeben. Wir können die Änderungsrate entsprechend durch einen Längenausdehnungskoeffizienten $\alpha \in \mathbb{R}$ ausdrücken, d. h., ein linearisiertes Modell der Ausdehnung einer Kante ist

$$l(t) = L_0(1 + \alpha t).$$

Wenn uns der Zusammenhang zwischen diesen beiden Kenngrößen interessiert, so berechnen wir

$$\begin{aligned} V_0(1 + \gamma t) &= L_0^3(1 + \alpha t)^3 \\ &= L_0^3(1 + 3\alpha t + 3\alpha^2 t^2 + \alpha^3 t^3) \\ &\approx L_0^3(1 + 3\alpha t), \end{aligned}$$

wenn im letzten Ausdruck nur die in t linearen Terme berücksichtigt werden. Mit dieser weiteren Linearisierung ergibt sich die in Physikbüchern angegebene Relation

$$\gamma = 3\alpha$$

für die Ausdehnungskoeffizienten.

Leiten wir die Identität $v(t) = (l(t))^3$ an der Stelle $t = 0$ ab, d. h., wir bestimmen die Änderungsrate in $t = 0$, so folgt diese Beziehung aus

$$\begin{aligned}\gamma V_0 &= v'(0) = \left((l(t))^3\right)'\Big|_{t=0} \\ &= L_0^3 \left(3\alpha + 6\alpha^2 t + 3\alpha^3 t^2\right)\Big|_{t=0} = 3\alpha L_0^3.\end{aligned}$$

◀

Selbstfrage 2

Drei grundlegende Interpretationen des Begriffs *Ableitung* wurden vorgestellt. Welche Variante würden Sie als geometrischen, welchen als analytischen und welchen als physikalischen Zugang bezeichnen?

Differenzierbare Funktionen einer Veränderlichen sind stetig

Die Eigenschaft der Differenzierbarkeit einer Funktion an einer Stelle x_0 gibt eine lokale Information über den Verlauf der Funktion. Eine weitere lokale Eigenschaft von Funktionen kennen wir bereits aus Kap. 7, die Stetigkeit. Betrachten wir für eine in x_0 differenzierbare Funktion die Differenz

$$\begin{aligned}\lim_{x\to x_0} |f(x) - f(x_0)| &= \lim_{x\to x_0} \left(|x - x_0| \left|\frac{f(x) - f(x_0)}{x - x_0}\right|\right) \\ &= 0 \cdot f'(x_0) = 0.\end{aligned}$$

Es wird so deutlich, dass eine differenzierbare Funktion einer Veränderlichen stetig sein muss. Die Differenzierbarkeit einer Funktion ist also eine stärkere Bedingung als die Stetigkeit.

Beispiel Wir haben gesehen, dass die Betragsfunktion ein Beispiel für eine Funktion ist, die in $x_0 = 0$ zwar stetig aber nicht differenzierbar ist. Ein weiteres Beispiel ist die stückweise gegebene, stetige Funktion $f : \mathbb{R} \to \mathbb{R}$ mit

$$f(x) = \begin{cases} x, & x < 0 \\ x^2, & x \geq 0. \end{cases}$$

Betrachten wir den Differenzenquotienten in $x_0 = 0$, so ist

$$\lim_{\substack{x\to 0\\x>0}} \frac{f(x) - f(0)}{x - 0} = \lim_{\substack{x\to 0\\x>0}} \frac{x^2}{x} = \lim_{\substack{x\to 0\\x>0}} x = 0.$$

Andererseits gilt

$$\lim_{\substack{x\to 0\\x<0}} \frac{f(x) - f(0)}{x - 0} = \lim_{\substack{x\to 0\\x<0}} \frac{x}{x} = \lim_{\substack{x\to 0\\x<0}} 1 = 1.$$

Da die Grenzwerte unterschiedlich sind, ist die Funktion nicht differenzierbar.

Modifizieren wir im letzten Beispiel die Funktion f zu

$$\tilde{f}(x) = \begin{cases} 0, & x < 0 \\ x^2, & x \geq 0. \end{cases}$$

so handelt es sich um eine in $x_0 = 0$ differenzierbare Funktion, wie aus der analogen Rechnung ersichtlich ist. ◀

Die Ableitung als Funktion

Wichtig bei diesen Betrachtungen ist, die Rollen der Argumente x und x_0 in der Definition der Ableitung zu unterscheiden. Die Variable x benötigen wir zur Darstellung des Grenzwerts, aber die Variable x_0 bezeichnet die Stelle, an der wir die Ableitung betrachten. Daher haben wir die Notation $f'(x_0)$ gewählt: Wir bestimmen die Ableitung an einer Stelle x_0. Bisher wurde nur *lokal* für eine feste Stelle x_0 von einer Ableitung gesprochen. Die Ableitung hängt explizit von der Stelle x_0 ab, an der der Grenzwert betrachtet wird. Wenn der Grenzwert für jede beliebige Stelle x_0 im Definitionsbereich $D \subseteq \mathbb{R}$ einer Funktion existiert, so sprechen wir von einer differenzierbaren Funktion f und lassen den Zusatz *an einer Stelle* fallen. Es ergibt sich aus der Konstruktion der Ableitung in diesem Fall eine neue Funktion

$$f' : D \to \mathbb{R}.$$

Diese Funktion nennt man **Ableitungsfunktion** oder auch kurz die Ableitung von f, wenn keine Verwechselung zu befürchten ist. Somit ist etwa zu $f : \mathbb{R} \to \mathbb{R}$ mit $f(x) = x^2$ die Ableitungsfunktion $f' : \mathbb{R} \to \mathbb{R}$ durch $f'(x) = 2x$ gegeben. Bei der Exponentialfunktion $\exp : \mathbb{R} \to \mathbb{R}$ ist die Ableitungsfunktion

$$\exp'(x) = \exp(x)$$

wieder dieselbe Funktion, wie wir oben gesehen haben.

Anwendungsbeispiel Bei Wachstumsprozessen, etwa eine Zellkultur unter idealen Bedingungen, beobachtet man, dass die Änderungsrate der Population proportional zur Größe der Population ist. Die Anzahl der durch Zellteilung hinzukommenden Zellen hängt offensichtlich von der momentanen Anzahl an Zellen ab. Wenn wir die Populationsgröße in einer Zellkultur zu einem Zeitpunkt $t \geq 0$ durch eine Funktion $p(t)$ beschreiben, so bedeutet diese Beobachtung

$$p'(t) = r\,p(t)$$

Teil II

Vertiefung: Einseitige Ableitungen

Auf abgeschlossenen Definitionsbereichen, wie $[a, b] \subseteq \mathbb{R}$, ist es manchmal sinnvoll Ableitungen in die Randpunkte fortzusetzen. Kann am Rand der Definitionsmenge der Grenzwert des Differenzenquotienten für Folgen in der Definitionsmenge gebildet werden, so spricht man von einer *einseitigen* Ableitung in dem Randpunkt.

Wir hatten gesehen, dass die Betragsfunktion $f : \mathbb{R} \to \mathbb{R}$ mit $f(x) = |x|$ in $x_0 = 0$ nicht differenzierbar ist. Betrachten wir aber den Differenzenquotienten mit der Einschränkung $x > 0$ oder $x < 0$ so folgt

$$\lim_{\substack{x\to 0\\ x>0}} \frac{f(x) - f(0)}{x - 0} = \lim_{\substack{x\to 0\\ x>0}} \frac{|x|}{x} = 1$$

und

$$\lim_{\substack{x\to 0\\ x<0}} \frac{f(x) - f(0)}{x - 0} = \lim_{\substack{x\to 0\\ x<0}} \frac{|x|}{x} = -1.$$

Wir können die Ableitungsfunktion, $f'(x) = 1$ auf $(0, \infty)$, im Sinne einer Ableitung stetig fortsetzen auf $[0, \infty)$. Diese Grenzwerte nennt man *einseitige Ableitungen*.

Eine genaue Definition lässt sich wie folgt angeben. Wir gehen von einer Funktion $f : [a, b] \to \mathbb{R}$ aus, die auf dem offenen Intervall (a, b) differenzierbar ist. Falls der einseitige Grenzwert

$$f'(a) = \lim_{\substack{h\to 0\\ h>0}} \frac{f(a + h) - f(a)}{h}$$

existiert, so heißt $f'(a)$ **rechtsseitige Ableitung** von f in a. Analog wird die **linksseitige Ableitung** $f'(b)$ definiert.

Betrachten wir die beiden Funktionen $f, g : (-1, 1) \to \mathbb{R}$ mit

$$f(x) = (1 - x^2)^{\frac{1}{2}}$$

und

$$g(x) = (1 - x^2)^{\frac{3}{2}}.$$

Nun untersuchen wir die einseitigen Differenzenquotienten bei $x = 1$. Für das erste Beispiel gilt für $x \in (-1, 1)$ die Identität

$$\frac{\sqrt{1 - x^2} - 0}{x - 1} = \frac{\sqrt{(1 - x)(1 + x)}}{x - 1} = -\frac{\sqrt{1 + x}}{\sqrt{1 - x}}$$

und es wird deutlich, dass der Grenzwert für $x \to 1$ nicht existiert. Die Ableitung kann nicht bis auf den Rand bei $x = 1$ fortgesetzt werden.

Im zweiten Fall erhalten wir

$$\begin{aligned}\lim_{\substack{x\to 1\\ x<1}} \frac{(1 - x^2)^{3/2} - 0}{x - 1} &= \lim_{\substack{x\to 1\\ x<1}} \frac{(1 - x)^{3/2}(1 + x)^{3/2}}{x - 1}\\ &= -\lim_{\substack{x\to 1\\ x<1}} (1 - x)^{1/2}(1 + x)^{3/2} = 0.\end{aligned}$$

Der Grenzwert existiert. Also besitzt die Funktion g eine linksseitige Ableitung in $x = 1$ mit dem Wert $g'(1) = 0$. Anhand der Graphen (siehe die Abbildung) wird das signifikant unterschiedliche Verhalten der Funktionen an der Stelle $x = 1$ deutlich.

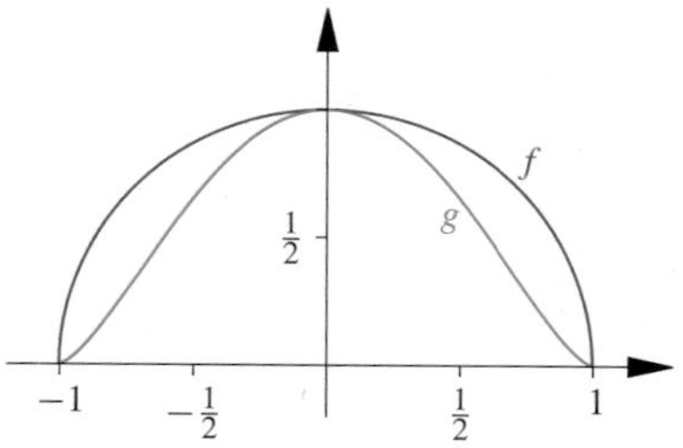

mit einer Konstanten $r \in \mathbb{R}$ (der Reproduktionsrate). Gleichungen, die Ableitungen einer Funktion und/oder die Funktion selbst in Beziehung zueinander stellen, heißen **Differenzialgleichungen**. Wir werden uns intensiv mit solchen Gleichungen beschäftigen. In diesem einfachen Beispiel ist $p(t) = p_0\, e^{rt}$ die Lösung. Es handelt sich um ein **exponentielles Wachstum** (siehe auch S. 194), wobei von einer Anfangspopulation $p_0 \in \mathbb{R}$ zur Zeit $t = 0$ ausgegangen wird. ◀

Die Auswertung der Ableitungsfunktion liefert uns an jeder Stelle $x \in D$ des Definitionsbereichs die lokale Änderungsrate, die Ableitung $f'(x)$. Beachten Sie, dass bei dieser Notation die Variable x die Rolle der Stelle x_0 in der Definition der Ableitung übernimmt. Eine zweite Variable zur Beschreibung des Grenzprozesses, wie wir sie in der Definition hervorheben mussten, wird hier nicht benötigt.

Die Vorstellung einer Änderungsrate ist grundlegend für die Bedeutung der Ableitung bei der Modellbildung in Natur- und Ingenieurwissenschaften, wie es im folgenden Beispiel zu sehen ist.

Wenn eine Ableitungsfunktion $f' : D \to \mathbb{R}$ selbst eine stetige Funktion ist, so sprechen wir von einer **stetig differenzierbaren** Funktion f. Ist die Ableitungsfunktion f' sogar differenzierbar auf D, so heißt

$$f'' = (f')'$$

die **zweite Ableitung** von f.

Anwendungsbeispiel Beim idealen (mathematischen) Pendel schwingt ein Massenpunkt M nur unter Einfluss der Schwerkraft. Es werden Reibungskräfte durch die Aufhängung und der Luftwiderstand vernachlässigt. Bezeichnet man mit $l > 0$ die Länge des Pendels, mit $m > 0$ die Masse und mit $s(t)$ die Länge des Bogenstücks zwischen Massenpunkt und dem Ruhepunkt des Pendels zum Zeitpunkt $t \in \mathbb{R}$, so lässt sich die Stecke auch mithilfe des Auslenkungswinkels $\alpha(t) \in [-\pi, \pi]$ durch $s(t) = l\alpha(t)$ beschreiben, wenn wir den Winkel im Bogenmaß messen (siehe Abb. 10.7).

Nach dem Newton'schen Kraftgesetz ist das Produkt aus Masse und Beschleunigung gleich der auf den Massenpunkt wirkenden Kraft. Da wegen der Aufhängung der Masse nur der Anteil der Gravitationskraft tangential zur Bahn des Massenpunkts auf die Masse wirkt, erhalten wir für die Kraft

$$F(t) = -mg \sin \alpha(t)$$

und es ergibt sich die Differenzialgleichung

$$ml\alpha''(t) = ms''(t) = -mg \sin \alpha(t)$$

zur Beschreibung der Schwingung.

Geht man von relativ kleinen Winkeln $\alpha(t)$ für die Auslenkung aus, so ist eine Linearisierung der Sinusfunktion um $\alpha = 0$ in dieser Gleichung eine sinnvolle Approximation. Mit

$$\sin(\alpha) \approx \sin(0) + \sin'(0)\alpha = \alpha$$

folgt die Differenzialgleichung

$$\alpha''(t) + \frac{g}{l}\alpha(t) = 0.$$

Diese Gleichung wird auch Schwingungsgleichung genannt und beschreibt einen harmonischen Oszillator (siehe auch S. 129). Durch die Linearisierung vereinfacht sich die Differenzialgleichung, sodass explizit Lösungen bestimmt werden können. In diesem Fall erhalten wir Lösungen von der Gestalt

$$\alpha(t) = c_1 \cos\left(\sqrt{\frac{g}{l}}t\right) + c_2 \sin\left(\sqrt{\frac{g}{l}}t\right),$$

wie wir nachprüfen können, indem wir die zweite Ableitung berechnen. Im Kap. 28 über Differenzialgleichungen werden wir eine Methode kennenlernen, wie man solche Lösungen aus der Differenzialgleichung heraus bestimmen kann. Außerdem werden wir sehen, dass alle Lösungen die oben angegebene Form haben müssen.

Nimmt man hingegen keine Linearisierung in der Differenzialgleichung vor, lassen sich allgemeine Lösungen der Differenzialgleichung nicht explizit angeben. Sie müssen dann numerisch approximiert werden. ◀

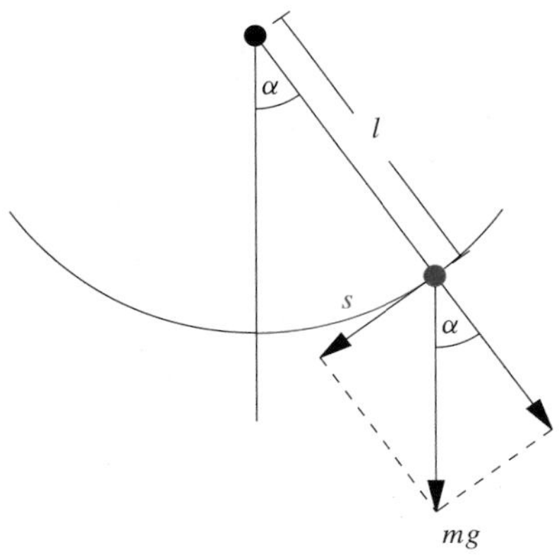

Abb. 10.7 Das mathematische Pendel als klassisches Modell für Schwingungsvorgänge

Abb. 10.8 Mit dem Foucault'schen Pendel lässt sich die Erddrehung experimentell nachweisen, da das relativ ideale mathematische Pendel anscheinend nicht in einer Schwingungsebene verharrt

Induktiv lassen sich höhere Ableitungen zur Funktion f definieren.

Definition von r-mal stetig differenzierbar

Eine Funktion f heißt auf D **r-mal stetig differenzierbar**, wenn $f: D \to \mathbb{R}$ eine r-mal differenzierbare Funktion ist und die r-te Ableitung eine stetige Funktion ist.

Für die zweite Ableitungsfunktion nutzt man die Notation f'' wie oben angegeben. Bei höheren Ableitungen sind die beiden Schreibweisen

$$f^{(r)}(x) = \frac{\mathrm{d}^r f}{\mathrm{d}x^r}(x)$$

für den Wert der r-ten Ableitung an einer Stelle $x \in D$ üblich.

Teil II

Beispiel

- Die Funktion $f : \mathbb{R} \to \mathbb{R}$ mit $f(x) = x^n$ für eine Zahl $n \in \mathbb{N}$ ist unendlich oft differenzierbar und es gilt

$$f^{(r)}(x) = n(n-1) \cdot \ldots \cdot (n-r+1)x^{n-r}$$

für $1 \leq r \leq n$ bzw.

$$f^{(r)}(x) = 0$$

für $r > n$.
Die Aussage sehen wir induktiv. Für $r = 1$ und festem Wert $n \in \mathbb{N}$ haben wir die Ableitungsfunktion $f'(x) = nx^{n-1}$ zu f im Beispiel auf S. 318 bestimmt.
Haben wir nun gezeigt, dass für $0 \leq r < n$ gilt

$$f^{(r)}(x) = n(n-1) \cdot \ldots \cdot (n-r+1)x^{n-r},$$

so können wir den von x unabhängigen Faktor $n(n-1)\ldots(n-r+1)$ aus dem Differenzenquotienten der Funktion $f^{(r)}$ ausklammern und erhalten analog für die $(r+1)$-te Ableitung aus

$$f^{(r+1)}(x) = (f^{(r)})'(x)$$

die Identität

$$\begin{aligned} f^{(r+1)}(x) &= (n(n-1) \cdot \ldots \cdot (n-r+1)x^{n-r})' \\ &= n(n-1)\ldots(n-r+1)(n-r)x^{n-r-1} \\ &= n(n-1)\ldots(n-r+1)(n-r)x^{n-(r+1)} \end{aligned}$$

für $r+1 \leq n$.
Im Fall $r = n$ ist die Funktion

$$f^{(n)}(x) = n(n-1)\ldots \cdot 1 = n!$$

konstant. Damit verschwindet ihre Ableitung und somit auch alle höheren Ableitungen von f. Dies beweist die Aussage, dass f unendlich oft differenzierbar ist mit den angegebenen Ableitungsfunktionen.
- Die Funktion

$$g(x) = \begin{cases} x^2 + 1, & x \geq 0, \\ 1, & x < 0, \end{cases}$$

ist genau einmal stetig differenzierbar in 0.
Die Differenzierbarkeit für $x \neq 0$ folgt auch aus dem Beispiel auf S. 318 und es ist

$$g'(x) = \begin{cases} 2x, & x > 0, \\ 0, & x < 0. \end{cases}$$

Betrachten wir noch die Stelle $x = 0$. Es ist

$$\frac{1}{h}\big[g(h) - g(0)\big] = \begin{cases} \frac{h^2}{h} = h, & h > 0, \\ 0, & h < 0. \end{cases}$$

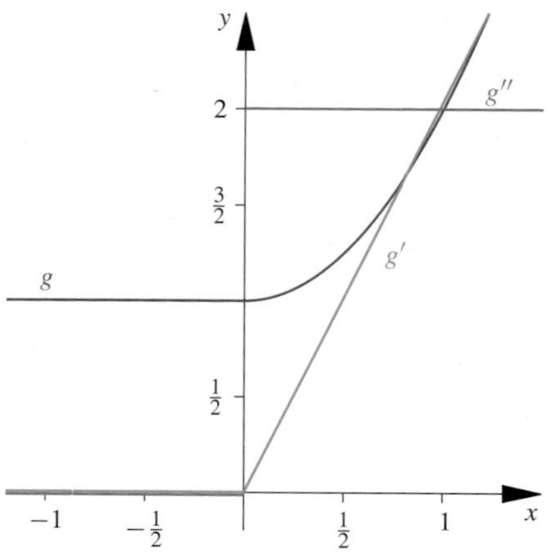

Abb. 10.9 Graphen der stückweise definierten Funktion g und ihrer Ableitungen

Daher gilt

$$\frac{1}{h}\big[g(h) - g(0)\big] \to 0$$

für $h \to 0$. Also ist g auch in $x = 0$ differenzierbar mit $g'(0) = 0$. Die Abbildung $g' : \mathbb{R} \to \mathbb{R}$ ist stetig auf $\mathbb{R}$, da insbesondere

$$\lim_{\substack{x \to 0 \\ x<0}} g'(x) = \lim_{\substack{x \to 0 \\ x>0}} g'(x) = 0$$

gilt. Für die zweite Ableitung von g bei $x = 0$ müssen wir den Differenzenquotienten zur Ableitungsfunktion betrachten,

$$\frac{1}{h}\big[g'(h) - g'(0)\big] = \begin{cases} \frac{2h}{h} = 2, & h > 0, \\ 0, & h < 0. \end{cases}$$

Dieser Ausdruck konvergiert nicht für $h \to 0$, da die Grenzwerte von rechts und von links sich unterscheiden. Die Funktion g ist genau einmal stetig differenzierbar.
- Die Funktion

$$h(x) = \begin{cases} x^2 \sin\left(\frac{1}{x}\right), & x > 0, \\ 0, & x \leq 0, \end{cases}$$

ist genau einmal differenzierbar in $x = 0$. Aber die Ableitungsfunktion ist nicht stetig in $x = 0$, d. h., die Funktion ist nicht stetig differenzierbar.
Um dies zu sehen, betrachten wir den Differenzenquotienten

$$\frac{h(x) - h(0)}{x - 0} = \frac{x^2 \sin(\frac{1}{x})}{x} = x \sin\left(\frac{1}{x}\right), \quad x > 0,$$

an der Stelle $x_0 = 0$. Dieser Ausdruck konvergiert gegen 0 für $x \to 0$ wegen der Abschätzung

$$\left| x \sin\left(\frac{1}{x}\right) \right| \leq |x| \to 0, \quad x \to 0.$$

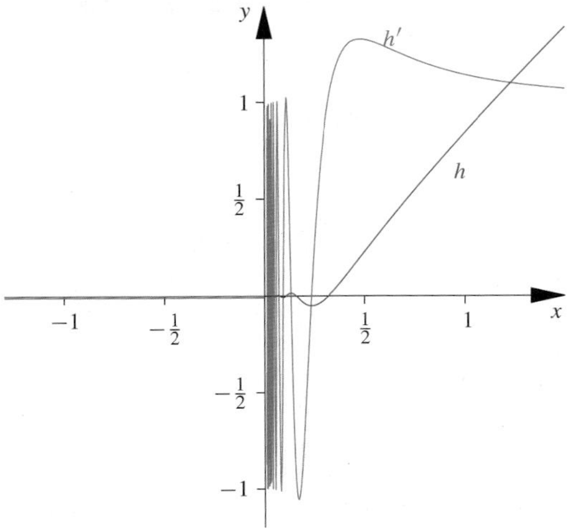

Abb. 10.10 Graphen von h und der Ableitung h'

Also ist h in $x = 0$ differenzierbar mit $h'(0) = 0$.
Weiter unten werden wir mit der Kettenregel sehen, dass für $x > 0$ die Funktion h differenzierbar ist mit Ableitung $h'(x) = 2x \sin(1/x) - \cos(1/x)$. Wir ersparen uns hier eine Herleitung dieser Ableitung direkt aus dem Differenzenquotienten. Für $x < 0$ ist offensichtlich $h'(x) = 0$. Insgesamt erhalten wir die Ableitungsfunktion

$$h'(x) = \begin{cases} 2x \sin(1/x) - \cos(1/x), & x > 0, \\ 0, & x \leq 0. \end{cases}$$

Diese Funktion ist **nicht** stetig in 0, denn wählen wir etwa die Nullfolge mit $x_n = 1/(2\pi n)$, $n \in \mathbb{N}$, so folgt

$$h'(x_n) = \frac{1}{\pi n} \sin(2\pi n) - \cos(2\pi n) = -1.$$

Mit der Nullfolge $x_n = 1/((2n+1)\pi)$ erhalten wir

$$h'(x_n) = \frac{2}{(2n+1)\pi} \sin((2n+1)\pi) - \cos((2n+1)\pi) = 1.$$

Die Ableitung kann somit in $x = 0$ nicht stetig sein.
Außerdem sehen wir, dass aus der Tatsache, dass der Grenzwert von $h'(x)$ für $x \to 0$ nicht existiert, nicht geschlossen werden kann, dass die Funktion h in $x = 0$ nicht differenzierbar ist.
Am Beispiel erkennt man, dass das Verhalten von Funktionen und deren Ableitungen an Oszillationsstellen (siehe S. 219) relativ kompliziert sein kann und im Einzelfall zu untersuchen ist. ◀

Analytische Eigenschaften einer Funktion, wie Stetigkeit oder Differenzierbarkeit werden oft zusammengefasst unter dem Oberbegriff der **Regularität** einer Funktion. Beim Umgang mit Funktionen spielt die Regularität nicht nur theoretisch, sondern

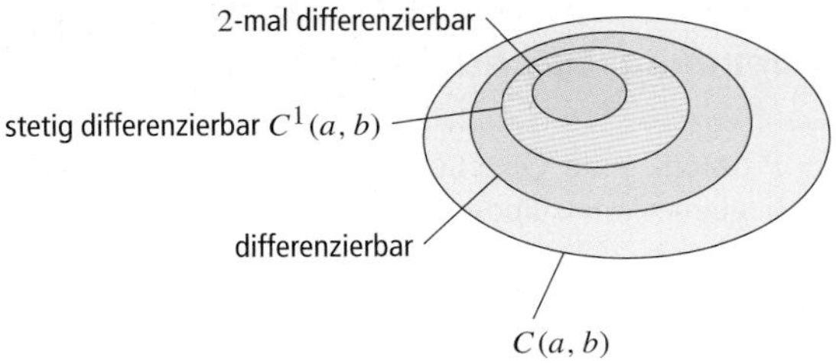

Abb. 10.11 Einbettung der differenzierbaren Funktionen in die Klasse der stetigen Funktionen

auch numerisch eine entscheidende Rolle, wie wir es etwa beim Newton-Verfahren in der Anwendung auf S. 326 sehen. Daher ist es nützlich alle Funktionen mit gleichen Regularitätseigenschaften zu Mengen zusammenzufassen. Die Menge der r-mal stetig differenzierbaren Funktionen wird international durch die Notation

$$C^r(D) = \{f : D \to \mathbb{R} \mid f \text{ ist } r\text{-mal stetig differenzierbar}\}$$

angegeben. Im Spezialfall $r = 0$ lässt man den Index weg und schreibt

$$C(D) = \{f : D \to \mathbb{R} \mid f \text{ ist stetig}\}$$

für die Menge der stetigen Funktionen.

Selbstfrage 3

Wenn $f \in C^r(a,b)$ gilt, in welcher Menge ist dann die n-te Ableitungsfunktion $f^{(n)}$ für $0 < n \leq r$?

In diesem Zusammenhang führen wir noch eine Sprechweise ein, die uns häufig begegnet.

Stetige Fortsetzung

Eine stetige Funktion $f : [a,b]\backslash\{\hat{x}\} \to \mathbb{R}$, die auf einem Intervall $[a,b]$ mit Ausnahme einer Stelle $\hat{x} \in [a,b]$ gegeben ist, heißt **stetig fortsetzbar** oder **stetig ergänzbar**, wenn es einen Wert $c \in \mathbb{R}$ gibt, sodass die Funktion

$$g(x) = \begin{cases} f(x), & \text{für } x \in [a,b]\backslash\{\hat{x}\} \\ c, & \text{für } x = \hat{x}, \end{cases}$$

eine stetige Funktion ist, oder kurz notiert, $g \in C([a,b])$ gilt.

Zum Beispiel können wir die Funktion $f : \mathbb{R}\backslash\{1\}$ mit $f(x) = (x^2-1)/(x-1)$ an der Stelle $x = 1$ stetig fortsetzen durch $f(1) = (x+1)|_{x=1} = 2$. Wenn eine Singularität, wie bei $1/(x-1)$ an der Stelle $x = 1$, vorliegt, können wir die Funktion gerade nicht durch einen Wert zu einer stetigen Funktion ergänzen.

Teil II

Teil II

Anwendung: Das Newton-Verfahren

Das Problem, eine Gleichung in den reellen Zahlen zu lösen, begegnet uns ständig in den Anwendungen. Die Frage lässt sich stets als eine Nullstellenaufgabe $f(x) = 0$ zu einer gegebenen Funktion $f : D \subseteq \mathbb{R} \to \mathbb{R}$ auffassen. Nur in speziellen Situationen, etwa bei affin-linearen oder quadratischen Gleichungen lassen sich Lösungen in geschlossener Form angeben. In den meisten Fällen sind wir auf numerische Approximationen angewiesen. Die Idee der Linearisierung einer Funktion hat dabei eine entscheidende Bedeutung und führt unter anderem auf das **Newton-Verfahren**, die am häufigsten genutzte Methode zum Lösen nichtlinearer Gleichungen.

Es ist eine Nullstelle $\hat{x} \in D$ einer differenzierbaren Funktion $f : D \to \mathbb{R}$ gesucht, d. h., aus der Bedingung $f(\hat{x}) = 0$ soll die Stelle $\hat{x}$ berechnet werden.

Wir wählen zunächst eine Stelle $x_0 \in D$ aus und betrachten die Linearisierung um x_0, d. h.

$$f(x) \approx g(x) = f(x_0) + f'(x_0)(x - x_0).$$

Dies ist die Tangente an f im Punkt x_0 (siehe Abbildung). Um eine Approximation an die gesuchte Nullstelle zu bekommen, verwenden wir die Nullstelle dieser Tangente, d. h., wir bestimmen eine neue Stelle x_1 aus der linearen Gleichung

$$0 = f(x_0) + f'(x_0)(x_1 - x_0).$$

Wenn die Ableitung $f'(x_0)$ von Null verschieden ist, folgt $x_1 = x_0 - f(x_0)/f'(x_0)$.

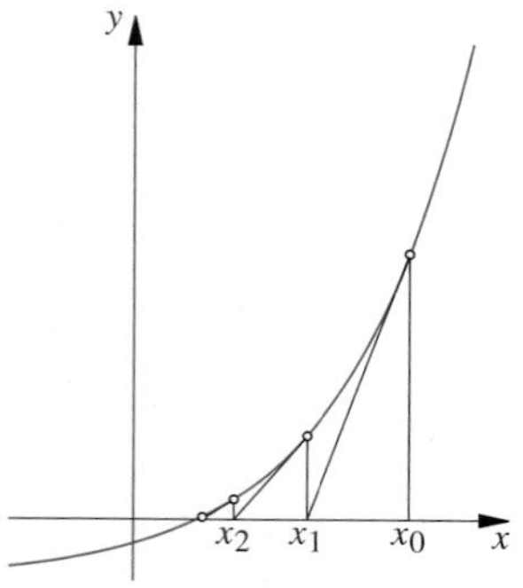

Aus der Abbildung wird deutlich, dass in günstigen Situationen x_1 näher an der Nullstelle liegt als x_0. Das Newton-Verfahren besteht nun darin, diesen Vorgang zu wiederholen, und so rekursiv eine Folge

$$x_{n+1} = x_n - \frac{f(x_n)}{f'(x_n)}, \quad n \in \mathbb{N},$$

zu berechnen. Ein numerisches Verfahren, das sich, wie das Newton-Verfahren, schrittweise, also rekursiv, einer Lösung nähert, nennt man **Iterationsverfahren**.

Wenn $\hat{x}$ eine Nullstelle einer zweimal stetig differenzierbaren Funktion ist, folgt mit dem *Mittelwertsatz*, den wir noch behandeln werden, eine Abschätzung von der Form

$$|x_{n+1} - \hat{x}| \leq c|x_n - \hat{x}|^2$$

für $n \in \mathbb{N}$ mit einer Konstanten $c > 0$. Also konvergiert das Verfahren, wenn wir mit x_0 genügend nah bei der Nullstelle $\hat{x}$ starten. Man nennt diese Art der Konvergenz **quadratisch**. In jedem Iterationsschritt verkleinert sich der Approximationsfehler entsprechend schnell. Gehen wir etwa von einer Genauigkeit von $1/10$ aus, so wird im nächsten Schritt ein Wert x_{n+1} erreicht mit einer Genauigkeit in der Größenordnung $1/100$. Im übernächsten Schritt x_{n+2} liegt der Approximationsfehler schon in der Größenordnung von vier Stellen hinter dem Komma.

Zunächst verzichten wir auf eine genaue Analyse der Konvergenz des Verfahrens. Betrachten wir einfach zwei Beispiele.

Ein Beispiel kennen wir bereits: Das Heron-Verfahren zur Berechnung von Wurzeln auf S. 189 ist die Anwendung des Newton-Verfahrens auf die Funktion $f : \mathbb{R}_{>0} \to \mathbb{R}$ mit $f(x) = x^2 - a$, denn mit der Ableitung $f'(x) = 2x$ folgt der Newton-Iterationsschritt

$$x_{n+1} = x_n - \frac{x_n^2 - a}{2x_n} = \frac{1}{2}\left(x_n + \frac{a}{x_n}\right).$$

Als zweites Beispiel suchen wir eine Lösung der Gleichung

$$\cos x = x^2.$$

Dazu wenden wir das Newton-Verfahren auf die Funktion f mit $f(x) = x^2 - \cos x$ an. Starten wir mit dem Wert $x_0 = 1$ oder $x_0 = -0.1$, so folgen die Iterationsschritte

n	x_n	x_n
0	1.000 000 00	−0.100 000 00
1	0.838 218 40	−3.385 171 40
2	0.824 241 87	−1.481 426 36
3	0.824 132 32	−0.949 613 66
4	0.824 132 31	−0.831 722 98
5	0.824 132 31	−0.824 164 39
6	0.824 132 31	−0.824 132 31

Beachten Sie, dass das Verfahren beim zweiten Startwert gegen eine andere Nullstelle konvergiert. Die schnelle Konvergenz ist in der Tabelle deutlich zu sehen. Beim Startwert $x_0 = -0.1$ benötigt das Verfahren einige Schritte mehr als beim Startwert $x_0 = 1.0$. Zum einen ist dieser Startwert weiter entfernt von der Nullstelle und andererseits näher an der Stelle $x = 0$, in der die Ableitung verschwindet. Der Startwert $x_0 = 0$ ist offensichtlich nicht zulässig, da $f'(0) = 0$ gilt.

Dies illustriert, dass die Wahl des Startwerts x_0 immens wichtig für den Erfolg des Verfahrens ist. Auch die Voraussetzung, dass f zweimal stetig differenzierbar ist, spielt eine Rolle. Wie sich die Regularität der betrachteten Funktion auf die Konvergenz und die Konvergenzgeschwindigkeit des Verfahrens auswirkt, untersuchen wir in einer Übungsaufgabe zu diesem Abschnitt.

In diesem Sinne werden Ableitungsfunktionen etwa $f' \in C([a,b])$ auch auf abgeschlossenen Intervallen betrachtet, wobei an den Randpunkten an eine stetige Fortsetzung der Ableitungsfunktion gedacht ist.

Der Buchstabe C bei den Mengenbezeichnungen erinnert an die englische Bezeichnung *continuous* für stetig. Strukturen und weitere Eigenschaften dieser Mengen werden uns noch häufig begegnen, aber zunächst gilt es, Techniken beim Bestimmen von Ableitungen kennenzulernen.

10.2 Differenziationsregeln

Die Berechnung einer Ableitung durch Bilden des Grenzwerts des Differenzenquotienten ist relativ aufwendig. Zum Glück gibt es ein paar nützliche Regeln, die es ermöglichen, Ableitungen von Funktionen auf einige wenige differenzierbare Standardfunktionen zurückzuführen.

Ableiten ist eine lineare Operation

Eine Regel ist leicht aus der Definition zu ersehen. Betrachten wir die Summe $f+g$ von zwei differenzierbaren Funktionen $f, g : D \to \mathbb{R}$, so gilt mit den allgemeinen Rechenregeln zu Grenzwerten, dass

$$\begin{aligned}\lim_{x\to x_0} &\frac{(f+g)(x)-(f+g)(x_0)}{x-x_0}\\ &= \lim_{x\to x_0}\frac{f(x)-f(x_0)+g(x)-g(x_0)}{x-x_0}\\ &= \lim_{x\to x_0}\frac{f(x)-f(x_0)}{x-x_0} + \lim_{x\to x_0}\frac{g(x)-g(x_0)}{x-x_0}\\ &= f'(x_0)+g'(x_0).\end{aligned}$$

Diese Eigenschaft wird auch *Additivität* des Differenzierens genannt. Analog erhalten wir die Homogenität. Es bedeutet, wenn wir eine Funktion mit einem Faktor $a \in \mathbb{R}$ multiplizieren, gilt die Identität $(af)'(x) = af'(x)$.

Linearität des Differenzierens

Sind $f, g : D \subseteq \mathbb{R} \to \mathbb{R}$ differenzierbare Funktionen und $a \in \mathbb{R}$ eine beliebige Konstante, so sind auch die Funktionen $f+g$ und af differenzierbar und es gilt

$$(f+g)'(x) = f'(x) + g'(x)$$

und

$$(af)'(x) = af'(x).$$

Beide Eigenschaften, Additivität und Homogenität werden zusammen als **Linearität** des Differenzierens bezeichnet, da sich die Operation, eine Funktion abzuleiten, linear verhält. So spielt es keine Rolle, ob erst zwei Funktionen addiert und dann die Ableitung berechnet wird, oder ob zunächst die Ableitungen der beiden Funktionen berechnet werden und danach die Ableitungsfunktionen aufsummiert werden.

Die Linearität des Differenzierens ist grundlegend, und man gewöhnt sich schnell daran, sie ständig anzuwenden ohne darüber nachzudenken.

Beispiel

- Die Funktion $f : \mathbb{R} \to \mathbb{R}$ mit $f(x) = \sin x + \cos x$ ist differenzierbar und es gilt
$$f'(x) = \cos x - \sin x.$$
- Alle Polynome sind beliebig oft differenzierbar. Für
$$p(x) = \sum_{k=0}^{n} a_k x^k$$
ist
$$p'(x) = \sum_{k=1}^{n} k\, a_k x^{k-1} = \sum_{j=0}^{n-1} (j+1)\, a_{j+1} x^j,$$
und dies ist ein Polynom vom Grad $n-1$.
Diese Aussage ergibt sich aus der Differenzierbarkeit von Monomen mit $(x^k)' = kx^{k-1}$ und der Linearität, da sich Polynome aus einer Summe solcher Ausdrücke multipliziert mit den konstanten Koeffizienten zusammensetzen. ◀

Mit der Linearität wird auch offensichtlich, wie bei komplexwertigen Funktionen in einer reellen Variablen, also $f : D \to \mathbb{C}$ auf einer offenen Menge $D \subseteq \mathbb{R}$, die Differenzierbarkeit erklärt werden kann. Wir bilden getrennt die Ableitung des Real- und des Imaginärteils. Somit ist

$$f'(x) = (\mathrm{Re}(f) + \mathrm{i}\,\mathrm{Im}(f))'(x) = (\mathrm{Re} f)'(x) + \mathrm{i}\,(\mathrm{Im} f)'(x).$$

Für $f : (0, 2\pi) \to \mathbb{C}$ mit $f(t) = \mathrm{e}^{\mathrm{i}t}$ gilt etwa die Ableitung

$$f'(t) = (\cos + \mathrm{i}\sin)'(t) = -\sin(t) + \mathrm{i}\cos(t) = \mathrm{i}\mathrm{e}^{\mathrm{i}t} = \mathrm{i}f(t).$$

Die Produktregel

Nachdem wir die Summe von Funktionen betrachtet haben, wenden wir uns dem Produkt zu. Wenn $f, g : D \subseteq \mathbb{R} \to \mathbb{R}$ differenzierbare Funktionen sind, so folgt für den Differenzenquotienten zum Produkt $f \cdot g$ die Identität

$$\begin{aligned}&\frac{f(x)g(x)-f(x_0)g(x_0)}{x-x_0}\\ &\quad= \frac{f(x)g(x)-f(x)g(x_0)+f(x)g(x_0)-f(x_0)g(x_0)}{x-x_0}\\ &\quad= f(x)\frac{g(x)-g(x_0)}{x-x_0} + \frac{f(x)-f(x_0)}{x-x_0}\,g(x_0).\end{aligned}$$

Teil II

Da f und g differenzierbar sind und f insbesondere auch stetig in x_0 ist, existiert der Grenzwert und wir erhalten

$$\lim_{x\to x_0} \frac{f(x)g(x) - f(x_0)g(x_0)}{x - x_0} = f(x_0)g'(x_0) + f'(x_0)g(x_0).$$

Wir haben somit die folgende Rechenregel hergeleitet.

Produktregel

Das Produkt zweier differenzierbarer Funktionen $f, g : D \to \mathbb{R}$ ist differenzierbar und es gilt für die Ableitung

$$(fg)'(x) = f(x)\,g'(x) + f'(x)\,g(x).$$

Beispiel Die beiden Funktionen $f : \mathbb{R} \to \mathbb{R}$ mit $f(x) = \cos^2 x$ und $g : \mathbb{R} \to \mathbb{R}$ mit $g(x) = \sin^2 x$ sind nach der Produktregel differenzierbar und wir erhalten die Ableitungen

$$f'(x) = -\cos x\,\sin x - \sin x \cos x = -2\cos x\,\sin x$$

und

$$g'(x) = \sin x\,\cos x + \cos x \sin x = 2\cos x\,\sin x.$$

Addieren wir die beiden Funktionen so folgt, wie es aus dem Additionstheorem $\cos^2 x + \sin^2 x = 1$ zu erwarten ist,

$$(f + g)'(x) = (\cos^2 x + \sin^2 x)' = 0.$$ ◂

Betrachten wir den Kehrwert einer differenzierbaren Funktion $g : D \to \mathbb{R}$ mit $g(x) \neq 0$. Dann ergibt sich für den Differenzenquotienten

$$\begin{aligned}\frac{\frac{1}{g(x)} - \frac{1}{g(x_0)}}{x - x_0} &= \frac{g(x_0) - g(x)}{g(x)g(x_0)(x - x_0)}\\ &= -\frac{1}{g(x)g(x_0)}\,\frac{g(x) - g(x_0)}{x - x_0}\end{aligned}$$

für $x \neq x_0$. Wegen der Differenzierbarkeit von g können wir wieder den Grenzwert bilden, und es folgt, dass die Ableitung existiert mit

$$\left(\frac{1}{g}\right)'(x) = -\frac{g'(x)}{(g(x))^2}.$$

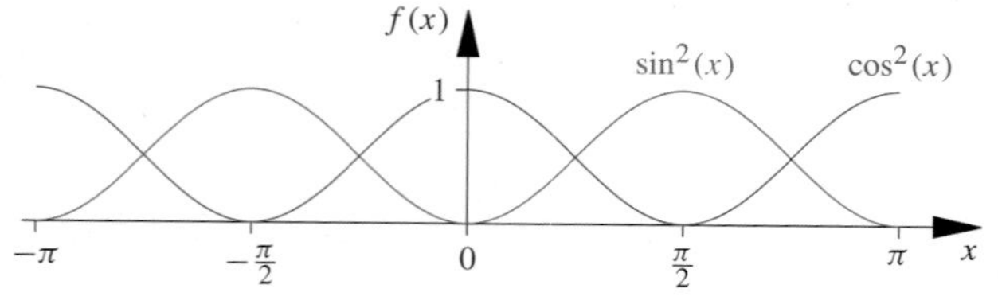

Abb. 10.12 Graphen der beiden Funktionen mit $f(x) = \cos^2 x$ und $g(x) = \sin^2 x$

Weiter erhalten wir allgemein aus der Produktregel für den Quotienten zweier differenzierbarer Funktionen

$$\begin{aligned}\left(\frac{f}{g}\right)'(x) &= f'(x)\frac{1}{g(x)} - f(x)\frac{g'(x)}{(g(x))^2}\\ &= \frac{f'(x)g(x) - f(x)g'(x)}{(g(x))^2},\end{aligned}$$

wenn $g(x) \neq 0$ gilt. Also ist der Quotient differenzierbar und es gilt diese als **Quotientenregel** bezeichnete Formel.

Beispiel

- Wir können die Quotientenregel anwenden auf die Funktion $f : \mathbb{R} \to \mathbb{R}$ mit $f(x) = x/(1 + x^2)$ und erhalten

$$f'(x) = \frac{1 + x^2 - 2x^2}{(1 + x^2)^2} = \frac{1 - x^2}{(1 + x^2)^2}.$$

- Mit der Quotientenregel folgt, dass der Tangens $\tan : (-\pi/2, \pi/2) \to \mathbb{R}$ differenzierbar ist mit der Ableitung

$$\tan' x = \left(\frac{\sin x}{\cos x}\right)' = \frac{\cos^2 x + \sin^2 x}{\cos^2 x} = \frac{1}{\cos^2 x}.$$

Beachten Sie, dass wir den Bruch in zwei Summanden zerlegen können, sodass die Ableitung auch durch

$$\tan' x = 1 + \tan^2 x$$

dargestellt werden kann. ◂

Beim Ableiten von Verkettungen gilt: „äußere mal innere Ableitung"

Neben der Linearität und der Produktregel gibt es eine weitere grundlegende Regel zum Ableiten, die im Folgenden ständig genutzt wird. Es ist die Kettenregel zur Differenziation der Komposition zweier Funktionen.

Kettenregel

Wenn zwei differenzierbare Funktionen $f : D \to \mathbb{R}$ und $g : f(D) \to \mathbb{R}$ gegeben sind, so ist die Verkettung der Funktionen differenzierbar und es gilt für $x \in D$

$$(g \circ f)'(x) = g'\big(f(x)\big)f'(x).$$

Beweis Um die Kettenregel herzuleiten, betrachten wir die Ableitung an einer Stelle $x_0 \in D$. Beim Beweis muss man ein wenig mehr aufpassen, als bei den anderen Regeln, da nicht vorausgesetzt werden kann, dass $f(x) \neq f(x_0)$ für alle x in einer Umgebung um x_0 gilt.

Setzen wir $y_0 = f(x_0)$ und definieren die Funktion $\Phi : f(D) \to \mathbb{R}$ durch

$$\Phi(y) = \begin{cases} \frac{g(y)-g(y_0)}{y-y_0}, & \text{für } y \neq y_0, \\ g'(y_0), & \text{für } y = y_0. \end{cases}$$

Da die Funktion g in $y_0 \in f(D)$ differenzierbar ist, ist die Funktion Φ stetig. Mit dieser Funktion Φ folgt

$$\frac{g(f(x)) - g(f(x_0))}{x - x_0} = \Phi(f(x))\,\frac{f(x) - f(x_0)}{x - x_0}$$

sowohl für $x \neq x_0$ als auch an der Stelle $x = x_0$. Da für $x \to x_0$ die Funktionswerte $f(x)$ gegen $f(x_0)$ konvergieren, dürfen wir mit dieser Überlegung den Grenzwert des Differenzenquotienten bilden und erhalten die Behauptung

$$\frac{g(f(x)) - g(f(x_0))}{x - x_0} \to \Phi(f(x_0))f'(x_0) = g'(y_0)f'(x_0). \quad \blacksquare$$

Um sich die Kettenregel zu merken, ist eventuell die Leibniz-Notation der Ableitung hilfreich. Denn in dieser Notation ist

$$\frac{\mathrm{d}}{\mathrm{d}x}(f(g(x))) = \frac{\mathrm{d}f}{\mathrm{d}g}(g(x))\,\frac{\mathrm{d}g}{\mathrm{d}x}(x).$$

d. h., formal sieht die Regel aus, wie ein Erweitern des Differenzialquotienten um das Differenzial $\mathrm{d}g$.

Beispiel

- Eine Verkettung von Polynomen ist stets differenzierbar. Da allgemein eine Verkettung von Polynomen wieder ein Polynom ist, überrascht diese Aussage nicht. Aber es ist häufig wesentlich angenehmer die Kettenregel zu verwenden, anstatt zunächst ein Polynom auszumultiplizieren.
  Ist etwa $f : \mathbb{R} \to \mathbb{R}$ gegeben mit $f(x) = (x^3 + 1)^7$. Die Funktion f ist offensichtlich eine Komposition $f = g \circ h$ mit $h(x) = x^3 + 1$ und $g(y) = y^7$. Mit der Kettenregel folgt die Ableitung
  $$f'(x) = 7(x^3 + 1)^6 \cdot (3x^2) = 21\,x^2(x^3 + 1)^6.$$
- Die Funktion $f : \mathbb{R} \to \mathbb{R}$ mit $f(x) = \cos(\sin(x))$ ist differenzierbar. Mit der Kettenregel erhalten wir
  $$f'(x) = -\sin(\sin(x)) \cdot \cos(x). \quad ◀$$

Beachten Sie, dass die Aussage der Kettenregel nicht nur in der Rechenregel zur Berechnung einer solchen Ableitung besteht, sondern, dass auch die Existenz der Ableitung von $f \circ g$ aus der Differenzierbarkeit der beiden einzelnen Funktionen folgt.

Mit der Kettenregel können wir uns die Ableitung des Kehrwerts einer Funktion herleiten. Fassen wir $1/g(x)$ als Komposition der Funktionen g und der Funktion f: $\mathbb{R}\setminus\{0\} \to \mathbb{R}$ mit $f(y) = 1/y$ auf, so folgt mit der Kettenregel

$$\left(\frac{1}{g}\right)' = (f \circ g)' = (f' \circ g)\,g' = -\frac{1}{g^2}\,g'$$

für die Ableitung.

Wenn Sie bei der Quotientenregel unsicher sind, etwa beim Vorzeichen, merken Sie sich, dass solche Ableitungen direkt aus Produkt- und Kettenregel folgen.

Selbstfrage 4

Leiten Sie sich die Quotientenregel aus der Kettenregel, angewandt auf $1/g$, und der Produktregel her.

Umkehrfunktionen streng monotoner, differenzierbarer Funktionen sind differenzierbar

Ähnlich lässt sich mit der Kettenregel elegant die Ableitung einer Umkehrfunktion gewinnen, wenn wir wissen, dass diese differenzierbar ist. Denn aus der Identität

$$(f^{-1} \circ f)(x) = x$$

folgt, wenn wir auf beiden Seiten ableiten

$$\left(f^{-1}\right)'(f(x))f'(x) = 1.$$

Also gilt mit $y = f(x)$

$$(f^{-1})'(y) = \frac{1}{f'(f^{-1}(y))}.$$

Für die Ableitung der Umkehrfunktion, berechnen wir f' und bilden dann den Kehrwert an der entsprechenden Stelle $x = f^{-1}(y)$.

Der Haken an dieser Rechnung besteht darin, dass vorausgesetzt werden muss, dass die Funktion f^{-1} differenzierbar ist. Somit ist die Rechnung eine Merkhilfe aber kein mathematisch vollständiger Beweis. Dieser lässt sich führen, wenn die Funktion streng monoton ist.

Beweis Nehmen wir an $f : D \to \mathbb{R}$ ist eine stetige, streng monotone und in $x_0 \in D$ differenzierbare Funktion mit $f'(x_0) \neq 0$. Wir setzen $y \neq y_0$, $x = f^{-1}(y)$ und $x_0 = f^{-1}(y_0)$. Wegen der Monotonie ist insbesondere $x \neq x_0$ und für den Differenzenquotienten folgt

$$\begin{aligned}\frac{f^{-1}(y) - f^{-1}(y_0)}{y - y_0} &= \frac{x - x_0}{f(x) - f(x_0)} \\ &= \frac{1}{\frac{f(x)-f(x_0)}{x-x_0}} \to \frac{1}{f'(x_0)}\end{aligned}$$

für $x \to x_0$. $\blacksquare$

Anwendung: Geschwindigkeit eines Kolbens

Es ist die Geschwindigkeit eines Kolbens zu ermitteln, der durch eine Kurbel angetrieben wird.

Wir bezeichnen den Radius der Antriebskurbel mit $r \in \mathbb{R}_{>0}$ und mit $\alpha \in \mathbb{R}$ den Winkel zur Ruhelage (siehe Abbildung). Unter der Annahme, dass die Kurbel sich mit konstanter Winkelgeschwindigkeit dreht, ist $\alpha = \omega t$ mit Kreisfrequenz ω und der Zeit t.

Für einen Kolben, der mit einer Stange der Länge $l > r$ befestigt ist, bezeichnen wir mit $x(t)$ die Entfernung zwischen Kolben und Mittelpunkt der Kurbel zur Zeit t. Diese Strecke ergibt sich aus der Summe der Strecken von A zu B und von B zu C im Bild. Also ist

$$x(t) = r\cos\big(\alpha(t)\big) + l\cos\big(\beta(t)\big),$$

wenn wir mit $\beta(t)$ den Winkel zwischen Stange und Ruhelage bezeichnen.

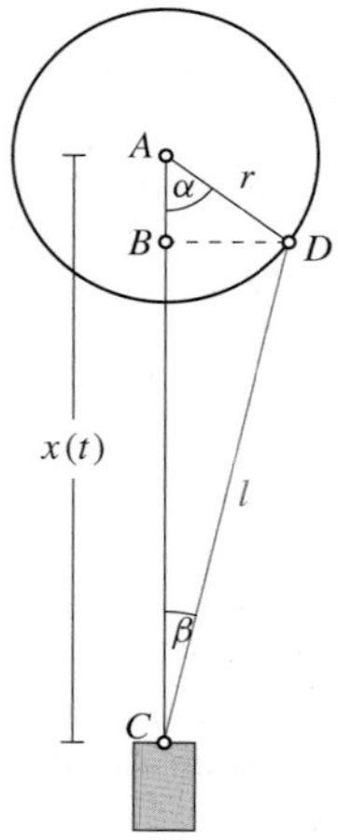

Wir drücken den Winkel β durch α aus. Da beide rechtwinkligen Dreiecke dieselbe Gegenkathete besitzen, gilt

$$r\sin\big(\alpha(t)\big) = l\sin\big(\beta(t)\big)$$

für alle Zeitpunkte. Nutzen wir weiterhin das Additionstheorem $\cos^2\beta(t) + \sin^2\beta(t) = 1$, so folgt

$$\cos\big(\beta(t)\big) = \sqrt{1-\sin^2\big(\beta(t)\big)} = \sqrt{1-\frac{r^2}{l^2}\sin^2\big(\alpha(t)\big)}.$$

Es kommt hier nur die positive Wurzel in Frage, da wir von $l > r$ ausgehen. Setzen wir diesen Ausdruck in $x(t)$ ein und ersetzen $\alpha(t)$ durch ωt, so ergibt sich

$$x(t) = r\cos(\omega t) + l\sqrt{1-\frac{r^2}{l^2}\sin^2(\omega t)}.$$

Um nun die Geschwindigkeit des Kolbens zu ermitteln, leiten wir den Ausdruck $x(t)$ für den Ort ab. Dabei sind im zweiten Summanden genau genommen vier ineinander geschachtelte Funktionen zu betrachten, die Wurzelfunktion mit $f(z) = \sqrt{z}$, das quadratische Polynom $z = (1-\frac{r^2}{l^2}y^2)$ der Sinus, $y = \sin u$ und die Multiplikation $u = \omega t$. Wir wenden die Kettenregel für diesen Term somit dreimal an und erhalten für die Geschwindigkeit des Kolbens den Ausdruck

$$\begin{aligned} x'(t) &= -r\omega\sin(\omega t)\\ &\quad - l\left(\frac{1}{2}\frac{1}{\sqrt{1-\frac{r^2}{l^2}\sin^2(\omega t)}}\right)\left(2\frac{r^2}{l^2}\sin(\omega t)\right)\cos(\omega t)\,\omega\\ &= -r\omega\left(\sin(\omega t) + \frac{r}{l}\frac{\sin(\omega t)\cos(\omega t)}{\sqrt{1-\frac{r^2}{l^2}\sin^2(\omega t)}}\right). \end{aligned}$$

Beispiel

- Wir können nun die Ableitung der Logarithmusfunktion bestimmen. Da der Logarithmus die Umkehrfunktion zur Exponentialfunktion ist, deren Ableitung wir schon berechnet haben, folgt

$$\ln'(x) = \frac{1}{\exp'(\ln(x))} = \frac{1}{\exp(\ln(x))} = \frac{1}{x}.$$

- Nutzen wir dieses Ergebnis und berechnen wir die Ableitung einer allgemeinen Potenzfunktion. Ist $a \in \mathbb{R}$ und $f\colon \mathbb{R}_{>0} \to \mathbb{R}$ mit $f(x) = x^a$ für $x > 0$. Dann folgt mit der Kettenregel

$$\begin{aligned} f'(x) &= (x^a)' = \left(e^{a\ln x}\right)'\\ &= a\,\frac{1}{x}\,e^{a\ln x} = ax^{a-1}, \end{aligned}$$

da sich die Funktion als Komposition der Funktionen exp und $a\cdot\ln$ auffassen lässt.

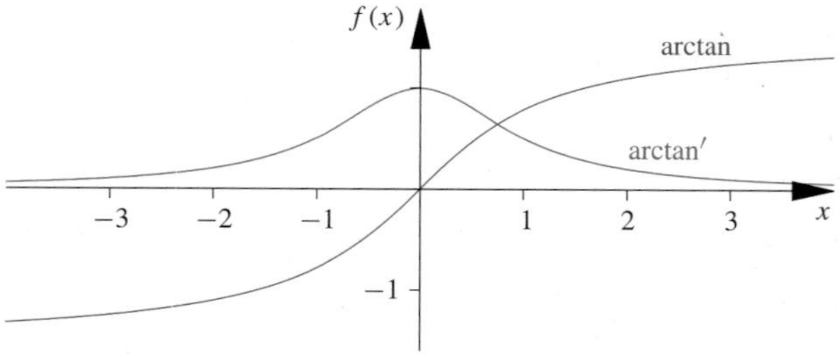

Abb. 10.13 Die Funktion arctan und ihre Ableitungsfunktion

- Die Ableitung der Umkehrfunktion $\arctan : \mathbb{R} \to (-\frac{\pi}{2}, \frac{\pi}{2})$ des Tangens ergibt sich mit der zweiten Darstellung im Beispiel auf S. 328 zu

$$\begin{aligned} \arctan'(x) &= \frac{1}{\tan'(\arctan(x))}\\ &= \frac{1}{1+\tan^2(\arctan(x))} = \frac{1}{1+x^2}. \end{aligned}$$ ◀

Implizites Differenzieren

Wenn eine Ableitung aus einer Gleichung heraus zu gewinnen ist, wie bei der Umkehrfunktion, etwa aus

$$\arctan(\tan(x)) = x$$

(siehe Beispiel auf S. 330), so spricht man von **implizitem Differenzieren**. Diese Variante, Ableitungen zu bekommen, ist häufig nützlich und wird uns bei der Lösung von Differenzialgleichungen wieder begegnen.

Beispiel Die Gleichung

$$|x|^{2/3} + |y|^{2/3} = 1$$

wird von den Punkten (x, y) in der Koordinatenebene erfüllt die auf einer sogenannten *Astroide* liegen (siehe Abb. 10.14). In der oberen oder in der unteren Halbebene können wir die Linie als Graph einer Funktion $y : [-1, 1] \to \mathbb{R}$ auffassen. Diese Funktion ist durch

$$y(x) = (1 - |x|^{\frac{2}{3}})^{\frac{3}{2}},$$

bzw. $-y(x)$ für den Zweig in der unteren Halbebene, gegeben.

Suchen wir zu $y : (0, 1) \to \mathbb{R}$ die Ableitung, so können wir diese entweder direkt aus der expliziten Darstellung ermitteln oder implizit mit der Kettenregel aus der Gleichung

$$x^{2/3} + (y(x))^{2/3} = 1$$

bestimmen. Bilden wir die Ableitung auf beiden Seiten der Gleichung, so folgt

$$\frac{2}{3}x^{-\frac{1}{3}} + \frac{2}{3}(y(x))^{-\frac{1}{3}}\, y'(x) = 0$$

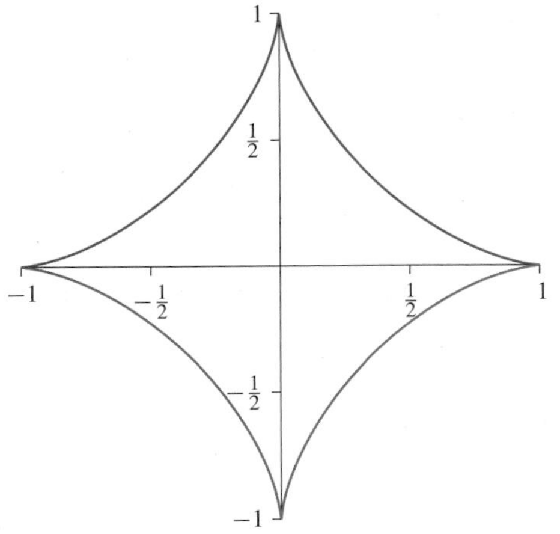

Abb. 10.14 Die Astroide. Die Teilstücke lassen sich als Graphen auffassen, aber offensichtlich besitzt die entsprechende Funktion in den Eckpunkten keine Ableitung

und wir erhalten $y'(x) = -\sqrt[3]{\frac{y(x)}{x}}$. Nun können wir die explizite Darstellung der Funktion y auf $(0, 1)$ einsetzen, um die Ableitungsfunktion $y' : (0, 1) \to \mathbb{R}$ dieses Zweigs von y durch

$$y'(x) = -\frac{\sqrt{(1 - x^{\frac{2}{3}})}}{\sqrt[3]{x}}$$

anzugeben. ◄

Die bisher hergeleiteten Ableitungsfunktionen zusammen mit den drei grundlegenden Regeln erlauben uns, Funktionen, die sich aus Standardfunktionen bilden lassen, zu differenzieren. Daher ist eine Liste dieser Regeln zusammen mit den wesentlichen Ableitungen, wie sie im Überblick auf S. 333 zusammengestellt ist, äußerst wertvoll.

Teil II

Potenzreihen sind beliebig oft differenzierbar

Die Bedeutung von Potenzreihen (siehe Kap. 9) ist schon hervorgehoben worden. Ein weiterer Aspekt ist die Differenzierbarkeit von Funktionen, die durch Potenzreihen gegeben sind. Da wir hier aber nur reelle Argumente betrachten, gehen wir von einer Funktion $f : (x_0 - r, x_0 + r) \to \mathbb{R}$ aus, die sich um den Entwicklungspunkt x_0 in einer Potenzreihe entwickeln lässt. Dabei bezeichnet $r > 0$ den Konvergenzradius der Potenzreihe.

Für diese Funktionen f gibt es die Darstellung in der Form

$$f(x) = \sum_{k=0}^{\infty} a_k\, (x - x_0)^k$$

im Intervall $(x_0 - r, x_0 + r)$. Es lässt sich zeigen, dass diese Funktionen beliebig oft differenzierbar sind und wir die Ableitungen durch gliedweises Differenzieren bekommen. Dies bedeutet, dass wir jedes Reihenglied, $a_k(x - x_0)^k$ wie bei einer Summe für sich differenzieren dürfen. Es gilt

$$f'(x) = \sum_{k=1}^{\infty} k\, a_k\, (x - x_0)^{k-1}$$

und

$$f''(x) = \sum_{k=2}^{\infty} k(k-1)\, a_k\, (x - x_0)^{k-2}$$

usw. Dabei sind die Ableitungen wieder Potenzreihen, die bemerkenswerterweise denselben Konvergenzradius r wie die Funktion f besitzen. Ein Beweis dieser Aussage findet sich in der Vertiefung auf S. 334.

Achtung Beachten Sie, dass der konstante erste Term einer Potenzreihe beim gliedweisen Ableiten zu null wird und daher

Beispiel: Anwenden der Differenziationsregeln

Berechnen Sie zu $a \in \mathbb{R}$ die Ableitungen der Funktionen, die durch die Ausdrücke

$$f(x) = a^x,$$
$$f(x) = x^x,$$
$$f(x) = \operatorname{arccot}(\cos ax) \quad \text{und}$$
$$f(x) = \cosh(\sinh(x^2))$$

jeweils auf entsprechenden Definitionsmengen gegeben sind.

Problemanalyse und Strategie Die angesprochenen Ableitungsregeln kommen häufig bunt ineinander verschachtelt zur Anwendung. Zunächst müssen wir also Produkte und Verkettungen in den jeweiligen Ausdrücken identifizieren, um so einen Weg zur Berechnung der Ableitung durch Hintereinanderausführen von Differenziationsregeln zu finden.

Lösung Ist $f : \mathbb{R} \to \mathbb{R}$ durch $f(x) = a^x$ mit $a > 0$ gegeben, so schreiben wir den Ausdruck mithilfe der Exponentialfunktion zu

$$f(x) = \mathrm{e}^{(\ln(a))\,x}$$

Nun lässt sich die Kettenregel anwenden und wir erhalten die Ableitungsfunktion

$$f'(x) = \ln(a)\mathrm{e}^{(\ln(a))\,x} = \ln(a)a^x$$

Analog gehen wir im zweiten Beispiel vor. Für $f(x) = x^x$ und $x > 0$ schreiben wir den Ausdruck als

$$f(x) = x^x = \mathrm{e}^{(\ln(x))\,x}$$

und wenden die Kettenregel an, auf die Exponentialfunktion verkettet mit $g(x) = x\ln(x)$. Da die Funktion g nach der Produktregel für $x > 0$ differenzierbar ist mit

$$g'(x) = \ln(x) + \frac{x}{x} = \ln(x) + 1$$

ergibt sich insgesamt

$$f'(x) = (\ln(x) + 1)\,\mathrm{e}^{x\ln(x)} = (\ln(x) + 1)\,x^x.$$

Im dritten Beispiel handelt es sich um eine Verkettung der drei Funktionen arccot, cos und Multiplikation mit a. Mit den Ableitungen dieser Funktionen (siehe Übersicht auf S. 333) und der Kettenregel folgt, dass f differenzierbar ist auf $\mathbb{R}$ mit

$$f'(x) = a(-\sin(ax))\frac{-1}{1 + \cos^2(ax)} = \frac{a\sin(ax)}{1 + \cos^2(ax)}.$$

Im letzten Fall für $f(x) = \cosh(\sinh(x^2))$ werden die beiden hyperbolischen Funktionen mit $g(x) = x^2$ verkettet. Zunächst bestimmen wir mit der Linearität des Differenzierens die Ableitungen

$$\cosh'(x) = \frac{\mathrm{d}}{\mathrm{d}x}\left(\frac{\mathrm{e}^x + \mathrm{e}^{-x}}{2}\right) = \frac{\mathrm{e}^x - \mathrm{e}^{-x}}{2} = \sinh(x)$$
$$\sinh'(x) = \frac{\mathrm{d}}{\mathrm{d}x}\left(\frac{\mathrm{e}^x - \mathrm{e}^{-x}}{2}\right) = \frac{\mathrm{e}^x + \mathrm{e}^{-x}}{2} = \cosh(x).$$

Nun können wir wieder die Kettenregel anwenden, und es ergibt sich die Ableitung

$$f'(x) = 2x\cosh(x^2)\,\sinh(\sinh(x^2)).$$

etwa die Reihe zu f' erst bei $k = 1$ beginnt. Wenn dies deutlich ist, kann man mit Indexverschiebungen die Ableitung auch anders darstellen durch

$$\left(\sum_{k=1}^{\infty} k\,a_k\,(x - x_0)^{k-1}\right) = \left(\sum_{k=0}^{\infty} (k+1)\,a_{k+1}\,(x - x_0)^k\right).$$

Manchmal wird in der Literatur auch der Term zu $k = 0$ mit angegeben,

$$\left(\sum_{k=1}^{\infty} k\,a_k\,(x - x_0)^{k-1}\right) = \left(\sum_{k=0}^{\infty} k\,a_k\,(x - x_0)^{k-1}\right).$$

Diese Variante vermeiden wir im Folgenden, da die scheinbare Singularität des Ausdrucks $1/(x - x_0)$ nur durch den Faktor $k = 0$ aufgehoben wird, was zu Verwirrungen führen kann. ◄

Die Aussage zur Differenzierbarkeit bedeutet, dass Potenzreihen im Konvergenzbereich unendlich oft differenzierbare Funktionen repräsentieren. So lassen sich die Standardfunktionen exp, cos, sin etc. beliebig oft differenzieren. Andererseits besagt dies aber auch, dass eine Funktion, die an einer Stelle nur endlich viele Ableitungen hat, in einer Umgebung dieser Stelle nicht in eine Potenzreihe entwickelt werden kann.

Als Fazit unserer Überlegungen zu Potenzreihen lässt sich nun festhalten: Im Inneren des Konvergenzbereichs können wir mit Potenzreihen genauso arbeiten wie mit Polynomen. Addieren, Multiplizieren und auch Differenzieren sind genauso wie im endlichen Fall erlaubt.

Beispiel

- Leiten wir die Potenzreihe zur Exponentialfunktion

$$\exp(x) = \mathrm{e}^x = \sum_{n=0}^{\infty} \frac{1}{n!}x^n$$

Übersicht: Differenziationsregeln und Ableitungsfunktionen

Die wichtigsten Ableitungen und Regeln für differenzierbare Funktionen $f, g : D \to \mathbb{R}$ lassen sich knapp zusammenfassen.

Linearität

$$(f+g)'(x) = f'(x) + g'(x)$$
$$(af)'(x) = af'(x)$$

Produktregel

$$(f \cdot g)'(x) = f'(x)g(x) + f(x)g'(x)$$

Quotientenregel

$$\left(\frac{f}{g}\right)'(x) = \frac{f'(x)g(x) - f(x)g'(x)}{(g(x))^2}, \quad \text{für } g(x) \neq 0$$

Kettenregel

$$(f \circ g)'(x) = f'(g(x))\, g'(x)$$

Potenzreihen Mit

$$f(x) = \sum_{k=0}^{\infty} a_k (x - x_0)^k$$

folgt

$$f'(x) = \sum_{k=1}^{\infty} k\, a_k (x - x_0)^{k-1}$$

für $x \in (x_0 - r, x_0 + r)$ und Konvergenzradius $r \geq 0$.

Ableitungen von Standardfunktionen, wobei $a \in \mathbb{R}$ eine Konstante bezeichnet:

$f(x)$	$f'(x)$
a	0
x^a	$a\,x^{a-1}$
$\exp x$	$\exp x$
$\ln x$	$\frac{1}{x}$
a^x	$a^x \ln a, \quad a > 0$
$\log_a x$	$\frac{1}{x \ln a}$
$\sin x$	$\cos x$
$\cos x$	$-\sin x$
$\tan x$	$\frac{1}{\cos^2 x} = 1 + \tan^2 x$
$\cot x$	$\frac{-1}{\sin^2 x} = -1 - \cot^2 x$
$\arcsin x$	$\frac{1}{\sqrt{1-x^2}}$
$\arccos x$	$\frac{-1}{\sqrt{1-x^2}}$
$\arctan x$	$\frac{1}{1+x^2}$
$\operatorname{arccot} x$	$-\frac{1}{1+x^2}$

ab, so folgt

$$\exp'(x) = \sum_{n=1}^{\infty} \frac{n}{n!} x^{n-1} = \sum_{n=1}^{\infty} \frac{1}{(n-1)!} x^{n-1}.$$

Verschieben wir den Index $n - 1 \rightsquigarrow n$, so bestätigt sich das frühere Resultat

$$\exp'(x) = \sum_{n=0}^{\infty} \frac{1}{n!} x^n = \exp(x).$$

- Wir suchen einen Ausdruck für die Potenzreihe

$$\sum_{n=1}^{\infty} n x^n$$

im Konvergenzbereich, $|x| < 1$. Für die geometrische Reihe kennen wir die Darstellung

$$\sum_{n=0}^{\infty} x^n = \frac{1}{1-x}$$

für $|x| < 1$. Betrachten wir die Funktion $f(x) = 1/(1-x)$ für $x \neq 1$. Die Funktion ist differenzierbar und wir berechnen in beiden Darstellungen die Ableitung

$$f'(x) = \sum_{n=1}^{\infty} n x^{n-1} = \frac{1}{(1-x)^2}$$

für $x \in (-1, 1)$. Multiplizieren wir diese Identität mit x, so folgt die Darstellung

$$\sum_{n=1}^{\infty} n x^n = \frac{x}{(1-x)^2}.$$

Vertiefung: Beweis der Differenzierbarkeit von Potenzreihen

Um die Ableitung einer Potenzreihe zu zeigen, muss zum einen gezeigt werden, dass die Potenzreihen

$$\left(\sum_{k=0}^{\infty} a_k\,(x-x_0)^k\right) \quad \text{und} \quad \left(\sum_{k=1}^{\infty} k\,a_k\,(x-x_0)^{k-1}\right)$$

denselben Konvergenzradius haben. Zweitens ist zu beweisen, dass im gemeinsamen Konvergenzkreis die rechte Reihe gerade die Ableitungsfunktion der linken darstellt.

Da der allgemeine Fall völlig analog beweisbar ist, wählen wir den Entwicklungspunkt $x_0 = 0$. Zunächst zeigen wir, dass die Potenzreihen

$$f(x) = \sum_{k=0}^{\infty} a_k\,x^k \quad \text{und} \quad g(x) = \sum_{k=1}^{\infty} k\,a_k\,x^{k-1}$$

denselben Konvergenzradius haben.

Bezeichnen wir mit r und r' die beiden Konvergenzradien von f und g. Für die Partialsummen gelten die Abschätzungen

$$\begin{aligned} S_m(x) &= \sum_{k=1}^{m} |a_k|\,|x|^k \\ &\le \sum_{k=1}^{m} k\,|a_k|\,|x|^k = |x| \sum_{k=1}^{m} k\,|a_k|\,|x|^{k-1}. \end{aligned}$$

Für $|x| < r'$ konvergieren die Partialsummen auf der rechten Seite der Ungleichung für $m \to \infty$. Mit dem Majorantenkriterium konvergiert somit auch die linke Reihe. Daher ist $r' \le r$.

Sei nun andererseits $|x| < r$. Wir wählen eine Zahl $\lambda > 1$ mit $\lambda|x| < r$, zum Beispiel können wir $\lambda = \frac{1}{2}\big(1 + r/|x|\big)$ setzen. Dann konvergiert die Potenzreihe zu f auch für λx. Ferner konvergiert die Folge $\alpha_k = \frac{k}{\lambda^k}$ gegen 0, da die Reihe $\sum_{k=1}^{\infty} \alpha_k$ nach dem Quotientenkriterium konvergiert. Also existiert eine Konstante $c > 0$ mit $\alpha_k \le c$ für alle k, d. h. $k \le c\lambda^k$ für alle k. Es ergibt sich

$$\begin{aligned} \sum_{k=1}^{m} k\,|a_k|\,|x|^{k-1} &\le \frac{c}{|x|} \sum_{k=1}^{m} \lambda^k\,|a_k|\,|x|^k \\ &= \frac{c}{|x|} \sum_{k=1}^{m} |a_k|\,|\lambda x|^k. \end{aligned}$$

Somit konvergiert die linke Seite und wir folgern, dass $r \le r'$ sein muss. Aus $r \le r'$ und $r \ge r'$ folgt Gleichheit der beiden Konvergenzradien.

Übrigens, wenn der Grenzwert $\lim_{k\to\infty} |a_{k+1}|/|a_k|$ existiert, folgt die Gleichheit der Konvergenzradien direkt aus dem Quotientenkriterium, denn es gilt in diesem Fall

$$\lim_{k\to\infty} \frac{|a_{k+1}|}{|a_k|}\,|x| = \lim_{k\to\infty} \frac{(k+1)|a_{k+1}|}{k|a_k|}\,|x|.$$

Für den zweiten Teil des Beweises halten wir $|x| < r$ fest und wählen $\varepsilon > 0$ mit $\rho = |x| + \varepsilon < r$. Dann gilt mit der binomischen Formel

$$\begin{aligned} \frac{1}{h}\big[(x+h)^k - x^k\big] &= \sum_{j=1}^{k} \binom{k}{j} h^{j-1}\,x^{k-j} \\ &= \underbrace{\binom{k}{1}}_{=k} x^{k-1} + h \sum_{j=2}^{k} \binom{k}{j} h^{j-2}\,x^{k-j}. \end{aligned}$$

Es folgt für $|h| \le \varepsilon$ die Abschätzung

$$\begin{aligned} \left|\frac{1}{h}\big[(x+h)^k - x^k\big] - k\,x^{k-1}\right| &\le |h| \sum_{j=2}^{k} \binom{k}{j} \varepsilon^{j-2}\,|x|^{k-j} \\ &= \frac{|h|}{\varepsilon^2} \sum_{j=2}^{k} \binom{k}{j} \varepsilon^{j}\,|x|^{k-j} \\ &\le \frac{|h|}{\varepsilon^2}\,(\varepsilon + |x|)^k = \frac{|h|}{\varepsilon^2}\,\rho^k. \end{aligned}$$

Somit gilt für die Partialsummen

$$\begin{aligned} \left|\frac{1}{h}\big[S_m(x+h) - S_m(x)\big] - S_m'(x)\right| &\le \frac{|h|}{\varepsilon^2} \sum_{k=0}^{m} |a_k|\,\rho^k \\ &\le \gamma\,|h| \end{aligned}$$

mit $\gamma = \frac{1}{\varepsilon^2}\left(\sum_{k=0}^{\infty} |a_k|\,\rho^k\right)$. Diese Abschätzung gilt für alle $m \in \mathbb{N}$. Also bleibt die Abschätzung auch im Grenzfall für $m \to \infty$ erhalten, bei dem $S_m(x)$, $S_m(x+h)$ und $S_m'(x)$ gegen $f(x), f(x+h)$ und $g(x)$ konvergieren. Es folgt für alle $|h| \le \varepsilon$ die Abschätzung

$$\left|\frac{1}{h}\big[f(x+h) - f(x)\big] - g(x)\right| \le \gamma\,|h|.$$

Für $h \to 0$ erhalten wir die Behauptung, dass die Potenzreihe f differenzierbar ist mit der Ableitung $f' = g$.

- Wir betrachten noch die Potenzreihe

$$f(x) = \sum_{n=1}^{\infty} \frac{(2x+1)^n}{n}.$$

Um den Konvergenzradius und den Entwicklungspunkt zu bestimmen, schreiben wir die Reihe um zu

$$f(x) = \sum_{n=1}^{\infty} \frac{2^n}{n} \left(x + \frac{1}{2}\right)^n.$$

Es ist $x_0 = -1/2$ der Entwicklungspunkt und das Quotientenkriterium liefert den Konvergenzradius $r = \frac{1}{2}$. Die Potenzreihe ist auf dem Intervall $(-1, 0)$ konvergent und die Funktion $f : (-1, 0) \to \mathbb{R}$ ist unendlich oft differenzierbar. Die erste Ableitungsfunktion ist gegeben durch

$$f'(x) = \sum_{n=1}^{\infty} \frac{2^n}{n} n \left(x + \frac{1}{2}\right)^{n-1} = \sum_{n=1}^{\infty} 2^n \left(x + \frac{1}{2}\right)^{n-1}.$$

Nun beobachten wir, dass für $x = -1$ die Potenzreihe zu f nach dem Leibnizkriterium konvergiert. Aber die Reihenglieder in der Ableitung an der Stelle $x = -1$ sind $a_n = 2(-1)^{n-1}$ für $n = 1, 2, \ldots$ Dies ist keine Nullfolge und somit ist die Reihe nicht konvergent.
Wir sehen, dass das Konvergenzverhalten von Potenzreihen und ihren Ableitungen auf dem Rand des Konvergenzintervalls unterschiedlich sein kann. ◄

10.3 Verhalten differenzierbarer Funktionen

Nachdem mit dem letzten Abschnitt geklärt ist, wie man Ableitungen bestimmen kann, werden wir nun weiter untersuchen, wie sich diese Information nutzen lässt. Die Ableitung liefert uns Auskunft über das lokale Änderungsverhalten eines funktionale Zusammenhangs. Betrachten wir Tangenten am Graphen einer stetigen Funktion, so ist offensichtlich, dass die Steigungen dieser Tangenten Hinweise zum Verhalten der Funktion etwa an extremen Stellen beinhalten (siehe Abb. 10.15).

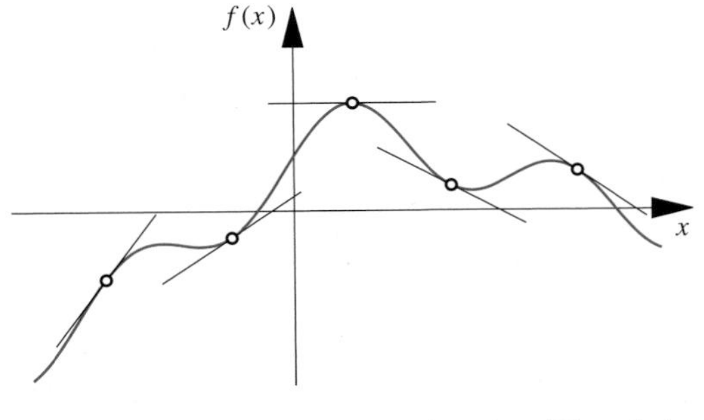

Abb. 10.15 Die Lage der Tangenten am Graphen einer differenzierbaren Funktion gibt Auskunft über das lokale Verhalten einer Funktion

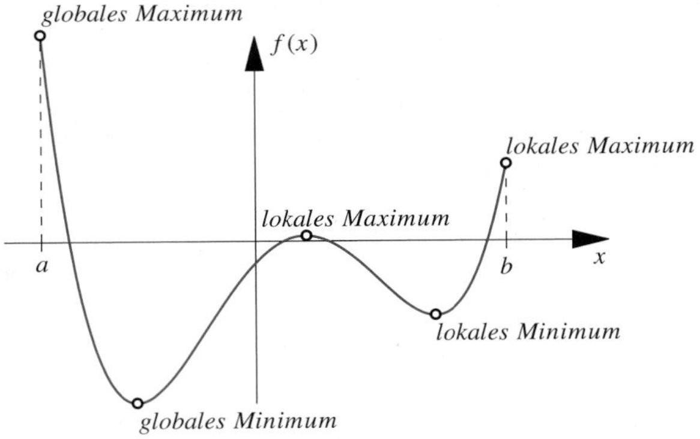

Abb. 10.16 Verschiedene Typen von Maxima und Minima einer Funktion auf einem abgeschlossenen Intervall

Auf S. 223 haben wir gesehen, dass jede stetige Funktion auf kompakten Mengen Minima und Maxima besitzt. In vielen Situationen lassen sich kritische Stellen, an denen solche Extrema liegen, mithilfe der Ableitung bestimmen.

Zur Erinnerung: Wir sprechen von einer **lokalen Maximalstelle** $\hat{x} \in [a, b]$ einer Funktion $f : [a, b] \to \mathbb{R}$, falls es eine Umgebung $I = (\hat{x} - \varepsilon, \hat{x} + \varepsilon) \cap D$ mit $\varepsilon > 0$ um $\hat{x}$ gibt, sodass

$$f(x) \leq f(\hat{x})$$

für alle $x \in I$ gilt. Analog werden **lokale Minimalstellen** definiert. Wenn für $\hat{x} \in [a, b]$ sogar $f(x) \leq f(\hat{x})$ bzw. $f(x) \geq f(\hat{x})$ für alle $x \in [a, b]$ gilt, so spricht man von einer **globalen** Maximal- bzw. Minimalstelle.

Eine Stelle $\hat{x}$ heißt lokale oder globale **Extremalstelle**, wenn $\hat{x}$ Minimal- oder Maximalstelle ist. Zur Unterscheidung bezeichnet man den Maximal- bzw. Minimalwert $f(\hat{x})$ an einer solchen Stelle als globales oder lokales **Maximum** bzw. **Minimum** der Funktion.

Kommentar Man beachte die Konvention in der Notation. Durch irgendeine interessierende Eigenschaft ausgezeichnete, spezielle Stellen im Definitionsbereich D werden üblicherweise durch einen Index, etwa x_0, y_0, oder durch ein zusätzliches Symbol, wie $\tilde{x}$ oder $\hat{x}$ gekennzeichnet. Diese Notationen sind nützlich, da zum einen die spezielle Rolle hervorgehoben ist, zum anderen aber der Bezug zur Bezeichnung von beliebigen Argumenten x, y etc. sichtbar bleibt. ◄

Betrachten wir noch einmal die Abb. 10.15, so liegt die Vermutung nah, dass in einer lokalen Extremalstelle einer differenzierbaren Funktion die Tangente parallel zur x-Achse verläuft. Dies bedeutet, dass die Ableitung einer differenzierbaren Funktion an einer Extremalstelle gleich null ist. Diese schlichte, aber wichtige Beobachtung lässt sich mit der Definition der Ableitung zeigen.

Die Ableitung ist null an Extremalstellen

Wenn eine Funktion $f : [a, b] \subseteq \mathbb{R} \to \mathbb{R}$ in $\hat{x} \in (a, b)$ ein lokales Maximum oder Minimum hat und in $\hat{x}$ differenzierbar ist, gilt

$$f'(\hat{x}) = 0.$$

Achtung Liegt eine Extremalstelle $\hat{x}$ am Rand des Intervalls $[a, b]$, d. h. $\hat{x} = a$ oder $\hat{x} = b$, so muss die Ableitung nicht null sein (siehe folgendes Beispiel). ◀

Beweis Wir nehmen an, dass in $\hat{x} \in (a, b)$ ein lokales Maximum vorliegt. Dann können wir einen Wert $\varepsilon > 0$ so wählen, dass $f(\hat{x} + h) \leq f(\hat{x})$ gilt für alle $|h| \leq \varepsilon$. Für jeden positiven Wert $0 < h \leq \varepsilon$ ist nun

$$\frac{f(\hat{x} + h) - f(\hat{x})}{h} \leq 0.$$

Lässt man h gegen 0 gehen, so konvergiert der Differenzenquotient gegen $f'(\hat{x})$ und aus der Ungleichung folgt auch im Grenzfall $f'(\hat{x}) \leq 0$.

Für negative Werte $-\varepsilon \leq h < 0$ ist andererseits

$$\frac{f(\hat{x} + h) - f(\hat{x})}{h} \geq 0,$$

da in $\hat{x}$ ein Maximum vorliegt. Also gilt mit $h \to 0$ in diesem Fall $f'(\hat{x}) \geq 0$. Beide Ungleichungen zusammen liefern $f'(\hat{x}) = 0$.

Im Fall, dass an der Stelle $\hat{x}$ eine lokale Minimalstelle ist, zeigt man die Aussage entsprechend. ■

Beispiel Gesucht sind alle globalen Extremalstellen der Funktion

$$f(x) = x + 2 \sin x$$

auf dem Intervall $[-2\pi, 2\pi]$.

Wir gehen in mehreren Schritten vor: Zunächst stellen wir fest, dass es mindestens ein globales Minimum und ein globales Maximum geben muss, da f auf dem kompakten Intervall $[-2\pi, 2\pi]$ eine stetige Funktion ist.

In einem zweiten Schritt suchen wir Extrema im Inneren des Intervalls. Da f differenzierbar ist, genügt es, die notwendige Bedingung $f'(\hat{x}) = 0$ zu untersuchen. Wir berechnen

$$f'(x) = 1 + 2 \cos x.$$

Aus der Bedingung $f'(\hat{x}) = 0$ folgt

$$\cos \hat{x} = -\frac{1}{2}$$

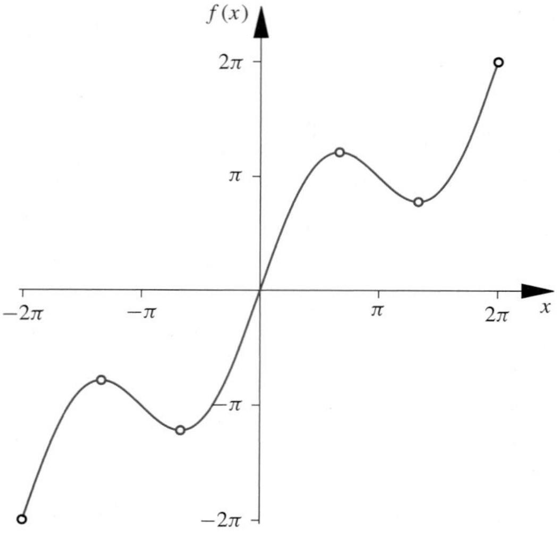

Abb. 10.17 Die Extremalstellen der Funktion $f(x) = x + 2 \sin x$

als Bedingung für kritische Stellen $\hat{x} \in [-2\pi, 2\pi]$. Mit der Tabelle auf S. 131 folgen die Möglichkeiten

$$\hat{x} = \frac{2}{3}\pi, \quad \hat{x} = \frac{4}{3}\pi, \quad \hat{x} = -\frac{2}{3}\pi \quad \text{oder} \quad \hat{x} = -\frac{4}{3}\pi.$$

Letztendlich berechnen wir nun die Funktionswerte an den kritischen Stellen und in den Randpunkten $x = -2\pi$ und $x = 2\pi$, um festzustellen, an welcher Stelle ein globales Maximum bzw. ein globales Minimum liegt. Wir erhalten $f(-2\pi) = -2\pi$, $f(-\frac{4}{3}\pi) = -\frac{4}{3}\pi + \sqrt{3}$, $f(-\frac{2}{3}\pi) = -\frac{2}{3}\pi - \sqrt{3}$, $f(\frac{2}{3}\pi) = \frac{2}{3}\pi + \sqrt{3}$, $f(\frac{4}{3}\pi) = \frac{4}{3}\pi - \sqrt{3}$, $f(2\pi) = 2\pi$.

Vergleichen wir diese Funktionswerte, so wird deutlich, dass ein globales Minimum der Funktion bei $x = -2\pi$ und ein globales Maximum bei $x = 2\pi$ liegen. Ob es sich bei den kritischen Stellen im Inneren des Intervalls um lokale Extrema handelt, können wir mit dieser Information noch nicht entscheiden. Ein Bild des Graphen gibt uns natürlich die Auskunft über die Extremalstellen (siehe Abb. 10.17). ◀

Wir haben nun ein Kriterium, um eine Funktion auf Extremalstellen hin zu untersuchen. Aber man muss aufpassen. Es handelt sich um eine **notwendige Bedingung**. Dies bedeutet, wenn ein Minimum oder Maximum zu einer differenzierbaren Funktion in $\hat{x} \in (a, b)$ vorliegt, dann gilt $f'(\hat{x}) = 0$. Andersherum können wir nicht folgern, d. h., wenn wir eine Stelle finden mit der Bedingung $f'(\hat{x}) = 0$, so ist noch nicht gewährleistet, dass es sich um ein Extremum handelt. Im Folgenden sehen wir dafür ein Beispiel.

Beispiel Die Funktion $f : \mathbb{R} \to \mathbb{R}$ mit

$$f(x) = \frac{1}{4}x^4 - \frac{2}{3}x^3 + \frac{1}{2}x^2$$

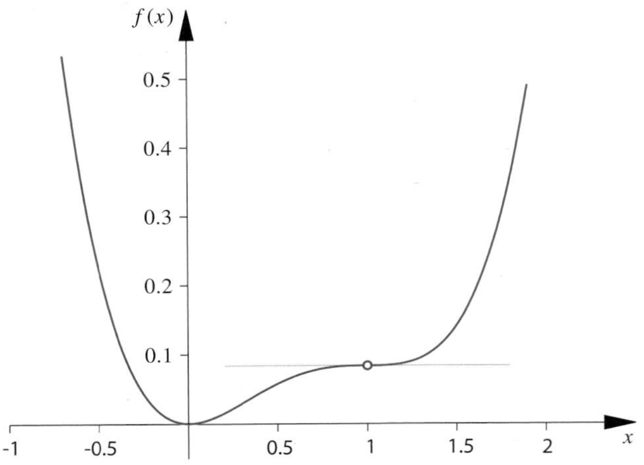

Abb. 10.18 An der Stelle $x = 1$ liegt ein Sattelpunkt dieser Funktion

ist differenzierbar und wir berechnen die Ableitung

$$f'(x) = x^3 - 2x^2 + x$$
$$= x(x^2 - 2x + 1) = x(x-1)^2.$$

Somit ergeben sich kritische Punkte bei $\hat{x} = 1$ und bei $\hat{x} = 0$.

Indem wir den Wert an der kritischen Stelle $\hat{x} = 1$ von f abziehen und das resultierende Polynom faktorisieren, ergibt sich

$$f(x) = \frac{1}{12}(3x+1)(x-1)^3 + \frac{1}{12}.$$

Damit folgt, dass $f(x) < 1/12$ für $-1/3 < x < 1$ ist, aber $f(x) > 1/12$ für $x > 1$ gilt. Im Punkt $\hat{x} = 1$ kann somit keine Extremalstelle der Funktion f liegen, obwohl $f'(\hat{x}) = 0$ gilt. Eine Stelle, in der die erste Ableitung verschwindet, aber dennoch kein lokales Extremum vorliegt, wie bei $\hat{x} = 1$, heißt **Sattelpunkt** der Funktion f (siehe Abb. 10.18). ◀

Trotzdem ist es bei der Suche nach Extrema sinnvoll, die notwendige Bedingung

$$f'(x) = 0$$

zu betrachten. Lösungen dieser im Allgemeinen nichtlinearen Gleichung nennen wir **kritische Stellen**.

Zur Berechnung von kritischen Stellen muss die Gleichung $f'(x) = 0$ für Argumente $x \in D$ im Definitionsbereich gelöst werden. Schon bei Polynomen höheren Grads ist dies in geschlossener Form im Allgemeinen nicht möglich, sodass wir nur in Spezialfällen explizit Lösungen zu solchen Gleichungen angeben können. Ansonsten bleibt uns nur die Möglichkeit, Lösungen anzunähern, wie wir es schon an verschiedenen Stellen im Buch angedeutet haben. Mit dem Newton-Verfahren auf S. 326 haben wir eine effiziente numerische Methode kennengelernt, um kritische Stellen zumindest näherungsweise zu berechnen. Dabei ist aber zu beachten, dass für die Bestimmung von Nullstellen von f' für die Newton-Iteration, $x_{n+1} = x_n - f'(x_n)/f''(x_n)$ die zweite Ableitung von f benötigt wird. Dies schränkt die Klasse der erlaubten Funktionen weiter ein.

Neben dem geschlossenen oder numerischen Lösen solcher Gleichung beschäftigen uns noch weitere Fragen, etwa: „Unter welchen Voraussetzungen gibt es überhaupt kritische Stellen?", „Was lässt sich über den Typ einer kritischen Stelle aussagen?" oder „Handelt es sich um eine Minimal- oder eine Maximalstelle?" Anstatt uns weiter Gedanken zur Lösung nichtlinearer Gleichungen zu machen, wenden wir uns diesen mehr theoretischen Fragen zu.

Zu einer differenzierbaren Funktion mit $f(a) = f(b)$ gibt es eine Stelle $\hat{x} \in (a, b)$ mit $f'(\hat{x}) = 0$

Eine Aussage, die anschaulich klar ist, halten wir als erstes fest. Wir gehen von einer stetigen Funktion $f : [a, b] \subseteq \mathbb{R} \to \mathbb{R}$ aus, die auf (a, b) differenzierbar ist. Dann folgt aus $f(a) = f(b)$, dass es eine kritische Stelle $\hat{x} \in (a, b)$ gibt mit $f'(\hat{x}) = 0$. Diese Aussage wird in der Literatur als *Satz von Rolle* bezeichnet nach dem Mathematiker Michel Rolle (1652–1719). Ähnlich wie beim Zwischenwertsatz (siehe S. 229) macht der Satz nur eine Aussage über die Existenz einer kritischen Stelle, aber weder über die Anzahl noch über die Lage dieser Stellen. Wegen der Bedeutung dieser schlichten Aussage fügen wir ihren Beweis an.

Beweis Ist die Funktion f auf $[a, b]$ konstant, so sind die Differenzenquotienten stets null und somit auch die Ableitung von f. Man kann für $\hat{x}$ jeden beliebigen Punkt in (a, b) wählen.

Betrachten wir den Fall, dass f nicht konstant ist. Wir bezeichnen mit $x_1 \in [a, b]$ eine globale Maximalstelle und mit $x_2 \in [a, b]$ eine Minimalstelle. Beide existieren, da f stetig ist und das Intervall $[a, b]$ kompakt ist (siehe S. 226). Außerdem muss $f(x_2) < f(x_1)$ sein, da die Funktion nicht konstant ist. Somit liegt mindestens eine der beiden Stellen x_1 oder x_2 im Innern (a, b) des Intervalls. Aus der notwendigen Bedingung für Extremalstellen folgt die Behauptung zumindest für einen der beiden Punkte $\hat{x} = x_1$ bzw. $\hat{x} = x_2$. ■

Der Mittelwertsatz, im Zentrum der Analysis

Der Satz von Rolle liefert uns eine Existenzaussage für kritische Stellen. Seine Bedeutung kommt aber voll zum Tragen durch eine Folgerung, die zentral ist für die gesamte Analysis.

Der Mittelwertsatz

Ist $f : [a, b] \subseteq \mathbb{R} \to \mathbb{R}$ eine stetige Funktion, die auf (a, b) differenzierbar ist, dann gibt es eine Zwischenstelle $z \in (a, b)$ mit

$$f(b) - f(a) = f'(z)\,(b-a).$$

Beispiel: Eine beschränkte Funktion

Manchmal sind konkrete Werte eines Ausdrucks nicht von Interesse, sondern es ist wichtig, zu zeigen, dass der Ausdruck beschränkt bleibt. Bei stetig differenzierbaren Funktionen lassen sich durch Berechnen der Funktionswerte an kritischen Punkten und an den Rändern des Definitionsbereichs solche Abschätzungen gewinnen. Zeigen Sie, dass die Abschätzungen

$$\frac{\pi}{4} \le \arctan(x) + \frac{1-x}{1+x^2} \le \frac{\pi}{2}$$

für alle $x \in \mathbb{R}_{\ge 0}$ gelten.

Problemanalyse und Strategie Man berechnet die Ableitung des Ausdrucks und bestimmt deren Nullstellen, die kritischen Punkte. Ein Vergleich der Funktionswerte an den kritischen Stellen, im Randpunkt $x = 0$ und für den Grenzfall $x \to \infty$ liefert die gesuchte Abschätzung.

Lösung Wir definieren die stetig differenzierbare Funktion $f\colon \mathbb{R}_{\ge 0} \to \mathbb{R}$ mit

$$f(x) = \arctan(x) + \frac{1-x}{1+x^2}.$$

Weiter berechnen wir die Ableitung dieser Funktion,

$$f'(x) = \frac{1}{1+x^2} - \frac{1}{1+x^2} - \frac{2x(1-x)}{(1+x^2)^2} = \frac{2x(x-1)}{(1+x^2)^2}.$$

Aus der Gleichung

$$f'(\hat{x}) = 0$$

ergeben sich die kritischen Stellen $\hat{x} = 0$ und $\hat{x} = 1$.

Wir berechnen den Funktionswert $f(1) = \pi/4$ und in dem Randpunkt gilt $f(0) = 1$. Für $x \to \infty$ erhalten wir

$$\lim_{x\to\infty}\left(\arctan(x) + \frac{1-x}{1+x^2}\right) = \frac{\pi}{2} + \lim_{x\to\infty}\frac{\frac{1}{x^2}-\frac{1}{x}}{\frac{1}{x^2}+1} = \frac{\pi}{2}.$$

Da die Funktion stetig ist, müssen alle Funktionswerte zwischen dem Minimum und dem Maximum dieser drei Werte liegen. Diese Überlegung liefert uns die gesuchte Abschätzung

$$\frac{\pi}{4} \le \arctan(x) + \frac{1-x}{1+x^2} \le \frac{\pi}{2}$$

für alle $x \in \mathbb{R}_{\ge 0}$ (siehe Abbildung).

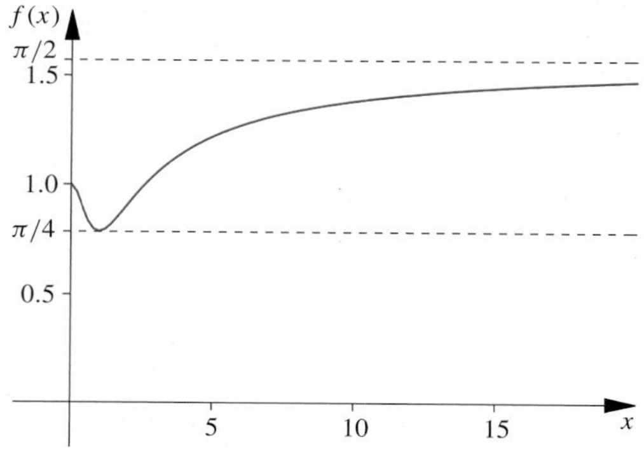

Auch diese ist eine reine Existenzaussage, ohne Auskunft zu geben, wo im Intervall $[a, b]$ die Zwischenstelle z liegt. Anschaulich besagt der Satz, dass die Sekante durch die Punkte $(a, f(a))$ und $(b, f(b))$ eine Steigung besitzt, die der Steigung einer Tangenten am Graphen von f an mindestens einer Stelle zwischen a und b entspricht (siehe Abb. 10.19).

Beweis Der Mittelwertsatz lässt sich zeigen, indem wir den Satz von Rolle auf die Funktion $\Phi : [a, b] \to \mathbb{R}$ mit

$$\Phi(x) = f(x) - \frac{f(b) - f(a)}{b-a}(x-a)$$

anwenden. Denn es gilt $\Phi(a) = f(a) = \Phi(b)$. Daher gibt es einen Wert $z \in (a, b)$ mit

$$0 = \Phi'(z) = f'(z) - \frac{f(b) - f(a)}{b-a}.$$

Dies ist gerade die Behauptung des Mittelwertsatzes. ■

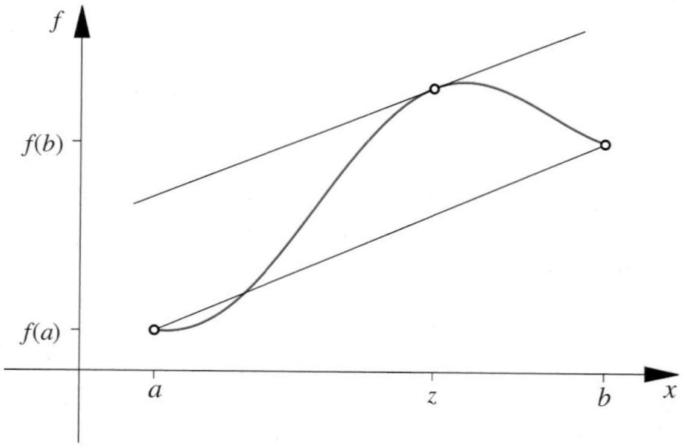

Abb. 10.19 Der Mittelwertsatz besagt, dass die Steigung der Sekante zwischen zwei Punkten auf dem Graphen einer differenzierbaren Funktion auch Steigung einer Tangente ist

Anwendung: Die optimale Dose

Extremwertaufgaben begegnen uns ständig bei praktischen Anwendungen um Kosten, Material oder Energieaufwand zu optimieren. Sind die Phänomene durch eine stetig differenzierbare Funktion beschreibbar, so lassen sich optimale Lösungen aus den kritischen Punkten, den Nullstellen der Ableitungsfunktion ermitteln.

Gesucht ist etwa das Verhältnis zwischen Radius und Höhe einer Dose, die 1 Liter Volumen fasst und die geringste Menge an Verpackungsmaterial erfordert.

Für eine Dose mit Radius $r > 0$ und Höhe h ist das Volumen durch

$$V_Z = \pi r^2 h = 1$$

vorgegeben, wenn wir Radius und Höhe in Dezimetern angeben. Wir bestimmen $h = \frac{1}{\pi r^2}$ in Abhängigkeit des Radius. Mit der Mantelfläche $2\pi rh$ und den beiden Kreisen mit Flächeninhalt πr^2 als Boden und Deckel ist die Menge an Verpackungsmaterial proportional zu

$$M_Z(r) = 2\pi r^2 + 2\pi r \frac{1}{\pi r^2} = 2\left(\pi r^2 + \frac{1}{r}\right).$$

Für die optimale Dose ist ein Minimum dieser Funktion $M : \mathbb{R}_{>0} \to \mathbb{R}$ gesucht. Wir berechnen die Ableitung

$$M_Z'(r) = 4\pi r - \frac{2}{r^2}$$

und erhalten aus $4\pi \hat{r}^3 - 2 = 0$ die kritische Stelle

$$\hat{r} = \sqrt[3]{\frac{1}{2\pi}} \approx 0.5419.$$

Wir bekommen im optimalen Fall das Verhältnis $\frac{\hat{h}}{\hat{r}} = 2$.

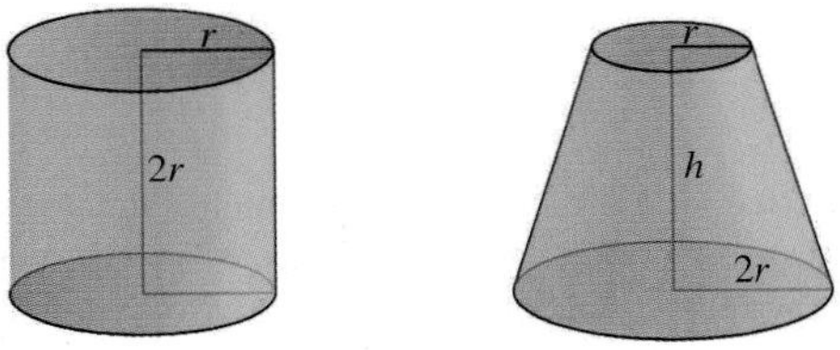

Nun kommt ein Designer auf die Idee, anstelle eines Zylinders einen Kegelstumpf als Verpackung zu wählen, dessen Deckel den Radius r hat und mit doppelten Radius $2r$ für den Boden. Weiterhin soll das Volumen 1 Liter betragen, d. h., für das Volumen des Kegelstumpfs ergibt sich

$$1 = V_K = \frac{7\pi}{3} hr^2$$

und wir können durch $h = 3/(7\pi r^2)$ die Höhe in Abhängigkeit des Radius angeben. Für die Mantelfläche erhalten wir in diesem Fall

$$M_K(r) = \pi r^2 + 4\pi r^2 + 3\pi r \sqrt{r^2 + \frac{9}{49\pi^2 r^4}}.$$

Wir wollen uns hier nicht mit der Mantellflächenberechnung aufhalten und entnehmen die Formel einer Formelsammlung. Im Abschn. 11.4 werden wir illustrieren, wie man Volumen und Mantelfläche zu diesem Körper durch Integration berechnen kann.

Wieder ist der Radius gesucht, der die Mantelfläche der neuen Dose minimiert. Um dieses Minimum zu finden, suchen wir kritische Punkte, d. h. $M_K'(r) = 0$, zur Ableitungsfunktion

$$M_K'(r) = 10\pi r + \frac{3\pi}{2} \frac{4r^3 - \frac{18}{49\pi^2 r^3}}{\sqrt{r^4 + \frac{9}{49\pi^2 r^2}}}.$$

Nullstellen dieser Ableitung lassen sich nicht direkt berechnen. Es muss aber mindestens eine Nullstelle geben, da die stetige Funktion M_K auf $r \in (0, \infty)$ ein Minimum annehmen muss, da sie an den Intervallrändern gegen unendlich strebt.

Somit greifen wir auf das Newton-Verfahren von S. 326 zurück und nutzen den Taschenrechner, um rekursiv durch

$$r_{n+1} = r_n - \frac{M_K'(r_n)}{M_K''(r_n)}$$

die kritische Stelle zu approximieren. Für diese numerische Rechnung benötigen wir noch die zweite Ableitung

$$M_K''(r) = 10\pi + \frac{21\pi(12r^2 + \frac{54}{49\pi^2 r^4})}{2\sqrt{49r^4 + \frac{9}{\pi^2 r^2}}} - \frac{1\,029\pi(4r^3 - \frac{18}{49\pi^2 r^3})^2}{4\left(49r^4 + \frac{9}{\pi^2 r^2}\right)^{3/2}},$$

die wir mit einem Computeralgebrasystem schnell berechnen könnten. Starten wir das Newton-Verfahren mit $r_0 = 1/2$, so bekommen wir für den optimalen Radius die Werte (auf vier Stellen gerundet)

$$r_0 = 0.5, \quad r_1 = 0.297\,9, \quad r_2 = 0.323\,9$$
$$r_3 = 0.325\,8, \quad r_4 = 0.325\,8.$$

Das Beispiel zeigt, dass in Anwendungen bei der Suche nach einem Optimum fast immer numerische Methoden wie das Newton-Verfahren eingesetzt werden müssen. Sind die auftretenden Funktionen noch komplizierter oder eventuell von mehreren Variablen abhängig, so müssen auch die Ableitungen numerisch approximiert werden, zum Beispiel mit der Idee der finiten Differenzen, wie sie auf S. 354 in diesem Kapitel angesprochen werden. Das Kap. 34 stellt einige wichtige Aspekte zu Optimierungsproblemen und ihrer numerischen Behandlung vor.

Vertiefung: Folgerungen aus dem Mittelwertsatz

Viele Aussagen der Analysis einer reellen Variablen stützen sich auf den Mittelwertsatz. Wie dieser Satz in Beweisen zum Einsatz kommt, lässt sich an zwei Beispielen illustrieren.

Zunächst erinnern wir uns an die Anwendung der Linearisierung einer differenzierbaren Funktion beim Newton-Verfahren (siehe S. 326). Betrachten wir die Differenz zwischen der $(n+1)$-ten Iterierten $x_{n+1} = x_n - f(x_n)/f'(x_n)$ und einer Nullstelle $\hat{x}$, d. h. $f(\hat{x}) = 0$. Anwenden des Mittelwertsatzes führt auf

$$\begin{aligned} |x_{n+1} - \hat{x}| &= \left| x_n - \frac{f(x_n) - \overbrace{f(\hat{x})}^{=0}}{f'(x_n)} - \hat{x} \right| \\ &= \left| (x_n - \hat{x}) \left(1 - \frac{f'(z_1)}{f'(x_n)} \right) \right| \\ &= \left| (x_n - \hat{x}) \left(\frac{f'(x_n) - f'(z_1)}{f'(x_n)} \right) \right| \end{aligned}$$

mit einer Zwischenstelle z_1 zwischen x_n und $\hat{x}$. Wenn f zweimal stetig differenzierbar ist, können wir den Mittelwertsatz noch einmal nutzen und zwar für die Differenz $f'(x_n) - f'(z_1) = f''(z_2)(x_n - z_1)$ mit einer weiteren Zwischenstelle. Schätzen wir noch die Differenz $|x_n - z_1| \leq |x_n - \hat{x}|$ ab, so folgt

$$|x_{n+1} - \hat{x}| \leq \left| \frac{f''(z_2)}{f'(x_n)} \right| |x_n - \hat{x}|^2.$$

Damit haben wir die in der Anwendung erwähnte quadratische Konvergenz gezeigt, denn es lässt sich auf einem entsprechenden kompakten Intervall I mit $\hat{x} \in I$ und $f'(x) \neq 0$ lokal der Faktor durch

$$\left| \frac{f''(z_2)}{f'(x_n)} \right| \leq \frac{\max_{z \in I} |f''(z)|}{\min_{z \in I} |f'(z)|} = C > 0$$

für beliebige Zwischenstellen z_2 und Iterierte x_n in I abschätzen.

Eine andere Art der Anwendung des Mittelwertsatzes steckt hinter einem nützlichen, hinreichenden Kriterium für Differenzierbarkeit von stückweise zusammengesetzten Funktionen an „Nahtstellen", wie etwa $f : \mathbb{R} \to \mathbb{R}$ mit $f(x) = x^2$ für $x \geq 0$ und $f(x) = 0$ für $x < 0$.

Wir setzen voraus, dass auf einem offenen Intervall I eine Funktion $f : I \to \mathbb{R}$ gegeben ist, die für alle $x \in I \backslash \{\hat{x}\}$ differenzierbar ist mit Ausnahme einer Stelle $\hat{x} \in I$. Wenn die Ableitung $f' : I \setminus \{\hat{x}\} \to \mathbb{R}$ stetig fortsetzbar ist in $\hat{x}$, dann ist f auch stetig differenzierbar in $\hat{x}$.

Zum Beweis betrachten wir den Differenzenquotienten und wenden den Mittelwertsatz an, der besagt, dass es ein z zwischen x und $\hat{x}$ gibt mit

$$\frac{f(x) - f(\hat{x})}{x - \hat{x}} = f'(z).$$

Wir schreiben $z = z(x)$, um deutlich zu machen, dass z von x abhängt. Wenn $x \to \hat{x}$ konvergiert, so strebt auch die Zwischenstelle $z(x)$ gegen $\hat{x}$. Da f' stetig fortsetzbar im Punkt $\hat{x}$ ist, existiert der Grenzwert und es gilt

$$\lim_{x \to \hat{x}} \frac{f(x) - f(\hat{x})}{x - \hat{x}} = \lim_{x \to \hat{x}} f'(z(x)) = f'(\hat{x}).$$

Damit ist die Differenzierbarkeit von f in $\hat{x}$ gezeigt und auch die Stetigkeit der Ableitungsfunktion f'.

Beide Anwendungen des Mittelwertsatzes, einmal, um Abschätzungen zu gewinnen, zum anderen, um Grenzwerte zu untersuchen, wird man häufig in der Analysis finden.

Selbstfrage 5

Zeigen Sie mit dem Mittelwertsatz, dass eine differenzierbare Funktion $f : (a,b) \to \mathbb{R}$ mit $f'(x) = 0$ für alle $x \in (a,b)$ konstant ist.

Funktionen mit gleichen Ableitungen unterscheiden sich höchstens um eine Konstante

Die in der Selbstfrage gerade gezeigte Aussage können wir auch anders lesen. Wenn zwei differenzierbare Funktionen $f, g : D \to \mathbb{R}$ dieselbe Ableitung besitzen, d. h. $f' = g'$, so gilt $(f-g)'(x) = 0$ für alle $x \in D$. Also, nach dem eben Bewiesenen, unterscheiden sich die beiden Funktionen höchstens durch eine Konstante, $f(x) = g(x) + c$ für alle $x \in D$. Diese Eigenschaft zusammen mit der Differenzierbarkeit von Potenzreihen, lässt sich nutzen, um Potenzreihen von Funktionen zu bestimmen.

Beispiel

- Aus dem Beispiel auf S. 330 kennen wir bereits die Ableitungsfunktion

$$\arctan'(x) = \frac{1}{1+x^2}.$$

Mit der geometrischen Reihe folgt die Potenzreihe

$$\arctan'(x) = \frac{1}{1+x^2} = \sum_{n=0}^{\infty} (-x^2)^n$$

für $|x| < 1$.

Andererseits rechnen wir nach, dass die Funktion $g: (-1,1) \to \mathbb{R}$, die durch die Potenzreihe

$$g(x) = \sum_{n=0}^{\infty} \frac{(-1)^n}{(2n+1)} x^{2n+1}$$

gegeben ist, im Konvergenzintervall dieselbe Ableitung

$$g'(x) = \sum_{n=0}^{\infty} (-1)^n x^{2n}$$

besitzt. Somit ist mit obiger Feststellung $\arctan(x) = g(x) + c$ für $|x| < 1$ mit einer Konstanten $c \in \mathbb{R}$. Aus

$$0 = \arctan(0) = g(0) + c = 0 + c$$

folgt $c = 0$ und wir erhalten die Potenzreihendarstellung

$$\arctan(x) = \sum_{n=0}^{\infty} \frac{(-1)^n}{(2n+1)} x^{2n+1}$$

für $|x| < 1$.
Diese Reihendarstellung lässt sich zum Beispiel nutzen, um eine Dezimaldarstellung der Zahl π zu berechnen, indem die Auswertung von

$$\begin{aligned}\frac{\pi}{4} &= \arctan(1) = \sum_{n=0}^{\infty} \frac{(-1)^n}{(2n+1)} \\ &= 1 - \frac{1}{3} + \frac{1}{5} - \frac{1}{7} + \frac{1}{9} - \dots\end{aligned}$$

bei hinreichender Genauigkeit abgebrochen wird.

- Gesucht ist eine Potenzreihendarstellung für den Logarithmus, $f(x) = \ln x$, $x > 0$. Mit der Ableitung

$$f'(x) = \frac{1}{x} = \frac{1}{1-(1-x)}$$

erkennen wir, dass zumindest für die Ableitung wieder eine geometrische Reihe genutzt werden kann. Wir erhalten auf diesem Weg die Potenzreihendarstellung

$$f'(x) = \sum_{n=0}^{\infty} (-1)^n (x-1)^n$$

für $|x-1| < 1$ um den Entwicklungspunkt $x_0 = 1$.
Andererseits lässt sich leicht nachrechnen, dass die Potenzreihe

$$g(x) = -\sum_{n=1}^{\infty} \frac{(-1)^n}{n} (x-1)^n$$

in ihrem Konvergenzintervall $(0,2)$ auch die Ableitung

$$g'(x) = -\sum_{n=1}^{\infty} (-1)^n (x-1)^{n-1} = \sum_{n=0}^{\infty} (-1)^n (x-1)^n$$

besitzt. Wir können in diesem Fall schließen, dass

$$\ln(x) = g(x) + c$$

mit einer Konstanten $c \in \mathbb{R}$ im Konvergenzintervall $(0,2)$ gilt. Berechnen wir $f(1) = \ln(1) = 0$ und berücksichtigen wir, dass die Potenzreihe $g(1) = 0$ erfüllt, so folgt die Identität

$$\ln(x) = -\sum_{n=1}^{\infty} \frac{(-1)^n}{n} (x-1)^n \quad \text{für } |x-1| < 1.$$

In diesen Beispielen haben wir aus Kenntnissen zur Ableitung einer Funktion zurück auf die Funktion geschlossen. Die Integration im folgenden Kapitel liefert das allgemeine Konzept für diesen Zusammenhang. ◄

Monotonie und Ableitung

Der Mittelwertsatz gibt uns die Möglichkeit, das lokale Verhalten von stetig differenzierbaren Funktionen mithilfe der Ableitung zu analysieren. Wenn $f: [a,b] \to \mathbb{R}$ eine stetige, auf (a,b) differenzierbare Funktion ist mit $f'(x) \geq 0$ für alle $x \in (a,b)$, dann ist f in (a,b) monoton steigend und umgekehrt aus monoton steigend auf dem Intervall folgt $f'(x) \geq 0$ für alle $x \in (a,b)$.

Beweis Wählen wir zwei Stellen $x_1, x_2 \in [a,b]$ mit $x_1 < x_2$. Anwendung des Mittelwertsatzes im Intervall $[x_1, x_2]$ liefert die Existenz einer Stelle $z \in (x_1, x_2)$ mit

$$\big(f(x_2) - f(x_1)\big) = f'(z)\,(x_2 - x_1) \geq 0,$$

also gilt auch $f(x_1) \leq f(x_2)$.

Andererseits folgt für eine monoton steigende Funktion, dass der Differenzenquotient

$$\frac{f(x+h) - f(x)}{h} \geq 0$$

nicht negativ ist. Die Ungleichung bleibt im Grenzfall $h \to 0$ erhalten. Also ist $f'(x) \geq 0$. ■

Achtung Beachten Sie, dass die gesamte Ableitungsfunktion auf dem Intervall positiv sein muss. Für diese Bedingung wird häufig auch kurz $f' \geq 0$ ohne Argument geschrieben. Diese Notation besagt, dass die gesamte Funktion auf ihrem Definitionsbereich ausschließlich nichtnegative Werte annimmt. Positivität der Ableitung an einer Stelle genügt im Allgemeinen nicht, um auf Monotonie zu schließen. Als Beispiel dient die Oszillationsstelle bei der differenzierbaren Funktion $f: \mathbb{R} \to \mathbb{R}$ mit $f(x) = \frac{1}{2}x + x^2 \sin(1/x)$ für $x \neq 0$ (siehe das Beispiel auf S. 324). ◄

Ein Teil der Aussage lässt sich übrigens verschärfen. Eine positive Ableitung $f' > 0$ auf einem Intervall (a,b) impliziert, dass die Funktion streng monoton steigend ist. Dies wird deutlich, wenn wir im ersten Teil des obigen Beweises die Ungleichungen durch echte Ungleichungen ersetzen. Im Fall der strengen Monotonie können wir dies aber nicht umdrehen, im Allgemeinen folgt nur dass $f' \geq 0$ ist, auch wenn f streng monoton ist. Betrachten wir zum Beispiel den Sattelpunkt $x = 0$ zur Funktion $f: \mathbb{R} \to \mathbb{R}$ mit $f(x) = x^3$. Die Funktion f ist streng monoton steigend aber im Punkt $x = 0$ ist $f'(x) = 0$.

Analog gelten diese Aussagen selbstverständlich auch für monoton fallende Funktionen. Nutzen lassen sich die Resultate etwa, um mithilfe der Ableitungsfunktion zu klären, ob es eine Umkehrabbildung zu einer Funktion gibt.

Beispiel Ist die Ableitungsfunktion einer differenzierbaren Funktion auf einem Intervall positiv, so ist die Funktion streng monoton wachsend und es existiert eine differenzierbare Umkehrfunktion. Auf welchem Intervall ist die Funktion $f : \mathbb{R} \to \mathbb{R}$

$$f(x) = \cosh(x)$$

umkehrbar?

Man berechnet zunächst die Ableitung $f'(x) = \sinh(x)$. Aus

$$f'(x) = \frac{e^x - e^{-x}}{2} = \frac{e^x}{2}(1 - e^{-2x})$$

ergibt sich, dass

$$f'(x) > 0 \quad \text{für } x > 0$$

und

$$f'(x) < 0 \quad \text{für } x < 0$$

gilt. Somit ist cosh monoton auf $\mathbb{R}_{>0}$ bzw. auf $\mathbb{R}_{<0}$ und insbesondere umkehrbar auf diesen Intervallen. Die Umkehrfunktion ist der Areakosinus hyperbolicus mit

$$\operatorname{arcosh}(x) = \ln(x + \sqrt{x^2 - 1}), \quad x \geq 1,$$

als Umkehrfunktion zu $\cosh : \mathbb{R}_{\geq 0} \to \mathbb{R}_{\geq 1}$ und

$$g(x) = \ln(x - \sqrt{x^2 - 1}), \quad x \geq 1,$$

als Umkehrfunktion zu $\cosh : \mathbb{R}_{\leq 0} \to \mathbb{R}_{\geq 1}$ (siehe S. 123). Für die Ableitung erhalten wir

$$\begin{aligned}
\frac{d}{dx}\operatorname{arcosh}(x) &= \frac{1}{\sinh(\operatorname{arcosh}(x))} \\
&= \left[\frac{1}{2}\left(\exp(\ln(x + \sqrt{x^2 - 1})) - \frac{1}{\exp(\ln(x + \sqrt{x^2 - 1}))}\right)\right]^{-1} \\
&= \left[\frac{1}{2}\left(x + \sqrt{x^2 - 1} - \frac{x - \sqrt{x^2 - 1}}{x^2 - (x^2 - 1)}\right)\right]^{-1} \\
&= \left[\sqrt{x^2 - 1}\right]^{-1} = \frac{1}{\sqrt{x^2 - 1}}
\end{aligned}$$

für $x > 1$ (siehe Abb. 10.20), bzw.

$$g'(x) = -\frac{1}{\sqrt{x^2 - 1}}$$

im zweiten Fall. ◀

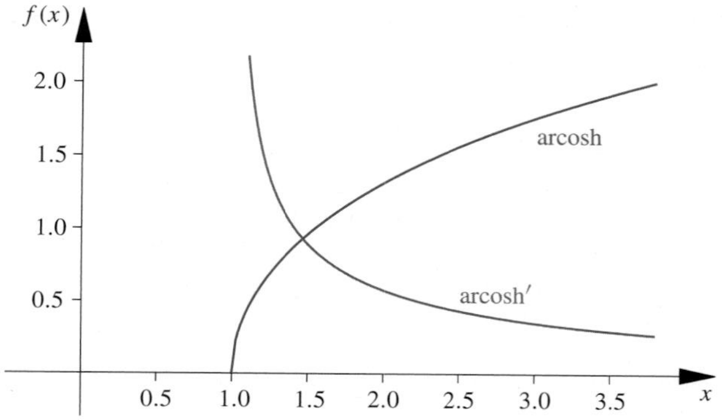

Abb. 10.20 Der Graph des Areakosinus hyperbolicus und die zugehörige Ableitungsfunktion

Ein Vorzeichenwechsel der Ableitungsfunktion unterscheidet Minimum und Maximum

Wir kommen zurück auf die Extremalprobleme. Wir wissen bereits, dass in einer Extremalstelle $\hat{x}$ einer differenzierbaren Funktion die Bedingung $f'(\hat{x}) = 0$ gelten muss. Gilt darüber hinaus, dass die Ableitungsfunktion links der kritischen Stelle negativ ist und rechts positiv ist, so folgt mit dem Mittelwertsatz

$$f(x) - f(\hat{x}) = \underbrace{f'(z)}_{<0}\,\underbrace{(x - \hat{x})}_{<0} > 0$$

für $x < \hat{x}$ und

$$f(x) - f(\hat{x}) = \underbrace{f'(z)}_{>0}\,\underbrace{(x - \hat{x})}_{>0} > 0$$

für $x > \hat{x}$. Wir haben somit ein Kriterium gefunden, um in kritischen Stellen zu entscheiden, ob es sich um ein Minimum oder ein Maximum handelt. Wir formulieren dies exakt sowohl für lokale Minima als auch für lokale Maxima in folgender Aussage.

Ein hinreichendes Optimalitätskriterium

Ist $f : (a, b) \to \mathbb{R}$ eine differenzierbare Funktion mit $f'(\hat{x}) = 0$ an einer Stelle $\hat{x} \in (a, b)$ und es gibt $\varepsilon > 0$ mit

$$f'(x) < 0 \quad \text{für alle } x \in (\hat{x} - \varepsilon, \hat{x})$$

und

$$f'(x) > 0 \quad \text{für alle } x \in (\hat{x}, \hat{x} + \varepsilon),$$

so ist $\hat{x}$ Minimalstelle der Funktion f.

Ändert sich das Vorzeichen der Ableitungen andererseits von positiven zu negativen Werten, so ist in $\hat{x}$ ein lokales Maximum.

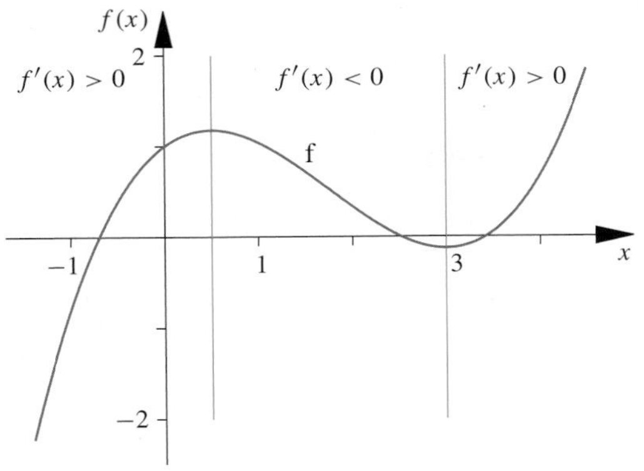

Abb. 10.21 Ein Vorzeichenwechsel der ersten Ableitung liefert Informationen über den Typ einer Extremalstelle

Beispiel Kehren wir zurück zum Beispiel auf S. 336, wo wir die Funktion $f : [-2\pi, 2\pi] \to \mathbb{R}$ mit

$$f(x) = x + 2\sin x$$

betrachtet haben. Wir hatten festgestellt, dass etwa bei $\hat{x} = \frac{2}{3}\pi$ und bei $\hat{x} = \frac{4}{3}\pi$ kritische Stellen dieser Funktion liegen. Aus den Abschätzungen

$$\cos x \begin{cases} > -\frac{1}{2} & \text{für } x \in \left(0, \frac{2}{3}\pi\right), \\ < -\frac{1}{2} & \text{für } x \in \left(\frac{2}{3}\pi, \frac{4}{3}\pi\right), \\ > -\frac{1}{2} & \text{für } x \in \left(\frac{4}{3}\pi, 2\pi\right) \end{cases}$$

folgt für

$$f'(x) = 1 + 2\cos x$$

ein Vorzeichenwechsel der Ableitung von positiv zu negativ in einer Umgebung um $\hat{x} = \frac{2}{3}\pi$, d. h., dort liegt ein lokales Maximum der Funktion. Analog sehen wir am Vorzeichenwechsel der Ableitung von negativ zu positiv, dass bei $\hat{x} = \frac{4}{3}\pi$ ein lokales Minimum liegt (siehe Abb. 10.21). ◀

Mit *Optimierungstheorie* bezeichnet man den Zweig der Mathematik, der sich mit solchen Existenzkriterien und mit der numerischen Berechnung von Minima und Maxima beschäftigt (siehe Kap. 34). Ein Spezialfall in der *Optimierung*, der die letzte Beobachtung verallgemeinert, sind konvexe Funktionen. Man spricht bei Funktionen in einer Variablen von einer *konvexen Funktion*, wenn die Teilmenge des $\mathbb{R}^2$, die oberhalb des Graphen der Funktion liegt, konvex ist, wie zum Beispiel bei der Normalparabel. Konvex bedeutet, dass alle Verbindungsstrecken zwischen Punkten der Menge ganz in der Menge liegen (siehe Abb. 10.22).

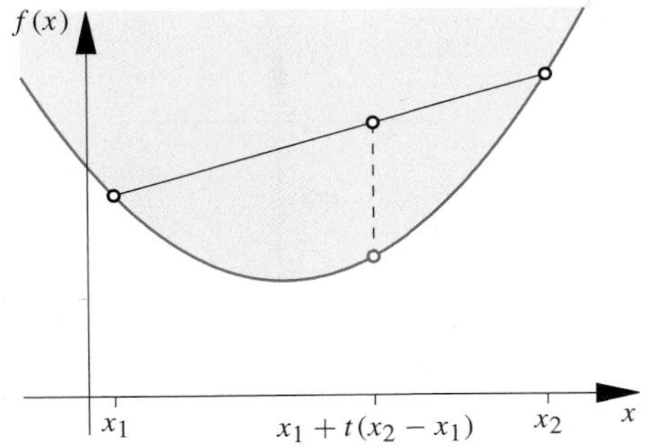

Abb. 10.22 Der Graph einer konvexen Funktion. Die Menge oberhalb des Graphen ist konvex

Strikt konvexe Funktionen haben genau ein Minimum

Beim Graphen einer konvexen Funktion muss jede Sekante oberhalb des Graphen liegen. Zwischen zwei Punkten $(x, f(x))$ und $(y, f(y))$ ist die Sekante gegeben durch die affin-lineare Funktion

$$g(z) = \frac{f(y) - f(x)}{y - x}(z - x) + f(x).$$

Beschreiben wir die Stellen im Intervall $[x, y]$ durch $z = x + t(y - x)$ mit $t \in [0, 1]$, so ergibt sich für die Sekante

$$g(z(t)) = (f(y) - f(x))t + f(x) = (1 - t)f(x) + tf(y).$$

Die Bedingung, dass diese Gerade im Intervall $[x, y]$ oberhalb des Graphen von f liegt, bedeutet $f(z(t)) \le g(z(t))$ für alle Werte $0 \le t \le 1$. Diese formale Darstellung nutzt man für die Definition von Konvexität einer Funktion, indem man sie für alle Paare $x, y \in [a, b]$ fordert.

Definition konvexer Funktionen

Eine Funktion $f : D \to \mathbb{R}$ auf einem Intervall $D = [a, b] \subseteq \mathbb{R}$ heißt konvex, wenn

$$f(x + t(y - x)) = f((1 - t)x + ty) \le (1 - t)f(x) + tf(y)$$

für alle $t \in [0, 1]$ und alle $x, y \in D$ gilt.

Abb. 10.23 Optische Linsen sind konvex oder konkav

Teil II

Können wir die Ungleichung für $t \in (0, 1)$ durch eine echte Ungleichung, „<“ , ersetzen, so wird die Funktion **strikt konvex** oder **streng konvex** genannt. Entsprechend nennt man eine Funktion **konkav** bzw. **strikt konkav** auf einem Intervall, wenn die Funktion $-f$ konvex bzw. strikt konvex ist.

Selbstfrage 6

Begründen Sie, warum eine strikt konvexe Funktion auf keinem Intervall $[x, y]$ mit $x \neq y$ konstant sein kann.

Beispiel

- Quadratische Polynome sind entweder strikt konvex oder strikt konkav. Dazu betrachten wir die Funktion $f : \mathbb{R} \to \mathbb{R}$ mit

$$f(x) = x^2 - 2x - 3,$$

deren Graph in Abb. 10.24 gezeigt ist.
Für $x, y, t \in \mathbb{R}$ gilt:

$$\begin{aligned} f(x + t(y - x)) &= (x + t(y - x))^2 - 2(x + t(y - x)) - 3 \\ &= x^2 + 2txy - 2tx^2 + t^2y^2 - 2t^2xy \\ &\quad + t^2x^2 - 2x - 2ty + 2tx - 3 \\ &= (1 - t)(x^2 - 2x - 3) + t(y^2 - 2y - 3) \\ &\quad - t(x^2 - 2xy + y^2) + t^2(x^2 + y^2 - 2xy) \\ &= (1 - t)f(x) + tf(y) + t(t - 1)(x - y)^2 \end{aligned}$$

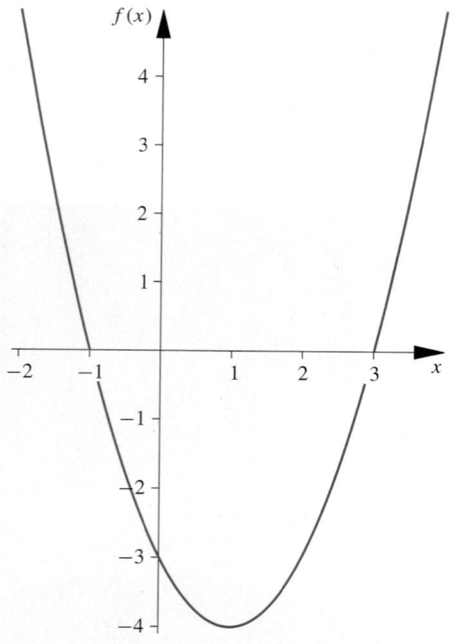

Abb. 10.24 Die strikt konvexe Funktion mit $f(x) = (x + 1)(x - 3)$

Da der Faktor $(t - 1) < 0$ ist, folgt die Abschätzung

$$f(x + t(y - x)) < (1 - t)f(x) + tf(y)$$

für $x \neq y$ und $t \in (0, 1)$. Somit ist die Funktion strikt konvex.

- Die Funktion $f : \mathbb{R} \to \mathbb{R}$ mit $f(x) = |x|$ ist konvex, denn mit der Dreiecksungleichung folgt

$$|x + t(y - x)| = |(1 - t)x + ty| \leq (1 - t)|x| + t|y|.$$

- Wir betrachten die stückweise definierte Funktion

$$f(x) = \begin{cases} x + 2 & \text{für } x < -1 \\ 1 & \text{für } -1 \leq x \leq 1 \\ -2x + 3 & \text{für } x > 1. \end{cases}$$

(siehe Abb. 10.25).
Für $x, y < -1$, $x, y \in (-1, 1)$ oder $x, y > 1$ gilt in der Bedingung

$$f((1 - t)x + ty) \geq (1 - t)f(x) + tf(y)$$

für Konkavität offensichtlich Gleichheit, sodass nur die drei Fälle: 1. $x < -1 \leq y \leq 1$, 2. $x < -1 < 1 < y$ und 3. $-1 \leq x \leq 1 < y$ zu untersuchen sind.
Jeden der drei Fälle müssen wir noch einmal unterteilen, je nachdem in welchem Abschnitt $x + t(y - x)$ liegt. Beginnen wir mit der Situation $x < x + t(y - x) < -1 \leq y \leq 1$. Dann sehen wir die Konkavität aus

$$\begin{aligned} f(x + t(y - x)) &= x + t(y - x) + 2 \\ &= (1 - t)(x + 2) + t + t(1 + y) \\ &\geq (1 - t)(x + 2) + t \\ &= (1 - t)f(x) + tf(y) \end{aligned}$$

für alle $t \in (0, 1)$. Genauso erhalten wir eine solche Abschätzung, wenn $x < -1 \leq x + t(y - x) < y \leq 1$ ist. Denn es gilt

$$\begin{aligned} f(x + t(y - x)) &= 1 = (1 - t) + t \\ &\geq (1 - t)(x + 2) + t \\ &= (1 - t)f(x) + tf(y). \end{aligned}$$

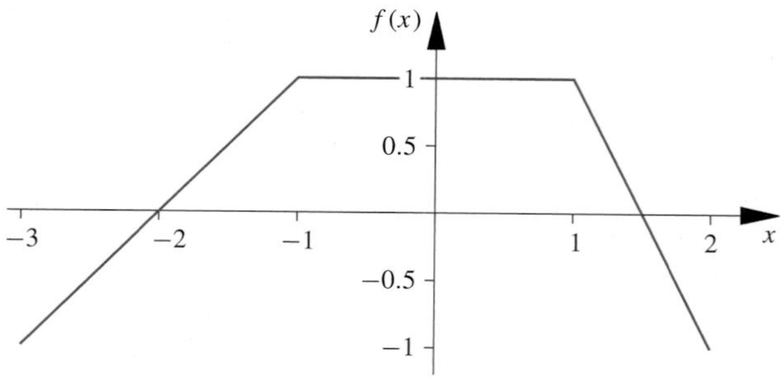

Abb. 10.25 Eine konkave Funktion

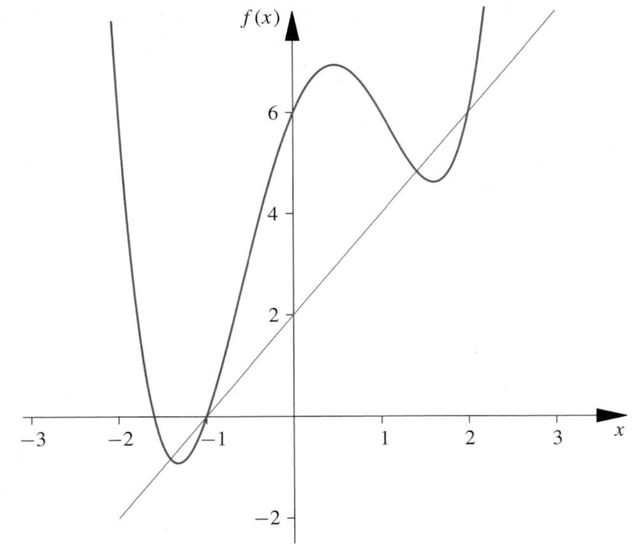

Abb. 10.26 Eine Funktion, die weder konvex noch konkav ist

Analog ergeben sich alle weiteren Fälle, sodass wir insgesamt eine konkave Funktion erhalten. Strikt konkav ist diese Funktion nicht, da sie aus affin-linearen Funktionen zusammengesetzt ist und somit auf diesen Teilintervallen das Gleichheitszeichen in der Bedingung gilt.

- Die Funktion $f : \mathbb{R} \to \mathbb{R}$ mit $f(x) = x^4 - x^3 - 4x^2 + 4x + 6$ ist weder konvex noch konkav. Es gilt zum Beispiel mit $x = -1$ und $y = 2$

$$6 = f(0) = f(-1 + \frac{1}{3}(2+1)) \geq \frac{2}{3}f(-1) + \frac{1}{3}f(2) = 2$$

und andererseits

$$\frac{75}{16} = f(3/2) = f(-1 + \frac{5}{6}(2+1)) \leq \frac{1}{6}f(-1) + \frac{5}{6}f(2) = 5.$$

Beachten Sie, dass sich auf Teilintervallen die Funktion f sehr wohl konvex oder konkav verhält (siehe Abb. 10.26). ◀

Falls eine stetige Funktion $f : D \to \mathbb{R}$ strikt konvex ist auf einem Intervall $D = [a, b]$, dann gibt es genau ein Minimum der Funktion auf diesem Intervall. Dies sieht man, wenn man annimmt, es gäbe zwei lokale Minimalstellen x_1 und x_2. Da wir wissen, dass es mindestens ein globales Minimum geben muss, genügt es, diese Annahme zu einem Widerspruch zu bringen. Es folgt aufgrund der Konvexität

$$\begin{aligned} f(x_1 + t(x_2 - x_1))) &< (1-t)f(x_1) + tf(x_2) \\ &\leq \max\{f(x_1), f(x_2)\} \end{aligned}$$

für alle $t \in (0, 1)$. Dies ist aber ein Widerspruch, denn sowohl in einer Umgebung um x_1 als auch in einer Umgebung von x_2, müssen die Funktionswerte $f(x)$ größer als $f(x_1)$ bzw. $f(x_2)$ sein,

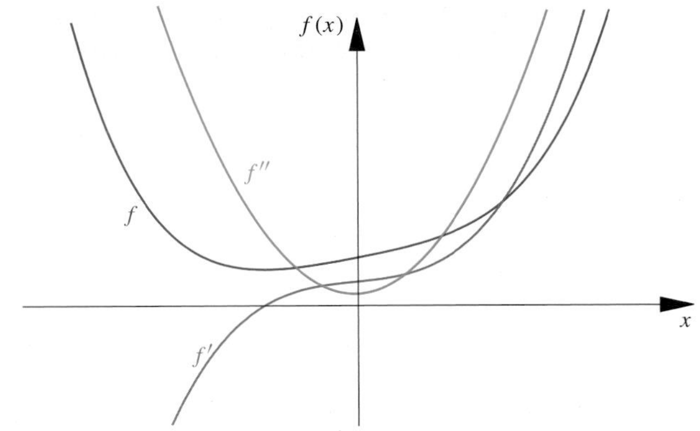

Abb. 10.27 Die Eigenschaft $f'' > 0$ impliziert, dass f' monoton steigt, und damit, dass f konvex ist

da es sich um lokale Minimalstellen handelt. Zumindest auf einer Seite, für kleine $t > 0$ oder für große Werte $t < 1$ trifft dies wegen der obigen Ungleichung nicht zu, wenn wir von zwei Minimalstellen ausgehen. Also kann es nur eine Minimalstelle geben.

Entsprechend besitzt eine strikt konkave Funktion auf einem Intervall genau ein Maximum. Somit können wir bei strikt konvexen Funktionen folgern, dass es sich um eine Minimalstelle handelt, wenn wir eine kritische Stelle $\hat{x} \in (a, b)$ mit $f'(\hat{x}) = 0$ finden. Und entsprechend folgt bei einer konkaven Funktion aus $f'(\hat{x}) = 0$, dass bei $\hat{x}$ ein Maximum liegt.

Um die Eigenschaften konvex oder konkav zu definieren, muss keine Regularität der Funktion, wie Stetigkeit oder Differenzierbarkeit vorausgesetzt werden. Wenn aber eine zweimal stetig differenzierbare Funktion vorliegt, so kann man die Beobachtung auch anders beschreiben. Der Zusammenhang zur zweiten Ableitung einer Funktion lässt sich anschaulich begründen. Eine positive zweite Ableitung $f''(x) > 0$ bedeutet, eine monoton steigende Ableitungsfunktion f'. Aber genau dies ist charakteristisch für eine konvexe Funktion, wenn wir uns die Abb. 10.27 ansehen.

Eine positive zweite Ableitung bedeutet lokal ein konvexes Verhalten einer Funktion

Diese Überlegung formulieren wir genauer und zeigen sie auf S. 348 mithilfe des Mittelwertsatzes: Ist $f : [a, b] \to \mathbb{R}$ eine stetige Funktion, die auf dem offenen Intervall (a, b) zweimal stetig differenzierbar ist, so gilt

- $f''(x) \geq 0$ für alle $x \in (a, b)$ genau dann, wenn f konvex ist.
- $f''(x) \leq 0$ für alle $x \in (a, b)$ genau dann, wenn f konkav ist.

Auch hier können wir die Aussage, wie bei der Monotonie, in einer Richtung verschärfen, denn es folgt aus $f'' > 0$ bzw. $f'' < 0$, dass die Funktion strikt konvex bzw. strikt konkav ist.

Beispiel: Die Monotonie der Mittelwertfunktion

Zu positiven Zahlen $a_1, \dots, a_n$ ist durch die Funktion $m : \mathbb{R} \to \mathbb{R}$ mit

$$m(x) = \left(\frac{1}{n}\sum_{j=1}^{n} a_j^x\right)^{\frac{1}{x}} \quad \text{für } x \neq 0 \qquad \text{und}$$

$$m(0) = \lim_{y\to 0}\left(\frac{1}{n}\sum_{j=1}^{n} a_j^y\right)^{\frac{1}{y}}$$

ein allgemeiner Mittelwert definiert. Diese Funktion ist streng monoton steigend. Die Monotonie impliziert die Abschätzungen zwischen verschiedenen, üblichen Mittelwerten.

Problemanalyse und Strategie Um Monotonie der Funktion m zunächst für positive Argumente $0 < x < y$ zu zeigen, betrachten wir die konvexe Funktion $f : \mathbb{R}_{>0} \to \mathbb{R}$ mit $f(z) = z^t$ für $t = \frac{y}{x} > 1$. Die anderen Fälle werden dann auf diesen Fall zurückgeführt.

Lösung Ist $t > 1$ und $f : \mathbb{R}_{\geq 0} \to \mathbb{R}$ definiert durch $f(z) = z^t$, dann gilt für die zweite Ableitung

$$f''(z) = t(t-1)\,z^{t-2} > 0$$

für alle $z > 0$. Die Funktion f ist strikt konvex. Insbesondere ist

$$f\left(\frac{1}{2}(b_1 + b_2)\right) < \frac{1}{2}f(b_1) + \frac{1}{2}f(b_2)$$

für $b_1, b_2 > 0$. Wir verwenden diese Ungleichung als Induktionsanfang, um zu zeigen, dass die Abschätzung

$$\begin{aligned}\left(\frac{1}{n}\sum_{j=1}^{n} b_j\right)^t &= f\left(\frac{1}{n}\sum_{j=1}^{n} b_j\right) \\ &< \frac{1}{n}\sum_{j=1}^{n} f(b_j) = \frac{1}{n}\sum_{j=1}^{n} b_j^t\end{aligned}$$

für positive Zahlen $b_1, b_2, \dots, b_n > 0$ gilt. Der entsprechende Induktionsschritt ergibt sich mit der Konvexität von f aus

$$\begin{aligned}&f\left(\frac{1}{n+1}\sum_{j=1}^{n+1} b_j\right) \\ &= f\left(\left(1 - \frac{1}{n+1}\right)\frac{1}{n}\sum_{j=1}^{n} b_j + \frac{1}{n+1}b_{n+1}\right) \\ &< \frac{n}{n+1}f\left(\frac{1}{n}\sum_{j=1}^{n} b_j\right) + \frac{1}{n+1}f(b_{n+1}) \\ &< \frac{1}{n+1}(f(b_1) + \dots + f(b_n)) + \frac{1}{n+1}f(b_{n+1}),\end{aligned}$$

wobei die erste Abschätzung aus der Konvexität folgt und die zweite Ungleichung die Induktionsannahme verwendet.

Setzen wir in der Ungleichung für $0 < x < y$ den Parameter $t = y/x > 1$ und $b_j = a_j^x$, so folgt

$$\left(\frac{1}{n}\sum_{j=1}^{n} a_j^x\right)^{y/x} < \frac{1}{n}\sum_{j=1}^{n} a_j^y.$$

Da die Exponentialfunktion streng monoton ist, bleibt die Ungleichung erhalten, wenn wir beide Seiten mit $\frac{1}{y}$ potenzieren. Es folgt die gesuchte Ungleichung

$$\left(\frac{1}{n}\sum_{j=1}^{n} a_j^x\right)^{1/x} < \left(\frac{1}{n}\sum_{j=1}^{n} a_j^y\right)^{1/y}$$

für $0 < x < y$. Dies bedeutet, die Funktion m ist streng monoton steigend für positive Argumente.

Für $x < y < 0$ betrachten wir die Kehrwerte und erhalten mit der oben gezeigten Abschätzung die Monotonie mit $|y| < |x|$ aus

$$\begin{aligned}\left(\frac{1}{n}\sum_{j=1}^{n} a_j^x\right)^{1/x} &= \frac{1}{\left(\frac{1}{n}\sum_{j=1}^{n} \frac{1}{a_j}^{|x|}\right)^{1/|x|}} \\ &< \frac{1}{\left(\frac{1}{n}\sum_{j=1}^{n} \frac{1}{a_j}^{|y|}\right)^{1/|y|}} = \left(\frac{1}{n}\sum_{j=1}^{n} a_j^y\right)^{1/y}.\end{aligned}$$

In einer Aufgabe zum Kapitel zeigen wir noch den Grenzwert

$$\lim_{x\to=0}\left(\frac{1}{n}\sum_{j=1}^{n} a_j^x\right)^{1/x} = \sqrt[n]{a_1 \cdot a_2 \cdot \dots \cdot a_n}.$$

Aufgrund der Stetigkeit der Funktion m gelten somit die Monotonieabschätzungen auch für $x = 0$ oder $y = 0$.

In der Abbildung ist der Graph von m für $a_1 = 2$, $a_2 = 3$ und $n = 2$ gezeigt.

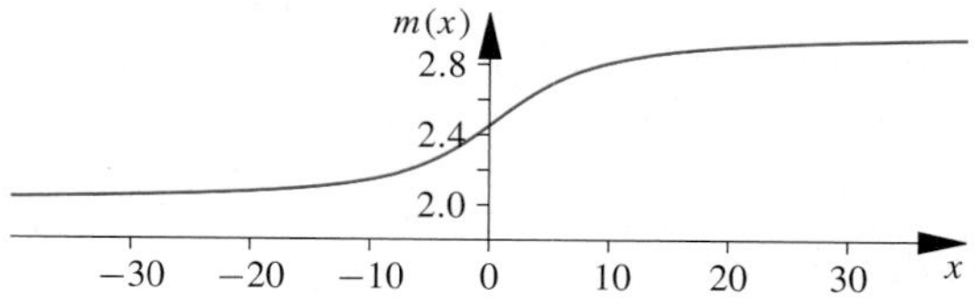

Wir haben gezeigt, dass die Funktion $m : \mathbb{R} \to \mathbb{R}$ streng monoton wächst. Für Spezialfälle – etwa $x = -1$, dem *harmonischen Mittel*, $x = 0$, dem *geometrischen Mittel*, und $x = 1$, dem *arithmetischen Mittel* – kommen wir auf diese Ungleichungen in der Statistik (siehe S. 1373) wieder zurück.

In einer Umgebung einer Minimalstelle einer zweimal differenzierbaren Funktion im Inneren eines Intervalls (a, b) lässt sich das konvexe Verhalten gut verdeutlichen. In einem Minimum ist die Tangentensteigung null. Links vom Minimum ist die Steigung der Funktion negativ und rechts vom Minimum positiv. Also wechselt die Ableitungsfunktion im Minimum von negativen zu positiven Werten (siehe die Merkbox auf S. 342). Dies bedeutet, die Steigung der Ableitungsfunktion muss positiv sein. Setzen wir voraus, dass die zweite Ableitungsfunktion stetig ist, genügt es zu zeigen, dass $f''(\hat{x}) > 0$ gilt, denn wegen der Stetigkeit gibt es dann ein Intervall um den Punkt $\hat{x}$, auf dem die zweite Ableitung positiv ist. Also ist die Funktion lokal auf diesem Intervall konvex. Wir haben so bei zweimal differenzierbaren Funktionen ein weiteres hinreichendes Kriterium gefunden, wann eine kritische Stelle eine Minimalstelle ist (siehe auch Abb. 10.27). Der exakte Beweis ergibt sich mit der Vertiefung auf S. 348.

Hinreichendes Kriterium für Extremalstellen

Ist eine Funktion $f : (a, b) \to \mathbb{R}$ zweimal stetig differenzierbar in $\hat{x} \in (a, b)$ mit $f'(\hat{x}) = 0$ und $f''(\hat{x}) > 0$ bzw. $f''(\hat{x}) < 0$. Dann ist $\hat{x}$ eine lokale Minimalstelle bzw. Maximalstelle der Funktion f auf (a, b).

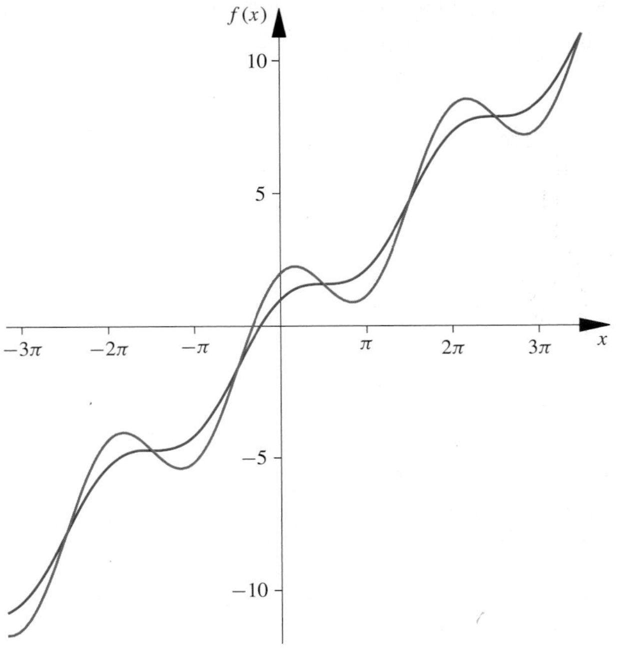

Abb. 10.28 Die Graphen der Funktionen f, g mit $f(x) = x + 2\cos x$ und $g(x) = x + \cos x$

Beispiel Gesucht sind die Extremalstellen der beiden Funktionen $f, g : \mathbb{R} \to \mathbb{R}$ mit

$$f(x) = x + 2\cos x \quad \text{und} \quad g(x) = x + \cos x$$

Wir berechnen die Ableitungen

$$f'(x) = 1 - 2\sin x \quad \text{und} \quad g'(x) = 1 - \sin x.$$

Aus der Bedingung $f'(x) = 0$, d. h. $\sin x = 1/2$, folgen für die Funktion f die kritischen Punkte

$$x_k = \frac{\pi}{6} + 2k\pi \quad \text{bzw.}\ y_k = \frac{5\pi}{6} + 2k\pi$$

für $k \in \mathbb{Z}$. Mit der zweiten Ableitung

$$f''(x) = -2\cos x$$

erhalten wir $f''(x_k) = -2\cos(\pi/6) < 0$ und $f''(y_k) = -2\cos(5\pi/6) > 0$. Also liegen an den kritischen Stellen x_k lokale Maxima der Funktion und die Punkte y_k sind lokale Minimalstellen.

Betrachten wir die zweite Funktion g und bestimmen die Nullstellen der Ableitung $g'(x) = 1 - \sin x$. Aus $\sin z_k = 1$ ergeben sich die kritischen Punkte $z_k = \frac{\pi}{2} + 2k\pi$ für $k \in \mathbb{Z}$.

Die zweite Ableitung g'' mit $g''(x) = -\cos x$ hat an diesen Stellen die Werte $g''(z_k) = 0$. Somit liefert uns das Kriterium keine Auskunft über den Typ der kritischen Stellen. Aber aus $g'(x) = 1 - \sin x \geq 0$ für alle $x \in \mathbb{R}$ folgt, dass f monoton wachsend ist. Daraus lässt sich schließen, dass die Funktion g keine Minima oder Maxima auf $\mathbb{R}$ besitzt (siehe Abb. 10.28). ◄

Achtung Beachten Sie, dass das diskutierte Kriterium zu Extremalstellen im Fall $f'(\hat{x}) = 0$ und $f''(\hat{x}) = 0$ keine Aussagen über den Typ der kritischen Stelle macht. In der Übungsaufgabe 10.2 überlegen wir uns, wie die Werte höherer Ableitungen weiterhelfen können. ◄

10.4 Taylorreihen

Kommen wir zurück zur Linearisierung einer Funktion. Es ist naheliegend zu fragen, wie die Näherung, die wir durch Linearisierung erreichen, gegebenenfalls durch Polynome höheren Grades verbessert werden könnte. Geben wir eine Stelle $x_0 \in D$ vor, so besteht eine Möglichkeit darin, ein Polynom p_n vom Grad n zu suchen mit der Eigenschaft

$$f^{(k)}(x_0) = p_n^{(k)}(x_0)$$

für den Funktionswert und die Ableitungen, $k = 1, \ldots, n$, an der Stelle x_0.

Teil II

Teil II

Vertiefung: Konvex oder konkav

Ob eine Funktion in einem Intervall ein konvexes oder ein konkaves Verhalten zeigt, ist am Vorzeichen der zweiten Ableitung erkennbar. Wir wollen zeigen, dass gilt

- $f''(x) \geq 0$ für alle $x \in (a,b)$ genau dann, wenn f konvex ist,
- $f''(x) \leq 0$ für alle $x \in (a,b)$ genau dann, wenn f konkav ist.

Um die Aussagen zu beweisen, müssen beide Richtungen begründet werden. Einerseits muss bei nicht negativen zweiten Ableitung gezeigt werden, dass die Funktion konvex ist, und andererseits müssen wir zeigen, dass für eine konvexe zweimal differenzierbare Funktion folgt, dass $f''(x) \geq 0$ ist. Die entsprechende Aussage für konkave Funktionen ergibt sich analog. Es wird deswegen nur der Beweis für die erste Aussage präsentiert.

Beginnen wir mit einer Funktion, für die $f''(x) \geq 0$ für alle $x \in (a,b)$ gilt. Zu zwei Stellen $a \leq x < y \leq b$ betrachten wir die Differenz

$$\begin{aligned}(1-t)f(x) + tf(y) - f(x+t(y-x)) \\ = (1-t)\big(f(x) - f(x+t(y-x))\big) \\ - t\big(f(x+t(y-x)) - f(y)\big)\end{aligned}$$

für ein $t \in (0,1)$. Wenden wir den Mittelwertsatz jeweils in den Intervallen $(x, x+t(y-x))$ und $(x+t(y-x), y)$ an, so gibt es Zwischenstellen $z_1, z_2 \in (a,b)$ mit $x < z_1 < x+t(y-x) < z_2 < y$ und

$$\begin{aligned}(1-t)f(x) + tf(y) - f(x+t(y-x)) \\ = (1-t)f'(z_1)(x-(x+t(y-x))) \\ - tf'(z_2)(x+t(y-x)-y) \\ = -(1-t)f'(z_1)t(y-x) + tf'(z_2)(1-t)(x-y) \\ = (1-t)t(y-x)\big(f'(z_2) - f'(z_1)\big).\end{aligned}$$

Nun lässt sich der Mittelwertsatz ein weiteres Mal anwenden, und zwar auf die Ableitungsfunktion f'. Es gibt somit eine Stelle $z_3 \in (z_1, z_2)$ mit

$$\begin{aligned}(1-t)f(x) + tf(y) - f(x+t(y-x)) \\ = (1-t)t(y-x)f''(z_3)(z_2 - z_1).\end{aligned}$$

Da aber nach Voraussetzung die zweite Ableitung $f''(z_3)$ nicht negativ ist, folgt

$$(1-t)f(x) + tf(y) - f(x+t(y-x)) \geq 0.$$

Dies gilt für alle Werte $t \in (0,1)$ und für alle $a \leq x < y \leq b$. Also ist die Funktion auf dem Intervall konvex.

Es bleibt die andere Implikation der Aussage zu beweisen. Dazu starten wir mit der Voraussetzung, dass die Funktion konvex ist. Dies bedeutet, dass für Sekanten g mit $g(z) = f(x) + \frac{z-x}{y-x}(f(y) - f(x))$ gilt

$$f(x+t(y-x)) \leq g(x+t(y-x))$$

für $t \in (0,1)$. Wählen wir $x, y \in (a,b)$ mit $x < y$ und ein $t \in (0,1)$ aus und setzen $z = x + t(y-x)$, so folgt

$$\frac{f(z) - f(x)}{z-x} \leq \frac{g(z) - g(x)}{z-x} = m,$$

da $f(x) = g(x)$ gilt. Der Wert $m \in \mathbb{R}$ ist unabhängig von z, da das Verhältnis die konstante Steigung der Geraden g liefert. Damit gilt die Abschätzung auch im Grenzfall $z \to x$. Da f differenzierbar ist, folgt

$$f'(x) \leq m.$$

Analog erhalten wir aus

$$\frac{f(y) - f(z)}{y-z} \geq \frac{g(y) - g(z)}{y-z} = m$$

an der Stelle y die Ungleichung

$$f'(y) \geq m.$$

Insbesondere ergibt sich, dass $f'(x) \leq f'(y)$ gilt. Diese Abschätzung folgt für alle $x, y \in (a,b)$ mit $x < y$. Also ist die Funktion f' monoton steigend. Da f' differenzierbar ist, folgt $f''(x) \geq 0$.

Gehen wir den ersten Teil der Herleitung noch einmal durch, so wird deutlich, dass die Ungleichungen durch echte Ungleichungszeichen ersetzt werden können. Dies führt auf die Aussage, dass $f'' > 0$ strikte Konvexität impliziert.

Übersicht: Verhalten differenzierbarer Funktionen

Das lokale Verhalten differenzierbarer Funktionen lässt sich an den Werten der Ableitungen ablesen.

Bezeichnet $f : D \to \mathbb{R}$ eine **hinreichend oft stetig differenzierbare Funktion** und $(a, b) \subseteq D$ ein offenes Teilintervall des Definitionsbereichs, dann gelten folgende Aussagen zum lokalen Verhalten von f auf (a, b) und den Ableitungen auf (a, b):

Extrema

$f'(\hat{x}) = 0$	$\Leftrightarrow$	$\hat{x} \in (a, b)$ kritischer Punkt
$f'(\hat{x}) = 0$ und $f''(\hat{x}) > 0$	$\Rightarrow$	$\hat{x} \in (a, b)$ Minimalstelle
$f'(\hat{x}) = 0$ und $f''(\hat{x}) < 0$	$\Rightarrow$	$\hat{x} \in (a, b)$ Maximalstelle

Monotonie

$f' \leq 0$ auf (a, b)	$\Leftrightarrow$	f monoton fallend auf (a, b)
$f' \geq 0$ auf (a, b)	$\Leftrightarrow$	f monoton steigend auf (a, b)
$f' < 0$ auf (a, b)	$\Rightarrow$	f streng monoton fallend auf (a, b)
$f' > 0$ auf (a, b)	$\Rightarrow$	f streng monoton steigend auf (a, b)

Krümmung

$f'' \geq 0$ auf (a, b)	$\Leftrightarrow$	f konvex auf (a, b)
$f'' \leq 0$ auf (a, b)	$\Leftrightarrow$	f konkav auf (a, b)
$f'' > 0$ auf (a, b)	$\Rightarrow$	f strikt konvex auf (a, b)
$f'' < 0$ auf (a, b)	$\Rightarrow$	f strikt konkav auf (a, b)

Für $n = 0$ ist dies offensichtlich das konstante Polynom $p_0(x) = f(x_0)$ für alle $x \in \mathbb{R}$ und für $n = 1$ ergibt sich aus den beiden Bedingungen

$$p_1(x_0) = f(x_0) \quad \text{und} \quad p_1'(x_0) = f'(x_0),$$

wenn wir für das Polynom den Ansatz $p_1(x) = a + bx$ machen, $a + bx_0 = f(x_0)$ und $b = f'(x_0)$. Also erhalten wir die schon diskutierte Linearisierung

$$p_1(x) = f(x_0) + f'(x_0)\,(x - x_0), \quad x \in \mathbb{R}.$$

Nun lässt sich sukzessive der Grad des zu betrachtenden Polynoms erhöhen und man erhält die nach dem englischen Mathematiker Brook Taylor (1685–1731) benannten Taylorpolynome zur Funktion f um den Entwicklungspunkt x_0.

Definition der Taylorpolynome

Wenn eine Funktion $f : D \subseteq \mathbb{R} \to \mathbb{R}$ n-mal stetig differenzierbar ist auf einem offenen Intervall $D \subseteq \mathbb{R}$, dann heißt

$$p_n(x) = \sum_{k=0}^{n} \frac{f^{(k)}(x_0)}{k!} (x - x_0)^k, \quad x \in \mathbb{R},$$

das **Taylorpolynom** vom Grad n zu f um den Entwicklungspunkt x_0.

Durch Ableiten ist ersichtlich, dass das Taylorpolynom p_n die oben geforderte Bedingungen erfüllt. Das Polynom p_n mit allen seinen Ableitungen bis zur Ordnung n stimmt im Punkt x_0 mit den Funktions- und Ableitungswerten von f überein, d. h. $p_n^{(k)}(x_0) = f^{(k)}(x_0)$ für $k = 0, \ldots, n$.

Beispiel

- Wir betrachten die Funktion $f : \mathbb{R}_{>-1} \to \mathbb{R}$ mit $f(x) = \frac{1}{1+x}$. Aus den ersten beiden Ableitungen

$$f'(x) = \frac{-1}{(1+x)^2}$$
$$f''(x) = \frac{2}{(1+x)^3}$$

lässt sich vermuten, dass

$$f^{(n)}(x) = \frac{(-1)^n n!}{(1+x)^{n+1}}$$

gilt. Dies lässt sich induktiv mit dem Induktionsschritt

$$\begin{aligned} f^{(n+1)}(x) &= \frac{\mathrm{d}}{\mathrm{d}x}\left(f^{(n)}(x)\right) \\ &= \frac{\mathrm{d}}{\mathrm{d}x}\left(\frac{(-1)^n n!}{(1+x)^{n+1}}\right) \\ &= \frac{(-1)^{n+1} n!\,(n+1)}{(1+x)^{n+2}} \end{aligned}$$

zeigen. Also ergeben sich die Taylorpolynome bei Entwicklung von f um $x_0 = 0$ zu

$$\begin{aligned} p_1(x) &= 1 - x \\ p_3(x) &= 1 - x + x^2 - x^3 \\ p_5(x) &= 1 - x + x^2 - x^3 + x^4 - x^5. \end{aligned}$$

In der Abb. 10.29 ist die Approximationseigenschaft dieser Polynome an $f(x)$ illustriert.

Teil II

Beispiel: Kurvendiskussion

Der wesentlichen Verlauf einer Funktion, die durch einen Ausdruck gegeben ist, lässt sich durch eine **Kurvendiskussion** ermitteln. Es soll das Verhalten der rationalen Funktion f, die durch

$$f(x) = \frac{x^4 - 5x^2}{4(x-1)^3}$$

gegeben ist, untersucht werden.

Problemanalyse und Strategie Um die durch den Ausdruck gegebene Funktion zu diskutieren, sind mehrere Aspekte zu betrachten. Zunächst müssen wir einen zulässigen Definitionsbereich der Funktion festlegen. Dann berechnet man die Nullstellen von f, f', f''. Aus dieser Information zusammen mit der Stetigkeit können Intervalle identifiziert werden, in denen die Funktion positiv/negativ, monoton und konvex/-konkav ist. Außerdem ergeben sich aus den kritischen Stellen die lokalen Extremalstellen der Funktion. Weiter betrachtet man die Grenzwerte von f an den Rändern des Definitionsbereichs, um das asymptotische Verhalten für $x \to \pm\infty$ oder an Polstellen zu ermitteln.

Lösung

1. Definitionsbereich
   Da der Nenner des Ausdrucks nur bei $\hat{x} = 1$ eine Nullstelle aufweist, können wir als maximalen Definitionsbereich in den reellen Zahlen die Menge $D = \mathbb{R}\setminus\{1\}$ betrachten.
2. Nullstellen der Funktion und der Ableitungen
   Die Nullstellen von f ergeben sich aus $x^4 - 5x^2 = x^2(x^2 - 5) = 0$ zu $x_0 = 0$, $x_1 = -\sqrt{5}$ und $x_2 = \sqrt{5}$. Für die Ableitung berechnen wir

$$f'(x) = \frac{x(x^3 - 4x^2 + 5x + 10)}{4(x-1)^4}$$

und

$$f''(x) = \frac{x^2 - 20x - 5}{2(x-1)^5}.$$

Die kritischen Punkte liegen in den reellen Nullstellen der ersten Ableitung, die sich aus der Faktorisierung

$$f'(x) = x(x+1)(x^2 - 5x + 10)$$

zu $x_3 = -1$, $x_4 = 0 = x_0$ ergeben. Nun berechnen wir noch die Nullstellen $x_5 = 10 - \sqrt{105}$ und $x_6 = 10 + \sqrt{105}$ zu f''.
Alle diese Nullstellen liefern uns Intervallränder an denen Vorzeichenwechsel in f, f' oder f'' auftreten können. Betrachten wir jeweils eine einfach zu rechnende Stelle innerhalb des entsprechenden Intervalls, etwa $\frac{1}{2} \in (x_0, 1)$, so lässt sich das Vorzeichen der betreffenden Funktion im Teilintervall angeben und wir können folgende Tabelle zum Verhalten der Funktion f aufstellen:

$x \in (-\infty, x_1), x \in (1, x_2)$	$f(x) < 0$	negativ
$x \in (x_1, x_0), x \in (x_0, 1)$, $x \in (x_2, \infty)$	$f(x) > 0$	positiv
$x \in (-\infty, x_3), x \in (x_0, 1)$, $x \in (1, \infty)$	$f'(x) > 0$	monoton steigend
$x \in (x_3, x_0)$	$f'(x) < 0$	monoton fallend
$x \in (-\infty, x_5), x \in (1, x_6)$	$f''(x) < 0$	konkav
$x \in (x_5, 1), x \in (x_6, \infty)$	$f''(x) > 0$	konvex

Aus den Vorzeichenwechseln der Ableitungen erkennen wir auch den Typ der kritischen Stellen. So liegt bei $x_3 = -1$ ein lokales Maximum und bei $x_4 = 0$ ein lokales Minimum.

3. Asymptotisches Verhalten
   Mit den Grenzwerten

$$\frac{x^4 - 5x^2}{4(x-1)^3} \to \infty, \quad \text{für } x \to 1,\ x < 1$$

und

$$\frac{x^4 - 5x^2}{4(x-1)^3} \to -\infty, \quad \text{für } x \to 1,\ x > 1$$

klärt sich das Verhalten um die Polstelle bei $x = 1$. Weiter folgt mit einer Polynomdivision

$$\frac{x^4 - 5x^2}{4(x-1)^3} = \frac{1}{4}x + \frac{3}{4} + \frac{x^2 - 8x + 3}{4(x-1)^3}.$$

Somit gilt

$$\frac{x^4 - 5x^2}{4(x-1)^3} \to \pm\infty, \quad \text{für } x \to \pm\infty.$$

Genauer sieht man aus der Darstellung das asymptotische Verhalten $\lim_{x\to\pm\infty} |f(x) - g(x)| = 0$ für die Funktion $g : \mathbb{R} \to \mathbb{R}$ mit $g(x) = \frac{1}{4}x + \frac{3}{4}$. Also verhält sich die Funktion f für sehr große und sehr kleine Argumente wie die affin-lineare Funktion g.

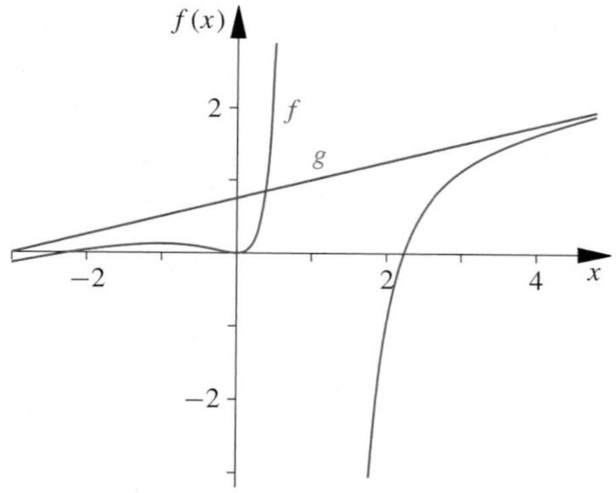

Mit diesen Informationen lässt sich eine Skizze des Graphen relativ leicht anfertigen (siehe Abbildung).

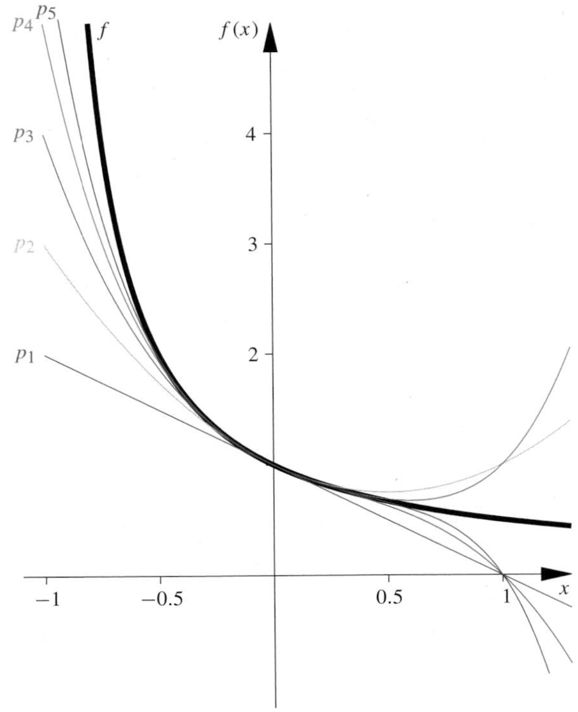

Abb. 10.29 Approximation der Funktion, die durch $1/(1+x)$ gegeben ist, durch einige ihrer Taylorpolynome in einer Umgebung um $x_0 = 0$

- Das Polynom $g : \mathbb{R} \to \mathbb{R}$ mit $g(x) = x^2 - 1$ besitzt die Ableitungen

$$g'(x) = 2x,\; g''(x) = 2,\; g'''(x) = 0.$$

Entwickeln wir diese Funktion um den Punkt $x_0 = 1$, ergeben sich die Taylorpolynome

$$\begin{aligned} p_1(x) &= 2(x-1) \\ p_2(x) &= 2(x-1) + (x-1)^2 \\ p_n(x) &= p_2(x) = g(x) \end{aligned}$$

für $n \geq 2$. Dies gilt allgemein: Ein Polynom vom Grad n stimmt stets mit seinem n-ten Taylorpolynom überein. ◀

Selbstfrage 7

Bestimmen Sie um den Entwicklungspunkt $x_0 = 1$ das Taylorpolynom vom Grad 3 zu der Funktion $f(x) = \exp(x)$.

Das Taylorpolynom approximiert die Funktion f in diesem Sinne. Wir erwarten auch in der Umgebung des Punktes x_0 eine gute Approximation von f durch p_n. Wie gut diese Approximation für Punkte $x \neq x_0$ wirklich ist, bleibt noch zu analysieren.

Um die Differenz $f(x) - p_n(x)$ zwischen der Funktion und dem n-ten Taylorpolynom genauer zu verstehen, nutzen wir eine Verallgemeinerung des Mittelwertsatzes.

Seien $f, g : [a,b] \subseteq \mathbb{R} \to \mathbb{R}$ stetige Funktionen, die in (a,b) differenzierbar sind. Gilt darüber hinaus, dass $g'(x) \neq 0$ für alle $x \in (a,b)$. Dann gibt es eine Zwischenstelle $z \in (a,b)$ mit

$$\frac{f(b)-f(a)}{g(b)-g(a)} = \frac{f'(z)}{g'(z)}.$$

Um die Aussage zu zeigen, kann man nicht direkt den Mittelwertsatz auf f und auf g getrennt anwenden, da sich so nur zwei verschiedene Zwischenstellen ergeben würden. Aber man kann genauso vorgehen, wie beim Beweis des Mittelwertsatzes auf S. 337, mit der Funktion

$$\Phi(x) = f(x) - \frac{f(b)-f(a)}{g(b)-g(a)}\left[g(x) - g(a)\right]$$

auf $a \leq x \leq b$. Dann ergibt sich die verallgemeinerte Aussage.

Teil II

Die Differenz zwischen Funktion und Taylorpolynom – das Restglied

Mit der Verallgemeinerung des Mittelwertsatzes können wir die Differenz zwischen Funktion und Taylorpolynom

$$f(x) - p_n(x) = R_n(x, x_0),$$

das sogenannte Restglied, genauer angeben. Dabei hängt das Restglied von der Stelle x_0, dem Argument x und dem Grad des Taylorpolynoms ab.

Die Taylorformel

Die Darstellung einer n-mal stetig differenzierbaren Funktion $f : (a,b) \to \mathbb{R}$ durch

$$f(x) = p_n(x) + R(x, x_0)$$

mit dem Taylorpolynom p_n und dem Restglied $R(x, x_0)$ um einen Entwicklungspunkt $x_0 \in (a,b)$ heißt **Taylorformel**.

Wenn $f : (a,b) \subseteq \mathbb{R} \to \mathbb{R}$ eine $(n+1)$-mal stetig differenzierbare Funktion ist und $x_0 \in (a,b)$, dann gibt es zu jedem $x \in (a,b)$ eine Stelle z zwischen x und x_0 mit

$$R_n(x, x_0) = \frac{1}{(n+1)!}(x - x_0)^{n+1} f^{(n+1)}(z).$$

Man nennt diese Form des Restglieds die **Restglieddarstellung von Lagrange**.

Beweis Das Restglied

$$\begin{aligned} R_n(x, x_0) &= f(x) - f(x_0) - f'(x_0)(x - x_0) \\ &\quad - \ldots - \frac{f^{(n)}(x_0)}{n!}(x - x_0)^n \end{aligned}$$

lässt sich bei fester Wahl von x_0 und n als Funktion in x auffassen. Es gilt für diese Funktion an der Stelle x_0 die Gleichung $R_n(x_0, x_0) = 0$. Auch für die Ableitungen gilt $R_n^{(j)}(x_0, x_0) = 0$ für $j = 1, \ldots, n$, denn dies ist gerade die Bedingung, die am Anfang an die Taylorpolynome gestellt wurde. Differenzieren wir ein weiteres Mal, so folgt $R_n^{(n+1)}(x, x_0) = f^{(n+1)}(x)$ für alle $x \in (a, b)$, da alle weiteren Terme im Restglied Polynome in x mit maximalem Grad n sind.

Nun ist die Idee, den verallgemeinerten Mittelwertsatz (siehe S. 351) anzuwenden. Denn so folgt die Behauptung aus

$$\begin{aligned}\frac{R_n(x, x_0)}{(x - x_0)^{n+1}} &= \frac{R_n(x, x_0) - R_n(x_0, x_0)}{(x - x_0)^{n+1} - (x_0 - x_0)^{n+1}} \\ &= \frac{R_n'(z_1, x_0)}{(n+1)\,(z_1 - x_0)^n} = \frac{R_n'(z_1, x_0) - R_n'(x_0, x_0)}{(n+1)\,((z_1 - x_0)^n - 0^n)} \\ &= \cdots = \frac{R_n^{(n)}(z_n, x_0)}{(n+1)!\,(z_n - x_0)} \\ &= \frac{R_n^{(n)}(z_n, x_0) - R_n^{(n)}(x_0, x_0)}{(n+1)!\,((z_n - x_0) - 0)} = \frac{R_n^{(n+1)}(z_{n+1}, x_0)}{(n+1)!} \\ &= \frac{f^{(n+1)}(z_{n+1})}{(n+1)!}\end{aligned}$$

mit Zwischenstellen $z_{j+1} \in (x_0, z_j)$ bzw. $z_{j+1} \in (z_j, x_0)$ für alle $j = 1, \ldots, n$. Mit $z_{n+1} = z$ ist die Existenz der Zwischenstelle in der Lagrange'schen Restglieddarstellung gezeigt. ■

Beispiel

- Betrachten wir als einfachstes Beispiel $f(x) = e^x$ und $x_0 = 0$. Wir rechnen aus: $f^{(k)}(x) = e^x$ bzw. $f^{(k)}(0) = 1$. Somit ist

$$f(x) = \sum_{k=0}^{n} \frac{1}{k!} x^k + R_n(x, 0)$$

mit

$$R_n(x, 0) = \frac{1}{(n+1)!} x^{n+1} e^z$$

für ein z zwischen 0 und x. Die Taylorformel liefert also eine Darstellung des Fehlers, wenn wir die Reihe für $\exp(x)$ nach $n+1$ Termen abbrechen. Bislang konnten wir den Fehler nur für *alternierende* Reihen mit dem Leibnizkriterium abschätzen.

Als konkretes Beispiel kann man die Frage stellen: Wie groß muss n mindestens sein, damit der Fehler $R_n(x, 0)$ zwischen der Funktion $f(x) = e^x$ und dem Taylorpolynom p_n für $|x| \leq 1$ höchstens 10^{-2} ist?

Wir schätzen mit der Lagrange-Form des Restgliedes ab,

$$|R_n(x, 0)| = \frac{1}{(n+1)!} |x|^{n+1} e^z \leq \frac{1}{(n+1)!} e^1.$$

Dieser Ausdruck ist sicher kleiner als 10^{-2} für $n \geq 5$. Wollen wir also e^x für $|x| \leq 1$ auf 2 Stellen hinter dem Komma genau berechnen, so können wir das Taylorpolynom $p_5(x) = \sum_{k=0}^{5} \frac{1}{k!} x^k$ verwenden.

- Zu einer beliebigen reellen Zahl $\alpha \in \mathbb{R}$ betrachten wir die Funktion $f : \mathbb{R}_{>-1} \to \mathbb{R}$ mit $f(x) = (1 + x)^\alpha$. Berechnen wollen wir das zugehörige Taylorpolynom um den Entwicklungspunkt $x_0 = 0$.

Es gilt $f'(x) = \alpha\,(1 + x)^{\alpha-1}$ und weiter folgt induktiv

$$f^{(k)}(x) = \alpha\,(\alpha - 1) \cdots (\alpha - k + 1)\,(1 + x)^{\alpha-k}, \quad x > -1,$$

für $k \in \mathbb{N}$. Mit den Werten $f^{(k)}(0)$ lautet die Taylorformel

$$(1 + x)^\alpha = 1 + \sum_{k=1}^{n} \frac{\alpha \cdots (\alpha - k + 1)}{k!} x^k + R_n(x, 0)$$

mit

$$R_n(x, 0) = \frac{\alpha \cdots (\alpha - n)}{(n+1)!} (1 + z)^{\alpha-n-1} x^{n+1}.$$

Für beliebiges $\alpha \in \mathbb{R}$ und $k \in \mathbb{N} \cup \{0\}$ führt man nun die verallgemeinerten **Binomialkoeffizienten** $\binom{\alpha}{k}$ ein durch

$$\binom{\alpha}{k} = \frac{\alpha \cdots (\alpha - k + 1)}{k!} \quad \text{und} \quad \binom{\alpha}{0} = 1.$$

Beachten Sie, dass für $\alpha \in \mathbb{N}$ diese mit den klassischen Binomialkoeffizienten übereinstimmen. Dann schreibt sich die Taylorformel einprägsam als

$$(1 + x)^\alpha = \sum_{k=0}^{n} \binom{\alpha}{k} x^k + R_n(x, 0).$$

Im Spezialfall $\alpha = n \in \mathbb{N}$ ist $\alpha \cdots (\alpha - n) = 0$, also $R_n(x, 0) = 0$, und man erhält die bekannte binomische Formel zurück. Auf eine Abschätzung des Restgliedes verzichten wir hier und kommen in Kap. 12 wieder darauf zurück. ◀

Abschätzung finiter Differenzen durch das Restglied

Häufig kennt man Funktionen nur an diskret liegenden Stützstellen, d. h., es sind die Funktionswerte $f(x_j)$ an Stellen $x_j \in D$ zu einer Funktion $f : D \to \mathbb{R}$ bekannt. Dies tritt zum Beispiel auf, wenn die Funktionswerte durch Messungen ermittelt werden, oder bei entsprechenden numerischen Verfahren. Benötigt man in diesem Fall Ableitungen, so können diese nur approximiert werden. Setzen wir voraus, dass die wirkliche Funktion genügend oft differenzierbar ist, so lässt sich mithilfe der Taylorpolynome abschätzen, wie gut eine solche Näherung ist.

Gehen wir von einer differenzierbaren Funktion $f : (a, b) \to \mathbb{R}$ und äquidistante Stützstellen $x_j \in (a, b)$, $j = 0, \ldots, n$ aus. Äquidistant bedeutet, dass der Abstand zwischen benachbarten Stellen konstant ist, $|x_j - x_{j-1}| = h \in \mathbb{R}_{>0}$ für alle $j = 1, \ldots, n$.

Anwendung: Die relativistische Masse

Die relativistische Masse eines Körpers ist gegeben durch

$$m = \frac{m_0}{\sqrt{1-\frac{v^2}{c^2}}},$$

wobei m_0 die Ruhemasse des Körpers, v seine Geschwindigkeit und $c \approx 300\,000\,\mathrm{km/s}$ die Lichtgeschwindigkeit bezeichnen. Es soll der relative Fehler $|m(v) - \tilde{m}(v)|/m_0$ abgeschätzt werden, wenn Geschwindigkeiten in der Größenordnung bis $v \le c/2$ betrachtet werden und Approximationen an die Masse durch die Taylorpolynome $\tilde{m}_0(v) = m_0$, $\tilde{m}_1(v) = m_0(1 + \frac{1}{2}\frac{v^2}{c^2})$ und $\tilde{m}_2(v) = m_0(1 + \frac{1}{2}\frac{v^2}{c^2} + \frac{3}{8}\frac{v^4}{c^4})$ betrachtet werden.

Zunächst leiten wir die Taylorpolynome her. Dazu betrachten wir die Taylorformel

$$(1+x)^{-\frac{1}{2}} = \sum_{k=0}^{n} \frac{f^{(k)}(0)}{k!} x^k + R_n(x,0)$$

und setzen $x = -\frac{v^2}{c^2}$. Mit

$$\begin{aligned} f'(x) &= -\frac{1}{2}(1+x)^{-\frac{3}{2}} \\ f''(x) &= \frac{3}{4}(1+x)^{-\frac{5}{2}} \\ f'''(x) &= -\frac{15}{8}(1+x)^{-\frac{7}{2}} \end{aligned}$$

erhalten wir durch die Taylorpolynome der Ordnung 1 und 2 die angegebenen Approximationen

$$\tilde{m}_1(v) = m_0\left(1 + \frac{1}{2}\frac{v^2}{c^2}\right)$$

und

$$\tilde{m}_2(v) = m_0\left(1 + \frac{1}{2}\frac{v^2}{c^2} + \frac{3}{8}\frac{v^4}{c^4}\right).$$

Die Differenzen $|m(v) - \tilde{m}_j(v)|/m_0$ lassen sich durch die entsprechenden Restglieder abschätzen. Im ersten Fall ergibt sich

$$\begin{aligned} |m(v) - \tilde{m}_0(v)|/m_0 &= |R_0(-v^2/c^2, 0)| \\ &= |f'(\xi)|\frac{v^2}{c^2} \\ &= \frac{1}{2}(1+\xi)^{-\frac{3}{2}}\frac{v^2}{c^2} \end{aligned}$$

für eine Zwischenstelle $\xi \in (-\frac{v^2}{c^2}, 0)$. Somit folgt mit $v/c \le 1/2$ die Abschätzung

$$|m(v) - \tilde{m}_0(v)|/m_0 \le \frac{1}{2}\left(\frac{3}{4}\right)^{-\frac{3}{2}} \frac{1}{4} = \frac{1}{\sqrt{27}} \approx 0.192.$$

Dies bedeutet, dass ein nicht relativistisches Modell der Masse einen Fehler von bis zu 20% aufweist bei Geschwindigkeiten in der Größenordnung der halben Lichtgeschwindigkeit.

Für die weiteren angegebenen Approximationen folgt

$$\begin{aligned} |m(v) - \tilde{m}_1(v)|/m_0 &= |R_1(-v^2/c^2, 0)| \\ &= \frac{1}{2}|f''(\xi)|\frac{v^4}{c^4} \\ &= \frac{3}{8}(1+\xi)^{-\frac{5}{2}}\frac{v^4}{c^4} \\ &\le \frac{3}{8}\left(\frac{3}{4}\right)^{-\frac{5}{2}}\frac{1}{16} \approx 0.048 \end{aligned}$$

und

$$\begin{aligned} |m(v) - \tilde{m}_2(v)|/m_0 &= |R_2(-v^2/c^2, 0)| \\ &= \frac{1}{6}|f'''(\xi)|\frac{v^6}{c^6} \\ &= \frac{15}{48}(1+\xi)^{-\frac{7}{2}}\frac{v^6}{c^6} \\ &\le \frac{15}{48}\left(\frac{3}{4}\right)^{-\frac{7}{2}}\frac{1}{64} \approx 0.013. \end{aligned}$$

Somit weicht die Approximation durch die Formel vierter Ordnung bei solchen Geschwindigkeiten um maximal 1.3% von der relativistischen Masse ab.

Um aus den Werten $f(x_j), j = 0, \dots, n$, Approximationen an die Ableitungen zu bekommen, ersetzen wir die Ableitung durch den Differenzenquotienten. Dabei gibt es im Wesentlichen drei Möglichkeiten,

$$\begin{aligned}\Delta_+(x_j) &= \frac{1}{h}\big(f(x_j+h) - f(x_j)\big), \quad j = 0, \dots, n-1,\\ \Delta_-(x_j) &= \frac{1}{h}\big(f(x_j) - f(x_j-h)\big), \quad j = 1, \dots, n,\end{aligned}$$

und

$$\Delta(x_j) = \frac{1}{2h}\big(f(x_j+h) - f(x_j-h)\big), \quad j = 1, \dots, n-1.$$

Man nennt die ersten beiden Quotienten *einseitige Differenzenquotienten* und die dritte Variante einen *zentralen Differenzenquotienten*. Generell spricht man von **finiten Differenzen**, wenn man mit solchen Approximationen an die Ableitung einer Funktion arbeitet.

Eine Abschätzung, die uns Auskunft gibt über die Qualität einer solchen Näherung, ergibt sich aus der Taylorentwicklung der Funktion f. Ist f zweimal stetig differenzierbar, so folgt

$$\begin{aligned}f(x+h) &= f(x) + f'(x)h + \frac{1}{2}f''(z_+)h^2\\ f(x-h) &= f(x) - f'(x)h + \frac{1}{2}f''(z_-)h^2\end{aligned}$$

mit Zwischenstellen $z_+ \in (x, x+h)$ und $z_- \in (x-h, x)$. Setzen wir diese Darstellungen in die Differenzenquotienten ein, so erhalten wir

$$\begin{aligned}&|f'(x) - \Delta_+(x)|\\ &= \left|f'(x) - \frac{1}{h}\Big(f(x) + f'(x)h + \frac{1}{2}f''(z_+)h^2 - f(x)\Big)\right|\\ &= \frac{1}{2}|f''(z_+)|h\end{aligned}$$

und analog

$$|f'(x) - \Delta_-(x)| = \frac{1}{2}|f''(z_-)|h.$$

Kennen wir für die zweite Ableitung auf dem gesamten Intervall (a, b) eine Abschätzung $|f''(y)| \le c$ für alle $y \in (a, b)$, so folgt, dass der Fehler zwischen der wirklichen Ableitung und der Approximation sich abschätzen lässt durch

$$|f'(x) - \Delta_\pm(x)| \le \frac{c}{2}h.$$

Beim zentralen Differenzenquotienten erhalten wir ein besseres Fehlerverhalten, wenn f dreimal stetig differenzierbar vorausgesetzt wird. Denn es folgt mit der Taylorformel

$$f(x_j \pm h) = f(x_j) \pm f'(x_j)h + \frac{1}{2}f''(x_j)h^2 \pm \frac{1}{6}f'''(z_\pm)h^3$$

wiederum mit Zwischenstellen z_+ und z_-. Setzen wir diese Darstellungen in den zentralen Differenzenquotienten ein, so ergibt sich

$$\begin{aligned}|f'(x_j) - \Delta(x_j)| &= \frac{1}{2h}\left|f(x_j-h) - f(x_j+h)\right|\\ &= \frac{1}{12}|f'''(z_+) + f'''(z_-)|\,h^2 \le \frac{C}{6}h^2,\end{aligned}$$

wenn eine Konstante $C > 0$ mit $|f'''(y)| \le C$ für alle $y \in (a, b)$ existiert.

Da sich die Fehlerabschätzung zwischen Approximation und wahrer Lösung quadratisch mit h^2 verkleinert, wenn h gegen null strebt, spricht man von einer **quadratischen Konvergenz** des Fehlers bzw. einer quadratischen Fehlerordnung. Nutzen wir wieder die Landau-Schreibweise (siehe S. 293), so lässt sich kurz für eine quadratische Fehlerordnung notieren

$$|f'(x) - \Delta(x)| = \mathcal{O}(h^2),$$

wenn mit h der Stützstellenabstand bezeichnet wird.

Wenn eine Funktion dreimal stetig differenzierbar vorausgesetzt werden kann, sollte man also zur *Diskretisierung* der Ableitung den zentralen Differenzenquotienten verwenden, anstelle von einseitigen Differenzenquotienten. An den Intervallenden bei x_0 und x_N der Unterteilung müssen wir aber auf die jeweiligen einseitigen Differenzenquotienten zurückgreifen.

Auch die zweite Ableitung muss häufig aus den Funktionswerten $f(x_j)$ genähert werden. Man approximiert erste und zweite Ableitung durch entsprechende zentrale Differenzenquotienten um x, $x - h/2$ und $x + h/2$ und erhält

$$\begin{aligned}f''(x) &\approx \frac{f'(x+\frac{h}{2}) - f'(x-\frac{h}{2})}{h}\\ &\approx \frac{(f(x+h) - f(x)) - (f(x) - f(x-h))}{h^2}\\ &= \frac{f(x+h) - 2f(x) + f(x-h)}{h^2}\\ &= \Delta^{(2)}(x).\end{aligned}$$

Auch für diesen zentralen Differenzenquotienten ergibt sich eine Abschätzung des Fehlers, indem die Taylordarstellung von f bis zur dritten Ordnung verwendet wird. Einsetzen von

$$\begin{aligned}f(x_j \pm h) = f(x_j) &\pm f'(x_j)h + \frac{1}{2}f''(x_j)h^2\\ &\pm \frac{1}{6}f'''(x_j)h^3 + \frac{1}{24}f''''(z_\pm)h^4\end{aligned}$$

mit den entsprechenden Zwischenstellen $z_+ \in (x, x+h)$ und $z_- \in (x-h, x)$ führt auf

$$f''(x_j) - \Delta^{(2)}(x_j) = \frac{1}{24}\big(f''''(z_+) + f''''(z_-)\big)h^2$$

Also erhalten wir für die zweite Ableitung von Funktionen $f \in C^4(a, b)$ an den Stellen x_j mit $j = 1, \dots, n-1$ Approximationen von der Ordnung h^2.

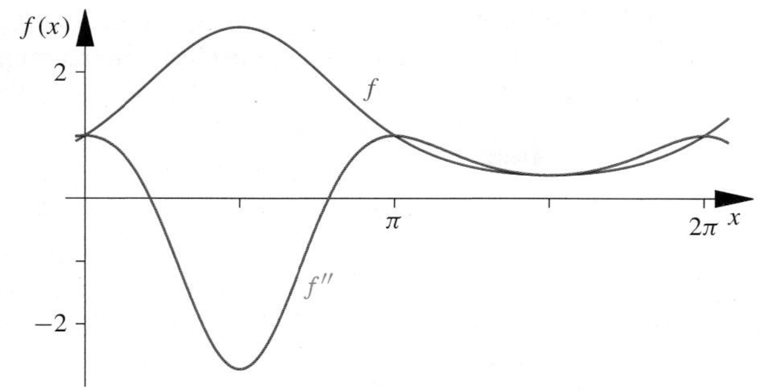

Abb. 10.30 Graph der Funktion f und die zweite Ableitung

Beispiel Wählen wir als Beispiel die Funktion $f : [0, 2\pi] \to \mathbb{R}$ mit

$$f(x) = \exp(\sin x).$$

Der Graph der Funktion und die zweite Ableitung sind in der Abb. 10.30 gezeigt. Analytisch berechnen wir

$$f'(x) = \cos(x)e^{\sin x}$$

und

$$f''(x) = -\sin(x)e^{\sin x} + \cos^2(x)e^{\sin x}.$$

An der Stelle $x = \pi$ gilt $f'(\pi) = -1$ und $f''(\pi) = 1$. Mit den zentralen Differenzenquotienten erhalten wir für $h = 1$, $h = 1/2$, $h = 1/4$ und $h = 1/8$ die Näherungen

h	$\Delta(\pi)$	$\Delta^{(2)}(\pi)$
1	−0.944 35	0.750 85
1/2	−0.996 01	0.937 14
1/4	−0.999 74	0.984 34
1/8	−0.999 98	0.996 09

◀

Vor allem im Zusammenhang mit numerischen Verfahren zum Lösen von Differenzialgleichungen, wie etwa im Beispiel auf S. 321 spielen finite Differenzen und die durch Taylorpolynome gewonnenen Fehlerabschätzungen eine wichtige Rolle.

Anwendungsbeispiel Ursprünglich (bis 1889) war das Kilogramm definiert als die Masse eines Kubikdezimeters Wasser bei $T_0 = 3.89\,°C$, also bei der Temperatur, bei der Wasser seine größte Dichte hat. Warum benutzte man für die Definition gerade diesen Punkt?

Betrachten wir die Funktion $V(T)$, also das Volumen in Abhängigkeit der Temperatur, dann besitzt diese Funktion bei der Temperatur T_0 ein Minimum und die Ableitung $V'(T_0) = 0$ verschwindet an dieser Stelle. Die Funktion ist somit durch die Taylorformel

$$V(T) = V(T_0) + \frac{1}{2}V''(t)(T - T_0)^2$$

mit Lagrange'schem Restglied an einer Stelle t zwischen T und T_0 gegeben. Damit gehen Fehler in der Temperatur zur zweiten Ordnung ein, d. h., an der Stelle T_0 ist die Definition relativ robust gegenüber Schwankungen in den Temperaturmessungen. ◀

Vom Taylorpolynom zur Taylorreihe

Wenn die betrachtete Funktion unendlich oft differenzierbar ist, können wir uns fragen, was passiert, wenn wir den Grad n im Taylorpolynom gegen unendlich laufen lassen. Wir erhalten dann eine Potenzreihe, die von f und von der Stelle x_0 abhängt.

Definition der Taylorreihe

Die Reihe

$$\left(\sum_{n=0}^{\infty} \frac{f^{(n)}(x_0)}{n!}(x - x_0)^n\right)$$

zu einer unendlich oft differenzierbaren Funktion $f : (a, b) \to \mathbb{R}$ und einem **Entwicklungspunkt** $x_0 \in (a, b)$ heißt **Taylorreihe** zu f um x_0.

Es bleibt noch zu klären, was diese Potenzreihe innerhalb ihres Konvergenzradius mit den Funktionswerten der Funktion f zu tun hat.

Betrachten wir die Ableitungen einer Funktion, die durch eine Potenzreihe

$$f(x) = \sum_{n=0}^{\infty} a_n (x - x_0)^n$$

für $x \in (x_0 - r, x_0 + r)$ gegeben ist. Induktiv erhalten wir die Ableitungen

$$f^{(k)}(x) = \sum_{n=k}^{\infty} n(n-1)\cdots(n-k+1)a_n(x - x_0)^{n-k}.$$

Werten wir die Reihe auf der rechten Seite an der Stelle $x = x_0$ aus, so folgt

$$f^{(k)}(x_0) = k(k-1)\cdots(0+1)a_k = k!\,a_k.$$

Für die Koeffizienten einer Potenzreihe gilt $a_k = f^{(k)}(x_0)/k!$. Dies sind gerade die Koeffizienten der Taylorreihe. Die Potenzreihe einer solchen Funktion ist auch die Taylorreihe zu dieser Funktion.

Beispiel Wir kennen bereits die Potenzreihe zum Sinus mit

$$\sin(x) = \sum_{n=0}^{\infty} \frac{(-1)^n}{(2n+1)!} x^{2n+1}.$$

Diese Reihe ist die Taylorreihe zur Sinusfunktion. Denn mit einer vollständigen Induktion ergeben sich die Ableitungen:

$$\sin^{(k)} x = \begin{cases} (-1)^{(k-1)/2}\cos(x), & \text{für } k \text{ ungerade} \\ (-1)^{k/2}\sin(x), & \text{für } k \text{ gerade} \end{cases}$$

Teil II

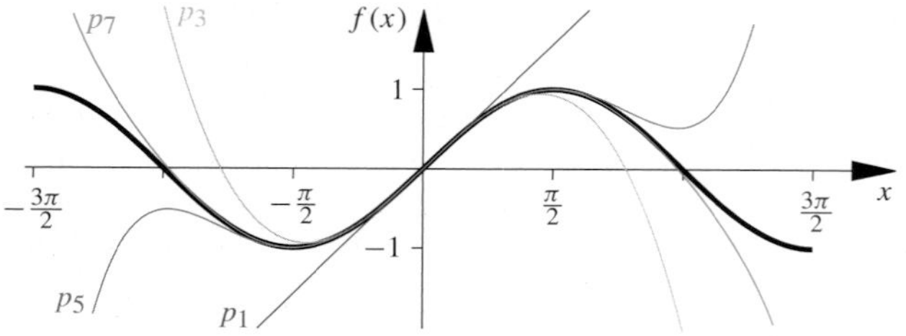

Abb. 10.31 Graphen zur Sinusfunktion und der ersten zugehörigen Taylorpolynome um den Entwicklungspunkt $x_0 = 0$

Ausgewertet am Entwicklungspunkt $x_0 = 0$ ist $f^{(k)}(0) = 0$ für k gerade und $f^{(k)}(0) = (-1)^{(k-1)/2}$ für k ungerade. Setzen wir $k = 2n+1$ so ist ersichtlich, dass die Potenzreihe identisch ist mit der Taylorreihe

$$\sin(x) = \sum_{k=0}^{\infty} \frac{\sin^{(k)}(0)}{k!} x^k = \sum_{n=0}^{\infty} \frac{(-1)^n}{(2n+1)!} x^{2n+1}.$$

Die Approximation des Sinus durch die Taylorpolynome

$$\begin{aligned} p_1(x) &= x, \\ p_3(x) &= x - \frac{1}{6}x^3, \\ p_5(x) &= x - \frac{1}{6}x^3 + \frac{1}{120}x^5 \end{aligned}$$

ist in Abb. 10.31 gezeigt. ◄

In Kap. 9 konnten wir zu gegebenen Funktionen nur dann eine Potenzreihe angeben, wenn sich die Funktion irgendwie als Grenzwert einer geometrischen Summe schreiben ließ oder wir die Funktion durch die Potenzreihe definiert haben. Die Taylorreihe bietet prinzipiell die Möglichkeit, auch in anderen Fällen Potenzreihen zu berechnen. Aber es muss auf die Konvergenz und den Konvergenzradius der so konstruierten Reihe geachtet werden (siehe auch Vertiefung auf S. 359).

Wir halten fest: Wenn das Restglied zu den Taylorpolynomen einer unendlich oft differenzierbaren Funktion mit wachsendem Grad gegen null konvergiert, d. h.

$$\lim_{n\to\infty} |R_n(x, x_0)| = 0$$

für alle $x \in D$ mit $|x - x_0| \le d$, so ist f um x_0 in eine Potenzreihe entwickelbar mit einem Konvergenzradius $r \ge d$ und es gilt

$$f(x) = \sum_{n=0}^{\infty} \frac{f^{(n)}(x_0)}{n!}(x - x_0)^n$$

für $|x - x_0| \le d$.

Da der Weg, Potenzreihen über eine Taylorreihe zu ermitteln in den meisten Fällen aufwendig ist, wird man, wenn möglich, versuchen, Potenzreihen durch Umformen und Einsetzen bekannter Potenzreihen zu bestimmen. Das folgende Beispiel macht dies deutlich. Häufig ist auch die Idee nützlich, durch Betrachtung der Ableitung einer Funktion eine Potenzreihe zu ermitteln. Wir haben im Beispiel auf S. 332 dies schon gesehen.

Beispiel Gesucht ist eine Potenzreihe zur Funktion $f\colon \mathbb{R} \to \mathbb{R}$ mit $f(x) = \sin^2 x$ um den Entwicklungspunkt $x_0 = 0$.

Um die Potenzreihe zu finden, können wir mit den Additionstheoremen

$$f(x) = \sin^2 x = \frac{1 - \cos 2x}{2}$$

schreiben. Nutzen wir die bekannte Potenzreihe für $\cos 2x$, so folgt die Entwicklung

$$\begin{aligned} f(x) &= \frac{1}{2} - \frac{1}{2}\sum_{n=0}^{\infty} \frac{(-1)^n}{(2n)!}(2x)^{2n} \\ &= \sum_{n=1}^{\infty} \frac{(-1)^{n-1}}{(2n)!} 2^{2n-1} x^{2n} \end{aligned}$$

für alle $x \in \mathbb{R}$.

Wir versuchen dasselbe Ergebnis direkt aus der Definition der Taylorreihe zu ermitteln. Mit den Ableitungen

$$f'(x) = \sin 2x, \quad f''(x) = 2\cos 2x \quad f'''(x) = -4\sin 2x$$

usw. können wir induktiv zeigen, dass

$$f^{(n)}(x) = \begin{cases} 2^{n-1}(-1)^{n/2-1}\cos 2x, & n \text{ gerade} \\ 2^{n-1}(-1)^{(n-1)/2}\sin 2x, & n \text{ ungerade} \end{cases}$$

gilt.

Es ergibt sich die Taylorreihe

$$p_\infty(x) = f(0) + \sum_{k=1}^{\infty} \frac{f^{(k)}(0)}{k!} x^k = \sum_{n=1}^{\infty} \frac{(-1)^{n-1} 2^{2n-1}}{(2n)!} x^{2n}.$$

Mit dem Quotientenkriterium sehen wir, dass die Reihe für alle $x \in \mathbb{R}$ konvergiert, wegen

$$\left| \frac{2^{2j+1}\,(2j)!}{(2j+2)!\,2^{2j-1}} \frac{x^{2j+2}}{x^{2j}} \right| = \frac{4}{(2j+1)(2j+2)}|x|^2 \to 0$$

für $j \to \infty$. Aber um zu zeigen, dass die so gewonnene Reihe wirklich die Potenzreihe zu $\sin^2$ ist, bleibt noch zu zeigen, dass das Restglied gegen null konvergiert. Mit

$$R_{2n-1}(x, 0) = \frac{f^{(2n)}(\xi)}{(2n)!} x^{2n} = \frac{2^{2n-1}(-1)^{n-1}\cos 2\xi}{(2n)!} x^{2n}$$

schätzen wir ab

$$|R_{2n-1}(x, 0)| \le \frac{1}{2}\frac{(2x)^{2n}}{(2n)!} \to 0$$

für $n \to \infty$ (siehe S. 184). Mit diesen Beweisschritten haben wir nun direkt aus der Taylorformel die Potenzreihe zu $\sin^2$ um $x_0 = 0$ hergeleitet. ◄

Beispiel: Bestimmung von Taylorreihen

Wir stellen uns die Aufgabe, Taylorreihen um $x_0 = 0$ zu den Funktionen $f, g : (-1, 1) \to \mathbb{R}$ mit

$$f(x) = \operatorname{artanh} x = \frac{1}{2} \ln\left(\frac{1+x}{1-x}\right) \quad \text{und} \quad g(x) = \arcsin x$$

zu berechnen.

Problemanalyse und Strategie Um die Taylorreihen zu ermitteln, versuchen wir, uns schon bekannte Potenzreihen zu nutzen. Im ersten Fall schreiben wir $f(x) = \frac{1}{2}(\ln(1+x) - \ln(1-x))$ und verwenden die Potenzreihe zum Logarithmus. Im zweiten Beispiel betrachten wir die Ableitung der Funktion g mit $g'(x) = 1/\sqrt{1-x^2}$ und nutzen die allgemeine binomische Reihe.

Lösung Die Darstellung

$$\operatorname{artanh} x = \frac{1}{2}\big(\ln(1+x) - \ln(1-x)\big)$$

ermöglicht uns die Potenzreihen

$$\ln(1+x) = -\sum_{n=1}^{\infty} \frac{(-1)^n}{n} x^n$$

und

$$\ln(1-x) = -\sum_{n=1}^{\infty} \frac{(-1)^n}{n} (-x)^n = -\sum_{n=1}^{\infty} \frac{1}{n} x^n$$

für $|x| < 1$ zu betrachten (siehe Beispiel auf S. 340). Bilden wir die Differenz, so ergibt sich die Potenzreihe

$$\begin{aligned}\operatorname{artanh} x &= \frac{1}{2}\left(-\sum_{n=1}^{\infty} \frac{(-1)^n}{n} x^n + \sum_{n=1}^{\infty} \frac{1}{n} x^n\right) \\ &= \frac{1}{2}\sum_{n=1}^{\infty}(1 + (-1)^{n-1})\frac{1}{n}x^n = \sum_{k=1}^{\infty} \frac{1}{2k-1} x^{2k-1}.\end{aligned}$$

Für die Funktion g nutzen wir die binomische Reihe

$$(1+x)^{-\frac{1}{2}} = \sum_{n=0}^{\infty} \binom{-\frac{1}{2}}{n} x^n$$

für $|x| < 1$ (siehe Übersicht auf S. 358). Es folgt

$$\begin{aligned} g'(x) &= \frac{1}{\sqrt{1-x^2}} \\ &= \sum_{n=0}^{\infty} \binom{-\frac{1}{2}}{n} (-1)^n x^{2n} \\ &= 1 + \sum_{n=1}^{\infty} \left(-\frac{1}{2}\right)^n \frac{1 \cdot 3 \cdot 5 \cdot \ldots (2n-1)}{n!} (-1)^n x^{2n} \\ &= 1 + \sum_{n=1}^{\infty} \frac{1 \cdot 3 \cdot 5 \cdot \ldots (2n-1)}{2^n\, n!} x^{2n}. \end{aligned}$$

Da diese Potenzreihe in ihrem Konvergenzintervall die Ableitung von

$$x + \sum_{n=1}^{\infty} \frac{1 \cdot 3 \cdot 5 \cdot \ldots (2n-1)}{(2n+1)2^n\, n!} x^{2n+1} \qquad (*)$$

ist, ist durch die Potenzreihe $(*)$ im Inneren ihres Konvergenzbereichs eine Funktion gegeben, deren Ableitung mit der Ableitung von arcsin übereinstimmt. Außerdem ist der Wert der Potenzreihe für $x = 0$ gleich null, also gleich dem Funktionswert $\arcsin(0) = 0$. Daher folgt im Konvergenzkreis die Gleichheit zwischen der Potenzreihe und arcsin (siehe S. 340) und wir haben die Potenz- und Taylorreihe zu arcsin um den Entwicklungspunkt $x_0 = 0$ ermittelt.

Nicht jede Taylorreihe konvergiert gegen die sie generierende Funktion

Die Konvergenz von Taylorreihen ist etwas komplizierter als es im ersten Moment erscheint. Denn es gibt Taylorreihen, die zwar konvergieren, aber die nicht gegen die Funktionswerte $f(x)$ der generierenden Funktion f konvergieren.

Selbstfrage 8

Geben Sie die Taylorreihe zur Funktion $f : \mathbb{R} \to \mathbb{R}$ mit $f(x) = |x|$ um den Entwicklungspunkt $x_0 = 1$ an, und vergleichen Sie die Funktion und die Taylorreihe.

Damit die durch die Taylorreihe gegebene Potenzreihe in ihrem Konvergenzkreis mit der Funktion f übereinstimmt, darf die oben geforderte Bedingung nicht außer Acht gelassen werden, dass das Restglied eine Nullfolge bilden muss. Das folgende Gegenbeispiel zeigt, dass diese Schwierigkeit beim Umgang mit Taylorreihen auch bei unendlich oft differenzierbaren Funktionen auftritt.

Beispiel Die Funktion $f : \mathbb{R} \to \mathbb{R}$ mit

$$f(x) = \begin{cases} \exp(-1/x), & x > 0, \\ 0, & x \le 0, \end{cases}$$

Teil II

Teil II

Übersicht: Potenzreihen/Taylorreihen

Zusammenstellung einiger Potenzreihenentwicklungen und die zugehörigen Konvergenzbereiche.

Die allgemeine binomische Reihe

$$(1+x)^\alpha = \sum_{n=0}^{\infty} \binom{\alpha}{n} x^n, \quad \text{für } |x| < 1$$

mit dem verallgemeinerten Binomialkoeffizienten

$$\binom{\alpha}{n} = \frac{\alpha \cdot \ldots \cdot (\alpha - n + 1)}{n!}.$$

Die Exponentialfunktion

$$\exp(x) = \sum_{n=0}^{\infty} \frac{1}{n!} x^n, \quad \text{für } x \in \mathbb{C}$$

$$\cosh(x) = \sum_{n=0}^{\infty} \frac{1}{(2n)!} x^{2n}, \quad \text{für } x \in \mathbb{C}$$

$$\sinh(x) = \sum_{n=0}^{\infty} \frac{1}{(2n+1)!} x^{2n+1}, \quad \text{für } x \in \mathbb{C}$$

$$\tanh(x) = \sum_{n=1}^{\infty} \frac{(-1)^{n+1} 2^{2n}(2^{2n}-1)B_{2n}}{(2n)!} x^{2n-1}, \quad |x| < \frac{\pi}{2}$$

$$\ln(x+1) = \sum_{n=1}^{\infty} (-1)^{n+1} \frac{1}{n} x^n, \quad |x| < 1$$

$$\operatorname{artanh} x = \frac{1}{2} \ln\left(\frac{1+x}{1-x}\right) = \sum_{n=0}^{\infty} \frac{1}{2n+1} x^{2n+1}, \quad |x| < 1$$

Trigonometrische Funktionen

$$\cos x = \sum_{n=0}^{\infty} \frac{(-1)^n}{(2n)!} x^{2n} \quad \text{für } x \in \mathbb{C}$$

$$\sin x = \sum_{n=0}^{\infty} \frac{(-1)^n}{(2n+1)!} x^{2n+1} \quad \text{für } x \in \mathbb{C}$$

$$\tan x = \sum_{n=1}^{\infty} \frac{2^{2n}(2^{2n}-1)B_{2n}}{(2n)!} x^{2n-1}, \quad |x| < \frac{\pi}{2}$$

$$\arccos x = \frac{\pi}{2} - x - \sum_{n=1}^{\infty} \frac{1 \cdot 3 \cdot \ldots \cdot (2n-1)}{(2n+1)\, 2^n\, n!} x^{2n+1}, \quad |x| < 1$$

$$\arcsin x = x + \sum_{n=1}^{\infty} \frac{1 \cdot 3 \cdot \ldots \cdot (2n-1)}{(2n+1)\, 2^n\, n!} x^{2n+1}, \quad |x| < 1$$

$$\arctan x = \sum_{n=0}^{\infty} \frac{(-1)^n}{(2n+1)} x^{2n+1}, \quad |x| < 1$$

$$\operatorname{arccot} x = \frac{\pi}{2} - \sum_{n=0}^{\infty} \frac{(-1)^n}{(2n+1)} x^{2n+1}, \quad |x| < 1$$

Mit B_{2k} sind die sogenannten *Bernoulli-Zahlen* bezeichnet, die sich rekursiv aus

$$B_0 = 1 \quad \text{und} \quad \sum_{k=0}^{n} \binom{n+1}{k} B_k = 0$$

für $n \in \mathbb{N}$ berechnen lassen.

---

ist beliebig oft differenzierbar. Durch vollständige Induktion zeigt man, dass für $x \neq 0$ jede Ableitung von der Form

$$f^{(k)}(x) = \begin{cases} \frac{q_k(x)}{x^{2k}} \exp(-1/x), & x > 0 \\ 0, & x < 0 \end{cases}$$

mit einem Polynom q_k vom Grad $\leq k$ ist.

Jetzt benötigen wir den Grenzwert

$$\lim_{x \to 0} \frac{1}{x^m} \mathrm{e}^{-1/x} = 0.$$

für $x > 0$ und für jeden Grad $m \in \mathbb{N}$. Dies sehen wir mit der Potenzreihe zur Exponentialfunktion. Setzen wir $t = 1/x > 0$, so lässt sich abschätzen

$$\begin{aligned} \frac{1}{x^m} \mathrm{e}^{-1/x} &= \frac{t^m}{\mathrm{e}^t} = \frac{t^m}{\sum_{k=0}^{\infty} \frac{1}{k!} t^k} \\ &\leq \frac{t^m}{\frac{1}{(m+1)!} t^{m+1}} \\ &= (m+1)! \frac{1}{t} \;\to\; 0, \text{ für } t \to \infty, \end{aligned}$$

für alle $m = 0, 1, 2, \ldots$ und der Grenzwert folgt aus dem Majorantenkriterium. Daher ist in unserem Beispiel die k-te Ableitung, $f^{(k)}$, für jedes $k = 0, 1, 2, \ldots$ ergänzbar mit $f^{(k)}(0) = 0$ zu einer stetigen Funktion auf $\mathbb{R}$. Jedes Taylorpolynom zum Entwicklungspunkt $x_0 = 0$ ist das Nullpolynom. Für keinen Wert $x > 0$ konvergiert $(p_n(x))_n$ gegen den Funktionswert $f(x)$. ◀

Vertiefung: Potenzreihe zur Wurzelfunktion

Eine Abschätzung des Restglieds bei Taylorpolynomen kann aufwendig werden. Im Allgemeinen genügt dazu nicht die Lagrange-Darstellung des Restglieds, sondern andere Darstellungen dieser Differenz zwischen Funktion und Taylorpolynom müssen genutzt werden. Zum Beispiel lässt sich mit der *Cauchy-Darstellung* des Restglieds nachweisen, dass die Taylorreihe zur Wurzelfunktion um $x_0 = 1$ eine Potenzreihe mit Konvergenzradius $r = 1$ liefert.

Wir beginnen mit den Ableitungen zu $f : \mathbb{R}_{>0} \to \mathbb{R}$ mit $f(x) = \sqrt{x}$. Wir erhalten $f'(x) = \frac{1}{2}x^{-\frac{1}{2}}$ und induktiv

$$f^{(n)}(x) = (-1)^{n-1}\frac{1 \cdot 3 \cdot \ldots \cdot (2n-3)}{2^n}\, x^{-\frac{2n-1}{2}}$$

für $n \geq 2$. Also ist die Taylorreihe um $x_0 = 1$ gegeben durch

$$\begin{aligned} p_\infty(x) &= 1 + \frac{1}{2}(x-1) \\ &\quad + (-1)^{n-1}\sum_{n=2}^{\infty}\frac{1 \cdot 3 \cdot \ldots \cdot (2n-3)}{2^n\, n!}(x-1)^n. \end{aligned}$$

Aus dem Quotientenkriterium folgt mit

$$\begin{aligned} &\left|\frac{1 \cdot 3 \cdot \ldots \cdot (2n-1)\, 2^n\, n!}{1 \cdot 3 \cdot \ldots \cdot (2n-3) 2^{n+1}\,(n+1)!}\,\frac{(x-1)^{n+1}}{(x-1)^n}\right| \\ &= \frac{(2n-1)}{2(n+1)}|x-1| \longrightarrow |x-1|, \quad n \to \infty \end{aligned}$$

der Konvergenzradius $r = 1$, d. h., die Taylorreihe konvergiert für alle $x \in (0, 2)$.

Um zu zeigen, dass es sich bei dieser Reihe um die Potenzreihe zur Wurzelfunktion handelt, muss aber gezeigt werden, dass das Restglied $R_n(x, 1)$ gegen null strebt für $n \to \infty$.

Wir unterscheiden zwei Fälle. Zunächst nehmen wir an, dass $x \in (1, 2)$ ist. Mit dem Lagrange'schen Restglied ergibt sich für eine von n und x abhängende Zwischenstelle $z \in (1, x)$ die Abschätzung

$$\begin{aligned} |R_n(x,1)| &= \frac{1 \cdot 3 \cdot \ldots \cdot (2n-1)}{2^{n+1}\,(n+1)!}\underbrace{z^{-\frac{2n+1}{2}}}_{\leq 1}(x-1)^{n+1} \\ &\leq \frac{2 \cdot 4 \cdot \ldots \cdot 2n}{2(n+1)\, 2^n\, n!}|x-1|^{(n+1)} \\ &= \frac{1}{2(n+1)}|x-1|^{(n+1)} \to 0 \end{aligned}$$

für $n \to \infty$.

Im zweiten Fall ist $0 < x < 1$. Wir wählen in dieser Situation die Cauchy-Darstellung des Restglieds, die wir nachfolgend zeigen. Demnach gibt es zum n-ten Restglied ein $\tau \in (0, 1)$ mit

$$R_n(x,1) = \frac{(x-1)^{n+1}}{n!}(1-\tau)^n f^{(n+1)}(1+\tau(x-1)).$$

Einsetzen der Ableitung liefert ähnlich wie oben die Abschätzungen

$$\begin{aligned} |R_n(x,1)| &= \frac{(x-1)^{n+1}}{n!}(1-\tau)^n \\ &\quad \cdot \frac{1 \cdot 3 \cdot \ldots \cdot (2n-1)}{2^{n+1}}(1+\tau(x-1))^{-\frac{2n+1}{2}} \\ &\leq \frac{1}{2}(x-1)^{n+1}\underbrace{\left(\frac{1-\tau}{1+\tau(x-1)}\right)^n}_{\leq 1}\underbrace{\frac{1}{\sqrt{1+\tau(x-1)}}}_{\leq 1/\sqrt{x}} \\ &\to 0 \quad \text{für } n \to \infty \end{aligned}$$

Also haben wir in beiden Fällen gezeigt, dass das Restglied gegen null konvergiert.

Wir skizzieren noch kurz, wie die Cauchy-Darstellung des Restglieds gezeigt werden kann. Dazu definieren wir die Funktion

$$F(y) = f(x) - f(y) - f'(y)(x-y) - \cdots - \frac{f^{(n)}(y)}{n!}(x-y)^n.$$

Die Funktion ist so gewählt, dass $F(x_0) = R_n(x, x_0)$ und $F(x) = 0$ gilt. Außerdem ist F stetig differenzierbar und es ist

$$\begin{aligned} F'(y) &= -f'(y) - f''(y)(x-y) + f'(y) \\ &\quad - \frac{1}{2}f'''(y)(x-y)^2 + f''(y)(x-y) \\ &\quad \ldots - \frac{f^{(n+1)}(y)}{n!}(x-y)^n + \frac{f^{(n)}(y)}{(n-1)!}(x-y)^{n-1} \\ &= -\frac{f^{(n+1)}(y)}{n!}(x-y)^n, \end{aligned}$$

da sich fast alle Terme paarweise gegeneinander aufheben.

Nun wendet man den Mittelwertsatz auf die Funktion F an. Mit $x = x_0 + h$ erhält man die Existenz von $\tau \in (0, 1)$ mit

$$\begin{aligned} -R_n(x, x_0) &= F(x_0 + h) - F(x_0) \\ &= F'(x_0 + \tau h)h \\ &= -\frac{f^{(n+1)}(x_0 + \tau h)}{n!}(x_0 + h - (x_0 + \tau h))^n h \\ &= -\frac{f^{(n+1)}(x_0 + \tau h)}{n!}(h - \tau h)^n h \\ &= -\frac{f^{(n+1)}(x_0 + \tau h)}{n!}(1-\tau)^n h^{n+1}. \end{aligned}$$

Diese Darstellung nach dem Mathematiker Augustin Louis Cauchy (1789–1857) wird Cauchy'sches Restglied genannt.

Die vorgestellte Idee zur Abschätzung des Restglieds lässt sich auch zum Beweis der allgemeinen binomischen Reihe zu $(1 + x)^\alpha$ anwenden, wie sie im Überblick auf S. 358 angegeben ist.

Abschließend in diesem Abschnitt betrachten wir noch eine Möglichkeit, Grenzwerte von rationalen Ausdrücken der Form $f(x)/g(x)$ zu berechnen, die eng mit der Linearisierung bzw. Approximation von Funktionen durch Taylorpolynome höherer Ordnung zusammenhängt. Angedeutet haben wir diesen Zusammenhang schon bei der Grenzwertbestimmung im Beispiel auf S. 357.

Sind f und g hinreichend oft differenzierbare Funktionen mit der Eigenschaft $f(x_0) = g(x_0) = 0$. Uns interessiert die Existenz und gegebenenfalls der Wert des Limes

$$\lim_{x\to x_0} \frac{f(x)}{g(x)}.$$

Nutzen wir für f und g die Taylorformeln

$$\begin{aligned} f(x) &= f(x_0) + f'(x_0)(x-x_0) + R_1^{(f)}(x,x_0) \\ &= f'(x_0)(x-x_0) + R_1^{(f)}(x,x_0) \end{aligned}$$

und

$$g(x) = g'(x_0)(x-x_0) + R_1^{(g)}(x,x_0)$$

mit den Restgliedern $R_1^{(f)}, R_1^{(g)}$, so folgt für $x \neq x_0$ die Identität:

$$\begin{aligned} \frac{f(x)}{g(x)} &= \frac{f'(x_0)(x-x_0) + R_1^{(f)}(x,x_0)}{g'(x_0)(x-x_0) + R_1^{(g)}(x,x_0)} \\ &= \frac{f'(x_0) + \frac{R_1^{(f)}(x,x_0)}{x-x_0}}{g'(x_0) + \frac{R_1^{(g)}(x,x_0)}{x-x_0}} \end{aligned}$$

Aus der Lagrange'schen Restglieddarstellung erhalten wir für zweimal stetig differenzierbare Funktionen, dass

$$\lim_{x\to x_0} \frac{R_1(x,x_0)}{(x-x_0)} = 0$$

ist. Wenn nun $g'(x_0) \neq 0$ ist, ergibt sich, dass der gesuchte Grenzwert existiert, und es gilt

$$\begin{aligned} \lim_{x\to x_0} \frac{f(x)}{g(x)} &= \frac{\lim\limits_{x\to x_0} \left(f'(x_0) + \frac{R_1^{(f)}(x,x_0)}{x-x_0}\right)}{\lim\limits_{x\to x_0} \left(g'(x_0) + \frac{R_1^{(g)}(x,x_0)}{x-x_0}\right)} \\ &= \frac{f'(x_0)}{g'(x_0)}. \end{aligned}$$

Die so gezeigte Aussage ist der einfachste Fall der *L'Hospital'schen Regeln*, die nach Guillaume François Antoine Marquis de L'Hospital (1661–1704) benannt sind, der sie im ersten Lehrbuch zur Differenzialrechnung 1696 veröffentlichte. Diese Regeln bieten oft eine elegante Möglichkeit, Grenzwerte bei rationalen Ausdrücken zu bestimmen.

Die L'Hospital'sche Regel

Ist $I = (a,b)$ ein beschränktes Intervall, $x_0 \in I$ und $f,g : I \to \mathbb{R}$ differenzierbare Funktionen mit $\lim_{x\to x_0} f(x) = \lim_{x\to x_0} g(x) = 0$ und $g(x) \neq 0$, $g'(x) \neq 0$ für alle $x \neq x_0$. Dann gilt

$$\lim_{x\to x_0} \frac{f(x)}{g(x)} = \lim_{x\to x_0} \frac{f'(x)}{g'(x)},$$

falls der Grenzwert auf der rechten Seite existiert. Dieselbe Aussage gilt, wenn $I = (a,\infty)$ und der Grenzwert $x \to \infty$ oder $I = (-\infty,b)$ und der Grenzwert $x \to -\infty$ betrachtet wird.

Da der oben gezeigte Spezialfall den Zusammenhang zur Linearisierung und zum Taylorpolynom deutlich macht, können wir auf eine vollständige Darstellung des Beweises der L'Hospital'schen Regeln verzichten. Auch für einen Beweis der häufig als zweite L'Hospital'sche Regel bezeichneten folgenden Aussage verweisen wir auf die Literatur.

Analog zur oben angegebenen L'Hospital'sche Regel gilt: Wenn $f,g : D\backslash\{x_0\} \to \mathbb{R}$ differenzierbare Funktionen sind mit $\lim_{x\to x_0} |f(x)| = \infty$ und $\lim_{x\to x_0} |g(x)| = \infty$ sowie $g(x) \neq 0$ und $g'(x) \neq 0$ für alle $x \neq x_0$, dann ist

$$\lim_{x\to x_0} \frac{f(x)}{g(x)} = \lim_{x\to x_0} \frac{f'(x)}{g'(x)},$$

falls der Grenzwert auf der rechten Seite existiert.

Beispiel

- Wir berechnen mit der Regel von L'Hospital den Grenzwert

$$\lim_{x\to 0} \frac{\cos x - 1}{x} = \lim_{x\to 0} \frac{-\sin x}{1} = 0.$$

- Manchmal muss die L'Hospital'sche Regel mehrmals angewandt werden, um einen Grenzwert zu ermitteln, etwa bei

$$\lim_{x\to 0} \frac{e^x - 1 - x}{x^2} = \lim_{x\to 0} \frac{e^x - 1}{2x} = \lim_{x\to 0} \frac{e^x}{2} = \frac{1}{2}.$$

- Oft ist es zunächst nötig den Ausdruck umzuformen, damit die L'Hospital'sche Regel genutzt werden kann. Es gilt zum Beispiel

$$\begin{aligned} \lim_{x\to 0} \left(\frac{1}{x} - \frac{1}{\sin x}\right) &= \lim_{x\to 0} \left(\frac{\sin x - x}{x\sin x}\right) \\ &= \lim_{x\to 0} \frac{\cos x - 1}{\sin x + x\cos x} \\ &= \lim_{x\to 0} \frac{-\sin x}{2\cos x - x\sin x} = 0. \end{aligned}$$

◀

Beispiel: Die L'Hospital'schen Regeln

Die Regeln von de L'Hospital sind häufig anwendbar, auch wenn zunächst der Ausdruck, dessen Limes gesucht ist, nicht in rationaler Form vorliegt. Nach entsprechenden Umformulierungen lassen sich etwa die Grenzwerte

$$\lim_{s\to 0}\frac{1}{s^2}\left(1-\frac{1}{\cos^2 s}\right),$$

$$\lim_{x\to 0} x^x \quad \text{und}$$

$$\lim_{t\to\infty}\left(1+\frac{x}{t}\right)^t \qquad (\text{mit } x\in\mathbb{R})$$

so bestimmen.

Problemanalyse und Strategie Zunächst müssen Darstellungen gefunden werden, die rationale Terme enthalten, die im Grenzfall auf unbestimmte Ausdrücke der Form „$\frac{0}{0}$" oder „$\frac{\infty}{\infty}$" führen. Dann kann die entsprechende Regel von L'Hospital angewandt werden.

Lösung Indem wir den Ausdruck auf einem Bruch schreiben, ergibt sich im Grenzfall die unbestimmte Form „$\frac{0}{0}$", sodass die L'Hospital'sche Regel anwendbar ist. Die folgende Rechnung zeigt, dass wir in diesem Beispiel zweimal die Regel anwenden müssen, um im Grenzfall auf einen bestimmten Ausdruck und somit auf den Grenzwert zu kommen. Wir erhalten

$$\begin{aligned}
&\lim_{x\to 0}\frac{1}{x^2}\left(1-\frac{1}{\cos^2 x}\right)\\
&= \lim_{x\to 0}\frac{\cos^2 x - 1}{x^2\cos^2 x}\\
&= \lim_{x\to 0}\frac{-2\cos x\,\sin x}{2x\cos^2 x - 2x^2\cos x\,\sin x}\\
&= \lim_{x\to 0}\frac{-2\cos^2 x + 2\sin^2 x}{2\cos^2 x - 8x\cos x\,\sin x - 2x^2(\cos^2 x - \sin^2 x)}\\
&= -1.
\end{aligned}$$

Im zweiten Fall schreiben wir

$$x^x = \exp(x\ln(x)) = \exp\left(\frac{\ln x}{\frac{1}{x}}\right).$$

Da die Exponentialfunktion stetig ist, genügt es den Grenzwert

$$\begin{aligned}
\lim_{x\to 0}\frac{\ln x}{\frac{1}{x}} &= \lim_{x\to 0}\frac{\frac{1}{x}}{-\frac{1}{x^2}}\\
&= -\lim_{x\to 0} x = 0
\end{aligned}$$

mit der zweiten Formulierung der Regel von L'Hospital für den Grenzfall „$\frac{\infty}{\infty}$" zu berechnen. Für den gesuchten Limes erhalten wir

$$\lim_{x\to 0} x^x = \exp\left(\lim_{x\to 0}\frac{\ln x}{\frac{1}{x}}\right) = \exp(0) = 1.$$

Auch im dritten Beispiel nutzen wir die Stetigkeit der Exponentialfunktion. Es gilt

$$\begin{aligned}
\lim_{t\to\infty}\left(1+\frac{x}{t}\right)^t &= \lim_{t\to\infty}\exp\left\{\left[t\,\ln\left(1+\frac{x}{t}\right)\right]\right\}\\
&= \exp\left\{\lim_{t\to\infty}\left[t\,\ln\left(1+\frac{x}{t}\right)\right]\right\}
\end{aligned}$$

und wir untersuchen den Exponenten. Dazu schreiben wir

$$\begin{aligned}
\lim_{t\to\infty}\left[t\,\ln\left(1+\frac{x}{t}\right)\right] &= \lim_{t\to\infty}\frac{\ln\left(1+\frac{x}{t}\right)}{1/t}\\
&= \lim_{\varepsilon\to 0}\frac{\ln(1+\varepsilon x)}{\varepsilon}\\
&= \lim_{\varepsilon\to 0}\frac{x/(1+\varepsilon x)}{1} = x.
\end{aligned}$$

Beachten Sie dabei, dass die Ableitungen bezüglich der Variablen $\varepsilon = 1/t$ betrachtet werden.

Mit der Stetigkeit der Exponentialfunktion folgt so die Identität

$$\lim_{t\to\infty}\left(1+\frac{x}{t}\right)^t = \exp\left\{\lim_{t\to\infty}\left[t\,\ln\left(1+\frac{x}{t}\right)\right]\right\} = e^x,$$

die wir schon kennen und auf S. 296 auf anderem Weg gezeigt haben.

Selbstfrage 9

Bei welchem der folgenden beiden Ausdrücke können wir die L'Hospital'sche Regel anwenden, um einen Grenzwert $x \to 0$ zu bestimmen,

$$\frac{x}{\sin x} \quad \text{und} \quad \frac{x}{\cos x}?$$

In vielen Modellfunktionen sind gerade die Grenzfälle interessant, um zu sehen, inwieweit ein Modell konsistent ist gegenüber Spezialfällen. Die L'Hospital'schen Regeln können dazu nützlich sein, wie das folgende Beispiel zeigt.

Anwendungsbeispiel Fällt ein Körper mit Masse $m = 1$ unter Einfluss der Schwerkraft, so wird die turbulente Reibung des Mediums durch eine Kraft $F_r = \mu v^2(t)$ in Abhängigkeit der momentanen Geschwindigkeit modelliert. Dieses Modell wird auch *Newton'sche Reibung* genannt. Die Bewegung lässt sich durch die Differenzialgleichung

$$x''(t) + \mu(x'(t))^2 = g$$

beschreiben, wobei $x(t)$ die bis zur Zeit t zurückgelegte Höhendifferenz, $v(t) = x'(t)$ die Geschwindigkeit, μ den Reibungskoeffizienten und g die Erdbeschleunigung bezeichnen.

Durch Nachrechnen prüfen wir, dass die Funktion

$$x(t) = \frac{1}{\mu} \ln\left(\cosh\left(\sqrt{\mu g}\, t\right)\right)$$

die Lösung dieser Gleichung mit den Eigenschaften $x(0) = x'(0) = 0$ ist.

Wir nutzen die Regeln von L'Hospital, um zu zeigen, dass diese Lösung für $\mu \to 0$ gegen die bekannte Lösung, $x(t) = \frac{g}{2}t^2$, des freien Falls im Vakuum konvergiert.

Dazu fassen wir den Ausdruck für $x(t)$ bei festem Zeitpunkt $t > 0$ als Funktion in μ auf und berechnen

$$\begin{aligned}
&\lim_{\mu\to 0} \frac{1}{\mu} \ln\left(\cosh\left(\sqrt{\mu g}\, t\right)\right) \\
&= \lim_{\mu\to 0} \frac{\frac{tg \sinh(\sqrt{\mu g}\, t)}{2\sqrt{\mu g}\cosh(\sqrt{\mu g}\, t)}}{1} \\
&= \frac{tg}{2} \lim_{\mu\to 0} \frac{\sinh\left(\sqrt{\mu g}\, t\right)}{\sqrt{\mu g}},
\end{aligned}$$

wobei wir schon den Grenzwert $\lim_{\mu\to 0} \cosh\left(\sqrt{\mu g}\, t\right) = 1$ eingesetzt haben. Nun wenden wir noch einmal die L'Hospital'sche Regel an und bekommen

$$\begin{aligned}
&\lim_{\mu\to 0} \frac{1}{\mu} \ln\left(\cosh\left(\sqrt{\mu g}\, t\right)\right) \\
&= \frac{tg}{2} \lim_{\mu\to 0} \frac{\frac{1}{2}tg \cosh\left(\sqrt{\mu g}\, t\right)}{\sqrt{\mu g}\frac{1}{2\sqrt{\mu g}}g} \\
&= \frac{g}{2}t^2.
\end{aligned}$$

Dies bestätigt die im Grenzfall bekannte Lösung zum freien, ungedämpften Fall. ◀

10.5 Spline-Interpolation

Mit den Taylorpolynomen haben wir eine Möglichkeit, komplizierte Funktionen durch Polynome zumindest lokal in einer Umgebung des Entwicklungspunkts anzunähern. Eine andere Situation ist gegeben, wenn wir anhand von Funktionswerten an verschiedenen Stellen einen funktionalen Zusammenhang angeben wollen. So wird zum Beispiel beim Anzeigen von Graphen von Funktionen auf Ihrem Rechner die Funktion nicht für jedes Pixel auf der x-Achse ausgewertet. Sondern es wird nur eine gewisse Anzahl an Funktionswerten $f(x_j)$ an Stellen x_j, $j = 1,\ldots,m$, den sogenannten **Stützstellen**, bestimmt. Diese Daten werden genutzt, um auch zwischen den Stützstellen Werte mit möglichst geringem Aufwand zu bestimmen.

Die einfachste Möglichkeit die gegebenen Funktionswerte an den Stützstellen zu kombinieren, um Approximationen an Zwischenstellen zu bekommen, ist es, die Werte durch Strecken zu verbinden, wie es Abb. 10.32 zeigt.

Eine andere Variante haben wir auf S. 116 angesprochen, die Polynom-Interpolation. Dabei versucht man, ein Polynom p mit einem Grad passend zu der zur Verfügung stehenden Anzahl an Stützstellen zu ermitteln mit der Eigenschaft

$$p(x_j) = f(x_j)$$

für die Stützstellen $x_j, j = 1,\ldots,n$.

Beide Vorgehen haben gemeinsam, dass die wirkliche Funktion f durch eine andere einfachere Funktion u ersetzt wird, die an den Stützstellen dieselben Funktionswerte annimmt wie f. Dieses Vorgehen wird allgemein Interpolation genannt.

Definition Interpolation

Sind $n \in \mathbb{N}$ Datenpunkte $(x_j, y_j) \in [a,b] \times \mathbb{R}$, $j = 1,2,\ldots,n$ gegeben mit Stützstellen $x_j \neq x_k$ für $j \neq k$, so bedeutet **Interpolation**, dass eine Funktion $u \in V$ bestimmt wird mit der Eigenschaft

$$u(x_j) = y_j, \quad j = 1,2,\ldots,n.$$

Dabei bezeichnet V eine Menge von Funktionen, die durch endlich viele Parameter gegeben ist.

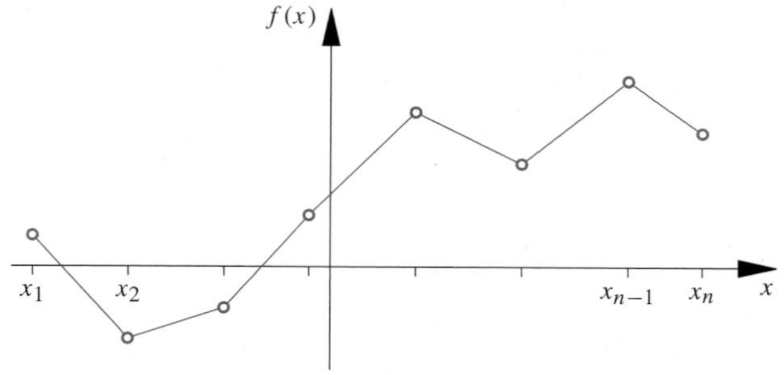

Abb. 10.32 Lineare Verbindungsstrecken liefern einen funktionalen Zusammenhang, wenn nur einige Funktionswerte gegeben sind

Entscheidend bei Interpolation ist die Menge V der Funktionen, die man für u zulässt. Um weitergehende mathematische Aussagen machen zu können, wählt man Mengen von Funktionen, die eine algebraische Struktur aufweisen, sodass V ein endlich dimensionaler Vektorraum ist (siehe Kap. 15). Die Anzahl der Parameter also der Freiheitsgrade, die eine Funktion aus dieser Menge festlegen, entspricht der Dimension dieses Raums. Im Folgenden betrachten wir verschiedene Beispiele für die Wahl der Menge V.

Beispiel

- Bei der auf S. 116 angesprochenen Polynom-Interpolation wählt man für V die Menge der Polynome bis zum Grad $n-1$, wenn n die Anzahl der Stützstellen bezeichnet. Also ist in diesem Fall
$$V = \{u : \mathbb{R} \to \mathbb{R} \mid u(x) = \sum_{k=0}^{n-1} a_k x^k \text{ mit } a_k \in \mathbb{R}\}$$
zu setzen. Wir zählen n Parameter, $a_0, a_1, \dots a_{n-1}$, durch die ein Element der Menge bestimmt ist. Diese Zahl korrespondiert mit der Zahl der Stützstellen und es lässt sich zeigen, dass es zu n Datenpunkten (x_j, y_j), $j = 1, \dots, n$, genau ein interpolierendes Polynom u in der Menge V gibt.
- Verbinden wir die Datenpunkte durch Strecken, so ist u auf jedem Teilintervall $[x_j, x_{j+1}]$, $j = 1, \dots, n-1$, eine affin-lineare Funktion, die durch
$$u(x) = y_j + \frac{y_{j+1} - y_j}{x_{j+1} - x_j}(x - x_j)$$
für $x \in [x_j, x_{j+1}]$ gegeben ist. Offensichtlich gibt es wie im ersten Beispiel zu jedem Satz an Datenpunkten genau eine interpolierende Funktion u. Die Menge V aller zulässigen Funktionen können wir in diesem Fall durch
$$V = \{u \in C([x_1, x_n]) \mid u|_{[x_j, x_{j+1}]} \text{ ist affin-linear}\}$$
beschreiben. Bei solchen Angaben von Mengen von Funktionen zeigt sich, dass Konventionen wie $C(I)$ für die Menge der stetigen Funktionen auf I nützliche Abkürzungen sind.
Beide Bedingungen, stückweise linear und stetig, müssen für Funktionen in V gefordert werden. Dabei garantiert die Stetigkeit, dass die interpolierende Funktion an den Nahtstellen x_j, an denen die affin-linearen Funktionen zusammengesetzt sind, keine Sprünge aufweist.
Durch die Forderung, dass die gesamte Funktion u stetig ist, werden Parameter festgelegt. Wenn wir nämlich nur die Bedingung der Linearität betrachten, so gilt in jedem Teilintervall
$$u(x) = a_0 + a_1 x, \quad \text{für } x \in (x_j, x_{j+1}).$$
Somit haben wir in jedem Teilintervall zwei Freiheitsgrade, a_0 und a_1, um diese Funktion eindeutig festzulegen. Dies ergibt $2n$ Parameter über dem gesamten Intervall $[x_1, x_n]$. Nur mit n Interpolationsbedingungen $u(x_j) = y_j$ können diese nicht eindeutig festgelegt werden. Die Stetigkeit der Funktion u ist also eine wichtige Bedingung bei dem Vorgehen. ◀

In den Beispielen zeigt sich, dass es für die Interpolationsaufgabe sinnvoll ist, die Menge V so zu wählen, dass es zu einem Datensatz genau eine interpolierende Funktion $u \in V$ gibt.

In Kap. 4 hatten wir gesehen, dass das Interpolations-Polynom durch eine Linearkombination aus den Lagrange-Polynomen gebildet werden kann. Ignorieren wir dies, so führen uns die Interpolations-Bedingungen zur Bestimmung von $p_n(x) = a_0 + a_1 x + \dots + a_{n-1}x^{n-1}$ auf ein lineares Gleichungssystem
$$a_0 + a_1 x_j + a_2 x_j^2 + \dots a_{n-1} x_j^{n-1} = y_j,$$
$j = 1, \dots, n-1$, für die Koeffizienten $a_0, a_1, \dots, a_n$. Dies gilt allgemein. Wenn die Menge V der zulässigen Funktionen die oben erwähnte Vektorraumstruktur hat, sind die Interpolationsbedingungen äquivalent zu einem linearen Gleichungssystem. Die Frage nach der Existenz und der Eindeutigkeit einer interpolierenden Funktion lässt sich also mit den im dritten Teil des Buchs dargestellten Methoden behandeln, wobei aber jeweils Eigenschaften der konkret betrachteten Menge V berücksichtigt werden müssen.

Spätestens jetzt stellt sich die Frage, warum wir Interpolation so allgemein definieren und noch dazu im Kapitel über die Differenzierbarkeit von Funktionen. Warum geben wir uns nicht einfach mit der Polynom-Interpolation zufrieden, die die Interpolation von Datenpunkten vollständig leistet? Um das allgemeine Konzept zu motivieren, fügen wir noch ein Beispiel zur Polynom-Interpolation an.

Beispiel Betrachten wir die Funktion $f : [-5, 5] \to \mathbb{R}$ mit
$$f(x) = \frac{1}{1 + x^2}.$$
Wir wählen die 11 Stützstellen $-5, -4, \dots, 5$ mit den Funktionswerten $1/26, 1/17, \dots, 1/26$ und bestimmen das interpolierende Polynom vom Grad 11 zu diesem Datensatz. In der Abb. 10.33 ist das Ergebnis illustriert. Man beobachtet, dass das Interpolations-Polynom vor allem am Rand des Intervalls stark oszilliert. Somit ist p innerhalb einiger Teilintervalle sicherlich keine sinnvolle Approximation an die Funktion f.

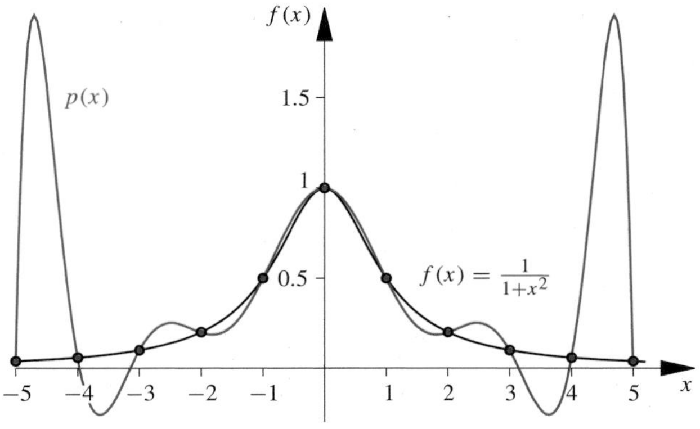

Abb. 10.33 Die Polynom-Interpolation liefert im Allgemeinen keine sinnvolle Approximation an eine Funktion

Teil II

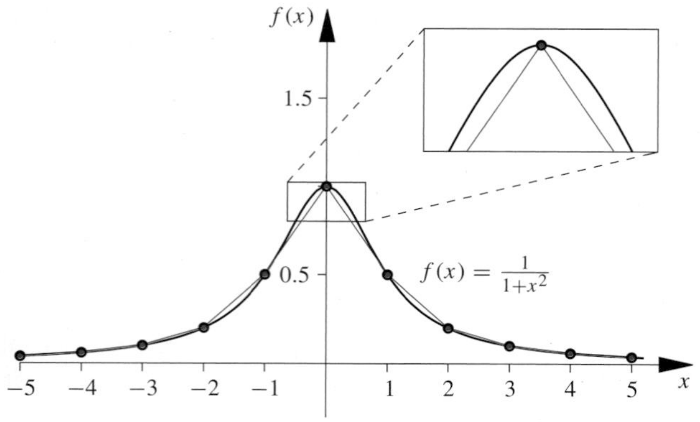

Abb. 10.34 Lineare Spline-Interpolation zum Beispiel auf S. 363

Wie stark das interpolierende Polynom oszilliert hängt von der Wahl der Stützstellen ab. Daher würde es hier im Allgemeinen auch nicht helfen, weitere Datenpunkte hinzuzunehmen und den Grad des Polynoms zu erhöhen, wenn nicht gerade zufällig für die Approximation günstige Stützstellen getroffen werden. ◀

Mit dem Phänomen, dass das Interpolations-Polynom stark oszilliert, ist bei wachsendem Grad immer zu rechnen, wobei der Effekt von der Lage der Stützstellen abhängt. Im Allgemeinen kann keine gute Näherung mit wachsendem Grad, d. h. mit wachsender Anzahl n der Stützstellen, erwartet werden. Im Sinne einer Approximation von Zwischenwerten ist somit bei vielen Datenpunkten von einer Polynom-Interpolation abzuraten.

Dieses Problem taucht bei der zweiten Variante, die Datenpunkte linear zu verbinden, nicht auf. Der Nachteil bei der stückweise linearen Interpolation liegt darin, dass die Interpolationsfunktion u im Allgemeinen nur stetig, aber nicht differenzierbar ist, wie es in der Abb. 10.34 offensichtlich ist.

Um diesen Nachteil zu kompensieren, greift man die Idee, die Interpolationsfunktion stückweise anzugeben auf, aber lässt auf den Teilintervallen nicht nur affin-lineare sondern etwa quadratische oder kubische Polynome zu. Diese Teilstücke versucht man an den Stützstellen so zusammenzusetzen, dass die resultierende Funktion über dem gesamten Intervall eine gewünschte Regularität, zum Beispiel differenzierbar oder zweimal differenzierbar, aufweist. Diese Idee führt auf die **Spline-Interpolation.**

Definition von Splines

Ist zu einem Intervall $[a, b]$ eine Zerlegung der Form

$$a = x_1 < x_2 < \cdots < x_{n-1} < x_n = b$$

gegeben, so heißt eine Funktion $s : [a, b] \to \mathbb{R}$ **Spline** vom Grad $m \in \mathbb{N}_0$ mit Defekt $r \in \mathbb{N}_0$ bezüglich der Zerlegung, wenn die Funktion $(m - r)$-mal stetig differenzierbar ist und die Einschränkung von s auf ein Teilintervall $[x_j, x_{j+1}]$, $j = 1, \ldots, n - 1$, ein Polynom vom Grad m ist.

Der Begriff „Spline" stammt ursprünglich aus dem Schiffbau und ist die englische Bezeichnung für Latten, die durch Nägel an einigen Punkten befestigt werden, um so gebogene Formen zu ermöglichen. Neben seiner mathematischen Bedeutung wird das Wort heute im Englischen allgemeiner für Fugenbretter, Keile oder auch für Kurvenlineale verwendet.

Mit der Notation

$$S_n^{m,r} = \{s : [a, b] \to \mathbb{R} \mid s \text{ Spline vom Grad } m \text{ mit Defekt } r\}$$

fassen wir alle Splines vom Grad m und Defekt r zu einer gegebenen Zerlegung zusammen. Es wird also von Spline-Interpolation gesprochen, wenn die zulässige Menge für interpolierende Funktionen $V = S_n^{m,r}$ ist.

Kommentar Mit den schon eingeführten Notationen lässt sich die Menge der Splines auch kürzer durch

$$S_n^{m,r} = \{s \in C^{m-r}([a, b]) \mid s|_{[x_j, x_{j+1}]} \in \mathcal{P}_m\}$$

notieren. Dabei bezeichnet $\mathcal{P}_m$ die Menge der Polynome bis zum Grad m und die übliche Schreibweise $s|_I$ für die Einschränkung einer Funktion auf eine Teilmenge $I \subseteq D$ des Definitionsbereichs wird genutzt. ◀

Die zur Spline-Interpolation am häufigsten genutzte Menge von Splines ist $S_n^{3,1}$, dass heißt man betrachtet kubische Splines die zweimal stetig differenzierbar sind. Es lässt sich zeigen, dass dieser Vektorraum von Funktionen die Dimension $(n - 2)r + m + 1 = (n - 2) + 4$ besitzt, d. h., es können $n + 2$ Parameter frei gewählt werden, um eine solche Funktion festzulegen.

Beispiel Betrachten wir die Situation bei 3 Stützstellen, $x_1 = 0, x_2 = 1, x_3 = 2$ genauer. Im ersten Intervall $x \in [x_1, x_2]$ setzen wir $s(x) = a_0 + a_1x + a_2x^2 + a_3x^3$ und im zweiten ist $s(x) = b_0 + b_1x + b_2x^2 + b_3x^3$ für $x \in [x_2, x_3]$. Damit die Funktion $s : [x_1, x_3] \to \mathbb{R}$ in $x_2 = 1$ stetig ist, folgt

$$a_0 + a_1x + a_2x^2 + a_3x^3|_{x=1} = b_0 + b_1x + b_2x^2 + b_3x^3|_{x=1}$$

d. h. $a_0 + a_1 + a_2 + a_3 = b_0 + b_1 + b_2 + b_3$. Also muss etwa $a_0 = b_0 + b_1 + b_2 + b_3 - a_1 - a_2 - a_3$ gelten. Analog ergibt sich aus der stetigen Differenzierbarkeit in $x_2 = 1$ die Bedingung

$$a_1 + 2a_2x + 3a_3x^2|_{x=1} = b_1 + 2b_2x + 3b_3x^2|_{x=1}$$

und ein weiterer Koeffizient, etwa $a_1 = b_1 + 2b_2 + 3b_3 - 2a_2 - 3a_3$, ist festgelegt. Die zweite Ableitung legt einen dritten Koeffizienten fest durch

$$2a_2 + 6a_3 = 2b_2 + 6b_3$$

bzw. $a_2 = \frac{1}{2}(2b_2 + 6b_3 - 6a_3)$.

Durch die Regularitätsforderung sind drei Koeffizienten festgelegt. Also bleiben noch wie erwartet 5 Koeffizienten, die wir als Parameter ansehen können. Jede beliebige Wahl dieser übrigen Koeffizienten liefert uns ein Element aus der Menge V.

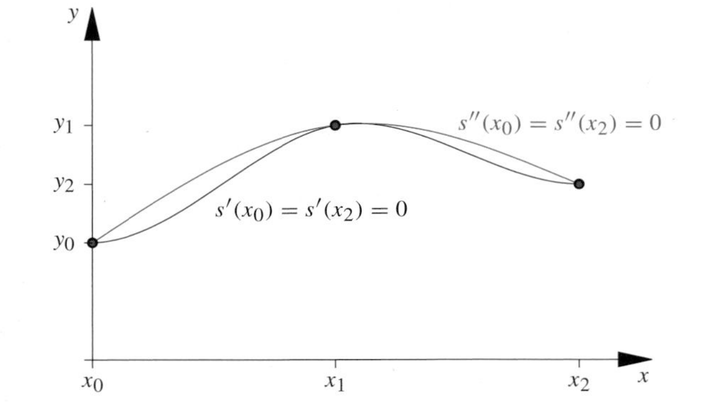

Abb. 10.35 Auswirkung der zusätzlichen Bedingungen an den Rändern bei kubischen Splines

Wird nun eine Interpolationsbedingung $s(0) = y_0$, $s(1) = y_1$, $s(2) = y_2$, an die Funktion $s \in S_3^{(3,1)}$ gestellt, so sind weitere drei Koeffizienten bestimmt. Für die restlichen zwei Parameter kann man zusätzliche Bedingungen stellen, um das Verhalten, etwa die Ableitungen $s'(0)$ und $s'(2)$, am äußeren Rand der Definitionsmenge vorzugeben. Zwei kubische Splines passend zu unserem Beispiel mit $y_0 = \frac{1}{2}, y_1 = 1$, $y_3 = \frac{3}{4}$ und $s'(0) = s'(2) = 0$ im ersten Fall oder $s''(0) = s''(2) = 0$ im zweiten Fall sind in der Abb. 10.35 gezeigt. ◀

Bei den kubischen Splines aus $S_n^{3,1}$ bleiben stets zwei Freiheitsgrade offen, wenn wir mit den n Interpolationsbedingungen $s(x_j) = y_j$ einen interpolierenden Spline bestimmen. Diese werden genutzt, um das Verhalten am Rand genauer festzulegen. Fordert man etwa die Bedingung $s''(x_1) = s''(x_n) = 0$, so spricht man von kubischen Splines mit *freien Randbedingungen*. Eine andere Möglichkeit ist es, $s'(x_0) = s'(x_n)$ und $s''(x_0) = s''(x_n)$ zu verlangen, sogenannte *periodische Randbedingungen*. Diese Variante ist sinnvoll, wenn die zu approximierende Funktion periodisch ist.

Selbstfrage 10

Wie viele Freiheitsgrade hat eine Funktion in $S_3^{2,1}$?

Mit einigem Rechenaufwand, den wir lieber einem Rechner überlassen, können wir auch im Beispiel auf S. 363 den kubischen Spline zur Interpolation etwa mit freien Randbedingungen bestimmen. Die Abb. 10.36 zeigt das Resultat, wenn dieselben 11 Stützstellen genutzt werden.

Kommentar Zur Berechnung von Splines aus den Datenpunkten ist ein lineares Gleichungssystem zu lösen. Methoden, dies systematisch und effizient mit dem Rechner zu tun, werden in Kap. 14 diskutiert. Im Fall der kubischen Splines werden dabei bestimmte Basisfunktionen gewählt, die sogenannten B-Splines, damit die auftretenden Gleichungssysteme numerisch stabil zu lösen sind. Für weitere Details verweisen wir auf die Literatur zur Numerischen Mathematik, z. B. M. Hanke-Bourgeois: *Grundlagen der Numerischen Mathematik und des Wissenschaftlichen Rechnens.* ◀

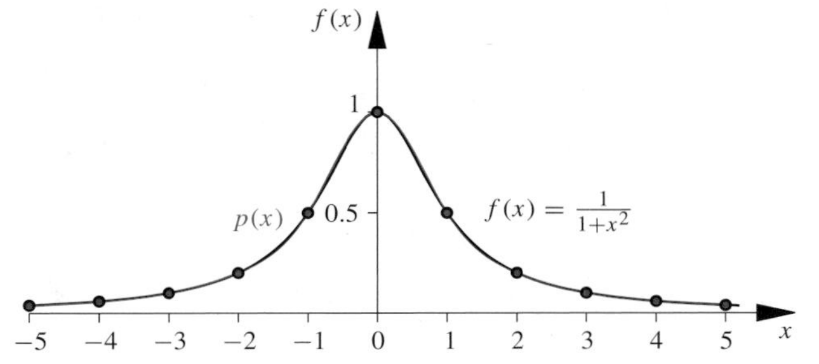

Abb. 10.36 Approximation der Funktion im Beispiel auf S. 363 durch einen kubischen Spline

Aus der Abb. 10.36 wird deutlich, dass, zumindest in diesem Beispiel, eine Approximation der Funktion durch den kubischen Spline gegeben ist im Gegensatz zur Polynom-Interpolation. Die sich daraus ergebende Vermutung lässt sich auch zeigen, indem die Differenz der Funktionen f und dem Spline s unter anderem mithilfe der entsprechenden Taylorpolynome und den Restgliedern abgeschätzt wird. So gilt etwa für den interpolierenden Spline $s_n \in S_n^{3,1}$ zu einer mindestens viermal stetig differenzierbaren Funktion $f : a, b \to \mathbb{R}$ die Abschätzung

$$|f(x) - s_n(x)| \leq \frac{h^4}{16} \max_{x \in [a,b]} \{|f^{(4)}(x)|\}$$

für $x \in [a, b]$, wenn äquidistante Stützstellen $x_j = a + h(j-1)$, $j = 1, \dots, n$, mit Stützstellenabstand $h = \frac{b-a}{n-1}$ gegeben sind und an den Endpunkten $s'(a) = f'(a)$ und $s'(b) = f'(b)$ gilt. Ein Beweis dieser Aussage findet sich etwa in dem Buch *Numerical Analysis* von R. Kreß. Es bedeutet, dass der Abstand zwischen einem Funktionswert $f(x)$ und dem approximierenden Wert $s_n(x)$ sich bei Verdopplung der Anzahl der Stützstellen ungefähr um den Faktor $1/16$ verbessert.

Beispiel Wir betrachten noch einmal das Beispiel auf S. 363. In der Abbildung auf S. 365 sehen wir das Resultat bei 11 Stützstellen mit freien Randbedingungen. Um die Konvergenz zu illustrieren listen wir den Fehler zwischen der Originalfunktion f und dem approximierenden Spline s_n für $n = 5, 10, 20, 40$ auf. Dazu berechnen wir mit dem Rechner die maximale Abweichung $\max\{|f(x_k) - s_n(x_k)| : x_k = -5 + n/100,\ n = 0, \dots, 1\,000\}$ an 1 000 Stützstellen. Man erhält

n	$\max\lvert f(x) - s_n(x)\rvert$
5	0.435 1
10	0.022 0
20	0.003 2
40	0.000 3

Der theoretische Faktor $1/16$ bei Verdoppelung der Anzahl der Stützstellen ist zumindest in der Größenordnung der Reduktion des Fehlers anhand der Daten erkennbar. ◀

Die Näherung von Funktionen durch Splines ist die Grundidee eines der wichtigsten modernen numerischen Verfahren –

die *Methode der finiten Elemente*. Diese wird in der Praxis zur Lösung von Randwertproblemen erfolgreich eingesetzt. Die Weiterentwicklung des Konzepts und die Entwicklung der Computertechnologie bietet dabei immer ausgereiftere Möglichkeiten, auch komplizierte Modelle zu simulieren, d. h. mit hinreichender Genauigkeit zu berechnen, wie wir es täglich beim Wetterbericht gezeigt bekommen. In den Kapiteln über Differenzialgleichungen insbesondere Kap. 28 werden wir die Ideen der Methode noch genauer erläutern.

Zusammenfassung

Definition der Ableitung

Eine Funktion $f : I \to \mathbb{R}$, die auf einem offenen Intervall $I \subseteq \mathbb{R}$ gegeben ist, heißt **an einer Stelle $\mathbf{x_0} \in I$ differenzierbar**, wenn der Grenzwert

$$\lim_{\substack{x \to x_0 \\ x \neq x_0}} \frac{f(x) - f(x_0)}{x - x_0}$$

existiert. Diesen Grenzwert nennt man die **Ableitung von f in** x_0 und er wird mit $f'(x_0)$ bezeichnet.

Es gibt mehrere verschiedene Möglichkeiten, den Begriff der Ableitung zu interpretieren.

- Die Ableitung beschreibt die lineare Approximation.
- Die Ableitung gibt die Steigung der Tangente an.
- Die Ableitung liefert die lokale Änderungsrate.

Differenzierbare Funktionen einer Veränderlichen sind auch immer **stetige** Funktionen.

Die Ableitung als Funktion

Ist eine Funktion auf einem ganzen Intervall differenzierbar, so erhält man durch das Differenzieren eine neue Funktion, die **Ableitung.** Können diese Ableitung und ihre Ableitungen wieder differenziert werden, so spricht man von einer r-mal differenzierbaren Funktion. Ist die r-te Ableitung eine stetige Funktion, so heißt die ursprüngliche Funktion ***r*-mal stetig differenzierbar.**

Ableiten ist eine lineare Operation

Sind $f, g : D \to \mathbb{R}$ differenzierbare Funktionen und $a \in \mathbb{R}$ eine beliebige Konstante, so sind auch die Funktionen $f + g$ und af differenzierbar und es gilt

$$(f + g)'(x) = f'(x) + g'(x)$$

und

$$(af)'(x) = af'(x).$$

Für die Berechnung von Ableitungen von zusammengesetzten Ausdrücken gibt es verschiedene Regeln.

Produktregel

Das Produkt zweier differenzierbarer Funktionen $f, g : D \to \mathbb{R}$ ist differenzierbar und es gilt für die Ableitung

$$(fg)'(x) = f(x)\, g'(x) + f'(x)\, g(x).$$

Kettenregel

Wenn zwei differenzierbare Funktionen $f : D \to \mathbb{R}$ und $g : f(D) \to \mathbb{R}$ gegeben sind, so ist die Verkettung der Funktionen differenzierbar und es gilt für $x \in D$

$$(g \circ f)'(x) = g'\big(f(x)\big) f'(x).$$

Umkehrfunktionen streng monotoner, differenzierbarer Funktionen sind differenzierbar

Auch die Umkehrfunktion einer differenzierbaren Funktion kann selbst differenziert werden.

Eine besondere Klasse von differenzierbaren Funktionen sind Funktionen, die sich in eine **Potenzreihe** entwickeln lassen. Solche Funktionen sind **beliebig oft stetig differenzierbar.**

Die Ableitung ist null an Extremalstellen

Wenn eine Funktion $f : [a, b] \subseteq \mathbb{R} \to \mathbb{R}$ in $\hat{x} \in (a, b)$ ein lokales Maximum oder Minimum hat und in $\hat{x}$ differenzierbar ist, gilt

$$f'(\hat{x}) = 0.$$

Für die Analysis spielt der folgende Satz eine herausragende Rolle.

Der Mittelwertsatz

Ist $f : [a, b] \subseteq \mathbb{R} \to \mathbb{R}$ eine stetige Funktion, die auf (a, b) differenzierbar ist, dann gibt es eine Zwischenstelle $z \in (a, b)$ mit

$$f(b) - f(a) = f'(z)\,(b - a).$$

Teil II

Besitzen zwei Funktionen die gleichen Ableitungen, so unterscheiden sie sich höchstens um eine Konstante. Es gibt auch einen Zusammenhang zwischen Ableitungen und der Monotonie: Monoton wachsende Funktionen haben nicht-negative, monoton fallende Funktionen haben nicht-positive Ableitungen. Indem man das Vorzeichenverhalten der Ableitung in der Umgebung einer Stelle $\hat{x}$ mit $f'(\hat{x}) = 0$ untersucht, kann man entscheiden, ob ein Minimum oder ein Maximum vorliegt.

Eine positive zweite Ableitung bedeutet lokal ein konvexes Verhalten einer Funktion

Diese lokale Untersuchung kann man anhand der zweiten Ableitung durchführen. Ist $f''(\hat{x}) > 0$, so liegt eine lokale Minimalstelle vor, bei $f''(\hat{x}) < 0$ eine lokale Maximalstelle.

Taylorreihen

Definition der Taylorpolynome

Wenn eine Funktion $f\colon D \subseteq \mathbb{R} \to \mathbb{R}$ n-mal stetig differenzierbar ist auf einem offenen Intervall $D \subseteq \mathbb{R}$, dann heißt

$$p_n(x) = \sum_{k=0}^{n} \frac{f^{(k)}(x_0)}{k!}(x - x_0)^k, \quad x \in \mathbb{R},$$

das **Taylorpolynom** vom Grad n zu f um den Entwicklungspunkt x_0.

Die Differenz zwischen Funktion und Taylorpolynom wird das **Restglied** genannt. Die Darstellung einer n-mal stetig differenzierbaren Funktion $f\colon (a,b) \to \mathbb{R}$ durch

$$f(x) = p_n(x) + R(x, x_0)$$

mit dem Taylorpolynom p_n und dem Restglied $R(x, x_0)$ um einen Entwicklungspunkt $x_0 \in (a,b)$ heißt **Taylorformel**.

Vom Taylorpolynom zur Taylorreihe

Die Reihe

$$\left(\sum_{n=0}^{\infty} \frac{f^{(n)}(x_0)}{n!}(x - x_0)^n\right)$$

zu einer unendlich oft differenzierbaren Funktion $f\colon (a,b) \to \mathbb{R}$ heißt **Taylorreihe.** Nicht jede Taylorreihe konvergiert gegen die sie generierende Funktion. Entscheidend dafür ist, dass das Restglied gegen null geht.

Die L'Hospital'sche Regel

Ist $I = (a,b)$ ein beschränktes Intervall, $x_0 \in I$ und $f, g : I \to \mathbb{R}$ differenzierbare Funktionen mit $\lim_{x\to x_0} f(x) = \lim_{x\to x_0} g(x) = 0$ und $g(x) \neq 0$, $g'(x) \neq 0$ für alle $x \neq x_0$. Dann gilt

$$\lim_{x\to x_0} \frac{f(x)}{g(x)} = \lim_{x\to x_0} \frac{f'(x)}{g'(x)},$$

falls der Grenzwert auf der rechten Seite existiert. Dieselbe Aussage gilt, wenn $I = (a,\infty)$ und der Grenzwert $x \to \infty$ oder $I = (-\infty, b)$ und der Grenzwert $x \to -\infty$ betrachtet wird.

Spline-Interpolation

Sind $n \in \mathbb{N}$ Datenpunkte $(x_j, y_j) \in [a,b] \times \mathbb{R}$, $j = 1, 2, \ldots, n$ gegeben, so bedeutet **Interpolation**, dass eine Funktion $u \in V$ bestimmt wird mit der Eigenschaft

$$u(x_j) = y_j, \quad j = 1, 2, \ldots, n.$$

Dabei bezeichnet V eine Menge von Funktionen, die durch endlich viele Parameter gegeben ist.

Da die Interpolation mit Polynomen zu Oszillationen und damit zur Instabilität führt, verwendet man andere Typen von Funktionen.

Definition von Splines

Ist zu einem Intervall $[a,b]$ eine Zerlegung der Form

$$a = x_1 < x_2 < \cdots < x_{n-1} < x_n = b$$

gegeben, so heißt eine Funktion $s : [a,b] \to \mathbb{R}$ **Spline** vom Grad $m \in \mathbb{N}_0$ mit Defekt $r \in \mathbb{N}_0$ bezüglich der Zerlegung, wenn die Funktion $(m - r)$-mal stetig differenzierbar ist und die Einschränkung von s auf ein Teilintervall $[x_j, x_{j+1}]$, $j = 1, \ldots, n-1$, ein Polynom vom Grad m ist.

Häufig werden **kubische Splines** verwendet. Mit Splines lässt sich die Interpolationsaufgabe stabil lösen.

Aufgaben

Die Aufgaben gliedern sich in drei Kategorien: Anhand der *Verständnisfragen* können Sie prüfen, ob Sie die Begriffe und zentralen Aussagen verstanden haben, mit den *Rechenaufgaben* üben Sie Ihre technischen Fertigkeiten und die *Anwendungsprobleme* geben Ihnen Gelegenheit, das Gelernte an praktischen Fragestellungen auszuprobieren.
Ein Punktesystem unterscheidet leichte •, mittelschwere •• und anspruchsvolle ••• Aufgaben. Lösungshinweise am Ende des Buches helfen Ihnen, falls Sie bei einer Aufgabe partout nicht weiterkommen. Dort finden Sie auch die Lösungen – betrügen Sie sich aber nicht selbst und schlagen Sie erst nach, wenn Sie selber zu einer Lösung gekommen sind. Ausführliche Lösungswege, Beweise und Abbildungen finden Sie als digitales Zusatzmaterial (electronic supplementary material).
Viel Spaß und Erfolg bei den Aufgaben!

Verständnisfragen

10.1 •• Untersuchen Sie die Funktionen $f_n \colon \mathbb{R} \to \mathbb{R}$ mit

$$f_n(x) = \begin{cases} x^n \cos \frac{1}{x}, & x \neq 0 \\ 0, & x = 0 \end{cases}$$

für $n = 1, 2, 3$ auf Stetigkeit, Differenzierbarkeit oder stetige Differenzierbarkeit.

10.2 •• Begründen Sie, dass eine $2n$-mal stetig differenzierbare Funktion $f \colon (a, b) \to \mathbb{R}$ mit der Eigenschaft

$$f'(\hat{x}) = \cdots = f^{(2n-1)}(\hat{x}) = 0$$

und

$$f^{(2n)}(\hat{x}) > 0$$

im Punkt $\hat{x} \in (a, b)$ ein Minimum hat.

10.3 • Zeigen Sie, dass eine differenzierbare Funktion $f \colon (a, b) \to \mathbb{R}$ affin-linear ist, wenn ihre Ableitung konstant ist.

10.4 • Bestimmen Sie zu

$$f(x) = x^3 \cosh\left(\frac{x^3}{6}\right)$$

die Werte der 8. und 9. Ableitung an der Stelle $x = 0$.

10.5 ••• Neben dem Newton-Verfahren gibt es zahlreiche andere iterative Methoden zur Berechnung von Nullstellen von Funktionen. Das sogenannte *Halley-Verfahren* etwa besteht ausgehend von einem Startwert x_0 in der Iterationsvorschrift

$$x_{j+1} = x_j - \frac{f(x_j)f'(x_j)}{(f'(x_j))^2 - \frac{1}{2}f''(x_j)f(x_j)}, \quad j \in \mathbb{N}.$$

Beweisen Sie mithilfe der Taylorformeln erster und zweiter Ordnung, dass das Verfahren in einer kleinen Umgebung um eine Nullstelle $\hat{x}$ einer dreimal stetig differenzierbaren Funktion $f \colon D \to \mathbb{R}$ mit der Eigenschaft $f'(\hat{x}) \neq 0$ sogar kubisch konvergiert, d. h., es gilt in dieser Umgebung

$$|\hat{x} - x_{j+1}| \leq c|\hat{x} - x_j|^3$$

mit einer von j unabhängigen Konstanten $c > 0$.

Rechenaufgaben

10.6 • Berechnen Sie die Ableitungen der Funktionen $f \colon D \to \mathbb{R}$ mit

$$f_1(x) = \left(x + \frac{1}{x}\right)^2, \quad x \neq 0$$

$$f_2(x) = \cos(x^2)\cos^2 x, \quad x \in \mathbb{R}$$

$$f_3(x) = \ln\left(\frac{e^x - 1}{e^x}\right), \quad x \neq 0$$

$$f_4(x) = x^{(x^x)}, \quad x > 0$$

auf dem jeweiligen Definitionsbereich der Funktion.

10.7 •• Wenden Sie das Newton Verfahren an, um die Nullstelle $x = 0$ der beiden Funktionen

$$f(x) = \begin{cases} x^{4/3}, & x \geq 0 \\ -|x|^{4/3}, & x < 0 \end{cases}$$

und

$$g(x) = \begin{cases} \sqrt{x}, & x \geq 0 \\ -\sqrt{|x|}, & x < 0 \end{cases}$$

zu bestimmen. Falls das Verfahren konvergiert, geben Sie die Konvergenzordnung an und ein Intervall für mögliche Startwerte.

10.8 •• Beweisen Sie induktiv die Leibniz'sche Formel für die n-te Ableitung eines Produkts zweier n-mal differenzierbarer Funktionen f und g:

$$(fg)^{(n)} = \sum_{k=0}^{n} \binom{n}{k} f^{(k)} g^{(n-k)} \quad \text{für} \quad n \in \mathbb{N}_0.$$

10.9 •• Zeigen Sie durch eine vollständige Induktion die Ableitungen

$$\frac{d^n}{dx^n}(e^x \sin x) = (\sqrt{2})^n e^x \sin\left(x + \frac{n\pi}{4}\right)$$

für $n = 0, 1, 2, \ldots$

10.10 •• Bestimmen Sie die Potenzreihe zu $f\colon \mathbb{R}_{>0} \to \mathbb{R}$ mit $f(x) = 1/x^2$ um den Entwicklungspunkt $x_0 = 1$ und ihren Konvergenzradius.

10.11 •• Zeigen Sie, dass die Funktion $f\colon [-1, 2] \to \mathbb{R}$ mit $f(x) = x^4$ konvex ist,

(a) indem Sie nach Definition $f(\lambda x + (1-\lambda)z) \leq \lambda f(x) + (1-\lambda)f(z)$ für alle $\lambda \in [0, 1]$ prüfen,
(b) mittels der Bedingung $f'(x)(y - x) \leq f(y) - f(x)$.

10.12 • Zeigen Sie für alle $x > 0$ die Abschätzung

$$x \ln x \geq -\frac{1}{e}.$$

10.13 •• Bei Betrachtungen der Energie relativistischer Teilchen stößt man auf die Funktion $f\colon \mathbb{R} \to \mathbb{R}$ mit

$$f(x) = \frac{\sin^2 x}{(1 - a\cos x)^5}$$

für eine Konstante $a \in (0, 1)$. Bestimmen Sie die Extremalstellen dieser Funktion.

10.14 • Bestimmen Sie die Taylorreihe zu $f\colon \mathbb{R} \to \mathbb{R}$ mit $f(x) = x\exp(x-1)$ um $x = 1$ zum einen direkt und andererseits mithilfe der Potenzreihe zur Exponentialfunktion. Untersuchen Sie weiterhin die Reihe auf Konvergenz.

10.15 •• Zeigen Sie für $|x| < 1$ die Taylorformel

$$\ln\frac{1-x}{1+x} = -2\left(x + \frac{x^3}{3} + \cdots + \frac{x^{2n-1}}{2n-1}\right) + R_{2n}(x)$$

mit dem Restglied

$$R_{2n}(x) = \frac{-x^{2n+1}}{2n+1}\left(\frac{1}{(1+tx)^{2n+1}} + \frac{1}{(1-tx)^{2n+1}}\right)$$

für ein $t \in (0, 1)$.

Approximieren Sie mithilfe des Taylorpolynoms vom Grad 3, d. h. $n = 2$, den Wert $\ln(2/3)$ und zeigen Sie, dass der Fehler kleiner als $5 \cdot 10^{-4}$ ist.

10.16 • Berechnen Sie die Grenzwerte

$$\lim_{x\to\infty} \frac{\ln(\ln x)}{\ln x}$$
$$\lim_{x\to a} \frac{x^a - a^x}{a^x - a^a}, \quad \text{mit } a \in \mathbb{R}_{>0}\backslash\{1\}$$
$$\lim_{x\to 0} \frac{1}{e^x - 1} - \frac{1}{x}$$
$$\lim_{x\to 0} \cot(x)(\arcsin(x))$$

10.17 • Bestimmen Sie eine Konstante $c \in \mathbb{R}$ sodass die Funktion $f\colon [-\pi/2, \pi/2] \to \mathbb{R}$

$$f(x) = \begin{cases} (\cos x)^{\frac{1}{x^2}}, & x \neq 0 \\ c, & x = 0 \end{cases}$$

stetig ist.

10.18 • Zeigen Sie, dass der verallgemeinerte Mittelwert für $x \to 0$ gegen das geometrische Mittel positiver Zahlen $a_1, \ldots a_k \in \mathbb{R}_{>0}$ konvergiert, d. h., es gilt:

$$\lim_{x\to 0}\left(\frac{1}{n}\sum_{j=1}^{n} a_j^x\right)^{\frac{1}{x}} = \sqrt[n]{\prod_{j=1}^{n} a_j}$$

Anwendungsprobleme

10.19 •• Wie weit kann man bei optimalen Sichtverhältnissen von einem Turm der Höhe $h = 10\,\text{m}$ sehen, wenn die Erde als Kugel mit Radius $R \approx 6\,300\,\text{km}$ angenommen wird?

Bemerkung: In dieser speziellen Situation lässt sich übrigens auch rein geometrisch argumentieren, wenn wir die Information, dass die Tangente senkrecht zur radialen Richtung ist, voraussetzen. Denn, legen wir anstelle der Turmspitze die Koordinaten des Sichtpunkts bei $(0, R) \in \mathbb{R}^2$ fest, so ist die Tangente eine Parallele zur y-Achse durch diesen Punkt. Auf dieser Linie liegt die Turmspitze an der Stelle (R, L) mit dem Betrag $|(R, L)| = (R + h)^2$. Der Satz des Pythagoras im rechtwinkligen Dreieck $(0, 0)$, $(0, R)$ und (R, L) liefert die Sichtweite L.

10.20 •• Es wird eine Hängebrücke über eine 30 m breite Bucht gebaut. Dabei ist die Form der Brücke durch die sogenannte Kettenlinie beschrieben, d. h., es gibt eine positive Konstante $a > 0$, sodass die Form durch den Graphen der Funktion $f\colon \mathbb{R} \to \mathbb{R}$ mit

$$f(x) = h_0 + a\left(\cosh\left(\frac{x - x_0}{a}\right) - 1\right)$$

gegeben ist. Die Durchfahrtshöhe für Segelschiffe muss $h_0 = 8\,\text{m}$ betragen. Die Steilufer sind 10 m und 12 m über dem Wasserspiegel (siehe Abbildung). Bestimmen Sie mithilfe des

Newton-Verfahrens den Parameter $a > 0$ und den Abstand x_0 des Tiefpunkts zu einem der Ufer.

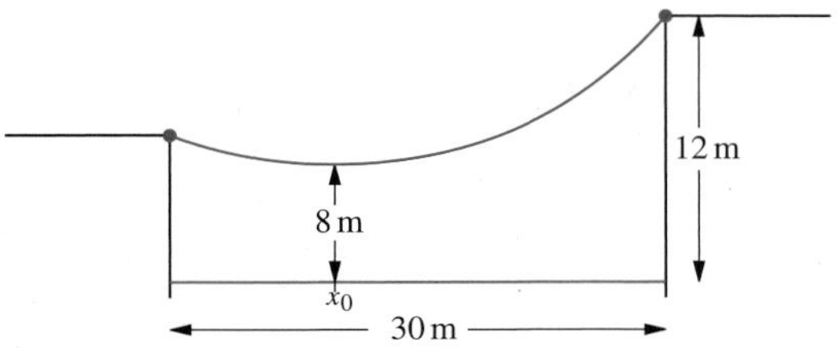

10.21 • Das Fermat'sche Prinzip besagt, dass Licht stets den Weg kürzester Dauer einschlägt. Betrachten wir den Weg des Lichts zwischen zwei Punkten p und q in zwei Medien mit unterschiedlichen Geschwindigkeiten c_1 und c_2. Innerhalb der jeweiligen Medien bewegt sich das Licht auf geraden Strahlen, sodass die zurückgelegten Strecken im ersten Medium durch $c_1 t$ und im zweiten Medium durch $c_2 t$ gegeben sind (siehe Abb. 10.37). Geben Sie eine Funktion an, die die Dauer von p nach q als Funktion $T(x)$ der Stelle x angibt, und folgern Sie aus der Minimalitätsbedingung $T'(x) = 0$ für den wirklichen Verlauf eines Lichtstrahls das Snellius'sche Brechungsgesetz

$$\frac{\sin \alpha_1}{\sin \alpha_2} = \frac{c_1}{c_2}.$$

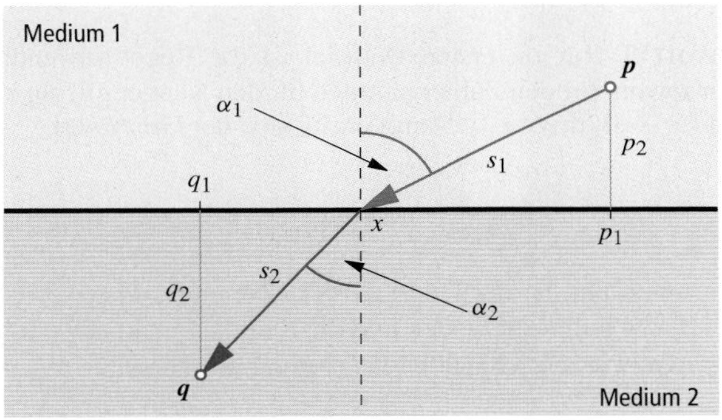

Abb. 10.37 Brechung des Lichts an zwei Medien.

10.22 •• In einem Sägewerk werden Baumstämme auf zwei rechtwinklig aufeinandertreffenden Fließbändern transportiert, von denen das eine 2 m und das andere 3 m breit ist. Wie lang dürfen die Stämme maximal sein, damit sie nicht verkanten, wenn man die Dicke der Stämme vernachlässigt?

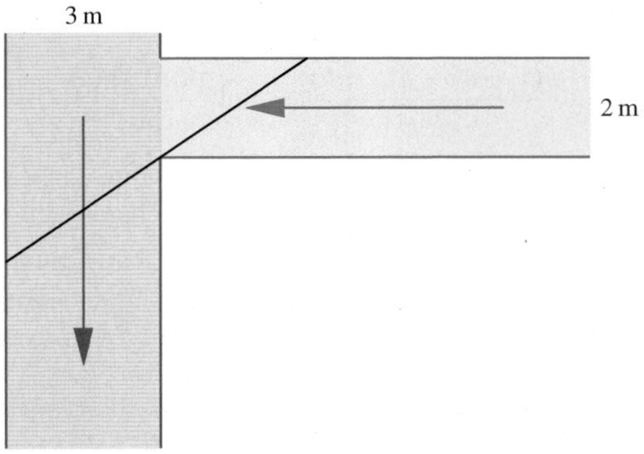

Abb. 10.38 Der schwarz eingezeichnete Baumstamm muss sich vom 2 m breiten Fließband ohne Verkanten auf das 3 m breite Fließband befördern lassen.

10.23 • Ein Seiltänzer, der auf einer 12 m langen Stange 4 m von einem Ende entfernt steht, übt an dieser Stelle durch sein Gewicht eine Kraft von $F = 600\,\text{N}$ auf die Stange aus. Das Eigengewicht der Stange soll vernachlässigt werden. Bestimmen Sie den kubischen Spline $s \in S_3^{3,1}$ zur Beschreibung der Biegung der Stange unter dieser Last, wenn am Rand die Bedingungen $s(0) = s''(0) = s(12) = s''(12) = 0$ gelten. Die Punktlast bei $x = 8$ wird modelliert durch einen Sprung

$$\lim_{\varepsilon \to 0}(s'''(8 + \varepsilon) - s'''(8 - \varepsilon)) = \frac{F}{B}$$

in der dritten Ableitung der Lösung, wobei $B = 8\,000\,\text{Nm}^2$ die Biegefestigkeit der Stange bezeichnet.

Antworten zu den Selbstfragen

Antwort 1 Wenn wir die Betragsfunktion um die Stelle $x_0 = 0$ betrachten, so gilt

$$\lim_{h\to 0} \frac{f(x+h) - f(x-h)}{2h} = \lim_{h\to 0} \frac{|h| - |h|}{2h} = 0$$

Der Grenzwert existiert somit, aber die Funktion ist in $x_0 = 0$ nicht differenzierbar, wie wir in den Beispielen gesehen haben.

Antwort 2 Die Ableitung im Sinne der Linearisierung einer Funktion ist ein analytisches Konzept. Die Anschauung als Steigung der Tangente an einem Graphen ist hingegen eher ein geometrischer Zugang. Die Interpretation der Ableitung als Änderungsrate, bzw. bei zeitlicher Änderung einer Ortsvariable als Geschwindigkeit, ist physikalischer Natur.

Antwort 3 Es gilt $f^{(n)} \in C^{r-n}(a, b)$.

Antwort 4 Mit Kettenregel und Produktregel gilt für differenzierbare Funktionen

$$\left(\frac{f}{g}\right)' = \left(f \cdot \frac{1}{g}\right)' = f' \frac{1}{g} - f \frac{g'}{g^2}.$$

solange der Nenner, also $g(x)$, nicht null ist.

Antwort 5 Ist $a \leq x_1 < x_2 \leq b$, so liefert die Anwendung des Mittelwertsatzes im Intervall $[x_1, x_2]$ die Existenz von $z \in (x_1, x_2)$ mit

$$f(x_2) - f(x_1) = f'(z)(x_2 - x_1).$$

Da aber die Ableitung $f'(z) = 0$ ist, folgt

$$f(x_2) - f(x_1) = 0$$

bzw. $f(x_1) = f(x_2)$.

Antwort 6 Angenommen eine Funktion ist konstant zwischen x und y mit einem Wert $c \in \mathbb{R}$, dann ist

$$c = f(x + t(y - x)) = (1 - t)c + tc = (1 - t)f(x) + tf(y),$$

also kann die Funktion nicht strikt konvex sein.

Antwort 7 Mit den Ableitungen

$$f^{(k)}(x) = e^x$$

erhalten wir für f das Taylorpolynom dritten Grades

$$\begin{aligned} p_3(x) &= \sum_{k=0}^{3} \frac{e^1}{k!}(x-1)^k \\ &= e\left(1 + (x-1) + \frac{1}{2}(x-1)^2 + \frac{1}{6}(x-1)^3\right). \end{aligned}$$

Antwort 8 Die Taylorreihe zu f ist eine endliche Summe, da alle höheren Ableitungen verschwinden,

$$p_\infty(x) = 1 + (x - 1).$$

Offensichtlich stimmen Funktion und Taylorreihe nur für $x \geq 0$ überein. Für $x < 0$ ist $f(x) \neq p_\infty(x)$.

Antwort 9 Nur im ersten Beispiel ist die Regel anwendbar, denn sowohl für den Zähler als auch für den Nenner gilt $\sin x \to 0$ und $x \to 0$ für $x \to 0$. Damit ergibt sich der Grenzwert

$$\lim_{x\to 0} \frac{x}{\sin x} = \lim_{x\to 0} \frac{1}{\cos x} = 1.$$

Im zweiten Fall ist der Grenzwert des Nenners, $\cos x \to 1$ für $x \to 0$, von null verschieden und die Regel ist nicht anwendbar. Der Grenzwert ergibt sich in diesem Fall direkt zu

$$\lim_{x\to 0} \frac{x}{\cos x} = \frac{0}{1} = 0.$$

Antwort 10 Eine Funktion $u \in S_3^{2,1}$ hat die Gestalt

$$u(x) = \begin{cases} a_0 + a_1 x + a_2 x^2, & \text{für } x \in [x_1, x_2] \\ b_0 + b_1 x + b_2 x^2, & \text{für } x \in [x_2, x_3] \end{cases}$$

mit Stützstellen x_1, x_2, x_3. Damit die Funktion in x_2 stetig differenzierbar ist, müssen wir $b_0 = a_0 + (a_1 - b_1)x_2 + (a_2 - b_2)x_2^2$ und $b_1 = a_1 + 2(a_2 - b_2)x_2$ festlegen. Es verbleiben somit noch vier freie Koeffizienten.

Integrale – vom Sammeln und Bilanzieren

11

Was haben Flächen unter Graphen mit Bilanzen zu tun?

Wie hängen Ableitung und Integral zusammen?

Welche Funktionen lassen sich integrieren?

Teil II

Ergänzende Information Die elektronische Version dieses Kapitels enthält Zusatzmaterial, auf das über folgenden Link zugegriffen werden kann https://doi.org/10.1007/978-3-662-64389-1_11.

T. Arens et al., *Mathematik*, https://doi.org/10.1007/978-3-662-64389-1_11

Die Rekonstruktion der Größe einer Population aus der Geburten- und Sterberate, der Flächeninhalt krumm begrenzter Flächen, das Volumen von beliebig geformten Körpern, die Länge von Kurven, die bei Bewegung in einem Kraftfeld geleistete Arbeit, der Fluss einer Strömung durch ein Flächenstück – all diese Dinge lassen sich mit einem Konzept beschreiben und berechnen: dem Integral.

Neben der Differenzialrechnung ist die Integralrechnung die zweite tragende Säule der Analysis. Während sich die Differenzialrechnung in erster Linie mit dem *lokalen* Änderungsverhalten von Funktionen, also dem Verhalten *im Kleinen* befasst, macht die Integralrechnung *globale* Aussagen, behandelt also Aspekte *im Großen*. Es ist das Werkzeug, um zu bilanzieren, also aus Veränderungen, die im Lauf der Zeit passieren, einen Gesamtstand zu ermitteln. Entscheidend ist der enge Zusammenhang zwischen beiden Konzepten. Das Integrieren lässt sich als Umkehrung des Differenzierens auffassen.

Der Ansatzpunkt für den Integralbegriff ist das Problem der Fläche unter einem Graphen. Dabei gibt es verschiedene Möglichkeiten, sinnvoll zu einem Integralbegriff zu gelangen, wobei verschiedene Definitionen durchaus subtile Unterschiede aufweisen können. Diese Unterschiede sollen uns aber weniger kümmern. Deshalb wird ein Integralbegriff vorgestellt, der nach dem französischen Mathematiker Henri Leon Lebesgue (1875–1941) benannt ist. Dieser liefert relativ anschaulich die passende theoretische Grundlage für die vielfältigen Anwendungen der Integralrechnung.

Teil II

11.1 Das Lebesgue-Integral

Das ursprüngliche Problem, das letztlich zum Begriff des bestimmten Integrals führte, war ein geometrisches, die Bestimmung von Flächeninhalten. Während diese Frage für einfache Flächen, wie etwa Rechtecke oder Dreiecke, schon von der elementaren Geometrie beantwortet wird, ist sie für allgemeine Flächen, deren Ränder beliebig geformt sind, nicht direkt zugänglich.

Die Integralrechnung fragt nach Flächeninhalten

Der Begriff des Flächeninhalts wird anhand von Rechtecken bzw. noch spezieller Quadraten definiert. Man erklärt, dass z. B. ein Quadrat mit einem Meter Seitenlänge einen Flächeninhalt von einem Quadratmeter hat. Alle anderen Flächenangaben sind dann relative Angaben, wie vielen derartigen Quadraten der Inhalt einer Fläche entspricht.

Von daher stammt auch der Ausdruck *Quadratur* für Flächenbestimmung bzw. für die bestimmte Integration. Manchmal wird Quadratur allerdings in einem engeren Sinne verwendet, nämlich als Umwandlung einer gegebenen Fläche in ein flächengleiches Quadrat nur mittels Zirkel und Lineal. In diesem Sinne ist die berühmte *Quadratur des Kreises* tatsächlich nicht möglich.

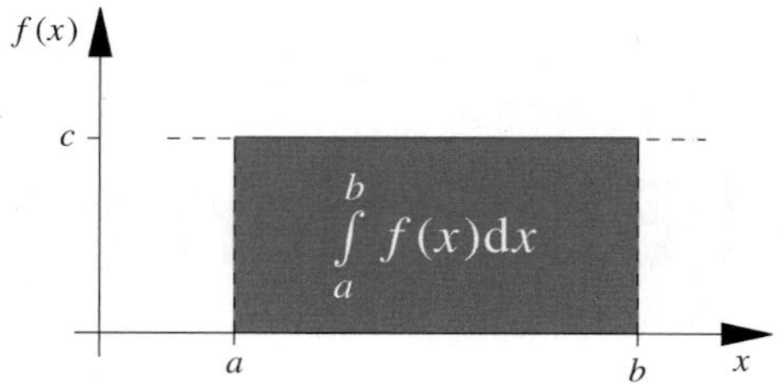

Abb. 11.1 Die Fläche unter dem Graphen einer konstanten Funktion ist ein Rechteck

Im einfachsten Fall, nämlich für eine konstante Funktion f mit $f(x) = c$ für alle $x \in [a, b]$, ist die Fläche zwischen dem Intervall $[a, b]$ auf der x-Achse und dem Graphen der Funktion ein Rechteck. Dessen Flächeninhalt können wir mit $A = c\,(b - a)$ angeben, wie es in Abb. 11.1 dargestellt ist. Mit dieser Fläche wollen wir beginnen und uns schrittweise an kompliziertere Fälle herantasten. Leicht lässt sich die Idee erweitern, wenn wir stückweise konstante Funktionen betrachten.

Anwendungsbeispiel Wir betrachten die Kosten für den Bau einer Straße. Sind k die Baukosten pro Meter Straße, so können diese natürlich dramatisch vom Ort abhängen, je nachdem wie umfangreich die Arbeiten sind, die am Gelände durchgeführt werden müssen – bis hin zu den Extremfällen Brücken- und Tunnelbau.

Nun hängen die Kosten zwar vom Gelände ab, aber für einen bestimmten Geländetyp kann man sie, zumindest als Näherung, konstant annehmen. Man erhält dann für den Graphen eine Form wie in Abb. 11.2.

Die Gesamtkosten erhält man ganz leicht, nämlich indem man jeweils die Länge einer Strecke mit den Kosten pro Meter für das jeweilige Gelände multipliziert und dann die erhaltenen Werte addiert. Diese Größe ist genau die Fläche unter dem Graphen der Funktion k.

Nun ist unsere Näherung wahrscheinlich zu grob. Auch in ähnlichem Gelände kann es kleine Probleme geben, die den

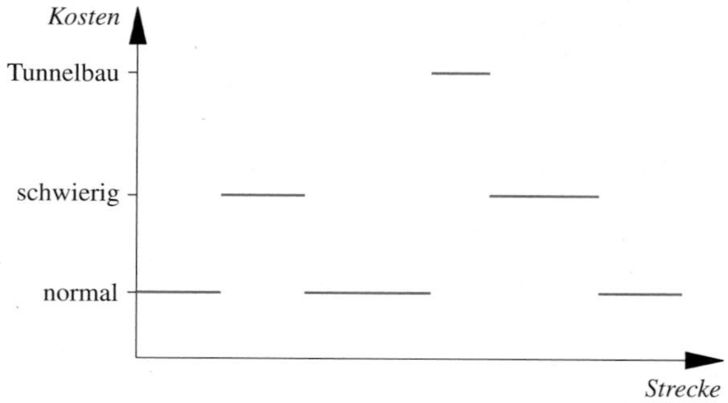

Abb. 11.2 Die Gesamtkosten beim Straßenbau ergeben sich aus einer Bilanz über die Kosten pro Meter, die man für jeweils einen Geländetyp in guter Näherung als konstant annehmen könnte

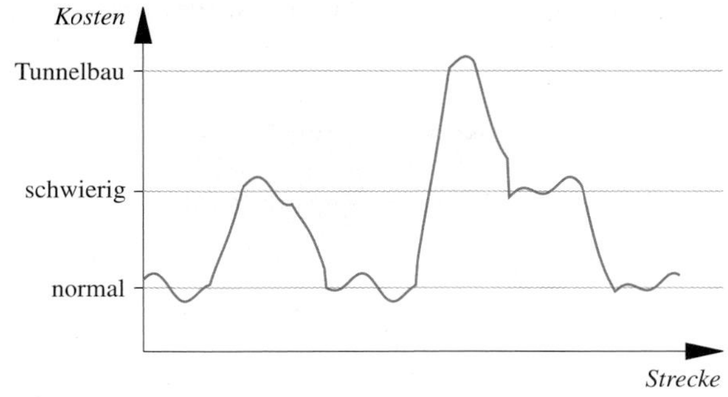

Abb. 11.3 Bei genauerer Betrachtung werden die Kosten doch viel feiner variieren als in unserer groben Näherung. Die Gesamtkosten sind aber immer noch durch die Fläche unter dem Graphen gegeben

Straßenbau an manchen Stellen verteuern. Abhängig von der geologischen Situation kann auch ein Meter Tunnel unterschiedlich hohe Kosten verursachen.

Doch auch wenn die Kosten pro Meter Straße so aussehen wie in Abb. 11.3 dargestellt, so sind die Gesamtkosten immer noch durch die Fläche unter dem Graphen gegeben. Im Gegensatz zu vorhin können wir diesen Wert allerdings nicht mehr durch die simple Addition von Rechtecksflächen bestimmen. ◂

Die Situation einer stückweise konstanten Funktion ist wegweisend für unser Vorhaben. Betrachten wir also zunächst diese Funktionenklasse, die *Treppenfunktionen*. Dabei ist eine Funktion $f : [a, b] \to \mathbb{R}$ eine **Treppenfunktion**, wenn es eine Zerlegung

$$a = x_0 < x_1 < x_2 < \cdots < x_{n-1} < x_n = b$$

des Intervalls $[a, b]$ gibt und Zahlen $c_j \in \mathbb{R}, j = 1, \ldots, n$, sodass stückweise

$$f(x) = c_j \quad \text{für } x \in (x_{j-1}, x_j)$$

für $j = 1, \ldots, n$ gilt. Die Funktionswerte an den Nahtstellen, x_j, spielen für die Eigenschaft von f, eine Treppenfunktion zu sein, keine Rolle. In Abb. 11.5 ist der Graph einer solchen Treppenfunktion abgebildet.

Für solche Funktionen legen wir entsprechend der Anschauung einen Integrationsbegriff fest, indem die Flächeninhalte aller Rechtecke unter dem Graphen aufsummiert werden. Man nennt

$$\int_a^b f(x)\,\mathrm{d}x = \sum_{j=1}^n c_j\,(x_j - x_{j-1})$$

das **Integral** der Treppenfunktion $f : [a, b] \to \mathbb{R}$ mit $f(x) = c_j \in \mathbb{R}$ innerhalb der Teilintervalle $x \in (x_{j-1}, x_j)$.

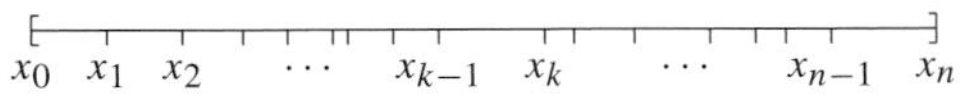

Abb. 11.4 Die Zerlegung eines Intervalls erfolgt durch Einfügen von Zwischenpunkten

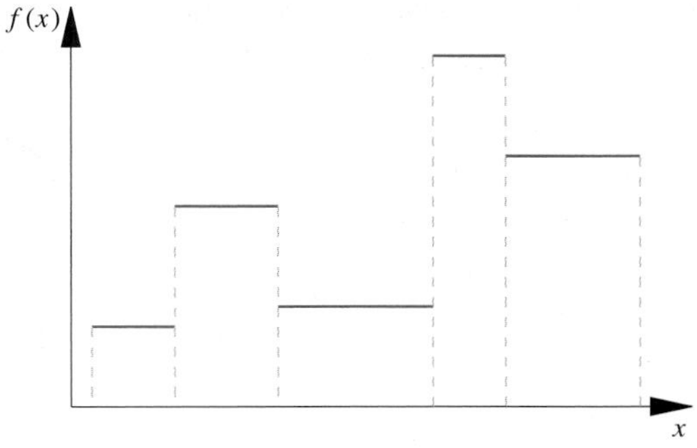

Abb. 11.5 Eine Treppenfunktion ist stückweise konstant

Beim Integralzeichen $\int$ sind a bzw. b die **untere** bzw. **obere Integrationsgrenze**, x die **Integrationsvariable**, $\mathrm{d}x$ das **Differenzial** und f der **Integrand**. Diese Bezeichnungen sind in Abb. 11.6 zusammengestellt.

Kommentar Das Integralzeichen $\int$ ist ein stilisiertes S und soll daran erinnern, dass das Integral aus einer Summe hervorgeht. ◂

Selbstfrage 1

Berechnen Sie den Wert des Integrals

$$\int_0^1 f(x)\,\mathrm{d}x$$

für die Treppenfunktion $f : [0, 1] \to \mathbb{R}$ mit

$$f(x) = (-1)^n n \quad \text{für } x \in \left(\frac{n-1}{10}, \frac{n}{10}\right), \; n = 1, 2, \ldots, 10.$$

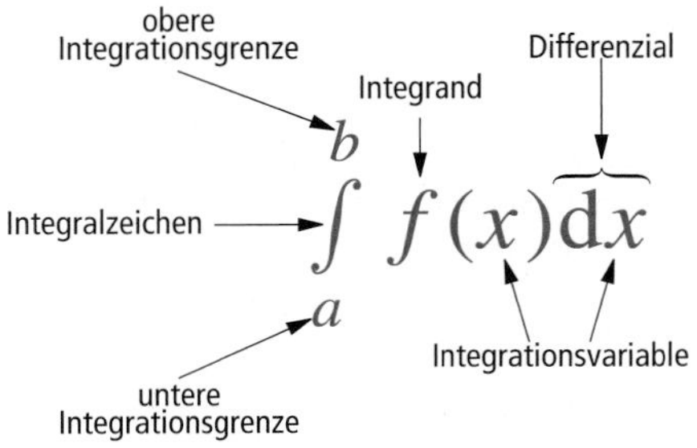

Abb. 11.6 Bezeichnungen beim Integral

Anwendung: Flächen unter Kurven können für verschiedenste Größen stehen

Wir haben den Integralbegriff mit der Fläche unter Funktionsgraphen motiviert. Dieser geometrische Zugang mag auf den ersten Blick nur mäßig interessant wirken – warum sollte man für derartige Flächeninhalte mehr als nur akademisches Interesse aufbringen? Tatsächlich geht die Bedeutung dieser Größe aber weit über die Geometrie hinaus. Dies wird deutlich, wenn man sich veranschaulicht, wofür die betrachtete Funktion stehen kann.

Ein Beispiel, das wir bereits kennengelernt haben, sind die Baukosten pro Meter Straße. Wenn ρ die ortsabhängige Massenverteilung in einem Draht bezeichnet, so erhalten wir als Gesamtmasse des Drahtes zwischen zwei Orten x_1 und x_2 das Integral

$$m = \int_{x_1}^{x_2} \rho(x)\,\mathrm{d}x.$$

Ebenfalls hat man es häufig mit Funktionen zu tun, die von der Zeit abhängen. Hier bieten sich verschiedene Anwendungsmöglichkeiten.

- Betrachten wir eine Population, deren Größe sich in Abhängigkeit von der Zeit ändert. Die gesamte Änderungsrate r ergibt sich dabei aus Geburtenrate b, Sterberate s, Zuwanderung z und Abwanderung a zu

  $$r = b - s + z - a.$$

  Für große Populationen kann man diese Rate meist gut durch eine stetige Funktion annähern. Bei entsprechend genauer Betrachtung ist r aber eine Treppenfunktion. Die Fläche unter dem Graphen von r in einem Intervall $[t_1, t_2]$ gibt die Nettoänderung der Populationsgröße P in diesem Zeitraum an,

  $$P(t_2) - P(t_1) = \int_{t_1}^{t_2} r(t)\,\mathrm{d}t.$$

- Fassen wir die Nettorate w, mit der ein Swimmingpool gefüllt wird, als Funktion der Zeit auf. Diese Funktion gibt die Differenz zwischen Zu- und Abflussrate an. Dabei kann w ohne Weiteres stellenweise negativ sein, nämlich dann, wenn mehr Wasser ab- als zufließt.
  Die Fläche unter der Kurve gibt die *Gesamtänderung* der Wassermenge W im Pool seit Beginn der Betrachtungen an,

  $$W(t_2) - W(t_1) = \int_{t_1}^{t_2} w(t)\,\mathrm{d}t.$$

  Die Gesamtwassermenge zur Zeit t_2 können wir allein anhand von w nicht bestimmen – wir müssen zusätzlich wissen, wie viel Wasser sich am Anfang im Pool befunden hat.

An diesen Beispielen sieht man, dass es durchaus sinnvoll ist, Flächen unterhalb der x-Achse negativ zu zählen. Änderungen können negativ sein. Populationen oder Wasserstände nehmen ohne Weiteres auch ab. Bei Gesamtkosten passiert das leider nur in den seltensten Fällen.

Weitere integrierbare Funktionen

Wir haben zwar nun einen Integralbegriff, der aus der Anschauung motiviert ist, aber die Klasse der integrierbaren Funktionen ist noch sehr eingeschränkt. Ziel dieses Abschnitts ist es, den Integralbegriff zu erweitern, d. h. für eine möglichst große Klasse von Funktionen zu bestimmen, welche Fläche von ihrem Graphen und der x-Achse in einem Intervall $[a, b]$ eingeschlossen wird.

Die verschiedenen Anwendungen auf S. 376 unterstreichen die Bedeutung unserer Suche nach dem Flächeninhalt unter einem Graphen einer Funktion f. Schon die grundlegende Frage, für welche Funktionen man einen entsprechenden Flächeninhalt überhaupt sinnvoll definieren kann, ist dabei interessant.

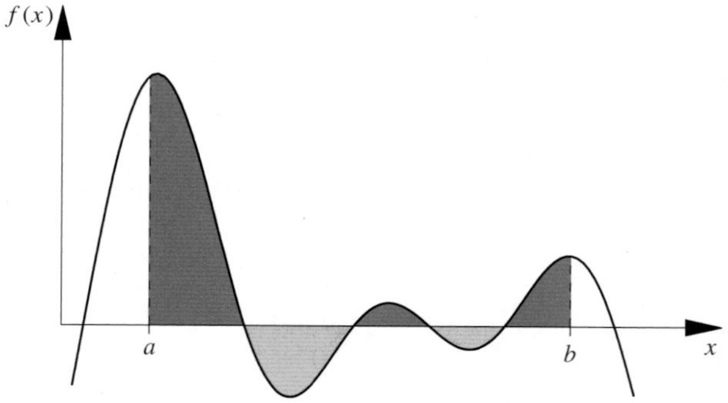

Abb. 11.7 Das Integral als Fläche unter einem Funktionsgraphen

Wir sehen uns die Definition der Treppenfunktionen und ihre Integrale noch einmal etwas genauer an. Es fällt auf, dass an den Sprungstellen $x_j \in [a, b]$ keine Funktionswerte festgelegt werden. Denn für das Vorhaben, die Integrale zu definieren, spielt es keine Rolle, ob der Funktionswert $f(x_j) = c_j$ oder $f(x_j) = c_{j+1}$ ist, das Integral bleibt davon unbeeindruckt. Es kann an diesen Stellen sogar jeder beliebige Wert $f(x_j) \in \mathbb{R}$ angenommen werden, ohne dass sich das Integral ändern würde. Das bedeutet, dass der Funktionswert der Treppenfunktion an einer festen Stelle $x \in [a, b]$ den Wert des Integrals nicht beeinflusst.

Abb. 11.8 Einzelne Funktionswerte beeinflussen den Wert des Integrals nicht

Diese Beobachtung scheint zunächst angenehm, denn es gibt uns Flexibilität. Aber theoretisch ist damit ein Problem verbunden. Welche Funktionswerte bestimmen denn nun den Wert des Integrals, wenn es ein einzelner Wert $f(x) \in \mathbb{R}$ nicht tut? Offensichtlich benötigt man zur allgemeinen Definition eines Integrals ein Konzept, das mit dieser Uneindeutigkeit umgehen kann.

Nullmengen in $\mathbb{R}$ sind Mengen der Länge null

Eine mögliche Idee ist es, Teilmengen von $[a, b]$ zu betrachten, die keine Länge, gewissermaßen keine Ausdehnung besitzen. Solche Teilmengen der reellen Zahlen nennt man *Nullmengen*. Um eine exakte Definition zu erreichen, führen wir die Notation $|I| = |b - a|$ für die **Länge eines Intervalls** $I = (a, b)$ ein. Wir sprechen auch vom Maß oder vom Inhalt des Intervalls I. Mit dieser Bezeichnung lässt sich der Begriff Nullmenge definieren.

Definition von Nullmengen

Eine Menge $M \subseteq \mathbb{R}$ heißt **Nullmenge**, wenn es zu jedem Wert $\varepsilon > 0$ abzählbar viele beschränkte Intervalle $J_k \subseteq \mathbb{R}$, $k \in \mathbb{N}$, gibt mit den beiden Eigenschaften:

- Die Vereinigung all dieser Intervalle überdeckt die Menge M, d. h.

$$M \subseteq \bigcup_{k=1}^{\infty} J_k$$

- Die Länge der Vereinigung der Intervalle J_k ist durch

$$\sum_{k=1}^{\infty} |J_k| \leq \varepsilon$$

abschätzbar.

Dabei benutzen wir die Bezeichnungsweise

$$\bigcup_{k=1}^{\infty} J_k = J_1 \cup J_2 \cup \ldots$$

für die Vereinigung von abzählbar unendlich vielen Intervallen J_k. In dieser Definition ist auch $J_k = \emptyset$ zugelassen, sodass man nicht unbedingt unendlich viele Intervalle angeben muss, wenn endlich viele ausreichen.

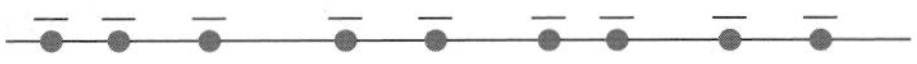

Abb. 11.9 Eine Nullmenge lässt sich durch Intervalle überdecken, deren Gesamtlänge sich durch $\varepsilon > 0$ nach oben abschätzen lässt

Wenn eine Aussage $A(x)$ in Abhängigkeit einer Variablen $x \in [a, b]$ nur außerhalb einer Nullmenge M gilt, d. h., $A(x)$ ist wahr für $x \in [a, b] \setminus M$, so sagen wir, $A(x)$ gilt **für fast alle** $x \in [a, b]$ oder auch **fast überall** auf $[a, b]$. Als Abkürzung werden wir im Folgenden **f. ü.** verwenden. Diese Notation ist praktisch, denn wir müssen dabei die Nullmenge M nicht genauer charakterisieren.

Beispiel Jede Teilmenge von $\mathbb{R}$, die nur endlich oder abzählbar viele Zahlen enthält, also $M = \{x_k \in \mathbb{R} \mid k \in \mathbb{N}\}$, ist eine Nullmenge. Denn setzen wir $J_k = \left[x_k - \varepsilon 2^{-k-1}, x_k + \varepsilon 2^{-k-1}\right]$ für $k = 1, 2, \ldots$ Die Vereinigung $\bigcup_{k=1}^{\infty} J_k$ überdeckt die Menge M und mit der geometrischen Reihe ist

$$\sum_{k=1}^{\infty} |J_k| = \varepsilon \sum_{k=1}^{\infty} \frac{1}{2^k} = \frac{\varepsilon}{2} \sum_{k=0}^{\infty} \frac{1}{2^k} = \frac{\varepsilon}{2} \frac{1}{1 - \frac{1}{2}} = \varepsilon .$$

Somit sind Treppenfunktion im Allgemeinen zwar nicht stetig, aber zumindest fast überall stetig, da Sprünge nur an endlich vielen Stellen auftreten. Genauer können wir sagen, dass eine Treppenfunktion fast überall konstant ist. ◀

Selbstfrage 2

Können Sie ein Intervall $(a, b) \subseteq \mathbb{R}$ angeben, das eine Nullmenge ist?

Kommentar In der Maß- und Integrationstheorie wird der Ausdruck „fast alle" für „alle bis auf eine Menge vom Maß Null" verwendet. Die genaue Bedeutung der Phrase hängt aber vom Kontext ab. Gilt etwas für fast alle Glieder einer Folge (a_n), so gilt es für alle bis auf endlich viele Glieder, also ab einem endlichen Index $N \in \mathbb{N}$. ◀

Jede abzählbare Vereinigung von Nullmengen ist wieder eine Nullmenge

Zwei Eigenschaften von Nullmengen sind für die Konstruktion eines allgemeinen Integralbegriffs wichtig. Die erste Aussage ist relativ klar und lautet, dass jede Teilmenge einer Nullmenge wieder eine Nullmenge ist; denn eine Überdeckung einer Nullmenge, wie in der Definition, ist auch eine Überdeckung jeder beliebigen Teilmenge der Menge. Somit überträgt sich die Eigenschaft, eine Nullmenge zu sein, auf Teilmengen.

Die zweite Aussage ist diffiziler. Sie besagt, wenn $M_n \subseteq \mathbb{R}$, $n = 1, 2, \ldots$, Nullmengen sind, so ist auch die Vereinigung $M = \bigcup_{n=1}^{\infty} M_n$ eine Nullmenge. Ist diese Aussage für endlich viele Vereinigungen noch relativ offensichtlich, so erfordert es einige Überlegungen, dass dies auch für abzählbar unendlich viele Nullmengen gilt. Ein Beweis findet sich im Bonusmaterial auf der Website zum Buch. In dem Bonusmaterial zu diesem Kapitel sind für den an der Integrationstheorie interessierten Leser auch die teilweise relativ technischen Beweise zu allen wesentlichen Aussagen dieses Kapitels ausgeführt.

Die rationalen Zahlen bilden eine Nullmenge

Mit der zweiten Aussage und dem Beispiel auf S. 377 folgt, dass $\mathbb{Q} \cap [a, b] \subseteq [a, b]$ eine Nullmenge ist, da wir die rationalen Zahlen mit dem Diagonalverfahren abzählen können, wie es im Bonusmaterial zu Kap. 3 angemerkt wurde.

Die Idee zur Definition des Integrals ist naheliegend aber mathematisch aufwendig. Wir versuchen, die zu integrierende Funktion durch Treppenfunktionen anzunähern. Es wird sich herausstellen, dass die Approximation so gestaltet werden kann, dass die Menge der Sprungstellen eine Nullmenge bleibt und keinen wesentlichen Einfluss auf den Wert des Integrals nimmt.

Um eine solche Näherung durchzuführen müssen wir den Begriff einer Folge auf eine Folge von Treppenfunktionen anwenden, also nicht auf Zahlen sondern Funktionen. Konzepte, die wir bereits von den Folgen von Zahlen her kennen, übertragen sich direkt auf Folgen von Treppenfunktionen. So sprechen wir etwa von einer monoton wachsenden Folge (f_j) von Treppenfunktionen, wenn

$$f_{j+1} \geq f_j, \quad \text{d. h.}\, f_{j+1}(x) \geq f_j(x)$$

für alle $x \in [a, b]$ gilt. Wollen wir zulassen, dass diese Abschätzung auf einer Nullmenge verletzt sein könnte, so sprechen wir von einer **fast überall monoton wachsenden Folge** von Treppenfunktionen. Analog sprechen wir von **fast überall monoton fallend**. Weiter nennen wir eine Folge von Treppenfunktionen **fast überall punktweise konvergent**, wenn die Grenzwerte

$$\lim_{j\to\infty} f_j(x)$$

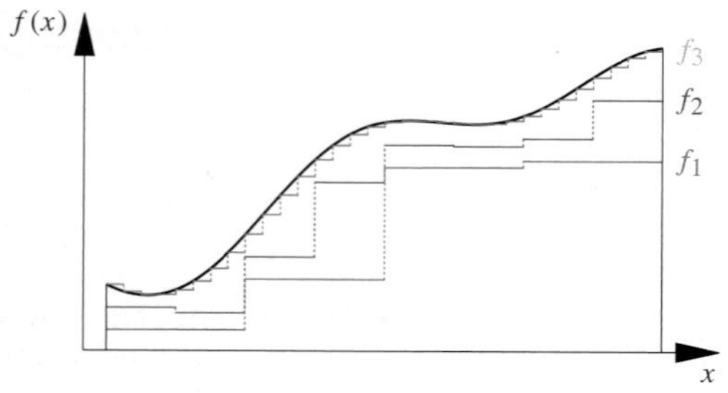

Abb. 11.10 Annäherung einer Funktion durch Treppenfunktionen

für alle $x \in [a, b]\backslash M$ mit Ausnahme einer Nullmenge M existieren. Da auch andere Arten von Konvergenz bei Funktionen eine Rolle spielen, machen wir an dieser Stelle den Zusatz *punktweise* konvergent. Dies bedeutet wir betrachten die Konvergenz der Zahlenfolge $(f_j(x))_{j\in\mathbb{N}}$ für einen während des Grenzprozesses fest gegebenen Wert $x \in [a, b]$. Wenn für jedes $x \in [a, b]$ die Folge der Funktionswerte konvergiert, so ist durch den Grenzwert eine Funktion $f : [a, b] \to \mathbb{R}$ mit

$$f(x) = \lim_{j\to\infty} f_j(x)$$

gegeben und man sagt, die Folge (f_j) konvergiert punktweise gegen die Funktion f.

Beispiel Funktionen lassen sich auf unterschiedlichste Weise durch Treppenfunktionen approximieren. So gilt etwa für die Identität $f : [0, 1] \to \mathbb{R}$ mit $f(x) = x$, dass die Treppenfunktionen mit

$$\left.\begin{aligned} \varphi_n(x) &= \frac{j}{2^n} \\ \psi_n(x) &= \frac{j-1}{2^n} \\ \xi_n(x) &= \frac{j}{2^n} - \frac{1}{2^{n+1}} \end{aligned}\right\} \quad \text{für } x \in \left(\frac{j-1}{2^n}, \frac{j}{2^n}\right),$$

$j \in \{1, \ldots, 2^n\}$, punktweise (fast überall) gegen f konvergieren (siehe Abb. 11.11). Dabei konvergiert die Erste monoton fallend, da für alle $x \in [0, 1]$ mit $x \neq \frac{j}{2^{n+1}}$ gilt $\varphi_{n+1}(x) \leq \varphi_n(x)$. Entsprechend ist die Folge ψ_n monoton wachsend. Im letzten Beispiel ξ_n liegt keine Monotonie vor, da für $\frac{j-1}{2^n} < x < \frac{j}{2^n} - \frac{1}{2^{n+1}}$ die Abschätzung $\xi_n(x) > \xi_{n+1}(x)$ und für $\frac{j}{2^n} - \frac{1}{2^{n+1}} < x < \frac{j}{2^n}$ die Abschätzung $\xi_n(x) < \xi_{n+1}(x)$ gilt. ◀

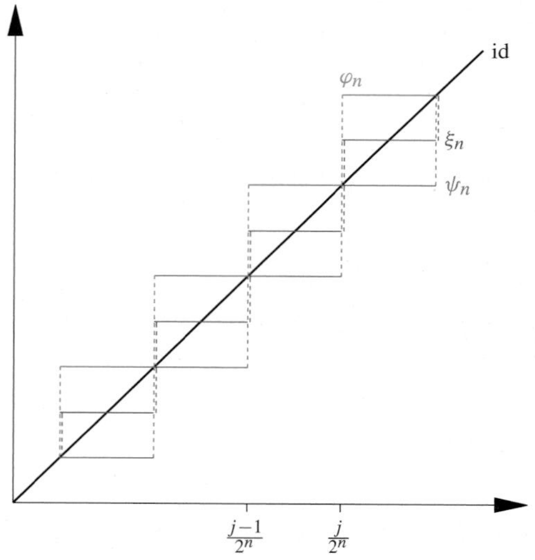

Abb. 11.11 Approximation der Identität durch Folgen von Treppenfunktionen mit unterschiedlichen Monotonieeigenschaften

Beispiel: Die Dirichlet'sche Sprungfunktion

Der Begriff einer Nullmenge ist sicherlich gewöhnungsbedürftig. So können wir eine Funktion angeben, die fast überall 0 ist, die aber an unendlich vielen Stellen den Funktionswert 1 hat, die *Dirichlet'sche Sprungfunktion*.

Problemanalyse und Strategie Wir benutzen unser Wissen, dass die rationalen Zahlen, obwohl es unendlich viele von ihnen gibt, dennoch vom Maß null sind.

Lösung Damit definieren wir nun eine Funktion D von $\mathbb{R} \to \{0, 1\}$ durch

$$D(x) = \begin{cases} 1 & \text{für } x \in \mathbb{Q} \\ 0 & \text{für } x \notin \mathbb{Q}. \end{cases}$$

In jedem beliebig kleinen Intervall nimmt diese Funktion die Werte null und eins an, beide sogar unendlich oft. Trotzdem ist $D(x)$ „viel öfter" null, weil die irrationalen Zahlen von größerer Mächtigkeit sind als die rationalen.

Für die Dirichlet'sche Sprungfunktion gibt es noch eine zweite Schreibweise, anhand derer wir gleich eine nützliche Konvention kennenlernen können.

Es handelt sich dabei um die Bezeichnung χ_M für die *charakteristische Funktion* einer Menge M. Das ist eine Funktion mit $M \subseteq D(\chi_M)$, die auf M gleich eins und sonst überall null ist,

$$\chi_M(x) = \begin{cases} 1 & \text{für } x \in M \\ 0 & \text{für } x \notin M. \end{cases}$$

Eine solche Funktion „erkennt", ob man sich gerade in der fraglichen Menge befindet oder nicht – daher auch der Name. Mit dieser Bezeichnung können wir nun einfach $D = \chi_{\mathbb{Q}}$ schreiben. Charakteristische Funktionen sind aber auch in vielen anderen Bereichen nützlich, etwa in der Integralrechnung in mehreren Variablen.

Die Dirichlet'sche Sprungfunktion ist eine jener Funktionen, deren Graph sich nicht mehr sinnvoll zeichnerisch darstellen lässt.

Teil II

Solche Folgen von Treppenfunktionen benötigen wir im Folgenden, um das Integral allgemein zu definieren. Dabei sind Eigenschaften oft naheliegend, aber Beweise erfordern einige Mühe. Eine Eigenschaft ist ganz zentral für den Integrationsbegriff. Sie lautet, dass für eine nichtnegative Folge (φ_n) von Treppenfunktionen auf einem Intervall $I = [a, b]$, die fast überall monoton fallend gegen die Nullfunktion konvergiert, kurz geschrieben $\lim_{n\to\infty} \varphi_n(x) = 0$ f. ü., auch die Folge der Integrale konvergiert mit

$$\lim_{n\to\infty} \int_a^b \varphi_n(x)\,\mathrm{d}x = 0. \tag{11.1}$$

Dabei bedeutet *nichtnegativ*, dass $\varphi_n \geq 0$ auf $[a, b]$ gilt. Diese Aussage ist wichtig, um sicherzustellen, dass der Begriff des Integrals nicht von einer speziellen Wahl einer approximierenden Folge von Treppenfunktionen abhängt.

Man betrachtet zunächst nur die Menge aller Funktionen $f : (a, b) \to \mathbb{R}$, die Grenzwert einer fast überall monoton wachsenden Folge (φ_n) von Treppenfunktionen ist und deren zugehörige Folge von Integralen

$$\left(\int_a^b \varphi_n(x)\,\mathrm{d}x\right)_{n\in\mathbb{N}}$$

konvergiert. Diese Menge von Funktionen bezeichnen wir im Folgenden mit $L^{\uparrow}((a, b))$. Anschaulich bedeutet dies, dass wir zunächst nur Integranden betrachten, die sich von unten her durch Treppenfunktionen approximieren lassen. Für diese Funktionen definiert man

$$\int_a^b f(x)\,\mathrm{d}x = \lim_{n\to\infty} \int_a^b \varphi_n(x)\,\mathrm{d}x.$$

Dabei ergibt sich die Schwierigkeit sicherzustellen, dass die Definition nicht von der Auswahl einer speziellen Folge von Treppenfunktionen abhängt. Oder anders gesagt: Egal, welche Folge von Treppenfunktionen wir nehmen, um f zu approximieren, der Grenzwert der Integrale muss stets derselbe sein. An dieser Stelle sind also Beweise erforderlich, die belegen, dass die Definition der Menge $L^{\uparrow}((a, b))$ überhaupt sinnvoll ist. Entscheidend geht die Beobachtung (11.1) ein, wie wir es im Beweis im Bonusmaterial nachvollziehen können.

Mit der Definition von $L^{\uparrow}(I)$ folgt, dass mit $f, g \in L^{\uparrow}(I)$ und $\lambda \geq 0$, auch $f + g$ und λf Elemente der Menge $L^{\uparrow}(I)$ sind mit

$$\int_a^b (f + g)(x)\,\mathrm{d}x = \int_a^b f(x)\,\mathrm{d}x + \int_a^b g(x)\,\mathrm{d}x,$$

$$\int_a^b (\lambda f)(x)\,\mathrm{d}x = \lambda \int_a^b f(x)\,\mathrm{d}x.$$

Es ist aber nicht unbedingt auch $-f \in L^{\uparrow}(I)$, da wir ausschließlich monoton wachsende Folgen von Treppenfunktionen zur Approximation zugelassen haben. So ist etwa die Funktion $f : (0, 1) \to \mathbb{R}$ mit $f(x) = \frac{1}{\sqrt{x}}$ durch eine monoton wachsende Folge von Treppenfunktionen approximierbar, aber $-f$ nicht.

Vertiefung: Eine überabzählbare Menge vom Maß Null

Abzählbare Mengen haben immer das Maß Null. Etwas erstaunlich ist, dass es auch überabzählbare Mengen mit dieser Eigenschaft gibt. Wir stellen hier eine vor, nämlich die berühmte **Cantormenge**.

Die Cantormenge C entsteht auf folgende Art: Man drittle das Intervall $[0, 1]$ und entferne das mittlere Drittel. Die beiden übriggebliebenen Teilintervalle $[0, \frac{1}{3}]$ und $[\frac{2}{3}, 1]$ werden nun wiederum entsprechend gedrittelt, und wieder wird jeweils das mittlere Drittel entfernt. Ständiges Wiederholen dieses Vorgangs führt im Grenzübergang zur Cantormenge:

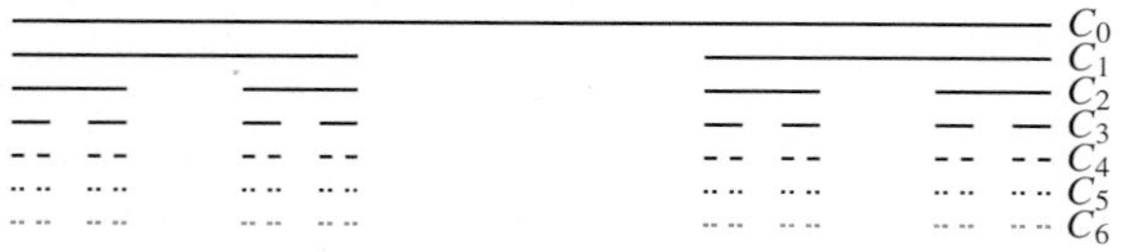

Bezeichnen wir die Menge nach dem n-ten Drittelungsschritt als C_n, so gilt für die Summe der Intervalllängen, und damit das Maß μ:

$$\mu(C_0) = 1, \quad \mu(C_1) = \frac{2}{3}, \quad \mu(C_2) = \left(\frac{2}{3}\right)^2$$

und allgemein

$$\mu(C_n) = \left(\frac{2}{3}\right)^n \xrightarrow{n\to\infty} 0,$$

da ja jedes Mal ein Drittel der noch übrigen Menge entfernt wird. Das Maß der letztlich resultierenden Cantormenge ist also tatsächlich Null.

Nun bleibt noch zu zeigen, dass die Cantormenge überabzählbar ist. Dazu greifen wir auf einen Trick zurück, nämlich die ternäre Darstellung von Dezimalzahlen, also die Darstellung zur Basis Drei. Jede Dezimalzahl aus $[0, 1]$ lässt sich in der Form

$$x = (0.\, a_1 a_2 a_3 a_4 a_5 \ldots)_3$$

schreiben, wobei $a_k \in \{0, 1, 2\}$ ist, siehe auch S. 35. Diese Schreibweise steht für

$$x = \frac{a_1}{3} + \frac{a_2}{3^2} + \frac{a_3}{3^3} + \frac{a_4}{3^4} + \frac{a_5}{3^5} + \ldots$$

Eine solche Darstellung gibt es auch für $x = 1$, denn nach der Summenformel für die geometrische Reihe gilt:

$$\begin{aligned} x_1 = 0.222\,222\,222_3 \ldots &= \frac{2}{3} + \frac{2}{3^2} + \frac{2}{3^3} + \frac{2}{3^4} + \ldots \\ &= 2\sum_{k=1}^{\infty}\left(\frac{1}{3}\right)^k = 2\left\{\sum_{k=0}^{\infty}\left(\frac{1}{3}\right)^k - 1\right\} \\ &= 2\left\{\frac{1}{1-\frac{1}{3}} - 1\right\} = 1 \end{aligned}$$

Beim ersten Drittelungsschritt werden nun alle Zahlen des Mitteldrittels entfernt, das sind genau jene mit $a_1 = 1$. Beim nächsten Schritt verschwinden alle Zahlen aus dem mittleren Drittel der Teildrittel, also alle Zahlen mit $a_2 = 1$. Analog werden nach und nach alle Zahlen entfernt, für die zumindest ein $a_k = 1$ ist. Die Zahlen der Cantormenge kann man also in der Form

$$x = (0.(2b_1)(2b_2)(2b_3)(2b_4)\ldots)_3$$

mit $b_k \in \{0, 1\}$ schreiben. Nun gibt es aber eine bijektive Abbildung zwischen diesen Zahlen und den Zahlen aus $[0, 1]$ in binärer Darstellung:

$$(0.(2b_1)(2b_2)(2b_3)(2b_4)\ldots)_3 \leftrightarrow (0.b_1b_2b_3b_4\ldots)_2$$

Die beiden Mengen müssen gleich mächtig sein, und da das Einheitsintervall überabzählbar ist, muss das Gleiche auch für die Cantormenge gelten.

Die Cantormenge ist wie die Mandelbrotmenge von S. 178 ebenfalls ein Beispiel für ein *Fraktal*, also ein „Gebilde“, das man nicht mehr sinnvollerweise als ein-, zwei- oder dreidimensional klassifizieren kann, sondern dem man besser eine nicht-ganzzahlige Dimension zuordnet – in diesem Beispiel $\dim(C) = \ln 3/\ln 2$.

Das Prinzip der Cantormenge kann genutzt werden, um eine stetige Funktion $f : [0, 1] \to \mathbb{R}$ zu konstruieren mit $f(0) = 0$ und $f(1) = 1$, die aber fast überall konstante Stufen aufweist. Die ersten Schritte zur Konstruktion einer solchen Funktion, der *Teufelstreppe*, ist in der folgenden Abbildung gezeigt

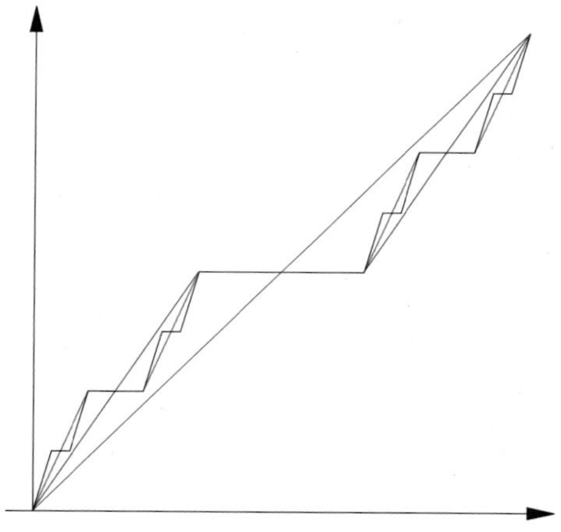

Die Teufelstreppe ist nach Konstruktion stetig, sogar fast überall differenzierbar, und ihre Ableitung ist fast überall null.

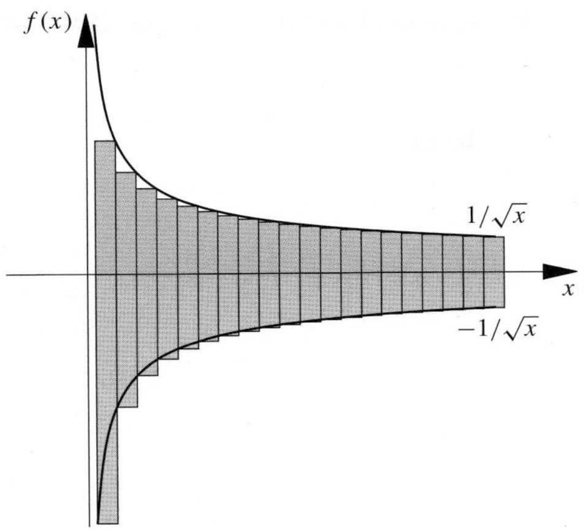

Abb. 11.12 Approximation der Funktion mit $f(x) = 1/\sqrt{x}$ durch monoton steigende Folgen von Treppenfunktionen. Eine solche Approximation ist bei $-f(x)$ nicht möglich, da die Funktion in jedem Intervall $(0, \varepsilon)$ mit $\varepsilon > 0$ nicht nach unten beschränkt ist

Wir nehmen deswegen noch Funktionen, bei denen $-f$ durch monoton wachsende Folgen von Treppenfunktionen angenähert werden kann, in die Menge der integrierbaren Funktionen mit auf.

Kommentar Mit dieser Hinzunahme erhält die Menge der integrierbaren Funktionen die Struktur eines Vektorraums. Dies ist ein zentraler Begriff der linearen Algebra, der in Kap. 15 noch ausführlich behandelt wird. ◄

Lebesgue-integrierbare Funktionen

Wenn $(a, b) \subseteq \mathbb{R}$ ein Intervall bezeichnet, dann ist die Menge $L^{\uparrow}((a, b))$ die Menge der Funktionen, die fast überall Grenzwert einer monoton wachsenden Folge von Treppenfunktionen (φ_k) sind, für die die Folge $\left(\int_a^b \varphi_k(x)\,\mathrm{d}x\right)$ konvergiert. Für $f \in L^{\uparrow}((a, b))$ ist

$$\int_a^b f(x)\,\mathrm{d}x = \lim_{k\to\infty} \int_a^b \varphi_k(x)\,\mathrm{d}x.$$

Mit $L^{\uparrow}((a, b))$ ist durch

$$\begin{aligned} L(I) &= L^{\uparrow}((a, b)) - L^{\uparrow}((a, b)) \\ &= \{f = f_1 - f_2 : (a, b) \to \mathbb{R} \mid f_1, f_2 \in L^{\uparrow}(a, b)\} \end{aligned}$$

die Menge der **Lebesgue-integrierbaren Funktionen** über (a, b) definiert. Für $f \in L((a, b))$ ist

$$\int_a^b f(x)\,\mathrm{d}x = \int_a^b f_1(x)\,\mathrm{d}x - \int_a^b f_2(x)\,\mathrm{d}x.$$

Auch bei der Definition der Menge der integrierbaren Funktionen $L((a, b))$ müssen wir prüfen, dass eine spezielle Wahl in diesem Fall für f_1 oder f_2 keinen Einfluss auf den Wert hat. Ansonsten wäre die Definition nicht sinnvoll. Man spricht in dieser Situation auch davon, zu prüfen, ob $L(I)$ *wohldefiniert* ist. In einem Abschnitt im Bonusmaterial wird gezeigt, dass verschiedene Darstellungen von f durch $f = f_1 - f_2$ mit $f_1, f_2 \in L^{\uparrow}(I)$ alle auf denselben Integralwert führen.

Für die Anwendungen müssen wir uns die exakte Definition des Integrals nicht merken. Aber die Konsequenzen aus der Definition, die in der Übersicht auf S. 382 zusammengestellt sind, sollte man sich unbedingt einprägen für den Umgang mit Integralen. Die beiden letzten Angaben zur Orientierung in der Übersicht sind allerdings keine Folgerungen, sondern Festlegungen im Sinne einer konsistenten Notation. Denn so bleibt die Eigenschaft

$$\int_a^b f(x)\,\mathrm{d}x = \int_a^c f(x)\,\mathrm{d}x + \int_c^b f(x)\,\mathrm{d}x$$

bei Zerlegung des Integrationsintervalls richtig, auch wenn $c = a$, $c = b$ oder $c \notin (a, b)$ ist, zumindest solange alle auftretenden Integrale existieren.

Achtung Der Variablenname x setzt sich beim Umgang mit Funktionen stark in unseren Köpfen fest. Dabei ist die Wahl des Buchstabens völlig willkürlich. Insbesondere können wir jeden beliebigen Buchstaben als Integrationsvariable wählen,

$$\int_a^b f(x)\,\mathrm{d}x = \int_a^b f(t)\,\mathrm{d}t = \int_a^b f(\varphi)\,\mathrm{d}\varphi.$$

Es wird im Folgenden häufig sogar nötig sein, einen anderen Buchstaben zu nutzen, um Verwechselungen zu vermeiden. Aus diesem Grund ziehen wir es vor, stets das Differenzial $\mathrm{d}x$, $\mathrm{d}t$ oder $\mathrm{d}\varphi$ mit anzugeben, damit klar ist, welcher Ausdruck bezüglich welcher Variable integriert wird. Es finden sich in der Literatur auch Notationen für das Integral, bei denen diese Angabe fehlt. Beim Lesen müssen Sie dann besonders aufpassen, damit Ihnen klar ist, was integriert wird. ◄

Wir werden zwar in den folgenden Abschnitten sehen, dass es einfachere Wege gibt, Integrale zu bestimmen. Trotzdem ist es aufschlussreich, an einem Beispiel die Definition explizit anzuwenden.

Beispiel Gesucht ist das Integral zur Funktion f mit $f(x) = x$ auf dem Intervall $(0, b)$. Durch

$$\varphi_n(x) = \frac{j}{2^n}\,b \quad \text{für } x \in \left(\frac{j}{2^n}\,b,\ \frac{j+1}{2^n}\,b\right),$$

$j = 0, 1, \ldots, 2^n - 1$ ist eine Folge von monoton wachsenden Treppenfunktionen auf $[0, b]$ gegeben, die wegen $|\varphi_n(x) - x| \leq b/2^n$ punktweise gegen f konvergiert. Wir erhalten das Integral

$$\begin{aligned} \int_0^b x\,\mathrm{d}x &= \lim_{n\to\infty} \int_0^b \varphi_n(x)\,\mathrm{d}x = \lim_{n\to\infty} \frac{b^2}{2^{2n}} \sum_{j=0}^{2^n-1} j \\ &= \lim_{n\to\infty} \left(\frac{b^2}{2^{2n}} \frac{(2^n - 1)\,2^n}{2}\right) = \frac{1}{2} b^2. \end{aligned}$$ ◄

Übersicht: Eigenschaften des Integrals

Wesentliche Eigenschaften des Integrals, die im Folgenden ständig genutzt werden, ergeben sich direkt aus der Definition. Bei den folgenden Aussagen wird vorausgesetzt, dass $f, g \in L((a,b))$ Lebesgue-integrierbare Funktionen sind und $\lambda \in \mathbb{R}$ gilt.

Linearität

$$\int_a^b (f(x) + g(x))\,\mathrm{d}x = \int_a^b f(x)\,\mathrm{d}x + \int_a^b g(x)\,\mathrm{d}x$$

$$\int_a^b \lambda f(x)\,\mathrm{d}x = \lambda \int_a^b f(x)\,\mathrm{d}x.$$

Zerlegung des Integrationsintervalls Wenn $c \in (a,b)$ gilt, so ist $f : (a,b) \to \mathbb{R}$ genau dann integrierbar, wenn f über den Intervallen (a,c) und (c,b) integrierbar ist. Es gilt

$$\int_a^b f(x)\,\mathrm{d}x = \int_a^c f(x)\,\mathrm{d}x + \int_c^b f(x)\,\mathrm{d}x.$$

Monotonie Aus $f(x) \leq g(x)$ für fast alle $x \in (a,b)$ folgt

$$\int_a^b f(x)\,\mathrm{d}x \leq \int_a^b g(x)\,\mathrm{d}x.$$

Insbesondere ergibt sich aus $f(x) = g(x)$ fast überall auf (a,b) die Identität

$$\int_a^b f(x)\,\mathrm{d}x = \int_a^b g(x)\,\mathrm{d}x.$$

Betrag, Maximum und Minimum Die Funktionen $|f|$, $\max(f,g)$ und $\min(f,g)$ mit

$$|f|(x) = |f(x)|,$$
$$\max(f,g)(x) = \max(f(x), g(x)),$$
$$\min(f,g)(x) = \min(f(x), g(x))$$

sind integrierbar.

Dreiecksungleichung

$$\left|\int_a^b f(x)\,\mathrm{d}x\right| \leq \int_a^b |f(x)|\,\mathrm{d}x.$$

Wenn der Integrand $f : [a,b] \to \mathbb{R}$ stetig ist, kann weiter abgeschätzt werden

$$\int_a^b |f(x)|\,\mathrm{d}x \leq \max_{x\in[a,b]} \{|f(x)|\}\, |b-a|.$$

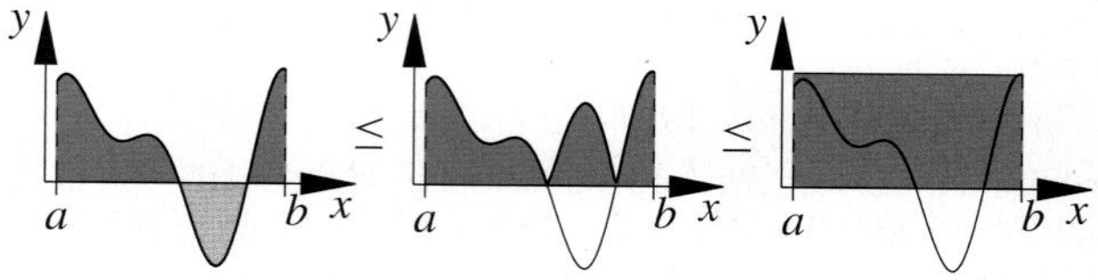

Definitheit Aus $f(x) \geq 0$ fast überall auf (a,b) und

$$\int_a^b f(x)\,\mathrm{d}x = 0$$

folgt, dass $f(x) = 0$ für fast alle $x \in (a,b)$ ist.

Orientierung

$$\int_a^a f(x)\,\mathrm{d}x = 0$$

und

$$\int_b^a f(x)\,\mathrm{d}x = -\int_a^b f(x)\,\mathrm{d}x.$$

Anwendung: Schwerkraft und potenzielle Energie

Die Schwerkraft, die auf einen Körper mit der Masse m auf der Erde wirkt, ist $F_g = m\,g$, wobei $g \approx 9.81\,\frac{\text{m}}{\text{s}^2}$ die Gravitationsbeschleunigung bezeichnet.

Wir wollen die potenzielle Energie bestimmen, die ein Körper der Masse m im Gravitationsfeld der Erde hat.

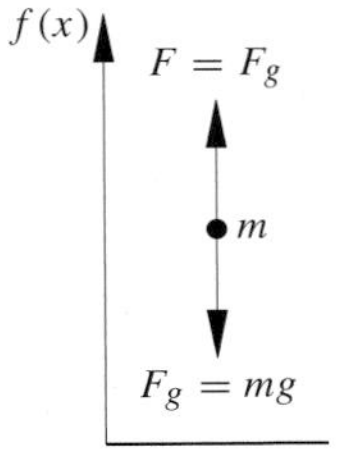

Um dem betrachteten Körper potenzielle Energie W_{pot} zuzuführen, kann man (nach beliebig kleiner Anfangsbeschleunigung) auf ihn eine Kraft F wirken lassen, die betragsmäßig gleich F_g und entgegengesetzt gerichtet ist.

Um dieses Problem zu behandeln, führen wir eine willkürliche Höhenskala h ein.

Die Grundgesetze der Mechanik liefern

$$W_{\text{pot}} = \int F(h)\,\mathrm{d}h = \int m\,g\,\mathrm{d}h.$$

Da weder m noch g von h abhängen, erhalten wir

$$W = m\,g\,h + C.$$

Die Integrationskonstante zeigt an, dass der Nullpunkt der potenziellen Energie frei wählbar ist. Je nach Art des Problems mag es praktischer sein, ihn auf das Niveau des Erdbodens, auf die Höhe einer Tischplatte oder das Dach eines Wolkenkratzers zu beziehen – man muss nur C entsprechend wählen.

Genau das Gleiche lässt sich erreichen, indem man $C = 0$ setzt und den Nullpunkt der Höhenskala entsprechend wählt.

In vielen Fällen müssen wir uns zum Glück relativ wenig Gedanken über die Existenz eines Integrals machen, denn für stetige Integranden lässt sich eine allgemeine Aussage machen.

Stetige Funktionen auf kompakten Intervallen sind integrierbar

Stetige Funktion sind integrierbar, da sich durch Intervallhalbierung auf einem kompakten Intervall eine monoton wachsende Folge von Treppenfunktionen konstruieren lässt, die gegen f konvergiert. Setzen wir $z_j^{(n)} = a + \frac{j}{2^n}(b-a)$, $j = 0, \dots, 2^n$, und definieren wir Treppenfunktionen durch

$$\varphi_n(x) = \min\{f(z) : z \in [z_{j-1}^{(n)}, z_j^{(n)}]\}$$

für $x \in (z_{j-1}^{(n)}, z_j^{(n)})$, $j = 1, \dots, 2^n$. Beachten Sie, dass wir an dieser Stelle die Voraussetzung der Stetigkeit nutzen, da so garantiert ist, dass das Minimum existiert (siehe S. 226). Aus der Monotonie und der Beschränktheit durch

$$\int_a^b \varphi_n(x)\,\mathrm{d}x \le \max_{x\in[a,b]}\{f(x)\}\,(b-a)$$

Die Folge (φ_n) konvergiert punktweise fast überall gegen f. Denn, ist $x \neq z_j^{(n)}$ für alle $n \in \mathbb{N}$ und $j \in \{0, \dots, 2^n\}$, so gilt

$$|z_{\min}^{(n)} - x| \le \frac{1}{2^n}(b-a) \to 0, \quad n \to \infty,$$

mit $\varphi_n(x) = f(z_{\min}^{(n)})$. Mit der Stetigkeit von f folgt Konvergenz $\varphi_n(x) \to f(x)$ für $n \to \infty$.

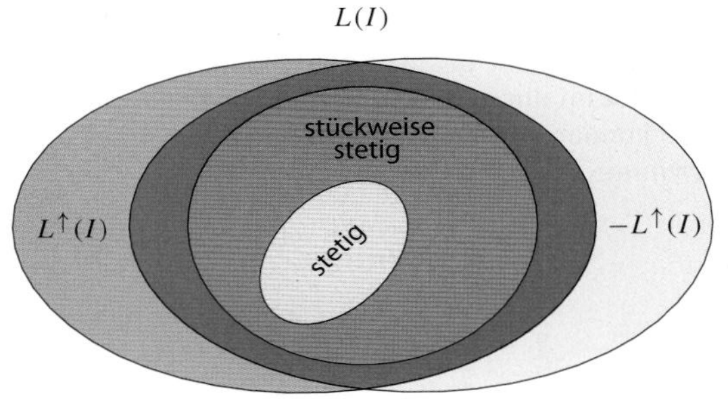

Abb. 11.13 Die stetigen Funktionen über kompakten Intervallen als Teilmenge der integrierbaren Funktionen

Für alle $n \in \mathbb{N}$ folgt die Konvergenz der Folge von Integralen $\left(\int_a^b \varphi_n(x)\,\mathrm{d}x\right)$. Also ist die stetige Funktion f integrierbar. Es gilt sogar $f \in L^{\uparrow}((a,b))$.

Man beachte, dass wegen der Zerlegungseigenschaft des Integrals somit auch stückweise stetige Funktionen auf kompakten Intervallen integrierbar sind. Diese Aussage erleichtert uns die Arbeit im Folgenden beträchtlich.

Achtung An dieser Stelle wird deutlich, dass die Menge $L^{\uparrow}((a,b))$ auch Funktionen mit negativen Funktionswerten enthält. Denn wir haben gezeigt, dass alle stetigen Funktionen in dieser Menge liegen. Lassen Sie sich von der Notation durch den Pfeil nicht in die Irre führen. ◀

Vertiefung: Das Riemann-Integral

Neben dem Lebesgue-Integral werden in der Literatur weitere Integrationsbegriffe diskutiert. In der Schule und in vielen Lehrbüchern wird meist das **Riemann-Integral** eingeführt, das wir hier kurz vorstellen wollen. Das im Haupttext eingeführte *Lebesgue-Integral* ist allerdings inzwischen in den naturwissenschaftlichen und technischen Anwendungen der zentrale Begriff.

Die Idee des Riemann-Integrals ähnelt der des Lebesgue-Integrals. Man geht vom bekannten Flächeninhalt des Rechtecks aus und versucht, durch immer bessere Näherung mit Rechtecken einen Flächeninhalt zu definieren.
Man zerlegt wieder das ursprüngliche Integrationsintervall $[a, b]$ in viele kleine Teilintervalle und erhält dadurch eine Zerlegung

$$a = x_0 < x_1 < x_2 < \ldots < x_{n-1} < x_n = b.$$

Wir bezeichnen diese Zerlegung im Folgenden mit P für *Partition*.
Nun sucht man sich in jedem Teilintervall den größten und den kleinsten Funktionswert

$$\underline{f}_k = \min_{[x_{k-1}, x_k]} f(x), \quad \overline{f}_k = \max_{[x_{k-1}, x_k]} f(x).$$

Sollte die betrachtete Funktion nicht stetig sein, kann es notwendig werden, das Minimum durch das Infimum und das Maximum durch das Supremum zu ersetzen. Mit diesen Werten können wir die **Riemann-Darboux**'sche Unter- bzw. Obersumme

$$\underline{S}_P = \sum_{k=1}^{n} \underline{f}_{[x_{k-1}, x_k]} \cdot (x_k - x_{k-1})$$

$$\overline{S}_P = \sum_{k=1}^{n} \overline{f}_{[x_{k-1}, x_k]} \cdot (x_k - x_{k-1})$$

definieren. Wir summieren also – bildlich gesprochen – die Flächen von Rechtecken, die in jedem Teilintervall sicher unter bzw. über dem Funktionsgraphen liegen.

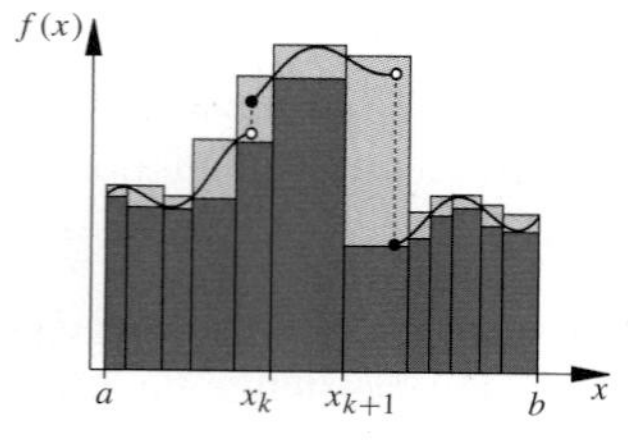

Die Werte von $\underline{S}_P$ und $\overline{S}_P$ hängen natürlich von der Zerlegung ab. Aber auf jeden Fall ist

$$\underline{S}_P \leq \int_a^b f(x)\,\mathrm{d}x \leq \overline{S}_P.$$

Wir haben also Schranken gefunden, zwischen denen der Wert des gesuchten Integrals liegt.

Wir nehmen weitere Zwischenpunkte hinzu und lassen das *Feinheitsmaß* der Zerlegung P,

$$\|P\| = \max_{k=1,\ldots,n} (x_k - x_{k-1}),$$

gegen null gehen. Dabei konvergieren für genügend friedliche Funktionen sowohl Ober- als auch Untersumme gegen den gleichen Wert. Diesem Wert wird das Integral zugewiesen:

$$\int_a^b f(x)\,\mathrm{d}x = \lim_{\|P\|\to 0} \underline{S}_P = \lim_{\|P\|\to 0} \overline{S}_P.$$

Dies ist nur dann möglich, wenn beide Grenzwerte auch wirklich existieren und gleich sind. Funktionen, für die das gilt, nennt man auf $[a, b]$ **Riemann-integrierbar**.
Neben den Ober- und Untersummen gibt es noch einen weiteren Weg zum Begriff des Riemann-Integrals, die **Riemann'schen Summen**. Dabei geht man wieder von einer Zerlegung P aus. Bei diesem Zugang wählt man aber aus jedem Teilintervall einen beliebigen Funktionswert. So bildet man die Summe

$$S_P = \sum_{k=1}^{n} f(\xi_k) \cdot (x_k - x_{k-1})$$

mit jeweils beliebigem $\xi_k \in [x_{k-1}, x_k]$.

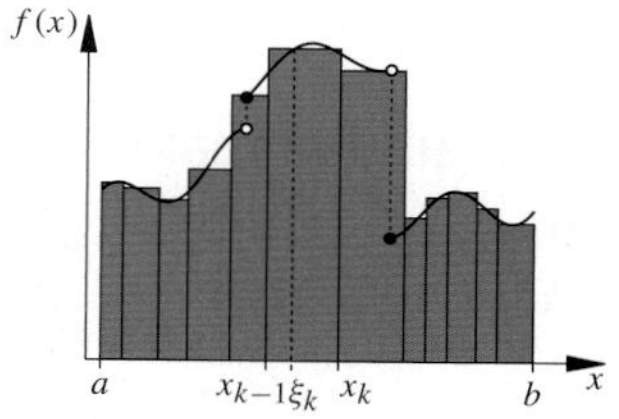

Man verliert die Abschätzung, die im Fall von Ober- und Untersummen immer parat sind. Dafür ist das praktische Arbeiten mit Riemann'schen Summen wesentlich einfacher. So kann man etwa $\xi_k = x_k$ wählen, ohne sich um das genaue Aussehen der Funktion f zu kümmern. Für alle Riemann-integrierbaren Funktionen $f \in \mathcal{R}[a, b]$ führen die Riemann-Summen für beliebige Wahl der Zwischenpunkte wieder zum gleichen Wert für das Integral bei Verfeinerung der Zerlegung.
Wenn das Riemann-Integral einer Funktion existiert, so hat es den gleichen Wert wie das entsprechende Lebesgue-Integral, weshalb es oft egal ist, welchen Integralbegriff man nimmt. Es gibt jedoch Funktionen, für die zwar nicht mehr das Riemann-, sehr wohl aber das Lebesgue-Integral existiert. Ein Musterbeispiel dafür ist die Dirichlet'sche Sprungfunktion, die auf S. 379 vorgestellt wird, etwa auf dem Intervall $[0, 1]$. Während das Lebesgue-Integral vom „irregulären" Verhalten an abzählbar vielen Punkten nicht beeinflusst wird, ist im Riemann'schen Zugang für beliebige Partitionen P stets $\underline{S}_P = 0$ und $\overline{S}_P = 1$.

11.2 Stammfunktionen

Berechnungen von konkreten Integralen direkt mithilfe der Definition sind relativ mühselig, wie wir im letzten Beispiel gesehen haben. In vielen Fällen kommen wir erheblich leichter zum Wert eines Integrals, wenn wir den Zusammenhang zwischen Integral und Ableitung genauer analysieren.

Integrieren ist die Umkehrung des Differenzierens

Wie dieser Zusammenhang *in etwa* aussehen wird, können wir uns anschaulich klar machen. Dazu beginnen wir mit einer beliebigen integrierbaren Funktion f, die wir auf einem Intervall $[a, b]$ betrachten. Nun nehmen wir eine beliebige Stelle $x \in [a, b]$ und bilden das Integral

$$F(x) = \int_a^x f(t)\,dt.$$

Beachten Sie, dass wir auf diesem Weg eine Funktion $F : [a, b] \to \mathbb{R}$ bezüglich der Variablen x bekommen. Für die Integrationsvariable muss unbedingt ein anderer Buchstabe gewählt werden, um Verwechselungen zu vermeiden. $F(x)$ gibt nach allen bisherigen Überlegungen die Fläche unter dem Graphen von f zwischen $t = a$ und $t = x$ an (siehe Abb. 11.14).

Die Stelle x ist zwischen a und b völlig beliebig, und wenn wir x verschieben, so gibt $F(x)$ immer noch die entsprechende Fläche an. Wir haben so eine Funktion $F : [a, b] \to \mathbb{R}$ definiert, die den Flächeninhalt unter dem Graphen von f misst.

Was können wir über die neue Funktion F aussagen? Nun, solange f positiv ist, nimmt F zu, und zwar umso schneller, je größer die Werte $f(x)$ sind. Dabei darf f ohne Weiteres konstant sein, immer noch nimmt F zu. Wird hingegen f in einem Bereich null, so bleibt F konstant, und wenn f negativ wird, nehmen die Funktionswerte von F wieder ab.

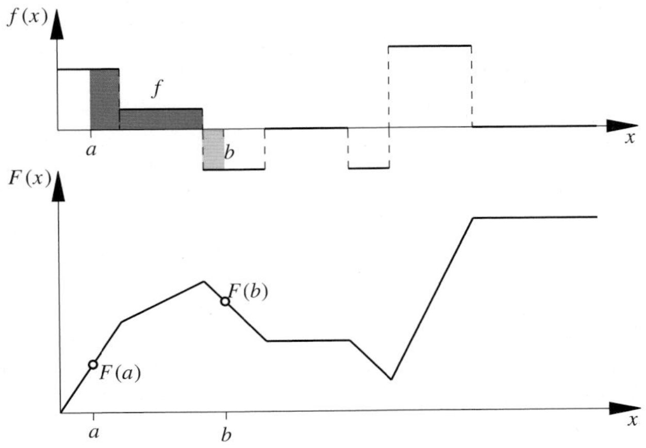

Abb. 11.14 Über das Integral $\int_a^x f(t)\,dt$ wird eine neue Funktion F definiert, die den Flächeninhalt unter dem Graphen von f misst

Ganz allgemein gibt f die *Änderungsrate* von F an, und so können wir vermuten, dass vielleicht

$$F' = f$$

ist. Für eine konstante Funktionen mit $f(x) = c$ ist das sicher richtig, denn der Flächinhalt unter dem Graphen von f im Intervall $[a, x]$ ist $F(x) = c\,(x - a)$, und damit ist $F'(x) = c = f(x)$. Das gilt auch noch, wenn f eine Treppenfunktion ist, und sogar, wie wir jetzt zeigen werden, für jede stetige Funktion.

Dazu betrachten wir eine stetige Funktion $f : [a, b] \to \mathbb{R}$. Da das Intervall $[a, b]$ kompakt ist, nimmt f auf dieser Menge ein Maximum und ein Minimum an. Wir definieren $m = \min_{x\in[a,b]}\{f(x)\}$ und $M = \max_{x\in[a,b]}\{f(x)\}$. Also ist

$$m \leq f(x) \leq M, \quad \text{für alle } x \in [a, b].$$

Integrieren wir die drei Terme in den beiden Ungleichungen, so ergibt sich wegen der Monotonie des Integrals

$$m(b-a) = m\int_a^b 1\,dx \leq \int_a^b f(x)\,dx \leq M\int_a^b 1\,dx = M(b-a)$$

bzw.

$$m \leq \frac{\int_a^b f(x)\,dx}{b-a} \leq M.$$

Da f stetig ist, wird nach dem Zwischenwertsatz jeder Wert zwischen m und M angenommen. Somit gibt es eine Stelle $z \in [a, b]$ mit der Eigenschaft

$$f(z) = \frac{\int_a^b f(x)\,dx}{b-a}$$

oder anders notiert

$$\int_a^b f(x)\,dx = f(z)(b-a).$$

Mittelwertsatz der Integralrechnung

Zu einer stetigen Funktion $f : [a, b] \to \mathbb{R}$ gibt es ein $z \in [a, b]$ mit

$$\int_a^b f(x)\,dx = f(z)(b-a).$$

Teil II

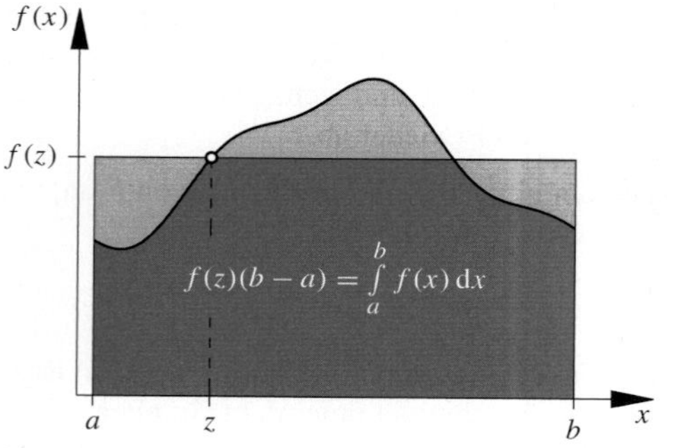

Abb. 11.15 Der Mittelwertsatz der Integralrechung gibt an, dass es zu jeder auf $[a, b]$ stetigen Funktion eine Stelle z gibt, sodass der Wert des Integrals $\int_a^b f(x)\,dx$ gleich der Rechtecksfläche $f(z)(b-a)$ ist

Die Aussage des Mittelwertsatzes der Integralrechnung kann man sich in einer Skizze gut grafisch veranschaulichen, siehe Abb. 11.15.

Definieren wir zu f wie zu Beginn die Funktion $F : [a, b] \to \mathbb{R}$ mit

$$F(x) = \int_a^x f(t)\,dt.$$

Nun betrachten wir für zwei Stellen $x, x_0 \in (a, b)$ den Differenzenquotienten von F, d. h.

$$\begin{aligned}\frac{F(x) - F(x_0)}{x - x_0} &= \frac{1}{x - x_0}\left[\int_c^x f(t)\,dt - \int_c^{x_0} f(t)\,dt\right]\\ &= \frac{1}{x - x_0}\int_{x_0}^x f(t)\,dt.\end{aligned}$$

Wenden wir den gerade hergeleiteten Mittelwertsatz im Intervall $[x_0, x]$ bzw. $[x, x_0]$ an, so gibt es eine Stelle z zwischen x_0 und x mit

$$\frac{F(x) - F(x_0)}{x - x_0} = f(z).$$

Da f eine stetige Funktion ist folgt $\lim_{z \to x_0} f(z) = f(x_0)$. Somit gilt mit $x \leq z \leq x_0$ bzw. $x \geq z \geq x_0$, dass der Grenzwert des Differenzenquotienten für $x \to x_0$, also die Ableitung von F, existiert. Wir erhalten

$$F'(x_0) = f(x_0).$$

Dies gilt für jeden Wert $x_0 \in (a, b)$. Dieser wichtige Zusammenhang zwischen Differenzieren und Integrieren ist eine zentrale Aussage der Analysis und wird *erster Hauptsatz der Differenzial- und Integralrechnung* genannt.

1. Hauptsatz der Differenzial- und Integralrechnung

Die Funktion $F : [a, b] \to \mathbb{R}$ mit

$$F(x) = \int_a^x f(t)\,dt$$

zu einer stetigen Funktion $f : [a, b] \to \mathbb{R}$ ist differenzierbar auf (a, b) und es gilt

$$F'(x) = f(x) \quad \text{für } x \in (a, b).$$

Beispiel

- Wir verifizieren die Aussage des ersten Hauptsatzes am Beispiel auf S. 381. Es gilt

$$F(x) = \int_0^x t\,dt = \frac{1}{2}x^2$$

und wir erhalten die Ableitung $F'(x) = x$ sowohl durch Differenzieren der rechten Seite, als auch durch Anwenden des ersten Hauptsatzes.
- Definieren wir die Funktion $F : (0, \infty) \to \mathbb{R}$ mit

$$F(x) = \int_0^x e^{-t^2}\,dt.$$

Da der Integrand e^{-t^2} stetig ist, ist nach dem ersten Hauptsatz die Funktion F differenzierbar und es gilt

$$F'(x) = e^{-x^2}.$$ ◀

Der Zusammenhang $F' = f$ ist grundlegend für die Differenzial- und Integralrechnung und man führt eine Bezeichnung dafür ein.

Definition der Stammfunktion

Es bezeichne f eine auf einem offenen Intervall (a, b) definierte Funktion. Jede differenzierbare Funktion $F : (a, b) \to \mathbb{R}$ mit $F' = f$ heißt **Stammfunktion** von f.

Im Fall $F' = f$, sprechen wir also einerseits von der Ableitung f der Funktion F und andererseits von einer Stammfunktion F zu f. Im Englischen ist mit den Bezeichnungen *derivative* und *antiderivative* deutlicher, dass es sich um die gleiche Situation aus zwei verschiedenen Blickwinkeln handelt.

Die Funktion

$$F(x) = \int_a^x f(t)\,dt$$

aus dem ersten Hauptsatz ist also eine Stammfunktion von f und wir können schreiben

$$\frac{d}{dx}\left(\int_a^x f(t)\,dt\right) = f(x), \quad \text{für } x \in (a,b).$$

Beispiel Durch Differenzieren bekannter Funktionen lassen sich Stammfunktionen zu einer Vielzahl von Funktionen auflisten

- Es ist die Funktion $f : \mathbb{R} \to \mathbb{R}$ mit $f(x) = e^{-x}$ die Ableitung der Funktion F mit $F(x) = -e^{-x}$. Also ist F eine Stammfunktion zu f.
- Genauso sehen wir, dass durch $F(x) = \frac{1}{n+1}x^{n+1}$ eine Stammfunktion zur Funktion f mit $f(x) = x^n$ gegeben ist.
- Leiten wir F mit $F(x) = \sin x$ ab, so ergibt sich $F'(x) = \cos x$. Mit anderen Worten: Der Sinus ist eine Stammfunktion zur Kosinusfunktion. ◀

Der Hauptsatz besagt, dass die Existenz einer Stammfunktion für stetige Funktionen f gesichert ist. Beachten sollten wir aber, dass es nicht nur eine Stammfunktion zu einer Funktion f gibt. Deswegen sprechen wir von *der* Ableitung, aber von *einer* Stammfunktion. Wir können eine beliebige Konstante zu F addieren, d. h. $G(x) = F(x)+c$ mit $c \in \mathbb{R}$ betrachten. Die Eigenschaft $G'(x) = f(x)$ gilt analog wie für F. G ist also auch eine Stammfunktion. So ist auch die Funktion G mit $G(x) = 1 - e^{-x}$ eine Stammfunktion zu e^{-x}.

Selbstfrage 3

Verifizieren Sie durch Differenzieren, dass $F : \mathbb{R}\setminus\{0\} \to \mathbb{R}$ mit $F(x) = -\frac{\sqrt{x^2+1}}{x}$ Stammfunktion zu $f : \mathbb{R}\setminus\{0\} \to \mathbb{R}$ mit $f(x) = \frac{1}{x^2\sqrt{x^2+1}}$ ist und dass die komplexwertige Funktion $G : \mathbb{R}\setminus\{0\} \to \mathbb{R}$ mit $G(x) = -\frac{1}{i}e^{-ix}$ Stammfunktion zu $g : \mathbb{R}\setminus\{0\} \to \mathbb{R}$ mit $g(x) = e^{-ix}$ ist.

Stammfunktionen einer Funktion unterscheiden sich höchstens um eine Konstante

Nehmen wir an, wir haben auf einem Intervall $I \subseteq \mathbb{R}$ zwei Stammfunktionen F_1 und F_2 zu einer Funktion $f : I \to \mathbb{R}$. Dann ergibt sich für die Differenz $F = F_1 - F_2$, dass $F' = F_1' - F_2' = f - f = 0$ ist. Aus dem Mittelwertsatz der Differenzialrechnung wissen wir, dass eine Funktion, deren Ableitung verschwindet, konstant sein muss. Also gibt es eine Konstante $c \in \mathbb{R}$ mit $F_1(x) - F_2(x) = c$ für alle $x \in I$, d. h., die beiden Stammfunktionen von f sind bis auf eine additive Konstante eindeutig bestimmt.

Ist F irgendeine Stammfunktion von f auf (a,b), so sind alle weiteren Stammfunktionen von der Form

$$\tilde{F}(x) = F(x) + c$$

für $x \in (a,b)$ mit einer Konstante $c \in \mathbb{R}$.

Beispiel Manchmal ist nicht sofort offensichtlich, dass zwei Darstellungen von Stammfunktionen nur durch eine Konstante voneinander abweichen.

- Für die Funktion $F : \mathbb{R} \to (-\frac{\pi}{2}, \frac{\pi}{2})$ mit $F(x) = \arctan(x)$ ist die Ableitung $\arctan'(x) = \frac{1}{1+x^2}$. Außerdem ist
$$\arctan(x) = -\operatorname{arccot}(x) + \frac{\pi}{2}.$$
Also sind sowohl durch $\arctan(x)$ als auch $-\operatorname{arccot}(x)$ Stammfunktionen zu f mit $f(x) = \frac{1}{1+x^2}$ gegeben.
- Eine Stammfunktion zu f mit $f(x) = \frac{1}{\sqrt{1+x^2}}$ ist durch
$$F(x) = \ln(x + \sqrt{x^2+1})$$
gegeben, was wir durch Ableiten bestätigen. Weiter ist
$$\ln(x + \sqrt{x^2+1}) = \operatorname{arsinh}(x),$$
(siehe S. 123). Also sind die beiden Funktionen $F(x) = \ln(x+\sqrt{x^2+1})$ und $G(x) = 1+\operatorname{arsinh}(x)$ Stammfunktionen zu f. ◀

Wenn eine Stammfunktion zu einer stetigen Funktion angegeben werden soll, wobei es auf eine Festlegung der Konstanten nicht ankommt, so schreibt man häufig

$$\int f(x)\,dx.$$

Man nennt dies ein **unbestimmtes Integral** im Gegensatz zu dem **bestimmten Integral** $\int_a^b f(x)\,dx$, wenn die Grenzen angegeben sind. Ein unbestimmtes Integral bezeichnet somit die Klasse aller Stammfunktionen, die sich ja alle höchstens um eine Konstante unterscheiden. Hingegen ist ein bestimmtes Integral eine Zahl.

Achtung Häufig wird die Schreibweise

$$F(x) = \int f(x)\,dx$$

verwendet. Es ist gemeint, dass F irgendeine Stammfunktion zu f bezeichnet. Lassen Sie sich dabei nicht durch die Variablennamen irritieren. Die Variable x auf der linken Seite ist wie

Anwendung: Projektplanung mittels Integration

Ein Projekt erzielt bei einer Laufzeit von t Monaten Einnahmen mit einer Rate von $e(t) = \sqrt{t}$ Millionen Euro pro Monat. Gleichzeitig verursacht es Kosten mit einer Rate von $k(t) = 0.001\, t^2$ Millionen Euro pro Monat. Wie lange ist es sinnvoll, dieses Projekt laufen zu lassen und wie viel Gewinn kann man insgesamt damit erzielen? Wie ändern sich diese Werte, wenn zusätzlich Erstehungs- und Entsorgungskosten von insgesamt zehn Millionen Euro zu berücksichtigen sind?

Zur Abschätzung des besten Zeitpunktes für das Projektende vergleicht man den Verlauf von Einnahmen- und Kostenrate. Gesamteinnahmen E bzw. Gesamtkosten K lassen sich mittels Integration über e bzw. k bestimmen.

Für positive t schneiden sich e und k nur in einem Punkt. Diesen zu ermitteln ist nicht schwierig, und aus einem Vergleich des Verlaufs der beiden Funktionen ergibt er sich unmittelbar als ein idealer Endzeitpunkt. Alternativ kann man auch die Gewinnrate $g = e - k$ untersuchen.

Der Gesamtgewinn ergibt sich als Integral über die Gewinnrate, also die Differenz zwischen Einnahmen und Kosten.

Wenn wir zunächst e und k gleichsetzen, erhalten wir

$$\sqrt{t} = 0.001\, t^2$$

Einerseits haben wir einen Schnittpunkt bei $t = 0$, andererseits aber auch bei

$$t = \sqrt[3]{10^6} = 10^2 = 100.$$

Da in $(0, 100)$ immer $k(t) < e(t)$ ist, für $t > 100$ hingegen $k(t) > e(t)$, ist dies – unter Vernachlässigung anderer Aspekte – der optimale Zeitpunkt, das Projekt abzubrechen.

Die Gesamteinnahmen für diesen Zeitraum ergeben sich zu

$$E(100) = \int_0^{100} \sqrt{t}\, dt = \frac{2}{3} t^{3/2} \Big|_0^{100} = \frac{2\,000}{3} \approx 666.67.$$

Die Gesamtkosten sind

$$K(100) = 0.001 \int_0^{100} t^2\, dt = \frac{0.001}{3}\, t^3 \Big|_0^{100} = \frac{1\,000}{3} \approx 333.33.$$

Damit ergibt sich der Gesamtgewinn zu

$$G(100) = E(100) - K(100) = \frac{1\,000}{3} \approx 333.33.$$

Durch Zusatzkosten von zehn Millionen Euro verringert sich der Gesamtgewinn um diesen Wert auf 323.33 Millionen Euro, an der optimalen Laufzeit des Projekts ändert sich aber nichts.

Kommentar Eine derartige Behandlung von Projekten mittels Integralrechnung ist in den Wirtschaftswissenschaften nicht sehr verbreitet. Eher würde man sich von vornherein auf ganze Monate zurückziehen und nur Summen

$$\tilde{E}(n) = \sum_{\nu=1}^{n} e_\nu \quad \text{und} \quad \tilde{K}(n) = \sum_{\nu=1}^{n} k_\nu$$

betrachten, wobei e_ν und k_ν für Einnahmen und Kosten im Monat ν stehen. Die Integration über die einzelnen Monate wurde, wenn man es so sehen will, bereits durchgeführt. Eine Beschreibung mit Integralen bietet sich an, wenn die Kosten kontinuierlichen Charakter haben, wie laufender Strom- oder Wasserverbrauch, der zwar üblicherweise auch monatsweise abgerechnet wird, aber in Wirklichkeit ständig anfällt. ◄

im ersten Hauptsatz zu verstehen und hat nichts mit der Integrationsvariablen x auf der rechten Seite der Gleichung zu tun. Mathematisch korrekt ist etwa

$$F(x) = \int_a^x f(t)\, dt + c$$

mit einer frei wählbaren Konstanten c zu schreiben. Diese etwas umständlichere Notation erspart man sich gerne. ◄

Mit den Notationen können wir kurz

$$\frac{d}{dx} \int f(x)\, dx = f(x)$$

schreiben. Und in diesem Sinne bezeichnet $\int f(x)\, dx$ die Umkehrung des Ableitens.

Mithilfe von Stammfunktionen lassen sich bestimmte Integrale berechnen

Der Zusammenhang zwischen bestimmten und unbestimmten Integral und der Ableitung wird im zweiten Hauptsatz ausgedrückt, den wir nun formulieren wollen. Nehmen wir an, dass $\alpha \in (a, b)$ ist, so ist nach dem ersten Hauptsatz durch die Abbildung $x \mapsto \int_\alpha^x F'(t)\, dt$ für $x \in (\alpha, b)$ eine Stammfunktion zu einer stetigen und integrierbaren Funktion $F' : (a, b) \to \mathbb{R}$ gegeben.

Also existiert für jede beliebige Stammfunktion F eine Darstellung $F(x) = c + \int_\alpha^x F'(t) dt$ mit einer Konstanten $c \in \mathbb{R}$. Durch Einsetzen von $x = \alpha$ berechnen wir $F(\alpha) = c$. Insgesamt folgt für das bestimmte Integral über einem Intervall (α, x) die Identität

$$\int_\alpha^x F'(t)\, dt = F(x) - F(\alpha).$$

Dies gilt für alle $x \in (a, b)$. Allgemein gilt die folgende Aussage.

2. Hauptsatz der Differenzial- und Integralrechnung

Wenn $F : [a, b] \to \mathbb{R}$ eine stetige und auf (a, b) stetig differenzierbare Funktion ist mit integrierbarer Ableitung F', d. h. $F' \in L((a, b))$, dann gilt

$$\int_a^b F'(x)\,\mathrm{d}x = F(b) - F(a). \tag{11.2}$$

Die verbleibende Schwierigkeit, diesen Satz zu beweisen, ist, die Randpunkte a und b bei gleichen Voraussetzungen an F mit einzubeziehen. Wie sich dies herleiten lässt, wird im Bonusmaterial zum Kapitel gezeigt.

Achtung Zu beachten ist, dass die Aussage nicht für jede differenzierbare Funktion F gilt. Die Existenz des Integrals muss vorausgesetzt werden. ◀

Für die Differenz der Funktionswerte von F an zwei Stellen $a, b \in \mathbb{R}$ ist die Notation

$$F(x)\Big|_a^b = F(b) - F(a)$$

üblich und wir werden sie im Folgenden häufig nutzen.

Beispiel

- Mit der Stammfunktion $F(x) = \frac{1}{n+1}x^{n+1}$ zu $f(x) = x^n$ lassen sich Integrale über Polynome bestimmen, zum Beispiel

$$\int_{-1}^{2} \left(x^3 + 2x - 1\right)\mathrm{d}x = \left(\frac{1}{4}x^4 + x^2 - x\right)\Big|_{-1}^{2}$$
$$= \frac{16}{4} + 4 - 2 - \frac{1}{4} - 1 - 1 = \frac{15}{4}.$$

- Für die Funktion $F(x) = \arcsin(x)$ auf $(-1, 1)$ bestimmen wir durch Differenzieren der Umkehrfunktion die Ableitung

$$F'(x) = \frac{1}{\cos(\arcsin(x))} = \frac{1}{\sqrt{\cos^2(\arcsin(x))}}$$
$$= \frac{1}{\sqrt{1 - \sin^2(\arcsin(x))}} = \frac{1}{\sqrt{1 - x^2}}.$$

Somit gilt

$$\int_{-\frac{1}{2}}^{\frac{1}{2}} \frac{1}{\sqrt{1 - x^2}}\,\mathrm{d}x = \arcsin(x)\Big|_{-\frac{1}{2}}^{\frac{1}{2}} = \frac{\pi}{6} - \left(-\frac{\pi}{6}\right) = \frac{\pi}{3}.$$ ◀

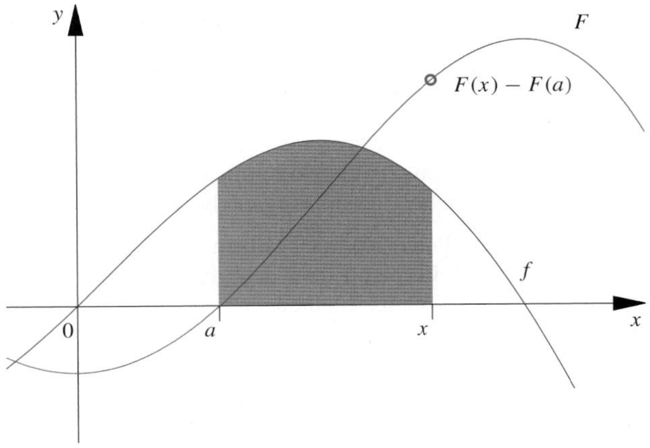

Abb. 11.16 Ist F eine Stammfunktion einer stetigen Funktion f, so liefert $F(x) - F(a)$ den Flächeninhalt unter dem Graphen von f über dem Intervall $[a, x]$

Auf der Grundlage der Hauptsätze der Differenzial- und Integralrechnung lassen sich viele Stammfunktionen notieren, wenn wir die uns bekannten Ableitungen zusammenstellen. Einige Beispiele kennen wir schon. In der Übersicht auf S. 391 sind die wichtigsten Stammfunktionen aufgelistet.

Selbstfrage 4

Berechnen Sie die Integrale

$$I_1 = \int_0^1 \mathrm{e}^{-x}\,\mathrm{d}x \quad \text{und} \quad I_2 = \int_0^1 \frac{1}{1 + x^2}\,\mathrm{d}x.$$

Anwendungsbeispiel Die Aussage des zweiten Hauptsatzes bedeutet, dass eine Bilanz, also der Wert

$$F(b) = F(a) + \int_a^b F'(x)\,\mathrm{d}x,$$

aus dem Anfangszustand $F(a)$ und der Änderung F' ermittelt werden kann, wenn diese Änderung eine integrierbare Funktion ist.

So zeichnet ein Fahrtenschreiber, wie er in Abb. 11.17 dargestellt ist, nur die momentane Geschwindigkeit $v(t)$ auf.

Da die Geschwindigkeit genau die Ableitung des zurückgelegten Weges s nach der Zeit t ist,

$$v(t) = \frac{\mathrm{d}s}{\mathrm{d}t}(t),$$

Anwendung: Wärmeaustausch und Entropie

Wir betrachten einen Prozess, bei dem zwei am Anfang voneinander isolierte Körper ins thermische Gleichgewicht kommen. Mit entsprechenden Vereinfachungen lässt sich die Entropieänderung bei diesem Vorgang bestimmen.

Wir nehmen an, beide Körper besitzen die gleiche Wärmekapazität C, und diese soll über den gesamten betrachteten Temperaturbereich gleich bleiben.

Die beiden Körper sollen ursprünglich die Temperaturen T_1 und T_2 haben. Nachdem sich das thermische Gleichgewicht eingestellt hat, haben beide Körper die Temperatur

$$T_E = \frac{C\,T_1 + C\,T_2}{2C} = \frac{T_1 + T_2}{2}.$$

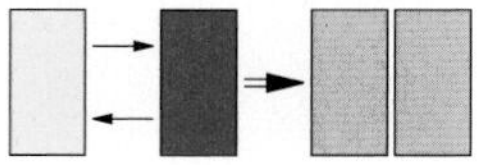

Wir wollen nun betrachten, wie sich die *Entropie* des Systems bei diesem Prozess ändert. Die Entropie ist ein Maß dafür, wie viel Energie in ungeordneter Form vorliegt und daher nicht unmittelbar nutzbar ist. Nach dem *Zweiten Hauptsatz* der Thermodynamik – einem der Grundprinzipien der Physik – kann bei physikalischen Prozessen die Entropie niemals abnehmen.

Für die Entropieänderung ΔS erhalten wir mit der *Wärme* $Q(T) = C\,T$

$$\Delta S = \int\limits_{\text{Anfangstemperatur}}^{\text{Endtemperatur}} \frac{Q'}{T}\,\mathrm{d}T = \int\limits_{T_1}^{T_E} \frac{C}{T}\,\mathrm{d}T + \int\limits_{T_2}^{T_E} \frac{C}{T}\,\mathrm{d}T$$

$$= C\,\ln T\big|_{T_1}^{T_E} + C\,\ln T\big|_{T_2}^{T_E} = C\ln\frac{T_E}{T_1} + C\ln\frac{T_E}{T_2}$$

$$= C\ln\frac{T_E^2}{T_1\,T_2} = C\ln\frac{T_1^2 + 2\,T_1\,T_2 + T_2^2}{4\,T_1\,T_2}.$$

Aus der Ungleichung zwischen geometrischem und arithmetischem Mittel (siehe S. 82) folgt unmittelbar, dass stets

$$\frac{T_1^2 + 2\,T_1\,T_2 + T_2^2}{4\,T_1\,T_2} \geq 1$$

ist. Das Argument des Logarithmus kann demnach nicht kleiner als eins werden, entsprechend kann die Entropie bei diesem Prozess nicht abnehmen. Sie bleibt nur konstant, wenn schon zu Beginn des Prozesses $T_1 = T_2$ war.

erhält man umgekehrt den in einem Zeitintervall $[t_1, t_2]$ zurückgelegten Weg s durch

$$s = \int\limits_{t_1}^{t_2} v(t)\,\mathrm{d}t.$$

Weiß man zusätzlich, wo sich das Fahrzeug zur Zeit t_1 befand, kann man – sofern die Strecke bekannt ist – die Position zur Zeit t_2 ermitteln.

Ein Beispiel, in dem der Zusammenhang zwischen Beschleunigung, Geschwindigkeit und zurückgelegtem Weg relativ einfach zu berechnen ist, wird in der Anwendung auf S. 392 angegeben. ◀

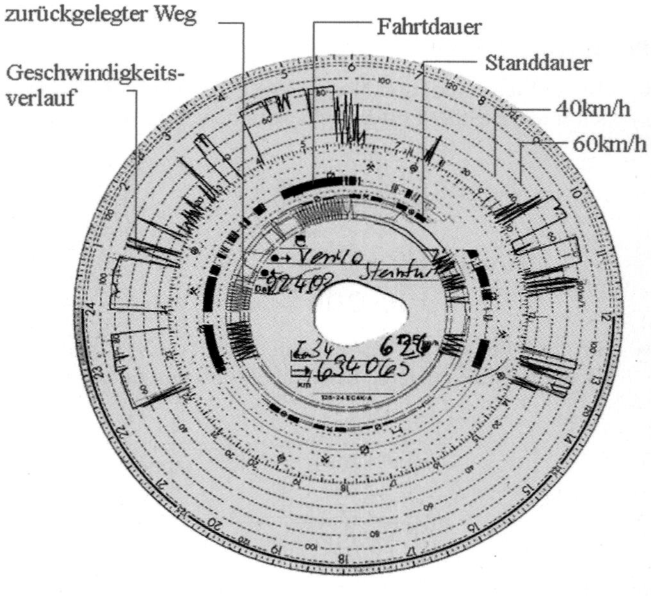

Abb. 11.17 Ein Fahrtenschreiber zeichnet nur die momentane Geschwindigkeit auf. Dennoch lässt sich aus diesen Daten der insgesamt zurückgelegte Weg ermitteln

Wir werden es in den folgenden Abschnitten einige Male mit Integranden zu tun haben, zu denen man eine Stammfunktion mit elementaren Funktionen nicht direkt erkennen kann. In solchen Fällen werden wir in diesem Kapitel Stammfunktionen angeben, die sich durch Differenzieren nachprüfen lassen.

In diesem Sinne kann man Integrationsaufgaben durch „Raten" lösen. Das ist allerdings keine wirklich befriedigende Vorgehensweise. Der entscheidenden Frage, wie man zu einer gegebenen Funktion eine Stammfunktion bestimmt, werden wir nahezu das gesamte Kap. 12 widmen und uns auch mit der Frage beschäftigen, welche Strategien bleiben, wenn sich eine Stammfunktion nicht finden lässt.

Übersicht: Tabelle der Stammfunktionen

Durch Ableiten jeweils der Funktion auf der rechten Seite der Identitäten lassen sich folgende häufig genutzte Stammfunktionen zusammenstellen. In allen Beispielen ist auf die Angabe einer Integrationskonstante verzichtet worden, die stets addiert werden kann.

Grundlegende Stammfunktionen Die folgenden Stammfunktionen sind so zentral, dass man sie sich gut einprägen sollte:

$$\int x^\alpha \,dx = \frac{x^{\alpha+1}}{\alpha+1} \qquad \text{für } \alpha \neq -1$$
auf $\mathbb{R}$, falls $\alpha \in \mathbb{N}$
bzw. auf $\mathbb{R}_{>0}$, falls $\alpha \in \mathbb{R} \setminus \{-1\}$,

$$\int \frac{1}{x}\,dx = \ln|x| \qquad \text{auf } \mathbb{R}_{>0} \text{ oder } \mathbb{R}_{<0}$$

$$\int e^x\,dx = e^x \qquad \text{auf } \mathbb{R}$$

$$\int \ln x\,dx = x\ln x - x \qquad \text{auf } \mathbb{R}_{>0}$$

$$\int \cos x\,dx = \sin x \qquad \text{auf } \mathbb{R}$$

$$\int \sin x\,dx = -\cos x \qquad \text{auf } \mathbb{R}$$

$$\int \cosh x\,dx = \sinh x \qquad \text{auf } \mathbb{R}$$

$$\int \sinh x\,dx = \cosh x \qquad \text{auf } \mathbb{R}$$

Weitere Stammfunktionen

$$\int \frac{1}{1+x^2}\,dx = \arctan x \qquad \text{auf } \mathbb{R}$$

$$\int \frac{1}{1-x^2}\,dx = \frac{1}{2}\ln\left|\frac{1+x}{1-x}\right| \qquad \text{auf } \mathbb{R}_{<-1},\ (-1,1) \text{ oder } \mathbb{R}_{>1}$$

$$\int \frac{1}{\sqrt{1+x^2}}\,dx = \operatorname{arsinh} x \qquad \text{auf } \mathbb{R}$$

$$\int \frac{1}{\sqrt{1-x^2}}\,dx = \arcsin x \qquad \text{auf } (-1,1)$$

$$\int \frac{1}{\sqrt{x^2-1}}\,dx = \begin{cases} \operatorname{arcosh} x & \text{auf } \mathbb{R}_{>1} \\ -\operatorname{arcosh}(-x) & \text{auf } \mathbb{R}_{<-1} \end{cases}$$

$$\int \frac{1}{\cos^2 x}\,dx = \tan x \qquad \text{auf } \left(-\frac{\pi}{2}, \frac{\pi}{2}\right)$$

$$\int \frac{1}{\sin^2 x}\,dx = -\cot x \qquad \text{auf } (0,\pi)$$

$$\int \frac{1}{\cosh^2 x}\,dx = \tanh x \qquad \text{auf } \mathbb{R}$$

$$\int \frac{1}{\sinh^2 x}\,dx = -\coth x \qquad \text{auf } \mathbb{R}$$

$$\int \tan x\,dx = -\ln|\cos x| \qquad \text{auf } \left(-\frac{\pi}{2}, \frac{\pi}{2}\right)$$

$$\int \cot x\,dx = \ln|\sin x| \qquad \text{auf } (0,\pi)$$

$$\int \tanh x\,dx = \ln(\cosh x) \qquad \text{auf } \mathbb{R}$$

$$\int \coth x\,dx = \ln|\sinh x| \qquad \text{auf } \mathbb{R}_{>0} \text{ oder } \mathbb{R}_{<0}$$

11.3 Integrale über unbeschränkte Intervalle oder Funktionen

Bisher haben wir über beschränkte Intervalle integriert. In einigen Fällen kann es aber interessant sein, wie groß die gesamte Fläche unter dem Graphen einer Funktion auf $[0, \infty)$ oder auf ganz $\mathbb{R}$ ist.

In manchen Fällen, etwa für die Exponentialfunktion, ist die Antwort natürlich anschaulich klar. Da diese Funktion für große x immer stärker anwächst, kann die Fläche unter ihrem Graphen nicht beschränkt bleiben. Andere Funktionen wie etwa $f, g : \mathbb{R} \to \mathbb{R}$ mit

$$f(x) = e^{-x^2}$$
$$g(x) = \frac{1}{1+x^2}$$

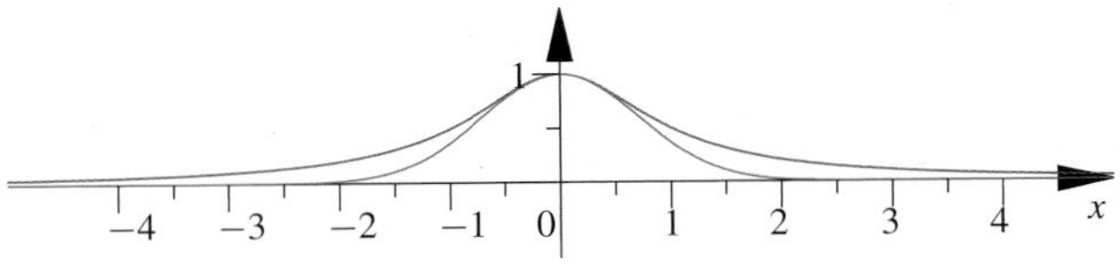

Abb. 11.18 Die Flächen unter den Graphen der Funktionen f und g mit $f(x) = e^{-x^2}$ (blau) und $g(x) = \frac{1}{1+x^2}$ (grün) über ganz $\mathbb{R}$ bleiben endlich

fallen aber so schnell ab, dass es unter ihrem Graphen auch über ganz $\mathbb{R}$ eine Fläche mit endlichem Inhalt gibt.

Wichtige Anwendungen der Integralrechnung erfordern die Integration über unbeschränkte Bereiche wie etwa $\mathbb{R}$ oder $\mathbb{R}_{>0}$. Beispiele dafür sind Integraltransformationen, wie sie in Kap. 33 vorgestellt werden. Ebenso haben wir bisher den Fall

Teil II

Anwendung: Gleichförmig beschleunigte Bewegung

Wir untersuchen die Bewegung eines Körpers unter Einfluss einer gleichförmigen Beschleunigung. Dieses Beispiel lässt sich auch mit unseren Mitteln rechnen; es ist von großer praktischer Bedeutung, da auch der freie Fall in diese Kategorie gehört.

Wir betrachten einen Körper, auf den die konstante Beschleunigung a wirkt. Das kann zum Beispiel erreicht werden, indem bei konstanter Masse eine vom Ort unabhängig immer gleich große Kraft angreift. Ort s, Geschwindigkeit v und Beschleunigung a besteht mit der Zeit t der Zusammenhang

$$v(t) = s'(t), \quad a(t) = v'(t) = s''(t).$$

Umkehrung dieser Beziehungen führt zu Integrationsaufgaben. So erhalten wir für die Geschwindigkeit bei konstanter Beschleunigung $a(t) = a \in \mathbb{R}$ den linearen Zusammenhang

$$v(t) = \int a \,\mathrm{d}t = a \int \mathrm{d}t = a\,t + v_0.$$

Die Integrationskonstante v_0 steht hier für die im Allgemeinen unbekannte Anfangsgeschwindigkeit zu Beginn der Beobachtungen.

Den zurückgelegten Weg erhalten wir durch Integration der Geschwindigkeit,

$$\begin{aligned} s &= \int v \,\mathrm{d}t = \int (a\,t + v_0)\,\mathrm{d}t \\ &= a \int t \,\mathrm{d}t + v_0 \int \mathrm{d}t = a\,\frac{t^2}{2} + v_0\,t + x_0. \end{aligned}$$

Wir haben uns eine weitere Integrationskonstante x_0 eingehandelt, die für die Startposition steht. Wenn wir annehmen, dass sich der Körper zur Zeit $t = 0$ in Ruhe und zudem am Nullpunkt unserer Ortsskala befindet, so ist $v_0 = 0$ und $x_0 = 0$. In diesem Fall erhalten wir

$$\begin{aligned} v &= a\,t, \\ s &= a\,\frac{t^2}{2}. \end{aligned}$$

Dieser Zusammenhang zwischen Beschleunigung, Geschwindigkeit und Position ist in der folgenden Abbildung dargestellt.

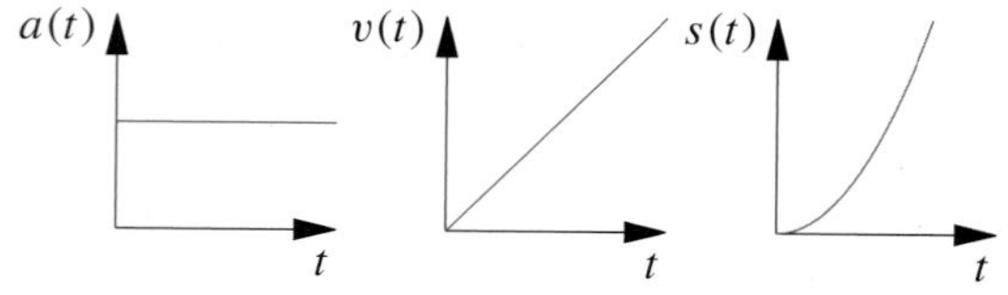

Dass sich die auftretenden Integrale so einfach lösen lassen, liegt daran, dass wir auch für die Beschleunigung den einfachsten nichttrivialen Ansatz genommen haben, nämlich eine Konstante. Für allgemeinere Funktionen a können diese Integrale beliebig schwierig werden und oft analytisch gar nicht mehr lösbar sein.

außer Acht gelassen, dass der Integrand an einzelnen Stellen unbeschränkt sein könnte.

In Abschn. 11.1 haben wir Integrale nur über beschränkte Mengen eingeführt. Aber wir können diese Definitionen und Folgerungen direkt auf unbeschränkte Integrationsintervalle, wie zum Beispiel $I = (0, \infty)$, erweitern, indem wir den Begriff der Treppenfunktion verallgemeinern.

Treppenfunktionen auf unbeschränkten Intervallen

Unter einer Treppenfunktion auf einem unbeschränkten Intervall versteht man eine Funktion f, die auf einem beschränkten Intervall $\tilde{I} \subseteq I$ eine Treppenfunktion nach der Definition in Abschn. 11.1 ist und außerhalb, auf $I \setminus \tilde{I}$, konstant 0 ist (siehe Abb. 11.19). Mit dieser Verallgemeinerung lässt sich das vorgestellte Konzept der punktweisen Approximation durch Treppenfunktionen auch auf unbeschränkte Integrationsgebiete übertragen.

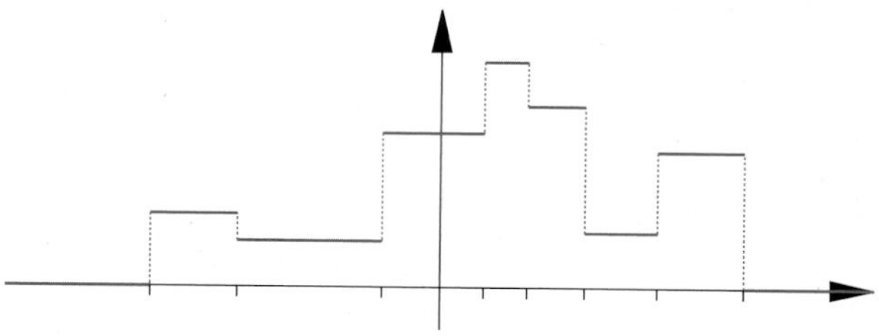

Abb. 11.19 Eine Treppenfunktion über den gesamten reellen Zahlen

Integrale über unbeschränkte Intervalle als Grenzwerte von Integralen über beschränkte Mengen

Entscheidend für uns ist, die Existenz von Integralen auch in diesen Situationen beurteilen zu können und gegebenenfalls deren Werte zu bestimmen. Im Rahmen der Lebesgue-Theorie steht uns ein umfassendes allgemeines Kriterium zur Verfügung, das diese Fragen klärt.

Beispiel: Integration von Funktionen mit Sprungstellen

Wir haben unsere Betrachtungen zur Integration zwar mit Treppenfunktionen begonnen, uns aber doch bald auf stetige Funktionen konzentriert. Nun wollen wir noch einmal untersuchen, was *praktisch* bei der Integration von Funktionen mit Sprungstellen passiert.

Problemanalyse und Strategie Wir betrachten eine einfache Funktion mit Sprungstelle und eine entsprechende Stammfunktion.

Lösung Die Signumfunktion $\operatorname{sign}: \mathbb{R} \to \mathbb{R}$ ist definiert über

$$\operatorname{sign}(x) = \begin{cases} -1 & \text{für } x < 0 \\ 0 & \text{für } x = 0 \\ 1 & \text{für } x > 0 \end{cases}$$

Man kann durch Differenzieren sofort überprüfen, dass für $x \neq 0$ die Funktion

$$F(x) = |x| = \begin{cases} -x & \text{für } x < 0 \\ x & \text{für } x \geq 0 \end{cases}$$

eine Stammfunktion von $f = \operatorname{sign}$ ist. Diese Funktion ist zwar stetig, an der Sprungstelle von f jedoch nicht differenzierbar. Man kann dort allerdings eine links- und eine rechtsseitige Ableitung von F definieren, und deren Differenz

$$F'(0+) - F'(0-) = \lim_{x\to 0+} F(x) - \lim_{x\to 0-} F(x)$$

ist gleich der Sprunghöhe von f. Das ist eine ganz allgemeine Eigenschaft, die auch für Funktionen gilt, die nicht stückweise konstant sind, aber trotzdem Sprungstellen besitzen, etwa $g: \mathbb{R} \to \mathbb{R}$ mit

$$g(x) = \begin{cases} e^x & \text{für } x < 0 \\ x^2 + 2 & \text{für } x \geq 0. \end{cases}$$

Dabei ist

$$G(x) = \begin{cases} e^x & \text{für } x < 0 \\ \frac{x^3}{3} + 2x + 1 & \text{für } x \geq 0. \end{cases}$$

eine stetige Funktion, die für $x \neq 0$ die Bedingung $G'(x) = g(x)$ erfüllt. (Man könnte natürlich beliebig viele unstetige Funktionen angeben, die das ebenfalls leisten.)

Hier gilt

$$G'(0-) = \lim_{x\to 0-} \frac{G(x)-1}{x} = \lim_{x\to 0} \frac{e^x - 1}{x} = \lim_{x\to 0} \frac{e^x}{1} = 1$$

$$G'(0+) = \lim_{x\to 0+} \frac{G(x)-1}{x} = \lim_{x\to 0} \frac{\frac{x^3}{3} + 2x + 1 - 1}{x}$$

$$= \lim_{x\to 0} \left(\frac{x^2}{3} + 2\right) = 2.$$

Die Differenz der beiden Werte entspricht genau der Sprunghöhe von g an $x = 0$.

Konvergenzkriterium für Integrale

Eine Funktion $f : I \to \mathbb{R}$ ist integrierbar über einem offenen Intervall I, d. h. $f \in L(I)$, wenn f auf Teilintervallen $I_1 \subseteq I_2 \subseteq \cdots \subseteq I \subseteq \mathbb{R}$ mit $I = \bigcup_{j=1}^{\infty} I_j$ integrierbar ist, kurz $f \in L(I_j)$ für $j \in \mathbb{N}$, und die Folge der Integrale

$$\left(\int_{I_j} |f(x)|\,dx \right)_{j\in\mathbb{N}}$$

beschränkt ist. In diesem Fall gilt

$$\int_I f(x)\,dx = \lim_{j\to\infty} \int_{I_j} f(x)\,dx.$$

Ein Beweis dieses nützlichen Kriteriums findet sich auch im Bonusmaterial zum Kapitel, sodass wir uns hier auf die Anwendung dieses Resultats konzentrieren. Die Tragweite des Kriteriums verdeutlichen wir uns an verschiedenen Beispielen.

Beispiel Wir prüfen mit dem Konvergenzkriterium, dass das Integral

$$\int_0^\infty x e^{-x}\,dx$$

existiert.

Da $xe^{-x} \geq 0$ für $x \geq 0$ gilt, suchen wir eine Stammfunktion zum Integranden. Mit der Produktregel folgt $\frac{d}{dx}((1+x)e^{-x}) = e^{-x} - (1+x)e^{-x} = -xe^{-x}$. Setzen wir weiter $I_j = (0, j)$ für $j \in \mathbb{N}$, so erhalten wir

$$\int_0^j x e^{-x}\,dx = -(1+x)e^{-x}\big|_0^j = -(1+j)e^{-j} + 1.$$

Wegen der Eigenschaft $0 \leq e^{-j}$ der Exponentialfunktion für $j \in \mathbb{N}$, lassen sich die Integrale durch

$$\int_0^j x e^{-x}\, dx = 1 - (1+j)e^{-j} \leq 1$$

abschätzen und somit ist die Folge der Integrale beschränkt. Das Konvergenzkriterium besagt, dass das Integral über $(0, \infty)$ existiert. Außerdem erhalten wir den Wert

$$\int_0^\infty x e^{-x}\, dx = \lim_{j\to\infty} \int_0^j x e^{-x}\, dx = \lim_{j\to\infty} 1 - (1+j)e^{-j} = 1. \quad ◄$$

Das Beispiel legt ein allgemeines Vorgehen nahe. Denn, wenn der Integrand f auf beschränkten Intervallen integrierbar ist, etwa da f stetig ist, so besagt das Kriterium, dass die Funktion auf (a, ∞) oder $(-\infty, b)$ integrierbar ist, wenn der Grenzwert für

$$\lim_{b\to\infty} \int_a^b |f(x)|\, dx, \quad \text{bzw.} \quad \lim_{a\to-\infty} \int_a^b |f(x)|\, dx$$

existiert. In diesem Fall können wir das Integral berechnen, etwa mithilfe einer Stammfunktion durch den Grenzwert

$$\int_a^\infty f(x)\, dx = \lim_{b\to\infty} \int_a^b f(x)\, dx$$

oder

$$\int_{-\infty}^b f(x)\, dx = \lim_{a\to-\infty} \int_a^b f(x)\, dx.$$

Beispiel Versuchen wir mit dieser Taktik die drei Integrale

$$J_1 = \int_0^\infty e^{-x}\, dx$$

$$J_2 = \int_1^\infty \frac{1}{x}\, dx$$

$$J_3 = \int_{-\infty}^\infty \frac{1}{1+x^2}\, dx$$

zu bestimmen.

Da die Integranden auf den Integrationsgebieten positiv sind, müssen wir den Grenzwert über den Betrag der Funktionen nicht gesondert betrachten. Wir bestimmen also mit den Grenzwerten in diesen Beispielen nicht nur den Wert des Integrals, sondern wir zeigen auch gleichzeitig die Existenz des Integrals. Im ersten Fall gilt wegen $(e^{-x})' = -e^{-x}$

$$\lim_{b\to\infty} \int_0^b e^{-x}\, dx = \lim_{b\to\infty} [-e^{-x}]_0^b$$
$$= \lim_{b\to\infty} \left[-e^{-b} + 1\right] = 1,$$

denn es ist

$$\lim_{b\to\infty} e^{-b} = \lim_{b\to\infty} \frac{1}{e^b} = 0.$$

Somit erhalten wir

$$J_1 = \int_0^\infty e^{-x}\, dx = 1.$$

Im zweiten Fall hingegen folgt mit $(\ln x)' = \frac{1}{x}$

$$\int_1^b \frac{1}{x}\, dx = [\ln x]_1^b = \ln b - 0.$$

Da der Ausdruck für $b \to \infty$ unbeschränkt ist, existiert das Integral nicht. Allenfalls kann man dem Integral J_2 den Wert Unendlich zuschreiben. Wir sprechen in diesem Fall auch von einem **divergenten Integral**.

Während die Fläche unter dem Graphen von $f(x) = e^{-x} = \frac{1}{e^x}$ in $[0, \infty)$ endlich bleibt, wächst jene von $g(x) = \frac{1}{x}$ über jede beliebige Schranke.

Im dritten Beispiel haben wir es mit zwei unbeschränkten Intervallgrenzen zu tun. Um in einem solchen Fall die Existenz des Integrals mit unserem Kriterium zu prüfen und gegebenenfalls den Wert zu berechnen, teilen wir das Integral in zwei Teile. Wenn das Integral existiert, so gilt

$$\int_{-\infty}^\infty \frac{1}{1+x^2}\, dx = \int_{-\infty}^c \frac{1}{1+x^2}\, dx + \int_c^\infty \frac{1}{1+x^2}\, dx.$$

Um die Existenz des Integrals zu zeigen, betrachtet man die beiden Teile separat. Dabei spielt der Wert der Zahl $c \in \mathbb{R}$ keine Rolle. Wählen wir einfach $c = 0$. Mit $(\arctan x)' = \frac{1}{1+x^2}$ ergibt sich

$$\lim_{a\to-\infty} \int_a^0 \frac{1}{1+x^2}\, dx = \lim_{a\to-\infty} \arctan(x)|_a^0 = \frac{\pi}{2}$$

und

$$\lim_{b\to\infty} \int_0^b \frac{1}{1+x^2}\, dx = \lim_{b\to\infty} \arctan(x)|_0^b = \frac{\pi}{2}.$$

Beide Integrale existieren und wir erhalten zusammen

$$\int_{-\infty}^\infty \frac{1}{1+x^2}\, dx = \pi. \quad ◄$$

Es gibt unbeschränkte, aber integrierbare Funktionen

Nachdem wir das Konvergenzkriterium bei unbeschränkten Intervallen angewandt haben, wollen wir uns jetzt noch Definitionslücken des Integranden genauer ansehen und systematisch behandeln.

Im einfachsten Fall lässt sich eine Lücke im Definitionsbereich wie jene von

$$f(x) = \frac{\sin x}{x}$$

bei $x = 0$ oder von

$$f(x) = \frac{x^2 - 1}{x - 1}$$

bei $x = 1$ stetig ergänzen (siehe S. 325). Da das Integral stetiger Funktionen über abgeschlossenen Intervallen existiert und einzelne Punkte keinen Einfluss auf das Integral haben, ist die Existenz des Integrals gesichert. Ein Wert lässt sich mit einer Stammfunktion bestimmen, wenn wir diese kennen. Auch ein endlicher Sprung im Integranden lässt sich durch Aufteilen in zwei Integrationsintervalle klären. Schwierigkeiten machen hingegen Funktionen wie

$$f(x) = \ln|x| \quad \text{oder} \quad f(x) = \frac{1}{x},$$

die nicht nur an einer Stelle x_0, wie hier für $x_0 = 0$, nicht definiert sind, sondern für die zusätzlich

$$\lim_{x \to x_0} |f(x)| = \infty$$

ist. Solche Stellen heißen **Singularität** der Funktion f. Wenn die Funktion bei Annäherung an die singuläre Stelle betragsmäßig beliebig groß wird, kann es durchaus sein, dass ihr Graph keine endliche Fläche mehr begrenzt. Es gibt aber auch Situationen, in denen der Flächeninhalt beschränkt bleibt.

Beispiel Wir kennen bereits die Stammfunktion $F : (-1, 1) \to \mathbb{R}$ mit $F(x) = \arcsin x$ zur Funktion f mit $f(x) = \frac{1}{\sqrt{1-x^2}}$. Also erhalten wir mit $I_j = (0, 1 - \frac{1}{j})$ die Abschätzung

$$\begin{aligned}\int_0^{1-\frac{1}{j}} \frac{1}{\sqrt{1-x^2}}\,dx &= \arcsin x\big|_0^{1-\frac{1}{j}} \\ &= \arcsin\left(1 - \frac{1}{j}\right) - \arcsin 0 \leq \frac{\pi}{2}\end{aligned}$$

für alle $j \in \mathbb{N}$. Mit dem Konvergenzkriterium existiert das Integral über dem Intervall $(0, 1)$ und es gilt

$$\int_0^1 \frac{1}{\sqrt{1-x^2}}\,dx = \lim_{j\to\infty} \arcsin\left(1 - \frac{1}{j}\right) = \arcsin(1) = \frac{\pi}{2}. \quad ◀$$

Auch in dieser Situation lässt sich aus dem allgemeinen Kriterium also ein generelles Vorgehen ableiten. Wir nehmen an, dass die Singularität des Integranden am linken oder rechten Rand des Integrationsbereichs liegt. Ansonsten spalten wir das Integral entsprechend auf.

Für die Integration über Funktionen mit einer Singularität an einer Stelle $x_0 \in \mathbb{R}$ können wir den Grenzwert

$$\lim_{b\to x_0-} \int_a^b |f(x)|\,dx \quad \text{bzw.} \quad \lim_{a\to x_0+} \int_a^b |f(x)|\,dx$$

prüfen. Wenn dieser Grenzwert existiert, ist die Funktion integrierbar und es gilt

$$\int_a^{x_0} f(x)\,dx = \lim_{b\to x_0-} \int_a^b f(x)\,dx$$

bzw.

$$\int_{x_0}^b f(x)\,dx = \lim_{a\to x_0+} \int_a^b f(x)\,dx.$$

Beispiel

- Mit der Ableitung

$$(x\ln x - x)' = x\frac{1}{x} + \ln x - 1 = \ln x$$

und der Regel von de L'Hospital erhalten wir für die Berechnung des Integrals $\int_0^1 \ln x\,dx$:

$$\begin{aligned}\int_\epsilon^1 |\ln x|\,dx &= -\int_\epsilon^1 \ln x\,dx = -(x\ln x - x)\big|_\epsilon^1 \\ &= 1 + (\epsilon\ln\epsilon - \epsilon) \to 1\end{aligned}$$

für $\epsilon \to 0$. Da der Grenzwert existiert, gilt $\ln \in L((0,1))$. Unter Berücksichtigung des Vorzeichens erhalten wir

$$\int_0^1 \ln x\,dx = -1.$$

- Mit der Ableitungsregel $(\ln x)' = \frac{1}{x}$ erhalten wir

$$\int_\varepsilon^1 \frac{1}{x}\,dx = \ln x\big|_\varepsilon^1 = -\ln\varepsilon,$$

und dieser Ausdruck divergiert für $\varepsilon \to 0$. Das Integral $\int_0^1 \frac{1}{x}\,dx$ existiert nicht. ◀

Teil II

Im Fall einer Funktion mit mehreren aber nur endlich vielen Singularitäten kann man den Integrationsbereich so zerlegen, dass in jedem Teilbereich nur eine Singularität liegt. Das gesamte Integral ist dann die Summe der Einzelintegrale, sofern diese alle existieren. So können wir die kritischen Stellen getrennt voneinander betrachten.

Wenn zum Integranden keine Stammfunktion bekannt ist, wird es schwierig die oben betrachteten Grenzwerte zu untersuchen. Es gibt aber noch eine weitere Möglichkeit die Existenz eines Integrals zu prüfen, auch ohne den Wert des Integrals auszurechnen.

Mit einer Majorante lässt sich die Existenz eines Integrals auch ohne Kenntnis einer Stammfunktion klären

Betrachten wir das Konvergenzkriterium noch einmal genau, so beantwortet es uns die Frage nach der Existenz des Integrals, wenn wir zeigen können, dass die Folge der Integrale

$$\left(\int_{I_j} |f(x)| \,\mathrm{d}x \right)_{j\in\mathbb{N}}$$

beschränkt ist. Also genügt eine Abschätzung für diese Folge. Wegen der Monotonie des Integrals ist es naheliegend den Integranden durch Funktionen abzuschätzen, zu denen uns die Existenz des entsprechenden Integrals bekannt ist. Wir sprechen dann von einer **Majorante** bzw. **Minorante**. Zum Beispiel ist ein Vergleich mit der Funktion g mit $g(x) = \frac{1}{x^\alpha} = x^{-\alpha}$ oft hilfreich. In Abhängigkeit vom Parameter $\alpha > 0$ lassen sich Aussagen über das gesuchte Integral machen.

Um diese Technik nutzen zu können, untersuchen wir zunächst solche Vergleichsintegrale. Für das Integral

$$\int_1^\infty \frac{1}{x^\alpha} \mathrm{d}x$$

erhalten wir mit $\alpha \neq 1$

$$\begin{aligned} \lim_{b\to\infty} \int_1^b x^{-\alpha} \mathrm{d}x &= \lim_{b\to\infty} \left. \frac{x^{-\alpha+1}}{-\alpha+1} \right|_1^b \\ &= \lim_{b\to\infty} \frac{b^{1-\alpha}}{1-\alpha} - \frac{1}{1-\alpha}. \end{aligned}$$

Für $\alpha > 1$ existiert der Grenzwert

$$\lim_{b\to\infty} b^{1-\alpha} = 0$$

und somit auch das Integral. Für $\alpha < 1$ hingegen liegt Divergenz vor. Den ausgeschlossenen Fall $\alpha = 1$ haben wir schon in den Beispielen auf S. 394 geklärt. Das Intergral existiert nicht.

Analog betrachten wir noch

$$\int_0^1 \frac{1}{x^\alpha} \mathrm{d}x.$$

Setzen wir wieder zunächst $\alpha \neq 1$ voraus, so ist

$$\begin{aligned} \int_a^1 x^{-\alpha} \mathrm{d}x &= \left. \frac{x^{-\alpha+1}}{-\alpha+1} \right|_a^1 \\ &= \frac{1}{1-\alpha} - \frac{a^{1-\alpha}}{1-\alpha}. \end{aligned}$$

In diesem Fall existiert das Integral für $\alpha < 1$, denn wir erhalten den Grenzwert

$$\lim_{a\to 0} \int_a^1 x^{-\alpha} \mathrm{d}x = \frac{1}{1-\alpha} - \lim_{a\to 0} a^{1-\alpha} = \frac{1}{1-\alpha}.$$

Für $\alpha > 1$ divergiert der Limes und somit auch das Integral. Den Ausnahmefall $\alpha = 1$ haben wir auf S. 395 überprüft, das Integral existiert nicht.

Beispiel Wir untersuchen die drei Integrale

$$J_1 = \int_1^\infty \frac{1}{x+x^2} \mathrm{d}x$$

$$J_2 = \int_0^1 \frac{1+\cos x}{x} \mathrm{d}x$$

$$J_3 = \int_0^\infty \mathrm{e}^{-x^2} \mathrm{d}x$$

auf Konvergenz.

Im ersten Fall stellen wir zunächst fest, dass für positive $x > 0$ immer die Ungleichung

$$\frac{1}{x+x^2} \leq \frac{1}{x^2}$$

gilt. Das Integral über die rechte Seite der Ungleichung können wir aber problemlos ermitteln, und damit erhalten wir mit dem Vergleich, dass das Integral I_1 existiert. Genauer gilt

$$\begin{aligned} J_1 &= \int_1^\infty \frac{\mathrm{d}x}{x+x^2} \leq \int_1^\infty \frac{\mathrm{d}x}{x^2} \\ &= \lim_{b\to\infty} \int_1^b \frac{\mathrm{d}x}{x^2} = \lim_{b\to\infty} \left[-\frac{1}{x} \right]_1^b \\ &= -\lim_{b\to\infty} \frac{1}{b} + 1 = 1. \end{aligned}$$

Übersicht: Einige bestimmte Integrale

Da zum Beweis der Existenz von Integralen oft der Vergleich mit bekannten Integralen erforderlich ist, stellt die folgende kurze Liste die dazu am häufigsten genutzten bestimmten Integrale zusammen.

Bestimmte Integrale

$$\int_1^\infty \frac{1}{x^\alpha}\,\mathrm{d}x = \frac{1}{\alpha-1} \quad \text{für } \alpha > 1$$

$$\int_0^\infty \mathrm{e}^{-x}\,\mathrm{d}x = 1$$

$$\int_0^\infty \mathrm{e}^{-x^2}\,\mathrm{d}x = \frac{\sqrt{\pi}}{2}$$

$$\int_{-\infty}^\infty \frac{1}{1+x^2}\,\mathrm{d}x = \pi$$

$$\int_0^1 \frac{1}{x^\alpha}\,\mathrm{d}x = \frac{1}{1-\alpha} \quad \text{für } 0 \le \alpha < 1$$

$$\int_0^1 \ln x\,\mathrm{d}x = -1$$

Divergente Integrale Die folgenden Grenzwerte sind unbeschränkt und somit existieren die entsprechenden Integrale nicht.

$$\int_1^b \frac{1}{x^\alpha}\,\mathrm{d}x \to \infty, \quad b \to \infty \quad \text{für } \alpha \le 1$$

$$\int_1^b \ln x\,\mathrm{d}x \to \infty, \quad b \to \infty$$

$$\int_a^1 \frac{1}{x^\alpha}\,\mathrm{d}x \to \infty, \quad a \to 0 \quad \text{für } \alpha \ge 1$$

Kommentar Den Zusammenhang zwischen Konvergenz und Divergenz der Integrale über $\frac{1}{x^\alpha}$ einerseits in $(0, 1)$, andererseits in $(1, \infty)$ kann man mit der Substitutionstechnik aus Kap. 12 direkt herstellen. Durch die Substitution $u = \frac{1}{x}$ wird die Komplementarität sofort klar. ◀

Im zweiten Beispiel wissen wir, dass der Kosinus für $x \in (-\frac{\pi}{2}, \frac{\pi}{2})$ positiv ist, also insbesondere auch im Intervall $[0, 1]$. Damit ergibt sich

$$J_2 = \int_0^1 \frac{1+\cos x}{x}\,\mathrm{d}x \ge \int_0^1 \frac{1}{x}\,\mathrm{d}x.$$

Da das Integral auf der rechten Seite divergiert, existiert auch das Integral I_2 nicht.

Im dritten Beispiel suchen wir eine Funktion, mit der wir $f(x) = \mathrm{e}^{-x^2}$ nach oben abschätzen können.

Ein Kandidat ist $g(x) = \mathrm{e}^{-x}$, denn es gilt

$$\mathrm{e}^{-x^2} \le \mathrm{e}^{-x},$$

wenn $x \ge 1$ ist. Auf dem Intervall $[1, \infty)$ haben wir eine integrierbare Majorante gefunden. Das Integral existiert.

Damit ist bereits die Hauptarbeit erledigt. Das Integral von $f(x) = \mathrm{e}^{-x^2}$ über dem Intervall $[0, 1]$ existiert, da die Funktion stetig ist. Da für alle $x \in [0, 1]$ immer $\mathrm{e}^{-x^2} \le 1$ ist, kann man

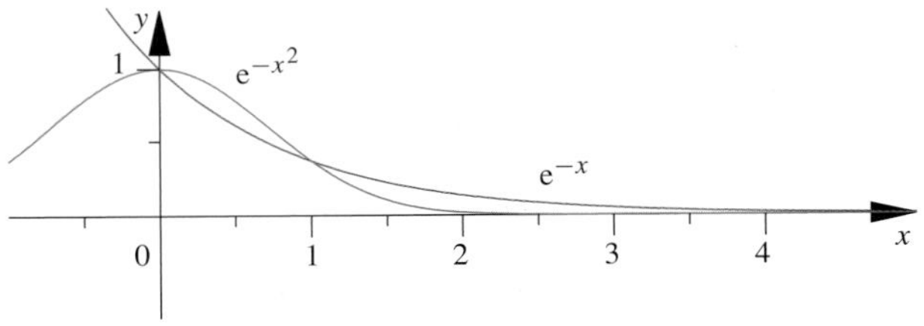

Abb. 11.20 Die Abschätzung von e^{-x^2} durch e^{-x}

das Integral großzügig mit

$$\begin{aligned} J_3 &= \int_0^1 \mathrm{e}^{-x^2}\,\mathrm{d}x + \int_1^{+\infty} \mathrm{e}^{-x^2}\,\mathrm{d}x \\ &\le \int_0^1 \mathrm{d}x + \int_1^{+\infty} \mathrm{e}^{-x}\,\mathrm{d}x \\ &= 1 + \lim_{b\to\infty} \left[-\mathrm{e}^{-x}\right]_1^b = 1 + \frac{1}{e} \end{aligned}$$

Teil II

Beispiel: Integrale über unbeschränkte Bereiche oder unbeschränkte Integranden

Wir untersuchen die Integrale

$$I_1 = \int_1^\infty \frac{1}{x^2+x+1}\,\mathrm{d}x, \quad I_2 = \int_1^\infty \frac{1}{x+\sqrt{x}}\,\mathrm{d}x,$$

$$I_3 = \int_0^1 \frac{1}{x+\sqrt{x}}\,\mathrm{d}x, \quad I_4 = \int_0^\infty \frac{1}{\sqrt{x}\,(1+x)}\,\mathrm{d}x$$

auf Existenz.

Problemanalyse und Strategie Um die Existenz der angegebenen Integrale zu prüfen, versuchen wir, die Integranden auf geeigneten Intervallen durch Ausdrücke der Form $1/x^\alpha$ nach oben oder nach unten abzuschätzen. Ein Vergleich mit den entsprechenden Integralen klärt so die Frage nach der Existenz.

Lösung Beim ersten Integral haben wir ein Integral über einen unbeschränkten Bereich, der Integrand selbst ist beschränkt. Für große x wird der Term x^2 im Nenner dominieren. Wir können vermuten, dass sich I_1 ähnlich verhält wie das Integral $\int_1^\infty \frac{1}{x^2}\mathrm{d}x$, welches konvergiert.

Tatsächlich können wir sofort abschätzen

$$I_1 = \int_1^\infty \frac{1}{x^2+x+1}\,\mathrm{d}x \le \int_1^\infty \frac{1}{x^2}\,\mathrm{d}x = 1,$$

das Integral existiert in der Tat.

In I_2 dominiert für große x der Term x im Nenner gegenüber dem Term $\sqrt{x}$. Die naheliegende Abschätzung

$$\frac{1}{x+\sqrt{x}} \le \frac{1}{x} \quad \text{auf } [1,\infty),$$

bringt aber nichts. Weil für $x \ge 1$ immer auch $x \ge \sqrt{x}$ ist, können wir aber anders abschätzen,

$$I_2 = \int_1^\infty \frac{1}{x+\sqrt{x}}\,\mathrm{d}x \ge \int_1^\infty \frac{1}{x+x}\,\mathrm{d}x = \frac{1}{2}\int_1^\infty \frac{1}{x}\,\mathrm{d}x,$$

das Integral divergiert.

In $[0, 1]$ erhalten wir die Abschätzung

$$I_3 = \int_0^1 \frac{1}{x+\sqrt{x}}\,\mathrm{d}x \le \int_0^1 \frac{1}{\sqrt{x}}\,\mathrm{d}x = 2,$$

das Integral konvergiert. Natürlich hätten wir auch

$$I_3 = \int_0^1 \frac{1}{x+\sqrt{x}}\,\mathrm{d}x \le \int_0^1 \frac{1}{x}\,\mathrm{d}x$$

abschätzen können. Eine solche Abschätzung erlaubt jedoch keine Aussage; divergente Majoranten lassen ebenso wie konvergente Minoranten keine Schlüsse zu.

Bei I_4 haben wir nun sowohl an der unteren Grenze eine Singularität vorliegen als auch eine Integration über einen unbeschränkten Bereich. Daher unterteilen wir:

$$I_4 = \int_0^c \frac{\mathrm{d}x}{\sqrt{x}\,(1+x)} + \int_c^\infty \frac{\mathrm{d}x}{\sqrt{x}\,(1+x)}$$

Die Konstante c können wir hier als fixe Zahl wählen, aber auch als unbestimmte Konstante aus $\mathbb{R}^+$ stehen lassen. Für $c = 1$ werden die Abschätzungen allerdings besonders einfach, weil hier alle Potenzen c^α den gleichen Wert haben.

Mit dieser Zerlegung können wir jedes Integral für sich abschätzen. Nahe bei null dominiert im Nenner der Term $\sqrt{x}$, für große x hingegen $\sqrt{x}\cdot x = x^{3/2}$, in beiden Fällen können wir Konvergenz erwarten.

$$I_4^{(1)} = \int_0^1 \frac{\mathrm{d}x}{\sqrt{x}\,(1+x)} \le \int_0^1 \frac{\mathrm{d}x}{\sqrt{x}} = 2$$

$$I_4^{(2)} = \int_1^\infty \frac{\mathrm{d}x}{\sqrt{x}\,(1+x)} \le \int_1^\infty \frac{\mathrm{d}x}{x^{3/2}} = 2.$$

Das Integral existiert, und wir erhalten zusätzlich die Abschätzung $I_4 \le 4$. In diesem Beispiel lässt sich eine Stammfunktion des Integranden finden, nämlich $2\arctan\sqrt{x}$, und man erhält als exakten Wert

$$I_4 = 2\lim_{b\to\infty} \arctan\sqrt{x}\big|_0^b = \pi.$$

Die Abschätzung war in diesem Fall gar nicht schlecht. Auf die Qualität der Abschätzung kommt es uns allerdings meist nicht an. Wichtig ist klären zu können, ob das betrachtete Integral überhaupt existiert, also einen endlichen Wert hat.

Kommentar Zusammenfassend können wir feststellen, dass es entscheidend ist, in Integralen der obigen Form die dominante Potenz nahe der Singularität oder für sehr große Werte der Integrationsvariablen zu identifizieren. Ist das gelungen, so macht eine geeignete Abschätzung selten Schwierigkeiten. ◄

Anwendung: Der Sinus Cardinalis

Eine Funktion, die in der Signalverarbeitung immer wieder auftaucht, ist der **Integralsinus**

$$\mathrm{Si}(x) = \int_0^x \frac{\sin t}{t}\,\mathrm{d}t.$$

Diese Funktion lässt sich nicht durch eine elementare Stammfunktion ausdrücken. Sie spielt beispielsweise bei der Umwandlung von einem digitalen Signal in ein analoges eine wichtige Rolle.

Ein digitales Signal kann man durch eine Folge (a_n) darstellen, wobei jedes Folgenglied das Signal zu einem diskreten Zeitpunkt $t = c\,n$ angibt. Der Abstand c zwischen diesen Punkten ist indirekt proportional zur Abtastrate, mit der das Signal aufgezeichnet wurde.

Bei der Digital-Analog-Wandlung will man nun aus den Werten a_n eine stetige, besser sogar möglichst oft differenzierbare Funktion konstruieren, die jeweils an den Zeitpunkten $c\,n$ genau den Wert a_n annimmt. Da die beliebig oft differenzierbare Funktion

$$\mathrm{sinc}(x) = \begin{cases} \frac{\sin x}{x} & \text{für } x \neq 0 \\ 1 & \text{für } x = 0, \end{cases}$$

der sogenannte **Sinus Cardinalis** für $n \in \mathbb{Z}$

$$\mathrm{sinc}\,(n\pi) = \delta_{n0} = \begin{cases} 1 & \text{für } n = 0 \\ 0 & \text{sonst} \end{cases}$$

erfüllt, ist

$$\sigma(x) = \sum_{n=1}^{\infty} a_n \,\mathrm{sinc}\left(\frac{\pi\,(x - c\,n)}{c}\right)$$

dafür eine naheliegende Wahl. Damit das jedoch sinnvoll bzw. diese Funktion überhaupt definiert ist, muss die Reihe konvergieren, es muss also das Integral

$$\int_0^\infty \frac{\sin t}{t}\,\mathrm{d}t = \lim_{x\to\infty} \mathrm{Si}(x)$$

existieren. Obwohl sinc $\notin L(\mathbb{R}_{\geq 0})$ nicht Lebesgue-integrierbar ist, existiert dieser Grenzwert, das Integral existiert somit im uneigentlichen Sinne. Dies wollen wir nun zeigen. An dieser Stelle zeigen wir nur die Existenz und berechnen nicht den Wert. Dies werden wir in Aufgabe 33.1 nachholen. Wir definieren zunächst

$$S_n = \int_0^{2n\pi} \frac{\sin x}{x}\,\mathrm{d}x, \quad n \in \mathbb{N}_0,$$

und zeigen, dass die Folge (S_n) monoton steigend und beschränkt ist. Es gilt

$$\begin{aligned}\Delta_n = S_{n+1} - S_n &= \int_{2n\pi}^{2n\pi+2\pi} \frac{\sin x}{x}\,\mathrm{d}x \\ &= \int_{2n\pi}^{2n\pi+\pi} \frac{\sin x}{x}\,\mathrm{d}x + \int_{2n\pi+\pi}^{2n\pi+2\pi} \frac{\sin x}{x}\,\mathrm{d}x.\end{aligned}$$

Im ersten Integral substituieren wir $x = 2n\pi + t$, im zweiten $x = (2n+1)\pi + t$. Mit $\sin(2n\pi + t) = \sin t$ und $\sin\big((2n+1)\pi + t\big) = -\sin t$ folgt

$$\begin{aligned}\Delta_n &= \int_0^\pi \left[\frac{\sin t}{2n\pi + t} - \frac{\sin t}{(2n+1)\pi + t}\right]\mathrm{d}t \\ &= \int_0^\pi \underbrace{\sin t}_{\geq 0} \underbrace{\left[\frac{1}{2n\pi + t} - \frac{1}{(2n+1)\pi + t}\right]}_{\geq 0}\mathrm{d}t \geq 0.\end{aligned}$$

Somit ist (S_n) monoton steigend. Ferner ist (S_n) nach oben beschränkt:

$$\begin{aligned}S_n &= S_1 + \sum_{m=1}^{n-1}(S_{m+1} - S_m) \\ &\leq S_1 + \sum_{m=1}^{n-1}\int_0^\pi \left[\frac{1}{2m\pi + t} - \frac{1}{(2m+1)\pi + t}\right]\mathrm{d}t \\ &= S_1 + \sum_{m=1}^{n-1}\int_0^\pi \frac{\pi\,\mathrm{d}t}{[2m\pi + t][(2m+1)\pi + t]} \\ &\leq S_1 + \sum_{m=1}^{n-1}\frac{\pi^2}{(2m\pi)^2} \\ &\leq S_1 + \frac{1}{4}\sum_{m=1}^{\infty}\frac{1}{m^2} \quad \text{für alle } n \in \mathbb{N}.\end{aligned}$$

Die Folge (S_n) konvergiert monoton gegen ein $S \in \mathbb{R}$.

Sei jetzt (c_k) eine beliebige Folge mit $c_k \to \infty$. Zu jedem k gibt es ein $n_k \in \mathbb{N}_0$ mit $c_k \in [2n_k\pi, 2n_k\pi + 2\pi)$. Wegen $c_k \to \infty$ ist auch $n_k \to \infty$ und daher

$$\int_0^{c_k} \frac{\sin x}{x}\,\mathrm{d}x = S_{n_k} + \int_{2n_k\pi}^{c_k} \frac{\sin x}{x}\,\mathrm{d}x.$$

Die Folge (S_{n_k}) konvergiert gegen S, und das zweite Integral gegen 0 wegen

$$\begin{aligned}\left|\int_{2n_k\pi}^{c_k} \frac{\sin x}{x}\,\mathrm{d}x\right| &\leq \int_{2n_k\pi}^{c_k} \left|\frac{\sin x}{x}\right|\mathrm{d}x \\ &\leq \int_{2n_k\pi}^{c_k} \frac{1}{2n_k\pi}\,\mathrm{d}x \leq \frac{2\pi}{2n_k\pi} \underset{k\to\infty}{\longrightarrow} 0.\end{aligned}$$

Daher konvergiert $\left(\int_0^{c_k} \frac{\sin x}{x}\,\mathrm{d}x\right)$ gegen S, und das uneigentliche Integral existiert.

Teil II

Vertiefung: Der Cauchy'sche Hauptwert (im Reellen)

Eine weitere Verallgemeinerung des Integrals ist mit dem sogenannten Cauchy'schen Hauptwert gegeben. Durch diese Definition wird an sich divergenten Integralen noch ein endlicher Wert zugewiesen.

Eine Beobachtung, die zum Cauchy'schen Hauptwert führen kann, ist, dass nach der bisherigen Definition das Integral

$$\int_{-1}^{1} \frac{1}{x}\,dx$$

nicht existiert, da wir an der Singularität bei $x = 0$ den Integrationsbereich aufteilen müssen und jedes der beiden Integrale

$$\int_{-1}^{0} \frac{dx}{x} = \lim_{B\to 0-} \int_{-1}^{B} \frac{dx}{x}$$

$$\int_{0}^{1} \frac{dx}{x} = \lim_{A\to 0+} \int_{A}^{1} \frac{dx}{x}$$

divergiert. Andererseits haben wir es aber mit einer antisymmetrischen Funktion zu tun, die über ein symmetrisches Intervall integriert wird, und da sich in einem solchen Fall Flächen ober- und unterhalb der x-Achse aufheben, sollte das Ergebnis null sein.

Das Problem ist anscheinend, dass diese Symmetrie bei der bisherigen Aufteilung nicht berücksichtigt wird und wir letztlich einen unbestimmten Ausdruck

$$„\infty - \infty“$$

erhalten. Dass die beiden Unendlichkeiten *eigentlich gleich groß* sind, ist hier verloren gegangen.

Ganz anders sieht die Sache aus, wenn man die beiden Grenzübergänge nicht separat, sondern simultan vollzieht. Das so erhaltene Integral nennt man einen **Cauchy'schen Hauptwert**. Um es von einem „gewöhnlichen" uneigentlichen Integral zu unterscheiden, wird es mit einem $\mathcal{P}$ für *principal value*, die internationale Bezeichnung, gekennzeichnet.

$$\begin{aligned}\mathcal{P}\int_{-1}^{1} \frac{dx}{x} &= \lim_{T\to 0+} \left\{\int_{-1}^{-T} \frac{dx}{x} + \int_{T}^{1} \frac{dx}{x}\right\} \\ &= \lim_{T\to 0+} \left\{\ln(-x)\Big|_{-1}^{-T} + \ln x\Big|_{T}^{1}\right\} \\ &= \lim_{T\to 0+} \{\ln T - \ln 1 + \ln 1 - \ln T\} = 0\end{aligned}$$

Insbesondere in der älteren Literatur ist auch das Symbol CH für den Cauchy'schen Hauptwert weit verbreitet, unser Beispiel würde man etwa

$$\mathrm{CH}\int_{-1}^{1} \frac{1}{x}\,dx = 0$$

schreiben.

Wesentliche Einsichten in den Cauchy'schen Hauptwert erhält man, wenn man die Integration in der komplexen Ebene studiert – ein Kernthema der Funktionentheorie, das wir in Kap. 32 eingehender untersuchen werden. Dort werden wir sehen, dass es durchaus unterschiedliche Methoden gibt, Hauptwerte zu definieren. Die Möglichkeit, auf diese Weise unterschiedliche Ergebnisse zu erhalten, spielt in Anwendungen, insbesondere in der theoretischen Physik, stellenweise eine beachtliche Rolle.

---

abschätzen. Später auf S. 942 werden wir sehen, dass dieses Integral den Wert

$$J_3 = \frac{\sqrt{\pi}}{2}$$

hat. Dies können wir hier aber nicht zeigen, da sich eine Stammfunktion von f nicht durch elementare Funktionen ausdrücken lässt. ◀

Beim letzten Beispiel wird die Bedeutung solcher Abschätzungen deutlich. Wir können klären, ob ein Integral existiert, auch wenn wir keine Stammfunktion kennen. Solche theoretischen Aussagen sind extrem wichtig in den praktischen Anwendungen, denn wenn wir ein numerisches Verfahren nutzen (siehe Abschn. 12.5), um in solchen Fällen das Integral zu approximieren, können wir dem berechneten Wert nur trauen, wenn wir bereits wissen, dass das Integral existiert.

Auch wenn die Klasse der integrierbaren Funktionen recht umfassend ist, gibt es Situationen, in denen der Begriff nicht ausreicht. Zum Beispiel ist die Funktion $f(x) = \frac{\sin x}{x}$ auf $I = (0, \infty)$ im Lebesgue'schen Sinn nicht integrierbar, denn aus der Divergenz der harmonischen Reihe folgt

$$\begin{aligned}\int_0^{n\pi} \left|\frac{\sin x}{x}\right| dx &\geq \sum_{j=1}^{n} \int_{(j-\frac{3}{4})\pi}^{(j-\frac{1}{4})\pi} \frac{|\sin x|}{x}\,dx \\ &\geq \sum_{j=1}^{n} \frac{\sin\frac{1}{4}\pi}{2(j-\frac{1}{4})} \\ &= \frac{\sqrt{2}}{4}\sum_{j=1}^{n} \frac{1}{j-\frac{1}{4}} \to \infty \text{ für } n \to \infty.\end{aligned}$$

Vertiefung: Unendliche Reihen und Integrale über unbeschränkte Bereiche

Zwischen Integralen über unbeschränkte Bereiche und unendlichen Reihen gibt es enge Analogien, aber auch subtile Unterschiede. In vielen Fällen kann man die Konvergenz einer unendlichen Reihe überprüfen, indem man ein Integral auswertet.

Zunächst einmal stellen wir fest, dass man jede Reihe

$$\sum_{n=N}^{\infty} a_n$$

auch als Integral über einen unbeschränkten Bereich auffassen kann, nämlich als

$$\int_N^{\infty} g(x)\,\mathrm{d}x$$

mit $g(x) = a_n$ für $x \in [n, n+1)$. Auf dieser Beobachtung beruht das Integralkriterium für Reihen.

Integralkriterium Ist $(a_n)_{n=N}^{\infty}$ eine Folge mit $a_n = f(n)$ für $n \geq N \in \mathbb{N}$ und $f : [N, \infty) \to \mathbb{R}$ eine monoton fallende, positive Funktion, so konvergiert die Reihe

$$\left(\sum_{n=N}^{\infty} a_n\right) = \left(\sum_{n=N}^{\infty} f(n)\right)$$

genau dann, wenn das Integral

$$\int_N^{\infty} f(x)\,\mathrm{d}x$$

konvergiert.

Eine Begründung für das Kriterium ist recht anschaulich: Der Flächeninhalt

$$\int_N^{\infty} f(x)\,\mathrm{d}x$$

ist eine untere Schranke für den Wert der betrachteten Reihe. Andererseits ist

$$f(N) + \int_{N+1}^{\infty} f(x-1)\,\mathrm{d}x = f(N) + \int_N^{\infty} f(x)\,\mathrm{d}x$$

eine obere Schranke (siehe Abbildung).

Wir können somit sowohl die Reihe als Majorante für das Integral, als auch das Integral als Majorante für die Reihe ansehen.

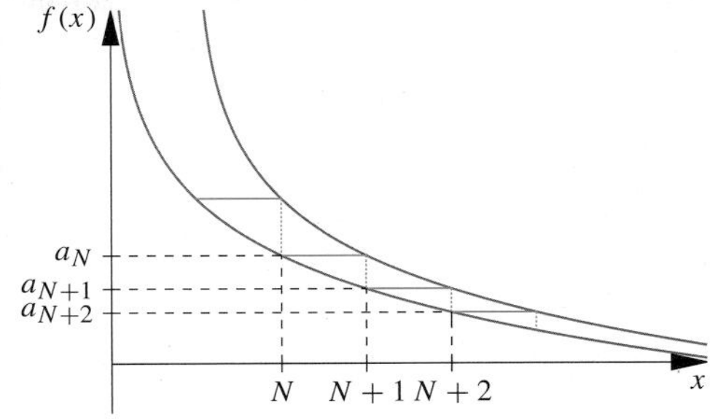

Neben dieser starken Verbindung gibt es aber auch deutliche Unterschiede zwischen Integralen über unbeschränkte Bereiche und Reihen. So ist etwa für die Konvergenz einer Reihe über a_n notwendig, dass (a_n) eine Nullfolge ist. Dagegen kann ein Integral

$$\int_0^{\infty} f(x)\,\mathrm{d}x$$

auch existieren, obwohl der Limes von $f(x)$ für $x \to \infty$ nicht existiert – und damit insbesondere auch nicht null ist.

Ein Beispiel ist die Funktion $f : \mathbb{R}_{\geq 0} \to \mathbb{R}$ mit

$$f(x) = \begin{cases} 1 & \text{für } x \in [n, n + \frac{1}{n^2}) \text{ mit } n \in \mathbb{N} \\ 0 & \text{sonst} \end{cases}$$

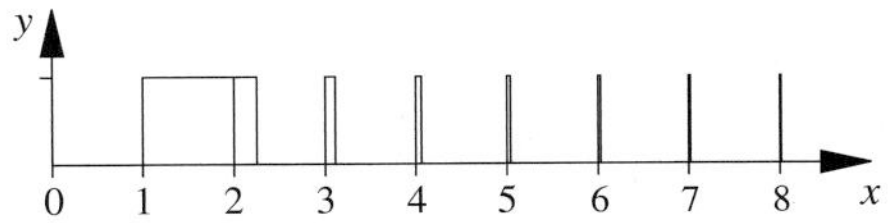

Das Integral von f über $\mathbb{R}_{\geq 0}$ existiert mit

$$\int_0^{\infty} f(x)\,\mathrm{d}x = \sum_{n=1}^{\infty} \frac{1}{n^2} = \frac{\pi^2}{6},$$

diese Funktion hat aber keinen Grenzwert für $x \to \infty$, da für beliebig großen Zahlen $x_n = n \in \mathbb{N}$ immer $f(n) = 1$ gilt, aber für andere Folgen, etwa $y_n = n + \frac{1}{2}$ der Wert $\lim_{n\to\infty} f(n + \frac{1}{2}) = 0$ ist. Die Spitzen werden zwar schnell genug schmaler und ergeben deswegen aufintegriert einen endlichen Wert, aber sie verhindern die Existenz eines Grenzwerts.

Wen an diesem Beispiel die Verwendung unstetiger, jeweils nur stückweise definierter Funktionen stört, kann die Rechtecke auch durch Glockenkurven $\phi(x) = c\,\mathrm{e}^{-\alpha\,(x-x_0)^2}$ der gleichen Höhe und Fläche unter dem Graphen ersetzen. Damit erhält man eine unendlich oft differenzierbare, nirgendwo verschwindende integrierbare Funktion, die keinen Grenzwert hat.

Beachten Sie, dass etwa mit der L'Hospital'schen Regel $\frac{\sin x}{x} \to 1$ für $x \to 0$ gilt. Daher ist $|\frac{\sin x}{x}|$ auf dem kompakten Intervall $[0, n\pi]$ stetig, also integrierbar. Aber die Integrale sind unbeschränkt für $n \to \infty$ und somit kann das Integral über $(0, \infty)$ nicht existieren.

Der in der Signalverarbeitung wichtige Grenzwert

$$\int_0^\infty \frac{\sin x}{x}\, \mathrm{d}x = \lim_{c\to\infty} \int_0^c \frac{\sin x}{x}\, \mathrm{d}x$$

existiert aber dennoch (siehe Vertiefung auf S. 399). Wir nennen diesen Grenzwert ein *uneigentliches Integral*. Allgemein spricht man von einem uneigentlichen Integral, wenn das Integral im Sinne der Definition nicht existiert, aber ein solcher Grenzwert sehr wohl gebildet werden kann, wie in diesem Beispiel. Beachten Sie, dass das Konvergenzkriterium nicht greift, da die Folge der Integrale über den Betrag des Integranden nicht beschränkt bleibt.

Kommentar Uneigentliche Integrale kommen ins Spiel, wenn der ursprünglich zugrundeliegende Integralbegriff nicht mehr ausreicht. Beim Lebesgue-Integral ist das vergleichsweise selten der Fall. Legt man jedoch seinen Betrachtungen einen anderen Integralbegriff zugrunde, so kann das sehr viel häufiger passieren.

Arbeitet man etwa mit dem auf S. 384 beschriebenen Riemann-Integral, so existiert *jedes* Integral über einen unbeschränkten Bereich oder unbeschränkten Integranden nur noch als uneigentliches Integral. ◄

11.4 Geometrische Anwendungen des Integrals

Bisher haben wir uns mit der grundlegenden Idee der Integralrechnung beschäftigt. Wir wollen nun einige geometrische Anwendungen aufzeigen, um etwa den Bezug zu einfachen Volumen- oder Flächenberechnungen deutlich zu machen.

Wir behandeln in diesem Abschnitt den Gegenstand unserer Untersuchungen recht „heuristisch". Eine mathematisch vollständige Behandlung, auch für viel allgemeinere Fälle, wird in den Kap. 25 und 26 erfolgen.

Volumen von Rotationskörpern

Eine nützliche Anwendung der Integralrechnung ist es, dass mit ihrer Hilfe Volumina und Oberflächen von Körpern bestimmt werden können. Das fällt zwar größtenteils in den Bereich der mehrdimensionalen Integralrechnung, aber zumindest ein

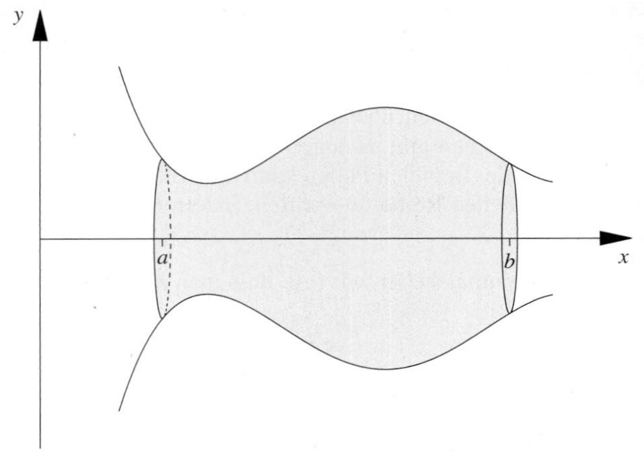

Abb. 11.21 Ein Rotationskörper, dessen Oberfläche durch Rotation des Graphen einer stetigen Funktion entsteht

Spezialfall ist auch mit den bisher vorgestellten Mitteln behandelbar, nämlich Rotationskörper im Raum.

Wir betrachten im Folgenden also Körper, deren Oberfläche dadurch entstehen, dass der Graph einer stetigen Funktion $f : [a\ b] \to \mathbb{R}_{\geq 0}$ um die x-Achse rotiert, wie in Abb. 11.21 dargestellt.

Die Übertragung des Formalismus auf eine Rotation um die y-Achse ist analog möglich.

Tatsächlich werden wir von f nicht nur Stetigkeit verlangen, sondern je nach Bedarf auch noch zusätzliche Differenzierbarkeitsbedingungen. Allgemein lassen sich einige der Aussagen unter bestimmten Integrierbarkeitsvoraussetzungen, ohne Stetigkeit anzunehmen, beweisen. Lange aufhalten wollen wir uns mit diesen Dingen vorerst nicht, für die folgenden Herleitungen werden wir davon ausgehen, dass die behandelten Funktionen gutmütig genug für alle unsere Zwecke sind.

Für eine genügend reguläre Funktion f kann man auf folgende Art das Volumen des durch Rotation entstehenden Körpers bestimmen: Zunächst unterteilen wir, wie schon in Abschn. 11.1, das Intervall $[a, b]$ in viele kleine Teilstücke $[x_{j-1}, x_j]$, wiederum mit $x_0 = a$, $x_n = b$ und $x_{j-1} < x_j$ für alle j von 1 bis n.

In jedem solchen Teilstück kann das Volumen des entsprechenden Teilkörpers einigermaßen gut durch das eines Zylinders angenähert werden, wie in Abb. 11.22 dargestellt.

Das Volumen eines solchen Zylinders erhält man aus seiner Höhe $h_{\text{zyl}} = x_k - x_{k-1}$ und dem Radius $r_{\text{zyl}} = f(\xi_k)$, wobei ξ_k ein Punkt aus dem Teilintervall $[x_{k-1}, x_k]$ ist. Für das Volumen folgt

$$V_{\text{zyl}} = \pi\, r_{\text{zyl}}^2\, h_{\text{zyl}} = \pi\, f(\xi_k)^2\, (x_k - x_{k-1}).$$

Die Summe aller dieser Zylindervolumina ist dann eine mehr oder weniger gute Näherung für das Volumen des untersuchten Körpers. Wir können also die Idee der Treppenfunktionen übertragen auf „Treppen von Zylindern".

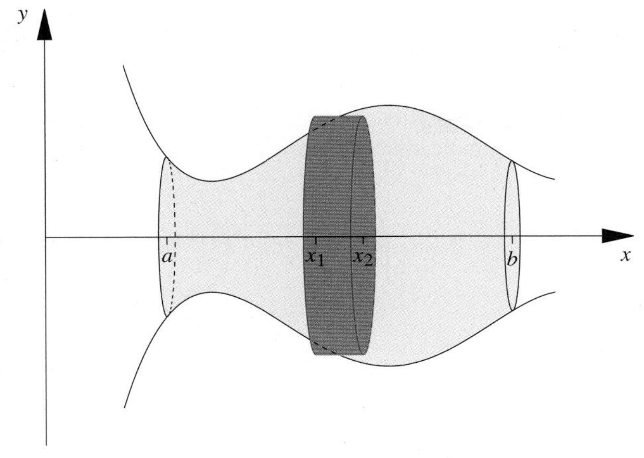

Abb. 11.22 Annäherung des Volumens eines Rotationskörpers durch Zylinder

Je dünner die Zylinder werden, desto weniger kann man auf diese Art verändern – und folgerichtig wollen wir die Zylinder unendlich dünn machen. Führt man diesen Grenzprozess durch, so gelangt man zum Differenzial und das Volumen in differenzieller Form ist gegeben durch

$$dV = \pi f(x)^2 \, dx.$$

Aus der Summe wird ein Integral, und man erhält das Volumen des gesamten Körpers.

Volumen von Rotationskörpern

Das Volumen V eines Körpers im Anschauungsraum, der durch Rotation des Graphen einer stetigen Funktion $f : [a, b] \to \mathbb{R}$ um die x-Achse entsteht, ist gegeben durch

$$V = \pi \int_a^b f(x)^2 \, dx.$$

Analog erhält man bei Rotation einer Funktion g mit $g(y) = x$ um die y-Achse in einem Intervall $[c, d]$ das Volumen

$$V = \pi \int_c^d g(y)^2 \, dy.$$

Diese Art von Herleitung, in der man Differenzen infinitesimal klein ansetzt, durch ein zugehöriges Differenzial ersetzt und mittels Integration dann auf einen großen Bereich übergeht, ist in den Anwendungen weit verbreitet. Da diese Argumentation anschaulich ist, werden wir noch mehrfach darauf stoßen. Die rigorose Variante ist allerdings die Annäherung durch Treppenfunktionen und ein Grenzübergang, der hier letztlich wieder zum Lebesgue-Integral führt.

Selbstfrage 5

Wir betrachten eine auf $[a, b]$ stetige Funktion f mit $f(a) = f(b) = R$ und $f(x) \geq 0$ auf ganz $[a, b]$. Nun untersuchen wir den Körper, dessen Oberfläche durch Rotation des Graphen dieser Funktion (in $[a, b]$ um die x-Achse) entsteht. Sein Volumen ist, verglichen mit dem Zylindervolumen $V = R^2 \pi (b - a)$,

1. immer größer,
2. immer kleiner,
3. größer oder gleich,
4. kleiner oder gleich,
5. je nach Art der Funktion größer, kleiner oder gleich?

Oberflächeninhalt von Rotationskörpern bestimmen

Ähnlich wie das Volumen, nur leider ein wenig komplizierter, lässt sich auch die Oberfläche eines Rotationskörpers ermitteln. Wir setzen voraus, dass f hinreichend regulär ist, in diesem Fall, dass f auf $[a, b]$ differenzierbar ist und alle vorkommenden Integrale tatsächlich existieren. Wieder beginnen wir mit einer Zerlegung des Intervalls.

In diesem Fall genügt die Näherung durch Zylinder nicht mehr, da sie die *Schräge* der Oberfläche nicht erfasst.

Ein Oberflächenelement zwischen x_k und x_{k+1} wird stattdessen angenähert durch den Mantel eines Kegelstumpfes, wie in Abb. 11.23 dargestellt.

Rollt man den Kegel ab, so ergibt sich für die Mantelfläche eines Stumpfes

$$\begin{aligned}\Delta O_k &= \frac{\varphi}{2}\left((r+s)^2 - r^2\right) = \frac{\varphi}{2}\left(2rs + s^2\right)\\ &= s \cdot \frac{1}{2}\Big(\underbrace{r \cdot \varphi}_{=b_1} + \underbrace{(r+s) \cdot \varphi}_{=b_2}\Big),\end{aligned}$$

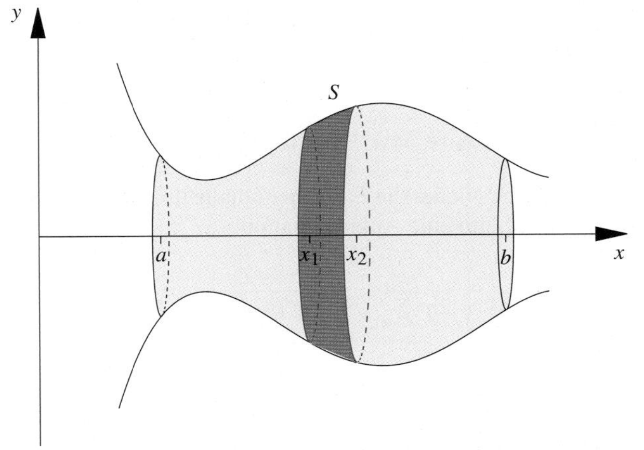

Abb. 11.23 Annäherung der Oberfläche eines Rotationskörpers durch Kegelstümpfe

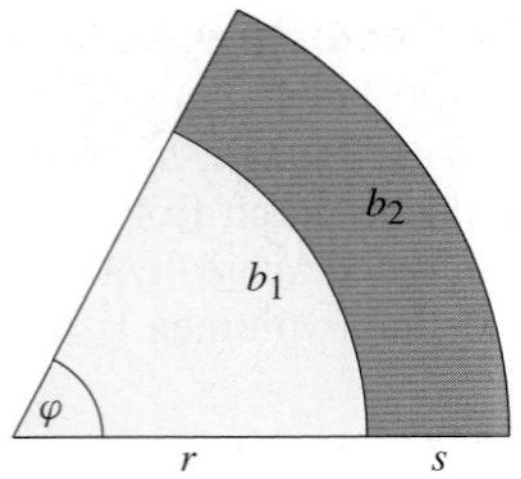

Abb. 11.24 Ein abgerollter Kegelstumpf

wobei b_1 und b_2 die Längen der entsprechenden Kreisliniensegmente sind, wenn der Winkel φ im Bogenmaß angegeben wird (siehe Abb. 11.24). Diese Längen sind gerade die jeweiligen Umfänge der Kreise mit Radius $f(x_k)$ bzw. $f(x_{k+1})$. Also ist

$$b_1 = \varphi\, r = 2\pi f(x_k),$$
$$b_2 = \varphi\,(r+s) = 2\pi f(x_{k+1}).$$

Der Winkel φ ist zwar unbekannt, aber man benötigt ihn nicht, denn b_1 und b_2 stehen zur Verfügung. Für das Stück s ergibt sich nach Pythagoras

$$s = \sqrt{(\Delta x_k)^2 + (\Delta f_k)^2} = \sqrt{1 + \left(\frac{\Delta f_k}{\Delta x_k}\right)^2}\,\Delta x_k,$$

wobei wir

$$\Delta x_k = x_{k+1} - x_k \quad \text{und} \quad \Delta f_k = f(x_{k+1}) - f(x_k)$$

gesetzt haben. Damit folgt für die Mantelfläche des Kegelstumpfs

$$\Delta O_k = 2\pi \sqrt{1 + \left(\frac{\Delta f_k}{\Delta x_k}\right)^2}\,\frac{f(x_k) + f(x_{k+1})}{2}\,\Delta x_k.$$

Mit dem Zwischenwertsatz für stetige Funktionen und dem Mittelwertsatz der Differenzialrechnung erhält man Stellen $\xi_k, \chi_k \in [x_k, x_{k+1}]$ mit

$$\Delta O_k = 2\pi \sqrt{1 + f'(\xi_k)^2}\, f(\chi_k)\,\Delta x_k.$$

Wir summieren wieder diese Flächeninhalte über dem gesamten Intervall $[a, b]$, um eine Approximation

$$M \approx 2\pi \sum_{k=0}^{N} \sqrt{1 + f'(\xi_k)^2}\, f(\chi_k)\,\Delta x_k$$

an die gesuchte Mantelfläche M zu bekommen. Macht man die Aufteilungen immer feiner, so wird mit unseren heuristischen Überlegungen im Grenzfall Δx_k zum Differenzial $\mathrm{d}x$ und die Summe zum Integral über $[a, b]$. Diese Konvergenz lässt sich exakt beweisen, was wir hier aber nicht ausführen wollen.

Mantelfläche eines Rotationskörpers

Die Mantelfläche M eines Körpers, der durch Rotation des Graphen einer stetig differenzierbaren Funktion $f : [a, b] \to \mathbb{R}$ um die x-Achse entsteht, ist gegeben durch

$$M = 2\pi \int_a^b f(x)\,\sqrt{1 + f'(x)^2}\,\mathrm{d}x.$$

Wieder kann man dies sofort auf die Rotation um die y-Achse übertragen und erhält mit $x = g(y)$,

$$O = 2\pi \int_c^d g(y)\,\sqrt{1 + g'(y)^2}\,\mathrm{d}y.$$

Selbstfrage 6

Wir betrachten eine auf $[a, b]$ stetig differenzierbare Funktion f mit $f(a) = f(b) = R$. Die Oberfläche, die durch Rotation des Graphen dieser Funktion in $[a, b]$ um die x-Achse entsteht, ist, verglichen mit dem Zylindermantel $M_Z = 2\pi R\,(b-a)$,

1. immer größer
2. immer kleiner
3. größer oder gleich
4. kleiner oder gleich
5. je nach Art der Funktion größer, kleiner oder gleich?

Anwendungsbeispiel Als einfaches Anwendungsbeispiel untersuchen wir ein Sektglas, das näherungsweise durch Rotation einer Parabel

$$y = \frac{x^2}{a}$$

um die y-Achse beschrieben und in Abb. 11.25 dargestellt wird. Wir bestimmen das Volumen bei einer Füllung bis zu einer Höhe h.

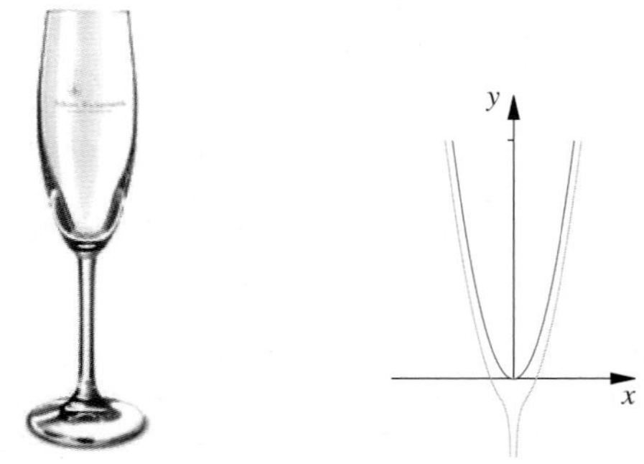

Abb. 11.25 Sektglas und mathematische Modellierung durch eine Parabel

Zusätzlich bestimmen wir noch die Innenfläche des Glases. Wir müssen die Kurvengleichung nach x auflösen und in die Volumenformel bzw. die Mantelflächenformel einsetzen. Für die Rotation benötigen wir nur einen Zweig der Wurzel, etwa

$$x = g(y) = \sqrt{a}\,\sqrt{y}.$$

Man erhält für das Volumen bei Rotation im Intervall $[0, h]$:

$$\begin{aligned} V_{\text{Sektglas}} &= \pi \int_0^h a\,y\,\mathrm{d}y = a\,\pi\,\frac{y^2}{2}\bigg|_0^h \\ &= \frac{a\,\pi}{2} h^2 = \frac{1}{2}\,\pi\,a\,h^2. \end{aligned}$$

Dieses Ergebnis lässt sich auch geometrisch interpretieren: Mit dem Deckflächenradius $r = \sqrt{a\,h}$ erhält man

$$V_{\text{Sektglas}} = \frac{1}{2}\,\pi\,a\,h^2 = \frac{1}{2}\,\pi\,r^2\,h.$$

Hier sieht man, dass das Ergebnis die Dimension Länge^3 hat, man demnach tatsächlich ein Volumen erhalten hat. Dieses ist übrigens genau halb so groß wie jenes des umschriebenen Zylinders, nämlich $V_{\text{zyl}} = \pi\,r^2\,h$.

Nun wenden wir uns noch der Innenfläche des Glases zu. Für deren Flächeninhalt erhält man mit

$$g'(y) = \frac{\sqrt{a}}{2\,\sqrt{y}}$$

durch die Integration

$$\begin{aligned} O_{\text{Sgl.}} &= 2\pi \int_0^h \sqrt{1 + \frac{a}{4y}}\,\sqrt{ay}\,\mathrm{d}y \\ &= 2\pi \int_0^h \sqrt{ay + \frac{a^2}{4}}\,\mathrm{d}y \\ &= 2\pi\,\frac{2}{3a}\left(ay + \frac{a^2}{4}\right)^{3/2}\bigg|_0^h \\ &= \frac{4\pi}{3a}\left\{\left(ah + \frac{a^2}{4}\right)^{3/2} - \frac{a^3}{8}\right\}. \end{aligned}$$

Möglicherweise kein ästhetisch sehr ansprechendes Ergebnis, aber auf jeden Fall ein rein analytisch erhaltenes – und der gerechte Lohn für den Mut, Sektgläser als Paraboloide zu betrachten. ◀

Bogenlängen von Funktionsgraphen

Das Berechnen von Bogenlängen allgemeiner *Kurven* ist eine Thematik, die wir erst in Kap. 26 behandeln. Aber die Längen jener Linien in einer Ebene, die sich als Graph einer Funktion in der Form $y = f(x)$ darstellen lassen, können wir mit den bisherigen Kenntnissen nachvollziehen.

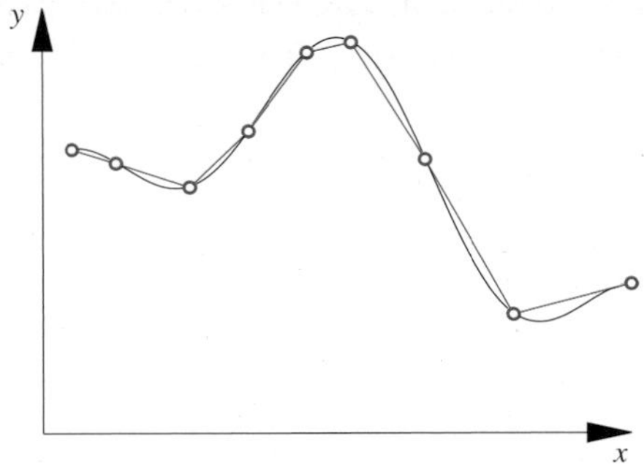

Abb. 11.26 Die Näherung eines Funktionsgraphen durch einen Polygonzug

Wie beim Flächeninhalt ist es auch bei der Bogenlänge so, dass diese für beliebige *Kurven* eigentlich noch definiert werden muss. Ähnlich wie wir uns bei der Fläche am einfachsten Fall, dem Rechteck, orientiert und von dort ausgehend alles andere aufgebaut haben, werden wir auch jetzt wieder vorgehen und uns anschaulich die Länge einer Linie in einer Ebene, die sogenannte *Bogenlänge* einer *Kurve* im $\mathbb{R}^2$, klar machen.

Sofort angeben können wir die Bogenlänge $L(S)$ einer Strecke S, die zwei Punkte (x_1, y_1) und (x_2, y_2) verbindet, nämlich

$$L(S) = \sqrt{(x_1 - x_2)^2 + (y_1 - y_2)^2}.$$

Nun betrachten wir eine stetige Funktion $f : [a, b] \to \mathbb{R}$ und die durch ihren Graphen definierte Kurve,

$$\{(x, y) = (x, f(x)) \mid x \in [a, b]\}.$$

Wie so oft in der Integralrechnung führen wir eine Partitionierung $P = \{a = x_0, x_1, \ldots, x_{n-1}, x_n = b\}$ des Intervalls ein und nähern den Funktionsgraphen durch einen Polygonzug Z_P an. Dabei verbinden die Einzelstrecken jeweils einen Punkt $(x_{k-1}, f(x_{k-1}))$ mit dem Folgepunkt $(x_k, f(x_k))$ (siehe Abb. 11.26).

Die geometrische Länge eines solchen Polygonzugs ist

$$\begin{aligned} L(Z_P) &= \\ &= \sum_{k=1}^{n} \sqrt{(x_k - x_{k-1})^2 + (f(x_k) - f(x_{k-1}))^2} \\ &= \sum_{k=1}^{n} \sqrt{1 + \left(\frac{f(x_k) - f(x_{k-1})}{x_k - x_{k-1}}\right)^2} \cdot (x_k - x_{k-1}). \end{aligned}$$

Dies lässt sich als eine Näherung für die wahre Länge der Kurve auffassen. Bemerkenswert ist dabei, dass diese Längen durch das Einfügen weiterer Zwischenpunkte nur größer werden oder gleich bleiben kann. $L(Z_P)$ ist damit also für jede Partition eine untere Schranke für die gesuchte Bogenlänge.

Die weitere Vorgehensweise liegt nun auf der Hand. Wenn wir die Feinheit der Partitionierung P gegen null gehen lassen und die Länge des entsprechenden Polygonzugs dabei gegen einen fixen Wert konvergiert, wird man diesen als Länge der Kurve

Beispiel: Volumen und Oberfläche der Kugel

Da es sich bei der Kugel ebenfalls um einen Rotationskörper handelt, sind unsere Ergebnisse unmittelbar auf diesen Fall anwendbar. Wir wollen nun die Oberflächen- und Volumenformeln, die in der elementaren Geometrie einfach angegeben werden, mithilfe der Integralrechnung begründen.

Problemanalyse und Strategie Wir müssen eine Darstellung der Kugel als Rotationskörper finden, diese in die entsprechenden Formeln einsetzen und die erhaltenen Integrale lösen.

Lösung Die Oberfläche einer Kugel mit Radius R kann man sich entstanden denken durch Rotation des oberen Halbkreises um die x-Achse. Um das Volumen zu erhalten, muss man also nur die Kreisgleichung $x^2 + y^2 = R^2$ nach y auflösen und $y = f(x)$ in die Volumenformel einsetzen.

Für die Oberfläche kann man im Grunde analog vorgehen, abgesehen davon, dass man hier noch die Ableitung von $y = f(x)$ benötigt.

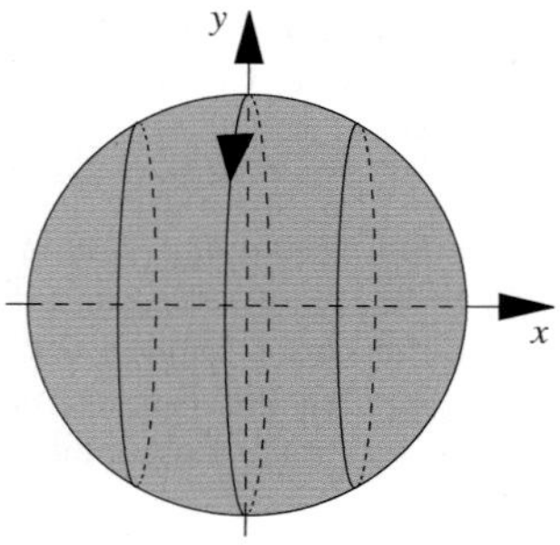

Für den oberen Halbkreis erhalten wir

$$y = f(x) = \sqrt{R^2 - x^2}$$

mit $x \in [-R, R]$. Das Volumen bei Rotation um die x-Achse ergibt sich damit zu

$$\begin{aligned} V_\circ &= \pi \int_{-R}^{R} f(x)^2 \,\mathrm{d}x = \pi \int_{-R}^{R} \left(R^2 - x^2\right) \mathrm{d}x \\ &= \pi \left[R^2 x - \frac{x^3}{3}\right]_{-R}^{R} = \frac{4\pi}{3} R^3. \end{aligned}$$

Dieses Resultat haben wir natürlich erwartet. Für die Oberfläche erhält man zunächst

$$f'(x) = -x\,(R^2 - x^2)^{-1/2}$$

und daraus

$$\begin{aligned} O_\circ &= 2\pi \int_{-R}^{R} \sqrt{1 + f'(x)^2}\, f(x)\,\mathrm{d}x \\ &= 2\pi \int_{-R}^{R} \sqrt{1 + \frac{x^2}{R^2 - x^2}}\, \sqrt{R^2 - x^2}\,\mathrm{d}x \\ &= 2\pi \int_{-R}^{R} \sqrt{R^2 - x^2 + x^2}\,\mathrm{d}x \\ &= 2\pi\, R \int_{-R}^{R} \mathrm{d}x = 2\pi\, Rx\Big|_{-R}^{R} = 4\pi\, R^2. \end{aligned}$$

Kommentar Das Volumen der Kugel erhält man übrigens ebenfalls, wenn man sich die Vollkugel aus Kugelschalen der Dicke $\mathrm{d}r$ aufgebaut denkt, von denen jede das Volumen $4\pi\, r^2\,\mathrm{d}r$ hat. Das Gesamtvolumen ist dann

$$V_\circ = 4\pi \int_0^R r^2\,\mathrm{d}r = 4\pi \left[\frac{r^3}{3}\right]_0^R = \frac{4\pi}{3} R^3.$$ ◄

definieren. Eine Kurve, der so eine Länge zugeordnet werden kann, heißt *rektifizierbar*.

Ist f sogar stetig differenzierbar, gibt es nach dem Mittelwertsatz der Differenzialrechnung Stellen $\xi_k \in (x_{k-1}, x_k)$ mit

$$\frac{f(x_k) - f(x_{k-1})}{x_k - x_{k-1}} = f'(\xi_k).$$

Setzen wir diese in $L(Z_P)$ ein und betrachten wir den Grenzwert bei Verfeinerung der Partitionierung, so ergibt sich letztendlich folgende Aussage.

Bogenlänge eines Graphen

Ist $f : [a, b] \to \mathbb{R}$ stetig differenzierbar, so ist die **Bogenlänge** L, der durch den Graphen $\{(x, f(x)) : x \in [a, b]\} \subseteq \mathbb{R}^2$ beschriebenen Kurve, gegeben durch

$$L = \int_a^b \sqrt{1 + (f'(x))^2}\,\mathrm{d}x.$$

Anwendung: Potenzial einer Ladungsverteilung

Das Potenzial einer Ladungsverteilung lässt sich mittels Integration der Beiträge infinitesimaler Ladungen ermitteln.

Wir machen einen kleinen Ausflug in die Physik bzw. Elektrotechnik. Sehr viel an physikalischem Wissen benötigen wir aber nicht, im Grunde nur, dass das elektrostatische Potenzial einer Punktladung q im Abstand d bis auf eine eventuelle additive Konstante gleich

$$\Phi = \frac{q}{4\pi\,\varepsilon_0\,d}$$

ist, mit der *Dielektrizitätskonstanten* ε_0. Der Faktor 4π kommt in der Formel vor, weil man die radiale Symmetrie des Potenzials über die Oberfläche der Einheitskugel berücksichtigen will. Ohne diesen Faktor, wie es in der älteren Literatur tatsächlich üblich war, tauchen Faktoren 2π oder 4π an völlig unpassenden Stellen wieder auf.

So viel zum Potenzial einer Punktladung. Meistens hat man es aber mit Ladungsverteilungen zu tun. Solange es sich dabei nur um mehrere Punktladungen handelt, ist die Sache immer noch einfach, man muss nur den Abstand jeweils richtig berücksichtigen. Was tut man aber, wenn man das Potenzial einer kontinuierlichen Ladungsverteilung bestimmen will?

Hier hilft nun die Vorstellung, dass jede infinitesimale Ladung, ausgedrückt durch das Differenzial $\mathrm{d}q$, einen Beitrag

$$\mathrm{d}\Phi = \frac{\mathrm{d}q}{4\pi\,\varepsilon_0\,d}$$

liefert. Diese Beiträge werden aufintegriert, um das gesamte Potenzial Φ zu erhalten.

Als Beispiel bestimmen wir das Potenzial einer homogen geladenen kreisrunden Platte mit Radius R und Ladungsdichte ρ. Genauer gesagt untersuchen wir das Potenzial auf einem Punkt ihrer Symmetrieachse, der von der Platte den Abstand $a > 0$ haben soll, dem *Aufpunkt* $\boldsymbol{P}$.

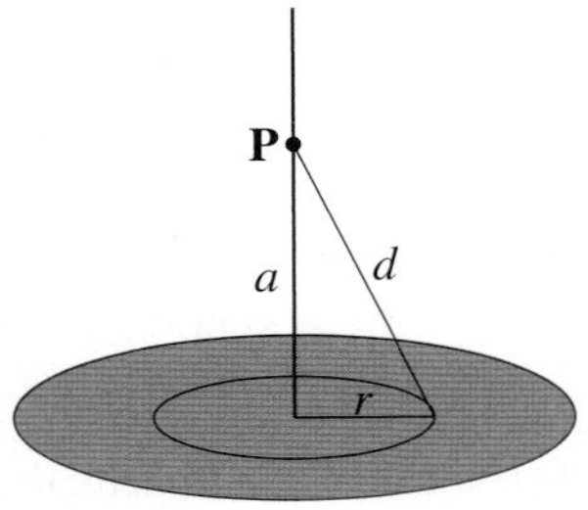

Hier betrachtet man sinnvollerweise Ringe um die Symmetrieachse, da ja alle Punkte auf einem solchen Ring den gleichen Abstand vom Aufpunkt haben. Die Ladung auf einem infinitesimal dünnen Ring mit Radius r und Dicke $\mathrm{d}r$ hat in differenzieller Form die Größe

$$\mathrm{d}q = 2\pi\,r\,\rho\,\mathrm{d}r$$

und liefert zum Potenzial den Beitrag

$$\mathrm{d}\Phi = \frac{2\pi\,r\,\rho\,\mathrm{d}r}{4\pi\,\varepsilon_0\,\sqrt{r^2+a^2}} = \frac{\rho}{2\varepsilon_0}\,\frac{r\,\mathrm{d}r}{\sqrt{r^2+a^2}}.$$

Diese Beiträge sind nun für $r = 0$ bis $r = R$ zu integrieren:

$$\begin{aligned}\Phi &= \frac{\rho}{2\varepsilon_0}\int_0^R \frac{2r}{2\,\sqrt{r^2+a^2}}\,\mathrm{d}r \\ &= \frac{\rho}{2\varepsilon_0}\int_0^R \frac{(r^2+a^2)'}{2\,(r^2+a^2)^{1/2}}\,\mathrm{d}r \\ &= \frac{\rho}{2\varepsilon_0}\left[\sqrt{r^2+a^2}\right]_0^R \\ &= \frac{\rho}{2\varepsilon_0}\left[\sqrt{R^2+a^2}-a\right]\end{aligned}$$

Damit erhalten wir das Potenzial auf der Achse in Abhängigkeit vom Abstand a. Das Potenzial abseits der Symmetrieachse ist schwieriger zu bestimmen. Derartige Probleme werden uns in Kap. 29 noch beschäftigen.

Kommentar Nehmen wir an, dass der Abstand a sehr viel größer ist als R, so macht es Sinn, das Ergebnis in der kleinen Größe R/a zu entwickeln:

$$\begin{aligned}\Phi &= \frac{\rho}{2\varepsilon_0}\left[a\sqrt{1+\left(\frac{R}{a}\right)^2}-a\right] \\ &= \frac{\rho}{2\varepsilon_0}\left[a\left(1+\frac{1}{2}\left(\frac{R}{a}\right)^2+\mathcal{O}\left(\left(\frac{R}{a}\right)^4\right)\right)-a\right] \\ &= \frac{\rho}{4\varepsilon_0}\left(\frac{R^2}{a}+R\,\mathcal{O}\left(\left(\frac{R}{a}\right)^3\right)\right) \\ &= \frac{R^2\,\pi\,\rho}{4\pi\,\varepsilon_0\,a}\left(1+\mathcal{O}\left(\left(\frac{R}{a}\right)^2\right)\right)\end{aligned}$$

Da

$$Q = R^2\,\pi\,\rho$$

genau die Gesamtladung der Platte (Fläche mal Ladungsdichte) ist, haben wir in führender Ordnung wieder das Coulombpotenzial

$$\Phi = \frac{Q}{4\pi\,\varepsilon_0\,a}$$

erhalten. Solche Entwicklungen sind bei vielen Problemen zur Kontrolle von Ergebnissen praktisch, weil ja oft das Verhalten in bestimmten Grenzfällen von vornherein bekannt ist. ◀

Teil II

Anwendung: Zufrieren eines Sees

Das Wasser in der Oberflächenschicht eines Sees sei bis auf 0 °C abgekühlt. Durch einen plötzlichen Kälteeinbruch hat die Luft über dem See −20 °C. Wie dick ist die jetzt entstehende Eisschicht nach einer Stunde?

Der Wärmefluss $\mathrm{d}Q/\mathrm{d}t$ kann hier durch die Wärmeleitungsgleichung beschrieben werden,

$$\frac{\mathrm{d}Q}{\mathrm{d}t} = \frac{\Lambda A}{x}\,\Delta T.$$

Dabei bezeichnet $\Lambda = 0.022\,\mathrm{J/(°C\ s\,cm)}$ die Wärmeleitfähigkeit von Eis bei 0 °C, A die Oberfläche des Sees und ΔT die herrschende Temperaturdifferenz.

Abgeführt werden muss die latente Wärme aus der gerade gefrierenden Schicht, diese Schicht setzen wir mit der Dicke $\mathrm{d}x$ an. Die beim Gefrieren eines Wasserblocks mit Volumen $A\,\mathrm{d}x$ freiwerdende Wärme ist

$$\mathrm{d}Q = \hat{Q}_s\,\rho A\,\mathrm{d}x.$$

Dabei ist $\hat{Q}_s = 332.5\,\mathrm{J/g}$ die Schmelzwärme und $\rho = 0.918\,\mathrm{g/cm^3}$ die Dichte von Eis.

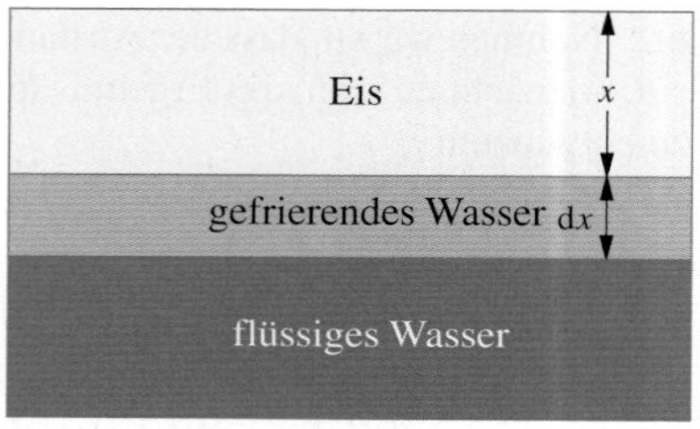

Aus der Wärmeleitungsgleichung erhalten wir für die in einem Zeitintervall $\mathrm{d}t$ abtransportierte Wärme

$$\mathrm{d}Q = \frac{\Lambda A}{x}\,\Delta T\,\mathrm{d}t.$$

Gleichsetzen der beiden Ausdrücke für $\mathrm{d}Q$ liefert

$$\frac{\Lambda}{x}\,\Delta T\,\mathrm{d}t = \hat{Q}_s\,\rho\,\mathrm{d}x.$$

Die Fläche A, die in beiden Ausdrücken als Faktor vorkam, fällt aus der weiteren Rechnung heraus. Zur Zeit $t = 0$ beträgt die Dicke der Eisschicht $x = 0$, zur Zeit $t_{\mathrm{end}} = 3\,600\,\mathrm{s}$ nennen wir sie d. Damit können wir die Gleichung integrieren,

$$\int_0^d x\,\mathrm{d}x = \frac{\Lambda\,\Delta T}{\rho\,\hat{Q}_s}\int_0^{t_{\mathrm{end}}}\mathrm{d}t.$$

Beide Integrale sind einfach ausführbar, wir erhalten

$$\frac{d^2}{2} = \frac{\Lambda\,\Delta T}{\rho\,\hat{Q}_s}\,t_{\mathrm{end}}$$

und, da d nach Definition positiv sein muss

$$d = \sqrt{\frac{2\Lambda\,\Delta T}{\rho\,\hat{Q}_s}\,t_{\mathrm{end}}}.$$

Einsetzen der Zahlenwerte liefert

$$d \approx \sqrt{10.378\,9}\,\mathrm{cm} \approx 3.22\,\mathrm{cm}.$$

Beispiel Zunächst bestimmen wir die Länge des Geradenstücks C_1 zwischen $x = a$ und $x = b$, das durch

$$y = f(x) = k\,x + d$$

beschrieben wird. Es war bereits der Ausgangspunkt unserer Herleitung, aber auch für diesen Fall muss letztendlich die erhaltene Formel gelten.

$$\begin{aligned} L(C_1) &= \int_a^b \sqrt{1+f'(x)^2}\,\mathrm{d}x = \int_a^b \sqrt{1+k^2}\,\mathrm{d}x \\ &= \sqrt{1+k^2}\int_a^b \mathrm{d}x = \sqrt{1+k^2}\,(b-a) \\ &= \sqrt{(b-a)^2 + (f(b)-f(a))^2}. \end{aligned}$$

Als nächstes Beispiel ermitteln wir die Bogenlänge der durch $y = f(x) = \cosh x$ definierten Kurve C_2 in einem Intervall $[a, b]$:

$$\begin{aligned} L(C_2) &= \int_a^b \sqrt{1+f'(x)^2}\,\mathrm{d}x = \int_a^b \sqrt{1+\sinh^2 x}\,\mathrm{d}x \\ &= \int_a^b \cosh x\,\mathrm{d}x = \sinh x\Big|_a^b = \sinh b - \sinh a. \end{aligned}$$

Zuletzt untersuchen wir noch die Bogenlänge der Kurve C_3 mit $y = \frac{1}{2}x^2$ auf $[0, c]$. Dabei erhalten wir mit

$$\left(x\sqrt{1+x^2} + \operatorname{arsinh} x\right)' = 2\sqrt{1+x^2}$$

die Länge

$$L(C_3) = \int_0^c \sqrt{1+x^2}\,\mathrm{d}x = \frac{1}{2}\left(c\sqrt{1+c^2} + \operatorname{arsinh} c\right). \quad ◄$$

11.5 Parameterintegrale

In Formelsammlungen werden Sie häufig Integraldarstellungen von speziellen Funktionen begegnen. So ist etwa die Gammafunktion für $t > 0$ definiert durch

$$\Gamma(t) = \int_0^\infty e^{-x} x^{t-1}\, dx.$$

Diese Funktion verallgemeinert die Fakultät und wird im Abschn. 34.1 ausführlich diskutiert.

Für uns ist an dieser Stelle Folgendes wichtig: Es handelt sich hier um ein Integral, dessen Integrand von einem Parameter t abhängt. Bezüglich dieses Parameters können wir den Ausdruck wieder als Funktion auffassen, was oft sehr nützlich ist, wie wir insbesondere im Kap. 33 über Integraltransformationen noch sehen werden.

Beispiel

- Durch $f : \mathbb{R}_{>-1} \to \mathbb{R}$ mit

$$f(t) = \int_0^1 x^t\, dx = \frac{1}{t+1}\, x^{t+1}\Big|_{x=0}^1 = \frac{1}{t+1}$$

ist diese differenzierbare Funktion zum einen mithilfe eines Parameterintegrals und andererseits durch einen expliziten Ausdruck dargestellt.

- Wir bezeichnen mit $f : \mathbb{R} \to \mathbb{R}$ die Exponentialfunktion $f(x) = e^x$ und definieren eine weitere Funktion $g : \mathbb{R}_{>1} \to \mathbb{R}$ durch das Integral

$$g(s) = \int_0^\infty e^x\, e^{-sx}\, dx.$$

Diese Definition ist sinnvoll, da das Integral für $s > 1$ existiert und es gilt

$$\begin{aligned} g(s) &= \int_0^\infty e^{(1-s)x}\, dx \\ &= \lim_{b\to\infty} \frac{1}{1-s} e^{(1-s)x}\Big|_{x=0}^b \\ &= \frac{1}{s-1}, \end{aligned}$$

mit dem Grenzwert $\lim_{b\to\infty} e^{(1-s)b} = 0$ für $s > 1$. Die Funktion g ist die *Laplacetransformierte* der Funktion f. Eine Transformation von Funktionen, die wir in Kap. 33 noch genauer untersuchen werden.

- Ist mit $f : \mathbb{R} \to \mathbb{R}$ die *Rechteckfunktion* mit

$$f(x) = \begin{cases} \frac{1}{2}, & t \in [-1, 1] \\ 0, & \text{sonst} \end{cases}$$

notiert, dann erhalten wir bis auf einen Faktor die sogenannte *Fouriertransformation* (siehe Kap. 33) $g : \mathbb{R} \to \mathbb{C}$ durch

$$g(s) = \int_{-\infty}^\infty f(t) e^{-ist}\, dt.$$

Dieses Integral existiert und wir berechnen

$$\begin{aligned} g(s) &= \frac{1}{2}\int_{-1}^1 e^{-ist}\, dt = -\frac{1}{2is}\, e^{-ist}\Big|_{-1}^1 \\ &= \frac{1}{2is}\left(e^{is} - e^{-is}\right) = \frac{\sin s}{s} = \operatorname{sinc}(s) \end{aligned}$$

mithilfe der Euler'schen Formel. Der Sinus Cardinalis (siehe Anwendung auf S. 399) ist somit die Fouriertransformierte zu f. ◀

Um Eigenschaften solcher Funktionen wie Stetigkeit oder Differenzierbarkeit zu untersuchen, auch wenn keine explizite Stammfunktion bekannt ist, müssen Grenzprozesse bezüglich der Variablen t mit der Integration vertauscht werden. Im Allgemeinen stoßen wir hier auf Schwierigkeiten, wie an folgendem Beispiel deutlich wird.

Beispiel Wir definieren Funktionen $f_k : \mathbb{R} \to \mathbb{R}$ durch

$$f_k(x) = \begin{cases} x + 1 - k, & k - 1 \le x < k, \\ k + 1 - x, & k \le x < k + 1, \\ 0, & x \notin [k-1, k+1). \end{cases}$$

zu $k \in \mathbb{N}$. Der Graph der Funktion f_k ist ein Hut mit Spitze bei $x = k$ (siehe Abb. 11.27).

Man sieht, dass die Folge $(f_k(x))_{k\in\mathbb{N}}$ für einen festen Wert $x \in \mathbb{R}$ gegen null konvergiert. Im Sinne der Funktionen sprechen

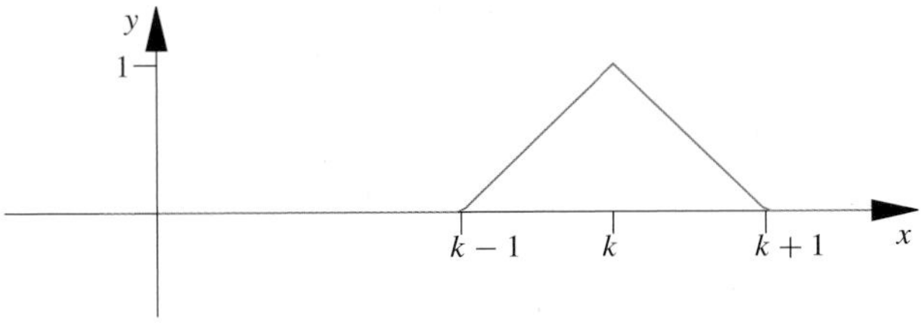

Abb. 11.27 Graph eines Elements der Funktionen f_k

Vertiefung: Die Bogenlänge und die Winkelfunktionen

In Abschn. 4.4 hatten wir die Winkelfunktionen anschaulich eingeführt, in Abschn. 9.4 haben wir sie durch Potenzreihen definiert. Diese Definitionen beruhen auf den Ableitungseigenschaften der Funktionen und haben daher unmittelbar nicht viel mit der Länge von Kreisbögen oder Winkeln zu tun. Mithilfe der Bogenlänge, die einen analytischen Ausdruck für solche Längen liefert, können wir den Zusammenhang zwischen Geometrie und den trigonometrischen Funktionen beleuchten.

Wir betrachten die obere Hälfte des Einheitskreises, dargestellt durch

$$f(x) = \sqrt{1-x^2}, \quad -1 \le x \le 1,$$

und stellen zunächst eine analytische Formel für die Bogenlänge zwischen Punkten $P_x = (x, \sqrt{1-x^2})$ und $P_y = (y, \sqrt{1-y^2})$ mit $x, y \in (-1, 1)$ auf:

$$L(P_x, P_y) = \int_x^y \sqrt{1 + f'(\xi)^2}\, d\xi = \int_x^y \frac{d\xi}{\sqrt{1-\xi^2}}.$$

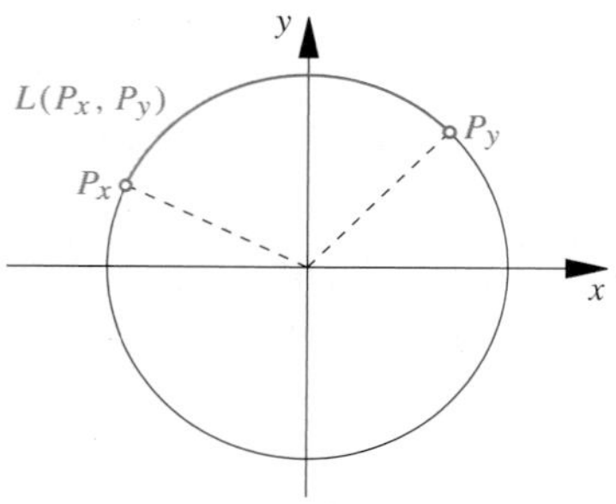

Die Länge des gesamten Halbkreisbogens ist bekanntlich π, hier haben wir eine Möglichkeit, für diese Zahl einen analytischen Ausdruck anzugeben. Es gilt

$$\pi = \int_{-1}^{1} \frac{dx}{\sqrt{1-x^2}}.$$

Durch numerisches Auswerten des Integrals kann man mithilfe des Integrals den Wert von π im Prinzip beliebig genau bestimmen. Der Integrand divergiert zwar für $x \to 1$ bzw. $x \to -1$. Wir haben hier aber den Fall eines Integrals über einen unbeschränkten Integranden, das existiert, und damit einen sauber definierten Wert besitzt.

Nun definieren wir eine Funktion $\ell(x) : [-1, 1] \to [0, \pi]$ durch

$$\ell(x) = L(P_x, P_1) = \int_x^1 \frac{d\xi}{\sqrt{1-\xi^2}},$$

die die Länge des Kreisbogens vom Punkt $(x, \sqrt{1-x^2})$ bis zu $(1, 0)$ beschreibt.

Da die Funktion ℓ stetig und monoton fallend ist, bildet sie das Intervall $[-1, 1]$ bijektiv auf $[0, \pi]$ ab. Sie gibt die Bogenlänge des Kreisliniensegments an, also den entsprechenden Winkel φ im Bogenmaß.

Aus der elementaren Trigonometrie folgt, dass

$$x = \cos\varphi = \cos(\ell(x))$$

ist. Der Hauptzweig des Kosinus ist somit über die Umkehrfunktion von ℓ eindeutig definiert. $\cos t = \ell^{-1}(t)$. Dabei ist die Existenz einer solchen Umkehrfunktion durch die Bijektivität von ℓ sichergestellt.

Mithilfe der Symmetrieeigenschaften, der Periodizität und etwa dem Additionstheorem $\sin t = \sqrt{1-\cos^2 t}$ lassen sich aus dieser Darstellung der Kosinus und der Sinus über ganz $\mathbb{R}$ gewinnen.

Die Äquivalenz zur Definition mittels Potenzreihen kann man nun zeigen, indem man die Ableitungseigenschaften untersucht und eine Taylorentwicklung betrachtet.

Wir vergessen für den Moment alles, was wir über das Ableiten von Winkelfunktionen bereits wissen und stützen uns allein auf die Funktion ℓ. Aus der Definition von ℓ durch ein Integral mit variabler Grenze folgt mit den Hauptsätzen zur Differenzial- und Integralrechung

$$\ell'(x) = \frac{d\ell}{dx} = -\frac{1}{\sqrt{1-x^2}}.$$

Für die Ableitung des Kosinus ergibt sich somit

$$\begin{aligned}\frac{d}{dt}(\cos t) &= (\ell^{-1})'(t) = \frac{1}{\ell'(\cos(t))}\\ &= -\sqrt{1-\cos^2 t} = -\sin t.\end{aligned}$$

Die Ableitung des Sinus erhält man entsprechend aus der Kettenregel durch

$$\begin{aligned}\frac{d}{dt}\sin t &= \frac{d}{dt}\sqrt{1-\cos^2(t)}\\ &= -\frac{\cos t}{\sqrt{1-\cos^2 t}}(-\sin t) = \cos t.\end{aligned}$$

Zusammen mit den Werten

$$\cos(0) = 1 \quad \text{und} \quad \sin(0) = 0$$

und der Formel von Taylor gelangt man wieder zu den Potenzreihendarstellungen

$$\sin x = \sum_{n=0}^{\infty} \frac{(-1)^n}{(2n+1)!} x^{2n+1}$$

und

$$\cos x = \sum_{n=0}^{\infty} \frac{(-1)^n}{(2n)!} x^{2n}.$$

wir von einer punktweise gegen die Nullfunktion konvergenten Funktionenfolge. Andererseits gilt aber

$$\int_{-\infty}^{\infty} f_k(x)\,\mathrm{d}x = \int_{k-1}^{k} (x+1-k)\,\mathrm{d}x + \int_{k}^{k+1} (k+1-x)\,\mathrm{d}x = 1.$$

Somit ist

$$1 = \lim_{k\to\infty} \int_{-\infty}^{\infty} f_k(x)\,\mathrm{d}x \neq \int_{-\infty}^{\infty} \lim_{k\to\infty} (f_k(x))\,\mathrm{d}x = 0.$$

Es macht also einen Unterschied, ob wir den Grenzwert der Integrale betrachten oder ob wir über den Grenzwert der Integranden integrieren. ◀

Ein zentraler Satz der Integrationstheorie gibt an, unter welchen Voraussetzungen Grenzwert und Integral vertauscht werden können, ohne dass sich der Wert ändert.

Lebesgue'scher Konvergenzsatz

Wenn es zu einer Folge von integrierbaren Funktionen $f_n \in L(I)$ über einem Intervall $I \subset \mathbb{R}$, die punktweise fast überall gegen $f : I \to \mathbb{R}$ konvergiert, unabhängig von n eine integrierbare Funktion $g \in L(I)$ gibt mit $|f_n(x)| \leq g(x)$ für fast alle $x \in I$, dann ist $f \in L(I)$ integrierbar und es gilt

$$\lim_{n\to\infty} \int_I f_n(x)\,\mathrm{d}x = \int_I f(x)\,\mathrm{d}x.$$

Beachten Sie, dass diese Aussage nicht nur das Vertauschen der Grenzprozesse ermöglicht, sondern auch zeigt, dass die Grenzfunktion eine integrierbare Funktion ist. Auf eine Herleitung dieser grundlegenden Aussage gehen wir hier nicht ein. Sie finden aber einen Beweis im Rahmen des Bonusmaterials.

Die Aussage des Konvergenzsatzes gibt uns die Möglichkeit zu entscheiden, ob ein Grenzprozess mit einer Integration vertauscht werden darf. Wir werden dieser Situation noch häufiger begegnen. Mit dem Konvergenzsatz müssen wir zeigen, dass es eine integrierbare Majorante g gibt, wie sie im Satz vorausgesetzt wird.

Beispiel

- Die Funktionenfolgen (f_n), (h_n) der integrierbaren Funktionen $f_n, h_n : [0,1] \to \mathbb{R}$ mit

$$f_n(x) = \begin{cases} \sqrt{n}, & \text{für } x \in [0, \frac{1}{n}) \\ 0, & \text{für } x \in [\frac{1}{n}, 1] \end{cases}$$

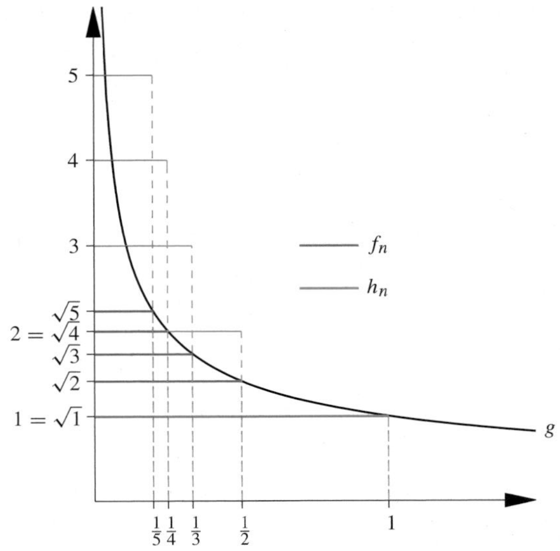

Abb. 11.28 Ein Beispiel und ein Gegenbeispiel zum Konvergenzsatz

und

$$h_n(x) = \begin{cases} n, & \text{für } x \in [0, \frac{1}{n}) \\ 0, & \text{für } x \in [\frac{1}{n}, 1] \end{cases}$$

konvergieren beide punktweise mit Ausnahme der Stelle $x = 0$ gegen die konstante Funktion $f : [0,1] \to \mathbb{R}$ mit $f(x) = 0$ (siehe Abb. 11.28).
Im ersten Fall können wir eine integrierbare Majorante $g : [0,1] \to \mathbb{R}$ mit $g(x) = \frac{1}{\sqrt{x}}$ angeben. Daher besagt der Lebesgue'sche Konvergenzsatz, dass auch für die Integrale

$$\lim_{n\to\infty} \int_0^1 f_n(x)\,\mathrm{d}x = \int_0^1 f(x)\,\mathrm{d}x = 0$$

gilt. Das Ergebnis können wir verifizieren, indem wir

$$\int_0^1 f_n(x)\,\mathrm{d}x = \int_0^{\frac{1}{n}} \sqrt{n}\,\mathrm{d}x = \frac{1}{n}\sqrt{n} = \frac{1}{\sqrt{n}}$$

berechnen.
Im zweiten Fall gilt

$$\int_0^1 h_n(x)\,\mathrm{d}x = \int_0^{\frac{1}{n}} n\,\mathrm{d}x = \frac{1}{n}n = 1$$

für alle $n \in \mathbb{N}$. Der Lebesgue'sche Konvergenzsatz ist nicht anwendbar,

$$1 = \lim_{n\to\infty} \int_0^1 h_n(x)\,\mathrm{d}x \neq \int_0^1 f(x)\,\mathrm{d}x = 0.$$

da sich keine integrierbare Majorante $g \in L((0,1))$ finden lässt.

- Die Bedeutung des Konvergenzsatzes zeigt sich bei Funktionen, die durch Integrale definiert sind, wie zum Beispiel bei $f : \mathbb{R}_{>0} \to \mathbb{R}$ mit

$$f(s) = \int_0^\infty e^{-st^2}\, dt.$$

Fragen wir uns, ob die Funktion an einer Stelle $\hat{s} > 0$ stetig ist, so müssen wir prüfen, dass für eine Folge (s_n) in $\mathbb{R}_{>0}$ mit $s_n \to \hat{s}$ für $n \to \infty$ gilt

$$\begin{aligned} \lim_{n\to\infty} f(s_n) &= \lim_{n\to\infty} \int_0^\infty e^{-s_n t^2}\, dt \\ &= f(\hat{s}) = \int_0^\infty e^{-\hat{s}t^2}\, dt. \end{aligned}$$

Das bedeutet, wir müssen zeigen, dass der Grenzwert mit dem Bilden des Integrals vertauschbar ist. Nach dem Konvergenzsatz müssen wir nur eine integrierbare Majorante finden, denn die Integranden $h_n(t) = e^{-s_n t^2}$ konvergieren offensichtlich wegen der Stetigkeit der Exponentialfunktion punktweise gegen $e^{-\hat{s}t^2}$.
Eine Majorante ist aber schnell gefunden, da wegen der Konvergenz von (s_n) sicherlich eine Schranke $0 \le c \le s_n$ für alle $n \in \mathbb{N}$ existiert. Somit ist durch $g(t) = e^{-ct^2} \ge e^{-s_n t^2}$ eine integrierbare Majorante gegeben. Der Konvergenzsatz liefert also die Stetigkeit der Funktion F an der Stelle $\hat{s} \in \mathbb{R}_{>0}$.
Übrigens, da wir in diesem Beispiel keine Stammfunktionen angeben können, ist die Anwendung des Konvergenzsatzes nicht durch Berechnen einer Stammfunktion in Abhängigkeit von s zu umgehen. ◀

Zwei wichtige Konsequenzen aus dem Konvergenzsatz werden im Folgenden an verschiedenen Stellen verwendet.

Wenn eine integrierbare Majorante existiert, ist ein Parameterintegral stetig vom Parameter abhängig

Mit dem Konvergenzsatz lässt sich klären, unter welchen Bedingungen bei einer durch ein Integral definierten Funktion, wie bei der Gammafunktion, Stetigkeit der Funktion folgt.

Um den Integranden bei diesen Integralen allgemein zu beschreiben, greifen wir ein wenig auf Kap. 24 vor. Der Integrand hängt von zwei Variablen ab, zum einen der Integrationsvariablen, bei der Gammafunktion hatten wir x gewählt, und zum anderen von dem Parameter, den wir oben mit t bezeichnet haben. Wir fassen den Integranden deswegen als einen Ausdruck bzw. eine Funktion in zwei Variablen auf und notieren eine auf einem Intervall $I \subseteq \mathbb{R}$ und einem kompakten Intervall $[a, b] \subseteq \mathbb{R}$ definierte Funktion $f : I \times [a, b] \to \mathbb{R}$ etwa durch $f(x, t)$. So lässt sich ein parameterabhängiges Integral allgemein durch

$$G(t) = \int_I f(x, t)\, dx$$

beschreiben. Selbstverständlich entscheiden Eigenschaften der Funktion f über die Eigenschaften der Funktion G.

Zunächst muss sichergestellt werden, dass das Integral für jeden möglichen Wert $t \in [a, b]$ existiert. Wir müssen die Forderung stellen, dass die Funktionen $h : I \to \mathbb{R}$ mit $h(x) = f(x, t)$ mit fest vorgegebenem Wert t integrierbar sind. Abkürzend schreiben wir für diese Voraussetzung

$$f(\cdot\,, t) \in L(I) \quad \text{für alle } t \in [a, b].$$

Mit der Notation $f(\cdot\,, t)$ bezeichnen wir im Folgenden eine solche Funktion h, ohne eine weitere Bezeichnung wie den Buchstaben h jeweils einzuführen.

Zusammenfassend bedeutet diese Überlegung: Ist $f : I \times [a, b] \to \mathbb{R}$ eine Funktion mit $f(\cdot\,, t) \in L(I)$ dann ist durch $G : [a, b] \to \mathbb{R}$ eine Funktion auf $[a, b]$ definiert.

Machen wir Aussagen über die Funktionen bezüglich der Variablen t bei festgehaltenen $x \in I$, so schreiben wir analog $f(\cdot\,, x)$. Mit dieser Notation können wir die Voraussetzungen formulieren, dass G eine stetige Funktion ist.

Stetigkeit von Parameterintegralen

Ist $f : [a, b] \times I \to \mathbb{R}$ eine Funktion, sodass $f(\cdot\,, x)$ für fast alle $x \in I$ eine stetige Funktion auf $[a, b]$ ist und gibt es weiter für alle $t \in [a, b]$ eine integrierbare Funktion $g \in L(I)$ mit $|f(t, x)| \le g(x)$ für fast alle $x \in I$, so ist die durch

$$G(t) = \int_I f(t, x)\, dx, \quad t \in [a, b],$$

definierte Funktion $G : [a, b] \to \mathbb{R}$ stetig.

Mithilfe des Lebesgue'schen Konvergenzsatzes können wir diese Aussage zeigen.

Beweis Wir betrachten eine beliebige Folge (t_n) in $[a, b]$, die gegen $\hat{t} \in [a, b]$ konvergiert. Zu jedem t_n definieren wir eine integrierbare Funktion $h_n \in L(I)$ durch $h_n(x) = f(t_n, x)$. Da $f(\cdot\,, x)$ stetig ist, konvergiert die Folge $(h_n(x))$ punktweise für fast alle $x \in I$ gegen eine Funktion $h : I \to \mathbb{R}$ mit $h(x) = f(\hat{t}, x)$. Außerdem ist

$$|h_n(x)| = |f(t_n, x)| \le g(x)$$

Beispiel: Zur Fouriertransformierten einer Funktion

Mit der Funktion $f : \mathbb{R} \to \mathbb{R}$ mit $f(t) = \mathrm{e}^{-\frac{1}{2}t^2}$ definieren wir eine weitere komplexwertige Funktion $g : \mathbb{R} \to \mathbb{C}$ durch

$$g(\omega) = \int_{-\infty}^{\infty} f(t)\mathrm{e}^{-\mathrm{i}\omega t}\,\mathrm{d}t$$

und untersuchen die Eigenschaften dieser Funktion.

Problemanalyse und Strategie Wir zeigen zunächst die Existenz des Integrals und betrachten dann das Verhalten der so definierten Funktion beim Differenzieren.

Lösung Da $|\mathrm{e}^{-\mathrm{i}\omega t}| = 1$ gilt, ist durch das Verhalten von f für $|t| \to \infty$ gesichert, dass das Integral über dem unbeschränkten Intervall $(-\infty, \infty)$ existiert. Die so definierte Funktion g heißt *Fouriertransformierte* zur Funktion f. Auch diese Integraltransformation werden wir in Kap. 33 ausführlich untersuchen.

Da wir mit $h(t) = (\omega + t)\,\mathrm{e}^{-\frac{1}{2}t^2}$ eine integrierbare Majorante für die Ableitung nach ω des Integranden haben, ist nach der oben gezeigten Aussage die Funktion g differenzierbar und wir erhalten

$$g'(\omega) = -\int_{-\infty}^{\infty} \mathrm{i}t\mathrm{e}^{-\frac{1}{2}t^2}\mathrm{e}^{-\mathrm{i}\omega t}\,\mathrm{d}t.$$

Mit Produkt- und Kettenregel folgt die Ableitung

$$\frac{\mathrm{d}}{\mathrm{d}t}\left(\mathrm{e}^{-\frac{1}{2}t^2}\mathrm{e}^{-\mathrm{i}\omega t}\right) = -t\mathrm{e}^{-\frac{1}{2}t^2}\mathrm{e}^{-\mathrm{i}\omega t} - \mathrm{i}\omega\mathrm{e}^{-\frac{1}{2}t^2}\mathrm{e}^{-\mathrm{i}\omega t}.$$

Integrieren wir beide Seiten dieser Gleichung über ganz $\mathbb{R}$, so folgt

$$\begin{aligned} g'(\omega) &= -\int_{-\infty}^{\infty} \mathrm{i}t\mathrm{e}^{-\frac{1}{2}t^2}\mathrm{e}^{-\mathrm{i}\omega t}\,\mathrm{d}t \\ &= \mathrm{i}\left(\lim_{t\to\infty}\mathrm{e}^{-\frac{1}{2}t^2}\mathrm{e}^{-\mathrm{i}\omega t} - \lim_{t\to-\infty}\mathrm{e}^{-\frac{1}{2}t^2}\mathrm{e}^{-\mathrm{i}\omega t}\right) \\ &\quad - \omega\int_{-\infty}^{\infty}\mathrm{e}^{-\frac{1}{2}t^2}\mathrm{e}^{-\mathrm{i}\omega t}\,\mathrm{d}t \\ &= -\omega g(\omega), \end{aligned}$$

da die beiden Grenzwerte für $t \to \infty$ und $t \to -\infty$ null sind.

Kommentar Die Methode, mithilfe der Produktregel Stammfunktionen zu bestimmen, wird partielle Integration genannt. Wir werden diese im folgenden Kapitel ausführlich betrachten. ◄

Aus der Beziehung zwischen g mit der Ableitung g', einer sogenannten *Differenzialgleichung*, können wir eine weitere Darstellung für g gewinnen. Wir rechnen nach, dass die Differenzialgleichung $g'(\omega) = -\omega g(\omega)$ durch Funktionen von der Form $g(\omega) = c\mathrm{e}^{-\frac{1}{2}\omega^2}$ erfüllt wird mit einer beliebigen Konstanten $c \in \mathbb{R}$.

Mit der Integraldarstellung gilt darüber hinaus für die Konstante,

$$c = g(0) = \int_{-\infty}^{\infty}\mathrm{e}^{-\frac{1}{2}t^2}\,\mathrm{d}t.$$

Der Wert dieser Konstanten ist $c = \sqrt{2\pi}$, wie wir allerdings erst auf S. 435 zeigen können. Also folgt für diese spezielle Fouriertransformierte

$$g(\omega) = \sqrt{2\pi}\mathrm{e}^{-\frac{1}{2}\omega^2}.$$

Beachten Sie, dass bis auf den Faktor $\sqrt{2\pi}$ die Funktion g in diesem Spezialfall der Funktion f entspricht.

---

für alle $n \in \mathbb{N}$. Also ist durch g eine integrierbare Majorante zu (h_n) gegeben. Der Lebesgue'sche Konvergenzsatz liefert

$$\begin{aligned} \lim_{n\to\infty} G(t_n) &= \lim_{n\to\infty}\int_I f(t_n, x)\,\mathrm{d}x \\ &= \int_I \lim_{n\to\infty} f(t_n, x)\,\mathrm{d}x = \int_I f(\hat{t}, x)\,\mathrm{d}x = G(\hat{t}). \end{aligned}$$

Da diese Identität für beliebige konvergente Folgen gilt, ist $G : [a, b] \to \mathbb{R}$ stetig. ■

Beispiel Die am Anfang des Abschnitts definierte Gammafunktion ist eine stetige Funktion für $t > 0$. Dies ergibt sich aus der oben gezeigten Aussage, denn die Integranden $\mathrm{e}^{-x}x^{t-1}$ sind bei festen Wert $t > 0$ auf $I = (0, \infty)$ integrierbar. Außerdem handelt es sich um stetige Funktionen bezüglich der Variablen t für jedes $x > 0$. Eine integrierbare Majorante erhalten wir auf jedem abgeschlossenen Intervall $[a, b] \subseteq (0, \infty)$ durch die Abschätzung

$$f(x, t) \le \begin{Bmatrix} \mathrm{e}^{-x}x^{a-1} & x \le 1 \\ \mathrm{e}^{-x}x^{b-1} & x > 1 \end{Bmatrix} = g(x)$$

für $t \in [a, b]$. ◄

Differenzierbarkeit nach einem Parameter

Wenn $f(\cdot, x)$ differenzierbar ist auf einem Intervall $[a, b]$, so überträgt sich dies auch auf G, aber wiederum nur unter gewissen zusätzlichen Voraussetzungen.

Die Ableitung eines Parameterintegrals

Sind $f(\cdot, x)$ für fast alle $x \in I$ differenzierbare Funktionen auf $[a, b]$ mit Ableitungen $f_t(\cdot, x) = (f(\cdot, x))'$ und es gibt für alle $t \in [a, b]$ eine integrierbare Funktion $g \in L(I)$ mit $|f_t(t, x)| \leq g(x)$ für fast alle $x \in I$, so ist das Parameterintegral G differenzierbar und es gilt

$$G'(t) = \int_I \frac{\partial f}{\partial t}(t, x)\,\mathrm{d}x, \qquad t \in [a, b].$$

Dabei bezeichnet $\frac{\partial f}{\partial t}$ die partielle Ableitung von f nach t, salopp gesprochen also den Ausdruck, den man erhält, wenn man x vorübergehend als konstant betrachtet und nach t ableitet.

Beweis Auch diese Aussage folgt aus dem Lebesgue'schen Konvergenzsatz – analog zur Stetigkeit, aber mit Folgen

$$h_n(x) = \frac{f(t_n, x) - f(\hat{t}, x)}{t_n - \hat{t}}$$

und Grenzfunktionen

$$h(x) = f_t(\hat{t}, x).$$

Die Folge h_n wird durch g majorisiert, da es zu $x \in I$ nach dem Mittelwertsatz der Differenzialrechnung eine Stelle $s_n \in (t_n, \hat{t})$ gibt mit

$$|h_n(x)| = \left|\frac{\partial f}{\partial t}(s_n, x)\right| \leq g(x). \qquad \blacksquare$$

Beispiel Wir suchen jene Parabel p mit Scheitel im Ursprung, für die die integrierte quadratische Abweichung von $q(x) = x^4$ im Intervall $[-1,\ 1]$ minimal wird.

Durch die Forderungen $p(0) = 0$ und $p'(0) = 0$ sind zwei Koeffizienten der Parabel festgelegt. Es bleibt nur noch ein freier Parameter, den wir mit t bezeichnen, d. h. die gesuchte Parabel ist gegeben durch $p(x) = tx^2$. Für die integrierte quadratische Abweichung erhalten wir

$$F(t) = \int_{-1}^{1} \left[x^4 - tx^2\right]^2\,\mathrm{d}x.$$

Aus unseren Ergebnissen zu Parameterintegralen wissen wir, dass F differenzierbar ist. Um ein Extremum zu finden, leiten wir den Ausdruck nach t ab, in dem wir wie gezeigt den Integranden differenzieren, und erhalten

$$\begin{aligned} F'(t) &= 2\int_{-1}^{1} \left[x^4 - tx^2\right](-x^2)\,\mathrm{d}x \\ &= -2\int_{-1}^{1} \left[x^6 - tx^4\right]\mathrm{d}x \\ &= -2\left[\frac{x^7}{7} - t\,\frac{x^5}{5}\right]_{-1}^{1} = -4\left[\frac{1}{7} - t\,\frac{1}{5}\right]. \end{aligned}$$

Nullsetzen der Ableitung liefert $t = \frac{5}{7}$. Wegen $F''(t) = \frac{4}{5} > 0$ haben wir tatsächlich ein Minimum gefunden. Das Polynom q, die beste Parabel p und die quadratische Abweichung sind in Abb. 11.29 dargestellt. ◀

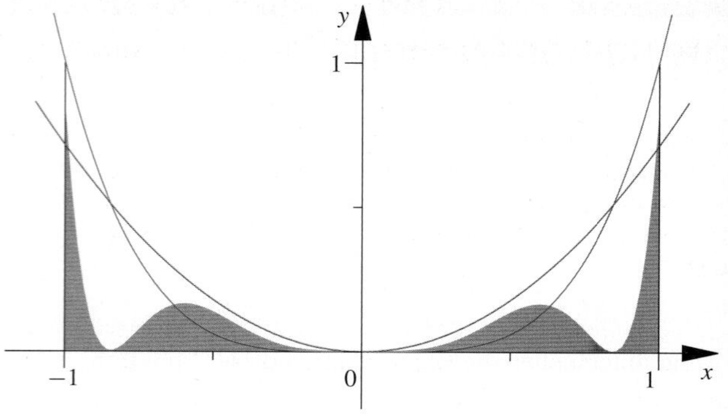

Abb. 11.29 Ein Polynom vierten Grades (blau) und die beste Näherung im Sinne der integrierten quadratischen Abweichung durch eine Parabel mit Scheitel im Ursprung (grün). Zusätzlich wird in Rot die (aus Darstellungsgründen um einen Faktor 10 übertriebene) quadrierte Abweichung gezeigt. Die integrierte quadratische Abweichung entspricht der gesamten roten Fläche

Zusammenfassung

Flächeninhalte unter Funktionsgraphen spielen in vielen Anwendungen eine große Rolle; sie erlauben eine Art Bilanzierung.

Die Integralrechnung fragt nach Flächeninhalten

Ausgehend vom Flächeninhalt unter dem Graphen einer Treppenfunktion, ist die Idee des Lebesgue'schen Integralbegriffs, den Flächeninhalt unter dem Graph einer Funktion durch Approximation des Integranden durch Treppenfunktionen zu definieren. Um die dem Problem angemessene Art der Approximation beschreiben zu können, müssen Nullmengen eingeführt werden.

Nullmengen in $\mathbb{R}$ sind Mengen der Länge null

Dabei nennen wir eine Menge $M \subseteq \mathbb{R}$ eine **Nullmenge**, wenn man sie mit abzählbar vielen Intervallen beliebig kleiner Gesamtlänge überdecken kann. Ein schönes Beispiel für eine Nullmenge sind die rationalen Zahlen.

Letztendlich definieren wir Integrale über einen speziellen Grenzprozess durch

$$\int_a^b f(x)\,\mathrm{d}x = \lim_{k\to\infty} \int_a^b \varphi_k(x)\,\mathrm{d}x,$$

wobei mit φ_n entsprechende Folgen von Treppenfunktionen bezeichnet sind.

Stetige Funktionen auf kompakten Intervallen sind integrierbar

Die Integrierbarkeit von Treppenfunktionen kann ohne Probleme auf stetige Funktionen ausgedehnt werden, solange der Integrationsbereich beschränkt und abgeschlossen ist.

Integrieren ist die Umkehrung des Differenzierens

Die wichtigsten Eigenschaften des Integrierens lassen sich in drei Merksätzen zusammenfassen. Der Mittelwertsatz,

Mittelwertsatz der Integralrechnung

Zu einer stetigen Funktion $f : [a,b] \to \mathbb{R}$ gibt es ein $z \in [a,b]$ mit

$$\int_a^b f(x)\,\mathrm{d}x = f(z)(b-a).$$

der erste Hauptsatz,

1. Hauptsatz der Differenzial- und Integralrechnung

Die Funktion $F : [a,b] \to \mathbb{R}$ mit

$$F(x) = \int_a^x f(t)\,\mathrm{d}t$$

zu einer stetigen Funktion $f : [a,b] \to \mathbb{R}$ ist differenzierbar auf (a,b) und es gilt

$$F'(x) = f(x) \quad \text{für } x \in (a,b).$$

und der zweiten Hauptsatz, der eng mit dem Begriff der Stammfunktion verknüpft ist.

Definition der Stammfunktion

Es bezeichne f eine auf einem offenen Intervall (a,b) definierte Funktion. Jede differenzierbare Funktion $F : (a,b) \to \mathbb{R}$ mit $F' = f$ heißt **Stammfunktion** von f.

Stammfunktionen einer Funktion unterscheiden sich höchstens um eine Konstante.

Mithilfe von Stammfunktionen lassen sich bestimmte Integrale berechnen

2. Hauptsatz der Differenzial- und Integralrechnung

Wenn $F : [a,b] \to \mathbb{R}$ eine stetige und auf (a,b) stetig differenzierbare Funktion ist mit integrierbarer Ableitung F', d. h. $F' \in L((a,b))$, dann gilt

$$\int_a^b F'(x)\,\mathrm{d}x = F(b) - F(a).$$

Integrale über unbeschränkte Intervalle oder Funktionen

Treppenfunktionen lassen sich auch auf unbeschränkten Intervallen erklären. Man definiert Integrale über unbeschränkte Intervalle als Grenzwerte von Integralen über beschränkte Mengen.

Konvergenzkriterium für Integrale

Eine Funktion $f : I \to \mathbb{R}$ ist integrierbar über einem offenen Intervall I, d. h. $f \in L(I)$, wenn f auf Teilintervallen $I_1 \subseteq I_2 \subseteq \cdots \subseteq I \subseteq \mathbb{R}$ mit $I = \bigcup_{j=1}^{\infty} I_j$ integrierbar ist, kurz $f \in L(I_j)$ für $j \in \mathbb{N}$, und die Folge der Integrale

$$\left(\int_{I_j} |f(x)|\,\mathrm{d}x \right)_{j\in\mathbb{N}}$$

beschränkt ist. In diesem Fall gilt

$$\int_I f\,\mathrm{d}x = \lim_{j\to\infty} \int_{I_j} f\,\mathrm{d}x.$$

Zudem gibt es unbeschränkte, aber dennoch integrierbare Funktionen. Mit einer Majorante lässt sich die Existenz eines Integrals auch ohne Kenntnis einer Stammfunktion klären. Dazu sind Vergleichsfunktionen wie die Funktionen $f_\alpha \colon \mathbb{R} \to \mathbb{R}$, mit $f_\alpha(x) = 1/x^\alpha$ besonders nützlich.

Geometrische Anwendungen des Integrals

Mittels Integration lassen sich verschiedene geometrische Größen bestimmen, etwa Volumen V und Mantelfläche M von Rotationskörpern, die durch Rotation des Graphen einer stetigen Funktion f entstehen. Auch Bogenlängen von Funktionsgraphen zu einer differenzierbaren Funktion lassen sich bestimmen.

Parameterintegrale

Integrale, die von einem Parameter abhängen, sind nur unter gewissen Voraussetzungen stetig oder sogar stetig differenzierbar bezüglich dieses Parameters. Hinreichende Voraussetzungen ergeben sich dabei aus dem Lebesgue'schen Konvergenzsatz, der besagt, dass ein Grenzprozess mit einer Integration vertauscht werden darf, wenn eine integrierbare Majorante existiert.

Differenzierbarkeit nach einem Parameter

Die Ableitung eines Parameterintegrals

Sind $f(\cdot, x)$ für fast alle $x \in I$ differenzierbare Funktionen auf $[a,b]$ mit Ableitungen $f_t(\cdot, x) = (f(\cdot, x))'$ und es gibt für alle $t \in [a,b]$ eine integrierbare Funktion $g \in L(I)$ mit $|f_t(t,x)| \le g(x)$ für fast alle $x \in I$, so ist das Parameterintegral G differenzierbar und es gilt

$$G'(t) = \int_I \frac{\partial f}{\partial t}(t,x)\,\mathrm{d}x, \quad t \in [a,b].$$

Bonusmaterial

Die in diesem Kapitel zusammengestellte Lebesgue-Theorie erfordert einige Beweise, auf deren Darstellung wir im Text verzichtet haben. Das Bonusmaterial zu diesem Kapitel füllt diese Lücke. Die Aussagen des Kapitels werden wieder aufgegriffen. Es wird diskutiert, was im Einzelnen zu beweisen ist für eine sinnvolle Definition des Lebesgue-Integrals. Auch die zum Teil aufwendigen Beweise der Konsequenzen aus der Definition, bis hin zum Lebesgueschen Konvergenzsatz, werden vollständig präsentiert. Damit bietet sich dem Leser die Möglichkeit, seine Vorstellung vom Integralbegriff zu untermauern.

Aufgaben

Die Aufgaben gliedern sich in drei Kategorien: Anhand der *Verständnisfragen* können Sie prüfen, ob Sie die Begriffe und zentralen Aussagen verstanden haben, mit den *Rechenaufgaben* üben Sie Ihre technischen Fertigkeiten und die *Anwendungsprobleme* geben Ihnen Gelegenheit, das Gelernte an praktischen Fragestellungen auszuprobieren.
Ein Punktesystem unterscheidet leichte •, mittelschwere •• und anspruchsvolle ••• Aufgaben. Lösungshinweise am Ende des Buches helfen Ihnen, falls Sie bei einer Aufgabe partout nicht weiterkommen. Dort finden Sie auch die Lösungen – betrügen Sie sich aber nicht selbst und schlagen Sie erst nach, wenn Sie selber zu einer Lösung gekommen sind. Ausführliche Lösungswege, Beweise und Abbildungen finden Sie als digitales Zusatzmaterial (electronic supplementary material).
Viel Spaß und Erfolg bei den Aufgaben!

Verständnisfragen

11.1 • Zeigen Sie, dass sich zwei verschiedene Stammfunktionen F_1 und F_2 einer gegebenen Funktion f höchstens um eine additive Konstante unterscheiden.

11.2 •• Wir betrachten eine in $[a, b]$ stetige Funktion f. Zeigen Sie, dass, wenn für alle in $[a, b]$ stetigen Funktionen g mit $g(a) = g(b) = 0$ stets

$$\int_a^b f(x)\, g(x)\, \mathrm{d}x = 0$$

ist, f identisch null sein muss.

11.3 • Die folgenden Aussagen über Integrale über unbeschränkte Integranden oder unbeschränkte Bereiche sind falsch. Geben Sie jeweils ein Gegenbeispiel an.

1. Wenn $\int_a^b \{f(x) + g(x)\}\, \mathrm{d}x$ existiert, dann existieren auch $\int_a^b f(x)\, \mathrm{d}x$ und $\int_a^b g(x)\, \mathrm{d}x$.
2. Wenn $\int_a^b f(x)\, \mathrm{d}x$ und $\int_a^b g(x)\, \mathrm{d}x$ existieren, dann existiert auch $\int_a^b f(x)\, g(x)\, \mathrm{d}x$.
3. Wenn $\int_a^b f(x)\, g(x)\, \mathrm{d}x$ existiert, dann existieren auch $\int_a^b f(x)\, \mathrm{d}x$ und $\int_a^b g(x)\, \mathrm{d}x$.

11.4 •• Bestimmen Sie für eine beliebige stetig differenzierbare Funktion f

$$\mathrm{e}^x \, \frac{\mathrm{d}}{\mathrm{d}x} \left(f(x)\, \mathrm{e}^{-x}\right)$$

und beweisen Sie: Ist f auf $[0, 1]$ stetig differenzierbar und gilt $f(0) = 0$ sowie $f(1) = 1$, so erhält man die Abschätzung

$$\int_0^1 |f'(x) - f(x)|\, \mathrm{d}x \geq \frac{1}{\mathrm{e}}$$

11.5 •• Die Funktion f sei integrierbar in $[a, b]$. Muss dann f in $[a, b]$ eine Stammfunktion besitzen?

11.6 •• Finden Sie eine auf $[0, 1]$ definierte Funktion f, die für alle $n \in \mathbb{N}_0$

$$\int_0^1 f(x)\, x^n\, \mathrm{d}x = \frac{1}{n+2}$$

erfüllt. Ist diese Funktion eindeutig?

11.7 •• Bestimmen Sie den Grenzwert

$$\lim_{\alpha \to -1} \int_a^b x^\alpha\, \mathrm{d}x$$

für $0 < a < b$ und vergleichen Sie ihn mit dem Wert von $\int_a^b x^{-1}\, \mathrm{d}x$.

Rechenaufgaben

11.8 • Bestimmen Sie je eine Stammfunktion zu den Funktionen f_1 bis f_4 mit Definitionsmenge $\mathbb{R}$ und Vorschrift:

$$\begin{aligned}
f_1(x) &= x^3 \\
f_2(x) &= x^3 + x^2 + x + 1 \\
f_3(x) &= \mathrm{e}^x + \cos x \\
f_4(x) &= \mathrm{e}^{5x} - \frac{2}{1+x^2} + 1
\end{aligned}$$

11.9 •• Betrachten Sie eine beliebige auf $[a, b]$ stetige und streng monoton wachsende Funktion f. Finden Sie die Stelle $m \in (a, b)$, für die die Fläche, die vom Graphen $y = f(x)$ sowie den Geraden $x = a$, $x = b$ und $y = f(m)$ eingeschlossen wird, extremal ist.

11.10 •• Die *Fresnel'schen Integrale* C und S sind auf $\mathbb{R}$ gegeben durch

$$C(x) = \int_0^x \cos(t^2)\,dt$$

$$S(x) = \int_0^x \sin(t^2)\,dt\,.$$

Bestimmen und klassifizieren Sie alle Extrema dieser Funktionen.

11.11 • Bestimmen Sie das Taylorpolynom zweiter Ordnung mit Entwicklungspunkt $x_0 = 0$ der auf $\mathbb{R}$ durch

$$f(x) = \cos x + \int_0^x \frac{\cos t}{1+t^2}\,dt$$

definierten Funktion.

11.12 • Zeigen Sie für alle $x \in \mathbb{R}$

$$\int_0^x |t|\,dt = \frac{x\,|x|}{2}\,.$$

11.13 •• Bestimmen Sie den Grenzwert

$$G = \lim_{x\to 1}\left(\frac{x}{x-1}\int_1^x \frac{\sin t}{t}\,dt\right).$$

11.14 •• Bestimmen und klassifizieren Sie alle Extrema der auf $\mathbb{R}$ durch

$$f(x) = x\,e^{-x^2} - \int_0^x e^{-t^2}\,dt\,,$$

$$g(x) = \int_0^x \frac{\sin t}{1+t^2}\,dt$$

definierten Funktionen.

11.15 •• Ist die Funktion f in $[0, 1]$ integrierbar, so gilt wegen der Approximierbarkeit durch Treppenfunktionen

$$\int_0^1 f(t)\,dt = \lim_{n\to\infty}\frac{1}{n}\sum_{k=1}^{n} f\left(\frac{k}{n}\right).$$

Bestimmen Sie damit die Grenzwerte

$$G_1 = \lim_{n\to\infty}\sum_{k=1}^{n}\frac{n}{n^2+k^2}\,,$$

$$G_2 = \lim_{n\to\infty}\sum_{k=1}^{n}\frac{k^\alpha}{n^{\alpha+1}} \quad \text{mit } \alpha > 0\,.$$

11.16 • Man bestimme den Wert des Integrals

$$I = \int_0^\infty \left(e^{-2x} + e^{-3x} + e^{-4x}\right)dx\,.$$

11.17 •• Überprüfen Sie die folgenden Integrale auf Existenz:

$$I_1 = \int_0^1 \frac{dx}{e^x\,(\sqrt{x}+x)}$$

$$I_2 = \int_0^\infty \frac{dx}{x^2+\sqrt{x}}$$

$$I_3 = \int_0^\infty \frac{dx}{x\,(1+\sqrt{x})}$$

11.18 •• Zeigen Sie unter Benutzung von

$$\int_{-1}^0 \frac{1}{\sqrt{1+x}}dx = \int_0^1 \frac{1}{\sqrt{1-x}}dx = 2\,,$$

dass das Integral

$$I = \int_{-1}^1 \frac{dx}{\sqrt{1-x^2}}$$

existiert, und geben Sie eine Abschätzung an.

11.19 •• Man überprüfe das Integral

$$I = \int_0^{1/e} \frac{dx}{\sqrt{x}\,|\ln x|}$$

auf Existenz.

11.20 •• Man zeige mittels *Vergleichskriterium*, dass das Integral

$$\int_0^{\pi/2} \frac{dx}{\sin x}$$

nicht existiert.

11.21 •• Überprüfen Sie, ob der folgende Grenzwert existiert:

$$\lim_{n\to\infty}\sum_{k=1}^{n}\int_{-\infty}^0 e^{kx}\,dx$$

11.22 ••• Berechnen Sie das Parameterintegral

$$J(t) = \int_0^1 \arcsin(tx)\,\mathrm{d}x\,, \qquad 0 \le t < 1\,,$$

indem Sie zunächst dessen Ableitung $J'(t)$ im offenen Intervall $0 < t < 1$ bestimmen. Schließen Sie hieraus auf $J(t)$, $0 \le t < 1$, zurück und bestimmen Sie die Integrationskonstante durch den Wert des Integrals an der Stelle $t = 0$. Ist $J(t)$ nach $t = 1$ stetig fortsetzbar?

11.23 ••• Aus dem Intervall [0, 1] wird das offene Mittelintervall der Länge $\frac{1}{4}$, $(\frac{3}{8}, \frac{5}{8})$, entfernt. Es bleiben die beiden Intervalle

$$I_{11} = \left[0, \tfrac{3}{8}\right] \qquad \text{und} \qquad I_{12} = \left[\tfrac{5}{8}, 1\right]$$

übrig, aus denen jeweils das offene Mittelintervall der Länge $\frac{1}{4^2}$ entfernt wird. Dies liefert die vier Intervalle

$$I_{21} = \left[0, \tfrac{5}{32}\right], \quad I_{22} = \left[\tfrac{7}{32}\,\tfrac{12}{32}\right],$$
$$I_{23} = \left[\tfrac{20}{32}\,\tfrac{25}{32}\right], \quad I_{24} = \left[\tfrac{27}{32}, 1\right].$$

Analoges Fortfahren liefert im n-ten Schritt 2^n Intervalle. Im Grenzübergang wird die Vereinigung dieser Intervalle zu einer Cantormenge C, ähnlich wie auf S. 380 beschrieben. Bestimmen Sie das Maß $\mu(C)$ dieser Menge.

Anwendungsprobleme

11.24 • Nach der Meinung mancher Professoren ist die Lernrate r vieler Studierender indirekt proportional zur Zeit t, die noch bis zur Prüfung übrig ist,

$$r(t) = \frac{\alpha}{t}$$

(mit einer Konstanten $\alpha > 0$). Was sind Ihrer Meinung nach die Probleme dieses Modells, würden Sie seinen Vorhersagen vertrauen? Wie würden Sie das Modell modifizieren, um es realistischer zu machen?

11.25 •• Im Folgenden sind alle Koordinaten in cm angegeben: Ein Glas entsteht durch Rotation des durch $y > 0$ bestimmten Astes der Hyperbel

$$y^2 - x^2 = 1$$

(Innenfläche) sowie Rotation der Halbgeraden

$$y = x, \quad x \ge 0$$

(Außenfläche). Es wird nach oben durch die Ebene

$$y = c > 1$$

begrenzt. Bestimmen Sie für $c = 3$ das Flüssigkeitsvolumen, das in dem Glas maximal Platz findet, sowie die Masse des leeren Glases, wenn dieses aus einem Material der Dichte

$$\rho = 2.2 \frac{\mathrm{g}}{\mathrm{cm}^3}$$

besteht. Ermitteln Sie einen allgemeinen Ausdruck für die Masse eines leeren Glases mit Höhe c und Dichte ρ.

11.26 ••• Ein Spielkegel soll durch einen Rotationskörper beschrieben werden. Die Oberfläche dieses Körpers entsteht, indem der Graph von f im Intervall [0, 5] um die x-Achse rotiert, wobei f eine möglichst einfache differenzierbare Funktion sein soll, die folgende Eigenschaften besitzt:

- ein Randminimum an $x = 0$ mit $f(0) = 0$,
- ein lokales Maximum an $x = 1$ mit $f(1) = 1$,
- ein lokales Minimum an $x = \frac{3}{2}$ mit $f(\frac{3}{2}) = \frac{1}{2}$,
- ein lokales Maximum an $x = 3$ mit $f(3) = 2$,
- ein Randminimum an $x = 5$ mit $f(5) = \frac{3}{2}$,
- keine weiteren Extrema in (0, 5).

Bestimmen Sie das Volumen des Kegels für Ihre Modellfunktion. Geben Sie den Bereich an, in dem das Volumen eines solchen Kegels für alle zulässigen Modellfunktionen liegen muss.

Antworten zu den Selbstfragen

Antwort 1 Einsetzen der Treppenfunktion f liefert das Integral

$$\int_0^1 f(x)\,\mathrm{d}x = \frac{1}{10}(-1+2-3+\cdots-9+10) = \frac{1}{2}.$$

Antwort 2 Für $a < b$ und eine Überdeckung, $\{J_k \mid k \in \mathbb{N}\}$, des Intervalls (a, b) ist

$$\sum_{j=1}^{\infty} |J_k| \geq b - a \neq 0$$

Also gibt es etwa zu $\varepsilon = (b-a)/2$ keine abzählbare Überdeckung. Die Menge ist keine Nullmenge. Nur im Fall $a = b$, d. h. $(a, b) = \emptyset$, handelt es sich um eine Nullmenge.

Antwort 3 Um zu zeigen, dass F Stammfunktion zu f ist, berechnen wir die Ableitung

$$F'(x) = \frac{\sqrt{x^2+1}}{x^2} - \frac{1}{\sqrt{x^2+1}} = \frac{x^2+1-x^2}{x^2\sqrt{x^2+1}} = \frac{1}{x^2\sqrt{x^2+1}}.$$

Die zweite Stammfunktion sehen wir aus

$$\begin{aligned}\frac{\mathrm{d}}{\mathrm{d}x} - \frac{1}{\mathrm{i}}\mathrm{e}^{-\mathrm{i}x} &= -\frac{1}{\mathrm{i}}\frac{\mathrm{d}}{\mathrm{d}x}(\cos x - \mathrm{i}\sin x)\\ &= \frac{1}{\mathrm{i}}\sin x + \cos x = \cos x - \mathrm{i}\sin x = \mathrm{e}^{-\mathrm{i}x}.\end{aligned}$$

Antwort 4 Aus der Tabelle der Stammfunktionen sehen wir sofort

$$\begin{aligned}I_1 &= \int_0^1 \mathrm{e}^{-x}\,\mathrm{d}x = -\int_0^1 (-\mathrm{e}^{-x})\,\mathrm{d}x = -\,\mathrm{e}^{-x}\big|_0^1\\ &= \mathrm{e}^{-x}\big|_1^0 = \mathrm{e}^0 - \mathrm{e}^{-1} = 1 - \frac{1}{\mathrm{e}}\end{aligned}$$

und

$$\begin{aligned}I_2 &= \int_0^1 \frac{1}{1+x^2}\,\mathrm{d}x = \arctan x\big|_0^1\\ &= \arctan 1 - \arctan 0 = \frac{\pi}{4}.\end{aligned}$$

Antwort 5 **5.** ist richtig. Es ist kein Problem, Funktionen anzugeben, für die das entstehende Volumen größer oder kleiner ist. Sicher ist das erfüllt, wenn überall außer an den Randpunkten $f(x) > f(a)$ bzw. $0 \leq f(x) < f(a)$ ist.

Antwort 6 **3.** ist richtig, der Oberflächeninhalt des Zylinders ist minimal. Gleichheit gilt nur für die konstante Funktion mit $f(x) = f(a)$ für alle $x \in [a, b]$.

Teil II

Integrationstechniken – Tipps, Tricks und Näherungsverfahren

12

Teil II

Entspricht jeder Ableitungsregel auch eine Integrationsmethode?

Wie kann die Einführung einer neuen Variablen bei der Integration weiterhelfen?

Was ist der Vorteil bei der Integration rationaler Funktionen?

Wann rettet einen der Tangens von $x/2$ – und warum?

Ergänzende Information Die elektronische Version dieses Kapitels enthält Zusatzmaterial, auf das über folgenden Link zugegriffen werden kann https://doi.org/10.1007/978-3-662-64389-1_12.

T. Arens et al., *Mathematik*, https://doi.org/10.1007/978-3-662-64389-1_12

Wir haben bisher gesehen, was die prinzipiellen Ideen sind, die zum Integralbegriff geführt haben. Auch Anwendungen in den unterschiedlichsten Gebieten wurden schon angerissen. Nun müssen wir uns aber mit einem eher technischen Thema auseinandersetzen, nämlich der Frage, ob und wie man für *allgemeine*, beliebig zusammengesetzte Funktionen jeweils Stammfunktion angeben, sie also integrieren kann.

Die Antwort ist ebenso kurz wie erst einmal enttäuschend: Eine allgemeine Methode, Stammfunktionen zu finden, quasi eine unmittelbare Entsprechung zu den universellen Ableitungsregeln gibt es nicht. Tatsächlich kennt man genug Funktionen, deren Stammfunktionen sich bewiesenermaßen nicht mehr mittels elementarer Funktionen ausdrücken lassen. Nichtsdestotrotz werden wir in diesem Kapitel eine Sammlung von Techniken und Tricks kennenlernen, mit denen sich doch viele Integrale in den Griff bekommen lassen. Dies sind quasi die Haken und Seile unserer Integrations-Klettertouren.

So automatisiert wie beim Differenzieren geht es bei der Integration aber trotzdem selten zu – ein Indiz dafür ist, dass Computeralgebrasysteme keine Probleme haben, auch komplizierteste Ausdrücke in Sekundenbruchteilen zu differenzieren, an Integralen hingegen immer noch oft scheitern oder zumindest unnötig komplizierte und unübersichtliche Ausdrücke produzieren. Intuition und Übung spielen bei Integrationsaufgaben eine entscheidende Rolle.

In vielen Fällen ist es aber eben nicht möglich oder viel zu kompliziert, eine Stammfunktion analytisch zu bestimmen. Hier spielen numerische Methoden eine immer größere Rolle. So ist es nur natürlich, dass wir den Techniken der numerischen Integration breiten Raum geben, und uns dieses Thema auch später noch begegnen wird.

12.1 Grundtechniken

Differenzieren ist ein Handwerk, Integrieren eine Kunst.
(sprichwörtlich)

Im Gegensatz zum Ableiten gibt es für das Integrieren keine universell einsetzbare oder gar algorithmisierbare Methode. Schlimmer noch: Der Prozess des Integrierens kann aus dem Bereich der elementaren Funktionen herausführen. Findet man also trotz stundenlangen Probierens und auch mithilfe von Computeralgebrasystemen keinen geschlossenen Ausdruck für ein Integral, dann kann das ohne Weiteres daran liegen, dass es einen solchen gar nicht gibt.

Dies ist bereits bei den so harmlos aussehenden Integralen

$$\int \frac{\sin x}{x}\,\mathrm{d}x \quad \text{oder} \quad \int \mathrm{e}^{-x^2}\,\mathrm{d}x$$

der Fall.

Bei überraschend vielen Problemen genügen aber die Standardintegrale von S. 391, die man sich gut einprägen sollte – zusammen mit einigen klugen Umformungen.

Schon elementare Umformungen können Integrale wesentlich einfacher machen

Die einfachsten Umformungen, die man auf ein Integral anwenden kann, folgen aus der Linearität der Integration und gehen einem üblicherweise bald in Fleisch und Blut über.

Einerseits kann man das Integral über eine Summe in eine Summe von Integralen umschreiben,

$$\int (f(x) + g(x))\,\mathrm{d}x = \int f(x)\,\mathrm{d}x + \int g(x)\,\mathrm{d}x,$$

andererseits konstante Faktoren vor das Integral ziehen. Es gilt

$$\int c\,f(x)\,\mathrm{d}x = c\int f(x)\,\mathrm{d}x \quad \text{für alle } c \in \mathbb{C}\,.$$

Beispiel Diese Regeln werden tatsächlich schnell recht automatisch verwendet:

$$\begin{aligned}
I &= \int \left(x^3 + \mathrm{e}^{2x} + 5\,\cos x\right)\mathrm{d}x \\
&= \int x^3\,\mathrm{d}x + \int \mathrm{e}^{2x}\,\mathrm{d}x + \int 5\,\cos x\,\mathrm{d}x \\
&= \frac{1}{4}\int 4\,x^3\,\mathrm{d}x + \frac{1}{2}\int 2\,\mathrm{e}^{2x}\,\mathrm{d}x + 5\int \cos x\,\mathrm{d}x \\
&= \frac{1}{4}\,x^4 + \frac{1}{2}\,\mathrm{e}^{2x} + 5\,\sin x + C
\end{aligned}$$

Da Integrationskonstanten ja ohnehin unbestimmt sind, kann man die Summe der drei Konstanten C_1 bis C_3 zu einer neuen Konstanten C zusammenfassen. ◂

Die Linearität der Integration bleibt natürlich auch richtig, wenn man es mit Brüchen zu tun hat – solange man die Regeln des Bruchrechnens beherzigt:

$$\int \frac{f(x) + g(x)}{h(x)}\,\mathrm{d}x = \int \frac{f(x)}{h(x)}\,\mathrm{d}x + \int \frac{g(x)}{h(x)}\,\mathrm{d}x$$

Beispiel So erhalten wir etwa:

$$\begin{aligned}
I &= \int \frac{\sinh x}{\mathrm{e}^x}\,\mathrm{d}x = \int \frac{\frac{1}{2}\,(\mathrm{e}^x - \mathrm{e}^{-x})}{\mathrm{e}^x}\,\mathrm{d}x \\
&= \frac{1}{2}\int \frac{\mathrm{e}^x}{\mathrm{e}^x}\,\mathrm{d}x - \frac{1}{2}\int \frac{\mathrm{e}^{-x}}{\mathrm{e}^x}\,\mathrm{d}x \\
&= \frac{1}{2}\int \mathrm{d}x + \frac{1}{4}\int (-2)\,\mathrm{e}^{-2x}\,\mathrm{d}x \\
&= \frac{1}{2}\,x + \frac{1}{4}\,\mathrm{e}^{-2x} + C
\end{aligned}$$

An diesem Beispiel sieht man auch etwas, was später noch betont werden wird, nämlich dass das kluge Benutzen von Definitionsgleichungen und Identitäten oft wesentlich für das Bestimmen von Integralen ist. ◂

Keine Integrationsregel lässt es leider zu, das Integral eines Quotienten in einen Quotienten von Integralen oder das Integral eines Produkts in ein Produkt von Integralen umzuformen:

$$\int \frac{f(x)}{g(x)}\,\mathrm{d}x \neq \frac{\int f(x)\,\mathrm{d}x}{\int g(x)\,\mathrm{d}x}$$
$$\int f(x)\,g(x)\,\mathrm{d}x \neq \int f(x)\,dx \cdot \int g(x)\,\mathrm{d}x$$

Für den Fall eines Produkts werden wir mit der *partiellen Integration* in Abschn. 12.2 allerdings einen Weg kennenlernen, ein solches Integral oft deutlich zu vereinfachen. Sollte der Quotient eine rationale Funktion in der Integrationsvariablen sein oder sich in eine solche umformen lassen, dann bekommen wir mit der *Partialbruchzerlegung* in Abschn. 12.4 sogar eine Methode zur Hand, die *im Prinzip* immer funktioniert.

Achtung Das Zerlegen eines Integrals in mehrere Teilintegrale mittels Linearität ist meist, aber nicht immer eine Hilfe. Das sieht man etwa am Beispiel von

$$I = \int \left(\cos^2 x + \sin^2 x\right)\mathrm{d}x.$$

Nutzt man hier die trigonometrische Identität $\cos^2 x + \sin^2 x = 1$ aus, so erhält man das Integral über eins und als Ergebnis

$$I = \int \mathrm{d}x = x + C.$$

Spaltet man das Integral hingegen auf, so hat man es mit den beiden schwierigeren Integralen

$$I_1 = \int \cos^2 x\,\mathrm{d}x \quad \text{und} \quad I_2 = \int \sin^2 x\,\mathrm{d}x$$

zu tun. ◀

Definitionsgleichungen und Identitäten können das Lösen eines Integrals deutlich erleichtern

Zwischen den Winkelfunktionen, zwischen Exponentialfunktion und Hyperbelfunktionen, zwischen Logarithmus, Arkus- und Areafunktionen gibt es vielfältige Beziehungen, von denen die wichtigsten in Kap. 4 angegeben sind.

Derartige Identitäten, ebenso wie Definitionsgleichungen von der Art

$$\cosh x = \frac{\mathrm{e}^x + \mathrm{e}^{-x}}{2}, \qquad \sinh x = \frac{\mathrm{e}^x - \mathrm{e}^{-x}}{2}$$

können eine entscheidende Hilfe beim Lösen von Integralen sein. Stößt man in einem Integral sowohl auf Exponential- als auch auf Hyperbelfunktionen, so ist es etwa fast immer günstig, letztere ebenfalls auf Exponentialfunktionen umzuschreiben.

Produkte von Winkelfunktionen, auf die man in den verschiedensten Situationen stößt, lassen sich meist mittels trigonometrischer Identitäten in Summen oder Differenzen umwandeln. Wegen der Linearität der Integration sind diese aber viel leichter zu integrieren als die ursprünglichen Produkte.

Beispiel Wir bestimmen das Integral

$$I = \int \sin x \,\cos x\,\mathrm{d}x.$$

Dabei ist es hilfreich, das Produkt in einen für die Integration besser geeigneten Ausdruck umzuformen:

$$\begin{aligned} I &= \int \sin x \,\cos x\,\mathrm{d}x = \frac{1}{2}\int \sin(2x)\,\mathrm{d}x \\ &= -\frac{\cos(2x)}{4} + C \end{aligned}$$

Später werden wir allerdings auch Methoden kennenlernen, das Integral über das Produkt direkt zu lösen. ◀

Die logarithmische Integration ist eine der nützlichsten Integrationsmethoden überhaupt

Als Umkehrung der Ableitungsregeln

$$(\ln f(x))' = \frac{f'(x)}{f(x)} \qquad \text{für } f(x) > 0$$

und

$$(\ln(-f(x)))' = \frac{f'(x)}{f(x)} \qquad \text{für } f(x) < 0$$

ergibt sich unmittelbar die folgende Integrationsregel.

Logarithmische Integration

Ist bei einem Integral der Integrand ein Bruch, bei dem im Zähler die Ableitung des Nenners steht, so kann man direkt integrieren:

$$\int \frac{f'(x)}{f(x)}\,\mathrm{d}x = \ln|f(x)| + C$$

Diese Formel ist in vielen Fällen ein wesentliches Hilfsmittel beim Integrieren. Hat man bei einer Integrationsaufgabe den Integranden so weit, dass im Zähler die Ableitung des Nenners steht, so ist der Kampf so gut wie gewonnen.

Beispiel Beispielsweise erhält man mittels logarithmischer Integration sofort:

$$\int \frac{1}{x+2}\,dx = \ln|x+2| + C$$
$$\int \frac{2x}{x^2-1}\,dx = \ln|x^2-1| + C$$
$$\int \frac{\cos x}{1+\sin x}\,dx = \ln|1+\sin x| + C$$

Manche Standardintegrale erhält man am einfachsten mittels logarithmischer Integration, etwa

$$I = \int \tan x\,dx = \int \frac{\sin x}{\cos x}\,dx = -\int \frac{-\sin x}{\cos x}\,dx$$
$$= -\ln|\cos x| + C$$ ◀

Es gibt auch durchaus Fälle, in denen der Integrand erst geschickt umgeformt werden muss, damit man die logarithmische Integration anwenden kann. Insbesondere das Einbauen konstanter Vorfaktoren gehört hier zum gängigen Repertoire.

Beispiel Untersuchen wir das Integral

$$I = \int \frac{x+2}{x^2+4x+9}\,dx,$$

so steht im Zähler zwar nicht ganz die Ableitung des Nenners – aber doch fast, es fehlt nur ein Faktor Zwei. Den kann man leicht einführen und erhält

$$I = \int \frac{x+2}{x^2+4x+9}\,dx = \frac{1}{2}\int \frac{2x+4}{x^2+4x+9}\,dx$$
$$= \frac{1}{2}\int \frac{(x^2+4x+9)'}{x^2+4x+9}\,dx = \frac{1}{2}\ln|x^2+4x+9| + C.$$ ◀

Selbstfrage 1

Lässt sich das Integral

$$I = \int \frac{e^{2x}+x+2x^3+\cos(2x)}{e^{2x}+x^2+x^4+\sin(2x)}\,dx$$

mittels logarithmischer Integration behandeln?

Gleiche Integrale lassen sich oft auf ganz verschiedene Arten darstellen

Wie bereits angesprochen, kann man auch bei Integralen, die sich elementar lösen lassen, völlig unterschiedliche Darstellungen für eine Stammfunktion finden, die sich letztlich als gleichwertig erweisen.

Untersuchen wir etwa das Integral über

$$f(x) = \cos x\,\sin x.$$

Durch Differenzieren überprüft man sofort, dass $\left(\frac{1}{2}\sin^2 x\right)' = \cos x\,\sin x$ und damit

$$\int \cos x\,\sin x\,dx = \frac{1}{2}\sin^2 x + C$$

ist. Andererseits ist aber auch $\left(-\frac{1}{2}\cos^2 x\right)' = \cos x\,\sin x$ und deshalb

$$\int \cos x\,\sin x\,dx = -\frac{1}{2}\cos^2 x + C.$$

Außerdem haben wir auf S. 423 das Ergebnis

$$\int \cos x\,\sin x\,dx = -\frac{1}{4}\cos(2x) + C$$

erhalten. Für das gleiche Integral haben wir also drei unterschiedliche Ausdrücke, und mit ein wenig Probieren würden wir wohl noch andere finden. Wie kann man sich so etwas erklären?

Des Rätsels Lösung steckt hier einerseits in trigonometrischen Identitäten, andererseits aber vor allem in den Integrationskonstanten. Schreiben wir das fragliche Integral noch einmal auf zwei Arten auf:

$$\int \cos x\,\sin x\,dx = \frac{1}{2}\sin^2 x + C = -\frac{1}{2}\cos^2 x + D$$

Nun formen wir um:

$$\frac{1}{2}\sin^2 x + C = \frac{1}{2}\left(1-\cos^2 x\right) + C$$
$$= -\frac{1}{2}\cos^2 x + \underbrace{\frac{1}{2} + C}_{=D}$$

Die beiden Stammfunktionen unterscheiden sich also nur um eine Konstante, die ohnehin in der ja noch unbestimmten Integrationskonstante enthalten ist.

Mit der Identität

$$\cos(2x) = \cos^2 x - \sin^2 x$$

weist man analog nach, dass sich auch die dritte Stammfunktion von den beiden anderen nur um eine Konstante unterscheidet.

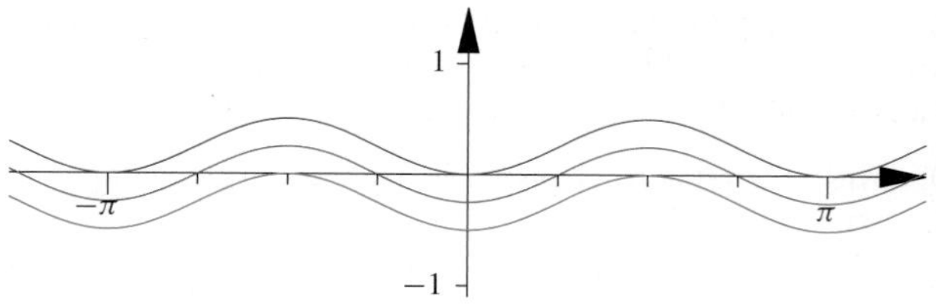

Abb. 12.1 Die mit verschiedenen Methoden berechneten Stammfunktionen von $f(x) = \sin x\,\cos x$, nämlich $F_1(x) = \frac{1}{2}\sin^2 x$, $F_2(x) = -\frac{1}{4}\cos(2x)$ und $F_3(x) = -\frac{1}{2}\cos^2 x$ unterscheiden sich jeweils nur um eine Konstante

Auch Logarithmen sind eine ergiebige Quelle für unterschiedlich aussehende, aber letztlich gleichwertige Stammfunktionen. Wegen

$$\ln\frac{x}{2} = \ln x - \ln 2$$

sind die Funktionen F und G, $F(x) = \ln\frac{x}{2} + C$, $G(x) = \ln x + D$ beide gleichwertige „Stammfunktionen". Dabei ist $D = C - \ln 2$.

Durch Übergang ins Komplexe lassen sich manche reellen Integrale einfach lösen

Ein besonders praktischer Trick ist es, reelle Integrale künstlich zu „komplexifizieren", um das einfachere Verhalten mancher komplexer Funktionen ausnutzen zu können.

Die Ableitungsregel

$$(e^{\lambda x})' = \lambda\, e^{\lambda x}$$

gilt für beliebige $\lambda \in \mathbb{C}$, daher findet man umgekehrt für $\lambda \in \mathbb{C}$, $\lambda \neq 0$

$$\int e^{\lambda x}\,dx = \frac{1}{\lambda}\,e^{\lambda x} + C\,.$$

Nun sind die Winkelfunktionen Sinus und Kosinus gerade der Real- und Imaginärteil der Exponentialfunktion mit imaginärem Argument. Durch das Betrachten komplexer Exponentialfunktionen lassen sich demnach viele Integrale, in denen Winkelfunktionen vorkommen, auf elegante Weise lösen.

Beispiel Wir bestimmen die beiden Integrale

$$I_1 = \int e^{ax}\,\cos(bx)\,dx \quad \text{und} \quad I_2 = \int e^{ax}\,\sin(bx)\,dx\,.$$

Dazu betrachten wir das komplexe Integral

$$\begin{aligned} I &= \int e^{ax}\,e^{ibx}\,dx = \int e^{(a+ib)x}\,dx \\ &= \frac{1}{a+ib}e^{(a+ib)x} + C = \frac{a-ib}{a^2+b^2}\,e^{ax}\,e^{ibx} + C \\ &= \frac{a-ib}{a^2+b^2}\,e^{ax}\,(\cos(bx) + i\sin(bx)) + C\,. \end{aligned}$$

Nun erhalten wir sofort

$$\begin{aligned} I_1 &= \operatorname{Re} I = e^{ax}\left(\frac{a\cos(bx)}{a^2+b^2} + \frac{b\sin(bx)}{a^2+b^2}\right) + C_1 \\ I_2 &= \operatorname{Im} I = e^{ax}\left(\frac{a\sin(bx)}{a^2+b^2} - \frac{b\cos(bx)}{a^2+b^2}\right) + C_2\,, \end{aligned}$$

wobei wir die Integrationskonstante nach $C = C_1 + iC_2$ aufgespalten haben. ◄

Noch viel effizientere Methoden zum Bestimmen von reellen Integralen mit komplexen Methoden stellt die *Funktionentheorie* zur Verfügung, die in Kap. 32 behandelt wird.

12.2 Partielle Integration

Wir kommen nun zur ersten der drei klassischen Integrationstechniken, die uns den Hauptteil dieses Kapitels beschäftigen werden – der partiellen Integration. Wie erhält man aber überhaupt Integrationsregeln?

Nachdem Integrieren, genauer das Auffinden einer Stammfunktion, ja die Umkehrung des Differenzierens ist, kann man erwarten, dass sich aus jeder Ableitungsregel eine Integrationsregel ergibt. Analog war es ja schon beim umgekehrten Lesen der Ableitungstabelle der Fall.

Integration der Produktregel führt zur Methode der partiellen Integration

Integrieren wir die Gleichung der Produktregel,

$$(u\,v)' = u'\,v + u\,v',$$

so erhalten wir

$$u\,v = \int u'(x)\,v(x)\,dx + \int u(x)\,v'(x)\,dx, \tag{12.1}$$

denn auf der linken Seite hebt das Integral die Ableitung genau auf. Simples Umstellen der Terme in (12.1) liefert uns die entscheidende Regel.

Partielle Integration

Für zwei differenzierbare Funktionen u und v mit stetig differenzierbaren Ableitungen u' und v' gilt die Regel der **partiellen Integration** oder *Produktintegration*:

$$\int u\,v'\,dx = u\,v - \int u'\,v\,dx \tag{12.2}$$

Auch andere Schreibweisen für diese Formel sind verbreitet, zum Beispiel

$$\int u\,dv = u\,v - \int v\,du,$$

was nach der Kettenregel bzw. den Rechenregeln für das totale Differenzial genau (12.2) entspricht.

Wie auch immer sie genau dargestellt wird, auf den ersten Blick wirkt diese Rechenregel nur mäßig hilfreich. Erstens muss man sich auch weiter mit einem Integral herumschlagen, und zweitens ist es notwendig, zu einem Faktor des ursprünglichen Integranden, nämlich v', bereits eine Stammfunktion zu kennen. Gerade wenn man es mit Produkten von elementaren Funktionen zu tun hat, ist aber der zweite Punkt meist überhaupt kein Problem.

In vielen Fällen führt die partielle Integration tatsächlich zu einfacheren Integralen. Natürlich sollte man einen Blick dafür haben, welchen Teil des Integranden man besser als den zu differenzierenden und welchen als den zu integrierenden wählt.

Beispiel Wir untersuchen das Integral

$$I_1 = \int x \cos x \, dx$$

Der Integrand liegt in Produktform vor; die Frage ist nur, welchen der beiden Faktoren wählen wir als zu integrierenden, welchen als zu differenzierenden? Sowohl zu x als auch zu $\cos x$ kennen wir eine Stammfunktion. Während es aber beim Kosinus bis auf ein Vorzeichen keinen Unterschied macht, ob wir ihn nun differenzieren oder integrieren, wird $f(x) = x$ durch Differenzieren einfacher, durch Integrieren hingegen komplizierter.

Demnach setzen wir $u = x$, $v' = \cos x$ und hoffen, dass sich das Problem dadurch vereinfacht. Dabei führen wir auch gleich eine praktische, wenn auch völlig unverbindliche Schreibweise ein, nämlich die Form der partiellen Integration als Zwischenschritt zwischen senkrechten Linien festzuhalten.

$$\begin{aligned} I_1 &= \int x \cos x \, dx = \left| \begin{matrix} u = x & v' = \cos x \\ u' = 1 & v = \sin x \end{matrix} \right| = \\ &= x \sin x - \int \sin x \, dx = x \sin x + \cos x + C \end{aligned}$$

Wie erhofft haben wir ein einfacheres Integral erhalten, das sich elementar lösen lässt. ◄

Kommentar Für die praktische Handhabung der Zwischenrechnungen gibt es viele Varianten. Die hier vorgestellte, das Einfügen in ein „aufgetrenntes" Gleichheitszeichen ist meist recht praktisch, aber nur als Vorschlag zu verstehen. Besonders bei Klausuren und Prüfungen ist es meist vorteilhaft, sich an die Notation des jeweiligen Dozenten zu halten, um keine Missverständnisse aufkommen zu lassen. ◄

Beispiel Analog versuchen wir, das Integral

$$I_2 = \int x^2 e^x \, dx$$

mittels partieller Integration zu lösen. Dabei wird es sinnvoll sein, $u = x^2$ und $v' = e^x$ zu setzen. Durch das Differenzieren wird x^2 nämlich einfacher, während e^x auch beim Integrieren seine Gestalt nicht ändert:

$$\begin{aligned} I_2 &= \int x^2 e^x \, dx = \left| \begin{matrix} u = x^2 & v' = e^x \\ u' = 2x & v = e^x \end{matrix} \right| = \\ &= x^2 e^x - 2 \int x e^x \, dx = x^2 e^x - 2 \tilde{I}_2 \end{aligned}$$

Das Integral ist tatsächlich einfacher geworden, und eine zweite partielle Integration führt nun zum Ziel:

$$\begin{aligned} \tilde{I}_2 &= \int x e^x \, dx = \left| \begin{matrix} u = x & v' = e^x \\ u' = 1 & v = e^x \end{matrix} \right| = \\ &= x e^x - \int e^x \, dx = x e^x - e^x + C \end{aligned}$$

Insgesamt erhalten wir also

$$I_2 = x^2 e^x - 2 x e^x + 2 e^x + D,$$

wobei für die Integrationskonstante $D = -2C$ gesetzt wurde, genauso gut hätte man auch hier natürlich C schreiben können. ◄

Achtung Bereits am letzten Beispiel kann man erahnen, dass das richtige Berücksichtigen der Vorzeichen und Vorfaktoren bei mehrfacher partieller Integration umständlich werden kann. Die Gefahren dieser Fehlerquelle sollten nicht unterschätzt werden. Wie immer beim Integrieren kann man die Richtigkeit seiner Lösung aber sofort durch Differenzieren nachprüfen.

Die Vorzeichensetzung bei der partiellen Integration selbst kann man sich, selbst wenn sie einem gerade entfallen sein sollte, hingegen mittels Integration der Produktregel jederzeit wieder herleiten. ◄

Unter Umständen kann es nötig sein, den Integranden erst auf Produktform zu bringen, um die partielle Integration anwenden zu können. Das zeigt sich etwa im Paradebeispiel für diese Art der partielle Integration.

Beispiel Wir untersuchen nun das wichtige Integral

$$I = \int \ln x \, dx,$$

das vorerst so gar nicht nach einem Kandidaten für partielle Integration aussieht:

$$\begin{aligned} I &= \int \ln x \, dx = \int 1 \cdot \ln x \, dx \\ &= \left| \begin{matrix} u = \ln x & v' = 1 \\ u' = \frac{1}{x} & v = x \end{matrix} \right| = \ln x \cdot x - \int \frac{1}{x} x \, dx \\ &= \ln x \cdot x - \int dx = \ln x \cdot x - x + C \end{aligned}$$

Das Resultat ist also

$$I = \int \ln x \, dx = x \ln x - x + C. \qquad (12.3)$$

Eine derartige Ergänzung mit einem Faktor 1 und anschließende partielle Integration ist auch ein bewährtes Mittel bei vielen Integralen, deren Integrand der Logarithmus einer komplizierteren Funktion ist.

Dass die Konstante 1 durch das Integrieren geringfügig komplizierter wird ist ein geringer Preis dafür, dass man durch das Differenzieren den Logarithmus los wird. ◀

Auch bei bestimmten Integralen lässt sich die partielle Integration anwenden, man braucht nur jeweils die Grenzen richtig einzusetzen:

$$\int_a^b u(x)\,v'(x)\,\mathrm{d}x = u(x)\,v(x)\Big|_a^b - \int_a^b u'(x)\,v(x)\,\mathrm{d}x$$

Anwendungsbeispiel Eine exponentialverteilte Zufallsvariable besitzt die Wahrscheinlichkeitsdichte ($\lambda > 0$)

$$p(x) = \begin{cases} \lambda \mathrm{e}^{-\lambda x} & \text{für } x \geq 0 \\ 0 & \text{für } x < 0 \end{cases}$$

(siehe Abschn. 39.2). Wir überprüfen, dass es sich tatsächlich um eine gültige Wahrscheinlichkeitsdichte handelt, d. h., dass

$$\int_{-\infty}^{\infty} p(x)\,\mathrm{d}x = 1$$

ist. Des Weiteren berechnen wir den Erwartungswert

$$\mathrm{E}(X) = \int_{-\infty}^{\infty} x\,p(x)\,\mathrm{d}x$$

sowie die Varianz

$$\mathrm{Var}(X) = \int_{-\infty}^{\infty} (x - E(X))^2\,p(x)\,\mathrm{d}x\,.$$

Zunächst müssen wir verifizieren, dass das Integral von p über ganz $\mathbb{R}$ eins ergibt,

$$\int_{-\infty}^{\infty} p(x)\,\mathrm{d}x = \int_0^{\infty} \lambda \mathrm{e}^{-\lambda x}\,\mathrm{d}x = -\mathrm{e}^{-\lambda x}\Big|_0^{\infty} = 1$$

Nun bestimmen wir den Erwartungswert

$$\mathrm{E}(X) = \int_0^{\infty} x\,\lambda\,\mathrm{e}^{-\lambda x}\,\mathrm{d}x = \left| \begin{matrix} u = x & v' = \lambda\,\mathrm{e}^{-\lambda x} \\ u' = 1 & v = -\mathrm{e}^{-\lambda x} \end{matrix} \right| = -\,x\,\mathrm{e}^{-\lambda x}\Big|_0^{\infty} + \int_0^{\infty} \mathrm{e}^{-\lambda x}\,\mathrm{d}x = \frac{1}{\lambda}$$

und die Varianz

$$\begin{aligned}
\mathrm{Var}(X) &= \int_0^{\infty} \left(x - \frac{1}{\lambda}\right)^2 \lambda\,\mathrm{e}^{-\lambda x}\,\mathrm{d}x \\
&= \left| \begin{matrix} u = \left(x - \frac{1}{\lambda}\right)^2 & v' = \lambda\,\mathrm{e}^{-\lambda x} \\ u' = 2\left(x - \frac{1}{\lambda}\right) & v = -\mathrm{e}^{-\lambda x} \end{matrix} \right| \\
&= -\left(x - \frac{1}{\lambda}\right)^2 \mathrm{e}^{-\lambda x}\Big|_0^{\infty} + 2\int_0^{\infty} \left(x - \frac{1}{\lambda}\right) \mathrm{e}^{-\lambda x}\,\mathrm{d}x \\
&= \frac{1}{\lambda^2} + 2\int_0^{\infty} x\,\mathrm{e}^{-\lambda x}\,\mathrm{d}x - \frac{2}{\lambda}\int_0^{\infty} \mathrm{e}^{-\lambda x}\,\mathrm{d}x \\
&= \frac{1}{\lambda^2} + \frac{2}{\lambda}\underbrace{\int_0^{\infty} x\,\lambda\,\mathrm{e}^{-\lambda x}\,\mathrm{d}x}_{=E(X)} - \frac{2}{\lambda^2}\underbrace{\int_0^{\infty} \lambda\,\mathrm{e}^{-\lambda x}\,\mathrm{d}x}_{=1} \\
&= \frac{1}{\lambda^2} + \frac{2}{\lambda^2} - \frac{2}{\lambda^2} = \frac{1}{\lambda^2}\,.
\end{aligned}$$

Wir werden uns auf S. 1483 noch ausführlich mit dieser Verteilung beschäftigen. ◀

Die partielle Integration kann äußerst wichtige Ergebnisse liefern. So können wir sie benutzen, um eine neue Darstellung des Restgliedes für die Taylor-Entwicklung zu erhalten.

Wir betrachten eine Funktion f, die in einer Umgebung eines Punktes x_0 $(n+1)$-mal differenzierbar ist. Mit dem zweiten Hauptsatz der Integralrechnung und partieller Integration folgt

$$\begin{aligned}
f(x) - f(x_0) &= \int_{x_0}^{x} f'(t)\,\mathrm{d}t = \int_{x_0}^{x} \underbrace{1}_{u'(t)}\;\underbrace{f'(t)}_{v(t)}\,\mathrm{d}t \\
&= (t - x)f'(t)\Big|_{t=x_0}^{t=x} - \int_{x_0}^{x} (t - x)f''(t)\,\mathrm{d}t \\
&= (x - x_0)f'(x_0) + \int_{x_0}^{x} (x - t)f''(t)\,\mathrm{d}t\,.
\end{aligned}$$

Nochmalige partielle Integration führt auf

$$\begin{aligned}
&\int_{x_0}^{x} \underbrace{(x - t)}_{u'(t)}\;\underbrace{f''(t)}_{v(t)}\,\mathrm{d}t \\
&= -\frac{1}{2}(x - t)^2 f''(t)\Big|_{t=x_0}^{t=x} + \frac{1}{2}\int_{x_0}^{x} (x - t)^2 f'''(t)\,\mathrm{d}t \\
&= \frac{1}{2}(x - x_0)^2 f''(x_0) + \frac{1}{2}\int_{x_0}^{x} (x - t)^2 f'''(t)\,\mathrm{d}t\,,
\end{aligned}$$

also ist

$$f(x) = \left[f(x_0) + (x - x_0)f'(x_0) + \frac{1}{2}(x - x_0)^2 f''(x_0)\right] + \frac{1}{2}\int_{x_0}^{x} (x - t)^2 f'''(t)\,\mathrm{d}t\,.$$

Durch vollständige Induktion können wir nun weiter die folgende Darstellung des Restgliedes beweisen:

$$R_n(x, x_0) = \frac{1}{n!}\int_{x_0}^{x} (x - t)^n f^{(n+1)}(t)\,\mathrm{d}t\,.$$

Partielle Integration kann selbst dann Erfolg haben, wenn sie zum Ausgangsintegral zurückführt

Die partielle Integration kann diverse Überraschungen bereithalten. So kann es bei manchen Rechnungen passieren, dass die partielle Integration nie zu einer integralfreien Form führt – und dass sich das gesuchte Integral dennoch mit dieser Methode berechnen lässt. Dies ist der Fall, wenn man nach (meist mehrfacher) partieller Integration wieder das Ausgangsintegral erhält. Dabei hat man eine algebraische Gleichung für das gesuchte Integral erhalten, die sich meist einfach lösen lässt.

Beispiel Zu berechnen ist das Integral

$$I = \int \sin x \cos x\,\mathrm{d}x,$$

das wir in Abschn. 12.1 schon mittels trigonometrischer Identitäten bzw. durch Erraten gelöst haben. Partielle Integration liefert:

$$\begin{aligned} I = \int \sin x \cos x\,\mathrm{d}x &= \left|\begin{matrix} u = \sin x & v' = \cos x \\ u' = \cos x & v = \sin x \end{matrix}\right| = \\ &= \sin^2 x - \int \sin x \cos x\,\mathrm{d}x = \sin^2 x - I + 2C \end{aligned}$$

Hier haben wir die Integrationskonstante bereits vorausschauend $-2C$ genannt. Insgesamt haben wir die Gleichung

$$I = \sin^2 x - I + 2C \quad \Leftrightarrow \quad 2I = \sin^2 x + 2C$$

erhalten, kennen also

$$\int \sin x \cos x\,\mathrm{d}x = \frac{\sin^2 x}{2} + C.$$

Die Integrationskonstante, die bei unbestimmten Integralen immer auftritt, muss natürlich auch hier berücksichtigt werden. ◄

Es kann aber auch passieren, dass eine solche Vorgangsweise keinen unmittelbaren Erfolg bringt, sondern man noch zusätzliche Tricks ins Spiel bringen muss.

Beispiel Dazu versuchen wir, das Integral

$$I = \int \sin^2 x\,\mathrm{d}x$$

mittels partieller Integration zu lösen.

$$\begin{aligned} I = \int \sin^2 x\,\mathrm{d}x &= \left|\begin{matrix} u = \sin x & v' = \sin x \\ u' = \cos x & v = -\cos x \end{matrix}\right| = \\ &= -\sin x \cos x + \int \cos^2 x\,\mathrm{d}x \\ &= \left|\begin{matrix} u = \cos x & v' = \cos x \\ u' = -\sin x & v = \sin x \end{matrix}\right| = \\ &= -\sin x \cos x + \sin x \cos x + \int \sin^2 x\,\mathrm{d}x \\ &= \int \sin^2 x\,\mathrm{d}x = I \end{aligned}$$

Hier haben wir nichts gewonnen, denn die Gleichung $I = I$, die wir am Ende erhalten haben, ist zwar eine wahre Aussage, verrät uns aber nichts über I. Um wirklich eine Lösung für das Integral zu erhalten, greifen wir ein Zwischenergebnis von oben heraus, und benutzen die Identität $\sin^2 x + \cos^2 x = 1$.

$$\begin{aligned} I = \int \sin^2 x\,\mathrm{d}x &= -\sin x \cos x + \int \cos^2 x\,\mathrm{d}x \\ &= -\sin x \cos x + \int \left(1 - \sin^2 x\right)\,\mathrm{d}x \\ &= -\sin x \cos x + \int \mathrm{d}x - \int \sin^2 x\,\mathrm{d}x \\ &= -\sin x \cos x + x - I \end{aligned}$$

Nun erhalten wir sofort

$$I = \frac{1}{2}(x - \sin x \cos x) + C.$$

Als bestimmtes Integral lässt sich unser Beispiel für manche Grenzen übrigens sehr leicht lösen. Den Wert von

$$\int_0^{\pi} \sin^2 x\,\mathrm{d}x$$

etwa kann man sofort ohne Rechnung angeben. Betrachten wir den Graphen des Integranden und zeichnen zusätzlich ein Rechteck der Länge π und Höhe 1 ein, wie in Abb. 12.2 dargestellt ist.

Weil einerseits $\sin^2 x + \cos^2 x = 1$ ist, andererseits Sinus und Kosinus ja nur gegeneinander verschoben sind, sind die Flächen unter- und oberhalb des Graphen gleich groß.

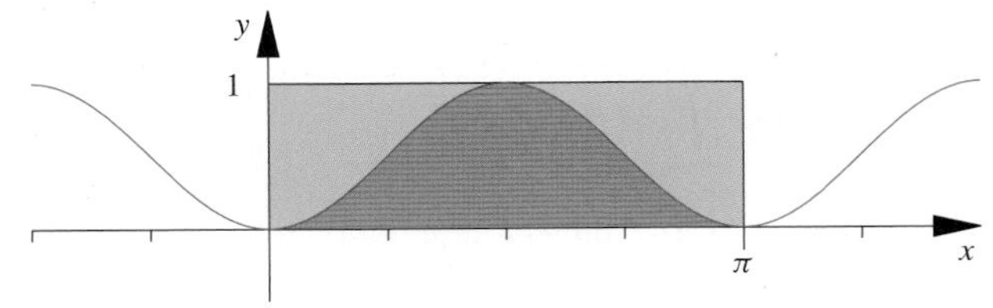

Abb. 12.2 Die Flächen unter- und oberhalb des Funktionsgraphen von $f(x) = \sin^2 x$ sind im Intervall $[0, \pi]$ gleich groß. Damit lässt sich auch das Integral dieser Funktion über diesen Bereich sofort angeben

Der Flächeninhalt des Rechtecks ist $A = \pi$, und damit erhalten wir unmittelbar

$$\int_0^{\pi} \sin^2 x \, \mathrm{d}x = \frac{\pi}{2}. \quad ◀$$

Anwendungsbeispiel Integrale über Quadrate von Winkelfunktionen spielen in vielen Anwendungen eine große Rolle, etwa bei Leistungsberechnungen. Die elektrische Leistung P ergibt sich als Produkt von Spannung U und Stromstärke I, zu einem bestimmten Zeitpunkt t ist also

$$P(t) = U(t)\, I(t).$$

Im Fall von Wechselstrom haben Strom und Spannung meistens sinusförmigen Verlauf,

$$U(t) = U_0 \sin(\omega t + \varphi_U) \qquad I(t) = I_0 \sin(\omega t + \varphi_I).$$

mit Frequenz ω. Im einfachsten Fall sind keine Kapazitäten oder Induktivitäten zu berücksichtigen. Dann ist einerseits $\varphi_U = \varphi_I = \varphi$, andererseits ergibt das Ohm'sche Gesetz mit dem konstanten Widerstand R sofort $I_0 = U_0/R$. Damit erhält man für die Arbeit pro Periode $\tau = 2\pi/\omega$

$$\begin{aligned} W_\tau &= \int_{t_0}^{t_0+\tau} P(t)\, \mathrm{d}t = \int_{t_0}^{t_0+\tau} U_0 I_0 \sin^2(\omega t + \varphi)\, \mathrm{d}t \\ &= \int_{-\frac{\varphi}{\omega}}^{\tau-\frac{\varphi}{\omega}} \frac{U_0^2}{R} \sin^2(\omega t + \varphi)\, \mathrm{d}t = \frac{U_0^2}{R} \int_0^{\tau} \sin^2(\omega t)\, \mathrm{d}t \\ &= \frac{U_0^2}{R} \cdot \frac{1}{\omega} \cdot \frac{1}{2} \big[\omega t - \sin(\omega t) \cos(\omega t)\big]_0^{\tau = 2\pi/\omega} \\ &= \frac{U_0^2}{R} \cdot \frac{1}{\omega} \cdot \frac{2\pi}{2} = \frac{U_0^2}{R} \cdot \frac{\pi}{\omega}. \end{aligned}$$

Dabei wurde einerseits die Periodizität des Integranden benutzt, andererseits die Regel, dass

$$\int f(ax)\, \mathrm{d}x = \frac{1}{a} F(ax) + C$$

ist, wenn F eine Stammfunktion von f ist. Tatsächlich interessiert uns aber weniger die Arbeit pro Periode, sondern pro Zeiteinheit:

$$P = \frac{W_\tau}{\tau} = \frac{\omega}{2\pi} \cdot \frac{U_0^2}{R} \cdot \frac{\pi}{\omega} = \frac{U_0^2}{2R}.$$

Gibt es im Stromkreis nicht nur Ohm'sche Widerstände, sondern auch Kapazitäten (etwa durch Kondensatoren) oder Induktivitäten (etwa durch Spulen), so kann es zu einer Phasenverschiebung zwischen Strom und Spannung kommen, $\varphi_U \neq \varphi_I$. In diesem Fall rechnet man günstigerweise mit der komplexen Impedanz Z statt mit dem reellen Widerstand R. Auch die Leistung wird in diesem Fall komplex.

Nur der reelle Teil der Leistung wird wirklich vom Verbraucher entnommen, der imaginäre (die *Blindleistung*) pendelt zwischen Versorger und Verbraucher hin und her. Im Grenzfall verschwindender Ohm'scher Widerstände hat man $\varphi_U - \varphi_I = \pm\frac{\pi}{2}$ und nur noch Blindleistung. ◀

12.3 Substitutionsmethode

Die partielle Integration ist bei vielen Integralen hilfreich, das schlagkräftigste Verfahren zum Auffinden einer Stammfunktion ist aber die **Substitution** oder **Variablentransformation**.

Diese wollen wir erst einmal anhand eines Beispiels motivieren, bevor wir sie als Umkehrung der Kettenregel streng rechtfertigen. Wie man mithilfe der Kettenregel sofort überprüfen kann, gilt

$$\frac{\mathrm{d}}{\mathrm{d}x} \mathrm{e}^{\sin x} = \mathrm{e}^{\sin x} \cos x$$

und damit

$$\int \mathrm{e}^{\sin x} \cos x \, \mathrm{d}x = \mathrm{e}^{\sin x} + C.$$

Wie kann man aber in solchen Fällen eine Stammfunktion erraten, wenn man es ohne dieses Wissen im Hinterkopf mit einem derartigen Integral zu tun hat?

Zudem hat in vielen Fällen der Integrand zwar eine Form, die durchaus für eine Ausnutzung der Kettenregel geeignet ist – jedoch nicht ganz so offensichtlich wie in unseren Beispielen.

Daher wollen wir uns nun eine allgemeiner anwendbare Strategie überlegen, mit Integralen umzugehen, in denen das Argument einer Funktion eine andere Funktion ist. In unserem Fall taucht der Sinus als Argument der Exponentialfunktion auf.

Um diese komplizierte Konstruktion zu vereinfachen, fassen wir den Sinus als *neue Integrationsvariable* $u = \sin x$ auf, wir *substituieren*. Dabei müssen wir natürlich auch das Differenzial entsprechend umrechnen.

Die Regeln für das Differenzial sagen uns

$$du = \frac{du}{dx}\,dx = \cos x\,dx.$$

Damit gilt aber auch

$$dx = \frac{du}{\cos x},$$

solange $\cos x \neq 0$ ist. Das erleichtert die Rechnung gewaltig. Nicht nur, dass wir mithilfe dieser Umrechnung aus der Integration über x eine über u machen können, nein, auch den Kosinus können wir kürzen

$$I = \int e^u \cos x \frac{du}{\cos x} = \int e^u\,du = e^u + C.$$

Im Hintergrund ist hier natürlich die Kettenregel am Werk, allerdings weniger offensichtlich als zuvor.

Wir haben nun eine integralfreie Darstellung, allerdings in der neuen Variablen u. Nun können wir aber ohne Schwierigkeiten wieder $u = \sin x$ einsetzen. Dieses Rückeinsetzen wird oft mit einem senkrechten Strich oder eckigen Klammern geschrieben. (Die Beziehung zwischen alter und neuer Integrationsvariable wird typischerweise nicht in jedem Schritt explizit angemerkt, dennoch muss sie in der Rechnung stets berücksichtigt werden.) In unserem Fall erhalten wir

$$I = e^u\big|_{u=\sin x} + C = e^{\sin x} + C.$$

Dass wir in diesem Beispiel zwischendurch $\cos x \neq 0$ voraussetzen mussten, bedeutet keine Einschränkung mehr, da wir unser Ergebnis stetig, sogar differenzierbar auch an diesen Punkten fortsetzen können.

Wären nach dem Substituieren und dem Umrechnen des Differenzials noch irgendwo Ausdrücke in der alten Variablen x übriggeblieben, so hätten wir diese auch auf die neue Variable u umschreiben müssen:

Beispiel Wir bestimmen

$$J = \int e^{\sin x} \cos^3 x\,dx.$$

Dabei können wir natürlich unsere Ergebnisse von vorher verwenden und erhalten mit $u = \sin x$

$$J = \int e^u \cos^2 x\,du\bigg|_{u=\sin x}.$$

So wie $u = \sin x$ ist, hängt x gemäß $x = x(u) = \arcsin u$ von u ab. Um eine Darstellung rein in der neuen Variablen u zu erhalten, benutzen wir

$$\cos^2 x = 1 - \sin^2 x = 1 - u^2$$

und erhalten

$$\begin{aligned} J &= \int e^u (1-u^2)\,du\bigg|_{u=\sin x} \\ &= \left[\int e^u\,du - \int e^u u^2\,du\right]_{u=\sin x}. \end{aligned}$$

Das erste Integral ist elementar, das zweite haben wir bereits auf S. 426 mittels partieller Integration bestimmt. Damit erhalten wir

$$\begin{aligned} J &= \int e^u (1-u^2)\,du\bigg|_{u=\sin x} \\ &= \left[e^u - u^2 e^u + 2ue^u - 2e^u + C\right]_{u=\sin x} \\ &= \left[(1-u^2)e^u + 2(u-1)e^u + C\right]_{u=\sin x} \\ &= \cos^2 x\, e^{\sin x} + 2(\sin x - 1)e^{\sin x} + C. \end{aligned}$$ ◀

Gelingt ein so geschicktes Umschreiben nicht mehr, muss man explizit mit $x = x(u)$, hier also der Beziehung $x = \arcsin u$ arbeiten. Dabei muss man sich abhängig vom Integrationsbereich auch Gedanken über den passenden Zweig des Arkussinus machen.

Die Substitutionsmethode folgt aus der Integration der Kettenregel

Nachdem wir die Substitutionsmethode bereits in Aktion gesehen haben, wollen wir uns nun überlegen, was dort eigentlich genau passiert ist: Wir haben ein Integral der Art

$$\int f(x)\,dx$$

auf eine neue Integrationsvariable u umgeschrieben. Dieses „Umschreiben" erfolgt tatsächlich mittels einer umkehrbaren differenzierbaren Funktion, die wir φ nennen wollen, $u = \varphi(x)$.

Um das Differenzial zu transformieren, verwenden wir die Kettenregel

$$du = \frac{d\varphi}{dx}\,dx \quad \text{bzw.} \quad dx = \frac{d(\varphi^{-1})}{du}\,du.$$

Überall, wo die alte Integrationsvariable noch vorkommt, wird sie nun mittels $x = \varphi^{-1}(u)$ ersetzt. So erhält man ein Integral, das vollständig in der neuen Variablen u formuliert ist.

Um die Bezeichnungsweise zu vereinfachen, verzichtet man allerdings meist ganz auf das Einführen eines eigenen Symbols für ϕ und bezeichnet die Funktion direkt mit u, ihre Umkehrfunktion direkt mit $x = u^{-1}$. Das ist eine recht eingängige Schreibweise; man sollte allerdings im Auge behalten, dass u oder x dann je nach Zusammenhang für eine Integrationsvariable oder für eine Funktion stehen kann.

Um unsere Strategie streng zu untermauern, betrachten wir eine Funktion u, die auf dem gesamten betrachteten Intervall $[a, b]$, dem späteren Integrationsbereich, streng monoton und differenzierbar ist. Wenn wir Differenzierbarkeit voraussetzen, wird die Monotonie durch $u'(x) \neq 0$ für alle $x \in [a, b]$ garantiert.

Nun behaupten wir: Wenn Φ eine Stammfunktion von $f(u)\,u'$ ist,

$$\Phi'(x) = f(u(x))\,u'(x)\,,$$

dann ist $\Phi(u^{-1})$ eine Stammfunktion von f. Das klingt im Lichte der Kettenregel plausibel, aber beweisen müssen wir es natürlich trotzdem.

Beweis Unter der Voraussetzung $u'(x) \neq 0$ existiert sicher die Umkehrfunktion u^{-1}, und wir erhalten durch Ableiten nach der Kettenregel mit $t = u(x)$ bzw. $x = u^{-1}(t)$

$$\begin{aligned}\left(\Phi\left(u^{-1}(t)\right)\right)' &= \Phi'(u^{-1}(t))\left(u^{-1}(t)\right)' \overset{\text{nach Voraussetzung}}{=} \\ &= f\left(u(u^{-1}(t))\right)u'(u^{-1}(t))\left(u^{-1}(t)\right)'.\end{aligned}$$

Nun benötigen wir eine kleine Nebenrechnung, und zwar differenzieren wir die Identität

$$u\left(u^{-1}(t)\right) = t$$

nach der Kettenregel. Das ergibt

$$u'\left(u^{-1}(t)\right)\left(u^{-1}(t)\right)' = 1.$$

Dies oben eingesetzt liefert

$$\left(\Phi(u^{-1}(t))\right)' = f\left(u(u^{-1}(t))\right) = f(t),$$

was zu beweisen war. ∎

Wir werden die so gefundene Formel noch ein wenig umstellen, um sie in eine möglichst praktische Form zu bringen.

Substitutionsmethode

Für eine differenzierbare und umkehrbare Funktion φ gilt

$$\int f(x)\,\mathrm{d}x = \int f(\varphi^{-1}(u))\,\frac{\mathrm{d}(\varphi^{-1})}{\mathrm{d}u}\,\mathrm{d}u\,,$$

wobei nach Integration entweder links $x = \varphi^{-1}(u)$ oder rechts $u = \varphi(x)$ zu setzen ist.

Im Einführungsbeispiel war $u = \varphi(x) = \sin x$. In salopper Schreibweise (mit $u = \varphi$ und $x = \varphi^{-1}$) und unter der stärkeren Voraussetzung $u' \neq 0$, die stets ausreicht, um die Umkehrbarkeit zu gewährleisten, nimmt die Substitutionsformel die folgende Gestalt an:

$$\int f(x)\,\mathrm{d}x = \int f(x(u))\,\frac{\mathrm{d}x}{\mathrm{d}u}\,\mathrm{d}u\,, \qquad u' \neq 0\,.$$

Diese Formel kann in beide Richtungen gelesen werden, und für beide Umformungen finden sich Beispiele, bei denen sich ein Integrand wesentlich vereinfacht.

Beispiel Bei

$$\int \cos(\mathrm{e}^u)\,\mathrm{e}^u\,\mathrm{d}u = \left|\begin{matrix} x = \mathrm{e}^u \\ \mathrm{d}x = \mathrm{e}^u\,\mathrm{d}u \end{matrix}\right| = \int \cos x\,\mathrm{d}x\Big|_{x=\mathrm{e}^u}$$

ist die Sache klar. Auch in die andere Richtung können sich jedoch Vereinfachungen ergeben, etwa bei

$$\begin{aligned} I &= \int \arcsin x\,\mathrm{d}x = \int \arcsin(\sin u)\,\frac{\mathrm{d}\sin u}{\mathrm{d}u}\,\mathrm{d}u \\ &= \int u\,\cos u\,\mathrm{d}u\Big|_{u=\arcsin x}\end{aligned}$$

Dieses Integral lässt sich nun mittels partieller Integration schnell bewältigen:

$$\begin{aligned} I &= \int u\,\cos u\,\mathrm{d}u = \left|\begin{matrix} f = u & g' = \cos u \\ f' = 1 & g = \sin u \end{matrix}\right| = \\ &= u\,\sin u - \int \sin u\,\mathrm{d}u = u\,\sin u + \cos u + C \\ &= \left[u\,\sin u + \sqrt{1 - \sin^2 u} + C\right]_{u=\arcsin x}\end{aligned}$$

Nun fehlt nur noch die Rücksubstitution:

$$I = x\,\arcsin x + \sqrt{1 - x^2} + C$$

◀

Achtung Da hier ein unbestimmtes Integral steht, ist von einem Integrationsbereich natürlich vorderhand nichts zu sehen. Sobald man aber die konkreten Grenzen einsetzen will, muss man sich Gedanken machen, ob die Bedingung $u' \neq 0$ auch für den gesamten so erfassten Integrationsbereich erfüllt ist – ansonsten besteht zumindest die Möglichkeit, dass man ein unsinniges Ergebnis erhält. ◀

Vom Standpunkt des praktischen Arbeitens aus ist die Substitution jedenfalls ein äußerst nützliches Handwerkszeug, um Integrale zu berechnen oder sie zumindest in eine Form zu bringen, in der sie numerisch gut zu handhaben sind. Einen Algorithmus (soweit das möglich ist) geben wir im Beispiel auf S. 432 an.

Mehr als bei jeder anderen Integrationstechnik ist bei der Substitution Erfahrung der Schlüsselfaktor zur effizienten Anwendung. Gerade am Anfang ist es oft nicht leicht zu erkennen, welchen Ausdruck man am besten substituieren soll – hier hilft wohl nur das Rechnen von möglichst vielen und unterschiedlichen Beispielen. Wie bei der partiellen Integration ist übrigens auch bei der Substitution eine praktische Kurzschreibweise mit senkrechten Strichen oder Wellenlinien verbreitet.

Achtung Beim Übergang zu einer neuen Integrationsvariablen ist es manchmal praktisch, alte und neue Variablen während ein oder zwei Zwischenschritten gemeinsam zu verwenden; das ist natürlich legitim, allerdings sollte man dabei nie auf die Idee

Teil II

Beispiel: Integration mittels Substitution

Wir präsentieren eine salopp formulierte, kochrezeptartige Anleitung für die Integration per Substitution, die sofort am konkreten Beispiel

$$I = \int \ln(\cos^2 x)\, \cos x\, \sin x \, dx$$

durchexerziert wird.

Problemanalyse und Strategie:

1. Den Ausdruck im Integranden suchen, der einerseits so aussieht, als würde er bei der Integration Ärger machen, andererseits aber noch vernünftig handhabbar sein, und ihn durch eine neue Variable ersetzen. Die Umkehrbarkeit überprüfen und eventuell auch gleich die Umkehrfunktion bestimmen.
2. Per Kettenregel das Differenzial umrechnen, also die Ableitung der neuen nach der alten Variablen oder umgekehrt berechnen und formal wie aus einer algebraischen Gleichung das Differenzial bestimmen.
3. Im Fall bestimmter Integrale die Integrationsgrenzen umrechnen oder zumindest kennzeichnen, dass sich der Integrationsbereich verändert hat.
4. Neue Variable, neues Differenzial und eventuell neue Grenzen einsetzen. Falls die alte Variable noch vorkommt, mittels Umkehrfunktion durch den entsprechenden Ausdruck in der neuen ersetzen.
5. Das neue, hoffentlich einfachere, Integral lösen, unter Umständen auch durch noch eine Substitution, oder im schlimmsten Fall einen ganz anderen Weg suchen.
6. Bei Erfolg die alte Variable per **Rücksubstitution** wieder einführen. Wurden bei einem bestimmten Integral die Grenzen umgerechnet, können diese natürlich direkt eingesetzt werden und man erspart sich die Rücksubstitution.

Lösung: Wir spielen unser Programm für

$$I = \int \ln(\cos^2 x)\, \cos x\, \sin x \, dx$$

durch:

1. In unserem Beispiel ist es naheliegend, eine der Winkelfunktionen zu substituieren, vorzugsweise den Kosinus, der ja auch im Argument des Logarithmus auftaucht:

$$I = \int \ln(\cos^2 x)\, \cos x\, \sin x \, dx = \left| \begin{array}{l} u = \cos x \\ dx = -\frac{du}{\sin x} \end{array} \right| =$$

   In einem geeigneten Intervall, etwa $[0, b]$ mit $b < \pi/2$ ist der Kosinus umkehrbar, und man erhält $x = \arccos u$.
2. Umrechnen des Differenzials liefert

$$\frac{du}{dx} = -\sin x \quad \Leftrightarrow \quad dx = -\frac{du}{\sin x}.$$

3. Da wir es mit einem unbestimmten Integral zu tun haben, entfällt die Umrechnung der Integrationsgrenzen.
4. Unter der Voraussetzung $u = \cos x$ erhalten wir

$$I = -\int \ln(u^2)\, u \, du\,.$$

   Damit ist das Integral rein in der neuen Variable u formuliert und kann mit den bekannten Integrationstechniken weiterbehandelt werden:
5. In unserem Beispiel haben wir ein einfacheres Integral erhalten, das sich mit einer weiteren Substitution lösen lässt:

$$I = -\int \ln(u^2)\, u \, du = \left| \begin{array}{l} v = u^2 \\ \frac{dv}{du} = 2u \end{array} \right| = -\frac{1}{2} \int \ln v \, dv \overset{(12.3)}{=} \frac{1}{2}(v - v \ln v)\,.$$

6. Die Rücksubstitution ergibt

$$\begin{aligned} I &= \frac{1}{2}\left(u^2 - u^2 \ln(u^2)\right) \\ &= \frac{1}{2}\left(\cos^2 x - \cos^2 x \ln(\cos^2 x)\right)\,. \end{aligned}$$

kommen, eine der beiden als Konstante zu betrachten. Die funktionalen Abhängigkeiten sind immer gegeben und dürfen nicht unter den Tisch fallen gelassen werden. ◄

Auch eine weitere Integrationsregel, der wir bereits in Kap. 10 begegnet sind, kann man als Spezialfall der Substitutionsmethode auffassen. Ist

$$\int f(x)\, dx = F(x) + C,$$

so folgt daraus sofort

$$\int f(ax + b)\, dx = \frac{1}{a} F(ax + b) + C. \tag{12.4}$$

Selbstfrage 2

Beweisen Sie (12.4) mittels einer geeigneten Substitution!

Beispiel Wir bestimmen die beiden Integrale

$$I_1 = \int \frac{dx}{x\,(1+\ln^2 x)},$$

$$I_2 = \int \frac{\sin x \cos x}{\sqrt{1+\sin^2 x}} \sin\sqrt{1+\sin^2 x}\,dx\,.$$

Dabei erhalten wir

$$I_1 = \left| \begin{matrix} u = \ln x \\ du = \frac{dx}{x} \end{matrix} \right| = \int \frac{du}{1+u^2}$$
$$= \arctan u + C = \arctan \ln x + C\,.$$

Analog, nur ein wenig komplizierter, gelangen wir zu:

$$I_2 = \left| \begin{matrix} u = \sin x \\ du = \cos x\,dx \end{matrix} \right| = \int \frac{u}{\sqrt{1+u^2}} \sin\sqrt{1+u^2}\,du$$
$$= \left| \begin{matrix} v = \sqrt{1+u^2} \\ dv = \frac{u\,du}{\sqrt{1+u^2}} \end{matrix} \right| = \int \sin v\,dv = -\cos v + C$$
$$= -\cos\sqrt{1+u^2} + C = -\cos\sqrt{1+\sin^2 x} + C.$$ ◀

Auch bei bestimmten Integralen ist Substitution möglich

Auch bestimmte Integrale kann man mittels Substitution lösen, allerdings muss man dabei Folgendes beachten: Substituiert man im Integral $\int_a^b f(x)\,dx$ die Integrationsvariable durch $x = x(u)$, muss man auch die Grenzen entsprechend transformieren. Die neuen Grenzen sind $c = u(a)$ und $d = u(b)$. Man erhält also das Integral

$$\int_a^b f(x)\,dx = \int_c^d f(x(u))\,\frac{dx}{du}\,du\,.$$

Eine andere Möglichkeit ist, nach dem Lösen des Integrals, aber noch vor dem Einsetzen der Grenzen, die ursprünglichen Variablen mitsamt ursprünglichen Grenzen wieder einzuführen.

Beispiel Wir bestimmen das Integral

$$I = \int_1^e \frac{dx}{x\,(1+\ln x)}.$$

Dazu substituieren wir $u = \ln x$:

$$I = \int_1^e \frac{dx}{x\,(1+\ln x)} = \left| \begin{matrix} u = \ln x,\ x = e^u & e \to 1 \\ dx = \frac{dx}{du}\,du = e^u\,du & 1 \to 0 \end{matrix} \right| =$$
$$= \int_0^1 \frac{e^u\,du}{e^u\,(1+u)} = \int_0^1 \frac{du}{1+u}$$
$$= \ln|1+u|\Big|_0^1 = \ln 2$$

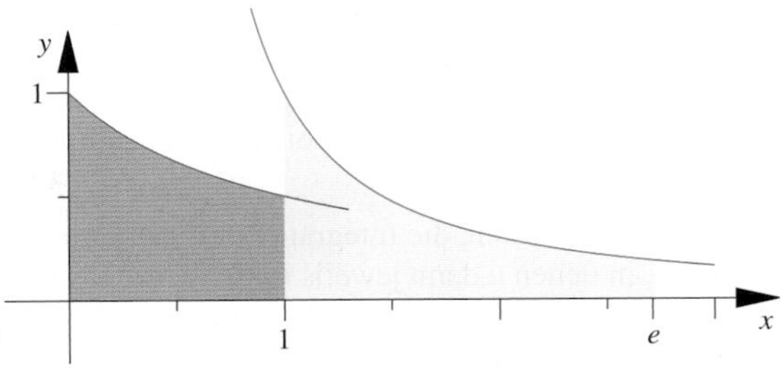

Abb. 12.3 Die Substitution $u = \ln x$ ändert den Verlauf des Integranden und die Integrationsgrenzen, lässt die Fläche unter der Kurve jedoch unverändert

Alternativ hätte man natürlich auch die Grenzen nicht berechnen brauchen, dafür dann aber rücksubstituieren müssen,

$$I = \int_B \frac{du}{1+u} = \ln|1+u|\Big|_B = \ln|1+\ln x|\Big|_1^e = \ln 2.$$

Dabei bezeichnet B den nicht näher bestimmten Integrationsbereich in der neuen Variablen u. Der Vergleich der Flächen unter den Funktionsgraphen vor und nach der Substitution ist in Abb. 12.3 dargestellt.

Als weiteres Beispiel ermitteln wir das Integral

$$J = \int_0^{\sqrt{\pi}} x\,\sin(x^2)\,dx\,.$$

Hier setzen wir $u = x^2$ und erhalten

$$J = \int_0^{\sqrt{\pi}} x\,\sin(x^2)\,dx = \left| \begin{matrix} u = x^2,\ x = \sqrt{u} & \sqrt{\pi} \to \pi \\ du = \frac{du}{dx}\,dx = 2\,x\,dx & 0 \to 0 \end{matrix} \right| =$$
$$= \frac{1}{2}\int_0^{\pi} \sin u\,du = -\frac{1}{2}\cos u\Big|_0^{\pi} = \frac{1}{2}\cdot 2 = 1$$

In Abb. 12.4 stellen wir wieder den Vergleich der beiden Flächen dar. ◀

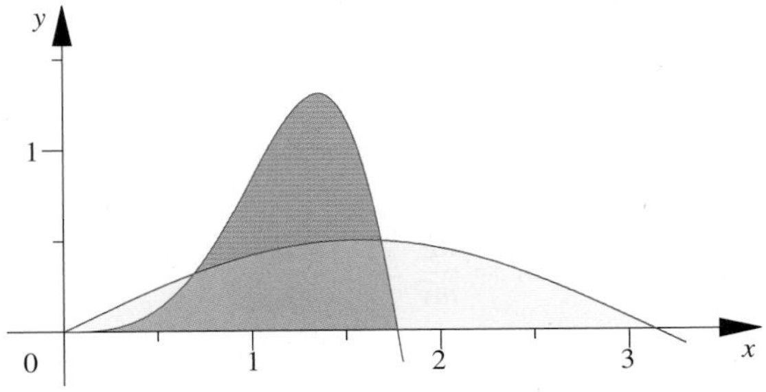

Abb. 12.4 Die Substitution $u = x^2$ ändert den Verlauf des Integranden und die Integrationsgrenzen, lässt die Fläche unter der Kurve jedoch unverändert

Die Substitution $x \to u(x)$ hat dann ihre Tücken, wenn u keine injektive Funktion von x ist. In diesem Fall gibt es einerseits keine eindeutig bestimmte Umkehrfunktion $x(u)$, andererseits gibt es im Fall des bestimmten Integrals bei den Integrationsgrenzen Probleme.

Hier ist es meist am besten, die Integration auf mehrere Intervalle aufzuteilen, in denen u dann jeweils injektiv ist. Das ist sicher der Fall, wenn dort $u' \neq 0$ ist. Daher wurde dies bereits beim Aufstellen der Substitutionsformel verlangt. Allerdings gibt es auch Fälle, wo zwar an einer oder mehreren Stellen $u' = 0$ wird, $u(x)$ aber trotzdem streng monoton ist, z. B. $u(x) = x^3$.

Beispiel Wir bestimmen das Integral

$$I = \int_0^{\pi} \sin^2 x \cos x \, \mathrm{d}x \, .$$

Dabei benutzen wir die Substitution

$$u = \sin x \, , \quad u' = \cos x \, , \quad \mathrm{d}u = \cos x \, \mathrm{d}x \, .$$

Der Kosinus hat eine Nullstelle bei $x = \pi/2$, an dieser Stelle muss man den Integrationsbereich auftrennen. Transformation der Integrationsgrenzen ergibt $0 \to 0$, $\pi/2 \to 1$ und $\pi \to 0$:

$$\begin{aligned} I &= \int_0^{\pi/2} \sin^2 x \cos x \, \mathrm{d}x + \int_{\pi/2}^{\pi} \sin^2 x \cos x \, \mathrm{d}x \\ &= \int_0^1 u^2 \, \mathrm{d}u + \int_1^0 u^2 \, \mathrm{d}u \\ &= \int_0^1 u^2 \, \mathrm{d}u - \int_0^1 u^2 \, \mathrm{d}u = 0 \end{aligned}$$

◄

Anwendungsbeispiel Wir betrachten eine physikalische Größe f, die von der Geschwindigkeitsverteilung eines Ensembles von Teilchen abhängig ist. Nun wollen wir von der Geschwindigkeit v zur kinetischen Energie $E = \frac{m}{2}v^2$ mit der Teilchenmasse m übergehen: Im Integral

$$I = \int_{-\infty}^{+\infty} f(v) \, \mathrm{d}v$$

substituieren wir also $E = \frac{m}{2}v^2$. Das ergibt $v = \pm\sqrt{\frac{2E}{m}}$, für die Ableitung von E erhalten wir $\frac{\mathrm{d}E}{\mathrm{d}v} = mv$, also genau den Impuls p. Damit gilt für das Differenzial:

$$\mathrm{d}v = \frac{\mathrm{d}E}{mv} = \pm\frac{\mathrm{d}E}{\sqrt{2mE}}.$$

Zwei Probleme sind nun ganz offensichtlich: Sowohl die untere Grenze $v = -\infty$ als auch die obere $v = +\infty$ entsprechen dem gleichen Wert $E = \infty$. Außerdem ist keineswegs klar, welches Vorzeichen für $\pm$ wirklich zu wählen ist.

Beide Probleme haben ihren Ursprung in der Tatsachen, dass $E = \frac{m}{2}v^2$ eben nicht injektiv ist:

Als Abhilfe betrachten wir die v-Intervalle $(-\infty, 0)$ und $[0, +\infty)$ getrennt: Im ersten Fall kommt das negative Vorzeichen der Wurzel zum Tragen, im zweiten das positive:

$$\begin{aligned} I &= \int_{-\infty}^{+\infty} f(v) \, \mathrm{d}v = \int_{-\infty}^{0} f(v) \, \mathrm{d}v + \int_0^{+\infty} f(v) \, \mathrm{d}v \\ &= -\int_{\infty}^{0} f\left(-\sqrt{\frac{2E}{m}}\right) \frac{\mathrm{d}E}{\sqrt{2mE}} + \int_0^{\infty} f\left(\sqrt{\frac{2E}{m}}\right) \frac{\mathrm{d}E}{\sqrt{2mE}} \\ &= \int_0^{\infty} f\left(-\sqrt{\frac{2E}{m}}\right) \frac{\mathrm{d}E}{\sqrt{2mE}} + \int_0^{\infty} f\left(\sqrt{\frac{2E}{m}}\right) \frac{\mathrm{d}E}{\sqrt{2mE}} \\ &= \int_0^{\infty} \frac{f\left(\sqrt{\frac{2E}{m}}\right) + f\left(-\sqrt{\frac{2E}{m}}\right)}{\sqrt{2mE}} \, \mathrm{d}E = \int_0^{\infty} g(E) \, \mathrm{d}E \end{aligned}$$

Dabei wurde im letzten Schritt

$$g(E) = \frac{f\left(\sqrt{\frac{2E}{m}}\right) + f\left(-\sqrt{\frac{2E}{m}}\right)}{\sqrt{2mE}}$$

gesetzt. ◄

Bei der Substitution stößt man manchmal auf andere Schreibweisen

Die Einführung einer neuen Integrationsvariable ist wahrscheinlich die einfachste Art, mit Substitution umzugehen. Insbesondere erfahrene Rechner verzichten aber oft darauf und schreiben etwa

$$\int \frac{\mathrm{d}x}{1 + (ax)^2} = \frac{1}{a} \int \frac{\mathrm{d}(ax)}{1 + (ax)^2} = \frac{1}{a} \arctan(ax) + C$$

statt des umständlicheren

$$\begin{aligned} \int \frac{\mathrm{d}x}{1 + (ax)^2} &= \left| \begin{array}{c} u = ax \\ \mathrm{d}x = \frac{1}{a} \, \mathrm{d}u \end{array} \right| = \frac{1}{a} \int \frac{\mathrm{d}u}{1 + u^2} = \\ &= \frac{1}{a} \arctan u + C = \frac{1}{a} \arctan(ax) + C \, . \end{aligned}$$

Besonders häufig findet man diese Schreibweise bei der Verwendung von trigonometrischen Funktionen, etwa

$$\begin{aligned} I &= \int_{-1}^{1} f(\vartheta) \, \mathrm{d}(\cos\vartheta) = -\int_{\pi}^{0} f(\vartheta) \frac{\mathrm{d}\cos\vartheta}{\mathrm{d}\vartheta} \, \mathrm{d}\vartheta \\ &= -\int_{\pi}^{0} f(\vartheta) \sin\vartheta \, \mathrm{d}\vartheta = \int_0^{\pi} f(\vartheta) \sin\vartheta \, \mathrm{d}\vartheta. \end{aligned}$$

Weitere Standardsubstitutionen, mit denen sich bestimmte Typen von Integralen vereinfachen lassen, sind auf S. 444 zusammengefasst.

Beispiel: Das Gauß-Integral

Wir bestimmen den Wert des Integrals $\int_0^\infty e^{-x^2}\,dx$. Der Integrand hat hier keine Stammfunktion, die sich durch elementare Funktionen ausdrücken lässt.

Problemanalyse und Strategie: Wir benutzen die Methode der Parameterintegrale, um das gesuchte Integral „auf einem Umweg" zu bestimmen.

Lösung: Die Voraussetzungen für die Differenzierbarkeit von Parameterintegralen sind erfüllt für die Funktion

$$G(t) = \int_0^1 \frac{e^{-(1+x^2)t^2}}{1+x^2}\,dx.$$

Also ist G differenzierbar und wir erhalten mit der Substitution $u = t\,x$

$$\begin{aligned} G'(t) &= -2 \int_0^1 \frac{(1+x^2)t\,e^{-(1+x^2)t^2}}{1+x^2}\,dx \\ &= -2e^{-t^2} \underbrace{\int_0^t e^{-u^2}\,du}_{=g(t)}. \end{aligned}$$

Wir definieren g als die Stammfunktion zu $g'(t) = e^{-t^2}$ (die wir nicht geschlossen ausdrücken können). Der zweite Hauptsatz der Integralrechnung liefert

$$\begin{aligned} G(t) - G(0) &= \int_0^t G'(\tau)\,d\tau \\ &= -2 \int_0^t \left(e^{-\tau^2} \int_0^\tau e^{-x^2}\,dx \right) d\tau \\ &= -2 \int_0^t g'(\tau)g(\tau)\,d\tau \\ &= -2\,(g(\tau))^2\Big|_0^t + 2 \int_0^t g'(\tau)g(\tau)\,d\tau \\ &= -2 \left(\int_0^t e^{-x^2}\,dx \right)^2 - G(t) + G(0). \end{aligned}$$

Da

$$\begin{aligned} G(0) &= \int_0^1 \frac{1}{1+x^2}\,dx \\ &= \arctan x\Big|_0^1 = \frac{\pi}{4} \end{aligned}$$

ist, ergibt sich insgesamt

$$\left(\int_0^t e^{-x^2}\,dx \right)^2 = \frac{\pi}{4} - G(t).$$

Nun können wir noch den Grenzwert

$$\lim_{t\to\infty} G(t) = \lim_{t\to\infty} \int_0^1 \frac{e^{-(1+x^2)t^2}}{1+x^2}\,dx = 0$$

unter Verwendung des Lebesgue'schen Konvergenzsat- zes bestimmen und erhalten

$$\int_0^\infty e^{-x^2}\,dx = \frac{\sqrt{\pi}}{2}.$$

Später werden wir den Wert dieses Integrals noch auf andere Arten bestimmen, etwa auf S. 942 mittels Integration in der Ebene.

Auch in der aktuellen Rechnung hätte man eine kleine Abkürzung nehmen können, nämlich

$$\begin{aligned} G(t) - G(0) &= -2 \int_0^t g'(\tau)\,g(\tau)\,d\tau \\ &= -\int_0^t \frac{d}{d\tau}\left(g^2(\tau)\right) d\tau \\ &= -\,g^2(\tau)\Big|_0^t = -\left(\int_0^t e^{-x^2}\,dx \right)^2. \end{aligned}$$

12.4 Integration rationaler Funktionen

Oft hat man es mit Integralen von rationalen Funktionen zu tun, also mit Integralen der Form

$$\int \frac{A(x)}{Q(x)}\,\mathrm{d}x, \tag{12.5}$$

wobei A und Q beide Polynome sind. Tatsächlich ist das sogar ein sehr angenehmer Fall, denn wie wir bald sehen werden, können derartige Integrale auf eine im Prinzip recht einfache, gut automatisierbare Weise gelöst werden.

Dass diese Vorgangsweise unter Umständen mit viel Rechenarbeit verbunden sein kann und entsprechend fehleranfällig ist, steht auf einem anderen Blatt.

Wir wollen nun die Vorgehensweise bei einem Integral der Form (12.5) zunächst kurz skizzieren; die einzelnen Schritte werden im Anschluss genauer ausgeführt:

1. Ist der Grad des Zählerpolynoms größer oder gleich dem des Nennerpolynoms, $\operatorname{Grad} A \geq \operatorname{Grad} Q$, so muss man zunächst eine Polynomdivision durchführen.
2. Danach geht es darum, die Nullstellen des Nenners zu finden und deren Vielfachheit zu bestimmen.
3. Mit diesen Nullstellen kann man nun eine Partialbruchzerlegung ansetzen, also eine Zerlegung in Brüche, in denen nur noch im Nenner ein „einfaches" Polynom steht. Dabei sind noch einige freie Konstanten zu bestimmen.
4. Die einzelnen Terme der Partialbruchzerlegung lassen sich dann jeweils elementar integrieren.

Soweit also die Kurzfassung unseres Programms, gehen wir nun ins Detail.

Der erste Schritt bei der Integration rationaler Funktionen ist oft eine Polynomdivision

Ist der Grad des Zählerpolynoms größer oder gleich jenem des Nenners, so muss man zunächst eine Polynomdivision durchführen. Die Polynomdivision wurde bereits ausführlich in Kapitel 4 behandelt.

Zur Erinnerung: Ist $\operatorname{Grad} A \geq \operatorname{Grad} Q$, so kann man immer eine Zerlegung der Form

$$\frac{A}{Q} = B + \frac{P}{Q}$$

finden, in der auch B und P Polynome sind und $\operatorname{Grad} P < \operatorname{Grad} Q$ ist. Die rationale Funktion P/Q nennt man dabei eine *echt gebrochene Funktion.*

Beispiel So wissen wir natürlich schon, dass

$$\frac{x^2-1}{x+1} = \frac{(x+1)\,(x-1)}{x+1} = x-1$$

ist. Dabei ist die rechte Seite zugleich eine stetige Ergänzung der linken, wo bei $x = -1$ eine hebbare Singularität vorliegt. Im Allgemeinen wird ein Polynom jedoch nicht ohne Rest durch ein anderes teilbar sein:

$$\begin{aligned}\frac{x^2}{x+1} &= \frac{x^2-1+1}{x+1} = \frac{(x+1)\,(x-1)+1}{x+1}\\ &= \frac{(x+1)\,(x-1)}{x+1} + \frac{1}{x+1} = x-1+\frac{1}{x+1}\end{aligned}$$ ◀

Der entscheidende Schritt bei der Integration echt gebrochener Funktionen ist die Partialbruchzerlegung

Die Partialbruchzerlegung ist für sich keine Integrationstechnik, sondern *nur* eine Möglichkeit, rationale Funktionen in eine Form zu bringen, in der sie wesentlich leichter zu integrieren sind – meist reicht dann ein Blick in eine Tabelle der Standardintegrale. Natürlich ist Integration nicht der einzige Anwendungsbereich der Partialbruchzerlegung – sie kommt immer dann ins Spiel, wenn man rationale Funktionen in eine Form bringen will, in der sie leichter zu handhaben sind.

Ausgangspunkt ist, dass sich jedes Polynom mithilfe seiner Nullstellen x_k darstellen lässt.

Polynomzerlegung

Jedes Polynom P,

$$P(x) = \sum_{k=0}^{n} a_k\, x^k$$

über $\mathbb{C}$ mit m Nullstellen x_k jeweils der Vielfachheit ν_k lässt sich in der Form

$$\begin{aligned}P(x) &= a_n\,(x-x_1)^{\nu_1}\dots(x-x_k)^{\nu_k}\dots(x-x_m)^{\nu_m}\\ &= a_n \prod_{k=1}^{m}(x-x_k)^{\nu_k}\end{aligned} \tag{12.6}$$

darstellen.

Sind die Koeffizienten a_k alle reell, so sind die Nullstellen x_k entweder ebenfalls reell oder sind Paare von konjugiert komplexen Zahlen. Mehrfache Nullstellen kommen in dieser Darstellung entsprechend ihrer Vielfachheit ν_k vor. Aus der Definition der Vielfachheit folgt, dass stets $\nu_1 + \dots + \nu_m = n$ sein muss.

Beispiel: 22/7 ist größer als π

Der Bruch $22/7$ ist eine recht gute Näherung für die irrationale Zahl π. Für grobe Abschätzungen kann das sehr hilfreich sein, insbesondere wann man gerade keinen Taschenrechner zu Hand hat. Die Näherung kann natürlich nicht exakt sein, und wir zeigen nun, dass die Differenz $22/7 - \pi$ echt positiv ist, und das ohne einen Zahlenwert für π berechnen zu müssen.

Problemanalyse und Strategie: Wir bestimmen das Integral

$$I = \int_0^1 \frac{x^4\,(1-x)^4}{1+x^2}\,\mathrm{d}x\,.$$

Der Integrand ist auf ganz $\mathbb{R}$ **nichtnegativ** und insbesondere im Intervall $(0,\,1)$ positiv, damit muss auch der Wert des Integral positiv sein. Wie wir nun nachrechnen wollen, erhält man als analytischen Ausdruck für den Wert des Integrals gerade $22/7 - \pi$. Diese Differenz muss demnach positiv sein.

Problemanalyse und Strategie: Wir haben es mit einer rationalen Funktion zu tun. Der Grad des Zählerpolynoms ist größer als der des Nenners, daher ist zunächst eine Polynomdivision notwendig. Dazu multiplizieren wir aus:

$$x^4\,(1-x)^4 = x^8 - 4x^7 + 6x^6 - 4x^5 + x^4$$

Eine Polynomdivision liefert nun:

$$\begin{array}{l}
(x^8 - 4x^7 + 6x^6 - 4x^5 + x^4)/(x^2+1) = x^6 - 4x^5 + 5x^4 - 4x^2 + 4 - \dfrac{4}{x^2+1}\\
\underline{-x^8 \qquad\quad - x^6}\\
\quad \underline{\begin{array}{l}-4x^7 + 5x^6 - 4x^5 + x^4\\ +4x^7 \qquad\quad + 4x^5\end{array}}\\
\qquad \underline{\begin{array}{l}5x^6 \qquad + x^4\\ -5x^6 \qquad - 5x^4\end{array}}\\
\qquad\qquad \underline{\begin{array}{l}-4x^4\\ +4x^4 + 4x^2\end{array}}\\
\qquad\qquad\qquad \underline{\begin{array}{l}4x^2\\ -4x^2 - 4\end{array}}\\
\qquad\qquad\qquad\qquad -4
\end{array}$$

Damit erhalten wir für das Integral

$$\begin{aligned}
I &= \int_0^1 \frac{x^4\,(1-x)^4}{1+x^2}\,\mathrm{d}x = \int_0^1 \frac{x^8 - 4x^7 + 6x^6 - 4x^5 + x^4}{1+x^2}\,\mathrm{d}x\\
&= \int_0^1 \left(x^6 - 4x^5 + 5x^4 - 4x^2 + 4 - \frac{4}{1+x^2}\right)\mathrm{d}x\\
&= \left[\frac{1}{7}x^7 - \frac{2}{3}x^6 + x^5 - \frac{4}{3}x^3 + 4x - 4\,\arctan x\right]_0^1\\
&= \frac{1}{7} - \frac{2}{3} + 1 - \frac{4}{3} + 4 - \pi = \frac{22}{7} - \pi
\end{aligned}$$

Ohne auch nur eine Dezimalstelle von π zu berechnen, haben wir damit gezeigt, dass $22/7 > \pi$ ist. (Quelle: J. Borwein, D. Bailey, R. Girgenson: *Experimentations in Mathematics: Computational Paths to Discovery.*)

Wem das Konzept der Vielfachheit noch Schwierigkeiten macht, dem wird geraten, in Kap. 4 zurückzublättern und dieses Thema zu wiederholen. Es wird sich bei unserem weiteren Vorgehen als wesentlich erweisen.

Das Bestimmen der Nullstellen eines Polynoms

$$a_n\,x^n + \ldots + a_1\,x + a_0$$

ist für $n \geq 3$ nicht ganz einfach. Oft lassen sich aber Nullstellen erraten. Ist das Polynom normiert, $a_n = 1$, so sind ganzzahlige Nullstellen, falls es sie gibt, Teiler des Absolutgliedes a_0.

Beispiel Hat die Polynomgleichung

$$x^3 - 2x^2 + x - 12 = 0$$

ganzzahlige Lösungen, so müssen sie Teiler von -12 sein, also ± 1, ± 2, ± 3, ± 4, ± 6 oder ± 12. Wir testen diese Lösungen der Reihe nach. Dabei können wir $x = \pm 1$ von vornherein ausschließen, da für $|x| = 1$ sicher

$$|x^3 - 2x^2 + x|_{|x|=1} \leq |x^3|_{|x|=1} + 2\,|x^2|_{|x|=1} + |x|_{|x|=1} = 4$$

ist, und das Absolutglied nie kompensiert werden kann. Für $x = \pm 2$ wird die Gleichung ebenfalls nicht erfüllt, mit $x = 3$ hingegen haben wir Glück,

$$3^3 - 2 \cdot 3^2 + 3 - 12 = 0\,.$$

Nun, da wir eine Lösung gefunden haben, können wir sie durch Polynomdivision abspalten,

$$\frac{x^3 - 2x^2 + x - 12}{x - 3} = x^2 + x + 4\,.$$

Das so erhaltene Polynom zweiten Grades hat keine reellen Nullstellen, wie man anhand quadratischer Ergänzung,

$$x^2 + x + 4 = x^2 + 2 \cdot \frac{x}{2} + \frac{1}{4} + \frac{15}{4} = \left(x + \frac{1}{2}\right)^2 + \frac{15}{4}\,,$$

sofort sieht. ◀

Zunächst untersuchen wir den simpelsten Fall – reelle einfache Nullstellen

Sowohl komplexe als auch mehrfache Nullstellen bedeuten keine große Schwierigkeit, aber um die Sache so einfach wie möglich zu halten, beschränken wir uns vorläufig auf den Fall einfacher und rein reeller Nullstellen. Später werden wir natürlich den allgemeinen Fall ausführlich diskutieren.

Als erstes zerlegen wir den Nenner $\tilde{Q}$ einer rationalen Funktion $\tilde{P}/\tilde{Q}$ mithilfe seiner Nullstellen in ein Produkt. Dabei gehen wir davon aus, dass $\operatorname{Grad}\tilde{P} < \operatorname{Grad}\tilde{Q}$ ist – sonst ist zuerst eine Polynomdivision fällig.

Beispiel Für das Polynom $\tilde{Q}$, $\tilde{Q}(x) = 2x^2 - 4x - 6$ erhalten wir

$$x_{1,2} = \frac{4 \pm \sqrt{16+48}}{4} = 1 \pm 2$$

und damit

$$\tilde{Q}(x) = 2\,(x-3)\,(x+1)\,.$$ ◄

Achtung Es ist ein verbreiteter Fehler, bei einer Zerlegung wie in Formel (12.6) den Koeffizienten a_n zu vergessen. Wie man sich leicht überzeugen kann, erhält beim Ausmultiplizieren von

$$(x-x_1)\,(x-x_2)\ldots(x-x_n)$$

die Potenz x^n immer den Koeffizienten 1. Daher muss der gesamte Ausdruck mit dem Vorfaktor a_n versehen werden. Das ist problemlos möglich, da die beiden Polynome

$$\tilde{Q}(x) = a_n x^n + a_{n-1}x^{n-1} + \ldots + a_1 x + a_0$$

und

$$Q(x) = x^n + \frac{a_{n-1}}{a_n}x^{n-1} + \ldots + \frac{a_1}{a_n}x + \frac{a_0}{a_n}$$

die gleichen Nullstellen haben. ◄

Als nächstes teilt man, wenn nötig, sowohl $\tilde{P}$ als auch $\tilde{Q}$ durch die Konstante a_n und erhält die Funktion P/Q mit

$$Q(x) = \prod_{k=1}^{n}(x-x_k).$$

Nun kann man mit Konstanten a_1 bis a_n ansetzen:

$$\frac{P(x)}{Q(x)} = \frac{a_1}{x-x_1} + \frac{a_2}{x-x_2} + \ldots + \frac{a_n}{x-x_n} \qquad (12.7)$$

Oft ist es einfacher, diese Gleichung durch Multiplikation mit dem Nennerpolynom Q in eine bruchfreie Form zu bringen:

$$\begin{aligned}P(x) &= a_1\,(x-x_2)\,\ldots\,(x-x_n)\\ &\quad + a_2\,(x-x_1)\,(x-x_3)\,\ldots\,(x-x_n)\\ &\quad + \ldots + a_n\,(x-x_1)\,\ldots\,(x-x_{n-1})\end{aligned} \qquad (12.8)$$

So einfach sieht die Zerlegung aber leider wirklich nur im Fall einfacher reeller Nullstellen aus.

Kommentar Die Bezeichnungen für die Koeffizienten sind natürlich völlig beliebig. Die indizierte Schreibweise ist jedoch erfahrungsgemäß vergleichsweise fehleranfällig. Daher werden wir oft statt $a_1, a_2, \ldots$ lieber $A, B, \ldots$ schreiben und empfehlen ein solches Vorgehen auch unseren Lesern – insbesondere bei schriftlichen Prüfungen. ◄

Beispiel Wir zerlegen

$$R(x) = \frac{x}{x^2-2x-3}$$

in Partialbrüche. Wegen

$$x^2 - 2x - 3 = (x-3)\,(x+1).$$

setzen wir an:

$$\frac{x}{x^2-2x-3} = \frac{A}{x-3} + \frac{B}{x+1}$$

Multiplikation mit dem Nenner führt auf die bruchfreie Form:

$$\begin{aligned}x &= \frac{A}{x-3}\,(x-3)\,(x+1) + \frac{B}{x+1}\,(x-3)\,(x+1)\\ &= A\,(x+1) + B\,(x-3)\end{aligned}$$ ◄

Eine Möglichkeit, die Koeffizienten der Partialbruchzerlegung zu ermitteln, ist der Koeffizientenvergleich

Die Bestimmung der Koeffizienten in (12.7) bzw. (12.8) kann je nach Umfang der Gleichung mit beträchtlichem Aufwand verbunden sein. Eine Möglichkeit, diese Arbeit zu erledigen, ist der Koeffizientenvergleich.

Dabei beachten wir, dass (12.8) eine Gleichung zwischen Funktionen ist, also beim Einsetzen für beliebige Werte von x erfüllt sein muss. Auf beiden Seiten stehen hier Polynome, und zwei Polynome sind genau dann gleich, wenn die Koeffizienten jeder Potenz gleich sind.

Beispiel Wir greifen das Beispiel von vorhin wieder auf. Darin hatten wir ja die bruchfreie Form

$$x = A\,(x+1) + B\,(x-3)$$

erhalten. Auflösen der Klammern und Neusortieren liefert:

$$x = (A + B)\,x + A - 3B$$

Koeffizientenvergleich liefert

$$A + B = 1 \quad \text{und} \quad A - 3B = 0$$

ist. Nun müssen wir also nur noch das entsprechende Gleichungssystem lösen, und erhalten hier

$$A = \frac{3}{4} \quad \text{und} \quad B = \frac{1}{4}.$$

Die Partialbruchzerlegung lautet also

$$\frac{x}{x^2 - 2x - 3} = \frac{3}{4}\,\frac{1}{x-3} + \frac{1}{4}\,\frac{1}{x+1}$$

◀

Auch durch Einsetzen konkreter Werte lassen sich die Koeffizienten der Partialbruchzerlegung bestimmen

Auch die zweite wichtige Möglichkeit, die Koeffizienten zu bestimmen, beruht auf der Tatsache, dass (12.8) eine Identität ist, also für beliebige Werte von x gilt. Jeder willkürliche Wert von x, in die Gleichung eingesetzt, liefert eine Bestimmungsgleichung für die Koeffizienten, und sobald man ebenso viele Gleichungen wie Unbekannte hat, kann man die Koeffizienten auf im Prinzip einfache, wenn auch praktisch vielleicht aufwendige Art bestimmen.

Empfehlenswert ist es natürlich, solche Werte für x einzusetzen, bei denen sich möglichst einfache Gleichungen ergeben. Insbesondere die Nullstellen des ursprünglichen Nenners sind dabei gute Kandidaten – man spricht dann auch von der **Polstellenmethode**.

Beispiel Wir betrachten noch einmal unser Beispiel von vorhin,

$$x = A\,(x + 1) + B\,(x - 3).$$

Nun setzen wir nacheinander die Werte $x = -1$ und $x = 3$ ein:

$$x = -1: \quad -1 = -4B \quad \Rightarrow \quad B = \frac{1}{4}$$

$$x = 3: \quad 3 = 4A \quad \Rightarrow \quad A = \frac{3}{4}$$

Natürlich haben wir wieder die Ergebnisse von vorhin erhalten, also ebenfalls die Partialbruchzerlegung

$$\frac{x}{x^2 - 2x - 3} = \frac{3}{4}\,\frac{1}{x-3} + \frac{1}{4}\,\frac{1}{x+1}$$

Statt $x = -1$ und $x = 3$ hätten wir im Prinzip natürlich beliebige Werte einsetzen können. Auch die Entscheidung für $x = 2$ und $x = 0$ etwa ist legitim, sie führt allerdings auf das Gleichungssystem

$$2 = 3A - B, \quad 0 = A - 3B,$$

das zwar nicht schwierig, aber doch aufwendiger als mit der oben beschriebenen Methode zu lösen ist. ◀

Polstellenmethode und Koeffizientenvergleich lassen sich natürlich auch kombinieren, um größere Probleme effizient zu lösen. Eine noch elegantere Methode für umfangreichere Zerlegungen wird auf S. 441 vorgestellt.

Mehrfache Nullstellen müssen in der Partialbruchzerlegung auch mehrfach berücksichtigt werden

Wir wenden uns nun dem Fall mehrfacher Nullstellen zu, denn natürlich kann es vorkommen, dass mehrere Nullstellen des Nennerpolynoms zusammenfallen. So hat etwa Q,

$$Q(x) = x^3 - x^2 = x^2\,(x - 1)$$

die einfache Nullstelle $x = 1$ und die doppelte $x = 0$. In derartigen Fällen muss man für die Nullstelle x_j mit der Vielfachheit ν_j in der Partialbruchzerlegung mehrere Terme ansetzen,

$$\frac{A}{x - x_j} + \frac{B}{(x - x_j)^2} + \ldots + \frac{K}{(x - x_j)^{\nu_j}}$$

Wichtig ist dabei, dass man die ersten ν_j Potenzen von $1/(x - x_j)$ berücksichtigt. Der Beweis dieser Zerlegung erfolgt am einfachsten mittels vollständiger Induktion und wurde als anspruchsvolle Übungsaufgabe formuliert.

Beispiel

- Wegen

$$x^3 - x^2 = x^2\,(x - 1)$$

kann man für ein Polynom P von Grad zwei oder kleiner sofort die Zerlegung

$$\frac{P(x)}{x^3 - x^2} = \frac{A}{x} + \frac{B}{x^2} + \frac{C}{x - 1}$$

ansetzen.

- Ist des Weiteren der Grad von P kleiner als vier, so kann man für

$$R(x) = \frac{P(x)}{(x - 3)\,(x + 2)^3}$$

sofort den Ansatz

$$R(x) = \frac{A}{x - 3} + \frac{B}{x + 2} + \frac{C}{(x + 2)^2} + \frac{D}{(x + 2)^3}$$

machen. ◀

Für die Koeffizientenbestimmung kann man natürlich alle Methoden von vorher benutzen. Eine besonders elegante Variante ist es aber, einen solchen Ansatz mit $(x-x_j)^{\nu_j}$ zu multiplizieren, und dann wiederholt, insgesamt (ν_j)-mal nach x abzuleiten. Aus jeder so erhaltenen Gleichung lässt sich ein Koeffizient unmittelbar durch Einsetzen von $x = x_j$ bestimmen.

Ein ausführliches Beispiel dazu wird auf S. 441 gerechnet. Möglich ist ein solches Vorgehen nur, weil hier stets eine Identität vorliegt – eine Gleichung dürfte man nicht einfach ableiten und hoffen, dadurch den Wahrheitswert oder die Lösungsmenge nicht zu verändern.

Komplexe Nullstellen können auf zwei Arten behandelt werden

Auch ein Polynom mit reellen Koeffizienten kann komplex konjugierte Nullstellen haben. So hat zum Beispiel $Q(x) = x^2 + 1$ die beiden Nullstellen $x_1 = +\mathrm{i}$ und $x_2 = \bar{x}_1 = -\mathrm{i}$. Das Ansetzen der Partialbruchzerlegung funktioniert auch mit komplexen Nullstellen reibungslos, es gibt aber noch eine andere Methode.

Dazu setzt man statt $\frac{A}{x-x_j} + \frac{B}{x-\bar{x}_j}$ sofort $\frac{Cx+D}{x^2+p_jx+q_j}$ an, wobei $x^2 + p_jx + q_j = (x-x_j)\cdot(x-\bar{x}_j)$ ist. Die Techniken zur Koeffizientenbestimmung funktionieren hier analog und man erhält eine eindeutige reelle Partialbruchzerlegung. Zu dieser würde man auch gelangen, wenn man die komplex konjugierten Nullstellen nach der komplexen Partialbruchzerlegung wieder zu reellen Termen zusammenfasst.

Beispiel $Q(x) = x^3 + 2x^2 + x + 2$ lässt sich schreiben als $Q(x) = (x+2)(x^2+1)$. Für Grad $P \leq 2$ kann man entweder

$$\frac{P(x)}{x^3+2x^2+x+2} = \frac{A}{x+2} + \frac{B}{x-\mathrm{i}} + \frac{C}{x+\mathrm{i}}$$

oder

$$\frac{P(x)}{x^3+2x^2+x+2} = \frac{A}{x+2} + \frac{Dx+E}{x^2+1}$$

ansetzen. Im Fall Grad $P \geq 3$ wäre zuvor noch eine Polynomdivision auszuführen. ◀

Hat ein Term $x^2 + p_j\,x + q_j$ ohne reelle Nullstellen eine höhere Vielfachheit, so müssen auch hier bei der Partialbruchzerlegung höhere Potenzen berücksichtigt werden. Um sinnvoll mit solchen Ausdrücken umgehen zu können, muss man natürlich die entsprechenden Stammfunktionen kennen. Für den Fall eines einfachen Nullstellenpaares erhält man:

$$\begin{aligned}
I_1 &= \int \frac{Bx+C}{x^2+px+q}\,\mathrm{d}x = \frac{B}{2}\int \frac{2x+\frac{2C}{B}}{x^2+px+q}\,\mathrm{d}x \\
&= \frac{B}{2}\int \frac{2x+\frac{2C}{B}+p-p}{x^2+px+q}\,\mathrm{d}x \\
&= \frac{B}{2}\int \frac{2x+p}{x^2+px+q}\,\mathrm{d}x + \frac{B}{2}\int \frac{\frac{2C}{B}-p}{x^2+px+q}\,\mathrm{d}x \\
&= \frac{B}{2}\ln\left(x^2+px+q\right) + \left(C - \frac{Bp}{2}\right)\int \frac{\mathrm{d}x}{x^2+px+q}
\end{aligned}$$

Dabei benutzen wir die logarithmische Integration. Für das noch verbleibende Integral müssen wir lediglich auf vollständige Quadrate ergänzen, um ein Standardintegral zu erhalten:

$$\begin{aligned}
I_2 &= \int \frac{\mathrm{d}x}{x^2+px+q} \\
&= \int \frac{\mathrm{d}x}{x^2+px+\frac{p^2}{4}+q-\frac{p^2}{4}} \\
&= \int \frac{\mathrm{d}x}{q-\frac{p^2}{4}+\left(x+\frac{p}{2}\right)^2} \\
&= \frac{1}{q-\frac{p^2}{4}}\int \frac{\mathrm{d}x}{1+\left(\frac{x+\frac{p}{2}}{\sqrt{q-\frac{p^2}{4}}}\right)^2} = \left| \begin{array}{l} u = \frac{x+\frac{p}{2}}{\sqrt{q-\frac{p^2}{4}}} \\ \mathrm{d}x = \sqrt{q-\frac{p^2}{4}}\,\mathrm{d}u \end{array} \right| = \\
&= \frac{1}{\sqrt{q-\frac{p^2}{4}}}\int \frac{\mathrm{d}u}{1+u^2} \\
&= \frac{1}{\sqrt{q-\frac{p^2}{4}}}\arctan u + \text{const} \\
&= \frac{1}{\sqrt{q-\frac{p^2}{4}}}\arctan\frac{x+\frac{p}{2}}{\sqrt{q-\frac{p^2}{4}}} + \text{const} \\
&= \frac{2}{\sqrt{4q-p^2}}\arctan\frac{2x+p}{\sqrt{4q-p^2}} + \text{const}
\end{aligned}$$

Diese und alle sonst noch benötigten Integrationsformeln sind auf S. 442 zusammengefasst; sie alle können sofort durch Differenzieren bestätigt werden.

Viele Integrale lassen sich durch geeignete Substitutionen auf rationale Form bringen und entsprechend einfach lösen

Die Integration rationaler Funktionen in einer Variablen hat den großen Vorteil, nahezu „automatisch" zu funktionieren. Genauer, es gibt eine einfache, algorithmisierbare Vorgehensweise, bei der man im Grunde nichts falsch machen kann.

Von daher wäre es günstig, Methoden zur Verfügung zu haben, um möglichst viele Integrale auf eine Form bringen zu können, die mit dieser Standardmethode lösbar sind.

Im Folgenden steht R stets für eine rationale Funktion der Argumente, also einen Quotienten von Polynomen, die aus den Argumenten gebildet werden können.

Ein besonders einfacher Fall ist eine rationale Funktion in e^x, in unserer Notation kurz als $R(\mathrm{e}^x)$ geschrieben. Substituiert man hier $u = \mathrm{e}^x$, so ergibt sich für das Differenzial

$$\mathrm{d}x = \frac{\mathrm{d}x}{\mathrm{d}u}\,\mathrm{d}u = \frac{\mathrm{d}(\ln u)}{\mathrm{d}u}\,\mathrm{d}u = \frac{\mathrm{d}u}{u}.$$

Beispiel: Koeffizientenbestimmung durch Ableiten

Wir wollen die rationale Funktion

$$\frac{1}{(x+1)^2\cdot(x-2)^3}$$

in Partialbrüche zerlegen und die Koeffizienten bestimmen. Die Integration ist dann nur noch Formsache.

Problemanalyse und Strategie: Der Ansatz ist nicht schwierig, da der Nenner schon faktorisiert ist. Zum Bestimmen der Koeffizienten ist es aber zielführend, die erhaltene Gleichung nur teilweise bruchfrei zu machen und nach x abzuleiten.

Lösung: Für die Partialbruchzerlegung machen wir den Ansatz

$$\begin{aligned}\frac{1}{(x+1)^2\cdot(x-2)^3} &= \frac{A}{x+1}+\frac{B}{(x+1)^2}+\frac{C}{x-2}\\ &\quad+\frac{D}{(x-2)^2}+\frac{E}{(x-2)^3}\qquad (*)\end{aligned}$$

Nun multiplizieren wir diese Gleichung mit $(x+1)^2$:

$$\begin{aligned}\frac{1}{(x-2)^3} &= B + A\,(x+1)\\ &\quad+(x+1)^2\cdot\underbrace{\left\{\frac{C}{x-2}+\frac{D}{(x-2)^2}+\frac{E}{(x-2)^3}\right\}}_{g(x)}\end{aligned}$$

Das Entscheidende an diesem Ansatz ist nun, dass die Funktion g bei $x=-1$ stetig ist und insbesondere beschränkt bleibt. Ihr Produkt mit $(x+1)$ verschwindet demnach im Limes $x\to-1$. Diese Eigenschaft bleibt auch für die Ableitungen von g erhalten. Wir setzen zunächst $x=-1$ und erhalten $B=-1/27$.

Nun leiten wir die obige Gleichung nach x ab – das ist hier zulässig, weil es sich eben nicht nur um eine Gleichung, sondern sogar um eine Identität handelt:

$$\begin{aligned}\left(\frac{1}{(x-2)^3}\right)' &= A + 2\,(x+1)\,g(x) + (x+1)^2\,g'(x)\\ -\frac{3}{(x-2)^4} &= A + (x+1)\cdot\{2\,g(x)+(x+1)\,g'(x)\}\end{aligned}$$

Für $x\to-1$ erhalten wir $A=-1/27$. Nun multiplizieren wir die Ausgangsgleichung $(*)$ mit $(x-2)^3$:

$$\begin{aligned}\frac{1}{(x+1)^2} &= E + D\,(x-2) + C\,(x-2)^2\\ &\quad+(x-2)^3\cdot\underbrace{\left\{\frac{A}{x+1}+\frac{B}{(x+1)^2}\right\}}_{h_1(x)}\end{aligned}$$

Wiederum ist h_1 wie auch alle seine Ableitungen an $x=2$ stetig. Für $x=2$ erhalten wir demnach sofort $E=1/9$. Nun leiten wir wieder ab:

$$\begin{aligned}-\frac{2}{(x+1)^3} &= D + 2C\,(x-2)\\ &\quad+(x-2)^2\cdot\underbrace{\{3h_1(x)+(x-2)\,h_1'(x)\}}_{h_2(x)}\end{aligned}$$

Einsetzen von $x=2$ ergibt unmittelbar $D=-2/27$:

$$\frac{6}{(x+1)^4} = 2C + (x-2)\cdot\{2h_2(x)+(x-2)\,h_2'(x)\}$$

Aus dieser Gleichung erhalten wir für $x=2$ sofort $C=1/27$. Damit ergibt sich für die gesamte Partialbruchzerlegung

$$\begin{aligned}&\frac{1}{(x+1)^2\cdot(x-2)^3}\\ &\quad=\frac{1}{27}\cdot\left\{-\frac{1}{x+1}-\frac{1}{(x+1)^2}\right.\\ &\qquad\left.+\frac{1}{x-2}-\frac{2}{(x-2)^2}+\frac{3}{(x-2)^3}\right\}.\end{aligned}$$

Integration ergibt nun sofort

$$\begin{aligned}&\int\frac{1}{(x+1)^2\cdot(x-2)^3}\,\mathrm{d}x\\ &\quad=\frac{1}{27}\cdot\left\{-\ln|x+1|+\frac{1}{x+1}\right.\\ &\qquad\left.+\ln|x-2|+\frac{2}{x-2}-\frac{3}{2\,(x-2)^2}\right\}.\end{aligned}$$

Übersicht: Integration von Partialbrüchen

Die Partialbruchzerlegung führt jeden rationalen Integranden auf wenige Typen von Integralen zurück. Arbeitet man notfalls im Komplexen, ist die Sache besonders einfach. Scheut man diesen scheinbaren Umweg und arbeitet nur mit reellen Ausdrücken, so werden die Integrale im Fall komplexer Nullstellen etwas komplizierter, die zur Integration notwendigen Formeln sind im Folgenden zusammengefasst.

Die Terme, die man nach gelungener Partialbruchzerlegung erhalten hat, haben, sofern man bei Bedarf auch im Komplexen arbeitet, alle die Gestalt

$$\int \frac{A}{(x-x_k)^m}\,\mathrm{d}x$$

mit eventuell komplexen x_k, und dafür kennen wir die Formel (oder können sie durch Differenzieren sofort bestätigen):

$$\int \frac{\mathrm{d}x}{(x-x_k)^m} = \begin{cases} \ln|x-x_k| & \text{für } m=1 \\ -\dfrac{1}{(m-1)\,(x-x_k)^{m-1}} & \text{für } m \geq 2. \end{cases}$$

Arbeitet man nur im Reellen, dann werden im Fall komplexer Nullstellen noch Terme der Form

$$\int \frac{Bx+C}{(x^2+px+q)^n}\,\mathrm{d}x$$

mit $n \geq 1, m \in \mathbb{N}$ und $p^2 < 4q$ auftreten. Der Vollständigkeit halber werden auch für diesen Fall die benötigten Formeln kurz zusammengefasst:

$$\int \frac{Bx+C}{x^2+px+q}\,\mathrm{d}x = \frac{B}{2}\ln\left(x^2+px+q\right) + \left(C-\frac{Bp}{2}\right)\int\frac{\mathrm{d}x}{x^2+px+q}$$

$$\int \frac{\mathrm{d}x}{x^2+px+q} = \frac{2}{\sqrt{4q-p^2}}\arctan\frac{2x+p}{\sqrt{4q-p^2}}$$

Für $m \geq 2$ gilt des Weiteren

$$\int \frac{Bx+C}{(x^2+px+q)^m}\,\mathrm{d}x = -\frac{B}{2\,(m-1)\,(x^2+px+q)^{m-1}} + \left(C-\frac{Bp}{2}\right)\int\frac{\mathrm{d}x}{(x^2+px+q)^m}$$

$$\int \frac{\mathrm{d}x}{(x^2+px+q)^m} = \frac{2x+p}{(m-1)\,(4q-p^2)\,(x^2+px+q)^{m-1}} + \frac{2\,(2m-3)}{(m-1)\,(4q-p^2)}\int\frac{\mathrm{d}x}{(x^2+px+q)^{m-1}}$$

Achtung Diese Formeln gelten wirklich nur für den Fall $p^2 < 4q$. Andernfalls erhält man reelle Nullstellen und landet ohnehin beim oben bereits abgehandelten Fall. Bei unbestimmten Integralen ist noch eine Integrationskonstante zu ergänzen. ◄

Man erhält unmittelbar

$$\int R(\mathrm{e}^x)\,\mathrm{d}x = \int \frac{R(u)}{u}\,\mathrm{d}u,$$

also einen rationalen Integranden. Da sich die Hyperbelfunktionen $\sinh x$, $\cosh x$, $\tanh x$ und $\coth x$ ebenfalls auf die Exponentialfunktionen zurückführen lassen, ist diese Substitution auch in diesen Fällen sinnvoll.

Schwierig werden Integrale insbesondere dann, wenn im Integranden Wurzelausdrücke enthalten sind. Betrachten wir ein Integral der Form

$$\int R(x, \sqrt{x^2+1})\,\mathrm{d}x\,.$$

Hier gibt es zwei Strategien:

- Einerseits kann man $x = \sinh u$ setzen, dann ist
  $$\sqrt{x^2+1} = \sqrt{\sinh^2 u + 1} = \cosh u$$
  sowie $\mathrm{d}x = \cosh u\,\mathrm{d}u$. Über die Definitionsgleichungen der Hyperbelfunktionen erhält man eine rationale Funktion in e^u, die man, wie oben beschrieben, mit $v = \mathrm{e}^u$ in eine rationale Funktion in v umschreiben kann.
- Andererseits kann man auch direkt eine neue Integrationsvariable t suchen, sodass sowohl x als auch $\sqrt{x^2+1}$ rationale Ausdrücke in t sind. Da
  $$\left(\sqrt{1+x^2}+x\right)\left(\sqrt{1+x^2}-x\right) = 1$$
  ist, machen wir den Ansatz:
  $$\sqrt{1+x^2}+x = t, \quad \sqrt{1+x^2}-x = \frac{1}{t}.$$
  Daraus ergibt sich
  $$\sqrt{1+x^2} = \frac{1}{2}\left(t+\frac{1}{t}\right),$$
  $$x = \frac{1}{2}\left(t-\frac{1}{t}\right),$$
  $$\mathrm{d}x = \frac{1}{2}\left(1+\frac{1}{t^2}\right)\mathrm{d}t,$$
  und man erhält eine rationale Funktion in der neuen Variable t.

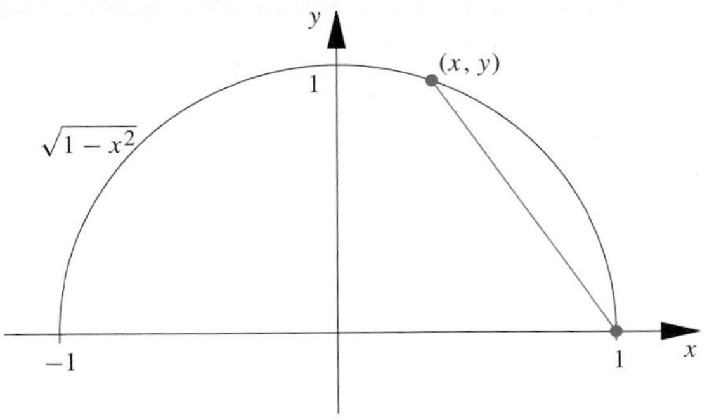

Abb. 12.5 Geometrisches Hilfsargument zur Substitution des Wurzelausdrucks $\sqrt{1-x^2}$

Auch für ein Integral der Form

$$\int R(x,\ \sqrt{1-x^2})\,\mathrm{d}x$$

gäbe es im Prinzip zwei Strategien:

- Setzt man $x = \sin u$, dann ist

$$\sqrt{1-x^2} = \sqrt{1-\sin^2 u} = \cos u$$

  sowie $\mathrm{d}x = \cos u\,\mathrm{d}u$. Man erhält eine rationale Funktion in Sinus und Kosinus. Wir wissen allerdings nicht wie sich ein solches Integral allgemein lösen lässt.
- Andererseits können wir auch jetzt wieder eine neue Integrationsvariable t suchen, sodass x und $\sqrt{1-x^2}$ rationale Ausdrücke in t sind.
  Die ist ein wenig schwieriger als im obigen Fall, daher suchen wir nach geometrischen Hilfsargumenten. Die Gleichung $y = \sqrt{1-x^2}$ beschreibt einen Halbkreis. Nun legen wir, wie in Abb. 12.5 dargestellt, eine Gerade mit Steigung $-t$ durch den Punkt $(1,\ 0)$.
  Schneiden wir diese Gerade mit dem Halbkreis, so erhalten wir für die Koordinaten des Schnittpunkts $(x,\ y)$ die Ausdrücke

$$x = \frac{t^2-1}{1+t^2}, \quad y = \frac{2t}{1+t^2}.$$

Selbstfrage 3

Rechnen Sie das nach. (Nutzen Sie die Tatsache aus, dass Sie eine Lösung der resultierenden quadratischen Gleichung bereits kennen.)

Für unsere Substitution erhalten wir demnach:

$$x = \frac{t^2-1}{1+t^2}$$
$$\sqrt{1-x^2} = \frac{2t}{1+t^2}$$
$$\mathrm{d}x = \frac{4t}{(1+t^2)^2}\,\mathrm{d}t$$

Diese Substitution führt auf einen rationalen Ausdruck in der neuen Variable t.

Kompliziertere Wurzelausdrücke, die in Integralen der Form

$$\int R\left(t,\ \sqrt{at^2+bt+c}\right)\,\mathrm{d}t$$

vorkommen, lassen sich durch quadratisches Ergänzen und affine Substitutionen $x = \alpha t + \beta$ auf einen der beiden Fälle $\int R(x,\ \sqrt{x^2+1})\,\mathrm{d}x$ oder $\int R(x,\ \sqrt{1-x^2})\,\mathrm{d}x$ zurückführen. Eine genauere Diskussion der verschiedenen Fälle findet sich auf S. 444.

Lässt sich auch für

$$\int R(\cos x,\ \sin x)\,\mathrm{d}x$$

eine Standardsubstitution finden? Hier können wir unsere Beobachtung von vorhin ausnutzen und die Argumentation umdrehen. Mit $u = \sin x$, $\cos x = \sqrt{1-u^2}$ und

$$\mathrm{d}u = \cos x\,\mathrm{d}x, \quad \mathrm{d}x = \frac{\mathrm{d}u}{\sqrt{1-u^2}}$$

erhalten wir eine rationale Funktion in u und $\sqrt{1-u^2}$, die wir wie oben beschrieben behandeln können.

Beide Substitutionen zusammen entsprechen genau der Substitution $t = \tan\frac{x}{2}$, aus der direkt folgt:

$$\sin x = \frac{2t}{t^2+1}, \quad \cos x = \frac{1-t^2}{t^2+1}, \quad \mathrm{d}x = \frac{2\,\mathrm{d}t}{t^2+1}.$$

Mit dieser „Universalsubstitution" lassen sich beliebige rationale Integrale in Winkelfunktionen bestimmen. Oft gibt es aber einfachere Wege, diese werden auf S. 444 angeführt. Außerdem werden dort noch einige spezielle Substitutionen angeführt, die gelegentlich nützlich sein können.

Beispiel Wir betrachten einige Beispiele, in denen eine geeignete Substitution entweder auf eine rationale Funktion oder auf ein elementares Integral führt.

- Wir bestimmen

$$I_1 = \int \frac{1}{\sin x}\,\mathrm{d}x.$$

  Hier haben wir eine rationale Funktion in den Winkelfunktionen vorliegen. Sie ist antisymmetrisch in $\sin x$, daher benutzen wir gemäß der Übersicht auf S. 444 die Substitution $u = \cos x$ mit $\mathrm{d}u = -\sin x\,\mathrm{d}x$. Daraus folgt:

$$\begin{aligned} I_1 &= \int \frac{\sin x}{\sin^2 x}\,\mathrm{d}x = -\int \frac{-\sin x\,\mathrm{d}x}{1-\cos^2 x} = -\int \frac{\mathrm{d}u}{1-u^2} \\ &= -\operatorname{artanh} u + C = -\operatorname{artanh}\cos x + C \\ &= -\frac{1}{2}\ln\frac{1+\cos x}{1-\cos x} + C \end{aligned}$$

Übersicht: Standardsubstitutionen

Viele Typen von Integranden lassen sich mittels Standardsubstitutionen auf rationale Funktionen zurückführen. Wir geben hier ohne Anspruch auf Vollständigkeit einige der wichtigsten an.

Im Folgenden bezeichnet R stets eine rationale Funktion in allen Argumenten, d. h. einen Ausdruck, der allein mit den Grundrechenarten $+, -, \cdot$ und / gebildet werden kann.

- $\int R\left(x, \sqrt{ax+b}\right) \mathrm{d}x$
  Die hier durchaus naheliegende Substitution $u = \sqrt{ax+b}$ ergibt $x = \frac{u^2}{a} - \frac{b}{a}$ und $\mathrm{d}x = \frac{2u}{a}\,\mathrm{d}u$. Man erhält also tatsächlich eine rationale Funktion in u, die (eventuell nach Polynomdivision) mittels Partialbruchzerlegung integriert werden kann.
- $\int R\left(x, \sqrt[n]{\frac{ax+b}{cx+d}}\right) \mathrm{d}x$
  Analog zu oben substituiert man hier $u = \sqrt[n]{\frac{ax+b}{cx+d}}$.
- $\int R\left(\mathrm{e}^x\right) \mathrm{d}x$
  Mit $u = \mathrm{e}^x$ und $\mathrm{d}x = \frac{\mathrm{d}u}{u}$ erhält man ebenfalls sofort eine rationale Funktion in u.
- $\int R\left(\sinh x, \cosh x\right) \mathrm{d}x$
  Da sich die Hyperbelfunktionen immer in Exponentialfunktionen umschreiben lassen ($\cosh x = \frac{1}{2}(\mathrm{e}^x + \mathrm{e}^{-x})$, $\sinh x = \frac{1}{2}(\mathrm{e}^x - \mathrm{e}^{-x})$), ist man wieder beim Fall $\int \tilde{R}(\mathrm{e}^x)$. Gleiches gilt für Integrale, in denen $\tanh x = \frac{\sinh x}{\cosh x}$ oder $\coth x = \frac{\cosh x}{\sinh x}$ vorkommt.
- $\int R\left(\sin x, \cos x\right) \mathrm{d}x$
  Unter Umständen findet man hier eine elegante Substitution wie $v = \sin x$ oder $w = \cos x$, die zum Ziel führt – allerdings nur in Spezialfällen.
  Hingegen gibt es eine „Universalsubstitution", die zwar gewissermaßen das mathematische Äquivalent einer Brechstange ist – dafür den großen Vorteil hat, immer zu funktionieren. Dazu substituiert man $u = \tan\frac{x}{2}$ und erhält:

$$\sin x = \frac{2u}{u^2+1}, \quad \cos x = \frac{1-u^2}{u^2+1}, \quad \mathrm{d}x = \frac{2\,\mathrm{d}u}{u^2+1}$$

  Es ergibt sich also immer eine rationale Funktion in u. Auch rationale Funktionen in Tangens und Cotangens fallen wegen $\tan x = \frac{\sin x}{\cos x}$ und $\cot x = \frac{\cos x}{\sin x}$ in diese Kategorie.
  Spezialfälle, in denen einfachere Substitutionen genügen, sind insbesondere:
  - $R(-\sin x, \cos x) = -R(\sin x, \cos x)$, R ist *ungerade* in $\sin x$. Dann erhält man mit $u = \cos x$, $\mathrm{d}u = -\sin x\,\mathrm{d}x$ eine rationale Funktion.
  - $R(\sin x, -\cos x) = -R(\sin x, \cos x)$, R ist *ungerade* in $\cos x$. In diesem Fall liefert $u = \sin x$, $\mathrm{d}u = \cos x\,\mathrm{d}x$ eine rationale Funktion.
  - $R(-\sin x, -\cos x) = R(\sin x, \cos x)$. In diesem Fall ist bereits eine kompliziertere Substitution notwendig, die aber immer noch einfacher ist als die oben angegebene Universalsubstitution:

$$\tan x = u \qquad \mathrm{d}x = \frac{\mathrm{d}u}{1+u^2}$$

$$\sin^2 x = \frac{u^2}{1+u^2} \qquad \cos^2 x = \frac{1}{1+u^2}$$

- $\int R(x, \sqrt{ax^2+bx+c})\,\mathrm{d}x$ In der Wurzel quadratisch ergänzen,

$$ax^2 + bx + c = a\,(x+\alpha)^2 - \beta$$

  mit $\alpha = \frac{b}{2a}$ und $\beta = \frac{b^2}{4a} - c$. Nun kann man zwei Wege beschreiten:
  - Das Argument der Wurzel durch eine geeignete Substitution auf die Form $\int \tilde{R}(u, \sqrt{1+u^2})\,\mathrm{d}u$ oder $\int \tilde{R}(v, \sqrt{1-v^2})\,\mathrm{d}v$ bringen. Diese können mit den Substitutionen

$$\sqrt{1+u^2} = \frac{1}{2}\left(t + \frac{1}{t}\right), \quad u = \frac{1}{2}\left(t - \frac{1}{t}\right),$$

    $\mathrm{d}u = \frac{1}{2}\left(1 + \frac{1}{t^2}\right)\mathrm{d}t$ bzw.

$$v = \frac{t^2-1}{1+t^2}, \quad \sqrt{1-v^2} = \frac{2t}{1+t^2},$$

    $\mathrm{d}v = \frac{4t}{(1+t^2)^2}\,\mathrm{d}t$ auf rationale Form gebracht werden.
  - Die Wurzel durch Substitution mit einer trigonometrischen oder hyperbolischen Funktion beseitigen. Dabei entscheidet man anhand der Vorzeichen von β und a:
    * $\beta > 0, a < 0$: $x = -\alpha + \sqrt{-\frac{\beta}{a}}\,\sin u$
      $\sqrt{a\,(x+\alpha)^2 - \beta} \to \sqrt{1-\sin^2 u} = \pm\cos u$
    * $\beta < 0, a > 0$: $x = -\alpha + \sqrt{-\frac{\beta}{a}}\,\cosh u$
      $\sqrt{a\,(x+\alpha)^2 - \beta} \to \sqrt{\cosh^2 u + 1} = \pm\sinh u$
    * $\beta > 0, a > 0$: $x = -\alpha + \sqrt{\frac{\beta}{a}}\,\sinh u$
      $\sqrt{a\,(x+\alpha)^2 - \beta} \to \sqrt{\sinh^2 u + 1} = \pm\cosh u$

    Die Wahl des Doppelvorzeichens, das in allen Fällen auftritt, hängt vom betrachteten Integrationsintervall ab. Man muss letztendlich für die Wurzel einen positiven Ausdruck erhalten.
    Auf jeden Fall gelangt man zu einer rationalen Funktion entweder in Sinus und Kosinus oder in den Hyperbelfunktionen; beide Fälle wurden bereits behandelt.
- $\int R(x, \sqrt{\alpha x + \beta}, \sqrt{\gamma x + \delta})\,\mathrm{d}x$
  Substituiert man hier $u = \sqrt{\gamma x + \delta}$, so wird der andere Wurzelausdruck zu $\sqrt{\frac{\alpha}{\gamma}u^2 - \frac{\alpha\delta}{\gamma} + \beta}$, man hat diesen Fall auf den vorhin behandelten zurückgeführt.
- $\int \frac{R(x^n)}{\sqrt[n]{ax^n+b}}\,\mathrm{d}x$
  Hier kann man die Substitution $u = \sqrt[n]{a + \frac{b}{x^n}}$ anwenden.

Beispiel: Integration durch Potenzreihenentwicklung

Wir bestimmen die Integrale

$$I_1 = \int x\cos(x^2)\mathrm{d}x\,, \quad I_2 = \int \frac{\sin x}{x}\,\mathrm{d}x$$

durch Entwicklung des Integranden in eine Potenzreihe.

Problemanalyse und Strategie: Durch eine Potenzreihe

$$f(x) = \sum_{n=0}^{\infty} a_n (x-x_0)^n$$

mit Konvergenzradius $r > 0$ ist eine stetige Funktion $f : (x_0 - r, x_0 + r) \to \mathbb{R}$ definiert. Daher ist f auf Intervallen $[a,b] \subseteq (x_0 - r, x_0 + r)$ integrierbar. Gliedweises Integrieren führt auf die Potenzreihe

$$F(x) = \sum_{n=0}^{\infty} \frac{a_n}{n+1}(x-x_0)^{n+1}\,.$$

Mit $\frac{|a_n|}{n+1} \leq |a_n|$ für $n \in \mathbb{N}_0$ und der Darstellung

$$F(x) = (x-x_0)\sum_{n=0}^{\infty} \frac{a_n}{n+1}(x-x_0)^n$$

liefert das Majorantenkriterium Konvergenz der Reihe auf $(x_0 - r, x_0 + r)$. Da weiter $F' = f$ gilt, ist durch die Reihe eine Stammfunktion zu f gegeben.

Dieses Resultat lässt sich nutzen, um die Potenzreihendarstellung von Stammfunktionen zu ermitteln. Hat man eine Potenzreihendarstellung des Integranden (etwa durch Taylorentwicklung) gefunden, so kann man diese in ihrem Konvergenzbereich elementar integrieren. Dabei erhält man natürlich wieder eine Potenzreihe, die man in manchen Fällen wieder auf elementare Funktionen umschreiben kann.

Lösung: Für den ersten Integranden erhalten wir

$$f_1(x) = x\sum_{n=0}^{\infty}\frac{(-1)^n}{(2n)!}u^{2n}\Big|_{u=x^2} = \sum_{n=0}^{\infty}\frac{(-1)^n}{(2n)!}x^{4n+1}\,.$$

Gliedweise Integration liefert:

$$\begin{aligned}\int f_1(x)\mathrm{d}x &= \sum_{n=0}^{\infty}\frac{(-1)^n}{(4n+2)\,(2n)!}x^{4n+2} + C\\ &= \sum_{n=0}^{\infty}\frac{(-1)^n}{2\,(2n+1)\,(2n)!}(x^2)^{2n+1} + C\\ &= \frac{1}{2}\sum_{n=0}^{\infty}\frac{(-1)^n}{(2n+1)!}(x^2)^{2n+1} + C\end{aligned}$$

Das ist die Potenzreihendarstellung der Funktion $F_1(x) = \frac{1}{2}\sin(x^2) + C$, und wir schließen

$$I_1 = \int x\cos(x^2)\mathrm{d}x = \frac{1}{2}\sin(x^2) + C\,.$$

Auch im zweiten Fall ist es keine Schwierigkeit, eine Potenzreihendarstellung zu finden,

$$f_2(x) = \frac{1}{x}\sum_{n=0}^{\infty}\frac{(-1)^n}{(2n+1)!}x^{2n+1} = \sum_{n=0}^{\infty}\frac{(-1)^n}{(2n+1)!}x^{2n}\,.$$

Durch Integration erhalten wir nun

$$\int f_2(x)\mathrm{d}x = \sum_{n=0}^{\infty}\frac{(-1)^n}{(2n+1)\,(2n+1)!}x^{2n+1} + C\,.$$

Diese Potenzreihe hat keine Darstellung mittels elementarer Funktionen; numerisch lässt sie sich jedoch ohne Probleme auswerten.

Hier führt die Standardsubstitution $t = \tan\frac{x}{2}$ sogar auf ein einfacheres Ergebnis, das letztlich natürlich äquivalent ist:

$$I_1 = \int \frac{1}{\sin x}\,\mathrm{d}x = \left|\begin{array}{c} t = \tan\frac{x}{2} \\ \sin x = \frac{2t}{1+t^2} \\ \mathrm{d}x = \frac{2\,\mathrm{d}t}{1+t^2}\end{array}\right| = \int \frac{1}{\frac{2t}{1+t^2}}\,\frac{2\,\mathrm{d}t}{1+t^2} = \int\frac{\mathrm{d}t}{t} = \ln|t| + C = \ln\left|\tan\frac{x}{2}\right| + C$$

- Wir bestimmen das Integral

$$I = \int \frac{x\,\mathrm{d}x}{x + \sqrt{x^2+1}}\,.$$

Unsere Standardsubstitution

$$\begin{aligned}\sqrt{1+x^2} &= \frac{1}{2}\left(t + \frac{1}{t}\right),\\ x &= \frac{1}{2}\left(t - \frac{1}{t}\right),\\ \mathrm{d}x &= \frac{1}{2}\left(1 + \frac{1}{t^2}\right)\mathrm{d}t\end{aligned}$$

führt auf:

$$\begin{aligned}
I &= \int \frac{\frac{1}{2}\left(t-\frac{1}{t}\right)\frac{1}{2}\left(1+\frac{1}{t^2}\right)\mathrm{d}t}{\frac{1}{2}\left(t-\frac{1}{t}\right)+\frac{1}{2}\left(t+\frac{1}{t}\right)} = \frac{1}{4}\int \frac{t-\frac{1}{t^3}}{t}\,\mathrm{d}t \\
&= \frac{1}{4}\int \frac{t^4-1}{t^4}\,\mathrm{d}t = \frac{1}{4}\int\left(1-\frac{1}{t^4}\right)\mathrm{d}t = \frac{1}{4}\,t + \frac{1}{12}\,\frac{1}{t^3} + C \\
&= \frac{1}{4}(x+\sqrt{1+x^2}) - \frac{1}{12}\,(x-\sqrt{1+x^2})^3 + C
\end{aligned}$$

- Wir bestimmen das Integral

$$I = \int \frac{x\,\mathrm{d}x}{\sqrt{4x^2+4x-8}}\,.$$

Dabei beginnen wir mit quadratischer Ergänzung und nehmen dann eine passende Substitution vor:

$$\begin{aligned}
I &= \int \frac{x\,\mathrm{d}x}{\sqrt{4x^2+4x-8}} \\
&= \int \frac{x\,\mathrm{d}x}{\sqrt{(2x+1)^2-9}} \quad \left|\begin{array}{c} u = 2x+1 \\ \mathrm{d}x = \frac{\mathrm{d}u}{2} \end{array}\right| \\
&= \frac{1}{4}\int \frac{u-1}{\sqrt{u^2-9}}\,\mathrm{d}u \quad \left|\begin{array}{c} u = 3\cosh v \\ \mathrm{d}u = 3\sinh v\,\mathrm{d}v \end{array}\right| \\
&= \frac{1}{4}\int \frac{3\cosh v - 1}{\sqrt{\cosh^2 v - 1}}\,\sinh v\,\mathrm{d}v \\
&= \frac{1}{4}\int (3\cosh v - 1)\,\mathrm{d}v = \frac{1}{4}\,(3\sinh v - v) + C \\
&= \frac{1}{4}\left(3\sqrt{\cosh^2 v - 1} - v\right) + C \\
&= \frac{1}{4}\left(3\sqrt{\frac{u^2}{9}-1} - \operatorname{arcosh}\frac{u}{3}\right) + C \\
&= \frac{1}{4}\left(\sqrt{4x^2+4x-8} - \operatorname{arcosh}\frac{2x+1}{3}\right) + C \quad \blacktriangleleft
\end{aligned}$$

Neben den bisher vorgestellten Methoden zur Bestimmung von Integralen gibt es noch einige weitere, etwa die Entwicklung des Integranden in eine Potenzreihe, wie auf S. 445 erklärt; eine Übersicht findet sich auf S. 454. In vielen Fällen sind aber alle analytischen Verfahren nicht mehr ausreichend, und daher stellen wir als wesentliche Integrationstechnik nun die *numerische Integration* vor.

12.5 Numerische Integration

Der Hauptsatz der Differenzial- und Integralrechnung liefert eine ungemein praktische Methode, bestimmte Integrale zu berechnen: Man muss „nur" eine Stammfunktion der zu integrierenden Funktion finden.

In vielen Fällen ist das aber nicht möglich, selbst eine so einfache Funktion wie sie durch

$$f(x) = \frac{\sin x}{x}$$

auf $D(f) = \mathbb{R}_{>0}$ gegeben ist, hat keine Stammfunktion, die sich durch elementare Funktionen ausdrücken lässt. Doch auch in manchen Fällen, in denen es im Prinzip durchaus möglich wäre, eine Stammfunktion zu finden, geht man dem aus dem Weg und zieht sich auf *numerische* Verfahren zurück.

Wie überall ist Numerik jedoch auch hier kein Allheilmittel. Analytische und numerische Methoden greifen meist eng ineinander. Oft muss man ein Integral erst auf analytischem Wege umformen, bevor es effizient numerisch behandelt werden kann. Manchmal ist eine Reihenentwicklung des Integranden besser als jede der hier vorgestellten Methoden, und nicht zuletzt bewahrt einen der analytische Hausverstand auch manchmal davor, offensichtlich falsche oder schlechte Ergebnisse einfach hinzunehmen, ohne sie zu hinterfragen.

Integrale lassen sich näherungsweise durch Integration von Approximationspolynomen bestimmen

Die naheliegendste Variante, wenn es darum geht, ein Integral

$$\int_a^b f(x)\,\mathrm{d}x$$

näherungsweise ohne Benutzung einer Stammfunktion zu berechnen, wäre es, tatsächlich auf eine Näherung durch Treppenfunktionen, wie sie bei der Definition des Integrals in Abschn. 11.1 benutzt wurden, zurückzugreifen.

Dabei hätte man den großen Vorteil, jederzeit zumindest eine untere Schranke für den wahren Wert des Integrals zur Verfügung zu haben. Die zusätzliche Bestimmung einer oberen Schranke ist ebenfalls nicht aufwendig (Approximation durch Treppenfunktionen *von oben*).

Die praktische Durchführung ist aber meist recht aufwendig, denn man muss ja in jedem Teilintervall die beste untere Schranke der Funktionswerte bestimmen. Zudem ist das Verfahren nicht sehr effizient, die Fehler sind recht groß und können nur durch viel Aufwand auf ein akzeptables Maß verringert werden.

Deswegen wird die bestimmte Integration kaum jemals über Treppenfunktionen (oder, im Riemann'schen Zugang, siehe S. 384, mit Ober- und Untersummen oder Riemann'schen Summen) implementiert. Die Grundidee, die den meisten numerischen Verfahren zugrunde liegt, ist eine andere.

Einerseits haben wir in Kap. 10 bereits gesehen, dass sich die meisten Funktionen gut und schnell durch Polynome approximieren lassen, andererseits lassen sich Polynome höchst einfach integrieren,

$$\int_a^b \sum_{k=0}^{n} a_k x^k\,\mathrm{d}x = \left[\sum_{k=0}^{n} \frac{a_k}{k+1}\,x^{k+1}\right]_a^b .$$

Es liegt also nahe, eine Funktion zuerst durch ein Polynom zu approximieren und dann dieses Polynom zu integrieren. Da Approximationspolynome hoher Ordnung zu Instabilitäten neigen, wird es zusätzlich besser sein, den Integrationsbereich zuerst in Teilbereiche zu zerlegen und in jedem Teilbereich ein Polynom niedrigerer Ordnung zu verwenden.

Die Trapezformel ist eine einfache Variante, bestimmte Integrale näherungsweise auszuwerten

Das einfachste nichtkonstante Polynom ist eine Gerade. Eine Funktion f in $[a, b]$ einfach mittels einer Geraden durch $f(a)$ und $f(b)$ zu fitten ist natürlich für größere Intervalle eine sehr schlechte Näherung.

Zerlegen wir unser Integrationsintervall $[a, b]$ also in Teilintervalle. Diese werden üblicherweise alle gleich lang gewählt,

$$h = \frac{b-a}{n},$$

so nähert man in jedem dieser Intervalle $[x_{k-1}, x_k)$ die Funktion durch eine Gerade, die Fläche unter dem Graphen also durch ein Trapez, wie in Abb. 12.6 dargestellt,

$$A_k = \frac{f(x_{k-1}) + f(x_k)}{2} \cdot \frac{b-a}{n}.$$

Für das gesamte Integral hat man die Summe aller Trapezflächen vorliegen.

Zusammengesetzte Trapezformel

Als Näherungswert für das Integral über eine Funktion f im Intervall $[a, b]$ erhält man mit $y_k = f(x_k)$ und $x_k = a + k\frac{b-a}{n}$, $k = 0, \dots, n$:

$$Q_n^T = \frac{b-a}{n}\left(\frac{y_0}{2} + y_1 + y_2 + \dots + y_{n-1} + \frac{y_n}{2}\right)$$

Dass nur die Werte $y_0 = f(x_0)$ und $y_n = f(x_n)$ einen Faktor $1/2$ tragen, liegt daran, dass alle anderen beim Aufsummieren der Trapezflächen zweimal vorkommen.

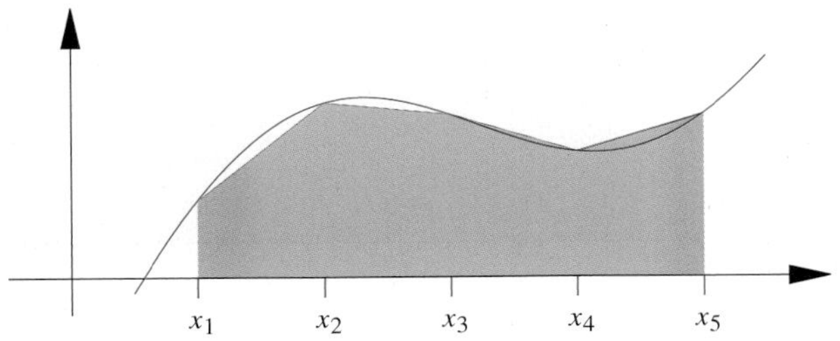

Abb. 12.6 Als einfache Näherung für den Flächeninhalt unter dem Funktionsgraphen von f im Intervall $[x_{k-1}, x_k]$ erhält man $\Delta I = \frac{f(x_{k-1})+f(x_k)}{2}(x_k - x_{k-1})$

Wir haben nun also einen Näherungswert für das Integral – aber leider vorerst keinerlei Information darüber, wie gut oder schlecht dieser ist. Eine verbreitete Vorgehensweise in der Numerik wäre, die Rechnung für immer feinere Partitionen zu wiederholen (z. B. indem man jedes Mal die Zahl der Intervalle verdoppelt) und den Unterschied zwischen zwei aufeinanderfolgenden Ergebnissen als Schätzwert für den Fehler zu verwenden.

Das geht oft gut, es kann aber immer passieren, dass eine derartige Abschätzung versagt.

Selbstfrage 4

Betrachten wir die Näherungswerte a_n als Folge, von der wir hoffen, dass sie gegen den wahren Wert a des Integrals konvergiert. Können wir aus dem Umstand, dass $|a_n - a_{n-1}| < \varepsilon$ ist, etwas über $|a_n - a|$ aussagen?

Besonders deutlich sieht man mögliche Fehlerquellen in einem Fall wie der Integration von

$$f(x) = \sum_{k=-1}^{9} e^{-\alpha\left(x-\frac{k}{2}\right)^2}$$

mit $\alpha \gg 1$ über das Intervall $[0, 4]$. Wenn man den Graphen der Funktion in Abb. 12.7 betrachtet, erkennt man sofort das Problem.

Die Schätzwerte für ein, zwei, vier und acht Teilintervalle weichen kaum voneinander ab. Beim Übergang auf sechzehn Intervall halbiert sich der Wert allerdings beinahe. Hätte man schon nach acht Unterteilungen abgebrochen, würde man ein grob falsches Ergebnis für nahezu richtig halten.

Besser als derartige numerische Vorgehensweisen sind also – wo es sie gibt – immer noch analytische Fehlerabschätzungen. Für die Trapezformel gibt es glücklicherweise in vielen Fällen eine solche, die man aus Abschätzungen für Interpolationspolynome herleiten kann. Ist die betrachtete Funktion zweimal differenzierbar und zweite Ableitung der Funktion auf $[a, b]$ betragsmäßig immer kleiner gleich einer Konstante M_2,

$$\max_{x\in[a,b]} |f''(x)| \le M_2,$$

so gilt für den Fehler der Trapezformel:

$$\Delta_n^T \le \frac{(b-a)^3}{12n^2} M_2 = \frac{b-a}{12} h^2 M_2$$

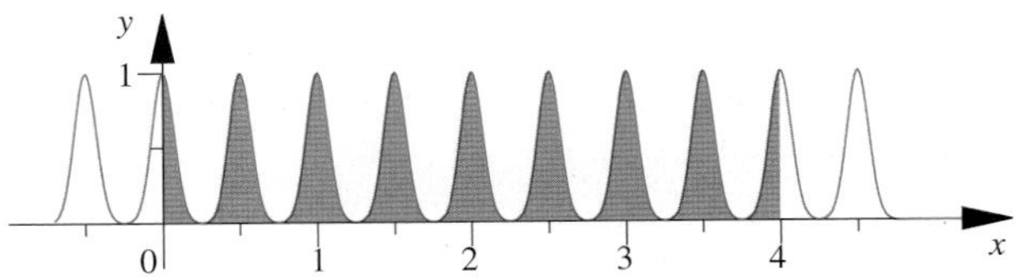

Abb. 12.7 Bei der Integration der Funktion $f(x) = \sum_{k=-1}^{9} e^{-\alpha\left(x-\frac{k}{2}\right)^2}$ mit der Trapezformel kann man böse Überraschungen erleben

Durch eine genügend große Zahl von Teilintervallen lässt sich der Fehler also im Prinzip beliebig klein machen. Irgendwann werden natürlich numerische Fehler dafür sorgen, dass eine weitere Verfeinerung keine Verbesserung mehr bringt.

Dass in der Fehlerabschätzung gerade die zweite Ableitung vorkommt, hat natürlich seinen Grund. Für lineare Funktionen ist die Trapeznäherung exakt, erst durch die Krümmung des Funktionsgraphen ergeben sich Abweichungen – je größer die Krümmung, desto größer auch der mögliche Fehler.

Beispiel Wir bestimmen das Integral

$$\int_0^1 x^2\,\mathrm{d}x$$

näherungsweise mittels Trapezformel und vier Teilintervallen. Dabei erhalten wir:

$$\begin{aligned} Q_4^T &= \frac{1-0}{4}\left(\frac{0^2}{2}+\left(\frac{1}{4}\right)^2+\left(\frac{1}{2}\right)^2+\left(\frac{3}{4}\right)^2+\frac{1^2}{2}\right)\\ &= \frac{1}{4}\left(\frac{1}{16}+\frac{1}{4}+\frac{9}{16}+\frac{1}{2}\right)\\ &= \frac{1}{4}\cdot\frac{1+4+9+8}{16} = \frac{11}{32} \approx 0.343\,75 \end{aligned}$$

Für die Abschätzung des Fehlers wissen wir, dass für $f(x) = x^2$ die zweite Ableitung $f''(x) = 2$ ist, also sogar überall konstant. Wir können demnach sofort $M_2 = 2$ setzen und erhalten damit

$$\Delta_4^T \le \frac{(1-0)^3}{12\cdot 4^2}\cdot 2 = \frac{1}{96} \approx 0.010\,417\,.$$

Den wahren Wert können wir (zum Vergleich) in diesem einfachen Beispiel natürlich ebenfalls sofort angeben:

$$\int_0^1 x^2\,\mathrm{d}x = \left.\frac{x^3}{3}\right|_0^1 = \frac{1}{3} \approx 0.333\,33$$

In diesem einfachen Fall lässt sich die Summe für eine beliebige Zahl von Teilintervallen sogar direkt auswerten. Mit den Ergebnissen von S. 86 erhalten wir:

$$\begin{aligned} Q_n^T &= \frac{1}{n}\left\{\frac{1}{2}\cdot 0^2 + \sum_{k=1}^{n-1}\left(\frac{k}{n}\right)^2 + \frac{1}{2}\right\}\\ &= \frac{1}{n}\left\{\frac{1}{n^2}\sum_{k=1}^{n} k^2 - \frac{1}{2}\right\}\\ &= \frac{1}{n}\left\{\frac{1}{n^2}\,\frac{n\,(n+1)\,(2n+1)}{6} - \frac{1}{2}\right\}\\ &= \frac{2n^3+3n^2+n}{6\,n^3} - \frac{1}{2n} = \frac{1}{3} + \frac{3n^2+n}{6\,n^3} - \frac{3n^2}{6n^3}\\ &= \frac{1}{3} + \frac{1}{6n^2} \end{aligned}$$

An diesem Ergebnis sehen wir explizit, wie für große Werte von n der Fehler immer kleiner wird und man sich mehr und mehr dem wahren Wert $1/3$ nähert. ◀

Die Simpson-Formel liefert bei gleichem Aufwand meist deutlich bessere Ergebnisse als die Trapezformel

Eine weitere Integrationsmethode, die immer noch sehr einfach ist, aber meist deutlich bessere Ergebnisse liefert als die Trapezformel, ist die (große) *Simpson-Formel*.

Wieder beginnt man mit einer äquidistanten Zerlegung des Integrationsintervalls $[a, b]$, aber diesmal muss die Zahl der Teilintervalle gerade sein, $n = 2k$. Jeweils zwei aufeinanderfolgende Teilintervalle, also $[x_{2k-2}, x_{2k-1}]$ und $[x_{2k-1}, x_{2k}]$, werden zusammengefasst und in jedem dieser Doppelintervalle $[x_{k-1}, x_{k+1}]$ sucht man eine möglichst gute Näherung für die Fläche unter dem Funktionsgraphen.

Bei der Trapezformel hatten wir die Funktion sehr einfach angenähert, nämlich durch ein simples Geradenstück. Es liegt also nahe, dass man eine Verbesserung der Integrationsmethode erreichen könnte, indem man diese Näherung verbessert – zum Beispiel zu einer Kurve zweiter Ordnung, also einer Parabel übergeht.

Genau das ist die Idee hinter der Simpson-Formel. Für die Fläche unter dem Graphen einer Parabel, die genau durch die Punkte (x_{2k-2}, y_{2k-2}), (x_{2k-1}, y_{2k-1}) und (x_{2k}, y_{2k}) verläuft, wobei wieder $y_m = f(x_m)$ ist, erhält man:

$$A = \frac{x_{2k} - x_{2k-2}}{6}\,(y_{2k-2} + 4\,y_{2k-1} + y_{2k})$$

Die beiden Flächen sind in Abb. 12.8 dargestellt.

Summiert man diese Beiträge nun wieder für alle Intervalle auf, so erhält man die Simpson-Formel.

Zusammengesetzte Simpson-Formel

Die Simpson-Formel liefert als Näherung für das Integral $\int_a^b f(x)\,\mathrm{d}x$

$$\begin{aligned} Q_n^S = \frac{b-a}{3n}(&y_0 + 4y_1 + 2y_2 + 4y_3 + \cdots\\ &\cdots + 2y_{n-2} + 4y_{n-1} + y_n) \end{aligned}$$

mit $y_k = f(x_k)$ und $x_k = a + k\frac{b-a}{n}$, $k = 0, \ldots, n$.

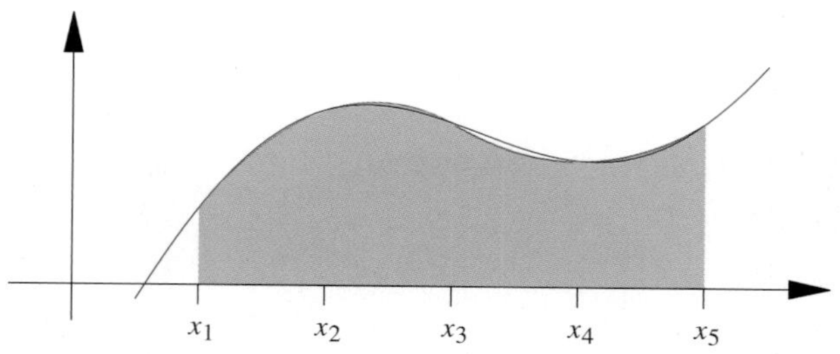

Abb. 12.8 Die Fläche unter dem Funktionsgraphen im Vergleich mit jener unter dem Graphen des Simpson-Polynoms

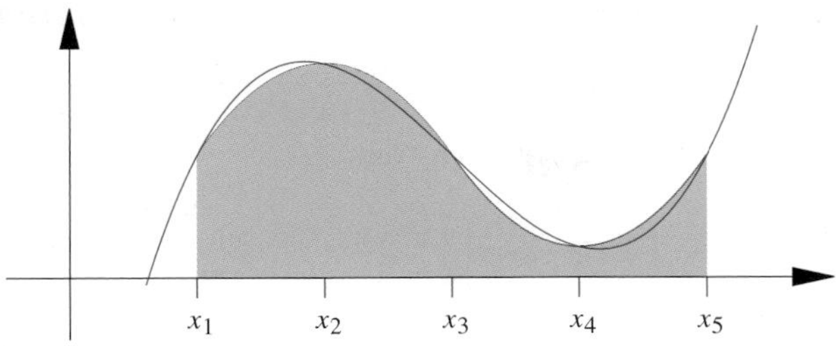

Abb. 12.9 Die Simpson-Formel ist auch noch für Polynome dritten Grades exakt. Positive und negative Beiträge heben sich aus Symmetriegründen genau auf

Die Zwischenpunkte mit ungerader Nummer werden also immer vierfach gezählt, jene mit gerader doppelt, weil sie ja zu zwei solcher Doppelintervalle gehören. Die einzige Ausnahme sind der erste und der letzte, $x_0 = a$ und $x_{2n} = b$, die nur einmal vorkommen.

Die Formel sieht recht willkürlich aus, ist aber von beachtlicher Effizienz. Gelegentlich wird sie übrigens auch als *Kepler'sche Fassregel* bezeichnet, weil es Johannes Kepler war, von dem sie in ihrer einfachsten Form stammt – angeblich hatte er sie entwickelt, um das Volumen von Weinfässern zu bestimmen. Berühmt ist Kepler natürlich nicht für seine Weinfässer, sondern für die Gesetze der Planetenbewegung.

Wie im Fall der Trapezformel gibt es auch für die Simpson-Formel eine Fehlerabschätzung. In dieser kommt interessanterweise nicht, wie es eigentlich zu erwarten wäre, die dritte, sondern erst die vierte Ableitung der zu integrierenden Funktion f vor: Ist überall auf $[a, b]$

$$|f^{(4)}(x)| \leq M_4$$

so gilt die Fehlerabschätzung:

$$\Delta_n^S \leq \frac{(b-a)^5}{180n^4} M_4 = \frac{b-a}{180} h^4 M_4$$

Daraus ist ersichtlich, dass die Simpson-Formel nicht nur für Polynome zweiten, sondern sogar noch dritten Grades *exakt* ist. Die Approximation durch eine Parabel hat zwar Abweichungen, positive und negative Beiträge heben sich aber, wie in Abb. 12.9 dargestellt, genau auf.

Für die Integration mit hoher Genauigkeit stehen Quadraturformeln höherer Ordnung zur Verfügung

Trapez- und Simpson-Formel sind für viele Zwecke vollkommen ausreichend. Für Anwendungen, in denen es auf sehr hohe Genauigkeit ankommt, gibt es aber noch wesentlich leistungsfähigere Methoden.

Die Idee sowohl hinter der Trapez- als auch der Simpson-Formel ist es ja, letztlich in Teilintervallen nicht die Funktion selbst zu integrieren, sondern ein geeignetes Approximationspolynom. Bei den Trapezen ist das für jedes Teilintervall eine Gerade, bei Simpson für je zwei Intervalle eine Parabel.

Ebenso gut könnte man aber drei Intervalle zusammenfassen und dort ein Polynom dritten Grades integrieren oder zu noch höheren Ordnungen übergehen. Bei der technischen Implementierung muss man dabei natürlich darauf achten, dass die Gesamtzahl der Intervalle die passenden Teilbarkeitseigenschaften besitzt.

Teil II

Einen Sonderstatus unter den Quadraturformeln nimmt das Romberg-Verfahren ein

Einfach zu höheren Ordnungen überzugehen kann durchaus eine praktikable Lösung sein, um höhere Genauigkeiten zu erreichen. Besonders leistungsfähig werden Quadraturformeln jedoch dann, wenn sie durch ein Extrapolationsverfahren verknüpft werden.

Zunächst beginnt man mit der Beobachtung, dass der Fehler einer Quadraturformel der Ordnung m mit n Teilintervallen einen Fehler besitzt, der in etwa proportional zur $(2m-2)$-ten Potenz der Intervallbreite h ist:

$$\Delta_n^{(m)} = C(n)\, h^{2m-2} = \frac{C(n)}{n^{2m-2}}$$

Die Konstante $C(n)$ hängt dabei üblicherweise nur schwach von der Zahl n der Teilintervalle ab. Verdoppelt man nun diese Zahl, so erhält man für den wahren Wert I des Integrals die beiden Gleichungen:

$$I = Q_n^{(m)} + \frac{C(n)}{n^{2m-2}}$$
$$I = Q_{2n}^{(m)} + \frac{C(2n)}{(2n)^{2m-2}}$$

Unter der Voraussetzung

$$C(n) \approx C(2n) \approx C$$

hat man ein lineares Gleichungssystem in I und C vorliegen, das sich eindeutig nach I auflösen lässt:

$$I = \frac{1}{4^{m-1}-1}\left(4^{m-1} Q_{2n}^{(m)} - Q_n^{(m)}\right) \qquad (12.9)$$

Man gewinnt also aus den beiden Näherungswerten $Q_n^{(m)}$ und $Q_{2n}^{(m)}$ einen (üblicherweise sehr viel besseren) Schätzwert I für das Integral, indem man die Fehlerabschätzung in die Rechnung miteinbezieht.

Tatsächlich lässt sich zeigen, dass I aus Formel (12.9) genau dem Ergebnis einer Quadraturformel mit $2n$ Teilintervallen

Beispiel: Numerische Integration

Bestimmen Sie das Integral

$$I = \int_0^{\pi} x \sin x \, dx$$

näherungsweise mittels Trapez- und Simpson-Formel (jeweils vier bzw. acht Teilintervalle) und geben Sie eine Fehlerabschätzung an.

Problemanalyse und Strategie: Die Formeln für Trapez- und Simpson-Methode sagen uns ganz genau, was zu tun ist: Das Integrationsintervall unterteilen, die Funktionswerte an den Stützstellen bestimmen und daraus einen Näherungswert errechnen. Für die Fehlerabschätzung benötigen wir zusätzlich noch die zweite bzw. vierte Ableitung der Funktion.

Lösung: Wir bestimmen zunächst die Funktionswerte von $f(x) = x \sin x$ an den Stützstellen $x_k = k\frac{\pi}{8}$ mit $k = 0, \ldots, 8$:

$$f(0) = f(\pi) = 0 \qquad f\left(\frac{\pi}{2}\right) \approx 1.570\,796$$

$$f\left(\frac{\pi}{8}\right) \approx 0.150\,279 \quad f\left(\frac{5\pi}{8}\right) \approx 1.814\,033$$

$$f\left(\frac{\pi}{4}\right) \approx 0.555\,360 \quad f\left(\frac{3\pi}{4}\right) \approx 1.666\,081$$

$$f\left(\frac{3\pi}{8}\right) \approx 1.088\,420 \quad f\left(\frac{7\pi}{8}\right) = 1.051\,956$$

Mit diesen Werten erhalten wir für die Trapezformel:

$$Q_4^T \approx \frac{\pi}{4}\left(\frac{0}{2} + 0.555\,360 + 1.570\,706 + 1.666\,081 + \frac{0}{2}\right) \approx 2.978\,416$$

$$Q_8^T \approx \frac{\pi}{8}\left(\frac{0}{2} + 0.150\,279 + 0.555\,360 + 1.088\,420 + 1.570\,706 + 1.814\,033 + 1.666\,081 + 1.051\,956 + \frac{0}{2}\right) \approx 3.101\,115$$

Analog ergibt die Simpson-Formel:

$$Q_4^S \approx \frac{\pi}{12}(0 + 4 \cdot 0.555\,360 + 2 \cdot 1.570\,706 + 4 \cdot 1.666\,081 + 0) \approx 3.148\,754$$

$$Q_8^S \approx \frac{\pi}{24}(0 + 4 \cdot 0.150\,279 + 2 \cdot 0.555\,360 + 4 \cdot 1.088\,420 + 2 \cdot 1.570\,706 + 4 \cdot 1.814\,033 + 2 \cdot 1.666\,081 + 4 \cdot 1.051\,956 + 0) \approx 3.142\,015$$

Der Vergleich mit dem wahren Wert,

$$I = \int_0^{\pi} x \sin x \, dx = \left| \begin{matrix} u = x & v' = \sin x \\ u' = 1 & v = -\cos x \end{matrix} \right| = -\, x \cos x\big|_0^{\pi} + \int_0^{\pi} \cos x \, dx = \pi\,,$$

zeigt deutlich die Überlegenheit der Simpson-Formel.

Für die Fehlerabschätzung brauchen wir eine obere Schranke für die zweite bzw. vierte Ableitung der Funktion f. Mehrfaches Ableiten liefert:

$$f'(x) = \sin x + x \cos x \qquad f''(x) = 2\cos x - x \sin x$$

$$f^{(3)}(x) = -3\sin x - x \cos x \quad f^{(4)}(x) = -4\cos x + x \sin x$$

Die Extrema dieser Funktionen lassen sich zwar nicht leicht bestimmen, eine Abschätzung liefert aber sofort die Dreiecksungleichung,

$$|f''(x)| \leq 2\,|\cos x| + |x|\,|\sin x| < 2 + \pi$$

$$|f^{(4)}(x)| = 4\,|\cos x| + |x|\,|\sin x| < 4 + \pi\,.$$

Diese Abschätzungen sind tatsächlich recht großzügig, sollen uns aber genügen. Mit diesen Werten erhalten wir

$$\Delta_4^T \leq \frac{\pi^3}{8 \cdot 4^2}(2 + \pi) \approx 1.245\,482$$

$$\Delta_8^T \leq \frac{\pi^3}{8 \cdot 8^2}(2 + \pi) \approx 0.311\,370$$

$$\Delta_4^S \leq \frac{\pi^5}{180 \cdot 4^4}(4 + \pi) \approx 0.047\,428$$

$$\Delta_8^S \leq \frac{\pi^5}{180 \cdot 8^4}(4 + \pi) \approx 0.002\,964$$

In allen diesen Fällen wird der tatsächliche Fehler deutlich überschätzt. Das liegt zum Teil, aber nicht nur an unserer großzügigen Abschätzung für die Ableitungen.

Realistischerweise wird man natürlich nicht nur mit vier oder acht Teilintervallen rechnen, sondern mit deutlich mehr, und das Auswerten wird der Computer übernehmen. In folgender Abbildung sind die Ergebnisse von Trapez- und Simpson-Formel in Abhängigkeit von der Zahl der Doppelintervalle dargestellt.

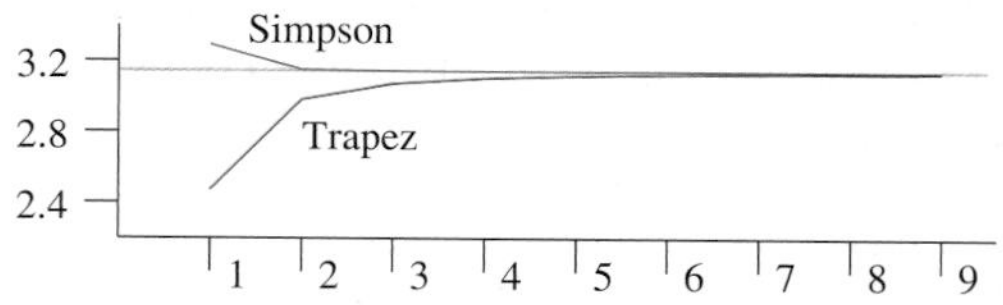

Der wahre Wert ist dabei als waagrechte grüne Linie eingezeichnet.

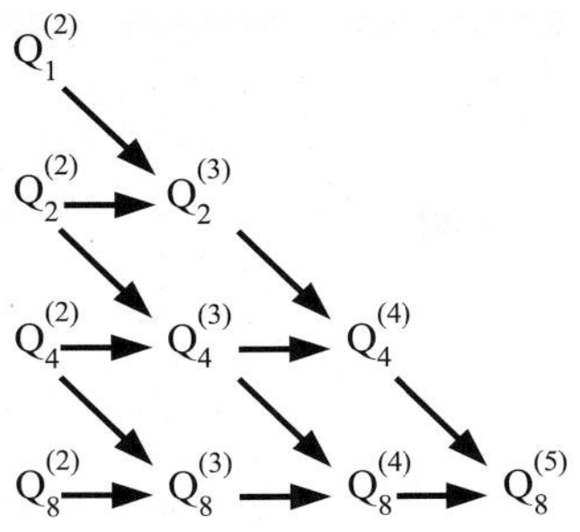

Abb. 12.10 Schematisches Vorgehen beim Romberg-Verfahren. $Q_k^{(n)}$ steht dabei für das Ergebnis einer Quadraturformel der Ordnung n mit k Teilintervallen. Die Pfeile zeigen, in welcher Reihenfolge man aus Ergebnissen niedrigerer Ordnung bzw. geringerer Intervallzahl das gewünschte Ergebnis durch einfache Kombination bestimmen kann. Man muss demnach nur Quadraturen der Ordnung 2, also Trapezformeln explizit auswerten, um aus diesen die Ergebnisse beliebig hoher Ordnung kombinieren zu können

und einer um eins höheren Ordnung entspricht. Die Strategie von Romberg lässt sich in einem Schema darstellen, das in Abb. 12.10 skizziert ist.

Selbstfrage 5

Finden Sie die Ihrer Meinung nach beste Reihenfolge, die Integrale in Abb. 12.10 zu bestimmen.

Allein aus der Anwendung der Trapezformel für eine immer größere Zahl von Teilintervallen kann man also die Resultate von Quadraturformeln zunehmender Ordnung gewinnen.

Kommentar Alle bisher betrachteten Integrationsformeln hatten eine Gemeinsamkeit – der Abstand zwischen den Stützstellen war gleich. Gibt man diese *äquidistante* Verteilung auf, so kann das zu noch einmal deutlich leistungsfähigeren Integrationsverfahren führen. Hier ist insbesondere das Gauß-Legendre-Verfahren zu nennen, das auf S. 1300 diskutiert wird. ◄

* Die numerische Bestimmung von Integralen über unbeschränkte Funktionen oder Bereiche ist ebenfalls möglich

Auch bei Integralen über unbeschränkte Bereiche oder Integranden kann es natürlich vorkommen, dass man gerne einen genauen Wert und nicht nur einfach eine Abschätzung hätte, aber keine Stammfunktion finden kann. Auch hier stehen die Mittel der numerischen Integration zur Verfügung, aber bei derartigen Integralen ist zusätzliche Vorsicht geboten.

Achtung Zunächst einmal sollte man sich versichern, dass das Integral, dessen Wert man bestimmen will, überhaupt existiert – für ein divergentes Integral wird die Numerik möglicherweise ein (vollkommen falsches!) endliches Ergebnis liefern. Doch selbst wenn die Routine gut genug ist, die Divergenz zu erkennen, wird das wahrscheinlich viel Rechenzeit (vollkommen sinnlos) verbrauchen. ◄

Nun aber zur Frage, wie man konvergente Integrale behandelt. Beginnen wir mit der Integration über einen unbeschränkten Bereich, also etwa einem Integral

$$\int_0^\infty f(x)\,\mathrm{d}x\,.$$

Einen unbeschränkten Bereich kann man natürlich nicht, zumindest nicht äquidistant, zerlegen, auf ein solches Integral lassen sich also z. B. Trapez- oder Simpson-Formel nicht unmittelbar anwenden. Man kann aber den Grenzübergang, der bei der Untersuchung uneigentlicher Integrale verwendet wird, imitieren. Das geschieht, indem man z. B. nacheinander die Integrale

$$I_1 = \int_0^{b_1} f(x)\,\mathrm{d}x\,, \quad I_2 = \int_0^{b_2} f(x)\,\mathrm{d}x\,, \quad \ldots$$

mit $0 < b_1 < b_2 < b_3 < \ldots$ ermittelt und den Wert I_n als ausreichend gute Näherung akzeptiert, wenn er von I_{n-1} um weniger als eine vorgegebene Genauigkeit ε abweicht. Diese Methode funktioniert oft ganz passabel, hat aber auch einige Nachteile.

So muss jedes der einzelnen Integrale natürlich ebenfalls nach allen Regeln der Kunst bestimmt werden, was einen erheblichen Aufwand bedeuten kann. Die obere Grenze, die notwendig ist, um eine gewünschte Genauigkeit zu erzielen, kann unter Umständen sehr groß sein, und divergente Integrale werden nur in den offensichtlichsten Fällen erkannt.

Eine andere, elegantere Methode ist es oft, mittels *nichtlinearer Transformationen* den unbeschränkten Integrationsbereich auf einen beschränkten abzubilden.

Beispiel Das Integral

$$I = \int_0^\infty \frac{\mathrm{d}x}{(1+x^2)^{4/3}}$$

kann durch Vergrößerung der oberen Grenzen beliebig genau bestimmt werden, es handelt sich dabei aber um einen relativ langwierigen Prozess. Mit der Substitution

$$t = \frac{1}{1+x}$$

nimmt das Integral hingegen die Form

$$I = \int_0^1 \frac{t^{2/3}}{(t^2 + (1-t)^2)^{4/3}}\,\mathrm{d}t$$

an und ist ausgezeichnet mit den bisher diskutierten numerischen Methoden behandelbar. ◄

Vertiefung: Monte-Carlo-Integration

In der numerischen Integration gibt es ausgefeilte Methoden, die analytische Ergebnisse aus Polynomtheorie und anderen Disziplinen benutzen. Interessanterweise verzichtet aber das wohl vielseitigste Integrationsverfahren auf alle diese Mittel und Werkzeuge, sondern vertraut in erster Linie dem Zufall.

Nach Monte Carlo, der berühmtesten Casinostadt Europas, ist jene Integrationstechnik benannt, die auf der geschickten Verwendung von Zufallszahlen beruht – die **Monte-Carlo-Integration**.

Um die Idee des Verfahrens zu illustrieren, betrachten wir einen See, dessen Flächeninhalt wir bestimmen wollen. Der Näherung durch Treppenfunktionen würde es entsprechen, ein Raster über den See zu legen und die Kästchen zu zählen, die ganz im See liegen. Bei Verfeinerung des Rasters würde man eine immer bessere Näherung für die Fläche erhalten.

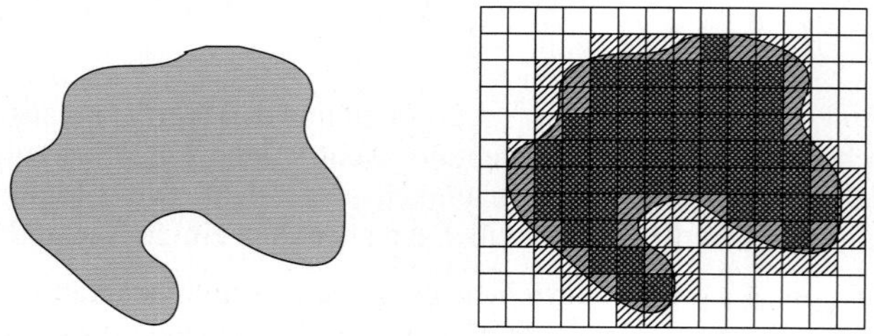

Den Methoden, die hier in Abschn. 12.5 schwerpunktmäßig besprochen werden, würde eine andere Vorgangsweise entsprechen. Man würde den Rand des Sees möglichst gut durch eine einfache Kurve annähern und dann per Rechnung den Flächeninhalt jenes Bereich bestimmen, der von dieser Kurve eingeschlossen wird.

Es gibt aber noch andere Möglichkeiten. Eine ist, um den See ein Rechteck mit bekanntem Flächeninhalt $A_\square$ zu legen und dann zufällig Steine auf dieses Rechteck zu werfen. Landen von N zufällig geworfenen Steinen N_S im See, so ist

$$A = A_\square \, \frac{N_S}{N}$$

ein Schätzwert für den Flächeninhalt des Sees. Die Schätzung wird umso besser, je größer die Zahl N der geworfenen Steine ist.

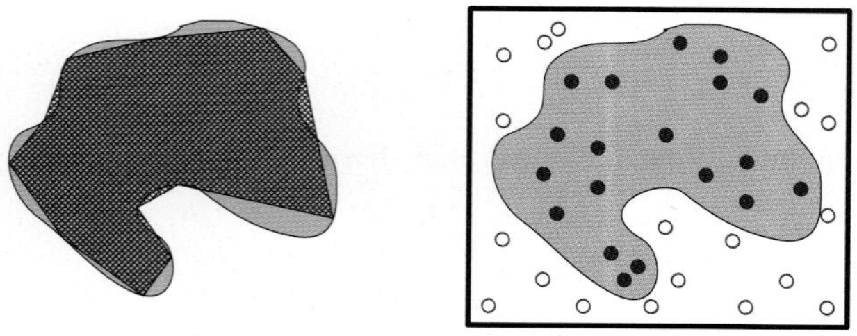

Ersetzt man den See in diesem Beispiel durch einen Kreis, so kann man auf diese Weise mithilfe eines Zufallsgenerators den Wert von π näherungsweise bestimmen.

Analog kann man den Wert eines Integrals näherungsweise bestimmen, indem man im Integrationsintervall $[a, b]$ zufällig Punkte x_k „würfelt", die Funktion an diesen Stellen auswertet und über die Werte richtig mittelt:

$$\int_a^b f(x)\,\mathrm{d}x \approx \frac{b-a}{N} \sum_{k=1}^{N} f(x_k)\,,$$

wobei die Werte x_k in $[a, b]$ gleichverteilt zufällig liegen.

Nach dem starken Gesetz der großen Zahlen konvergiert dieser Mittelwert so gut wie sicher gegen den wahren Wert. Aus dem zentralen Grenzwertsatz der Statistik folgt zudem, dass die Abweichungen mit hoher Wahrscheinlichkeit maximal von der Größenordnung $1/\sqrt{N}$ sind, siehe S. 1495 in Kap. 39. Um also den maximalen Fehler zu halbieren, muss man die Zahl der Punkte vervierfachen. Dieses Verhältnis von Aufwand zu Genauigkeit ist viel schlechter als bei den anderen numerischen Integrationstechniken.

Wenn es um eindimensionale Integrale geht (also alle, die uns bis jetzt begegnet sind), ist die Monte-Carlo-Methode allen anderen hier vorgestellten Verfahren hoffnungslos unterlegen. Ganz anders sieht es aber bei den *Mehrfachintegralen* aus, auf die wir in Kap. 25 stoßen werden.

Für höherdimensionale Integrale werden die klassischen Quadraturformeln rapide schlechter, und ab spätestens sieben Dimensionen ist Monte Carlo normalerweise das Verfahren der Wahl. Für sehr hochdimensionale Integrale wird auch der Monte-Carlo-Algorithmus noch modifiziert – Stichworte *Markov chain Monte Carlo* (MCMC) und *importance sampling*.

Die Qualität des Monte-Carlo-Verfahrens hängt wesentlich von der Qualität des verwendeten Zufallszahlengenerators ab. In Wahrheit arbeitet man am Computer stets mit *Pseudozufallszahlen*, die mit fix vorgegebenen Algorithmen so ermittelt werden, dass ihre Verteilung möglichst zufällig ist. Es gibt aber Pseudozufallszahlengeneratoren von sehr unterschiedlicher Qualität.

Schon mehr als eine wissenschaftliche Arbeit musste verworfen werden, weil sich im Nachhinein herausstellte, dass ein zu schlechter Zufallszahlengenerator verwendet worden war. Wir werden das Thema Pseudozufallszahlen im Bonusmaterial zu Kap. 39 ausführlicher behandeln.

Vertiefung: Integralgleichungen

Viele Modelle in den Anwendungen führen auf Gleichungen, in denen eine gesuchte Funktion unter einem Integral steht. Neben den Differenzialgleichungen bilden solche *Integralgleichungen* die zweite wichtige Klasse von Problemstellungen in der angewandten Mathematik. Dabei sind beide Gebiete eng miteinander verzahnt. Außerdem steht die theoretische Behandlung von Integralgleichungen historisch am Anfang der modernen Funktionalanalysis (siehe Kap. 31).

Gleichungen von der Gestalt

$$\lambda f(x) - \int_a^b F(x,y,f(y))\,dy = g(x)$$

für eine unbekannten Funktion f heißen **Integralgleichungen**. Dabei gehen wir zunächst davon aus, dass λ, a, b gegebene reelle Zahlen sind, g eine bekannte Funktion und im Integranden ein Ausdruck $F(x,y,f(y))$ in Abhängigkeit des Arguments x, der Integrationsvariablen y und der Funktion f auftaucht, zum Beispiel

$$\lambda f(x) - \int_0^1 x\,y f(y)\,dy = 1\,.$$

Ist der Faktor $\lambda = 0$, so spricht man von einer Integralgleichung **erster Art** und im Fall $\lambda \neq 0$ von einer Integralgleichung **zweiter Art**.

Ein wichtiger Spezialfall ergibt sich, wenn der Integrand von der Form $F(x,y,f(y)) = K(x,y)f(y)$ ist. In diesem Fall ist die Integralgleichung **linear** und man nennt K den **Kern** des Integraloperators.

Eine ganze Reihe von weiteren Klassifizierungen sind üblich. So bezeichnet man die linearen Integralgleichungen, analog zu den linearen Gleichungssystemen, als **homogen**, wenn $g = 0$ gilt. Anonsten heißt die Gleichung **inhomogen**. Weiter ist die Gleichung eine **Fredholm'sche Integralgleichung**, wenn etwa (a,b) ein beschränktes Intervall und K eine stetige Funktion ist. Man spricht von einer **Volterra'schen Integralgleichung**, wenn $F(x,y,f(y)) = 0$ für $y > x$ gilt, d.h. Volterragleichungen sind von der Gestalt

$$\lambda f(x) - \int_a^x F(x,y,f(y))\,dy = g(x)\,.$$

Ist das Integrationsgebiet $(-\infty,\infty)$ und der Kern, $K(x,y) = k(x-y)$, nur von der Differenz von x und y abhängig, so nennt man die Gleichung eine **Faltungsgleichung** (siehe S. 1269).

Es gibt ähnlich wie bei den Differenzialgleichungen viele verschiedene Typen von Integralgleichungen, bei denen mehr oder weniger weitreichende, generelle Aussagen zur Existenz von Lösungen möglich sind. Nur in seltenen Spezialfällen lassen sich solche Gleichungen analytisch lösen. Daher ist man in den Anwendungen auf numerische Methoden zur Approximation von Lösungen angewiesen.

Letztendlich wird bei allen Verfahren das Integral durch eine Quadraturformel ersetzt. Ist etwa zu dem Intervall (a,b) und Gitterpunkten $a = x_0 < x_1 < x_2 < \cdots < x_m = b$ eine Quadraturformel

$$\int_a^b h(y)\,dy \approx \sum_{j=0}^m \omega_j h(x_j)$$

gegeben, so folgt durch Ersetzen des Integrals bei einer Fredholmgleichung zweiter Art die Approximation

$$\tilde{f}(x) = \frac{1}{\lambda} g(x) + \frac{1}{\lambda} \sum_{j=0}^m \omega_j k(x,x_j)\tilde{f}(x_j)\,.$$

Werten wir diese Gleichung an den Stützstellen x_j aus, so ergibt sich ein lineares Gleichungssystem für die unbekannten Werte $\tilde{f}(x_j)$, $j = 0,\ldots,m$. Lässt sich dieses lösen, so erhalten wir aus der approximierenden Gleichung die Funktion $\tilde{f}$ auf $[a,b]$. Dieses Vorgehen nennt man **Nyström-Methode**. Auch andere Ideen zur Näherung werden in der Literatur behandelt, so spricht man von einem **Kollokationsverfahren**, wenn die Funktion f durch eine Interpolation genähert wird, oder von einer **Galerkin-Methode**, wenn f durch Orthogonalprojektion auf einen endlichdimensionalen Unterraum angenähert wird.

Eine spezielle Situation ergibt sich bei den linearen Volterra'schen Gleichungen zweiter Art mit stetigem Kern. Bei diesen Integralgleichungen lässt sich die Lösungsfunktion durch eine sukzessive Approximation bestimmen, d.h., eine Funktionenfolge $f^{(j)}$ mit

$$f^{(j+1)}(x) = g(x) + \int_a^x K(x,y)f^{(j)}(y)\,\mathrm{d}y$$

und Startfunktion $f^{(0)} = g$ wird gegen die Lösung der Volterragleichung konvergieren. Somit bietet sich eine solche Iteration zusammen mit einer Quadraturformel für das Integral an, um eine Lösung der Gleichung numerisch zu approximieren. Eine Reihe von Konvergenzaussagen zu den angedeuteten numerischen Verfahren finden sich in der Literatur.

Literatur

- F. G. Tricomi: *Integral equations*, Dover, 1985.
- R. Kress, *Linear Integral Equations*, Springer, 1989
- A. D. Polyanin, A. V. Manzhirov: *Handbuch der Integralgleichungen*, Spektrum Akademischer Verlag, 1999.

Übersicht: Integrationstechniken

Wir fassen hier noch einmal die wesentlichsten Integrationstechniken dieses Kapitels zusammen. Zudem verweisen wir auf andere Methoden, die es erlauben, manche bestimmten Integrale zu ermitteln, ohne dass man die entsprechenden Stammfunktionen kennen muss.

1. **Analytische Methoden mittels Stammfunktionen**
   - *Logarithmische Integration*:

   $$\int \frac{f'(x)}{f(x)}\,\mathrm{d}x = \ln|f(x)| + C\,.$$

   - *Partielle Integration* (Abschn. 12.2): Umkehrung der Produktregel.
   - *Substitutionsmethode* (Abschn. 12.3): Umkehrung der Kettenregel.
   - *Partialbruchzerlegung* (Abschn. 12.4): Zerlegung einer rationalen Funktion in eine Summe von Brüchen, deren Nenner jeweils ein einfaches Polynom ist. Eine Übersicht über Integrale, die sich durch eine Standardsubsubstitution in rationale Form bringen lassen, findet sich auf S. 444.
   - *Potenzreihenentwicklung* (S. 445): Der Integrand wird in eine Potenzreihe entwickelt, die gliedweise integriert wird. Diese Methode funktioniert auch wenn der Integrand keine Stammfunktion besitzt, die sich durch elementare Funktionen ausdrücken lässt.
   - *Umschreiben* mittels Definitions- und Funktionalgleichungen, „Komplexifizierung" und andere Tricks können das Bestimmen von Integralen oft ebenfalls deutlich erleichtern.
2. **Analytische Methoden ohne Verwendung von Stammfunktionen**
   - *Mehrfachintegrale*: In manchen Situationen lassen sich bestimmte Integrale ermitteln, indem man mehrere derartiger Integrale zu einem Mehrfachintegral zusammenfasst. Diese Methode wird in Kap. 25 angesprochen. Paradebeispiel ist das in vielen Bereichen immens wichtige Integral

   $$\int_{-\infty}^{\infty} \mathrm{e}^{-x^2}\,\mathrm{d}x = \sqrt{\pi}\,.$$

   Hier steht keine elementare Stammfunktion des Integranden zur Verfügung.
   - *Funktionentheorie*: Oft ist der Umweg über die komplexe Analysis der schnellste Weg zur Bestimmung eines Integrals. Mithilfe des Residuensatzes, der im Abschn. 31.4 ausführlich diskutiert wird, lassen sich bestimmte Typen von Integralen deutlich schneller ermitteln als über Stammfunktionen. Das gilt insbesondere für Integrale von null bis 2π, bei denen der Integrand eine rationale Funktion in Sinus und Kosinus ist, etwa

   $$\int_0^{2\pi} \frac{\mathrm{d}x}{(a + b\cos x)} = \frac{2\pi}{\sqrt{a^2 + b^2}}\,.$$

   Ebenfalls leicht berechnen lassen sich Integrale der Form

   $$\int_{-\infty}^{\infty} \frac{P(x)}{Q(x)} \cos(\alpha x)\mathrm{d}x, \quad \int_{-\infty}^{\infty} \frac{P(x)}{Q(x)} \sin(\alpha x)\mathrm{d}x\,,$$

   wobei P und Q Polynome sind und der Grad von P mindestens um eins kleiner ist als der von Q.
3. **Numerische Integration**: Die in der Praxis wichtigste Methode, in der die Existenz einer elementaren Stammfunktion keine Rolle spielt – sehr wohl aber allgemeine Überlegungen zum Verhalten bzw. generell zur Existenz des betrachteten Integrals.
   - *Quadraturformeln mit äquidistanter Stützstellenverteilung*: In diese Kategorie fallen unter anderem Trapez- und Simpson-Formel sowie das Romberg-Verfahren. Diese drei Methoden werden in Abschn. 11.5 ab S. 447 besprochen.
   - *Quadraturformeln ohne äquidistante Stützstellenverteilung*: Die effizientesten dieser Methoden (z. B. *Gauß-Legendre Integration*) beruhen auf Orthogonalpolynomen und werden in Kap. 33 besprochen.
   - *Adaptive Verfahren*: Wenn der Integrand in verschiedenen Teilen des Integrationsgebietes stark unterschiedliches Verhalten zeigt, sind allgemeine Quadraturformeln problematisch.
   Um den Integranden dort gut genug zu erfassen, wo er betragsmäßig große Werte annimmt und sich zudem schnell ändert, ist eine sehr hohe Stützpunktdichte notwendig. Diese hohe Dichte ist aber für den Großteil des Integrationsintervalls unnötig, kostet Rechenzeit und kann sogar zu Instabilitäten führen.
   Hier sind adaptive Algorithmen hilfreich, bei denen nur jene Teile des Integrationsbereichs viele Stützpunkte erhalten, wo die interne Fehlerabschätzung mögliche Probleme ortet.
   - *Monte-Carlo-Integration* (S. 452): Bestimmung des Werts eines Integrals mittels Zufallszahlen. Für eindimensionale Integrale wenig geeignet, für hochdimensionale Integrale die mit Abstand beste numerische Methode.

Teil II

Kommen wir nun zu Integralen mit singulärem Integranden. Im Folgenden wollen wir annehmen, dass die Singularität jeweils am Rande des Integrationsintervalls liegt. Eine mögliche Vorgehensweise wäre es nun, die Singularität einfach zu ignorieren.

Das ist möglich, sofern die Funktion an den Randpunkten selbst nie ausgewertet wird, also bei sogenannten *offenen* Quadraturformeln. (Die Gauß-Legendre-Integration, die auf S. 1300 vorgestellt wird, fällt in diese Kategorie, nicht aber Trapez- oder Simpson-Formel.)

Doch selbst wenn der Algorithmus ein Ignorieren der Singularität erlaubt, bezahlt man ein dermaßen „brutales" Vorgehen üblicherweise mit einer ausgesprochen schlechten Konvergenz.

Adaptieren kann man natürlich auch die Vorgehensweise mit variablen Grenzen. Hat etwa der Integrand von

$$I = \int_0^1 f(x)\,\mathrm{d}x$$

eine Singularität bei $x = 0$, so kann man die Folge

$$I_1 = \int_{a_1}^1 f(x)\,\mathrm{d}x\,, \quad I_2 = \int_{a_2}^1 f(x)\,\mathrm{d}x\,, \quad \ldots$$

mit $1 > a_1 > a_2 > a_3 > \ldots$ und $a_k > 0$ bestimmen. Dabei kann man wiederum den Prozess abbrechen, wenn

$$|I_n - I_{n-1}| < \varepsilon$$

ist. Die Nachteile der Methode bleiben natürlich die gleichen wie oben: der Aufwand mehrerer Integrale, eine unter Umständen sehr kleine untere Grenze und schlechte Erkennung divergenter Integrale.

Besser sind auch hier – wo sie möglich sind – analytische Umformungen, etwa Substitutionen oder auch partielle Integration, die den Integranden in eine leichter zu behandelnde Form bringen.

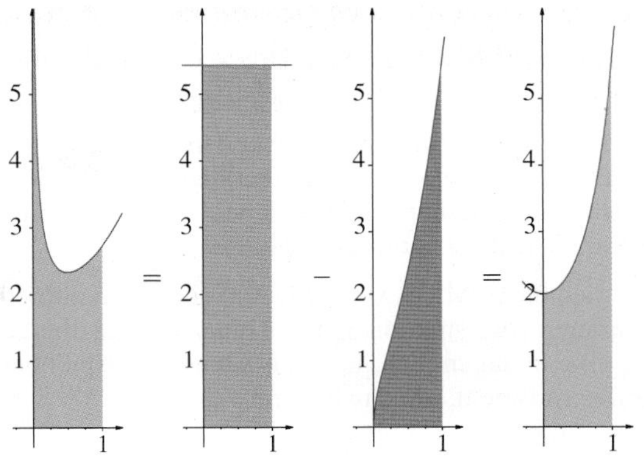

Abb. 12.11 Die Wirkung partieller Integration bzw. geeigneter Substitution

Beispiel Wir untersuchen das Integral

$$\int_0^1 \frac{\mathrm{e}^x}{\sqrt{x}}\,\mathrm{d}x\,.$$

Ignorieren der Singularität führt hier zu relativ schlechter Konvergenz. Benutzen wir allerdings eine geeignete Substitution, so sieht die Sache gleich ganz anders aus:

$$I = \int_0^1 \frac{\mathrm{e}^x}{\sqrt{x}}\,\mathrm{d}x = \left| \begin{matrix} u = \sqrt{x}\,,\ x = u^2 & 1 \to 1 \\ \mathrm{d}x = 2\,u\,\mathrm{d}u & 0 \to 0 \end{matrix} \right| = 2\int_0^1 \mathrm{e}^{(u^2)}\,\mathrm{d}u$$

Dieses Integral macht numerisch keinerlei Probleme. Ebenso können wir hier mit partieller Integration arbeiten:

$$\begin{aligned} I &= \int_0^1 \frac{\mathrm{e}^x}{\sqrt{x}}\,\mathrm{d}x = \left| \begin{matrix} u = \mathrm{e}^x & v' = x^{-1/2} \\ u' = \mathrm{e}^x & v = 2\sqrt{x} \end{matrix} \right| = \\ &= 2\,\mathrm{e}^x\sqrt{x}\Big|_0^1 - 2\int_0^1 \mathrm{e}^x\sqrt{x}\,\mathrm{d}x = 2\mathrm{e} - 2\int_0^1 \mathrm{e}^x\sqrt{x}\,\mathrm{d}x \end{aligned}$$

Auch hier erhalten wir einen Integranden, der beschränkt bleibt und auch sonst keine unangenehmen Eigenschaften aufweist.

Die Wirkung der Substitution bzw. partiellen Integration wird in Abb. 12.11 dargestellt. ◀

Vertiefung: Numerische Integration in MATLAB®

MATLAB® bietet einige Möglichkeiten zur numerischen Integration. Nach einem kurzen Überblick über die vorhandenen Befehle schreiben wir ein eigenes kleines Programm, um die Simpson-Regel zu implementieren.

Natürlich bietet MATLAB® Möglichkeiten zum numerischen Integrieren von Funktionen. Die Trapezregel ist über den Befehl `trapz` zugänglich. In einem kleinen Beispiel benutzen wir diesen Befehl, um das Integral

$$\int_0^{\pi} \sin(x)\,\mathrm{d}x = 2$$

numerisch zu berechnen. Dabei verdoppeln wir die Zahl der Unterteilungen in jedem Schritt und brechen, wie schon von S. 196 bekannt, ab, wenn sich durch eine weitere Verdopplung das Ergebnis nur noch geringfügig ändert:

```
% max. Zahl der Intervallverdopplungen
% und Toleranz fuer num. Konvergenz:
N_div = 10; tol = 1e-8;
% Trapezregel mit Intervallverdoppl.:
intvals = NaN(1,N_div);
for i_div = 1:N_div
    x = pi*(0:2^(-i_div):1);
    y = sin(x);
    intvals(i_div) = trapz(x,y);
    if i_div>1 && ...
            abs(intvals(i_div) ...
            -intvals(i_div-1))<tol
        break
    end
end
% Ergebnis & Verlauf anzeigen:
Intwert = intvals(i_div)
plot(1:N_div, intvals, 'b*');
```

Wie zu erwarten erhalten wir `Intwert = 2.0000`. In der `if`-Abfrage haben wir für das logische *und* den „shortcut operator" `&&` verwendet, der die zweite Bedingung nur überprüft, wenn die erste erfüllt ist. (Mit `&` würden wir wegen `intvals(i_div-1)` im ersten Schritt einen Indexfehler erhalten.)

Unser Code ist zugegebenermaßen nicht besonders elegant. So berechnen wir etwa die Funktionswerte immer wieder neu, obwohl wir jeden zweiten Wert bereits aus dem vorherigen Berechnungsschritt zur Verfügung hätten. Das ist bei einer Funktion wie dem Sinus nicht tragisch. Bei komplizierten Funktionen, bei denen jede Auswertung einen erheblichen Rechenaufwand bedeutet (was durchaus vorkommen kann), kann das jedoch einen erheblichen Unterschied machen.

Allerdings wird man in der Praxis ohnehin kaum die Trapezregel einsetzen, da es ja wesentlich leistungsfähigere Verfahren gibt. Der Befehl `integral` greift auf solche Verfahren zurück und ist flexibel einsetzbar.

Unser Ergebnis erhalten wir also ebenso mit:

```
>> f = @(x) sin(x);
>> Intwert = integral(f,0,pi)
```

Zumindest eine Funktion zur numerischen Integration wollen wir aber dennoch selbst schreiben, und zwar für das Simpson-Verfahren. Dabei gehen wir ein wenig anders vor als vorhin für die Trapezregel. Statt die Zahl der Teilintervalle immer wieder zu verdoppeln, wollen wir nur an jenen Stellen die Unterteilung verfeinern, die noch schlechtes Konvergenzverhalten verursachen. Das machen wir mit einer *rekursiven* Funktion, also einer Funktion, die sich selbst wieder aufrufen kann:

```
function I = simpson(fn,a,b,tol,N_r)
m = (a+b)/2; % Intervallmitte
% Funktionswerte berechnen:
f_a = fn(a); f_am = fn((a+m)/2);
f_m = fn(m); f_mb = fn((m+b)/2);
f_b = fn(b);
% Simpson für [a,b], [a,m] und [m,b]:
I_ab = ((b-a)/6)*(f_a+4*f_m +f_b);
I_am = ((m-a)/6)*(f_a+4*f_am+f_m);
I_mb = ((b-m)/6)*(f_m+4*f_mb+f_b);
% Test und ggf. rekursiver Aufruf:
if N_r<=0
    disp('max. Rek.-Tiefe erreicht');
elseif abs(I_am+I_mb-I_ab)>tol
    I_am = simpson(fn, a, m, ...
        tol/2, N_r-1);
    I_mb = simpson(fn, m, b, ...
        tol/2, N_r-1);
end
I = I_am+I_mb;
end
```

Mit `simpson(f, 0, pi, 1e-8, 10)` erhalten wir wiederum das Ergebnis `2.000`. Die Rekursionstiefe zu begrenzen ist bei diesem Vorgehen sinnvoll, da die Zahl der Funktionsaufrufe im schlechtesten Fall exponentiell mit der erlaubten Rekursionstiefe wachsen kann.

Ausblick: In Kapitel 25 werden wir Mehrfachintegralen begegnen. Vom `integral`-Befehl stehen auch die Varianten `integral2` und `integral3` für Doppel- und Dreifachintegrale zur Verfügung. Es besteht also keine Notwendigkeit, hier mit iterierten Einfachintegralen zu arbeiten. (Während man Mehrfachintegrale *analytisch* meist über iterierte Einfachintegrale berechnet, ist das *numerisch* oft ungünstig. Da ist es oft besser, direkt im mehrdimensionalen Integrationsbereich mit günstig gewählten Stützstellen zu arbeiten.)

Zusammenfassung

Schon elementare Umformungen können Integrale wesentlich einfacher machen

Definitionsgleichungen und Identitäten können das Lösen eines Integrals deutlich erleichtern.

Die logarithmische Integration ist eine der nützlichsten Integrationsmethoden überhaupt

Logarithmische Integration

Ist bei einem Integral der Integrand ein Bruch, bei dem im Zähler die Ableitung des Nenners steht, so kann man direkt integrieren:

$$\int \frac{f'(x)}{f(x)}\,\mathrm{d}x = \ln|f(x)| + C$$

Gleiche Integrale lassen sich oft auf ganz verschiedene Arten darstellen, die aber alle äquivalent sind.

Integration der Produktregel führt zur Methode der partiellen Integration

Partielle Integration

Für zwei differenzierbare Funktionen u und v mit den Ableitungen u' und v' gilt die Regel der **partiellen Integration** oder *Produktintegration*:

$$\int u\,v'\,\mathrm{d}x = u\,v - \int u'\,v\,\mathrm{d}x \qquad (12.10)$$

Partielle Integration kann selbst dann Erfolg haben, wenn sie zum Ausgangsintegral zurückführt, nämlich dann, wenn man die erhaltene algebraische Gleichung nach dem gesuchten Integral auflösen kann.

Die Substitutionsmethode folgt aus der Integration der Kettenregel

Substitutionsmethode

Es gilt:

$$\int f(x)\,\mathrm{d}x = \int f(x(u))\,\frac{\mathrm{d}x}{\mathrm{d}u}\,\mathrm{d}u\,,$$

wenn u eine differenzierbare Funktion von x und im Integrationsbereich überall $u' \neq 0$ ist. Dabei bezeichnet $x(u)$ die Umkehrfunktion von $u(x)$.

Auch bei bestimmten Integralen kann man die Substitutionsmethode anwenden, dabei muss man jedoch auch die Grenzen umrechnen.

Der erste Schritt bei der Integration rationaler Funktionen ist oft eine Polynomdivision

Das ist immer dann notwendig, wenn der Grad des Zählerpolynoms größer oder gleich dem des Nennerpolynoms ist.

Der entscheidende Schritt bei der Integration echt gebrochener Funktionen ist die Partialbruchzerlegung

Eine Möglichkeit, die Koeffizienten der Partialbruchzerlegung zu ermitteln ist der Koeffizientenvergleich. Dabei wird auf gemeinsamen Nenner gebracht und nach Potenzen der Variablen sortiert. Die Koeffizienten jeder Potenz müssen auf beiden Seiten übereinstimmen.

Auch durch Einsetzen konkreter Werte lassen sich die Koeffizienten der Partialbruchzerlegung bestimmen (Polstellenmethode).

Mehrfache Nullstellen müssen in der Partialbruchzerlegung auch mehrfach berücksichtigt werden

Für eine Nullstelle x_j der Vielfachheit ν_j erhält man

$$\frac{A}{x-x_j}+\frac{B}{(x-x_j)^2}+\ldots+\frac{K}{(x-x_j)^{\nu_j}}.$$

Komplexe Nullstellen können auf zwei Arten behandelt werden

Entweder man arbeitet mit den komplexen Werten oder man fasst die beiden konjugiert komplexen Nullstellen zusammen, was einen Term der Form $\frac{Cx+D}{x^2+px+q}$ liefert.

Viele Integrale lassen sich durch geeignete Substitutionen auf rationale Form bringen und entsprechend einfach lösen

Eine besonders wichtige Substitution ist $x = \tan\frac{t}{2}$, die aus rationalen Funktionen in $\sin t$ und $\cos t$ eine rationale Funktion in der neuen Variablen x macht.

Integrale lassen sich näherungsweise durch Integration von Approximationspolynomen bestimmen

Numerische Integration ist dann wichtig, wenn sich keine Stammfunktion des Integranden mehr finden lässt. Die Integration von Approximationspolynomen ist dazu eine sehr effiziente Methode.

Die Trapezformel ist eine einfache Variante, bestimmte Integrale näherungsweise auszuwerten

Zusammengesetzte Trapezformel

Als Näherungswert für das Integral über eine Funktion f im Intervall $[a, b]$ erhält man mit $y_k = f(x_k)$ und $x_k = a + k\frac{b-a}{n}$, $k = 0, \ldots, n$:

$$Q_n^T = \frac{b-a}{n}\left(\frac{y_0}{2}+y_1+y_2+\ldots+y_{n-1}+\frac{y_n}{2}\right)$$

Die Simpson-Formel liefert bei gleichem Aufwand meist deutlich bessere Ergebnisse als die Trapezformel

Zusammengesetzte Simpson-Formel

Die Simpson-Formel liefert als Näherung für das Integral $\int_a^b f(x)\,\mathrm{d}x$

$$Q_n^S = \frac{b-a}{3n}(y_0+4y_1+2y_2+4y_3+\cdots \\ \cdots+2y_{n-2}+4y_{n-1}+y_n)$$

mit $y_k = f(x_k)$ und $x_k = a + k\frac{b-a}{n}$, $k = 0, \ldots, n$.

Für die Integration mit hoher Genauigkeit stehen Quadraturformeln höherer Ordnung zur Verfügung

Dabei werden Approximationspolynome höherer Ordnung integriert. Besonders wichtig sind dabei Verfahren, die auf Orthogonalpolynomen beruhen.

Einen Sonderstatus unter den Quadraturformeln nimmt das Romberg-Verfahren ein

Dieses Verfahren erlaubt es, Ergebnisse von Quadraturen niedriger Ordnung zu Ergebnissen höherer Ordnung zu kombinieren.

Aufgaben

Die Aufgaben gliedern sich in drei Kategorien: Anhand der *Verständnisfragen* können Sie prüfen, ob Sie die Begriffe und zentralen Aussagen verstanden haben, mit den *Rechenaufgaben* üben Sie Ihre technischen Fertigkeiten und die *Anwendungsprobleme* geben Ihnen Gelegenheit, das Gelernte an praktischen Fragestellungen auszuprobieren.
Ein Punktesystem unterscheidet leichte •, mittelschwere •• und anspruchsvolle ••• Aufgaben. Lösungshinweise am Ende des Buches helfen Ihnen, falls Sie bei einer Aufgabe partout nicht weiterkommen. Dort finden Sie auch die Lösungen – betrügen Sie sich aber nicht selbst und schlagen Sie erst nach, wenn Sie selber zu einer Lösung gekommen sind. Ausführliche Lösungswege, Beweise und Abbildungen finden Sie als digitales Zusatzmaterial (electronic supplementary material).
Viel Spaß und Erfolg bei den Aufgaben!

Verständnisfragen

12.1 • Als Umkehrung welcher Rechenregeln ergeben sich Substitution und partielle Integration?

12.2 •• Man bestimme das Integral

$$I = \int_{-\pi}^{\pi} \frac{\sinh x \, \cos x}{1 + x^2} \, dx$$

12.3 •• Substituieren Sie im Integral

$$I = \int_0^1 \frac{dx}{x^\alpha}$$

$u = 1/x$ und vergleichen Sie die Konvergenzeigenschaften des ursprünglichen und des neuen Integrals in Abhängigkeit von $\alpha \in \mathbb{R}$.

12.4 •• Eine Methode, Integrale der Form

$$\int_a^\infty f(x) \, dx$$

numerisch zu bestimmen ist es, eine Genauigkeit $\varepsilon > 0$ vorzugeben, dann die Folge der Integrale

$$I_1 = \int_a^{b_1} f(x) \, dx\,, \qquad I_2 = \int_a^{b_2} f(x) \, dx\,, \qquad \ldots$$

mit $a < b_1 < b_2 < b_3 < \ldots$ zu bestimmen und den Prozess abzubrechen, wenn $|I_n - I_{n-1}| < \varepsilon$ ist. Vergleichen Sie die beiden Möglichkeiten $b_n = 100n$ und $b_n = 10^n$ für die beiden Integrale

$$I_1 = \int_1^\infty \frac{1}{x^{5/4}} \, dx \quad \text{und} \quad I_2 = \int_1^\infty \frac{1}{x^{4/5}} \, dx$$

mit einer vorgegebenen Genauigkeit $\varepsilon = 10^{-6}$. Was ist der prinzipielle Nachteil dieser Methode?

Rechenaufgaben

12.5 • Man bestimme die im Folgenden angegebenen Integrale:

$$I = \int x \, \sin x \, dx$$

12.6 ••

$$I_1 = 7 \int \sqrt{x\sqrt{x}} \, dx, \qquad I_2 = 15 \int \sqrt{x\sqrt{x\sqrt{x}}} \, dx.$$

12.7 ••

$$I_1 = \int \frac{x}{\cosh^2 x} \, dx, \qquad I_2 = \int \frac{\ln(x^2)}{x^2} \, dx$$

12.8 ••

$$I_1 = \int_{\pi/6}^{\pi/2} \frac{x}{\sin^2 x} \, dx\,, \qquad I_2 = \int_0^1 r^2 \sqrt{1 - r} \, dr$$

12.9 ••

$$I_1 = \int_0^1 \frac{e^x}{(1 + e^x)^2} \, dx\,, \qquad I_2 = \int \frac{\cos(\ln x)}{x} \, dx$$

12.10 ••

$$I = \int \cos\left(e^{\sin x}\right) e^{\sin x} \cos x \, dx$$

12.11 ••

$$I_1 = \int \frac{e^x}{e^x + e^{-x}} \, dx\,, \qquad I_2 = \int \frac{\ln^2 x}{x} \, dx$$

12.12 ••

$$I = \int e^x \cosh(e^x) \, e^{(e^x)} \, dx$$

12.13 ••

$$I = \int_1^2 \frac{x-27}{x^3-2x^2-3x}\,\mathrm{d}x$$

12.14 ••

$$I = \int_0^1 \frac{x^2-6x-7}{(x-2)^2\,(x^2+1)}\,\mathrm{d}x$$

12.15 ••

$$I_1 = \int \frac{4x-2}{x^2+3x+3}\,\mathrm{d}x\,, \qquad I_2 = \int \frac{\mathrm{e}^x\,\sinh x}{\mathrm{e}^x+1}\,\mathrm{d}x$$

12.16 ••

$$I = \int \frac{x^2+2x+2}{x^3+3x^2+6x+12}\,\mathrm{d}x$$

12.17 ••

$$I_1 = \int x\cdot\ln(x^2)\,\mathrm{d}x\,, \qquad I_2 = \int \frac{\tan x}{\cos x}\,\mathrm{d}x$$

12.18 ••

$$I = \int \cosh(\mathrm{e}^x)\,\mathrm{e}^{2x}\,\mathrm{d}x$$

12.19 ••

$$I = \int \frac{\sin x}{\cos x - \sin^2 x}\,\mathrm{d}x$$

12.20 ••

$$I_1 = \int \frac{\mathrm{d}x}{\sqrt{1+\mathrm{e}^{2x}}}\,, \qquad I_2 = \int \frac{\sin x}{1+\cos x}\,\mathrm{d}x$$

12.21 •• Man zeige die Beziehung

$$\int_0^\infty \frac{\ln x}{x^2+1}\,\mathrm{d}x = 0$$

12.22 • Die Funktion f sei auf $\mathbb{R}$ zweimal stetig differenzierbar. Zeigen Sie für alle Intervalle $[a,\,b]$

$$\int_a^b x f''(x)\,\mathrm{d}x = [bf'(b) - af'(a)] - [f(b) - f(a)]\,.$$

12.23 •• Man bestimme einen allgemeinen Ausdruck für Integrale der Form

$$I_n = \int x^n\,\ln x\,\mathrm{d}x$$

mit $n \in \mathbb{N}$.

12.24 •• Man bestimme jeweils eine Rekursionsformel für die Integrale

$$I_n = \int x^n\,\mathrm{e}^{-x}\,\mathrm{d}x$$

$$J_n = \int \sin^n x\,\mathrm{d}x$$

12.25 •• Man zeige, dass die Reihe

$$\left(\sum_{k=1}^{\infty} \frac{1}{k^3+3k^2+2k}\right)$$

konvergent ist und bestimme ihren Wert.

Anwendungsprobleme

12.26 •• Die Geschwindigkeit einer Rakete, die mit Startgeschwindigkeit $v_0 = 0$ abhebt, ist durch

$$v(t) = u\,\ln\frac{m_0}{m_0 - qt} - gt$$

gegeben, wobei m_0 die Masse der Rakete beim Start, q die Rate des Massenausstoßes (und damit des Treibstoffverbrauchs) und g die Erdbeschleunigung bezeichnet. Bestimmen Sie den bis zu einer Zeit $t = t_f$ (final) zurückgelegten Weg $s(t_f) = \int_0^{t_f} v(t)\,\mathrm{d}t$ unter der Annahme (näherungsweise) konstanter Erdbeschleunigung. Schätzen Sie die maximale Zeit, für die die obige Formel Gültigkeit hat.

12.27 •• Implementieren Sie in einer Programmiersprache Ihrer Wahl die Trapez- und die Simpson-Formel. Testen Sie sie an einigen Funktionen, deren Integrale Sie analytisch bestimmen können. Vergleichen Sie die Effizienz der beiden Methoden.

12.28 •• Schreiben Sie in einer Programmiersprache Ihrer Wahl einen einfachen Monte-Carlo-Integrator. Testen Sie ihn an einigen Funktionen, deren Integrale Sie analytisch bestimmen können.

12.29 • Auch die rekursive Implementierung der Simpson-Formel auf S. 456 hat natürlich mit jenen Schwächen zu kämpfen, die zu Beginn von Abschnitt 12.5 angeführt wurden. Finden Sie eine Funktion, für die `simpson` einen völlig falschen Wert liefert.

12.30 •• Die rekursive Implementierung der Simpson-Formel auf S. 456 bietet noch einige Möglichkeiten für Verbesserungen. Modifizieren Sie die Funktion so, dass bereits benutzte Funktionswerte bei den rekursiven Aufrufen weiterverwendet und nicht wieder neu berechnet werden. Ergänzen Sie zudem, dass die maximal benötigte Rekursionstiefe und die Gesamtzahl der Funktionsaufrufe ermittelt und ausgegeben werden.

Antworten zu den Selbstfragen

Antwort 1 Ja, wenn man im Zähler einen Faktor 2 ergänzt. Dann erhält man

$$
\begin{aligned}
I &= \frac{1}{2} \int \frac{2\mathrm{e}^{2x} + 2x + 4x^3 + 2\cos(2x)}{\mathrm{e}^{2x} + x^2 + x^4 + \sin(2x)} \,\mathrm{d}x \\
&= \frac{1}{2} \int \frac{\left(\mathrm{e}^{2x} + x^2 + x^4 + \sin(2x)\right)'}{\mathrm{e}^{2x} + x^2 + x^4 + \sin(2x)} \,\mathrm{d}x \\
&= \frac{1}{2} \ln \left|\mathrm{e}^{2x} + x^2 + x^4 + \sin(2x)\right| + C\,.
\end{aligned}
$$

Antwort 2 Dazu substituieren wir $u = ax + b$ und erhalten $\mathrm{d}u/\mathrm{d}x = a$.

Antwort 3 Wir schneiden die Gerade $y = t\,(x-1)$ mit dem Kreis $x^2 + y^2 = 1$. Einsetzen liefert

$$(1+t^2)\,x^2 + 2t^2\,x^2 + (t^2 - 1) = 0\,.$$

Wir wissen, dass $x = -1$ eine Lösung dieser Gleichung ist, und erhalten durch Division

$$\frac{(1+t^2)\,x^2 + 2t^2\,x^2 + (t^2-1)}{x+1} = (1+t^2)\,x + (t^2-1)\,.$$

Daraus ergibt sich unmittelbar:

$$x = \frac{t^2-1}{1+t^2}, \quad y = t\left(\frac{t^2-1}{1+t^2} - 1\right) = \frac{2t}{1+t^2}$$

Antwort 4 Nein. Beispielsweise gibt es im Fall $a_n = \sqrt{n}$ zu jedem $\varepsilon > 0$ einen Index, ab dem die Differenz zweier aufeinander folgender Glieder kleiner wird als ε, die Folge divergiert jedoch.

Antwort 5 Die beste Strategie ist es meist, das Schema zeilenweise zu durchlaufen. Am Ende einer Zeile steht dann jeweils ein Ergebnis, in das alle bisherigen eingeflossen sind und das man bei Erfüllung geeigneter Kriterien als Endergebnis der numerischen Integration akzeptieren kann.

Differenzialgleichungen – Zusammenspiel von Funktionen und ihren Ableitungen

13

Teil II

Was sind Typ und Ordnung einer Differenzialgleichung?

Auf welchem Weg läuft ein Hund zu seinem Herrchen?

Was ist die Variation der Konstanten?

Ergänzende Information Die elektronische Version dieses Kapitels enthält Zusatzmaterial, auf das über folgenden Link zugegriffen werden kann https://doi.org/10.1007/978-3-662-64389-1_13.

T. Arens et al., *Mathematik*, https://doi.org/10.1007/978-3-662-64389-1_13

Während wir in der Mathematik eine Ableitung einer Funktion berechnen oder eine Stammfunktion bestimmen, tauchen in den Anwendungen Funktionen und ihre Ableitungen häufig in eigenständigen Rollen auf. So können wir bei einem Fahrzeug von der zum Zeitpunkt t zurückgelegten Strecke $s(t)$ sprechen und von der Momentangeschwindigkeit $v(t)$. Erst durch die Naturgesetze oder zu treffende Annahmen entsteht der mathematische Zusammenhang zwischen diesen Größen, nämlich dass die eine die Ableitung der anderen ist.

Durch die Kombination der verschiedenen Naturgesetze gelangt man von Anwendungsproblemen zu Gleichungen, die einen Prozess mathematisch beschreiben. Durch die oben beschriebenen Zusammenhänge tauchen dann Funktionen und ihre Ableitungen in derselben Gleichung auf. Die Funktion ist hierbei die Unbekannte, sie ist zu bestimmen. Solche Gleichungen bezeichnet man als *Differenzialgleichungen*.

Zur Lösung solcher Gleichungen werden wir das gesamte Arsenal der Differenzial- und Integralrechnung benötigen. Ähnlich wie schon bei der Integration wird man vielen Gleichungen mit gewissen Tricks oder wenig offensichtlichen *Ansätzen* zu Leibe rücken. Die Motivation für die einzelnen Lösungstechniken darzulegen, damit es nicht scheint, als würde mit Magie oder zumindest undurchschaubaren Methoden gearbeitet, ist ein besonderes Anliegen dieses Kapitels.

Aber für längst nicht jede Differenzialgleichung werden wir eine Formel für die Lösungsfunktion angeben können. Dazu kommt, dass insbesondere in den Ingenieur- und Naturwissenschaften der Computer längst die Formelsammlungen ablöst. Die Lösung von Differenzialgleichungen mit Computer-Algebra-Systemen oder ihre Simulation mit numerischen Methoden nimmt einen immer größeren Stellenwert ein. Daher stellen wir in diesem Kapitel den klassischen analytischen Lösungsmethoden eine kurze Einführung in die numerischen Methoden voran.

Ziel dieses Kapitels ist es, auf Basis der Differenzial- und Integralrechnung einen Apparat zur Lösung von Differenzialgleichungen bereitzustellen. Wir verzichten hier auf jede Art der Existenz- und Eindeutigkeitstheorie für Lösungen, zumal diese nicht ohne Kenntnisse der linearen Algebra, dem Thema des dritten Teils des Buches, auskommen. Im vierten Teil, genauer im Kap. 28, sollen diese Aspekte nachgeholt werden. Damit stehen dann alle hier angegebenen Lösungsmethoden auch mathematisch auf soliden Beinen.

13.1 Begriffsbildungen

In diesem Abschnitt wollen wir einen Einstieg in das Thema Differenzialgleichungen finden, indem wir klären, was man unter einer solchen Gleichung versteht und wo solche Gleichungen in der Anwendung auftauchen. Um uns dem Begriff zu nähern, beginnen wir mit einem kleinen Beispiel.

Beispiel Bestimmen Sie alle Funktionen $y\colon [0,1] \to \mathbb{R}$, die die Gleichung

$$y'(x) = \cos(x), \quad x \in (0,1)$$

erfüllen.

Die Lösung dieser Aufgabe besteht natürlich einfach darin, die Stammfunktionen der cos-Funktion zu berechnen. Dies sind gerade die Funktionen

$$y(x) = \sin(x) + C, \quad x \in [0,1].$$

Dabei ist $C \in \mathbb{R}$ eine beliebige Integrationskonstante. ◀

In diesem sehr einfachen Beispiel kommen schon die wesentlichsten Elemente einer Differenzialgleichung vor:

- Wir haben es mit einer Gleichung zu tun, in der eine *Funktion* die Unbekannte ist.
- In der Gleichung tauchen *Ableitungen* der gesuchten Funktion auf.
- Zur Lösung der Gleichung ist eine *Integration* notwendig.
- Durch die Integration kommt eine *Integrationskonstante* ins Spiel. Die Lösung der Differenzialgleichung ist also nicht eindeutig – es gibt viele Lösungen.

Diese Liste enthält typische Elemente, die beim Umgang mit Differenzialgleichungen eine Rolle spielen. In den verschiedenen nun folgenden Beispielen und vor allem bei den analytischen Lösungsverfahren aus dem Abschn. 13.3 werden sie immer wieder eine Rolle spielen.

Eine Differenzialgleichung ist ein Zusammenhang zwischen einer unbekannten Funktion und ihren Ableitungen

Wir wollen nun zunächst grundsätzlich formulieren, was wir unter einer Differenzialgleichung verstehen. Um eine möglichst allgemeine Formulierung zu erreichen, ist es notwendig, unseren Funktionsbegriff etwas zu erweitern: In diesem Kapitel wollen wir Funktionen der Form $f\colon \mathbb{C}^n \to \mathbb{C}$ zulassen, also Funktionen, die von *mehreren Veränderlichen* abhängen. Ein Beispiel ist etwa $f\colon \mathbb{C}^2 \to \mathbb{C}$ mit

$$f(z,w) = \mathrm{i}\,z\,w.$$

Die einzelnen Veränderlichen listen wir also einfach durch Komma getrennt als Argumente der Funktion auf.

Im Detail werden wir auf solche Funktionen erst im Kapitel 32 eingehen. Hier genügt es uns, sie als Schreibweise zur Verfügung zu haben. Damit können wir uns jetzt an die Definition einer Differenzialgleichung wagen.

Definition einer Differenzialgleichung 1. Ordnung

Unter einer **Differenzialgleichung 1. Ordnung** auf einem Intervall $I \subseteq \mathbb{R}$ versteht man eine Gleichung der Form

$$y'(x) = f(x, y(x)), \quad x \in I.$$

Hierbei ist $f\colon I \times \mathbb{C} \to \mathbb{C}$ eine Funktion von zwei Veränderlichen, $y\colon I \to \mathbb{C}$ ist die gesuchte Funktion.

Die Funktion f von zwei Veränderlichen wird also nur verwendet, um die Abhängigkeiten von x und von $y(x)$ in der Differenzialgleichung allgemein zu notieren. Davon abgesehen, insbesondere bei konkreten Beispielen, kommen nur gewöhnliche Funktionen vor, wie wir sie von Kap. 7 her kennen.

Genauer gesagt sollte man eigentlich von einer **gewöhnlichen Differenzialgleichung** sprechen, im Gegensatz zu den partiellen Differenzialgleichungen, die das Thema von Kap. 29 bilden werden. Da wir es aber in diesem Kapitel immer mit gewöhnlichen Differenzialgleichungen zu tun haben werden, lassen wir dieses Attribut weg.

Der Begriff *1. Ordnung* in dieser Definition bezieht sich auf die erste Ableitung der gesuchten Funktion y, die in der Gleichung vorkommt. Wir werden uns gleich noch Differenzialgleichungen höherer Ordnung zuwenden, bei denen dann höhere Ableitungen auftreten.

Ein wichtiger Punkt ist, dass wir von vornherein komplexwertige Funktionen zulassen. Für große Teile des Kapitels werden diese kaum eine Rolle spielen, im Wesentlichen wird es um reellwertige Funktionen gehen. Allerdings stellt sich später heraus, dass man sich bei einigen Differenzialgleichungen leichter tut, wenn man komplexwertige Lösungen zulässt.

Betrachten wir einige Beispiele zu dieser Definition.

Beispiel

1. Eine der einfachsten Differenzialgleichungen ist

$$y'(x) = y(x), \quad x \in \mathbb{R}.$$

Hier gibt es keine explizite Abhängigkeit von der Variablen x auf der rechten Seite. Eine Funktion, die diese Gleichung erfüllt, ist $y(x) = e^x$, $x \in \mathbb{R}$.

2. Einen komplizierteren Zusammenhang bildet

$$y'(x) = x\,(y(x))^2, \quad x > 0.$$

Rechnen Sie zur Übung nach, dass die Funktion $y(x) = -2/x^2$ diese Gleichung erfüllt. Diese und noch eine weitere Lösung sind in der Abb. 13.1 dargestellt.

3. Bei den ersten beiden Beispielen haben wir uns auf reellwertige Funktionen beschränkt. Bei der Differenzialgleichung

$$y'(x) = \frac{x}{\exp(i\,y(x))}, \quad x \in \mathbb{R},$$

haben wir dagegen explizit mit komplexwertigen Funktionen zu tun. Man kann nachrechnen, dass zum Beispiel

$$y(x) = -i \ln\left(\frac{i}{2}(x^2+1)\right), \quad x \in \mathbb{R}$$

diese Differenzialgleichung erfüllt. ◄

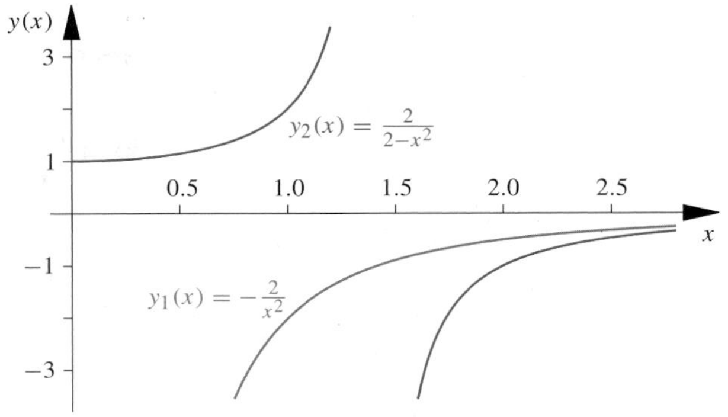

Abb. 13.1 Zwei verschiedene Lösungen der Differenzialgleichung $y'(x) = x\,y(x)^2$, $x > 0$. Die Lösung y_2 existiert dabei nicht auf ganz $I = (0, \infty)$ sondern nur auf $(0, \sqrt{2})$ oder auf $(\sqrt{2}, \infty)$

In den verschiedenen Beispielen haben wir immer eine Funktion angegeben, die die Differenzialgleichung erfüllt. Eine solche Funktion nennen wir eine *Lösung* der Differenzialgleichung.

Definition einer Lösung

Unter einer **Lösung** einer Differenzialgleichung auf einem Intervall $J \subseteq I$ versteht man eine Funktion $y\colon J \to \mathbb{C}$, die die Differenzialgleichung für alle $x \in J$ erfüllt, wenn man sie und ihre Ableitung in die Gleichung einsetzt. Insbesondere muss eine Lösung also differenzierbar sein.

Kommentar Eine Lösung muss nach dieser Definition nicht unbedingt auf dem ganzen Intervall definiert sein, für das man die Differenzialgleichung aufgestellt hat. Es kann $J \neq I$ sein. Dies erlaubt es uns, Lösungen mit einer Singularität zuzulassen, wie in der Abb. 13.1. Es kann aber auch passieren, dass man bei der Formulierung einer Differenzialgleichung einfach zu optimistisch war und die Lösung gar nicht auf ganz I existieren kann. ◄

Selbstfrage 1

Welche der folgenden Funktionen sind Lösungen der Differenzialgleichung

$$y'(x) = 3x^2\,(y(x)+1), \quad x \in \mathbb{R}\,?$$

(a) $y(x) = \exp(x^3)$
(b) $y(x) = -1$
(c) $y(x) = 2\exp(x^3) - 1$
(d) $y(x) = -1 + \dfrac{1}{3x^2}$

Das wesentliche Thema dieses Kapitels ist es also, Lösungen von Differenzialgleichungen zu bestimmen. Dafür gibt es viele verschiedene Möglichkeiten. Eines sei aber gleich zu Beginn gesagt: Es gibt viele Differenzialgleichungen, bei denen man die

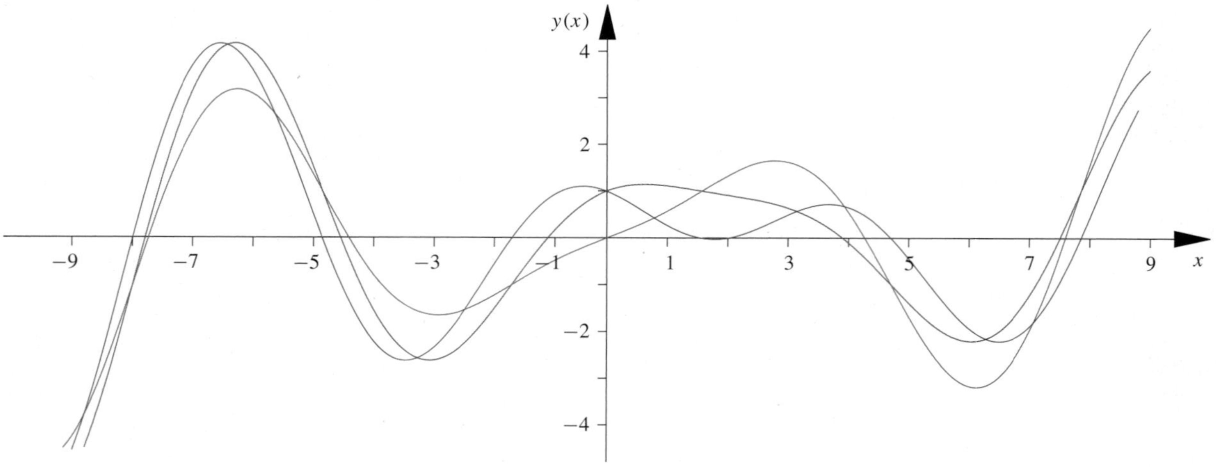

Abb. 13.2 Drei Lösungen der Differenzialgleichung $y''(x) + y(x) = \sin(x)$. Die Wahl der Konstanten ist $C_1 = 1$, $C_2 = 0$ (blau), $C_1 = 0$, $C_2 = 1$ (rot) und $C_1 = 1$, $C_2 = 1$ (grün)

Lösungen nicht explizit angeben kann. In einem solchen Fall bleibt nur, eine Lösung numerisch mit dem Computer zu bestimmen. Gerade in den Anwendungen ist dies heute sowieso die gängige Methode, sich mit Differenzialgleichungen auseinanderzusetzen. Andererseits ist es sehr wohl so, dass man die Existenz von Lösungen mathematisch beweisen kann – man kann sie nur nicht hinschreiben. Mit diesem Thema wollen wir uns aber erst im Kap. 28 beschäftigen.

Es ist natürlich, sich bei Differenzialgleichungen nicht auf die erste Ableitung einer Funktion zu beschränken. Die *Ordnung* gibt an, welches die höchste Ableitung der unbekannten Funktion ist, die in der Differenzialgleichung vorkommt.

Definition einer Differenzialgleichung n-ter Ordnung

Unter einer **Differenzialgleichung n-ter Ordnung** ($n \in \mathbb{N}$) auf einem Intervall $I \subseteq \mathbb{R}$ versteht man eine Gleichung der Form

$$y^{(n)}(x) = f\left(x, y(x), y'(x), \ldots, y^{(n-1)}(x)\right),$$

für alle $x \in I$. Hierbei ist $f\colon I \times \mathbb{C}^n \to \mathbb{C}$ eine Funktion von $n+1$ Veränderlichen, $y\colon I \to \mathbb{C}$ die gesuchte Funktion.

Kommentar Streng genommen ist dies die Definition einer *expliziten* Differenzialgleichung. Allgemeiner könnte man auch Gleichungen zulassen, die nicht explizit nach $y^{(n)}(x)$ aufgelöst werden können. In diesem Fall spricht man von einer impliziten Differenzialgleichung. Dies wollen wir aber in diesem Kapitel nicht weiter verfolgen. ◀

Ein Beispiel ist die Differenzialgleichung

$$y''(x) + y(x) = \sin(x), \quad x \in \mathbb{R},$$

die die Ordnung 2 besitzt. Wir werden später herausfinden, dass sich *jede* Lösung dieser Differenzialgleichung in der Form

$$y(x) = -\frac{x}{2}\cos(x) + C_1\sin(x) + C_2\cos(x), \quad x \in \mathbb{R},$$

schreiben lässt. Hierbei sind C_1 und C_2 zwei beliebige Integrationskonstanten. Drei verschiedene dieser Lösungen sind in der Abb. 13.2 zu sehen.

Die Anzahl dieser Konstanten entspricht gerade der Ordnung der Differenzialgleichung. Dies ist kein Zufall. Auch wenn wir diese Aussage erst in Kap. 28 mathematisch untermauern können, wollen wir dies schon einmal festhalten: Die Anzahl der Integrationskonstanten in der Lösung einer Differenzialgleichung entspricht gerade der Ordnung der Gleichung.

Bei einem Anfangswertproblem wird genau eine Lösung der Differenzialgleichung ausgewählt

Beim Bestimmen der Lösungen von Differenzialgleichungen stößt man stets auf Integrationskonstanten. Es gibt niemals nur eine Lösung, sondern immer eine ganze Schar von Lösungsfunktionen. Bei einer Anwendung steht jedoch eine Differenzialgleichung niemals alleine da. Es kommen, meist auf ganz natürliche Weise, noch weitere Bedingungen hinzu.

Anwendungsbeispiel Wir betrachten ein Federpendel ohne äußere Krafteinwirkung, siehe Abb. 13.3. An der Feder ist ein Massestück der Masse $m = 1\,\text{kg}$ befestigt, die Feder hat die Federkonstante $D = 1\,\text{kg/s}^2$. Wir lenken das Massestück zum Zeitpunkt $t = 0\,\text{s}$ um die Länge $y_0 = 1\,\text{m}$ aus und lassen dann

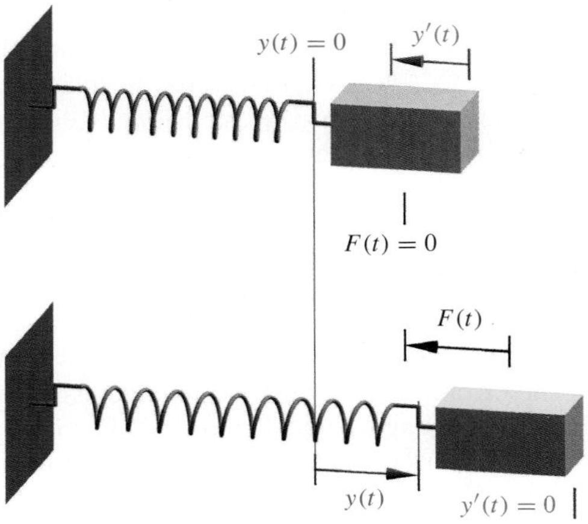

Abb. 13.3 Bewegung eines Massestücks am Federpendel zu zwei Zeitpunkten. Im Zeitpunkt maximaler Auslenkung (unten) ist das Massestück in Ruhe, und es wirkt eine maximale Rückstellkraft. Bei der Durchquerung der Nulllage wirkt keine Kraft, aber die Geschwindigkeit ist maximal

los. Dann führt das Massestück eine Pendelbewegung aus, die Auslenkung zum Zeitpunkt t bezeichnen wir mit $y(t)$.

Nach dem Hooke'schen Gesetz gilt für die Kraft $F(t)$, die zum Zeitpunkt t auf das Massestück wirkt, die Gleichung

$$F(t) = -D\,y(t).$$

Die Beschleunigung ist gerade die zweite Ableitung der Auslenkung und entspricht nach dem zweiten Newton'schen Gesetz dem Quotienten aus der wirkenden Kraft und der Masse. Also gilt

$$y''(t) = \frac{F(t)}{m} = -\frac{D}{m}\,y(t).$$

Mit den obigen Werten ist $\omega^2 = D/m = 1/\mathrm{s}^2$, also haben wir die Differenzialgleichung

$$y''(t) + \omega^2\,y(t) = 0, \quad t > 0.$$

Jede Lösung dieser Differenzialgleichung lässt sich als

$$y(t) = A\,\cos(\omega\,t) + B\,\sin(\omega\,t), \quad t > 0$$

darstellen. Wir werden das später in diesem Kapitel noch genauer betrachten.

Die Problemstellung beinhaltet allerdings noch weitere Informationen: Zum Zeitpunkt $t = 0$ haben wir die Auslenkung $y(0) = y_0$. Und außerdem bewegt sich das Massestück in dem Moment, in dem es losgelassen wird, noch nicht. Also gilt $y'(0) = 0$. Wir nutzen diese Bedingungen, um A und B genauer zu bestimmen,

$$\begin{aligned} y_0 &= y(0) = A\,\cos(0) + B\,\sin(0) = A, \\ 0 &= y'(0) = -A\omega\,\sin(0) + B\omega\cos(0) = B\omega. \end{aligned}$$

Dabei haben wir einen Grenzübergang $t \to 0$ durchgeführt. Die Rechtfertigung dafür liefert uns wieder die Anwendung: Die Bewegung des Pendels und die Änderung seiner Geschwindigkeit ist stetig. Somit lautet die Lösung des Anwendungsproblems

$$y(t) = y_0\,\cos(\omega t), \quad t \geq 0.$$ ◀

Die zusätzlichen Bedingungen in der Aufgabenstellung der Anwendung bestimmen die Integrationskonstanten, sodass von der Vielzahl der mathematischen Lösungen der Differenzialgleichung nur eine übrig bleibt. Diese Bedingungen bestimmen aber gerade den Wert entweder der Funktion y oder einer ihrer Ableitungen zum Zeitpunkt $t = 0$, an dem die Betrachtung unseres physikalischen Problems beginnt. Aus diesem Grund sprechen wir von *Anfangswerten*.

Definition eines Anfangswertproblems

Ist zusätzlich zu der Differenzialgleichung

$$y^{(n)}(x) = f(x, y(x), \dots, y^{(n-1)}(x)), \quad x \in I,$$

noch ein Satz von n Bedingungen

$$y(x_0) = y_0, \quad y'(x_0) = y_1, \quad \dots, \quad y^{(n-1)}(x_0) = y_{n-1}$$

gegeben, so sprechen wir von einem **Anfangswertproblem** für die gesuchte Funktion y. Dabei muss x_0 eine Stelle aus dem Abschluss des Intervalls I sein.

Die Anzahl der Anfangsbedingungen entspricht gerade der Ordnung der Differenzialgleichung und damit der Anzahl der Integrationskonstanten in der Darstellung der Lösung. Man erhält also gerade ein Gleichungssystem mit n Gleichungen (den Anfangsbedingungen) für die n Unbekannten (die Integrationskonstanten).

Durch ein Anfangswertproblem, so es denn überhaupt lösbar ist, wird in der Regel genau eine Lösung der Differenzialgleichung ausgewählt. Es gibt zwar auch Fälle von Anfangswertproblemen mit mehreren verschiedenen Lösungen, aber ist die Lösung eindeutig, spricht man von *der Lösung eines Anfangswertproblems*. Im Gegensatz dazu steht die Vielzahl der Lösungen einer Differenzialgleichung. Hat man eine Darstellung diese Lösungsschar mit allen Integrationskonstanten gefunden, so spricht man von **der allgemeinen Lösung** der Differenzialgleichung. Damit ist dann aber eben nicht eine einzige Lösung gemeint, sondern der ganze Satz möglicher Lösungen.

Indem man die vorgegebenen Anfangswerte in die Ausdrücke für die allgemeine Lösung und gegebenenfalls ihre Ableitungen einsetzt, erhält man ein System von Gleichungen zur Bestimmung der Integrationskonstanten. Im Anwendungsbeispiel des Federpendels erhält man etwa für jedes Paar von Vorgaben für $y(0)$ und $y'(0)$ andere Werte für die Konstanten A und B.

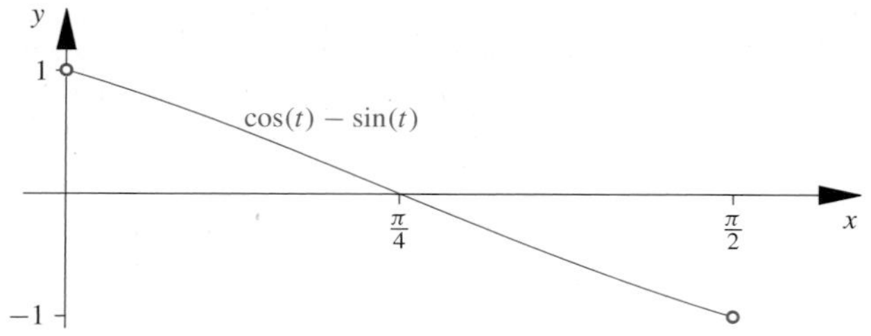

Abb. 13.4 Das Randwertproblem $y''(t) + y(t) = 0$, $y(0) = 1$, $y(\pi/2) = -1$ hat genau eine Lösung

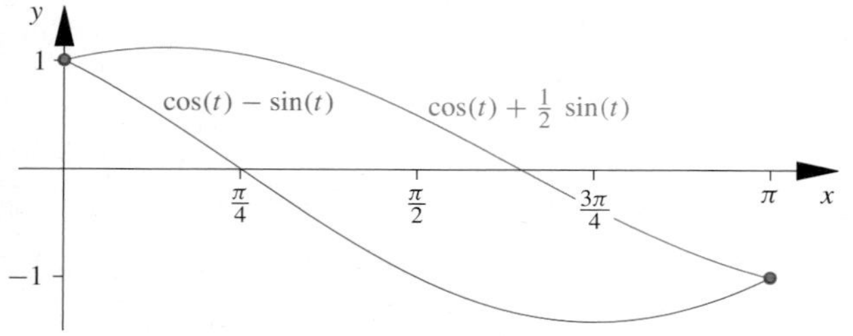

Abb. 13.5 Das Randwertproblem $y''(t) + y(t) = 0$, $y(0) = 1$, $y(\pi) = -1$ hat viele Lösungen, nur zwei verschiedene sind hier dargestellt

Es gibt natürlich auch andere Möglichkeiten, n Bedingungen zur Bestimmung der n unbekannten Integrationskonstanten zu formulieren. Bei einem **Randwertproblem** werden an zwei oder mehreren Punkten im Abschluss des Intervalls I die Werte von y oder Ableitungen von y vorgegeben. Typischerweise sind dies die Endpunkte des Intervalls, aber auch andere Stellen wären denkbar. Die zugehörige mathematische Theorie solcher Problemstellungen ist jedoch viel komplizierter als die der Anfangswertprobleme.

Für das Federpendel könnte man zum Beispiel vorgeben, dass $y(0) = 1$ und $y(\pi/2) = -1$ ist. Dies ergibt $A = 1$ sowie $B = -1$, die zugehörige Lösung ist in Abb. 13.4 dargestellt. Bei der Vorgabe $y(0) = 1$ und $y(\pi) = -1$ folgt zwar $A = 1$, aber keine Bedingung für B. Dieses Randwertproblem hat also keine eindeutig bestimmte Lösung. Zwei mögliche Lösungen zeigt die Abb. 13.5. Für andere Vorgaben ist es auf dem Intervall $(0, \pi)$ auch möglich, dass überhaupt keine Lösung existiert.

Differenzialgleichungen beschreiben eine Vielzahl von Anwendungsproblemen

Nachdem wir nun eine Vorstellung davon entwickelt haben, *was* unter einer Differenzialgleichung zu verstehen ist, wollen wir nun der Frage nachgehen, *woher* solche Gleichungen kommen. Welche Überlegungen führen dazu, für ein Anwendungsproblem eine Differenzialgleichung aufzustellen?

Diese Frage ist eine Frage der *Modellbildung*. Ausgehend von einer Beobachtung naturwissenschaftlicher, technischer, wirtschaftlicher oder auch soziologischer Art, sucht man Größen, die das Problem beschreiben. Dies sind jeweils eigenständige Größen, etwa Kräfte, Momente, Auslenkungen, Geschwindigkeiten und Beschleunigungen in der Mechanik, Ströme, Ladungen und Spannungen in der Elektrotechnik. Aufgrund der Naturgesetze, die der jeweiligen Disziplin zugrunde liegen, ergeben sich nun oft Zusammenhänge, aus denen eine Differenzialgleichung hergeleitet werden kann. So stellt in der Mechanik das zweite Newton'sche Axiom einen Zusammenhang zwischen Kraft, Masse und Beschleunigung her, während sich die Beschleunigung wieder als zweite Ableitung des Ortes erweist. Handelt es sich um Phänomene, die sich nicht direkt durch bekannte Naturgesetze beschreiben lassen, so muss man Annahmen über den Zusammenhang aufstellen, die mit den Beobachtungen übereinstimmen (siehe auch S. 101).

Ein typisches Beispiel für eine Anwendung sind die biologischen Wachstumsprozesse, die schon im Kapitel über Folgen auf S. 194 vorgestellt wurden. Dort sind wir von einem *diskreten* Modell ausgegangen, d. h., die Größen wurden nur zu bestimmten, klar voneinander getrennten Zeitpunkten betrachtet. Jetzt stehen uns alle Werkzeuge für ein *kontinuierliches* Modell zur Verfügung, bei dem man die Größen zu jedem beliebigen Zeitpunkt bestimmen kann.

Beim exponentiellen Wachstum war die diskrete Gleichung

$$u_n = u_{n-1} + k\,\Delta t\, u_{n-1}, \quad n \in \mathbb{N},$$

wobei $u_n = u(t_n)$ die Größe der betrachteten Population zum Zeitpunkt t_n angibt. Umgeformt ergibt sich

$$\frac{u(t_{n+1}) - u(t_n)}{\Delta t} = k\,u(t_n),$$

wobei auch n durch $n + 1$ ersetzt wurde. Beachten wir jetzt noch den Zusammenhang $t_{n+1} = t_n + \Delta t$, so steht auf der linken Seite gerade der Differenzenquotient für die Funktion u. Damit wir $u(t)$ für alle Zeitpunkte t bestimmen können, müssen wir Δt gegen null gehen lassen. Dann konvergiert aber die linke Seite gegen die Ableitung von u und wir erhalten die Differenzialgleichung

$$u'(t) = k\,u(t), \quad t > t_0.$$

Zusammen mit der Anfangsbedingung $u(t_0) = u_0$ erhält man ein Anfangsproblem. Bald wird es für uns nicht mehr schwierig sein, die Lösung zu bestimmen, für den Moment soll sie noch angegeben werden,

$$u(t) = u_0 \exp(k\,(t - t_0)), \quad t > t_0.$$

Der Begriff exponentielles Wachstum findet also seinen Niederschlag in der Exponentialfunktion, die in der kontinuierlichen Lösung eine zentrale Rolle spielt.

Beispiel: Einfluss von Parametern

Wie verhalten sich die Lösungen der Differenzialgleichungen

$$y'(x) = (y(x))^p \quad \text{bzw.} \quad y''(x) + k\,y(x) = 0$$

bei Änderungen an den Parametern k bzw. p?

Problemanalyse und Strategie: Bei algebraischen Gleichungen ist man gewöhnt, dass ähnliche Gleichungen auch ähnliche Lösungen besitzen. Einschränkungen hatten wir kennengelernt, wenn die auftretenden Funktionen unstetig sind. Auch bei Differenzialgleichungen gilt: In bestimmten Fällen kann eine kleine Änderung an Parametern zu einem vollkommen anderen Lösungsverhalten führen. Wir wollen dies an den beiden Beispielen untersuchen. Für die Integrationskonstanten lassen wir dabei stets nur reelle Werte zu.

Lösung: Bei der ersten Differenzialgleichung kennen wir bereits den Fall $p = 1$. Die Gleichung

$$y'(x) = y(x)$$

modelliert das exponentielle Wachstum, die Lösung ist $y(x) = c\,\exp(x)$.

Für andere Werte von p kann man ebenfalls eine Formel für die Lösung angeben. Sie ist

$$y(x) = (c + (1-p)\,x)^{\frac{1}{1-p}}.$$

Hier stoßen wir auf ein gänzlich anderes Lösungsverhalten, denn die Lösung enthält keine Exponentialfunktion mehr. Wir wollen die Lösung des Anfangswertproblems mit $y(0) = 1$ für die Fälle $p > 1$ und $p < 1$ näher untersuchen.

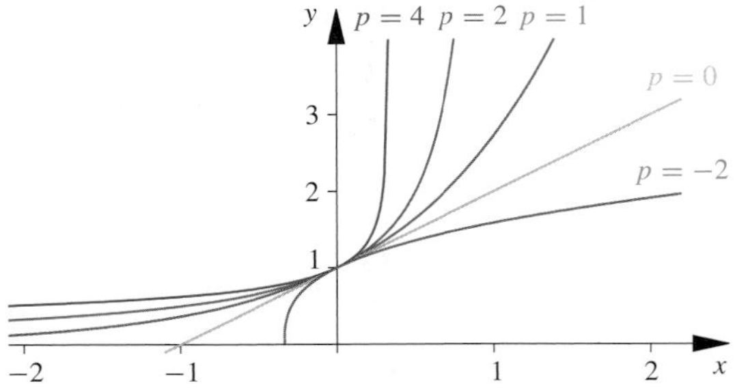

Im Fall $p > 1$ ist der Exponent negativ. Es ergibt sich eine Singularität in der Lösung für $x \to c/(p-1)$. Für alle $x < c/(p-1)$ ist die Lösung eine wohldefinierte, stetig differenzierbare, reellwertige Funktion.

Im Fall $p < 1$ ist der Exponent positiv. Für $x > c/(p-1)$ ist die Lösung eine wohldefinierte, stetig differenzierbare, reellwertige Funktion. An der Stelle $c/(p-1)$ liegt eine Nullstelle vor.

Ist nun $x > c/(p-1)$ für $p > 1$ bzw. $x < c/(p-1)$ für $p < 1$, so macht die Lösungsformel im Allgemeinen nur als eine komplexe Zahl einen Sinn. Ist aber $1/(1-p)$ eine ganze Zahl ist, so ist die Lösungsfunktion insgesamt eine rationale Funktion und damit wieder eine auf ganz $\mathbb{R} \setminus \{c/(p-1)\}$ definierte, glatte Funktion. Im Fall $p < 1$ ist sie dann sogar ein Polynom.

Für jedes feste x konvergieren allerdings die Werte der Lösungsfunktionen gegen $\exp(x)$ für $p \to 1$. In diesem Sinn sind die Lösungsfunktionen natürlich schon miteinander verknüpft.

Nun zum zweiten Beispiel, einer Differenzialgleichung zweiter Ordnung. Für $k > 0$ handelt es sich genau um die Differenzialgleichung aus dem Beispiel des Federpendels von S. 466. Die Lösung lässt sich in Verallgemeinerung des dort Gesagten angeben als

$$y(x) = c_1\,\cos(\sqrt{k}\,x) + c_2\,\sin(\sqrt{k}\,x).$$

Es handelt sich also um eine beschränkte, oszillierende Funktion.

Im Fall $k = 0$ können wir direkt integrieren und erhalten ein Polynom ersten Grades als Lösungsfunktion,

$$y(x) = c_1 + c_2\,x.$$

Die Lösung ist jetzt also nicht mehr beschränkt. Physikalisch entspricht dies dem Fall, dass keine Feder vorhanden ist: Das Massestück bewegt sich mit seiner Anfangsgeschwindigkeit linear durch den Raum.

Im Fall $k < 0$ erhalten wir die Lösung

$$y(x) = c_1\,\exp(\sqrt{-k}\,x) + c_2\,\exp(-\sqrt{-k}\,x).$$

Hier ist die Lösung in Abhängigkeit der Integrationskonstanten exponentiell wachsend oder exponentiell abfallend. Auch hier ist die Lösung nicht beschränkt, und es gibt auch keinerlei Oszillationen. Ein Stoßdämpfer ist ein typisches Beispiel für eine Anwendung, die ein solches Verhalten zeigt: Die Dämpfung durch die Feder ist so stark, dass keine Schwingungen auftreten.

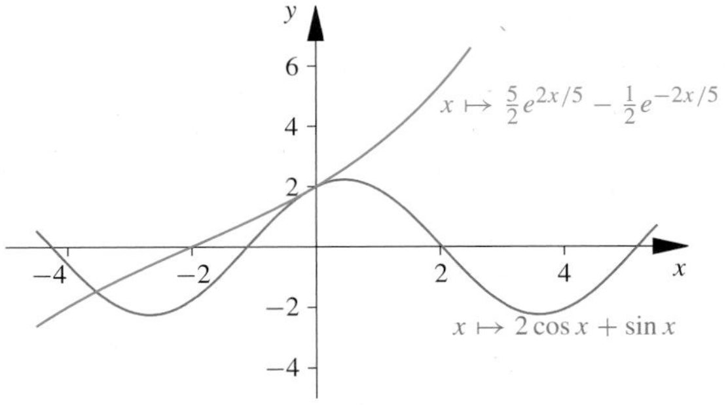

Die Abbildung zeigt typische Lösungskurven im oszillierenden und im exponentiellen Fall. Es ist $k = -4/25$ bzw. $k = +1$ gewählt.

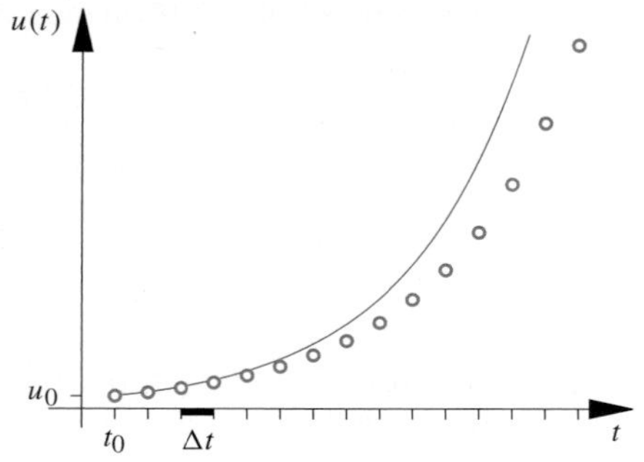

Abb. 13.6 Exponentielles Wachstum: kontinuierlich und diskret

Wie ist nun der Zusammenhang zur Lösung des diskreten Problems

$$u_n = (1 + k\,\Delta t)^n\,u_0\,?$$

Dazu müssen wir diese diskrete Lösung zu einem *festen Zeitpunkt* betrachten, wenn $\Delta t \to 0$ geht. Wir setzen $t = t_0 + n\,\Delta t$, also

$$\Delta t = \frac{t - t_0}{n}.$$

Damit erhält man

$$u_n(t) = \left(1 + \frac{k\,(t - t_0)}{n}\right)^n u_0 \longrightarrow \mathrm{e}^{k\,(t-t_0)}\,u_0 \quad (n \to \infty).$$

Die diskrete Lösung konvergiert also ebenfalls für jedes feste t gegen den Wert der kontinuierlichen Lösung, wenn Δt gegen null geht. Die Abb. 13.6 zeigt das ähnliche Verhalten der beiden Modelle für einen festen Wert von Δt.

Analog können wir für das logistische Wachstum vorgehen. Hier erhalten wir das Anfangswertproblem

$$u'(t) = k\,u(t)\,(U - u(t)), \quad t > t_0,$$
$$u(t_0) = u_0.$$

Die Lösung hier ist

$$u(t) = U\left(1 - \frac{1}{1 + \frac{u_0}{U-u_0}\,\exp(kU\,(t - t_0))}\right)$$

für $t > t_0$. Auch hier konvergiert für jedes feste $t > t_0$ die diskrete gegen die kontinuierliche Lösung. Die Abb. 13.7 zeigt eine diskrete und die kontinuierliche Lösung im Vergleich.

Bei diesen Wachstumsprozessen sind die Zusammenhänge zwischen den beteiligten Größen bereits durch das konkrete Modell gegeben. Wir wenden uns nun einem Fall zu, bei dem wir diese Zusammenhänge erst erarbeiten müssen, der *Kinetik chemischer Reaktionen,* also der Frage nach der Geschwindigkeit, mit der eine chemische Reaktion abläuft.

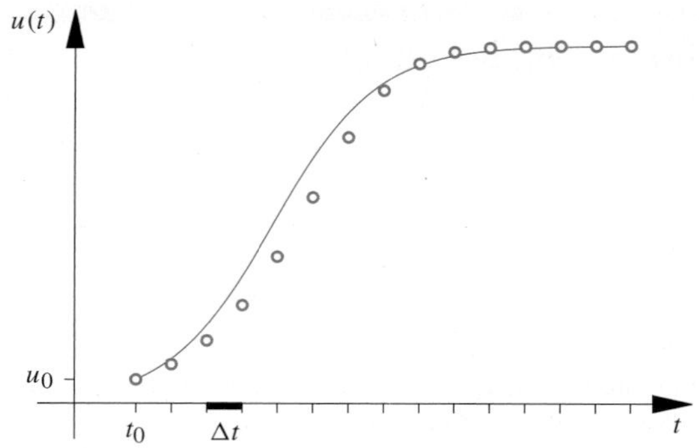

Abb. 13.7 Logistisches Wachstum: kontinuierlich und diskret

Eine chemische Reaktion wird üblicherweise durch eine *Prozessgleichung* beschrieben. So bedeutet etwa

$$\mathrm{A} + 2\,\mathrm{B} \to 3\,\mathrm{C} + \mathrm{D},$$

dass bei der Reaktion je ein Molekül des Stoffes A und 2 Moleküle des Stoffes B zu 3 Molekülen des Stoffes C und einem des Stoffes D reagieren. Über die Geschwindigkeit, mit der dies abläuft, insbesondere über die Veränderung dieser Geschwindigkeit in der Zeit, gibt die Prozessgleichung jedoch keine Aussage.

Um dieses Problem zu untersuchen, betrachtet man üblicherweise *Konzentrationen* der beteiligten Stoffe, hier etwa $K_\mathrm{A}(t)$ als Konzentration des Stoffes A zum Zeitpunkt t. Die Geschwindigkeit, mit der sich diese Konzentration ändert, ist dann die Ableitung $K'_\mathrm{A}(t)$. Aus der Prozessgleichung folgt, dass

$$K'_\mathrm{B}(t) = 2\,K'_\mathrm{A}(t)$$

sein muss, denn reagiert ein Molekül von A, so reagieren gleichzeitig 2 Moleküle von B. Genauso folgt

$$K'_\mathrm{C}(t) = -3\,K'_\mathrm{A}(t) \quad \text{und} \quad K'_\mathrm{D}(t) = -K'_\mathrm{A}(t),$$

denn während die Konzentration von A und B abnimmt, nimmt die von C und D zu.

Damit sind also einige grundlegende Zusammenhänge zwischen den Konzentrationen der beteiligten Stoffe geklärt. Es bleibt das Problem, aus Beobachtungen der Reaktionen heraus, Gleichungen für diese Größen aufzustellen.

Anwendungsbeispiel

- Eine sehr einfache (wenn auch nicht chemische) Reaktion ist der radioaktive Zerfall: Ein Atom eines Elements A zerfällt unter Aussendung radioaktiver Strahlung zu einem Atom des Elements B. Die Prozessgleichung ist also

$$\mathrm{A} \to \mathrm{B}.$$

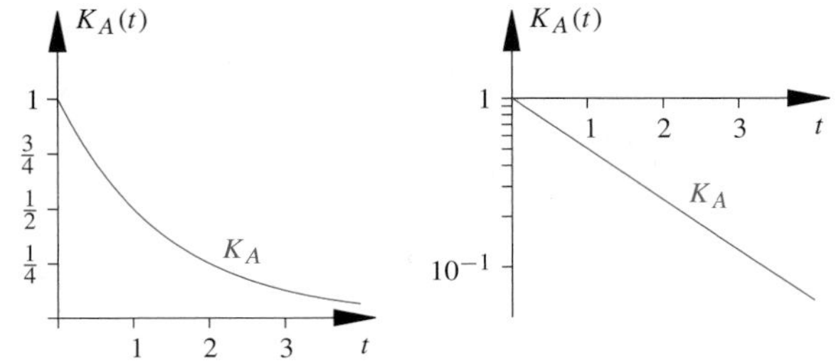

Abb. 13.8 Die Konzentration des Ausgangsstoffes K_A bei radioaktivem Zerfall. In halblogarithmischen Koordinaten ergibt sich eine Gerade

Man beobachtet nun bei allen möglichen Formen radioaktiven Zerfalls, dass sich die Konzentration des Ausgangsstoffes A jeweils in der sogenannten *Halbwertszeit* T halbiert – unabhängig von der Ausgangskonzentration. Mathematisch notieren wir diese Beobachtung als

$$\frac{K_{\mathrm{A}}(t_0 + nT)}{K_{\mathrm{A}}(t_0)} = \left(\frac{1}{2}\right)^n \qquad n \in \mathbb{N}.$$

Eine Anwendung des Logarithmus macht daraus

$$\ln \frac{K_{\mathrm{A}}(t_0 + nT)}{K_{\mathrm{A}}(t_0)} = n \ln \frac{1}{2} \qquad n \in \mathbb{N}.$$

Die Werte der linken Seite dieser Gleichung liegen also alle auf einer Gerade durch null mit Steigung $\ln(1/2)$. Es liegt also die Annahme nahe, dass dies nicht nur zu den diskreten Zeitpunkten $t_0 + nT$ richtig ist, sondern zu allen Zeitpunkten $t > t_0$, etwa

$$\ln \frac{K_{\mathrm{A}}(t)}{K_{\mathrm{A}}(t_0)} = \frac{t - t_0}{T} \ln \frac{1}{2}, \qquad t > t_0.$$

Durch Ableiten dieser Gleichung erhalten wir das Geschwindigkeitsgesetz

$$K_{\mathrm{A}}'(t) = -\frac{\ln 2}{T} K_{\mathrm{A}}(t), \qquad t > t_0.$$

Physikalisch interpretiert besagt es, dass für kleine Zeiträume die Anzahl der zerfallenden Atome proportional zur Anzahl der noch nicht zerfallenen Atome ist. Für eine Anfangskonzentration K_0 zum Zeitpunkt t_0 lautet die Lösung

$$K_{\mathrm{A}}(t) = K_0 \exp\left(-\frac{\ln 2}{T}(t - t_0)\right), \qquad t > t_0.$$

Der Zerfallsprozess verhält sich also wie exponentielles Wachstum, aber in umgekehrter Zeitrichtung. Eine Darstellung der Konzentration K_{A} in kartesischen, aber auch in einem logarithmischen Koordinatensystem finden Sie in Abb. 13.8.

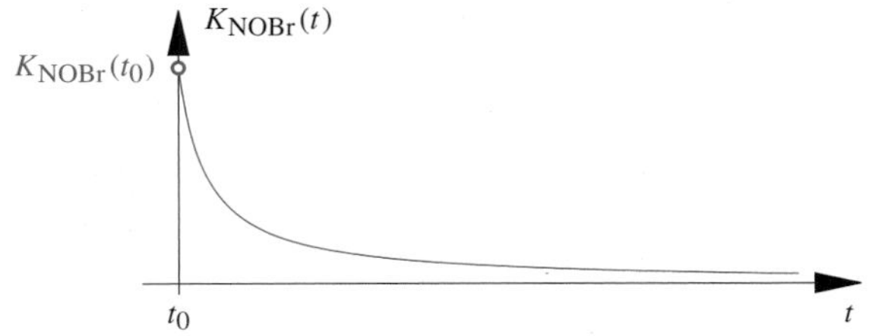

Abb. 13.9 Der Zerfallsprozess von NOBr. Die Funktion stellt die Konzentration des Ausgangsstoffes über der Zeit dar

- Bei der Zerfallsreaktion

$$2\,\mathrm{NOBr} \to 2\,\mathrm{NO} + \mathrm{Br}_2$$

kann man experimentell feststellen, dass ein Geschwindigkeitsgesetz der Form

$$K_{\mathrm{NOBr}}'(t) = -k\,(K_{\mathrm{NOBr}}(t))^2,$$

mit einer Konstanten k vorliegt. Durch Lösen der Differenzialgleichung ergibt sich ein Geschwindigkeitsverlauf der Form

$$K_{\mathrm{NOBr}}(t) = \frac{K_{\mathrm{NOBr}}(t_0)}{1 + k\,(t - t_0)\,K_{\mathrm{NOBr}}(t_0)}.$$

Die Abb. 13.9 zeigt diese Lösungsfunktion. ◂

In der Praxis ermittelt man die Form des Geschwindigkeitsgesetzes experimentell. In der physikalischen Chemie wird dann umgekehrt aus der Form des Geschwindigkeitsgesetzes auf den Typ der ablaufenden Reaktion geschlossen. Die Anwendung auf S. 473 enthält ein Beispiel dafür.

Den bisher betrachteten Problemen ist gemeinsam, dass stets Differenzialgleichungen erster Ordnung auftraten. Die Lösungen dabei sind oft monotone Funktionen. Ganz andere Gleichungen treten auf, wenn man ein Problem betrachtet, bei dem es um Schwingungen geht. Ein Beispiel dafür ist das schon betrachtete Federpendel. Nun wollen wir uns mit einem Problem aus der Elektrotechnik befassen, dem elektrischen Schwingkreis. Typisch für diese Problemklasse ist, dass Differenzialgleichungen zweiter Ordnung auftreten.

Anwendungsbeispiel Ein elektrischer Schwingkreis besteht aus einer Spannungsquelle V, einem Widerstand R, einer Spule der Induktivität L und einem Kondensator der Kapazität C, siehe Abb. 13.10. Zum Zeitpunkt t fließt darin ein Strom $I(t)$.

Jedes der drei Objekte Widerstand, Spule und Kondensator trägt zum Spannungsabfall im Schwingkreis bei. Nimmt man an, dass die Stärke der Spannungsquelle ebenfalls zeitabhängig ist, gilt nach dem Kirchhoff'schen Spannungsgesetz

$$V(t) = U_R(t) + U_C(t) + U_L(t).$$

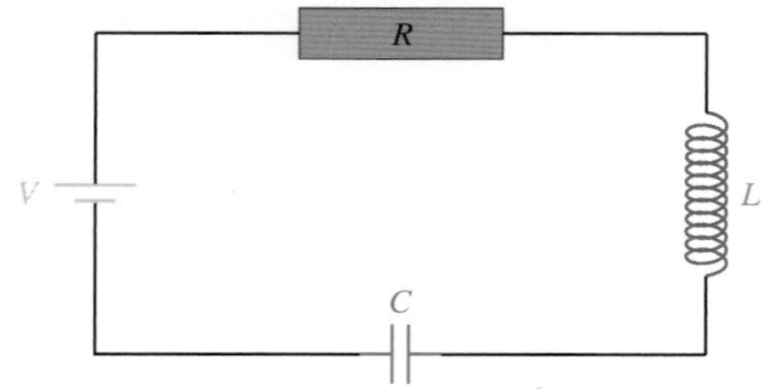

Abb. 13.10 Schematische Darstellung eines elektrischen Schwingkreises mit Spannungsquelle V, Widerstand R, Spule der Induktivität L und Kondensator der Kapazität C

Dabei ist für den Widerstand $U_R(t) = R\,I(t)$. Für den Kondensator gilt $U_C(t) = Q(t)/C$, wobei $Q(t)$ die Ladung bezeichnet, die der Kondensator zum Zeitpunkt t trägt. Für die Spule schließlich gilt $U_L(t) = L\,I'(t)$. Setzt man dies ein, so erhält man

$$L\,I'(t) + R\,I(t) + \frac{1}{C}\,Q(t) = V(t).$$

Nun entspricht der Strom gerade der Ladungsänderung auf den Kondensatorplatten, d. h. $I(t) = Q'(t)$. Damit erhalten wir die Differenzialgleichung 2. Ordnung

$$L\,Q''(t) + R\,Q'(t) + \frac{1}{C}\,Q(t) = V(t)$$

für die im Kondensator gespeicherte Ladung. Die Abb. 13.11 stellt den Verlauf dieser Ladung, also der Lösung der Differenzialgleichung, dar, wenn zum Zeitpunkt $t = 0$ der Kondensator keine Ladung trägt und für eine Sekunde eine Gleichstromquelle von 1 Volt angeschlossen wird. Dies entspricht den Anfangsbedingungen $Q(0) = 0$ und $Q'(0) = I(0) = 0$.

An dieser Stelle können wir auch eine Erklärung für die komplexe Darstellung des Ohm'schen Gesetzes aus der Anwendung auf S. 156 liefern. Die Differenzialgleichungen oben beschreiben gerade den Zusammenhang zwischen Strom, Spannung, Widerstand, Induktivität und Kapazität für eine allgemeine Zeitabhängigkeit. Im Fall eines Wechselstromkreises handelt es sich um eine harmonische zeitliche Schwingung. Wenn wir später in diesem Kapitel die Lösung der Differenzialgleichung besprechen (siehe S. 498 ff.), werden wir zeigen, dass dann zumindest für große Zeiträume die Frequenz der Schwingung des Stroms der Frequenz der Schwingung der Spannungsquelle entspricht. Hieraus folgt dann der algebraische Zusammenhang zwischen den Größen, den wir aus dem Ohm'schen Gesetz kennen.

Der elektrische Schwingkreis ist, wie auch das Federpendel von S. 466 ein Spezialfall für einen *harmonischen Oszillator*. Den allgemeinen Fall untersuchen wir in einer Anwendung auf S. 498. ◀

Ein bekanntes Beispiel für eine Differenzialgleichung noch höherer Ordnung stammt aus der Beschreibung sich biegender Balken in der linearen Elastizitätstheorie.

Anwendungsbeispiel Unter einer Last verbiegt sich ein in zwei Punkten gelagerter Balken aus seiner Ruhelage (siehe Abb. 13.12). Die *Durchbiegung* $w(x)$ ist dabei die Auslenkung des Schwerpunktes des Balkenquerschnitts an der horizontalen Stelle x. Diese Funktion genügt in linearer Näherung der Differenzialgleichung

$$E\,I(x)\,w''''(x) = q(x), \quad x \in \left(-\frac{L}{2}, \frac{L}{2}\right).$$

Hierbei ist E das Elastizitätsmodul des betrachteten Materials, $I(x)$ ist das Flächenträgheitsmoment des Balkenquerschnitts, q ist die Last gegeben als Gewicht pro Längeneinheit und L ist die Länge des Balkens.

Das Flächenträgheitsmoment beschreibt den Widerstand des Balkens gegen eine Verbiegung aufgrund der geometrischen Gegebenheiten. Für einen rechteckigen Balken der Breite b und Höhe h beträgt es konstant

$$I = \frac{h^3\,b}{12}.$$

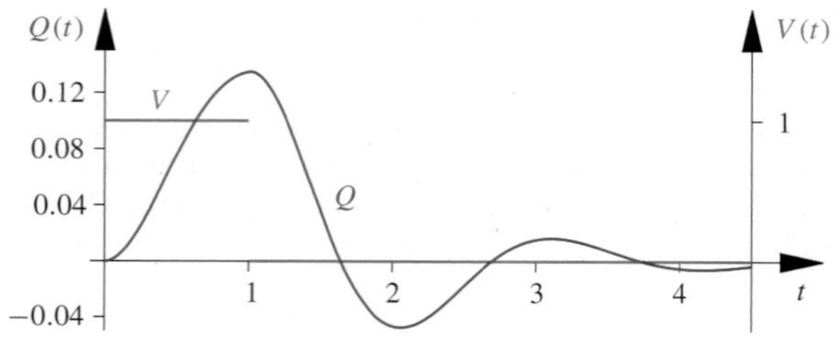

Abb. 13.11 Verlauf der Ladung in einem elektrischen Schwingkreis mit $L = 1\,\text{H}$, $R = 2\,\Omega$ und $C = 0.1\,\text{F}$. Der Verlauf der Spannung V ist blau eingezeichnet

Abb. 13.12 Unter einer Last biegt sich ein in zwei Punkten gelagerter Balken durch. Der Zusammenhang zwischen der Biegelinie und der Last ist in linearer Näherung eine Differenzialgleichung 4. Ordnung

Anwendung: Enzymatische Reaktionen

Bei einer enzymatischen Reaktion wird ein Substrat S unter Einwirkung eines Enzyms E in ein Produkt P umgewandelt. Dabei findet am Enzym selbst keine Veränderung statt, die Geschwindigkeit der Reaktion ist aber proportional zur Menge des Enzyms. Wie kann der Reaktionsprozess beschrieben werden?

Die Prozessgleichung der enzymatischen Reaktion ist einfach

$$S \longrightarrow P,$$

das Enzym E kommt gar nicht vor. Trotzdem kann experimentell ein Zusammenhang der Konzentrationen

$$K_P'(t) = k\,K_E(t)$$

festgestellt werden. Gleichzeitig ist zu beobachten, dass für geringe Konzentrationen des Enzyms gegenüber dem Substrat die Geschwindigkeit unabhängig von der Konzentration des Substrats ist.

Wie kann dieser Prozess beschrieben werden? Ein Lösungsmodell ist der *Michaelis-Menten-Mechanismus:* Zunächst entsteht aus dem Enzym und dem Substrat der *Enzym-Substrat-Komplex* (ES). Dieser zerfällt einerseits wieder in seine Ausgangsstoffe S und E, andererseits in P und E. Damit haben wir die Prozessgleichung

$$E + S \rightleftharpoons (ES) \rightarrow P + E.$$

Für den letzten Schritt soll nun ein Geschwindigkeitsgesetz 1. Ordnung gelten,

$$K_P'(t) = k_1\,K_{(ES)}(t).$$

Die zentrale Annahme, die zur Lösung führt, ist nun, dass die Konzentration $K_{(ES)}$ während des gesamten Prozesses konstant bleibt. Es gilt

$$K_{(ES)}'(t) = 0.$$

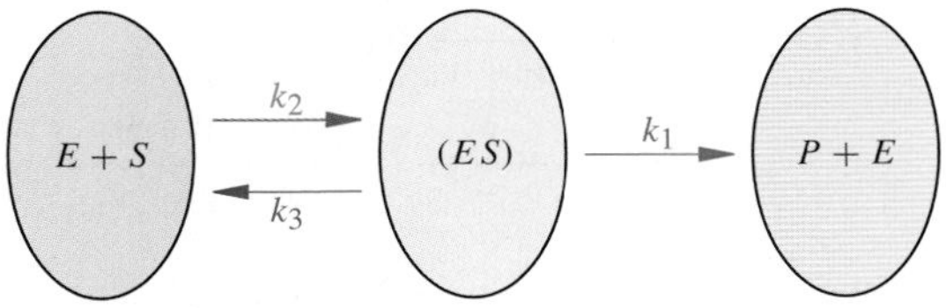

Man spricht von einem Gleichgewicht der drei beteiligten Prozesse, der Umwandlung von E und S zu (ES), der Umwandlung von (ES) zu E und S sowie der Umwandlung von (ES) zu E und P. Nimmt man für alle drei Prozesse eine lineare Abhängigkeit der Geschwindigkeit von den jeweiligen Ausgangsstoffen an, so erhält man

$$\begin{aligned} 0 &= K_{(ES)}'(t) \\ &= k_2\,K_E(t)\,K_S(t) - k_3\,K_{(ES)}(t) - k_1\,K_{(ES)}(t). \end{aligned}$$

Diese Gleichung können wir sofort nach $K_{(ES)}$ auflösen und erhalten

$$K_{(ES)}(t) = \frac{k_2}{k_1 + k_3}\,K_E(t)\,K_S(t).$$

Andererseits gilt $K_E(t) = K_{E,0} - K_{(ES)}(t)$, wobei $K_{E,0}$ die insgesamt zugegebene Enzymmenge ist. Da angenommen wird, dass die Menge an Substrat groß gegenüber der Menge an Enzym ist, kann K_S als konstant angenommen werden. Damit erhält man

$$\begin{aligned} K_P'(t) &= k_1 K_{(ES)}(t) \\ &= k_1\,\frac{k_2\,K_{E,0}\,K_S}{k_1 + k_3 + k_2\,K_S} \\ &= k_1\,\frac{K_{E,0}\,K_S}{\frac{k_1+k_3}{k_2} + K_S}. \end{aligned}$$

Dieses Geschwindigkeitsgesetz spiegelt genau die beobachteten Sachverhalte wider: Es gibt eine lineare Abhängigkeit von der Menge des zugegebenen Enzyms $K_{E,0}$, während der Ausdruck für große Werte von K_S nahezu unabhängig von dieser Zahl ist. Die Konstante $(k_1 + k_3)/k_2$ wird auch *Michaelis-Konstante* genannt.

Diese Anwendung zeigt das typische Vorgehen bei der mathematischen Modellierung: Ausgehend von den Grundannahmen, dass sich die Gesamtreaktion aus drei einfach zu beschreibenden Teilreaktionen zusammensetzt, und dass sich ein Gleichgewichtszustand einstellt, wurde eine mathematische Beschreibung der Reaktion in Form des Geschwindigkeitsgesetzes hergeleitet. Dieses Gesetz gibt die experimentellen Beobachtungen gut wieder. Wäre dem nicht so, müsste man die Annahmen verfeinern oder komplizierter gestalten, um die Gegebenheiten besser beschreiben zu können.

Anwendung: Ein Hund will zu seinem Herrchen

Das Herrchen läuft mit der konstanten Geschwindigkeit v_1 immer geradeaus. Der Hund startet in einer Entfernung A vom Weg des Herrchens und läuft mit der konstanten Geschwindigkeit v_2 immer genau auf diesen zu. Wie verläuft der Weg des Hundes?

Wir denken uns das Herrchen zu Beginn im Ursprung und seine Bewegungsrichtung parallel zur y-Achse. Der Hund soll am Punkt $(A, 0)$ mit $A < 0$ starten. Dann können wir den Weg des Hundes auf zweierlei Art und Weise beschreiben: Zum einen ist eine Beschreibung in der Zeit möglich. Zum Zeitpunkt t befindet sich der Hund im Punkt $(X(t), Y(t))$. Die Tatsache, dass seine Gesamtgeschwindigkeit stets v_2 ist, schlägt sich nach dem Satz des Pythagoras in der Gleichung

$$(X'(t))^2 + (Y'(t))^2 = v_2^2$$

nieder. Außerdem bewegt sich der Hund stets nach rechts, das heißt $X'(t) > 0$ für alle t. Dies bedeutet, dass X eine Umkehrfunktion T besitzt, es gilt

$$X(T(x)) = x \quad \text{und} \quad T(X(t)) = t.$$

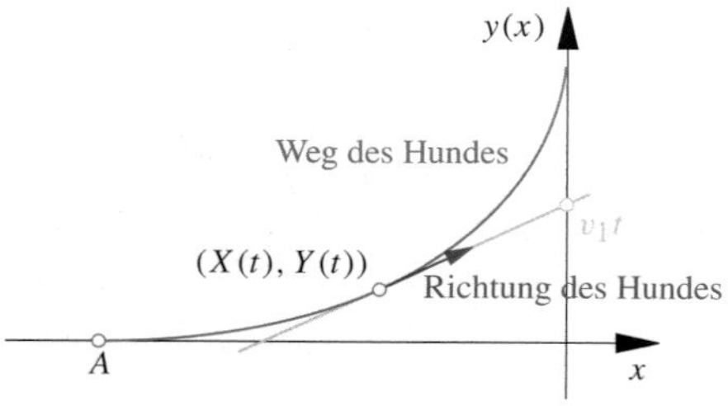

Die zweite Möglichkeit zur Darstellung des Weges des Hundes ist als Graph einer Funktion $x \mapsto y(x)$. Hier gilt der Zusammenhang

$$y(X(t)) = Y(t) \quad \text{für alle } t.$$

Nach der Kettenregel ist dann

$$\sqrt{v_2^2 - X'(t)^2} = Y'(t) = y'(X(t))\,X'(t).$$

Hieraus folgt

$$X'(t) = \frac{v_2}{\sqrt{1 + y'(X(t))^2}}.$$

Bevor wir weitere Überlegungen anstellen, eine kleine Bemerkung zur Notation: Hätte ein Anwender dieses Beispiel geschrieben, würde er nicht zwischen den Variablen x bzw. t und den Funktionen X bzw. T unterscheiden. Für ihn ist das natürlich, denn die physikalische Bedeutung dieser Größen steht für ihn im Vordergrund. Dem Mathematiker kommt es aber auf die funktionalen Zusammenhänge an, die er betonen möchte. Er will zwischen dem Objekt *Funktion* und dem Objekt *Variable* klar unterscheiden.

Aber zurück zu der Anwendung. Es muss noch die Tatsache berücksichtigt werden, dass der Hund immer genau auf sein Herrchen zuläuft. Dazu betrachten wir die Tangente g an den Graph von y an einer Stelle x,

$$g(\xi) = y(x) + y'(x)\,(\xi - x), \qquad \xi \in \mathbb{R}.$$

Wenn der Hund immer genau auf das Herrchen zuläuft, so muss sich das Herrchen im selben Zeitpunkt gerade im Schnittpunkt der Tangente mit der y-Achse befinden, also im Punkt $(0, g(0))$. Der Zeitpunkt ist aber gerade $T(x)$. Damit hat das Herrchen bisher den Weg $v_1 T(x)$ zurückgelegt. Es folgt die Gleichung

$$v_1\,T(x) = g(0) = y(x) - x\,y'(x).$$

Leiten wir diese ab, ergibt sich

$$v_1\,T'(x) = -x\,y''(x).$$

Aus der Darstellung für $X'(t)$ oben ergibt sich andererseits nach der Formel für die Ableitung der Umkehrfunktion die Gleichung

$$v_2\,T'(x) = \sqrt{1 + y'(x)^2}.$$

Durch Gleichsetzen erhält man

$$\sqrt{1 + y'(x)^2} + \frac{v_2}{v_1}\,x\,y''(x) = 0.$$

Dies ist eine Differenzialgleichung 2. Ordnung für y. Zusammen mit den Anfangswerten $y(A) = 0$ und $y'(A) = 0$ hat man ein Anfangswertproblem. Mit den Methoden, die wir im Abschn. 13.3 kennenlernen werden, ist es möglich, die Lösung anzugeben. Sie lautet:

$$y(x) = \frac{|A|^{-v_1/v_2}}{2}\,\frac{v_2}{v_2 + v_1}\,|x|^{\frac{v_2+v_1}{v_2}} - \frac{|A|^{v_1/v_2}}{2}\,\frac{v_2}{v_2 - v_1}\,|x|^{\frac{v_2-v_1}{v_2}} - \frac{A\,v_1\,v_2}{v_2^2 - v_1^2}$$

Eine Bemerkung zum Abschluss: Das Problem kommt recht unschuldig daher. Dieselbe Aufgabe beschreibt aber die Verfolgung eines Flugzeugs durch eine Rakete oder die eines Schiffs durch einen Torpedo. Dies ist typisch für mathematische Methoden: Durch ihre abstrakte Natur lassen sie sich auf verschiedene Probleme übertragen, auch auf solche, die ihr ursprünglicher Entdecker niemals im Sinn hatte.

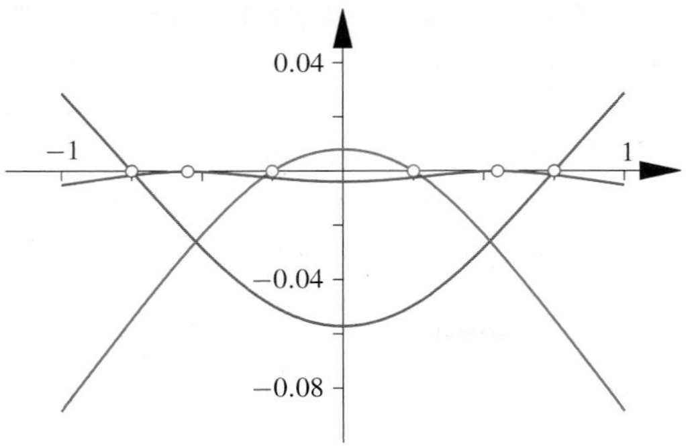

Abb. 13.13 Die Biegelinie eines in zwei Punkten gelagerten Balkens hängt stark von der Position der Lager ab. Für eine geschickte Wahl (rote Linie) lässt sich die maximale Durchbiegung stark reduzieren

Ein Spezialfall, auf den die Theorie angewendet werden kann, ist ein Regalbrett: Berechnen Sie das Flächenträgheitsmoment einmal für ein typisches Exemplar und einmal mit vertauschten Rollen von Höhe und Breite.

Für eine Last q einer einfachen Form kann die Differenzialgleichung durch Integration direkt gelöst werden. Zum Beispiel ergibt sich für eine konstante Last ein Polynom 4. Grades in x. Statt eines Anfangswertproblems ist hier aber ein Randwertproblem die natürliche Problemstellung. Üblicherweise sind zwei Bedingungen dadurch gegeben, dass man den Balken an zwei Stellen x_0, x_1 lagert,

$$w(x_0) = w(x_1) = 0.$$

Liegen die Lagerpunkte nicht an den Enden des Balkens, tritt als zusätzliche Schwierigkeit auf, dass die Differenzialgleichung in den Lagerpunkten selbst nicht erfüllt ist. An diesen Stellen ist die Biegelinie des Balkens nur eine zweimal stetig differenzierbare Funktion. Es handelt sich um einen Spline (siehe Abschn. 10.5).

Als zusätzliche Bedingungen kommen in diesem Fall die Gleichungen

$$w''\left(\pm\frac{L}{2}\right) = 0 \quad \text{und} \quad w'''\left(\pm\frac{L}{2}\right) = 0$$

in Betracht, die ausdrücken, dass der Balken an den Enden nicht gekrümmt ist und dass in den Enden keine vertikale Kraft wirkt.

Aus diesen Bedingungen lässt sich die Funktion w nun durch Integration bestimmen. Eine interessante Aufgabe in diesem Zusammenhang ist es, Lagerpositionen derart zu suchen, dass die maximale Auslenkung des Balkens möglichst gering ist. Die Abb. 13.13 zeigt die Biegelinie für 3 verschiedene Anordnungen der Lager. Hier ist $L = 2$ und $q/(EI) = 1$ gewählt. Durch eine geschickte Wahl der Lager tritt fast keine Durchbiegung des Balkens mehr auf. ◀

Das Richtungsfeld liefert schnell eine qualitative Kenntnis der Lösung

Für den Rest dieses Abschnitts wollen wir uns nur mit einer Differenzialgleichung erster Ordnung,

$$y'(x) = f(x, y(x)), \quad x \in I,$$

beschäftigen. Ziel ist es, eine anschauliche Vorstellung von der Gestalt der Lösung zu entwickeln, auch ohne diese Lösung explizit angeben zu können.

Dazu machen wir die Annahme, dass $y\colon I \to \mathbb{R}$ eine reellwertige Lösung der Differenzialgleichung ist. Wir wählen willkürlich einen Punkt (x_0, y_0) auf dem Graphen dieser Lösung, d. h., es ist $y(x_0) = y_0$. Dann kennen wir aber sofort auch die Ableitung von y in diesem Punkt, denn nach der Differenzialgleichung ist

$$y'(x_0) = f(x_0, y(x_0)).$$

Da die Ableitung der Steigung der Tangente t an den Graphen von y im Punkt (x_0, y_0) entspricht, kennen wir also auch diese Tangente (siehe S. 320), nämlich

$$t(x) = f(x_0, y(x_0))(x - x_0) + y_0, \quad x \in \mathbb{R}.$$

Beispiel Wir betrachten die Differenzialgleichung

$$y'(x) = \frac{1 - (y(x))^2}{1 + x^2}, \quad x \in \mathbb{R}.$$

In der Abb. 13.14 sehen wir den Graphen derjenigen Lösung, für die $y(1) = 0$ gilt. Die Tangente in diesem Punkt hat die Steigung

$$y'(1) = \frac{1 - 0^2}{1 + 1^2} = \frac{1}{2}.$$ ◀

Diese Rechnung können wir für jeden beliebigen Punkt (x, y) durchführen. Geht der Graph einer Lösung durch den Punkt, so ist der Wert $f(x, y)$ gerade die Steigung der Tangente. Es ist

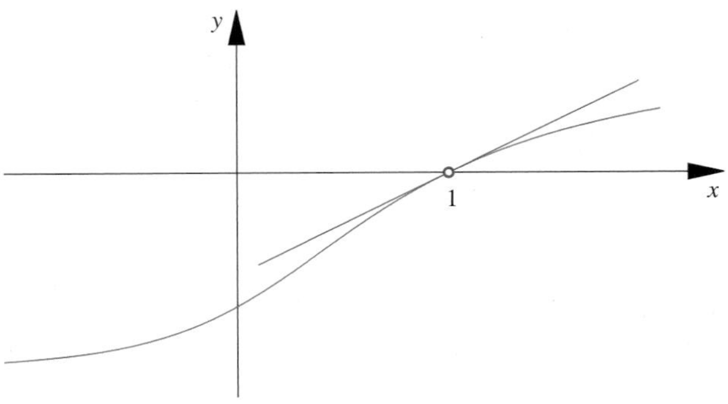

Abb. 13.14 Die Lösung der Differenzialgleichung $y'(x) = (1-y(x)^2)/(1+x^2)$ durch den Punkt $(1, 0)$ und ihre Tangente

Übersicht: Differenzialgleichungen in den Anwendungen

Manche Differenzialgleichungen sind typisch für bestimmte Anwendungsgebiete, andere tauchen in den verschiedensten Anwendungen immer wieder auf. Hier haben wir einige der wichtigsten zusammengestellt.

Lineare Differenzialgleichung 1. Ordnung mit konstanten Koeffizienten

$$y'(x) + c\,y(x) = f(x)$$

Beispiele:
- Exponentielles Wachstum
- Radioaktiver Zerfall
- Zinsrechnung

Lineare Differenzialgleichung 2. Ordnung mit konstanten Koeffizienten

$$y''(x) + \sigma\,y'(x) + k\,y(x) = f(x)$$

Harmonischer Oszillator, im Fall $\sigma > 0$ mit Dämpfung. Beispiele:
- Federpendel, Drehpendel
- Fadenpendel im Fall kleiner Auslenkungen
- Elektrischer Schwingkreis

Lineare Differenzialgleichung 4. Ordnung

$$E\,I(x)\,y^{(4)}(x) = q(x)$$

Beschreibt die Biegelinie eines elastischen Balkens unter der Linienlast q im Fall kleiner Verformungen.

Legendre'sche Differenzialgleichung

$$(1 - x^2)\,y''(x) - 2x\,y'(x) + n\,(n+1)\,y(x) = 0$$

mit $n \in \mathbb{N}_0$. Eine homogene lineare Differenzialgleichung 2. Ordnung. Anwendung bei der Bestimmung der Winkelabhängigkeit von Lösungen von Schwingungsproblemen in sphärischen Koordinaten, Beispiele:

- Elektromagnetische Felder
- Akustische Probleme
- Orbitale von Elektronen

Bessel'sche Differenzialgleichung

$$x^2\,y''(x) + x\,y'(x) + (x^2 - n^2)\,y(x) = 0$$

mit $n \in \mathbb{N}_0$. Eine homogene lineare Differenzialgleichung 2. Ordnung. Anwendung bei der Bestimmung der radialen Abhängigkeit von Lösungen von Schwingungsproblemen in zylindrischen Koordinaten, Beispiele:

- Schwingende Membranen (Pauke)
- Die Ausbreitung von Wasserwellen
- Wellenleiter (Koaxialkabel)

Eine weitere Anwendung ist die Biegung von Stäben unter Eigenlast (Stichwort Knicklast).

anschaulicher, statt der Steigung der Tangente ihre Richtung anzugeben. Grafisch kann dies dadurch geschehen, dass ein kurzer Abschnitt der Geraden gezeichnet wird. Die so erhaltene Abbildung, die jedem Punkt der Ebene die Richtung der zugehörigen Tangente zuweist, wird das *Richtungsfeld* der Differenzialgleichung genannt.

In der Abb. 13.15 ist das Richtungsfeld für die Differenzialgleichung aus dem Beispiel sowie die Lösungskurve durch $(1, 0)$ abgebildet. Schon allein aus der Grafik des Richtungsfeldes könnte man den Verlauf dieser Lösungskurve erraten.

Ein wichtiger Aspekt beim Richtungsfeld ist, dass mögliche Singularitäten in der Lösung sofort erkennbar sind. Betrachten wir das Richtungsfeld der Differenzialgleichung

$$y'(x) = \frac{2x\,y(x)}{1 - x^2}$$

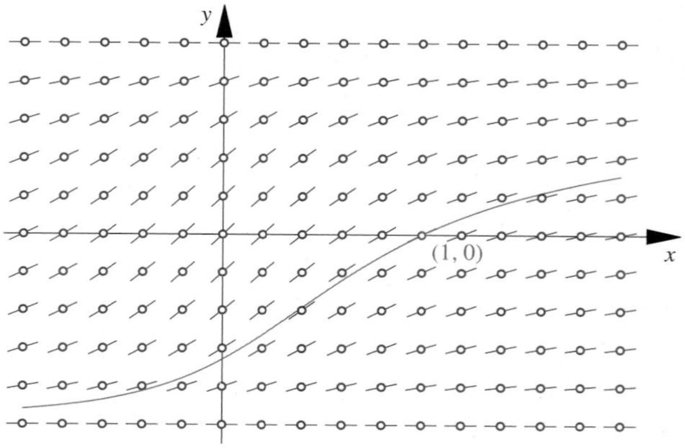

Abb. 13.15 Das Richtungsfeld für die Differenzialgleichung $y'(x) = (1 - y(x)^2)/(1 + x^2)$ und die Lösung durch den Punkt $(1, 0)$

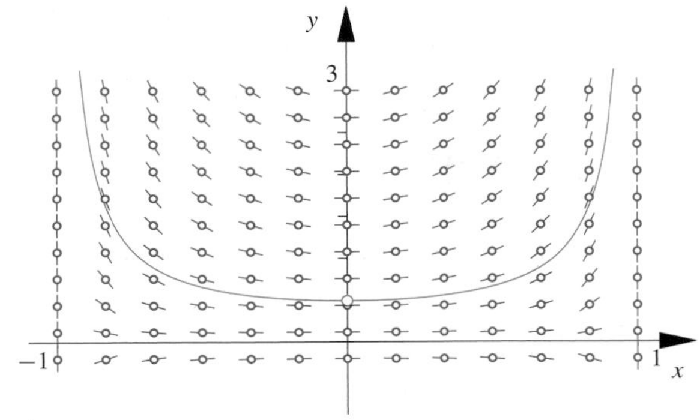

Abb. 13.16 Im Richtungsfeld kann man Singularitäten in der Lösung an senkrechten Richtungspfeilen, wie hier bei ± 1, deutlich erkennen

in Abb. 13.16. An den senkrechten Richtungspfeilen bei $x = \pm 1$ wird sofort klar, dass die Lösung für $x \to \pm 1$ eine Singularität besitzen muss. Sie kann also niemals über das Intervall $(-1, 1)$ hinaus stetig differenzierbar fortgesetzt werden. Die Abbildung zeigt auch eine Lösung dieser Differenzialgleichung nämlich

$$y(x) = \frac{1}{2} \frac{1}{1-x^2}, \quad x \in (-1, 1),$$

die dem Anfangswert $y(0) = 1/2$ genügt.

In Zeiten der alltäglichen Anwendung von Computern bedeutet es keinerlei Aufwand, ein Richtungsfeld selbst für komplizierte Differenzialgleichungen abzubilden. Man erhält so eine schnelle qualitative Vorstellung vom Verlauf der Lösung.

13.2 Numerische Lösungsmethoden

Es ist in diesem Kapitel schon mehrfach angeklungen: Für längst nicht jedes Anfangswertproblem lässt sich die Lösung explizit angeben. Darüber hinaus ist ein Anwender häufig überhaupt nicht an einer expliziten Darstellung der Lösung interessiert, sondern an einer schnellen qualitativen Aussage über Gestalt und Verhalten der Lösung. Gegebenenfalls muss ein Problem für viele verschiedene Werte von Parametern gelöst werden, um einen Eindruck vom Einfluss dieser Parameter zu erhalten. In all diesen Fällen ist eine Lösung mit dem Computer sinnvoll.

Es gibt eine Vielzahl von Softwarepaketen, die Lösungen von Differenzialgleichungen bestimmen. Auf der einen Seite stehen die Computeralgebrasysteme, die in der Lage sind, für große Klassen von Differenzialgleichungen explizite Lösungen zu bestimmen.

Auf der anderen Seite, und davon soll in diesem Abschnitt vor allem die Rede sein, gibt es numerische Lösungsverfahren. Statt einer Formel für die Lösung werden hier Näherungen für die Funktionswerte der Lösung an gewissen Punkten berechnet. Dadurch kann man sowohl mit den so gewonnenen Werten weitere Rechnungen durchführen als auch eine Abbildung des Graphen der Lösung erstellen.

Für Anfangswertprobleme der verschiedensten Typen gibt es ausgefeilte Lösungsverfahren, die oft auch kommerziell vertrieben werden. Die einfachsten Verfahren aber können schon mit grundlegenden Programmierkenntnissen implementiert werden. Auch wenn man selbst kein Interesse daran hat, einmal ein Lösungsverfahren zu programmieren, ist eine Kenntnis der zugrunde liegenden mathematischen Verfahren aber unerlässlich. Nur sie ermöglicht es, richtig vorzugehen, wenn ein trickreiches Problem bei der Anwendung eines Lösungsverfahrens für Schwierigkeiten sorgt.

Teil II

In diesem Abschnitt werden wir stets ein Anfangswertproblem für eine Differenzialgleichung erster Ordnung auf dem endlichen Intervall $[x_0, x_0 + b]$ betrachten. Als Formel geht es also um das Problem

$$\begin{aligned} y'(x) &= f(x, y(x)), \quad x \in (x_0, x_0 + b) \\ y(x_0) &= y_0. \end{aligned} \tag{13.1}$$

Zudem wollen wir annehmen, dass y und f reellwertig sind. Dies stellt keine wirkliche Einschränkung dar, da die Verfahren genauso bei komplexwertigen Funktionen angewandt werden können, erleichtert uns aber die Illustration.

Die Lösungsverfahren berechnen Näherungen für die Funktionswerte von y an einzelnen Stellen im Intervall $[x_0, x_0 + b]$. Dafür gibt man sich eine natürliche Zahl N vor und definiert die *Schrittweite*

$$h = \frac{b}{N}.$$

Indem man, ausgehend von x_0, jeweils um die Schrittweite h weiter voranschreitet, erhält man ein *Gitter*, das aus den Stellen

$$x_j = x_0 + jh, \quad j = 0, \ldots, N$$

besteht. Insbesondere ist $x_N = x_0 + b$. In der Abb. 13.17 ist dieses Gitter dargestellt.

Ein solches Gitter stellt den einfachsten Fall einer **Diskretisierung** des Lösungsgebietes dar. Bei fast allen numerischen Verfahren werden solche Diskretisierungen eingesetzt, um von einem kontinuierlichen Problem zu einem Problem zu kommen, bei dem nur endlich viele Größen zu bestimmen sind. In unserem Fall sind es Näherungswerte für die Lösung in den Gitterpunkten.

Es ist das fundamentale Problem bei jedem numerischen Verfahren, die Qualität des Verfahrens zu bewerten. Welcher Zusammenhang besteht zwischen der tatsächlichen Lösung und der berechneten Näherung und welchen Einfluss hat die Wahl der Diskretisierung hierauf?

Abb. 13.17 Das Gitter, das in den Näherungsverfahren verwendet wird. Benachbarte Gitterpunkte haben jeweils die Schrittweite h als Abstand

Im Fall unseres einfachen Gitters enthält der Parameter h bereits die volle Information über die Diskretisierung. Zur Bewertung der Qualität betrachtet man den **globalen Fehler**

$$E_h = \max_{j=0,\ldots,N} |y(x_j) - y_j|,$$

zwischen den tatsächlichen Funktionswerten $y(x_j)$ in den Gitterpunkten und den berechneten Näherungen y_j.

Meist kann man E_h nicht explizit berechnen, da ja die tatsächliche Lösung nicht bekannt ist. Aufgrund analytischer Überlegungen gelingt es aber häufig, Schranken für E_h anzugeben. Kann man $E_h \to 0$ für $h \to 0$ sicherstellen, so nennt man das Verfahren **konvergent**. Gilt mit einer Konstanten C eine Abschätzung der Form

$$E_h \leq C\,h^p, \quad \text{also} \quad E_h = \mathrm{O}(h^p) \quad (h \to 0),$$

so spricht man von der **Konvergenzordnung** p. Zur Erinnerung: Das $\mathrm{O}(h^p)$ ist die in Kap. 9 eingeführt Landau-Symbolik.

Das Euler-Verfahren nutzt das Richtungsfeld

Das einfachste numerische Verfahren zur Lösung von (13.1) geht auf den Mathematiker Leonard Euler (1707–1783) zurück, nach dem auch die Euler'sche Zahl und die Euler'sche Formel benannt sind. Die Idee liegt in der Anwendung der Taylor-Formel (siehe Abschn. 10.4). Wenn wir annehmen, dass die Lösung des Anfangswertproblems zweimal stetig differenzierbar ist, so erhalten wir

$$y(x_{j+1}) = y(x_j + h) = y(x_j) + hy'(x_j) + \frac{1}{2}\,y''(\xi)\,h^2.$$

Dabei ist ξ irgendeine Stelle im Intervall (x_j, x_{j+1}). Die erste Ableitung von y können wir durch die Differenzialgleichung ausdrücken,

$$y(x_{j+1}) = y(x_j) + hf(x_j, y(x_j)) + \frac{1}{2}\,y''(\xi)\,h^2.$$

Unbekannt auf der rechten Seite ist also nur die zweite Ableitung von y und die Stelle ξ. Da y aber als zweimal stetig differenzierbar angenommen wurde, ist y'' auf $[a, b]$ stetig und besitzt dort ein Maximum. Anders formuliert können wir eine Schranke für den letzten Summanden angeben,

$$\left|\frac{1}{2}\,y''(\xi)\,h^2\right| \leq \frac{h^2}{2} \max_{\eta\in[x_0,x_0+b]} |y''(\eta)|.$$

Das Maximum kennen wir zwar nicht, aber es ist eine Konstante. Für kleine h ist daher zu erwarten, dass dieser Summand deutlich kleiner ist, als die anderen Terme in der Formel.

Man erhält das Euler-Verfahren, indem man den letzten Summanden einfach unter den Tisch fallen lässt. Ausgehend vom Anfangswert y_0 an der Stelle x_0 können dann mit dieser Formel iterativ Näherungen für die Werte $y(x_j)$ gewonnen werden. Der Ablauf des Verfahrens ist in der Abb. 13.18 als Flussdiagramm

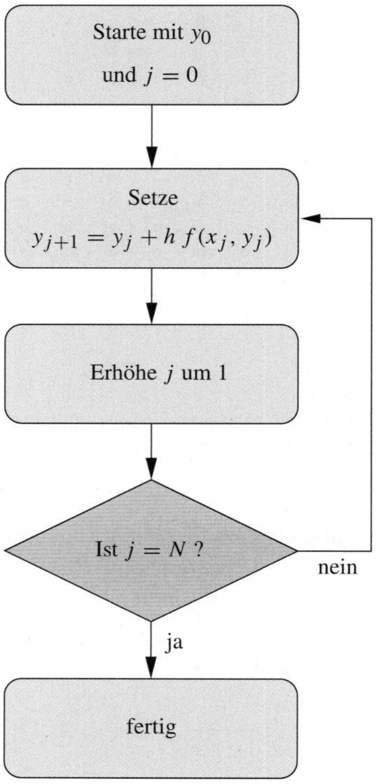

Abb. 13.18 Der Algorithmus des Euler-Verfahrens als Flussdiagramm

dargestellt. Als Ergebnis des Verfahrens erhalten wir also eine endliche Abfolge von Paaren (x_j, y_j) die Nährungen an die Punkte $(x_j, y(x_j))$ auf dem Graphen der Lösung darstellen.

Anschaulich kann man sich das Verfahren auch als ein Ausnutzen des Richtungsfeldes interpretieren: Ausgehend von dem Punkt (x_0, y_0) wird mit der Steigung $f(x_0, y_0)$ um h nach rechts gegangen, um den Punkt (x_1, y_1) zu erhalten. Dieser Vorgang wird dann immer weiter wiederholt, siehe Abb. 13.19. Wir wollen das Verfahren in der Praxis erproben.

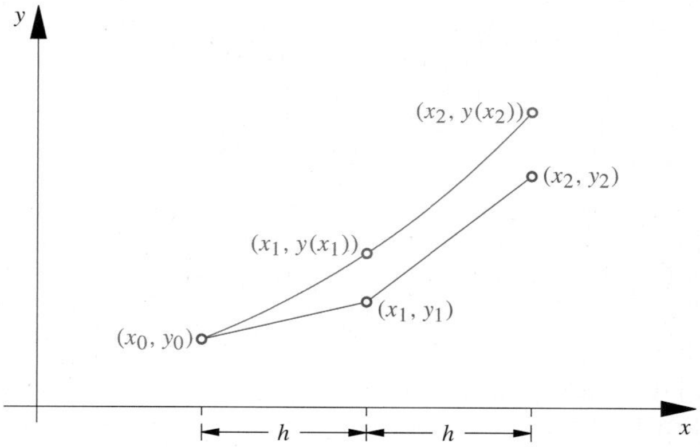

Abb. 13.19 Die ersten zwei Schritte bei einem Euler-Verfahren. Die Punkte (x_j, y_j) bilden Approximationen von $(x_j, y(x_j))$

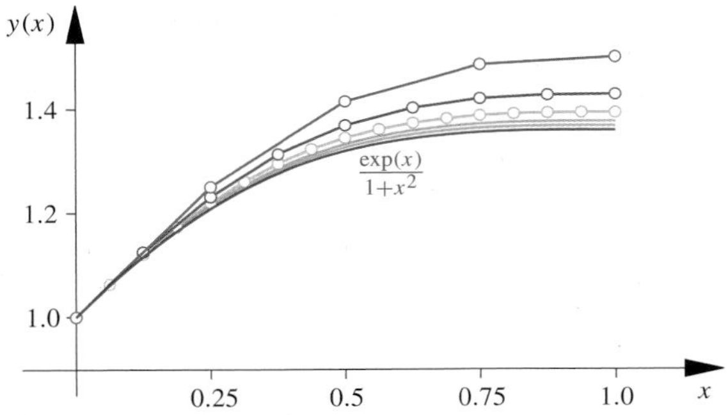

Abb. 13.20 Näherungslösungen, die mit dem Euler-Verfahren für verschiedene Werte von N berechnet wurden. Die richtige Lösung ist die rote Kurve. Bei den niedrigen Werten für N markieren die Kringel die tatsächlich berechneten Werte

Beispiel Eine Näherung für die Lösung des Anfangswertproblems

$$y'(x) = \frac{(x-1)^2}{x^2+1}\, y(x), \quad x > 0,$$
$$y(0) = 1,$$

soll mithilfe des Euler-Verfahrens auf dem Intervall $[0, 1]$ berechnet werden. In der Abb. 13.20 ist die tatsächliche Lösung rot eingezeichnet. Sie ist übrigens

$$y(x) = \frac{\exp(x)}{1+x^2}, \quad x > 0.$$

Ebenfalls zu sehen sind die mit dem Euler-Verfahren berechneten Näherungslösungen für $N = 4, 8, 16, 32, 64$. Für die ersten drei Werte von N sind die tatsächlich berechneten Punkte durch Kringel markiert, diese Punkte sind durch Strecken verbunden.

Offensichtlich wird die Approximation mit zunehmendem N besser. Wir wollen uns dies in einer Tabelle für den Wert $x_N = 1$ genauer anschauen. Aufgelistet sind jeweils N, der berechnete Wert y_N und der Fehler zum korrekten Wert $y(1) = e/2$:

N	y_N	Fehler
4	1.501 08	0.141 93
8	1.429 29	0.070 15
16	1.394 00	0.034 86
32	1.376 52	0.017 38
64	1.367 81	0.008 67

Offensichtlich führt eine Verdopplung von N, also eine Halbierung der Schrittweise, ziemlich genau auch zu einer Halbierung des Fehlers. Man kann tatsächlich zeigen, dass dies der Fall sein muss. Mit dieser Frage wollen wir uns im Kapitel 28 noch im Detail beschäftigen. ◀

Es mag zunächst überraschen, dass der Fehler im Euler-Verfahren sich wie h verhält, obwohl wir doch bei der Herleitung der Näherungsformel einen Term der Größenordnung h^2 weggelassen haben. Den Grund erkennt man in der Abb. 13.19: Die Fehler aus den einzelnen Schritten kumulieren, sodass man in der Summe eine Größenordnung verliert.

Im Beispiel oben kennen wir bereits die richtige Lösung und können dadurch das Konvergenzverhalten des Verfahrens genau untersuchen. Dadurch ist auch sofort überprüfbar, dass in unserem Computerprogramm kein Fehler steckt. Hätten wir einen Programmierfehler gemacht, schlägt sich das sofort auf das Konvergenzverhalten nieder: Entweder konvergiert das Verfahren gar nicht mehr oder es weist eine unerwartet schlechte Konvergenzordnung auf.

Im Allgemeinen ist die korrekte Lösung jedoch nicht bekannt. Wie erkennt man dann, ob der Rechner richtige Zahlenwerte liefert? Es gibt dazu eine Reihe von Möglichkeiten:

- Die erwartete Konvergenzrate kann an den Zahlenwerten überprüft werden. Bei einem Verfahren mit der Konvergenzordnung 1 verbessert sich der Fehler nach drei bis vier Halbierungen der Schrittweite um $1/10$. Das bedeutet, dass die jeweils nächste Dezimalstelle im Ergebnis dann korrekt sein müsste und sich nach weiteren Halbierungen nicht mehr ändern darf.
- Eine Variante ist es, eine numerische Lösung für eine sehr kleine Schrittweite zu bestimmen und diese zu behandeln, als ob sie die korrekte Lösung wäre. Beim Vergleich mit Näherungen für große Schrittweiten müssen sich Fehler in der erwarteten Größenordnung ergeben.
- Hat man unabhängige Lösungsverfahren für ein Problem entwickelt, kann man die Ergebnisse der beiden Verfahren vergleichen. Unten werden wir das noch für das Euler-Verfahren und ein *Runge-Kutta-Verfahren* tun.
- Dem Anwender steht schließlich die Möglichkeit offen, die berechnete Näherungslösung auf Plausibilität zu überprüfen. Lösungen von Anwendungsproblemen weisen häufig gewisse Eigenschaften auf, die durch die Anwendung vorgegeben sind. Diese Eigenschaften müssen sich dann auch in einer korrekt berechneten Näherungslösung, zumindest für kleine Schrittweiten, wiederfinden.

Runge-Kutta-Verfahren liefern höhere Konvergenzordnungen

Es ist wünschenswert, Verfahren zur Verfügung zu haben, die genauer sind als das Euler-Verfahren. Ziel dabei ist, eine Methodik zu entwickeln, die eine Größenordnung des Fehlers von h^p mit $p > 1$ garantiert. Für $p = 2$ würde das zum Beispiel bedeuten, dass sich der Fehler bei einer Halbierung der Schrittweite auf ein Viertel reduziert.

In der Tat gibt es eine Vielzahl von Möglichkeiten zur Formulierung solcher Verfahren. Ihre Analyse gestaltet sich jedoch schwierig und würde den Rahmen dieses Kapitels bei Weitem sprengen. Aber einige grundlegende Überlegungen zur Verbesserung des Euler-Verfahrens können wir anstellen.

Wir betrachten dazu wieder dasselbe Anfangswertproblem wie für das Euler-Verfahren. Zunächst folgt durch eine Integration und eine Anwendung der Substitutionsregel für $(x, x+h) \subseteq (x_0, x_0+b)$

$$y(x+h) = y(x) + \int_x^{x+h} y'(t)\,\mathrm{d}t = y(x) + h\int_0^1 y'(x+th)\,\mathrm{d}t.$$

Vorausgesetzt, dass y dreimal stetig differenzierbar ist, können wir das Integral durch die Trapezregel approximieren (siehe Abschn. 11.5) und erhalten

$$y(x+h) = y(x) + \frac{h}{2}y'(x) + \frac{h}{2}y'(x+h) + \mathrm{O}(h^3).$$

Unter Verwendung der Differenzialgleichung schreibt sich dies als

$$y(x+h) = y(x) + \frac{h}{2}f(x, y(x)) + \frac{h}{2}f(x+h, y(x+h)) + \mathrm{O}(h^3).$$

Diese Darstellung ist um eine Größenordnung besser als diejenige, die beim Euler-Verfahren durch die Taylor-Formel hergeleitet wurde, also eine Verbesserung. Es gibt aber einen Haken: Den Term $f(x+h, y(x+h))$ können wir nicht auswerten. Da er aber mit $h/2$ multipliziert wird, reicht es aus, diesen mit einem Fehler der Größenordnung h^2 zu approximieren.

Dazu dient folgende Überlegung: Aus der Herleitung des Euler-Verfahrens wissen wir, dass

$$y(x+h) = y(x) + hf(x, y(x)) + \mathrm{O}(h^2)$$

ist. Wir setzen nun für festes x

$$g(\xi) = f(x+h, y(\xi)) \quad \text{mit} \quad \xi \in [x_0, x_0+b].$$

Ist g nun stetig differenzierbar, so gilt mit dem Satz von Taylor, dass

$$\begin{aligned} g(y(x+h)) &= g(y(x) + hf(x, y(x)) + \mathrm{O}(h^2)) \\ &= g(y(x) + hf(x, y(x))) + \mathrm{O}(h^2)\,g'(\eta) \end{aligned}$$

mit irgendeiner Stelle $\eta \in (x_0, x_0+b)$. Ist nun g' beschränkt, und zwar auch für alle $x \in [x_0, x_0+b]$, so folgt wegen $\mathrm{O}(h^2)\,g'(\eta) = \mathrm{O}(h^2)$,

$$f(x+h, y(x+h)) = f(x+h, y(x) + hf(x, y(x))) + O(h^2).$$

Dies ist genau die gewünschte Darstellung, denn so erhalten wir

$$\begin{aligned} y(x+h) = y(x) &+ \frac{h}{2}f(x, y(x)) \\ &+ \frac{h}{2}f(x+h, y(x) + hf(x, y(x))) + \mathrm{O}(h^3). \end{aligned}$$

Lässt man den Term $\mathrm{O}(h^3)$ weg, so erhält man das *verbesserte Euler-Verfahren*. Die übliche Notation hat die Form:

$$\begin{aligned} k_{j+1}^{(1)} &= f(x_j, y_j), \\ k_{j+1}^{(2)} &= f(x_{j+1}, y_j + hk_{j+1}^{(1)}), \\ y_{j+1} &= y_j + \frac{h}{2}(k_{j+1}^{(1)} + k_{j+1}^{(2)}) \end{aligned}$$

Das verbesserte Euler-Verfahren gehört zur Klasse der Runge-Kutta-Verfahren. Genauer gesagt ist es ein zweistufiges Runge-Kutta-Verfahren. Der Begriff der Stufe bezieht sich dabei auf die Anzahl der Auswertung der Funktion f in jedem Schritt. Durch die Erhöhung der Stufe kann man die Genauigkeit des Verfahrens weiter in die Höhe treiben. Die Analyse wird dann aber zunehmend komplizierter.

Am bekanntesten ist das klassische Runge-Kutta-Verfahren 4. Stufe. Hierbei werden vier Auswertungen der Funktion f verwendet, um die Näherung y_{j+1} zu bestimmen. Der Ablauf des Verfahrens ist in der Abb. 13.21 als Flussdiagramm abgebildet.

Wir wollen uns jetzt noch einmal am Beispiel aus dem Abschnitt über das Euler-Verfahren ansehen, wie sich die erzielte Genauigkeit bei den drei Methoden, die wir bisher kennengelernt haben, unterscheidet.

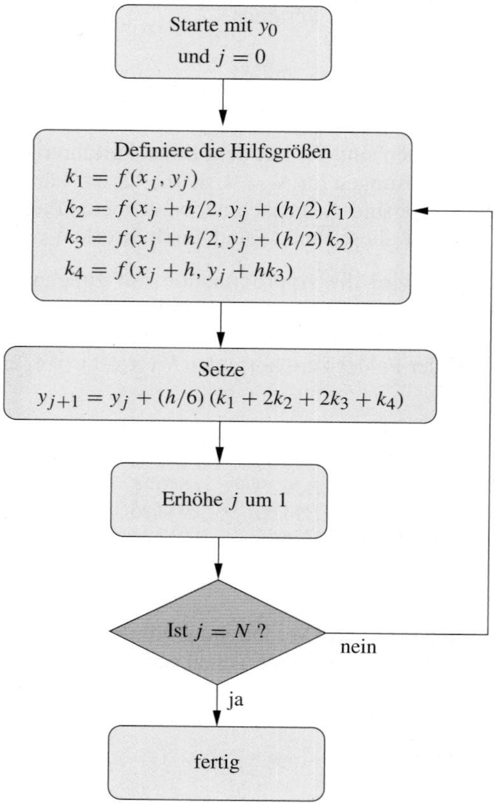

Abb. 13.21 Der Algorithmus des klassischen Runge-Kutta-Verfahrens der 4. Stufe als Flussdiagramm

Vertiefung: Explizite Mehrschrittverfahren

Runge-Kutta-Verfahren erzielen eine höhere Genauigkeit dadurch, dass gute Quadraturverfahren in einer genau aufeinander abgestimmten Art und Weise kombiniert werden. Einen anderen Weg beschreiten Mehrschrittverfahren, die den Wert der Funktion im Gitterpunkt x_{n+1} nicht nur aus dem Wert für x_n, sondern aus noch weiteren vorhergehenden Schritten bestimmen.

Bei den bisher betrachteten Verfahren zur numerischen Lösung einer Differenzialgleichung

$$y'(x) = f(x, y(x))$$

handelt es sich um sogenannte **Einzelschrittverfahren**: Der Näherungswert y_{j+1} für $y(x_{j+1})$ wird nur aus der Kenntnis von y_j gewonnen. Näherungen aus vorhergehenden Schritten werden nicht berücksichtigt.

Trotzdem können bei Runge-Kutta-Verfahren durch geschickte Kombination von Quadraturformeln hohe Konvergenzordnungen erzielt werden. Allerdings wird die Konvergenzanalyse solcher Verfahren schnell kompliziert. Schon ab der dritten Stufe würde die Herleitung der Konvergenzordnung den Rahmen dieses Kapitels bei Weitem sprengen.

Einen anderen Weg beschreiten die **Mehrschrittverfahren**. Statt nur der Näherung y_j berücksichtigen sie noch weitere Werte $y_{j-1}, \ldots, y_{j-k}$. Ausgangspunkt ist wieder die Darstellung

$$y(x_{j+1}) = y(x_j) + \int\limits_{x_j}^{x_{j+1}} f(x, y(x))\,\mathrm{d}x.$$

Nun versucht man den Integranden durch ein Interpolationspolynom (siehe S. 116) zu approximieren. Beim *Adams-Bashforth-Zweischritt-Verfahren* legt man zum Beispiel eine Gerade durch die Punkte $(x_{j-1}, f(x_{j-1}, y_{j-1}))$ und $(x_j, f(x_j, y_j))$. Ersetzt man nun den Integranden durch diese Gerade, so kann das Integral berechnet werden. Schematisch ist das in der folgenden Abbildung dargestellt.

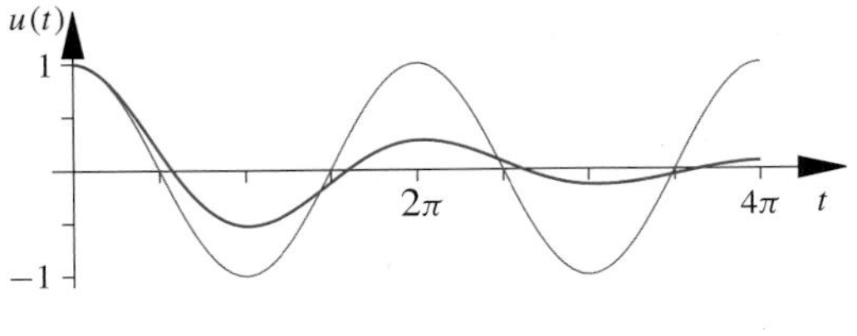

Heraus kommt die Formel

$$y_{j+1} = y_j + \frac{h}{2}\big[3f(x_j, y_j) - f(x_{j-1}, y_{j-1})\big].$$

Dieses Verfahren hat die Konvergenzordnung 2.

Analog können auch Polynome höheren Grades gewählt werden. Man muss dann entsprechend mehr vorhergehende Näherungen einbeziehen. Ein häufig verwandtes Verfahren ist das *Adams-Bashforth-Vierschritt-Verfahren*. Hier erhält man durch ein kubisches Polynom die Formel

$$y_{j+1} = y_j + \frac{h}{24}\big[55f(x_j, y_j) - 59f(x_{j-1}, y_{j-1}) + 37f(x_{j-2}, y_{j-2}) - 9f(x_{j-3}, y_{j-3})\big].$$

Dieses Verfahren besitzt die Konvergenzordnung 4.

Um dieses Verfahren starten zu können, benötigt man natürlich Funktionswerte oder Näherungen dafür in drei aufeinanderfolgenden Gitterpunkten. In der Praxis werden diese durch andere Verfahren, wie etwa Runge-Kutta-Verfahren berechnet.

Der Vorteil solcher Mehrschrittverfahren liegt auf der Hand: Pro Schritt benötigt man nur eine Auswertung der rechten Seite f. Beim klassischen Runge-Kutta-Verfahren 4. Stufe, das dieselbe Konvergenzordnung besitzt, wie das Adams-Bashforth-Vierschritt-Verfahren, sind 4 Auswertungen von f nötig. Der Aufwand ist also deutlich reduziert.

Der Nachteil von Mehrschritt-Verfahren gegenüber Einzelschrittverfahren liegt darin, dass in jedem Schritt dieselbe Schrittweite gewählt werden muss. Anders als wir es bisher beschrieben haben, ist es bei einem Einzelschrittverfahren nämlich nicht unbedingt notwendig, ein Gitter mit konstanter Schrittweite zu wählen. Man kann die Schrittweite an die Gegebenheiten, zum Beispiel die Größe von $f(x_j, y_j)$ anpassen. Auf diese Art und Weise erhält man *adaptive Verfahren*, die zwar kompliziert zu analysieren sind, aber sehr effektiv sein können.

Eine Gemeinsamkeit aller bisher besprochenen numerischen Verfahren ist, dass sie **explizit** sind. Das bedeutet, dass der Näherungswert y_{j+1} direkt aus der Formel berechnet werden kann. Bei sogenannten **impliziten** Verfahren bezieht man die Größe $f(x_{j+1}, y_{j+1})$ mit in die Berechnung von y_{j+1} ein. Nun hat man zwar immer noch eine Gleichung zur Bestimmung von y_{j+1}, aber sie kann im Allgemeinen nicht mehr nach y_{j+1} aufgelöst werden. Weitere Näherungen, wie etwa ein Newton-Verfahren, müssen zur Lösung der Gleichung zum Einsatz kommen. Der Vorteil solcher impliziter Verfahren liegt in ihren gegenüber expliziten Verfahren besseren *Stabilitätseigenschaften*. Auf diese Thematik wollen wir im Kap. 28 eingehen.

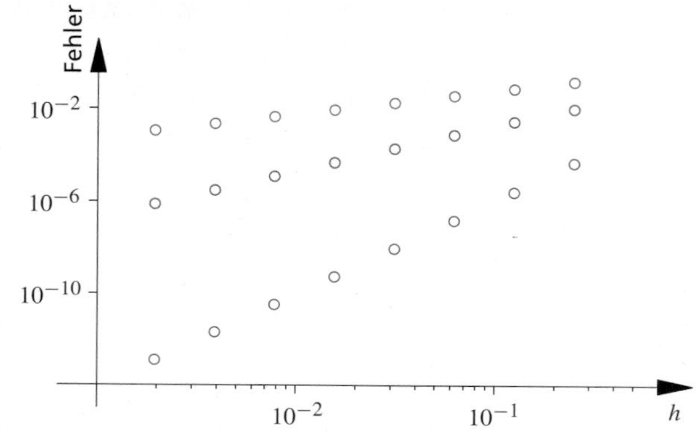

Abb. 13.22 Der globale Fehler beim Euler-Verfahren (blau), dem verbesserten Euler-Verfahren (grün) und dem klassischen Runge-Kutta-Verfahren 4. Stufe (rot). Dargestellt ist jeweils der globale Fehler gegen die Schrittweite h in logarithmischen Skalen. In dieser Darstellung liegen die Fehler einer Methode entlang einer Geraden, deren Steigung gerade die Konvergenzordnung ist

Beispiel Das zu untersuchende Anfangswertproblem ist wieder

$$y'(x) = \frac{(x-1)^2}{x^2+1}\, y(x), \quad x > 0,$$
$$y(0) = 1.$$

Wir berechnen die numerische Lösung auf dem Intervall $[0, 1]$ mit dem Euler-Verfahren, dem verbesserten Euler-Verfahren und dem klassischen Runge-Kutta-Verfahren 4. Stufe. Als Schrittweiten sind jeweils 2^{-n} mit $n = 2, 3, \ldots, 9$ gewählt. Die folgende Tabelle zeigt die errechneten Funktionswerte auf jeweils 8 Nachkommastellen gerundet für die Lösung an der Stelle 1.

N	Euler	verb. Euler	R.-K. 4. Stufe
4	1.501 075 37	1.368 626 94	1.359 099 11
8	1.429 289 92	1.361 813 90	1.359 138 59
16	1.394 003 03	1.359 855 50	1.359 140 78
32	1.376 516 66	1.359 325 94	1.359 140 91
64	1.367 814 59	1.359 188 00	1.359 140 91
128	1.363 474 15	1.359 152 79	1.359 140 91
256	1.361 306 62	1.359 143 90	1.359 140 91
512	1.360 223 54	1.359 141 66	1.359 140 91

Der globale Fehler ist in der Abb. 13.22 dargestellt. In den logarithmischen Skalen bildet sich eine Konvergenz der Ordnung p als eine Gerade mit Steigung p ab. Dies ist in der Grafik gut zu erkennen. ◀

Die zu erzielende Genauigkeit ist allerdings nur ein Aspekt bei der Beurteilung eines numerischen Verfahrens. Ein anderer ist der notwendige Aufwand. In diesen Beispielen entspricht er im Wesentlichen der Zahl der notwendigen Auswertungen von f. Diese können kostspielig sein, etwa wenn die Werte von f durch aufwendige numerische Berechnungen bestimmt werden müssen.

Beim klassischen Runge-Kutta-Verfahren erzielt man mit $4N$ Funktionsauswertungen einen Fehler der Größenordnung N^{-4}. Beim Euler-Verfahren ist dagegen mit derselben Anzahl von Funktionsauswertungen nur ein Fehler von $(4N)^{-1}$ zu erreichen. Sowohl beim direkten Vergleich der Konvergenzordnungen als auch beim Vergleich der Verhältnisse von Aufwand zu Konvergenzordnung hat das Euler-Verfahren also klar das Nachsehen.

In diesem Sinne stellt allerdings das klassische Runge-Kutta-Verfahren 4. Ordnung ein Optimum dar: Man kann beweisen, dass mit 5 Funktionsauswertungen keine Verbesserung der Größenordnung des Fehlers zu erreichen ist, erst mit 6 Funktionsauswertungen ist das wieder möglich. Diese Tatsache hat dazu geführt, dass das klassische Runge-Kutta-Verfahren das sicherlich am meisten verbreitete Verfahren zu Lösung von Anfangswertproblemen darstellt.

13.3 Analytische Lösungsmethoden

Wir wollen uns nun endlich analytischen Lösungsmethoden für Differenzialgleichungen zuwenden, also Methoden, die Lösungen aus der Differenzialgleichung explizit herzuleiten. Selbst für einfache Gleichungen ist das keinesfalls immer möglich und oft auch recht schwierig. Verschiedene Methoden führen bei unterschiedlichen Typen von Differenzialgleichungen zum Erfolg, und häufig bleibt nichts anderes übrig, als verschiedene mehr- oder wenig Erfolg versprechende Ansätze auszuprobieren.

Bei einer separablen Gleichung kann nach x und y getrennt integriert werden

Am wenigsten Probleme machen die sogenannten *separablen Differenzialgleichungen*. Viele der Gleichungen, die in den bisher vorgestellten Beispielen aufgetreten sind, waren von diesem Typ. Betrachten wir noch einmal die Differenzialgleichung

$$y'(x) = y(x).$$

Da uns die triviale Lösung $y \equiv 0$ nicht interessiert, nehmen wir $y(x) \neq 0$ auf einem ganzen Intervall an. Dies können wir tun, da y als Lösung der Differenzialgleichung stetig ist. Ist also y an einer Stelle ungleich null, dann auch auf einem Intervall, das diese Stelle enthält. Wir dividieren also durch $y(x)$. Damit ergibt sich

$$\frac{y'(x)}{y(x)} = 1.$$

Durch unbestimmte Integrale können wir zur Stammfunktion übergehen,

$$\int \frac{y'(x)}{y(x)}\, dx = x + c,$$

mit einer Integrationskonstanten $c \in \mathbb{R}$.

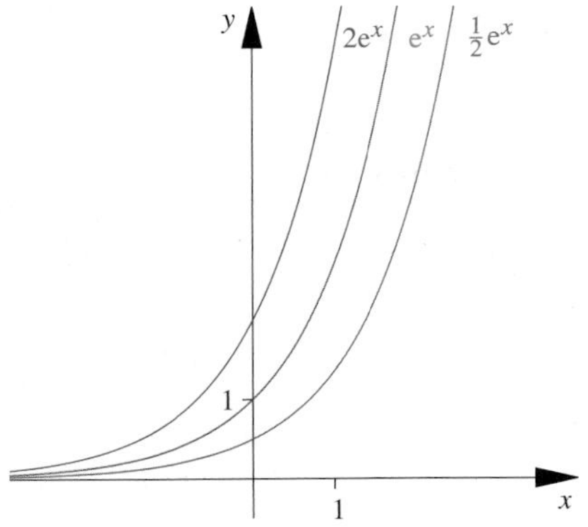

Abb. 13.23 Verschiedene Lösungen der Differenzialgleichung $y'(x) = y(x)$

Auf der linken Seite kann eine Substitution durchgeführt werden: Mit $\eta = y(x)$ und $d\eta = y'(x)\,dx$ erhält man

$$\int \frac{1}{\eta}\,d\eta = x + c.$$

Die Stammfunktion kann ausgerechnet werden,

$$\ln|\eta| = x + \tilde{c},$$

wobei die neue Integrationskonstante mit c zur neuen Konstante $\tilde{c}$ zusammengefasst wird. Damit folgt

$$|\eta| = \exp(\tilde{c})\,e^x.$$

Da $\tilde{c}$ eine beliebige reelle Konstante ist, kann $\exp(\tilde{c})$ eine beliebige positive Zahl sein. Ersetzen wir also $\exp(\tilde{c})$ durch eine reelle (möglicherweise auch negative) Konstante C, so können die Betragsstriche aufgelöst werden. Der Fall $C = 0$ ist auch möglich, dies ist gerade die Nulllösung, die wir vorher ausgeschlossen hatten. Mit der Rücksubstitution $\eta = y(x)$ erhält man also

$$y(x) = C\,e^x.$$

Für drei verschiedene Werte von C ist diese Lösung in der Abb. 13.23 dargestellt.

Damit haben wir die allgemeine Lösung dieser Differenzialgleichung gefunden. Um die Methode auch auf andere Gleichungen übertragen zu können, schauen wir uns den entscheidenden Schritt noch einmal an: die Division durch $y(x)$. Dadurch wird die Differenzialgleichung in eine Form gebracht, in der beide Seiten unabhängig voneinander integriert werden können. Auf der rechten Seite kommt die unbekannte Funktion y nicht mehr vor, auf der linken Seite kann das Integral durch die Substitutionsregel bestimmt werden.

Es ist nun möglich, sehr allgemein diejenigen Fälle zu beschreiben, in denen dieses Vorgehen möglich ist. Das führt auf die folgende Definition.

Definition einer separablen Differenzialgleichung

Eine Differenzialgleichung erster Ordnung der Form

$$y'(x) = g(y(x))\,h(x), \quad x \in I,$$

wird **separable Differenzialgleichung** genannt. Hierbei sind $g\colon \mathbb{C} \to \mathbb{C}$ und $h\colon I \to \mathbb{C}$ zwei Funktionen *einer* Veränderlichen.

Anders ausgedrückt lässt sich bei einer separablen Differenzialgleichung die Funktion f aus der Definition von S. 464 als ein Produkt zweier Funktionen schreiben, bei denen die eine nur von x, die andere nur von $y(x)$ abhängt. Man liest auch häufig von einer Differenzialgleichung mit **getrennten Veränderlichen** oder von der **Trennung der Veränderlichen**.

Selbstfrage 2

Welche der folgenden Differenzialgleichungen sind separabel?

(a) $x\,y'(x) = \dfrac{y(x)}{x^2}$

(b) $x^2\,y'(x) = \sin(y(x) + x)$

(c) $y'(x) = \exp(x + y(x))$

(d) $\sqrt{x}\,y'(x) = (y(x))^2 + x$

In der Tat ist es bei einer separablen Differenzialgleichung in Verallgemeinerung unserer Methode von oben möglich, durch $g(y(x))$ zu dividieren und dann Stammfunktionen zu bilden. Dann erhält man

$$\int \frac{y'(x)}{g(y(x))}\,dx = \int h(x)\,dx.$$

Das Integral auf der linken Seite kann nun durch die Substitutionsregel auf das Integral

$$\int \frac{1}{g(y)}\,dy$$

zurückgeführt werden. Man muss nun hoffen, dass die Integrale über h und $1/g$ berechnet werden können und die resultierende Gleichung nach $y(x)$ aufgelöst werden kann. Falls dies gelingt, hat man die allgemeine Lösung der Differenzialgleichung explizit bestimmt.

Beispiel Die Differenzialgleichung des 2. Beispiels von S. 465 lautet

$$y'(x) = x\,(y(x))^2, \quad x > 0.$$

Sie ist ebenfalls separabel. Trennung der Variablen und Integration liefert

$$\int \frac{1}{y^2}\,dy = \int \frac{y'(x)}{(y(x))^2}\,dx = \int x\,dx.$$

Teil II

Bei der Ausführung der Integrationen definieren wir die Integrationskonstante aus kosmetischen Gründen als $-c/2$ – das Ergebnis sieht damit schöner aus. Dies ergibt

$$-\frac{1}{y(x)} = \frac{x^2}{2} - \frac{c}{2} \quad \text{oder} \quad y(x) = \frac{2}{c - x^2}$$

für $x \neq \pm\sqrt{c}$. Die beiden Lösungen aus Abb. 13.1 erhält man für $c = 0$ bzw. für $c = 2$. ◀

Achtung Ein Einwand gegen unser Vorgehen ist sicherlich, dass $g(y(x))$ null sein könnte, und daher die Division nicht erlaubt ist. Es sind hier zwei Fälle zu unterscheiden. Zum einen kann $g(y(x))$ an einer isolierten Stelle x null werden. In diesem Fall ist das Vorgehen für Teilintervalle zu beiden Seiten dieser Stelle erlaubt – am Ende des Verfahrens muss dann überprüft werden, ob die Lösung über die Stelle hinweg stetig differenzierbar ergänzt werden kann. In der Praxis bemerkt man diese Stellen meist nicht – man muss sich über diesen Fall also keine weiteren Gedanken machen.

Im zweiten Fall kann es sein, dass $g(y(x))$ auf einem ganzen Intervall null wird. In diesem Fall ist aber $y'(x) = 0$ auf eben diesem Intervall, also ist y konstant. Dieser Fall ist ja auch bei der Differenzialgleichung $y'(x) = y(x)$ zu Beginn des Abschnitts aufgetreten. Wie dort, schließt man ihn zunächst aus. Oft ergibt sich die zugehörige Lösung später durch eine spezielle Wahl der Integrationskonstanten von selbst. ◀

Kommentar Häufig wird die Behandlung separabler Differenzialgleichungen in der Literatur mit einer verkürzten Notation dargestellt. Man verwendet dort die Leibniz-Notation für die Ableitung und schreibt

$$\frac{\mathrm{d}y}{\mathrm{d}x}(x) = g(y(x))\, h(x).$$

Nun wird die Abhängigkeit von x bei der Funktion y unterdrückt und mit Differenzialen gearbeitet. Damit erhält man durch Multiplikation mit $\mathrm{d}x$ die Gleichung

$$\frac{1}{g(y)}\,\mathrm{d}y = h(x)\,\mathrm{d}x,$$

die dann noch mit Integrationszeichen versehen wird. Zum Merken des Vorgehens und für schnelle Rechnungen ist diese Variante sicher sehr gut geeignet. Wir wollen nicht davon abraten, sie in der Praxis zu verwenden. Sie verdeckt allerdings den mathematischen Hintergrund der Anwendung der Substitutionsregel. Um das Verstehen zu fördern werden wir sie daher in den Beispielen nicht gebrauchen. ◀

Bei einem Ansatz hat man schon eine Vorstellung davon, wie die Lösung aussehen könnte

Eine sehr große Klasse von Lösungsverfahren beruht auf einem *Ansatz*. Die Idee dabei ist, dass die Lösung einer Differenzialgleichung oft eine Struktur besitzt, die schon aus dieser Gleichung selbst ersichtlich ist. Ein typischer Fall wäre die Differenzialgleichung

$$y'(x) = y(x) + x^2, \quad x \in I.$$

Es liegt eine Gleichung vor, die aus der separablen Differenzialgleichung $y' = y$ durch Addition des Terms x^2 hervorgeht. Deren Lösungen sind uns bekannt, nämlich

$$y_1(x) = C\,\mathrm{e}^x,$$

mit irgendeiner Konstanten C. Wir machen nun einen Ansatz, der den Titel *Variation der Konstanten* trägt: Die Konstante C wird durch eine Funktion ersetzt, das heißt, wir betrachten alle Funktionen der Form

$$y(x) = c(x)\,\mathrm{e}^x, \quad x \in I.$$

Wie muss nun c beschaffen sein, damit y Lösung der Differenzialgleichung ist? Dazu setzt man y und seine Ableitung in die Gleichung ein. Es ist

$$y'(x) = c(x)\,\mathrm{e}^x + c'(x)\,\mathrm{e}^x,$$

durch das Einsetzen erhält man also

$$c(x)\,\mathrm{e}^x + c'(x)\,\mathrm{e}^x = c(x)\,\mathrm{e}^x + x^2, \quad x \in I.$$

Der Term $c(x)\,\mathrm{e}^x$ hebt sich gerade weg, und man erhält

$$c'(x) = x^2\,\mathrm{e}^{-x}, \quad x \in I.$$

Der Knackpunkt hier ist, dass die Funktion c selbst in dieser Gleichung nicht mehr vorkommt. Sie ist durch das Einsetzen herausgefallen. Das ist kein Zufall, sondern liegt direkt an der Struktur der Differenzialgleichung: Die Terme, in denen c nicht abgeleitet wird, entsprechen gerade der Funktion y_1. Es kann daher c durch Integration bestimmt werden, wodurch eine neue Integrationskonstante d ins Spiel kommt,

$$c(x) = d - (x^2 + 2x + 2)\,\mathrm{e}^{-x}, \quad x \in I.$$

Damit ist also die allgemeine Lösung durch

$$y(x) = d\,\mathrm{e}^x - x^2 - 2x - 2$$

gegeben. Die Abb. 13.24 zeigt drei Lösungen dieser Differenzialgleichung. Die Wahl der Konstanten entspricht dabei der Wahl aus der Abb. 13.23 für die zugehörige homogene Gleichung.

Selbstfrage 3

Welche Differenzialgleichung für c erhält man bei der Differenzialgleichung

$$2x\,y(x) - (1 - x^2)\,y'(x) = 2x\,\exp(x^2)$$

mit der allgemeinen Lösung der homogenen Differenzialgleichung $y_h(x) = c/(1 - x^2)$?

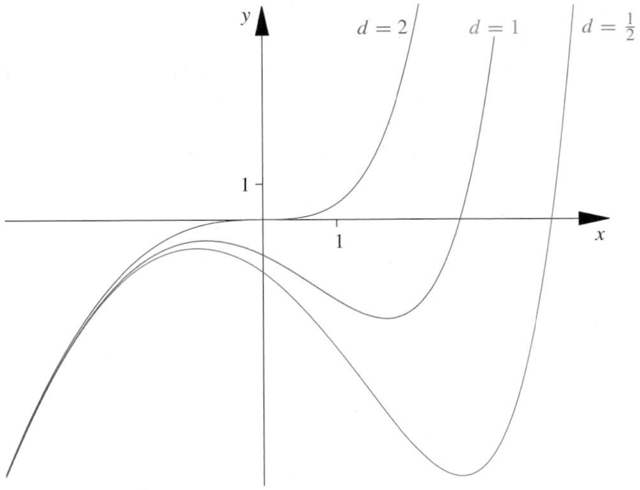

Abb. 13.24 Lösungen der Differenzialgleichung $y'(x) = y(x) + x^2$ für drei verschiedene Werte der Integrationskonstanten d

Wir fassen die einzelnen Arbeitsschritte zusammen:

1. Aus dem Typ der Differenzialgleichung wird ein möglicher *Ansatz* für die Lösung der Differenzialgleichung bestimmt, in dem noch zu bestimmende Parameter oder Funktionen vorkommen.
2. Alle in der Differenzialgleichung vorkommenden Ableitungen der Funktion werden aus dem Ansatz berechnet.
3. Die Ableitungen werden in die Differenzialgleichung eingesetzt.
4. Aus der resultierenden Gleichung werden die zu bestimmenden Parameter oder Funktionen ermittelt.

Die Variation der Konstanten ist zwar die bekannteste, aber längst nicht die einzige Form eines Ansatzes. Sie beschränkt sich insbesondere auf die Klasse der *linearen Differenzialgleichungen,* auf die wir im nächsten Unterabschnitt noch genauer eingehen werden.

Für Gleichungen von anderem Typ müssen auch andere Ansätze gemacht werden. Es gibt viele Differenzialgleichungen, bei denen man aufgrund der auftretenden Terme bereits eine sehr konkrete Vorstellung von der Form der Lösung bekommen kann. Ein Beispiel ist die Gleichung

$$y'(x) = x^2 + x + 1 + \frac{1 - (y(x))^2}{x^2 - x}, \quad 0 < x < 1.$$

Multipliziert man mit $x^2 - x$ durch, so erhält man

$$(x^2 - x)\, y'(x) = x^4 - x + 1 - (y(x))^2.$$

Alle auftretenden Ausdrücke in x sind Polynome. Daher kann man vermuten, dass auch die Lösung ein Polynom ist. Der Grad ergibt sich, indem man nach y^2 auflöst,

$$(y(x))^2 = x^4 - x + 1 - (x^2 - x)\, y'(x).$$

Ist n der Grad von y, so ist entweder $2n = 4$ oder $2n = n + 1$, d. h. $n = 2$ oder $n = 1$. Daher sind wir mit dem Ansatz

$$y(x) = a\,x^2 + b\,x + c$$

auf der sicheren Seite. Durch Einsetzen in die Differenzialgleichung erhält man

$$\begin{aligned} a^2 x^4 + 2ab\,x^3 + (2ac + b^2)\,x^2 + 2bc\,x + c^2 \\ = x^4 - 2a\,x^3 + (2a - b)\,x^2 + (b - 1)\,x + 1. \end{aligned}$$

Damit erhält man durch Koeffizientenvergleich $a = \pm 1$, $b = -1$ und $c = 1$. Man erhält also zwei Lösungsfunktionen durch den Ansatz,

$$y_1(x) = x^2 - x + 1 \quad \text{und} \quad y_2(x) = -x^2 - x + 1$$

für $x \in (0, 1)$.

Bei anderen Differenzialgleichungen kann ein Ansatz als rationale Funktion oder als Summe von trigonometrischen Funktionen zum Ziel führen. Die Form des Ansatzes ergibt sich wie oben aus Überlegungen, die sich direkt an der zu lösenden Gleichung orientieren.

Kommentar Einen Ansatz macht man, wenn man weiß (oder zumindest vermutet), dass er funktioniert. Dies kann der Fall sein, wenn man es gesagt bekommt, den Ansatz in diesem oder einem anderen Buch findet – oder man eine Analyse der vorliegenden Differenzialgleichung durchführt. Es ist längst nicht immer offensichtlich, wie man auf einen bestimmten Ansatz kommt. Niemals aber sollte man einen Ansatz nur blind verwenden, sondern nachvollziehen, welche Schritte im Einzelnen durchgeführt werden. Das ist meist überraschend einfach und für das Verständnis sehr hilfreich. ◀

Bei einer linearen Differenzialgleichung kombiniert man die Separation und einen Ansatz

Mit den beiden bisher vorgestellten Techniken kann eine große Klasse von Differenzialgleichungen erster Ordnung ganz allgemein angegangen werden. Es handelt sich dabei um sogenannte *lineare* Differenzialgleichungen.

Lineare Differenzialgleichung 1. Ordnung

Eine Differenzialgleichung vom Typ

$$a(x)\, y'(x) + b(x)\, y(x) = f(x), \quad x \in I,$$

mit gegebenen Funktion a, b und $f\colon I \to \mathbb{C}$ nennt man **lineare Differenzialgleichung 1. Ordnung**.

Einige der Differenzialgleichungen, die uns in den Anwendungen begegnet sind, waren von diesem Typ. Das liegt daran, dass die einfachsten in der Natur auftretenden Zusammenhänge linearer Natur sind. Lineare Strukturen werden das große Thema des dritten Teils dieses Buches sein – hier genügt uns die Beobachtung, dass mit je zwei Lösungen y_1 bzw. y_2, deren Differenz $y = y_1 - y_2$ immer eine Lösung der *zugehörigen homogenen Differenzialgleichung*

$$a(x)\,y'(x) + b(x)\,y(x) = 0$$

ist. Eine lineare Differenzialgleichung heißt **homogen**, falls die Nullfunktion eine Lösung ist. Man kann sich das auch so merken, dass $f(x) = 0$ für alle $x \in I$ gilt, die *Inhomogenität* also verschwindet.

Aus dieser Überlegung kann die Struktur der Lösung angegeben werden: Angenommen, eine Lösung y_p der linearen Differenzialgleichung ist bekannt. Wir nennen dies eine **partikuläre Lösung**. Dann hat *jede* andere Lösung y die Form

$$y(x) = y_p(x) + y_h(x),$$

wobei y_h eine Lösung der zugehörigen homogenen Gleichung ist.

Die homogene Gleichung ist separabel, ihre Lösung ist

$$y_h(x) = C \exp\left(-\int \frac{b(x)}{a(x)}\,dx\right)$$

mit einer Integrationskonstanten C. Die partikuläre Lösung kann man hieraus durch Variation der Konstanten gewinnen. Das soll jetzt an einem konkreten Beispiel durchgeführt werden.

Beispiel Die Lösung des Anfangswertproblems

$$x\,y'(x) + y(x) = \frac{1}{x}, \quad x > 0,$$

mit $y(1) = 0$ soll bestimmt werden. Man erhält hier durch Separation (oder alternativ einfach durch Einsetzen in die obige Lösungsformel)

$$y_h(x) = \frac{C}{x}, \quad x > 0.$$

Also wählt man den Ansatz $y_p(x) = c(x)/x$. Die Ableitung ist

$$y_p'(x) = \frac{c'(x)}{x} - \frac{c(x)}{x^2}.$$

Durch Einsetzen in die Differenzialgleichung folgt

$$c'(x) = \frac{1}{x}, \quad x > 0.$$

Jetzt kommt ein wichtiger Punkt bei linearen Differenzialgleichungen: Man ist an irgendeiner partikulären Lösung interessiert, es spielt keine Rolle, welche es genau ist. Daher können bei der Bestimmung der Stammfunktionen die Integrationskonstanten vernachlässigt werden. Wir erhalten

$$c(x) = \ln x, \quad x > 0.$$

Es ist also $y_p(x) = \ln x / x$. Damit ist die allgemeine Lösung der linearen Differenzialgleichung gegeben durch

$$y(x) = \frac{1}{x}\,(\ln x + C), \quad x > 0.$$

Überprüfen Sie an dieser Stelle selbst, dass jede Funktion dieser Form eine Lösung der Differenzialgleichung ist. Die Lösung des Anfangswertproblems bekommt man durch Einsetzen des Anfangswerts $y(1) = 0$. Es folgt dann $C = 0$, also

$$y(x) = \frac{\ln x}{x}, \quad x > 0.$$

◄

Kommentar Die Lösungsstruktur der linearen Differenzialgleichung ist

Allgemeine Lösung der inhomogenen Gleichung
= Partikuläre Lösung der inhomogenen Gleichung
+ Allgemeine Lösung der homogenen Gleichung.

Diese Struktur ist typisch für alle *linearen Probleme*. Sie wird uns immer wieder begegnen: im Rest dieses Kapitels, und dann gleich zu Beginn des nächsten Teils des Buches bei der Lösung von linearen Gleichungssystemen. Diese Struktur ist der wesentliche Grund dafür, dass lineare Probleme einfach in den Griff zu bekommen sind, während nichtlinearen Probleme im Allgemeinen viel schwieriger sind. ◄

Bei der Lösung durch eine Substitution wird eine Differenzialgleichung auf eine schon bekannte zurückgeführt

Ein Verfahren, das eng mit der Durchführung eines Ansatzes verwand ist, ist eine *Substitution*. Im vorangegangenen Abschnitt haben wir gesehen, wie ein Ansatz direkt zu einer lösbaren Gleichung für die eingebauten Parameter führt. Bei einer Substitution geht man zweistufig vor: Indem man eine Lösung von einer bestimmten Form sucht, kann man die Differenzialgleichung umschreiben. Die Hoffnung ist, dass dabei eine Gleichung herauskommt, die einfacher zu lösen ist als die Ausgangsgleichung.

Das Musterbeispiel für eine Differenzialgleichung, die durch Substitution gelöst werden kann, ist die Bernoulli'sche Differenzialgleichung.

Beispiel: Das Lösen von Differenzialgleichungen 1. Ordnung

Bestimmen Sie die Lösungen der folgenden Anfangswertprobleme.

(a) $x^2\, y(x)\, y'(x) = \mathrm{e}^{(y(x))^2}$, $x > 0$,
mit $y(1) = 0$,

(b) $u(t)\,(1+t)\,u'(t) = (u(t))^2 - 1 - (1+t)^2$, $t > 0$,
mit $u(0) = 1$.

Problemanalyse und Strategie: Die Differenzialgleichungen können beide durch Trennung der Veränderlichen gelöst werden. Im Fall (b) ist allerdings noch eine Substitution notwendig, die auf eine lineare Differenzialgleichung führt. Die Lösung der inhomogenen Gleichung wird dabei durch Variation der Konstanten aus der Lösung der zugehörigen homogenen Gleichung bestimmt. Die Lösungen der Anfangswertprobleme erhält man jeweils durch Einsetzen der Anfangswerte in die Ausdrücke für die allgemeine Lösung.

Lösung: Im Problem (a) wird direkt die Separation durchgeführt. Die Trennung von x und $y(x)$ führt auf

$$y(x)\, y'(x)\, \mathrm{e}^{-(y(x))^2} = \frac{1}{x^2}.$$

Multipliziert man die Gleichung noch mit einem Faktor -2, so steht auf der linken Seite die Ableitung von $\mathrm{e}^{-(y(x))^2}$. Durch Integration erhält man daher

$$\mathrm{e}^{-(y(x))^2} = \frac{2}{x} - c.$$

Durch Auflösen nach $y(x)$ erhält man formal für die allgemeine Lösung der Differenzialgleichung.

$$(y(x))^2 = -\ln\left(\frac{2}{x} - c\right) = \ln\left(\frac{x}{2-cx}\right).$$

An dieser Stelle muss man sich Gedanken über zulässige Werte für c machen. Da $(y(x))^2 \geq 0$ ist, muss $x/(2-cx) \geq 1$ gelten. Aus der Aufgabe ist außerdem noch $x > 0$ vorgegeben. Dies führt auf die drei Möglichkeiten

$$\begin{aligned} -1 < c < 0 \quad &\text{und} \quad x > \frac{2}{1+c}, \\ c = 0 \quad &\text{und} \quad x > 2, \\ c > 0 \quad &\text{und} \quad \frac{2}{1+c} \leq x < \frac{2}{c}. \end{aligned}$$

Es gibt noch eine weitere Bedingung: Die Anfangsstelle $x = 1$ muss zu den erlaubten Werten für x gehören. Damit bleibt nur die dritte Möglichkeit mit der Zusatzbedingung $1 \leq c < 2$ übrig.

Es ergibt sich

$$y(x) = \pm\left(\ln\left|\frac{x}{2-cx}\right|\right)^{1/2}, \quad \frac{2}{1+c} \leq x < \frac{2}{c}.$$

Das Einsetzen der Anfangsbedingung liefert die Gleichung

$$0 = y(1) = \left(\ln\left|\frac{1}{2-c}\right|\right)^{1/2}.$$

Hieraus folgt

$$\frac{1}{2-c} = 1, \quad \text{also} \quad c = 1.$$

Daher hat das Anfangswertproblems zwei Lösungen,

$$y(x) = \pm\left(\ln\left|\frac{x}{2-x}\right|\right)^{1/2}, \quad 1 \leq x < 2.$$

Diese sind Lösungen der Differenzialgleichung auf dem Intervall $(1, 2)$.

Für das Problem (b) können wir $v(t) = 1 - (u(t))^2$ setzen, ein Beispiel für eine Substitution. Mit

$$v'(t) = -2\,u(t)\,u'(t)$$

ergibt sich für v die lineare Differenzialgleichung

$$(1+t)\,v'(t) = 2v(t) + 2(1+t)^2.$$

Zunächst bestimmt man die Lösung v_h der zugehörigen homogenen Gleichung durch Separation. Dies ergibt

$$\frac{v_\mathrm{h}'(t)}{v_\mathrm{h}(t)} = \frac{2}{1+t}, \quad \text{also} \quad v_\mathrm{h}(t) = c\,(1+t)^2.$$

Die inhomogene Gleichung wird nun durch Variation der Konstanten, also den Ansatz $v(t) = c(t)\,(1+t)^2$ gelöst. Durch Einsetzen ergibt sich die Differenzialgleichung

$$c'(t)\,(1+t)^3 = 2(1+t)^2.$$

Die Lösung ist $c(t) = \ln(1+t)^2 + C$ für $t > 0$. Damit ergibt sich v zu

$$v(t) = (\ln(1+t)^2 + C)\,(1+t)^2, \quad t > 0.$$

Für u erhält man durch Rücksubstitution formal

$$\begin{aligned} u(t) &= \pm\sqrt{1 - v(t)} \\ &= \pm\big(1 - (\ln(1+t)^2 + C)\,(1+t)^2\big)^{1/2}. \end{aligned}$$

Für die Lösung des Anfangswertproblems setzen wir wieder einfach die Werte ein. Die rechte Seite vereinfacht sich für $t = 0$ zu $\pm\sqrt{1-C}$. Damit ergibt sich $C = 0$ und das positive Vorzeichen ist zu wählen, d. h.

$$u(t) = \sqrt{1 - (\ln(1+t)^2)(1+t)^2}, \quad t > 0.$$

Bernoulli'sche Differenzialgleichung

Ist α eine reelle Zahl, I ein Intervall und sind $p, q\colon I \to \mathbb{R}$ stetige Funktionen, so nennt man die Gleichung

$$y'(x) = p(x)\, y(x) + q(x)\, (y(x))^{\alpha}, \qquad x \in I,$$

Bernoulli'sche Differenzialgleichung.

Eine Bernoulli'sche Differenzialgleichung ist uns bereits begegnet: Die logistische Differenzialgleichung des logistischen Wachstums von S. 470 ist von dieser Form mit $\alpha = 2$. Auch die Geschwindigkeitsgesetze verschiedener chemischer Reaktionen sind Bernoulli'sche Differenzgleichungen.

Die Fälle $\alpha = 0$ und $\alpha = 1$ reduzieren die Gleichung auf die uns schon bekannte lineare Differenzialgleichung, es kann hier also $\alpha \notin \{0, 1\}$ vorausgesetzt werden. Wir wollen bei diesem Typ von Differenzialgleichungen nur reelle Lösungen betrachten. Dafür ist die Voraussetzung, dass p und q nur reellwertig sind, wichtig. Außerdem wollen wir annehmen, dass y nur positive Werte auf I annimmt.

Wir versuchen es zunächst mit dem Ansatz, dass die Lösung y eine spezielle Form hat, nämlich sich als Potenz einer anderen Funktion u schreiben lässt:

$$y(x) = (u(x))^{\lambda}.$$

Setzen wir diesen Ansatz ein, so erhalten wir

$$\lambda\,(u(x))^{\lambda-1}\, u'(x) = p(x)\,(u(x))^{\lambda} + q(x)\,(u(x))^{\alpha\lambda}$$

für alle $x \in I$. Jetzt multiplizieren wir die Gleichung mit $u^{1-\lambda}(x)$, um nach $u'(x)$ aufzulösen. Das Ergebnis ist

$$\lambda\, u'(x) = p(x)\, u(x) + q(x)\,(u(x))^{\alpha\lambda-\lambda+1}, \qquad x \in I.$$

Zunächst sieht es so aus, als hätten wir nicht viel gewonnen: Die neue Gleichung hat wieder genau die Gestalt einer Bernoulli-Gleichung. Der Vorteil jetzt ist aber, dass wir über λ den Exponenten im letzten Term ändern können. Besonders schön wäre es, wenn dieser Exponent null ist, denn dann haben wir es mit einer inhomogenen linearen Differenzialgleichung für u zu tun. Diese Bedingung entspricht aber gerade

$$\lambda = \frac{1}{1-\alpha}.$$

Als Fazit der Überlegung halten wir fest: Durch die Substitution

$$y(x) = (u(x))^{\frac{1}{1-\alpha}}$$

kann eine Bernoulli'sche Differenzialgleichung auf eine lineare Differenzialgleichung zurückgeführt werden. Diese kann dann mit den bekannten Methoden der Separation und Variation der Konstanten gelöst werden.

Beispiel Die Lösung des Anfangswertproblems

$$y'(x) = \frac{y(x)}{x} + \frac{x}{y(x)}, \qquad x > 0,$$

und $y(1) = 1$ soll bestimmt werden. Hier ist $\alpha = -1$. Damit müssen wir die Substitution

$$y(x) = (u(x))^{\frac{1}{2}} = \sqrt{u(x)}$$

durchführen. Die Ableitung ist

$$y'(x) = \frac{1}{2\sqrt{u(x)}}\, u'(x).$$

Einsetzen in die Differenzialgleichung und Multiplizieren mit $2\sqrt{u(x)}$ liefert

$$u'(x) = \frac{2}{x}\, u(x) + 2x.$$

Mit Separation findet man die Lösung der zugehörigen homogenen Gleichung $u_{\mathrm{h}}(x) = c\,x^2$. Mit Variation der Konstanten bestimmt man daraus zusätzlich die partikuläre Lösung $u_{\mathrm{p}}(x) = 2\,x^2 \ln x$.

Um die allgemeine Lösung der ursprünglichen Gleichung zu erhalten, müssen wir Resubstituieren, d. h.

$$y(x) = \sqrt{u(x)} = \sqrt{x^2(2\ln x + c)}.$$

Um die Konstante c zu bestimmen, werden die Anfangswerte eingesetzt.

$$1 = y(1) = \sqrt{c}, \qquad \text{also} \qquad c = 1.$$

Damit haben wir die Lösung

$$y(x) = \sqrt{x^2\,(2\ln x + 1)}$$

des Anfangswertproblems gefunden. Allerdings sehen wir auch, dass die Lösungsfunktion nicht für alle $x > 0$ unsere ursprüngliche Voraussetzung erfüllt, reell zu sein. Damit der Term unter der Wurzel positiv bleibt, müssen wir $x > \mathrm{e}^{-1/2}$ verlangen. Auch die Abb. 13.25 veranschaulicht dieses Verhalten. Man sieht, dass die Lösung für $x \to \mathrm{e}^{-1/2}$ eine senkrechte Tangente bekommt, d. h., die Ableitung strebt gegen unendlich. ◀

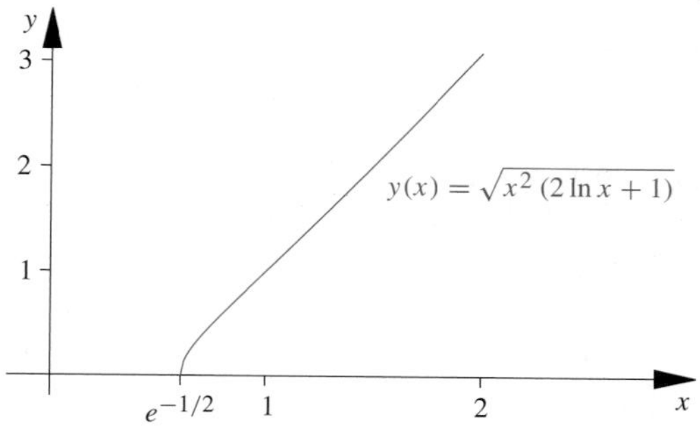

Abb. 13.25 Die Lösung der Bernoulli'schen Differenzialgleichung $y'(x) = y(x)/x + x/y(x)$ mit dem Anfangswert $y(1) = 1$

Selbstfrage 4

Welche Substitution ist bei der Bernoulli'schen Differenzialgleichung

$$y'(x) = \cos(x)\, y(x) + \sin(x)\, (y(x))^2$$

vorzunehmen?

Eine weitere Klasse von Differenzialgleichungen, bei denen man mit einer Substitution zum Ziel kommt, sind die **homogenen Differenzialgleichungen.** Darunter versteht man Gleichungen der Form

$$y'(x) = h\left(\frac{y(x)}{x}\right), \quad x \in I,$$

mit einer Funktion $h\colon \mathbb{C} \to \mathbb{C}$. Das Intervall I darf hierbei die Null nicht enthalten.

Achtung Die *homogene Differenzialgleichung* hat nichts zu tun mit der zu einer linearen Differenzialgleichung gehörenden homogenen Gleichung. Leider tragen beide aus historischen Gründen denselben Namen, sie müssen aber gut unterschieden werden. ◀

Als Substitution bietet sich hier $z(x) = y(x)/x$ an. Damit erhalten wir

$$z'(x) = \frac{y'(x)}{x} - \frac{y(x)}{x^2} = \frac{h(z(x)) - z(x)}{x}.$$

Nun haben wir es mit einer separablen Differenzialgleichung zu tun. Ob wir diese durch Integration lösen können, hängt natürlich von der konkreten Funktion h ab.

Anwendungsbeispiel Eine Aufgabenstellung, in der typischerweise homogene Differenzialgleichungen auftauchen, ist es, zu einer gegebenen Schar von Kurven eine zweite zu finden, sodass sich die Kurven der beiden Scharen jeweils orthogonal schneiden, die sogenannten **Orthogonaltrajektorien.** Als Beispiel betrachten wir die Ellipsen, die durch die Gleichungen

$$x^2 + \frac{2}{3}xy + y^2 = c$$

mit einem Parameter $c > 0$ gegeben sind. In der Abb. 13.26 sind einige dieser Ellipsen rot eingezeichnet.

Wir wählen uns einen Punkt auf einer der Ellipsen aus, sodass in einer Umgebung dieses Punktes die y-Koordinate als Funktion der x-Koordinate aufgefasst werden kann. Außer in den Punkten mit vertikalen Tangenten ist dies stets möglich. Dann leiten wir die Ellipsengleichung ab,

$$2x + \frac{2}{3}y(x) + \frac{2}{3}x\,y'(x) + 2\,y(x)\,y'(x) = 0,$$

oder

$$y'(x) = -\frac{x + \frac{1}{3}y(x)}{\frac{1}{3}x + y(x)}.$$

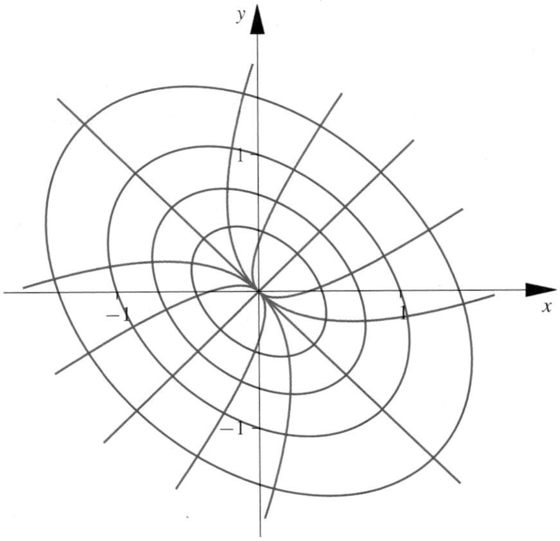

Abb. 13.26 Die Orthogonaltrajektorien zu der Schar der rot eingezeichneten Ellipsen sind die grün eingezeichneten Parabeln

Dies ist eine homogene Differenzialgleichung. Ihre Lösung ist gerade die Ellipsenschar von oben.

Uns interessiert nun eine Funktion v, sodass der Graph von v die Ellipse orthogonal schneidet. Dazu muss stets

$$v'(x) = -\frac{1}{y'(x)}$$

gelten. Da im Schnittpunkt $v(x) = y(x)$ ist, heißt dies

$$v'(x) = \frac{\frac{1}{3}x + v(x)}{x + \frac{1}{3}v(x)}.$$

Wieder liegt eine homogene Differenzialgleichung vor. Mit der Substitution $z(x) = v(x)/x$ erhalten wir die Gleichung

$$z'(x) = \frac{1}{x}\left(\frac{\frac{1}{3} + z(x)}{1 + \frac{1}{3}z(x)} - z(x)\right) = \frac{1}{x} \cdot \frac{1 - (z(x))^2}{3 + z(x)}.$$

Die Lösung dieser Differenzialgleichung erfordert eine Partialbruchzerlegung. Es ergibt sich nach einiger Rechnung

$$\frac{1 + z(x)}{(1 - z(x))^2} = c\,x$$

mit einer Integrationskonstante c. Mit der Rücksubstitution kann dies als

$$c\,x^2 - 2c\,x\,v(x) + c(v(x))^2 - x - v(x) = 0$$

geschrieben werden.

Diese Gleichung beschreibt wieder eine Schar von Kurven, genauer von Parabeln. Diese bilden die Orthogonaltrajektorien zu den Ellipsen. In der Abb. 13.26 sind sie grün eingezeichnet. Die beiden Geraden ergeben sich für $c = 0$ und für den Grenzfall $c \to \infty$. ◀

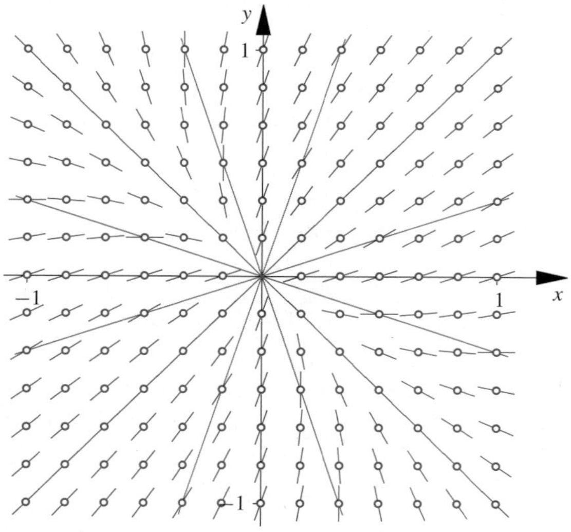

Abb. 13.27 Bei einer homogenen Differenzialgleichung ist das Richtungsfeld längs der Geraden, die durch den Ursprung gehen, konstant. Hier ist das Richtungsfeld für die Parabelschar aus der Anwendung, d. h. $y'(x) = (x + 3y(x))/(3x + y(x))$, dargestellt

Homogene Differenzialgleichungen besitzen ein besonders typisches Richtungsfeld. Da der Wert der Ableitung $y'(x)$ nur vom Quotienten $y(x)/x$ abhängig ist, ist er längs Geraden, die durch den Ursprung gehen, konstant. In der Abb. 13.27 ist dies für das Richtungsfeld der Parabelschar aus der Anwendung veranschaulicht.

13.4 Lineare Differenzialgleichungen höherer Ordnung

Bisher haben wir drei Typen von Lösungsverfahren für Differenzialgleichungen kennengelernt, diese aber nur auf Differenzialgleichungen 1. Ordnung angewandt. Die Ideen dieser Verfahren sind aber allgemein gültig und können auch für Differenzialgleichungen höherer Ordnung verwandt werden.

In diesem Abschnitt wollen wir uns dabei auf lineare Differenzialgleichungen beschränken. Das Konzept ist hier dasselbe wie bei der linearen Differenzialgleichung 1. Ordnung.

Definition einer linearen Differenzialgleichung

Eine **lineare Differenzialgleichung** n-ter Ordnung hat die Gestalt

$$a_n(x)\,y^{(n)}(x) + \cdots + a_1(x)\,y'(x) + a_0(x)\,y(x) = f(x)$$

für alle x aus einem Intervall I mit Funktionen $a_j\colon I \to \mathbb{C}$, $j = 0, \ldots, n$ und $f\colon I \to \mathbb{C}$.

Noch einmal zur Erinnerung: Die Differenz zweier Lösungen einer linearen Differenzialgleichung ist die Lösung der zugehörigen *homogenen Differenzialgleichung*

$$a_n(x)\,y^{(n)}(x) + \cdots + a_1(x)\,y'(x) + a_0(x)\,y(x) = 0$$

für $x \in I$. Die ursprüngliche Gleichung wird daher auch *inhomogen* genannt.

Die Nullfunktion ist stets Lösung einer homogenen linearen Differenzialgleichung, außerdem sind Summen und Vielfache von Lösungen selbst wieder Lösungen, d. h., falls y_1 und y_2 Lösungen sind, so gilt dies auch für

$$y_1 + y_2 \quad \text{und} \quad \lambda\, y_1 \quad \text{für alle } \lambda \in \mathbb{C}.$$

Solche Zusammenhänge sind Thema des nächsten Teils des Buches, in dem die Theorie der *Vektorräume*, die auch *lineare Räume* genannt werden, behandelt wird.

Durch diese Vorüberlegungen wird klar, dass die Struktur der Lösungsmenge bei linearen Differenzialgleichungen höherer Ordnung der Struktur bei linearen Differenzialgleichungen erster Ordnung gleicht. Daher bleibt auch das Vorgehen zur Bestimmung der Lösung prinzipiell dasselbe wie auf im Abschn. 13.3 vorgestellt:

1. Die allgemeine Lösung der homogenen Differenzialgleichung wird bestimmt.
2. Eine partikuläre Lösung der inhomogenen Differenzialgleichungen wird bestimmt.
3. Die allgemeine Lösung der inhomogenen Differenzialgleichung ist die Summe dieser beiden.
4. Bei einem Anfangswertproblem bestimmt man die Integrationskonstanten aus den Anfangswerten.

Wie die ersten beiden Schritte durchgeführt werden, hängt vom konkreten Typ der Gleichung ab. Wir werden uns im Folgenden drei verschiedene Typen ansehen.

Bei einer Gleichung mit konstanten Koeffizienten funktioniert ein Exponentialansatz

Im einfachsten Fall hängen bei einer linearen Differenzialgleichung n-ter Ordnung die Koeffizientenfunktionen a_j, $j = 0, \ldots, n$, nicht von der Variablen x ab. In diesem Fall sprechen wir von einer Differenzialgleichung **mit konstanten Koeffizienten.**

Ein Beispiel für eine homogene Differenzialgleichung mit konstanten Koeffizienten ist

$$y'''(x) - y''(x) + y'(x) - y(x) = 0, \quad x \in \mathbb{R}.$$

Wir wollen diese Gleichung als ein Modellproblem in den folgenden Überlegungen und Beispielen analysieren. Die Idee ist, die Lösung durch einen Ansatz zu bestimmen.

Übersicht: Typen von Differenzialgleichungen

Hier finden Sie die wichtigsten in diesem Kapitel behandelten Typen von Differenzialgleichungen und die Methoden zu ihrer analytischen Lösung in Kurzform zusammengestellt.

Differenzialgleichungen 1. Ordnung

Separable Differenzialgleichung

$$y'(x) = g(y(x))\, h(x)$$

Lösung durch Trennung der Veränderlichen und Substitution $z = y(x)$ auf der linken Seite.

Homogene lineare Differenzialgleichung

$$y'(x) - a(x)\, y(x) = 0$$

Ist separabel, daher Lösung durch Trennung der Veränderlichen.

Inhomogene lineare Differenzialgleichung

$$y'(x) - a(x)\, y(x) = f(x)$$

Lösung durch Variation der Konstanten in der Lösung der zugehörigen homogenen Gleichung.

Bernoulli'sche Differenzialgleichung

$$y'(x) = p(x)\, y(x) + q(x)\, (y(x))^{\alpha}$$

Die Substitution $y(x) = (u(x))^{1/(1-\alpha)}$ führt auf eine lineare Differenzialgleichung für u.

Homogene Differenzialgleichung

$$y'(x) = h\left(\frac{y(x)}{x}\right)$$

Die Substitution $y(x) = x\, u(x)$ führt auf eine separable Differenzialgleichung für u.

Exakte Differenzialgleichung Unter gewissen Voraussetzungen an die Koeffizientenfunktionen p und q heißt die Differenzialgleichung

$$p(x, y(x)) + q(x, y(x))\, y'(x) = 0$$

exakt. Dieser Typ wird in Kap. 24 ab S. 896 behandelt.

Lineare Differenzialgleichungen *n*-ter Ordnung

Homogene lineare Differenzialgleichung mit konstanten Koeffizienten

$$\sum_{k=0}^{n} a_k\, y^{(k)}(x) = 0$$

Der Exponentialansatz $y(x) = \exp(\lambda\, x)$ führt auf das charakteristische Polynom. Dessen Nullstellen liefern je einen Wert für λ im Ansatz. Bei mehrfachen Nullstellen erhält man weitere Lösungen durch *Reduktion der Ordnung*.

Inhomogene lineare Differenzialgleichung mit konstanten Koeffizienten

$$\sum_{k=0}^{n} a_k\, y^{(k)}(x) = f(x)$$

Lösung setzt sich aus partikulärer Lösung und allgemeiner Lösung der homogenen Gleichung zusammen. Für viele Typen von f kann die partikuläre Lösung durch den *Ansatz vom Typ der rechten Seite* bestimmt werden, der im Resonanzfall noch modifiziert werden muss. Sonst kann *Variation der Konstanten* verwandt werden.

Euler'sche Differenzialgleichung

$$\sum_{k=0}^{n} a_k\, x^k\, y^{(k)}(x) = f(x)$$

Die Lösung der homogenen Gleichung wird mit dem Ansatz $y(x) = x^{\lambda}$ bestimmt. Für die inhomogene Gleichung führt die Substitution $y(x) = u(\ln x)$ auf eine lineare Differenzialgleichung mit konstanten Koeffizienten.

Koeffizienten sind Potenzreihen

$$\sum_{k=0}^{n} a_k(x)\, y^{(k)}(x) = f(x)$$

Sind alle a_k und f durch Potenzreihen mit demselben Entwicklungspunkt x_0 darstellbar, so kann die Lösung über den Potenzreihenansatz $y(x) = \sum_{j=0}^{\infty} \alpha_j (x - x_0)^j$ und einen Koeffizientenvergleich bestimmt werden.

Wie kann man eine Idee für den richtigen Ansatz bekommen? Im Fall erster Ordnung hat eine homogene lineare Differenzialgleichung mit konstanten Koeffizienten die Form

$$y'(x) = \lambda\, y(x).$$

Durch den Koeffizienten bei y' haben wir hierbei dividiert. Die Lösung kann man durch Separation bestimmen: $y(x) = c\,\exp(\lambda\, x)$. Bei dieser Funktion ist jede Ableitung $y^{(k)}$ ein Vielfaches der ursprünglichen Funktion y. Das ist aber eine Eigenschaft, die auch bei der Gleichung n-ter Ordnung passen würde. Wir wollen es daher mit dem **Exponentialansatz**

$$y(x) = \exp(\lambda\, x)$$

versuchen, wobei λ eine zu bestimmende Zahl ist.

Beispiel Wir führen den Exponentialansatz für unsere Beispielgleichung

$$y'''(x) - y''(x) + y'(x) - y(x) = 0, \quad x \in \mathbb{R},$$

durch. Die ersten drei Ableitung von y werden benötigt,

$$\begin{aligned} y(x) &= \exp(\lambda\, x), & y'(x) &= \lambda\, \exp(\lambda\, x), \\ y''(x) &= \lambda^2\, \exp(\lambda\, x), & y'''(x) &= \lambda^3\, \exp(\lambda\, x). \end{aligned}$$

Diese Terme setzen wir in die Differenzialgleichung ein und klammern dann aus:

$$\begin{aligned} \lambda^3\, \exp(\lambda\, x) - \lambda^2\, \exp(\lambda\, x) + \lambda\, \exp(\lambda\, x) - \exp(\lambda\, x) &= 0 \\ \iff \quad (\lambda^3 - \lambda^2 + \lambda - 1)\, \exp(\lambda\, x) &= 0 \end{aligned}$$

Da die Exponentialfunktion niemals null wird, muss der Ausdruck in der Klammer null sein,

$$\lambda^3 - \lambda^2 + \lambda - 1 = 0.$$

Eine Nullstelle kann man sofort raten: $\hat{\lambda} = 1$. Durch Ausklammern des zugehörigen Linearfaktors bekommt man

$$(\lambda - 1)\,(\lambda^2 + 1) = 0.$$

Es gibt keine weitere reelle Nullstelle mehr. Wir haben eine Lösung gefunden, nämlich

$$y(x) = \exp(\hat{\lambda} \cdot x) = \exp(x).$$

Da die Gleichung linear ist, ist jedes Vielfache dieser Lösung ebenfalls eine Lösung. ◄

Allgemein sieht die Überlegung so aus: Durch den Exponentialansatz erhalten wir aus einer homogenen linearen Differenzialgleichung mit konstanten Koeffizienten,

$$\sum_{j=0}^{n} a_j y^{(j)}(x) = 0,$$

die Gleichung

$$\exp(\lambda\, x) \left(\sum_{j=0}^{n} a_j \lambda^j \right) = 0.$$

Da die Exponentialfunktion niemals null ist, muss der zweite Faktor null sein,

$$\sum_{j=0}^{n} a_j \lambda^j = 0.$$

Es sind also die Nullstellen eines Polynoms zu bestimmen, dessen Koeffizienten gerade die Koeffizienten aus der Differenzialgleichung sind. Dieses Polynom nennt man das **charakteristische Polynom** der Differenzialgleichung.

Vorgehen beim Exponentialansatz

Jede Nullstelle $\hat{\lambda}$ des charakteristischen Polynoms liefert uns eine zugehörige Lösung der homogenen linearen Differenzialgleichung. Diese hat die Form

$$y(x) = \exp(\hat{\lambda}\, x).$$

In dem Beispiel oben haben wir auf diesem Wege eine einzige Lösung der Differenzialgleichung gefunden. Da Vielfache davon auch Lösungen sind, kommt eine Konstante mit ins Spiel. Die Überlegungen vom Beginn des Kapitels besagen aber, dass bei einer Gleichung dritter Ordnung drei Konstanten in der allgemeinen Lösung auftreten sollten. Wir werden diese jetzt bestimmen, indem wir den Exponentialansatz konsequent zu Ende denken: Alle Nullstellen des charakteristischen Polynoms bestimmt man, indem man komplexe Zahlen berücksichtigt.

Beispiel Die komplexen Nullstellen des charakteristischen Polynoms aus dem vorhergehenden Beispiel sind $\lambda_1 = \mathrm{i}$ und $\lambda_2 = -\mathrm{i}$. Damit erhalten wir die komplexen Lösungen

$$y_1(x) = \exp(\mathrm{i}\, x) \quad \text{und} \quad y_2(x) = \exp(-\mathrm{i}\, x).$$

Zusammen mit der schon oben gefundenen reellen Nullstelle 1 sind dies alle Nullstellen des charakteristischen Polynoms. Damit können wir die allgemeine Lösung der homogenen Differenzialgleichung in komplexer Form schreiben als

$$y_{\mathrm{h}}(x) = c_1\, \exp(x) + c_2\, \exp(\mathrm{i}\, x) + c_3\, \exp(-\mathrm{i}\, x)$$

mit Konstanten c_1, c_2 und $c_3 \in \mathbb{C}$. ◄

Durch die Verwendung der komplexen Zahlen ist es also ganz einfach, die allgemeine Lösung, d. h. den gesamten Satz möglicher Lösungen einer homogenen linearen Differenzialgleichung in komplexer Form anzugeben. Die komplexen Zahlen kommen hier ganz natürlich ins Spiel, und es ist sehr bequem, mit ihnen zu arbeiten.

Es gibt aber Situationen, in denen man an einer rein reellen Darstellung der Lösung interessiert ist, etwa, weil man diese für eine Anwendung benötigt. Voraussetzung dafür ist, dass alle Koeffizienten der Differenzialgleichung reell sind – sonst wird es niemanden überraschen, dass die Lösung komplex wird. In einem solchen Fall gilt, dass der Real- und der Imaginärteil einer komplexen Lösung selbst wieder Lösung der Differenzialgleichung sind. Mit diesem Rezept kann man aus der komplexen Form die reelle Form bestimmen.

Beispiel Eine komplexe Lösung der Differenzialgleichung

$$y'''(x) - y''(x) + y'(x) - y(x) = 0$$

ist $y(x) = \exp(\mathrm{i}\,x)$. Der Realteil ist $y_2 = \cos(x)$, der Imaginärteil ist $y_3 = \sin(x)$. In reeller Form lautet die allgemeine Lösung der Gleichung also

$$y_h(x) = c_1\, \exp(x) + c_2\, \cos(x) + c_3\, \sin(x)$$

mit Konstanten c_1, c_2 und $c_3 \in \mathbb{R}$. Die Lösung ist für drei verschiedene Wahlen der Konstanten in der Abb. 13.28 dargestellt.

Statt $y(x) = \exp(\mathrm{i}\,x)$ hätte man auch $y(x) = \exp(-\mathrm{i}\,x)$ wählen können. Der Realteil ist dann wieder $\cos(x)$, der Imaginärteil ist $-\sin(x)$. Da das Vorzeichen wegen der Konstanten keine Rolle spielt, erhalten wir dasselbe Ergebnis. Betrachten Sie hierzu auch die Aufgabe 13.12. ◀

Damit ist im Wesentlichen das Problem gelöst, die allgemeine Lösung einer homogenen linearen Differenzialgleichung mit konstanten Koeffizienten zu bestimmen. Die Einschränkung *im Wesentlichen* rührt daher, dass auch der Fall auftritt, dass ein charakteristisches Polynom mehrfache Nullstellen besitzt. Wie dann zu verfahren ist, schildert das Beispiel auf S. 494. Um auch die allgemeine Lösung einer inhomogenen Differenzialgleichung mit konstanten Koeffizienten zu berechnen, wenden wir uns nun dem Problem zu, eine partikuläre Lösung zu finden.

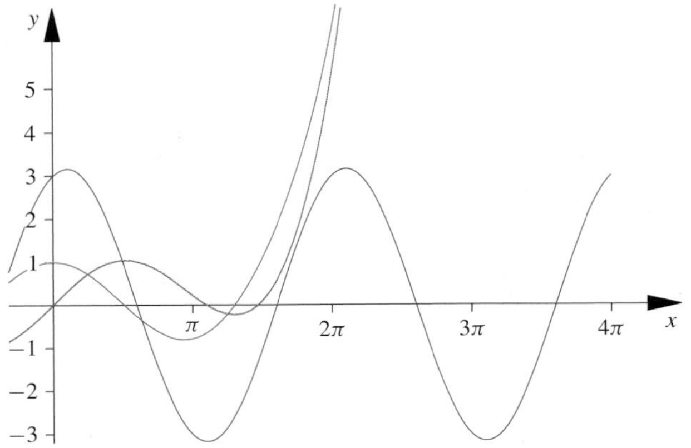

Abb. 13.28 Die Lösung der Differenzialgleichung $y'''(x) - y''(x) + y'(x) - y(x) = 0$ für drei Wahlen der Integrationskonstanten c_1, c_2, c_3: $c_1 = 0$, $c_2 = 3$, $c_3 = 1$ (rot), $c_1 = 1/100$, $c_2 = 1$, $c_3 = 0$ (blau), $c_1 = 1/100$, $c_2 = 0$, $c_3 = 1$ (grün)

Der Ansatz vom Typ der rechten Seite: eine partikuläre Lösung bestimmen

Um das Problem, eine partikuläre Lösung der inhomogenen Gleichung zu finden, in den Griff zu kriegen, machen wir uns die einfache Form einer linearen Differenzialgleichung mit konstanten Koeffizienten,

$$a_n\, y^{(n)}(x) + \cdots + a_1\, y'(x) + a_0\, y(x) = f(x)$$

zunutze. Beginnen wir mit dem einfachen Fall, dass die rechte Seite f ein Polynom ist. Dies bedeutet, dass die partikuläre Lösung y_p und ihre Ableitung, mit den entsprechenden Koeffizienten multipliziert und aufaddiert, eben dieses Polynom ergibt.

Es sind jetzt jede Menge komplizierter Situationen denkbar, in denen sich Terme bei y_p und seinen Ableitungen gegenseitig aufheben. Der Grundgedanke bei der Bestimmung einer partikulären Lösung ist es aber, sich das Leben so einfach wie möglich zu machen. Man braucht nicht die Allgemeinheit der Lösungen zu betrachten, es reicht eine einzige spezielle Lösung der Differenzialgleichung zu finden. In dem Fall, dass die rechte Seite ein Polynom ist, wäre es am einfachsten, wenn auch y_p ein Polynom ist. Da beim Ableiten der Grad eines Polynoms abnimmt, folgt, dass der Grad von y_p gerade dem Grad der rechten Seite entsprechen muss. Dies wollen wir in einem Beispiel umsetzen.

Beispiel Die allgemeine Lösung der Differenzialgleichung

$$y''(x) - y'(x) - 6\, y(x) = 12x^4 - 4x^3 + 4x, \quad x \in \mathbb{R},$$

soll bestimmt werden. Die Nullstellen des charakteristischen Polynoms

$$\lambda^2 - \lambda - 6$$

sind $\lambda_1 = -2$ und $\lambda_2 = 3$. Damit ist die allgemeine Lösung der homogenen Gleichung von der Form

$$y_h = c_1\, \exp(-2x) + c_2\, \exp(3x), \quad x \in \mathbb{R}.$$

Nun bestimmen wir eine partikuläre Lösung y_p der inhomogenen Gleichung. Die rechte Seite ist ein Polynom 4. Grades. Entsprechend der obigen Überlegungen machen wir also auch für y_p den Ansatz, dass es sich um ein Polynom 4. Grades handelt:

$$y_p(x) = a_4\, x^4 + a_3\, x^3 + a_2\, x^2 + a_1\, x + a_0.$$

Mit den Ableitungen

$$y_p'(x) = 4a_4\, x^3 + 3a_3\, x^2 + 2a_2\, x + a_1$$
$$y_p''(x) = 12a_4\, x^2 + 6a_3\, x + 2a_2$$

Beispiel: Mehrfache Nullstellen des Charakteristischen Polynoms

Bestimmen Sie die allgemeine Lösung der linearen Differenzialgleichung mit konstanten Koeffizienten

$$y'''(x) - 3y''(x) + 3y'(x) - y(x) = 0.$$

Problemanalyse und Strategie: Das charakteristische Polynom besitzt nur eine einzige Nullstelle. Daher liefert der Exponentialansatz nur eine einzige Lösungsfunktion, obwohl bei einer Differenzialgleichung 3. Ordnung drei solche Funktionen zu erwarten sind. Durch einen neuen Ansatz werden auch diese Lösungen gefunden.

Lösung: Für diese Differenzialgleichung lautet das charakteristische Polynom

$$\lambda^3 - 3\lambda^2 + 3\lambda - 1$$

oder äquivalent

$$(\lambda - 1)^3.$$

Es gibt daher nur eine einzige Nullstelle $\lambda = 1$. Der Exponentialansatz liefert daher ebenfalls nur eine einzige Lösung, die Funktion

$$y_1(x) = c_1 \exp(x).$$

Wie können weitere Lösungen bestimmt werden? Dazu macht man einen Ansatz der Form

$$y(x) = v(x)\, y_1(x).$$

Diese Methode, die **Reduktion der Ordnung** genannt wird, kann sehr allgemein bei linearen Differenzialgleichungen angewandt werden: Ist eine Lösung y_1 einer homogenen linearen Differenzialgleichung n-ter Ordnung bekannt, so erhält man durch den obigen Ansatz eine lineare Differenzialgleichung der Ordnung $n-1$ für v'.

Das sieht man so: Die Ableitungen von y werden nach der Produktregel bestimmt. Genau die Terme, in denen v nicht abgeleitet wird, ergeben in der Summe null, da ja y_1 Lösung der homogenen Differenzialgleichung ist. Übrig bleiben also nur Ableitungen von v von den Graden 1 bis n.

Für das Beispiel sieht das so aus: Die Ableitungen von y sind

$$\begin{aligned} y(x) &= v(x) \exp(x), \\ y'(x) &= (v(x) + v'(x)) \exp(x), \\ y''(x) &= (v(x) + 2v'(x) + v''(x)) \exp(x), \\ y'''(x) &= (v(x) + 3v'(x) + 3v''(x) + v'''(x)) \exp(x). \end{aligned}$$

Wir setzen diese in die Differenzialgleichung ein und erhalten

$$\begin{aligned} 0 &= (v(x) + 3v'(x) + 3v''(x) + v'''(x)) \exp(x) \\ &\quad - 3\,(v(x) + 2v'(x) + v''(x)) \exp(x) \\ &\quad + 3(\,v(x) + v'(x)) \exp(x) - v(x) \exp(x) \\ &= v'''(x) \exp(x). \end{aligned}$$

In diesem einfachen Beispiel hebt sich nicht nur die Funktion v heraus, sondern auch ihre erste und zweite Ableitung. Es bleibt eine Differenzialgleichung 2. Ordnung für v'. Der Name *Reduktion der Ordnung* ist also gerechtfertigt, auch wenn noch immer eine dritte Ableitung auftaucht.

Da die Exponentialfunktion niemals null wird, bleibt nur die Gleichung

$$v'''(x) = 0.$$

Dies bedeutet, dass v ein Polynom zweiten Grades ist, also

$$v(x) = c_1 + c_2\, x + c_3\, x^2.$$

Dies setzen wir wieder in unseren Ansatz ein, und erhalten

$$y(x) = c_1 \exp(x) + c_2\, x \exp(x) + c_3\, x^2 \exp(x).$$

Ein Wort zur Konstante c_1, die schon in der Funktion y_1 vorgekommen ist: Wir haben sie hier streng genommen für zwei verschiedene Konstanten verwendet, aber die Produkte von beliebigen Konstanten sind wieder beliebige Konstanten. Dies darf man, und das ist bei Differenzialgleichungen üblich, großzügig ausnutzen.

In der Funktion y haben wir also die ursprüngliche Lösung y_1 wiedergefunden, daneben aber zwei neue Lösungen

$$y_2(x) = x \exp(x) \quad \text{und} \quad y_3(x) = x^2 \exp(x).$$

Kommentar Man kann allgemein zeigen, dass bei m-fachen Auftreten einer Nullstelle λ des charakteristischen Polynoms die weiteren Lösungen einer homogenen linearen Differenzialgleichung durch Multiplikation des Exponentialansatzes mit den Monomen x^p für $p = 1, \ldots, m-1$ bestimmt sind:

$$\exp(\lambda\, x), \quad x \exp(\lambda\, x), \quad x^2 \exp(\lambda\, x), \quad \ldots \quad x^{m-1} \exp(\lambda\, x)$$

Doch statt dieses Ergebnis auswendig zu lernen, ist es für das Verständnis viel besser, die Reduktion der Ordnung nachzuvollziehen. Dann erhält man diese Lösungen stets von selbst. ◄

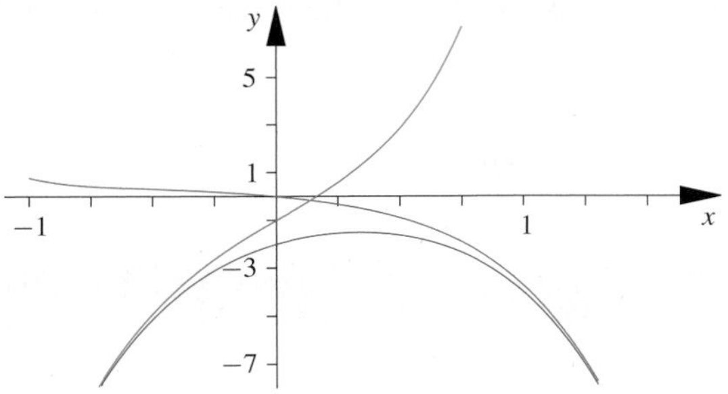

Abb. 13.29 Drei Lösungen der inhomogenen linearen Differenzialgleichung des Beispiels. Für die Integrationskonstanten wurde gewählt $c_1 = c_2 = 0$ (rot, die partikuläre Lösung aus dem Beispiel), $c_1 = 2$, $c_2 = 0$ (blau) sowie $c_1 = 0$, $c_2 = 1$ (grün)

erhält man durch Einsetzen in die Differenzialgleichung

$$\begin{aligned}
&12x^4 - 4x^3 + 4x \\
&= y''(x) - y'(x) - 6\,y(x) \\
&= 12a_4\,x^2 + 6a_3\,x + 2a_2 \\
&\quad - \left(4a_4\,x^3 + 3a_3\,x^2 + 2a_2\,x + a_1\right) \\
&\quad - 6\left(a_4\,x^4 + a_3\,x^3 + a_2\,x^2 + a_1\,x + a_0\right).
\end{aligned}$$

Jetzt wird alles ausmultipliziert und nach Potenzen von x zusammengefasst. Dann ergibt sich

$$\begin{aligned}
&12x^4 - 4x^3 + 4x \\
&= -6a_4\,x^4 - (4a_4 + 6a_3)\,x^3 + (12a_4 - 3a_3 - 6a_2)\,x^2 \\
&\quad + (6a_3 - 2a_2 - 6a_1)\,x + (2a_2 - a_1 - 6a_0)
\end{aligned}$$

Jetzt führen wir einen Koeffizientenvergleich durch: Da nur ein Term mit x^4 rechts auftaucht, muss $-6a_4 = 12$ sein, also $a_4 = -2$. Bei den Termen mit x^3 muss $4a_4 + 6a_3 = 4$ sein, d. h. $a_3 = 2$. Analog ergeben sich die anderen Koeffizienten: $a_2 = -5$, $a_1 = 3$ und $a_0 = -13/6$. Damit ist eine partikuläre Lösung der inhomogenen Gleichung als

$$y_p(x) = -2x^4 + 2x^3 - 5x^2 + 3x - \frac{13}{6}, \quad x \in \mathbb{R},$$

bestimmt.

Die allgemeine Lösung der Differenzialgleichung ist die Summe dieser partikulären Lösung und der allgemeinen Lösung der homogenen Differenzialgleichung, also

$$\begin{aligned}
y(x) &= c_1\,\exp(-2x) + c_2\,\exp(3x) \\
&\quad - 2x^4 + 2x^3 - 5x^2 + 3x - \frac{13}{6}, \quad x \in \mathbb{R},
\end{aligned}$$

mit beliebigen Konstanten c_1 und $c_2 \in \mathbb{R}$. ◀

Diese Methode bezeichnet man als den **Ansatz vom Typ der rechten Seite:** Eine partikuläre Lösung muss von derselben Gestalt sein wie die Inhomogenität. Mit einem entsprechenden Ansatz reduziert man das Problem auf das Bestimmen von Parametern. Einige weitere wichtige Typen von rechten Seiten sind:

- Bei einer Exponentialfunktion auf der rechten Seite erfolgt der Lösungsansatz mit einem Vielfachen dieser Exponentialfunktion.
- Bei einer Sinusfunktion auf der rechten Seite ist der Ansatz eine Summe von einer Sinus- und einer Kosinusfunktion, denn durch das Bilden der Ableitungen, tauchen immer beide Funktionen auf.
- Bei einem Produkt aus Exponentialfunktion und Polynom ist auch der Ansatz für die Lösung ein Produkt aus Exponentialfunktion und Polynom.

Die genauen Ansätze in diesen und noch weiteren Fällen listet die Übersicht auf S. 496 auf. Dabei sind auch alle noch möglichen Parameter in der rechten Seite aufgeführt.

Im Resonanzfall muss der Ansatz modifiziert werden

Bei bestimmten rechten Seiten einer inhomogenen linearen Differenzialgleichung spricht man von *Resonanz*. Aus dem täglichen Leben sind uns Resonanzen vertraut, etwa ein unangenehmes Schnarren im Auto aufgrund der Vibration eines Plastikteils. Es gibt aber auch dramatische Beispiele wie der Einsturz der Tacoma-Narrows-Brücke im US Staat Washington im Jahre 1940, die durch den Wind zu sehr starken Schwingungen angeregt wurde, siehe Abb. 13.30.

Wie kommt es dazu, dass bei bestimmten Anregungen ein physikalisches System mit sehr starken Ausschlägen antwortet? Mathematisch gesehen wird das System durch eine Differenzialgleichung beschrieben, die Anregung durch eine Inhomogenität. Von **Resonanz** sprechen wir, wenn diese rechte Seite gerade eine Lösung der homogenen Differenzialgleichung ist. Dieses Phänomen ist vor allem bei Schwingungsproblemen von Relevanz. Dort entspricht die Lösung der homogenen Gleichung gerade einer bestimmten, dem betrachteten System inhärenten Schwingungsfrequenz. In der Physik spricht man von einer *Eigenfrequenz*.

Abb. 13.30 Die durch Resonanz hervorgerufenen Schwingungen der Tacoma-Narrows-Brücke, die im Jahr 1940 zum Einsturz führten

Teil II

Übersicht: Ansatz vom Typ der rechten Seite

Bei inhomogenen linearen Differenzialgleichungen mit konstanten Koeffizienten kann man häufig aus der rechten Seite der Gleichung direkt einen Ansatz für eine partikuläre Lösung bestimmen. Die wichtigsten Fälle sind im Folgenden aufgeführt.

rechte Seite	Ansatz für die partikuläre Lösung	Resonanz falls λ Nullstelle des char. Pol.
Polynom		
p mit $\text{Grad}(p) = n$	q mit $\text{Grad}(q) = n$	$\lambda = 0$
Trigonometrische Funktionen		
$\cos(\omega x)$, $\sin(\omega x)$	$a\cos(\omega x) + b\sin(\omega x)$	$\lambda = \mathrm{i}\omega$
Exponentialfunktion		
$c\exp(\omega x)$	$d\exp(\omega x)$	$\lambda = \omega$
Produkt von Polynom und Trigonometrischer Funktion		
$p(x)\cos(\omega x)$, $p(x)\sin(\omega x)$ mit $\text{Grad}(p) = n$	$q_1(x)\cos(\omega x) + q_2(x)\sin(\omega x)$ mit $\text{Grad}(q_1) = \text{Grad}(q_2) = n$	$\lambda = \mathrm{i}\omega$
Produkt von Polynom und Exponentialfunktion		
$p(x)\exp(\omega x)$ mit $\text{Grad}(p) = n$	$q(x)\exp(\omega x)$ mit $\text{Grad}(q) = n$	$\lambda = \omega$
Produkt von Polynom, Exponentialfunktion und Trigonometrischer Funktion		
$p(x)\cos(\omega x)\exp(\sigma x)$, $p(x)\sin(\omega x)\exp(\sigma x)$ mit $\text{Grad}(p) = n$	$q_1(x)\cos(\omega x)\exp(\sigma x)+q_2(x)\sin(\omega x)\exp(\sigma x)$ mit $\text{Grad}(q_1) = \text{Grad}(q_2) = n$	$\lambda = \sigma + \mathrm{i}\omega$

Bemerkungen:

- Ist im **Resonanzfall** λ eine k-fache Nullstelle des charakteristischen Polynoms, so muss der Ansatz mit x^k multipliziert werden.
- Für Summen der angegebenen rechten Seiten ist der Ansatz für jeden Summanden separat durchzuführen. Spezialfall: Hyperbolische Funktionen sind Summen von Exponentialfunktionen.

In einem solchen Fall muss der oben beschriebene *Ansatz vom Typ der rechten Seite* scheitern. Setzt man die Funktion aus dem Ansatz in die Differenzialgleichung ein, kommt links stets null heraus. Um zum Ziel zu kommen, muss der Ansatz modifiziert werden.

Als Beispiel betrachten wir die Differenzialgleichung

$$y''(x) + y(x) = \cos(x), \quad x \in \mathbb{R}.$$

Das charakteristische Polynom $\lambda^2 + 1$ hat die beiden Nullstellen i und $-$i, sodass die allgemeine Lösung der homogenen Differenzialgleichung durch

$$y_\mathrm{h}(x) = c_1\cos(x) + c_2\sin(x), \quad x \in \mathbb{R},$$

gegeben ist. Der herkömmliche Ansatz vom Typ der rechten Seite ist

$$y_\mathrm{p}(x) = A\cos(x) + B\sin(x)$$

mit einer Konstanten $A, B \in \mathbb{R}$. Dies ist aber genau eine Lösung der homogenen Differenzialgleichung, eingesetzt ergibt sich immer null. Um doch noch etwas zu erreichen, greifen wir auf die alte Methode der Variation der Konstanten zurück. Nach der Euler'schen Formel ist $\cos(x) = (\mathrm{e}^{\mathrm{i}x} + \mathrm{e}^{-\mathrm{i}x})/2$, daher setzen wir zunächst an

$$y_1(x) = A(x)\,\mathrm{e}^{\mathrm{i}x}.$$

Hier ist A also eine Funktion. Einsetzen in die linke Seite der Differenzialgleichung liefert

$$\begin{aligned} &A''(x)\,\mathrm{e}^{\mathrm{i}x} + 2\mathrm{i}\,A'(x)\,\mathrm{e}^{\mathrm{i}x} - A(x)\,\mathrm{e}^{\mathrm{i}x} + A(x)\,\mathrm{e}^{\mathrm{i}x} \\ &= A''(x)\,\mathrm{e}^{\mathrm{i}x} + 2\mathrm{i}\,A'(x)\,\mathrm{e}^{\mathrm{i}x}. \end{aligned}$$

Es muss also $A''(x) = 1 - 2\mathrm{i}\,A'(x)$ gelten. Dies ist eine lineare Differenzialgleichung erster Ordnung für A'. Eine Lösung ist $A'(x) = 1/(2\mathrm{i})$ bzw. $A(x) = x/(2\mathrm{i})$. Damit ergibt sich auch die partikuläre Lösung

$$y_1(x) = \frac{x\,\mathrm{e}^{\mathrm{i}x}}{2\mathrm{i}}.$$

Analog erhält man für die Inhomogenität $\mathrm{e}^{-\mathrm{i}x}$ die partikuläre Lösung

$$y_2(x) = -\frac{x\,\mathrm{e}^{-\mathrm{i}x}}{2\mathrm{i}}.$$

Durch Kombination dieser beiden Ergebnisse erhalten wir also die partikuläre Lösung

$$y_p(x) = \frac{1}{2}\, x \sin(x).$$

Dieses Vorgehen ist nun ganz allgemein möglich: Man ersetzt im Ansatz eine Konstante durch eine Funktion. Heraus kommt dabei, dass man im Resonanzfall den Grad des Polynoms im Ansatz vom Typ der rechten Seite um 1 erhöhen muss. Im Beispiel oben hätten wir also direkt den Ansatz

$$y_p(x) = A\,x \cos(x) + B\,x \sin(x)$$

wählen können.

Wie erklärt nun diese mathematische Lösung das beobachtete physikalische Phänomen im Resonanzfall? Im Modell beschreibt die Lösung y das Verhalten des physikalischen Systems in der Zeit. Der zusätzliche Grad des Polynoms im Ansatz bedeutet also einen zusätzlichen Faktor, der in der Zeit zunimmt. Bei einer Resonanz können sich also Schwingungen immer weiter aufbauen und verstärken. Andererseits muss man für eine korrekte Modellierung Reibungskräfte oder Nichtlinearitäten berücksichtigen, die die Amplituden der Schwingungen begrenzen können.

Selbstfrage 5

Für welche rechten Seiten f tritt bei der linearen Differenzialgleichung mit konstanten Koeffizienten,

$$y'''(x) + 2y''(x) + y'(x) + 2y(x) = f(x)$$

Resonanz auf?

Bei einer Euler'schen Differenzialgleichung ist die Lösung eine Potenz von x

Bei den linearen Differenzialgleichungen mit konstanten Koeffizienten war es aufgrund ihrer einfachen Struktur schnell möglich, geeignete Ansätze für die Lösung zu finden. Wir wollen uns nun einer Klasse von linearen Differenzialgleichungen zuwenden, bei denen die Koeffizienten in einer ganz bestimmten Weise von der Variablen x abhängen. Es wird dann die zweite große Klasse von Lösungsmethoden, die Substitution, zum Zuge kommen.

Euler'sche Differenzialgleichung

Eine lineare Differenzialgleichung n-ter Ordnung der Form

$$a_n\, x^n\, y^{(n)}(x) + \cdots + a_1\, x\, y'(x) + a_0\, y(x) = f(x)$$

für $x \in I$ mit $a_j \in \mathbb{C}, j = 0, \ldots, n$, wird **Euler'sche Differenzialgleichung** genannt.

Die Potenz von x entspricht immer gerade dem Grad der Ableitung von y. Durch Ausnutzen dieser besonderen Struktur ist es möglich, die Lösung zu bestimmen. Die Idee dabei ist, eine Substitution zu finden, die eine Euler'sche Differenzialgleichung auf eine lineare Gleichung mit konstanten Koeffizienten zurückführt. Dazu muss diese so gewählt sein, dass sie die Faktoren x^n vor den Ableitungen kompensiert.

Ein Term der Form $\ln x$ im Ausdruck für $y(x)$ gewährleistet dies. Wir versuchen es daher mit der Substitution

$$y(x) = u(\ln x), \quad x > 0.$$

Die ersten Ableitungen lauten dann

$$y'(x) = u'(\ln x) \cdot \frac{1}{x},$$
$$y''(x) = u''(\ln x) \cdot \left(\frac{1}{x}\right)^2 - u'(\ln x) \cdot \frac{1}{x^2}.$$

Es tauchen also genau die Potenzen von x auf, die wir benötigen. Ganz allgemein lässt sich für die k-te Ableitung von y die Formel

$$y^{(k)}(x) = \frac{1}{x^k} \sum_{j=0}^{k} \alpha_{kj}\, u^{(j)}(\ln x)$$

durch vollständige Induktion zeigen. Dabei sind α_{kj} irgendwelche komplexe Konstanten. Setzen wir diese Ausdrücke in die Differenzialgleichung ein, so ergibt sich

$$\sum_{k=0}^{n} \sum_{j=0}^{k} a_k \alpha_{kj}\, u^{(j)}(\ln x) = f(x),$$

oder

$$\sum_{k=0}^{n} \sum_{j=0}^{k} a_k \alpha_{kj}\, u^{(j)}(t) = f(\mathrm{e}^t).$$

Dies ist eine lineare Differenzialgleichung mit konstanten Koeffizienten für die unbekannte Funktion u.

Es ist nun nicht notwendig, die Koeffizienten explizit zu bestimmen, um diese Differenzialgleichung zu lösen. Stattdessen machen wir uns zunutze, dass jede Lösung der zugehörigen homogenen Gleichung die Form

$$u(t) = \exp(\lambda t)$$

mit einer zu bestimmenden komplexen Zahl λ hat. Setzen wir nun wieder $t = \ln x$ ein, so ergibt sich

$$y(x) = u(\ln x) = \exp(\lambda \ln x) = x^\lambda.$$

Die Substitution führt uns also darauf, dass sich die Lösungen der homogenen Euler'schen Differenzialgleichung durch den Ansatz $y(x) = x^\lambda$ bestimmen lassen.

Anwendung: Der harmonische Oszillator

Zu den klassischen Problemen der Theorie der gewöhnlichen Differenzialgleichungen gehört die allgemeine Lösung der Bewegungsgleichung des harmonischen Oszillators. Darunter versteht man ein eindimensional schwingendes System mit einer natürlichen Schwingungsfrequenz und gegebenenfalls Dämpfung.

Beispiele für harmonische Oszillatoren Die allgemeine Gleichung des harmonischen Oszillators hat die Form

$$u''(t) + \sigma\, u'(t) + k\, u(t) = f(t)$$

mit reellen, positiven Konstanten σ und k.
Wir sind schon an zwei Stellen auf diese Gleichung gestoßen:

- Beim Federpendel auf S. 466 stand u für die Auslenkung des Pendels aus seiner Ruhelage. Es galt $k = D/m$, der Quotient aus der Federkonstante und der Masse des sich bewegenden Körpers. Die Lösung stellte sich als Überlagerung von Sinus- und Kosinusfunktionen, also als harmonische Schwingung, heraus. In diesem System gab es keine Dämpfung, was sich mathematisch durch $\sigma = 0$ ausdrückt.
- Beim elektrischen Schwingkreis auf S. 471 war u die Ladung auf den Kondensatorplatten. Hier galt $k = 1/(CL)$, der Kehrwert aus dem Produkt von Kapazität des Kondensators und Induktivität der Spule. Für die Konstante σ galt $\sigma = R/L$, der Quotient aus dem Widerstand und der Induktivität. Durch den Widerstand wurde in diesem System bewegte Ladung in Wärme umgewandelt, sodass eine Dämpfung vorlag. Die in der Abb. 13.11 gezeigten Lösungen setzen sich aus einer harmonischen Schwingung und einem exponentiellen Abfall zusammen.

Lösung für den harmonischen Oszillator ohne äußere Anregung Im Fall $f = 0$ handelt es sich um eine homogene lineare Differenzialgleichung mit konstanten Koeffizienten. Die Lösung ergibt sich über den Exponentialansatz. Die Nullstellen des charakteristischen Polynoms

$$\lambda^2 + \sigma\lambda + k$$

bestimmt man über quadratische Ergänzung,

$$0 = \left(\lambda + \frac{\sigma}{2}\right)^2 + k - \frac{\sigma^2}{4}.$$

Es sind nun drei Fälle zu unterscheiden.
1. Fall $k - \sigma^2/4 > 0$ (schwache Dämpfung)
Das charakteristische Polynom besitzt zwei komplex konjugierte Nullstellen

$$\lambda_{1/2} = -\frac{\sigma}{2} \pm \mathrm{i}\sqrt{k - \frac{\sigma^2}{4}}.$$

Mit der Abkürzung $\omega = \sqrt{k - \sigma^2/4}$, ergibt sich die allgemeine reelle Lösung zu

$$u(t) = (A\,\cos(\omega t) + B\,\sin(\omega t))\exp(-\sigma\, t/2).$$

Es liegt ein Produkt einer harmonischen Schwingung und einer abfallenden Exponentialfunktion vor. Der exponentielle Abfall wird dabei allein durch die Konstante σ bestimmt, die also allein für die Dämpfung verantwortlich ist.

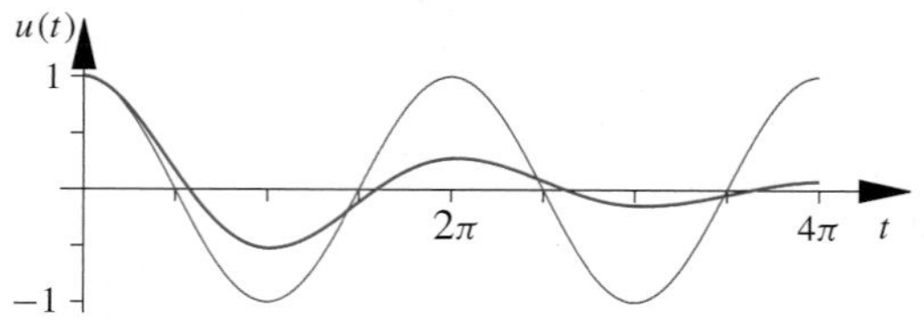

Die Abbildung zeigt die Lösung im schwach gedämpften Fall (rot) und die ungedämpfte Lösung ($\sigma = 0$) für denselben Wert von k. Die Kreisfrequenz ω der gedämpften Schwingung ist stets geringer als die Kreisfrequenz $\sqrt{k}$ der ungedämpften Schwingung. In der Abbildung erkennt man das an der etwas längeren Periode im gedämpften Fall.
2. Fall $k - \sigma^2/4 < 0$ (starke Dämpfung)
Das charakteristische Polynom besitzt die zwei reellen Nullstellen

$$\lambda_{1/2} = -\frac{\sigma}{2} \pm \sqrt{\frac{\sigma^2}{4} - k}.$$

Da die Wurzel stets kleiner als $\sigma/2$ ist, sind beide Nullstellen negativ. Die allgemeine Lösung

$$u(t) = A\,\exp(\lambda_1\, t) + B\,\exp(\lambda_2\, t)$$

ist also eine Summe von zwei exponentiell abfallenden Funktion. Im stark gedämpften Fall gibt es keinerlei Oszillation.

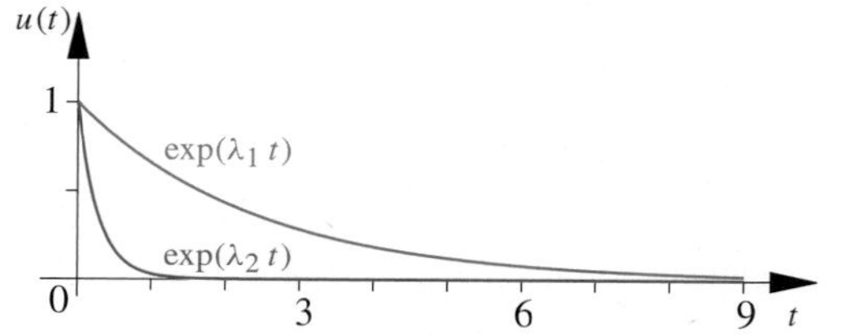

In der Abbildung sind die beiden Lösungsfunktionen dargestellt. Mit zunehmendem σ geht $\lambda_1 \to 0$ und $\lambda_2 \to -\infty$, d. h., das unterschiedliche Abfallverhalten wird immer stärker ausgeprägt.
Eine typische Anwendung für diese Form des harmonischen Oszillators ist ein Stoßdämpfer. Dieser soll die gesamte Energie des Stoßes absorbieren, d. h. in Wärme umwandeln, ohne *durchzuschwingen*.
3. Fall $k - \sigma^2/4 = 0$ (aperiodischer Grenzfall)
Das charakteristische Polynom besitzt eine doppelte Nullstelle. Wie im 1. Fall fällt der Betrag der Lösung exponentiell ab, allerdings kann die Lösung eine einzelne Nullstelle besitzen.

Anwendung: Der harmonische Oszillator (Fortsetzung)

Lösung für den harmonischen Oszillator mit harmonischer äußerer Anregung Eine äußere Anregung wird durch die Inhomogenität f beschrieben. Eine typische Anregung ist selbst wieder harmonisch mit einer Kreisfrequenz ω_A, also

$$f(t) = C_1 \cos(\omega_A t) + C_2 \sin(\omega_A t)$$

in reeller Form bzw.

$$f(t) = C \exp(i\omega_A t)$$

in komplexer Form. Eine partikuläre Lösung erhält man mit einem Ansatz vom Typ der rechten Seite, wobei aber wieder einige Fälle zu unterscheiden sind.

1. Fall Keine Dämpfung, die Zahl $i\,\omega_A$ ist keine Nullstelle des charakteristischen Polynoms.

Der Ansatz

$$u_p(t) = D \exp(i\,\omega_A t)$$

führt auf

$$D = \frac{C}{k - \omega_A^2}.$$

Mit den Anfangswerten $u(0) = 0$, $u'(0) = 0$ nimmt die reelle Lösung die besonders einfache Form

$$u(t) = \frac{2C}{k - \omega_A^2} \sin\left(\frac{\sqrt{k} - \omega_A}{2}\, t\right) \sin\left(\frac{\sqrt{k} + \omega_A}{2}\, t\right).$$

Eine langsame Schwingung mit der Kreisfrequenz $(\sqrt{k} - \omega_A)/(2)$ wird also *moduliert* durch eine schnelle Schwingung der Kreisfrequenz $(\sqrt{k} + \omega_A)/(2)$. In der folgenden Abbildung ist die Lösungsfunktion rot dargestellt, die grünen Kurven zeigen den Betrag der modulierten Amplitude an.

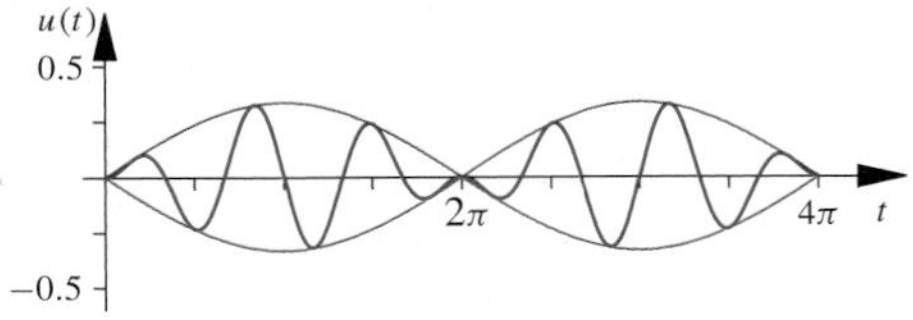

2. Fall Schwache Dämpfung, die Zahl $i\,\omega_A$ ist keine Nullstelle des charakteristischen Polynoms.

Derselbe Ansatz wie im 1. Fall führt jetzt auf

$$D = \frac{C}{k + i\sigma\omega_A - \omega_A^2}.$$

Der schwach gedämpfte Fall ist besonders interessant, da in der Praxis, etwa durch Reibungsverluste, immer eine Dämpfung vorliegt. Die allgemeine Lösung der Differenzialgleichung kann in komplexer Form als

$$u(t) = D \exp(i\,\omega_A t) + [A \exp(i\omega t) + B \exp(-i\omega t)] \exp(-\sigma\, t/2)$$

geschrieben werden. Durch die Dämpfung verschwinden die Anteile mit der Kreisfrequenz ω im Laufe der Zeit, übrig bleiben genau die Schwingungen mit der anregenden Kreisfrequenz ω_A. Der Oszillator stellt sich im Laufe der Zeit auf die Anregung ein.

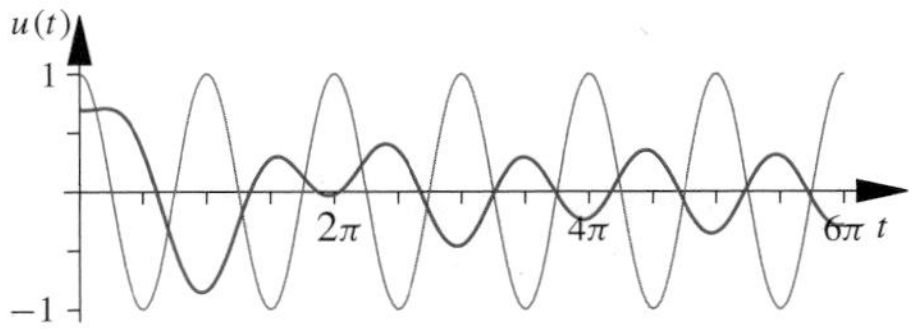

In der Abbildung ist die Anregung als blaue Kurve, die zugehörige Lösung als rote Kurve dargestellt. Ganz zu Beginn erkennt man noch die Kreisfrequenz ω des Systems ohne Anregung. Im späteren Verlauf verhält sich die Lösung wie eine Schwingung mit der Kreisfrequenz ω_A.

Es lässt sich nachrechnen, dass für $\omega_A = \sqrt{\omega^2 - \frac{\sigma^2}{4}}$ der Betrag von D maximal wird. Das System antwortet sehr stark, wie die Abbildung unten veranschaulicht. In der Anwendung spricht man von *Resonanz*, obwohl dies nicht der folgende Resonanzfall ist.

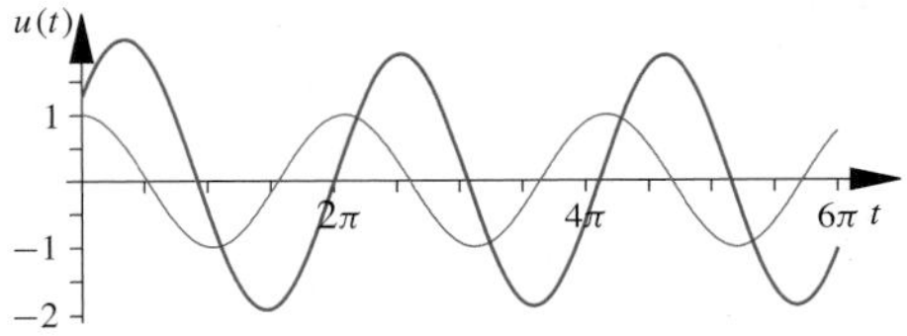

3. Fall Die Zahl $i\omega_A$ ist eine Nullstelle des charakteristische Polynoms.

Dies ist der Resonanzfall. Dieser Fall kann nur auftreten, falls $\sigma = 0$ ist. Der modifizierte Ansatz lautet

$$u_p(t) = D\, t \exp(i\,\omega_A t).$$

Er führt auf

$$D = \frac{C}{2\,i\,\omega_A}.$$

Die Lösung enthält in diesem Fall einen in der Zeit linear wachsenden Faktor. Falls keine Dämpfung vorliegt, ist sie unbeschränkt.

Lösung für den harmonischen Oszillator mit nichtharmonischer äußerer Anregung Nicht immer ist die Anregung des Oszillators harmonisch. Im Beispiel des elektrischen Schwingkreises von S. 471 ist sie sogar nicht einmal stetig, sondern stückweise konstant.

Häufig ist die Inhomogenität allerdings so beschaffen, dass man die Lösung stückweise mit Ansätzen vom Typ der rechten Seite bestimmen kann. Einen anderen Weg bietet die Laplacetransformation, mit der wir uns im Kap. 33 beschäftigen werden.

Teil II

Beispiel Die Lösung des Anfangswertproblems

$$x^2 y''(x) + x y'(x) - y(x) = 0$$

und $y(1) = 3$, $y'(1) = 1$ soll bestimmt werden. Wir machen dazu den Ansatz $y(x) = x^\lambda$ und bestimmen die Ableitungen,

$$y'(x) = \lambda\, x^{\lambda-1},$$
$$y''(x) = \lambda\,(\lambda-1)\, x^{\lambda-2}.$$

Diese werden in die Differenzialgleichung eingesetzt,

$$0 = x^2\,\lambda\,(\lambda-1)\,x^{\lambda-2} + x\,\lambda\,x^{\lambda-1} - x^\lambda = x^\lambda\,(\lambda^2-1).$$

Der Faktor x^λ kann höchstens für $x = 0$ null werden. Die Gleichung muss aber für alle x in einer Umgebung der Anfangsstelle $x_0 = 1$ gelten. Daher muss $\lambda^2 - 1 = 0$ sein, d. h. $\lambda = \pm 1$. Damit haben wir die allgemeine Lösung der Differenzialgleichung

$$y(x) = c_1\,x + \frac{c_2}{x}$$

mit zu bestimmenden Konstanten c_1, c_2. Die Ableitung ist

$$y'(x) = c_1 - \frac{c_2}{x^2}.$$

Daher führt das Einsetzen der Anfangswerte auf das Gleichungssystem

$$c_1 + c_2 = 3, \qquad c_1 - c_2 = 1$$

mit der Lösung $c_1 = 2$, $c_2 = 1$. Die Lösung des Anfangswertproblems lautet also

$$y(x) = 2x + \frac{1}{x}.$$

Sie ist in der Abb. 13.31 dargestellt. ◄

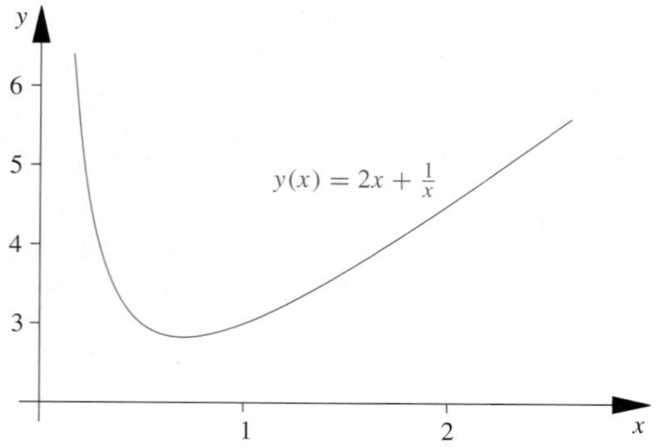

Abb. 13.31 Die Lösung der Euler'schen Differenzialgleichung $x^2 y''(x) + x y'(x) - y(x) = 0$ mit den Anfangswerten $y(1) = 3$ und $y'(1) = 1$

Auch der Ansatz bei der Euler'schen Differenzialgleichung führt also wie bei der linearen Differenzialgleichung mit konstanten Koeffizienten darauf, die Nullstellen eines Polynoms zu bestimmen. Aber Achtung: Hier sind die Koeffizienten der Gleichung nicht automatisch die Koeffizienten des Polynoms.

Wie ist nun bei mehrfachen Nullstellen des Polynoms zu verfahren? Betrachten wir etwa

$$x^2 y'''(x) + y'(x) - \frac{1}{x}\,y(x) = 0, \qquad x > 0.$$

Die Tatsache, dass mit $1/x$ durchmultipliziert wurde, soll nicht darüber hinwegtäuschen, dass es sich um ein Euler'sche Differenzialgleichung handelt. Der Ansatz $y(x) = x^\lambda$ führt auf

$$\begin{aligned} 0 &= \lambda(\lambda-1)(\lambda-2) + \lambda - 1 \\ &= (\lambda-1)\,[\lambda(\lambda-2)+1] = (\lambda-1)^3. \end{aligned}$$

In so einem Fall muss man an die ursprüngliche Substitution zurückdenken, $y(x) = u(\ln x)$. Beim charakteristischen Polynom $(\lambda-1)^3$ erhält man bei einer Differenzialgleichung mit konstanten Koeffizienten die Lösungen

$$u_1(t) = e^t, \quad u_2(t) = te^t, \quad u_3(t) = t^2 e^t.$$

Setzt man wieder $t = \ln x$ ein, so folgt

$$y_1(x) = x, \quad y_2(x) = x\,\ln x, \quad y_3(x) = x\,(\ln x)^2.$$

Für jedes mehrfache Auftreten einer Nullstelle kommt also ein Faktor $\ln x$ dazu.

Die hier behandelten Beispiele sind jeweils homogene Euler'sche Differenzialgleichungen. Das prinzipielle Vorgehen bei einer inhomogenen Gleichung ist wie bei allen linearen Differenzialgleichungen: Zur allgemeinen Lösung der homogenen Gleichung muss noch eine partikuläre Lösung der inhomogenen Gleichung addiert werden. Um diese zu bestimmen, geht man am besten wie oben bei den mehrfachen Nullstellen vor: Durch die Substitution $t = \ln x$ bzw. $x = e^t$ transformiert man die Gleichung in eine lineare Differenzialgleichung mit konstanten Koeffizienten. Dann kann man eine partikuläre Lösung mit dem Ansatz vom Typ der rechten Seite oder Variation der Konstanten bestimmen und anschließend rücksubstituieren.

Achtung Auf eine Besonderheit von Euler'schen Differenzialgleichungen soll noch explizit hingewiesen werden: Anders als die Lösungen von linearen Differenzialgleichungen mit konstanten Koeffizienten sind sie meist nicht überall definiert. Es gibt häufig Singularitäten bei null durch die Terme $1/x$ oder $\ln x$, die in den Lösungen vorkommen. Es ist daher nicht sinnvoll, Anfangswerte bei null vorzugeben. ◄

Ein Beispiel für eine Anwendung, für die eine Euler'sche Differenzialgleichung gelöst werden muss, ist die Berechnung eines elektrostatischen Feldes in sphärischen Koordinaten. Hierbei kann man nach der Abhängigkeiten des Feldes vom Abstand r vom Ursprung und von den Winkelkoordinaten trennen. Für den von r abhängigen Teil erhält man die Euler'sche Differenzialgleichung

$$r^2 w''(r) + 2\,r\,w'(r) = k$$

mit einer Konstanten k. Mehr zu diesem Thema findet sich im Kapitel 28 über *partielle Differenzialgleichungen* unter dem Stichwort *Separationsansätze*.

Bei allgemeinen linearen Differenzialgleichungen können nur Potenzreihen helfen

Bei der Euler'schen Differenzialgleichung hängen die Koeffizienten in einer ganz bestimmten Art und Weise von der Variable x ab. Diese spezielle Struktur hat es uns ermöglicht, die Gleichung durch eine Substitution auf den einfachen Fall einer linearen Differenzialgleichung mit konstanten Koeffizienten zurückzuführen.

Schon bei etwas komplizierteren Koeffizienten, zum Beispiel Polynomen von etwas anderer Gestalt, ist dies nicht mehr möglich. Als einzige elementare Möglichkeit zur analytischen Lösung bleibt dann die Bestimmung einer Potenzreihendarstellung der gesuchten Funktion. Grundvoraussetzung dafür ist, dass sich alle Koeffizientenfunktionen und die rechte Seite als Potenzreihen darstellen lassen. Dabei müssen alle diese Potenzreihen denselben Entwicklungspunkt haben. Insbesondere ist dies möglich, wenn alle Koeffizienten und die rechte Seite Polynome sind.

Beispiel Wir wollen die allgemeine Lösung der linearen Differenzialgleichung

$$(1 - x^2)\,y''(x) - 4x\,y'(x) - 2\,y(x) = 0$$

bestimmen. Dazu wählen wir einen Potenzreihenansatz mit Entwicklungspunkt $x_0 = 0$, also

$$y(x) = \sum_{n=0}^{\infty} a_n x^n$$

mit Koeffizienten $a_n \in \mathbb{C}$, die wir bestimmen wollen. Dazu berechnen wir die Ableitungen von y,

$$y'(x) = \sum_{n=1}^{\infty} n\,a_n\,x^{n-1},$$

$$y''(x) = \sum_{n=2}^{\infty} n(n-1)\,a_n\,x^{n-2}.$$

Diese Ausdrücke werden nun in die Differenzialgleichung eingesetzt und mit den Koeffizientenfunktionen multipliziert. Dann ergibt sich

$$\begin{aligned} 0 = &\sum_{n=2}^{\infty} n(n-1)\,a_n\,x^{n-2} - \sum_{n=2}^{\infty} n(n-1)\,a_n\,x^n \\ &- 4\sum_{n=1}^{\infty} n\,a_n\,x^n - 2\sum_{n=0}^{\infty} a_n x^n \end{aligned}$$

Diese 4 Reihen sollen nun zusammengefasst werden. Zu diesem Zweck führen wir eine Indexverschiebung durch und erhalten:

$$\begin{aligned} 0 = &\sum_{n=0}^{\infty} (n+2)(n+1)\,a_{n+2}\,x^n - \sum_{n=2}^{\infty} n(n-1)\,a_n\,x^n \\ &- 4\sum_{n=1}^{\infty} n\,a_n\,x^n - 2\sum_{n=0}^{\infty} a_n x^n \\ = &\sum_{n=2}^{\infty} \Big[(n+2)(n+1)\,a_{n+2} - (n(n-1) + 4n + 2)\,a_n\Big] x^n \\ &+ 2a_2 + 6a_3 x - 4a_1 x - 2a_0 - 2a_1 x \\ = &\sum_{n=2}^{\infty} \Big[(n+2)(n+1)\,a_{n+2} - (n^2 + 3n + 2)\,a_n\Big] x^n \\ &+ 6\,(a_3 - a_1)\,x + 2a_2 - 2a_0 \end{aligned}$$

Die gesamte Gleichung ist nun als Gleichheit zweier Potenzreihen zu lesen, wobei auf der linken Seite die Nullreihe steht. Ein Koeffizientenvergleich liefert

$$a_0 = a_2 \quad \text{und} \quad a_3 = a_1,$$

sowie die Rekursionsformel

$$(n+2)(n+1)\,a_{n+2} = (n^2 + 3n + 2)\,a_n, \qquad n \geq 2.$$

Diese letzte Formel lässt sich noch zu $a_{n+2} = a_n$ für $n \geq 2$ vereinfachen.

Damit sind alle Koeffizienten rekursiv aus a_1 und a_0 bestimmt. Diese ersten beiden Koeffizienten der Potenzreihe sind beliebig und nehmen die Rolle der Integrationskonstanten ein, auf die man bei anderen Methoden stößt. Legt man sie fest, bekommt man eine konkrete Lösungsfunktion. Etwa ergibt sich für die Wahl $a_0 = 1$ und $a_1 = 0$, dass $a_{2k} = 1$ und $a_{2k-1} = 0$ ist für alle $k \in \mathbb{N}$. Die Lösung ist dann

$$y(x) = \sum_{k=0}^{\infty} x^{2k} = \frac{1}{1-x^2}, \qquad |x| < 1. \qquad ◀$$

Ein Merkmal des Potenzreihenansatzes ist, dass man die Lösungsfunktionen nur im Innern des Konvergenzkreises erhält. Es muss also der Entwicklungspunkt so gewählt werden, dass der Konvergenzkreis diejenigen Werte der Variablen x abgedeckt,

Teil II

Beispiel: Ein Anfangswertproblem gelöst mit dem Potenzreihenansatz

Bestimmen Sie die Lösung des Anfangswertproblems

$$u''(x) + 2x\,u'(x) - u(x) = (1 + x + x^2)\,\mathrm{e}^x, \quad x \in \mathbb{R},$$

mit $u(0) = 0$, $u'(0) = \frac{1}{2}$, durch einem Potenzreihenansatz.

Problemanalyse und Strategie: Als Entwicklungspunkt der Potenzreihe muss $x_0 = 0$ gewählt werden, denn in diesem Punkt liegen die Anfangswerte vor. Beide Seiten der Differenzialgleichung werden als Potenzreihen geschrieben. Ein Koeffizientenvergleich liefert eine Rekursionsformel für die Koeffizienten. In diesem Beispiel werden wir sogar auf eine explizite Formel für die Koeffizienten kommen, die uns erlaubt, die Lösung des Anfangswertproblems in geschlossener Form anzugeben. Aber dies ist nicht immer möglich.

Lösung: Für die Lösung u machen wir den Ansatz

$$u(x) = \sum_{n=0}^{\infty} a_n\,x^n$$

mit irgendwelchen Koeffizienten $a_n \in \mathbb{C}$. Die Ableitungen von u sind dann

$$u'(x) = \sum_{n=1}^{\infty} n\,a_n\,x^{n-1},$$
$$u''(x) = \sum_{n=2}^{\infty} n\,(n-1)\,a_n\,x^{n-2}.$$

Für die rechte Seite der Differenzialgleichung lässt sich die Exponentialfunktion als Potenzreihe schreiben. Damit erhalten wir durch Einsetzen aller Terme

$$\sum_{n=2}^{\infty} n\,(n-1)\,a_n\,x^{n-2} + \sum_{n=1}^{\infty} 2n\,a_n\,x^n - \sum_{n=0}^{\infty} a_n\,x^n = \sum_{n=0}^{\infty} \frac{x^n}{n!} + \sum_{n=0}^{\infty} \frac{x^{n+1}}{n!} + \sum_{n=0}^{\infty} \frac{x^{n+2}}{n!}.$$

Durch eine Indexverschiebung ergibt sich

$$\sum_{n=0}^{\infty}(n+2)\,(n+1)\,a_{n+2}\,x^n + \sum_{n=1}^{\infty} 2n\,a_n\,x^n - \sum_{n=0}^{\infty} a_n\,x^n = \sum_{n=0}^{\infty} \frac{x^n}{n!} + \sum_{n=1}^{\infty} \frac{x^n}{(n-1)!} + \sum_{n=2}^{\infty} \frac{x^n}{(n-2)!}.$$

Jetzt können auf beiden Seiten des Gleichheitszeichens die Reihen zusammengefasst werden. Die Terme für $n = 0$ und $n = 1$ schreiben wir dabei getrennt auf, damit alle Summen bei $n = 2$ beginnen:

$$2a_2 + 6a_3\,x + 2a_1\,x - a_0 - a_1\,x + \sum_{n=2}^{\infty} [(n+2)\,(n+1)\,a_{n+2} + 2n\,a_n - a_n]\,x^n = 1 + x + x + \sum_{n=2}^{\infty}\left[\frac{1}{n!} + \frac{1}{(n-1)!} + \frac{1}{(n-2)!}\right]x^n$$

Durch Zusammenfassen ergibt sich noch:

$$(6a_3 + a_1)\,x + 2a_2 - a_0 + \sum_{n=2}^{\infty} [(n+2)\,(n+1)\,a_{n+2} + (2n-1)\,a_n]\,x^n = 1 + 2x + \sum_{n=2}^{\infty} \frac{n^2+1}{n!}\,x^n$$

Die Anfangswerte liefern uns $a_0 = 0$ sowie $a_1 = 1/2$. Ein Koeffizientenvergleich ergibt darüber hinaus $a_2 = 1/2$, $a_3 = 1/4$ und die Rekursionsformel

$$a_{n+2} = \frac{n^2 + 1 - (2n-1)\,n!\,a_n}{(n+2)!}, \quad n \geq 2.$$

Bei vielen Problemen ist an dieser Stelle keine weitere Vereinfachung mehr möglich. Aus der Rekursionsformel können die Koeffizienten errechnet werden. Schreibt man sich aber in diesem Fall die ersten paar Koeffizienten hin,

$$0, \quad \frac{1}{2}, \quad \frac{1}{2}, \quad \frac{1}{4}, \quad \frac{1}{12}, \quad \frac{1}{48}, \quad \ldots$$

so gelangt man zu der Vermutung

$$a_n = \frac{1}{2}\frac{1}{(n-1)!}, \quad n \geq 1.$$

Diese ist nun mit vollständiger Induktion zu beweisen, was wir allerdings aus Platzgründen nicht explizit durchführen wollen. Daraus ergibt sich für die Lösungsfunktion die Gleichung

$$u(x) = \sum_{n=1}^{\infty} \frac{1}{2}\frac{x^n}{(n-1)!} = \frac{x}{2}\sum_{n=1}^{\infty} \frac{x^{n-1}}{(n-1)!} = \frac{x}{2}\sum_{n=0}^{\infty} \frac{x^n}{n!} = \frac{1}{2}\,x\,\mathrm{e}^x.$$

Hier können wir die Lösung sogar in expliziter Form angeben.

Vertiefung: Differenzialgleichungen mit MATLAB® lösen

Es gibt vielfältige Möglichkeiten in MATLAB®, die Lösung von Problemen zu Differenzialgleichungen zu unterstützen. Diese reichen von der bloßen Visualisierung von Lösungsfunktionen oder von Richtungsfeldern bis zu fertig implementierten numerischen Lösungsverfahren.

Wir greifen das Beispiel zu Abbildung 13.16 auf S. 477 auf, um ein konkretes Rechenbeispiel zu haben:

$$y'(x) = \frac{2x\,y(x)}{1-x^2}\,.$$

Zunächst wollen wir das Richtungsfeld visualisieren. Der Einheitsvektor, der in Richtung der Tangente zeigt, ist

$$\begin{pmatrix} u \\ v \end{pmatrix} = \frac{1}{\sqrt{1+y'(x)^2}} \begin{pmatrix} 1 \\ y'(x) \end{pmatrix}.$$

Aus der Differenzialgleichung erhalten wir hiermit

$$(1-x^2)\,v - 2x\,y(x)\,u = 0\,.$$

Wir normieren noch mit $u^2 + v^2 = 1$ und erhalten die Formeln

$$u = \frac{1-x^2}{\sqrt{(1-x^2)^2 + (2x\,y(x))^2}}\,,$$
$$v = \frac{2x\,y(x)}{\sqrt{(1-x^2)^2 + (2x\,y(x))^2}}\,.$$

Der Vorteil gegenüber der ursprünglichen Formulierung ist, dass diese Formeln sogar für $|y'(x)| \to \infty$ gültig bleiben. Wir nutzen sie, um in MATLAB® das Richtungsfeld zu plotten. Zunächst definieren wir ein Gitter von Punkten (x, y), in denen wir u und v bestimmen:

```
>> x = linspace(-1.2,1.2,13);
>> y = linspace(0,2,11);
>> [X,Y] = meshgrid(x,y);
```

Nun berechnen wir u und v in diesen Punkten als `U` bzw. `V`:

```
>> U = 1 - X.^2;
>> V = 2*X.*Y;
>> M = sqrt( U.^2 + V.^2 );
>> U = U ./ M;
>> V = V ./ M;
```

Zur Visualisierung von Vektorfeldern, wie es das Richtungsfeld eines ist, gibt es den Befehl `quiver`.

```
>> quiver(X,Y,U,V,0.6)
```

Der letzte Parameter `0.6` bewirkt hierbei nur eine Verkürzung der Vektorpfeile im Plot und kann nach Belieben angepasst werden.

Als Nächstes programmieren wir das Euler-Verfahren, um eine Näherung an eine tatsächliche Lösungsfunktion zu erhalten. Die rechte Seite der Differenzialgleichung kann dabei als anonyme Funktion realisiert werden.

```
>> f = @(x,y) 2*x.*y ./ (1 - x.^2);
```

Wir definieren auch hier wieder Punkte `x`, an denen wir die Näherungen `y` berechnen. Für `y` wird zunächst nur der Speicherplatz reserviert.

```
>> N = 100;
>> x = linspace(-0.8,0.8,N+1);
>> h = 1.6/N;
>> y = zeros(1,N+1);
```

Die Anfangsbedingung muss noch angegeben werden. Das eigentliche Verfahren ist dann eine einfache `for`-Schleife. Anschließend fügen wir das Ergebnis als rote Kurve unserem Plot hinzu.

```
>> y(1) = 1 / 0.72;
>> for j=1:N
     y(j+1) = y(j) + h * f(x(j),y(j))
   end
>> hold on
>> plot(x,y,'r')
```

MATLAB® bietet auch eine Reihe von numerischen Lösern für Differenzialgleichungen. Die entsprechenden Funktionen beginnen mit `ode`. Der Löser `ode45` ist mit dem klassischen Runge-Kutta-Verfahren der 4. Stufe vergleichbar und liefert die Konvergenzordnung 4. Der Aufruf ist mit unserer Implementierung `f` der rechten Seite denkbar einfach.

```
>> [x2,y2] = ode45(f,[-0.8 0.8], 1/0.72);
>> plot(x2,y2,'c');
```

Die Schrittweite wird hierbei vom Algorithmus selbst gewählt. Durch weitere Parameter gibt es zum Beispiel die Möglichkeit, die erwartete Genauigkeit anzugeben.

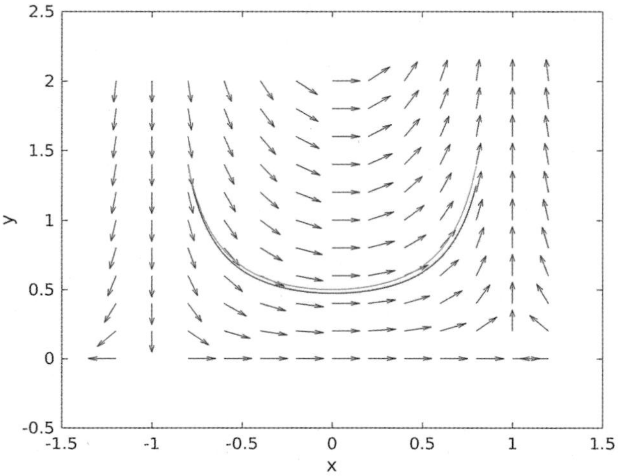

die interessant sind. Im Fall eines Anfangswertproblems wählt man dafür die Anfangsstelle als Entwicklungspunkt. Die Anfangswerte sind dann gerade gleich den ersten Koeffizienten. Mit $y(x) = \sum_{n=0}^{\infty} a_n\,(x - x_0)^n$ ergibt sich zum Beispiel

$$y(x_0) = a_0, \quad y'(x_0) = a_1, \quad y''(x_0) = 2\,a_2, \ldots$$

Ein komplexeres Beispiel für ein Anfangswertproblem, in dem eine der auftretenden Funktionen nur durch eine Potenzreihe dargestellt werden kann, die nicht abbricht, wird in dem Beispiel auf S. 502 gerechnet.

In zahlreichen Anwendungen aus Naturwissenschaft und Technik treten Differenzialgleichungen auf, die durch einen Potenzreihenansatz gelöst werden können. Zwei Beispiele sind die Berechnung des elektrischen Feldes einer Punktverteilung oder die Beschreibung der Schwingungen der Membran einer Pauke. Die Potenzreihen, die sich als Lösungen ergeben, entsprechen aber nicht den uns bereits bekannten Standardfunktionen oder lassen sich durch diese ausdrücken.

Man definiert daher neue Funktionenklassen dadurch, dass sie Lösungen bestimmter Differenzialgleichungen sind. So taucht bei der Bestimmung des elektrischen Feldes die Legendre-Differenzialgleichung auf, ihre Lösungen heißen *Legendre-Polynome*. Und bei der Pauke stößt man auf die Bessel'sche Differenzialgleichung, deren Lösungen *Bessel-Funktionen* genannt werden. Hier muss übrigens der Potenzreihenansatz noch modifiziert werden, um zum Ziel zu gelangen.

Allgemeiner spricht man hierbei von *speziellen Funktionen*. Die wichtigsten Typen dieser Funktionen, wie man auf sie stößt und welche besonderen Eigenschaften sie haben, werden wir im Kap. 34 untersuchen.

Zusammenfassung

Eine Differenzialgleichung ist ein Zusammenhang zwischen einer unbekannten Funktion und ihren Ableitungen

Meist kann eine Differenzialgleichung so aufgeschrieben werden, dass die höchste auftretende Ableitung allein auf einer Seite der Gleichung steht. Wir beschäftigen uns fast ausschließlich mit diesem Fall.

Definition einer Differenzialgleichung n-ter Ordnung

Unter einer **Differenzialgleichung n-ter Ordnung** ($n \in \mathbb{N}$) auf einem Intervall $I \subseteq \mathbb{R}$ versteht man eine Gleichung der Form

$$y^{(n)}(x) = f\left(x, y(x), y'(x), \ldots, y^{(n-1)}(x)\right),$$

für alle $x \in I$. Hierbei ist $f\colon I \times \mathbb{C}^n \to \mathbb{C}$ eine Funktion von $n+1$ Veränderlichen, $y\colon I \to \mathbb{C}$ die gesuchte Funktion.

Unter einer **Lösung** einer Differenzialgleichung versteht man eine Funktion, die die Gleichung erfüllt, wenn sie eingesetzt wird. Dabei muss die Gleichung nicht notwendigerweise auf dem ganzen Intervall I erfüllt sein, es reicht auch ein Teilintervall $J \subseteq I$.

Definition eines Anfangswertproblems

Ist zusätzlich zu der Differenzialgleichung

$$y^{(n)}(x) = f(x, y(x), \ldots, y^{(n-1)}(x)), \quad x \in I,$$

noch ein Satz von n Bedingungen

$$y(x_0) = y_0, \quad y'(x_0) = y_1, \ \ldots, \ y^{(n-1)}(x_0) = y_{n-1}$$

gegeben, so sprechen wir von einem **Anfangswertproblem** für die gesuchte Funktion y. Dabei muss x_0 eine Stelle aus dem Abschluss des Intervalls I sein.

Aus den vielen Lösungen einer Differenzialgleichung wird durch die Vorgabe von Anfangswerten eine kleinere Anzahl, häufig genau eine Lösung, ausgewählt.

Das Richtungsfeld liefert schnell eine qualitative Kenntnis der Lösung

Bei einer Differenzialgleichung erster Ordnung kann man den Zusammenhang zwischen Argument, Wert der Lösungsfunktion für dieses Argument und den Wert der Ableitung für dieses Argument grafisch darstellen. Man nennt dies das **Richtungsfeld.** In jedem Punkt $(x, y(x))^\top$ stellt man die Steigung der zugehörigen Tangente dar. Dadurch lässt sich schnell eine qualitative Vorstellung von der Gestalt der Lösung gewinnen.

Das Euler-Verfahren nutzt das Richtungsfeld

Das einfachste numerische Verfahren zum Lösen von Anfangswertproblemen ist das **Euler-Verfahren.** Vom Anfangspunkt ausgehend approximiert man die Lösungsfunktion auf einem kleinen Intervall durch eine Tangente. Am Ende des Intervalls bestimmt man den genäherten Funktionswert und approximiert wieder durch die Tangente.

Das Euler-Verfahren approximiert die exakte Lösung nur recht langsam. Daher werden in der Praxis meist Verfahren höherer **Konvergenzordnungen** eingesetzt. Das bekannteste ist das klassische **Runge-Kutta-Verfahren** 4. Stufe.

Bei einer separablen Gleichung kann nach x und y getrennt integriert werden

Bei manchen Typen von Differenzialgleichungen kann man die exakte Lösung ausrechnen. Ein wichtiger Fall ist der, in dem man die Terme, die nur vom Argument abhängen, trennen kann von denen, die nur von der unbekannten Lösungsfunktion abhängen.

Definition einer separablen Differenzialgleichung

Eine Differenzialgleichung erster Ordnung der Form

$$y'(x) = g(y(x))\, h(x), \quad x \in I,$$

wird **separable Differenzialgleichung** genannt. Hierbei sind $g\colon \mathbb{C} \to \mathbb{C}$ und $h\colon I \to \mathbb{C}$ zwei Funktionen *einer* Veränderlichen.

Indem man auf beiden Seiten durch $g(y(x))$ teilt, kann auf beiden Seiten der Gleichung zur Stammfunktion übergegangen werden.

Teil II

Bei einem Ansatz hat man schon eine Vorstellung davon, wie die Lösung aussehen könnte

Oft kann man aus dem Typ der Differenzialgleichung direkt darauf schließen, dass auch die Lösung eine bestimmte Gestalt haben muss. Dann stellt man einen **Ansatz** auf und bestimmt die im Ansatz enthaltenen freien Parameter, indem man den Ansatz in die Differenzialgleichung einsetzt.

Ein besonders wichtiger Fall ist der einer linearen Differenzialgleichung 1. Ordnung,

$$a(x)\,y'(x) + b(x)\,y(x) = f(x), \qquad x \in I.$$

Hier setzt sich die Lösung aus der **allgemeinen Lösung** des **homogenen Problems** und einer **partikulären Lösung** des **inhomogenen Problems** zusammen. Die zugehörige homogene Gleichung ist separabel, für eine partikuläre Lösung der inhomogenen Gleichung wählt man den Ansatz der **Variation der Konstanten.**

Bei der Lösung durch eine Substitution wird eine Differenzialgleichung auf eine schon bekannte zurückgeführt

Bei einer Substitution ersetzt man einen Ausdruck, der die unbekannte Funktion enthält, durch einen anderen Ausdruck. Die Hoffnung dabei ist, dass sich die Differenzialgleichung dadurch vereinfacht. Zwei Beispiele, bei denen eine Substitution zum Ziel führt, sind **Bernoulli'sche** und **homogene Differenzialgleichungen.**

Lineare Differenzialgleichungen höherer Ordnung

Bei Differenzialgleichungen höherer Ordnungen beschäftigen wir uns vor allem mit **linearen Differenzialgleichungen.** Zum einen gibt es nur für diesen Typ eine allgemeine Lösbarkeitstheorie, zum anderen tauchen solche Gleichungen in den Anwendungen häufig auf.

Definition einer linearen Differenzialgleichung

Eine **lineare Differenzialgleichung** n-ter Ordnung hat die Gestalt

$$a_n(x)\,y^{(n)}(x) + \cdots + a_1(x)\,y'(x) + a_0(x)\,y(x) = f(x)$$

für alle x aus einem Intervall I mit Funktionen $a_j\colon I \to \mathbb{C}$, $j = 0, \ldots, n$ und $f\colon I \to \mathbb{C}$.

Im einfachsten Fall sind alle Koeffizientenfunktionen a_n Konstanten. Durch den **Exponentialansatz**

$$y(x) = \exp(\lambda\, x)$$

erhält man dann das **charakteristische Polynom** der Gleichung. Jede Nullstelle $\hat{\lambda}$ des charakteristischen Polynoms liefert uns eine zugehörige Lösung $y(x) = \exp(\hat{\lambda}\, x)$ des zugehörigen homogenen Problems.

Für ein inhomogenes Problem muss zusätzlich eine partikuläre Lösung bestimmt werden. Bei einer Gleichung mit konstanten Koeffizienten führt der **Ansatz vom Typ der rechten Seite** oft zum Ziel.

Ist die Inhomogenität der Differenzialgleichung selbst eine Lösung des homogenen Problems, so liegt **Resonanz** vor. Der Ansatz muss entsprechend modifiziert werden.

Bei einer Euler'schen Differenzialgleichung ist die Lösung eine Potenz von x

Ein weiterer Typ von linearen Differenzialgleichung, bei der ein Ansatz zum Ziel führt, ist die **Euler'sche Differenzialgleichung**. Hier hat der Koeffizient der j-ten Ableitung die Form $a_j\, x^j$ mit einer Konstanten a_j. Man wählt den **Potenzansatz** $y(x) = x^\lambda$.

Für noch allgemeinere lineare Differenzialgleichungen kann man einen **Potenzreihenansatz** versuchen,

$$y(x) = \sum_{n=0}^{\infty} a_n x^n.$$

Falls alle Voraussetzungen für den Ansatz erfüllt sind, kann damit direkt ein Anfangswertproblem für die inhomogene Differenzialgleichung gelöst werden.

Aufgaben

Die Aufgaben gliedern sich in drei Kategorien: Anhand der *Verständnisfragen* können Sie prüfen, ob Sie die Begriffe und zentralen Aussagen verstanden haben, mit den *Rechenaufgaben* üben Sie Ihre technischen Fertigkeiten und die *Anwendungsprobleme* geben Ihnen Gelegenheit, das Gelernte an praktischen Fragestellungen auszuprobieren.
Ein Punktesystem unterscheidet leichte •, mittelschwere •• und anspruchsvolle ••• Aufgaben. Lösungshinweise am Ende des Buches helfen Ihnen, falls Sie bei einer Aufgabe partout nicht weiterkommen. Dort finden Sie auch die Lösungen – betrügen Sie sich aber nicht selbst und schlagen Sie erst nach, wenn Sie selber zu einer Lösung gekommen sind. Ausführliche Lösungswege, Beweise und Abbildungen finden Sie als digitales Zusatzmaterial (electronic supplementary material).
Viel Spaß und Erfolg bei den Aufgaben!

Verständnisfragen

13.1 • Zeigen Sie, dass die Differenzialgleichung

$$(1+x^2)u''(x) - 2xu'(x) + 2u(x) = 0, \quad x > 0,$$

die Lösung $u_1(x) = x$ besitzt. Bestimmen Sie eine weitere Lösung u_2 durch Reduktion der Ordnung, d. h. durch den Ansatz $u_2(x) = xv(x)$.

13.2 • Gegeben ist die Differenzialgleichung

$$y'(x) = -2\,x\,(y(x))^2, \quad x \in \mathbb{R}.$$

(a) Skizzieren Sie das Richtungsfeld dieser Gleichung.
(b) Bestimmen Sie eine Lösung durch den Punkt $P_1 = (1, 1/2)^\top$.
(c) Gibt es eine Lösung durch den Punkt $P_2 = (1, 0)^\top$?

13.3 •• Eine Differenzialgleichung der Form

$$u'(x) = h(u(x)),$$

in der also die rechte Seite nicht explizit von x abhängt, nennt man autonom. Zeigen Sie, dass jede Lösung einer autonomen Differenzialgleichung translationsinvariant ist, d. h., mit u ist auch $v(x) = u(x+a)$, $x \in \mathbb{R}$, eine Lösung. Lösen Sie die Differenzialgleichung für den Fall $h(u) = u(u-1)$.

13.4 •• Eine Differenzialgleichung der Form

$$y(x) = xy'(x) + f\,(y'(x))$$

für x aus einem Intervall I und mit einer stetig differenzierbaren Funktion $f : \mathbb{R} \to \mathbb{R}$ wird **Clairaut'sche Differenzialgleichung** genannt.

(a) Differenzieren Sie die Differenzialgleichung und zeigen Sie so, dass es eine Schar von Geraden gibt, von denen jede die Differenzialgleichung löst.
(b) Es sei konkret

$$f(p) = \frac{1}{2}\ln(1+p^2) - p\arctan p, \quad p \in \mathbb{R}.$$

Bestimmen Sie eine weitere Lösung der Differenzialgleichung für $I = (-\pi/2, \pi/2)$.
(c) Zeigen Sie, dass für jedes $x_0 \in (-\pi/2, \pi/2)$ die Tangente der Lösung aus (b) eine der Geraden aus (a) ist. Man nennt die Lösung aus (b) auch die **Einhüllende** der Geraden aus (a).
(d) Wie viele verschiedene stetig differenzierbare Lösungen gibt es für eine Anfangswertvorgabe $y(x_0) = y_0$, $y_0 > 0$, mit $x_0 \in (-\pi/2, \pi/2)$?

13.5 •• Das Anfangswertproblem

$$y'(x) = 1 - x + y(x), \qquad y(x_0) = y_0$$

soll mit dem Euler-Verfahren numerisch gelöst werden. Ziel ist es, zu zeigen, dass die numerische Lösung für $h \to 0$ in jedem Gitterpunkt gegen die exakte Lösung konvergiert.

(a) Bestimmen Sie die exakte Lösung y des Anfangswertproblems.
(b) Mit y_k bezeichnen wir die Approximation des Euler-Verfahrens am Punkt $x_k = x_0 + kh$. Zeigen Sie, dass

$$y_k = (1+h)^k(y_0 - x_0) + x_k.$$

(c) Wir wählen $\hat{x} > x_0$ beliebig und setzen die Schrittweite $h = (\hat{x} - x_0)/n$ für $n \in \mathbb{N}$. Die Approximation des Euler-Verfahrens am Punkt $x_n = \hat{x}$ ist dann y_n. Zeigen Sie

$$\lim_{n\to\infty} y_n = y(\hat{x}).$$

Rechenaufgaben

13.6 • Berechnen Sie die allgemeinen Lösungen der folgenden Differenzialgleichungen.

(a) $y'(x) = x^2\,y(x)$, $x \in \mathbb{R}$,
(b) $y'(x) + x\,(y(x))^2 = 0$, $x \in \mathbb{R}$,
(c) $x\,y'(x) = \sqrt{1 - (y(x))^2}$, $x \in \mathbb{R}$.

13.7 •• Berechnen Sie die Lösungen der folgenden Anfangswertprobleme.

(a) $u'(x) = \dfrac{x}{3\sqrt{1+x^2}\,(u(x))^2}$, $x > 0$, $u(0) = 3$

(b) $u'(x) = -\dfrac{1}{2x}\dfrac{(u(x))^2 - 6u(x) + 5}{u(x) - 3}$, $x > 1$, $u(1) = 2$.

13.8 ••• Bestimmen Sie die Lösung des Anfangswertproblems aus der Anwendung von S. 474,

$$\sqrt{1 + (y'(x))^2} + c\,x\,y''(x) = 0, \quad x \in (A, 0),$$
$$y(A) = y'(A) = 0,$$

mit Konstanten $c > 0$ mit $c \neq 1$ und $A < 0$. Welchen qualitativen Unterschied gibt es in der Lösung für $c < 1$ bzw. für $c > 1$?

13.9 • Bestimmen Sie die allgemeine Lösung der linearen Differenzialgleichung erster Ordnung

$$u'(x) + \cos(x)\,u(x) = \frac{1}{2}\,\sin(2x), \quad x \in (0, \pi).$$

13.10 •• Bestimmen Sie die allgemeine Lösung der Differenzialgleichung

$$u'(x) = \frac{1}{2x}\,u(x) - \frac{1}{2u(x)}, \quad x \in (0, 1).$$

Welche Werte kommen für die Integrationskonstante in Betracht, wenn nur reellwertige Lösungen infrage kommen sollen?

13.11 •• Bestimmen Sie die allgemeine Lösung der Differenzialgleichung

$$y'(x) = 1 + \frac{(y(x))^2}{x^2 + x\,y(x)}, \quad x > 0.$$

13.12 • Bestimmen Sie die allgemeine reellwertige Lösung der Differenzialgleichung

$$y'''(x) + 2y''(x) + 2y'(x) + y(x) = 0, \quad x \in \mathbb{R}.$$

13.13 •• Bestimmen Sie die allgemeine Lösung der inhomogenen linearen Differenzialgleichung

$$y'''(x) + 3y''(x) + 3y'(x) + y(x) = x + 6\mathrm{e}^{-x}, \quad x \in \mathbb{R}.$$

13.14 •• Gegeben ist die Differenzialgleichung

$$y''(x) - 2y'(x) + 2y(x) = \mathrm{e}^{2x} \sin x, \quad x \in \mathbb{R}.$$

(a) Bestimmen Sie die allgemeine Lösung des homogenen Problems.
(b) Bestimmen Sie eine partikuläre Lösung des inhomogenen Problems.
(c) Lösen Sie das Anfangswertproblem mit $y(0) = 3/5$, $y'(0) = 1$.

13.15 •• Bestimmen Sie die allgemeine Lösung der Euler'schen Differenzialgleichung dritter Ordnung

$$u'''(x) - \frac{2}{x}\,u''(x) + \frac{5}{x^2}\,u'(x) - \frac{5}{x^3}\,u(x) = 0, \quad x > 0.$$

13.16 •• Bestimmen Sie die Lösung des Anfangswertproblems

$$(1 + x^2)\,u''(x) - (1 - x)\,u'(x) - u(x) = 8x^3 - 3x^2 + 6x - 1,$$

$x \in \mathbb{R}$, mit $u(0) = 0$, $u'(0) = 1$.

13.17 •• Gegeben ist das Anfangswertproblem

$$u''(x) + 2xu'(x) - u(x) = (1 + x + x^2)\,\mathrm{e}^x, \quad x \in \mathbb{R}.$$

mit $u(0) = 0$ und $u'(0) = 1/2$, das durch einen Potenzreihenansatz

$$u(x) = \sum_{n=0}^{\infty} a_n x^n$$

gelöst werden kann.

(a) Bestimmen Sie eine Rekursionsformel für die Koeffizienten a_n.
(b) Zeigen Sie

$$a_n = \frac{1}{2}\frac{1}{(n-1)!}, \quad n \geq 1,$$

und geben Sie die Lösung des Anfangswertproblems in geschlossener Form an.

13.18 •• Um $x_0 = 1$ sind Lösungen der Differenzialgleichung

$$x\,u''(x) + (2 + x)\,u'(x) + u(x) = 0$$

in Potenzreihen entwickelbar. Bestimmen Sie diese Potenzreihe für den Fall $u(1) = -u'(1) = 1$ und geben Sie den Konvergenzbereich der Reihe an.

13.19 ••• Bestimmen Sie die allgemeine Lösung der Differenzialgleichung

$$x^2 y''(x) + x^2 y'(x) - 2y(x) = 0$$

mit einem erweiterten Potenzreihenansatz

$$y(x) = \sum_{k=0}^{\infty} a_k\,x^{k+\lambda} \quad \text{mit } a_0 \neq 0,\ \lambda \in \mathbb{R}.$$

Anwendungsprobleme

13.20 •• In einem einfachen Infektionsmodell wird die Rate, mit der Anteil I der Infizierten in einer Population ($0 < I < 1$) steigt, proportional zu den Kontakten zwischen Infizierten und Nichtinfizierten angesetzt.

(a) Stellen Sie eine Differenzialgleichung auf, die diesen Sachverhalt beschreibt. Bestimmen Sie den Typ der Differenzialgleichung und berechnen Sie die Lösung für die Anfangsbedingung $I(0) = I_0$ an.
(b) Erweitern Sie das Modell, indem Sie eine Heilungsrate proportional zu I ansetzen. Wie ändert sich das Lösungsverhalten der Differenzialgleichung? Welche Gleichgewichtszustände ($I'(t) = 0$) gibt es?

13.21 •• Ein Balken der Länge $L = 3\,\text{m}$ mit rechteckigem Querschnitt von der Höhe $h = 0.1\,\text{m}$ und der Breite $b = 0.06\,\text{m}$ wird an seinen Endpunkten gelagert und belastet. Setzen wir den Ursprung in den Mittelpunkt des Balkens, so gelten für die Durchbiegung w die Randbedingungen

$$w\left(-\frac{L}{2}\right) = w\left(\frac{L}{2}\right) = 0\,\text{m},$$
$$w''\left(-\frac{L}{2}\right) = w''\left(\frac{L}{2}\right) = 0\,\text{m}^{-1}.$$

Das Elastizitätsmodul des Materials ist $E = 10^{10}\,\text{N/m}^2$, ein typischer Wert für einen Holzbalken.

(a) Wir belasten den Balken durch eine konstante Last $q = 300\,\text{N/m}$. Die Durchbiegung genügt also der Differenzialgleichung

$$E\,I\,w''''(x) = q, \quad x \in \left(-\frac{L}{2}, \frac{L}{2}\right),$$

wobei I das Flächenträgheitsmoment des Balkens angibt. Bestimmen Sie w.

(b) Wirkt an einer einzigen Stelle des Balkens eine Kraft, so kann man die Durchbiegung mithilfe der *Querkraft* Q beschreiben. Wirkt an der Stelle $x_0 = 0\,\text{m}$ eine Kraft von $300\,\text{N}$, so verwendet man die Differenzialgleichung

$$E\,I\,w'''(x) = Q(x), \quad x \in \left(-\frac{L}{2}, \frac{L}{2}\right),$$

mit

$$Q(x) = \begin{cases} -150\,\text{N}, & x < x_0, \\ 150\,\text{N}, & x \geq x_0. \end{cases}$$

Bestimmen Sie auch in diesem Fall w.

13.22 • Eine Masse von 5 kg dehnt eine Feder um 0.1 m. Dieses System befindet sich in einer viskosen Flüssigkeit. Durch diese Flüssigkeit wirkt auf die Masse bei einer Geschwindigkeit von $0.04\,\text{m/s}$ eine bremsende Kraft von 2 N. Es wirkt eine äußere Kraft $F(t) = 2\cos(\omega t)\,\text{N}$, $t > 0$, $\omega \in \mathbb{R}$. Für die Erdbeschleunigung können Sie $g = 10\,\text{m/s}^2$ annehmen.

(a) Stellen Sie die zugehörige Differenzialgleichung auf und bestimmen Sie deren allgemeine Lösung.
(b) Ein Summand in der Lösung, man nennt ihn auch die *stationäre Lösung,* gibt das Verhalten des Systems für große Zeiten wieder. Diese ist unabhängig von den Anfangsbedingungen.
Schreiben Sie die stationäre Lösung in der Form

$$A(\omega)\cos(\omega t - \delta),$$

und bestimmen Sie dasjenige ω, für das die Amplitude $A(\omega)$ maximal ist.

13.23 •• Implementieren Sie das klassische Runge-Kutta-Verfahren der 4. Stufe in MATLAB®. Verifizieren Sie Ihr Programm, indem Sie das Beispiel von S. 482 nachrechnen.

Teil II

Antworten zu den Selbstfragen

Antwort 1 Die Funktionen aus (b) und (c) sind Lösungen.

Antwort 2 (a) und (c) sind separabel, die anderen beiden nicht.

Antwort 3 Die Gleichung lautet $c'(x) = 2x \exp(x^2)$.

Antwort 4 Es sollte $y(x) = 1/u(x)$ substituiert werden.

Antwort 5 Die Nullstellen des charakteristischen Polynoms sind -2, i und $-$i. Damit tritt bei jeder rechten Seite der Form

$$f(x) = c_1 \exp(-2x) + c_2 \exp(\mathrm{i}x) + c_3 \exp(-\mathrm{i}x)$$

mit $c_1, c_2, c_3 \in \mathbb{C}$, bzw. im Reellen für

$$f(x) = c_1 \exp(-2x) + c_2 \cos(x) + c_3 \sin(x)$$

mit $c_1, c_2, c_3 \in \mathbb{R}$, Resonanz auf, denn dies sind gerade die Lösungen der zugehörigen homogenen Gleichung.

Lineare Algebra

III

Lineare Gleichungssysteme – Grundlage der linearen Algebra

14

Wie kann man die Kräfte in den Stäben einer Brücke bestimmen?

Warum kann unmittelbar nach einer Wahl angegeben werden, welche Wählerwanderung stattgefunden hat?

Was haben Ohm'sches Gesetz und Kirchhoff'sche Regeln mit linearen Gleichungssystemen zu schaffen?

Teil III

Ergänzende Information Die elektronische Version dieses Kapitels enthält Zusatzmaterial, auf das über folgenden Link zugegriffen werden kann https://doi.org/10.1007/978-3-662-64389-1_14.

T. Arens et al., *Mathematik*, https://doi.org/10.1007/978-3-662-64389-1_14

In fast allen Bereichen der linearen Algebra stößt man auf Aufgaben, die zu linearen Gleichungssystemen führen. Bereits einfache Fragestellungen nach Schnittpunkten von Geraden im Anschauungsraum liefern solche Systeme. Kompliziertere Aufgabenstellungen, wie etwa bei der Eigenwertproblematik oder der linearen Optimierung, können in zahlreichen riesigen Gleichungssystemen ausufern.

Aber solche Systeme spielen auch in vielen anderen Gebieten der Mathematik und auch in anderen Wissenschaften eine Rolle. Wir führen Beispiele aus der numerischen Mathematik, Physik, Statik, Politik und Elektrotechnik vor.

Weil es für die meisten Themenkreise der linearen Algebra unumgänglich ist, das Lösen von linearen Gleichungssystemen zu beherrschen, behandeln wir diese im vorliegenden ersten Kapitel zur linearen Algebra ausführlich. Wir entwickeln ein systematisches Verfahren zur Lösung solcher Systeme, das auch den meisten Computeralgebrasystemen zugrunde liegt. Bei diesem Verfahren, das nach Gauß und Jordan benannt ist, wird in einer ersten Phase geklärt, ob ein gegebenes lineares Gleichungssystem überhaupt lösbar ist. Im Fall der Lösbarkeit wird dann in einer weiteren Phase die Lösungsmenge auf eine effiziente Art und Weise bestimmt.

14.1 Erste Lösungsversuche

Wir werden in diesem Kapitel hauptsächlich *reelle lineare Gleichungssysteme* behandeln. Eine exakte Definition dieser Systeme erfolgt im Abschn. 14.2, vorläufig wollen wir uns mit einer etwas ungenauen Beschreibung zufrieden geben: Der Begriff *Gleichungssystem* besagt, dass es sich um mehrere Gleichungen in mehreren Unbekannten handelt. Die *Linearität* eines solchen Systems bedeutet, dass die Unbekannten in den Gleichungen des Systems nur in erster Potenz auftauchen und nicht etwa in trigonometrischen Funktionen eingebunden sind. *Reell* weist darauf hin, dass die Koeffizienten der Unbekannten in den Gleichungen reelle Zahlen sind und wir auch die Lösungen unter den reellen Zahlen suchen.

Weil wir vor allem reelle Systeme betrachten, werden wir oft den Begriff *reell* weglassen oder gegebenenfalls in Klammern anführen, wenn es dem Verständnis dient.

Die hier behandelten Verfahren funktionieren jedoch über beliebigen Körpern, etwa über den rationalen oder komplexen Zahlen; die Lösungsmethoden ändern sich dadurch nicht.

Die unbekannten Größen werden mit $x_1, x_2, \ldots, x_n$ bezeichnet. Wir schreiben die linearen Gleichungen immer so auf, dass auf der linken Seite der Gleichung genau diejenigen Summanden stehen, welche *Unbekannte* enthalten. Damit bleibt rechts jeweils nur eine Zahl, das *Absolutglied* der linearen Gleichung.

Das System

$$\begin{aligned} x_1 + x_2 &= 2 \\ x_1 - x_2 &= 0 \end{aligned}$$

ist ein reelles lineares Gleichungssystem. Die beiden folgenden Gleichungen

$$\begin{aligned} \sin(x_1) + x_2 &= 2 \\ x_1 - x_2^2 &= 0 \end{aligned}$$

beschreiben hingegen kein lineares Gleichungssystem. man spricht von einem *nichtlinearen Gleichungssystem*.

Unter einer *Lösung* eines Gleichungssystems in n Unbekannten verstehen wir n reelle Zahlen $l_1, l_2, \ldots, l_n$, die, anstelle von $x_1, x_2, \ldots, x_n$ eingesetzt, alle Gleichungen des Systems erfüllen. Das Gleichungssystem zu lösen heißt, sämtliche Lösungen, also die *Lösungsmenge* L des Systems zu bestimmen.

Achtung Die reellen Zahlen $l_1, l_2, \ldots, l_n$ bilden nicht n Lösungen, sie bilden *eine* Lösung des Gleichungssystems. Daher ist auch die Schreibweise $(l_1, l_2, \ldots, l_n)$ für diese eine Lösung besser. Wir werden von nun an Lösungen linearer Gleichungssysteme in dieser Art angeben. ◀

Oft führen einfache Fragestellungen, wie etwa die folgende Anwendung aus der Physik zeigt, auf lineare Gleichungssysteme.

Anwendungsbeispiel Wir vermuten, dass die Schwingungsdauer T in Sekunden s eines Fadenpendels von den Faktoren Länge l in Meter m, der Masse M in Kilogramm kg und der Erdbeschleunigung g in m/s^2 abhängt (siehe Abb. 14.1).

Wir gehen also davon aus, dass die Schwingungsdauer T proportional zu einem Produkt von Potenzen der Größen Länge, Masse und Erdbeschleunigung ist, d. h.

$$T = a \cdot l^{x_1} \cdot M^{x_2} \cdot g^{x_3} \quad \text{mit } a \in \mathbb{R}, \tag{14.1}$$

wobei nun die Werte für die Exponenten x_1, x_2, x_3 zu bestimmen sind. Dies erfolgt durch einen Vergleich der Einheiten links und rechts des Gleichheitszeichens. Diese sogenannte

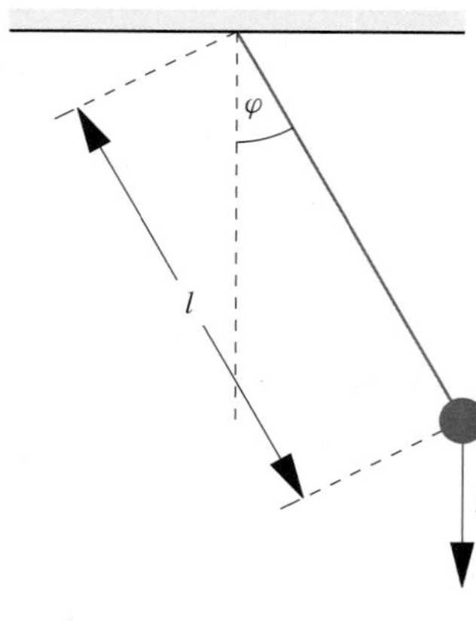

Abb. 14.1 Die Parameter eines Fadenpendels, die mutmaßlich seine Schwingungsdauer bestimmen, sind seine Masse M, die Länge l des Fadens und die Erdbeschleunigung g

Dimensionsanalyse zur Bestimmung einer Formel führt für die Schwingungsdauer T zu dem folgenden Vergleich der Einheiten in der Formel (14.1), wobei wir voraussetzen, dass die Größe a keine Einheit hat:

$$\begin{aligned} s = m^0 \cdot kg^0 \cdot s^1 &= m^{x_1} \cdot kg^{x_2} \cdot (m/s^2)^{x_3} \\ &= m^{x_1+x_3} \cdot kg^{x_2} \cdot s^{-2x_3} \end{aligned}$$

Der Vergleich der Exponenten der zugehörigen Einheiten liefert nun das lineare Gleichungssystem

$$\begin{aligned} x_1 + x_3 &= 0 \\ x_2 &= 0 \\ -2x_3 &= 1 \end{aligned}$$

mit der eindeutig bestimmten Lösung $(1/2,\ 0,\ -1/2)$. Setzen wir diese gefundenen Werte in die Gl. (14.1) ein, so erhalten wir für die Schwingungsdauer T die Formel

$$T = a \cdot \sqrt{l} \cdot M^0 \cdot 1/\sqrt{g} \text{ mit } a \in \mathbb{R},$$

sodass also letztlich eine Abhängigkeit der Schwingungsdauer von der Masse gar nicht gegeben ist. Die Konstante a kann bestimmt werden, indem man die Dynamik des Fadenpendels mit einer Differenzialgleichung modelliert. Die Lösung des entsprechenden Anfangswertproblemes liefert die Konstante a; man erhält so für die Schwingungsdauer eines Fadenpendels

$$T = 2\pi\sqrt{l/g}.$$ ◀

Ein lineares Gleichungssystem hat entweder keine, genau eine oder unendlich viele Lösungen

Lineare Gleichungssysteme müssen nicht immer eine Lösung besitzen. Betrachten wir etwa das System der zwei Gleichungen

$$\begin{aligned} x_1 - x_2 &= 1 \\ x_1 - x_2 &= 0 \end{aligned}$$

in den zwei Unbekannten x_1 und x_2. Es gibt keine reellen Zahlen l_1, l_2 mit $l_1 = l_2$ und $l_1 \neq l_2$. Dieses Gleichungssystem ist *unlösbar*.

Wir betrachten das lineare Gleichungssystem:

$$\begin{aligned} x_1 + x_2 &= 2 \\ x_1 - x_2 &= 0 \end{aligned}$$

Die zweite Gleichung besagt $x_1 = x_2$. Setzen wir dies in die erste Gleichung ein, so erhalten wir $2x_1 = 2$. Es ist also $l_1 = 1$, $l_2 = 1$ die einzig mögliche Lösung des Systems, wofür wir wie vereinbart $(l_1, l_2) = (1, 1)$ schreiben.

Wir betrachten ein weiteres lineares Gleichungssystem:

$$\begin{aligned} 3x_1 - 6x_2 &= 0 \\ -x_1 + 2x_2 &= 0 \end{aligned}$$

Die zweite Gleichung besagt: $x_1 = 2x_2$. Setzt man dies in die erste Gleichung ein, so erhält man $6x_2 - 6x_2 = 0$. Die zweite Gleichung enthält damit keine Information, die nicht auch schon die erste Gleichung liefert. Beim genaueren Hinsehen erkennt man auch, dass die zweite Gleichung das $(-1/3)$-Fache der ersten Gleichung ist. Man kann die zweite Gleichung einfach streichen, es bleibt also das *System*

$$3x_1 - 6x_2 = 0,$$

dessen Lösungsmenge wir nun bestimmen. Durch Probieren erkennt man, dass etwa $(2, 1)$ und $(4, 2)$ Lösungen des Systems sind. Allgemeiner erkennt man, dass wenn man für x_2 eine beliebige reelle Zahl t einsetzt, die Größe x_1 wegen $3x_1 = 6t$ den Wert $2t$ haben muss.

Damit haben wir alle Lösungen bestimmt. Für jedes $t \in \mathbb{R}$ ist $(2t,\ t)$ eine Lösung und weitere Lösungen gibt es nicht. Die Lösungsmenge des Systems können wir nun schreiben als

$$L = \{(2t,\ t) \mid t \in \mathbb{R}\},$$

dies sind unendlich viele Lösungen.

Selbstfrage 1

Welche Lösungsmenge erhält man, wenn man für x_1 eine beliebige reelle Zahl t einsetzt und dann x_2 bestimmt?

Diese drei Fälle decken tatsächlich alle Möglichkeiten ab, wir halten fest:

Anzahl der Lösungen eines LGS

Ein (reelles) lineares Gleichungssystem hat entweder *keine* oder *genau eine* oder *unendlich viele* Lösungen.

Beispiel

- Wie lautet die Lösungsmenge des folgenden Gleichungssystems?

$$\begin{aligned} x_1 + x_2 &= 1 \\ 2x_1 - x_2 &= 5 \end{aligned}$$

Die erste Gleichung besagt $x_1 = 1 - x_2$. Dieser Wert wird in die zweite Gleichung eingesetzt, was auf die lineare Gleichung $2 - 3x_2 = 5$ für x_2 führt. Die erhaltene Lösung für x_2 wird dann im Ausdruck für x_1 eingesetzt und liefert die in diesem Fall einzige Lösung

$$(l_1, l_2) = (2, -1).$$

Also ist $L = \{(2, -1)\}$ die Lösungsmenge des betrachteten Systems.

- Wende dasselbe *Substitutionsverfahren* auf das folgende System an:

$$\begin{aligned} x_1 + x_2 &= 1 \\ 2x_1 + 2x_2 &= 5 \end{aligned}$$

Die erste Gleichung besagt $x_1 = 1 - x_2$. Wir setzen dies in die zweite Gleichung für x_1 ein und erhalten

$$2 - 2x_2 + 2x_2 = 5, \text{ also } 2 = 5,$$

eine offensichtlich falsche Aussage. Dies heißt

$$L = \emptyset.$$

- Der obige Widerspruch ist beseitigt in dem folgenden System:

$$\begin{aligned} x_1 + x_2 &= 1 \\ 4x_1 + 4x_2 &= 4 \end{aligned}$$

Dieselbe Substitution wie vorhin führt diesmal auf eine tatsächliche Zahlengleichheit $4 = 4$, aber noch nicht zur Lösung.
Ein Blick auf das System zeigt: Jedes Zahlenpaar (l_1, l_2), das die erste Gleichung erfüllt, erfüllt auch die zweite. Die zweite Gleichung ist also eine Folge der ersten. Wir sprechen auch von einer **Folgegleichung**.
Es gibt unendlich viele Lösungen, denn jedes $l_1 \in \mathbb{R}$ löst zusammen mit $l_2 = 1 - l_1$ das obige System. Wir führen statt l_1 den *Parameter t* ein und erhalten die *Parameterdarstellung* von L:

$$L = \{(t, 1-t) \mid t \in \mathbb{R}\}$$

- Wir lösen die folgende Erweiterung des Gleichungssystems des ersten Beispiels:

$$\begin{aligned} x_1 + x_2 &= 1 \\ 2x_1 - x_2 &= 5 \\ -x_1 - 4x_2 &= 2 \end{aligned}$$

Die aus den ersten beiden Gleichungen zu ermittelnde Lösung erfüllt auch die dritte Gleichung. Die dritte ist nämlich eine Folgegleichung der ersten beiden; sie entsteht, indem von der zweiten das Dreifache der ersten subtrahiert wird. Mit dem ersten Beispiel folgt $L = \{(2, -1)\}$.

- Wir lösen die folgende Erweiterung des Gleichungssystems des 1. Beispiels:

$$\begin{aligned} x_1 + x_2 &= 1 \\ 2x_1 - x_2 &= 5 \\ 3x_1 + x_2 &= 4 \end{aligned}$$

Die eindeutige Lösung der ersten beiden Gleichungen erfüllt die dritte Gleichung nicht mehr,

$$(l_1, l_2) = (2, -1) \Rightarrow 5 = 4.$$

Das Gleichungssystem ist unlösbar, als Lösungsmenge erhalten wir $L = \emptyset$.

- Wir lösen das folgende System mit drei Unbekannten:

$$\begin{aligned} x_1 + 2x_2 - x_3 &= 0 \\ 6x_1 - 3x_2 - x_3 &= 0 \\ 2x_1 + x_2 - x_3 &= 6 \end{aligned}$$

Dieses System stellt sich ebenfalls als unlösbar heraus. Wenn wir nämlich zu dem Vierfachen der ersten Gleichung die zweite addieren, erhalten wir die Folgegleichung

$$10x_1 + 5x_2 - 5x_3 = 0,$$

die zum 5-Fachen der dritten Gleichung des Systems im Widerspruch steht

$$10x_1 + 5x_2 - 5x_3 = 30 \neq 0,$$

also gilt auch in diesem Fall $L = \emptyset$. ◄

Selbstfrage 2

1) Hat ein System mit mehr Unbekannten als Gleichungen stets unendlich viele Lösungen?
2) Ist ein System mit mehr Gleichungen als Unbekannten immer unlösbar?

Gleichungssysteme mit zwei oder drei Unbekannten lassen sich geometrisch interpretieren

Eine geometrische Veranschaulichung zeigt die Ursache der in den Beispielen auf S. 515 auftretenden Phänomene.

Wir interpretieren die Zahlenpaare (l_1, l_2) bzw. Zahlentripel (l_1, l_2, l_3) als Koordinaten von Punkten in der Ebene bzw. im Raum.

Bekanntlich stellt die Lösungsmenge einer einzelnen linearen Gleichung

$$a_1 x_1 + a_2 x_2 = b$$

mit reellen a_1, a_2, b eine Gerade in der Ebene dar, sofern nicht beide Koeffizienten a_1 und a_2 null sind. Analog bilden die Lösungen einer linearen Gleichung der Form

$$a_1 x_1 + a_2 x_2 + a_3 x_3 = b$$

mit reellen a_1, a_2, a_3, b eine Ebene im Raum. Auch hierbei dürfen nicht alle Koeffizienten a_1, a_2, a_3 gleich null sein.

Selbstfrage 3

Was sind die Lösungsmengen, wenn die Koeffizienten a_1, a_2 bzw. a_1, a_2, a_3 alle zugleich null sind?

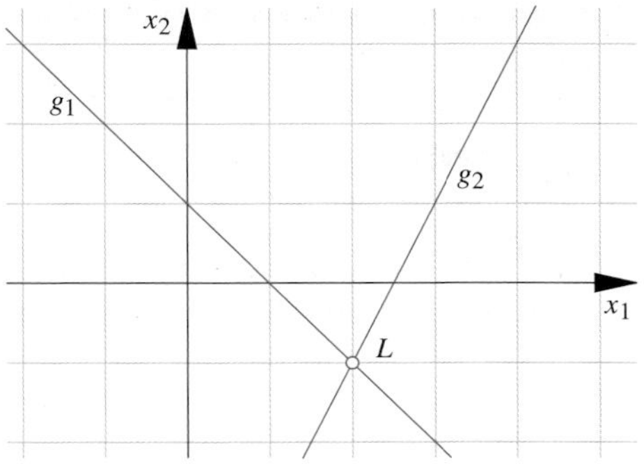

Abb. 14.2 Die Lösungsmenge entspricht dem Schnittpunkt der beiden Geraden

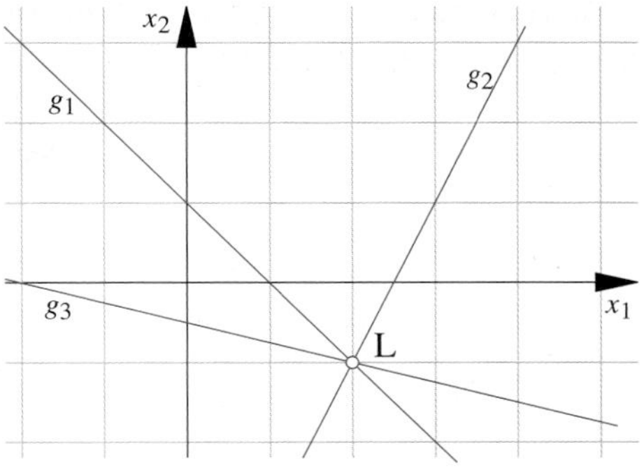

Abb. 14.4 Die Lösungsmenge als Schnittpunkt dreier Geraden

Jeder Lösung eines Systems von linearen Gleichungen in zwei bzw. drei Unbekannten entspricht somit ein gemeinsamer Punkt aller zugehörigen Geraden bzw. Ebenen.

Die zwei Gleichungen des Systems

$$\begin{aligned} x_1 + x_2 &= 1 \quad (\Leftrightarrow x_2 = -x_1 + 1) \\ 2\,x_1 - x_2 &= 5 \quad (\Leftrightarrow x_2 = 2\,x_1 - 5) \end{aligned}$$

ergeben zwei einander schneidende Geraden (siehe Abb. 14.2). Die Lösung entspricht dem Schnittpunkt.

Im Beispiel

$$\begin{aligned} x_1 + x_2 &= 1 \quad (\Leftrightarrow x_2 = -x_1 + 1) \\ 2\,x_1 + 2\,x_2 &= 5 \quad (\Leftrightarrow x_2 = -x_1 + 5/2) \end{aligned}$$

liegen zwei parallele Geraden vor (siehe Abb. 14.3). Daher ist die Lösungsmenge leer.

Die dritte Gleichung des Systems

$$\begin{aligned} x_1 + x_2 &= 1 \quad (\Leftrightarrow x_2 = -x_1 + 1) \\ 2\,x_1 - x_2 &= 5 \quad (\Leftrightarrow x_2 = 2\,x_1 - 5) \\ -x_1 - 4\,x_2 &= 2 \quad (\Leftrightarrow x_2 = -1/4\,x_1 - 1/2) \end{aligned}$$

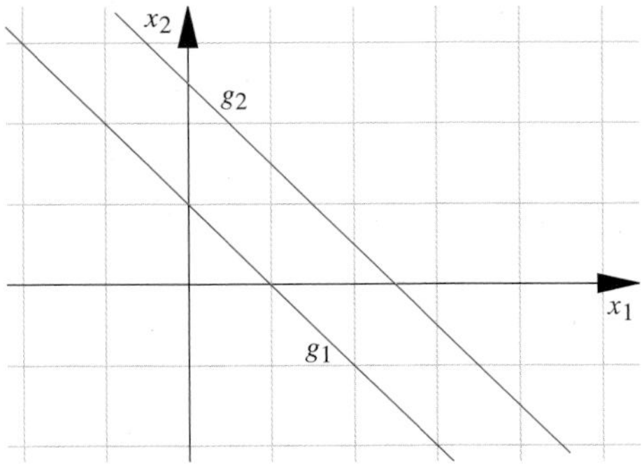

Abb. 14.3 Sind die beiden Geraden parallel, so ist die Lösungsmenge leer

stellt eine weitere Gerade durch den Schnittpunkt der ersten beiden Geraden dar (siehe Abb. 14.4).

Die gegebenen Gleichungen des Systems

$$\begin{aligned} x_1 + 2\,x_2 - x_3 &= 0 \\ 6\,x_1 - 3\,x_2 - x_3 &= 0 \\ 2\,x_1 + x_2 - x_3 &= 6 \end{aligned}$$

bestimmen drei Ebenen ohne gemeinsamen Punkt, denn die Schnittgerade der ersten beiden Ebenen verläuft parallel zur dritten Ebene. Die Abb. 14.5 illustriert dies.

Das bisher benutzte Substitutionsverfahren, das natürlich auch bei mehr als zwei Unbekannten schrittweise eingesetzt werden kann, erweist sich nicht immer als sinnvoll: Der Ablauf des Rechenverfahrens ist nicht klar genug geregelt; manchmal muss man am Ende wieder zu früheren Gleichungen zurückkehren,

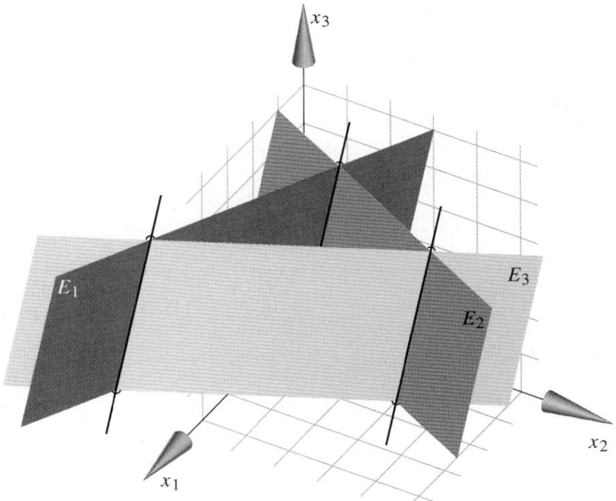

Abb. 14.5 Die Lösungsmenge ist leer; die Schnittgeraden zwischen je zwei der drei Ebenen E_1, E_2, E_3 sind parallel

Vertiefung: Näherungslösung für ein nicht lösbares lineares Gleichungssystem

Die Lösungsmenge des linearen Gleichungssystems

$$\begin{aligned} x_1 + x_2 &= 1 \\ 2\,x_1 - x_2 &= 5 \\ 3\,x_1 + x_2 &= 4 \end{aligned}$$

ist leer (siehe Beispiele auf S. 515). Angenommen, die Absolutwerte auf der rechten Seite sind die Ergebnisse von Messungen und daher fehlerbehaftet. Dann könnte man aus dem Blickpunkt eines Anwenders fragen: Wenn es keine exakte Lösung gibt, vielleicht gibt es eine, welche alle Gleichungen wenigstens *annähernd* erfüllt? Gibt es eine, bei welcher die Abweichungen von den auf den rechten Seiten vorgegebenen Absolutwerten *insgesamt minimal* sind? Dass sich diese Minimalitätsforderung mathematisch sinnvoll formulieren lässt, zeigt ein späteres Kapitel.

Um zur Näherungslösung zu gelangen, wählen wir eine andere geometrische Interpretation für das Lösen von Gleichungssystemen. Dabei verwenden wir eine Abbildung f, die durch die linken Seiten der Gleichungen festgelegt ist. Wir demonstrieren dies im Folgenden anhand unseres Beispiels.

Wir verwenden die linken Seiten der gegebenen Gleichungen zur Definition einer Punktabbildung, nämlich zu:

$$f\colon\ \mathbb{R}^2 \to \mathbb{R}^3, \quad (x_1, x_2) \mapsto (x_1', x_2', x_3')$$

$$\text{mit}\quad \begin{aligned} x_1' &= x_1 + x_2 \\ x_2' &= 2\,x_1 - x_2 \\ x_3' &= 3\,x_1 + x_2 \end{aligned}$$

Weil hier 3 Gleichungen mit 2 Unbekannten vorliegen, handelt es sich um eine Abbildung aus der Ebene in den Raum.

Die Bildpunkte liegen allerdings alle in der Ebene $f(\mathbb{R}^2)$ mit der Gleichung

$$5\,x_1' + 2\,x_2' - 3\,x_3' = 0,$$

wie sich durch Einsetzen bestätigen lässt. Der durch die Absolutwerte $(x_1', x_2', x_3') = (1, 5, 4)$ vorgeschriebene *Zielpunkt* $Z = (1, 5, 4)$ gehört nicht dieser Ebene an. Also gibt es kein Urbild und damit auch keine Lösung des Systems. Nun überlegen wir, wie man zu einer Näherungslösung gelangt: Wir fragen zunächst nach einem Punkt innerhalb der Bildebene $f(\mathbb{R}^2)$, der dem vorgeschriebenen Zielpunkt Z am nächsten liegt. Das ist der Normalenfußpunkt F von Z (siehe Definition auf S. 718), und das Urbild $f^{-1}(F)$ dieses Fußpunktes ist dann unsere Näherungslösung.

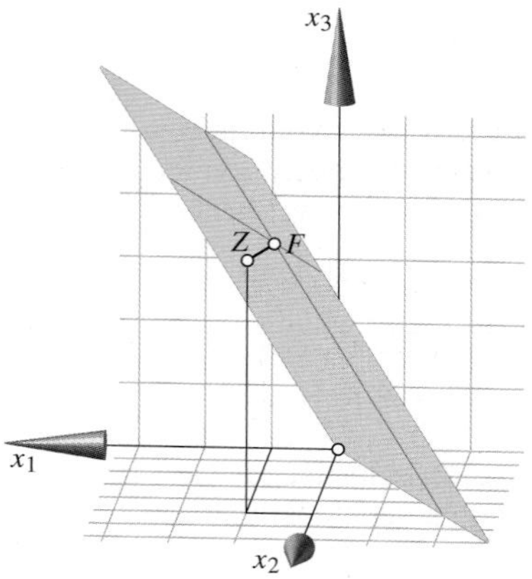

Der Fußpunkt F als Näherung für den Zielpunkt Z

Methoden aus der analytischen Geometrie ergeben $F = (23/38,\ 184/38,\ 161/38)$ und damit als Näherungslösung $(\tilde{l}_1, \tilde{l}_2) = (69/38, -46/38)$. Einsetzen dieser Lösung ergibt auf der rechten Seite Abweichungen von den vorgeschriebenen Absolutgliedern im Ausmaß von etwa

$$0.3947,\ 0.1579\ \text{bzw.}\ -0.2368.$$

Dabei bezeichnen wir als Abweichung die Differenz Sollwert minus Istwert. Der Fußpunkt F ist der dem Zielpunkt Z nächstgelegene Bildpunkt aus $f(\mathbb{R}^2)$. Daher ist für die gezeigte Näherungslösung *die Quadratsumme der Abweichungen minimal*, nämlich gleich dem Quadrat der Distanz der Punkte Z und F.

um zu einer Lösung zu kommen oder überhaupt die Lösbarkeit festzustellen.

Wir wollen nun ein Verfahren beschreiben, das uns auf sicherem Wege zeigt, ob ein gegebenes lineares Gleichungssystem lösbar ist, und uns im Fall der Lösbarkeit dann auch gleich die Lösungsmenge liefert.

Um unser Vorgehen zu motivieren, betrachten wir die folgenden speziellen linearen Gleichungssysteme.

Gleichungssysteme in Stufenform lassen sich unmittelbar lösen

Manche Bauformen linearer Gleichungssysteme machen das Auffinden der Lösungen besonders einfach.

Beispiel

- Wir lösen das folgende, in *Stufenform* gegebene Gleichungssystem:

$$\begin{aligned} x_1 + x_2 - x_3 &= 0 \\ 2x_2 - x_3 &= 1 \\ x_3 &= 3 \end{aligned}$$

  Wir lösen dieses System durch *Rückwärtseinsetzen*, d. h., wir setzen den durch die letzte Gleichung bestimmten Wert 3 von x_3 in der vorletzten Gleichung ein und erhalten für x_2

$$2x_2 - 3 = 1 \Rightarrow x_2 = 2$$

  und schließlich aus der ersten Gleichung für x_1

$$x_1 + 2 - 3 = 0 \Rightarrow x_1 = 1.$$

  Damit erhalten wir die Lösungsmenge $L = \{(1, 2, 3)\}$.
- Noch einfacher wird das Auffinden der Lösung bei einem System in *reduzierter Stufenform*. Hier treten die ersten Unbekannten jeweils nur in einer Gleichung auf, und zwar mit dem Koeffizienten 1.
  Wir lösen das folgende, eine *reduzierte Stufenform* aufweisende System:

$$\begin{aligned} x_1 + \quad\quad\quad x_4 - x_5 &= 4 \\ x_2 - \quad 2x_4 + 3x_5 &= 6 \\ x_3 + 3x_4 - 2x_5 &= 3 \end{aligned}$$

  Wir können x_1, x_2 und x_3 unmittelbar durch x_4 und x_5 ausdrücken und damit das System lösen, egal, was für x_4 und x_5 eingesetzt wird. Wir setzen für die Unbestimmten x_4 bzw. x_5 die reellen Zahlen t_1 bzw. t_2 ein und erhalten so die Parameterdarstellung der hier *zweidimensionalen* Lösungsmenge

$$L = \{(4 - t_1 + t_2, 6 + 2t_1 - 3t_2, 3 - 3t_1 + 2t_2, t_1, t_2) \mid t_1, t_2 \in \mathbb{R}\}. \quad ◄$$

Wegen dieser verhältnismäßig einfachen Lösbarkeit von Gleichungssystemen in Stufen- bzw. reduzierter Stufenform, ist es naheliegend, ein gegebenes lineares Gleichungssystem in der Weise zu lösen, dass wir es durch Umformungen auf Stufen- bzw. reduzierte Stufenform bringen und die Lösung dann ablesen. Dabei müssen wir aber beachten, dass wir die Lösungsmenge bei diesen Umformungen nicht ändern. Zu solchen Umformungen zählen die sogenannten *elementaren Zeilenumformungen*. Die Details behandeln wir im folgenden Abschnitt.

14.2 Das Lösungsverfahren von Gauß und Jordan

Wir haben schon einige reelle lineare Gleichungssysteme angegeben und auch gelöst. Dabei haben wir noch gar nicht geklärt, was wir denn eigentlich genau unter einem solchen System verstehen. Wir wollen dies nun nachholen und auch ein Verfahren entwickeln, mit dessen Hilfe entschieden werden kann, ob ein gegebenes lineares Gleichungssystem lösbar ist und im Fall der Lösbarkeit auch die Lösungsmenge liefert. Im Folgenden bezeichnen m und n natürliche Zahlen.

Ein **lineares Gleichungssystem** mit m Gleichungen in n Unbekannten $x_1, \ldots, x_n$ lässt sich in folgender Form schreiben:

$$\begin{aligned} a_{11}x_1 + a_{12}x_2 + \cdots + a_{1n}x_n &= b_1 \\ a_{21}x_1 + a_{22}x_2 + \cdots + a_{2n}x_n &= b_2 \\ \vdots \quad\quad \vdots \quad\quad\quad\quad \vdots \quad &\quad \vdots \\ a_{m1}x_1 + a_{m2}x_2 + \cdots + a_{mn}x_n &= b_m \end{aligned}$$

Dabei sind a_{ij} und b_i für $1 \leq i \leq m$ und $1 \leq j \leq n$ reelle Zahlen. Wir bezeichnen dieses System kurz mit LGS.

Ein n-Tupel $(l_1, l_2, \ldots, l_n)$ reeller Zahlen $l_1, \ldots, l_n$ heißt eine **Lösung** von LGS, wenn alle Gleichungen von LGS durch Einsetzen von $l_1, \ldots, l_n$ anstelle von $x_1, \ldots, x_n$ befriedigt werden. Die Menge aller Lösungen von LGS heißt **Lösungsmenge** von LGS.

Mit elementaren Zeilenoperationen bringt man ein lineares Gleichungssystem auf Zeilenstufenform

Nun lernen wir eine Methode kennen, die auch vielen computergestützten Verfahren zugrunde liegt und auf übersichtliche und effiziente Weise zur Lösungsmenge eines linearen Gleichungssystems führt.

Die Strategie lässt sich wie folgt kurz beschreiben: Es wird wiederholt jeweils eine Gleichung des Systems durch eine Folgegleichung ersetzt, bis schließlich das Gleichungssystem Stufenform annimmt. Spätestens an der Stufenform kann dann die

Lösbarkeit entschieden werden. Ist das System lösbar, so kann dann die Lösungsmenge durch Rückwärtseinsetzen bestimmt werden (Eliminationsverfahren von Gauß) oder durch ein Fortsetzen des Verfahrens auf reduzierte Stufenform gebracht und sodann die Lösungsmenge abgelesen werden (Eliminationsverfahren von Gauß und Jordan).

Der Ersatz einer Gleichung durch eine Folgegleichung des bisherigen Systems muss allerdings wohlüberlegt erfolgen: Die Lösungsmenge muss unverändert bleiben, es darf keine Information verloren gehen. Wir erreichen dieses Ziel, indem wir die Umformungen, die zu Folgegleichungen führen, stark einschränken:

Die folgenden, auf die Gleichungen des linearen Gleichungssystems, also auf die einzelnen Zeilen, anwendbaren Operationen heißen **elementare Zeilenumformungen**.

Elementare Zeilenumformungen

1. Zwei Gleichungen werden vertauscht;
2. eine Gleichung wird mit einem Faktor $\lambda \neq 0$ multipliziert, also vervielfacht;
3. zu einer Gleichung wird das λ-Fache einer anderen Gleichung addiert.

Kommentar

- Bei (3) ist $\lambda = 0$ durchaus zugelassen, das System bleibt aber bei einer solchen Umformung unverändert.
- Die Umformung (1) ist auch durch geschicktes Anwenden von (2) und (3) erreichbar. Wir haben dies als Übungsaufgabe gestellt. Eigentlich ist also die Umformung (1) nicht *elementar*, sie wird aber üblicherweise dennoch so bezeichnet, auch wir wollen dies tun. ◂

Mithilfe der elementaren Zeilenumformungen gelingt es nun, jedes lineare Gleichungssystem in ein solches zu überführen, dessen Lösungsmenge leicht zu bestimmen ist. Der große Nutzen der elementaren Umformungen liegt darin, dass sich die Lösungsmenge bei den Umformungen nicht ändert, sodass also die leicht bestimmbare Lösungsmenge die gesuchte ist.

Elementare Zeilenumformungen ändern die Lösungsmenge nicht

Wir formulieren sogleich das zentrale Ergebnis dieses Abschnitts.

Elementare Zeilenumformungen und die Lösungswege

Die Lösungsmenge eines linearen Gleichungssystems ändert sich nicht, wenn eine elementare Zeilenumformung an diesem System durchgeführt wird.

Wir geben eine kurze Begründung: Jede Lösung eines Gleichungssystems erfüllt dieses System auch noch, nachdem eine elementare Zeilenumformung ausgeübt wird. Dasselbe gilt auch in der umgekehrten Richtung, nachdem die Umkehroperation von derselben Art ist. Also bleibt die Lösungsmenge unverändert.

Zwei Gleichungssysteme mit derselben Lösungsmenge heißen zueinander **äquivalent**.

Achtung Das folgende Vorgehen ist nicht zulässig: Addiere zur ersten Zeile die zweite Zeile und zur zweiten Zeile die erste Zeile. Und addiere dann zur neuen zweiten Zeile das (-1)-Fache der neuen ersten Zeile. Es entsteht so eine Nullzeile, d. h. eine Zeile mit lauter Nullen:

$$\begin{pmatrix} z_1 \\ z_2 \\ \vdots \end{pmatrix} \to \begin{pmatrix} z_1 + z_2 \\ z_2 + z_1 \\ \vdots \end{pmatrix} \to \begin{pmatrix} z_1 + z_2 \\ \mathbf{0} \\ \vdots \end{pmatrix}$$ ◂

Selbstfrage 4

Warum ist dieses eben geschilderte Vorgehen nicht zulässig? Inwiefern hat man die Vorschriften für elementare Umformungen verletzt?

Wir demonstrieren im Beispiel auf S. 521, wie sich ein lineares Gleichungssystem durch elementare Zeilenumformungen auf reduzierte Stufenform bringen lässt.

Bei den Schritten in diesem Beispiel

$$\begin{aligned} x_3 + 3x_4 + 3x_5 &= 2 \\ x_1 + 2x_2 + x_3 + 4x_4 + 3x_5 &= 3 \\ x_1 + 2x_2 + 2x_3 + 7x_4 + 6x_5 &= 5 \\ 2x_1 + 4x_2 + x_3 + 5x_4 + 3x_5 &= 4 \end{aligned}$$

waren nur die Koeffizienten in den Gleichungen ausschlaggebend, die x_i dienten nur als *Platzanweiser*. Taucht ein x_i in einer Gleichung nicht auf, so ist dies äquivalent dazu, dass der Koeffizient von x_i in dieser Gleichung null ist. Wir sparen uns also Schreibarbeit, wenn wir das angegebene lineare Gleichungssystem in folgender Art und Weise notieren:

$$\left(\begin{array}{ccccc|c} 0 & 0 & 1 & 3 & 3 & 2 \\ 1 & 2 & 1 & 4 & 3 & 3 \\ 1 & 2 & 2 & 7 & 6 & 5 \\ 2 & 4 & 1 & 5 & 3 & 4 \end{array}\right)$$

Am Schnittpunkt der i-ten Zeile, $i \in \{1, \ldots, m\}$, und j-ten Spalte, $j \in \{1, \ldots, n\}$, steht der Koeffizient von x_j der i-ten Gleichung. Diesen Schnittpunkt der (horizontalen) i-ten Zeile und der (vertikalen) j-ten Spalte nennen wir auch die **Stelle** (i, j). Der vertikale Strich soll uns nur als Hilfslinie dienen: Er erinnert uns an die Gleichheitszeichen. Rechts von ihm stehen die Absolutglieder des Systems.

Nun ist auch klar, warum wir anstelle von Gleichungen auch von Zeilen sprechen.

Beispiel: Zurückführung auf reduzierte Stufenform

Gegeben ist das System von 4 linearen Gleichungen mit 5 Unbekannten:

$$\begin{aligned} x_3 + 3x_4 + 3x_5 &= 2 \\ x_1 + 2x_2 + x_3 + 4x_4 + 3x_5 &= 3 \\ x_1 + 2x_2 + 2x_3 + 7x_4 + 6x_5 &= 5 \\ 2x_1 + 4x_2 + x_3 + 5x_4 + 3x_5 &= 4 \end{aligned}$$

Problemanalyse und Strategie: Wir kümmern uns zuerst um x_1: Mit elementaren Zeilenumformungen sorgen wir dafür, dass x_1 nur noch in einer, und zwar der dann ersten Zeile auftaucht. Dies gelingt folgendermaßen:

(1) Vertausche die erste mit der zweiten Zeile. (2) Addiere zur dritten Zeile das (-1)-Fache der neuen ersten Zeile. (3) Addiere zur vierten Zeile das (-2)-Fache der neuen ersten Zeile.

So verfahren wir nach und nach mit allen Variablen und erhalten so die gewünschte reduzierte Stufenform.

Lösung: Zu x_1:

$$\begin{aligned} x_3 + 3x_4 + 3x_5 &= 2 \\ x_1 + 2x_2 + x_3 + 4x_4 + 3x_5 &= 3 \\ x_1 + 2x_2 + 2x_3 + 7x_4 + 6x_5 &= 5 \\ 2x_1 + 4x_2 + x_3 + 5x_4 + 3x_5 &= 4 \end{aligned}$$

$$\rightarrow \quad \begin{aligned} x_1 + 2x_2 + x_3 + 4x_4 + 3x_5 &= 3 \\ x_3 + 3x_4 + 3x_5 &= 2 \\ x_3 + 3x_4 + 3x_5 &= 2 \\ -x_3 - 3x_4 - 3x_5 &= -2 \end{aligned}$$

Zu x_2: Wir stellen fest, dass hier nichts weiter zu erledigen ist, da x_2 nur in der ersten Zeile auftaucht.

Zu x_3: (1) Zur ersten Zeile addieren wir das (-1)-Fache der zweiten Zeile (um sogleich reduzierte Zeilenstufenform zu erhalten). (2) Zur dritten Zeile addieren wir das (-1)-Fache der Zeile. (3) Schließlich addieren wir zur vierten Zeile die zweite Zeile:

$$\begin{aligned} x_1 + 2x_2 + x_3 + 4x_4 + 3x_5 &= 3 \\ x_3 + 3x_4 + 3x_5 &= 2 \\ x_3 + 3x_4 + 3x_5 &= 2 \\ -x_3 - 3x_4 - 3x_5 &= -2 \end{aligned}$$

$$\rightarrow \quad \begin{aligned} x_1 + 2x_2 + x_4 &= 1 \\ x_3 + 3x_4 + 3x_5 &= 2 \\ 0 &= 0 \\ 0 &= 0 \end{aligned}$$

Damit endet bereits dieses Verfahren, denn wir haben die reduzierte Stufenform erreicht.

Die letzten beiden Nullzeilen sind besonders wichtig für die Entscheidung, ob unser Gleichungssystem lösbar ist oder nicht:

Fall (a) Sind auch die jeweiligen Absolutglieder – so wie hier – alle gleich null, so können diese restlichen Gleichungen weggelassen werden, denn sie schränken die Lösungsmenge in keiner Weise ein.

Fall (b) Verbliebe hingegen in einer derartigen Zeile rechts noch ein Absolutglied $\neq 0$, so bestünde ein Widerspruch, der nicht beseitigbar wäre, was auch immer für $x_1, \ldots, x_5$ eingesetzt wird. Das Gleichungssystem wäre unlösbar.

Das zum Ausgangssystem äquivalente Gleichungssystem in reduzierter Stufenform lautet somit:

$$\begin{aligned} x_1 + 2x_2 + x_4 &= 1 \\ x_3 + 3x_4 + 3x_5 &= 2 \end{aligned}$$

Zu jeder Wahl von x_2, x_4 und x_5 können wir x_1 und x_3 so angeben, dass beide Gleichungen erfüllt sind. Die Lösungsmenge lautet also:

$$L = \{(1 - 2t_1 - t_2,\ t_1,\ 2 - 3t_2 - 3t_3,\ t_2,\ t_3) \mid t_1, t_2, t_3 \in \mathbb{R}\}.$$

Mit dieser Schreibweise lauten die im Beispiel auf S. 521 durchgeführten Umformungen wie folgt:

$$\left(\begin{array}{ccccc|c} 0 & 0 & 1 & 3 & 3 & 2 \\ \mathbf{1} & 2 & 1 & 4 & 3 & 3 \\ 1 & 2 & 2 & 7 & 6 & 5 \\ 2 & 4 & 1 & 5 & 3 & 4 \end{array}\right)$$

$$\xrightarrow{\text{1. Schritt}} \left(\begin{array}{ccccc|c} 1 & 2 & 1 & 4 & 3 & 3 \\ 0 & 0 & \mathbf{1} & 3 & 3 & 2 \\ 0 & 0 & 1 & 3 & 3 & 2 \\ 0 & 0 & -1 & -3 & -3 & -2 \end{array}\right)$$

$$\xrightarrow{\text{2. Schritt}} \left(\begin{array}{ccccc|c} 1 & 2 & 0 & 1 & 0 & 1 \\ 0 & 0 & 1 & 3 & 3 & 2 \\ 0 & 0 & 0 & 0 & 0 & 0 \\ 0 & 0 & 0 & 0 & 0 & 0 \end{array}\right)$$

Drücken wir dieses letzte Schema wieder als Gleichungssystem aus, so lautet dies:

$$\begin{aligned} x_1 + 2\,x_2 + x_4 \phantom{{}+3\,x_5} &= 1 \\ x_3 + 3\,x_4 + 3\,x_5 &= 2 \end{aligned}$$

Man vergleiche dies mit dem letzten System in dem Beispiel auf S. 521.

Wir erläutern das prinzipielle Vorgehen noch einmal in Worten: Mithilfe der blau gedruckten 1 in der ersten Spalte haben wir alle von null verschiedenen Zahlen dieser ersten Spalte zu null gemacht – wir haben diese Zahlen *eliminiert*. Dabei haben wir elementare Zeilenumformungen angewandt.

Selbstfrage 5

Können Sie diese elementaren Zeilenumformungen explizit angeben?

Im zweiten Schritt wählten wir die blau gedruckte 1 an der Stelle (2, 3), um alle anderen Einträge in dieser dritten Spalte durch elementare Zeilenumformungen zu eliminieren – an den ersten beiden Spalten hat sich durch diese Zeilenumformungen nichts geändert.

Selbstfrage 6

Was hätten wir tun können, wenn wir keine 1 zur Verfügung gehabt hätten?

Die erweiterte Koeffizientenmatrix ist eine komfortable Darstellung des linearen Gleichungssystems

Wir betrachten wieder ein allgemeines lineares Gleichungssystem:

$$\begin{matrix} a_{11}\,x_1 & + & a_{12}\,x_2 & + \cdots + & a_{1n}\,x_n & = & b_1 \\ a_{21}\,x_1 & + & a_{22}\,x_2 & + \cdots + & a_{2n}\,x_n & = & b_2 \\ \vdots & & \vdots & & \vdots & & \vdots \\ a_{m1}\,x_1 & + & a_{m2}\,x_2 & + \cdots + & a_{mn}\,x_n & = & b_m \end{matrix}$$

mit a_{ij} und $b_i \in \mathbb{R}$ für $1 \le i \le m$ und $1 \le j \le n$. Wir sagen: Zu diesem linearen Gleichungssystem gehört die **Koeffizientenmatrix**

$$\boldsymbol{A} = \begin{pmatrix} a_{11} & a_{12} & \cdots & a_{1n} \\ a_{21} & a_{22} & \cdots & a_{2n} \\ \vdots & \vdots & \ldots & \vdots \\ a_{m1} & a_{m2} & \cdots & a_{mn} \end{pmatrix}$$

und die **erweiterte Koeffizientenmatrix**

$$(\boldsymbol{A}\,|\,\boldsymbol{b}) = \left(\begin{array}{cccc|c} a_{11} & a_{12} & \cdots & a_{1n} & b_1 \\ a_{21} & a_{22} & \cdots & a_{2n} & b_2 \\ \vdots & \vdots & \ldots & \vdots & \vdots \\ a_{m1} & a_{m2} & \cdots & a_{mn} & b_m \end{array}\right).$$

Aus der erweiterten Koeffizientenmatrix erhalten wir eindeutig das zugehörige Gleichungssystem wieder zurück. Also ist jede Information des Gleichungssystems in der zugehörigen Koeffizientenmatrix enthalten. Wir können also ein lineares Gleichungssystem auch als erweiterte Koeffizientenmatrix $(\boldsymbol{A}\,|\,\boldsymbol{b})$ auffassen.

Es lässt sich jede nicht nur aus Nullen bestehende (erweiterte) Koeffizientenmatrix $\boldsymbol{M}$ mithilfe elementarer Zeilenumformungen auf Stufenform, genauer auf **Zeilenstufenform** bringen, also auf die Form:

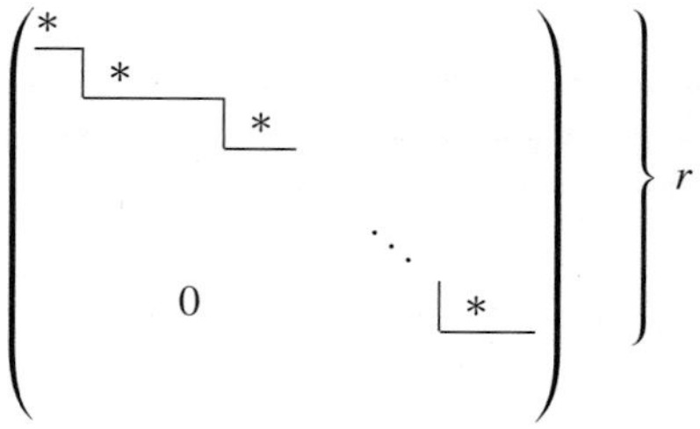

Dabei sind die Einträge $*$ auf den Stufen von null verschieden, unterhalb der Stufen nur Nullen und oberhalb der Stufen beliebige Einträge. Die *Längen* der Stufen können dabei durchaus unterschiedlich sein. Eventuelle erste Nullspalten haben wir weggelassen, solche sind natürlich aber bei den Lösungsmengen entscheidend – die entsprechenden Variablen sind frei wählbar.

Selbstfrage 7

Wodurch unterscheidet sich die Zeilenstufenform zu dem Gleichungssystem auf S. 521 von jenen der Gleichungssysteme auf S. 519?

Unterhalb der Stufen stehen lauter Nullen. Wir nennen die natürliche Zahl r, also die Anzahl der Nichtnullzeilen der Matrix in Zeilenstufenform, den **Rang** von $\boldsymbol{A}$; in Zeichen: $\operatorname{rg} \boldsymbol{A}$. Diese Zahl ist eindeutig bestimmt. Egal auf welchem Weg wir zur Zeilenstufenform der Matrix $\boldsymbol{A}$ gelangen, es bleiben stets $\operatorname{rg} \boldsymbol{A}$ Nichtnullzeilen übrig. Die Begründung dafür ist gar nicht so einfach, wir verzichten darauf.

Das Verfahren von Gauß und Jordan ist ein zuverlässiger Weg zur Lösung

Wir unterscheiden zwei Eliminationsverfahren zur Lösung linearer Gleichungssysteme: Das Verfahren von Gauß und das

Verfahren von Gauß und Jordan. Tatsächlich waren diese Verfahren in China lange Zeit vor Gauß und Jordan bekannt, aber diese Bezeichnung haben sich etabliert und auch wir wollen davon nicht abrücken.

Beim Verfahren von Gauß wird die erweiterte Koeffizientenmatrix auf Zeilenstufenform gebracht, also auf die Form:

$$\left(\begin{array}{cccc|c} * & & & & * \\ & * & & * & * \\ & & \ddots & & \vdots \\ & 0 & & * & \\ & & & & * \end{array}\right)$$

Dabei können also oberhalb der *Diagonale* noch von null verschiedene Einträge stehen, aber unterhalb nur Nullen.

Das **Eliminationsverfahren von Gauß** zur Lösung des linearen Gleichungssystems $(\boldsymbol{A} \mid \boldsymbol{b})$ besteht aus

1. der Umformung auf Stufenform,
2. der Lösbarkeitsentscheidung und
3. dem Rückwärtseinsetzen zur Bestimmung der Lösung des Systems.

Beim Verfahren von Gauß und Jordan wird die erweiterte Koeffizientenmatrix auf *reduzierte* Zeilenstufenform gebracht, also auf die Form:

$$\left(\begin{array}{ccccc|c} * & & & & & \\ & * & * & & 0 & * \\ & & & \ddots & & \vdots \\ & & 0 & & * & \\ & & & & & * \end{array}\right)$$

Hier stehen also wie beim Verfahren von Gauß unterhalb der *Diagonale* nur Nullen, aber es werden dann mit elementaren Zeilenumformungen so viele Nullen wie nur möglich auch oberhalb dieser *Diagonalen* erzeugt. Dabei können aber auch von null verschiedene Einträge oberhalb dieser Diagonalen bleiben – betrachten Sie etwa die erweiterte Koeffizientenmatrix des Gleichungssystems auf S. 521.

Das **Eliminationsverfahren von Gauß und Jordan** zur Lösung des linearen Gleichungssystem $(\boldsymbol{A} \mid \boldsymbol{b})$ besteht aus

1. der Umformung auf Stufenform,
2. der Lösbarkeitsentscheidung und
3. der weiteren Umformung auf reduzierte Stufenform und dem Ablesen der Lösung.

Wir führen die Verfahren an den folgenden Beispielen durch. Wir bestimmen der Reihe nach in den Spalten eine 1 (die wir dann blau drucken), mit der wir die von null verschiedenen Zahlen unter- bzw. oberhalb dieser blau gedruckten 1 *eliminieren*, d. h., wir erzeugen an diesen Stellen Nullen. Die entsprechenden Operationen führen wir an allen Zahlen der entsprechenden Zeilen aus.

Wir vermeiden bewusst eine streng mathematische Formulierung der Verfahren. Anhand von wenigen Beispielen ist es leicht zu verstehen.

Beispiel

- Wir bestimmen die Lösungsmenge des folgenden linearen Gleichungssystems,

$$\begin{aligned} x_1 + 4\,x_2 &= 2 \\ 3\,x_1 + 5\,x_2 &= 7. \end{aligned} \tag{14.2}$$

Die erweiterte Koeffizientenmatrix ist

$$\left(\begin{array}{cc|c} 1 & 4 & 2 \\ 3 & 5 & 7 \end{array}\right).$$

Wir wählen die 1 an der Stelle (1, 1) und beginnen mit

$$\left(\begin{array}{cc|c} \mathbf{1} & 4 & 2 \\ 3 & 5 & 7 \end{array}\right) \to \left(\begin{array}{cc|c} 1 & 4 & 2 \\ 0 & -7 & 1 \end{array}\right).$$

Die Matrix hat Zeilenstufenform, der Rang der Matrix ist also 2. Beim Verfahren von Gauß erhält man nun die Lösung durch Rückwärtseinsetzen. Wir geben das zugehörige, zu (14.2) äquivalente Gleichungssystem explizit an:

$$\begin{aligned} x_1 + \quad 4\,x_2 &= 2 \\ -7\,x_2 &= 1 \end{aligned}$$

Rückwärtseinsetzen liefert für x_2 den Wert $-1/7$ und dann durch Einsetzen in die erste Gleichung

$$x_1 + 4\,(-1/7) = 2 \;\Rightarrow\; x_1 = 18/7.$$

Also ist $(l_1, l_2) = (18/7, -1/7)$ die einzige Lösung.
Beim Verfahren von Gauß und Jordan werden an der Matrix

$$\left(\begin{array}{cc|c} 1 & 4 & 2 \\ 0 & -7 & 1 \end{array}\right)$$

in Zeilenstufenform noch zwei weitere Umformungen durchgeführt: Die zweite Zeile wird mit $-1/7$ multipliziert und dann zur ersten Zeile das (-4)-Fache der neuen zweiten Zeile addiert:

$$\left(\begin{array}{cc|c} 1 & 4 & 2 \\ 0 & -7 & 1 \end{array}\right) \to \left(\begin{array}{cc|c} 1 & 4 & 2 \\ 0 & \mathbf{1} & -1/7 \end{array}\right) \to \left(\begin{array}{cc|c} 1 & 0 & 18/7 \\ 0 & 1 & -1/7 \end{array}\right)$$

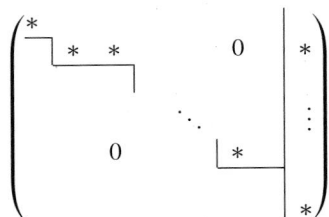

Anwendung: Ebene Fachwerke

Wir betrachten ein sogenanntes *Fachwerk*:

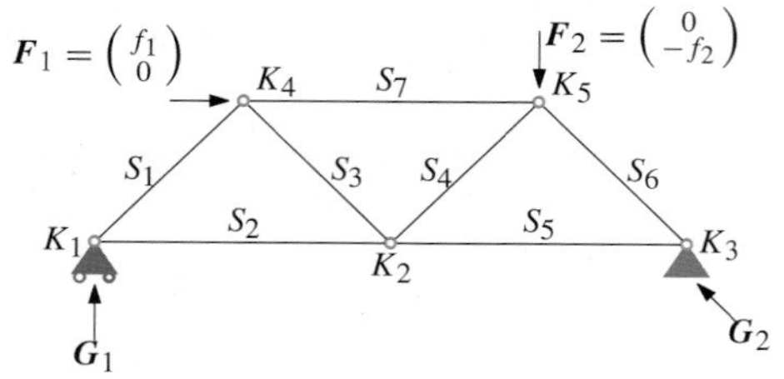

Das gezeigte Fachwerk kann eine zweidimensional gezeichnete Brücke darstellen. Wir ermitteln die Kräfte in den Stäben und Auflagern dieser Konstruktion.

Die *Stäbe*, die wir mit $S_1, \ldots, S_7$ bezeichnet haben, stellen wir uns idealisiert masselos vor. Das rechte Auflager ist fixiert, das linke läuft hingegen auf Rollen. Wir nehmen an, dass zwei Kräfte $\boldsymbol{F}_1$ und $\boldsymbol{F}_2$ mit den angegebenen Richtungen auf die Konstruktion einwirken. Diese Kräfte werden über die Stäbe letztlich an die Auflager übertragen. Die Stellen, an denen sich Stäbe treffen, nennt man *Knoten*, wir haben diese mit den Bezeichnungen $K_1, \ldots, K_5$ in die Skizze eingetragen.

Eine wichtige Frage ist nun, welche Kräfte an den Auflagern und in den Stäben wirken. Die Antwort auf diese Frage entscheidet über die Konstruktion der Auflager und der Stäbe.

Um diese Antwort zu erhalten, benutzen wir ein grundlegendes Prinzip. Wir gehen davon aus, dass in den Auflagern Gegenkräfte $\boldsymbol{G}_1$ und $\boldsymbol{G}_2$ aufzubringen sind, welche die Konstruktion im Gleichgewichtszustand halten:

Im Gleichgewichtszustand gilt:

- *Die Summe aller auf einen Knoten wirkenden Kräfte ist null.*
- *Die Summe aller in einem Stab wirkenden Kräfte ist null.*

Gesucht sind Werte für die unbekannten Kräfte $\boldsymbol{G}_1$, $\boldsymbol{G}_2$ an den Auflagern und $s_1, \ldots, s_7$ in den Stäben. Die waagrechte Komponente von $\boldsymbol{G}_1$, d. h. die erste Koordinate von $\boldsymbol{G}_1$, hat den Wert null. Das linke Auflager läuft nämlich auf Rollen, im Gleichgewichtszustand ist also keine waagrecht wirkende Gegenkraft aufzubringen.

Das genannte Prinzip liefert ein lineares Gleichungssystem für die zehn verbleibenden Unbekannten a_1, a_2, a_3 und $s_1, \ldots, s_7$, wobei $\boldsymbol{G}_1 = (0, a_1)$, $\boldsymbol{G}_2 = (a_2, a_3)$.

Wir rechnen nun naiv, jedoch korrekt mit Vektoren, die jeweils die Richtungen der Stäbe angeben. Zwischen S_1 und S_2 soll ein Winkel von 45 Grad eingeschlossen sein, damit liegen die anderen Winkel fest.

In den fünf Knoten gelten die folgenden Gleichgewichtsbedingungen:

$$K_1: \quad \frac{s_1}{\sqrt{2}}\begin{pmatrix}-1\\-1\end{pmatrix} + s_2\begin{pmatrix}-1\\0\end{pmatrix} + \begin{pmatrix}0\\a_1\end{pmatrix} = \begin{pmatrix}0\\0\end{pmatrix}$$

$$K_2: \quad s_2\begin{pmatrix}1\\0\end{pmatrix} + \frac{s_3}{\sqrt{2}}\begin{pmatrix}1\\-1\end{pmatrix} + \frac{s_4}{\sqrt{2}}\begin{pmatrix}-1\\-1\end{pmatrix} + s_5\begin{pmatrix}-1\\0\end{pmatrix} = \begin{pmatrix}0\\0\end{pmatrix}$$

$$K_3: \quad s_5\begin{pmatrix}1\\0\end{pmatrix} + \frac{s_6}{\sqrt{2}}\begin{pmatrix}1\\-1\end{pmatrix} + \begin{pmatrix}a_2\\a_3\end{pmatrix} = \begin{pmatrix}0\\0\end{pmatrix}$$

$$K_4: \quad \frac{s_1}{\sqrt{2}}\begin{pmatrix}1\\1\end{pmatrix} + \frac{s_3}{\sqrt{2}}\begin{pmatrix}-1\\1\end{pmatrix} + s_7\begin{pmatrix}-1\\0\end{pmatrix} + \begin{pmatrix}f_1\\0\end{pmatrix} = \begin{pmatrix}0\\0\end{pmatrix}$$

$$K_5: \quad \frac{s_4}{\sqrt{2}}\begin{pmatrix}1\\1\end{pmatrix} + \frac{s_6}{\sqrt{2}}\begin{pmatrix}-1\\1\end{pmatrix} + s_7\begin{pmatrix}1\\0\end{pmatrix} + \begin{pmatrix}0\\-f_2\end{pmatrix} = \begin{pmatrix}0\\0\end{pmatrix}$$

Dies liefert ein lineares Gleichungssystem in den Unbekannten $s_1, \ldots, s_7, a_1, a_2, a_3$ mit der erweiterten Koeffizientenmatrix.

$$\left(\begin{array}{cccccccccc|c}
-1 & -\sqrt{2} & 0 & 0 & 0 & 0 & 0 & 0 & 0 & 0 & 0\\
-1 & 0 & 0 & 0 & 0 & 0 & 0 & \sqrt{2} & 0 & 0 & 0\\
0 & \sqrt{2} & 1 & -1 & -\sqrt{2} & 0 & 0 & 0 & 0 & 0 & 0\\
0 & 0 & -1 & -1 & 0 & 0 & 0 & 0 & 0 & 0 & 0\\
0 & 0 & 0 & 0 & \sqrt{2} & 1 & 0 & 0 & \sqrt{2} & 0 & 0\\
0 & 0 & 0 & 0 & 0 & -1 & 0 & 0 & 0 & \sqrt{2} & 0\\
-1 & 0 & 1 & 0 & 0 & 0 & \sqrt{2} & 0 & 0 & 0 & \sqrt{2}f_1\\
1 & 0 & 1 & 0 & 0 & 0 & 0 & 0 & 0 & 0 & 0\\
0 & 0 & 0 & 1 & 0 & -1 & \sqrt{2} & 0 & 0 & 0 & 0\\
0 & 0 & 0 & 1 & 0 & 1 & 0 & 0 & 0 & 0 & \sqrt{2}f_2
\end{array}\right)$$

Dieses lineare Gleichungssystem hat die eindeutig bestimmte Lösung:

$$s_1 = \sqrt{2}\,\frac{f_2 - f_1}{4}, \quad s_2 = \frac{f_1 - f_2}{4}, \quad s_3 = \sqrt{2}\,\frac{f_1 - f_2}{4},$$

$$s_4 = \sqrt{2}\,\frac{f_2 - f_1}{4}, \quad s_5 = \frac{3\,(f_1 - f_2)}{4}, \quad s_6\sqrt{2} = \frac{f_1 + 3f_2}{4},$$

$$s_7 = \frac{f_1 + f_2}{2},$$

$$a_1 = \frac{f_2 - f_1}{4}, \quad a_2 = -f_1, \quad a_3 = \frac{f_1 + 3f_2}{4}$$

Im linken Auflager ist also die Gegenkraft

$$\boldsymbol{G}_1 = \left(0, \frac{f_2 - f_1}{4}\right)$$

aufzubringen, im rechten

$$\boldsymbol{G}_2 = \left(-f_1, \frac{f_1 + 3f_2}{4}\right).$$

Teil III

Wir geben wieder das zugehörige, zu (14.2) äquivalente Gleichungssystem explizit an:

$$\begin{aligned} x_1 \quad &= 18/7 \\ x_2 &= -1/7 \end{aligned}$$

Bei dieser reduzierten Zeilenstufenform ist die Lösung direkt angebbar: Es ist $(l_1, l_2) = (18/7, -1/7)$ die einzige Lösung. ◀

Kommentar

- Natürlich führen beide Eliminationsverfahren zur gleichen Lösung. Tatsächlich ist es aber so, dass sich um so mehr Rechenfehler einschleichen, je mehr elementare Zeilenumformungen durchgeführt werden. Die Erfahrung zeigt, dass man am besten das Eliminationsverfahren von Gauß anwendet und dann von Fall zu Fall entscheidet, ob man oberhalb der Stufen noch die eine oder andere Null erzeugt. Meistens lohnt es sich nicht, das Verfahren von Gauß und Jordan bis zum Ende durchzuexerzieren, die Lösung ist oftmals viel früher zu erkennen.
- Für den Anfänger ist es sehr nützlich, nach Durchführung des Verfahrens von Gauß das zugehörige äquivalente Gleichungssystem explizit anzuschreiben. Wir haben das ebenfalls gemacht. In Zukunft werden wir das mehr und mehr meiden, weil die Koeffizientenmatrix jede Information des zugehörigen Gleichungssystems enthält. ◀

Beispiel

- Wir bestimmen die Lösungsmenge des folgenden linearen Gleichungssystems:

$$\begin{aligned} 2x_1 + \;\; 4x_2 &= 2 \\ 3x_1 + \;\; 6x_2 &= 3 \\ 5x_1 + 10x_2 &= 5 \end{aligned}$$

Die erweiterte Koeffizientenmatrix ist:

$$\left(\begin{array}{cc|c} 2 & 4 & 2 \\ 3 & 6 & 3 \\ 5 & 10 & 5 \end{array}\right)$$

Wir multiplizieren die erste Zeile mit $1/2$ und wählen die an der Stelle $(1, 1)$ entstehende 1, um mit dem Verfahren von Gauß zu beginnen:

$$\left(\begin{array}{cc|c} \mathbf{1} & 2 & 1 \\ 3 & 6 & 3 \\ 5 & 10 & 5 \end{array}\right) \to \left(\begin{array}{cc|c} 1 & 2 & 1 \\ 0 & 0 & 0 \\ 0 & 0 & 0 \end{array}\right)$$

Die Matrix hat Zeilenstufenform, ihr Rang ist 1. Die beiden Eliminationsverfahren sind hier identisch, die entstandene Matrix hat bereits reduzierte Zeilenstufenform. Das zugehörige Gleichungssystem lautet

$$x_1 + 2x_2 = 1.$$

Für jedes reelle t, das wir für x_2 einsetzen, nimmt x_1 den Wert $1 - 2t$ an.
Also ist $L = \{(1 - 2t, t) \mid t \in \mathbb{R}\}$ die Lösungsmenge.

- Wir bestimmen die Lösungsmenge des folgenden linearen Gleichungssystems:

$$\begin{aligned} x_1 + 2x_2 + 3x_3 &= 4 \\ 2x_1 + 4x_2 + 6x_3 &= 10 \end{aligned}$$

Die erweiterte Koeffizientenmatrix ist:

$$\left(\begin{array}{ccc|c} 1 & 2 & 3 & 4 \\ 2 & 4 & 6 & 10 \end{array}\right)$$

Wir wählen eine 1 und beginnen mit

$$\left(\begin{array}{ccc|c} \mathbf{1} & 2 & 3 & 4 \\ 2 & 4 & 6 & 10 \end{array}\right) \to \left(\begin{array}{ccc|c} 1 & 2 & 3 & 4 \\ 0 & 0 & 0 & 2 \end{array}\right).$$

Die Matrix hat Zeilenstufenform und ihr Rang ist 2. Das zugehörige Gleichungssystem lautet

$$\begin{aligned} x_1 + 2x_2 + 3x_3 &= 4 \\ 0x_1 + 0x_2 + 0x_3 &= 2. \end{aligned}$$

Also ist $L = \emptyset$, da die zweite Gleichung für keine reellen Zahlen l_1, l_2, l_3 erfüllbar ist.
- Wir bestimmen für alle $a \in \mathbb{R}$ die Lösungsmenge des folgenden linearen Gleichungssystems:

$$\begin{aligned} x_1 + a \cdot x_2 - x_3 &= 0 \\ 2x_1 + \quad x_2 \qquad &= 0 \\ x_2 + x_3 &= 0 \end{aligned}$$

Die erweiterte Koeffizientenmatrix ist:

$$\left(\begin{array}{ccc|c} 1 & a & -1 & 0 \\ 2 & 1 & 0 & 0 \\ 0 & 1 & 1 & 0 \end{array}\right)$$

Wir wählen die 1 an der Stelle $(1, 1)$ und beginnen mit dem Verfahren von Gauß:

$$\left(\begin{array}{ccc|c} \mathbf{1} & a & -1 & 0 \\ 2 & 1 & 0 & 0 \\ 0 & 1 & 1 & 0 \end{array}\right) \to \left(\begin{array}{ccc|c} 1 & a & -1 & 0 \\ 0 & (1-2a) & 2 & 0 \\ 0 & \mathbf{1} & 1 & 0 \end{array}\right)$$

$$\to \left(\begin{array}{ccc|c} 1 & 0 & (-1-a) & 0 \\ 0 & 0 & (1+2a) & 0 \\ 0 & \mathbf{1} & 1 & 0 \end{array}\right) \to \left(\begin{array}{ccc|c} 1 & 0 & (-1-a) & 0 \\ 0 & 1 & 1 & 0 \\ 0 & 0 & (1+2a) & 0 \end{array}\right)$$

Die Matrix hat damit Zeilenstufenform. Der Rang der Matrix hängt nun von der reellen Zahl a ab. Ist $a = -1/2$, so ist der Rang 2, im Fall $a \neq -1/2$ jedoch 3.

1. Fall: $a \neq -1/2$.

Wegen $1 + 2a \neq 0$ ist die dritte Gleichung nur für $x_3 = 0$ erfüllbar. Für x_2 erhalten wir aus der zweiten Gleichung durch Einsetzen von $x_3 = 0$ ebenfalls den Wert 0 und schließlich aus der ersten Gleichung $x_1 = 0$. Also ist $(0, 0, 0)$ die eindeutig bestimmte Lösung des Systems und $L = \{(0, 0, 0)\}$ die Lösungsmenge.

2. Fall: $a = -1/2$. Die erweiterte Koeffizientenmatrix hat in diesem Fall die Gestalt:

$$\left(\begin{array}{ccc|c} 1 & 0 & -1/2 & 0 \\ 0 & 1 & 1 & 0 \\ 0 & 0 & 0 & 0 \end{array}\right)$$

Für jedes reelle t, das wir für x_3 einsetzen, hat x_2 den Wert $-t$, wie wir aus der zweiten Gleichung erkennen, und x_1 den Wert $1/2\,t$ – das besagt die erste Gleichung.

Damit ist $L = \{(1/2\,t,\ -t,\ t) \mid t \in \mathbb{R}\}$ die Lösungsmenge. ◀

Kommentar Hier ist a zwar anfangs nicht bekannt, aber keine Unbestimmte, sondern ein Parameter. Das Gleichungssystem wäre andernfalls nicht mehr linear. ◀

Selbstfrage 8

Geben Sie für den 1. Fall das zugehörige lineare Gleichungssystem an.

Wir diskutieren kurz den Fall einer erweiterten Koeffizientenmatrix, deren erste Spalte keine 1 aufweist. Dann sind entweder alle Elemente der ersten Spalte null oder es gibt ein $a_{i1} \neq 0$ in der ersten Spalte. Im ersten Fall braucht man der ersten Spalte keine weitere Beachtung zu schenken – die Unbestimmte x_1 unterliegt keinerlei Einschränkung, man setze $x_1 = t \in \mathbb{R}$. Im zweiten Fall gibt es im Wesentlichen zwei Möglichkeiten. Wir können die i-te Zeile mit a_{i1}^{-1} multiplizieren – wir haben dann eine 1 an der Stelle $(i, 1)$. Dies ist eine elementare Zeilenumformung, die aber häufig unhandliche Brüche in den weiteren Zahlen dieser Zeile und schließlich in der ganzen Matrix liefert. Oder man erzeugt eine Stufe durch eine andere geschickte Zeilenumformung wie in dem folgenden Beispiel:

$$\left(\begin{array}{ccc|c} 3 & 2 & 3 & 4 \\ 2 & 5 & 6 & 10 \end{array}\right) \to \left(\begin{array}{ccc|c} 3 & 2 & 3 & 4 \\ 0 & 11 & 12 & 22 \end{array}\right)$$

Wir haben zum 3-Fachen der zweiten Zeile das (-2)-Fache der ersten Zeile addiert.

Beispiel Als ausführlicheres Beispiel betrachten wir ein *komplexes* lineares Gleichungssystem:

$$\begin{aligned} 2\,x_1 \qquad\quad + \mathrm{i}\,x_3 &= \mathrm{i} \\ x_1 - 3\,x_2 - \mathrm{i}\,x_3 &= 2\,\mathrm{i} \\ \mathrm{i}\,x_1 + \ x_2 + \ x_3 &= 1 + \mathrm{i} \end{aligned}$$

und suchen die Lösungen unter den komplexen Zahlen. Die erweiterte Koeffizientenmatrix ist:

$$\left(\begin{array}{ccc|c} 2 & 0 & \mathrm{i} & \mathrm{i} \\ 1 & -3 & -\mathrm{i} & 2\mathrm{i} \\ \mathrm{i} & 1 & 1 & 1+\mathrm{i} \end{array}\right)$$

Wir wählen eine 1 und beginnen:

$$\left(\begin{array}{ccc|c} 2 & 0 & \mathrm{i} & \mathrm{i} \\ \mathbf{1} & -3 & -\mathrm{i} & 2\mathrm{i} \\ \mathrm{i} & 1 & 1 & 1+\mathrm{i} \end{array}\right) \to \left(\begin{array}{ccc|c} 1 & -3 & -\mathrm{i} & 2\,\mathrm{i} \\ 0 & 6 & 3\,\mathrm{i} & -3\,\mathrm{i} \\ 0 & 1+3\,\mathrm{i} & 0 & 3+\mathrm{i} \end{array}\right)$$

Nun könnten wir die zweite Zeile durch 2 dividieren. Dies führt aber zu unbequemen Brüchen. Wir vermeiden Brüche, wenn wir von der dritten Zeile das $(1 + 3\,\mathrm{i})$-Fache der zweiten Zeile subtrahieren:

$$\left(\begin{array}{ccc|c} 1 & -3 & -\mathrm{i} & 2\,\mathrm{i} \\ 0 & 2 & \mathrm{i} & -\mathrm{i} \\ 0 & 2+6\,\mathrm{i} & 0 & 6+2\,\mathrm{i} \end{array}\right) \to \left(\begin{array}{ccc|c} 1 & -3 & -\mathrm{i} & 2\,\mathrm{i} \\ 0 & 2 & \mathrm{i} & -\mathrm{i} \\ 0 & 0 & 3-\mathrm{i} & 3+3\,\mathrm{i} \end{array}\right)$$

Es gibt also eine eindeutige Lösung und zwar

$$\begin{aligned} x_3 &= \frac{3+3\,\mathrm{i}}{3-\mathrm{i}} = \frac{1}{10}\,(3+3\,\mathrm{i})\,(3+\mathrm{i}) = \frac{3}{5} + \frac{6}{5}\,\mathrm{i}, \\ x_2 &= \frac{-\mathrm{i} - \mathrm{i}\,x_3}{2} = \frac{3}{5} - \frac{4}{5}\,\mathrm{i}, \\ x_1 &= 2\,\mathrm{i} + 3\,x_2 + \mathrm{i}\,x_3 = \frac{3}{5} + \frac{1}{5}\,\mathrm{i}, \end{aligned}$$

d. h., $L = \{(\frac{1}{5}\,(3+\mathrm{i}),\ \frac{1}{5}\,(3-4\,\mathrm{i}),\ \frac{1}{5}\,(3+6\,\mathrm{i}))\}$ ist die Lösungsmenge. ◀

Aber egal, wie unbequem die Einträge einer Matrix auch sein mögen, letztlich gelingt es immer, eine Matrix alleine mit elementaren Zeilenumformungen auf (reduzierte) Zeilenstufenform zu bringen.

Jedes LGS kann auf Zeilenstufenform gebracht werden

Jedes lineare Gleichungssystem lässt sich durch elementare Zeilenumformungen in ein äquivalentes System überführen, das eine Zeilenstufenform oder reduzierte Zeilenstufenform aufweist.

14.3 Das Lösungskriterium und Anwendungen

Bringt man eine Koeffizientenmatrix $\boldsymbol{A}$ bzw. eine erweiterte Koeffizientenmatrix $(\boldsymbol{A} \mid \boldsymbol{b})$ mithilfe von elementaren Zeilenumformungen auf Zeilenstufenform, so ist die Anzahl der Zeilen, in denen nicht nur Nullen als Einträge erscheinen, der Rang $\operatorname{rg}\boldsymbol{A}$ bzw. $\operatorname{rg}(\boldsymbol{A} \mid \boldsymbol{b})$. Dieser Begriff hat eine wesentliche Bedeutung bei der Lösbarkeitsentscheidung.

Mithilfe des Rangs lässt sich die Lösbarkeit eines linearen Gleichungssystems entscheiden

Wir formulieren gleich das wesentliche Ergebnis.

Das Lösbarkeitskriterium

Ein lineares Gleichungssystem mit der Koeffizientenmatrix $\boldsymbol{A}$ und der erweiterten Koeffizientenmatrix $(\boldsymbol{A} \mid \boldsymbol{b})$ ist genau dann lösbar, wenn

$$\operatorname{rg}\boldsymbol{A} = \operatorname{rg}(\boldsymbol{A} \mid \boldsymbol{b}).$$

Beispiel: Lineare Gleichungssysteme mit Parameter I

Für welche $a \in \mathbb{R}$ hat das System

$$\begin{aligned} x_1 + \quad x_2 + a\,x_3 &= 2 \\ 2\,x_1 + a\,x_2 - \quad x_3 &= 1 \\ 3\,x_1 + 4\,x_2 + 2\,x_3 &= a \end{aligned}$$

keine, genau eine, mehr als eine Lösung? Berechnen Sie für $a \in \{2, 3\}$ alle Lösungen.

Problemanalyse und Strategie: Wir notieren die erweiterte Koeffizientenmatrix $(\boldsymbol{A} \mid \boldsymbol{b})$ und bringen diese mit elementaren Zeilenumformungen auf Stufenform. Dabei achten wir darauf, dass wir Fallunterscheidungen so lange wie möglich hinausschieben – also nicht durch a oder einen anderen unbestimmten Ausdruck dividieren.

Lösung: Wir beginnen mit den Zeilenumformungen an der erweiterten Koeffizientenmatrix:

$$\left(\begin{array}{ccc|c} 1 & 1 & a & 2 \\ 2 & a & -1 & 1 \\ 3 & 4 & 2 & a \end{array}\right) \rightarrow$$

$$\left(\begin{array}{ccc|c} 1 & 1 & a & 2 \\ 0 & a-2 & -1-2a & -3 \\ 0 & 1 & 2-3a & a-6 \end{array}\right) \rightarrow$$

$$\left(\begin{array}{ccc|c} 1 & 1 & a & 2 \\ 0 & 1 & 2-3a & a-6 \\ 0 & a-2 & -1-2a & -3 \end{array}\right) \rightarrow$$

$$\left(\begin{array}{ccc|c} 1 & 1 & a & 2 \\ 0 & 1 & 2-3a & a-6 \\ 0 & 0 & 3\,(a-3)\,(a-\frac{1}{3}) & -(a-3)\,(a-5) \end{array}\right)$$

Dies gilt wegen $-1-2a-(a-2)\,(2-3a) = 3a^2-10a+3 = 3\,(a-3)\,(a-\frac{1}{3})$ und $-3-(a-2)\,(a-6) = -(a^2-8a+15) = -(a-3)\,(a-5)$.

Für $a \notin \{3, \frac{1}{3}\}$ ist das Gleichungssystem also eindeutig lösbar.

Für $a = \frac{1}{3}$ ist das Gleichungssystem aufgrund der letzten Zeile unlösbar.

Für $a = 3$ gibt es unendlich viele Lösungen.

Wir berechnen nun abschließend die Lösungen des Systems für die beiden Fälle $a \in \{2, 3\}$.

$\boldsymbol{a = 2}$**:** Wir setzen $a = 2$ in die Zeilenstufenform der erweiterten Koeffizientenmatrix ein und erhalten

$$\left(\begin{array}{ccc|c} 1 & 1 & 2 & 2 \\ 0 & 1 & -4 & -4 \\ 0 & 0 & -5 & -3 \end{array}\right)$$

also $x_3 = \frac{3}{5}$, $x_2 = -4 + 4x_3 = -\frac{8}{5}$, $x_1 = 2 - x_2 - 2x_3 = \frac{12}{5}$, d. h.

$$L = \{(12/5, -8/5, 3/5)\}.$$

$\boldsymbol{a = 3}$**:** In diesem Fall erhalten wir aus der Zeilenstufenform der erweiterten Koeffizientenmatrix

$$\left(\begin{array}{ccc|c} 1 & 1 & 3 & 2 \\ 0 & 1 & -7 & -3 \\ 0 & 0 & 0 & 0 \end{array}\right),$$

also $x_2 = -3 + 7x_3$, $x_1 = 2 - x_2 - 3x_3 = 5 - 10x_3$ und damit als Lösungsmenge

$$L = \{(5 - 10t, -3 + 7t, t) \mid t \in \mathbb{R}\}.$$

Beweis Gilt $\operatorname{rg}\boldsymbol{A} = \operatorname{rg}(\boldsymbol{A} \mid \boldsymbol{b})$, so existiert ein zu $(\boldsymbol{A} \mid \boldsymbol{b})$ äquivalentes lineares Gleichungssystem in Zeilenstufenform, das lösbar ist. Also ist auch die Lösungsmenge des Systems $(\boldsymbol{A} \mid \boldsymbol{b})$ nicht leer.

Ist $\operatorname{rg}\boldsymbol{A} \neq \operatorname{rg}(\boldsymbol{A} \mid \boldsymbol{b})$, so bleibt nur $\operatorname{rg}\boldsymbol{A} < \operatorname{rg}(\boldsymbol{A} \mid \boldsymbol{b})$, da die Zeilen in $(\boldsymbol{A} \mid \boldsymbol{b})$ ein Element mehr aufweisen als jene in $\boldsymbol{A}$. Dann gibt es ein zu $(\boldsymbol{A} \mid \boldsymbol{b})$ äquivalentes lineares Gleichungssystem in Zeilenstufenform mit einer Zeile der Art

$$(0\,0\,\ldots\,0 \mid b) \text{ mit } b \neq 0.$$

Dies besagt aber, dass das gegebene Gleichungssystem nicht lösbar ist. ■

Nicht lösbar sind also

$$\left(\begin{array}{ccc|c} 2 & b & -1 & 0 \\ 0 & 1 & 0 & 4 \\ 0 & 0 & 0 & 2 \end{array}\right) \quad \text{und} \quad \left(\begin{array}{cccc|c} 1 & 1 & -2 & 3 & -2 \\ 0 & 0 & 0 & 0 & -1 \\ 0 & 0 & 0 & 1 & 1 \end{array}\right)$$

und lösbar sind

$$\left(\begin{array}{ccc|c} 2 & b & -1 & 0 \\ 0 & 1 & 0 & 4 \\ 0 & 0 & 0 & 0 \end{array}\right) \quad \text{und} \quad \left(\begin{array}{cccc|c} 1 & 1 & -2 & 3 & -2 \\ 0 & 0 & 1 & 1 & 1 \\ 0 & 0 & 0 & 1 & 5 \end{array}\right)$$

Anwendung: Die Kirchhoff'schen Regeln

Die *Kirchhoff'schen Regeln* für Gleich- und Wechselstromkreise lauten:

- Die Summe der Teilströme in jedem Knoten ist null.
- Die Summe der Spannungsabfälle in jeder Masche ist null.

Dabei heißen Punkte, in denen Leitungen zusammentreffen, *Knoten* und geschlossene Schleifen *Maschen*.

Wir bestimmen an einem beispielhaften Gleichstromkreis die Stromstärken bei bekannten Widerständen und Spannungen. Dabei berücksichtigen wir das Ohm'sche Gesetz $U = R \cdot I$ (Spannung ist Widerstand mal Stromstärke).

Betrachtet wird der folgende Stromkreis mit den Spannungen $U_1 = 4.5\text{V}$, $U_2 = 1.5\text{V}$ und Widerständen $R_1 = R_2 = 50\,\Omega$, $R_3 = 100\,\Omega$. Gesucht sind die Stromstärken I_1 bis I_6:

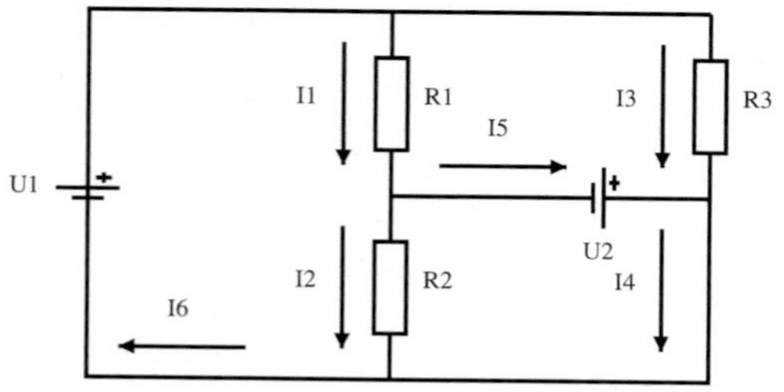

Wir stellen für die Ströme I_1 bis I_6 des skizzierten Gleichstromkreises ein lineares Gleichungssystem auf. Wir wählen die Vorzeichen entsprechend den Pfeilrichtungen.

Wir tragen die vier Knoten K1, K2, K3, K4 und drei Maschen M1, M2, M3 in das Bild ein:

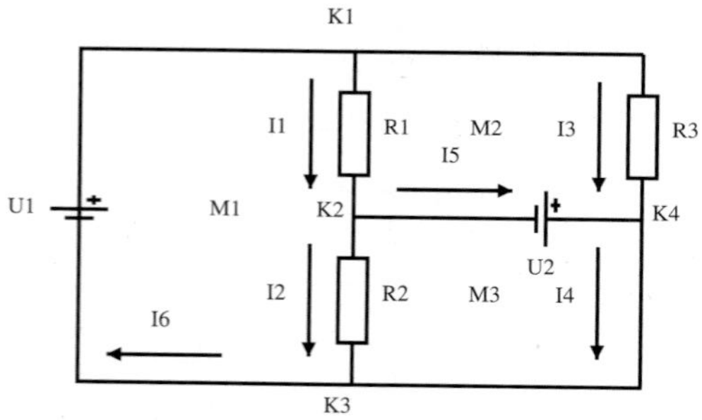

Die Kirchhoff'schen Regeln führen damit für die Knoten und Maschen in der angegeben Reihenfolge zu den sieben Gleichungen:

$$\begin{aligned} I_1 + I_3 - I_6 &= 0 \\ -I_1 + I_2 + I_5 &= 0 \\ -I_2 - I_4 + I_6 &= 0 \\ -I_3 + I_4 - I_5 &= 0 \\ R_1 \cdot I_1 + R_2 \cdot I_2 &= U_1 \\ R_1 \cdot I_1 - R_3 \cdot I_3 &= U_2 \\ R_2 \cdot I_2 &= -U_2 \end{aligned}$$

Addiert man die zweite, dritte und vierte Zeile, so entsteht gerade das (-1)-Fache der ersten Zeile. Dadurch können wir die erste Gleichung weglassen.

Wir führen vorab die folgenden Umformungen durch: Wir multiplizieren die zweite, dritte und vierte Zeile mit -1, addieren die zweite Zeile zur vierten, subtrahieren die siebte Zeile von der fünften und vertauschen anschließend Zeilen. So erhalten wir bereits eine Stufenform, allerdings von rechts nach links. Wir notieren die erweiterte Koeffizientenmatrix:

$$\left(\begin{array}{cccccc|c} 0 & 1 & 0 & 1 & 0 & -1 & 0 \\ 1 & -1 & 0 & 0 & -1 & 0 & 0 \\ 1 & -1 & 1 & -1 & 0 & 0 & 0 \\ R_1 & 0 & -R_3 & 0 & 0 & 0 & U_2 \\ 0 & R_2 & 0 & 0 & 0 & 0 & -U_2 \\ R_1 & 0 & 0 & 0 & 0 & 0 & U_1 + U_2 \end{array}\right)$$

Nun führen wir elementare Zeilenumformungen durch, um das System zu lösen. Es bietet sich an, diese umgedrehte *Zeilenstufenform* beizubehalten:

$$\to \left(\begin{array}{cccccc|c} 0 & 1 & 0 & 1 & 0 & -1 & 0 \\ 0 & -1 & 0 & 0 & -1 & 0 & -\frac{U_1+U_2}{R_1} \\ 0 & -1 & 1 & -1 & 0 & 0 & -\frac{U_1+U_2}{R_1} \\ 0 & 0 & -R_3 & 0 & 0 & 0 & -U_1 \\ 0 & R_2 & 0 & 0 & 0 & 0 & -U_2 \\ 1 & 0 & 0 & 0 & 0 & 0 & \frac{U_1+U_2}{R_1} \end{array}\right)$$

$$\to \left(\begin{array}{cccccc|c} 0 & 0 & 0 & 1 & 0 & -1 & \frac{U_2}{R_2} \\ 0 & 0 & 0 & 0 & -1 & 0 & -\frac{U_1+U_2}{R_1} - \frac{U_2}{R_2} \\ 0 & 0 & 1 & -1 & 0 & 0 & -\frac{U_1+U_2}{R_1} - \frac{U_2}{R_2} \\ 0 & 0 & 1 & 0 & 0 & 0 & \frac{U_1}{R_3} \\ 0 & 1 & 0 & 0 & 0 & 0 & -\frac{U_2}{R_2} \\ 1 & 0 & 0 & 0 & 0 & 0 & \frac{U_1+U_2}{R_1} \end{array}\right)$$

$$\to \left(\begin{array}{cccccc|c} 0 & 0 & 0 & 0 & 0 & 1 & \frac{U_1+U_2}{R_1} + \frac{U_1}{R_3} \\ 0 & 0 & 0 & 0 & 1 & 0 & \frac{U_1+U_2}{R_1} + \frac{U_2}{R_2} \\ 0 & 0 & 0 & 1 & 0 & 0 & \frac{U_1+U_2}{R_1} + \frac{U_2}{R_2} + \frac{U_1}{R_3} \\ 0 & 0 & 1 & 0 & 0 & 0 & \frac{U_1}{R_3} \\ 0 & 1 & 0 & 0 & 0 & 0 & -\frac{U_2}{R_2} \\ 1 & 0 & 0 & 0 & 0 & 0 & \frac{U_1+U_2}{R_1} \end{array}\right)$$

Das Ergebnis in unserem Fall ist also:

$$\begin{pmatrix} I_1 \\ I_2 \\ I_3 \\ I_4 \\ I_5 \\ I_6 \end{pmatrix} = \begin{pmatrix} \frac{U_1+U_2}{R_1} \\ -\frac{U_2}{R_2} \\ \frac{U_1}{R_3} \\ \frac{U_1+U_2}{R_1} + \frac{U_2}{R_2} + \frac{U_1}{R_3} \\ \frac{U_1+U_2}{R_1} + \frac{U_2}{R_2} \\ \frac{U_1+U_2}{R_1} + \frac{U_1}{R_3} \end{pmatrix} = \begin{pmatrix} 120\,\text{mA} \\ -30\,\text{mA} \\ 45\,\text{mA} \\ 195\,\text{mA} \\ 150\,\text{mA} \\ 165\,\text{mA} \end{pmatrix}$$

Kommentar

- Lineare Gleichungssysteme mit lauter Nullen als Absolutglieder sind also immer lösbar.
- Beim Verfahren von Gauß und Jordan bedeutet es keinen zusätzlichen Aufwand, das Lösbarkeitskriterium 14.3 anzuwenden. Es ist eine Station auf dem Weg zur Lösungsfindung.
- Ein Grund, warum das Lösbarkeitskriterium mithilfe der Ränge formuliert wird, liegt in der Bedeutung des Ranges als eine wichtige Kenngröße einer Matrix. Vorweggreifend wollen wir nur bemerken, dass sich der Rang auch auf andere Arten feststellen lässt. Man muss hierzu nicht unbedingt die Zeilenumformungen durchführen. ◀

Selbstfrage 9

Vergleichen Sie die Ränge der Koeffizientenmatrizen mit jenen der erweiterten Koeffizientenmatrizen in den drei Beispielen auf S. 523 und 525.

Ein lineares Gleichungssystem mit der erweiterten Koeffizientenmatrix $(\boldsymbol{A} \mid \boldsymbol{b})$ heißt **homogen**, wenn $b_1 = b_2 = \cdots = b_m = 0$, sonst **inhomogen**. Ein homogenes System besitzt immer die **triviale Lösung** $(0, 0, \ldots, 0)$ und ist daher immer lösbar.

Ist LGS ein (beliebiges) lineares Gleichungssystem, so bezeichne LGS_0 das **zugehörige homogene** lineare Gleichungssystem, d. h. dasjenige, das aus LGS entsteht, wenn anstelle von $b_1, \ldots, b_m$ jeweils 0 gesetzt wird:

$$\underbrace{\begin{matrix} a_{11}\,x_1 + a_{12}\,x_2 + \cdots + a_{1n}\,x_n = b_1 \\ a_{21}\,x_1 + a_{22}\,x_2 + \cdots + a_{2n}\,x_n = b_2 \\ \vdots \quad\quad \vdots \quad\quad \vdots \quad\quad \vdots \quad \vdots \\ a_{m1}\,x_1 + a_{m2}\,x_2 + \cdots + a_{mn}\,x_n = b_m \end{matrix}}_{\text{inhomogen: } b_i \neq 0 \text{ für mindestens ein } i}$$

$$\downarrow$$

$$\underbrace{\begin{matrix} a_{11}\,x_1 + a_{12}\,x_2 + \cdots + a_{1n}\,x_n = 0 \\ a_{21}\,x_1 + a_{22}\,x_2 + \cdots + a_{2n}\,x_n = 0 \\ \vdots \quad\quad \vdots \quad\quad \vdots \quad\quad \vdots \quad \vdots \\ a_{m1}\,x_1 + a_{m2}\,x_2 + \cdots + a_{mn}\,x_n = 0 \end{matrix}}_{\text{homogen}}$$

Selbstfrage 10

Hat ein homogenes reelles Gleichungssystem neben der trivialen Lösung noch eine weitere Lösung, so hat es gleich unendlich viele Lösungen! – Stimmt das?

Anwendungsbeispiel Wir betrachten ein sogenanntes *Randwertproblem*, d. h. eine Differenzialgleichung mit Randwertbedingungen anstelle von Anfangswertbedingungen wie auf S. 467. Leser, die noch keine Erfahrungen mit Differenzialgleichungen gemacht haben, können dieses Beispiel überspringen.

Beispielhaft betrachten wir das Randwertproblem

$$y'' + x^2\,y = x \quad \text{mit } y(0) = 0 \text{ und } y(1) = 1 \qquad (14.3)$$

mit einer Funktion $y : [0,\ 1] \to \mathbb{R}$.

Es ist eine explizite Angabe einer Funktion y gesucht, die an den Rändern des Definitionsbereiches die Bedingungen $y(0) = 0$ und $y(1) = 1$ erfüllt.

Bei vielen Randwertproblemen ist es oft nicht möglich oder sehr schwierig, einen expliziten Ausdruck für die Funktion y zu bestimmen. Doch es ist verhältnismäßig einfach, gute Näherungslösungen für die Werte $y(x_k)$ der Funktion y an Stellen x_k zwischen den Randwerten zu bestimmen – ohne die Funktion y zu kennen. Für die Anwendungen sind solche Näherungslösungen oftmals völlig ausreichend.

Ein Verfahren, das solche Näherungslösungen bestimmt, ist das sogenannte *Differenzenverfahren*, das wir an unserem Beispiel kurz erläutern.

Bei diesem Verfahren unterteilen wir das reelle Definitionsintervall $[0,\ 1]$ der Funktion y in äquidistante Teile. Mit $h = \frac{1}{n+1}$ gilt

$$0 < h < \cdots < (n-1)\,h < nh < (n+1)\,h = 1.$$

Zur Abkürzung setzen wir $x_k = k\,h$ für $k = 0, \ldots, n+1$ und $y_k = y(x_k)$.

Um nun Näherungswerte für y_k zu erhalten, ersetzen wir die Differenzialkoeffizienten in der Differenzialgleichung durch Differenzenquotienten.

Man ersetzt also

$$y'(x) = \lim_{h \to 0} \frac{y(x+h) - y(x)}{h}$$

durch

$$\Delta y(x) = \frac{y(x+h) - y(x)}{h}$$

und betrachtet $\Delta y(x)$ für ein *kleines* h als einen Näherungswert für $y'(x)$. Ähnlich verfährt man mit der zweiten Ableitung $y''(x_k)$, diese ersetzt man durch den *zweiten Differenzenquotienten*

$$\Delta^2 y_k = \frac{y_{k+1} - 2\,y_k + y_{k-1}}{h^2}.$$

Vernachlässigen wir den Fehler, d. h., setzen wir $y''(x_k) = \Delta^2 y_k$, so erhalten wir hiermit aufgrund von der Differenzialgleichung (14.3) für die Werte von y an den Stellen $x_0, \ldots, x_{n+1}$ näherungsweise die folgenden Beziehungen:

$$\begin{aligned} y(0) &= 0 \\ \frac{y_{k+1} - 2\,y_k + y_{k-1}}{h^2} + x_k^2\,y_k &= x_k, \quad k = 1, \ldots, n \\ y(1) &= 1 \end{aligned}$$

Dies ist ein lineares Gleichungssystem in den Unbekannten $y_1, \ldots, y_n$.

Teil III

Beispiel: Lineare Gleichungssysteme mit Parameter II

Wir untersuchen das lineare Gleichungssystem

$$\begin{aligned} x_1 + a\,x_2 + b\,x_3 &= 2\,a \\ x_1 - \quad x_2 \qquad\quad &= 0 \\ b\,x_2 + a\,x_3 &= b \end{aligned}$$

in Abhängigkeit der beiden Parameter $a,\ b \in \mathbb{R}$ auf Lösbarkeit bzw. eindeutige Lösbarkeit und stellen die entsprechenden Bereiche für $(a,\ b) \in \mathbb{R}^2$ grafisch dar.

Problemanalyse und Strategie: Wir wenden die bekannten elementaren Zeilenumformungen an, beachten aber jeweils, unter welchen Voraussetzungen an a und b diese zulässig sind.

Lösung: Die erweiterte Koeffizientenmatrix $(\boldsymbol{A}\,|\,\boldsymbol{b})$ des Systems lautet:

$$\left(\begin{array}{ccc|c} 1 & a & b & 2\,a \\ 1 & -1 & 0 & 0 \\ 0 & b & a & b \end{array}\right)$$

Damit die Parameter a und b nicht zu oft auftreten, bietet sich ein Tausch der ersten beiden Zeilen an. Zur neuen zweiten Zeile addieren wir dann das (-1)-Fache der dann neuen ersten Zeile:

$$\left(\begin{array}{ccc|c} 1 & -1 & 0 & 0 \\ 1 & a & b & 2\,a \\ 0 & b & a & b \end{array}\right) \to \left(\begin{array}{ccc|c} 1 & -1 & 0 & 0 \\ 0 & a+1 & b & 2\,a \\ 0 & b & a & b \end{array}\right)$$

Damit wir die letzte Zeile mit b^{-1} multiplizieren dürfen, betrachten wir $b = 0$ gesondert.

1. Fall $b = 0$: Die Matrix hat dann die Form:

$$\left(\begin{array}{ccc|c} 1 & -1 & 0 & 0 \\ 0 & a+1 & 0 & 2\,a \\ 0 & 0 & a & 0 \end{array}\right)$$

Wir unterscheiden zwei Fälle: (a) $a = 0$ und (b) $a \neq 0$:

(a) Ist $a = 0$, so erhalten wir

$$\left(\begin{array}{ccc|c} 1 & -1 & 0 & 0 \\ 0 & 1 & 0 & 0 \\ 0 & 0 & 0 & 0 \end{array}\right)$$

und damit unendlich viele Lösungen.

(b) Ist $a \neq 0$, so müssen wir die beiden Fälle $a = -1$ und $a \neq -1$ unterscheiden: Bei $a = -1$ gehört zu dem Gleichungssystem die Matrix:

$$\left(\begin{array}{ccc|c} 1 & -1 & 0 & 0 \\ 0 & 0 & 0 & -2 \\ 0 & 0 & -1 & 0 \end{array}\right)$$

Wegen $\operatorname{rg}\boldsymbol{A} < \operatorname{rg}(\boldsymbol{A}\,|\,\boldsymbol{b})$ ist das System nicht lösbar.

Für $a \neq -1$ können wir die zweite Zeile durch $a + 1$ und die dritte durch a teilen. Wir erhalten so die Matrix

$$\left(\begin{array}{ccc|c} 1 & -1 & 0 & 0 \\ 0 & 1 & 0 & \frac{2\,a}{a+1} \\ 0 & 0 & 1 & 0 \end{array}\right)$$

mit einer eindeutig bestimmten Lösung.

Damit haben wir den Fall $b = 0$ abgehandelt.

2. Fall $b \neq 0$: Die zum Gleichungssystem gehörige Matrix lautet, nachdem wir die dritte Zeile durch b geteilt haben:

$$\left(\begin{array}{ccc|c} 1 & -1 & 0 & 0 \\ 0 & a+1 & b & 2\,a \\ 0 & 1 & a/b & 1 \end{array}\right)$$

Wir vertauschen die zweite und die dritte Zeile und addieren zur neuen dritten Zeile das $(-(a+1))$-Fache der neuen zweiten Zeile:

$$\left(\begin{array}{ccc|c} 1 & -1 & 0 & 0 \\ 0 & 1 & a/b & 1 \\ 0 & 0 & b-(a+1)\,a/b & a-1 \end{array}\right)$$

Also gilt:

1) Das Gleichungssystem ist nicht lösbar für $a \neq 1$ und $b^2 = (a+1)\,a$.
2) Das Gleichungssystem ist eindeutig lösbar für $b^2 \neq (a+1)\,a$, wobei a beliebig ist.
3) Das Gleichungssystem hat unendlich viele Lösungen für $a = 1$ und $b^2 = 2$.

Die Menge der in (1) genannten Punkte $(a,\ b) \in \mathbb{R}^2$ mit $b^2 = (a+1)\,a$ bildet eine Hyperbel:

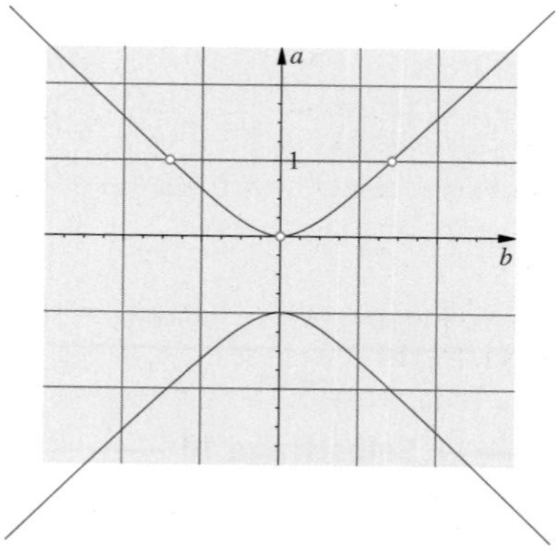

Die blauen Bereiche geben diejenigen Paare $(a,\ b) \in \mathbb{R}^2$ an, für die das Gleichungssystem eindeutig lösbar ist. Die drei grün eingezeichneten Punkte liefern jeweils unendlich viele Lösungen. Die Farbe rot kennzeichnet Paare (a, b), für welche das Gleichungssystem unlösbar ist. Dazu gehören die Punkte einer Hyperbel abzüglich der drei grün markierten Punkte.

Tab. 14.1 Die ersten acht Dezimalstellen der Näherungslösungen und der exakten Lösung

	$y(1/4)$	$y(1/2)$	$y(3/4)$
$h = 1/4$	0.221 473 04	0.457 705 96	0.718 037 23
$h = 1/16$	0.222 654 98	0.459 644 34	0.719 783 80
$h = 1/1\,024$	0.222 734 06	0.459 773 74	0.719 899 97
exakt	0.222 734 08	0.459 773 77	0.719 899 99

Für $h = 1/4$ erhalten wir die erweiterte Koeffizientenmatrix

$$\left(\begin{array}{ccc|c} -2+(\frac{1}{4})^4 & 1 & 0 & \frac{1}{4}(\frac{1}{4})^2 \\ 1 & -2+(\frac{1}{4})^3 & 1 & \frac{1}{2}(\frac{1}{4})^2 \\ 0 & 1 & -2+9(\frac{1}{4})^4 & \frac{3}{4}(\frac{1}{4})^2-1 \end{array}\right)$$

mit der eindeutig bestimmten Lösung (wir beschränken uns auf die ersten acht Dezimalstellen):

$$L = \{(0.221\,473\,04,\ 0.457\,705\,96,\ 0.718\,037\,23)\}$$

Die Tab. 14.1 zeigt die ersten acht Dezimalstellen der Näherungslösungen für $y(1/4)$, $y(1/2)$ und $y(3/4)$ für die Werte $h = 1/4$, $h = 1/16$ und $h = 1/1\,024$ sowie der exakten Lösung. Der Rechenaufwand wird umso größer, je kleiner h ist: $h = 1/16$ führt zu einer 15×15-Koeffizientenmatrix, $h = 2^{-10} = 1/1\,024$ bereits zu einer $1\,023 \times 1\,023$-Koeffizientenmatrix.

Bereits die relativ große Schrittweite $h = 1/4$ liefert also in diesem Beispiel schon zwei korrekte Dezimalstellen. ◄

Die Lösungsmengen von homogenen und inhomogenen linearen Gleichungssystemen haben eine gewisse Struktur

Mithilfe von Begriffen und Ergebnissen, die wir im Kap. 15 zu den Vektorräumen kennenlernen, werden wir ein tieferes Verständnis und eine bessere Einsicht in diese Struktur der Lösungsvielfalt erhalten. Jedoch reichen unsere Methoden nun schon aus, um folgende zwei Sachverhalte zu begründen.

Summen und Vielfache von Lösungen homogener Systeme sind wieder Lösungen

Sind $(l_1, \ldots, l_n)$ und $(m_1, \ldots, m_n)$ Lösungen eines homogenen linearen Gleichungssystems LGS_0 in n Unbekannten und m Gleichungen, dann ist auch die *Summe* $(l_1 + m_1, \ldots, l_n + m_n)$ eine Lösung von LGS_0, und für jede reelle Zahl λ ist auch $(\lambda \cdot l_1, \ldots, \lambda \cdot l_n)$ eine Lösung von LGS_0.

Beweis Um zu zeigen, dass die Summe eine Lösung ist, müssen wir nur verifizieren, dass alle Gleichungen beim Einsetzen dieser Summe erfüllt werden.

Wir setzen die Summe in die i-te Gleichung des homogenen Systems ein:

$$\begin{aligned} &a_{i1}\,(l_1 + m_1) + a_{i2}\,(l_2 + m_2) + \cdots + a_{in}\,(l_n + m_n) \\ &= a_{i1}\,l_1 + a_{i1}\,m_1 + a_{i2}\,l_2 + a_{i2}\,m_2 + \cdots + a_{in}\,l_n + a_{in}\,m_n \\ &= \underbrace{a_{i1}\,l_1 + a_{i2}\,l_2 + \cdots + a_{in}\,l_n}_{=0} + \underbrace{a_{i1}\,m_1 + a_{i2}\,m_2 + \cdots + a_{in}\,m_n}_{=0} \\ &= 0 \end{aligned}$$

Das gilt für jedes $i \in \{1, \ldots, m\}$. Damit ist also $(l_1 + m_1, \ldots, l_n + m_n)$ eine Lösung von LGS_0.

Ebenso gilt für jedes $\lambda \in \mathbb{R}$ und $i \in \{1, \ldots, m\}$

$$\begin{aligned} a_{i1}\,(\lambda \cdot l_1) + a_{i2}\,(\lambda \cdot l_2) + \cdots + a_{in}\,(\lambda \cdot l_n) \\ = \lambda \cdot (a_{i1}\,l_1 + a_{i2}\,l_2 + \cdots + a_{in}\,l_n) = \lambda \cdot 0 = 0. \end{aligned}$$

Es ist also wie behauptet auch $(\lambda \cdot l_1, \ldots, \lambda \cdot l_n)$ eine Lösung von LGS_0. ■

Struktur der Lösungsmenge

Sind $(s_1, \ldots, s_n)$ eine spezielle Lösung eines linearen Gleichungssystems LGS in n Unbekannten und m Gleichungen und $(l_1, \ldots, l_n)$ eine Lösung des zugehörigen homogenen Systems LGS_0, dann ist auch die Summe $(s_1 + l_1, \ldots, s_n + l_n)$ eine Lösung von LGS, und jede Lösung von LGS lässt sich als Summe von $(s_1, \ldots, s_n)$ und einer Lösung von LGS_0 darstellen.

Teil III

Beweis Die erste Behauptung ergibt sich durch Einsetzen:

Wir setzen die Summe in die i-te Gleichung des inhomogenen Systems ein:

$$\begin{aligned} &a_{i1}(s_1 + l_1) + a_{i2}(s_2 + l_2) + \cdots + a_{in}(s_n + l_n) \\ &= a_{i1}s_1 + a_{i1}l_1 + a_{i2}s_2 + a_{i2}l_2 + \cdots + a_{in}s_n + a_{in}l_n \\ &= \underbrace{a_{i1}s_1 + a_{i2}s_2 + \cdots + a_{in}s_n}_{=b_i} + \underbrace{a_{i1}l_1 + a_{i2}l_2 + \cdots + a_{in}l_n}_{=0} \\ &= b_i \end{aligned}$$

Das gilt für jedes $i \in \{1, \ldots, m\}$. Damit ist also $(s_1 + l_1, \ldots, s_n + l_n)$ eine Lösung von LGS.

Nun betrachten wir eine Lösung $(m_1, \ldots, m_n)$ von LGS. Für $(m_1 - s_1, \ldots, m_n - s_n)$ gilt:

$$\begin{aligned} &a_{i1}(m_1 - s_1) + a_{i2}(m_2 - s_2) + \cdots + a_{in}(m_n - s_n) \\ &= a_{i1}m_1 - a_{i1}s_1 + a_{i2}m_2 - a_{i2}s_2 + \cdots + a_{in}m_n - a_{in}s_n \\ &= \underbrace{a_{i1}m_1 + a_{i2}m_2 + \cdots + a_{in}m_n}_{=b_i} - \underbrace{(a_{i1}s_1 + a_{i2}s_2 + \cdots + a_{in}s_n)}_{=b_i} \\ &= 0 \end{aligned}$$

Das heißt, $(l_1, \ldots, l_n)$ mit $l_k = m_k - s_k$ für $k = 1, \ldots, n$ ist eine Lösung von LGS_0, und es gilt $(m_1, \ldots, m_n) = (s_1 + l_1, \ldots, s_n + l_n)$. ■

Anwendung: Wählerstromanalyse – stark vereinfacht

Die folgende Tabelle zeigt, wie viele Stimmen die Parteien A, B und C bei den letzten zwei Wahlen in den Städten I, II und III jeweils erhalten haben. Die Gesamtzahl der Wähler ist in jeder Stadt gleich geblieben. Wir nehmen (stark vereinfachend) an, dass die Wählerströme in allen Städten exakt gleich sind. Damit ist der Anteil p_{XY} derjenigen früheren Wähler der Partei X, welche nun ihre Stimme der Partei Y gegeben haben, überall derselbe. Diese Anteile sind zu ermitteln.

frühere Wahl	A	B	C	*Summe*
Stadt I	2 040	2 020	1 140	5 200
Stadt II	2 450	2 570	1 380	6 400
Stadt III	4 280	2 960	1 560	8 800

frühere Wahl	A	B	C	*Summe*
Stadt I	1 740	1 900	1 560	5 200
Stadt II	2 110	2 390	1 900	6 400
Stadt III	3 470	2 910	2 420	8 800

Wir bezeichnen den unbekannten Anteil jener ursprünglichen A-Wähler, die nun B gewählt haben, mit p_{AB}. Das heißt, dass von den 2 040 früheren A-Wählern in der Stadt I nun $2\,040 \cdot p_{AB}$ ihre Stimme der Partei B gegeben haben.

Das ergibt insgesamt 9 Unbekannte

$$p_{AA},\ p_{AB},\ p_{AC},\ p_{BA},\ p_{BB},\ p_{BC},\ p_{CA},\ p_{CB},\ p_{CC}.$$

Wir können allerdings gleich $p_{AA} = 1 - p_{AB} - p_{AC}$ und ähnlich für p_{BB} und p_{CC} setzen, womit 6 Unbekannte übrig bleiben.

Mithilfe dieser Unbekannten ist nun in jeder Stadt jedes der aktuellen Wahlergebnisse durch die früheren ausdrückbar: Die neuen A-Wähler der Stadt I setzen sich zusammen aus $2\,040\,p_{AA}$ früheren A-Wählern, $2\,020\,p_{BA}$ früheren B-Wählern und $1\,140\,p_{CA}$ früheren C-Wählern. Analoge Gleichungen gelten für die neuen B- und C-Wähler. Dabei ist allerdings die dritte eine Folge der ersten beiden, denn die Summe aller drei Gleichungen ergibt links und rechts die Gesamtanzahl der Wähler in der Stadt I.

Also bleibt ein System von 6 linearen Gleichungen in 6 Unbekannten:

$$\begin{aligned}
-2\,040\,p_{AB} - 2\,040\,p_{AC} + 2\,020\,p_{BA} + 1\,140\,p_{CA} &= -300\\
2\,040\,p_{AB} - 2\,020\,p_{BA} - 2\,020\,p_{BC} + 1\,140\,p_{CB} &= -120\\
-2\,450\,p_{AB} - 2\,450\,p_{AC} + 2\,570\,p_{BA} + 1\,380\,p_{CA} &= -340\\
2\,450\,p_{AB} - 2\,570\,p_{BA} - 2\,570\,p_{BC} + 1\,380\,p_{CB} &= -180\\
-4\,280\,p_{AB} - 4\,280\,p_{AC} + 2\,960\,p_{BA} + 1\,560\,p_{CA} &= -810\\
4\,280\,p_{AB} - 2\,960\,p_{BA} - 2\,960\,p_{BC} + 1\,560\,p_{CB} &= -50
\end{aligned}$$

Mit einigem Rechenaufwand zeigt man, dass dieses System eindeutig lösbar ist. Der Einsatz eines Computeralgebrasystems ist hier bereits angebracht. Die Lösung lautet:

$$\begin{aligned}
p_{AB} &= 0.111\,1, & p_{AC} &= 0.175\,8 & &\Rightarrow & p_{AA} &= 0.713\,1,\\
p_{BA} &= 0.140\,9, & p_{BC} &= 0.120\,3 & &\Rightarrow & p_{BB} &= 0.738\,9,\\
p_{CA} &= 0.007, & p_{CB} &= 0.158\,7 & &\Rightarrow & p_{CC} &= 0.840\,6.
\end{aligned}$$

Kommentar In Wirklichkeit gibt es natürlich viel mehr Einzelergebnisse und damit auch viel mehr Gleichungen als Unbekannte. Dafür kann dann die wahrscheinlichste Wählerbewegung ermittelt werden.

Selbstverständlich stehen den Wahlstatistikern noch viel subtilere Methoden bei der Wahlanalyse zur Verfügung. ◀

Ist L die Lösungsmenge von LGS, L_0 jene von LGS_0 und $s = (s_1, \ldots, s_n)$ eine spezielle Lösung von LGS, so besagt das zweite Ergebnis

$$L = s + L_0,$$

wobei

$$s + L_0 = \{s + l \mid l = (l_1, \ldots, l_n) \in L_0\}$$

und die Addition $s + l$ hier komponentenweise zu verstehen ist. Hier nehmen wir bereits die Vektorschreibweise von Kap. 15 vorweg.

Selbstfrage 11

Sind Summen und Vielfache von Lösungen inhomogener Systeme stets wieder Lösungen des inhomogenen Systems?

14.4 Numerische Lösungsmethoden linearer Gleichungssysteme

Das Eliminationsverfahren von Gauß zur Lösung eines linearen Gleichungssystems $(\boldsymbol{A} \mid \boldsymbol{b})$ lässt sich leicht auf Rechenmaschinen implementieren. Aber die Rechen- bzw. Rundungsfehler, die Computer begehen, führen bei naiver Anwendung des Gauß'schen Verfahrens im Allgemeinen zu großen Ungenauigkeiten in den Lösungen. Man behilft sich hierbei mit der sogenannten *Pivotisierung*, d. h., man wählt zur Elimination der Nichtnulleinträge in einer Spalte das betragsmäßig größte Element. Oftmals verstärken sich bei dieser Methode Rundungs- und Rechnungsfehler nicht so stark.

Tatsächlich aber benutzen Computeralgebrasysteme das Verfahren von Gauß zur Lösung von $(\boldsymbol{A} \mid \boldsymbol{b})$ im Allgemeinen in einer etwas abgewandelten Form. Man benutzt meist die sogenannte

Teil III

LR-Zerlegung der Koeffizientenmatrix $\boldsymbol{A}$, das ist eine Zerlegung der Koeffizientenmatrix in ein *Produkt* zweier Matrizen, mit deren Hilfe die Lösung dann ermittelt wird. Um dieses Verfahren zu verstehen, brauchen wir etwas mehr Theorie. Wir behandeln es in einem Abschnitt auf S. 595.

Bei der *LR*-Zerlegung der Koeffizientenmatrix $\boldsymbol{A}$ müssen alle Koeffizienten abgespeichert werden. Dies führt bei einem großen System, ab etwa 500 Gleichungen, zu einem enormen Speicherbedarf. Gleichungssysteme dieser Größenordnung sind in der Praxis alltäglich, man vergleiche S. 529. Große Gleichungssysteme haben jedoch oft sehr viele Nullen in ihren Koeffizientenmatrizen – man spricht dann von **dünn besetzten Matrizen**.

Zur Lösung großer Gleichungssysteme mit dünn besetzten Koeffizientenmatrizen benutzt man vorzugsweise *iterative* Verfahren. Das sind Verfahren, die ausgehend von einer Schätzung $\boldsymbol{l}^{(1)}$ für eine Lösung sukzessive weitere Werte $\boldsymbol{l}^{(2)}$, $\boldsymbol{l}^{(3)}$, ... bestimmen. Im günstigsten Fall *konvergieren* diese Werte gegen die exakte Lösung $\boldsymbol{l}$ des linearen Gleichungssystems,

$$\lim_{i\to\infty} \boldsymbol{l}^{(i)} = \boldsymbol{l}.$$

Solche Verfahren sind im Allgemeinen speicher- und zeitsparend und oftmals genügen nur wenige Iterationsschritte, um einen ausreichend genauen Schätzwert für die exakte Lösung zu haben.

Im folgenden Abschnitt werden wir das sogenannte *Gauß-Seidel-Einzelschrittverfahren* zur näherungsweisen Lösung großer linearer Gleichungssysteme darstellen.

Das Gauß-Seidel-Einzelschrittverfahren ist eine iterative Lösungsmethode bei diagonaldominanten Koeffizientenmatrizen

Gegeben ist das reelle lineare Gleichungssystem:

$$\begin{matrix} a_{11}\,x_1 + a_{12}\,x_2 + \cdots + a_{1n}\,x_n = b_1 \\ a_{21}\,x_1 + a_{22}\,x_2 + \cdots + a_{2n}\,x_n = b_2 \\ \vdots \quad\quad \vdots \quad\quad\quad \vdots \quad \vdots \\ a_{n1}\,x_1 + a_{n2}\,x_2 + \cdots + a_{nn}\,x_n = b_n \end{matrix}$$

mit n Gleichungen in n Unbekannten.

Wir gehen davon aus, dass die Elemente der Hauptdiagonalen, also die Elemente $a_{11}, \ldots, a_{nn}$ von null verschieden sind. Damit können wir für jedes $i \in \{1, \ldots, n\}$ die i-te Gleichung nach der Unbekannten x_i auflösen,

$$x_i = \Big(b_i - \sum_{k=1}^{i-1} a_{ik}\,x_k - \sum_{k=i+1}^{n} a_{ik}\,x_k\Big) \;/\; a_i.$$

Sind Schätzwerte für $x_1, \ldots, x_{i-1}, x_{i+1}, \ldots, x_n$ bekannt, so kann man aus dieser Formel einen Schätzwert für x_i ermitteln.

Wir führen dies nun Schritt für Schritt für $x_1, \ldots, x_n$ durch, um so von einer Ausgangsschätzung $\boldsymbol{l}^{(1)} = (l_1^{(1)}, \ldots, l_n^{(1)})$ einen neuen Schätzwert $\boldsymbol{l}^{(2)} = (l_1^{(2)}, \ldots, l_n^{(2)})$ zu erhalten. Man erhält $l_1^{(2)}$ aus der Gleichung

$$l_1^{(2)} = \Big(b_1 - \sum_{k=2}^{n} a_{1k}\,l_k^{(1)}\Big) \;/\; a_1.$$

Für den neuen Wert $l_2^{(2)}$ setzen wir sogleich den eben erhaltenen Wert $l_1^{(2)}$ ein,

$$l_2^{(2)} = \Big(b_2 - a_{21}\,l_1^{(2)} - \sum_{k=3}^{n} a_{2k}\,l_k^{(1)}\Big) \;/\; a_2.$$

Ebenso geht man für $l_3^{(2)}, \ldots, l_n^{(2)}$ vor, wir geben die letzte Gleichung explizit an,

$$l_n^{(2)} = \Big(b_n - \sum_{k=1}^{n-1} a_{nk}\,l_k^{(2)}\Big) \;/\; a_n.$$

Achtung Man beachte, dass wir bei jedem Schritt, also bei der Bestimmung eines $l_i^{(2)}$, den im vorherigen Schritt bestimmten Wert $l_{i-1}^{(2)}$ gleich einsetzen. ◀

Wir haben aus dem ersten Schätzwert $\boldsymbol{l}^{(1)}$ einen neuen Schätzwert $\boldsymbol{l}^{(2)} = (l_1^{(2)}, \ldots, l_n^{(2)})$ konstruiert. Dieses Verfahren kann man fortsetzen: Mittels $\boldsymbol{l}^{(2)}$ konstruiert man auf dieselbe Art und Weise $\boldsymbol{l}^{(3)} = (l_1^{(3)}, \ldots, l_n^{(3)})$, mittels $\boldsymbol{l}^{(3)}$ dann $\boldsymbol{l}^{(4)}$ usw. Diese Methode nennt man das **Gauß-Seidel-Einzelschrittverfahren**.

Eine offene Frage ist es, ob die so gewonnenen Schätzwerte $\boldsymbol{l}^{(2)}, \boldsymbol{l}^{(3)}, \ldots$ gegen die exakte Lösung $\boldsymbol{l}$ des gegebenen linearen Gleichungssystems *konvergieren*, d. h., ob die *Abweichung* von $\boldsymbol{l}^{(i)}$ zur exakten Lösung $\boldsymbol{l}$ für $i \to \infty$ beliebig klein wird. Man akzeptiert dann ein $\boldsymbol{l}^{(j)}$ mit *j groß genug* als Näherungslösung für das System.

Und tatsächlich lässt sich zeigen – wir verzichten aber darauf –, dass dann Konvergenz des Verfahrens vorliegt, wenn die quadratische Koeffizientenmatrix $\boldsymbol{A} = (a_{ij})$ des Gleichungssystems **(strikt) diagonaldominant** ist, d. h.

$$|a_{ii}| > \sum_{\substack{k=1 \\ k\neq i}}^{n} |a_{ik}|,$$

also wenn der Betrag des Diagonalelementes der i-ten Zeile echt größer ist als die Summe der Beträge der Außerdiagonalelemente dieser Zeile.

Beispiel Die Matrizen

$$\begin{pmatrix} 1 & 0 & 0 \\ 1 & 2 & 0 \\ 1 & 1 & 3 \end{pmatrix}, \begin{pmatrix} -3 & 1 & 0 \\ 1 & -3 & 1 \\ 0 & 1 & -3 \end{pmatrix}$$

sind diagonaldominant. ◀

Teil III

Vertiefung: Implementierung des Gauß-Seidel-Verfahrens

Wir erstellen eine Funktion, die das Gleichungssystem $\boldsymbol{A}\,\boldsymbol{x} = \boldsymbol{b}$ näherungsweise mit dem Gauß-Seidel-Verfahren löst. Eingabe sind die Matrix $\boldsymbol{A} = (a_{ij})$, die rechte Seite $\boldsymbol{b} = (b_i)$, ein Startvektor $\boldsymbol{x}_0 = (x_i)$ und eine Genauigkeit e.

Wir gehen von dem Startvektor `x=[x1, ..., xn]` aus und überschreiben diese Einträge `xi` nacheinander durch die verbesserten Werte.

Zur for-Schleife – Bilden der Komponenten der neuen Iterierten: Die verbesserten Werte für die i-te Komponente sind gegeben durch:

$$x_i^{(\text{neu})} = \left(b_i - \sum_{j=1}^{i-1} a_{ij}\,x_j^{(\text{neu})} - \sum_{j=i+1}^{n} a_{ij}\,x_j^{(\text{alt})}\right) / \,a_{ii}\,.$$

Dies können wir mithilfe der bekannten MATLAB®-Notation auch schreiben als:

```
>> x(i) = (b(i) - A(i,1:i-1)*x(1:i-1) ...
      - A(i,i+1:n)*x(i+1:n)) / A(i,i)
```

Hierbei liefert das *Matrix-Vektorprodukt* (s. Abschn. 16.1)

`A(i,1:i-1)*x(1:i-1)` die Summe $\sum_{j=1}^{i-1} a_{ij}\,x_j^{(\text{neu})}$ bzw.

`A(i,i+1:n)*x(i+1:n)` die Summe $\sum_{j=i+1}^{n} a_{ij}\,x_j^{(\text{alt})}$.

Damit haben wir das Kernstück, nämlich die for-Schleife, der zu erstellenden Funktion.

Zur while-Schleife – Bilden der neuen Iterierten: Beim Gauß-Seidel-Verfahren bildet man ausgehend vom Startvektor $\boldsymbol{x}_0$ iterativ weitere Näherungen $\boldsymbol{x}_1, \boldsymbol{x}_2, \ldots,$ wobei die Komponenten der neuen Iterierten wie eben geschildert gebildet werden. Wir brechen diese Iteration ab, sobald wir eine Iterierte $\boldsymbol{x}_k$ haben, die *nahe genug* an der gesuchten Lösung von $\boldsymbol{A}\,\boldsymbol{x} = \boldsymbol{b}$ liegt. Dazu betrachten wir den *Fehler* $\boldsymbol{r} = \boldsymbol{A}\,\boldsymbol{x}_k - \boldsymbol{b}$. Ist die Summe der Quadrate der Komponenten von $\boldsymbol{r} = (r_1, \ldots, r_n)$ klein bzw. nahezu Null, so akzeptieren wir $\boldsymbol{x}_k$ als eine Näherungslösung. Man nennt $\|\boldsymbol{r}\| = \sqrt{r_1^2 + \cdots + r_n^2}$ das **Residuum**. In MATLAB® erhält man diese Größe mit `norm(r)`. Es ist also solange zu iterieren, bis das Residuum eine gegebene Toleranz e, z.B. $e = 10^{-8}$, unterschreitet. Dies wird in der while-Schleife realisiert; solange dieses Residuum größer als e ist, erneuern wir die Einträge von $\boldsymbol{x}$, sprich bilden wir eine neue Iterierte:

```
function [x] = GaussSeidel_for(A,b)
e=1e-8;          % Genauigkeit
n=length(b);     % Iterationen der for-Schleife
x=zeros(n,1); % Startvektor
error = norm(A*x-b); % Fehler
while (error>e)
    for i=1:n
     x(i) = (b(i)-A(i,1:i-1)*x(1:i-1) ...
         - A(i,i+1:n)*x(i+1:n)) / A(i,i);
    end
    error=norm(A*x-b);
end
end
```

Man beachte:

- Die Einträge von x werden bei jeder Iteration überschrieben, wir erhalten also nur den Endwert von x nach Durchlaufen der while-Schleife.
- Wir wissen nicht, wie oft die while-Schleife durchlaufen worden ist, wie viele Iterationenen also nötig waren, um die gewünschte Genauigkeit zu erreichen.

Die folgende neue Version der Gauß-Seidel-Funktion ist insofern *komfortabler*, weil sie die eben erwähnten Mängel behebt:

```
function [X, iter] = GaussSeidel_for(A,b,x,e)
% Input:
% A: quadratische Matrix
% b: rechte Seite von Ax=b
% x: Startvektor
% e: Genauigkeit
error = norm(A*x-b); %Residuum
n = length(b); %Iterationen der for-Schleife
iter = 0; %Anzahl der Iterationen
X = [x]; %Vektor mit den Iterierten
while (error>e)
 iter=iter+1;
    for i=1:n
    x(i) = ( b(i) - A(i,1:i-1)*x(1:i-1) ...
       - A(i,i+1:n)*x(i+1:n)) / A(i,i);
    end
    error = norm(A*x-b);
    X = [X,x];
end
end
```

Für das folgende Gleichungssystem $\boldsymbol{A}\,\boldsymbol{x} = \boldsymbol{b}$,

$$\begin{pmatrix} 4 & 1 & 0 \\ 1 & 4 & 1 \\ 0 & 1 & 4 \end{pmatrix} \boldsymbol{x} = \begin{pmatrix} 1 \\ 1 \\ 1 \end{pmatrix},$$

erhalten wir nach Eingabe von

```
>> A = [4 1 0 ; 1 4 1 ; 0 1 4];
>> b = [1;1;1];
>> x0 = [1;2;3];
>> e = 1e-8;
>> [X, iter] = GaussSeidel_for(A,b,x0,e)
```

schließlich `iter = 11` und zuletzt den folgenden Näherungswert für die gesuchte Lösung:

$$\boldsymbol{x}_{11} = \begin{pmatrix} 0.214285715366714 \\ 0.142857142316643 \\ 0.214285714420839 \end{pmatrix}.$$

Die ersten Stellen der exakten Lösung des Systems lauten:

$$\boldsymbol{x} = \begin{pmatrix} 0.214285714285714 \\ 0.142857142857143 \\ 0.214285714285714 \end{pmatrix}.$$

Selbstfrage 12

Sind die beim Differenzenverfahren auf S. 529 betrachteten Koeffizientenmatrizen diagonaldominant?

Konvergenz des Gauß-Seidel-Einzelschrittverfahrens

Das Gauß-Seidel-Einzelschrittverfahren zur Lösung eines linearen Gleichungssystems $(\boldsymbol{A} \mid \boldsymbol{b})$ konvergiert für jeden Startvektor $\boldsymbol{l}^{(1)}$, wenn die Koeffizientenmatrix $\boldsymbol{A}$ diagonaldominant ist.

Ein Beispiel soll das Verfahren verdeutlichen.

Beispiel Gegeben ist das lineare Gleichungssystem

$$\begin{aligned} 6x_1 + 4x_2 - x_3 &= 5 \\ 2x_1 + 5x_2 + x_3 &= 4 \\ -x_1 - x_2 + 4x_3 &= -5 \end{aligned}$$

mit einer diagonaldominanten Koeffizientenmatrix. Wir wählen den Schätzwert $\boldsymbol{l}_1 = (0, 0, 0)$. Nun ermitteln wir die Komponenten von $\boldsymbol{l}_2$:

$$l_1^{(2)} = (5 - 4 \cdot 0 + 1 \cdot 0)/6 = 5/6$$

$$l_2^{(2)} = \left(4 - 2 \cdot \frac{5}{6} - 1 \cdot 0\right)/5 = 7/15$$

$$l_3^{(2)} = \left(-5 + \frac{5}{6} + \frac{7}{15}\right)/4 = -111/120$$

Tab. 14.2 Die ersten vier Dezimalstellen der Näherungslösungen $\boldsymbol{l}_k$ für $k = 1, \ldots, 11$ und die exakte Lösung

	$l_1^{(k)}$	$l_2^{(k)}$	$l_3^{(k)}$
$k = 1$	0.000 0	0.000 0	0.000 0
$k = 2$	0.833 3	0.466 7	−0.925 0
$k = 3$	0.368 1	0.837 8	−0.948 5
$k = 4$	0.116 7	0.943 0	−0.985 1
$k = 5$	0.040 5	0.980 8	−0.994 7
$k = 6$	0.013 7	0.993 5	−0.998 2
$k = 7$	0.004 7	0.997 8	−0.999 4
$k = 8$	0.001 6	0.999 2	−0.999 8
$k = 9$	0.000 5	0.999 7	−0.999 9
$k = 10$	0.000 2	0.999 9	−1.000 0
$k = 11$	0.000 1	1.000 0	−1.000 0
exakt	0.000 0	1.000 0	−1.000 0

Also ist $\boldsymbol{l}_2 = (0.8333, 0.4667, -0.9250)$ – wobei wir uns auf die ersten vier Stellen beschränkt haben.

Die Tab. 14.2 zeigt die ersten vier Dezimalstellen der Näherungslösungen nach der jeweiligen k-ten Iteration, also die Komponenten von $\boldsymbol{l}_k$.

Nach 10 Iterationen hat man also die exakte Lösung auf die ersten drei Dezimalstellen angenähert. Die Konvergenz kann durch Einführen sogenannter *Relaxationsfaktoren* beschleunigt werden (siehe H. R. Schwarz: *Numerische Mathematik*. 5. Aufl., B. G. Teubner, 2006). ◄

Zusammenfassung

Ein System von m Gleichungen in n Unbekannten $x_1, \ldots, x_n$ der Art:

$$\begin{aligned} a_{11}x_1 + a_{12}x_2 + \cdots + a_{1n}x_n &= b_1 \\ a_{21}x_1 + a_{22}x_2 + \cdots + a_{2n}x_n &= b_2 \\ \vdots \quad\quad \vdots \quad\quad\quad\quad \vdots \quad &\;\; \vdots \\ a_{m1}x_1 + a_{m2}x_2 + \cdots + a_{mn}x_n &= b_m \end{aligned}$$

mit reellen Zahlen a_{ij} und b_i für $1 \leq i \leq m$ und $1 \leq j \leq n$ heißt **reelles lineares Gleichungssystem**.

Ein n-Tupel $(l_1, l_2, \ldots, l_n)$ reeller Zahlen $l_1, \ldots, l_n$ heißt eine **Lösung**, wenn alle Gleichungen durch Einsetzen von $l_1, \ldots, l_n$ anstelle von $x_1, \ldots, x_n$ befriedigt werden. Die Menge aller Lösungen heißt **Lösungsmenge** des Systems.

Anstelle reeller linearer Gleichungssysteme betrachtet man auch **komplexe** lineare Gleichungssysteme. Es sind dann die Zahlen a_{ij} und b_i komplexe Zahlen und die Komponenten l_i der Lösungen werden unter den komplexen Zahlen gesucht.

Teil III

Anzahl der Lösungen eines LGS

Ein lineares Gleichungssystem hat entweder *keine* oder *genau eine* oder *unendlich viele* Lösungen.

Um einen effizienten Lösungsweg auch für große Gleichungssysteme zu erhalten, ist die folgende Beobachtung nützlich:

Lineare Gleichungssysteme in Stufenform bzw. reduzierter Stufenform lassen sich unmittelbar lösen

Es ist möglich, lineare Gleichungssysteme durch Umformungen auf Stufenform bzw. reduzierte Stufenform zu bringen, ohne dass sich dabei die Lösungsmenge des Systems ändert.

Damit ist die Lösungsmenge des Systems in Stufenform bzw. in reduzierter Stufenform – die leicht zu bestimmen ist – auch die Lösungsmenge des ursprünglichen Systems.

Die Umformungen, die dies ermöglichen, sind die sogenannten elementaren Zeilenumformungen.

Mit elementaren Zeilenoperationen bringt man ein lineares Gleichungssystem auf Stufenform bzw. reduzierte Stufenform

Elementare Zeilenumformungen

1. Zwei Gleichungen werden vertauscht;
2. eine Gleichung wird mit einem Faktor $\lambda \neq 0$ multipliziert, also vervielfacht;
3. zu einer Gleichung wird das λ-Fache einer anderen Gleichung addiert.

Jedes LGS kann auf Zeilenstufenform gebracht werden

Jedes lineare Gleichungssystem lässt sich durch elementare Zeilenumformungen in ein System überführen, das eine Zeilenstufenform oder reduzierte Zeilenstufenform aufweist und die gleiche Lösungsmenge hat.

Anstelle der Gleichung werden platzsparend nur die Koeffizienten in einer Matrix notiert und die elementare Zeilenumformungen an den Zeilen der Matrix durchgeführt.

Die erweiterte Koeffizientenmatrix ist eine komfortable Darstellung des linearen Gleichungssystems

Beim Verfahren von Gauß wird die erweiterte Koeffizientenmatrix auf Stufenform gebracht.

Das **Eliminationsverfahren von Gauß** zur Lösung des linearen Gleichungssystems $(\boldsymbol{A} \mid \boldsymbol{b})$ besteht aus

1. der Umformung auf Stufenform,
2. der Lösbarkeitsentscheidung und
3. dem Rückwärtseinsetzen zur Bestimmung der Lösung des Systems.

Beim Verfahren von Gauß und Jordan wird die erweiterte Koeffizientenmatrix auf reduzierte Stufenform gebracht.

Das **Eliminationsverfahren von Gauß und Jordan** zur Lösung des linearen Gleichungssystem $(\boldsymbol{A} \mid \boldsymbol{b})$ besteht aus

1. der Umformung auf Stufenform,
2. der Lösbarkeitsentscheidung und
3. der weiteren Umformung auf reduzierte Stufenform und dem Ablesen der Lösung.

Ob ein Gleichungssystem überhaupt lösbar ist, lässt sich mithilfe des Rangs entscheiden.

Der **Rang** einer Matrix ist die Anzahl der von der Nullzeile verschiedenen Zeilen, nachdem man diese Matrix mittels elementarer Zeilenumformungen auf Zeilenstufenform gebracht hat.

Das Lösbarkeitskriterium

Ein lineares Gleichungssystem mit der Koeffizientenmatrix $\boldsymbol{A}$ und der erweiterten Koeffizientenmatrix $(\boldsymbol{A} \mid \boldsymbol{b})$ ist genau dann lösbar, wenn

$$\operatorname{rg} \boldsymbol{A} = \operatorname{rg}(\boldsymbol{A} \mid \boldsymbol{b}).$$

Aufgaben

Die Aufgaben gliedern sich in drei Kategorien: Anhand der *Verständnisfragen* können Sie prüfen, ob Sie die Begriffe und zentralen Aussagen verstanden haben, mit den *Rechenaufgaben* üben Sie Ihre technischen Fertigkeiten und die *Anwendungsprobleme* geben Ihnen Gelegenheit, das Gelernte an praktischen Fragestellungen auszuprobieren.
Ein Punktesystem unterscheidet leichte •, mittelschwere •• und anspruchsvolle ••• Aufgaben. Lösungshinweise am Ende des Buches helfen Ihnen, falls Sie bei einer Aufgabe partout nicht weiterkommen. Dort finden Sie auch die Lösungen – betrügen Sie sich aber nicht selbst und schlagen Sie erst nach, wenn Sie selber zu einer Lösung gekommen sind. Ausführliche Lösungswege, Beweise und Abbildungen finden Sie als digitales Zusatzmaterial (electronic supplementary material).
Viel Spaß und Erfolg bei den Aufgaben!

Verständnisfragen

14.1 • Haben (reelle) lineare Gleichungssysteme mit zwei verschiedenen Lösungen stets unendlich viele Lösungen?

14.2 • Gibt es ein (reelles) lineares Gleichungssystem mit weniger Gleichungen als Unbekannten, welches eindeutig lösbar ist?

14.3 •• Ist ein reelles lineares Gleichungssystem $(\boldsymbol{A} \mid \boldsymbol{b})$ mit n Unbekannten und n Gleichungen für ein $\boldsymbol{b}$ eindeutig lösbar, so ist es dies auch für jedes $\boldsymbol{b}$ – stimmt das?

14.4 • Folgt aus $\operatorname{rg} \boldsymbol{A} = \operatorname{rg}(\boldsymbol{A} \mid \mathbf{b})$, dass das lineare Gleichungssystem $(\boldsymbol{A} \mid \mathbf{b})$ eindeutig lösbar ist?

14.5 •• Zeigen Sie, dass die *elementare* Zeilenumformung (1) auf S. 520 auch durch mehrfaches Anwenden der Umformungen vom Typ (2) und (3) auf S. 520 erzielt werden kann.

14.6 •• Es sind reelle Zahlen a, b, c, d, r, s vorgegeben. Begründen Sie, dass das lineare Gleichungssystem

$$\begin{aligned} a x_1 + b x_2 &= r \\ c x_1 + d x_2 &= s \end{aligned}$$

im Fall $a d - b c \neq 0$ eindeutig lösbar ist und geben Sie die eindeutig bestimmte Lösung an.

Bestimmen Sie zusätzlich für $m \in \mathbb{R}$ die Lösungsmenge des folgenden linearen Gleichungssystems:

$$\begin{aligned} -2 x_1 + 3 x_2 &= 2 m \\ x_1 - 5 x_2 &= -11 \end{aligned}$$

Rechenaufgaben

14.7 • Bestimmen Sie die Lösungsmengen L der folgenden linearen Gleichungssysteme und untersuchen Sie deren geometrische Interpretationen

$$\begin{aligned} 2 x_1 + 3 x_2 &= 5 \\ x_1 + x_2 &= 2 \\ 3 x_1 + x_2 &= 1, \end{aligned} \qquad \begin{aligned} 2x_1 - x_2 + 2x_3 &= 1 \\ x_1 - 2x_2 + 3x_3 &= 1 \\ 6x_1 + 3x_2 - 2x_3 &= 1 \\ x_1 - 5x_2 + 7x_3 &= 2. \end{aligned}$$

14.8 ••• Für welche $a \in \mathbb{R}$ hat das System

$$\begin{aligned} (a+1)\, x_1 + (-a^2 + 6\, a - 9)\, x_2 + (a-2)\, x_3 &= 1 \\ (a^2 - 2\, a - 3)\, x_1 + (a^2 - 6\, a + 9)\, x_2 + 3\, x_3 &= a - 3 \\ (a+1)\, x_1 + (-a^2 + 6\, a - 9)\, x_2 + (a+1)\, x_3 &= 1 \end{aligned}$$

keine, genau eine bzw. mehr als eine Lösung? Für $a = 0$ und $a = 2$ berechne man alle Lösungen.

14.9 •• Berechnen Sie die Lösungsmenge des komplexen linearen Gleichungssystems:

$$\begin{aligned} 2 x_1 \qquad\quad + \mathrm{i}\, x_3 &= \mathrm{i} \\ x_1 - 3 x_2 - \mathrm{i} x_3 &= 2 \mathrm{i} \\ \mathrm{i} x_1 + x_2 + x_3 &= 1 + \mathrm{i} \end{aligned}$$

14.10 •• Bestimmen Sie die Lösungsmenge des folgenden linearen Gleichungssystems in Abhängigkeit von $r \in \mathbb{R}$:

$$\begin{aligned} r x_1 + x_2 + x_3 &= 1 \\ x_1 + r x_2 + x_3 &= 1 \\ x_1 + x_2 + r x_3 &= 1 \end{aligned}$$

14.11 ••• Untersuchen Sie das lineare Gleichungssystem

$$\begin{aligned} x_1 - \ x_2 + \ \ x_3 - \ 2x_4 &= -2 \\ -2x_1 + 3x_2 + \ a x_3 \qquad &= 4 \\ -x_1 + \ x_2 - \ \ x_3 + \ a x_4 &= a \\ a x_2 + b^2 x_3 - 4 a x_4 &= 1 \end{aligned}$$

in Abhängigkeit der beiden Parameter $a, b \in \mathbb{R}$ auf Lösbarkeit bzw. eindeutige Lösbarkeit und stellen Sie die entsprechenden Bereiche für $(a, b) \in \mathbb{R}^2$ grafisch dar.

Anwendungsprobleme

14.12 • Beim freien Fall eines Körpers vermutet man, dass die Strecke s in Meter m, welche der fallende Körper zurücklegt, von der Fallzeit t in Sekunden s, der Erdbeschleunigung g in $\mathrm{m/s^2}$ und des Gewichts M des fallenden Körpers in kg abhängt. Ermitteln Sie durch Dimensionsanalyse aus dieser Vermutung eine Formel für die Fallstrecke.

14.13 •• Im Ursprung $\mathbf{0} = (0, 0, 0)$ des $\mathbb{R}^3$ laufen die drei Stäbe eines Stabwerks zusammen, die von den Punkten

$$\boldsymbol{a} = (-2, 1, -5), \quad \boldsymbol{b} = (2, -2, -4), \quad \boldsymbol{c} = (1, 2, -3)$$

ausgehen.

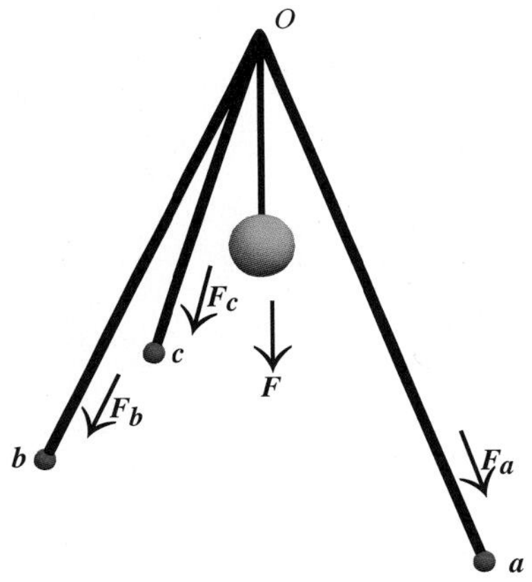

Abb. 14.6 Die Gewichtskraft F verteilt sich auf die Stäbe

Im Ursprung $\mathbf{0}$ wirkt die *vektorielle* Kraft $\boldsymbol{F} = (0, 0, -56)$ in Newton. Welche Kräfte wirken auf die Stäbe?

14.14 • Aus zwei Gold-Silber-Legierungen, in denen sich die Metallmassen wie 2 : 3 bzw. wie 3 : 7 verhalten, sind 8 kg einer neuen Legierung mit dem Verhältnis 5 : 11 herzustellen. Wie viel Kilogramm der Legierungen sind dabei zu verwenden?

14.15 •• Wir betrachten das in Abb. 14.7 gegebene Modell für das Kohlendioxidmolekül CO_2. Es sind zwei (identische) Atome der Masse $m_1 = m = m_2$ über zwei identische Federn mit der Federkonstanten k mit einem Atom der Masse M verbunden. Der Einfachheit halber nehmen wir an, dass das System sich nur in einer Richtung, der x-Richtung, bewegen kann.

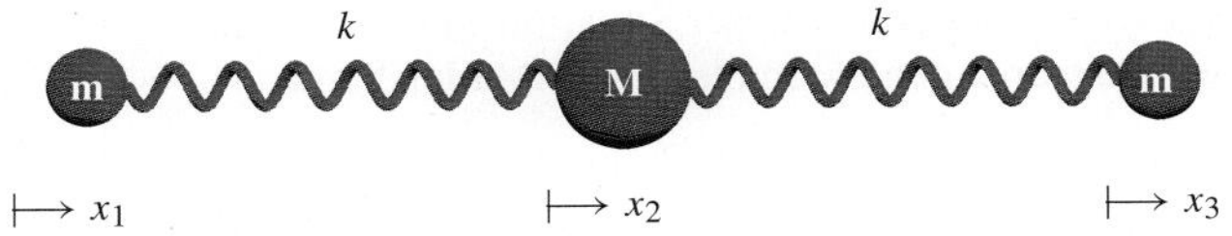

Abb. 14.7 Ein Modell für das Kohlendioxidmolekül

Geben Sie die Bewegungsgleichungen der Massenpunkte an und untersuchen Sie, für welche Auslenkungen x_1, x_2 und x_3 die Kräfte $F_{m_1} = m_1 \ddot{x}_1$, $F_M = M \ddot{x}_2$ und $F_{m_2} = m_2 \ddot{x}_3$ jeweils 0 sind.

Teil III

Antworten zu den Selbstfragen

Antwort 1 Man erhält dann $\{(t, 1/2t) \mid t \in \mathbb{R}\}$ als Lösungsmenge, dies ist aber natürlich die gleiche Menge.

Antwort 2 1) Nein, denn die Gleichungen können einander widersprechen wie etwa $x_1 + x_2 + x_3 = 0$ und $x_1 + x_2 + x_3 = 1$, was $L = \emptyset$ ergibt. Nur dann, wenn das System lösbar ist, ist die Antwort Ja, weil es in dieser Situation eine Unbekannte gibt, für welche man einen Parameter $t \in \mathbb{R}$ wählen kann.

2) Nein, es ist $x = 1$, $2x = 2$ ein System in einer Unbekannten x mit zwei Gleichungen und der eindeutig bestimmten Lösung $x = 1$.

Antwort 3 Im Fall $b \neq 0$ ist die Lösungsmenge jeweils die leere Menge. Im Fall $b = 0$ ist die Lösungsmenge bei zwei Unbekannten die ganze Ebene, bei drei Unbekannten der ganze Raum.

Antwort 4 Die Zeilenumformung (3) wurde beim ersten Umformungspfeil nicht korrekt ausgeführt. Addiert man zur zweiten Zeile die erste Zeile korrekt, so hat man $z_1 + z_2$ zu addieren und nicht nur z_1. Die erste durchgeführte Umformung ist also keine elementare Umformung, sie besteht aus zwei Schritten, von denen der zweite unzulässig ist.

Antwort 5 Wir addierten zur dritten Zeile das (-1)-Fache der zweiten Zeile und zur vierten Zeile das (-2)-Fache der zweiten Zeile. Weil die erste Zeile in der ersten Spalte eine Null hat, ließen wir diese unverändert, vertauschten sie aber mit der zweiten Zeile.

Antwort 6 Wir hätten durch Multiplikation einer Zeile

$$(\underbrace{a_{i1}}_{\neq 0} \quad \cdots \quad a_{in} : b_i)$$

mit a_{i1}^{-1}, also durch eine elementare Zeilenumformung vom Typ (1), eine 1 erzeugen können.

Antwort 7 Durch die *Länge* der Stufen.

Antwort 8 Es lautet:

$$\begin{aligned} x_1 \quad\quad - \ (1+a)x_3 &= 0 \\ x_2 + \quad\quad x_3 &= 0 \\ (1+2a)x_3 &= 0 \end{aligned}$$

Antwort 9 Nur beim dritten Beispiel ist der Rang der erweiterten Koeffizientenmatrix ungleich dem Rang der Koeffizientenmatrix. Daher ist das dritte Gleichungssystem unlösbar, während bei den ersten beiden die Lösungsmenge nicht leer ist.

Antwort 10 Ja, weil jedes Vielfache einer Lösung wieder eine Lösung ist.

Antwort 11 Nein.

Antwort 12 Nein.

Vektorräume – Schauplätze der linearen Algebra

15

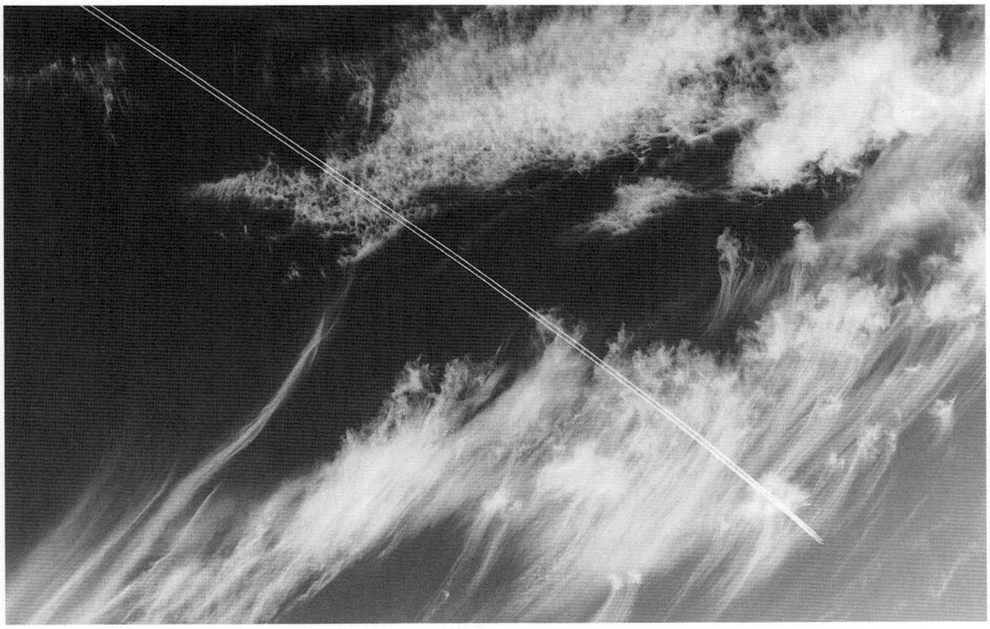

Sind Funktionen Vektoren?

Was haben magische Quadrate mit Vektorräumen zu tun?

Wie findet man ein Polynom, das an vorgegebenen Stellen vorgegebene Werte annimmt?

Teil III

Ergänzende Information Die elektronische Version dieses Kapitels enthält Zusatzmaterial, auf das über folgenden Link zugegriffen werden kann https://doi.org/10.1007/978-3-662-64389-1_15.

T. Arens et al., *Mathematik*, https://doi.org/10.1007/978-3-662-64389-1_15

Die lineare Algebra kann auch als Theorie der Vektorräume bezeichnet werden. Diese Theorie entstand durch Verallgemeinerung der Rechenregeln von klassischen Vektoren im Sinne von Pfeilen in der Anschauungsebene. Der wesentliche Nutzen liegt darin, dass unzählige, in fast allen Gebieten der Mathematik und auch in zahlreichen Naturwissenschaften auftauchenden Mengen eben diese gleichen Rechengesetze erfüllen. So war es naheliegend jede Menge, in der jene Rechengesetze gelten, allgemein als Vektorraum zu bezeichnen. Eine systematische Behandlung eines allgemeinen Vektorraums, d. h. eine Entwicklung einer Theorie der Vektorräume, löst somit zahlreiche Probleme in den verschiedensten Gebieten der Mathematik und den Naturwissenschaften.

Wir werden den Begriff eines Vektorraums sehr allgemein definieren, um die verschiedensten Arten von Vektoren beschreiben zu können. Mithilfe von Vektoren lassen sich physikalische und statische Problemstellungen formulieren und lösen. Es lassen sich physikalische Prinzipien und Gesetze ausdrücken. Solche Beispiele werden wir in den Anwendungen demonstrieren.

Auch wenn die Definition eines allgemeinen Vektorraums reichlich kompliziert wirken mag – letztlich kann man einen Vektorraum durch Angabe von oft sehr wenigen Größen vollständig beschreiben. Jeder Vektorraum besitzt nämlich eine sogenannte Basis. In einer solchen Basis steckt jede Information zu dem Vektorraum. Und es sind auch die Basen, die es möglich machen, von der Dimension eines Vektorraums zu sprechen. Dabei entspricht dieser Dimensionsbegriff den drei räumlichen Dimensionen des Anschauungsraums. Aber dieser mathematische Dimensionsbegriff ist viel allgemeiner. Es besteht für die Mathematik keine Hürde, auch in Vektorräumen zu rechnen, die sich der Anschauung völlig entziehen.

15.1 Der Vektorraumbegriff

Bevor wir den Begriff *Vektorraum* definieren, wollen wir ein klassisches Beispiel eines Vektorraums betrachten, nämlich den $\mathbb{R}^2$ und dann etwas allgemeiner für jede natürliche Zahl n den $\mathbb{R}^n$. Auf S. 633 werden wir sehen, dass diese Beispiele gar nicht so speziell gewählt sind, sie haben eine universelle Eigenschaft.

Die Anschauungsebene ist ein klassisches Beispiel eines reellen Vektorraums

Ist ein kartesisches Koordinatensystem in der Anschauungsebene gegeben, so können die Punkte der Ebene mit den Elementen aus $\mathbb{R}^2$ identifiziert werden: Dem Punkt $\boldsymbol{v}$ der Ebene (siehe Abb. 15.1) ordnen wir seine zwei Koordinaten anhand des gegebenen Koordinatensystems zu und wir schreiben

$$\boldsymbol{v} = \begin{pmatrix} v_1 \\ v_2 \end{pmatrix} \in \mathbb{R}^2 .$$

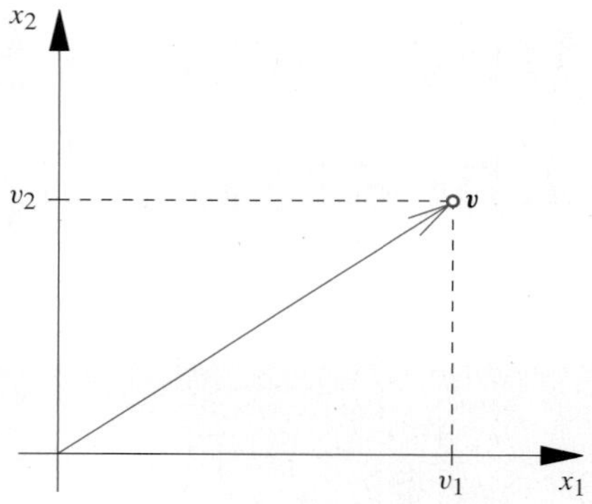

Abb. 15.1 Der Punkt $\boldsymbol{v}$ hat die Koordinaten v_1 und v_2

Somit ist die Menge der *Spaltenvektoren*

$$\mathbb{R}^2 = \left\{ \begin{pmatrix} v_1 \\ v_2 \end{pmatrix} \;\middle|\; v_1, v_2 \in \mathbb{R} \right\}$$

gleich der Gesamtheit aller Punkte der Ebene $\mathbb{E}$.

Wir nennen die Elemente aus $\mathbb{R}$ *Skalare* und jene aus $\mathbb{R}^2$ *Vektoren* und führen nun für Vektoren $\boldsymbol{v} = \begin{pmatrix} v_1 \\ v_2 \end{pmatrix}$, $\boldsymbol{w} = \begin{pmatrix} w_1 \\ w_2 \end{pmatrix} \in \mathbb{R}^2$ und Skalare $\lambda \in \mathbb{R}$ eine Addition $\oplus$ von Vektoren im $\mathbb{R}^2$ und eine Multiplikation $\odot$ von Skalaren mit Vektoren ein:

$$\begin{pmatrix} v_1 \\ v_2 \end{pmatrix} \oplus \begin{pmatrix} w_1 \\ w_2 \end{pmatrix} = \begin{pmatrix} v_1 + w_1 \\ v_2 + w_2 \end{pmatrix} \quad \text{und} \quad \lambda \odot \begin{pmatrix} v_1 \\ v_2 \end{pmatrix} = \begin{pmatrix} \lambda \cdot v_1 \\ \lambda \cdot v_2 \end{pmatrix}$$

Anstelle von $\oplus$ bzw. $\odot$ schreibt man oft auch wieder $+$ bzw. $\cdot$ wie für die Addition $+$ bzw. Multiplikation $\cdot$ in $\mathbb{R}$. Man muss sich dabei aber immer vor Augen halten, dass es sich um verschiedene Additionen bzw. Multiplikationen handelt: Vektoren werden addiert (Addition in $\mathbb{R}^2$), indem man ihre Koordinaten addiert (Addition in $\mathbb{R}$); ein Vektor wird mit einem Skalar multipliziert (*äußere* Multiplikation), indem man jede seiner Koordinaten mit diesem Skalar multipliziert (Multiplikation in $\mathbb{R}$).

Ähnliche Additionen und Multiplikationen haben wir übrigens bereits auf S. 531 mit den Lösungen linearer Gleichungssysteme durchgeführt.

Die folgenden sogenannten *Vektorraumaxiome* der so definierten Addition $\oplus$ und Multiplikation $\odot$ verifiziert man durch Nachrechnen.

Für alle Vektoren $\boldsymbol{u}, \boldsymbol{v}, \boldsymbol{w} \in \mathbb{R}^2$ und Skalare $\lambda, \mu \in \mathbb{R}$ gelten:

(V1) $\boldsymbol{v} \oplus \boldsymbol{w} \in \mathbb{R}^2$ und $\lambda \odot \boldsymbol{v} \in \mathbb{R}^2$ (Abgeschlossenheit der Verknüpfungen).
(V2) $(\boldsymbol{u} \oplus \boldsymbol{v}) \oplus \boldsymbol{w} = \boldsymbol{u} \oplus (\boldsymbol{v} \oplus \boldsymbol{w})$ (Assoziativität).
(V3) Es gibt ein Element $\boldsymbol{0} \in \mathbb{R}^2$ mit $\boldsymbol{v} \oplus \boldsymbol{0} = \boldsymbol{v}$ für alle $\boldsymbol{v} \in \mathbb{R}^2$ (Existenz eines *neutralen* Elementes).
(V4) Zu $\boldsymbol{v}$ gibt es ein $\boldsymbol{v}' \in \mathbb{R}^2$ mit $\boldsymbol{v} \oplus \boldsymbol{v}' = \boldsymbol{0}$ (Existenz eines *entgegengesetzten* Elementes).
(V5) $\boldsymbol{v} \oplus \boldsymbol{w} = \boldsymbol{w} \oplus \boldsymbol{v}$ (Kommutativität).

(V6) $\lambda \odot (\boldsymbol{v} \oplus \boldsymbol{w}) = (\lambda \odot \boldsymbol{v}) \oplus (\lambda \odot \boldsymbol{w})$.
(V7) $(\lambda + \mu) \odot \boldsymbol{v} = (\lambda \odot \boldsymbol{v}) \oplus (\mu \odot \boldsymbol{v})$.
(V8) $(\lambda \cdot \mu) \odot \boldsymbol{v} = \lambda \odot (\mu \odot \boldsymbol{v})$.
(V9) $1 \odot \boldsymbol{v} = \boldsymbol{v}$.

Das in (V3) geforderte neutrale Element ist dabei der sogenannte *Nullvektor* $\boldsymbol{0} = \begin{pmatrix} 0 \\ 0 \end{pmatrix}$, und das zum Vektor $\boldsymbol{v} = \begin{pmatrix} v_1 \\ v_2 \end{pmatrix}$ entgegengesetzte Element gemäß (V4) ist der Vektor $\boldsymbol{v}' = \begin{pmatrix} -v_1 \\ -v_2 \end{pmatrix}$.

Beweis Exemplarisch führen wir den Beweis von (V5) und (V7) vor. Wir geben uns $\boldsymbol{v} = \begin{pmatrix} v_1 \\ v_2 \end{pmatrix}$, $\boldsymbol{w} = \begin{pmatrix} w_1 \\ w_2 \end{pmatrix} \in \mathbb{R}^2$ und Skalare $\lambda,\ \mu \in \mathbb{R}$ vor. Zu (V5):

$$\begin{aligned} \boldsymbol{v} \oplus \boldsymbol{w} &= \begin{pmatrix} v_1 \\ v_2 \end{pmatrix} \oplus \begin{pmatrix} w_1 \\ w_2 \end{pmatrix} = \begin{pmatrix} v_1 + w_1 \\ v_2 + w_2 \end{pmatrix} \\ &= \begin{pmatrix} w_1 + v_1 \\ w_2 + v_2 \end{pmatrix} = \begin{pmatrix} w_1 \\ w_2 \end{pmatrix} \oplus \begin{pmatrix} v_1 \\ v_2 \end{pmatrix} = \boldsymbol{w} \oplus \boldsymbol{v} \end{aligned}$$

Zu (V7):

$$\begin{aligned} (\lambda + \mu) \odot \boldsymbol{v} &= (\lambda + \mu) \odot \begin{pmatrix} v_1 \\ v_2 \end{pmatrix} = \begin{pmatrix} (\lambda + \mu) \cdot v_1 \\ (\lambda + \mu) \cdot v_2 \end{pmatrix} \\ &= \begin{pmatrix} \lambda \cdot v_1 + \mu \cdot v_1 \\ \lambda \cdot v_2 + \mu \cdot v_2 \end{pmatrix} = \begin{pmatrix} \lambda \cdot v_1 \\ \lambda \cdot v_2 \end{pmatrix} \oplus \begin{pmatrix} \mu \cdot v_1 \\ \mu \cdot v_2 \end{pmatrix} \\ &= \lambda \odot \begin{pmatrix} v_1 \\ v_2 \end{pmatrix} + \mu \odot \begin{pmatrix} v_1 \\ v_2 \end{pmatrix} \\ &= (\lambda \odot \boldsymbol{v}) \oplus (\mu \odot \boldsymbol{v}) \end{aligned}$$ ■

Wir bleiben dabei, Punkte der Ebene mit Elementen des $\mathbb{R}^2$ zu identifizieren. Insbesondere entspricht der Ursprung des Koordinatensystems dem Nullvektor $\boldsymbol{0}$. Wir rechnen nun im $\mathbb{R}^2$ mit den auf S. 542 eingeführten Verknüpfungen. Anstelle von $\oplus$ bzw. $\odot$ schreiben wir aber einfacher $+$ bzw. $\cdot$. Für das einem Vektor $\boldsymbol{v}$ entgegengesetzte Element schreiben wir $-\boldsymbol{v}$ und kürzen $\boldsymbol{v} + (-\boldsymbol{w})$ mit $\boldsymbol{v} - \boldsymbol{w}$ ab.

Anwendungsbeispiel Galilei machte den folgenden Fallversuch: Eine Kugel k_1 wird horizontal aus der Höhe h mit der Geschwindigkeit v in x_1-Richtung geschleudert und aus derselben Höhe h gleichzeitig eine zweite identische Kugel k_2 fallen gelassen.

Bei diesem Versuch beobachtet man, dass beide Kugeln den Boden zum selben Zeitpunkt erreichen.

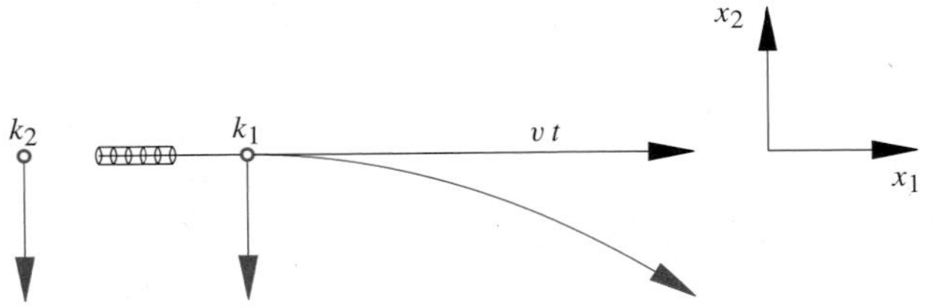

Abb. 15.2 Die Kugel k_2 wird fallen gelassen, die Kugel k_1 aus derselben Höhe horizontal geschleudert

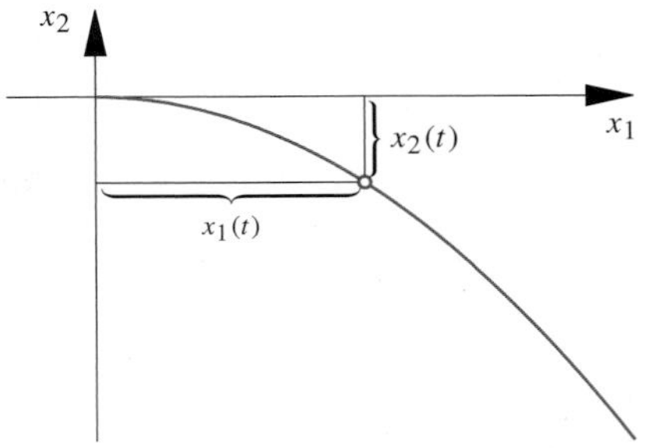

Abb. 15.3 Zum Zeitpunkt t hat die Kugel k_1 die eingezeichneten Koordinaten $x_1(t)$ und $x_2(t)$

Wir stellen uns die Kugeln als Massepunkte vor. Dann lassen sich zu jedem Zeitpunkt t zwischen Versuchsbeginn und Versuchsende die beiden Kugeln als Punkte im $\mathbb{R}^2$, d. h. als *Vektoren* interpretieren.

Weil die Kugel k_2 keine horizontale Bewegung durchführt, ist die x_1-Koordinate zu jedem Zeitpunkt t durch eine zeitunveränderliche Größe x_0 gegeben. Die x_2-Koordinate wird zu jedem Zeitpunkt t durch die Erdbeschleunigung g bestimmt: $x_2(t) = -\frac{1}{2}\, g\, t^2$,

$$k_2(t) = \begin{pmatrix} x_1(t) \\ x_2(t) \end{pmatrix} = \begin{pmatrix} x_0 \\ -\frac{1}{2}\, g\, t^2 \end{pmatrix}.$$

Die Kugel k_1 vollführt in x_1-Richtung eine gleichförmige Bewegung. Zu jedem Zeitpunkt t hat sie die x_1-Koordinate $x_1(t) = v\,t$. Die x_2-Koordinate ist unabhängig von der horizontalen Bewegung zu jedem Zeitpunkt t durch die Erdbeschleunigung g bestimmt. Der Vektor $k_1(t)$ ist die Summe dieser beiden Bewegungen:

$$k_1(t) = \begin{pmatrix} x_1(t) \\ 0 \end{pmatrix} + \begin{pmatrix} 0 \\ x_2(t) \end{pmatrix} = \begin{pmatrix} x_1(t) \\ x_2(t) \end{pmatrix} = \begin{pmatrix} v\,t \\ -\frac{1}{2}\, g\, t^2 \end{pmatrix}$$

Daher erreichen die beiden Kugeln den Boden zur selben Zeit.

Diese Addition von Vektoren berücksichtigt das sogenannte Superpositionsprinzip: Die Bewegung in einer Richtung hat keinen Einfluss auf die Bewegung in der dazu senkrechten Richtung. ◀

Die Addition von Vektoren kann man geometrisch interpretieren

Wir gehen von zwei Punkten $\boldsymbol{v} = \begin{pmatrix} v_1 \\ v_2 \end{pmatrix}$ und $\boldsymbol{w} = \begin{pmatrix} w_1 \\ w_2 \end{pmatrix}$ aus. Nach dem Vektorraumaxiom (V1) liegen $\boldsymbol{v}+\boldsymbol{w}$ und $\boldsymbol{v}-\boldsymbol{w}$ wieder im $\mathbb{R}^2$ – aber wo?

Wir tragen die Vektoren $\boldsymbol{v}$ und $\boldsymbol{w}$ in unser gegebenes Koordinatensystem ein. Die *Summe* $\boldsymbol{v} + \boldsymbol{w} = \begin{pmatrix} v_1 + w_1 \\ v_2 + w_2 \end{pmatrix}$ bildet die vierte Ecke des von $\boldsymbol{v}$, $\boldsymbol{0}$ und $\boldsymbol{w}$ aufgespannten Parallelogramms (siehe Abb. 15.4).

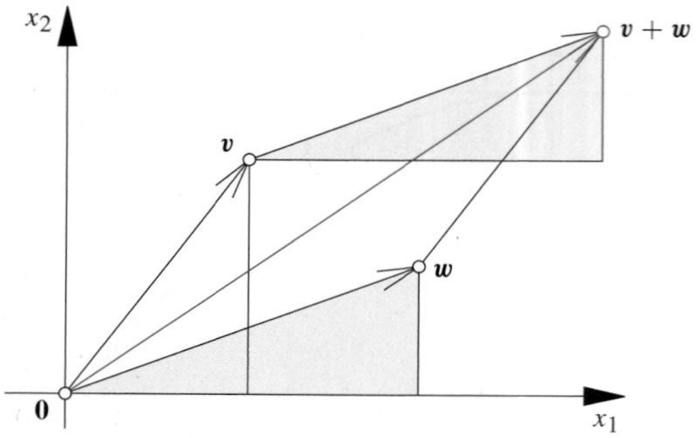

Abb. 15.4 Der Punkt $\boldsymbol{v} + \boldsymbol{w}$ entsteht durch Abtragen von $\boldsymbol{w}$ auf $\boldsymbol{v}$, er ist eine Ecke des durch $\boldsymbol{v}$, $\boldsymbol{0}$ und $\boldsymbol{w}$ aufgespannten Parallelogramms

Wir können auch sagen, wir tragen den von $\boldsymbol{0}$ nach $\boldsymbol{w}$ weisenden Pfeil gleich lang und gleichgerichtet von $\boldsymbol{v}$ aus ab.

Bei der *Differenz* ist die Situation die gleiche, da $\boldsymbol{v} - \boldsymbol{w} = \boldsymbol{v} + (-\boldsymbol{w})$ gilt. Der Vektor $\boldsymbol{v} - \boldsymbol{w} = \begin{pmatrix} v_1 - w_1 \\ v_2 - w_2 \end{pmatrix}$ ergänzt also $\boldsymbol{v}$, $-\boldsymbol{w}$ und $\boldsymbol{0}$ ebenfalls zu einem Parallelogramm (siehe Abb. 15.5). Wir erhalten also $\boldsymbol{v} - \boldsymbol{w}$ durch Abtragen von von $-\boldsymbol{w}$ auf $\boldsymbol{v}$.

Nach der Regel *Endpunkt minus Anfangspunkt* tragen wir den Pfeil mit Endpunkt $\boldsymbol{v}$ und Anfangspunkt $\boldsymbol{w}$ vom Ursprung $\boldsymbol{0}$ aus ab (siehe Abb. 15.6).

Für alle Punktepaare $\boldsymbol{a}$, $\boldsymbol{b}$ mit $\boldsymbol{a} - \boldsymbol{b} = \boldsymbol{v} - \boldsymbol{w}$ sind die Pfeile mit Endpunkt $\boldsymbol{a}$ und Anfangspunkt $\boldsymbol{b}$ gleich lang und gleich gerichtet.

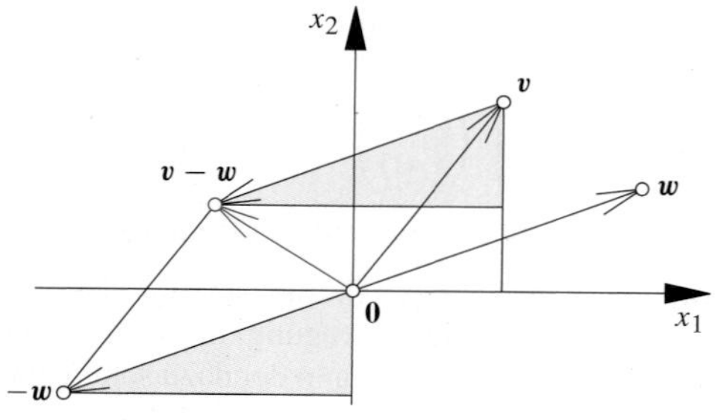

Abb. 15.5 Der Punkt $\boldsymbol{v} - \boldsymbol{w}$ entsteht durch Addition von $-\boldsymbol{w}$ zu $\boldsymbol{v}$

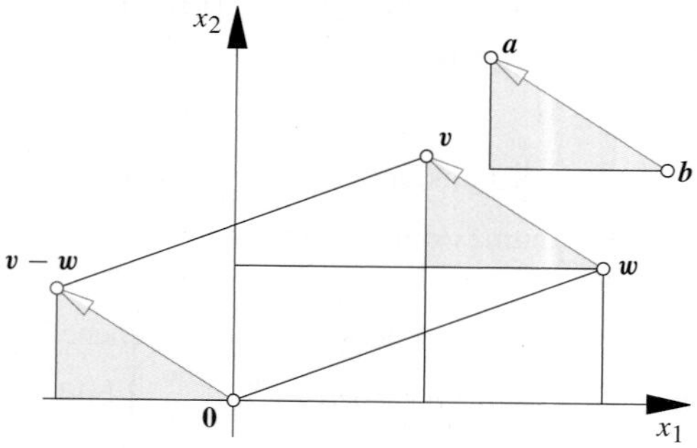

Abb. 15.6 Der Punkt $\boldsymbol{v} - \boldsymbol{w} = \boldsymbol{a} - \boldsymbol{b} = (\boldsymbol{v} - \boldsymbol{w}) - \boldsymbol{0}$

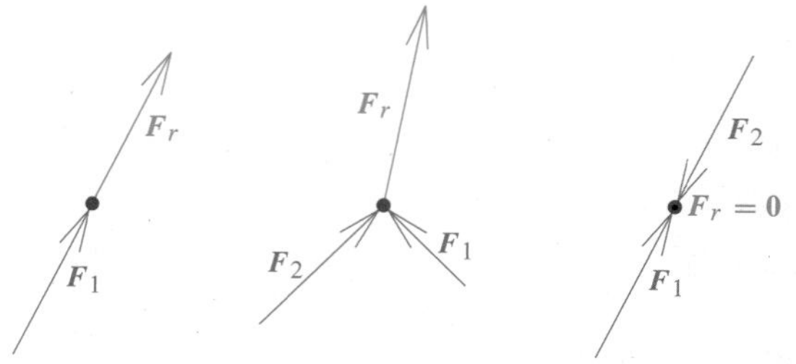

Abb. 15.7 Wirken auf einen Massenpunkt Kräfte ein, so ist die resultierende Kraft die vektorielle Summe der einwirkenden Kräfte

Kurz: Es gibt eine einzige *Translation*, also Parallelverschiebung, die die Anfangspunkte in die Endpunkte überführt (siehe Abb. 15.6), also $\boldsymbol{w}$ in $\boldsymbol{v}$, $\boldsymbol{b}$ in $\boldsymbol{a}$ oder auch $\boldsymbol{0}$ in $(\boldsymbol{v} - \boldsymbol{w})$.

Anwendungsbeispiel Das *Superpositionsprinzip* besagt: Wirken auf einen Körper verschiedene Kräfte, so ist der Effekt wie das Wirken einer einzelnen Kraft, der resultierenden Kraft. Diese ist die *vektorielle* Summe der verschiedenen Kräfte (siehe Abb. 15.7). ◀

Die Multiplikation von Vektoren mit Skalaren kann man geometrisch interpretieren

Wir gehen von einem Punkt $\boldsymbol{v} = \begin{pmatrix} v_1 \\ v_2 \end{pmatrix} \in \mathbb{R}^2$ und einem Skalar $\lambda \in \mathbb{R}$ aus. In Abb. 15.8 stellen wir $\lambda \cdot \boldsymbol{v}$ für verschiedene Werte von λ in dem gegeben Koordinatensystem dar.

Aus der Abb. 15.8 geht hervor, dass $\lambda \cdot \boldsymbol{v}$ der Bildpunkt von $\boldsymbol{v}$ bei einer *Streckung* mit dem Zentrum $\boldsymbol{0}$ und dem Streckfaktor λ ist, die Abbildung zeigt diese Streckung zum Streckfaktor $\lambda = 2$ sowie jene zum Streckfaktor $\lambda = -1$.

Analog kann man diese Addition und skalare Multiplikation im $\mathbb{R}^3 = \left\{ \begin{pmatrix} v_1 \\ v_2 \\ v_3 \end{pmatrix} \middle| \, v_1, v_2, v_3 \in \mathbb{R} \right\}$ einführen und veranschaulichen (siehe Abb. 15.9).

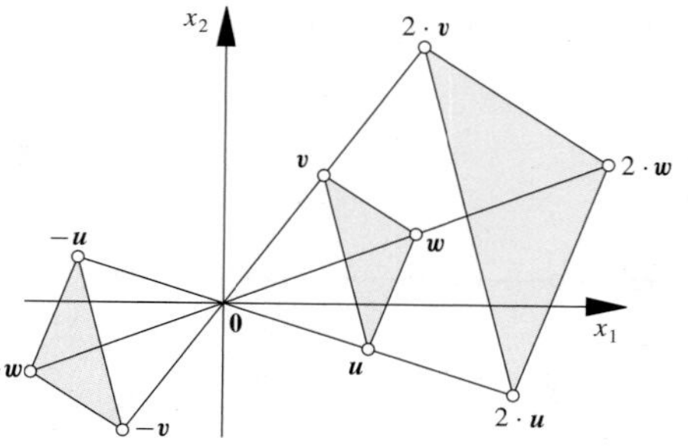

Abb. 15.8 Die Punkte $\lambda \cdot \boldsymbol{u}$, $\lambda \cdot \boldsymbol{v}$, $\lambda \cdot \boldsymbol{w}$ für $\lambda = 2$ und $\lambda = -1$ im $\mathbb{R}^2$

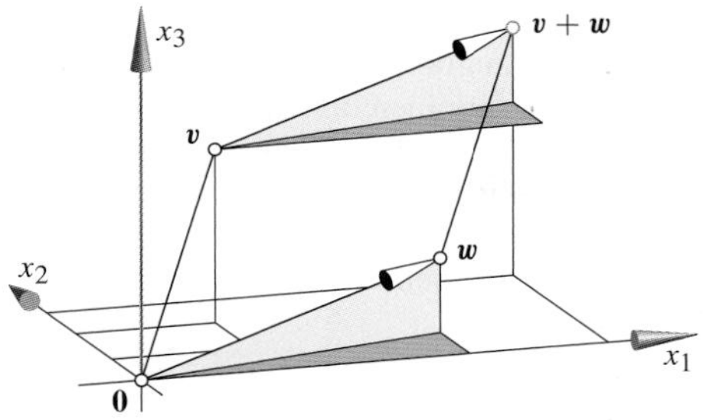

Abb. 15.9 Der Punkt $v + w$ im $\mathbb{R}^3$

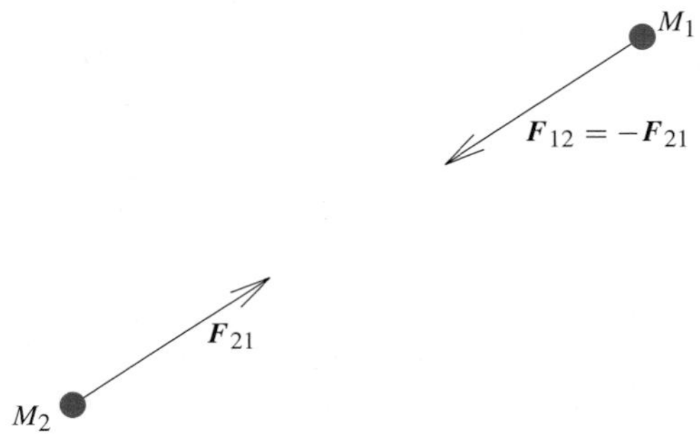

Abb. 15.10 Der Kraft, die auf einen Massenpunkt wirkt, entspricht stets eine gleich große, entgegengerichtete Kraft

Anwendungsbeispiel Das dritte Newton'sche Axiom besagt, dass der Kraft, mit der die Umgebung auf einen Massenpunkt einwirkt, stets eine gleich große, aber entgegengesetzte Kraft entspricht, mit der der Massenpunkt auf seine Umgebung wirkt.

Übt also ein Massenpunkt M_1 auf einen Massenpunkt M_2 eine Kraft F_{12} aus, so wirkt eine gleichgroße, aber entgegengerichtete Kraft F_{21} von M_2 auf M_1. Mit unserer Notation bedeutet das

$$F_{21} = -F_{12}.$$

Die Kraft F_{21} ist ein skalares Vielfaches, genauer das -1-Fache von F_{12} (siehe Abb. 15.10).

Dieses dritte Newton'sche Axiom wird oft kurz als *Reaktionsprinzip* bezeichnet. ◂

Anwendungsbeispiel Das Coulomb'sche Gesetz

Wir betrachten im $\mathbb{R}^3$ zwei Ladungen q_1 und q_2 an den Stellen r_1 und r_2. Diese Ladungen stellen wir uns als Punkte vor, das ist möglich, solange der Abstand zwischen den Punkten viel größer ist als die Träger der Ladungen. Daher sprechen wir auch von *Punktladungen*.

Das Coulomb'sche Gesetz besagt, dass die elektrische Kraft $F_{q_1 \to q_2}$, die von der Punktladung q_1 auf die Punktladung q_2 ausgeübt wird, entlang der Verbindungslinie $r_2 - r_1$ zwischen den Ladungen wirkt (siehe Abb. 15.11). Bezeichnet nun r den

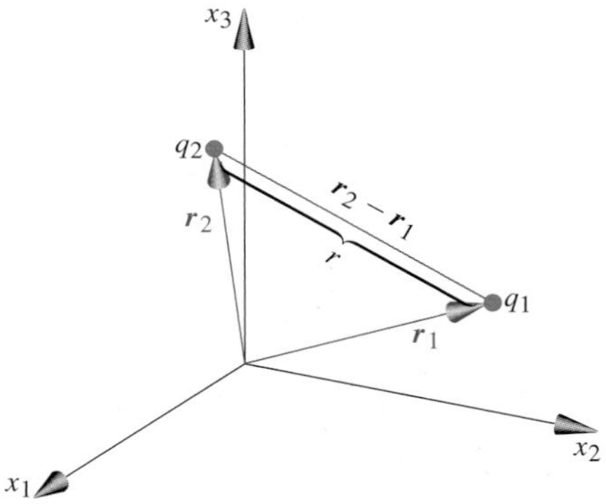

Abb. 15.11 Die Kraft, die von der Ladung q_1 auf die Ladung q_2 ausgeübt wird, hat die Richtung des Vektors $r_2 - r_1$

(räumlichen) Abstand zwischen den Ladungen im $\mathbb{R}^3$, so findet man für diese Kraft den Ausdruck

$$F_{q_1 \to q_2} = \frac{q_1\, q_2}{4\,\pi\,\varepsilon}\,\frac{r_2 - r_1}{r^3}.$$

Hierbei ist $\frac{1}{4\,\pi\,\varepsilon} \approx 8.9876 \cdot 10^9\ \mathrm{N} \cdot \mathrm{m}^2/\mathrm{C}^2$ eine experimentell bestimmte Größe.

Wegen des dritten Newton'schen Axioms ist die Kraft $F_{q_2 \to q_1}$, die von der Punktladung q_2 auf q_1 ausgeübt wird, gerade das Negative von $F_{q_1 \to q_2}$, damit erhalten wir

$$F_{q_2 \to q_1} = \frac{q_2\, q_1}{4\,\pi\,\varepsilon}\,\frac{r_1 - r_2}{r^3}.$$

Bei gleichen Vorzeichen der Ladungen q_1 und q_2 stoßen sich diese ab, bei umgekehrten Vorzeichen ziehen sie sich an. ◂

Unsere Definitionen der Addition $\oplus$ $(+)$ von Vektoren und der skalaren Multiplikation $\odot$ $(\cdot)$ lassen sich genauso für

$$\mathbb{R}^4 = \left\{ \begin{pmatrix} v_1 \\ v_2 \\ v_3 \\ v_4 \end{pmatrix} \;\middle|\; v_1,\, v_2,\, v_3,\, v_4 \in \mathbb{R} \right\}$$

erklären. Eine Veranschaulichung in obiger Auffassung ist jedoch nicht mehr möglich.

Anwendungsbeispiel In der Newton'schen Physik ist der Raum als reeller Vektorraum $\mathbb{R}^3$ und die durch $\mathbb{R}$ gegebene Zeit zum kartesischen Produkt $\mathbb{R} \times \mathbb{R}^3$ zusammengefasst. Jedes (räumlich und zeitlich streng lokalisierbare) Ereignis entspricht einem Element $(t, x) \in \mathbb{R} \times \mathbb{R}^3$ mit einem Zeitpunkt t und einem Raumpunkt x. Die Bewegung eines punktförmigen Teilchens während der Zeit von t_0 bis t_1 wird durch eine Abbildung $[t_0, t_1] \to \mathbb{R}^3$ dargestellt (siehe Abb. 15.12).

Der Graph ist eine Kurve im $\mathbb{R} \times \mathbb{R}^3$. In diesem vierdimensionalen Raum-Zeit-Kontinuum gibt es einen eindeutig bestimmten

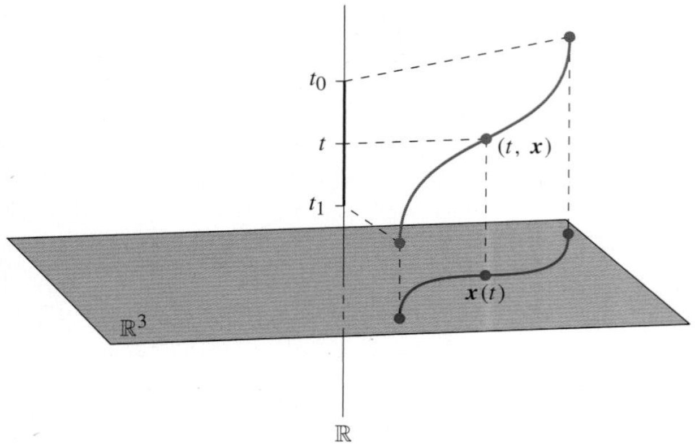

Abb. 15.12 Die Darstellung einer Bahnkurve eines Punktes im vierdimensionalen Raum-Zeit-Kontinuum. Die *Ebene* stellt dabei den Raum dar

absoluten Raum $\mathbb{R}^3$ und eine eindeutig bestimmte *absolute* Zeitachse $\mathbb{R}$. Die Projektionen

$$\begin{cases} \mathbb{R} \times \mathbb{R}^3 \to \mathbb{R} \\ (t, \boldsymbol{x}) \mapsto t \end{cases} \quad \text{und} \quad \begin{cases} \mathbb{R} \times \mathbb{R}^3 \to \mathbb{R}^3 \\ (t, \boldsymbol{x}) \mapsto \boldsymbol{x} \end{cases}$$

ordnen jedem Raum-Zeit-Punkt $(t, \boldsymbol{x})$ einen eindeutig bestimmten Zeitpunkt t und einen eindeutig bestimmten Raumpunkt $\boldsymbol{x}$ zu.

Aber die Erfahrungen der modernen Physik haben eine Änderung der Begriffe von Raum und Zeit erforderlich gemacht. In der speziellen Relativitätstheorie ist das mathematische Modell des Raum-Zeit-Kontinuums ein vierdimensionaler *affiner* Raum $\mathbb{R}^4$. ◀

Auch wenn wir von vier- oder höherdimensionalen Räumen keine anschauliche Vorstellung mehr haben, ist es durchaus sinnvoll, in solchen Räumen zu rechnen. Eigentlich sind wir durch die Analysis sogar mit unendlichdimensionalen Räumen vertraut. So bilden etwa alle stetigen reellwertigen Funktionen mit geeigneten Verknüpfungen einen Vektorraum. Es fehlen uns bisher nur die Begriffe.

Wir verlassen nun die Anschauung und führen den Begriff eines *Vektorraums* ein. Dieser erlaubt uns, für viele verschiedene Bereiche, in welchen gleichartige Rechenverfahren auftreten, eine einheitliche Theorie zu entwickeln.

Der abstrakte Vektorraum ist durch neun Axiome definiert

Im einführenden Beispiel mit dem Vektorraum $\mathbb{R}^2$ haben wir die skalare Multiplikation mit reellen Zahlen erklärt:

$$\lambda \cdot \begin{pmatrix} v_1 \\ v_2 \end{pmatrix} = \begin{pmatrix} \lambda\, v_1 \\ \lambda\, v_2 \end{pmatrix}$$

In diesem Sinn sprechen wir von einem *reellen* Vektorraum – die Skalare λ sind aus $\mathbb{R}$.

Wir werden nun etwas allgemeiner und legen nicht den Körper $\mathbb{R}$ als Skalarenkörper zugrunde, sondern einen allgemeinen Körper $\mathbb{K}$. Dabei steht $\mathbb{K}$ für einen der Körper $\mathbb{R}$ der reellen Zahlen oder $\mathbb{C}$ der komplexen Zahlen. Wenn nicht explizit auf einen besonderen Körper hingewiesen wird, kann man sich anstelle von $\mathbb{K}$ stets den vertrauten Körper $\mathbb{R}$ denken, um ein konkretes Beispiel vor Augen zu haben.

Definition eines Vektorraums

Eine nichtleere Menge V mit zwei Verknüpfungen $+$ und $\cdot$ (Addition von Elementen aus V und Multiplikation von Elementen aus V mit Elementen aus $\mathbb{K}$) heißt ein **Vektorraum über** $\mathbb{K}$ oder kurz $\mathbb{K}$**-Vektorraum**, wenn für alle $\boldsymbol{u}, \boldsymbol{v}, \boldsymbol{w} \in V$ und $\lambda, \mu \in \mathbb{K}$ die folgenden **Vektorraumaxiome** gelten:

(V1) $\boldsymbol{v} + \boldsymbol{w} \in V$ und $\lambda \cdot \boldsymbol{v} \in V$ (Abgeschlossenheit).
(V2) $(\boldsymbol{u} + \boldsymbol{v}) + \boldsymbol{w} = \boldsymbol{u} + (\boldsymbol{v} + \boldsymbol{w})$ (Assoziativität).
(V3) Es gibt ein Element $\boldsymbol{0} \in V$ mit $\boldsymbol{v} + \boldsymbol{0} = \boldsymbol{v}$ (Existenz eines **neutralen Elementes**).
(V4) Es gibt ein $\boldsymbol{v}' \in V$ mit $\boldsymbol{v} + \boldsymbol{v}' = \boldsymbol{0}$ (Existenz eines **entgegengesetzten Elementes**).
(V5) $\boldsymbol{v} + \boldsymbol{w} = \boldsymbol{w} + \boldsymbol{v}$ (Kommutativität).
(V6) $\lambda \cdot (\boldsymbol{v} + \boldsymbol{w}) = \lambda \cdot \boldsymbol{v} + \lambda \cdot \boldsymbol{w}$.
(V7) $(\lambda + \mu) \cdot \boldsymbol{v} = \lambda \cdot \boldsymbol{v} + \mu \cdot \boldsymbol{v}$.
(V8) $(\lambda\, \mu) \cdot \boldsymbol{v} = \lambda \cdot (\mu \cdot \boldsymbol{v})$.
(V9) $1 \cdot \boldsymbol{v} = \boldsymbol{v}$.

Kommentar In (V8) bezeichnet $\lambda\,\mu$ das Produkt von λ mit μ in $\mathbb{K}$. Wir lassen für das Produkt in $\mathbb{K}$ – wie dies ja oft üblich ist – den Punkt für die Multiplikation weg. ◀

Selbstfrage 1

Kann ein Vektor verschiedene entgegengesetzte Elemente haben?

Die Elemente aus V heißen **Vektoren** und werden in der Regel durch Fettdruck hervorgehoben. Die Elemente aus $\mathbb{K}$ heißen **Skalare** und werden häufig durch griechische Buchstaben gekennzeichnet. Das neutrale Element $\boldsymbol{0}$ aus (V3) heißt **Nullvektor**. Wir bezeichnen das zu $\boldsymbol{v}$ entgegengesetzte und eindeutig bestimmte Element $\boldsymbol{v}'$ mit $-\boldsymbol{v}$ und schreiben anstelle von $\boldsymbol{v} + (-\boldsymbol{w})$ kurz $\boldsymbol{v} - \boldsymbol{w}$. Gelegentlich nennt man das entgegengesetzte Element $-\boldsymbol{v}$ zu $\boldsymbol{v}$ auch **inverses Element**.

Im Fall $\mathbb{K} = \mathbb{R}$ nennen wir V auch einen **reellen Vektorraum** und im Fall $\mathbb{K} = \mathbb{C}$ einen **komplexen Vektorraum**.

Kommentar Alles, was als Element eines Vektorraums aufgefasst werden kann, ist also ein Vektor. Vektoren werden nur durch ihre Eigenschaften definiert. Wir werden bald verschiedene, zum Teil sehr vertraute mathematische Objekte kennenlernen, die auch Vektoren sind. Ein Vektor ist also nicht unbedingt

- ein Pfeil mit einer Länge und einer Richtung oder
- eine Klasse parallel verschobener Pfeile. ◀

Beispiel Analog zu dem klassischen Beispiel des $\mathbb{R}^2$ bzw. $\mathbb{R}^n$ auf S. 542 ist für jede natürliche Zahl n die Menge

$$V = \mathbb{K}^n = \left\{ \begin{pmatrix} v_1 \\ \vdots \\ v_n \end{pmatrix} \,\middle|\, v_1, \ldots, v_n \in \mathbb{K} \right\}$$

mit komponentenweiser Addition und skalarer Multiplikation ein $\mathbb{K}$-Vektorraum, $\mathbb{R}^n$ ein reeller, $\mathbb{C}^n$ ein komplexer.

Wir prüfen dies für den Fall $\mathbb{K} = \mathbb{C}$ und $n = 1$ explizit nach: Es gilt hier (mengentheoretisch) $V = \mathbb{C}$, der Unterschied liegt nur in der Bezeichnung: V liefert die Vektoren, $\mathbb{C}$ die Skalare. Die Addition in V ist hier die Addition in $\mathbb{C}$ und die Multiplikation mit Skalaren ist die Multiplikation in $\mathbb{C}$; Skalare stehen links, Vektoren rechts. Wir erhalten: Die Axiome (V1)–(V5) sind in $V = \mathbb{C}$ selbstverständlich erfüllt. Und da in $\mathbb{C}$ das Assoziativgesetz wie auch das Distributivgesetz erfüllt sind, gelten auch (V6), (V7) und (V8). Selbstverständlich gilt auch $1 \cdot \boldsymbol{a} = \boldsymbol{a}$. Also ist $\mathbb{C}$ ein $\mathbb{C}$-Vektorraum.

Dieselbe Überlegung zeigt, dass jeder Körper über jedem seiner Teilkörper ein Vektorraum ist, also ist $\mathbb{R}$ ein $\mathbb{R}$-Vektorraum, $\mathbb{C}$ ein $\mathbb{R}$- und $\mathbb{C}$-Vektorraum. ◀

Anwendungsbeispiel Auf S. 490 werden lineare Differenzialgleichungen n-ter Ordnung definiert. Es ist

$$x\,y''(x) + 3\,y(x) = 0 \tag{15.1}$$

eine homogene lineare Differenzialgleichung 2-ter Ordnung auf dem Intervall $I = \mathbb{R}$.

Die Nullfunktion $\mathbf{0}$, also die Funktion

$$\mathbf{0}: \begin{cases} \mathbb{R} \to \mathbb{C} \\ x \mapsto 0 \end{cases}$$

ist eine Lösung der Differenzialgleichung (15.1), wie man durch Einsetzen bestätigt. Und sind y_1 und y_2 zwei Lösungen der Differenzialgleichung, so sind für jedes $\lambda \in \mathbb{C}$ auch die Funktionen

$$y_1 + y_2\colon \begin{cases} \mathbb{R} \to \mathbb{C} \\ x \mapsto y_1(x) + y_2(x) \end{cases} \tag{15.2}$$

$$\lambda \cdot y_1\colon \begin{cases} \mathbb{R} \to \mathbb{C} \\ x \mapsto \lambda\, y_1(x) \end{cases} \tag{15.3}$$

Lösungen derselben Differenzialgleichung, da

$$\begin{aligned} &x\,(y_1(x) + y_2(x))'' + 3\,(y_1(x) + y_2(x)) \\ &\quad = x\,y_1(x)'' + 3\,y_1(x) + x\,y_2(x)'' + 3\,y_2(x) = 0 \end{aligned}$$

und

$$x\,(\lambda\, y_1(x))'' + 3\,(\lambda\, y_1(x)) = \lambda\,(x\,y_1(x)'' + 3\,y_1(x)) = 0$$

gilt.

Damit erfüllt die nichtleere Menge L aller Lösungen der Differenzialgleichung (15.1) mit der in (15.2) und (15.3) definierten Addition + und Multiplikation · mit Skalaren aus $\mathbb{C}$ das Vektorraumaxiom (V1). Es ist nicht schwer, für die Menge L mit diesen Verknüpfungen auch die anderen Vektorraumaxiome (V2) bis (V9) nachzuweisen. Insgesamt bilden also die Lösungen der Differenzialgleichung (15.1) einen komplexen Vektorraum. Das kann man leicht auf beliebige homogene lineare Differenzialgleichungen verallgemeinern, und so erhalten wir das Resultat:

Die Gesamtheit der Lösungen einer homogenen linearen Differenzialgleichung bildet einen komplexen Vektorraum. ◀

Kommentar Auf ähnliche Art und Weise kann man begründen, dass die Menge aller Lösungen eines homogenen linearen Gleichungssystems einen Vektorraum bildet. Wir verzichten darauf, da dies mit den Methoden aus Abschn. 15.3 viel leichter und schneller begründet werden kann. ◀

Kommentar Wir lassen von nun an den Punkt · für die Multiplikation mit Skalaren weg, wir schreiben also kurz $\lambda\,\boldsymbol{v}$ anstelle von $\lambda \cdot \boldsymbol{v}$. ◀

Vektoren gehorchen Rechenregeln, die man von Zahlen her kennt

Vektoren, also Elemente von Vektorräumen, können ganz unterschiedlicher Art sein. Es können Lösungen von Differenzialgleichungen oder Polynome oder auch allgemeiner Abbildungen oder auch Matrizen sein. Wir werden diese Beispiele im nächsten Abschn. 15.2 behandeln. Hier geben wir an, welchen Regeln sie gehorchen – egal, ob es sich dabei um Lösungen von Differenzialgleichungen oder um Punkte des $\mathbb{R}^2$ handelt.

Rechenregeln für Vektoren

In einem $\mathbb{K}$-Vektorraum V gelten für alle $\boldsymbol{v}, \boldsymbol{w}, \boldsymbol{x} \in V$ und $\lambda \in \mathbb{K}$:

1. $\boldsymbol{v} + \boldsymbol{x} = \boldsymbol{w} \;\Leftrightarrow\; \boldsymbol{x} = \boldsymbol{w} - \boldsymbol{v}$
2. $\lambda\,\boldsymbol{v} = \mathbf{0} \;\Leftrightarrow\; \lambda = 0$ oder $\boldsymbol{v} = \mathbf{0}$
3. $(-\lambda)\,\boldsymbol{v} = -(\lambda\,\boldsymbol{v})$
4. $-(\boldsymbol{v} + \boldsymbol{w}) = -\boldsymbol{v} - \boldsymbol{w}$

Diese Regeln erscheinen einem ganz natürlich und selbstverständlich. Das sollte nicht darüber hinwegtäuschen, dass diese Aussagen zu beweisen sind. Wir beweisen exemplarisch die 2. Rechenregel.

Aus $\lambda = 0$ folgt $0\,\boldsymbol{v} = (0 + 0)\,\boldsymbol{v} = 0\,\boldsymbol{v} + 0\,\boldsymbol{v}$; folglich gilt nach (1) $0\,\boldsymbol{v} = \mathbf{0}$. Und ist $\boldsymbol{v} = \mathbf{0}$, so folgt analog aus $\lambda\,\mathbf{0} = \lambda\,(\mathbf{0}+\mathbf{0}) = \lambda\,\mathbf{0} + \lambda\,\mathbf{0}$ mit (1) $\lambda\,\mathbf{0} = \mathbf{0}$.

Gilt umgekehrt $\lambda\,\boldsymbol{v} = \mathbf{0}$ und $\lambda \neq 0$, so können wir die Gleichung $\lambda\,\boldsymbol{v} = \mathbf{0}$ mit dem Skalar λ^{-1} multiplizieren und erhalten nach unserem ersten Teil des Beweises $\boldsymbol{v} = \lambda^{-1}\,\mathbf{0} = \mathbf{0}$. Folglich gilt $\lambda = 0$ oder $\boldsymbol{v} = \mathbf{0}$.

Anwendung: Der Schwerpunkt endlich vieler Massenpunkte

In vielen Fällen kann die Bewegung eines Körpers, der aus vielen Massenpunkten besteht und auf den *äußere* Kräfte wirken, als die Bewegung des Schwerpunktes dieses Körpers ausgedrückt werden. Dies drückt sich im sogenannten *Schwerpunktsatz* aus:

Der Schwerpunkt eines Systems bewegt sich so, als ob die Masse in ihm vereinigt ist und die Summe der äußeren Kräfte auf ihn wirkt.

Dabei muss aber gewährt sein, dass die inneren Bewegungen des Systems, also etwa Rotation oder Vibration, vernachlässigbar sind.

Ist dies aber gegeben, so rechtfertigt dieser Schwerpunktsatz die Idealisierung eines räumlich ausgedehnten Körpers als Massenpunkt.

Besteht der Körper K aus endlich vielen Massenpunkten $m_1, \ldots, m_N$ an den Orten $\boldsymbol{r}_1, \ldots, \boldsymbol{r}_N$ im $\mathbb{R}^3$, so ist der Schwerpunkt $\boldsymbol{s}$ dieses Körpers gegeben durch

$$\begin{aligned} \boldsymbol{s} &= \frac{1}{m_1 + \cdots + m_N}(m_1 \boldsymbol{r}_1 + \cdots + m_N \boldsymbol{r}_N) \\ &= \frac{1}{m}\sum_{i=1}^{N} m_i \boldsymbol{r}_i \quad \text{mit } m = m_1 + \cdots + m_N. \end{aligned}$$

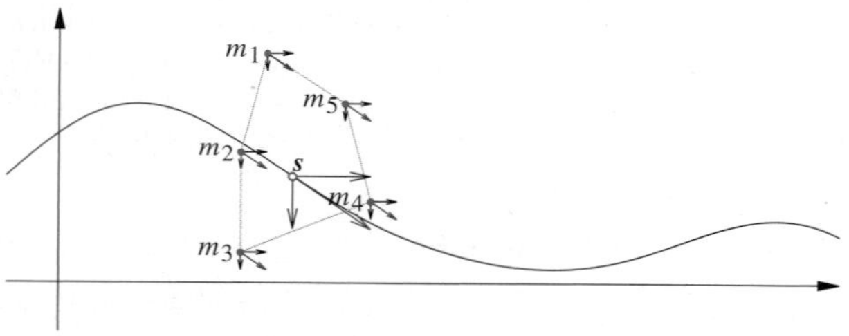

Der Schwerpunkt eines Systems aus zwei Massenpunkten liegt auf der Verbindungslinie zwischen den Punkten.

Liegen die Massen $m_1 = 1 = m_2$ in den Punkten $\boldsymbol{r}_1$ und $\boldsymbol{r}_2$, so liegt der Schwerpunkt dieses Systems genau in der Mitte ihrer Verbindungslinie.

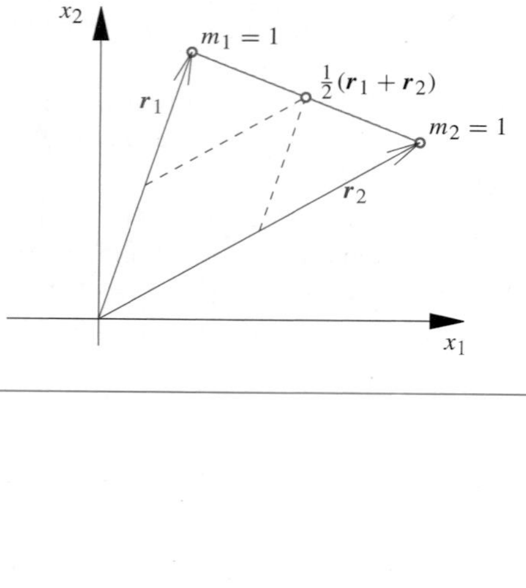

Betrachten wir nun drei Massen $m_1 = 1, m_2 = 2$ und $m_3 = 3$ in den Punkten $\boldsymbol{r}_1 = \begin{pmatrix}-1\\4\end{pmatrix}$, $\boldsymbol{r}_2 = \begin{pmatrix}5\\1\end{pmatrix}$ und $\boldsymbol{r}_3 = \begin{pmatrix}1\\-2\end{pmatrix}$ im $\mathbb{R}^2$, so erhalten wir für den Schwerpunkt dieser Anordnung:

$$\boldsymbol{s} = \frac{1}{6}\left(1\begin{pmatrix}-1\\4\end{pmatrix} + 2\begin{pmatrix}5\\1\end{pmatrix} + 3\begin{pmatrix}1\\-2\end{pmatrix}\right) = \begin{pmatrix}2\\0\end{pmatrix}$$

Man kann den Schwerpunkt wegen der Assoziativität der Vektoraddition dreier Massen m_1, m_2, m_3 auch wie folgt berechnen: Man bestimmt den Schwerpunkt $\boldsymbol{s}_{1,2}$ der Massen m_1 und m_2 in den Punkten $\boldsymbol{r}_1$ und $\boldsymbol{r}_2$ und dann den Schwerpunkt $\boldsymbol{s}$ der Massen in den beiden Punkten $\boldsymbol{s}_{1,2}$ und $\boldsymbol{r}_3$ – hierbei wird bereits die Masse $m_1 + m_2$ idealisiert als Punktmasse im Punkt $\boldsymbol{s}_{1,2}$ angenommen. Dies gilt entsprechend für mehr als drei Punkte.

Der Schwerpunkt der betrachteten Anordnung liegt im Punkt $\boldsymbol{s}$; zieht man eine Gerade von m_1 durch $\boldsymbol{s}$, so erhält man den Schwerpunkt $\boldsymbol{s}_{23}$ der beiden Massen m_2 und m_3. Analog erhält man die Schwerpunkte $\boldsymbol{s}_{13}$ und $\boldsymbol{s}_{12}$.

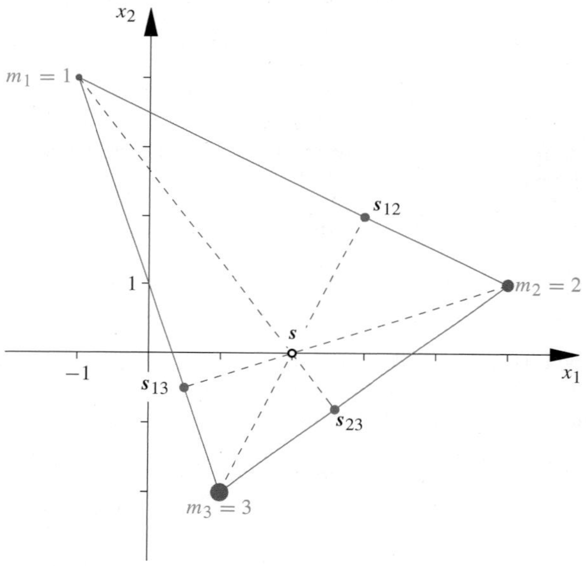

Kommentar Zur Bestimmung des Schwerpunktes ausgedehnter Körper ersetzt man das Summenzeichen in der Formel $\boldsymbol{s} = \frac{1}{m}\sum_{i=1}^{N} m_i \boldsymbol{r}_i$ für den Schwerpunkt durch ein Integralzeichen. Damit erhält man für den Schwerpunkt $\boldsymbol{s}$ des Körpers K mit der Gesamtmasse m

$$\boldsymbol{s} = \frac{1}{m}\int \boldsymbol{r}\,\mathrm{d}m,$$

wobei $\mathrm{d}m$ ein infinitesimales Massenelement an der Stelle $\boldsymbol{r}$ ist. ◄

15.2 Beispiele von Vektorräumen

Wir behandeln in diesem Abschnitt drei wichtige Klassen von Beispielen für Vektorräumen. Es sind dies die Matrizen über einem Körper $\mathbb{K}$, die Polynome über einem Körper $\mathbb{K}$ und die Abbildungen von einer Menge in einen Körper $\mathbb{K}$.

Diese drei Klassen von Beispielen werden wir in den weiteren Kapiteln zur linearen Algebra immer wieder begegnen. Oft wird der jeweilige Grundkörper $\mathbb{K}$ der Körper der reellen Zahlen sein. Wir erhalten aber eine Vielfalt von Beispielen, wenn wir nur $\mathbb{K}$ anstelle von $\mathbb{R}$ schreiben, $\mathbb{K}$ steht für $\mathbb{R}$ oder $\mathbb{C}$.

Matrizen über einem Körper bilden einen Vektorraum

In dem Abschnitt auf S. 522 zu den linearen Gleichungssystemen haben wir bereits mit Matrizen hantiert. Wir wollen uns nun überlegen, dass die Menge aller Matrizen mit m Zeilen und n Spalten, deren Einträge einem Körper $\mathbb{K}$ angehören, mit geeignet definierten Verknüpfungen $+$ und $\cdot$ einen $\mathbb{K}$-Vektorraum bilden.

Ein rechteckiges Zahlenschema

$$\boldsymbol{A} = \begin{pmatrix} a_{11} & a_{12} & \cdots & a_{1n} \\ a_{21} & a_{22} & \cdots & a_{2n} \\ \vdots & \vdots & & \vdots \\ a_{m1} & a_{m2} & \cdots & a_{mn} \end{pmatrix}$$

mit $a_{ij} \in \mathbb{K}$ für $i \in \{1, \dots, m\}$ und $j \in \{1, \dots, n\}$, auch kurz mit $(a_{ij})_{m,n}$ oder – wenn m, n festliegen – (a_{ij}) bezeichnet, heißt eine $m \times n$-**Matrix** über $\mathbb{K}$ (auch **reelle Matrix** bzw. **komplexe Matrix** im Fall $\mathbb{K} = \mathbb{R}$ bzw. $\mathbb{K} = \mathbb{C}$) mit **Komponenten** a_{ij}.

Die Menge aller $m \times n$-Matrizen über $\mathbb{K}$ bezeichnen wir mit $\mathbb{K}^{m \times n}$, also

$$\mathbb{K}^{m\times n} = \left\{ \begin{pmatrix} a_{11} & \cdots & a_{1n} \\ \vdots & & \vdots \\ a_{m1} & \cdots & a_{mn} \end{pmatrix} \,\middle|\, a_{ij} \in \mathbb{K} \ \forall\, i, j \right\}.$$

Die Matrix $\mathbf{0} = \begin{pmatrix} 0 & \cdots & 0 \\ \vdots & & \vdots \\ 0 & \cdots & 0 \end{pmatrix} \in \mathbb{K}^{m\times n}$, deren Komponenten alle 0 sind, heißt **Nullmatrix**.

Wir führen nun in $\mathbb{K}^{m\times n}$ eine Addition und eine skalare Multiplikation komponentenweise ein durch:

$$\begin{pmatrix} a_{11} & \cdots & a_{1n} \\ \vdots & & \vdots \\ a_{m1} & \cdots & a_{mn} \end{pmatrix} + \begin{pmatrix} b_{11} & \cdots & b_{1n} \\ \vdots & & \vdots \\ b_{m1} & \cdots & b_{mn} \end{pmatrix} = \begin{pmatrix} a_{11}+b_{11} & \cdots & a_{1n}+b_{1n} \\ \vdots & & \vdots \\ a_{m1}+b_{m1} & \cdots & a_{mn}+b_{mn} \end{pmatrix}$$

und

$$\lambda \cdot \begin{pmatrix} a_{11} & \cdots & a_{1n} \\ \vdots & & \vdots \\ a_{m1} & \cdots & a_{mn} \end{pmatrix} = \begin{pmatrix} \lambda\, a_{11} & \cdots & \lambda\, a_{1n} \\ \vdots & & \vdots \\ \lambda\, a_{m1} & \cdots & \lambda\, a_{mn} \end{pmatrix}$$

Kommentar Eigentlich müsste man wie in dem Abschnitt auf S. 542 neue Zeichen für die Addition und skalare Multiplikation einführen. Um aber die Rechnung nicht mit Symbolen zu überladen und unübersichtlich zu gestalten, verwenden wir nur ein $+$-Zeichen. Für die Multiplikation in $\mathbb{K}$ lassen wir den Punkt einfach weg – auch den Punkt für die skalare Multiplikation werden wir nicht mehr angeben. ◄

$\mathbb{K}^{m\times n}$ ist ein $\mathbb{K}$-Vektorraum

Die Menge $\mathbb{K}^{m\times n}$ aller $m \times n$-Matrizen über $\mathbb{K}$ bildet mit komponentenweiser Addition und skalarer Multiplikation einen $\mathbb{K}$-Vektorraum.

Den Nachweis dafür, dass diese Menge mit diesen so definierten Verknüpfungen tatsächlich alle neun Vektorraumaxiome erfüllt, haben wir als Aufgabe gestellt. Jeder andere Nachweis dafür, dass eine Menge V mit Verknüpfungen $+$ und $\cdot$ einen Vektorraum bildet, verläuft prinzipiell nach demselben Verfahren.

Selbstfrage 2

Wodurch unterscheiden sich $n \times 1$-Matrizen über einem Körper $\mathbb{K}$ von den Spaltenvektoren aus $\mathbb{K}^n$?

Matrizen können also durchaus auch Vektoren sein. Nun ist es nicht mehr verwunderlich, dass noch wesentlich abstraktere mathematische Objekte als Vektoren aufgefasst werden können.

Polynome über einem Körper bilden einen Vektorraum

Ein Polynom über dem Körper $\mathbb{K}$ in der Unbestimmten X ist ein *Ausdruck* der Form

$$a_n X^n + \cdots + a_1 X + a_0 \quad \left(= \sum_{i=0}^{n} a_i X^i \right),$$

wobei $n \in \mathbb{N}_0$ gilt und die **Koeffizienten** a_i des Polynoms in $\mathbb{K}$ liegen. Gilt $a_n \neq 0$ für das Polynom $\boldsymbol{p} = a_n X^n + \cdots + a_1 X + a_0$, so heißt $n \in \mathbb{N}_0$ der **Grad** des Polynoms; in Zeichen $n = \deg(\boldsymbol{p})$. Gilt $n = 0$ und $a_0 = 0$, so sprechen wir vom **Nullpolynom**, und diesem ordnen wir den Grad $-\infty$ zu, also $\deg(\mathbf{0}) = -\infty$. Dabei verstehen wir unter $-\infty$ etwas, was kleiner ist als jedes $n \in \mathbb{N}_0$. Zwei Polynome $\boldsymbol{p}$ und $\boldsymbol{q}$ sind gleich, wenn ihre Koeffizienten übereinstimmen, genauer

$$\sum_{i=0}^{n} a_i X^i = \sum_{i=0}^{m} b_i X^i \quad \Leftrightarrow \quad n = m \text{ und } a_i = b_i \text{ für alle } i.$$

Teil III

In der Analysis interessiert man sich für die *zu dem Polynom* $\boldsymbol{p} = a_n X^n + \cdots + a_1 X + a_0$ *über* $\mathbb{R}$ *gehörige Funktion*

$$\widetilde{\boldsymbol{p}}: \begin{cases} \mathbb{R} \to \mathbb{R} \\ x \mapsto \boldsymbol{p}(x). \end{cases}$$

Das ist die **Polynomfunktion** zu dem Polynom $\boldsymbol{p}$ (siehe Abschn. 4.2); man setzt $x \in \mathbb{R}$ für die Unbestimmte X ein und untersucht das Verhalten dieser Funktion auf Eigenschaften wie Stetigkeit, Monotonie und andere.

In der linearen Algebra interessieren wir uns weniger für die Polynomfunktionen. Hier interessieren uns die Polynome selbst, also die Ausdrücke $a_n X^n + \cdots + a_1 X + a_0$ in der *Unbestimmten* X, die wir nicht als Zahl auffassen, in welche wir aber z. B. Zahlen einsetzen können. Für die Menge aller Polynome über einem Körper $\mathbb{K}$ schreiben wir $\mathbb{K}[X]$, also

$$\mathbb{K}[X] = \{a_n X^n + \cdots + a_1 X + a_0 \mid n \in \mathbb{N}_0,\ a_i \in \mathbb{K}\ \forall i\}.$$

Wir führen nun in naheliegender Weise eine Addition von Polynomen sowie eine skalare Multiplikation von Elementen aus $\mathbb{K}$ mit Polynomen ein.

Wir beginnen mit der Addition von Polynomen.

Wir addieren zwei Polynome $\boldsymbol{p} = \sum_{i=0}^{n} a_i X^i$ und $\boldsymbol{q} = \sum_{i=0}^{m} b_i X^i$ aus $\mathbb{K}[X]$, indem wir jeweils die gleichnamigen Koeffizienten von $\boldsymbol{p}$ und $\boldsymbol{q}$ addieren.

Zur Verdeutlichung: Wir setzen der Einfachheit halber $n \geq m$ voraus und erweitern im Fall $n > m$ das Polynom $\boldsymbol{q}$ um die Koeffizienten $b_n = b_{n-1} = \cdots = b_{m+1} = 0$. Dann ist

$$\boldsymbol{p} + \boldsymbol{q} = (a_n + b_n) X^n + \cdots + (a_1 + b_1) X + (a_0 + b_0).$$

In diesem Sinn schreiben wir

$$\boldsymbol{p} + \boldsymbol{q} = \sum_{i=0}^{\max\{n,m\}} (a_i + b_i) X^i.$$

Nun erklären wir eine Multiplikation von Skalaren mit Polynomen.

Wir multiplizieren ein Polynom $\boldsymbol{p} = \sum_{i=0}^{n} a_i X^i$ aus $\mathbb{K}[X]$ mit einem Element λ aus $\mathbb{K}$, indem wir alle Koeffizienten von $\boldsymbol{p}$ mit λ multiplizieren,

$$\lambda \boldsymbol{p} = \sum_{i=0}^{n} (\lambda a_i) X^i.$$

Beispiel Für $\boldsymbol{p} = 2X^3 + X^2 - 3X$, $\boldsymbol{q} = -2X^2 + 3X + 2$ und $\boldsymbol{r} = X^3 + \frac{1}{2}X^2 + X + 1$ aus $\mathbb{R}[X]$ gilt:

$$\boldsymbol{p} + \boldsymbol{q} = 2X^3 - X^2 + 2$$
$$\boldsymbol{p} - (2\boldsymbol{r}) = -5X - 2$$

◄

Selbstfrage 3

Kann eine reelle Zahl ein Polynom sein?

Den Beweis der folgenden Aussage übergehen wir, er verläuft analog zu dem Beweis für den Vektorraum der $m \times n$-Matrizen.

$\mathbb{K}[X]$ ist ein $\mathbb{K}$-Vektorraum

Die Menge $\mathbb{K}[X]$ aller Polynome über $\mathbb{K}$ mit koeffizientenweiser Addition und skalarer Multiplikation bildet einen $\mathbb{K}$-Vektorraum.

Die Abbildungen von einer Menge in einen Körper bilden einen Vektorraum

Wir betrachten eine nichtleere Menge M. Dann können wir für jeden Körper $\mathbb{K}$ die Menge $\mathbb{K}^M$ aller Abbildungen $\boldsymbol{f} : M \to \mathbb{K}$ erklären. Und diese Menge bildet nun mit sinnvoll gewählter Addition und skalarer Multiplikation einen $\mathbb{K}$-Vektorraum. Wir definieren:

$$\boldsymbol{f} + \boldsymbol{g} : x \mapsto \boldsymbol{f}(x) + \boldsymbol{g}(x) \quad \text{und} \quad \lambda \boldsymbol{f} : x \mapsto \lambda \boldsymbol{f}(x)$$

Die Summenabbildung $\boldsymbol{f} + \boldsymbol{g}$ ordnet demnach jedem $x \in M$ die Summe $\boldsymbol{f}(x) + \boldsymbol{g}(x)$ der Bilder von x unter $\boldsymbol{f}$ und $\boldsymbol{g}$ zu. Und das Bild von x unter $\lambda \boldsymbol{f}$ ist das λ-Fache des Bildes von x unter $\boldsymbol{f}$.

Mit diesen Verknüpfungen $+$ und $\cdot$ ausgestattet wird $\mathbb{K}^M$ zu einem $\mathbb{K}$-Vektorraum.

Der Nachweis dieser Behauptung ist sehr einfach: Der Nullvektor etwa ist die Abbildung $\boldsymbol{0}$, die jedem Element $x \in M$ das Nullelement $0 \in \mathbb{K}$ zuordnet, und das dem Vektor $\boldsymbol{f}$ entgegengesetzte Element ist die Abbildung $-\boldsymbol{f} : x \mapsto -\boldsymbol{f}(x)$.

Achtung Man achte wieder auf die grundsätzlich verschiedenen Bedeutungen der Additionen, die wir mit ein und demselben $+$-Zeichen versehen. Man unterscheide genau: Es ist $\boldsymbol{f} \in \mathbb{K}^M$ und $\boldsymbol{f}(x) \in \mathbb{K}$. ◄

Beispiel Wir betrachten den Fall $M = \mathbb{N}$. Wie wir aus der Analysis wissen, sind reelle Folgen die Abbildungen von $\mathbb{N}$ nach $\mathbb{R}$. Also bildet die Menge $\mathbb{R}^{\mathbb{N}}$ der reellen Folgen einen reellen Vektorraum. Etwas allgemeiner erhalten wir: Die Menge aller Folgen über einem Körper $\mathbb{K}$

$$\mathbb{K}^{\mathbb{N}} = \{(a_n)_{n \in \mathbb{N}} \mid a_n \in \mathbb{K}\}$$

ist ein $\mathbb{K}$-Vektorraum.

Und der Sonderfall $M = \mathbb{R}$ und $\mathbb{K} = \mathbb{R}$ führt uns zum reellen Vektorraum $\mathbb{R}^{\mathbb{R}}$ aller reellwertigen Funktionen. ◄

Teil III

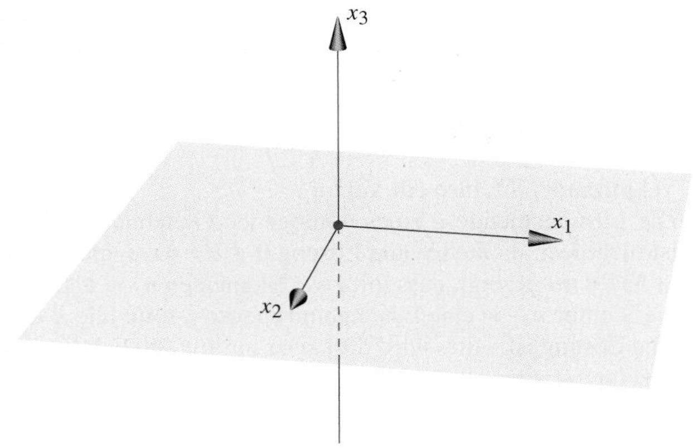

Abb. 15.13 Der sich in alle Richtungen ausstreckende Vektorraum $\mathbb{R}^2$ aufgefasst als Untervektorraum des $\mathbb{R}^3$

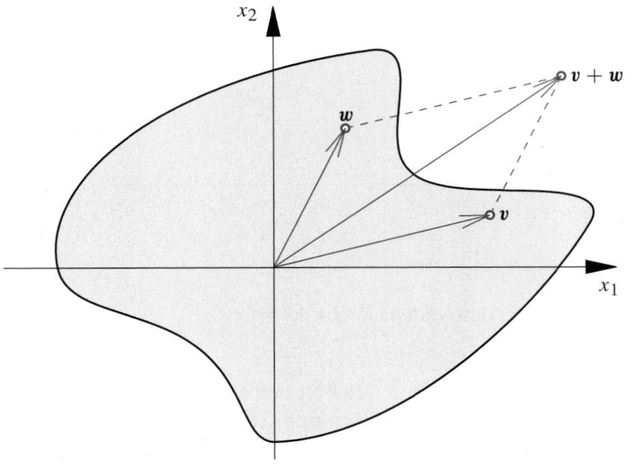

Abb. 15.14 Die begrenzte schattierte Fläche ist kein Untervektorraum, da die Summe von $\boldsymbol{v}$ und $\boldsymbol{w}$ nicht in ihr enthalten ist. Das gilt für jede begrenzte Fläche im $\mathbb{R}^2$

15.3 Untervektorräume

Der (dreidimensionale) Anschauungsraum, den wir auch als $\mathbb{R}^3$ interpretieren, bildet einen reellen Vektorraum. Die Anschauungsebene kann mit dem $\mathbb{R}^2$ identifiziert werden und ist ebenso ein reeller Vektorraum. Der $\mathbb{R}^2$ bildet zwar keine Teilmenge des $\mathbb{R}^3$, er kann aber als dessen x_1-x_2-Ebene aufgefasst werden, also als

$$U = \left\{ \begin{pmatrix} v_1 \\ v_2 \\ 0 \end{pmatrix} \;\middle|\; v_1,\, v_2 \in \mathbb{R} \right\}$$

– siehe Abb. 15.13. Wir werden sagen: U ist ein *Untervektorraum* des $\mathbb{R}^3$.

Untervektorräume sind Teilmengen von Vektorräumen, die selbst wieder Vektorräume bilden

Beliebige Teilmengen von Vektorräumen bilden im Allgemeinen keine Vektorräume (siehe Abb. 15.14).

Ist aber eine Teilmenge eines Vektorraums V doch wieder ein Vektorraum mit der Addition und der skalaren Multiplikation von V, so spricht man von einem *Untervektorraum*.

Definition eines Untervektorraums

Eine nichtleere Teilmenge U eines $\mathbb{K}$-Vektorraums V heißt **Untervektorraum** von V, wenn gilt:

(U1) $\boldsymbol{u}, \boldsymbol{w} \in U \Rightarrow \boldsymbol{u} + \boldsymbol{w} \in U$
(U2) $\lambda \in \mathbb{K},\ \boldsymbol{u} \in U \Rightarrow \lambda \boldsymbol{u} \in U$

Wir ziehen Folgerungen aus der Definition.

Ist U ein Untervektorraum eines $\mathbb{K}$-Vektorraums V, so gilt nach Voraussetzung das Vektorraumaxiom (V1) der Definition für Vektorräume auf S. 546 für U, und es folgt

$$\boldsymbol{u} \in U \overset{\text{(U2)}}{\Rightarrow} -\boldsymbol{u} = (-1)\,\boldsymbol{u} \in U \overset{\text{(U1)}}{\Rightarrow} \boldsymbol{0} = \boldsymbol{u} - \boldsymbol{u} \in U.$$

Also enthält jeder Untervektorraum insbesondere den Nullvektor, und zu jedem Element $\boldsymbol{u} \in U$ ist auch das entgegengesetzte Element $-\boldsymbol{u}$ in U, d. h., es gilt Forderung (V4) der Vektorraumaxiome. Weiterhin gelten in U die Vektorraumaxiome (V2), (V3), (V5)–(V9), weil sie ja in ganz V gelten. Wir erhalten also aus unseren Überlegungen folgende Regel.

Untervektorräume sind Vektorräume

Ein Untervektorraum U eines $\mathbb{K}$-Vektorraums V ist wieder ein $\mathbb{K}$-Vektorraum.

Jeder Vektorraum $V \neq \{\boldsymbol{0}\}$ hat zumindest zwei Untervektorräume, nämlich V selbst und die einelementige Menge $\{\boldsymbol{0}\}$. Diese Untervektorräume nennt man die **trivialen** Untervektorräume eines Vektorraums.

Beispiel Wir überlegen uns, welche Untervektorräume der $\mathbb{R}^2$ mit komponentenweiser Addition und skalarer Multiplikation besitzt.

Neben den trivialen Untervektorräumen ist für jeden Vektor $\boldsymbol{v} \in \mathbb{R}^2$ die (nichtleere) Menge $U = \mathbb{R}\,\boldsymbol{v} = \{\lambda\,\boldsymbol{v} \mid \lambda \in \mathbb{R}\}$ ein Untervektorraum (siehe Abb. 15.15).

Sind nämlich $\boldsymbol{u},\ \boldsymbol{w} \in U$, so gibt es $\lambda_u,\ \lambda_w \in \mathbb{R}$ mit

$$\boldsymbol{u} = \lambda_u\,\boldsymbol{v} \text{ und } \boldsymbol{w} = \lambda_w\,\boldsymbol{v}\,.$$

Folglich ist $\boldsymbol{u} + \boldsymbol{w} = (\lambda_u + \lambda_w)\,\boldsymbol{v} \in \mathbb{R}\,\boldsymbol{v} = U$. Ebenso gilt für jedes $\lambda \in \mathbb{R}$: $\lambda\,\boldsymbol{u} = \lambda\,(\lambda_u\,\boldsymbol{v}) = (\lambda\,\lambda_u)\,\boldsymbol{v} \in \mathbb{R}\,\boldsymbol{v} = U$.

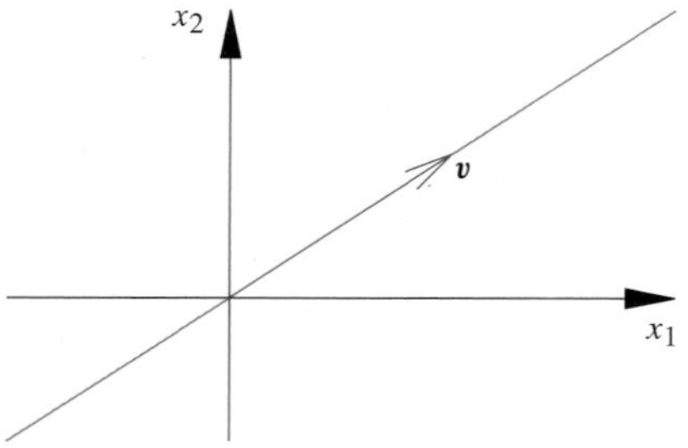

Abb. 15.15 Der Untervektorraum $\mathbb{R}\,\boldsymbol{v}$ des $\mathbb{R}^2$

Tatsächlich besitzt der $\mathbb{R}^2$ neben den trivialen Untervektorräumen und den von $\boldsymbol{v} \neq \boldsymbol{0}$ erzeugten Geraden $\mathbb{R}\,\boldsymbol{v}$ keine weiteren Untervektorräume. Dies wird mit dem Begriff der *Dimension* auf S. 562 klar. Ferner gilt für $\boldsymbol{v}_1,\ \boldsymbol{v}_2 \in \mathbb{R}^2 \setminus \{\boldsymbol{0}\}$

$$\mathbb{R}\,\boldsymbol{v}_1 = \mathbb{R}\,\boldsymbol{v}_2 \;\Leftrightarrow\; \boldsymbol{v}_1 = \lambda\,\boldsymbol{v}_2 \text{ für ein } \lambda \in \mathbb{R}.$$ ◄

Selbstfrage 4

Geben Sie Untervektorräume des $\mathbb{R}^3$ an.

Untervektorräume von Vektorräumen sind wieder Vektorräume. Mit diesem Ergebnis gelingt für zahlreiche Mengen ein sehr einfacher Nachweis dafür, dass sie einen Vektorraum bilden. Hat man nämlich eine Menge U, von der man nachprüfen will, dass sie ein $\mathbb{K}$-Vektorraum ist, so suche man nach einem *großen* $\mathbb{K}$-Vektorraum V, der die gegebene Menge U umfasst und verifiziere für die Teilmenge U von V die im Allgemeinen leicht nachprüfbaren drei Bedingungen:

- $U \neq \emptyset$,
- $\boldsymbol{v},\ \boldsymbol{w} \in U \Rightarrow \boldsymbol{v} + \boldsymbol{w} \in U$,
- $\lambda \in \mathbb{K},\ \boldsymbol{u} \in U \Rightarrow \lambda\,\boldsymbol{u} \in U$.

Es ist dann U ein Untervektorraum von V und somit ein $\mathbb{K}$-Vektorraum. Es müssen also nicht alle neun Axiome eines $\mathbb{K}$-Vektorraums nachgeprüft werden. Man muss hierbei aber auf eines aufpassen: Die Vektoraddition und die skalare Multiplikation in V muss jene in U *fortsetzen*.

Wir nutzen diesen kleinen Trick aus und zeigen, welche Vielfalt an Vektorräumen tatsächlich existiert.

Beispiel

- Wir greifen einige Begriffe aus dem Abschn. 14.2 zu den linearen Gleichungssystemen wieder auf und ersetzen gleichzeitig $\mathbb{R}$ durch einen beliebigen Körper $\mathbb{K}$.
  Ein **lineares Gleichungssystem über** $\mathbb{K}$ in n Unbekannten und m Gleichungen lässt sich schreiben als

$$\begin{aligned} a_{11}\,x_1 + a_{12}\,x_2 + \cdots + a_{1n}\,x_n &= b_1 \\ a_{21}\,x_1 + a_{22}\,x_2 + \cdots + a_{2n}\,x_n &= b_2 \\ \vdots \qquad \vdots \qquad \vdots \qquad \vdots \;\; &\;\; \vdots \\ a_{m1}\,x_1 + a_{m2}\,x_2 + \cdots + a_{mn}\,x_n &= b_m \end{aligned}$$

  mit $a_{ij},\ b_i \in \mathbb{K}$ für $1 \leq i \leq m,\ 1 \leq j \leq n$. Wir nennen das System **homogen**, wenn $b_i = 0$ für alle i gilt und sonst **inhomogen**. Jede Lösung $\boldsymbol{v} = \begin{pmatrix} v_1 \\ \vdots \\ v_n \end{pmatrix}$ ist ein Element des $\mathbb{K}$-Vektorraums $\mathbb{K}^n$, also ein Vektor.
  Die Lösungsmenge L eines homogenen Gleichungssystems ist nicht leer, da die triviale Lösung $\boldsymbol{0} \in \mathbb{K}^n$ dazugehört. Auf S. 531 wird gezeigt, dass mit zwei Elementen $\boldsymbol{u},\ \boldsymbol{w} \in L$ auch die Summe $\boldsymbol{u} + \boldsymbol{w}$ eine Lösung und ebenso $\lambda\,\boldsymbol{u}$ für alle $\lambda \in \mathbb{K}$ eine Lösung ist – dies wird dort zwar nur für den Fall $\mathbb{K} = \mathbb{R}$ gezeigt, ist aber allgemein gültig. Damit ist folgende Regel bereits gezeigt. ◄

Die Lösungsmenge eines homogenen LGS ist ein Vektorraum

Die Lösungsmenge L eines homogenen linearen Gleichungssystems über $\mathbb{K}$ in n Unbekannten ist ein Untervektorraum von $\mathbb{K}^n$.

Achtung Lösungsmengen L inhomogener Systeme über einem Körper $\mathbb{K}$ sind keine Untervektorräume, denn $\boldsymbol{0} \notin L$. Diese Mengen bilden aber sogenannte *affine Teilräume* (siehe Abschn. 15.5). ◄

Beispiel

- Gegeben ist ein kompaktes Intervall $I = [a, b]$, $a < b$. Wir betrachten die Menge $L(I)$ aller auf I integrierbarer Funktionen $f : I \to \mathbb{R}$. Die Nullfunktion ist integrierbar, also ist $L(I)$ nicht leer. Nach der Übersicht auf S. 382 ist die Summe integrierbarer Funktionen und jedes skalare Vielfache einer integrierbaren Funktion wieder integrierbar. Also ist $L(I)$ ein Untervektorraum des reellen Vektorraums $\mathbb{R}^I$ aller reellwertiger Funktionen auf dem Intervall I. Analog begründet man, dass die Menge $C(I)$ aller stetigen Funktionen $f : I \to \mathbb{R}$ ein Untervektorraum von $\mathbb{R}^I$ ist. Da jede stetige Funktion nach einem Abschnitt auf S. 383 integrierbar ist, bildet $C(I)$ also wiederum einen Untervektorraum von $L(I)$ (siehe Abb. 15.16).
- Als weitere Klasse von Beispielen betrachten wir Untervektorräume von $\mathbb{K}[X]$. ◄

Polynome vom Grad kleiner gleich n bilden einen Vektorraum

Für jede natürliche Zahl n sowie für $n = 0$ und $n = -\infty$ bildet die Menge

$$\mathbb{K}[X]_n = \{a_n\,X^n + \cdots + a_1\,X + a_0 \mid a_i \in \mathbb{K}\}$$

aller Polynome mit einem Grad kleiner gleich n einen Vektorraum.

Anwendung: Magische Quadrate I

Eine quadratische Anordnung von Zahlen mit der Eigenschaft, dass alle Zeilen-, Spalten- und Diagonalsummen denselben Wert c annehmen, nennt man ein *magisches Quadrat*, die Zahl c nennt man die *magische Zahl*. Das älteste bekannte magische Quadrat ist ein 3×3-Quadrat und stammt aus China. Angeblich wurde es um 2200 v. Chr. vom chinesischen Kaiser Yü am Gelben Fluss auf dem Panzer einer Schildkröte entdeckt. Wir drücken es mit arabischen Zahlen aus:

$$\begin{matrix} 4 & 9 & 2 \\ 3 & 5 & 7 \\ 8 & 1 & 6 \end{matrix}$$

Wir begründen hier, dass die magischen 3×3-Quadrate, aufgefasst als Matrizen, einen Vektorraum bilden. Mit Methoden des nächsten Abschnitts werden wir dann zeigen, wie man zu einer vorgegeben Zahl c alle möglichen magischen Quadrate mit c als magischer Zahl konstruieren kann.

Für $c \in \mathbb{R}$ bezeichne M_c die Menge aller reellen 3×3-Matrizen

$$\boldsymbol{A} = \begin{pmatrix} a_{11} & a_{12} & a_{13} \\ a_{21} & a_{22} & a_{23} \\ a_{31} & a_{32} & a_{33} \end{pmatrix}$$

mit der Eigenschaft, dass alle Zeilensummen, Spaltensummen und Diagonalsummen von $\boldsymbol{A}$ gleich c sind.

Dann ist $M = \bigcup_{c \in \mathbb{R}} M_c$ die Menge aller magischen 3×3-Quadrate. Nun zeigen wir, dass M ein Untervektorraum des reellen Vektorraums $\mathbb{R}^{3\times3}$ ist.

Es ist $M = \bigcup_{c \in \mathbb{R}} M_c$ nicht leer, weil $\boldsymbol{0} \in M_0 \subseteq M$. Sind $\boldsymbol{A}, \boldsymbol{B} \in M$, so gibt es $c, c' \in \mathbb{R}$ mit $\boldsymbol{A} \in M_c$ und $\boldsymbol{B} \in M_{c'}$. Dann ist $\boldsymbol{A} + \boldsymbol{B} \in M_{c+c'} \subseteq M$. Und mit $\boldsymbol{A} \in M_c$ und $\lambda \in \mathbb{R}$ ist $\lambda \boldsymbol{A} \in M_{\lambda c} \subseteq M$. Somit ist M ein Untervektorraum von $\mathbb{R}^{3\times3}$ und damit ein reeller Vektorraum.

Wir erwähnen, dass M_c für $c \in \mathbb{R}$ im Allgemeinen kein Untervektorraum von M ist: Zwar liegt für jedes $c \in \mathbb{R}$

$$\boldsymbol{A} = \begin{pmatrix} \frac{c}{3} & \frac{c}{3} & \frac{c}{3} \\ \frac{c}{3} & \frac{c}{3} & \frac{c}{3} \\ \frac{c}{3} & \frac{c}{3} & \frac{c}{3} \end{pmatrix}$$

in M_c; somit ist M_c also für kein $c \in \mathbb{R}$ die leere Menge. Doch folgt aus $\boldsymbol{A}, \boldsymbol{B} \in M_c$ bei $c \neq 0$ stets $\boldsymbol{A} + \boldsymbol{B} \notin M_c$. Lediglich M_0 ist ein Untervektorraum, da $\boldsymbol{0} \in M_0$, und mit $\boldsymbol{A}, \boldsymbol{B} \in M_0$ und $\lambda \in \mathbb{R}$ auch $\boldsymbol{A} + \boldsymbol{B}, \lambda \boldsymbol{A} \in M_0$ gilt.

Kommentar

- Analog kann man die hier gemachten Behauptungen auch für magische $n \times n$-Quadrate mit $n \geq 2$ begründen.
- Oftmals fordert man bei magischen $n \times n$-Quadraten, dass alle Ziffern von 1 bis n^2 als Einträge im Quadrat vorkommen. ◄

Selbstfrage 5

Können Sie magische 2×2-Quadrate angeben?

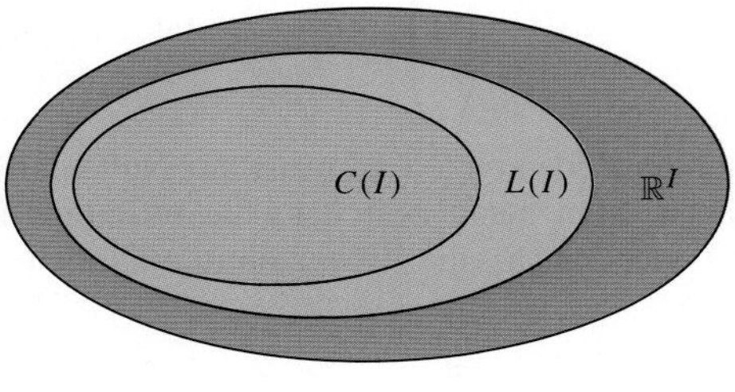

Abb. 15.16 Die auf I stetigen Funktion bilden einen Untervektorraum der integrierbaren Funktionen auf I, und die integrierbaren Funktionen bilden einen Untervektorraum aller reellen Funktionen auf I

Beweis Das Nullpolynom liegt wegen $\deg(\boldsymbol{0}) = -\infty \leq n$ in $\mathbb{K}[X]_n$, sodass $\mathbb{K}[X]_n$ für keines der zu betrachtenden n leer ist. Für Polynome $\boldsymbol{p} = \sum_{i=0}^{r} a_i X^i$ und $\boldsymbol{q} = \sum_{i=0}^{s} b_i X^i$ aus $\mathbb{K}[X]_n$, d. h. $r, s \leq n$, ist auch $\boldsymbol{p} + \boldsymbol{q} = \sum_{i=0}^{\max\{r,s\}} (a_i + b_i) X^i \in \mathbb{K}[X]_n$. Und für jedes $\lambda \in \mathbb{K}$ ist auch $\lambda \boldsymbol{p} = \sum_{i=0}^{r} \lambda a_i X^i$ in $\mathbb{K}[X]_n$. ■

15.4 Basis und Dimension

Wir machen uns nun mit folgendem Sachverhalt vertraut: Jede Teilmenge eines Vektorraums V *erzeugt* einen Untervektorraum von V, und umgekehrt ist jeder Untervektorraum von V das *Erzeugnis* einer Teilmenge von V. Wir suchen letztlich minimale Teilmengen von V, die den ganzen Vektorraum V *erzeugen* – dieser ist ja auch ein Untervektorraum von V. Solche minimalen Erzeugendensysteme von V werden wir *Basen* nennen. Die *Dimension* eines Vektorraums ist die Anzahl der Elemente einer Basis.

Vektoren erzeugen durch Bildung von Linearkombinationen Untervektorräume

Wir betrachten eine nichtleere Teilmenge X von Vektoren eines $\mathbb{K}$-Vektorraums V. Für beliebige, endlich viele Vektoren

$v_1, \ldots, v_n \in X$ und $\lambda_1, \ldots, \lambda_n \in \mathbb{K}$ heißt

$$\sum_{i=1}^{n} \lambda_i v_i = \lambda_1 v_1 + \cdots + \lambda_n v_n$$

eine **Linearkombination** von X oder von $v_1, \ldots, v_n$. Wir nehmen stets $v_i \neq v_j$ für $i \neq j$ an.

Für die Menge aller möglichen Linearkombinationen von X schreiben wir $\langle X \rangle$ und sagen, $\langle X \rangle$ sei das **Erzeugnis** oder die **Hülle** von X oder $\langle X \rangle$ werde durch X **erzeugt**. Ist $X = \{v_1, \ldots, v_n\}$ eine endliche Menge, so erhalten wir:

$$\begin{aligned}\langle X \rangle &= \{\lambda_1 v_1 + \cdots + \lambda_n v_n \mid \lambda_1, \ldots, \lambda_n \in \mathbb{K}\} \\ &= \mathbb{K}\, v_1 + \cdots + \mathbb{K}\, v_n\end{aligned}$$

Achtung Oftmals wird der Fehler gemacht, die Menge $\mathbb{K}$ in dieser letzten Darstellung *auszuklammern*. Aber beispielsweise gilt natürlich

$$\mathbb{R}\begin{pmatrix}1\\0\end{pmatrix} + \mathbb{R}\begin{pmatrix}0\\1\end{pmatrix} \neq \mathbb{R}\left(\begin{pmatrix}1\\0\end{pmatrix} + \begin{pmatrix}0\\1\end{pmatrix}\right) = \mathbb{R}\begin{pmatrix}1\\1\end{pmatrix}.$$ ◀

Kommentar Für $\langle X \rangle$ ist auch die Bezeichnung span$X$ üblich. Anstelle von der von X *erzeugten* Menge spricht man auch von der von X *aufgespannten* Menge. ◀

Beispiel Es ist $\left\langle \left\{ \begin{pmatrix}1\\0\end{pmatrix} \right\} \right\rangle$ die x_1-Achse im $\mathbb{R}^2$ (siehe Abb. 15.17).

Die Menge $\left\langle \left\{ \begin{pmatrix}1\\0\end{pmatrix}, \begin{pmatrix}0\\1\end{pmatrix} \right\} \right\rangle$ hingegen ist die ganze Ebene $\mathbb{R}^2$ (siehe Abb. 15.18). ◀

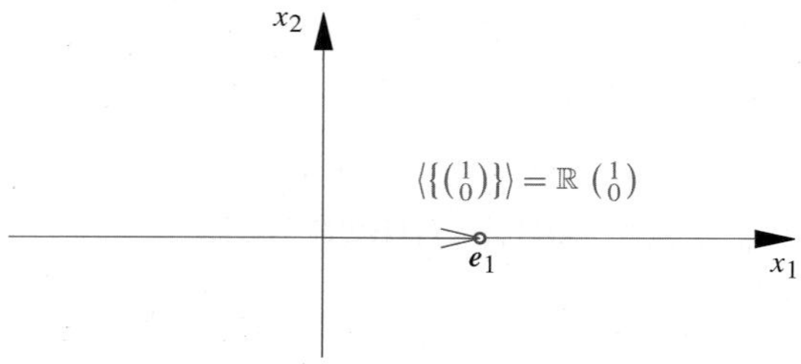

Abb. 15.17 Die x_1-Achse wird von dem Vektor e_1 erzeugt

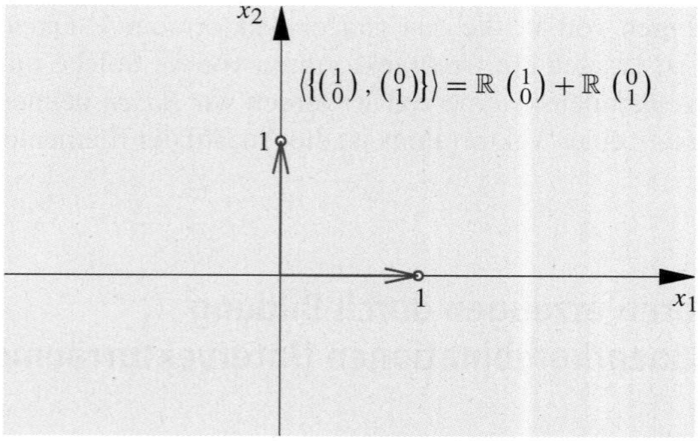

Abb. 15.18 Die Ebene $\mathbb{R}^2$ wird von den zwei Vektoren e_1 und e_2 erzeugt

Mit der Vereinbarung $\langle \emptyset \rangle := \{0\}$ können wir zeigen, dass für jede Teilmenge X eines Vektorraums V das Erzeugnis von X, also $\langle X \rangle$, ein Untervektorraum von V ist.

$\langle X \rangle$ ist der kleinste Untervektorraum, der X umfasst

Für jede nichtleere Menge X eines $\mathbb{K}$-Vektorraums V gilt:

- $\langle X \rangle$ ist ein Untervektorraum von V,
- $X \subseteq \langle X \rangle$,
- $\langle X \rangle$ ist der Durchschnitt all derjenigen Untervektorräume von V, welche X umfassen.

Den Beweis haben wir als Übungsaufgabe formuliert.

Ist $X \subseteq V$ eine Menge von Vektoren von V mit der Eigenschaft $U = \langle X \rangle$ für einen Untervektorraum U von V, d. h., ist **jedes** Element von U eine Linearkombination von $X \subseteq U$, so sagt man X **erzeugt** U oder X **ist ein Erzeugendensystem von** U. Besitzt U ein endliches Erzeugendensystem, so heißt U **endlich erzeugt**.

Beispiel Es erzeugen also $X = \left\{ \begin{pmatrix}1\\0\end{pmatrix} \right\}$ den Untervektorraum $\left\{ \begin{pmatrix}v\\0\end{pmatrix} \mid v \in \mathbb{R} \right\}$ von $\mathbb{R}^2$ und $X = \left\{ \begin{pmatrix}1\\0\end{pmatrix}, \begin{pmatrix}0\\1\end{pmatrix} \right\}$ den Untervektorraum $\mathbb{R}^2$, also den Vektorraum $\mathbb{R}^2$ selbst.

Und das Erzeugnis von $X = \mathbb{R}^2$, also $\langle \mathbb{R}^2 \rangle$ ist wieder der $\mathbb{R}^2$, d. h. $\langle \mathbb{R}^2 \rangle = \mathbb{R}^2$. ◀

Wir kehren nun zu unseren ersten Beispielen von Vektorräumen zurück. Im $\mathbb{K}$-Vektorraum $\mathbb{K}^n$ betrachten wir für $i = 1, \ldots, n$ die Vektoren

$$e_i = \begin{pmatrix}\vdots\\0\\1\\0\\\vdots\end{pmatrix} \leftarrow i\text{-te Zeile},$$

die in der i-ten Zeile eine 1 und sonst nur Nullen als Komponenten haben. Man nennt $e_1, \ldots, e_n$ die **Standard-Einheitsvektoren** oder auch die **Koordinaten-Einheitsvektoren** des $\mathbb{K}^n$.

Für beliebige $\lambda_1, \ldots, \lambda_n$ ist

$$\lambda_1 e_1 + \cdots + \lambda_n e_n = \begin{pmatrix}\lambda_1\\\vdots\\\lambda_n\end{pmatrix}.$$

Folglich ist jeder Vektor $\begin{pmatrix}\lambda_1\\\vdots\\\lambda_n\end{pmatrix} \in \mathbb{K}$ eine Linearkombination der Standard-Einheitsvektoren, d. h.

$$\mathbb{K}^n = \langle \{e_1, \ldots, e_n\} \rangle.$$

Insbesondere ist der $\mathbb{K}^n$ endlich erzeugt.

Teil III

Es folgt ein Beispiel eines nicht endlich erzeugbaren Vektorraums.

Beispiel Wir betrachten für einen beliebigen Körper $\mathbb{K}$ den Vektorraum $\mathbb{K}[X]$ der Polynome über $\mathbb{K}$. Dieser Vektorraum hat das unendliche Erzeugendensystem $\{X^k \mid k \in \mathbb{N}_0\}$, dabei setzen wir $X^0 = 1$. Wir begründen nun, dass dieser Vektorraum nicht endlich erzeugbar ist.

Zuerst zeigen wir, dass die Menge $M = \{X^k \mid k \in \mathbb{N}_0\}$ tatsächlich $\mathbb{K}[X]$ erzeugt. Ist $\boldsymbol{p}$ ein Polynom über $\mathbb{K}$, so gibt es eine Zahl $n \in \mathbb{N}_0$ und $a_n, \dots, a_1, a_0 \in \mathbb{K}$ mit

$$\boldsymbol{p} = a_n X^n + \cdots + a_1 X + a_0.$$

Daraus folgt, dass $\boldsymbol{p}$ eine Linearkombination von $\{X^0, X^1, \dots, X^n\} \subseteq M$ ist. Damit ist die erste Behauptung gezeigt.

Die zweite Behauptung begründen wir durch einen Widerspruchsbeweis. Angenommen, es besitzt $\mathbb{K}[X]$ ein endliches Erzeugendensystem $E \subseteq K[X]$. Wir wählen in E ein Polynom maximalen Grades $m \in \mathbb{N}_0$. Das funktioniert, da die Menge E zum einen nicht leer ist, zum anderen nur endlich viele Elemente enthält. Es lässt sich jedoch nun das Polynom $\boldsymbol{p} = X^{m+1}$ nicht als Linearkombination von E darstellen, da ja jedes Polynom aus E einen Grad kleiner oder gleich m hat. Und das ist ein Widerspruch. Somit kann es kein endliches Erzeugendensystem für $\mathbb{K}[X]$ geben, d. h., $\mathbb{K}[X]$ ist nicht endlich erzeugt. ◀

Selbstfrage 6

Besitzt jeder Vektorraum ein Erzeugendensystem?

Anwendungsbeispiel Wirken auf einen Punkt verschiedene Kräfte, so ist die resultierende Kraft die vektorielle Summe der einwirkenden Kräfte. Diese resultierende Kraft ruft im Allgemeinen eine Bewegung des Massenpunktes hervor.

Massenpunkte können sich aber auch in einem Kräftegleichgewicht befinden. Es wirken mehrere Kräfte, die in einem System von Massenpunkten ein statisches Gleichgewicht verursachen (siehe Abb. 15.19).

Denken wir noch einmal zurück an das ebene Fachwerk auf S. 524. Gegeben war diese Konstruktion aus Stäben, also das ebene Fachwerk. Unter der Annahme des statischen Gleichgewichts und der Kenntnis der einwirkenden Kräfte konnten wir die resultierenden Kräfte in den Auflagern bestimmen.

Tatsächlich haben wir dabei in den fünf vektoriellen Gleichungen, welche die Knoten $K_1, \dots, K_5$ lieferten, nichts anderes gemacht, als gewisse Kräfte als Linearkombinationen anderer Kräfte darzustellen – nur dass wir eben alle Kräfte auf eine Seite des Gleichheitszeichens brachten.

In der Anwendung auf S. 557 diskutieren wir erneut ausführlich eine solche Situation des statischen Kräftegleichgewichts an einem Beispiel eines Leitungsträgers. ◀

Abb. 15.19 Das System befindet sich im statischen Gleichgewicht – die Wassermelone im Netz links im Bild (und der Baum) hält das Dach und umgekehrt; wir sehen von Reibungskräften ab

Lineare Unabhängigkeit bedeutet: Mit weniger klappt es nicht!

Im $\mathbb{R}^2$ seien die drei Vektoren $\boldsymbol{u} = \begin{pmatrix} 2 \\ 0 \end{pmatrix}$, $\boldsymbol{v} = \begin{pmatrix} 1 \\ 2 \end{pmatrix}$ und $\boldsymbol{w} = \begin{pmatrix} -1 \\ 2 \end{pmatrix}$ gegeben.

Wir betrachten nun

$$U = \langle\{\boldsymbol{u}, \boldsymbol{v}, \boldsymbol{w}\}\rangle = \mathbb{R}\,\boldsymbol{u} + \mathbb{R}\,\boldsymbol{v} + \mathbb{R}\,\boldsymbol{w}.$$

Durch Lösen eines linearen Gleichungssystems (oder durch Probieren) erhalten wir

$$\boldsymbol{u} = \boldsymbol{v} - \boldsymbol{w}, \ \boldsymbol{v} = \boldsymbol{u} + \boldsymbol{w}, \ \boldsymbol{w} = -\boldsymbol{u} + \boldsymbol{v}.$$

Wir können also jeden der drei Vektoren mithilfe der jeweils anderen beiden linear kombinieren, d. h. darstellen, sodass also

$$U = \langle\{\boldsymbol{u}, \boldsymbol{v}, \boldsymbol{w}\}\rangle = \langle\{\boldsymbol{u}, \boldsymbol{v}\}\rangle = \langle\{\boldsymbol{u}, \boldsymbol{w}\}\rangle = \langle\{\boldsymbol{v}, \boldsymbol{w}\}\rangle$$

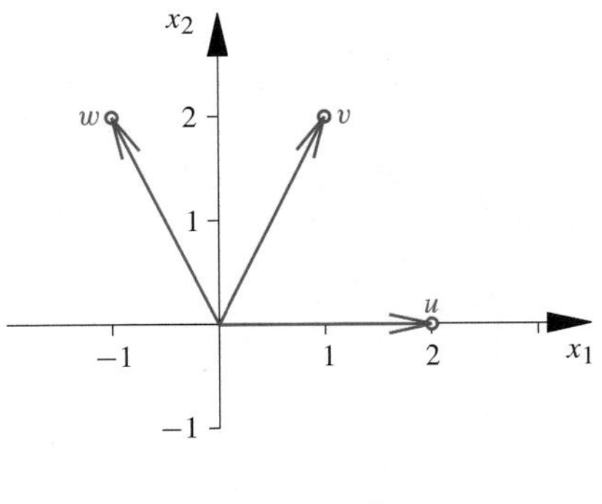

Abb. 15.20 Die drei Vektoren $\boldsymbol{u}$, $\boldsymbol{v}$, $\boldsymbol{w}$ im $\mathbb{R}^2$

Beispiel: Darstellung von Vektoren als Linearkombination

Im $\mathbb{R}$-Vektorraum $\mathbb{R}^4$ ist die Teilmenge

$$X = \left\{ \begin{pmatrix} 1 \\ 1 \\ -1 \\ -2 \end{pmatrix}, \begin{pmatrix} 2 \\ 1 \\ 0 \\ 3 \end{pmatrix}, \begin{pmatrix} 0 \\ -1 \\ 2 \\ 7 \end{pmatrix}, \begin{pmatrix} -1 \\ 2 \\ -1 \\ 1 \end{pmatrix} \right\} \subseteq \mathbb{R}^4$$

gegeben. Man entscheide für

(1) $\boldsymbol{v} = \begin{pmatrix} 6 \\ -4 \\ 2 \\ -2 \end{pmatrix} \in \mathbb{R}^4$ und

(2) $\boldsymbol{v} = \begin{pmatrix} 1 \\ 3 \\ -1 \\ 2 \end{pmatrix} \in \mathbb{R}^4$, ob $\boldsymbol{v} \in \langle X \rangle$.

Falls dies so ist, gebe man eine Darstellung von $\boldsymbol{v}$ als Linearkombination von X an.

Problemanalyse und Strategie: Die Bedingung $\boldsymbol{v} \in \langle X \rangle$ besagt: Es gibt $\lambda_1, \ldots, \lambda_4 \in \mathbb{R}$ mit

$$\lambda_1 \boldsymbol{v}_1 + \cdots + \lambda_4 \boldsymbol{v}_4 = \boldsymbol{v}, \qquad (*)$$

wobei wir kurzerhand die vier Vektoren aus X (der Reihe nach) mit $\boldsymbol{v}_1, \ldots, \boldsymbol{v}_4$ bezeichnen. Wir fassen $\lambda_1, \ldots, \lambda_4$ als Unbekannte auf und überprüfen das (dann reelle) lineare Gleichungssystem $(*)$ für die beiden Fälle (1) und (2) auf Lösbarkeit. Die Lösbarkeit von $(*)$ bedeutet, dass $\boldsymbol{v}$ als Linearkombination von X darstellbar ist. Den Vektor $\boldsymbol{v}$ als Linearkombination von X darzustellen, bedeutet dabei, eine Lösung $(\lambda_1, \ldots, \lambda_4)$ anzugeben.

Lösung: Zu prüfen ist die Lösbarkeit des Gleichungssystems, gegeben durch die erweiterte Koeffizientenmatrix $(\boldsymbol{A} \mid \boldsymbol{v})$, wobei die Spalten der Matrix $\boldsymbol{A}$ die Vektoren $\boldsymbol{v}_1, \ldots, \boldsymbol{v}_4$ bilden. Wir notieren diese beiden erweiterten Koeffizientenmatrizen (für die beiden Fälle (1) und (2))

$$\left(\begin{array}{rrrr|rr} 1 & 2 & 0 & -1 & 6 & 1 \\ 1 & 1 & -1 & 2 & -4 & 3 \\ -1 & 0 & 2 & -1 & 2 & -1 \\ -2 & 3 & 7 & 1 & -2 & 2 \end{array}\right);$$

wir haben hier beide Systeme in einer Matrix zusammengefasst und lösen nun diese beiden Systeme zugleich. Das Eliminationsverfahren von Gauß liefert nach einigen Schritten

$$\left(\begin{array}{rrrr|rr} 1 & 2 & 0 & -1 & 6 & 1 \\ 0 & 1 & 1 & -3 & 10 & -2 \\ 0 & 0 & 0 & 1 & -3 & 1 \\ 0 & 0 & 0 & 0 & 0 & 1 \end{array}\right).$$

Im Fall (1) erhalten wir $\operatorname{rg}(\boldsymbol{A} \mid \boldsymbol{v}) = 3 = \operatorname{rg} \boldsymbol{A}$, also die Lösbarkeit des Systems. Im Fall (2) hingegen gilt $\operatorname{rg}(\boldsymbol{A} \mid \boldsymbol{v}) = 4 > \operatorname{rg} \boldsymbol{A}$, in diesem Fall ist das System unlösbar. Für die Vektoren bedeutet dies

$$\begin{pmatrix} 6 \\ -4 \\ 2 \\ -2 \end{pmatrix} \in \langle X \rangle \quad \text{und} \quad \begin{pmatrix} 1 \\ 3 \\ -1 \\ 2 \end{pmatrix} \notin \langle X \rangle.$$

Um $\begin{pmatrix} 6 \\ -4 \\ 2 \\ -2 \end{pmatrix}$ als Linearkombination von X darzustellen, ist das durch die erweiterte Koeffizientenmatrix

$$\left(\begin{array}{rrrr|r} 1 & 2 & 0 & -1 & 6 \\ 0 & 1 & 1 & -3 & 10 \\ 0 & 0 & 0 & 1 & -3 \\ 0 & 0 & 0 & 0 & 0 \end{array}\right)$$

gegebene lineare Gleichungssystem über $\mathbb{R}$ zu lösen. Das Eliminationsverfahren von Gauß und Jordan liefert

$$\left(\begin{array}{rrrr|r} 1 & 0 & -2 & 0 & 1 \\ 0 & 1 & 1 & 0 & 1 \\ 0 & 0 & 0 & 1 & -3 \\ 0 & 0 & 0 & 0 & 0 \end{array}\right).$$

Eine Lösung dieses linearen Gleichungssystems ist $(1, 1, 0, -3)$, und in der Tat ist

$$\boldsymbol{v} = \begin{pmatrix} 6 \\ -4 \\ 2 \\ -2 \end{pmatrix} = 1 \begin{pmatrix} 1 \\ 1 \\ -1 \\ -2 \end{pmatrix} + 1 \begin{pmatrix} 2 \\ 1 \\ 0 \\ 3 \end{pmatrix} - 3 \begin{pmatrix} -1 \\ 2 \\ -1 \\ 1 \end{pmatrix}$$

eine Darstellung von $\boldsymbol{v} = \begin{pmatrix} 6 \\ -4 \\ 2 \\ -2 \end{pmatrix}$ als Linearkombination von X.

Kommentar Diese Darstellung ist nicht eindeutig. Für jede andere Lösung des Systems erhält man eine andere Darstellung. Die Menge aller Lösungen des Systems ist

$$L = \left\{ \begin{pmatrix} 1 + 2\lambda \\ 1 - \lambda \\ \lambda \\ -3 \end{pmatrix} \;\middle|\; \lambda \in \mathbb{R} \right\}.$$

◀

Teil III

Anwendung: Sicherung eines Leitungskabels

Zwischen zwei 20 m hohen Masten, deren Abstand voneinander 200 m beträgt, wird ein 480 kg schweres Leitungskabel gespannt. An jedem der beiden Aufhängungspunkte bildet das Kabel mit dem Mast einen Winkel von $\varphi = 75°$. Beide Masten werden mit je zwei Drahtseilen, die in jeweils 10 m Abstand vom jeweiligen Mast im Boden verankert sind, verspannt.

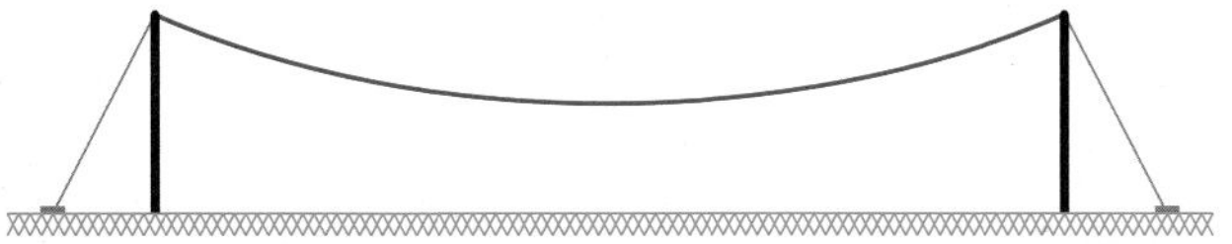

Die Verankerungspunkte der beiden Verspannungsseile des Mastes haben untereinander einen Abstand von 10 m und ihre Verbindungsstrecke steht senkrecht auf der durch das Leitungskabel bestimmten Vertikalebene. Welche vertikale Kraftkomponente greift in jedem Verankerungspunkt an?

Da das Problem symmetrisch ist, reicht es aus, wenn wir die gesuchten Komponenten für einen der beiden Masten bestimmen und hierbei ein Gewicht von 240 kg für das Leitungskabel an dem betrachteten Masten ansetzen. Wir wählen einen Masten und legen seine Spitze in den Ursprung eines Koordinatensystems des $\mathbb{R}^3$, das wir durch die Standard-Einheitsvektoren $\boldsymbol{e}_1$, $\boldsymbol{e}_2$, $\boldsymbol{e}_3$ darstellen und ermitteln alle Kräfte, die im Ursprung, also an der Spitze des Mastes ansetzen – diese Spitze ist ein *Knoten*, in dem ein Kräftegleichgewicht herrscht, wenn die Konstruktion steht. Wir beginnen mit dem Vektor $\boldsymbol{F}$, er ist die Summe von $\boldsymbol{F}_G$ und $-\alpha\,\boldsymbol{e}_2$:

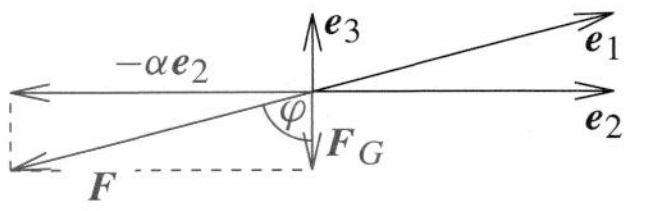

Es ist $\boldsymbol{F}_G = -240\,\text{kg}\,g\,\boldsymbol{e}_3$ die Gewichtskraft des Leitungskabels in Newton, wobei $g = 9.81\,\text{m/s}^2$ die Erdbeschleunigung bezeichnet. Mit der Größe $M = 240 \cdot 9.81\,\text{N}$ und dem Winkel $\varphi = 75°$ können wir nun α und damit $\boldsymbol{F}$ ermitteln,

$$\tan\varphi = \alpha/M \Rightarrow \alpha = M\,\tan\varphi \quad \text{und} \quad \boldsymbol{F} = \boldsymbol{F}_G - \alpha\,\boldsymbol{e}_2.$$

In der Mastspitze, also im Ursprung unseres Koordinatensystems, treffen verschiedene Kräfte zusammen, es sind dies im einzelnen

- die in Seilrichtung wirkende Kraft $\boldsymbol{F}$,
- eine (zu ermittelnde) vertikale Kraft $\boldsymbol{F}_v$ und
- die (zu ermittelnden) Kräfte $\boldsymbol{F}_1$ und $\boldsymbol{F}_2$ in Richtung der Verspannungsseile.

Die Gleichgewichtsbedingung im Knoten, also im Ursprung, lautet

$$\boldsymbol{F} = \boldsymbol{F}_v + \boldsymbol{F}_1 + \boldsymbol{F}_2. \qquad (*)$$

Es ist also eine Linearkombination der Kraft $\boldsymbol{F}$ aus den Vektoren $\boldsymbol{F}_v$, $\boldsymbol{F}_1$ und $\boldsymbol{F}_2$ gesucht. Wenn wir die Verspannungsseile, eigentlich ihre Enden – die Verankerungspunkte, als Vektoren $\boldsymbol{v}_1$ und $\boldsymbol{v}_2$ auffassen, dann sind die Kräfte $\boldsymbol{F}_1$ und $\boldsymbol{F}_2$ skalare Vielfache dieser Vektoren. Wir ermitteln nun die Koordinaten von $\boldsymbol{v}_1$ und $\boldsymbol{v}_2$ anhand folgender Abbildung.

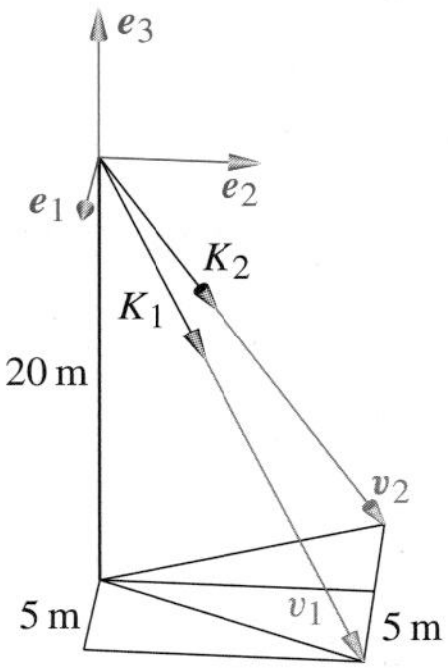

Wir erhalten:

$$\boldsymbol{v}_1 = -20\,\boldsymbol{e}_3 + 5\,\boldsymbol{e}_1 + \sqrt{75}\,\boldsymbol{e}_2 = \begin{pmatrix} 5 \\ 5\sqrt{3} \\ -20 \end{pmatrix}$$

$$\boldsymbol{v}_2 = -20\,\boldsymbol{e}_3 - 5\,\boldsymbol{e}_1 + \sqrt{75}\,\boldsymbol{e}_2 = \begin{pmatrix} -5 \\ 5\sqrt{3} \\ -20 \end{pmatrix}$$

Wir können nun die zu ermittelnden Kräfte wie folgt ansetzen:

$$\boldsymbol{F}_v = \lambda \begin{pmatrix} 0 \\ 0 \\ 1 \end{pmatrix}, \quad \boldsymbol{F}_1 = \mu \begin{pmatrix} 5 \\ 5\sqrt{3} \\ -20 \end{pmatrix}, \quad \boldsymbol{F}_2 = \nu \begin{pmatrix} -5 \\ 5\sqrt{3} \\ -20 \end{pmatrix}$$

Die zu bestimmenden Skalare λ, μ und ν erhalten wir aus der Gleichgewichtsbedingung $(*)$:

$$\boldsymbol{F} = \begin{pmatrix} 0 \\ -\alpha \\ -\mu \end{pmatrix} = \lambda \begin{pmatrix} 0 \\ 0 \\ 1 \end{pmatrix} + \mu \begin{pmatrix} 5 \\ 5\sqrt{3} \\ -20 \end{pmatrix} + \nu \begin{pmatrix} -5 \\ 5\sqrt{3} \\ -20 \end{pmatrix}$$

Folglich gilt $\mu = \frac{-\alpha}{10\sqrt{3}} = \nu$ und $\lambda = -\mu - 4\,\frac{\alpha}{\sqrt{3}}$. Damit erhalten wir die Kräfte

$$\boldsymbol{F}_v = \begin{pmatrix} 0 \\ 0 \\ -\mu - 4\,\frac{\alpha}{\sqrt{3}} \end{pmatrix}, \quad \boldsymbol{F}_1 = \begin{pmatrix} \frac{-\alpha}{2\sqrt{3}} \\ \frac{-\alpha}{2} \\ \frac{2\alpha}{\sqrt{3}} \end{pmatrix}, \quad \boldsymbol{F}_2 = \begin{pmatrix} \frac{\alpha}{2\sqrt{3}} \\ \frac{-\alpha}{2} \\ \frac{2\alpha}{\sqrt{3}} \end{pmatrix}.$$

In den beiden Verankerungspunkten, also in $\boldsymbol{v}_1$ und $\boldsymbol{v}_2$, greifen die Kräfte $-\boldsymbol{F}_1$ und $\boldsymbol{F}_2$ an. Ihre Vertikalkomponenten sind beide $4\,\frac{\alpha}{2\sqrt{3}}\,\boldsymbol{e}_3 = \frac{2M\,\tan\varphi}{\sqrt{3}}\,\boldsymbol{e}_3$. Sie haben die Länge $\frac{2M\,\tan\varphi}{\sqrt{3}} = 10\,143\,\text{N}$, also wirkt in jedem Verankerungspunkt eine Kraft von 10 143 Newton senkrecht nach oben.

gilt. Ein Versuch, etwa das Erzeugendensystem $\{u, v\}$ von U noch weiter zu *verkürzen*, scheitert. Durch Weglassen eines der Elemente u oder v kann der Vektorraum U nicht mehr erzeugt werden, da u kein Vielfaches von v ist. Ebenso lassen sich die Erzeugendensysteme $\{u, w\}$ und $\{v, w\}$ von U nicht weiter verkürzen. Wir werden sagen u, v, w *sind linear abhängig* und u, v *sind linear unabhängig*.

Definition der linearen Unabhängigkeit

Verschiedene Vektoren $v_1, \ldots, v_r \in V$ heißen **linear unabhängig**, wenn für jede echte Teilmenge T von $\{v_1, \ldots, v_r\}$ gilt $\langle T\rangle \subsetneq \langle\{v_1, \ldots, v_r\}\rangle$.

Eine Menge $X \subseteq V$ heißt **linear unabhängig**, wenn je endlich viele verschiedene Elemente aus X linear unabhängig sind.

Eine Menge, die nicht linear unabhängig ist, heißt **linear abhängig**.

Selbstfrage 7

Sind Teilmengen linear unabhängiger Mengen linear unabhängig?

Linear unabhängige Mengen sind also *unverkürzbare* Mengen; *weniger Vektoren erzeugen auch weniger Raum.*

Hingegen enthält eine linear abhängige Menge einen Vektor, der in der Hülle der anderen Vektoren liegt und daher weggelassen werden kann, ohne die Hülle zu verkleinern.

Beispiel

- Für jedes $v \in V$ ist $\emptyset$ die einzige echte Teilmenge von $\{v\}$. Im Fall $v = \mathbf{0}$ gilt: Der Nullvektor $\mathbf{0}$ ist linear abhängig, da $\emptyset \subsetneq \{\mathbf{0}\}$ und $\langle\emptyset\rangle = \{\mathbf{0}\} = \langle\{\mathbf{0}\}\rangle$ gilt. Für $v \neq \mathbf{0}$ jedoch gilt: $\langle\emptyset\rangle \subsetneq \langle\{v\}\rangle$, sodass v linear unabhängig ist.
- Wir betrachten die drei Vektoren

$$v_1 = \begin{pmatrix}1\\2\end{pmatrix},\ v_2 = \begin{pmatrix}-3\\-1\end{pmatrix},\ v_3 = \begin{pmatrix}1\\-3\end{pmatrix} \in \mathbb{R}^2.$$

Die Menge $\{v_1, v_2, v_3\}$ ist linear abhängig. Aus $v_3 = -2\,v_1 - v_2$ folgt nämlich $\langle\{v_1, v_2\}\rangle = \langle\{v_1, v_2, v_3\}\rangle$, und es gilt $\{v_1, v_2\} \subsetneq \{v_1, v_2, v_3\}$.
Dafür ist die Menge $\{v_1, v_2\}$ linear unabhängig, weil jede echte Teilmenge dieser Menge, also $\emptyset$ oder $\{v_1\}$ oder $\{v_2\}$, jeweils auch einen echt kleineren Vektorraum erzeugt (siehe Abb. 15.21). ◂

Da die Definition der linearen Unabhängigkeit etwas unhandlich ist, wenn man für eine gegebene Menge von Vektoren deren lineare Unabhängigkeit nachweisen will, wäre es sehr nützlich, wenn wir ein *leicht* nachprüfbares Kriterium für die lineare Unabhängigkeit zur Hand hätten. Und ein solches gibt es auch, wir leiten es nun her.

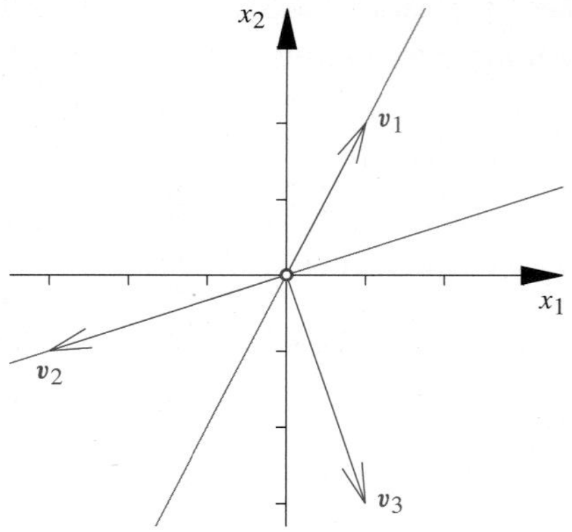

Abb. 15.21 Die Vektoren v_1, v_2, v_3 sind linear abhängig, die Vektoren v_1, v_2 linear unabhängig

Vektoren $v_1, \ldots, v_r$ sind linear abhängig, wenn sich einer der Vektoren, also etwa v_j für ein $j \in \{1, \ldots, r\}$ als Linearkombination der anderen Vektoren $\{v_1, \ldots, v_r\} \setminus \{v_j\}$ darstellen lässt:

$$\sum_{\substack{i=1\\i\neq j}}^{r} \lambda_i\, v_i = v_j \text{ für } \lambda_i \in \mathbb{K}$$

Wir bringen v_j auf die linke Seite des Gleichheitszeichens und erhalten eine Linearkombination von $v_1, \ldots, v_r$, die den Nullvektor ergibt, ohne dass alle Koeffizienten, also die Skalare, gleich null sind, denn der Koeffizient von v_j ist -1. Anders formuliert, erhalten wir das folgende Kriterium, das häufig auf das Lösen eines homogenen linearen Gleichungssystems hinausläuft.

Kriterium für lineare Unabhängigkeit

Die Vektoren $v_1, \ldots, v_r \in V$ sind genau dann linear unabhängig, wenn aus

$$\sum_{i=1}^{r} \lambda_i v_i = \mathbf{0}$$

folgt:

$$\lambda_1 = \lambda_2 = \cdots = \lambda_r = 0.$$

Mit diesem Kriterium erhalten wir nun leicht, dass $\{\mathbf{0}\}$ linear abhängig ist, weil $1 \neq 0$ und $1 \cdot \mathbf{0} = \mathbf{0}$ gilt. Oder für $v \in V \setminus \{\mathbf{0}\}$ ist $\{v\}$ linear unabhängig, da aus $\lambda\, v = \mathbf{0}$ sofort $\lambda = 0$ folgt.

Beispiel

- Zwei vom Nullvektor verschiedene Vektoren v und w eines $\mathbb{K}$-Vektorraums sind genau dann linear abhängig, wenn es ein $\lambda \in \mathbb{K}$ mit $v = \lambda\, w$ gibt.

Teil III

- Die Standard-Einheitsvektoren $\boldsymbol{e}_1, \ldots, \boldsymbol{e}_n \in \mathbb{K}^n$ sind linear unabhängig. Aus

$$\lambda_1 \boldsymbol{e}_n + \cdots + \lambda_n \boldsymbol{e}_n = \boldsymbol{0} = \begin{pmatrix} 0 \\ \vdots \\ 0 \end{pmatrix}$$

folgt

$$\begin{pmatrix} \lambda_1 \\ \vdots \\ \lambda_n \end{pmatrix} = \begin{pmatrix} 0 \\ \vdots \\ 0 \end{pmatrix},$$

d. h. $\lambda_i = 0$ für $i = 1, \ldots, n$.

- Es sind $\boldsymbol{v}_1 = \begin{pmatrix} 0 \\ 1 \\ 0 \end{pmatrix}$, $\boldsymbol{v}_2 = \begin{pmatrix} 0 \\ 1 \\ 1 \end{pmatrix}$, $\boldsymbol{v}_3 = \begin{pmatrix} 0 \\ 0 \\ 1 \end{pmatrix} \in \mathbb{R}^3$ linear abhängig, denn

$$(-1)\,\boldsymbol{v}_1 + 1\,\boldsymbol{v}_2 + (-1)\,\boldsymbol{v}_3 = \boldsymbol{0}.$$

- Es folgt ein Beispiel einer unendlichen linear unabhängigen Menge. Im Vektorraum der Polynome über einem Körper $\mathbb{K}$ ist die Menge $B = \{X^k \mid k \in \mathbb{N}_0\}$ linear unabhängig.
Nachzuweisen ist, dass je endlich viele Vektoren aus B linear unabhängig sind. Wir wählen also endlich viele Elemente $X^{i_1}, \ldots, X^{i_n}$ aus B. Wir machen den Ansatz entsprechend dem Kriterium – man beachte, dass der Nullvektor rechts vom Gleichheitszeichen das Nullpolynom ist: Aus

$$\lambda_1 X^{i_1} + \cdots + \lambda_n X^{i_n} = \boldsymbol{0}$$

folgt

$$\lambda_1 = \cdots \lambda_n = 0,$$

da zwei Polynome genau dann gleich sind, wenn ihre Koeffizienten zu den entsprechenden Potenzen gleich sind, und das Nullpolynom hat zu allen Potenzen die Koeffizienten 0 (siehe S. 549).

- Im $\mathbb{R}$-Vektorraum $\mathbb{R}^{\mathbb{R}}$ aller reellen Funktionen sind die Funktionen sin und cos gegeben durch:

$$\sin\colon \begin{cases} \mathbb{R} \to \mathbb{R} \\ x \mapsto \sin x \end{cases} \quad \text{und} \quad \cos\colon \begin{cases} \mathbb{R} \to \mathbb{R} \\ x \mapsto \cos x \end{cases}$$

Wir prüfen, ob sin und cos linear unabhängig sind.
Sind $\lambda_1, \lambda_2 \in \mathbb{R}$, so folgt aus $\lambda_1 \sin + \lambda_2 \cos = \boldsymbol{0}$, wobei der Nullvektor hier die Nullabbildung ist:

$$\lambda_1 \sin(x) + \lambda_2 \cos(x) = \boldsymbol{0}(x) = 0 \quad \text{für alle } x \in \mathbb{R} \qquad (*)$$

Diese Gleichung gilt also insbesondere für $x = 0$, d. h. $\lambda_1 \sin(0) + \lambda_2 \cos(0) = 0$. Wegen $\sin(0) = 0$ und $\cos(0) \neq 0$ folgt nun $\lambda_2 = 0$. Weil also $\lambda_2 = 0$ gilt, erhalten wir aus $(*)$:

$$\lambda_1 \sin(x) = 0 \quad \text{für alle } x \in \mathbb{R}$$

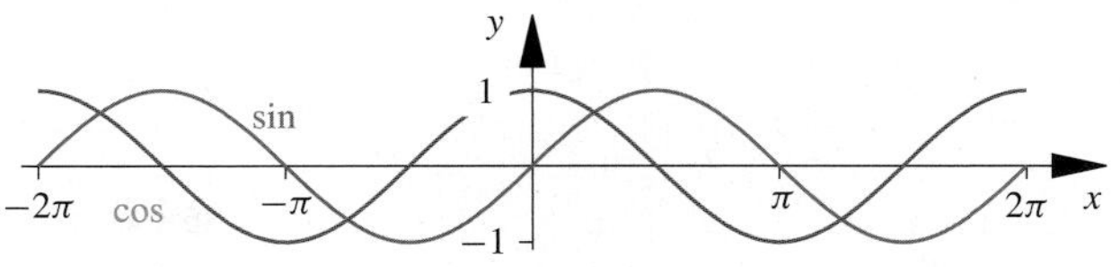

Abb. 15.22 Die Sinusfunktion ist kein skalares Vielfaches der Kosinusfunktion

Weil sin natürlich nicht die Nullabbildung im $\mathbb{R}^{\mathbb{R}}$ ist, folgt nun $\lambda_1 = 0$.
Wir haben gezeigt: Aus $\lambda_1 \sin + \lambda_2 \cos = \boldsymbol{0}$ folgt $\lambda_1 = \lambda_2 = 0$. Also sind sin und cos linear unabhängig. Das hätten wir auch anschaulich damit begründen können, dass die Sinusfunktion kein skalares Vielfaches der Kosinusfunktion ist. ◀

Ein linear unabhängiges Erzeugendensystem nennt man Basis

Wir reduzieren Vektorräume auf Basen, wir wollen nämlich Vektorräume möglichst ökonomisch schreiben – *kennt man die Basis, dann kennt man den Vektorraum.*

Jeder Vektor $\begin{pmatrix} v_1 \\ v_2 \end{pmatrix}$ des $\mathbb{R}^2$ lässt sich als Linearkombination der beiden Vektoren $\boldsymbol{v} = \begin{pmatrix} 2 \\ 0 \end{pmatrix}$ und $\boldsymbol{w} = \begin{pmatrix} 1 \\ 2 \end{pmatrix}$ darstellen, da das lineare Gleichungssystem

$$\left(\begin{array}{cc|c} 2 & 1 & v_1 \\ 0 & 2 & v_2 \end{array}\right)$$

für alle $v_1, v_2 \in \mathbb{R}$ (eindeutig) lösbar ist.

Zudem sind $\boldsymbol{v}$ und $\boldsymbol{w}$ linear unabhängig, da das lineare Gleichungssystem

$$\left(\begin{array}{cc|c} 2 & 1 & 0 \\ 0 & 2 & 0 \end{array}\right)$$

nur die triviale Lösung (0, 0) hat.

Es ist also $\{\boldsymbol{v}, \boldsymbol{w}\}$ ein linear unabhängiges Erzeugendensystem des $\mathbb{R}^2$.

Definition einer Basis

Eine Teilmenge B eines $\mathbb{K}$-Vektorraums V heißt **Basis** von V, wenn gilt:

- $\langle B \rangle = V$,
- B ist linear unabhängig.

Basen sind also linear unabhängige Erzeugendensysteme.

Teil III

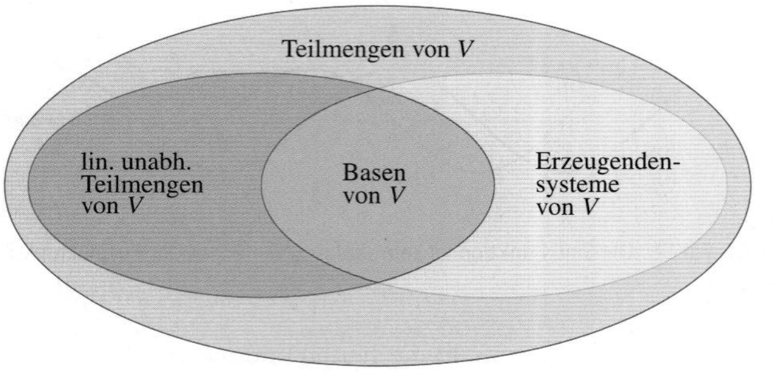

Abb. 15.23 Basen sind linear unabhängige Erzeugendensysteme

Selbstfrage 8

Kann ein Vektorraum verschiedene Basen besitzen?

Beispiel

- Für jeden Körper $\mathbb{K}$ bildet die Menge $E_n = \{\boldsymbol{e}_1, \dots, \boldsymbol{e}_n\}$ der Standard-Einheitsvektoren eine Basis des $\mathbb{K}^n$, die sogenannte **Standardbasis** oder **kanonische Basis** des $\mathbb{K}^n$.
- Im Vektorraum $\mathbb{K}[X]$ der Polynome über einem Körper $\mathbb{K}$ bildet die Menge $\{X^k \mid k \in \mathbb{N}_0\}$ eine Basis, die **Standardbasis** oder **kanonische Basis** von $\mathbb{K}[X]$.
- Die Menge $\left\{\begin{pmatrix}0\\1\\0\end{pmatrix}, \begin{pmatrix}0\\1\\1\end{pmatrix}, \begin{pmatrix}0\\0\\1\end{pmatrix}\right\}$ ist keine Basis des $\mathbb{R}^3$.
- Die Menge $B = \left\{\begin{pmatrix}0\\1\\0\end{pmatrix}, \begin{pmatrix}0\\1\\1\end{pmatrix}\right\}$ ist eine Basis von $\langle B\rangle$, aber jedoch nicht des $\mathbb{R}^3$.
- Für einen Körper $\mathbb{K}$ und Zahlen $r \in \{1, \dots, m\}$ und $s \in \{1, \dots, n\}$ definieren wir die $m\,n$ sogenannten **Standard-Einheitsmatrizen** aus $\mathbb{K}^{m\times n}$,

  $$\mathbf{E}_{rs} = (a_{ij}) \text{ mit } a_{rs} = 1 \quad \text{und} \quad a_{ij} = 0 \text{ sonst.}$$

  Dann ist die Menge

  $$B = \{\mathbf{E}_{rs} \mid r \in \{1, \dots, m\},\ s \in \{1, \dots, n\}\}$$

  eine Basis des $\mathbb{K}^{m\times n}$, da für eine beliebige Matrix $\boldsymbol{A} = (a_{ij})_{i,j} \in \mathbb{K}^{m\times n}$ gilt

  $$\begin{aligned}\boldsymbol{A} = (a_{ij})_{i,j} &= a_{11}\,\mathbf{E}_{11} + \cdots + a_{1n}\,\mathbf{E}_{1n}\\ &\quad + a_{21}\,\mathbf{E}_{21} + \cdots + a_{2n}\,\mathbf{E}_{2n}\\ &\quad + \cdots + a_{m1}\,\mathbf{E}_{m1} + \cdots + a_{mn}\,\mathbf{E}_{mn},\end{aligned}$$

  sodass B ein Erzeugendensystem von $\mathbb{K}^{m\times n}$ ist, und aus

  $$\sum_{i,j=1}^{m,n} \lambda_{ij}\,\mathbf{E}_{ij} = \begin{pmatrix}\lambda_{11} & \cdots & \lambda_{1n}\\ \vdots & & \vdots\\ \lambda_{m1} & \cdots & \lambda_{mn}\end{pmatrix} = \mathbf{0}$$

  folgt sofort $\lambda_{ij} = 0$ für alle i und j, sodass B linear unabhängig ist. Also ist B tatsächlich eine Basis von $\mathbb{K}^{m\times n}$. Auch diese nennt man **Standardbasis** oder **kanonische Basis** des $\mathbb{K}^{m\times n}$. ◀

Selbstfrage 9

1. Kann die leere Menge eine Basis sein?
2. Ist stets X eine Basis von $\langle X\rangle$?
3. Ist jede linear unabhängige Menge auch Basis eines Vektorraums?

Aus der Definition einer Basis eines Vektorraums folgt unmittelbar:

Eindeutige Darstellung bzgl. Basen

Ist B eine Basis eines $\mathbb{K}$-Vektorraums V, so lässt sich jedes $\boldsymbol{v} \in V$ auf genau eine Art und Weise in der Form

$$\boldsymbol{v} = v_1\,\boldsymbol{b}_1 + \cdots + v_n\,\boldsymbol{b}_n$$

mit $v_1, \dots, v_n \in \mathbb{K}$ und $\boldsymbol{b}_1, \dots, \boldsymbol{b}_n \in B$ darstellen.

Haben wir eine Basis B eines $\mathbb{K}$-Vektorraums V gegeben, so beherrschen wir den Vektorraum V. Die Basis B enthält bereits alle wesentlichen Informationen eines Vektorraums, denn $V = \langle B\rangle$. Und noch weiter lässt sich V nicht *komprimieren*, das besagt die lineare Unabhängigkeit von B. Die Bedeutung des folgenden Ergebnisses ist dadurch verständlich.

Existenz von Basen

Jeder Vektorraum V besitzt eine Basis.

Genauer:

- Jedes Erzeugendensystem von V enthält eine Basis von V.
- Jede linear unabhängige Teilmenge von V kann zu einer Basis von V durch Hinzunahme weiterer Vektoren ergänzt werden.

Den Beweis dieses wichtigen Ergebnisses führen wir nicht vor, er ist durchaus kompliziert, insbesondere für nicht endlich erzeugte Vektorräume. Wir erörtern das *Ergänzen* und *Verkürzen* von Mengen zu Basen in einem ausführlichen Beispiel auf S. 563.

Die Dimension ist die Mächtigkeit einer und damit jeder Basis

Im $\mathbb{R}^2$ gilt für die drei Vektoren $\boldsymbol{u} = \begin{pmatrix}2\\0\end{pmatrix}$, $\boldsymbol{v} = \begin{pmatrix}1\\2\end{pmatrix}$ und $\boldsymbol{w} = \begin{pmatrix}-1\\2\end{pmatrix}$

$$\mathbb{R}^2 = \langle\{\boldsymbol{u}, \boldsymbol{v}\}\rangle = \langle\{\boldsymbol{u}, \boldsymbol{w}\}\rangle = \langle\{\boldsymbol{v}, \boldsymbol{w}\}\rangle,$$

Anwendung: Newton-Interpolation

Angenommen, wir führen bei einem Experiment zu den $n+1$ verschiedenen Zeitpunkten $x_0, x_1, \ldots, x_n$ Messungen einer zeitveränderlichen Größe y durch und erhalten dabei die Werte $y_0, y_1, \ldots, y_n$. Eine natürliche Fragestellung ist, welche Werte zwischen den $n+1$ Zeitpunkten zu erwarten gewesen wären. Eine einfache Abschätzung liefert etwa die Newton-Interpolation: Man bestimmt ein Polynom $\boldsymbol{p} \in \mathbb{R}[X]$ mit $\boldsymbol{p}(x_0) = y_0, \boldsymbol{p}(x_1) = y_1, \ldots, \boldsymbol{p}(x_n) = y_n$ und schätzt dann etwa für einen Zeitpunkt t zwischen x_i und x_{i+1} den zugehörigen Messwert mit $\boldsymbol{p}(t)$ ab – man *interpoliert*.

Für $n \in \mathbb{N}_0$ seien $x_0, x_1, \ldots, x_n \in \mathbb{R}$ verschieden. Im Vektorraum $\mathbb{R}[X]_n$ der Polynome über $\mathbb{R}$ mit einem Grad kleiner oder gleich n sei $\boldsymbol{g}_i$ erklärt durch $\boldsymbol{g}_i = \prod_{j=0}^{i-1}(X - x_j)$, $0 \le i \le n$, also $\boldsymbol{g}_0 = 1$, $\boldsymbol{g}_1 = X - x_0$, $\boldsymbol{g}_2 = (X - x_0)(X - x_1)$, $\boldsymbol{g}_3 = (X - x_0)(X - x_1)(X - x_2)$ usw. Wir begründen mit vollständiger Induktion, dass $\{\boldsymbol{g}_0, \boldsymbol{g}_1, \ldots, \boldsymbol{g}_n\}$ eine Basis von $\mathbb{R}[X]_n$ ist. Dabei verwenden wir die kanonische Basis $\{1, X, \ldots, X^n\}$ von $\mathbb{R}[X]_n$.

Im Fall $n = 0$ gilt die Aussage wegen $\boldsymbol{g}_0 = X^0 = 1$. Die Gleichheit $\mathbb{R}[X]_{n-1} = \langle\{\boldsymbol{g}_0, \boldsymbol{g}_1, \ldots, \boldsymbol{g}_{n-1}\}\rangle$ sei schon bewiesen, d. h., alle Potenzen X^0, X, …, X^{n-1} sind als Linearkombinationen von $\boldsymbol{g}_0, \ldots, \boldsymbol{g}_{n-1}$ darstellbar. Nun gilt

$$\begin{aligned}\boldsymbol{g}_n &= X^n - (x_0 + x_1 + \cdots + x_{n-1})X^{n-1} \\ &\quad + \cdots + (-1)^n (x_0 x_1 \ldots x_{n-1})X^0,\end{aligned}$$

also $\boldsymbol{g}_n = X^n + \sum_{i=0}^{n-1} \lambda_i X^i$ mit gewissen Zahlen $\lambda_i \in \mathbb{R}$. Es folgt

$$\begin{aligned}X^n &= \boldsymbol{g}_n - \sum_{i=0}^{n-1} \lambda_i X^i \in \langle\{\boldsymbol{g}_n\} \cup \mathbb{R}[X]_{n-1}\rangle \\ &= \langle\{\boldsymbol{g}_0, \boldsymbol{g}_1, \ldots, \boldsymbol{g}_n\}\rangle\end{aligned}$$

und damit $\mathbb{R}[X]_n = \langle\{\boldsymbol{g}_0, \boldsymbol{g}_1, \ldots, \boldsymbol{g}_n\}\rangle$ wie behauptet. Wegen $\dim(\mathbb{R}[X]_n) = n + 1$ ist $\{\boldsymbol{g}_0, \boldsymbol{g}_1, \ldots, \boldsymbol{g}_n\}$ dann auch linear unabhängig, d. h. eine Basis von $\mathbb{R}[X]_n$.

Wir bestimmen nun ein $\boldsymbol{g} \in \mathbb{R}[X]_3$ mit $\boldsymbol{g}(x_i) = y_i$, $0 \le i \le 3$ mit dem Ansatz $\boldsymbol{g} = \sum_{i=0}^{3} \lambda_i \boldsymbol{g}_i$ und den Werten:

i	0	1	2	3
x_i	-1	0	1	2
y_i	1	2	3	1

Unser Ansatz ergibt

$$\boldsymbol{g} = \lambda_0 + \lambda_1(X+1) + \lambda_2(X+1)X + \lambda_3(X+1)X(X-1),$$

wobei:

$$\begin{aligned}\boldsymbol{g}(-1) &= \lambda_0 = 1 \\ \boldsymbol{g}(0) &= \lambda_0 + \lambda_1 = 2 \\ \boldsymbol{g}(1) &= \lambda_0 + 2\lambda_1 + 2\lambda_2 = 3 \\ \boldsymbol{g}(2) &= \lambda_0 + 3\lambda_1 + 6\lambda_2 + 6\lambda_3 = 1\end{aligned}$$

Die Lösung ist $\lambda_0 = \lambda_1 = 1$, $\lambda_2 = 0$, $\lambda_3 = -1/2$, d. h.

$$\begin{aligned}g &= 1 + X + 1 - \frac{1}{2}(X+1)X(X-1) \\ &= \boxed{-\frac{1}{2}X^3 + \frac{3}{2}X + 2}.\end{aligned}$$

Der Vorteil der Newton-Interpolation ist, dass sich so wie hier stets für die Koeffizienten ein lineares Gleichungssystem in Dreiecksgestalt ergibt, das sich in einem Durchlauf durch Einsetzen lösen lässt.

Und nun bestimmen wir ein $\boldsymbol{h} \in \mathbb{R}[X]_4$ mit $\boldsymbol{h}(x_i) = y_i$, $0 \le i \le 3$, gemäß obiger Tabelle sowie $x_4 = 3$ und $h(x_4) = 5$. Wir machen wie vorher den Ansatz $\boldsymbol{h} = \sum_{i=0}^{4} \lambda_i \boldsymbol{g}_i$, wobei noch $x_4 = 3$, $\boldsymbol{g}_4 = (X+1)X(X-1)(X-2)$ hinzukommen. Die Polynome $\boldsymbol{g}_0, \boldsymbol{g}_1, \boldsymbol{g}_2, \boldsymbol{g}_3$ bleiben also dieselben. Wegen $\boldsymbol{g}_4(-1) = \boldsymbol{g}_4(0) = \boldsymbol{g}_4(1) = \boldsymbol{g}_4(2) = 0$ ergibt sich für $\lambda_0, \lambda_1, \lambda_2, \lambda_3$ dasselbe Gleichungssystem und damit auch dieselbe Lösung wie eben schon. Dies ist eine sehr freundliche Eigenschaft der Newton-Interpolation: Das Hinzunehmen weiterer Werte (also von Messergebnissen) macht nur wenig Mühe. Wir haben also

$$\boldsymbol{h} = -\frac{1}{2}X^3 + \frac{3}{2}X + 2 + \lambda_4(X+1)X(X-1)(X-2),$$

wobei wegen $\boldsymbol{g}_4(3) = 24$

$$\boldsymbol{h}(3) = -\frac{27}{2} + \frac{9}{2} + 2 + 24\lambda_4 = 5$$

zu lösen ist. Es folgt $\lambda_4 = 1/2$, d. h.

$$\begin{aligned}\boldsymbol{h} &= -\frac{1}{2}X^3 + \frac{3}{2}X + 2 + \frac{1}{2}(X^3 - X)(X-2) \\ &= -\frac{1}{2}X^3 + \frac{3}{2}X + 2 + \frac{1}{2}(X^4 - 2X^3 - X^2 + 2X) \\ &= \boxed{\frac{1}{2}X^4 - \frac{3}{2}X^3 - \frac{1}{2}X^2 + \frac{5}{2}X + 2}.\end{aligned}$$

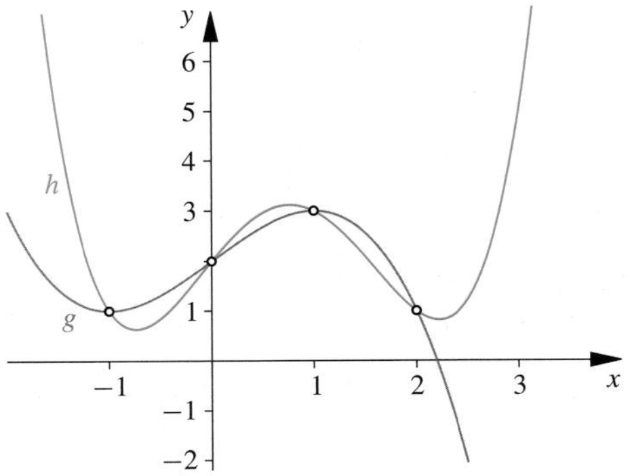

Kommentar Tatsächlich ist die Newton-Interpolation für solche Abschätzungen gar nicht so gut geeignet, da die Polynome mit zunehmenden Grad stark *schwingen* (siehe obige Abbildung). Die wahren Zwischenwerte der Messergebnisse erwartet man auf einer *glatten* Kurve durch die vorgegebenen Stützstellen. Eine Methode, die dies berücksichtigt, ist die sogenannte Spline-Interpolation (siehe Abschn. 10.5). ◄

sodass $\{u, v\}$, $\{u, w\}$, $\{v, w\}$ drei verschiedene Basen des $\mathbb{R}^2$ sind. Es ist kein Zufall, dass jede dieser Basen genau zwei Elementen enthält. Tatsächlich ist es so, dass in jedem endlich erzeugten Vektorraum V jede Basis von V gleich viel Elemente enthält. Dies ist keine Selbstverständlichkeit. Wir verzichten auch auf diesen Beweis. Wir nutzen aber die Tatsache für die folgende Definition, die andernfalls nicht sinnvoll wäre.

Die Dimension eines Vektorraums

Ist B eine Basis eines endlich erzeugten Vektorraums V, so nennt man $n = |B| \in \mathbb{N}_0$ die **Dimension** von V. Wir schreiben dafür $\dim(V) = n$.

Ist V nicht endlich erzeugt, so setzen wir $\dim(V) = \infty$.

Beispiel

- Es gilt $\dim(\{\mathbf{0}\}) = 0$, da $\emptyset$ eine Basis von $\{\mathbf{0}\}$ ist und $|\emptyset| = 0$ gilt.
- Für jeden Körper $\mathbb{K}$ und jede natürliche Zahl n gilt $\dim(\mathbb{K}^n) = n$, da $E_n = \{e_1, \dots, e_n\}$ eine Basis ist und $|E_n| = n$ gilt.
- Für jeden Körper $\mathbb{K}$ und alle natürlichen Zahlen m, n gilt $\dim(\mathbb{K}^{m\times n}) = m\,n$, da $B = \{\mathbf{E}_{r,s}, \mid r \in \{1, \dots, m\}, s \in \{1, \dots, n\}\}$ eine Basis ist und $|B| = m\,n$ gilt.
- Für jeden Körper $\mathbb{K}$ gilt $\dim(\mathbb{K}[X]) = \infty$, da $\{X^k \mid k \in \mathbb{N}_0\}$ eine nicht endliche Basis bildet.
- Es gilt $\dim\left(\left\langle\left\{\begin{pmatrix}0\\1\\0\end{pmatrix}, \begin{pmatrix}0\\1\\1\end{pmatrix}, \begin{pmatrix}0\\0\\1\end{pmatrix}\right\}\right\rangle\right) = 2.$
- Die Dimension des $\mathbb{R}$-Vektorraums $\mathbb{C}$ ist 2, da $\{1, \mathrm{i}\}$ eine Basis bildet.
- Die Lösungsmenge eines homogenen linearen Gleichungssystems $\boldsymbol{A}\boldsymbol{x} = \mathbf{0}$ mit einer Matrix $\boldsymbol{A} \in \mathbb{K}^{m\times n}$ ist ein Untervektorraum des $\mathbb{K}^n$. Die Dimension dieses Untervektorraums ist die Anzahl der *frei wählbaren* Variablen, also gleich $n - \operatorname{rg} \boldsymbol{A}$. ◄

Nützliche Folgerungen für einen $\mathbb{K}$-Vektorraum V mit endlicher Dimension n

- Je n linear unabhängige Vektoren bilden eine Basis.
- Jedes Erzeugendensystem mit n Elementen bildet eine Basis.
- Mehr als n Vektoren sind stets linear abhängig.
- Für jeden Untervektorraum $U \subsetneq V$ gilt $\dim(U) < \dim(V)$.

Insbesondere ist nun auch klar, dass die Untervektorräume der Dimension 1 bzw. 2 des $\mathbb{R}^3$ die Form $\mathbb{R}\,\boldsymbol{a}$ mit $\boldsymbol{a} \neq \mathbf{0}$ bzw. $\mathbb{R}\,\boldsymbol{a} + \mathbb{R}\,\boldsymbol{b}$ mit $\boldsymbol{a}, \boldsymbol{b} \neq \mathbf{0}$ und $\mathbb{R}\,\boldsymbol{a} \neq \mathbb{R}\,\boldsymbol{b}$, also mit linear unabhängigen Vektoren $\boldsymbol{a}, \boldsymbol{b}$, haben. Außer diesen und den trivialen Untervektorräumen $\{\mathbf{0}\}$ und $\mathbb{R}^3$ existieren keine weiteren Untervektorräume im $\mathbb{R}^3$.

Selbstfrage 10

Welche reelle Zahlen bilden eine Basis des reellen Vektorraums $\mathbb{R}$?

15.5 Affine Teilräume

Wir behandeln einige Begriffe der Analytischen Geometrie, die unmittelbar aus den Begriffen Untervektorraum und Dimension folgen. Im Kap. 19 greifen wir die Analytische Geometrie erneut auf und behandeln sie ausführlich.

Gegeben ist ein $\mathbb{K}$-Vektorraum V mit $\dim(V) \geq 2$. Für jeden Untervektorraum U von V und jedes $\boldsymbol{v} \in V$ wird

$$T = \boldsymbol{v} + U = \{\boldsymbol{v} + \boldsymbol{x} \mid \boldsymbol{x} \in U\}$$

ein **affiner Teilraum** von V genannt. Es heißen U seine **Richtung** und $\dim(T) = \dim(U)$ seine **Dimension**. Dieser affine Teilraum ist das Bild von U bei der **Translation** $\tau_a : \boldsymbol{x} \mapsto \boldsymbol{v} + \boldsymbol{x}$.

Selbstfrage 11

Können affine Teilräume auch Vektorräume sein?

Zwei affine Teilräume mit derselben Richtung heißen **parallel**.

Affine Teilräume der Dimension 1 bzw. 2 heißen **Geraden** bzw. **Ebenen**. Gilt $n = \dim(V) \in \mathbb{N}$, so nennt man jeden affinen Teilraum der Dimension $n - 1$ eine **Hyperebene** von V.

Im Fall $\boldsymbol{v} \in T$ sagt man $\boldsymbol{v}$ **liegt auf** T oder T **geht durch** $\boldsymbol{v}$. In diesem Kontext spricht man auch vom **Punkt** $\boldsymbol{v}$, wenngleich man eigentlich genauer sagen müsste, dass die 0-dimensionalen affinen Teilräume, also die einelementigen Mengen $\{\boldsymbol{a}\} = \{\boldsymbol{a} + \mathbf{0}\}$, die Punkte sind.

Beispiel: Bestimmung von Basen

Wir lösen beispielhaft zwei typische Problemstellungen.

(1) Gegeben ist ein endliches Erzeugendensystem E eines Vektorraums V. Man bestimme eine Basis $B \subseteq E$.
Beispiel: $V = \mathbb{R}^4$ und

$$E = \left\{ \begin{pmatrix}1\\1\\0\\0\end{pmatrix}, \begin{pmatrix}1\\0\\1\\0\end{pmatrix}, \begin{pmatrix}1\\0\\0\\1\end{pmatrix}, \begin{pmatrix}0\\1\\1\\0\end{pmatrix}, \begin{pmatrix}0\\1\\0\\1\end{pmatrix}, \begin{pmatrix}0\\0\\1\\1\end{pmatrix} \right\}.$$

(2) Gegeben ist eine linear unabhängige Teilmenge E eines endlich erzeugten Vektorraums V. Man bestimme eine Basis $B \supseteq E$.
Beispiel: $V = \mathbb{R}^4$ und

$$E = \left\{ \begin{pmatrix}1\\-2\\3\\-4\end{pmatrix}, \begin{pmatrix}2\\-3\\6\\-11\end{pmatrix}, \begin{pmatrix}-1\\3\\-2\\6\end{pmatrix} \right\}.$$

Problemanalyse und Strategie: Das Vorgehen ist naheliegend: Bei (1) entferne man so lange Vektoren aus dem Erzeugendensystem E, bis ein linear unabhängiges Erzeugendensystem verbleibt.

Bei (2) füge man zu der linear unabhängigen Menge E so lange weitere, zu den Vektoren aus E linear unabhängige Elemente von V hinzu, bis ein linear unabhängiges Erzeugendensystem entsteht. Dabei muss man sich nach jedem Hinzufügen eines Vektors vergewissern, dass die dann größere Menge nach wie vor linear unabhängig ist.

Lösung (1) Dass E tatsächlich ein Erzeugendensystem ist, ergibt sich im Laufe der Rechnung. Daher führen wir dies nicht explizit vor.

Wir benennen die sechs Vektoren aus E der Reihe nach mit $\boldsymbol{v}_1, \ldots, \boldsymbol{v}_6$. Durch Probieren (oder Lösen eines Gleichungssystems) erkennt man, dass

$$\boldsymbol{v}_6 = \boldsymbol{v}_3 + \boldsymbol{v}_4 - \boldsymbol{v}_1.$$

Also gilt $\langle\{\boldsymbol{v}_1, \ldots, \boldsymbol{v}_6\}\rangle = \langle\{\boldsymbol{v}_1, \ldots, \boldsymbol{v}_5\}\rangle$, sodass wir $\boldsymbol{v}_6$ aus dem Erzeugendensystem entfernen können. Nun betrachten wir in dem Erzeugendensystem $E' = \{\boldsymbol{v}_1, \ldots, \boldsymbol{v}_5\}$ den Vektor $\boldsymbol{v}_5$ und sehen, dass

$$\boldsymbol{v}_5 = \boldsymbol{v}_3 + \boldsymbol{v}_4 - \boldsymbol{v}_2.$$

Also gilt $\langle\{\boldsymbol{v}_1, \ldots, \boldsymbol{v}_5\}\rangle = \langle\{\boldsymbol{v}_1, \ldots, \boldsymbol{v}_4\}\rangle$, sodass wir $\boldsymbol{v}_5$ aus dem Erzeugendensystem entfernen können. Es verbleibt nun das Erzeugendensystem $E'' = \{\boldsymbol{v}_1, \ldots, \boldsymbol{v}_4\}$. Weil sich keine weiteren Kombinationen zu ergeben scheinen, prüfen wir das System E'' auf lineare Unabhängigkeit. Es gelte $\lambda_1 \boldsymbol{v}_1 + \cdots + \lambda_4 \boldsymbol{v}_4 = \boldsymbol{0}$ für $\lambda_1, \ldots, \lambda_4 \in \mathbb{R}$. Dies führt zu dem linearen Gleichungssystem

$$\left(\begin{array}{cccc|c} 1 & 1 & 1 & 0 & 0 \\ 1 & 0 & 0 & 1 & 0 \\ 0 & 1 & 0 & 1 & 0 \\ 0 & 0 & 1 & 0 & 0 \end{array}\right),$$

dessen einzige Lösung offenbar $\lambda_1 = \cdots = \lambda_4 = 0$ ist. Also ist E'' linear unabhängig. Folglich ist $B = E'' \subseteq E$ eine Basis von V; insbesondere erzeugt E den $\mathbb{R}^4$.

(2) Dass E tatsächlich linear unabhängig ist, wird sich wieder im Laufe der Rechnung zeigen. Wir benennen die drei Vektoren aus E der Reihe nach mit $\boldsymbol{v}_1, \boldsymbol{v}_2, \boldsymbol{v}_3$.

Aber mit welchem Vektor sollte man nun E ergänzen, um eine Basis zu erhalten? Die Entscheidung fällt gar nicht so leicht. Man könnte es mit $\boldsymbol{e}_1$ versuchen. Man muss aber dann nachprüfen, ob $\boldsymbol{v}_1, \boldsymbol{v}_2, \boldsymbol{v}_3, \boldsymbol{e}_1$ linear unabhängig sind. Falls dies nicht so sein sollte, so hätte man dann den Versuch mit einem anders gewählten Vektor zu wiederholen. Das kann reichlich aufwendig werden. Wir zeigen, wie sich das Problem einfacher lösen lässt.

Wir schreiben die Vektoren $\boldsymbol{v}_1, \boldsymbol{v}_2, \boldsymbol{v}_3$ als **Zeilen** einer Matrix und bringen die Matrix mittels elementarer Zeilenumformungen auf Zeilenstufenform:

$$\begin{pmatrix} 1 & -2 & 3 & -4 \\ 2 & -3 & 6 & -11 \\ -1 & 3 & -2 & 6 \end{pmatrix} \to \begin{pmatrix} 1 & -2 & 3 & -4 \\ 0 & 1 & 0 & -3 \\ 0 & 1 & 1 & 2 \end{pmatrix} \to \begin{pmatrix} 1 & -2 & 3 & -4 \\ 0 & 1 & 0 & -3 \\ 0 & 0 & 1 & 5 \end{pmatrix}$$

Nun bezeichnen wir die Zeilen der letzten Matrix der Reihe nach mit $\boldsymbol{w}_1, \boldsymbol{w}_2, \boldsymbol{w}_3$ und machen uns mit folgendem Sachverhalt vertraut:

Es gilt $\langle\{\boldsymbol{v}_1, \boldsymbol{v}_2, \boldsymbol{v}_3\}\rangle = \langle\{\boldsymbol{w}_1, \boldsymbol{w}_2, \boldsymbol{w}_3\}\rangle$.

Dies ist in der Tat so, da $\boldsymbol{w}_1, \boldsymbol{w}_2, \boldsymbol{w}_3$ Linearkombinationen von $\boldsymbol{v}_1, \boldsymbol{v}_2, \boldsymbol{v}_3$ sind. Diese Vektoren entstanden ja durch Zeilenumformungen (d. h. Vektoraddition und skalare Multiplikation) der *Zeilen* $\boldsymbol{v}_1, \boldsymbol{v}_2, \boldsymbol{v}_3$. Und somit gilt $\langle\{\boldsymbol{w}_1, \boldsymbol{w}_2, \boldsymbol{w}_3\}\rangle \subseteq \langle\{\boldsymbol{v}_1, \boldsymbol{v}_2, \boldsymbol{v}_3\}\rangle$. Aber ebenso sind $\boldsymbol{v}_1, \boldsymbol{v}_2, \boldsymbol{v}_3$ Linearkombinationen von $\boldsymbol{w}_1, \boldsymbol{w}_2, \boldsymbol{w}_3$, da diese Zeilenumformungen alle umkehrbar sind. Somit gilt auch $\langle\{\boldsymbol{v}_1, \boldsymbol{v}_2, \boldsymbol{v}_3\}\rangle \subseteq \langle\{\boldsymbol{w}_1, \boldsymbol{w}_2, \boldsymbol{w}_3\}\rangle$, schließlich also die Gleichheit dieser beiden Vektorräume.

Aber wozu nun das? Die Antwort ist einfach: Den Vektoren $\boldsymbol{w}_1, \boldsymbol{w}_2, \boldsymbol{w}_3$ ist es nun leicht anzusehen, dass sie linear unabhängig sind – und somit sind dann auch $\boldsymbol{v}_1, \boldsymbol{v}_2, \boldsymbol{v}_3$ linear unabhängig –, und es ist nun leicht, einen zu $\boldsymbol{w}_1, \boldsymbol{w}_2, \boldsymbol{w}_3$ linear unabhängigen Vektor anzugeben. Man ergänze E mit dem Element $\boldsymbol{e}_4 = \begin{pmatrix}0\\0\\0\\1\end{pmatrix}$. Die obige Rechnung – beachte die letzte Matrix – begründet, dass $\boldsymbol{v}_1, \boldsymbol{v}_2, \boldsymbol{v}_3, \boldsymbol{e}_4$ linear unabhängig sind. Wegen $|E \cup \{\boldsymbol{e}_4\}| = 4$ bildet somit $E \cup \{\boldsymbol{e}_4\}$ eine Basis von V. Ebenso natürlich auch $\{\boldsymbol{w}_1, \boldsymbol{w}_2, \boldsymbol{w}_3, \boldsymbol{e}_4\}$.

Anwendung: Magische Quadrate II

Für $c \in \mathbb{R}$ sei M_c wie in der Anwendung auf S. 553 die Menge aller magischen Quadrate $A = \begin{pmatrix} x_{11} & x_{12} & x_{13} \\ x_{21} & x_{22} & x_{23} \\ x_{31} & x_{32} & x_{33} \end{pmatrix} \in \mathbb{R}^{3\times 3}$ mit der Eigenschaft, dass alle Zeilen-, Spalten- und Diagonalsummen von A gleich c sind. Und es sei $M = \bigcup\limits_{c\in\mathbb{R}} M_c$ die Menge der magischen 3×3-Quadrate. Unser Ziel: Wir wollen alle möglichen magischen Quadrate zu einer vorgegebenen Zahl $c \in \mathbb{R}$ bestimmen und schließlich eine Basis des Untervektorraums M von $\mathbb{R}^{3\times 3}$ angeben.

Wir geben uns eine reelle Zahl c vor, und es sei

$$A = \begin{pmatrix} x_{11} & x_{12} & x_{13} \\ x_{21} & x_{22} & x_{23} \\ x_{31} & x_{32} & x_{33} \end{pmatrix} \in M_c.$$

Für $i = 1, 2, 3$ sei Z_i die Summe der i-ten Zeile und S_i die Summe der i-ten Spalte von A. Es seien ferner $D_1 = x_{11} + x_{22} + x_{33}$ und $D_2 = x_{13} + x_{22} + x_{31}$ die Diagonalsummen von A. Dann ist

$$D_1 + D_2 + Z_2 + S_2 = Z_1 + Z_2 + Z_3 + 3x_{22},$$

also $4\,c = 3\,c + 3\,x_{22}$ und somit $c = 3\,x_{22}$. Damit haben wir $x_{22} = c/3$ bestimmt. Für $c = 0$ gilt also etwa $x_{22} = 0$.

Nun überlegen wir uns, dass das magische Quadrat A durch die erste Zeile, d. h. durch die Zerlegung von c in die Summe $c = x_{11} + x_{12} + x_{13}$ bereits eindeutig festgelegt ist. Die erste Zeile von $A \in M_c$ sei (x_{11}, x_{12}, x_{13}). Dann folgt

$$A = \begin{pmatrix} x_{11} & x_{12} & x_{13} \\ \frac{c}{3} - x_{11} + x_{13} & \frac{c}{3} & \frac{c}{3} + x_{11} - x_{13} \\ \frac{2}{3}c - x_{13} & \frac{2}{3}c - x_{12} & \frac{2}{3}c - x_{11} \end{pmatrix}$$

Der Eintrag an der Stelle (2, 2) ergibt sich unmittelbar aus obigem; die Einträge in der letzten Zeile ergeben sich dann aus den Bedingungen $D_1 = c$, $D_2 = c$ und $S_2 = c$; weiter ergeben sich die beiden noch fehlenden Einträge in der mittleren Zeile von A aus den Bedingungen $S_1 = c$ und $S_3 = c$.

Nun können wir wegen $c = x_{11} + x_{12} + x_{13}$ einfach eine Basis von M angeben, da jedes magische Quadrat durch seine erste Zeile eindeutig bestimmt ist: Es ist $\{A_1, A_2, A_3\}$ mit

$$A_1 = \begin{pmatrix} 1 & 0 & 0 \\ \frac{-2}{3} & \frac{1}{3} & \frac{4}{3} \\ \frac{2}{3} & \frac{2}{3} & \frac{-1}{3} \end{pmatrix},$$

$$A_2 = \begin{pmatrix} 0 & 1 & 0 \\ \frac{1}{3} & \frac{1}{3} & \frac{1}{3} \\ \frac{2}{3} & \frac{-1}{3} & \frac{2}{3} \end{pmatrix},$$

$$A_3 = \begin{pmatrix} 0 & 0 & 1 \\ \frac{4}{3} & \frac{1}{3} & \frac{-2}{3} \\ \frac{-1}{3} & \frac{2}{3} & \frac{2}{3} \end{pmatrix}$$

eine Basis von M: Jedes magische Quadrat ist eine Linearkombination der magischen Quadrate A_1, A_2, A_3, und offenbar sind A_1, A_2, A_3 linear unabhängig.

Man wähle also zu einer vorgegebenen Zahl $c \in \mathbb{R}$ eine Zerlegung in eine Summe der drei Zahlen x_{11}, x_{12}, x_{13}, also $c = x_{11} + x_{12} + x_{13}$, und setze

$$A = x_{11} A_1 + x_{12} A_2 + x_{13} A_3$$

– es ist dann A ein magisches Quadrat mit der magischen Zahl c, d. h., die restlichen Einträge der Matrix $A = (a_{ij})$ stimmen dann automatisch. Es ist etwa $a_{33} = -1/3\,x_{11} + 2/3\,x_{12} + 2/3\,x_{13}$, also wegen $c = x_{11} + x_{12} + x_{13}$ weiter $a_{33} = -1/3\,x_{11} + 2/3\,(c - x_{11}) = 2/3\,c - x_{11}$.

Wir wollen die Basis noch etwas *verschönern*. Durch Probieren findet man:

$$B_1 = A_1 - A_2 = \begin{pmatrix} 1 & -1 & 0 \\ -1 & 0 & 1 \\ 0 & 1 & -1 \end{pmatrix}$$

$$B_2 = A_2 - A_3 = \begin{pmatrix} 0 & 1 & -1 \\ -1 & 0 & 1 \\ 1 & -1 & 0 \end{pmatrix}$$

$$B_3 = A_1 + A_2 + A_3 = \begin{pmatrix} 1 & 1 & 1 \\ 1 & 1 & 1 \\ 1 & 1 & 1 \end{pmatrix}$$

Die magischen Quadrate B_1, B_2, B_3 haben nun eine schöne Gestalt. Nun müssen wir uns aber natürlich noch davon überzeugen, dass sie eine Basis bilden. Es ist nämlich keineswegs so, dass beliebige drei Linearkombinationen dreier Basisvektoren wieder drei Basisvektoren bilden. So folgt etwa schon bei nur zwei Basisvektoren a_1 und a_2 aus $b_1 = a_1 + a_2$ und $b_2 = 2\,a_1 + 2\,a_2$ die Gleichung $2\,b_1 = b_2$.

Wir müssen uns aber nur davon überzeugen, dass B_1, B_2, B_3 linear unabhängig sind. Wir machen den üblichen Ansatz. Für $\lambda_1, \lambda_2, \lambda_3 \in \mathbb{R}$ gelte

$$\lambda_1 B_1 + \lambda_2 B_2 + \lambda_3 B_3 = 0 \in \mathbb{R}^{3\times 3}.$$

Aus dem Eintrag an der Stelle (2, 2) folgt $\lambda_3 = 0$. Nun betrachten wir die Stelle (1, 1). Es ist dann auch $\lambda_2 = 0$. Und schließlich folgt aus dem Eintrag an der Stelle (1, 3) in der letzten Zeile $\lambda_2 = 0$.

Damit ist gezeigt, dass B_1, B_2, B_3 linear unabhängig sind. Es ist also $\{B_1, B_2, B_3\}$ eine Basis von M.

Wir merken noch an, dass M ein 3-dimensionaler Untervektorraum des 9-dimensionalen $\mathbb{R}$-Vektorraums $\mathbb{R}^{3\times 3}$ ist.

Kommentar Die Lösungsmenge eines linearen Gleichungssystems bildet nach Abschn. 14.3 einen affinen Teilraum; dieser ist genau dann ein Untervektorraum, wenn das Gleichungssystem homogen ist. ◄

Geraden sind die affinen Teilräume der Dimension 1

Geraden sind die Mengen der Form

$$G = \boldsymbol{v} + \mathbb{K}\,\boldsymbol{w} = \{\boldsymbol{v} + \lambda\,\boldsymbol{w} \mid \lambda \in \mathbb{K}\}.$$

mit $\boldsymbol{v}$, $\boldsymbol{w} \in V$, $\boldsymbol{w} \neq \boldsymbol{0}$.

Man nennt $G = \boldsymbol{v} + \mathbb{K}\,\boldsymbol{w}$ eine **Punktrichtungsform** oder eine **Parameterdarstellung** von G.

Die Darstellung einer Geraden G in der Form $G = \boldsymbol{v} + \mathbb{K}\,\boldsymbol{w}$ ist keineswegs eindeutig. Ist nämlich $\boldsymbol{u}$ ein Punkt der Geraden G, also etwa $\boldsymbol{u} = \boldsymbol{v} + \mu\,\boldsymbol{w}$ für ein $\mu \in \mathbb{K}$, so folgt $\boldsymbol{u} + \mathbb{K}\,\boldsymbol{w} = \boldsymbol{v} + \mu\,\boldsymbol{w} + \mathbb{K}\,\boldsymbol{w} = \boldsymbol{v} + \mathbb{K}\,\boldsymbol{w}$. Damit haben wir begründet, dass

$$\boldsymbol{u} \in G = \boldsymbol{v} + \mathbb{K}\boldsymbol{w} \;\Rightarrow\; G = \boldsymbol{u} + \mathbb{K}\,\boldsymbol{w}. \qquad (15.4)$$

Die Gerade G hingegen, also die Menge ihrer Punkte, ist durch die Angabe zweier Punkte eindeutig bestimmt.

Existenz von Geraden

Zu zwei verschiedenen Punkten $\boldsymbol{u}, \boldsymbol{v} \in V$ existiert genau eine Gerade G, die durch $\boldsymbol{u}$ und $\boldsymbol{v}$ geht, nämlich

$$G = \boldsymbol{u} + \mathbb{K}\,(\boldsymbol{v} - \boldsymbol{u}).$$

Beweis Die Gerade $G = \boldsymbol{u} + \mathbb{K}\,(\boldsymbol{v} - \boldsymbol{u})$ enthält tatsächlich die Punkte $\boldsymbol{u}$ und $\boldsymbol{v}$, da $\boldsymbol{u} = \boldsymbol{u} + 0\,(\boldsymbol{v} - \boldsymbol{u}) \in G$, $\boldsymbol{v} = \boldsymbol{u} + 1\,(\boldsymbol{v} - \boldsymbol{u}) \in G$.

Es ist G die einzige Gerade, die beide Punkte enthält: Ist nämlich H irgendeine Gerade durch $\boldsymbol{u}$ und $\boldsymbol{v}$, so hat H die Parameterdarstellung $H = \boldsymbol{u} + \mathbb{K}\,\boldsymbol{w}$ für ein $\boldsymbol{w} \neq \boldsymbol{0}$. Es folgt $\boldsymbol{v} = \boldsymbol{u} + \lambda\,\boldsymbol{w}$ für ein $\lambda \neq 0$ und damit $H = \boldsymbol{u} + \mathbb{K}\,\lambda^{-1}(\boldsymbol{v} - \boldsymbol{u}) = \boldsymbol{u} + \mathbb{K}\,(\boldsymbol{v} - \boldsymbol{u}) = G$. ■

Man nennt $\boldsymbol{u} + \mathbb{K}\,(\boldsymbol{v} - \boldsymbol{u})$ die **Verbindungsgerade** von $\boldsymbol{u}$ und $\boldsymbol{v}$ und $G = \boldsymbol{u} + \mathbb{K}\,(\boldsymbol{v} - \boldsymbol{u})$ die **Zweipunkteform** von G.

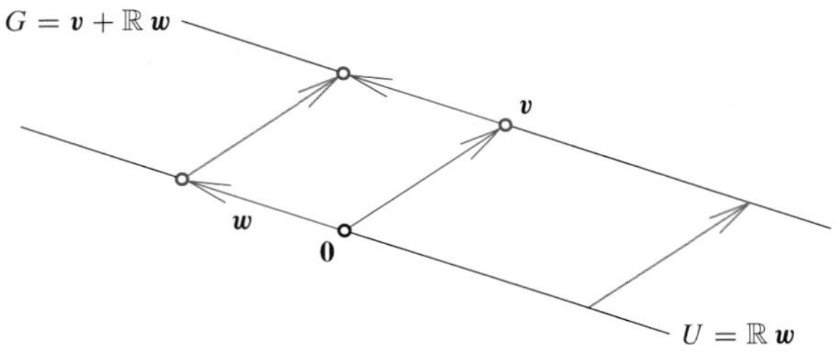

Abb. 15.24 Eine Gerade $G = \boldsymbol{v} + \mathbb{R}\,\boldsymbol{w}$ des $\mathbb{R}^2$ entsteht durch Abtragen des Untervektorraums $\mathbb{R}\,\boldsymbol{w}$ an $\boldsymbol{v}$

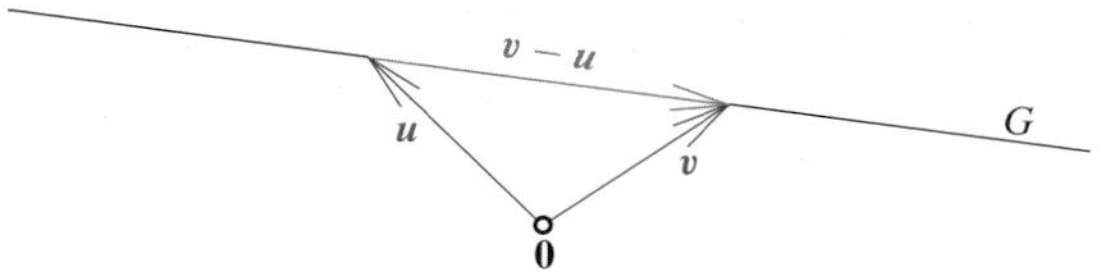

Abb. 15.25 Zu zwei verschiedenen Punkten $\boldsymbol{u}$ und $\boldsymbol{v}$ gibt es genau eine Gerade G, die $\boldsymbol{u}$ und $\boldsymbol{v}$ enthält

Zwei verschiedene Geraden G, H haben also höchstens einen gemeinsamen Punkt, ihren **Schnittpunkt**.

Beispiel Wir bestimmen die gemeinsamen Punkte von

$$G = \begin{pmatrix}2\\-1\\3\end{pmatrix} + \mathbb{R}\begin{pmatrix}1\\4\\0\end{pmatrix},\; H = \begin{pmatrix}2\\1\\1\end{pmatrix} + \mathbb{R}\begin{pmatrix}1\\2\\2\end{pmatrix} \quad \text{und}$$

$$F = \begin{pmatrix}3\\3\\3\end{pmatrix} + \mathbb{R}\begin{pmatrix}-3\\-12\\0\end{pmatrix}.$$

Es gilt: $s \in G \cap H \;\Leftrightarrow$ Es existieren λ, $\mu \in \mathbb{R}$ mit

$$\begin{pmatrix}2\\-1\\3\end{pmatrix} + \lambda\begin{pmatrix}1\\4\\0\end{pmatrix} = s = \begin{pmatrix}2\\1\\1\end{pmatrix} + \mu\begin{pmatrix}1\\2\\2\end{pmatrix}$$

$$\Leftrightarrow\; \lambda = \mu,\; 4\,\lambda = 2 + 2\,\mu,\; 2\,\mu = 2 \;\Leftrightarrow\; \lambda = 1 = \mu.$$

Daher ist $s = \begin{pmatrix}2\\-1\\3\end{pmatrix} + 1\begin{pmatrix}1\\4\\0\end{pmatrix} = \begin{pmatrix}3\\3\\3\end{pmatrix}$ der Schnittpunkt.

$t \in G \cap F \;\Leftrightarrow$ Es existieren σ, $\tau \in \mathbb{R}$ mit

$$\begin{pmatrix}2\\-1\\3\end{pmatrix} + \sigma\begin{pmatrix}1\\4\\0\end{pmatrix} = t = \begin{pmatrix}3\\3\\3\end{pmatrix} + \tau\begin{pmatrix}-3\\-12\\0\end{pmatrix}$$

$$\Leftrightarrow\; \sigma = 1 - 3\,\tau, 4\,\sigma = 4 - 12\,\tau \;\Leftrightarrow\; \sigma = 1 - 3\,\tau.$$

Es gibt also mehrere Lösungen, z. B. $(\sigma, \tau) = (1, 0)$ und $(-2, 1)$. Folglich gilt $G = F$. ◄

Man nennt Punkte aus V **kollinear**, wenn sie in einer Geraden enthalten sind.

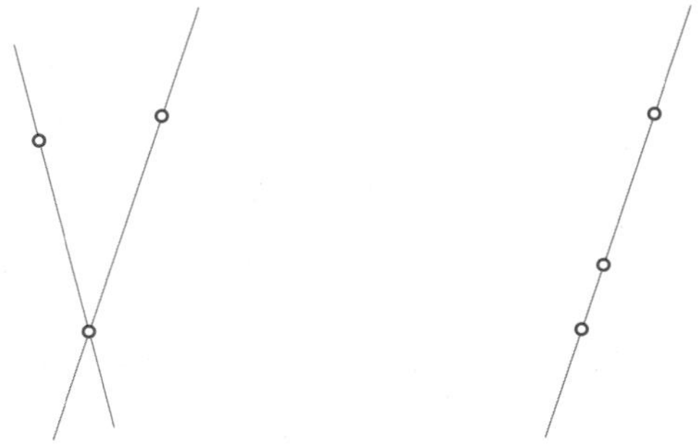

Abb. 15.26 Ein Beispiel für nicht kollineare Punkte (links) und kollineare Punkte (rechts)

Ebenen sind die affinen Teilräume der Dimension 2

Ebenen sind die Mengen der Form

$$E = \boldsymbol{u} + \mathbb{K}\,\boldsymbol{v} + \mathbb{K}\,\boldsymbol{w} = \{\boldsymbol{u} + \lambda\,\boldsymbol{v} + \mu\,\boldsymbol{w} \mid \lambda,\ \mu \in \mathbb{K}\}$$

mit $\boldsymbol{u},\ \boldsymbol{v},\ \boldsymbol{w} \in V$, $\boldsymbol{v},\ \boldsymbol{w} \neq \boldsymbol{0}$ und $\mathbb{K}\,\boldsymbol{v} \neq \mathbb{K}\,\boldsymbol{w}$; $\boldsymbol{v}$ und $\boldsymbol{w}$ sind also linear unabhängig.

Man nennt $E = \boldsymbol{u} + \mathbb{K}\,\boldsymbol{v} + \mathbb{K}\,\boldsymbol{w}$ eine **Punktrichtungsform** oder eine **Parameterdarstellung** von E.

Existenz von Ebenen

Zu drei nicht-kollinearen Punkten $\boldsymbol{a},\ \boldsymbol{b},\ \boldsymbol{c} \in V$ existiert genau eine Ebene E, die $\boldsymbol{a},\ \boldsymbol{b},\ \boldsymbol{c}$ enthält, nämlich

$$E = \boldsymbol{a} + \mathbb{K}\,(\boldsymbol{b} - \boldsymbol{a}) + \mathbb{K}\,(\boldsymbol{c} - \boldsymbol{a})\,.$$

Die angegebene Ebene E enthält tatsächlich die Punkte $\boldsymbol{a},\ \boldsymbol{b},\ \boldsymbol{c}$, da $\boldsymbol{a} = \boldsymbol{a} + 0\,(\boldsymbol{b}-\boldsymbol{a}) + 0\,(\boldsymbol{c}-\boldsymbol{a}) \in E$, $\boldsymbol{b} = \boldsymbol{a} + 1\,(\boldsymbol{b}-\boldsymbol{a}) + 0\,(\boldsymbol{c}-\boldsymbol{a}) \in E$ sowie $\boldsymbol{c} = \boldsymbol{a} + 0\,(\boldsymbol{b}-\boldsymbol{a}) + 1\,(\boldsymbol{c}-\boldsymbol{a}) \in E$. Auf den Nachweis der Eindeutigkeit einer solchen Ebene verzichten wir.

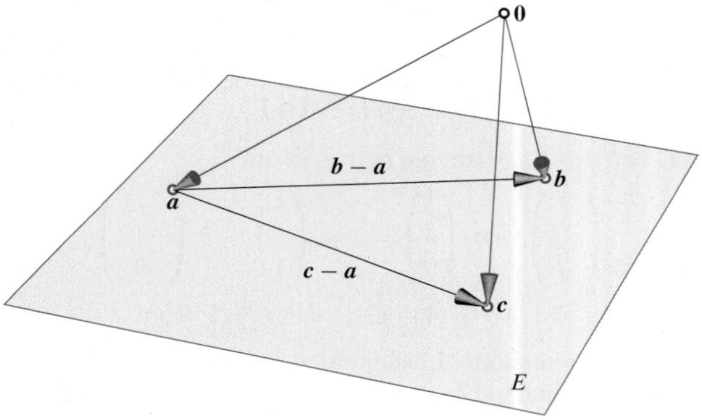

Abb. 15.27 Zu je drei nicht-kollinearen Punkten $\boldsymbol{a},\ \boldsymbol{b},\ \boldsymbol{c}$ gibt es genau eine Ebene, welche diese Punkte enthält. Sie wird durch die Vektoren $\boldsymbol{b} - \boldsymbol{a}$ und $\boldsymbol{c} - \boldsymbol{a}$ aufgespannt

Beispiel Wir prüfen nach, ob der Punkt $\boldsymbol{v} = \begin{pmatrix}1\\1\\1\end{pmatrix} \in \mathbb{R}^3$ in der Ebene $E \subseteq \mathbb{R}^3$ liegt, die durch die drei nicht-kollinearen Punkte $\begin{pmatrix}1\\2\\3\end{pmatrix},\ \begin{pmatrix}1\\-1\\2\end{pmatrix},\ \begin{pmatrix}2\\1\\1\end{pmatrix}$ erzeugt wird.

Die Punktrichtungsform der Ebene lautet

$$E = \begin{pmatrix}1\\2\\3\end{pmatrix} + \mathbb{R}\begin{pmatrix}0\\-3\\-1\end{pmatrix} + \mathbb{R}\begin{pmatrix}1\\-1\\-2\end{pmatrix}$$

und $\mathbb{R}\begin{pmatrix}0\\-3\\-1\end{pmatrix} \neq \mathbb{R}\begin{pmatrix}1\\-1\\-2\end{pmatrix}$.

Es gilt $\begin{pmatrix}1\\1\\1\end{pmatrix} \in E \;\Leftrightarrow$ Es existieren $\lambda,\ \mu \in \mathbb{R}$ mit $\mu = 0$, $\lambda = 1/3$, $\lambda = 2$, und das ist nicht möglich. Folglich liegt der Punkt $\boldsymbol{v}$ nicht in der Ebene E. ◄

Man nennt Punkte aus V **komplanar**, wenn sie in einer Ebene enthalten sind.

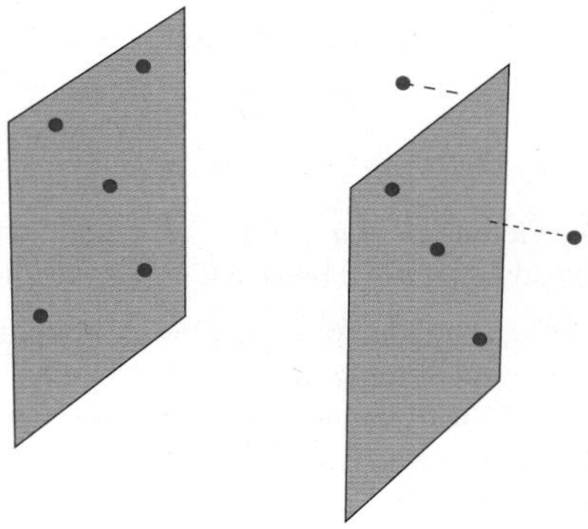

Abb. 15.28 Die Punkte links sind komplanar, die Punkte rechts hingegen nicht

Zusammenfassung

Eine nichtleere Menge V mit zwei Verknüpfungen $+$ und $\cdot$ heißt ein **Vektorraum über** $\mathbb{K}$ oder kurz **$\mathbb{K}$-Vektorraum** für $\mathbb{K} = \mathbb{R}$ oder $\mathbb{K} = \mathbb{C}$, wenn für alle $\boldsymbol{u}, \boldsymbol{v}, \boldsymbol{w} \in V$ und $\lambda, \mu \in \mathbb{K}$ gilt:

(V1) $\boldsymbol{v} + \boldsymbol{w} \in V$ und $\lambda\, \boldsymbol{v} \in V$ (Abgeschlossenheit).
(V2) $(\boldsymbol{u} + \boldsymbol{v}) + \boldsymbol{w} = \boldsymbol{u} + (\boldsymbol{v} + \boldsymbol{w})$ (Assoziativität).
(V3) Es gibt ein Element $\boldsymbol{0} \in V$ mit $\boldsymbol{v} + \boldsymbol{0} = \boldsymbol{v}$ (Existenz eines **neutralen Elementes**).
(V4) Es gibt ein $\boldsymbol{v}' \in V$ mit $\boldsymbol{v} + \boldsymbol{v}' = \boldsymbol{0}$ (Existenz eines **entgegengesetzten Elementes**).
(V5) $\boldsymbol{v} + \boldsymbol{w} = \boldsymbol{w} + \boldsymbol{v}$ (Kommutativität).
(V6) $\lambda\, (\boldsymbol{v} + \boldsymbol{w}) = \lambda\, \boldsymbol{v} + \lambda\, \boldsymbol{w}$.
(V7) $(\lambda + \mu)\, \boldsymbol{v} = \lambda\, \boldsymbol{v} + \mu\, \boldsymbol{w}$.
(V8) $(\lambda\, \mu)\, \boldsymbol{v} = \lambda\, (\mu\, \boldsymbol{v})$.
(V9) $1\, \boldsymbol{v} = \boldsymbol{v}$.

Beispiele von Vektorräumen

Beispiele für Vektorräume sind die Anschauungsebene, also der $\mathbb{R}^2$, der Anschauungsraum, also der $\mathbb{R}^3$, und allgemeiner für $\mathbb{K} = \mathbb{R}$ oder $\mathbb{K} = \mathbb{C}$ und jede natürliche Zahl n der $\mathbb{K}$-Vektorraum $\mathbb{K}^n$.

Weitere wichtige Beispiele sind:

$\mathbb{K}^{m \times n}$ ist ein $\mathbb{K}$-Vektorraum

Die Menge $\mathbb{K}^{m \times n}$ aller $m \times n$-Matrizen über $\mathbb{K}$ bildet einen $\mathbb{K}$-Vektorraum.

$\mathbb{K}[X]$ ist ein $\mathbb{K}$-Vektorraum

Die Menge $\mathbb{K}[X]$ aller Polynome über $\mathbb{K}$ bildet einen $\mathbb{K}$-Vektorraum. Die Lösungsmenge L eines homogenen linearen Gleichungssystems über $\mathbb{K}$ ist ein $\mathbb{K}$-Vektorraum.

Polynome vom Grad kleiner gleich n bilden einen Vektorraum

Für jedes $n \in \mathbb{N}_0 \cup \{-\infty\}$ bildet die Menge

$$\mathbb{K}[X]_n = \{a_n X^n + \cdots + a_1 X + a_0 \mid a_i \in \mathbb{K}\}$$

aller Polynome mit einem Grad kleiner gleich n einen $\mathbb{K}$-Vektorraum.

Jede Teilmenge eines Vektorraums erzeugt einen Vektorraum

Für jede nichtleere Teilmenge X eines $\mathbb{K}$-Vektorraums V bildet die Menge aller möglichen Linearkombinationen von X, also das **Erzeugnis**

$$\langle X \rangle = \left\{ \sum_{i=1}^{n} \lambda_i \boldsymbol{v}_i \;\middle|\; \lambda_i \in \mathbb{K},\ \boldsymbol{v}_i \in X \text{ für } i = 1, \ldots, n \right\}$$

von X einen $\mathbb{K}$-Vektorraum.

Man sagt X ist ein **Erzeugendensystem** von V, wenn $\langle X \rangle = V$ gilt, und man definiert $\langle \emptyset \rangle = \{\boldsymbol{0}\}$.

Lineare Unabhängigkeit bedeutet: Mit weniger klappt es nicht!

Eine endliche Menge $E = \{\boldsymbol{v}_1, \ldots, \boldsymbol{v}_r\}$ von Vektoren eines $\mathbb{K}$-Vektorraums V heißt **linear unabhängig**, wenn aus

$$\sum_{i=1}^{r} \lambda_i \boldsymbol{v}_i = \boldsymbol{0}$$

mit $\lambda_i \in \mathbb{K}$ für $i = 1, \ldots, r$ folgt

$$\lambda_1 = \lambda_2 = \cdots = \lambda_r = 0.$$

Eine unendliche Menge T von Vektoren eines $\mathbb{K}$-Vektorraums V heißt **linear unabhängig**, wenn jede endliche Teilmenge $E \subseteq T$ linear unabhängig ist.

Ein linear unabhängiges Erzeugendensystem nennt man Basis

Definition einer Basis

Eine Teilmenge B eines $\mathbb{K}$-Vektorraums V heißt **Basis** von V, wenn gilt:

- $\langle B \rangle = V$,
- B ist linear unabhängig.

Existenz von Basen

Jeder Vektorraum V besitzt eine Basis.

Genauer:

- Jedes Erzeugendensystem von V enthält eine Basis von V.
- Jede linear unabhängige Teilmenge von V kann zu einer Basis von V durch Hinzunahme weiterer Vektoren ergänzt werden.

Die Dimension eines Vektorraums ist die Mächtigkeit einer und damit jeder Basis

Die Dimension eines Vektorraums

Ist B eine Basis eines endlich erzeugten Vektorraums V, so nennt man $n = |B| \in \mathbb{N}_0$ die **Dimension** von V. Wir schreiben dafür $\dim(V) = n$.

Ist V nicht endlich erzeugt, so setzen wir $\dim(V) = \infty$.

Nützliche Folgerungen für ein $\mathbb{K}$-Vektorraum V mit endlicher Dimension n

- Je n linear unabhängige Vektoren bilden eine Basis.
- Jedes Erzeugendensystem mit n Elementen bildet eine Basis.
- Mehr als n Vektoren sind stets linear abhängig.
- Für jeden Untervektorraum $U \subsetneq V$ gilt $\dim(U) < \dim(V)$.

Bonusmaterial

Wir haben Vektorräume über $\mathbb{R}$ bzw. $\mathbb{C}$ betrachtet. Man kann Vektorräume aber auch für andere *Zahlbereiche*, d. h. Körper, erklären. Wir betrachten insbesondere endliche Körper, die für die Anwendungen der linearen Algebra, etwa in der Codierungstheorie, eine fundamentale Rolle spielen.

Weiter untersuchen wir Summen und Durchschnitte von Untervektorräumen und diskutieren weitere Beispiele von Vektorräumen.

Aufgaben

Die Aufgaben gliedern sich in drei Kategorien: Anhand der *Verständnisfragen* können Sie prüfen, ob Sie die Begriffe und zentralen Aussagen verstanden haben, mit den *Rechenaufgaben* üben Sie Ihre technischen Fertigkeiten und die *Anwendungsprobleme* geben Ihnen Gelegenheit, das Gelernte an praktischen Fragestellungen auszuprobieren.
Ein Punktesystem unterscheidet leichte •, mittelschwere •• und anspruchsvolle ••• Aufgaben. Lösungshinweise am Ende des Buches helfen Ihnen, falls Sie bei einer Aufgabe partout nicht weiterkommen. Dort finden Sie auch die Lösungen – betrügen Sie sich aber nicht selbst und schlagen Sie erst nach, wenn Sie selber zu einer Lösung gekommen sind. Ausführliche Lösungswege, Beweise und Abbildungen finden Sie als digitales Zusatzmaterial (electronic supplementary material).
Viel Spaß und Erfolg bei den Aufgaben!

Verständnisfragen

15.1 •• Zeigen Sie, dass die Menge $\mathbb{K}^{m\times n}$ aller $m \times n$-Matrizen über einem Körper $\mathbb{K}$ mit komponentenweiser Addition und skalarer Multiplikation einen $\mathbb{K}$-Vektorraum bildet.

15.2 •• Begründen Sie die auf S. 554 gemachten Aussagen zum Erzeugnis $\langle X\rangle$ einer Teilmenge X eines $\mathbb{K}$-Vektorraums V.

15.3 • Gelten in einem Vektorraum V die folgenden Aussagen?

(a) Ist eine Basis von V unendlich, so sind alle Basen von V unendlich.
(b) Ist eine Basis von V endlich, so sind alle Basen von V endlich.
(c) Hat V ein unendliches Erzeugendensystem, so sind alle Basen von V unendlich.
(d) Ist eine linear unabhängige Menge von V endlich, so ist es jede.

15.4 • Gegeben sind ein Untervektorraum U eines $\mathbb{K}$-Vektorraums V und Elemente $\boldsymbol{u}, \boldsymbol{w} \in V$. Welche der folgenden Aussagen sind richtig?

(a) Sind $\boldsymbol{u}$ und $\boldsymbol{w}$ nicht in U, so ist auch $\boldsymbol{u}+\boldsymbol{w}$ nicht in U.
(b) Sind $\boldsymbol{u}$ und $\boldsymbol{w}$ nicht in U, so ist $\boldsymbol{u}+\boldsymbol{w}$ in U.
(c) Ist $\boldsymbol{u}$ in U, nicht aber $\boldsymbol{w}$, so ist $\boldsymbol{u}+\boldsymbol{w}$ nicht in U.

15.5 • Folgt aus der linearen Unabhängigkeit von $\boldsymbol{u}$ und $\boldsymbol{v}$ eines $\mathbb{K}$-Vektorraums auch jene von $\boldsymbol{u}-\boldsymbol{v}$ und $\boldsymbol{u}+\boldsymbol{v}$?

15.6 • Folgt aus der linearen Unabhängigkeit der drei Vektoren $\boldsymbol{u}, \boldsymbol{v}, \boldsymbol{w}$ eines $\mathbb{K}$-Vektorraums auch die lineare Unabhängigkeit der drei Vektoren $\boldsymbol{u}+\boldsymbol{v}+\boldsymbol{w}, \boldsymbol{u}+\boldsymbol{v}, \boldsymbol{v}+\boldsymbol{w}$?

15.7 • Geben Sie zu folgenden Teilmengen des $\mathbb{R}$-Vektorraums $\mathbb{R}^3$ an, ob sie Untervektorräume sind, und begründen Sie dies:

(a) $U_1 := \left\{\begin{pmatrix} v_1\\ v_2\\ v_3\end{pmatrix} \in \mathbb{R}^3 \;\middle|\; v_1+v_2=2\right\}$

(b) $U_2 := \left\{\begin{pmatrix} v_1\\ v_2\\ v_3\end{pmatrix} \in \mathbb{R}^3 \;\middle|\; v_1+v_2=v_3\right\}$

(c) $U_3 := \left\{\begin{pmatrix} v_1\\ v_2\\ v_3\end{pmatrix} \in \mathbb{R}^3 \;\middle|\; v_1 v_2=v_3\right\}$

(d) $U_4 := \left\{\begin{pmatrix} v_1\\ v_2\\ v_3\end{pmatrix} \in \mathbb{R}^3 \;\middle|\; v_1=v_2 \text{ oder } v_1=v_3\right\}$

15.8 •• Begründen Sie, dass für jedes $n \in \mathbb{N}$ die Menge

$$U := \left\{\boldsymbol{u} = \begin{pmatrix} u_1\\ \vdots\\ u_n\end{pmatrix} \in \mathbb{R}^n \;\middle|\; u_1+\dots+u_n=0\right\}$$

einen $\mathbb{R}$-Vektorraum bildet und bestimmen Sie eine Basis und die Dimension von U.

15.9 •• Welche der folgenden Teilmengen des $\mathbb{R}$-Vektorraums $\mathbb{R}^{\mathbb{R}}$ sind Untervektorräume? Begründen Sie Ihre Aussagen.

(a) $U_1 := \{f \in \mathbb{R}^{\mathbb{R}} \mid f(1)=0\}$
(b) $U_2 := \{f \in \mathbb{R}^{\mathbb{R}} \mid f(0)=1\}$
(c) $U_3 := \{f \in \mathbb{R}^{\mathbb{R}} \mid f$ hat höchstens endlich viele Nullstellen$\}$
(d) $U_4 := \{f \in \mathbb{R}^{\mathbb{R}} \mid$ für höchstens endlich viele $x \in \mathbb{R}$ ist $f(x) \neq 0\}$
(e) $U_5 := \{f \in \mathbb{R}^{\mathbb{R}} \mid f$ ist monoton wachsend$\}$
(f) $U_6 := \{f \in \mathbb{R}^{\mathbb{R}} \mid$ die Abbildung $g \in \mathbb{R}^{\mathbb{R}}$ mit $g(x) = f(x) - f(x-1)$ liegt in $U\}$, wobei $U \subseteq \mathbb{R}^{\mathbb{R}}$ ein vorgegebener Untervektorraum ist.

15.10 •• Gibt es für jede natürliche Zahl n eine Menge A mit $n+1$ verschiedenen Vektoren $\boldsymbol{v}_1, \dots, \boldsymbol{v}_{n+1} \in \mathbb{R}^n$, sodass je

Teil III

n Elemente von A linear unabhängig sind? Geben Sie eventuell für ein festes n eine solche an.

15.11 •• Begründen Sie, dass das Axiom (V5) bei der Definition des Vektorraums auf S. 546 aus den anderen dort angegebenen Axiomen folgt.

15.12 ••• Für einen Körper $\mathbb{K}$ und eine nichtleere Menge M definieren wir

$$V := \{f \in \mathbb{K}^M \mid \text{nur für endlich viele } x \in M \text{ ist } f(x) \neq 0\}.$$

Es ist V also eine Teilmenge von $\mathbb{K}^M$, dem Vektorraum aller Abbildungen von M nach $\mathbb{K}$ (siehe S. 550).

(a) Begründen Sie, dass V ein $\mathbb{K}$-Vektorraum ist.
(b) Für jedes $y \in M$ definieren wir eine Abbildung $\delta_y : M \to \mathbb{K}$ durch:

$$\delta_y(x) := \begin{cases} 1, & \text{falls } x = y \\ 0, & \text{sonst} \end{cases}$$

Begründen Sie, dass $B := \{\delta_y \mid y \in M\}$ eine Basis von V ist.

Rechenaufgaben

15.13 • Wir betrachten im $\mathbb{R}^2$ die drei Untervektorräume $U_1 = \left\langle\left\{\begin{pmatrix}1\\2\end{pmatrix}\right\}\right\rangle$, $U_2 = \left\langle\left\{\begin{pmatrix}1\\1\end{pmatrix}, \begin{pmatrix}1\\-2\end{pmatrix}\right\}\right\rangle$ und $U_3 = \left\langle\left\{\begin{pmatrix}1\\-3\end{pmatrix}\right\}\right\rangle$. Welche der folgenden Aussagen ist richtig?

(a) Es ist $\left\{\begin{pmatrix}-2\\-4\end{pmatrix}\right\}$ ein Erzeugendensystem von $U_1 \cap U_2$.
(b) Die leere Menge $\emptyset$ ist eine Basis von $U_1 \cap U_3$.
(c) Es ist $\left\{\begin{pmatrix}1\\4\end{pmatrix}\right\}$ eine linear unabhängige Teilmenge von U_2.
(d) Es gilt $\langle U_1 \cup U_3\rangle = \mathbb{R}^2$.

15.14 •• Prüfen Sie, ob die Menge

$$B := \left\{ v_1 = \begin{pmatrix}1 & 0\\0 & 1\end{pmatrix}, v_2 = \begin{pmatrix}1 & 1\\0 & 0\end{pmatrix}, v_3 = \begin{pmatrix}0 & 1\\-1 & 0\end{pmatrix}, v_4 = \begin{pmatrix}0 & 0\\1 & 0\end{pmatrix} \right\} \subseteq \mathbb{R}^{2\times 2}$$

eine Basis des $\mathbb{R}^{2\times 2}$ bildet.

15.15 •• Bestimmen Sie eine Basis des von der Menge

$$X = \left\{ \begin{pmatrix}0\\1\\0\\-1\end{pmatrix}, \begin{pmatrix}1\\0\\1\\-2\end{pmatrix}, \begin{pmatrix}-1\\-2\\0\\1\end{pmatrix}, \begin{pmatrix}-1\\0\\1\\0\end{pmatrix}, \begin{pmatrix}1\\0\\-1\\-1\end{pmatrix}, \begin{pmatrix}2\\0\\-1\\0\end{pmatrix} \right\}$$

erzeugten Untervektorraums $U := \langle X\rangle$ des $\mathbb{R}^4$.

Anwendungsprobleme

15.16 •• Die Wirkung der in einem Punkt $\boldsymbol{v} \in \mathbb{R}^3$ angreifenden Kraft $\boldsymbol{F} = \begin{pmatrix}-7\\24\\9\end{pmatrix}$ in Newton, soll durch geeignete Vielfache der drei in $\boldsymbol{v}$ angreifenden Kräfte

$$\boldsymbol{F}_1 = \begin{pmatrix}1\\2\\0\end{pmatrix}, \quad \boldsymbol{F}_2 = \begin{pmatrix}3\\-4\\1\end{pmatrix}, \quad \boldsymbol{F}_3 = \begin{pmatrix}0\\2\\3\end{pmatrix}$$

– jeweils in Newton – kompensiert werden. D. h., der Punkt $\boldsymbol{v}$ ist ein Knoten, in dem ein Kräftegleichgewicht, also $\boldsymbol{F} + \lambda_1 \boldsymbol{F}_1 + \lambda_2 \boldsymbol{F}_2 + \lambda_3 \boldsymbol{F}_3 = \boldsymbol{0}$ mit $\lambda_1, \lambda_2, \lambda_3 \in \mathbb{R}$, herrschen soll.

15.17 •• Gegeben sind drei Punktladungen $q_0 = -4\,C$, $q_1 = 6\,C$ und $q_2 = 3\,C$ im $\mathbb{R}^2$ an den jeweiligen Stellen $\boldsymbol{r}_0 = \begin{pmatrix}0\\0\end{pmatrix}$, $\boldsymbol{r}_2 = \begin{pmatrix}1\\0\end{pmatrix}$ und $\boldsymbol{r}_3 = \begin{pmatrix}1\\1\end{pmatrix}$.

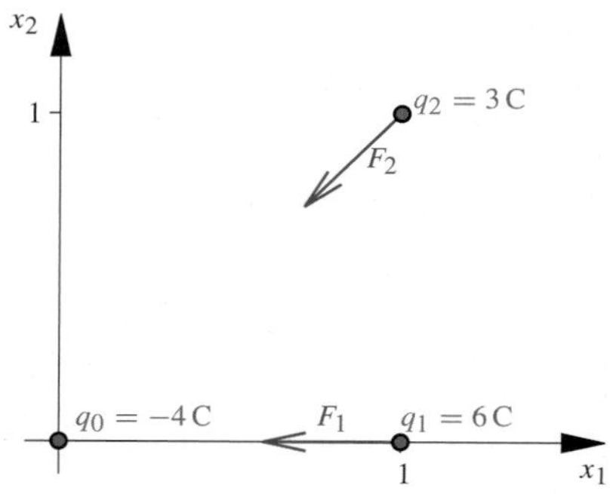

Abb. 15.29 Die Anordnung der Ladungen im $\mathbb{R}^2$

Bestimmen Sie die resultierende Kraft $\boldsymbol{F}$, die von q_1 und q_2 auf q_0 ausgeübt wird.

15.18 •• Der Schwerpunkt des Sonnensystems. In der Tab. 15.1 sind die ungefähren Massen der Planeten und ihre genäherten Abstände von der Sonne angegeben. Bestimmen Sie den ungefähren Schwerpunkt des Sonnensystems. Berücksichtigen Sie hierzu vereinfachend nur die Sonne und die Planeten

Tab. 15.1 Die Massen der Sonne und der Planeten und ihre Abstände von der Sonne in Astronomischen Einheiten (AE)

	Masse in Erdmassen	Sonnenabstand in AE
Sonne	333 000	0
Merkur	0.06	0.4
Venus	0.8	0.7
Erde	1	1
Mars	0.1	1.5
Jupiter	318	5
Saturn	95	10
Uranus	15	20
Neptun	17	30

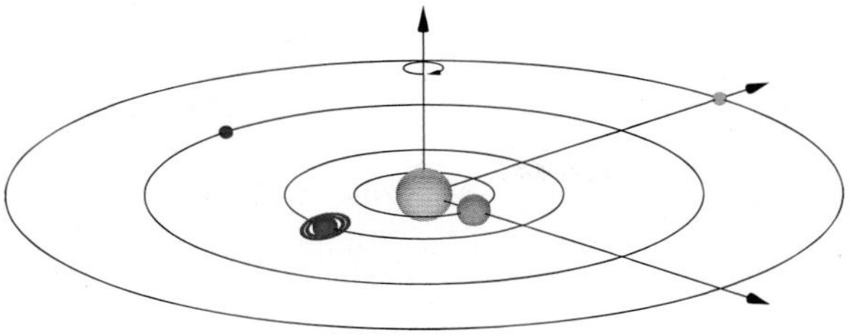

Abb. 15.30 Das vereinfachte Sonnensystem aus Jupiter, Saturn, Uranus, Neptun und Sonne

Jupiter, Saturn, Uranus und Neptun. Gehen Sie weiter von einem ebenen Sonnensystem aus und tragen Sie Jupiter auf der positiven x_1-Achse, Saturn auf der negativen x_2-Achse, Uranus auf der negativen x_1-Achse und schließlich Neptun auf der positiven x_2-Achse auf.

Antworten zu den Selbstfragen

Antwort 1 Nein. Sind nämlich $\boldsymbol{v}'$ und $\boldsymbol{v}''$ entgegengesetzte Elemente von $\boldsymbol{v}$, so gilt

$$\boldsymbol{v}' = \boldsymbol{v}' + (\boldsymbol{v} + \boldsymbol{v}'') = (\boldsymbol{v}' + \boldsymbol{v}) + \boldsymbol{v}'' = \boldsymbol{v}''.$$

Also gilt $\boldsymbol{v}' = \boldsymbol{v}''$.

Antwort 2 Durch nichts: $\mathbb{K}^n = \mathbb{K}^{n\times 1}$.

Antwort 3 Ja. Die reelle Zahl 0 hat den Grad $-\infty$ und ist $a \in \mathbb{R}$ ungleich null, so hat a den Grad 0.

Antwort 4 Neben den trivialen Untervektorräumen sind für alle $\boldsymbol{v} \neq \boldsymbol{0} \neq \boldsymbol{w}$ und $\boldsymbol{w} \notin \mathbb{R}\,\boldsymbol{v}$ die Mengen $\mathbb{R}\,\boldsymbol{v}$ und $\mathbb{R}\,\boldsymbol{v} + \mathbb{R}\,\boldsymbol{w} = \{\lambda\,\boldsymbol{v} + \mu\,\boldsymbol{w} \mid \lambda, \mu \in \mathbb{R}\}$ Untervektorräume. Tatsächlich gibt es keine weiteren Untervektorräume im $\mathbb{R}^3$.

Antwort 5 Von denen gibt es nur die trivialen $\begin{pmatrix} a & a \\ a & a \end{pmatrix}$.

Antwort 6 Ja. Der Vektorraum selbst ist stets ein Erzeugendensystem.

Antwort 7 Ja, dies folgt aus der Definition.

Antwort 8 Vom Nullvektorraum $\{\boldsymbol{0}\}$ abgesehen (dieser besitzt die einzige Basis $\emptyset$) besitzt jeder $\mathbb{K}$-Vektorraum sogar unendlich viele Basen. Einen Basisvektor $\boldsymbol{b}$ kann man nämlich stets durch $\lambda\,\boldsymbol{b}$ mit $\lambda \in \mathbb{K} \setminus \{0\}$ ersetzen und erhält wieder eine Basis. Man beachte, dass wir hier voraussetzen, dass für $\mathbb{K}$ nur der Körper der reellen oder komplexen Zahlen in Frage kommt.

Antwort 9

1. Ja, die leere Menge ist Basis des Nullvektorraums.
2. Nein, der $\mathbb{R}^2$ ist keine Basis von $\langle \mathbb{R}^2 \rangle = \mathbb{R}^2$.
3. Ja, jede linear unabhängige Menge X ist Basis von $\langle X \rangle$?

Antwort 10 Der $\mathbb{R}$-Vektorraum $\mathbb{R}$ hat die Dimension 1, und jede von null verschiedene Zahl ist als Basisvektor wählbar.

Antwort 11 Ja, aber nur falls $\boldsymbol{v} \in U$, also $\boldsymbol{0} \in T$ gilt.

Matrizen und Determinanten – Zahlen in Reihen und Spalten

16

Wie multipliziert man Matrizen?

Wie kann man entscheiden, ob eine Matrix invertierbar ist?

Was sind orthogonale Matrizen?

Ergänzende Information Die elektronische Version dieses Kapitels enthält Zusatzmaterial, auf das über folgenden Link zugegriffen werden kann https://doi.org/10.1007/978-3-662-64389-1_16.

T. Arens et al., *Mathematik*, https://doi.org/10.1007/978-3-662-64389-1_16

Bei linearen Gleichungssystemen dienen Matrizen als Hilfsmittel; durch sie wird das Lösen von großen Gleichungssystemen übersichtlich. Die Entscheidung, ob Spaltenvektoren linear unabhängig sind oder eine Basis bilden, wird oft vorteilhaft mittels einer Matrix gefällt. Und im nächsten Kapitel werden wir sehen, dass man mit Matrizen Abbildungen zwischen Vektorräumen darstellen kann.

Die Menge der Matrizen hat, obwohl Matrizen doch scheinbar eher ein Hilfs- oder Darstellungsmittel für abstrakte Sachverhalte in der linearen Algebra sind, eine Struktur. Nicht nur, dass die Menge aller Matrizen als ein Vektorraum aufgefasst werden kann, es lässt sich auch eine Multiplikation von Matrizen erklären, für die vertraute Regeln wie etwa in der Menge $\mathbb{Z}$ der ganzen Zahlen gelten. Tatsächlich ist die Multiplikation recht speziell gewählt, den tieferen Hintergrund für diese Wahl erfahren wir in dem Kapitel zu den linearen Abbildungen. In dem vorliegenden Kapitel behandeln wir Matrizen ausführlich als selbstständige Objekte der linearen Algebra und betrachten die wichtigsten Typen von Matrizen.

Zu jeder quadratischen Matrix $\boldsymbol{A}$ über einem Körper $\mathbb{K}$ gibt es eine Kenngröße – ihre Determinante. Diese Zahl aus $\mathbb{K}$ gibt Aufschluss über Eigenschaften der Matrix. So ist etwa eine Matrix $\boldsymbol{A}$ genau dann *invertierbar*, d. h., es gibt eine Matrix $\boldsymbol{A}^{-1}$ mit $\boldsymbol{A} \cdot \boldsymbol{A}^{-1} = \mathbf{E}_n$, wenn ihre Determinante von Null verschieden ist. Und genau diese Eigenschaft ist es, welche die Determinante so wertvoll macht; mit ihrer Hilfe finden wir die *Eigenwerte* einer Matrix, dazu aber erst in einem späteren Kapitel.

Teil III

16.1 Addition und Multiplikation von Matrizen

Vorab eine Bemerkung zur Sprechweise: *Matrizen* ist der Plural von *Matrix*. In Zusammenhang mit unseren Matrizen vermeide man den Begriff *Matrize* als Singular für Matrizen.

Wie im Kap. 15 bezeichnen wir mit $\mathbb{K}$ einen der Körper $\mathbb{R}$ oder $\mathbb{C}$.

Matrizen sind rechteckige Zahlenschemata

Wie im Abschn. 15.1 nennen wir ein rechteckiges Schema mit m Zeilen und n Spalten

$$\boldsymbol{A} = \begin{pmatrix} a_{11} & a_{12} & \ldots & a_{1n} \\ a_{21} & a_{22} & \ldots & a_{2n} \\ \ldots & & & \\ a_{m1} & a_{m2} & \ldots & a_{mn} \end{pmatrix}$$

und Komponenten a_{ij} aus einem Körper $\mathbb{K}$ eine $m \times n$-**Matrix**. Eine Kurzschreibweise ist $\boldsymbol{A} = (a_{ij})_{m,n}$ oder $\boldsymbol{A} = (a_{ij})$. Wir nennen $\boldsymbol{A}$ auch $m \times n$-Matrix über $\mathbb{K}$ und reelle Matrix bzw. komplexe Matrix im Fall $\mathbb{K} = \mathbb{R}$ bzw. $\mathbb{K} = \mathbb{C}$.

Wir führen weitere suggestive Begriffe für eine Matrix $\boldsymbol{A} = (a_{ij})_{m,n}$ über einem Körper $\mathbb{K}$ ein:

Für $k \in \{1, \ldots, m\}$ und $l \in \{1, \ldots, n\}$ heißen $\boldsymbol{z}_k = (a_{k1}, \ldots, a_{kn}) \in \mathbb{K}^{1\times n}$ ihr **k-ter Zeilenvektor** und $\boldsymbol{s}_l = \begin{pmatrix} a_{1l} \\ \vdots \\ a_{ml} \end{pmatrix} \in \mathbb{K}^{m\times 1}$ ihr **l-ter Spaltenvektor**:

$$\boldsymbol{A} = \begin{pmatrix} & & a_{1l} & & \\ & & \vdots & & \\ a_{k1} & \cdots & a_{kl} & \cdots & a_{kn} \\ & & \vdots & & \\ & & a_{ml} & & \end{pmatrix} \begin{matrix} \\ \\ \leftarrow \boldsymbol{z}_k \\ \\ \\ \end{matrix}$$

$$\uparrow$$
$$\boldsymbol{s}_l$$

Den Schnittpunkt der k-ten Zeile mit der l-ten Spalte nennen wir auch die **Stelle** (k, l) – es ist also a_{kl} der Eintrag an der Stelle (k, l) der Matrix $\boldsymbol{A} = (a_{ij})$.

Um die Übersicht zu wahren, schreiben wir auch

$$\boldsymbol{A} = \begin{pmatrix} \boldsymbol{z}_1 \\ \vdots \\ \boldsymbol{z}_m \end{pmatrix} \text{ und } \boldsymbol{A} = ((\boldsymbol{s}_1, \ldots, \boldsymbol{s}_n))$$

– die doppelten Klammern sollen hier darauf hinweisen, dass es sich hier um die Matrix handelt, deren Komponenten den Spaltenvektoren $\boldsymbol{s}_1, \ldots, \boldsymbol{s}_n$ entnommen sind.

Selbstfrage 1

Was ist $(\boldsymbol{s}_1, \ldots, \boldsymbol{s}_n)$?

Die Menge aller $m \times n$-Matrizen über $\mathbb{K}$ wird mit $\mathbb{K}^{m\times n}$ bezeichnet. Die Matrix

$$\mathbf{0} = \begin{pmatrix} 0 & \cdots & 0 \\ \vdots & & \vdots \\ 0 & \cdots & 0 \end{pmatrix} \in \mathbb{K}^{m\times n},$$

deren Komponenten alle 0 sind, heißt **Nullmatrix**.

Im Fall $m = n$ heißt $\boldsymbol{A}$ **quadratisch**. Für quadratische Matrizen führen wir noch weitere Begriffe ein. Ist $\boldsymbol{A}$ eine quadratische $n \times n$-Matrix, so nennt man die Komponenten $a_{11}, \ldots, a_{nn}$ **Diagonalelemente**; sie bilden die sogenannte **Hauptdiagonale**. Eine quadratische Matrix $\boldsymbol{A}$ nennt man eine **Diagonalmatrix**, wenn $a_{ij} = 0$ für alle $i \neq j$ gilt,

$$\operatorname{diag}(a_{11}, \ldots, a_{nn}) = \begin{pmatrix} a_{11} & \cdots & 0 \\ \vdots & \ddots & \vdots \\ 0 & \cdots & a_{nn} \end{pmatrix} \in \mathbb{K}^{n\times n},$$

dabei dürfen durchaus manche oder alle Diagonalelemente a_{ii} gleich null sein.

Eine spezielle Diagonalmatrix ist die $n \times n$-**Einheitsmatrix**

$$\mathbf{E}_n = \begin{pmatrix} 1 & \dots & 0 \\ \vdots & \ddots & \vdots \\ 0 & \dots & 1 \end{pmatrix} = \operatorname{diag}(1, \dots, 1).$$

Die Spalten der Einheitsmatrix bilden also der Reihe nach die Elemente der Standardbasis $\{\boldsymbol{e}_1, \dots, \boldsymbol{e}_n\}$ des $\mathbb{K}^n$,

$$\mathbf{E}_n = ((\boldsymbol{e}_1, \dots, \boldsymbol{e}_n)).$$

Zwei Matrizen $(a_{ij}), (b_{ij}) \in \mathbb{K}^{m \times n}$ sind **gleich**, wenn $a_{ij} = b_{ij}$ für alle i, j gilt.

Selbstfrage 2

Sind die beiden Matrizen

$$\begin{pmatrix} a & b \\ a & b \end{pmatrix} \quad \text{und} \quad \begin{pmatrix} a & b & c \\ a & b & c \end{pmatrix}$$

gleich?

Das Produkt AB ist für Matrizen A und B mit Spaltenzahl von A gleich Zeilenzahl von B erklärt

Für Matrizen $\boldsymbol{A} = (a_{ij})$ und $\boldsymbol{B} = (b_{ij})$ aus $\mathbb{K}^{m \times n}$ und $\lambda \in \mathbb{K}$ haben wir im Abschn. 15.1 komponentenweises Addieren und skalares Multiplizieren definiert:

$$\boldsymbol{A} + \boldsymbol{B} = (a_{ij} + b_{ij}) \text{ und } \lambda\, \boldsymbol{A} = (\lambda\, a_{ij})$$

Mit den so eingeführten Verknüpfungen $+$ und $\cdot$ bildet $\mathbb{K}^{m \times n}$ einen $\mathbb{K}$-Vektorraum der Dimension $m\,n$. Das steht auf den S. 549 und S. 560.

Wir führen nun eine auf den ersten Blick nicht so ganz naheliegende Multiplikation von Matrizen ein. Diese Definition hat aber eine gewisse Natürlichkeit – das werden wir aber erst im nächsten Kapitel zu den linearen Abbildungen sehen.

Wir motivieren die Definition mit einem Beispiel.

Zur Herstellung der Waren P_1 und P_2 braucht ein Unternehmen die Bauteile B_1, B_2 und B_3. Um aber diese Bauteile B_1, B_2 und B_3 zu erhalten, sind die Rohstoffe R_1, R_2, R_3 und R_4 nötig (siehe Abb. 16.1).

Die Tab. 16.1 und 16.2 geben an, wie viel eines Rohstoffs für jedes Bauteil bzw. wie viel eines Bauteils für jedes Produkt zu deren Herstellung nötig sind.

Wir ermitteln nun von diesen Daten ausgehend, wie viel eines Rohstoffs letztlich für jedes Produkt benötigt wird. Der Tab. 16.2 entnimmt man, dass das Produkt P_1 $2\,B_1$, $3\,B_2$ und $1\,B_3$ enthält.

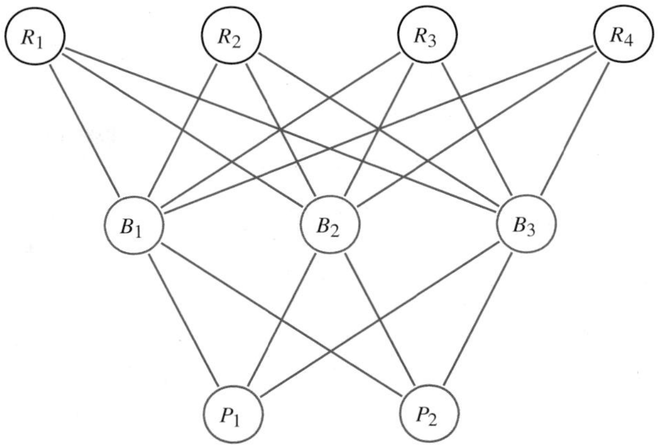

Abb. 16.1 Jedes Produkt besteht aus Bauteilen, jedes Bauteil aus Rohstoffen – wie viel von einem Rohstoff steckt in jedem Produkt?

Tab. 16.1 Die Menge der Rohstoffe pro Bauteil

	B_1	B_2	B_3
R_1	2	6	1
R_2	6	4	0
R_3	0	3	3
R_4	4	1	2

Tab. 16.2 Die Anzahl der Bauteile pro Produkt

	P_1	P_2
B_1	2	4
B_2	3	1
B_3	1	3

Es folgt also aus der Tab. 16.1: Das Produkt P_1 enthält $(2 \cdot 2 + 6 \cdot 3 + 1 \cdot 1)\,R_1$, $(6 \cdot 2 + 4 \cdot 3 + 0 \cdot 1)\,R_2$, $(0 \cdot 2 + 3 \cdot 3 + 3 \cdot 1)\,R_3$ sowie $(4 \cdot 2 + 1 \cdot 3 + 2 \cdot 1)\,R_4$. Analog erhalten wir für die Rohstoffe im Produkt P_2: $(2 \cdot 4 + 6 \cdot 1 + 1 \cdot 3)\,R_1$, $(6 \cdot 4 + 4 \cdot 1 + 0 \cdot 3)\,R_2$, $(0 \cdot 4 + 3 \cdot 1 + 3 \cdot 3)\,R_3$ sowie $(4 \cdot 4 + 1 \cdot 1 + 2 \cdot 3)\,R_4$.

Wir schreiben die in den Tabellen gegebenen Einträge als Matrizen und veranschaulichen uns diese *Multiplikation*:

$$\begin{pmatrix} 2 & 6 & 1 \\ \mathbf{6} & \mathbf{4} & \mathbf{0} \\ 0 & 3 & 3 \\ 4 & 1 & 2 \end{pmatrix} \cdot \begin{pmatrix} 2 & \mathbf{4} \\ 3 & \mathbf{1} \\ 1 & \mathbf{3} \end{pmatrix} = \begin{pmatrix} 23 & 17 \\ 24 & \mathbf{28} \\ 12 & 12 \\ 13 & 23 \end{pmatrix}$$

Beispielsweise bestimmen die blau eingezeichneten Ziffern der zweiten Zeile in der ersten Matrix und zweiten Spalte der zweiten Matrix den Eintrag in der zweiten Zeile und zweiten Spalte des Produktes:

$$6 \cdot 4 + 4 \cdot 1 + 0 \cdot 3 = 28$$

Wir wenden uns einer konkreten Definition der Multiplikation von Matrizen über einem Körper $\mathbb{K}$ zu. Dazu definieren wir vorab das Matrizenprodukt einer $1 \times n$-Matrix, also einer Zeile

$z = (a_j) = (a_1, \ldots, a_n)$, mit einer $n \times 1$-Matrix, also einer Spalte $s = (b_j) = \begin{pmatrix} b_1 \\ \vdots \\ b_n \end{pmatrix}$,

$$z \cdot s = (a_1, \ldots, a_n) \cdot \begin{pmatrix} b_1 \\ \vdots \\ b_n \end{pmatrix} = \sum_{j=1}^{n} a_j\, b_j\,. \qquad (16.1)$$

Die Definition dieser Multiplikation fordert, dass die Länge der ersten Matrix mit der Höhe der zweiten Matrix übereinstimmt.

Beispiel

$$(2, 3, 1) \cdot \begin{pmatrix} -1 \\ 1 \\ 2 \end{pmatrix} = 2 \cdot (-1) + 3 \cdot 1 + 1 \cdot 2 = 3$$

Wir merken uns: Eine $1 \times n$-Matrix mal einer $n \times 1$-Matrix ergibt eine 1×1-Matrix, kürzer:

Zeile mal Spalte ergibt eine Zahl. ◀

Wir verallgemeinern dieses Produkt für Matrizen

$$\boldsymbol{A} = (a_{ij}) = \begin{pmatrix} z_1 \\ \vdots \\ z_m \end{pmatrix} \in \mathbb{K}^{m \times n}$$

und

$$\boldsymbol{B} = (b_{jk}) = ((s_1, \ldots, s_p)) \in \mathbb{K}^{n \times p}$$

– man beachte: Die Spaltenzahl von $\boldsymbol{A}$ ist gleich der Zeilenzahl von $\boldsymbol{B}$.

Das Matrizenprodukt

Man nennt die $m \times p$-Matrix

$$\boldsymbol{A} \cdot \boldsymbol{B} = (c_{ik})_{m,p} \text{ mit } c_{ik} = z_i \cdot s_k = \sum_{j=1}^{n} a_{ij}\, b_{jk}$$

das **Matrizenprodukt** oder auch nur kurz **Produkt** von $\boldsymbol{A}$ und $\boldsymbol{B}$.

An der Stelle (i, k) des Produktes $\boldsymbol{C} = \boldsymbol{A} \cdot \boldsymbol{B}$ steht also die Zahl $z_i \cdot s_k$, wobei z_i den i-ten Zeilenvektor von $\boldsymbol{A}$ und s_k den k-ten Spaltenvektor von $\boldsymbol{B}$ bezeichnen:

$$\underbrace{\begin{pmatrix} z_1 \\ \vdots \\ z_i \\ \vdots \\ z_m \end{pmatrix} \cdot ((s_1, \ldots, s_k, \ldots, s_p))}_{\boldsymbol{A}\cdot\boldsymbol{B}} = \underbrace{\begin{pmatrix} \cdots & \vdots & \cdots \\ \cdots & z_i \cdot s_k & \cdots \\ \cdots & \vdots & \cdots \end{pmatrix}}_{\boldsymbol{C}}$$

Um die Matrix $\boldsymbol{C}$ zu bilden, ist also jede Zeile von $\boldsymbol{A}$ mit jeder Spalte von $\boldsymbol{B}$ zu multiplizieren. Das sind $m\,p$ Multiplikationen, wobei jede solche Multiplikation von Vektoren aus einer Summe von n Produkten besteht.

Zeilen- und Spaltenzahl des Produkts

Eine $m \times n$-Matrix mal einer $n \times p$-Matrix ergibt eine $m \times p$-Matrix:

$$[m \times n] \cdot [n \times p] = [m \times p]$$

Die folgende Illustration verdeutlicht dies:

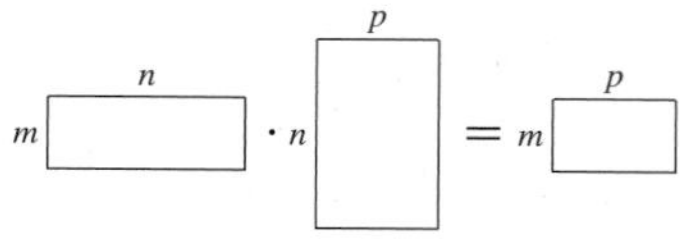

$\boldsymbol{A} \quad \cdot \quad \boldsymbol{B} \quad = \quad \boldsymbol{C}.$

Achtung Das Matrizenprodukt ist nur für Matrizen $\boldsymbol{A}$ und $\boldsymbol{B}$ mit der Eigenschaft

Spaltenzahl von $\boldsymbol{A}$ = Zeilenzahl von $\boldsymbol{B}$

definiert. ◀

Kommentar Wir lassen von nun an auch den Malpunkt · für die Matrizenmultiplikation weg; wir schreiben in Zukunft also $\boldsymbol{A}\,\boldsymbol{B}$ und $\boldsymbol{A}\,\boldsymbol{v}$ anstelle von $\boldsymbol{A} \cdot \boldsymbol{B}$ und $\boldsymbol{A} \cdot \boldsymbol{v}$. ◀

Selbstfrage 3

Für Matrizen $\boldsymbol{A}$ und $\boldsymbol{B}$ existiere sowohl das Produkt $\boldsymbol{A}\,\boldsymbol{B}$ als auch das Produkt $\boldsymbol{B}\,\boldsymbol{A}$. Müssen die Matrizen $\boldsymbol{A}$ und $\boldsymbol{B}$ dann quadratisch sein?

Beispiel Die folgenden Matrizen sollen alle reell sein.

- Die Faktoren des folgenden Produktes kann man nicht vertauschen:

$$\begin{pmatrix} 2 & 3 & 1 \\ 3 & 5 & 0 \end{pmatrix} \begin{pmatrix} 1 & 2 & 3 & 1 \\ 1 & 0 & 0 & 1 \\ 2 & 5 & 0 & 4 \end{pmatrix} = \begin{pmatrix} 7 & 9 & 6 & 9 \\ 8 & 6 & 9 & 8 \end{pmatrix}$$

- Eine Spalte mal eine Zeile ergibt eine Matrix:

$$\begin{pmatrix} -1 \\ 1 \\ 2 \end{pmatrix} (2, 3, 1) = \begin{pmatrix} -2 & -3 & -1 \\ 2 & 3 & 1 \\ 4 & 6 & 2 \end{pmatrix}$$

- Beliebige Matrizen kann man nicht miteinander multiplizieren:

$$\begin{pmatrix} 2 & 3 & 1 \\ 3 & 5 & 0 \end{pmatrix} \begin{pmatrix} 1 & 2 & 3 & 1 \\ 1 & 0 & 0 & 1 \end{pmatrix} \quad \text{ist nicht definiert.}$$

- Eine Diagonalmatrix vervielfacht die Zeilen, wenn sie links im Produkt steht:

$$\begin{pmatrix} a & 0 & 0 \\ 0 & b & 0 \\ 0 & 0 & c \end{pmatrix} \begin{pmatrix} 1 & 2 & 3 \\ 4 & 5 & 6 \\ 7 & 8 & 9 \end{pmatrix} = \begin{pmatrix} 1a & 2a & 3a \\ 4b & 5b & 6b \\ 7c & 8c & 9c \end{pmatrix}$$

- Eine Diagonalmatrix vervielfacht die Spalten, wenn sie rechts im Produkt steht:

$$\begin{pmatrix} 1 & 2 & 3 \\ 4 & 5 & 6 \\ 7 & 8 & 9 \end{pmatrix} \begin{pmatrix} a & 0 & 0 \\ 0 & b & 0 \\ 0 & 0 & c \end{pmatrix} = \begin{pmatrix} 1a & 2b & 3c \\ 4a & 5b & 6c \\ 7a & 8b & 9c \end{pmatrix}$$

- *Potenzieren* von Diagonalmatrizen führt zum Potenzieren der Diagonalelemente:

$$\begin{pmatrix} a & 0 & 0 \\ 0 & b & 0 \\ 0 & 0 & c \end{pmatrix} \begin{pmatrix} a & 0 & 0 \\ 0 & b & 0 \\ 0 & 0 & c \end{pmatrix} \begin{pmatrix} a & 0 & 0 \\ 0 & b & 0 \\ 0 & 0 & c \end{pmatrix} = \begin{pmatrix} a^3 & 0 & 0 \\ 0 & b^3 & 0 \\ 0 & 0 & c^3 \end{pmatrix}$$

◀

Ausgehend vom letzten Beispiel definieren wir allgemeiner für eine quadratische Matrix $\boldsymbol{A}$: Für jede natürliche Zahl k bezeichne

$$\boldsymbol{A}^k = \underbrace{\boldsymbol{A} \cdots \boldsymbol{A}}_{k\text{-mal}}$$

die k-te **Potenz** von $\boldsymbol{A}$ und setzen $\boldsymbol{A}^0 = \mathbf{E}_n$.

Selbstfrage 4

Wieso muss die Matrix $\boldsymbol{A}$ quadratisch sein?

Anwendungsbeispiel Wir greifen das Beispiel auf S. 575 erneut auf. Ausgehend von den dortigen Tabellen 16.1 und 16.2 können wir nun ermitteln, wie viel der Rohstoffe R_1, R_2, R_3 und R_4 der Betrieb letztlich benötigt, um 10 Produkte P_1 und 20 Produkte P_2 herzustellen.

Die erste Spalte des Produktes

$$\begin{pmatrix} 2 & 6 & 1 \\ 6 & 4 & 0 \\ 0 & 3 & 3 \\ 4 & 1 & 2 \end{pmatrix} \begin{pmatrix} 2 & 4 \\ 3 & 1 \\ 1 & 3 \end{pmatrix} = \begin{pmatrix} 23 & 17 \\ 24 & 28 \\ 12 & 12 \\ 13 & 23 \end{pmatrix}$$

gibt der Reihe nach die Anzahl der Rohstoffe R_1, R_2, R_3 und R_4 im Produkt P_1 an, die zweite Spalte die entsprechende Anzahl im Produkt P_2. Wegen

$$\begin{pmatrix} 23 & 17 \\ 24 & 28 \\ 12 & 12 \\ 13 & 23 \end{pmatrix} \begin{pmatrix} 10 \\ 20 \end{pmatrix} = \begin{pmatrix} 230 + 340 \\ 240 + 560 \\ 120 + 240 \\ 130 + 460 \end{pmatrix} = \begin{pmatrix} 570 \\ 800 \\ 360 \\ 590 \end{pmatrix}$$

braucht der Betrieb also 570 R_1, 800 R_2, 360 R_3 und 590 R_4, um die gewünschten Mengen der Produkte P_1 und P_2 herzustellen. ◀

Die Matrizenmultiplikation ermöglicht es, lineare Gleichungssysteme in kurzer Form darzustellen.

Dazu betrachten wir das lineare Gleichungssystem

$$\begin{aligned} a_{11}x_1 + a_{12}x_2 + \cdots + a_{1n}x_n &= b_1 \\ a_{21}x_1 + a_{22}x_2 + \cdots + a_{2n}x_n &= b_2 \\ \vdots \qquad \vdots \qquad\quad \vdots \quad &\ \ \vdots \\ a_{m1}x_1 + a_{m2}x_2 + \cdots + a_{mn}x_n &= b_m \end{aligned}$$

mit a_{ij}, $b_i \in \mathbb{K}$ für $1 \leq i \leq m$ und $1 \leq j \leq n$ sowie der Koeffizientenmatrix

$$\boldsymbol{A} = \begin{pmatrix} a_{11} & \cdots & a_{1m} \\ \vdots & & \vdots \\ a_{n1} & \cdots & a_{nm} \end{pmatrix},$$

dem *konstanten* Glied $\boldsymbol{b} = \begin{pmatrix} b_1 \\ \vdots \\ b_n \end{pmatrix}$ und der *Unbestimmten* $\boldsymbol{x} = \begin{pmatrix} x_1 \\ \vdots \\ x_n \end{pmatrix}$. Mit diesen Vektoren lässt sich das gegebene lineare Gleichungssystem mittels der Matrizenmultiplikation in folgender Form schreiben:

$$\boldsymbol{A}\,\boldsymbol{x} = \boldsymbol{b}$$

Die Matrix $\boldsymbol{A}$ ist dabei genau die Koeffizientenmatrix des linearen Gleichungssystems.

Viele Rechenregeln für (reelle oder komplexe) Matrizen sind analog zu den (reellen oder komplexen) Zahlen, es gibt aber auch Ausnahmen

Für die Matrizenmultiplikation gelten vertraute Rechenregeln.

Rechenregeln für die Matrizenmultiplikation

- Wenn für Matrizen $\boldsymbol{A}$, $\boldsymbol{B}$, $\boldsymbol{C}$ die Produkte $\boldsymbol{A}\,\boldsymbol{B}$ und $\boldsymbol{B}\,\boldsymbol{C}$ erklärt sind, existieren auch $(\boldsymbol{A}\,\boldsymbol{B})\,\boldsymbol{C}$ und $\boldsymbol{A}\,(\boldsymbol{B}\,\boldsymbol{C})$ und es gilt

$$(\boldsymbol{A}\,\boldsymbol{B})\,\boldsymbol{C} = \boldsymbol{A}\,(\boldsymbol{B}\,\boldsymbol{C})\,.$$

- Für quadratische Matrizen $\boldsymbol{A}$, $\boldsymbol{B}$, $\boldsymbol{C} \in \mathbb{K}^{n\times n}$ gelten

$$\begin{aligned} \boldsymbol{A}\,(\boldsymbol{B}+\boldsymbol{C}) &= \boldsymbol{A}\,\boldsymbol{B} + \boldsymbol{A}\,\boldsymbol{C} \\ (\boldsymbol{A}+\boldsymbol{B})\,\boldsymbol{C} &= \boldsymbol{A}\,\boldsymbol{C} + \boldsymbol{B}\,\boldsymbol{C}\,. \end{aligned}$$

- Für jede quadratische Matrix $\boldsymbol{A} \in \mathbb{K}^{n\times n}$ gilt

$$\mathbf{E}_n\boldsymbol{A} = \boldsymbol{A} = \boldsymbol{A}\,\mathbf{E}_n\,.$$

Anwendung: Differenzialgleichungen n-ter Ordnung und Differenzialgleichungssysteme

Wie im Abschn. 13.4 verstehen wir unter einer homogenen linearen Differenzialgleichung n-ter Ordnung mit konstanten Koeffizienten eine Gleichung der Form

$$y^{(n)} = a_{n-1}y^{(n-1)} + a_{n-2}y^{(n-2)} + \cdots + a_1 y^{(1)} + a_0 y, \qquad (*)$$

wobei die $a_k \in \mathbb{R}$ sind und $y^{(k)}$ die k-te Ableitung der reellwertigen Funktion $y : \mathbb{R} \to \mathbb{R}$ bezeichnet, also z. B. $y^{(2)} = y''$. Gesucht ist die Funktion y. Im Abschn. 13.4 werden Probleme dieser Art mittels eines Exponentialansatzes gelöst. Wir wollen nun zeigen, dass sich die Differenzialgleichung $(*)$ mithilfe des Matrizenproduktes auf ein *Differenzialgleichungssystem erster Ordnung* zurückführen lässt.

Wir führen Hilfsfunktionen ein:

$$\begin{aligned} z_0 &= y^{(0)} \\ z_1 &= y^{(1)} = z_0' \\ z_2 &= y^{(2)} = z_1' \\ &\vdots \\ z_{n-1} &= y^{(n-1)} = z_{n-2}' \end{aligned}$$

Wir erklären nun die *vektorwertige Funktion*

$$z : \begin{cases} \mathbb{R} & \to \quad \mathbb{R}^n \\ x & \mapsto \quad z(x) = \begin{pmatrix} z_0(x) \\ z_1(x) \\ \vdots \\ z_{n-1}(x) \end{pmatrix} \end{cases}$$

mit der *komponentenweisen Ableitung*

$$z' = \begin{pmatrix} z_0' \\ z_1' \\ \vdots \\ z_{n-1}' \end{pmatrix}.$$

Da zwei Vektoren genau dann gleich sind, wenn sie komponentenweise übereinstimmen, und weil

$$z_{n-1}' = y^{(n)} = a_{n-1}\, y^{(n-1)} + \cdots + a_1\, y^{(1)} + a_0\, y$$

gilt, erhalten wir mit den oben erklärten Hilfsfunktionen und der Matrizenmultiplikation

$$\underbrace{\begin{pmatrix} 0 & 1 & 0 & \cdots & 0 \\ 0 & 0 & 1 & \cdots & 0 \\ \vdots & & & \ddots & \vdots \\ 0 & \cdots & & 0 & 1 \\ a_0 & a_1 & \cdots & \cdots & a_{n-1} \end{pmatrix}}_{=A} \begin{pmatrix} z_0 \\ z_1 \\ \vdots \\ z_{n-2} \\ z_{n-1} \end{pmatrix} = \begin{pmatrix} z_0' \\ z_1' \\ \vdots \\ z_{n-2}' \\ z_{n-1}' \end{pmatrix}.$$

Mit den vektorwertigen Funktionen z und z' lautet diese Gleichung kurz

$$z' = A\,z$$

mit $A \in \mathbb{R}^{n\times n}$. Ein solches System nennt man ein *Differenzialgleichungssystem erster Ordnung*.

So entspricht der Differenzialgleichung

$$y^{(2)} = y^{(1)} + y$$

zweiter Ordnung das Differenzialgleichungssystem

$$\begin{pmatrix} 0 & 1 \\ 1 & 1 \end{pmatrix} \begin{pmatrix} z_0 \\ z_1 \end{pmatrix} = \begin{pmatrix} z_0' \\ z_1' \end{pmatrix}$$

erster Ordnung. Und der Differenzialgleichung

$$y^{(4)} = 3y^{(3)} + 2y^{(1)} - 2y$$

vierter Ordnung das Differenzialgleichungssystem

$$\begin{pmatrix} 0 & 1 & 0 & 0 \\ 0 & 0 & 1 & 0 \\ 0 & 0 & 0 & 1 \\ -2 & 2 & 0 & 3 \end{pmatrix} \begin{pmatrix} z_0 \\ z_1 \\ z_2 \\ z_3 \end{pmatrix} = \begin{pmatrix} z_0' \\ z_1' \\ z_2' \\ z_3' \end{pmatrix}$$

erster Ordnung.

Damit ist das Lösen von homogenen Differenzialgleichungen n-ter Ordnung mit konstanten Koeffizienten auf das Lösen von Differenzialgleichungssystemen erster Ordnung zurückgeführt. Wie man Differenzialgleichungssysteme erster Ordnung löst, werden wir auf S. 658 ff und in Abschn. 28.4 besprechen. Man beachte, dass wir nur an $z_0 = y$ interessiert sind.

Kommentar Gleichungen der Art

$$y_{n+k} = a_k\, y_{n+k-1} + \cdots + a_1\, y_n$$

mit $a_i \in \mathbb{R}$ nennt man homogene lineare *Differenzengleichungen* oder *Rekursionsgleichung*. Es besteht eine weitgehende Analogie zwischen linearen Differenzialgleichungen und linearen Differenzengleichungen mit demselben *charakteristischen Polynom*, wie etwa $y'' = y' + y$ und $a_{n+2} = a_{n+1} + a_n$ mit charakteristischem Polynom $X^2 - X - 1 = (X - \lambda_1)(X - \lambda_2)$. Im Fall der Differenzialgleichung bilden die Funktionen $e^{\lambda_1 x}$, $e^{\lambda_2 x}$ eine Basis des Lösungsraums, im Fall der Differenzengleichung die *Folgen* $(\lambda_1^n)_{n\in\mathbb{N}_0}$, $(\lambda_2^n)_{n\in\mathbb{N}_0}$ (siehe Anwendung auf S. 588). ◀

Kommentar Die Distributivgesetze gelten auch allgemeiner: Die Zeilen- und Spaltenzahlen der einzelnen Matrizen müssen passen, sodass die Summen bzw. Produkte gebildet werden können. ◄

Wir prüfen die Assoziativität für 2×2-Matrizen $\boldsymbol{A} = (a_{ij})$, $\boldsymbol{B} = (b_{ij})$, $\boldsymbol{C} = (c_{ij})$ explizit nach. Dazu berechnen wir die beiden Produkte $(\boldsymbol{A}\,\boldsymbol{B})\,\boldsymbol{C}$ und $\boldsymbol{A}\,(\boldsymbol{B}\,\boldsymbol{C})$ und vergleichen die Ergebnisse. Wir erhalten für $(\boldsymbol{A}\,\boldsymbol{B})\,\boldsymbol{C}$:

$$\left[\begin{pmatrix} a_{11} & a_{12} \\ a_{21} & a_{22} \end{pmatrix} \begin{pmatrix} b_{11} & b_{12} \\ b_{21} & b_{22} \end{pmatrix}\right] \begin{pmatrix} c_{11} & c_{12} \\ c_{21} & c_{22} \end{pmatrix}$$

$$= \begin{pmatrix} a_{11}\,b_{11} + a_{12}\,b_{21} & a_{11}\,b_{12} + a_{12}\,b_{22} \\ a_{21}\,b_{11} + a_{22}\,b_{21} & a_{21}\,b_{12} + a_{22}\,b_{22} \end{pmatrix} \begin{pmatrix} c_{11} & c_{12} \\ c_{21} & c_{22} \end{pmatrix}$$

Nun bestimmen wir $\boldsymbol{A}\,(\boldsymbol{B}\,\boldsymbol{C})$:

$$\begin{pmatrix} a_{11} & a_{12} \\ a_{21} & a_{22} \end{pmatrix} \left[\begin{pmatrix} b_{11} & b_{12} \\ b_{21} & b_{22} \end{pmatrix} \begin{pmatrix} c_{11} & c_{12} \\ c_{21} & c_{22} \end{pmatrix}\right]$$

$$= \begin{pmatrix} a_{11} & a_{12} \\ a_{21} & a_{22} \end{pmatrix} \begin{pmatrix} b_{11}\,c_{11} + b_{12}\,c_{21} & b_{11}\,c_{12} + b_{12}\,c_{22} \\ b_{21}\,c_{11} + b_{22}\,c_{21} & b_{21}\,c_{12} + b_{22}\,c_{22} \end{pmatrix}$$

Man kann bereits an dieser Form die Gleichheit der beiden Produkte erkennen. So steht etwa an der Stelle $(1, 1)$ des ersten Produktes $(\boldsymbol{A}\,\boldsymbol{B})\,\boldsymbol{C}$

$$(a_{11}\,b_{11} + a_{12}\,b_{21})\,c_{11} + (a_{11}\,b_{12} + a_{12}\,b_{22})\,c_{21}$$

und an der entsprechenden Stelle des zweiten Produktes $\boldsymbol{A}\,(\boldsymbol{B}\,\boldsymbol{C})$ der gleiche Ausdruck

$$a_{11}\,(b_{11}\,c_{11} + b_{12}\,c_{21}) + a_{12}\,(b_{21}\,c_{11} + b_{22}\,c_{21})\,.$$

Durch Ausnutzen der Assoziativität $(\boldsymbol{A}\,\boldsymbol{B})\,\boldsymbol{C} = \boldsymbol{A}\,(\boldsymbol{B}\,\boldsymbol{C})$ kann man sich reichlich Rechenarbeit ersparen.

Wir berechnen das folgende Matrizenprodukt auf 2 Arten:

$$\begin{pmatrix} 3 \\ -2 \\ 2 \end{pmatrix} (1, -1, -2, 1) \begin{pmatrix} 2 \\ 0 \\ 2 \\ 3 \end{pmatrix}$$

Mit der Klammerung $(\boldsymbol{A}\,\boldsymbol{B})\,\boldsymbol{C}$ ergibt sich

$$\begin{pmatrix} 3 & -3 & -6 & 3 \\ -2 & 2 & 4 & -2 \\ 2 & -2 & -4 & 2 \end{pmatrix} \begin{pmatrix} 2 \\ 0 \\ 2 \\ 3 \end{pmatrix} = \begin{pmatrix} 6+0-12+9 \\ -4+0+8-6 \\ 4+0-8+6 \end{pmatrix} = \begin{pmatrix} 3 \\ -2 \\ 2 \end{pmatrix}.$$

Mit der Klammerung $\boldsymbol{A}\,(\boldsymbol{B}\,\boldsymbol{C})$ ergibt sich dasselbe, aber die Rechnung ist kürzer ($4 + 3 = 7$ gegenüber $12 + 12 = 24$ Multiplikationen):

$$\begin{pmatrix} 3 \\ -2 \\ 2 \end{pmatrix} (2 - 0 - 4 + 3) = \begin{pmatrix} 3 \\ -2 \\ 2 \end{pmatrix}$$

Anwendungsbeispiel Mit Matrizen lassen sich rekursiv definierte Folgen beschreiben.

Gegeben ist die reelle Folge $(a_n)_{n\in\mathbb{N}}$ mit

$$a_0 = 0,\ a_1 = 1,\ a_{n+1} = -4\,a_{n-1} + 4\,a_n \text{ für } n \in \mathbb{N}\,.$$

Wir bestimmen eine Matrix $\boldsymbol{A} \in \mathbb{R}^{2\times 2}$, sodass sich die Rekursion in der Form

$$\begin{pmatrix} a_n \\ a_{n+1} \end{pmatrix} = \boldsymbol{A} \begin{pmatrix} a_{n-1} \\ a_n \end{pmatrix}$$

schreiben lässt.

Wegen $a_n = 0\,a_{n-1} + 1\,a_n$ und $a_{n+1} = -4\,a_{n-1} + 4\,a_n$ leistet

$$\boldsymbol{A} = \begin{pmatrix} 0 & 1 \\ -4 & 4 \end{pmatrix} \in \mathbb{R}^{2\times 2}$$

das Gewünschte.

Und nun gilt

$$\begin{pmatrix} a_n \\ a_{n+1} \end{pmatrix} = \boldsymbol{A} \begin{pmatrix} a_{n-1} \\ a_n \end{pmatrix} = \boldsymbol{A}^2 \begin{pmatrix} a_{n-2} \\ a_{n-1} \end{pmatrix} = \cdots = \boldsymbol{A}^n \begin{pmatrix} a_0 \\ a_1 \end{pmatrix}.$$

Ist also $\boldsymbol{A}^n = \begin{pmatrix} b_{11} & b_{12} \\ b_{21} & b_{22} \end{pmatrix}$, so können wir a_{n+1} aus den Startwerten berechnen:

$$a_{n+1} = b_{21}\,a_0 + b_{22}\,a_1$$

Durch diese Beschreibung gelingt es uns mit noch zu entwickelnden Methoden, a_n auch explizit für große n anzugeben. Es ist zum Beispiel bereits $a_{20} = 20 \cdot 2^{19}$. Es wäre mühsam, diesen Wert für a_{20} mit der Folgenvorschrift zu bestimmen. Ein ausführliches Beispiel findet sich auf S. 581 und in der Anwendung „Diskrete Modellbildung" in Kap. 19. ◄

Wir führen weitere Beispiele an, um uns von manchen ungewohnten Eigenschaften der Matrizenmultiplikation zu überzeugen.

Achtung Es gibt Matrizen $\boldsymbol{A}$, $\boldsymbol{B}$ mit

$$\boldsymbol{A}\,\boldsymbol{B} \neq \boldsymbol{B}\,\boldsymbol{A}\,.$$ ◄

Zur Begründung wählen wir die Matrizen $\boldsymbol{A} = \begin{pmatrix} 1 & 0 \\ 0 & 0 \end{pmatrix}$ und $\boldsymbol{B} = \begin{pmatrix} 0 & 0 \\ 1 & 0 \end{pmatrix}$ und berechnen

$$\boldsymbol{A}\,\boldsymbol{B} = \begin{pmatrix} 1 & 0 \\ 0 & 0 \end{pmatrix} \begin{pmatrix} 0 & 0 \\ 1 & 0 \end{pmatrix} = \begin{pmatrix} 0 & 0 \\ 0 & 0 \end{pmatrix}$$

und

$$\boldsymbol{B}\,\boldsymbol{A} = \begin{pmatrix} 0 & 0 \\ 1 & 0 \end{pmatrix} \begin{pmatrix} 1 & 0 \\ 0 & 0 \end{pmatrix} = \begin{pmatrix} 0 & 0 \\ 1 & 0 \end{pmatrix}.$$

Selbstfrage 5

Können Sie auch quadratische $n \times n$-Matrizen mit $n \geq 3$ mit der Eigenschaft $\boldsymbol{A}\,\boldsymbol{B} \neq \boldsymbol{B}\,\boldsymbol{A}$ angeben? Was ist mit den 1×1-Matrizen?

Achtung Auch im Fall $\boldsymbol{A} \neq \boldsymbol{0}$ und $\boldsymbol{B} \neq \boldsymbol{0}$ kann

$$\boldsymbol{A}\,\boldsymbol{B} = \boldsymbol{0}$$

gelten. ◀

Zur Begründung können wir wieder $\boldsymbol{A} = \begin{pmatrix} 1 & 0 \\ 0 & 0 \end{pmatrix}$ und $\boldsymbol{B} = \begin{pmatrix} 0 & 0 \\ 1 & 0 \end{pmatrix}$ wählen und beachten $\boldsymbol{A}\,\boldsymbol{B} = \boldsymbol{0}$.

Achtung Es gibt Matrizen $\boldsymbol{A}$, $\boldsymbol{B}$ und $\boldsymbol{C} \neq \boldsymbol{0}$ mit

$$\boldsymbol{A}\,\boldsymbol{C} = \boldsymbol{B}\,\boldsymbol{C} \quad \text{und} \quad \boldsymbol{A} \neq \boldsymbol{B}\,,$$

d. h., es gibt keine allgemeine *Kürzungsregel*. ◀

Für ein Beispiel wählen wir $\boldsymbol{A} = \begin{pmatrix} 1 & 0 \\ 0 & 0 \end{pmatrix}$, $\boldsymbol{B} = \begin{pmatrix} 0 & 0 \\ 1 & 0 \end{pmatrix}$ und $\boldsymbol{C} = \begin{pmatrix} 0 & 0 \\ 1 & 1 \end{pmatrix}$. Es gilt

$$\boldsymbol{A}\,\boldsymbol{C} = \boldsymbol{0} = \boldsymbol{B}\,\boldsymbol{C}$$

und

$$\boldsymbol{A} \neq \boldsymbol{B}\,.$$

Blockmatrizen kann man manchmal blockweise miteinander multiplizieren

Für das Produkt von 2×2-Matrizen gilt:

$$\begin{pmatrix} a & b \\ c & d \end{pmatrix} \cdot \begin{pmatrix} e & f \\ g & h \end{pmatrix} = \begin{pmatrix} a\,e + b\,g & a f + b\,h \\ c\,e + d\,g & c f + d\,h \end{pmatrix}.$$

Sind $a, \ldots, h$ keine reellen oder komplexe Zahlen, sondern reelle oder komplexe Matrizen, so gilt eine entsprechende Formel, wenn nur die Zeilen- und Spaltenzahlen der einzelnen Matrizen $\boldsymbol{A}, \ldots, \boldsymbol{H}$ *zusammenpassen*:

$$\begin{pmatrix} \boldsymbol{A} & \boldsymbol{B} \\ \boldsymbol{C} & \boldsymbol{D} \end{pmatrix} \cdot \begin{pmatrix} \boldsymbol{E} & \boldsymbol{F} \\ \boldsymbol{G} & \boldsymbol{H} \end{pmatrix} = \begin{pmatrix} \boldsymbol{A}\boldsymbol{E} + \boldsymbol{B}\boldsymbol{G} & \boldsymbol{A}\boldsymbol{F} + \boldsymbol{B}\boldsymbol{H} \\ \boldsymbol{C}\boldsymbol{E} + \boldsymbol{D}\boldsymbol{G} & \boldsymbol{C}\boldsymbol{F} + \boldsymbol{D}\boldsymbol{H} \end{pmatrix}.$$

Damit diese Regel überhaupt sinnvoll ist, muss zum Beispiel die Zeilenzahl von $\boldsymbol{A}$ gleich der Zeilenzahl von $\boldsymbol{B}$ und die Spaltenzahl von $\boldsymbol{A}$ gleich der Zeilenzahl von $\boldsymbol{E}$ sein. Wir listen kurz auf, was außerdem *passen* muss. Es seien m, n, r, s, p, q natürliche Zahlen – die Zeilen- und Spaltenzahlen der Matrizen $\boldsymbol{A}, \ldots, \boldsymbol{H}$. Damit obiges Produkt definiert ist, muss gelten:

$$\boldsymbol{A} \in \mathbb{K}^{m\times n}, \quad \boldsymbol{B} \in \mathbb{K}^{m\times s}, \quad \boldsymbol{C} \in \mathbb{K}^{r\times n}, \quad \boldsymbol{D} \in \mathbb{K}^{r\times s},$$
$$\boldsymbol{E} \in \mathbb{K}^{n\times p}, \quad \boldsymbol{F} \in \mathbb{K}^{n\times q}, \quad \boldsymbol{G} \in \mathbb{K}^{s\times p}, \quad \boldsymbol{H} \in \mathbb{K}^{s\times q},.$$

Wir können uns das Produkt mithilfe von Blöcken veranschaulichen:

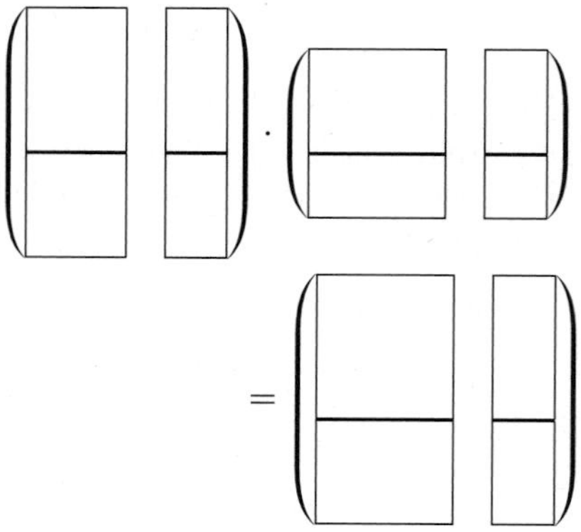

16.2 Das Invertieren von Matrizen

Wie wir gesehen haben, lässt sich ein reelles lineares Gleichungssystem mit n Gleichungen in n Unbestimmten kurz in der Form

$$\boldsymbol{A}\,\boldsymbol{x} = \boldsymbol{b}$$

mit einer Matrix $\boldsymbol{A} \in \mathbb{R}^{n\times n}$ und $\boldsymbol{b} \in \mathbb{R}^n$ und der *Unbestimmten* $\boldsymbol{x}$ schreiben. Die entsprechende Gleichung im Fall $n = 1$ lautet

$$a\,x = b$$

mit reellen Zahlen a und b. Die Lösung dieser letzten Gleichung ist bekannt: Ist $a \neq 0$, so ist $a^{-1}\,b$ die eindeutig bestimmte Lösung. Und ist $a = 0$, so ist diese Gleichung nur für $b = 0$ lösbar, die Lösungsmenge ist in diesem Fall ganz $\mathbb{R}$.

Tatsächlich liegt für das System $\boldsymbol{A}\,\boldsymbol{x} = \boldsymbol{b}$ mit einer quadratischen Matrix $\boldsymbol{A}$ eine ähnliche Situation vor: Ist die Matrix $\boldsymbol{A}$ *invertierbar*, d. h., existiert eine Matrix $\boldsymbol{A}^{-1}$ mit $\boldsymbol{A}^{-1}\boldsymbol{A} = \mathbf{E}_n$, so folgt durch Multiplikation der Gleichung $\boldsymbol{A}\,\boldsymbol{x} = \boldsymbol{b}$ von links mit $\boldsymbol{A}^{-1}$

$$\boldsymbol{x} = \boldsymbol{A}^{-1}\,\boldsymbol{b}\,,$$

also die eindeutig bestimmte Lösung des Systems $\boldsymbol{A}\,\boldsymbol{x} = \boldsymbol{b}$. Ist die Matrix $\boldsymbol{A}$ nicht *invertierbar*, so ist dieses System nur dann lösbar, wenn $\operatorname{rg}\boldsymbol{A} = \operatorname{rg}(\boldsymbol{A}\,|\,\boldsymbol{b})$ gilt, die Lösungsmenge ist in diesem Fall unendlich groß (siehe S. 526).

Die zu A inverse Matrix A^{-1} ist eindeutig durch die Gleichung $A\,A^{-1} = \mathrm{E}_n$ bestimmt

In $\mathbb{K}$ gibt es zu jedem Element $a \in \mathbb{K} \setminus \{0\}$ genau ein Element $a' \in \mathbb{K}$ mit $a\,a' = 1$, wobei das *Einselement* in $\mathbb{K}$ durch die Eigenschaft $1\,a = a = a\,1$ ausgezeichnet ist. Es gibt auch ein solches *Einselement* in $\mathbb{K}^{n\times n}$, nämlich die Einheitsmatrix $\mathbf{E}_n$, sie erfüllt für jedes $\boldsymbol{A} \in \mathbb{K}^{n\times n}$ die Gleichung

$$\mathbf{E}_n \boldsymbol{A} = \boldsymbol{A} = \boldsymbol{A}\,\mathbf{E}_n\,.$$

Aber im Gegensatz zum Körper $\mathbb{K}$, existiert zu einer Matrix $\boldsymbol{A} \in \mathbb{K}^{n\times n} \setminus \{\mathbf{0}\}$ im Allgemeinen kein *Inverses* $\boldsymbol{A}'$, d. h. eine Matrix $\boldsymbol{A}'$ mit $\boldsymbol{A}\,\boldsymbol{A}' = \mathbf{E}_n$.

Die reelle Matrix $\boldsymbol{A} = \begin{pmatrix} 1 & 0 \\ 0 & 0 \end{pmatrix}$ ist so ein Beispiel. Ist $\boldsymbol{A}' = (a'_{ij}) \in \mathbb{R}^{2\times 2}$, so gilt

$$\boldsymbol{A}\,\boldsymbol{A}' = \begin{pmatrix} 1 & 0 \\ 0 & 0 \end{pmatrix} \begin{pmatrix} a'_{11} & a'_{12} \\ a'_{21} & a'_{22} \end{pmatrix} = \begin{pmatrix} a'_{11} & a'_{12} \\ 0 & 0 \end{pmatrix} \neq \mathbf{E}_2\,.$$

Die Nullzeile in $\boldsymbol{A}$ erzeugt im Produkt $\boldsymbol{A}\,\boldsymbol{A}'$ stets eine Nullzeile – und zwar in derselben Zeile.

Wir untersuchen in diesem Abschnitt, welche Matrizen *invertierbar* sind, führen aber erst die entsprechenden Begriffe ein.

Man nennt eine quadratische Matrix $\boldsymbol{A} \in \mathbb{K}^{n\times n}$ **invertierbar** oder **regulär**, wenn es eine Matrix $\boldsymbol{A}' \in \mathbb{K}^{n\times n}$ mit der Eigenschaft $\boldsymbol{A}\,\boldsymbol{A}' = \mathbf{E}_n$ gibt. $\boldsymbol{A}'$ wird durch diese Eigenschaft eindeutig bestimmt. Sie wird die zu $\boldsymbol{A}$ **inverse Matrix** $\boldsymbol{A}^{-1}$ genannt:

$$\boldsymbol{A}\,\boldsymbol{A}^{-1} = \mathbf{E}_n$$

Matrizen, die nicht invertierbar sind, heißen **singulär**.

Kommentar Meistens definiert man das Inverse einer Matrix $\boldsymbol{A} \in \mathbb{K}^{n\times n}$ als jene Matrix, welche die (beiden) Eigenschaften

$$\boldsymbol{A}\,\boldsymbol{A}' = \mathbf{E}_n = \boldsymbol{A}'\boldsymbol{A}$$

erfüllt. Tatsächlich folgt aber aus der Gleichung $\boldsymbol{A}\,\boldsymbol{A}' = \mathbf{E}_n$ die Gleichung $\boldsymbol{A}'\boldsymbol{A} = \mathbf{E}_n$. Die Begründung hierzu ist aber nicht ganz einfach, wir verzichten darauf. ◄

Selbstfrage 6

Warum ist das Inverse zu einer Matrix $\boldsymbol{A} \in \mathbb{K}^{n\times n}$, sofern es existiert, eindeutig bestimmt?

Beispiel Wir zeigen an Beispielen, dass nicht jede Matrix invertierbar ist und geben Inverse mancher invertierbarer Matrizen an:

- Die folgende reelle Matrix $\boldsymbol{A}$ ist nicht invertierbar

$$\boldsymbol{A} = \begin{pmatrix} 4 & -3 \\ 0 & 0 \end{pmatrix}.$$

  Die zweite Zeile von $\boldsymbol{A}$, also die Nullzeile, erzwingt eine Nullzeile in jedem Produkt $\boldsymbol{A}\,\boldsymbol{A}'$, insbesondere kann für keine Matrix $\boldsymbol{A}'$ die Gleichung $\boldsymbol{A}\,\boldsymbol{A}' = \mathbf{E}_2$ erfüllt sein. Allgemeiner ist jede Matrix, die eine Nullzeile enthält, nicht invertierbar.
- Es ist $\mathbf{E}_2 \in \mathbb{R}^{2\times 2}$ zu sich selbst invers, da

$$\mathbf{E}_2\,\mathbf{E}_2 = \begin{pmatrix} 1 & 0 \\ 0 & 1 \end{pmatrix} \begin{pmatrix} 1 & 0 \\ 0 & 1 \end{pmatrix} = \begin{pmatrix} 1 & 0 \\ 0 & 1 \end{pmatrix} = \mathbf{E}_2\,.$$

- Auch $-\mathbf{E}_2 \in \mathbb{R}^{2\times 2}$ ist zu sich selbst invers, da

$$\begin{aligned}(-\mathbf{E}_2)\,(-\mathbf{E}_2) &= \begin{pmatrix} -1 & 0 \\ 0 & -1 \end{pmatrix} \begin{pmatrix} -1 & 0 \\ 0 & -1 \end{pmatrix} \\ &= \begin{pmatrix} 1 & 0 \\ 0 & 1 \end{pmatrix} = \mathbf{E}_2\,.\end{aligned}$$

- Zu $\boldsymbol{A} = \begin{pmatrix} 2 & 1 \\ 1 & 1 \end{pmatrix} \in \mathbb{R}^{2\times 2}$ ist $\begin{pmatrix} 1 & -1 \\ -1 & 2 \end{pmatrix}$ das Inverse, da

$$\begin{pmatrix} 2 & 1 \\ 1 & 1 \end{pmatrix} \begin{pmatrix} 1 & -1 \\ -1 & 2 \end{pmatrix} = \begin{pmatrix} 1 & 0 \\ 0 & 1 \end{pmatrix} = \mathbf{E}_2\,.$$

- Zu $\boldsymbol{A} = \begin{pmatrix} \mathrm{i} & 1 & 0 \\ 0 & 1 & \mathrm{i} \\ 0 & 0 & 1 \end{pmatrix} \in \mathbb{C}^{3\times 3}$ ist $\begin{pmatrix} -\mathrm{i} & \mathrm{i} & 1 \\ 0 & 1 & -\mathrm{i} \\ 0 & 0 & 1 \end{pmatrix}$ das Inverse, da

$$\begin{pmatrix} \mathrm{i} & 1 & 0 \\ 0 & 1 & \mathrm{i} \\ 0 & 0 & 1 \end{pmatrix} \begin{pmatrix} -\mathrm{i} & \mathrm{i} & 1 \\ 0 & 1 & -\mathrm{i} \\ 0 & 0 & 1 \end{pmatrix} = \begin{pmatrix} 1 & 0 & 0 \\ 0 & 1 & 0 \\ 0 & 0 & 1 \end{pmatrix} = \mathbf{E}_3\,.$$

- Die Matrix $\boldsymbol{A} = \begin{pmatrix} 1 & 1 \\ 1 & 1 \end{pmatrix}$ ist nicht invertierbar, da die Gleichung

$$\begin{pmatrix} 1 & 1 \\ 1 & 1 \end{pmatrix} \begin{pmatrix} a & b \\ c & d \end{pmatrix} = \begin{pmatrix} 1 & 0 \\ 0 & 1 \end{pmatrix} = \mathbf{E}_2$$

  zu dem nicht lösbaren Gleichungssystem

$$\begin{aligned} a + c &= 1 \quad & b + d &= 0 \\ a + c &= 0 \quad & b + d &= 1 \end{aligned}$$

  führt. Allgemeiner sind Matrizen mit zwei gleichen Zeilen niemals invertierbar.
- Wir betrachten für ein $\alpha \in [0,\, 2\,\pi[$ die Matrix

$$\boldsymbol{A} = \begin{pmatrix} \cos\alpha & -\sin\alpha \\ \sin\alpha & \cos\alpha \end{pmatrix} \in \mathbb{R}^{2\times 2}.$$

  Dann ist $\begin{pmatrix} \cos(-\alpha) & -\sin(-\alpha) \\ \sin(-\alpha) & \cos(-\alpha) \end{pmatrix}$ das Inverse von $\boldsymbol{A}$ (man beachte $\cos(-\alpha) = \cos\alpha$ und $\sin(-\alpha) = -\sin\alpha$):

$$\begin{pmatrix} \cos\alpha & -\sin\alpha \\ \sin\alpha & \cos\alpha \end{pmatrix} \begin{pmatrix} \cos(-\alpha) & -\sin(-\alpha) \\ \sin(-\alpha) & \cos(-\alpha) \end{pmatrix} = \begin{pmatrix} 1 & 0 \\ 0 & 1 \end{pmatrix} = \mathbf{E}_2$$

◄

Bevor wir zeigen, wie man das Inverse einer invertierbaren Matrix bestimmt, geben wir noch wichtige Eigenschaften invertierbarer Matrizen an.

Eigenschaften invertierbarer Matrizen

1. Wenn $A \in \mathbb{K}^{n \times n}$ invertierbar ist, so auch A^{-1}, und es gilt
$$(A^{-1})^{-1} = A\,.$$
2. Wenn A und B aus $\mathbb{K}^{n \times n}$ invertierbar sind, so ist auch $A\,B$ invertierbar, und es gilt
$$(A\,B)^{-1} = B^{-1}\,A^{-1}$$
– man beachte die Reihenfolge!
3. Es ist $\mathbf{E}_n \in \mathbb{K}^{n \times n}$ invertierbar, und es gilt
$$\mathbf{E}_n^{-1} = \mathbf{E}_n\,.$$

Beweis

1. Wegen $\mathbf{E}_n = A\,A^{-1} = A^{-1}A$ ist A das Inverse zu A^{-1}, d. h. $(A^{-1})^{-1} = A$.
2. Wir weisen nach, dass $(B^{-1}A^{-1})$ das Inverse zu $A\,B$ ist, es gilt dann $(A\,B)^{-1} = B^{-1}A^{-1}$.
Wegen der Assoziativität der Matrizenmultiplikation gilt folgende Gleichung
$$\begin{aligned}(A\,B)\,(B^{-1}A^{-1}) &= A\,(B\,B^{-1})A^{-1}\\ &= A\,\mathbf{E}_n A^{-1} = A\,A^{-1} = \mathbf{E}_n\,.\end{aligned}$$
3. Das gilt wegen $\mathbf{E}_n\,\mathbf{E}_n = \mathbf{E}_n$. ■

Achtung Im Allgemeinen gilt
$$(A\,B)^{-1} \neq A^{-1}\,B^{-1}\,.$$
Als Beispiel betrachten wir
$$A = \begin{pmatrix} 2 & 1\\ 1 & 1\end{pmatrix},\ B = \begin{pmatrix} 1 & 1\\ 0 & 1\end{pmatrix}.$$
Dann gilt
$$A^{-1} = \begin{pmatrix} 1 & -1\\ -1 & 2\end{pmatrix},\ B^{-1} = \begin{pmatrix} 1 & -1\\ 0 & 1\end{pmatrix}.$$
Nun rechnen wir nach
$$A\,B = \begin{pmatrix} 2 & 3\\ 1 & 2\end{pmatrix},\ (A\,B)^{-1} = B^{-1}A^{-1} = \begin{pmatrix} 2 & -3\\ -1 & 2\end{pmatrix}$$
und
$$A^{-1}B^{-1} = \begin{pmatrix} 1 & -2\\ -1 & 3\end{pmatrix} \neq (A\,B)^{-1}\,.$$ ◄

Das Inverse einer $n \times n$-Matrix bestimmt man durch Lösen von n linearen Gleichungssystemen

Bei den bisherigen Beispielen invertierbarer Matrizen hatten wir das Inverse der jeweiligen Matrix gegeben. Nun beschreiben wir ein Verfahren, wie man das Inverse einer invertierbaren Matrix bestimmen kann. Es gibt verschiedene Methoden. Die wohl einfachste Methode entspringt dem Algorithmus von Gauß und Jordan zur Lösung von Gleichungssystemen.

Ist
$$A = \begin{pmatrix} a_{11} & \cdots & a_{1n}\\ \vdots & & \vdots\\ a_{n1} & \cdots & a_{nn}\end{pmatrix} \in \mathbb{K}^{n \times n}$$
eine invertierbare Matrix mit dem Inversen
$$A^{-1} = \begin{pmatrix} b_{11} & \cdots & b_{1n}\\ \vdots & & \vdots\\ b_{n1} & \cdots & b_{nn}\end{pmatrix} = ((s_1, \ldots s_n)) \in \mathbb{K}^{n \times n}\,,$$
so gilt die Gleichung
$$A\,((s_1, \ldots, s_n)) = \begin{pmatrix} 1 & \cdots & 0\\ \vdots & \ddots & \vdots\\ 0 & \cdots & 1\end{pmatrix} = \mathbf{E}_n \in \mathbb{K}^{n \times n}\,.$$
Diese Gleichung zerfällt in die n Gleichungen
$$A\,s_k = \begin{pmatrix} 0\\ \vdots\\ 1\\ \vdots\\ 0\end{pmatrix} = e_k \text{ mit } k = 1, \ldots, n\,. \qquad (*)$$
Die k-te Spalte von A^{-1} ist also Lösung des linearen Gleichungssystems
$$A\,x = e_k\,.$$
Die Lösung s_k ist eindeutig bestimmt, weil das Inverse einer Matrix eindeutig bestimmt ist. Dies gilt für alle n Gleichungen. Nach dem Lösbarkeitskriterium von S. 526 hat A den Rang n.

Ist eine Matrix $A \in \mathbb{K}^{n \times n}$ invertierbar, so hat diese Matrix also den Rang n. Hat eine Matrix A andererseits den Rang n, so sind die n Gleichungssysteme $A\,x = e_k$ für $k = 1, \ldots, n$ eindeutig lösbar (siehe das Lösbarkeitskriterium auf S. 526), d. h., es existiert das Inverse A^{-1} zu A.

Kriterium für Invertierbarkeit

Eine Matrix $A \in \mathbb{K}^{n \times n}$ ist genau dann invertierbar, wenn der Rang von A gleich n ist.

Zum Invertieren einer Matrix $A \in \mathbb{K}^{n\times n}$ können wir die n Gleichungssysteme $A\,x = e_k$ für $k = 1, \ldots, n$ simultan lösen, d. h., wir machen den Ansatz $(A \mid E_n)$, ausführlich

$$\left(\begin{array}{ccc|ccc} a_{11} & \cdots & a_{1n} & 1 & \cdots & 0 \\ \vdots & & \vdots & \vdots & \ddots & \vdots \\ a_{n1} & \cdots & a_{nn} & 0 & \cdots & 1 \end{array}\right),$$

und lösen diese n Gleichungssysteme mit dem bekannten Verfahren von Gauß und Jordan.

Dabei bringen wir aber die Matrix A links der Hilfslinie nicht nur auf Zeilenstufenform, sondern gehen mit den elementaren Zeilenumformungen so weit, bis wir die Einheitsmatrix links der Hilfslinie erhalten, d. h., bis wir die Form

$$\left(\begin{array}{ccc|ccc} 1 & \cdots & 0 & b_{11} & \cdots & b_{1n} \\ \vdots & \ddots & \vdots & \vdots & & \vdots \\ 0 & \cdots & 1 & b_{n1} & \cdots & b_{nn} \end{array}\right)$$

erhalten. Dass dies möglich ist, besagt gerade das eben begründete Kriterium für Invertierbarkeit.

Ist dies getan, so steht rechts der Hilfslinie das Inverse $A^{-1} = (b_{ij}) \in \mathbb{K}^{n\times n}$ von A, da für jedes $k = 1, \ldots, n$ die k-te Spalte s_k der so nach allen Umformungen rechts entstandenen Matrix der entsprechende Lösungsvektor der k-ten Gleichung $A\,x = e_k$ ist.

Bevor wir zu den Beispielen kommen, beantworten wir noch die Frage, wie man entscheiden kann, ob eine Matrix überhaupt invertierbar ist.

Und in der Tat liefert das beschriebenen Verfahren hier zugleich diese Antwort: Sieht man es der Matrix nicht an, ob sie invertierbar ist, so beginnt man einfach mit dem Invertieren, d. h., man macht den Ansatz $(A \mid E_n)$ und bringt die Matrix A durch elementare Zeilenumformungen auf obere Dreiecksgestalt, also auf die Form

$$\left(\underbrace{\begin{array}{cccc} * & * & \cdots & * \\ 0 & * & \ddots & \vdots \\ \vdots & \ddots & \ddots & * \\ 0 & \cdots & 0 & * \end{array}}_{=D}\left|\begin{array}{cccc} * & * & \cdots & * \\ * & * & \cdots & * \\ * & * & \cdots & * \\ * & * & \cdots & * \end{array}\right.\right).$$

Stellt sich hierbei heraus, dass der Rang von A kleiner als n ist, d. h., die links stehende Matrix D eine Nullzeile enthält, so ist die Matrix A nicht invertierbar – das besagt das Kriterium für Invertierbarkeit. Enthält D hingegen keine Nullzeile, so ist die Matrix invertierbar. Man setzt in diesem Fall mit den Zeilenumformungen fort und ermittelt das Inverse von A. Die geringfügige Mehrarbeit, die Zeilenumformungen an der rechts stehenden Einheitsmatrix im Ansatz $(A \mid E_n)$ durchzuführen, sollte man in Kauf nehmen.

Das Bestimmen des Inversen einer Matrix $A \in \mathbb{K}^{n\times n}$

1. Man schreibe $(A \mid \mathbf{E_n})$.
2. Mit elementaren Zeilenumformungen bringe man $(A \mid \mathbf{E_n})$ auf die Form $(D \mid B)$, mit einer oberen Dreiecksmatrix D.
3. Enthält D eine Nullzeile, so ist A nicht invertierbar. Enthält D keine Nullzeile, so setze man mit elementaren Zeilenumformungen fort, um das Inverse A^{-1} von A zu erhalten:

$$(A \mid \mathbf{E_n}) \to \cdots \to (\mathbf{E_n} \mid A^{-1})$$

Beispiel

- Wir invertieren die Matrix

$$A = \begin{pmatrix} 2 & 1 \\ 1 & 1 \end{pmatrix} \in \mathbb{R}^{2\times 2}.$$

Zuerst notieren wir $(A \mid E_2)$, vertauschen dann die Zeilen und addieren zur zweiten Zeile das (-2)-Fache der neuen ersten Zeile:

$$\left(\begin{array}{cc|cc} 2 & 1 & 1 & 0 \\ 1 & 1 & 0 & 1 \end{array}\right) \to \left(\begin{array}{cc|cc} 1 & 1 & 0 & 1 \\ 0 & -1 & 1 & -2 \end{array}\right)$$

Weil die Matrix den Rang 2 hat, ist sie invertierbar. Wir setzen nun das Invertieren fort. In einem zweiten Schritt addieren wir zur ersten Zeile die zweite Zeile und multiplizieren dann die zweite Zeile mit dem Faktor -1:

$$\left(\begin{array}{cc|cc} 1 & 1 & 0 & 1 \\ 0 & -1 & 1 & -2 \end{array}\right) \to \left(\begin{array}{cc|cc} 1 & 0 & 1 & -1 \\ 0 & 1 & -1 & 2 \end{array}\right)$$

Also ist $A^{-1} = \begin{pmatrix} 1 & -1 \\ -1 & 2 \end{pmatrix}$.

- Schließlich invertieren wir die Matrix

$$A = \begin{pmatrix} x & y & 1 \\ z & 1 & 0 \\ 1 & 0 & 0 \end{pmatrix} \in \mathbb{R}^{3\times 3}$$

Wieder notieren wir $(A \mid E_3)$, addieren zur ersten Zeile das $(-x)$-Fache der dritten Zeile, zur zweiten Zeile das $(-z)$-Fache der dritten Zeile und setzen schließlich die dritte Zeile als erste Zeile:

$$\left(\begin{array}{ccc|ccc} x & y & 1 & 1 & 0 & 0 \\ z & 1 & 0 & 0 & 1 & 0 \\ 1 & 0 & 0 & 0 & 0 & 1 \end{array}\right) \to \left(\begin{array}{ccc|ccc} 1 & 0 & 0 & 0 & 0 & 1 \\ 0 & y & 1 & 1 & 0 & -x \\ 0 & 1 & 0 & 0 & 1 & -z \end{array}\right)$$

Wir addieren in einem zweiten Schritt das $(-y)$-Fache der dritten Zeile zur zweiten und vertauschen schließlich diese beiden Zeilen:

$$\left(\begin{array}{ccc|ccc} 1 & 0 & 0 & 0 & 0 & 1 \\ 0 & y & 1 & 1 & 0 & -x \\ 0 & 1 & 0 & 0 & 1 & -z \end{array}\right) \to \left(\begin{array}{ccc|ccc} 1 & 0 & 0 & 0 & 0 & 1 \\ 0 & 1 & 0 & 0 & 1 & -z \\ 0 & 0 & 1 & 1 & -y & yz-x \end{array}\right)$$

Folglich ist

$$A^{-1} = \begin{pmatrix} 0 & 0 & 1 \\ 0 & 1 & -z \\ 1 & -y & yz-x \end{pmatrix}$$

Beispiel: Invertieren einer Matrix

Man bestimme das Inverse der Matrix

$$\boldsymbol{A} = \begin{pmatrix} 6 & 8 & 3 \\ 4 & 7 & 3 \\ 1 & 2 & 1 \end{pmatrix} \in \mathbb{R}^{3\times 3}.$$

Problemanalyse und Strategie: Man beachte das auf S. 583 beschriebene Verfahren.

Lösung: Wieder notieren wir zuerst $(\boldsymbol{A} \mid \boldsymbol{E}_3)$, tauschen dann die erste mit der dritte Zeile und addieren zur zweiten Zeile das (-4)-Fache der neuen ersten Zeile und zur neuen dritten Zeile das (-6)-Fache der neuen ersten Zeile:

$$\left(\begin{array}{ccc|ccc} 6 & 8 & 3 & 1 & 0 & 0 \\ 4 & 7 & 3 & 0 & 1 & 0 \\ 1 & 2 & 1 & 0 & 0 & 1 \end{array}\right) \to \left(\begin{array}{ccc|ccc} 1 & 2 & 1 & 0 & 0 & 1 \\ 0 & -1 & -1 & 0 & 1 & -4 \\ 0 & -4 & -3 & 1 & 0 & -6 \end{array}\right)$$

In einem zweiten Schritt addieren wir zur ersten Zeile das 2-Fache der zweiten Zeile und zur dritten Zeile das (-4)-Fache der zweiten Zeile und multiplizieren schließlich die zweite Zeile mit -1:

$$\left(\begin{array}{ccc|ccc} 1 & 2 & 1 & 0 & 0 & 1 \\ 0 & -1 & -1 & 0 & 1 & -4 \\ 0 & -4 & -3 & 1 & 0 & -6 \end{array}\right) \to \left(\begin{array}{ccc|ccc} 1 & 0 & -1 & 0 & 2 & -7 \\ 0 & 1 & 1 & 0 & -1 & 4 \\ 0 & 0 & 1 & 1 & -4 & 10 \end{array}\right)$$

Nun erkennen wir, dass $\boldsymbol{A}$ den Rang 3 hat, also auch tatsächlich invertierbar ist. Es folgt der letzte Schritt, in dem wir die dritte Zeile zur ersten Zeile addieren und zur zweiten Zeile das (-1)-Fache der dritten Zeile hinzufügen:

$$\left(\begin{array}{ccc|ccc} 1 & 0 & -1 & 0 & 2 & -7 \\ 0 & 1 & 1 & 0 & -1 & 4 \\ 0 & 0 & 1 & 1 & -4 & 10 \end{array}\right) \to \left(\begin{array}{ccc|ccc} 1 & 0 & 0 & 1 & -2 & 3 \\ 0 & 1 & 0 & -1 & 3 & -6 \\ 0 & 0 & 1 & 1 & -4 & 10 \end{array}\right)$$

Folglich ist

$$\boldsymbol{A}^{-1} = \begin{pmatrix} 1 & -2 & 3 \\ -1 & 3 & -6 \\ 1 & -4 & 10 \end{pmatrix}$$

Kommentar Beim Invertieren einer Matrix $\boldsymbol{A} \in \mathbb{K}^{n\times n}$ passieren leicht Rechenfehler. Man kann sein Ergebnis aber einfach überprüfen, da die Gleichung $\boldsymbol{A}\,\boldsymbol{A}^{-1} = \boldsymbol{E}_n$ erfüllt sein muss. Diese Gleichung ist im Allgemeinen sehr leicht nachzuvollziehen, wir tun dies für unser Beispiel:

$$\begin{pmatrix} 6 & 8 & 3 \\ 4 & 7 & 3 \\ 1 & 2 & 1 \end{pmatrix} \begin{pmatrix} 1 & -2 & 3 \\ -1 & 3 & -6 \\ 1 & -4 & 10 \end{pmatrix} = \begin{pmatrix} 1 & 0 & 0 \\ 0 & 1 & 0 \\ 0 & 0 & 1 \end{pmatrix}$$ ◀

- Wir versuchen das Inverse von

$$\boldsymbol{A} = \begin{pmatrix} 1 & 2 & 0 & 4 \\ 1 & 1 & 0 & 2 \\ 0 & 2 & 1 & 0 \\ 2 & 5 & 1 & 6 \end{pmatrix} \in \mathbb{R}^{4\times 4}$$

zu bestimmen. Wir machen wieder den Ansatz $(\boldsymbol{A} \mid \boldsymbol{E}_4)$, addieren zur zweiten Zeile das (-1)-Fache der ersten Zeile und zur vierten Zeile das (-2)-Fache der ersten Zeile:

$$\left(\begin{array}{cccc|cccc} 1 & 2 & 0 & 4 & 1 & 0 & 0 & 0 \\ 1 & 1 & 0 & 2 & 0 & 1 & 0 & 0 \\ 0 & 2 & 1 & 0 & 0 & 0 & 1 & 0 \\ 2 & 5 & 1 & 6 & 0 & 0 & 0 & 1 \end{array}\right)$$

$$\to \left(\begin{array}{cccc|cccc} 1 & 2 & 0 & 4 & 1 & 0 & 0 & 0 \\ 0 & -1 & 0 & -2 & -1 & 1 & 0 & 0 \\ 0 & 2 & 1 & 0 & 0 & 0 & 1 & 0 \\ 0 & 1 & 1 & -2 & -2 & 0 & 0 & 1 \end{array}\right)$$

Nun erkennt man, dass durch Addition der zweiten zur dritten Zeile die vierte Zeile entsteht, d. h., der Rang von $\boldsymbol{A}$ ist nicht vier. Die Matrix ist also nicht invertierbar. ◀

Kommentar Beim Invertieren von Matrizen hat man bei den Zeilenumformungen im Allgemeinen viele Wahlmöglichkeiten. Wir haben bei den Beispielen jeweils einen Weg vorgegeben. Natürlich gelangt man auch mit anderen Zeilenumformungen zum Ziel. ◀

Wir heben zwei Merkregeln für das Inverse spezieller Matrizen hervor.

Die Inversen von 2 × 2- und Diagonalmatrizen

- Die Matrix $\begin{pmatrix} a & b \\ c & d \end{pmatrix} \in \mathbb{K}^{2\times 2}$ ist genau dann invertierbar, wenn $a\,d \neq b\,c$. Es gilt in diesem Fall

$$\begin{pmatrix} a & b \\ c & d \end{pmatrix}^{-1} = \frac{1}{a\,d - b\,c} \begin{pmatrix} d & -b \\ -c & a \end{pmatrix}.$$

- Die Matrix $\operatorname{diag}(a_1, \dots, a_n) \in \mathbb{K}^{n\times n}$ ist genau dann invertierbar, wenn alle $a_i \neq 0$ sind, und es gilt in diesem Fall

$$\begin{pmatrix} a_1 & & 0 \\ & \ddots & \\ 0 & & a_n \end{pmatrix}^{-1} = \begin{pmatrix} a_1^{-1} & & 0 \\ & \ddots & \\ 0 & & a_n^{-1} \end{pmatrix}.$$

Diese Aussagen prüft man einfach durch Multiplikation der jeweiligen Matrizen mit den angegebenen Inversen nach.

Anwendung: Input-Output-Analyse

Ein Unternehmen besteht aus n Produktionsabteilungen $A_1, \ldots, A_n$. Diese n Produktionsabteilungen stellen n verschiedene Produkte $P_1, \ldots, P_n$ her. Diese werden zum Teil von den Produktionsabteilungen verbraucht, der Rest steht dem Verkauf zur Verfügung (Output). Um diese n Produkte herzustellen, benötigt das Unternehmen m verschiedene Rohstoffe $R_1, \ldots, R_m$ (Input). Diese zwei Verteilungen, also Produkte P_i pro Abteilung A_j und Rohstoff R_i pro Abteilung A_j liefern zwei Matrizen $\boldsymbol{P}$ und $\boldsymbol{R}$. Mit diesen Matrizen lassen sich dann durch Matrizenoperationen Fragen zu Gesamtproduktion, Rohstoffverbrauch, Kapazität und vieles mehr beantworten.

Für die folgenden Überlegungen ist immer eine Zeiteinheit, also etwa ein Jahr, zugrunde gelegt.

Zuerst führen wir die Matrizen $\boldsymbol{P}$ für die Produktverteilung und $\boldsymbol{R}$ für die Rohstoffverteilung ein,

$$\boldsymbol{P} = \begin{pmatrix} p_{11} & \cdots & p_{1n} \\ \vdots & & \vdots \\ p_{n1} & \cdots & p_{nn} \end{pmatrix} \in \mathbb{R}^{n\times n},$$

dabei steht an der Stelle (i, j) die Menge der Produkte P_i, die von der Abteilung A_j zur Produktion eines Produktes P_j verbraucht werden. So besagen also etwa die Einträge in der ersten Spalte, wie viele der jeweiligen Produkte $P_1, \ldots, P_n$ von der Abteilung A_1 benötigt werden, um ein Produkt P_1 herzustellen. Wir beschreiben nun die Matrix $\boldsymbol{R}$,

$$\boldsymbol{R} = \begin{pmatrix} r_{11} & \cdots & r_{1n} \\ \vdots & & \vdots \\ r_{m1} & \cdots & r_{mn} \end{pmatrix} \in \mathbb{R}^{m\times n},$$

dabei steht an der Stelle (i, j) die Menge der Rohstoffe R_i, die von der Abteilung A_j benötigt werden, um ein Produkt P_j herzustellen. So gibt also die erste Spalte von $\boldsymbol{R}$ an, wie viel jeweils von den Rohstoffe $R_1, \ldots, R_m$ von der Abteilung A_1 benötigt wird, um ein Produkt P_1 zu fertigen.

Ist g_i die Menge des von der Abteilung A_i hergestellten Produktes P_i, so ist $\boldsymbol{g} = \begin{pmatrix} g_1 \\ \vdots \\ g_n \end{pmatrix}$ der Vektor, der die **Gesamtproduktion** darstellt. Und ist v_i die Menge des verkauften Produktes P_i, so stellt $\boldsymbol{v} = \begin{pmatrix} v_1 \\ \vdots \\ v_n \end{pmatrix} \in \mathbb{R}^n$ den **Verkaufsvektor** dar. Ist schließlich r_i die Menge des benötigten Rohstoffes R_i, so bezeichnet $\boldsymbol{r} = \begin{pmatrix} r_1 \\ \vdots \\ r_m \end{pmatrix} \in \mathbb{R}^m$ den **Rohstoffvektor**.

Mit diesen Vektoren und den eingeführten Matrizen gelten nun folgende Beziehungen.

Die Gesamtproduktion $\boldsymbol{g}$ des Unternehmens ist die Summe der im Unternehmen verbrauchten Produkte und der verkauften Produkte, d. h.,

$$\boldsymbol{g} = \boldsymbol{P}\boldsymbol{g} + \boldsymbol{v}$$

und

$$\boldsymbol{r} = \boldsymbol{R}\boldsymbol{g}$$

gibt den zugehörigen Rohstoffverbrauch wieder.

Wir beantworten im Folgenden typische, aus der Betriebswirtschaft stammende Fragestellungen zur Effizienz eines Unternehmens.

- Welche Nachfrage kann befriedigt werden, wenn die Gesamtproduktion, etwa durch Auslastung aller Maschinen, vorgegeben ist? Es gilt
$$\boldsymbol{v} = \boldsymbol{g} - \boldsymbol{P}\boldsymbol{g} = \mathbf{E}_n\boldsymbol{g} - \boldsymbol{P}\boldsymbol{g} = (\mathbf{E}_n - \boldsymbol{P})\,\boldsymbol{g}\,,$$
dabei gibt $\boldsymbol{r} = \boldsymbol{R}\boldsymbol{g}$ den zugehörigen Rohstoffverbrauch wieder.
- Bei welcher Gesamtproduktion wird eine vorgegebene Nachfrage, also bei vorgegebenem Vektor $\boldsymbol{v}$, befriedigt? Es gilt
$$\boldsymbol{g} = (\mathbf{E}_n - \boldsymbol{P})^{-1}\,\boldsymbol{v}\,.$$
Für den Rohstoffverbrauch erhalten wir dann $\boldsymbol{r} = \boldsymbol{R}\,(\mathbf{E}_n - \boldsymbol{P})^{-1}\,\boldsymbol{v}$. Und damit kann eine Nachfrage nur dann befriedigt werden, wenn die Matrix $\mathbf{E}_n - \boldsymbol{P}$ invertierbar ist.
- Welche Gesamtproduktion kann bei begrenzter Rohstoffmenge und invertierbarer Matrix $\boldsymbol{R}$ erreicht werden? Es gilt
$$\boldsymbol{g} = \boldsymbol{R}^{-1}\,\boldsymbol{r}$$
mit dem zugehörigen Verkaufsvektor $\boldsymbol{v} = (\mathbf{E}_n - \boldsymbol{P})\boldsymbol{R}^{-1}\,\boldsymbol{r}$.

Kommentar Die Input-Output-Analyse wurde maßgeblich von Wassily W. Leontief begründet. Er erhielt 1973 dafür den Nobelpreis für Wirtschaftswissenschaften. Die Matrix $(\mathbf{E}_n - \boldsymbol{P})^{-1}$ nennt man auch **Leontief-Inverse**. ◀

Teil III

Selbstfrage 7

Ist mit zwei invertierbaren Matrizen $\boldsymbol{A}, \boldsymbol{B} \in \mathbb{K}^{n\times n}$ auch die $n\times n$-Matrix $\boldsymbol{A}+\boldsymbol{B}$ invertierbar?

Kommentar Ist $\boldsymbol{A}\,\boldsymbol{x} = \boldsymbol{b}$ ein lineares Gleichungssystem mit invertierbarer Matrix $\boldsymbol{A}$, so ist die dann eindeutig bestimmte Lösung durch $\boldsymbol{A}^{-1}\,\boldsymbol{b}$ gegeben. Tatsächlich ist es im Allgemeinen aber viel aufwendiger, $\boldsymbol{A}^{-1}\,\boldsymbol{b}$ zu bestimmen als das Gleichungssystem mit dem Algorithmus von Gauß und Jordan zu lösen. ◄

Auf S. 808 stellen wir die wichtigsten Eigenschaften und Regeln für Matrizen in einer Übersicht zusammen.

16.3 Symmetrische und orthogonale Matrizen

Wir betrachten weitere spezielle Arten von Matrizen, die sogenannten *symmetrischen* und *orthogonalen* Matrizen. Sie spielen eine fundamentale Rolle in den Naturwissenschaften. Wir stellen sie in diesem Abschnitt vor, behandeln aber ihre wesentlichen Eigenschaften ausführlich erst in den Kap. 18 und 20.

Die *Symmetrie* einer Matrix lässt sich leicht durch das *Transponieren* beschreiben, für die *Orthogonalität* einer Matrix werden wir das *Skalarprodukt* einführen.

Beim Transponieren vertauscht man Zeilen und Spalten einer Matrix

Für eine Matrix $\boldsymbol{A} = (a_{ij}) \in \mathbb{K}^{m\times n}$ wird $\boldsymbol{A}^{\mathrm{T}} = (a'_{ij}) \in \mathbb{K}^{n\times m}$ mit

$$a'_{ij} = a_{ji}$$

die **Transponierte** von $\boldsymbol{A}$ (oder die **zu $\boldsymbol{A}$ transponierte Matrix**) genannt.

Mit den Zeilenvektoren $\boldsymbol{z}_1, \ldots, \boldsymbol{z}_m$ und den Spaltenvektoren $\boldsymbol{s}_1, \ldots, \boldsymbol{s}_n$ kann man das Transponieren auch folgendermaßen ausdrücken:

$$((\boldsymbol{s}_1, \ldots, \boldsymbol{s}_n))^{\mathrm{T}} = \begin{pmatrix} \boldsymbol{s}_1 \\ \vdots \\ \boldsymbol{s}_n \end{pmatrix},$$

$$\begin{pmatrix} \boldsymbol{z}_1 \\ \vdots \\ \boldsymbol{z}_m \end{pmatrix}^{\mathrm{T}} = ((\boldsymbol{z}_1, \ldots, \boldsymbol{z}_m))$$

Aus der k-ten Spalte wird die k-te Zeile bzw. aus der k-ten Zeile wird die k-te Spalte.

Beispiel Aus einer Spalte wird durch das Transponieren eine Zeile:

$$\begin{pmatrix} a_1 \\ \vdots \\ a_n \end{pmatrix}^{\mathrm{T}} = (a_1, \ldots, a_n)$$

Die Transponierte entsteht durch Vertauschen von Zeilen und Spalten:

$$\begin{pmatrix} a & b \\ c & d \end{pmatrix}^{\mathrm{T}} = \begin{pmatrix} a & c \\ b & d \end{pmatrix}, \quad \begin{pmatrix} 1 & 2 & 3 \\ 4 & 5 & 6 \end{pmatrix}^{\mathrm{T}} = \begin{pmatrix} 1 & 4 \\ 2 & 5 \\ 3 & 6 \end{pmatrix}$$

- Die zu $\mathbf{E}_2 = \begin{pmatrix} 1 & 0 \\ 0 & 1 \end{pmatrix} \in \mathbb{R}^{2\times 2}$ transponierte Matrix ist $\mathbf{E}_2^{\mathrm{T}} = \begin{pmatrix} 1 & 0 \\ 0 & 1 \end{pmatrix}$.
- Die zu $\boldsymbol{A} = \begin{pmatrix} 1 & 2 & \mathrm{i} \\ \sqrt{2} & -1 & 2\,\mathrm{i}+1 \\ \mathrm{i}+1 & 3 & 11 \end{pmatrix} \in \mathbb{C}^{3\times 3}$ transponierte Matrix ist $\boldsymbol{A}^{\mathrm{T}} = \begin{pmatrix} 1 & \sqrt{2} & \mathrm{i}+1 \\ 2 & -1 & 3 \\ \mathrm{i} & 2\,\mathrm{i}+1 & 11 \end{pmatrix}$. ◄

Ist $\boldsymbol{A}$ quadratisch, so geht also $\boldsymbol{A}^{\mathrm{T}}$ aus $\boldsymbol{A} = (a_{ij})_{n,n}$ durch Spiegeln an der Hauptdiagonale $(a_{11}, \ldots, a_{nn})$ hervor:

$$\begin{pmatrix} * & * & * & * \\ & * & * & * \\ & & * & * \\ & & & * \end{pmatrix}^{\mathrm{T}} = \begin{pmatrix} * & & & \\ * & * & & \\ * & * & * & \\ * & * & * & * \end{pmatrix}$$

Wir führen einfache Merkregeln zum Transponieren quadratischer Matrizen an.

Regeln zum Transponieren

Für Matrizen $\boldsymbol{A}, \boldsymbol{B} \in \mathbb{K}^{n\times n}$ und $\lambda \in \mathbb{K}$ gilt:

- $(\boldsymbol{A}+\boldsymbol{B})^{\mathrm{T}} = \boldsymbol{A}^{\mathrm{T}} + \boldsymbol{B}^{\mathrm{T}}$.
- $(\lambda\,\boldsymbol{A})^{\mathrm{T}} = \lambda\,\boldsymbol{A}^{\mathrm{T}}$.
- $(\boldsymbol{A}^{\mathrm{T}})^{\mathrm{T}} = \boldsymbol{A}$.
- $(\boldsymbol{A}\,\boldsymbol{B})^{\mathrm{T}} = \boldsymbol{B}^{\mathrm{T}}\,\boldsymbol{A}^{\mathrm{T}}$. Man beachte die Reihenfolge!

Achtung Bei der letzten Merkregel darf man die Reihenfolge im Allgemeinen nicht vertauschen.

So gilt nämlich etwa für die reellen Matrizen $\boldsymbol{A} = \begin{pmatrix} 0 & 1 \\ 0 & 0 \end{pmatrix}$ und $\boldsymbol{B} = \begin{pmatrix} 1 & 0 \\ 0 & 0 \end{pmatrix}$:

$$(\boldsymbol{A}\,\boldsymbol{B})^{\mathrm{T}} = \begin{pmatrix} 0 & 0 \\ 0 & 0 \end{pmatrix}^{\mathrm{T}} \neq \begin{pmatrix} 0 & 0 \\ 1 & 0 \end{pmatrix} = \boldsymbol{A}^{\mathrm{T}}\,\boldsymbol{B}^{\mathrm{T}}$$ ◄

Teil III

Anwendung: Der Körper der komplexen Zahlen in Gestalt von Matrizen

Wir betrachten die Menge

$$G = \left\{ \begin{pmatrix} a & -b \\ b & a \end{pmatrix} \,\middle|\, a, b \in \mathbb{R} \right\}$$

von 2×2-Matizen über $\mathbb{R}$ und überlegen uns, dass wir diese Menge mit dem Körper $\mathbb{C}$ der komplexen Zahlen identifizieren können.

Wir betrachten die Abbildung

$$\varphi : \begin{cases} \mathbb{C} & \to \quad G \\ z = a + \mathrm{i}\, b & \mapsto \quad \begin{pmatrix} a & -b \\ b & a \end{pmatrix} \end{cases}$$

und überzeugen uns von den folgenden vier Tatsachen:

1. φ ist injektiv: Aus $\varphi(a + \mathrm{i}\, b) = \varphi(a' + \mathrm{i}\, b')$ folgt sogleich $a = a'$ und $b = b'$.
2. φ ist surjektiv:
   Zu $\begin{pmatrix} a & -b \\ b & a \end{pmatrix} \in G$ wähle $z = a + \mathrm{i}\, b \in \mathbb{C}$.
3. Für alle $z, z' \in \mathbb{C}$ gilt $\varphi(z + z') = \varphi(z) + \varphi(z')$:
   Sind $z = a + \mathrm{i}\, b$ und $z' = a' + \mathrm{i}\, b' \in \mathbb{C}$, so ist
   $$\varphi(z + z') = \begin{pmatrix} a + a' & -(b + b') \\ b + b' & a + a' \end{pmatrix} = \varphi(z) + \varphi(z') \, .$$
4. Für alle $z, z' \in \mathbb{C}$ gilt $\varphi(z z') = \varphi(z)\, \varphi(z')$:
   Sind $z = a + \mathrm{i}\, b$ und $z' = a' + \mathrm{i}\, b' \in \mathbb{C}$, so ist
   $$\begin{aligned} \varphi(z z') &= \varphi((a a' - b b') + \mathrm{i}\,(b a' + a b')) \\ &= \begin{pmatrix} a a' - b b' & -(b a' + a b') \\ b a' + a b' & a a' - b b' \end{pmatrix} \\ &= \begin{pmatrix} a & -b \\ b & a \end{pmatrix} \begin{pmatrix} a' & -b' \\ b' & a' \end{pmatrix} = \varphi(z)\, \varphi(z') \, . \end{aligned}$$

Wir können nun die Elemente aus $\mathbb{C}$ durch jene aus G ausdrücken. Zu jedem Element aus $\mathbb{C}$ gehört genau ein Element aus G. Der Summe bzw. dem Produkt zweier komplexer Zahlen z und z' entspricht die Summe bzw. das Produkt der beiden Matrizen $\varphi(z)$ und $\varphi(z')$. Also sind G und $\mathbb{C}$ von der Bezeichnung der Elemente abgesehen dasselbe. Aber in G taucht die imaginäre Einheit i nicht explizit auf. Zu i gehört die Matrix $\varphi(\mathrm{i}) = \begin{pmatrix} 0 & -1 \\ 1 & 0 \end{pmatrix}$, und der haftet nichts *Imaginäres* mehr an.

Der Körper der komplexen Zahlen kann also gedeutet werden als die Menge aller Matrizen $\begin{pmatrix} a & -b \\ b & a \end{pmatrix} \in \mathbb{R}^{2\times 2}$.

Die Menge G bildet einen Untervektorraum von $\mathbb{R}^{2\times 2}$. Es ist also G insbesondere ein reeller Vektorraum. Weil jedes Element $\begin{pmatrix} a & -b \\ b & a \end{pmatrix} \in G$ eine Linearkombination der beiden über $\mathbb{R}$ linear unabhängigen Matrizen $\begin{pmatrix} 1 & 0 \\ 0 & 1 \end{pmatrix}$ und $\begin{pmatrix} 0 & -1 \\ 1 & 0 \end{pmatrix}$ ist, es gilt nämlich

$$\begin{pmatrix} a & -b \\ b & a \end{pmatrix} = a \begin{pmatrix} 1 & 0 \\ 0 & 1 \end{pmatrix} + b \begin{pmatrix} 0 & -1 \\ 1 & 0 \end{pmatrix} ,$$

bildet die Menge $\left\{ \begin{pmatrix} 1 & 0 \\ 0 & 1 \end{pmatrix}, \begin{pmatrix} 0 & -1 \\ 1 & 0 \end{pmatrix} \right\}$ eine Basis von G. Es folgt erneut $\dim_{\mathbb{R}}(\mathbb{C}) = 2$.

Wir heben ein weiteres Resultat hervor: Weil die Multiplikation in $\mathbb{C}$ kommutativ ist, ist es auch jene in G, denn zu beliebigen $g, g' \in G$ gibt es $z, z' \in \mathbb{C}$ mit $\varphi(z) = g$ und $\varphi(z') = g'$. Damit erhalten wir $g\, g' = \varphi(z)\, \varphi(z') = \varphi(z z') = \varphi(z' z) = \varphi(z')\, \varphi(z) = g'\, g$.

Also ist die Multiplikation in G kommutativ, wenngleich die Multiplikation in $\mathbb{R}^{2\times 2}$ nicht kommutativ ist.

Nach Abschn. 5.2 können wir komplexe Zahlen auch als Vektoren des $\mathbb{R}^2$ interpretieren. Damit haben wir für jede komplexe Zahl $z \in \mathbb{C}$ die drei Schreibweisen

$$z = a + \mathrm{i}\, b, \quad z = \begin{pmatrix} a \\ b \end{pmatrix}, \quad z = \begin{pmatrix} a & -b \\ b & a \end{pmatrix} .$$

Die Multiplikation einer komplexen Zahl $z = a + \mathrm{i}\, b$ mit der imaginären Einheit i ist die Drehung der komplexen Zahl z im $\mathbb{R}^2$ um $\pi/2$

$$\mathrm{i}\, z = -b + \mathrm{i}\, a ,$$

da hierzu der Vektor $\begin{pmatrix} -b \\ a \end{pmatrix}$ gehört:

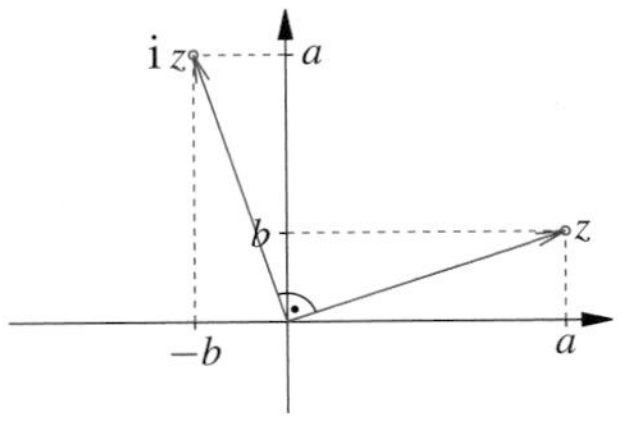

Dasselbe leistet in G die zu i gehörige Matrix $\varphi(\mathrm{i})$:

$$\begin{pmatrix} 0 & -1 \\ 1 & 0 \end{pmatrix} \begin{pmatrix} a & -b \\ b & a \end{pmatrix} = \begin{pmatrix} -b & -a \\ a & -b \end{pmatrix} ,$$

da hierzu ebenso der Vektor $\begin{pmatrix} -b \\ a \end{pmatrix}$ gehört.

Schließlich entspricht dem Inversen einer komplexen Zahl $z = a + \mathrm{i}\, b \neq 0$ das Inverse der zu z gehörigen Matrix $\varphi(z)$, da

$$\mathbf{E}_2 = \varphi(1) = \varphi(z z^{-1}) = \varphi(z)\, \varphi(z^{-1})$$

gilt. Das heißt, die Matrix $\varphi(z) = \begin{pmatrix} a & -b \\ b & a \end{pmatrix}$ ist invertierbar mit dem Inversen $\varphi(z)^{-1} = \varphi(z^{-1}) = \frac{1}{a^2+b^2} \begin{pmatrix} a & b \\ -b & a \end{pmatrix}$.

Teil III

Anwendung: Die Fibonacci-Zahlen und ihre Näherungen

Die Fibonacci-Zahlen $(a_0, a_1, a_2, \ldots)$ sind rekursiv definiert durch

$$a_0 = 1, \quad a_1 = 1, \quad a_{n+1} = a_n + a_{n-1} \quad \text{für } n \in \mathbb{N}.$$

Wir geben diese Rekursionsvorschrift durch eine Matrix $\boldsymbol{A} \in \mathbb{R}^{2\times 2}$ wieder und gelangen durch Berechnen von Potenzen von $\boldsymbol{A}$ zu einer guten Näherungslösung für hinreichend große n.

Wir bestimmen zunächst die Matrix $\boldsymbol{A} \in \mathbb{R}^{2\times 2}$ mit

$$\begin{pmatrix} a_n \\ a_{n+1} \end{pmatrix} = \boldsymbol{A}^n \begin{pmatrix} a_0 \\ a_1 \end{pmatrix}, \ n \in \mathbb{N}$$

und berechnen anschließend explizit die Potenzen $\boldsymbol{A}^n$. Es gilt

$$\begin{pmatrix} a_n \\ a_{n+1} \end{pmatrix} = \begin{pmatrix} 0 & 1 \\ 1 & 1 \end{pmatrix} \begin{pmatrix} a_{n-1} \\ a_n \end{pmatrix} = \cdots = \begin{pmatrix} 0 & 1 \\ 1 & 1 \end{pmatrix}^n \begin{pmatrix} a_0 \\ a_1 \end{pmatrix},$$

insbesondere also

$$\boldsymbol{A} = \begin{pmatrix} 0 & 1 \\ 1 & 1 \end{pmatrix}.$$

Wir setzen

$$\boldsymbol{S} = \begin{pmatrix} 1 & 1 \\ \frac{1+\sqrt{5}}{2} & \frac{1-\sqrt{5}}{2} \end{pmatrix}.$$

Es ist dann

$$\boldsymbol{S}^{-1} = -\frac{1}{\sqrt{5}} \begin{pmatrix} \frac{1-\sqrt{5}}{2} & -1 \\ -\frac{1+\sqrt{5}}{2} & 1 \end{pmatrix}$$

und

$$\boldsymbol{S}^{-1}\boldsymbol{A}\,\boldsymbol{S} = \begin{pmatrix} \frac{1+\sqrt{5}}{2} & 0 \\ 0 & \frac{1-\sqrt{5}}{2} \end{pmatrix} = \boldsymbol{D}.$$

Kommentar Wir haben hier die Matrix $\boldsymbol{S}$ einfach angegeben. Tatsächlich kann man solche *diagonalisierenden* Matrizen im Fall ihrer Existenz bestimmen. Wir werden das im Kap. 18 mittels der sogenannten Eigenwerttheorie systematisch behandeln: Zu gewissen Matrizen $\boldsymbol{A}$ gibt es eine Matrix $\boldsymbol{S}$, sodass $\boldsymbol{S}^{-1}\boldsymbol{A}\,\boldsymbol{S}$ eine Diagonalmatrix ist; die Spalten der Matrix $\boldsymbol{S}$ erhält man dabei im Allgemeinen durch sukzessives Lösen linearer Gleichungssysteme. ◀

Und nun kommt der entscheidende Trick. Wegen $\boldsymbol{A} = \boldsymbol{S}\boldsymbol{D}\boldsymbol{S}^{-1}$ gilt

$$\begin{aligned} \boldsymbol{A}^n &= (\boldsymbol{S}\boldsymbol{D}\boldsymbol{S}^{-1})^n = \\ &= \underbrace{\boldsymbol{S}\boldsymbol{D}\boldsymbol{S}^{-1}\,\boldsymbol{S}\boldsymbol{D}\boldsymbol{S}^{-1}\ldots\boldsymbol{S}\boldsymbol{D}\boldsymbol{S}^{-1}}_{n-\text{mal}} = \boldsymbol{S}\boldsymbol{D}^n\boldsymbol{S}^{-1}. \end{aligned}$$

Und dieses Produkt $\boldsymbol{S}\boldsymbol{D}^n\boldsymbol{S}^{-1}$ ist nun wegen der Diagonalform von $\boldsymbol{D}$ einfach zu berechnen. Zur Abkürzung setzen wir $a = \frac{1+\sqrt{5}}{2}$ und $b = \frac{1-\sqrt{5}}{2}$. Wir erhalten also $\boldsymbol{A}^n$ durch Berechnen des Matrizenproduktes

$$\begin{aligned} &-\frac{1}{\sqrt{5}} \begin{pmatrix} 1 & 1 \\ a & b \end{pmatrix} \begin{pmatrix} a^n & 0 \\ 0 & b^n \end{pmatrix} \begin{pmatrix} b & -1 \\ -a & 1 \end{pmatrix} \\ &= -\frac{1}{\sqrt{5}} \begin{pmatrix} a^n & b^n \\ a^{n+1} & b^{n+1} \end{pmatrix} \begin{pmatrix} b & -1 \\ -a & 1 \end{pmatrix} \\ &= \frac{1}{\sqrt{5}} \begin{pmatrix} a^{n-1} - b^{n-1} & a^n - b^n \\ a^n - b^n & a^{n+1} - b^{n+1} \end{pmatrix}. \end{aligned}$$

Daraus liest man

$$a_n = \frac{1}{\sqrt{5}} \left(\left(\frac{1+\sqrt{5}}{2} \right)^{n+1} - \left(\frac{1-\sqrt{5}}{2} \right)^{n+1} \right),$$

für $n \in \mathbb{N}$ ab, und zwar durch Berechnung von $\begin{pmatrix} a_n \\ a_{n+1} \end{pmatrix} = \boldsymbol{A}^n \begin{pmatrix} a_0 \\ a_1 \end{pmatrix} = \boldsymbol{A}^n \begin{pmatrix} 1 \\ 1 \end{pmatrix}$ oder – einfacher – durch die Beobachtung, dass die durch $b_0 = 0$, $b_1 = 1$ und $b_n = b_{n-1} + b_{n-2}$ für $n \geq 2$ definierte Folge (b_n) die Bedingung $b_{n+1} = a_n$ erfüllt, woraus

$$\begin{pmatrix} a_{n-1} \\ a_n \end{pmatrix} = \begin{pmatrix} b_n \\ b_{n+1} \end{pmatrix} = \boldsymbol{A}^n \begin{pmatrix} b_0 \\ b_1 \end{pmatrix} = \boldsymbol{A}^n \begin{pmatrix} 0 \\ 1 \end{pmatrix}$$

folgt.

Ein Vorteil dieser Matrizendarstellung der Fibonacci-Zahlen besteht darin, dass man an ihr das Wachstumsverhalten von a_n gut erkennen kann. Da der zweite Summand wegen $(\sqrt{5}-1)/2 \approx 0.618$ sehr schnell vernachlässigbar klein wird, gilt

$$a_n \approx \frac{1}{\sqrt{5}} \left(\frac{1+\sqrt{5}}{2} \right)^{n+1}$$

in sehr guter Näherung, und a_n ergibt sich für jedes n aus dieser Näherung durch Runden zur nächsten ganzen Zahl.

n	a_n	Näherung
0	1	0.723 606 798 0
1	1	1.170 820 394
2	2	1.894 427 192
3	3	3.065 247 586
4	5	4.959 674 780
5	8	8.024 922 370
6	13	12.984 597 15
7	21	21.009 519 52
8	34	33.994 116 68
9	55	55.003 636 24
10	89	88.997 752 90

Symmetrische Matrizen ändern sich nicht durch Transponieren

Eine besondere Art von Matrizen bilden die *symmetrischen* Matrizen wie etwa

$$A = \begin{pmatrix} 1 & 2 & 3 \\ 2 & 3 & 4 \\ 3 & 4 & 5 \end{pmatrix}.$$

Die *Symmetrie* bedeutet dabei, dass die erste Zeile gleich der ersten Spalte ist, analog für die zweite Zeile und zweite Spalte usw.

Definition symmetrischer Matrizen

Man nennt eine Matrix $\boldsymbol{A} \in \mathbb{K}^{n \times n}$ **symmetrisch**, wenn $\boldsymbol{A}^{\mathrm{T}} = \boldsymbol{A}$ gilt.

Beispiel

- Die Einheitsmatrix $\mathbf{E}_n \in \mathbb{K}^{n \times n}$ ist symmetrisch.
- Die Matrix $\boldsymbol{A} = \begin{pmatrix} 1 & 2 & \mathrm{i} \\ \sqrt{2} & -1 & 2\,\mathrm{i}+1 \\ \mathrm{i}+1 & 3 & 11 \end{pmatrix} \in \mathbb{C}^{3\times 3}$ ist nicht symmetrisch.
- Die Matrix $\boldsymbol{B} = \begin{pmatrix} 1 & 2 & \mathrm{i} \\ 2 & -1 & 3 \\ \mathrm{i} & 3 & 11 \end{pmatrix} \in \mathbb{C}^{3\times 3}$ ist symmetrisch. ◀

Selbstfrage 8

Sind die Potenzen $\boldsymbol{A}^k$ einer symmetrischen Matrix $\boldsymbol{A}$ wieder symmetrisch? Gilt etwa $(\boldsymbol{A}^{\mathrm{T}})^k = (\boldsymbol{A}^k)^{\mathrm{T}}$?

Symmetrische Matrizen haben erstaunliche Eigenschaften, auf die wir in späteren Kapiteln noch genauer eingehen werden.

Anwendungsbeispiel Die Komponenten L_1, L_2, L_3 des Drehimpulses $\boldsymbol{L} = (L_i)$ einer Punktmasse m am Ort $\boldsymbol{r} = (r_i)$ während einer Drehung mit der durch den Vektor $\boldsymbol{\omega} = (\omega_i)$ gegebenen Winkelgeschwindigkeit lauten

$$L_i = \sum_{j=1}^{3} m\,((\boldsymbol{r}^{\mathrm{T}}\boldsymbol{r})\,\delta_{ij} - r_i\,r_j)\,\omega_j \quad \text{für } i = 1,\,2,\,3\,.$$

Damit können wir $\boldsymbol{L}$ als Linearkombination der kanonischen Basis schreiben

$$\boldsymbol{L} = \sum_{i=1}^{3} \left(\sum_{j=1}^{3} m\,((\boldsymbol{r}^{\mathrm{T}}\boldsymbol{r})\,\delta_{ij} - r_i\,r_j)\,\omega_j \right) \boldsymbol{e}_i$$

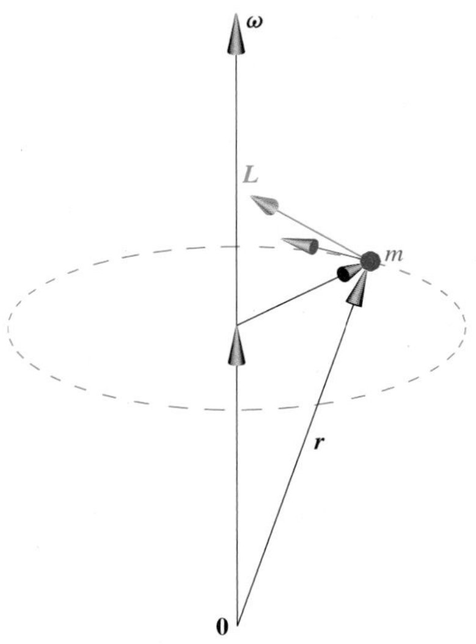

Abb. 16.2 Der Drehimpuls $\boldsymbol{L}$ ist im Allgemeinen nicht parallel zur Winkelgeschwindigkeit $\boldsymbol{\omega}$

oder übersichtlicher mit dem Matrizenprodukt als

$$\boldsymbol{L} = m\,((\boldsymbol{r}^{\mathrm{T}}\boldsymbol{r})\,\boldsymbol{\omega} - \boldsymbol{r}\,(\boldsymbol{r}^{\mathrm{T}}\boldsymbol{\omega}))\,.$$

Wir nutzen die Assoziativität der Matrizenmultiplikation aus und formen die Gleichung für den Drehimpuls um:

$$\begin{aligned} \boldsymbol{L} &= m\,((\boldsymbol{r}^{\mathrm{T}}\boldsymbol{r})\,\boldsymbol{\omega} - \boldsymbol{r}\,(\boldsymbol{r}^{\mathrm{T}}\boldsymbol{\omega})) \\ &= m\,((\boldsymbol{r}^{\mathrm{T}}\boldsymbol{r})\,\boldsymbol{\omega} - (\boldsymbol{r}\,\boldsymbol{r}^{\mathrm{T}})\,\boldsymbol{\omega}) \\ &= \underbrace{m\,((\boldsymbol{r}^{\mathrm{T}}\boldsymbol{r})\,\mathbf{E}_3 - (\boldsymbol{r}\,\boldsymbol{r}^{\mathrm{T}}))}_{=\boldsymbol{J}}\,\boldsymbol{\omega} \\ &= \boldsymbol{J}\,\boldsymbol{\omega}\,. \end{aligned}$$

Die Matrix $\boldsymbol{J}$ ist symmetrisch, da:

$$\begin{aligned} ((\boldsymbol{r}^{\mathrm{T}}\boldsymbol{r})\,\mathbf{E}_3 - (\boldsymbol{r}\,\boldsymbol{r}^{\mathrm{T}}))^{\mathrm{T}} &= (\boldsymbol{r}^{\mathrm{T}}\boldsymbol{r})\,\mathbf{E}_3^{\mathrm{T}} - (\boldsymbol{r}\,\boldsymbol{r}^{\mathrm{T}})^{\mathrm{T}} \\ &= (\boldsymbol{r}^{\mathrm{T}}\boldsymbol{r})\,\mathbf{E}_3 - (\boldsymbol{r}\,\boldsymbol{r}^{\mathrm{T}})\,. \end{aligned}$$

Diese Symmetrie erkennt man auch unmittelbar an obiger Indexdarstellung des Drehimpulses $\boldsymbol{L}$.

Man nennt die Matrix $\boldsymbol{J}$ auch **Trägheitstensor**.

Den Unterschied zwischen $\boldsymbol{r}^{\mathrm{T}}\boldsymbol{r}$ und $\boldsymbol{r}\,\boldsymbol{r}^{\mathrm{T}}$ verdeutlicht die folgende Illustration:

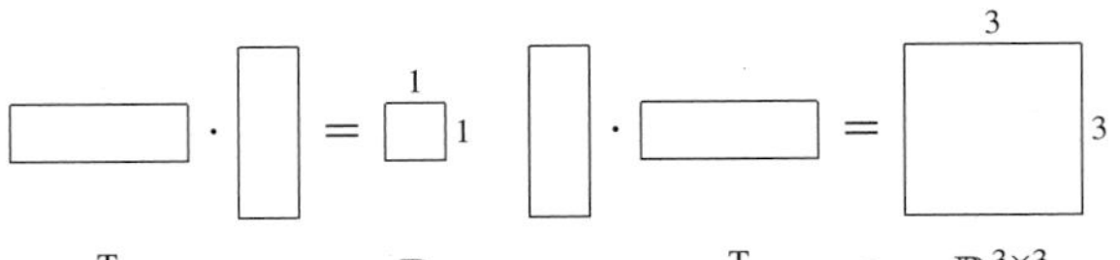

$\boldsymbol{r}^{\mathrm{T}} \cdot \boldsymbol{r} \in \mathbb{R}, \qquad \boldsymbol{r} \cdot \boldsymbol{r}^{\mathrm{T}} \in \mathbb{R}^{3\times 3}$ ◀

Teil III

Zwei Vektoren stehen genau dann senkrecht aufeinander, wenn ihr Skalarprodukt null ist

Wir greifen die Formel *Zeile mal Spalte ist Zahl* bei der Matrizenmultiplikation auf und klären den Zusammenhang zur Orthogonalität von Vektoren. Dazu betrachten wir das sogenannte *Standardskalarprodukt* im $\mathbb{R}^n$, das wohl den meisten Lesern schon aus der Schule vertraut ist. Sehen Sie auch Abschn. 19.2. Im Kap. 20 werden wir dieses Thema wieder aufgreifen und das *allgemeine* Skalarprodukt ausführlich und systematisch behandeln.

Mit dem Satz von Pythagoras können wir die Länge eines Vektors $\boldsymbol{v} \in \mathbb{R}^2$ oder $\boldsymbol{v} \in \mathbb{R}^3$, also die Länge der Strecke $\overrightarrow{\boldsymbol{0}\,\boldsymbol{v}}$ vom Nullpunkt $\boldsymbol{0}$ bis zum Punkt $\boldsymbol{v}$, bestimmen.

Für $\boldsymbol{v} = \begin{pmatrix} v_1 \\ v_2 \end{pmatrix} \in \mathbb{R}^2$ ist $\|\boldsymbol{v}\| = \sqrt{v_1^2 + v_2^2}$ die Länge der Strecke $\overrightarrow{\boldsymbol{0}\,\boldsymbol{v}}$. Wir nennen diesen Wert $\|\boldsymbol{v}\|$ die **Länge** oder auch die **Norm** des Vektors $\boldsymbol{v}$.

Wir betrachten nun folgende Situation, bei der die Strecke $\overrightarrow{\boldsymbol{0}\,\boldsymbol{v}}$ senkrecht auf der Strecke $\overrightarrow{\boldsymbol{0}\,\boldsymbol{w}}$ steht, d. h., die Strecken schließen den Winkel von $\pi/2$ ein (siehe Abb. 16.4).

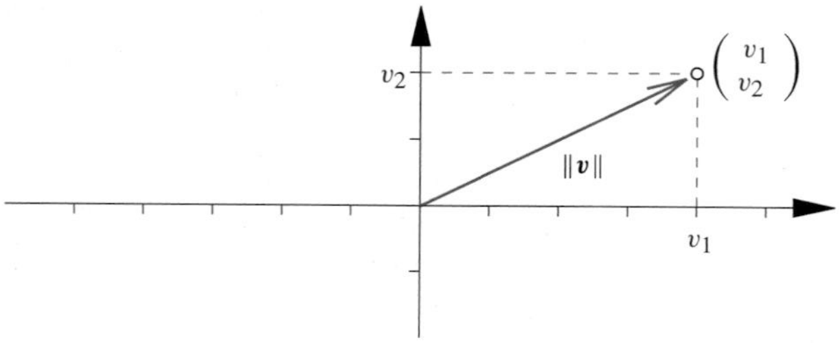

Abb. 16.3 Es ist $\|\boldsymbol{v}\| = \sqrt{v_1^2 + v_2^2}$ die Länge der Strecke vom Nullpunkt bis $\boldsymbol{v}$

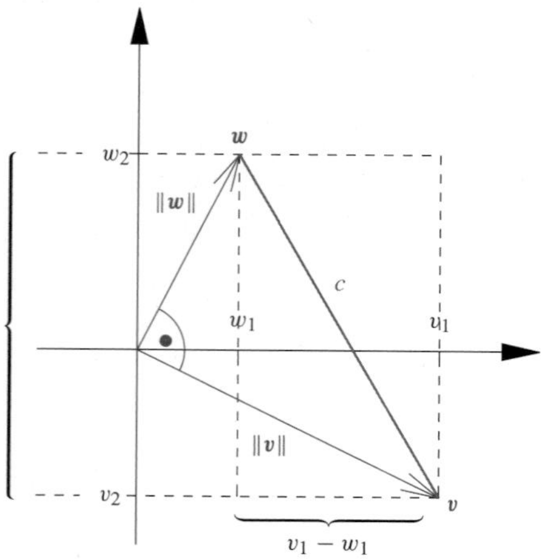

Abb. 16.4 Zwei senkrechte Vektoren im $\mathbb{R}^2$

Für die Längen von $\boldsymbol{v} = \begin{pmatrix} v_1 \\ v_2 \end{pmatrix}$, $\boldsymbol{w} = \begin{pmatrix} w_1 \\ w_2 \end{pmatrix}$ und die Länge c der Strecke $\overrightarrow{\boldsymbol{v}\,\boldsymbol{w}}$ zwischen den Punkten $\boldsymbol{v}$ und $\boldsymbol{w}$ erhalten wir, wie aus der Abbildung ersichtlich ist

$$\|\boldsymbol{v}\| = \sqrt{v_1^2 + v_2^2}, \quad \|\boldsymbol{w}\| = \sqrt{w_1^2 + w_2^2} \quad \text{und}$$

$$c = \sqrt{(v_1 - w_1)^2 + (v_2 - w_2)^2}.$$

Nach dem Satz von Pythagoras gilt $\|\boldsymbol{v}\|^2 + \|\boldsymbol{w}\|^2 = c^2$, also

$$\begin{aligned} v_1^2 + v_2^2 + w_1^2 + w_2^2 &= (v_1 - w_1)^2 + (v_2 - w_2)^2 \\ &= v_1^2 - 2\,v_1\,w_1 + w_1^2 + v_2^2 - 2\,v_2\,w_2 + w_2^2. \end{aligned}$$

Und das ist genau dann der Fall, wenn $v_1\,w_1 + v_2\,w_2 = 0$ gilt.

Diese Überlegungen lassen sich auf den $\mathbb{R}^3$ übertragen (siehe Abb. 16.5). Die Länge eines Vektors $\boldsymbol{v} = \begin{pmatrix} v_1 \\ v_2 \\ v_3 \end{pmatrix}$ ist hier gegeben durch

$$\|\boldsymbol{v}\| = \sqrt{v_1^2 + v_2^2 + v_3^3}.$$

Analog zum zweidimensionalen Fall kann man nachrechnen, dass zwei Vektoren $\boldsymbol{v} = \begin{pmatrix} v_1 \\ v_2 \\ v_3 \end{pmatrix}$, $\boldsymbol{w} = \begin{pmatrix} w_1 \\ w_2 \\ w_3 \end{pmatrix} \in \mathbb{R}^3 \setminus \{\boldsymbol{0}\}$ genau dann senkrecht aufeinander stehen, wenn

$$\boldsymbol{v} \cdot \boldsymbol{w} = v_1\,w_1 + v_2\,w_2 + v_3\,w_3 = 0$$

gilt.

Wir verallgemeinern dieses *Produkt* zweier Spaltenvektoren für Vektoren aus dem $\mathbb{R}^n$.

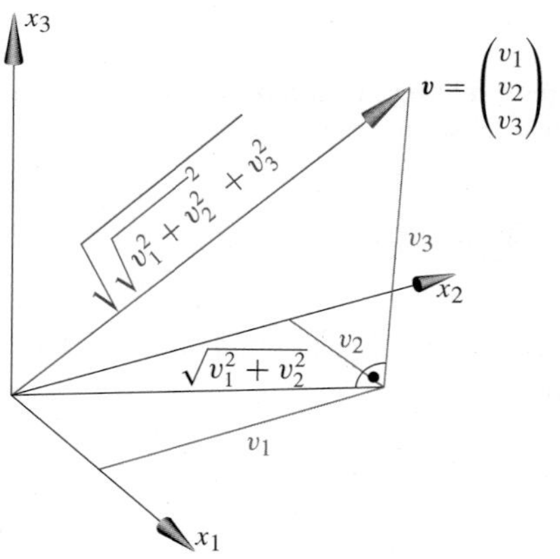

Abb. 16.5 Die Länge des Vektors $\boldsymbol{v}$ ist $\|\boldsymbol{v}\| = \sqrt{v_1^2 + v_2^2 + v_3^2}$

Die Definition des Standardskalarprodukts

Wir nennen für Vektoren $v = \begin{pmatrix} v_1 \\ \vdots \\ v_n \end{pmatrix}$, $w = \begin{pmatrix} w_1 \\ \vdots \\ w_n \end{pmatrix}$ aus $\mathbb{R}^n$ das Produkt

$$v \cdot w = v^{\mathrm{T}} w = \sum_{i=1}^{n} v_i w_i$$

das **Standardskalarprodukt** oder auch **kanonisches Skalarprodukt**.

Der Punkt in $v \cdot w$ steht für das Skalarprodukt, dieses ist ein Produkt zweier Spaltenvektoren v und w. Der Zusammenhang zur Matrizenmultiplikation ist einfach: Man transponiert den Spaltenvektor v

$$v = \begin{pmatrix} v_1 \\ \vdots \\ v_n \end{pmatrix} \to v^{\mathrm{T}} = (v_1, \ldots, v_n)$$

und berechnet das Matrizenprodukt

$$v^{\mathrm{T}} w = (v_1, \ldots, v_n) \begin{pmatrix} w_1 \\ \vdots \\ w_n \end{pmatrix} = \sum_{i=1}^{n} v_i w_i = v \cdot w .$$

Anstelle von $v \cdot w$ sind auch die Schreibweisen $\langle v \mid w \rangle$, $\langle v, w \rangle$, $s(v, w)$ üblich.

Weil wir in diesem Abschnitt keine weiteren Skalarprodukte betrachten werden, wollen wir $\cdot$ kurz **Skalarprodukt** nennen.

Mithilfe des Skalarproduktes können wir das im $\mathbb{R}^2$ und $\mathbb{R}^3$ anschauliche Senkrechtstehen auf beliebige Dimensionen und auch auf die Fälle $v = \mathbf{0}$ und $w = \mathbf{0}$ verallgemeinern.

Definition von senkrechten bzw. orthogonalen Vektoren

Sind v und w aus $\mathbb{R}^n$, so sagen wir v steht **senkrecht** auf w oder v und w sind **orthogonal** zueinander, wenn

$$v \cdot w = 0$$

gilt. Anstelle von $v \cdot w = 0$ schreibt man auch

$$v \perp w .$$

Einen Vektor n, der senkrecht auf einer Ebene E steht, nennt man auch **Normalenvektor** der Ebene.

Abb. 16.6 Wenn der Ortsvektor r senkrecht zur Drehachse ist, ist der Drehimpuls parallel zur Winkelgeschwindigkeit

Anwendungsbeispiel Die Formel

$$L = m\,((r^{\mathrm{T}} r)\,\omega - (r\,r^{\mathrm{T}})\,\omega)$$

für den Drehimpuls L einer Punktmasse m am Ort $r \in \mathbb{R}^3$ während einer Drehung mit der Winkelgeschwindigkeit $\omega \in \mathbb{R}^3$ vereinfacht sich auf

$$L = m\,(r^{\mathrm{T}} r)\,\omega ,$$

falls $r \cdot \omega = 0$ gilt, d. h., falls r senkrecht auf der Winkelgeschwindigkeit ω steht. Der Trägheitstensor ist in diesem Fall die Diagonalmatrix $J = m\,(r^{\mathrm{T}} r)\,\mathbf{E}_3$.

Die Vektoren L und ω sind in diesem Fall linear abhängig. ◀

Kommentar In den Anwendungen schreibt man oft r^2 für $r^{\mathrm{T}} r$ und betrachtet bei parallelem L und ω nur die Beträge:

$$L = m\,r^2\,\omega .$$ ◀

Wir geben noch einige Rechenregeln für das Skalarprodukt an:

1. Für alle $v, w \in \mathbb{R}^2$ oder $\mathbb{R}^3$ gilt $v \cdot w = w \cdot v$, also steht w auch senkrecht auf v, wenn v senkrecht auf w steht.
2. Für alle $v \in \mathbb{R}^2$ oder $\mathbb{R}^3$ gilt $v \cdot \mathbf{0} = 0$, also steht der Nullvektor auf jedem Vektor senkrecht.
3. Für alle $u, v, w \in \mathbb{R}^2$ oder $\mathbb{R}^3$ gilt $u \cdot (v + w) = u \cdot v + u \cdot w$.
4. Aus $v \cdot v = 0$ für $v \in \mathbb{R}^2$ oder $\mathbb{R}^3$ folgt $v = \mathbf{0}$.

Achtung Sind $v, w \in \mathbb{K}^n$, so gilt

$$v^{\mathrm{T}} w \in \mathbb{K}, \quad \text{aber} \quad v\,w^{\mathrm{T}} \in \mathbb{K}^{n \times n} .$$

Zeile mal Spalte ergibt eine Zahl und Spalte mal Zeile ergibt eine Matrix. ◀

Vertiefung: Dyadisches Produkt

Für Vektoren $\boldsymbol{v} = (v_i)$, $\boldsymbol{w} = (w_i) \in \mathbb{R}^n$ bezeichnet man das Produkt

$$\boldsymbol{v} \otimes \boldsymbol{w} = \boldsymbol{v}\,\boldsymbol{w}^{\mathrm{T}} = \begin{pmatrix} v_1 \\ \vdots \\ v_n \end{pmatrix} (w_1, \dots, w_n)$$

$$= \begin{pmatrix} v_1\,w_1 & v_1\,w_2 & \cdots & v_1\,w_n \\ v_2\,w_1 & v_2\,w_2 & \cdots & v_2\,w_n \\ \vdots & \vdots & \cdots & \vdots \\ v_n\,w_1 & v_n\,w_2 & \cdots & v_n\,w_n \end{pmatrix} \in \mathbb{R}^{n \times n}$$

als das **dyadische Produkt** von $\boldsymbol{v}$ mit $\boldsymbol{w}$.

Es ist $\boldsymbol{v} \otimes \boldsymbol{w}$ ein sogenannter *Tensor 2. Stufe* (siehe Kap. 22). Wir geben einige Eigenschaften des dyadischen Produkts an.

- Ist $\boldsymbol{v}$ oder $\boldsymbol{w}$ der Nullvektor, so ist $\boldsymbol{v} \otimes \boldsymbol{w}$ die $n \times n$-Nullmatrix.
- Sind $\boldsymbol{v}$ und $\boldsymbol{w}$ vom Nullvektor verschieden, so hat die Matrix $\boldsymbol{v} \otimes \boldsymbol{w}$ den Rang 1. Ist nämlich $v_j \neq 0$, so ist jede Zeile von $\boldsymbol{v} \otimes \boldsymbol{w}$ ein Vielfaches der j-ten Zeile von $\boldsymbol{v} \otimes \boldsymbol{w}$.
- Ist $\boldsymbol{u} \in \mathbb{R}^n$, so gilt

$$(\boldsymbol{v} \otimes \boldsymbol{w})\,\boldsymbol{u} = (\boldsymbol{w}^{\mathrm{T}}\,\boldsymbol{u})\,\boldsymbol{v}\,.$$

  Dies folgt aus der Assoziativität der Matrizenmultiplikation:

$$\begin{aligned}(\boldsymbol{v} \otimes \boldsymbol{w})\,\boldsymbol{u} &= (\boldsymbol{v}\,\boldsymbol{w}^{\mathrm{T}})\,\boldsymbol{u} = \boldsymbol{v}\,(\boldsymbol{w}^{\mathrm{T}}\,\boldsymbol{u}) \\ &= (\boldsymbol{w}^{\mathrm{T}}\,\boldsymbol{u})\,\boldsymbol{v}\end{aligned}$$

  Bei konkreten Berechnungen ist es geschickter, anstelle von $(\boldsymbol{v} \otimes \boldsymbol{w})\,\boldsymbol{u}$ den Ausdruck $(\boldsymbol{w}^{\mathrm{T}}\,\boldsymbol{u})\,\boldsymbol{v}$ zu berechnen.
- Sind $\boldsymbol{a}, \boldsymbol{b} \in \mathbb{R}^n$, so gilt

$$(\boldsymbol{v} \otimes \boldsymbol{w})\,(\boldsymbol{a} \otimes \boldsymbol{b}) = (\boldsymbol{w}^{\mathrm{T}}\,\boldsymbol{a})\,(\boldsymbol{v} \otimes \boldsymbol{b})\,.$$

  Dies folgt wieder aus der Assoziativität der Matrizenmultiplikation:

$$\begin{aligned}(\boldsymbol{v} \otimes \boldsymbol{w})\,(\boldsymbol{a} \otimes \boldsymbol{b}) &= (\boldsymbol{v}\,\boldsymbol{w}^{\mathrm{T}})\,(\boldsymbol{a}\,\boldsymbol{b}^{\mathrm{T}}) \\ &= \boldsymbol{v}\,(\boldsymbol{w}^{\mathrm{T}}\,\boldsymbol{a})\,\boldsymbol{b}^{\mathrm{T}} \\ &= (\boldsymbol{w}^{\mathrm{T}}\,\boldsymbol{a})\,(\boldsymbol{v} \otimes \boldsymbol{b})\end{aligned}$$

  Auch hier bereitet das Berechnen von $(\boldsymbol{w}^{\mathrm{T}}\,\boldsymbol{a})\,(\boldsymbol{v} \otimes \boldsymbol{b})$ weniger Arbeit als jenes von $(\boldsymbol{v} \otimes \boldsymbol{w})\,(\boldsymbol{a} \otimes \boldsymbol{b})$.

Kommentar Es sind auch andere Schreibweisen für das dyadische Produkt üblich. Wir stellen in der folgenden Tabelle verschiedene Schreibweisen für das Skalarprodukt jenen des dyadischen Produktes für zwei Vektoren $\boldsymbol{v} = (v_i)$, $\boldsymbol{w} = (w_i) \in \mathbb{R}^n$ gegenüber:

Skalarprodukt	Dyadisches Produkt
$\boldsymbol{v}^{\mathrm{T}}\,\boldsymbol{w}$	$\boldsymbol{v}\,\boldsymbol{w}^{\mathrm{T}}$
$\boldsymbol{v} \cdot \boldsymbol{w}$	$\boldsymbol{v} \otimes \boldsymbol{w}$
$\sum_{i=1}^{n} v_i\,w_i$	$\sum_{i,j=1}^{n} v_i\,w_j\,(\boldsymbol{e}_i\,\boldsymbol{e}_j^{\mathrm{T}})$
$\langle \boldsymbol{v} \mid \boldsymbol{w} \rangle$	$\lvert \boldsymbol{v} \rangle \langle \boldsymbol{w} \rvert$

◀

Hierbei werden in der ersten Zeile der Tabelle Matrizen miteinander multipliziert, in der zweiten Zeile Vektoren, die dritte Zeile stellt das Produkt mithilfe der Komponenten der Vektoren dar, die vierte Zeile ist die sogenannte *Bra-ket-Notation*, die in der Quantentheorie üblich ist.

Eine Orthonormalbasis ist eine Basis mit normierten, zueinander senkrechten Vektoren

Man kann jeden vom Nullvektor verschiedenen Vektor des $\mathbb{R}^n$ zu einem **Einheitsvektor**, d. h. zu einem Vektor mit der Länge 1, machen. Ist nämlich $\boldsymbol{v} \in \mathbb{R}^n \setminus \{\boldsymbol{0}\}$, so hat der Vektor $\frac{1}{\|\boldsymbol{v}\|}\,\boldsymbol{v}$ die Länge

$$\left\| \frac{1}{\|\boldsymbol{v}\|}\,\boldsymbol{v} \right\| = \frac{1}{\|\boldsymbol{v}\|}\,\|\boldsymbol{v}\| = 1\,.$$

Definition von Orthogonal- und Orthonormalbasis

Eine Basis B des $\mathbb{R}^n$ heißt **Orthogonalbasis**, wenn je zwei verschiedene Basisvektoren senkrecht aufeinanderstehen, das heißt:

$$\text{Aus } \boldsymbol{b}, \boldsymbol{b}' \in B \text{ und } \boldsymbol{b} \neq \boldsymbol{b}' \text{ folgt } \boldsymbol{b} \perp \boldsymbol{b}'\,.$$

Eine Orthogonalbasis heißt **Orthonormalbasis**, wenn jeder Basisvektor zusätzlich normiert ist, also die Länge 1 hat, das heißt:

$$\text{Für jedes } \boldsymbol{b} \in B \text{ gilt zusätzlich } \|\boldsymbol{b}\| = 1\,.$$

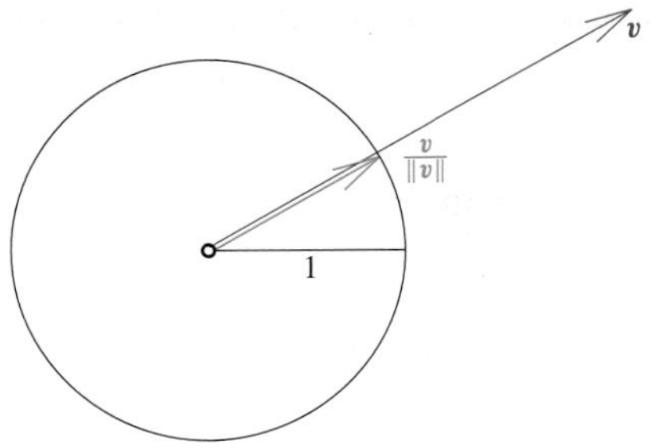

Abb. 16.7 Normieren eines Vektors unter Beibehaltung seiner Richtung

Weil man eben jeden Vektor einer Basis B auf die Länge 1 trimmen kann und dies nichts an der linearen Unabhängigkeit und Erzeugendeneigenschaften von B ändert, kann man jede Orthogonalbasis durch Normieren zu einer Orthonormalbasis machen.

Beispiel Es ist etwa

$$\left\{\begin{pmatrix}1\\-1\end{pmatrix}, \begin{pmatrix}1\\1\end{pmatrix}\right\}$$

eine Orthogonalbasis des $\mathbb{R}^2$, aber keine Orthonormalbasis. Hingegen ist die Menge, welche die dazu normierten Vektoren enthält, also

$$\left\{\frac{1}{\sqrt{2}}\begin{pmatrix}1\\-1\end{pmatrix}, \frac{1}{\sqrt{2}}\begin{pmatrix}1\\1\end{pmatrix}\right\},$$

eine Orthonormalbasis des $\mathbb{R}^2$. ◀

Spalten und Zeilen von orthogonalen Matrizen bilden Orthonormalbasen

Ist $B = \{\boldsymbol{b}_1, \ldots, \boldsymbol{b}_n\}$ eine Orthonormalbasis des $\mathbb{R}^n$ bezüglich des Skalarproduktes $\boldsymbol{x} \cdot \boldsymbol{y} = \boldsymbol{x}^{\mathrm{T}} \boldsymbol{y}$, so gilt offenbar für die Matrix $\boldsymbol{A} = ((\boldsymbol{b}_1, \ldots, \boldsymbol{b}_n)) \in \mathbb{R}^{n \times n}$, deren Spalten gerade die Basisvektoren $\boldsymbol{b}_1, \ldots, \boldsymbol{b}_n$ der Orthonormalbasis sind

$$\boldsymbol{A}^{\mathrm{T}} \boldsymbol{A} = \mathbf{E}_n ,$$

da die i-te Zeile von $\boldsymbol{A}^{\mathrm{T}}$ der Basisvektor $\boldsymbol{b}_i$ ist und die j-te Spalte der Basisvektor $\boldsymbol{b}_j$ ist und somit gilt

$$\boldsymbol{b}_i \cdot \boldsymbol{b}_j = \begin{cases} 1, & \text{falls } i = j \\ 0 & \text{falls } i \neq j \end{cases} .$$

Wegen $\boldsymbol{A}^{\mathrm{T}} \boldsymbol{A} = \mathbf{E}_n$ ist $\boldsymbol{A}^{\mathrm{T}}$ das Inverse zu $\boldsymbol{A}$, d. h.

$$\boldsymbol{A}^{\mathrm{T}} = \boldsymbol{A}^{-1}, \text{ und somit gilt auch } \boldsymbol{A}\boldsymbol{A}^{\mathrm{T}} = \mathbf{E}_n ,$$

was wiederum besagt, dass die Zeilenvektoren von $\boldsymbol{A}$ paarweise orthogonal zueinander sind und die Länge 1 haben, also auch eine Orthonormalbasis des $\mathbb{R}^n$ bezüglich des kanonischen Skalarproduktes bilden.

Hat umgekehrt eine Matrix $\boldsymbol{A} \in \mathbb{R}^{n \times n}$ die Eigenschaft $\boldsymbol{A}^{\mathrm{T}} \boldsymbol{A} = \mathbf{E}_n$, so gilt wie eben auch $\boldsymbol{A}\boldsymbol{A}^{\mathrm{T}} = \mathbf{E}_n$, also bilden sowohl die Spalten als auch die Zeilen von $\boldsymbol{A}$ eine Orthonormalbasis des $\mathbb{R}^n$ bezüglich des kanonischen Skalarproduktes.

Matrizen mit dieser Eigenschaft bekommen einen eigenen Namen.

Definition orthogonaler Matrizen

Eine reelle $n \times n$-Matrix mit der Eigenschaft

$$\boldsymbol{A}^{\mathrm{T}} \boldsymbol{A} = \mathbf{E}_n$$

heißt **orthogonale Matrix**.

Die Zeilen und Spalten einer orthogonalen $n \times n$-Matrix bilden Orthonormalbasen des $\mathbb{R}^n$.

Selbstfrage 9

Sind die Matrizen

$$\begin{pmatrix} 0 & -1 & 0 \\ 0 & 0 & -1 \\ -1 & 0 & 0 \end{pmatrix} \quad \text{und} \quad \frac{1}{3}\begin{pmatrix} 2 & -1 & 2 \\ 2 & 2 & -1 \\ -1 & 2 & 2 \end{pmatrix}$$

orthogonal?

Orthogonale Matrizen sind invertierbar, symmetrische nicht unbedingt

Orthogonale Matrizen sind spezielle invertierbare Matrizen – das Inverse einer orthogonalen Matrix $\boldsymbol{A}$ ist das Transponierte $\boldsymbol{A}^{\mathrm{T}}$.

Symmetrische Matrizen hingegen müssen nicht invertierbar sein. So ist etwa jede Nullmatrix symmetrisch, aber keinesfalls invertierbar.

Aber es gibt auch symmetrische Matrizen, die orthogonal und damit insbesondere invertierbar sind. Diese Matrizen erfüllen die Gleichung

$$\boldsymbol{A}^2 = \mathbf{E}_n .$$

Beispiel

- Die reellen Matrizen $\mathbf{E}_n$ und $-\mathbf{E}_n$ sind symmetrisch und orthogonal.
- Für jedes $\alpha \in [0, 2\pi[$ ist die reelle Matrix

$$\boldsymbol{S}_\alpha = \begin{pmatrix} \cos\alpha & \sin\alpha \\ \sin\alpha & -\cos\alpha \end{pmatrix}$$

wegen $\boldsymbol{S}_\alpha^{\mathrm{T}} = \boldsymbol{S}_\alpha$ symmetrisch und wegen

$$\boldsymbol{S}_\alpha^{\mathrm{T}} \boldsymbol{S}_\alpha = \begin{pmatrix} \cos\alpha & \sin\alpha \\ \sin\alpha & -\cos\alpha \end{pmatrix}\begin{pmatrix} \cos\alpha & \sin\alpha \\ \sin\alpha & -\cos\alpha \end{pmatrix} = \mathbf{E}_2$$

orthogonal. ◀

Anwendung: Der Spannungstensor

Gegeben ist ein ruhender, homogener Körper, auf den äußere Kräfte wirken. In jeder Schnittfläche dieses Körpers herrscht eine *Spannung*. Die Spannung ist die Kraft, die pro Flächenelement wirkt. Sie lässt sich durch einen Vektor beschreiben. Es besteht eine Abhängigkeit zwischen Spannungsvektor $\boldsymbol{s}$ und Normalenvektor $\boldsymbol{n}$, die durch den sogenannten *Spannungstensor* $\boldsymbol{S}$ beschrieben wird: $\boldsymbol{s} = \boldsymbol{S}\,\boldsymbol{n}$. Wir betrachten im Folgenden einen festen Punkt des ruhenden Körpers.

Wirkt auf eine Fläche $\mathrm{d}A$ eine Kraft $\mathrm{d}\boldsymbol{F}$, so bezeichnet man den Grenzwert $\lim_{\mathrm{d}A\to 0} \frac{\mathrm{d}\boldsymbol{F}}{\mathrm{d}A}$ als (mechanische) **Spannung**. Um die Notation zu vereinfachen, verwenden wir die Bezeichnungen x, y, z für die Koordinatenachsen anstelle von x_1, x_2, x_3.

Wir denken uns einen Schnitt durch den gegebenen homogenen Körper parallel zur x-y-Ebene und betrachten ein kleines Flächenelement $\mathrm{d}A$ dieser Schnittfläche.

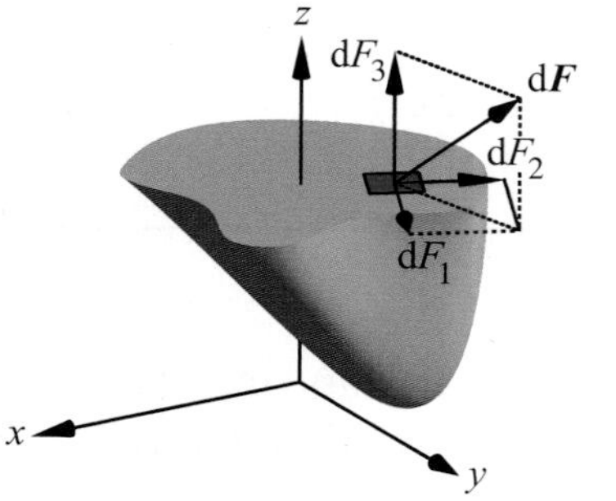

An diesem Flächenelement wirkt eine Kraft $\mathrm{d}\boldsymbol{F} = \begin{pmatrix} \mathrm{d}F_x \\ \mathrm{d}F_y \\ \mathrm{d}F_z \end{pmatrix}$, die durch den weggeschnittenen Teil des Körpers hervorgerufen wird. Wir bezeichnen die Größe

$$\sigma_z = \lim_{\mathrm{d}A\to 0} \frac{\mathrm{d}F_z}{\mathrm{d}A}$$

als **Normalspannung**; die Normalspannung steht senkrecht auf der x-y-Ebene. Die Spannungen

$$\tau_{zx} = \lim_{\mathrm{d}A\to 0} \frac{\mathrm{d}F_x}{\mathrm{d}A} \quad \text{und} \quad \tau_{zy} = \lim_{\mathrm{d}A\to 0} \frac{\mathrm{d}F_y}{\mathrm{d}A}$$

in x- und y-Richtung bilden die **Schubspannung**.

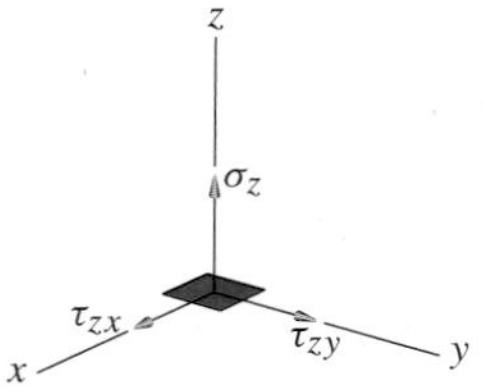

Die Schnittfläche parallel zur x-y-Ebene liefert uns damit die drei Größen σ_z, τ_{zx}, τ_{zy}. Wir wiederholen dieses Vorgehen, indem wir durch einen weiteren Schnitt parallel zur x-z- und dann zur y-z-Ebene letztlich ein Volumenelement aus dem betrachteten Körper ausschneiden und so neun Größen erhalten, nämlich die drei *Spannungsvektoren* (siehe auch die folgende Abbildung):

$$\boldsymbol{s}_x = \begin{pmatrix} \sigma_x \\ \tau_{xy} \\ \tau_{xz} \end{pmatrix}, \quad \boldsymbol{s}_y = \begin{pmatrix} \tau_{yx} \\ \sigma_y \\ \tau_{yz} \end{pmatrix}, \quad \boldsymbol{s}_z = \begin{pmatrix} \tau_{zx} \\ \tau_{zy} \\ \sigma_z \end{pmatrix}$$

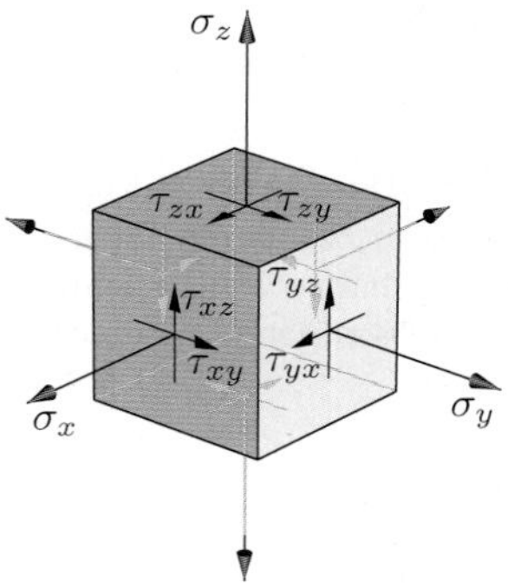

Wir fassen diese neun Größen in einer Matrix zusammen:

$$\boldsymbol{S} = \begin{pmatrix} \sigma_x & \tau_{xy} & \tau_{xz} \\ \tau_{yx} & \sigma_y & \tau_{yz} \\ \tau_{zx} & \tau_{zy} & \sigma_z \end{pmatrix}$$

Die Matrix $\boldsymbol{S}$ nennt man den **Spannungstensor**, er beschreibt den allgemeinen *Spannungszustand*.

Bei unserem Vorgehen betrachteten wir Schnitte parallel zu den Koordinatenebenen. Nun können wir aber auch einen solchen Schnitt durch den Körper mit einer im Raum beliebig orientierten Fläche mit Normalenvektor $\boldsymbol{n} \in \mathbb{R}^3$ betrachten. Die Koordinaten des Spannungsvektors $\boldsymbol{s}_n$ erhalten wir mithilfe des Spannungstensors $\boldsymbol{S}$. Wir schneiden das oben betrachtete Volumenelement mit der Ebene, die durch den Normalenvektor $\boldsymbol{n}$ definiert ist. Es gilt dann in dem verbleibenden Volumenelement, das durch die vier Flächen $\mathrm{d}A_n$, $\mathrm{d}A_x$, $\mathrm{d}A_y$, $\mathrm{d}A_z$ mit den Normalenvektoren $\boldsymbol{n}$, $\boldsymbol{e}_1$, $\boldsymbol{e}_2$, $\boldsymbol{e}_3$ begrenzt ist, ein Kräftegleichgewicht, d. h.

$$\mathrm{d}A_n\,\boldsymbol{s}_n = \mathrm{d}A_x\,\boldsymbol{s}_x + \mathrm{d}A_y\,\boldsymbol{s}_y + \mathrm{d}A_z\,\boldsymbol{s}_z\,.$$

Wegen $\mathrm{d}A_x = n_x\,\mathrm{d}A_n$, $\mathrm{d}A_y = n_y\,\mathrm{d}A_n$, $\mathrm{d}A_z = n_z\,\mathrm{d}A_n$ besagt dies

$$\boldsymbol{s}_n = n_x\,\boldsymbol{s}_x + n_y\,\boldsymbol{s}_y + n_z\,\boldsymbol{s}_z\,.$$

Diese Gleichung lässt sich mithilfe der Matrix $\boldsymbol{S}$ vereinfacht schreiben als $\boldsymbol{s}_n = \boldsymbol{S}^{\mathrm{T}}\boldsymbol{n}$.

Also können wir mit dem Spannungstensor $\boldsymbol{S}$ den Spannungsvektor $\boldsymbol{s}_n$ für einen beliebigen normierten Vektor $\boldsymbol{n}$ bestimmen.

Aber tatsächlich gilt sogar $\boldsymbol{s}_n = \boldsymbol{S}\,\boldsymbol{n}$, da die Matrix $\boldsymbol{S}$ symmetrisch ist, d. h., es gilt $\tau_{xy} = \tau_{yx}$, $\tau_{xz} = \tau_{zx}$, $\tau_{zy} = \tau_{yz}$, weil das Volumenelement in obiger Abbildung sich im Drehmomentengleichgewicht befindet. Um den (symmetrischen) Spannungstensor $\boldsymbol{S}$ zu bestimmen, braucht man also nur sechs der neun Einträge zu kennen.

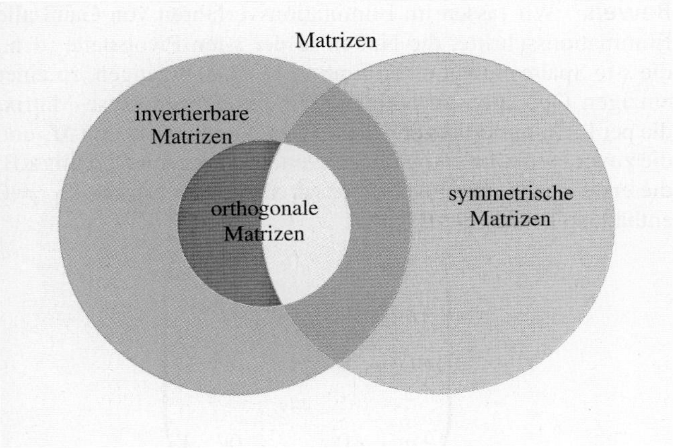

Abb. 16.8 Orthogonale Matrizen sind invertierbar, symmetrische nicht unbedingt

Selbstfrage 10

Können Sie für jedes der in Abb. 16.8 gegebenen sechs Gebiete eine typische Matrix angeben?

16.4 Numerische Lösung linearer Gleichungssysteme

Im Abschn. 14.4 haben wir ein iteratives Verfahren zur numerischen Lösung linearer Gleichungssysteme mit erweiterter Koeffizientenmatrix $(\boldsymbol{A} \mid \boldsymbol{b})$ vorgestellt. Wir haben bereits im dortigen Abschnitt die sogenannte *LR-Zerlegung* der quadratischen Matrix $\boldsymbol{A}$ angesprochen, mittels der man *kleine* Gleichungssysteme, d. h. bis zu etwa 500 Gleichungen und Unbestimmten, effizient lösen kann. Mit den in diesem Kapitel bereitgestellten Hilfsmitteln können wir nun diese *LR-Zerlegung* der (quadratischen) Koeffizientenmatrix $\boldsymbol{A}$ erläutern.

Ist die Koeffizientenmatrix ein Produkt einer linken unteren und einer rechten oberen Dreiecksmatrix, so ist die Lösung des Systems einfach

Die folgenden Überlegungen lassen sich auch für nichtquadratische Matrizen durchführen, der Einfachheit halber aber beschränken wir uns auf quadratische Matrizen.

Wir haben das Lösen eines linearen Gleichungssystems

$$\boldsymbol{A}\,\boldsymbol{x} = \boldsymbol{b}$$

mit der Koeffizientenmatrix $\boldsymbol{A} \in \mathbb{K}^{n \times n}$ beim Lösungsverfahren von Gauß folgendermaßen beschrieben: Man bringe mit elementaren Zeilenumformungen die erweiterte Koeffizientenmatrix $(\boldsymbol{A} \mid \boldsymbol{b})$ auf Zeilenstufenform und ermittle dann, sofern das System lösbar ist, die Lösung durch Rückwärtseinsetzen. Motiviert war dieses Vorgehen dadurch, dass ein Gleichungssystem, dessen Koeffizientenmatrix Zeilenstufenform hat, einfach durch Rückwärtssubstitution lösbar ist.

Diese einfache Lösbarkeit bei Koeffizientenmatrizen in Dreiecksgestalt macht man sich bei der *LR-Zerlegung* zunutze.

Lässt sich eine Matrix $\boldsymbol{A} \in \mathbb{K}^{n \times n}$ als ein Produkt $\boldsymbol{A} = \boldsymbol{L}\boldsymbol{R}$ mit einer unteren Dreiecksmatrix

$$\boldsymbol{L} = \begin{pmatrix} * & 0 & \dots & 0 \\ * & * & \ddots & \vdots \\ \vdots & \ddots & \ddots & 0 \\ * & \dots & * & * \end{pmatrix} \in \mathbb{K}^{n \times n}$$

und einer oberen Dreiecksmatrix

$$\boldsymbol{R} = \begin{pmatrix} * & * & \dots & * \\ 0 & * & \ddots & \vdots \\ \vdots & \ddots & \ddots & * \\ 0 & \dots & 0 & * \end{pmatrix} \in \mathbb{K}^{n \times n}$$

schreiben, so wird das Lösen des Gleichungssystems $\boldsymbol{A}\,\boldsymbol{x} = \boldsymbol{b}$ besonders einfach. Wegen

$$\boldsymbol{A}\,\boldsymbol{x} = \boldsymbol{b} \;\Leftrightarrow\; \boldsymbol{L}\,(\boldsymbol{R}\,\boldsymbol{x}) = \boldsymbol{b}$$

erhält man also die Lösung, indem man zuerst das System

$$\boldsymbol{L}\,\boldsymbol{y} = \boldsymbol{b}$$

und dann das System

$$\boldsymbol{R}\,\boldsymbol{x} = \boldsymbol{y}$$

löst. Eine Lösung dieses zweiten Systems $\boldsymbol{R}\,\boldsymbol{x} = \boldsymbol{y}$ ist dann eine Lösung des ursprünglichen Systems $\boldsymbol{A}\,\boldsymbol{x} = \boldsymbol{b}$.

Das System $\boldsymbol{L}\,\boldsymbol{y} = \boldsymbol{b}$ bzw. $\boldsymbol{R}\,\boldsymbol{x} = \boldsymbol{y}$ ist wegen der Dreiecksgestalten von $\boldsymbol{L}$ bzw. $\boldsymbol{R}$ durch Vorwärts- bzw. Rückwärtseinsetzen zu lösen.

Es sind also insgesamt zwar zwei Gleichungssysteme zu lösen, jedes dieser beiden ist aber unmittelbar, also ohne weitere Zeilenumformungen, lösbar.

Eine solche Zerlegung $\boldsymbol{A} = \boldsymbol{L}\boldsymbol{R}$ ist um so mehr wünschenswert, falls mehrere Gleichungssysteme

$$\boldsymbol{A}\,\boldsymbol{x} = \boldsymbol{b}_1,\, \boldsymbol{A}\,\boldsymbol{x} = \boldsymbol{b}_2,\, \dots,\, \boldsymbol{A}\,\boldsymbol{x} = \boldsymbol{b}_k$$

für ein und dieselbe Koeffizientenmatrix $\boldsymbol{A}$ zu lösen sind. Hat man nämlich $\boldsymbol{A} = \boldsymbol{L}\boldsymbol{R}$ bereits zerlegt, so lässt sich diese Zerlegung für jedes der Gleichungssysteme $\boldsymbol{A}\,\boldsymbol{x} = \boldsymbol{b}_i$ nutzen.

Teil III

Jede quadratische Matrix ist, von einem *einfachen* Faktor abgesehen, das Produkt einer linken unteren und einer rechten oberen Dreiecksmatrix

Im Allgemeinen existiert zu einer Matrix $\boldsymbol{A}$ keine spezielle Zerlegung $\boldsymbol{A} = \boldsymbol{L}\boldsymbol{R}$. Bereits die einfache Matrix $\boldsymbol{A} = \begin{pmatrix} 0 & 1 \\ 1 & 1 \end{pmatrix} \in \mathbb{R}^{2\times 2}$ lässt sich nicht so zerlegen, da die Gleichung

$$\boldsymbol{A} = \begin{pmatrix} 0 & 1 \\ 1 & 1 \end{pmatrix} = \begin{pmatrix} a & 0 \\ b & c \end{pmatrix} \begin{pmatrix} d & e \\ 0 & f \end{pmatrix}$$

das unlösbare Gleichungssystem

$$\begin{aligned} ad &= 0 & ae &= 1 \\ bd &= 1 & be + cf &= 1 \end{aligned}$$

liefert – wegen der zweiten und dritten Gleichung können weder a noch d null sein, damit ist aber die erste Gleichung nicht erfüllbar.

Vertauscht man aber erst die Zeilen der Matrix $\boldsymbol{A}$, d. h., multipliziert man $\boldsymbol{A}$ von links mit der Permutationsmatrix $\boldsymbol{P} = \begin{pmatrix} 0 & 1 \\ 1 & 0 \end{pmatrix}$, so existiert eine *LR-Zerlegung* von $\boldsymbol{PA}$:

$$\boldsymbol{PA} = \begin{pmatrix} 1 & 1 \\ 0 & 1 \end{pmatrix} = \underbrace{\begin{pmatrix} 1 & 0 \\ 0 & 1 \end{pmatrix}}_{=L} \underbrace{\begin{pmatrix} 1 & 1 \\ 0 & 1 \end{pmatrix}}_{=R}$$

Viel allgemeiner als bei diesem Beispiel gilt das folgende Ergebnis.

Die *LR*-Zerlegung quadratischer Matrizen

Zu jeder Matrix $A \in \mathbb{K}^{n\times n}$ existieren eine untere Dreiecksmatrix

$$\boldsymbol{L} = \begin{pmatrix} 1 & 0 & \dots & 0 \\ * & 1 & \ddots & \vdots \\ \vdots & \ddots & \ddots & 0 \\ * & \dots & * & 1 \end{pmatrix} \in \mathbb{K}^{n\times n},$$

eine obere Dreiecksmatrix

$$\boldsymbol{R} = \begin{pmatrix} r_{11} & * & \dots & * \\ 0 & r_{22} & \ddots & \vdots \\ \vdots & \ddots & \ddots & * \\ 0 & \dots & 0 & r_{nn} \end{pmatrix} \in \mathbb{K}^{n\times n}$$

und eine Matrix $\boldsymbol{P} \in \mathbb{K}^{n\times n}$, die ein Produkt von Permutationsmatrizen ist, mit

$$\boldsymbol{PA} = \boldsymbol{LR}\,.$$

Eine solche Darstellung der Matrix $\boldsymbol{A}$ nennt man ***LR*-Zerlegung** von A.

Beweis Wir fassen im Eliminationsverfahren von Gauß alle Eliminationsschritte, die Nullen in der s-ten Pivotspalte (d. h., die s-te Spalte enthält einen Eintrag $a_{is} \neq 0$) erzeugen, zu einer einzigen Operation zusammen. Wir bezeichnen diese Matrix, die per Linksmultiplikation diese Operation bewirkt, mit $\boldsymbol{M}_s$ und die zuvor evtl. notwendige Zeilenvertauschung mit $\boldsymbol{P}_s$. Falls z.B. die erste Spalte eine Pivotspalte ist, also einen Eintrag $a_{i1} \neq 0$ enthält, so hat $\boldsymbol{M}_1$ die Bauart

$$\boldsymbol{M}_1 = \begin{pmatrix} 1 & 0 & 0 & \dots & 0 \\ -m_{21} & 1 & 0 & \ddots & \vdots \\ -m_{31} & 0 & 1 & \ddots & 0 \\ \vdots & \vdots & \ddots & \ddots & 0 \\ -m_{n1} & 0 & \dots & 0 & 1 \end{pmatrix},$$

wobei $m_{i1} = a_{i1}/a_{11}$, wenn keine Zeilenvertauschung durchgeführt wurde, d. h. $a_{11} \neq 0$. Der Gauß-Algorithmus liefert so gesehen $n \times n$-Matrizen $\boldsymbol{P}_1, \boldsymbol{M}_1, \boldsymbol{P}_2, \boldsymbol{M}_2, \dots, \boldsymbol{P}_{n-1}, \boldsymbol{M}_{n-1}$ und eine $n \times n$-Matrix $\boldsymbol{R}$ in Zeilenstufenform mit

$$\boldsymbol{M}_{n-1}\boldsymbol{P}_{n-1}\cdots\boldsymbol{M}_2\boldsymbol{P}_2\boldsymbol{M}_1\boldsymbol{P}_1\boldsymbol{A} = \boldsymbol{R}\,. \tag{16.2}$$

Wir setzen $\boldsymbol{A}_1 = \boldsymbol{A}$ und $\boldsymbol{A}_{s+1} = \boldsymbol{M}_s\boldsymbol{P}_s\boldsymbol{A}_s$ für $s \geq 1$, also speziell $\boldsymbol{A}_n = \boldsymbol{R}$.

Kommentar Es ist nicht verboten, dass unter den Matrizen $\boldsymbol{P}_i$, $\boldsymbol{M}_i$ Einheitsmatrizen vorkommen. Wenn der Gauß-Algorithmus vor der Berechnung von $\boldsymbol{P}_{n-1}, \boldsymbol{M}_{n-1}$ abbricht, wie das z.B. für $\operatorname{rg}\boldsymbol{A} < n-1$ der Fall ist, denken wir uns die fehlenden Matrizen $\boldsymbol{P}_i$, $\boldsymbol{M}_i$ einfach in Form von Einheitsmatrizen dazu. ◄

Es stellt sich heraus, dass man den *Reißverschluss* in (16.2) öffnen kann, ohne die spezielle Gestalt der Matrizen $\boldsymbol{M}_s$ zu zerstören: Für $t > s$ gilt $\boldsymbol{P}_t\boldsymbol{M}_s = \boldsymbol{M}'_s\boldsymbol{P}_t$ mit einer Matrix $\boldsymbol{M}'_s$, die dieselbe Bauart wie $\boldsymbol{M}_s$ hat. Man kann also die Matrizen $\boldsymbol{P}_s$ nach rechts *durchschieben*.

Wir zeigen durch vollständige Induktion nach s

$$(\boldsymbol{P}_{s-1}\boldsymbol{P}_{s-2}\cdots\boldsymbol{P}_1)\boldsymbol{A} = \boldsymbol{L}_s\boldsymbol{A}_s \tag{16.3}$$

für $s = 1, 2, \dots, n$ mit unteren Dreiecksmatrizen $\boldsymbol{L}_s$, die lauter Einsen in der Hauptdiagonalen haben und sich von der Einheitsmatrix $\mathbf{E}_n$ höchstens in den ersten $s-1$ Spalten unterscheiden – zur Motivation dient der Spezialfall, bei dem keine Zeilenvertauschungen nötig sind; hier ist

$$\boldsymbol{A}_s = \boldsymbol{M}_{s-1}\boldsymbol{M}_{s-2}\cdots\boldsymbol{M}_1\boldsymbol{A}$$

also

$$\boldsymbol{L}_s = (\boldsymbol{M}_{s-1}\boldsymbol{M}_{s-2}\cdots\boldsymbol{M}_1)^{-1} = \boldsymbol{M}_1^{-1}\boldsymbol{M}_2^{-1}\cdots\boldsymbol{M}_{s-1}^{-1}$$

die mit den Eliminationsfaktoren m_{ij}, $1 \leq j \leq s-1$ aufgefüllte Einheitsmatrix.

Wegen $\boldsymbol{A}_1 = \boldsymbol{A}$ gilt (16.3) für $s = 1$ mit $\boldsymbol{L}_1 = \mathbf{E}_n$. Im Induktionsschritt nehmen wir an, dass (16.3) für $s \in \{1, 2, \dots, n-1\}$ gilt. Dann ist

$$(\boldsymbol{P}_s\boldsymbol{P}_{s-1}\cdots\boldsymbol{P}_1)\boldsymbol{A} = \boldsymbol{P}_s\boldsymbol{L}_s\boldsymbol{A}_s = \boldsymbol{P}_s\boldsymbol{L}_s\boldsymbol{P}_s^{-1}\boldsymbol{M}_s^{-1}\boldsymbol{A}_{s+1}\,.$$

Es gilt entweder $\boldsymbol{P}_s = \mathbf{E}_n$ oder $\boldsymbol{P}_s = \boldsymbol{P}_{s,t}$ mit $t > s$, dabei bezeichnet $\boldsymbol{P}_{s,t}$ die Permutationsmatrix, welche die s-te mit der t-ten Zeile vertauscht. Im zweiten Fall unterscheidet sich die Matrix $\boldsymbol{P}_s \boldsymbol{L}_s \boldsymbol{P}_s^{-1} = \boldsymbol{P}_s \boldsymbol{L}_s \boldsymbol{P}_s$ (beachte $\boldsymbol{P}_s^2 = \mathbf{E}$) von $\boldsymbol{L}_s = (l_{ij})$ nur dadurch, dass bei ihr in den ersten $s-1$ Spalten die Zeilen s und t vertauscht sind. Die Matrix $\boldsymbol{P}_s \boldsymbol{L}_s \boldsymbol{P}_s^{-1} \boldsymbol{M}_s^{-1}$ schließlich erhält man, indem man die Eliminationsfaktoren m_{is} in die s-te Spalte von $\boldsymbol{P}_s \boldsymbol{L}_s \boldsymbol{P}_s^{-1}$ einträgt. Wir setzen $\boldsymbol{L}_{s+1} = \boldsymbol{P}_s \boldsymbol{L}_s \boldsymbol{P}_s^{-1} \boldsymbol{M}_s^{-1}$. Die Matrix $\boldsymbol{L}_{s+1}$ hat die gewünschte Form, und es gilt $(\boldsymbol{P}_s \boldsymbol{P}_{s-1} \cdots \boldsymbol{P}_1)\boldsymbol{A} = \boldsymbol{L}_{s+1} \boldsymbol{A}_{s+1}$. Der Beweis von (16.3) ist damit beendet.

Für $s = n$ ergibt sich daraus wegen $\boldsymbol{A}_n = \boldsymbol{R}$ die *LR*-Zerlegung $\boldsymbol{P}\boldsymbol{A} = \boldsymbol{L}\boldsymbol{R}$ mit $\boldsymbol{P} = \boldsymbol{P}_{n-1} \boldsymbol{P}_{n-2} \cdots \boldsymbol{P}_1$ und $\boldsymbol{L} = \boldsymbol{L}_n$. ■

Der Beweis zeigt, dass man $\boldsymbol{L}$ automatisch dadurch erhält, dass man die Eliminationsfaktoren m_{ij} anstelle der erzeugten Nullen in die Matrix $\boldsymbol{A}$ einträgt und eventuell nötige Zeilenvertauschungen über die ganze Breite der Matrix $\boldsymbol{A}$, d. h. unter Einschluss der m_{ij}, ausführt. Es ist also gar nicht so kompliziert, wie man zuerst meint, aber Vorsicht: Nur die Zeilenvertauschungen werden über die ganze Breite ausgeführt, nicht dagegen die Additionen von Vielfachen einer Zeile zu einer anderen Zeile.

Beispiel Wir lösen die Gleichungssysteme $\boldsymbol{A}\,\boldsymbol{x} = \boldsymbol{b}$ für

$$\boldsymbol{A} = \begin{pmatrix} 1 & 1 & 1 & 1 \\ 2 & 2 & -1 & -3 \\ 4 & -1 & 0 & 0 \\ -1 & -2 & -3 & 1 \end{pmatrix} \text{ und } \boldsymbol{b} \in \left\{ \begin{pmatrix} 1 \\ 1 \\ 1 \\ 1 \end{pmatrix}, \begin{pmatrix} -1 \\ -2 \\ 0 \\ 5 \end{pmatrix} \right\}$$

mittels einer *LR*-Zerlegung von $\boldsymbol{A}$.

Zunächst berechnen wir eine *LR*-Zerlegung von $\boldsymbol{A}$ mit dem beschriebenen Algorithmus – Eintragen der Eliminationsfaktoren m_{ij} anstelle der Nullen, Zeilenvertauschungen über die ganze Breite, die anderen elementaren Umformungen nur rechts der Stufen:

$$\underbrace{\begin{pmatrix} 1 & 1 & 1 & 1 \\ 2 & 2 & -1 & -3 \\ 4 & -1 & 0 & 0 \\ -1 & -2 & -3 & 1 \end{pmatrix}}_{=\boldsymbol{A}} \to \left(\begin{array}{c|ccc} 1 & 1 & 1 & 1 \\ \hline 2 & 0 & -3 & -5 \\ 4 & -5 & -4 & -4 \\ -1 & -1 & -2 & 2 \end{array}\right).$$

In einem nächsten Schritt tauschen wir die zweite mit der vierten Zeile und erhalten

$$\left(\begin{array}{c|ccc} 1 & 1 & 1 & 1 \\ \hline -1 & -1 & -2 & 2 \\ 4 & -5 & -4 & -4 \\ 2 & 0 & -3 & -5 \end{array}\right) \to \left(\begin{array}{cc|cc} 1 & 1 & 1 & 1 \\ -1 & -1 & -2 & 2 \\ 4 & 5 & 6 & -14 \\ 2 & 0 & -3 & -5 \end{array}\right).$$

Nun tauschen wir die dritte mit der vierten Zeile, d. h.

$$\left(\begin{array}{cc|cc} 1 & 1 & 1 & 1 \\ -1 & -1 & -2 & 2 \\ 2 & 0 & -3 & -5 \\ 4 & 5 & 6 & -14 \end{array}\right) \to \left(\begin{array}{ccc|c} 1 & 1 & 1 & 1 \\ -1 & -1 & -2 & 2 \\ 2 & 0 & -3 & -5 \\ 4 & 5 & -2 & -24 \end{array}\right).$$

Somit besitzt $\boldsymbol{A}$ die *LR*-Zerlegung

$$\underbrace{\begin{pmatrix} 1 & 0 & 0 & 0 \\ 0 & 0 & 0 & 1 \\ 0 & 1 & 0 & 0 \\ 0 & 0 & 1 & 0 \end{pmatrix}}_{=\boldsymbol{P}} \underbrace{\begin{pmatrix} 1 & 1 & 1 & 1 \\ 2 & 2 & -1 & -3 \\ 4 & -1 & 0 & 0 \\ -1 & -2 & -3 & 1 \end{pmatrix}}_{=\boldsymbol{A}} =$$

$$= \underbrace{\begin{pmatrix} 1 & 0 & 0 & 0 \\ -1 & 1 & 0 & 0 \\ 2 & 0 & 1 & 0 \\ 4 & 5 & -2 & 1 \end{pmatrix}}_{=\boldsymbol{L}} \underbrace{\begin{pmatrix} 1 & 1 & 1 & 1 \\ 0 & -1 & -2 & 2 \\ 0 & 0 & -3 & -5 \\ 0 & 0 & 0 & -24 \end{pmatrix}}_{=\boldsymbol{R}}.$$

Das Gleichungssystem

$$\boldsymbol{A}\,\boldsymbol{x} = \boldsymbol{b}$$

ist mit

$$\boldsymbol{L}\boldsymbol{R}\,\boldsymbol{x} = \boldsymbol{P}\boldsymbol{A}\,\boldsymbol{x} = \boldsymbol{P}\boldsymbol{b}$$

gleichwertig. Wir lösen zunächst

$$\boldsymbol{L}\,\boldsymbol{y} = \begin{pmatrix} 1 & 0 & 0 & 0 \\ -1 & 1 & 0 & 0 \\ 2 & 0 & 1 & 0 \\ 4 & 5 & -2 & 1 \end{pmatrix} \begin{pmatrix} y_1 \\ y_2 \\ y_3 \\ y_4 \end{pmatrix} = \begin{pmatrix} b_1 \\ b_4 \\ b_2 \\ b_3 \end{pmatrix} = \boldsymbol{P}\boldsymbol{b}$$

mittels Vorwärtssubstitution und dann

$$\boldsymbol{R}\,\boldsymbol{x} = \begin{pmatrix} 1 & 1 & 1 & 1 \\ 0 & -1 & -2 & 2 \\ 0 & 0 & -3 & -5 \\ 0 & 0 & 0 & -24 \end{pmatrix} \begin{pmatrix} x_1 \\ x_2 \\ x_3 \\ x_4 \end{pmatrix} = \begin{pmatrix} y_1 \\ y_2 \\ y_3 \\ y_4 \end{pmatrix} = \boldsymbol{y}$$

mittels Rückwärtssubstitution. Für $\boldsymbol{b} = \begin{pmatrix} 1 \\ 1 \\ 1 \\ 1 \end{pmatrix}$ ergibt sich

$$\boldsymbol{y} = \begin{pmatrix} 1 \\ 2 \\ -1 \\ -15 \end{pmatrix} \text{ und } \boldsymbol{x} = \begin{pmatrix} \frac{5}{12} \\ \frac{2}{3} \\ -\frac{17}{24} \\ \frac{5}{8} \end{pmatrix},$$

und für $\boldsymbol{b} = \begin{pmatrix} -1 \\ -2 \\ 0 \\ 5 \end{pmatrix}$ ergibt sich

$$\boldsymbol{P}\boldsymbol{b} = \begin{pmatrix} -1 \\ 5 \\ -2 \\ 0 \end{pmatrix}, \boldsymbol{y} = \begin{pmatrix} -1 \\ 4 \\ 0 \\ -16 \end{pmatrix}, \boldsymbol{x} = \begin{pmatrix} -\frac{1}{9} \\ -\frac{4}{9} \\ -\frac{10}{9} \\ \frac{2}{3} \end{pmatrix}.$$ ◄

Computer-Algebra-Systeme verwenden zur Lösung von linearen Gleichungssystemen häufig eine *LR*-Zerlegung der Koeffizientenmatrix. Aber auch weitere Größen einer Matrix, wie etwa die Determinante, die wir im nächsten Abschnitt einführen werden, wird auf Rechnern im Allgemeinen mittels der *LR*-Zerlegung bestimmt.

Wir betrachten ein weiteres Beispiel einer *LR*-Zerlegung einer Matrix und simulieren diese Berechnung auf einer einfachen Rechenmaschine, um zu zeigen, wie sich Rundungsfehler beim unüberlegten Programmieren eines solchen Algorithmus auf die Lösung auswirken können.

Beispiel Wir berechnen eine *LR*-Zerlegung von

$$A = \begin{pmatrix} 0.001 & 2.000 & 3.000 \\ -1.000 & 3.712 & 4.623 \\ -2.000 & 1.072 & 5.643 \end{pmatrix}$$

in 4-stelliger Gleitkomma-Arithmetik.

Bei Rechnung mit 4-stelliger Gleitkomma-Arithmetik wird jede Zahl zur nächsten *Maschinenzahl* der Bauart $\pm m \times 10^e$ mit $e \in \mathbb{Z}$, $0 \leq m \leq 9\,999$, gerundet. Dieses vereinfachte Modell einer Maschine berücksichtigt nicht, dass in der Realität nur endlich viele Exponenten dargestellt werden können. Wir wenden den Algorithmus an und erhalten:

$$\begin{pmatrix} 0.001 & 2.000 & 3.000 \\ -1.000 & 3.712 & 4.623 \\ -2.000 & 1.072 & 5.643 \end{pmatrix} \to \left(\begin{array}{c|cc} 0.001 & 2.000 & 3.000 \\ \hline -1\,000 & 2\,004 & 3\,005 \\ -2\,000 & 4\,001 & 6\,006 \end{array}\right)$$

$$\to \left(\begin{array}{c|c|c} 0.001 & 2.000 & 3.000 \\ \hline -1\,000 & 2\,004 & 3\,005 \\ \cline{2-3} -2\,000 & 1.997 & 5.000 \end{array}\right)$$

Der Eintrag von R an der Stelle (3, 3) ist falsch, denn bei exakter Rechnung ergibt sich stattdessen

$$6005.643 - \frac{4001.072}{2003.712} \cdot 3004.623 \approx 5.992\,. \qquad \blacktriangleleft$$

Man kann dieses Phänomen auch von einer anderen Seite betrachten: Offenbar haben A und die Matrix A', die aus A entsteht, wenn man im Beispiel die zweiten Zeile durch $(-1,\ 4,\ 5)$ ersetzt, dieselbe *numerische LR*-Zerlegung. Da die Lösungen der Gleichungssysteme $A\,x = b$ und $A'x = b$ im Allgemeinen wenig miteinander zu tun haben, ist klar, dass man mit der *LR*-Zerlegung keine vernünftige Näherungslösung für $A\,x = b$ erhält.

Abhilfe schafft man durch sogenannte **Spaltenpivotsuche**, d. h., man vertauscht vor der Elimination in der s-ten Spalte die s-te Zeile mit derjenigen Zeile, die die betragsmäßig größte der Zahlen a_{is}, $s \leq i \leq n$, enthält, in unserem Beispiel also vor Beginn der Elimination die erste und die dritte Zeile. Hier wird vorausgesetzt, dass die Matrix A invertierbar ist. Als *LR*-Zerlegung ergibt sich dann:

$$\begin{pmatrix} 0 & 0 & 1 \\ 0 & 1 & 0 \\ 1 & 0 & 0 \end{pmatrix} \begin{pmatrix} 0.001 & 2 & 3 \\ -1 & 3.712 & 4.623 \\ -2 & 1.072 & 5.643 \end{pmatrix}$$

$$\approx \underbrace{\begin{pmatrix} 1 & 0 & 0 \\ 0.5 & 1 & 0 \\ -0.000\,5 & 0.63 & 1 \end{pmatrix}}_{=L} \underbrace{\begin{pmatrix} -2 & 1.072 & 5.643 \\ 0 & 3.176 & 1.802 \\ 0 & 0 & 1.868 \end{pmatrix}}_{=R}$$

16.5 Einführung in die Determinanten

Wir untersuchen quadratische Matrizen genauer und ordnen jeder solchen quadratischen Matrix $A \in \mathbb{K}^{n \times n}$ ein Element aus $\mathbb{K}$ zu – ihre sogenannte *Determinante* $\det A$. Diese Kenngröße $\det A$ gibt Aufschluss über Eigenschaften der Matrix A. So ist etwa A genau dann invertierbar, wenn $\det A \neq 0$ gilt.

Die Determinante ist eine Größe, die wir quadratischen Matrizen zuordnen. Für nichtquadratische Matrizen erklären wir keine Determinante.

Bei der Definition werden wir rekursiv vorgehen. Wir führen die Bestimmung der Determinante einer $n \times n$-Matrix – für $n \in \mathbb{N}$ – auf die Bestimmung der Determinanten einer Summe von $(n-1) \times (n-1)$-Matrizen zurück. So fortfahrend gelangen wir zu der Aufgabe, Determinanten von möglicherweise zahlreichen 2×2-Matrizen zu berechnen. Für diese 2×2-Matrizen definieren wir die Determinante durch eine einfache Formel.

Die Determinante einer 2 × 2-Matrix ist durch eine einfache Formel definiert

Aus den Merkregeln auf den S. 584 und 582 folgt die Äquivalenz der folgenden Aussagen für zwei Vektoren $v = \begin{pmatrix} v_1 \\ v_2 \end{pmatrix}$, $w = \begin{pmatrix} w_1 \\ w_2 \end{pmatrix} \in \mathbb{R}^2$:

- Die Vektoren v, w sind linear unabhängig, d. h., v ist kein Vielfaches von w.
- Die Matrix $A = \begin{pmatrix} v_1 & w_1 \\ v_2 & w_2 \end{pmatrix} \in \mathbb{R}^{2\times 2}$ ist invertierbar.
- Es gilt $v_1\,w_2 - w_1\,v_2 \neq 0$, d. h. $v_1\,w_2 \neq w_1\,v_2$.

Um zu entscheiden, ob eine reelle 2×2-Matrix $A = \begin{pmatrix} a_{11} & a_{12} \\ a_{21} & a_{22} \end{pmatrix}$ über $\mathbb{R}$ invertierbar ist, muss man also nur die relativ einfache Entscheidung $a_{11}\,a_{22} - a_{12}\,a_{21} = 0$ oder $a_{11}\,a_{22} - a_{12}\,a_{21} \neq 0$ treffen.

Wir nennen diese Größe, die zu jeder 2×2-Matrix existiert, Determinante.

Die Determinante einer 2 × 2-Matrix

Ist $A = \begin{pmatrix} a_{11} & a_{12} \\ a_{21} & a_{22} \end{pmatrix} \in \mathbb{K}^{2\times 2}$, so nennen wir

$$\det A = a_{11}\,a_{22} - a_{12}\,a_{21} \in \mathbb{K}$$

die **Determinante** von A.

Abkürzend schreiben wir auch

$$\begin{vmatrix} a_{11} & a_{12} \\ a_{21} & a_{22} \end{vmatrix} = \det \begin{pmatrix} a_{11} & a_{12} \\ a_{21} & a_{22} \end{pmatrix}$$

und sprechen auch von einer **2-reihigen Determinante** anstelle von der Determinante einer 2×2-Matrix.

Man kann sich die Formel für eine 2×2-Matrix leicht merken, die Determinante ist *die Differenz der Produkte der Diagonalen*:

$$\begin{vmatrix} a_{11} & a_{12} \\ a_{21} & a_{22} \end{vmatrix} = \begin{pmatrix} {}^{+}a_{11} & a_{12}{}^{-} \\ a_{21} & a_{22} \end{pmatrix}$$

Beispiel

- Für die Einheitsmatrix $\mathbf{E}_2$ aus $\mathbb{K}^{2\times 2}$ gilt:

$$\det(\mathbf{E}_2) = \begin{vmatrix} 1 & 0 \\ 0 & 1 \end{vmatrix} = 1 \cdot 1 - 0 \cdot 0 = 1$$

- Für die Matrix $\begin{pmatrix} 2 & -3 \\ -4 & 6 \end{pmatrix} \in \mathbb{R}^{2\times 2}$ gilt:

$$\begin{vmatrix} 2 & -3 \\ -4 & 6 \end{vmatrix} = 2 \cdot 6 - (-3) \cdot (-4) = 0$$

- Für die Matrix $\begin{pmatrix} \mathrm{i} & -4 \\ 0 & -1 \end{pmatrix} \in \mathbb{C}^{2\times 2}$ gilt:

$$\begin{vmatrix} \mathrm{i} & -4 \\ 0 & -1 \end{vmatrix} = \mathrm{i} \cdot (-1) - (-4) \cdot 0 = -\mathrm{i}$$ ◀

Bei den bisherigen Betrachtungen war der Wert der Determinante nicht entscheidend. Es interessierte bisher einzig, ob die Determinante null oder von null verschieden ist. Tatsächlich hat aber auch der Wert der Determinante seine Bedeutung. Wir deuten diesen Wert geometrisch.

Sind $\boldsymbol{v} = \begin{pmatrix} v_1 \\ v_2 \end{pmatrix}$, $\boldsymbol{w} = \begin{pmatrix} w_1 \\ w_2 \end{pmatrix}$ Vektoren des $\mathbb{R}^2$, so bilden die vier Punkte $\mathbf{0}$, $\boldsymbol{v}$, $\boldsymbol{w}$, $\boldsymbol{v} + \boldsymbol{w}$ die Ecken eines Parallelogramms. Wir bestimmen den Flächeninhalt F dieses Parallelogramms (siehe Abb. 16.9). Dazu ermitteln wir die zwei Flächeninhalte F_1

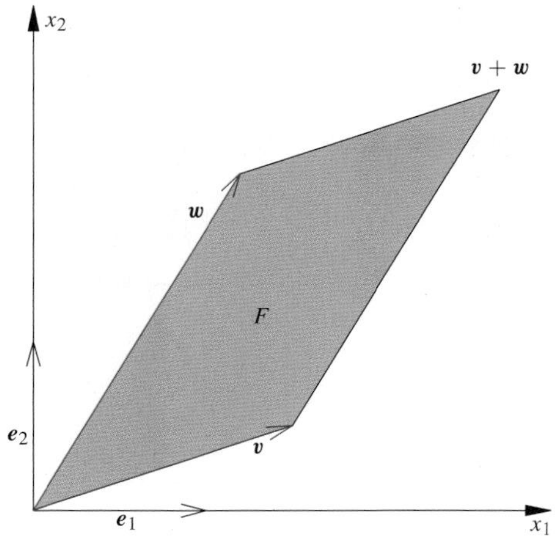

Abb. 16.9 Die Spaltenvektoren $\boldsymbol{v} = (v_i)$ und $\boldsymbol{w} = (w_i)$ einer 2×2-Matrix $\boldsymbol{A}$ erzeugen ein Parallelogramm mit dem Flächeninhalt $F = \det \boldsymbol{A}$

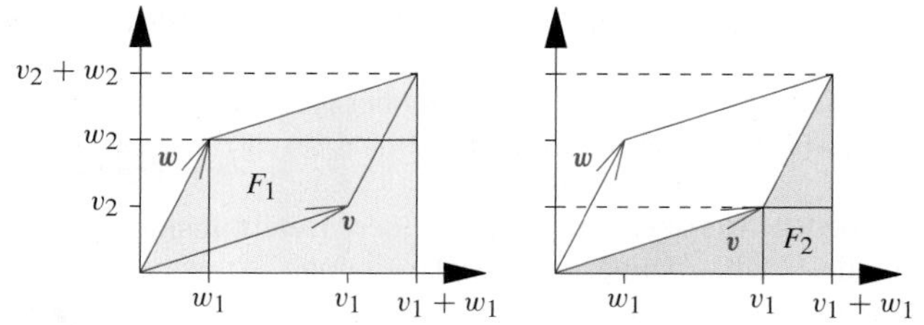

Abb. 16.10 Die Fläche des Parallelogramms ist die Differenz der beiden Flächen F_1 und F_2

und F_2, wobei F_1 die Fläche unterhalb des Streckenzuges von $\mathbf{0}$ über $\boldsymbol{w}$ zu $\boldsymbol{v} + \boldsymbol{w}$ eingeschlossen mit der x_1-Achse ist und F_2 jener unterhalb des Streckenzuges von $\mathbf{0}$ über $\boldsymbol{v}$ zu $\boldsymbol{v} + \boldsymbol{w}$ eingeschlossen mit der x_1-Achse ist. Es gilt dann $F = F_1 - F_2$ (siehe Abb. 16.10).

Für F_1 gilt

$$F_1 = \frac{1}{2}\, w_1\, w_2 + v_1\, w_2 + \frac{1}{2} v_1\, v_2\,.$$

Für F_2 erhalten wir

$$F_2 = \frac{1}{2}\, v_1\, v_2 + w_1\, v_2 + \frac{1}{2} w_1\, w_2\,.$$

Damit gilt $F = F_1 - F_2 = v_1\, w_2 - w_1\, v_2$. Etwas allgemeiner kann man begründen

$$F = \left| \det \begin{pmatrix} v_1 & w_1 \\ v_2 & w_2 \end{pmatrix} \right|\,.$$

Insbesondere folgt, dass die Determinante null ist, wenn die beiden Vektoren $\boldsymbol{v}$ und $\boldsymbol{w}$ linear abhängig sind, da in diesem Fall die Vektoren $\boldsymbol{v}$, $\boldsymbol{w}$ keinen nichtverschwindenden Flächeninhalt aufspannen.

Dabei ist $\det \begin{pmatrix} v_1 & w_1 \\ v_2 & w_2 \end{pmatrix}$ positiv, wenn die Richtung von $\boldsymbol{w}$ aus jener von $\boldsymbol{v}$ durch eine Drehung gegen den Uhrzeigersinn entsteht, wobei der Drehwinkel zwischen 0 und 180 Grad liegt.

In diesem Fall nennt man die Vektoren $(\boldsymbol{v}, \boldsymbol{w})$ in dieser Reihenfolge **positiv orientiert** (siehe Abb. 16.11). Gilt $\det \begin{pmatrix} v_1 & w_1 \\ v_2 & w_2 \end{pmatrix} < 0$, so nennt man die Vektoren $(\boldsymbol{v}, \boldsymbol{w})$ in

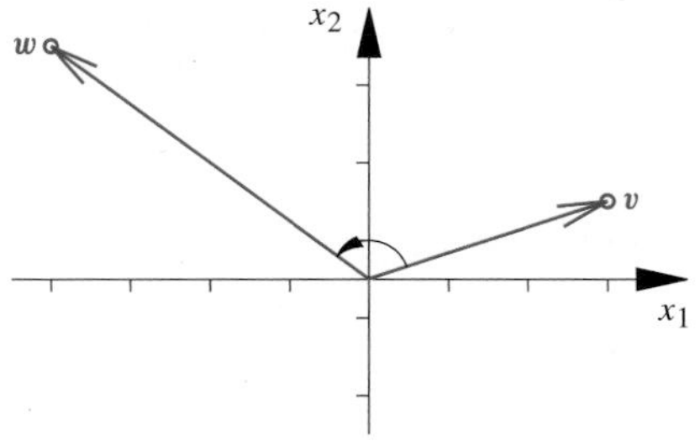

Abb. 16.11 Die Vektoren $(\boldsymbol{v}, \boldsymbol{w})$ sind positiv orientiert und $(\boldsymbol{w}, \boldsymbol{v})$ negativ

dieser Reihenfolge **negativ orientiert**. Das Vertauschen der Spalten, also das Umorientieren der Basisvektoren ändert die Orientierung der Basis. Genaueres über Rechtssysteme und die Rechte-Hand-Regel steht im Kap. 19.

Anwendungsbeispiel Mittels der Determinante können wir die Flächen von Dreiecken bestimmen, so erzeugen zwei positiv orientierte Vektoren $(\boldsymbol{v}, \boldsymbol{w})$ das Dreieck $\boldsymbol{0}, \boldsymbol{v}, \boldsymbol{w}$ mit dem Flächeninhalt $F = 1/2 \det((\boldsymbol{v}, \boldsymbol{w}))$ (siehe Abb. 16.12).

Damit lassen sich aber auch wesentlich kompliziertere Flächeninhalte im $\mathbb{R}^2$ bestimmen. Wir betrachten die Fläche F in Abb. 16.13, die von den Vektoren $\boldsymbol{v}_1, \ldots, \boldsymbol{v}_5$ erzeugt wird.

Die Fläche F ist die *Differenz* zweier Flächen (siehe Abb. 16.14). Wir geben diese beiden Flächen an: Die *große* Fläche F_1 wird von den Vektoren $\boldsymbol{0}, \boldsymbol{v}_2, \boldsymbol{v}_3, \boldsymbol{v}_4$ erzeugt, die *kleinere* F_2 von den Vektoren $\boldsymbol{0}, \boldsymbol{v}_1, \boldsymbol{v}_2, \boldsymbol{v}_4, \boldsymbol{v}_5$.

Für die *große* Fläche F_1 gilt

$$2\,F_1 = \det((\boldsymbol{v}_2, \boldsymbol{v}_3)) + \det((\boldsymbol{v}_3, \boldsymbol{v}_4))$$

und für die *kleine* Fläche F_2 gilt

$$2\,F_2 = \det((\boldsymbol{v}_2, \boldsymbol{v}_1)) + \det((\boldsymbol{v}_1, \boldsymbol{v}_5)) + \det((\boldsymbol{v}_5, \boldsymbol{v}_4))\,.$$

Damit ist dann $F = F_1 - F_2$.

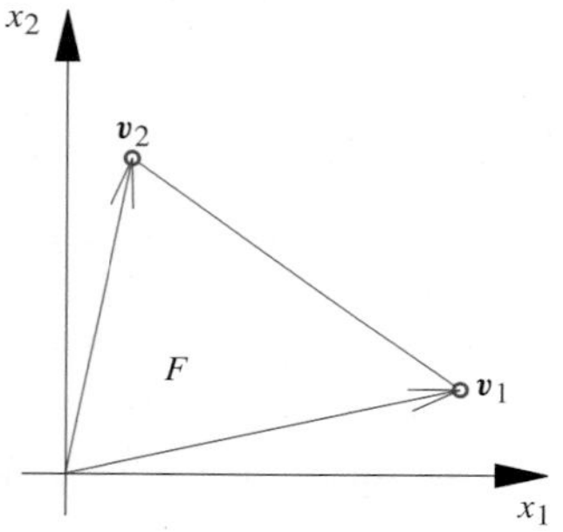

Abb. 16.12 Zwei positiv orientierte Vektoren bestimmen ein Dreieck mit dem Flächeninhalt $F = 1/2 \det((\boldsymbol{v}_1, \boldsymbol{v}_2))$

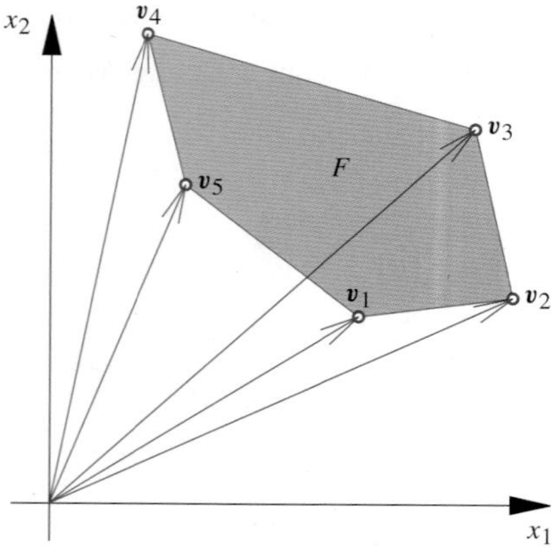

Abb. 16.13 Die fünf Vektoren $\boldsymbol{v}_1, \ldots, \boldsymbol{v}_5$ bestimmen die Fläche F

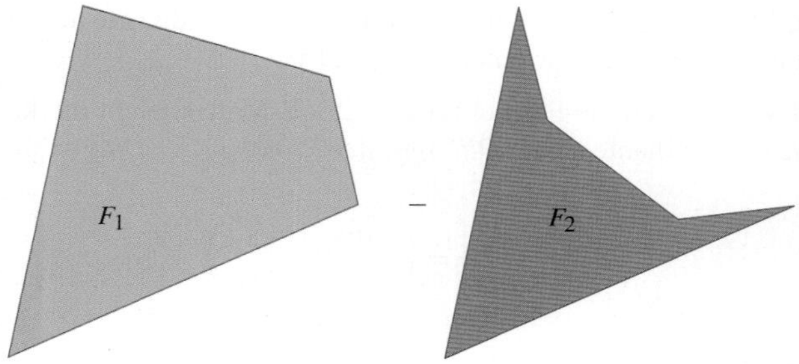

Abb. 16.14 Die Fläche F ist die *Differenz* der beiden Flächen F_1 und F_2

Wir haben die Vektoren gegen den Uhrzeigersinn nummeriert – das war nicht ganz ohne Absicht. Beachtet man nämlich nun noch die Orientierung, so erhalten wir die deutlich einfachere Formel:

$$\begin{aligned} 2\,F = {} & \det((\boldsymbol{v}_1, \boldsymbol{v}_2)) + \det((\boldsymbol{v}_2, \boldsymbol{v}_3)) + \det((\boldsymbol{v}_3, \boldsymbol{v}_4)) \\ & + \det((\boldsymbol{v}_4, \boldsymbol{v}_5)) + \det((\boldsymbol{v}_5, \boldsymbol{v}_1)) \end{aligned}$$

◄

Die Determinante einer 3 x 3-Matrix ist eine Summe von Produkten ihrer Komponenten

Wir übertragen die Überlegungen des vorigen Abschnitts auf 3×3-Matrizen.

Sind $\boldsymbol{u} = \begin{pmatrix} u_1 \\ u_2 \\ u_3 \end{pmatrix}$, $\boldsymbol{v} = \begin{pmatrix} v_1 \\ v_2 \\ v_3 \end{pmatrix}$, $\boldsymbol{w} = \begin{pmatrix} w_1 \\ w_2 \\ w_3 \end{pmatrix}$ Vektoren des reellen Vektorraums $\mathbb{R}^3$, so bilden die acht Punkte $\boldsymbol{0}, \boldsymbol{u}, \boldsymbol{v}, \boldsymbol{w}, \boldsymbol{u}+\boldsymbol{v}, \boldsymbol{v}+\boldsymbol{w}, \boldsymbol{u}+\boldsymbol{w}, \boldsymbol{u}+\boldsymbol{v}+\boldsymbol{w}$ die Ecken eines *Spates* oder *Parallelepiped* (siehe Abb. 16.15) mit dem Volumen

$$|u_1v_2w_3 + u_2v_3w_1 + u_3v_1w_2 - (u_1v_3w_2 + u_2v_1w_3 + u_3v_2w_1)|.$$

Diese Formel leiten wir im Kap. 19 her.

Dieses Volumen ist genau dann null, wenn die drei Vektoren $\boldsymbol{u}, \boldsymbol{v}, \boldsymbol{w} \in \mathbb{R}^3$ linear abhängig sind, weil sich dann der Spat auf eine Fläche oder eine Gerade oder gar auf einen Punkt reduziert.

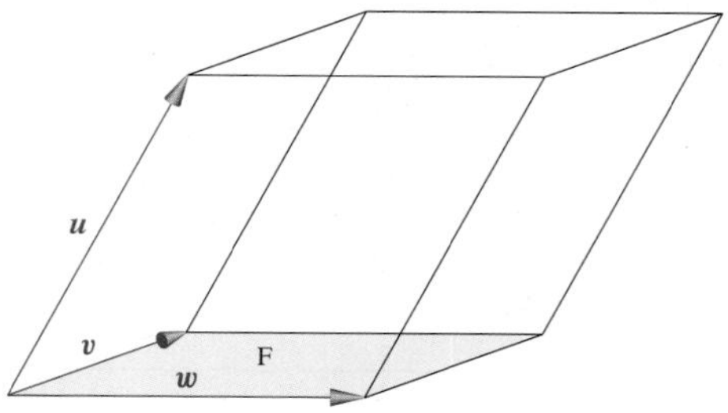

Abb. 16.15 Die Spaltenvektoren $\boldsymbol{u}$, $\boldsymbol{v}$ und $\boldsymbol{w}$ einer Matrix $\boldsymbol{A}$ erzeugen einen Spat, dessen Volumen der Betrag der Determinante von $\boldsymbol{A}$ ist

──────── **Selbstfrage 11** ────────

Unter welchen Bedingungen ist der Spat eine Gerade bzw. ein Punkt?

Diese Überlegungen sind unabhängig davon, dass wir den $\mathbb{R}^3$ betrachten. Wir können allgemeiner für einen Körper $\mathbb{K}$ die folgende Aussage formulieren.

Für drei Vektoren $u = \begin{pmatrix} u_1 \\ u_2 \\ u_3 \end{pmatrix}$, $v = \begin{pmatrix} v_1 \\ v_2 \\ v_3 \end{pmatrix}$, $w = \begin{pmatrix} w_1 \\ w_2 \\ w_3 \end{pmatrix} \in \mathbb{K}^3$

sind die folgenden Aussagen äquivalent:

- Die Vektoren u, v, w sind linear unabhängig.
- Die Matrix $A = \begin{pmatrix} u_1 & v_1 & w_1 \\ u_2 & v_2 & w_2 \\ u_3 & v_3 & w_3 \end{pmatrix} \in \mathbb{K}^{3\times3}$ ist invertierbar.
- Es gilt $D = u_1\,v_2\,w_3 + v_1\,w_2\,u_3 + w_1\,u_2\,v_3 - (w_1\,v_2\,u_3 + w_2\,v_3\,u_1 + w_3\,v_1\,u_2) \neq 0$.

Um also zu entscheiden, ob die 3×3-Matrix $A = \begin{pmatrix} u_1 & v_1 & w_1 \\ u_2 & v_2 & w_2 \\ u_3 & v_3 & w_3 \end{pmatrix}$ über $\mathbb{K}$ invertierbar ist, muss man nur die Entscheidung $D = 0$ oder $D \neq 0$ treffen.

Die Determinante einer 3 × 3-Matrix

Ist $A = \begin{pmatrix} a_{11} & a_{12} & a_{13} \\ a_{21} & a_{22} & a_{23} \\ a_{31} & a_{32} & a_{33} \end{pmatrix} \in \mathbb{K}^{3\times3}$, so nennen wir

$$\det A = a_{11}\,a_{22}\,a_{33} + a_{12}\,a_{23}\,a_{31} + a_{13}\,a_{21}\,a_{32}$$
$$- (a_{13}\,a_{22}\,a_{31} + a_{23}\,a_{32}\,a_{11} + a_{33}\,a_{12}\,a_{21}) \in \mathbb{K}$$

die **Determinante** von A.

Abkürzend schreiben wir auch

$$\begin{vmatrix} a_{11} & a_{12} & a_{13} \\ a_{21} & a_{22} & a_{23} \\ a_{31} & a_{32} & a_{33} \end{vmatrix} = \det \begin{pmatrix} a_{11} & a_{12} & a_{13} \\ a_{21} & a_{22} & a_{23} \\ a_{31} & a_{32} & a_{33} \end{pmatrix}$$

und sprechen auch von einer **3-reihigen Determinante** anstelle von der Determinante einer 3×3-Matrix.

Man kann die Formel zur Berechnung einer 3-reihigen Determinante durch das folgende Schema, das man auch die **Regel von Sarrus** nennt, darstellen – diese Regel gilt aber nicht für 4- oder mehrreihige Determinanten, die wir im nächsten Abschnitt einführen werden:

$$\begin{vmatrix} a_{11} & a_{12} & a_{13} \\ a_{21} & a_{22} & a_{23} \\ a_{31} & a_{32} & a_{33} \end{vmatrix} = \begin{matrix} {}^{+}a_{13} \\ a_{23} \\ a_{33} \end{matrix} \begin{pmatrix} {}^{+}a_{11} & {}^{+}a_{12} & {}^{-}a_{13} \\ a_{21} & a_{22} & a_{23} \\ a_{31} & a_{32} & a_{33} \end{pmatrix} \begin{matrix} a_{11} {}^{-} \\ a_{21} \\ a_{31} \end{matrix}$$

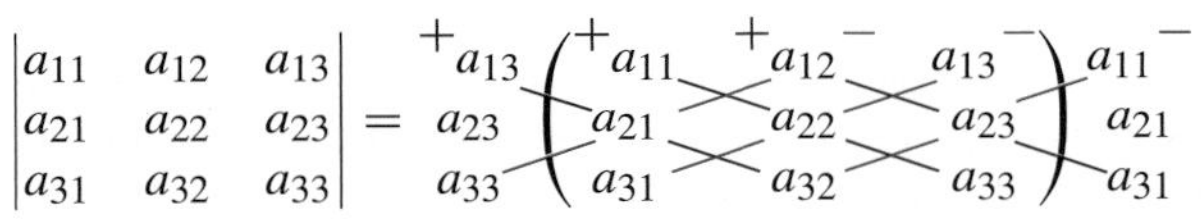

Beispiel

- Für die Einheitsmatrix $\mathbf{E}_3$ aus $\mathbb{K}^{3\times3}$ gilt:

$$\det \mathbf{E}_3 = \begin{vmatrix} 1 & 0 & 0 \\ 0 & 1 & 0 \\ 0 & 0 & 1 \end{vmatrix} = 1\cdot1\cdot1 + 0\cdot0\cdot0 + 0\cdot0\cdot0$$
$$- (0\cdot1\cdot0 + 0\cdot0\cdot1 + 1\cdot0\cdot0) = 1$$

- Für die Matrix $\begin{pmatrix} 1 & 4 & 6 \\ 0 & 2 & 5 \\ 0 & 0 & 3 \end{pmatrix} \in \mathbb{R}^{3\times3}$ gilt:

$$\begin{vmatrix} 1 & 4 & 6 \\ 0 & 2 & 5 \\ 0 & 0 & 3 \end{vmatrix} = 1\cdot2\cdot3 + 4\cdot5\cdot0 + 6\cdot0\cdot0$$
$$- (6\cdot2\cdot0 + 5\cdot0\cdot1 + 3\cdot4\cdot0) = 6$$

- Für die Matrix $\begin{pmatrix} 2 & -3 & 4 \\ -4 & 6 & 4 \\ 0 & 0 & 12 \end{pmatrix} \in \mathbb{R}^{3\times3}$ gilt:

$$\begin{vmatrix} 2 & -3 & 4 \\ -4 & 6 & 4 \\ 0 & 0 & 12 \end{vmatrix} = 2\cdot6\cdot12 + (-3)\cdot4\cdot0 + 4\cdot(-4)\cdot0$$
$$- (4\cdot6\cdot0 + 4\cdot0\cdot2 + 12\cdot(-3)\cdot(-4))$$
$$= 0 \qquad\blacktriangleleft$$

──────── **Selbstfrage 12** ────────

Gibt es für obere und untere 3×3-Dreiecksmatrizen, also für Matrizen der Form

$$\begin{pmatrix} * & * & * \\ 0 & * & * \\ 0 & 0 & * \end{pmatrix} \text{ und } \begin{pmatrix} * & 0 & 0 \\ * & * & 0 \\ * & * & * \end{pmatrix}$$

eine einfache Formel zur Berechnung der Determinante?

Eine 3-reihige Determinante errechnet sich aus drei 2-reihigen Determinanten

Wir erläutern nun den algebraischen Zusammenhang zwischen 2×2- und 3×3-Matrizen. Diesen werden wir verallgemeinern, um schließlich Determinanten für $n \times n$-Matrizen mit $n > 3$ erklären zu können.

Durch ein einfaches Umsortieren der Summanden und Ausklammern erhalten wir für eine 3×3-Matrix

$$A = \begin{pmatrix} a_{11} & a_{12} & a_{13} \\ a_{21} & a_{22} & a_{23} \\ a_{31} & a_{32} & a_{33} \end{pmatrix} \in \mathbb{K}^{3\times3}:$$

$$\det A = a_{11}\,a_{22}\,a_{33} + a_{12}\,a_{23}\,a_{31} + a_{13}\,a_{21}\,a_{32}$$
$$- (a_{13}\,a_{22}\,a_{31} + a_{23}\,a_{32}\,a_{11} + a_{33}\,a_{12}\,a_{21})$$
$$= a_{11}\,(a_{22}\,a_{33} - a_{23}\,a_{32}) - a_{21}\,(a_{12}\,a_{33} - a_{13}\,a_{32})$$
$$+ a_{31}\,(a_{12}\,a_{23} - a_{13}\,a_{22})$$
$$= a_{11} \begin{vmatrix} a_{22} & a_{23} \\ a_{32} & a_{33} \end{vmatrix} - a_{21} \begin{vmatrix} a_{12} & a_{13} \\ a_{32} & a_{33} \end{vmatrix} + a_{31} \begin{vmatrix} a_{12} & a_{13} \\ a_{22} & a_{23} \end{vmatrix}$$

Also kann man die Berechnung einer 3-reihigen Determinante auf die von 2-reihigen Determinanten zurückführen.

Beispiel Für die Matrix $A = \begin{pmatrix} 2 & -3 & 4 \\ -4 & 6 & 4 \\ 0 & 0 & 12 \end{pmatrix} \in \mathbb{R}^{3\times 3}$ gilt:

$$\begin{vmatrix} 2 & -3 & 4 \\ -4 & 6 & 4 \\ 0 & 0 & 12 \end{vmatrix} = 2 \begin{vmatrix} 6 & 4 \\ 0 & 12 \end{vmatrix} - (-4) \begin{vmatrix} -3 & 4 \\ 0 & 12 \end{vmatrix} + 0 \begin{vmatrix} -3 & 4 \\ 6 & 4 \end{vmatrix} = 0$$

(siehe das Beispiel auf S. 601). ◀

16.6 Definition und Eigenschaften der Determinante

Wir erklären nun die Determinante einer $n \times n$-Matrix rekursiv: Die Berechnung der Determinante einer $n \times n$-Matrix wird auf die Berechnung von n Determinanten von $(n-1) \times (n-1)$-Matrizen zurückgeführt. Das Bestimmen der Determinante einer $(n-1) \times (n-1)$-Matrix wird auf das Bestimmen von $n-1$ Determinanten von $(n-2) \times (n-2)$-Matrizen reduziert. Das führen wir so lange fort, bis wir die Berechnung der Determinante einer $n \times n$-Matrix auf das Problem zur Bestimmung von Determinanten von 1×1-Matrizen reduziert haben. So werden wir die Determinante einer $n \times n$-Matrix erklären. Beim tatsächlichen Berechnen von Determinanten werden wir uns aber gewisser Tricks bedienen, die die Vielzahl der bei diesen Schritten entstehenden Matrizen beschränkt. Im Allgemeinen wird man auch nicht bis zur kleinsten Einheit, also bis zu 1×1-Matrizen, reduzieren. Vielfach sind schon Determinanten von 3×3-Matrizen einfach abzulesen, sodass das Verfahren zur Bestimmung der Determinante übersichtlich bleibt.

Die Berechnung einer n-reihigen Determinante wird auf die Berechnung von $(n-1)$-reihigen Determinanten zurückgeführt

Für jede quadratische Matrix $A \in \mathbb{K}^{n\times n}$ und $i, j \in \{1, \ldots, n\}$ bezeichne $A_{ij} \in \mathbb{K}^{(n-1)\times(n-1)}$ diejenige Matrix, die aus A durch Entfernen der i-ten Zeile und j-ten Spalte entsteht.

Beispiel

$$A = \begin{pmatrix} 1 & 2 & 3 & 4 \\ 5 & 6 & 7 & 8 \\ 4 & 3 & 2 & 1 \\ 8 & 7 & 6 & 5 \end{pmatrix}$$

$$\Rightarrow A_{23} = \begin{pmatrix} 1 & 2 & 4 \\ 4 & 3 & 1 \\ 8 & 7 & 5 \end{pmatrix}, \quad A_{32} = \begin{pmatrix} 1 & 3 & 4 \\ 5 & 7 & 8 \\ 8 & 6 & 5 \end{pmatrix}$$ ◀

Definition der Determinante

Gegeben ist eine Matrix $A = (a_{ij}) \in \mathbb{K}^{n\times n}$.

Für $n = 1$, d. h. $A = (a_{11})$, definieren wir

$$\det A = a_{11}\,.$$

Für $n \geq 2$ definieren wir

$$\det A = \sum_{i=1}^{n} (-1)^{i+1} a_{i1} \det(A_{i1}) = a_{11} \det(A_{11}) - + \cdots (-1)^{n+1} a_{n1} \det(A_{n1})\,.$$

Abkürzend schreiben wir auch

$$\begin{vmatrix} a_{11} & \cdots & a_{1n} \\ \vdots & & \vdots \\ a_{n1} & \cdots & a_{nn} \end{vmatrix} = \det \begin{pmatrix} a_{11} & \cdots & a_{1n} \\ \vdots & & \vdots \\ a_{n1} & \cdots & a_{nn} \end{pmatrix}$$

und sprechen auch von einer **n-reihigen Determinante** anstelle von der Determinante einer $n \times n$-Matrix.

Diese Definition stimmt mit den Definitionen von 2-reihigen und 3-reihigen Determinanten überein (siehe S. 598 und S. 601):

$n = 2$:

$$\begin{vmatrix} a_{11} & a_{12} \\ a_{21} & a_{22} \end{vmatrix} = a_{11} \det(a_{22}) - a_{21} \det(a_{12}) = a_{11}\, a_{22} - a_{21}\, a_{12}$$

$n = 3$:

$$\begin{vmatrix} a_{11} & a_{12} & a_{13} \\ a_{21} & a_{22} & a_{23} \\ a_{31} & a_{32} & a_{33} \end{vmatrix} = a_{11} \det A_{11} - a_{21} \det A_{21} + a_{31} \det A_{31}$$
$$= a_{11}\,(a_{22}\,a_{33} - a_{23}\,a_{32}) - a_{21}\,(a_{12}\,a_{33} - a_{13}\,a_{32}) + a_{31}\,(a_{12}\,a_{23} - a_{13}\,a_{22})$$

Achtung Die Regel von Sarrus für 3-reihige Determinanten lässt sich nicht einfach auf 4- oder mehrreihige Determinanten verallgemeinern. Es gibt kein einfaches Schema, anhand dessen man sich die Berechnung einer 4-reihigen Determinante merken kann. Im Allgemeinen berechnet man vier- oder mehrreihige Determinanten, indem man sie auf 3- oder 2-reihige Determinanten zurückführt. ◀

Beispiel

- Die Determinante der Nullmatrix $\mathbf{0}$ ist null.
- Für die Einheitsmatrix $\mathbf{E}_n \in \mathbb{K}^{n\times n}$ gilt:

$$\det \mathbf{E}_n = \begin{vmatrix} 1 & \cdots & 0 \\ \vdots & \ddots & \vdots \\ 0 & \cdots & 1 \end{vmatrix} = 1 \det \mathbf{E}_{n-1} = 1^2 \det \mathbf{E}_{n-2} = \cdots = 1^{n-1} \det \mathbf{E}_1 = 1$$

- Für die Matrix $A = \begin{pmatrix} 4 & 3 & 2 & 1 \\ 3 & 2 & 1 & 4 \\ 2 & 1 & 4 & 3 \\ 1 & 4 & 3 & 2 \end{pmatrix} \in \mathbb{R}^{4\times 4}$ gilt:

$$\det A = (-1)^{1+1} 4 \begin{vmatrix} 2 & 1 & 4 \\ 1 & 4 & 3 \\ 4 & 3 & 2 \end{vmatrix} + (-1)^{1+2} 3 \begin{vmatrix} 3 & 2 & 1 \\ 1 & 4 & 3 \\ 4 & 3 & 2 \end{vmatrix} + (-1)^{1+3} 2 \begin{vmatrix} 3 & 2 & 1 \\ 2 & 1 & 4 \\ 4 & 3 & 2 \end{vmatrix} + (-1)^{1+4} 1 \begin{vmatrix} 3 & 2 & 1 \\ 2 & 1 & 4 \\ 1 & 4 & 3 \end{vmatrix}$$

So bleiben also vier Determinanten von 3×3-Matrizen zu bestimmen. ◄

Die Eigenschaften der Determinante ermöglichen es, ihre Berechnung zu vereinfachen

Die Berechnung der Determinante kann bei großem n recht langwierig sein. Die Rechnung vereinfacht sich, wenn in der ersten Spalte der Matrix $A = (a_{ij})$ zahlreiche Nullen stehen. Stehen etwa unterhalb von a_{11} nur Nullen, so ist die Determinante einer $n \times n$-Matrix gleich dem Produkt von a_{11} mit der Determinante der $(n-1) \times (n-1)$-Matrix A_{11}:

$$\begin{vmatrix} a_{11} & a_{12} & \cdots & a_{1n} \\ 0 & a_{22} & \cdots & a_{2n} \\ \vdots & \vdots & \cdots & \vdots \\ 0 & a_{n2} & \cdots & a_{nn} \end{vmatrix} = a_{11} \begin{vmatrix} a_{22} & \cdots & a_{2n} \\ \vdots & & \vdots \\ a_{n2} & \cdots & a_{nn} \end{vmatrix}$$

Selbstfrage 13

Was ist $\det A$, wenn die erste Spalte von A nur aus Nullen besteht?

Wir werden nun einige Eigenschaften der Determinante behandeln. Dabei geht es uns im Wesentlichen darum, Methoden zu erarbeiten, die die Berechnung der Determinante vereinfachen. So überlegen wir uns etwa, inwiefern das Erzeugen von Nullen in der ersten Spalte mithilfe von elementaren Zeilenumformungen die Determinante verändert.

Determinantenregeln

Für $A = \begin{pmatrix} z_1 \\ \vdots \\ z_n \end{pmatrix} = ((s_1, \ldots, s_n)) \in \mathbb{K}^{n\times n}$ und $\lambda \in \mathbb{K}$ gilt:

1. Linearität in jeder Zeile und Spalte:
   Ist $z_i = \lambda x + y$, so gilt:
   $$\det A = \lambda \det \begin{pmatrix} z_1 \\ \vdots \\ x \\ \vdots \\ z_n \end{pmatrix} + \det \begin{pmatrix} z_1 \\ \vdots \\ y \\ \vdots \\ z_n \end{pmatrix} \leftarrow i\text{-te Zeile}$$
   Ist $s_j = \lambda x + y$, so gilt:
   $$\det A = \lambda \det((s_1, \ldots, x, \ldots, s_n)) + \det((s_1, \ldots, y, \ldots, s_n))$$
2. Entsteht A' aus A durch Vertauschen zweier Zeilen (bzw. Spalten), so gilt $\det A' = -\det A$.
3. Entsteht A' aus A durch Addition eines Vielfachen einer Zeile (bzw. Spalte) zu einer anderen, so gilt $\det A' = \det A$.
4. Es gilt $\det A^{\mathrm{T}} = \det A$.

Beispiel Der Betrag der Determinante einer reellen 2×2-Matrix A ist nach Abschn. 16.5 der Flächeninhalt des von den Spaltenvektoren von A erzeugten Parallelogramms. Wir betrachten die reelle Matrix

$$A = \begin{pmatrix} 2 & 0 \\ 0 & 2 \end{pmatrix}$$

und veranschaulichen uns die Determinantenregel (1), beispielhaft

$$2 \cdot 2 \begin{vmatrix} 1 & 0 \\ 0 & 1 \end{vmatrix} = \begin{vmatrix} 2 & 0 \\ 0 & 2 \end{vmatrix} = \begin{vmatrix} 1 & 0 \\ 0 & 2 \end{vmatrix} + 2 \begin{vmatrix} 1 & 0 \\ 0 & 1 \end{vmatrix},$$

an den zugehörigen Parallelogrammen. In der Abb. 16.16 sind diese mit $B = \begin{pmatrix} 1 & 0 \\ 0 & 2 \end{pmatrix}$ eingetragen. ◄

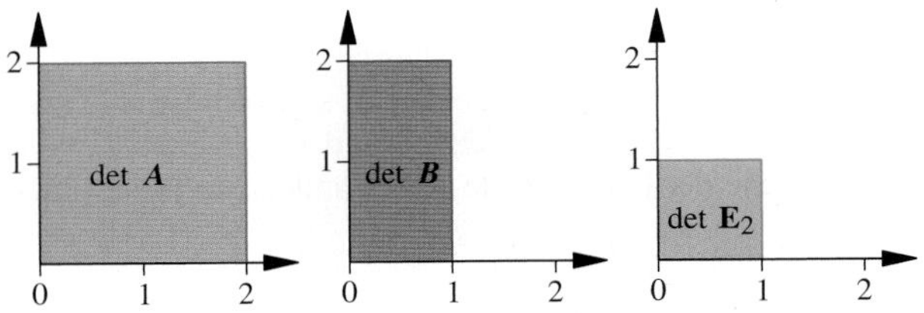

Abb. 16.16 Die Determinante von A ist das Vierfache der Determinante der Einheitsmatrix und das Doppelte der Determinante von B

Mithilfe der Determinantenregeln gelingt es, Nullen in der ersten Spalte zu erzeugen. Es folgen Beispiele.

Beispiel

- Es sei $A = \begin{pmatrix} 1 & 3 & 6 \\ 4 & 8 & -12 \\ -2 & 0 & -3 \end{pmatrix} \in \mathbb{R}^{3\times 3}$. Wegen Regel (3) ändert sich die Determinante von A nicht, wenn wir zur zweiten Zeile von A das (-4)-Fache der ersten Zeile und zur dritten Zeile das 2-Fache der ersten Zeile addieren:

$$\begin{vmatrix} 1 & 3 & 6 \\ 4 & 8 & -12 \\ -2 & 0 & -3 \end{vmatrix} = \begin{vmatrix} 1 & 3 & 6 \\ 0 & -4 & -36 \\ 0 & 6 & 9 \end{vmatrix}$$

Durch zweimaliges Anwenden der Regel (1) erhalten wir nun für die Determinante:

$$\begin{aligned} \det A &= 1 \begin{vmatrix} -4 & -36 \\ 6 & 9 \end{vmatrix} = (-4)\cdot 3 \begin{vmatrix} 1 & 9 \\ 2 & 3 \end{vmatrix} \\ &= (-4)\cdot 3 \cdot (-15) = 180 \end{aligned}$$

- Es sei $A = \begin{pmatrix} 4 & 3 & 2 & 1 \\ 3 & 2 & 1 & 4 \\ 2 & 1 & 4 & 3 \\ 1 & 4 & 3 & 2 \end{pmatrix} \in \mathbb{R}^{4\times 4}$ (siehe S. 603). Wegen Regel (3) bleibt die Determinante unverändert, wenn wir zur ersten Zeile das (-4)-Fache der letzten Zeile, zur zweiten Zeile das (-3)-Fache der letzten Zeile und schließlich zur dritten Zeile das (-2)-Fache der letzten Zeile addieren:

$$A = \begin{vmatrix} 4 & 3 & 2 & 1 \\ 3 & 2 & 1 & 4 \\ 2 & 1 & 4 & 3 \\ 1 & 4 & 3 & 2 \end{vmatrix} = \begin{vmatrix} 0 & -13 & -10 & -7 \\ 0 & -10 & -8 & -2 \\ 0 & -7 & -2 & -1 \\ 1 & 4 & 3 & 2 \end{vmatrix}$$

Damit erhalten wir nun nach Definition der Determinante und dreimaligem Anwenden von Regel (1) mit $\lambda = -1$:

$$\det A = (-1)^{4+1} \begin{vmatrix} -13 & -10 & -7 \\ -10 & -8 & -2 \\ -7 & -2 & -1 \end{vmatrix} = \begin{vmatrix} 13 & 10 & 7 \\ 10 & 8 & 2 \\ 7 & 2 & 1 \end{vmatrix}$$

Wir wenden Regel (2) an, vertauschen die erste mit der dritten Spalte und beachten das Minuszeichen:

$$\det A = -\begin{vmatrix} 7 & 10 & 13 \\ 2 & 8 & 10 \\ 1 & 2 & 7 \end{vmatrix}$$

Nun wenden wir erneut Regel (3) an und addieren zur ersten Zeile das (-7)-Fache der letzten und zur zweiten Zeile das (-2)-Fache der letzten Zeile – dies ändert die Determinante nicht:

$$\det A = -\begin{vmatrix} 7 & 10 & 13 \\ 2 & 8 & 10 \\ 1 & 2 & 7 \end{vmatrix} = -\begin{vmatrix} 0 & -4 & -36 \\ 0 & 4 & -4 \\ 1 & 2 & 7 \end{vmatrix}$$

Also erhalten wir nun:

$$\begin{aligned} \det A &= -(-1)^{3+1} \begin{vmatrix} -4 & -36 \\ 4 & -4 \end{vmatrix} \\ &= -((-4)\cdot(-4) - (-36)\cdot 4) = -160 \end{aligned}$$ ◄

Die Determinante eines Produktes von Matrizen ist das Produkt der Determinanten

Es ist eine ganz wesentliche Eigenschaft der Determinante, dass sie sich mit der Matrizenmultiplikation verträgt. Wir formulieren vorab diese Eigenschaft präzise und zeigen dann gleich, welche Auswirkungen diese Eigenschaft hat. Der Beweis der folgenden Aussage ist nicht einfach, man kann ihn mithilfe der Leibniz'schen Formel aus der Vertiefung von S. 608 führen. Wir verzichten darauf.

Determinantenmultiplikationssatz

Sind $A, B \in \mathbb{K}^{n\times n}$, so gilt:

$$\det(A\,B) = \det A \det B$$

Die Determinante eines Produktes von Matrizen ist das Produkt der Determinanten.

Also gilt für jede Matrix $A \in \mathbb{K}^{n\times n}$ und $k \in \mathbb{N}$ durch mehrfaches Anwenden des Determinantenmultiplikationssatzes $\det(A^k) = (\det A)^k$. Insbesondere folgt aus $A^k = \mathbf{0}$ sofort $\det A = 0$, weil ein Produkt von Körperelementen nur dann 0 ist, wenn einer der Faktoren 0 ist.

Für die Matrix

$$M = \begin{pmatrix} 0 & 1 & 1 & 0 \\ -1 & 2 & 0 & 1 \\ -1 & 0 & -2 & 1 \\ 0 & -1 & -1 & 0 \end{pmatrix} \in \mathbb{R}^{4\times 4}$$

gilt $M^3 = \mathbf{0}$, also folgt $\det M = 0$.

Ist $A \in \mathbb{K}^{n\times n}$ invertierbar, so folgt aus

$$A\,A^{-1} = \mathbf{E}_n$$

mit dem Determinantenmultiplikationssatz durch Anwenden der Determinante

$$\det A \det(A^{-1}) = \det \mathbf{E}_n = 1\,,$$

also $\det(A^{-1}) = (\det A)^{-1}$.

Selbstfrage 14

Gilt für alle $A, B \in \mathbb{R}^{n\times n}$ auch $\det(A + B) = \det A + \det B$?

Wir stellen in der Übersicht auf S. 606 alle wesentlichen Regeln und Eigenschaften der Determinante von $n \times n$-Matrizen zusammen.

Teil III

Bei der Berechnung der Determinante kann man nach einer beliebigen Spalte oder Zeile entwickeln

Bei der Definition der Determinante haben wir diese im folgenden Sinn *nach der ersten Spalte entwickelt*:

Für $\boldsymbol{A} = \begin{pmatrix} a_{11} & \cdots & a_{1n} \\ \vdots & & \vdots \\ a_{n1} & \cdots & a_{nn} \end{pmatrix} \in \mathbb{K}^{n \times n}$ gilt:

$$\det \boldsymbol{A} = \sum_{i=1}^{n} (-1)^{i+1} a_{i1} \det(\boldsymbol{A}_{i1})$$

Die in der Summe auftauchenden a_{i1} sind die Komponenten der ersten Spalte.

Tatsächlich ist diese Wahl der ersten Spalte willkürlich, wenngleich nicht ganz unbeabsichtigt: Das Erzeugen von Nullen geschieht nach dem Algorithmus von Gauß und dieser ist auf die erste Spalte ausgerichtet. Aber eine Matrix der Gestalt

$$\boldsymbol{A} = \begin{pmatrix} 4 & 2 & -3 & 4 \\ 5 & 6 & 1 & 4 \\ \mathbf{0} & \mathbf{0} & \mathbf{2} & \mathbf{0} \\ -2 & -2 & 3 & 6 \end{pmatrix} \in \mathbb{R}^{4 \times 4}$$

lässt den Wunsch aufkommen, die Determinante auch nach anderen Spalten oder Zeilen entwickeln zu können. Dass dies möglich ist, machen wir uns an dieser Matrix $\boldsymbol{A}$ klar.

Wegen $\det \boldsymbol{A} = \det \boldsymbol{A}^{\mathrm{T}}$ und weil das Vertauschen benachbarter Spalten einen Wechsel des Vorzeichens bewirkt, erhalten wir:

$$\det \boldsymbol{A} = \begin{vmatrix} 4 & 5 & \mathbf{0} & -2 \\ 2 & 6 & \mathbf{0} & -2 \\ -3 & 1 & \mathbf{2} & 3 \\ 4 & 4 & \mathbf{0} & 6 \end{vmatrix} = (-1)^1 \begin{vmatrix} 4 & \mathbf{0} & 5 & -2 \\ 2 & \mathbf{0} & 6 & -2 \\ -3 & \mathbf{2} & 1 & 3 \\ 4 & \mathbf{0} & 4 & 6 \end{vmatrix}$$

$$= (-1)^2 \begin{vmatrix} \mathbf{0} & 4 & 5 & -2 \\ \mathbf{0} & 2 & 6 & -2 \\ \mathbf{2} & -3 & 1 & 3 \\ \mathbf{0} & 4 & 4 & 6 \end{vmatrix} = (-1)^{2+1+3}\, \mathbf{2} \begin{vmatrix} 4 & 5 & -2 \\ 2 & 6 & -2 \\ 4 & 4 & 6 \end{vmatrix}$$

$$= (-1)^{3+3}\, \mathbf{2} \begin{vmatrix} 4 & 2 & 4 \\ 5 & 6 & 4 \\ -2 & -2 & 6 \end{vmatrix}$$

Also gilt:

$$\begin{vmatrix} 4 & 2 & -3 & 4 \\ 5 & 6 & 1 & 4 \\ 0 & 0 & 2 & 0 \\ -2 & -2 & 3 & 6 \end{vmatrix} = (-1)^{3+3}\, 2 \underbrace{\begin{vmatrix} 4 & 2 & 4 \\ 5 & 6 & 4 \\ -2 & -2 & 6 \end{vmatrix}}_{=\boldsymbol{A}'}$$

Die im Exponenten von -1 angegebene zweite 3 entstand dadurch, dass wir nach der **3.** Zeile entwickelt haben: Um die dritte Zeile, die nach dem Transponieren zur dritten Spalte wurde, nach vorne an die Stelle der **1.** Spalte zu bringen, waren **2** Spaltenvertauschungen nötig $(2 + 1 = 3)$. Und die verbleibende 3×3-Matrix $\boldsymbol{A}'$ ist gerade die Matrix, die aus $\boldsymbol{A}$ durch Entfernen der dritten Spalte und dritten Zeile entsteht: $\boldsymbol{A}' = \boldsymbol{A}_{33}$.

Dies lässt sich leicht auf beliebige $n \times n$ Matrizen und beliebige Spalten und Zeilen verallgemeinern. Wir erhalten dadurch folgende Formeln.

Die Entwicklung nach beliebigen Zeilen und Spalten

Für $\boldsymbol{A} = (a_{ij}) \in \mathbb{K}^{n \times n}$ und beliebige $r, s \in \{1, \ldots, n\}$ gilt:

Entwicklung nach der r-ten Zeile:

$$\det \boldsymbol{A} = \sum_{s=1}^{n} (-1)^{r+s} a_{rs} \det \boldsymbol{A}_{rs}$$

Entwicklung nach der s-ten Spalte:

$$\det \boldsymbol{A} = \sum_{r=1}^{n} (-1)^{r+s} a_{rs} \det \boldsymbol{A}_{rs}$$

Die Vorzeichen $(-1)^{r+s}$ sind schachbrettartig über der Matrix $\boldsymbol{A}$ verteilt:

$$\begin{matrix} + & - & + & - & \cdots \\ - & + & - & + & \cdots \\ + & - & + & - & \cdots \\ - & + & - & + & \cdots \\ \vdots & \vdots & \vdots & \vdots & \ddots \end{matrix}$$

Kommentar Zur Berechnung der Determinante einer Matrix mit mehr als drei Zeilen und Spalten suche man nach der Zeile oder Spalte, in der bereits die meisten Nullen auftauchen und entwickle nach dieser. Oftmals ist es sinnvoll, durch geschickte Zeilenumformungen weitere Nullen zu erzeugen, vor allem dann, wenn die Matrix keine Nullen enthält. ◀

Beispiel Für die Determinante der Matrix

$$\boldsymbol{A} = \begin{pmatrix} 1 & 0 & 2 & 0 \\ 1 & 0 & 3 & 0 \\ -1 & 2 & 3 & 4 \\ 2 & 0 & 5 & 1 \end{pmatrix}$$

erhalten wir nach Entwickeln nach der zweiten Spalte

$$\det \boldsymbol{A} = \begin{vmatrix} 1 & 0 & 2 & 0 \\ 1 & 0 & 3 & 0 \\ -1 & \mathbf{2} & 3 & 4 \\ 2 & 0 & 5 & 1 \end{vmatrix} = (-1)^{3+2}\, 2 \begin{vmatrix} 1 & 2 & 0 \\ 1 & 3 & 0 \\ 2 & 5 & 1 \end{vmatrix}.$$

Nun entwickeln wir weiter nach der dritten Spalte und erhalten

$$\det \boldsymbol{A} = (-2) \begin{vmatrix} 1 & 2 & 0 \\ 1 & 3 & 0 \\ 2 & 5 & \mathbf{1} \end{vmatrix} = (-2) \cdot (-1)^{3+3} \begin{vmatrix} 1 & 2 \\ 1 & 3 \end{vmatrix} = -2.$$ ◀

Teil III

Übersicht: Eigenschaften der Determinante

Wir listen alle wesentlichen Eigenschaften der Determinante auf. Viele von ihnen haben wir bereits begründet.

- Ist A eine Dreiecksmatrix oder eine Diagonalmatrix, also von der Form

$$\begin{pmatrix} a_{11} & * & \dots & * \\ 0 & a_{22} & \ddots & \vdots \\ \vdots & \ddots & \ddots & * \\ 0 & \dots & 0 & a_{nn} \end{pmatrix} \text{ oder } \begin{pmatrix} a_{11} & 0 & \dots & 0 \\ * & a_{22} & \ddots & \vdots \\ \vdots & \ddots & \ddots & 0 \\ * & \dots & * & a_{nn} \end{pmatrix},$$

  so ist die Determinante von A das Produkt der Diagonalelemente

$$\det A = a_{11} \cdots a_{nn} .$$

- Die Determinante ändert ihr Vorzeichen beim Vertauschen zweier Zeilen oder Spalten.
- Die Determinante der Einheitsmatrix $\mathbf{E}_n \in \mathbb{K}^{n \times n}$ ist 1:

$$\det \mathbf{E}_n = 1$$

- Für jede Matrix $A \in \mathbb{K}^{n \times n}$ und $\lambda \in \mathbb{K}$ gilt

$$\det(\lambda A) = \lambda^n \det A ,$$

  insbesondere $\det(-A) = (-1)^n \det A$.
- Die Determinante einer Matrix ändert sich nicht durch das Transponieren:

$$\det A = \det A^{\mathrm{T}}$$

- Eine Matrix A ist genau dann invertierbar, wenn ihre Determinante von null verschieden ist.
- Ist die Matrix A invertierbar, so ist die Determinante der inversen Matrix das Inverse der Determinante:

$$\det(A^{-1}) = (\det A)^{-1}$$

- Ist die Koeffizientenmatrix A eines linearen Gleichungssystems $(A \mid b)$ quadratisch, so ist $(A \mid b)$ genau dann eindeutig lösbar, wenn $\det A \neq 0$ gilt.
- Sind zwei Zeilen oder Spalten einer Matrix linear abhängig, so ist ihre Determinante 0.
- Hat die Matrix eine Nullzeile oder Nullspalte, so ist ihre Determinante 0.
- Die Determinante einer Matrix bleibt unverändert, wenn man zu einer Zeile (bzw. Spalte) das Vielfache einer anderen Zeile (bzw. Spalte) addiert.
- Die Determinante eines Produktes zweier Matrizen ist das Produkt der Determinanten der beiden Matrizen: Für alle $A, B \in \mathbb{K}^{n \times n}$ gilt:

$$\det(A\,B) = \det(A)\det(B)$$

- Für jede Matrix $A \in \mathbb{K}^{n \times n}$ und jede natürliche Zahl k gilt:

$$\det(A^k) = (\det A)^k$$

- Für eine invertierbare Matrix $S \in \mathbb{K}^{n \times n}$ und jede Matrix $A \in \mathbb{K}^{n \times n}$ gilt:

$$\det(S^{-1} A\,S) = \det(A)$$

Anwendungsbeispiel Jede auf einem reellen Intervall I erklärte lineare Differenzialgleichung n-ter Ordnung $y^{(n)} = f(y, \dots, y^{(n-1)})$ mit konstanten Koeffizienten hat n über $\mathbb{C}$ linear unabhängige Lösungen. Jedes solche System von n linear unabhängigen Lösungen nennt man ein *Fundamentalsystem* zur jeweiligen Differenzialgleichung. Um zu entscheiden, ob ein gegebenes System $y_1, \dots, y_n \in \mathbb{R}^I$ von n Lösungen der Differenzialgleichung $y^{(n)} = f(y, \dots, y^{(n-1)})$ ein Fundamentalsystem ist, berechnet man die **Wronski-Determinante**:

$$W = \begin{vmatrix} y_1 & \cdots & y_n \\ y_1' & \cdots & y_n' \\ \vdots & & \vdots \\ y_1^{(n-1)} & \cdots & y_n^{(n-1)} \end{vmatrix} \in \mathbb{R}^I$$

Für die Wronski-Determinante gilt: Ist $W(x_0) \neq 0$ für ein $x_0 \in I$, so ist $W(x) \neq 0$ für alle $x \in I$ und $y_1, \dots, y_n$ bilden in diesem Fall ein Fundamentalsystem.

Bekanntlich hat die auf $\mathbb{R}$ erklärte Differenzialgleichung $y'' = -y$ die zwei Lösungen $y_1 = \cos$ und $y_2 = \sin$. Wir erhalten die Wronski-Determinante

$$W = \begin{vmatrix} \cos & \sin \\ -\sin & \cos \end{vmatrix} = \cos^2 + \sin^2 = \mathrm{Id} .$$

Somit bildet $\{\cos, \sin\}$ ein Fundamentalsystem zur Differenzialgleichung $y'' = -y$. ◄

Kommentar Computer-Algebra-Systeme benutzen zur Berechnung der Determinante einer Matrix A im Allgemeinen eine *LR*-Zerlegung von A (siehe Abschn. 16.4),

$$PA = LR ,$$

wobei für die quadratischen Matrizen P und L gilt

$$\det P = \pm 1 \text{ und } \det L = 1 .$$

Wegen des Determinantenmultiplikationssatzes gilt also

$$\det A = \pm \det R .$$

Weil R eine obere Dreiecksmatrix ist, ist die Determinante von R das Produkt der Diagonalelemente. ◄

Teil III

Beispiel: Bestimmung von Determinanten

Wir berechnen die Determinanten der Matrizen

$$A = \begin{pmatrix} 3 & 1 & 3 & 0 \\ 2 & 4 & 1 & 2 \\ 1 & 0 & 0 & -1 \\ 4 & 2 & -1 & 1 \end{pmatrix}, \quad B = \begin{pmatrix} 3 & 0 & 0 & 0 & 0 & 2 \\ 0 & 3 & 0 & 0 & 2 & 0 \\ 0 & 0 & 3 & 2 & 0 & 0 \\ 0 & 0 & 2 & 3 & 0 & 0 \\ 0 & 2 & 0 & 0 & 3 & 0 \\ 2 & 0 & 0 & 0 & 0 & 3 \end{pmatrix}.$$

Problemanalyse und Strategie: Man entwickelt vorzugsweise nach Zeilen bzw. Spalten, in denen bereits viele Nullen stehen. Eventuell erzeugen wir uns durch geschickte Zeilen- bzw. Spaltenumformungen zuerst Nullen.

Lösung: Wir bestimmen die Determinante der Matrix A, indem wir zuerst zur letzten Spalte die erste addieren – dies ändert die Determinante von A nicht – und dann nach der dritten Zeile entwickeln:

$$\det A = \begin{vmatrix} 3 & 1 & 3 & 0 \\ 2 & 4 & 1 & 2 \\ 1 & 0 & 0 & -1 \\ 4 & 2 & -1 & 1 \end{vmatrix} = \begin{vmatrix} 3 & 1 & 3 & 3 \\ 2 & 4 & 1 & 4 \\ 1 & 0 & 0 & 0 \\ 4 & 2 & -1 & 5 \end{vmatrix} = (-1)^{1+3}\,1 \begin{vmatrix} 1 & 3 & 3 \\ 4 & 1 & 4 \\ 2 & -1 & 5 \end{vmatrix}$$

Wir führen die Rechnung fort: Mithilfe der Eins an der Stelle (1, 1) der verbleibenden 3×3-Matrix, erzeugen wir Nullen an den Stellen (2, 1) und (3, 1) und entwickeln schließlich nach der ersten Spalte:

$$\det A = \begin{vmatrix} 1 & 3 & 3 \\ 4 & 1 & 4 \\ 2 & -1 & 5 \end{vmatrix} = \begin{vmatrix} 1 & 3 & 3 \\ 0 & -11 & -8 \\ 0 & -7 & -1 \end{vmatrix} = \begin{vmatrix} -11 & -8 \\ -7 & -1 \end{vmatrix} = (-1)^2 \begin{vmatrix} 11 & 8 \\ 7 & 1 \end{vmatrix} = -45$$

Wir bestimmen nun $\det \boldsymbol{B}$.

Wir berechnen die Determinante der Matrix $\boldsymbol{B}$ mittels Entwicklung nach den jeweils mit blauen Ziffern eingezeichneten Zeilen bzw. Spalten:

$$\det \boldsymbol{B} = \begin{vmatrix} \mathbf{3} & \mathbf{0} & \mathbf{0} & \mathbf{0} & \mathbf{0} & \mathbf{2} \\ 0 & 3 & 0 & 0 & 2 & 0 \\ 0 & 0 & 3 & 2 & 0 & 0 \\ 0 & 0 & 2 & 3 & 0 & 0 \\ 0 & 2 & 0 & 0 & 3 & 0 \\ 2 & 0 & 0 & 0 & 0 & 3 \end{vmatrix}$$

$$= (-1)^{1+1}\,3 \begin{vmatrix} 3 & 0 & 0 & 2 & 0 \\ 0 & 3 & 2 & 0 & 0 \\ 0 & 2 & 3 & 0 & 0 \\ 2 & 0 & 0 & 3 & 0 \\ \mathbf{0} & \mathbf{0} & \mathbf{0} & \mathbf{0} & \mathbf{3} \end{vmatrix} + (-1)^{1+6}\,2 \begin{vmatrix} \mathbf{0} & 3 & 0 & 0 & 2 \\ \mathbf{0} & 0 & 3 & 2 & 0 \\ \mathbf{0} & 0 & 2 & 3 & 0 \\ \mathbf{0} & 2 & 0 & 0 & 3 \\ \mathbf{2} & 0 & 0 & 0 & 0 \end{vmatrix}$$

$$= (3^2 - 2^2) \begin{vmatrix} \mathbf{3} & \mathbf{0} & \mathbf{0} & \mathbf{2} \\ 0 & 3 & 2 & 0 \\ 0 & 2 & 3 & 0 \\ 2 & 0 & 0 & 3 \end{vmatrix}$$

$$= (3^2 - 2^2) \left[(-1)^{1+1}\,3 \begin{vmatrix} 3 & 2 & 0 \\ 2 & 3 & 0 \\ \mathbf{0} & \mathbf{0} & \mathbf{3} \end{vmatrix} + (-1)^{1+4}\,2 \begin{vmatrix} \mathbf{0} & 3 & 2 \\ \mathbf{0} & 2 & 3 \\ \mathbf{2} & 0 & 0 \end{vmatrix} \right]$$

$$= (3^2 - 2^2)^2 \begin{vmatrix} 3 & 2 \\ 2 & 3 \end{vmatrix} = (3^2 - 2^2)^3 = 125$$

Also gilt $\det \boldsymbol{B} = 125$.

16.7 Anwendungen der Determinante

Wir behandeln in diesem Abschnitt einige Anwendungen der Determinante. Zuerst zeigen wir, dass die Determinante ein Invertierbarkeitskriterium liefert: Eine Matrix ist genau dann invertierbar, wenn ihre Determinante von null verschieden ist. Dies war eines der Ziele bei unserer Einführung der Determinanten. Den Nutzen dieses Kriteriums lernen wir erst im übernächsten Kapitel zu den Eigenwerten richtig zu schätzen.

Aber die Determinante hat durchaus noch andere Anwendungen. Zum Beispiel lassen sich gewisse lineare Gleichungssysteme mithilfe von Determinanten lösen, und ist eine Matrix invertierbar, so können wir auch das Inverse einer Matrix mit Determinanten bestimmen. Wir wollen aber darauf hinweisen, dass diese Methoden nicht sehr effizient sind. Der Algorithmus von Gauß und Jordan führt im Allgemeinen viel schneller zur Lösung eines Gleichungssystems, und die Methoden aus dem Abschn. 16.2 zur Bestimmung des Inversen einer Matrix sind meist deutlich effizienter als die Methode, die wir nun mittels Determinanten vorstellen.

Vertiefung: Die Leibniz'sche Formel

Wir haben die Determinante einer $n \times n$-Matrix $\boldsymbol{A} = (a_{ij})$ über $\mathbb{K}$ rekursiv definiert. Es gibt auch eine explizite Definition, die auf Leibniz zurückgeht, und welche wir nun vorstellen wollen. In dieser Formel tauchen jedoch zwei Bestandteile auf, mit denen wir uns zuerst vertraut machen müssen, die Formel geben wir dennoch nun schon an,

$$\det \boldsymbol{A} = \sum_{\sigma \in S_n} \operatorname{sgn} \sigma \prod_{i=1}^{n} a_{i\sigma(i)} ,$$

wobei $\operatorname{sgn} \sigma \in \{1, -1\}$ und $\sigma(i) \in \{1, \ldots, n\}$ für alle $\sigma \in S_n$ gilt.

Also ist $\det \boldsymbol{A}$ eine Summe von Produkten von Komponenten der Matrix $\boldsymbol{A}$. Dass diese Formel tatsächlich mit unserer Definition von Determinanten übereinstimmt, werden wir nur für die Fälle $n = 2$ und $n = 3$ zeigen.

Für eine natürliche Zahl n sei $I = \{1, \ldots, n\}$. Die Menge aller Bijektionen $\sigma : I \to I$ bezeichnen wir mit S_n. Wir ermitteln die Anzahl der Elemente von S_n. Jede Bijektion σ lässt sich übersichtlich in einer *Zweizeilenform* darstellen:

$$\begin{pmatrix} 1 & 2 & \ldots & n-1 & n \\ \sigma(1) & \sigma(2) & \ldots & \sigma(n-1) & \sigma(n) \end{pmatrix}$$

In der ersten Zeile stehen die Elemente von I in der natürlichen Reihenfolge und in der zweiten Zeile die jeweiligen Bilder der Elemente aus I unter der Bijektion σ, also alle n Elemente aus I in einer durch σ festgelegten Reihenfolge.

Weil σ eine Bijektion ist, hat man nach Festlegung von $\sigma(1) \in \{1, \ldots, n\}$ für das Element $\sigma(2)$ die $n-1$ verschiedenen Möglichkeiten aus $\{1, \ldots, n\} \setminus \{\sigma(1)\}$. So fortfahrend erkennt man:

$$|S_n| = n!$$

Die Elemente aus S_2 sind

$$\begin{pmatrix} 1 & 2 \\ 1 & 2 \end{pmatrix}, \quad \begin{pmatrix} 1 & 2 \\ 2 & 1 \end{pmatrix}.$$

Die Elemente aus S_3 lauten

$$\sigma_1 = \begin{pmatrix} 1 & 2 & 3 \\ 1 & 2 & 3 \end{pmatrix}, \quad \sigma_2 = \begin{pmatrix} 1 & 2 & 3 \\ 2 & 3 & 1 \end{pmatrix}, \quad \sigma_3 = \begin{pmatrix} 1 & 2 & 3 \\ 3 & 1 & 2 \end{pmatrix},$$
$$\sigma_4 = \begin{pmatrix} 1 & 2 & 3 \\ 3 & 2 & 1 \end{pmatrix}, \quad \sigma_5 = \begin{pmatrix} 1 & 2 & 3 \\ 2 & 1 & 3 \end{pmatrix}, \quad \sigma_6 = \begin{pmatrix} 1 & 2 & 3 \\ 1 & 3 & 2 \end{pmatrix}.$$

Die Menge S_4 enthält bereits $4! = 24$ Elemente.

Nun ordnen wir jedem $\sigma \in S_n$ ein Produkt von rationalen Zahlen zu:

$$\operatorname{sgn} \sigma = \prod_{i<j} \frac{\sigma(j) - \sigma(i)}{j - i}$$

Man nennt $\operatorname{sgn} \sigma$ das **Signum** von $\sigma \in S_n$.

Wir bestimmen das Signum einiger Elemente aus S_2 und S_3,

$$\operatorname{sgn} \begin{pmatrix} 1 & 2 \\ 1 & 2 \end{pmatrix} = \frac{2-1}{2-1} = 1 ,$$
$$\operatorname{sgn} \begin{pmatrix} 1 & 2 \\ 2 & 1 \end{pmatrix} = \frac{1-2}{2-1} = -1 ,$$
$$\operatorname{sgn} \begin{pmatrix} 1 & 2 & 3 \\ 1 & 3 & 2 \end{pmatrix} = \frac{3-1}{2-1} \, \frac{2-1}{3-1} \, \frac{2-3}{3-2} = -1 ,$$
$$\operatorname{sgn} \begin{pmatrix} 1 & 2 & 3 \\ 2 & 3 & 1 \end{pmatrix} = \frac{3-2}{2-1} \, \frac{1-2}{3-1} \, \frac{1-3}{3-2} = 1 .$$

Wie die Beispiele schon vermuten lassen, gilt tatsächlich

$$\operatorname{sgn} \sigma \in \{1, -1\} \quad \text{für alle} \quad \sigma \in S_n .$$

Nun können wir die Leibniz'sche Formel für $n = 2$ explizit angeben (siehe S. 598):

$$\det(a_{ij}) = \sum_{\sigma \in S_2} \operatorname{sgn} \sigma \prod_{i=1}^{n} a_{i\sigma(i)} = 1 \, a_{11} a_{22} + (-1) \, a_{12} a_{21}$$

Für den Fall $n = 3$ erhalten wir (siehe S. 601):

$$\begin{aligned} \det(a_{ij}) &= \sum_{\sigma \in S_3} \operatorname{sgn} \sigma \prod_{i=1}^{n} a_{i\sigma(i)} \\ &= a_{11} \, a_{22} \, a_{33} + a_{12} \, a_{23} \, a_{31} + a_{13} \, a_{21} \, a_{32} \\ &\quad - (a_{13} \, a_{22} \, a_{31} + a_{23} \, a_{32} \, a_{11} + a_{33} \, a_{12} \, a_{21}) \end{aligned}$$

In dieser Summe durchlaufen die $\sigma \in S_3$ genau die oben angegebene Reihenfolge $\sigma_1, \ldots, \sigma_6$.

Bereits bei $n = 4$ besteht die Formel aus $n! = 24$ Summanden und jeder Summand enthält vier Faktoren. Wegen des hohen Rechenaufwandes eignet sich diese Formel kaum für Berechnungen der Determinanten höherreihiger Matrizen. Selbst Computer-Algebra-Systeme benutzen andere Methoden.

Die uns bekannten Eigenschaften der Determinante, insbesondere die Entwicklung nach der ersten Spalte, lassen sich aus dieser Leibniz'schen Formel ableiten. Damit ließe sich die Determinante einer Matrix auch mittels der Leibniz'schen Formel definieren. Wir zeigen dies nicht, sondern verweisen auf die angegebene Literatur.

Literatur

- A. Beutelspacher: *Lineare Algebra.* 6. Auflage, Vieweg & Sohn Verlag, Wiesbaden 2003.
- Ch. Karpfinger/H. Stachel: *Lineare Algebra.* 1. Auflage, Springer Spektrum, Heidelberg 2020.

Teil III

Eine Matrix ist genau dann invertierbar, wenn ihre Determinante von null verschieden ist

In dem einführenden Abschn. 16.5 haben wir gezeigt, dass eine 2×2- und 3×3-Matrix genau dann invertierbar ist, wenn ihre Determinante von null verschieden ist. Wir verallgemeinern dieses Invertierbarkeitskriterium für beliebige (quadratische) Matrizen.

Invertierbarkeitskriterium

Für eine Matrix $A \in \mathbb{K}^{n \times n}$ sind die folgenden Aussagen gleichwertig:

- Die Matrix A ist invertierbar.
- Es gilt $\det A \neq 0$.

Beweis Man bringe A mit elementaren Zeilenumformungen auf Zeilenstufenform $Z = (z_{ij})$. Wegen der Determinantenregeln auf S. 603 gilt dann $\det A = \alpha \det Z$ für ein $\alpha \in \mathbb{K} \setminus \{0\}$. Es folgt:

$$\begin{aligned} \det A \neq 0 &\Leftrightarrow \det Z = z_{11} \cdots z_{nn} \neq 0 \\ &\Leftrightarrow z_{11}, \ldots, z_{nn} \neq 0 \\ &\Leftrightarrow \operatorname{rg} A = \operatorname{rg} Z = n \\ &\Leftrightarrow A \text{ ist invertierbar} \end{aligned}$$

Zur letzten Äquivalenz siehe S. 582. ■

Selbstfrage 15

Wenn $A\,B$ invertierbar ist, müssen dann auch A und B invertierbar sein?

Beispiel Wir prüfen, ob die drei Vektoren

$$\begin{pmatrix} 2 \\ 2 \\ 4 \end{pmatrix}, \begin{pmatrix} 1 \\ 3 \\ 6 \end{pmatrix}, \begin{pmatrix} 0 \\ 5 \\ 2 \end{pmatrix} \in \mathbb{R}^3$$

linear abhängig sind:

Wegen $\det \begin{pmatrix} 2 & 1 & 0 \\ 2 & 3 & 5 \\ 4 & 6 & 2 \end{pmatrix} = \det \begin{pmatrix} 2 & 1 & 0 \\ 0 & 2 & 5 \\ 0 & 4 & 2 \end{pmatrix} = 2\,(2\cdot 2 - 5\cdot 4) \neq 0$ sind also die angegebenen Vektoren linear unabhängig. ◄

Mit der Determinante lässt sich das Inverse einer Matrix bestimmen

Ist A eine invertierbare Matrix, so lässt sich A^{-1} anhand der folgenden Formel ermitteln.

Die Adjunkte

$$A^{-1} = (\det A)^{-1}\,\mathrm{ad}(A)\,,$$

wobei $\mathrm{ad}(A) = (a^*_{ij})_{i,j}$ mit $a^*_{ij} = (-1)^{i+j} \det A_{ji}$. Man nennt $\mathrm{ad}(A)$ die **Adjunkte** von A.

Wir verzichten auf einen Nachweis dieser Formel.

Beispiel Wir berechnen $\mathrm{ad}(A)$ und damit A^{-1} für

$$A = \begin{pmatrix} 1 & 2 & 1 \\ -2 & 1 & 4 \\ 1 & 3 & 2 \end{pmatrix} \in \mathbb{R}^{3\times 3}.$$

Wir ermitteln die Komponenten a^*_{ij} der Adjunkten von A:

$$a^*_{11} = (-1)^{1+1} \det A_{11} = \det \begin{pmatrix} 1 & 4 \\ 3 & 2 \end{pmatrix} = -10$$

$$a^*_{21} = (-1)^{2+1} \det A_{12} = -\det \begin{pmatrix} -2 & 4 \\ 1 & 2 \end{pmatrix} = 8$$

$$a^*_{31} = (-1)^{3+1} \det A_{13} = \det \begin{pmatrix} -2 & 1 \\ 1 & 3 \end{pmatrix} = -7$$

$$a^*_{12} = (-1)^{1+2} \det A_{21} = -\det \begin{pmatrix} 2 & 1 \\ 3 & 2 \end{pmatrix} = -1$$

$$a^*_{22} = (-1)^{2+2} \det A_{22} = \det \begin{pmatrix} 1 & 1 \\ 1 & 2 \end{pmatrix} = 1$$

$$a^*_{32} = (-1)^{3+2} \det A_{23} = -\det \begin{pmatrix} 1 & 2 \\ 1 & 3 \end{pmatrix} = -1$$

$$a^*_{13} = (-1)^{1+3} \det A_{31} = \det \begin{pmatrix} 2 & 1 \\ 1 & 4 \end{pmatrix} = 7$$

$$a^*_{23} = (-1)^{2+3} \det A_{32} = -\det \begin{pmatrix} 1 & 1 \\ -2 & 4 \end{pmatrix} = -6$$

$$a^*_{33} = (-1)^{3+3} \det A_{33} = \det \begin{pmatrix} 1 & 2 \\ -2 & 1 \end{pmatrix} = 5$$

Damit erhalten wir

$$\mathrm{ad}(A) = \begin{pmatrix} -10 & -1 & 7 \\ 8 & 1 & -6 \\ -7 & -1 & 5 \end{pmatrix},$$

und wegen $\det(A) = -1$ folgt

$$A^{-1} = \frac{\mathrm{ad}(A)}{\det A} = \begin{pmatrix} 10 & 1 & -7 \\ -8 & -1 & 6 \\ 7 & 1 & -5 \end{pmatrix}.$$ ◄

Bei größerem n wird der Aufwand, das Inverse einer Matrix mittels der Adjunkten zu bestimmen, enorm. Die Methoden aus dem Abschn. 16.2 führen im Allgemeinen deutlich schneller zum Ziel.

Teil III

Die Cramer'sche Regel liefert die eindeutig bestimmte Lösung eines linearen Gleichungssystems komponentenweise

Eine weitere Anwendung der Determinante betrifft das Lösen von linearen Gleichungssystemen mit quadratischer und invertierbarer Koeffizientenmatrix.

Die Cramer'sche Regel

Das lineare Gleichungssystem $\boldsymbol{A}\,\boldsymbol{x} = \boldsymbol{b}$ mit $\boldsymbol{A} = ((\boldsymbol{s}_1, \ldots, \boldsymbol{s}_n)) \in \mathbb{K}^{n\times n}$, $\boldsymbol{b} \in \mathbb{K}^n$ und $\boldsymbol{x}$ als Unbestimmte hat genau dann eine eindeutig bestimmte Lösung $\boldsymbol{v} = \begin{pmatrix} v_1 \\ \vdots \\ v_n \end{pmatrix}$, wenn $\det \boldsymbol{A} \neq 0$. In diesem Fall erhält man die Komponenten der Lösung durch

$$v_i = \frac{\det \boldsymbol{A}_i}{\det \boldsymbol{A}} \quad \text{für } i = 1, \ldots, n,$$

wobei $\boldsymbol{A}_i = ((\boldsymbol{s}_1, \ldots, \boldsymbol{s}_{i-1}, \boldsymbol{b}, \boldsymbol{s}_{i+1}, \ldots, \boldsymbol{s}_n)) \in \mathbb{K}^{n\times n}$. $\boldsymbol{A}_i$ entsteht aus $\boldsymbol{A}$ durch Ersetzen von $\boldsymbol{s}_i$ durch $\boldsymbol{b}$.

Beweis Der erste Teil der Aussage steht schon auf S. 609. Es folgt $\boldsymbol{b} = \boldsymbol{A}\,\boldsymbol{v} = \sum_{j=1}^{n} v_j\,\boldsymbol{s}_j$, sodass

$$\begin{aligned} \det \boldsymbol{A}_i &= \det((\boldsymbol{s}_1, \ldots, \boldsymbol{s}_{i-1}, \sum_{j=1}^{n} v_j \boldsymbol{s}_j, \boldsymbol{s}_{i+1}, \ldots, \boldsymbol{s}_n)) \\ &= \sum_{j=1}^{n} v_j \det((\boldsymbol{s}_1, \ldots, \boldsymbol{s}_{i-1}, \boldsymbol{s}_j, \boldsymbol{s}_{i+1}, \ldots, \boldsymbol{s}_n)) \\ &= v_i \det \boldsymbol{A}\,. \end{aligned}$$

■

Es ist also zum einen die Determinante der Koeffizientenmatrix $\boldsymbol{A}$ und für jede Komponente v_i des Lösungsvektors $\boldsymbol{v}$ die Determinante der Matrix $\boldsymbol{A}_i = ((\boldsymbol{s}_1, \ldots, \boldsymbol{s}_{i-1}, \boldsymbol{b}, \boldsymbol{s}_{i+1}, \ldots, \boldsymbol{s}_n))$ zu bestimmen. Damit läuft das Lösen eines solchen Gleichungssystems auf das Bestimmen von $n+1$ Determinanten von $n \times n$-Matrizen hinaus. Der Algorithmus von Gauß und Jordan führt im Allgemeinen schneller zur Lösung. Interessiert man sich aber etwa nur für eine oder einzelne Komponenten des Lösungsvektors, so kann die Cramer'sche Regel durchaus effizient sein. Wir zeigen dies an einem Beispiel.

Beispiel Wir bestimmen die x_2-Komponente der Lösung des linearen reellen Gleichungssystems:

$$\begin{aligned} -x_1 + 8\,x_2 + 3\,x_3 &= 2 \\ 2\,x_1 + 4\,x_2 - 1\,x_3 &= 1 \\ -2\,x_1 + x_2 + 2\,x_3 &= -1 \end{aligned}$$

Wegen $\det \begin{pmatrix} -1 & 8 & 3 \\ 2 & 4 & -1 \\ -2 & 1 & 2 \end{pmatrix} = 5 \neq 0$ hat das gegebene System genau eine Lösung $\begin{pmatrix} v_1 \\ v_2 \\ v_3 \end{pmatrix}$, und es gilt mit der Cramer'schen Regel:

$$\begin{aligned} v_2 &= 1/5 \begin{vmatrix} -1 & 2 & 3 \\ 2 & 1 & -1 \\ -2 & -1 & 2 \end{vmatrix} \\ &= 1/5\,(-5) = -1 \end{aligned}$$

◀

Zusammenfassung

Das Produkt $\boldsymbol{A}\,\boldsymbol{B}$ ist für Matrizen $\boldsymbol{A} = \begin{pmatrix} z_1 \\ \vdots \\ z_m \end{pmatrix} \in \mathbb{K}^{m\times n}$ und $\boldsymbol{B} = ((s_1, \ldots, s_p)) \in \mathbb{K}^{n\times p}$ mit Spaltenzahl von $\boldsymbol{A}$ gleich Zeilenzahl von $\boldsymbol{B}$ erklärt.

Das Matrizenprodukt

Man nennt die $m \times p$-Matrix

$$\boldsymbol{A}\,\boldsymbol{B} = (c_{ik})_{m,p} \text{ mit } c_{ik} = z_i\, s_k = \sum_{j=1}^{n} a_{ij}\, b_{jk}$$

das **Matrizenprodukt** oder auch nur kurz **Produkt** von $\boldsymbol{A}$ und $\boldsymbol{B}$.

Eine quadratische Matrix $\boldsymbol{A} \in \mathbb{K}^{n\times n}$ heißt **invertierbar**, wenn es eine Matrix $\boldsymbol{A}' \in \mathbb{K}^{n\times n}$ mit $\boldsymbol{A}\,\boldsymbol{A}' = \mathbf{E}_n$ gibt. Es gilt dann auch $\boldsymbol{A}'\boldsymbol{A} = \mathbf{E}_n$. Man schreibt $\boldsymbol{A}' = \boldsymbol{A}^{-1}$ und nennt $\boldsymbol{A}^{-1}$ das **Inverse** von $\boldsymbol{A}$.

Das Inverse einer $n \times n$-Matrix bestimmt man durch Lösen von n linearen Gleichungssystemen

Das Inverse einer $n \times n$-Matrix wird nach einem einfachen Schema bestimmt. Dahinter steckt im Wesentlichen das gleichzeitige Lösen von n Gleichungssystemen.

Das Bestimmen des Inversen einer Matrix $A \in \mathbb{K}^{n\times n}$

1. Man schreibe $(\boldsymbol{A} \mid \mathbf{E_n})$.
2. Mit elementaren Zeilenumformungen bringe man $(\boldsymbol{A} \mid \mathbf{E_n})$ auf die Form $(\boldsymbol{D} \mid \boldsymbol{B})$, mit einer oberen Dreiecksmatrix $\boldsymbol{D}$.
3. Enthält $\boldsymbol{D}$ eine Nullzeile, so ist $\boldsymbol{A}$ nicht invertierbar. Enthält $\boldsymbol{D}$ keine Nullzeile, so setze man mit elementaren Zeilenumformungen fort, um das Inverse $\boldsymbol{A}^{-1}$ von $\boldsymbol{A}$ zu erhalten:
$$(\boldsymbol{A} \mid \mathbf{E_n}) \to \cdots \to (\mathbf{E_n} \mid \boldsymbol{A}^{-1})$$

Für invertierbare 2×2- und Diagonalmatrizen gibt es einfache Formeln zur Bestimmung ihrer Inversen:

$$\begin{pmatrix} a & b \\ c & d \end{pmatrix}^{-1} = \frac{1}{a\,d - b\,c}\begin{pmatrix} d & -b \\ -c & a \end{pmatrix},$$

$$\begin{pmatrix} a_1 & & 0 \\ & \ddots & \\ 0 & & a_n \end{pmatrix}^{-1} = \begin{pmatrix} a_1^{-1} & & 0 \\ & \ddots & \\ 0 & & a_n^{-1} \end{pmatrix}.$$

Beim Transponieren vertauscht man Zeilen und Spalten einer Matrix

Eine Matrix, die sich beim Transponieren nicht verändert, nennt man symmetrisch.

Symmetrische Matrizen

Man nennt eine Matrix $\boldsymbol{A} \in \mathbb{K}^{n\times n}$ **symmetrisch**, wenn $\boldsymbol{A}^{\mathrm{T}} = \boldsymbol{A}$ gilt.

Viele Matrizen, die sich aus naturwissenschaftlichen Problemstellungen ergeben, sind symmetrisch.

Zwei Vektoren stehen genau dann senkrecht aufeinander, wenn ihr Skalarprodukt null ist

Für Vektoren $\boldsymbol{v} = (v_i)$, $\boldsymbol{w} = (w_i) \in \mathbb{R}^n$ nennt man das Produkt

$$\boldsymbol{v} \cdot \boldsymbol{w} = \boldsymbol{v}^{\mathrm{T}}\,\boldsymbol{w} = \sum_{i=1}^{n} v_i\, w_i$$

das **Standardskalarprodukt** oder auch **kanonisches Skalarprodukt**.

Definition von senkrechten bzw. orthogonalen Vektoren

Sind $\boldsymbol{v}$ und $\boldsymbol{w}$ aus $\mathbb{R}^n$, so sagen wir $\boldsymbol{v}$ steht **senkrecht** auf $\boldsymbol{w}$ oder $\boldsymbol{v}$ und $\boldsymbol{w}$ sind **orthogonal** zueinander, wenn $\boldsymbol{v} \cdot \boldsymbol{w} = 0$ gilt.

Anstelle von $\boldsymbol{v} \cdot \boldsymbol{w} = 0$ schreibt man auch $\boldsymbol{v} \perp \boldsymbol{w}$.

Eine Orthonormalbasis ist eine Basis mit normierten, zueinander senkrechten Vektoren

Definition von Orthogonal- und Orthonormalbasis

Eine Basis B des $\mathbb{R}^n$ heißt **Orthogonalbasis**, wenn je zwei verschiedene Basisvektoren senkrecht aufeinanderstehen, das heißt:

$$\text{Aus } \boldsymbol{b}, \boldsymbol{b}' \in B \text{ und } \boldsymbol{b} \neq \boldsymbol{b}' \text{ folgt } \boldsymbol{b} \perp \boldsymbol{b}' .$$

Eine Orthogonalbasis heißt **Orthonormalbasis**, wenn jeder Basisvektor zusätzlich normiert ist, also die Länge 1 hat, das heißt:

$$\text{Für jedes } \boldsymbol{b} \in B \text{ gilt zusätzlich } \|\boldsymbol{b}\| = 1 .$$

Die Spalten und Zeilen von Orthogonalmatrizen, d. h. von quadratischen Matrizen $\boldsymbol{A} \in \mathbb{R}^{n\times n}$ mit $\boldsymbol{A}^{\mathrm{T}}\boldsymbol{A} = \mathbf{E}_n$, sind Orthonormalbasen des $\mathbb{R}^n$.

Die Berechnung einer n-reihigen Determinante wird auf die Berechnung von $(n-1)$-reihigen Determinanten zurückgeführt

Definition der Determinante

Gegeben ist eine Matrix $\boldsymbol{A} = (a_{ij}) \in \mathbb{K}^{n\times n}$.

Für $n = 1$, d. h. $\boldsymbol{A} = (a_{11})$, definieren wir

$$\det \boldsymbol{A} = a_{11} .$$

Für $n \geq 2$ definieren wir

$$\begin{aligned}\det \boldsymbol{A} &= \sum_{i=1}^{n} (-1)^{i+1} a_{i1} \det(\boldsymbol{A}_{i1}) \\ &= a_{11} \det(\boldsymbol{A}_{11}) - + \cdots (-1)^{n+1} a_{n1} \det(\boldsymbol{A}_{n1}) .\end{aligned}$$

Für $\boldsymbol{A} = \begin{pmatrix} a_{11} & a_{12} \\ a_{21} & a_{22} \end{pmatrix} \in \mathbb{K}^{2\times 2}$ bedeutet dies

$$\det \boldsymbol{A} = a_{11}\,a_{22} - a_{12}\,a_{21} \in \mathbb{K} .$$

Die Determinante eines Produktes von Matrizen ist das Produkt der Determinanten

Determinantenmultiplikationssatz

Sind $\boldsymbol{A}, \boldsymbol{B} \in \mathbb{K}^{n\times n}$, so gilt:

$$\det(\boldsymbol{A}\,\boldsymbol{B}) = \det \boldsymbol{A} \det \boldsymbol{B}$$

Bei der Berechnung der Determinante kann man nach einer beliebigen Spalte oder Zeile entwickeln

Die Entwicklung nach beliebigen Zeilen und Spalten

Für $\boldsymbol{A} = (a_{ij}) \in \mathbb{K}^{n\times n}$ und beliebige $r, s \in \{1, \ldots, n\}$ gilt:

Entwicklung nach der r-ten Zeile:

$$\det \boldsymbol{A} = \sum_{s=1}^{n} (-1)^{r+s} a_{rs} \det \boldsymbol{A}_{rs}$$

Entwicklung nach der s-ten Spalte:

$$\det \boldsymbol{A} = \sum_{r=1}^{n} (-1)^{r+s} a_{rs} \det \boldsymbol{A}_{rs}$$

Eine Matrix ist genau dann invertierbar, wenn ihre Determinante von null verschieden ist

Im Invertierbarkeitskriterium steckt ein wesentlicher Nutzen von Determinanten.

Invertierbarkeitskriterium

Für eine Matrix $\boldsymbol{A} \in \mathbb{K}^{n\times n}$ sind die folgenden Aussagen gleichwertig:

- Die Matrix $\boldsymbol{A}$ ist invertierbar.
- Es gilt $\det \boldsymbol{A} \neq 0$.

Bonusmaterial

Im Bonusmaterial untersuchen wir weitere spezielle Arten von Matrizen.

Dabei wird gezeigt, dass die sogenannten *Elementarmatrizen* die Atome der invertierbaren Matrizen sind: Jede invertierbare Matrix ist ein Produkt von *Elementarmatrizen*.

Symmetrische und *schiefsymmetrische* Matrizen hingegen können als Bausteine aller Matrizen aufgefasst werden: Jede Matrix ist auf genau eine Weise als Summe einer symmetrischen Matrix mit einer *schiefsymmetrischen* Matrix darstellbar.

Vandermonde-Matrizen sind Matrizen von sehr spezieller Bauart. Mit ihrer Hilfe ist die Existenz und Eindeutigkeit von Interpolationspolynomen nachweisbar.

Aufgaben

Die Aufgaben gliedern sich in drei Kategorien: Anhand der *Verständnisfragen* können Sie prüfen, ob Sie die Begriffe und zentralen Aussagen verstanden haben, mit den *Rechenaufgaben* üben Sie Ihre technischen Fertigkeiten und die *Anwendungsprobleme* geben Ihnen Gelegenheit, das Gelernte an praktischen Fragestellungen auszuprobieren.
Ein Punktesystem unterscheidet leichte •, mittelschwere •• und anspruchsvolle ••• Aufgaben. Lösungshinweise am Ende des Buches helfen Ihnen, falls Sie bei einer Aufgabe partout nicht weiterkommen. Dort finden Sie auch die Lösungen – betrügen Sie sich aber nicht selbst und schlagen Sie erst nach, wenn Sie selber zu einer Lösung gekommen sind. Ausführliche Lösungswege, Beweise und Abbildungen finden Sie als digitales Zusatzmaterial (electronic supplementary material).
Viel Spaß und Erfolg bei den Aufgaben!

Verständnisfragen

16.1 • Ist das Produkt quadratischer oberer bzw. unterer Dreiecksmatrizen wieder eine obere bzw. untere Dreiecksmatrix?

16.2 • Bekanntlich gilt im Allgemeinen $\boldsymbol{A}\,\boldsymbol{B} \neq \boldsymbol{B}\,\boldsymbol{A}$ für $n \times n$-Matrizen $\boldsymbol{A}$ und $\boldsymbol{B}$. Gilt $\det(\boldsymbol{A}\,\boldsymbol{B}) = \det(\boldsymbol{B}\,\boldsymbol{A})$?

16.3 •• Hat eine Matrix $\boldsymbol{A} \in \mathbb{R}^{n\times n}$ mit $n \in 2\mathbb{N}+1$ und $\boldsymbol{A} = -\boldsymbol{A}^{\mathrm{T}}$ die Determinante 0?

16.4 •• Gilt für invertierbare Matrizen $\boldsymbol{A}, \boldsymbol{B} \in \mathbb{K}^{n\times n}$

$$\mathrm{ad}(\boldsymbol{A}\,\boldsymbol{B}) = \mathrm{ad}(\boldsymbol{B})\,\mathrm{ad}(\boldsymbol{A})\,?$$

16.5 •• Ist das Produkt symmetrischer Matrizen stets wieder eine symmetrische Matrix?

16.6 • Ist das Inverse einer invertierbaren symmetrischen Matrix wieder symmetrisch?

16.7 • Folgt aus der Invertierbarkeit einer Matrix $\boldsymbol{A}$ stets die Invertierbarkeit der Matix $\boldsymbol{A}^{\mathrm{T}}$?

16.8 ••• Wir betrachten eine *Blockdreiecksmatrix*, d. h. eine Matrix der Form

$$\boldsymbol{M} = \begin{pmatrix} \boldsymbol{A} & \boldsymbol{C} \\ \boldsymbol{0} & \boldsymbol{B} \end{pmatrix} \in \mathbb{K}^{n\times n},$$

wobei $\boldsymbol{0} \in \mathbb{K}^{(n-m)\times m}$ die Nullmatrix ist und $\boldsymbol{A} \in \mathbb{K}^{m\times m}$, $\boldsymbol{C} \in \mathbb{K}^{m\times(n-m)}$, $\boldsymbol{B} \in \mathbb{K}^{(n-m)\times(n-m)}$ sind.

Zeigen Sie: $\det \boldsymbol{M} = \det \boldsymbol{A} \det \boldsymbol{B}$.

Rechenaufgaben

16.9 • Berechnen Sie alle möglichen Matrizenprodukte mit jeweils zwei der Matrizen

$$\boldsymbol{A} = \begin{pmatrix} 1 & 2 & 3 \\ 1 & 4 & 6 \end{pmatrix}, \quad \boldsymbol{B} = \begin{pmatrix} 1 & 2 \\ 0 & 4 \\ 1 & 0 \end{pmatrix},$$
$$\boldsymbol{C} = \begin{pmatrix} 1 & 0 & 4 \\ 1 & 1 & 1 \\ 0 & 0 & 3 \end{pmatrix}, \quad \boldsymbol{D} = \begin{pmatrix} 1 & 2 \\ 0 & 4 \end{pmatrix}.$$

16.10 •• Gegeben sind drei Matrizen $\boldsymbol{A}, \boldsymbol{B}, \boldsymbol{C} \in \mathbb{R}^{3\times 3}$ mit der Eigenschaft $\boldsymbol{A}\,\boldsymbol{B} = \boldsymbol{C}$, ausführlich

$$\begin{pmatrix} a_{11} & 2 & 3 \\ a_{21} & 1 & 3 \\ a_{31} & -1 & -2 \end{pmatrix} \begin{pmatrix} 2 & b_{12} & 1 \\ 0 & b_{22} & 2 \\ 0 & b_{32} & 2 \end{pmatrix} = \begin{pmatrix} 2 & -3 & c_{13} \\ 4 & -3 & c_{23} \\ 0 & 0 & c_{33} \end{pmatrix}.$$

Man ergänze die unbestimmten Komponenten.

16.11 •• Sind die folgenden Matrizen invertierbar? Bestimmen Sie gegebenenfalls das Inverse.

$$\boldsymbol{A} = \begin{pmatrix} 6 & -3 & 8 \\ -1 & 1 & -2 \\ 4 & -3 & 7 \end{pmatrix}, \quad \boldsymbol{B} = \begin{pmatrix} 1 & 1 & 1 \\ 2 & 0 & 2 \\ 1 & -2 & 3 \end{pmatrix} \in \mathbb{R}^{3\times 3},$$
$$\boldsymbol{C} = \begin{pmatrix} 1 & 1 & 1 & 2 \\ 0 & 1 & 0 & 2 \\ 0 & 0 & 1 & 3 \\ 0 & 0 & 0 & 1 \end{pmatrix}, \quad \boldsymbol{D} = \begin{pmatrix} 0 & 1 & -1 & 2 \\ 1 & 0 & -1 & 2 \\ 2 & 1 & 2 & -1 \\ 3 & 2 & 0 & 3 \end{pmatrix} \in \mathbb{R}^{4\times 4}$$

16.12 •• Bestimmen Sie ein lineares Gleichungssystem, dessen Lösungsmenge $L = \left\langle \begin{pmatrix} 1 \\ 0 \\ -1 \end{pmatrix}, \begin{pmatrix} 0 \\ 1 \\ -1 \end{pmatrix} \right\rangle \subseteq \mathbb{R}^3$ ist.

16.13 •• Bestimmen Sie eine *LR*-Zerlegung der Matrix

$$A = \begin{pmatrix} 1/2 & 1/3 & 1/4 & 1/5 \\ 1/3 & 1/4 & 1/5 & 1/6 \\ 1/4 & 1/5 & 1/6 & 1/7 \\ 1/5 & 1/6 & 1/7 & 1/8 \end{pmatrix}$$

und mit deren Hilfe die Determinante $\det A$.

16.14 •• Vervollständigen Sie die folgende Matrix A so, dass $A \in \mathbb{R}^{3\times 3}$ eine orthogonale Matrix ist:

$$A = \begin{pmatrix} 1/2 & * & 1/\sqrt{2} \\ 1/2 & -1/2 & * \\ * & 1/\sqrt{2} & * \end{pmatrix}$$

16.15 • Berechnen Sie die Determinanten der folgenden reellen Matrizen:

$$A = \begin{pmatrix} 1 & 2 & 0 & 0 \\ 2 & 1 & 0 & 0 \\ 0 & 0 & 3 & 4 \\ 0 & 0 & 4 & 3 \end{pmatrix}, \quad B = \begin{pmatrix} 2 & 0 & 0 & 0 & 2 \\ 0 & 2 & 0 & 2 & 0 \\ 0 & 0 & 2 & 0 & 0 \\ 0 & 2 & 0 & 2 & 0 \\ 2 & 0 & 0 & 0 & 2 \end{pmatrix}$$

16.16 ••• Berechnen Sie die Determinante der reellen $n \times n$-Matrix

$$A = \begin{pmatrix} 0 & \dots & 0 & d_1 \\ \vdots & \iddots & d_2 & * \\ 0 & \iddots & \iddots & \vdots \\ d_n & * & \dots & * \end{pmatrix}.$$

Anwendungsprobleme

16.17 •• Für ein aus drei produzierenden Abteilungen bestehendes Unternehmen hat man durch praktische Erfahrung die folgenden Matrizen $P \in \mathbb{R}^{3\times 3}$ für die Produktherstellung und $R \in \mathbb{R}^{3\times 3}$ für die Rohstoffverteilung ermittelt:

$$P = \begin{pmatrix} 0.5 & 0.0 & 0.1 \\ 0.0 & 0.8 & 0.2 \\ 0.1 & 0.0 & 0.8 \end{pmatrix} \text{ und } R = \begin{pmatrix} 1 & 1 & 0.3 \\ 0.3 & 0.2 & 1 \\ 1.2 & 1 & 0.2 \end{pmatrix}$$

(a) Welche Nachfrage v kann das Unternehmen befriedigen, wenn die Gesamtproduktion g durch $g = \begin{pmatrix} 150 \\ 230 \\ 140 \end{pmatrix}$ bei Auslastung aller Maschinen vorgegeben ist? Welcher Rohstoffverbrauch r fällt dabei an?

(b) Durch eine Marktforschung wurde der Verkaufsvektor $v = \begin{pmatrix} 90 \\ 54 \\ 36 \end{pmatrix}$ ermittelt. Welche Gesamtproduktion g ist nötig, um diese Nachfrage zu befriedigen? Mit welchem Rohstoffverbrauch r ist dabei zu rechnen?

(c) Nun ist die Rohstoffmenge $r = \begin{pmatrix} 200 \\ 100 \\ 200 \end{pmatrix}$ vorgegeben. Welche Gesamtproduktion g kann erzielt werden? Welche Nachfrage v wird dabei befriedigt?

16.18 •• In einer Population von Ameisen kann man Individuen mit drei verschiedenen Merkmalen m_1, m_2 und m_3 unterscheiden. Die Wahrscheinlichkeit dafür, dass das Merkmal m_j auf das Merkmal m_i bei einem Fortpflanzungszyklus übergeht, bezeichnen wir mit p_{ij}. Diese Zahlen sind in der Tab. 16.3 gegeben.

Tab. 16.3 Die Übergangswahrscheinlichkeiten der Merkmale m_1, m_2, m_3

	m_1	m_2	m_3
m_1	0.7	0.4	0.4
m_2	0.1	0.5	0.2
m_3	0.2	0.1	0.4

Diese Zahlen bilden eine sogenannte *stochastische Matrix* $P = (p_{ij}) \in \mathbb{R}^{3\times 3}$.

(a) Wie groß ist der Anteil der drei Merkmale nach einem Zyklus, wenn am Anfang Gleichverteilung vorliegt?

(b) Welche Anfangsverteilung der drei Merkmale ändert sich nach einem Zyklus nicht?

16.19 •• Für die Bewegungsgleichungen der beiden in der Abb. 16.17 skizzierten Massen m_1 und m_2 gilt

$$\begin{aligned} m_1\,\ddot{x}_1 &= -(k_1 + k_2)\,x_1 + k_2\,x_2 \\ m_2\,\ddot{x}_2 &= k_2\,x_1 - (k_2 + k_3)\,x_2 \end{aligned} \qquad (*)$$

mit den Federkonstanten k_1, k_2, $k_3 > 0$.

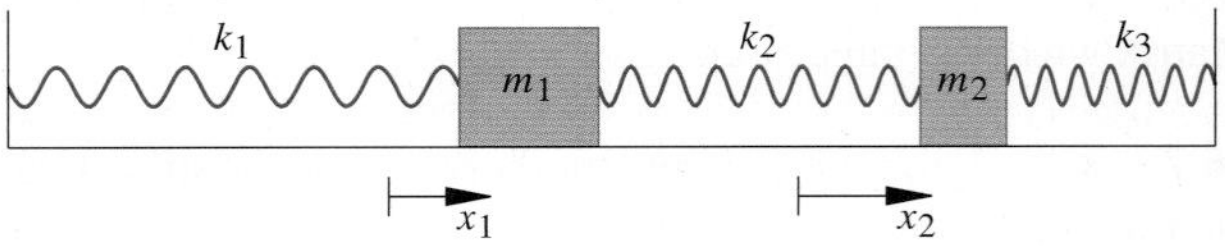

Abb. 16.17 Zwei Massen m_1 und m_2 sind mit Federn an einer Wand befestigt und miteinander mit einer weiteren Feder verbunden. Die Federkonstanten sind k_1, k_2 und k_3

Bestimmen Sie mit dem Ansatz

$$z = \begin{pmatrix} z_1(t) \\ z_2(t) \\ z_3(t) \\ z_4(t) \end{pmatrix} = \begin{pmatrix} x_1(t) \\ \dot{x}_1(t) \\ x_2(t) \\ \dot{x}_2(t) \end{pmatrix}$$

eine Matrix A mittels der sich das Differenzialgleichungssystem $(*)$ als Differenzialgleichungssystem $\dot{z} = A\,z$ 1. Ordnung formulieren lässt.

Antworten zu den Selbstfragen

Antwort 1 Das geordnete n-Tupel der Vektoren $\boldsymbol{s}_1, \ldots, \boldsymbol{s}_n$. Auf S. 632 werden wir diese Schreibweise für *geordnete Basen* benutzen.

Antwort 2 Nein. Gleichheit von Matrizen ist nur für Matrizen mit gleicher Zeilen- und Spaltenzahl definiert.

Antwort 3 Nein. Es reicht $\boldsymbol{A} \in \mathbb{K}^{m\times n}$ und $\boldsymbol{B} \in \mathbb{K}^{n\times m}$.

Antwort 4 Weil sonst das Produkt nicht definiert ist.

Antwort 5 Für $n \geq 3$ nehme man irgendwelche Matrizen, deren obere linke 2×2-Kästchen die eben angegebenen Matrizen bilden. Im Fall $n = 1$ gilt das nicht, da in Körpern aus $a\,b = 0$ folgt, dass a oder b null ist.

Antwort 6 Sind $\boldsymbol{A}'$ und $\boldsymbol{A}''$ zwei Inverse zu $\boldsymbol{A}$, so gilt mit dem Assoziativgesetz der Matrizenmultiplikation

$$\boldsymbol{A}' = \boldsymbol{A}'\,\mathbf{E}_n = \boldsymbol{A}'\,(\boldsymbol{A}\,\boldsymbol{A}'') = (\boldsymbol{A}'\,\boldsymbol{A})\,\boldsymbol{A}'' = \mathbf{E}_n\,\boldsymbol{A}'' = \boldsymbol{A}''\,.$$

Also ist das Inverse eindeutig bestimmt.

Antwort 7 Nein. $\mathbf{E}_2$ und $-\mathbf{E}_2$ sind invertierbar, die Summe aber nicht.

Antwort 8 Ja, das folgt aus den obigen Regeln zum Transponieren.

Antwort 9 Ja, das prüft man durch den Nachweis von $\boldsymbol{A}^{\mathrm{T}}\boldsymbol{A} = \mathbf{E}_3$ nach.

Antwort 10 Die Matrix $\begin{pmatrix} 1 & 2 \\ -2 & -4 \end{pmatrix}$ ist weder invertierbar noch symmetrisch, insbesondere auch nicht orthogonal. Die Matrix $\begin{pmatrix} 1 & 2 \\ 1 & 3 \end{pmatrix}$ ist invertierbar, aber weder orthogonal noch symmetrisch. Die Matrix $\begin{pmatrix} 1/2 & -1/2 \\ 1/2 & 1/2 \end{pmatrix}$ ist orthogonal, insbesondere invertierbar, aber nicht symmetrisch. Die Matrix $\begin{pmatrix} 1/2 & 1/2 \\ 1/2 & -1/2 \end{pmatrix}$ ist orthogonal, insbesondere invertierbar, und symmetrisch. Die Matrix $\begin{pmatrix} 1 & 1 \\ 1 & 1 \end{pmatrix}$ ist symmetrisch, aber nicht invertierbar, also erst recht nicht orthogonal. Die Matrix $\begin{pmatrix} 1 & 2 \\ 2 & 1 \end{pmatrix}$ ist symmetrisch und invertierbar, aber nicht orthogonal.

Antwort 11 Wenn unter den $\boldsymbol{u}$, $\boldsymbol{v}$, $\boldsymbol{w}$ nur ein bzw. kein linear unabhängiger Vektor ist. Im zweiten Fall bedeutet dies, dass die drei Vektoren gleich dem Nullvektor sind.

Antwort 12 Ja. Die Determinante ist das Produkt der Diagonalelemente; das folgt aus der Regel von Sarrus.

Antwort 13 $\det \boldsymbol{A} = 0$.

Antwort 14 Nein. Man wähle etwa $\boldsymbol{A} = \mathbf{E}_2$ und $\boldsymbol{B} = -\mathbf{E}_2$.

Antwort 15 Ja, man wende den Determinantenmultiplikationssatz an.

Teil III

Lineare Abbildungen und Matrizen – abstrakte Sachverhalte in Zahlen ausgedrückt

17

Wie bildet man den Raum auf eine Ebene ab?

Wie lassen sich lineare Abbildungen durch Matrizen darstellen?

Wie wirkt sich ein Basiswechsel auf die Matrix einer linearen Abbildung aus?

Ergänzende Information Die elektronische Version dieses Kapitels enthält Zusatzmaterial, auf das über folgenden Link zugegriffen werden kann https://doi.org/10.1007/978-3-662-64389-1_17.

T. Arens et al., *Mathematik*, https://doi.org/10.1007/978-3-662-64389-1_17

Eine Abbildung zwischen Vektorräumen, also zwischen Mengen mit einer Vektoraddition und einer skalaren Multiplikation, werden wir lineare Abbildung oder Homomorphismus nennen, wenn sie die Struktur der Vektorräume berücksichtigt, d. h., wenn sie additiv und multiplikativ ist. Diese *Gleichheit der Strukturen* besagt der Begriff *Homomorphie*.

In dieser Sichtweise ist eine lineare Abbildung durchaus abstrakt. Um so mehr, wenn man berücksichtigt, dass als Vektoren z. B. auch Polynome infrage kommen. Ein Beispiel einer linearen Abbildung ist hier etwa das aus der Analysis bekannte Differenzieren.

Jedoch gelingt es in endlichdimensionalen Vektorräumen, nach Wahl einer Basis jeder linearen Abbildung eine sehr anschauliche und vertraute Gestalt zu geben. Zu jeder linearen Abbildung gehört bezüglich gewählter Basen der Vektorräume eine Matrix. Diese die Abbildung darstellende Matrix charakterisiert die Abbildung eindeutig. Wir können so lineare Abbildungen endlichdimensionaler Vektorräume mit Matrizen identifizieren. Das Abbilden ist letztlich eine einfache Matrizenmultiplikation.

Durch diesen Prozess werden lineare Abbildungen auf Matrizen zurückgeführt, für die wir bereits ein Kalkül entwickelt haben.

In den Naturwissenschaften verstecken sich lineare Abbildungen häufig hinter dem allgemeineren Begriff *Zuordnung*. Dabei wird einer vektoriellen Größe ein Vektor zugeordnet. So wird etwa einer möglichen Winkelgeschwindigkeit eines rotierenden Körpers durch Multiplikation mit dem Trägheitstensor der Drehimpuls des Körpers zugeordnet. Diese Zuordnung ist eine lineare Abbildung und kann somit nach Wahl einer Basis durch eine Matrix dargestellt werden. Welche Basis vorzugsweise zu wählen ist, wird das Thema des nächsten Kapitels sein.

17.1 Ein einführendes Beispiel

Wir behandeln das Konzept von linearen Abbildungen mit ihren Darstellungsmatrizen vorab an einem einfachen Beispiel.

Die Spiegelung an einer Geraden durch den Ursprung ist eine lineare Abbildung

Wir betrachten im $\mathbb{R}^2$, den wir uns mit dem üblichen kartesischen Koordinatensystem versehen, die folgende Abbildung φ: Wir spiegeln jeden Punkt des $\mathbb{R}^2$ an der Geraden $\mathbb{R}\begin{pmatrix}1\\1\end{pmatrix}$, wie in Abb. 17.1 dargestellt.

Bei dieser Spiegelung machen wir für zwei Vektoren $\boldsymbol{v}$ und $\boldsymbol{w}$ die folgende Beobachtung: Egal, ob wir zuerst die beiden Vektoren addieren und dann die Summe an der Geraden spiegeln oder ob wir die Vektoren zuerst einzeln spiegeln und die Summe der Bilder betrachten – wir erhalten in jedem Fall das gleiche Ergebnis, d. h.

$$\varphi(\boldsymbol{v}+\boldsymbol{w}) = \varphi(\boldsymbol{v}) + \varphi(\boldsymbol{w}) \quad \text{für alle } \boldsymbol{v}, \boldsymbol{w} \in \mathbb{R}^2,$$

man sagt, die Abbildung ist *additiv*.

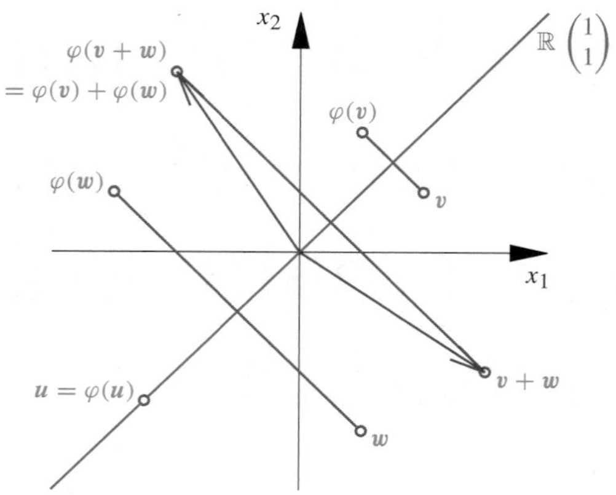

Abb. 17.1 Die Spiegelung an der Geraden $x_2 = x_1$

Weiterhin erhalten wir auch jeweils das gleiche Ergebnis, wenn wir einen Vektor mit einem Skalar multiplizieren und dann abbilden oder wenn wir erst den Vektor abbilden und dann mit dem Skalar multiplizieren, also

$$\varphi(\lambda\,\boldsymbol{v}) = \lambda\,\varphi(\boldsymbol{v}) \quad \text{für alle } \boldsymbol{v} \in \mathbb{R}^2 \text{ und alle } \lambda \in \mathbb{R}.$$

Man sagt, die Abbildung ist *homogen*.

Die Abbildung φ trägt also der Struktur des Vektorraums Rechnung: Sie verträgt sich mit den Verknüpfungen $+$ und $\cdot$ des Vektorraums $\mathbb{R}^2$ – solche Abbildungen werden wir *Homomorphismen* oder *lineare Abbildungen* nennen. Auch wenn der Begriff des Homomorphismus diese *Erhaltung der Struktur* zum Ausdruck bringt, werden wir dennoch den Begriff *lineare Abbildung* bevorzugen.

Die Spiegelung erklärten wir geometrisch, nun wollen wir eine konkrete Abbildungsvorschrift herleiten. Was passiert bei der Abbildung $\varphi : \mathbb{R}^2 \to \mathbb{R}^2$ mit einem (allgemeinen) Vektor $\boldsymbol{v} = \begin{pmatrix}v_1\\v_2\end{pmatrix}$ aus dem $\mathbb{R}^2$?

Die Spiegelung lässt sich bezüglich der kanonischen Basis durch eine Matrix darstellen

Wir schreiben den Vektor $\boldsymbol{v}$ als eine Linearkombination bezüglich der Standardbasis $E_2 = \{\boldsymbol{e}_1, \boldsymbol{e}_2\}$ des $\mathbb{R}^2$

$$\boldsymbol{v} = \begin{pmatrix}v_1\\v_2\end{pmatrix} = v_1\,\boldsymbol{e}_1 + v_2\,\boldsymbol{e}_2$$

und wenden φ auf $\boldsymbol{v}$ an, wobei wir ausnutzen, dass φ linear, also additiv und homogen ist,

$$\varphi(\boldsymbol{v}) = \varphi(v_1\,\boldsymbol{e}_1 + v_2\,\boldsymbol{e}_2) = v_1\,\varphi(\boldsymbol{e}_1) + v_2\,\varphi(\boldsymbol{e}_2).$$

Und weil

$$\varphi(\boldsymbol{e}_1) = \begin{pmatrix}0\\1\end{pmatrix} = \boldsymbol{e}_2 \quad \text{und} \quad \varphi(\boldsymbol{e}_2) = \begin{pmatrix}1\\0\end{pmatrix} = \boldsymbol{e}_1$$

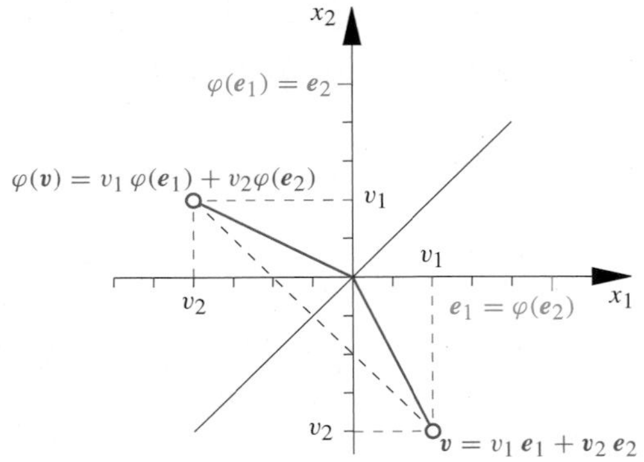

Abb. 17.2 Beim Spiegeln an der Geraden $x_2 = x_1$ entsteht das Bild eines Vektors durch Vertauschen der Koordinaten des Vektors

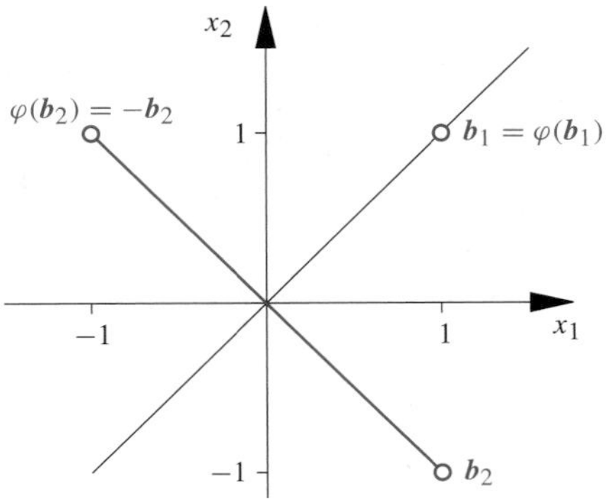

Abb. 17.3 Wir wählen für die Spiegelung eine Basis, sodass der erste Basisvektor beim Spiegeln fest bleibt und der zweite auf sein entgegengesetztes Element abgebildet wird

gilt, erhalten wir für die Spiegelung φ die Abbildungsvorschrift

$$\varphi : v = \begin{pmatrix} v_1 \\ v_2 \end{pmatrix} \to \varphi(v) = \begin{pmatrix} v_2 \\ v_1 \end{pmatrix}.$$

Aus der x_1-Koordinate wird die x_2-Koordinate und aus der x_2-Koordinate wird die x_1-Koordinate, wie in Abb. 17.2 dargestellt.

Dies ist wiederum im folgenden Sinne mit der Matrix

$$A = \begin{pmatrix} 0 & 1 \\ 1 & 0 \end{pmatrix}$$

darstellbar. Es gilt

$$\varphi\left(\begin{pmatrix} v_1 \\ v_2 \end{pmatrix}\right) = \begin{pmatrix} v_2 \\ v_1 \end{pmatrix} = \begin{pmatrix} 0 & 1 \\ 1 & 0 \end{pmatrix}\begin{pmatrix} v_1 \\ v_2 \end{pmatrix}, \text{ d. h. } \varphi(v) = A\,v\,.$$

Bei der Herleitung der Abbildungsvorschrift haben wir den Vektor v bezüglich der Standardbasis $E_2 = \{e_1, e_2\}$ dargestellt. Das hat sich angeboten, weil es die wenigste Mühe macht, v bezüglich dieser Basis darzustellen. Die Komponenten des Vektors v liefern dann sogleich diese Darstellung:

$$v = v_1\,e_1 + v_2\,e_2$$

Aber tatsächlich war diese Wahl willkürlich.

Die Spiegelung lässt sich bezüglich jeder Basis durch eine Matrix darstellen

Wir wählen nun eine andere Basis und wiederholen diese Überlegung für die gleiche Abbildung φ, also für die Spiegelung an der Geraden $\mathbb{R}\begin{pmatrix} 1 \\ 1 \end{pmatrix}$.

Als Basis wählen wir nun

$$B = \left\{b_1 = \begin{pmatrix} 1 \\ 1 \end{pmatrix},\, b_2 = \begin{pmatrix} 1 \\ -1 \end{pmatrix}\right\}.$$

Da b_1 kein Vielfaches von b_2 ist, ist B in der Tat eine Basis des $\mathbb{R}^2$. Der Punkt b_1 liegt auf der Geraden, an der gespiegelt wird, und die Strecke vom Ursprung zum Punkt b_2 steht senkrecht auf der Geraden, an der wir spiegeln, es ist nämlich das Skalarprodukt $b_1 \cdot b_2$ gleich null.

Also erhalten wir $\varphi(b_1) = b_1$ und $\varphi(b_2) = -b_2$ (siehe Abb. 17.3).

Nun leiten wir analog zu oben eine Abbildungsvorschrift her. Ein beliebiger Vektor $v \in \mathbb{R}^2$ lässt sich auf genau eine Weise als Linearkombination von b_1 und b_2 schreiben,

$$v = v_1\,b_1 + v_2\,b_2\,.$$

Für den Vektor $\begin{pmatrix} 5 \\ 1 \end{pmatrix} \in \mathbb{R}^2$ findet man etwa nach Lösen eines linearen Gleichungssystems

$$\begin{pmatrix} 5 \\ 1 \end{pmatrix} = 3\,b_1 + 2\,b_2\,.$$

Wir schreiben ${}_Bv = \begin{pmatrix} v_1 \\ v_2 \end{pmatrix}$ und meinen damit, dass v bezüglich der Basis B die Koordinaten v_1 und v_2 hat.

Für den Vektor $\begin{pmatrix} 5 \\ 1 \end{pmatrix}$ bedeutet dies $\begin{pmatrix} 5 \\ 1 \end{pmatrix} = {}_B\begin{pmatrix} 3 \\ 2 \end{pmatrix}$ (siehe Abb. 17.4).

Wegen der Homomorphie von φ, die unabhängig von der Wahl einer Basis ist, erhalten wir

$$\varphi(v) = \varphi(v_1\,b_1 + v_2\,b_2) = v_1\,\varphi(b_1) + v_2\,\varphi(b_2)\,.$$

Und weil

$$\varphi(b_1) = b_1 \text{ und } \varphi(b_2) = -b_2$$

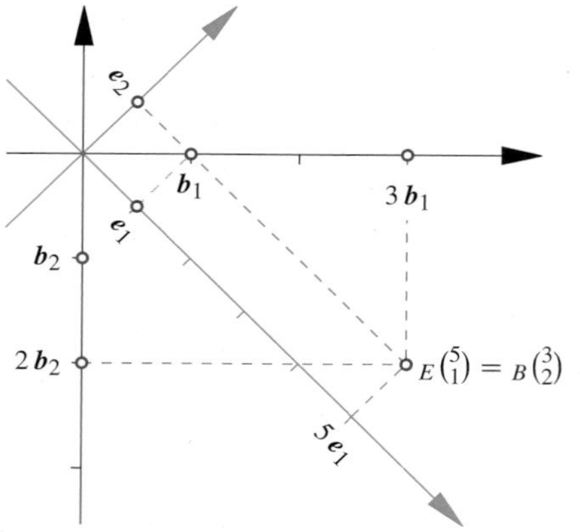

Abb. 17.4 Wir verändern den Blickwinkel – die neuen kartesischen Koordinatenachsen werden nun von b_1 und b_2 erzeugt, es sind die jeweiligen Koordinaten bezüglich der beiden Koordinatensysteme eingetragen

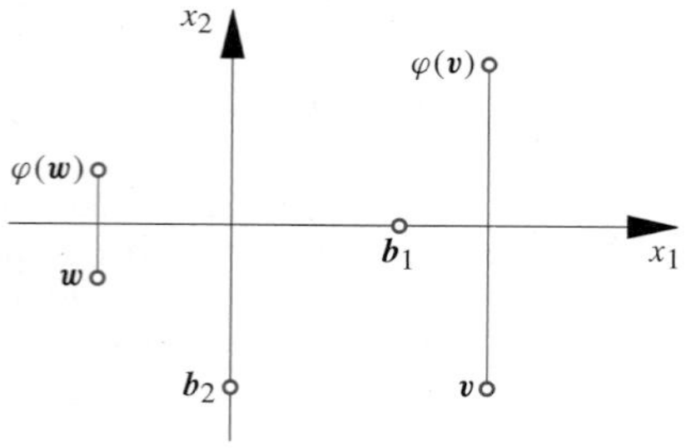

Abb. 17.5 Beim Spiegeln an der Geraden $x_2 = x_1$ bezüglich der Basis B bleibt die x_1-Koordinate gleich und die x_2-Koordinate geht in ihr Negatives über

gilt, erhalten wir für die Spiegelung φ die Abbildungsvorschrift

$$\varphi : {}_B v = \begin{pmatrix} v_1 \\ v_2 \end{pmatrix} \to {}_B\varphi(v) = \begin{pmatrix} v_1 \\ -v_2 \end{pmatrix}.$$

Dies lässt sich wiederum mit der Matrix $A = \begin{pmatrix} 1 & 0 \\ 0 & -1 \end{pmatrix}$ ausdrücken, denn es gilt

$$\varphi\left(\begin{pmatrix} v_1 \\ v_2 \end{pmatrix}\right) = \begin{pmatrix} v_1 \\ -v_2 \end{pmatrix} = \begin{pmatrix} 1 & 0 \\ 0 & -1 \end{pmatrix} \begin{pmatrix} v_1 \\ v_2 \end{pmatrix} \text{ d. h. } \varphi(v) = A\,v\,.$$

Anstelle der speziellen Basis B hätten wir auch jede andere Basis wählen können und eine entsprechende φ *darstellende* Matrix angeben können. Tatsächlich liegt gerade hierin der Kern des folgenden Kapitels: Wie bestimmt man eine Basis mit der Eigenschaft, dass die eine lineare Abbildung darstellende Matrix bezüglich dieser Basis eine besonders *schöne* Gestalt hat? Dabei werden wir unter einer besonders *schönen* Gestalt eine Diagonalgestalt verstehen. In den praktischen Anwendungen der linearen Algebra wird dies meistens möglich sein. Die Vorteile liegen auf der Hand: Mit Diagonalmatrizen ist das Rechnen wesentlich einfacher.

Man beachte, dass die Spiegelung φ bezüglich der Basis B eine Diagonalmatrix als Darstellungsmatrix hat.

17.2 Definition einer linearen Abbildung und Beispiele

Wir kommen nun zur Definition und zu einfachen Eigenschaften linearer Abbildungen.

Lineare Abbildungen sind jene Abbildungen zwischen Vektorräumen, die additiv und homogen sind

Lineare Abbildungen sind dadurch gekennzeichnet, dass sie die Struktur der Vektorräume erhalten.

Lineare Abbildung

Eine Abbildung $\varphi : V \to W$ zwischen $\mathbb{K}$-Vektorräumen V und W heißt **lineare Abbildung** oder **Homomorphismus**, wenn für alle $v, w \in V$ und $\lambda \in \mathbb{K}$ gilt:

- $\varphi(v + w) = \varphi(v) + \varphi(w)$ (Additivität),
- $\varphi(\lambda\, v) = \lambda\, \varphi(v)$ (Homogenität) .

Selbstfrage 1

Wieso muss V und W derselbe Körper $\mathbb{K}$ zugrunde liegen? Anders gefragt: Was sollte ein Homomorphismus zwischen einem komplexen und einem reellen Vektorraum sein?

Jede lineare Abbildung $\varphi : V \to W$ bildet den Nullvektor auf den Nullvektor ab, d. h.

$$\varphi(\mathbf{0}) = \mathbf{0}\,.$$

Dies sieht man etwa wie folgt: Wegen der Additivität von φ gilt

$$\varphi(\mathbf{0}) = \varphi(\mathbf{0} + \mathbf{0}) = \varphi(\mathbf{0}) + \varphi(\mathbf{0})\,.$$

Die Behauptung folgt nun nach Subtraktion von $\varphi(\mathbf{0})$.

Dieses Ergebnis eignet sich gut, um viele Abbildung als nichtlinear zu erkennen: Die Abbildung

$$\varphi : \begin{cases} \mathbb{R}^2 & \to \quad \mathbb{R}^2 \\ \begin{pmatrix} v_1 \\ v_2 \end{pmatrix} & \mapsto \quad \begin{pmatrix} v_1 + 1 \\ v_2 \end{pmatrix} \end{cases}$$

kann nicht linear sein, da $\varphi(\mathbf{0}) = \begin{pmatrix} 1 \\ 0 \end{pmatrix} \neq \mathbf{0}$ gilt, also $\mathbf{0}$ nicht auf $\mathbf{0}$ abgebildet wird.

Die Spiegelung des einführenden Beispiels ist hingegen sehr wohl eine lineare Abbildung.

Den Begriff der linearen Abbildung kann man auf verschiedene Arten definieren.

Kriterien für die Linearität einer Abbildung

Für $\mathbb{K}$-Vektorräume V und W und eine Abbildung $\varphi : V \to W$ sind die folgenden Aussagen äquivalent:

- Die Abbildung φ ist linear.
- Für alle $\boldsymbol{v}, \boldsymbol{w} \in V$ und $\lambda, \mu \in \mathbb{K}$ gilt
$$\varphi(\lambda\, \boldsymbol{v} + \mu\, \boldsymbol{w}) = \lambda\, \varphi(\boldsymbol{v}) + \mu\, \varphi(\boldsymbol{w})\,.$$
- Für alle $\boldsymbol{v}, \boldsymbol{w} \in V$ und $\lambda \in \mathbb{K}$ gilt
$$\varphi(\lambda\, \boldsymbol{v} + \boldsymbol{w}) = \lambda\, \varphi(\boldsymbol{v}) + \varphi(\boldsymbol{w})\,.$$

Oftmals sind Nachweise für Linearität einer Abbildung langwierig und unübersichtlich. Wenn der Nachweis einfach zu führen ist, empfiehlt sich die dritte Version, wenn er jedoch unübersichtlich wird, dann sollte man auf unsere Definition zurückgreifen, sie entspricht einer Zerlegung des Nachweises in zwei getrennte Schritte, man zeigt die Additivität und die Homogenität nacheinander.

Wir untersuchen einige einfache Abbildungen auf Linearität.

Beispiel

- Für alle $\mathbb{K}$-Vektorräume V und W ist die Abbildung
$$\varphi : \begin{cases} V & \to & W \\ \boldsymbol{v} & \mapsto & \boldsymbol{0} \end{cases}$$
linear, da für alle $\lambda \in \mathbb{K}$ und alle $\boldsymbol{v}, \boldsymbol{w} \in V$ die Gleichung
$$\varphi(\lambda\, \boldsymbol{v} + \boldsymbol{w}) = \boldsymbol{0} = \lambda\, \boldsymbol{0} + \boldsymbol{0} = \lambda\, \varphi(\boldsymbol{v}) + \varphi(\boldsymbol{w})$$
gilt.
- Analog begründet man, dass in jedem $\mathbb{K}$-Vektorraum V die Abbildung
$$\mathrm{id} : \begin{cases} V & \to & V \\ \boldsymbol{v} & \mapsto & \boldsymbol{v} \end{cases},$$
also die Identität, linear ist.
- Für jede Matrix $\boldsymbol{A} \in \mathbb{K}^{m\times n}$ ist die Abbildung
$$\varphi_{\boldsymbol{A}} : \begin{cases} \mathbb{K}^n & \to & \mathbb{K}^m \\ \boldsymbol{v} & \mapsto & \boldsymbol{A}\, \boldsymbol{v} \end{cases}$$
linear, da für alle $\lambda \in \mathbb{K}$ und alle $\boldsymbol{v}, \boldsymbol{w} \in V$ gilt:
$$\begin{aligned} \varphi(\lambda\, \boldsymbol{v} + \boldsymbol{w}) &= \boldsymbol{A}\,(\lambda\, \boldsymbol{v} + \boldsymbol{w}) \\ &= \lambda\, \boldsymbol{A}\, \boldsymbol{v} + \boldsymbol{A}\, \boldsymbol{w} \\ &= \lambda\, \varphi(\boldsymbol{v}) + \varphi(\boldsymbol{w}) \end{aligned}$$
- Für den reellen Vektorraum $\mathbb{R}^2$ ist die Abbildung
$$\varphi : \begin{cases} \mathbb{R}^2 & \to & \mathbb{R}^2 \\ \begin{pmatrix} v_1 \\ v_2 \end{pmatrix} & \mapsto & \begin{pmatrix} v_1^2 \\ v_2 \end{pmatrix} \end{cases}$$
nicht linear, da etwa für $\lambda = -1$ und $\boldsymbol{v} = \begin{pmatrix} 1 \\ 0 \end{pmatrix}$ gilt
$$\varphi(\lambda\, \boldsymbol{v}) = \begin{pmatrix} 1 \\ 0 \end{pmatrix} \text{ und } \lambda\, \varphi(\boldsymbol{v}) = \begin{pmatrix} -1 \\ 0 \end{pmatrix}.$$
Es folgt $\varphi(\lambda\, \boldsymbol{v}) \neq \lambda\, \varphi(\boldsymbol{v})$.
- Im reellen Vektorraum $\mathbb{R}[X]$ der Polynome über $\mathbb{R}$ ist das Differenzieren
$$\frac{\mathrm{d}}{\mathrm{d}X} : \begin{cases} \mathbb{R}[X] & \to & \mathbb{R}[X] \\ \boldsymbol{p} & \mapsto & \frac{\mathrm{d}}{\mathrm{d}X}\boldsymbol{p} = \boldsymbol{p}' \end{cases}$$
eine lineare Abbildung, da nach den bekannten Differenziationsregeln für alle $\lambda \in \mathbb{R}$ und $\boldsymbol{p}, \boldsymbol{q} \in \mathbb{R}[X]$ die Gleichung
$$\frac{\mathrm{d}}{\mathrm{d}X}(\lambda\, \boldsymbol{p} + \boldsymbol{q}) = \lambda\, \frac{\mathrm{d}}{\mathrm{d}X}\boldsymbol{p} + \frac{\mathrm{d}}{\mathrm{d}X}\boldsymbol{q}$$
gilt. ◄

Bisher waren lineare Abbildungen eher abstrakter bzw. rein mathematischer Natur. Aber tatsächlich tauchen auch in den Naturwissenschaften zahlreiche solcher Abbildungen auf. Und wir haben auch schon einige davon kennengelernt, wir haben sie nur nicht explizit so benannt.

Anwendungsbeispiel Auf S. 589 haben wir den Drehimpuls $\boldsymbol{L}$ einer Punktmasse m am Ort $\boldsymbol{r}$ während einer Drehung mit der Winkelgeschwindigkeit $\boldsymbol{\omega}$ behandelt. Wir zeigten, dass zwischen dem Drehimpuls $\boldsymbol{L}$ und der Winkelgeschwindigkeit $\boldsymbol{\omega}$ die Beziehung
$$\boldsymbol{L} = \boldsymbol{J}\, \boldsymbol{\omega}$$
mit der symmetrischen Matrix $\boldsymbol{J} = m\left((\boldsymbol{r}^{\mathrm{T}}\boldsymbol{r})(\mathbf{E}_3 - \boldsymbol{r}\boldsymbol{r}^{\mathrm{T}})\right)$ gilt. Zur Berechnung des Trägheitstensors einer Anordnung von N Massen muss dieser Ausdruck über alle Massen $i = 1, \ldots, N$ summiert werden:
$$\boldsymbol{J}_{\text{ges}} = \sum_{i=1}^{N} m_i\, \left((\boldsymbol{r}_i^{\mathrm{T}}\, \boldsymbol{r}_i)\, \mathbf{E}_3 - (\boldsymbol{r}_i\, \boldsymbol{r}_i^{\mathrm{T}})\right).$$
Der Trägheitstensor $\boldsymbol{J}$ beschreibt eine lineare Abbildung vom reellen Vektorraum $\mathbb{R}^3$ in sich, nämlich
$$\varphi_{\boldsymbol{J}} : \begin{cases} \mathbb{R}^3 & \to & \mathbb{R}^3 \\ \boldsymbol{\omega} & \mapsto & \boldsymbol{J}\, \boldsymbol{\omega} \end{cases}.$$
Die Abbildung $\varphi_{\boldsymbol{J}}$ ordnet also jeder möglichen Winkelgeschwindigkeit des $\mathbb{R}^3$ den zugehörigen Drehimpuls zu.

Teil III

Vertiefung: Der Vektorraum $\mathrm{Hom}_{\mathbb{K}}(V, W)$ aller linearen Abbildungen von V nach W

In einem Abschnitt auf S. 550 haben wir gezeigt, dass die Menge aller Abbildungen von einer nichtleeren Menge in einen Körper einen Vektorraum bilden. In ganz ähnlicher Weise bildet die Menge

$$\mathrm{Hom}_{\mathbb{K}}(V, W) = \{\varphi : V \to W \mid \varphi \text{ ist linear}\}$$

aller linearen Abbildungen eines $\mathbb{K}$-Vektorraums V in einen $\mathbb{K}$-Vektorraum W wieder einen $\mathbb{K}$-Vektorraum.

Wir erklären eine Addition von Elementen aus $\mathrm{Hom}_{\mathbb{K}}(V, W)$. Sind φ und ψ zwei lineare Abbildungen von V nach W, also Elemente aus $\mathrm{Hom}_{\mathbb{K}}(V, W)$, so setzen wir

$$\varphi + \psi : \begin{cases} V & \to & W \\ \boldsymbol{v} & \mapsto & (\varphi + \psi)(\boldsymbol{v}) = \varphi(\boldsymbol{v}) + \psi(\boldsymbol{v}) \end{cases}.$$

Wir benötigen weiter eine skalare Multiplikation. Sind $\lambda \in \mathbb{K}$ und $\varphi \in \mathrm{Hom}_{\mathbb{K}}(V, W)$, so definieren wir

$$\lambda\,\varphi : \begin{cases} V & \to & W \\ \boldsymbol{v} & \mapsto & (\lambda\,\varphi)(\boldsymbol{v}) = \lambda\,\varphi(\boldsymbol{v}) \end{cases}.$$

Mit dieser Addition $+$ und skalaren Multiplikation $\cdot$ gilt nun:

Es ist $\mathrm{Hom}_{\mathbb{K}}(V, W)$ *ein* $\mathbb{K}$-*Vektorraum.*

Die Menge $\mathrm{Hom}_{\mathbb{K}}(V, W)$ ist nicht leer, weil die Nullabbildung $\boldsymbol{0} : V \to W, \boldsymbol{v} \mapsto \boldsymbol{0}$ eine lineare Abbildung ist.

Wir müssen weiter begründen, dass für beliebige $\varphi, \psi \in \mathrm{Hom}_{\mathbb{K}}(V, W)$ und $\lambda \in \mathbb{K}$ sowohl $\varphi + \psi$ als auch $\lambda\,\varphi$ wieder Elemente von $\mathrm{Hom}_{\mathbb{K}}(V, W)$ sind. Wir zeigen zuerst $\varphi + \psi \in \mathrm{Hom}_{\mathbb{K}}(V, W)$:

Sind $\boldsymbol{v}, \boldsymbol{w} \in V$ und $\mu \in \mathbb{K}$, so gilt:

$$\begin{aligned}(\varphi + \psi)(\mu\,\boldsymbol{v} + \boldsymbol{w}) &= \varphi(\mu\,\boldsymbol{v} + \boldsymbol{w}) + \psi(\mu\,\boldsymbol{v} + \boldsymbol{w}) \\ &= \mu\,\varphi(\boldsymbol{v}) + \varphi(\boldsymbol{w}) + \mu\,\psi(\boldsymbol{v}) + \psi(\boldsymbol{w}) \\ &= \mu\,(\varphi + \psi)(\boldsymbol{v}) + (\varphi + \psi)(\boldsymbol{w})\end{aligned}$$

Nun begründen wir noch, dass $\lambda\,\varphi \in \mathrm{Hom}_{\mathbb{K}}(V, W)$. Sind $\boldsymbol{v}, \boldsymbol{w} \in V$ und $\mu \in \mathbb{K}$, so gilt:

$$\begin{aligned}(\lambda\,\varphi)(\mu\,\boldsymbol{v} + \boldsymbol{w}) &= \lambda\,\varphi(\mu\,\boldsymbol{v} + \boldsymbol{w}) \\ &= \lambda\,(\mu\,\varphi(\boldsymbol{v}) + \varphi(\boldsymbol{w})) \\ &= \lambda\,\mu\,\varphi(\boldsymbol{v}) + \lambda\,\varphi(\boldsymbol{w}) \\ &= \mu\,(\lambda\,\varphi)(\boldsymbol{v}) + (\lambda\,\varphi)(\boldsymbol{w})\end{aligned}$$

Es ist nun nicht mehr schwer, die verbleibenden Vektorraumaxiome nachzuweisen. Letztlich gelten diese, weil sie im $\mathbb{K}$-Vektorraum W gelten; wir haben ja die Addition und skalare Multiplikation in $\mathrm{Hom}_{\mathbb{K}}(V, W)$ über jene in W erklärt.

Im Allgemeinen ist dabei der Drehimpuls nicht parallel zur Winkelgeschwindigkeit und die Vektoren $\boldsymbol{L}$ und $\boldsymbol{\omega}$ haben nicht die gleiche Richtung. Wir werden in Kap. 18 sehen, dass es für jeden Trägheitstensor ausgezeichnete Richtungen (Eigenvektoren von $\boldsymbol{J}$) gibt, sodass $\boldsymbol{\omega}$ und $\boldsymbol{J}$ parallel sind. ◀

Selbstfrage 2

Ist φ eine lineare Abbildung, so gilt

$$\varphi(\boldsymbol{v} - \boldsymbol{w}) = \varphi(\boldsymbol{v}) - \varphi(\boldsymbol{w}).$$

Ist das wahr?

Den Beweis für folgende Ergebnisse, die wir später brauchen werden, haben wir als Übungsaufgabe (Aufgabe 17.5) formuliert.

Produkte und Inverse linearer Abbildungen

Sind $\varphi : V \to V'$ und $\psi : V' \to V''$ linear, so ist auch die Hintereinanderausführung $\psi \circ \varphi : V \to V''$ linear, und ist φ eine bijektive lineare Abbildung, so ist auch $\varphi^{-1} : V' \to V$ eine solche.

Anwendungsbeispiel Katzenaugen findet man an Fahrrädern, an Schultaschen und auch die Rückstrahler von Autos verwenden im Allgemeinen dieses Prinzip: Ein Lichtstrahl wird an drei senkrecht aufeinander stehenden Spiegeln S_1, S_2, S_3 reflektiert, dadurch wird schließlich seine Richtung umgekehrt.

Um die Situation leichter formulieren zu können, legen wir die drei Spiegel in den *ersten Oktanden* eines Koordinatensystems des $\mathbb{R}^3$ (siehe Abb. 17.6).

Die drei Spiegel treffen sich also im Ursprung unseres Koordinatensystems. Wir haben die Wahl so getroffen, dass

$$\begin{aligned}&S_1 \text{ in der } x_1\text{-}x_2\text{-Ebene liegt},\\ &S_2 \text{ in der } x_2\text{-}x_3\text{-Ebene liegt},\\ &S_3 \text{ in der } x_1\text{-}x_3\text{-Ebene liegt}.\end{aligned}$$

Bevor wir nun die Situation mit drei Spiegel in der gezeigten Anordnung erläutern, betrachten wir den folgenden Fall, in dem nur ein Spiegel vorliegt (siehe Abb. 17.7).

Wir können die Reflexion an dem Spiegel durch eine sogenannte *Ebenenspiegelung* interpretieren: Wir betrachten den Spiegel als eine Ebene des $\mathbb{R}^3$ durch den Nullpunkt mit einem Normalenvektor $\boldsymbol{n}$, also einem Vektor, der senkrecht auf jedem Punkt der Ebene steht und die Länge 1 hat. Eine Ebenenspiegelung σ

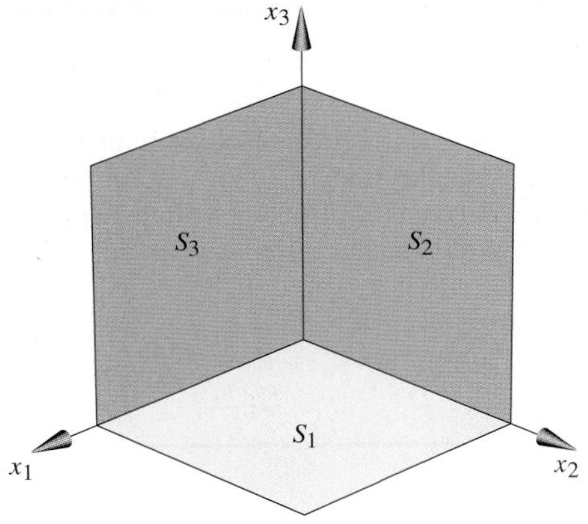

Abb. 17.6 Die drei Spiegel liegen in den Koordinatenebenen und stehen senkrecht aufeinander

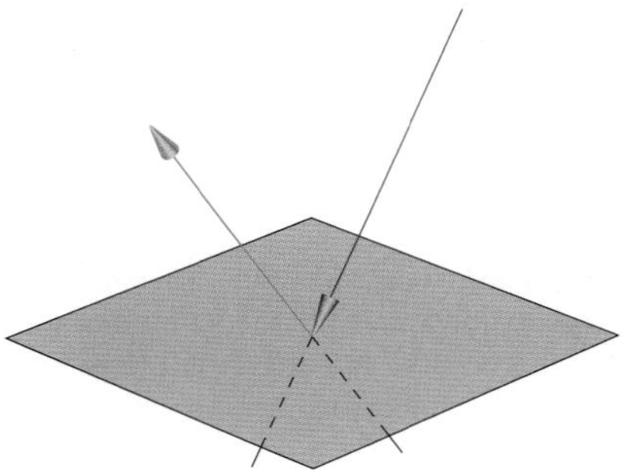

Abb. 17.7 Ein Lichtstrahl wird am Spiegel reflektiert, dies ist eine Ebenenspiegelung der Geraden am Spiegel

ist dann durch die Matrix

$$A = \mathbf{E}_3 - 2\,\boldsymbol{n}\,\boldsymbol{n}^{\mathrm{T}}$$

gegeben, explizit:

$$\sigma : \begin{cases} \mathbb{R}^3 & \to & \mathbb{R}^3 \\ \boldsymbol{v} & \mapsto & A\,\boldsymbol{v} = \boldsymbol{v} - 2\,\boldsymbol{n}\,\boldsymbol{n}^{\mathrm{T}}\,\boldsymbol{v} \end{cases}$$

Man erkennt sofort, dass jeder Vektor der Ebene durch σ auf sich abgebildet wird, da jeder solche Vektor senkrecht auf $\boldsymbol{n}$ steht, und $\boldsymbol{n}$ auf sein Negatives abgebildet wird, d. h.

$$\sigma(\boldsymbol{v}) = \boldsymbol{v} \text{ für alle } \boldsymbol{v} \text{ mit } \boldsymbol{v} \perp \boldsymbol{n} \text{ und } \sigma(\boldsymbol{n}) = -\boldsymbol{n}\,.$$

Eine Gerade $G = \boldsymbol{v} + \mathbb{R}\,\boldsymbol{w}$, die im Punkt $\boldsymbol{v}$ durch den Spiegel stößt wird dabei unter σ auf die Gerade

$$\sigma(G) = \sigma(\boldsymbol{v}) + \mathbb{R}\,\sigma(\boldsymbol{w}) = \boldsymbol{v} + \mathbb{R}\,\sigma(\boldsymbol{w})$$

abgebildet. Wenn wir also einen Lichtstrahl, der auf den Spiegel trifft, als Gerade interpretieren, dann ist $\sigma(\boldsymbol{w})$ der Richtungsvektor des reflektierten Strahls.

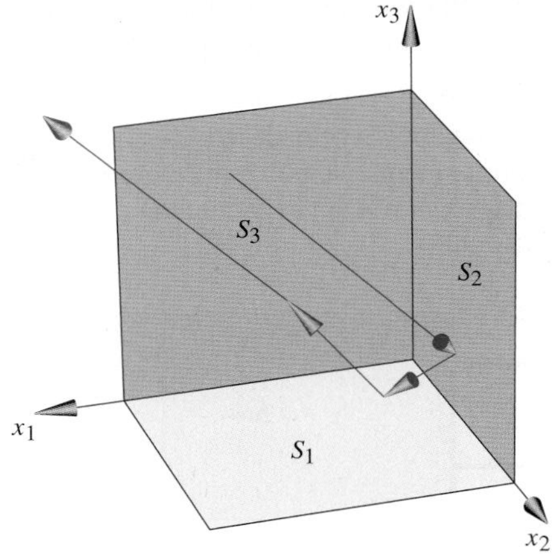

Abb. 17.8 Ein einfallender Lichtstrahl wird durch die drei Spiegel parallel zum einfallenden Lichtstrahl reflektiert

Wir betrachten nun die Anordnung der drei Spiegel in Abb. 17.6. In welche Richtung wird ein einfallender Lichtstrahl reflektiert, nachdem er die drei Spiegel passiert hat?

Angenommen, der Lichtstrahl hat die Einfallsrichtung $\boldsymbol{v} = \begin{pmatrix} v_1 \\ v_2 \\ v_3 \end{pmatrix}$. Der Lichtstrahl wird nacheinander an den drei Ebenen reflektiert, d. h., es sind drei Ebenenspiegelungen mit den jeweiligen Normalenvektoren $\boldsymbol{e}_1$, $\boldsymbol{e}_2$, $\boldsymbol{e}_3$ nacheinander auf $\boldsymbol{v}$ anzuwenden,

$$\varphi(\boldsymbol{v}) = (\mathbf{E}_3 - 2\,\boldsymbol{e}_3\,\boldsymbol{e}_3^{\mathrm{T}})\,(\mathbf{E}_3 - 2\,\boldsymbol{e}_2\,\boldsymbol{e}_2^{\mathrm{T}})\,(\mathbf{E}_3 - 2\,\boldsymbol{e}_1\,\boldsymbol{e}_1^{\mathrm{T}})\,\boldsymbol{v}\,.$$

Wegen

$$\begin{aligned}(\mathbf{E}_3 - 2\,\boldsymbol{e}_3\,\boldsymbol{e}_3^{\mathrm{T}})\,(\mathbf{E}_3 - 2\,\boldsymbol{e}_2\,\boldsymbol{e}_2^{\mathrm{T}})\,(\mathbf{E}_3 - 2\,\boldsymbol{e}_1\,\boldsymbol{e}_1^{\mathrm{T}}) \\ = \begin{pmatrix} 1 & 0 & 0 \\ 0 & 1 & 0 \\ 0 & 0 & -1 \end{pmatrix} \begin{pmatrix} 1 & 0 & 0 \\ 0 & -1 & 0 \\ 0 & 0 & 1 \end{pmatrix} \begin{pmatrix} -1 & 0 & 0 \\ 0 & 1 & 0 \\ 0 & 0 & 1 \end{pmatrix} \\ = \begin{pmatrix} -1 & 0 & 0 \\ 0 & -1 & 0 \\ 0 & 0 & -1 \end{pmatrix}\end{aligned}$$

gilt also

$$\varphi(\boldsymbol{v}) = -\boldsymbol{v}\,.$$

Also wird die Richtung umgedreht, der Lichtstrahl verlässt das *Katzenauge* parallel zum einfallenden Strahl. ◀

Selbstfrage 3

Eigentlich müsste man doch die eben durchgeführte Rechnung für jede mögliche Reihenfolge der Reflektionen an den Spiegeln S_1, S_2 und S_3 durchführen – oder?

Anwendung: Lineare Vierpole

In der Elektrotechnik ist ein elektrischer Vierpol eine Funktionseinheit mit einem zweipoligen Eingang und einem zweipoligen Ausgang – von außen betrachtet gibt es also nur zwei Anschlusssysteme.

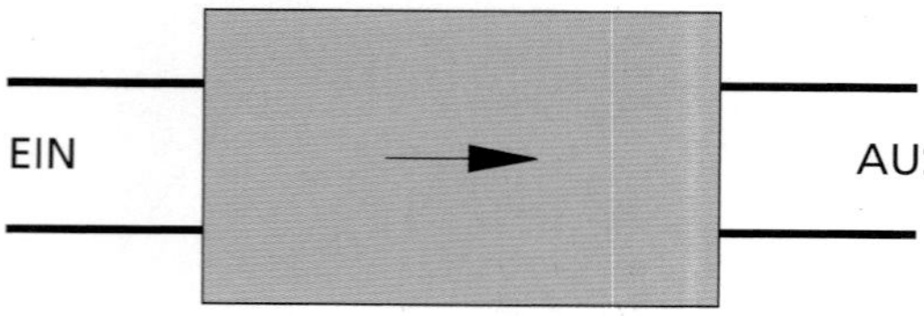

Ein Vierpol kann ein Kabel, ein Schwingkreis, ein Oszillator, ein Verstärker oder eine sonstige komplexe Funktionseinheit sein. Für sogenannte lineare Vierpole gelten allgemein gültige Regeln und Beziehungen, die in der sogenannten Vierpoltheorie behandelt werden. Man vergleiche hierzu auch die Anwendung auf S. 156.

Vierpole dienen dazu, komplexe Netzwerke durch einfache Ersatzschaltungen darzustellen und den rechnerischen Umgang mit komplexen Netzwerken zu vereinfachen.

Lineare Vierpole, also solche in denen nur *lineare Bauelemente* verwendet werden – etwa Widerstände, Kondensatoren oder eisenlose Spulen – lassen sich als lineare Abbildungen φ darstellen: Legt man etwa $\boldsymbol{v} \in \mathbb{C}^2$ am Eingang des Vierpols an, so erhält man $\varphi(\boldsymbol{v}) \in \mathbb{C}^2$ am Ausgang des Vierpols. Wir erläutern dies an einem Beispiel.

Dazu betrachten wir den folgenden einfachen linearen Vierpol mit den drei Widerständen R_1, R_2, R_3:

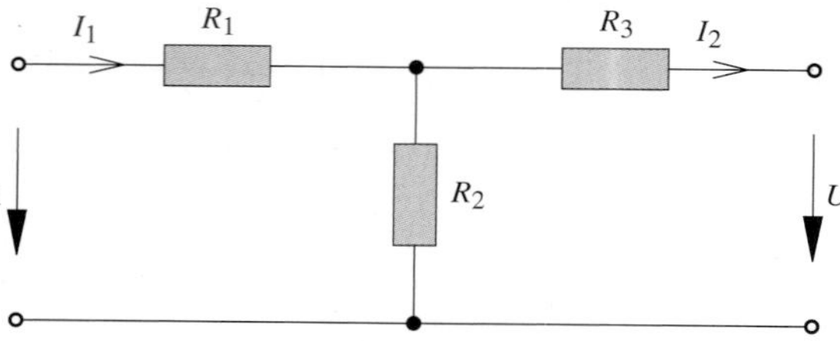

Es bezeichnen $U_1 \in \mathbb{C}$ die Wechselspannung und $I_1 \in \mathbb{C}$ den Strom am Eingang und $U_2, I_2 \in \mathbb{C}$ die entsprechenden Größen am Ausgang. Mit den bekannten Regeln bei der Schaltung von Widerständen erhalten wir den Zusammenhang:

$$\begin{pmatrix} U_1 \\ I_1 \end{pmatrix} = \underbrace{\begin{pmatrix} \frac{R_1+R_2}{R_2} & R_1 + R_3 + \frac{R_1 R_3}{R_2} \\ \frac{1}{R_2} & \frac{R_2+R_3}{R_2} \end{pmatrix}}_{=\boldsymbol{A}} \begin{pmatrix} U_2 \\ I_2 \end{pmatrix}$$

Man nennt die Matrix $\boldsymbol{A}$ in dieser Situation eine *Kettenmatrix*. Durch sie wird jeder vorgegebenen Spannung und Stromstärke am Ausgang die dazu notwendige Spannung und Stromstärke am Eingang zugeordnet. Als Abbildung geschrieben, lautet das:

$$\varphi : \begin{cases} \mathbb{C}^2 & \to \quad \mathbb{C}^2 \\ \begin{pmatrix} U_2 \\ I_2 \end{pmatrix} & \mapsto \quad \begin{pmatrix} U_1 \\ I_1 \end{pmatrix} = \boldsymbol{A} \begin{pmatrix} U_2 \\ I_2 \end{pmatrix} \end{cases}$$

Unser Vorgehen lässt sich variieren. So kann der Zusammenhang zwischen je zwei verschiedenen der vier Größen U_1, U_2, I_1, I_2 durch eine lineare Abbildung beschrieben werden; wir geben Beispiele an:

$$\begin{pmatrix} U_1 \\ U_2 \end{pmatrix} = \underbrace{\begin{pmatrix} z_{11} & z_{12} \\ z_{21} & z_{22} \end{pmatrix}}_{=\boldsymbol{Z}} \begin{pmatrix} I_1 \\ I_2 \end{pmatrix}$$

$$\begin{pmatrix} I_1 \\ I_2 \end{pmatrix} = \underbrace{\begin{pmatrix} y_{11} & y_{12} \\ y_{21} & y_{22} \end{pmatrix}}_{=\boldsymbol{Y}} \begin{pmatrix} U_1 \\ U_2 \end{pmatrix}$$

$$\begin{pmatrix} U_1 \\ I_2 \end{pmatrix} = \underbrace{\begin{pmatrix} h_{11} & h_{12} \\ h_{21} & h_{22} \end{pmatrix}}_{=\boldsymbol{H}} \begin{pmatrix} I_1 \\ U_2 \end{pmatrix}$$

Wir erhalten so in jedem dieser Fälle eine lineare Abbildung $\varphi : \mathbb{C}^2 \to \mathbb{C}^2$, $\boldsymbol{v} \mapsto \boldsymbol{A}\,\boldsymbol{v}$, wobei $\boldsymbol{A}$ eine dieser Matrizen bezeichne. Man nennt $\boldsymbol{Z}$ die *Impedanzmatrix*, $\boldsymbol{Y}$ die *Admittanzmatrix* und $\boldsymbol{H}$ die *Hybridmatrix*.

Eine lineare Abbildung ist durch die Bilder der Basisvektoren bereits eindeutig bestimmt

Ist φ eine lineare Abbildung von V nach W und B eine Basis von V, so lässt sich jedes $\boldsymbol{v} \in V$ auf genau eine Weise als Linearkombination der Basisvektoren darstellen,

$$\boldsymbol{v} = \lambda_1 \boldsymbol{b}_1 + \cdots + \lambda_r \boldsymbol{b}_r$$

mit $\lambda_1, \ldots, \lambda_r \in \mathbb{K}$ und $\boldsymbol{b}_1, \ldots, \boldsymbol{b}_r \in B$.

Wegen der Additivität und Homogenität von φ gilt nun für das Bild von $\boldsymbol{v}$:

$$\begin{aligned} \varphi(\boldsymbol{v}) &= \varphi(\lambda_1 \boldsymbol{b}_1 + \cdots + \lambda_r \boldsymbol{b}_r) \\ &= \lambda_1 \varphi(\boldsymbol{b}_1) + \cdots + \lambda_r \varphi(\boldsymbol{b}_r) \end{aligned}$$

Also ist $\varphi(\boldsymbol{v})$ durch die Linearkombination bezüglich der Basis B und die Bilder der Basisvektoren bestimmt. Wir machen uns das zunutze: Ist φ eine lineare Abbildung von V nach W und kennt man $\varphi(\boldsymbol{b})$ für jedes Element $\boldsymbol{b}$ einer Basis B von V, so kennt man $\varphi(\boldsymbol{w})$ für jedes $\boldsymbol{w}$, da sich jedes $\boldsymbol{w}$ bezüglich der Basis B darstellen lässt, d. h.

$$\boldsymbol{w} = \mu_1 \boldsymbol{a}_1 + \cdots + \mu_s \boldsymbol{a}_s ,$$

wobei $\mu_1, \ldots, \mu_s \in \mathbb{K}$ und $\boldsymbol{a}_1, \ldots, \boldsymbol{a}_s \in B$ gilt. Dann erhalten wir

$$\varphi(\boldsymbol{w}) = \mu_1 \varphi(\boldsymbol{a}_1) + \cdots + \mu_s \varphi(\boldsymbol{a}_s) .$$

Salopp lässt sich dies auch formulieren als: *Wenn man weiß, was die lineare Abbildung mit den Elementen einer Basis macht, dann weiß man auch, was die lineare Abbildung mit allen Vektoren macht.* Dies lässt sich als Prinzip der linearen Fortsetzung noch weiter verschärfen.

Das Prinzip der linearen Fortsetzung

Ist σ eine Abbildung von der Basis B von V nach W

$$\sigma : \begin{cases} B & \to & W \\ \boldsymbol{b} & \mapsto & \sigma(\boldsymbol{b}) \end{cases} ,$$

so gibt es genau eine lineare Abbildung $\varphi : V \to W$ mit $\varphi|_B = \sigma$. Man nennt φ die **lineare Fortsetzung** von σ auf V.

Achtung Für σ ist nur vorausgesetzt, dass es eine *Abbildung* von der *Menge* B in die *Menge* W ist. ◀

Beispiel

- Im $\mathbb{R}^n$ sind die eindeutig bestimmten linearen Fortsetzungen der Abbildungen

$$\sigma_0 : \begin{cases} E_n & \to & \mathbb{R}^n \\ \boldsymbol{e}_i & \mapsto & \boldsymbol{0} \end{cases} \text{ bzw. } \sigma_1 : \begin{cases} E_n & \to & \mathbb{R}^n \\ \boldsymbol{e}_i & \mapsto & \boldsymbol{e}_i \end{cases}$$

  die Nullabbildung bzw. die Identität.
- Wir betrachten im $\mathbb{R}^2$ mit der kanonischen Basis $E_2 = \{\boldsymbol{e}_1, \boldsymbol{e}_2\}$ die Abbildung σ mit $\sigma(\boldsymbol{e}_1) = \boldsymbol{e}_2$ und $\sigma(\boldsymbol{e}_2) = \boldsymbol{e}_1$: Die lineare Fortsetzung φ von σ auf $\mathbb{R}^2$ ist gerade die Spiegelung an der Geraden $\mathbb{R}\begin{pmatrix}1\\1\end{pmatrix}$, da für $\boldsymbol{v} = \begin{pmatrix}v_1\\v_2\end{pmatrix}$

$$\varphi(\boldsymbol{v}) = v_1 \varphi(\boldsymbol{e}_1) + v_2 \varphi(\boldsymbol{e}_2) = v_1 \boldsymbol{e}_2 + v_2 \boldsymbol{e}_1 = \begin{pmatrix}v_2\\v_1\end{pmatrix}$$

  gilt.
- Wir bestimmen die einzige lineare Abbildung φ vom $\mathbb{R}^3$ in den $\mathbb{R}^2$ mit der Eigenschaft

$$\varphi(\boldsymbol{e}_1) = \boldsymbol{0},\ \varphi(\boldsymbol{e}_2) = \begin{pmatrix}1\\1\end{pmatrix},\ \varphi(\boldsymbol{e}_3) = \begin{pmatrix}2\\2\end{pmatrix} . \qquad (17.1)$$

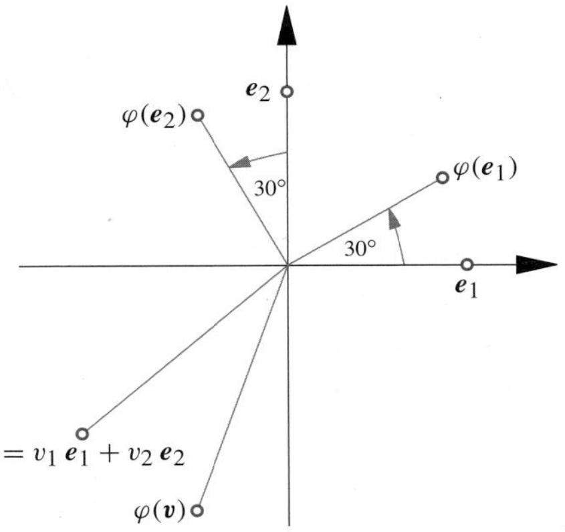

Abb. 17.9 Eine Drehung ist durch Angabe der Bilder einer Basis eindeutig bestimmt

Für das Bild des Elementes

$$\boldsymbol{v} = \begin{pmatrix}v_1\\v_2\\v_3\end{pmatrix} = v_1 \boldsymbol{e}_1 + v_2 \boldsymbol{e}_2 + v_3 \boldsymbol{e}_3 \in \mathbb{R}^3$$

gilt wegen der Forderung in (17.1)

$$\begin{aligned}\varphi(\boldsymbol{v}) &= v_1 \varphi(\boldsymbol{e}_1) + v_2 \varphi(\boldsymbol{e}_2) + v_3 \varphi(\boldsymbol{e}_3)\\ &= v_1 \boldsymbol{0} + v_2 \begin{pmatrix}1\\1\end{pmatrix} + v_3 \begin{pmatrix}2\\2\end{pmatrix} .\end{aligned}$$

Damit erhalten wir die gesuchte Abbildung:

$$\varphi : \begin{cases} \mathbb{R}^3 & \to & \mathbb{R}^2 \\ \begin{pmatrix}v_1\\v_2\\v_3\end{pmatrix} & \mapsto & (v_2 + 2\,v_3)\begin{pmatrix}1\\1\end{pmatrix} \end{cases} .$$

- Wir drehen im $\mathbb{R}^2$ die Vektoren der Standardbasis $E_2 = \{\boldsymbol{e}_1, \boldsymbol{e}_2\}$ um 30° gegen den Uhrzeigersinn, wie in Abb. 17.9 dargestellt.

  Wir erhalten also $\sigma(\boldsymbol{e}_1) = \begin{pmatrix}\sqrt{3}/2\\1/2\end{pmatrix}$ und $\sigma(\boldsymbol{e}_2) = \begin{pmatrix}-1/2\\\sqrt{3}/2\end{pmatrix}$. Damit können wir für die lineare Fortsetzung φ von σ auf das Bild von $\boldsymbol{v} = \begin{pmatrix}v_1\\v_2\end{pmatrix}$ schließen,

$$\varphi(\boldsymbol{v}) = v_1 \begin{pmatrix}\sqrt{3}/2\\1/2\end{pmatrix} + v_2 \begin{pmatrix}-1/2\\\sqrt{3}/2\end{pmatrix} ,$$

  also wird jeder Punkt des $\mathbb{R}^2$ bei dieser linearen Abbildung um 30° gegen den Uhrzeigersinn gedreht. ◀

Selbstfrage 4

Gibt es eine lineare Abbildung vom $\mathbb{R}^2$ in den $\mathbb{R}^2$ mit $\varphi^{-1}(\{\boldsymbol{0}\}) = \varphi(\mathbb{R}^2)$?

Teil III

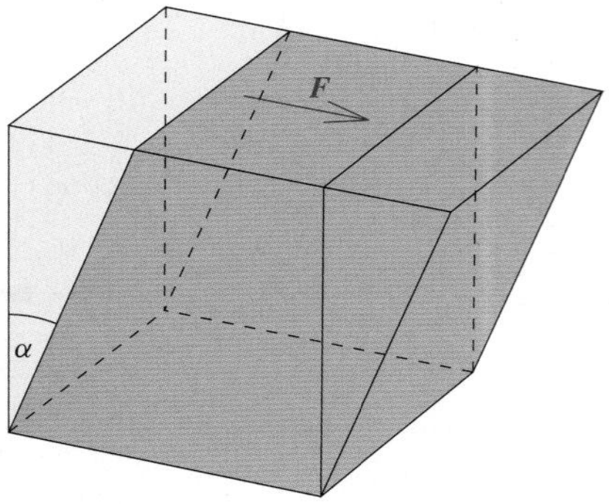

Abb. 17.10 Die vertikalen Schnittflächen werden unter dem Einfluss der Scherkraft $\boldsymbol{F}$ um den Winkel α geschert

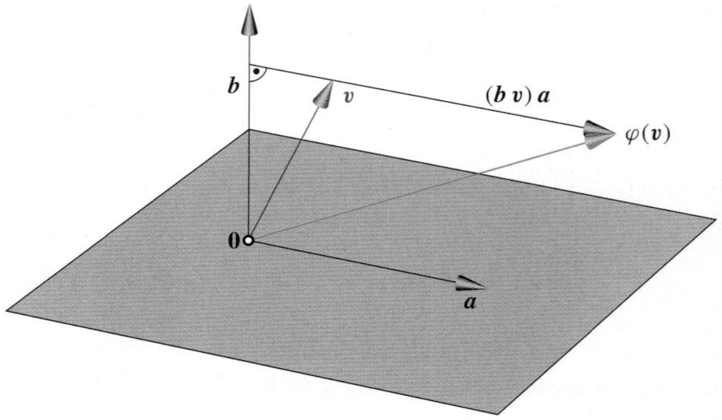

Abb. 17.11 Der Vektor $\boldsymbol{v}$ wird in Richtung $\boldsymbol{a}$ senkrecht zu $\boldsymbol{b}$ geschert

Anwendungsbeispiel Die Deformation eines Körpers durch eine Kraft $\boldsymbol{F}$, die tangential zu einer Oberfläche A des Körpers wirkt, kann durch eine sogenannte *Scherung* beschrieben werden. Beim Einwirken einer solchen *Scherkraft* auf einen Quader werden alle in x_3-Richtung orientierten Schnittflächen des Quaders um den Winkel α geschert (siehe Abb. 17.10).

Eine solche Deformation kann durch eine lineare Abbildung beschrieben werden. Dabei nehmen wir vorerst an, dass der Quader die Höhe 1 hat und seine Grundfläche in der x_1-x_2-Ebene liegt.

Die Standardbasisvektoren $\boldsymbol{e}_1$, $\boldsymbol{e}_2$, $\boldsymbol{e}_3$ gehen dann durch Einwirken der Scherkraft über in

$$\sigma(\boldsymbol{e}_1) = \boldsymbol{e}_1,\ \sigma(\boldsymbol{e}_2) = \boldsymbol{e}_2,\ \sigma(\boldsymbol{e}_3) = \begin{pmatrix} \tan\alpha \\ 0 \\ 1 \end{pmatrix}.$$

Die σ fortsetzende lineare Abbildung hat also die Abbildungsvorschrift:

$$\varphi : \begin{cases} \mathbb{R}^3 & \to & \mathbb{R}^3 \\ \begin{pmatrix} v_1 \\ v_2 \\ v_3 \end{pmatrix} & \mapsto & \begin{pmatrix} v_1 + v_3 \tan\alpha \\ v_2 \\ v_3 \end{pmatrix} \end{cases}$$

Die Abbildung φ ist auch durch eine Matrix beschreibbar:

$$\varphi(\boldsymbol{v}) = \begin{pmatrix} 1 & 0 & \tan\alpha \\ 0 & 1 & 0 \\ 0 & 0 & 1 \end{pmatrix} \boldsymbol{v}$$

Eine solche spezielle Scherung lässt sich nun leicht verallgemeinern: Man nennt eine Abbildung φ eine **Scherung in Richtung $\boldsymbol{a}$ senkrecht zu $\boldsymbol{b}$**, wenn $\boldsymbol{a}\,\boldsymbol{b} = 0$ und

$$\varphi(\boldsymbol{v}) = \boldsymbol{v} + (\boldsymbol{b}\,\boldsymbol{v})\,\boldsymbol{a}$$

gilt (siehe Abb. 17.11).

Wegen $\varphi(\boldsymbol{v}) = \boldsymbol{v} + (\boldsymbol{b}\,\boldsymbol{v})\,\boldsymbol{a} = \boldsymbol{v} + \boldsymbol{a}\,(\boldsymbol{b}^{\mathrm{T}}\,\boldsymbol{v}) = \boldsymbol{v} + \boldsymbol{a}\,\boldsymbol{b}^{\mathrm{T}}\,\boldsymbol{v}$ gilt ferner

$$\varphi(\boldsymbol{v}) = (\mathbf{E}_3 + \boldsymbol{a}\,\boldsymbol{b}^{\mathrm{T}})\,\boldsymbol{v}.$$

Die Matrix $\mathbf{E}_3 + \boldsymbol{a}\,\boldsymbol{b}^{\mathrm{T}}$ nennt man *Schermatrix*; sie ist die *Darstellungsmatrix* der Scherung bezüglich der kanonischen Basis. Aber dazu später Genaueres. ◀

17.3 Kern, Bild und die Dimensionsformel

Eine lineare Abbildung φ ist eine additive und homogene Abbildung von einem $\mathbb{K}$-Vektorraum V in einen $\mathbb{K}$-Vektorraum W.

Wie bei Abbildungen können wir also insbesondere bei linearen Abbildungen vom *Bild* der Abbildung φ, also von der Menge $\varphi(V) \subseteq W$, und auch vom *Urbild* einer Menge $A \subseteq W$ unter φ, also von $\varphi^{-1}(A) \subseteq V$ sprechen. Tatsächlich ist es so, dass diese Mengen für die spezielle Wahl $A = \{\boldsymbol{0}\}$ sehr eng miteinander zusammenhängen. Dieser Zusammenhang drückt sich in der sogenannten *Dimensionsformel* aus, die wir in diesem Abschnitt herleiten wollen.

Der Kern von φ besteht aus jenen Vektoren, die auf den Nullvektor abgebildet werden

Jede lineare Abbildung $\varphi : V \to W$ hat einen *Kern*. Dies ist ein Untervektorraum von V, er erlaubt es, auf weitere Eigenschaften der linearen Abbildung zu schließen.

Der Kern und das Bild einer linearen Abbildung

Ist φ eine lineare Abbildung von einem $\mathbb{K}$-Vektorraum V in einen $\mathbb{K}$-Vektorraum W, so nennt man

$$\varphi^{-1}(\{\boldsymbol{0}\}) = \{\boldsymbol{v} \in V \mid \varphi(\boldsymbol{v}) = \boldsymbol{0}\} \subseteq V$$

den **Kern** von φ und

$$\varphi(V) = \{\varphi(\boldsymbol{v}) \mid \boldsymbol{v} \in V\} \subseteq W$$

das **Bild** von φ.

Vielfach schreibt man auch $\mathrm{Ker}(\varphi)$ für den Kern und $\mathrm{Im}(\varphi)$ für das Bild der linearen Abbildung φ; Im kürzt dabei die englische Bezeichnung *Image* für das Bild ab.

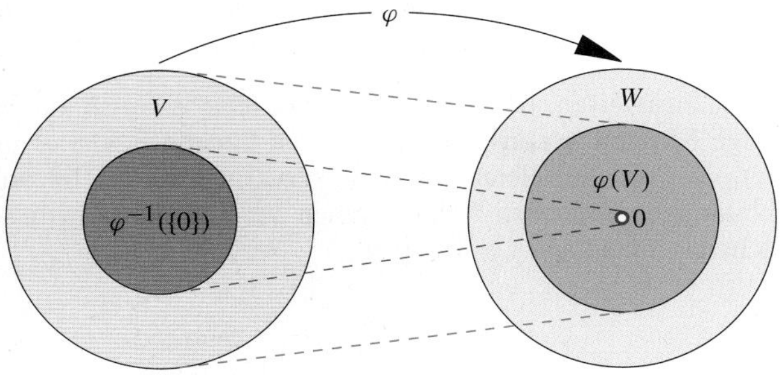

Abb. 17.12 Der Kern und das Bild einer linearen Abbildung

Abb. 17.13 Der Kern kann auch sehr groß sein

Der Kern von φ ist die Urbildmenge des Nullvektors aus W, d. h. die Menge aller Vektoren, die auf $\mathbf{0} \in W$ abgebildet werden, und das Bild die Gesamtheit der Vektoren aus W, die durch φ *getroffen* werden.

Weil jede lineare Abbildung $\varphi(\mathbf{0}) = \mathbf{0}$ erfüllt, ist der Kern einer linearen Abbildung niemals leer, er enthält zumindest den Nullvektor aus V. Entsprechend ist das Bild einer linearen Abbildung nicht leer,

$$\{\mathbf{0}\} \subseteq \varphi^{-1}(\{\mathbf{0}\}) \subseteq V \quad \text{und} \quad \{\mathbf{0}\} \subseteq \varphi(V) \subseteq W\,.$$

Es gibt Beispiele, in denen der Nullvektor der einzige Vektor im Kern bzw. Bild ist, der Kern bzw. das Bild kann aber durchaus auch sehr groß sein.

Beispiel

- Bei der Spiegelung

$$\sigma : \begin{cases} \mathbb{R}^2 & \to & \mathbb{R}^2 \\ \begin{pmatrix} v_1 \\ v_2 \end{pmatrix} & \mapsto & \begin{pmatrix} v_2 \\ v_1 \end{pmatrix} \end{cases}$$

im einführenden Beispiel besteht der Kern nur aus dem Nullvektor, da $\begin{pmatrix} v_2 \\ v_1 \end{pmatrix} = \begin{pmatrix} 0 \\ 0 \end{pmatrix}$ nur im Fall $v_1 = 0 = v_2$ gilt, d. h. $\varphi^{-1}(\{\mathbf{0}\}) = \{\mathbf{0}\}$. Der Kern ist hier so *klein* wie möglich. Das Bild ist so *groß* wie möglich, da $\varphi(\mathbb{R}^2) = \mathbb{R}^2$ gilt.

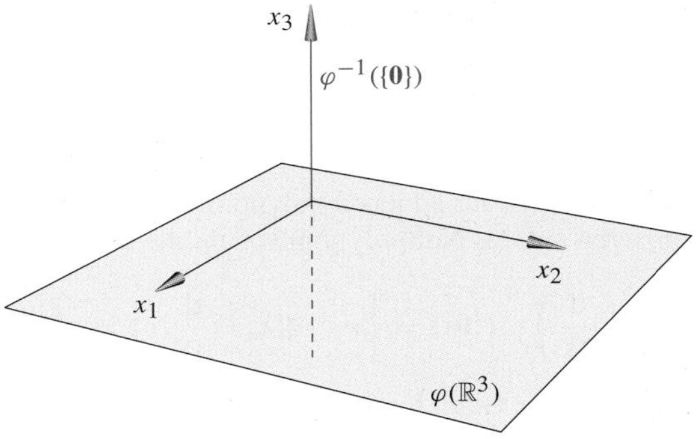

Abb. 17.14 Der Kern $\varphi^{-1}(\{\mathbf{0}\}) = \mathbb{R}\,\boldsymbol{e}_3$ und das Bild $\varphi(\mathbb{R}^3) = \mathbb{R}\,\boldsymbol{e}_1 + \mathbb{R}\,\boldsymbol{e}_2$ der linearen Abbildung $\varphi : \mathbb{R}^3 \to \mathbb{R}^2$

- Ist φ die lineare Abbildung

$$\varphi : \begin{cases} V & \to & W \\ \boldsymbol{v} & \mapsto & \mathbf{0} \end{cases},$$

so ist $\varphi^{-1}(\{\mathbf{0}\}) = V$, da jeder Vektor aus V auf den Nullvektor abgebildet wird. Hier ist der Kern so *groß* wie möglich und das Bild so *klein* wie möglich, da $\varphi(V) = \{\mathbf{0}\}$ gilt.

- Der Kern der linearen Abbildung

$$\varphi : \begin{cases} \mathbb{R}^3 & \to & \mathbb{R}^2 \\ \begin{pmatrix} v_1 \\ v_2 \\ v_3 \end{pmatrix} & \mapsto & \begin{pmatrix} v_1 + v_2 \\ v_2 \end{pmatrix} \end{cases}$$

besteht aus all jenen $\begin{pmatrix} v_1 \\ v_2 \\ v_3 \end{pmatrix}$ mit $v_3 \in \mathbb{R}$, $v_2 = 0$ und $v_1 + v_2 = 0$, also

$$\varphi^{-1}(\{\mathbf{0}\}) = \left\{ \begin{pmatrix} 0 \\ 0 \\ v_3 \end{pmatrix} \in \mathbb{R}^3 \;\middle|\; v_3 \in \mathbb{R} \right\}.$$

Da φ surjektiv ist, gilt für das Bild $\varphi(\mathbb{R}^3) = \mathbb{R}^2$. Das ist in Abb. 17.14 dargestellt.

- Ist $\boldsymbol{A} = ((\boldsymbol{s}_1, \ldots, \boldsymbol{s}_n)) \in \mathbb{K}^{m \times n}$, so besteht der Kern der linearen Abbildung

$$\varphi_{\boldsymbol{A}} : \begin{cases} \mathbb{K}^n & \to & \mathbb{K}^m \\ \boldsymbol{v} & \mapsto & \boldsymbol{A}\,\boldsymbol{v} \end{cases}$$

aus all jenen Vektoren $\boldsymbol{v}$ des $\mathbb{K}^n$, die das homogene lineare Gleichungssystem

$$\boldsymbol{A}\,\boldsymbol{v} = \mathbf{0}$$

über $\mathbb{K}$ lösen,

$$\varphi_{\boldsymbol{A}}^{-1}(\{\mathbf{0}\}) = \{\boldsymbol{v} \in \mathbb{K}^n \mid \boldsymbol{A}\,\boldsymbol{v} = \mathbf{0}\}\,.$$

Das Bild $\varphi_{\boldsymbol{A}}(\mathbb{K}^n) = \{\boldsymbol{A}\,\boldsymbol{v} \mid \boldsymbol{v} \in \mathbb{K}^n\} \subseteq \mathbb{K}^m$ besteht aus allen Linearkombination der Spalten von $\boldsymbol{A} = ((\boldsymbol{s}_1, \ldots, \boldsymbol{s}_n))$, also aus dem *Spaltenraum* der Matrix $\boldsymbol{A}$,

$$\varphi_{\boldsymbol{A}}(\mathbb{K}^n) = \langle \boldsymbol{s}_1, \ldots, \boldsymbol{s}_n \rangle\,.$$

Teil III

- Wir bestimmen den Kern des Differenzierens von reellen Polynomen:

$$\frac{\mathrm{d}}{\mathrm{d}X}:\begin{cases}\mathbb{R}[X] & \to & \mathbb{R}[X]\\ \boldsymbol{p} & \mapsto & \frac{\mathrm{d}}{\mathrm{d}X}(\boldsymbol{p})=\boldsymbol{p}'\end{cases}$$

Der Kern besteht aus all jenen Polynomen, die durch das Differenzieren auf das Nullpolynom abgebildet werden,

$$\left(\frac{\mathrm{d}}{\mathrm{d}X}\right)^{-1}(\{\boldsymbol{0}\})=\left\{\boldsymbol{p}\in\mathbb{R}[X]\;\middle|\;\frac{\mathrm{d}}{\mathrm{d}X}(\boldsymbol{p})=\boldsymbol{0}\right\}.$$

Polynome vom Grad 1 oder höher werden durch das Differenzieren nicht zum Nullpolynom. Hingegen wird jedes konstante Polynom c, d. h. $\deg(c) = 0$, und auch das Nullpolynom durch das Differenzieren auf das Nullpolynom abgebildet, also gilt

$$\left(\frac{\mathrm{d}}{\mathrm{d}X}\right)^{-1}(\{\boldsymbol{0}\})=\mathbb{R}.$$

Nun überlegen wir uns, dass $\frac{\mathrm{d}}{\mathrm{d}X}(\mathbb{R}[X]) = \mathbb{R}[X]$ gilt, d. h., $\frac{\mathrm{d}}{\mathrm{d}X}$ ist surjektiv.
Die Inklusion $\frac{\mathrm{d}}{\mathrm{d}X}(\mathbb{R}[X]) \subseteq \mathbb{R}[X]$ gilt natürlich, weil die Ableitung eines Polynoms wieder ein Polynom ergibt. Und die Inklusion $\frac{\mathrm{d}}{\mathrm{d}X}(\mathbb{R}[X]) \supseteq \mathbb{R}[X]$ gilt, da jedes Polynom stetig ist und somit eine Stammfunktion besitzt. ◀

Selbstfrage 5

Ist die Sprechweise

Je größer der Kern, desto kleiner das Bild.

gerechtfertigt?

Wir untersuchen Kern und Bild einer linearen Abbildung φ zwischen $\mathbb{K}$-Vektorräumen V und W etwas genauer.

1. Da stets der Nullvektor von V im Kern liegt, gilt $\varphi^{-1}(\{\boldsymbol{0}\}) \neq \emptyset$.
2. Sind $\boldsymbol{v}$ und $\boldsymbol{w}$ zwei Elemente des Kerns von φ, so liegt wegen der Additivität von φ auch deren Summe im Kern, da
$$\varphi(\boldsymbol{v}+\boldsymbol{w})=\varphi(\boldsymbol{v})+\varphi(\boldsymbol{w})=\boldsymbol{0}+\boldsymbol{0}=\boldsymbol{0}.$$
3. Sind $\boldsymbol{v}$ ein Element des Kerns von φ und $\lambda \in \mathbb{K}$ ein Skalar, so liegt wegen der Homogenität von φ auch $\lambda\,\boldsymbol{v}$ im Kern, da
$$\varphi(\lambda\,\boldsymbol{v})=\lambda\,\varphi(\boldsymbol{v})=\lambda\,\boldsymbol{0}=\boldsymbol{0}.$$

Damit haben wir die erste Aussage des folgenden Satzes gezeigt. Mit einem analogen Vorgehen zeigt man die zweite Aussage.

Kern und Bild einer linearen Abbildung sind Vektorräume

Ist φ eine lineare Abbildung von V nach W, so ist der Kern $\varphi^{-1}(\{\boldsymbol{0}\})$ ein Untervektorraum von V, und das Bild $\varphi(V)$ ist ein solcher von W.

Mithilfe des Kerns lässt sich ein wichtiges Kriterium für die Injektivität einer linearen Abbildung formulieren.

Um nachzuweisen, dass eine Abbildung $\varphi : A \to B$ für beliebige Mengen A und B injektiv ist, ist für alle $x, y \in A$ mit $\varphi(x) = \varphi(y)$ die Gleichheit $x = y$ zu folgern. Bei linearen Abbildungen zwischen Vektorräumen vereinfacht sich dieser Nachweis, man kann $y = \boldsymbol{0}$ setzen.

Kriterium für Injektivität

Eine lineare Abbildung $\varphi : V \to W$ ist genau dann injektiv, wenn $\varphi^{-1}(\{\boldsymbol{0}\}) = \{\boldsymbol{0}\}$ gilt.

Achtung Bei diesen beiden in diesem Kriterium auftauchenden Nullen muss genau genommen unterschieden werden: Die erste Null ist der Nullvektor aus W, die zweite Null jener aus V. So sieht etwa der Nullvektor aus dem $\mathbb{R}^2$ ganz anders aus als jener aus dem $\mathbb{R}^3$ – bezeichnet werden sie aber mit dem gleichen Symbol $\boldsymbol{0}$. ◀

Beweis Wenn φ injektiv ist, dann kann der Kern von φ wegen $\varphi(\boldsymbol{0}) = \boldsymbol{0}$ keinen weiteren Vektor als den Nullvektor enthalten, d. h. $\varphi^{-1}(\{\boldsymbol{0}\}) = \{\boldsymbol{0}\}$.

Und ist nun umgekehrt $\varphi^{-1}(\{\boldsymbol{0}\}) = \{\boldsymbol{0}\}$ vorausgesetzt, so folgt aus $\varphi(\boldsymbol{v}) = \varphi(\boldsymbol{w})$ für $\boldsymbol{v}, \boldsymbol{w} \in V$ sogleich

$$\boldsymbol{0}=\varphi(\boldsymbol{v})-\varphi(\boldsymbol{w})=\varphi(\boldsymbol{v}-\boldsymbol{w}),$$

also wegen der Voraussetzung $\boldsymbol{v} - \boldsymbol{w} = \boldsymbol{0}$, d. h. $\boldsymbol{v} = \boldsymbol{w}$. Folglich ist φ injektiv. ■

Für $\varphi^{-1}(\{\boldsymbol{0}\}) = \{\boldsymbol{0}\}$ sagt man auch: *Der Kern von φ ist trivial.*

Das Kriterium ist sehr gut dafür geeignet, die Injektivität linearer Abbildungen nachzuweisen.

Selbstfrage 6

Auf den S. 627–628 werden 5 lineare Abbildungen vorgestellt. Können Sie angeben, welche dieser fünf linearen Abbildungen injektiv sind?

Beispiel Wir wählen im $\mathbb{R}^3$ einen normierten, aber sonst beliebigen Vektor $\boldsymbol{n} = \begin{pmatrix} n_1\\ n_2\\ n_3\end{pmatrix}$, es gilt also $\boldsymbol{n}^{\mathrm{T}}\boldsymbol{n} = 1$. Mit diesem Vektor $\boldsymbol{n}$ bilden wir die Matrix

$$\boldsymbol{P}=\boldsymbol{n}\,\boldsymbol{n}^{\mathrm{T}}=\begin{pmatrix} n_1\,n_1 & n_1\,n_2 & n_1\,n_3\\ n_2\,n_1 & n_2\,n_2 & n_2\,n_3\\ n_3\,n_1 & n_3\,n_2 & n_3\,n_3\end{pmatrix}.$$

Teil III

Die folgende Abbildung φ_P ist linear:

$$\varphi_P : \begin{cases} \mathbb{R}^3 & \to & \mathbb{R}^3 \\ v & \mapsto & P\,v \end{cases}$$

Welche Eigenschaften hat diese Abbildung?

Wir prüfen nach, was $\varphi_P(\lambda\, n)$ für $\lambda \in \mathbb{R}$ und $\varphi_P(v)$ für einen Vektor v mit $v \perp n$ ist:

$$\varphi_P(\lambda\, n) = P\,(\lambda\, n) = \lambda\, n\,(n^T n) = \lambda\, n$$
$$\varphi_P(v) = P\,v = n\,(n^T v) = n\,0 = 0$$

Damit erkennen wir, dass jeder Vektor, der senkrecht zu n ist, auf den Nullvektor abgebildet wird. Die Menge aller dieser zu n senkrechten Vektoren ist der zweidimensionale Untervektorraum E, der durch die folgenden Gleichung bestimmt ist

$$n_1\,x_1 + n_2\,x_2 + n_3\,x_3 = 0\,.$$

Diese Ebene ist also der Kern der linearen Abbildung φ_P.

Das Bild der linearen Abbildung φ_P ist der eindimensionale Untervektorraum $\langle n \rangle$. ◀

Die Dimension von V ist die Summe der Dimensionen von Kern und Bild einer linearen Abbildung

Bei allen bisher betrachteten linearen Abbildungen von V nach W mit endlichdimensionalem Vektorraum V haben wir die Beobachtung gemacht, dass die Dimension des Bildes um so kleiner ist, je größer die Dimension des Kernes ist. Die Nullabbildung und die Identität sind Extremfälle. Bei der Nullabbildung hat der Kern maximale Dimension und das Bild die Dimension Null, bei der Identität ist dies gerade anders herum.

Dieser Zusammenhang ist kein Zufall, er ist Inhalt der wichtigen *Dimensionsformel*, die wir nun herleiten. Sie schildert den Zusammenhang von Kern und Bild einer linearen Abbildung $\varphi : V \to W$ und der Dimension des Vektorraums V.

Die Dimensionsformel

Ist V ein endlichdimensionaler Vektorraum, so gilt für jede lineare Abbildung $\varphi : V \to W$ die Gleichung

$$\dim(V) = \dim(\underbrace{\varphi^{-1}(\{0\})}_{\text{Kern}}) + \dim(\underbrace{\varphi(V)}_{\text{Bild}})\,.$$

Beweis Die Dimension des Vektorraums V bezeichnen wir mit n. Wir betrachten zu φ die beiden Vektorräume $\varphi^{-1}(\{0\})$ und $\varphi(V)$, also den Kern von φ in V und das Bild von φ in W.

Weil jeder Vektorraum eine Basis besitzt, können wir eine Basis $C = \{b_1, \ldots, b_r\}$ des Kerns $\varphi^{-1}(\{0\})$ wählen. Natürlich gilt $r \le n$. Wir ergänzen nun diese Basis C des Kerns, der ein Untervektorraum von V ist, zu einer Basis B des ganzen Vektorraums V

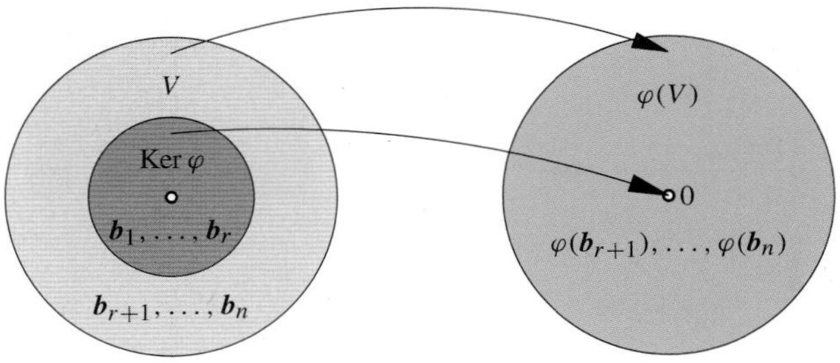

Abb. 17.15 Die Basisvektoren des Kerns werden auf die Null abgebildet, die Basisvektoren außerhalb des Kerns werden nicht auf die Null abgebildet – diese Bilder erzeugen sogar $\varphi(V)$

$$B = C \cup \{b_{r+1}, \ldots, b_n\}\,.$$

Wir zeigen nun, dass $\{\varphi(b_{r+1}), \ldots, \varphi(b_n)\}$ eine Basis des Bildes $\varphi(V)$ ist. Hieraus folgt dann bereits die Behauptung, denn in diesem Fall ist

$$n = \dim(V) = \underbrace{\dim(\varphi^{-1}(\{0\}))}_{=r} + \underbrace{\dim(\varphi(V))}_{=n-r}\,.$$

Sind $\lambda_{r+1}, \ldots, \lambda_n \in \mathbb{K}$ mit

$$\lambda_{r+1}\,\varphi(b_{r+1}) + \cdots + \lambda_n\,\varphi(b_n) = 0$$

gegeben, so folgt wegen der Linearität von φ die Gleichung

$$\varphi(\lambda_{r+1}\,b_{r+1} + \cdots + \lambda_n\,b_n) = 0\,.$$

Also gilt $\lambda_{r+1}\,b_{r+1} + \cdots + \lambda_n\,b_n \in \varphi^{-1}(\{0\}) = \langle\{b_1, \ldots, b_r\}\rangle$. Dies besagt, dass es $\lambda_1, \ldots, \lambda_r \in \mathbb{K}$ mit

$$\lambda_1\,b_1 + \cdots + \lambda_r\,b_r + \lambda_{r+1}\,b_{r+1} + \cdots + \lambda_n\,b_n = 0$$

gibt. Wegen der linearen Unabhängigkeit der Vektoren aus B folgt nun $\lambda_1 = \cdots = \lambda_r = \lambda_{r+1} = \cdots = \lambda_n = 0$, also insbesondere die lineare Unabhängigkeit der Vektoren $\varphi(b_{r+1}), \ldots, \varphi(b_n)$.

Nun zeigen wir noch, dass diese Vektoren ein Erzeugendensystem von $\varphi(V)$ bilden. Ist $w \in \varphi(V)$ vorgegeben, so gibt es ein $v \in V$ mit $\varphi(v) = w$. Dieses Element $v \in V$ lässt sich aber bezüglich der Basis B von V darstellen,

$$v = \lambda_1\,b_1 + \cdots + \lambda_r\,b_r + \lambda_{r+1}\,b_{r+1} + \cdots + \lambda_n\,b_n\,.$$

Und es gilt wegen der Linearität von φ

$$w = \varphi(v) = \lambda_1\,0 + \cdots + \lambda_r\,0 + \lambda_{r+1}\,\varphi(b_{r+1}) + \cdots + \lambda_n\,\varphi(b_n)\,,$$

also ist $w \in \langle\varphi(b_{r+1}), \ldots, \varphi(b_n)\rangle$, insbesondere ist $\{\varphi(b_{r+1}), \ldots, \varphi(b_n)\}$ ein Erzeugendensystem und schließlich eine Basis von $\varphi(V)$. ■

Teil III

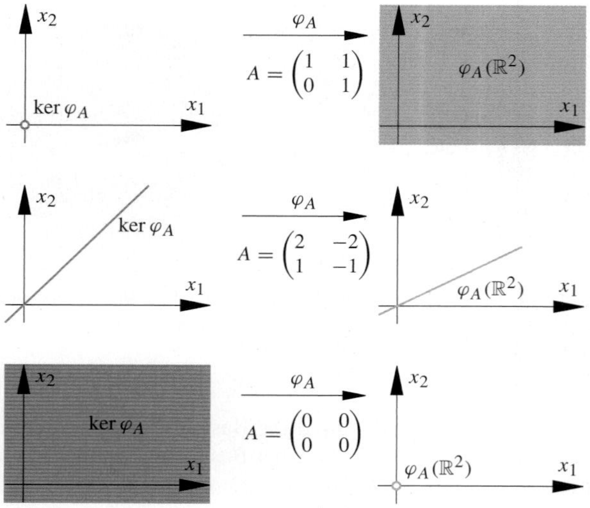

Abb. 17.16 Die Summe der Dimensionen von Kern und Bild ist jeweils 2

Es gilt also für jede lineare Abbildung φ von einem endlichdimensionalen Vektorraum V in irgendeinen (nicht näher bestimmten) Vektorraum: *Die Dimension von V ist die Summe der Dimensionen des Kerns und des Bildes von φ.*

In der Abb. 17.16 zeigen wir diesen Zusammenhang für $V = \mathbb{R}^2 = W$ und eine lineare Abbildung $\varphi = \varphi_A : \boldsymbol{v} \mapsto \boldsymbol{A}\,\boldsymbol{v}$ für die drei möglichen Fälle $\operatorname{rg} \boldsymbol{A} = 2$, $\operatorname{rg} \boldsymbol{A} = 1$ und $\operatorname{rg} \boldsymbol{A} = 0$.

Selbstfrage 7

Gibt es eine surjektive lineare Abbildung $\varphi : \mathbb{R}^{11} \to \mathbb{R}^7$ mit einem 5-dimensionalen Kern?

Wir werden feststellen, dass letztlich jede lineare Abbildung zwischen endlichdimensionalen Vektorräumen von der Form φ_A mit einer Matrix $\boldsymbol{A}$ ist. Daher ist das vierte Beispiel von S. 627 sehr bedeutend. Wir formulieren die dort gemachten Feststellungen erneut mit den nun zur Verfügung stehenden Begriffen.

Kern und Bild einer Matrix

Ist $\boldsymbol{A} = ((\boldsymbol{s}_1, \ldots, \boldsymbol{s}_n)) \in \mathbb{K}^{m \times n}$, so gilt für den Kern und das Bild von φ_A:

$$\varphi_A^{-1}(\{\boldsymbol{0}\}) = \{\boldsymbol{v} \in \mathbb{K}^n \mid \boldsymbol{A}\,\boldsymbol{v} = \boldsymbol{0}\}$$
$$\varphi_A(\mathbb{K}^n) = \langle \boldsymbol{s}_1, \ldots, \boldsymbol{s}_n \rangle$$

Man spricht in diesem Zusammenhang auch vom **Kern** und **Bild** der **Matrix** $\boldsymbol{A}$.

Es gilt $\dim(\varphi_A^{-1}(\{\boldsymbol{0}\})) = n - \operatorname{rg} \boldsymbol{A}$ und $\dim \varphi(\mathbb{K}^n) = \operatorname{rg} \boldsymbol{A} = \dim\langle \boldsymbol{s}_1, \ldots, \boldsymbol{s}_n \rangle$.

Dabei ist die Formel $\dim(\varphi_A^{-1}(\{\boldsymbol{0}\})) = n - \operatorname{rg} \boldsymbol{A}$ wohlbekannt (siehe S. 562). Weil die Dimension des Bildes von φ_A die Dimension des Spaltenraums $\langle \boldsymbol{s}_1, \ldots, \boldsymbol{s}_n \rangle$ der Matrix $\boldsymbol{A}$ ist, folgt aus der Dimensionsformel: $\operatorname{rg} \boldsymbol{A} = \dim\langle \boldsymbol{s}_1, \ldots, \boldsymbol{s}_n \rangle$. Insbesondere haben also *Zeilen-* und *Spaltenraum* einer Matrix die gleiche Dimension.

Wir ziehen noch eine wichtige Folgerung aus der Dimensionsformel:

Kriterium für Bijektivität

Haben V und W gleiche und endliche Dimension, so sind für eine lineare Abbildung $\varphi : V \to W$ die folgenden Aussagen äquivalent:

- φ ist injektiv,
- φ ist surjektiv,
- φ ist bijektiv.

17.4 Darstellungsmatrizen

Wir ordnen einer linearen Abbildung $\varphi : V \to W$ zwischen endlichdimensionalen $\mathbb{K}$-Vektorräumen V und W nach Wahl von Basen der Vektorräume eine Matrix $\boldsymbol{A}$ zu – die sogenannte *Darstellungsmatrix* der linearen Abbildung bezüglich der gewählten Basen.

Anstelle des Vektors $\boldsymbol{v} \in V$ betrachten wir den zu $\boldsymbol{v}$ gehörigen *Koordinatenvektor* ${}_B\boldsymbol{v}$ bezüglich einer Basis B – das ist ein Spaltenvektor.

Dann ist das Abbilden des Vektors $\boldsymbol{v}$, also das Bilden von $\varphi(\boldsymbol{v})$, im Wesentlichen die Multiplikation der Matrix $\boldsymbol{A}$ mit dem Koordinatenvektor ${}_B\boldsymbol{v}$.

In diesem Sinne werden die im Allgemeinen durchaus abstrakten Objekte der linearen Abbildungen zwischen endlichdimensionalen Vektorräumen greifbar – eine lineare Abbildung ist im Wesentlichen eine Matrix und das Abbilden eines Vektors die Multiplikation dieser Matrix mit einem Spaltenvektor.

Wir behandeln zuerst den einfacheren Fall $V = \mathbb{K}^n$ und $W = \mathbb{K}^m$ mit den zugehörigen Standardbasen E_n und E_m.

Jede lineare Abbildung vom $\mathbb{K}^n$ in den $\mathbb{K}^m$ ist durch eine Matrix gegeben

Ist φ eine beliebige lineare Abbildung von $\mathbb{K}^n$ in den $\mathbb{K}^m$ und $\boldsymbol{v} = \begin{pmatrix} v_1 \\ \vdots \\ v_n \end{pmatrix} \in \mathbb{K}^n$, so erhalten wir nach Darstellung von $\boldsymbol{v}$ bezüglich der Standardbasis E_n des $\mathbb{K}^n$ für das Bild von $\boldsymbol{v}$ wegen der

Übersicht: Die linearen Abbildungen $\varphi_A : v \mapsto A\,v$ mit einer Matrix A

Jede Matrix $A = ((s_1, \dots, s_n)) \in \mathbb{K}^{m\times n}$ induziert eine lineare Abbildung φ_A vom $\mathbb{K}$-Vektorraum $\mathbb{K}^n$ in den $\mathbb{K}$-Vektorraum $\mathbb{K}^m$:

$$\varphi_A : \begin{cases} \mathbb{K}^n & \to \quad \mathbb{K}^m \\ v & \mapsto \quad A\,v \end{cases}$$

Diese Abbildungen verdienen eine besondere Beachtung, weil, wie wir bald sehen werden, letztlich jede Abbildung von einem n-dimensionalen $\mathbb{K}$-Vektorraum in einen m-dimensionalen $\mathbb{K}$-Vektorraum von dieser Art ist.

Wir fassen wesentliche Ergebnisse aus den Kap. 14, 15, 16 und 17 zu einer Übersicht zusammen.

- Für jeden Vektor $v = \begin{pmatrix} v_1 \\ \vdots \\ v_n \end{pmatrix} \in \mathbb{K}^n$ gilt

$$\varphi_A(v) = A\,v = v_1\,s_1 + \dots + v_n\,s_n\,,$$

insbesondere gilt für die Standard-Einheitsvektoren $e_1, \dots, e_n$ des $\mathbb{K}^n$

$$\varphi_A(e_i) = A\,e_i = s_i \quad \text{für } i = 1, \dots, n\,.$$

Die i-te Spalte der Matrix A *ist das Bild des i-ten Standardbasis-Einheitsvektors* e_i.

- Das Bild von φ_A ist die Menge aller Linearkombinationen von $s_1, \dots, s_n$, also der *Spaltenraum* von A,

$$\varphi_A(\mathbb{K}^n) = \langle s_1, \dots, s_n \rangle\,.$$

- Die Dimension des Bildes von A ist die Dimension des Spaltenraums von A,

$$\dim(\varphi_A(\mathbb{K}^n)) = \operatorname{rg} A\,.$$

- Ein Element $v \in \mathbb{K}^n$ liegt genau dann im Kern von φ_A, wenn $A\,v = 0$ gilt,

$$\varphi_A^{-1}(\{0\}) = \{v \in \mathbb{K}^n \mid A\,v = 0\}\,.$$

Der Kern von φ_A ist die Lösungsmenge des homogenen linearen Gleichungssystems $A\,v = 0$. Wegen dieses Zusammenhanges nennt man den Kern der linearen Abbildung φ_A auch den **Kern der Matrix** A.

- Für die Dimension des Kerns von φ_A gilt

$$\dim \varphi_A^{-1}(\{0\}) = n - \operatorname{rg}(A)\,.$$

Dies folgt unmittelbar aus der Dimensionsformel.
In der Sprechweise der linearen Gleichungssysteme lautet dies: Ist $A \in \mathbb{K}^{m\times n}$, so ist die Dimension des Lösungsraums des homogenen linearen Gleichungssystems

$$A\,v = 0$$

gleich $n - \operatorname{rg}(A)$.
Insbesondere ist ein lineares homogenes Gleichungssystem mit einer Koeffizientenmatrix $A \in \mathbb{K}^{m\times n}$ genau dann eindeutig lösbar, wenn $n = \operatorname{rg}(A)$ ist.

- Für eine quadratische Matrix $A \in \mathbb{K}^{n\times n}$ sind die folgenden Aussagen äquivalent:
  - A ist invertierbar,
  - $\operatorname{rg}(A) = n$,
  - φ_A ist bijektiv,
  - φ_A ist surjektiv,
  - φ_A ist injektiv,
  - $\varphi_A^{-1}(\{0\}) = \{0\}$.

Linearität von φ

$$\begin{aligned}\varphi(v) &= \varphi(v_1\,e_1 + \dots + v_n\,e_n) \\ &= v_1\,\varphi(e_1) + \dots + v_n\,\varphi(e_n) \\ &= \underbrace{((\varphi(e_1), \dots, \varphi(e_n)))}_{=A} \begin{pmatrix} v_1 \\ \vdots \\ v_n \end{pmatrix} \\ &= A\,v = \varphi_A(v)\,,\end{aligned}$$

also $\varphi = \varphi_A$.

Darstellung linearer Abbildungen vom $\mathbb{K}^n$ in $\mathbb{K}^m$ bezüglich der Standardbasen

Zu jeder linearen Abbildung φ von $\mathbb{K}^n$ in $\mathbb{K}^m$ gibt es eine Matrix $A \in \mathbb{K}^{m\times n}$ mit $\varphi = \varphi_A$. Diese Matrix A ist gegeben als

$$A = ((\varphi(e_1), \dots, \varphi(e_n))) \in \mathbb{K}^{m\times n}\,.$$

Die i-te Spalte von A *ist das Bild des i-ten Basisvektors der Standardbasis.*

Beispiel

- Zur Nullabbildung

$$\varphi : \begin{cases} \mathbb{R}^3 & \to & \mathbb{R}^2 \\ \boldsymbol{v} & \mapsto & \boldsymbol{0} \end{cases}$$

gehört die Nullmatrix $\boldsymbol{0}$ aus $\mathbb{R}^{2\times 3}$.

- Zur Identität

$$\mathrm{id} : \begin{cases} \mathbb{R}^3 & \to & \mathbb{R}^3 \\ \boldsymbol{v} & \mapsto & \boldsymbol{v} \end{cases}$$

gehört die Einheitsmatrix $\mathbf{E}_3 \in \mathbb{R}^{3\times 3}$.

- Zur linearen Abbildung

$$\varphi : \begin{cases} \mathbb{R}^3 & \to & \mathbb{R}^2 \\ \begin{pmatrix} x_1 \\ x_2 \\ x_3 \end{pmatrix} & \mapsto & \begin{pmatrix} x_1 + x_2 \\ x_2 \end{pmatrix} \end{cases}$$

gehört wegen

$$\varphi(\boldsymbol{e}_1) = \begin{pmatrix} 1 \\ 0 \end{pmatrix}, \quad \varphi(\boldsymbol{e}_2) = \begin{pmatrix} 1 \\ 1 \end{pmatrix}, \quad \varphi(\boldsymbol{e}_3) = \begin{pmatrix} 0 \\ 0 \end{pmatrix}$$

die Matrix $\boldsymbol{A} = \begin{pmatrix} 1 & 1 & 0 \\ 0 & 1 & 0 \end{pmatrix}$. ◄

Selbstfrage 8

Können auch Zeilen oder Spalten, also Matrizen aus $\mathbb{K}^{1\times n}$ oder $\mathbb{K}^{n\times 1}$, solche *Darstellungsmatrizen* sein?

Durch Koordinatenvektoren wird jeder Vektor zu einem Spaltenvektor

In Mengen sind die Elemente nicht angeordnet, es gilt $\{a, b\} = \{b, a\}$. Im Folgenden wird es für uns aber wichtig sein, in welcher Reihenfolge die Elemente einer Basis angeordnet sind. Dazu benutzen wir Tupel. Für verschiedene Elemente a, b einer Menge A gilt nämlich

$$(a, b), (b, a) \in A^2 \ (= A \times A) \text{ und } (a, b) \neq (b, a)\,.$$

Man spricht auch von geordneten Tupeln (siehe in Abschn. 2.4 auf S. 30). Nun können wir *geordnete Basen* von Vektorräumen einführen.

Ist $\{\boldsymbol{b}_1, \ldots, \boldsymbol{b}_n\}$ eine Basis eines $\mathbb{K}$-Vektorraums V, insbesondere also $\dim(V) = n$, so nennen wir das n-Tupel $B = (\boldsymbol{b}_1, \ldots, \boldsymbol{b}_n)$ eine **geordnete Basis** von V.

Achtung Es sind dann z. B. $(\boldsymbol{e}_1, \boldsymbol{e}_2, \boldsymbol{e}_3)$ und $(\boldsymbol{e}_2, \boldsymbol{e}_1, \boldsymbol{e}_3)$ beides geordnete Basen des $\mathbb{R}^3$. Als geordnete Basen sind die beiden verschieden, als Mengen betrachtet aber sehr wohl gleich. ◄

Nach einem Ergebnis auf S. 560 ist jeder Vektor eines Vektorraums eindeutig als Linearkombination einer Basis darstellbar. Diese Darstellung liefert den *Koordinatenvektor*.

Der Koordinatenvektor bezüglich einer Basis B

Ist $B = (\boldsymbol{b}_1, \ldots, \boldsymbol{b}_n)$ eine geordnete Basis eines $\mathbb{K}$-Vektorraums V, so besitzt jedes $\boldsymbol{v} \in V$ genau eine Darstellung

$$\boldsymbol{v} = v_1\,\boldsymbol{b}_1 + \cdots + v_n\,\boldsymbol{b}_n$$

mit $v_1, \ldots, v_n \in \mathbb{K}$. Es heißt ${}_B\boldsymbol{v} = \begin{pmatrix} v_1 \\ \vdots \\ v_n \end{pmatrix} \in \mathbb{K}^n$ der **Koordinatenvektor von $\boldsymbol{v}$ bezüglich B.**

Beispiel

- Für die geordneten Basen $E_2 = (\boldsymbol{e}_1, \boldsymbol{e}_2)$ – die geordnete Standardbasis – und $E = (\boldsymbol{e}_2, \boldsymbol{e}_1)$ des $\mathbb{R}^2$ und den Vektor $\boldsymbol{v} = \begin{pmatrix} 2 \\ 1 \end{pmatrix} = 2\,\boldsymbol{e}_1 + 1\,\boldsymbol{e}_2 = 1\,\boldsymbol{e}_2 + 2\,\boldsymbol{e}_1$ gilt

$${}_{E_2}\boldsymbol{v} = \begin{pmatrix} 2 \\ 1 \end{pmatrix} \text{ und } {}_{E}\boldsymbol{v} = \begin{pmatrix} 1 \\ 2 \end{pmatrix}.$$

- Der Vektor $\boldsymbol{v} = \begin{pmatrix} 1 \\ 1 \end{pmatrix}$ hat bezüglich der geordneten Standardbasis E_2 den Koordinatenvektor

$${}_{E_2}\boldsymbol{v} = \begin{pmatrix} 1 \\ 1 \end{pmatrix},$$

bezüglich der geordneten Basis $B = \left(\begin{pmatrix} 1 \\ 1 \end{pmatrix}, \begin{pmatrix} -1 \\ 1 \end{pmatrix}\right)$ den Koordinatenvektor

$${}_{B}\boldsymbol{v} = \begin{pmatrix} 1 \\ 0 \end{pmatrix}.$$

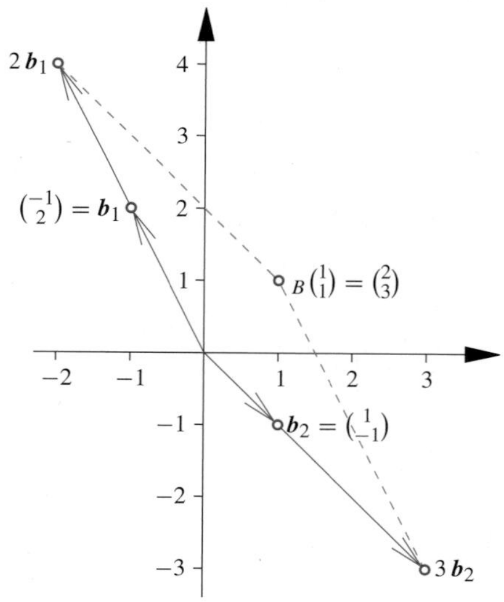

Abb. 17.17 Der Vektor $\boldsymbol{e}_1 + \boldsymbol{e}_2 = 2\,\boldsymbol{b}_1 + 3\,\boldsymbol{b}_2$ hat bezüglich der geordneten Basis $B = (\boldsymbol{b}_1, \boldsymbol{b}_2)$ die Koordinaten 2 und 3

- Für die geordneten Basen $B = (\mathrm{i}, \mathrm{i}\,X, X + X^2)$ und $B' = (2, 3\,X, 4\,X^2)$ des komplexen Vektorraums $\mathbb{C}[X]_2$ der Polynome vom Grad kleiner oder gleich 2 und das Polynom

$$\begin{aligned} \boldsymbol{p} &= 4\,X^2 + 2 \\ &= \mathbf{4}\,(X + X^2) + (\mathbf{4}\,\mathrm{i})\,(\mathrm{i}\,X) + (-\mathbf{2}\,\mathrm{i})\,\mathrm{i} \\ &= \mathbf{1}\,4\,X^2 + \mathbf{0}\,(3\,X) + \mathbf{1}\,2 \end{aligned}$$

gilt

$$_B\boldsymbol{p} = \begin{pmatrix} -2\,\mathrm{i} \\ 4\,\mathrm{i} \\ 4 \end{pmatrix} \text{ und } {}_{B'}\boldsymbol{p} = \begin{pmatrix} 1 \\ 0 \\ 1 \end{pmatrix}.$$

- Die Matrix $\boldsymbol{A} = \begin{pmatrix} 1 & 2 \\ 3 & 4 \end{pmatrix} \in \mathbb{R}^{2\times 2}$ hat bezüglich der geordneten Standardbasis $E = (\mathbf{E}_{11}, \mathbf{E}_{12}, \mathbf{E}_{21}, \mathbf{E}_{22})$ des $\mathbb{R}^{2\times 2}$ den Koordinatenvektor

$$_E\boldsymbol{A} = \begin{pmatrix} 1 \\ 2 \\ 3 \\ 4 \end{pmatrix}.$$

◄

Kommentar Ein Vertauschen des i-ten Elementes mit dem j-ten Element einer geordneten Basis führt also zu einem Vertauschen der i-ten Komponente mit der j-ten Komponente des Koordinatenvektors. ◄

Ordnet man jedem Vektor $\boldsymbol{v}$ aus V seinen Koordinatenvektor $_B\boldsymbol{v}$ bezüglich einer geordneten Basis B zu, so hat man eine Abbildung definiert. Diese Abbildung hat wichtige Eigenschaften.

Jeder n-dimensionale $\mathbb{K}$-Vektorraum ist zum $\mathbb{K}^n$ isomorph

Ist $B = (\boldsymbol{b}_1, \ldots, \boldsymbol{b}_n)$ eine geordnete Basis des $\mathbb{K}$-Vektorraums V, so ist die Abbildung

$$\varphi : \begin{cases} V & \to \quad \mathbb{K}^n \\ \boldsymbol{v} & \mapsto \quad {}_B\boldsymbol{v} \end{cases}$$

eine bijektive und lineare Abbildung.

Kommentar Die beiden Vektorräume V und $\mathbb{K}^n$ unterscheiden sich also nur durch die Bezeichnung der Elemente – man sagt auch V und $\mathbb{K}^n$ sind *isomorph*: Jeder n-dimensionale $\mathbb{K}$-Vektorraum hat die gleiche Struktur wie der $\mathbb{K}^n$, nur die Bezeichnungen der Elemente können verschieden sein. ◄

Die Matrix, die eine lineare Abbildung darstellt, erhält man spaltenweise

Wir können jeder linearen Abbildung φ von $\mathbb{K}^n$ in den $\mathbb{K}^m$ eine Matrix zuordnen, mittels der wir die lineare Abbildung beschreiben können. Man wähle $\boldsymbol{A} = ((\varphi(\boldsymbol{e}_1), \ldots, \varphi(\boldsymbol{e}_n)))$ (siehe S. 631), es gilt sodann $\varphi = \varphi_{\boldsymbol{A}}$. Wir wollen dies auf endlichdimensionale beliebige $\mathbb{K}$-Vektorräume V und W verallgemeinern.

Wir setzen nun voraus, dass V und W zwei endlichdimensionale $\mathbb{K}$-Vektorräume sind. Und φ soll eine lineare Abbildung von V nach W sein. Wir geben uns eine geordnete Basis $B = (\boldsymbol{b}_1, \ldots, \boldsymbol{b}_n)$ von V bzw. $C = (\boldsymbol{c}_1, \ldots, \boldsymbol{c}_m)$ von W vor.

Die Darstellungsmatrix einer linearen Abbildung

Man nennt die Matrix

$$_C\boldsymbol{M}(\varphi)_B = ((_C\varphi(\boldsymbol{b}_1), \ldots, {}_C\varphi(\boldsymbol{b}_n))) \in \mathbb{K}^{m\times n}$$

die **Darstellungsmatrix** von φ bezüglich der Basen B und C.

Die i-te Spalte von $_C\boldsymbol{M}(\varphi)_B$ ist der Koordinatenvektor bezüglich C des Bildes des i-ten Basisvektors aus B.

Selbstfrage 9

Inwiefern verallgemeinert dies die Konstruktion von S. 631?

Zu jeder linearen Abbildung zwischen endlichdimensionalen Vektorräumen existiert eine Darstellungsmatrix; und inwiefern eine Darstellungsmatrix die lineare Abbildung *darstellt*, klären wir gleich nach den folgenden Beispielen.

Beispiel

- Als Darstellungsmatrix der Nullabbildung $\varphi : \mathbb{R}^3 \to \mathbb{R}^2$, $\boldsymbol{v} \mapsto \mathbf{0}$ bezüglich der geordneten Standardbasen E_2 des $\mathbb{R}^2$ und E_3 des $\mathbb{R}^3$ erhalten wir

$$_{E_2}\boldsymbol{M}(\varphi)_{E_3} = ((_{E_2}\varphi(\boldsymbol{e}_1), {}_{E_2}\varphi(\boldsymbol{e}_2), {}_{E_2}\varphi(\boldsymbol{e}_3))) = \\ = \begin{pmatrix} 0 & 0 & 0 \\ 0 & 0 & 0 \end{pmatrix}.$$

Allgemeiner gilt: Die Darstellungsmatrix der Nullabbildung eines n-dimensionalen Vektorraums in einen m-dimensionalen Vektorraum ist die $m \times n$-Nullmatrix.

- Nun bilden wir die Darstellungsmatrix der Identität $\varphi = \mathrm{id}_{\mathbb{R}^2} : \boldsymbol{v} \mapsto \boldsymbol{v}$ bezüglich verschiedener geordneter Basen $E_2 = (\boldsymbol{e}_1, \boldsymbol{e}_2)$ und $E = (\boldsymbol{e}_2, \boldsymbol{e}_1)$. Dann gilt

$$_{E_2}\boldsymbol{M}(\varphi)_{E_2} = ((_{E_2}\varphi(\boldsymbol{e}_1), {}_{E_2}\varphi(\boldsymbol{e}_2))) = \begin{pmatrix} 1 & 0 \\ 0 & 1 \end{pmatrix}$$

und

$$_E\boldsymbol{M}(\varphi)_E = ((_E\varphi(\boldsymbol{e}_2), {}_E\varphi(\boldsymbol{e}_1))) = \begin{pmatrix} 1 & 0 \\ 0 & 1 \end{pmatrix}$$

und

$$_{E_2}\boldsymbol{M}(\varphi)_E = ((_{E_2}\varphi(\boldsymbol{e}_2), {}_{E_2}\varphi(\boldsymbol{e}_1))) = \begin{pmatrix} 0 & 1 \\ 1 & 0 \end{pmatrix}$$

Teil III

und

$$_E M(\varphi)_{E_2} = ((_E\varphi(\boldsymbol{e}_1),\ _E\varphi(\boldsymbol{e}_2))) = \begin{pmatrix} 0 & 1 \\ 1 & 0 \end{pmatrix}.$$

- Ist φ die lineare Abbildung $\mathbb{K}^n \to \mathbb{K}^m$, $\boldsymbol{v} \mapsto \boldsymbol{A}\,\boldsymbol{v}$ mit einer Matrix $\boldsymbol{A} \in \mathbb{K}^{m\times n}$, so gilt mit den Standardbasen E_n und E_m:

$$_{E_m}\boldsymbol{M}(\varphi)_{E_n} = \boldsymbol{A}\,.$$

- Es bezeichne $\varphi = \frac{\mathrm{d}}{\mathrm{d}X} : \mathbb{R}[X]_2 \to \mathbb{R}[X]_2$ das Differenzieren von Polynomen. Im reellen Vektorraum $\mathbb{R}[X]_2$ betrachten wir die beiden geordneten Basen $B = (1, X, X^2)$ und $C = (X^2 + X + 1, X + 1, 1)$. Dann gilt wegen $\varphi(1) = 0$, $\varphi(X) = 1$, $\varphi(X^2) = 2X$:

$$_B\boldsymbol{M}(\varphi)_B = ((_B\varphi(1),\ _B\varphi(X),\ _B\varphi(X^2))) = \begin{pmatrix} 0 & 1 & 0 \\ 0 & 0 & 2 \\ 0 & 0 & 0 \end{pmatrix}$$

und analog

$$\begin{aligned} _C\boldsymbol{M}(\varphi)_C &= ((_C\varphi(X^2+X+1),\ _C\varphi(X+1),\ _C\varphi(1))) \\ &= \begin{pmatrix} 0 & 0 & 0 \\ 2 & 0 & 0 \\ -1 & 1 & 0 \end{pmatrix}. \end{aligned}$$

- Wir erklären eine lineare Abbildung $\varphi : \mathbb{K}^{2\times 2} \to \mathbb{K}^{2\times 2}$ durch

$$\varphi(\boldsymbol{A}) = \boldsymbol{M}\boldsymbol{A} - \boldsymbol{A}\,\boldsymbol{M} \text{ mit } \boldsymbol{M} = \begin{pmatrix} 0 & -1 \\ 1 & 0 \end{pmatrix}.$$

Im $\mathbb{K}^{2\times 2}$ wählen wir die geordnete Standardbasis $E = (\mathbf{E}_{11}, \mathbf{E}_{12}, \mathbf{E}_{21}, \mathbf{E}_{22})$; Koordinatenvektoren sind also Spaltenvektoren aus $\mathbb{K}^4$.
Wir berechnen der Reihe nach die Bilder der Basisvektoren und stellen diese Bilder dann als Linearkombinationen der Vektoren der Basis E dar.
Es ergibt sich:

$$\begin{aligned} \varphi(\mathbf{E}_{11}) &= \begin{pmatrix} 0 & -1 \\ 1 & 0 \end{pmatrix}\begin{pmatrix} 1 & 0 \\ 0 & 0 \end{pmatrix} - \begin{pmatrix} 1 & 0 \\ 0 & 0 \end{pmatrix}\begin{pmatrix} 0 & -1 \\ 1 & 0 \end{pmatrix} \\ &= \begin{pmatrix} 0 & 0 \\ 1 & 0 \end{pmatrix} - \begin{pmatrix} 0 & -1 \\ 0 & 0 \end{pmatrix} = \mathbf{E}_{12} + \mathbf{E}_{21} \\ \varphi(\mathbf{E}_{12}) &= \begin{pmatrix} 0 & -1 \\ 1 & 0 \end{pmatrix}\begin{pmatrix} 0 & 1 \\ 0 & 0 \end{pmatrix} - \begin{pmatrix} 0 & 1 \\ 0 & 0 \end{pmatrix}\begin{pmatrix} 0 & -1 \\ 1 & 0 \end{pmatrix} \\ &= \begin{pmatrix} 0 & 0 \\ 0 & 1 \end{pmatrix} - \begin{pmatrix} 1 & 0 \\ 0 & 0 \end{pmatrix} = -\mathbf{E}_{11} + \mathbf{E}_{22} \\ \varphi(\mathbf{E}_{21}) &= \begin{pmatrix} 0 & -1 \\ 1 & 0 \end{pmatrix}\begin{pmatrix} 0 & 0 \\ 1 & 0 \end{pmatrix} - \begin{pmatrix} 0 & 0 \\ 1 & 0 \end{pmatrix}\begin{pmatrix} 0 & -1 \\ 1 & 0 \end{pmatrix} \\ &= \begin{pmatrix} -1 & 0 \\ 0 & 0 \end{pmatrix} - \begin{pmatrix} 0 & 0 \\ 0 & -1 \end{pmatrix} = -\mathbf{E}_{11} + \mathbf{E}_{22} \\ \varphi(\mathbf{E}_{22}) &= \begin{pmatrix} 0 & -1 \\ 1 & 0 \end{pmatrix}\begin{pmatrix} 0 & 0 \\ 0 & 1 \end{pmatrix} - \begin{pmatrix} 0 & 0 \\ 0 & 1 \end{pmatrix}\begin{pmatrix} 0 & -1 \\ 1 & 0 \end{pmatrix} \\ &= \begin{pmatrix} 0 & -1 \\ 0 & 0 \end{pmatrix} - \begin{pmatrix} 0 & 0 \\ 1 & 0 \end{pmatrix} = -\mathbf{E}_{12} - \mathbf{E}_{21} \end{aligned}$$

Die Darstellungsmatrix $_E\boldsymbol{M}(\varphi)_E$ von φ ist demnach

$$_E\boldsymbol{M}(\varphi)_E = \begin{pmatrix} 0 & -1 & -1 & 0 \\ 1 & 0 & 0 & -1 \\ 1 & 0 & 0 & -1 \\ 0 & 1 & 1 & 0 \end{pmatrix}.$$ ◄

Nachdem nun klar ist, wie man die Darstellungsmatrix einer linearen Abbildung bestimmt, überlegen wir uns, in welcher Art und Weise die Darstellungsmatrix nun benutzt werden kann, um die lineare Abbildung, aus der sie gewonnen wurde, auszudrücken.

Eine lineare Abbildung auf einen Vektor anzuwenden bedeutet, die Darstellungsmatrix mit dem Koordinatenvektor zu multiplizieren

Inwiefern stellt also die Darstellungsmatrix $_C\boldsymbol{M}(\varphi)_B$ einer linearen Abbildung φ die Abbildung dar? Es gilt der folgende einfache Zusammenhang.

Eine lineare Abbildung wird durch eine Darstellungsmatrix beschrieben

Gegeben ist eine lineare Abbildung $\varphi : V \to W$ zwischen zwei endlichdimensionalen $\mathbb{K}$-Vektorräumen V und W.

Ist $B = (\boldsymbol{b}_1, \ldots, \boldsymbol{b}_n)$ bzw. $C = (\boldsymbol{c}_1, \ldots, \boldsymbol{c}_m)$ eine Basis von V bzw. W, so gilt

$$_C\varphi(\boldsymbol{v}) = {_C\boldsymbol{M}(\varphi)_B}\,{_B\boldsymbol{v}}\,.$$

Der Koordinatenvektor von $\varphi(\boldsymbol{v})$ ist das Produkt der Darstellungsmatrix mit dem Koordinatenvektor von $\boldsymbol{v}$.

Beweis Gilt $_B\boldsymbol{v} = \begin{pmatrix} v_1 \\ \vdots \\ v_n \end{pmatrix}$, so erhalten wir wegen $_C\boldsymbol{M}(\varphi)_B = ((_C\varphi(\boldsymbol{b}_1), \ldots, {_C\varphi(\boldsymbol{b}_n)}))$

$$_C\boldsymbol{M}(\varphi)_B\,{_B\boldsymbol{v}} = v_1\,{_C\varphi(\boldsymbol{b}_1)} + \cdots + v_n\,{_C\varphi(\boldsymbol{b}_n)}$$

und wegen der Merkregel auf S. 633

$$\begin{aligned} _C\varphi(\boldsymbol{v}) &= {_C(\varphi(v_1\,\boldsymbol{b}_1 + \cdots + v_n\,\boldsymbol{b}_n))} \\ &= v_1\,{_C\varphi(\boldsymbol{b}_1)} + \cdots + v_n\,{_C\varphi(\boldsymbol{b}_n)}\,. \end{aligned}$$

Also gilt die angegebene Gleichheit. ■

Kommentar Die Formel

$$_C\varphi(\boldsymbol{v}) = {_C\boldsymbol{M}(\varphi)_B}\,{_B\boldsymbol{v}}$$

kann man sich einfach merken – das B kürzt sich durch das Aufeinandertreffen weg. ◄

Selbstfrage 10

Was bedeutet

$$_C\varphi(\boldsymbol{v}) = {_B\boldsymbol{M}(\varphi)_B}\,{_B\boldsymbol{v}}\,?$$

Diese Formel liefert im Fall $\varphi = \mathrm{id}$ auch Koordinatenvektoren von Vektoren eines $\mathbb{K}$-Vektorraums V bezüglich einer Basis C, wenn jene bezüglich einer Basis B bekannt sind.

Beispiel Der Vektor $_{E_3}\boldsymbol{v} = \begin{pmatrix}1\\2\\3\end{pmatrix}$, dargestellt bezüglich der Standardbasis E_3 des $\mathbb{R}^3$, hat bezüglich der geordneten Basis $C = (\boldsymbol{e}_1 + \boldsymbol{e}_2, \boldsymbol{e}_2 + \boldsymbol{e}_3, \boldsymbol{e}_1)$ den Koordinatenvektor

$$_C\boldsymbol{v} = {_C\boldsymbol{M}(\mathrm{id})_{E_3}}\,{_{E_3}\boldsymbol{v}} = \begin{pmatrix}0 & 1 & -1\\0 & 0 & 1\\1 & -1 & 1\end{pmatrix}\begin{pmatrix}1\\2\\3\end{pmatrix} = \begin{pmatrix}-1\\3\\2\end{pmatrix}. \blacktriangleleft$$

Die Eigenschaften der linearen Abbildung φ finden sich in ihrer Darstellungsmatrix wieder. Ist φ z. B. eine lineare Abbildung zwischen zwei endlichdimensionalen Vektorräumen der gleichen Dimension, so ist jede Darstellungsmatrix von φ quadratisch, und es ist φ genau dann bijektiv, wenn eine und damit jede Darstellungsmatrix invertierbar ist. Denn die Bijektivität von φ ist gleichwertig damit, dass der Kern von φ nur aus dem Nullvektor besteht. Und da nur der Nullvektor den Nullvektor als Koordinatenvektor hat, besagt die Injektivität von φ die eindeutige Lösbarkeit des homogenen linearen Gleichungssystems

$$_C\boldsymbol{M}(\varphi)_B\,{_B\boldsymbol{v}} = \boldsymbol{0}$$

für beliebig gewählte Basen B und C der Vektorräume. Dies bedeutet, dass die Darstellungsmatrix invertierbar ist.

Kriterium für Bijektivität

Eine lineare Abbildung $\varphi : V \to W$ zwischen endlichdimensionalen Vektorräumen ist genau dann bijektiv, wenn eine Darstellungsmatrix von φ invertierbar ist.

Kommentar Man kann die Darstellungsmatrix bezüglich beliebiger Basen bilden, also ist jede Darstellungsmatrix einer bijektiven linearen Abbildungen invertierbar. ◀

Anwendungsbeispiel Ein Foto zeigt einen Ausschnitt des Bildes einer *Projektion*

$$\pi : \begin{cases}\mathbb{R}^3 & \to \quad \mathbb{R}^2\\ \boldsymbol{v} & \mapsto \quad \pi(\boldsymbol{v})\end{cases}$$

Eine solche Projektion ist eine lineare Abbildung, wenn wir die Bedingungen nur idealisieren: Wir stellen uns den Film unseres Fotoapparates unendlich groß vor, er soll also eine Ebene E im $\mathbb{R}^3$ sein, und den Nullpunkt des $\mathbb{R}^3$ enthalten. Das Drücken des Auslösers unseres unendlich großen, aber doch stark vereinfachten Fotoapparates bewirkt das Durchführen der Abbildung: Jeder Punkt des $\mathbb{R}^3$ wird parallel zu einer Normalen von E, d. h. zu einem Vektor $\boldsymbol{n} \neq \boldsymbol{0}$, der senkrecht auf allen Vektoren der Ebene E steht, auf die Ebene E abgebildet (siehe Abb. 17.18).

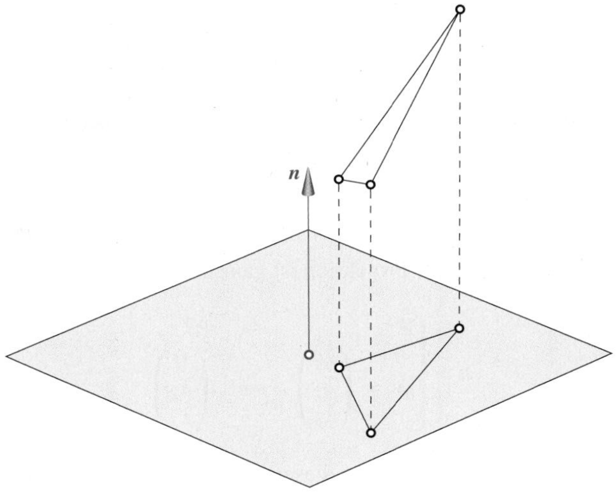

Abb. 17.18 Die Punkte des $\mathbb{R}^3$ werden parallel zur Normalen $\boldsymbol{n}$ auf die Ebene projiziert

Die Ebene E ist gegeben durch eine Gleichung

$$a_1 x_1 + a_2 x_2 + a_3 x_3 = 0$$

mit $a_1, a_2, a_3 \in \mathbb{R}$. Eine Normale dieser Ebene E können wir leicht angeben. Der Vektor

$$\boldsymbol{n} = \begin{pmatrix}a_1\\a_2\\a_3\end{pmatrix}$$

erfüllt die Bedingung $\boldsymbol{n} \perp \boldsymbol{v}$ für jedes $\boldsymbol{v} \in E$.

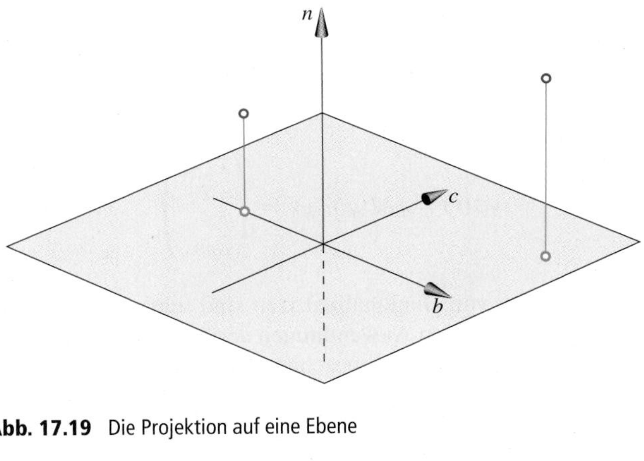

Abb. 17.19 Die Projektion auf eine Ebene

Teil III

Nun untersuchen wir, wie diese Projektion dargestellt werden kann. Wir wählen eine Basis $\{\boldsymbol{b}, \boldsymbol{c}\}$ der Ebene E. Es ist dann $B = \{\boldsymbol{n}, \boldsymbol{b}, \boldsymbol{c}\}$ offenbar eine Basis des $\mathbb{R}^3$. Nun können wir jeden Vektor $\boldsymbol{v} \in \mathbb{R}^3$ als Linearkombination von B darstellen,

$$\boldsymbol{v} = \lambda_1 \boldsymbol{n} + \lambda_2 \boldsymbol{b} + \lambda_3 \boldsymbol{c} \quad \text{d. h.}\ {}_B\boldsymbol{v} = \begin{pmatrix} \lambda_1 \\ \lambda_2 \\ \lambda_3 \end{pmatrix}.$$

Das Durchführen der Projektion ist ganz einfach:

$$\pi : \begin{cases} \mathbb{R}^3 & \to \quad \mathbb{R}^3 \\ {}_B\boldsymbol{v} = \begin{pmatrix} \lambda_1 \\ \lambda_2 \\ \lambda_3 \end{pmatrix} & \mapsto \quad \begin{pmatrix} 0 \\ \lambda_2 \\ \lambda_3 \end{pmatrix} \end{cases}$$

Und die Darstellungsmatrix dieser Projektion π bezüglich der Basis B erhalten wir nun auch ganz einfach,

$${}_B\boldsymbol{M}(\pi)_B = \begin{pmatrix} 0 & 0 & 0 \\ 0 & 1 & 0 \\ 0 & 0 & 1 \end{pmatrix}.$$

◀

Selbstfrage 11

Was sind Kern und Bild der Projektion?

Teil III

17.5 Basistransformation

Das wesentliche Ziel von Kap. 18 wird es sein, zu einer gegebenen Abbildung φ eine Basis B zu bestimmen, bezüglich der die Darstellungsmatrix ${}_B\boldsymbol{M}(\varphi)_B$ eine besonders *einfache* Gestalt, etwa Diagonalgestalt, hat. Der Vorteil einer solchen einfachen Gestalt liegt auf der Hand: Ist die Darstellungsmatrix eine Diagonalmatrix, also

$${}_B\boldsymbol{M}(\varphi)_B = \begin{pmatrix} \lambda_1 & \cdots & 0 \\ \vdots & \ddots & \vdots \\ 0 & \cdots & \lambda_n \end{pmatrix},$$

so erhält man den Koordinatenvektor ${}_B\varphi(\boldsymbol{v})$ des Bildes eines Vektors $\boldsymbol{v}$ unter der Abbildung φ durch eine sehr einfache Multiplikation,

$${}_B\varphi(\boldsymbol{v}) = {}_B\boldsymbol{M}(\varphi)_B\ {}_B\boldsymbol{v} = \begin{pmatrix} \lambda_1 v_1 \\ \vdots \\ \lambda_n v_n \end{pmatrix}.$$

Auch Potenzen von Diagonalmatrizen sind sehr einfach zu bilden – dies spielt in den Anwendungen der linearen Algebra eine fundamentale Bedeutung; wir gehen darauf noch ein.

Je zwei Darstellungsmatrizen einer linearen Abbildung sind ähnlich

In den Beispielen auf S. 633 zu den Darstellungsmatrizen haben wir mehrfach ein und dieselbe lineare Abbildung bezüglich verschiedener Basen dargestellt. Darstellungsmatrizen bezüglich verschiedener Basen haben im Allgemeinen verschiedenes Aussehen.

Wir untersuchen nun, welcher algebraische Zusammenhang zwischen den verschiedenen Darstellungsmatrizen besteht. In der Tat ist dies ein sehr einfacher. Die zwei im Allgemeinen verschiedenen Darstellungsmatrizen ein und derselben linearen Abbildung bezüglich verschiedener Basen sind sich nämlich *ähnlich*; dabei sagt man, dass eine $n \times n$-Matrix $\boldsymbol{A}$ zu einer $n \times n$-Matrix $\boldsymbol{B}$ **ähnlich** ist, wenn es eine invertierbare $n \times n$-Matrix $\boldsymbol{S}$ mit

$$\boldsymbol{A} = \boldsymbol{S}^{-1}\boldsymbol{B}\,\boldsymbol{S}$$

gibt. Ist $\boldsymbol{A}$ zu $\boldsymbol{B}$ ähnlich, so ist natürlich wegen

$$\boldsymbol{B} = \boldsymbol{S}\boldsymbol{A}\,\boldsymbol{S}^{-1}$$

auch $\boldsymbol{B}$ zu $\boldsymbol{A}$ ähnlich. Der Begriff der *Ähnlichkeit* besagt schon, dass der geschilderte Zusammenhang zwischen diesen Matrizen ein sehr enger ist – man braucht solche Matrizen kaum zu unterscheiden, sie stellen ja auch dieselbe lineare Abbildung dar, nur eben bezüglich verschiedener Basen.

Den angesprochenen Zusammenhang, dass nämlich je zwei Darstellungsmatrizen ein und derselben linearen Abbildung zueinander ähnlich sind, schließen wir aus dem folgenden Ergebnis.

Die Darstellungsmatrix eines Produktes linearer Abbildungen

Für $\mathbb{K}$-Vektorräume V, W und U mit den geordneten Basen B, C und D und lineare Abbildungen $\varphi : V \to W$ und $\psi : W \to U$ gilt

$${}_D\boldsymbol{M}(\psi \circ \varphi)_B = {}_D\boldsymbol{M}(\psi)_C\ {}_C\boldsymbol{M}(\varphi)_B\,.$$

Kommentar Diese Formel gilt, weil wir die Matrizenmultiplikation im Kap. 16 entsprechend definiert haben. Tatsächlich ist dies die Motivation bei der Definition der Matrizenmultiplikation – wir haben die Matrizenmultiplikation so definiert, damit diese Formel gilt. Wir begründen die Formel nicht, die Begründung ist ein etwas aufwendiges Jonglieren mit Indizes. ◀

Wir erhalten mithilfe dieser Formel nun leicht die folgende wichtige Transformationsformel.

Die Basistransformationsformel

Sind $\varphi : V \to V$ eine lineare Abbildung und B und C zwei geordnete Basen von V, so gilt

$$ {}_C\boldsymbol{M}(\varphi)_C = \boldsymbol{S}^{-1}\, {}_B\boldsymbol{M}(\varphi)_B\, \boldsymbol{S}\,, $$

wobei $\boldsymbol{S} = {}_B\boldsymbol{M}(\mathrm{id}_V)_C$ gilt.

Beweis Es gilt

$$ \begin{aligned} {}_C\boldsymbol{M}(\varphi)_C &= {}_C\boldsymbol{M}(\mathrm{id}_V \circ \varphi \circ \mathrm{id}_V)_C \\ &= {}_C\boldsymbol{M}(\mathrm{id}_V)_B\, {}_B\boldsymbol{M}(\varphi)_B\, {}_B\boldsymbol{M}(\mathrm{id}_V)_C\,. \end{aligned} $$

Wegen

$$ {}_C\boldsymbol{M}(\mathrm{id}_V)_B\, {}_B\boldsymbol{M}(\mathrm{id}_V)_C = {}_C\boldsymbol{M}(\mathrm{id}_V)_C = \mathbf{E}_n $$

erhalten wir also $({}_B\boldsymbol{M}(\mathrm{id}_V)_C)^{-1} = {}_C\boldsymbol{M}(\mathrm{id}_V)_B$. Wir kürzen ${}_B\boldsymbol{M}(\mathrm{id}_V)_C$ mit $\boldsymbol{S}$ ab und erhalten die Behauptung. ∎

Man nennt $\boldsymbol{S} = {}_B\boldsymbol{M}(\mathrm{id}_V)_C$ auch **Basistransformationsmatrix**. Die i-te Spalte von $\boldsymbol{S}$ ist der Koordinatenvektor bezüglich der Basis B des i-ten Basisvektors der Basis C.

Aus der Basistransformationsformel ergibt sich Folgendes:

Ähnlichkeit von Darstellungsmatrizen

Je zwei Darstellungsmatrizen ${}_B\boldsymbol{M}(\varphi)_B$ und ${}_C\boldsymbol{M}(\varphi)_C$ einer linearen Abbildung φ bezüglich der Basen B und C sind zueinander ähnlich.

Die Basistransformationsformel gibt an, wie wir die Darstellungsmatrix einer linearen Abbildung bezüglich einer Basis C erhalten, wenn wir diese bezüglich einer Basis B kennen. Wir schildern dies an einem einfachen Beispiel.

Beispiel Wir betrachten die Abbildung

$$ \varphi : \begin{cases} \mathbb{R}^2 & \to \quad \mathbb{R}^2 \\ \begin{pmatrix} x_1 \\ x_2 \end{pmatrix} & \mapsto \quad \begin{pmatrix} x_2 \\ x_1 \end{pmatrix} \end{cases}. $$

Ist $B = (\boldsymbol{e}_1, \boldsymbol{e}_2)$ die geordnete Standardbasis des $\mathbb{R}^2$ und $C = \left(\begin{pmatrix} 1 \\ 1 \end{pmatrix}, \begin{pmatrix} 1 \\ -1 \end{pmatrix}\right)$ eine weitere geordnete Basis, so erhalten wir

$$ {}_B\boldsymbol{M}(\varphi)_B = \begin{pmatrix} 0 & 1 \\ 1 & 0 \end{pmatrix}, \ \boldsymbol{S} = {}_B\boldsymbol{M}(\mathrm{id}_{\mathbb{R}^2})_C = \begin{pmatrix} 1 & 1 \\ 1 & -1 \end{pmatrix} $$

$$ \boldsymbol{S}^{-1} = {}_C\boldsymbol{M}(\mathrm{id}_{\mathbb{R}^2})_B = \begin{pmatrix} 1/2 & 1/2 \\ 1/2 & -1/2 \end{pmatrix} $$

und schließlich aus diesen drei Matrizen durch Produktbildung die Darstellungsmatrix von φ bezüglich der Basis C:

$$ \begin{aligned} {}_C\boldsymbol{M}(\varphi)_C &= \boldsymbol{S}^{-1}\, {}_B\boldsymbol{M}(\varphi)_B\, \boldsymbol{S} \\ &= \begin{pmatrix} 1/2 & 1/2 \\ 1/2 & -1/2 \end{pmatrix} \begin{pmatrix} 0 & 1 \\ 1 & 0 \end{pmatrix} \begin{pmatrix} 1 & 1 \\ 1 & -1 \end{pmatrix} \\ &= \begin{pmatrix} 1 & 0 \\ 0 & -1 \end{pmatrix} \end{aligned} $$ ◀

Dieses einfache Beispiel zeigt bereits, dass die Basistransformationsformel an sich nicht sehr geeignet ist, die Darstellungsmatrix bezüglich einer Basis C aus derjenigen bezüglich einer Basis B zu berechnen. Es sind die Basistransformationsmatrix, ihr Inverses und zudem das Produkt dreier Matrizen zu berechnen. Der Rechenaufwand steigt mit der Größe der Matrizen. Viel einfacher ist es zumeist, die Darstellungsmatrix bezüglich einer anderen Basis direkt zu ermitteln. So erhalten wir etwa bei der Spiegelung im Beispiel sogleich, wenn wir die Elemente der Basis C mit $\boldsymbol{c}_1$ und $\boldsymbol{c}_2$ bezeichnen

$$ {}_C\boldsymbol{M}(\varphi)_C = (({}_C\varphi\,(\boldsymbol{c}_1)\,,\, {}_C\varphi\,(\boldsymbol{c}_2))) = \begin{pmatrix} 1 & 0 \\ 0 & -1 \end{pmatrix}. $$

Die Basistransformationsformel hat aber dennoch einen unschätzbaren Wert. Angenommen, es gibt eine Basis C, bezüglich der die Darstellungsmatrix eine Diagonalmatrix $\boldsymbol{D} = \mathrm{diag}(\lambda_1, \ldots, \lambda_n)$ ist. Es ist dann einfach, für eine beliebige Darstellungsmatrix $\boldsymbol{M}$ jede Potenz $\boldsymbol{M}^k$ zu berechnen:

$$ \begin{aligned} \boldsymbol{M}^k &= (\boldsymbol{S}^{-1}\boldsymbol{D}\,\boldsymbol{S})^k \\ &= \underbrace{\boldsymbol{S}^{-1}\boldsymbol{D}\,\boldsymbol{S}\,\boldsymbol{S}^{-1}\boldsymbol{D}\,\boldsymbol{S}\,\ldots\,\boldsymbol{S}^{-1}\boldsymbol{D}\,\boldsymbol{S}}_{k\text{-mal}} \\ &= \boldsymbol{S}^{-1}\boldsymbol{D}^k\,\boldsymbol{S} = \boldsymbol{S}^{-1}\,\mathrm{diag}(\lambda_1^k, \ldots, \lambda_n^k)\,\boldsymbol{S} \end{aligned} $$

Wir haben dies bei der Anwendung auf S. 588 zu den Fibonacci-Zahlen bereits benutzt und werden dies noch mehrfach vor allem im Kap. 18 benutzen.

Wir formulieren die Basistransformationsformel erneut für den wichtigen Fall einer linearen Abbildung der Form:

$$ \varphi = \varphi_{\boldsymbol{A}} : \begin{cases} \mathbb{K}^n & \to \quad \mathbb{K}^n \\ \boldsymbol{v} & \mapsto \quad \boldsymbol{A}\,\boldsymbol{v} \end{cases} $$

Die Transformationsformel für quadratische Matrizen

Die Darstellungsmatrix der linearen Abbildung

$$ \varphi_{\boldsymbol{A}} : \mathbb{K}^n \to \mathbb{K}^n\,,\ \boldsymbol{v} \to \boldsymbol{A}\,\boldsymbol{v} $$

bezüglich einer geordneten Basis $B = (\boldsymbol{b}_1, \ldots, \boldsymbol{b}_n)$ des $\mathbb{K}^n$ lautet

$$ {}_B\boldsymbol{M}(\varphi_{\boldsymbol{A}})_B = \boldsymbol{S}^{-1}\,\boldsymbol{A}\,\boldsymbol{S}\,, $$

wobei $\boldsymbol{S} = ((\boldsymbol{b}_1, \ldots, \boldsymbol{b}_n))$ gilt.

Teil III

Beispiel: Die beiden Methoden zur Bestimmung von Darstellungsmatrizen

Wir schildern die beiden wesentlichen Lösungsmethoden zur Bestimmung der Darstellungsmatrix einer linearen Abbildung. Bei der ersten Methode gehen wir direkt anhand der Definition der Darstellungsmatrix vor, bei der zweiten Methode benutzen wir die Basistransformationsformel. Die zweite Methode ist meist umständlicher.

Wir geben uns reelle Polynome vor:

$$\boldsymbol{p}_1 = X^3 + 6X, \qquad \boldsymbol{p}_2 = X^2 - X + 2,$$
$$\boldsymbol{p}_3 = 2X^2 + X + 4, \quad \boldsymbol{p}_4 = -3X + 1$$

Dann ist $B = (\boldsymbol{p}_1, \boldsymbol{p}_2, \boldsymbol{p}_3, \boldsymbol{p}_4)$ eine geordnete Basis von $\mathbb{R}[X]_3$. Wir bestimmen die Darstellungsmatrix der Differenziation $\frac{\mathrm{d}}{\mathrm{d}X} : \mathbb{R}[X]_3 \to \mathbb{R}[X]_3,\ \boldsymbol{p} \mapsto \boldsymbol{p}'$ bezüglich B.

Problemanalyse und Strategie: Wie üblich bezeichne $E = (1, X, X^2, X^3)$ die kanonische Basis von $\mathbb{R}[X]_3$. Zuerst bestimmen wir die Darstellungsmatrix von $\frac{\mathrm{d}}{\mathrm{d}X}$ anhand der Definition, also die Matrix, deren Spalten gerade die Koordinatenvektoren bezüglich B der Bilder der Basisvektoren sind. Bei der zweiten Lösungsmethode bestimmen wir die Darstellungsmatrix ${}_E\boldsymbol{M}(\frac{\mathrm{d}}{\mathrm{d}X})_E$ von $\frac{\mathrm{d}}{\mathrm{d}X}$ bezüglich der Standardbasis, die Basistransformationsmatrix $\boldsymbol{S}$, deren Inverses und schließlich das Produkt der drei Matrizen: $\boldsymbol{S}^{-1}\ {}_E\boldsymbol{M}(\frac{\mathrm{d}}{\mathrm{d}X})_E\,\boldsymbol{S}$, und dies ist dann die Darstellungsmatrix bezüglich der Basis B.

Lösung: *1. Lösungsweg mit der Definition der Darstellungsmatrix*: Wir bestimmen die Darstellungsmatrix ${}_B\boldsymbol{M}(\frac{\mathrm{d}}{\mathrm{d}X})_B$, indem wir die Bilder der Basisvektoren $\frac{\mathrm{d}}{\mathrm{d}X}(\boldsymbol{p}_1), \frac{\mathrm{d}}{\mathrm{d}X}(\boldsymbol{p}_2), \frac{\mathrm{d}}{\mathrm{d}X}(\boldsymbol{p}_3), \frac{\mathrm{d}}{\mathrm{d}X}(\boldsymbol{p}_4)$ der Reihe nach als Linearkombinationen von $\boldsymbol{p}_1, \boldsymbol{p}_2, \boldsymbol{p}_3, \boldsymbol{p}_4$ darstellen:

$$\begin{aligned}
\frac{\mathrm{d}}{\mathrm{d}X}(\boldsymbol{p}_1) &= 3X^2 + 6 \\
&= \boldsymbol{p}_2 + \boldsymbol{p}_3 \\
\frac{\mathrm{d}}{\mathrm{d}X}(\boldsymbol{p}_2) &= 2X - 1 = -X + (3X - 1) \\
&= -\frac{1}{3}(\boldsymbol{p}_3 - 2\boldsymbol{p}_2) - \boldsymbol{p}_4 \\
&= \frac{2}{3}\boldsymbol{p}_2 - \frac{1}{3}\boldsymbol{p}_3 - \boldsymbol{p}_4 \\
\frac{\mathrm{d}}{\mathrm{d}X}(\boldsymbol{p}_3) &= 4X + 1 = 7X + (-3X + 1) \\
&= \frac{7}{3}(\boldsymbol{p}_3 - 2\boldsymbol{p}_2) + \boldsymbol{p}_4 \\
&= -\frac{14}{3}\boldsymbol{p}_2 + \frac{7}{3}\boldsymbol{p}_3 + \boldsymbol{p}_4 \\
\frac{\mathrm{d}}{\mathrm{d}X}(\boldsymbol{p}_4) &= -3 = -9X + (9X - 3) \\
&= -3(\boldsymbol{p}_3 - 2\boldsymbol{p}_2) - 3\boldsymbol{p}_4 \\
&= 6\boldsymbol{p}_2 - 3\boldsymbol{p}_3 - 3\boldsymbol{p}_4
\end{aligned}$$

Folglich ist:

$${}_B\boldsymbol{M}\left(\frac{\mathrm{d}}{\mathrm{d}X}\right)_B = \left(\left({}_B\frac{\mathrm{d}}{\mathrm{d}X}(\boldsymbol{p}_1), {}_B\frac{\mathrm{d}}{\mathrm{d}X}(\boldsymbol{p}_2), {}_B\frac{\mathrm{d}}{\mathrm{d}X}(\boldsymbol{p}_3), {}_B\frac{\mathrm{d}}{\mathrm{d}X}(\boldsymbol{p}_4)\right)\right) = \begin{pmatrix} 0 & 0 & 0 & 0 \\ 1 & \frac{2}{3} & -\frac{14}{3} & 6 \\ 1 & -\frac{1}{3} & \frac{7}{3} & -3 \\ 0 & -1 & 1 & -3 \end{pmatrix}$$

2. Lösungsweg mit der Transformationsformel: Da wir die Inverse von $\boldsymbol{S} = {}_E\boldsymbol{M}(\varphi)_B$ brauchen, um die Transformationsformel anwenden zu können, starten wir gleich mit der Berechnung von $\boldsymbol{S}^{-1}$ – die Zwischenschritte lassen wir jedoch aus:

$$(\boldsymbol{S} \mid \mathbf{E}_4) = \left(\begin{array}{cccc|cccc} 0 & 2 & 4 & 1 & 1 & 0 & 0 & 0 \\ 6 & -1 & 1 & -3 & 0 & 1 & 0 & 0 \\ 0 & 1 & 2 & 0 & 0 & 0 & 1 & 0 \\ 1 & 0 & 0 & 0 & 0 & 0 & 0 & 1 \end{array}\right)$$

$$\to \ldots \to \left(\begin{array}{cccc|cccc} 1 & 0 & 0 & 0 & 0 & 0 & 0 & 1 \\ 0 & 1 & 0 & 0 & -2 & -\frac{2}{3} & \frac{13}{3} & 4 \\ 0 & 0 & 1 & 0 & 1 & \frac{1}{3} & -\frac{5}{3} & -2 \\ 0 & 0 & 0 & 1 & 1 & 0 & -2 & 0 \end{array}\right)$$

Folglich ist das Inverse von $\boldsymbol{S}$:

$$\boldsymbol{S}^{-1} = \begin{pmatrix} 0 & 0 & 0 & 1 \\ -2 & -\frac{2}{3} & \frac{13}{3} & 4 \\ 1 & \frac{1}{3} & -\frac{5}{3} & -2 \\ 1 & 0 & -2 & 0 \end{pmatrix}$$

Die Darstellungsmatrix von $\frac{\mathrm{d}}{\mathrm{d}X}$ bezüglich der Standardbasis E ist einfach zu bestimmen:

$${}_E\boldsymbol{M}\left(\frac{\mathrm{d}}{\mathrm{d}X}\right)_E = \begin{pmatrix} 0 & 1 & 0 & 0 \\ 0 & 0 & 2 & 0 \\ 0 & 0 & 0 & 3 \\ 0 & 0 & 0 & 0 \end{pmatrix}$$

Damit bleibt nun folgende Rechnung auszuführen:

$${}_B\boldsymbol{M}\left(\frac{\mathrm{d}}{\mathrm{d}X}\right)_B = \boldsymbol{S}^{-1}\ {}_E\boldsymbol{M}\left(\frac{\mathrm{d}}{\mathrm{d}X}\right)_E \boldsymbol{S}$$

Wir multiplizieren zuerst die beiden hinteren Matrizen und erhalten dann:

$${}_B\boldsymbol{M}\left(\frac{\mathrm{d}}{\mathrm{d}X}\right)_B = \begin{pmatrix} 0 & 0 & 0 & 1 \\ -2 & -\frac{2}{3} & \frac{13}{3} & 4 \\ 1 & \frac{1}{3} & -\frac{5}{3} & -2 \\ 1 & 0 & -2 & 0 \end{pmatrix} \underbrace{\begin{pmatrix} 6 & -1 & 1 & -3 \\ 0 & 2 & 4 & 0 \\ 3 & 0 & 0 & 0 \\ 0 & 0 & 0 & 0 \end{pmatrix}}_{={}_E\boldsymbol{M}(\frac{\mathrm{d}}{\mathrm{d}X})_E\,\boldsymbol{S}} = \begin{pmatrix} 0 & 0 & 0 & 0 \\ 1 & \frac{2}{3} & -\frac{14}{3} & 6 \\ 1 & -\frac{1}{3} & \frac{7}{3} & -3 \\ 0 & -1 & 1 & -3 \end{pmatrix}$$

Natürlich erhalten wir wieder die gleiche Matrix wie beim ersten Lösungsweg.

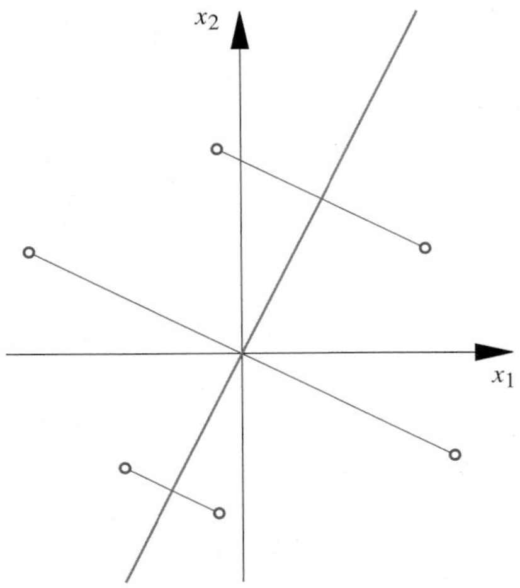

Abb. 17.20 Die Spiegelung an der Geraden $\mathbb{R}\,\boldsymbol{b}_1$ (*blau*)

Beispiel Zu einer reellen Zahl t betrachten wir die Matrix $\boldsymbol{A} = \begin{pmatrix} \cos t & \sin t \\ \sin t & -\cos t \end{pmatrix}$. Ein Element $\boldsymbol{v} \in \mathbb{R}^2$ schreiben wir in der Form $\boldsymbol{v} = \begin{pmatrix} v_1 \\ v_2 \end{pmatrix}$. Damit ist eine lineare Abbildung vom $\mathbb{R}^2$ in den $\mathbb{R}^2$ definiert,

$$\varphi_A\left(\begin{pmatrix} v_1 \\ v_2 \end{pmatrix}\right) = A \begin{pmatrix} v_1 \\ v_2 \end{pmatrix} = \begin{pmatrix} v_1 \cos t + v_2 \sin t \\ v_1 \sin t - v_2 \cos t \end{pmatrix}.$$

Es ist

$$B = \left(\begin{pmatrix} \cos t/2 \\ \sin t/2 \end{pmatrix}, \begin{pmatrix} -\sin t/2 \\ \cos t/2 \end{pmatrix}\right)$$

wegen der linearen Unabhängigkeit der beiden Elemente von B eine geordnete Basis des $\mathbb{R}^2$. Tatsächlich stehen die beiden Vektoren $\boldsymbol{b}_1$ und $\boldsymbol{b}_2$ der Basis B sogar senkrecht aufeinander – dies sieht man, indem man ihr Skalarprodukt bildet.

Wir berechnen nun die Darstellungsmatrix ${}_B\boldsymbol{M}(\varphi_A)_B$. Die Basistransformationsmatrix $\boldsymbol{S}$ hat als Spalten gerade der Reihe nach die Elemente $\boldsymbol{b}_1$ und $\boldsymbol{b}_2$ der geordneten Basis B,

$$\boldsymbol{S} = \begin{pmatrix} \cos t/2 & -\sin t/2 \\ \sin t/2 & \cos t/2 \end{pmatrix}.$$

Das Inverse zu $\boldsymbol{S}$ ist dann

$$\boldsymbol{S}^{-1} = \begin{pmatrix} \cos t/2 & \sin t/2 \\ -\sin t/2 & \cos t/2 \end{pmatrix}.$$

Damit erhalten wir

$${}_B\boldsymbol{M}(\varphi_A)_B = \boldsymbol{S}^{-1}\,\boldsymbol{A}\,\boldsymbol{S} = \begin{pmatrix} 1 & 0 \\ 0 & -1 \end{pmatrix}.$$

Wegen der Basistransformationsformel erhalten wir damit die sehr einfache Darstellung der linearen Abbildung φ durch

$${}_B\boldsymbol{v} = \begin{pmatrix} v_1 \\ v_2 \end{pmatrix} \mapsto {}_B\varphi_A(\boldsymbol{v}) = \begin{pmatrix} 1 & 0 \\ 0 & -1 \end{pmatrix} \begin{pmatrix} v_1 \\ v_2 \end{pmatrix} = \begin{pmatrix} v_1 \\ -v_2 \end{pmatrix},$$

d. h.

$$\varphi_A : v_1\,\boldsymbol{b}_1 + v_2\,\boldsymbol{b}_2 \to v_1\,\boldsymbol{b}_1 - v_2\,\boldsymbol{b}_2\,.$$

Folglich ist φ_A die Spiegelung an der Geraden $\mathbb{R}\,\boldsymbol{b}_1$, denn $\boldsymbol{b}_1$ steht senkrecht auf $\boldsymbol{b}_2$ (siehe Abb. 17.20). ◀

17.6 Determinanten von Endomorphismen

Wir haben im Kap. 16 Determinanten für quadratische Matrizen definiert. Vielfach spricht man aber auch von *Determinanten von linearen Abbildungen*. Was man darunter versteht und für welche lineare Abbildungen sich Determinanten erklären lassen, wollen wir hier besprechen.

Teil III

Die Determinante eines Endomorphismus ist die Determinante einer und damit jeder Darstellungsmatrix des Endomorphismus

Eine lineare Abbildung eines $\mathbb{K}$-Vektorraums V in sich nennt man auch **Endomorphismus**. Den Endomorphismen endlichdimensionaler $\mathbb{K}$-Vektorräume kann man Determinanten zuordnen.

Ist $\varphi : V \to V$ ein Endomorphismus eines n-dimensionalen $\mathbb{K}$-Vektorraums, so versteht man unter der **Determinante von** φ die Determinante einer Darstellungsmatrix ${}_B\boldsymbol{M}(\varphi)_B$ von φ bezüglich einer geordneten Basis B von V, man schreibt dann auch kürzer $\det\varphi$ anstelle von $\det({}_B\boldsymbol{M}(\varphi)_B)$.

Selbstfrage 12

Sind die Darstellungsmatrizen von Endomorphismen stets quadratisch?

Bei dieser Definition ist jedoch zu begründen, dass sie unabhängig von der Wahl der Basis B ist, d. h., ist C eine andere geordnete Basis, so sollen die Determinanten der beiden Darstellungsmatrizen von φ bezüglich B und C übereinstimmen, die Definition wäre sonst nicht sinnvoll. Dass dies auch tatsächlich so ist, wollen wir nun nachweisen.

Sind B und C beliebige geordnete Basen des $\mathbb{K}$-Vektorraums V, so betrachten wir die beiden im Allgemeinen verschiedenen

Darstellungsmatrizen ${}_B\boldsymbol{M}(\varphi)_B$ und ${}_C\boldsymbol{M}(\varphi)_C$. Nach der Basistransformationsformel auf S. 637 gibt es eine invertierbare Matrix $\boldsymbol{S}$ mit

$${}_C\boldsymbol{M}(\varphi)_C = \boldsymbol{S}^{-1}\,{}_B\boldsymbol{M}(\varphi)_B\,\boldsymbol{S}\,.$$

Und nun folgt mit dem Determinantenmultiplikationssatz (siehe S. 604):

$$\begin{aligned}\det({}_C\boldsymbol{M}(\varphi)_C) &= \det(\boldsymbol{S}^{-1}\,{}_B\boldsymbol{M}(\varphi)_B\,\boldsymbol{S})\\ &= \det(\boldsymbol{S}^{-1})\,\det({}_B\boldsymbol{M}(\varphi)_B)\,\det(\boldsymbol{S})\\ &= \det(\boldsymbol{S})^{-1}\,\det(\boldsymbol{S})\,\det({}_B\boldsymbol{M}(\varphi)_B)\\ &= \det({}_B\boldsymbol{M}(\varphi)_B)\end{aligned}$$

Also ist die Determinante eines Endomorphismus tatsächlich unabhängig von der gewählten Basis bei der Darstellungsmatrix.

Beispiel Die Determinante der Spiegelung

$$\varphi : \left\{ \begin{array}{ccc} \mathbb{R}^2 & \to & \mathbb{R}^2 \\ \begin{pmatrix} v_1 \\ v_2 \end{pmatrix} & \mapsto & \begin{pmatrix} v_2 \\ v_1 \end{pmatrix} \end{array} \right.$$

an der Geraden $\mathbb{R}\begin{pmatrix}1\\1\end{pmatrix}$ ist -1, da die Darstellungsmatrix von φ bezüglich der Standardbasis $\begin{pmatrix}0 & 1\\ 1 & 0\end{pmatrix}$ ist. ◄

Anwendungsbeispiel Wir betrachten im $\mathbb{R}^n$ das Parallelepiped $\mathbf{P}$, das von n Vektoren $\boldsymbol{v}_1, \ldots, \boldsymbol{v}_n$ aufgespannt wird. Das n-dimensionale Volumen dieses Parallelepipeds ist definiert als

$$\mathrm{vol}_n(\mathbf{P}) = |\det((\boldsymbol{v}_1, \ldots, \boldsymbol{v}_n))|\,.$$

Für eine lineare Abbildung φ des $\mathbb{R}^n$ erklären wir das Bild $\varphi(\mathbf{P})$ als dasjenige Parallelepiped, welches von den n Bildvektoren $\varphi(\boldsymbol{v}_1), \ldots, \varphi(\boldsymbol{v}_n)$ aufgespannt wird.

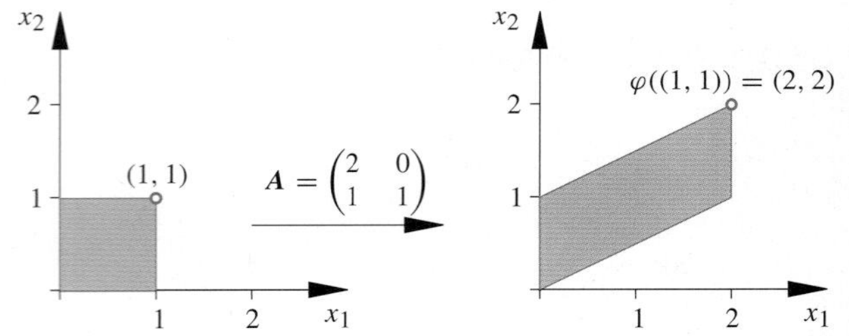

Abb. 17.21 Das Volumen eines Parallelepipeds wird um $|\det \boldsymbol{A}| = 2$ verzerrt

Die lineare Abbildung φ habe die Darstellungsmatrix $\boldsymbol{A} = {}_{E_n}\boldsymbol{M}(\varphi)_{E_n}$ bezüglich der geordneten Standardbasis E_n, d. h. $\varphi(\boldsymbol{v}_i) = \boldsymbol{A}\,\boldsymbol{v}_i$ für alle $i = 1, \ldots, n$. Damit erhalten wir für das n-dimensionale Volumen $\mathrm{vol}_n(\varphi(\mathbf{P}))$ des Bildes von $\mathbf{P}$ wegen des Determinantenmultiplikationssatzes den Wert

$$|\det((\boldsymbol{A}\,\boldsymbol{v}_1, \ldots, \boldsymbol{A}\,\boldsymbol{v}_n))| = |\det\boldsymbol{A}\ \det((\boldsymbol{v}_1, \ldots, \boldsymbol{v}_n))|\,.$$

Zusammenfassend gilt

$$\mathrm{vol}_n(\varphi(\mathbf{P})) = |\det\boldsymbol{A}|\ \mathrm{vol}_n(\mathbf{P})\,.$$

Die Volumina sämtlicher Parallelepipede werden mit demselben Faktor $|\det\boldsymbol{A}|$ multipliziert. Dieser *Volumenverzerrungsfaktor* gilt übrigens für sämtliche Körperinhalte, nicht nur für Parallelepipede. ◄

Selbstfrage 13

Welche linearen Abbildungen sind *volumentreu*, d. h. ändern die Volumina nicht?

Zusammenfassung

Lineare Abbildungen sind jene Abbildungen zwischen Vektorräumen, die additiv und homogen sind.

Lineare Abbildung

Eine Abbildung $\varphi : V \to W$ zwischen $\mathbb{K}$-Vektorräumen V und W heißt **lineare Abbildung** oder **Homomorphismus**, wenn für alle $\boldsymbol{v}, \boldsymbol{w} \in V$ und $\lambda \in \mathbb{K}$ gilt:

- $\varphi(\boldsymbol{v} + \boldsymbol{w}) = \varphi(\boldsymbol{v}) + \varphi(\boldsymbol{w})$ (Additivität),
- $\varphi(\lambda\, \boldsymbol{v}) = \lambda\, \varphi(\boldsymbol{v})$ (Homogenität).

Jede lineare Abbildung von einem Vektorraum V in einen Vektorraum W hat einen Kern und ein Bild. Der Kern ist ein Untervektorraum von V, das Bild ein Untervektorraum von W.

Der Kern von φ besteht aus jenen Vektoren, die auf den Nullvektor abgebildet werden

Der Kern und das Bild einer linearen Abbildung

Ist φ eine lineare Abbildung von einem $\mathbb{K}$-Vektorraum V in einen $\mathbb{K}$-Vektorraum W, so nennt man

$$\varphi^{-1}(\{\boldsymbol{0}\}) = \{\boldsymbol{v} \in V \mid \varphi(\boldsymbol{v}) = \boldsymbol{0}\} \subseteq V$$

den **Kern** von φ und

$$\varphi(V) = \{\varphi(\boldsymbol{v}) \mid \boldsymbol{v} \in V\} \subseteq W$$

das **Bild** von φ.

Für ein endlichdimensionales V gilt die Dimensionsformel.

Die Dimensionsformel

Ist V ein endlichdimensionaler Vektorraum, so gilt für jede lineare Abbildung $\varphi : V \to W$ die Gleichung

$$\dim(V) = \dim(\underbrace{\varphi^{-1}(\{\boldsymbol{0}\})}_{\text{Kern}}) + \dim(\underbrace{\varphi(V)}_{\text{Bild}})\,.$$

Jede lineare Abbildung vom $\mathbb{K}^n$ in den $\mathbb{K}^m$ ist durch eine Matrix gegeben.

Darstellung linearer Abbildungen vom $\mathbb{K}^n$ in $\mathbb{K}^m$ bezüglich der Standardbasen

Zu jeder linearen Abbildung φ von $\mathbb{K}^n$ in $\mathbb{K}^m$ gibt es eine Matrix $\boldsymbol{A} \in \mathbb{K}^{m\times n}$ mit $\varphi = \varphi_{\boldsymbol{A}}$. Diese Matrix $\boldsymbol{A}$ ist gegeben als

$$\boldsymbol{A} = ((\varphi(\boldsymbol{e}_1), \ldots, \varphi(\boldsymbol{e}_n))) \in \mathbb{K}^{m\times n}\,.$$

Die i-te Spalte von $\boldsymbol{A}$ *ist das Bild des i-ten Basisvektors der Standardbasis.*

Diese Darstellung einer linearen Abbildung durch eine Matrix kann man auf beliebige endlichdimensionale Vektorräume verallgemeinern. Dazu führt man den Begriff des *Koordinatenvektors* ein.

Durch Koordinatenvektoren wird jeder Vektor zu einem Spaltenvektor

Ist $B = (\boldsymbol{b}_1, \ldots, \boldsymbol{b}_n)$ eine geordnete Basis eines $\mathbb{K}$-Vektorraums V, so besitzt jedes $\boldsymbol{v} \in V$ genau eine Darstellung

$$\boldsymbol{v} = v_1\, \boldsymbol{b}_1 + \cdots + v_n\, \boldsymbol{b}_n$$

mit $v_1, \ldots, v_n \in \mathbb{K}$. Es heißt ${}_B\boldsymbol{v} = \begin{pmatrix} v_1 \\ \vdots \\ v_n \end{pmatrix} \in \mathbb{K}^n$ der **Koordinatenvektor von $\boldsymbol{v}$ bezüglich** B.

Die Matrix, die eine lineare Abbildung darstellt, erhält man spaltenweise

Die Darstellungsmatrix einer linearen Abbildung

Man nennt die Matrix

$${}_C\boldsymbol{M}(\varphi)_B = (({}_C\varphi(\boldsymbol{b}_1), \ldots, {}_C\varphi(\boldsymbol{b}_n)))$$

die **Darstellungsmatrix** von φ bezüglich der Basen B und C.

Die i-te Spalte von ${}_C\boldsymbol{M}(\varphi)_B$ *ist der Koordinatenvektor bezüglich C des Bildes des i-ten Basisvektors aus B.*

Darstellungsmatrizen sind nicht eindeutig. Bei Wahl verschiedener Basen haben sie im Allgemeinen verschiedenes Aussehen. Tatsächlich ist der Unterschied aber nicht groß.

Je zwei Darstellungsmatrizen einer linearen Abbildung sind ähnlich

Die Basistransformationsformel zeigt den Zusammenhang zwischen Darstellungsmatrizen ein und derselben linearen Abbildung bezüglich verschiedener Basen.

Die Basistransformationsformel

Sind $\varphi : V \to V$ eine lineare Abbildung und B und C zwei geordnete Basen von V, so gilt

$$_C\boldsymbol{M}(\varphi)_C = \boldsymbol{S}^{-1}\,_B\boldsymbol{M}(\varphi)_B\,\boldsymbol{S}\,,$$

wobei $\boldsymbol{S} = {}_B\boldsymbol{M}(\mathrm{id}_V)_C$ gilt.

Bonusmaterial

Im Bonusmaterial entwickeln wir eine Decodierregel des Bauer-Codes, den wir im Bonusmaterial zu Kap. 15 vorgestellt haben. Die Decodierregel korrigiert Codewörter, die durch Störungen im Übertragungskanal verfälscht werden.

Aufgaben

Die Aufgaben gliedern sich in drei Kategorien: Anhand der *Verständnisfragen* können Sie prüfen, ob Sie die Begriffe und zentralen Aussagen verstanden haben, mit den *Rechenaufgaben* üben Sie Ihre technischen Fertigkeiten und die *Anwendungsprobleme* geben Ihnen Gelegenheit, das Gelernte an praktischen Fragestellungen auszuprobieren.
Ein Punktesystem unterscheidet leichte •, mittelschwere •• und anspruchsvolle ••• Aufgaben. Lösungshinweise am Ende des Buches helfen Ihnen, falls Sie bei einer Aufgabe partout nicht weiterkommen. Dort finden Sie auch die Lösungen – betrügen Sie sich aber nicht selbst und schlagen Sie erst nach, wenn Sie selber zu einer Lösung gekommen sind. Ausführliche Lösungswege, Beweise und Abbildungen finden Sie als digitales Zusatzmaterial (electronic supplementary material).
Viel Spaß und Erfolg bei den Aufgaben!

Verständnisfragen

17.1 • Welche der folgenden Abbildungen sind linear?

(a) $\varphi_1 : \begin{cases} \mathbb{R}^2 & \to & \mathbb{R}^2 \\ \begin{pmatrix} v_1 \\ v_2 \end{pmatrix} & \mapsto & \begin{pmatrix} v_2 - 1 \\ -v_1 + 2 \end{pmatrix} \end{cases}$

(b) $\varphi_2 : \begin{cases} \mathbb{R}^2 & \to & \mathbb{R}^3 \\ \begin{pmatrix} v_1 \\ v_2 \end{pmatrix} & \mapsto & \begin{pmatrix} 13\, v_2 \\ 11\, v_1 \\ -4\, v_2 - 2\, v_1 \end{pmatrix} \end{cases}$

(c) $\varphi_3 : \begin{cases} \mathbb{R}^2 & \to & \mathbb{R}^3 \\ \begin{pmatrix} v_1 \\ v_2 \end{pmatrix} & \mapsto & \begin{pmatrix} v_1 \\ -v_1^2\, v_2 \\ v_2 - v_1 \end{pmatrix} \end{cases}$

17.2 • Für welche $\boldsymbol{u} \in \mathbb{R}^2$ ist die Abbildung

$$\varphi : \begin{cases} \mathbb{R}^2 & \to & \mathbb{R}^2 \\ \boldsymbol{v} & \mapsto & \boldsymbol{v} + \boldsymbol{u} \end{cases}$$

linear?

17.3 • Gibt es eine lineare Abbildung $\varphi : \mathbb{R}^2 \to \mathbb{R}^2$ mit

(a)
$$\varphi\left(\begin{pmatrix} 2 \\ 3 \end{pmatrix}\right) = \begin{pmatrix} 2 \\ 2 \end{pmatrix},\ \varphi\left(\begin{pmatrix} 2 \\ 0 \end{pmatrix}\right) = \begin{pmatrix} 1 \\ 1 \end{pmatrix},\ \varphi\left(\begin{pmatrix} 6 \\ 3 \end{pmatrix}\right) = \begin{pmatrix} 4 \\ 3 \end{pmatrix}$$

bzw.

(b)
$$\varphi\left(\begin{pmatrix} 1 \\ 3 \end{pmatrix}\right) = \begin{pmatrix} 2 \\ 1 \end{pmatrix},\ \varphi\left(\begin{pmatrix} 2 \\ 0 \end{pmatrix}\right) = \begin{pmatrix} 1 \\ 1 \end{pmatrix},\ \varphi\left(\begin{pmatrix} 5 \\ 3 \end{pmatrix}\right) = \begin{pmatrix} 4 \\ 3 \end{pmatrix}?$$

17.4 • Welche Dimensionen haben Kern und Bild der folgenden linearen Abbildung?

$$\varphi : \begin{cases} \mathbb{R}^2 & \to & \mathbb{R}^2 \\ \begin{pmatrix} v_1 \\ v_2 \end{pmatrix} & \mapsto & \begin{pmatrix} v_1 + v_2 \\ v_1 + v_2 \end{pmatrix} \end{cases}$$

17.5 •• Begründen Sie die auf S. 622 gemachte Behauptung: Sind $\varphi : V \to V'$ und $\psi : V' \to V''$ linear, so ist auch die Hintereinanderausführung $\psi \circ \varphi : V \to V''$ linear, und ist φ eine bijektive lineare Abbildung, so ist auch $\varphi^{-1} : V' \to V$ eine solche.

17.6 •• Wenn A eine linear unabhängige Menge eines $\mathbb{K}$-Vektorraums V ist und φ ein injektiver Endomorphismus von V ist, ist dann auch $A' = \{\varphi(\boldsymbol{v}) \mid \boldsymbol{v} \in A\}$ linear unabhängig?

17.7 • Folgt aus der linearen Abhängigkeit der Zeilen einer reellen 11×11-Matrix $\boldsymbol{A}$ die lineare Abhängigkeit der Spalten von $\boldsymbol{A}$?

17.8 ••• Gegeben ist eine lineare Abbildung $\varphi \colon \mathbb{R}^2 \to \mathbb{R}^2$ mit $\varphi \circ \varphi = \mathrm{id}_{\mathbb{R}^2}$ (d. h., für alle $\boldsymbol{v} \in \mathbb{R}^2$ gilt $\varphi(\varphi(\boldsymbol{v})) = \boldsymbol{v}$), aber $\varphi \neq \pm\mathrm{id}_{\mathbb{R}^2}$ (d. h. $\varphi \notin \{\boldsymbol{v} \mapsto \boldsymbol{v},\ \boldsymbol{v} \mapsto -\boldsymbol{v}\}$). Zeigen Sie:

(a) Es gibt eine Basis $B = \{\boldsymbol{b}_1, \boldsymbol{b}_2\}$ des $\mathbb{R}^2$ mit $\varphi(\boldsymbol{b}_1) = \boldsymbol{b}_1$, $\varphi(\boldsymbol{b}_2) = -\boldsymbol{b}_2$.
(b) Ist $B' = \{\boldsymbol{a}_1, \boldsymbol{a}_2\}$ eine weitere Basis mit der in (a) angegebenen Eigenschaft, so existieren $\lambda, \mu \in \mathbb{R} \setminus \{0\}$ mit $\boldsymbol{a}_1 = \lambda\, \boldsymbol{b}_1$, $\boldsymbol{a}_2 = \mu\, \boldsymbol{b}_2$.

Rechenaufgaben

17.9 • Wir betrachten die lineare Abbildung $\varphi : \mathbb{R}^4 \to \mathbb{R}^4$, $\boldsymbol{v} \mapsto \boldsymbol{A}\,\boldsymbol{v}$ mit der Matrix

$$\boldsymbol{A} = \begin{pmatrix} 3 & 1 & 1 & -1 \\ 1 & 3 & -1 & 1 \\ 1 & -1 & 3 & 1 \\ -1 & 1 & 1 & 3 \end{pmatrix}.$$

Gegeben sind weiter die Vektoren

$$\boldsymbol{a} = \begin{pmatrix} 1 \\ 1 \\ 1 \\ 1 \end{pmatrix},\quad \boldsymbol{b} = \begin{pmatrix} 1 \\ -1 \\ -1 \\ 1 \end{pmatrix} \quad \text{und} \quad \boldsymbol{c} = \begin{pmatrix} 4 \\ 4 \\ 4 \\ 4 \end{pmatrix}.$$

Teil III

(a) Berechnen Sie $\varphi(\boldsymbol{a})$ und begründen Sie, dass $\boldsymbol{b}$ im Kern von φ liegt. Ist φ injektiv?
(b) Bestimmen Sie die Dimensionen von Kern und Bild der linearen Abbildung φ.
(c) Bestimmen Sie Basen des Kerns und des Bildes von φ.
(d) Bestimmen Sie die Menge L aller $\boldsymbol{v} \in \mathbb{R}^4$ mit $\varphi(\boldsymbol{v}) = \boldsymbol{c}$.

17.10 • Wir betrachten den reellen Vektorraum $\mathbb{R}[X]_3$ aller Polynome über $\mathbb{R}$ vom Grad kleiner oder gleich 3, und es bezeichne $\frac{\mathrm{d}}{\mathrm{d}X} : \mathbb{R}[X]_3 \to \mathbb{R}[X]_3$ die Differenziation. Weiter sei $E = (1, X, X^2, X^3)$ die Standardbasis von $\mathbb{R}[X]_3$.

(a) Bestimmen Sie die Darstellungsmatrix ${}_E\boldsymbol{M}(\frac{\mathrm{d}}{\mathrm{d}X})_E$.
(b) Bestimmen Sie die Darstellungsmatrix ${}_B\boldsymbol{M}(\frac{\mathrm{d}}{\mathrm{d}X})_B$ von $\frac{\mathrm{d}}{\mathrm{d}X}$ bezüglich der geordneten Basis $B = (X^3, 3X^2, 6X, 6)$ von $\mathbb{R}[X]_3$.

17.11 •• Gegeben sind die geordnete Standardbasis

$$E_2 = \left(\begin{pmatrix}1\\0\end{pmatrix}, \begin{pmatrix}0\\1\end{pmatrix}\right) \quad \text{des } \mathbb{R}^2,$$

$$B = \left(\begin{pmatrix}1\\1\\1\end{pmatrix}, \begin{pmatrix}1\\1\\0\end{pmatrix}, \begin{pmatrix}1\\0\\0\end{pmatrix}\right) \quad \text{des } \mathbb{R}^3 \quad \text{und}$$

$$C = \left(\begin{pmatrix}1\\1\\1\\1\end{pmatrix}, \begin{pmatrix}1\\1\\1\\0\end{pmatrix}, \begin{pmatrix}1\\1\\0\\0\end{pmatrix}, \begin{pmatrix}1\\0\\0\\0\end{pmatrix}\right) \quad \text{des } \mathbb{R}^4.$$

Nun betrachten wir zwei lineare Abbildungen $\varphi : \mathbb{R}^2 \to \mathbb{R}^3$ und $\psi : \mathbb{R}^3 \to \mathbb{R}^4$ definiert durch

$$\varphi\left(\begin{pmatrix}v_1\\v_2\end{pmatrix}\right) = \begin{pmatrix}v_1 - v_2\\0\\2v_1 - v_2\end{pmatrix} \quad \text{und} \quad \psi\left(\begin{pmatrix}v_1\\v_2\\v_3\end{pmatrix}\right) = \begin{pmatrix}v_1 + 2v_3\\v_2 - v_3\\v_1 + v_2\\2v_1 + 3v_3\end{pmatrix}.$$

Bestimmen Sie die Darstellungsmatrizen ${}_B\boldsymbol{M}(\varphi)_{E_2}$, ${}_C\boldsymbol{M}(\psi)_B$ und ${}_C\boldsymbol{M}(\psi \circ \varphi)_{E_2}$.

17.12 •• Gegeben ist eine lineare Abbildung $\varphi : \mathbb{R}^3 \to \mathbb{R}^3$. Die Darstellungsmatrix von φ bezüglich der geordneten Standardbasis $E_3 = (\boldsymbol{e}_1, \boldsymbol{e}_2, \boldsymbol{e}_3)$ des $\mathbb{R}^3$ lautet:

$${}_{E_3}\boldsymbol{M}(\varphi)_{E_3} = \begin{pmatrix}4 & 0 & -2\\1 & 3 & -2\\1 & 2 & -1\end{pmatrix} \in \mathbb{R}^{3\times3}$$

(a) Begründen Sie: $B = \left(\begin{pmatrix}2\\2\\3\end{pmatrix}, \begin{pmatrix}1\\1\\1\end{pmatrix}, \begin{pmatrix}2\\1\\1\end{pmatrix}\right)$ ist eine geordnete Basis des $\mathbb{R}^3$.
(b) Bestimmen Sie die Darstellungsmatrix ${}_B\boldsymbol{M}(\varphi)_B$ und die Transformationsmatrix $\boldsymbol{S}$ mit ${}_B\boldsymbol{M}(\varphi)_B = \boldsymbol{S}^{-1}\,{}_{E_3}\boldsymbol{M}(\varphi)_{E_3}\,\boldsymbol{S}$.

17.13 •• Gegeben sind zwei geordnete Basen A und B des $\mathbb{R}^3$

$$A = \left(\begin{pmatrix}8\\-6\\7\end{pmatrix}, \begin{pmatrix}-16\\7\\-13\end{pmatrix}, \begin{pmatrix}9\\-3\\7\end{pmatrix}\right)$$

$$B = \left(\begin{pmatrix}1\\-2\\1\end{pmatrix}, \begin{pmatrix}3\\-1\\2\end{pmatrix}, \begin{pmatrix}2\\1\\2\end{pmatrix}\right)$$

und eine lineare Abbildung $\varphi : \mathbb{R}^3 \to \mathbb{R}^3$, welche bezüglich der Basis A die folgende Darstellungsmatrix hat

$${}_A\boldsymbol{M}(\varphi)_A = \begin{pmatrix}1 & -18 & 15\\-1 & -22 & 15\\1 & -25 & 22\end{pmatrix}.$$

(a) Bestimmen Sie die Darstellungsmatrix ${}_B\boldsymbol{M}(\varphi)_B$ von φ bezüglich der geordneten Basis B.
(b) Bestimmen Sie die Darstellungsmatrizen ${}_A\boldsymbol{M}(\varphi)_B$ und ${}_B\boldsymbol{M}(\varphi)_A$.

17.14 ••• Es bezeichne $\triangle : \mathbb{R}[X]_4 \to \mathbb{R}[X]_4$ den durch $\triangle(f) = f(X+1) - f(X)$ erklärte *Differenzenoperator*.

(a) Begründen Sie, dass $\triangle$ linear ist, und berechnen Sie die Darstellungsmatrix ${}_E\boldsymbol{M}(\triangle)_E$ von $\triangle$ bezüglich der kanonischen Basis $E = (1, X, X^2, X^3, X^4)$ von $\mathbb{R}[X]_4$ sowie die Dimensionen des Bildes und des Kerns von $\triangle$.
(b) Begründen Sie, dass

$$B = \left(1, X, \frac{X(X-1)}{2}, \frac{X(X-1)(X-2)}{6}, \frac{X(X-1)(X-2)(X-3)}{24}\right)$$

eine geordnete Basis von $\mathbb{R}[X]_4$ ist, und berechnen Sie die Darstellungsmatrix ${}_B\boldsymbol{M}(\triangle)_B$ von $\triangle$ bezüglich B.
(c) Angenommen, Sie sollten auch noch die Darstellungsmatrizen der Endomorphismen $\triangle^2$, $\triangle^3$, $\triangle^4$, $\triangle^5$ berechnen – es bedeutet hierbei $\triangle^k = \underbrace{\triangle \circ \cdots \circ \triangle}_{k\text{-mal}}$ – Ihnen sei dafür aber die Wahl der Basis von $\mathbb{R}[X]_4$ freigestellt. Welche Basis würden Sie nehmen? Begründen Sie Ihre Wahl.

Anwendungsprobleme

17.15 • Auf S. 622 wurde das *Katzenauge* für drei Spiegel in den Koordinatenebenen betrachtet. Verallgemeinern Sie das dortige Vorgehen für drei zueinander senkrechte Spiegel S_1, S_2 bzw. S_3 mit den Normalenvektoren $\boldsymbol{n}_1$, $\boldsymbol{n}_2$ bzw. $\boldsymbol{n}_3$.

Teil III

17.16 •• In der Physik sind aus den verschiedensten Gründen Änderungen des Bezugssystems – das ist ein System, auf das sich die Orts- und Zeitangaben beziehen – nötig. Mathematisch betrachtet ist dies eine Koordinatentransformation, also eine lineare Abbildung.

Bestimmen Sie die Darstellungsmatrix bezüglich der Standardbasis E_3 der Koordinatentransformation, bei der das neue Bezugssystem aus dem alten durch eine Drehung um den Winkel α und der *Drehachse* $\boldsymbol{e}_1$ bzw. $\boldsymbol{e}_2$ bzw. $\boldsymbol{e}_3$ entsteht.

Antworten zu den Selbstfragen

Antwort 1 Die Gleichung

$$\varphi(\underbrace{\lambda\, \boldsymbol{v}}_{\in V}) = \lambda\, \underbrace{\varphi(\boldsymbol{v})}_{\in W}$$

wäre bei verschiedenen Körpern nicht immer sinnvoll. Wäre etwa V ein $\mathbb{C}$-Vektorraum und W ein $\mathbb{R}$-Vektorraum, so würde $\lambda = \mathrm{i}$ die Homogenität unmöglich machen.

Antwort 2 Ja, man schreibe $\boldsymbol{v} - \boldsymbol{w} = \boldsymbol{v} + (-1)\,\boldsymbol{w}$.

Antwort 3 In der Tat kann man in dem berechneten Produkt die drei Matrizen $\mathbf{E}_3 - 2\,\boldsymbol{e}_3\,\boldsymbol{e}_3^{\mathrm{T}}, \mathbf{E}_3 - 2\,\boldsymbol{e}_2\,\boldsymbol{e}_2^{\mathrm{T}}, \mathbf{E}_3 - 2\,\boldsymbol{e}_1\,\boldsymbol{e}_1^{\mathrm{T}}$ miteinander vertauschen, es kommt immer dasselbe heraus.

Antwort 4 Ja, man wähle die lineare Fortsetzung von σ mit $\sigma(\boldsymbol{e}_1) = \boldsymbol{e}_2$ und $\sigma(\boldsymbol{e}_2) = \mathbf{0}$.

Antwort 5 Im endlichdimensionalen Fall irgendwie schon, als Maß könnte etwa die Dimension dienen.

Antwort 6 Injektiv sind die erste und die dritte Abbildung. Nicht injektiv sind die zweite, vierte und sechste Abbildung. Bei der fünften Abbildung hängt die Injektivität von der Matrix $\boldsymbol{A}$ ab. Die Abbildung ist genau dann injektiv, wenn $\operatorname{rg} \boldsymbol{A} = n$ gilt. Man betrachte jeweils den Kern der linearen Abbildung.

Antwort 7 Nein, man beachte die Dimensionsformel.

Antwort 8 Ja. Die Darstellungsmatrix ist etwa dann eine Zeile, wenn man eine Abbildung vom eindimensionalen $\mathbb{K}$-Vektorraum $\mathbb{K}$ in einen n-dimensionalen $\mathbb{K}$-Vektorraum hat, z. B.

$$\varphi : v \mapsto \begin{pmatrix} v \\ 0 \\ \vdots \\ 0 \end{pmatrix}.$$

Und sie ist z. B. dann eine Spalte, wenn man eine Abbildung von einem n-dimensionalen $\mathbb{K}$-Vektorraum in den eindimensionalen $\mathbb{K}$-Vektorraum $\mathbb{K}$ hat, z. B.

$$\varphi : \begin{pmatrix} v_1 \\ \vdots \\ v_n \end{pmatrix} \mapsto v_1 .$$

Antwort 9 Dort sind $V = \mathbb{K}^n$, $W = \mathbb{K}^m$ und B und C die jeweiligen Standardbasen.

Antwort 10 Das bedeutet, dass $C = B$ gilt.

Antwort 11 Der Kern ist der eindimensionale Untervektorraum $\langle \boldsymbol{n} \rangle$ des $\mathbb{R}^3$ und das Bild ist die zweidimensionale Ebene E als Untervektorraum des $\mathbb{R}^3$.

Antwort 12 Ja, sie stellen lineare Abbildungen eines n-dimensionalen Raumes in einen n-dimensionalen Vektorraum dar.

Antwort 13 Jene Abbildungen mit Determinante $|\det \varphi| = 1$.

Teil III

Eigenwerte und Eigenvektoren – oder wie man Matrizen diagonalisiert

18

Wie berechnet man auf einfache Art Potenzen von Matrizen?

Welche Matrizen sind diagonalisierbar?

Welches Prinzip macht die Suchmaschine Google so erfolgreich?

Teil III

Ergänzende Information Die elektronische Version dieses Kapitels enthält Zusatzmaterial, auf das über folgenden Link zugegriffen werden kann https://doi.org/10.1007/978-3-662-64389-1_18.

T. Arens et al., *Mathematik*, https://doi.org/10.1007/978-3-662-64389-1_18

Ein rotierender Körper ohne äußere Kräfte verbleibt in seiner Bewegung, wenn er um seine Symmetrieachse rotiert. Dann liegen nämlich Drehimpuls und Winkelgeschwindigkeit auf einer Achse. Stört man den Körper jedoch, indem man ihn anstößt, bleibt zwar weiterhin der Drehimpuls konstant, da aber die Symmetrieachse und damit die Hauptträgheitsachse durch die Rotation verdreht werden, ändert auch die Winkelgeschwindigkeit permanent ihre Richtung. Der Körper fängt an zu nicken. Diese als Nutation bezeichnete Bewegung lässt sich berechnen. Denn man erhält die Hauptträgheitsachsen eines Körpers als Eigenvektoren des zugehörigen Trägheitstensors. Er ist eine symmetrische Matrix.

Der Trägheitstensor kann wie jede quadratische Matrix als eine Darstellungsmatrix einer linearen Abbildung aufgefasst werden. Der Wunsch nach einer besonders einfachen Darstellungsmatrix dieser linearen Abbildung führt auf die Frage, welche Vektoren auf skalare Vielfache von sich selbst abgebildet werden. Man nennt solche Vektoren Eigenvektoren der linearen Abbildung. Wenn eine Basis aus Eigenvektoren existiert, so ist die Darstellungsmatrix bezüglich dieser Basis eine Diagonalmatrix – im Fall des Trägheitstensors sind die Hauptträgheitsachsen dann eine Basis aus Eigenvektoren.

Aber nicht zu jeder Matrix existiert eine Basis aus Eigenvektoren. Jedoch lässt sich zeigen, dass eine solche Basis aus Eigenvektoren stets dann existiert, wenn die Matrix symmetrisch ist.

Das Problem der Hauptträgheitsachsen eines Körpers ist nur eines von vielen Problemen aus den Naturwissenschaften, das auf symmetrische Matrizen führt. Wir werden im Laufe des vorliegenden Kapitels weitere Beispiele kennenlernen.

18.1 Das Diagonalisieren von Matrizen

Wir bezeichnen in diesem Kapitel mit $\mathbb{K}$ einen der Körper $\mathbb{R}$ oder $\mathbb{C}$. Um unser Vorgehen zu motivieren, zeigen wir, welche Vorteile Matrizen in Diagonalgestalt gegenüber anderen quadratischen Matrizen haben.

Mit Diagonalmatrizen wird vieles einfacher

Die Multiplikation einer Diagonalmatrix $\boldsymbol{D} \in \mathbb{K}^{n\times n}$ mit einem Vektor $\boldsymbol{v} = (v_i) \in \mathbb{K}^n$ ist sehr einfach:

$$\boldsymbol{D}\,\boldsymbol{v} = \begin{pmatrix} \lambda_1 & \cdots & 0 \\ \vdots & \ddots & \vdots \\ 0 & \cdots & \lambda_n \end{pmatrix} \begin{pmatrix} v_1 \\ \vdots \\ v_n \end{pmatrix} = \begin{pmatrix} \lambda_1 v_1 \\ \vdots \\ \lambda_n v_n \end{pmatrix}$$

Entsprechend einfach ist die Multiplikation einer Diagonalmatrix $\boldsymbol{D} = \operatorname{diag}(\lambda_1, \ldots, \lambda_n)$ mit einer Matrix $\boldsymbol{A}$. Die i-te Zeile des Produktes $\boldsymbol{D}\,\boldsymbol{A}$ ist das λ_i-Fache der i-ten Zeile z_i von $\boldsymbol{A}$:

$$\boldsymbol{A} = \begin{pmatrix} z_1 \\ \vdots \\ z_n \end{pmatrix} \Rightarrow \boldsymbol{D}\,\boldsymbol{A} = \begin{pmatrix} \lambda_1 z_1 \\ \vdots \\ \lambda_n z_n \end{pmatrix}.$$

Und Potenzen einer Diagonalmatrix zu bilden, bedeutet Potenzen der Diagonaleinträge zu bilden, denn es gilt für jedes $k \in \mathbb{N}$:

$$\boldsymbol{D} = \begin{pmatrix} \lambda_1 & \cdots & 0 \\ \vdots & \ddots & \vdots \\ 0 & \cdots & \lambda_n \end{pmatrix} \Rightarrow \boldsymbol{D}^k = \begin{pmatrix} \lambda_1^k & \cdots & 0 \\ \vdots & \ddots & \vdots \\ 0 & \cdots & \lambda_n^k \end{pmatrix}$$

Für die reelle Matrix

$$\boldsymbol{A} = \begin{pmatrix} 1.8 & 0.8 \\ 0.2 & 1.2 \end{pmatrix}$$

gilt $\boldsymbol{A}^2 = 1/5 \begin{pmatrix} 17 & 12 \\ 3 & 8 \end{pmatrix}$, $\boldsymbol{A}^3 = 1/5 \begin{pmatrix} 33 & 28 \\ 7 & 12 \end{pmatrix}$; bei Diagonalmatrizen ist es deutlich einfacher Potenzen zu bilden.

Die Matrizenmultiplikation wird also mit Diagonalmatrizen deutlich erleichtert. Es gibt noch einen weiteren Anlass, bei dem man sich Diagonalmatrizen wünscht – letztlich ist es aber doch wieder nur die Vereinfachung der Matrizenmultiplikation, die man sich dabei zum Ziel setzt. Die Rede ist von Darstellungsmatrizen linearer Abbildungen.

Eine Matrix heißt diagonalisierbar, wenn sie ähnlich zu einer Diagonalmatrix ist

Jede quadratische Matrix $\boldsymbol{A} \in \mathbb{K}^{n\times n}$ definiert eine lineare Abbildung:

$$\varphi_A : \begin{cases} \mathbb{K}^n & \to & \mathbb{K}^n \\ \boldsymbol{v} & \mapsto & \boldsymbol{A}\,\boldsymbol{v} \end{cases}$$

Eine lineare Abbildung nennen wir auch Endomorphismus, wenn der Bildbereich gleich dem Definitionsbereich ist. Die Darstellungsmatrix ${}_{E_n}\boldsymbol{M}(\varphi_A)_{E_n}$ des Endomorphismus φ_A bezüglich der Standardbasis E_n ist nach den Beispielen auf S. 633 gerade die Matrix $\boldsymbol{A}$.

Nun können wir aber auch die Darstellungsmatrix von φ_A bezüglich einer anderen geordneten Basis $B = (\boldsymbol{b}_1, \ldots, \boldsymbol{b}_n)$ bestimmen. Nach dem Ergebnis auf S. 637 gilt zwischen den beiden Darstellungsmatrizen $\boldsymbol{A} = {}_{E_n}\boldsymbol{M}(\varphi_A)_{E_n}$ und $\boldsymbol{D} = {}_B\boldsymbol{M}(\varphi_A)_B$ der enge Zusammenhang

$$\boldsymbol{D} = {}_B\boldsymbol{M}(\varphi_A)_B = \boldsymbol{S}^{-1}\,\boldsymbol{A}\,\boldsymbol{S}$$

mit $\boldsymbol{S} = ((\boldsymbol{b}_1, \ldots, \boldsymbol{b}_n))$. Die beiden Matrizen sind also zueinander ähnlich.

Andererseits können wir die Darstellungsmatrix ${}_B\boldsymbol{M}(\varphi_A)_B$ direkt angeben,

$${}_B\boldsymbol{M}(\varphi_A)_B = (({}_B\varphi_A(\boldsymbol{b}_1), \ldots, {}_B\varphi_A(\boldsymbol{b}_n))).$$

Die i-te Spalte der Darstellungsmatrix ist der Koordinatenvektor des Bildes des i-ten Basisvektors.

Nehmen wir nun an, es gibt zur linearen Abbildung φ_A eine solche geordnete Basis $B = (\boldsymbol{b}_1, \ldots, \boldsymbol{b}_n)$, für die gilt

$$\varphi_A(\boldsymbol{b}_1) = \boldsymbol{A}\,\boldsymbol{b}_1 = \lambda_1\,\boldsymbol{b}_1, \ldots, \varphi_A(\boldsymbol{b}_n) = \boldsymbol{A}\,\boldsymbol{b}_n = \lambda_n\,\boldsymbol{b}_n$$

mit $\lambda_1, \ldots, \lambda_n \in \mathbb{K}$. Dann erhalten wir als Darstellungsmatrix von φ_A bezüglich einer solchen geordneten Basis B die Diagonalmatrix

$$\boldsymbol{D} = {}_B\boldsymbol{M}(\varphi_A)_B = \begin{pmatrix} \lambda_1 & \cdots & 0 \\ \vdots & \ddots & \vdots \\ 0 & \cdots & \lambda_n \end{pmatrix},$$

weil die Koordinatenvektoren der Bilder der Basisvektoren $\boldsymbol{b}_1, \ldots, \boldsymbol{b}_n$ bezüglich der Basis B eine solche einfache Gestalt haben. Und wir haben weiterhin den Zusammenhang

$$\boldsymbol{D} = \begin{pmatrix} \lambda_1 & \cdots & 0 \\ \vdots & \ddots & \vdots \\ 0 & \cdots & \lambda_n \end{pmatrix} = \boldsymbol{S}^{-1}\,\boldsymbol{A}\,\boldsymbol{S}$$

mit $\boldsymbol{S} = ((\boldsymbol{b}_1, \ldots, \boldsymbol{b}_n))$. Es ist also $\boldsymbol{A}$ zu der Diagonalmatrix $\boldsymbol{D}$ ähnlich.

Beispiel Die Spiegelung σ an der Geraden $x_2 = x_1$ (siehe Abb. 18.1) hat bezüglich der Standardbasis E_2 die Darstellungsmatrix

$$\boldsymbol{A} = {}_{E_2}\boldsymbol{M}(\sigma)_{E_2} = \begin{pmatrix} 0 & 1 \\ 1 & 0 \end{pmatrix}.$$

Für die Elemente $\boldsymbol{b}_1 = \begin{pmatrix} 1 \\ 1 \end{pmatrix}$ und $\boldsymbol{b}_2 = \begin{pmatrix} 1 \\ -1 \end{pmatrix}$ gilt

$$\sigma(\boldsymbol{b}_1) = 1\,\boldsymbol{b}_1 \text{ und } \sigma(\boldsymbol{b}_2) = -1\,\boldsymbol{b}_2,$$

sodass also für die geordnete Basis $B = (\boldsymbol{b}_1, \boldsymbol{b}_2)$ gilt

$${}_B\boldsymbol{M}(\sigma)_B = \begin{pmatrix} 1 & 0 \\ 0 & -1 \end{pmatrix} = \boldsymbol{S}^{-1} \begin{pmatrix} 0 & 1 \\ 1 & 0 \end{pmatrix} \boldsymbol{S}$$

mit $\boldsymbol{S} = \begin{pmatrix} 1 & 1 \\ 1 & -1 \end{pmatrix}$. ◂

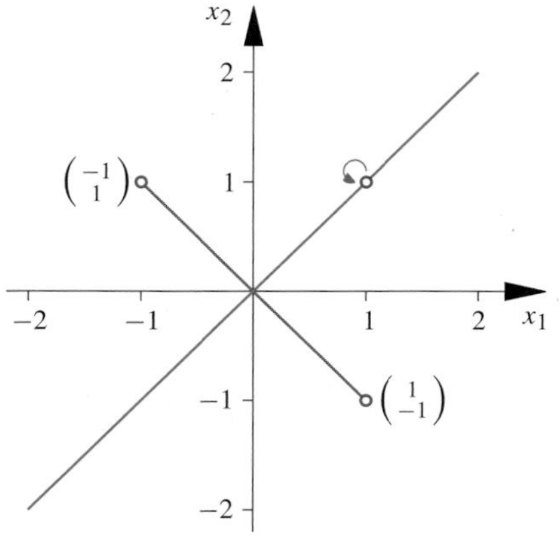

Abb. 18.1 Bei einer Spiegelung an der Geraden $x_2 = x_1$ wird der Vektor $\boldsymbol{b}_1$ auf $1\,\boldsymbol{b}_1$ und $\boldsymbol{b}_2$ auf $-1\,\boldsymbol{b}_2$ abgebildet.

Nicht zu jedem Endomorphismus existiert eine solche Basis, bei der jeder Basisvektor auf ein Vielfaches von sich abgebildet wird. Ein einfaches Beispiel für einen solchen *nicht-diagonalisierbaren* Endomorphismus ist eine Drehung um den Ursprung um einen Winkel $\alpha \in (0, \pi)$.

Beispiel Bei einer Drehung δ_α um den Ursprung im $\mathbb{R}^2$ um einen Winkel $\alpha \in (0, \pi)$ gibt es keinen vom Nullvektor verschiedenen Vektor, der auf ein Vielfaches von sich selbst abgebildet wird (siehe Abb. 18.2).

Die Darstellungsmatrix dieser Drehung δ_α bezüglich der Standardbasis E_2 erhalten wir einfach durch Angabe der Koordinatenvektoren der Bilder der Basisvektoren:

$${}_{E_2}\boldsymbol{M}(\delta_\alpha)_{E_2} = \begin{pmatrix} \cos\alpha & -\sin\alpha \\ \sin\alpha & \cos\alpha \end{pmatrix}$$ ◂

Selbstfrage 1

Was ist mit den Winkeln $\alpha = 0$ und $\alpha = \pi$?

Wir nennen Matrizen, die zu einer Diagonalmatrix ähnlich sind, *diagonalisierbar*.

Diagonalisierbare Matrizen

Eine Matrix $\boldsymbol{A} \in \mathbb{K}^{n\times n}$ heißt **diagonalisierbar**, wenn es eine invertierbare Matrix $\boldsymbol{S} \in \mathbb{K}^{n\times n}$ gibt, sodass

$$\boldsymbol{D} = \boldsymbol{S}^{-1}\boldsymbol{A}\,\boldsymbol{S}$$

eine Diagonalmatrix ist.

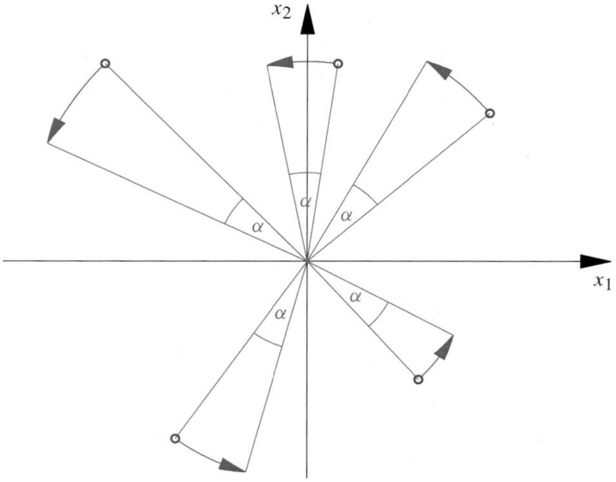

Abb. 18.2 Jeder Punkt wird um den gleichen Winkel um den Ursprung herum gedreht.

Beispiel

- Jede Diagonalmatrix $\boldsymbol{D}$ ist diagonalisierbar; man wähle $\boldsymbol{S} = \mathbf{E}_n$.
- Die Matrix $\boldsymbol{A} = \begin{pmatrix} 0 & 1 \\ 1 & 0 \end{pmatrix}$ ist diagonalisierbar. Man wähle $\boldsymbol{S} = \begin{pmatrix} 1 & 1 \\ 1 & -1 \end{pmatrix}$.
- Die Matrix $\boldsymbol{A} = \begin{pmatrix} 10 & 8 & 8 \\ 8 & 10 & 8 \\ 8 & 8 & 10 \end{pmatrix}$ ist diagonalisierbar, und zwar gilt mit $\boldsymbol{S} = \frac{1}{\sqrt{6}} \begin{pmatrix} -\sqrt{3} & -1 & \sqrt{2} \\ \sqrt{3} & -1 & \sqrt{2} \\ 0 & 2 & \sqrt{2} \end{pmatrix}$ die Gleichung

$$\begin{pmatrix} 2 & 0 & 0 \\ 0 & 2 & 0 \\ 0 & 0 & 26 \end{pmatrix} = \boldsymbol{S}^{-1} \boldsymbol{A} \boldsymbol{S} .$$ ◄

Nicht jede Matrix ist diagonalisierbar. Zwei grundlegende Fragen tauchen auf:

- Welche Matrizen sind diagonalisierbar?
- Wenn die Matrix $\boldsymbol{A}$ diagonalisierbar ist, wie bestimmt man effizient die $\boldsymbol{A}$ auf Diagonalgestalt *transformierende* Matrix $\boldsymbol{S}$?

Wir fassen unsere Überlegungen zusammen: Gegeben ist eine Matrix $\boldsymbol{A} \in \mathbb{K}^{n\times n}$. Falls es zu $\boldsymbol{A}$ eine geordnete Basis $B = (\boldsymbol{b}_1, \ldots, \boldsymbol{b}_n)$ des $\mathbb{K}^n$ mit der Eigenschaft

$$\boldsymbol{A}\,\boldsymbol{b}_1 = \lambda_1 \boldsymbol{b}_1, \ldots, \boldsymbol{A}\,\boldsymbol{b}_n = \lambda_n \boldsymbol{b}_n$$

gibt, so ist die Matrix $\boldsymbol{D} = \boldsymbol{S}^{-1} \boldsymbol{A}\,\boldsymbol{S}$, wobei $\boldsymbol{S} = ((\boldsymbol{b}_1, \ldots, \boldsymbol{b}_n))$, eine Diagonalmatrix.

Ist nun umgekehrt $B = (\boldsymbol{b}_1, \ldots, \boldsymbol{b}_n)$ eine geordnete Basis mit der Eigenschaft, dass die Matrix $\boldsymbol{D} = \boldsymbol{S}^{-1} \boldsymbol{A}\,\boldsymbol{S}$, wobei $\boldsymbol{S} = ((\boldsymbol{b}_1, \ldots, \boldsymbol{b}_n))$, eine Diagonalmatrix ist, so gilt

$$\boldsymbol{A}\,\boldsymbol{b}_1 = \lambda_1 \boldsymbol{b}_1, \ldots, \boldsymbol{A}\,\boldsymbol{b}_n = \lambda_n \boldsymbol{b}_n ,$$

da aus der Gleichung $\boldsymbol{D} = \boldsymbol{S}^{-1} \boldsymbol{A}\,\boldsymbol{S}$ sogleich

$$\boldsymbol{S}\boldsymbol{D} = \boldsymbol{A}\boldsymbol{S}$$

und hieraus wegen der Diagonalgestalt von $\boldsymbol{D} = \operatorname{diag}(\lambda_1, \ldots, \lambda_n)$ die Gleichung

$$((\lambda_1 \boldsymbol{b}_1, \ldots, \lambda_n \boldsymbol{b}_n)) = ((\boldsymbol{A}\,\boldsymbol{b}_1, \ldots, \boldsymbol{A}\,\boldsymbol{b}_n))$$

folgt.

Kriterium für Diagonalisierbarkeit

Eine Matrix $\boldsymbol{A} \in \mathbb{K}^{n\times n}$ ist genau dann diagonalisierbar, wenn es eine geordnete Basis $B = (\boldsymbol{b}_1, \ldots, \boldsymbol{b}_n)$ des $\mathbb{K}^n$ mit der Eigenschaft

$$\boldsymbol{A}\,\boldsymbol{b}_1 = \lambda_1 \boldsymbol{b}_1, \ldots, \boldsymbol{A}\,\boldsymbol{b}_n = \lambda_n \boldsymbol{b}_n$$

gibt. In diesem Fall ist die Matrix $\boldsymbol{D} = \boldsymbol{S}^{-1} \boldsymbol{A}\,\boldsymbol{S}$ mit $\boldsymbol{S} = ((\boldsymbol{b}_1, \ldots, \boldsymbol{b}_n))$ eine Diagonalmatrix.

Beispiel Nach den beiden Beispielen auf S. 649 ist die Matrix

$$\boldsymbol{A} = \begin{pmatrix} 0 & 1 \\ 1 & 0 \end{pmatrix}$$

diagonalisierbar, die Matrix

$$\boldsymbol{B} = \begin{pmatrix} \cos\alpha & -\sin\alpha \\ \sin\alpha & \cos\alpha \end{pmatrix}$$

für $\alpha \in (0, \pi)$ jedoch nicht. ◄

Von diagonalisierbaren Matrizen lassen sich beliebig hohe Potenzen einfach bilden

Eine der wichtigsten Eigenschaften von Diagonalmatrizen ist es, dass man beliebig hohe Potenzen solcher auf sehr einfache Art und Weise bestimmen kann. Ist nun $\boldsymbol{A} \in \mathbb{K}^{n\times n}$ zwar keine Diagonalmatrix, aber eine diagonalisierbare Matrix, so kann man sich mit einem Trick behelfen, um beliebig hohe Potenzen von $\boldsymbol{A}$ zu berechnen.

Ist $\boldsymbol{A} \in \mathbb{K}^{n\times n}$ diagonalisierbar, so existiert eine invertierbare Matrix $\boldsymbol{S} \in \mathbb{K}^{n\times n}$ mit

$$\boldsymbol{S}^{-1} \boldsymbol{A}\,\boldsymbol{S} = \begin{pmatrix} \lambda_1 & \cdots & 0 \\ \vdots & \ddots & \vdots \\ 0 & \cdots & \lambda_n \end{pmatrix} =: \boldsymbol{D} .$$

Diese Gleichung besagt

$$\boldsymbol{A} = \boldsymbol{S}\boldsymbol{D}\boldsymbol{S}^{-1} ,$$

also gilt für jedes $k \in \mathbb{N}$:

$$\begin{aligned} A^k = (\boldsymbol{S}\boldsymbol{D}\boldsymbol{S}^{-1})^k &= \underbrace{\boldsymbol{S}\boldsymbol{D}\boldsymbol{S}^{-1}\,\boldsymbol{S}\boldsymbol{D}\boldsymbol{S}^{-1} \cdots \boldsymbol{S}\boldsymbol{D}\boldsymbol{S}^{-1}}_{k\text{-mal}} \\ &= \boldsymbol{S}\boldsymbol{D}^k\boldsymbol{S}^{-1} . \end{aligned}$$

Also erhalten wir in diesem Fall die k-te Potenz von $\boldsymbol{A}$ durch Bilden der k-ten Potenz einer Diagonalmatrix und Bilden des Produktes dreier Matrizen.

Diesen Trick haben wir bereits bei den Fibonacci-Zahlen auf S. 588 benutzt, um eine explizite Formel für die k-te Fibonacci-Zahl herzuleiten.

Anwendung: Diskrete Modellbildung

Zahlreiche Vorgänge aus Natur und Technik werden am einfachsten durch ein diskretes mathematisches Modell der folgenden Form modelliert. Wir stellen uns ein System, das aus *n Punkten* besteht, vor und *beobachten* dies zu Zeitpunkten $t_0 < t_1 < t_2 < \cdots$. Bei jeder solchen *Beobachtung*, etwa einer Messung, wird der Zustand des Systems zum Zeitpunkt t_i durch einen Vektor, den *Zustandsvektor* $\boldsymbol{v}_i \in \mathbb{R}^n$ beschrieben, die j-te Komponente gibt dabei den Zustand des j-ten Punktes zum Zeitpunkt t_i an. Ausgehend vom Anfangszustand $\boldsymbol{v}_0 \in \mathbb{R}^n$ entwickelt sich das System nach der Vorschrift $\boldsymbol{v}_{i+1} = \boldsymbol{A}\,\boldsymbol{v}_i$, $i \in \mathbb{N}_0$, mit einer Matrix $\boldsymbol{A} \in \mathbb{R}^{n\times n}$. Wir nehmen also an, dass ein Zustand des Systems nur vom unmittelbar vorhergehenden Zustand, nicht aber von den übrigen Zuständen in der Vergangenheit abhängt. Weiter nehmen wir an, dass diese Abhängigkeit von der Wahl des speziellen Zeitpunktes unabhängig und außerdem linear ist, d. h., durch eine konstante Matrix, die wir $\boldsymbol{A}$ nennen, beschrieben wird. Man spricht in diesem Zusammenhang auch von einem *diskreten, gedächtnislosen, stationären, linearen* System.

Wir können in diesem Modell jeden Zustand $\boldsymbol{v}_k$ durch Iteration der Vorschrift $\boldsymbol{v}_{i+1} = \boldsymbol{A}\,\boldsymbol{v}_i$ berechnen

$$\boldsymbol{v}_k = \boldsymbol{A}\,\boldsymbol{v}_{k-1} = \boldsymbol{A}^2\,\boldsymbol{v}_{k-2} = \cdots = \boldsymbol{A}^k\,\boldsymbol{v}_0,$$

sofern wir den Anfangszustand $\boldsymbol{v}_0$ und die Übergangsmatrix $\boldsymbol{A}$ kennen.

Beispielhaft betrachten wir einen Organismus, der sich durch Zellteilung verdoppelt. Es gibt zwei verschiedene Typen des Organismus, sagen wir X und Y. Individuen beider Typen teilen sich pro Tag genau einmal und mutieren dabei mit einer gewissen Wahrscheinlichkeit in den entgegengesetzten Typ. Im Reagenzglas wird beobachtet, dass aus 100 Individuen vom Typ X nach einem Tag 180 Individuen vom Typ X und 20 Individuen vom Typ Y entstehen, während aus 100 Individuen vom Typ Y nach einem Tag 120 Individuen vom Typ Y und 80 Individuen vom Typ X entstehen.

Es bezeichne nun allgemein x_k die Anzahl der Individuen vom Typ X nach k Tagen und y_k die entsprechende Anzahl der Individuen vom Typ Y, wenn man die Zucht mit einer Anfangspopulation von x_0, y_0 Individuen vom Typ X bzw. Y startet. Beobachtungsgemäß gilt $x_k = 1.8\,x_{k-1} + 0.8\,y_{k-1}$, $y_k = 1.2\,y_{k-1} + 0.2\,x_{k-1}$ und damit

$$\begin{pmatrix} x_k \\ y_k \end{pmatrix} = \begin{pmatrix} 1.8 & 0.8 \\ 0.2 & 1.2 \end{pmatrix} \begin{pmatrix} x_{k-1} \\ y_{k-1} \end{pmatrix} = \begin{pmatrix} 1.8 & 0.8 \\ 0.2 & 1.2 \end{pmatrix}^k \begin{pmatrix} x_0 \\ y_0 \end{pmatrix}.$$

Wir bestimmen Eigenvektoren der Matrix

$$\boldsymbol{A} = \begin{pmatrix} 1.8 & 0.8 \\ 0.2 & 1.2 \end{pmatrix}.$$

Es gilt:

$$\chi_A = \begin{vmatrix} 1.8 - X & 0.8 \\ 0.2 & 1.2 - X \end{vmatrix} = (1 - X)\,(2 - X).$$

Als Eigenräume erhalten wir:

$$\mathrm{Eig}_{\boldsymbol{A}}(1) = \mathrm{Ker}\begin{pmatrix} 0.8 & 0.8 \\ 0.2 & 0.2 \end{pmatrix} = \left\langle \begin{pmatrix} 1 \\ -1 \end{pmatrix} \right\rangle$$

$$\mathrm{Eig}_{\boldsymbol{A}}(2) = \mathrm{Ker}\begin{pmatrix} -0.2 & 0.8 \\ 0.2 & -0.8 \end{pmatrix} = \left\langle \begin{pmatrix} 4 \\ 1 \end{pmatrix} \right\rangle.$$

Die beiden Vektoren $\boldsymbol{b}_1 = \begin{pmatrix} 1 \\ -1 \end{pmatrix}$ und $\boldsymbol{b}_2 = \begin{pmatrix} 4 \\ 1 \end{pmatrix}$ bilden eine Basis des $\mathbb{R}^2$ bestehend aus Eigenvektoren von $\boldsymbol{A}$. Mit der invertierbaren Matrix $\boldsymbol{S} = ((\boldsymbol{b}_1, \boldsymbol{b}_2))$ gilt

$$\boldsymbol{S}^{-1}\,\boldsymbol{A}\,\boldsymbol{S} = \begin{pmatrix} 1 & 0 \\ 0 & 2 \end{pmatrix},$$

und für jede natürliche Zahl k gilt

$$\boldsymbol{A}^k = 1/5 \begin{pmatrix} 1 & 4 \\ -1 & 1 \end{pmatrix} \begin{pmatrix} 1 & 0 \\ 0 & 2^k \end{pmatrix} \begin{pmatrix} 1 & -4 \\ 1 & 1 \end{pmatrix} = $$

$$= 1/5 \begin{pmatrix} 1 + 2^{k+2} & -4 + 2^{k+2} \\ -1 + 2^k & 4 + 2^k \end{pmatrix}.$$

Somit können wir für jedes k die Werte x_k und y_k aus der Startpopulation x_0 und y_0 bestimmen:

$$\begin{pmatrix} x_k \\ y_k \end{pmatrix} = \boldsymbol{A}^k \begin{pmatrix} x_0 \\ y_0 \end{pmatrix} = 1/5 \begin{pmatrix} 2^{k+2} + 1 & 2^{k+2} - 4 \\ 2^k - 1 & 2^k + 4 \end{pmatrix} \begin{pmatrix} x_0 \\ y_0 \end{pmatrix}$$

Bei jeder Startpopulation mit wenigstens einem Individuum, d. h. $(x_0, y_0) \neq (0, 0)$, wächst die Gesamtzahl $x_k + y_k = 2^k\,(x_0 + y_0)$ der Individuen ins Unermessliche. Über das Verhältnis der Individuenzahlen vom Typ X bzw. Y können wir aus der berechneten Formel einen wichtigen, nichttrivialen Schluss ziehen,

$$\frac{x_k}{y_k} = \frac{2^{k+2}(x_0 + y_0) + x_0 - 4\,y_0}{2^k\,(x_0 + y_0) - x_0 + 4\,y_0} \to 4 \quad \text{für} \quad k \to \infty.$$

Es gibt also, unabhängig von der Startpopulation, nach hinreichend langer Zucht etwa viermal so viele Individuen vom Typ X wie vom Typ Y.

18.2 Eigenwerte und Eigenvektoren

Im Mittelpunkt aller bisherigen Überlegungen standen Vektoren $\boldsymbol{v} \in \mathbb{K}^n \setminus \{\boldsymbol{0}\}$, für die $\boldsymbol{A}\,\boldsymbol{v} = \lambda\,\boldsymbol{v}$ für ein $\lambda \in \mathbb{K}$ gilt. Wir geben diesen Vektoren $\boldsymbol{v}$ wie auch den zugehörigen Zahlen λ Namen.

Eigenwerte und Eigenvektoren ergeben nur gemeinsam einen Sinn

Eigenwerte und Eigenvektoren

Man nennt ein Element $\lambda \in \mathbb{K}$ einen **Eigenwert** einer quadratischen Matrix $\boldsymbol{A} \in \mathbb{K}^{n\times n}$, wenn es einen Vektor $\boldsymbol{v} \in \mathbb{K}^n \setminus \{\boldsymbol{0}\}$ mit

$$\boldsymbol{A}\,\boldsymbol{v} = \lambda\,\boldsymbol{v}$$

gibt. Der Vektor $\boldsymbol{v}$ heißt in diesem Fall **Eigenvektor** von $\boldsymbol{A}$ zum Eigenwert λ.

Teil III

Achtung Der Nullvektor $\boldsymbol{0}$ ist kein Eigenvektor – für keinen Eigenwert. Eine solche Definition wäre auch nicht sinnvoll, da der Nullvektor sonst wegen

$$\boldsymbol{A}\,\boldsymbol{0} = \boldsymbol{0} = \lambda\,\boldsymbol{0} \text{ für alle } \lambda \in \mathbb{K}$$

Eigenvektor zu *jedem* Eigenwert wäre. Es ist jedoch durchaus zugelassen, dass $0 \in \mathbb{K}$ ein Eigenwert ist. ◀

Selbstfrage 2

Gibt es Eigenvektoren ohne Eigenwerte?

Gibt es Eigenwerte ohne Eigenvektoren?

Beispiel

- Die Einheitsmatrix $\mathbf{E}_n \in \mathbb{K}^{n\times n}$ hat den Eigenwert 1, da für jeden Vektor $\boldsymbol{v} \in \mathbb{K}^n$ gilt

  $$\mathbf{E}_n\,\boldsymbol{v} = 1\,\boldsymbol{v}\,.$$

  Damit kann $\mathbf{E}_n$ auch keine weiteren Eigenwerte haben, da bereits jeder vom Nullvektor verschiedene Vektor des $\mathbb{K}^n$ Eigenvektor zum Eigenwert 1 ist.
- Die Matrix $\boldsymbol{A} = \begin{pmatrix} 3 & -1 \\ 1 & 1 \end{pmatrix} \in \mathbb{R}^{2\times 2}$ hat wegen

  $$\boldsymbol{A}\begin{pmatrix} 1 \\ 1 \end{pmatrix} = \begin{pmatrix} 2 \\ 2 \end{pmatrix} = 2\begin{pmatrix} 1 \\ 1 \end{pmatrix}$$

  den Eigenwert 2 und den Eigenvektor $\begin{pmatrix} 1 \\ 1 \end{pmatrix}$ zum Eigenwert 2. Ebenso ist $\begin{pmatrix} 2 \\ 2 \end{pmatrix}$ wegen

  $$\boldsymbol{A}\begin{pmatrix} 2 \\ 2 \end{pmatrix} = \begin{pmatrix} 4 \\ 4 \end{pmatrix} = 2\begin{pmatrix} 2 \\ 2 \end{pmatrix}$$

  ein Eigenvektor zum Eigenwert 2. ◀

Achtung Zu einem Eigenwert gibt es im Allgemeinen viele verschiedene Eigenvektoren. ◀

Beispiel

- Wir bestimmen die Eigenwerte und Eigenvektoren einer Diagonalmatrix $\boldsymbol{D} = \begin{pmatrix} \lambda_1 & 0 \\ 0 & \lambda_2 \end{pmatrix} \in \mathbb{R}^{2\times 2}$.

  Gesucht sind $\lambda \in \mathbb{R}$ und $\boldsymbol{v} = \begin{pmatrix} v_1 \\ v_2 \end{pmatrix} \in \mathbb{R}^2 \setminus \{\boldsymbol{0}\}$, sodass die Gleichung

  $$\boldsymbol{D}\,\boldsymbol{v} = \lambda\,\boldsymbol{v}$$

  erfüllt ist. Diese Gleichung lautet ausgeschrieben

  $$\begin{pmatrix} \lambda_1 & 0 \\ 0 & \lambda_2 \end{pmatrix}\begin{pmatrix} v_1 \\ v_2 \end{pmatrix} = \lambda\begin{pmatrix} v_1 \\ v_2 \end{pmatrix}.$$

  Nur etwas anders geschrieben bedeutet dies

  $$\begin{aligned} (\lambda_1 - \lambda)\,v_1 &= 0\,, \\ (\lambda_2 - \lambda)\,v_2 &= 0\,. \end{aligned} \tag{18.1}$$

  Der Nullvektor ist kein Eigenvektor. Der Fall $v_1 = 0 = v_2$ ist somit für unsere Zwecke nicht von Interesse. Ist $v_1 \neq 0$, so ist die erste Gleichung nur dann erfüllt, wenn $\lambda = \lambda_1$ ist. Entsprechendes gilt für v_2. Somit erhalten wir genau dann nichttriviale Lösungen, wenn $\lambda \in \{\lambda_1, \lambda_2\}$, d. h., $\boldsymbol{D}$ hat die Eigenwerte λ_1 und λ_2 – und keine weiteren Eigenwerte.
  Wir bestimmen nun Eigenvektoren, d. h. $\boldsymbol{v}_1$ und $\boldsymbol{v}_2$, zu den Eigenwerten $\lambda = \lambda_1$ und $\lambda = \lambda_2$. Dazu betrachten wir zuerst den Fall $\lambda = \lambda_1$. Das Gleichungssystem (18.1) lautet

  $$\begin{aligned} 0\,v_1 &= 0\,, \\ (\lambda_2 - \lambda_1)\,v_2 &= 0\,. \end{aligned}$$

  Jeder Vektor der Form $\begin{pmatrix} v_1 \\ 0 \end{pmatrix}$ mit $v_1 \neq 0$ ist also ein Eigenvektor zum Eigenwert λ_1. Und im Fall $\lambda_1 \neq \lambda_2$ gibt es keine weiteren Eigenvektoren zu λ_1. Ist aber $\lambda_1 = \lambda_2$, so ist sogar jeder vom Nullvektor verschiedene Vektor ein Eigenvektor zum Eigenwert $\lambda_1 = \lambda_2$.
  Im Fall $\lambda = \lambda_2$ lautet das Gleichungssystem (18.1)

  $$\begin{aligned} (\lambda_1 - \lambda_2)\,v_1 &= 0\,, \\ 0\,v_2 &= 0\,. \end{aligned}$$

  Also ist jeder Vektor der Form $\begin{pmatrix} 0 \\ v_2 \end{pmatrix}$ mit $v_2 \neq 0$ Eigenvektor zum Eigenwert λ_2. Und aus $\lambda_2 \neq \lambda_1$ folgt, dass es keine weiteren Eigenvektoren zu λ_2 gibt. Der Fall $\lambda_1 = \lambda_2$ wurde bereits behandelt.
  Diese Überlegung lässt sich ohne Schwierigkeiten auf Diagonalmatrizen $\boldsymbol{D} = \operatorname{diag}(\lambda_1, \ldots, \lambda_n) \in \mathbb{K}^{n\times n}$ übertragen.

Die Eigenwerte von D sind die Diagonaleinträge $\lambda_1, \ldots, \lambda_n$ mit jeweiligen Eigenvektoren $e_1, \ldots, e_n$:

$$D\,e_i = \lambda_i\,e_i \quad \text{für } i = 1, \ldots, n\,.$$

Hierbei müssen die Diagonaleinträge $\lambda_1, \ldots, \lambda_n$ weder verschieden noch ungleich 0 sein.
Als Eigenvektoren hätten wir auch Vielfache der angegebenen wählen können, wir müssen nur darauf achten, dass wir nicht den Nullvektor wählen.

- Nicht jede Matrix besitzt Eigenwerte. So gibt es etwa zur Matrix $A = \begin{pmatrix} 0 & -1 \\ 1 & 0 \end{pmatrix} \in \mathbb{R}^{2\times 2}$ keine Eigenvektoren und damit auch keine Eigenwerte, denn die Gleichung

$$A\begin{pmatrix} v_1 \\ v_2 \end{pmatrix} = \lambda \begin{pmatrix} v_1 \\ v_2 \end{pmatrix}$$

liefert das System

$$-v_2 = \lambda\,v_1 \quad v_1 = \lambda\,v_2\,,$$

dessen einzige Lösung wegen $\lambda^2 \neq -1$ für alle $\lambda \in \mathbb{R}$ der Vektor $\begin{pmatrix} v_1 \\ v_2 \end{pmatrix} = \begin{pmatrix} 0 \\ 0 \end{pmatrix}$ ist. Weil der Nullvektor aber kein Eigenvektor ist, gibt es keine Eigenvektoren und folglich keine Eigenwerte. ◀

Selbstfrage 3

Welche Eigenwerte und Eigenvektoren hat die Nullmatrix $\mathbf{0} \in \mathbb{K}^{n\times n}$?

Anwendungsbeispiel Um das Verhalten eines modellierten realen Systems vorherzusagen (siehe die Anwendung auf S. 651), geben wir nun Antworten auf die folgenden Fragen:

- Wie berechnet man am einfachsten, den Zustand des Systems zu einem vorgegebenen Zeitpunkt t_k in der ferneren Zukunft; sagen wir $k = 1\,000$?
- Welches Langzeitverhalten hat das System? Beispielsweise erhebt sich die Frage, ob der komponentenweise zu verstehende Grenzwert $\lim\limits_{k\to\infty} v_k$ existiert, ob die Einträge von v_k über alle Grenzen wachsen, ob sie periodisch oszillieren, usw.

Beide Fragen lassen sich im Wesentlichen mithilfe der Eigenwerte und Eigenvektoren von A beantworten. Der Grund hierfür ist leicht an folgendem Spezialfall einzusehen: Wir nehmen an, dass der Anfangszustand v_0 ein Eigenvektor von A zum Eigenwert λ ist, d. h., es gilt $v_1 = A\,v_0 = \lambda\,v_0$. Daraus ergibt sich $v_2 = A\,v_1 = \lambda\,A\,v_0 = \lambda^2\,v_0$ und allgemein

$$v_k = A^k\,v_0 = \lambda^k\,v_0\,.$$

Wir haben damit eine geschlossene Formel für den Zustand v_k, damit können wir also den Zustand des Systems zum Zeitpunkt $t_k = 1\,000$ leicht bestimmen,

$$v_{1\,000} = \lambda^{1\,000}\,v_0\,.$$

Auch die zweite Frage wird dadurch beantwortet: Ist $|\lambda| < 1$, so konvergiert v_k komponentenweise gegen $\mathbf{0} = (0, \ldots, 0)^T$. Ist $|\lambda| > 1$, so wachsen die Komponenten von v_k über alle Grenzen, wenn die entsprechende Komponente von v_0 nicht gerade gleich null ist. Im Fall $\lambda = 1$ ist die Folge *stationär*: $v_k = v_0$ für alle $k \in \mathbb{N}_0$. Im Fall $\lambda = -1$ oszilliert sie: $v_{2k} = v_0$ und $v_{2k+1} = -v_0$. ◀

Mit dem Begriff des Eigenvektors können wir das Kriterium für die Diagonalisierbarkeit einer Matrix A von S. 650 kürzer fassen.

Kriterium für Diagonalisierbarkeit

Eine Matrix $A \in \mathbb{K}^{n\times n}$ ist genau dann diagonalisierbar, wenn es eine Basis B des $\mathbb{K}^n$ aus Eigenvektoren von A gibt.

Ist $B = (b_1, \ldots, b_n)$ eine geordnete Basis des $\mathbb{K}^n$ aus Eigenvektoren der Matrix A, so ist die Matrix

$$D = S^{-1}\,A\,S$$

mit $S = ((b_1, \ldots, b_n))$ eine Diagonalmatrix.

Anwendungsbeispiel Wir betrachten ein Volumenelement innerhalb eines unter Spannung stehenden homogenen Würfels (siehe Abb. 18.3).

Der (symmetrische) Spannungstensor, der diese Spannungen beschreibt, laute

$$S = \begin{pmatrix} \sigma_x & \tau_{xy} & \tau_{xz} \\ \tau_{yx} & \sigma_y & \tau_{yz} \\ \tau_{zx} & \tau_{zy} & \sigma_z \end{pmatrix} = \begin{pmatrix} 4 & -\sqrt{7} & 0 \\ -\sqrt{7} & 10 & 0 \\ 0 & 0 & -10 \end{pmatrix},$$

man vergleiche hierzu auch die Anwendung auf S. 594.

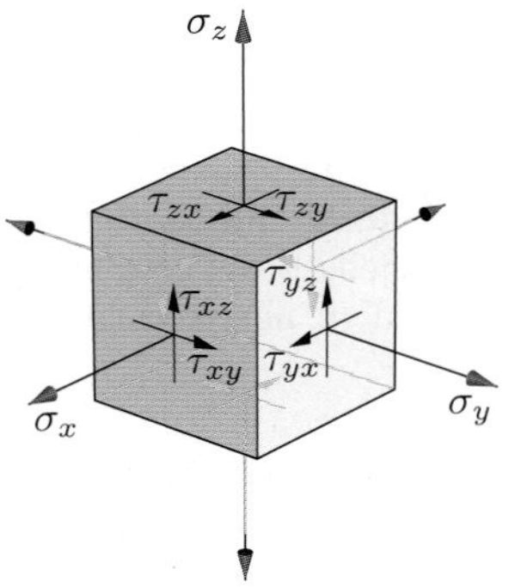

Abb. 18.3 Wirken auf einen Würfel Kräfte, so entstehen Spannungen innerhalb des Würfels. Diese Spannungen werden durch den Spannungstensor beschrieben.

Offenbar gilt für den normierten Vektor $\boldsymbol{n} = \boldsymbol{e}_3$ die Gleichung

$$\boldsymbol{S}\,\boldsymbol{n} = -10\,\boldsymbol{n}\,.$$

Weil die letzte Zeile, d. h. letzte Spalte des Spannungstensors den Spannungsvektor in $\boldsymbol{n}$-Richtung, d. h. z-Richtung

$$\boldsymbol{s}_z = \begin{pmatrix}\tau_{zx}\\ \tau_{zy}\\ \sigma_z\end{pmatrix} = \begin{pmatrix}0\\0\\-10\end{pmatrix}$$

bildet, besagt dies, dass in z-Richtung keine Schubspannung, sondern alleine Normalspannung vorliegt. Diese Richtung des Körpers scheint besonders ausgezeichnet zu sein. Wir untersuchen, ob wir weitere solche ausgezeichneten Richtungen finden. Und tatsächlich gilt mit dem normierten Vektor $\boldsymbol{p} = \frac{1}{\sqrt{8}}(\sqrt{7}, 1, 0)^T$

$$\boldsymbol{S}\boldsymbol{p} = \frac{1}{\sqrt{8}}\begin{pmatrix}4 & -\sqrt{7} & 0\\ -\sqrt{7} & 10 & 0\\ 0 & 0 & -10\end{pmatrix}\begin{pmatrix}\sqrt{7}\\1\\0\end{pmatrix} = 3\,\frac{1}{\sqrt{8}}\begin{pmatrix}\sqrt{7}\\1\\0\end{pmatrix} = 3\boldsymbol{p}\,,$$

sodass also auch die Richtung des Vektors $\boldsymbol{p}$ ausgezeichnet ist. Analog finden wir für den normierten Vektor $\boldsymbol{q} = \frac{1}{\sqrt{8}}(1, -\sqrt{7}, 0)$

$$\boldsymbol{S}\boldsymbol{q} = 11\boldsymbol{q}\,.$$

Wir können also den Spannungstensor $\boldsymbol{S}$ diagonalisieren, und zwar gilt mit der Matrix $\boldsymbol{T} = ((\boldsymbol{n}, \boldsymbol{p}, \boldsymbol{q}))$ die Beziehung

$$\boldsymbol{S}' = \begin{pmatrix}-10 & 0 & 0\\ 0 & 3 & 0\\ 0 & 0 & 11\end{pmatrix} = \boldsymbol{T}^{-1}\boldsymbol{S}\,\boldsymbol{T}\,.$$

Aber was besagt das nun? Diese neue *Größe* $\boldsymbol{S}'$ ist auch ein Spannungstensor. Er beschreibt ebenso wie $\boldsymbol{S}$ den Spannungszustand in einem Volumenelement des betrachteten Körpers. Die Schnittebenen, die hierbei das Volumenelement ausschneiden, sind dabei durch die drei zueinander senkrechten Normalenvektoren $\boldsymbol{n}, \boldsymbol{p}$ und $\boldsymbol{q}$ bestimmt. Wir haben den Spannungstensor also nur bezüglich einer anderen Orthonormalbasis bestimmt. Und zwar haben wir eine solche Basis gewählt bezüglich der keine Schubspannungen, sondern nur Normalenspannungen vorliegen, da

$$\tau_{np} = \tau_{nq} = \tau_{pn} = \tau_{pq} = \tau_{qn} = \tau_{qp} = 0 \quad \text{und}$$
$$\sigma_n = -10,\ \sigma_p = 3,\ \sigma_q = 11\,.$$

Wir haben den Körper also auf seine *Hauptspannungsachsen* transformiert. Bezüglich dieser Achsen wirken keine Schubspannungen, sondern nur Normalspannungen. ◀

Der Eigenraum zu einem Eigenwert besteht aus allen Eigenvektoren plus dem Nullvektor

Zu einem Eigenwert λ einer Matrix $\boldsymbol{A} \in \mathbb{K}^{n\times n}$ gehören im Allgemeinen viele verschiedene Eigenvektoren, ist nämlich $\boldsymbol{v}$ ein Eigenvektor zu λ, d. h. $\boldsymbol{A}\,\boldsymbol{v} = \lambda\,\boldsymbol{v}$, so gilt für jedes beliebige $\mu \in \mathbb{K} \setminus \{0\}$

$$\boldsymbol{A}\,(\mu\,\boldsymbol{v}) = \mu\,\boldsymbol{A}\,\boldsymbol{v} = \mu\,\lambda\,\boldsymbol{v} = \lambda\,(\mu\,\boldsymbol{v})\,.$$

Somit ist mit einem Eigenvektor $\boldsymbol{v}$ zu λ auch jedes vom Nullvektor verschiedene Vielfache $\mu\,\boldsymbol{v}$ wieder ein Eigenvektor zu λ.

Sind $\boldsymbol{v}$ und $\boldsymbol{w}$ Eigenvektoren zu dem Eigenwert λ, so auch deren Summe, falls nur $\boldsymbol{v} + \boldsymbol{w} \neq \boldsymbol{0}$ gilt, da

$$\boldsymbol{A}\,(\boldsymbol{v}+\boldsymbol{w}) = \boldsymbol{A}\,\boldsymbol{v} + \boldsymbol{A}\,\boldsymbol{w} = \lambda\,\boldsymbol{v} + \lambda\,\boldsymbol{w} = \lambda\,(\boldsymbol{v}+\boldsymbol{w})\,.$$

Fassen wir alle Eigenvektoren zu einem Eigenwert λ einer Matrix $\boldsymbol{A}$ zusammen und ergänzen diese Menge noch mit dem Nullvektor, so erhalten wir also einen Vektorraum – den sogenannten *Eigenraum* zum Eigenwert λ.

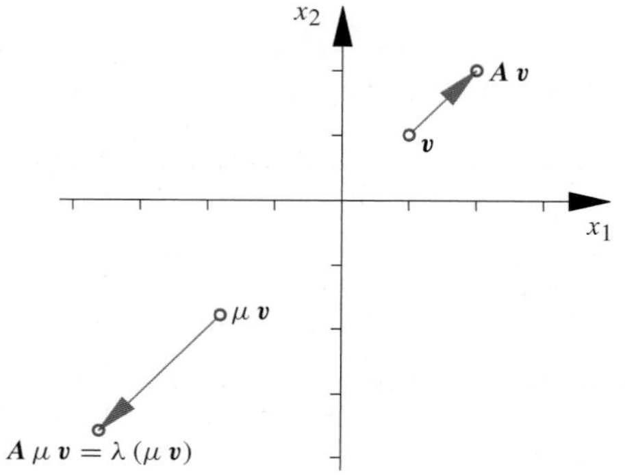

Abb. 18.4 Ist $\boldsymbol{v}$ ein Eigenvektor, so auch $\lambda\,\boldsymbol{v}$, wenn nur $\lambda \neq 0$ gilt.

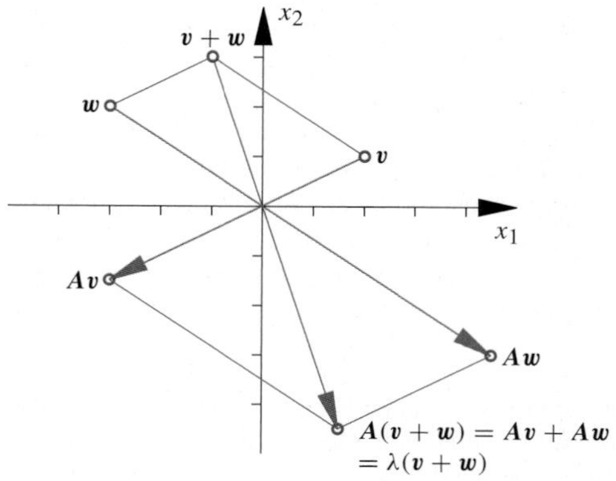

Abb. 18.5 Sind $\boldsymbol{v}$ und $\boldsymbol{w}$ Eigenvektoren, so auch deren Summe $\boldsymbol{v} + \boldsymbol{w}$.

Der Eigenraum zum Eigenwert λ

Ist $\lambda \in \mathbb{K}$ ein Eigenwert der Matrix $A \in \mathbb{K}^{n\times n}$, so nennt man den Untervektorraum

$$\mathrm{Eig}_A(\lambda) = \{v \in \mathbb{K}^n \mid A\,v = \lambda\,v\}$$

des $\mathbb{K}^n$ den **Eigenraum** zum Eigenwert λ.

Bald werden wir klären, wie wir den Eigenraum zu einem Eigenwert λ bestimmen können. Zuerst untersuchen wir, wie wir sämtliche Eigenwerte, die die Matrix A hat, bestimmen können.

Selbstfrage 4

Unter welchem anderen Namen ist Ihnen $\mathrm{Eig}_A(0)$ noch bekannt?

Zu den Invertierbarkeitskriterien von S. 609 gesellt sich nun ein weiteres.

Invertierbarkeitskriterium

Eine Matrix $A \in \mathbb{K}^{n\times n}$ ist genau dann invertierbar, wenn $0 \in \mathbb{K}$ kein Eigenwert von A ist.

Es hat nämlich A genau dann den Eigenwert 0, wenn das lineare Gleichungssystem $(A \mid 0)$ vom Nullvektor verschiedene Lösungen besitzt, also A einen Rang echt kleiner als n hat.

Beispiel

- Es ist 1 der einzige Eigenwert der Einheitsmatrix $\mathbf{E}_n \in \mathbb{K}^{n\times n}$, und es gilt
$$\mathrm{Eig}_{\mathbf{E}_n}(1) = \mathbb{K}^n\,.$$
- Die Diagonalmatrix $D = \begin{pmatrix} \lambda_1 & 0 \\ 0 & \lambda_2 \end{pmatrix} \in \mathbb{R}^{2\times 2}$ hat im Fall $\lambda = \lambda_1 = \lambda_2$ den Eigenraum
$$\mathrm{Eig}_D(\lambda) = \mathbb{R}^2$$
und im Fall $\lambda_1 \neq \lambda_2$ die jeweiligen Eigenräume
$$\mathrm{Eig}_D(\lambda_1) = \left\langle \begin{pmatrix} 1 \\ 0 \end{pmatrix} \right\rangle \text{ und } \mathrm{Eig}_D(\lambda_2) = \left\langle \begin{pmatrix} 0 \\ 1 \end{pmatrix} \right\rangle.$$
- Für die Matrix $A = \begin{pmatrix} 3 & -1 \\ 1 & 1 \end{pmatrix} \in \mathbb{R}^{2\times 2}$ können wir nach dem zweiten Beispiel von S. 652 bisher nur folgende Aussage treffen:
$$\left\langle \begin{pmatrix} 1 \\ 1 \end{pmatrix} \right\rangle \subseteq \mathrm{Eig}_A(2)\,.$$ ◄

Tatsächlich gilt in dem letzten Beispiel sogar Gleichheit. Wir werden nun Methoden kennenlernen, wie wir dies effizient feststellen können.

18.3 Berechnung der Eigenwerte und Eigenvektoren

In diesem Abschnitt zeigen wir, wie man die Eigenwerte, die Eigenräume und damit die Eigenvektoren einer Matrix $A \in \mathbb{K}^{n\times n}$ systematisch berechnen kann. Das wesentliche Hilfsmittel hierfür ist das *charakteristische Polynom* von A, das wir mithilfe der Determinante erklären werden.

Die Eigenwerte sind die Nullstellen des charakteristischen Polynoms

Es ist $\lambda \in \mathbb{K}$ genau dann ein Eigenwert einer Matrix $A \in \mathbb{K}^{n\times n}$, wenn es einen vom Nullvektor verschiedenen Vektor $v \in \mathbb{K}^n$ mit $A\,v = \lambda\,v$ gibt.

Dies können wir aber auch wie folgt ausdrücken: Eine Matrix $A \in \mathbb{K}^{n\times n}$ hat genau dann den Eigenwert λ, wenn das homogene lineare Gleichungssystem

$$(A - \lambda\,\mathbf{E}_n)\,v = \mathbf{0} \tag{18.2}$$

eine Lösung $v \neq \mathbf{0}$ besitzt.

Achtung Das homogene lineare Gleichungssystem $(A - \lambda\,\mathbf{E}_n)\,v = \mathbf{0}$ mit $\lambda \in \mathbb{K}$ hat auf jeden Fall die Lösung $v = \mathbf{0}$ – unabhängig von λ. Wir sind aber gerade an den nichttrivialen Lösungen $v \neq \mathbf{0}$ interessiert. Wir suchen also die $\lambda \in \mathbb{K}$, für die solche nichttrivialen Lösungen existieren. Hierzu ist die Determinante das Mittel der Wahl. ◄

Nach dem Invertierbarkeitskriterium auf S. 609 hat das homogene lineare Gleichungssystem $(A - \lambda\,\mathbf{E}_n)\,v = \mathbf{0}$ genau dann eine Lösung $v \neq \mathbf{0}$, wenn die Determinante der Koeffizientenmatrix

$$|A - \lambda\,\mathbf{E}_n| = \begin{vmatrix} a_{11} - \lambda & a_{12} & \cdots & a_{1n} \\ a_{21} & a_{22} - \lambda & & \vdots \\ \vdots & & \ddots & \\ a_{n1} & \cdots & & a_{nn} - \lambda \end{vmatrix}$$

des homogen linearen Gleichungssystems den Wert 0 hat.

Durch sukzessives Entwickeln dieser Determinante nach den ersten Spalten und Zusammenfassen aller Terme mit der gleichen λ-Potenz erhält man daraus eine Gleichung n-ten Grades für λ,

$$(-1)^n\,\lambda^n + c_{n-1}\,\lambda^{n-1} + \cdots + c_1\,\lambda + c_0 = 0$$

mit $c_0, c_1, \ldots, c_{n-1} \in \mathbb{K}$.

Wir fassen zusammen: Ist λ ein Eigenwert der Matrix A, so gilt $|A - \lambda\,\mathbf{E}_n| = 0$, und gilt für ein $\lambda \in \mathbb{K}$ die Gleichung $|A - \lambda\,\mathbf{E}_n| = 0$, so ist λ ein Eigenwert von A.

Teil III

Um also die Eigenwerte einer Matrix $\boldsymbol{A}$ zu bestimmen, können wir den Ansatz

$$|\boldsymbol{A} - X\,\mathbf{E}_n| = 0$$

in der *Unbestimmten X* machen. Es ist nämlich $|\boldsymbol{A} - X\,\mathbf{E}_n|$ ein Polynom in der Unbestimmten X über dem Körper $\mathbb{K}$, und die Nullstellen dieses Polynoms sind die Eigenwerte.

Das charakteristische Polynom

Das Polynom

$$\begin{aligned}\chi_A &:= |\boldsymbol{A} - X\,\mathbf{E}_n| \\ &= (-1)^n X^n + c_{n-1} X^{n-1} + \cdots + c_1 X + c_0 \in \mathbb{K}[X]\end{aligned}$$

vom Grad n heißt **charakteristisches Polynom** der Matrix $\boldsymbol{A} \in \mathbb{K}^{n\times n}$.

Es gilt:

$$\lambda \in \mathbb{K} \text{ ist ein Eigenwert von } \boldsymbol{A} \;\Leftrightarrow\; \chi_A(\lambda) = 0\,.$$

Die Matrix $\boldsymbol{A}$ hat höchstens n Eigenwerte.

Die letzte Behauptung ist klar, da χ_A als Polynom vom Grad n nicht mehr als n Nullstellen haben kann.

Kommentar In anderen Büchern findet man auch die Definition

$$\chi_A = |X\,\mathbf{E}_n - \boldsymbol{A}|\,.$$

Wegen $|X\,\mathbf{E}_n - \boldsymbol{A}| = (-1)^n\,|\boldsymbol{A} - X\,\mathbf{E}_n|$ ist das für ungerades n zwar im Allgemeinen nicht das gleiche Polynom, aber die Nullstellen, also die Eigenwerte, dieser Polynome sind die gleichen. Und letztlich interessieren wir uns nur für diese Nullstellen. ◀

Wir erhalten die Eigenwerte einer Matrix $\boldsymbol{A} \in \mathbb{K}^{n\times n}$, indem wir das charakteristische Polynom χ_A durch Berechnen der Determinante der Matrix $\boldsymbol{A} - X\,\mathbf{E}_n$ ermitteln. Die Eigenwerte sind dann die Nullstellen dieses Polynoms.

Beispiel

- Wir berechnen die Eigenwerte der Matrix

$$\boldsymbol{A} = \begin{pmatrix} 3 & -1 \\ 1 & 1 \end{pmatrix} \in \mathbb{R}^{2\times 2}\,.$$

Es gilt

$$\begin{aligned}\chi_A = |\boldsymbol{A} - X\,\mathbf{E}_2| &= \begin{vmatrix} 3-X & -1 \\ 1 & 1-X \end{vmatrix} \\ &= (3-X)(1-X) + 1 = (2-X)^2\,.\end{aligned}$$

Da 2 die einzige Nullstelle des charakteristischen Polynoms von $\boldsymbol{A}$ ist, ist 2 der einzige Eigenwert von $\boldsymbol{A}$.

- Wir berechnen die Eigenwerte der Matrix

$$\boldsymbol{A} = \begin{pmatrix} 1 & 2 & 2 \\ 2 & -2 & 1 \\ 2 & 1 & -2 \end{pmatrix} \in \mathbb{R}^{3\times 3}\,.$$

Zuerst bestimmen wir wieder das charakteristische Polynom, indem wir nach der ersten Zeile entwickeln.

$$\begin{aligned}\chi_A = |\boldsymbol{A} - X\,\mathbf{E}_3| &= \begin{vmatrix} \mathbf{1-X} & \mathbf{2} & \mathbf{2} \\ 2 & -2-X & 1 \\ 2 & 1 & -2-X \end{vmatrix} \\ &= (\mathbf{1-X}) \begin{vmatrix} -2-X & 1 \\ 1 & -2-X \end{vmatrix} \\ &\quad + (\mathbf{-2}) \begin{vmatrix} 2 & 1 \\ 2 & -2-X \end{vmatrix} + \mathbf{2} \begin{vmatrix} 2 & -2-X \\ 2 & 1 \end{vmatrix} \\ &= -X^3 - 3X^2 + 9X + 27 = (3-X)(-3-X)^2\,.\end{aligned}$$

Da 3 und -3 die einzigen Nullstellen des charakteristischen Polynoms von $\boldsymbol{A}$ sind, sind 3 und -3 auch die einzigen Eigenwerte von $\boldsymbol{A}$.

- Wir berechnen die Eigenwerte der Matrix

$$\boldsymbol{A} = \begin{pmatrix} -3 & 1 & 0 & 0 & 0 \\ -1 & -1 & 0 & 0 & 0 \\ -3 & 1 & -2 & 1 & 1 \\ -2 & 1 & 0 & -2 & 1 \\ -1 & 1 & 0 & 0 & -2 \end{pmatrix} \in \mathbb{R}^{5\times 5}\,.$$

Zum Berechnen des charakteristischen Polynoms nutzen wir aus, dass die Matrix eine Blockdreiecksmatrix ist (siehe Aufgabe 16.8).

$$\begin{aligned}\chi_A &= |\boldsymbol{A} - X\,\mathbf{E}_5| \\ &= \begin{vmatrix} -3-X & 1 & 0 & 0 & 0 \\ -1 & -1-X & 0 & 0 & 0 \\ -3 & 1 & -2-X & 1 & 1 \\ -2 & 1 & 0 & -2-X & 1 \\ -1 & 1 & 0 & 0 & -2-X \end{vmatrix} \\ &= \begin{vmatrix} -3-X & 1 \\ -1 & -1-X \end{vmatrix} \begin{vmatrix} -2-X & 1 & 1 \\ 0 & -2-X & 1 \\ 0 & 0 & -2-X \end{vmatrix} \\ &= (-2-X)^5\,.\end{aligned}$$

Der einzige Eigenwert von $\boldsymbol{A}$ ist also -2.

- Besonders einfach ist die Bestimmung der Eigenwerte von Dreiecks- bzw. Diagonalmatrizen. Ist nämlich

$$\boldsymbol{D} = \begin{pmatrix} \lambda_{11} & * & \cdots & * \\ 0 & \lambda_{22} & \ddots & \vdots \\ \vdots & \ddots & \ddots & * \\ 0 & \cdots & 0 & \lambda_{nn} \end{pmatrix}$$

etwa eine obere Dreiecksmatrix, so sind wegen

$$\chi_D = (\lambda_{11} - X)\,(\lambda_{22} - X)\,\cdots\,(\lambda_{nn} - X)$$

gerade die Diagonalelemente von $\boldsymbol{D}$ die Eigenwerte von $\boldsymbol{D}$. Das gilt analog für untere Dreiecksmatrizen. ◀

Wir haben bereits ein Beispiel einer Matrix angegeben, welche keine Eigenwerte hat, nämlich die Matrix

$$\boldsymbol{A} = \begin{pmatrix} 0 & -1 \\ 1 & 0 \end{pmatrix} \in \mathbb{R}^{2\times 2}.$$

Das charakteristische Polynom dieser Matrix ist

$$\chi_A = X^2 + 1 \in \mathbb{R}[X].$$

Weil dieses Polynom in $\mathbb{R}$ keine Nullstelle hat, besitzt also $\boldsymbol{A}$ auch keine reellen Eigenwerte.

Die Situation ist anders, wenn wir diese Matrix $\boldsymbol{A}$ als komplexe Matrix auffassen, wenn wir also

$$\boldsymbol{A} = \begin{pmatrix} 0 & -1 \\ 1 & 0 \end{pmatrix} \in \mathbb{C}^{2\times 2}$$

zulassen. Dadurch ändert sich zwar nicht das charakteristische Polynom selbst, die Koeffizienten aber fassen wir nun als komplexe Zahlen auf, d. h.

$$\chi_A = X^2 + 1 \in \mathbb{C}[X].$$

Dieses Polynom hat in $\mathbb{C}$ die zwei verschiedenen Nullstellen i und $-$i, es gilt also

$$\chi_A = (X + \mathrm{i})\,(X - \mathrm{i}) \in \mathbb{C}[X].$$

Also hat diese komplexe Matrix $\boldsymbol{A}$ zwei verschiedene Eigenwerte.

Wegen des Fundamentalsatzes der Algebra, wonach jedes nichtkonstante Polynom über $\mathbb{C}$ eine Nullstelle in $\mathbb{C}$ hat, gilt für die nicht notwendig verschiedenen Eigenwerte Folgendes.

Eigenwerte komplexer Matrizen

Jede komplexe $n \times n$-Matrix hat n Eigenwerte.

Die Matrix A ist Nullstelle ihres charakteristischen Polynoms

Wir betrachten zu einer Matrix $\boldsymbol{A} \in \mathbb{K}^{n\times n}$ das charakteristische Polynom $\chi_A = (-1)^n X^n + c_{n-1} X^{n-1} + \cdots + c_1 X + c_0 \in \mathbb{K}[X]$.

Wir können diesen letzten Koeffizienten c_0 auch als $c_0 X^0$ interpretieren. Definieren wir nun $\boldsymbol{M}^0 = \mathbf{E}_n$ für jede quadratische $n \times n$-Matrix, so können wir sogar eine beliebige quadratische Matrix für die Unbestimmte X in das Polynom einsetzen,

$$\chi_A(\boldsymbol{M}) = (-1)^n \boldsymbol{M}^n + c_{n-1} \boldsymbol{M}^{n-1} + \cdots + c_1 \boldsymbol{M} + c_0 \boldsymbol{M}^0,$$

wobei $\chi_A(\boldsymbol{M}) \in \mathbb{K}^{n\times n}$ ist. Hierbei ist nun die Addition bzw. Multiplikation die Matrizenaddition bzw. Matrizenmultiplikation.

Es gibt einen berühmten Satz, der besagt, dass das charakteristische Polynom einer Matrix, eben diese Matrix als Nullstelle hat.

Der Satz von Cayley-Hamilton

Für jede Matrix $\boldsymbol{A} \in \mathbb{K}^{n\times n}$ gilt

$$\chi_A(\boldsymbol{A}) = \mathbf{0},$$

wobei $\mathbf{0}$ die Nullmatrix aus $\mathbb{K}^{n\times n}$ bezeichnet.

Der Beweis dieses Satzes ist schwierig, wir verzichten darauf.

Wir können mit dem Satz von Cayley-Hamilton das Inverse einer (invertierbaren) Matrix bestimmen, wenn wir das charakteristische Polynom dieser Matrix kennen. Ist nämlich

$$\chi_A = (-1)^n X^n + \cdots + a_1 X + a_0$$

das charakteristische Polynom einer invertierbaren Matrix $\boldsymbol{A}$, so gilt nach dem Satz von Cayley-Hamilton

$$-a_0^{-1}\,((-1)^n \boldsymbol{A}^{n-1} + \cdots a_1\,\mathbf{E}_n)\,\boldsymbol{A} = \mathbf{E}_n,$$

sodass $\boldsymbol{A}^{-1} = -a_0^{-1}\,((-1)^n \boldsymbol{A}^{n-1} + \cdots a_1\,\mathbf{E}_n)$ gilt.

Selbstfrage 5

Wieso gilt $a_0 \neq 0$?

Beispiel Die Matrix $\boldsymbol{A} = \begin{pmatrix} 1 & 4 & -2 \\ 0 & 1 & 0 \\ 0 & 3 & 1 \end{pmatrix}$ hat das charakteristische Polynom $\chi_A = -X^3 + 3X^2 - 3X + 1$. Damit erhalten wir

$$\boldsymbol{A}^{-1} = (-1)\,(-\boldsymbol{A}^2 + 3\boldsymbol{A} - 3\,\mathbf{E}_3) = \begin{pmatrix} 1 & -10 & 2 \\ 0 & 1 & 0 \\ 0 & -3 & 1 \end{pmatrix}.$$ ◀

Teil III

Den Eigenraum und damit die Eigenvektoren erhält man durch Lösen eines homogenen linearen Gleichungssystems

Hat eine Matrix $\boldsymbol{A}$ nicht gerade Dreiecks- oder Diagonalgestalt, so bestimmt man im Allgemeinen die Eigenwerte von $\boldsymbol{A}$ systematisch durch Berechnen der Nullstellen des charakteristischen Polynoms χ_A von $\boldsymbol{A}$.

Wir gehen nun einen Schritt weiter und erklären, wie wir die Eigenräume und damit die Eigenvektoren zu den Eigenwerten von $\boldsymbol{A}$ bestimmen können.

Ist $\lambda \in \mathbb{K}$ ein Eigenwert der Matrix $\boldsymbol{A} \in \mathbb{K}^{n\times n}$, so besteht der Eigenraum aus dem Nullvektor und aus allen Eigenvektoren zum Eigenwert λ, und es gilt

$$\begin{aligned}\mathrm{Eig}_A(\lambda) &= \{\boldsymbol{v} \in \mathbb{K}^n \mid \boldsymbol{A}\,\boldsymbol{v} = \lambda\,\boldsymbol{v}\}\\ &= \{\boldsymbol{v} \in \mathbb{K}^n \mid (\boldsymbol{A} - \lambda\,\mathbf{E}_n)\,\boldsymbol{v} = \mathbf{0}\}\,.\end{aligned}$$

Also erhält man den Eigenraum $\mathrm{Eig}_A(\lambda)$ zum Eigenwert λ durch Lösen des homogenen linearen Gleichungssystems

$$(\boldsymbol{A} - \lambda\,\mathbf{E}_n)\,\boldsymbol{v} = \mathbf{0}\,.$$

Die Lösungsmenge dieses Systems ist der Eigenraum des Eigenwertes λ, und jeder vom Nullvektor verschiedene Vektor dieses Eigenraums ist ein Eigenvektor zu dem Eigenwert λ.

Bestimmung des Eigenraums zum Eigenwert λ

Ist λ ein Eigenwert von $\boldsymbol{A}$, so ist die Lösungsmenge des homogenen linearen Gleichungssystems

$$(\boldsymbol{A} - \lambda\,\mathbf{E}_n)\,\boldsymbol{v} = \mathbf{0}$$

der Eigenraum zum Eigenwert λ.

Ist λ ein Eigenwert der quadratischen Matrix $\boldsymbol{A}$, so gibt es einen Vektor $\mathbf{0} \neq \boldsymbol{v} \in \mathbb{K}^n$ mit $\boldsymbol{A}\,\boldsymbol{v} = \lambda\,\boldsymbol{v}$. Also ist die Dimension des Eigenraums $\mathrm{Eig}_A(\lambda)$ mindestens 1.

Selbstfrage 6

Wie lautet das System

$$(\boldsymbol{A} - \lambda\,\mathbf{E}_n)\,\boldsymbol{x} = \mathbf{0}$$

in den Fällen $\boldsymbol{A} = \mathbf{E}_n$ bzw. $\boldsymbol{A} = \mathbf{0}$ für die entsprechenden Eigenwerte der Einheits- bzw. Nullmatrix, und was sind die entsprechenden Eigenräume?

Wir bestimmen für die Beispiele, die wir auf S. 656 betrachtet haben, die jeweiligen Eigenräume.

Beispiel

- Wir berechnen die Eigenräume der Matrix

$$\boldsymbol{A} = \begin{pmatrix} 3 & -1 \\ 1 & 1 \end{pmatrix} \in \mathbb{R}^{2\times 2}\,.$$

Wegen $\chi_A = (2 - X)^2$ hat $\boldsymbol{A}$ den einzigen Eigenwert 2. Den Eigenraum $\mathrm{Eig}_A(\mathbf{2})$ von $\boldsymbol{A}$ zum Eigenwert $\mathbf{2}$ erhalten wir also als Lösungsmenge des homogenen Systems

$$(\boldsymbol{A} - \mathbf{2}\,\mathbf{E}_n)\,\boldsymbol{v} = \mathbf{0}\,,\ \text{d.h.}\ \left(\begin{array}{cc|c} 3-\mathbf{2} & -1 & 0 \\ 1 & 1-\mathbf{2} & 0 \end{array}\right).$$

Durch eine Zeilenumformung erhalten wir

$$\left(\begin{array}{cc|c} 1 & -1 & 0 \\ 1 & -1 & 0 \end{array}\right) \to \left(\begin{array}{cc|c} 1 & -1 & 0 \\ 0 & 0 & 0 \end{array}\right).$$

Damit erhalten wir den Eigenraum zum Eigenwert 2

$$\mathrm{Eig}_A(2) = \left\langle \begin{pmatrix} 1 \\ 1 \end{pmatrix} \right\rangle.$$

- Wir bestimmen die Eigenräume der Matrix

$$\boldsymbol{A} = \begin{pmatrix} 1 & 2 & 2 \\ 2 & -2 & 1 \\ 2 & 1 & -2 \end{pmatrix} \in \mathbb{R}^{3\times 3}\,.$$

Wegen $\chi_A = (3 - X)\,(-3 - X)^2$ hat $\boldsymbol{A}$ die beiden verschiedenen Eigenwerte 3 und -3.
Wir berechnen zuerst den Eigenraum $\mathrm{Eig}_A(\mathbf{3})$ von $\boldsymbol{A}$ zum Eigenwert $\mathbf{3}$. Wir erhalten ihn als Lösungsmenge des homogenen Systems

$$(\boldsymbol{A} - \mathbf{3}\,\mathbf{E}_n)\,\boldsymbol{v} = \mathbf{0}\,,\ \text{d.h.}\ \left(\begin{array}{ccc|c} 1-\mathbf{3} & 2 & 2 & 0 \\ 2 & -2-\mathbf{3} & 1 & 0 \\ 2 & 1 & -2-\mathbf{3} & 0 \end{array}\right).$$

Durch Zeilenumformungen erhalten wir

$$\left(\begin{array}{ccc|c} -2 & 2 & 2 & 0 \\ 2 & -5 & 1 & 0 \\ 2 & 1 & -5 & 0 \end{array}\right) \to \left(\begin{array}{ccc|c} -1 & 1 & 1 & 0 \\ 0 & -3 & 3 & 0 \\ 0 & 3 & -3 & 0 \end{array}\right)$$
$$\to \left(\begin{array}{ccc|c} 1 & 0 & -2 & 0 \\ 0 & 1 & -1 & 0 \\ 0 & 0 & 0 & 0 \end{array}\right).$$

Also erhalten wir als Eigenraum

$$\mathrm{Eig}_A(3) = \left\langle \begin{pmatrix} 2 \\ 1 \\ 1 \end{pmatrix} \right\rangle.$$

Nun berechnen wir noch den Eigenraum $\mathrm{Eig}_A(\mathbf{-3})$ von $\boldsymbol{A}$ zum Eigenwert $\mathbf{-3}$. Wir erhalten ihn als Lösungsmenge des homogenen Systems

$$(\boldsymbol{A} + \mathbf{3}\,\mathbf{E}_n)\,\boldsymbol{v} = \mathbf{0}\,,\ \text{d.h.}\ \left(\begin{array}{ccc|c} 1+\mathbf{3} & 2 & 2 & 0 \\ 2 & -2+\mathbf{3} & 1 & 0 \\ 2 & 1 & -2+\mathbf{3} & 0 \end{array}\right).$$

Durch Zeilenumformungen erhalten wir

$$\left(\begin{array}{ccc|c} 4 & 2 & 2 & 0 \\ 2 & 1 & 1 & 0 \\ 2 & 1 & 1 & 0 \end{array}\right) \to \left(\begin{array}{ccc|c} 2 & 1 & 1 & 0 \\ 0 & 0 & 0 & 0 \\ 0 & 0 & 0 & 0 \end{array}\right).$$

Also gilt für den Eigenraum

$$\mathrm{Eig}_A(-3) = \left\langle \begin{pmatrix} -1 \\ 0 \\ 2 \end{pmatrix}, \begin{pmatrix} -1 \\ 2 \\ 0 \end{pmatrix} \right\rangle.$$

- Wir berechnen die Eigenräume der Matrix

$$A = \begin{pmatrix} -3 & 1 & 0 & 0 & 0 \\ -1 & -1 & 0 & 0 & 0 \\ -3 & 1 & -2 & 1 & 1 \\ -2 & 1 & 0 & -2 & 1 \\ -1 & 1 & 0 & 0 & -2 \end{pmatrix} \in \mathbb{R}^{5\times 5}.$$

Wegen $\chi_A = (-2 - X)^5$ ist -2 der einzige Eigenwert von A. Den Eigenraum $\mathrm{Eig}_A(-2)$ von A zum Eigenwert -2 erhalten wir als Lösungsmenge des homogenen Systems

$$(A + 2\,\mathbf{E}_5)\,v = \mathbf{0}, \text{ d. h.}$$
$$\left(\begin{array}{ccccc|c} -3+\mathbf{2} & 1 & 0 & 0 & 0 & 0 \\ -1 & -1+\mathbf{2} & 0 & 0 & 0 & 0 \\ -3 & 1 & -2+\mathbf{2} & 1 & 1 & 0 \\ -2 & 1 & 0 & -2+\mathbf{2} & 1 & 0 \\ -1 & 1 & 0 & 0 & -2+\mathbf{2} & 0 \end{array}\right).$$

Durch Zeilenumformungen erhalten wir

$$\left(\begin{array}{ccccc|c} -1 & 1 & 0 & 0 & 0 & 0 \\ -1 & 1 & 0 & 0 & 0 & 0 \\ -3 & 1 & 0 & 1 & 1 & 0 \\ -2 & 1 & 0 & 0 & 1 & 0 \\ -1 & 1 & 0 & 0 & 0 & 0 \end{array}\right) \to \left(\begin{array}{ccccc|c} -1 & 1 & 0 & 0 & 0 & 0 \\ 0 & 0 & 0 & 0 & 0 & 0 \\ -3 & 1 & 0 & 1 & 1 & 0 \\ -2 & 1 & 0 & 0 & 1 & 0 \\ 0 & 0 & 0 & 0 & 0 & 0 \end{array}\right)$$

Also ist der Eigenraum

$$\mathrm{Eig}_A(-2) = \left\langle \begin{pmatrix} 1 \\ 1 \\ 1 \\ 1 \\ 1 \end{pmatrix}, \begin{pmatrix} 0 \\ 0 \\ 1 \\ 0 \\ 0 \end{pmatrix} \right\rangle.$$ ◄

Wenn $\lambda \in \mathbb{K}$ ein Eigenwert der Matrix $A \in \mathbb{K}^{n\times n}$ ist, so hat das Gleichungssystem

$$(A - \lambda\,\mathbf{E}_n)\,v = \mathbf{0}$$

vom Nullvektor verschiedene Lösungen, da ja gerade die Eigenwerte jene Elemente sind, für welche der Rang der Matrix $A - \lambda\,\mathbf{E}_n$ echt kleiner als n ist.

Dies kann zur Kontrolle der Rechnung benutzt werden, da die Berechnung des Kerns von $A - \lambda\,\mathbf{E}_n$ stark anfällig für Rechenfehler ist. Erhält man nach einer Rechnung als Eigenraum den Nullraum, so hat man sich zwangsläufig verrechnet.

Es ist auch leicht, seine Ergebnisse zu überprüfen. Erhält man $\mathrm{Eig}_A(\lambda) = \langle b_1, \ldots, b_r\rangle$, so überprüfe man, ob die Gleichungen $A\,b_i = \lambda\,b_i$ für alle $i = 1, \ldots, r$ erfüllt sind. Dies kann man oft im Kopf nachrechnen.

Selbstfrage 7

Prüfen Sie die Gleichungen $A\,b_i = \lambda\,b_i$ für einige $i = 1, \ldots, r$ und $\mathrm{Eig}_A(\lambda) = \langle b_1, \ldots, b_r\rangle$ in den eben aufgeführten Beispielen nach.

Anwendungsbeispiel Wir betrachten das in Abb. 18.6 gezeigte Doppelpendel.

Man ermittelt für dieses System in linearer Näherung für kleine Winkel φ_1, φ_2 die folgenden Differenzialgleichungen

$$\begin{aligned} 2\,m\,l^2\,\varphi_1'' + m\,l^2\varphi_2'' &= -2\,m\,g\,l\,\varphi_1\,, \\ m\,l^2\varphi_1'' + m\,l^2\varphi_2'' &= -m\,g\,l\,\varphi_2\,. \end{aligned}$$

Gesucht sind die Funktionen φ_1 und φ_2, die beide Gleichungen erfüllen.

Dieses Differenzialgleichungssystem können wir auch in einer Matrizenform schreiben, und zwar gilt mit den Matrizen

$$M = \begin{pmatrix} 2\,m\,l^2 & m\,l^2 \\ m\,l^2 & m\,l^2 \end{pmatrix},\ K = \begin{pmatrix} 2\,m\,g\,l & 0 \\ 0 & m\,g\,l \end{pmatrix},\ \boldsymbol{\varphi} = \begin{pmatrix} \varphi_1 \\ \varphi_2 \end{pmatrix}$$

die Gleichung

$$M\,\boldsymbol{\varphi}'' = -K\,\boldsymbol{\varphi}\,, \tag{18.3}$$

wobei $\boldsymbol{\varphi}'' = \begin{pmatrix} \varphi_1'' \\ \varphi_2'' \end{pmatrix}$ bezeichnet.

Unter den Lösungen dieses Differenzialgleichungssystems suchen wir nun solche nichttriviale Lösungen $\boldsymbol{\varphi}$, die die Eigenschaft haben, dass die beiden Komponentenfunktionen $\varphi_1(t)$ und $\varphi_2(t)$ mit der gleichen Winkelfrequenz ω schwingen. Jede

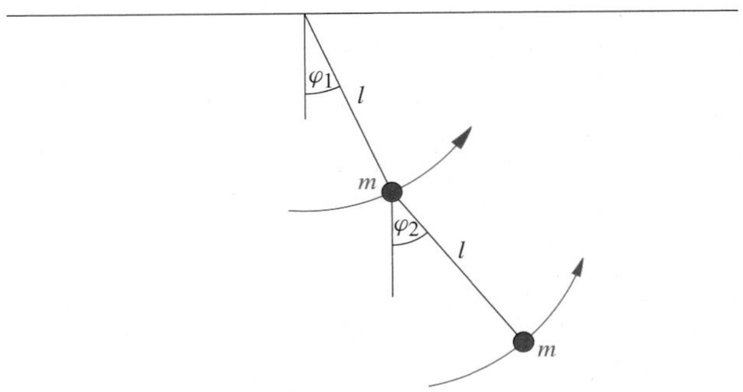

Abb. 18.6 Das Doppelpendel besteht aus zwei Pendeln. Wir nehmen vereinfacht an, dass beide Pendel die gleiche Länge l und beide Körper die gleiche Masse m haben.

Teil III

solche Lösung kann als Realteil einer komplexen Lösung $z(t)$ mit

$$z(t) = e^{i\omega t}\,\boldsymbol{v} = \begin{pmatrix} e^{i\omega t}\, v_1 \\ e^{i\omega t}\, v_2 \end{pmatrix}$$

geschrieben werden.

Wir nehmen an, dass eine solche Lösung $z(t)$ existiert, und untersuchen, welche Bedingungen sie erfüllen muss, indem wir $z(t) = e^{i\omega t}\,\boldsymbol{v}$ in die Differenzialgleichung (18.3) einsetzen, man beachte $\left(e^{i\omega t}\right)'' = -\omega^2\, e^{i\omega t}$,

$$-\omega^2\, \boldsymbol{M}\,\boldsymbol{v} = -\boldsymbol{K}\,\boldsymbol{v}\,,$$

und damit weiter:

$$(\boldsymbol{K} - \omega^2\,\boldsymbol{M})\,\boldsymbol{v} = \boldsymbol{0}\,.$$

Wenn also eine solche von null verschiedene Lösung $z(t)$ mit der Frequenz ω existiert, so muss $\boldsymbol{v}$ ein Eigenvektor zum Eigenwert 0 der Matrix $\boldsymbol{K} - \omega^2\,\boldsymbol{M}$ sein.

Wir zeigen nun, dass es zwei verschiedene Werte für ω gibt, für die 0 ein Eigenwert von $\boldsymbol{K} - \omega^2\,\boldsymbol{M}$ ist. Für diese zwei Werte ω_1 und ω_2 sind dann $z_1(t) = e^{i\omega_1 t}\,\boldsymbol{v}$ und $z_2(t) = e^{i\omega_2 t}\,\boldsymbol{v}$, wobei $\boldsymbol{v}$ jeweils ein Eigenvektor zum Eigenwert 0 ist, Lösungen mit den gewünschten Eigenschaften.

Wir setzen $\omega_0 = \sqrt{g/l}$ und erhalten damit für die Matrizen $\boldsymbol{M}$ und $\boldsymbol{K}$:

$$\boldsymbol{M} = m\,l^2 \begin{pmatrix} 2 & 1 \\ 1 & 1 \end{pmatrix}, \quad \boldsymbol{K} = m\,l^2 \begin{pmatrix} 2\,\omega_0^2 & 0 \\ 0 & \omega_0^2 \end{pmatrix};$$

damit lautet die zu untersuchende Matrix

$$\boldsymbol{K} - \omega^2\,\boldsymbol{M} = m\,l^2 \begin{pmatrix} 2\,(\omega_0^2 - \omega^2) & -\omega^2 \\ -\omega^2 & \omega_0^2 - \omega^2 \end{pmatrix}.$$

Es ist 0 genau dann ein Eigenwert der Matrix $\boldsymbol{K} - \omega^2\,\boldsymbol{M}$, wenn die Determinante dieser Matrix null ist, dies ergibt die Gleichung

$$\omega^4 - 4\,\omega_0^2\,\omega^2 + 2\,\omega_0^4 = 0$$

mit den beiden Lösungen

$$\omega_1^2 = (2 - \sqrt{2})\,\omega_0^2 \quad \text{und} \quad \omega_2^2 = (2 + \sqrt{2})\,\omega_0^2\,.$$

Die Frequenzen $\omega_1 \approx 0.77\,\omega_0$ und $\omega_2 \approx 1.85\,\omega_0$ heißen auch **Normalfrequenzen** und die Bewegung des Doppelpendels mit diesen Frequenzen **Normalmoden**.

Als einen Eigenvektor zum Eigenwert 0 erhalten wir bei $\omega = \omega_1$ den Vektor $\boldsymbol{v}_1 = \begin{pmatrix} 1 \\ \sqrt{2} \end{pmatrix}$ und bei $\omega = \omega_2$ den Vektor $\boldsymbol{v}_2 = \begin{pmatrix} 1 \\ -\sqrt{2} \end{pmatrix}$.

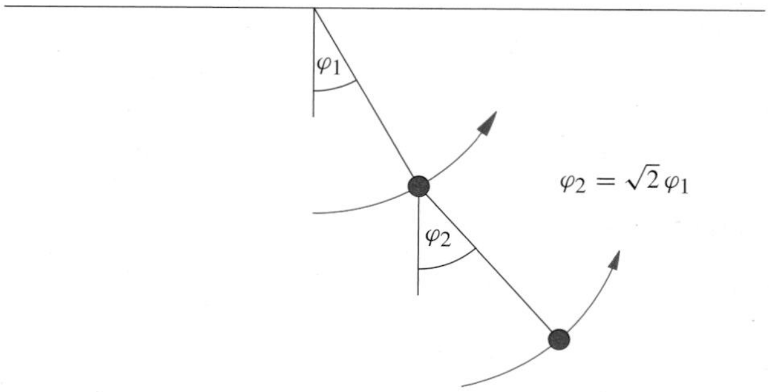

Abb. 18.7 Im Fall $\omega = \omega_1$ schwingen die beiden Pendel in Phase.

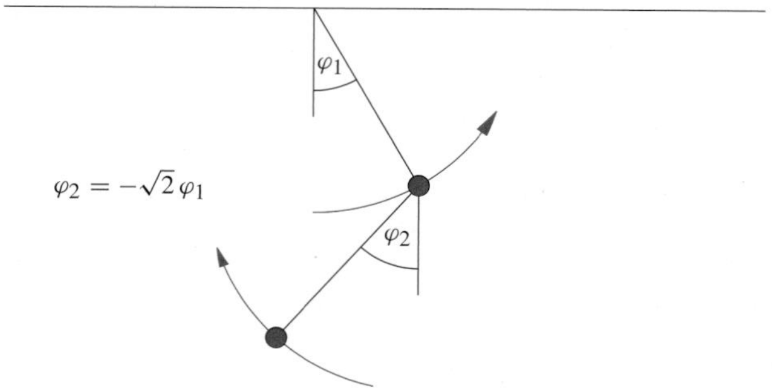

Abb. 18.8 Im Fall $\omega = \omega_2$ schwingen die beiden Pendel gegenphasig.

Damit erhalten wir als Lösungen:

$$\operatorname{Re} z(t) = \operatorname{Re}\left(e^{i\omega_1 t}\,\boldsymbol{v}_1\right) = \begin{pmatrix} \cos(\omega_1\,t) \\ \sqrt{2}\,\cos(\omega_1\,t) \end{pmatrix}$$

$$\operatorname{Re} z(t) = \operatorname{Re}\left(e^{i\omega_2 t}\,\boldsymbol{v}_2\right) = \begin{pmatrix} \cos(\omega_2\,t) \\ -\sqrt{2}\,\cos(\omega_2\,t) \end{pmatrix}$$

Man beachte, dass wir vereinfachend spezielle Eigenvektoren gewählt haben, eine andere Wahl von Eigenvektoren liefert im Allgemeinen auch eine andere Lösung.

In der ersten Normalmode, d. h. $\omega = \omega_1$, schwingen die beiden Pendel in Phase (siehe Abb. 18.7). Die Auslenkung des zweiten Pendels ist dabei um den Faktor $\sqrt{2}$ größer.

In der zweiten Normalmode, d. h. $\omega = \omega_2$, schwingen die beiden Pendel gegenphasig (siehe Abb. 18.8). Auch hier ist die Auslenkung des zweiten Pendels um den Faktor $\sqrt{2}$ größer.

Solche Differenzialgleichungssysteme werden ausführlich im Kap. 28 behandelt. ◀

Komplexe Eigenwerte und Eigenvektoren reeller Matrizen treten paarweise auf

Zur Bestimmung komplexer Eigenwerte und komplexer Eigenvektoren einer reellen Matrix $\boldsymbol{A}$, ist das folgende Ergebnis nützlich.

Das charakteristische Polynom χ_A einer Matrix $\boldsymbol{A}$ mit reellen Komponenten hat nur reelle Koeffizienten, d. h.

$$\chi_A \in \mathbb{R}[X],$$

und ist $\lambda \in \mathbb{C}$ eine Nullstelle von χ_A, d. h. $\chi_A(\lambda) = 0$, also ein Eigenwert von $\boldsymbol{A}$, so ist auch das konjugiert Komplexe $\overline{\lambda}$ eine Nullstelle von χ_A, also auch ein Eigenwert von $\boldsymbol{A}$, denn

$$0 = \overline{\chi_A(\lambda)} = \chi_A(\overline{\lambda}).$$

So hat etwa das Polynom $p = X^2 + 1$ mit reellen Koeffizienten die zwei konjugiert komplexen Nullstellen $\pm\mathrm{i}$ in $\mathbb{C}$.

Gegeben ist eine komplexe Matrix $\boldsymbol{A} = (a_{ij}) \in \mathbb{C}^{n\times n}$. Wir schreiben $\overline{\boldsymbol{A}} = (\overline{a_{ij}})$. $\overline{\boldsymbol{A}}$ geht also aus $\boldsymbol{A}$ hervor, indem wir alle Komponenten von $\boldsymbol{A}$ konjugieren; analog erklären wir für komplexe Vektoren $\boldsymbol{v} = (v_i) \in \mathbb{C}^n$ den Vektor $\overline{\boldsymbol{v}} = (\overline{v_i})$.

Hat eine komplexe Matrix $\boldsymbol{A}$ nur reelle Komponenten und ist $\boldsymbol{v} \in \mathbb{C}^n$ ein Eigenvektor zum Eigenwert $\lambda \in \mathbb{C}$, so ist wegen

$$\boldsymbol{A}\,\overline{\boldsymbol{v}} = \overline{\boldsymbol{A}}\,\overline{\boldsymbol{v}} = \overline{\boldsymbol{A}\,\boldsymbol{v}} = \overline{\lambda\,\boldsymbol{v}} = \overline{\lambda}\,\overline{\boldsymbol{v}}$$

der komplexe Vektor $\overline{\boldsymbol{v}}$ ein Eigenvektor zum Eigenwert $\overline{\lambda}$.

Selbstfrage 8

Bestimmen Sie die komplexen Eigenwerte und Eigenvektoren der Matrix $\begin{pmatrix} 0 & 1 \\ -1 & 0 \end{pmatrix}$.

18.4 Diagonalisierbarkeit von Matrizen

Eine $n \times n$-Matrix $\boldsymbol{A}$ über $\mathbb{K}$ ist nach dem Kriterium für Diagonalisierbarkeit auf S. 653 genau dann diagonalisierbar, wenn es eine Basis des $\mathbb{K}^n$ aus Eigenvektoren von $\boldsymbol{A}$ gibt. Unser Ziel ist es, Kriterien anzugeben, wann eine solche Basis aus Eigenvektoren von $\boldsymbol{A}$ existiert, um letztlich Kriterien zur Hand zu haben, die besagen, wann eine Matrix diagonalisierbar ist. Es folgt ein erster wichtiger Schritt in diese Richtung.

Eigenvektoren zu verschiedenen Eigenwerten sind linear unabhängig

Sind $\boldsymbol{v}_1$, $\boldsymbol{v}_2$ zwei Eigenvektoren einer Matrix $\boldsymbol{A} \in \mathbb{K}^{n\times n}$ zu den verschiedenen Eigenwerten $\lambda_1 \neq \lambda_2$ aus $\mathbb{K}$, so folgt aus der Gleichung

$$\mu_1\,\boldsymbol{v}_1 + \mu_2\,\boldsymbol{v}_2 = \boldsymbol{0} \qquad (18.4)$$

mit $\mu_1, \mu_2 \in \mathbb{K}$ durch

1. Multiplikation der Gl. (18.4) mit der Matrix $\boldsymbol{A}$

$$\begin{aligned} &\mu_1\,\boldsymbol{A}\,\boldsymbol{v}_1 + \mu_2\,\boldsymbol{A}\,\boldsymbol{v}_2 \\ &= \mu_1\,\lambda_1\,\boldsymbol{v}_1 + \mu_2\,\lambda_2\,\boldsymbol{v}_2 = \boldsymbol{0} \end{aligned}$$

und

2. Multiplikation der Gl. (18.4) mit dem Eigenwert λ_2

$$\mu_1\,\lambda_2\,\boldsymbol{v}_1 + \mu_2\,\lambda_2\,\boldsymbol{v}_2 = \boldsymbol{0}$$

und Gleichsetzen dieser beiden Gleichungen

$$\mu_1\,\lambda_1\,\boldsymbol{v}_1 + \mu_2\,\lambda_2\,\boldsymbol{v}_2 = \mu_1\,\lambda_2\,\boldsymbol{v}_1 + \mu_2\,\lambda_2\,\boldsymbol{v}_2.$$

Es gilt somit

$$(\lambda_2 - \lambda_1)\,\mu_1\,\boldsymbol{v}_1 = \boldsymbol{0}.$$

Aus $\lambda_2 - \lambda_1 \neq 0$ (laut Voraussetzung) und $\boldsymbol{v}_1 \neq \boldsymbol{0}$ folgt zuerst $\mu_1 = 0$ und dann $\mu_2 = 0$ wegen Gl. (18.4). Etwas allgemeiner gilt Folgendes.

Lineare Unabhängigkeit von Eigenvektoren

Eigenvektoren zu verschiedenen Eigenwerten sind linear unabhängig.

Die geometrische Vielfachheit ist stets kleiner oder gleich der algebraischen Vielfachheit

Bei den bisher betrachteten Beispielen fällt auf, dass die Potenz des Linearfaktors $(\lambda - X)$ für jeden Eigenwert λ im charakteristischen Polynom stets größer oder gleich der Dimension des Eigenraums zu λ ist. Dies ist kein Zufall. Wir geben diesen beiden Zahlen Namen und formulieren dann den Zusammenhang zwischen diesen beiden Größen.

Wir gehen von einer Matrix $\boldsymbol{A} \in \mathbb{K}^{n\times n}$ mit dem charakteristischen Polynom χ_A aus und zerlegen dieses soweit wie möglich in Linearfaktoren $(\lambda_i - X)$, wobei wir gleiche Linearfaktoren unter Exponenten k_i sammeln – die λ_i sind dann die verschiedenen Eigenwerte der Matrix $\boldsymbol{A}$,

$$\chi_A = (\lambda_1 - X)^{k_1} \cdots (\lambda_r - X)^{k_r}\,\boldsymbol{p} \in \mathbb{K}[X].$$

Dabei ist $\boldsymbol{p} \in \mathbb{K}[X]$ der nicht weiter durch Linearfaktoren teilbare Anteil des Polynoms χ_A. Das bedeutet, dass $\boldsymbol{p}$ keine weiteren Nullstellen in $\mathbb{K}$ hat.

Dann nennt man k_i die **algebraische Vielfachheit** des Eigenwertes λ_i und man sagt auch λ_i ist ein k_i-facher Eigenwert der Matrix $\boldsymbol{A}$.

Beispiel Ist $\chi_A = X^4 - 2X^3 + 2X^2 - 2X + 1 \in \mathbb{R}[X]$, so gilt

$$\chi_A = (1 - X)^2\,(1 + X^2)$$

mit $\boldsymbol{p} = X^2 + 1$. Die Matrix $\boldsymbol{A}$ hat also den einzigen Eigenwert 1 der algebraischen Vielfachheit 2 oder kürzer: Die Matrix $\boldsymbol{A}$ hat den zweifachen Eigenwert 1.

Und ist $\chi_A = X^4 - 2X^3 + 2X^2 - 2X + 1 \in \mathbb{C}[X]$, so gilt χ_A

$$\chi_A = (1 - X)^2\,(\mathrm{i} + X)\,(-\mathrm{i} + X)\,.$$

In diesem Fall hat die Matrix $\boldsymbol{A}$ den zweifachen Eigenwert 1 und die jeweils einfachen Eigenwerte i und −i. ◀

Kommentar Ist $\chi_A \in \mathbb{C}[X]$, so kann man stets $\boldsymbol{p} = 1$ für den nicht mehr durch Linearfaktoren teilbaren Anteil $\boldsymbol{p}$ von χ_A erreichen, da jedes nichtkonstante komplexe Polynom eine Nullstelle in $\mathbb{C}$ hat. ◀

Die algebraische Vielfachheit eines Eigenwertes λ gibt also an, eine wievielfache Nullstelle des charakteristischen Polynoms λ ist.

So hat also im Fall

$$\chi_A = (1 - X)^2\,(3 + X)^4\,(X^2 + X + 1) \in \mathbb{R}[X]$$

der Eigenwert 1 von $\boldsymbol{A}$ die algebraische Vielfachheit 2 und der Eigenwert −3 die algebraische Vielfachheit 4. Weitere Eigenwerte gibt es nicht, da $X^2 + X + 1$ keine reellen Nullstellen hat.

Selbstfrage 9

Welche algebraischen Vielfachheiten haben die Eigenwerte der komplexen Matrix $\boldsymbol{A}$ mit dem charakteristischen Polynom

$$\chi_A = (1 - X)^2\,(3 + X)^4\,(X^2 + X + 1) \in \mathbb{C}[X]\,?$$

Wir führen eine naheliegende Sprechweise ein. Man sagt, das charakteristische Polynom χ_A einer $n \times n$-Matrix über $\mathbb{K}$ *zerfällt in Linearfaktoren*, wenn $\boldsymbol{p} = 1$ ist, d. h.

$$\chi_A = (\lambda_1 - X)^{k_1} \cdots (\lambda_r - X)^{k_r}\,.$$

In dieser Situation gilt für die Summe der Exponenten $k_1 + \cdots + k_r = n$. Die Matrix hat dann also die Eigenwerte $\lambda_1, \ldots, \lambda_r$ mit den jeweiligen algebraischen Vielfachheiten $k_1, \ldots, k_r$, insgesamt also n Eigenwerte, die genau dann verschieden sind, wenn $n = r$ gilt.

Die algebraische Vielfachheit eines Eigenwertes λ ist die Vielfachheit des Faktors $(\lambda - X)$ im charakteristischen Polynom. Es gilt ein enger Zusammenhang zwischen der algebraischen und der *geometrischen Vielfachheit*.

Unter der **geometrischen Vielfachheit** des Eigenwertes λ einer Matrix $\boldsymbol{A}$ versteht man die Dimension des Eigenraums $\mathrm{Eig}_A(\lambda)$, also $\dim \mathrm{Eig}_A(\lambda)$.

Das kann man sich einfach merken: Geometrie spielt sich in Räumen ab, daher ist es klar, den Dimensionsbegriff mit der *geometrischen* Vielfachheit zu verknüpfen. Die Algebra beschäftigt sich mit dem Auflösen von Polynomen, daher wird man den Exponenten eines Linearfaktors eines Polynoms mit der *algebraischen* Vielfachheit bezeichnen.

Der Zusammenhang zwischen geometrischer und algebraischer Vielfachheit eines Eigenwertes ist folgender – auf einen Beweis dieser Tatsache verzichten wir.

Geometrische und algebraische Vielfachheit

Ist λ ein Eigenwert der Matrix $\boldsymbol{A}$, so ist die geometrische Vielfachheit von λ zwar größer gleich 1, aber stets kleiner oder gleich der algebraischen Vielfachheit von λ:

$$1 \le \text{geo. Vielf. von } \lambda \le \text{alg. Vielf. von } \lambda\,.$$

Der Extremfall, nämlich dann wenn bei der zweiten Ungleichung Gleichheit anstelle von kleiner oder gleich gilt, liefert das wesentliche Kriterium für die Existenz einer Basis des $\mathbb{K}^n$, bestehend aus Eigenvektoren einer Matrix $\boldsymbol{A} \in \mathbb{K}^{n\times n}$.

Ist die algebraische Vielfachheit für jeden Eigenwert gleich der geometrischen, so ist die Matrix diagonalisierbar

Wir nehmen an, dass das charakteristische Polynom χ_A einer Matrix $\boldsymbol{A} \in \mathbb{K}^{n\times n}$ in Linearfaktoren zerfällt, d. h.

$$\chi_A = (\lambda_1 - X)^{k_1} \cdots (\lambda_r - X)^{k_r}\,.$$

Es sind $\lambda_1, \ldots, \lambda_r \in \mathbb{K}$ die Eigenwerte von $\boldsymbol{A}$ mit den jeweiligen algebraischen Vielfachheiten $k_1, \ldots, k_r$, wobei $k_1 + \cdots + k_r = n$.

Ist nun für jeden der Eigenwerte $\lambda_1, \ldots, \lambda_r$ die geometrische Vielfachheit gleich der algebraischen, so ist die Summe der Dimensionen der Eigenräume gerade die Dimension des Vektorraums $\mathbb{K}^n$.

Weil Eigenvektoren zu verschiedenen Eigenwerten linear unabhängig sind, erhalten wir in dieser Situation die Existenz einer Basis B des $\mathbb{K}^n$, die aus Eigenvektoren $\boldsymbol{v}_1, \ldots, \boldsymbol{v}_n$ der Matrix $\boldsymbol{A}$ besteht. Dabei trägt jeder Eigenraum genau so viele linear unabhängige Vektoren zu dieser Basis bei, wie die algebraische Vielfachheit dieses Eigenwertes angibt.

Kriterium für Diagonalisierbarkeit

Zerfällt das charakteristische Polynom χ_A der Matrix $\boldsymbol{A} \in \mathbb{K}^{n\times n}$ in Linearfaktoren, so ist $\boldsymbol{A}$ genau dann diagonalisierbar, wenn für jeden Eigenwert die geometrische Vielfachheit gleich der algebraischen ist.

Man beachte, dass wenn χ_A nicht in Linearfaktoren zerfällt, die Matrix in keinem Fall diagonalisierbar ist.

Selbstfrage 10

Wieso ist jede $n \times n$-Matrix mit n verschiedenen Eigenwerten diagonalisierbar?

Um eine diagonalisierbare Matrix $\boldsymbol{A} \in \mathbb{K}^{n \times n}$ zu diagonalisieren, kann man also wie folgt vorgehen:

- Bestimme die r verschiedenen Eigenwerte $\lambda_1, \ldots, \lambda_r$ der Matrix $\boldsymbol{A}$.
- Bestimme Basen $B_1, \ldots, B_r$ der r Eigenräume $\mathrm{Eig}_{\boldsymbol{A}}(\lambda_1), \ldots, \mathrm{Eig}_{\boldsymbol{A}}(\lambda_r)$.
- Ordne die Basisvektoren der Basis $B = \bigcup_{i=1}^{r} B_i$ des $\mathbb{K}^n$ aus Eigenvektoren $\boldsymbol{b}_i$ der Matrix $\boldsymbol{A}$ zum Eigenwert zu einer geordneten Basis $B = (\boldsymbol{b}_1, \ldots, \boldsymbol{b}_n)$.
- Mit der Matrix $\boldsymbol{S} = ((\boldsymbol{b}_1, \ldots, \boldsymbol{b}_n))$ gilt dann die Gleichung

$$\begin{pmatrix} \lambda_1 & \cdots & 0 \\ \vdots & \ddots & \vdots \\ 0 & \cdots & \lambda_n \end{pmatrix} = \boldsymbol{S}^{-1}\boldsymbol{A}\,\boldsymbol{S},$$

wobei $\lambda_1, \ldots, \lambda_n$ alle nicht notwendig verschiedenen Eigenwerte von $\boldsymbol{A}$ sind. Diese Gleichung braucht *nicht* nachgeprüft zu werden, sie gilt bereits nach Konstruktion. Es ist dabei $\boldsymbol{b}_i$ ein Eigenvektor zum Eigenwert λ_i – man achte also auf die Anordnung der Basisvektoren.

Das Verfahren wird an Beispielen schnell klar.

Beispiel

- Für die Matrix

$$\boldsymbol{A} = \begin{pmatrix} 1 & 2 & 2 \\ 2 & -2 & 1 \\ 2 & 1 & -2 \end{pmatrix} \in \mathbb{R}^{3\times 3}.$$

haben wir bereits in den Beispielen auf S. 658 die Eigenwerte und Eigenräume bestimmt. Wir erhielten

$$\mathrm{Eig}_{\boldsymbol{A}}(3) = \left\langle \begin{pmatrix} 2 \\ 1 \\ 1 \end{pmatrix} \right\rangle, \ \mathrm{Eig}_{\boldsymbol{A}}(-3) = \left\langle \begin{pmatrix} -1 \\ 0 \\ 2 \end{pmatrix}, \begin{pmatrix} -1 \\ 2 \\ 0 \end{pmatrix} \right\rangle.$$

Damit existiert eine Basis des $\mathbb{R}^3$ aus Eigenvektoren der Matrix $\boldsymbol{A}$. Die Matrix ist also diagonalisierbar, und es gilt mit den Vektoren

$$\boldsymbol{b}_1 = \begin{pmatrix} 2 \\ 1 \\ 1 \end{pmatrix}, \quad \boldsymbol{b}_2 = \begin{pmatrix} -1 \\ 0 \\ 2 \end{pmatrix}, \quad \boldsymbol{b}_3 = \begin{pmatrix} -1 \\ 2 \\ 0 \end{pmatrix}$$

und

$$\boldsymbol{S} = ((\boldsymbol{b}_1, \boldsymbol{b}_2, \boldsymbol{b}_3))$$

die Gleichung

$$\boldsymbol{S}^{-1}\boldsymbol{A}\,\boldsymbol{S} = \begin{pmatrix} 3 & 0 & 0 \\ 0 & -3 & 0 \\ 0 & 0 & -3 \end{pmatrix}.$$

◄

Selbstfrage 11

Prüfen Sie dies nach, indem Sie $\boldsymbol{S}^{-1}\boldsymbol{A}\,\boldsymbol{S}$ tatsächlich berechnen.

Beispiel

- Die Matrix

$$\boldsymbol{A} = \begin{pmatrix} 3 & -1 \\ 1 & 1 \end{pmatrix} \in \mathbb{R}^{2\times 2}$$

hat wegen

$$\chi_{\boldsymbol{A}} = (2 - X)^2$$

den einzigen Eigenwert 2 der algebraischen Vielfachheit 2. Der Eigenraum $\mathrm{Eig}_{\boldsymbol{A}}(2)$ von $\boldsymbol{A}$ zum Eigenwert 2 haben wir bereits bestimmt,

$$\mathrm{Eig}_{\boldsymbol{A}}(2) = \left\langle \begin{pmatrix} 1 \\ 1 \end{pmatrix} \right\rangle.$$

Damit hat der Eigenwert 2 die geometrische Vielfachheit 1. Weil die geometrische Vielfachheit des Eigenwertes 2 echt kleiner der algebraischen ist, ist die Matrix also nicht diagonalisierbar.
- Die Matrix

$$\boldsymbol{A} = \begin{pmatrix} 1 & 3 & 6 \\ -3 & -5 & -6 \\ 3 & 3 & 4 \end{pmatrix}$$

hat das charakteristische Polynom $\chi_{\boldsymbol{A}} = -(2 + X)^2 (4 - X)$, also den zweifachen Eigenwert -2 und einfachen Eigenwert 4. Wir erhalten als Eigenräume

$$\mathrm{Eig}_{\boldsymbol{A}}(-2) = \left\langle \begin{pmatrix} -1 \\ 1 \\ 0 \end{pmatrix}, \begin{pmatrix} -2 \\ 0 \\ 1 \end{pmatrix} \right\rangle, \ \mathrm{Eig}_{\boldsymbol{A}}(4) = \left\langle \begin{pmatrix} 1 \\ -1 \\ 1 \end{pmatrix} \right\rangle.$$

Damit stimmen für jeden Eigenwert geometrische und algebraische Vielfachheit überein, sodass die Matrix $\boldsymbol{A}$ diagonalisierbar ist. Mit der Matrix

$$\boldsymbol{S} = ((\boldsymbol{b}_1, \boldsymbol{b}_2, \boldsymbol{b}_3)),$$

wobei

$$\boldsymbol{b}_1 = \begin{pmatrix} -1 \\ 1 \\ 0 \end{pmatrix}, \quad \boldsymbol{b}_2 = \begin{pmatrix} -2 \\ 0 \\ 1 \end{pmatrix}, \quad \boldsymbol{b}_3 = \begin{pmatrix} 1 \\ -1 \\ 1 \end{pmatrix},$$

gilt

$$\boldsymbol{S}^{-1}\boldsymbol{A}\,\boldsymbol{S} = \begin{pmatrix} -2 & 0 & 0 \\ 0 & -2 & 0 \\ 0 & 0 & 4 \end{pmatrix}.$$

◄

Selbstfrage 12

Wie ändert sich die Diagonalmatrix, wenn man in der Matrix S zwei Spalten vertauscht?

Das allgemeine Verfahren zur Bestimmung einer Basis aus Eigenvektoren einer diagonalisierbaren Matrix ist in einer Übersicht auf S. 669 zusammengestellt.

Anwendungsbeispiel Auf S. 626 behandelten wir die *Scherung* φ mit der Darstellungsmatrix

$$A = \begin{pmatrix} 1 & 0 & \tan\alpha \\ 0 & 1 & 0 \\ 0 & 0 & 1 \end{pmatrix}.$$

Die Matrix A hat den dreifachen Eigenwert 1. Für den Eigenraum zum Eigenwert 1 gilt für $\tan\alpha \neq 0$

$$\mathrm{Eig}_A(1) = \mathrm{Ker}\begin{pmatrix} 0 & 0 & \tan\alpha \\ 0 & 0 & 0 \\ 0 & 0 & 0 \end{pmatrix} = \left\langle \begin{pmatrix} 1 \\ 0 \\ 0 \end{pmatrix}, \begin{pmatrix} 0 \\ 1 \\ 0 \end{pmatrix} \right\rangle,$$

was auch anschaulich klar ist: Die Elemente in der x_1-x_2-Ebene bleiben bei dieser Scherung unverändert.

Die Matrix ist nicht diagonalisierbar, da die geometrische Vielfachheit 2 und somit echt kleiner als die algebraische Vielfachheit ist. ◄

Kennt man bereits einige Eigenwerte einer Matrix, etwa durch geometrische Überlegungen, so kann man gelegentlich mit einer einfachen Rechnung die restlichen Eigenwerte dieser Matrix bestimmen. Das liegt daran, dass das Produkt aller Eigenwerte und die Summe aller Eigenwerte einer Matrix A bekannte bzw. leicht bestimmbare Kenngrößen von A sind.

Die Determinante ist das Produkt der Eigenwerte, die Spur die Summe der Eigenwerte

Unter der **Spur** einer Matrix $A = (a_{ij}) \in \mathbb{K}^{n\times n}$ versteht man die Summe der Hauptdiagonalelemente, wir schreiben dafür

$$\mathrm{Sp}\,A = a_{11} + \cdots + a_{nn} \in \mathbb{K}.$$

Hat eine Matrix A Diagonalgestalt

$$A = \begin{pmatrix} \lambda_1 & \cdots & 0 \\ \vdots & \ddots & \vdots \\ 0 & \cdots & \lambda_n \end{pmatrix},$$

so sind $\lambda_1, \ldots, \lambda_n$ die Eigenwerte von A. Natürlich gilt in diesem Fall:

$$\mathrm{Sp}\,A = \lambda_1 + \cdots + \lambda_n$$
$$\det A = \lambda_1 \cdots \lambda_n$$

Es ist also die Summe der Eigenwerte die Spur von A und das Produkt der Eigenwerte die Determinante von A.

Erstaunlicherweise gilt dies allgemeiner für alle Matrizen, deren charakteristisches Polynom in Linearfaktoren zerfällt. Wir geben nur das Ergebnis an, auf den Beweis verzichten wir.

Der Zusammenhang zwischen Spur, Determinante und den Eigenwerten einer Matrix

Ist $A \in \mathbb{K}^{n\times n}$ und zerfällt das charakteristische Polynom von A in seine n Linearfaktoren, d. h.

$$\chi_A = (\lambda_1 - X)\cdots(\lambda_n - X),$$

so gilt

$$\mathrm{Sp}\,A = \lambda_1 + \cdots + \lambda_n, \quad \det A = \lambda_1 \cdots \lambda_n.$$

Selbstfrage 13

Man prüfe diese beiden Formeln an einigen bisher betrachteten Matrizen, deren charakteristische Polynome in Linearfaktoren zerfallen.

Diese Formeln sind nützlich. Zum einen hat man eine Kontrollmöglichkeit zu den berechneten Eigenwerten, zum anderen kann man gelegentlich ohne Bestimmung des charakteristischen Polynoms unbekannte Eigenwerte einer Matrix erschließen, wenn man bereits Informationen über die Matrix hat.

Beispiel Wir betrachten beispielhaft eine komplexe 4×4-Matrix A, von der wir wissen, dass sie die Eigenwerte 1 und -1 hat – eine solche Information hat man etwa dann, wenn es vom Nullvektor verschiedene Vektoren gibt, die auf sich bzw. auf das Negative abgebildet werden. Gilt etwa $\det A = -9$ und $\mathrm{Sp}\,A = -6$, so folgt mit den angegebenen Formeln für die beiden unbekannten Eigenwerte λ_1 und λ_2

$$\lambda_1\lambda_2 = 9, \quad \lambda_1 + \lambda_2 = -6,$$

woraus man $\lambda_1 = -6 - \lambda_2$ und $-\lambda_2^2 - 6\lambda_2 - 9 = 0$, also $\lambda_2 = -3 = \lambda_1$ erhält. ◄

Wir geben für die Spur eine weitere Eigenschaft an.

Die Spur eines Produkts von Matrizen

Für quadratische Matrizen $A_1, \ldots, A_r \in \mathbb{K}^{n\times n}$ gilt

$$\begin{aligned} \mathrm{Sp}(A_1 \cdots A_r) &= \mathrm{Sp}(A_2 \cdots A_r A_1) \\ &= \cdots \\ &= \mathrm{Sp}(A_r A_1 \cdots A_{r-1}). \end{aligned}$$

Teil III

Beispiel: Eigenwerte und Eigenvektoren von Spiegelungen und Drehungen im $\mathbb{R}^2$

Spiegelungen an Geraden durch den Nullpunkt und Drehungen um den Nullpunkt des $\mathbb{R}^2$ sind lineare Abbildungen. Somit lassen sich diese Abbildungen durch Matrizen A aus $\mathbb{R}^{2\times 2}$ bezüglich der Standardbasis darstellen.

Problemanalyse und Strategie: Wir bestimmen die Eigenwerte und Eigenvektoren der darstellenden Matrizen.

Lösung: Ist $\sigma_\alpha : \mathbb{R}^2 \to \mathbb{R}^2$ die Spiegelung an der Geraden $\left\langle \begin{pmatrix} \cos(\frac{\alpha}{2}) \\ \sin(\frac{\alpha}{2}) \end{pmatrix} \right\rangle$, die mit der x_1-Achse einen Winkel $\frac{\alpha}{2} \in [0, \pi[$ einschließt, so gilt nach

$$\sigma = \varphi_A \text{ mit } A = \begin{pmatrix} \cos\alpha & \sin\alpha \\ \sin\alpha & -\cos\alpha \end{pmatrix}, \text{ also } \sigma(x) = A\,x\,.$$

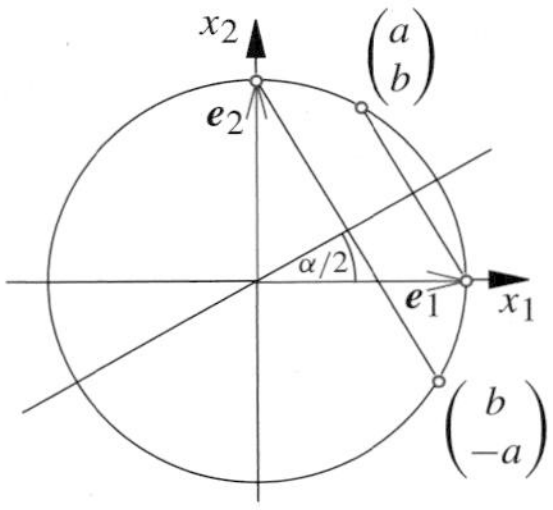

Zwar wissen wir durch das Bild, dass die Spiegelung σ genau zwei Geraden des $\mathbb{R}^2$ auf sich selbst abbildet, nämlich die Spiegelungsachse und die dazu senkrechte Gerade. Die Vektoren v auf der Spiegelungsachse sind Fixpunkte von σ, d. h. $A\,v = v$, während die Vektoren auf der dazu senkrechten Geraden durch σ auf ihre entgegengesetzten Vektoren abgebildet werden, d. h. $A\,v = -v$. Also besitzt A die beiden Eigenwerte 1 und -1 mit zugehörigen Eigenräumen. Wir wollen dies nun auch rechnerisch nachweisen. Dazu bestimmen wir das charakteristische Polynom der Matrix A.

$$\begin{aligned} \chi_A &= \begin{vmatrix} \cos\alpha - X & \sin\alpha \\ \sin\alpha & -\cos\alpha - X \end{vmatrix} \\ &= X^2 - \cos^2\alpha - \sin^2\alpha = (1 - X)\,(-1 - X)\,. \end{aligned}$$

Also hat A die beiden einfachen Eigenwerte 1 und -1. Insbesondere ist also A diagonalisierbar. Wir bestimmen die Eigenräume zu den beiden Eigenwerten:

$$\begin{aligned} \operatorname{Eig}_A(1) &= \operatorname{Ker}\begin{pmatrix} \cos\alpha - 1 & \sin\alpha \\ \sin\alpha & -\cos\alpha - 1 \end{pmatrix} \quad (\alpha \neq 0) \\ &= \operatorname{Ker}\begin{pmatrix} -2\sin^2\left(\frac{\alpha}{2}\right) & 2\sin\left(\frac{\alpha}{2}\right)\cos\left(\frac{\alpha}{2}\right) \\ 0 & 0 \end{pmatrix} \\ &= \operatorname{Ker}\begin{pmatrix} -\sin\left(\frac{\alpha}{2}\right) & \cos\left(\frac{\alpha}{2}\right) \\ 0 & 0 \end{pmatrix} \end{aligned}$$

Also ist $\operatorname{Eig}_A(1) = \left\langle \begin{pmatrix} \cos\left(\frac{\alpha}{2}\right) \\ \sin\left(\frac{\alpha}{2}\right) \end{pmatrix} \right\rangle$ auch für $\alpha = 0$.

Die Berechnung von $\operatorname{Eig}_A(-1) = \left\langle \begin{pmatrix} -\sin\left(\frac{\alpha}{2}\right) \\ \cos\left(\frac{\alpha}{2}\right) \end{pmatrix} \right\rangle$ verläuft analog. Wir halten fest: *Für jedes* $\alpha \in [0, \pi[$ *ist die Matrix* $A = \begin{pmatrix} \cos\alpha & \sin\alpha \\ \sin\alpha & -\cos\alpha \end{pmatrix}$ *diagonalisierbar, und zwar gilt mit* $b_1 = \begin{pmatrix} \cos\left(\frac{\alpha}{2}\right) \\ \sin\left(\frac{\alpha}{2}\right) \end{pmatrix}$ *und* $b_2 = \begin{pmatrix} -\sin\left(\frac{\alpha}{2}\right) \\ \cos\left(\frac{\alpha}{2}\right) \end{pmatrix}$ *sowie* $S = ((b_1, b_2))$ *die Gleichung*

$$S^{-1}\,A\,S = \begin{pmatrix} 1 & 0 \\ 0 & -1 \end{pmatrix}.$$

Wir kommen zur Drehung. Ist $\delta_\alpha : \mathbb{R}^2 \to \mathbb{R}^2$ die Drehung um den Winkel $\alpha \in [0, 2\pi[$ um den Ursprung, so gilt

$$\delta = \varphi_A \text{ mit } A = \begin{pmatrix} \cos\alpha & -\sin\alpha \\ \sin\alpha & \cos\alpha \end{pmatrix}, \text{ also } \delta(x) = A\,x\,.$$

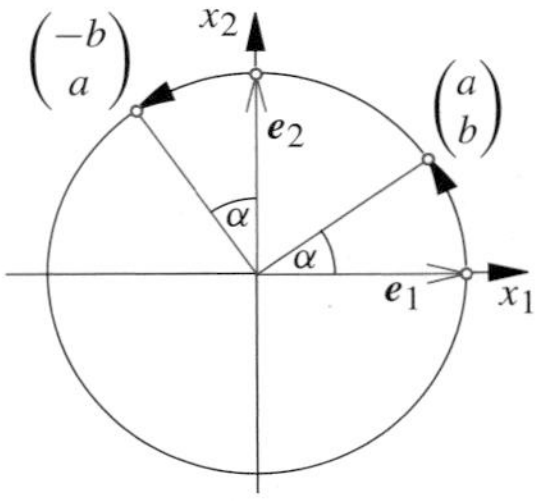

Wir wissen bereits, dass die Drehung δ_α – abgesehen von zwei Ausnahmefällen – keine Gerade durch $\mathbf{0}$ auf sich selbst abbildet und somit keine Eigenwerte besitzt. Die beiden Ausnahmen sind die Drehung um den Winkel $\alpha = 0$, d. h. $A = \begin{pmatrix} 1 & 0 \\ 0 & 1 \end{pmatrix}$, und die Drehung um den Winkel $\alpha = \pi$, d. h. $A = \begin{pmatrix} -1 & 0 \\ 0 & -1 \end{pmatrix}$. In diesen beiden Fällen ist die Matrix A bereits diagonal, die Eigenräume sind in beiden Fällen jeweils der ganze $\mathbb{R}^2$.

Für $\alpha \notin \{0, \pi\}$ bestätigen wir unsere Vermutung nun rechnerisch und bestimmen das charakteristische Polynom χ_A:

$$\chi_A = \begin{vmatrix} \cos\alpha - X & -\sin\alpha \\ \sin\alpha & \cos\alpha - X \end{vmatrix} = X^2 - 2\cos\alpha\,X + 1\,.$$

Für die Nullstellen $\lambda_{1/2}$ dieses Polynoms gilt

$$\lambda_{1/2} = \cos\alpha \pm \sqrt{\cos^2\alpha - 1}\,.$$

Für $\alpha \notin \{0, \pi\}$ gilt aber $|\cos\alpha| < 1$ und damit $\cos^2\alpha - 1 < 0$. Also hat das Polynom $\chi_A = X^2 - 2\cos\alpha\,X + 1 = 0$ im Fall $\alpha \notin \{0, \pi\}$ keine reellen Nullstellen, und damit hat in diesem Fall die Matrix A auch keinen Eigenwert. Wir halten fest: *Für jedes* $\alpha \in\,]0, 2\pi[\, \setminus \{\pi\}$ *ist die Matrix* $A = \begin{pmatrix} \cos\alpha & -\sin\alpha \\ \sin\alpha & \cos\alpha \end{pmatrix}$ *nicht diagonalisierbar, und in den Fällen* $\alpha = 0$ *und* $\alpha = \pi$ *hat* A *bereits Diagonalform.*

Es reicht aus, die Behauptung für zwei $n \times n$-Matrizen $\boldsymbol{A}$, $\boldsymbol{B}$ zu begründen, wegen der Assoziativität der Matrizenmultiplikation folgt aus $\mathrm{Sp}(\boldsymbol{A}\,\boldsymbol{B}) = \mathrm{Sp}(\boldsymbol{B}\,\boldsymbol{A})$ die allgemeine Behauptung. Für die Matrizen $\boldsymbol{A} = (a_{ij})$ und $\boldsymbol{B} = (b_{ij})$ gilt:

$$\begin{aligned}\mathrm{Sp}(\boldsymbol{A}\,\boldsymbol{B}) &= \sum_{i=1}^{n}\left(\sum_{j=1}^{n} a_{ij}\, b_{ji}\right) = \sum_{j=1}^{n}\left(\sum_{i=1}^{n} b_{ji}\, a_{ij}\right)\\ &= \mathrm{Sp}(\boldsymbol{B}\,\boldsymbol{A})\end{aligned}$$

Kommentar Die Spur einer Matrix $\boldsymbol{A} \in \boldsymbol{K}^{n\times n}$ findet man (ebenso wie die Determinante von $\boldsymbol{A}$) auch als Koeffizient im charakteristischen Polynom χ_A wieder, es gilt nämlich

$$\chi_A = (-1)^n X^n + (-1)^{n-1}\,\mathrm{Sp}\boldsymbol{A}\,X^{n-1} + \cdots + \det\boldsymbol{A}\,.$$

Das ist für Diagonalmatrizen $\mathrm{diag}(\lambda_1, \ldots, \lambda_n)$ leicht nachzuprüfen:

$$\begin{aligned}\chi_A &= (\lambda_1 - X)\cdots(\lambda_n - X)\\ &= (-1)^n X^n + (-1)^{n-1}\,\mathrm{Sp}\boldsymbol{A}\,X^{n-1} + \cdots + \det\boldsymbol{A}\end{aligned}$$

Tatsächlich gilt diese Formel aber sogar für beliebige Matrizen. ◀

Teil III

18.5 Diagonalisierung symmetrischer und hermitescher Matrizen

Wir haben ein Kriterium für die Diagonalisierbarkeit einer Matrix $\boldsymbol{A}$ hergeleitet: Wenn das charakteristische Polynom χ_A in Linearfaktoren zerfällt und für jeden Eigenwert die algebraische Vielfachheit mit der geometrischen übereinstimmt, so ist die Matrix $\boldsymbol{A}$ diagonalisierbar.

Es ist natürlich mühsam, all diese Eigenschaften nachzuprüfen. Es wäre sehr nützlich, wenn wir einer Matrix noch viel schneller, quasi ohne jede Rechnung ansehen könnten, dass sie diagonalisierbar ist. Und das geht oftmals: *Jede reelle symmetrische Matrix und jede komplexe hermitesche Matrix ist diagonalisierbar.* Es gilt sogar noch mehr: Die Matrix $\boldsymbol{S}$, die eine reelle symmetrische Matrix bzw. komplexe hermitesche Matrix auf Diagonalform transformiert, kann sehr speziell gewählt werden. Im symmetrischen Fall kann $\boldsymbol{S}$ orthogonal gewählt werden, im hermiteschen Fall *unitär*.

Dieses Ergebnis ist zwar einfach zu formulieren, aber nicht einfach zu begründen. Auf die Begründung gehen wir in diesem Kapitel nicht ein, sondern verweisen auf das Bonusmaterial zu Kap. 20. Wir zeigen nun, wie man Matrizen dieser Art diagonalisiert.

Wir erinnern daran, dass $\mathbb{K}$ den Körper der reellen Zahlen $\mathbb{R}$ oder der komplexen Zahlen $\mathbb{C}$ bezeichnet. Im Folgenden spielt die komplexe Konjugation eine entscheidende Rolle. Ist $z = a + \mathrm{i}\,b \in \mathbb{C}$, so ist $\overline{z} = a - \mathrm{i}\,b$, und natürlich gilt $\overline{\overline{z}} = z$; analog gilt dies für Vektoren $\boldsymbol{v} = (v_i) \in \mathbb{C}^n$ und Matrizen $\boldsymbol{A} \in \mathbb{C}^{n\times n}$. Wir erinnern auch noch an die Gleichung $|z|^2 = z\,\overline{z} = a^2 + b^2$ – das Quadrat des Betrages einer komplexen Zahl.

Ist der Körper $\mathbb{K}$ nicht näher bestimmt, so betrachten wir das Konjugieren im Fall $\mathbb{K} = \mathbb{R}$ einfach als die Identität.

Das komplexe Skalarprodukt verallgemeinert das reelle

Auf S. 591 wurde der Begriff des Senkrechtstehens zweier Vektoren des $\mathbb{R}^n$ eingeführt. Wir verallgemeinern diesen Begriff auf den Vektorraum $\mathbb{C}^n$.

Senkrechte bzw. orthogonale Vektoren

Sind $\boldsymbol{v} = (v_i)$ und $\boldsymbol{w} = (w_i)$ aus $\mathbb{K}^n$, so sagen wir $\boldsymbol{v}$ steht **senkrecht** auf $\boldsymbol{w}$ oder $\boldsymbol{v}$ und $\boldsymbol{w}$ sind **orthogonal** zueinander, wenn

$$\boldsymbol{v}\cdot\boldsymbol{w} = \boldsymbol{v}^T\,\overline{\boldsymbol{w}} = \sum_{i=1}^{n} v_i\,\overline{w}_i = 0$$

gilt. Anstelle von $\boldsymbol{v}\cdot\boldsymbol{w} = 0$ schreibt man auch $\boldsymbol{v} \perp \boldsymbol{w}$.

Ist $\mathbb{K} = \mathbb{R}$, so ist der Querstrich ohne Bedeutung, da das Konjugieren in $\mathbb{R}$ nichts bewirkt. Erst im Fall $\mathbb{K} = \mathbb{C}$ hat der Querstrich eine Auswirkung.

Eine anschauliche Erklärung für das Senkrechtstehen komplexer Vektoren ist nicht so einfach möglich, da sich bereits der kleinste nichttriviale Fall im $\mathbb{C}^2$ abspielt, was ein über $\mathbb{R}$ vierdimensionaler Vektorraum ist.

Beispiel Es gilt etwa $\begin{pmatrix}\mathrm{i}\\1\end{pmatrix} \perp \begin{pmatrix}-\mathrm{i}\\1\end{pmatrix}$, da

$$\begin{pmatrix}\mathrm{i}\\1\end{pmatrix}\cdot\begin{pmatrix}-\mathrm{i}\\1\end{pmatrix} = (\mathrm{i},\,1)\begin{pmatrix}\mathrm{i}\\1\end{pmatrix} = 0\,.$$ ◀

Die Begriffe hermitesch und unitär sind im Komplexen das Pendant zu symmetrisch und orthogonal

Zwar ist bekannt, was symmetrische und orthogonale Matrizen sind, wir wiederholen diese Begriffe dennoch.

Symmetrische, orthogonale, hermitesche und unitäre Matrizen

Eine quadratische Matrix $\boldsymbol{A} \in \mathbb{K}^{n\times n}$ heißt

- **symmetrisch**, wenn $\boldsymbol{A}^T = \boldsymbol{A}$ gilt;
- **orthogonal**, wenn $\mathbb{K} = \mathbb{R}$ und $\boldsymbol{A}^T\boldsymbol{A} = \mathbf{E}_n$ gilt;
- **hermitesch**, wenn $\boldsymbol{A}^T = \overline{\boldsymbol{A}}$ gilt;
- **unitär**, wenn $\mathbb{K} = \mathbb{C}$ und $\boldsymbol{A}^T\overline{\boldsymbol{A}} = \mathbf{E}_n$ gilt.

Wir ziehen einfache Folgerungen:

- Eine reelle hermitesche Matrix ist symmetrisch.
- Wegen $\overline{\overline{A}} = A$ und weil $\overline{\mathbf{E}}_n = \mathbf{E}_n$ gilt, erhalten wir

$$A^T \overline{A} = \mathbf{E}_n \Leftrightarrow \overline{A}^T A = \mathbf{E}_n \,.$$

- Orthogonale bzw. unitäre Matrizen sind stets invertierbar, es gilt genauer

$$A^{-1} = A^T \text{ bzw. } A^{-1} = \overline{A}^T \,.$$

- Die Komponenten der Diagonalen einer hermiteschen Matrix sind wegen $\overline{A} = A^T$ reell.
- Die Spalten und Zeilen einer orthogonalen bzw. unitären Matrix $A = ((s_1, \ldots, s_n)) \in \mathbb{K}^{n \times n}$ bilden eine Orthonormalbasis des $\mathbb{K}^n$, d. h.

$$s_i \cdot s_j = \begin{cases} 1, & \text{falls } i = j \\ 0, & \text{falls } i \neq j \end{cases}.$$

Das besagt gerade die Gleichung

$$\mathbf{E}_n = A^T A = \begin{pmatrix} s_1 \cdot s_1 & \cdots & s_1 \cdot s_n \\ \vdots & \ddots & \vdots \\ s_1 \cdot s_n & \cdots & s_n \cdot s_n \end{pmatrix}.$$

Analog gilt das für den komplexen Fall.

Reelle symmetrische bzw. hermitesche Matrizen haben noch viel erstaunlichere Eigenschaften. Die Begründungen lassen wir an manchen Stellen weg und verweisen auf das Bonusmaterial zu Kap. 20.

Eigenwerte reeller symmetrischer bzw. hermitescher Matrizen sind reell

Ist $\lambda \in \mathbb{K}$ ein Eigenwert einer reellen symmetrischen bzw. hermiteschen Matrix $A \in \mathbb{K}^{n \times n}$ und $v = (v_i) \in \mathbb{K}^n$ ein Eigenvektor zum Eigenwert λ, so gilt wegen $A = \overline{A}^T$ und $A\,v = \lambda\,v$

$$\lambda\,(\overline{v}^T v) = \overline{v}^T \lambda\,v = \overline{v}^T A\,v = (\overline{A\,v})^T v = \overline{\lambda}\,(\overline{v}^T v)\,.$$

Nun folgt wegen $v \neq \mathbf{0}$ zuerst $\overline{v}^T v = \sum_{i=1}^{n} |v_i|^2 \neq 0$ und dann $\lambda = \overline{\lambda}$, also $\lambda \in \mathbb{R}$.

Eigenwerte symmetrischer und hermitescher Matrizen

Ist λ ein Eigenwert einer reellen symmetrischen bzw. hermiteschen Matrix, so ist λ reell.

Wir wissen aber bisher noch nichts über die Existenz von Eigenwerten reeller symmetrischer bzw. hermitescher Matrizen. Wir haben nur begründet, dass, wenn eine solche Matrix einen Eigenwert hat, dieser dann zwangsläufig reell ist. Tatsächlich ist es aber so, dass jede reelle symmetrische bzw. hermitesche $n \times n$-Matrix auch n Eigenwerte hat, hierbei zählen wir die Eigenwerte entsprechend ihrer algebraischen Vielfachheiten. Eine Begründung findet man im Bonusmaterial zu Kap. 20.

Anzahl der Eigenwerte symmetrischer und hermitescher Matrizen

Jede reelle symmetrische bzw. hermitesche $n \times n$-Matrix hat n Eigenwerte, insbesondere zerfällt das charakteristische Polynom in Linearfaktoren.

Eigenvektoren zu verschiedenen Eigenwerten stehen senkrecht zueinander

Sind λ_1 und λ_2 verschiedene Eigenwerte einer symmetrischen bzw. hermiteschen Matrix $A \in \mathbb{K}^{n \times n}$ mit Eigenvektoren v_1 zu λ_1 und v_2 zu λ_2, so gilt mit dem Skalarprodukt $v \cdot w = v^T \overline{w}$ des $\mathbb{K}^n$ wegen $v_1, v_2 \neq \mathbf{0}$

$$\begin{aligned} \lambda_1\,(v_1^T \overline{v}_2) &= (\lambda_1\,v_1)^T \overline{v}_2 = (A\,v_1)^T \overline{v}_2 \\ &= v_1^T A^T \overline{v}_2 = v_1^T\,(\overline{A}\,\overline{v}_2) \\ &= v_1^T\,(\overline{\lambda_2 v_2}) = \overline{\lambda}_2\,(v_1^T \overline{v}_2)\,. \end{aligned}$$

Also muss $v_1 \cdot v_2 = v_1^T \overline{v}_2 = 0$ gelten, da $\lambda_1 \neq \lambda_2 = \overline{\lambda}_2$ vorausgesetzt ist.

Im reellen Fall kann man das Konjugieren einfach weglassen.

Orthogonalität von Eigenvektoren

Eigenvektoren reeller symmetrischer bzw. hermitescher Matrizen zu verschiedenen Eigenwerten stehen senkrecht aufeinander.

Reelle symmetrische und hermitesche Matrizen sind diagonalisierbar

Das charakteristische Polynom einer reellen symmetrischen bzw. hermiteschen Matrix $A \in \mathbb{K}^{n \times n}$ zerfällt stets in Linearfaktoren. Die Nullstellen dieses Polynoms, also die Eigenwerte, sind stets reell. Man kann auch begründen, dass die algebraischen und geometrischen Vielfachheiten für jeden Eigenwert übereinstimmen. Nach dem Kriterium für Diagonalisierbarkeit auf S. 662 ist also jede reelle symmetrische bzw. hermitesche Matrix A diagonalisierbar. Es gibt also eine invertierbare Matrix S mit

$$D = S^{-1} A\,S\,,$$

wobei $\boldsymbol{D}$ eine Diagonalmatrix ist. Die Matrix $\boldsymbol{S}$ ist nicht eindeutig bestimmt. So erfüllt etwa auch jedes skalare Vielfache von $\boldsymbol{S}$ diese *Transformationseigenschaft*. Für eine reelle symmetrische bzw. hermitesche Matrix kann man diese Transformationsmatrix $\boldsymbol{S}$ sogar sehr speziell wählen. Man kann im reellen Fall für $\boldsymbol{S}$ eine orthogonale Matrix wählen und im komplexen Fall eine unitäre. Tut man dies, so besagt das Kriterium für Diagonalisierbarkeit auf S. 653, dass jeweils eine Orthonormalbasis des $\mathbb{K}^n$ aus Eigenvektoren von $\boldsymbol{A}$ existiert.

(Orthogonale) Diagonalisierbarkeit reeller symmetrischer bzw. hermitescher Matrizen

Jede reelle symmetrische bzw. hermitesche Matrix $\boldsymbol{A} \in \mathbb{K}^{n\times n}$ ist diagonalisierbar. Es gibt eine orthogonale bzw. unitäre Matrix $\boldsymbol{S}$ und $\lambda_1, \ldots, \lambda_n \in \mathbb{R}$ mit

$$\begin{pmatrix} \lambda_1 & \cdots & 0 \\ \vdots & \ddots & \vdots \\ 0 & \cdots & \lambda_n \end{pmatrix} = \overline{\boldsymbol{S}}^T \boldsymbol{A}\,\boldsymbol{S}.$$

Ist $\boldsymbol{A} \in \mathbb{K}^{n\times n}$ eine symmetrische bzw. hermitesche Matrix, so existiert also eine Orthonormalbasis des $\mathbb{K}^n$ aus Eigenvektoren von $\boldsymbol{A}$. Damit ist nun klar, wie man eine solche Orthonormalbasis aus Eigenvektoren bestimmen kann. In der Übersicht auf S. 669 schildern wir das Verfahren und wenden es auf zwei Beispiele auf S. 670 an.

Bisher haben wir noch nicht geschildert, wie man aus einer Basis eine Orthonormalbasis konstruieren kann. Dazu gibt es das sogenannte *Gram-Schmidt'sche Orthonormierungsverfahren*. Es ist ein Verfahren, mit dem Schritt für Schritt aus Basisvektoren eine solche Orthonormalbasis konstruiert werden kann. Wir werden dieses Verfahren erst auf S. 754 besprechen. Hier in diesem Kapitel kommen wir stets mit einfachen Methoden aus, da die Vektorräume, in denen wir hier Orthonormalbasen konstruieren, höchstens dreidimensional sind.

Achtung Reelle symmetrische Matrizen sind zwar stets diagonalisierbar, für komplexe symmetrische Matrizen stimmt das hingegen nicht: Die symmetrische Matrix $\boldsymbol{A} = \begin{pmatrix} 1 & \mathrm{i} \\ \mathrm{i} & -1 \end{pmatrix} \in \mathbb{C}^2$ ist nicht diagonalisierbar (siehe Übungsaufgabe 18.10). ◀

Anwendungsbeispiel Auf S. 589 haben wir den Trägheitstensor $\boldsymbol{J}$ eingeführt. Dieser Trägheitstensor ist eine symmetrische reelle 3×3-Matrix. Für den Drehimpuls $\boldsymbol{L}$ einer Punktmasse m am Ort $\boldsymbol{r}$ gilt während der Drehung mit der Winkelgeschwindigkeit $\boldsymbol{\omega}$ die Beziehung

$$\boldsymbol{L} = \boldsymbol{J}\,\boldsymbol{\omega}\,.$$

Der Drehimpuls ist also im Allgemeinen nicht parallel zur Winkelgeschwindigkeit. Ist aber die Winkelgeschwindigkeit, d. h. die Rotationsachse parallel zum Drehimpuls, d. h., gilt $\boldsymbol{J}\,\boldsymbol{\omega} = \lambda\,\boldsymbol{\omega}$ für ein $\lambda \in \mathbb{R}$, so gilt

$$\boldsymbol{\omega} \in \operatorname{Ker}(\boldsymbol{J} - \lambda\,\mathbf{E}_3)\,.$$

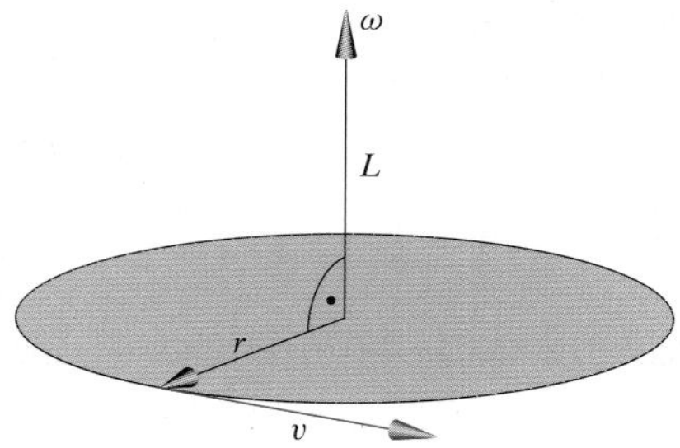

Abb. 18.9 Der Drehimpuls $\boldsymbol{L}$ ist in dieser Situation parallel zur Winkelgeschwindigkeit $\boldsymbol{\omega}$.

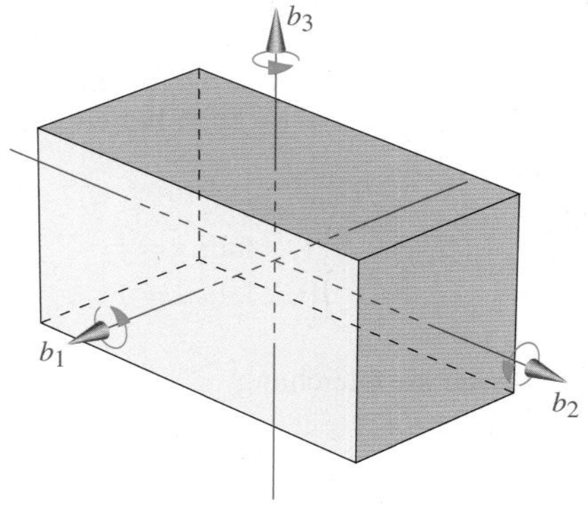

Abb. 18.10 Ein Körper mit seinen Hauptträgheitsachsen.

Es ist $\operatorname{Ker}(\boldsymbol{J} - \lambda\,\mathbf{E}_3)$ aber gerade der Eigenraum $\operatorname{Eig}_{\boldsymbol{J}}(\lambda)$ von $\boldsymbol{J}$ zum Eigenwert λ.

Nun ist $\boldsymbol{J}$ als reelle symmetrische Matrix diagonalisierbar. Mehr noch, es gibt eine Orthonormalbasis des $\mathbb{R}^3$ bestehend aus Eigenvektoren des Trägheitstensors $\boldsymbol{J}$. Elemente einer solchen Orthonormalbasis nennt man die **Hauptträgheitsachsen** von $\boldsymbol{J}$, die zugehörigen Eigenwerte **Trägheitsmomente**.

Rotiert ein Körper frei um eine Achse, die keine seiner Hauptträgheitsachsen ist, so hat der Drehimpuls nicht die Richtung der Rotationsachse, sodass der Körper ins Taumeln gerät (siehe Abb. 18.11).

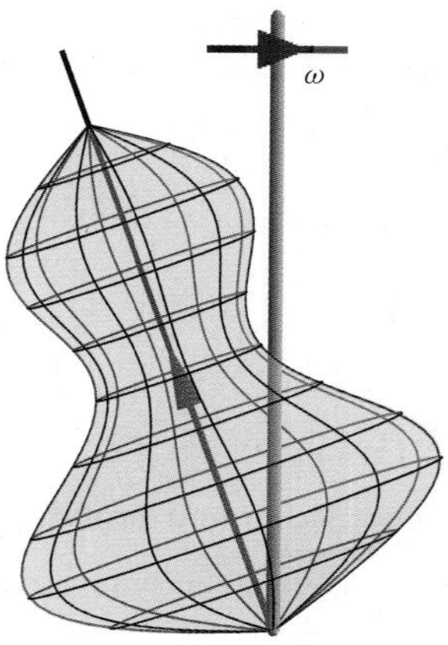

Abb. 18.11 Der Körper gerät ins Taumeln, wenn die Drehachse nicht eine seiner Hauptträgheitsachsen ist.

Übersicht: Das (allgemeine) Diagonalisieren und das orthogonale Diagonalisieren

Eine Matrix $A \in \mathbb{K}^{n \times n}$ ist genau dann diagonalisierbar, wenn eine Basis des $\mathbb{K}^n$ aus Eigenvektoren der Matrix A existiert.

Jede reelle symmetrische bzw. hermitesche Matrix $A \in \mathbb{K}^{n \times n}$ ist diagonalisierbar. Es gibt eine Orthonormalbasis des $\mathbb{K}^n$ aus Eigenvektoren der Matrix A.

Wir geben in dieser Übersicht an, wie man in diesen Fällen die gesuchten Basen bestimmt.

Wir beginnen mit dem allgemeinen Fall einer diagonalisierbaren Matrix $A \in \mathbb{K}^{n \times n}$:

1. Bestimme das charakteristische Polynom χ_A.
2. Bestimme die verschiedenen Nullstellen $\lambda_1, \ldots, \lambda_r$ mit den algebraischen Vielfachheiten $k_1, \ldots, k_r$ von χ_A. Es gilt $n = k_1 + \cdots + k_r$.
3. Bestimme Basen $B_i = (v_1, \ldots, v_{r_i})$ der r Eigenräume $\mathrm{Eig}_A(\lambda_i)$ zu den verschiedenen r Eigenwerten. Es gilt $\dim \mathrm{Eig}_A(\lambda_i) = k_i$.
4. Es ist dann
$$B = \bigcup_{i=1}^{r} B_i$$
eine Basis des $\mathbb{K}^n$ aus Eigenvektoren der Matrix A.
5. Ordne die Basis $B = (b_1, \ldots, b_n)$ und setze $S = ((b_1, \ldots, b_n))$. Es gilt dann
$$S^{-1} A\, S = \begin{pmatrix} \lambda_1 & \cdots & 0 \\ \vdots & \ddots & \vdots \\ 0 & \cdots & \lambda_n \end{pmatrix}.$$

Nun zum orthogonalen Diagonalisieren einer reellen symmetrischen bzw. hermiteschen Matrix $A \in \mathbb{K}^{n \times n}$.

1. Bestimme das charakteristische Polynom χ_A.
2. Bestimme die verschiedenen Nullstellen $\lambda_1, \ldots, \lambda_r$ mit den algebraischen Vielfachheiten $k_1, \ldots, k_r$ von χ_A. Es gilt $n = k_1 + \cdots + k_r$.
3. Bestimme Basen $B_i = (v_1, \ldots, v_{r_i})$ der r Eigenräume $\mathrm{Eig}_A(\lambda_i)$ zu den verschiedenen r Eigenwerten. Es gilt $\dim \mathrm{Eig}_A(\lambda_i) = k_i$.
4. Bestimme in jedem der r Eigenräume $\mathrm{Eig}_A(\lambda_i)$ eine Orthonormalbasis $B_i' = (a_1, \ldots, a_{r_i})$.
5. Es ist dann
$$B = \bigcup_{i=1}^{r} B_i'$$
eine Orthonormalbasis des $\mathbb{K}^n$ aus Eigenvektoren der Matrix A.
6. Ordne die Orthonormalbasis $B = (b_1, \ldots, b_n)$ und setze $S = ((b_1, \ldots, b_n))$. Es gilt dann $S^{-1} = \overline{S}^T$ und
$$\overline{S}^T A\, S = \begin{pmatrix} \lambda_1 & \cdots & 0 \\ \vdots & \ddots & \vdots \\ 0 & \cdots & \lambda_n \end{pmatrix}.$$

Man beachte, dass sich das orthogonale Diagonalisieren vom (allgemeinen) Diagonalisieren nur um den zusätzlichen Schritt 4 unterscheidet. Durch diesen Schritt 4 ist dann die Gleichheit $S^{-1} = \overline{S}^T$ gewährleistet.

Kommentar Man kann beim allgemeinen Diagonalisieren natürlich auch in den einzelnen Eigenräumen Orthonormalbasen bezüglich des kanonischen Skalarproduktes des $\mathbb{K}^n$ konstruieren. Jedoch sind in diesem allgemeinen Fall die Eigenräume nicht notwendig orthogonal zueinander, sodass die Vereinigung der Basen nicht unbedingt zu einer Orthonormalbasis des $\mathbb{K}^n$ führt. ◀

Teil III

Tatsächlich ist eine freie Rotation, also eine Rotation, um die der Körper ohne festgehaltene Drehachse rotieren kann, nur bei einer Rotation um die Hauptträgheitsachsen möglich. Dabei sind jene Rotationen *stabil*, bei denen die Rotation um die Hauptachse mit kleinstem oder größtem Trägheitsmoment erfolgt und *labil* jene mit mittlerem Trägheitsmoment. ◀

18.6 Numerische Berechnung von Eigenwerten und Eigenvektoren

Die Berechnung von Eigenwerten λ einer Matrix A mit dem charakteristischen Polynom χ_A und der zu λ gehörenden Eigenvektoren v mit dem linearen Gleichungssystem $(A - \lambda\, \mathbf{E}_n \mid \mathbf{0})$ ist numerisch ungünstig. Es sind mehrere andere Methoden entwickelt worden, die zum Teil auf spezielle Matrizen zugeschnitten sind. Für symmetrische Matrizen $A = (a_{ij})$ ist das Iterationsverfahren von Jacobi empfehlenswert.

Beim Verfahren von Jacobi wird eine Orthonormalbasis aus Eigenvektoren approximiert

Gegeben ist eine reelle symmetrische Matrix $A \in \mathbb{R}^{n \times n}$.

Die Matrix A hat reelle Eigenwerte $\lambda_1, \ldots, \lambda_n$, und es gibt eine orthogonale S mit
$$S^T A\, S = \begin{pmatrix} \lambda_1 & \cdots & 0 \\ \vdots & \ddots & \vdots \\ 0 & \cdots & \lambda_n \end{pmatrix},$$

Beispiel: Das orthogonale bzw. unitäre Diagonalisieren

Wir bestimmen zu der hermiteschen Matrix $\boldsymbol{A} \in \mathbb{C}^{4\times 4}$ bzw. reellen symmetrischen Matrix $\boldsymbol{B} \in \mathbb{R}^{4\times 4}$ eine unitäre Matrix $\boldsymbol{S} \in \mathbb{C}^{4\times 4}$ bzw. orthogonale Matrix $\boldsymbol{T} \in \mathbb{R}^{4\times 4}$, sodass $\overline{\boldsymbol{S}}^T \boldsymbol{A}\,\boldsymbol{S}$ bzw. $\boldsymbol{T}^T \boldsymbol{B}\,\boldsymbol{T}$ eine Diagonalmatrix ist:

$$\boldsymbol{A} = \begin{pmatrix} 2 & \mathrm{i} & 0 & 0 \\ -\mathrm{i} & 2 & 0 & 0 \\ 0 & 0 & 2 & \mathrm{i} \\ 0 & 0 & -\mathrm{i} & 2 \end{pmatrix} \in \mathbb{C}^{4\times 4} \quad \text{bzw.}$$

$$\boldsymbol{B} = \begin{pmatrix} 1 & 2 & 3 & 4 \\ 2 & 4 & 6 & 8 \\ 3 & 6 & 9 & 12 \\ 4 & 8 & 12 & 16 \end{pmatrix} \in \mathbb{R}^{4\times 4}$$

Problemanalyse und Strategie: Wir wenden das auf S. 669 geschilderte Verfahren an.

Lösung: Wegen

$$\chi_A = ((2-X)(2-X)+\mathrm{i}^2)^2 = (1-X)^2\,(3-X)^2$$

hat $\boldsymbol{A}$ die jeweils zweifachen Eigenwerte 1 und 3.

Wir bestimmen Basen für die Eigenräume $\mathrm{Eig}_{\boldsymbol{A}}(1)$ und $\mathrm{Eig}_{\boldsymbol{A}}(3)$ zu den beiden Eigenwerten 1 und 3.

$$\mathrm{Eig}_{\boldsymbol{A}}(1) = \mathrm{Ker}(\boldsymbol{A} - 1\,\mathbf{E}_4) = \mathrm{Ker}\begin{pmatrix} 1 & \mathrm{i} & 0 & 0 \\ -\mathrm{i} & 1 & 0 & 0 \\ 0 & 0 & 1 & \mathrm{i} \\ 0 & 0 & -\mathrm{i} & 1 \end{pmatrix}$$

$$= \mathrm{Ker}\begin{pmatrix} 1 & \mathrm{i} & 0 & 0 \\ 0 & 0 & 0 & 0 \\ 0 & 0 & 1 & \mathrm{i} \\ 0 & 0 & 0 & 0 \end{pmatrix} = \Bigg\langle \underbrace{\begin{pmatrix} \mathrm{i} \\ -1 \\ 0 \\ 0 \end{pmatrix}}_{=\boldsymbol{a}_1}, \underbrace{\begin{pmatrix} 0 \\ 0 \\ \mathrm{i} \\ -1 \end{pmatrix}}_{=\boldsymbol{a}_2} \Bigg\rangle .$$

Wir haben die Basisvektoren $\boldsymbol{a}_1$ und $\boldsymbol{a}_2$ so gewählt, dass sie senkrecht aufeinander stehen. Normieren von $\boldsymbol{a}_1$ und $\boldsymbol{a}_2$ liefert $\boldsymbol{b}_1 = \|\boldsymbol{a}_1\|^{-1}\,\boldsymbol{a}_1 = \frac{1}{\sqrt{2}}\,\boldsymbol{a}_1$ und $\boldsymbol{b}_2 = \|\boldsymbol{a}_2\|^{-1}\,\boldsymbol{a}_2 = \frac{1}{\sqrt{2}}\,\boldsymbol{a}_2$. Die Vektoren $\boldsymbol{b}_1$ und $\boldsymbol{b}_2$ liefern also den ersten Teil einer Orthonormalbasis des $\mathbb{C}^4$ bestehend aus Eigenvektoren von $\boldsymbol{A}$.

$$\mathrm{Eig}_{\boldsymbol{A}}(3) = \mathrm{Ker}(\boldsymbol{A} - 3\,\mathbf{E}_4) = \mathrm{Ker}\begin{pmatrix} -1 & \mathrm{i} & 0 & 0 \\ -\mathrm{i} & -1 & 0 & 0 \\ 0 & 0 & -1 & \mathrm{i} \\ 0 & 0 & -\mathrm{i} & -1 \end{pmatrix}$$

$$= \mathrm{Ker}\begin{pmatrix} -1 & \mathrm{i} & 0 & 0 \\ 0 & 0 & 0 & 0 \\ 0 & 0 & -1 & \mathrm{i} \\ 0 & 0 & 0 & 0 \end{pmatrix} = \Bigg\langle \underbrace{\begin{pmatrix} \mathrm{i} \\ 1 \\ 0 \\ 0 \end{pmatrix}}_{=\boldsymbol{a}_3}, \underbrace{\begin{pmatrix} 0 \\ 0 \\ \mathrm{i} \\ 1 \end{pmatrix}}_{=\boldsymbol{a}_4} \Bigg\rangle .$$

Wieder wurden $\boldsymbol{a}_3$ und $\boldsymbol{a}_4$ so gewählt, dass sie senkrecht aufeinander stehen. Normieren liefert $\boldsymbol{b}_3 = \|\boldsymbol{a}_3\|^{-1}\,\boldsymbol{a}_3 = \frac{1}{\sqrt{2}}\,\boldsymbol{a}_3$ und $\boldsymbol{b}_4 = \|\boldsymbol{a}_4\|^{-1}\,\boldsymbol{a}_4 = \frac{1}{\sqrt{2}}\,\boldsymbol{a}_4$. Mit $\boldsymbol{b}_3$ und $\boldsymbol{b}_4$ haben wir den anderen Teil einer Orthonormalbasis des $\mathbb{C}^4$ bestehend aus Eigenvektoren von $\boldsymbol{A}$.

Mit der unitären Matrix $\boldsymbol{S} = ((\boldsymbol{b}_1, \boldsymbol{b}_2, \boldsymbol{b}_3, \boldsymbol{b}_4))$ gilt die Gleichung

$$\mathrm{diag}(1, 1, 3, 3) = \overline{\boldsymbol{S}}^T \boldsymbol{A}\,\boldsymbol{S} .$$

Nun zur reellen symmetrischen Matrix $\boldsymbol{B}$.

Wegen

$$\chi_{\boldsymbol{B}} = -X^3\,(30-X)$$

hat $\boldsymbol{B}$ den dreifachen Eigenwert 0 und den einfachen Eigenwert 30.

Wir bestimmen Basen für die Eigenräume $\mathrm{Eig}_{\boldsymbol{B}}(0)$ und $\mathrm{Eig}_{\boldsymbol{B}}(30)$ zu den beiden Eigenwerten 0 und 30.

$$\mathrm{Eig}_{\boldsymbol{B}}(0) = \mathrm{Ker}(\boldsymbol{B} - 0\,\mathbf{E}_4) = \mathrm{Ker}\begin{pmatrix} 1 & 2 & 3 & 4 \\ 2 & 4 & 6 & 8 \\ 3 & 6 & 9 & 12 \\ 4 & 8 & 12 & 16 \end{pmatrix}$$

$$= \mathrm{Ker}\begin{pmatrix} 1 & 2 & 3 & 4 \\ 0 & 0 & 0 & 0 \\ 0 & 0 & 0 & 0 \\ 0 & 0 & 0 & 0 \end{pmatrix} = \Bigg\langle \underbrace{\begin{pmatrix} 2 \\ -1 \\ 0 \\ 0 \end{pmatrix}}_{=\boldsymbol{a}_1}, \underbrace{\begin{pmatrix} 0 \\ -3 \\ 2 \\ 0 \end{pmatrix}}_{=\boldsymbol{a}_2}, \underbrace{\begin{pmatrix} 0 \\ 0 \\ -4 \\ 3 \end{pmatrix}}_{=\boldsymbol{a}_3} \Bigg\rangle .$$

Die drei Basisvektoren $\boldsymbol{a}_1$, $\boldsymbol{a}_2$ und $\boldsymbol{a}_3$ bilden noch keine Orthonormalbasis des Eigenraums. Eine solche erhalten wir, indem wir das Verfahren von Gram und Schmidt auf die Vektoren $\boldsymbol{a}_1$, $\boldsymbol{a}_2$ und $\boldsymbol{a}_3$ anwenden. Damit erhalten wir

$$\boldsymbol{b}_1 = \frac{1}{\sqrt{5}}\begin{pmatrix} 2 \\ -1 \\ 0 \\ 0 \end{pmatrix}, \ \boldsymbol{b}_2 = \frac{1}{5}\begin{pmatrix} 0 \\ 0 \\ -4 \\ 3 \end{pmatrix}, \ \boldsymbol{b}_3 = \frac{1}{5\sqrt{6}}\begin{pmatrix} -5 \\ -10 \\ 3 \\ 4 \end{pmatrix},$$

also eine Orthonormalbasis $\{\boldsymbol{b}_1, \boldsymbol{b}_2, \boldsymbol{b}_3\}$ des Eigenraums zum Eigenwert 0, also den ersten Teil einer Orthonormalbasis des $\mathbb{R}^4$ bestehend aus Eigenvektoren von $\boldsymbol{B}$.

$$\mathrm{Eig}_{\boldsymbol{B}}(30) = \mathrm{Ker}(\boldsymbol{B} - 30\,\mathbf{E}_4) .$$

Die Bestimmung dieses Kerns ist mühsam. Eine Überlegung erspart uns diese Arbeit. Weil 30 ein einfacher Eigenwert ist, ist dieser Eigenraum eindimensional. Ein Vektor $\boldsymbol{a}_4$, der diesen Eigenraum erzeugt, steht senkrecht auf allen Eigenvektoren zum Eigenwert 0. Ein Blick auf den Eigenvektor $\boldsymbol{a}_1$ zeigt, dass als erste zwei Komponenten von $\boldsymbol{a}_4$ die Zahlen 1 und 2 in Frage kommen. Ein Blick auf $\boldsymbol{a}_2$ liefert dann die mögliche dritte Komponente 3 für $\boldsymbol{a}_4$, und betrachtet man $\boldsymbol{a}_3$, so erhält man den Vektor $\boldsymbol{a}_4 = (1, 2, 3, 4)^T$, der senkrecht auf allen Eigenvektoren zum Eigenwert 0 ist, also ein Eigenvektor zum Eigenwert 30 sein muss. Es liefert dann $\boldsymbol{b}_4 = \|\boldsymbol{a}_4\|^{-1}\,\boldsymbol{a}_4 = \frac{1}{\sqrt{30}}\,\boldsymbol{a}_4$ eine Orthonormalbasis von $\mathrm{Eig}_{\boldsymbol{B}}(30)$.

Mit der orthogonalen Matrix $\boldsymbol{T} = ((\boldsymbol{b}_1, \boldsymbol{b}_2, \boldsymbol{b}_3, \boldsymbol{b}_4))$ erhalten wir die Gleichung

$$\mathrm{diag}(0, 0, 0, 30) = \boldsymbol{T}^T \boldsymbol{B}\,\boldsymbol{T} .$$

Anwendung: Maximale und minimale Rotationsenergie eines rotierenden starren Körpers

Wir betrachten ein starres System, das aus acht Punktmassen in einer quaderförmigen Anordnungen besteht. Der Trägheitstensor dieses Systems ist

$$J = \begin{pmatrix} 22 & -2 & -6 \\ -2 & 55 & -1 \\ -6 & -1 & 55 \end{pmatrix} [\text{kg m}^2] .$$

Das starre System rotiere mit der Winkelgeschwindigkeit ω, wobei $\|\omega\| = 1\ [\text{s}^{-1}]$ gilt. Das System hat dann die Rotationsenergie

$$T = \frac{1}{2}\,\omega^T J\,\omega .$$

Wir gehen der Frage nach, für welche Richtung der Winkelgeschwindigkeit die Rotationsenergie maximal bzw. minimal wird.

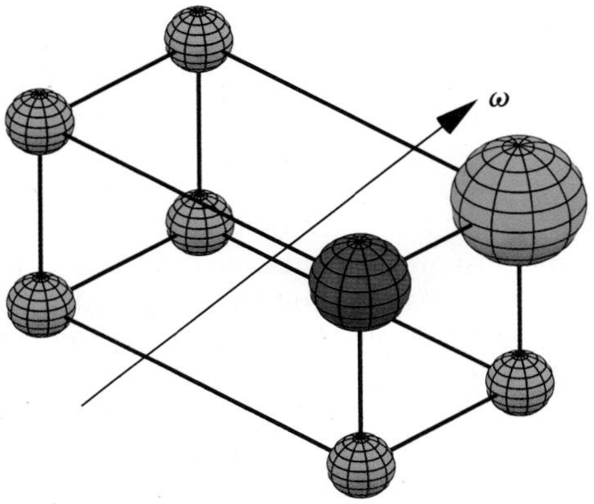

Auf direktem Weg ist kaum zu entscheiden, für welchen normierten Vektor $\boldsymbol{\omega}$ der Ausdruck $\frac{1}{2}\,\boldsymbol{\omega}^T \boldsymbol{J}\,\boldsymbol{\omega}$ maximal bzw. minimal wird. Wir nutzen dazu unsere Kenntnisse über symmetrische Matrizen.

Weil die Matrix $\boldsymbol{J}$ symmetrisch ist, gibt es eine Orthonormalbasis $B = (\boldsymbol{b}_1, \boldsymbol{b}_2, \boldsymbol{b}_3)$ des $\mathbb{R}^3$ bestehend aus Eigenvektoren $\boldsymbol{b}_1, \boldsymbol{b}_2, \boldsymbol{b}_3$ der Matrix $\boldsymbol{J}$ zu den drei Eigenwerten $\lambda_1, \lambda_2, \lambda_3$. Die drei normierten Eigenvektoren geben die Richtung der Hauptträgheitsachsen an, und die Eigenwerte sind die Trägheitsmomente. Mit der orthogonalen Matrix $\boldsymbol{S} = ((\boldsymbol{b}_1, \boldsymbol{b}_2, \boldsymbol{b}_3))$ gilt also

$$\boldsymbol{D} = \begin{pmatrix} \lambda_1 & 0 & 0 \\ 0 & \lambda_2 & 0 \\ 0 & 0 & \lambda_3 \end{pmatrix} = \boldsymbol{S}^T \boldsymbol{J} \boldsymbol{S} .$$

Nun erhalten wir für die Rotationsenergie unseres Systems

$$T = \frac{1}{2}\,\boldsymbol{\omega}^T \boldsymbol{J}\,\boldsymbol{\omega} = \frac{1}{2}\,(\boldsymbol{S}^T\,\boldsymbol{\omega})^T \boldsymbol{D}\,(\boldsymbol{S}^T\,\boldsymbol{\omega}) = \frac{1}{2}\,\boldsymbol{\omega}'^T \boldsymbol{D}\,\boldsymbol{\omega}'$$

mit $\boldsymbol{\omega}' = \boldsymbol{S}^T\,\boldsymbol{\omega}$. Wegen der Diagonalform von $\boldsymbol{D}$ ist es aber nun einfacher zu entscheiden, für welchen normierten Vektor $\boldsymbol{\omega}'$ der Ausdruck $\frac{1}{2}\,\boldsymbol{\omega}'^T \boldsymbol{D}\,\boldsymbol{\omega}'$ maximal bzw. minimal wird.

Haben wir dieses Problem gelöst, so erhalten wir $\boldsymbol{\omega}$ durch Auflösen der Gleichung $\boldsymbol{\omega}' = \boldsymbol{S}^T\,\boldsymbol{\omega}$ nach $\boldsymbol{\omega}$. Dies ist einfach, da $\boldsymbol{S}^{-1} = \boldsymbol{S}^T$ gilt, es ist $\boldsymbol{\omega}$ dann natürlich auch normiert, da die Abbildung $\boldsymbol{v} \mapsto \boldsymbol{S}\,\boldsymbol{v}$ längenerhaltend ist.

Aber bestimmen wir zuerst $\boldsymbol{\omega}' = (\omega_i)$ mit $\|\boldsymbol{\omega}'\| = 1\ [\text{s}^{-1}]$, sodass die Rotationsenergie T maximal bzw. minimal ist,

$$T = \frac{1}{2}\,\boldsymbol{\omega}'^T \boldsymbol{D}\,\boldsymbol{\omega}' = \frac{1}{2}\,(\lambda_1\,(\omega_1')^2 + \lambda_2\,(\omega_2')^2 + \lambda_3\,(\omega_3')^2) .$$

Hieran erkennt man wegen $\omega_1^2 + \omega_2^2 + \omega_3^2 = 1$, dass T dann maximal ist, wenn $\boldsymbol{\omega}' = \boldsymbol{e}_i$, wobei i so gewählt ist, dass λ_i maximal ist. Und T wird minimal, wenn $\boldsymbol{\omega}' = \boldsymbol{e}_j$, wobei j so gewählt ist, dass λ_j minimal ist. Insbesondere sind es also Hauptträgheitsachsen bezüglich derer die Rotationsenergie maximal bzw. minimal wird. Wir zeigen dies nun an unserem Beispiel.

Die Eigenwerte und die normierten Eigenvektoren sind in diesem Beispiel nur schwer per Hand zu bestimmen. Wir haben diese Rechnungen im vorliegenden Fall mit einem Computer-Algebra-System bestimmt und die Größen dabei auf zwei Stellen nach dem Dezimalpunkt gerundet. Wir erhalten näherungsweise als Eigenwerte, d. h. Trägheitsmomente, von $\boldsymbol{J}$ die (reellen) Zahlen (jeweils in $[\text{kg m}^2]$)

$$\lambda_1 = 20.81,\ \lambda_2 = 54.81,\ \lambda_3 = 56.38 .$$

Zugehörige normierte Eigenvektoren, d. h. Hauptträgheitsachsen, sind

$$\boldsymbol{b}_1 = \begin{pmatrix} -0.98 \\ -0.06 \\ -0.17 \end{pmatrix},\quad \boldsymbol{b}_2 = \begin{pmatrix} -0.13 \\ 0.89 \\ 0.44 \end{pmatrix},\quad \boldsymbol{b}_3 = \begin{pmatrix} 0.13 \\ 0.45 \\ -0.88 \end{pmatrix}.$$

Mit der Matrix $\boldsymbol{S} = ((\boldsymbol{b}_1, \boldsymbol{b}_2, \boldsymbol{b}_3))$ gilt also

$$\boldsymbol{D} = \begin{pmatrix} 20.81 & 0 & 0 \\ 0 & 54.81 & 0 \\ 0 & 0 & 56.38 \end{pmatrix} = \boldsymbol{S}^T \boldsymbol{J} \boldsymbol{S} .$$

Damit ist für die Winkelgeschwindigkeit

$$\boldsymbol{\omega}_1 = \boldsymbol{S}\,\boldsymbol{e}_3 = \begin{pmatrix} 0.13 \\ 0.45 \\ -0.88 \end{pmatrix}$$

die Rotationsenergie maximal, nämlich $T_{\max} = 56.38\ \frac{\text{kg m}^2}{\text{s}^2}$.

Und für die Winkelgeschwindigkeit

$$\boldsymbol{\omega}_2 = \boldsymbol{S}\,\boldsymbol{e}_1 = \begin{pmatrix} -0.98 \\ -0.06 \\ -0.17 \end{pmatrix}$$

ist die Rotationsenergie minimal, nämlich $T_{\min} = 20.81\ \frac{\text{kg m}^2}{\text{s}^2}$.

hierbei sind die Spaltenvektoren der Matrix $\boldsymbol{S}$ Eigenvektoren von $\boldsymbol{A}$, sie bilden eine Orthonormalbasis des $\mathbb{R}^n$.

Jacobis Idee besteht darin, die Transformation $\boldsymbol{A} \mapsto \boldsymbol{S}^T\boldsymbol{A}\,\boldsymbol{S}$ durch eine Folge von solchen Transformationen

$$\boldsymbol{A} \mapsto \boldsymbol{A}^{(1)} = \boldsymbol{S}_1^T\boldsymbol{A}\,\boldsymbol{S}_1,\, \boldsymbol{A}_1 \mapsto \boldsymbol{A}^{(2)} = \boldsymbol{S}_2^T\boldsymbol{A}_1\,\boldsymbol{S}_2,\, \ldots$$

mit besonders einfachen orthogonalen Matrizen $\boldsymbol{S}_i$ zu ersetzen, die die Quadratsummen der nichtdiagonalen Komponenten der Matrizen $\boldsymbol{A}^{(k)} = (a_{ij}^{(k)})$, also

$$N(\boldsymbol{A}^{(k)}) = \sum_{\substack{i,j=1\\ i\neq j}}^{n} (a_{ij}^{(k)})^2 \qquad (18.5)$$

verkleinern.

Führt man solange solche Transformationen durch bis die Quadratsumme der nichtdiagonalen Komponenten einer Matrix $\boldsymbol{A}^{(r)} = \boldsymbol{D}$ null ist, so hat man schließlich Diagonalgestalt erreicht. Die Eigenwerte bilden die Diagonaleinträge von $\boldsymbol{D}$ und die Spalten der dann orthogonalen Matrix

$$\boldsymbol{S} = \boldsymbol{S}_1 \cdots \boldsymbol{S}_r$$

bilden dann wegen $\boldsymbol{D} = (\boldsymbol{S}_1 \cdots \boldsymbol{S}_r)^T\boldsymbol{A}\,(\boldsymbol{S}_1 \cdots \boldsymbol{S}_r)$ die gesuchten Eigenvektoren.

Tatsächlich wird man in der Praxis eine Fehlerschranke ε vorgeben und die Iteration abbrechen, sobald die Quadratsumme einer Matrix $\boldsymbol{A}^{(r)}$ die Fehlerschranke ε unterschreitet.

Aber bisher wissen wir noch gar nicht, ob es überhaupt möglich ist, stets eine Folge von orthogonalen Matrizen $(\boldsymbol{S}_i)$ anzugeben, die eine Folge von Matrizen

$$\boldsymbol{A} \to \boldsymbol{A}^{(1)} \to \boldsymbol{A}^{(2)} \ldots$$

liefert, die letztlich gegen eine Diagonalmatrix *konvergiert*. Wir werden diese transformierenden Matrizen nun explizit angeben.

Jede symmetrische Matrix wird durch Jacobi-Rotationen auf Diagonalgestalt transformiert

Das Jacobi-Verfahren besteht aus wiederholten orthogonalen Transformationen. Wir zeigen nun eine solche Transformation an der betrachteten symmetrischen Matrix $\boldsymbol{A}$. Um schließlich Diagonalgestalt zu erreichen, sind diese Transformationen sukzessive anzuwenden.

Wir gehen im Folgenden davon aus, dass die symmetrische Matrix $\boldsymbol{A} = (a_{ij}) \in \mathbb{R}^{n\times n}$ nicht schon Diagonalgestalt hat. Dann gibt es p, q mit $p < q$ und $a_{pq} \neq 0$. Wir wählen nun die transformierende Matrix so, dass die beiden von null verschiedenen Einträge $a_{pq} = a_{qp}$ bei der Transformation verschwinden.

Mithilfe der reellen Zahlen a_{pq}, a_{pp} und a_{qq} können wir die folgenden drei Größen bilden:

$$D = \frac{a_{pp} - a_{qq}}{\sqrt{(a_{pp} - a_{qq})^2 + 4a_{pq}^2}}$$

$$c = \sqrt{\frac{1+D}{2}}$$

$$s = \begin{cases} \sqrt{\frac{1-D}{2}}, & \text{falls } a_{pq} > 0 \\ -\sqrt{\frac{1-D}{2}}, & \text{falls } a_{pq} < 0 \end{cases}$$

Es gilt $c^2 + s^2 = 1$, daher gibt es ein $\alpha \in [0,\, 2\pi[$ mit $c = \cos\alpha$ und $s = \sin\alpha$.

Mithilfe der Größen c und s bilden wir nun die Matrix

$$\boldsymbol{S} = \begin{pmatrix} 1 & & & & & \\ & \ddots & & & & \\ & & c & & -s & \\ & & & \ddots & & \\ & & s & & c & \\ & & & & & \ddots & \\ & & & & & & 1 \end{pmatrix} \begin{matrix} \\ \\ \leftarrow p \\ \\ \leftarrow q \\ \\ \\ \end{matrix} .$$
$$\qquad\qquad \uparrow_{p} \qquad \uparrow_{q}$$

Diese Matrix $\boldsymbol{S}$ ist offenbar orthogonal, da $\boldsymbol{S}^T\boldsymbol{S} = \mathbf{E}_n$. Tatsächlich beschreibt die Matrix $\boldsymbol{S}$ eine Drehung um den Winkel α um die Null in der Ebene, die die p-te und q-te Koordinatenachse enthält. Daher auch der folgende Begriff:

Jacobi-Rotation

Bei der Transformation $\boldsymbol{A} \mapsto \tilde{\boldsymbol{A}} = \boldsymbol{S}^T\boldsymbol{A}\,\boldsymbol{S}$ werden höchstens die Komponenten der p-ten und q-ten Zeile und Spalte geändert. Es gilt

$$N(\tilde{\boldsymbol{A}}) = N(\boldsymbol{A}) - 2\,a_{pq}^2,$$

sodass die Quadratsumme der nichtdiagonalen Komponenten nach dem Durchführen einer solchen **Jacobi-Rotation** echt kleiner wird. Weiterhin ist $\tilde{\boldsymbol{A}}$ symmetrisch, sodass eine weitere Jacobi-Rotation durchgeführt werden kann.

Die Rechnungen, die diese Behauptungen belegen, sind etwas mühsam, wir verzichten darauf, sie hier anzugeben.

Man kommt im Allgemeinen schneller zum Ziel, wenn man p und q stets so wählt, dass das Element a_{pq} einen großen Betrag hat.

Das Jacobi-Verfahren ist einfach, durchsichtig, numerisch sehr stabil und leicht zu realisieren.

Wir wollen ein weiteres Verfahren ansprechen, das näherungsweise den betragsgrößten Eigenwert sowie näherungsweise einen Eigenvektor zu diesem betragsgrößten Eigenwert einer Matrix $\boldsymbol{A}$ liefert.

Durch Vektoriteration wird ein Eigenvektor sowie der betragsmäßig größte Eigenwert approximiert

Wir betrachten eine komplexe Matrix $\boldsymbol{A} \in \mathbb{C}^{n\times n}$, von der wir voraussetzen, dass sie diagonalisierbar ist. Also gibt es eine Basis aus Eigenvektoren mit den zugehörigen Eigenwerten

$$\boldsymbol{A}\,\boldsymbol{v}_1 = \lambda_1\,\boldsymbol{v}_1,\ \ldots,\ \boldsymbol{A}\,\boldsymbol{v}_n = \lambda_n\,\boldsymbol{v}_n\,.$$

Wir nehmen weiterhin an, dass die Eigenwerte ihrem Betrag nach geordnet sind und λ_1 einen echt größeren Betrag hat als die anderen Eigenwerte

$$|\lambda_1| > |\lambda_2| \geq \cdots \geq |\lambda_n|\,.$$

Nun bilden wir von einem Startvektor $\boldsymbol{v}^{(0)} \in \mathbb{C}^n$, ausgehend eine Folge von Vektoren $(\boldsymbol{v}^{(i)})$ durch sukzessives Anwenden der Matrix $\boldsymbol{A}$,

$$\boldsymbol{v}^{(i+1)} = \boldsymbol{A}\,\boldsymbol{v}^{(i)}\,.$$

Diese *konvergiert* bei geschickter Wahl des Startvektors $\boldsymbol{v}^{(0)}$.

Vektoriteration

Die Folge $(\boldsymbol{v}^{(i)})$ *konvergiert* gegen einen Eigenvektor $\boldsymbol{v}$ der Matrix $\boldsymbol{A}$ zum Eigenwert λ_1, d. h., ist r nur groß genug, so gilt

$$\boldsymbol{A}\,\boldsymbol{v}^{(r)} \approx \lambda_1\,\boldsymbol{v}^{(r)}\,.$$

Wir begründen das Ergebnis. Weil $\{\boldsymbol{v}_1, \ldots, \boldsymbol{v}_n\}$ eine Basis des $\mathbb{C}^n$ aus Eigenvektoren der Matrix $\boldsymbol{A}$ ist, können wir den Startvektor $\boldsymbol{v}^{(0)}$ als Linearkombination dieser Basis schreiben,

$$\boldsymbol{v}^{(0)} = \mu_1\,\boldsymbol{v}_1 + \mu_2\,\boldsymbol{v}_2 + \cdots + \mu_n\,\boldsymbol{v}_n\,.$$

Es entsteht $\boldsymbol{v}^{(1)}$ durch Multiplikation von $\boldsymbol{A}$ mit $\boldsymbol{v}^{(0)}$, d. h.

$$\boldsymbol{v}^{(1)} = \boldsymbol{A}\,\boldsymbol{v}^{(0)} = \mu_1\,\lambda_1\,\boldsymbol{v}_1 + \mu_2\,\lambda_2\,\boldsymbol{v}_2 + \cdots + \mu_n\,\lambda_n\,\boldsymbol{v}_n\,,$$

allgemeiner

$$\boldsymbol{v}^{(i)} = \boldsymbol{A}^i\,\boldsymbol{v}^{(0)} = \mu_1\,\lambda_1^i\,\boldsymbol{v}_1 + \cdots + \mu_n\,\lambda_n^i\,\boldsymbol{v}_n\,.$$

Ist nun $\mu_1 \neq 0$, so folgt

$$\frac{1}{\lambda_1^i}\,\boldsymbol{v}^{(i)} = \mu_1\,\boldsymbol{v}_1 + \mu_2\left(\frac{\lambda_2}{\lambda_1}\right)^i\boldsymbol{v}_2 + \cdots + \mu_n\left(\frac{\lambda_n}{\lambda_1}\right)^i\boldsymbol{v}_n\,.$$

Weil λ_1 betragsmäßig größer als die anderen Eigenwerte $\lambda_2, \ldots, \lambda_n$ ist, gilt für hinreichend großes $r \in \mathbb{N}$

$$\frac{1}{\lambda_1^r}\,\boldsymbol{v}^{(r)} \approx \mu_1\,\boldsymbol{v}_1\,,$$

sodass man also wegen

$$\boldsymbol{A}\,\boldsymbol{v}^{(r)} = \boldsymbol{v}^{(r+1)} \approx \lambda_1^{r+1}\,\mu_1\,\boldsymbol{v}_1 \approx \lambda_1\boldsymbol{v}^{(r)}$$

einen Näherungswert für den Eigenwert λ_1 wie auch einen Vektor $\boldsymbol{v}^{(r)}$ bestimmt hat, den man näherungsweise als Eigenvektor zum Eigenwert λ_1 auffassen kann.

Kommentar Theoretisch darf man den Startvektor nicht willkürlich wählen, es muss $\mu_1 \neq 0$ gelten. Aber in der Praxis kennt man den Eigenvektor $\boldsymbol{v}_1$ gar nicht, sodass es dem Zufall überlassen werden muss, ob $\mu_1 \neq 0$ gilt. Das ist aber gar nicht problematisch, da die bei den Rechnungen durchgeführten Rundungsfehler meist dafür sorgen, dass die Rechnungen auch ohne diese Voraussetzung zu einer Näherungslösung führen. ◀

Dieses Iterationsverfahren findet vielfach Anwendung. Eine etwas erstaunliche Anwendung betrifft die Suchmaschine *Google* (siehe S. 674).

Beim *QR*-Verfahren wird aus einer Matrix *A* eine Folge von Matrizen erzeugt, die gegen eine Matrix konvergiert, aus der man die Eigenwerte von *A* erhält

Beim *QR*-Verfahren werden die Eigenwerte einer beliebigen (quadratischen) Matrix näherungsweise bestimmt. Es ist heutzutage das gebräuchlichste Verfahren. Wir schildern knapp das prinzipielle Vorgehen.

Bei der *LR*-Zerlegung (siehe den Abschnitt auf S. 596) wird eine quadratische Matrix $\boldsymbol{A}$ in ein Produkt einer linken unteren und einer rechten oberen Matrix zerlegt. Bei der *QR-Zerlegung* ist die Situation ähnlich:

***QR*-Zerlegung einer quadratischen Matrix**

Jede quadratische Matrix $\boldsymbol{A} \in \mathbb{R}^{n\times n}$ lässt sich als Produkt einer orthogonalen Matrix $\boldsymbol{Q}$ und einer rechten oberen Dreiecksmatrix $\boldsymbol{R}$ zerlegen:

$$\boldsymbol{A} = \boldsymbol{Q}\,\boldsymbol{R}\,.$$

Eine solche Darstellung der Matrix $\boldsymbol{A}$ nennt man ***QR*-Zerlegung** von $\boldsymbol{A}$.

Eine solche Zerlegung erhält man durch sukzessive Multiplikation von links mit geeigneten Matrizen $\boldsymbol{S}_1, \ldots, \boldsymbol{S}_r$, wie sie bei der Jacobi-Rotation benutzt wurden. Man eliminiert mit den Matrizen $\boldsymbol{S}_i$ die Elemente unterhalb der Diagonalen von $\boldsymbol{A}$ bis die obere Dreiecksgestalt $\boldsymbol{R}$ erreicht wird:

$$\boldsymbol{R} = \boldsymbol{S}_r^T \cdots \boldsymbol{S}_1^T\,\boldsymbol{A}\,.$$

Anwendung: Das Pageranking bei Google

Das Internet besteht aus vielen Milliarden Websites. Wenn man bei *Google* den Suchbegriff *Mathematik* eingibt, werden Links zu etlichen Millionen Websites angeboten, auf denen der Begriff *Mathematik* in irgendeiner Art und Weise vorkommt. Aber auf vielen Millionen dieser Seiten spielt der Begriff keine wesentliche Rolle. Und tatsächlich wird man feststellen, dass die ersten angebotenen Links bereits die *wichtigsten* zu dem Suchbegriff sind. Wie gelingt es nun der Suchmaschine eine solche Reihenfolge anzubieten, in der die *Wichtigkeit* der Websites monoton fällt? *Google* betreibt ein sogenanntes *Pageranking*, es ordnet jeder Website einen Index zu, der seine Wichtigkeit ausdrückt.

Das Prinzip des Pagerankings ist einfach; man sagt:

Eine Website ist um so wichtiger, um so mehr Links von wichtigen Websites auf sie verweisen.

Wir betrachten diesen Sachverhalt etwas mathematischer.

Bezeichnet man mit l_j die Anzahl der Links auf der Website P_j und mit B_i die Menge der Websites, die einen Link zu P_i haben, so können wir die sogenannte *Hyperlinkmatrix* $\boldsymbol{A} = (a_{ij})$ mit

$$a_{ij} = \begin{cases} \frac{1}{l_j}, & \text{falls } P_j \in B_i \\ 0 & \text{sonst} \end{cases}$$

bilden. Man beachte, dass diese Matrix genauso viele Zeilen bzw. Spalten hat, wie es Websites im Internet gibt, also mehrere Milliarden.

Ein Vektor $\boldsymbol{w} = (w_i)$ mit der Eigenschaft

$$\boldsymbol{A}\,\boldsymbol{w} = \boldsymbol{w}\,,$$

also ein Eigenvektor zum Eigenwert 1 von $\boldsymbol{A}$, hat die Komponenten

$$w_i = \sum_{P_j \in B_i} \frac{w_j}{l_j}\,,$$

sodass wir also die Komponenten w_i von $\boldsymbol{w}$ als ein Maß für die Wichtigkeit der Websites P_i interpretieren können.

Wir betrachten ein sehr einfaches Internet, das aus sechs Websites $P_1, \ldots, P_6$ besteht, die folgendermaßen verlinkt sein sollten:

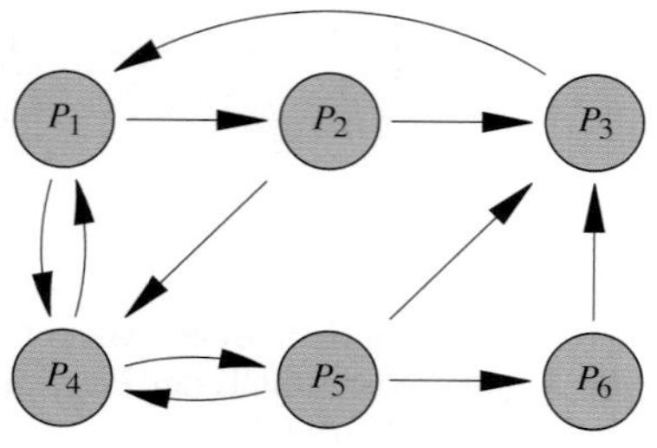

Nun bilden wir die *Hyperlinkmatrix* $\boldsymbol{A} = (a_{ij}) \in \mathbb{R}^{6\times 6}$ zu diesem einfachen Internet:

$$\boldsymbol{A} = \begin{pmatrix} 0 & 0 & 1 & 1/2 & 0 & 0 \\ 1/2 & 0 & 0 & 0 & 0 & 0 \\ 0 & 1/2 & 0 & 0 & 1/3 & 1 \\ 1/2 & 1/2 & 0 & 0 & 1/3 & 0 \\ 0 & 0 & 0 & 1/2 & 0 & 0 \\ 0 & 0 & 0 & 0 & 1/3 & 0 \end{pmatrix}$$

Um einen Eigenvektor zum Eigenwert 1 zu bestimmen, wenden wir das Iterationsverfahren von S. 673 mit dem Startvektor $\boldsymbol{v}^{(0)} = \boldsymbol{e}_1 \in \mathbb{R}^6$ an:

$$\boldsymbol{v}^{(1)} = \boldsymbol{A}\boldsymbol{v}^{(0)} = \begin{pmatrix} 0 \\ 1/2 \\ 0 \\ 1/2 \\ 0 \\ 0 \end{pmatrix}, \ldots, \boldsymbol{v}^{(50)} \approx \begin{pmatrix} 0.281\,690 \\ 0.140\,845 \\ 0.154\,930 \\ 0.253\,521 \\ 0.126\,761 \\ 0.042\,254 \end{pmatrix}$$

Wir können diesen Vektor $\boldsymbol{v}^{(50)}$ bereits als Näherungslösung betrachten und erhalten als wichtigste Website P_1.

Tatsächlich wird das Verfahren etwas modifiziert. Zum einen wird eine Matrix $\boldsymbol{B}$ eingeführt, um Websites, die keine Links aufweisen, richtig behandeln zu können – solche Websites würden sonst Nullspalten in $\boldsymbol{A}$ liefern, die die Interpretationen verfälschen. Außerdem wird noch eine Matrix $\boldsymbol{C}$ eingeführt, die dafür sorgt, dass die Gesamtheit der Websites nicht in einzelne Gruppen zerfällt. Ein Parameter α, der etwa die Größenordnung von 0.85 hat, sorgt dafür, dass die von 1 verschiedenen Eigenwerte der *Google-Matrix* einen Betrag echt kleiner als 1 haben, sodass die Vektoriteration auch tatsächlich konvergiert. Die mehr als $10^9 \times 10^9$-**Google-Matrix** $\boldsymbol{G}$ lautet mit diesen Größen

$$\boldsymbol{G} = \alpha\,\boldsymbol{A} + \alpha\,\boldsymbol{B} + (1-\alpha)\,\boldsymbol{C}\,.$$

Alle drei Matrizen sind zwar sehr groß aber von sehr einfacher Gestalt, sodass obige Vektoriterationen tatsächlich nur wenige Tage beanspruchen. Weil etwa im Durchschnitt eine Website nur zehn Links aufweist, sind nur etwa zehn Einträge pro Spalte der riesigen Matrix $\boldsymbol{A}$ von null verschieden.

Diese Iteration wird von Google etwa einmal pro Monat durchgeführt.

Da die Matrizen S_i^T orthogonal sind, ist $Q = S_1 \cdots S_r$ ebenfalls orthogonal, und es gilt $A = QR$.

Ist A in dieser Form zerlegt, $A = QR$, so vertauschen wir die Faktoren und bilden das Produkt

$$A' = RQ.$$

Dasselbe machen wir dann mit A' anstelle von A usw. D. h.: Setze $A_0 = A$ und bilde für $i = 1, 2, 3, \ldots$ das Produkt

$$A_{i+1} = R_i Q_i,$$

wobei $A_i = Q_i R_i$ eine QR-Zerlegung von A_i ist.

Wir erhalten so eine Folge (A_i) von quadratischen Matrizen.

Kommentar Man beachte, dass wegen $A_{i+1} = Q_i^T A_i Q_i$ für jedes i die Matrix A_{i+1} zu A_i ähnlich ist und somit die Matrizen $A, A_1, A_2, \ldots$ alle dieselben Eigenwerte mit denselben Vielfachheiten haben (siehe Aufgabe 18.6). ◀

Man kann zeigen, dass etwa dann, wenn die Matrix A verschiedene reelle Eigenwerte hat, die Folge der Matrizen (A_i) gegen eine obere Dreiecksmatrix A_∞ konvergiert, auf deren Diagonale die Eigenwerte von A stehen. Für eine beliebige (quadratische) reelle Matrix erhält man immerhin:

QR-Verfahren

Die Folge (A_i) von Matrizen A_i konvergiert gegen eine Matrix der Form

$$A_\infty = \begin{pmatrix} A_{11} & * & * & * \\ 0 & A_{22} & * & * \\ \vdots & \ddots & \ddots & * \\ 0 & \ldots & 0 & A_{ss} \end{pmatrix}$$

mit 1×1- oder 2×2-Matrizen $A_{11}, \ldots, A_{ss}$. Die Eigenwerte von A sind die Eigenwerte der Matrizen $A_{11}, \ldots, A_{ss}$.

Falls A_{jj} eine 1×1-Matrix ist, so ist der Eigenwert von A_{jj} reell.

Falls A_{jj} eine 2×2-Matrix ist, so sind die beiden Eigenwerte von A_{jj} komplex konjugiert zueinander.

Kommentar In der Praxis bringt man die Matrix A zuerst auf eine sogenannte *Hessenbergform*, d. h. auf eine obere Dreiecksform, bei der zugelassen ist, dass in der ersten unteren Nebendiagonale von Null verschiedene Einträge sind. Außerdem führt man, um die Konvergenz zu beschleunigen, bei jeder Zerlegung einen sogenannten *Shift* durch, d. h. man zerlegt nicht die Matrix A_i, sondern die Matrix $A_i - \sigma_i \mathbf{E_n}$ für ein zu wählendes $\sigma_i \in \mathbb{R}$. Das Verfahren liefert dadurch im Allgemeinen sehr schnell die Eigenwerte auch von sehr großen Matrizen. ◀

18.7 Die Exponentialfunktion für Matrizen

Eine wesentliche Anwendung der Diagonalisierung von Matrizen ist das Lösen von Differenzialgleichungen. Dabei spielt die Exponentialfunktion für Matrizen eine wichtige Rolle.

Wir erklären die Zusammenhänge, vorab verallgemeinern wir aber den Ausdruck e^a für eine komplexe Zahl a auf den Ausdruck e^A für eine quadratische, komplexe Matrix A.

Die Exponentialfunktion für Matrizen ist durch eine Reihe definiert

Um die Exponentialfunktion für Matrizen zu definieren, benutzen wir die Reihendarstellung der Exponentialfunktion. Per Definition gilt für jede komplexe Zahl a:

$$e^a = \sum_{k=0}^{\infty} \frac{a^k}{k!} = 1 + a + \frac{a^2}{2!} + \cdots.$$

Dabei geschieht die Potenzbildung $a^k = \underbrace{a \cdots a}_{k\text{-mal}}$ durch Multiplikation in $\mathbb{C}$ und die Summenbildung durch die Addition in $\mathbb{C}$. Aber quadratische Matrizen aus $\mathbb{C}^{n\times n}$ lassen sich auch addieren und multiplizieren, daher liegt es nahe, $A^0 = \mathbf{E}_n$ zu setzen und die Exponentialfunktion e^A wie folgt zu definieren,

$$e^A = \sum_{k=0}^{\infty} \frac{1}{k!} A^k = \mathbf{E}_n + A + \frac{1}{2!} A^2 + \cdots.$$

Hierbei werden Potenzen bezüglich der Matrizenmultiplikation gebildet, und das Summenzeichen beschreibt jetzt die Addition von Matrizen.

Diese Definition ist sinnvoll, da die Reihe

$$\sum_{k=0}^{\infty} \frac{1}{k!} A^k$$

für jede komplexe $n \times n$-Matrix A konvergiert, wie man mit Methoden aus dem Teil IV begründen kann.

Den Grenzwert

$$\lim_{N\to\infty} \sum_{k=0}^{N} \frac{1}{k!} A^k$$

bezeichnen wir mit $\exp A$ oder e^A. Damit haben wir also eine Abbildung $\exp\colon \mathbb{C}^{n\times n} \to \mathbb{C}^{n\times n}, A \to e^A$ erklärt.

Beispiel Wir berechnen $\exp \boldsymbol{A}$ für die Matrix $\boldsymbol{A} = \begin{pmatrix} 1 & 1 \\ 0 & 0 \end{pmatrix}$. Wegen $\boldsymbol{A}^k = \boldsymbol{A}$ für $k \geq 1$ gilt

$$\mathrm{e}^{\boldsymbol{A}} = \begin{pmatrix} 1 & 0 \\ 0 & 1 \end{pmatrix} + \begin{pmatrix} 1 & 1 \\ 0 & 0 \end{pmatrix} + \frac{1}{2}\begin{pmatrix} 1 & 1 \\ 0 & 0 \end{pmatrix} + \cdots = \begin{pmatrix} \mathrm{e} & \mathrm{e}-1 \\ 0 & 1 \end{pmatrix}.$$

Und für die Matrix $\mathbf{E}_{12} = \begin{pmatrix} 0 & 1 \\ 0 & 0 \end{pmatrix} \in \mathbb{C}^{2\times 2}$ gilt wegen $\mathbf{E}_{12}^k = \begin{pmatrix} 0 & 0 \\ 0 & 0 \end{pmatrix}$ für $k \geq 2$:

$$\mathrm{e}^{\mathbf{E}_{12}} = \begin{pmatrix} 1 & 0 \\ 0 & 1 \end{pmatrix} + \begin{pmatrix} 0 & 1 \\ 0 & 0 \end{pmatrix} + \frac{1}{2}\begin{pmatrix} 0 & 0 \\ 0 & 0 \end{pmatrix} + \cdots = \begin{pmatrix} 1 & 1 \\ 0 & 1 \end{pmatrix}.$$

◀

Achtung Für eine Matrix $\boldsymbol{A} = (a_{ij})$ gilt im Allgemeinen

$$\mathrm{e}^{\boldsymbol{A}} \neq (\mathrm{e}^{a_{ij}}).$$

Man erhält also $\mathrm{e}^{\boldsymbol{A}}$ nicht einfach durch komponentenweises Bilden der Potenzen $\mathrm{e}^{a_{ij}}$. ◀

Teil III

Für diagonalisierbare Matrizen lässt sich $\mathrm{e}^{\boldsymbol{A}}$ explizit angeben

In den beiden letzten Beispielen konnten wir nur deshalb $\mathrm{e}^{\boldsymbol{A}}$ explizit bestimmen, da wir $\boldsymbol{A}^k$ für alle natürlichen Zahlen angeben konnten. Das ist im allgemeinen Fall natürlich nicht so. Aber mithilfe der folgenden Rechenregeln können wir $\mathrm{e}^{\boldsymbol{A}}$ für alle diagonalisierbaren Matrizen explizit bestimmen.

Eigenschaften der Exponentialfunktion für Matrizen

Die Abbildung

$$\exp\colon \mathbb{C}^{n\times n} \to \mathbb{C}^{n\times n}$$

hat folgende Eigenschaften:

1. Für alle $\boldsymbol{A}, \boldsymbol{B} \in \mathbb{C}^{n\times n}$ mit $\boldsymbol{A}\,\boldsymbol{B} = \boldsymbol{B}\,\boldsymbol{A}$ gilt
$$\mathrm{e}^{\boldsymbol{A}+\boldsymbol{B}} = \mathrm{e}^{\boldsymbol{A}}\,\mathrm{e}^{\boldsymbol{B}}.$$
2. Für jede invertierbare Matrix $\boldsymbol{S} \in \mathbb{C}^{n\times n}$ gilt
$$\boldsymbol{S}^{-1}\,\mathrm{e}^{\boldsymbol{A}}\,\boldsymbol{S} = \mathrm{e}^{\boldsymbol{S}^{-1}\boldsymbol{A}\,\boldsymbol{S}}.$$
3. Für Diagonalmatrizen gilt die Regel
$$\exp\begin{pmatrix} \lambda_1 & \cdots & 0 \\ \vdots & \ddots & \vdots \\ 0 & \cdots & \lambda_n \end{pmatrix} = \begin{pmatrix} \mathrm{e}^{\lambda_1} & \cdots & 0 \\ \vdots & \ddots & \vdots \\ 0 & \cdots & \mathrm{e}^{\lambda_n} \end{pmatrix}.$$

Beweis

1. Die Behauptung $\mathrm{e}^{\boldsymbol{A}+\boldsymbol{B}} = \mathrm{e}^{\boldsymbol{A}}\,\mathrm{e}^{\boldsymbol{B}}$ beweist man analog zu jener für komplexe Zahlen auf S. 295.
2. Aus $\boldsymbol{S}^{-1}\boldsymbol{A}^k\,\boldsymbol{S} = (\boldsymbol{S}^{-1}\,\boldsymbol{A}\,\boldsymbol{S})^k$ folgt
$$\boldsymbol{S}^{-1}\left(\sum_{k=0}^{N}\frac{1}{k!}\boldsymbol{A}^k\right)\boldsymbol{S} = \sum_{k=0}^{N}\frac{1}{k!}(\boldsymbol{S}^{-1}\,\boldsymbol{A}\,\boldsymbol{S})^k.$$
Die rechte Seite konvergiert für $N \to \infty$ gegen $\mathrm{e}^{\boldsymbol{S}^{-1}\boldsymbol{A}\,\boldsymbol{S}}$, die linke gegen $\boldsymbol{S}^{-1}\,\mathrm{e}^{\boldsymbol{A}}\,\boldsymbol{S}$ wegen der Stetigkeit der Abbildung von $\boldsymbol{X} \mapsto \boldsymbol{S}^{-1}\,\boldsymbol{X}\,\boldsymbol{S}$. Also gilt die zweite Behauptung.
3. Es gilt
$$\sum_{k=0}^{N}\frac{1}{k!}\begin{pmatrix} \lambda_1 & \cdots & 0 \\ \vdots & \ddots & \vdots \\ 0 & \cdots & \lambda_n \end{pmatrix}^k = \sum_{k=0}^{N}\frac{1}{k!}\begin{pmatrix} \lambda_1^k & \cdots & 0 \\ \vdots & \ddots & \vdots \\ 0 & \cdots & \lambda_n^k \end{pmatrix}$$
$$= \begin{pmatrix} \sum\limits_{k=0}^{N}\frac{\lambda_1^k}{k!} & & \\ & \ddots & \\ & & \sum\limits_{k=0}^{N}\frac{\lambda_n^k}{k!} \end{pmatrix}$$
$$\xrightarrow{N\to\infty} \begin{pmatrix} \mathrm{e}^{\lambda_1} & \cdots & 0 \\ \vdots & \ddots & \vdots \\ 0 & \cdots & \mathrm{e}^{\lambda_n} \end{pmatrix}. \quad ■$$

Beispiel Ein Beispiel dafür, dass $\mathrm{e}^{\boldsymbol{A}+\boldsymbol{B}} = \mathrm{e}^{\boldsymbol{A}}\,\mathrm{e}^{\boldsymbol{B}}$ nicht allgemein gilt, liefern bereits die nicht miteinander vertauschbaren Matrizen $\mathbf{E}_{11} = \begin{pmatrix} 1 & 0 \\ 0 & 0 \end{pmatrix}$ und $\mathbf{E}_{12} = \begin{pmatrix} 0 & 1 \\ 0 & 0 \end{pmatrix}$. Mit den oben berechneten Matrizen und der dritten Rechenregel gilt nämlich

$$\exp(\mathbf{E}_{11} + \mathbf{E}_{12}) = \exp\begin{pmatrix} 1 & 1 \\ 0 & 0 \end{pmatrix} = \begin{pmatrix} \mathrm{e} & \mathrm{e}-1 \\ 0 & 1 \end{pmatrix},$$
$$\exp(\mathbf{E}_{11})\exp(\mathbf{E}_{12}) = \begin{pmatrix} \mathrm{e} & 0 \\ 0 & 1 \end{pmatrix}\begin{pmatrix} 1 & 1 \\ 0 & 1 \end{pmatrix} = \begin{pmatrix} \mathrm{e} & \mathrm{e} \\ 0 & 1 \end{pmatrix}.$$

◀

Ist $\boldsymbol{A} \in \mathbb{C}^{n\times n}$ eine diagonalisierbare Matrix, so existieren eine invertierbare Matrix $\boldsymbol{S} \in \mathbb{C}^{n\times n}$ und komplexe Zahlen $\lambda_1, \ldots, \lambda_n$ mit der Eigenschaft

$$\boldsymbol{S}^{-1}\boldsymbol{A}\,\boldsymbol{S} = \begin{pmatrix} \lambda_1 & \cdots & 0 \\ \vdots & \ddots & \vdots \\ 0 & \cdots & \lambda_n \end{pmatrix} = \boldsymbol{D}, \text{ d.h. } \boldsymbol{A} = \boldsymbol{S}\boldsymbol{D}\boldsymbol{S}^{-1}.$$

Nun erhalten wir mit obigen Rechenregeln

$$\mathrm{e}^{\boldsymbol{A}} = \mathrm{e}^{\boldsymbol{S}\boldsymbol{D}\boldsymbol{S}^{-1}} = \boldsymbol{S}\,\mathrm{e}^{\boldsymbol{D}}\,\boldsymbol{S}^{-1},$$

womit wir $\mathrm{e}^{\boldsymbol{A}}$ für diagonalisierbare Matrizen stets berechnen können.

Die Exponentialfunktion für diagonalisierbare Matrizen

Ist $A \in \mathbb{C}^{n\times n}$ eine diagonalisierbare Matrix mit den Eigenwerten $\lambda_1, \ldots, \lambda_n$ und Eigenvektoren $s_1, \ldots, s_n$, so gilt mit $S = ((s_1, \ldots, s_n))$

$$e^A = S \begin{pmatrix} e^{\lambda_1} & \cdots & 0 \\ \vdots & \ddots & \vdots \\ 0 & \cdots & e^{\lambda_n} \end{pmatrix} S^{-1}.$$

Man kann demnach mit D und S die Matrix e^A berechnen. Wir zeigen dies an Beispielen.

Beispiel Wir berechnen für ein $t \in \mathbb{C}$ die komplexen Matrizen

$$\exp\begin{pmatrix} 0 & t \\ t & 0 \end{pmatrix} \quad \text{und} \quad \exp\begin{pmatrix} 0 & -t \\ t & 0 \end{pmatrix}.$$

Die Matrix $A = \begin{pmatrix} 0 & t \\ t & 0 \end{pmatrix}$ hat das charakteristische Polynom $\chi_A = X^2 - t^2$, also die beiden Eigenwerte t und $-t$. Es sind $s_1 = \begin{pmatrix} 1 \\ 1 \end{pmatrix}$ ein Eigenvektor zum Eigenwert t und $s_2 = \begin{pmatrix} 1 \\ -1 \end{pmatrix}$ ein solcher zum Eigenwert $-t$. Wir setzen $S = ((s_1, s_2))$ und erhalten

$$S = \begin{pmatrix} 1 & 1 \\ 1 & -1 \end{pmatrix} \quad \text{und} \quad S^{-1} = -1/2 \begin{pmatrix} -1 & -1 \\ -1 & 1 \end{pmatrix},$$

also

$$\begin{aligned}\exp\begin{pmatrix} 0 & t \\ t & 0 \end{pmatrix} &= -\frac{1}{2}\begin{pmatrix} 1 & 1 \\ 1 & -1 \end{pmatrix}\begin{pmatrix} e^t & 0 \\ 0 & e^{-t} \end{pmatrix}\begin{pmatrix} -1 & -1 \\ -1 & 1 \end{pmatrix} \\ &= \frac{1}{2}\begin{pmatrix} e^t + e^{-t} & e^t - e^{-t} \\ e^t - e^{-t} & e^t + e^{-t} \end{pmatrix} \\ &= \begin{pmatrix} \cosh t & \sinh t \\ \sinh t & \cosh t \end{pmatrix}.\end{aligned}$$

Die Matrix $B = \begin{pmatrix} 0 & -t \\ t & 0 \end{pmatrix}$ hat das charakteristische Polynom $\chi_B = X^2 + t^2$, also die beiden Eigenwerte $\mathrm{i}\,t$ und $-\mathrm{i}\,t$. Es sind $t_1 = \begin{pmatrix} 1 \\ -\mathrm{i} \end{pmatrix}$ ein Eigenvektor zum Eigenwert $\mathrm{i}\,t$ und $t_2 = \begin{pmatrix} 1 \\ \mathrm{i} \end{pmatrix}$ ein solcher zum Eigenwert $-\mathrm{i}\,t$. Wir setzen $T = ((t_1, t_2))$ und erhalten

$$T = \begin{pmatrix} 1 & 1 \\ -\mathrm{i} & \mathrm{i} \end{pmatrix} \quad \text{und} \quad T^{-1} = \mathrm{i}/2 \begin{pmatrix} -\mathrm{i} & 1 \\ -\mathrm{i} & -1 \end{pmatrix},$$

also

$$\begin{aligned}\exp\begin{pmatrix} 0 & -t \\ t & 0 \end{pmatrix} &= \frac{\mathrm{i}}{2}\begin{pmatrix} 1 & 1 \\ -\mathrm{i} & \mathrm{i} \end{pmatrix}\begin{pmatrix} e^{\mathrm{i}t} & 0 \\ 0 & e^{-\mathrm{i}t} \end{pmatrix}\begin{pmatrix} -\mathrm{i} & 1 \\ -\mathrm{i} & -1 \end{pmatrix} \\ &= \frac{1}{2}\begin{pmatrix} e^{\mathrm{i}t} + e^{-\mathrm{i}t} & -\frac{1}{\mathrm{i}}(e^{\mathrm{i}t} - e^{-\mathrm{i}t}) \\ \frac{1}{\mathrm{i}}(e^{\mathrm{i}t} - e^{-\mathrm{i}t}) & e^{\mathrm{i}t} + e^{-\mathrm{i}t} \end{pmatrix} \\ &= \begin{pmatrix} \cos t & -\sin t \\ \sin t & \cos t \end{pmatrix}.\end{aligned}$$

◄

Der Satz von Cayley-Hamilton von S. 657 bietet auch eine Möglichkeit e^A zu bestimmen. Wir zeigen dies an dem Beispiel

$$A = \begin{pmatrix} 0 & t \\ t & 0 \end{pmatrix}.$$

Nach dem Satz von Cayley-Hamilton ist A Nullstelle seines charakteristischen Polynoms $\chi_A = X^2 - t^2$, d. h.

$$A^2 = t^2\,E_2.$$

Weiter erhalten wir so nach und nach für die Potenzen von A:

$$A^2 = t^2\,E_2,\ A^3 = t^2\,A,\ A^4 = t^4\,E_2,\ A^5 = t^4\,A,\ \ldots$$

Wegen

$$e^A = E_2 + A + \frac{1}{2}A^2 + \frac{1}{3!}A^3 + \frac{1}{4!}A^4 + \frac{1}{5!}A^5 + \cdots$$

gilt also nach Einsetzen der oben bestimmten Potenzen und Sortieren der Summanden nach geraden und ungeraden Potenzen

$$e^A = \cosh t\,E_2 + \sinh t \begin{pmatrix} 0 & 1 \\ 1 & 0 \end{pmatrix} = \begin{pmatrix} \cosh t & \sinh t \\ \sinh t & \cosh t \end{pmatrix}.$$

Kommentar Wir haben die Reihenglieder einfach umsortiert. Im Teil IV des Buches wird gezeigt, dass dies bei der Exponentialreihe zulässig ist. ◄

Beispiel Aber auch für die nichtdiagonalisierbare Matrix

$$A = \begin{pmatrix} \lambda & 1 & 0 \\ 0 & \lambda & 1 \\ 0 & 0 & \lambda \end{pmatrix} \in \mathbb{C}^{3\times 3}$$

lässt sich e^A ermitteln. ◄

Selbstfrage 14

Wieso ist diese Matrix nicht diagonalisierbar?

Beispiel Wir schreiben

$$A = \begin{pmatrix} \lambda & 1 & 0 \\ 0 & \lambda & 1 \\ 0 & 0 & \lambda \end{pmatrix} = \underbrace{\begin{pmatrix} \lambda & 0 & 0 \\ 0 & \lambda & 0 \\ 0 & 0 & \lambda \end{pmatrix}}_{=\lambda E_3} + \underbrace{\begin{pmatrix} 0 & 1 & 0 \\ 0 & 0 & 1 \\ 0 & 0 & 0 \end{pmatrix}}_{=N}.$$

Die Matrizen $\lambda\,E_3$ und N vertauschen miteinander, d. h. $(\lambda\,E_3)\,N = N\,(\lambda\,E_3)$, sodass nach der Eigenschaft (1) für die Exponentialfunktion von S. 676 gilt

$$e^A = e^{\lambda E_3}\,e^N = \begin{pmatrix} e^\lambda & 0 & 0 \\ 0 & e^\lambda & 0 \\ 0 & 0 & e^\lambda \end{pmatrix} e^N = e^\lambda\,e^N.$$

Wegen

$$N^2 = \begin{pmatrix} 0 & 0 & 1 \\ 0 & 0 & 0 \\ 0 & 0 & 0 \end{pmatrix}, \; N^3 = \begin{pmatrix} 0 & 0 & 0 \\ 0 & 0 & 0 \\ 0 & 0 & 0 \end{pmatrix}$$

ist also

$$\begin{aligned} e^{A} &= e^{\lambda} \left(\begin{pmatrix} 1 & 0 & 0 \\ 0 & 1 & 0 \\ 0 & 0 & 1 \end{pmatrix} + \begin{pmatrix} 0 & 1 & 0 \\ 0 & 0 & 1 \\ 0 & 0 & 0 \end{pmatrix} + \frac{1}{2} \begin{pmatrix} 0 & 0 & 1 \\ 0 & 0 & 0 \\ 0 & 0 & 0 \end{pmatrix} \right) \\ &= e^{\lambda} \begin{pmatrix} 1 & 1 & 1/2 \\ 0 & 1 & 1 \\ 0 & 0 & 1 \end{pmatrix} . \end{aligned}$$

◄

Wir heben eine weitere interessante Formel für die Spur und die Exponentialfunktion hervor.

Ist $A \in \mathbb{C}^{n \times n}$ eine diagonalisierbare Matrix mit den Eigenwerten $\lambda_1, \ldots, \lambda_n$, so gibt es eine invertierbare Matrix $S \in \mathbb{C}^{n \times n}$ mit

$$e^{A} = S \begin{pmatrix} e^{\lambda_1} & \cdots & 0 \\ \vdots & \ddots & \vdots \\ 0 & \cdots & e^{\lambda_n} \end{pmatrix} S^{-1} .$$

Wir wenden auf diese Gleichheit die Determinante an und erhalten unter Beachtung des Determinantenmultiplikationssatzes und des Resultates von S. 664

$$\det e^{A} = (\det S)\,(e^{\lambda_1 + \cdots + \lambda_n})\,(\det S^{-1}) = e^{\operatorname{Sp} A} .$$

Diese Formel gilt sogar allgemeiner, auf den Beweis verzichten wir.

Die Determinate von e^A

Ist $A \in \mathbb{C}^{n \times n}$, so gilt

$$\det e^{A} = e^{\operatorname{Sp} A} .$$

Die Exponentialfunktion für Matrizen löst Anfangswertprobleme

Eine wichtige Klasse von Differenzialgleichungssystemen sind lineare Systeme mit konstanten Koeffizienten. Solche Systeme lassen sich mit einer Matrix $A \in \mathbb{C}^{n \times n}$ in der kompakten Form

$$y' = A\,y$$

schreiben. Im Abschn. 28.4 werden wir uns ausführlich mit diesen Differenzialgleichungssystemen beschäftigen. Die Lösungen solcher Systeme können wir jedoch jetzt schon ermitteln:

Die Lösung eines Anfangswertproblems

Die Abbildung

$$y \colon \begin{cases} \mathbb{R} & \to & \mathbb{C}^n \\ t & \mapsto & e^{tA}\,v \end{cases}$$

ist die eindeutig bestimmte Lösung des Anfangswertproblems

$$y' = A\,y, \;\; y(0) = v\,, \; A \in \mathbb{C}^{n \times n}, \;\; v \in \mathbb{C}^n .$$

Dabei muss man sich zum Differenzieren der Abbildung $t \mapsto e^{tA}$ nichts weiter merken als das übliche Nachdifferenzieren des Arguments der Exponentialfunktion,

$$(e^{tA})' = e^{tA} A\,,$$

das in diesem Fall eine Matrix ist. Die zweite Formel $y(0) = v$ folgt aus $\exp(\mathbf{0}) = \sum_{k=0}^{\infty} \frac{1}{k!} \mathbf{0}^k = \mathbf{E}_n$, dem Matrix-Analogon zu $e^0 = 1$.

Beispiel Das Anfangswertproblem

$$y' = \begin{pmatrix} y_1' \\ y_2' \end{pmatrix} = \begin{pmatrix} -y_2 \\ y_1 \end{pmatrix} \text{ mit } y(0) = \begin{pmatrix} 1 \\ 1 \end{pmatrix}$$

lässt sich schreiben als $y' = A\,y$, wobei $A = \begin{pmatrix} 0 & -1 \\ 1 & 0 \end{pmatrix}$. Also ist

$$y : t \mapsto \begin{pmatrix} \cos t & -\sin t \\ \sin t & \cos t \end{pmatrix} \begin{pmatrix} 1 \\ 1 \end{pmatrix} = \begin{pmatrix} \cos t - \sin t \\ \sin t + \cos t \end{pmatrix}$$

eine Lösung des Anfangswertproblems. ◄

Ein komplizierteres Beispiel eines Anfangswertproblems behandeln wir in einer Anwendung auf S. 679.

18.8 * Die Jordan-Normalform einer Matrix

Diagonalisierbare Matrizen haben den großen Vorteil, dass sich beliebige Potenzen auf relativ einfache Art und Weise berechnen lassen. Nicht zuletzt deswegen lässt sich auch für solche Matrizen A die Matrix e^A und damit die Lösung der Differenzialgleichung $y' = A\,y$ explizit bestimmen. Aber nicht jede Matrix kann diagonalisiert werden. Selbst dann nicht, wenn wir jede Matrix als komplex betrachten, wobei in dieser Situation das charakteristische Polynom in Linearfaktoren zerfällt.

Aber all diese Vorteile von Diagonalmatrizen lassen sich auch für eine weiteren Typ von Matrizen ausnutzen. Tatsächlich lassen sich auch beliebige Potenzen von Matrizen berechnen,

Anwendung: Gekoppelter harmonischer Oszillator

Die Bewegungsgleichung eines gekoppelten harmonischen Oszillators ist durch das folgende Differenzialgleichungssystem

$$f_1'' = -\omega^2 f_1 - \mu^2 (f_1 - f_2)\,, \quad f_2'' = -\omega^2 f_2 - \mu^2 (f_2 - f_1)$$

mit reellen Konstanten $\omega, \mu > 0$ gegeben.

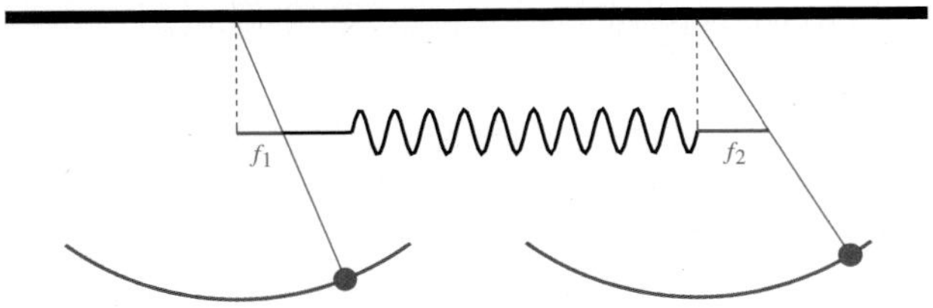

Wir lösen für die Anfangswerte $f_1(0) = 1, f_1'(0) = f_2(0) = f_2'(0) = 0$ das Differenzialgleichungssystem.

Wir bestimmen einen Vektor $\boldsymbol{g}$ und eine Matrix $\boldsymbol{A}$, mittels der wir das Differenzialgleichungssystem in der Form $\boldsymbol{g}' = \boldsymbol{A}\,\boldsymbol{g}$ schreiben können (siehe die Methoden von S. 578 und Abschn. 28.1). Wir berechnen dann die Eigenwerte und Eigenräume von $\boldsymbol{A}$, um schließlich $e^{t\boldsymbol{A}}\,\boldsymbol{v}$ zu erhalten, dabei ergibt sich $\boldsymbol{v}$ aus der Anfangsbedingung. Wir setzen

$$\boldsymbol{g} = \begin{pmatrix} g_1(t) \\ g_2(t) \\ g_3(t) \\ g_4(t) \end{pmatrix} = \begin{pmatrix} f_1(t) \\ f_1'(t) \\ f_2(t) \\ f_2'(t) \end{pmatrix}.$$

Mit der Matrix

$$\boldsymbol{A} = \begin{pmatrix} 0 & 1 & 0 & 0 \\ -\omega^2 - \mu^2 & 0 & \mu^2 & 0 \\ 0 & 0 & 0 & 1 \\ \mu^2 & 0 & -\omega^2 - \mu^2 & 0 \end{pmatrix}$$

ist das gegebene Differenzialgleichungssystem offensichtlich äquivalent zu $\boldsymbol{g}' = \boldsymbol{A}\,\boldsymbol{g}$.

Für das charakteristische Polynom $\chi_A = \det(\boldsymbol{A} - X\,\mathbf{E}_4)$ erhalten wir

$$\chi_A = X^4 + 2\,(\omega^2 + \mu^2)X^2 + \omega^4 + 2\,\omega^2\,\mu^2.$$

Die Nullstellen dieses biquadratischen Polynoms sind $\pm\mathrm{i}\,\omega$ und $\pm\mathrm{i}\,\tilde{\omega}$ mit $\tilde{\omega} = \sqrt{\omega^2 + 2\mu^2}$. Die zugehörigen Eigenräume $\mathrm{Eig}_A(\lambda)$ erhält man wie üblich als Lösungsräume der homogenen linearen Gleichungssysteme

$$\boldsymbol{A} - \lambda\mathbf{E}_4 = \mathbf{0}\,,$$

wobei λ die vier genannten Eigenwerte durchläuft. Als Ergebnis erhalten wir:

$$\mathrm{Eig}_A(\mathrm{i}\,\omega) = \left\langle \begin{pmatrix} 1 \\ \mathrm{i}\,\omega \\ 1 \\ \mathrm{i}\,\omega \end{pmatrix} \right\rangle, \ \mathrm{Eig}_A(-\mathrm{i}\,\omega) = \left\langle \begin{pmatrix} 1 \\ -\mathrm{i}\,\omega \\ 1 \\ -\mathrm{i}\,\omega \end{pmatrix} \right\rangle$$

$$\mathrm{Eig}_A(\mathrm{i}\,\tilde{\omega}) = \left\langle \begin{pmatrix} -1 \\ -\mathrm{i}\,\tilde{\omega} \\ 1 \\ \mathrm{i}\,\tilde{\omega} \end{pmatrix} \right\rangle, \ \mathrm{Eig}_A(-\mathrm{i}\,\tilde{\omega}) = \left\langle \begin{pmatrix} -1 \\ \mathrm{i}\,\tilde{\omega} \\ 1 \\ -\mathrm{i}\,\tilde{\omega} \end{pmatrix} \right\rangle$$

Nun gilt mit der Matrix

$$\boldsymbol{S} = \begin{pmatrix} 1 & 1 & -1 & -1 \\ \mathrm{i}\,\omega & -\mathrm{i}\,\omega & -\mathrm{i}\,\tilde{\omega} & \mathrm{i}\,\tilde{\omega} \\ 1 & 1 & 1 & 1 \\ \mathrm{i}\,\omega & -\mathrm{i}\,\omega & \mathrm{i}\,\tilde{\omega} & -\mathrm{i}\,\tilde{\omega} \end{pmatrix}$$

die Gleichung

$$\boldsymbol{S}^{-1}\,\boldsymbol{A}\,\boldsymbol{S} = \mathrm{diag}(\mathrm{i}\,\omega,\ -\mathrm{i}\,\omega,\ \mathrm{i}\,\tilde{\omega},\ -\mathrm{i}\,\tilde{\omega})\,.$$

Und wir erhalten die Lösung $e^{t\boldsymbol{A}}\,\boldsymbol{v}$ mit $\boldsymbol{v} = \begin{pmatrix} 1 \\ 0 \\ 0 \\ 0 \end{pmatrix}$ durch Berechnen von

$$e^{t\boldsymbol{A}}\,\boldsymbol{v} = \boldsymbol{S}\,\mathrm{diag}(e^{\mathrm{i}\,\omega\,t},\ e^{-\mathrm{i}\,\omega\,t},\ e^{\mathrm{i}\,\tilde{\omega}\,t},\ e^{-\mathrm{i}\,\tilde{\omega}\,t})\,\boldsymbol{S}^{-1}\,\boldsymbol{v}\,.$$

Einsetzen von $\boldsymbol{S}$ liefert

$$\boldsymbol{g} = \begin{pmatrix} \frac{1}{2}\left(\frac{e^{\mathrm{i}\,\omega\,t} + e^{-\mathrm{i}\,\omega\,t}}{2} + \frac{e^{\mathrm{i}\,\tilde{\omega}\,t} + e^{-\mathrm{i}\,\tilde{\omega}\,t}}{2}\right) \\ \dots \\ \frac{1}{2}\left(\frac{e^{\mathrm{i}\,\omega\,t} + e^{-\mathrm{i}\,\omega\,t}}{2} - \frac{e^{\mathrm{i}\,\tilde{\omega}\,t} + e^{-\mathrm{i}\,\tilde{\omega}\,t}}{2}\right) \\ \dots \end{pmatrix}$$

dabei haben wir nur die uns interessierende 1. und 3. Komponente berechnet. Die Lösung des Anfangswertproblems ist also gegeben durch $f_1, f_2 : \mathbb{R} \to \mathbb{R}$ mit

$$f_1(t) = (\cos(\omega\,t) + \cos(\tilde{\omega}\,t))/2,$$
$$f_2(t) = (\cos(\omega\,t) - \cos(\tilde{\omega}\,t))/2.$$

Kommentar Wir werden dieses Beispiel auf S. 1064 erneut aufgreifen. ◀

Teil III

zu denen eine sogenannte *Jordan-Normalform* existiert. Dabei sagt man etwas salopp ausgedrückt, dass eine Matrix *Jordan-Normalform* hat, wenn sie abgesehen von einigen Einsen auf der oberen Nebendiagonale eine Diagonalmatrix ist. Das Wesentliche ist nun, dass zu jeder komplexen Matrix eine solche *Jordan-Normalform* existiert, weil das Zerfallen des charakteristischen Polynoms hinreichend ist für die Existenz dieser Normalform.

Die Konstruktion einer Jordan-Basis, also einer Basis, bezüglich der die Matrix *Jordan-Normalform* hat, ist etwas kompliziert. Aber nach Berechnen weniger Beispiele wird das Verfahren klar.

Potenzen von Matrizen in Jordan-Normalform berechnet man mit der Binomialformel

Nicht jede Matrix ist diagonalisierbar, so hat etwa die komplexe Matrix $\boldsymbol{A} = \begin{pmatrix} 2 & 1 \\ 0 & 2 \end{pmatrix} \in \mathbb{C}^{2\times 2}$ den Eigenwert 2 mit der algebraischen Vielfachheit 2 und der geometrischen Vielfachheit 1 – nach dem Kriterium für Diagonalisierbarkeit auf S. 662 ist $\boldsymbol{A}$ also nicht diagonalisierbar.

Aber auch von Matrizen dieser Form – wir werden sie *Jordan-Normalform* nennen – kann man beliebige Potenzen auf relativ einfache Art und Weise bestimmen. Wir schreiben die Matrix als eine Summe einer Diagonalmatrix $\boldsymbol{D}$ und einer Matrix $\boldsymbol{N}$, deren Quadrat die Nullmatrix ist,

$$\boldsymbol{A} = \underbrace{\begin{pmatrix} 2 & 0 \\ 0 & 2 \end{pmatrix}}_{=\boldsymbol{D}} + \underbrace{\begin{pmatrix} 0 & 1 \\ 0 & 0 \end{pmatrix}}_{=:\boldsymbol{N}} .$$

Nun berechnen wir – etwas naiv, aber korrekt – mittels der Binomialformel Potenzen von $\boldsymbol{A}$,

$$\boldsymbol{A}^k = (\boldsymbol{D}+\boldsymbol{N})^k = \sum_{i=0}^{k} \binom{k}{i} \boldsymbol{D}^{k-i}\boldsymbol{N}^i .$$

Wegen $\boldsymbol{N}^2 = \boldsymbol{0}$ verkürzt sich diese Formel für $k \geq 1$ auf 2 Summanden. Es gilt also

$$\boldsymbol{A}^k = (\boldsymbol{D}+\boldsymbol{N})^k = \boldsymbol{D}^k + k\boldsymbol{D}^{k-1}\boldsymbol{N} .$$

Und dies ist wieder für jedes $k \in \mathbb{N}$ einfach auszuwerten.

Wir halten zuerst das wesentliche Hilfsmittel für diese Potenzbildung fest.

Die Binomialformel für Matrizen

Für Matrizen $\boldsymbol{D}, \boldsymbol{N} \in \mathbb{K}^{n\times n}$ mit $\boldsymbol{D}\boldsymbol{N} = \boldsymbol{N}\boldsymbol{D}$ und jede natürliche Zahl k gilt

$$(\boldsymbol{D}+\boldsymbol{N})^k = \sum_{i=0}^{k} \binom{k}{i} \boldsymbol{D}^{k-i}\boldsymbol{N}^i .$$

Der Beweis erfolgt analog zur Binomialformel für komplexe Zahlen per Induktion. Dabei ist wesentlich, dass die beiden Matrizen miteinander kommutieren. Weil im obigen Beispiel die beiden Matrizen miteinander kommutieren, war diese Rechnung auch korrekt.

Wenn eine gewisse Potenz einer Matrix die Nullmatrix ergibt, so nennt man diese Matrix nilpotent, genauer: Gibt es zu einer Matrix $\boldsymbol{N}$ eine natürliche Zahl k, sodass $\boldsymbol{N}^k = \boldsymbol{0}$, so nennt man $\boldsymbol{N}$ **nilpotent**, und die kleinste Zahl $r \in \mathbb{N}$ mit $\boldsymbol{N}^r = \boldsymbol{0}$ nennt man den **Nilpotenzindex** von $\boldsymbol{N}$. Mit der Binomialformel erhalten wir folgende Aussage.

Potenz einer Summe mit nilpotentem Summand

Lässt sich eine Matrix $\boldsymbol{A}$ als Summe einer Diagonalmatrix $\boldsymbol{D}$ und einer nilpotenten Matrix $\boldsymbol{N}$ mit Nilpotenzindex r schreiben, d. h.

$$\boldsymbol{A} = \boldsymbol{D} + \boldsymbol{N} ,$$

so gilt im Fall $\boldsymbol{D}\boldsymbol{N} = \boldsymbol{N}\boldsymbol{D}$:

$$\boldsymbol{A}^k = \boldsymbol{D}^k + k\boldsymbol{D}^{k-1}\boldsymbol{N} + \cdots + \binom{k}{r-1} \boldsymbol{D}^{k-r+1}\boldsymbol{N}^{r-1}$$

Je kleiner r ist, desto kürzer ist diese Summe, desto *leichter* also ist $\boldsymbol{A}^k$ zu berechnen.

Wir werden bald sehen, dass jede Matrix in *Jordan-Normalform* die angegebenen Voraussetzungen erfüllt.

Die Jordan-Normalform ist von einigen Einsen in der oberen Nebendiagonalen abgesehen eine Diagonalform

Eine Matrix $(a_{ij}) \in \mathbb{K}^{s\times s}$ heißt ein **Jordan-Kästchen** zu einem $\lambda \in \mathbb{K}$, wenn

$$\begin{aligned} a_{11} &= \cdots = a_{ss} =: \lambda , \\ a_{12} &= \cdots = a_{s-1,s} = 1 \text{ und} \\ a_{ij} &= 0 \text{ sonst} , \end{aligned}$$

d. h.

$$(a_{ij}) = \begin{pmatrix} \lambda & 1 & & \\ & \ddots & \ddots & \\ & & \ddots & 1 \\ & & & \lambda \end{pmatrix} .$$

Teil III

Jordan-Basis und Jordan-Normalform

Existiert zu einer Matrix $A \in \mathbb{K}^{n\times n}$ eine geordnete Basis $B = (b_1, \ldots, b_n)$ des $\mathbb{K}^n$, sodass mit der Matrix $S = ((b_1, \ldots, b_n))$ eine Gleichung

$$S^{-1} A\, S = \begin{pmatrix} J_1 & & \\ & \ddots & \\ & & J_l \end{pmatrix} = J$$

mit Jordan-Kästchen $J_1, \ldots, J_l$ gilt, so nennt man B eine **Jordan-Basis** des $\mathbb{K}^n$ zu A und die Matrix J eine **Jordan-Normalform** von A.

Nullen außerhalb der Jordankästchen lassen wir immer weg.

Eine Jordan-Normalform ist im Allgemeinen nicht eindeutig, beim Vertauschen der Kästchen entsteht wieder eine Jordan-Normalform, in der Jordan-Basis werden dabei die dazugehörigen Jordan-Basisvektoren mit vertauscht.

Eine Jordan-Normalform unterscheidet sich also von einer Diagonalform höchstens dadurch, dass sie einige Einsen in der ersten oberen Nebendiagonale hat.

Beispiel Damit hat also jede Diagonalmatrix Jordan-Normalform. Und auch die Matrizen

$$\begin{pmatrix} 1 & 1 & & & & & \\ 0 & 1 & & & & & \\ & & 2 & 1 & & & \\ & & 0 & 2 & & & \\ & & & & 3 & 1 & 0 \\ & & & & 0 & 3 & 1 \\ & & & & 0 & 0 & 3 \end{pmatrix}, \quad \begin{pmatrix} 0 & & & & & & \\ & 0 & 1 & 0 & & & \\ & 0 & 0 & 1 & & & \\ & 0 & 0 & 0 & & & \\ & & & & 0 & 1 & 0 \\ & & & & 0 & 0 & 1 \\ & & & & 0 & 0 & 0 \end{pmatrix}$$

haben Jordan-Normalform. Hingegen ist

$$A = \begin{pmatrix} 1 & 1 \\ 0 & -1 \end{pmatrix}$$

keine Jordan-Normalform, da in Jordan-Kästchen auf der Diagonalen nur gleiche Einträge stehen. Aber es sind

$$J = \begin{pmatrix} 1 & \\ & -1 \end{pmatrix} \quad \text{und} \quad J' = \begin{pmatrix} -1 & \\ & 1 \end{pmatrix}$$

die zwei verschiedenen Jordan-Normalformen dieser Matrix A, da diese diagonalisierbar ist. Jordan-Basen sind Basen aus Eigenvektoren von A. ◄

Zerfällt das charakteristische Polynom einer Matrix, so existiert eine Jordan-Normalform zu dieser Matrix

Nach dem Kriterium für Diagonalisierbarkeit von S. 662 ist eine Matrix A genau dann diagonalisierbar, wenn das charakteristische Polynom χ_A in Linearfaktoren zerfällt und für jeden Eigenwert λ von A die algebraische Vielfachheit gleich der geometrischen ist. Die Bedingungen für die Existenz einer Jordan-Normalform einer Matrix sind deutlich einfacher.

Satz über die Existenz einer Jordan-Normalform

Zerfällt das charakteristische Polynom χ_A einer Matrix $A \in \mathbb{K}^{n\times n}$, so existiert eine Jordan-Basis $B = (b_1, \ldots, b_n)$ des $\mathbb{K}^n$. Mit der invertierbaren Matrix $S = ((b_1, \ldots, b_n)) \in \mathbb{K}^{n\times n}$ ist

$$J = S^{-1} A\, S$$

eine Jordan-Normalform von A.

Der Beweis dieses Satzes ist nicht einfach. In Arch. Math., Vol. 50, 323–327 (1988) gibt Johann Hartl einen Induktionsbeweis für diesen Satz an. In den üblichen Lehrbüchern zur linearen Algebra wird im Allgemeinen ein anderer, etwas komplizierterer Beweis geführt.

Kommentar Weil Polynome über den komplexen Zahlen $\mathbb{C}$ nach dem Fundamentalsatz der Algebra stets in Linearfaktoren zerfallen, existiert also zu jeder komplexen Matrix eine Jordan-Basis und damit eine Jordan-Normalform. ◄

Wir schildern an Beispielen, wie man eine Jordan-Basis und damit eine Jordan-Normalform zu einer Matrix bestimmt. Vorher stellen wir Hilfsmittel bereit, anhand derer man in vielen Fällen eine Jordan-Normalform einer Matrix bestimmen kann, ohne eine Jordan-Basis angeben zu müssen.

Wir beginnen mit dem einfachen Fall, dass die Matrix A nur einen Eigenwert hat.

Die Dimension des Eigenraums ist die Anzahl der Jordan-Kästchen

Gegeben ist eine Matrix $A \in \mathbb{K}^{n\times n}$ mit einem in Linearfaktoren zerfallenden charakteristischen Polynom $\chi_A = (\lambda - X)^n$. Also ist $\lambda \in \mathbb{K}$ der einzige Eigenwert von A mit der algebraischen Vielfachheit n und der geometrischen Vielfachheit μ, wobei wir von dieser nur wissen, dass

$$1 \le \mu \le n$$

gilt. Weil das charakteristische Polynom in Linearfaktoren zerfällt, gibt es eine Matrix $\boldsymbol{S} = ((\boldsymbol{b}_1, \ldots, \boldsymbol{b}_n)) \in \mathbb{K}^{n \times n}$ mit

$$\boldsymbol{J} = \begin{pmatrix} \boldsymbol{J}_1 & & \\ & \ddots & \\ & & \boldsymbol{J}_l \end{pmatrix} = \boldsymbol{S}^{-1} \boldsymbol{A} \boldsymbol{S},$$

wobei $\boldsymbol{J}_1, \ldots, \boldsymbol{J}_l$ Jordan-Kästchen sind.

Wir vergleichen die charakteristischen Polynome von $\boldsymbol{A}$ und $\boldsymbol{J}$.

Es gilt $\boldsymbol{S}^{-1} X \mathbf{E}_n \boldsymbol{S} = X \mathbf{E}_n$ für die Unbestimmte X. Mit dem Determinantenmultiplikationssatz folgt

$$\begin{aligned} \chi_J &= |\boldsymbol{J} - X\mathbf{E}_n| = |\boldsymbol{S}^{-1}\boldsymbol{A}\boldsymbol{S} - \boldsymbol{S}^{-1} X \mathbf{E}_n \boldsymbol{S}| \\ &= |\boldsymbol{S}^{-1}(\boldsymbol{A} - X\mathbf{E}_n)\boldsymbol{S}| = |\boldsymbol{A} - X\mathbf{E}_n| = \chi_A, \end{aligned}$$

also haben $\boldsymbol{A}$ und $\boldsymbol{J}$ dasselbe charakteristische Polynom. Der einzige Eigenwert λ von $\boldsymbol{A}$ ist auch der einzige Eigenwert von $\boldsymbol{J}$.

Damit haben also alle Jordan-Kästchen $\boldsymbol{J}_1, \ldots, \boldsymbol{J}_l$ nur λ als Diagonaleinträge,

$$\boldsymbol{J} = \begin{pmatrix} \boldsymbol{J}_1 & & \\ & \ddots & \\ & & \boldsymbol{J}_l \end{pmatrix} \text{ mit } \boldsymbol{J}_i = \begin{pmatrix} \lambda & 1 & & \\ & \ddots & \ddots & \\ & & \ddots & 1 \\ & & & \lambda \end{pmatrix}$$

für $i = 1, \ldots, l$.

In jedem Jordan-Kästchen $\boldsymbol{J}_i$ hat der linke obere Diagonaleintrag λ die Eigenschaft, dass ober- und unterhalb von λ nur Nullen stehen. Und das ist in jedem Kästchen das einzige λ mit dieser Eigenschaft, siehe etwa

$$\begin{pmatrix} \boxed{\lambda} & 0 & & & & & \\ & \lambda & 1 & 0 & & & \\ & 0 & \lambda & 1 & & & \\ & 0 & 0 & \lambda & & & \\ & 0 & & & \lambda & 1 & 0 \\ & 0 & & & 0 & \lambda & 1 \\ & 0 & & & 0 & 0 & \lambda \end{pmatrix}.$$

Zu jedem Jordan-Kästchen gehört genau eine solche Spalte der Matrix $\boldsymbol{J}$. Wir betrachten nun eine solche Spalte. Sie ist der Koordinatenvektor des Bildes eines Jordan-Basisvektors, genauer: Ist die betrachtete Spalte die j-te Spalte, so ist diese Spalte der Koordinatenvektor des Bildes des j-ten Jordan-Basisvektors $\boldsymbol{b}_j$ unter der Abbildung $\varphi_A : \boldsymbol{v} \mapsto \boldsymbol{A}\boldsymbol{v}$. Damit ist dieser Jordan-Basisvektor $\boldsymbol{b}_j$ ein Eigenvektor von $\boldsymbol{A}$,

$$\boldsymbol{A}\boldsymbol{b}_i = \lambda \boldsymbol{b}_i.$$

Weil keine weitere Spalte innerhalb eines Kästchens diese Eigenschaft hat, erhalten wir die geometrische Vielfachheit μ des Eigenwertes λ.

Die Anzahl der Jordan-Kästchen

Die Anzahl der Jordan-Kästchen zu dem Eigenwert λ ist die geometrische Vielfachheit μ des Eigenwertes λ.

Also ist die Jordan-Normalform von $\boldsymbol{A}$ genau dann eine Diagonalmatrix, wenn die geometrische Vielfachheit von λ gleich der algebraischen Vielfachheit ist.

Das größte Jordan-Kästchen hat r Zeilen, wobei r der Nilpotenzindex ist

Wir betrachten weiterhin die Matrix $\boldsymbol{A} \in \mathbb{K}^{n \times n}$ mit dem charakteristischen Polynom $\chi_A = (\lambda - X)^n$ und entscheiden, wie groß das größte Jordan-Kästchen der Jordan-Normalform

$$\boldsymbol{J} = \begin{pmatrix} \boldsymbol{J}_1 & & \\ & \ddots & \\ & & \boldsymbol{J}_l \end{pmatrix}$$

ist, dabei bezieht sich der Begriff *Größe* auf die Anzahl der Zeilen bzw. Spalten der Kästchen.

Die Matrix

$$\boldsymbol{J} - \lambda\mathbf{E}_n = \begin{pmatrix} \boldsymbol{J}_1 - \lambda\mathbf{E}_{n_1} & & \\ & \ddots & \\ & & \boldsymbol{J}_l - \lambda\mathbf{E}_{n_l} \end{pmatrix}$$

ist nilpotent, da für jedes Kästchen

$$\boldsymbol{J}_j - \lambda\mathbf{E}_{n_j} = \begin{pmatrix} 0 & 1 & & \\ & \ddots & \ddots & \\ & & \ddots & 1 \\ & & & 0 \end{pmatrix}$$

mit n_j Zeilen die Gleichung

$$(\boldsymbol{J}_j - \lambda\mathbf{E}_{n_j})^{n_j} = \begin{pmatrix} 0 & 1 & & \\ & \ddots & \ddots & \\ & & \ddots & 1 \\ & & & 0 \end{pmatrix}^{n_j} = \mathbf{0}$$

gilt. Somit ist das Kästchen $\boldsymbol{J}_j - \lambda\mathbf{E}_{n_j}$ nilpotent mit Nilpotenzindex n_j. Folglich ist die ganze Matrix $\boldsymbol{J} - \lambda\mathbf{E}_n$ auch nilpotent. Und der Nilpotenzindex r von $\boldsymbol{J} - \lambda\mathbf{E}_n$ ist das Maximum der Nilpotenzindizes der Jordan-Kästchen, also $r = \max\{n_1, \ldots, n_l\}$.

Wegen $\boldsymbol{J} = \boldsymbol{S}^{-1}\boldsymbol{A}\boldsymbol{S}$ gilt

$$\begin{aligned} \boldsymbol{J} - \lambda\mathbf{E}_n &= \boldsymbol{S}^{-1}\boldsymbol{A}\boldsymbol{S} - \lambda\boldsymbol{S}^{-1}\boldsymbol{S} \\ &= \boldsymbol{S}^{-1}(\boldsymbol{A} - \lambda\mathbf{E}_n)\boldsymbol{S} \end{aligned}$$

und damit

$$(\boldsymbol{J} - \lambda\,\mathbf{E}_n)^k = \mathbf{0} \Leftrightarrow \boldsymbol{S}^{-1}\,(\boldsymbol{A} - \lambda\,\mathbf{E}_n)^k\,\boldsymbol{S} = \mathbf{0}$$
$$\Leftrightarrow (\boldsymbol{A} - \lambda\,\mathbf{E}_n)^k = \mathbf{0}\,.$$

Also ist auch $\boldsymbol{A} - \lambda\,\mathbf{E}_n$ nilpotent vom Nilpotenzindex r. Das besagt, dass der Nilpotenzindex von $\boldsymbol{A} - \lambda\,\mathbf{E}_n$ die Zeilenanzahl des größten Jordan-Kästchens $\boldsymbol{J}_j$ einer Jordan-Normalform von $\boldsymbol{A}$ angibt.

Die Zeilenzahl des größten Jordan-Kästchen

Die Zeilenzahl des größten Jordan-Kästchens einer Jordan-Normalform von $\boldsymbol{A}$ ist der Nilpotenzindex r der Matrix $\boldsymbol{A} - \lambda\,\mathbf{E}_n$.

Selbstfrage 15

Welche Jordan-Normalform $\boldsymbol{J}$ kann eine Matrix $\boldsymbol{A} \in \mathbb{C}^{5\times5}$ mit 5-fachen Eigenwert 1 der geometrischen Vielfachheit 3 haben, wenn $\boldsymbol{A} - \mathbf{E}_5$ den Nilpotenzindex 3 hat?

Zur Konstruktion einer Jordan-Basis gibt es ein übersichtliches Verfahren

Mit diesen beiden Hilfsgrößen, der Dimension des Eigenraums und des Nilpotenzindixes, ist eine Jordan-Normalform in vielen Fällen bereits festgelegt. Wir geben ein Beispiel.

Beispiel Als Matrix $\boldsymbol{A}$ betrachten wir die reelle Matrix

$$\boldsymbol{A} = \begin{pmatrix} 3 & 1 & 0 & 0 \\ -1 & 1 & 0 & 0 \\ 1 & 1 & 3 & 1 \\ -1 & -1 & -1 & 1 \end{pmatrix} \in \mathbb{R}^{4\times4}$$

mit dem charakteristischen Polynom $\chi_A = (2 - X)^4$. Weil das Polynom in Linearfaktoren zerfällt, existiert also zu $\boldsymbol{A}$ eine Jordan-Normalform $\boldsymbol{J}$.

Wir bestimmen die geometrische Vielfachheit des einzigen Eigenwertes 2 von $\boldsymbol{A}$, also die Lösungsmenge des Systems $(\boldsymbol{A} - 2\,\mathbf{E}_4)\,\boldsymbol{v} = \mathbf{0}$. Wegen

$$\boldsymbol{A} - 2\,\mathbf{E}_4 = \begin{pmatrix} 1 & 1 & 0 & 0 \\ -1 & -1 & 0 & 0 \\ 1 & 1 & 1 & 1 \\ -1 & -1 & -1 & -1 \end{pmatrix}$$

erhalten wir sogleich

$$\mathrm{Eig}_A(2) = \left\langle \begin{pmatrix} 1 \\ -1 \\ 0 \\ 0 \end{pmatrix}, \begin{pmatrix} 0 \\ 0 \\ 1 \\ -1 \end{pmatrix} \right\rangle \text{ und } (\boldsymbol{A} - 2\,\mathbf{E}_4)^2 = \mathbf{0}\,.$$

Weil die Dimension des Eigenraums 2 ist, hat die Jordan-Normalform also zwei Jordankästchen zum Eigenwert 2. Weil die kleinste natürliche Zahl k mit $(\boldsymbol{A} - 2\,\mathbf{E}_4)^k$ gleich 2 ist, ist das längste Jordankästchen ein 2×2-Kästchen. Damit hat eine Jordan-Normalform zu $\boldsymbol{A}$ das Aussehen

$$\boldsymbol{J} = \begin{pmatrix} \boxed{\begin{matrix} 2 & 1 \\ 0 & 2 \end{matrix}} & \\ & \boxed{\begin{matrix} 2 & 1 \\ 0 & 2 \end{matrix}} \end{pmatrix}$$

Hier ist die Jordan-Normalform sogar eindeutig, da ein Vertauschen der Kästchen die Matrix nicht ändert. ◀

Weil wir nun das Aussehen der Jordan-Normalform $\boldsymbol{J}$ von $\boldsymbol{A}$ in diesem Beispiel kennen, könnten wir auch eine Jordan-Basis konstruieren. Hierzu könnten wir ausnutzen, dass wir nun die Koordinatenvektoren der Bilder der Jordan-Basisvektoren unter der Abbildung $\varphi_A : \boldsymbol{v} \mapsto \boldsymbol{A}\,\boldsymbol{v}$ kennen – dies sind ja die Spalten von $\boldsymbol{J}$, also der Darstellungsmatrix der Abbildung $\boldsymbol{v} \mapsto \boldsymbol{A}\,\boldsymbol{v}$ bezüglich der Jordan-Basis $\boldsymbol{B} = (\boldsymbol{b}_1, \boldsymbol{b}_2, \boldsymbol{b}_3, \boldsymbol{b}_4)$. D. h., es gilt

$$\begin{aligned} \boldsymbol{A}\,\boldsymbol{b}_1 &= 2\,\boldsymbol{b}_1\,, \\ \boldsymbol{A}\,\boldsymbol{b}_2 &= 1\,\boldsymbol{b}_1 + 2\,\boldsymbol{b}_2\,, \\ \boldsymbol{A}\,\boldsymbol{b}_3 &= 2\,\boldsymbol{b}_3\,, \\ \boldsymbol{A}\,\boldsymbol{b}_4 &= 1\,\boldsymbol{b}_3 + 2\,\boldsymbol{b}_4\,. \end{aligned}$$

Die Vektoren $\boldsymbol{b}_1$ und $\boldsymbol{b}_3$ sind somit Eigenvektoren, hierfür können wir also die zwei linear unabhängigen Vektoren wählen, welche den Eigenraum erzeugen, und $\boldsymbol{b}_2$ und $\boldsymbol{b}_4$ erhalten wir sodann als Lösungen der beiden linearen Gleichungssysteme

$$(\boldsymbol{A} - 2\,\mathbf{E}_4)\,\boldsymbol{b}_2 = \boldsymbol{b}_1 \text{ und } (\boldsymbol{A} - 2\,\mathbf{E}_4)\,\boldsymbol{b}_4 = \boldsymbol{b}_3\,.$$

Dies ist eine Möglichkeit, eine Jordan-Basis $B = (\boldsymbol{b}_1, \boldsymbol{b}_2, \boldsymbol{b}_3, \boldsymbol{b}_4)$ zu konstruieren. Wir geben nun ein durchsichtigeres Verfahren in Form von Beispielen an, das man auch dann anwenden kann, wenn man eine Jordan-Normalform der Matrix $\boldsymbol{A}$ noch gar nicht kennt.

Beispiel Wir betrachten die Matrix $\boldsymbol{A} = \begin{pmatrix} \mathrm{i} & \mathrm{i} \\ 0 & \mathrm{i} \end{pmatrix} \in \mathbb{C}^{2\times2}$, deren einziger Eigenwert die komplexe Zahl i mit der algebraischen Vielfachheit 2 ist. Im Folgenden wird die Matrix

$$\boldsymbol{N} = \boldsymbol{A} - \mathrm{i}\,\mathbf{E}_2$$

eine wesentliche Rolle spielen. Wir betrachten die folgende *Kette*:

$$\{\mathbf{0}\} \subsetneq \underbrace{\mathrm{Ker}\,\boldsymbol{N}^1}_{=\left\langle\begin{pmatrix}1\\0\end{pmatrix}\right\rangle} \subsetneq \underbrace{\mathrm{Ker}\,\boldsymbol{N}^2}_{=\left\langle\begin{pmatrix}1\\0\end{pmatrix},\begin{pmatrix}0\\1\end{pmatrix}\right\rangle}\,.$$

Dabei ist $\mathrm{Ker}\,\boldsymbol{N}^1$ gerade der Eigenraum zum Eigenwert i von $\boldsymbol{A}$. Weil dieser Eigenraum eindimensional ist, können wir gleich folgern, dass es nur ein Jordan-Kästchen gibt, damit liegt die Jordan-Normalform bereits fest, wir benutzen im Folgenden aber dieses Wissen nicht. ◄

Selbstfrage 16

Wie sieht die Jordan-Normalform aus?

Beispiel Wir wählen vielmehr ein Element $\boldsymbol{b}_2 \in \operatorname{Ker} \boldsymbol{N}^2 \setminus \operatorname{Ker} \boldsymbol{N}^1$, und zwar

$$\boldsymbol{b}_2 = \begin{pmatrix} 0 \\ 1 \end{pmatrix}.$$

Dieser Vektor $\boldsymbol{b}_2$ erfüllt wegen seiner speziellen Wahl die folgenden Eigenschaften:

- $\boldsymbol{b}_2$ ist kein Eigenvektor von $\boldsymbol{A}$,
- $\boldsymbol{N}\,\boldsymbol{b}_2 \in \operatorname{Ker} \boldsymbol{N}^1 \setminus \{\boldsymbol{0}\}$.

Die zweite Eigenschaft gilt, weil $\boldsymbol{b}_2 \in \operatorname{Ker} \boldsymbol{N}^2$, d. h.

$$\boldsymbol{0} = \boldsymbol{N}^2\,\boldsymbol{b}_2 = \boldsymbol{N}\,(\boldsymbol{N}\,\boldsymbol{b}_2)\,,$$

d. h. $\boldsymbol{N}\,\boldsymbol{b}_2 \in \operatorname{Ker} \boldsymbol{N}^1$. Und $\boldsymbol{N}\,\boldsymbol{b}_2 \neq \boldsymbol{0}$, da sonst $\boldsymbol{b}_2 \in \operatorname{Ker} \boldsymbol{N}^1$ gelten würde.

Wir setzen nun $\boldsymbol{b}_1 = \boldsymbol{N}\,\boldsymbol{b}_2$ und geben die Eigenschaften dieses Vektors $\boldsymbol{b}_1$ an. Wegen

$$\boldsymbol{b}_1 = \boldsymbol{N}\,\boldsymbol{b}_2 = (\boldsymbol{A} - \mathrm{i}\,\mathbf{E}_2)\,\boldsymbol{b}_2 = \boldsymbol{A}\,\boldsymbol{b}_2 - \mathrm{i}\,\boldsymbol{b}_2$$

gilt:

- $\boldsymbol{b}_1, \boldsymbol{b}_2$ sind linear unabhängig, da $\boldsymbol{b}_2 \in \operatorname{Ker} \boldsymbol{N}^2 \setminus \langle \boldsymbol{b}_1 \rangle$,
- $\boldsymbol{A}\,\boldsymbol{b}_1 = \mathrm{i}\,\boldsymbol{b}_1$, da $\boldsymbol{b}_1 \in \operatorname{Ker} \boldsymbol{N} = \operatorname{Eig}_{\boldsymbol{A}}(\mathrm{i})$,
- $\boldsymbol{A}\,\boldsymbol{b}_2 = 1\,\boldsymbol{b}_1 + \mathrm{i}\,\boldsymbol{b}_2$.

Also ist $B = (\boldsymbol{b}_1, \boldsymbol{b}_2)$ eine Jordan-Basis mit der Jordan-Normalform

$$\boldsymbol{J} = \begin{pmatrix} \mathrm{i} & 1 \\ 0 & \mathrm{i} \end{pmatrix}$$

zu $\boldsymbol{A}$.

Und mit der Matrix $\boldsymbol{S} = ((\boldsymbol{b}_1, \boldsymbol{b}_2))$ gilt $\boldsymbol{J} = \boldsymbol{S}^{-1}\,\boldsymbol{A}\,\boldsymbol{S}$. ◄

Selbstfrage 17

Ist $(\boldsymbol{b}_2, \boldsymbol{b}_1)$ auch eine Jordan-Basis zu $\boldsymbol{A}$?

Wir haben den Vektor $\boldsymbol{b}_1$ noch gar nicht explizit angegeben. Wir haben auch an keiner Stelle vom speziellen Aussehen des Vektors $\boldsymbol{b}_2$ Gebrauch gemacht, sondern nur von der Tatsache, dass $\boldsymbol{b}_2 \in \operatorname{Ker} \boldsymbol{N}^2 \setminus \operatorname{Ker} \boldsymbol{N}^1$ gilt. Damit haben wir also ein Verfahren entwickelt, das für beliebige nicht-diagonalisierbare 2×2-Matrizen $\boldsymbol{A}$ mit zerfallendem charakteristischen Polynom anwendbar ist, um eine Jordan-Basis zu $\boldsymbol{A}$ zu bestimmen.

Jordan-Basen von 2 × 2-Matrizen

Ist $\boldsymbol{A} \in \mathbb{K}^{2\times 2}$ nicht diagonalisierbar und zerfällt das charakteristische Polynom von $\boldsymbol{A}$ in Linearfaktoren, so hat $\boldsymbol{A}$ einen zweifachen Eigenwert λ, und es ist $B = (\boldsymbol{b}_1, \boldsymbol{b}_2)$ mit

$$\boldsymbol{b}_2 \in \operatorname{Ker} \boldsymbol{N}^2 \setminus \operatorname{Ker} \boldsymbol{N}^1 \text{ und } \boldsymbol{b}_1 = \boldsymbol{N}\,\boldsymbol{b}_2\,,$$

wobei $\boldsymbol{N} = \boldsymbol{A} - \lambda\,\mathbf{E}_2$, eine Jordan-Basis zu $\boldsymbol{A}$.

Dieses Verfahren kann auf größere Matrizen übertragen werden. Wir behandeln auf S. 685 ausführlich weitere Beispiele.

Selbstfrage 18

Können Sie eine Jordan-Basis und die Jordan-Normalform zur Matrix $\boldsymbol{A}$ aus dem Beispiel auf S. 685 für den Fall $\varepsilon = 2$ angeben?

Bei der durchgeführten Konstruktion entstehen automatisch die größten Jordankästchen unten: Das größte Jordan-Kästchen hat genau so viele Zeilen wie die Kette $\{\boldsymbol{0}\} \subsetneq \operatorname{Ker} \boldsymbol{N}^1 \subsetneq \operatorname{Ker} \boldsymbol{N}^2 \subsetneq \cdots$ echte Inklusionen aufweist, dies ist gerade der Nilpotenzindex von $\boldsymbol{N} = \boldsymbol{A} - \lambda\,\mathbf{E}_3$.

Nach diesen Beispielen ist es nicht mehr schwer, auch die Gründe für unser Vorgehen nachzuvollziehen.

Selbstfrage 19

Wir gehen von einer Matrix $\boldsymbol{A} \in \mathbb{K}^{n\times n}$ mit dem Eigenwert λ der algebraischen Vielfachheit n aus und setzen $\boldsymbol{N} = \boldsymbol{A} - \lambda\,\mathbf{E}_n$.

- Wieso gibt es eine natürliche Zahl r mit $1 \le r \le n$ und
$$\{\boldsymbol{0}\} \subsetneq \operatorname{Ker} \boldsymbol{N}^1 \subsetneq \operatorname{Ker} \boldsymbol{N}^2 \subsetneq \cdots \subsetneq \operatorname{Ker} \boldsymbol{N}^r = \mathbb{K}^n\,?$$
- Wie erhält man aus
$$\{\boldsymbol{0}\} \subsetneq \operatorname{Ker} \boldsymbol{N}^1 \subsetneq \operatorname{Ker} \boldsymbol{N}^2 \subsetneq \cdots \subsetneq \operatorname{Ker} \boldsymbol{N}^r = \mathbb{K}^n$$
eine Jordan-Basis?

Mit den gesammelten Erfahrungen ist es nun nicht mehr schwierig, Jordan-Basen zu größeren Matrizen oder auch zu Matrizen mit verschiedenen Eigenwerten zu konstruieren. Wir zeigen dies anhand von Beispielen.

Beispiel Wir bestimmen eine Jordan-Basis und eine Jordan-Normalform zur Matrix

$$\boldsymbol{A} = \begin{pmatrix} 2 & 1 & 1 & 0 & 0 & 0 \\ 0 & 2 & 1 & 0 & 0 & 0 \\ 0 & 0 & 2 & 0 & 0 & 0 \\ 0 & 1 & 0 & 2 & 1 & -1 \\ 0 & 0 & 0 & 0 & 2 & 0 \\ 0 & 0 & 1 & 0 & 0 & 2 \end{pmatrix} \in \mathbb{R}^{6\times 6}.$$

Teil III

Beispiel: Zur Bestimmung von Jordan-Basen

Wir bestimmen eine Jordan-Basis und eine Jordan-Normalform zu der Matrix

$$A = \begin{pmatrix} 1 & 1 & 1 \\ 0 & 1 & \varepsilon \\ 0 & 0 & 1 \end{pmatrix} \in \mathbb{R}^{3\times 3} \quad \text{mit } \varepsilon \in \{0, 1\},$$

deren einziger Eigenwert die reelle Zahl 1 mit der algebraischen Vielfachheit 3 ist.

Problemanalyse und Strategien: Wir unterscheiden nach den beiden Fällen $\varepsilon = 0$ und $\varepsilon = 1$. In beiden Fällen bilden wir die Matrix $N = A - 1\,\mathbf{E}_2$, die Kette

$$\{\mathbf{0}\} \subsetneq \operatorname{Ker} N^1 \subsetneq \operatorname{Ker} N^2 \subsetneq \cdots \subsetneq \mathbb{R}^3$$

und wählen dann beim $\mathbb{R}^3$ beginnend sukzessive jeweils der Reihe nach die Vektoren $\boldsymbol{b}_3$, $\boldsymbol{b}_2$ und $\boldsymbol{b}_1$, um eine Jordan-Basis $(\boldsymbol{b}_1, \boldsymbol{b}_2, \boldsymbol{b}_3)$ zu A zu erhalten.

Lösung: 1. Fall $\varepsilon = 1$: Wir setzen

$$N = A - 1\,\mathbf{E}_3 = \begin{pmatrix} 0 & 1 & 1 \\ 0 & 0 & 1 \\ 0 & 0 & 0 \end{pmatrix}.$$

Wir berechnen die Kerne der Matrizen N^1, N^2 und N^3:

$$\{\mathbf{0}\} \subsetneq \underbrace{\operatorname{Ker} N^1}_{=\left\langle \begin{pmatrix}1\\0\\0\end{pmatrix} \right\rangle} \subsetneq \underbrace{\operatorname{Ker} N^2}_{=\left\langle \begin{pmatrix}1\\0\\0\end{pmatrix}, \begin{pmatrix}0\\1\\0\end{pmatrix} \right\rangle} \subsetneq \underbrace{\operatorname{Ker} N^3}_{=\left\langle \begin{pmatrix}1\\0\\0\end{pmatrix}, \begin{pmatrix}0\\1\\0\end{pmatrix}, \begin{pmatrix}0\\0\\1\end{pmatrix} \right\rangle}.$$

Es ist $\operatorname{Ker} N^1$ der Eigenraum zum Eigenwert 1 von A. Weil dieser Eigenraum eindimensional ist, können wir gleich folgern, dass es nur ein Jordan-Kästchen gibt, damit liegt die Jordan-Normalform bereits fest.

Wir wählen ein Element $\boldsymbol{b}_3 \in \operatorname{Ker} N^3 \setminus \operatorname{Ker} N^2$, und zwar $\boldsymbol{b}_3 = \begin{pmatrix}0\\0\\1\end{pmatrix}$. Nun setzen wir $\boldsymbol{b}_2 = N\boldsymbol{b}_3 \in \operatorname{Ker} N^2 \setminus \operatorname{Ker} N^1$ und fassen zusammen,

$$\boldsymbol{b}_2 = \begin{pmatrix}1\\1\\0\end{pmatrix} = N\boldsymbol{b}_3 = (A - 1\,\mathbf{E}_3)\,\boldsymbol{b}_3 = A\,\boldsymbol{b}_3 - 1\,\boldsymbol{b}_3,$$

also:

- $\boldsymbol{b}_2$ und $\boldsymbol{b}_3$ sind linear unabhängig,
- $A\,\boldsymbol{b}_3 = 1\,\boldsymbol{b}_2 + 1\,\boldsymbol{b}_3$.

Wir setzen $\boldsymbol{b}_1 = N\boldsymbol{b}_2 \in \operatorname{Ker} N^1 \setminus \{\mathbf{0}\}$ und fassen wieder zusammen,

$$\boldsymbol{b}_1 = \begin{pmatrix}1\\0\\0\end{pmatrix} = N\boldsymbol{b}_2 = (A - 1\,\mathbf{E}_3)\,\boldsymbol{b}_2 = A\boldsymbol{b}_2 - 1\,\boldsymbol{b}_2,$$

also:

- $\boldsymbol{b}_1, \boldsymbol{b}_2$ und $\boldsymbol{b}_3$ sind linear unabhängig,
- $A\,\boldsymbol{b}_3 = 1\,\boldsymbol{b}_2 + 1\,\boldsymbol{b}_3$.
- $A\,\boldsymbol{b}_2 = 1\,\boldsymbol{b}_1 + 1\,\boldsymbol{b}_2$.
- $A\,\boldsymbol{b}_1 = 1\,\boldsymbol{b}_1$.

Damit ist also $B = (\boldsymbol{b}_1, \boldsymbol{b}_2, \boldsymbol{b}_3)$ eine Jordan-Basis zu A, und es hat A eine Jordan-Normalform:

$$J = \begin{pmatrix} 1 & 1 & 0 \\ 0 & 1 & 1 \\ 0 & 0 & 1 \end{pmatrix}$$

2. Fall $\varepsilon = 0$: Wir setzen

$$N = A - 1\,\mathbf{E}_3 = \begin{pmatrix} 0 & 1 & 1 \\ 0 & 0 & 0 \\ 0 & 0 & 0 \end{pmatrix}.$$

Wir berechnen die Kerne der Matrizen N^1 und N^2:

$$\{\mathbf{0}\} \subsetneq \underbrace{\operatorname{Ker} N^1}_{=\left\langle \begin{pmatrix}1\\0\\0\end{pmatrix}, \begin{pmatrix}0\\1\\-1\end{pmatrix} \right\rangle} \subsetneq \underbrace{\operatorname{Ker} N^2}_{=\left\langle \begin{pmatrix}1\\0\\0\end{pmatrix}, \begin{pmatrix}0\\1\\-1\end{pmatrix}, \begin{pmatrix}0\\0\\1\end{pmatrix} \right\rangle}$$

Nun ist bereits $\operatorname{Ker} N^2$ dreidimensional, ein weiteres Potenzieren der Matrix kann den Kern nicht weiter vergrößern, daher bricht diese Kettenbildung bereits hier ab. An dieser Kette kann man die Struktur der Jordan-Normalform bereits ablesen: Man wählt einen Vektor $\boldsymbol{b}_3$ aus $\operatorname{Ker} N^2 \setminus \operatorname{Ker} N^1$, bildet diesen mit N auf den Vektor $\boldsymbol{b}_2 \in \operatorname{Ker} N^1 \setminus \{\mathbf{0}\}$, also auf einen Eigenvektor, ab und wählt als $\boldsymbol{b}_1$ einen zu $\boldsymbol{b}_2$ linear unabhängigen Eigenvektor. Weil der Eigenraum zweidimensional ist, ist dies auch möglich. So entsteht eine Jordan-Basis.

Wir wählen ein Element $\boldsymbol{b}_3 \in \operatorname{Ker} N^2 \setminus \operatorname{Ker} N^1$, und zwar $\boldsymbol{b}_3 = \begin{pmatrix}0\\0\\1\end{pmatrix}$. Nun setzen wir $\boldsymbol{b}_2 = N\,\boldsymbol{b}_3 = \begin{pmatrix}1\\0\\0\end{pmatrix} \in \operatorname{Ker} N^1 \setminus \{\mathbf{0}\}$.

Schließlich gilt mit

$$\boldsymbol{b}_1 = \begin{pmatrix}0\\1\\-1\end{pmatrix} \in \operatorname{Ker} N^1 \setminus \left\langle \begin{pmatrix}1\\0\\0\end{pmatrix} \right\rangle$$

- $\boldsymbol{b}_1, \boldsymbol{b}_2$ und $\boldsymbol{b}_3$ sind linear unabhängig,
- $A\,\boldsymbol{b}_3 = 1\,\boldsymbol{b}_2 + 1\,\boldsymbol{b}_3$,
- $A\,\boldsymbol{b}_2 = 1\,\boldsymbol{b}_2$,
- $A\,\boldsymbol{b}_1 = 1\,\boldsymbol{b}_1$.

Damit ist also $B = (\boldsymbol{b}_1, \boldsymbol{b}_2, \boldsymbol{b}_3)$ eine Jordan-Basis zu A, und es hat A eine Jordan-Normalform:

$$J = \begin{pmatrix} 1 & 0 & 0 \\ 0 & 1 & 1 \\ 0 & 0 & 1 \end{pmatrix}$$

Wegen $\chi_A = (2-X)^6$ existiert eine Jordan-Normalform zu $\boldsymbol{A}$.

Wir berechnen für $\boldsymbol{N} = \boldsymbol{A} - 2\,\mathbf{E}_6$ die Kette

$$\{\mathbf{0}\} \subsetneq \operatorname{Ker} \boldsymbol{N}^1 \subsetneq \operatorname{Ker} \boldsymbol{N}^2 \subsetneq \cdots \subsetneq \operatorname{Ker} \boldsymbol{N}^r = \mathbb{R}^6 .$$

Es gilt

$$\operatorname{Ker} \boldsymbol{N} = \left\langle \begin{pmatrix}1\\0\\0\\0\\0\\0\end{pmatrix}, \begin{pmatrix}0\\0\\0\\1\\0\\0\end{pmatrix}, \begin{pmatrix}0\\0\\0\\0\\1\\1\end{pmatrix} \right\rangle$$

und

$$\operatorname{Ker} \boldsymbol{N}^2 = \left\langle \begin{pmatrix}1\\0\\0\\0\\0\\0\end{pmatrix}, \begin{pmatrix}0\\0\\0\\1\\0\\0\end{pmatrix}, \begin{pmatrix}0\\0\\0\\0\\1\\1\end{pmatrix}, \begin{pmatrix}0\\1\\0\\0\\0\\0\end{pmatrix}, \begin{pmatrix}0\\0\\0\\0\\0\\1\end{pmatrix} \right\rangle$$

und

$$\operatorname{Ker} \boldsymbol{N}^3 = \mathbb{R}^6 .$$

Es gibt also 3 Jordan-Kästchen, und das größte ist ein 3×3-Kästchen.

Wir wählen

- $\boldsymbol{b}_6 = (0, 0, 1, 0, 0, 0)^T \in \operatorname{Ker} \boldsymbol{N}^3 \setminus \operatorname{Ker} \boldsymbol{N}^2$,

und setzen

- $\boldsymbol{b}_5 = \boldsymbol{N}\boldsymbol{b}_6 = (1, 1, 0, 0, 0, 1)^T \in \operatorname{Ker} \boldsymbol{N}^2 \setminus \operatorname{Ker} \boldsymbol{N}^1$,
- $\boldsymbol{b}_4 = \boldsymbol{N}\boldsymbol{b}_5 = (1, 0, 0, 0, 0, 0)^T \in \operatorname{Ker} \boldsymbol{N} \setminus \{\mathbf{0}\}$.

Die Jordan-Basisvektoren $\boldsymbol{b}_6, \boldsymbol{b}_5, \boldsymbol{b}_4$ liefern ein 3×3-Jordan-Kästchen.

Weiter wählen wir

- $\boldsymbol{b}_3 = (0, 1, 0, 0, 0, 0)^T \in \operatorname{Ker} \boldsymbol{N}^2 \setminus \langle \boldsymbol{b}_5 \rangle$

und setzen

- $\boldsymbol{b}_2 = \boldsymbol{N}\boldsymbol{b}_3 = (1, 0, 0, 1, 0, 0)^T \in \operatorname{Ker} \boldsymbol{N} \setminus \{\mathbf{0}\}$.

Die Jordan-Basisvektoren $\boldsymbol{b}_3, \boldsymbol{b}_2$ liefern ein 2×2- Jordan-Kästchen.

Schließlich wählen wir

- $\boldsymbol{b}_1 = (0, 0, 0, 0, 1, 1)^T \in \operatorname{Ker} \boldsymbol{N} \setminus \langle \boldsymbol{b}_2, \boldsymbol{b}_4 \rangle$.

Der Jordan-Basisvektor $\boldsymbol{b}_1$ liefert ein 1×1-Jordan-Kästchen.

Insgesamt ist $B = (\boldsymbol{b}_1, \ldots, \boldsymbol{b}_6)$ eine Jordan-Basis zu $\boldsymbol{A}$, und es ist

$$\boldsymbol{J} = \begin{pmatrix} \boxed{2} & & & & & \\ & 2 & 1 & & & \\ & 0 & 2 & & & \\ & & & 2 & 1 & 0 \\ & & & 0 & 2 & 1 \\ & & & 0 & 0 & 2 \end{pmatrix}$$

eine Jordan-Normalform von $\boldsymbol{A}$.

Nun betrachten wir die Matrix

$$\boldsymbol{A} = \begin{pmatrix} 2 & 1 & 1 & 0 & 0 & 0 \\ 0 & 2 & 1 & 0 & 0 & 0 \\ 0 & 0 & 2 & 0 & 0 & 0 \\ 0 & -1 & 0 & 3 & 1 & -1 \\ 0 & 0 & -1 & 0 & 3 & 1 \\ 0 & 0 & 0 & 0 & 0 & 4 \end{pmatrix} \in \mathbb{R}^{6\times 6} .$$

Es gilt $\chi_A = (2-X)^3(3-X)^2(4-X)$, sodass eine Jordan-Normalform von $\boldsymbol{A}$ existiert. Wir bestimmen eine Jordan-Basis, indem wir das bisherige Verfahren einfach für die einzelnen Eigenwerte anwenden. Wir beginnen mit dem Eigenwert 2 und berechnen die Kette

$$\{\mathbf{0}\} \subsetneq \operatorname{Ker}(\boldsymbol{A} - 2\,\mathbf{E}_6)^1 \subsetneq \cdots \subsetneq \operatorname{Ker}(\boldsymbol{A} - 2\,\mathbf{E}_6)^r .$$

Es gilt

$$\operatorname{Ker}(\boldsymbol{A} - 2\,\mathbf{E}_6)^1 = \left\langle \begin{pmatrix}1\\0\\0\\0\\0\\0\end{pmatrix} \right\rangle$$

und

$$\operatorname{Ker}(\boldsymbol{A} - 2\,\mathbf{E}_6)^2 = \left\langle \begin{pmatrix}1\\0\\0\\0\\0\\0\end{pmatrix}, \begin{pmatrix}0\\1\\0\\1\\0\\0\end{pmatrix} \right\rangle$$

und

$$\operatorname{Ker}(\boldsymbol{A} - 2\,\mathbf{E}_6)^3 = \left\langle \begin{pmatrix}1\\0\\0\\0\\0\\0\end{pmatrix}, \begin{pmatrix}0\\1\\0\\1\\0\\0\end{pmatrix}, \begin{pmatrix}0\\0\\1\\0\\1\\0\end{pmatrix} \right\rangle .$$

Hier bricht die Kette ab, weil der Eigenwert 2 die algebraische Vielfachheit 3 hat. Es gehören also 3 Jordan-Basisvektoren zu dem Eigenwert 2, und diese finden wir in dieser Kette. An der Kette erkennen wir auch, dass es genau ein 3×3-Jordan-Kästchen zum Eigenwert 2 gibt.

Teil III

Wir wählen

- $\boldsymbol{b}_6 = (0, 0, 1, 0, 1, 0)^T$
  $\in \mathrm{Ker}(\boldsymbol{A} - 2\,\mathbf{E}_6)^3 \setminus \mathrm{Ker}(\boldsymbol{A} - 2\,\mathbf{E}_6)^2$

und setzen

- $\boldsymbol{b}_5 = (\boldsymbol{A} - 2\,\mathbf{E}_6)\,\boldsymbol{b}_6 = (1, 1, 0, 1, 0, 0)^T$
  $\in \mathrm{Ker}(\boldsymbol{A} - 2\,\mathbf{E}_6)^2 \setminus \mathrm{Ker}(\boldsymbol{A} - 2\,\mathbf{E}_6)^1$,
- $\boldsymbol{b}_4 = (\boldsymbol{A} - 2\,\mathbf{E}_6)\,\boldsymbol{b}_5 = (1, 0, 0, 0, 0, 0)^T$
  $\in \mathrm{Ker}(\boldsymbol{A} - 2\,\mathbf{E}_6)^1 \setminus \{\mathbf{0}\}$.

Die Jordan-Basisvektoren $\boldsymbol{b}_6$, $\boldsymbol{b}_5$, $\boldsymbol{b}_4$ liefern ein 3×3-Jordan-Kästchen.

Nun wenden wir das Verfahren auf den zweifachen Eigenwert 3 an und berechnen die Kette

$$\{\mathbf{0}\} \subsetneq \mathrm{Ker}(\boldsymbol{A} - 3\,\mathbf{E}_6)^1 \subsetneq \cdots \subsetneq \mathrm{Ker}(\boldsymbol{A} - 3\,\mathbf{E}_6)^r .$$

Es gilt

$$\mathrm{Ker}(\boldsymbol{A} - 3\,\mathbf{E}_6)^1 = \left\langle \begin{pmatrix} 0\\0\\0\\1\\0\\0 \end{pmatrix} \right\rangle$$

und

$$\mathrm{Ker}(\boldsymbol{A} - 3\,\mathbf{E}_6)^2 = \left\langle \begin{pmatrix} 0\\0\\0\\1\\0\\0 \end{pmatrix}, \begin{pmatrix} 0\\0\\0\\0\\1\\0 \end{pmatrix} \right\rangle .$$

Hier bricht die Kette ab, weil der Eigenwert 3 die algebraische Vielfachheit 2 hat. Es gehören also 2 Jordan-Basisvektoren zu dem Eigenwert 3, und diese finden wir in dieser Kette. An der Kette erkennen wir auch, dass es genau ein 2×2-Jordan-Kästchen zum Eigenwert 3 gibt.

Wir wählen

- $\boldsymbol{b}_3 = (0, 0, 0, 0, 1, 0)^T$
  $\in \mathrm{Ker}(\boldsymbol{A} - 3\,\mathbf{E}_6)^2 \setminus \mathrm{Ker}(\boldsymbol{A} - 3\,\mathbf{E}_6)^1$

und setzen

- $\boldsymbol{b}_2 = (\boldsymbol{A} - 3\,\mathbf{E}_6)\,\boldsymbol{b}_3 = (0, 0, 0, 1, 0, 0)^T$
  $\in \mathrm{Ker}(\boldsymbol{A} - 2\,\mathbf{E}_6)^1 \setminus \{\mathbf{0}\}$.

Die Jordan-Basisvektoren $\boldsymbol{b}_3$, $\boldsymbol{b}_2$ liefern ein 2×2-Jordan-Kästchen.

Schließlich wenden wir das Verfahren auf den Eigenwert 4 an. Weil 4 ein einfacher Eigenwert ist, bricht die Kette bereits nach dem Eigenraum ab, da nur ein Jordan-Basisvektor zu diesem Eigenwert gehört, und dieser ist ein Eigenvektor,

$$\{\mathbf{0}\} \subsetneq \mathrm{Ker}(\boldsymbol{A} - 4\,\mathbf{E}_6)^1 .$$

Und es gilt

$$\mathrm{Ker}(\boldsymbol{A} - 4\,\mathbf{E}_6)^1 = \left\langle \begin{pmatrix} 0\\0\\0\\0\\1\\1 \end{pmatrix} \right\rangle .$$

Der Jordan-Basisvektor $\boldsymbol{b}_1 = (0,\ 0,\ 0,\ 0,\ 1,\ 1)^T$ liefert ein 1×1-Jordan-Kästchen.

Wir erhalten mit der Jordan-Basis $B = (\boldsymbol{b}_1, \ldots, \boldsymbol{b}_6)$ die Jordan-Normalform

$$\boldsymbol{J} = \begin{pmatrix} \boxed{4} & & & & & \\ & 3 & 1 & & & \\ & 0 & 3 & & & \\ & & & 2 & 1 & 0 \\ & & & 0 & 2 & 1 \\ & & & 0 & 0 & 2 \end{pmatrix}$$

zu $\boldsymbol{A}$. ◄

Kommentar Man spricht bei den Vektoren aus $\mathrm{Ker}\,\boldsymbol{N}^i$ auch von *verallgemeinerten* Eigenvektoren i-ter Stufe oder auch von *Hauptvektoren*. ◄

Potenzen von Matrizen in Jordan-Normalform lassen sich einfach bestimmen

Nachdem wir nun wissen, wie man eine Jordan-Normalform und eine Jordan-Basis zu einer Matrix bestimmt, wenden wir uns nun den ursprünglichen Fragen zu: Wie bildet man Potenzen von Matrizen? Dies ist im Allgemeinen ein durchaus schwieriges und rechenaufwendiges Unterfangen. Bei diagonalisierbaren Matrizen ist es deutlich einfacher. Wir haben das in einem Abschnitt auf S. 650 geschildert. Aber für Matrizen in Jordan-Normalform ist es auch noch relativ einfach, beliebige Potenzen zu bilden. Dazu können wir nämlich die Binomialformel von S. 680 benutzen, da gilt Folgendes.

Die Zerlegung einer Jordan-Normalform

Ist $\boldsymbol{J}$ eine Jordan-Normalform, so gibt es eine Diagonalmatrix $\boldsymbol{D}$ und eine nilpotente Matrix $\boldsymbol{N}$ mit

$$\boldsymbol{J} = \boldsymbol{D} + \boldsymbol{N} \quad \text{und} \quad \boldsymbol{D}\boldsymbol{N} = \boldsymbol{N}\boldsymbol{D} .$$

Beispiel

$$\begin{pmatrix} 2 & 1 & & \\ & 2 & & \\ & & 3 & 1 \\ & & & 3 \end{pmatrix} = \begin{pmatrix} 2 & & & \\ & 2 & & \\ & & 3 & \\ & & & 3 \end{pmatrix} + \begin{pmatrix} & 1 & & \\ & & & \\ & & & 1 \\ & & & \end{pmatrix}$$ ◄

Teil III

Anwendung: Lösen von Differenzialgleichungen mit der Jordan-Normalform

Wir berechnen mithilfe der Jordan-Normalform die Lösung des Anfangswertproblems

$$y' = \begin{pmatrix} 3 & 1 & 1 & 0 \\ -1 & 1 & -1 & 0 \\ 0 & 0 & 2 & 0 \\ 0 & 0 & 0 & 2 \end{pmatrix} y\,, \quad y(\mathbf{0}) = \begin{pmatrix} 1 \\ 1 \\ 1 \\ 1 \end{pmatrix}.$$

Das charakteristische Polynom der Matrix $\boldsymbol{A}$ ist

$$\chi_A = (2 - X)^4\,.$$

Als Eigenraum zum einzigen Eigenwert 2 erhalten wir:

$$\mathrm{Eig}_A(2) = \mathrm{Ker}\begin{pmatrix} -1 & -1 & -1 & 0 \\ 1 & 1 & 1 & 0 \\ 0 & 0 & 0 & 0 \\ 0 & 0 & 0 & 0 \end{pmatrix}$$

$$= \left\langle \begin{pmatrix} -1 \\ 0 \\ 1 \\ 0 \end{pmatrix}, \begin{pmatrix} 0 \\ 0 \\ 0 \\ 1 \end{pmatrix}, \begin{pmatrix} -1 \\ 1 \\ 0 \\ 0 \end{pmatrix} \right\rangle$$

Wir wählen

$$\boldsymbol{b}_4 = \begin{pmatrix} 1 \\ 0 \\ 0 \\ 0 \end{pmatrix} \in \mathrm{Ker}(\boldsymbol{A} - 2\,\mathbf{E}_4)^2 \setminus \mathrm{Ker}(\boldsymbol{A} - 2\,\mathbf{E}_4)$$

und setzen

$$\boldsymbol{b}_3 = (\boldsymbol{A} - 2\,\mathbf{E}_4)\,\boldsymbol{b}_4 = \begin{pmatrix} 1 \\ -1 \\ 0 \\ 0 \end{pmatrix},$$

$$\boldsymbol{b}_2 = \begin{pmatrix} -1 \\ 0 \\ 1 \\ 0 \end{pmatrix} \in \mathrm{Ker}(\boldsymbol{A} - 2\,\mathbf{E}_4) \setminus \langle \boldsymbol{b}_3 \rangle$$

sowie

$$\boldsymbol{b}_1 = \begin{pmatrix} 0 \\ 0 \\ 0 \\ 1 \end{pmatrix} \in \mathrm{Ker}(\boldsymbol{A} - 2\,\mathbf{E}_4) \setminus \langle \boldsymbol{b}_2, \boldsymbol{b}_3 \rangle\,.$$

Es ist dann $B = (\boldsymbol{b}_1, \ldots, \boldsymbol{b}_4)$ eine Jordan-Basis zu $\boldsymbol{A}$, und es gilt mit der Matrix $\boldsymbol{S} = ((\boldsymbol{b}_1, \ldots, \boldsymbol{b}_4))$

$$\boldsymbol{S}^{-1}\boldsymbol{A}\,\boldsymbol{S} = \begin{pmatrix} 2 & & & \\ & 2 & & \\ & & 2 & 1 \\ & & & 2 \end{pmatrix} = \boldsymbol{J}\,.$$

Wir können $\boldsymbol{J}$ zerlegen in

$$\boldsymbol{J} = \underbrace{\begin{pmatrix} 2 & & & \\ & 2 & & \\ & & 2 & \\ & & & 2 \end{pmatrix}}_{=\boldsymbol{D}} + \underbrace{\begin{pmatrix} 0 & & & \\ & 0 & & \\ & & 0 & 1 \\ & & & 0 \end{pmatrix}}_{=\boldsymbol{N}},$$

wobei $\boldsymbol{D}\,\boldsymbol{N} = \boldsymbol{N}\,\boldsymbol{D}$ und $\boldsymbol{N}^2 = \mathbf{0}$ ist.

Nach dem Ergebnis auf S. 678 ist $\boldsymbol{y} = \mathrm{e}^{t\boldsymbol{A}}\,\boldsymbol{v}$ die Lösung des Anfangswertproblems $\boldsymbol{y}' = \boldsymbol{A}\,\boldsymbol{y}$, $\boldsymbol{y}(\mathbf{0}) = \boldsymbol{v}$. Wir berechnen also

$$\mathrm{e}^{t\boldsymbol{A}} = \mathrm{e}^{t\boldsymbol{S}\boldsymbol{J}\boldsymbol{S}^{-1}} = \boldsymbol{S}\,\mathrm{e}^{t\boldsymbol{J}}\,\boldsymbol{S}^{-1}$$
$$= \boldsymbol{S}\,\mathrm{e}^{t\boldsymbol{D}+t\boldsymbol{N}}\boldsymbol{S}^{-1} = \boldsymbol{S}\,\mathrm{e}^{t\boldsymbol{D}}\,\mathrm{e}^{t\boldsymbol{N}}\,\boldsymbol{S}^{-1}\,.$$

Mit

$$\mathrm{e}^{t\boldsymbol{D}} = \begin{pmatrix} \mathrm{e}^{2t} & & & \\ & \mathrm{e}^{2t} & & \\ & & \mathrm{e}^{2t} & \\ & & & \mathrm{e}^{2t} \end{pmatrix}$$

und

$$\mathrm{e}^{t\boldsymbol{N}} = \mathbf{E}_4 + t\boldsymbol{N} = \begin{pmatrix} 1 & & & \\ & 1 & & \\ & & 1 & t \\ & & & 1 \end{pmatrix}$$

folgt

$$\mathrm{e}^{t\boldsymbol{A}} = \mathrm{e}^{2t}\,\boldsymbol{S}\begin{pmatrix} 1 & & & \\ & 1 & & \\ & & 1 & t \\ & & & 1 \end{pmatrix}\boldsymbol{S}^{-1}$$
$$= \mathrm{e}^{2t}\begin{pmatrix} t+1 & t & t & 0 \\ -t & 1-t & -t & 0 \\ 0 & 0 & 1 & 0 \\ 0 & 0 & 0 & 1 \end{pmatrix}.$$

Die Lösung $\boldsymbol{y}$ des Anfangswertproblems ist also

$$\boldsymbol{y} : t \mapsto \mathrm{e}^{t\boldsymbol{A}}\begin{pmatrix} 1 \\ 1 \\ 1 \\ 1 \end{pmatrix} = \mathrm{e}^{2t}\begin{pmatrix} 1+3t \\ 1-3t \\ 1 \\ 1 \end{pmatrix}.$$

Kommentar Lineare homogene Differenzialgleichungen n-ter Ordnung kann man als Differenzialgleichungssysteme $\boldsymbol{z}' = \boldsymbol{A}\,\boldsymbol{z}$ erster Ordnung auffassen (siehe S. 578). Der Ansatz $\mathrm{e}^{t\boldsymbol{A}}$ über die Jordan-Normalform führt dann automatisch zu den Lösungen $t^r\,\mathrm{e}^{\lambda t}$ (siehe S. 494). ◄

Teil III

Anwendungsbeispiel Mittels der Jordan-Normalform kann man späte Folgenglieder rekursiv definierter Folgen relativ einfach bestimmen. Dabei benutzen wir einen Trick, den wir auch schon beim Diagonalisieren benutzt haben. Wir betrachten die Folge $(g_n)_{n\in\mathbb{N}_0}$ mit

$$g_0 = 0, \quad g_1 = 1, \quad g_{n+1} = -4g_{n-1} + 4g_n \quad \text{für } n \geq 1$$

und interessieren uns etwa für das Folgenglied g_{20}.

Dazu suchen wir erst eine Matrix $\boldsymbol{A} \in \mathbb{R}^{2\times 2}$ mittels der sich die Rekursion für $n \geq 1$ in der Form

$$\begin{pmatrix} g_n \\ g_{n+1} \end{pmatrix} = \boldsymbol{A} \begin{pmatrix} g_{n-1} \\ g_n \end{pmatrix}$$

schreiben lässt. Das leistet offenbar die Matrix

$$\boldsymbol{A} = \begin{pmatrix} 0 & 1 \\ -4 & 4 \end{pmatrix}.$$

Nun bestimmen wir eine Jordan-Basis zu $\boldsymbol{A}$ und eine zugehörige Jordan-Normalform $\boldsymbol{J}$. Das charakteristische Polynom von $\boldsymbol{A}$ lautet $\chi_A = (2 - X)^2$, und $\begin{pmatrix} 1 \\ 2 \end{pmatrix}$ spannt den eindimensionalen Eigenraum zum Eigenwert 2 der algebraischen Vielfachheit 2 auf.

Wir wählen den Vektor $\boldsymbol{b}_2 = \begin{pmatrix} 1 \\ 0 \end{pmatrix} \in \operatorname{Ker}(\boldsymbol{A} - 2\,\mathbf{E}_2)^2 \setminus \operatorname{Ker}(\boldsymbol{A} - 2\,\mathbf{E}_2)$ und setzen $\boldsymbol{b}_1 = (\boldsymbol{A} - 2\,\mathbf{E}_2)\,\boldsymbol{b}_2 = \begin{pmatrix} -2 \\ -4 \end{pmatrix}$.

Damit ist $B = (\boldsymbol{b}_1, \boldsymbol{b}_2)$ eine geordnete Jordan-Basis, und es hat $\boldsymbol{A}$ die Jordan-Normalform

$$\boldsymbol{J} = \begin{pmatrix} 2 & 1 \\ 0 & 2 \end{pmatrix}.$$

Weiter erfüllt die Matrix $\boldsymbol{S} = ((\boldsymbol{b}_1, \boldsymbol{b}_2))$, deren Spalten gerade die Elemente der Jordan-Basis sind, die Eigenschaft $\boldsymbol{J} = \boldsymbol{S}^{-1}\boldsymbol{A}\,\boldsymbol{S}$.

Damit und mit der angegeben Rekursion können wir nun g_{20} ermitteln, es gilt nämlich

$$\begin{aligned} \begin{pmatrix} g_{19} \\ g_{20} \end{pmatrix} = \boldsymbol{A} \begin{pmatrix} g_{18} \\ g_{19} \end{pmatrix} &= \boldsymbol{A}^{19} \begin{pmatrix} g_0 \\ g_1 \end{pmatrix} \\ &= \boldsymbol{S}\,\boldsymbol{J}^{19}\,\boldsymbol{S}^{-1} \begin{pmatrix} g_0 \\ g_1 \end{pmatrix}. \end{aligned}$$

Wir setzen nun

$$\boldsymbol{J} = \underbrace{\begin{pmatrix} 2 & 0 \\ 0 & 2 \end{pmatrix}}_{=\boldsymbol{D}} + \underbrace{\begin{pmatrix} 0 & 1 \\ 0 & 0 \end{pmatrix}}_{=\boldsymbol{N}}$$

und berechnen $\boldsymbol{J}^{19}$ mit der Formel von S. 680,

$$\boldsymbol{J}^{19} = \boldsymbol{D}^{19} + 19\,\boldsymbol{D}^{18}\,\boldsymbol{N} = \begin{pmatrix} 2^{19} & 19 \cdot 2^{18} \\ 0 & 2^{19} \end{pmatrix}.$$

Daraus erhält man nach Berechnen der zweiten Zeile von $\boldsymbol{S}\,\boldsymbol{J}^{19}\,\boldsymbol{S}^{-1} \begin{pmatrix} g_0 \\ g_1 \end{pmatrix}$ das Ergebnis $g_{20} = 20 \cdot 2^{19}$. ◀

Mit der Jordan-Normalform können auch Differenzialgleichungssysteme gelöst werden. Wir zeigen dies in einer Anwendung auf S. 688.

Zusammenfassung

Man nennt ein Element $\lambda \in \mathbb{K}$ einen **Eigenwert** einer quadratischen Matrix $A \in \mathbb{K}^{n \times n}$, wenn es einen Vektor $v \in \mathbb{K}^n \setminus \{0\}$ mit

$$A\,v = \lambda\,v$$

gibt. Der Vektor v heißt in diesem Fall **Eigenvektor** von A zum Eigenwert λ.

Eine Matrix heißt diagonalisierbar, wenn sie ähnlich zu einer Diagonalmatrix ist

Eine Matrix $A \in \mathbb{K}^{n \times n}$ heißt **diagonalisierbar**, wenn es eine invertierbare Matrix $S \in \mathbb{K}^{n \times n}$ gibt, sodass

$$D = S^{-1} A\,S$$

eine Diagonalmatrix ist.

Kriterium für Diagonalisierbarkeit

Eine Matrix $A \in \mathbb{K}^{n \times n}$ ist genau dann diagonalisierbar, wenn es eine Basis B des $\mathbb{K}^n$ aus Eigenvektoren von A gibt.

Ist $B = (b_1, \ldots, b_n)$ eine geordnete Basis des $\mathbb{K}^n$ aus Eigenvektoren der Matrix A, so ist die Matrix

$$D = S^{-1} A\,S$$

mit $S = ((b_1, \ldots, b_n))$ eine Diagonalmatrix.

Die Eigenwerte und Eigenvektoren einer Matrix lassen sich nach einem festen Schema ermitteln.

Die Eigenwerte sind die Nullstellen des charakteristischen Polynoms

Das Polynom

$$\chi_A = |A - X\,\mathbf{E}_n| \in \mathbb{K}[X]$$

vom Grad n heißt **charakteristisches Polynom** der Matrix $A \in \mathbb{K}^{n \times n}$. Es gilt:

$$\lambda \in \mathbb{K} \text{ ist ein Eigenwert von } A \quad \Leftrightarrow \quad \chi_A(\lambda) = 0\,.$$

Die Eigenvektoren erhält man durch Lösen eines homogenen linearen Gleichungssystems

Bestimmung des Eigenraums zum Eigenwert λ

Ist λ ein Eigenwert von A, so ist die Lösungsmenge des homogenen linearen Gleichungssystems

$$(A - \lambda\,\mathbf{E}_n)\,v = 0$$

der Eigenraum zum Eigenwert λ.

Ob eine Basis aus Eigenvektoren der Matrix A existiert (d. h., die Matrix A ist diagonalisierbar), lässt sich durch einen Vergleich der algebraischen Vielfachheiten mit den geometrischen Vielfachheiten entscheiden.

Kriterium für Diagonalisierbarkeit

Zerfällt das charakteristische Polynom χ_A der Matrix $A \in \mathbb{K}^{n \times n}$ in Linearfaktoren, so ist A genau dann diagonalisierbar, wenn für jeden Eigenwert die geometrische Vielfachheit gleich der algebraischen ist.

Im Allgemeinen ist es also erst nach einem oft nicht ganz unerheblichen Rechenaufwand zu entscheiden, ob eine Matrix diagonalisierbar ist. Jedoch gilt Folgendes.

Diagonalisierung symmetrischer und hermitescher Matrizen

Reelle symmetrische und hermitesche Matrizen sind stets diagonalisierbar. Die sie auf Diagonalgestalt transformierenden Matrizen können dabei orthogonal bzw. unitär gewählt werden.

Dabei heißt eine quadratische Matrix $\boldsymbol{A} \in \mathbb{K}^{n\times n}$

- **symmetrisch**, wenn $\boldsymbol{A}^T = \boldsymbol{A}$ gilt;
- **orthogonal**, wenn $\mathbb{K} = \mathbb{R}$ und $\boldsymbol{A}^T \boldsymbol{A} = \mathbf{E}_n$ gilt;
- **hermitesch**, wenn $\boldsymbol{A}^T = \overline{\boldsymbol{A}}$ gilt;
- **unitär**, wenn $\mathbb{K} = \mathbb{C}$ und $\boldsymbol{A}^T \overline{\boldsymbol{A}} = \mathbf{E}_n$ gilt.

Für reelle symmetrische und hermitesche Matrizen sollte man sich merken:

- Eigenwerte reeller symmetrischer bzw. hermitescher Matrizen sind reell.
- Eigenvektoren zu verschiedenen Eigenwerten stehen senkrecht zueinander.

Die Exponentialfunktion für Matrizen ist durch eine Reihe definiert

Für diagonalisierbare Matrizen lässt sich $e^{\boldsymbol{A}}$ explizit angeben. Ist nämlich $\boldsymbol{A} \in \mathbb{C}^{n\times n}$ eine diagonalisierbare Matrix mit den Eigenwerten $\lambda_1, \ldots, \lambda_n$ und Eigenvektoren $\boldsymbol{s}_1, \ldots, \boldsymbol{s}_n$, so gilt mit $\boldsymbol{S} = ((\boldsymbol{s}_1, \ldots, \boldsymbol{s}_n))$

$$e^{\boldsymbol{A}} = \boldsymbol{S}\,\mathrm{diag}(e^{\lambda_1}, \ldots, e^{\lambda_n})\,\boldsymbol{S}^{-1}\,.$$

Die Exponentialfunktion für Matrizen löst Anfangswertprobleme

Lösung von Anfangswertproblemen

Die Abbildung

$$\boldsymbol{y}\colon \begin{cases} \mathbb{R} & \to & \mathbb{C}^n \\ t & \mapsto & e^{t\boldsymbol{A}}\,\boldsymbol{v} \end{cases}$$

ist die eindeutig bestimmte Lösung des Anfangswertproblems

$$\boldsymbol{y}' = \boldsymbol{A}\,\boldsymbol{y},\;\; \boldsymbol{y}(\boldsymbol{0}) = \boldsymbol{v}\,,\;\; \boldsymbol{A} \in \mathbb{C}^{n\times n}\,,\;\; \boldsymbol{v} \in \mathbb{C}^n\,.$$

Bonusmaterial

Der Satz von Gerschgorin bietet eine Möglichkeit, die Eigenwerte einer Matrix (grob) abzuschätzen. Wir begründen diesen Satz und geben eine verschärfte Version an.

Auch für Endomorphismen lassen sich die Begriffe Eigenwerte und Eigenvektoren definieren. Für einen Endomorphismus eines endlichdimensionalen Vektorraums können wir auch den Begriff der *Diagonalisierbarkeit eines Endomorphismus* erklären. Dazu betrachten wir die Darstellungsmatrix des Endomorphismus bezüglich einer (beliebig) gewählten Basis.

Aufgaben

Die Aufgaben gliedern sich in drei Kategorien: Anhand der *Verständnisfragen* können Sie prüfen, ob Sie die Begriffe und zentralen Aussagen verstanden haben, mit den *Rechenaufgaben* üben Sie Ihre technischen Fertigkeiten und die *Anwendungsprobleme* geben Ihnen Gelegenheit, das Gelernte an praktischen Fragestellungen auszuprobieren.
Ein Punktesystem unterscheidet leichte •, mittelschwere •• und anspruchsvolle ••• Aufgaben. Lösungshinweise am Ende des Buches helfen Ihnen, falls Sie bei einer Aufgabe partout nicht weiterkommen. Dort finden Sie auch die Lösungen – betrügen Sie sich aber nicht selbst und schlagen Sie erst nach, wenn Sie selber zu einer Lösung gekommen sind. Ausführliche Lösungswege, Beweise und Abbildungen finden Sie als digitales Zusatzmaterial (electronic supplementary material).
Viel Spaß und Erfolg bei den Aufgaben!

Verständnisfragen

18.1 • Gegeben ist ein Eigenvektor $\boldsymbol{v}$ zum Eigenwert λ einer Matrix $\boldsymbol{A}$.

(a) Ist $\boldsymbol{v}$ auch Eigenvektor von $\boldsymbol{A}^2$? Zu welchem Eigenwert?
(b) Wenn $\boldsymbol{A}$ zudem invertierbar ist, ist dann $\boldsymbol{v}$ auch ein Eigenvektor zu $\boldsymbol{A}^{-1}$? Zu welchem Eigenwert?

18.2 •• Wieso hat jede Matrix $\boldsymbol{A} \in \mathbb{K}^{n\times n}$ mit $\boldsymbol{A}^2 = \mathbf{E}_n$ einen der Eigenwerte ± 1 und keine weiteren?

18.3 • In der folgenden Abbildung zeigt das erste Bild ein aus den Punkten A, B, C, D gebildetes Quadrat um den Ursprung. Die folgenden Abbildungen zeigen Bilder des Quadrats unter drei verschiedenen linearen Abbildungen $\Phi_{1,2,3} : \mathbb{R}^2 \to \mathbb{R}^2$:

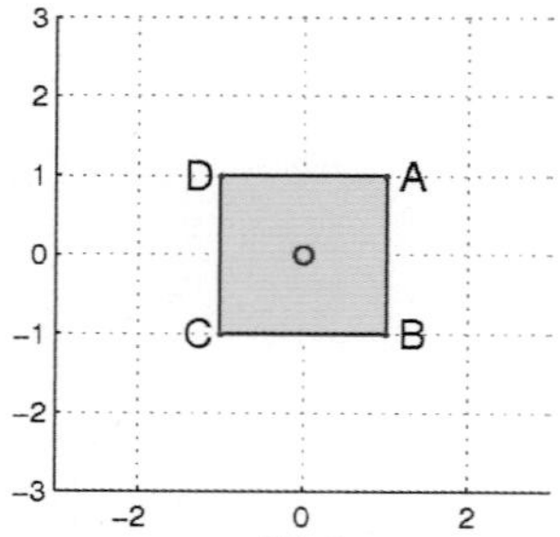

Abb. 1

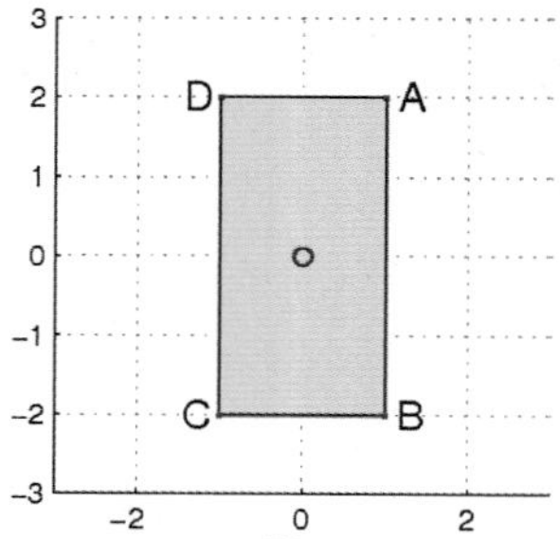

Abb. 2

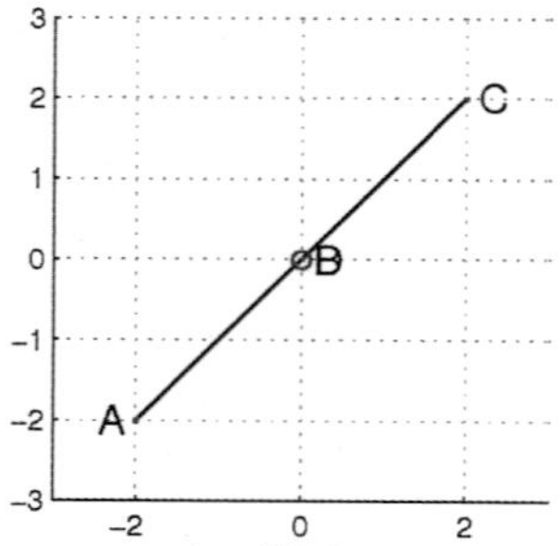

Abb. 3

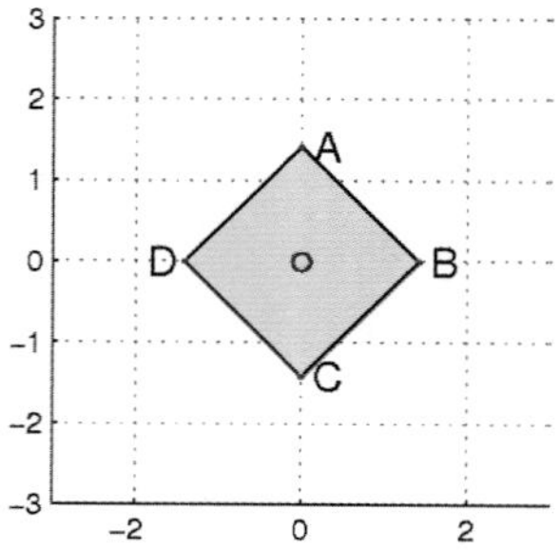

Abb. 4

Bestimmen Sie die Eigenwerte der Abbildungen und zeichnen Sie, soweit möglich, Eigenvektoren ein.

18.4 • Wieso ist für jede beliebige Matrix $\boldsymbol{A} \in \mathbb{C}^{n\times n}$ die Matrix $\boldsymbol{B} = \boldsymbol{A}\overline{\boldsymbol{A}}^T$ hermitesch?

18.5 •• Gegeben ist eine nilpotente Matrix $\boldsymbol{A} \in \mathbb{C}^{n\times n}$ mit Nilpotenzindex $p \in \mathbb{N}\mathbb{N}$, d. h., es gilt

$$\boldsymbol{A}^p = \mathbf{0} \quad \text{und} \quad \boldsymbol{A}^{p-1} \neq \mathbf{0}.$$

Begründen Sie:

(a) Die Matrix $\boldsymbol{A}$ ist nicht invertierbar.
(b) Die Matrix $\boldsymbol{A}$ hat einen Eigenwert der Vielfachheit n.
(c) Es gilt $p \leq n$.

18.6 •• Haben ähnliche Matrizen dieselben Eigenwerte? Haben diese dann gegebenenfalls auch dieselben algebraischen und geometrischen Vielfachheiten?

18.7 •• Haben die quadratischen $n \times n$-Matrizen $\boldsymbol{A}$ und $\boldsymbol{A}^T$ dieselben Eigenwerte? Haben diese gegebenenfalls auch dieselben algebraischen und geometrischen Vielfachheiten?

18.8 • Gegeben ist eine Matrix $\boldsymbol{A} \in \mathbb{C}^{n\times n}$. Sind die Eigenwerte der quadratischen Matrix $\boldsymbol{A}^T\boldsymbol{A}$ die Quadrate der Eigenwerte von $\boldsymbol{A}$?

Rechenaufgaben

18.9 • Geben Sie die Eigenwerte und Eigenvektoren der folgenden Matrizen an:

(a) $\boldsymbol{A} = \begin{pmatrix} 3 & -1 \\ 1 & 1 \end{pmatrix} \in \mathbb{R}^{2\times 2}$,

(b) $\boldsymbol{B} = \begin{pmatrix} 0 & 1 \\ 1 & 0 \end{pmatrix} \in \mathbb{C}^{2\times 2}$.

(c) $\boldsymbol{C} = \begin{pmatrix} a & b \\ b & d \end{pmatrix} \in \mathbb{R}^{2\times 2}$.

18.10 •• Welche der folgenden Matrizen sind diagonalisierbar? Geben Sie gegebenenfalls eine invertierbare Matrix $\boldsymbol{S}$ an, sodass $\boldsymbol{D} = \boldsymbol{S}^{-1} \boldsymbol{A} \boldsymbol{S}$ Diagonalgestalt hat.

(a) $\boldsymbol{A} = \begin{pmatrix} 1 & \mathrm{i} \\ \mathrm{i} & -1 \end{pmatrix} \in \mathbb{C}^{2\times 2}$,

(b) $\boldsymbol{B} = \begin{pmatrix} 3 & 0 & 7 \\ 0 & 1 & 0 \\ 7 & 0 & 3 \end{pmatrix} \in \mathbb{R}^{3\times 3}$,

(c) $\boldsymbol{C} = \frac{1}{3} \begin{pmatrix} 1 & 2 & 2 \\ 2 & -2 & 1 \\ 2 & 1 & -2 \end{pmatrix} \in \mathbb{C}^{3\times 3}$.

18.11 •• Gegeben ist die reelle, symmetrische Matrix

$$\boldsymbol{A} = \begin{pmatrix} 10 & 8 & 8 \\ 8 & 10 & 8 \\ 8 & 8 & 10 \end{pmatrix}.$$

Bestimmen Sie eine orthogonale Matrix $\boldsymbol{S} \in \mathbb{R}^{3\times 3}$, sodass $\boldsymbol{D} = \boldsymbol{S}^{-1} \boldsymbol{A} \boldsymbol{S}$ eine Diagonalmatrix ist.

18.12 •• Im Vektorraum $\mathbb{R}[X]_3$ der reellen Polynome vom Grad höchstens 3 ist für ein $a \in \mathbb{R}$ die Abbildung $\varphi\colon \mathbb{R}[X]_3 \to \mathbb{R}[X]_3$ durch

$$\varphi(\boldsymbol{p}) = \boldsymbol{p}(a) + \boldsymbol{p}'(a)(X - a)$$

erklärt.

(a) Begründen Sie, dass φ linear ist.
(b) Berechnen Sie die Darstellungsmatrix von φ bezüglich der Basis $E_3 = (1, X, X^2, X^3)$ von $\mathbb{R}[X]_3$.
(c) Bestimmen Sie eine geordnete Basis B von $\mathbb{R}[X]_3$, bezüglich der die Darstellungsmatrix von φ Diagonalgestalt hat.

Anwendungsprobleme

18.13 •• Wir betrachten vier Populationen unterschiedlicher Arten a_1, a_2, a_3, a_4. Vereinfacht nehmen wir an, dass bei einem Fortpflanzungszyklus, der für alle vier Arten gleichzeitig stattfindet, die vier Arten mit einer gewissen Häufigkeit mutieren, aber es entstehen bei jedem solchen Zyklus wieder nur diese vier Arten. Mit f_{ij} bezeichnen wir die Häufigkeit, mit der a_i zu a_j mutiert. Die folgende Matrix gibt diese Häufigkeiten wieder – dabei gelte $0 \le t \le 1$:

$$\boldsymbol{F} = \begin{pmatrix} 1 & 0 & 0 & 0 \\ 0 & 1-t & t & t \\ 0 & t & 1-t & t \\ 0 & t & t & 1-t \end{pmatrix}$$

Gibt es nach hinreichend vielen Fortpflanzungszyklen eine Art, die dominiert?

18.14 •• Die zur Zeit t im Blutkreislauf befindliche Dosis $b(t)$ und die vom Magen absorbierte Dosis $d(t)$ eines Herzmedikaments gehorchen dem Differenzialgleichungssystem

$$d(t)' = -d(t)\,,$$
$$b(t)' = d(t) - \frac{1}{10}\, b(t)\,.$$

Bestimmen Sie die Funktionen $b(t)$ und $d(t)$ unter den Anfangsbedingungen $d(0) = 1$ und $b(0) = 0$.

18.15 •• Gegeben sind die verschiedenen Eigenwerte $\lambda_1, \ldots, \lambda_r$ einer Matrix $\boldsymbol{A} \in \mathbb{C}^{n\times n}$. Für jedes $j \in \{1, \ldots, r\}$ bezeichnen wir mit $\boldsymbol{v}_j \in \mathbb{C}^n$ einen Eigenvektor von $\boldsymbol{A}$ zum Eigenwert λ_j. Weiter erklären wir für jedes $j \in \{1, \ldots, r\}$ die Abbildung $\boldsymbol{y}_j\colon \mathbb{R} \to \mathbb{C}^n$ durch

$$\boldsymbol{y}_j(t) = \mathrm{e}^{\lambda_j t}\, \boldsymbol{v}_j\,.$$

Begründen Sie, dass $\boldsymbol{y}_1, \ldots, \boldsymbol{y}_r$ Lösungen der Differenzialgleichung $\boldsymbol{y}' = \boldsymbol{A}\,\boldsymbol{y}$ sind. Zeigen Sie auch, dass die Abbildungen $\boldsymbol{y}_1, \ldots, \boldsymbol{y}_r$ linear unabhängig sind.

18.16 ••• Gegeben ist der Trägheitstensor

$$\boldsymbol{J} = \begin{pmatrix} 24 & -4 & -8 \\ -4 & 60 & -2 \\ -8 & -2 & 60 \end{pmatrix} [\mathrm{kg\,m^2}].$$

Bestimmen Sie die Menge aller Winkelgeschwindigkeiten $\boldsymbol{\omega}$ bezüglich derer die Rotationsenergie $T_0 = \frac{1}{2}\,\boldsymbol{\omega}^T \boldsymbol{J}\,\boldsymbol{\omega} = 1.0\frac{\mathrm{kg\ m^2}}{\mathrm{s^2}}$ ist.

18.17 •• Gegeben ist eine elastische Membran im $\mathbb{R}^2$, die von der Einheitskreislinie $x_1^2 + x_2^2 = 1$ berandet wird. Bei ihrer (als lineare Abbildung angenommene) Verformung gehe der Punkt $\begin{pmatrix} v_1 \\ v_2 \end{pmatrix}$ in den Punkt $\begin{pmatrix} 5\,v_1 + 3\,v_2 \\ 3\,v_1 + 5\,v_2 \end{pmatrix}$ über.

(a) Welche Form und Lage hat die ausgedehnte Membran?
(b) Welche Geraden durch den Ursprung werden auf sich abgebildet?

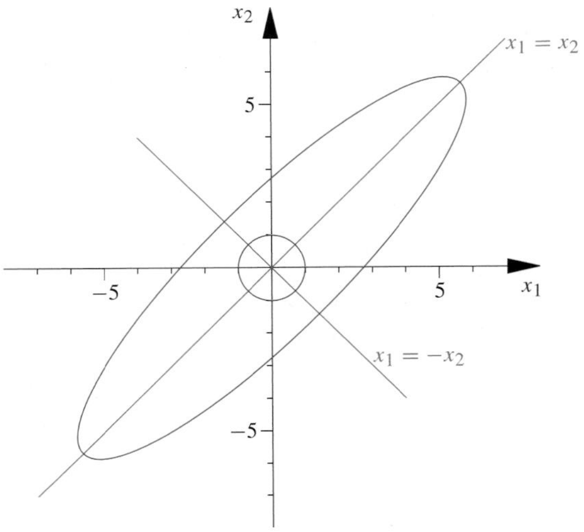

Antworten zu den Selbstfragen

Antwort 1 Die Drehung mit $\alpha = 0$ ist die Identität, hierbei wird jeder Vektor auf sich selbst abgebildet, sodass die Darstellungsmatrix bezüglich jeder geordneten Basis Diagonalgestalt hat – sie ist die Einheitsmatrix $\mathbf{E}_2$. Bei der Drehung mit $\alpha = \pi$ wird jeder Vektor $\boldsymbol{v} \in \mathbb{R}^2$ auf sein entgegengesetztes Element $-\boldsymbol{v}$ abgebildet. Damit ist diese Abbildung auch *diagonalisierbar*, die Darstellungsmatrix ist bezüglich jeder geordneten Basis das Negative der Einheitsmatrix $-\mathbf{E}_2$.

Antwort 2 Nein.

Antwort 3 Sie hat den einzigen Eigenwert 0, da für jeden Vektor $\boldsymbol{v} \in \mathbb{K}^n$

$$\mathbf{0}\,\boldsymbol{v} = 0\,\boldsymbol{v}$$

gilt. Jeder vom Nullvektor verschiedene Vektor des $\mathbb{K}^n$ ist Eigenvektor zum Eigenwert 0.

Antwort 4 Unter Kern der Matrix $\boldsymbol{A}$.

Antwort 5 Weil die Matrix $\boldsymbol{A}$ als invertierbar vorausgesetzt ist und somit die Null nicht Eigenwert von $\boldsymbol{A}$ ist.

Antwort 6 Das Gleichungssystem ist jeweils das triviale Gleichungssystem

$$\mathbf{0} = \mathbf{0}$$

zu dem jeweils einzigen Eigenwert 1 bzw. 0, und der Lösungsraum ist somit jeweils der ganze $\mathbb{K}^n$. Jeder vom Nullvektor verschiedene Vektor ist ein Eigenvektor zum Eigenwert 1 der Einheitsmatrix bzw. zum Eigenwert 0 der Nullmatrix.

Antwort 7 Im ersten Beispiel gilt etwa

$$\boldsymbol{A}\begin{pmatrix}1\\1\end{pmatrix} = 2\begin{pmatrix}1\\1\end{pmatrix}.$$

Antwort 8 Die Eigenwerte sind die konjugiert komplexen Zahlen $\pm\mathrm{i}$, Eigenvektoren sind die *konjugiert komplexen* Vektoren $\begin{pmatrix}1\\\pm\mathrm{i}\end{pmatrix}$.

Antwort 9 Der Eigenwert 1 von $\boldsymbol{A}$ hat die algebraische Vielfachheit 2 und der Eigenwert -3 die algebraische Vielfachheit 4. Und die beiden konjugiert komplexen Eigenwerte $-1/2 \pm \mathrm{i}\sqrt{3}/2$ haben jeweils die algebraische Vielfachheit 1.

Antwort 10 Weil in diesem Fall das charakteristische Polynom zerfällt und für jeden Eigenwert die algebraische Vielfachheit, die gleich 1 ist, mit der geometrischen Vielfachheit, die größer gleich 1 sein muss, übereinstimmt.

Antwort 11 Es gilt

$$\boldsymbol{S} = \begin{pmatrix}2 & -1 & -1\\1 & 0 & 2\\1 & 2 & 0\end{pmatrix} \text{ und } \boldsymbol{S}^{-1} = \frac{1}{12}\begin{pmatrix}4 & 2 & 2\\-2 & -1 & 5\\-2 & 5 & -1\end{pmatrix}.$$

Und weiter

$$\frac{1}{12}\begin{pmatrix}4 & 2 & 2\\-2 & -1 & 5\\-2 & 5 & -1\end{pmatrix}\begin{pmatrix}1 & 2 & 2\\2 & -2 & 1\\2 & 1 & -2\end{pmatrix}\begin{pmatrix}2 & -1 & -1\\1 & 0 & 2\\1 & 2 & 0\end{pmatrix} = \begin{pmatrix}3 & 0 & 0\\0 & -3 & 0\\0 & 0 & -3\end{pmatrix}.$$

Antwort 12 Es vertauschen sich die zugehörigen Eigenwerte in der Diagonalmatrix.

Antwort 13 Es gilt etwa für die komplexe Matrix $\boldsymbol{A} = \begin{pmatrix}0 & 1\\-1 & 0\end{pmatrix}$ mit dem charakteristischen Polynom $\chi_A = (\mathrm{i} - X)\,(-\mathrm{i} - X)$ und den beiden Eigenwerten $-\mathrm{i}$, i:

$$\det \boldsymbol{A} = 1 = (-\mathrm{i})\,\mathrm{i} \text{ und } \operatorname{Sp} \boldsymbol{A} = 0 = -\mathrm{i} + \mathrm{i}\,.$$

Antwort 14 Weil die geometrische Vielfachheit des einzigen Eigenwertes λ gleich 1 ist. Diese ist also echt kleiner der algebraischen Vielfachheit, die ist nämlich 3.

Antwort 15

$$\boldsymbol{J} = \begin{pmatrix}\boxed{1} & & & & \\ & \boxed{1} & & & \\ & & 1 & 1 & 0\\ & & 0 & 1 & 1\\ & & 0 & 0 & 1\end{pmatrix}$$

und jede andere Reihenfolge dieser drei Kästchen.

Antwort 16 $\boldsymbol{J} = \begin{pmatrix}\mathrm{i} & 1\\0 & \mathrm{i}\end{pmatrix}$.

Antwort 17 Nein, die Darstellungsmatrix bezüglich dieser Basis ist $\begin{pmatrix}\mathrm{i} & 0\\1 & \mathrm{i}\end{pmatrix}$. Bei unserer Definition stehen die Einsen oberhalb der Hauptdiagonalen, in manchen Lehrbüchern wählt man aber die umgekehrte Reihenfolge – es stehen dann die Einsen, so wie hier, unterhalb der Hauptdiagonalen.

Antwort 18 Es bilden in diesem Fall etwa $\boldsymbol{b}_1 = \begin{pmatrix} 2 \\ 0 \\ 0 \end{pmatrix}$, $\boldsymbol{b}_2 = \begin{pmatrix} 1 \\ 2 \\ 0 \end{pmatrix}$ und $\boldsymbol{b}_3 = \begin{pmatrix} 0 \\ 0 \\ 1 \end{pmatrix}$ eine Jordan-Basis, und es ist $\boldsymbol{J} = \begin{pmatrix} 1 & 1 & 0 \\ 0 & 1 & 1 \\ 0 & 0 & 1 \end{pmatrix}$ die Jordan-Normalform.

Antwort 19 Ist $\boldsymbol{J}$ eine Jordan-Normalform zu $\boldsymbol{A}$ und $\boldsymbol{J} = \boldsymbol{S}^{-1} \boldsymbol{A}\, \boldsymbol{S}$, so gilt $(\boldsymbol{J} - \lambda\, \mathbf{E}_n)^k = \boldsymbol{S}^{-1}\, (\boldsymbol{A} - \lambda\, \mathbf{E}_n)^k\, \boldsymbol{S}$ für alle $k \in \mathbb{N}$. Dies beantwortet die erste Frage. Nun zur zweiten Frage: Diese Frage streng und korrekt zu beantworten ist außerordentlich schwierig, wir belassen es bei einer saloppen Formulierung: Bei jedem Durchlauf dieser Kette von hinten nach vorne, entsteht ein Jordankästchen. Das *Durchlaufen* bedeutet dabei die sukzessive Multiplikation mit der Matrix $\boldsymbol{N}$, beginnend mit einem gewählten Basisvektor.

Analytische Geometrie – Rechnen statt Zeichnen

19

Woher weiß der Bordcomputer eines Pkws, wo sich das Fahrzeug gerade befindet?

Wie lassen sich Sonnenfinsternisse vorausberechnen?

Wie lässt sich erreichen, dass ein Roboter mit einem Werkzeug eine gewünschte Bewegung vollführt?

Teil III

T. Arens et al., *Mathematik*, https://doi.org/10.1007/978-3-662-64389-1_19

Historisch gesehen hat sich die Geometrie aus einer Idealisierung unserer physikalischen Welt entwickelt. Zunächst war allein die Zeichnung die Grundlage geometrischer Fragestellungen. Es bedeutete zweifellos einen besonderen Durchbruch, als man begann, geometrische Elemente durch Zahlen zu beschreiben und damit die zeichnerische Lösung eines Problems durch eine rechnerische zu ersetzen. Dieser für die moderne Wissenschaft so bedeutende Schritt ist vor allem René Descartes (1596–1650) und Pierre de Fermat (1607/08–1665) zu verdanken und führte zur Entwicklung der Analytischen Geometrie. Ohne diese gäbe es keine Computergrafik, keine Robotik und keine Raumfahrt, um nur einige wenige unserer heute so selbstverständlichen Errungenschaften zu nennen.

In diesem Kapitel konzentrieren wir uns auf die analytische Geometrie des dreidimensionalen Raums, genauer, des $\mathbb{R}^3$. Dies deshalb, weil der $\mathbb{R}^3$ unseren physikalischen Raum idealisiert und wir uns die notwendigen Begriffe geometrisch veranschaulichen können. Mit der Kenntnis des Dreidimensionalen fällt es uns auch leichter, so manche n-dimensionale Fragestellung oder allgemeine mathematische Prinzipien zu verstehen und zu analysieren.

Teil III

Im $\mathbb{R}^3$ gibt es neben der bisher behandelten Vektorraumstruktur noch andere Verknüpfungen, die eine geometrische Bedeutung haben. Wir werden uns nach einer klaren Analyse der Begriffe *Punkt* und *Vektor* vor allem auf diese zusätzlichen Produkte konzentrieren und deren geometrische Bedeutung hervorkehren. Wir sammeln hier alle zugehörigen Formeln, wenngleich einige davon schon in den Kap. 15–17 vorgestellt worden sind. Mit diesem Werkzeug lassen sich dann auch die vorstellungsmäßig oft recht anspruchsvollen Umrechnungen zwischen räumlichen Koordinatensystemen übersichtlich gestalten.

Bei unserer Betrachtung des $\mathbb{R}^3$ greifen wir gelegentlich auf die Elementargeometrie zurück, wie sie aus der Schule her bekannt ist. So setzen wir etwa den pythagoreischen Lehrsatz oder den Kosinussatz als bekannt voraus. Dabei verstehen wir die hier auftretenden trigonometrischen Funktionen stets im Sinn ihrer geometrischen Definition aus Kap. 4. Das Ziel des vorliegenden Kapitels ist es jedenfalls, die Eleganz und den Nutzen der Vektor- und Matrizenrechnung anhand vielfältiger Anwendungen im $\mathbb{R}^3$ zu demonstrieren. Über das formale Rechnen hinaus wollen wir aber die geometrische Bedeutung der einzelnen Operationen stets im Auge behalten, um das Verständnis zu vertiefen.

19.1 Punkte und Vektoren im Anschauungsraum

Wir haben uns schon mehrfach mit dem *Anschauungsraum* befasst. Damit meinen wir den $\mathbb{R}^3$ als die geometrische Idealisierung des uns umgebenden physikalischen Raums. Nach Einführung eines Koordinatensystems im Anschauungsraum sind die Punkte $\boldsymbol{p}$ mit den Koordinatentripeln $\begin{pmatrix} p_1 \\ p_2 \\ p_3 \end{pmatrix}$ zu identifizieren und als Vektoren des Vektorraums $\mathbb{R}^3$ aufzufassen. Somit stehen – wie im Kap. 15 vorgeführt – als Verknüpfungen die Addition $\boldsymbol{p} + \boldsymbol{q}$ von Punkten und deren skalare Multiplikation $\lambda \boldsymbol{p}$ zu Verfügung.

Im Folgenden wird gezeigt, dass Vektoren im Anschauungsraum noch eine andere Bedeutung haben.

Vektoren im Anschauungsraum können sowohl Punkte als auch Pfeile bedeuten

Die geometrische Interpretation der Vektoraddition in den Abb. 15.4 und 15.6 des Kap. 15 hat uns gezeigt: Alle Punktepaare $(\boldsymbol{a}, \boldsymbol{b})$ mit demselben Differenzenvektor, also mit

$$\boldsymbol{b} - \boldsymbol{a} = \boldsymbol{v} = \text{konst.},$$

sind Elementepaare ein und derselben *Translation*. Es liegt nahe, diese Translation grafisch durch Pfeile darzustellen, deren Endpunkt $\boldsymbol{b}$ das Bild des jeweiligen Anfangspunktes $\boldsymbol{a}$ ist (siehe Abb. 19.1).

Dies führt uns im Anschauungsraum zu einer neuen Interpretation von Vektoren: Wir verstehen unter *einem* Vektor $\boldsymbol{v} \in \mathbb{R}^3$ *alle* möglichen Pfeile, deren jeweiliger Anfangspunkt $\boldsymbol{a}$ und Endpunkt $\boldsymbol{b}$ der Bedingung $\boldsymbol{v} = \boldsymbol{b} - \boldsymbol{a}$ genügen. Alle diese Pfeile sind gleich lang und gleich gerichtet. Kennt man einen, so kennt man alle.

Ein Vektor des Anschauungsraums wird also durch einen Pfeil repräsentiert, doch ist dieser nicht eindeutig. Vielmehr kann der Pfeil im Raum noch beliebig parallel verschoben werden, ohne dabei den Vektor zu verändern (siehe Abb. 19.2).

Kommentar Dies lässt sich mathematisch exakt wie folgt formulieren: Wir nennen zwei Paare $(\boldsymbol{p}, \boldsymbol{q}), (\boldsymbol{a}, \boldsymbol{b}) \in (\mathbb{R}^3 \times \mathbb{R}^3)$ *äquivalent*, wenn $\boldsymbol{q} - \boldsymbol{p} = \boldsymbol{b} - \boldsymbol{a}$ gilt. Dies führt zu einer Äquivalenzrelation auf $\mathbb{R}^3 \times \mathbb{R}^3$. Die Äquivalenzklassen heißen *Vektoren des Anschauungsraums*, und jeder derartige Vektor ist durch den Differenzenvektor $\boldsymbol{v} = \boldsymbol{b} - \boldsymbol{a} \in \mathbb{R}^3$ eindeutig bestimmt.

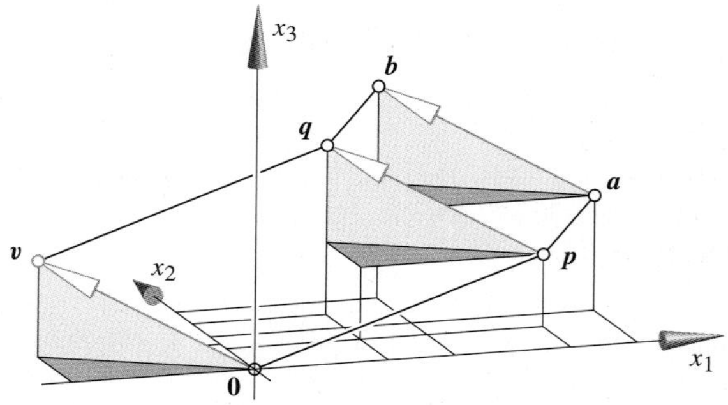

Abb. 19.1 Der Vektor $\boldsymbol{v}$ ist sowohl gleich $\boldsymbol{b} - \boldsymbol{a}$ als auch gleich $\boldsymbol{q} - \boldsymbol{p}$

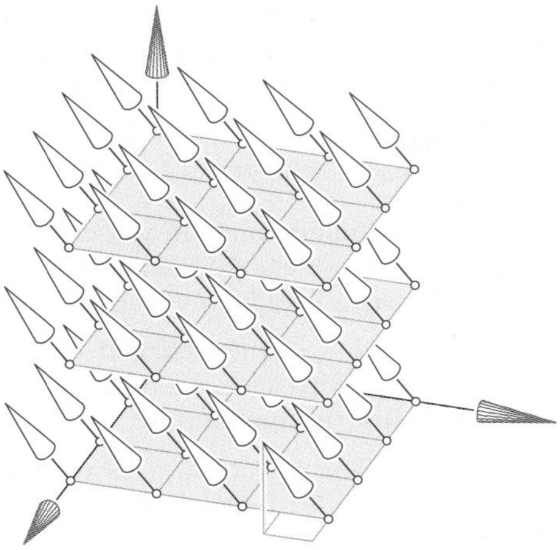

Abb. 19.2 Eine Äquivalenzklasse gleich langer und gleich orientierter Pfeile ist ein Vektor

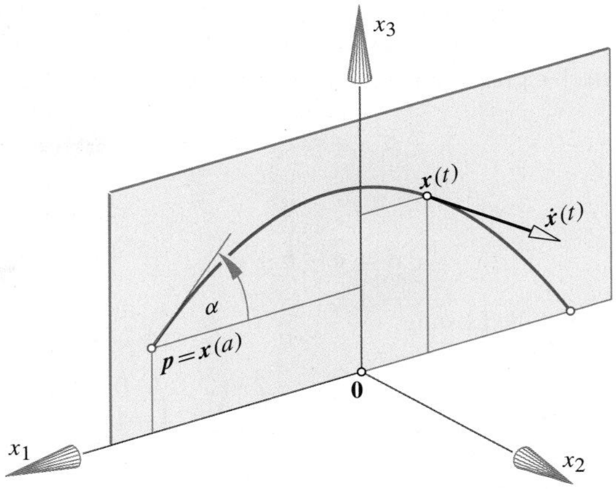

Abb. 19.3 Punkt $\boldsymbol{x}(t)$ mit Geschwindigkeitsvektor $\dot{\boldsymbol{x}}(t)$ dargestellt anhand einer Parametrisierung einer Wurfparabel

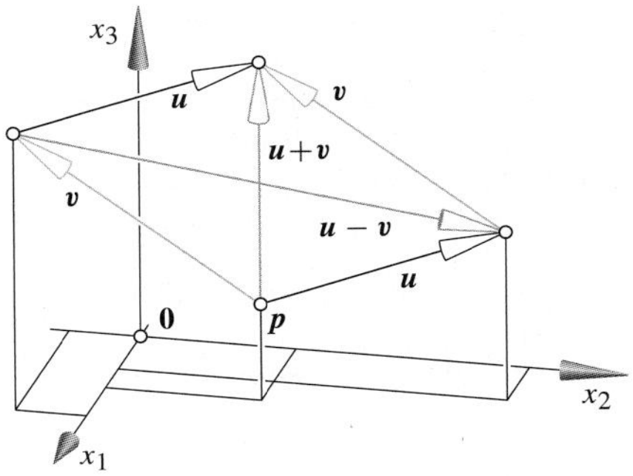

Abb. 19.4 Summe $\boldsymbol{u}+\boldsymbol{v}$ und Differenz $\boldsymbol{u}-\boldsymbol{v}$ von Richtungsvektoren

Der Anschauungsraum ist ein *affiner Raum* und wird zunächst als Menge von *Punkten* verstanden. Jede Äquivalenzklasse von Punktepaaren mit derselben Differenz ist ein Vektor, und diese bilden den zum affinen Raum *gehörigen Vektorraum.*

Umgekehrt kann man zu jedem Vektorraum V einen affinen Raum konstruieren. Dabei sind die Punkte des affinen Raums die nulldimensionalen affinen Teilräume von V gemäß der Definition in Kap. 15. ◄

Nun sind im Anschauungsraum in Übereinstimmung mit Kap. 15 sowohl die *Punkte*, als auch die durch Pfeile repräsentierten *Vektoren* jeweils durch drei Koordinaten festgelegt. Punkte wie Vektoren werden daher auch auf dieselbe Weise durch fett gedruckte Symbole bezeichnet. Dies kann manchmal verwirrend sein.

In der Regel ist aus dem Zusammenhang klar, was gemeint ist: Wenn wir z. B. eine Ebene in Parameterform darstellen als

$$E = \{\boldsymbol{x} = \boldsymbol{p} + \lambda\boldsymbol{u} + \mu\boldsymbol{v} \mid (\lambda, \mu) \in \mathbb{R}^2\},$$

so sind $\boldsymbol{p}$ und $\boldsymbol{x}$ Punkte, $\boldsymbol{u}$ und $\boldsymbol{v}$ Vektoren. Wenn wir eine Wurfparabel nach der Zeit t parametrisieren und ansetzen als

$$\boldsymbol{x}(t) = \begin{pmatrix} p_1 - v\,t\cos\alpha \\ 0 \\ p_3 + v\,t\sin\alpha - \frac{g}{2}\,t^2 \end{pmatrix} \quad \text{für } t \in [a, b]$$

mit Konstanten $v, g, \alpha \in \mathbb{R}$ (siehe Abb. 19.3), so ist $\boldsymbol{x}(t)$ für jedes zulässige t ein Punkt, hingegen $\dot{\boldsymbol{x}}(t) = \frac{d\boldsymbol{x}}{dt}(t)$ ein Vektor, der Geschwindigkeitsvektor.

Zur besseren sprachlichen Unterscheidung werden wir die durch Pfeile repräsentierten Vektoren auch *Richtungsvektoren* nennen. Und den „Punkt $\boldsymbol{p}$" nennen wir gelegentlich auch den „Punkt mit dem *Ortsvektor* $\boldsymbol{p}$". Dabei verstehen wir unter dem Ortsvektor des Punktes $\boldsymbol{p}$ die Differenz $\boldsymbol{p} - \boldsymbol{0}$, die repräsentiert wird durch den vom Koordinatenursprung $\boldsymbol{0}$ zum Punkt $\boldsymbol{p}$ weisenden Pfeil. Zudem werden wir die Symbole $\boldsymbol{a}, \boldsymbol{b}, \boldsymbol{p}, \boldsymbol{q}, \boldsymbol{x}$ zumeist für Punkte reservieren und $\boldsymbol{u}$, $\boldsymbol{v}$, $\boldsymbol{w}$ und $\boldsymbol{n}$ für Richtungsvektoren.

Wenn wir nun auch die Ortsvektoren $\boldsymbol{p}, \boldsymbol{q}$ zweier Punkte durch Pfeile darstellen, so können wir zur Bestimmung der Summe $\boldsymbol{p} + \boldsymbol{q}$ statt des Parallelogramms in den Abb. 15.4 und 15.9 in Kap. 15 einheitlich sagen: Zwei Vektoren werden addiert, indem die zugehörigen Pfeile aneinandergehängt werden. Zur Bestimmung der Differenz zweier Vektoren wählen wir zwei repräsentierende Pfeile mit demselben Anfangspunkt und legen dann den Differenzenvektor als Pfeil nach der Regel *„Endpunkt minus Anfangspunkt"* fest (siehe Abb. 19.4).

Beispiel Gegeben sind die drei Punkte

$$\boldsymbol{a} = \begin{pmatrix} 1 \\ -2 \\ 1 \end{pmatrix}, \quad \boldsymbol{b} = \begin{pmatrix} 4 \\ 3 \\ 3 \end{pmatrix}, \quad \boldsymbol{c} = \begin{pmatrix} 3 \\ 4 \\ 2 \end{pmatrix}.$$

Gesucht ist derjenige Punkt $\boldsymbol{d}$, welcher die drei Punkte $\boldsymbol{a}, \boldsymbol{b}, \boldsymbol{c}$ zu einem Parallelogramm $\boldsymbol{abcd}$ ergänzt.

Damit diese vier Punkte in der angegebenen Reihenfolge ein Parallelogramm bilden, müssen die Pfeile von $\boldsymbol{a}$ nach $\boldsymbol{b}$ sowie von $\boldsymbol{d}$ nach $\boldsymbol{c}$ gleich lang und gleich gerichtet sein. Dies bedeutet

$$\boldsymbol{b} - \boldsymbol{a} = \boldsymbol{c} - \boldsymbol{d},$$

also

$$\boldsymbol{d} = \boldsymbol{a} - \boldsymbol{b} + \boldsymbol{c}.$$

Somit lautet die Lösung

$$\boldsymbol{d} = \begin{pmatrix} 1 \\ -2 \\ 1 \end{pmatrix} - \begin{pmatrix} 4 \\ 3 \\ 3 \end{pmatrix} + \begin{pmatrix} 3 \\ 4 \\ 2 \end{pmatrix} = \begin{pmatrix} 0 \\ -1 \\ 0 \end{pmatrix}.$$

Wir erkennen: Die vier Punkte $\boldsymbol{abcd}$ bilden genau dann in dieser Reihenfolge ein Parallelogramm, wenn gilt

$$\boldsymbol{a} - \boldsymbol{b} + \boldsymbol{c} - \boldsymbol{d} = \boldsymbol{0}.$$ ◀

Selbstfrage 1

Bestimmen Sie den Punkt $\boldsymbol{f}$, welcher die obigen Punkte $\boldsymbol{a}, \boldsymbol{b}, \boldsymbol{c}$ zu einem Parallelogramm $\boldsymbol{abfc}$ ergänzt. Beachten Sie dabei, dass nun der gesuchte Punkt $\boldsymbol{f}$ nach $\boldsymbol{b}$ und vor $\boldsymbol{c}$ kommt.

Überprüfen Sie, dass $\boldsymbol{c}$ in der Mitte zwischen $\boldsymbol{f}$ und dem vorhin berechneten Punkt $\boldsymbol{d}$ liegt.

Affin- und Konvexkombinationen im $\mathbb{R}^3$ als spezielle Linearkombinationen

Wir betrachten die Gerade $G = \boldsymbol{a} + \mathbb{R}\boldsymbol{u}$, also ausführlich

$$G = \{\boldsymbol{a} + t\,\boldsymbol{u} \mid t \in \mathbb{R}\}.$$

Wie in Kap. 15 vereinbart, ist $\mathbb{R}\boldsymbol{u}$ die *Richtung* dieses affinen Teilraums und $\boldsymbol{u}$ ein *Richtungsvektor* von G.

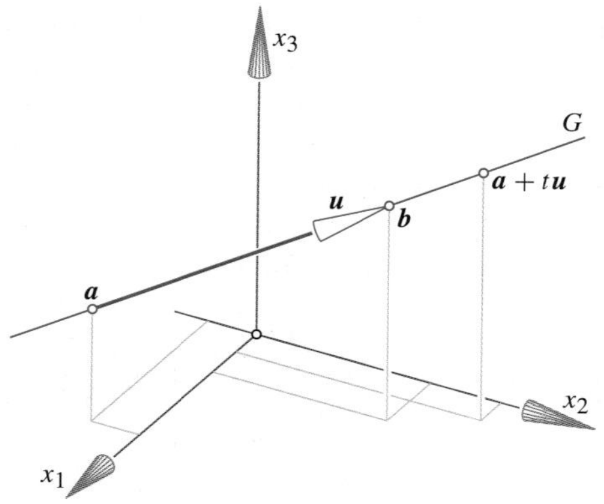

Abb. 19.5 Parameterdarstellung einer Geraden

Ist $\boldsymbol{b}$ ein weiterer Punkt von G neben $\boldsymbol{a}$, so können wir sagen, G wird von den Punkten $\boldsymbol{a}$ und $\boldsymbol{b}$ aufgespannt. Wählen wir nun $\boldsymbol{u} = \boldsymbol{b} - \boldsymbol{a}$ als Richtungsvektor von G, so können wir die Punkte $\boldsymbol{x}$ von G auch schreiben als

$$\boldsymbol{x} = \boldsymbol{a} + \lambda(\boldsymbol{b} - \boldsymbol{a}) = (1 - \lambda)\boldsymbol{a} + \lambda\boldsymbol{b} \quad \text{mit} \quad \lambda \in \mathbb{R}.$$

$\boldsymbol{x}$ ist eine sogenannte **Affinkombination** von $\boldsymbol{a}$ und $\boldsymbol{b}$, also eine Linearkombination, für welche die Summe der verwendeten Skalare $(1 - \lambda) + \lambda$ genau 1 ergibt.

Wird zudem λ auf $0 \le \lambda \le 1$ eingeschränkt, so durchläuft $\boldsymbol{x}$ genau die abgeschlossene Strecke von $\boldsymbol{a}$ bis $\boldsymbol{b}$, und dann heißt die Affinkombination **Konvexkombination**.

Analog können wir bei Ebenen vorgehen: Es seien $\boldsymbol{a}$, $\boldsymbol{b}$ und $\boldsymbol{c}$ drei Punkte, die nicht auf einer Geraden liegen und daher eine Ebene E aufspannen. Punkte $\boldsymbol{x}$ von E können dargestellt werden als

$$\boldsymbol{x} = \boldsymbol{a} + \mu(\boldsymbol{b} - \boldsymbol{a}) + \nu(\boldsymbol{c} - \boldsymbol{a}) = (1 - \mu - \nu)\boldsymbol{a} + \mu\,\boldsymbol{b} + \nu\,\boldsymbol{c}$$

mit $(\mu, \nu) \in \mathbb{R}^2$. Wieder liegt eine Linearkombination mit der Koeffizientensumme 1 vor. $\boldsymbol{x}$ ist genau dann eine *Affinkombination* von $\boldsymbol{a}$, $\boldsymbol{b}$ und $\boldsymbol{c}$, wenn der Punkt $\boldsymbol{x}$ in der von den Punkten $\boldsymbol{a}$, $\boldsymbol{b}$ und $\boldsymbol{c}$ aufgespannten Ebene liegt. Die drei Skalare (λ, μ, ν) mit der Bedingung $\lambda + \mu + \nu = 1$ werden manchmal als überzählige Punktkoordinaten in der Ebene E verwendet; sie heißen *baryzentrische Koordinaten* (siehe Abb. 19.6).

In Hinblick auf die vorhin betonte Unterscheidung zwischen Punkten und Vektoren im Anschauungsraum müssen wir festhalten, dass Affinkombinationen auf Punkte anzuwenden sind und wiederum Punkte liefern.

Welche Punktmenge ist nun durch die Menge aller *Konvexkombinationen* von $\boldsymbol{a}$, $\boldsymbol{b}$ und $\boldsymbol{c}$ beschrieben, wenn diese Punkte nach wie vor nicht auf einer Geraden liegen? Wir untersuchen also

$$\Delta = \{\boldsymbol{y} = \lambda\,\boldsymbol{a} + \mu\,\boldsymbol{b} + \nu\,\boldsymbol{c} \mid \lambda, \mu, \nu \ge 0 \text{ und } \lambda + \mu + \nu = 1\}.$$

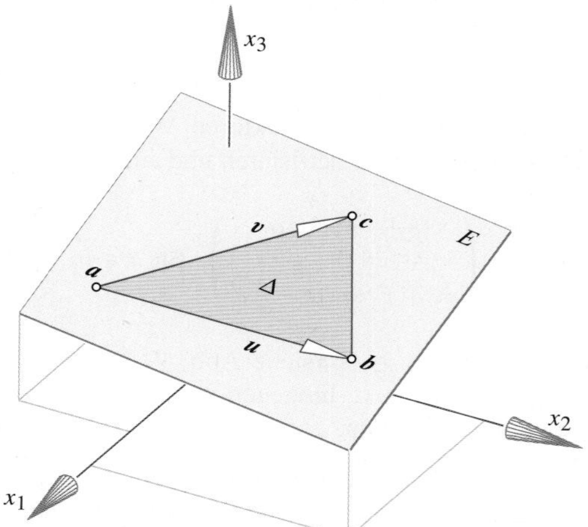

Abb. 19.6 Die abgeschlossene Dreiecksscheibe Δ ist gleich der Menge aller Konvexkombinationen der Punkte $\boldsymbol{a}$, $\boldsymbol{b}$ und $\boldsymbol{c}$

Δ liegt in E. Bei $\nu = 0$ ist $\lambda + \mu = 1$ und daher $\boldsymbol{y}$ ein Punkt der abgeschlossenen Strecke $\boldsymbol{ab}$. Bei $\nu > 0$ liegt $\boldsymbol{y} = \boldsymbol{a} + \mu(\boldsymbol{b} - \boldsymbol{a}) + \nu(\boldsymbol{c} - \boldsymbol{a})$ innerhalb E auf derjenigen Seite der Geraden $\boldsymbol{ab}$, welcher auch $\boldsymbol{c}$ angehört. Analog folgt aus $\mu \geq 0$, dass $\boldsymbol{y}$ in E entweder der abgeschlossenen Strecke $\boldsymbol{ac}$ angehört oder auf derselben Seite der Geraden $\boldsymbol{ac}$ liegt wie $\boldsymbol{b}$. Schließlich können wir auch schreiben

$$\boldsymbol{y} = \boldsymbol{b} + \nu(\boldsymbol{c} - \boldsymbol{b}) + \lambda(\boldsymbol{a} - \boldsymbol{b}),$$

und bei $\lambda > 0$ liegen $\boldsymbol{a}$ und $\boldsymbol{y}$ auf derselben Seite von $\boldsymbol{bc}$. Δ ist somit gleich der Menge aller Punkte der *abgeschlossenen Dreiecksscheibe*, also der Punkte, die bei $\lambda, \mu, \nu > 0$ im Dreiecksinneren und sonst auf dem Rand liegen (Abb. 19.6).

Beispiel Nach dem Beispiel auf S. 699 bilden die vier Punkte

$$\boldsymbol{a} = \begin{pmatrix} 1 \\ -2 \\ 1 \end{pmatrix}, \; \boldsymbol{b} = \begin{pmatrix} 4 \\ 3 \\ 3 \end{pmatrix}, \; \boldsymbol{c} = \begin{pmatrix} 3 \\ 4 \\ 2 \end{pmatrix}, \; \boldsymbol{d} = \begin{pmatrix} 0 \\ -1 \\ 0 \end{pmatrix}$$

ein Parallelogramm. Berechnen Sie dessen Mittelpunkt $\boldsymbol{m}$.

Der Mittelpunkt $\boldsymbol{m}$ der Diagonale $\boldsymbol{ac}$ hat die Eigenschaft $\boldsymbol{m} - \boldsymbol{a} = \boldsymbol{c} - \boldsymbol{m}$, also $2\boldsymbol{m} = \boldsymbol{a} + \boldsymbol{c}$. Wir erhalten daraus die spezielle Konvexkombinationen

$$\boldsymbol{m} = \frac{1}{2}(\boldsymbol{a} + \boldsymbol{c}) = \frac{1}{2}(\boldsymbol{b} + \boldsymbol{d}),$$

nachdem $\boldsymbol{a} + \boldsymbol{c} = \boldsymbol{b} + \boldsymbol{d}$ kennzeichnend ist für das Parallelogramm $\boldsymbol{abcd}$. Durch Einsetzen der obigen Koordinaten folgt

$$\boldsymbol{m} = \frac{1}{2}\begin{pmatrix} 4 \\ 2 \\ 3 \end{pmatrix} = \begin{pmatrix} 2 \\ 1 \\ \frac{3}{2} \end{pmatrix}.$$ ◀

Selbstfrage 2

Welche der folgenden Aussagen ist richtig?

- Liegt der Punkt $\boldsymbol{x}$ auf der Verbindungsgeraden von $\boldsymbol{a}$ und $\boldsymbol{b}$, so ist $\boldsymbol{x}$ eine Linearkombination von $\boldsymbol{a}$ und $\boldsymbol{b}$.
- Jede Linearkombination von $\boldsymbol{a}$ und $\boldsymbol{b}$ stellt einen Punkt der Verbindungsgeraden $\boldsymbol{ab}$ dar.

Selbstfrage 3

Gegeben sind drei Punkte $\boldsymbol{a}, \boldsymbol{b}, \boldsymbol{c}$. Deren arithmetisches Mittel $\boldsymbol{s} = \frac{1}{3}(\boldsymbol{a} + \boldsymbol{b} + \boldsymbol{c})$ ist der Schwerpunkt des Punktetripels.

- Angenommen, die drei Punkte $\boldsymbol{a}, \boldsymbol{b}, \boldsymbol{c}$ bilden ein Dreieck. Warum liegt $\boldsymbol{s}$ stets im Inneren dieses Dreiecks?
- Zeigen Sie, dass $\boldsymbol{s}$ auf der Verbindungsgeraden von $\boldsymbol{c}$ mit dem Mittelpunkt von $\boldsymbol{a}$ und $\boldsymbol{b}$ liegt.

Im Anschauungsraum ist zwischen Rechts- und Linkssystemen zu unterscheiden

Auf dem Weg, unsere physikalische Welt mathematisch zu beschreiben, setzen wir voraus, dass wir *Distanzen* und *Winkel* messen können. Was wir schon bisher stillschweigend angenommen haben, soll nun besonders betont werden: Wir verwenden im Folgenden ausschließlich ein Koordinatensystem $(\boldsymbol{o}; B)$ (siehe Kap. 17), dessen Basisvektoren $\{\boldsymbol{b}_1, \boldsymbol{b}_2, \boldsymbol{b}_3\}$ *orthonormiert*, d. h. paarweise orthogonal und von der Länge 1 sind. Derartige Koordinatensysteme heißen nach René Descartes **kartesisch** (Abb. 19.7).

Zudem fordern wir, dass die Basisvektoren in der Reihenfolge $(\boldsymbol{b}_1, \boldsymbol{b}_2, \boldsymbol{b}_3)$ ein *Rechtssystem* bilden, d. h. sich ihre Richtungen der Reihe nach durch den Daumen, Zeigefinger und Mittelfinger der rechten Hand angeben lassen. Man spricht dann auch von einem *kartesischen Rechtssystem.* Häufig werden wir uns den dritten Basisvektor und damit die dritte Koordinatenachse lotrecht, und zwar nach oben weisend vorstellen. Dann liegen $\boldsymbol{b}_1$ und $\boldsymbol{b}_2$ horizontal. Von oben gesehen erfolgt die Drehung von $\boldsymbol{b}_1$ nach $\boldsymbol{b}_2$ durch 90° im mathematisch positiven Sinn (siehe Abb. 19.7). Spiegelbildlich zu einem Rechtssystem ist ein *Linkssystem*. Hier folgen die drei Basisvektoren aufeinander wie Daumen, Zeigefinger und Mittelfinger der linken Hand (siehe Abb. 19.8).

Wir werden die Bezeichnung *Rechtssystem* später auch ausdehnen auf drei Vektoren, die nicht paarweise orthogonal sind, die

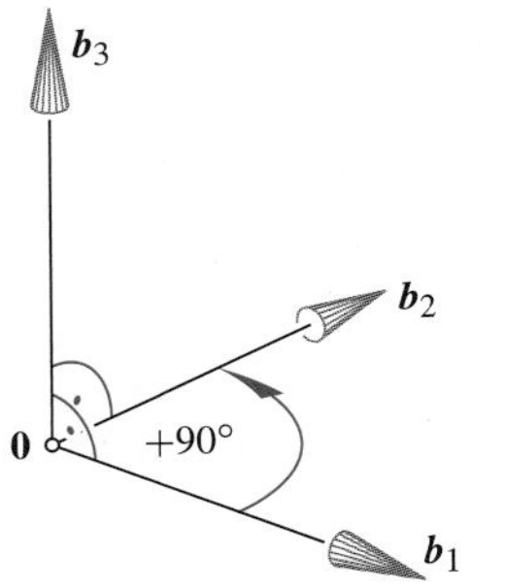

Abb. 19.7 Ein orthonormiertes Rechtskoordinatensystem

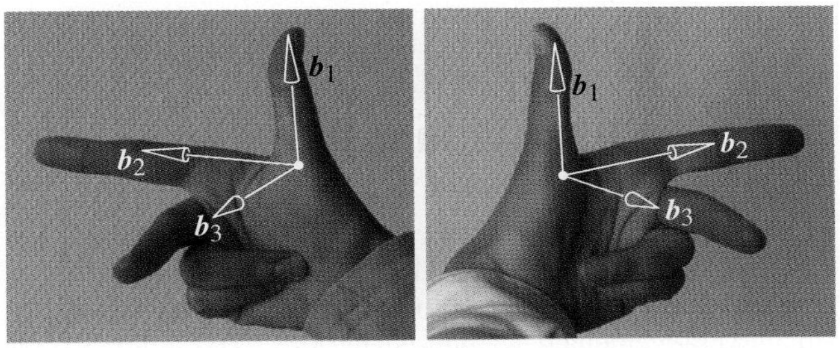

Abb. 19.8 Merkregel für die Anordnung der Basisvektoren: $\boldsymbol{b}_1$ = Daumen, $\boldsymbol{b}_2$ = Zeigefinger, $\boldsymbol{b}_3$ = Mittelfinger – wie wenn man mit den Fingern „1,2,3" zählt. Die rechte Hand bestimmt ein Rechtssystem, die linke ein Linkssystem

aber trotzdem der Rechten-Hand-Regel folgen. Dabei dürfen wir voraussetzen, dass die von zwei Fingern eingeschlossenen Winkel zwischen 0° und 180° liegen.

Selbstfrage 4

Angenommen, wir stellen ein Rechtssystem „auf den Kopf", d. h., wir verdrehen es derart, dass der dritte Basisvektor nach unten weist. Wird das Rechtssystem dadurch zu einem Linkssystem?

Punkte, Vektoren und ihre Koordinaten

Obwohl wir die Punkte und Vektoren vorhin über ihre Koordinaten eingeführt haben, werden wir in Zukunft den schon früher in den Kap. 16 und 17 betonten Standpunkt einnehmen: Die Punkte und Vektoren sind geometrische Objekte unseres Raums, und diese existieren unabhängig von der Art, wie sie beschrieben werden. Oder vereinfacht ausgedrückt: Zuerst gibt es in unserem Raum die Punkte und Vektoren; die Koordinatensysteme bzw. Basen kommen erst später dazu. So kommt es, dass ein und derselbe Punkt oder Vektor je nach Wahl des Koordinatensystems verschiedene Koordinaten hat.

Dort, wo es zu Verständnisschwierigkeiten kommen kann, greifen wir auf die Bezeichnung aus Kap. 17 zurück: Wenn wir ausdrücklich das Koordinatentripel des Vektors $\boldsymbol{u}$ bezüglich der Basis $B = (\boldsymbol{b}_1, \boldsymbol{b}_2, \boldsymbol{b}_3)$ meinen, dann schreiben wir ${}_B\boldsymbol{u}$, und dies bedeutet

$${}_B\boldsymbol{u} = \begin{pmatrix} u_1 \\ u_2 \\ u_3 \end{pmatrix} \iff \boldsymbol{u} = u_1\boldsymbol{b}_1 + u_2\boldsymbol{b}_2 + u_3\boldsymbol{b}_3 \,. \tag{19.1}$$

Wenn wir von einem Koordinatensystem $(\boldsymbol{o}; B)$ für Punkte sprechen, so spielt auch die Wahl des Ursprungs $\boldsymbol{o}$ eine Rolle. Wir schreiben daher ${}_{(\boldsymbol{o};B)}\boldsymbol{x}$, wenn wir ausdrücklich die Koordinaten des Punktes $\boldsymbol{x}$ bezüglich des genannten Koordinatensystems meinen, und diese sind wie folgt definiert:

$${}_{(\boldsymbol{o};B)}\boldsymbol{x} = \begin{pmatrix} x_1 \\ x_2 \\ x_3 \end{pmatrix} \iff \boldsymbol{x} = \boldsymbol{o} + x_1\boldsymbol{b}_1 + x_2\boldsymbol{b}_2 + x_3\boldsymbol{b}_3 \tag{19.2}$$

19.2 Das Skalarprodukt im Anschauungsraum

Neben der Addition und skalaren Multiplikation gibt es im Anschauungsraum noch weitere nützliche Verknüpfungen. Das im Folgenden behandelte Skalarprodukt kann auf beliebige Dimensionen verallgemeinert werden (siehe Kap. 20), und es ist uns bereits früher als Standardskalarprodukt im Kap. 16 begegnet im Zusammenhang mit der Orthogonalität von Matrizen. Hier wird vor allem seine geometrische Bedeutung eine Rolle spielen.

Definition des Skalarproduktes und der Norm im Anschauungsraum

Für je zwei Vektoren $\boldsymbol{u}, \boldsymbol{v} \in \mathbb{R}^3$ mit kartesischen Koordinaten $\begin{pmatrix} u_1 \\ u_2 \\ u_3 \end{pmatrix}$ bzw. $\begin{pmatrix} v_1 \\ v_2 \\ v_3 \end{pmatrix}$ lautet das **Skalarprodukt**

$$\boldsymbol{u} \cdot \boldsymbol{v} = u_1v_1 + u_2v_2 + u_3v_3 \,.$$

Dieses Produkt legt eine Abbildung

$$\mathbb{R}^3 \times \mathbb{R}^3 \to \mathbb{R} \quad \text{mit} \quad (\boldsymbol{u}, \boldsymbol{v}) \mapsto \boldsymbol{u} \cdot \boldsymbol{v}$$

fest, welche je zwei Vektoren aus $\mathbb{R}^3$ eine reelle Zahl in Form des Skalarproduktes zuweist.

Das Skalarprodukt lässt sich auch als Matrizenprodukt auffassen. Dabei muss der erste Vektor als Zeile, also als 1×3-Matrix, der zweite als Spalte und damit als 3×1-Matrix geschrieben werden, d. h.

$$\underbrace{\boldsymbol{u} \cdot \boldsymbol{v}}_{\substack{\text{Skalarprodukt} \\ \text{von Vektoren}}} = (u_1\; u_2\; u_3) \begin{pmatrix} v_1 \\ v_2 \\ v_3 \end{pmatrix} = \underbrace{\boldsymbol{u}^{\mathrm{T}} \boldsymbol{v}}_{\text{Matrizenprodukt}} \,. \tag{19.3}$$

Aus Gründen der Einfachheit verwenden wir das Symbol $\boldsymbol{u}$ links für einen Vektor, rechts für eine 3×1-Matrix, die dann noch transponiert wird. Diese Doppelverwendung sollte aber kaum zu Schwierigkeiten führen, vor allem nicht, wenn so wie hier der Vektor sowieso ein Zahlentripel bedeutet. Der Punkt kennzeichnet das Skalarprodukt.

Auf dem Skalarprodukt eines Vektors mit sich selbst beruht die Definition der **Norm** oder **Länge** im $\mathbb{R}^3$

$$\|\boldsymbol{u}\| = \sqrt{u_1^2 + u_2^2 + u_3^2} = \sqrt{\boldsymbol{u} \cdot \boldsymbol{u}} \,,$$

die oft auch *Standardnorm* genannt wird. Die Abbildung

$$\mathbb{R}^3 \to \mathbb{R}_{\geq 0} \quad \text{mit}\ \boldsymbol{u} \mapsto \|\boldsymbol{u}\|$$

ordnet jedem Richtungsvektor die gemeinsame Länge der repräsentierenden Pfeile zu, denn bei $\boldsymbol{u} = \boldsymbol{a} - \boldsymbol{b}$ ist

$$\|\boldsymbol{u}\| = \|\boldsymbol{a} - \boldsymbol{b}\| = \sqrt{(a_1 - b_1)^2 + (a_2 - b_2)^2 + (a_3 - b_3)^2}$$

genau die **Distanz** der Punkte $\boldsymbol{a}$ und $\boldsymbol{b}$, wie anhand des Satzes von Pythagoras (siehe Abb. 19.9) sofort zu erkennen ist. Anstelle von $\boldsymbol{u} \cdot \boldsymbol{u}$ schreibt man übrigens auch oft $\boldsymbol{u}^2$.

Beispiel Als kleines Zahlenbeispiel zwischendurch berechnen wir für die Vektoren

$$\boldsymbol{u} = \begin{pmatrix} 2 \\ -1 \\ 2 \end{pmatrix} \quad \text{und} \quad \boldsymbol{v} = \begin{pmatrix} -1 \\ 5 \\ 3 \end{pmatrix}$$

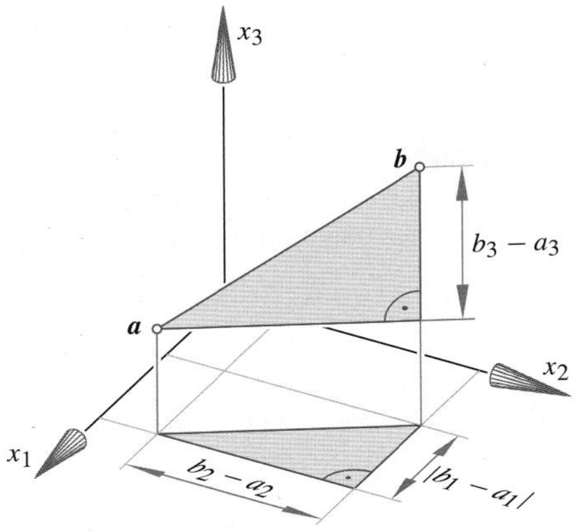

Abb. 19.9 Nach dem Satz des Pythagoras ist die Distanz der Punkte $\boldsymbol{a}$ und $\boldsymbol{b}$ $\|\boldsymbol{a}-\boldsymbol{b}\| = \sqrt{(a_1-b_1)^2+(a_2-b_2)^2+(a_3-b_3)^2}$

deren Skalarprodukt

$$\boldsymbol{u}\cdot\boldsymbol{v} = 2\cdot(-1)+(-1)\cdot 5+2\cdot 3 = -2-5+6 = -1$$

sowie die Norm von $\boldsymbol{u}$

$$\|\boldsymbol{u}\| = \sqrt{2^2+(-1)^2+2^2} = \sqrt{4+1+4} = \sqrt{9} = 3. \quad ◀$$

Nachdem das Quadrat der Norm eines Vektors gleich der Quadratsumme seiner Koordinaten ist, gilt

$$\|\boldsymbol{u}\| = 0 \iff \boldsymbol{u} = \boldsymbol{0}\,. \qquad (19.4)$$

Eine weitere wichtige Formel zur Norm lautet

$$\|\lambda\boldsymbol{u}\| = |\lambda|\,\|\boldsymbol{u}\|. \qquad (19.5)$$

Beweis Es ist

$$\|\lambda\boldsymbol{u}\|^2 = (\lambda\boldsymbol{u})\cdot(\lambda\boldsymbol{u}) = \lambda^2(\boldsymbol{u}\cdot\boldsymbol{u}). \quad ■$$

Normieren von Vektoren

Jeder Vektor $\boldsymbol{u} \neq \boldsymbol{0}$ lässt sich durch skalare Multiplikation gemäß

$$\widehat{\boldsymbol{u}} = \frac{1}{\|\boldsymbol{u}\|}\,\boldsymbol{u}$$

in einen Vektor mit der Norm 1, also in einen **Einheitsvektor** $\widehat{\boldsymbol{u}}$ transformieren. Wir sagen dazu, wir **normieren** den Vektor $\boldsymbol{u}$.

Beweis Mit (19.5) ist

$$\|\widehat{\boldsymbol{u}}\| = \left|\frac{1}{\|\boldsymbol{u}\|}\right|\,\|\boldsymbol{u}\| = \frac{1}{\|\boldsymbol{u}\|}\,\|\boldsymbol{u}\| = 1\,. \quad ■$$

Kommentar Es gibt viele verschiedene Normen in der Mathematik (siehe auch Kap. 20). Die hier definierte heißt *Standardnorm* oder *2-Norm*. Für alle Normen gelten die zu (19.4) und (19.5) analogen Gleichungen und dazu noch die später folgende Dreiecksungleichung. ◀

Das Skalarprodukt ist offensichtlich *symmetrisch*, d. h.

$$\boldsymbol{u}\cdot\boldsymbol{v} = \boldsymbol{v}\cdot\boldsymbol{u}.$$

Zudem ist das Skalarprodukt linear in jedem Anteil und damit *bilinear*, d. h.

$$(\boldsymbol{u}_1+\boldsymbol{u}_2)\cdot\boldsymbol{v} = (\boldsymbol{u}_1\cdot\boldsymbol{v})+(\boldsymbol{u}_2\cdot\boldsymbol{v})$$
$$(\lambda\boldsymbol{u})\cdot\boldsymbol{v} = \lambda(\boldsymbol{u}\cdot\boldsymbol{v})$$

und analog für $\boldsymbol{v}$. Später werden wir Skalarprodukte auch in anderen Vektorräumen definieren und dabei zunächst nur die Bilinearität und Symmetrie fordern. Das hier definierte wird oft auch *kanonisches Skalarprodukt* genannt.

Beispiel Es gilt die Formel

$$\|\boldsymbol{u}-\boldsymbol{v}\|^2 = \|\boldsymbol{u}\|^2+\|\boldsymbol{v}\|^2-2\,(\boldsymbol{u}\cdot\boldsymbol{v}).$$

Diese Formel wird manchmal *verallgemeinerter Satz des Pythagoras* genannt, weil damit in dem Dreieck der Punkte $\boldsymbol{p}, \boldsymbol{p}+\boldsymbol{u}$ und $\boldsymbol{p}+\boldsymbol{v}$ (siehe Abb. 19.10) die Länge der dem Punkt $\boldsymbol{p}$ gegenüberliegenden Seite berechnet werden kann. Wir können bereits erraten, warum bei $\boldsymbol{u}\cdot\boldsymbol{v} = 0$ genau der Satz des Pythagoras übrig bleibt. ◀

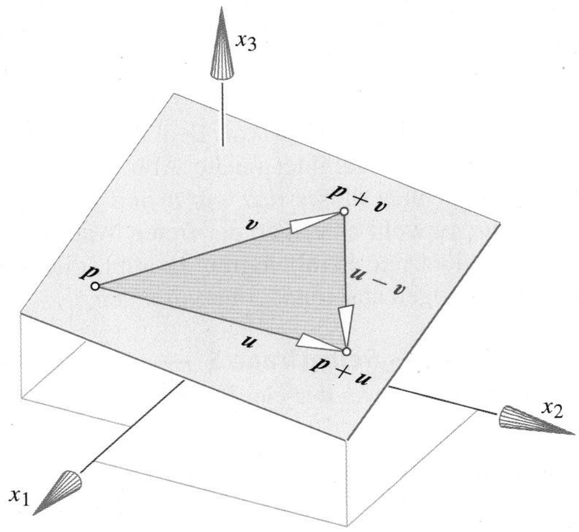

Abb. 19.10 Der verallgemeinerte Satz des Pythagoras gilt auch für nicht rechtwinkelige Dreiecke

Teil III

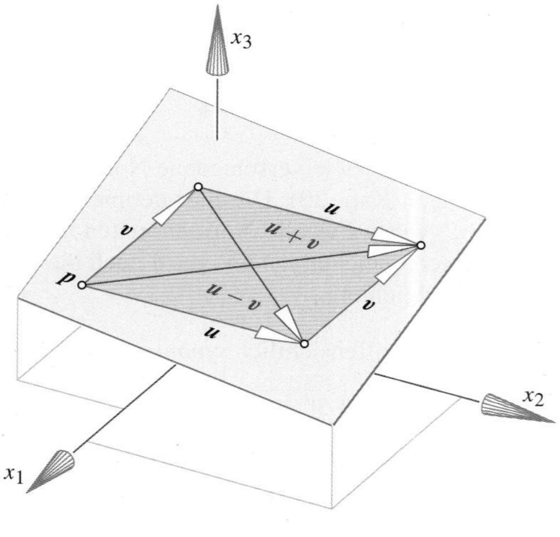

Abb. 19.11 Die Parallelogrammgleichung liefert eine Beziehung zwischen den Längen der Seiten und der Diagonalen eines Parallelogramms

Beweis Wir nutzen die Bilinearität und die Symmetrie des Skalarproduktes, um den Ausdruck auf der linken Seite wie folgt umzuformen:

$$\begin{aligned}(\boldsymbol{u}-\boldsymbol{v})\cdot(\boldsymbol{u}-\boldsymbol{v}) &= \boldsymbol{u}\cdot\boldsymbol{u}-\boldsymbol{u}\cdot\boldsymbol{v}-\boldsymbol{v}\cdot\boldsymbol{u}+\boldsymbol{v}\cdot\boldsymbol{v}\\ &= \boldsymbol{u}\cdot\boldsymbol{u}+\boldsymbol{v}\cdot\boldsymbol{v}-2(\boldsymbol{u}\cdot\boldsymbol{v})\end{aligned}$$ ■

Im folgenden Beispiel zeigen wir eine weitere Konsequenz der Bilinearität.

Beispiel Es gilt die *Parallelogrammgleichung*

$$\|\boldsymbol{u}+\boldsymbol{v}\|^2+\|\boldsymbol{u}-\boldsymbol{v}\|^2 = 2\,(\|\boldsymbol{u}\|^2+\|\boldsymbol{v}\|^2).$$

Der Beweis läuft ganz ähnlich zu jenem im obigen Beispiel, und wir können Ihnen diesen als kleine Übung überlassen.

Diese Gleichung besagt in Worten: In jedem Parallelogramm ist die Quadratsumme der beiden Diagonalenlängen gleich der Quadratsumme der vier Seitenlängen.

Dabei wird das Parallelogramm von den Punkten $\boldsymbol{p}$, $\boldsymbol{p}+\boldsymbol{u}$, $\boldsymbol{p}+\boldsymbol{u}+\boldsymbol{v}$ und $\boldsymbol{p}+\boldsymbol{v}$ gebildet (siehe Abb. 19.11 und auch Abb. 19.4). Wir nennen dieses *das von* $\boldsymbol{u}$ *und* $\boldsymbol{v}$ *aufgespannte Parallelogramm*, obwohl es wegen der freien Wahl der Ecke $\boldsymbol{p}$ unendlich viele derartige Parallelogramme gibt, die alle durch Parallelverschiebungen auseinander hervorgehen. ◀

Selbstfrage 5

Bestätigen Sie, dass je zwei der vier Punkte $\boldsymbol{a}_1,\dots,\boldsymbol{a}_4$ mit

$$\boldsymbol{a}_{1,2} = \begin{pmatrix}\pm 2\\ 0\\ \sqrt{2}\end{pmatrix},\quad \boldsymbol{a}_{3,4} = \begin{pmatrix}0\\ \pm 2\\ -\sqrt{2}\end{pmatrix}$$

dieselbe Distanz 4 einschließen. Welches Dreieck bilden demnach je drei dieser Punkte, welche geometrische Figur alle vier Punkte zusammengenommen?

Das Skalarprodukt hat eine geometrische Bedeutung

Wir wenden uns nun der Frage zu, welcher Wert eigentlich mit dem Skalarprodukt ausgerechnet wird. Dazu tragen wir vom Anfangspunkt $\boldsymbol{c}$ die Vektoren $\boldsymbol{u}$ und $\boldsymbol{v}$ ab und erhalten die Punkte

$$\boldsymbol{a}=\boldsymbol{c}+\boldsymbol{u} \quad\text{und}\quad \boldsymbol{b}=\boldsymbol{c}+\boldsymbol{v}.$$

Für die Distanz der Endpunkte $\boldsymbol{a}$ und $\boldsymbol{b}$ gilt

$$\begin{aligned}\|\boldsymbol{a}-\boldsymbol{b}\|^2 &= (\boldsymbol{u}-\boldsymbol{v})\cdot(\boldsymbol{u}-\boldsymbol{v})\\ &= \|\boldsymbol{u}\|^2+\|\boldsymbol{v}\|^2-2(\boldsymbol{u}\cdot\boldsymbol{v})\\ &= \|\boldsymbol{a}-\boldsymbol{c}\|^2+\|\boldsymbol{b}-\boldsymbol{c}\|^2-2\,(\boldsymbol{u}\cdot\boldsymbol{v}).\end{aligned}$$

Das ist offensichtlich wieder der bereits behandelte verallgemeinerte Satz des Pythagoras auf S. 703, den wir nun schreiben als

$$2\,(\boldsymbol{u}\cdot\boldsymbol{v}) = \|\boldsymbol{a}-\boldsymbol{c}\|^2+\|\boldsymbol{b}-\boldsymbol{c}\|^2-\|\boldsymbol{a}-\boldsymbol{b}\|^2.$$

Wir vergleichen dies mit dem aus der Elementargeometrie her bekannten *Kosinussatz* für das Dreieck $\boldsymbol{abc}$, indem wir wie üblich die Seitenlängen mit a, b, c und die jeweils gegenüberliegenden Innenwinkel mit α, β und γ bezeichnen (siehe Abb. 19.12).

Der Kosinussatz lautet

$$c^2 = a^2+b^2-2\,a\,b\,\cos\gamma\,.$$

Er lässt sich beweisen, indem man das Dreieck durch die Höhe auf b zerlegt und aus einem der rechtwinkeligen Teildreiecke die Seitenlänge c berechnet als

$$c^2 = h_b^2+(b-a\cos\gamma)^2 = (a\sin\gamma)^2+(b-a\cos\gamma)^2.$$

Wir stellen fest, dass sich in der Gleichung

$$2\,a\,b\,\cos\gamma = a^2+b^2-c^2$$

der Ausdruck auf der rechten Seite nur in der Bezeichnungsweise unterscheidet von der rechten Seite der obigen Formel für $2\,(\boldsymbol{u}\cdot\boldsymbol{v})$. Damit folgt die

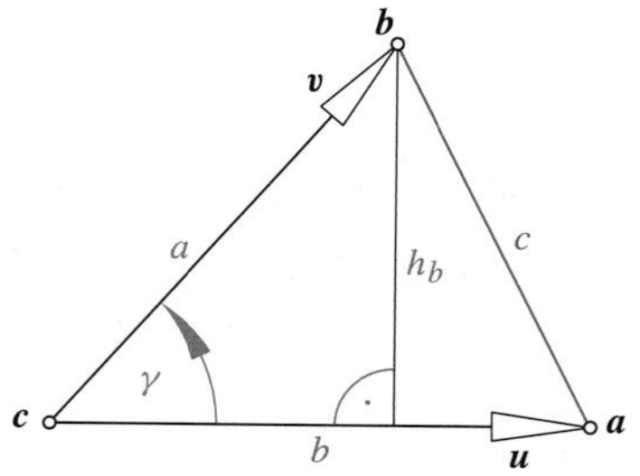

Abb. 19.12 Der Kosinussatz $c^2 = a^2+b^2-2\,a\,b\,\cos\gamma$

Geometrische Deutung des Skalarproduktes

$$\boldsymbol{u} \cdot \boldsymbol{v} = \|\boldsymbol{u}\| \, \|\boldsymbol{v}\| \, \cos\varphi \tag{19.6}$$

mit φ als von $\boldsymbol{u}$ und $\boldsymbol{v}$ eingeschlossenem Winkel bei $0° \leq \varphi \leq 180°$.

Wir haben das Skalarprodukt mithilfe eines Koordinatensystems berechnet, doch ist dieses natürlich willkürlich festsetzbar. Daher ist es durchaus nicht selbstverständlich, dass die Wahl eines anderen kartesischen Koordinatensystems, welches den Vektoren $\boldsymbol{u}$ und $\boldsymbol{v}$ andere Koordinaten zuweist, trotzdem denselben Wert $\boldsymbol{u} \cdot \boldsymbol{v}$ liefert. Erst die obige geometrische Deutung beweist diese *Invarianz*, also die Unabhängigkeit vom Koordinatensystem.

Aus unserer Interpretation des Skalarproduktes folgt als Formel zur Berechnung des Winkels φ zwischen je zwei vom Nullvektor verschiedenen Vektoren $\boldsymbol{u}$ und $\boldsymbol{v}$

$$\cos\varphi = \frac{\boldsymbol{u} \cdot \boldsymbol{v}}{\|\boldsymbol{u}\| \, \|\boldsymbol{v}\|}\,.$$

Beispiel In dem folgenden Sonderfall können wir ganz leicht noch einmal die geometrische Deutung des Skalarproduktes bestätigen: Wir wählen

$$\boldsymbol{u} = \begin{pmatrix} u_1 \\ u_2 \\ 0 \end{pmatrix} \quad \text{und} \quad \boldsymbol{v} = \begin{pmatrix} 1 \\ 0 \\ 0 \end{pmatrix}.$$

Dann ist

$$\boldsymbol{u} \cdot \boldsymbol{v} = u_1\,,$$

und diese erste Koordinate von $\boldsymbol{u}$ erhält man auch, wenn man den Vektor $\boldsymbol{u}$ normal auf die vom Einheitsvektor $\boldsymbol{v}$ aufgespannte erste Koordinatenachse projiziert. Bezeichnen wir den Winkel zwischen $\boldsymbol{u}$ und $\boldsymbol{v}$ wiederum mit φ, so zeigt sich

$$\boldsymbol{u} \cdot \boldsymbol{v} = u_1 = \|\boldsymbol{u}\| \cos\varphi\,,$$

was wegen $\|\boldsymbol{v}\| = 1$ mit (19.6) übereinstimmt. ◄

Selbstfrage 6

Berechnen Sie den Winkel φ zwischen den Vektoren

$$\boldsymbol{u} = \begin{pmatrix} 1 \\ 0 \\ 1 \end{pmatrix}, \quad \boldsymbol{v} = \begin{pmatrix} 0 \\ 1 \\ 1 \end{pmatrix}.$$

Kartesische Punkt- und Vektorkoordinaten sind Skalarprodukte

Es gibt aber noch andere wichtige Folgerungen: Das Produkt $\|\boldsymbol{u}\| \, \|\boldsymbol{v}\| \, \cos\varphi$ ist genau dann gleich null, wenn mindestens einer der drei Faktoren verschwindet. Dabei tritt $\cos\varphi = 0$ nur bei $\varphi = 90°$ oder $\varphi = 270°$ ein. Dies bedeutet, wie schon im Kap. 16 erwähnt:

Das Skalarprodukt $\boldsymbol{u} \cdot \boldsymbol{v}$ *verschwindet* genau dann, wenn entweder einer der beteiligten Vektoren der Nullvektor ist oder die beiden Vektoren $\boldsymbol{u}$ und $\boldsymbol{v}$ zueinander orthogonal sind.

Die Basisvektoren $\boldsymbol{b}_1, \boldsymbol{b}_2, \boldsymbol{b}_3$ kartesischer Koordinatensysteme sind paarweise orthogonale Einheitsvektoren. Also gilt z. B. $\boldsymbol{b}_1 \cdot \boldsymbol{b}_1 = 1$ sowie $\boldsymbol{b}_1 \cdot \boldsymbol{b}_2 = \boldsymbol{b}_1 \cdot \boldsymbol{b}_3 = 0$. Derartige Basen heißen **orthonormiert**, und wir können all die definierenden Gleichungen mithilfe des Kronecker-Deltas in einer einzigen Gleichung zusammenfassen:

$$\boldsymbol{b}_i \cdot \boldsymbol{b}_j = \delta_{ij} = \begin{cases} 1 & \text{bei } i = j \\ 0 & \text{bei } i \neq j \end{cases} \tag{19.7}$$

Wir werden diese wichtige Gleichung noch mehrfach verwenden. Sie gilt insbesondere für die **Standardbasis** des $\mathbb{R}^3$ bestehend aus

$$\boldsymbol{e}_1 = \begin{pmatrix} 1 \\ 0 \\ 0 \end{pmatrix}, \quad \boldsymbol{e}_2 = \begin{pmatrix} 0 \\ 1 \\ 0 \end{pmatrix}, \quad \boldsymbol{e}_3 = \begin{pmatrix} 0 \\ 0 \\ 1 \end{pmatrix}.$$

Ein weiterer Sonderfall der geometrischen Deutung des Skalarproduktes verdient, hervorgehoben zu werden (vergleiche das letzte Beispiel): Ist etwa $\|\boldsymbol{v}\| = 1$, so gibt $\boldsymbol{u} \cdot \boldsymbol{v} = \|\boldsymbol{u}\| \cos\varphi$ die Länge des orthogonal auf $\boldsymbol{v}$ projizierten Vektors $\boldsymbol{u}$ an (siehe Abb. 19.13).

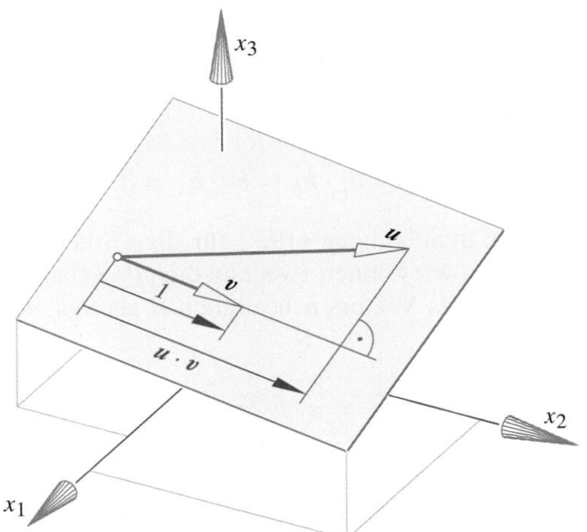

Abb. 19.13 Bei $\|\boldsymbol{v}\| = 1$ gibt $\boldsymbol{u} \cdot \boldsymbol{v}$ die vorzeichenbehaftete Länge der Normalprojektion von $\boldsymbol{u}$ auf den Einheitsvektor $\boldsymbol{v}$ an

Dies führt uns dazu, auch die kartesischen Koordinaten als Skalarprodukte zu interpretieren.

Kartesische Vektorkoordinaten als Skalarprodukte

Ist die Basis $B = (\boldsymbol{b}_1, \boldsymbol{b}_2, \boldsymbol{b}_3)$ orthonormiert, so gilt für die zugehörigen Koordinaten des Vektors $\boldsymbol{u}$:

$$_B\boldsymbol{u} = \begin{pmatrix} u_1 \\ u_2 \\ u_3 \end{pmatrix} \iff \begin{array}{l} u_i = \boldsymbol{u} \cdot \boldsymbol{b}_i \\ \text{für } i = 1, 2, 3 \end{array} \tag{19.8}$$

Beweis Wir multiplizieren beide Seiten der Gleichung $\boldsymbol{u} = \sum_{i=1}^{3} u_i \boldsymbol{b}_i$ skalar mit dem Vektor $\boldsymbol{b}_j$ und erhalten:

$$\begin{aligned} \boldsymbol{u} \cdot \boldsymbol{b}_j &= \left(\sum_{i=1}^{3} u_i \boldsymbol{b}_i \right) \cdot \boldsymbol{b}_j = \sum_{i=1}^{3} u_i (\boldsymbol{b}_i \cdot \boldsymbol{b}_j) \\ &= \sum_{i=1}^{3} u_i \, \delta_{ij} = u_j \end{aligned}$$

■

Beispiel Man bestätige, dass die Vektoren

$$\boldsymbol{b}_1 = \frac{1}{3}\begin{pmatrix} 1 \\ 2 \\ -2 \end{pmatrix}, \quad \boldsymbol{b}_2 = \frac{1}{3}\begin{pmatrix} 2 \\ 1 \\ 2 \end{pmatrix}, \quad \boldsymbol{b}_3 = \frac{1}{3}\begin{pmatrix} -2 \\ 2 \\ 1 \end{pmatrix}$$

eine orthonormierte Basis B bilden, und berechne die Koeffizienten u_1, u_2, u_3 in der Darstellung

$$\boldsymbol{u} = \begin{pmatrix} 1 \\ 1 \\ 1 \end{pmatrix} = u_1\boldsymbol{b}_1 + u_2\boldsymbol{b}_2 + u_3\boldsymbol{b}_3 \,.$$

Es ist für jedes $i \in \{1, 2, 3\}$

$$\|\boldsymbol{b}_i\| = \frac{1}{3}\sqrt{1+4+4} = 1 \,.$$

Zudem gilt

$$\boldsymbol{b}_1 \cdot \boldsymbol{b}_2 = \boldsymbol{b}_1 \cdot \boldsymbol{b}_3 = \boldsymbol{b}_2 \cdot \boldsymbol{b}_3 = 0 \,.$$

Somit sind die Bedingungen (19.7) für die Orthonormiertheit von B erfüllt, und wir können zweckmäßig (19.8) benutzen, um die Koordinaten des Vektors $\boldsymbol{u}$ bezüglich B als Skalarprodukte zu berechnen:

$$u_1 = \boldsymbol{u} \cdot \boldsymbol{b}_1 = \frac{1}{3}, \quad u_2 = \boldsymbol{u} \cdot \boldsymbol{b}_2 = \frac{5}{3}, \quad u_3 = \boldsymbol{u} \cdot \boldsymbol{b}_3 = \frac{1}{3}$$

Diese Art der Berechnung der Vektorkoordinaten ist um vieles einfacher als die im Abschn. 15.4 bei dem Beispiel auf S. 556 verwendete Standardmethode, bei welcher die u_i als Unbekannte angesehen und aus jenem linearen Gleichungssystem ermittelt werden, welches sich durch die koordinatenweise Aufsplittung der Vektorgleichung $\boldsymbol{u} = \sum_{i=1}^{3} u_i \boldsymbol{b}_i$ ergibt. ◀

Achtung Die Formel (19.8) zur Berechnung der Koordinaten eines Vektors $\boldsymbol{u}$ bezüglich einer gegebenen Basis B ist nur dann gültig, wenn B orthonormiert ist.

Als Gegenbeispiel betrachten wir die offensichtlich nicht orthonormierte $\mathbb{R}^3$-Basis B bestehend aus

$$\boldsymbol{b}_1 = \boldsymbol{e}_1 = \begin{pmatrix} 1 \\ 0 \\ 0 \end{pmatrix}, \ \boldsymbol{b}_2 = \boldsymbol{e}_2 = \begin{pmatrix} 0 \\ 1 \\ 0 \end{pmatrix}, \ \boldsymbol{b}_3 = \begin{pmatrix} 1 \\ 1 \\ 1 \end{pmatrix}.$$

Bei der Wahl $\boldsymbol{u} = \boldsymbol{e}_3 = -\boldsymbol{b}_1 - \boldsymbol{b}_2 + \boldsymbol{b}_3$ ist

$$_B\boldsymbol{u} = \begin{pmatrix} -1 \\ -1 \\ 1 \end{pmatrix}, \quad \text{aber } \boldsymbol{u} \cdot \boldsymbol{b}_1 = \boldsymbol{u} \cdot \boldsymbol{b}_2 = 0 \,.$$

◀

Analog zur Berechnung der Vektorkoordinaten sind auch die Koordinaten eines Punktes $\boldsymbol{x}$ bezüglich eines kartesischen Koordinatensystems mit dem Ursprung $\boldsymbol{o}$ und den Basisvektoren $\boldsymbol{b}_1, \boldsymbol{b}_2, \boldsymbol{b}_3$ als Skalarprodukte auszudrücken, nämlich

Kartesische Punktkoordinaten als Skalarprodukte

Ist $(\boldsymbol{o}; B)$ ein kartesisches Koordinatensystem, so gilt für die zugehörigen Koordinaten des Punktes $\boldsymbol{x}$:

$$_{(\boldsymbol{o};B)}\boldsymbol{x} = \begin{pmatrix} x_1 \\ x_2 \\ x_3 \end{pmatrix} \iff \begin{array}{l} x_i = (\boldsymbol{x} - \boldsymbol{o}) \cdot \boldsymbol{b}_i \\ \text{für } i = 1, 2, 3 \end{array}$$

Dass die kartesischen Koordinaten von Punkten und Vektoren als Skalarprodukte berechenbar sind, wird auch aus Abb. 19.14 klar. Zur Begründung muss man sich nur daran erinnern, dass

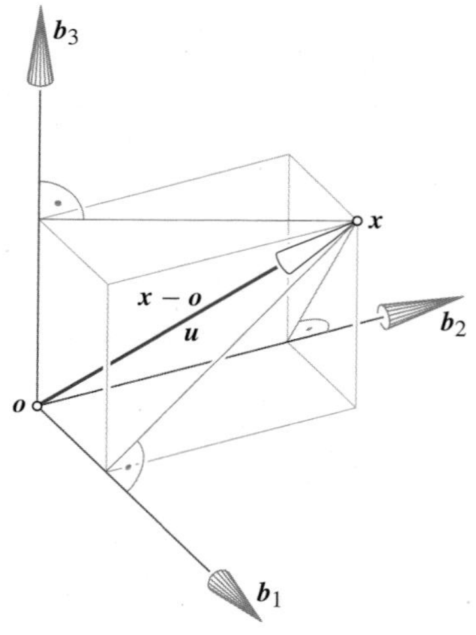

Abb. 19.14 Kartesische Koordinaten von Vektoren (z. B. $\boldsymbol{u}$) und Punkten (z. B. $\boldsymbol{x}$) sind Skalarprodukte

mit Abb. 19.13 das Skalarprodukt mit einem Einheitsvektor genau die Länge des auf diesen Einheitsvektor orthogonal projizierten Vektors angibt.

Kommentar Dem aufmerksamen Leser wird nicht entgangen sein, dass wir noch vor der Definition des Skalarproduktes die Orthogonalität und Längenmessung als bekannt vorausgesetzt haben, um damit ein kartesisches Koordinatensystem zu erklären. Und jetzt verwenden wir das Skalarprodukt zur Erklärung der Längen- und Winkelmessung. Diese logisch höchst bedenkliche Vorgangsweise kommt daher, weil wir in diesem Abschnitt ein mathematisches Modell für unsere physikalische Umwelt entwickeln und von intuitiv vorhandenen Begriffen ausgehen.

Später vermeiden wir derartige Zirkelschlüsse: Wir werden in allgemeinen Vektorräumen ein Skalarprodukt definieren, indem wir dessen wichtigste Eigenschaften per Definition fordern. Und darauf bauen wir dann erst eine Längen- und Winkelmessung auf. ◄

Die Dreiecksungleichung und andere wichtige Formeln

Hinsichtlich der Norm gilt die

Cauchy-Schwarz'sche Ungleichung

$$|\boldsymbol{u} \cdot \boldsymbol{v}| \leq \|\boldsymbol{u}\|\,\|\boldsymbol{v}\|$$

Dabei gilt Gleichheit genau dann, wenn die Vektoren $\boldsymbol{u}$ und $\boldsymbol{v}$ linear abhängig sind.

Beweis Diese Ungleichung ist trivialerweise richtig bei $\boldsymbol{u} = \boldsymbol{0}$ oder bei $\boldsymbol{v} = \boldsymbol{0}$. Bei $\boldsymbol{u}, \boldsymbol{v} \neq \boldsymbol{0}$ gilt für den von $\boldsymbol{u}$ und $\boldsymbol{v}$ eingeschlossenen Winkel φ

$$\boldsymbol{u} \cdot \boldsymbol{v} = \|\boldsymbol{u}\|\,\|\boldsymbol{v}\| \cos\varphi\,,$$

also

$$|\boldsymbol{u} \cdot \boldsymbol{v}| = \|\boldsymbol{u}\|\,\|\boldsymbol{v}\|\,|\cos\varphi| \leq \|\boldsymbol{u}\|\,\|\boldsymbol{v}\|.$$

Damit besteht Gleichheit genau bei $|\cos\varphi| = 1$, also $\varphi = 0°$ oder $\varphi = 180°$. ■

Von der Cauchy-Schwarz'schen Ungleichung können wir auf die folgende wichtige Ungleichung schließen.

Dreiecksungleichung

$$\|\boldsymbol{u} + \boldsymbol{v}\| \leq \|\boldsymbol{u}\| + \|\boldsymbol{v}\|$$

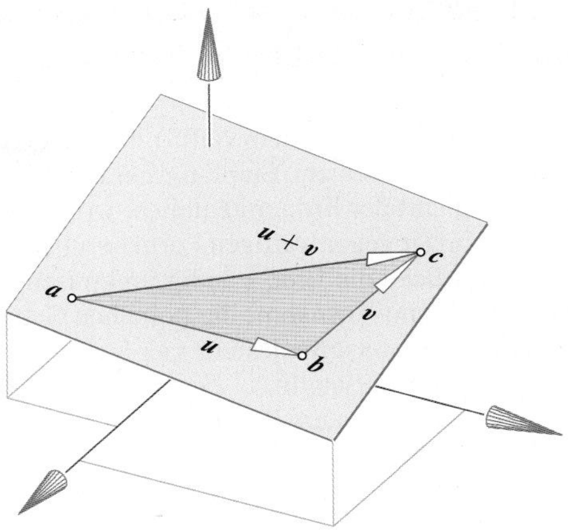

Abb. 19.15 Die Dreiecksungleichung $\|\boldsymbol{u} + \boldsymbol{v}\| \leq \|\boldsymbol{u}\| + \|\boldsymbol{v}\|$ im Anschauungsraum

Beweis Aus

$$\|\boldsymbol{u} + \boldsymbol{v}\|^2 = (\boldsymbol{u} + \boldsymbol{v}) \cdot (\boldsymbol{u} + \boldsymbol{v}) = \|\boldsymbol{u}\|^2 + \|\boldsymbol{v}\|^2 + 2(\boldsymbol{u} \cdot \boldsymbol{v})$$

und der Cauchy-Schwarz'schen Ungleichung

$$\boldsymbol{u} \cdot \boldsymbol{v} \leq |\boldsymbol{u} \cdot \boldsymbol{v}| \leq \|\boldsymbol{u}\|\,\|\boldsymbol{v}\|$$

folgt

$$\|\boldsymbol{u} + \boldsymbol{v}\|^2 \leq \|\boldsymbol{u}\|^2 + \|\boldsymbol{v}\|^2 + 2\|\boldsymbol{u}\|\,\|\boldsymbol{v}\| = (\|\boldsymbol{u}\| + \|\boldsymbol{v}\|)^2\,,$$

und das ergibt die Dreiecksungleichung. ■

Die Bezeichnung „Dreiecksungleichung" erklärt sich aus dem Dreieck der Punkte $\boldsymbol{a}$, $\boldsymbol{b} = \boldsymbol{a} + \boldsymbol{u}$ und $\boldsymbol{c} = \boldsymbol{a} + \boldsymbol{u} + \boldsymbol{v}$ (siehe Abb. 19.15). Die Ungleichung besagt nun die offensichtliche Tatsache, dass der geradlinige Weg von $\boldsymbol{a}$ nach $\boldsymbol{c}$ niemals länger ist als der „Umweg" über $\boldsymbol{b}$, wo immer auch der Punkt $\boldsymbol{b}$ liegen mag.

Wir können die Dreiecksungleichung auch in der Form

$$\|\boldsymbol{a} - \boldsymbol{c}\| \leq \|\boldsymbol{a} - \boldsymbol{b}\| + \|\boldsymbol{b} - \boldsymbol{c}\|$$

schreiben. Gleichheit besteht übrigens genau dann, wenn $\boldsymbol{b}$ der abgeschlossenen Strecke $\boldsymbol{ac}$ angehört, also wenn $\boldsymbol{u}$ und $\boldsymbol{v}$ linear abhängig sind bei $\boldsymbol{u} \cdot \boldsymbol{v} \geq 0$.

Kommentar Wir haben bereits betont, dass Normen auch in viel allgemeineren Vektorräumen definierbar sind. Doch werden in der Regel nur derartige Normen zugelassen, für welche die Cauchy-Schwarz'sche Ungleichung und die Dreiecksungleichung gelten. In diesen Vektorräumen kann man dank der Cauchy-Schwarz'schen Ungleichung die Formel (19.6) weiterhin zur Messung der Winkel verwenden (siehe Kap. 20). ◄

Anwendung: Die Geometrie hinter dem Global Positioning System (GPS)

Das Global Positioning System (GPS) hat die Aufgabe, jedem Benutzer, der über ein Empfangsgerät verfügt, dessen genaue Position auf der Erde mitzuteilen, wo auch immer er sich befindet. In der gegenwärtigen Form beruht das GPS auf 29 Satelliten, welche die Erde ständig umkreisen und derart verteilt sind, dass mit Ausnahme der polnahen Gebiete für jeden Punkt der Erde stets mindestens vier Satelliten über dem Horizont liegen. Jeder Satellit S_i, $i \in \{1, 2, \dots\}$, kennt zu jedem Zeitpunkt seine genaue Raumposition $\boldsymbol{s}_i$ und teilt diese laufend den Empfängern per Funk mit.

Andererseits kann das Empfangsgerät die *scheinbare* Distanz d_i zwischen seiner Position $\boldsymbol{x}$ und der augenblicklichen Satellitenposition $\boldsymbol{s}_i$ messen – und zwar erstaunlicherweise anhand der Dauer, welche das Funksignal vom Satelliten zum Empfänger braucht. Das ist vereinfacht so zu sehen: Der Satellit in der Position $\boldsymbol{s}_i$ funkt die Zeitansage 8:00 Uhr, und diese trifft beim Empfänger $\boldsymbol{x}$ gemäß dessen Uhr mit einer gewissen Zeitverzögerung t_i ein, woraus durch Multiplikation mit der Lichtgeschwindigkeit c der Wert $d_i = c\,t_i$ folgt. Dabei ist allerdings eine wesentliche Fehlerquelle zu beachten: Während die Atomuhren in den Satelliten sehr genau synchronisiert sind, ist dies bei den Empfängeruhren technisch nicht möglich. Geht etwa die Empfängeruhr um t_0 vor, so erscheinen alle Distanzen um dasselbe $d_0 = c\,t_0$ vergrößert. Deshalb ist die *wahre* Distanz $\|\boldsymbol{s}_i - \boldsymbol{x}\| = d_i - d_0$.

Es gibt vier Unbekannte, nämlich die drei Koordinaten x_1, x_2, x_3 von $\boldsymbol{x}$ und den durch die mangelnde Synchronisation der Empfängeruhr entstehenden Distanzfehler $d_0 \in \mathbb{R}$. Stehen vier Satellitenpositionen $\boldsymbol{s}_i$, $i = 1, \dots, 4$, samt zugehörigen *scheinbaren* Distanzen d_i zur Verfügung, so müssen die vier Unbekannten die vier quadratischen Gleichungen

$$q_i(\boldsymbol{x}, d_0) = (\boldsymbol{s}_i - \boldsymbol{x})^2 - (d_i - d_0)^2 = 0$$

oder ausführlich

$$\boldsymbol{x} \cdot \boldsymbol{x} - 2(\boldsymbol{s}_i \cdot \boldsymbol{x}) + \boldsymbol{s}_i \cdot \boldsymbol{s}_i - d_0^2 + 2d_i d_0 - d_i^2 = 0 \qquad (*)$$

erfüllen. Wir zeigen, dass sich dieses nichtlineare Gleichungssystem auf drei lineare und eine einzige quadratische Gleichung zurückführen lässt.

Wir subtrahieren von der ersten Gleichung die Gleichungen 2, 3 und 4 und erhalten

$$\begin{aligned} q_1(\boldsymbol{x}, d_0) - q_j(\boldsymbol{x}, d_0) = 2(\boldsymbol{s}_j - \boldsymbol{s}_1) \cdot \boldsymbol{x} - 2(d_j - d_1)d_0 \\ - d_1^2 + d_j^2 + \|\boldsymbol{s}_1\|^2 - \|\boldsymbol{s}_j\|^2 = 0 \end{aligned}$$

für $j = 2, 3, 4$. Dies sind drei lineare Gleichungen. Wenn für eine Lösung dieses linearen Systems neben

$$q_1(\boldsymbol{x}, d_0) = q_2(\boldsymbol{x}, d_0) = q_3(\boldsymbol{x}, d_0) = q_4(\boldsymbol{x}, d_0)$$

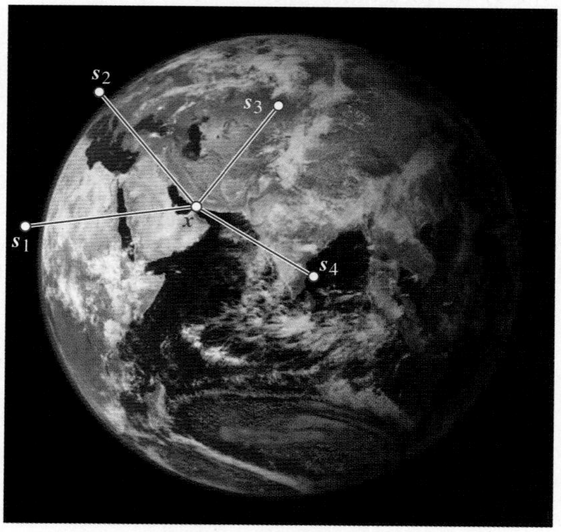

GPS: Es werden die Distanzen von 4 oder mehr Satelliten $\boldsymbol{s}_i$ zum Empfänger $\boldsymbol{x}$ gemessen

auch noch $q_1(\boldsymbol{x}, d_0) = 0$ gilt, so sind alle vier quadratischen Gleichungen aus $(*)$ erfüllt.

Sind die obigen drei linearen Gleichungen linear unabhängig, so gibt es eine einparametrige Lösung, die wir mithilfe eines Parameters t ansetzen können in der Form

$$\begin{pmatrix} \boldsymbol{x} \\ d_0 \end{pmatrix} = \begin{pmatrix} \widetilde{\boldsymbol{x}} \\ \widetilde{d}_0 \end{pmatrix} + t \begin{pmatrix} \boldsymbol{u} \\ v \end{pmatrix} \quad \text{bei } t \in \mathbb{R}\,.$$

Dabei schreiben wir abkürzend ein Vektorsymbol anstelle des Koordinatentripels.

Wir setzen diese Lösung in die quadratische Gleichung $q_1(\boldsymbol{x}, d_0) = 0$ ein und erhalten als Bedingung für t

$$\begin{aligned} \|\widetilde{\boldsymbol{x}}\|^2 + 2(\widetilde{\boldsymbol{x}} \cdot \boldsymbol{u})t + \|\boldsymbol{u}\|^2 t^2 - 2(\boldsymbol{s}_1 \cdot \widetilde{\boldsymbol{x}}) - 2(\boldsymbol{s}_1 \cdot \boldsymbol{u})t + \|\boldsymbol{s}_1\|^2 \\ = \widetilde{d}_0^2 + 2\widetilde{d}_0 v t + v^2 t^2 - 2d_1\widetilde{d}_0 - 2d_1 v t + d_1^2\,. \end{aligned}$$

Nach Potenzen der verbleibenden Unbekannten t geordnet lautet diese quadratische Gleichung

$$\begin{aligned} &\left[\|\boldsymbol{u}\|^2 - v^2\right] t^2 + 2\left[(\widetilde{\boldsymbol{x}} \cdot \boldsymbol{u}) - (\boldsymbol{s}_1 \cdot \boldsymbol{u}) + d_1 v - \widetilde{d}_0 v\right] t \\ &+ \left[\|\widetilde{\boldsymbol{x}}\|^2 - 2(\boldsymbol{s}_1 \cdot \widetilde{\boldsymbol{x}}) + \|\boldsymbol{s}_1\|^2 - \widetilde{d}_0^2 + 2d_1\widetilde{d}_0 - d_1^2\right] = 0\,. \end{aligned}$$

Die zwei Lösungen t_1 und t_2 dieser Gleichungen sind anstelle t in der obigen Parameterdarstellung einzusetzen und ergeben zwei mögliche Positionen $\boldsymbol{x}_1$ und $\boldsymbol{x}_2$ des Empfängers. Die richtige Lösung ist in der Regel leicht zu identifizieren, weil grobe Näherungswerte für $\boldsymbol{x}$ vorliegen. Zumeist wird bereits die Information ausreichen, dass sich der Empfänger auf der Erdoberfläche aufhält.

Der Anschauungsraum $\mathbb{R}^3$ wird durch die Definition der Distanz $d(\boldsymbol{a},\boldsymbol{b}) = \|\boldsymbol{a}-\boldsymbol{b}\| \in \mathbb{R}_{\geq 0}$ mit

$$d(\boldsymbol{a},\boldsymbol{b}) = d(\boldsymbol{b},\boldsymbol{a}) \quad \text{und} \quad d(\boldsymbol{a},\boldsymbol{b}) = 0 \iff \boldsymbol{a} = \boldsymbol{b}$$

und durch die Gültigkeit der Dreiecksungleichung zum Musterbeispiel eines *metrischen Raums* (siehe Kap. 31). Das folgende Anwendungsbeispiel zum *Global Positioning System* auf S. 708 könnte in ähnlicher Weise in jedem metrischen Raum formuliert werden.

19.3 Weitere Vektorverknüpfungen im Anschauungsraum

Im Anschauungsraum $\mathbb{R}^3$ gibt es neben der Addition, skalaren Multiplikation und dem Skalarprodukt noch weitere Verknüpfungen von Vektoren.

Das Vektorprodukt zweier Vektoren liefert einen neuen Vektor

In vielen geometrischen und physikalischen Anwendungen begegnet man der Aufgabe, einen Vektor zu finden, der orthogonal ist zu zwei gegebenen Vektoren $\boldsymbol{u}, \boldsymbol{v} \in \mathbb{R}^3$ mit kartesischen Koordinaten $\begin{pmatrix} u_1 \\ u_2 \\ u_3 \end{pmatrix}$ bzw. $\begin{pmatrix} v_1 \\ v_2 \\ v_3 \end{pmatrix}$. Wir werden erkennen, dass das folgende **Vektorprodukt** eine spezielle Lösung für diese Aufgabe bietet.

Definition des Vektorproduktes

$$\boldsymbol{u} \times \boldsymbol{v} = \begin{pmatrix} u_2v_3 - u_3v_2 \\ u_3v_1 - u_1v_3 \\ u_1v_2 - u_2v_1 \end{pmatrix}$$

Dieses Produkt, das wegen des Verknüpfungssymbols $\times$ oder wegen der *kreuzweisen* Berechnung der Koordinaten oft auch **Kreuzprodukt** genannt wird, legt eine Abbildung

$$\mathbb{R}^3 \times \mathbb{R}^3 \to \mathbb{R}^3 \quad \text{mit} \quad (\boldsymbol{u},\boldsymbol{v}) \mapsto \boldsymbol{u} \times \boldsymbol{v}$$

fest, welche im Gegensatz zum Skalarprodukt je zwei Vektoren aus $\mathbb{R}^3$ nunmehr einen Vektor zuweist. Auch hier werden wir zeigen können, dass dieser Vektor eine vom Koordinatensystem unabhängige Bedeutung hat.

Es genügt für das Berechnen eines Vektorproduktes, sich die Formel für die erste Koordinate zu merken, denn die weiteren Koordinaten folgen durch zyklische Vertauschung $1 \mapsto 2 \mapsto 3 \mapsto 1$.

Die drei Koordinaten des Vektors $(\boldsymbol{u} \times \boldsymbol{v})$ sind mit geeigneten Vorzeichen versehene Determinanten. Die zugehörigen zweireihigen Matrizen entstehen durch Streichung je einer Zeile aus der Matrix

$$\begin{pmatrix} u_1 & v_1 \\ u_2 & v_2 \\ u_3 & v_3 \end{pmatrix},$$

welche von den Koordinatenspalten der beteiligten Vektoren $\boldsymbol{u}$ und $\boldsymbol{v}$ gebildet wird.

Nachdem die Vertauschung der beiden Spalten das Vorzeichen aller Determinanten ändert, ist das Vektorprodukt nicht symmetrisch, sondern *schiefsymmetrisch*, d. h. es gilt

$$\boldsymbol{v} \times \boldsymbol{u} = -\boldsymbol{u} \times \boldsymbol{v}\,.$$

Als eine Gedächtnisstütze für die Berechnung von $\boldsymbol{u} \times \boldsymbol{v}$ kann man sich die Formel

$$\boldsymbol{u} \times \boldsymbol{v} = \det \begin{pmatrix} \boldsymbol{b}_1 & u_1 & v_1 \\ \boldsymbol{b}_2 & u_2 & v_2 \\ \boldsymbol{b}_3 & u_3 & v_3 \end{pmatrix}$$

einprägen mit $\boldsymbol{b}_1, \boldsymbol{b}_2, \boldsymbol{b}_3$ als orthonormierte Basis des verwendeten kartesischen Koordinatensystems. Wenn man nämlich diese Determinante formal nach der ersten Spalte entwickelt (siehe Kap. 16), so entsteht $\boldsymbol{u} \times \boldsymbol{v}$ als Linearkombination der Basisvektoren, und die Koeffizienten von $\boldsymbol{b}_1$, $\boldsymbol{b}_2$ bzw. $\boldsymbol{b}_3$ sind identisch mit den oben angegebenen Koordinaten des Vektorproduktes.

Beispiel

- Als erstes Zahlenbeispiel berechnen wir für die Vektoren

$$\boldsymbol{u} = \begin{pmatrix} 2 \\ -1 \\ 2 \end{pmatrix} \quad \text{und} \quad \boldsymbol{v} = \begin{pmatrix} -1 \\ 5 \\ 3 \end{pmatrix}$$

das Vektorprodukt. Es ist

$$\begin{aligned} \boldsymbol{u} \times \boldsymbol{v} &= \begin{pmatrix} 2 \\ -1 \\ 2 \end{pmatrix} \times \begin{pmatrix} -1 \\ 5 \\ 3 \end{pmatrix} \\ &= \begin{pmatrix} (-1)\cdot 3 - 2\cdot 5 \\ 2\cdot(-1) - 2\cdot 3 \\ 2\cdot 5 - (-1)\cdot(-1) \end{pmatrix} = \begin{pmatrix} -13 \\ -8 \\ 9 \end{pmatrix}. \end{aligned}$$

- Für die Vektoren $\boldsymbol{e}_1, \ldots$ der Standardbasis des $\mathbb{R}^3$, also für

$$\boldsymbol{e}_1 = \begin{pmatrix} 1 \\ 0 \\ 0 \end{pmatrix}, \quad \boldsymbol{e}_2 = \begin{pmatrix} 0 \\ 1 \\ 0 \end{pmatrix} \quad \text{und} \quad \boldsymbol{e}_3 = \begin{pmatrix} 0 \\ 0 \\ 1 \end{pmatrix},$$

gilt

$$\boldsymbol{e}_1 \times \boldsymbol{e}_2 = \boldsymbol{e}_3\,, \quad \boldsymbol{e}_2 \times \boldsymbol{e}_3 = \boldsymbol{e}_1\,, \quad \boldsymbol{e}_3 \times \boldsymbol{e}_1 = \boldsymbol{e}_2\,.$$

Andererseits ist wegen der Schiefsymmetrie

$$\boldsymbol{e}_2 \times \boldsymbol{e}_1 = -\boldsymbol{e}_3\,, \quad \boldsymbol{e}_3 \times \boldsymbol{e}_2 = -\boldsymbol{e}_1\,, \quad \boldsymbol{e}_1 \times \boldsymbol{e}_3 = -\boldsymbol{e}_2\,.$$ ◀

Verschwindendes Vektorprodukt

Es ist $\boldsymbol{u} \times \boldsymbol{v} = \boldsymbol{0}$ genau dann, wenn die Vektoren $\boldsymbol{u}$ und $\boldsymbol{v}$ linear abhängig sind.

Teil III

Beweis $\boldsymbol{u} \times \boldsymbol{v} = \boldsymbol{0}$ ist äquivalent zur Aussage

$$u_2 v_3 - u_3 v_2 = u_3 v_1 - u_1 v_3 = u_1 v_2 - u_2 v_1 = 0 .$$

Verschwindet keine der beteiligten sechs Koordinaten, so können wir diese Gleichungen auch schreiben in der Form

$$u_2 : v_2 = u_3 : v_3 = u_1 : v_1 .$$

Dann aber bedeuten sie, dass ein Koordinatentripel ein Vielfaches des anderen ist, die Vektoren also linear abhängig sind.

Bei $\boldsymbol{u} = \boldsymbol{0}$ oder $\boldsymbol{v} = \boldsymbol{0}$ sind die Vektoren linear abhängig, und gleichzeitig ist $\boldsymbol{u} \times \boldsymbol{v} = \boldsymbol{0}$.

Bleibt nur noch der Fall $\boldsymbol{u} \neq \boldsymbol{0}$, aber etwa $u_1 = 0$: Bei $\boldsymbol{u} \times \boldsymbol{v} = \boldsymbol{0}$ muss auch $v_1 = 0$ sein, nachdem u_2 und u_3 nicht gleichzeitig verschwinden dürfen. Dann aber drückt $\det \begin{pmatrix} u_2 & v_2 \\ u_3 & v_3 \end{pmatrix} = 0$ wiederum die lineare Abhängigkeit der beiden Spalten aus. ■

Achtung Das Vektorprodukt ist *nicht assoziativ*, d. h.

$$(\boldsymbol{u} \times \boldsymbol{v}) \times \boldsymbol{w} \neq \boldsymbol{u} \times (\boldsymbol{v} \times \boldsymbol{w}).$$

Als Begründung genügt ein einziges Beispiel, etwa

$$\begin{aligned} (\boldsymbol{e}_1 \times \boldsymbol{e}_2) \times \boldsymbol{e}_2 &= \boldsymbol{e}_3 \times \boldsymbol{e}_2 = -\boldsymbol{e}_1 , \quad \text{hingegen} \\ \boldsymbol{e}_1 \times (\boldsymbol{e}_2 \times \boldsymbol{e}_2) &= \boldsymbol{e}_1 \times \boldsymbol{0} = \boldsymbol{0} . \end{aligned}$$ ◀

Das Vektorprodukt ist linear in jedem Anteil, denn

$$\begin{aligned} (\boldsymbol{u}_1 + \boldsymbol{u}_2) \times \boldsymbol{v} &= (\boldsymbol{u}_1 \times \boldsymbol{v}) + (\boldsymbol{u}_2 \times \boldsymbol{v}), \\ (\lambda \boldsymbol{u}) \times \boldsymbol{v} &= \lambda (\boldsymbol{u} \times \boldsymbol{v}). \end{aligned}$$

Mit einiger Mühe lässt sich auch das Vektorprodukt $\boldsymbol{u} \times \boldsymbol{v}$ als ein *Matrizenprodukt* schreiben. Dazu muss allerdings der erste Vektor $\boldsymbol{u}$ zu einer schiefsymmetrischen Matrix $\boldsymbol{S_u}$ umgeformt werden:

$$\begin{aligned} \boldsymbol{u} \times \boldsymbol{v} &= \begin{pmatrix} u_1 \\ u_2 \\ u_3 \end{pmatrix} \times \begin{pmatrix} v_1 \\ v_2 \\ v_3 \end{pmatrix} \\ &= \begin{pmatrix} 0 & -u_3 & u_2 \\ u_3 & 0 & -u_1 \\ -u_2 & u_1 & 0 \end{pmatrix} \begin{pmatrix} v_1 \\ v_2 \\ v_3 \end{pmatrix} = \boldsymbol{S_u}\, \boldsymbol{v} \end{aligned} \tag{19.9}$$

Kommentar Es besteht offensichtlich eine bijektive Abbildung zwischen Vektoren $\boldsymbol{u} \in \mathbb{R}^3$ und den schiefsymmetrischen dreireihigen Matrizen $\boldsymbol{S_u}$. Dies ist aber wirklich nur im Dreidimensionalen möglich, denn eine schiefsymmetrische n-reihige Matrix enthält $n(n-1)/2$ unabhängige Einträge, während Vektoren des $\mathbb{R}^n$ n Koordinaten umfassen. ◀

Das Vektorprodukt hat eine geometrische Bedeutung

Bei linear abhängigen Vektoren $\boldsymbol{u}$ und $\boldsymbol{v}$ ist deren Vektorprodukt gleich dem Nullvektor. Bei linearer Unabhängigkeit ist der Vektor $\boldsymbol{u} \times \boldsymbol{v}$ durch die folgenden Eigenschaften gekennzeichnet.

Geometrische Deutung des Vektorproduktes

1) Sind die Vektoren $\boldsymbol{u}$ und $\boldsymbol{v}$ linear unabhängig, so ist der Vektor $\boldsymbol{u} \times \boldsymbol{v}$ orthogonal zu der von $\boldsymbol{u}$ und $\boldsymbol{v}$ aufgespannten Ebene.
2) Es gilt

$$\|\boldsymbol{u} \times \boldsymbol{v}\| = \|\boldsymbol{u}\|\, \|\boldsymbol{v}\| \sin \varphi . \tag{19.10}$$

Dabei ist φ der von $\boldsymbol{u}$ und $\boldsymbol{v}$ eingeschlossene Winkel mit $0^\circ \le \varphi \le 180^\circ$.
$\|\boldsymbol{u} \times \boldsymbol{v}\|$ ist somit gleich dem *Flächeninhalt* des von $\boldsymbol{u}$ und $\boldsymbol{v}$ aufgespannten Parallelogramms.
3) Die drei Vektoren $(\boldsymbol{u},\ \boldsymbol{v},\ (\boldsymbol{u} \times \boldsymbol{v}))$ bilden in dieser Reihenfolge ein Rechtssystem.

Beweis 1) Aus der Definition des Vektorproduktes folgt

$$\begin{aligned} \boldsymbol{u} \cdot (\boldsymbol{u} \times \boldsymbol{v}) &= u_1(u_2 v_3 - u_3 v_2) + u_2(u_3 v_1 - u_1 v_3) \\ &\quad + u_3(u_1 v_2 - u_2 v_1) \\ &= 0 . \end{aligned}$$

Dieser Wert ist gleich der Determinante derjenigen Matrix, welche von den Koordinatenspalten von $\boldsymbol{u}$, $\boldsymbol{u}$ und $\boldsymbol{v}$ gebildet wird. Und natürlich muss diese Determinante wegen der zwei gleichen Spalten verschwinden. Aus demselben Grund ist $\boldsymbol{v} \cdot (\boldsymbol{u} \times \boldsymbol{v}) = 0$, und das Vektorprodukt $\boldsymbol{u} \times \boldsymbol{v}$ ist wegen der Bilinearität auch orthogonal zu jeder Linearkombination von $\boldsymbol{u}$ und $\boldsymbol{v}$, also zu allen Vektoren der von $\boldsymbol{u}$ und $\boldsymbol{v}$ aufgespannten Ebene.

Sucht man umgekehrt einen Vektor $\boldsymbol{x}$, der normal ist zu $\boldsymbol{u}$ und $\boldsymbol{v}$, so müssen dessen Koordinaten zwei lineare homogene Gleichungen lösen, nämlich

$$\begin{aligned} \boldsymbol{u} \cdot \boldsymbol{x} &= u_1 x_1 + u_2 x_2 + u_3 x_3 = 0 \\ \boldsymbol{v} \cdot \boldsymbol{x} &= v_1 x_1 + v_2 x_2 + v_3 x_3 = 0 . \end{aligned}$$

Aus Kap. 16 wissen wir bereits, dass die zweireihigen Unterdeterminanten der Koeffizientenmatrix bei alternierenden Vorzeichen eine Lösung darstellen. Dies mag nachträglich erklären, weshalb das Vektorprodukt gerade in der obigen Weise definiert wird.

2) Wir bestätigen die Behauptung durch direktes Ausrechnen, wobei wir zwischendurch einmal geeignet erweitern müssen:

$$\begin{aligned} \|\boldsymbol{u} \times \boldsymbol{v}\|^2 &= (u_2 v_3 - u_3 v_2)^2 + (u_3 v_1 - u_1 v_3)^2 + (u_1 v_2 - u_2 v_1)^2 \\ &= u_1^2 v_2^2 + u_1^2 v_3^2 + u_2^2 v_1^2 + u_2^2 v_3^2 + u_3^2 v_1^2 + u_3^2 v_2^2 \\ &\quad - 2u_1 u_2 v_1 v_2 - 2u_1 u_3 v_1 v_3 - 2u_2 u_3 v_2 v_3 \\ &\quad + u_1^2 v_1^2 + u_2^2 v_2^2 + u_3^2 v_3^2 - u_1^2 v_1^2 - u_2^2 v_2^2 - u_3^2 v_3^2 \\ &= (u_1^2 + u_2^2 + u_3^2)(v_1^2 + v_2^2 + v_3^2) \\ &\quad - (u_1 v_1 + u_2 v_2 + u_3 v_3)^2 \\ &= \|\boldsymbol{u}\|^2\, \|\boldsymbol{v}\|^2 - (\|\boldsymbol{u}\|\, \|\boldsymbol{v}\| \cos \varphi)^2 \\ &= \|\boldsymbol{u}\|^2 \|\boldsymbol{v}\|^2 (1 - \cos^2 \varphi) \\ &= \|\boldsymbol{u}\|^2 \|\boldsymbol{v}\|^2 \sin^2 \varphi . \end{aligned}$$

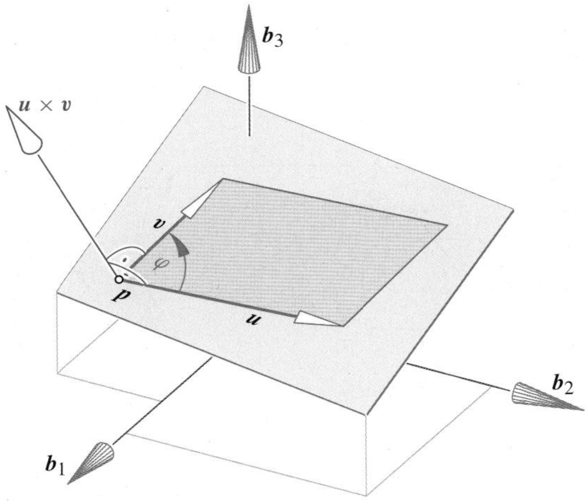

Abb. 19.16 Die geometrische Deutung des Vektorproduktes $\boldsymbol{u} \times \boldsymbol{v}$

Nun betrachten wir das von $\boldsymbol{u}$ und $\boldsymbol{v}$ aufgespannte Parallelogramm (siehe das Beispiel auf S. 704).

Dessen Flächeninhalt ist nach der Formel „Grundlinie mal Höhe" zu berechnen. Dabei lesen wir für die Höhe auf $\boldsymbol{u}$ ab: $h = \|\boldsymbol{v}\| \sin\varphi$.

Also ist $\|\boldsymbol{u} \times \boldsymbol{v}\| = \|\boldsymbol{u}\|\,\|\boldsymbol{v}\| \sin\varphi$ gleich dem Inhalt des von $\boldsymbol{u}$ und $\boldsymbol{v}$ aufgespannten Parallelogramms.

3) Aufgrund der bisher nachgewiesenen geometrischen Eigenschaften des Vektorproduktes $\boldsymbol{u} \times \boldsymbol{v}$ bleibt nur mehr offen, nach welcher Seite der Vektor zeigt.

Um dies zu klären, denken wir uns, wir verlagern die beiden Pfeile $\boldsymbol{u}$ und $\boldsymbol{v}$ (siehe Abb. 19.16) im Raum, ohne den eingeschlossenen Winkel φ zu ändern. Und zwar verlegen wir $\boldsymbol{u}$ in die Richtung des ersten Vektors $\boldsymbol{b}_1$ unserer kartesischen Basis. Hingegen soll $\boldsymbol{v}$ derart in die von $\boldsymbol{b}_1$ und $\boldsymbol{b}_2$ aufgespannte Ebene gelegt werden, dass die zweite Koordinate von $\boldsymbol{v}$ positiv ausfällt.

Bei dieser anschaulich vorzustellenden Verlagerung ändern sich die Koordinaten von $\boldsymbol{u}$ und $\boldsymbol{v}$ stetig. Daher ändern sich auch die daraus nach der Formel errechneten Koordinaten des Vektorproduktes $\boldsymbol{u} \times \boldsymbol{v}$ stetig, und dessen Norm bleibt gemäß 2) unverändert. Am Ende dieses Vorganges ist

$$\boldsymbol{u} = \begin{pmatrix} u_1 \\ 0 \\ 0 \end{pmatrix}, \quad \boldsymbol{v} = \begin{pmatrix} v_1 \\ v_2 \\ 0 \end{pmatrix} \quad \text{mit } u_1, v_2 > 0$$

und somit

$$\boldsymbol{u} \times \boldsymbol{v} = \begin{pmatrix} 0 \\ 0 \\ u_1 v_2 \end{pmatrix}.$$

Also zeigt nach dieser stetigen Verlagerung von $\boldsymbol{u}$ und $\boldsymbol{v}$ in die $\boldsymbol{b}_1\boldsymbol{b}_2$-Ebene das Vektorprodukt $\boldsymbol{u} \times \boldsymbol{v}$ in die Richtung von $\boldsymbol{b}_3$. Die Vektoren $\boldsymbol{u}$, $\boldsymbol{v}$ und $\boldsymbol{u} \times \boldsymbol{v}$ folgen somit der Rechten-Hand-Regel, wobei wir gegenüber Abb. 19.8 nur den Winkel zwischen Daumen und Zeigefinger dem φ mit $0 \leq \varphi \leq 180°$ anzupassen haben. Wie schon früher vereinbart, nennen wir dies weiterhin ein *Rechtssystem*. Die genaue Definition folgt demnächst.

Diese Eigenschaft, ein Rechtssystem zu bilden, muss bereits vor der Verlagerung bestanden haben, denn die Stetigkeit des Vorganges, bei dem zudem $\|\boldsymbol{u} \times \boldsymbol{v}\| \neq \boldsymbol{0}$ bleibt, schließt ein plötzliches Umspringen von einem Rechtssystem zu einem Linkssystem aus. ■

Als Sonderfall halten wir fest: Für die beiden Vektoren

$$\boldsymbol{u} = \begin{pmatrix} u_1 \\ u_2 \\ 0 \end{pmatrix}, \quad \boldsymbol{v} = \begin{pmatrix} v_1 \\ v_2 \\ 0 \end{pmatrix}$$

in der von den Basisvektoren $\boldsymbol{b}_1$ und $\boldsymbol{b}_2$ aufgespannten Ebene gibt die zweireihige Determinante

$$D = \det \begin{pmatrix} u_1 & v_1 \\ u_2 & v_2 \end{pmatrix} \quad \text{mit } \boldsymbol{u} \times \boldsymbol{v} = \begin{pmatrix} 0 \\ 0 \\ D \end{pmatrix}$$

den vorzeichenbehafteten Flächeninhalt des von $\boldsymbol{u}$ und $\boldsymbol{v}$ aufgespannten Parallelogramms an. Dabei ist dieser Inhalt genau dann positiv, wenn $\boldsymbol{u}$, $\boldsymbol{v}$ und der dritte Basisvektor $\boldsymbol{b}_3$ ein Rechtssystem bilden.

Selbstfrage 7

Beweisen Sie die folgende Aussage: Die drei Punkte $\boldsymbol{a}, \boldsymbol{b}, \boldsymbol{c}$ liegen genau dann nicht auf einer Geraden, wenn gilt

$$(\boldsymbol{a} \times \boldsymbol{b}) + (\boldsymbol{b} \times \boldsymbol{c}) + (\boldsymbol{c} \times \boldsymbol{a}) \neq \boldsymbol{0}.$$

Die geometrischen Deutungen des Skalarproduktes $\boldsymbol{u} \cdot \boldsymbol{v}$ und des Vektorproduktes ergeben

$$\boldsymbol{u} \cdot \boldsymbol{v} = \|\boldsymbol{u}\|\,\|\boldsymbol{v}\| \cos\varphi \quad \text{und} \quad \|\boldsymbol{u} \times \boldsymbol{v}\| = \|\boldsymbol{u}\|\,\|\boldsymbol{v}\| \sin\varphi\,.$$

Daraus folgt unmittelbar die Gleichung

$$(\boldsymbol{u} \cdot \boldsymbol{v})^2 + (\boldsymbol{u} \times \boldsymbol{v})^2 = \|\boldsymbol{u}\|^2\,\|\boldsymbol{v}\|^2.$$

Man beachte: Im ersten Summanden wird eine reelle Zahl quadriert, dagegen im zweiten Summenden ein Vektor skalar mit sich selbst multipliziert.

Das Spatprodukt dreier Vektoren liefert das Volumen des aufgespannten Parallelepipeds

Nun zu einer weiteren Verknüpfung, die wir auch schon im Kap. 17 kennengelernt haben. Wir definieren für je drei Vektoren $\boldsymbol{u}, \boldsymbol{v}, \boldsymbol{w} \in \mathbb{R}^3$ mit den kartesischen Koordinaten $\begin{pmatrix} u_1 \\ u_2 \\ u_3 \end{pmatrix}, \begin{pmatrix} v_1 \\ v_2 \\ v_3 \end{pmatrix}$

Teil III

und $\begin{pmatrix} w_1 \\ w_2 \\ w_3 \end{pmatrix}$ als deren **Spatprodukt**

$$\det(\boldsymbol{u},\boldsymbol{v},\boldsymbol{w}) = \det\begin{pmatrix} u_1 & v_1 & w_1 \\ u_2 & v_2 & w_2 \\ u_3 & v_3 & w_3 \end{pmatrix}.$$

Dies führt auf eine Abbildung

$$(\mathbb{R}^3 \times \mathbb{R}^3 \times \mathbb{R}^3) \to \mathbb{R} \text{ mit } (\boldsymbol{u},\boldsymbol{v},\boldsymbol{w}) \mapsto \det(\boldsymbol{u},\boldsymbol{v},\boldsymbol{w}).$$

Aus unseren Regeln über Determinanten folgt unmittelbar: Genau dann ist $\det(\boldsymbol{u},\boldsymbol{v},\boldsymbol{w}) = 0$, wenn die drei Vektoren $\boldsymbol{u}$, $\boldsymbol{v}$ und $\boldsymbol{w}$ *linear abhängig* sind, also komplanar liegen.

Bei Änderungen der Reihenfolge verhält sich das Spatprodukt gemäß

$$\det(\boldsymbol{u},\boldsymbol{v},\boldsymbol{w}) = \det(\boldsymbol{v},\boldsymbol{w},\boldsymbol{u}) = \det(\boldsymbol{w},\boldsymbol{u},\boldsymbol{v}) = -\det(\boldsymbol{w},\boldsymbol{v},\boldsymbol{u}).$$

Bei zyklischer Vertauschung der drei Vektoren bleibt das Spatprodukt konstant. Hingegen ändert es sein Vorzeichen, wenn nur zwei Vektoren vertauscht werden.

Auch das Spatprodukt ist linear in jedem Anteil, also z. B.

$$\det\left((\boldsymbol{u}_1 + \boldsymbol{u}_2),\, \boldsymbol{v},\, \boldsymbol{w}\right) = \det(\boldsymbol{u}_1,\boldsymbol{v},\boldsymbol{w}) + \det(\boldsymbol{u}_2,\boldsymbol{v},\boldsymbol{w}).$$

Wenn wir die Determinante

$$\det\begin{pmatrix} u_1 & v_1 & w_1 \\ u_2 & v_2 & w_2 \\ u_3 & v_3 & w_3 \end{pmatrix}$$

nach der ersten Spalte entwickeln, so folgt daraus eine Darstellung mit Skalar- und Vektorprodukt.

Das Spatprodukt als gemischtes Produkt

$$\det(\boldsymbol{u},\boldsymbol{v},\boldsymbol{w}) = \boldsymbol{u}\cdot(\boldsymbol{v}\times\boldsymbol{w}) = (\boldsymbol{u}\times\boldsymbol{v})\cdot\boldsymbol{w} \qquad (19.11)$$

Dass auch das Spatprodukt eine vom Koordinatensystem unabhängige Bedeutung hat, ergibt sich wie folgt.

Geometrische Deutung des Spatproduktes

Der Absolutbetrag $|\det(\boldsymbol{u},\boldsymbol{v},\boldsymbol{w})|$ des Spatproduktes ist gleich dem *Volumen* des von den Vektoren $\boldsymbol{u}$, $\boldsymbol{v}$ und $\boldsymbol{w}$ aufgespannten Parallelepipeds.

Beweis Wir haben bereits früher erklärt, dass die vier Punkte $\boldsymbol{0}$, $\boldsymbol{u}$, $\boldsymbol{u}+\boldsymbol{v}$ und $\boldsymbol{v}$ das *von* $\boldsymbol{u}$ *und* $\boldsymbol{v}$ *aufgespannte Parallelogramm* bestimmen. Nehmen wir noch die durch Verschiebung längs $\boldsymbol{w}$

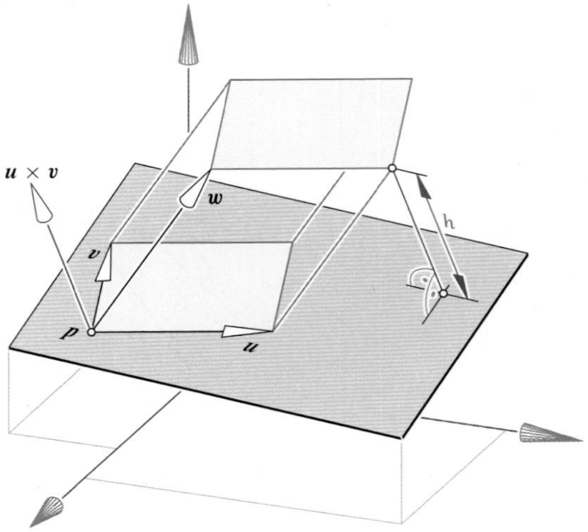

Abb. 19.17 Das Spatprodukt $\det(\boldsymbol{u},\boldsymbol{v},\boldsymbol{w})$ gibt das orientierte Volumen des von $\boldsymbol{u}$, $\boldsymbol{v}$ und $\boldsymbol{w}$ aufgespannten Parallelepipeds an

entstehenden Ecken $\boldsymbol{w}$, $\boldsymbol{u}+\boldsymbol{w}$, $\boldsymbol{u}+\boldsymbol{v}+\boldsymbol{w}$ und $\boldsymbol{v}+\boldsymbol{w}$ dazu, so entsteht das *von den Vektoren* $\boldsymbol{u}$, $\boldsymbol{v}$ *und* $\boldsymbol{w}$ *aufgespannte* **Parallelepiped**. Fassen wir dieses als Vollkörper auf, so ist es gleich der Punktmenge

$$\{\lambda\boldsymbol{u} + \mu\boldsymbol{v} + \nu\boldsymbol{w} \mid 0 \le \lambda, \mu, \nu \le 1\}.$$

Wie bei Parallelogrammen lassen wir zu, dass der Anfangspunkt $\boldsymbol{0}$ durch einen beliebigen anderen Punkt $\boldsymbol{p}$ ersetzt wird, also das Parallelepiped im Raum parallel verschoben wird (siehe Abb. 19.17).

Wir berechnen das Volumen des Parallelepipeds nach der Formel „Grundfläche mal Höhe". Dabei wählen wir das von $\boldsymbol{u}$ und $\boldsymbol{v}$ aufgespannte Parallelogramm als Grundfläche des genannten Parallelepipeds. Der Inhalt der Grundfläche beträgt demnach

$$F_{\#} = \|\boldsymbol{u}\times\boldsymbol{v}\|.$$

Die Höhe des Parallelepipeds ist gleich dem Wert $h = \|\boldsymbol{w}\|\cos\varphi$, wenn φ den Winkel zwischen $\boldsymbol{w}$ und einer zur Grundfläche orthogonalen Geraden angibt. Nach unseren bisherigen Ergebnissen gilt nun offensichtlich

$$|\det(\boldsymbol{u},\boldsymbol{v},\boldsymbol{w})| = |(\boldsymbol{u}\times\boldsymbol{v})\cdot\boldsymbol{w}| = \|\boldsymbol{u}\times\boldsymbol{v}\|\,\|\boldsymbol{w}\|\,\cos\varphi = F_{\#}\cdot h,$$

wie behauptet wurde. ■

Werden die drei linear unabhängigen Vektoren stetig verlagert, so kann sich auch deren Spatprodukt nur stetig ändern. Das Volumen des Parallelepipeds und damit der Absolutbetrag des Spatproduktes bleiben dabei konstant. Die Stetigkeit ohne Nulldurchgang lässt beim Spatprodukt keinen Vorzeichenwechsel zu. Nicht nur der Betrag, sondern das Spatprodukt selbst muss konstant bleiben.

Teil III

Wie früher beim Vektorprodukt können wir nach stetiger Verlagerung die spezielle Position

$$\boldsymbol{u} = \begin{pmatrix} u_1 \\ 0 \\ 0 \end{pmatrix}, \quad \boldsymbol{v} = \begin{pmatrix} v_1 \\ v_2 \\ 0 \end{pmatrix} \quad \text{mit } u_1, v_2 > 0$$

erreichen. Dann aber ist

$$\det(\boldsymbol{u}, \boldsymbol{v}, \boldsymbol{w}) = \det \begin{pmatrix} u_1 & v_1 & w_1 \\ 0 & v_2 & w_2 \\ 0 & 0 & w_3 \end{pmatrix} = u_1 v_2 w_3 .$$

Somit gilt hier

$$\det(\boldsymbol{u}, \boldsymbol{v}, \boldsymbol{w}) > 0 \iff w_3 > 0 .$$

Bei positivem Spatprodukt zeigt $\boldsymbol{w}$ auf dieselbe Seite der $\boldsymbol{b}_1\boldsymbol{b}_2$-Ebene wie $\boldsymbol{b}_3$. Damit folgen dann die Vektoren $\boldsymbol{u}$, $\boldsymbol{v}$ und $\boldsymbol{w}$ der Rechten-Hand-Regel. Deshalb wollen wir für beliebige Vektortripel folgende Definition aufstellen.

Definition eines Rechtssystems

Die drei Vektoren $\boldsymbol{u}$, $\boldsymbol{v}$ und $\boldsymbol{w}$ bilden ein **Rechtssystem**, wenn $\det(\boldsymbol{u}, \boldsymbol{v}, \boldsymbol{w}) > 0$ ist. Hingegen sprechen wir bei $\det(\boldsymbol{u}, \boldsymbol{v}, \boldsymbol{w}) < 0$ von einem **Linkssystem**.

Dies legt nahe, das Spatprodukt $\det(\boldsymbol{u}, \boldsymbol{v}, \boldsymbol{w})$ ohne Betragszeichen als **orientiertes Volumen** des von $\boldsymbol{u}$, $\boldsymbol{v}$ und $\boldsymbol{w}$ aufgespannten Parallelepipeds zu definieren. Dessen Absolutbetrag ist, wie eben gezeigt, gleich dem *elementaren* Volumen. Das *orientierte* Volumen ist positiv oder negativ je nachdem, ob die linear unabhängigen Vektoren in der angegebenen Reihenfolge ein Rechtssystem oder ein Linkssystem bilden.

Kommentar Wenn wir ein Rechtssystem mithilfe der Determinante definieren, die selbst ja über Koordinaten berechnet wird, so genügt es nur dann der Rechten-Hand-Regel, wenn auch die kartesische Basis der Rechten-Hand-Regel genügt. ◄

Beispiel

- Für die Vektoren $\boldsymbol{e}_1, \boldsymbol{e}_2, \boldsymbol{e}_3$ der Standardbasis gilt

$$\det(\boldsymbol{e}_1, \boldsymbol{e}_2, \boldsymbol{e}_3) = \det \begin{pmatrix} 1 & 0 & 0 \\ 0 & 1 & 0 \\ 0 & 0 & 1 \end{pmatrix} = 1 .$$

  Allgemein hat jede orthonormierte Basis $(\boldsymbol{b}_1, \boldsymbol{b}_2, \boldsymbol{b}_3)$, die ein Rechtssystem bildet, als Spatprodukt den Wert $+1$, denn nach (19.11) ist

$$\det(\boldsymbol{b}_1, \boldsymbol{b}_2, \boldsymbol{b}_3) = (\boldsymbol{b}_1 \times \boldsymbol{b}_2) \cdot \boldsymbol{b}_3 = \boldsymbol{b}_3 \cdot \boldsymbol{b}_3 = \|\boldsymbol{b}_3\|^2 = 1 .$$

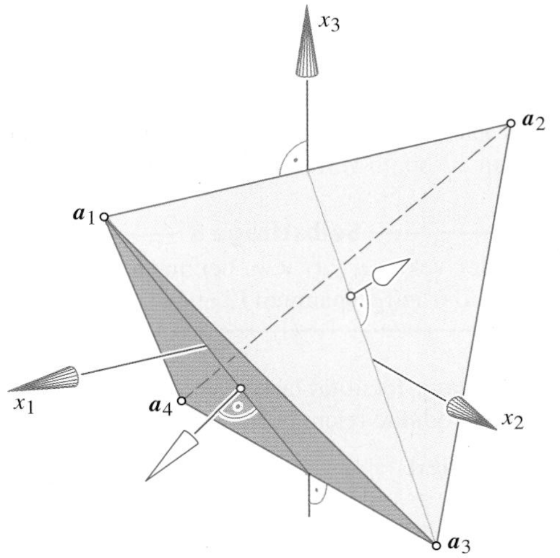

Abb. 19.18 Die Punkte $\boldsymbol{a}_1 \ldots \boldsymbol{a}_4$ bilden ein reguläres Tetraeder

- Die vier Punkte

$$\boldsymbol{a}_{1,2} = \begin{pmatrix} \pm 2 \\ 0 \\ \sqrt{2} \end{pmatrix}, \quad \boldsymbol{a}_{3,4} = \begin{pmatrix} 0 \\ \pm 2 \\ -\sqrt{2} \end{pmatrix}$$

  bilden eine dreiseitige Pyramide, deren Kanten alle dieselbe Länge 4 aufweisen (siehe Frage auf S. 704). Es handelt sich also um ein **reguläres Tetraeder** (Abb. 19.18). Gesucht ist dessen Volumen V.

  Zu dessen Berechnung wählen wir etwa das Dreieck $\boldsymbol{a}_1\boldsymbol{a}_2\boldsymbol{a}_3$ als Grundfläche und berechnen das Pyramidenvolumen nach der Formel $\frac{1}{3}$ Grundfläche×Höhe. Wenn wir die Grundfläche zu dem Parallelogramm $\boldsymbol{a}_1\,\boldsymbol{a}_2\,\boldsymbol{p}\,\boldsymbol{a}_3$ ergänzen bei $\boldsymbol{p} = \boldsymbol{a}_2 + (\boldsymbol{a}_3 - \boldsymbol{a}_1)$, so verdoppeln wir deren Flächeninhalt. Dann aber stellt das Produkt Grundfläche×Höhe den Inhalt des von den Differenzenvektoren $\boldsymbol{a}_2 - \boldsymbol{a}_1$, $\boldsymbol{a}_3 - \boldsymbol{a}_1$ und $\boldsymbol{a}_4 - \boldsymbol{a}_1$ aufgespannten Parallelepipeds dar. Somit gilt für das Tetraedervolumen:

$$\begin{aligned} V &= \frac{1}{6}\,|\det[(\boldsymbol{a}_2 - \boldsymbol{a}_1),\ (\boldsymbol{a}_3 - \boldsymbol{a}_1),\ (\boldsymbol{a}_4 - \boldsymbol{a}_1)]| \\ &= \frac{1}{6}\left|\det \begin{pmatrix} -4 & -2 & -2 \\ 0 & 2 & -2 \\ 0 & -2\sqrt{2} & -2\sqrt{2} \end{pmatrix}\right| \\ &= \frac{1}{6}\left|(-4)(-4\sqrt{2} - 4\sqrt{2})\right| = \frac{16\sqrt{2}}{3} \end{aligned}$$

Eine andere Berechnung des Volumens einer dreiseitigen Pyramide, nämlich mithilfe der Cayley-Menger-Determinante, folgt auf S. 716. ◄

Einige nützliche Formeln für gemischte Produkte

Wir stellen in der Folge einige Formeln zusammen, die beim Rechnen mit Vektoren im $\mathbb{R}^3$ hilfreich sind. Wir beginnen mit der **Grassmann-Identität**

$$\boldsymbol{u} \times (\boldsymbol{v} \times \boldsymbol{w}) = (\boldsymbol{u} \cdot \boldsymbol{w})\boldsymbol{v} - (\boldsymbol{u} \cdot \boldsymbol{v})\boldsymbol{w}\,.$$

Der Beweis kann durch Nachrechnen geführt werden. Das ist etwas mühsam, deshalb verzichten wir hier darauf.

Selbstfrage 8

Warum liegt der Vektor $\boldsymbol{u} \times (\boldsymbol{v} \times \boldsymbol{w})$ bei linear unabhängigen $\boldsymbol{v}, \boldsymbol{w}$ in der von $\boldsymbol{v}$ und $\boldsymbol{w}$ aufgespannten Ebene?

Aus der Grassmann-Identität lassen sich die folgenden Formeln für gemischte Produkte leicht herleiten:

1. **Jacobi-Identität**

$$[\boldsymbol{u} \times (\boldsymbol{v} \times \boldsymbol{w})] + [\boldsymbol{v} \times (\boldsymbol{w} \times \boldsymbol{u})] + [\boldsymbol{w} \times (\boldsymbol{u} \times \boldsymbol{v})] = \boldsymbol{0}$$

2. **Lagrange-Identität**

$$(\boldsymbol{u} \times \boldsymbol{v}) \cdot (\boldsymbol{w} \times \boldsymbol{x}) = (\boldsymbol{u} \cdot \boldsymbol{w})(\boldsymbol{v} \cdot \boldsymbol{x}) - (\boldsymbol{u} \cdot \boldsymbol{x})(\boldsymbol{v} \cdot \boldsymbol{w})$$

3. **Vektorprodukt zweier Vektorprodukte**

$$(\boldsymbol{u} \times \boldsymbol{v}) \times (\boldsymbol{w} \times \boldsymbol{x}) = \det(\boldsymbol{u}, \boldsymbol{w}, \boldsymbol{x})\, \boldsymbol{v} - \det(\boldsymbol{v}, \boldsymbol{w}, \boldsymbol{x})\, \boldsymbol{u}$$

Beweis 1) Diese folgt aus der Grassmann-Identität durch zyklische Vertauschung, also den Ersatz $(u, v, w) \mapsto (v, w, u) \mapsto (w, u, v)$, und durch anschließende Addition.

2) Es gilt:

$$\begin{aligned}(\boldsymbol{u} \times \boldsymbol{v}) \cdot (\boldsymbol{w} \times \boldsymbol{x}) &= \det((\boldsymbol{u} \times \boldsymbol{v}),\, \boldsymbol{w},\, \boldsymbol{x}) \\ &= [(\boldsymbol{u} \times \boldsymbol{v}) \times \boldsymbol{w}] \cdot \boldsymbol{x} \\ &= [(\boldsymbol{u} \cdot \boldsymbol{w})\boldsymbol{v} - (\boldsymbol{v} \cdot \boldsymbol{w})\boldsymbol{u}] \cdot \boldsymbol{x}\end{aligned}$$

Die Formel $\|\boldsymbol{u} \times \boldsymbol{v}\| = \|\boldsymbol{u}\|\,\|\boldsymbol{v}\| \sin\varphi$ aus (19.10) ist wegen (19.6) ein Sonderfall der Lagrange-Identität – ebenso wie die Gleichung $(\boldsymbol{u} \cdot \boldsymbol{v})^2 + (\boldsymbol{u} \times \boldsymbol{v})^2 = \|\boldsymbol{u}\|^2\,\|\boldsymbol{v}\|^2$ von S. 711.

3) Aus der Grassmann-Identität folgt weiter

$$\begin{aligned}(\boldsymbol{u} \times \boldsymbol{v}) \times (\boldsymbol{w} \times \boldsymbol{x}) &= (\boldsymbol{u} \cdot (\boldsymbol{w} \times \boldsymbol{x}))\, \boldsymbol{v} - (\boldsymbol{v} \cdot (\boldsymbol{w} \times \boldsymbol{x}))\, \boldsymbol{u} \\ &= \det(\boldsymbol{u}, \boldsymbol{w}, \boldsymbol{x})\, \boldsymbol{v} - \det(\boldsymbol{v}, \boldsymbol{w}, \boldsymbol{x})\, \boldsymbol{u}\,. \qquad \blacksquare\end{aligned}$$

Die Hesse'sche Normalform ist mehr als nur die Gleichung einer Ebene

Die Ebenen im Anschauungsraum sind zweidimensionale affine Teilräume des $\mathbb{R}^3$. Wird die durch den Punkt $\boldsymbol{p}$ gehende Ebene E von den zwei linear unabhängigen Vektoren $\boldsymbol{u}$ und $\boldsymbol{v}$ aufgespannt, so lautet ihre *Parameterdarstellung*

$$E = \{\boldsymbol{x} = \boldsymbol{p} + \lambda \boldsymbol{u} + \mu \boldsymbol{v} \mid (\lambda, \mu) \in \mathbb{R}^2\}.$$

Wir schreiben dafür auch $E = \boldsymbol{p} + \mathbb{R}\boldsymbol{u} + \mathbb{R}\boldsymbol{v}$.

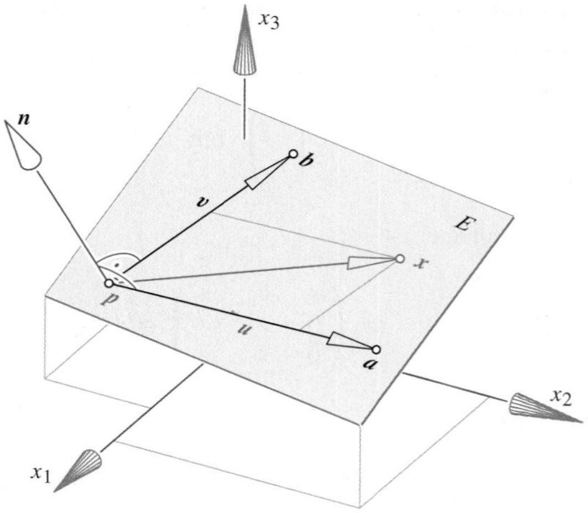

Abb. 19.19 Die Ebene $E = \boldsymbol{p} + \mathbb{R}\boldsymbol{u} + \mathbb{R}\boldsymbol{v}$ geht durch $\boldsymbol{p}$ und wird von den Vektoren $\boldsymbol{u}$ und $\boldsymbol{v}$ aufgespannt

Der Punkt $\boldsymbol{x}$ liegt somit genau dann in E, wenn die Vektoren $(\boldsymbol{x} - \boldsymbol{p})$, $\boldsymbol{u}$ und $\boldsymbol{v}$ linear abhängig sind (Abb. 19.19). Genau dann verschwindet deren Spatprodukt, d. h.

$$\det((\boldsymbol{x} - \boldsymbol{p}),\, \boldsymbol{u},\, \boldsymbol{v}) = (\boldsymbol{x} - \boldsymbol{p}) \cdot (\boldsymbol{u} \times \boldsymbol{v}) = 0\,,$$

oder mit $\boldsymbol{n} = \boldsymbol{u} \times \boldsymbol{v}$ als Normalvektor zu E

$$\boldsymbol{n} \cdot \boldsymbol{x} = \boldsymbol{n} \cdot \boldsymbol{p} = k = \text{konst.}$$

Dies bedeutet ausführlich

$$n_1 x_1 + n_2 x_2 + n_3 x_3 = k\,.$$

Die Ebenengleichung

Eine Ebene ist die Lösungsmenge einer linearen Gleichung. Dabei sind die in dieser Gleichung auftretenden Koeffizienten $(n_1, n_2, n_3) \neq \boldsymbol{0}$ die Koordinaten eines Normalvektors $\boldsymbol{n}$ von E.

Wir können den Normalvektor normieren, und zwar sogar auf zwei Arten, als $\widehat{\boldsymbol{n}} = \pm \frac{1}{\|\boldsymbol{n}\|}\, \boldsymbol{n}$.

Definition der Hesse'schen Normalform einer Ebene

Ist $\boldsymbol{n}$ ein normierter Normalvektor der Ebene E, d. h. $\|\boldsymbol{n}\| = 1$, so heißt die zugehörige Ebenengleichung

$$l(\boldsymbol{x}) = \boldsymbol{n} \cdot \boldsymbol{x} - k = n_1 x_1 + n_2 x_2 + n_3 x_3 - k = 0$$

nach L. O. Hesse (1811–1874) **Hesse'sche Normalform** der Ebene E.

Teil III

Übersicht: Produkte von Vektoren im $\mathbb{R}^3$

Für die Analytische Geometrie im Anschauungsraum stehen drei verschiedene Produkte von Vektoren zur Verfügung.

- Das **Skalarprodukt** $\boldsymbol{u} \cdot \boldsymbol{v}$ ist eine reelle Zahl, nämlich

$$\boldsymbol{u} \cdot \boldsymbol{v} = \|\boldsymbol{u}\| \, \|\boldsymbol{v}\| \cos \varphi .$$

Dabei ist φ der von $\boldsymbol{u}$ und $\boldsymbol{v}$ eingeschlossene Winkel mit $0 \leq \varphi \leq \pi$.

  - Es ist

$$\|\boldsymbol{u}\| = \sqrt{\boldsymbol{u} \cdot \boldsymbol{u}}$$

die *Norm* oder *Länge* des Vektors $\boldsymbol{u}$ und

$$\|\boldsymbol{a} - \boldsymbol{b}\|$$

die *Distanz* der Punkte $\boldsymbol{a}$ und $\boldsymbol{b}$.

  - Jeder Vektor $\boldsymbol{u} \neq \boldsymbol{0}$ lässt sich durch skalare Multiplikation gemäß

$$\widehat{\boldsymbol{u}} = \frac{1}{\|\boldsymbol{u}\|} \boldsymbol{u}$$

auf einen Einheitsvektor normieren.

  - Das Skalarprodukt $\boldsymbol{u} \cdot \boldsymbol{v}$ ist symmetrisch,

$$\boldsymbol{v} \cdot \boldsymbol{u} = \boldsymbol{u} \cdot \boldsymbol{v},$$

und in jedem Anteil linear, also

$$(\boldsymbol{u}_1 + \boldsymbol{u}_2) \cdot \boldsymbol{v} = (\boldsymbol{u}_1 \cdot \boldsymbol{v}) + (\boldsymbol{u}_2 \cdot \boldsymbol{v}) \text{ und}$$
$$(\lambda \boldsymbol{u}) \cdot \boldsymbol{v} = \lambda (\boldsymbol{u} \cdot \boldsymbol{v}).$$

  - Eine orthonormierte Basis $(\boldsymbol{b}_1, \boldsymbol{b}_2, \boldsymbol{b}_3)$ des $\mathbb{R}^3$ ist durch

$$\boldsymbol{b}_i \cdot \boldsymbol{b}_j = \delta_{ij}$$

gekennzeichnet.

  - Es gelten die Cauchy-Schwarz'sche Ungleichung

$$|\boldsymbol{u} \cdot \boldsymbol{v}| \leq \|\boldsymbol{u}\| \, \|\boldsymbol{v}\|$$

und die Dreiecksungleichung

$$\|\boldsymbol{u} + \boldsymbol{v}\| \leq \|\boldsymbol{u}\| + \|\boldsymbol{v}\|.$$

- Das **Vektorprodukt** oder *Kreuzprodukt* $\boldsymbol{u} \times \boldsymbol{v}$ ist ein Vektor.
  - Lineare Abhängigkeit von $\boldsymbol{u}$ und $\boldsymbol{v}$ ist durch

$$\boldsymbol{u} \times \boldsymbol{v} = \boldsymbol{0}$$

gekennzeichnet.

  - Bei linear unabhängigen $\boldsymbol{u}, \boldsymbol{v}$ steht $\boldsymbol{u} \times \boldsymbol{v}$ auf der von $\boldsymbol{u}$ und $\boldsymbol{v}$ aufgespannten Ebene normal; die Norm $\|\boldsymbol{u} \times \boldsymbol{v}\|$ ist gleich dem Flächeninhalt $\|\boldsymbol{u}\| \, \|\boldsymbol{v}\| \sin \varphi$ des von $\boldsymbol{u}$ und $\boldsymbol{v}$ aufgespannten Parallelogramms; der Vektor $\boldsymbol{u} \times \boldsymbol{v}$ bildet mit $\boldsymbol{u}$ und $\boldsymbol{v}$ ein Rechtssystem.
  - Das Vektorprodukt ist schiefsymmetrisch, also

$$\boldsymbol{v} \times \boldsymbol{u} = -\boldsymbol{u} \times \boldsymbol{v},$$

und linear in jedem Anteil, d. h.

$$(\boldsymbol{u}_1 + \boldsymbol{u}_2) \times \boldsymbol{v} = (\boldsymbol{u}_1 \times \boldsymbol{v}) + (\boldsymbol{u}_2 \times \boldsymbol{v}) \text{ und}$$
$$\lambda \boldsymbol{u} \times \boldsymbol{v} = \lambda \, (\boldsymbol{u} \times \boldsymbol{v}).$$

- Das **Spatprodukt** $\det(\boldsymbol{u}, \boldsymbol{v}, \boldsymbol{w})$ ist eine reelle Zahl. Sie gibt das orientierte Volumen des von den drei Vektoren aufgespannten Parallelepipeds an.
  - Genau bei $\det(\boldsymbol{u}, \boldsymbol{v}, \boldsymbol{w}) > 0$ bilden die drei Vektoren in dieser Reihenfolge ein Rechtssystem.
  - Ein verschwindendes Spatprodukt kennzeichnet lineare Abhängigkeit.
  - Die Vertauschung zweier Vektoren ändert das Vorzeichen; es ist

$$\det(\boldsymbol{u}, \boldsymbol{v}, \boldsymbol{w}) = \det(\boldsymbol{v}, \boldsymbol{w}, \boldsymbol{u}) = -\det(\boldsymbol{v}, \boldsymbol{u}, \boldsymbol{w}).$$

  - Das Spatprodukt ist linear in jedem Anteil, also

$$\det(\boldsymbol{u}_1 + \boldsymbol{u}_2, \boldsymbol{v}, \boldsymbol{w}) = \det(\boldsymbol{u}_1, \boldsymbol{v}, \boldsymbol{w}) + \det(\boldsymbol{u}_2, \boldsymbol{v}, \boldsymbol{w}) \text{ und}$$
$$\det(\lambda \boldsymbol{u}, \boldsymbol{v}, \boldsymbol{w}) = \lambda \, \det(\boldsymbol{u}, \boldsymbol{v}, \boldsymbol{w}).$$

  - Es ist

$$\det(\boldsymbol{u}, \boldsymbol{v}, \boldsymbol{w}) = \boldsymbol{u} \cdot (\boldsymbol{v} \times \boldsymbol{w}) = (\boldsymbol{u} \times \boldsymbol{v}) \cdot \boldsymbol{w}.$$

- Ferner gelten
  - die Grassmann-Identität

$$(\boldsymbol{u} \times \boldsymbol{v}) \times \boldsymbol{w} = (\boldsymbol{u} \cdot \boldsymbol{w})\boldsymbol{v} - (\boldsymbol{v} \cdot \boldsymbol{w})\boldsymbol{u},$$

  - die Jacobi-Identität

$$[\boldsymbol{u} \times (\boldsymbol{v} \times \boldsymbol{w})] + [\boldsymbol{v} \times (\boldsymbol{w} \times \boldsymbol{u})] + [\boldsymbol{w} \times (\boldsymbol{u} \times \boldsymbol{v})] = \boldsymbol{0},$$

  - die Lagrange-Identität

$$(\boldsymbol{u} \times \boldsymbol{v}) \cdot (\boldsymbol{w} \times \boldsymbol{x}) = (\boldsymbol{u} \cdot \boldsymbol{w})(\boldsymbol{v} \cdot \boldsymbol{x}) - (\boldsymbol{u} \cdot \boldsymbol{x})(\boldsymbol{v} \cdot \boldsymbol{w})$$

  - sowie für das Vektorprodukt zweier Vektorprodukte die Formel

$$(\boldsymbol{u} \times \boldsymbol{v}) \times (\boldsymbol{w} \times \boldsymbol{x}) = \det(\boldsymbol{u}, \boldsymbol{w}, \boldsymbol{x}) \, \boldsymbol{v} - \det(\boldsymbol{v}, \boldsymbol{w}, \boldsymbol{x}) \, \boldsymbol{u}.$$

Vertiefung: Die Cayley-Menger-Formel für das Volumen einer dreiseitigen Pyramide

Die Bedeutung dieser von Arthur Cayley (1821–1895) entwickelten und später von Karl Menger (1902–1985) auf metrische Räume verallgemeinerten Formel liegt darin, dass das Volumen einer dreiseitigen Pyramide allein durch die Längen l_{ij} der sechs Kanten auszudrücken ist. Das Verschwinden dieses Volumens kennzeichnet die Komplanarität der Eckpunkte anhand einer von den gegenseitigen Distanzen zu erfüllenden Gleichung.

Das Volumen V der dreiseitigen Pyramide mit den Eckpunkten $\boldsymbol{a}_0, \dots, \boldsymbol{a}_3$ ist gleich einem Sechstel des Volumens jenes Parallelepipeds, welches von den Vektoren $\boldsymbol{a}_1 - \boldsymbol{a}_0$, $\boldsymbol{a}_2 - \boldsymbol{a}_0$ und $\boldsymbol{a}_3 - \boldsymbol{a}_0$ aufgespannt wird (siehe Beispiel auf S. 713). Daher gilt

$$V = \frac{1}{6}\,\det(\boldsymbol{a}_1 - \boldsymbol{a}_0,\ \boldsymbol{a}_2 - \boldsymbol{a}_0,\ \boldsymbol{a}_3 - \boldsymbol{a}_0).$$

Wir bezeichnen die Koordinaten der Punkte $\boldsymbol{a}_i$ für $i = 0, \dots, 3$ mit (x_{i1}, x_{i2}, x_{i3}) und schreiben diese wie gewohnt in Spaltenform. Dies ergibt, wenn das Symbol $|*|$ die Determinante bezeichnet,

$$V = \frac{1}{6}\begin{vmatrix} x_{11}-x_{01} & x_{21}-x_{01} & x_{31}-x_{01} \\ x_{12}-x_{02} & x_{22}-x_{02} & x_{32}-x_{02} \\ x_{13}-x_{03} & x_{23}-x_{03} & x_{33}-x_{03} \end{vmatrix},$$

und diese 3×3-Matrix formen wir schrittweise um, ohne ihre Determinante zu verändern.

Wir erweitern durch die Zeile $(1\,0\,0\,0)$ zu einer 4×4-Matrix. Deren Entwicklung nach der ersten Zeile gemäß Kap. 16 beweist die Konstanz der Determinante, unabhängig vom Inhalt der ersten Spalte. Demnach ist

$$V = \frac{1}{6}\begin{vmatrix} 1 & 0 & \dots & 0 \\ x_{01} & x_{11}-x_{01} & \dots & x_{31}-x_{01} \\ x_{02} & x_{12}-x_{02} & \dots & x_{32}-x_{02} \\ x_{03} & x_{13}-x_{03} & \dots & x_{33}-x_{03} \end{vmatrix}.$$

Dann addieren wir zu den Spalten 2 bis 4 die erste:

$$V = \frac{1}{6}\begin{vmatrix} 1 & 1 & 1 & 1 \\ x_{01} & x_{11} & x_{21} & x_{31} \\ x_{02} & x_{12} & x_{22} & x_{32} \\ x_{03} & x_{13} & x_{23} & x_{33} \end{vmatrix}$$

In den Spalten kommen genau die Koordinaten der vier gegebenen Punkte vor. Nach nochmaliger Erweiterung („Ränderung") zu einer 5×5-Matrix können wir abkürzend schreiben

$$V = \frac{1}{6}\begin{vmatrix} 1 & 0 & 0 & 0 & 0 \\ 0 & 1 & 1 & 1 & 1 \\ \boldsymbol{0} & \boldsymbol{a}_0 & \boldsymbol{a}_1 & \boldsymbol{a}_2 & \boldsymbol{a}_3 \end{vmatrix},$$

wobei die Vektorsymbole die in Spalten geschriebenen Koordinatentripel repräsentieren. Derselbe Wert tritt bei der transponierten Matrix auf, in der wir zusätzlich noch die ersten beiden Spalten vertauschen, d. h.

$$V = -\frac{1}{6}\begin{vmatrix} 0 & 1 & \boldsymbol{0}^{\mathrm{T}} \\ 1 & 0 & \boldsymbol{a}_0^{\mathrm{T}} \\ \vdots & \vdots & \vdots \\ 1 & 0 & \boldsymbol{a}_3^{\mathrm{T}} \end{vmatrix}$$

mit $\boldsymbol{a}_i^{\mathrm{T}}$ als Koordinatentripel in Zeilenform. Wir multiplizieren die letzte Formel mit der vorletzten und nutzen, dass das Produkt der Determinanten gleich ist der Determinante des Matrizenproduktes. So entsteht

$$V^2 = -\frac{1}{36}\begin{vmatrix} 0 & 1 & 1 & 1 & 1 \\ 1 & \boldsymbol{a}_0\cdot\boldsymbol{a}_0 & \boldsymbol{a}_0\cdot\boldsymbol{a}_1 & \boldsymbol{a}_0\cdot\boldsymbol{a}_2 & \boldsymbol{a}_0\cdot\boldsymbol{a}_3 \\ 1 & \boldsymbol{a}_1\cdot\boldsymbol{a}_0 & \boldsymbol{a}_1\cdot\boldsymbol{a}_1 & \boldsymbol{a}_1\cdot\boldsymbol{a}_2 & \boldsymbol{a}_1\cdot\boldsymbol{a}_3 \\ 1 & \boldsymbol{a}_2\cdot\boldsymbol{a}_0 & \boldsymbol{a}_2\cdot\boldsymbol{a}_1 & \boldsymbol{a}_2\cdot\boldsymbol{a}_2 & \boldsymbol{a}_2\cdot\boldsymbol{a}_3 \\ 1 & \boldsymbol{a}_3\cdot\boldsymbol{a}_0 & \boldsymbol{a}_3\cdot\boldsymbol{a}_1 & \boldsymbol{a}_3\cdot\boldsymbol{a}_2 & \boldsymbol{a}_3\cdot\boldsymbol{a}_3 \end{vmatrix}$$

Nun subtrahieren wir für $0 \le i \le 3$ von der $(i+2)$-ten Zeile $(1\ \boldsymbol{a}_i\cdot\boldsymbol{a}_0\ \boldsymbol{a}_i\cdot\boldsymbol{a}_1\ \boldsymbol{a}_i\cdot\boldsymbol{a}_2\ \boldsymbol{a}_i\cdot\boldsymbol{a}_3)$ die mit $\boldsymbol{a}_i\cdot\boldsymbol{a}_i/2$ multiplizierte erste Zeile und danach von der $(j+2)$-ten Spalte, $0 \le j \le 3$, die mit $\boldsymbol{a}_j\cdot\boldsymbol{a}_j/2$ multiplizierte erste Spalte. Damit erhalten wir Nullen in der Hauptdiagonale. Und an die Stelle $(i+2, j+2)$, $i \ne j$, kommt der Wert

$$\boldsymbol{a}_i\cdot\boldsymbol{a}_j - \frac{1}{2}\boldsymbol{a}_i\cdot\boldsymbol{a}_i - \frac{1}{2}\boldsymbol{a}_j\cdot\boldsymbol{a}_j = -\frac{1}{2}\,l_{ij}^2$$

mit l_{ij} als Distanz der Punkte $\boldsymbol{a}_i$ und $\boldsymbol{a}_j$, denn

$$l_{ij}^2 = \|\boldsymbol{a}_i - \boldsymbol{a}_j\|^2 = \boldsymbol{a}_i\cdot\boldsymbol{a}_i - 2\,\boldsymbol{a}_i\cdot\boldsymbol{a}_j + \boldsymbol{a}_j\cdot\boldsymbol{a}_j\,.$$

Es bleibt

$$V^2 = \frac{-1}{36}\begin{vmatrix} 0 & 1 & 1 & 1 & 1 \\ 1 & 0 & -l_{01}^2/2 & -l_{02}^2/2 & -l_{03}^2/2 \\ 1 & -l_{10}^2/2 & 0 & -l_{12}^2/2 & -l_{13}^2/2 \\ 1 & -l_{20}^2/2 & -l_{21}^2/2 & 0 & -l_{23}^2/2 \\ 1 & -l_{30}^2/2 & -l_{31}^2/2 & -l_{32}^2/2 & 0 \end{vmatrix}.$$

Zur weiteren Vereinfachung multiplizieren wir in dieser symmetrischen Matrix die erste Spalte mit $-1/2$, um dann aus den Zeilen 2 bis 5 jeweils $-1/2$ wieder herauszukürzen. Nach den Regeln über Determinanten folgt schließlich die Formel

$$V^2 = \frac{1}{288}\begin{vmatrix} 0 & 1 & 1 & 1 & 1 \\ 1 & 0 & l_{01}^2 & l_{02}^2 & l_{03}^2 \\ 1 & l_{10}^2 & 0 & l_{12}^2 & l_{13}^2 \\ 1 & l_{20}^2 & l_{21}^2 & 0 & l_{23}^2 \\ 1 & l_{30}^2 & l_{31}^2 & l_{32}^2 & 0 \end{vmatrix}$$

mit der *Cayley-Menger'schen-Determinante*.

Kommentar Die zweidimensionale Version dieser Volumenformel liefert für das Dreieck mit den Seitenlängen a, b, c genau die Heron'sche Flächenformel

$$A^2 = s(s-a)(s-b)(s-c) \quad \text{mit } s = \frac{1}{2}(a+b+c). \quad ◄$$

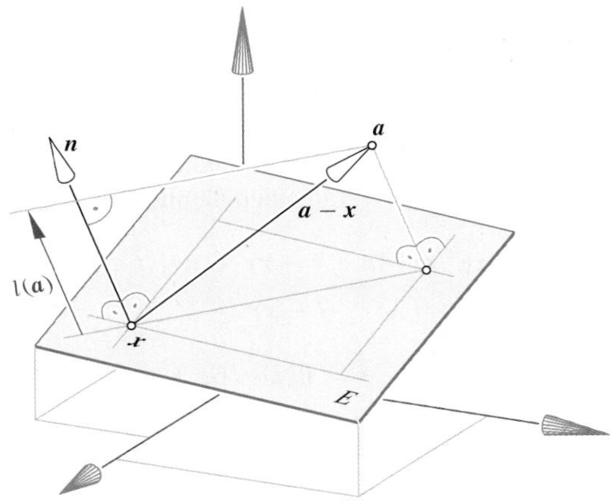

Abb. 19.20 Die Bedeutung der Hesse'schen Normalform: $d = l(\boldsymbol{a})$ ist der orientierte Abstand des Punktes $\boldsymbol{a}$ von der Ebene E. Dabei kann d positiv, negativ oder gleich null sein

Dabei gibt $|k| = |\boldsymbol{n} \cdot \boldsymbol{p}|$ nach der geometrischen Deutung des Skalarproduktes (siehe Abb. 19.13) den Abstand des Koordinatenursprungs $\boldsymbol{o}$ von der Ebene E an.

Setzen wir einen beliebigen Raumpunkt $\boldsymbol{a}$ in die Ebenengleichung ein, so ist (Abb. 19.20)

$$l(\boldsymbol{a}) = \boldsymbol{n} \cdot \boldsymbol{a} - k = \boldsymbol{n} \cdot \boldsymbol{a} - \boldsymbol{n} \cdot \boldsymbol{x} = \boldsymbol{n} \cdot (\boldsymbol{a} - \boldsymbol{x}).$$

Somit gibt $l(\boldsymbol{a})$ die Länge der Projektion des Vektors $\boldsymbol{a} - \boldsymbol{x}$ auf $\boldsymbol{n}$ an.

Eigenschaften der Hesse'schen Normalform

Ist $l(\boldsymbol{x}) = 0$ die Hesse'sche Normalform der Ebene E, so gibt $l(\boldsymbol{a})$ den **orientierten Abstand** des Punktes $\boldsymbol{a}$ von E an. Dabei ist dieser Abstand $l(\boldsymbol{a})$ genau dann positiv, wenn $\boldsymbol{a}$ auf jener Seite von E liegt, auf welche der Normalvektor $\boldsymbol{n}$ hinzeigt.

Die Ebene E zerlegt den Raum $\mathbb{R}^3 \setminus E$ in zwei offene **Halbräume**, deren Punkte $\boldsymbol{a}$ durch $l(\boldsymbol{a}) > 0$ bzw. durch $l(\boldsymbol{a}) < 0$ gekennzeichnet sind.

Beispiel Die vier Punkte

$$\boldsymbol{a}_{1,2} = \begin{pmatrix} \pm 2 \\ 0 \\ \sqrt{2} \end{pmatrix}, \quad \boldsymbol{a}_{3,4} = \begin{pmatrix} 0 \\ \pm 2 \\ -\sqrt{2} \end{pmatrix}$$

bestimmen eine dreiseitige Pyramide mit lauter Kanten derselben Länge, also ein reguläres Tetraeder (siehe Abb. 19.18). Gesucht sind spezielle Normalvektoren der vier Seitenflächen, und zwar diejenigen Einheitsvektoren, welche nach außen weisen. Auch soll das Innere dieses Tetraeders durch Ungleichungen gekennzeichnet werden.

Ein auf der Verbindungsebene von $\boldsymbol{a}_1$, $\boldsymbol{a}_2$ und $\boldsymbol{a}_3$ normal stehender Vektor ist als Vektorprodukt zu berechnen:

$$\begin{aligned} \boldsymbol{n}_{123} &= (\boldsymbol{a}_2 - \boldsymbol{a}_1) \times (\boldsymbol{a}_3 - \boldsymbol{a}_1) \\ &= \begin{pmatrix} -4 \\ 0 \\ 0 \end{pmatrix} \times \begin{pmatrix} -2 \\ 2 \\ -2\sqrt{2} \end{pmatrix} = \begin{pmatrix} 0 \\ -8\sqrt{2} \\ -8 \end{pmatrix} \end{aligned}$$

Wir normieren zu

$$\widehat{\boldsymbol{n}}_{123} = \frac{1}{\sqrt{3}} \begin{pmatrix} 0 \\ \sqrt{2} \\ 1 \end{pmatrix}$$

und haben damit eine von zwei möglichen Richtungen ausgewählt. Um festzustellen, ob $\widehat{\boldsymbol{n}}_{123}$ nach außen oder innen zeigt, berechnen wir die Gleichung der Ebene $\boldsymbol{a}_1\boldsymbol{a}_2\boldsymbol{a}_3$ als

$$l(\boldsymbol{x}) = \widehat{\boldsymbol{n}}_{123} \cdot \boldsymbol{x} - k \;\text{ mit }\; l(\boldsymbol{a}_1) = 0\,,$$

also $k = \widehat{\boldsymbol{n}}_{123} \cdot \boldsymbol{a}_1 = \sqrt{2/3}$. Nun gilt für den Ursprung, also für einen Innenpunkt des Tetraeders,

$$l(\boldsymbol{0}) = -k = -\sqrt{2/3} < 0\,.$$

Der Vektor $\widehat{\boldsymbol{n}}_{123}$ weist wie gewünscht nach außen.

Der Normalvektor $\boldsymbol{n}_{124}$ der Verbindungsebene $\boldsymbol{a}_1\boldsymbol{a}_2\boldsymbol{a}_4$ unterscheidet sich von $\boldsymbol{n}_{123}$ durch das Vorzeichen der ersten und dritten Koordinate, und analoge Überlegungen ergeben für den richtig orientierten Einheitsvektor

$$\widehat{\boldsymbol{n}}_{124} = \frac{1}{\sqrt{3}} \begin{pmatrix} 0 \\ -\sqrt{2} \\ 1 \end{pmatrix}.$$

Analog berechnen wir

$$\widehat{\boldsymbol{n}}_{134} = \frac{1}{\sqrt{3}} \begin{pmatrix} \sqrt{2} \\ 0 \\ -1 \end{pmatrix} \quad \text{und} \quad \widehat{\boldsymbol{n}}_{234} = \frac{1}{\sqrt{3}} \begin{pmatrix} -\sqrt{2} \\ 0 \\ -1 \end{pmatrix}.$$

Dabei weisen auch diese beiden Vektoren nach außen, denn wir erhalten für den in beiden Ebenen gelegenen Punkt $\boldsymbol{a}_3$ positive Skalarprodukte $\boldsymbol{a}_3 \cdot \widehat{\boldsymbol{n}}_{134} = \boldsymbol{a}_3 \cdot \widehat{\boldsymbol{n}}_{234} = \sqrt{2/3} > 0$.

Die Punkte im Inneren dieses Tetraeders sind somit durch die folgenden vier linearen Ungleichungen beschrieben:

$$\begin{aligned} \sqrt{2}\,x_2 + x_3 - \sqrt{2} &< 0 \\ -\sqrt{2}\,x_2 + x_3 - \sqrt{2} &< 0 \\ \sqrt{2}\,x_1 - x_3 - \sqrt{2} &< 0 \\ -\sqrt{2}\,x_1 - x_3 - \sqrt{2} &< 0 \end{aligned}$$

Hier haben wir die Hesse'schen Normalformen jeweils mit dem Faktor $\sqrt{3}$ erweitert. Im Kap. 23 über lineare Optimierung werden wir uns genauer mit den Lösungsmengen von linearen Ungleichungen befassen. ◀

Selbstfrage 9

Was bilden die *Punkte* mit den Ortvektoren $\widehat{\boldsymbol{n}}_{123}$, $\widehat{\boldsymbol{n}}_{124}$, $\widehat{\boldsymbol{n}}_{134}$, $\widehat{\boldsymbol{n}}_{234}$?

In der Anwendung auf S. 719 wird eine Bedingung dafür gesucht, dass vier Raumpunkte auf einem Drehkegel mit gegebener Spitze liegen. Dies kann auf die lineare Abhängigkeit dreier Vektoren zurückführt werden.

Das dyadische Produkt vereinfacht die Darstellung der Normalprojektionen

Gegeben seien ein Punkt $\boldsymbol{a}$ und eine Ebene E. Gesucht ist der *Fußpunkt* $\boldsymbol{f}$ derjenigen Ebenennormalen von E, welche durch $\boldsymbol{a}$ geht (Abb. 19.21). Zusätzlich ist die *Normalprojektion* $\mathbb{R}^3 \to E$ mit $\boldsymbol{a} \to \boldsymbol{f}$ auch in Matrizenform darzustellen und ebenso die *Spiegelung* $\boldsymbol{a} \mapsto \boldsymbol{a}'$ an E.

Es ist vorteilhaft, bei der Berechnung von $\boldsymbol{f}$ gleich die Hesse'sche Normalform von E zu verwenden, also die Gleichung

$$l(\boldsymbol{x}) = \boldsymbol{n} \cdot \boldsymbol{x} - k = 0 \quad \text{mit} \quad \|\boldsymbol{n}\| = 1\,.$$

Wir setzen

$$\boldsymbol{f} = \boldsymbol{a} + \lambda \boldsymbol{n} \quad \text{mit} \quad l(\boldsymbol{f}) = (\boldsymbol{n} \cdot \boldsymbol{a}) + \lambda(\boldsymbol{n} \cdot \boldsymbol{n}) - k = 0.$$

Es folgt $\lambda = [k - (\boldsymbol{n} \cdot \boldsymbol{a})] = -l(\boldsymbol{a})$ und damit als Lösung

$$\boldsymbol{f} = \boldsymbol{a} - l(\boldsymbol{a})\,\boldsymbol{n}\,.$$

Zu dieser Darstellung des Fußpunktes $\boldsymbol{f}$ kommen wir eigentlich auch ohne jede Rechnung, denn $l(\boldsymbol{a})$ gibt den im Sinn von $\boldsymbol{n}$ orientierten Normalabstand des Punktes $\boldsymbol{a}$ von E an. Wir haben somit nur vom Punkt $\boldsymbol{a}$ aus längs $\boldsymbol{n}$ die Länge $l(\boldsymbol{a})$ zurückzulaufen, um die Ebene E im Fußpunkt $\boldsymbol{f}$ zu erreichen.

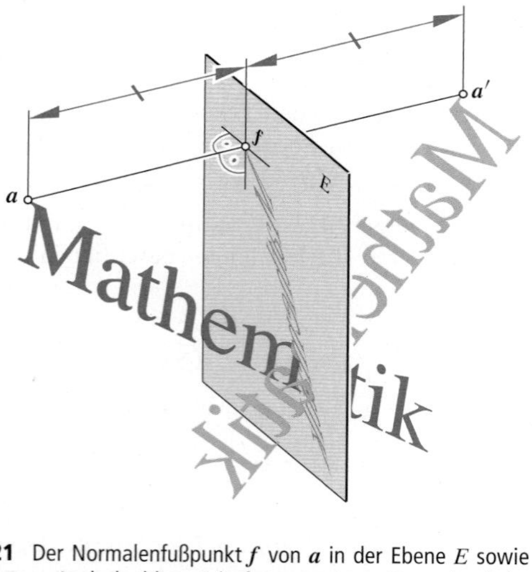

Abb. 19.21 Der Normalenfußpunkt $\boldsymbol{f}$ von $\boldsymbol{a}$ in der Ebene E sowie das Spiegelbild $\boldsymbol{a}'$ von $\boldsymbol{a}$. Auch der blaue Schriftzug wurde an E gespiegelt (*grün*) sowie normal in die Ebene E projiziert (*rot*)

Die Formel für $\boldsymbol{f}$ zeigt, dass $\boldsymbol{f}$ unter allen Punkten $\boldsymbol{x} \in E$ derjenige ist, welcher dem Punkt $\boldsymbol{a}$ am nächsten liegt: Aus $\boldsymbol{a} = \boldsymbol{f} + \lambda\boldsymbol{n}$, $\boldsymbol{n}^2 = 1$ und $(\boldsymbol{f} - \boldsymbol{x}) \cdot \boldsymbol{n} = 0$ ergibt sich nämlich

$$\begin{aligned}\|\boldsymbol{a} - \boldsymbol{x}\|^2 &= (\lambda\boldsymbol{n} + \boldsymbol{f} - \boldsymbol{x}) \cdot (\lambda\boldsymbol{n} + \boldsymbol{f} - \boldsymbol{x}) \\ &= \lambda^2 + (\boldsymbol{f} - \boldsymbol{x})^2 \geq \lambda^2.\end{aligned}$$

Gleichheit tritt nur bei $\boldsymbol{f} - \boldsymbol{x} = \boldsymbol{0}$, also bei $\boldsymbol{x} = \boldsymbol{f}$ ein.

Nun schreiben wir die Abbildung

$$\boldsymbol{a} \mapsto \boldsymbol{f} = \boldsymbol{a} - [(\boldsymbol{n} \cdot \boldsymbol{a}) - k]\,\boldsymbol{n} = k\,\boldsymbol{n} + [\boldsymbol{a} - (\boldsymbol{n} \cdot \boldsymbol{a})\,\boldsymbol{n}]$$

in Matrizenform um. Dazu ersetzen wir das auftretende Skalarprodukt $\boldsymbol{n} \cdot \boldsymbol{a} \in \mathbb{R}$ gemäß (19.3) durch ein Matrizenprodukt und nutzen die Assoziativität der Matrizenmultiplikation. Es ist

$$(\boldsymbol{n} \cdot \boldsymbol{a})\,\boldsymbol{n} = \boldsymbol{n}\,(\boldsymbol{n}^{\mathrm{T}}\boldsymbol{a}) = (\boldsymbol{n}\,\boldsymbol{n}^{\mathrm{T}})\,\boldsymbol{a}\,.$$

Hier tritt die symmetrische Matrix

$$\boldsymbol{N} = \boldsymbol{n}\,\boldsymbol{n}^{\mathrm{T}} = \begin{pmatrix} n_1^2 & n_1n_2 & n_1n_3 \\ n_2n_1 & n_2^2 & n_2n_3 \\ n_3n_1 & n_3n_2 & n_3^2 \end{pmatrix}$$

auf. Wir schreiben nun noch $\boldsymbol{x}$ statt $\boldsymbol{a}$ sowie $\boldsymbol{x}^n$ statt $\boldsymbol{f}$ und stellen die Normalprojektion auf E wie folgt dar.

Darstellung der Normalprojektion auf eine Ebene

Die Normalprojektion auf die Ebene E mit der Hesse'schen Normalform $\boldsymbol{n} \cdot \boldsymbol{x} - k = 0$ lautet

$$\boldsymbol{x} \mapsto \boldsymbol{x}^n = k\boldsymbol{n} + (\mathbf{E}_3 - \boldsymbol{N})\,\boldsymbol{x}$$

mit $\boldsymbol{N} = \boldsymbol{n}\,\boldsymbol{n}^{\mathrm{T}}$ sowie $\mathbf{E}_3$ als 3×3-Einheitsmatrix.

Allgemein nennt man die aus zwei Vektoren $\boldsymbol{u}, \boldsymbol{v} \in \mathbb{R}^3$ berechnete 3×3-Matrix

$$\boldsymbol{u}\,\boldsymbol{v}^{\mathrm{T}} = \begin{pmatrix} u_1 \\ u_2 \\ u_3 \end{pmatrix} (v_1\ v_2\ v_3) = \begin{pmatrix} u_1v_1 & u_1v_2 & u_1v_3 \\ u_2v_1 & u_2v_2 & u_2v_3 \\ u_3v_1 & u_3v_2 & u_3v_3 \end{pmatrix}$$

das **dyadische Produkt** von $\boldsymbol{u}$ und $\boldsymbol{v}$ (siehe Kap. 16).

Werfen wir nochmals einen Blick auf diese Normalprojektion, und zwar im Sonderfall $k = 0$, bei dem die Ebene E durch der Ursprung geht (siehe auch Kap. 16).

Der Normalvektor $\boldsymbol{n}$ von E spannt eine durch den Ursprung gehende Ebenennormale G auf, und nun wollen wir den Raumpunkt $\boldsymbol{x}$ auch normal auf diese Gerade G projizieren. Für das

Anwendung: Genauigkeit der GPS-Positionsbestimmung

Wir blicken noch einmal zurück zum Beispiel über GPS, also zum Problem, aus den vier Satellitenpositionen $s_1, \ldots, s_4$ samt gemessenen Distanzen $d_1, \ldots, d_4$ die Position x des Empfängers zu berechnen (siehe Abbildung auf S. 708).

Liegen die beiden Lösungen x_1 und x_2 nahe beisammen, so kann das Ergebnis der numerischen Berechnung ungenau ausfallen. Ohne Beweis sei mitgeteilt: Der Fall $x = x_1 = x_2$ mit nur einer einzigen Lösung ist geometrisch dadurch charakterisiert, dass die vier Geraden $xs_1, \ldots, xs_4$, also die Verbindungsgeraden des Empfängers mit den vier Satelliten, auf einem *Drehkegel* liegen. Wie ist diese kritische Lage rechnerisch zu kennzeichnen?

Liegen diese Geraden auf einem Drehkegel, so enden die von $\boldsymbol{x}$ längs dieser Geraden abgetragenen Einheitsvektoren in vier Punkten $\boldsymbol{p}_1, \ldots, \boldsymbol{p}_4$ eines Kreises auf diesem Drehkegel (siehe Abbildung unten). Wir können das Ganze durch den Koordinatenursprung parallel verschieben und finden: Die Punkte mit den Koordinatenvektoren

$$\widehat{\boldsymbol{v}}_i = \frac{\boldsymbol{s}_i - \boldsymbol{x}}{\|\boldsymbol{s}_i - \boldsymbol{x}\|}, \quad i = 1, \ldots, 4,$$

liegen auf einem Kreis, also in einer Ebene. Und dies ist mithilfe des Spatproduktes durch

$$\det\left((\widehat{\boldsymbol{v}}_2 - \widehat{\boldsymbol{v}}_1), (\widehat{\boldsymbol{v}}_3 - \widehat{\boldsymbol{v}}_1), (\widehat{\boldsymbol{v}}_4 - \widehat{\boldsymbol{v}}_1)\right) = 0 \qquad (*)$$

zu charakterisieren.

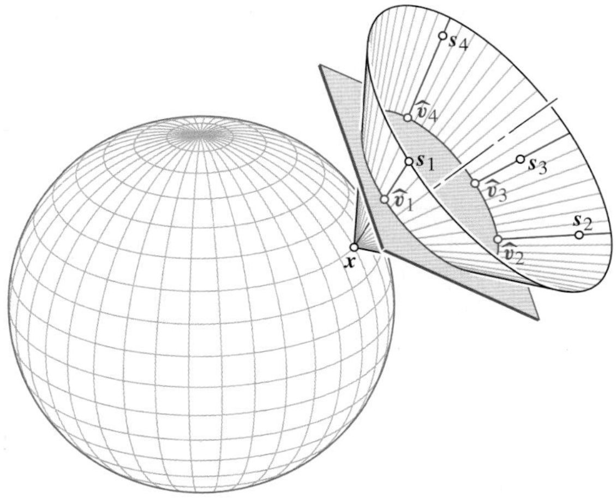

Kritische Lage beim GPS: Die zwei Lösungen $\boldsymbol{x}_1$ und $\boldsymbol{x}_2$ fallen in $\boldsymbol{x}$ zusammen, wenn die Verbindungsgeraden $\boldsymbol{x}\boldsymbol{s}_1, \ldots, \boldsymbol{x}\boldsymbol{s}_4$ auf einem Drehkegel liegen

Verschwindet umgekehrt dieses Spatprodukt, d. h., sind die Punkte $\widehat{\boldsymbol{v}}_1, \ldots, \widehat{\boldsymbol{v}}_4$ in einer Ebene vorausgesetzt, so gehören sie dem Schnitt dieser Ebene mit der Einheitskugel an, also einem Kreis. Dessen Verbindung mit der Kugelmitte $\boldsymbol{x}$ zeigt: Die Satellitenpositionen $\boldsymbol{s}_1, \ldots, \boldsymbol{s}_4$ liegen wegen $\boldsymbol{s}_i \in \boldsymbol{x} + \mathbb{R}\,\widehat{\boldsymbol{v}}_i$ auf einem Drehkegel mit der Spitze $\boldsymbol{x}$, und diese Position ist kritisch.

Zusammenfassend stellen wir fest: Die zwei Lösungen $\boldsymbol{x}_1$ und $\boldsymbol{x}_2$ beim GPS mit vier sichtbaren Satelliten fallen genau dann zusammen, wenn das Spatprodukt in der Gleichung $(*)$ verschwindet.

Um also während der Berechnung Angaben über die Genauigkeit des Ergebnisses machen zu können, wird gleichzeitig dieses Spatprodukt $(*)$ mitberechnet. Der auf dem Empfangsgerät gelegentlich mitgeteilte Genauigkeitsindex GDOP (Geometric Dilution of Precision) hängt mit dem Kehrwert des obigen Spatproduktes eng zusammen. Je größer er ist, desto unsicherer ist das Ergebnis.

Kommentar Als Nachtrag zur Berechnung der Empfängerposition $\boldsymbol{x}$ aus den vier Satellitenpositionen $\boldsymbol{s}_i$ und den mit dem Fehler d_0 behafteten Distanzen $d_i - d_0 = \|\boldsymbol{s}_i - \boldsymbol{x}\|$ wird begründet, weshalb die zweidimensionale Version dieser Fragestellung ein klassisches geometrisches Problem ist, das auf Apollonius von Perge (um 262 v. Chr.) zurückgeht.

Wir stellen uns um jede Satellitenposition $\boldsymbol{s}_i$ eine Kugel K_i mit dem Radius d_i vor. Und der Empfänger $\boldsymbol{x}$ ist das Zentrum einer zunächst unbekannten Kugel K_0 mit Radius d_0. Dann berührt bei positivem d_0 die Kugel K_0 alle Kugeln $K_1, \ldots, K_4$ von innen. Bei negativem d_0 wird K_0 alle vier gegebenen Kugel von außen berühren. Die Bestimmung von $\boldsymbol{x}$ entspricht somit der Bestimmung des Mittelpunktes einer Kugel, welche vier gegebene Kugeln berührt, und dies ist das *Apollonische Kugelproblem* (siehe folgende Abbildung). An sich gibt es bis zu 16 verschiedene Lösungen, doch schränkt die Forderung, dass K_0 alle gegebenen Kugeln gleichartig berühren muss, also entweder alle von innen oder alle von außen, die Anzahl der Lösungen auf zwei ein. ◄

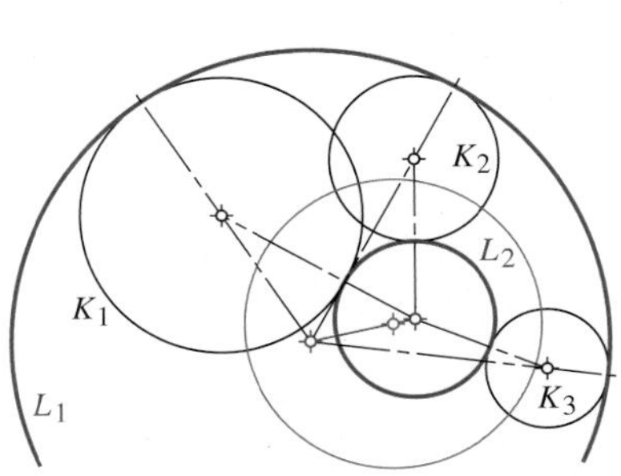

Ebene Version des Apollonischen Kugelproblems: Gesucht sind die gemeinsamen Berührkreise $L_1, L_2, \ldots$ zu drei gegebenen Kreisen K_1, K_2, K_3. Das Bild zeigt zwei der insgesamt vier Lösungen sowie den gemeinsamen Orthogonalkreis von K_1, K_2 und K_3

Bild $\boldsymbol{x}_3$ von $\boldsymbol{x}$ gilt wegen der geometrischen Bedeutung des Skalarproduktes (siehe Abb. 19.13)

$$\boldsymbol{x}_3 = (\boldsymbol{x} \cdot \boldsymbol{n})\, \boldsymbol{n}\,.$$

Die Abbildung $\boldsymbol{x} \mapsto \boldsymbol{x}_3$ ist eine lineare Abbildung $\mathbb{R}^3 \to \mathbb{R}^3$ und muss daher auch eine 3×3-Darstellungsmatrix besitzen. Zu deren Herleitung schreiben wir – ähnlich wie vorhin bei der Normalprojektion nach E – die obige Vektordarstellung von $\boldsymbol{x}_3$ auf ein Matrizenprodukt um:

$$\boldsymbol{x}_3 = (\boldsymbol{x} \cdot \boldsymbol{n})\, \boldsymbol{n} = \boldsymbol{n}\, (\boldsymbol{n}^{\mathrm{T}} \boldsymbol{x}) = (\boldsymbol{n}\, \boldsymbol{n}^{\mathrm{T}})\, \boldsymbol{x}$$

Die Darstellungsmatrix der Normalprojektion auf die durch den Ursprung gehende Gerade G ist gleich dem schon vorhin verwendeten *dyadischen Quadrat* $\boldsymbol{N} = \boldsymbol{n}\, \boldsymbol{n}^{\mathrm{T}}$ des normierten Richtungsvektors von G.

Nun ist (siehe Abb. 19.22) $\boldsymbol{x} = \boldsymbol{x}^n + \boldsymbol{x}_3$ mit $\boldsymbol{x}^n$ als Normalenfußpunkt von $\boldsymbol{x}$ in E, also

$$\boldsymbol{x}^n = \boldsymbol{x} - \boldsymbol{x}_3 = \boldsymbol{x} - (\boldsymbol{n}\, \boldsymbol{n}^{\mathrm{T}})\boldsymbol{x} = (\mathbf{E}_3 - \boldsymbol{n}\, \boldsymbol{n}^{\mathrm{T}})\, \boldsymbol{x}\,.$$

Wir haben erneut die obige Darstellung der Normalprojektion hergeleitet, allerdings nur für den Fall $k = 0$. Dafür verstehen wir jetzt aber die Bauart der Darstellungsmatrix $(\mathbf{E}_3 - \boldsymbol{n}\, \boldsymbol{n}^{\mathrm{T}})$.

Schreiben wir nun $\boldsymbol{n}_3$ anstelle $\boldsymbol{n}$ und ergänzen wir diesen Einheitsvektor zu einem orthonormierten Dreibein $(\boldsymbol{n}_1, \boldsymbol{n}_2, \boldsymbol{n}_3)$ (Abb. 19.22): Dann gilt nach (19.8)

$$\boldsymbol{x} = \sum_{i=1}^{3} (\boldsymbol{x} \cdot \boldsymbol{n}_i)\, \boldsymbol{n}_i = \Big[\sum_{i=1}^{3} (\boldsymbol{n}_i\, \boldsymbol{n}_i^{\mathrm{T}})\Big]\, \boldsymbol{x} = \mathbf{E}_3\, \boldsymbol{x}\,.$$

Die Summe der dyadischen Quadrate lautet also

$$(\boldsymbol{n}_1\, \boldsymbol{n}_1^{\mathrm{T}}) + (\boldsymbol{n}_2\, \boldsymbol{n}_2^{\mathrm{T}}) + (\boldsymbol{n}_3\, \boldsymbol{n}_3^{\mathrm{T}}) = \mathbf{E}_3\,.$$

Die Normalprojektion auf die Ebene E kann daher im Fall $k = 0$ auch als

$$\boldsymbol{x}^n = \big[(\boldsymbol{n}_1\, \boldsymbol{n}_1^{\mathrm{T}}) + (\boldsymbol{n}_2\, \boldsymbol{n}_2^{\mathrm{T}})\big]\, \boldsymbol{x}$$

geschrieben werden. Diese Darstellung von $\boldsymbol{x}^n$ ist nunmehr auch unmittelbar aus Abb. 19.22 ablesbar, nämlich als Summe $\boldsymbol{x}_1 + \boldsymbol{x}_2$ der Normalprojektionen auf die von $\boldsymbol{n}_1$ bzw. $\boldsymbol{n}_2$ aufgespannten Geraden.

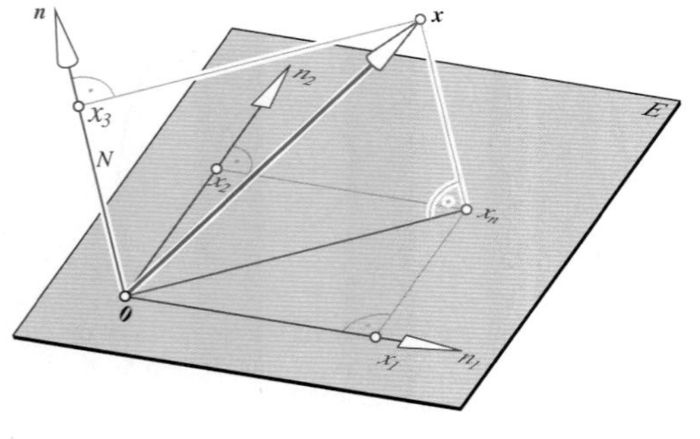

Abb. 19.22 Die Normalprojektion des Punktes $\boldsymbol{x}$ auf die Ebene E und auf die Ebenennormale G

Selbstfrage 10

1. Ist das dyadische Produkt $\boldsymbol{u}\, \boldsymbol{v}^{\mathrm{T}}$ eine invertierbare Matrix?
2. Warum ist die bei der Normalprojektion auftretende Matrix $(\mathbf{E}_3 - \boldsymbol{N})$ mit $\boldsymbol{N} = \boldsymbol{n}\, \boldsymbol{n}^{\mathrm{T}}$ bei $\|\boldsymbol{n}\| = 1$ *idempotent*, d. h., warum gilt
$$(\mathbf{E}_3 - \boldsymbol{N})^2 = (\mathbf{E}_3 - \boldsymbol{N})\, (\mathbf{E}_3 - \boldsymbol{N}) = (\mathbf{E}_3 - \boldsymbol{N})?$$
3. Ist die Matrix $(\mathbf{E}_3 - \boldsymbol{N})$ invertierbar?

Die Normalprojektion auf eine Ebene und die Spiegelung an dieser Ebene hängen eng zusammen

Für das Spiegelbild $\boldsymbol{x}'$ von $\boldsymbol{x}$ bezüglich der Ebene E mit dem normierten Normalvektor $\boldsymbol{n}$ gilt (siehe Abb. 19.21)

$$\frac{1}{2}(\boldsymbol{x} + \boldsymbol{x}') = \boldsymbol{x}^n, \quad \text{also } \boldsymbol{x}' = 2\boldsymbol{x}^n - \boldsymbol{x}\,.$$

In Matrizenschreibweise bedeutet dies

$$\boldsymbol{x}' = 2k\boldsymbol{n} + 2(\mathbf{E}_3 - \boldsymbol{N})\, \boldsymbol{x} - \boldsymbol{x}$$

mit $\boldsymbol{N}$ als dyadischem Quadrat von $\boldsymbol{n}$.

Darstellung der Spiegelung an einer Ebene

Die Spiegelung an der Ebene E mit der Hesse'schen Normalform $\boldsymbol{n} \cdot \boldsymbol{x} - k = 0$ lautet

$$\boldsymbol{x} \mapsto \boldsymbol{x}' = 2k\boldsymbol{n} + (\mathbf{E}_3 - 2\boldsymbol{N})\, \boldsymbol{x}$$

mit $\boldsymbol{N} = \boldsymbol{n}\, \boldsymbol{n}^{\mathrm{T}}$.

Selbstfrage 11

Warum ist die bei der Spiegelung auftretende Matrix *selbstinvers*, d. h., warum gilt $(\mathbf{E}_3 - 2\boldsymbol{N})^{-1} = (\mathbf{E}_3 - 2\boldsymbol{N})$?

Kommentar Die Spiegelung an E und ebenso die Normalprojektion auf E sind bei $k \neq 0$ keine linearen Abbildungen mehr, denn ihre Koordinatendarstellungen sind von der Art $\boldsymbol{x} \mapsto \boldsymbol{x}' = \boldsymbol{a} + \boldsymbol{A} \cdot \boldsymbol{x}$ mit $\boldsymbol{a} \neq \boldsymbol{0}$. Dieser zusätzliche Summand bewirkt, dass das Bild von $\boldsymbol{y} = \lambda\boldsymbol{x}$ bei $\lambda \neq 1$ verschieden ist von $\lambda\boldsymbol{x}'$, zumal

$$\boldsymbol{y}' = \boldsymbol{a} + \boldsymbol{A}\, \lambda\boldsymbol{x} \neq \lambda\, (\boldsymbol{a} + \boldsymbol{A}\, \boldsymbol{x})\,.$$

Und auch das Bild einer Summe $(\boldsymbol{x} + \boldsymbol{y})$ ist verschieden von der Summe $(\boldsymbol{x}' + \boldsymbol{y}')$ der Bilder.

Punktabbildungen mit einer Darstellung $\boldsymbol{x}' = \boldsymbol{a} + \boldsymbol{A}\, \boldsymbol{x}$ heißen übrigens *affin*. ◀

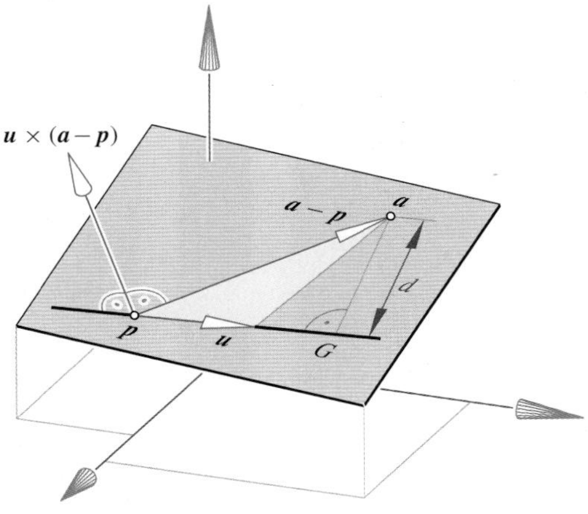

Abb. 19.23 Der Abstand des Punktes $\boldsymbol{a}$ von der Geraden G

Abstände von Geraden sind mittels Vektorprodukt zu berechnen

Angenommen, es sind die Gerade $G = \boldsymbol{p} + \mathbb{R}\boldsymbol{u}$ und der Punkt $\boldsymbol{a}$ außerhalb von G gegeben. Zur Berechnung des Abstandes d des Punktes $\boldsymbol{a}$ von der Geraden G bestimmen wir zuerst einen Normalvektor der Verbindungsebene $\boldsymbol{a}G$, nämlich (siehe Abb. 19.23)

$$\boldsymbol{n} = (\boldsymbol{a} - \boldsymbol{p}) \times \boldsymbol{u}\,.$$

Dann ist $\|\boldsymbol{n}\|$ gleich dem Inhalt des von $\boldsymbol{u}$ und $\boldsymbol{a} - \boldsymbol{p}$ aufgespannten Parallelogramms. Die Höhe dieses Parallelogramms gegenüber $\boldsymbol{u}$ ist gleich der gesuchten Distanz, woraus unmittelbar die Formel folgt.

Abstand Punkt–Gerade im $\mathbb{R}^3$

Für den Abstand d des Punktes $\boldsymbol{a}$ von der Geraden $G = \boldsymbol{p} + \mathbb{R}\boldsymbol{u}$ gilt

$$d = \frac{\|(\boldsymbol{a} - \boldsymbol{p}) \times \boldsymbol{u}\|}{\|\boldsymbol{u}\|}\,.$$

Zu je zwei Geraden $G = \boldsymbol{p} + \mathbb{R}\boldsymbol{u}$ und $H = \boldsymbol{q} + \mathbb{R}\boldsymbol{v}$ gibt es ein **Gemeinlot** N, also eine Gerade, welche G und H unter rechtem Winkel schneidet (siehe Abb. 19.24). Sind G und H nicht parallel, also deren Richtungsvektoren $\boldsymbol{u}$ und $\boldsymbol{v}$ linear unabhängig, so ist die gemeinsame Normale eindeutig. Wir zeigen im Folgenden, wie dieses Gemeinlot N berechnet werden kann.

$\boldsymbol{n} = \boldsymbol{u} \times \boldsymbol{v}$ ist ein Richtungsvektor der gemeinsamen Normalen N. Es seien $\boldsymbol{a}$ bzw. $\boldsymbol{b}$ die auf G bzw. H gelegenen Fußpunkte von N, d. h.

$$\boldsymbol{a} = \boldsymbol{p} + \lambda\boldsymbol{u}, \quad \boldsymbol{b} = \boldsymbol{q} + \mu\boldsymbol{v} \text{ und } \boldsymbol{b} - \boldsymbol{a} = \nu\,\boldsymbol{n}\,.$$

Dann definiert $d = \|\nu\boldsymbol{n}\| = |\nu|\,\|\boldsymbol{n}\|$ den *Abstand* zwischen den Geraden G und H.

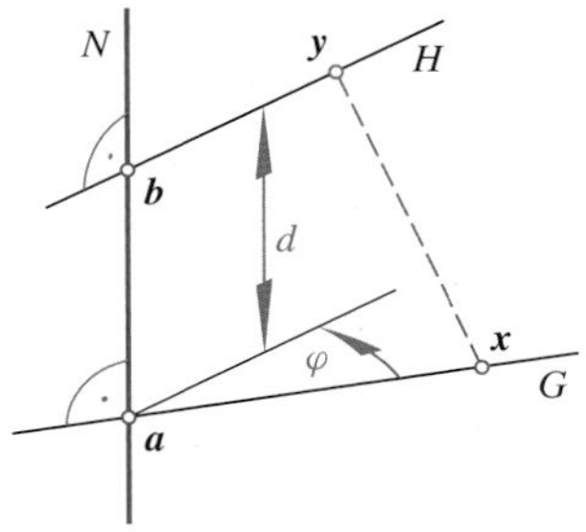

Abb. 19.24 Die gemeinsame Normale N der Geraden G und H

Zur Berechnung der Distanz d sowie der beiden Fußpunkte haben wir die Vektorgleichung $\boldsymbol{b} - \boldsymbol{a} = \nu\,\boldsymbol{n}$ zu erfüllen, also

$$\boldsymbol{q} - \boldsymbol{p} - \lambda\boldsymbol{u} + \mu\boldsymbol{v} = \nu\,\boldsymbol{n}\,. \qquad (*)$$

In Koordinaten ausgeschrieben sind dies drei lineare Gleichungen in den drei Unbekannten λ, μ und ν. Durch Bildung von Skalarprodukten lassen sich die Unbekannten sogar explizit angeben.

Wir multiplizieren die auf der linken und rechten Seite von (∗) stehenden Vektoren skalar mit $\boldsymbol{n}$ und erhalten

$$(\boldsymbol{q} - \boldsymbol{p}) \cdot \boldsymbol{n} - \lambda(\boldsymbol{u} \cdot \boldsymbol{n}) + \mu(\boldsymbol{v} \cdot \boldsymbol{n}) = \nu(\boldsymbol{n} \cdot \boldsymbol{n})$$

und weiter wegen $\boldsymbol{u} \cdot \boldsymbol{n} = \boldsymbol{v} \cdot \boldsymbol{n} = 0$

$$\nu = \frac{(\boldsymbol{q} - \boldsymbol{p}) \cdot \boldsymbol{n}}{\|\boldsymbol{n}\|^2}\,.$$

Wenn wir andererseits das Skalarprodukt der Vektoren aus (∗) mit $\boldsymbol{v} \times \boldsymbol{n}$ bilden, so fallen wegen der Orthogonalität die Produkte mit $\boldsymbol{v}$ und $\boldsymbol{n}$ weg und es bleibt nach (19.11)

$$\det((\boldsymbol{q} - \boldsymbol{p}),\, \boldsymbol{v},\, \boldsymbol{n}) - \lambda \det(\boldsymbol{u}, \boldsymbol{v}, \boldsymbol{n}) = 0\,,$$

somit

$$\lambda = \frac{\det(\boldsymbol{q} - \boldsymbol{p},\, \boldsymbol{v},\, \boldsymbol{n})}{\det(\boldsymbol{u},\, \boldsymbol{v},\, \boldsymbol{n})}\,.$$

Analog folgt nach Bildung des Skalarproduktes mit $\boldsymbol{u} \times \boldsymbol{n}$

$$\mu = \frac{\det(\boldsymbol{q} - \boldsymbol{p},\, \boldsymbol{u},\, \boldsymbol{n})}{\det(\boldsymbol{u},\, \boldsymbol{v},\, \boldsymbol{n})}\,.$$

Distanz zweier Geraden

Die Distanz zweier nicht paralleler Geraden $G = \boldsymbol{p} + \mathbb{R}\boldsymbol{u}$ und $H = \boldsymbol{q} + \mathbb{R}\boldsymbol{v}$ lautet

$$d = \frac{|\det((\boldsymbol{q} - \boldsymbol{p}),\, \boldsymbol{u},\, \boldsymbol{v})|}{\|\boldsymbol{u} \times \boldsymbol{v}\|}\,.$$

Anwendung: Optimale Approximation eines Schnittpunktes von Geraden

Es gibt numerische Verfahren, um aus zwei Fotos desselben Objektes das dargestellte Objekt zu rekonstruieren, also die Koordinaten der in beiden Bildern sichtbaren Punkte zu berechnen, sofern die tatsächliche Länge einer in beiden Bildern ersichtlichen Strecke bekannt ist. Dieses Verfahren erfordert, für mindestens sieben Objektpunkte die Koordinaten der beiden Bildpunkte auf den Fotos zu messen (beachte die Kreuze in unten stehender Abbildung).

Angenommen, in einem ersten Schritt ist bereits die gegenseitige Lage der Kameras zum Zeitpunkt der Aufnahmen bestimmt worden. Dann denken wir uns die beiden Fotos so im Raum platziert, wie es in der Aufnahmesituation war (siehe Skizze unten). Seien z_1 bzw. z_2 die Aufnahmezentren, also die Brennpunkte der Objektive, und $\boldsymbol{x}_1$ bzw. $\boldsymbol{x}_2$ die beiden Bilder eines Raumpunktes $\boldsymbol{x}$. Zur Rekonstruktion von $\boldsymbol{x}$ haben wir offensichtlich die beiden Projektionsgeraden $z_1 + \mathbb{R}(\boldsymbol{x}_1 - z_1)$ und $z_2 + \mathbb{R}(\boldsymbol{x}_2 - z_2)$ miteinander zu schneiden.

Ein Problem der Computer-Vision: Die Rekonstruktion zweier Fotos mithilfe von 14 Passpunkten

Nachdem die z_i und $\boldsymbol{x}_i$ durch Messungen und numerische Berechnungen ermittelt worden sind, kann man nicht erwarten, dass die beiden Projektionsgeraden einander wirklich schneiden. Man muss also die bestmögliche Näherung für den Schnittpunkt ausrechnen.

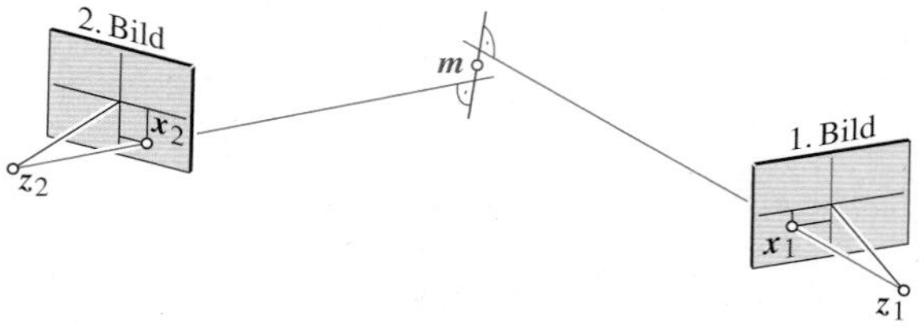

In der Aufnahmesituation sind die Sehstrahlen durch entsprechende Bildpunkte miteinander zu schneiden

Intuitiv wählen wir diese Näherung dort, wo die beiden Projektionsgeraden einander am nächsten kommen. Wir bestimmen demnach die gemeinsame Normale der beiden Projektionsgeraden G und H und darauf den Mittelpunkt $\boldsymbol{m}$ zwischen den beiden Normalenfußpunkten $\boldsymbol{a}$ und $\boldsymbol{b}$, also $\boldsymbol{m} = \frac{1}{2}(\boldsymbol{a} + \boldsymbol{b})$ (siehe obige Skizze), und dazu benutzen wir die Formeln auf S. 721. Inwiefern ist dieser Punkt optimal?

1) Angenommen, $\boldsymbol{p}$ ist ein beliebiger Raumpunkt und $\boldsymbol{x} \in G$ und $\boldsymbol{y} \in H$ sind die zugehörigen Normalenfußpunkte auf G bzw. H. Dann ist jedenfalls nach der Dreiecksungleichung

$$\|\boldsymbol{p} - \boldsymbol{x}\| + \|\boldsymbol{p} - \boldsymbol{y}\| \geq \|\boldsymbol{x} - \boldsymbol{y}\| \geq \|\boldsymbol{a} - \boldsymbol{b}\|.$$

Die *Summe der Entfernungen* des Punktes $\boldsymbol{p}$ von G und H ist genau dann *minimal*, wenn beide Male das Gleichheitszeichen gilt, und dies trifft für alle Punkte der abgeschlossenen Strecke $\boldsymbol{ab}$ zu (Abb. 19.24).

2) Verlangt man hingegen eine *minimale Quadratsumme* der Entfernungen, so bleibt der Mittelpunkt $\boldsymbol{m}$ von $\boldsymbol{ab}$ als einzige Lösung. Zur Begründung wählen wir ein spezielles Koordinatensystem mit $\boldsymbol{m}$ als Ursprung und der gemeinsamen Normalen als x_3-Achse und setzen:

$$\boldsymbol{a} = \begin{pmatrix} 0 \\ 0 \\ c \end{pmatrix}, \quad \boldsymbol{b} = \begin{pmatrix} 0 \\ 0 \\ -c \end{pmatrix} \quad \text{mit } 2c = \|\boldsymbol{a} - \boldsymbol{b}\|$$

Nachdem nun die Geraden G und H zur x_3-Achse normal sind, gilt für die Punkte $\boldsymbol{x} \in G$ und $\boldsymbol{y} \in H$

$$\boldsymbol{x} = \begin{pmatrix} x_1 \\ x_2 \\ c \end{pmatrix}, \quad \boldsymbol{y} = \begin{pmatrix} y_1 \\ y_2 \\ -c \end{pmatrix} \quad \text{bei } \boldsymbol{p} = \begin{pmatrix} p_1 \\ p_2 \\ p_3 \end{pmatrix}.$$

Es bleibt

$$\|\boldsymbol{p} - \boldsymbol{x}\|^2 + \|\boldsymbol{p} - \boldsymbol{y}\|^2 \geq (p_3 - c)^2 + (p_3 + c)^2 = 2p_3^2 + 2c^2 \geq 2c^2.$$

Gleichheit in beiden Fällen ist nur möglich, wenn $p_3 = 0$ ist, die x_1-Koordinaten der drei Punkte $\boldsymbol{x}$, $\boldsymbol{y}$ und $\boldsymbol{p}$ übereinstimmen und ebenso die x_2-Koordinaten. Lediglich $\boldsymbol{m}$ erfüllt alle diese Bedingungen.

Die auf G bzw. H gelegenen Schnittpunkte mit der gemeinsamen Normalen sind

$$\boldsymbol{a} = \boldsymbol{p} + \lambda \boldsymbol{u} \quad \text{mit } \lambda = \frac{[(\boldsymbol{q}-\boldsymbol{p}) \times \boldsymbol{v}] \cdot (\boldsymbol{u} \times \boldsymbol{v})}{\|\boldsymbol{u} \times \boldsymbol{v}\|^2} \quad \text{bzw.}$$

$$\boldsymbol{b} = \boldsymbol{q} + \mu \boldsymbol{v} \quad \text{mit } \mu = \frac{[(\boldsymbol{q}-\boldsymbol{p}) \times \boldsymbol{u}] \cdot (\boldsymbol{u} \times \boldsymbol{v})}{\|\boldsymbol{u} \times \boldsymbol{v}\|^2}.$$

Wir können leicht bestätigen, dass $\boldsymbol{ab}$ die kürzeste Verbindungsstrecke zwischen G und H darstellt: Für beliebige Punkte $\boldsymbol{x} = \boldsymbol{a} + \sigma\,\boldsymbol{u} \in G$ und $\boldsymbol{y} = \boldsymbol{b} + \tau\,\boldsymbol{v} \in H$ können wir schreiben

$$\boldsymbol{y} - \boldsymbol{x} = \boldsymbol{b} - \boldsymbol{a} + (\tau\,\boldsymbol{v} - \sigma\,\boldsymbol{u}) = \nu \boldsymbol{n} + (\tau\,\boldsymbol{v} - \sigma\,\boldsymbol{u})$$

und daher wegen $\boldsymbol{n} \cdot \boldsymbol{u} = \boldsymbol{n} \cdot \boldsymbol{v} = 0$

$$\begin{aligned}\|\boldsymbol{y} - \boldsymbol{x}\|^2 &= \nu^2 \|\boldsymbol{n}\|^2 - 2\nu \boldsymbol{n} \cdot (\sigma\,\boldsymbol{u} - \tau\,\boldsymbol{v}) + \|\sigma\,\boldsymbol{u} - \tau\,\boldsymbol{v}\|^2 \\ &= d^2 + \|\sigma\,\boldsymbol{u} - \tau\,\boldsymbol{v}\|^2 \geq d^2.\end{aligned}$$

Gleichheit besteht genau dann, wenn $\sigma \boldsymbol{u} - \tau \boldsymbol{v} = \boldsymbol{0}$ ist. Wegen der geforderten linearen Unabhängigkeit von $\boldsymbol{u}$ und $\boldsymbol{v}$ bleibt für das Minimum nur $\sigma = \tau = 0$, also $\boldsymbol{x} = \boldsymbol{a}$ und $\boldsymbol{y} = \boldsymbol{b}$. Ein zugehöriges Anwendungsbeispiel ist auf S. 722 zu finden.

19.4 Wechsel zwischen kartesischen Koordinatensystemen

Bei vielen Gelegenheiten ist es notwendig, von einem kartesischen Koordinatensystem auf ein anderes umzurechnen. Ein Musterbeispiel bildet in der Astronomie die Umrechnung von einem in der Sonne zentrierten und nach Fixsternen orientierten heliozentrischen Koordinatensystem auf ein lokales System in einem Punkt der Erdoberfläche mit lotrechter x_3-Achse und der nach Osten orientierten x_1-Achse. Erst damit ist es möglich vorauszuberechnen, wie die Bewegungen der Planeten oder des Mondes von der Erde aus zu beobachten sein werden. Wir werden uns diesem Problem noch genauer widmen.

Orthogonale Matrizen erledigen die Umrechnung zwischen zwei kartesischen Koordinatensystemen

Es seien zwei kartesische Koordinatensysteme mit demselben Ursprung $\boldsymbol{o}$ gegeben, nämlich $(\boldsymbol{o}; B)$ mit der orthonormierten Basis $B = (\boldsymbol{b}_1, \boldsymbol{b}_2, \boldsymbol{b}_3)$ und $(\boldsymbol{o}; B')$ mit $B' = (\boldsymbol{b}'_1, \boldsymbol{b}'_2, \boldsymbol{b}'_3)$ (Abb. 19.25). Sind dann ${}_B\boldsymbol{x} = \begin{pmatrix} x_1 \\ x_2 \\ x_3 \end{pmatrix}$ und ${}_{B'}\boldsymbol{x} = \begin{pmatrix} x'_1 \\ x'_2 \\ x'_3 \end{pmatrix}$ die Koordinaten desselben Punktes $\boldsymbol{x}$, so bedeutet dies nach (19.2)

$$\boldsymbol{x} - \boldsymbol{o} = \sum_{i=1}^{3} x_i \boldsymbol{b}_i = \sum_{j=1}^{3} x'_j \boldsymbol{b}'_j .$$

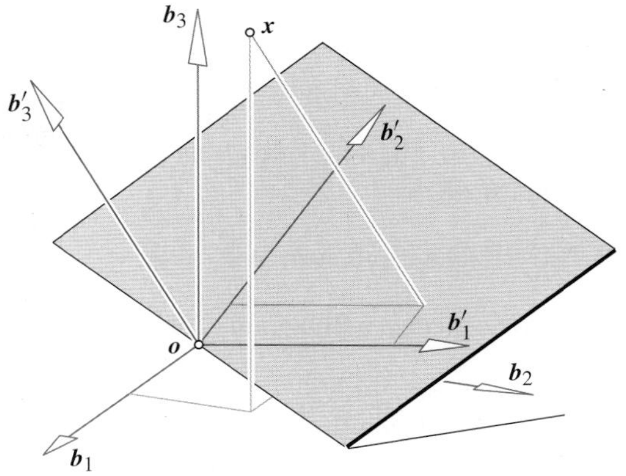

Abb. 19.25 Zwei kartesische Rechtskoordinatensysteme mit demselben Ursprung

Wir stellen nun alle Vektoren dieser Gleichung im Koordinatensystem $(\boldsymbol{o}; B)$ dar. Dazu brauchen wir die B-Koordinaten der Basisvektoren $\boldsymbol{b}'_j$. Wir setzen diese an als ${}_B\boldsymbol{b}'_j = \begin{pmatrix} a_{1j} \\ a_{2j} \\ a_{3j} \end{pmatrix}$. Dann lässt sich die Vektorgleichung

$$\begin{pmatrix} x_1 \\ x_2 \\ x_3 \end{pmatrix} = x'_1 \begin{pmatrix} a_{11} \\ a_{21} \\ a_{31} \end{pmatrix} + x'_2 \begin{pmatrix} a_{12} \\ a_{22} \\ a_{32} \end{pmatrix} + x'_3 \begin{pmatrix} a_{13} \\ a_{23} \\ a_{33} \end{pmatrix}$$

übersichtlich in Matrizenform schreiben als

$$\begin{pmatrix} x_1 \\ x_2 \\ x_3 \end{pmatrix} = \begin{pmatrix} a_{11} & a_{12} & a_{13} \\ a_{21} & a_{22} & a_{23} \\ a_{31} & a_{32} & a_{33} \end{pmatrix} \begin{pmatrix} x'_1 \\ x'_2 \\ x'_3 \end{pmatrix}.$$

Die Matrix $\boldsymbol{A} = (a_{ij})$ ist identisch mit der in Kap. 17 erklärten Transformationsmatrix ${}_B\boldsymbol{T}_{B'}$ mit der Eigenschaft

$${}_B\boldsymbol{x} = {}_B\boldsymbol{T}_{B'}\,{}_{B'}\boldsymbol{x}. \tag{19.12}$$

In den Spalten von $\boldsymbol{A} = {}_B\boldsymbol{T}_{B'}$ stehen die B-Koordinaten der Basisvektoren $\boldsymbol{b}'_1, \boldsymbol{b}'_2, \boldsymbol{b}'_3$. Nach (19.8) ist die i-te B-Koordinate von $\boldsymbol{b}'_j$ gleich dem Skalarprodukt $\boldsymbol{b}_i \cdot \boldsymbol{b}'_j$.

Dies führt auf die Darstellung $(a_{ij}) = (\boldsymbol{b}_i \cdot \boldsymbol{b}'_j)$ oder ausführlich

$$\boldsymbol{A} = \begin{pmatrix} \boldsymbol{b}_1 \cdot \boldsymbol{b}'_1 & \boldsymbol{b}_1 \cdot \boldsymbol{b}'_2 & \boldsymbol{b}_1 \cdot \boldsymbol{b}'_3 \\ \boldsymbol{b}_2 \cdot \boldsymbol{b}'_1 & \boldsymbol{b}_2 \cdot \boldsymbol{b}'_2 & \boldsymbol{b}_2 \cdot \boldsymbol{b}'_3 \\ \boldsymbol{b}_3 \cdot \boldsymbol{b}'_1 & \boldsymbol{b}_3 \cdot \boldsymbol{b}'_2 & \boldsymbol{b}_3 \cdot \boldsymbol{b}'_3 \end{pmatrix} = {}_B\boldsymbol{T}_{B'}. \tag{19.13}$$

Die Spaltenvektoren in dieser Matrix sind orthonormiert, also paarweise orthogonale Einheitsvektoren.

Sollen umgekehrt die B'-Koordinaten aus den B-Koordinaten berechnet werden, so gilt

$$\begin{pmatrix} x'_1 \\ x'_2 \\ x'_3 \end{pmatrix} = \boldsymbol{A}^{-1} \begin{pmatrix} x_1 \\ x_2 \\ x_3 \end{pmatrix} \quad \text{mit } \boldsymbol{A}^{-1} = {}_{B'}\boldsymbol{T}_B .$$

In den Spalten von Matrix $\boldsymbol{A}^{-1}$ stehen die B'-Koordinaten der $\boldsymbol{b}_i$, also gemäß (19.8) die Skalarprodukte $\begin{pmatrix} \boldsymbol{b}_i \cdot \boldsymbol{b}'_1 \\ \boldsymbol{b}_i \cdot \boldsymbol{b}'_2 \\ \boldsymbol{b}_i \cdot \boldsymbol{b}'_3 \end{pmatrix}$, und das sind genau die Zeilen der Matrix $\boldsymbol{A}$. Also gilt für diese speziellen Transformationsmatrizen

$$\boldsymbol{A}^{-1} = \boldsymbol{A}^{\mathrm{T}} \text{ und damit auch } \boldsymbol{A}\,\boldsymbol{A}^{\mathrm{T}} = \boldsymbol{A}^{\mathrm{T}}\boldsymbol{A} = \mathbf{E}_3 .$$

Derartige Matrizen heißen **orthogonal** (siehe Abschn. 16.3).

Orthogonale Transformationsmatrizen

Die Transformationsmatrizen zwischen kartesischen Koordinatensystemen sind orthogonal; sie genügen der Bedingung

$$({}_B\boldsymbol{T}_{B'})^{-1} = ({}_B\boldsymbol{T}_{B'})^{\mathrm{T}}, \quad \text{d. h. } ({}_B\boldsymbol{T}_{B'})^{\mathrm{T}}\,{}_B\boldsymbol{T}_{B'} = \mathbf{E}_3 .$$

Die Spaltenvektoren in einer derartigen Matrix sind orthonormiert, d. h. paarweise orthogonale Einheitsvektoren. Dasselbe gilt für die Zeilenvektoren. Dabei folgt aus einer dieser Aussagen bereits die zweite.

Die Aussage $\boldsymbol{A}^{\mathrm{T}}\boldsymbol{A} = \mathbf{E}_3$ ist unmittelbar ersichtlich, denn die Elemente in der Produktmatrix sind identisch mit den Skalarprodukten $\boldsymbol{b}'_i \cdot \boldsymbol{b}'_j = \delta_{ij}$ nach (19.7).

Ist also $\boldsymbol{A} = {}_B\boldsymbol{T}_{B'}$ die Umrechnungsmatrix der B'-Koordinaten auf B-Koordinaten, so stehen in den Spalten von $\boldsymbol{A}$ die B-Koordinaten der $\boldsymbol{b}'_j$ und in den Zeilen die B'-Koordinaten der $\boldsymbol{b}_i$. Sind beide Koordinatensysteme Rechtssysteme, so ist zudem das Spatprodukt $\det(\boldsymbol{b}_1, \boldsymbol{b}_2, \boldsymbol{b}_3) = \det\boldsymbol{A} = +1$. Derartige orthogonale Matrizen heißen **eigentlich orthogonal**. In dem Beispiel auf S. 725 ist eine derartigen Matrix zu berechnen.

Selbstfrage 12

1. Ist die Matrix
$$\frac{1}{3}\begin{pmatrix} 1 & 2 & -2 \\ 2 & 1 & 2 \\ -2 & 2 & 1 \end{pmatrix}$$
eigentlich orthogonal?
2. Man bestätige durch Rechnung, dass die auf S. 720 bei der Spiegelung an einer Ebene auftretende symmetrische Matrix $(\mathbf{E}_3 - 2N)$ orthogonal ist. Warum ist sie uneigentlich orthogonal?

Wir wissen von den geometrischen Bedeutungen des Skalarproduktes $\boldsymbol{u} \cdot \boldsymbol{v}$ und des Spatproduktes $\det(\boldsymbol{u}, \boldsymbol{v}, \boldsymbol{w})$ von Vektoren aus $\mathbb{R}^3$. Diese Produkte hängen nur von der Lage der jeweiligen Vektoren zueinander ab, müssen also unverändert bleiben, wenn wir das Koordinatensystem ändern. Wir sagen, diese Produkte sind **koordinateninvariant**.

Dies gilt sinngemäß auch für das Vektorprodukt, sofern ausschließlich Rechtskoordinatensysteme verwendet werden: Modifizieren wir das Koordinatensystem, so werden sich die Koordinaten von $(\boldsymbol{u} \times \boldsymbol{v})$ in derselben Weise ändern wie jene von $\boldsymbol{u}$ und $\boldsymbol{v}$.

Dies lässt sich in den folgenden Formeln ausdrücken, in welchen $\boldsymbol{A}$ als eigentlich orthogonale Matrix vorausgesetzt wird:

$$\begin{aligned} (\boldsymbol{A}\,\boldsymbol{u}) \cdot (\boldsymbol{A}\,\boldsymbol{v}) &= \boldsymbol{u} \cdot \boldsymbol{v}, \\ (\boldsymbol{A}\,\boldsymbol{u}) \times (\boldsymbol{A}\,\boldsymbol{v}) &= \boldsymbol{A}\,(\boldsymbol{u} \times \boldsymbol{v}), \\ \det(\boldsymbol{A}\,\boldsymbol{u}, \boldsymbol{A}\,\boldsymbol{v}, \boldsymbol{A}\,\boldsymbol{w}) &= \det(\boldsymbol{u}, \boldsymbol{v}, \boldsymbol{w}) \end{aligned} \qquad (19.14)$$

Die erste dieser Gleichungen folgt wegen $\boldsymbol{A}^{\mathrm{T}}\boldsymbol{A} = \mathbf{E}_3$ auch unmittelbar aus (19.3), denn

$$(\boldsymbol{A}\,\boldsymbol{u}) \cdot (\boldsymbol{A}\,\boldsymbol{v}) = (\boldsymbol{A}\,\boldsymbol{u})^{\mathrm{T}}(\boldsymbol{A}\,\boldsymbol{v}) = \boldsymbol{u}^{\mathrm{T}}\boldsymbol{A}^{\mathrm{T}}\boldsymbol{A}\,\boldsymbol{v} = \boldsymbol{u}^{\mathrm{T}}\boldsymbol{v} .$$

Die Invarianz des Spatproduktes gilt allgemeiner, wann immer $\det\boldsymbol{A} = 1$ ist, denn für die Matrix $((\boldsymbol{u}, \boldsymbol{v}, \boldsymbol{w}))$ mit den Spaltenvektoren $\boldsymbol{u}$, $\boldsymbol{v}$ und $\boldsymbol{w}$ gilt

$$\det(\boldsymbol{A}\,\boldsymbol{u}, \boldsymbol{A}\,\boldsymbol{v}, \boldsymbol{A}\,\boldsymbol{w}) = \det(\boldsymbol{A}\,(\boldsymbol{u}, \boldsymbol{v}, \boldsymbol{w})) = \det\boldsymbol{A}\ \det(\boldsymbol{u}, \boldsymbol{v}, \boldsymbol{w}).$$

Beim Vektorprodukt kann die schiefsymmetrische Matrix aus (19.9) verwendet werden, doch ist der rein rechnerische Nachweis mühsamer. Hat die orthogonale Matrix die Determinante -1, so ist $(\boldsymbol{A}\,\boldsymbol{u}) \times (\boldsymbol{A}\,\boldsymbol{v}) = -\boldsymbol{A}\,(\boldsymbol{u} \times \boldsymbol{v})$.

Orthogonale Matrizen beschreiben zugleich Raumbewegungen mit einem festgehaltenen Punkt

Im Folgenden verwenden wir den Begriff **Bewegung** für eine Verlagerung von Raumobjekten oder des ganzen Raums von einer Position in eine andere, also für eine Abbildung, bei welcher alle Längen und Winkelmaße erhalten bleiben und Rechtssysteme wieder in Rechtssysteme übergehen. Vorderhand interessieren uns nur die Anfangs- und Endlage, also weder der „Weg" dazwischen noch der zeitliche Ablauf. Statt Bewegung könnte man auch *gleichsinnige Kongruenz* sagen, doch das Wort *Bewegung* suggeriert einen stetigen Übergang, und genau das ist hier im anschaulichen Sinn gemeint.

Die Gleichung

$$\begin{pmatrix} x'_1 \\ x'_2 \\ x'_3 \end{pmatrix} = \boldsymbol{A} \begin{pmatrix} x_1 \\ x_2 \\ x_3 \end{pmatrix} \quad \text{mit } \boldsymbol{A}^{-1} = \boldsymbol{A}^{\mathrm{T}},\ \det\boldsymbol{A} = +1 \qquad (19.15)$$

beschreibt in der bisherigen Auffassung die Umrechnung zwischen zwei kartesischen Rechtskoordinatensystemen. Das bedeutet, ein und demselben Punkt oder auch Vektor werden durch die beiden Koordinatensysteme verschiedene Koordinaten zugeordnet. Mithilfe der obigen Gleichungen kann man von einem System auf das andere umrechnen.

Beispiel: Ein Würfel wird wie das *Atomium* in Brüssel aufgestellt

Wir stellen einen Einheitswürfel $\mathcal{W}$ derart auf, dass eine Raumdiagonale lotrecht wird, also in Richtung der x_3-Achse verläuft. Eine weitere Raumdiagonale soll in die Koordinatenebene $x_1 = 0$ fallen. Wie lauten die Koordinaten der acht Ecken dieses aufgestellten Würfels?

Problemanalyse und Strategie: Der Einheitswürfel $\mathcal{W}$ werde von den Basisvektoren $\boldsymbol{b}_1', \boldsymbol{b}_2'$ und $\boldsymbol{b}_3'$ eines kartesischen Rechtskoordinatensystems aufgespannt. Wir verknüpfen nun mit dem Würfel ein zweites Rechtskoordinatensystem mit Basisvektoren $\boldsymbol{b}_1, \boldsymbol{b}_2$ und $\boldsymbol{b}_3$, welches der geforderten Würfelposition entspricht. Der Vektor $\boldsymbol{b}_3$ weist also in Richtung der Raumdiagonale, und der Vektor $\boldsymbol{b}_2$ spannt mit $\boldsymbol{b}_3$ eine Ebene auf, welche auch $\boldsymbol{b}_1'$ enthält. Dabei entscheiden wir uns für die Lösung (siehe Abbildung unten rechts) mit positivem Skalarprodukt $\boldsymbol{b}_1' \cdot \boldsymbol{b}_2$.

Nun muss nur der Würfel mit den beiden Koordinatensystemen so verlagert werden, dass B in Grundstellung kommt, also mit lotrechtem $\boldsymbol{b}_3$. Um also die gesuchten Koordinaten zu bekommen, brauchen wir nur die bekannten B'-Koordinaten der Würfelecken auf B-Koordinaten umzurechnen. Gemäß (19.12) gelten Umrechnungsgleichungen der Art ${}_B\boldsymbol{x} = \boldsymbol{A}\ {}_{B'}\boldsymbol{x}$.

In den Spalten der orthogonalen Transformationsmatrix $\boldsymbol{A} = {}_B\boldsymbol{T}_{B'}$ aus (19.13) stehen die B-Koordinaten der Basisvektoren $\boldsymbol{b}_1', \boldsymbol{b}_2', \boldsymbol{b}_3'$ des Würfels. Wegen $\boldsymbol{A}^{\mathrm{T}} = \boldsymbol{A}^{-1}$ stehen in den Zeilen die B'-Koordinaten der $\boldsymbol{b}_i$.

Das *Atomium* in Brüssel, ein auf die Raumdiagonale gestellter Würfel

Lösung: Die durch den Ursprung verlaufende Raumdiagonale von $\mathcal{W}$ bestimmt die Richtung von $\boldsymbol{b}_3$. Also entsteht $\boldsymbol{b}_3$ durch Normieren von $\boldsymbol{b}_1' + \boldsymbol{b}_2' + \boldsymbol{b}_3'$. Die B'-Koordinaten von $\boldsymbol{b}_3$ lauten demnach $(\lambda\ \lambda\ \lambda)^{\mathrm{T}}$ mit $3\lambda^2 = 1$. Die Wahl $\lambda = +1/\sqrt{3}$ bedeutet, dass die dem Koordinatenursprung gegenüberliegende Würfelecke eine positive dritte Koordinate erhält. Die von $\boldsymbol{b}_1'$ und $\boldsymbol{b}_3$ aufgespannte Ebene bestimmt einen Diagonalschnitt des Würfels, und dieser enthält auch den Vektor $\boldsymbol{b}_2$. Der Vektor $\boldsymbol{b}_1$ ist zu dieser Ebene orthogonal, hat also die Richtung des Vektorproduktes

$$\boldsymbol{b}_1' \times \boldsymbol{b}_3 = \begin{pmatrix}1\\0\\0\end{pmatrix} \times \frac{1}{\sqrt{3}}\begin{pmatrix}1\\1\\1\end{pmatrix} = \frac{1}{\sqrt{3}}\begin{pmatrix}0\\-1\\1\end{pmatrix}.$$

Durch Normierung erhalten wir

$${}_{B'}\boldsymbol{b}_1 = \pm\frac{1}{\sqrt{2}}\begin{pmatrix}0\\-1\\1\end{pmatrix}.$$

Schließlich ist bei einem kartesischen Rechtskoordinatensystem stets $\boldsymbol{b}_2 = \boldsymbol{b}_3 \times \boldsymbol{b}_1$, also

$${}_{B'}\boldsymbol{b}_2 = \pm\frac{1}{\sqrt{6}}\begin{pmatrix}1\\1\\1\end{pmatrix} \times \begin{pmatrix}0\\-1\\1\end{pmatrix} = \pm\frac{1}{\sqrt{6}}\begin{pmatrix}2\\-1\\-1\end{pmatrix}.$$

Bei der Wahl des oberen Vorzeichens wird die erste B'-Koordinate von $\boldsymbol{b}_2$, also $\boldsymbol{b}_1' \cdot \boldsymbol{b}_2$ positiv.

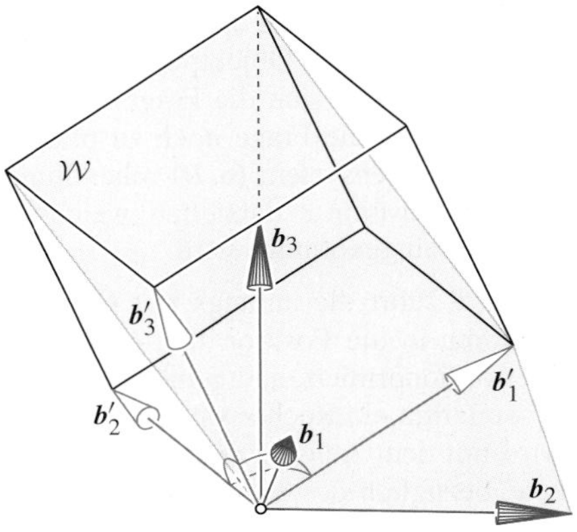

Würfel $\mathcal{W}$ in der aufgestellten Position

Wir übertragen diese B'-Koordinaten von $\boldsymbol{b}_1, \boldsymbol{b}_2$ und $\boldsymbol{b}_3$ in die Zeilen der Matrix $\boldsymbol{A}$ und erhalten

$$\boldsymbol{A} = \begin{pmatrix} 0 & -\frac{1}{\sqrt{2}} & \frac{1}{\sqrt{2}} \\ \frac{2}{\sqrt{6}} & -\frac{1}{\sqrt{6}} & -\frac{1}{\sqrt{6}} \\ \frac{1}{\sqrt{3}} & \frac{1}{\sqrt{3}} & \frac{1}{\sqrt{3}} \end{pmatrix}.$$

Die Koordinaten der Ecken des aufgestellten Einheitswürfels $\mathcal{W}$ stehen in den Spalten der Produktmatrix

$$\boldsymbol{A}\begin{pmatrix} 0 & 1 & 1 & 0 & 0 & 1 & 1 & 0 \\ 0 & 0 & 1 & 1 & 0 & 0 & 1 & 1 \\ 0 & 0 & 0 & 0 & 1 & 1 & 1 & 1 \end{pmatrix}$$

$$= \begin{pmatrix} 0 & 0 & -\frac{1}{\sqrt{2}} & -\frac{1}{\sqrt{2}} & \frac{1}{\sqrt{2}} & \frac{1}{\sqrt{2}} & 0 & 0 \\ 0 & \frac{2}{\sqrt{6}} & \frac{1}{\sqrt{6}} & -\frac{1}{\sqrt{6}} & -\frac{1}{\sqrt{6}} & \frac{1}{\sqrt{6}} & 0 & -\frac{2}{\sqrt{6}} \\ 0 & \frac{1}{\sqrt{3}} & \frac{2}{\sqrt{3}} & \frac{1}{\sqrt{3}} & \frac{1}{\sqrt{3}} & \frac{2}{\sqrt{3}} & \sqrt{3} & \frac{2}{\sqrt{3}} \end{pmatrix}.$$

Teil III

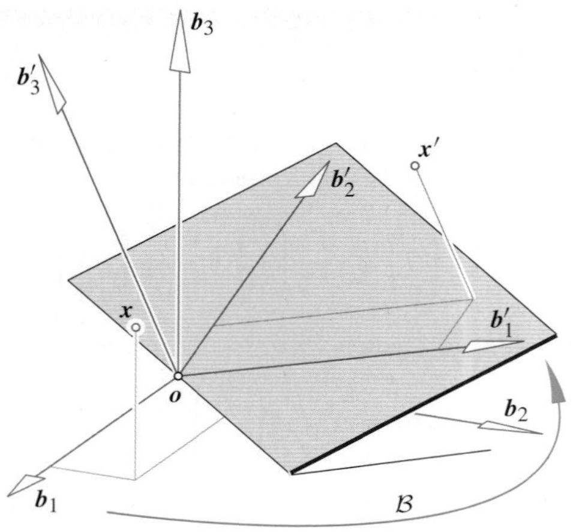

Abb. 19.26 Die Bewegung $\mathcal{B} : \boldsymbol{x} \mapsto \boldsymbol{x}'$ bringt die Vektoren $\boldsymbol{b}_1$, $\boldsymbol{b}_2$ und $\boldsymbol{b}_3$ mit $\boldsymbol{b}'_1$, $\boldsymbol{b}'_2$ bzw. $\boldsymbol{b}'_3$ zur Deckung

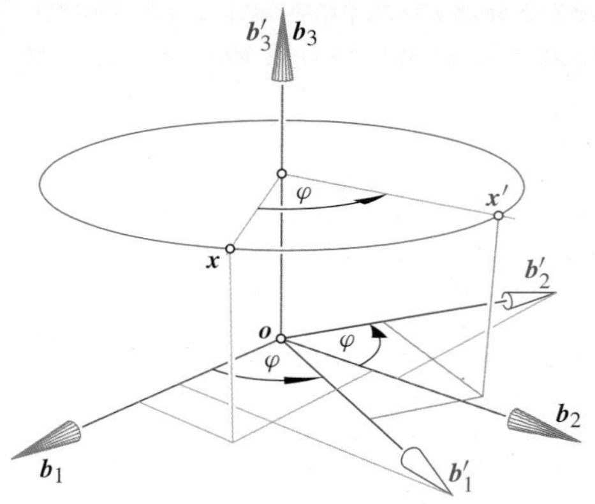

Abb. 19.27 Drehung um die x_3-Achse

Wir können diese Gleichungen aber noch anders interpretieren: Angenommen, wir bewegen ein Raumobjekt und ein damit starr verbundenes Achsenkreuz $(\boldsymbol{o}; B)$, wobei aber der Punkt $\boldsymbol{o}$ unverändert bleiben soll; wir drehen z. B. das Objekt um eine durch $\boldsymbol{o}$ gehende Achse. Ein allgemeiner Objektpunkt $\boldsymbol{x}$ kommt dadurch in die Lage $\boldsymbol{x}'$, und es erhebt sich die Frage, wie $\boldsymbol{x}'$ aus $\boldsymbol{x}$ berechnet werden kann. Um die Frage noch zu präzisieren: Wir denken uns ein Koordinatensystem $(\boldsymbol{o}; B)$ ruhend und möchten in diesem System die Position $\boldsymbol{x}'$ darstellen, welche vom Punkt $\boldsymbol{x}$ nach der Bewegung eingenommen wird.

Unsere Bewegung $\mathcal{B}$ führt die anfangs mit $(\boldsymbol{b}_1, \boldsymbol{b}_2, \boldsymbol{b}_3)$ identischen Basisvektoren in die Position $(\boldsymbol{b}'_1, \boldsymbol{b}'_2, \boldsymbol{b}'_3)$ über. Diese sind nach wie vor orthonormiert, und gemäß unserer Voraussetzung bilden sie weiterhin ein Rechtssystem (siehe Abb. 19.26). Der Punkt $\boldsymbol{x}$ wird mit dem Achsenkreuz mitgeführt. Daher hat sein Bildpunkt $\boldsymbol{x}'$ bezüglich des mitgeführten Koordinatensystems $(\boldsymbol{o}; B')$ dieselben Koordinaten wie sein Urbild $\boldsymbol{x}$ bezüglich $(\boldsymbol{o}; B)$. Zur Lösung unseres Problems haben wir somit nur die B-Koordinaten des Urbildes $\boldsymbol{x}$ als B'-Koordinaten des Bildes $\boldsymbol{x}'$ aufzufassen und diese auf B-Koordinaten umzurechnen, und dies erfolgt wie in (19.12).

Darstellung einer Bewegung

Die Gleichung (19.15) stellt bei festgehaltenem Koordinatensystem $(\boldsymbol{o}; B)$ das Bild $\boldsymbol{x}'$ des Punktes $\boldsymbol{x}$ unter derjenigen Bewegung $\mathcal{B}$ dar, welche die Basisvektoren $(\boldsymbol{b}_1, \boldsymbol{b}_2, \boldsymbol{b}_3)$ mit $(\boldsymbol{b}'_1, \boldsymbol{b}'_2, \boldsymbol{b}'_3)$ zur Deckung bringt.
In den Spalten der eigentlich orthogonalen Matrix $\boldsymbol{A} = {}_B\boldsymbol{T}_{B'}$ stehen die B-Koordinaten der Bilder $(\boldsymbol{b}'_1, \boldsymbol{b}'_2, \boldsymbol{b}'_3)$ der Basisvektoren.

Beispiel Der Punkt $\boldsymbol{x}$ werde um die dritte Koordinatenachse $\boldsymbol{b}_3$ durch den Winkel φ verdreht. Gesucht sind die Koordinaten der Drehlage $\boldsymbol{x}'$.

Wie eben festgestellt, wird die Drehung durch eine orthogonale Matrix dargestellt, in deren Spalten der Reihe nach die Koordinaten der verdrehten Basisvektoren stehen.

Ist wie in unserem Fall die Drehachse orientiert, so ist der Drehsinn eindeutig: Blickt man gegen die Drehachse, somit bei uns von oben gegen die x_3-Achse, so erscheint eine Drehung mit einem positiven Drehwinkel im mathematisch positiven Sinn, also gegen den Uhrzeigersinn. Damit haben die verdrehten Basisvektoren die B-Koordinaten

$$ {}_B\boldsymbol{b}'_1 = \begin{pmatrix} \cos\varphi \\ \sin\varphi \\ 0 \end{pmatrix}, \quad {}_B\boldsymbol{b}'_2 = \begin{pmatrix} -\sin\varphi \\ \cos\varphi \\ 0 \end{pmatrix}, \quad {}_B\boldsymbol{b}'_3 = \begin{pmatrix} 0 \\ 0 \\ 1 \end{pmatrix}. $$

Diese brauchen nur mehr in einer Matrix zusammengefasst zu werden, und wir erhalten

$$ \begin{pmatrix} x'_1 \\ x'_2 \\ x'_3 \end{pmatrix} = \begin{pmatrix} \cos\varphi & -\sin\varphi & 0 \\ \sin\varphi & \cos\varphi & 0 \\ 0 & 0 & 1 \end{pmatrix} \begin{pmatrix} x_1 \\ x_2 \\ x_3 \end{pmatrix} $$

als Darstellung der Drehung um die x_3-Achse.

Wenn wir die Drehung von $\boldsymbol{x}$ nach $\boldsymbol{x}'$ mit der Winkelgeschwindigkeit ω durchführen wollen, so setzen wir für den Drehwinkel

$$ \varphi = \omega\, t \text{ mit } 0 \le t \le \varphi/\omega, $$

denn der im Bogenmaß angegebenen Drehwinkel φ ergibt, nach der Zeit t differenziert, die Winkelschwindigkeit $\dot{\varphi} = \frac{d\varphi}{dt} = \omega$. ◀

Selbstfrage 13

Wie sieht die Matrix der Drehung um die x_1-Achse durch den Winkel φ aus, wie jene einer Drehung um die x_2-Achse? Das Ergebnis ist übrigens auch durch zyklische Vertauschung der Koordinatenachsen zu gewinnen.

Die S. 727 zeigt als Anwendung die Euler'schen Drehwinkel.

Teil III

Anwendung: Euler'sche Drehwinkel

Um bei festgehaltenem Koordinatenursprung die Raumlage eines Rechtsachsenkreuzes B' relativ zu einem Rechtsachsenkreuz B eindeutig vorzugeben, kann man die eigentlich orthogonale Matrix $\boldsymbol{A} = {}_B\boldsymbol{T}_{B'}$ benutzen. Diese stellt nach (19.15) gleichzeitig diejenige Bewegung $\mathcal{B}$ dar, welche B nach B' bringt.

Eine orthogonale 3×3-Matrix enthält 9 Elemente, doch erfüllen diese 6 Gleichungen, nämlich die 3 Normierungsbedingungen sowie die 3 Orthogonalitätsbeziehungen der drei Zeilenvektoren. Es ist demnach eher mühsam, eine Raumposition auf diese Weise durch 9 vielfältig voneinander abhängige Größen anzugeben.

Im Gegensatz dazu bieten die Euler'schen Drehwinkel eine Möglichkeit, dieselbe Raumlage durch drei voneinander unabhängige Größen festzulegen, nämlich durch die drei *Euler'schen Drehwinkel* α, β, γ (siehe unten stehende Abbildung), und diese sind bei Einhaltung gewisser Grenzen fast immer eindeutig bestimmt.

Die Bewegung $\mathcal{B}$, also der Übergang von $(\boldsymbol{b}_1, \boldsymbol{b}_2, \boldsymbol{b}_3)$ zu $(\boldsymbol{b}'_1, \boldsymbol{b}'_2, \boldsymbol{b}'_3)$, ist gemäß unten stehender Abbildung die Zusammensetzung folgender drei Drehungen.

1. Die Drehung um $\boldsymbol{b}_3$ durch α bringt $\boldsymbol{b}_1$ nach $\boldsymbol{d}$.
2. Die Drehung um $\boldsymbol{d}$ durch β bringt $\boldsymbol{b}_3$ bereits in die Endlage $\boldsymbol{b}'_3$ und die $\boldsymbol{b}_1\boldsymbol{b}_2$-Ebene in die Position E.
3. Die Drehung um $\boldsymbol{b}'_3$ durch γ bringt auch die restlichen Koordinatenachsen innerhalb von E in ihre Endlagen $\boldsymbol{b}'_1$ bzw. $\boldsymbol{b}'_2$.

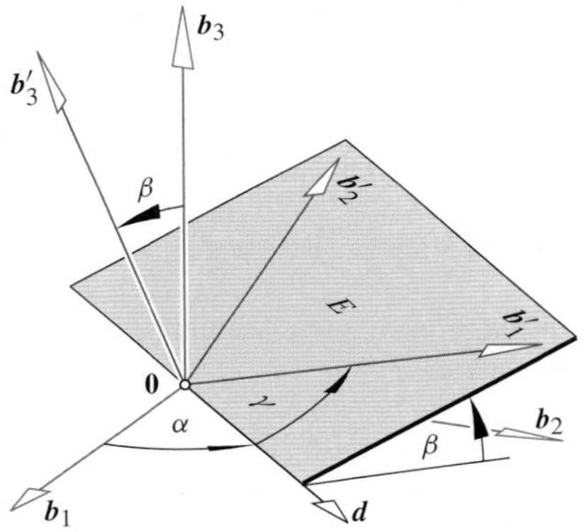

Die Euler'schen Drehwinkel α, β und γ

Achtung Die Reihenfolge dieser Drehungen darf nicht verändert werden; die Zusammensetzung von Bewegungen ist so wie die Multiplikation von Matrizen nicht kommutativ! ◄

Rechnerisch einfacher, allerdings nicht so unmittelbar verständlich ist die folgende Zusammensetzung von $\mathcal{B}$, bei welcher dieselben Drehwinkel, aber zumeist andere Drehachsen auftreten.

1. Wir drehen um $\boldsymbol{b}_3$ durch γ und bringen damit die Koordinatenachsen innerhalb der Ebene E in die gewünschte Position.
2. Wir drehen um $\boldsymbol{b}_1$ durch β; damit bekommen die Ebene E und der zugehörige Normalvektor $\boldsymbol{b}'_3$ bereits die richtige Neigung.
3. Wir drehen um $\boldsymbol{b}_3$ durch α und bringen damit $\boldsymbol{b}'_3$ und auch E in die jeweils vorgeschriebenen Endlagen.

Diese Zerlegung von $\mathcal{B}$ hat den Vorteil, dass stets um die ortsfesten Achsen $\boldsymbol{b}_1$ und $\boldsymbol{b}_3$ gedreht wird.

Die zu diesen Drehungen gehörigen eigentlich orthogonalen Matrizen sind auch bereits früher aufgestellt worden (siehe S. 726). Somit können wir die Matrix $\boldsymbol{A}$, welche die Bewegung $\mathcal{B}$ darstellt, als Produkt von drei Drehmatrizen ausrechnen.

In den folgenden Matrizen wurde aus Platzgründen der Sinus durch s abgekürzt und der Kosinus durch c:

$$A = \begin{pmatrix} c\alpha & -s\alpha & 0 \\ s\alpha & c\alpha & 0 \\ 0 & 0 & 1 \end{pmatrix} \begin{pmatrix} 1 & 0 & 0 \\ 0 & c\beta & -s\beta \\ 0 & s\beta & c\beta \end{pmatrix} \begin{pmatrix} c\gamma & -s\gamma & 0 \\ s\gamma & c\gamma & 0 \\ 0 & 0 & 1 \end{pmatrix}$$

$$= \begin{pmatrix} c\alpha & -s\alpha\, c\beta & s\alpha\, s\beta \\ s\alpha & c\alpha\, c\beta & -c\alpha\, s\beta \\ 0 & s\beta & c\beta \end{pmatrix} \begin{pmatrix} c\gamma & -s\gamma & 0 \\ s\gamma & c\gamma & 0 \\ 0 & 0 & 1 \end{pmatrix}$$

$$= \begin{pmatrix} c\alpha\, c\gamma - s\alpha\, c\beta\, s\gamma & -c\alpha\, s\gamma - s\alpha\, c\beta\, c\gamma & s\alpha\, s\beta \\ s\alpha\, c\gamma + c\alpha\, c\beta\, s\gamma & -s\alpha\, s\gamma + c\alpha\, c\beta\, c\gamma & -c\alpha\, s\beta \\ s\beta\, s\gamma & s\beta\, c\gamma & c\beta \end{pmatrix}$$

Wenn umgekehrt eine Position des Rechtsachsenkreuzes $(\boldsymbol{b}'_1, \boldsymbol{b}'_2, \boldsymbol{b}'_3)$ gegeben ist, so sind bei linear unabhängigen $\{\boldsymbol{b}_3, \boldsymbol{b}'_3\}$ die zugehörigen Euler'schen Drehwinkel eindeutig bestimmt, sofern man deren Grenzen mit

$$0° \le \alpha < 360°, \quad 0° \le \beta \le 180°, \quad 0° \le \gamma < 360°$$

festsetzt. Der Vektor $\boldsymbol{d}$ (siehe Abbildung links) hat nämlich die Richtung des Vektorproduktes $\boldsymbol{b}_3 \times \boldsymbol{b}'_3$, und $\boldsymbol{d}$ schließt mit $\boldsymbol{b}_1$ bzw. $\boldsymbol{b}'_1$ die Winkel α bzw. γ ein. Dabei sind diese Winkel als Drehwinkel zu vorgegebenen Drehachsen jeweils in einem bestimmten Drehsinn zu messen.

In den Ausnahmefällen $\beta = 0°$ $(\boldsymbol{b}'_3 = \boldsymbol{b}_3)$ und $\beta = 180°$ $(\boldsymbol{b}'_3 = -\boldsymbol{b}_3)$ sind nur $(\alpha + \gamma)$ bzw. $(\alpha - \gamma)$ eindeutig.

Kommentar Diese Überlegungen beweisen: Jede Raumlage B' eines Achsenkreuzes ist aus deren Ausgangslage B durch die Zusammensetzung von drei Drehungen zu erreichen, nämlich der Reihe nach durch Drehungen um $\boldsymbol{b}_3$, um $\boldsymbol{b}_1$ und schließlich nochmals um $\boldsymbol{b}_3$. Später (siehe S. 728) werden wir erkennen, dass es stets auch durch eine einzige Drehung geht, doch hat deren Drehachse eine allgemeine Lage. ◄

Teil III

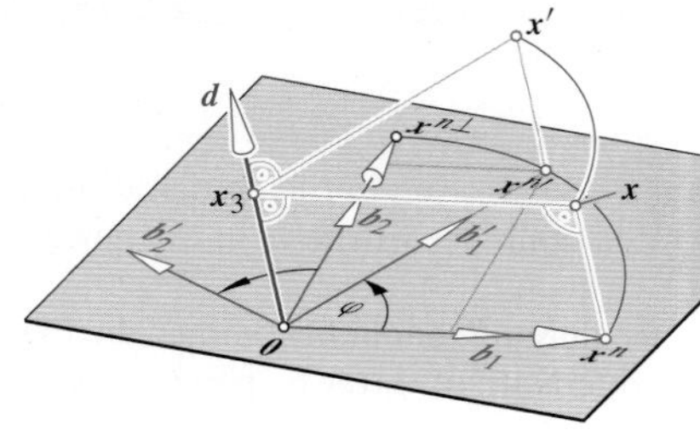

Abb. 19.28 Die Drehung um die Achse $\boldsymbol{d}$ durch φ

Raumbewegungen mit einem festgehaltenen Punkt sind Drehungen

Nach diesen Spezialfällen wenden wir uns der Darstellung einer Drehung zu, deren Achse durch den Ursprung geht und in Richtung des Vektors $\boldsymbol{d}$ verläuft.

Wir wollen einen außerhalb der Achse gelegenen Punkt $\boldsymbol{x}$ um diese Achse durch den Winkel φ verdrehen (Abb. 19.28). Um die Drehlage $\boldsymbol{x}'$ zu berechnen, zerlegen wir $\boldsymbol{x}$ in die Summe zweier Komponenten $\boldsymbol{x}_3$ und $\boldsymbol{x}^n$, von welchen $\boldsymbol{x}_3$ parallel zu $\boldsymbol{d}$ ist und $\boldsymbol{x}^n$ normal dazu (vergleiche Abb. 19.22). Nach der Darstellung der Normalprojektion auf S. 718 ist mit $\|\boldsymbol{d}\| = 1$

$$\boldsymbol{x}_3 = (\boldsymbol{d}\,\boldsymbol{d}^{\mathrm{T}})\boldsymbol{x} \quad \text{und} \quad \boldsymbol{x}^n = \boldsymbol{x} - \boldsymbol{x}_3 = (\mathbf{E}_3 - \boldsymbol{d}\,\boldsymbol{d}^{\mathrm{T}})\boldsymbol{x}\,.$$

Die Drehlage $\boldsymbol{x}'$ hat dieselbe Komponente $\boldsymbol{x}_3$ in Richtung der Drehachse $\boldsymbol{d}$ wie $\boldsymbol{x}$. Hingegen ist der zu $\boldsymbol{d}$ orthogonale Anteil $\boldsymbol{x}^n$ durch den Winkel φ zu verdrehen, d. h.

$$\boldsymbol{x}' = \boldsymbol{x}_3 + \cos\varphi\,\boldsymbol{x}^n + \sin\varphi\,\boldsymbol{x}^{n\perp},$$

wobei $\boldsymbol{x}^{n\perp}$ aus $\boldsymbol{x}^n$ durch eine Drehung um $\boldsymbol{d}$ durch 90° im mathematisch positiven Sinn hervorgeht (Abb. 19.28). Wegen der Orthogonalität zwischen $\boldsymbol{d}$ und $\boldsymbol{x}^n$ ist nach (19.10)

$$\boldsymbol{x}^{n\perp} = \boldsymbol{d} \times \boldsymbol{x}^n = \boldsymbol{d} \times (\boldsymbol{x} - \boldsymbol{x}_3) = \boldsymbol{d} \times \boldsymbol{x} = \boldsymbol{S_d}\,\boldsymbol{x}$$

mit $\boldsymbol{S_d}$ als der dem Vektor $\boldsymbol{d}$ im Sinn von (19.9) zugeordneten schiefsymmetrischen Matrix.

Darstellungsmatrix einer Drehung

Die Drehung durch den Winkel φ um die durch den Koordinatenursprung verlaufende Drehachse mit dem normierten Richtungsvektor $\boldsymbol{d}$ hat die Matrizendarstellung $\boldsymbol{x}' = \boldsymbol{R}_{d,\varphi}\,\boldsymbol{x}$ mit

$$\boldsymbol{R}_{d,\varphi} = (\boldsymbol{d}\,\boldsymbol{d}^{\mathrm{T}}) + \cos\varphi\,(\mathbf{E}_3 - \boldsymbol{d}\,\boldsymbol{d}^{\mathrm{T}}) + \sin\varphi\,\boldsymbol{S_d}\,. \quad (19.16)$$

Die Spur der Matrix $\boldsymbol{R}_{d,\varphi}$ ist $1 + 2\cos\varphi$. Der schiefsymmetrische Anteil von $\boldsymbol{R}_{d,\varphi}$ lautet

$$\frac{1}{2}(\boldsymbol{R}_{d,\varphi} - \boldsymbol{R}_{d,\varphi}^{\mathrm{T}}) = \sin\varphi\,\boldsymbol{S_d} = \sin\varphi \begin{pmatrix} 0 & -d_3 & d_2 \\ d_3 & 0 & -d_1 \\ -d_2 & d_1 & 0 \end{pmatrix}.$$

Beweis Wir haben noch die beiden letzten Gleichungen zu beweisen, mit deren Hilfe nachträglich aus der *Drehmatrix* $\boldsymbol{R}_{d,\varphi}$ der Drehwinkel φ in dem auf $\boldsymbol{d}$ abgestimmten Drehsinn zu ermitteln ist, und zwar eindeutig zwischen den Grenzen $0 \le \varphi < 360°$.

Die Spur einer Summe von Matrizen, also die Summe der Einträge in der Hauptdiagonale, ist gleich der Summe der Spuren. Somit lautet die Spur der in (19.16) dargestellten Drehmatrix

$$\mathrm{Sp}(\boldsymbol{R}_{d,\varphi}) = \|\boldsymbol{d}\|^2 + \cos\varphi\,(3 - \|\boldsymbol{d}\|^2) + 0 = 1 + 2\cos\varphi\,.$$

Von den drei Summanden der Matrix $\boldsymbol{R}_{d,\varphi}$ in (19.16) sind die ersten beiden symmetrisch; der letzte Summand ist schiefsymmetrisch. Die Zerlegung einer Matrix $\boldsymbol{M}$ in die Summe aus einer symmetrischen und einer schiefsymmetrischen Matrix ist eindeutig; die erste ist das arithmetische Mittel aus $\boldsymbol{M}$ und $\boldsymbol{M}^{\mathrm{T}}$, die zweite ist gleich der halben Differenz $\frac{1}{2}(\boldsymbol{M} - \boldsymbol{M}^{\mathrm{T}})$. Somit bleibt als schiefsymmetrischer Anteil unserer Drehmatrix, wie behauptet,

$$\tfrac{1}{2}(\boldsymbol{R}_{d,\varphi} - \boldsymbol{R}_{d,\varphi}^{\mathrm{T}}) = \sin\varphi\,\boldsymbol{S_d}\,.$$

Man beachte: Die Drehmatrix $\boldsymbol{R}_{d,\varphi}$ bleibt gleich, wenn $\boldsymbol{d}$ und φ gleichzeitig das Vorzeichen wechseln. ■

Selbstfrage 14

Warum ist $\boldsymbol{R}_{d,\varphi}^{\mathrm{T}} = \boldsymbol{R}_{d,-\varphi} = \boldsymbol{R}_{-d,\varphi}$?

Wenn diese Bewegung um die Achse $\boldsymbol{d}$ mit der Winkelgeschwindigkeit ω erfolgen soll, so setzen wir $\varphi = \omega t$. Der Bahnkreis des Punktes $\boldsymbol{x}$ lässt sich dann darstellen als

$$\boldsymbol{x}(t) = \boldsymbol{R}_{d,\omega t}\,\boldsymbol{x}\,.$$

Der Geschwindigkeitsvektor des Punktes $\boldsymbol{x}$ lautet nach (19.16)

$$\dot{\boldsymbol{x}}(t) = \omega\left[-\sin\omega t\,(\mathbf{E}_3 - \boldsymbol{d}\,\boldsymbol{d}^{\mathrm{T}}) + \cos\omega t\,\boldsymbol{S_d}\right]\boldsymbol{x}\,.$$

In der Anfangslage, also zum Zeitpunkt $t = 0$, hat $\boldsymbol{x}$ den Geschwindigkeitsvektor

$$\dot{\boldsymbol{x}}(0) = \omega\,\boldsymbol{S_d}\,\boldsymbol{x} = \omega\,\boldsymbol{d} \times \boldsymbol{x}\,.$$

Diese Formel ist eine wichtige Anwendung des Vektorproduktes. Und gleichzeitig ist damit erklärt, weshalb man den Vektor $\omega\,\boldsymbol{d}$ bei $\|\boldsymbol{d}\| = 1$ den **Drehvektor** der Drehung um $\boldsymbol{d}$ mit der Winkelgeschwindigkeit ω nennt.

Nun wollen wir zeigen, dass jede eigentlich orthogonale Matrix $\boldsymbol{A}$ eine Drehmatrix der in (19.16) angegebenen Art ist. Damit ist jede Raumbewegung $\mathcal{B}$, die einen Punkt $\boldsymbol{o}$ unverändert lässt, eine Drehung um eine durch diesen Punkt gehende Drehachse.

Zum Nachweis dieser Behauptung könnte man die Einträge in $\boldsymbol{A}$ mit jenen in $\boldsymbol{R}_{d,\varphi}$ vergleichen und zeigen, dass durch $\boldsymbol{A}$ der Vektor $\boldsymbol{d}$ und der Drehwinkel φ bei $0 \le \varphi < 360°$ eindeutig festgelegt sind, abgesehen von einem gemeinsamen Vorzeichenwechsel. Wir ziehen aber eine geometrische Überlegung vor.

Gibt es eine Drehachse, so bleiben alle ihre Punkte bei der Bewegung $\mathcal{B}$ unverändert. Jeder Richtungsvektor $\boldsymbol{d}$ der Drehachse hat also die Eigenschaft

$$\boldsymbol{A}\,\boldsymbol{d} = \boldsymbol{d}\,, \text{ somit } (\boldsymbol{A} - \mathbf{E}_3)\,\boldsymbol{d} = \mathbf{0}\,.$$

$\boldsymbol{d}$ muss deshalb notwendigerweise ein Eigenvektor von $\boldsymbol{A}$ zum Eigenwert 1 sein (siehe Kap. 18).

Nun hat tatsächlich jede eigentlich orthogonale Matrix $\boldsymbol{A}$ den Eigenwert 1, denn wegen $\det \boldsymbol{A} = +1$ und $\boldsymbol{A}\,\boldsymbol{A}^{\mathrm{T}} = \mathbf{E}_3$ gilt

$$\boldsymbol{A} - \mathbf{E}_3 = \boldsymbol{A} - \boldsymbol{A}\,\boldsymbol{A}^{\mathrm{T}} = \boldsymbol{A}\,(\mathbf{E}_3 - \boldsymbol{A}^{\mathrm{T}}) = \boldsymbol{A}\,(\mathbf{E}_3 - \boldsymbol{A})^{\mathrm{T}}$$

und daher weiter

$$\det(\boldsymbol{A} - \mathbf{E}_3) = \det \boldsymbol{A} \cdot \det(\mathbf{E}_3 - \boldsymbol{A})^{\mathrm{T}} = -\det(\boldsymbol{A} - \mathbf{E}_3),$$

woraus $\det(\boldsymbol{A} - \mathbf{E}_3) = 0$ folgt.

Angenommen, $\boldsymbol{d}$ ist ein normierter Eigenvektor von $\boldsymbol{A}$ zum Eigenwert 1 : Wir ergänzen $\boldsymbol{d}$ durch die Vektoren $\boldsymbol{b}_1$ und $\boldsymbol{b}_2$ zu einem orthonormierten Rechtsdreibein $(\boldsymbol{b}_1, \boldsymbol{b}_2, \boldsymbol{d})$. Durch Multiplikation mit $\boldsymbol{A}$ entsteht daraus wiederum ein Rechtsdreibein $(\boldsymbol{b}'_1, \boldsymbol{b}'_2, \boldsymbol{d})$ bei $\boldsymbol{b}'_i = \boldsymbol{A}\,\boldsymbol{b}_i$ (siehe Abb. 19.28). Diejenige Drehung um $\boldsymbol{d}$, welche in der Normalebene zu $\boldsymbol{d}$ den Vektor $\boldsymbol{b}_1$ nach $\boldsymbol{b}'_1$ bringt, muss auch $\boldsymbol{b}_2$ mit $\boldsymbol{b}'_2$ zur Deckung bringen. Diese Drehung bildet daher die Basis $(\boldsymbol{b}_1, \boldsymbol{b}_2, \boldsymbol{d})$ genauso ab wie die Bewegung $\mathcal{B}$. Also stimmt $\mathcal{B}$ mit dieser Drehung überein.

Eine Verallgemeinerung dieses Ergebnisses auf n-reihige orthogonale Matrizen folgt in Kap. 20.

Umrechnung zwischen zwei kartesischen Koordinatensystemen mit verschiedenen Nullpunkten

Nun seien zwei kartesische Koordinatensysteme gegeben, deren Koordinatenursprünge verschieden sind (Abb. 19.29): Neben dem System $(\boldsymbol{o}; B)$ mit $B = (\boldsymbol{b}_1, \boldsymbol{b}_2, \boldsymbol{b}_3)$ in gewohnter Position gibt es noch das System $(\boldsymbol{p}; B')$ mit der orthonormierten Basis $B' = (\boldsymbol{b}'_1, \boldsymbol{b}'_2, \boldsymbol{b}'_3)$. Nun muss sorgfältig unterschieden werden, ob wir die Koordinaten von Punkten umrechnen oder jene von Vektoren.

Beginnen wir mit den Vektoren: Sie sind als Pfeile zu sehen, die im Raum beliebig parallel verschoben werden dürfen. Zur Ermittlung der B'-Koordinaten eines Vektors $\boldsymbol{u}$ verwenden wir den Pfeil mit Anfangspunkt $\boldsymbol{p}$. Dann sind die $(\boldsymbol{p}; B')$-Koordinaten des Endpunktes zugleich die B'-Koordinaten von $\boldsymbol{u}$.

Die B-Koordinaten von $\boldsymbol{u}$ sind durch den parallelen Pfeil mit dem Anfangspunkt $\boldsymbol{o}$ bestimmt. Gemäß (19.1) besteht also nur die Aufgabe, $\boldsymbol{u}$ einmal aus den $\boldsymbol{b}_i$ und dann aus den $\boldsymbol{b}'_j$ linear zu kombinieren. Die beiden Koordinatentripel desselben Vektors $\boldsymbol{u}$ sind somit nach wie vor durch die Matrizengleichung (19.12) miteinander verknüpft.

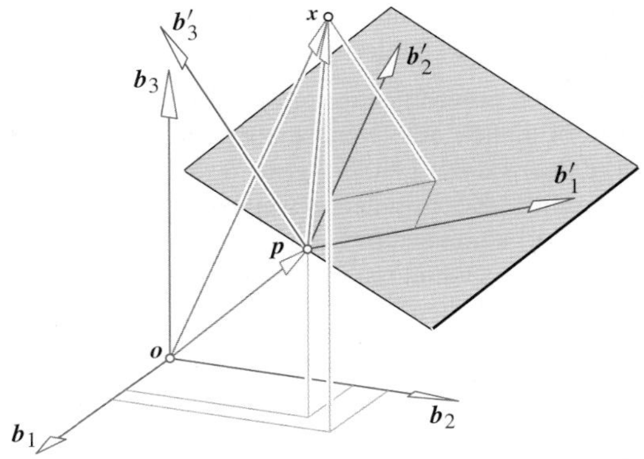

Abb. 19.29 Zwei Koordinatensysteme im $\mathbb{R}^3$ mit verschiedenen Nullpunkten

Anders ist es bei Punktkoordinaten: $\begin{pmatrix} x_1 \\ x_2 \\ x_3 \end{pmatrix}$ bzw. $\begin{pmatrix} x'_1 \\ x'_2 \\ x'_3 \end{pmatrix}$ sind die $(\boldsymbol{o}; B)$- bzw. $(\boldsymbol{p}; B')$-Koordinaten desselben Raumpunktes $\boldsymbol{x}$, wenn gemäß (19.2)

$$\boldsymbol{x} = \boldsymbol{o} + \sum_{i=1}^{3} x_i\,\boldsymbol{b}_i = \boldsymbol{p} + \sum_{j=1}^{3} x'_j\,\boldsymbol{b}'_j$$

ist. Wir drücken diese Vektorgleichung in B-Koordinaten aus. Dann stehen auf der linken Seite die gesuchten $\begin{pmatrix} x_1 \\ x_2 \\ x_3 \end{pmatrix}$. Rechts müssen wir die B-Koordinaten $\begin{pmatrix} p_1 \\ p_2 \\ p_3 \end{pmatrix}$ von $\boldsymbol{p}$ und jene der Basisvektoren $\boldsymbol{b}'_j$ einsetzen. Dabei sind letztere die Spalten in der orthogonalen Matrix $\boldsymbol{A} = {}_B\boldsymbol{T}_{B'}$. Wir erhalten

$$\begin{pmatrix} x_1 \\ x_2 \\ x_3 \end{pmatrix} = \begin{pmatrix} p_1 \\ p_2 \\ p_3 \end{pmatrix} + \boldsymbol{A} \begin{pmatrix} x'_1 \\ x'_2 \\ x'_3 \end{pmatrix} \quad \text{mit } \boldsymbol{A}^{-1} = \boldsymbol{A}^{\mathrm{T}}.$$

Erweiterte Koordinaten und Matrizen ermöglichen einheitliche Formeln für Punkte und Vektoren

Die Umrechnungsgleichungen für Punktkoordinaten sind verschieden von jenen für Vektorkoordinaten. Das zwingt zu besonderer Sorgfalt. Zudem ist die obige Koordinatentransformation von Punkten nicht allein durch eine Matrizenmultiplikation ausdrückbar, sondern es ist zusätzlich ein konstanter Vektor zu addieren. Dies führt zu unübersichtlichen Formeln, wenn meh-

Teil III

rere derartige Transformationen hintereinandergeschaltet werden müssen – wie etwa in der Robotik.

Hier erweist sich nun folgender Trick als vorteilhaft: Wir fügen den drei Koordinaten eine weitere als nullte Koordinate hinzu. Bei Punkten wird diese gleich 1 gesetzt, bei Vektoren gleich 0. Wir nennen diese Koordinaten **erweiterte** Punkt- bzw. Vektorkoordinaten und kennzeichnen die zugehörigen Vektorsymbole durch einen Stern. Dann lassen sich die Umrechnungsgleichungen einheitlich schreiben in der Form

$$_{(\boldsymbol{o};B)}\boldsymbol{x}^* = {}_{(\boldsymbol{o};B)}\boldsymbol{T}^*_{(\boldsymbol{p};B')}\;{}_{(\boldsymbol{p};B')}\boldsymbol{x}^* \tag{19.17}$$

mit $_{(\boldsymbol{o};B)}\boldsymbol{x}^* = \begin{pmatrix} x_0 \\ x_1 \\ x_2 \\ x_3 \end{pmatrix}$, $_{(\boldsymbol{p};B')}\boldsymbol{x}^* = \begin{pmatrix} x'_0 \\ x'_1 \\ x'_2 \\ x'_3 \end{pmatrix}$ und

$$\boldsymbol{A}^* = {}_{(\boldsymbol{o};B)}\boldsymbol{T}^*_{(\boldsymbol{p};B')} = \begin{pmatrix} 1 & 0 & 0 & 0 \\ p_1 & a_{11} & a_{12} & a_{13} \\ p_2 & a_{21} & a_{22} & a_{23} \\ p_3 & a_{31} & a_{32} & a_{33} \end{pmatrix}.$$

In der 4×4-Matrix $\boldsymbol{A}^*$ sind die B-Koordinaten von $\boldsymbol{p}$ vereint mit der orthogonalen 3×3-Matrix $\boldsymbol{A}$, während die erste Zeile immer völlig gleich aussieht. Wir nennen diese die **erweiterte Transformationsmatrix**.

Wir erkennen, dass die nullten Koordinaten stets unverändert bleiben, d. h. stets $x_0 = x'_0$ ist. Vektorkoordinaten bleiben also Vektorkoordinaten, und das analoge gilt für Punktkoordinaten. In den Spalten der erweiterten Transformationsmatrix $_{(\boldsymbol{o};B)}\boldsymbol{T}^*_{(\boldsymbol{p};B')}$ stehen der Reihe nach die erweiterten B-Koordinaten des Punktes $\boldsymbol{p}$ und der Vektoren $\boldsymbol{b}'_j$.

Transformation zwischen kartesischen Koordinatensystemen

Die Umrechnung vom kartesischen Koordinatensystem $(\boldsymbol{p}; B')$ auf $(\boldsymbol{o}; B)$ erfolgt für die erweiterten Punkt- und Vektorkoordinaten nach (19.17).

Dabei stehen in den Spalten der erweiterten Transformationsmatrix $_{(\boldsymbol{o};B)}\boldsymbol{T}^*_{(\boldsymbol{p};B')}$ der Reihe nach die erweiterten B-Koordinaten des Ursprungs $\boldsymbol{p}$ sowie jene der Vektoren $\boldsymbol{b}'_1, \boldsymbol{b}'_2, \boldsymbol{b}'_3$ der orthonormierten Basis B'. Die rechte untere 3×3-Teilmatrix in $_{(\boldsymbol{o};B)}\boldsymbol{T}^*_{(\boldsymbol{p};B')}$ ist eigentlich orthogonal.

Kommentar Die Erweiterung der Punkt- und Vektorkoordinaten durch Hinzufügen einer nullten Koordinate ist mehr als nur ein formaler Trick. Affinkombinationen von Punkten werden dadurch zu gewöhnlichen Linearkombinationen. Die Erweiterung bewirkt, dass der affine Raum durch Hinzufügen der unendlich fernen Punkte zum projektiven Raum wird, dem Schauplatz der projektiven Geometrie. Die mittels der vier Koordinaten durch lineare Abbildungen beschriebenen *projektiven* Punktabbildungen schließen neben den affinen Abbildungen z. B. auch die Zentralprojektionen (siehe S. 722) ein. ◄

Auch bei der Darstellung allgemeiner Raumbewegungen sind erweiterte Koordinaten zweckmäßig

Wie früher bei festgehaltenem Ursprung, so gestattet auch hier die Transformationsgleichung (19.17) eine zweite Interpretation, wenn wir diese unter Benutzung erweiterter Koordinaten schreiben als

$$\boldsymbol{x}'^* = \boldsymbol{A}^* \boldsymbol{x}^* \tag{19.18}$$

mit der erweiterten Matrix $\boldsymbol{A}^*$ von oben.

Es gibt eine Raumbewegung $\mathcal{B}$, welche $\boldsymbol{o}$ in $\boldsymbol{p}$ überführt und die Basisvektoren $\boldsymbol{b}_i$ von B in jene von B'. Angenommen, $\boldsymbol{x}$ geht in $\boldsymbol{x}'$ über (siehe Abb. 19.30). Dann hat das Urbild $\boldsymbol{x}$ bezüglich $(\boldsymbol{o}; B)$ dieselben Koordinaten wie der Bildpunkt $\boldsymbol{x}'$ bezüglich $(\boldsymbol{p}; B')$. Wenn wir Urbild und Bildpunkt in demselben Koordinatensystem $(\boldsymbol{o}; B)$ darstellen wollen, so müssen wir nur noch die $(\boldsymbol{p}; B')$-Koordinaten von $\boldsymbol{x}'$ auf $(\boldsymbol{o}; B)$-Koordinaten umrechnen. Und genau dies wird in (19.18) ausgedrückt.

Darstellung einer allgemeinen Raumbewegung

Die in erweiterten Koordinaten angesetzte Gleichung (19.18) stellt bei festgehaltenem Koordinatensystem $(\boldsymbol{o}; B)$ das Bild $\boldsymbol{x}'$ des Punktes $\boldsymbol{x}$ unter derjenigen Bewegung dar, welche $\boldsymbol{o}$ mit $\boldsymbol{p}$ zur Deckung bringt und die Basisvektoren $(\boldsymbol{b}_1, \boldsymbol{b}_2, \boldsymbol{b}_3)$ mit $(\boldsymbol{b}'_1, \boldsymbol{b}'_2, \boldsymbol{b}'_3)$.

In den Spalten der erweiterten Matrix $\boldsymbol{A}^* = {}_{(\boldsymbol{o};B)}\boldsymbol{T}^*_{(\boldsymbol{p};B')}$ stehen die erweiterten B-Koordinaten des Bildes $\boldsymbol{p}$ vom Ursprung $\boldsymbol{o}$ und der durch Verlagerung der Basis B entstandenen Vektoren $(\boldsymbol{b}'_1, \boldsymbol{b}'_2, \boldsymbol{b}'_3)$.

Als wichtige Anwendung aus der Robotik wird auf S. 731 die Vorwärtskinematik eines seriellen Roboters vorgeführt.

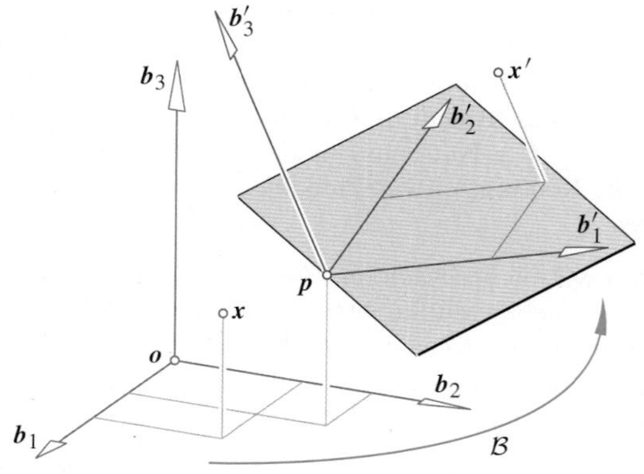

Abb. 19.30 Die Bewegung $\mathcal{B} : \boldsymbol{x} \mapsto \boldsymbol{x}'$ bringt $\boldsymbol{o}$ mit $\boldsymbol{p}$ zur Deckung und die Vektoren $\boldsymbol{b}_i$ für $i = 1, 2, 3$ mit $\boldsymbol{b}'_i$

Anwendung: Die Vorwärtskinematik serieller Roboter

Ein 6R-Roboter setzt sich aus den Gliedern $\mathcal{G}_0, \ldots, \mathcal{G}_6$ zusammen, wobei je zwei aufeinanderfolgende durch ein Drehgelenk miteinander verbunden sind (Abbildung unten links). Das letzte Glied $\mathcal{G}_6$, der *Endeffektor*, wird über die sechs Drehwinkel $\theta_1, \ldots, \theta_6$ gesteuert. Die Berechnung der Position von $\mathcal{G}_6$ in Abhängigkeit von den Drehwinkeln nennt man die *Vorwärtskinematik* dieses Roboters. Es wird sich zeigen, dass alle dazu notwendigen Hilfsmittel schon bereitliegen.

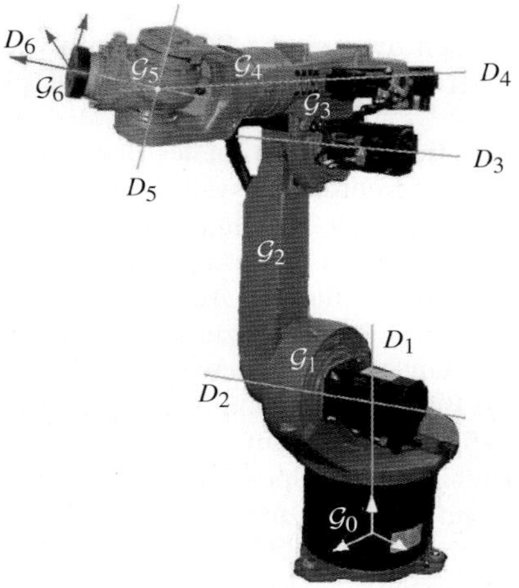

Ein serieller Roboter mit 6 Drehachsen (6R-Roboter) ist eine Folge von Gliedern $\mathcal{G}_0, \ldots, \mathcal{G}_6$, wobei je zwei aufeinanderfolgende durch ein Drehgelenk miteinander verbunden sind

Die Abmessungen eines Roboters werden üblicherweise wie folgt angegeben: In dem Glied $\mathcal{G}_i$, $i = 1, \ldots, 5$, liegen zwei Drehachsen D_i und D_{i+1}. Wir versehen diese mit einer Orientierung, um die Winkel der Drehungen um diese Achsen im mathematisch positiven Sinn messen zu können.

Die relative Lage von D_i und D_{i+1} ist durch den längs der gemeinsamen Normalen N_i gemessenen Abstand a_i und den orientierten Winkel α_i bestimmt (siehe Abbildung rechts). Auch hier fixiert erst eine festgelegte Orientierung des Gemeinlotes N_i die Vorzeichen von a_i und α_i. Wenn D_i und D_{i+1} zueinander parallel sein sollten, wählen wir willkürlich eine gemeinsame Normale N_i der beiden Drehachsen aus.

Die Achse D_i wird bei $i > 1$ von zwei Gemeinloten geschnitten, von N_{i-1} und N_i. Der im Sinn der Orientierung von D_i gemessene Abstand d_i zwischen N_{i-1} und N_i heißt *Absatz*. Die Größen $a_1, \ldots, a_5, \alpha_1, \ldots, \alpha_5, d_2, \ldots, d_5$ sind die *Denavit-Hartenberg-Parameter* des Roboters. Sie bestimmen die „Geometrie" des Roboters.

Wir verknüpfen mit jedem Glied $\mathcal{G}_i$ ein kartesisches Rechtskoordinatensystem mit dem Ursprung $\boldsymbol{p}_i$ und den Basisvektoren $\boldsymbol{b}_{1i}, \boldsymbol{b}_{2i}, \boldsymbol{b}_{3i}$. Dann ist die Position des Endeffektors $\mathcal{G}_6$ durch die erweiterte Transformationsmatrix ${}_0\boldsymbol{T}_6^*$ zwischen den betreffenden Koordinatensystemen bestimmt. Und diese *Zielmatrix* ergibt sich schrittweise als Produkt

$$ {}_0\boldsymbol{T}_6^* = {}_0\boldsymbol{T}_1^*\, {}_1\boldsymbol{T}_2^* \, \ldots \, {}_5\boldsymbol{T}_6^*. \qquad (*)$$

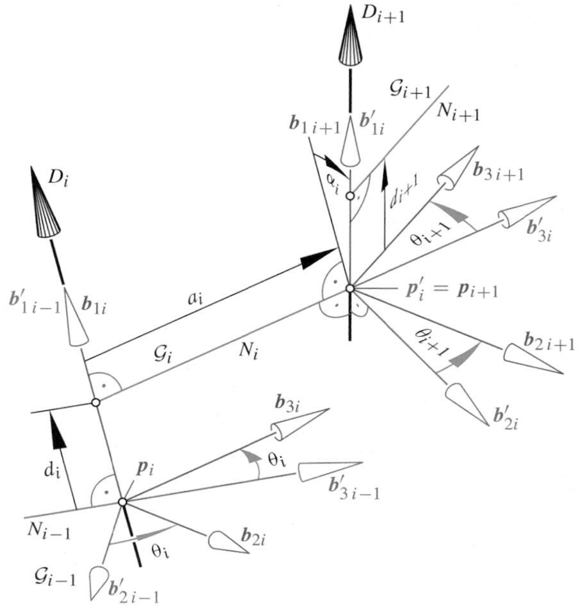

Denavit-Hartenberg-Parameter eines seriellen Roboters. Das Glied $\mathcal{G}_i$ ist über die Drehachsen D_i und D_{i+1} mit den Nachbargliedern $\mathcal{G}_{i-1}$ bzw. $\mathcal{G}_{i+1}$ verbunden

Dem standardisierten *Denavit-Hartenberg-Verfahren* entsprechend wird das Koordinatensystem in $\mathcal{G}_i$ wie folgt festgelegt (siehe obige Abbildung rechts).

- Der Ursprung $\boldsymbol{p}_i$ liegt im Schnittpunkt der Drehachse D_i mit dem Gemeinlot N_{i-1} von D_{i-1} und D_i.
- Der Basisvektor $\boldsymbol{b}_{1i}$ hat die Richtung der Drehachse D_i, der Vektor $\boldsymbol{b}_{3i}$ jene von N_i.
- Es ist vorteilhaft für die Berechnung, mit dem Glied $\mathcal{G}_i$ noch ein zweites Koordinatensystem $(\boldsymbol{p}'_i; B'_i)$ zu verknüpfen mit $\boldsymbol{p}'_i$ im Schnittpunkt $D_{i+1}N_i$. Die Achse $\boldsymbol{b}'_{1i}$ hat die Richtung von D_{i+1} und $\boldsymbol{b}'_{3i}$ jene von N_i.
- Der Drehwinkel θ_i wird in der Regel als Winkel zwischen den Gemeinloten N_{i-1} und N_i gemessen. In der Nulllage $\theta_1 = \cdots = \theta_6 = 0$ des Roboters sind somit alle Gemeinlote untereinander parallel vorausgesetzt.

Diesen Anweisungen folgend (siehe Abbildung oben) berechnen wir die Transformationsmatrix ${}_i\boldsymbol{T}_{i+1}^*$.

Teil III

Anwendung: Die Vorwärtskinematik serieller Roboter (Fortsetzung)

Das Koordinatensystem $(\boldsymbol{p}_{i+1}; B_{i+1})$ unterscheidet sich von $(\boldsymbol{p}'_i; B'_i)$ nur durch die Drehung um die Achse D_{i+1} durch θ_{i+1}. Dabei fällt D_{i+1} für beide Koordinatensysteme in die erste Koordinatenachse $\boldsymbol{b}_{1\,i+1} = \boldsymbol{b}'_{1i}$. Diese erweiterte Drehmatrix lautet daher (siehe S. 726)

$$\boldsymbol{D}^*_{i+1}(\theta_{i+1}) = \begin{pmatrix} 1 & 0 & 0 & 0 \\ 0 & 1 & 0 & 0 \\ 0 & 0 & \cos(\theta_{i+1}) & -\sin(\theta_{i+1}) \\ 0 & 0 & \sin(\theta_{i+1}) & \cos(\theta_{i+1}) \end{pmatrix}.$$

Die Umrechnung von $(\boldsymbol{p}'_i; B'_i)$ auf $(\boldsymbol{p}_i; B_i)$ wird erledigt durch

$$_{(\boldsymbol{p}_i;B_i)}\boldsymbol{T}^*_{(\boldsymbol{p}'_i;B'_i)} = \begin{pmatrix} 1 & 0 & 0 & 0 \\ d_i & \cos\alpha_i & -\sin\alpha_i & 0 \\ 0 & \sin\alpha_i & \cos\alpha_i & 0 \\ a_i & 0 & 0 & 1 \end{pmatrix}.$$

Zusammenfassend folgt

$$_i\boldsymbol{T}^*_{i+1}(\theta_{i+1}) = {}_{(\boldsymbol{p}_i;B_i)}\boldsymbol{T}^*_{(\boldsymbol{p}'_i;B'_i)}\,\boldsymbol{D}^*_{i+1}(\theta_{i+1}).$$

Nach Substitution in der Gleichung $(*)$ ist die Vorwärtskinematik geklärt.

Wesentlich komplizierter ist die Umkehraufgabe, die sogenannte *Rückwärtskinematik*. Hier geht es darum, zu einer gegebenen Position des Endeffektors die zugehörigen Drehwinkel zu berechnen, also die Matrizengleichung $(*)$ mit gegebener linker Seite nach den Unbekannten $\theta_1, \ldots, \theta_6$ aufzulösen. Die exakte Auflösung dieser trigonometrischen Gleichungen gelang erstmals 1988 in voller Allgemeinheit. Daneben gibt es aber auch numerisch-iterative Verfahren.

In der technischen Praxis wird ein Roboter dadurch „programmiert", dass gewisse Positionen der Reihe nach manuell eingegeben werden. Aufgabe der Software ist es dann, die Bewegungen zwischen diesen Positionen zu interpolieren, wobei sowohl kinematische Bedingungen wie etwa die geradlinige Führung eines mit dem Endeffektor verknüpften Punktes, als auch dynamische Bedingungen wie etwa jene nach minimaler Bewegungsenergie eine Rolle spielen.

Kommentar Um eine Position des Endeffektors oder des damit verknüpften Koordinatensystems $(\boldsymbol{p}; B')$ im Raum festzulegen (siehe Abb. 19.29), sind 6 Parameter notwendig, etwa die 3 Koordinaten des Ursprungs $\boldsymbol{p}$ und die 3 Euler'schen Drehwinkel für die Achsenrichtungen. Deshalb müssen aber auch 6 Parameter zur Steuerung des Endeffektors zur Verfügung stehen, wie etwa die 6 Drehwinkel eines 6R-Roboters. Bei Robotern zum Schweißen oder Lackieren kann man möglicherweise auf einen Parameter verzichten, weil etwa Drehungen der Spritzdüse in Längsrichtung keine Auswirkung auf die durchzuführende Tätigkeit haben. Hier könnte man auch mit 5 Drehgelenken, also mit einem 5R-Roboter auskommen. ◄

Umrechnung von einem lokalen Koordinatensystem auf der Erde zu einem heliozentrisches System

In der Astronomie begegnen wir immer wieder der Aufgabe, zwischen verschiedenen kartesischen Koordinatensystemen im Raum umzurechnen. In unserem Beispiel verwenden wir die folgenden Systeme.

- Wir beginnen mit einem *lokalen* Koordinatensystem $(\boldsymbol{p}; B_l)$ auf der Erde (Abb. 19.31): Der Ursprung $\boldsymbol{p}$ habe die geografische Länge λ und Breite β. Der erste Basisvektor $\boldsymbol{b}_{1l}$ weise nach Osten, der zweite $\boldsymbol{b}_{2l}$ nach Norden.
- Daneben betrachten wir ein im Erdmittelpunkt zentriertes, also ein *geozentrisches* Koordinatensystem $(z_e; B'_e)$ mit einem zum Nordpol weisenden dritten Basisvektor $\boldsymbol{b}'_{3e}$. Der erste $\boldsymbol{b}'_{1e}$ zeige zum Äquatorpunkt des Nullmeridians. Dieses System macht die Erdrotation mit. Hingegen ist das System $(z_e; B_e)$ mit $\boldsymbol{b}_{3e} = \boldsymbol{b}'_{3e}$ von der Erdrotation befreit; der Basisvektor $\boldsymbol{b}_{1e}$ bleibt konstant; er fällt mit dem Basisvektor $\boldsymbol{b}_{1s}$ des als nächstes beschriebenen Systems zusammen.
- Schließlich sei ein in der Sonnenmitte z_s zentriertes, also *heliozentrisches* Koordinatensystem gegeben (Abb. 19.32). Dessen Basisvektoren $\boldsymbol{b}_{1s}$ und $\boldsymbol{b}_{2s}$ spannen die Bahnebene der Erde auf. Der dadurch festgelegte mathematisch positive Drehsinn soll mit dem Durchlaufsinn der Erdbahn übereinstimmen. Der erste Basisvektor $\boldsymbol{b}_{1s}$ weise zum Frühlingspunkt, also jener Position des Erdmittelpunktes, wo die Sonne der Äquatorebene angehört.

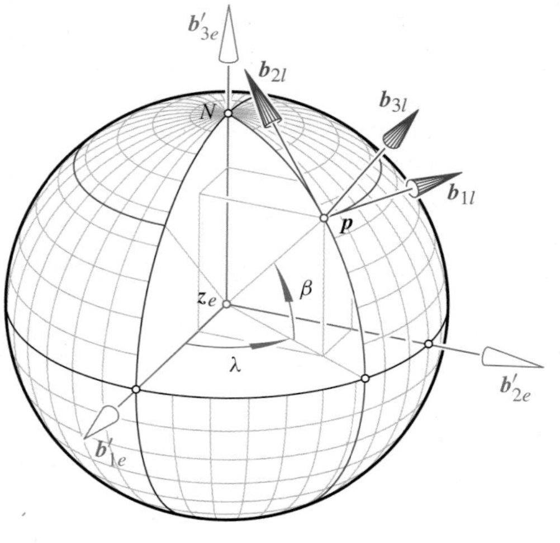

Abb. 19.31 Das lokale Koordinatensystem $(\boldsymbol{p}; B)$ und das geozentrische $(z_e; B'_e)$

Teil III

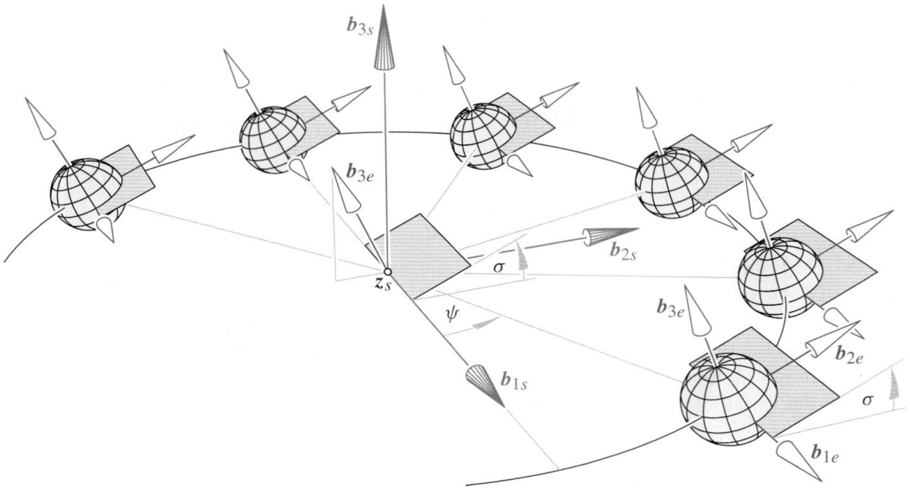

Abb. 19.32 Das von der Erdrotation „befreite" geozentrische Koordinatensystem $(z_e; B_e)$ und das heliozentrische System $(z_s; B_s)$. Die Erde ist rund 2500-fach vergrößert dargestellt

Gesucht ist die erweiterte Transformationsmatrix ${}_sT_l^*$ vom lokalen Koordinatensystem auf das heliozentrische. Dabei treffen wir – abweichend von der Realität – die folgenden Vereinfachungen.

- Die Erde wird als Kugel mit dem Radius r vorausgesetzt – und nicht durch ein Ellipsoid approximiert.
- Die Bahn der Erde um die Sonne wird als in der Sonne zentrierter Kreis mit dem Radius R angenommen – und nicht als Ellipse mit der Sonne in einem Brennpunkt. Die konstante Flächengeschwindigkeit bewirkt nun sogar eine konstante Bahngeschwindigkeit.
- Während der Umrundung der Sonne bleibt die Stellung der Erdachse unverändert – die Präzession und Nutation bleiben unberücksichtigt.

Wir setzen die gewünschte Koordinatentransformation zusammen aus dem Wechsel von $(\boldsymbol{p}; B_l)$ zu $(z_e; B_e')$, der Drehung von $(z_e; B_e')$ gegenüber $(z_e; B_e)$ um die gemeinsame dritte Koordinatenachse durch den Winkel φ und schließlich der Umrechnung von $(z_e; B_e)$ auf das angegebene heliozentrische System $(z_s; B_s)$. Dabei setzen wir voraus, dass der Erdmittelpunkt vom Frühlingspunkt ausgehend den Kreisbogen zum Zentriwinkel ψ zurückgelegt hat. Demgemäß erhalten wir mithilfe der zugehörigen erweiterten Transformationsmatrizen

$$ {}_s\boldsymbol{T}_l^* = {}_s\boldsymbol{T}_e^*(\psi)\, {}_e\boldsymbol{T}_{e'}^*(\varphi)\, {}_{e'}\boldsymbol{T}_l^*. $$

Für die Transformationsmatrix ${}_{e'}\boldsymbol{T}_l^*$ benötigen wir die erweiterten $(z_e; B_e')$-Koordinaten von $\boldsymbol{p}$, $\boldsymbol{b}_{1l}$, $\boldsymbol{b}_{2l}$ und $\boldsymbol{b}_{3l}$. Wir gehen zunächst vom Nullmeridian aus, also von der Annahme $\lambda = 0$. Wenn wir darauf die Drehung um die Erdachse $\boldsymbol{b}_3'$ durch die gegebene geografische Länge λ anwenden, erhalten wir die Spaltenvektoren der Transformationsmatrix ${}_{e'}\boldsymbol{T}_l^*$.

Mit obiger Abbildung finden wir:

$$ {}_{e'}\boldsymbol{T}_l^* = \begin{pmatrix} 1 & 0 & 0 & 0 \\ 0 & \cos\lambda & -\sin\lambda & 0 \\ 0 & \sin\lambda & \cos\lambda & 0 \\ 0 & 0 & 0 & 1 \end{pmatrix} \begin{pmatrix} 1 & 0 & 0 & 0 \\ r\cos\beta & 0 & -\sin\beta & \cos\beta \\ 0 & 1 & 0 & 0 \\ r\sin\beta & 0 & \cos\beta & \sin\beta \end{pmatrix} $$
$$ = \begin{pmatrix} 1 & 0 & 0 & 0 \\ r\cos\beta\cos\lambda & -\sin\lambda & -\sin\beta\cos\lambda & \cos\beta\cos\lambda \\ r\cos\beta\sin\lambda & \cos\lambda & -\sin\beta\sin\lambda & \cos\beta\sin\lambda \\ r\sin\beta & 0 & \cos\beta & \sin\beta \end{pmatrix} $$

Die Bewegung von $(z_e; B_e)$ nach $(z_e; B_e')$ ist eine Drehung um die gemeinsame dritte Koordinatenachse durch den Winkel φ. Somit ist

$$ {}_e\boldsymbol{T}_{e'}^*(\varphi) = \begin{pmatrix} 1 & 0 & 0 & 0 \\ 0 & \cos\varphi & -\sin\varphi & 0 \\ 0 & \sin\varphi & \cos\varphi & 0 \\ 0 & 0 & 0 & 1 \end{pmatrix}. $$

Die Vektoren aus B_e behalten gegenüber dem heliozentrischen System ihre Richtungen bei, machen also die Erdrotation nicht mit. Durch diese dreht sich die Erde gegenüber dem heliozentrischen System in 24 Stunden durch mehr als 360°, denn während dieser 24 Stunden wandert der Erdmittelpunkt ja auf seiner Bahn weiter.

Betrachten wir dies etwas genauer: Angenommen, wir beginnen unsere Winkelmessung genau um 12 Uhr mittags (Sonnenzeit). Zu dieser Zeit geht die Ebene des Nullmeridians durch die Sonne. Nach einer 360°-Drehung der Erde um ihre Achse ist diese Ebene des Nullmeridians zwar wieder zu ihrer Ausgangslage parallel. Sie wird aber nicht mehr durch die Sonne gehen, weil der Erdmittelpunkt inzwischen gewandert ist. Wir müssen bis 12 Uhr mittags noch etwas weiterdrehen, genau genommen, um den Mittelwert $360°/365.24$, nachdem das Kalenderjahr ≈ 365.24 Tage umfasst.

Wir können $\varphi = \omega_e\, t + \varphi_0$ setzen mit der Winkelgeschwindigkeit

$$\omega_e = 2\pi \left(1 + \frac{1}{365.24}\right) / (24 \cdot 3600)$$

pro Sekunde. φ_0 ist der Anfangswert zum Zeitpunkt $t = 0$. Übrigens ist $r \approx 6371$ km.

Während der Bewegung der Erde um die Sonne behält die Erdachse ihre Richtung bei. Nun ist die Äquatorebene um den Winkel $\sigma \approx 23.45°$, der *Schiefe der Ekliptik*, gegenüber der Bahnebene geneigt. Nachdem wir die erste Koordinatenachse unseres heliozentrischen Systems durch den Frühlingspunkt gelegt haben und diese daher der Äquatorebene der zugehörigen Erdposition angehört, hat $\boldsymbol{b}_{3e}$ die von ψ unabhängigen B_s-Koordinaten $\begin{pmatrix} 0 \\ -\sin\sigma \\ \cos\sigma \end{pmatrix}$. Wir wählen die erste Koordinatenachse $\boldsymbol{b}_{1e}$ des geozentrischen Systems B_e gleich dem $\boldsymbol{b}_{1s}$. Damit folgt

$${}_s\boldsymbol{T}_e^*(\psi) = \begin{pmatrix} 1 & 0 & 0 & 0 \\ R\cos\psi & 1 & 0 & 0 \\ R\sin\psi & 0 & \cos\sigma & -\sin\sigma \\ 0 & 0 & \sin\sigma & \cos\sigma \end{pmatrix}.$$

Nachdem die Erde in etwa 365.24 Tagen die Sonne umrundet, können wir $\psi = \omega_s\, t$ setzen mit der Winkelgeschwindigkeit

$$\omega_s = 2\pi / (365.24 \cdot 3600 \cdot 24)$$

pro Sekunde. Wir können $R \approx 150\,000\,000$ km annehmen, verzichten allerdings darauf, die in der obigen Produktdarstellung von ${}_s\boldsymbol{T}_e^*$ notwendige Matrizenmultiplikation explizit vorzuführen.

Zusammenfassung

Punkte und Vektoren im Anschauungsraum

Vektoren im Anschauungsraum können sowohl Punkte, als auch Pfeile bedeuten. Affin- und Konvexkombinationen betreffen Punkte, das Skalarprodukt und die Norm betreffen Pfeile.

Geometrische Deutung des Skalarproduktes

$$\boldsymbol{u} \cdot \boldsymbol{v} = \|\boldsymbol{u}\| \, \|\boldsymbol{v}\| \, \cos\varphi$$

mit φ als von $\boldsymbol{u}$ und $\boldsymbol{v}$ eingeschlossenem Winkel bei $0° \leq \varphi \leq 180°$.

Auch die kartesischen Punkt- und Vektorkoordinaten sind Skalarprodukte.

Cauchy-Schwarz'sche Ungleichung

$$|\boldsymbol{u} \cdot \boldsymbol{v}| \leq \|\boldsymbol{u}\| \, \|\boldsymbol{v}\|.$$

Dabei gilt Gleichheit genau dann, wenn die Vektoren $\boldsymbol{u}$ und $\boldsymbol{v}$ linear abhängig sind.

Eine weitere wichtige Ungleichung ist die Dreiecksungleichung

$$\|\boldsymbol{u} + \boldsymbol{v}\| \leq \|\boldsymbol{u}\| + \|\boldsymbol{v}\|.$$

Weitere Vektorverknüpfungen im Anschauungsraum

Definition des Vektorproduktes

$$\begin{pmatrix} u_1 \\ u_2 \\ u_3 \end{pmatrix} \times \begin{pmatrix} v_1 \\ v_2 \\ v_3 \end{pmatrix} = \begin{pmatrix} u_2 v_3 - u_3 v_2 \\ u_3 v_1 - u_1 v_3 \\ u_1 v_2 - u_2 v_1 \end{pmatrix}.$$

Der Vektor $\boldsymbol{u} \times \boldsymbol{v}$ ist orthogonal zu der von $\boldsymbol{u}$ und $\boldsymbol{v}$ aufgespannten Ebene. Er hat die Länge $\|\boldsymbol{u} \times \boldsymbol{v}\| = \|\boldsymbol{u}\| \, \|\boldsymbol{v}\| \sin\varphi$ und bildet mit den Vektoren $\boldsymbol{u}$ und $\boldsymbol{v}$ ein Rechtssystem.

Geometrische Deutung des Spatproduktes

Das Spatprodukt $\det(\boldsymbol{u}, \boldsymbol{v}, \boldsymbol{w})$ dreier Vektoren gibt das vorzeichenbehaftete Volumen des aufgespannten Parallelepipeds an.

Dabei lässt sich das Spatprodukt auch als gemischtes Produkt schreiben:

$$\det(\boldsymbol{u}, \boldsymbol{v}, \boldsymbol{w}) = \boldsymbol{u} \cdot (\boldsymbol{v} \times \boldsymbol{w}).$$

Mit Skalarprodukt und Vektorprodukt beherrscht man die analytische Geometrie des $\mathbb{R}^3$.

Die Hesse'sche Normalform ist mehr als nur die Gleichung einer Ebene

Eigenschaften der Hesse'schen Normalform

Ist $l(\boldsymbol{x}) = 0$ die Hesse'sche Normalform der Ebene E, so gibt $l(\boldsymbol{a})$ den orientierten Abstand des Punktes $\boldsymbol{a}$ von E an.

Diese Normalform vereinfacht die Darstellung der Normalprojektion auf E sowie der Spiegelung an E. Deren Matrizengleichungen enthalten das dyadische Quadrat $\boldsymbol{n}\,\boldsymbol{n}^{\mathrm{T}}$ des normierten Normalvektors $\boldsymbol{n}$ von E.

Wechsel zwischen kartesischen Koordinatensystemen

Orthogonale Transformationsmatrizen

Die Transformationsmatrizen zwischen kartesischen Koordinatensystemen sind orthogonal. Sie genügen der Bedingung

$$({}_B\boldsymbol{T}_{B'})^{-1} = ({}_B\boldsymbol{T}_{B'})^{\mathrm{T}}, \quad \text{also} \quad ({}_B\boldsymbol{T}_{B'})^{\mathrm{T}}\, {}_B\boldsymbol{T}_{B'} = \mathbf{E}_3\,.$$

Die Spaltenvektoren in einer derartigen Matrix sind orthonormiert und ebenso die Zeilenvektoren.

Orthogonale Matrizen mit positiver Determinante beschreiben aber zugleich Raumbewegungen. Wird dabei ein Punkt festgehalten, etwa der Ursprung, so handelt es sich um eine Drehung.

Darstellungsmatrix einer Drehung

Die Drehung durch den Winkel φ um die durch den Koordinatenursprung verlaufende Drehachse mit dem normierten Richtungsvektor $\boldsymbol{d}$ hat die Matrizendarstellung $\boldsymbol{x}' = \boldsymbol{R}_{d,\varphi}\,\boldsymbol{x}$ mit

$$\boldsymbol{R}_{d,\varphi} = (\boldsymbol{d}\,\boldsymbol{d}^{\mathrm{T}}) + \cos\varphi\,(\mathbf{E}_3 - \boldsymbol{d}\,\boldsymbol{d}^{\mathrm{T}}) + \sin\varphi\,\boldsymbol{S}_d\,.$$

Dabei ist die Matrix $\boldsymbol{S}_d$ schiefsymmetrisch mit $\boldsymbol{S}_d\,\boldsymbol{x} = \boldsymbol{d} \times \boldsymbol{x}$.

$\boldsymbol{d}$ ist ein Eigenvektor der Drehmatrix $\boldsymbol{R}_{d,\varphi}$ zum Eigenwert 1. Die Spur der Drehmatrix lautet $1 + 2\cos\varphi$.

Bleibt bei der Raumbewegung kein einziger Punkt fix, so sind erweiterte Koordinaten und Matrizen sinnvoll, da diese einheitliche Formeln für die Transformation von Punkten und Vektoren ermöglichen. Dies wird in der Robotik oder auch bei der Umrechnung von einem lokalen Koordinatensystem auf der Erde zu einem heliozentrischen System angewandt.

Aufgaben

Die Aufgaben gliedern sich in drei Kategorien: Anhand der *Verständnisfragen* können Sie prüfen, ob Sie die Begriffe und zentralen Aussagen verstanden haben, mit den *Rechenaufgaben* üben Sie Ihre technischen Fertigkeiten und die *Anwendungsprobleme* geben Ihnen Gelegenheit, das Gelernte an praktischen Fragestellungen auszuprobieren.
Ein Punktesystem unterscheidet leichte •, mittelschwere •• und anspruchsvolle ••• Aufgaben. Lösungshinweise am Ende des Buches helfen Ihnen, falls Sie bei einer Aufgabe partout nicht weiterkommen. Dort finden Sie auch die Lösungen – betrügen Sie sich aber nicht selbst und schlagen Sie erst nach, wenn Sie selber zu einer Lösung gekommen sind. Ausführliche Lösungswege, Beweise und Abbildungen finden Sie als digitales Zusatzmaterial (electronic supplementary material).
Viel Spaß und Erfolg bei den Aufgaben!

Verständnisfragen

19.1 • Man beweise: Zwei Vektoren $\boldsymbol{u}, \boldsymbol{v} \in \mathbb{R}^3 \setminus \{\boldsymbol{0}\}$ sind dann und nur dann zueinander orthogonal, wenn $\|\boldsymbol{u}+\boldsymbol{v}\|^2 = \|\boldsymbol{u}\|^2 + \|\boldsymbol{v}\|^2$ ist.

19.2 • Man beweise: Für zwei linear unabhängige Vektoren $\boldsymbol{u}, \boldsymbol{v} \in \mathbb{R}^3$ sind die zwei Vektoren $\boldsymbol{u}-\boldsymbol{v}$ und $\boldsymbol{u}+\boldsymbol{v}$ genau dann orthogonal, wenn $\|\boldsymbol{u}\| = \|\boldsymbol{v}\|$ ist. Was heißt dies für das von $\boldsymbol{u}$ und $\boldsymbol{v}$ aufgespannte Parallelogramm?

19.3 •• Angenommen, die Gerade G ist die Schnittgerade der Ebenen E_1 und E_2, jeweils gegeben durch eine lineare Gleichung

$$\boldsymbol{n}_i \cdot \boldsymbol{x} - k_i = 0\,, \quad i = 1, 2\,.$$

Stellen Sie die Menge aller durch G legbaren Ebenen dar als Menge aller linearen Gleichungen mit Unbekannten (x_1, x_2, x_3), deren Lösungsmenge G enthält.

19.4 •• Das (orientierte) Volumen V des von drei Vektoren $\boldsymbol{v}_1$, $\boldsymbol{v}_2$ und $\boldsymbol{v}_3$ aufgespannten Parallelepipeds ist gleich dem Spatprodukt $\det(\boldsymbol{v}_1, \boldsymbol{v}_2, \boldsymbol{v}_3)$. Warum ist das Quadrat V^2 dieses Volumens gleich der Determinante der von den paarweisen Skalarprodukten gebildeten (symmetrischen) *Gram'schen Matrix*

$$G(\boldsymbol{v}_1, \boldsymbol{v}_2, \boldsymbol{v}_3) = \begin{pmatrix} \boldsymbol{v}_1\cdot\boldsymbol{v}_1 & \boldsymbol{v}_1\cdot\boldsymbol{v}_2 & \boldsymbol{v}_1\cdot\boldsymbol{v}_3 \\ \boldsymbol{v}_2\cdot\boldsymbol{v}_1 & \boldsymbol{v}_2\cdot\boldsymbol{v}_2 & \boldsymbol{v}_2\cdot\boldsymbol{v}_3 \\ \boldsymbol{v}_3\cdot\boldsymbol{v}_1 & \boldsymbol{v}_3\cdot\boldsymbol{v}_2 & \boldsymbol{v}_3\cdot\boldsymbol{v}_3 \end{pmatrix}?$$

19.5 ••• Welche eigentlich orthogonale 3×3-Matrix $\boldsymbol{A} \neq \mathbf{E}_3$ erfüllt die Eigenschaften

$$\boldsymbol{A}^3 = \boldsymbol{A}\boldsymbol{A}\boldsymbol{A} = \mathbf{E}_3 \quad \text{und} \quad \boldsymbol{A}\begin{pmatrix}1\\1\\1\end{pmatrix} = \begin{pmatrix}1\\1\\1\end{pmatrix}.$$

Wie viele Lösungen gibt es? Gibt es auch eine uneigentlich orthogonale Matrix mit diesen Eigenschaften?

Rechenaufgaben

19.6 • Im $\mathbb{R}^3$ sind zwei Vektoren gegeben, nämlich $\boldsymbol{u} = \begin{pmatrix}2\\-2\\1\end{pmatrix}$ und $\boldsymbol{v} = \begin{pmatrix}2\\5\\14\end{pmatrix}$. Berechnen Sie $\|\boldsymbol{u}\|$, $\|\boldsymbol{v}\|$, den von $\boldsymbol{u}$ und $\boldsymbol{v}$ eingeschlossenen Winkel φ sowie das Vektorprodukt $\boldsymbol{u}\times\boldsymbol{v}$.

19.7 • Stellen Sie die Gerade

$$G = \begin{pmatrix}3\\0\\4\end{pmatrix} + \mathbb{R}\begin{pmatrix}2\\-2\\1\end{pmatrix}$$

als Schnittgerade zweier Ebenen dar, also als Lösungsmenge zweier linearer Gleichungen. Wie lauten die Gleichungen aller durch G legbaren Ebenen?

19.8 •• Im affinen Raum $\mathbb{R}^3$ sind die vier Punkte

$$\boldsymbol{a} = \begin{pmatrix}-1\\0\\1\end{pmatrix}, \quad \boldsymbol{b} = \begin{pmatrix}0\\0\\2\end{pmatrix}, \quad \boldsymbol{c} = \begin{pmatrix}-1\\2\\0\end{pmatrix}, \quad \boldsymbol{d} = \begin{pmatrix}1\\2\\x_3\end{pmatrix}$$

gegeben. Bestimmen Sie die letzte Koordinate x_3 von $\boldsymbol{d}$ derart, dass der Punkt $\boldsymbol{d}$ in der von $\boldsymbol{a}$, $\boldsymbol{b}$ und $\boldsymbol{c}$ aufgespannten Ebene liegt. Liegt $\boldsymbol{d}$ im Inneren oder auf dem Rand des Dreiecks $\boldsymbol{abc}$?

19.9 • Im Anschauungsraum $\mathbb{R}^3$ sind die zwei Geraden

$$G = \begin{pmatrix}2\\0\\-3\end{pmatrix} + \mathbb{R}\begin{pmatrix}3\\1\\-1\end{pmatrix}, \quad H = \begin{pmatrix}2\\-1\\0\end{pmatrix} + \mathbb{R}\begin{pmatrix}-1\\1\\1\end{pmatrix}$$

gegeben. Bestimmen Sie die Gleichung derjenigen Ebene E durch den Ursprung, welche zu G und H parallel ist. Welche Entfernung hat E von der Geraden G, welche von H?

19.10 • Im Anschauungsraum $\mathbb{R}^3$ sind die Gerade

$$G = \begin{pmatrix}1\\0\\2\end{pmatrix} + \mathbb{R}\begin{pmatrix}2\\1\\-2\end{pmatrix} \quad \text{und der Punkt } \boldsymbol{p} = \begin{pmatrix}1\\1\\1\end{pmatrix}$$

gegeben. Bestimmen Sie die Hesse'sche Normalform derjenigen Ebene E durch $\boldsymbol{p}$, welche zu G normal ist.

19.11 •• Im Anschauungsraum $\mathbb{R}^3$ sind die zwei Geraden

$$G_1 = \begin{pmatrix}3\\0\\4\end{pmatrix} + \mathbb{R}\begin{pmatrix}2\\-2\\1\end{pmatrix}, \quad G_2 = \begin{pmatrix}2\\3\\3\end{pmatrix} + \mathbb{R}\begin{pmatrix}-1\\1\\2\end{pmatrix}$$

gegeben. Bestimmen Sie die kürzeste Strecke zwischen den beiden Geraden, also deren Endpunkte $\boldsymbol{a}_1 \in G_1$ und $\boldsymbol{a}_2 \in G_2$ sowie deren Länge d.

19.12 •• Im Anschauungsraum $\mathbb{R}^3$ ist die Gerade

$$G = \begin{pmatrix}1\\1\\2\end{pmatrix} + \mathbb{R}\begin{pmatrix}2\\-2\\1\end{pmatrix}$$

gegeben. Welcher Gleichung müssen die Koordinaten x_1, x_2 und x_3 des Raumpunktes $\boldsymbol{x}$ genügen, damit $\boldsymbol{x}$ von G den Abstand $r = 3$ hat und somit auf dem Drehzylinder mit der Achse G und dem Radius r liegt?

19.13 •• Im Anschauungsraum $\mathbb{R}^3$ sind die zwei Geraden

$$G_1 = \begin{pmatrix}3\\0\\4\end{pmatrix} + \mathbb{R}\begin{pmatrix}2\\-2\\1\end{pmatrix}, \quad G_2 = \begin{pmatrix}2\\3\\3\end{pmatrix} + \mathbb{R}\begin{pmatrix}-1\\2\\2\end{pmatrix}$$

gegeben. Welcher Gleichung müssen die Koordinaten x_1, x_2 und x_3 des Raumpunktes $\boldsymbol{x}$ genügen, damit $\boldsymbol{x}$ von den beiden Geraden denselben Abstand hat? Bei der Menge dieser Punkte handelt es sich übrigens um das *Abstandsparaboloid* von G_1 und G_2, ein orthogonales hyperbolisches Paraboloid (siehe Kap. 21).

19.14 •• Im Anschauungsraum $\mathbb{R}^3$ ist die Gerade

$$G = \boldsymbol{p} + \mathbb{R}\boldsymbol{u} \text{ mit } \boldsymbol{p} = \begin{pmatrix}1\\1\\2\end{pmatrix} \text{ und } \boldsymbol{u} = \begin{pmatrix}2\\-2\\1\end{pmatrix}$$

gegeben. Welcher Gleichung müssen die Koordinaten x_1, x_2 und x_3 des Raumpunktes $\boldsymbol{x}$ genügen, damit $\boldsymbol{x}$ auf demjenigen Drehkegel mit der Spitze $\boldsymbol{p}$ und der Achse G liegt, dessen halber Öffnungswinkel $\varphi = 30°$ beträgt?

19.15 •• Man füge in der folgenden Matrix $\boldsymbol{M}$ die durch Sterne markierten fehlenden Einträge derart ein, dass eine eigentlich orthogonale Matrix entsteht.

$$\boldsymbol{M} = \frac{1}{3}\begin{pmatrix}* & -2 & 2\\ * & 1 & *\\ * & * & *\end{pmatrix}.$$

Wie viele verschiedene Lösungen gibt es?

19.16 •• Der Einheitswürfel $\mathcal{W}$ wird um die durch den Koordinatenursprung gehende Raumdiagonale durch 60° gedreht. Berechnen Sie die Koordinaten der Ecken des verdrehten Würfels $\mathcal{W}'$.

19.17 •• Man bestimme die orthogonale Darstellungsmatrix $\boldsymbol{R}_{d,\varphi}$ der Drehung durch den Winkel φ um eine durch den Koordinatenursprung laufende Drehachse mit dem Richtungsvektor $\boldsymbol{d} = \begin{pmatrix}d_1\\d_2\\d_3\end{pmatrix}$ bei $\|\boldsymbol{d}\| = 1$.

Anwendungsprobleme

19.18 •• Im Anschauungsraum $\mathbb{R}^3$ sind die „einander fast schneidenden" Geraden

$$G_1 = \begin{pmatrix}2\\3\\3\end{pmatrix} + \mathbb{R}\begin{pmatrix}-1\\1\\2\end{pmatrix}, \quad G_2 = \begin{pmatrix}3\\0\\4\end{pmatrix} + \mathbb{R}\begin{pmatrix}2\\-2\\1\end{pmatrix}$$

gegeben. Für welchen Raumpunkt $\boldsymbol{m}$ ist die Quadratsumme der Abstände von G_1 und G_2 minimal.

19.19 ••• Man zeige:

1. In einem Parallelepiped schneiden die vier Raumdiagonalen einander in einem Punkt.
2. Die Quadratsumme dieser vier Diagonalenlängen ist gleich der Summe der Quadrate der Längen aller 12 Kanten des Parallelepipeds (siehe dazu die Parallelogrammgleichung (S. 704)).

19.20 ••• Angenommen, die Punkte $\boldsymbol{p}_1, \boldsymbol{p}_2, \boldsymbol{p}_3, \boldsymbol{p}_4$ bilden ein reguläres Tetraeder der Kantenlänge 1. Man zeige:

1. Der Schwerpunkt $\boldsymbol{s} = \frac{1}{4}(\boldsymbol{p}_1 + \boldsymbol{p}_2 + \boldsymbol{p}_3 + \boldsymbol{p}_4)$ hat von allen Eckpunkten dieselbe Entfernung.
2. Die Mittelpunkte der Kanten $\boldsymbol{p}_1\boldsymbol{p}_2, \boldsymbol{p}_1\boldsymbol{p}_3, \boldsymbol{p}_4\boldsymbol{p}_3$ und $\boldsymbol{p}_4\boldsymbol{p}_2$ bilden ein Quadrat. Wie lautet dessen Kantenlänge?
3. Der Schwerpunkt $\boldsymbol{s}$ halbiert die Strecke zwischen den Mittelpunkten gegenüberliegender Kanten. Diese drei Strecken sind paarweise orthogonal.

19.21 •• Die Vektoren $(\boldsymbol{b}_1, \boldsymbol{b}_2, \boldsymbol{b}_3)$ der orthonormierten Standardbasis B werden durch Multiplikation mit der eigentlich orthogonalen Matrix

$$\boldsymbol{A} = \frac{1}{\sqrt{6}}\begin{pmatrix}2 & -1 & -1\\ 0 & \sqrt{3} & -\sqrt{3}\\ \sqrt{2} & \sqrt{2} & \sqrt{2}\end{pmatrix}$$

in eine orthonormierte Basis $B' = (\boldsymbol{b}_1', \boldsymbol{b}_2', \boldsymbol{b}_3')$ mit $\boldsymbol{b}_i' = \boldsymbol{A}\,\boldsymbol{b}_i$ bewegt. Diese Bewegung $\mathcal{B}$ ist bekanntlich eine einzige Drehung. Bestimmen Sie die Achse $\boldsymbol{d}$ und den Drehwinkel φ dieser Drehung.

19.22 •• Die Spaltenvektoren der eigentlich orthogonalen Matrix

$$A = \frac{1}{3}\begin{pmatrix} 2 & 1 & 2 \\ 1 & 2 & -2 \\ -2 & 2 & 1 \end{pmatrix}$$

bilden die Raumlage $(\boldsymbol{b}_1', \boldsymbol{b}_2', \boldsymbol{b}_3')$ eines orthonormierten Dreibeins. Bestimmen Sie die zu dieser Raumlage gehörigen Euler'schen Drehwinkel α, β und γ.

19.23 ••• Die drei Raumpunkte

$$\boldsymbol{a}_1 = \begin{pmatrix} 0 \\ 0 \\ 1 \end{pmatrix}, \quad \boldsymbol{a}_2 = \begin{pmatrix} -2 \\ 1 \\ 2 \end{pmatrix}, \quad \boldsymbol{a}_3 = \begin{pmatrix} -1 \\ -1 \\ 3 \end{pmatrix}$$

bilden ein gleichseitiges Dreieck. Gesucht ist die erweiterte Darstellungsmatrix derjenigen Bewegung, welche die drei Eckpunkte zyklisch vertauscht, also mit $\boldsymbol{a}_1 \mapsto \boldsymbol{a}_2$, $\boldsymbol{a}_2 \mapsto \boldsymbol{a}_3$ und $\boldsymbol{a}_3 \mapsto \boldsymbol{a}_1$.

Antworten zu den Selbstfragen

Antwort 1 Nunmehr gilt $\boldsymbol{b} - \boldsymbol{a} = \boldsymbol{f} - \boldsymbol{c}$, also

$$\boldsymbol{f} = \boldsymbol{b} - \boldsymbol{a} + \boldsymbol{c} = \begin{pmatrix} 6 \\ 9 \\ 4 \end{pmatrix}.$$

Die Gleichung $\boldsymbol{f} - \boldsymbol{c} = \boldsymbol{c} - \boldsymbol{d}$ bestätigt $\boldsymbol{c}$ als Mittelpunkt der Strecke $\boldsymbol{d}\boldsymbol{f}$.

Antwort 2 Die erste ist richtig, denn die Affinkombinationen sind spezielle Linearkombinationen. Die zweite Aussage ist falsch, denn nicht jede Linearkombination ist eine Affinkombination, also eine mit der Koeffizientensumme 1.

Antwort 3 $\boldsymbol{s} = \frac{1}{3}\boldsymbol{a} + \frac{1}{3}\boldsymbol{b} + \frac{1}{3}\boldsymbol{c}$ ist eine Konvexkombination der drei Eckpunkte, denn $\frac{1}{3} + \frac{1}{3} + \frac{1}{3} = 1$ und $0 \leq \frac{1}{3} \leq 1$. Nachdem keiner der Koeffizienten verschwindet, liegt $\boldsymbol{s}$ im Inneren.

Wir finden noch eine weitere Affinkombination, nämlich

$$\boldsymbol{s} = \frac{2}{3}\left[\frac{1}{2}(\boldsymbol{a} + \boldsymbol{b})\right] + \frac{1}{3}\boldsymbol{c},$$

und diese beweist die zweite Behauptung.

Antwort 4 Nein, natürlich nicht! Die Eigenschaft, ein Rechtssystem zu sein, ist unabhängig von der Position im Raum. Ein rechter Schuh wird kein linker, wenn wir ihn umdrehen, also mit der Sohle nach oben hinlegen.

Antwort 5 Es ist

$$\|\boldsymbol{a}_1 - \boldsymbol{a}_2\| = \|\boldsymbol{a}_3 - \boldsymbol{a}_4\| = 4,$$

und für jedes $i \in \{1, 2\}$ und $j \in \{3, 4\}$ ist

$$\|\boldsymbol{a}_i - \boldsymbol{a}_j\| = \sqrt{2^2 + 2^2 + 2^2 \cdot 2} = 4.$$

Je drei dieser Punkte bilden ein gleichseitiges Dreieck. Alle vier sind die Eckpunkte einer speziellen dreiseitigen Pyramide, eines *regulären Tetraeders*.

Antwort 6

$$\cos\varphi = \frac{\boldsymbol{u} \cdot \boldsymbol{v}}{\|\boldsymbol{u}\|\,\|\boldsymbol{v}\|} = \frac{1}{\sqrt{2}\,\sqrt{2}} = \frac{1}{2} \implies \varphi = 60°$$

Antwort 7 Dies ist äquivalent zur linearen Unabhängigkeit der Vektoren $(\boldsymbol{b} - \boldsymbol{a})$ und $(\boldsymbol{c} - \boldsymbol{a})$, also zu $(\boldsymbol{c} - \boldsymbol{a}) \times (\boldsymbol{b} - \boldsymbol{a}) \neq \boldsymbol{0}$. Wir können die linke Seite dieser Ungleichung noch umformen zu $(\boldsymbol{c} \times \boldsymbol{b}) - (\boldsymbol{a} \times \boldsymbol{b}) - (\boldsymbol{c} \times \boldsymbol{a}) + (\boldsymbol{a} \times \boldsymbol{a})$, wobei der letzte Summand verschwindet.

Antwort 8 Der Vektor $\boldsymbol{u} \times (\boldsymbol{v} \times \boldsymbol{w})$ ist zum Vektor $\boldsymbol{n} = (\boldsymbol{v} \times \boldsymbol{w})$ orthogonal, wobei $\boldsymbol{n}$ ein Normalvektor der von $\boldsymbol{v}$ und $\boldsymbol{w}$ aufgespannten Ebene ist.

Antwort 9 Ebenfalls ein reguläres Tetraeder, und zwar eines, das der Einheitskugel eingeschrieben ist, nachdem es sich um lauter Einheitsvektoren handelt.

Antwort 10 1) Nein, denn alle Spalten in dieser Matrix sind skalare Vielfache des Vektors $\boldsymbol{u}$. Die Matrix $\boldsymbol{u}\,\boldsymbol{v}^{\mathrm{T}}$ hat bei $\boldsymbol{u}, \boldsymbol{v} \neq \boldsymbol{0}$ den Rang 1.

2) Wegen $\|\boldsymbol{n}\| = 1$ ist

$$N\,N = \boldsymbol{n}\,(\boldsymbol{n}^{\mathrm{T}}\,\boldsymbol{n})\,\boldsymbol{n}^{\mathrm{T}} = \boldsymbol{n}\,\boldsymbol{n}^{\mathrm{T}} = N$$

und daher $(\mathbf{E}_3 - N)^2 = \mathbf{E}_3 - 2N + N = \mathbf{E}_3 - N$.

Dazu gibt es auch eine geometrische Erklärung: Geht die Ebene E durch den Ursprung ($k = 0$), so beschreibt die Matrix $(\mathbf{E}_3 - N)$ allein die Normalprojektion. Wird nun der Normalenfußpunkt $\boldsymbol{x}^n$ von $\boldsymbol{x}$ noch einmal normal nach E projiziert, so ändert er sich nicht mehr. Es bewirkt die zweifache Hintereinanderausführung der Normalprojektion nicht anderes als die einfache, und genau dies drückt die Idempotenz der Matrix aus.

3) Nachdem das Bild des $\mathbb{R}^3$ nur mehr die Dimension 2 hat, muss die Abbildungmatrix singulär sein. Oder: Wäre diese Matrix invertierbar, könnte man beide Seiten der Gleichung $(\mathbf{E}_3 - N)^2 = \mathbf{E}_3 - N$ mit der Inversen von links multiplizieren und es folgte $\mathbf{E}_3 - N = \mathbf{E}_3$. Also müsste N die Nullmatrix sein, und das ist unmöglich.

Antwort 11 Wegen $N^2 = N$ folgt durch Ausrechnen $(\mathbf{E}_3 - 2N)^2 = \mathbf{E}_3$. Diese Gleichung ist andererseits daraus zu folgern, dass die zweimalige Spiegelung an E alle Raumpunkte unverändert lässt.

Antwort 12 1) Nein, sie ist zwar orthogonal, aber die Spaltenvektoren bilden ein Linkssystem. Erst nach Vertauschung zweier Spalten – oder auch Zeilen – entstünde eine eigentlich orthogonale Matrix.

2) Die Matrix $M = (\mathbf{E}_3 - 2N)$ ist symmetrisch, und wegen $N^2 = N$ ist $M\,M^{\mathrm{T}} = M\,M = \mathbf{E}_3$, wie bereits früher auf S. 720 festgestellt worden ist. Die Spiegelung führt Rechtssysteme in Linkssysteme über. Daher ist die Matrix uneigentlich orthogonal.

Antwort 13 Die Matrizen der Drehungen um die x_1- bzw. x_2-Achse lauten

$$A_1 = \begin{pmatrix} 1 & 0 & 0 \\ 0 & \mathrm{c}\,\varphi & -\mathrm{s}\,\varphi \\ 0 & \mathrm{s}\,\varphi & \mathrm{c}\,\varphi \end{pmatrix}, \quad A_2 = \begin{pmatrix} \mathrm{c}\,\varphi & 0 & \mathrm{s}\,\varphi \\ 0 & 1 & 0 \\ -\mathrm{s}\,\varphi & 0 & \mathrm{c}\,\varphi \end{pmatrix}.$$

Dabei wurden die Symbole für die Sinus- und Kosinusfunktion durch s bzw. c abgekürzt.

Antwort 14 Die Drehmatrix ist orthogonal. Daher gilt $\boldsymbol{R}_{d,\varphi}^{\mathrm{T}} = \boldsymbol{R}_{d,\varphi}^{-1}$. Nun ist die inverse Bewegung zur Drehung um $\boldsymbol{d}$ durch den Winkel φ die Drehung durch $-\varphi$, also in dem entgegengesetzten Drehsinn. Dieselbe Bewegungsumkehr ist auch durch den Ersatz von $\boldsymbol{d}$ durch $-\boldsymbol{d}$ zu erreichen. Natürlich ist dies auch an Hand der Darstellung in (19.16) zu bestätigen.

Euklidische und unitäre Vektorräume – Geometrie in höheren Dimensionen

20

Wann sind Polynome orthogonal?

Welchen Winkel schließen Exponential- und Sinusfunktion ein?

Was ist der kürzeste Abstand eines Vektors zu einem Untervektorraum?

Teil III

Ergänzende Information Die elektronische Version dieses Kapitels enthält Zusatzmaterial, auf das über folgenden Link zugegriffen werden kann https://doi.org/10.1007/978-3-662-64389-1_20.

T. Arens et al., *Mathematik*, https://doi.org/10.1007/978-3-662-64389-1_20

Im vorangegangen Kapitel zur analytischen Geometrie haben wir ausführlich das kanonische Skalarprodukt im Anschauungsraum behandelt. Wir haben festgestellt, dass zwei Vektoren genau dann orthogonal zueinander sind, wenn ihr Skalarprodukt den Wert null ergibt.

Wir sind auch mit höherdimensionalen Vektorräumen und auch mit Vektorräumen, deren Elemente Funktionen oder Polynome sind, vertraut. Es ist daher eine naheliegende Frage, ob es auch möglich ist, ein Skalarprodukt zwischen Vektoren solcher Vektorräume zu erklären. Dabei sollte aber das vertraute Standardskalarprodukt des Anschauungsraums verallgemeinert werden. Dass dies in vielen Vektorräumen möglich ist, zeigen wir im vorliegenden Kapitel. Dabei können wir aber nicht mehr mit der Anschauung argumentieren. Wir werden vielmehr die algebraischen Eigenschaften des Skalarproduktes im Anschauungsraum nutzen, um ein (allgemeines) Skalarprodukt zu erklären. Damit gelingt es dann auch von einer Orthogonalität von Funktionen zu sprechen – Funktionen sind per Definition dann orthogonal, wenn ihr Skalarprodukt den Wert null hat. Anders als im vorangegangenen Kapitel versagt aber für diesen allgemeineren Begriff der Orthogonalität im Allgemeinen jede Anschauung.

Tatsächlich erfordern viele Anwendungen der linearen Algebra, wie etwa die abstrakte Formulierung der Quantenmechanik, eine solche Orthogonalitätsrelation für Funktionen. Auch bei der Entwicklung in trigonometrische Funktionen in der Fourierreihenentwicklung behilft man sich mit der Tatsache, dass das Skalarprodukt zwischen bestimmten trigonometrischen Funktionen den Wert null hat.

Teil III

20.1 Euklidische Vektorräume

Wir wollen den Begriff des Senkrechtstehens zweier Vektoren weitreichend verallgemeinern. Neben den bisher betrachteten Vektorräumen $\mathbb{R}^n$ und $\mathbb{C}^n$, in denen wir von *zueinander orthogonalen Vektoren* gesprochen haben, wollen wir eine solche Relation auch für Elemente abstrakter Vektorräume, wie etwa dem Vektorraum aller auf einem kompakten Intervall stetiger reellwertiger Funktionen, erklären. Hierbei entzieht sich jedoch der Begriff der Orthogonalität jeder Anschauung. Wir beginnen mit dem reellen Fall.

Längen von Vektoren und Winkel zwischen Vektoren sind im $\mathbb{R}^2$ bzw. $\mathbb{R}^3$ mit dem Skalarprodukt bestimmbar

Für jede natürliche Zahl n und Vektoren

$$\boldsymbol{v} = \begin{pmatrix} v_1 \\ \vdots \\ v_n \end{pmatrix}, \quad \boldsymbol{w} = \begin{pmatrix} w_1 \\ \vdots \\ w_n \end{pmatrix} \in \mathbb{R}^n$$

nannten wir das Produkt

$$\boldsymbol{v} \cdot \boldsymbol{w} = \boldsymbol{v}^{\mathrm{T}} \boldsymbol{w} = \sum_{i=1}^{n} v_i w_i \in \mathbb{R}$$

das **kanonische Skalarprodukt** oder auch das **Standardskalarprodukt** von $\boldsymbol{v}$ und $\boldsymbol{w}$. Dieses ist ein Produkt zwischen zwei Vektoren des reellen Vektorraums $\mathbb{R}^n$, bei dem als Ergebnis eine reelle Zahl entsteht.

Kommentar Statt $\boldsymbol{v} \cdot \boldsymbol{w}$ schreibt man oft auch $\langle \boldsymbol{v}, \boldsymbol{w} \rangle$ oder $s(\boldsymbol{v}, \boldsymbol{w})$. Und anstelle von $\boldsymbol{v} \cdot \boldsymbol{v}$ findet man oft auch die Schreibweise $\boldsymbol{v}^2$. ◄

In den Anschauungsräumen, also in den Fällen $n = 2$ und $n = 3$ drückt $\boldsymbol{v} \cdot \boldsymbol{w} = 0$ die Tatsache aus, dass die beiden Vektoren $\boldsymbol{v}$ und $\boldsymbol{w}$ senkrecht aufeinanderstehen. Der Wert

$$\|\boldsymbol{v}\| = \sqrt{\boldsymbol{v} \cdot \boldsymbol{v}} = \sqrt{v_1^2 + v_2^2} \text{ bzw.}$$
$$\|\boldsymbol{v}\| = \sqrt{\boldsymbol{v} \cdot \boldsymbol{v}} = \sqrt{v_1^2 + v_2^2 + v_3^2},$$

also die Wurzel des Skalarproduktes eines Vektors mit sich, gibt die Länge des Vektors $\boldsymbol{v}$ an. Anstelle von der *Länge* eines Vektors sprachen wir auch von der *Norm* eines Vektors.

Selbstfrage 1

Wieso existiert $\sqrt{\boldsymbol{v} \cdot \boldsymbol{v}}$ für jedes $\boldsymbol{v} \in \mathbb{R}^2$ bzw. $\mathbb{R}^3$? Anders gefragt: Wieso ist $\boldsymbol{v} \cdot \boldsymbol{v}$ eine positive reelle Zahl?

Über die geometrischen Eigenschaften des kanonischen Skalarproduktes wurde im Kap. 19 berichtet. Nun stellen wir die algebraischen Eigenschaften dieses Skalarproduktes in den Vordergrund und definieren dann den allgemeinen Begriff eines Skalarproduktes eines reellen Vektorraums durch diese Eigenschaften.

Das kanonische Skalarprodukt ist eine symmetrische, positiv definite Bilinearform

Wir fassen das kanonische Skalarprodukt als eine Abbildung auf:

$$\cdot : \begin{cases} \mathbb{R}^n \times \mathbb{R}^n & \to \quad \mathbb{R} \\ (\boldsymbol{v}, \boldsymbol{w}) & \mapsto \quad \boldsymbol{v} \cdot \boldsymbol{w} \end{cases}$$

Nun gilt für alle $\boldsymbol{v}, \boldsymbol{w}, \boldsymbol{v}', \boldsymbol{w}' \in \mathbb{R}^n$ und $\lambda \in \mathbb{R}$:

- $(\boldsymbol{v} + \boldsymbol{v}') \cdot \boldsymbol{w} = \boldsymbol{v} \cdot \boldsymbol{w} + \boldsymbol{v}' \cdot \boldsymbol{w}$ und $(\lambda\, \boldsymbol{v}) \cdot \boldsymbol{w} = \lambda\, (\boldsymbol{v} \cdot \boldsymbol{w})$ (*Linearität im ersten Argument*),
- $\boldsymbol{v} \cdot (\boldsymbol{w} + \boldsymbol{w}') = \boldsymbol{v} \cdot \boldsymbol{w} + \boldsymbol{v} \cdot \boldsymbol{w}'$ und $\boldsymbol{v} \cdot (\lambda\, \boldsymbol{w}) = \lambda\, (\boldsymbol{v} \cdot \boldsymbol{w})$ (*Linearität im zweiten Argument*),
- $\boldsymbol{v} \cdot \boldsymbol{w} = \boldsymbol{w} \cdot \boldsymbol{v}$ (*Symmetrie*),
- $\boldsymbol{v} \cdot \boldsymbol{v} \geq 0$ und $\boldsymbol{v} \cdot \boldsymbol{v} = 0 \Leftrightarrow \boldsymbol{v} = \boldsymbol{0}$ (*positive Definitheit*).

Der Nachweis dieser Eigenschaften ist einfach. Die Symmetrie etwa zeigt man wie folgt:

$$\boldsymbol{v} \cdot \boldsymbol{w} = \sum_{i=1}^{n} v_i w_i = \sum_{i=1}^{n} w_i v_i = \boldsymbol{w} \cdot \boldsymbol{v}$$

Eine lineare Abbildung eines Vektorraums in seinen zugrunde liegenden Körper nennt man auch eine *Form*. Die ersten beiden Eigenschaften besagen, dass die Abbildung $\cdot$, also das Skalarprodukt, in den beiden Argumenten $(\cdot\,,\,\cdot) \in \mathbb{R}^n \times \mathbb{R}^n$ linear, also *bilinear* ist. Daher rührt der Begriff *Bilinearform* für Abbildungen mit diesen Eigenschaften.

Wegen der dritten Eigenschaft, der *Symmetrie*, folgt die zweite aus der ersten – oder die erste aus der zweiten. Man kann also eine der ersten beiden Eigenschaft aus der jeweils anderen mit der Symmetrie folgern. Wir werden gleich zeigen, wie das tatsächlich geht.

Die vierte Eigenschaft, die *positive Definitheit*, ist gleichwertig zu der Eigenschaft

$$\boldsymbol{v} \cdot \boldsymbol{v} > 0 \text{ für alle } \boldsymbol{v} \neq \boldsymbol{0}\,.$$

Ein euklidisches Skalarprodukt ist eine symmetrische, positiv definite Bilinearform eines reellen Vektorraums

Wir benutzen die algebraischen Eigenschaften des kanonischen Skalarproduktes, um ein Skalarprodukt in beliebigen reellen Vektorräumen einzuführen, um dann in solchen Vektorräumen von Normen von Vektoren und von Winkeln zwischen Vektoren sprechen zu können.

Euklidisches Skalarprodukt und euklidischer Vektorraum

Ist V ein reeller Vektorraum, so heißt eine Abbildung

$$\cdot : \begin{cases} V \times V & \to \quad \mathbb{R} \\ (\boldsymbol{v}, \boldsymbol{w}) & \mapsto \quad \boldsymbol{v} \cdot \boldsymbol{w} \end{cases}$$

ein **euklidisches Skalarprodukt**, wenn für alle $\boldsymbol{v}, \boldsymbol{v}', \boldsymbol{w} \in V$ und $\lambda \in \mathbb{R}$ die folgenden Eigenschaften erfüllt sind:

1. $(\boldsymbol{v} + \boldsymbol{v}') \cdot \boldsymbol{w} = \boldsymbol{v} \cdot \boldsymbol{w} + \boldsymbol{v}' \cdot \boldsymbol{w}$ und $(\lambda\, \boldsymbol{v}) \cdot \boldsymbol{w} = \lambda\, (\boldsymbol{v} \cdot \boldsymbol{w})$ (*Linearität im ersten Argument*),
2. $\boldsymbol{v} \cdot \boldsymbol{w} = \boldsymbol{w} \cdot \boldsymbol{v}$ (*Symmetrie*),
3. $\boldsymbol{v} \cdot \boldsymbol{v} \geq 0$ und $\boldsymbol{v} \cdot \boldsymbol{v} = 0 \Leftrightarrow \boldsymbol{v} = \boldsymbol{0}$ (*positive Definitheit*).

Ist $\cdot$ ein euklidisches Skalarprodukt in V, so nennt man V einen **euklidischen Vektorraum**.

Kommentar Später werden wir auch andere Skalarprodukte erklären, daher sollte man eigentlich stets das Adjektiv *euklidisch* mitführen. Wenn aber keine Verwechslungsgefahr besteht, werden wir es auch manchmal weglassen. ◀

Wegen der Symmetrie folgt die Linearität im zweiten Argument, da für alle $\boldsymbol{v}, \boldsymbol{w}, \boldsymbol{w}' \in V$ und $\lambda \in \mathbb{R}$ gilt:

$$\begin{aligned}
\boldsymbol{v} \cdot (\boldsymbol{w} + \boldsymbol{w}') &\overset{(2)}{=} (\boldsymbol{w} + \boldsymbol{w}') \cdot \boldsymbol{v} \\
&\overset{(1)}{=} \boldsymbol{w} \cdot \boldsymbol{v} + \boldsymbol{w}' \cdot \boldsymbol{v} \\
&\overset{(2)}{=} \boldsymbol{v} \cdot \boldsymbol{w} + \boldsymbol{v} \cdot \boldsymbol{w}' \\
\boldsymbol{v} \cdot (\lambda\, \boldsymbol{w}) &\overset{(2)}{=} (\lambda\, \boldsymbol{w}) \cdot \boldsymbol{v} \\
&\overset{(1)}{=} \lambda\, (\boldsymbol{w} \cdot \boldsymbol{v}) \\
&\overset{(2)}{=} \lambda\, (\boldsymbol{v} \cdot \boldsymbol{w})
\end{aligned}$$

Selbstfrage 2

Warum gilt für jedes $\boldsymbol{v}$ eines euklidischen Vektorraums $\boldsymbol{0} \cdot \boldsymbol{v} = 0 = \boldsymbol{v} \cdot \boldsymbol{0}$?

Beispiel

- Für jede natürliche Zahl n ist im reellen Vektorraum $\mathbb{R}^n$ das Produkt

$$\boldsymbol{v} \cdot \boldsymbol{w} = \boldsymbol{v}^{\mathrm{T}}\, \boldsymbol{w}$$

ein euklidisches Skalarprodukt. Dieses Skalarprodukt nennen wir das **kanonische Skalarprodukt** oder auch **Standardskalarprodukt**.

- Wir definieren für Vektoren $\boldsymbol{v}, \boldsymbol{w} \in \mathbb{R}^2$ mittels der Matrix $\boldsymbol{A} = \begin{pmatrix} 2 & 1 \\ 1 & 1 \end{pmatrix}$ das Produkt

$$\boldsymbol{v} \cdot \boldsymbol{w} = \boldsymbol{v}^{\mathrm{T}} \boldsymbol{A}\, \boldsymbol{w}$$

zwischen den Vektoren $\boldsymbol{v}$ und $\boldsymbol{w}$ und stellen fest, dass für alle $\boldsymbol{v}, \boldsymbol{v}', \boldsymbol{w} \in \mathbb{R}^2$ und $\lambda \in \mathbb{R}$

$$\begin{aligned}
(\boldsymbol{v} + \boldsymbol{v}') \cdot \boldsymbol{w} &= (\boldsymbol{v} + \boldsymbol{v}')^{\mathrm{T}} \boldsymbol{A}\, \boldsymbol{w} = \boldsymbol{v}^{\mathrm{T}} \boldsymbol{A}\, \boldsymbol{w} + \boldsymbol{v}'^{\mathrm{T}} \boldsymbol{A}\, \boldsymbol{w} \\
&= \boldsymbol{v} \cdot \boldsymbol{w} + \boldsymbol{v}' \cdot \boldsymbol{w}
\end{aligned}$$

und

$$(\lambda\, \boldsymbol{v}) \cdot \boldsymbol{w} = (\lambda\, \boldsymbol{v})^{\mathrm{T}} \boldsymbol{A}\, \boldsymbol{w} = \lambda\, \boldsymbol{v}^{\mathrm{T}} \boldsymbol{A}\, \boldsymbol{w} = \lambda\, (\boldsymbol{v} \cdot \boldsymbol{w})$$

gilt. Das besagt, dass das so definierte Produkt $\cdot$ linear im ersten Argument ist. Das Produkt ist auch symmetrisch, da wegen

$$\boldsymbol{v}^{\mathrm{T}} \boldsymbol{A}\, \boldsymbol{w} = (\boldsymbol{v}^{\mathrm{T}} \boldsymbol{A}\, \boldsymbol{w})^{\mathrm{T}} = \boldsymbol{w}^{\mathrm{T}} \boldsymbol{A}^{\mathrm{T}}\, \boldsymbol{v}$$

(das Transponieren ändert eine reelle Zahl nicht) und der Symmetrie der Matrix $\boldsymbol{A}$, d. h. $\boldsymbol{A}^T = \boldsymbol{A}$, gilt:

$$\begin{aligned}\boldsymbol{v}\cdot\boldsymbol{w} &= \boldsymbol{v}^T\boldsymbol{A}\,\boldsymbol{w} = \boldsymbol{w}^T\boldsymbol{A}^T\boldsymbol{v}\\ &= \boldsymbol{w}^T\boldsymbol{A}\,\boldsymbol{v} = \boldsymbol{w}\cdot\boldsymbol{v}\,.\end{aligned}$$

Und schließlich ist das Produkt positiv definit, da für alle $\boldsymbol{v} = \begin{pmatrix} v_1\\ v_2\end{pmatrix} \in \mathbb{R}^2$ gilt

$$\begin{aligned}\boldsymbol{v}\cdot\boldsymbol{v} = \boldsymbol{v}^T\boldsymbol{A}\,\boldsymbol{v} &= (2\,v_1 + v_2,\ v_1 + v_2)\begin{pmatrix} v_1\\ v_2\end{pmatrix}\\ &= 2\,v_1^2 + 2\,v_1\,v_2 + v_2^2\\ &= v_1^2 + (v_1 + v_2)^2 \geq 0\,,\end{aligned}$$

und Gleichheit gilt hierbei genau dann, wenn $v_1 = 0 = v_2$, d. h. $\boldsymbol{v} = \boldsymbol{0}$ ist.
Damit ist also gezeigt, dass $\cdot$ ein euklidisches Skalarprodukt ist und der $\mathbb{R}^2$ mit diesem Skalarprodukt ein euklidischer Vektorraum ist.

- Wir erklären ein Produkt $\cdot$ im Vektorraum aller auf einem abgeschlossenen Intervall $I = [a, b] \subseteq \mathbb{R}$ mit $a < b$ stetigen reellwertigen Funktionen, also im reellen Vektorraum

$$C(I) = \{f \in \mathbb{R}^I \mid f \text{ ist stetig}\}\,.$$

Dazu multiplizieren wir zwei Funktionen f und g aus $C(I)$ folgendermaßen:

$$f\cdot g = \int_a^b f(t)\,g(t)\,\mathrm{d}t \in \mathbb{R}$$

Weil stetige Funktionen nach einem Ergebnis auf S. 383 integrierbar sind, ist dieses Produkt auch definiert.
Nun verifizieren wir, dass dieses Produkt ein Skalarprodukt ist.
Aufgrund der Rechenregeln von S. 382 für das Integral gilt für alle Funktionen $f,\ g,\ h \in C(I)$

$$\begin{aligned}(f+g)\cdot h &= \int_a^b (f(t) + g(t))\,h(t)\,\mathrm{d}t\\ &= \int_a^b f(t)\,h(t) + \int_a^b g(t)\,h(t)\,\mathrm{d}t\\ &= f\cdot h + g\cdot h\,.\end{aligned}$$

Analog gilt für jede reelle Zahl λ

$$(\lambda f)\cdot g = \lambda\,(f\cdot g)\,.$$

Für alle $f,\ g \in C(I)$ gilt

$$f\cdot g = \int_a^b f(t)\,g(t)\,\mathrm{d}t = \int_a^b g(t) f(t)\,\mathrm{d}t = g\cdot f\,,$$

also ist das Produkt auch symmetrisch.

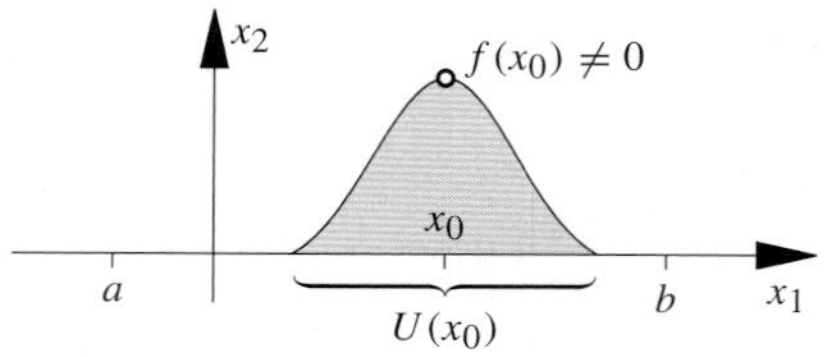

Abb. 20.1 Der Graph der stetigen Funktion f^2 schließt mit der x_1-Achse einen positiven Flächeninhalt ein

Wir zeigen nun, dass das Produkt positiv definit ist. Für jedes $f \in C(I)$ gilt

$$f\cdot f = \int_a^b f(t) f(t)\,\mathrm{d}t = \int_a^b f(t)^2\,\mathrm{d}t \geq 0\,.$$

Ist f nicht die Nullfunktion, so gibt es ein $x_0 \in [a, b]$ mit $f(x_0) \neq 0$. Da f stetig ist, gibt es somit eine Umgebung $U(x_0)$, sodass f für alle Argumente aus $U(x_0)$ von null verschiedene Werte annimmt, somit ist das Integral $\int_a^b f(t)^2\,\mathrm{d}t$ größer als null. Dies wird in Abb. 20.1 dargestellt.
Also folgt

$$f\cdot f = 0 \Leftrightarrow f = 0\,.$$

Es ist damit $\cdot$ ein Skalarprodukt.

- Anstelle von $C(I)$ können wir auch den Vektorraum der Polynome vom Grad kleiner oder gleich einer natürlichen Zahl n wählen. Weil Polynomfunktionen stetig sind, ist dann

$$\boldsymbol{p}\cdot\boldsymbol{q} = \int_a^b \boldsymbol{p}(t)\,\boldsymbol{q}(t)\,\mathrm{d}t$$

ein Skalarprodukt. ◀

Kommentar Hätten wir anstatt der Stetigkeit nur die Integrierbarkeit gefordert, so wäre das auf $C(I)$ definierte Produkt kein Skalarprodukt. Eine Funktion f, die außer an einer Stelle x_0 zwischen a und b stets den Wert null annimmt, ist nicht die Nullfunktion, sie ist aber integrierbar, und es gilt $f\cdot f = \int_a^b f(t)^2\,\mathrm{d}t = 0$, siehe Abb. 20.2. ◀

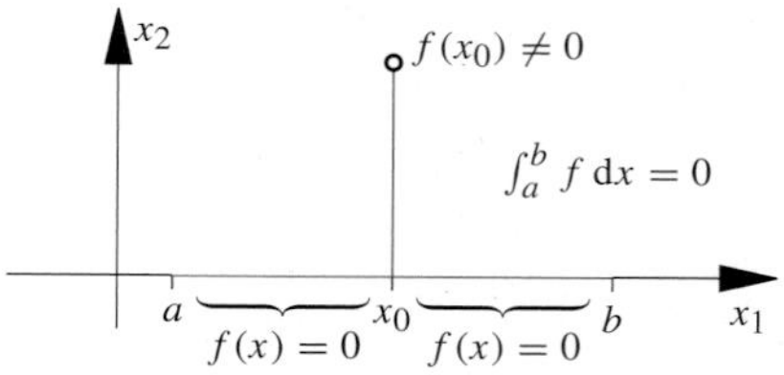

Abb. 20.2 Das Integral einer Funktion, die nur auf einer Nullmenge von null verschiedene Werte annimmt, ist null

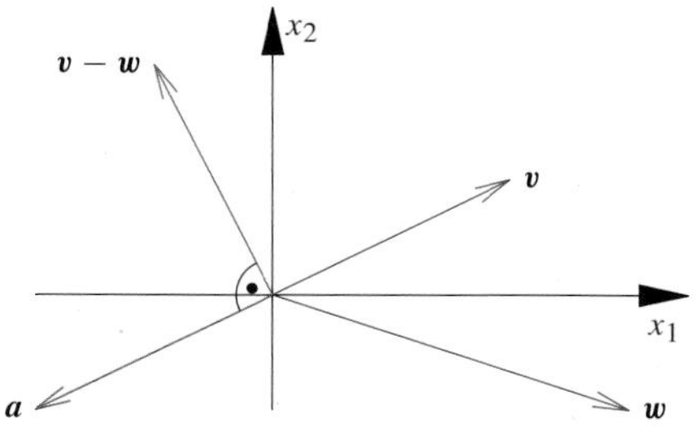

Abb. 20.3 Aus $\boldsymbol{a} \cdot \boldsymbol{v} = \boldsymbol{a} \cdot \boldsymbol{w}$ folgt, dass $\boldsymbol{a}$ senkrecht auf $\boldsymbol{v} - \boldsymbol{w}$ steht

Achtung Beim Skalarprodukt darf man im Allgemeinen nicht kürzen:

Aus $\boldsymbol{a} \cdot \boldsymbol{v} = \boldsymbol{a} \cdot \boldsymbol{w}$ folgt nicht unbedingt $\boldsymbol{v} = \boldsymbol{w}$.

Wegen der Linearität kann man aber

$$\boldsymbol{a} \cdot (\boldsymbol{v} - \boldsymbol{w}) = \boldsymbol{0}$$

folgern. ◀

Positiv definite Matrizen liefern euklidische Skalarprodukte

Wir betrachten noch einmal das zweite Beispiel von S. 743. Für jede reelle symmetrische Matrix $\boldsymbol{A}$ ist das Produkt von Vektoren $\boldsymbol{v}$, $\boldsymbol{w}$ des $\mathbb{R}^n$, das definiert ist durch

$$\boldsymbol{v} \cdot \boldsymbol{w} = \boldsymbol{v}^{\mathrm{T}} \boldsymbol{A}\, \boldsymbol{w}\,,$$

linear im ersten Argument, symmetrisch – dies liegt an der Symmetrie der Matrix $\boldsymbol{A}$ – und damit linear im zweiten Argument.

Damit dieses Produkt ein Skalarprodukt ist, fehlt noch die Eigenschaft $\boldsymbol{v} \cdot \boldsymbol{v} > 0$, also $\boldsymbol{v}^{\mathrm{T}} \boldsymbol{A}\, \boldsymbol{v} > 0$, für alle vom Nullvektor verschiedenen Vektoren $\boldsymbol{v}$ des $\mathbb{R}^n$.

Nicht jede symmetrische Matrix erfüllt diese positive Definitheit. Man betrachte etwa die symmetrische Matrix $\begin{pmatrix} 1 & 1 \\ 1 & 1 \end{pmatrix}$, für die gilt

$$(1, -1) \begin{pmatrix} 1 & 1 \\ 1 & 1 \end{pmatrix} \begin{pmatrix} 1 \\ -1 \end{pmatrix} = 0\,,$$

obwohl $\begin{pmatrix} 1 \\ -1 \end{pmatrix} \neq \boldsymbol{0}$ gilt.

Selbstfrage 3

Ist $\boldsymbol{v} \cdot \boldsymbol{w} = \boldsymbol{v}^{\mathrm{T}} \boldsymbol{A}\, \boldsymbol{v}$ mit der Matrix

$$\boldsymbol{A} = \begin{pmatrix} 1 & 0 & 0 \\ 0 & 0 & 0 \\ 0 & 0 & -1 \end{pmatrix}$$

ein Skalarprodukt im $\mathbb{R}^3$?

Wir nennen eine reelle symmetrische $n \times n$-Matrix $\boldsymbol{A}$ **positiv definit**, wenn für alle $\boldsymbol{v} \in \mathbb{R}^n$

$$\boldsymbol{v}^{\mathrm{T}} \boldsymbol{A}\, \boldsymbol{v} \geq 0 \text{ und } \boldsymbol{v}^{\mathrm{T}} \boldsymbol{A}\, \boldsymbol{v} = 0 \Leftrightarrow \boldsymbol{v} = \boldsymbol{0}$$

gilt.

Achtung Man beachte, dass die Symmetrie im Begriff der positiven Definitheit steckt: Positiv definite Matrizen sind symmetrisch. Das wird in manchen Lehrbüchern anders definiert. ◀

Positiv definite Matrizen definieren Skalarprodukte

Jede positiv definite Matrix $\boldsymbol{A} \in \mathbb{R}^{n \times n}$ definiert durch

$$\boldsymbol{v} \cdot \boldsymbol{w} = \boldsymbol{v}^{\mathrm{T}} \boldsymbol{A}\, \boldsymbol{w}$$

ein euklidisches Skalarprodukt. Mit diesem Skalarprodukt $\cdot$ ist der $\mathbb{R}^n$ ein euklidischer Vektorraum.

Man erhält bei diesem Skalarprodukt mit der Wahl $\boldsymbol{A} = \mathbf{E}_n$ das kanonische Skalarprodukt zurück – die Einheitsmatrix $\mathbf{E}_n$ ist natürlich positiv definit.

Es ist aber im Allgemeinen schwer zu entscheiden, ob die Bedingung $\boldsymbol{v}^{\mathrm{T}} \boldsymbol{A}\, \boldsymbol{v} \geq 0$ für alle $\boldsymbol{v} \neq \boldsymbol{0}$ erfüllt ist. Aber es gibt zum Glück Kriterien, die leicht anzuwenden sind.

Kriterien für positive Definitheit

- Eine reelle symmetrische $n \times n$-Matrix $\boldsymbol{A}$ ist genau dann positiv definit, wenn alle Eigenwerte von $\boldsymbol{A}$ positiv sind.
- Eine reelle symmetrische $n \times n$-Matrix $\boldsymbol{A} = (a_{ij})_{nn}$ ist genau dann positiv definit, wenn alle ihre n **Hauptunterdeterminanten** $\det(a_{ij})_{kk}$ für $k = 1, \ldots, n$ positiv sind.

Einen Beweis dieser Kriterien findet man im Bonusmaterial zu diesem Kapitel.

Kommentar Nach dem Ergebnis auf S. 667 hat eine reelle symmetrische $n \times n$-Matrix n (nicht notwendig verschiedene) reelle Eigenwerte, sodass es also auch sinnvoll ist, von der Positivität der Eigenwerte zu sprechen. ◀

Die n Hauptunterdeterminanten einer $n \times n$-Matrix $\boldsymbol{A} = (a_{ij})_{nn}$ sind der Reihe nach gegeben durch:

$$|a_{11}|\,, \quad \begin{vmatrix} a_{11} & a_{12} \\ a_{21} & a_{22} \end{vmatrix}, \quad \begin{vmatrix} a_{11} & a_{12} & a_{13} \\ a_{21} & a_{22} & a_{23} \\ a_{31} & a_{32} & a_{33} \end{vmatrix}, \ldots, \begin{vmatrix} a_{11} & \cdots & a_{1n} \\ \vdots & & \vdots \\ a_{n1} & \cdots & a_{nn} \end{vmatrix}$$

Teil III

Beispiel

- Die Matrix $A = \begin{pmatrix} 1 & 1 \\ 1 & 1 \end{pmatrix}$ ist nicht positiv definit. Sie hat nämlich den nichtpositiven Eigenwert 0. Mit dem zweiten Kriterium können wir auch argumentieren:
$$\det(a_{ij})_{11} = 1 > 0\,, \text{ aber}$$
$$\det(a_{ij})_{22} = \det A = 1 \cdot 1 - 1 \cdot 1 \not> 0\,.$$
- Die Matrix $A = \begin{pmatrix} 1 & 0 & 1 \\ 0 & 1 & 2 \\ 1 & 2 & 6 \end{pmatrix}$ ist nach dem zweiten Kriterium positiv definit, da
$$\det(a_{ij})_{11} = 1 > 0\,,\ \det(a_{ij})_{22} = 1 \cdot 1 > 0\,,$$
$$\det(a_{ij})_{33} = \det A = 6 - (1 + 4) > 0\,.$$
Mit dieser Matrix A ist also das Produkt zwischen Vektoren v und w des $\mathbb{R}^3$
$$v \cdot w = v^{\mathrm{T}} A\, w$$
von Vektoren v und w des $\mathbb{R}^3$ ein euklidisches Skalarprodukt, und $\mathbb{R}^3$ versehen mit diesem Produkt $\cdot$ ist ein euklidischer Vektorraum.
- Eine Diagonalmatrix $D = \operatorname{diag}(\lambda_1, \ldots, \lambda_n)$ ist genau dann positiv definit, wenn alle $\lambda_1, \ldots, \lambda_n$ positiv sind. Die Diagonaleinträge von D sind nämlich die Eigenwerte von D. ◀

20.2 Norm, Abstand, Winkel, Orthogonalität

In euklidischen Vektorräumen, also in reellen Vektorräumen mit einem euklidischen Skalarprodukt, ist es möglich, Vektoren eine Norm zuzuordnen. Diese Norm entspricht dabei dem anschaulichen Begriff von Länge im $\mathbb{R}^2$ bzw. $\mathbb{R}^3$, wenn das Skalarprodukt das kanonische ist. Mit dem Begriff der Norm werden wir dann Abstände zwischen Vektoren und Winkel zwischen Vektoren erklären und so letztlich zu dem Begriff der Orthogonalität kommen.

Vektoren in euklidischen Vektorräumen haben eine Norm, und zwischen je zwei Vektoren existiert ein Winkel

Wir haben für einen Vektor $v = \begin{pmatrix} v_1 \\ v_2 \end{pmatrix}$ der Anschauungsebene $\mathbb{R}^2$ gezeigt, dass der Ausdruck
$$\|v\| = \sqrt{v \cdot v} = \sqrt{v_1^2 + v_2^2}$$
die Länge der Strecke vom Ursprung zum Punkt v angibt. In der Sprechweise des Kap. 19 ist dies die *Norm des Vektors* v, und für vom Nullvektor verschiedene Vektoren $v,\ w \in \mathbb{R}^2$ ist
$$\alpha = \arccos \frac{v \cdot w}{\|v\|\ \|w\|}$$
der kleinere der von v und w eingeschlossenen Winkel.

Der Ausdruck $\sqrt{v \cdot v}$ existiert aber für jedes euklidische Skalarprodukt $\cdot$. Dies liegt an der positiven Definitheit, ihretwegen kann man diese Wurzel bilden.

Wir werden die Größe $\sqrt{v \cdot v}$ die *Norm* des Vektors v nennen und sie wieder mit $\|v\|$ bezeichnen.

Beispiel Wir können also etwa $\|\exp\|$ für die auf dem Intervall $[0,\ 1]$ stetige reelle Funktion exp bezüglich des Skalarprodukts $f \cdot g = \int_0^1 f\, g\, \mathrm{d}t$ auf dem reellen Vektorraum C der auf dem Intervall $[0,\ 1]$ stetigen Funktionen bilden,
$$\|\exp\| = \sqrt{\exp \cdot \exp} = \sqrt{\int_0^1 \mathrm{e}^{2t}\, \mathrm{d}t} = \sqrt{\frac{1}{2}\,(\mathrm{e}^2 - 1)}\,.$$
Damit hat die Funktion exp in diesem euklidischen Vektorraum die *Norm* $\frac{1}{\sqrt{2}}\sqrt{(\mathrm{e}^2 - 1)}$.

Hätten wir für das Skalarprodukt etwa das Intervall $[0,\ 2]$ gewählt, so hätte exp eine andere *Norm*, nämlich $\frac{1}{\sqrt{2}}\sqrt{(\mathrm{e}^4 - 1)}$. Dieser Begriff der *Norm* hängt vom erklärten Skalarprodukt ab, es fehlt ihm im Allgemeinen jede anschauliche Interpretation. ◀

Die Norm von Vektoren

Ist v ein Element eines euklidischen Vektorraums mit dem euklidischen Skalarprodukt $\cdot$, so nennt man die positive reelle Zahl
$$\|v\| = \sqrt{v \cdot v}$$
die **Norm** bzw. **Länge** des Vektors v.

Selbstfrage 4

Welche Norm hat das Polynom X^2 bezüglich des euklidischen Skalarproduktes
$$f \cdot g = \int_0^1 f(t)\, g(t)\, \mathrm{d}t\,?$$

Anwendungsbeispiel Die sogenannten *Legendre'schen Polynome*
$$p_n = \frac{1}{2^n\, n!}\, \frac{\mathrm{d}^n}{\mathrm{d}x^n}(x^2 - 1)^n$$
sind auf ganz $\mathbb{R}$ für $n = 0,\ 1,\ \ldots$ Lösungen der *Legendre'schen Differenzialgleichung*
$$(1 - x^2)\, y'' - 2\, x\, y' + n\,(n + 1)\, y = 0\,.$$
Die ersten Legendrepolynome lauten
$$p_0 = 1,\ p_1 = x,\ p_2 = -\frac{1}{2} + \frac{3}{2}x^2,\ p_3 = -\frac{3}{2}x + \frac{5}{2}x^3\,.$$

Wir begründen nun, dass die Legendrepolynome bezüglich des Skalarproduktes

$$\boldsymbol{p}\cdot\boldsymbol{q}=\int_{-1}^{1}\boldsymbol{p}(t)\,\boldsymbol{q}(t)\,\mathrm{d}t$$

orthogonal zueinander sind. Dazu notieren wir die Legendre'sche Differenzialgleichung etwas anders:

$$\mathcal{D}\,y=n\,(n+1)\,y \text{ mit } \mathcal{D}=-\frac{\mathrm{d}}{\mathrm{d}x}(1-x^2)\frac{\mathrm{d}}{\mathrm{d}x}$$

Man beachte

$$\begin{aligned}\mathcal{D}\,y&=\left(-\frac{\mathrm{d}}{\mathrm{d}x}(1-x^2)\frac{\mathrm{d}}{\mathrm{d}x}\right)y\\&=-\frac{\mathrm{d}}{\mathrm{d}x}(y'-x^2\,y')=-y''+2\,x\,y'+x^2\,y'',\end{aligned}\qquad(20.1)$$

sodass also tatsächlich $\mathcal{D}\,y = n\,(n+1)y$ nur eine andere Schreibweise für die Legendre'sche Differenzialgleichung ist.

Nun folgt mit partieller Integration für $m,\ n\in\mathbb{N}_0$

$$\begin{aligned}\boldsymbol{p}_n\cdot(\mathcal{D}\boldsymbol{p}_m)&=\int_{-1}^{1}\boldsymbol{p}_n(t)\,\mathcal{D}\boldsymbol{p}_m(t)\,\mathrm{d}t\\&=-(1-t^2)\,(\boldsymbol{p}_n(t)\boldsymbol{p}_m'(t)-\boldsymbol{p}_n'(t)\boldsymbol{p}_m(t))\Big|_{-1}^{1}\\&\quad+\int_{-1}^{1}\mathcal{D}\boldsymbol{p}_n(t)\boldsymbol{p}_m(t)\,\mathrm{d}t\\&=(\mathcal{D}\boldsymbol{p}_n)\cdot\boldsymbol{p}_m\,,\end{aligned}$$

also schließlich

$$\begin{aligned}\boldsymbol{p}_n\cdot(\mathcal{D}\boldsymbol{p}_m)&=m\,(m+1)\,(\boldsymbol{p}_n\cdot\boldsymbol{p}_m)\\(\mathcal{D}\boldsymbol{p}_n)\cdot\boldsymbol{p}_m&=n\,(n+1)\,(\boldsymbol{p}_n\cdot\boldsymbol{p}_m)\,.\end{aligned}$$

Für $m\neq n$ gilt also $\boldsymbol{p}_n\cdot\boldsymbol{p}_m=0$. Und für $m=n$ erhalten wir

$$\boldsymbol{p}_n\cdot\boldsymbol{p}_n=\int_{-1}^{1}\left(\frac{1}{2^n\,n!}\,\frac{\mathrm{d}^n}{\mathrm{d}x^n}(x^2-1)^n\right)^2\mathrm{d}x=\frac{2}{2\,n+1}\,.$$

Also stehen je zwei verschiedene Legendrepolynome senkrecht aufeinander, und das n-te Legendrepolynom hat die Norm $\sqrt{\frac{2}{2n+1}}$.

Weitere Informationen zu diesen Polynomen stellen wir in dem Kap. 34 zu den Speziellen Funktionen bereit. ◄

Kommentar In der Form (20.1) lässt sich die Legendre'sche Differenzialgleichung auch als Eigenwertgleichung interpretieren: Die Lösung y ist ein Eigenvektor zum Eigenwert $n\,(n+1)$ der (linearen) Abbildung $\mathcal{D}$. ◄

Tatsächlich ist der Begriff der *Norm* eines Vektors sogar noch etwas allgemeiner als unsere Definition. Man nennt eine *Abbildung*

$$N:\begin{cases}V&\to\ \mathbb{R}_{\geq 0}\\ \boldsymbol{v}&\mapsto\ N(\boldsymbol{v})\end{cases}$$

eines reellen bzw. komplexen Vektorraums V – man beachte, dass wir kein Skalarprodukt verlangen – eine **Norm**, wenn die folgenden drei Eigenschaften erfüllt sind:

- $N(\boldsymbol{v})=0\Leftrightarrow\boldsymbol{v}=\boldsymbol{0}$,
- $N(\lambda\,\boldsymbol{v})=|\lambda|\,N(\boldsymbol{v})$ für alle $\lambda\in\mathbb{R}$ (bei einem reellen Vektorraum) bzw. $\lambda\in\mathbb{C}$ (bei einem komplexen Vektorraum) und alle $\boldsymbol{v}\in V$.
- $N(\boldsymbol{v}+\boldsymbol{w})\leq N(\boldsymbol{v})+N(\boldsymbol{w})$ für alle $\boldsymbol{v},\ \boldsymbol{w}\in V$ (*Dreiecksungleichung*).

Ist V ein beliebiger euklidischer Vektorraum, so ist die Abbildung

$$\|\cdot\|:\begin{cases}V&\to\ \mathbb{R}_{\geq 0}\\ \boldsymbol{v}&\mapsto\ \sqrt{\boldsymbol{v}\cdot\boldsymbol{v}}\end{cases},$$

die jedem Vektor seine Länge zuordnet eine Norm in dem eben geschilderten Sinne. Daher rührt auch der Begriff der *Norm* eines Vektors wie wir in gebrauchen.

Kommentar Jedes Skalarprodukt definiert eine Norm eines reellen Vektorraums. Aber es gibt auch Normen auf reellen Vektorräumen, die von keinem Skalarprodukt herrühren. Dieser Themenkreis der *normierten Vektorräumen*, also der Vektorräume mit einer Norm, wird im Kap. 31 behandelt. ◄

Wenn wir beweisen wollen, dass tatsächlich unser Längenbegriff eine Norm ist, müssen wir also die drei definierenden Eigenschaften einer Norm für die Abbildung $\|\cdot\|$ nachweisen. Die ersten beiden Eigenschaften sind zwar unmittelbar einsichtig, die dritte Eigenschaft aber, also die Dreiecksungleichung, verlangt viel Aufwand. Zum Nachweis, dass die Abbildung $\|\cdot\|$ diese Eigenschaft hat, ist die sogenannte *Cauchy-Schwarz'sche Ungleichung* in euklidischen Vektorräumen nützlich.

Die Cauchy-Schwarz'sche Ungleichung

Für alle Elemente $\boldsymbol{v}$ und $\boldsymbol{w}$ eines euklidischen Vektorraums V gilt die Cauchy-Schwarz'sche Ungleichung:

$$|\boldsymbol{v}\cdot\boldsymbol{w}|\leq\|\boldsymbol{v}\|\,\|\boldsymbol{w}\|\,.$$

Die Gleichheit gilt hier genau dann, wenn $\boldsymbol{v}$ und $\boldsymbol{w}$ linear abhängig sind.

Den Beweis dieser Ungleichung haben wir als Übungsaufgabe formuliert. Wir nutzen diese Ungleichung für zwei wesentliche Tatsachen aus. Zum einen gilt wegen der Cauchy-Schwarz'schen Ungleichung die Dreiecksungleichung (damit haben wir die Möglichkeit einen sinnvollen Abstandsbegriff in euklidischen Vektorräumen einzuführen). Zum anderen ist es

Beispiel: Einheitskreise bezüglich verschiedener euklidischer Skalarprodukte im $\mathbb{R}^2$

Unter der Größe $\|v\| = \sqrt{v \cdot v}$ verstehen wir die Norm des Vektors v bezüglich des euklidischen Skalarprodukts $\cdot$. Wir wollen die Menge aller jener Vektoren des $\mathbb{R}^2$ bestimmen, welche die Norm 1 haben, also die Menge $\mathbb{E} = \{v \in V \mid \|v\| = 1\}$. Diese Menge nennt man auch den **Einheitskreis** des $\mathbb{R}^2$ bezüglich des euklidischen Skalarproduktes $\cdot$, die Form des *Kreises* hängt natürlich sehr vom Skalarprodukt ab.

Wir bestimmen diese Menge bezüglich der drei verschiedenen euklidischen Skalarprodukte

$$v \cdot w = v^{\mathrm{T}} A\, w$$

mit

(1) $A = \begin{pmatrix} 1 & 0 \\ 0 & 1 \end{pmatrix}$,

(2) $A = \begin{pmatrix} 2 & 1 \\ 1 & 1 \end{pmatrix}$,

(3) $A = \begin{pmatrix} 4 & 0 \\ 0 & 1 \end{pmatrix}$.

Problemanalyse und Strategie: Die Vektoren $v \in \mathbb{R}^2$ der Länge 1 lassen sich wegen

$$\sqrt{v \cdot v} = 1 \;\Leftrightarrow\; v \cdot v = 1$$

durch die Gleichung $v \cdot v = 1$ beschreiben. Die Lösungsmenge dieser Gleichung sind die gesuchten Vektoren, sie lässt sich grafisch darstellen.

Lösung: (1) Im Fall $A = E_2$ ist das gegebene euklidische Skalarprodukt das kanonische Skalarprodukt. Der Vektor $v = \begin{pmatrix} v_1 \\ v_2 \end{pmatrix} \in \mathbb{R}^2$ hat die Länge

$$\|v\| = \sqrt{v_1^2 + v_2^2}\,.$$

Der Einheitskreis besteht also in dieser Situation aus den Punkten $v = \begin{pmatrix} v_1 \\ v_2 \end{pmatrix}$ mit

$$v_1^2 + v_2^2 = 1\,.$$

Die Punkte v, deren Komponenten diese Gleichung erfüllen, bilden im $\mathbb{R}^2$ den Kreis um den Ursprung mit Radius 1.

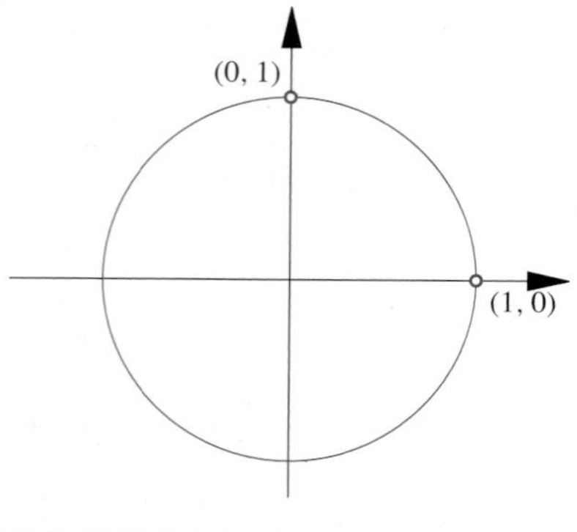

(2) Im Fall $A = \begin{pmatrix} 2 & 1 \\ 1 & 1 \end{pmatrix}$ hat der Vektor $v = \begin{pmatrix} v_1 \\ v_2 \end{pmatrix} \in \mathbb{R}^2$ die Norm

$$\|v\| = \sqrt{2\, v_1^2 + 2\, v_1\, v_2 + v_2^2}\,.$$

Der Einheitskreis besteht also in dieser Situation aus den Punkten $v = \begin{pmatrix} v_1 \\ v_2 \end{pmatrix}$ mit

$$v_1^2 + (v_1 + v_2)^2 = 1\,.$$

Die Punkte v, deren Komponenten diese Gleichung erfüllen, bilden im $\mathbb{R}^2$ die folgende Menge:

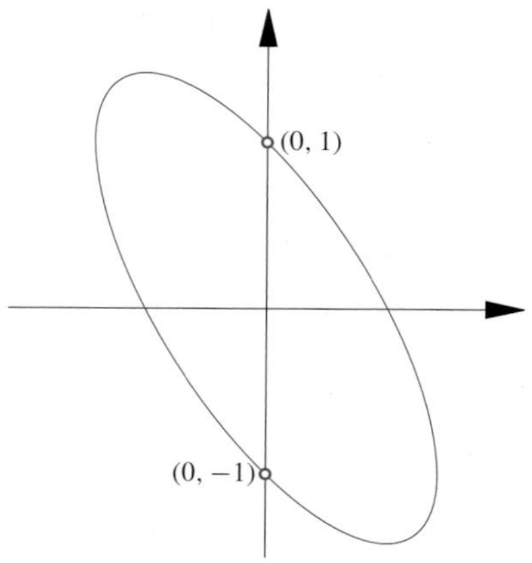

(3) Im Fall $A = \begin{pmatrix} 4 & 0 \\ 0 & 1 \end{pmatrix}$ hat der Vektor $v = \begin{pmatrix} v_1 \\ v_2 \end{pmatrix} \in \mathbb{R}^2$ die Länge

$$\|v\| = \sqrt{4\, v_1^2 + v_2^2}\,.$$

Der Einheitskreis besteht also in dieser Situation aus den Punkten $v = \begin{pmatrix} v_1 \\ v_2 \end{pmatrix}$ mit

$$4\, v_1^2 + v_2^2 = 1\,.$$

Die Punkte v, deren Komponenten diese Gleichung erfüllen, bilden im $\mathbb{R}^2$ die folgende Menge:

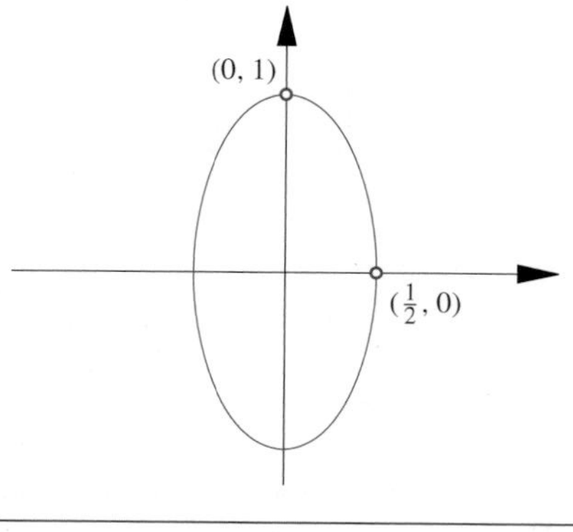

wegen der Gültigkeit der Cauchy-Schwarz'schen Ungleichung möglich, Winkel in beliebigen euklidischen Vektorräumen einzuführen.

Wir beginnen mit dem Abstandsbegriff, in einem weiteren Abschnitt erklären wir Winkel zwischen vom Nullvektor verschiedenen Vektoren.

Mit dem Begriff der Norm können wir Abstände zwischen Vektoren bestimmen

Im $\mathbb{R}^2$ können wir den Abstand zweier Punkte $\boldsymbol{v}$ und $\boldsymbol{w}$ als die Norm des Vektors $\boldsymbol{v} - \boldsymbol{w}$ interpretieren.

Wir ahmen dies für beliebige euklidische Vektorräume nach und führen mithilfe der Norm *Abstände* zwischen Vektoren ein.

Der Abstand zwischen Vektoren

Sind $\boldsymbol{v}$ und $\boldsymbol{w}$ zwei Vektoren eines euklidischen Vektorraums V, so nennen wir die reelle Zahl

$$d(\boldsymbol{v}, \boldsymbol{w}) = \|\boldsymbol{v} - \boldsymbol{w}\| = \|\boldsymbol{w} - \boldsymbol{v}\|$$

den **Abstand** oder die **Distanz** von $\boldsymbol{v}$ und $\boldsymbol{w}$.

Im $\mathbb{R}^2$ oder $\mathbb{R}^3$ mit dem kanonischen Skalarprodukt entspricht dies genau dem anschaulichen Abstand zweier Punkte voneinander.

Wegen der Normeigenschaften der Länge erfüllt die Abbildung

$$d : \begin{cases} V \times V & \to & \mathbb{R}_{\geq 0} \\ (\boldsymbol{v}, \boldsymbol{w}) & \mapsto & \|\boldsymbol{v} - \boldsymbol{w}\| \end{cases}$$

für alle $\boldsymbol{u}, \boldsymbol{v}, \boldsymbol{w} \in V$ die drei folgenden Eigenschaften, die man von einem sinnvollen Abstandsbegriff verlangen wird:

- $d(\boldsymbol{v}, \boldsymbol{w}) = 0 \Leftrightarrow \boldsymbol{v} = \boldsymbol{w}$.
- $d(\boldsymbol{v}, \boldsymbol{w}) = d(\boldsymbol{w}, \boldsymbol{v})$.
- $d(\boldsymbol{v}, \boldsymbol{w}) \leq d(\boldsymbol{v}, \boldsymbol{u}) + d(\boldsymbol{u}, \boldsymbol{w})$.

Selbstfrage 5

Wieso gilt die dritte Eigenschaft?

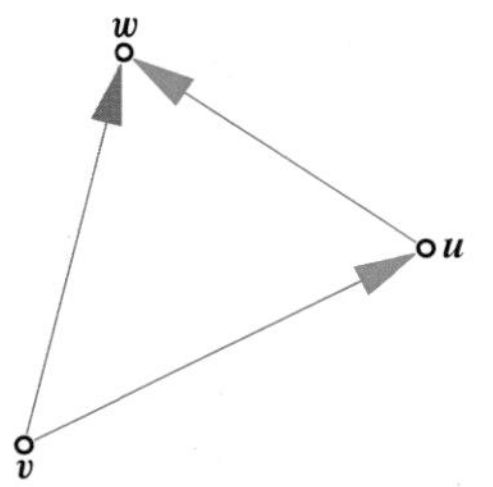

Abb. 20.4 Der Umweg über einen dritten Punkt ist stets mindestens so lang wie der direkte Weg

Kommentar Für eine solche Abbildung d ist der Begriff *Metrik* gebräuchlich. Jede Norm liefert also eine Metrik. ◀

Wir ermitteln einige Abstände zwischen Vektoren euklidischer Vektorräume.

Beispiel

- Im euklidischen $\mathbb{R}^2$ mit dem kanonischen Skalarprodukt ist der Abstand von $\boldsymbol{e}_1$ zu $\boldsymbol{e}_2$

$$\|\boldsymbol{e}_1 - \boldsymbol{e}_2\| = \left\|\begin{pmatrix} 1 \\ -1 \end{pmatrix}\right\| = \sqrt{1^2 + (-1)^2} = \sqrt{2}.$$

  Aber bezüglich des Skalarproduktes, das durch $\boldsymbol{v} \cdot \boldsymbol{w} = \boldsymbol{v}^{\mathrm{T}} \boldsymbol{A}\, \boldsymbol{w}$ mit der Matrix $\boldsymbol{A} = \begin{pmatrix} 2 & 1 \\ 1 & 1 \end{pmatrix}$ definiert ist, erhalten wir

$$\|\boldsymbol{e}_1 - \boldsymbol{e}_2\| = \left\|\begin{pmatrix} 1 \\ -1 \end{pmatrix}\right\| = \sqrt{(1, -1)\boldsymbol{A} \begin{pmatrix} 1 \\ -1 \end{pmatrix}}$$
$$= \sqrt{(1, 0) \begin{pmatrix} 1 \\ -1 \end{pmatrix}} = 1.$$

- Das Polynom X hat von der Sinusfunktion sin bezüglich des euklidischen Skalarproduktes

$$f \cdot g = \int_{-\pi}^{\pi} f(t)\, g(t)\, \mathrm{d}t$$

  den Abstand

$$\|X - \sin\| = \sqrt{\int_{-\pi}^{\pi} t^2 - 2t \sin t + \sin^2(t)\, \mathrm{d}t}$$
$$= \sqrt{\frac{2}{3}\pi^3 - 3\pi}. \quad ◀$$

Winkel zwischen Vektoren eines euklidischen Vektorraums werden mithilfe des Skalarproduktes erklärt

In der Anschauungsebene $\mathbb{R}^2$ haben wir Winkel zwischen Vektoren durch das kanonische Skalarprodukt ausgedrückt. Zwischen zwei vom Nullvektor verschiedenen Vektoren $\boldsymbol{v}$ und $\boldsymbol{w}$ existieren stets zwei Winkel.

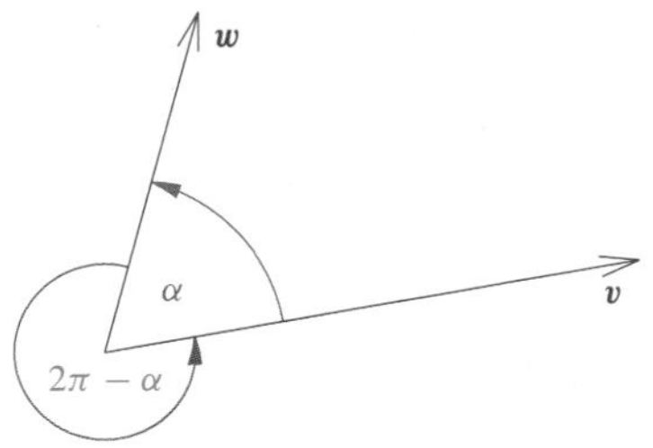

Abb. 20.5 Zwischen zwei Vektoren existieren zwei Winkel

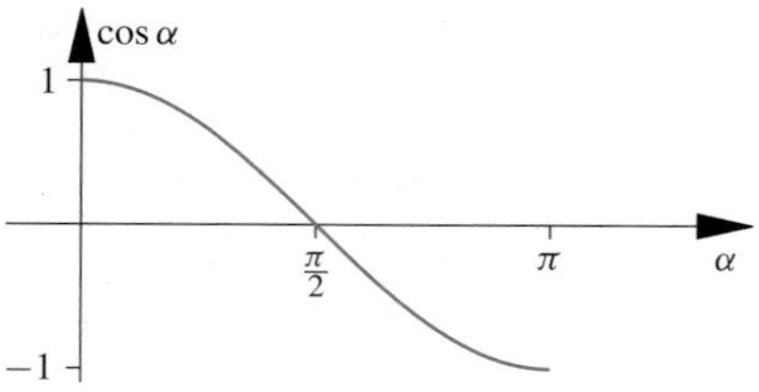

Abb. 20.6 Der Kosinus bildet das Intervall $[0, \pi]$ bijektiv auf das Intervall $[-1, 1]$ ab

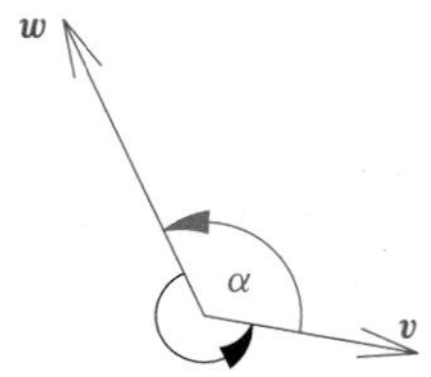

Abb. 20.7 Die Einschränkung auf $[0, \pi]$ entspricht der Wahl des kleineren Winkels α der beiden Winkel zwischen zwei Vektoren

Für den kleineren Winkel α zwischen den beiden Vektoren $\boldsymbol{v}$ und $\boldsymbol{w}$ haben wir die Formel

$$\alpha = \arccos \frac{\boldsymbol{v} \cdot \boldsymbol{w}}{\|\boldsymbol{v}\| \, \|\boldsymbol{w}\|}$$

hergeleitet.

Nun gehen wir umgekehrt vor: Wir nutzen die Cauchy-Schwarz'sche Ungleichung aus, um Winkel zwischen vom Nullvektor verschiedene Vektoren eines allgemeinen euklidischen Vektorraums *zu definieren*. Dabei gehen wir so vor, dass diese Definition sich mit der intuitiven Begriffsbildung im Anschauungsraum aus dem Kap. 19 deckt.

Dazu schreiben wir die Cauchy-Schwarz'sche Ungleichung für zwei vom Nullvektor verschiedene Vektoren $\boldsymbol{v}, \boldsymbol{w}$ eines euklidischen Vektorraums mit dem euklidischen Skalarprodukt $\cdot$ um,

$$-1 \leq \frac{\boldsymbol{v} \cdot \boldsymbol{w}}{\|\boldsymbol{v}\| \, \|\boldsymbol{w}\|} \leq 1\,.$$

Zu jeder reellen Zahl zwischen -1 und 1 gibt es genau ein $\alpha \in [0, \pi]$ mit

$$\cos \alpha = \frac{\boldsymbol{v} \cdot \boldsymbol{w}}{\|\boldsymbol{v}\| \, \|\boldsymbol{w}\|}$$

(siehe Abb. 20.6).

Der Winkel zwischen Vektoren

Sind $\boldsymbol{v}$ und $\boldsymbol{w}$ zwei vom Nullvektor verschiedene Vektoren eines euklidischen Vektorraums V mit dem euklidischen Skalarprodukt $\cdot$, so nennt man das eindeutig bestimmte $\alpha \in [0, \pi]$ mit

$$\cos \alpha = \frac{\boldsymbol{v} \cdot \boldsymbol{w}}{\|\boldsymbol{v}\| \, \|\boldsymbol{w}\|}$$

den **Winkel** zwischen $\boldsymbol{v}$ und $\boldsymbol{w}$ und schreibt hierfür auch

$$\alpha = \angle(\boldsymbol{v}, \boldsymbol{w})\,.$$

Um je zwei solchen Vektoren genau einen Winkel zuordnen zu können, haben wir uns auf das abgeschlossene Intervall $[0, \pi]$ eingeschränkt. Dadurch entspricht unsere Definition in der Anschauungsebene mit dem kanonischen Skalarprodukt der Wahl des kleineren Winkels zwischen zwei Vektoren (siehe Abb. 20.7).

Beispiel

- Im euklidischen $\mathbb{R}^2$ mit dem kanonischen Skalarprodukt schließen die beiden Vektoren $\boldsymbol{e}_1$ und $\boldsymbol{e}_1 + \boldsymbol{e}_2$ den Winkel

$$\angle(\boldsymbol{e}_1, \boldsymbol{e}_1 + \boldsymbol{e}_2) = \arccos \frac{1}{\sqrt{2}} = \pi/4$$

ein.
- In dem euklidischen Vektorraum aller auf dem abgeschlossenen Intervall $[0, 1]$ stetigen reellen Funktionen mit dem euklidischen Skalarprodukt

$$f \cdot g = \int_0^1 f(t)\, g(t)\, \mathrm{d}t$$

schließen das Polynom X und die Funktion exp wegen $X \cdot \exp = \int_0^1 t \exp t \, \mathrm{d}t = 1$, $\|\exp\| = \frac{1}{\sqrt{2}}\sqrt{\mathrm{e}^2 - 1}$ und $\|X\| = 1/\sqrt{3}$ den Winkel

$$\angle(X, \exp) = \arccos \sqrt{\frac{6}{\mathrm{e}^2 - 1}} = 0.249\ldots$$

ein. ◀

Wir kommen nun zu dem Begriff der Orthogonalität.

Zwei Vektoren sind orthogonal zueinander, wenn ihr Skalarprodukt null ergibt

Im Kap. 16 haben wir begründet, dass zwei Vektoren $\boldsymbol{v}$ und $\boldsymbol{w}$ des $\mathbb{R}^2$ bzw. $\mathbb{R}^3$ genau dann orthogonal zueinander sind, wenn ihr kanonisches Skalarprodukt $\boldsymbol{v}^{\mathrm{T}} \boldsymbol{w} = 0$ ist. Wir haben dabei mit der Anschauung argumentiert. Nun abstrahieren wir dies, indem wir das *Senkrechtstehen* für Vektoren eines euklidischen Raums, also für beliebige euklidische Skalarprodukte, definieren.

Orthogonalität von Vektoren

Sind $\boldsymbol{v}$ und $\boldsymbol{w}$ Elemente eines euklidischen Vektorraums V mit dem euklidischen Skalarprodukt $\cdot$, so sagt man, $\boldsymbol{v}$ **ist orthogonal zu** $\boldsymbol{w}$ oder **steht senkrecht auf** $\boldsymbol{w}$, wenn

$$\boldsymbol{v} \cdot \boldsymbol{w} = 0$$

gilt. Für diesen Sachverhalt schreibt man auch

$$\boldsymbol{v} \perp \boldsymbol{w} .$$

Sind $\boldsymbol{v}$ und $\boldsymbol{w}$ vom Nullvektor verschieden, so gilt

$$\boldsymbol{v} \perp \boldsymbol{w} \Leftrightarrow \angle(\boldsymbol{v}, \boldsymbol{w}) = \pi/2 .$$

Beispiel

- Bezüglich des Skalarproduktes, das durch $\boldsymbol{v} \cdot \boldsymbol{w} = \boldsymbol{v}^{\mathrm{T}} \boldsymbol{A}\, \boldsymbol{w}$ mit der Matrix $\boldsymbol{A} = \begin{pmatrix} 2 & 1 \\ 1 & 1 \end{pmatrix}$ definiert ist, gilt
$$\begin{pmatrix} -1 \\ 1 \end{pmatrix} \perp \begin{pmatrix} 0 \\ 1 \end{pmatrix} ,$$
da
$$(-1, 1) \begin{pmatrix} 2 & 1 \\ 1 & 1 \end{pmatrix} \begin{pmatrix} 0 \\ 1 \end{pmatrix} = 0$$
(siehe Abb. 20.8).
- In dem euklidischen Vektorraum aller auf dem abgeschlossenen Intervall $[0, 1]$ stetigen reellen Funktionen mit dem euklidischen Skalarprodukt
$$f \cdot g = \int_0^1 f(t)\, g(t)\, \mathrm{d}t$$
steht das Polynom $2 - 3X$ auf dem Polynom X senkrecht, da
$$(2 - 3X) \cdot X = \int_0^1 2t - 3t^2\, \mathrm{d}t = 0 .$$
◄

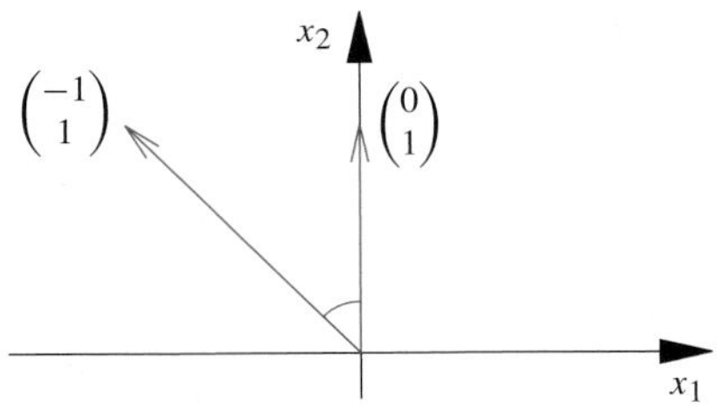

Abb. 20.8 Bezüglich des durch die Matrix $\boldsymbol{A}$ definierten Skalarproduktes stehen die beiden Vektoren senkrecht aufeinander, wenngleich die Anschauung anderes vermittelt

Achtung Orthogonalität hat im Allgemeinen nichts mit dem anschaulichen Senkrechtstehen zu tun, wenn das Skalarprodukt nicht das kanonische Skalarprodukt ist. ◄

Wir heben ein paar unmittelbar einsichtige und mit der Anschauung verträgliche Merkregeln hervor:

- Ist der Vektor $\boldsymbol{v}$ orthogonal zu $\boldsymbol{w}$, so ist wegen der Symmetrie des Skalarproduktes auch $\boldsymbol{w}$ orthogonal zu $\boldsymbol{v}$.
- Der Nullvektor ist wegen $\boldsymbol{0} \cdot \boldsymbol{v} = 0$ zu jedem Vektor $\boldsymbol{v}$ orthogonal.
- Wegen der positiven Definitheit ist vom Nullvektor abgesehen kein Vektor zu sich selbst orthogonal.

Die Anschauung vermittelt, dass zwei Vektoren, die orthogonal zueinander sind, linear unabhängig sind. Dies ist tatsächlich für jedes beliebige Skalarprodukt der Fall. Sind nämlich zwei vom Nullvektor verschiedene Vektoren $\boldsymbol{v}$ und $\boldsymbol{w}$ eines euklidischen Vektorraums orthogonal zueinander, gilt also $\boldsymbol{v} \cdot \boldsymbol{w} = 0$, so folgt für $\lambda, \mu \in \mathbb{R}$ mit

$$\lambda\, \boldsymbol{v} + \mu\, \boldsymbol{w} = \boldsymbol{0}$$

durch Skalarproduktbildung beider Seiten von rechts mit $\boldsymbol{v}$ und der Linearität im ersten Argument

$$\lambda\, (\boldsymbol{v} \cdot \boldsymbol{v}) + \mu\, (\boldsymbol{w} \cdot \boldsymbol{v}) = \boldsymbol{0} \cdot \boldsymbol{v} = 0 .$$

Wegen $\boldsymbol{v} \cdot \boldsymbol{v} \neq 0$ und $\boldsymbol{w} \cdot \boldsymbol{v} = 0$ folgt $\lambda = 0$ und daraus schließlich $\mu = 0$. Das besagt, dass die beiden Vektoren $\boldsymbol{v}$ und $\boldsymbol{w}$ linear unabhängig sind. Dies gilt auch allgemeiner.

Orthogonale Vektoren sind linear unabhängig

Jede Menge von Vektoren eines euklidischen Vektorraums, die paarweise orthogonal zueinander sind, ist linear unabhängig.

Eine naheliegende Fragestellung ist nun folgende: Gibt es in euklidischen Vektorräumen stets Orthonormalbasen? Der folgende Abschnitt behandelt diese Frage.

20.3 Orthonormalbasen und orthogonale Komplemente

Wir haben bereits im Kap. 16 auf S. 592 von Orthogonal- und Orthonormalbasen gesprochen. Aber tatsächlich waren die Basen dort von sehr spezieller Natur, da wir nur das kanonische Skalarprodukt betrachtet hatten. Wir wiederholen diese Begriffe für ein allgemeines euklidisches Skalarprodukt und begründen, dass in endlichdimensionalen euklidischen Vektorräumen stets Orthonormalbasen existieren.

Eine Orthonormalbasis ist eine Basis, deren Elemente die Länge 1 haben und die paarweise orthogonal zueinander stehen

Die folgenden Begriffe verallgemeinern jene von S. 592.

Orthogonal- und Orthonormalbasis

Eine Basis B eines euklidischen Vektorraums V heißt **Orthogonalbasis**, wenn je zwei verschiedene Basisvektoren orthogonal zueinander sind:

$$\text{Aus } \boldsymbol{b}, \boldsymbol{b}' \in B \text{ und } \boldsymbol{b} \neq \boldsymbol{b}' \text{ folgt } \boldsymbol{b} \perp \boldsymbol{b}' .$$

Eine Orthogonalbasis heißt **Orthonormalbasis**, wenn jeder Basisvektor zusätzlich normiert ist, also die Länge 1 hat:

$$\text{Für jedes } \boldsymbol{b} \in B \text{ gilt } \sqrt{\boldsymbol{b} \cdot \boldsymbol{b}} = 1 .$$

Kommentar In der Funktionalanalysis (siehe Kap. 31) wird der Begriff einer *Orthonormalbasis* anders benutzt. ◀

Analog zu dem Vorgehen auf S. 592 kann man jeden vom Nullvektor verschiedenen Vektor $\boldsymbol{v} \in V \setminus \{\boldsymbol{0}\}$ **normieren**, d. h., man *verkürzt* bzw. *verlängert* den Vektor $\boldsymbol{v}$ auf die Länge 1:

$$\boldsymbol{v} \to \frac{1}{\|\boldsymbol{v}\|}\,\boldsymbol{v}$$

Wegen $\left\| \frac{1}{\|\boldsymbol{v}\|}\boldsymbol{v} \right\| = \frac{1}{\|\boldsymbol{v}\|} \cdot \|\boldsymbol{v}\| = 1$ hat der normierte Vektor die Norm 1.

Damit kann man also aus einer Orthogonalbasis eines euklidischen Vektorraums auf einfache Weise eine Orthonormalbasis konstruieren.

Beispiel

- Es ist

$$\left\{ \begin{pmatrix} 2 \\ -1 \\ 2 \end{pmatrix}, \begin{pmatrix} 1 \\ 2 \\ 0 \end{pmatrix}, \begin{pmatrix} 2 \\ -1 \\ -5/2 \end{pmatrix} \right\}$$

eine Orthogonalbasis des $\mathbb{R}^3$ mit dem kanonischen Skalarprodukt, aber keine Orthonormalbasis. Hingegen ist die Menge, die diese normierten Vektoren enthält, also

$$\left\{ \frac{1}{3}\begin{pmatrix} 2 \\ -1 \\ 2 \end{pmatrix}, \frac{1}{\sqrt{5}}\begin{pmatrix} 1 \\ 2 \\ 0 \end{pmatrix}, \frac{2}{3\sqrt{5}}\begin{pmatrix} 2 \\ -1 \\ -5/2 \end{pmatrix} \right\}$$

eine Orthonormalbasis des $\mathbb{R}^3$ mit dem kanonischen Skalarprodukt.

- Die Spalten bzw. Zeilen einer orthogonalen Matrix $\boldsymbol{A} \in \mathbb{R}^{n \times n}$ bilden wegen $\boldsymbol{A}^{\mathrm{T}}\boldsymbol{A} = \mathbf{E}_n$ bzw. $\boldsymbol{A}\boldsymbol{A}^{\mathrm{T}} = \mathbf{E}_n$ eine Orthonormalbasis des $\mathbb{R}^n$ bezüglich des kanonischen Skalarproduktes (siehe S. 593).
- In dem euklidischen Vektorraum V aller auf $[-\pi, \pi]$ stetigen reellwertigen Funktionen mit dem euklidischen Skalarprodukt

$$f \cdot g = \frac{1}{\pi} \int_{-\pi}^{\pi} f(t)\, g(t)\, \mathrm{d}t$$

für $f, g \in V$ bildet die Menge $B = \{\frac{1}{\sqrt{2}}, \cos, \sin\}$ eine Orthonormalbasis des von B erzeugten Untervektorraums von V.
Dazu muss man nur nachweisen, dass die Länge der drei erzeugenden Elemente jeweils 1 ist und je zwei verschiedene Elemente aus B orthogonal zueinander sind:

$$\frac{1}{\sqrt{2}} \cdot \frac{1}{\sqrt{2}} = \frac{1}{\pi} \int_{-\pi}^{\pi} \frac{1}{\sqrt{2}} \frac{1}{\sqrt{2}}\, \mathrm{d}t = 1\,, \ \text{d. h.}\ \left\|\frac{1}{\sqrt{2}}\right\| = 1\,,$$

$$\cos \cdot \cos = \frac{1}{\pi} \int_{-\pi}^{\pi} \cos t\, \cos t\, \mathrm{d}t = 1\,, \ \text{d. h.}\ \|\cos\| = 1\,,$$

$$\sin \cdot \sin = \frac{1}{\pi} \int_{-\pi}^{\pi} \sin t\, \sin t\, \mathrm{d}t = 1\,, \ \text{d. h.}\ \|\sin\| = 1$$

und

$$\frac{1}{\sqrt{2}} \cdot \sin = \frac{1}{\pi} \int_{-\pi}^{\pi} \frac{1}{\sqrt{2}} \sin t\, \mathrm{d}t = 0\,, \ \text{d. h.}\ \frac{1}{\sqrt{2}} \perp \sin\,,$$

$$\frac{1}{\sqrt{2}} \cdot \cos = \frac{1}{\pi} \int_{-\pi}^{\pi} \frac{1}{\sqrt{2}} \cos t\, \mathrm{d}t = 0\,, \ \text{d. h.}\ \frac{1}{\sqrt{2}} \perp \cos\,,$$

$$\sin \cdot \cos = \frac{1}{\pi} \int_{-\pi}^{\pi} \sin t\, \cos t\, \mathrm{d}t = 0\,, \ \text{d. h.}\ \sin \perp \cos\,.$$

Etwas allgemeiner kann man zeigen, dass die Menge B der Funktionen

$$\frac{1}{\sqrt{2}},\ \cos(n\,t),\ \sin(n\,t)\,,\ n \in \mathbb{N}$$

bezüglich dieses Skalarproduktes ein Orthonormalsystem bildet, d. h., je zwei verschiedene Vektoren aus B sind orthogonal und jeder Vektor aus B hat die Länge 1.
Wie weit diese Menge B davon entfernt ist, eine *Orthonormalbasis* von V zu sein, ist Thema der Funktionalanalysis (siehe Kap. 31). Tatsächlich ist B nach unserer Definition keine Orthonormalbasis von V. Im Sinne der Definition einer Orthonormalbasis in der Funktionalanalysis jedoch schon. ◀

Teil III

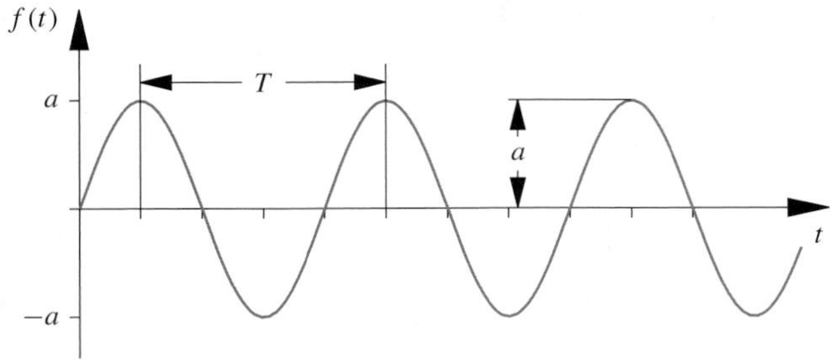

Abb. 20.9 Eine harmonische Schwingung

Anwendungsbeispiel Man nennt eine von der Zeit t abhängige Funktion *periodisch*, wenn es eine *Periodendauer* T gibt mit der sich die Funktion *wiederholt*, d. h. $f(t) = f(t + T)$ für alle t. So ist etwa eine harmonische Schwingung

$$f(t) = a \sin(\omega t)$$

eine periodische Funktion (siehe auch S. 129). Es bezeichnen a die *Amplitude*, ω die *Kreisfrequenz*.

Nun können sich Schwingungen *überlagern*, so kann etwa jeder Körper im Allgemeinen gleichzeitig mehrere Schwingungen ausführen. Für diese Überlagerung von Schwingungen gilt das Superpositionsprinzip: Die Überlagerung von Schwingungen verhält sich wie die Summe der Funktionen. Es entsteht durch eine solche Überlagerung, eine im Allgemeinen neue Schwingung (siehe Abb. 20.10), insbesondere wieder eine periodische Funktion.

Wir betrachten zum Beispiel die Überlagerung von zehn Schwingungen, gegeben durch die folgende Funktion

$$f(t) = \sum_{k=1}^{10} \frac{1}{2k} \sin(k t) .$$

Der Graph dieser Schwingung ist in Abb. 20.11 gezeigt.

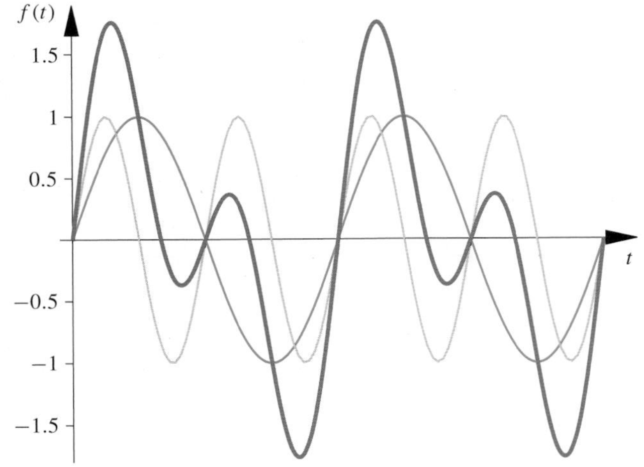

Abb. 20.10 Die Überlagerung der Schwingungen $f_1 = \sin t$ und $f_2 = \sin 2t$

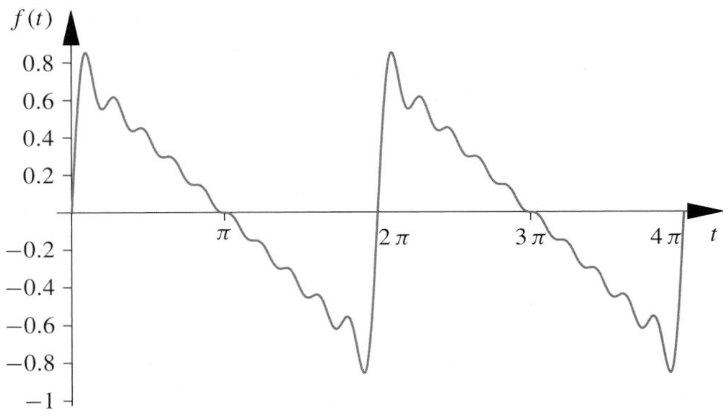

Abb. 20.11 Eine Überlagerung von zehn Schwingungen

Es stellt sich natürlich die Frage, ob man vielleicht auch umgekehrt vorgehen kann: Wenn jede Überlagerung von Schwingungen, d. h. jede Summation von Kosinus- und Sinusfunktionen eine periodische Funktion ergibt, kann es dann nicht sein, dass jede periodische Funktion sich auch als eine solche Summe darstellen lässt? Man kann kaum erwarten, dass *jede* periodische Funktion eine solche Eigenschaft hat, aber tatsächlich hat jede periodische Funktion mit gewissen *Regularitätsbedingungen* diese Eigenschaft. Genauer wird dies im Kap. 30 zu den Fourierreihen erläutert. Jede solche periodische Funktion kann als Summe von harmonischen Schwingungen dargestellt werden, die einzelnen Summanden sind also Funktionen der Art

$$a_0, \ a \sin(k t), \ b \cos(k t)$$

mit den reellwertigen *Amplituden* a_0, a, b, genauer:

Es existieren a_i, $b_j \in \mathbb{R}$ mit

$$f(t) = a_0 + \sum_{k=1}^{\infty} [a_k \cos(k t) + b_k \sin(k t)] .$$

Die Koeffizienten a_i und b_j werden dabei mittels des Skalarproduktes bestimmt. Dies funktioniert, weil die angegeben Funktion nach dem Beispiel auf S. 752 ein Orthonormalsystem bilden. Wir gehen aus von einer Darstellung:

$$f(t) = a_0 + \sum_{k=1}^{\infty} [a_k \cos(k t) + b_k \sin(k t)]$$

und erhalten aus diesem Ansatz durch Skalarproduktbildung von rechts mit der Funktion $t \to \cos(k t)$ wegen der Orthogonalität, also wegen

$$\int_{-\pi}^{\pi} \sin(l t) \cos(k t) \, dt = 0 \text{ und } \int_{-\pi}^{\pi} \cos(l t) \cos(k t) \, dt = 0$$

Teil III

für $l \neq k$,

$$\int_{-\pi}^{\pi} f(t)\,\cos(k\,t)\,\mathrm{d}t = \int_{-\pi}^{\pi} a_k\,\cos^2(k\,t) = a_k\,\pi\,, \quad \text{also}$$

$$a_k = \frac{1}{\pi}\int_{-\pi}^{\pi} f(t)\,\cos(k\,t)\,\mathrm{d}t\,.$$

Analog erhält man die Koeffizienten b_k aus

$$b_k = \frac{1}{\pi}\int_{-\pi}^{\pi} f(t)\,\sin(k\,t)\,\mathrm{d}t\,.$$

In Aufgabe 20.12 bestimmen wir die ersten Koeffizienten dieser sogenannten *Fourierreihenentwicklung* einer periodischen Funktion. ◂

Jeder endlichdimensionale euklidische Vektorraum besitzt eine Orthonormalbasis

Die Orthogonalität von Vektoren erleichtert vieles. Orthogonale Vektoren sind linear unabhängig, und auch die Darstellung von Vektoren bezüglich Orthonormalbasen ist leicht.

Koordinatenvektoren bezüglich Orthonormalbasen

Ist $B = (\boldsymbol{b}_1, \ldots, \boldsymbol{b}_n)$ eine geordnete Orthonormalbasis eines euklidischen Vektorraums V mit dem euklidischen Skalarprodukt $\cdot$, so gilt für jeden Vektor $\boldsymbol{v} \in V$

$$\boldsymbol{v} = \lambda_1\,\boldsymbol{b}_1 + \cdots + \lambda_n\,\boldsymbol{b}_n$$

mit $\lambda_i = \boldsymbol{v} \cdot \boldsymbol{b}_i \in \mathbb{R}$ für $i = 1, \ldots, n$.

Dass eine Darstellung der Art $\boldsymbol{v} = \lambda_1\,\boldsymbol{b}_1 + \cdots + \lambda_n\,\boldsymbol{b}_n$ mit $\lambda_1, \ldots, \lambda_n \in \mathbb{R}$ existiert, folgt aus der Tatsache, dass B eine Basis ist. Die Koeffizienten $\lambda_1, \ldots, \lambda_r$ sind dadurch auch eindeutig festgelegt. Und weiter gilt für alle $i = 1, \ldots, n$:

$$\begin{aligned}\boldsymbol{v} \cdot \boldsymbol{b}_i &= (\lambda_1\,\boldsymbol{b}_1 + \cdots + \lambda_n\boldsymbol{b}_n) \cdot \boldsymbol{b}_i\\ &= \lambda_1\,(\boldsymbol{b}_1 \cdot \boldsymbol{b}_i) + \cdots + \lambda_n\,(\boldsymbol{b}_n \cdot \boldsymbol{b}_i)\\ &= \lambda_i\,(\boldsymbol{b}_i \cdot \boldsymbol{b}_i) = \lambda_i\end{aligned}$$

Achtung Dies gilt nur für Orthonormalbasen. Bei Orthogonalbasen erhält man λ_i durch ein zusätzliches Normieren, d. h.

$$\lambda_i = \frac{1}{\|\boldsymbol{b}_i\|^2}\,\boldsymbol{v} \cdot \boldsymbol{b}_i\,. \quad ◂$$

Dies liefert uns eine Methode, mit der wir sehr einfach den Koordinatenvektor eines Vektors bezüglich einer Orthonormalbasis bestimmen können.

Beispiel Bezüglich der geordneten Orthonormalbasis $B = \left(\boldsymbol{b}_1 = \frac{1}{\sqrt{2}}\begin{pmatrix}1\\1\end{pmatrix}, \boldsymbol{b}_2 = \frac{1}{\sqrt{2}}\begin{pmatrix}1\\-1\end{pmatrix}\right)$ des $\mathbb{R}^2$ mit dem kanonischen Skalarprodukt $\cdot$ erhält man als Darstellung für $\boldsymbol{v} = \begin{pmatrix}3\\2\end{pmatrix}$ bezüglich B:

$$\begin{aligned}\boldsymbol{v} &= (\boldsymbol{v} \cdot \boldsymbol{b}_1)\,\boldsymbol{b}_1 + (\boldsymbol{v} \cdot \boldsymbol{b}_2)\,\boldsymbol{b}_2\\ &= \frac{5}{\sqrt{2}}\boldsymbol{b}_1 + \frac{1}{\sqrt{2}}\boldsymbol{b}_2\end{aligned}$$

Damit erhalten wir den Koordinatenvektor von $\boldsymbol{v}$ bezüglich B:

$$_B\boldsymbol{v} = \frac{1}{\sqrt{2}}\begin{pmatrix}5\\1\end{pmatrix} \quad ◂$$

Jeder Vektorraum besitzt eine Basis. Dieses tief liegende Ergebnis haben wir auf S. 560 erwähnt. Euklidische Vektorräume sind spezielle Vektorräume. Nur in solchen Vektorräumen hat es einen Sinn von Orthogonalität oder spezieller von Orthonormalbasen zu sprechen. Es ist naheliegend zu hinterfragen, ob jeder euklidische Vektorraum eine Orthonormalbasis besitzt. Hierbei bezieht sich die Orthogonalität und das Normiertsein natürlich auf das euklidische Skalarprodukt des betrachteten euklidischen Vektorraums V.

Tatsächlich besitzt nicht jeder euklidische Vektorraum eine Orthonormalbasis. Aber viele wichtige euklidische Vektorräume haben eine solche Basis.

Mit dem Gram-Schmidt'schen Orthonormalisierungsverfahren kann man aus einer gegebenen Basis eines endlichdimensionalen euklidischen Vektorraums eine Orthonormalbasis konstruieren.

Die Geometrie des Verfahrens von Gram und Schmidt haben wir für zwei Vektoren in der Abb. 20.12 dargestellt. Im Folgenden erläutern wir das Verfahren allgemein.

Das Orthonormalisierungsverfahren von Gram und Schmidt

Ist $\{\boldsymbol{a}_1, \ldots, \boldsymbol{a}_n\}$ eine Basis eines euklidischen Vektorraums V mit dem euklidischen Skalarprodukt $\cdot$, so bilde man die Vektoren $\boldsymbol{b}_1, \ldots, \boldsymbol{b}_n$ mit

$$\boldsymbol{b}_1 = \|\boldsymbol{a}_1\|^{-1}\,\boldsymbol{a}_1\,, \; \boldsymbol{b}_{k+1} = \|\boldsymbol{c}_{k+1}\|^{-1}\,\boldsymbol{c}_{k+1}\,,$$

wobei

$$\boldsymbol{c}_{k+1} = \boldsymbol{a}_{k+1} - \sum_{i=1}^{k}(\boldsymbol{b}_i \cdot \boldsymbol{a}_{k+1})\,\boldsymbol{b}_i$$

für $k = 1, \ldots, n-1$.

Es ist dann $\{\boldsymbol{b}_1, \ldots, \boldsymbol{b}_n\}$ eine Orthonormalbasis von V.

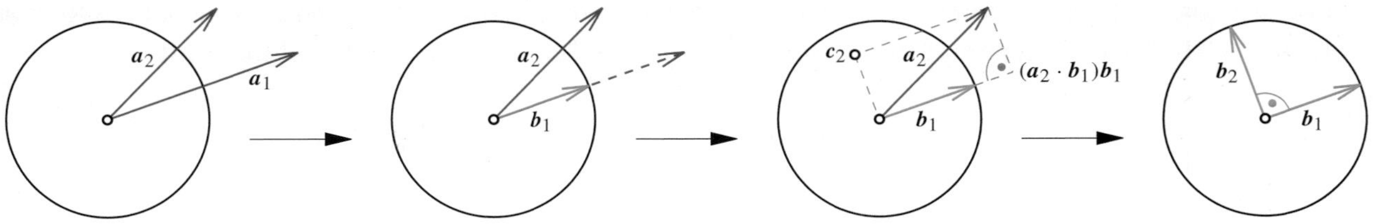

Abb. 20.12 Mit dem Verfahren von Gram und Schmidt entsteht aus der Basis $\{a_1, a_2\}$ die Orthonormalbasis $\{b_1, b_2\}$

Explizit lauten die Formeln für die ersten drei Vektoren b_1, b_2, b_3 der so konstruierten Orthonormalbasis:

- $b_1 = \|a_1\|^{-1}\, a_1$
- $b_2 := \|c_2\|^{-1}\, c_2$ mit $c_2 = a_2 - (a_2 \cdot b_1)\, b_1$
- $b_3 := \|c_3\|^{-1}\, c_3$ mit $c_3 = a_3 - (a_3 \cdot b_1)\, b_1 - (a_3 \cdot b_2)\, b_2$

An dieser Form erkennt man auch, dass das Verfahren zu einer Orthonormalbasis führt. Beispielhaft bilden wir das Skalarprodukt von c_3 mit b_2:

$$\begin{aligned} c_3 \cdot b_2 &= (a_3 - (a_3 \cdot b_1)\, b_1 - (a_3 \cdot b_2)\, b_2) \cdot b_2 \\ &= a_3 \cdot b_2 - (a_3 \cdot b_1)\,(b_1 \cdot b_2) - (a_3 \cdot b_2)\,(b_2 \cdot b_2) \\ &= 0 \end{aligned}$$

Auf S. 756 zeigen wir dieses Orthonormalisierungsverfahren an einem Beispiel.

Eine unmittelbare Folgerung aus dem Verfahren von Gram und Schmidt und der Tatsache, dass jeder Vektorraum eine Basis besitzt, ist das folgende Ergebnis:

Existenz von Orthonormalbasen

Jeder endlichdimensionale euklidische Vektorraum besitzt eine Orthonormalbasis.

Kommentar Das Verfahren von Gram und Schmidt lässt sich ohne jede Schwierigkeit auf einen euklidischen Vektorraum mit abzählbarer Dimension fortsetzen, sodass also auch euklidische Vektorräume mit abzählbarer Dimension stets eine Orthonormalbasis besitzen. ◄

Wir wenden nun die erzielten Ergebnisse an, um *minimale Abstände* von Vektoren zu Untervektorräumen zu erklären. Dazu führen wir zuerst den Begriff des *orthogonalen Komplements* eines Untervektorraums ein.

Das orthogonale Komplement eines Untervektorraums eines euklidischen Raums ist ein Untervektorraum

Gegeben ist ein euklidischer Vektorraum V. Das Skalarprodukt bezeichnen wir wieder mit einem Punkt. Ist U ein beliebiger Untervektorraum von V, so setzen wir

$$U^\perp = \{v \in V \mid v \perp u \text{ für alle } u \in U\},$$

es besteht $U^\perp$ also aus all jenen Vektoren, die auf allen Vektoren aus U senkrecht stehen.

Es ist $U^\perp$ nicht die leere Menge, da zumindest der Nullvektor $\mathbf{0}$ in $U^\perp$ enthalten ist.

Sind $v_1, v_2 \in U^\perp$, $u \in U$ und $\lambda \in \mathbb{R}$, so gilt wegen

$$(v_1 + v_2) \cdot u = v_1 \cdot u + v_2 \cdot u = 0 + 0 = 0$$

und

$$(\lambda\, v_1) \cdot u = \lambda\,(v_1 \cdot u) = \lambda\, 0 = 0,$$

dass $U^\perp$ nach S. 551 ein Untervektorraum von V ist. Man nennt diesen Untervektorraum $U^\perp$ das **orthogonale Komplement** von U in V.

Beispiel Im $\mathbb{R}^2$ gilt bezüglich dem kanonischen Skalarprodukt $\{\mathbf{0}\}^\perp = \mathbb{R}^2$ und $(\mathbb{R}^2)^\perp = \{\mathbf{0}\}$ sowie $\left\langle\begin{pmatrix}1\\-1\end{pmatrix}\right\rangle^\perp = \left\langle\begin{pmatrix}1\\1\end{pmatrix}\right\rangle$.

Im $\mathbb{R}^3$ gilt bezüglich des kanonischen Skalarprodukts $\left\langle\begin{pmatrix}1\\1\\1\end{pmatrix}\right\rangle^\perp = \left\langle\begin{pmatrix}1\\-1\\0\end{pmatrix}, \begin{pmatrix}0\\1\\-1\end{pmatrix}\right\rangle$ (siehe Abb. 20.13). ◄

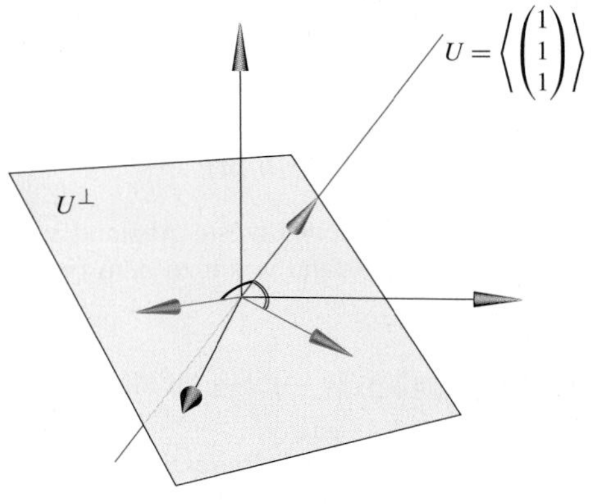

Abb. 20.13 Der Untervektorraum U und sein orthogonales Komplement $U^\perp$

Beispiel: Orthonormalisierung einer Basis nach dem Verfahren von Gram und Schmidt

Wir bestimmen eine Orthonormalbasis bezüglich des Standardskalarproduktes von

$$U = \left\langle \begin{pmatrix} 3 \\ -1 \\ -1 \\ -1 \end{pmatrix}, \begin{pmatrix} -1 \\ 3 \\ -1 \\ -1 \end{pmatrix}, \begin{pmatrix} -1 \\ -1 \\ 3 \\ -1 \end{pmatrix} \right\rangle \subseteq \mathbb{R}^4.$$

Problemanalyse und Strategie: Wir nennen die Vektoren der Reihe nach $\boldsymbol{a}_1, \boldsymbol{a}_2, \boldsymbol{a}_3$ und wenden die Formeln an.

Lösung: Wir erhalten: $\boldsymbol{b}_1 = \|\boldsymbol{a}_1\|^{-1} \boldsymbol{a}_1 = \frac{1}{2\sqrt{3}} \begin{pmatrix} 3 \\ -1 \\ -1 \\ -1 \end{pmatrix}$. Um $\boldsymbol{b}_2$ zu erhalten, berechnen wir $\boldsymbol{c}_2$:

$$\begin{aligned} \boldsymbol{c}_2 &= \boldsymbol{a}_2 - (\boldsymbol{a}_2 \cdot \boldsymbol{b}_1)\, \boldsymbol{b}_1 \\ &= \begin{pmatrix} -1 \\ 3 \\ -1 \\ -1 \end{pmatrix} - \left(\frac{1}{2\sqrt{3}} (3, -1, -1, -1) \begin{pmatrix} -1 \\ 3 \\ -1 \\ -1 \end{pmatrix} \right) \frac{1}{2\sqrt{3}} \begin{pmatrix} 3 \\ -1 \\ -1 \\ -1 \end{pmatrix} \\ &= \frac{4}{3} \begin{pmatrix} 0 \\ 2 \\ -1 \\ -1 \end{pmatrix} \end{aligned}$$

Damit erhalten wir $\boldsymbol{b}_2 = \|\boldsymbol{c}_2\|^{-1} \boldsymbol{c}_2 = \frac{1}{\sqrt{6}} \begin{pmatrix} 0 \\ 2 \\ -1 \\ -1 \end{pmatrix}$.

Um $\boldsymbol{b}_3$ zu erhalten, berechnen wir $\boldsymbol{c}_3$:

$$\begin{aligned} \boldsymbol{c}_3 &= \boldsymbol{a}_3 - (\boldsymbol{a}_3 \cdot \boldsymbol{b}_1)\, \boldsymbol{b}_1 - (\boldsymbol{a}_3 \cdot \boldsymbol{b}_2)\, \boldsymbol{b}_2 \\ &= \begin{pmatrix} -1 \\ -1 \\ 3 \\ -1 \end{pmatrix} - \left(\frac{1}{2\sqrt{3}} (3, -1, -1, -1) \begin{pmatrix} -1 \\ -1 \\ 3 \\ -1 \end{pmatrix} \right) \frac{1}{2\sqrt{3}} \begin{pmatrix} 3 \\ -1 \\ -1 \\ -1 \end{pmatrix} \\ &\quad - \left(\frac{1}{\sqrt{6}} (0, 2, -1, -1) \begin{pmatrix} -1 \\ -1 \\ 3 \\ -1 \end{pmatrix} \right) \frac{1}{\sqrt{6}} \begin{pmatrix} 0 \\ 2 \\ -1 \\ -1 \end{pmatrix} \\ &= 2 \begin{pmatrix} 0 \\ 0 \\ 1 \\ -1 \end{pmatrix} \end{aligned}$$

Damit erhalten wir $\boldsymbol{b}_3 := \|\boldsymbol{c}_3\|^{-1} \boldsymbol{c}_3 = \frac{1}{\sqrt{2}} \begin{pmatrix} 0 \\ 0 \\ 1 \\ -1 \end{pmatrix}$.

Es ist also $B = \{\boldsymbol{b}_1, \boldsymbol{b}_2, \boldsymbol{b}_3\}$ eine Orthonormalbasis von U.

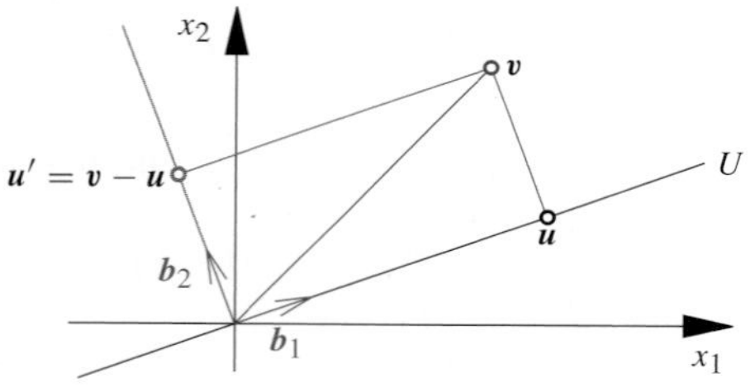

Abb. 20.14 Der Punkt $\boldsymbol{u}$ entsteht aus dem Punkt $\boldsymbol{v}$, indem man das Lot von $\boldsymbol{v}$ aus auf die Gerade U fällt. Der Vektor $\boldsymbol{u}' = \boldsymbol{v} - \boldsymbol{u}$ steht senkrecht auf U

Wir betrachten die Situation im $\mathbb{R}^2$ für einen eindimensionalen Untervektorraum U (siehe Abb. 20.14).

Anschaulich ist klar, dass der kürzeste Abstand von $\boldsymbol{v}$ zu der Geraden U genau jener Abstand von $\boldsymbol{v}$ zu dem Fußpunkt $\boldsymbol{u}$ ist, d. h.

$$\|\boldsymbol{u}'\| = \|\boldsymbol{v} - \boldsymbol{u}\| \leq \|\boldsymbol{v} - \mu\, \boldsymbol{b}_1\| \text{ für alle } \mu \in \mathbb{R}\,.$$

Der Vektor $\boldsymbol{u}$ entsteht dabei durch *Projektion* von $\boldsymbol{v}$ auf den Untervektorraum U. Wir zeigen nun, dass dies allgemeiner möglich ist.

Den minimalen Abstand eines Punktes zu einem Untervektorraum erhält man durch Projektion des Punktes auf den Untervektorraum

Die Begründung des ersten Teils des folgenden Satzes haben wir als Übungsaufgabe formuliert.

Projektionssatz

Ist U ein Untervektorraum eines endlichdimensionalen euklidischen Vektorraums V, so gibt es zu jedem $\boldsymbol{v} \in V$ genau ein $\boldsymbol{u} \in U$ mit $\boldsymbol{v} - \boldsymbol{u} \perp U$. Die hierdurch definierte Abbildung

$$p : \begin{cases} V & \to & U \\ \boldsymbol{v} & \mapsto & \boldsymbol{u} \end{cases}$$

heißt **orthogonale Projektion** von V auf U.

Für den Vektor $\boldsymbol{u}' = \boldsymbol{v} - \boldsymbol{u} \in U^{\perp}$ gilt

$$\|\boldsymbol{u}'\| \leq \|\boldsymbol{v} - \boldsymbol{w}\| \text{ für alle } \boldsymbol{w} \in U\,.$$

Wir nennen die Länge des Vektors $\boldsymbol{u}'$ den **minimalen Abstand** von $\boldsymbol{v}$ zu U.

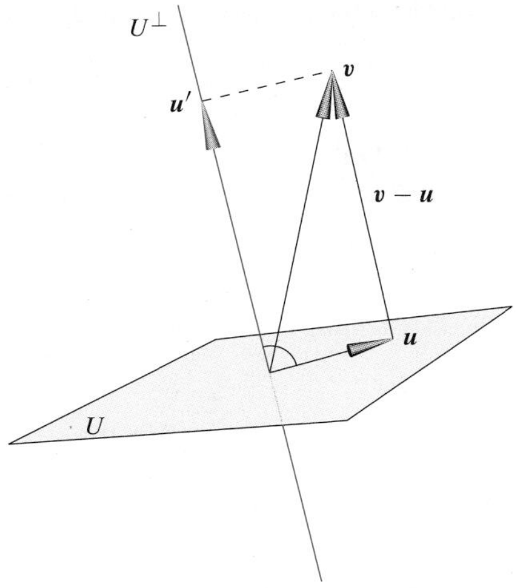

Abb. 20.15 Der Vektor $u' = v - u$ steht senkrecht auf U, seine Länge ist der kürzeste Abstand von v zu U

Der zweite Teil dieser Aussage folgt aus der Abschätzung

$$\begin{aligned}\|v-w\| &= \|v-u+u-w\|\\ &= \sqrt{(v-u)^2+2\cdot(v-u)\cdot(u-w)+(u-w)^2}\\ &= \sqrt{(v-u)^2+(u-w)^2} \geq \|v-u\|\,.\end{aligned}$$

Die Abb. 20.15 illustriert diesen minimalen Abstand im $\mathbb{R}^3$ mit dem kanonischen Skalarprodukt.

Aber wie finden wir nun den Vektor u zu gegebenen v und U? Im $\mathbb{R}^n$ mit dem kanonischen Skalarprodukt gibt es hierfür eine explizite Formel, wir leiten diese nun her.

Gegeben ist $v \in \mathbb{R}^n$ und ein Untervektorraum U des $\mathbb{R}^n$. Zu v gibt es ein $u \in U$ und $u' \in U^\perp$ mit $v = u + u'$. Gesucht ist u, den Vektor u' erhält man dann als $u' = v - u$.

Wir wählen eine Basis $B = \{b_1, \ldots, b_r\}$ von U und können den Vektor u bezüglich der Basis B darstellen

$$u = \lambda_1 b_1 + \cdots + \lambda_r b_r \quad \text{mit } \lambda_1, \ldots, \lambda_r \in \mathbb{R}\,,$$

hierbei sind die $\lambda_1, \ldots, \lambda_r$ die gesuchten Größen.

Das Senkrechtstehen von $v-u$ auf den Vektoren $b_1, \ldots, b_r$, also die Bedingungen

$$v-u \perp b_1, \ldots, v-u \perp b_r\,,$$

führen zu einem linearen Gleichungssystem in den r *Unbekannten* $\lambda_1, \ldots, \lambda_r$ und r Gleichungen für die $b_1, \ldots, b_r$

$$\left(v - \sum_{i=0}^{r} \lambda_i b_i\right) \cdot b_j = 0 \text{ für } j = 1, \ldots, r\,.$$

Ausgeschrieben lautet dieses Gleichungssystem:

$$\begin{array}{ccccc} \lambda_1 b_1 \cdot b_1 & + \cdots + & \lambda_r b_r \cdot b_1 & = & v \cdot b_1 \\ \vdots & & \vdots & & \vdots \\ \lambda_1 b_1 \cdot b_r & + \cdots + & \lambda_r b_r \cdot b_r & = & v \cdot b_r \end{array}$$

Es lässt sich auch schreiben als

$$((b_1, \ldots, b_r))^{\mathrm{T}}\,((b_1, \ldots, b_r)) \begin{pmatrix}\lambda_1\\ \vdots\\ \lambda_r\end{pmatrix} = ((b_1, \ldots, b_r))^{\mathrm{T}}\, v\,.$$

Damit ist $\begin{pmatrix}\lambda_1\\ \vdots\\ \lambda_r\end{pmatrix}$ eine Lösung des linearen Gleichungssystems

$$A^{\mathrm{T}} A\, x = A^{\mathrm{T}}\, v\,,$$

wobei $A = ((b_1, \ldots, b_r))$. Dieses lineare Gleichungssystem ist eindeutig lösbar, weil die Matrix $A^{\mathrm{T}} A \in \mathbb{R}^{r\times r}$ invertierbar ist.

Selbstfrage 6

Begründen Sie diese Aussage ausführlich.

Wir erhalten also die gesuchten $\lambda_1, \ldots, \lambda_r \in \mathbb{R}$ und damit den Koordinatenvektor $u = \lambda_1 b_1 + \cdots + \lambda_r b_r$ durch Lösen des linearen Gleichungssystems

$$A^{\mathrm{T}} A\, x = A^{\mathrm{T}}\, v\,.$$

Beispiel Wir suchen den minimalen Abstand des Punktes $v = \begin{pmatrix}1\\2\\3\end{pmatrix}$ zu der Ebene

$$U = \left\langle b_1 = \begin{pmatrix}1\\0\\1\end{pmatrix},\ b_2 = \begin{pmatrix}1\\1\\1\end{pmatrix}\right\rangle.$$

Wir bilden die Matrix A, deren Spalten die Basisvektoren b_1, b_2 von U sind und erhalten dann den Koordinatenvektor von u bezüglich der Basis $B = (b_1, b_2)$ durch Lösen des Gleichungssystems

$$A^{\mathrm{T}} A\, x = A^{\mathrm{T}}\, v\,.$$

Das Gleichungssystem lautet

$$\begin{pmatrix}2 & 2\\ 2 & 3\end{pmatrix} x = \begin{pmatrix}4\\6\end{pmatrix}.$$

Die eindeutig bestimmte Lösung $\begin{pmatrix}0\\2\end{pmatrix}$ besagt, dass die senkrechte Projektion von v auf U der Vektor $u = 0 b_1 + 2 b_2 = \begin{pmatrix}2\\2\\2\end{pmatrix}$ ist.

Damit erhalten wir für den minimalen Abstand von v zu U

$$\|v-u\| = \left\|\begin{pmatrix}1\\2\\3\end{pmatrix} - \begin{pmatrix}2\\2\\2\end{pmatrix}\right\| = \sqrt{2}\,.$$ ◀

Teil III

Übersicht: Orthonormale Darstellungen

In euklidischen bzw. unitären Vektorräumen lassen sich die Koeffizienten bei der Darstellung bezüglich einer Basis aus paarweise orthogonalen, normierten Vektoren sofort durch das Skalarprodukt berechnen. Ähnliche Aussagen gelten in unendlichdimensionalen Innenprodukt- und Hilberträumen. Statt mit einer Vektorraumbasis muss aber mit allgemeineren Begriffen gearbeitet werden.

Das Skalarprodukt als Projektion

Wir betrachten einen Vektorraum V, in dem ein Skalarprodukt definiert ist. Ist $\boldsymbol{v} \in V$ ein normierter Vektor ($\|\boldsymbol{v}\| = 1$ bzw. $\boldsymbol{v} \cdot \boldsymbol{v} = 1$) und $\boldsymbol{x} \in V$ beliebig, so stellt $(\boldsymbol{x} \cdot \boldsymbol{v})\boldsymbol{v}$ die Projektion von $\boldsymbol{x}$ auf den durch $\boldsymbol{v}$ aufgespannten Unterraum dar. Wir erhalten

$$\boldsymbol{x} = (\boldsymbol{x} \cdot \boldsymbol{v})\, \boldsymbol{v} + [\boldsymbol{x} - (\boldsymbol{x} \cdot \boldsymbol{v})\, \boldsymbol{v}]$$

mit

$$[\boldsymbol{x} - (\boldsymbol{x} \cdot \boldsymbol{v})\, \boldsymbol{v}] \cdot \boldsymbol{v} = \boldsymbol{x} \cdot \boldsymbol{v} - (\boldsymbol{x} \cdot \boldsymbol{v})(\boldsymbol{v} \cdot \boldsymbol{v}) = 0\,.$$

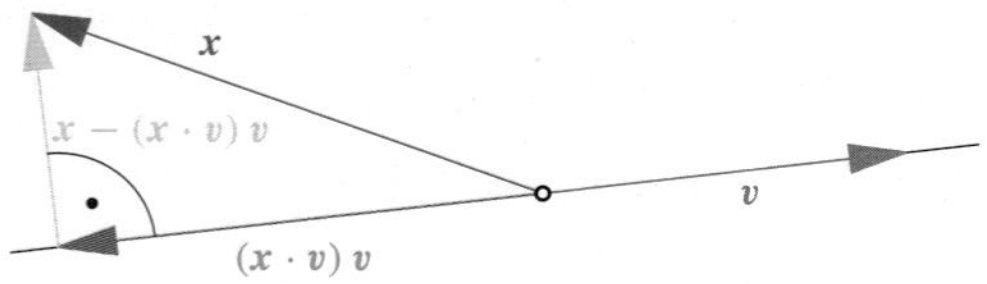

Orthogonalbasis im euklidischen bzw. unitären Vektorraum

Betrachte einen endlich-dimensionalen Vektorraum V über $\mathbb{R}$ bzw. über $\mathbb{C}$, der mit einem Skalarprodukt ausgestattet ist, also einen euklidischen bzw. unitären Raum (siehe Kap. 20). Ist eine beliebige Basis in V gegeben, so kann sie mit dem Orthonormalisierungsverfahren von Gram und Schmidt (siehe S. 754) zu einer Orthonormalbasis von V gemacht werden.

Ist $B = (\boldsymbol{v}_1, \ldots, \boldsymbol{v}_n)$ eine geordnete Orthonormalbasis von V, so lässt sich jedes $\boldsymbol{x}$ darstellen als

$$\boldsymbol{x} = \sum_{j=1}^{n} (\boldsymbol{x} \cdot \boldsymbol{v}_j)\boldsymbol{v}_j\,.$$

Orthogonale Darstellung bei abzählbar unendlicher Dimension

Wir betrachten einen Vektorraum V mit einer Basis mit unendlich, aber abzählbar vielen Elementen $(\boldsymbol{v}_1, \boldsymbol{v}_2, \boldsymbol{v}_3, \ldots)$. In diesem Fall ist das Gram-Schmidt'sche Verfahren genauso wie im endlichdimensionalen Fall anwendbar, um eine Orthonormalbasis zu erhalten.

Ist $B = (\boldsymbol{v}_1, \boldsymbol{v}_2, \boldsymbol{v}_3, \ldots)$ eine solche Basis, so existiert für alle $\boldsymbol{x} \in V$ ein $j_0 \in \mathbb{N}$ mit

$$\boldsymbol{x} \cdot \boldsymbol{v}_j = 0\,, \quad j > j_0\,.$$

Wir erhalten die Darstellung

$$\boldsymbol{x} = \sum_{j=1}^{j_0} (\boldsymbol{x} \cdot \boldsymbol{v}_j)\boldsymbol{v}_j = \sum_{j=1}^{\infty} (\boldsymbol{x} \cdot \boldsymbol{v}_j)\boldsymbol{v}_j\,.$$

Beispiele:

- Der Raum der trigonometrischen Polynome mit dem L^2-Skalarprodukt und den normierten **trigonometrischen Monomen** als Basis (siehe dazu Kap. 30).
- Der Raum der Polynome mit einem (gewichteten) L^2-Skalarprodukt und der zugehörigen Familie von **Orthogonalpolynomen** als Basis (siehe dazu Abschn. 34.4).

Orthonormale Darstellung im Hilbertraum

Hat V unendliche Dimension und ist vollständig, so gibt es keine Basis von V mit abzählbar vielen Elementen. In einem separablen Hilbertraum existiert aber stets ein abzählbares **vollständiges Orthonormalsystem,** eine geordnete Menge $B = (\boldsymbol{v}_1, \boldsymbol{v}_2, \boldsymbol{v}_3, \ldots)$, so dass jedes $\boldsymbol{x} \in V$ als

$$\boldsymbol{x} = \sum_{j=1}^{\infty} (\boldsymbol{x} \cdot \boldsymbol{v}_j)\boldsymbol{v}_j$$

darstellbar ist. Im Allgemeinen handelt es sich hier aber um eine Reihe, deren Konvergenz im Sinne der durch das Skalarprodukt induzierten Norm zu verstehen ist. Obwohl Reihen statt endlicher Linearkombinationen erlaubt sind, nennt man ein vollständiges Orthonormalsystem trotzdem wieder Orthonormalbasis. Es ist aber keine Basis des Vektorraums V. Genauere Erläuterungen werden im Kap. 31 zur Funktionalanalysis gegeben.

Beispiele:

- Der Hilbertraum $L^2(-\pi, \pi)$ mit den Fourierreihen als Darstellung der Funktionen (siehe Kap. 30). In Anlehnung an dieses Beispiel nennt man die obige allgemeine Darstellung auch Fourierreihe, die Produkte $\boldsymbol{x} \cdot \boldsymbol{v}_j$ die Fourierkoeffizienten.
- Die Approximation von Funktionen aus $L^2(a, b)$ durch Orthogonalpolynome (siehe die Kap. 31 und 34).

Anwendung: Methode der kleinsten Quadrate

Eine Messung liefert zu den n verschiedenen Zeitpunkten $t_1, \ldots, t_n$ die jeweiligen Messwerte $y_1, \ldots, y_n$. Gesucht ist eine Funktion $f \in \mathbb{R}^{\mathbb{R}}$, welche die gegebenen Messwerte an den Stellen $t_1, \ldots, t_n$ *möglichst gut annähert*, wobei wir hier als Maß für *gute Annäherung* die Minimalität der Größe $\|\Delta\|$ mit $\Delta = \begin{pmatrix} f(t_1) - y_1 \\ \vdots \\ f(t_n) - y_n \end{pmatrix}$ ansetzen. Es ist dann $\|\Delta\|^2 = (f(t_1) - y_1)^2 + \cdots (f(t_n) - y_n)^2$ die Summe der Quadrate der Fehler, die dabei gemacht werden.

Die Minimalität dieser Summe besagt, dass die senkrechten Abstände der Funktion f an den Stellen t_i zu den vorgegeben Messwerten y_i minimal ist. Das kann als *beste Annäherung* betrachtet werden.

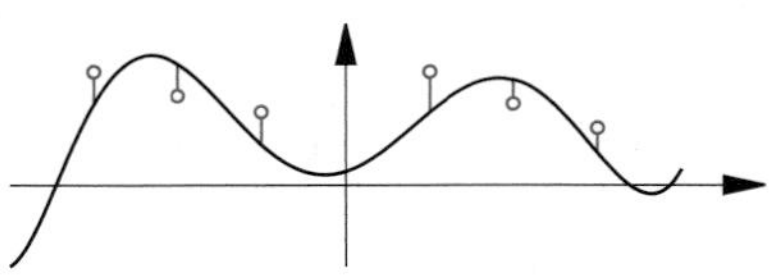

Um eine solche beste Annäherung zu erhalten, trägt man zuerst die *Messpunkte* $(t_1, y_1), \ldots, (t_n, y_n)$ in ein Koordinatensystem ein und überlegt sich, welche Funktionen $f_1, \ldots, f_r$ als *Basisfunktionen* in Betracht zu ziehen sind. Bei der ersten Punkteverteilung in der folgenden Skizze wird man sich auf Geraden, also bei den Basisfunktionen auf $f_1 = 1$ und $f_2 = X$ konzentrieren, bei der zweiten Punkteverteilung auf Parabeln und schließlich bei der dritten Punkteverteilung dieser Skizze auf Sinus- und Exponentialfunktionen.

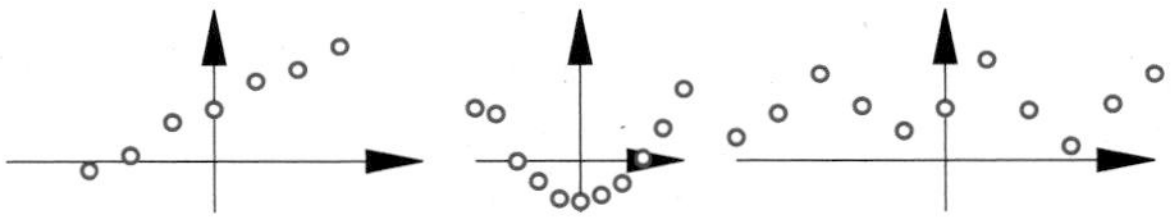

Hat man den Satz $f_1, \ldots, f_r$ von Funktionen gewählt, so sind $\lambda_1, \ldots, \lambda_r \in \mathbb{R}$ gesucht, sodass die Funktion

$$f = \lambda_1 f_1 + \cdots + \lambda_r f_r$$

die Größe

$$(f(t_1) - y_1)^2 + \cdots + (f(t_n) - y_n)^2$$

minimiert.

Dies lässt sich mithilfe der reellen $n \times r$-Matrix

$$\boldsymbol{A} = \begin{pmatrix} f_1(t_1) & \cdots & f_r(t_1) \\ \vdots & & \vdots \\ f_1(t_n) & \cdots & f_r(t_n) \end{pmatrix} \text{ und } \boldsymbol{p} = \begin{pmatrix} y_1 \\ \vdots \\ y_n \end{pmatrix}$$

auch ausdrücken als: Gesucht ist ein $\boldsymbol{v} \in \mathbb{R}^r$ mit der Eigenschaft, dass $\|\boldsymbol{A}\,\boldsymbol{v} - \boldsymbol{p}\|$ minimal ist. Gesucht ist also ein $\boldsymbol{u} \in \{\boldsymbol{A}\,\boldsymbol{w} \mid \boldsymbol{w} \in \mathbb{R}^r\}$, sodass $\|\boldsymbol{u} - \boldsymbol{p}\|$ minimal wird.

Es ist $\|\boldsymbol{u} - \boldsymbol{p}\|$ genau dann minimal, wenn $\boldsymbol{u}$ die senkrechte Projektion von $\boldsymbol{p}$ auf $\{\boldsymbol{A}\,\boldsymbol{w} \mid \boldsymbol{w} \in \mathbb{R}^r\}$ ist. Mit $\boldsymbol{A} = ((\boldsymbol{v}_1, \ldots, \boldsymbol{v}_n))$ erhalten wir:

$$\begin{aligned} & (\boldsymbol{A}\,\boldsymbol{v} - \boldsymbol{p}) \perp \boldsymbol{v}_i \quad \text{für alle } i = 1, \ldots, r \\ \Leftrightarrow\; & \boldsymbol{v}_i \cdot (\boldsymbol{A}\,\boldsymbol{v} - \boldsymbol{p}) = 0 \quad \text{für alle } i = 1, \ldots, r \\ \Leftrightarrow\; & \boldsymbol{v}_i^{\mathrm{T}} (\boldsymbol{A}\,\boldsymbol{v} - \boldsymbol{p}) = 0 \quad \text{für alle } i = 1, \ldots, r \\ \Leftrightarrow\; & \boldsymbol{A}^{\mathrm{T}} (\boldsymbol{A}\,\boldsymbol{v} - \boldsymbol{p}) = \boldsymbol{0} \\ \Leftrightarrow\; & \boldsymbol{A}^{\mathrm{T}} \boldsymbol{A}\,\boldsymbol{v} = \boldsymbol{A}^{\mathrm{T}} \boldsymbol{p} \end{aligned}$$

Diese letzte Gleichung nennt man auch die **Normalengleichung**.

Die Matrix $\boldsymbol{A}^{\mathrm{T}} \boldsymbol{A}$ ist im Allgemeinen nicht invertierbar. Also ist es im Allgemeinen nicht möglich die Normalengleichung nach dem Vektor $\boldsymbol{v}$ durch Berechnen von $(\boldsymbol{A}^{\mathrm{T}} \boldsymbol{A})^{-1}$ aufzulösen.

Betrachten wir ein Beispiel. Eine Messreihe liefert $(t_1, y_1) = (-1, 1)$, $(t_2, y_2) = (0, 1)$, $(t_3, y_3) = (1, 2)$, $(t_4, y_4) = (2, 2)$.

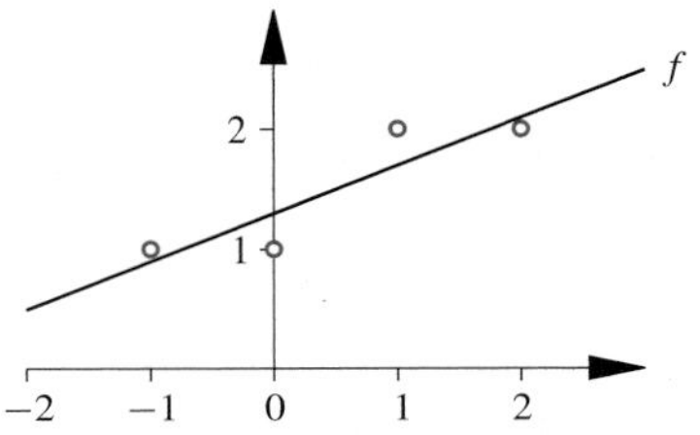

Aufgrund der Verteilung der Punkte suchen wir nach einer *Ausgleichsgeraden* $f = a\,X + b$, d. h., wir geben uns die Basisfunktionen 1 und X vor.

Als Matrix $\boldsymbol{A} \in \mathbb{R}^{4\times 2}$ und Vektor $\boldsymbol{p} \in \mathbb{R}^4$ erhalten wir somit

$$\boldsymbol{A} = \begin{pmatrix} 1 & -1 \\ 1 & 0 \\ 1 & 1 \\ 1 & 2 \end{pmatrix} \quad \text{und} \quad \boldsymbol{p} = \begin{pmatrix} 1 \\ 1 \\ 2 \\ 2 \end{pmatrix}.$$

Nun berechnen wir $\boldsymbol{A}^{\mathrm{T}} \boldsymbol{p}$ und $\boldsymbol{A}^{\mathrm{T}} \boldsymbol{A}$:

$$\boldsymbol{A}^{\mathrm{T}} \boldsymbol{p} = \begin{pmatrix} 1 & 1 & 1 & 1 \\ -1 & 0 & 1 & 2 \end{pmatrix} \begin{pmatrix} 1 \\ 1 \\ 2 \\ 2 \end{pmatrix} = \begin{pmatrix} 6 \\ 5 \end{pmatrix}$$

$$\boldsymbol{A}^{\mathrm{T}} \boldsymbol{A} = \begin{pmatrix} 1 & 1 & 1 & 1 \\ -1 & 0 & 1 & 2 \end{pmatrix} \begin{pmatrix} 1 & -1 \\ 1 & 0 \\ 1 & 1 \\ 1 & 2 \end{pmatrix} = \begin{pmatrix} 4 & 2 \\ 2 & 6 \end{pmatrix}$$

Zu lösen bleibt nun das System

$$\begin{pmatrix} 4 & 2 \\ 2 & 6 \end{pmatrix} \begin{pmatrix} x_1 \\ x_2 \end{pmatrix} = \begin{pmatrix} 6 \\ 5 \end{pmatrix}.$$

Damit erhalten wir als die beste lineare Annäherung die Gerade

$$f = \frac{2}{5} X + \frac{13}{10}.$$

Vertiefung: Die Ausgleichsgerade – Bestimmen und Plotten mit MATLAB®

Wir erstellen eine Funktion, die zu gegebenen Stützstellen (t_i, y_i) für $1 \leq i \leq n$ die Ausgleichsgerade f mit $f(t) = \lambda_1 + \lambda_2 t$, also mit den Basisfunktionen $f_1(t) = 1$ und $f_2(t) = t$, ermittelt. Hierbei wird die folgende Größe minimiert:

$$(y_1 - f(t_1))^2 + \cdots + (y_n - f(t_n))^2 = \|\boldsymbol{b} - \boldsymbol{A}\boldsymbol{x}\|^2$$

mit $\boldsymbol{A} = (f_j(t_i))$ und $\boldsymbol{b} = (y_i)$.

Die Eingabedaten der Stützstellen (t_i, y_i) für $1 \leq i \leq n$ seien gegeben in den Spaltenvektoren

```
>> t = [t1,...,tn]';
>> y = [y1,...,yn]';
```

Wir bestimmen die Ausgleichsgerade

$$f(t) = \lambda_1 + \lambda_2 t .$$

Aufstellen von A und b: Die erste Spalte der $n \times 2$-Matrix $\boldsymbol{A}$ besteht aus n Einsen, die zweite Spalte aus den Zeiten $t_1 \ldots, t_n$, und b enthält die Werte aus y:

```
>> n = length(t);
>> A = [ones(n,1), t];
>> b = y;
```

Die Normalengleichung: Die Lösung $\boldsymbol{x}$ des Minimierungsproblems $\|\boldsymbol{b} - \boldsymbol{A}\boldsymbol{x}\| = \min$ erhalten wir per

```
>> x=(A'*A)\(A'*b);
```

Wir verpacken das alles in eine Funktion:

```
function [x] = ausgleichsgerade(t, y)
% Input:  t enthaelt die Zeiten t1 bis tn
%         y enthaelt die Werte y1 bis yn
%         t und y sind Spalten
% Output: x=[x(1), x(2)], wobei f=x(1)+x(2)*t
%         die Ausgleichsgerade ist
n = length(t);
A = [ones(n,1),t];
x = (A'*A)\(A'*y);
end
```

Wir erweitern diese Funktion, die die Ausgleichsgerade f liefert, um einen Plot, der neben dem Graphen der Ausgleichsgeraden auch die *auszugleichenden* Stützstellen zeigt:

Erstellen des Plots: Wir erklären die Ausgleichsfunktion f in der Variablen X (wir wählen eine neue Bezeichnung für die Variable, um eine Doppelbelegung für t zu vermeiden):

```
>> f=@(X) x(1) + x(2)*X;
```

und erhalten mit

```
>> f=@(X) x(1)+x(2)*X;
>> plot(t,f(t))
```

einen Plot der Ausgleichsgeraden. Nach einem `hold on` fügen wir die Stützstellen als Sterne in dasselbe figure ein:

```
>> hold on
>> plot(t,y,'*')
```

Ermitteln des Fehlers: Wir erweitern unsere Funktion noch um ein optionales Feature. Wir ermitteln noch die minimierte Größe, die Summe der Quadrate der vertikalen Abstände:

```
>> error=sum((b-f(t)).^2)
```

Wir ergänzen noch ein Gitter mit `grid on`, schalten das `hold on` mit einem `hold off` wieder aus und wählen noch verschiedene Farben für die Ausgleichsgerade bzw. die Stützstellen. Die Funktion lautet damit:

```
function [x, error] = ausgleichsgerade(t, y)
% Input:  t enthaelt die Zeiten t1 bis tn
%         y enthaelt die Werte y1 bis yn
%         t und y sind Spalten
% Output: x=[x(1), x(2)], wobei f=x(1)+x(2)*t
%         die Ausgleichsgerade ist
%         error=Summe der Quadrate der Fehler
n = length(t);
A = [ones(n,1),t];
x = (A'*A)\(A'*y);
f = @(X) x(1)+x(2)*X;
hold on
plot(t,f(t),'r')
plot(t,y,'k*')
grid on
hold off
error = sum((y-f(t)).^2);
end
```

Die Beschreibung der Funktion kann man nun jederzeit im Command Window aufrufen durch

```
>>  help ausgleichsgerade
```

Mit den Eingabedaten:

```
>> t = [0;1;2;3;4;5;6;7;8];
>> y = [1.2;2.3;1.8;4.5;3;5.4;5.5;6.3;7.7];
```

erhalten wir nach Aufrufen der Funktion den folgenden Plot sowie die Ausgabedaten:

```
x =
    1.1022
    0.7717
error =
    3.9607
```

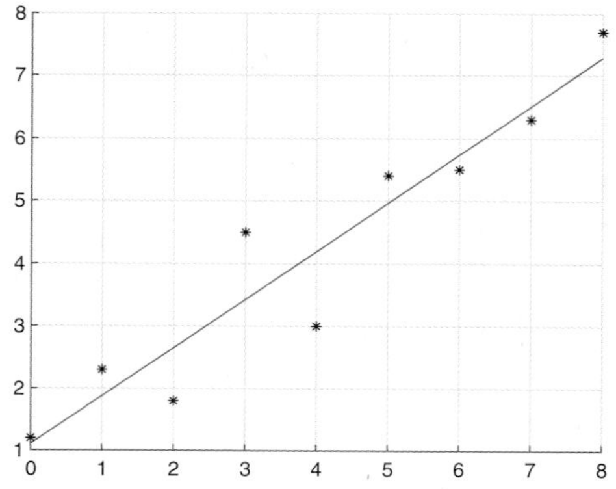

Will man keine Ausgleichsgerade, sondern eine Ausgleichsparabel f mit $f(t) = \lambda_0 + \lambda_1 t + \lambda_2 t^2$, so sind nur die Matrix A um die Spalte `t.^2` und die Funktion f um den Summanden `x(3)*X.^2` zu erweitern. Auch andere Ausgleichsfunktionen erhält man durch einfache Anpassungen.

Anwendungsbeispiel Angenommen, wir wissen von einer uns sonst unbekannten Größe, dass sie ein homogenes lineares Gleichungssystem $\boldsymbol{A}\,\boldsymbol{x} = \boldsymbol{0}$ mit einer Matrix $\boldsymbol{A} \in \mathbb{R}^{m\times n}$ erfüllt. Die Lösungsmenge U dieses Systems ist ein Untervektorraum des $\mathbb{R}^n$. Nun ist die Frage, welche dieser Lösungsvielfalt unsere gesuchte Größe ist.

Dazu führen wir Messungen durch. Unsere im Allgemeinen fehlerbehafteten Messungen ergeben einen Lösungsvektor $\boldsymbol{v} \in \mathbb{R}^n$, der wegen der Fehler nicht mehr die homogene Gleichung, sondern $\boldsymbol{A}\,\boldsymbol{v} = \boldsymbol{b} \neq \boldsymbol{0}$ erfüllt.

Als korrekte Lösung können wir aber dann jenen Vektor aus U akzeptieren, der unter allen Vektoren aus U den minimalen Abstand zu $\boldsymbol{v}$ hat, d. h. die Projektion von $\boldsymbol{v}$ auf U. ◀

20.4 Numerische Lösung linearer Gleichungssysteme

Mithilfe des Skalarproduktes können wir ein weiteres numerisches Verfahren zur Lösung linearer Gleichungssysteme formulieren – das sogenannte *cg*-Verfahren.

Das *cg*-Verfahren ist ein iteratives Verfahren für positiv definite Koeffizientenmatrizen

Viele praktische Probleme führen auf große lineare Gleichungssysteme $\boldsymbol{A}\,\boldsymbol{x} = \boldsymbol{b}$ mit einer positiv definiten (also insbesondere symmetrischen) Koeffizientenmatrix $\boldsymbol{A} \in \mathbb{R}^{n\times n}$.

In den Anwendungen sind große Matrizen $\boldsymbol{A}$ typischerweise sehr dünn besetzt, d. h., nur wenige Einträge der Matrix $\boldsymbol{A}$ sind von null verschieden. Dadurch wird das Bilden des Produktes $\boldsymbol{A}\,\boldsymbol{v}$ der Matrix $\boldsymbol{A}$ mit einem Vektor $\boldsymbol{v}$ relativ einfach, da nur wenige Summanden zu berücksichtigen sind. Das *cg*-Verfahren zur numerischen Lösung linearer Gleichungssysteme ist ein iteratives Verfahren, das für dünn besetzte Matrizen sehr gut geeignet ist.

Ausgehend von einem Startvektor $\boldsymbol{x}^{(0)}$ bildet man sukzessive weitere Vektoren

$$\boldsymbol{x}^{(0)} \to \boldsymbol{x}^{(1)} \to \boldsymbol{x}^{(2)} \to \cdots,$$

wobei das Berechnen von $\boldsymbol{x}^{(i+1)}$ etwa den Aufwand erfordert wie die Multiplikation der Matrix $\boldsymbol{A}$ mit einem Vektor.

Das Ziel iterativer Verfahren ist es, nach hinreichend vielen Iterationen einen Vektor $\boldsymbol{x}^{(k)}$ zu erhalten, der die exakte Lösung ist oder diese zumindest sehr genau approximiert. Beim *cg*-Verfahren, das wir hier vorstellen, erhalten wir bei korrekter Rechnung nach höchstens n Iterationen, wobei n die Zeilen- und Spaltenzahl der Matrix $\boldsymbol{A}$ bezeichne, die exakte Lösung.

Tatsächlich rechnen Computer aber nicht exakt. In der Praxis wird man also oft mehr als n Iterationen durchführen und die Iteration dann abbrechen, wenn eine hinreichend genaue Näherungslösung bestimmt ist.

Die Differenz der exakten Lösung mit dem Startvektor liegt in einem Krylov-Raum

Wir betrachten ein lineares Gleichungssystem

$$\boldsymbol{A}\,\boldsymbol{x} = \boldsymbol{b}$$

mit positiv definiter Koeffizientenmatrix $\boldsymbol{A} \in \mathbb{R}^{n\times n}$. Jede positiv definite Matrix ist invertierbar, da nach dem Kriterium auf S. 745 null kein Eigenwert ist.

Nach dem Satz von Cayley-Hamilton auf S. 657 existiert ein reelles Polynom p vom Grad $n-1$ mit

$$\boldsymbol{A}^{-1} = p(\boldsymbol{A})\,.$$

Ausgehend von einem beliebigen (Start-)Vektor $\boldsymbol{x}^{(0)}$ erhalten wir für die exakte Lösung $\boldsymbol{x}$ des linearen Gleichungssystems $\boldsymbol{A}\,\boldsymbol{x} = \boldsymbol{b}$ mit dem *Rest* $\boldsymbol{r}^{(0)} = \boldsymbol{b} - \boldsymbol{A}\,\boldsymbol{x}^{(0)}$:

$$\begin{aligned}\boldsymbol{x} - \boldsymbol{x}^{(0)} &= \boldsymbol{A}^{-1}\,(\boldsymbol{b} - \boldsymbol{A}\,\boldsymbol{x}^{(0)}) = \boldsymbol{A}^{-1}\,\boldsymbol{r}^{(0)}\\ &= p(\boldsymbol{A})\,\boldsymbol{r}^{(0)} \in \langle \boldsymbol{r}^{(0)},\, \boldsymbol{A}\,\boldsymbol{r}^{(0)},\, \ldots,\, \boldsymbol{A}^{n-1}\,\boldsymbol{r}^{(0)}\rangle\end{aligned}$$

Die exakte Lösung $\boldsymbol{x}$ erfüllt also die Bedingung, dass $\boldsymbol{x} - \boldsymbol{x}^{(0)}$ in einem der n Vektorräume

$$\langle \boldsymbol{r}^{(0)}\rangle,\ \langle \boldsymbol{r}^{(0)}, \boldsymbol{A}\,\boldsymbol{r}^{(0)}\rangle,\ \ldots,\ \langle \boldsymbol{r}^{(0)}, \boldsymbol{A}\boldsymbol{r}^{(0)}, \ldots, \boldsymbol{A}^{n-1}\boldsymbol{r}^{(0)}\rangle$$

liegt. Für jedes i nennt man

$$U_i = \langle \boldsymbol{r}^{(0)},\, \boldsymbol{A}\,\boldsymbol{r}^{(0)},\, \ldots,\, \boldsymbol{A}^{i-1}\,\boldsymbol{r}^{(0)}\rangle$$

den i-ten **Krylov-Raum**.

Wir können also von einem Startvektor $\boldsymbol{x}^{(0)}$ ausgehend versuchen, die exakte Lösung wie folgt zu gewinnen: Wir erhöhen schrittweise die Dimension des Krylov-Raums und bestimmen bei jedem Schritt einen Vektor $\boldsymbol{x}^{(i)}$ so, dass $\boldsymbol{x}^{(i)} - \boldsymbol{x}^{(0)} \in U_i$ liegt und zudem die folgende *Optimalitätsbedingung*

$$\|\boldsymbol{x}^{(i)} - \boldsymbol{x}\| = \min_{\boldsymbol{y}\in\boldsymbol{x}^{(0)}+U_i} \|\boldsymbol{y} - \boldsymbol{x}\| \tag{20.2}$$

gilt, wobei wir das Skalarprodukt bezüglich der (positiv definiten) Matrix $\boldsymbol{A}$ bilden, d. h. $\boldsymbol{v}\cdot\boldsymbol{w} = \boldsymbol{v}^{\mathrm{T}}\boldsymbol{A}\,\boldsymbol{w}$. Aus der Bedingung (20.2) folgt:

1. $\boldsymbol{r}^{(i)} = \boldsymbol{b} - \boldsymbol{A}\,\boldsymbol{x}^{(i)} \in U_i^{\perp}$ bezüglich des kanonischen Skalarproduktes,
2. $U_i = \langle \boldsymbol{r}^{(0)},\, \boldsymbol{r}^{(1)},\, \ldots,\, \boldsymbol{r}^{(i-1)}\rangle$.

Die Begründung dieser Aussagen haben wir als Aufgabe formuliert.

Wegen (1) und (2) und der Tatsache $\dim U_i \leq n$ folgt die Existenz eines $k \leq n$ mit

$$\boldsymbol{r}^{(k)} = \boldsymbol{0}, \quad \text{d. h.} \quad \boldsymbol{x}^{(k)} = \boldsymbol{x},$$

sodass also die exakte Lösung nach höchstens n Schritten bestimmt wird.

Tatsächlich ist das Verfahren aber in dieser Form nicht brauchbar, da es die Kenntnis der exakten Lösung $\boldsymbol{x}$ verlangt. Aber es hilft eine Modifikation: Wir konstruieren eine andere Orthogonalbasis von U_i. Explizit bestimmen wir ausgehend von $\boldsymbol{x}^{(0)}$ und $\boldsymbol{p}^{(1)} = \boldsymbol{r}^{(0)}$ sukzessive $\boldsymbol{x}^{(1)}, \ldots, \boldsymbol{x}^{(i-1)}$ und $\boldsymbol{p}^{(1)}, \ldots, \boldsymbol{p}^{(i)}$: Sind $\boldsymbol{x}^{(i-1)}$ und $\boldsymbol{p}^{(i)}$ bereits konstruiert, so bestimmen wir den Vektor $\boldsymbol{x}^{(i)}$

$$\boldsymbol{x}^{(i)} = \boldsymbol{x}^{(i-1)} + \alpha_i \boldsymbol{p}^{(i)} \tag{20.3}$$

mit $\alpha_i = \frac{\left(\boldsymbol{r}^{(i-1)}\right)^{\mathrm{T}} \boldsymbol{r}^{(i-1)}}{\left(\boldsymbol{p}^{(i)}\right)^{\mathrm{T}} \boldsymbol{A}\,\boldsymbol{p}^{(i)}}$.

Wir erhalten dann als i-ten Rest:

$$\begin{aligned} \boldsymbol{r}^{(i)} &= \boldsymbol{b} - \boldsymbol{A}\,\boldsymbol{x}^{(i)} = \boldsymbol{A}\,(\boldsymbol{x} - \boldsymbol{x}^{(i)}) \\ &= \boldsymbol{A}\,(\boldsymbol{x} - \boldsymbol{x}^{(i-1)} - \alpha_i \boldsymbol{p}^{(i)}) \\ &= \boldsymbol{r}^{(i-1)} - \alpha_i \boldsymbol{A}\,\boldsymbol{p}^{(i)} \end{aligned} \tag{20.4}$$

Mithilfe von $\boldsymbol{r}^{(i)}$ bestimmen wir dann $\boldsymbol{p}^{(i+1)}$

$$\boldsymbol{p}^{(i+1)} = \boldsymbol{r}^{(i)} + \beta_{i+1} \boldsymbol{p}^{(i)}, \tag{20.5}$$

wobei $\beta_{i+1} = \frac{\left(\boldsymbol{r}^{(i)}\right)^{\mathrm{T}} \boldsymbol{A}\,\boldsymbol{p}^{(i)}}{\left(\boldsymbol{p}^{(i)}\right)^{\mathrm{T}} \boldsymbol{A}\,\boldsymbol{p}^{(i)}}$.

Mit $\boldsymbol{x}^{(i)}$ und $\boldsymbol{p}^{(i+1)}$ kann man das Verfahren wieder von vorne beginnen und $\boldsymbol{x}^{(i+1)}$ und $\boldsymbol{p}^{(i+2)}$ bestimmen.

Die Formeln (20.3) bis (20.5) bilden die Grundlage des *cg*-Verfahrens. Das Verfahren endet im Fall $\boldsymbol{p}^{(k)} = \boldsymbol{0}$ mit der exakten Lösung $\boldsymbol{x}^{(k)} = \boldsymbol{x}$.

Das *cg*-Verfahren

Zu jedem Startvektor $\boldsymbol{x}^{(0)}$ gibt es eine natürliche Zahl $k \leq n$ mit $\boldsymbol{p}^{(k)} = \boldsymbol{0}$. Es ist $\boldsymbol{x}^{(k)}$ die exakte Lösung des linearen Gleichungssystems

$$\boldsymbol{A}\,\boldsymbol{x}^{(k)} = \boldsymbol{b}\,.$$

Weiter gilt für alle i:

1. $U_i = \langle \boldsymbol{p}^{(1)}, \ldots, \boldsymbol{p}^{(i)} \rangle$.
2. $\left(\boldsymbol{p}^{(r)}\right)^{\mathrm{T}} \boldsymbol{A}\,\boldsymbol{p}^{(s)} = 0$ für $r \neq s$.
3. $\|\boldsymbol{x}^{(i)} - \boldsymbol{x}\| = \min\limits_{\boldsymbol{y} \in \boldsymbol{x}^{(0)} + U_i} \|\boldsymbol{y} - \boldsymbol{x}\|$.

Die Aussagen (1)–(3) kann man per Induktion beweisen, wir verzichten darauf.

Kommentar Man nennt Vektoren $\boldsymbol{v}$, $\boldsymbol{w}$ auch $\boldsymbol{A}$-konjugiert, wenn $\boldsymbol{v}^{\mathrm{T}} \boldsymbol{A}\,\boldsymbol{w} = 0$ gilt. Wegen $\left(\boldsymbol{p}^{(r)}\right)^{\mathrm{T}} \boldsymbol{A}\,\boldsymbol{p}^{(s)} = 0$ für $r \neq s$ sind also die beim *cg*-Verfahren ermittelten Vektoren $\boldsymbol{p}^{(1)}, \ldots, \boldsymbol{p}^{(k)}$ $\boldsymbol{A}$-konjugiert. Daher spricht man beim *cg*-Verfahren auch vom Verfahren der *konjugierten Richtungen*. Die Abkürzung *cg* für *conjugate gradients* bezieht sich aber eigentlich auf eine andere Interpretation des Verfahrens, bei der die Vektoren $\boldsymbol{p}^{(1)}, \ldots, \boldsymbol{p}^{(k)}$ als Gradientenrichtungen gedeutet werden (zum Begriff *Gradient* siehe Kap. 27). ◀

Das *cg*-Verfahren sollte man nur dann anwenden, wenn die Eigenwerte betragsmäßig nahe beieinanderliegen

Das *cg*-Verfahren endet bei korrekter Rechnung nach spätestens n Schritten mit der exakten Lösung. Zum einen kann aber n sehr groß sein, zum anderen führen die unvermeidbaren Rechenfehler zu falschen Ergebnissen. Es gibt eine Abschätzung für den Fehler, den man nach i Iterationen macht. Ist λ der betragsmäßig größte Eigenwert und μ der betragsmäßig kleinste Eigenwert von $\boldsymbol{A}$, so bezeichne $c = \frac{|\lambda|}{|\mu|}$ den Quotient dieser Beträge – wir erinnern daran, dass $\boldsymbol{A}$ nur reelle Eigenwerte hat. Für den Fehler nach der i-ten Iteration gilt die Abschätzung

$$\|\boldsymbol{x} - \boldsymbol{x}^{(i)}\| \leq 2 \left(\frac{\sqrt{c} - 1}{\sqrt{c} + 1}\right)^i \|\boldsymbol{x} - \boldsymbol{x}^0\|\,.$$

Hierbei wird das Skalarprodukt wieder bezüglich der Matrix $\boldsymbol{A}$ gebildet.

Ist c also in etwa 1, so konvergiert das Verfahren *schnell*.

Ist hingegen c groß, so ist die Konvergenz *langsam*. In der Praxis benutzt man in solchen Fällen *Konditionierungstechniken*: Man erzeugt aus der Matrix $\boldsymbol{A}$ durch Transformationen eine besser *konditionierte* Matrix, d. h. eine Matrix, dessen Eigenwerte näher beieinanderliegen. Nach einer solchen Vorkonditionierung erfolgt die iterative Lösung mit dem *cg*-Verfahren.

20.5 Unitäre Vektorräume

Euklidische Vektorräume sind reelle Vektorräume mit einem euklidischen Skalarprodukt. Wir werden nun analog *unitäre Vektorräume* betrachten. Das sind komplexe Vektorräume mit einem sogenannten *unitären Skalarprodukt*. Die Theorie ist nahezu identisch. Vielfach werden euklidische und unitäre Vektorräume sogar parallel eingeführt. Jede Eigenschaft, die man bei dieser parallelen Einführung formuliert, ist dann in zwei Versionen zu interpretieren: Einmal für den reellen Fall, ein zweites Mal für den komplexen Fall. Um die Theorie übersichtlicher und klarer zu gestalten, wählten wir einen anderen Weg.

Teil III

Wir schließen vorläufig die Theorie der euklidischen Vektorräume ab, führen nun in einem eigenen Abschnitt die *unitären Vektorräume* ein. Auf der Website zum Buch findet man zusätzliche Abschnitte zu den sogenannten *orthogonalen*, *unitären* und *selbstadjungierten* Endomorphismen euklidischer und unitärer Vektorräume. Diese zusätzlichen Abschnitte beantworten die Fragen zur Diagonalisierbarkeit orthogonaler, unitärer, symmetrischer und hermitescher Matrizen.

In komplexen Vektorräumen gibt es keine symmetrischen, positiv definiten Bilinearformen

An ein euklidisches Skalarprodukt eines reellen Vektorraums stellten wir die drei Forderungen der

- (Bi-)linearität,
- Symmetrie,
- positiven Definitheit.

Die positive Definitheit war es letztlich, die es ermöglichte, Normen von Vektoren und damit Abstände, Winkel und Orthogonalität zwischen Vektoren zu erklären. Würde man in komplexen Vektorräumen nun ebenso vorgehen, um solche Begriffe einführen zu können, so stößt man auf ein Problem.

So ist zwar das Produkt für Vektoren

$$\boldsymbol{v} = \begin{pmatrix} v_1 \\ \vdots \\ v_n \end{pmatrix}, \quad \boldsymbol{w} = \begin{pmatrix} w_1 \\ \vdots \\ w_n \end{pmatrix} \in \mathbb{C}^n,$$

das wir analog zum kanonischen Produkt im $\mathbb{R}^n$ definieren,

$$\boldsymbol{v} \cdot \boldsymbol{w} = \boldsymbol{v}^{\mathrm{T}} \boldsymbol{w} = \sum_{i=1}^{n} v_i w_i \in \mathbb{C},$$

bilinear und symmetrisch, aber nicht positiv definit, da etwa

$$\begin{pmatrix} \mathrm{i} \\ 0 \end{pmatrix} \cdot \begin{pmatrix} \mathrm{i} \\ 0 \end{pmatrix} = \mathrm{i}^2 = -1 \notin \mathbb{R}_{\geq 0}.$$

Es kann auch sein, dass die Größe $\boldsymbol{v}^{\mathrm{T}} \boldsymbol{v}$ gar keine reelle Zahl ist,

$$\begin{pmatrix} 1+\mathrm{i} \\ 0 \end{pmatrix} \cdot \begin{pmatrix} 1+\mathrm{i} \\ 0 \end{pmatrix} = (1+\mathrm{i})^2 = 2\,\mathrm{i} \notin \mathbb{R}.$$

Also kann es im $\mathbb{C}^n$ keine symmetrischen, positiv definiten Bilinearformen geben.

Selbstfrage 7

Nennen Sie für jede natürliche Zahl n einen Vektor $\boldsymbol{v} \in \mathbb{C}^n$ mit $\boldsymbol{v}^{\mathrm{T}} \boldsymbol{v} < 0$.

Wir müssen unsere Forderungen ändern. Um weiterhin Normen, Winkel und Abstände betrachten zu können, verabschieden wir uns von der Symmetrie in dieser Form und damit dann auch von der Bilinearität.

Weil man positive reelle Zahlen erhält, wenn man komplexe Zahlen mit ihrem konjugiert Komplexen multipliziert, $0 \leq |z|^2 = z\,\overline{z}$, stellen wir an *unitäre Skalarprodukte* eines komplexen Vektorraums V statt der Symmetrie die Forderung

$$\boldsymbol{v} \cdot \boldsymbol{w} = \overline{\boldsymbol{w} \cdot \boldsymbol{v}} \text{ für alle } \boldsymbol{v}, \boldsymbol{w} \in V.$$

Vertauscht man die Faktoren des Produktes, so kommt das konjugiert Komplexe dabei heraus. Wir sagen, ein Produkt $\cdot : V \times V \to \mathbb{C}$ ist **hermitesch**, wenn $\boldsymbol{v} \cdot \boldsymbol{w} = \overline{\boldsymbol{w} \cdot \boldsymbol{v}}$ für alle $\boldsymbol{v}, \boldsymbol{w} \in V$ gilt.

Für jede Matrix $\boldsymbol{A} = (a_{ij}) \in \mathbb{C}^{r \times s}$, also auch für jeden Spaltenvektor, schreiben wir wieder $\overline{\boldsymbol{A}} = (\overline{a}_{ij})$ und erwähnen die bereits häufig benutzte Regel

$$\overline{\boldsymbol{A}\,\boldsymbol{v}} = \overline{\boldsymbol{A}}\,\overline{\boldsymbol{v}}$$

für Vektoren $\boldsymbol{v}$.

Wir erklären nun ein Produkt $\cdot$ von Vektoren des $\mathbb{C}^2$,

$$\boldsymbol{v} \cdot \boldsymbol{w} = \boldsymbol{v}^{\mathrm{T}} \overline{\boldsymbol{w}} = \sum_{i=1}^{n} v_i \overline{w}_i \in \mathbb{C}.$$

Nun rechnen wir mit unseren obigen Beispielen, aber bezüglich des neu erklärten Produktes $\cdot$ nach,

$$\begin{pmatrix} \mathrm{i} \\ 0 \end{pmatrix} \cdot \begin{pmatrix} \mathrm{i} \\ 0 \end{pmatrix} = (\mathrm{i}, 0) \begin{pmatrix} -\mathrm{i} \\ 0 \end{pmatrix} = \mathrm{i}\,(-\mathrm{i}) = 1 \in \mathbb{R}_{\geq 0}$$

und

$$\begin{pmatrix} 1+\mathrm{i} \\ 0 \end{pmatrix} \cdot \begin{pmatrix} 1+\mathrm{i} \\ 0 \end{pmatrix} = (1+\mathrm{i}, 0) \begin{pmatrix} 1-\mathrm{i} \\ 0 \end{pmatrix} = 2 \in \mathbb{R}_{\geq 0}.$$

Allgemeiner besagt die Eigenschaft *hermitesch* im Fall $\boldsymbol{v} = \boldsymbol{w}$

$$\boldsymbol{v} \cdot \boldsymbol{v} = \overline{\boldsymbol{v} \cdot \boldsymbol{v}},$$

d. h. $\boldsymbol{v} \cdot \boldsymbol{v} \in \mathbb{R}$.

Die Eigenschaft *hermitesch* hat aber Auswirkungen auf die *Linearität* im zweiten Argument. Wir werden das gleich sehen.

Ein unitäres Skalarprodukt ist eine positiv definite, hermitesche Sesquilinearform eines komplexen Vektorraums

Für die folgende Definition vergleiche man jene des euklidischen Skalarproduktes und des euklidischen Vektorraums von S. 743.

Unitäres Skalarprodukt und unitärer Vektorraum

Ist V ein komplexer Vektorraum, so heißt eine Abbildung

$$\cdot : \begin{cases} V \times V & \to & \mathbb{C} \\ (\boldsymbol{v}, \boldsymbol{w}) & \mapsto & \boldsymbol{v} \cdot \boldsymbol{w} \end{cases}$$

ein **unitäres Skalarprodukt**, wenn für alle $\boldsymbol{v}, \boldsymbol{v}', \boldsymbol{w} \in V$ und $\lambda \in \mathbb{C}$ die folgenden Eigenschaften erfüllt sind:

1. $(\boldsymbol{v} + \boldsymbol{v}') \cdot \boldsymbol{w} = \boldsymbol{v} \cdot \boldsymbol{w} + \boldsymbol{v}' \cdot \boldsymbol{w}$ und $(\lambda\, \boldsymbol{v}) \cdot \boldsymbol{w} = \lambda\, (\boldsymbol{v} \cdot \boldsymbol{w})$ (*Linearität im ersten Argument*),
2. $\boldsymbol{v} \cdot \boldsymbol{w} = \overline{\boldsymbol{w} \cdot \boldsymbol{v}}$ (*hermitesch*),
3. $\boldsymbol{v} \cdot \boldsymbol{v} \geq 0$ und $\boldsymbol{v} \cdot \boldsymbol{v} = 0 \Leftrightarrow \boldsymbol{v} = \boldsymbol{0}$ (*positive Definitheit*).

Ist $\cdot$ ein unitäres Skalarprodukt in V, so nennt man V einen **unitären Vektorraum**.

Kommentar Der Unterschied zum euklidischen Skalarprodukt besteht nur in dem zugrunde liegenden Körper. Das Konjugieren hat im Reellen keine Auswirkungen und kann daher in diesem Fall weggelassen werden. ◄

Aus (2) folgt wegen der Additivität und der Multiplikativität des Konjugierens die *halbe Linearität* im zweiten Argument, d. h., es gilt für alle $\boldsymbol{v}, \boldsymbol{w}, \boldsymbol{w}' \in V$ und $\lambda \in \mathbb{C}$:

$$\begin{aligned} \boldsymbol{v} \cdot (\boldsymbol{w} + \boldsymbol{w}') &= \overline{(\boldsymbol{w} + \boldsymbol{w}') \cdot \boldsymbol{v}} = \overline{\boldsymbol{w} \cdot \boldsymbol{v} + \boldsymbol{w}' \cdot \boldsymbol{v}} \\ &= \overline{\overline{\boldsymbol{v} \cdot \boldsymbol{w}} + \overline{\boldsymbol{v} \cdot \boldsymbol{w}'}} = \boldsymbol{v} \cdot \boldsymbol{w} + \boldsymbol{v} \cdot \boldsymbol{w}' \\ \boldsymbol{v} \cdot (\lambda\, \boldsymbol{w}) &= \overline{(\lambda\, \boldsymbol{w}) \cdot \boldsymbol{v}} = \overline{\lambda\, (\boldsymbol{w} \cdot \boldsymbol{v})} \\ &= \overline{\lambda}\, \overline{\boldsymbol{v} \cdot \boldsymbol{w}} = \overline{\lambda}\, (\boldsymbol{v} \cdot \boldsymbol{w})\,. \end{aligned}$$

Eine Abbildung von $V \times V$ nach $\mathbb{C}$, die linear im ersten Argument und im obigen Sinne *halb linear* im zweiten Argument ist, nennt man auch eine **Sesquilinearform**, also eine eineinhalbfache Linearform. Also ist ein unitäres Skalarprodukt eine hermitesche, positiv definite Sesquilinearform.

Achtung In einem unitären Vektorraum V gilt für alle $\boldsymbol{v}, \boldsymbol{w} \in V$ und $\lambda \in \mathbb{C}$

$$(\lambda\, \boldsymbol{v}) \cdot \boldsymbol{w} = \lambda\, (\boldsymbol{v} \cdot \boldsymbol{w}) \text{ und } \boldsymbol{v} \cdot (\lambda\, \boldsymbol{w}) = \overline{\lambda}\, (\boldsymbol{v} \cdot \boldsymbol{w})\,. \quad ◄$$

Auch im unitären Vektorraum V gilt für alle $\boldsymbol{v} \in V$

$$\boldsymbol{v} \cdot \boldsymbol{0} = 0 = \boldsymbol{0} \cdot \boldsymbol{v}\,,$$

wenngleich aber das unitäre Skalarprodukt nicht *kommutativ*, d. h. symmetrisch ist.

Beispiel

- Für jede natürliche Zahl n ist im komplexen Vektorraum $\mathbb{C}^n$ das Produkt

$$\boldsymbol{v} \cdot \boldsymbol{w} = \boldsymbol{v}^{\mathrm{T}}\, \overline{\boldsymbol{w}}$$

ein unitäres Skalarprodukt. Dieses Skalarprodukt nennen wir das **kanonische** (unitäre) Skalarprodukt.

Die Linearität im ersten Argument ist unmittelbar klar. Sind $\boldsymbol{v} = \begin{pmatrix} v_1 \\ \vdots \\ v_n \end{pmatrix}$ und $\boldsymbol{w} = \begin{pmatrix} w_1 \\ \vdots \\ w_n \end{pmatrix}$, so gilt

$$\begin{aligned} \boldsymbol{v} \cdot \boldsymbol{w} = \boldsymbol{v}^{\mathrm{T}}\, \overline{\boldsymbol{w}} &= \sum_{i=1}^{n} v_i\, \overline{w}_i = \overline{\sum_{i=1}^{n} \overline{w}_i\, v_i} \\ &= \overline{\sum_{i=1}^{n} w_i\, \overline{v}_i} = \overline{\boldsymbol{w} \cdot \boldsymbol{v}}\,, \end{aligned}$$

also ist das Produkt auch hermitesch. Und die positive Definitheit des Produktes folgt aus

$$\boldsymbol{v} \cdot \boldsymbol{v} = \boldsymbol{v}^{\mathrm{T}}\, \overline{\boldsymbol{v}} = |v_1|^2 + \cdots + |v_n|^2 \geq 0\,,$$

wobei die Gleichheit genau dann gilt, wenn alle v_i gleich null sind, d. h., wenn $\boldsymbol{v} = \boldsymbol{0}$.

- Wir definieren für Vektoren $\boldsymbol{v}, \boldsymbol{w} \in \mathbb{C}^2$ mittels der Matrix $\boldsymbol{A} = \begin{pmatrix} 2 & \mathrm{i} \\ -\mathrm{i} & 1 \end{pmatrix}$ das Produkt

$$\boldsymbol{v} \cdot \boldsymbol{w} = \boldsymbol{v}^{\mathrm{T}}\, \boldsymbol{A}\, \overline{\boldsymbol{w}}\,.$$

Die Linearität im ersten Argument begründet man wie im reellen Fall.
Das Produkt ist hermitesch, da wegen

$$\boldsymbol{v}^{\mathrm{T}}\, \boldsymbol{A}\, \overline{\boldsymbol{w}} = (\boldsymbol{v}^{\mathrm{T}}\, \boldsymbol{A}\, \overline{\boldsymbol{w}})^{\mathrm{T}} = \overline{\boldsymbol{w}}^{\mathrm{T}}\, \boldsymbol{A}^{\mathrm{T}}\, \boldsymbol{v}$$

(Transponieren einer komplexen Zahl ändert diese Zahl nicht) und wegen $\boldsymbol{A}^{\mathrm{T}} = \overline{\boldsymbol{A}}$ gilt

$$\begin{aligned} \boldsymbol{v} \cdot \boldsymbol{w} = \boldsymbol{v}^{\mathrm{T}}\, \boldsymbol{A}\, \overline{\boldsymbol{w}} &= \overline{\boldsymbol{w}}^{\mathrm{T}}\, \boldsymbol{A}^{\mathrm{T}}\, \boldsymbol{v} \\ &= \overline{\boldsymbol{w}}^{\mathrm{T}}\, \overline{\boldsymbol{A}}\, \boldsymbol{v} = \overline{\boldsymbol{w}^{\mathrm{T}}\, \boldsymbol{A}\, \overline{\boldsymbol{v}}} = \overline{\boldsymbol{w} \cdot \boldsymbol{v}}\,. \end{aligned}$$

Schließlich ist das Produkt positiv definit, da für $\boldsymbol{v} = \begin{pmatrix} v_1 \\ v_2 \end{pmatrix} \in \mathbb{C}^2$ gilt

$$\begin{aligned} \boldsymbol{v}^{\mathrm{T}}\, \boldsymbol{A}\, \overline{\boldsymbol{v}} &= (2\, v_1 - \mathrm{i}\, v_2,\ \mathrm{i}\, v_1 + v_2) \begin{pmatrix} \overline{v}_1 \\ \overline{v}_2 \end{pmatrix} \\ &= 2\, v_1\, \overline{v}_1 - \mathrm{i}\, v_2\, \overline{v}_1 + \mathrm{i}\, v_1\, \overline{v}_2 + v_2\, \overline{v}_2 \\ &= |v_1|^2 + |v_1 - \mathrm{i}\, v_2|^2 \geq 0\,, \end{aligned}$$

und Gleichheit gilt hierbei genau dann, wenn $\boldsymbol{v} = \boldsymbol{0}$ ist.

- Wir erklären ein Produkt $\cdot$ im Vektorraum aller auf dem abgeschlossenen Intervall $[a, b]$ für reelle Zahlen $a < b$ stetigen komplexwertigen Funktionen, also im komplexen Vektorraum

$$C = \{f \in \mathbb{C}^{[a,b]} \mid f \text{ ist stetig}\}\,.$$

Teil III

Dabei multiplizieren wir zwei Funktionen f und g aus C folgendermaßen,

$$f \cdot g = \int_a^b f(t)\,\overline{g(t)}\,dt\,.$$

Weil stetige Funktionen integrierbar sind, ist dieses Produkt auch definiert. Der Nachweis, dass $\cdot$ ein unitäres Skalarprodukt ist, erfolgt analog zum reellen Fall. ◀

Das zweite Beispiel mit der Matrix A lässt sich wesentlich verallgemeinern. Ist n eine natürliche Zahl, so ist für jede Matrix $A \in \mathbb{C}^{n\times n}$ das Produkt

$$v \cdot w = v^{\mathrm{T}} A\,\overline{w} \text{ für alle } v,\ w \in \mathbb{C}^n$$

linear im ersten Argument. Und erfüllt die Matrix A die Eigenschaft $A^{\mathrm{T}} = \overline{A}$, so ist das Produkt $\cdot$ auch hermitesch. Daher ist die folgende Definition nur naheliegend.

Hermitesche Matrizen

Eine Matrix $A \in \mathbb{C}^{n\times n}$ mit $A^{\mathrm{T}} = \overline{A}$, d. h. $\overline{A}^{\mathrm{T}} = A$, heißt **hermitesch** (oder selbstadjungiert).

Die Diagonaleinträge a_{ii} einer hermiteschen Matrix $A = (a_{ij}) \in \mathbb{C}^{n\times n}$ müssen wegen

$$\overline{A} = \begin{pmatrix} \overline{a}_{11} & \cdots & \overline{a}_{1n} \\ \vdots & & \vdots \\ \overline{a}_{n1} & \cdots & \overline{a}_{nn} \end{pmatrix} = \begin{pmatrix} a_{11} & \cdots & a_{n1} \\ \vdots & & \vdots \\ a_{1n} & \cdots & a_{nn} \end{pmatrix} = A^{\mathrm{T}}$$

reell sein.

Positiv definite Matrizen definieren unitäre Skalarprodukte

Jede hermitesche Matrix A liefert mit der Definition

$$v \cdot w = v^{\mathrm{T}} A\,\overline{w} \text{ für alle } v,\ w \in \mathbb{C}^n$$

eine hermitesche Sesquilinearform. Aber das Produkt ist nicht für jede hermitesche Matrix A positiv definit, man wähle etwa die Nullmatrix, diese ist hermitesch, das Produkt aber in diesem Fall sicher nicht positiv definit.

Wir nennen eine hermitesche $n \times n$-Matrix A **positiv definit**, wenn für alle $v \in \mathbb{C}^n$

$$v^{\mathrm{T}} A\,\overline{v} \geq 0 \text{ und } v^{\mathrm{T}} A\,\overline{v} = 0 \Leftrightarrow v = \mathbf{0}$$

gilt. Jede positiv definite Matrix liefert also durch $v \cdot w = v^{\mathrm{T}} A\,\overline{w}$ ein unitäres Skalarprodukt.

Kommentar Die hermiteschen Matrizen übernehmen im Komplexen die Rolle der symmetrischen Matrizen im Reellen.

Man beachte, dass positiv definite Matrizen insbesondere hermitesch sind. ◀

Die Kriterien für die positive Definitheit symmetrischer Matrizen gelten analog für hermitesche Matrizen.

Kriterien für positive Definitheit

- Eine hermitesche $n \times n$-Matrix A ist genau dann positiv definit, wenn alle Eigenwerte von A positiv sind.
- Eine hermitesche $n \times n$-Matrix $A = (a_{ij})_{nn}$ ist genau dann positiv definit, wenn alle ihre n Hauptunterdeterminanten $\det(a_{ij})_{kk}$ für $k = 1, \ldots, n$ positiv sind.

Vektoren in unitären Vektorräumen haben eine Norm, und zwischen je zwei Vektoren existiert ein Winkel

Unitäre Vektorräume entziehen sich, vom eindimensionalen Fall abgesehen, der Anschauung. Aber auch in diesen Räumen kann man Begriffe wie Norm und Winkel einführen. Dazu gehen wir völlig analog zum reellen Fall vor, das können wir wegen der positiven Definitheit des unitären Skalarproduktes.

Die Norm von Vektoren

Ist v ein Element eines unitären Vektorraums mit dem unitären Skalarprodukt $\cdot$, so nennt man die positive reelle Zahl

$$\|v\| = \sqrt{v \cdot v}$$

die **Norm** oder **Länge** des Vektors v.

Nun lassen sich alle Überlegungen aus dem Abschnitt zu den euklidischen Vektorräume für unitäre Vektorräume wiederholen. Wir stellen alle wesentlichen Begriffe und Eigenschaften ohne Beweise in einer Übersicht auf S. 766 zusammen.

Selbstfrage 8

Wird in der Übersicht auf S. 766 eine Aussage falsch, wenn man *reell* anstelle von *komplex* und *euklidisch* anstelle von *unitär* voraussetzt?

Kommentar In vielen Lehrbüchern findet man auch die Schreibweise $A^{\mathrm{H}} = \overline{A}^{\mathrm{T}}$ – das „H" erinnert dabei an Hermite (1822–1901). Physiker schreiben in der Quantentheorie oft auch $A^{\dagger}$ für $\overline{A}^{\mathrm{T}}$. ◀

Teil III

Übersicht: Eigenschaften und Begriffe unitärer Vektorräume und unitärer Skalarprodukte

Wir betrachten ein unitäres Skalarprodukt $\cdot$ eines unitären Vektorraums V.

- Für alle Elemente $\boldsymbol{v}$ und $\boldsymbol{w}$ aus V gilt die Cauchy-Schwarz'sche Ungleichung

$$|\boldsymbol{v} \cdot \boldsymbol{w}| \leq \|\boldsymbol{v}\| \, \|\boldsymbol{w}\| .$$

  Die Gleichheit gilt hier genau dann, wenn $\boldsymbol{v}$ und $\boldsymbol{w}$ linear abhängig sind.
- Die Abbildung

$$\| \cdot \| : \begin{cases} V & \to \quad \mathbb{R}_{\geq 0} \\ \boldsymbol{v} & \mapsto \quad \|\boldsymbol{v}\| = \sqrt{\boldsymbol{v} \cdot \boldsymbol{v}} \end{cases}$$

  ist eine Norm, insbesondere gilt für alle $\boldsymbol{v}, \boldsymbol{w} \in V$ die Dreiecksungleichung

$$\|\boldsymbol{v} + \boldsymbol{w}\| \leq \|\boldsymbol{v}\| + \|\boldsymbol{w}\| .$$

- Sind $\boldsymbol{v}$ und $\boldsymbol{w}$ zwei Elemente aus V, so nennen wir die reelle Zahl

$$d(\boldsymbol{v}, \boldsymbol{w}) = \|\boldsymbol{v} - \boldsymbol{w}\| = \|\boldsymbol{w} - \boldsymbol{v}\|$$

  den **Abstand** oder die **Distanz** von $\boldsymbol{v}$ zu $\boldsymbol{w}$.
- Sind $\boldsymbol{v}$ und $\boldsymbol{w}$ zwei vom Nullvektor verschiedene Elemente aus V, so gibt es genau ein $\alpha \in [0, \pi]$ mit

$$\cos\alpha = \frac{\boldsymbol{v} \cdot \boldsymbol{w}}{\|\boldsymbol{v}\| \, \|\boldsymbol{w}\|} .$$

  Dieses (eindeutig bestimmte) α nennen wir den **Winkel** zwischen $\boldsymbol{v}$ und $\boldsymbol{w}$ und schreiben hierfür auch

$$\alpha = \angle(\boldsymbol{v}, \boldsymbol{w}) .$$

- Sind $\boldsymbol{v}$ und $\boldsymbol{w}$ Elemente aus V, so sagt man, $\boldsymbol{v}$ **steht senkrecht auf** $\boldsymbol{w}$ oder **ist orthogonal zu** $\boldsymbol{w}$, wenn

$$\boldsymbol{v} \cdot \boldsymbol{w} = 0$$

  gilt. Für diesen Sachverhalt schreiben wir auch

$$\boldsymbol{v} \perp \boldsymbol{w} .$$

- Eine Basis B von V heißt **Orthogonalbasis**, wenn je zwei verschiedene Basisvektoren aus B senkrecht aufeinanderstehen.
  Eine Orthogonalbasis heißt **Orthonormalbasis**, wenn jeder Basisvektor die Länge 1 hat.
- Eine komplexe $n \times n$-Matrix mit der Eigenschaft

$$\overline{\boldsymbol{A}}^{\mathrm{T}} \boldsymbol{A} = \mathbf{E}_n$$

  heißt **unitäre Matrix**.
- Die Spalten und Zeilen einer unitären Matrix $\boldsymbol{A}$ bilden eine Orthonormalbasis des $\mathbb{C}^n$ bezüglich des kanonischen Skalarproduktes.
- Ist $\{\boldsymbol{a}_1, \ldots, \boldsymbol{a}_n\}$ eine Basis von V, so ist $\{\boldsymbol{b}_1, \ldots, \boldsymbol{b}_n\}$ mit

$$\boldsymbol{b}_1 = \|\boldsymbol{a}_1\|^{-1} \cdot \boldsymbol{a}_1 , \; \boldsymbol{b}_{k+1} = \|\boldsymbol{c}_{k+1}\|^{-1} \cdot \boldsymbol{c}_{k+1} ,$$

  wobei $\boldsymbol{c}_{k+1} = \boldsymbol{a}_{k+1} - \sum_{i=1}^{k} \boldsymbol{b}_i \cdot (\boldsymbol{b}_i \cdot \boldsymbol{a}_{k+1})$ für $k = 1, \ldots, n-1$, eine Orthonormalbasis von V, diese Konstruktion einer Orthonormalbasis aus einer Basis nennt man das **Orthonormalisierungsverfahren von Gram und Schmidt**.
- Jeder endlichdimensionale unitäre Vektorraum besitzt eine Orthogonalbasis.
- Für jeden Untervektorraum U von V ist die Menge

$$U^{\perp} = \{\boldsymbol{v} \in V \mid \boldsymbol{v} \perp \boldsymbol{w} \text{ für alle } \boldsymbol{w} \in U\}$$

  wieder ein Untervektorraum von V, das **orthogonale Komplement** von U in V.
- Ist U ein Untervektorraum des unitären $\mathbb{C}^n$ mit dem kanonischen Skalarprodukt, so gibt es zu jedem $\boldsymbol{v} \in \mathbb{C}^n$ genau ein $\boldsymbol{u} \in U$ mit $\boldsymbol{v} - \boldsymbol{u} \perp U$. Die hierdurch definierte Abbildung

$$p : \begin{cases} \mathbb{C}^n & \to \quad U \\ \boldsymbol{v} & \mapsto \quad \boldsymbol{u} \end{cases}$$

  heißt **orthogonale Projektion** von $\mathbb{C}^n$ auf U.
  Und für den Vektor $\boldsymbol{u}' = \boldsymbol{v} - \boldsymbol{u} \in U^{\perp}$ gilt

$$\|\boldsymbol{u}'\| \leq \|\boldsymbol{v} - \boldsymbol{w}\| \text{ für alle } \boldsymbol{w} \in U .$$

  Es hat also $\boldsymbol{u}$ den kürzesten Abstand zu $\boldsymbol{v}$.

Teil III

Zusammenfassung

Ein Skalarprodukt ist eine hermitesche, positiv definite Sesquilinearform eines $\mathbb{K}$-Vektorraums. Das Skalarprodukt heißt im Fall $\mathbb{K} = \mathbb{R}$ **euklidisch** und im Fall $\mathbb{K} = \mathbb{C}$ **unitär**.

Im Fall $\mathbb{K} = \mathbb{R}$ ist *hermitesch* gleichbedeutend mit *symmetrisch* und *Sesquilinearform* gleichbedeutend mit *Bilinearform*.

(Symmetrische bzw. hermitesche) positiv definite Matrizen liefern euklidische bzw. unitäre Skalarprodukte

Jede positiv definite Matrix $\boldsymbol{A} \in \mathbb{K}^{n \times n}$ definiert durch

$$\boldsymbol{v} \cdot \boldsymbol{w} = \boldsymbol{v}^{\mathrm{T}} \boldsymbol{A}\, \boldsymbol{w}$$

ein Skalarprodukt. Mit diesem Skalarprodukt $\cdot$ ist im Fall $\mathbb{K} = \mathbb{R}$ der $\mathbb{R}^n$ ein euklidischer Vektorraum und im Fall $\mathbb{K} = \mathbb{C}$ der $\mathbb{C}^n$ ein unitärer Vektorraum.

Kriterien für positive Definitheit

- Eine hermitesche (bzw. reelle symmetrische) $n \times n$-Matrix $\boldsymbol{A}$ ist genau dann positiv definit, wenn alle Eigenwerte von $\boldsymbol{A}$ positiv sind.
- Eine hermitesche (bzw. reelle symmetrische) $n \times n$-Matrix $\boldsymbol{A} = (a_{ij})_{nn}$ ist genau dann positiv definit, wenn alle ihre n Hauptunterdeterminanten $\det(a_{ij})_{kk}$ für $k = 1, \ldots, n$ positiv sind.

Vektoren in euklidischen bzw. unitären Vektorräumen haben eine Norm, und zwischen je zwei Vektoren existiert ein Abstand und ein Winkel

Die Norm von Vektoren

Ist $\boldsymbol{v}$ ein Element eines euklidischen bzw. unitären Vektorraums mit dem Skalarprodukt $\cdot$, so nennt man die positive reelle Zahl

$$\|\boldsymbol{v}\| = \sqrt{\boldsymbol{v} \cdot \boldsymbol{v}}$$

die **Norm** bzw. **Länge** des Vektors $\boldsymbol{v}$.

Der Abstand zwischen Vektoren

Sind $\boldsymbol{v}$ und $\boldsymbol{w}$ zwei Vektoren eines euklidischen bzw. unitären Vektorraums V, so nennen wir die reelle Zahl

$$d(\boldsymbol{v}, \boldsymbol{w}) = \|\boldsymbol{v} - \boldsymbol{w}\| = \|\boldsymbol{w} - \boldsymbol{v}\|$$

den **Abstand** oder die **Distanz** von $\boldsymbol{v}$ und $\boldsymbol{w}$.

Der Winkel zwischen Vektoren

Sind $\boldsymbol{v}$ und $\boldsymbol{w}$ zwei vom Nullvektor verschiedene Vektoren eines euklidischen bzw. unitären Vektorraums V mit dem Skalarprodukt $\cdot$, so nennt man das eindeutig bestimmte $\alpha \in [0, \pi]$ mit

$$\cos\alpha = \frac{\boldsymbol{v} \cdot \boldsymbol{w}}{\|\boldsymbol{v}\|\, \|\boldsymbol{w}\|}$$

den **Winkel** zwischen $\boldsymbol{v}$ und $\boldsymbol{w}$ und schreibt hierfür auch

$$\alpha = \angle(\boldsymbol{v}, \boldsymbol{w})\,.$$

Zwei Vektoren sind orthogonal zueinander, wenn ihr Skalarprodukt null ergibt

Sind $\boldsymbol{v}$ und $\boldsymbol{w}$ Elemente eines euklidischen bzw. unitären Vektorraums V mit dem Skalarprodukt $\cdot$, so sagt man, **$\boldsymbol{v}$ ist orthogonal zu $\boldsymbol{w}$** oder **steht senkrecht auf $\boldsymbol{w}$**, wenn

$$\boldsymbol{v} \cdot \boldsymbol{w} = 0$$

gilt. Für diesen Sachverhalt schreibt man auch

$$\boldsymbol{v} \perp \boldsymbol{w}\,.$$

Eine Orthonormalbasis ist eine Basis, deren Elemente die Länge 1 haben und die paarweise orthogonal zueinander stehen

Jeder endlichdimensionale euklidische bzw. unitäre Vektorraum besitzt eine Orthonormalbasis.

Mit dem Orthonormalisierungsverfahren von Gram und Schmidt kann aus einer Basis eines euklidischen bzw. unitären Vektorraums eine Orthonormalbasis konstruiert werden.

Das Orthonormalisierungsverfahren von Gram und Schmidt

Ist $\{\boldsymbol{a}_1, \ldots, \boldsymbol{a}_n\}$ eine Basis eines euklidischen bzw. unitären Vektorraums V mit dem Skalarprodukt $\cdot$, so bilde man die Vektoren $\boldsymbol{b}_1, \ldots, \boldsymbol{b}_n$ mit

$$\boldsymbol{b}_1 = \|\boldsymbol{a}_1\|^{-1} \boldsymbol{a}_1 , \; \boldsymbol{b}_{k+1} = \|\boldsymbol{c}_{k+1}\|^{-1} \boldsymbol{c}_{k+1} ,$$

wobei

$$\boldsymbol{c}_{k+1} = \boldsymbol{a}_{k+1} - \sum_{i=1}^{k} (\boldsymbol{b}_i \cdot \boldsymbol{a}_{k+1}) \, \boldsymbol{b}_i$$

für $k = 1, \ldots, n-1$.

Es ist dann $\{\boldsymbol{b}_1, \ldots, \boldsymbol{b}_n\}$ eine Orthonormalbasis von V.

Bonusmaterial

Wir behandeln im Bonusmaterial zwei wichtige Arten von Endomorphismen euklidischer (bzw. unitärer) Vektorräume – die sogenannten orthogonalen (bzw. unitären) Endomorphismen und die selbstadjungierten Endomorphismen.

Die Darstellungsmatrizen orthogonaler (bzw. unitärer) Endomorphismen bezüglich Orthonormalbasen sind orthogonal (bzw. unitär). Und die Darstellungsmatrizen selbstadjungierter Endomorphismen bezüglich Orthonormalbasen sind symmetrisch (bzw. hermitesch).

Im Kap. 18 haben wir bereits die Tatsache benutzt, dass reelle symmetrische bzw. hermitesche Matrizen stets diagonalisierbar sind. Die auf Diagonalgestalt transformierenden Matrizen können hierbei orthogonal bzw. unitär gewählt werden.

Wir klären diese nicht ganz einfachen Zusammenhänge und bringen auch Begründungen für die vielfach benutzten Kriterien für positive Definitheit von Matrizen.

Aufgaben

Die Aufgaben gliedern sich in drei Kategorien: Anhand der *Verständnisfragen* können Sie prüfen, ob Sie die Begriffe und zentralen Aussagen verstanden haben, mit den *Rechenaufgaben* üben Sie Ihre technischen Fertigkeiten und die *Anwendungsprobleme* geben Ihnen Gelegenheit, das Gelernte an praktischen Fragestellungen auszuprobieren.
Ein Punktesystem unterscheidet leichte •, mittelschwere •• und anspruchsvolle ••• Aufgaben. Lösungshinweise am Ende des Buches helfen Ihnen, falls Sie bei einer Aufgabe partout nicht weiterkommen. Dort finden Sie auch die Lösungen – betrügen Sie sich aber nicht selbst und schlagen Sie erst nach, wenn Sie selber zu einer Lösung gekommen sind. Ausführliche Lösungswege, Beweise und Abbildungen finden Sie als digitales Zusatzmaterial (electronic supplementary material).
Viel Spaß und Erfolg bei den Aufgaben!

Verständnisfragen

20.1 • Sind die folgenden Produkte Skalarprodukte?

$$\cdot : \begin{cases} \mathbb{R}^2 \times \mathbb{R}^2 & \to \mathbb{R} \\ \left(\begin{pmatrix} v_1 \\ v_2 \end{pmatrix}, \begin{pmatrix} w_1 \\ w_2 \end{pmatrix}\right) & \mapsto v_1 - w_1 \end{cases},$$

$$\cdot : \begin{cases} \mathbb{R}^2 \times \mathbb{R}^2 & \to \mathbb{R} \\ \left(\begin{pmatrix} v_1 \\ v_2 \end{pmatrix}, \begin{pmatrix} w_1 \\ w_2 \end{pmatrix}\right) & \mapsto 3\, v_1 w_1 + v_1 w_2 + v_2 w_1 + v_2 w_2 \end{cases}$$

20.2 •• Für welche $a,\, b \in \mathbb{C}$ ist

$$\cdot : \begin{cases} \mathbb{C}^2 \times \mathbb{C}^2 & \to \mathbb{C} \\ \left(\begin{pmatrix} v_1 \\ v_2 \end{pmatrix}, \begin{pmatrix} w_1 \\ w_2 \end{pmatrix}\right) & \mapsto \begin{array}{l} \overline{v}_1\, w_1 + a\, \overline{v}_1\, w_2 \\ -2\overline{v}_2\, w_1 + b\, \overline{v}_2\, w_2 \end{array} \end{cases}$$

hermitesch?

Für welche $a,\, b \in \mathbb{C}$ ist f außerdem positiv definit?

20.3 • Gibt es zu jedem $\lambda \in \mathbb{R}_{\geq 0}$ einen Vektor $\boldsymbol{v}$ eines euklidischen Vektorraums mit Skalarprodukt $\cdot$ mit $\boldsymbol{v} \cdot \boldsymbol{v} = \lambda$?

20.4 ••• Beweisen Sie die auf den S. 747 und 766 formulierte Cauchy-Schwarz'sche Ungleichung.

20.5 •• Begründen Sie: Ist U ein Untervektorraum eines endlichdimensionalen euklidischen Vektorraums V, so lässt sich jedes $v \in V$ eindeutig in der Form

$$\boldsymbol{v} = \boldsymbol{u} + \boldsymbol{u}'$$

mit $\boldsymbol{u} \in U$ und $\boldsymbol{u}' \in U^{\perp}$ schreiben. Insbesondere gilt also $V = U + U^{\perp}$.

20.6 • Sind $\cdot$ und $\circ$ zwei Skalarprodukte des $\mathbb{R}^n$, so ist jede Orthogonalbasis bezüglich $\cdot$ auch eine Orthogonalbasis bezüglich $\circ$ – stimmt das?

20.7 •• Begründen Sie die auf S. 761 gezogenen Folgerungen

1. $\boldsymbol{r}^{(i)} = \boldsymbol{b} - \boldsymbol{A}\, \boldsymbol{x}^{(i)} \in U_i^{\perp}$ bezüglich des kanonischen Skalarproduktes,
2. $U_i = \langle \boldsymbol{r}^{(0)}, \boldsymbol{r}^{(1)}, \ldots, \boldsymbol{r}^{(i-1)} \rangle$,

unter den dort gemachten Voraussetzungen.

Rechenaufgaben

20.8 •• Auf dem $\mathbb{R}$-Vektorraum $V = \{f \in \mathbb{R}[X] \mid \deg(f) \leq 3\} \subseteq \mathbb{R}[X]$ der Polynome vom Grad kleiner oder gleich 3 ist das Skalarprodukt $\cdot$ durch

$$f \cdot g = \int_{-1}^{1} f(t)\, g(t)\, dt$$

für $f, g \in V$ gegeben.

(a) Bestimmen Sie eine Orthonormalbasis von V bezüglich $\cdot$.
(b) Man berechne in V den Abstand von $f = X + 1$ zu $g = X^2 - 1$.

20.9 •• Bestimmen Sie alle normierten Vektoren des $\mathbb{C}^3$, die zu $\boldsymbol{v}_1 = \begin{pmatrix} 1 \\ \mathrm{i} \\ 0 \end{pmatrix}$ und $\boldsymbol{v}_2 = \begin{pmatrix} 0 \\ \mathrm{i} \\ -\mathrm{i} \end{pmatrix}$ bezüglich des kanonischen Skalarproduktes senkrecht stehen.

20.10 • Berechnen Sie den minimalen Abstand des Punktes $\boldsymbol{v} = \begin{pmatrix} 3 \\ 1 \\ -1 \end{pmatrix}$ zu der Ebene $\left\langle \begin{pmatrix} 1 \\ 1 \\ 1 \end{pmatrix}, \begin{pmatrix} -1 \\ -1 \\ 1 \end{pmatrix} \right\rangle$.

Anwendungsprobleme

20.11 •• Im Laufe von zehn Stunden wurde alle zwei Stunden, also zu den Zeiten $t_1 = 0$, $t_2 = 2$, $t_3 = 4$, $t_4 = 6$, $t_5 = 8$ und $t_6 = 10$ in Stunden, die Höhe $h_1, \ldots, h_6$ des Wasserstandes der Nordsee in Metern ermittelt. Damit haben wir sechs Paare (t_i, h_i) für den Wasserstand der Nordsee zu bestimmten Zeiten vorliegen:

$$(0,\ 1.0),\ (2,\ 1.5),\ (4,\ 1.3),\ (6,\ 0.6),\ (8,\ 0.4),\ (10,\ 0.8)$$

Man ermittle eine Funktion, welche diese Messwerte möglichst gut approximiert.

20.12 •• Bestimmen Sie die ersten Koeffizienten einer Fourierreihenentwicklung der sogenannten *Sägezahnfunktion*, also der periodischen Fortsetzung der Funktion

$$f(t) = \begin{cases} t, & \text{falls } |t| < \pi, \\ 0, & \text{falls } t = \pi. \end{cases}$$

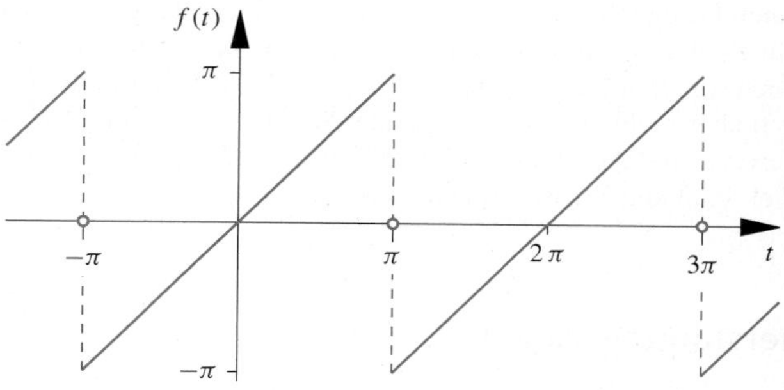

Abb. 20.16 Die Sägezahnfunktion ist eine periodische Funktion mit der Periode π

Antworten zu den Selbstfragen

Antwort 1 Weil Summen von Quadraten reeller Zahlen stets positiv sind.

Antwort 2 Aus $\mathbf{0} \cdot \boldsymbol{v} = (\mathbf{0} + \mathbf{0}) \cdot \boldsymbol{v} = \mathbf{0} \cdot \boldsymbol{v} + \mathbf{0} \cdot \boldsymbol{v}$ folgt nach Subtraktion von $\mathbf{0} \cdot \boldsymbol{v}$ links und rechts des Gleichungszeichens die Gleichung und $\mathbf{0} \cdot \boldsymbol{v} = 0$. Für die Gleichung $\boldsymbol{v} \cdot \mathbf{0} = 0$ gehe man im zweiten Argument analog vor.

Antwort 3 Nein, wegen der nichtpositiven Einträge 0 und -1 auf der Diagonalen ist das Produkt nicht positiv definit: $\boldsymbol{e}_2 \cdot \boldsymbol{e}_2 = 0$ bzw. $\boldsymbol{e}_3 \cdot \boldsymbol{e}_3 = -1$.

Antwort 4 Die Norm $1/\sqrt{5}$.

Antwort 5 Wegen der Dreiecksungleichung:

$$\begin{aligned} d(\boldsymbol{v}, \boldsymbol{w}) &= \|\boldsymbol{v} - \boldsymbol{u} + \boldsymbol{u} - \boldsymbol{w}\| \leq \|\boldsymbol{v} - \boldsymbol{u}\| + \|\boldsymbol{u} - \boldsymbol{w}\| \\ &= d(\boldsymbol{v}, \boldsymbol{u}) + d(\boldsymbol{u}, \boldsymbol{w}) \,. \end{aligned}$$

Antwort 6 Angenommen, es gibt ein $\boldsymbol{w} = (w_i) \in \mathbb{R}^r$ mit $(\boldsymbol{A}^{\mathrm{T}} \boldsymbol{A})\, \boldsymbol{w} = \mathbf{0}$ und $\boldsymbol{w} \neq \mathbf{0}$. Dann gilt einerseits $\boldsymbol{w}^{\mathrm{T}} \boldsymbol{A}^{\mathrm{T}} \boldsymbol{A}\, \boldsymbol{w} = 0$ und andererseits $\boldsymbol{w}^{\mathrm{T}} \boldsymbol{A}^{\mathrm{T}} \boldsymbol{A}\, \boldsymbol{w} = (\boldsymbol{A}\, \boldsymbol{w}) \cdot (\boldsymbol{A}\, \boldsymbol{w}) \neq 0$ wegen $\boldsymbol{A}\, \boldsymbol{w} = w_1 \boldsymbol{b}_1 + \cdots + w_r \boldsymbol{b}_r \neq 0$. Wegen dieses Widerspruches folgt aus $(\boldsymbol{A}^{\mathrm{T}} \boldsymbol{A})\, \boldsymbol{w} = \mathbf{0}$ die Gleichung $\boldsymbol{w} = \mathbf{0}$. Nach dem letzten Punkt der Übersicht auf S. 631 ist also $\boldsymbol{A}^{\mathrm{T}} \boldsymbol{A}$ invertierbar.

Antwort 7 $\boldsymbol{v} = \begin{pmatrix} v_1 \\ \vdots \\ v_n \end{pmatrix} \in \mathbb{C}^n$ mit $v_1 = \mathrm{i}$ und $v_2, \ldots, v_n = 0$, der Fall $n = 1$ ist eingeschlossen.

Antwort 8 Nein.

Quadriken – ebenso nützlich wie dekorativ

21

Was ist ein hyperbolisches Paraboloid?

Wie kann man sich die Kovarianzquadrik vorstellen?

Inwiefern löst die Pseudoinverse unlösbare Gleichungssysteme?

T. Arens et al., *Mathematik*, https://doi.org/10.1007/978-3-662-64389-1_21

Unter einer Quadrik in einem affinen Raum verstehen wir die Menge jener Punkte, deren Koordinaten einer quadratischen Gleichung genügen.

Die zweidimensionalen Quadriken sind – von Entartungsfällen abgesehen – identisch mit den Kegelschnitten und seit der Antike bekannt. Den Ausgangspunkt für die Untersuchung der Kegelschnitte bildete damals allerdings nicht deren Gleichung, sondern die Kegelschnitte wurden als geometrische Orte eingeführt, etwa die Ellipse als Ort der Punkte, deren Abstände von den beiden Brennpunkten eine konstante Summe ergeben. Aber auch die Tatsache, dass Ellipsen als perspektivische Bilder von Kreisen auftreten, war bereits um etwa 200 v. Chr. bekannt. Anfang des 17. Jahrhunderts konnte Johannes Kepler nachweisen, dass die Planetenbahnen Ellipsen sind. Sir Isaac Newton formulierte die zugrunde liegenden mechanischen Gesetze und erkannte, dass sämtliche Kegelschnitttypen als Bahnen eines Massenpunktes bei dessen Bewegung um eine zentrale Masse auftreten.

Dies war nur der Anfang jener herausragenden Bedeutung der Kegelschnitte und ihrer höherdimensionalen Gegenstücke für Naturwissenschaften und Technik. Hier treten Quadriken oft als lokale oder globale Approximationen für Kurven und Flächen auf wie etwa bei der harmonischen Näherung beim Vielkörperproblem. Doch soll die ästhetische Seite nicht unerwähnt bleiben, das Auftreten der Ellipsoide als Kuppeln oder der hyperbolischen Paraboloide als attraktive Dachflächen.

Wir behandeln im Folgenden die Hauptachsentransformation und damit zusammenhängend die Klassifikation der Quadriken. Von den Quadriken ist es nur ein kurzer Weg zu anderen nützlichen Begriffen wie der „Singulärwertzerlegung" oder der „Pseudoinversen" einer Matrix, welche bei Problemen der Ausgleichsrechnung und Approximation auftreten.

21.1 Symmetrische Bilinearformen

Bei der Definition des Skalarproduktes im Anschauungsraum wurde in Abschn. 19.2 ein kartesisches Koordinatensystem vorausgesetzt. In Abschn. 20.1 gingen wir anders vor, nämlich koordinateninvariant: Das euklidische Skalarprodukt wurde anhand seiner Eigenschaften definiert, und zwar als eine positiv definite symmetrische Bilinearform auf $\mathbb{R}^n$. In diesem Kapitel verwenden wir neben dem Skalarprodukt noch eine weitere symmetrische Bilinearform, und deshalb wiederholen wir zunächst einiges aus Abschn. 20.1, insbesondere die Definition der symmetrischen Bilinearform.

Ist V ein $\mathbb{K}$-Vektorraum, wobei in diesem Kapitel $\mathbb{K}$ für $\mathbb{R}$ oder $\mathbb{C}$ steht, so ist die Abbildung

$$\sigma : \begin{cases} V \times V & \to \quad \mathbb{K} \\ (\boldsymbol{x}, \boldsymbol{y}) & \mapsto \quad \sigma(\boldsymbol{x}, \boldsymbol{y}) \end{cases}$$

eine **Bilinearform** auf V, wenn für a
$\lambda \in \mathbb{K}$ gilt

$$\begin{aligned} \sigma(\boldsymbol{x} + \boldsymbol{x}', \boldsymbol{y}) &= \sigma(\boldsymbol{x}, \boldsymbol{y}) + \\ \sigma(\lambda \boldsymbol{x}, \boldsymbol{y}) &= \lambda\, \sigma(\boldsymbol{x}, \boldsymbol{y}), \\ \sigma(\boldsymbol{x}, \boldsymbol{y} + \boldsymbol{y}') &= \sigma(\boldsymbol{x}, \boldsymbol{y}) + \sigma(\boldsymbol{x}, \boldsymbol{y}'), \\ \sigma(\boldsymbol{x}, \lambda \boldsymbol{y}) &= \lambda\, \sigma(\boldsymbol{x}, \boldsymbol{y}). \end{aligned}$$

Die Bilinearform σ heißt **symmetrisch**, wenn stets gilt: $\sigma(\boldsymbol{y}, \boldsymbol{x}) = \sigma(\boldsymbol{x}, \boldsymbol{y})$.

Beispiel Bei $V = \mathbb{R}^2$ ist z. B.

$$\sigma(\boldsymbol{x}, \boldsymbol{y}) = x_1 y_1 + x_1 y_2 + x_2 y_1 - 5 x_2 y_2$$

für $\boldsymbol{x} = \begin{pmatrix} x_1 \\ x_2 \end{pmatrix}$, $\boldsymbol{y} = \begin{pmatrix} y_1 \\ y_2 \end{pmatrix}$ eine symmetrische Bilinearform. So wie in Kap. 20.1 können wir diese Bilinearform auch mithilfe einer symmetrischen Matrix darstellen, nämlich als

$$\sigma(\boldsymbol{x}, \boldsymbol{y}) = \boldsymbol{x}^{\mathrm{T}} \boldsymbol{A}\, \boldsymbol{y} = (x_1\ x_2) \begin{pmatrix} 1 & 1 \\ 1 & -5 \end{pmatrix} \begin{pmatrix} y_1 \\ y_2 \end{pmatrix}.$$

Dabei ist zu beachten, dass an der Stelle (i, j) dieser Matrix der Koeffizient von $x_i y_j$ steht. ◀

In Kap. 17 wurde gezeigt, dass jede lineare Abbildung $\varphi : V \to W$ nach der Einführung von Basen B bzw. C in den beteiligten Vektorräumen V bzw. W eine Darstellungsmatrix ${}_C\boldsymbol{M}(\varphi)_B$ besitzt mit der Eigenschaft

$${}_C\varphi(\boldsymbol{x}) = {}_C\boldsymbol{M}(\varphi)_B\, {}_B\boldsymbol{x}\,.$$

Dies bedeutet, die C-Koordinaten des Bildes $\varphi(\boldsymbol{x})$ von $\boldsymbol{x}$ sind aus den B-Koordinaten des Urbildes durch Multiplikation mit der Darstellungsmatrix ${}_C\boldsymbol{M}(\varphi)_B$ zu berechnen.

Umgekehrt stellt jede Matrix eine lineare Abbildung dar, und Eigenschaften von Matrizen spiegeln sich in Eigenschaften von linearen Abbildungen wider. Wir zeigen im Folgenden, dass die symmetrischen Matrizen auf ähnliche Weise den symmetrischen Bilinearformen zugeordnet werden können.

Bilinearformen sind stets durch Matrizen darstellbar

Sei $B = (\boldsymbol{b}_1, \ldots, \boldsymbol{b}_n)$ eine geordnete Basis des endlichdimensionalen $\mathbb{K}$-Vektorraums V mit

$$\boldsymbol{x} = x_1 \boldsymbol{b}_1 + \cdots + x_n \boldsymbol{b}_n \quad \text{und} \quad \boldsymbol{y} = y_1 \boldsymbol{b}_1 + \cdots + y_n \boldsymbol{b}_n\,.$$

Dann folgt aus unseren Regeln für Bilinearformen

$$\sigma(\boldsymbol{x},\boldsymbol{y}) = \sigma\left(\sum_{i=1}^{n} x_i\boldsymbol{b}_i, \sum_{j=1}^{n} y_j\boldsymbol{b}_j\right) = \sum_{i,j=1}^{n} x_i\, y_j\, \sigma(\boldsymbol{b}_i, \boldsymbol{b}_j).$$

Die letzte Summe erfolgt über alle möglichen Paare (i,j) mit $i,j \in \{1,\ldots,n\}$. Die darin auftretenden n^2 Koeffizienten $\sigma(\boldsymbol{b}_i,\boldsymbol{b}_j)$ legen σ eindeutig fest.

Definition der Darstellungsmatrix

Ist σ eine Bilinearform auf dem n-dimensionalen $\mathbb{K}$-Vektorraum V und B eine Basis von V, so heißt die Matrix

$$\boldsymbol{M}_B(\sigma) = \big(\sigma(\boldsymbol{b}_i,\boldsymbol{b}_j)\big) \in \mathbb{K}^{n\times n}$$

Darstellungsmatrix von σ bezüglich der Basis B. Mit ihrer Hilfe lässt sich $\sigma(\boldsymbol{x},\boldsymbol{y})$ als Matrizenprodukt schreiben, nämlich

$$\sigma(\boldsymbol{x},\boldsymbol{y}) = {}_B\boldsymbol{x}^{\mathrm{T}}\, \boldsymbol{M}_B(\sigma)\, {}_B\boldsymbol{y}\,. \tag{21.1}$$

σ ist genau dann symmetrisch, wenn die Matrix $\boldsymbol{M}_B(\sigma)$ symmetrisch ist.

Wir bestätigen die in (21.1) angegebene Matrizenschreibweise für $\sigma(\boldsymbol{x},\boldsymbol{y})$ durch Nachrechnen: Zunächst ist

$$\boldsymbol{M}_B(\sigma)\begin{pmatrix} y_1\\ \vdots \\ y_n\end{pmatrix} = \begin{pmatrix} \sum_{j=1}^n \sigma(\boldsymbol{b}_1,\boldsymbol{b}_j)\, y_j \\ \vdots \\ \sum_{j=1}^n \sigma(\boldsymbol{b}_n,\boldsymbol{b}_j)\, y_j\end{pmatrix}.$$

Daraus folgt

$$\begin{aligned}(x_1\ \ldots\ x_n)\,\boldsymbol{M}_B(\sigma)\begin{pmatrix} y_1\\ \vdots \\ y_n\end{pmatrix} &= \sum_{i=1}^n x_i\left(\sum_{j=1}^n \sigma(\boldsymbol{b}_i,\boldsymbol{b}_j)y_j\right)\\ &= \sum_{i,j=1}^n x_i\, y_j\, \sigma(\boldsymbol{b}_i,\boldsymbol{b}_j).\end{aligned}$$

Man beachte die Bauart der beteiligten Matrizen in der Matrizendarstellung von $\sigma(\boldsymbol{x},\boldsymbol{y})$:

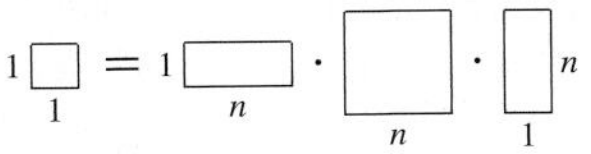

$$\sigma(\boldsymbol{x},\boldsymbol{y}) = \quad \boldsymbol{x}^{\mathrm{T}} \quad \boldsymbol{M} \quad \boldsymbol{y}$$

Bei symmetrischem σ ergibt sich die Symmetrie der Darstellungsmatrix unmittelbar aus $\sigma(\boldsymbol{b}_i,\boldsymbol{b}_j) = \sigma(\boldsymbol{b}_j,\boldsymbol{b}_i)$.

Umgekehrt legt jede $n\times n$-Matrix $\boldsymbol{M}$ durch die Definition

$$\sigma(\boldsymbol{x},\boldsymbol{y}) = \boldsymbol{x}^{\mathrm{T}}\boldsymbol{M}\,\boldsymbol{y}$$

eine Bilinearform auf $\mathbb{K}^n$ fest, denn es gilt

$$\begin{aligned}(\boldsymbol{x}+\boldsymbol{x}')^{\mathrm{T}}\boldsymbol{M}\,\boldsymbol{y} &= \boldsymbol{x}^{\mathrm{T}}\boldsymbol{M}\,\boldsymbol{y} + \boldsymbol{x}'^{T}\boldsymbol{M}\,\boldsymbol{y}\,,\\ (\lambda\boldsymbol{x})^{\mathrm{T}}\boldsymbol{M}\,\boldsymbol{y} &= \lambda(\boldsymbol{x}^{\mathrm{T}}\boldsymbol{M}\,\boldsymbol{y}),\end{aligned}$$

und analog für den zweiten Faktor. Bei symmetrischem $\boldsymbol{M}$, also $\boldsymbol{M}^{\mathrm{T}} = \boldsymbol{M}$ ist auch σ symmetrisch, denn wegen $\boldsymbol{y}^{\mathrm{T}}\,\boldsymbol{M}\,\boldsymbol{x} \in \mathbb{K}$ folgt

$$\boldsymbol{y}^{\mathrm{T}}\boldsymbol{M}\,\boldsymbol{x} = (\boldsymbol{y}^{\mathrm{T}}\boldsymbol{M}\,\boldsymbol{x})^{\mathrm{T}} = \boldsymbol{x}^{\mathrm{T}}\boldsymbol{M}^{\mathrm{T}}\boldsymbol{y} = \boldsymbol{x}^{\mathrm{T}}\boldsymbol{M}\,\boldsymbol{y}\,.$$

Es ist zu beachten, dass von den n^2 Elementen einer $n\times n$-Matrix im symmetrischen Fall nur $\frac{n(n+1)}{2}$ voneinander unabhängig sind.

Beispiel Wir kehren zurück zum obigen Beispiel einer Bilinearform auf $V = \mathbb{R}^2$,

$$\sigma(\boldsymbol{x},\boldsymbol{y}) = x_1y_1 + x_1y_2 + x_2y_1 - 5x_2y_2\,.$$

Wie lautet die Darstellungsmatrix $\boldsymbol{M}_B(\sigma)$ bezüglich der Basis $B = (\boldsymbol{b}_1,\boldsymbol{b}_2)$ mit

$$\boldsymbol{b}_1 = \begin{pmatrix}1\\1\end{pmatrix},\quad \boldsymbol{b}_2 = \begin{pmatrix}2\\1\end{pmatrix}\,?$$

Wir berechnen

$$\sigma(\boldsymbol{b}_1,\boldsymbol{b}_1) = -2,\ \sigma(\boldsymbol{b}_1,\boldsymbol{b}_2) = \sigma(\boldsymbol{b}_2,\boldsymbol{b}_1) = 0,\ \sigma(\boldsymbol{b}_2,\boldsymbol{b}_2) = 3$$

und übertragen diese in die Matrix

$$\boldsymbol{M}_B(\sigma) = \begin{pmatrix}-2 & 0\\ 0 & 3\end{pmatrix}.$$

Die gegebene Koeffizientenmatrix $\boldsymbol{A}$ in der Darstellung

$$\sigma(\boldsymbol{x},\boldsymbol{y}) = \boldsymbol{x}^{\mathrm{T}}\boldsymbol{A}\,\boldsymbol{y} = (x_1\ x_2)\begin{pmatrix}1 & 1\\ 1 & -5\end{pmatrix}\begin{pmatrix}y_1\\ y_2\end{pmatrix}$$

ist die Darstellungsmatrix von σ zur kanonischen Basis $E = (\boldsymbol{e}_1,\boldsymbol{e}_2)$, also $\boldsymbol{A} = \boldsymbol{M}_E(\sigma)$. ◄

Ist σ eine symmetrische Bilinearform auf dem $\mathbb{K}$-Vektorraum V und setzen wir darin $\boldsymbol{x} = \boldsymbol{y}$, so erhalten wir die **quadratische Form**

$$\rho : \begin{cases} V & \to\quad \mathbb{K} \\ \boldsymbol{x} & \mapsto\quad \rho(\boldsymbol{x}) = \sigma(\boldsymbol{x},\boldsymbol{x})\end{cases}$$

auf V.

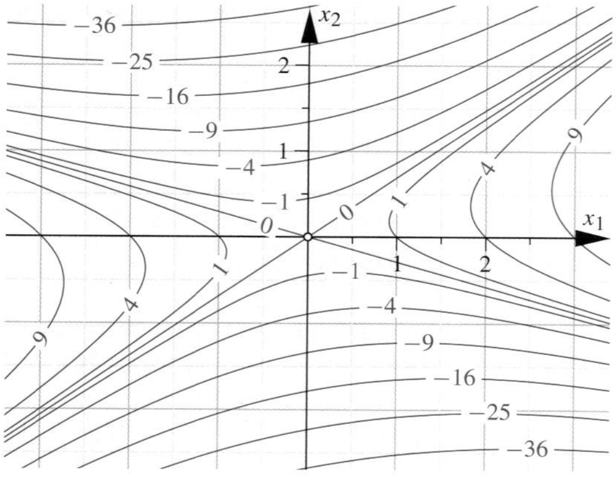

Abb. 21.1 Niveaulinien der quadratischen Form $\rho(\boldsymbol{x}) = x_1^2 + 2x_1x_2 - 5x_2^2$, also die Punktmengen $\{\boldsymbol{x} \mid \rho(\boldsymbol{x}) = c = \text{konst.}\}$

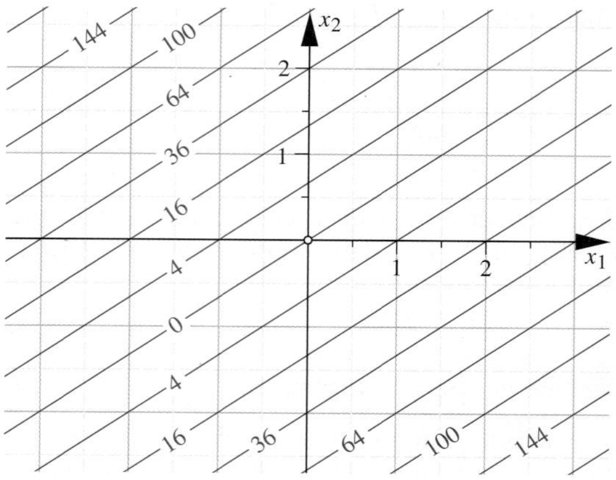

Abb. 21.2 Zum Vergleich: Niveaulinien der quadratischen Form $\rho(\boldsymbol{x}) = 4x_1^2 - 12x_1x_2 + 9x_2^2 = (2x_1 - 3x_2)^2$ zu den Werten $c = 0, 4, 16, \ldots$

Teil III

Beispiel Bei unserem Zahlenbeispiel, der Bilinearform

$$\sigma(\boldsymbol{x}, \boldsymbol{y}) = x_1y_1 + x_1y_2 + x_2y_1 - 5x_2y_2$$

über $V = \mathbb{R}^2$, lautet die zugehörige quadratische Form

$$\rho(\boldsymbol{x}) = x_1^2 + 2x_1x_2 - 5x_2^2 .$$

Es ist dies offensichtlich ein homogenes Polynom vom Grad 2 in x_1 und x_2. Ein homogenes Polynom heißt auch *Form*.

Ist umgekehrt dieses Polynom gegeben, so kann man sofort die zugehörige symmetrische Bilinearform eruieren: Die quadratischen Summanden mit x_i^2 werden durch x_iy_i ersetzt. Gemischte Summanden $a_{ij}x_ix_j$ werden auf je zwei Summanden aufgeteilt, nämlich auf $\frac{1}{2}\, a_{ij}(x_iy_j + x_jy_i)$.

Denken wir uns die Ebene $\mathbb{R}^2$ horizontal und tragen wir über jedem Punkt $\boldsymbol{x}$ dieser Ebene den Wert $\rho(\boldsymbol{x})$ auf. Dann entsteht eine Fläche, der *Graph* der quadratischen Form. Werden horizontale Schnitte dieser Fläche orthogonal in die Ebene $\mathbb{R}^2$ projiziert, so erhalten wir *Niveaulinien* $\rho(\boldsymbol{x}) = c =$ konst. dieser quadratischen Form. Abbildung 21.1 zeigt die Niveaulinien zu den Werten $c = 0, \pm 1, \pm 4, \ldots$ Diese vermitteln eine Vorstellung von der Werteverteilung dieser quadratischen Form. ◀

Nach Einführung einer Basis B mit $\boldsymbol{x} = \sum_{i=1}^{n} x_i \boldsymbol{b}_i$ gilt mit (21.1)

$$\rho(\boldsymbol{x}) = \sigma(\boldsymbol{x}, \boldsymbol{x}) = {}_B\boldsymbol{x}^{\mathrm{T}} \boldsymbol{M}_B(\sigma)\, {}_B\boldsymbol{x} ,$$

und bei $\boldsymbol{M}_B(\sigma) = (a_{ij})$ lautet die Summendarstellung der quadratischen Form

$$\rho(\boldsymbol{x}) = \sum_{i,j=1}^{n} a_{ij}\, x_i\, x_j .$$

Es entsteht ein Polynom in $(x_1, \ldots, x_n)$, in welchem jeder Summand den Grad 2 hat. Wir können darin die rein quadratischen Glieder trennen von den *gemischten* Summanden, die wegen $a_{ij} = a_{ji}$ in der Summe jeweils zweifach vorkommen. Dies ergibt die Darstellung

$$\rho(\boldsymbol{x}) = \sum_{i=1}^{n} a_{ii}x_i^2 + 2 \sum_{\substack{i,j=1 \\ i<j}}^{n} a_{ij}x_ix_j .$$

Liegt umgekehrt ein derartiges homogenes quadratisches Polynom vor, so kann mithilfe dieser Zerlegung sofort auf die zugehörige symmetrische Bilinearform zurückgeschlossen werden. Diese heißt **Polarform** der gegebenen quadratischen Form. Die Darstellungsmatrix dieser Polarform ist gleichzeitig die Darstellungsmatrix der quadratischen Form.

Selbstfrage 1

1. Warum ist die zur quadratischen Form ρ gehörige symmetrische Bilinearform σ definierbar als

$$\sigma(\boldsymbol{x}, \boldsymbol{y}) = \tfrac{1}{2}\,(\rho(\boldsymbol{x} + \boldsymbol{y}) - \rho(\boldsymbol{x}) - \rho(\boldsymbol{y}))?$$

2. Bestimmen Sie die Polarform $\sigma(\boldsymbol{x}, \boldsymbol{y})$ zur gegebenen quadratischen Form

$$\rho(\boldsymbol{x}) = x_1^2 - 3x_3^2 + 2x_1x_2 - 5x_2x_3$$

auf dem Vektorraum $\mathbb{R}^3$ und auch deren Darstellungsmatrix.

So wie bei den linearen Abbildungen eines Vektorraums in sich, den Endomorphismen, wollen wir auch bei den Bilinearformen durch die Wahl spezieller Basen möglichst einfache Darstellungsmatrizen erreichen. Dabei ist es hier etwas einfacher, denn es gibt zu *jeder* symmetrischen Bilinearform Darstellungsmatrizen in Diagonalform.

Hat $M_B(\sigma)$ Diagonalform bezüglich der Basis $B = (\boldsymbol{b}_1, \ldots, \boldsymbol{b}_n)$, so vereinfacht sich die Koordinatendarstellung der Bilinearform zu

$$\sigma(x,y) = \sum_{i,j=1}^{n} x_i y_j\, \sigma(\boldsymbol{b}_i, \boldsymbol{b}_j) = a_{11}^2 x_1 y_1 + \cdots + a_{nn}^2 x_n y_n\,.$$

In der zugehörigen quadratischen Form verschwinden alle gemischten Summanden.

Je zwei Darstellungsmatrizen einer Bilinearform sind kongruent

Wenn wir in unserem Vektorraum von der Basis B zu B' wechseln, so gilt für die jeweiligen Koordinaten von $\boldsymbol{x}$

$${}_{B'}\boldsymbol{x} = {}_{B'}\boldsymbol{T}_B\, {}_B\boldsymbol{x}\,.$$

Die hier auftretende Transformationsmatrix

$${}_{B'}\boldsymbol{T}_B = {}_{B'}\boldsymbol{M}(\mathrm{id}_V)_B = (({}_{B'}\boldsymbol{b}_1, \ldots, {}_{B'}\boldsymbol{b}_n))$$

ist invertierbar (siehe Kap. 17). In ihren Spalten stehen die B'-Koordinaten der Basisvektoren von B. Man beachte als Merkregel, dass der linke Index von ${}_{B'}\boldsymbol{T}_B$ übereinstimmt mit dem linken Index der Spaltenvektoren ${}_{B'}\boldsymbol{b}_i$.

Umgekehrt ist

$${}_B\boldsymbol{x} = {}_B\boldsymbol{T}_{B'}\, {}_{B'}\boldsymbol{x} \quad \text{bei} \quad {}_B\boldsymbol{T}_{B'} = {}_{B'}\boldsymbol{T}_B^{-1}.$$

Der Wert $\sigma(\boldsymbol{x},\boldsymbol{y})$ ist unabhängig von der verwendeten Basis, d. h., für alle $\boldsymbol{x},\boldsymbol{y} \in V$ muss nach (21.1) gelten:

$$\sigma(\boldsymbol{x},\boldsymbol{y}) = {}_B\boldsymbol{x}^{\mathrm{T}}\, \boldsymbol{M}_B(\sigma)\, {}_B\boldsymbol{y} = {}_{B'}\boldsymbol{x}^{\mathrm{T}}\, \boldsymbol{M}_{B'}(\sigma)\, {}_{B'}\boldsymbol{y}$$

Wir ersetzen im mittleren Ausdruck die B-Koordinaten von $\boldsymbol{x}$ und $\boldsymbol{y}$ durch die jeweiligen B'-Koordinaten. Dies führt zu

$$\begin{aligned}({}_B\boldsymbol{T}_{B'}\, {}_{B'}\boldsymbol{x})^{\mathrm{T}}\, \boldsymbol{M}_B(\sigma)\, ({}_B\boldsymbol{T}_{B'}\, {}_{B'}\boldsymbol{y}) &= {}_{B'}\boldsymbol{x}^{\mathrm{T}} \left({}_B\boldsymbol{T}_{B'}^{T}\, \boldsymbol{M}_B(\sigma)\, {}_B\boldsymbol{T}_{B'}\right) {}_{B'}\boldsymbol{y} \\ &= {}_{B'}\boldsymbol{x}^{\mathrm{T}}\, \boldsymbol{M}_{B'}(\sigma)\, {}_{B'}\boldsymbol{y}\,.\end{aligned}$$

Nachdem die letzte Gleichung für alle ${}_{B'}\boldsymbol{x}, {}_{B'}\boldsymbol{y} \in \mathbb{R}^n$ gelten muss, können wir hierfür Vektoren der kanonischen Basis einsetzen, etwa ${}_{B'}\boldsymbol{x} = \boldsymbol{e}_i$ und ${}_{B'}\boldsymbol{y} = \boldsymbol{e}_j$. Dann aber bedeutet die Gleichung, dass in $\boldsymbol{M}_{B'}(\sigma)$ und in dem Matrizenprodukt $({}_B\boldsymbol{T}_{B'})^{\mathrm{T}}\boldsymbol{M}_B(\sigma)\, {}_B\boldsymbol{T}_{B'}$ die Elemente an der Stelle (i,j) übereinstimmen, und dies für alle $i,j = 1,\ldots,n$. Also sind diese Matrizen gleich.

Transformation von Darstellungsmatrizen

Für die Darstellungsmatrizen der Bilinearform σ bezüglich der Basen B und B' gilt

$$\boldsymbol{M}_{B'}(\sigma) = ({}_B\boldsymbol{T}_{B'})^{\mathrm{T}}\, \boldsymbol{M}_B(\sigma)\, {}_B\boldsymbol{T}_{B'} \qquad (21.2)$$

mit ${}_B\boldsymbol{T}_{B'} = \left(({}_B\boldsymbol{b}'_1, \ldots, {}_B\boldsymbol{b}'_n)\right)$ als invertierbarer Matrix.

Als kleine Gedächtnisstütze merken wir uns, indem wir die Transformationsgleichung von rechts lesen: Wir bekommen die Darstellungsmatrix von σ bezüglich B', indem wir die B'-Koordinaten zuerst auf B-Koordinaten umrechnen und diese dann mit der zur Basis B gehörigen Darstellungsmatrix multiplizieren.

Noch ein Hinweis zu der hier verwendeten Schreibweise von Darstellungsmatrizen: Bei den linearen Abbildungen schreiben wir beide Basen dazu, also z. B. ${}_{B'}\boldsymbol{M}(\varphi)_B$. Bei den symmetrischen Bilinearformen oder quadratischen Formen ist so wie in $\boldsymbol{M}_B(\sigma)$ nur eine Basis erforderlich.

Beispiel Wir bestätigen (21.2) anhand des Beispiels der Bilinearform σ auf $V = \mathbb{R}^2$ von S. 775 mit

$$\sigma(\boldsymbol{x},\boldsymbol{y}) = x_1y_1 + x_1y_2 + x_2y_1 - 5x_2y_2\,,$$

also $\sigma(\boldsymbol{x},\boldsymbol{y}) = \boldsymbol{x}^{\mathrm{T}}\boldsymbol{A}\,\boldsymbol{y}$ und

$$\boldsymbol{M}_E(\sigma) = \boldsymbol{A} = \begin{pmatrix} 1 & 1 \\ 1 & -5 \end{pmatrix}$$

als Darstellungsmatrix von σ zur kanonischen Basis $E = (\boldsymbol{e}_1, \boldsymbol{e}_2)$. Wie lautet die Darstellungsmatrix $\boldsymbol{M}_B(\sigma)$ bezüglich der Basis $B = (\boldsymbol{b}_1, \boldsymbol{b}_2)$ mit

$$\boldsymbol{b}_1 = {}_E\boldsymbol{b}_1 = \begin{pmatrix} 1 \\ 1 \end{pmatrix}, \quad \boldsymbol{b}_2 = {}_E\boldsymbol{b}_2 = \begin{pmatrix} 2 \\ 1 \end{pmatrix}?$$

Dazu beachten wir die Transformationsmatrix

$${}_E\boldsymbol{T}_B = (({}_E\boldsymbol{b}_1,\, {}_E\boldsymbol{b}_2)) = \begin{pmatrix} 1 & 2 \\ 1 & 1 \end{pmatrix}.$$

Aus unserem Gesetz über die Transformation der Darstellungsmatrizen von Bilinearformen folgt nun

$$\begin{aligned}\boldsymbol{M}_B(\sigma) &= ({}_E\boldsymbol{T}_B)^{\mathrm{T}}\boldsymbol{M}_E(\sigma)\, {}_E\boldsymbol{T}_B \\ &= \begin{pmatrix} 1 & 1 \\ 2 & 1 \end{pmatrix}\begin{pmatrix} 1 & 1 \\ 1 & -5 \end{pmatrix}\begin{pmatrix} 1 & 2 \\ 1 & 1 \end{pmatrix} \\ &= \begin{pmatrix} 2 & -4 \\ 3 & -3 \end{pmatrix}\begin{pmatrix} 1 & 2 \\ 1 & 1 \end{pmatrix} = \begin{pmatrix} -2 & 0 \\ 0 & 3 \end{pmatrix}\end{aligned}$$

in Übereinstimmung mit dem auf S. 775 angegebenen Wert für $\boldsymbol{M}_B(\sigma) = \left(\sigma(\boldsymbol{b}_i, \boldsymbol{b}_j)\right)$. ◀

Allgemein heißt die $n\times n$-Matrix $\boldsymbol{A}$ **kongruent** zur $n\times n$-Matrix $\boldsymbol{B}$, wenn es eine invertierbare $n \times n$-Matrix $\boldsymbol{T}$ gibt mit $\boldsymbol{A} = \boldsymbol{T}^{\mathrm{T}}\boldsymbol{B}\,\boldsymbol{T}$. Wir können demnach auch sagen: Alle Darstellungsmatrizen derselben Bilinearform sind untereinander kongruent. Und umgekehrt sind je zwei kongruente Matrizen aufzufassen als Darstellungsmatrizen derselben Bilinearform.

Zur Erinnerung an Kap. 17: Zwei quadratische Matrizen $\boldsymbol{C}, \boldsymbol{D}$ heißen zueinander *ähnlich*, wenn $\boldsymbol{D} = \boldsymbol{T}^{-1}\boldsymbol{D}\boldsymbol{T}$ ist mit einer invertierbaren Matrix $\boldsymbol{T}$. Im Fall einer orthogonalen Matrix $\boldsymbol{T}$, also bei $\boldsymbol{T}^{-1} = \boldsymbol{T}^{\mathrm{T}}$ wäre $\boldsymbol{D}$ gleichzeitig kongruent zu $\boldsymbol{C}$.

Teil III

Nach den Ergebnissen von Kap. 16 ändert sich der Rang einer Matrix nicht bei Rechts- oder Linksmultiplikation mit einer invertierbaren Matrix. Demnach haben alle Darstellungsmatrizen einer Bilinearform σ denselben Rang. Wir nennen diesen den **Rang** von σ und bezeichnen ihn mit $\operatorname{rg}(\sigma)$.

Eine symmetrische Bilinearform auf dem n-dimensionalen Vektorraum V heißt **entartet**, wenn ihr Rang kleiner ist als n. In diesem Fall hat das homogene lineare Gleichungssystem

$$\boldsymbol{M}_B(\sigma)\,{}_B\boldsymbol{y} = \boldsymbol{0}$$

eine nichttriviale Lösung (siehe Kap. 16). Es gibt daher bei entarteten Bilinearformen einen mindestens eindimensionalen Unterraum von Vektoren $\boldsymbol{y}$ mit

$$\sigma(\boldsymbol{x},\boldsymbol{y}) = {}_B\boldsymbol{x}^{\mathrm{T}}\,\boldsymbol{M}_B(\sigma)\,{}_B\boldsymbol{y} = 0$$

für alle $\boldsymbol{x} \in V$. Dieser Unterraum der Dimension $n - \operatorname{rg}(\sigma)$ ist das **Radikal** von σ.

Hat die Bilinearform σ hingegen den Maximalrang n, so heißt σ **nichtentartet** (oder radikalfrei). Sicher sind die Skalarprodukte nichtentartet, denn deren positive Definitheit bedeutet ja, dass aus $\boldsymbol{x} \neq \boldsymbol{0}$ stets $\sigma(\boldsymbol{x},\boldsymbol{x}) = \boldsymbol{x}\cdot\boldsymbol{x} > 0$ folgt.

Jede symmetrische Bilinearform ist mittels einer Diagonalmatrix darstellbar

Ein Wechsel von der geordneten Basis B zu einer anderen Basis B' lässt sich (siehe Kap. 15) stets aus folgenden *elementaren Basiswechseln* zusammensetzen:

1. Zwei Basisvektoren werden vertauscht, d. h. $\boldsymbol{b}_i' = \boldsymbol{b}_j$ und $\boldsymbol{b}_j' = \boldsymbol{b}_i$ bei $i \neq j$.
2. Ein Basisvektor wird durch das λ-Fache ersetzt, also $\boldsymbol{b}_i' = \lambda\boldsymbol{b}_i$ und $\lambda \neq 0$.
3. Zum i-ten Basisvektor wird das λ-Fache des j-ten Basisvektors addiert, also $\boldsymbol{b}_i' = \boldsymbol{b}_i + \lambda\boldsymbol{b}_j$ bei $i \neq j$.

Was bedeuten diese elementaren Basiswechsel für die Darstellungsmatrix $\boldsymbol{M}_B(\sigma) = \big(\sigma(\boldsymbol{b}_i,\boldsymbol{b}_j)\big)$?

Wir werden erkennen, dass jeder dieser Schritte eine elementare Zeilenumformung und die *gleichartige* elementare Spaltenumformung nach sich zieht. Dabei ist gleichgültig, ob zuerst die Zeilen- und dann die Spaltenumformung vorgenommen wird oder umgekehrt. Diese elementaren Zeilenumformungen sind uns übrigens schon im Kap. 14 beim Verfahren von Gauß und Jordan zur Lösung linearer Gleichungssysteme begegnet.

1. Die Vertauschung von $\boldsymbol{b}_i$ und $\boldsymbol{b}_j$ bewirkt in $\boldsymbol{M}_B(\sigma)$ die Vertauschung der Elemente $\sigma(\boldsymbol{b}_i,\boldsymbol{b}_k)$ mit $\sigma(\boldsymbol{b}_j,\boldsymbol{b}_k)$ für jedes $k \in \{1,\dots,n\}$, also der i-ten Zeile mit der j-ten Zeile. Es werden aber auch die Elemente an den Stellen (k,i) und (k,j) vertauscht, also die i-Spalte mit der j-Spalte.
2. Die Multiplikation von $\boldsymbol{b}_i$ mit dem Faktor λ bewirkt eine Multiplikation der i-ten Zeile und der i-ten Spalte von $\boldsymbol{M}_B(\sigma)$ mit dem Faktor λ. Insbesondere kommt das Diagonalelement an der Stelle (i,i) zweimal dran; es wird daher insgesamt mit λ^2 multipliziert.
3. Wird $\boldsymbol{b}_i$ ersetzt durch $\boldsymbol{b}_i + \lambda\boldsymbol{b}_j$, so wird zur i-ten Zeile das λ-Fache der j-ten Zeile addiert und zur i-ten Spalte das λ-Fache der j-ten Spalte. Dadurch kommt das Element an der Stelle (i,i) wiederum zweimal dran – ganz in Übereinstimmung mit

$$\sigma(\boldsymbol{b}_i + \lambda\boldsymbol{b}_j, \boldsymbol{b}_i + \lambda\boldsymbol{b}_j) = \sigma(\boldsymbol{b}_i,\boldsymbol{b}_i) + 2\lambda\sigma(\boldsymbol{b}_i,\boldsymbol{b}_j) + \lambda^2\sigma(\boldsymbol{b}_j,\boldsymbol{b}_j).$$

Die zu diesen Basiswechseln gehörigen Transformationsmatrizen ${}_B\boldsymbol{T}_{B'}$ heißen *Elementarmatrizen*. Sie entstehen aus der Einheitsmatrix durch Ausübung der jeweiligen elementaren Spaltenumformung. So gehört etwa zum Ersatz von $\boldsymbol{b}_i$ durch $\boldsymbol{b}_i' = \boldsymbol{b}_i + \lambda\boldsymbol{b}_j$ die Transformationsmatrix

$$ {}_B\boldsymbol{T}_{B'} = \begin{pmatrix} 1 & & & & & \\ & \ddots & & & & \\ & & 1 & & & \\ & & & \ddots & & \\ & & \lambda & & 1 & \\ & & & & & \ddots & \\ & & & & & & 1 \end{pmatrix} \begin{matrix} \\ \\ \leftarrow i \\ \\ \leftarrow j \\ \\ \\ \end{matrix}$$

Jede Umrechnung der Darstellungsmatrix einer symmetrischen Bilinearform auf eine geänderte Basis kommt somit der wiederholten Anwendung von jeweils gleichartigen elementaren Zeilen- und Spaltenumformungen gleich. Nachdem dabei der Rang der Darstellungsmatrix nicht verändert wird, ist somit nochmals begründet, weshalb es einen eindeutigen *Rang der Bilinearform* gibt.

In dem folgenden Beispiel wird vorgeführt, welcher Algorithmus angewandt werden kann, um die Darstellungsmatrix einer symmetrischen Bilinearform durch geeigneten Basiswechsel auf *Diagonalform* zu bringen: Dabei wenden wir wiederholt elementare Zeilenoperationen und die damit gekoppelten gleichartigen Spaltenoperationen an.

Ein Vorteil der Diagonaldarstellung einer Bilinearform ist offensichtlich: Es treten in der Koordinatenschreibweise nur mehr n Summanden auf, nämlich

$$\sigma(\boldsymbol{x},\boldsymbol{y}) = a_{11}x_1y_1 + a_{22}x_2y_2 + \cdots + a_{nn}x_ny_n\,,$$

anstelle der ansonsten $n(n+1)/2$ Summanden. Die zugehörige quadratische Form $\rho(\boldsymbol{x}) = \sigma(\boldsymbol{x},\boldsymbol{x})$ ist dann und nur dann positiv definit, wenn $a_{ii} > 0$ ist für alle $i \in \{1,\dots,n\}$.

Beispiel Gegeben ist die symmetrische Bilinearform $\sigma(\boldsymbol{x},\boldsymbol{y}) = \boldsymbol{x}^{\mathrm{T}}\boldsymbol{A}\,\boldsymbol{y}$ über $\mathbb{R}^4$ mit der Darstellungsmatrix

$$\boldsymbol{A} = \begin{pmatrix} 0 & 1 & -2 & 1 \\ 1 & 1 & 0 & 0 \\ -2 & 0 & -4 & 4 \\ 1 & 0 & 4 & -1 \end{pmatrix}.$$

Schritt 1: Wenn es ein Element $a_{ii} \neq 0$ in der Hauptdiagonale gibt, so bringen wir dieses durch die Zeilenvertauschung $z_i \leftrightarrow z_1$ und die gleichartige Spaltenvertauschung $\boldsymbol{s}_i \leftrightarrow \boldsymbol{s}_1$ nach links oben. In unserem Beispiel ist es das Element a_{22}:

$$\boldsymbol{A} \xrightarrow{z_2 \leftrightarrow z_1} \begin{pmatrix} 1 & 1 & 0 & 0 \\ 0 & 1 & -2 & 1 \\ -2 & 0 & -4 & 4 \\ 1 & 0 & 4 & -1 \end{pmatrix} \xrightarrow{s_2 \leftrightarrow s_1} \begin{pmatrix} \mathbf{1} & 1 & 0 & 0 \\ 1 & 0 & -2 & 1 \\ 0 & -2 & -4 & 4 \\ 0 & 1 & 4 & -1 \end{pmatrix}$$

Schritt 2: Nun subtrahieren wir geeignete Vielfache der ersten Zeile von den übrigen Zeilen und wenden die analogen Spaltenumformungen an. Dadurch werden – bis auf das Element in der Hauptdiagonale – alle Einträge der ersten Zeile und Spalte zu null. In unserem Beispiel subtrahieren wir z_1 von der zweiten Zeile und ebenso $\boldsymbol{s}_1$ von $\boldsymbol{s}_2$.

$$\xrightarrow{z_2 - z_1} \begin{pmatrix} 1 & 1 & 0 & 0 \\ 0 & -1 & -2 & 1 \\ 0 & -2 & -4 & 4 \\ 0 & 1 & 4 & -1 \end{pmatrix} \xrightarrow{s_2 - s_1} \left(\begin{array}{c|ccc} 1 & 0 & 0 & 0 \\ \hline 0 & \mathbf{-1} & -2 & 1 \\ 0 & -2 & -4 & 4 \\ 0 & 1 & 4 & -1 \end{array}\right).$$

Damit sind die erste Zeile und erste Spalte erledigt, und wir verfahren mit der dreireihigen Restmatrix gleichartig:

Schritt 1 entfällt, denn es ist $a_{22} \neq 0$. Wir brauchen also nur geeignete Vielfache der zweiten Zeile und Spalte zu subtrahieren:

$$\xrightarrow[z_4 + z_2]{z_3 - 2z_2} \left(\begin{array}{c|ccc} 1 & 0 & 0 & 0 \\ \hline 0 & -1 & -2 & 1 \\ 0 & 0 & 0 & 2 \\ 0 & 0 & 2 & 0 \end{array}\right) \xrightarrow[s_4 + s_2]{s_3 - 2s_2} \left(\begin{array}{cc|cc} 1 & 0 & 0 & 0 \\ 0 & -1 & 0 & 0 \\ \hline 0 & 0 & 0 & 2 \\ 0 & 0 & 2 & 0 \end{array}\right)$$

Nun bleibt nur mehr eine zweireihige Matrix rechts unten übrig. Allerdings tritt hier ein neues Phänomen auf: Die Restmatrix ist noch nicht gleich der Nullmatrix, aber ihre Hauptdiagonale enthält nur mehr Nullen. Wir können weder Schritt 1, noch Schritt 2 anwenden, jedoch den folgenden

Schritt 3: Gibt es außerhalb der Hauptdiagonalen noch ein Element $a_{ij} \neq 0$, so addieren wir zur i-ten Zeile die j-te Zeile und verfahren ebenso mit den Spalten. Dies ergibt als neues Diagonalelement $a_{ii} = 2a_{ij}$, und wir können mit Schritt 2 fortfahren.

In unserem Beispiel ist $a_{34} \neq 0$, daher

$$\xrightarrow{z_3 + z_4} \left(\begin{array}{cc|cc} 1 & 0 & 0 & 0 \\ 0 & -1 & 0 & 0 \\ \hline 0 & 0 & 2 & 2 \\ 0 & 0 & 2 & 0 \end{array}\right) \xrightarrow{s_3 + s_4} \left(\begin{array}{cc|cc} 1 & 0 & 0 & 0 \\ 0 & -1 & 0 & 0 \\ \hline 0 & 0 & \mathbf{4} & 2 \\ 0 & 0 & 2 & 0 \end{array}\right).$$

Nun werden die dritte Zeile und Spalte noch gemäß Schritt 2 reduziert:

$$\xrightarrow{z_4 - \frac{1}{2} z_3} \left(\begin{array}{cc|cc} 1 & 0 & 0 & 0 \\ 0 & -1 & 0 & 0 \\ \hline 0 & 0 & 4 & 2 \\ 0 & 0 & 0 & -1 \end{array}\right) \xrightarrow{s_4 - \frac{1}{2} s_3} \left(\begin{array}{ccc|c} 1 & 0 & 0 & 0 \\ 0 & -1 & 0 & 0 \\ 0 & 0 & 4 & 0 \\ \hline 0 & 0 & 0 & -1 \end{array}\right)$$

Das Resultat ist eine Diagonalmatrix, die wir platzsparend als $\operatorname{diag}(1, -1, 4, -1)$ schreiben können. ◄

Allgemein führt man diese drei Schritte so lange durch, bis in der Restmatrix rechts unten nur Nullen stehen. Dies funktioniert über vielen Körpern $\mathbb{K}$, insbesondere über $\mathbb{R}$ und $\mathbb{C}$. Nur dann, wenn $2 = 0$ ist so wie bei dem Restklassenkörper modulo 2, versagt Schritt 3.

Diagonalisierbarkeit symmetrischer Bilinearformen

V sei ein endlichdimensionaler Vektorraum über $\mathbb{R}$ oder $\mathbb{C}$. Dann gibt es zu jeder auf V definierten symmetrischen Bilinearform σ eine Basis B', für welche $M_{B'}(\sigma)$ eine Diagonalmatrix ist.

Achtung Bei unserem Diagonalisierungsverfahren mittels gekoppelter Zeilen- und Spaltenumformungen ergibt sich die zugrunde liegende Basis zwangsläufig (siehe dazu die Abb. 21.3): Wir können keinesfalls erwarten, dass diese orthogonal oder gar orthonormiert ist. Es gibt zwar bei $\mathbb{K} = \mathbb{R}$ eine diagonalisierende und gleichzeitig orthonormierte Basis, wie wir aus Kap. 18 wissen, doch erfordert deren Berechnung die Bestimmung von Eigenwerten und -vektoren. Wir kommen darauf noch bei der Hauptachsentransformation auf S. 784 zurück. ◄

Will man bei dem oben vorgeführten Algorithmus gleichzeitig wissen, welche Transformationsmatrix ${}_B\boldsymbol{T}_{B'}$ die Umrechnung von $\boldsymbol{M}_B(\sigma)$ auf $\boldsymbol{M}_{B'}(\sigma)$ bewirkt, so kann man zu Beginn unter der Darstellungsmatrix $\boldsymbol{M}_B(\sigma)$ die Einheitsmatrix $\mathbf{E}_n$ dazuschreiben und bei den elementaren Spaltenumformungen gleichzeitig mit umformen. Dann steht am Ende des Algorithmus unter $\boldsymbol{M}_{B'}(\sigma)$ genau die Transformationsmatrix ${}_B\boldsymbol{T}_{B'}$, welche mittels (21.2) die Umrechnung auf die Diagonalmatrix ermöglicht.

Beispiel Welche Transformationsmatrix ${}_B\boldsymbol{T}_{B'}$ ermöglicht gemäß (21.2) in dem Beispiel von S. 778 die Umrechnung von $\boldsymbol{A}$ auf die endgültige Diagonalmatrix?

Wir wenden alle obigen Spaltenoperationen der Reihe nach auf die Einheitsmatrix $\mathbf{E}_4$ an.

$$\mathbf{E}_4 \xrightarrow{s_2 \leftrightarrow s_1} \begin{pmatrix} 0 & 1 & 0 & 0 \\ 1 & 0 & 0 & 0 \\ 0 & 0 & 1 & 0 \\ 0 & 0 & 0 & 1 \end{pmatrix} \xrightarrow{s_2 - s_1} \begin{pmatrix} 0 & 1 & 0 & 0 \\ 1 & -1 & 0 & 0 \\ 0 & 0 & 1 & 0 \\ 0 & 0 & 0 & 1 \end{pmatrix}$$

$$\xrightarrow[s_4 + s_2]{s_3 - 2s_2} \begin{pmatrix} 0 & 1 & -2 & 1 \\ 1 & -1 & 2 & -1 \\ 0 & 0 & 1 & 0 \\ 0 & 0 & 0 & 1 \end{pmatrix} \xrightarrow{s_3 + s_4} \begin{pmatrix} 0 & 1 & -1 & 1 \\ 1 & -1 & 1 & -1 \\ 0 & 0 & 1 & 0 \\ 0 & 0 & 1 & 1 \end{pmatrix}$$

$$\xrightarrow{s_4 - \frac{1}{2} s_3} \begin{pmatrix} 0 & 1 & -1 & 3/2 \\ 1 & -1 & 1 & -3/2 \\ 0 & 0 & 1 & -1/2 \\ 0 & 0 & 1 & 1/2 \end{pmatrix} = {}_B\boldsymbol{T}_{B'} .$$

Teil III

Damit gilt $\boldsymbol{M}_{B'}(\sigma) = ({}_B\boldsymbol{T}_{B'})^{\mathrm{T}} \boldsymbol{M}_B(\sigma)\, {}_B\boldsymbol{T}_{B'}$, denn

$$\operatorname{diag}(1,-1,4,-1)$$
$$= \begin{pmatrix} 0 & 1 & 0 & 0 \\ 1 & -1 & 0 & 0 \\ -1 & 1 & 1 & 1 \\ \frac{3}{2} & -\frac{3}{2} & -\frac{1}{2} & \frac{1}{2} \end{pmatrix} \begin{pmatrix} 0 & 1 & -2 & 1 \\ 1 & 1 & 0 & 0 \\ -2 & 0 & -4 & 4 \\ 1 & 0 & 4 & -1 \end{pmatrix} \begin{pmatrix} 0 & 1 & -1 & \frac{3}{2} \\ 1 & -1 & 1 & -\frac{3}{2} \\ 0 & 0 & 1 & -\frac{1}{2} \\ 0 & 0 & 1 & \frac{1}{2} \end{pmatrix}.$$

◀

Eine symmetrische Bilinearform hat viele verschiedene Diagonaldarstellungen

Obwohl der obige Algorithmus zum Diagonalisieren der Darstellungsmatrix eine ganz bestimmte Abfolge von Zeilen- und Spaltenumformungen vorschreibt, sind die diagonalisierten Darstellungsmatrizen der symmetrischen Bilinearform σ keinesfalls eindeutig.

So können wir in der Basis B mit $\boldsymbol{M}_B(\sigma) = \operatorname{diag}(a_{11}, \ldots, a_{nn})$ den Vektor $\boldsymbol{b}_i$ durch $\boldsymbol{b}_i' = \lambda \boldsymbol{b}_i$ ersetzen. Die Darstellungsmatrix behält Diagonalform, aber das Diagonalelement $\sigma(\boldsymbol{b}_i, \boldsymbol{b}_i) = a_{ii}$ aus $\boldsymbol{M}_B(\sigma)$ wird ersetzt durch $\sigma(\boldsymbol{b}_i', \boldsymbol{b}_i') = \lambda^2 a_{ii}$ in $\boldsymbol{M}_{B'}(\sigma)$.

Aber auch Basiswechsel mit $\boldsymbol{b}_i' \notin \mathbb{K}\, \boldsymbol{b}_i$ können erneut zu Diagonalmatrizen führen, wie das folgende Beispiel zeigt.

Beispiel Die Bilinearform auf $V = \mathbb{R}^2$ von S. 774 mit der kanonischen Darstellungsmatrix

$$\boldsymbol{M}_E(\sigma) = \begin{pmatrix} 1 & 1 \\ 1 & -5 \end{pmatrix}$$

hat bezüglich der Basis $B = \left(\begin{pmatrix} 1 \\ 1 \end{pmatrix}, \begin{pmatrix} 2 \\ 1 \end{pmatrix}\right)$ (siehe S. 775 und beachte Abb. 21.3) die Darstellungsmatrix

$$\boldsymbol{M}_B(\sigma) = \begin{pmatrix} -2 & 0 \\ 0 & 3 \end{pmatrix} = \operatorname{diag}(-2, 3)$$

in Diagonalform.

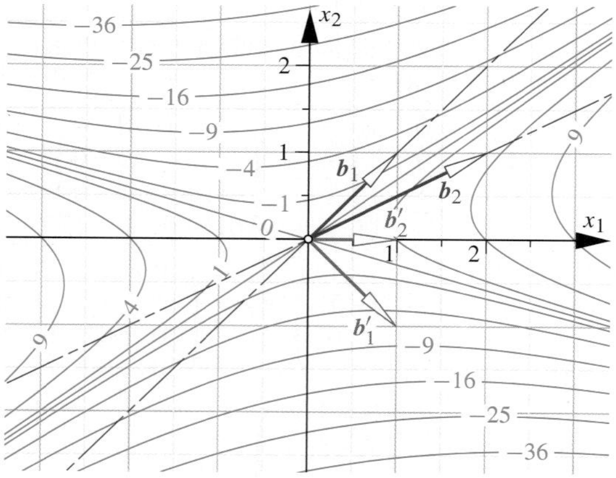

Abb. 21.3 Die Niveaulinien der quadratischen Form $\rho(\boldsymbol{x})$ aus Abb. 21.1 samt den diagonalisierenden Basen $B = (\boldsymbol{b}_1, \boldsymbol{b}_2)$ und $B' = (\boldsymbol{b}_1', \boldsymbol{b}_2')$

Aber auch die Basis

$$B' = (\boldsymbol{b}_1', \boldsymbol{b}_2') \text{ mit } \boldsymbol{b}_1' = \begin{pmatrix} 1 \\ -1 \end{pmatrix}, \ \boldsymbol{b}_2' = \begin{pmatrix} 1 \\ 0 \end{pmatrix}$$

(siehe Abb. 21.3) führt auf eine Diagonalmatrix, denn

$$\boldsymbol{M}_{B'}(\sigma) = \left(\sigma(\boldsymbol{b}_1', \boldsymbol{b}_2')\right) = \begin{pmatrix} -6 & 0 \\ 0 & 1 \end{pmatrix} = \operatorname{diag}(-6, 1).$$ ◀

Selbstfrage 2

Die Vektoren einer diagonalisierenden Basis spannen sogenannte *konjugierte Durchmesser* der Niveaulinien auf. Versuchen Sie, anhand der Abb. 21.3 und 21.4 herauszufinden, durch welche geometrische Eigenschaft konjugierte Durchmesser gekennzeichnet sind.

Für eine Diagonaldarstellung ist notwendig und hinreichend, dass $\sigma(\boldsymbol{b}_i, \boldsymbol{b}_j) = 0$ ist für alle $i \neq j$. Was haben die verschiedenen diagonalisierten Darstellungsmatrizen von σ gemein? Im Fall $\mathbb{K} = \mathbb{R}$ gibt es darauf eine Antwort, wie der folgende Abschnitt zeigt.

Reelle Bilinearformen haben eine eindeutige Signatur

Angenommen, die Darstellungsmatrix $\boldsymbol{M}_B(\sigma) \in \mathbb{R}^{n \times n}$ der Bilinearform σ hat Diagonalform. Dann kann jedes positive Diagonalelement a_{ii} durch die Wahl $\boldsymbol{b}_i' = \lambda \boldsymbol{b}_i$ mit $\lambda = 1/\sqrt{a_{ii}}$ auf 1 normiert werden. Bei einem negativen a_{ii} ergibt die Wahl $\lambda = 1/\sqrt{-a_{ii}}$ das Diagonalelement -1. Damit kommen in der Hauptdiagonale von $\boldsymbol{M}_{B'}(\sigma)$ nur mehr Werte aus $\{1, -1, 0\}$ vor. Nach einer eventuellen Umreihung der Basiselemente erreichen wir die folgende Normalform.

Normalform reeller symmetrischer Bilinearformen

Zu jeder symmetrischen Bilinearform σ vom Rang r auf dem n-dimensionalen reellen Vektorraum V gibt es eine Basis B' mit

$$\boldsymbol{M}_{B'}(\sigma) = \operatorname{diag}(a_{11}, \ldots, a_{nn}) \qquad (21.3)$$

bei

$$a_{11} = \cdots = a_{pp} = 1,$$
$$a_{p+1\,p+1} = \cdots = a_{rr} = -1,$$
$$a_{r+1\,r+1} = \cdots = a_{nn} = 0$$

und $0 \leq p \leq r \leq n$.

In den zugehörigen Koordinaten gilt

$$\sigma(\boldsymbol{x},\boldsymbol{y}) = x_1y_1 + \cdots + x_py_p - x_{p+1}y_{p+1} - \cdots - x_ry_r\,.$$

Wir werden sehen, dass diese spezielle Darstellungsmatrix von σ sogar eindeutig ist, und nennen sie die **Normalform** von σ. Zu ihrer Festlegung sind drei Zahlen erforderlich, die Anzahlen p der Einser, $(r-p)$ der Minus-Einser und $(n-r)$ der Nullen in der Hauptdiagonale von $\boldsymbol{M}_{B'}(\sigma)$. Dieses Zahlentripel

$$(p,\ r-p,\ n-r)$$

heißt **Signatur** von σ. Dabei sind diese drei Zahlen bereits vor der obigen Normierung als Anzahlen der positiven und negativen Einträge sowie der Nullen in der Hauptdiagonale von $\boldsymbol{M}_B(\sigma) = \operatorname{diag}(a_{11},\ldots,a_{nn})$ feststellbar.

Dass kongruente Matrizen denselben Rang r haben, wissen wir schon lange. Dass diese aber auch dasselbe p und damit dieselbe Signatur haben, muss erst bewiesen werden.

Mit jeder σ diagonalisierenden Basis sind gewisse Unterräume verknüpft: Für Vektoren $\boldsymbol{x} \in U_+ \setminus \{\boldsymbol{0}\}$ mit $U_+ = \mathbb{R}\,\boldsymbol{b}_1 + \cdots + \mathbb{R}\,\boldsymbol{b}_p$, also $\boldsymbol{x} = \sum_{i=1}^{p} x_i\,\boldsymbol{b}_i$, ist

$$\rho(\boldsymbol{x}) = \sigma(\boldsymbol{x},\boldsymbol{x}) = a_{11}x_1^2 + \cdots + a_{pp}x_p^2 > 0\,,$$

nachdem alle Koeffizienten positiv sind.

Analog ist für alle $\boldsymbol{x} \in U_- = \mathbb{R}\,\boldsymbol{b}_{p+1} + \cdots + \mathbb{R}\,\boldsymbol{b}_n$, also $\boldsymbol{x} = \sum_{i=p+1}^{n} x_i\,\boldsymbol{b}_i$,

$$\rho(\boldsymbol{x}) = a_{p+1\,p+1}x_{p+1}^2 + \cdots + a_{rr}x_r^2 \le 0\,,$$

denn die hier aufgeschriebenen Koeffizienten sind negativ und die restlichen Koordinaten $x_{r+1},\ldots,x_n$ kommen überhaupt nicht vor.

Wir vergleichen dies mit einer zweiten Diagonaldarstellung von σ: Die Basis $B' = (\boldsymbol{b}'_1,\ \ldots,\ \boldsymbol{b}'_n)$ bringe σ auf eine Diagonalform $\operatorname{diag}(a'_{11},\ \ldots,\ a'_{nn})$ mit p' positiven und $r-p'$ negativen Einträgen, also mit

$$\rho(\boldsymbol{b}'_i) = \begin{cases} a'_{ii} > 0 & \text{für } i = 1,\ \ldots,\ p'\,,\\ a'_{ii} < 0 & \text{für } i = p'+1,\ \ldots,\ r\,,\\ a'_{ii} = 0 & \text{für } i = r+1,\ \ldots,\ n\,.\end{cases}$$

Wir zeigen, dass die Annahme $p' \neq p$, also z. B. $p > p'$, auf einen Widerspruch führt.

Dazu konzentrieren wir uns auf die beiden Unterräume

$$U_+ = \mathbb{R}\,\boldsymbol{b}_1 + \cdots + \mathbb{R}\,\boldsymbol{b}_p \quad \text{mit } \dim U_+ = p$$

und

$$U'_- = \mathbb{R}\,\boldsymbol{b}'_{p'+1} + \cdots + \mathbb{R}\,\boldsymbol{b}'_n \quad \text{mit } \dim U'_- = n - p'.$$

Die Summe der Dimensionen von U_+ und U'_- beträgt $p + n - p' > n$. Daher ist nach der Dimensionsformel (siehe Abschn. 17.3)

$$\dim\left(U_+ \cap U'_-\right) \ge 1\,.$$

Es gibt also einen Vektor $\boldsymbol{x} \neq \boldsymbol{0}$ aus dem Durchschnitt dieser Unterräume, und dies führt zum offensichtlichen Widerspruch

$$\boldsymbol{x} \in U_+ \Rightarrow \rho(\boldsymbol{x}) > 0 \quad \text{und}$$
$$\boldsymbol{x} \in U'_- \Rightarrow \rho(\boldsymbol{x}) \le 0\,.$$

Somit bleibt $p' = p$.

Trägheitssatz von Sylvester

Alle diagonalisierten Darstellungsmatrizen der reellen symmetrischen Bilinearform σ weisen dieselbe Anzahl p von positiven Einträgen auf. Ebenso haben alle dieselbe Anzahl $r-p$ von negativen Einträgen. Also ist die Signatur $(p, r-p, n-r)$ von σ eindeutig.

Kommentar

1. Das etwas ungewohnte Wort „Trägheit" in diesem auf James J. Sylvester (1814–1897) zurückgehenden Ergebnis bezieht sich auf die Tatsache, dass sich die Signatur bei Basiswechseln, also beim Übergang zwischen kongruenten Darstellungsmatrizen nicht ändert.
2. Der Begriff *Signatur* wird in der Literatur nicht immer einheitlich verwendet: Manchmal bezeichnet man damit nur das Zahlenpaar $(p, r-p)$, vor allem dann, wenn die Dimension n von V von vornherein feststeht. Manchmal meint man damit die Folge der Vorzeichen, also etwa $(+++--0)$ anstelle des Tripels $(3, 2, 1)$. ◄

Selbstfrage 3

Bestimme Sie die Signatur der auf den S. 774, 775, 777 und 780 behandelten symmetrischen Bilinearform σ. Welche Basen B' bringen σ auf die Normalform (21.3)?

21.2 Hermitesche Sesquilinearformen

Die Aussage, dass die Darstellungsmatrix einer symmetrischen Bilinearform σ diagonalisierbar ist, gilt für $\mathbb{R}$ und $\mathbb{C}$. Von einer Signatur kann man nur sprechen, wenn zwischen positiven und negativen Elementen sinnvoll unterschieden werden kann. Dies trifft auf $\mathbb{R}$ zu, aber nicht auf $\mathbb{C}$. Und doch gilt ein Resultat ähnlichen Inhaltes auch noch für $\mathbb{C}$, allerdings nicht für die symmetrischen Bilinearformen, sondern für die im Kap. 20 bereits vorgestellten hermiteschen Sesquilinearformen. Wir wiederholen nochmals kurz deren Definition.

Wir setzen V als einen Vektorraum über $\mathbb{C}$ voraus. Eine Abbildung

$$\sigma : \begin{cases} V \times V & \to \quad \mathbb{C}\\ (\boldsymbol{x},\boldsymbol{y}) & \mapsto \quad \sigma(\boldsymbol{x},\boldsymbol{y})\end{cases}$$

heißt **Sesquilinearform**, wenn für alle $x, x', y, y' \in V$ und $\lambda \in \mathbb{K}$ gilt

$$\begin{aligned}\sigma(x + x', y) &= \sigma(x, y) + \sigma(x', y),\\ \sigma(\lambda x, y) &= \lambda\, \sigma(x, y),\\ \sigma(x, y + y') &= \sigma(x, y) + \sigma(x, y'),\\ \sigma(x, \lambda y) &= \overline{\lambda}\, \sigma(x, y),\end{aligned}$$

wobei $\overline{\lambda}$ die zu λ konjugiert komplexe Zahl bezeichnet. σ ist somit linear im ersten und halblinear im zweiten Argument, also insgesamt anderthalbfach (lateinisch: *sesqui*) linear.

Eine Sesquilinearform heißt nach Charles Hermite (1822–1901) **hermitesch**, wenn stets gilt:

$$\sigma(y, x) = \overline{\sigma(x, y)} \tag{21.4}$$

Selbstfrage 4

Warum kann eine Sesquilinearform nicht symmetrisch sein, d. h., warum führt eine generelle Forderung $\sigma(y, x) = \sigma(x, y)$ zu Widersprüchen?

Die durch eine hermitesche Sesquilinearform bestimmte Form

$$\rho : \begin{cases} V & \to \quad \mathbb{R} \\ x & \mapsto \quad \rho(x) = \sigma(x, x) \end{cases}$$

heißt **hermitesche Form** auf dem $\mathbb{C}$-Vektorraum V. Dass hier als Zielmenge $\mathbb{R}$ angegeben ist, ist kein Tippfehler, sondern wegen (21.4) $\sigma(y, x) = \overline{\sigma(x, y)}$ muss $\rho(x) = \overline{\rho(x)}$ und damit reell sein. Es macht also durchaus Sinn, von *positiv definiten* hermiteschen Formen zu sprechen, wenn für alle $x \in V \setminus \{0\}$ das $\rho(x) > 0$ ist. Und dieser Begriff wurde in Abschn. 20.5 auch schon verwendet.

Selbstfrage 5

Warum gilt für hermitesche Formen $\rho(\lambda x) = \lambda\, \overline{\lambda}\, \rho(x)$?

Alle Darstellungsmatrizen einer hermiteschen Sesquilinearform sind untereinander kongruent

Bei der Definition der *Darstellungsmatrix einer Sesquilinearform* können wir wie im Reellen vorgehen: Ist $B = (b_1, \ldots, b_n)$ eine geordnete Basis des endlichdimensionalen $\mathbb{C}$-Vektorraums V und

$$x = \sum_{i=1}^{n} x_i b_i \quad \text{sowie} \quad y = \sum_{j=1}^{n} y_j b_j,$$

so folgt aus unseren Regeln für Sesquilinearformen

$$\sigma(x, y) = \sigma\left(\sum_{i=1}^{n} x_i b_i, \sum_{j=1}^{n} y_j b_j\right) = \sum_{i,j=1}^{n} x_i\, \overline{y}_j\, \sigma(b_i, b_j).$$

Die n^2 Koeffizienten $\sigma(b_i, b_j)$ legen σ eindeutig fest und können in Form der *Darstellungsmatrix*

$$M_B(\sigma) = \big(\sigma(b_i, b_j)\big)$$

angeordnet werden.

Schreiben wir die Koordinaten aus, so bedeutet dies

$$\begin{aligned}\sigma(x, y) &= (x_1 \ldots x_n)\, M_B(\sigma) \begin{pmatrix} \overline{y}_1 \\ \vdots \\ \overline{y}_n \end{pmatrix} \\ &= {}_B x^{\mathrm{T}}\, M_B(\sigma)\, {}_B\overline{y}\,.\end{aligned} \tag{21.5}$$

Ist die Sesquilinearform überdies hermitesch, so hat deren Darstellungsmatrix die kennzeichnende Eigenschaft

$$M_B(\sigma)^{\mathrm{T}} = \overline{M_B(\sigma)}\,, \tag{21.6}$$

denn $a_{ji} = \sigma(b_j, b_i) = \overline{\sigma(b_i, b_j)} = \overline{a_{ij}}$. Derartige Matrizen aus $\mathbb{C}^{n\times n}$ heißen *hermitesch* (siehe Kap. 18).

Man beachte: Die Theorie der hermiteschen Sesquilinearformen umfasst jene der reellen symmetrischen Bilinearformen als Sonderfall. Wenn wir nämlich in der Darstellungsmatrix nur Einträge $a_{ij} \in \mathbb{R}$ zulassen, so handelt es sich um die Darstellungsmatrix einer reellen symmetrischen Bilinearform, nachdem die im hermiteschen Fall geforderte Bedingung (21.6) dann wegen $a_{ji} = \overline{a_{ij}} = a_{ij}$ eben nur die gewöhnliche Symmetrie bedeutet.

Wie lautet eine hermitesche Form $\rho(x)$, wenn sie in Koordinaten dargestellt wird? Wie kann man aus dieser Darstellung ersehen, dass $\rho(x)$ stets reell ist?

Wir spalten die Summe

$$\rho(x) = \sigma(x, x) = \sum_{i,j=1}^{n} a_{ij}\, x_i\, \overline{x}_j$$

auf in

$$\sum_{i=1}^{n} a_{ii} \underbrace{x_i\, \overline{x}_i}_{|x_i|^2} + \sum_{i<j} \underbrace{a_{ij}\, x_i\, \overline{x}_j}_{=z} + \sum_{i<j} \underbrace{a_{ji}}_{=\overline{a_{ij}}} x_j\, \overline{x}_i\,.$$

Somit bleibt

$$\rho(x) = \sum_{i} a_{ii} |x_i|^2 + \sum_{i<j} \underbrace{(a_{ij}\, x_i\, \overline{x}_j + \overline{a_{ij}}\, \overline{x}_i\, x_j)}_{z+\overline{z}} \in \mathbb{R}\,.$$

Hinsichtlich der Auswirkung elementarer Basiswechsel auf diese Darstellungsmatrix ist ein Unterschied zu den symmetrischen Bilinearformen festzustellen: Setzen wir $b_i' = b_i + \lambda\, b_j$, während alle anderen Basisvektoren unverändert bleiben, so wird das Element $a_{ik} = \sigma(b_i, b_k)$ aus $M_B(\sigma)$ zum Element

$$\sigma(b_i + \lambda\, b_j,\ b_k) = \sigma(b_i, b_k) + \lambda\, \sigma(b_j, b_k) = a_{ik} + \lambda\, a_{jk}$$

in der neuen Darstellungsmatrix $M_{B'}(\sigma)$. Dagegen wird $a_{ki} = \sigma(b_k, b_i)$ zu

$$\sigma(b_k,\ b_i + \lambda\, b_j) = \sigma(b_k, b_i) + \overline{\lambda}\, \sigma(b_k, b_j) = a_{ki} + \overline{\lambda}\, a_{kj}\,.$$

Es wird also beim Übergang von $\boldsymbol{M}_B(\sigma)$ zu $\boldsymbol{M}_{B'}(\sigma)$ einerseits zur i-ten Zeile die λ-fache j-te Zeile addiert, andererseits zur i-ten Spalte die $\overline{\lambda}$-fache j-Spalte. Jede elementare Zeilenumformung ist also hier mit der gleichartigen, jedoch konjugiert komplexen Spaltenumformung zu koppeln.

Dies bedeutet für die aus Elementarmatrizen zusammengefassten Transformationsmatrizen Folgendes.

Darstellungsmatrizen von Sesquilinearformen

Für die Darstellungsmatrizen der Sesquilinearform σ bezüglich der Basen B und B' gilt

$$\boldsymbol{M}_{B'}(\sigma) = ({}_B\boldsymbol{T}_{B'})^{\mathrm{T}}\, \boldsymbol{M}_B(\sigma)\, \overline{{}_B\boldsymbol{T}_{B'}} \qquad (21.7)$$

mit ${}_B\boldsymbol{T}_{B'} = \big(({}_B\boldsymbol{b}'_1, \dots, {}_B\boldsymbol{b}'_n)\big)$ als invertierbarer Matrix. Je zwei derartige Darstellungsmatrizen von σ heißen zueinander **hermitesch kongruent**.

Selbstfrage 6

Warum sind die zu einer hermiteschen Matrix kongruenten Matrizen wieder hermitesch?

Es lässt sich zeigen, dass man mithilfe dieser neuartig gekoppelten elementaren Zeilen- und Spaltenumformungen ganz ähnlich wie in dem oben vorstellten Algorithmus vorgehen und die hermitesche Darstellungsmatrizen diagonalisieren kann. Wir begnügen uns anstelle eines Beweises mit einem kleinen Zahlenbeispiel.

Beispiel Gesucht ist eine zu

$$\boldsymbol{A} = \begin{pmatrix} 1 & \mathrm{i} & -\mathrm{i} \\ -\mathrm{i} & 0 & 2-\mathrm{i} \\ \mathrm{i} & 2+\mathrm{i} & 1 \end{pmatrix}$$

hermitesch kongruente Diagonalmatrix.

Wir subtrahieren geeignete Vielfache der ersten Zeile und Spalten von den zweiten und dritten, um in der ersten Zeile und Spalte neben $a_{11} = 1$ nur mehr Nullen zu bekommen:

$$\begin{pmatrix} 1 & \mathrm{i} & -\mathrm{i} \\ -\mathrm{i} & 0 & 2-\mathrm{i} \\ \mathrm{i} & 2+\mathrm{i} & 1 \end{pmatrix} \xrightarrow[z_3-\mathrm{i}z_1]{z_2+\mathrm{i}z_1} \begin{pmatrix} 1 & \mathrm{i} & -\mathrm{i} \\ 0 & -1 & 3-\mathrm{i} \\ 0 & 3+\mathrm{i} & 0 \end{pmatrix}$$
$$\xrightarrow[s_3+\mathrm{i}s_1]{s_2-\mathrm{i}s_1} \begin{pmatrix} 1 & 0 & 0 \\ 0 & -1 & 3-\mathrm{i} \\ 0 & 3+\mathrm{i} & 0 \end{pmatrix}$$

Hierauf verfahren wir mit der Restmatrix ähnlich:

$$\begin{pmatrix} 1 & 0 & 0 \\ 0 & -1 & 3-\mathrm{i} \\ 0 & 3+\mathrm{i} & 0 \end{pmatrix} \xrightarrow{z_3+(3+\mathrm{i})z_2} \begin{pmatrix} 1 & 0 & 0 \\ 0 & -1 & 3-\mathrm{i} \\ 0 & 0 & 10 \end{pmatrix}$$
$$\xrightarrow{s_3+(3-\mathrm{i})s_2} \begin{pmatrix} 1 & 0 & 0 \\ 0 & -1 & 0 \\ 0 & 0 & 10 \end{pmatrix} = \operatorname{diag}(1, -1, 10)$$

Soll auch hier so wie auf S. 779 die Transformationsmatrix ${}_B\boldsymbol{T}_{B'}$ mitberechnet werden, so wenden wir auf die Einheitsmatrix $\mathbf{E}_3$ der Reihe nach die obigen Spaltenoperationen an. Dies führt zu $\overline{{}_B\boldsymbol{T}_{B'}}$:

$$\mathbf{E}_3 = \begin{pmatrix} 1 & 0 & 0 \\ 0 & 1 & 0 \\ 0 & 0 & 1 \end{pmatrix} \xrightarrow[s_3+\mathrm{i}s_1]{s_2-\mathrm{i}s_1} \begin{pmatrix} 1 & -\mathrm{i} & \mathrm{i} \\ 0 & 1 & 0 \\ 0 & 0 & 1 \end{pmatrix}$$
$$\xrightarrow{s_3+(3-\mathrm{i})s_2} \begin{pmatrix} 1 & -\mathrm{i} & -1-2\mathrm{i} \\ 0 & 1 & 3-\mathrm{i} \\ 0 & 0 & 1 \end{pmatrix} = \overline{{}_B\boldsymbol{T}_{B'}}$$

Zur Probe können wir für $\boldsymbol{M}_B(\sigma) = \boldsymbol{A}$ bestätigen:

$$({}_B\boldsymbol{T}_{B'})^{\mathrm{T}}\, \boldsymbol{M}_B(\sigma)\, \overline{{}_B\boldsymbol{T}_{B'}}$$
$$= \begin{pmatrix} 1 & 0 & 0 \\ \mathrm{i} & 1 & 0 \\ -1+2\mathrm{i} & 3+\mathrm{i} & 1 \end{pmatrix} \begin{pmatrix} 1 & \mathrm{i} & -\mathrm{i} \\ -\mathrm{i} & 0 & 2-\mathrm{i} \\ \mathrm{i} & 2+\mathrm{i} & 1 \end{pmatrix} \begin{pmatrix} 1 & -\mathrm{i} & -1-2\mathrm{i} \\ 0 & 1 & 3-\mathrm{i} \\ 0 & 0 & 1 \end{pmatrix}$$
$$= \begin{pmatrix} 1 & 0 & 0 \\ 0 & -1 & 0 \\ 0 & 0 & 10 \end{pmatrix} = \boldsymbol{M}_{B'}(\sigma)\,. \qquad ◂$$

Die Elemente in der Hauptdiagonalen einer hermiteschen Matrix sind wegen $\overline{a_{jj}} = a_{jj}$ stets reell. Man kann daher die positiven Diagonaleinträge wieder mittels $\boldsymbol{b}'_j = \lambda\, \boldsymbol{b}_j$ mit $\lambda = 1/\sqrt{a_{jj}}$ auf $+1$ normieren und die negativen mit $\lambda = 1/\sqrt{-a_{jj}}$ auf -1.

Nun ist eine Bemerkung fällig: Da wir mit komplexen Zahlen rechnen, könnte man z. B. bei $a_{jj} = -4$ auch den Basiswechsel $\boldsymbol{b}'_j = \frac{1}{2\mathrm{i}}\,\boldsymbol{b}_j$ vornehmen. Wird die j-te Zeile mit $\frac{1}{2\mathrm{i}} = -\frac{\mathrm{i}}{2}$ multipliziert, so muss die j-te Spalte mit dem konjugiert komplexen Wert $\frac{\mathrm{i}}{2}$ multipliziert werden. Beides zusammen ergibt als neues Diagonalelement aber erst wieder $\frac{1}{4}(-4) = -1$. Beide Möglichkeiten führen zu demselben Ergebnis.

Es gibt die Normalform aus (21.3) also auch für die hermiteschen Sesquilinearformen. Und auch der Trägheitssatz von Sylvester bleibt weiterhin gültig, denn wegen $\rho(\boldsymbol{x}) \in \mathbb{R}$ kann der obige Beweis wortwörtlich übernommen werden.

Trägheitssatz für Sesquilinearformen

Für hermitesche Sesquilinearformen σ gilt ebenfalls der Trägheitssatz von Silvester. σ hat eine eindeutige Signatur $(p,\ r-p,\ n-r)$, und es gibt stets Basen B, deren Darstellungsmatrix $\boldsymbol{M}_B(\sigma)$ die Normalform (21.3) aufweist.

Liegt eine positiv definite hermitesche Sesquilinearform vor, also mit der Signatur $(n, 0, 0)$ wie etwa beim Skalarprodukt in unitären Räumen, so gibt es Basen B mit der Einheitsmatrix als Darstellungsmatrix. In Koordinaten ausgedrückt nimmt dann die Sesquilinearform die kanonische Form

$$\sigma(\boldsymbol{x}, \boldsymbol{y}) = {}_B\boldsymbol{x}^{\mathrm{T}}\, \overline{{}_B\boldsymbol{y}} = x_1\,\overline{y}_1 + \cdots + x_n\,\overline{y}_n$$

an. Es ist also tatsächlich jede positiv definite hermitesche Sesquilinearform als ein Skalarprodukt mit den üblichen Eigenschaften aufzufassen. In diesem Sinn ist dann jede Basis B mit $M_B(\sigma) = \mathbf{E}_n$ *orthonormiert.*

Im Folgenden verwenden wir in dem $\mathbb{C}$-Vektorraum V zwei hermitesche Sesquilinearformen gleichzeitig: Eine davon soll positiv definit sein. Wir interpretieren diese als Skalarprodukt und wählen den Punkt als Verknüpfungssymbol. Der Vektorraum V wird dadurch zu einem *unitären Raum*. Die zweite Sesquilinearform behält die übliche Bezeichnung σ.

In unitären Räumen gibt es diagonalisierende Orthonormalbasen aus Eigenvektoren

Die bisher behandelten Basen, für welche die Darstellungsmatrix einer gegebenen hermiteschen Sesquilinearform σ Diagonalform hatte, wurden allein durch Zeilen- und Spaltenumformungen bestimmt. Die Basen unterlagen sonst keinerlei Einschränkung. Jetzt möchten wir uns aber aus all diesen Basen die orthonormierten heraussuchen. Dazu sind tiefer liegende Methoden erforderlich, aber diese wurden bereits im Kap. 20 hergeleitet, und wir brauchen nur mehr daran zu erinnern.

Wir gehen aus von einer beliebigen Basis B des n-dimensionalen Vektorraums V über $\mathbb{C}$ und bestimmen die Eigenvektoren der Transponierten $M_B(\sigma)^{\mathrm{T}}$, die so wie die Darstellungsmatrix $M_B(\sigma)$ hermitesch ist. Wir werden erkennen, dass es eine Basis aus Eigenvektoren gibt, die sogar orthonormiert ist. Zugleich hat die zugehörige Darstellungsmatrix von σ Diagonalgestalt. Die Vektoren dieser Basis spannen die **Hauptachsen** von σ auf, und daher bezeichnen wir die Eigenvektoren der Matrix $M_B(\sigma)^{\mathrm{T}}$ mit $\boldsymbol{h}_1, \ldots, \boldsymbol{h}_n$. Für die zugehörigen Eigenwerte $\lambda_1, \ldots, \lambda_n$ gilt

$$M_B(\sigma)^{\mathrm{T}}\, {}_B\boldsymbol{h}_i = \lambda_i\, {}_B\boldsymbol{h}_i \quad \text{für } i = 1, \ldots, n.$$

Dies wurde bereits im Kap. 18 bewiesen und in der Übersicht auf S. 669 zusammengefasst. Zum besseren Verständnis fügen wir aber die folgende kleine Rechnung an. Darin wird mehrfach zwischen dem durch den Punkt gekennzeichneten Skalarprodukt und der Matrizendarstellung gewechselt. Wir unterscheiden konsequent zwischen dem Vektor $\boldsymbol{x}$ und dessen Koordinatenvektor ${}_B\boldsymbol{x}$ bezüglich der Basis B, den wir in den Matrizenprodukten verwenden:

$$\begin{aligned}
\lambda_i(\boldsymbol{h}_i \cdot \boldsymbol{h}_j) &= (\lambda_i \boldsymbol{h}_i) \cdot \boldsymbol{h}_j = (\lambda_i\, {}_B\boldsymbol{h}_i)^{\mathrm{T}}\, {}_B\overline{\boldsymbol{h}_j} \\
&= \left(M_B(\sigma)^{\mathrm{T}}\, {}_B\boldsymbol{h}_i\right)^{\mathrm{T}}\, {}_B\overline{\boldsymbol{h}_j} \\
&= {}_B\boldsymbol{h}_i^{\mathrm{T}}\, M_B(\sigma)\, {}_B\overline{\boldsymbol{h}_j} \\
&= {}_B\boldsymbol{h}_i^{\mathrm{T}}\, \overline{M_B(\sigma)}^{\mathrm{T}}\, {}_B\overline{\boldsymbol{h}_j} \qquad (21.8) \\
&= {}_B\boldsymbol{h}_i^{\mathrm{T}} \left(\overline{M_B(\sigma)^{\mathrm{T}}\, {}_B\boldsymbol{h}_j}\right) \\
&= {}_B\boldsymbol{h}_i^{\mathrm{T}} \left(\overline{\lambda_j\, {}_B\boldsymbol{h}_j}\right) \\
&= \boldsymbol{h}_i \cdot (\lambda_j \boldsymbol{h}_j) = \overline{\lambda_j}(\boldsymbol{h}_i \cdot \boldsymbol{h}_j)
\end{aligned}$$

1. Für $i = j$ folgt aus dieser Gleichung $\lambda_i(\boldsymbol{h}_i \cdot \boldsymbol{h}_i) = \overline{\lambda_i}(\boldsymbol{h}_i \cdot \boldsymbol{h}_i)$ bei $\boldsymbol{h}_i \cdot \boldsymbol{h}_i \neq 0$ wegen $\boldsymbol{h}_i \neq \boldsymbol{0}$. Die Eigenwerte der hermiteschen Matrix $M_B(\sigma)$ sind also wegen $\lambda_i = \overline{\lambda_i}$ alle reell, das charakteristische Polynom zerfällt bereits über $\mathbb{R}$ in lauter Linearfaktoren.

2. Sind λ_i und λ_j zwei verschiedene Eigenwerte, so folgt aus (21.8) $\lambda_i(\boldsymbol{h}_i \cdot \boldsymbol{h}_j) = \overline{\lambda_j}(\boldsymbol{h}_i \cdot \boldsymbol{h}_j)$ für das Skalarprodukt $\boldsymbol{h}_i \cdot \boldsymbol{h}_j = 0$. Zwei zu verschiedenen Eigenwerten gehörige Eigenvektoren sind also zueinander orthogonal.

Schließlich könnte durch Induktion gezeigt werden, dass zu einem k-fachen Eigenwert λ einer hermiteschen Matrix M stets ein k-dimensionaler Eigenraum $\mathrm{Eig}_M(\lambda)$ gehört. Aus diesem lassen sich somit k orthonormierte Eigenvektoren auswählen. Dies ermöglicht insgesamt die genannte orthonormierte Basis aus Eigenvektoren $\boldsymbol{h}_1, \ldots, \boldsymbol{h}_n$.

Warum gehört zu dieser aus Eigenvektoren zusammengestellte orthonormierte Basis H eine Darstellungsmatrix $M_H(\sigma)$ in Diagonalform? Nach (21.5) ist

$$\begin{aligned}
\sigma(\boldsymbol{h}_i, \boldsymbol{h}_j) &= {}_B\boldsymbol{h}_i^{\mathrm{T}}\, M_B(\sigma)\, {}_B\overline{\boldsymbol{h}_j} \\
&= \left(M_B(\sigma)^{\mathrm{T}}\, {}_B\boldsymbol{h}_i\right)^{\mathrm{T}}\, {}_B\overline{\boldsymbol{h}_j} \\
&= (\lambda_i\, {}_B\boldsymbol{h}_i)^{\mathrm{T}}\, {}_B\overline{\boldsymbol{h}_j} \\
&= (\lambda_i \boldsymbol{h}_i) \cdot \boldsymbol{h}_j = \lambda_i(\boldsymbol{h}_i \cdot \boldsymbol{h}_j) = \lambda_i \delta_{ij}
\end{aligned}$$

unter Verwendung des Kroneckersymbols δ_{ij}. Also ist $M_H(\sigma) = \mathrm{diag}(\lambda_1, \ldots, \lambda_n)$.

Bei all diesen Rechnungen sind natürlich die reellen symmetrischen Bilinearformen als Sonderfall enthalten.

Transformation auf Hauptachsen

Zu jeder reellen symmetrischen Bilinearform bzw. hermiteschen Sesquilinearform σ auf einem n-dimensionalen euklidischen bzw. unitären Vektorraum gibt es eine orthonormierte Basis H, welche σ diagonalisiert.

Bei $M_H(\sigma) = \mathrm{diag}(\lambda_1, \ldots, \lambda_n)$ sind die λ_i die stets reellen Eigenwerte der Darstellungsmatrix $M_B(\sigma)$, sofern B die orthonormierte Ausgangsbasis ist. Die B-Koordinaten ${}_B\boldsymbol{h}_i$ der orthonormierten Vektoren aus H sind Eigenvektoren von $M_B(\sigma)^{\mathrm{T}}$.

Nachdem die Transformationsmatrix

$${}_B\boldsymbol{T}_H = (({}_B\boldsymbol{h}_1, \ldots, {}_B\boldsymbol{h}_n))$$

orthogonal ist, können wir auch sagen: Zu jeder reellen symmetrischen bzw. hermiteschen Matrix $\boldsymbol{M}$ gibt es eine orthogonale Matrix $\boldsymbol{T}$ derart, dass

$$\boldsymbol{M}' = \boldsymbol{T}^{\mathrm{T}} \boldsymbol{M}\, \overline{\boldsymbol{T}} = \mathrm{diag}(\lambda_1, \ldots, \lambda_n)$$

ist mit $\lambda_1, \ldots, \lambda_n \in \mathbb{R}$.

Kommentar Hinter dem obigen Jonglieren zwischen dem Skalarprodukt und der Sesquilinearform steht eine Gleichung der Art

$$\sigma(\boldsymbol{x},\boldsymbol{y}) = \varphi(\boldsymbol{x}) \cdot \boldsymbol{y} \quad \text{mit} \quad {}_B\boldsymbol{M}(\varphi)_B = \boldsymbol{M}_B(\sigma)^{\mathrm{T}}.$$

Die Sesquilinearform σ ist als ein Skalarprodukt darstellbar. Die transponierte Darstellungsmatrix $\boldsymbol{M}_B(\sigma)^{\mathrm{T}}$ stellt gleichzeitig eine lineare Abbildung φ dar. Eine orthonormierte Basis, welche σ diagonalisiert, muss auch φ diagonalisieren. Nach den Ergebnissen des Kap. 18 führt der Weg notwendigerweise über die Eigenwerte und -vektoren der Darstellungsmatrix. ◀

Die Vektoren unserer orthonormierten Basis H sind nicht eindeutig. Es kann z. B. $\boldsymbol{h}_i$ durch $-\boldsymbol{h}_i$ ersetzt werden. Treten zudem mehrfache Eigenwerte der Darstellungsmatrix $\boldsymbol{M}_B(\sigma)$ auf, ist also etwa λ_i ein k-facher Eigenwert, so ist der zugehörige Eigenraum $\mathrm{Eig}_{\boldsymbol{M}}(\lambda_i)$ k-dimensional, und in diesem Eigenraum sind dann k orthonormierte Eigenvektoren beliebig festsetzbar.

Beispiel Wir bestimmen die Hauptachsen der auf S. 774 und noch später mehrfach verwendeten reellen symmetrischen Bilinearform

$$\begin{aligned}\sigma(\boldsymbol{x},\boldsymbol{y}) &= x_1y_1 + x_1y_2 + x_2y_1 - 5x_2y_2\\ &= (x_1\ x_2)\begin{pmatrix}1 & 1\\ 1 & -5\end{pmatrix}\begin{pmatrix}y_1\\ y_2\end{pmatrix}.\end{aligned}$$

Zunächst berechnen wir die Eigenwerte als Nullstellen des charakteristischen Polynoms von $\boldsymbol{M}_E(\sigma)$

$$\det\begin{pmatrix}1-\lambda & 1\\ 1 & -5-\lambda\end{pmatrix} = (\lambda-1)(5+\lambda) - 1\,,$$

also die Wurzeln von

$$\lambda^2 + 4\lambda - 6 = 0\,.$$

Wir erhalten

$$\lambda_1 = -2 + \sqrt{10}, \quad \lambda_2 = -2 - \sqrt{10}$$

und als Lösungen der homogenen linearen Gleichungssysteme $(\boldsymbol{M}_E(\sigma) - \lambda_i\mathbf{E}_2)\boldsymbol{x} = 0$ die orthonormierte Basis $H = (\boldsymbol{h}_1, \boldsymbol{h}_2)$ mit

$$\boldsymbol{h}_{1,2} = \frac{1}{\sqrt{20 \pm 6\sqrt{10}}}\begin{pmatrix}3 \pm \sqrt{10}\\ 1\end{pmatrix}.$$

Die neue Darstellungsmatrix von σ lautet

$$\boldsymbol{M}_H(\sigma) = \begin{pmatrix}\lambda_1 & 0\\ 0 & \lambda_2\end{pmatrix} = \begin{pmatrix}-2+\sqrt{10} & 0\\ 0 & -2-\sqrt{10}\end{pmatrix}.$$

Die Abb. 21.4 mit den Niveaulinien von $\rho(\boldsymbol{x})$ verdeutlicht den Unterschied zwischen der nunmehr orthonormierten Basis und den früher verwendeten diagonalisierenden Basen in der Abb. 21.3. ◀

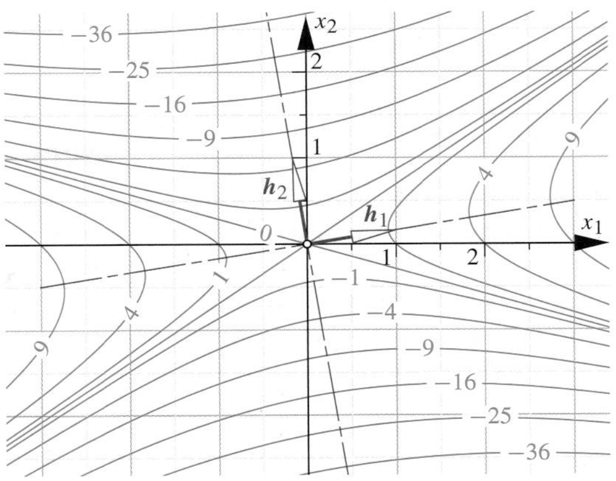

Abb. 21.4 Niveaulinien der quadratischen Form $\rho(\boldsymbol{x}) = x_1^2 + 2x_1x_2 - 5x_2^2$ mit der orthonormierten und gleichzeitig diagonalisierenden Basis $H = (\boldsymbol{h}_1, \boldsymbol{h}_2)$

Ein weiteres Zahlenbeispiel zur Hauptachsentransformation einer quadratischen und einer hermiteschen Form findet sich im Kap. 18 auf S. 670.

Wie auf S. 779 erwähnt, erfordert die Bestimmung diagonalisierender Basen deutlich weniger Aufwand als jene der Hauptachsen. Für einige Fragen müssen die Hauptachsen gar nicht bestimmt werden, so z. B. bei jener nach dem Typ einer Quadrik (siehe S. 789).

21.3 Quadriken und ihre Hauptachsentransformation

Schauplatz der vorhin behandelten Bilinear- und Sesquilinearformen war ein Vektorraum. Die nun folgenden Begriffe *quadratische Funktion* und *Quadrik* gehören zu einem affinen Raum. Wir werden daher anstelle von Vektoren zumeist von Punkten sprechen, und wir beschränken uns auf den reellen Fall.

Von den quadratischen Formen zu quadratischen Funktionen

Um quadratische Formen auf irgendeine Weise bildlich darstellen zu können, haben wir in den Abb. 21.1 oder 21.4 die Niveaulinien einer auf dem $\mathbb{R}^2$ definierten quadratischen Form ρ dargestellt. Das waren die von den Punkten $\boldsymbol{x}$ mit

$$\rho(\boldsymbol{x}) = x_1^2 + 2x_1x_2 - 5x_2^2 = c = \text{konst.}$$

gebildeten Kurven. In den genannten Abbildungen waren dies Hyperbeln oder Geradenpaare.

Wir verallgemeinern diese Punktmengen, indem wir im $\mathbb{R}^n$ neben der quadratischen Form ρ und der Konstanten auch noch eine Linearform, also eine lineare Abbildung $\varphi : \mathbb{R}^n \to \mathbb{R}$ einfügen.

Definition einer quadratischen Funktion

V sei ein Vektorraum über dem Körper $\mathbb{K} = \mathbb{R}$ oder $\mathbb{K} = \mathbb{C}$. Eine Abbildung

$$\psi : \begin{cases} V & \to \quad \mathbb{K} \\ \boldsymbol{x} & \mapsto \quad \psi(\boldsymbol{x}) = \rho(\boldsymbol{x}) + 2\varphi(\boldsymbol{x}) + a \end{cases}$$

mit einer quadratischen Form ρ, einer Linearform φ und einer Konstanten $a \in \mathbb{K}$ heißt **quadratische Funktion**.

Wir beschränken uns auf den Fall eines n-dimensionalen euklidischen Vektorraums V und setzen darin ein kartesisches Koordinatensystem mit dem Ursprung $\boldsymbol{o}$ und der orthonormierten geordneten Basis $B = (\boldsymbol{b}_1, \ldots, \boldsymbol{b}_n)$ voraus. Dann steht uns die symmetrische Darstellungsmatrix $\boldsymbol{A} = \boldsymbol{M}_B(\sigma) \in \mathbb{R}^{n\times n}$ der zu ρ gehörigen symmetrischen Bilinearform σ zur Verfügung und ebenso der Vektor $\boldsymbol{a}^{\mathrm{T}}$ als einzeilige Darstellungsmatrix der Linearform φ. Die quadratische Funktion hat also die Koordinatendarstellung

$$\psi(\boldsymbol{x}) = (\boldsymbol{x}^{\mathrm{T}}\boldsymbol{A}\,\boldsymbol{x}) + 2\,(\boldsymbol{a}^{\mathrm{T}}\boldsymbol{x}) + a \qquad (21.9)$$

mit $\boldsymbol{A}^{\mathrm{T}} = \boldsymbol{A}$ oder ausführlich

$$\psi(\boldsymbol{x}) = \sum_{i,j}^{n} a_{ij}x_ix_j + 2\sum_{i=1}^{n} a_ix_i + a \quad \text{bei} \quad a_{ji} = a_{ij}\,.$$

Nach dieser Definition zählt auch die Nullfunktion mit $\psi(\boldsymbol{x}) = 0$ für alle $\boldsymbol{x} \in \mathbb{R}^n$, also mit $\boldsymbol{A}$ als Nullmatrix, $\boldsymbol{a} = \boldsymbol{0}$ und $a = 0$ zu den quadratischen Funktionen.

Es liegt nahe, die n^2 Elemente a_{ik} von $\boldsymbol{A}$ zusammen mit den n Koordinaten $(a_1 \ \ldots \ a_n)$ des Vektors $\boldsymbol{a}^{\mathrm{T}}$ und der Konstanten a in eine symmetrische $(n+1)$-reihige Matrix zu packen, nämlich in

$$\boldsymbol{M}^*_{(o;B)}(\psi) = \left(\begin{array}{c|c} a & \boldsymbol{a}^{\mathrm{T}} \\ \hline \boldsymbol{a} & \boldsymbol{A} \end{array}\right) = \left(\begin{array}{c|ccc} a & a_1 & \ldots & a_n \\ \hline a_1 & a_{11} & \ldots & a_{1n} \\ \vdots & \vdots & & \vdots \\ a_n & a_{n1} & \ldots & a_{nn} \end{array}\right).$$

Wir nennen diese symmetrische Matrix aus $\mathbb{R}^{(n+1)\times(n+1)}$ die **erweiterte Darstellungsmatrix** der quadratischen Funktion ψ. So wie bereits in Abschn. 19.4 können wir die Koordinatenvektoren $\boldsymbol{x}$ der Punkte durch Hinzufügen der nullten Koordinate 1 zu Vektoren $\boldsymbol{x}^* \in \mathbb{R}^{n+1}$ erweitern. Dies führt auf die Matrizendarstellung der quadratischen Funktion:

$$\psi(\boldsymbol{x}) = {}_{(o;B)}\boldsymbol{x}^{*T}\,\boldsymbol{M}^*_{(o;B)}(\psi)\,{}_{(o;B)}\boldsymbol{x}^* \qquad (21.10)$$

oder ausführlich:

$$\psi(\boldsymbol{x}) = (1\ x_1 \ldots x_n)\begin{pmatrix} a & a_1 & \ldots & a_n \\ a_1 & a_{11} & \ldots & a_{1n} \\ \vdots & \vdots & & \vdots \\ a_n & a_{n1} & \ldots & a_{nn} \end{pmatrix}\begin{pmatrix} 1 \\ x_1 \\ \vdots \\ x_n \end{pmatrix}$$

Beispiel Die erweiterte Koeffizientenmatrix der quadratischen Funktion

$$\psi(\boldsymbol{x}) = 2x_1^2 - x_2^2 + 4x_1x_3 - 6x_2 - 2x_3 + 5\,,$$

also

$$\psi(\boldsymbol{x}) = (x_1\ x_2\ x_3)\begin{pmatrix} 2 & 0 & 2 \\ 0 & -1 & 0 \\ 2 & 0 & 0 \end{pmatrix}\begin{pmatrix} x_1 \\ x_2 \\ x_3 \end{pmatrix} + (0\ -6\ -2)\begin{pmatrix} x_1 \\ x_2 \\ x_3 \end{pmatrix} + 5$$

lautet

$$\boldsymbol{M}^*_{(\boldsymbol{0};E)}(\psi) = \left(\begin{array}{c|ccc} 5 & 0 & -3 & -1 \\ \hline 0 & 2 & 0 & 2 \\ -3 & 0 & -1 & 0 \\ -1 & 2 & 0 & 0 \end{array}\right).$$ ◄

In Verallgemeinerung der eingangs genannten Niveaulinien einer quadratischen Form interessieren wir uns nun für diejenigen Punkte $\boldsymbol{x}$ des Vektorraums V, welche die Gleichung $\psi(\boldsymbol{x}) = 0$ erfüllen, also für die *Nullstellenmenge* der quadratischen Funktion.

Definition einer Quadrik

Ist $\psi : \mathbb{R}^n \to \mathbb{R}$ eine von der Nullfunktion verschiedene quadratische Funktion, so ist deren Nullstellenmenge

$$Q(\psi) = \{\boldsymbol{x} \mid \psi(\boldsymbol{x}) = 0\} \subset \mathbb{R}^n$$

eine **Quadrik** des $\mathbb{R}^n$.

Beispiel 1. Die Quadrik des $\mathbb{R}^2$ mit der Gleichung

$$\psi(\boldsymbol{x}) = x_1^2 + x_2^2 - 1 = 0$$

ist der *Einheitskreis*.

2. Bei $\psi(\boldsymbol{x}) = x_1^2 - x_2^2$ besteht die Nullstellenmenge $Q(\psi)$ aus den Geraden mit den Gleichungen $x_1 \pm x_2 = 0$.

3. Bei $\psi(\boldsymbol{x}) = x_1^2$ ist die Nullstellenmenge eine einzige Gerade, nämlich die x_2-Achse $x_1 = 0$.

4. Bei $\psi(\boldsymbol{x}) = x_1^2 + x_2^2$ ist $Q(\psi) = \{\boldsymbol{0}\}$, d. h., die Quadrik besteht aus einem einzigen Punkt. ◄

Kommentar Die quadratische Funktion ψ bestimmt die zugehörige Quadrik $Q(\psi)$ eindeutig. Umgekehrt ist dies nicht der Fall. So haben z. B. die beiden Funktionen $\psi_1, \psi_2 : \mathbb{R}^2 \to \mathbb{R}$ mit

$$\psi_1(\boldsymbol{x}) = x_1^2 + x_2^2 \quad \text{und} \quad \psi_2(\boldsymbol{x}) = 2\,x_1^2 + x_2^2$$

dieselbe Nullstellenmenge $Q(\psi_1) = Q(\psi_2) = \{\boldsymbol{0}\}$. Erst über $\mathbb{C}^2$ ist die zu einer Quadrik gehörige quadratische Funktion bis auf einen Faktor eindeutig, außer $\psi(\boldsymbol{x})$ ist das Quadrat einer linearen Funktion. Es haben nämlich z. B. die quadratischen Funktionen

$$\psi_1(\boldsymbol{x}) = x_1 \quad \text{und} \quad \psi_2(\boldsymbol{x}) = x_1^2$$

selbst über $\mathbb{C}^2$ dieselbe Nullstellenmenge. ◄

Koordinatentransformationen können die Gleichung einer Quadrik vereinfachen

Unser Ziel ist es, eine Übersicht über alle möglichen Quadriken zu bekommen. Wir erreichen dies, indem wir durch spezielle Wahl der kartesischen Koordinaten die quadratische Funktion ψ und damit die Q definierende Gleichung auf eine der auf S. 789 angegebenen *Normalformen* bringen. Durch einen Basiswechsel gelingt es, die Matrix $\boldsymbol{A}$ zu diagonalisieren, und die enthaltene Linearform kann zumeist durch eine Verschiebung des Koordinatenursprungs zum Verschwinden gebracht werden.

Beispiel Die quadratische Funktion $\psi : \mathbb{R}^2 \to \mathbb{R}$ mit

$$\psi(\boldsymbol{x}) = 9x_1^2 - 4x_1x_2 + 6x_2^2 - 32x_1 - 4x_2 + 24$$

bestimmt als Nullstellenmenge $Q(\psi)$ eine Ellipse mit den Achsenlängen 1 und $\sqrt{2}$ (siehe Abb. 21.5), denn nach Umrechnung auf die Koordinaten

$$\begin{pmatrix} x_1' \\ x_2' \end{pmatrix} = \frac{1}{\sqrt{5}}\begin{pmatrix} -3 \\ -4 \end{pmatrix} + \frac{1}{\sqrt{5}}\begin{pmatrix} 2 & -1 \\ 1 & 2 \end{pmatrix}\begin{pmatrix} x_1 \\ x_2 \end{pmatrix} \tag{21.11}$$

wird dieselbe Punktmenge $Q(\psi)$ durch die Gleichung

$$x_1'^2 + \tfrac{1}{2}x_2'^2 - 1 = 0$$

beschrieben (siehe Typ 2a auf S. 792).

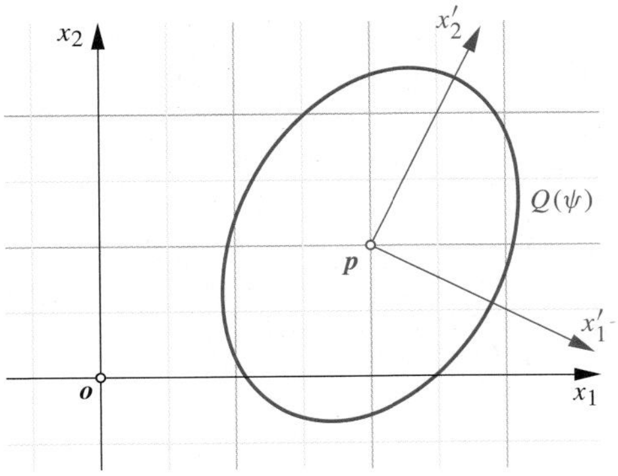

Abb. 21.5 Die Quadrik $Q(\psi)$ zur quadratischen Funktion $\psi(\boldsymbol{x}) = 9x_1^2 - 4x_1x_2 + 6x_2^2 - 32x_1 - 4x_2 + 24$ ist eine Ellipse

Wir können dies durch Nachrechnen überprüfen. Dazu bestimmen wir zunächst die Umkehrtransformation zu (21.11). Nachdem die dort auftretende 2×2-Matrix orthogonal ist, ist ihre Inverse die Transponierte, und wir erhalten

$$\begin{aligned}\begin{pmatrix} x_1 \\ x_2 \end{pmatrix} &= \frac{1}{\sqrt{5}}\begin{pmatrix} 2 & 1 \\ -1 & 2 \end{pmatrix}\begin{pmatrix} x_1' + 3/\sqrt{5} \\ x_2' + 4/\sqrt{5} \end{pmatrix} \\ &= \begin{pmatrix} 2 \\ 1 \end{pmatrix} + \frac{1}{\sqrt{5}}\begin{pmatrix} 2 & 1 \\ -1 & 2 \end{pmatrix}\begin{pmatrix} x_1' \\ x_2' \end{pmatrix}.\end{aligned}$$

Dies setzen wir in der obigen quadratischen Funktion $\psi(\boldsymbol{x})$ ein und erhalten nach einiger Rechnung die oben angeführte einfache Gleichung.

Warum genau die Koordinatentransformation (21.11) auf diese einfache Gleichung führt, soll im Folgenden geklärt werden. ◄

Die Transformation einer Quadrikengleichung auf Normalform erfolgt in zwei Schritten

Wir beginnen damit, die Auswirkungen eines allgemeinen Koordinatenwechsels auf eine quadratische Funktion zu untersuchen. Dabei beschränken wir uns weiterhin aber auf kartesische Koordinatensysteme. Wir betreiben in diesem Sinn die euklidische Geometrie der Quadriken und nicht deren affine Geometrie.

Ersetzen wir das Koordinatensystem $(\boldsymbol{o}; B)$ durch das System $(\boldsymbol{p}; B')$, so bedeutet dies für die Koordinaten desselben Punktes $\boldsymbol{x}$ (vergleiche Abschn. 19.4)

$${}_{(\boldsymbol{o};B)}\boldsymbol{x} = \boldsymbol{p} + {}_B\boldsymbol{T}_{B'}\,{}_{(\boldsymbol{p};B')}\boldsymbol{x}\,,$$

wobei die Matrix ${}_B\boldsymbol{T}_{B'}$ orthogonal, also $({}_B\boldsymbol{T}_{B'})^{-1} = ({}_B\boldsymbol{T}_{B'})^{\mathrm{T}}$ ist. Wir setzen dies in (21.9) ein, wobei wir kurz $\boldsymbol{T}$ für die Transformationsmatrix ${}_B\boldsymbol{T}_{B'}$ und $\boldsymbol{x}'$ anstelle von ${}_{(\boldsymbol{p};B')}\boldsymbol{x}$ schreiben:

$$\begin{aligned}\psi(\boldsymbol{x}) &= (\boldsymbol{p}^{\mathrm{T}} + \boldsymbol{x}'^{T}\boldsymbol{T}^{\mathrm{T}})\boldsymbol{A}(\boldsymbol{p} + \boldsymbol{T}\boldsymbol{x}') + 2\boldsymbol{a}^{\mathrm{T}}(\boldsymbol{p} + \boldsymbol{T}\boldsymbol{x}') + a \\ &= \boldsymbol{x}'^{T}(\boldsymbol{T}^{\mathrm{T}}\boldsymbol{A}\,\boldsymbol{T})\boldsymbol{x}' + \left(\boldsymbol{p}^{\mathrm{T}}\boldsymbol{A}\,\boldsymbol{T}\boldsymbol{x}' + \boldsymbol{x}'^{T}\boldsymbol{T}^{\mathrm{T}}\boldsymbol{A}\boldsymbol{p} + 2\boldsymbol{a}^{\mathrm{T}}\boldsymbol{T}\boldsymbol{x}'\right) \\ &\quad + \left(\boldsymbol{p}^{\mathrm{T}}\boldsymbol{A}\boldsymbol{p} + 2\boldsymbol{a}^{\mathrm{T}}\boldsymbol{p} + a\right)\end{aligned}$$

Wir formen den mittleren, in $\boldsymbol{x}'$ linearen Term noch etwas um: Wegen $\boldsymbol{A}^{\mathrm{T}} = \boldsymbol{A}$ können wir für die reelle Zahl $\boldsymbol{x}'^{T}\boldsymbol{T}^{\mathrm{T}}\boldsymbol{A}\boldsymbol{p}$ auch schreiben

$$\boldsymbol{x}'^{T}\boldsymbol{T}^{\mathrm{T}}\boldsymbol{A}\boldsymbol{p} = (\boldsymbol{x}'^{T}\boldsymbol{T}^{\mathrm{T}}\boldsymbol{A}\boldsymbol{p})^{\mathrm{T}} = \boldsymbol{p}^{\mathrm{T}}\boldsymbol{A}\,\boldsymbol{T}\boldsymbol{x}'.$$

Deshalb bleibt als linearer Term

$$2\boldsymbol{p}^{\mathrm{T}}\boldsymbol{A}\,\boldsymbol{T}\boldsymbol{x}' + 2\boldsymbol{a}^{\mathrm{T}}\boldsymbol{T}\boldsymbol{x}' = 2\,(\boldsymbol{p}^{\mathrm{T}}\boldsymbol{A} + \boldsymbol{a}^{\mathrm{T}})\boldsymbol{T}\boldsymbol{x}'$$

und insgesamt

$$\begin{aligned}\psi(\boldsymbol{x}) &= \boldsymbol{x}'^{T}\boldsymbol{A}'\boldsymbol{x}' + 2\boldsymbol{a}'^{T}\boldsymbol{x}' + a' \quad \text{mit} \\ \boldsymbol{A}' &= \boldsymbol{T}^{\mathrm{T}}\boldsymbol{A}\,\boldsymbol{T}, \\ \boldsymbol{a}' &= \boldsymbol{T}^{\mathrm{T}}\,(\boldsymbol{A}\boldsymbol{p} + \boldsymbol{a}) \\ a' &= \boldsymbol{p}^{\mathrm{T}}\boldsymbol{A}\boldsymbol{p} + 2\boldsymbol{a}^{\mathrm{T}}\boldsymbol{p} + a = \psi(\boldsymbol{p}).\end{aligned} \tag{21.12}$$

Teil III

Wenn wir diesen Koordinatenwechsel so wie im Kap. 19 durch die erweiterte Transformationsmatrix $\boldsymbol{T}^*$ beschreiben, also in der Form

$$\boldsymbol{x}^* = \begin{pmatrix} 1 \\ \boldsymbol{x} \end{pmatrix} = \begin{pmatrix} 1 & \boldsymbol{0}^{\mathrm{T}} \\ \boldsymbol{p} & \boldsymbol{T} \end{pmatrix} \begin{pmatrix} 1 \\ \boldsymbol{x}' \end{pmatrix} = \boldsymbol{T}^* \boldsymbol{x}'^*,$$

so erhalten wir die neue erweiterte Darstellungsmatrix $\boldsymbol{M}^*_{(\boldsymbol{p};B')}(\psi)$ auch direkt als das Matrizenprodukt

$$\begin{pmatrix} 1 & \boldsymbol{p}^{\mathrm{T}} \\ \boldsymbol{0} & \boldsymbol{T}^{\mathrm{T}} \end{pmatrix} \begin{pmatrix} a & \boldsymbol{a}^{\mathrm{T}} \\ \boldsymbol{a} & \boldsymbol{A} \end{pmatrix} \begin{pmatrix} 1 & \boldsymbol{0}^{\mathrm{T}} \\ \boldsymbol{p} & \boldsymbol{T} \end{pmatrix}.$$

Der Rang der erweiterten Matrix bleibt unverändert, weil $\boldsymbol{T}^*$ invertierbar ist.

Nun können wir darangehen, durch eine geeignete Wahl der Basis B' und des Koordinatenursprungs $\boldsymbol{p}$ die transformierte quadratische Funktion aus (21.12) zu vereinfachen.

Schritt 1: Wir diagonalisieren die quadratische Form und eliminieren damit alle gemischten Summanden $a_{ij}x_iy_j$ mit $i \neq j$:

Nachdem die symmetrischen Darstellungsmatrizen $\boldsymbol{A}'$ und $\boldsymbol{A}$ der quadratischen Form ρ zueinander kongruent sind, können wir als orthonormierte Basis $B' = H$ eine aus Eigenvektoren von $\boldsymbol{A}$ wählen. Die Transformationsmatrix lautet

$${}_B\boldsymbol{T}_H = (({}_B\boldsymbol{h}_1, \ldots, {}_B\boldsymbol{h}_n)).$$

Damit wird $\boldsymbol{A}'$ zur Diagonalmatrix $\operatorname{diag}(\lambda_1, \ldots, \lambda_n)$ mit den Eigenwerten λ_i von $\boldsymbol{A}$. Deren Vorzeichenverteilung ergibt sich aus der Signatur $(p,\ r-p,\ n-r)$ von $\boldsymbol{A}$. Wir können jedenfalls die p positiven Eigenwerte zu Beginn reihen, anschließend bei $r = \operatorname{rg}(\boldsymbol{A})$ die $r-p$ negativen und schließlich die $n-r$ Nullen.

Wenn wir die positiven Eigenwerte λ_i durch $1/\alpha_i^2$ ersetzen und die negativen durch $-1/\alpha_i^2$ bei $\alpha_i > 0$, so folgt als quadratischer Anteil in der transformierten quadratischen Funktion

$$\begin{aligned} \boldsymbol{x}'^T\boldsymbol{A}'\boldsymbol{x}' &= \lambda_1 x_1'^2 + \cdots + \lambda_r x_r'^2 \\ &= \frac{x_1'^2}{\alpha_1^2} + \cdots + \frac{x_p'^2}{\alpha_p^2} - \frac{x_{p+1}'^2}{\alpha_{p+1}^2} - \cdots - \frac{x_r'^2}{\alpha_r^2} \end{aligned}$$

mit $0 \leq p \leq r = \operatorname{rg}(\boldsymbol{A}) \leq n$.

Schritt 2: Nach der Beseitigung der gemischten Summanden verlagern wir den Ursprung derart, dass die linearen Summanden a_ix_i weitgehend verschwinden.

Um in dem neuen Koordinatensystem gleichzeitig die Linearfunktion zum Verschwinden zu bringen, muss $\boldsymbol{a}' = \boldsymbol{0}$ sein. Wegen der Invertierbarkeit von $\boldsymbol{T}$ in (21.12) ist hierfür notwendig und hinreichend, dass der neue Koordinatenursprung $\boldsymbol{p}$ das inhomogene lineare Gleichungssystem

$$\boldsymbol{A}\,\boldsymbol{x} = -\boldsymbol{a} \qquad (21.13)$$

löst. Hier sind zwei Fälle zu unterscheiden.

Fall a: Das System (21.13) ist lösbar: Nach den Ergebnissen von Kap. 14 wird in diesem Fall der Rang nicht größer, wenn zur Koeffizientenmatrix die Absolutspalte hinzugefügt wird, also

$$\operatorname{rg}(\boldsymbol{A} \mid \boldsymbol{a}) = \operatorname{rg}(\boldsymbol{A}) = r\,.$$

Jede Lösung $\boldsymbol{m}$ dieses Gleichungssystems heißt **Mittelpunkt** der Quadrik. Das Koordinatensystem $(\boldsymbol{m}; H)$ bringt die Gleichung der Quadrik auf die Form

$$\frac{x_1'^2}{\alpha_1^2} + \cdots + \frac{x_p'^2}{\alpha_p^2} - \frac{x_{p+1}'^2}{\alpha_{p+1}^2} - \cdots - \frac{x_r'^2}{\alpha_r^2} + a' = 0\,.$$

Die Lösungsmenge dieser Gleichung, also die Quadrik $Q(\psi)$, bleibt unverändert, wenn wir die Gleichung mit einem Faktor $\neq 0$ multiplizieren. Bei $a' \neq 0$ können wir durch die Multiplikation mit $-1/a'$ die Konstante auf -1 normieren. Bei $a' = 0$ erreichen wir durch eine etwaige Multiplikation mit -1, dass die Anzahl der positiven Diagonaleinträge in $\boldsymbol{A}'$ nicht kleiner ist als jene der negativen.

Die Bezeichnung *Mittelpunkt* für die Lösungen von (21.13) ist berechtigt, denn mit $\boldsymbol{x}' \in Q(\psi)$ ist stets auch $-\boldsymbol{x}' \in Q(\psi)$, da alle Koordinaten $x_1', \ldots, x_n'$ von $\boldsymbol{x}'$ nur im Quadrat auftauchen. Der Punkt $\boldsymbol{m}$ ist also tatsächlich ein *Symmetriezentrum* der Quadrik.

Bei $r = \operatorname{rg}(\boldsymbol{A}) < n$ gibt es mehr als einen Mittelpunkt; jeder Punkt aus $\boldsymbol{m} + \operatorname{Eig}_{\boldsymbol{A}}(0)$ löst das inhomogene Gleichungssystem, denn der $(n-r)$-dimensionale Eigenraum zum Eigenwert 0 – übrigens das Radikal der quadratischen Form ρ von $\psi(\boldsymbol{x})$ – ist genau die Lösungsmenge des zu (21.13) gehörigen homogenen Systems $\boldsymbol{A}\,\boldsymbol{x} = \boldsymbol{0}$ (Kap. 14).

Verschwindet die Konstante a', so gehört der Mittelpunkt $a' = \psi(\boldsymbol{m})$ gemäß (21.12) der Quadrik an. In diesem Fall ist die quadratische Funktion homogen; alle Summanden sind vom Grad 2. Die zugehörige Quadrik heißt *kegelig*. Mit jedem von $\boldsymbol{m}$ verschiedenen Punkt $\boldsymbol{x}'$ gehört die ganze Verbindungsgerade der Quadrik an, denn dann ist

$$\sum_{i=1}^{r} \lambda_i (t x_i')^2 = t^2 \sum_{i=1}^{r} \lambda_i x_i'^2 = 0 \ \text{ für alle } t \in \mathbb{R}\,.$$

Fall b: Das System (21.13) ist nicht lösbar, es gibt keinen Mittelpunkt. Nun ist $r = \operatorname{rg}(\boldsymbol{A}) < \operatorname{rg}(\boldsymbol{A} \mid \boldsymbol{a}) \leq n$.

Dieser eher selten auftretende Fall macht leider deutlich mehr Mühe. Es wird sich zeigen, dass hier nicht alle linearen Summanden a_ix_i eliminiert werden können. Der Term $2\,x_n$ taucht weiterhin auf.

Hier zerlegen wir $\boldsymbol{a}$ in eine Summe $\boldsymbol{a}_0 + \boldsymbol{a}_1$ zweier zueinander normaler Vektoren. Dabei soll das zu $\boldsymbol{a}_1$ gehörige inhomogene Gleichungssystem lösbar sein, also $\operatorname{rg}(\boldsymbol{A} \mid \boldsymbol{a}_1) = \operatorname{rg}(\boldsymbol{A})$. Damit kann dann in der quadratischen Funktion

$$\psi(\boldsymbol{x}) = \boldsymbol{x}^{\mathrm{T}}\boldsymbol{A}\,\boldsymbol{x} + 2\,\boldsymbol{a}_0^{\mathrm{T}}\boldsymbol{x} + 2\,\boldsymbol{a}_1^{\mathrm{T}}\boldsymbol{x} + a$$

der zweite lineare Summand zum Verschwinden gebracht werden, indem als Ursprung $\boldsymbol{p}$ eine Lösung von $\boldsymbol{A}\,\boldsymbol{x} = \boldsymbol{a}_1$ gewählt wird.

Im parabolischen Fall bleibt ein linearer Term in der Quadrikengleichung bestehen

Wie diese Zerlegung $\boldsymbol{a} = \boldsymbol{a}_0 + \boldsymbol{a}_1$ genau funktioniert, wird klar, wenn wir den Schritt 1 bereits erledigt haben. Nach Wahl der Basis H aus Eigenvektoren ist die Darstellungsmatrix der quadratischen Form diagonalisiert. Setzen wir also $\boldsymbol{A} = \operatorname{diag}(\lambda_1, \ldots, \lambda_r, 0, \ldots, 0)$ voraus. Dann hat das inhomogene Gleichungssystem $\boldsymbol{A}\,\boldsymbol{x} = -\boldsymbol{a}$ aus (21.13) Stufenform:

$$\begin{array}{ccc} \lambda_1 x_1 & & = -a_1 \\ & \ddots & \vdots \\ & \lambda_r x_r & = -a_r \\ & 0 & = -a_{r+1} \\ & \vdots & \vdots \\ & 0 & = -a_n \end{array}$$

Hier bezeichnen $a_1, \ldots, a_n$ die H-Koordinaten von $\boldsymbol{a}$. Wir setzen nun

$$ {}_H\boldsymbol{a}_1 = \begin{pmatrix} a_1 \\ \vdots \\ a_r \\ 0 \\ \vdots \\ 0 \end{pmatrix} \quad \text{und} \quad {}_H\boldsymbol{a}_0 = \begin{pmatrix} 0 \\ \vdots \\ 0 \\ a_{r+1} \\ \vdots \\ a_n \end{pmatrix}.$$

$\boldsymbol{a}_1$ liegt im Bildraum $\operatorname{Im}(\varphi_A) = \langle \boldsymbol{h}_1, \ldots, \boldsymbol{h}_r \rangle$ der linearen Abbildung

$$\varphi_A : \boldsymbol{x} = \begin{pmatrix} x_1 \\ \vdots \\ x_r \\ x_{r+1} \\ \vdots \\ x_n \end{pmatrix} \mapsto \boldsymbol{A}\,\boldsymbol{x} = \begin{pmatrix} \lambda_1 x_1 \\ \vdots \\ \lambda_r x_r \\ 0 \\ \vdots \\ 0 \end{pmatrix}.$$

Dieser wird ja von den Bildern der Basisvektoren aufgespannt, also von $\boldsymbol{A}\,\boldsymbol{h}_i = \lambda_i \boldsymbol{h}_i$, wobei aber $\lambda_{r+1} = \cdots = \lambda_m = 0$ sind.

Die zweite Komponente $\boldsymbol{a}_0$ liegt in dem zum Bildraum $\operatorname{Im}(\varphi_A)$ orthogonalen Kern

$$\operatorname{Ker}(\varphi_A) = \langle \boldsymbol{h}_{r+1}, \ldots, \boldsymbol{h}_n \rangle = \operatorname{Eig}_A(0),$$

also der Lösungsmenge von $\boldsymbol{A}\,\boldsymbol{x} = \boldsymbol{0}$. Nach Voraussetzung ist $\boldsymbol{a}_0 \neq \boldsymbol{0}$.

Wegen der freien Wahl der letzten $n - r$ Basisvektoren $\boldsymbol{h}_{r+1}, \ldots, \boldsymbol{h}_n$ innerhalb von $\operatorname{Eig}_A(0)$ dürfen wir den letzten in Richtung von $\boldsymbol{a}_0$ festsetzen. Dann ist in ${}_H\boldsymbol{a}_0$ nur die letzte Koordinate $\neq 0$, etwa ${}_H\boldsymbol{a}_0 = a_n \boldsymbol{h}_n$, womit in $\psi(\boldsymbol{x})$ nur mehr ein einziger linearer Term übrigbleibt, nämlich $2\,a_n x_n$. Wegen $r < n$ kommt in $\psi(\boldsymbol{x})$ sicherlich kein x_n^2 vor.

Nun können wir noch die Konstante gleich null machen, indem wir den Ursprung $\boldsymbol{p}$ durch ein geeignetes $\boldsymbol{p}' = \boldsymbol{p} + \lambda\,\boldsymbol{h}_n$ ersetzen. Dies bedeutet, wir substituieren $x_n = x_n' - \lambda$, während alle anderen Koordinaten unverändert bleiben. Auf der linken Seite der Quadrikengleichung folgt

$$\sum_{i=1}^{r} \lambda_i x_i^2 + 2\,a_n(x_n' - \lambda) + a\,.$$

Die Wahl $\lambda = a/2a_n$ beseitigt die Konstante.

Schließlich können wir noch erreichen (gegebenenfalls nach Multiplikation mit -1), dass unter den quadratischen Summanden die Anzahl der positiven nicht kleiner ist als jene der negativen. Nach der Division durch $|a_n|$ wird der Koeffizienten von x_n zu 2 oder -2. Im erstgenannten Fall können wir den Basisvektor $\boldsymbol{h}_n$ noch umorientieren, also x_n durch $-x_n$ ersetzen.

Damit haben wir die nachstehend angeführten Normalformen von Quadrikengleichungen erreicht.

Klassifikation der reellen Quadriken

Es gibt drei Normalformen von Quadrikengleichungen:

Typ 1 (**kegeliger Typ**):
$0 \leq p \leq r \leq n, p \geq r - p,$
$\operatorname{rg}(\boldsymbol{A}^*) = \operatorname{rg}(\boldsymbol{A} \mid \boldsymbol{a}) = \operatorname{rg}(\boldsymbol{A}) = r$:

$$\frac{x_1^2}{\alpha_1^2} + \cdots + \frac{x_p^2}{\alpha_p^2} - \frac{x_{p+1}^2}{\alpha_{p+1}^2} - \cdots - \frac{x_r^2}{\alpha_r^2} = 0$$

Typ 2 (**Mittelpunktsquadrik**):
$0 \leq p \leq r \leq n,$
$\operatorname{rg}(\boldsymbol{A}^*) > \operatorname{rg}(\boldsymbol{A} \mid \boldsymbol{a}) = \operatorname{rg}(\boldsymbol{A}) = r$:

$$\frac{x_1^2}{\alpha_1^2} + \cdots + \frac{x_p^2}{\alpha_p^2} - \frac{x_{p+1}^2}{\alpha_{p+1}^2} - \cdots - \frac{x_r^2}{\alpha_r^2} - 1 = 0$$

Typ 3 (**parabolischer Typ**):
$0 \leq p \leq r < n, p \geq r - p,$
$\operatorname{rg}(\boldsymbol{A} \mid \boldsymbol{a}) > \operatorname{rg}(\boldsymbol{A}) = r$:

$$\frac{x_1^2}{\alpha_1^2} + \cdots + \frac{x_p^2}{\alpha_p^2} - \frac{x_{p+1}^2}{\alpha_{p+1}^2} - \cdots - \frac{x_r^2}{\alpha_r^2} - 2\,x_n = 0$$

Die in diesen Normalformen auftretenden wichtigen Kennzahlen p und r ergeben sich aus der Signatur der Darstellungsmatrix $\boldsymbol{A}$. Diese sind auch allein durch kombinierte Zeilen- und Spaltenumformungen bestimmbar, also ohne Berechnung der Eigenwerte. Auch die Entscheidung, um welchen Typ es sich handelt, kann ohne die Transformation auf Hauptachsen getroffen werden, nämlich allein anhand der Ränge der Matrizen $\boldsymbol{A}$, $(\boldsymbol{A}\,|\,\boldsymbol{a})$ und der erweiterten Darstellungsmatrix $\boldsymbol{A}^*$.

Wenn wir die auf Hauptachsen gebrachte Quadrik vom Typ 2 mit der Geraden $\boldsymbol{m} + \boldsymbol{h}_i\mathbb{R}$ für $i \le p$ schneiden, so lauten die i-ten Koordinaten der Schnittpunkte

$$x_i^2/\alpha_i^2 - 1 = 0 \text{ also } x_i = \pm\alpha_i\,.$$

Diese Geraden heißen *Hauptachsen* der Quadrik. Die α_i sind die **Achsenlängen**, also die Abstände des Mittelpunktes von den Schnittpunkten der Achsen mit der Quadrik. Diese Schnittpunkte sind die **Scheitel** der Quadrik.

Warum die Quadriken von Typ 3, also jene ohne Mittelpunkt, auch *parabolisch* genannt werden, zeigen die Fälle in der auf S. 794 folgenden Auflistung der Quadriken im $\mathbb{R}^2$ und $\mathbb{R}^3$.

Beispiel Wir bringen die Ellipse aus Abb. 21.5 mit der Gleichung

$$\psi(\boldsymbol{x}) = 9x_1^2 - 4x_1x_2 + 6x_2^2 - 32x_1 - 4x_2 + 24 = 0$$

auf Normalform.

In der Bezeichnung von (21.9) ist

$$\boldsymbol{A} = \begin{pmatrix} 9 & -2 \\ -2 & 6 \end{pmatrix}, \quad \boldsymbol{a} = \begin{pmatrix} -16 \\ -2 \end{pmatrix} \quad \text{und } a = 24\,.$$

Als Nullstellen des charakteristischen Polynoms

$$\det(\boldsymbol{A} - \lambda\mathbf{E}_2) = \det\begin{pmatrix} 9-\lambda & -2 \\ -2 & 6-\lambda \end{pmatrix} = \lambda^2 - 15\lambda + 50$$

erhalten wir die Eigenwerte

$$\lambda_1 = 10, \quad \lambda_2 = 5$$

und als orthonormierte Basis von Eigenvektoren

$$\boldsymbol{h}_1 = \frac{1}{\sqrt{5}}\begin{pmatrix} 2 \\ -1 \end{pmatrix}, \quad \boldsymbol{h}_2 = \frac{1}{\sqrt{5}}\begin{pmatrix} 1 \\ 2 \end{pmatrix}.$$

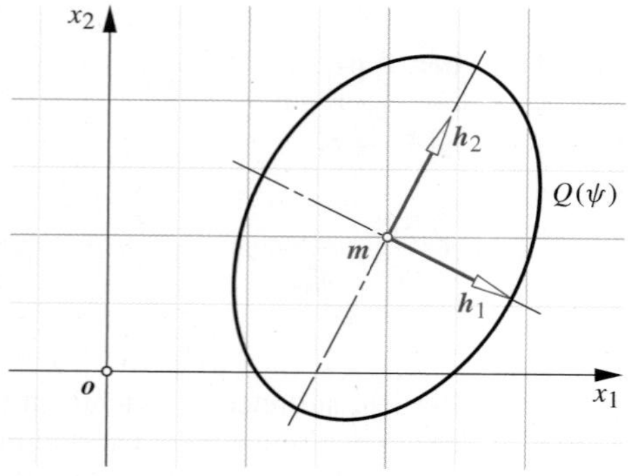

Abb. 21.6 Die Quadrik $9x_1^2 - 4x_1x_2 + 6x_2^2 - 32x_1 - 4x_2 + 24$ ist eine Ellipse mit den Achsenlängen 1 und $\sqrt{2}$

Das Gleichungssystem (21.13)

$$\boldsymbol{A}\,\boldsymbol{x} = -\boldsymbol{a}$$

für den Mittelpunkt ist eindeutig lösbar und liefert

$$\boldsymbol{m} = \begin{pmatrix} 2 \\ 1 \end{pmatrix}.$$

Die Umrechnung auf das Koordinatensystem $(\boldsymbol{m}; H)$ gemäß

$$\begin{pmatrix} x_1 \\ x_2 \end{pmatrix} = {}_E\boldsymbol{T}_H \begin{pmatrix} x_1' \\ x_2' \end{pmatrix} + \boldsymbol{m}$$

mit ${}_E\boldsymbol{T}_H = ((\boldsymbol{h}_1, \boldsymbol{h}_2))$, also

$$\begin{pmatrix} x_1 \\ x_2 \end{pmatrix} = \frac{1}{\sqrt{5}}\begin{pmatrix} 2 & 1 \\ -1 & 2 \end{pmatrix}\begin{pmatrix} x_1' \\ x_2' \end{pmatrix} + \begin{pmatrix} 2 \\ 1 \end{pmatrix}$$

bringt die Quadrikengleichung mit (21.12) auf die vereinfachte Form

$$\lambda_1 x_1'^2 + \lambda_2 x_2'^2 + \psi(\boldsymbol{m}) = 10x_1'^2 + 5x_2'^2 - 10 = 0$$

und nach Division durch 10 auf die Normalform

$$x_1'^2 + \tfrac{1}{2}x_2'^2 - 1 = 0$$

mit $\alpha_1 = 1$ und $\alpha_2 = \sqrt{2}$. ◀

Ein Beispiel mit einem parabolischen Typ folgt auf S. 791.

Die Quadriken in der Ebene und im Raum

Wir beginnen mit der Aufzählung aller Quadriken im $\mathbb{R}^2$.

Typ 1, kegelig: Die Bedingungen $0 \le p \le r \le 2$ und $p \ge r - p$ für (r, p) ergeben drei wesentlich verschiedene Nullstellenmengen:

1a) $(r,p) = (2,2)$, $\psi(\boldsymbol{x}) = \frac{x_1^2}{\alpha_1^2} + \frac{x_2^2}{\alpha_2^2}$, $Q(\psi) = \{\boldsymbol{0}\}$,
1b) $(r,p) = (2,1)$, $\psi(\boldsymbol{x}) = \frac{x_1^2}{\alpha_1^2} - \frac{x_2^2}{\alpha_2^2}$, $Q(\psi)$ umfasst zwei Geraden,
1c) $(r,p) = (1,1)$, $\psi(\boldsymbol{x}) = x_1^2$, $Q(\psi)$ ist eine Gerade.

Die quadratische Funktion $\psi(\boldsymbol{x})$ im Fall 1b ist *reduzibel*, denn

$$\frac{x_1^2}{\alpha_1^2} - \frac{x_2^2}{\alpha_2^2} = \left(\frac{x_1}{\alpha_1} + \frac{x_2}{\alpha_2}\right)\left(\frac{x_1}{\alpha_1} - \frac{x_2}{\alpha_2}\right).$$

Beispiel: Normalform einer parabolischen Quadrik

Die durch die quadratische Funktion $\psi : \mathbb{R}^3 \to \mathbb{R}$ mit $\psi(\boldsymbol{x}) = x_1^2 + 2x_1x_2 + x_2^2 + 4x_1 + 2x_2 - 4x_3 - 3$ festgelegte Quadrik $Q(\psi)$ ist durch Wahl eines geeigneten kartesischen Koordinatensystems auf Normalform zu bringen.

Problemanalyse und Strategie: Wir gehen wie oben beschrieben vor: Zunächst spalten wir $\psi(\boldsymbol{x})$ auf in die Summe aus der quadratischen Form $\boldsymbol{x}^T\boldsymbol{A}\,\boldsymbol{x} = x_1^2 + 2x_1x_2 + x_2^2$, der Linearform $2\,\boldsymbol{a}^T\boldsymbol{x} = 4x_1 + 2x_2 - 4x_3$ und der Konstanten $a = -3$. In Schritt 1 bestimmen wir die Hauptachsen der quadratischen Form. Hingegen erweist sich das lineare Gleichungssystem $\boldsymbol{A}\,\boldsymbol{x} = -\boldsymbol{a}$ aus (21.13) zur Berechnung eines Mittelpunktes in Schritt 2 als unlösbar. Daher wird $\boldsymbol{a}$ aufgespaltet in zwei zueinander orthogonale Komponenten $\boldsymbol{a} = \boldsymbol{a}_0 + \boldsymbol{a}_1$ mit $\boldsymbol{a}_1 \in \mathrm{Im}(\varphi_A)$ und $\boldsymbol{a}_0 \in \mathrm{Ker}(\varphi_A) = \mathrm{Eig}_A(0)$. Der letzte Vektor $\boldsymbol{h}_3$ unserer Basis entsteht durch Normierung von $\boldsymbol{a}_0$. Schließlich wird durch Verschiebung des Ursprungs noch die Konstante zum Verschwinden gebracht.

Lösung: Es ist

$$\boldsymbol{A} = \begin{pmatrix} 1 & 1 & 0 \\ 1 & 1 & 0 \\ 0 & 0 & 0 \end{pmatrix}, \quad \boldsymbol{a} = \begin{pmatrix} 2 \\ 1 \\ -2 \end{pmatrix}, \quad a = -3 .$$

Das charakteristische Polynom

$$\det(\boldsymbol{A} - \lambda \mathbf{E}_3) = -\lambda^2(\lambda - 2)$$

ergibt den einfachen Eigenwert $\lambda_1 = 2$ und den zweifachen Eigenwert $\lambda_2 = 0$. Der zu λ_1 gehörige normierte Eigenvektor

$$\boldsymbol{h}_1 = \frac{1}{\sqrt{2}} \begin{pmatrix} 1 \\ 1 \\ 0 \end{pmatrix}$$

spannt den Bildraum $\mathrm{Im}(\varphi_A)$ auf. Dazu orthogonal ist der Eigenraum $\mathrm{Eig}_A(0) = \mathrm{Ker}(\varphi_A)$.

$\boldsymbol{a}$ liegt offensichtlich nicht in $\mathrm{Im}(\varphi_A)$. Also liegt eine parabolische Quadrik vor und wir müssen $\boldsymbol{a}$ aufspalten. Die Komponente $\boldsymbol{a}_1$ von $\boldsymbol{a}$ in Richtung des Bildraums ist über das Skalarprodukt mit $\boldsymbol{h}_1$ zu berechnen:

$$\boldsymbol{a}_1 = (\boldsymbol{a} \cdot \boldsymbol{h}_1)\boldsymbol{h}_1 = \frac{3}{2} \begin{pmatrix} 1 \\ 1 \\ 0 \end{pmatrix}.$$

Somit bleibt

$$\boldsymbol{a}_0 = \boldsymbol{a} - \boldsymbol{a}_1 = \frac{1}{2} \begin{pmatrix} 1 \\ -1 \\ -4 \end{pmatrix}.$$

Normierung von $\boldsymbol{a}_0$ ergibt den dritten Basisvektor

$$\boldsymbol{h}_3 = \frac{1}{3\sqrt{2}} \begin{pmatrix} 1 \\ -1 \\ -4 \end{pmatrix}$$

und weiter als Vektorprodukt

$$\boldsymbol{h}_2 = \boldsymbol{h}_3 \times \boldsymbol{h}_1 = \frac{1}{3} \begin{pmatrix} 2 \\ -2 \\ 1 \end{pmatrix}.$$

Den Ursprung $\boldsymbol{p}$ unseres Koordinatensystems verlegen wir zunächst in eine spezielle Lösung von $\boldsymbol{A}\,\boldsymbol{x} = -\boldsymbol{a}_1$, nämlich

$$\boldsymbol{p} = \begin{pmatrix} -3/2 \\ 0 \\ 0 \end{pmatrix}.$$

Wir verwenden die Formeln aus (21.12), um auf das kartesische Koordinatensystem $(\boldsymbol{p}; H)$ mit ${}_E\boldsymbol{T}_H = ((\boldsymbol{h}_1, \boldsymbol{h}_2, \boldsymbol{h}_3))$ umzurechnen. Es entstehen

$$\boldsymbol{A}' = \begin{pmatrix} 2 & 0 & 0 \\ 0 & 0 & 0 \\ 0 & 0 & 0 \end{pmatrix}, \quad \boldsymbol{a}' = \begin{pmatrix} 0 \\ 0 \\ 3/\sqrt{2} \end{pmatrix}, \quad a' = -\frac{27}{4}.$$

Die vereinfachte Gleichung lautet somit

$$2\,x_1'^2 + 3\,x_3'\sqrt{2} - 27/4 = 0 .$$

Die letzten beiden Summanden fassen wir zu

$$3\sqrt{2}\left(x_3' - \frac{27}{12\sqrt{2}}\right) = 3\sqrt{2}\left(x_3' - \frac{9}{4\sqrt{2}}\right)$$

zusammen und ersetzen x_3' durch $x_3'' = x_3' - 9/4\sqrt{2}$. Dies bedeutet, dass wir den Ursprung $\boldsymbol{p}$ ersetzen durch

$$\boldsymbol{p}' = \boldsymbol{p} + \frac{9}{4\sqrt{2}}\boldsymbol{h}_3 = \begin{pmatrix} -9/8 \\ -3/8 \\ -3/2 \end{pmatrix}.$$

Schließlich multiplizieren wir die vereinfachte Gleichung noch mit $2/3\sqrt{2}$ und kehren die Richtung der dritten Koordinatenachse um, indem wir $x_3' = -x_3''$ setzen. Zur Vermeidung eines Linkskoordinatensystems kehren wir auch die x_2'-Achse um. Mithilfe der orthonormierten Basis $H' = (\boldsymbol{h}_1, -\boldsymbol{h}_2, -\boldsymbol{h}_3)$ und dem Ursprung $\boldsymbol{p}'$ erhalten wir die Normalform

$$\frac{4}{3\sqrt{2}}\,x_1'^2 - 2\,x_3' = 0$$

eines parabolischen Zylinders (siehe S. 794). Dabei genügt die dahinterstehende Koordinatentransformation der Gleichung

$$\begin{pmatrix} x_1 \\ x_2 \\ x_3 \end{pmatrix} = \frac{1}{3\sqrt{2}} \begin{pmatrix} 3 & -2\sqrt{2} & -1 \\ 3 & 2\sqrt{2} & 1 \\ 0 & -\sqrt{2} & 4 \end{pmatrix} \begin{pmatrix} x_1' \\ x_2' \\ x_3' \end{pmatrix} - \frac{3}{8} \begin{pmatrix} 3 \\ 1 \\ 4 \end{pmatrix}$$

oder umgekehrt

$$\begin{pmatrix} x_1' \\ x_2' \\ x_3' \end{pmatrix} = \frac{1}{3\sqrt{2}} \begin{pmatrix} 3 & 3 & 0 \\ -2\sqrt{2} & 2\sqrt{2} & -\sqrt{2} \\ -1 & 1 & 4 \end{pmatrix} \begin{pmatrix} x_1 \\ x_2 \\ x_3 \end{pmatrix} + \frac{1}{4\sqrt{2}} \begin{pmatrix} 6 \\ -4\sqrt{2} \\ 7 \end{pmatrix}.$$

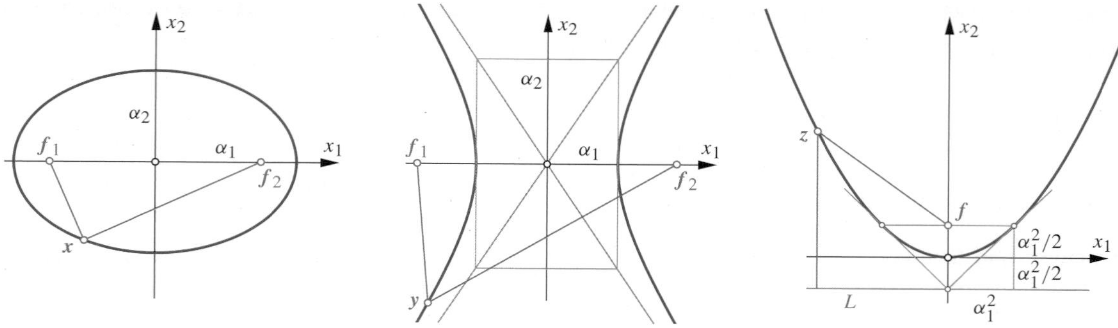

Abb. 21.7 Die Punkte $\boldsymbol{x}$ der Ellipse (links) mit den Achsenlängen $\alpha_1 > \alpha_2$ und den Brennpunkten $\boldsymbol{f}_{1/2} = (\pm e, 0)^{\mathrm{T}}$ bei $e = \sqrt{\alpha_1^2 - \alpha_2^2}$ erfüllen die Bedingung $\|\boldsymbol{x} - \boldsymbol{f}_1\| + \|\boldsymbol{x} - \boldsymbol{f}_2\| = 2\alpha_1$. Die Punkte $\boldsymbol{y}$ der Hyperbel (Mitte) mit den Achsenlängen α_1, α_2 und den Brennpunkten $\boldsymbol{f}_{1/2} = (\pm e, 0)^{\mathrm{T}}$, $e = \sqrt{\alpha_1^2 + \alpha_2^2}$, sind durch $|\,\|\boldsymbol{y} - \boldsymbol{f}_1\| - \|\boldsymbol{y} - \boldsymbol{f}_2\|\,| = 2\alpha_1$ gekennzeichnet. Die Punkte $\boldsymbol{z}$ der Parabel (rechts) haben vom Brennpunkt $\boldsymbol{f} = (0, \alpha_1^2/2)^{\mathrm{T}}$ und von der Leitgeraden L mit der Gleichung $x_2 = -\alpha_1^2/2$ dieselbe Entfernung

Typ 2, Mittelpunktsquadriken: Hier bleiben zwei Fälle:

2a) $(r, p) = (2, 2)$, $\psi(\boldsymbol{x}) = \frac{x_1^2}{\alpha_1^2} + \frac{x_2^2}{\alpha_2^2} - 1$, $Q(\psi)$ ist eine **Ellipse**,

2b) $(r, p) = (2, 1)$, $\psi(\boldsymbol{x}) = \frac{x_1^2}{\alpha_1^2} - \frac{x_2^2}{\alpha_2^2} - 1$, $Q(\psi)$ ist eine **Hyperbel**,

2c) $(r, p) = (2, 0)$, $\psi(\boldsymbol{x}) = -\frac{x_1^2}{\alpha_1^2} - \frac{x_2^2}{\alpha_2^2} - 1$, $Q(\psi) = \emptyset$,

2d) $(r, p) = (1, 1)$, $\psi(\boldsymbol{x}) = \frac{x_1^2}{\alpha_1^2} - 1$, $Q(\psi)$ besteht aus zwei parallelen Geraden,

2e) $(r, p) = (1, 0)$, $\psi(\boldsymbol{x}) = -\frac{x_1^2}{\alpha_1^2} - 1$, $Q(\psi) = \emptyset$.

Eine Ellipse mit $\alpha_1 = \alpha_2$ ist natürlich ein Kreis mit dem Radius α_1. Gilt bei der Ellipse $\alpha_1 > \alpha_2$, so heißt die erste Koordinatenachse *Hauptachse* und α_1 *Hauptachsenlänge* zum Unterschied von der *Nebenachse* und der *Nebenachsenlänge* α_2.

Dieselben Bezeichnungen werden auch bei der Hyperbel mit der obigen Normalform verwendet, wobei aber nur die Hauptachse reelle Scheitel trägt. Die durch die Hyperbelmitte gehenden Geraden mit der Gleichung $\frac{x_1}{\alpha_1} = \pm\frac{x_2}{\alpha_2}$ heißen *Asymptoten*. Sie sind die Nullstellenmenge der Quadrik $\frac{x_1^2}{\alpha_1^2} - \frac{x_2^2}{\alpha_2^2} = 0$ vom Typ 1b.

Typ 3, parabolisch: Als einzige Normalformen bleiben

3a) $(r, p) = (1, 1)$, $\psi(\boldsymbol{x}) = \frac{x_1^2}{\alpha_1^2} - 2x_2$, $Q(\psi)$ ist eine **Parabel** mit dem *Scheitel* in $\boldsymbol{0}$,

3b) $(r, p) = (0, 0)$, $\psi(\boldsymbol{x}) = -x_2$, $Q(\psi)$ ist eine Gerade.

Die Konstante α_1^2 in der Parabelgleichung heißt *Parameter* (siehe Abb. 21.7).

Die Kegelschnitte, also Ellipse, Parabel und Hyperbel, haben trotz ihres verschiedenen Aussehens viele Gemeinsamkeiten. So treten sie alle als Lösungskurven des Einkörperproblems auf

Abb. 21.8 Hyperbelbogen bei der von Santiago Calatrava entworfenen Alamillobrücke in Sevilla, einer Schrägseilbrücke mit einer Spannweite von 200 m

Abb. 21.9 Beispiele von *Wurfparabeln*

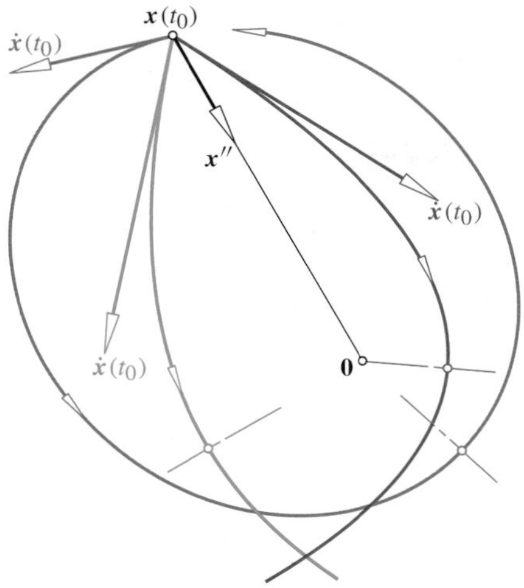

Abb. 21.10 Die Lösungskurven des Einkörperproblems (siehe Kap. 28) sind Kegelschnitte. Dargestellt sind mögliche Bahnen des Massenpunktes $x(t_0)$ bei verschiedenen Anfangsgeschwindigkeiten $\dot{x}(t_0)$, und zwar eine Ellipse (*blau*), eine Hyperbel (*grün*) und eine Parabel (*rot*)

(siehe Kap. 28). Die Abb. 21.10 illustriert, wie die Bahnen von der Wahl der Anfangsgeschwindigkeit $\dot{x}(t_0)$ im gemeinsamen Anfangspunkt $x(t_0)$ abhängen.

Im $\mathbb{R}^3$ sind deutlich mehr Fälle zu unterscheiden:

Typ 1, kegelig: Für (r, p) sind nunmehr die Bedingungen $0 \leq p \leq r \leq 3$ und $p \geq r - p$ einzuhalten. Dies führt auf folgende fünf verschiedene Typen:

1a′) $(r, p) = (3, 3)$, $\psi(x) = \frac{x_1^2}{\alpha_1^2} + \frac{x_2^2}{\alpha_2^2} + \frac{x_3^2}{\alpha_3^2}$, $Q(\psi) = \{\mathbf{0}\}$,

1b′) $(r, p) = (3, 2)$, $\psi(x) = \frac{x_1^2}{\alpha_1^2} + \frac{x_2^2}{\alpha_2^2} - \frac{x_3^2}{\alpha_3^2}$, $Q(\psi)$ ist ein quadratischer Kegel,

1c′) $(r, p) = (2, 2)$, $\psi(x) = \frac{x_1^2}{\alpha_1^2} + \frac{x_2^2}{\alpha_2^2}$, $Q(\psi)$ ist eine Gerade,

1d′) $(r, p) = (2, 1)$, $\psi(x) = \frac{x_1^2}{\alpha_1^2} - \frac{x_2^2}{\alpha_2^2}$, $Q(\psi)$ besteht aus zwei Ebenen,

1e′) $(r, p) = (1, 1)$, $\psi(x) = x_1^2$, $Q(\psi)$ ist eine Ebene.

Typ 2, Mittelpunktsquadriken: Hier gibt es neun Fälle:

2a′) $(r, p) = (3, 3)$, $\psi(x) = \frac{x_1^2}{\alpha_1^2} + \frac{x_2^2}{\alpha_2^2} + \frac{x_3^2}{\alpha_3^2} - 1$, $Q(\psi)$ ist ein **Ellipsoid**,

2b′) $(r, p) = (3, 2)$, $\psi(x) = \frac{x_1^2}{\alpha_1^2} + \frac{x_2^2}{\alpha_2^2} - \frac{x_3^2}{\alpha_3^2} - 1$, $Q(\psi)$ ist ein **einschaliges Hyperboloid**,

2c′) $(r, p) = (3, 1)$, $\psi(x) = \frac{x_1^2}{\alpha_1^2} - \frac{x_2^2}{\alpha_2^2} - \frac{x_3^2}{\alpha_3^2} - 1$, $Q(\psi)$ ist ein **zweischaliges Hyperboloid**,

2d′) $(r, p) = (3, 0)$, $\psi(x) = -\frac{x_1^2}{\alpha_1^2} - \frac{x_2^2}{\alpha_2^2} - \frac{x_3^2}{\alpha_3^2} - 1$, $Q(\psi) = \emptyset$,

2e′) $(r, p) = (2, 2)$, $\psi(x) = \frac{x_1^2}{\alpha_1^2} + \frac{x_2^2}{\alpha_2^2} - 1$, $Q(\psi)$ ist ein **elliptischer Zylinder**,

2f′) $(r, p) = (2, 1)$, $\psi(x) = \frac{x_1^2}{\alpha_1^2} - \frac{x_2^2}{\alpha_2^2} - 1$, $Q(\psi)$ ist ein **hyperbolischer Zylinder**,

2g′) $(r, p) = (2, 0)$, $\psi(x) = -\frac{x_1^2}{\alpha_1^2} - \frac{x_2^2}{\alpha_2^2} - 1$, $Q(\psi) = \emptyset$,

2h′) $(r, p) = (1, 1)$, $\psi(x) = x_1^2 - 1$, $Q(\psi)$ besteht aus zwei parallelen Ebenen,

2i′) $(r, p) = (1, 0)$, $\psi(x) = -x_1^2 - 1$, $Q(\psi) = \emptyset$.

Ein Ellipsoid mit paarweise verschiedenen Achsenlängen heißt *dreiachsig* (siehe Abb. 21.13 links). Bei zwei gleichen Achsenlängen spricht man von einem *Drehellipsoid*, dem *eiförmigen* oder verlängerten mit $\alpha_1 > \alpha_2 = \alpha_3$ und dem *linsenförmigen*, abgeplatteten oder verkürzten mit $\alpha_1 = \alpha_2 > \alpha_3$ (siehe Abb. 21.14). Der Sonderfall $\alpha_1 = \alpha_2 = \alpha_3$ ergibt eine Kugel.

Beide Hyperboloide (siehe Abb. 21.13 Mitte und rechts) besitzen einen *Asymptotenkegel* $\frac{x_1^2}{\alpha_1^2} \pm \frac{x_2^2}{\alpha_2^2} - \frac{x_3^2}{\alpha_3^2} = 0$. Bei $\alpha_1 = \alpha_2$ im einschaligen Fall und $\alpha_2 = \alpha_3$ im zweischaligen entstehen Drehflächen.

Teil III

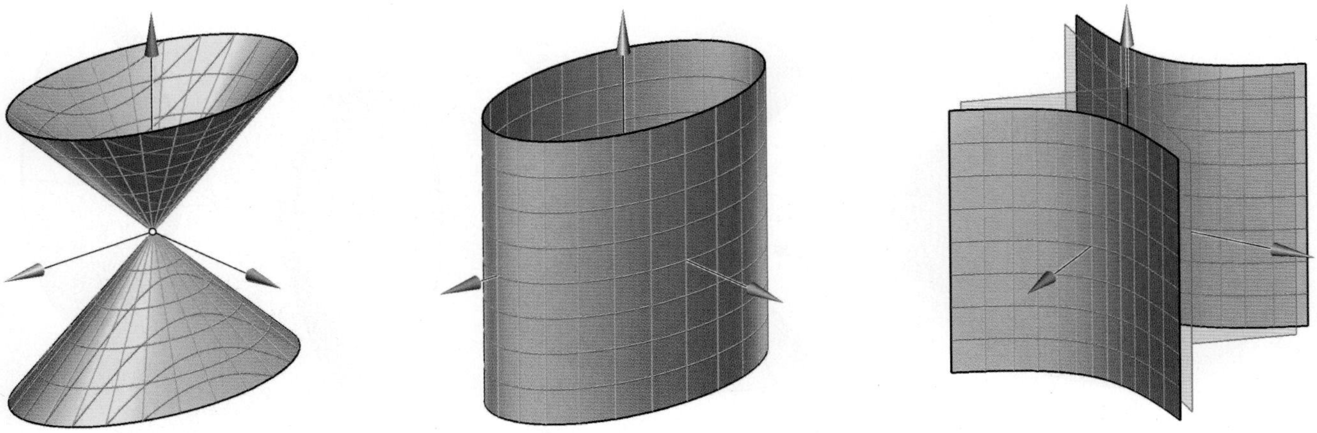

Abb. 21.11 Der quadratische Kegel (*links*) mit Hyperbelschnitten, der elliptische Zylinder (*Mitte*) und der hyperbolische Zylinder (*rechts*) mit seinen asymptotischen Ebenen (*rot schattiert*)

Abb. 21.12 Die Karlskirche in Wien mit einer ellipsoidförmigen Kuppel über einem elliptischen Grundriss

Es gibt einen markanten Unterschiede zwischen beiden Hyperboloiden – das einschalige Hyperboloid trägt zwei Scharen von Geraden, sogenannten *Erzeugenden*. Dies zeigt sich wie folgt: Jeder Wert $t \in \mathbb{R} \setminus \{0\}$ liefert als Schnitt der Ebenen mit den Gleichungen

$$E_1(t):\ t\left(\frac{x_1}{\alpha_1} - \frac{x_2}{\alpha_2}\right) = \frac{x_3}{\alpha_3} \mp 1 \quad \text{und}$$
$$E_2(t):\ \frac{1}{t}\left(\frac{x_1}{\alpha_1} + \frac{x_2}{\alpha_2}\right) = \frac{x_3}{\alpha_3} \pm 1$$

eine Gerade, welche ganz auf dem Hyperboloid liegt. Wenn wir nämlich die linken Seiten und ebenso die rechten Seiten dieser Gleichungen miteinander multiplizieren, so erhalten wir genau die obige Normalform 2b′. Demnach gehört jeder gemeinsame Punkt der Ebenen $E_1(t)$ und $E_2(t)$ auch der Nullstellenmenge von 2b′ an. Je nachdem, ob wir die oberen oder die unteren Vorzeichen wählen, entsteht eine Gerade der ersten oder zweiten Erzeugendenschar.

Die beiden Zylinder tragen ebenfalls Geraden. Diese sind alle parallel zur x_3-Achse (siehe Abb. 21.11).

Typ 3, parabolisch: Als Normalformen mit wesentlich verschiedenen Nullstellenmengen bleiben

3a′) $(r,p) = (2,2)$, $\psi(\boldsymbol{x}) = \frac{x_1^2}{\alpha_1^2} + \frac{x_2^2}{\alpha_2^2} - 2x_3$, $Q(\psi)$ ist ein **elliptisches Paraboloid**,

3b′) $(r,p) = (2,1)$, $\psi(\boldsymbol{x}) = \frac{x_1^2}{\alpha_1^2} - \frac{x_2^2}{\alpha_2^2} - 2x_3$, $Q(\psi)$ ist ein **hyperbolisches Paraboloid**,

3c′) $(r,p) = (1,1)$, $\psi(\boldsymbol{x}) = \frac{x_1^2}{\alpha_1^2} - 2x_3$, $Q(\psi)$ ist ein **parabolischer Zylinder**.

Die beiden Paraboloide 3a′ und 3b′ sind einheitlich als *Schiebflächen* erzeugbar, indem die Schnittparabel P_1 mit der Ebene $x_1 = 0$ entlang der Schnittparabel P_2 mit der Ebene $x_2 = 0$ verschoben wird (siehe Abb. 21.18). Dabei sind im elliptischen Fall diese Schiebparabeln nach derselben Seite offen, im hyperbolischen Fall nach verschiedenen Seiten, weshalb hier eine *Sattelfläche* entsteht.

Diese Schiebflächeneigenschaft folgt aus der Feststellung, dass für jedes $k \in \mathbb{R}$ die Schnittkurve der Paraboloide mit der Ebene $x_1 = k =$ konst. die Gleichung

$$\frac{k^2}{\alpha_1^2} \pm \frac{x_2^2}{\alpha_2^2} - 2x_3 = 0\,, \quad \text{also} \pm \frac{x_2^2}{\alpha_2^2} - 2\big(x_3 + \frac{k^2}{2\alpha_1^2}\big) = 0$$

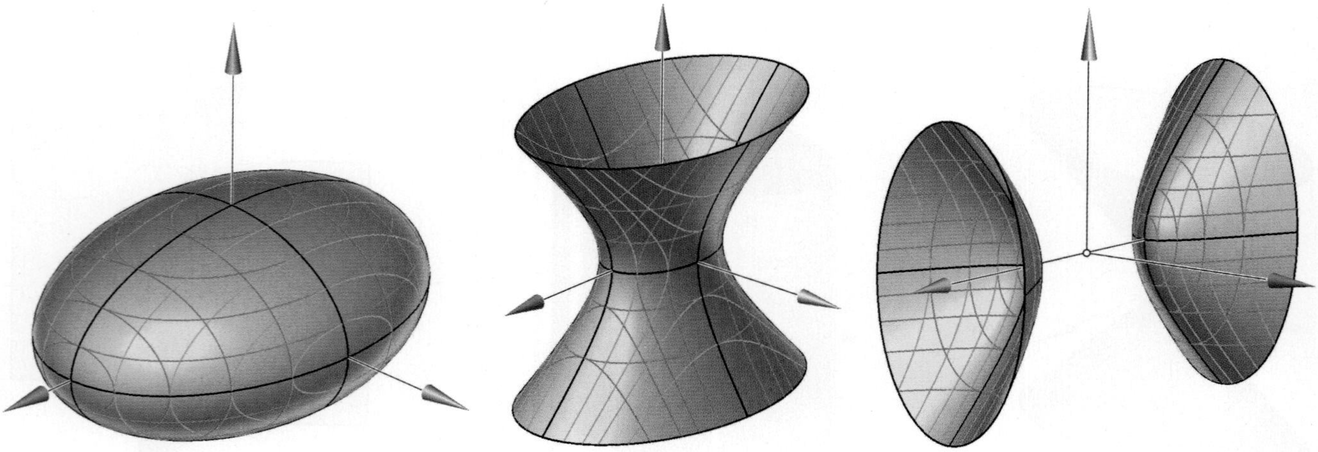

Abb. 21.13 Das dreiachsige Ellipsoid sowie das ein- und zweischalige Hyperboloid mit achsenparallelen Schnittkurven

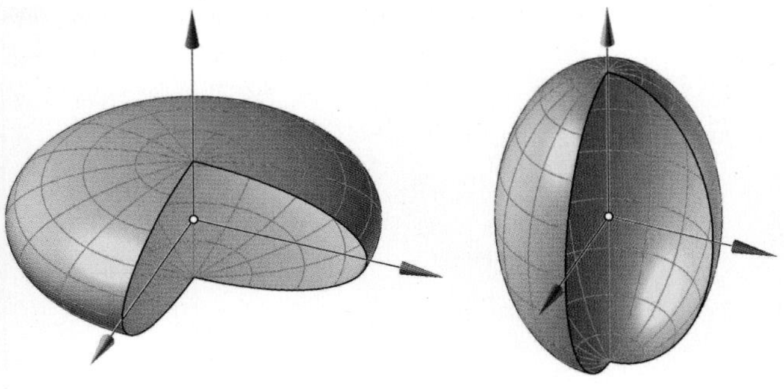

Abb. 21.14 Die beiden Drehellipsoide, das linsenförmige oder abgeplattete (*links*) und das eiförmige oder verlängerte (*rechts*), beide mit einem offenen 90°-Sektor

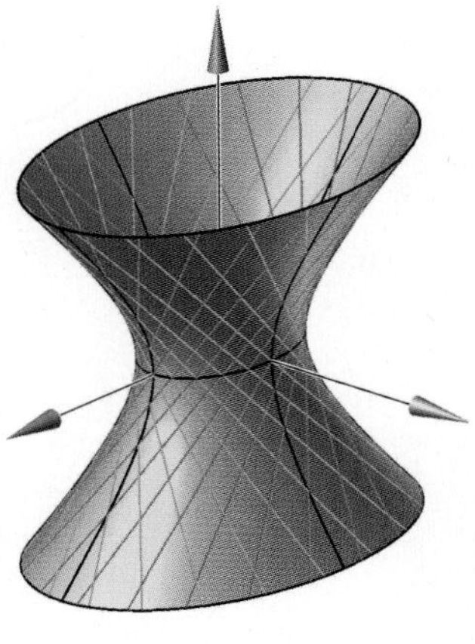

Abb. 21.15 Die beiden Erzeugendenscharen eines einschaligen Hyperboloides

erfüllt und daher durch die Parallelverschiebung

$$\begin{pmatrix} x_1 \\ x_2 \\ x_3 \end{pmatrix} \mapsto \begin{pmatrix} k \\ 0 \\ -k^2/2\alpha_1^2 \end{pmatrix} + \begin{pmatrix} x_1 \\ x_2 \\ x_3 \end{pmatrix}$$

aus der zu $k = 0$ gehörigen Parabel hervorgeht.

Als Schnittkurven mit den Ebenen $x_3 = k \neq 0$ treten im elliptischen Fall Ellipsen auf, im hyperbolischen Fall Hyperbeln. Dies ist eine Begründung für die Namensgebung der beiden Paraboloide.

Das hyperbolische Paraboloid ist wieder eine Fläche mit zwei Erzeugendenscharen. Ähnlich wie beim einschaligen Hyperboloid können wir wieder Ebenenpaare

$$E_1(t)\colon \left(\frac{x_1}{\alpha_1} \pm \frac{x_2}{\alpha_2}\right) = t$$

$$E_2(t)\colon \left(\frac{x_1}{\alpha_1} \mp \frac{x_2}{\alpha_2}\right) = \frac{2x_3}{t}$$

angeben, deren Schnittgeraden für jeden von null verschiedenen Wert $t \in \mathbb{R}$ zur Gänze dem Paraboloid angehören, weil sie dessen Gleichung erfüllen. Es ergeben sich erneut zwei Scharen je nachdem, ob die oberen oder unteren Vorzeichen gewählt werden.

Bei $\alpha_1 = \alpha_2$ wird das elliptische Paraboloid zum *Drehparaboloid* und das hyperbolische Paraboloid heißt in diesem Fall *orthogonal*.

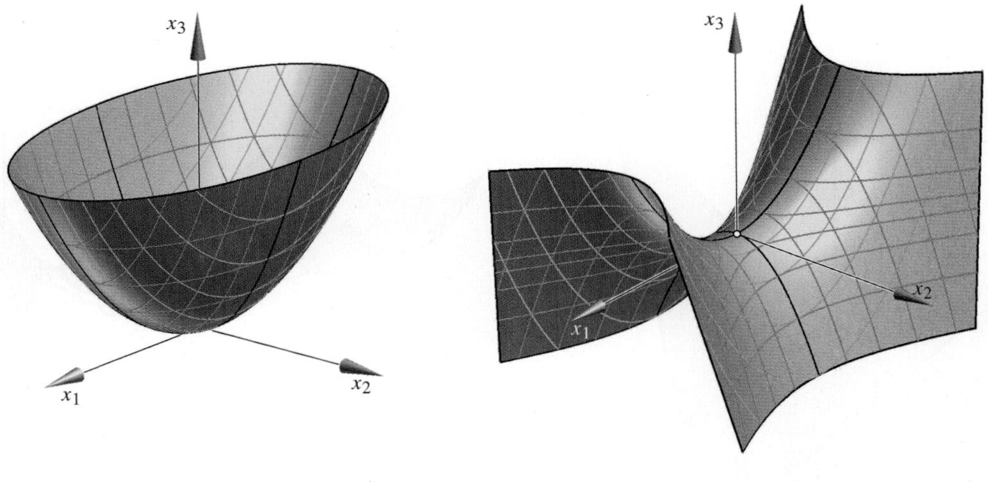

Abb. 21.16 Die Bezeichnung der beiden Paraboloide ergibt sich aus der Art der Schnittkurven mit den Ebenen x_3 = konst.

Übersicht: Quadriken im $\mathbb{R}^2$

Wir stellen in der folgenden Tabelle die verschiedenen Typen der Quadriken des $\mathbb{R}^2$ zusammen:

Typ 1, **Kegelige Quadriken**:			$\frac{x_1^2}{a_1^2} + \frac{x_2^2}{a_2^2} = 0$	ein Punkt	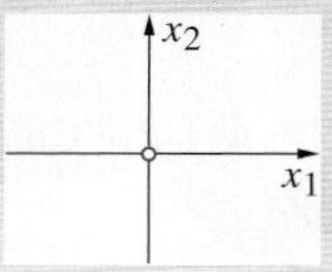
$\frac{x_1^2}{a_1^2} - \frac{x_2^2}{a_2^2} = 0$	zwei sich schneidende Geraden	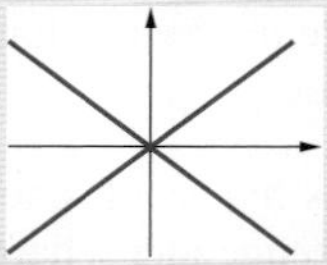	$\frac{x_1^2}{a_1^2} = 0$	eine Gerade	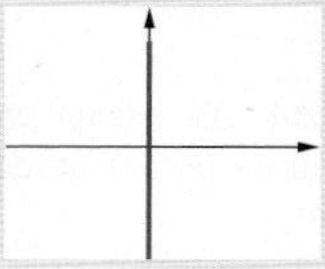
Typ 2, **Mittelpunktsquadriken**:			$\frac{x_1^2}{a_1^2} + \frac{x_2^2}{a_2^2} = 1$	Ellipse	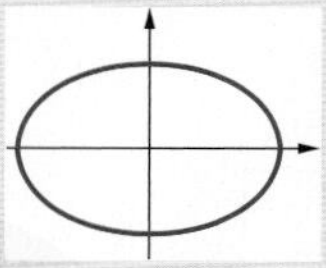
$\frac{x_1^2}{a_1^2} - \frac{x_2^2}{a_2^2} = 1$	Hyperbel	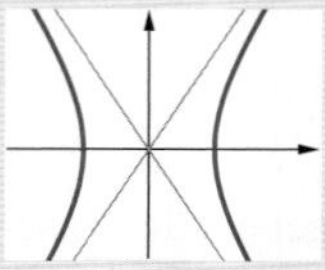	$-\frac{x_1^2}{a_1^2} - \frac{x_2^2}{a_2^2} = 1$	leere Menge	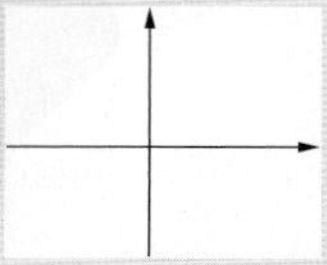
$\frac{x_1^2}{a_1^2} = 1$	zwei parallele Geraden	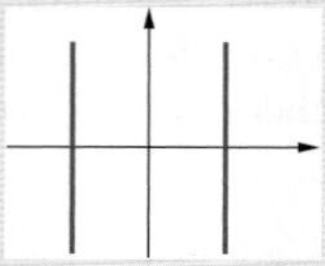	$-\frac{x_1^2}{a_1^2} = 1$	leere Menge	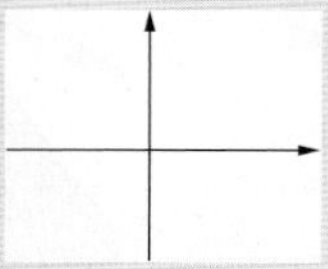
Typ 3, **Parabolische Quadriken**:			$\frac{x_1^2}{a_1^2} - 2x_2 = 0$	Parabel	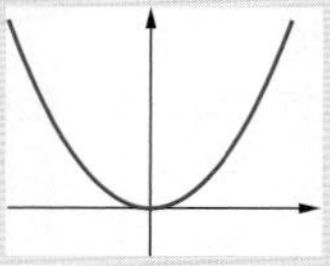

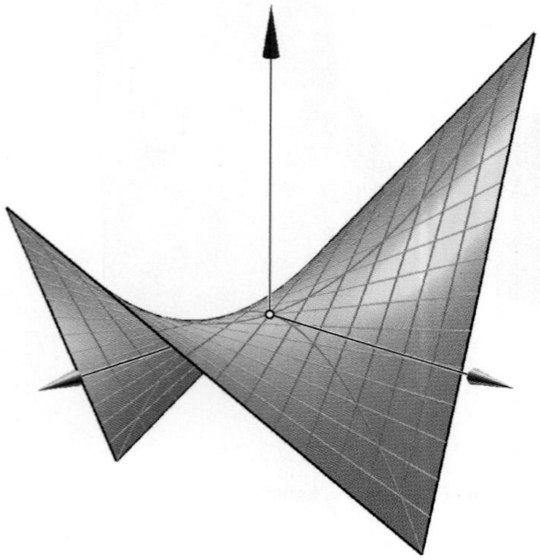

Abb. 21.17 Das hyperbolische Paraboloid trägt so wie das einschalige Hyperboloid zwei Erzeugendenscharen

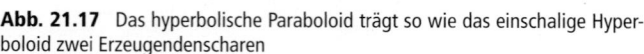

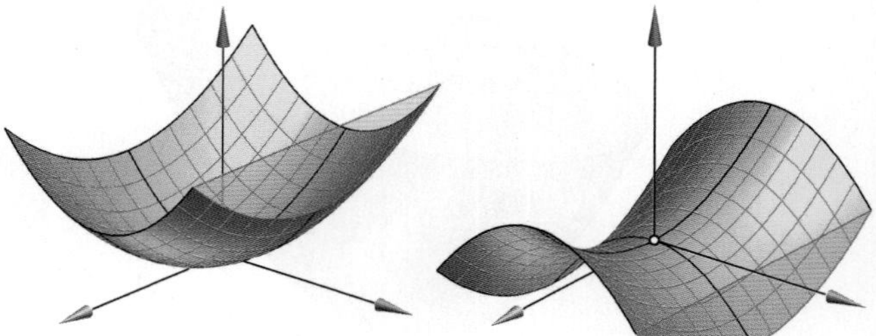

Abb. 21.18 Beide Paraboloide sind Schiebflächen, nämlich erzeugbar durch Verschiebung einer Parabel (*rot schattiert*) entlang einer zweiten, die im elliptischen Fall (*links*) nach oben offen ist, im hyperbolischen Fall (*rechts*) nach unten

Übersicht: Quadriken im $\mathbb{R}^3$

Die folgenden Tabelle zeigt Ansichten aller verschiedenen Typen von Quadriken des $\mathbb{R}^3$:

Typ 1, **Kegelige Quadriken**:			$\frac{x_1^2}{a_1^2} + \frac{x_2^2}{a_2^2} + \frac{x_3^2}{a_3^2} = 0$	ein Punkt	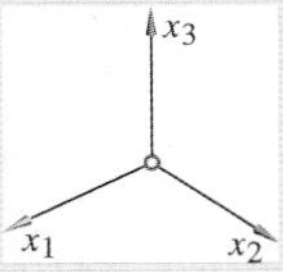
$\frac{x_1^2}{a_1^2} + \frac{x_2^2}{a_2^2} - \frac{x_3^2}{a_3^2} = 0$	quadratischer Kegel	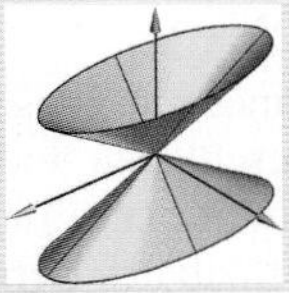	$\frac{x_1^2}{a_1^2} + \frac{x_2^2}{a_2^2} = 0$	eine Gerade	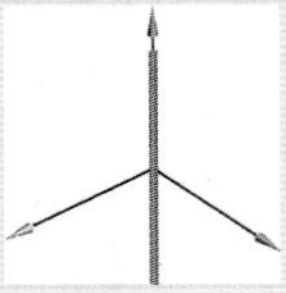
$\frac{x_1^2}{a_1^2} - \frac{x_2^2}{a_2^2} = 0$	zwei sich schneidende Ebenen	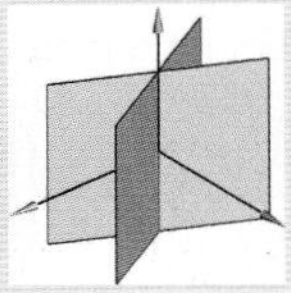	$x_1^2 = 0$	eine Ebene	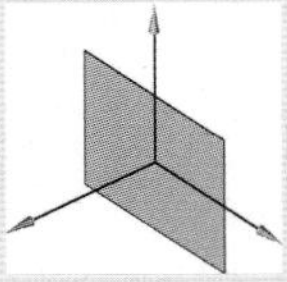
Typ 2, **Mittelpunktsquadriken**:			$\frac{x_1^2}{a_1^2} + \frac{x_2^2}{a_2^2} + \frac{x_3^2}{a_3^2} = 1$	Ellipsoid	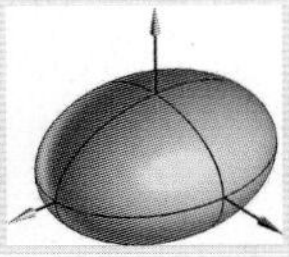
$\frac{x_1^2}{a_1^2} + \frac{x_2^2}{a_2^2} - \frac{x_3^2}{a_3^2} = 1$	einschaliges Hyperbolo-id	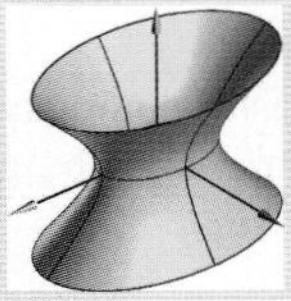	$\frac{x_1^2}{a_1^2} - \frac{x_2^2}{a_2^2} - \frac{x_3^2}{a_3^2} = 1$	zweischaliges Hyperbolo-id	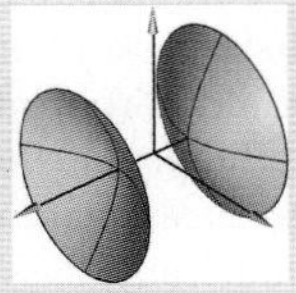
$-\frac{x_1^2}{a_1^2} - \frac{x_2^2}{a_2^2} - \frac{x_3^2}{a_3^2} = 1$	leere Menge	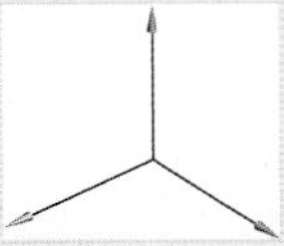	$\frac{x_1^2}{a_1^2} + \frac{x_2^2}{a_2^2} = 1$	elliptischer Zylinder	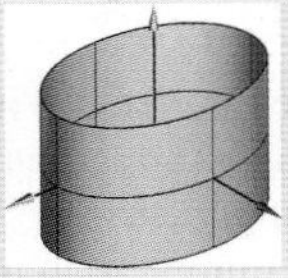
$\frac{x_1^2}{a_1^2} - \frac{x_2^2}{a_2^2} = 1$	hyperbolischer Zylinder	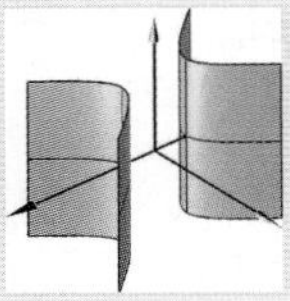	$-\frac{x_1^2}{a_1^2} - \frac{x_2^2}{a_2^2} = 1$	leere Menge	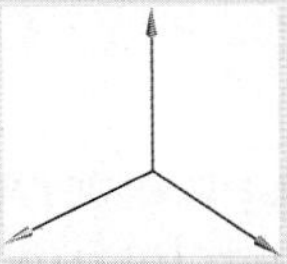
$\frac{x_1^2}{a_1^2} = 1$	zwei parallele Ebenen	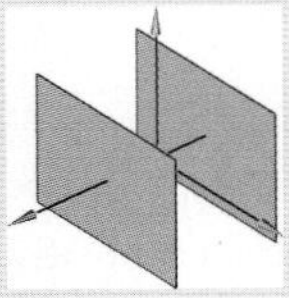	$-\frac{x_1^2}{a_1^2} = 1$	leere Menge	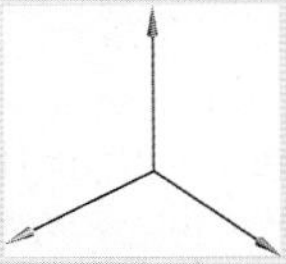
Typ 3, **Parabolische Quadriken**:			$\frac{x_1^2}{a_1^2} + \frac{x_2^2}{a_2^2} - 2x_3 = 0$	elliptisches Paraboloid	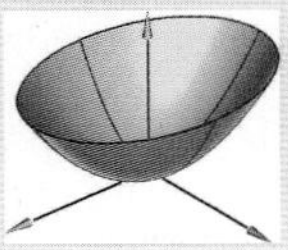
$\frac{x_1^2}{a_1^2} - \frac{x_2^2}{a_2^2} - 2x_3 = 0$	hyperbolisches Paraboloid	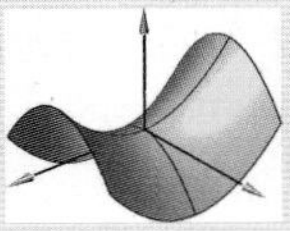	$\frac{x_1^2}{a_1^2} - 2x_3 = 0$	parabolischer Zylinder	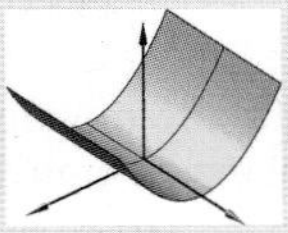

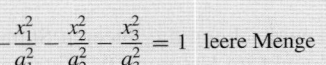

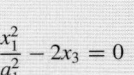

Teil III

21.4 Die Singulärwertzerlegung

Wir wenden uns noch einmal den linearen Abbildungen zwischen endlichdimensionalen Vektorräumen zu. Welche zusätzlichen Eigenschaften hat eine derartige Abbildung $\varphi : V \to V'$, wenn die beteiligten Vektorräume euklidisch sind?

Das Hauptziel des folgenden Abschnitts ist die Bestimmung orthonormierter Basen H bzw. H', bezüglich welcher die Darstellungsmatrix ${}_{H'}\boldsymbol{M}(\varphi)_H$ möglichst einfach wird, nämlich die Normalform

$$ {}_{H'}\boldsymbol{M}(\varphi)_H\varphi = \begin{pmatrix} s_1 & \cdots & 0 & 0 & \cdots & 0 \\ \vdots & \ddots & \vdots & \vdots & & \vdots \\ 0 & \cdots & s_r & 0 & \cdots & 0 \\ 0 & \cdots & 0 & 0 & \cdots & 0 \\ \vdots & & \vdots & \vdots & & \vdots \\ 0 & \cdots & 0 & 0 & \cdots & 0 \end{pmatrix} \in \mathbb{R}^{n\times m} \qquad (21.14)$$

annimmt bei $m = \dim V$, $n = \dim V'$, $r = \operatorname{rg}(\varphi)$ und $s_i > 0$ für $i = 1, \ldots, r$. Wir werden diese Normalform kurz mit $\operatorname{diag}(s_1, \ldots, s_r)$ bezeichnen, auch wenn die Matrix nicht quadratisch sein sollte.

Dabei ist Folgendes zu beachten: Die im Kap. 18 behandelte Diagonalisierbarkeit einer linearen Abbildung $\varphi : V \to V'$ betraf nur Endomorphismen, also den Fall $V' = V$. Damit waren die Darstellungsmatrizen stets quadratisch und es konnte nur eine einzige Basis, nämlich jene in V modifiziert werden. Dabei stellte sich heraus, dass nicht jeder Endomorphismus diagonalisierbar ist.

Nun ist es anders. Wir können die Basen in V und in V' der Abbildung φ anpassen. Daher gibt es nun stets diagonalisierte Darstellungsmatrizen. Wir werden erkennen, dass die Diagonalisierung immer auch mit orthonormierten Basen erreichbar ist.

Teil III

Die Hauptverzerrungsrichtungen von φ bei einem instruktiven Beispiel

Zunächst befassen wir uns mit der Frage, wie sich eine lineare Abbildung φ auf die Länge der Vektoren auswirkt. Dazu berechnen wir das *Längenverzerrungsverhältnis* $\|\varphi(\boldsymbol{x})\|/\|\boldsymbol{x}\|$ des Vektors $\boldsymbol{x} \neq \boldsymbol{0}$. Dieser Quotient aus der Länge des Bildes durch die Länge des Urbildes ist derselbe für alle Vielfachen von $\boldsymbol{x}$, denn

$$\frac{\|\varphi(\lambda\boldsymbol{x})\|}{\|\lambda\boldsymbol{x}\|} = \frac{|\lambda|\,\|\varphi(\boldsymbol{x})\|}{|\lambda|\,\|\boldsymbol{x}\|} = \frac{\|\varphi(\boldsymbol{x})\|}{\|\boldsymbol{x}\|}.$$

Man erhält alle möglichen Verzerrungsverhältnisse, wenn man nur Einheitsvektoren abbildet. Für Vektoren aus dem Kern $\operatorname{Ker}(\varphi) = \varphi^{-1}(\boldsymbol{0})$ ist es natürlich gleich 0.

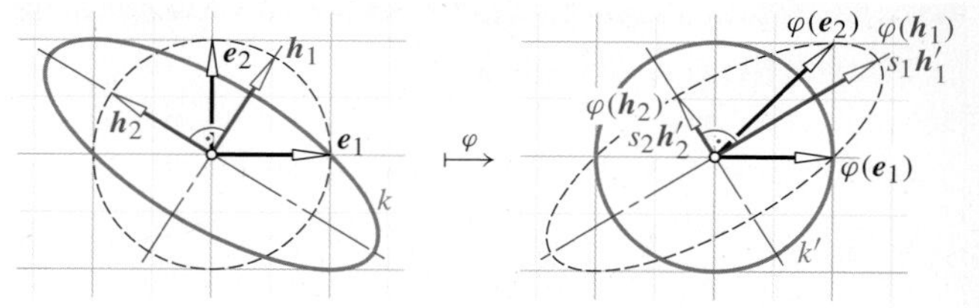

Abb. 21.19 Die orthonormierte Basis $(\boldsymbol{h}_1, \boldsymbol{h}_2)$ bleibt orthogonal unter der bijektiven linearen Abbildung $\varphi : \mathbb{R}^2 \to \mathbb{R}^2$

Rechnerisch günstiger ist es allerdings, den umgekehrten Weg einzuschlagen und jene Vektoren $\boldsymbol{x}$ zu betrachten, deren Bildvektoren $\varphi(\boldsymbol{x})$ Einheitsvektoren sind. Diese liegen natürlich alle außerhalb des Kerns von φ.

Wir beginnen mit einem Beispiel: Es sei

$$\varphi : \begin{cases} \mathbb{R}^2 & \to \quad \mathbb{R}^2 \\ \boldsymbol{x} & \mapsto \quad \boldsymbol{A}\,\boldsymbol{x} \end{cases} \text{ mit } \boldsymbol{A} = \begin{pmatrix} 1 & 1 \\ 0 & 1 \end{pmatrix}$$

und damit bijektiv (siehe Abb. 21.19). Welche Vektoren $\boldsymbol{x} \in V$ werden durch φ auf Einheitsvektoren abgebildet?

Die Forderung $\|\varphi(\boldsymbol{x})\| = 1$ ergibt in Matrizenschreibweise

$$\|\boldsymbol{A}\boldsymbol{x}\|^2 = (\boldsymbol{A}\boldsymbol{x})^{\mathrm{T}}(\boldsymbol{A}\boldsymbol{x}) = \boldsymbol{x}^{\mathrm{T}}(\boldsymbol{A}^{\mathrm{T}}\boldsymbol{A})\,\boldsymbol{x} = 1\,.$$

Das ist die Gleichung einer Quadrik k des $\mathbb{R}^2$ mit der (kanonischen) Darstellungsmatrix

$$\boldsymbol{A}^{\mathrm{T}}\boldsymbol{A} = \begin{pmatrix} 1 & 1 \\ 1 & 2 \end{pmatrix}.$$

Nachdem in dieser Quadrikengleichung die linearen Summanden fehlen, liegt der Mittelpunkt im Ursprung $\boldsymbol{0}$. Wir transformieren diese Quadrik k auf ihre Hauptachsen.

Die Eigenwerte von $\boldsymbol{A}^{\mathrm{T}}\boldsymbol{A}$ sind die Nullstellen des charakteristischen Polynoms

$$\det(\boldsymbol{A}^{\mathrm{T}}\boldsymbol{A} - \lambda\mathbf{E}_2) = \lambda^2 - 3\lambda + 1\,,$$

also

$$\lambda_1 = \frac{3+\sqrt{5}}{2}, \quad \lambda_2 = \frac{3-\sqrt{5}}{2}.$$

Beide sind positiv. Also ist die Quadrik k eine Ellipse mit den Achsenlängen

$$\alpha_1 = \sqrt{\frac{2}{3+\sqrt{5}}} \approx 0.618\,, \quad \alpha_2 = \sqrt{\frac{2}{3-\sqrt{5}}} \approx 1.618\,.$$

Diese Achsenlängen sind die Extremwerte unter den Längen der Vektoren $\boldsymbol{x} \in k$, d. h.

$$\alpha_1 \leq \|\boldsymbol{x}\| \leq \alpha_2\,.$$

Nachdem die Bildvektoren $\varphi(\boldsymbol{x})$ alle die Länge 1 haben, gilt für die Verzerrungsverhältnisse

$$\frac{1}{\alpha_1} = \sqrt{\lambda_1} \geq \frac{\|\varphi(\boldsymbol{x})\|}{\|\boldsymbol{x}\|} \geq \sqrt{\lambda_2} = \frac{1}{\alpha_2}.$$

Die Eigenwerte von $\boldsymbol{A}^{\mathrm{T}}\boldsymbol{A}$ geben also die Quadrate der extremen Längenverzerrungsverhältnisse an. Wir nennen $s_i = \sqrt{\lambda_i}$ die *Hauptverzerrungsverhältnisse* oder die *Singulärwerte* von φ. Die Achsen von k sind diejenigen Geraden, längs welchen diese extremen Längenverzerrungen auftreten. Sie bestimmen die *Hauptverzerrungsrichtungen* von φ. Vektoren längs der Nebenachse von k werden am stärksten verlängert, jene längs der Hauptachse von k am meisten verkürzt.

Für die orthonormierte Basis H aus Eigenvektoren von $\boldsymbol{A}^{\mathrm{T}}\boldsymbol{A}$ wählen wir

$$\boldsymbol{h}_1 = \frac{1}{w}\begin{pmatrix} 2 \\ 1-\sqrt{5} \end{pmatrix}, \quad \boldsymbol{h}_2 = \frac{1}{w}\begin{pmatrix} -1-\sqrt{5} \\ 2 \end{pmatrix}$$

bei $w^2 = 10 + 2\sqrt{5}$. Die zugehörigen Bilder

$$\varphi(\boldsymbol{h}_1) = \frac{1}{w}\begin{pmatrix} 3+\sqrt{5} \\ 1+\sqrt{5} \end{pmatrix}, \quad \varphi(\boldsymbol{h}_2) = \frac{1}{w}\begin{pmatrix} 1-\sqrt{5} \\ 2 \end{pmatrix}$$

haben die Längen $s_1 = \sqrt{\lambda_1}$ bzw. $s_2 = \sqrt{\lambda_2}$, und sie sind zueinander orthogonal, wie deren verschwindendes Skalarprodukt beweist (siehe Abb. 21.19). Durch Normieren entstehen daraus die Vektoren

$$\boldsymbol{h}'_1 = \frac{1}{s_1}\,\varphi(\boldsymbol{h}_1), \quad \boldsymbol{h}'_2 = \frac{1}{s_2}\,\varphi(\boldsymbol{h}_2)$$

der orthonormierten Basis H' im Bildraum. φ erhält die Darstellungsmatrix

$${}_{H'}\boldsymbol{M}(\varphi)_H = ({}_{H'}\varphi(\boldsymbol{h}_1)\;{}_{H'}\varphi(\boldsymbol{h}_2)) = \begin{pmatrix} s_1 & 0 \\ 0 & s_2 \end{pmatrix}$$

in der Normalform (21.14) mit den beiden Hauptverzerrungsverhältnissen in der Hauptdiagonale.

Nachdem die lineare Abbildung φ in diesem Beispiel sogar bijektiv ist, können wir umgekehrt auf analoge Weise feststellen, dass die Bilder der Einheitsvektoren die Quadrikengleichung

$$\boldsymbol{x}'^{T}(\boldsymbol{A}^{T-1}\boldsymbol{A}^{-1})\,\boldsymbol{x}' = \boldsymbol{x}'^{T}(\boldsymbol{A}\boldsymbol{A}^{\mathrm{T}})^{-1}\boldsymbol{x}' = 1$$

erfüllen. Dies führt auf die im rechten Bild von Abb. 21.19 gestrichelt eingezeichnete Ellipse mit Achsenlängen s_1 und s_2, auf welcher die Spitzen von $\varphi(\boldsymbol{e}_1)$, $\varphi(\boldsymbol{e}_2)$, $\varphi(\boldsymbol{h}_1)$ und $\varphi(\boldsymbol{h}_2)$ liegen.

Die Quadrate der Singulärwerte sind die Eigenwerte einer symmetrischen Matrix

Nun wenden wir uns dem allgemeinen Fall einer linearen Abbildung

$$\varphi : \begin{cases} V = \mathbb{R}^m & \to \quad V' = \mathbb{R}^n \\ \boldsymbol{x} & \mapsto \quad \boldsymbol{A}\,\boldsymbol{x} \end{cases}$$

zu. Das Skalarprodukt zwischen Bildvektoren in V' bestimmt in V eine symmetrische Bilinearform gemäß der Gleichung

$$\varphi(\boldsymbol{x}) \cdot \varphi(\boldsymbol{y}) = (\boldsymbol{A}\,\boldsymbol{x})^{\mathrm{T}}(\boldsymbol{A}\,\boldsymbol{y}) = \boldsymbol{x}^{\mathrm{T}}(\boldsymbol{A}^{\mathrm{T}}\boldsymbol{A})\,\boldsymbol{y}, \qquad (21.15)$$

denn das Matrizenprodukt $(\boldsymbol{A}^{\mathrm{T}}\boldsymbol{A})$ ist symmetrisch.

Ist $\mathrm{rg}(\boldsymbol{A}^{\mathrm{T}}\boldsymbol{A}) = r$, so gibt es r von null verschiedene Eigenwerte $\lambda_1, \ldots, \lambda_r$ von $(\boldsymbol{A}^{\mathrm{T}}\boldsymbol{A})$ und eine orthonormierte Basis $H = (\boldsymbol{h}_1, \ldots, \boldsymbol{h}_m)$ von Eigenvektoren, wobei $\boldsymbol{h}_{r+1}, \ldots, \boldsymbol{h}_m$ den Kern von φ aufspannen. Aus

$$(\boldsymbol{A}^{\mathrm{T}}\boldsymbol{A})\,\boldsymbol{h}_j = \lambda_j\,\boldsymbol{h}_j$$

folgt für $i, j \in \{1, \ldots, r\}$ nach (21.15)

$$\varphi(\boldsymbol{h}_i) \cdot \varphi(\boldsymbol{h}_j) = \boldsymbol{h}_i^{\mathrm{T}}(\boldsymbol{A}^{\mathrm{T}}\boldsymbol{A})\,\boldsymbol{h}_j = \boldsymbol{h}_i^{\mathrm{T}}(\lambda_j\boldsymbol{h}_j) = \lambda_j(\boldsymbol{h}_i \cdot \boldsymbol{h}_j),$$

also

$$\varphi(\boldsymbol{h}_i) \cdot \varphi(\boldsymbol{h}_j) = \begin{cases} 0 & \text{für } i \neq j, \\ \lambda_j & \text{für } i = j. \end{cases}$$

Die ersten r Bildvektoren sind $\neq \boldsymbol{0}$ und paarweise orthogonal. Wegen $\lambda_i = \|\varphi(\boldsymbol{h}_i)\|^2$ sind die ersten r Eigenwerte von $(\boldsymbol{A}^{\mathrm{T}}\boldsymbol{A})$ positiv. Wir nennen die (positiven) Wurzeln aus diesen Eigenwerten, also

$$s_1 = \sqrt{\lambda_1} = \|\varphi(\boldsymbol{h}_1)\|, \;\ldots,\; s_r = \sqrt{\lambda_r} = \|\varphi(\boldsymbol{h}_r)\|,$$

die **Singulärwerte** von φ. Die *Vielfachheit* von s_i ist gleich der Vielfachheit des λ_i.

Die durch Normierung der Bildvektoren entstehenden Vektoren

$$\boldsymbol{h}'_1 = \frac{1}{s_1}\,\varphi(\boldsymbol{h}_1), \;\ldots,\; \boldsymbol{h}'_r = \frac{1}{s_r}\,\varphi(\boldsymbol{h}_r)$$

sind orthonormiert und lassen sich zu einer orthonormierten Basis von V' ergänzen. Dabei ist $\langle \boldsymbol{h}'_1, \ldots, \boldsymbol{h}'_r \rangle$ der Bildraum $\mathrm{Im}(\varphi) \subset V'$ und $\langle \boldsymbol{h}'_{r+1}, \ldots, \boldsymbol{h}'_n \rangle$ orthogonal dazu.

Wir haben also $\varphi(\boldsymbol{h}_i) = s_i\,\boldsymbol{h}'_i$ für $i \in \{1, \ldots, r\}$ und $\varphi(\boldsymbol{h}_j) = \boldsymbol{0}$ für $j > r$. Die H'-Koordinaten der Bilder $\varphi(\boldsymbol{h}_i)$ sind andererseits die Spaltenvektoren in der Darstellungsmatrix ${}_{H'}\boldsymbol{M}(\varphi)_H$.

Die Singulärwerte einer linearen Abbildung

Für jede lineare Abbildung φ vom Rang r zwischen den euklidischen Räumen $V = \mathbb{R}^m$ und $V' = \mathbb{R}^n$ gibt es orthonormierte Basen H von V und H' von V' derart, dass die Darstellungsmatrix ${}_{H'}\boldsymbol{M}(\varphi)_H$ die Normalform (21.14) annimmt mit den Singulärwerten $s_1, \ldots, s_r$ als von null verschiedene Einträge entlang der Hauptdiagonale.

Teil III

Angenommen, B und B' sind beliebige orthonormierte Basen in V bzw. V' und $\boldsymbol{A}$ ist die zugehörige Darstellungsmatrix von φ. Dann ist

$$\boldsymbol{A} = {}_{B'}\boldsymbol{M}(\varphi)_B = {}_{B'}\boldsymbol{T}_{H'}\, {}_{H'}\boldsymbol{M}(\varphi)_H\, {}_H\boldsymbol{T}_B\,,$$

und die Transformationsmatrizen ${}_H\boldsymbol{T}_B \in \mathbb{R}^{m\times m}$ und ${}_{B'}\boldsymbol{T}_{H'} \in \mathbb{R}^{n\times n}$ sind orthogonal.

Jede Matrix $\boldsymbol{A}$ legt als (kanonische) Darstellungsmatrix eine lineare Abbildung $\varphi : \boldsymbol{x} \mapsto \boldsymbol{A}\,\boldsymbol{x}$ fest. Wir ändern die Bezeichnung und schreiben $\boldsymbol{D}$ für die Normalform ${}_{H'}\boldsymbol{M}(\varphi)_H$ aus (21.14) in Diagonalgestalt und ferner $\boldsymbol{V}$ statt ${}_H\boldsymbol{T}_B$ sowie $\boldsymbol{U}$ statt ${}_{H'}\boldsymbol{T}_{B'}$, also $\boldsymbol{U}^{\mathrm{T}}$ statt ${}_{B'}\boldsymbol{T}_{H'}$.

Die Singulärwertzerlegung einer Matrix

Für jede Matrix $\boldsymbol{A} \in \mathbb{R}^{n\times m}$ gibt es orthogonale Matrizen $\boldsymbol{U} \in \mathbb{R}^{n\times n}$ und $\boldsymbol{V} \in \mathbb{R}^{m\times m}$ mit

$$\boldsymbol{A} = \boldsymbol{U}^{\mathrm{T}}\boldsymbol{D}\,\boldsymbol{V} \quad \text{bei} \quad \boldsymbol{D} = \operatorname{diag}(s_1, \ldots, s_r) \in \mathbb{R}^{n\times m}.$$

Diese Darstellung heißt **Singulärwertzerlegung** von $\boldsymbol{A}$. Die Quadrate der in der Hauptdiagonale von $\boldsymbol{D}$ auftauchenden Singulärwerte $s_1, \ldots, s_r$ von $\boldsymbol{A}$ sind die von null verschiedenen Eigenwerte der symmetrischen Matrix $\boldsymbol{A}^{\mathrm{T}}\boldsymbol{A}$. Die Vielfachheit des Eigenwertes gibt an, wie oft der jeweilige Singulärwert aufzuschreiben ist.

Dass die Matrix $\boldsymbol{A}$ keinesfalls quadratisch zu sein braucht, soll das folgende Schema der Singulärwertzerlegung illustrieren:

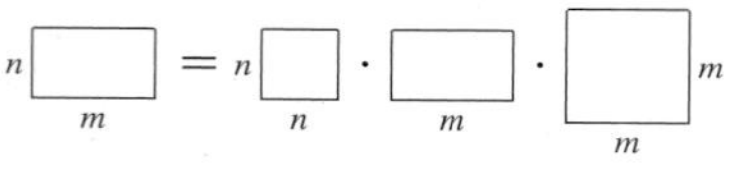

Kommentar

1. Der Satz von der Singulärwertzerlegung gilt auch in unitären Räumen. Wir können somit sagen, dass jede Matrix $\boldsymbol{A}$ aus $\mathbb{R}^{n\times m}$ oder $\mathbb{C}^{n\times m}$ orthogonal- bzw. unitär-äquivalent ist zu einer Matrix $\boldsymbol{D}$ gleicher Größe, aber in Diagonalgestalt $\operatorname{diag}(s_1, \ldots, s_r)$ mit reellen s_i.
2. Die Singulärwerte einer Matrix sind abgesehen von ihrer Reihenfolge eindeutig. Hingegen sind die Matrizen $\boldsymbol{U}$ und $\boldsymbol{V}$ nur dann eindeutig, wenn alle Singulärwerte einfach sind. Bei einem mehrfachen Eigenwert $\lambda_i = s_i^2$ sind die orthonormierten Eigenvektoren innerhalb des Eigenraums $\operatorname{Eig}_{(\boldsymbol{A}^{\mathrm{T}}\boldsymbol{A})}(\lambda_i)$ frei wählbar. ◄

Selbstfrage 7

1. Wie lauten die Singulärwerte einer orthogonalen Matrix $\boldsymbol{A}$?
2. Angenommen, $\varphi : \mathbb{R}^3 \to \mathbb{R}^3$ ist die Normalprojektion auf eine Ebene des $\mathbb{R}^3$. Wie sieht die zugehörige Matrix $\boldsymbol{D}$ mit den Singulärwerten aus?

Jede lineare Abbildung ist aus orthogonalen Endomorphismen, also Bewegungen, und einer Skalierung zusammensetzbar

Nun befassen wir uns noch mit der geometrischen Bedeutung der Singulärwertzerlegung: Die lineare Abbildung $\varphi_{\boldsymbol{A}} : \mathbb{R}^m \to \mathbb{R}^n$, $\boldsymbol{x} \mapsto \boldsymbol{A}\,\boldsymbol{x}$ mit $\boldsymbol{A} = \boldsymbol{U}^{\mathrm{T}}\boldsymbol{D}\boldsymbol{V}$ ist die Zusammensetzung dreier linearer Abbildungen, nämlich

$$\varphi_{\boldsymbol{A}} = \varphi_{(\boldsymbol{U}^{\mathrm{T}})} \circ \varphi_{\boldsymbol{D}} \circ \varphi_{\boldsymbol{V}}.$$

1. $\varphi_{\boldsymbol{V}} : \mathbb{R}^m \to \mathbb{R}^m$, $\boldsymbol{x} \mapsto \boldsymbol{V}\boldsymbol{x}$ ist ein orthogonaler Endomorphismus, also eine Abbildung, welche Längen und Winkel nicht ändert. Im Abschn. 19.4 wurde dafür die Bezeichnung *Bewegung* eingeführt. Drehungen und Spiegelungen sind Beispiele von Bewegungen.
2. Die Abbildung $\varphi_{\boldsymbol{D}} : \mathbb{R}^m \to \mathbb{R}^n$ mit der Darstellungsmatrix $\boldsymbol{D} = \operatorname{diag}(s_1, \ldots, s_r)$ lautet, in Koordinaten ausgeschrieben,

$$\begin{pmatrix} x_1 \\ \vdots \\ x_m \end{pmatrix} \mapsto \begin{pmatrix} x_1' \\ \vdots \\ x_n' \end{pmatrix} \quad \text{mit} \quad \begin{aligned} x_1' &= s_1\, x_1 \\ &\ \ \vdots \\ x_r' &= s_r\, x_r \\ x_{r+1}' &= 0 \\ &\ \ \vdots \\ x_n' &= 0\,. \end{aligned} \tag{21.16}$$

   Diese Abbildung heißt *Skalierung* oder *axiale Streckung*, denn es werden die ersten r Koordinaten lediglich proportional verändert.
3. Die Abbildung $\varphi_{(\boldsymbol{U}^{\mathrm{T}})} : \mathbb{R}^n \to \mathbb{R}^n$, $\boldsymbol{x} \mapsto \boldsymbol{U}^{\mathrm{T}}\boldsymbol{x}$ ist wieder eine Bewegung, diesmal im $\mathbb{R}^n$.

Die Abb. 21.20 zeigt einen Fall $m = n = 2$. Die lineare Abbildung $\varphi_{\boldsymbol{A}}$ ist zusammengesetzt aus einer Drehung $\varphi_{\boldsymbol{V}}$, einer axialen Streckung, die den eingezeichneten Kreis in eine Ellipse verwandelt, und einer abschließenden Drehung $\varphi_{(\boldsymbol{U}^{\mathrm{T}})}$.

Auf S. 802 wird die Singulärwertzerlegung bei dem sogenannten *Registrierungsproblem* eingesetzt und auch bei dem Entwurf von interpolierenden Raumbewegungen.

21.5 * Die Pseudoinverse einer linearen Abbildung

Wir gehen aus von einer beliebigen linearen Abbildung $\varphi : V \to V'$ zwischen endlichdimensionalen euklidischen Räumen. Bei $\dim V = m$ und $\dim V' = n$ können wir die speziellen orthonormierten Basen H und H' mit der Darstellungsmatrix ${}_{H'}\boldsymbol{M}(\varphi)_H = \operatorname{diag}(s_1, \ldots, s_r) \in \mathbb{R}^{n\times m}$ in Normalform (21.14)

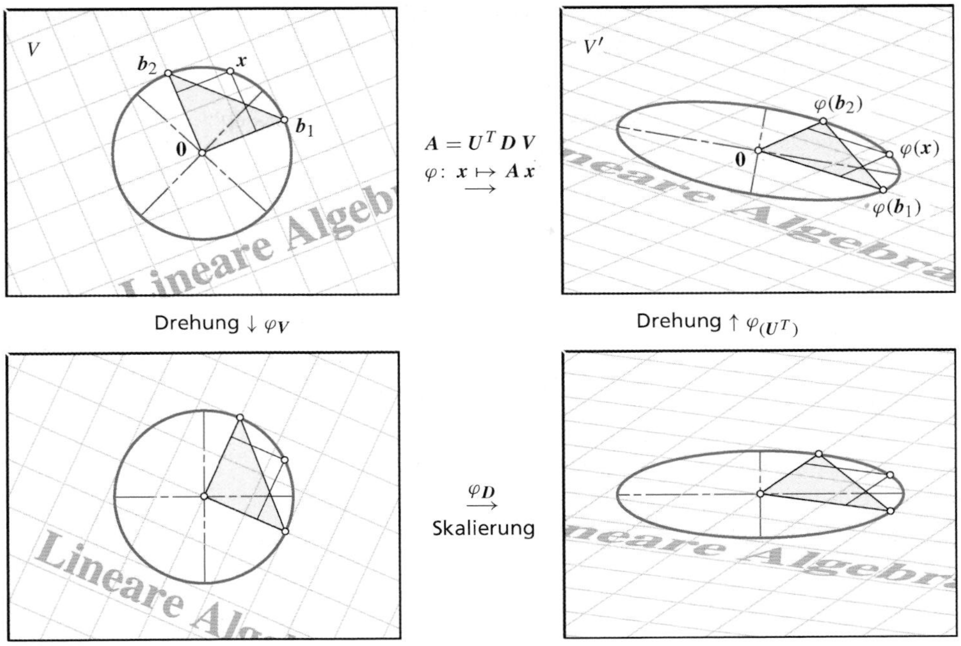

Abb. 21.20 Die geometrische Deutung der Singulärwertzerlegung von A: Die lineare Abbildung $\varphi : \mathbb{R}^2 \to \mathbb{R}^2$, $x \mapsto Ax$ ist zusammensetzbar aus zwei Drehungen und einer axialen Streckung

benutzen bzw. die ausführlichen Abbildungsgleichungen aus (21.16). Wir erkennen als Kern bzw. Bildraum von φ

$$\begin{aligned}\mathrm{Ker}(\varphi) &= \langle \boldsymbol{h}_{r+1}, \ldots, \boldsymbol{h}_m \rangle \subset V,\\ \mathrm{Im}(\varphi) &= \langle \boldsymbol{h}'_1, \ldots, \boldsymbol{h}'_r \rangle \subset V'.\end{aligned}$$

Die jeweiligen Orthogonalräume sind

$$\begin{aligned}\mathrm{Ker}(\varphi)^\perp &= \langle \boldsymbol{h}_1, \ldots, \boldsymbol{h}_r \rangle \subset V,\\ \mathrm{Im}(\varphi)^\perp &= \langle \boldsymbol{h}'_{r+1}, \ldots, \boldsymbol{h}'_n \rangle \subset V'.\end{aligned}$$

Nun ist φ zusammensetzbar aus den folgenden Abbildungen:

$$\begin{array}{ccccccc} V = \mathbb{R}^m & \xrightarrow{\nu} & \mathrm{Ker}(\varphi)^\perp & \xrightarrow{\beta} & \mathrm{Im}(\varphi) & \xrightarrow{\tau'} & V' = \mathbb{R}^n \\ \begin{pmatrix} x_1\\ \vdots\\ x_r\\ x_{r+1}\\ \vdots\\ x_m\end{pmatrix} & \overset{\nu}{\mapsto} & \begin{pmatrix} x_1\\ \vdots\\ x_r\end{pmatrix} & \overset{\beta}{\mapsto} & \begin{pmatrix} s_1x_1\\ \vdots\\ s_rx_r\end{pmatrix} & \overset{\tau'}{\mapsto} & \begin{pmatrix} s_1x_1\\ \vdots\\ s_rx_r\\ 0\\ \vdots\\ 0\end{pmatrix}. \end{array}$$

In diesem Produkt von linearen Abbildungen ist ν die Normalprojektion von V auf den r-dimensionalen Teilraum $\mathrm{Ker}(\varphi)^\perp$ (siehe Abb. 21.21). Hingegen ist β eine Bijektion, und zwar eine Skalierung. Und schließlich ist τ eine *Einbettungsabbildung*: Vektoren aus dem r-dimensionalen Bildraum $\mathrm{Im}(\varphi)$ werden als

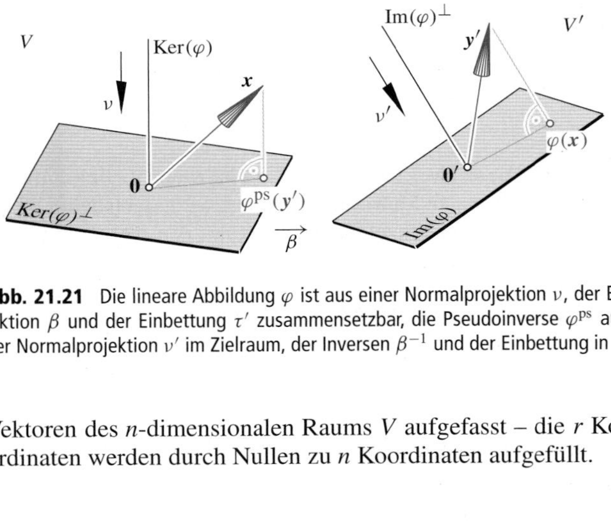

Abb. 21.21 Die lineare Abbildung φ ist aus einer Normalprojektion ν, der Bijektion β und der Einbettung τ' zusammensetzbar, die Pseudoinverse φ^{ps} aus der Normalprojektion ν' im Zielraum, der Inversen β^{-1} und der Einbettung in V

Vektoren des n-dimensionalen Raums V aufgefasst – die r Koordinaten werden durch Nullen zu n Koordinaten aufgefüllt.

Gibt es keine Inverse zu einer linearen Abbildung, so doch eine Pseudoinverse

Ist φ nicht bijektiv, also $r < m$ oder $r < n$, so ist die Abbildung φ nicht invertierbar. $\varphi^{-1}(x')$ ist nur bei $x' \in \mathrm{Im}(\varphi)$ nicht leer und dann gleich der Menge $\beta^{-1}(x') + \mathrm{Ker}(\varphi)$. Mithilfe der obigen Zerlegung $\varphi = \tau' \circ \beta \circ \nu$ mit dem bijektiven *Mittelteil* β bietet sich aber die Möglichkeit einer *Ersatz-Inversen* von φ an.

Anwendung: Bestimmung einer optimalen orthogonalen Matrix

Angenommen, im $\mathbb{R}^3$ liegen Messdaten über zwei Positionen $\mathcal{O}'$ und $\mathcal{O}''$ eines starren Objektes $\mathcal{O}$ vor, etwa die Koordinatenvektoren $\boldsymbol{p}_i'$ und $\boldsymbol{p}_i''$, $i = 1, \ldots, n$, der je zwei Positionen desselben Objektpunktes $\boldsymbol{p}_i$. Gesucht ist diejenige Bewegung, welche die eine Position in die andere überführt. Diese Bewegung wird – abgesehen von der Verschiebung des Ursprunges (vergleiche S. 729 in Abschn. 19.4) – durch eine orthogonale dreireihige Matrix $\boldsymbol{B}$ beschrieben, also durch 9 Einträge, welche 6 quadratische Bedingungen erfüllen müssen.

Um nun diejenige orthogonale Matrix zu berechnen, welche am besten auf die vorliegenden, mit gewissen Ungenauigkeiten behafteten Daten passt, kann man in zwei Schritten vorgehen: Zuerst wird diejenige lineare Abbildung $\boldsymbol{x} \mapsto \boldsymbol{A}\boldsymbol{x}$ bestimmt, welche den Daten $\boldsymbol{p}_i' \mapsto \boldsymbol{p}_i''$ am nächsten kommt. Dies führt auf ein überbestimmtes System von linearen Gleichungen $\boldsymbol{p}_i' - \boldsymbol{A}\boldsymbol{p}_i = \boldsymbol{0}$ für die 9 nun unabhängigen Elemente von $\boldsymbol{A}$. Wie man dieses löst, wird der folgende Abschnitt (siehe S. 809) zeigen. Im zweiten Schritt wird diejenige orthogonale Matrix $\boldsymbol{B}$ berechnet, die im Sinne der Frobeniusnorm *am nächsten* bei $\boldsymbol{A}$ liegt. Wir behandeln hier nur den zweiten Schritt.

Gegeben sei eine invertierbare Matrix $\boldsymbol{A} \in \mathbb{R}^{3\times 3}$. Gesucht ist diejenige orthogonale Matrix $\boldsymbol{B} \in \mathbb{R}^{3\times 3}$, für welche $\|\boldsymbol{B} - \boldsymbol{A}\|$ minimal ist. Dabei verwenden wir hier die Frobeniusnorm, die für die Matrix $\boldsymbol{C} = ((\boldsymbol{c}_1, \boldsymbol{c}_2, \boldsymbol{c}_3))$ den Wert

$$\|\boldsymbol{C}\| = \sqrt{\|\boldsymbol{c}_1\|^2 + \|\boldsymbol{c}_2\|^2 + \|\boldsymbol{c}_3\|^2}$$

ergibt. Diese Norm ändert sich nicht, wenn $\boldsymbol{C}$ links mit einer orthogonalen Matrix multipliziert wird, denn dabei bleibt die Länge jedes einzelnen Spaltenvektors $\boldsymbol{c}_i$ von $\boldsymbol{C}$ erhalten. Weil $\|\boldsymbol{C}\|^2$ auch gleich der Quadratsumme der Längen aller Zeilenvektoren ist, lässt auch die Rechtsmultiplikation von $\boldsymbol{C}$ mit einer orthogonalen Matrix diese Norm invariant.

Wir gehen aus von der Singulärwertzerlegung

$$\boldsymbol{A} = \boldsymbol{U}^{\mathrm{T}}\boldsymbol{D}\boldsymbol{V} \quad \text{mit} \quad \boldsymbol{D} = \operatorname{diag}(s_1, s_2, s_3)$$

bei $s_i > 0$, weil $\boldsymbol{A}$ invertierbar vorausgesetzt ist. Wir suchen eine Matrix $\boldsymbol{B}$, für welche die Differenz eine minimale Norm $\|\boldsymbol{U}^{\mathrm{T}}\boldsymbol{D}\boldsymbol{V} - \boldsymbol{B}\|$ aufweist. Dabei sind die Matrizen $\boldsymbol{U}$, $\boldsymbol{V}$ und $\boldsymbol{B}$ orthogonal. Deshalb ist

$$\begin{aligned}\|\boldsymbol{U}^{\mathrm{T}}\boldsymbol{D}\boldsymbol{V} - \boldsymbol{B}\| &= \|\boldsymbol{U}(\boldsymbol{U}^{\mathrm{T}}\boldsymbol{D}\boldsymbol{V} - \boldsymbol{B})\boldsymbol{V}^{\mathrm{T}}\| \\ &= \|\boldsymbol{D} - \boldsymbol{U}\boldsymbol{B}\boldsymbol{V}^{\mathrm{T}}\|.\end{aligned}$$

Wir setzen an

$$\boldsymbol{U}\boldsymbol{B}\boldsymbol{V}^{\mathrm{T}} = \left(r_{ik}\right) = ((\boldsymbol{r}_1, \boldsymbol{r}_2, \boldsymbol{r}_3))$$

mit $\|\boldsymbol{r}_i\| = 1$, nachdem das Produkt orthogonaler Matrizen wieder orthogonal ist.

Wegen $\boldsymbol{D} = ((s_1\boldsymbol{e}_1, s_2\boldsymbol{e}_2, s_3\boldsymbol{e}_3))$ mit $(\boldsymbol{e}_1, \boldsymbol{e}_2, \boldsymbol{e}_3)$ als Standardbasis folgt

$$\begin{aligned}\|\boldsymbol{D} - \boldsymbol{U}\boldsymbol{B}\boldsymbol{V}^{\mathrm{T}}\|^2 &= \sum_{i=1}^{3} (s_i\boldsymbol{e}_i - \boldsymbol{r}_i)^2 \\ &= \sum_{i=1}^{3} \left(s_i^2\boldsymbol{e}_i^2 - 2\, s_i\, r_{ii} + \boldsymbol{r}_i^2\right) \\ &= \sum_{i=1}^{3} \left(s_i^2 - 2\, s_i\, r_{ii} + 1\right) \\ &= \sum_{i=1}^{3} s_i^2 - 2\sum_{i=1}^{3} s_i\, r_{ii} + 3\,.\end{aligned}$$

Dieser Wert ist minimal, wenn die zu subtrahierende Linearkombination

$$s_1\, r_{11} + s_2\, r_{22} + s_3\, r_{33}$$

mit fest vorgegebenen positiven Koeffizienten s_1, s_2 und s_3 maximal ist. Die r_{ii} sind einzelne Koordinaten von Einheitsvektoren und daher alle ≤ 1. Die minimale Norm liegt also genau dann vor, wenn die Hauptdiagonalelemente $r_{11} = r_{22} = r_{33} = 1$ sind. Somit bleibt $\boldsymbol{r}_i = \boldsymbol{e}_i$, also

$$\boldsymbol{U}\boldsymbol{B}\boldsymbol{V}^{\mathrm{T}} = \mathbf{E}_3 \quad \text{und weiter} \quad \boldsymbol{B} = \boldsymbol{U}^{\mathrm{T}}\boldsymbol{V}.$$

Man erhält demnach die zu $\boldsymbol{A}$ nächstgelegene orthogonale Matrix $\boldsymbol{B}$ einfach dadurch, dass alle Singulärwerte von $\boldsymbol{A}$ gleich 1 gesetzt werden.

Kommentar Dies gilt auch noch, wenn einer der Eigenwerte von $\boldsymbol{A}^{\mathrm{T}}\boldsymbol{A}$ verschwindet, also etwa bei $s_3 = 0$, weil $r_{11} = r_{22} = 1$ als dritten Spaltenvektor in der orthogonalen Matrix $\boldsymbol{U}\boldsymbol{B}\boldsymbol{V}^{\mathrm{T}}$ nur mehr $\boldsymbol{r}_3 = \boldsymbol{e}_3$ zulässt. Erst bei $s_2 = s_3 = 0$ wäre das optimale $\boldsymbol{B}$ nicht mehr eindeutig. ◄

Dies wird im Bereich der Bewegungsplanung angewandt, z. B. bei der Steuerung von Robotern:

Zur Festlegung einer stetigen Bewegung zwischen zwei Raumpositionen werden zunächst einzelne Punktbahnen unabhängig voneinander interpoliert, etwa jene der Endpunkte eines mit dem Raumobjekt verknüpften Dreibeins. Diese Bahnpunkte bestimmen zu jedem Zeitpunkt ein zunächst noch affin verzerrtes Objekt, also – abgesehen von der Verschiebung – das Bild in einer linearen Abbildung $\boldsymbol{x} \mapsto \boldsymbol{A}\boldsymbol{x}$. Indem nun $\boldsymbol{A}$ durch eine orthogonale Matrix approximiert wird, werden die Zwischenlagen kongruent zur Ausgangslage.

Teil III

Wir setzen die Normalprojektion ν' von V' auf $\mathrm{Im}(\varphi)$ zusammen mit β^{-1} und einer Einbettungsabbildung in V (siehe Abb. 21.21), also ausführlich

$$V' = \mathbb{R}^n \overset{\nu'}{\to} \mathrm{Im}(\varphi) \overset{\beta^{-1}}{\to} \mathrm{Ker}(\varphi)^\perp \overset{\tau}{\to} V = \mathbb{R}^m$$
$$\begin{pmatrix} y'_1 \\ \vdots \\ y'_r \\ y'_{r+1} \\ \vdots \\ y'_n \end{pmatrix} \overset{\nu'}{\mapsto} \begin{pmatrix} y'_1 \\ \vdots \\ y'_r \end{pmatrix} \overset{\beta^{-1}}{\mapsto} \begin{pmatrix} y'_1/s_1 \\ \vdots \\ y'_r/s_r \end{pmatrix} \overset{\tau}{\mapsto} \begin{pmatrix} y'_1/s_1 \\ \vdots \\ y'_r/s_r \\ 0 \\ \vdots \\ 0 \end{pmatrix}.$$

Wir nennen

$$\varphi^{\mathrm{ps}} = \tau \circ \beta^{-1} \circ \nu' : V' = \mathbb{R}^n \to V = \mathbb{R}^m$$

nach E. H. Moore (1862–1932) und R. Penrose (1931–) die pseudoinverse **Moore-Penrose-Abbildung** oder kurz die **Pseudoinverse** von φ. Bei $m = n = r$ fällt sie mit der Inversen zusammen, denn dann ist $\varphi = \beta$. Ansonsten behält sie noch die folgende Eigenschaften:

$$\varphi \circ \varphi^{\mathrm{ps}} \circ \varphi = \varphi \quad \text{und} \quad \varphi^{\mathrm{ps}} \circ \varphi \circ \varphi^{\mathrm{ps}} = \varphi^{\mathrm{ps}} \tag{21.17}$$

Die Abbildung

$$\varphi^{\mathrm{ps}} \circ \varphi : V \to V, \quad \begin{pmatrix} x_1 \\ \vdots \\ x_r \\ x_{r+1} \\ \vdots \\ x_m \end{pmatrix} \mapsto \begin{pmatrix} x_1 \\ \vdots \\ x_r \\ 0 \\ \vdots \\ 0 \end{pmatrix}$$

ist ein Endomorphismus von V, und zwar die Normalprojektion auf den r-dimensionalen Unterraum $\mathrm{Ker}(\varphi)^\perp$ und damit selbstadjungiert (siehe Abschn. 20.5), denn die zugehörige Darstellungsmatrix

$${}_H\boldsymbol{M}(\varphi^{\mathrm{ps}} \circ \varphi)_H = \mathrm{diag}(1, \ldots, 1) \in \mathbb{R}^{m\times m}$$

ist als Diagonalmatrix symmetrisch. Analog ist

$$\varphi \circ \varphi^{\mathrm{ps}} : V' \to V', \quad \begin{pmatrix} y'_1 \\ \vdots \\ y'_r \\ y'_{r+1} \\ \vdots \\ y'_n \end{pmatrix} \mapsto \begin{pmatrix} y'_1 \\ \vdots \\ y'_r \\ 0 \\ \vdots \\ 0 \end{pmatrix}$$

die Normalprojektion auf $\mathrm{Im}(\varphi)$ und damit ebenfalls selbstadjungiert.

Man kann zeigen, dass durch die hier aufgelisteten vier Eigenschaften die Pseudoinverse eindeutig festgelegt ist.

Wir folgen dieser Erklärung in dem Zahlenbeispiel auf S. 804.

Für injektives oder surjektives φ ist die Pseudoinverse direkt berechenbar

Wie können wir die Darstellungsmatrix der Pseudoinversen φ^{ps} ohne Verwendung der Singulärwertzerlegung von φ ausrechnen? Gibt es explizite Formeln?

Es sei $\boldsymbol{A} = {}_{B'}\boldsymbol{M}(\varphi)_B$ die Darstellungsmatrix von φ für beliebige orthonormierte Basen B von V und B' von V'. Dann ist

$${}_{H'}\boldsymbol{M}(\varphi)_H = ({}_{B'}\boldsymbol{T}_{H'})^{\mathrm{T}} \boldsymbol{A}\, {}_B\boldsymbol{T}_H ,$$

wenn wir die Orthogonalität der Transformationsmatrix ${}_{H'}\boldsymbol{T}_{B'} \in \mathbb{R}^{n\times n}$ gleich berücksichtigen. Wir betrachten im Folgenden die durch die transponierte Matrix $\boldsymbol{A}^{\mathrm{T}}$ dargestellte **adjungierte** Abbildung

$$\varphi^{\mathrm{ad}} : V' \to V, \quad {}_{B'}\boldsymbol{x}' \to \boldsymbol{A}^{\mathrm{T}}\, {}_{B'}\boldsymbol{x}'.$$

Für diese in umgekehrter Richtung, also von V' nach V wirkende Abbildung gilt beim Basiswechsel von B zu H und B' zu H'

$${}_H\boldsymbol{M}(\varphi^{\mathrm{ad}})_{H'} = ({}_B\boldsymbol{T}_H)^{\mathrm{T}} \boldsymbol{A}^{\mathrm{T}}\, {}_{B'}\boldsymbol{T}_{H'} = ({}_{H'}\boldsymbol{M}(\varphi)_H)^{\mathrm{T}} .$$

Die zu φ adjungierte Abbildung φ^{ad} wird also in allen orthonormierten Basen durch die transponierte Matrix dargestellt. Wir können daher wieder die speziellen Basen H und H' mit ${}_{H'}\boldsymbol{M}(\varphi)_H \in \mathbb{R}^{n\times m}$ in Normalform benutzen. Hier hat φ^{ad} die Darstellungsmatrix

$$({}_{H'}\boldsymbol{M}(\varphi)_H)^{\mathrm{T}} = \mathrm{diag}(s_1, \ldots, s_r) \in \mathbb{R}^{m\times n},$$

und diese zeigt

$$\mathrm{Im}(\varphi^{\mathrm{ad}}) = \mathrm{Ker}(\varphi)^\perp \quad \text{und} \quad \mathrm{Ker}(\varphi^{\mathrm{ad}}) = \mathrm{Im}(\varphi)^\perp$$

(siehe Abb. 21.21).

Ähnlich wie φ ist auch die adjungierte Abbildung φ^{ad} zusammensetzbar:

$$V' = \mathbb{R}^n \overset{\nu'}{\to} \mathrm{Im}(\varphi) \to \mathrm{Ker}(\varphi)^\perp \overset{\tau}{\to} V = \mathbb{R}^m$$
$$\begin{pmatrix} y'_1 \\ \vdots \\ y'_r \\ y'_{r+1} \\ \vdots \\ y'_n \end{pmatrix} \overset{\nu'}{\mapsto} \begin{pmatrix} y'_1 \\ \vdots \\ y'_r \end{pmatrix} \mapsto \begin{pmatrix} s_1 y'_1 \\ \vdots \\ s_r y'_r \end{pmatrix} \overset{\tau}{\mapsto} \begin{pmatrix} s_1 y'_1 \\ \vdots \\ s_r y'_r \\ 0 \\ \vdots \\ 0 \end{pmatrix}$$

Die adjungierte Abbildung φ^{ad} unterscheidet sich von φ^{ps} lediglich im „Mittelteil": Statt die i-te Koordinate durch s_i zu dividieren, wird hier mit s_i multipliziert. Man könnte φ^{ps} demnach aus φ^{ad} und der Skalierung mit den Faktoren $1/s_1^2, \ldots, 1/s_r^2$ innerhalb von $\mathrm{Ker}(\varphi)^\perp$ zusammensetzen.

Beispiel: Berechnung einer Pseudoinversen

Gegeben ist die lineare Abbildung

$$\varphi : \mathbb{R}^3 \to \mathbb{R}^2, \quad \begin{pmatrix} x_1 \\ x_2 \\ x_3 \end{pmatrix} \mapsto \begin{pmatrix} x_1' \\ x_2' \end{pmatrix} = \begin{pmatrix} 1 & 1 & 0 \\ 2 & 2 & 0 \end{pmatrix} \begin{pmatrix} x_1 \\ x_2 \\ x_3 \end{pmatrix}.$$

Wir lautet die Pseudoinverse φ^{ps}?

Problemanalyse und Strategie: Wir bestimmen den Kern und den Bildraum von φ und die zugehörigen Orthogonalräume. Dann zerlegen wir φ in das Produkt $\tau' \circ \beta \circ \nu$ (vergleiche Abb. 21.21) und setzen φ^{ps} aus der Normalprojektion ν' auf $\mathrm{Im}(\varphi)$ und der Bijektion β^{-1} zusammen.

Lösung: Offensichtlich ist

$$\begin{pmatrix} x_1' \\ x_2' \end{pmatrix} = (x_1 + x_2) \begin{pmatrix} 1 \\ 2 \end{pmatrix} = (x_1 + x_2)\sqrt{5}\,\boldsymbol{v}'$$

mit dem Einheitsvektor

$$\boldsymbol{v}' = \frac{1}{\sqrt{5}} \begin{pmatrix} 1 \\ 2 \end{pmatrix} \quad \text{und } \mathrm{Im}(\varphi) = \langle \boldsymbol{v}' \rangle.$$

Zugleich erkennen wir, dass der Kern von φ in $\mathbb{R}^3$ durch die lineare Gleichung $x_1 + x_2 = 0$ festgelegt ist. Daher ist

$$\mathrm{Ker}(\varphi)^{\perp} = \langle \boldsymbol{v} \rangle \quad \text{bei } \boldsymbol{v} = \frac{1}{\sqrt{2}} \begin{pmatrix} 1 \\ 1 \\ 0 \end{pmatrix}.$$

Die Orthogonalprojektion $\nu : \mathbb{R}^3 \to \mathbb{R}^3$ auf $\mathrm{Ker}(\varphi)^{\perp}$ lautet somit $\nu : \boldsymbol{x} \mapsto (\boldsymbol{x} \cdot \boldsymbol{v})\boldsymbol{v}$, also

$$\nu : \boldsymbol{x} \mapsto \frac{x_1 + x_2}{\sqrt{2}}\boldsymbol{v} = \frac{1}{2} \begin{pmatrix} 1 & 1 & 0 \\ 1 & 1 & 0 \\ 0 & 0 & 0 \end{pmatrix} \begin{pmatrix} x_1 \\ x_2 \\ x_3 \end{pmatrix}.$$

Diese Darstellungsmatrix ist das dyadische Quadrat des Vektors $\boldsymbol{v}$ von S. 718. Wegen

$$\varphi(\boldsymbol{v}) = \frac{1}{\sqrt{2}} \begin{pmatrix} 2 \\ 4 \end{pmatrix} = \sqrt{10}\,\boldsymbol{v}'$$

lautet die Bijektion

$$\beta : \mathrm{Ker}(\varphi)^{\perp} \to \mathrm{Im}(\varphi), \quad x\boldsymbol{v} \to x\sqrt{10}\,\boldsymbol{v}'.$$

Nun brauchen wir noch im Bildraum $\mathbb{R}^2$ die Normalprojektion ν' auf $\mathrm{Im}(\varphi)$. Es ist $\nu' : \boldsymbol{y}' \mapsto (\boldsymbol{y}' \cdot \boldsymbol{v}')\boldsymbol{v}'$, daher

$$\nu' : \boldsymbol{y}' \mapsto \frac{y_1' + 2y_2'}{\sqrt{5}}\boldsymbol{v}' = \frac{1}{5} \begin{pmatrix} 1 & 2 \\ 2 & 4 \end{pmatrix} \begin{pmatrix} y_1' \\ y_2' \end{pmatrix}.$$

Wir setzen dies mit $\beta^{-1} : y'\boldsymbol{v}' \mapsto \frac{y'}{\sqrt{10}}\boldsymbol{v}$ zusammen und erhalten

$$\varphi^{\mathrm{ps}} : \boldsymbol{y}' \mapsto \frac{y_1' + 2y_2'}{\sqrt{5}\,\sqrt{10}}\boldsymbol{v} = \frac{y_1' + 2y_2'}{10} \begin{pmatrix} 1 \\ 1 \\ 0 \end{pmatrix}.$$

Dies führt zur kanonischen Darstellungsmatrix der Pseudoinversen

$$\varphi^{\mathrm{ps}} : \begin{pmatrix} y_1' \\ y_2' \end{pmatrix} \mapsto \begin{pmatrix} y_1 \\ y_2 \\ y_3 \end{pmatrix} = \frac{1}{10} \begin{pmatrix} 1 & 2 \\ 1 & 2 \\ 0 & 0 \end{pmatrix} \begin{pmatrix} y_1' \\ y_2' \end{pmatrix}.$$

Die Skalierung mit den jeweils reziproken Werten, also mit $s_1^2, \ldots, s_r^2$, tritt bei der Zusammensetzung $\varphi^{\mathrm{ad}} \circ \varphi$ auf, denn deren Darstellungsmatrix ist

$$({}_{H'}\boldsymbol{M}(\varphi)_H)^{\mathrm{T}}\ {}_{H'}\boldsymbol{M}(\varphi)_H = \mathrm{diag}(s_1^2, \ldots, s_r^2, 0 \ldots, 0) \in \mathbb{R}^{m \times m}.$$

Falls nun $r = m$, die Abbildung φ also *injektiv* ist, so fehlen die Nullen in der Hauptdiagonale. Die Produktmatrix ist invertierbar. Und dann erledigt die zugehörige Inverse gerade diejenige Skalierung, durch welche φ^{ad} zur Pseudoinversen φ^{ps} wird. Bei injektivem φ gilt also

$$\varphi^{\mathrm{ps}} = (\varphi^{\mathrm{ad}} \circ \varphi)^{-1} \circ \varphi^{\mathrm{ad}},$$

d. h., bei $\boldsymbol{A} = {}_{B'}\boldsymbol{M}(\varphi)_B \in \mathbb{R}^{n \times m}$ und $r = \mathrm{rg}(\varphi) = m = \dim(V)$ ist

$$\boldsymbol{A}^{\mathrm{ps}} = {}_B\boldsymbol{M}(\varphi^{\mathrm{ps}})_{B'} = (\boldsymbol{A}^{\mathrm{T}}\boldsymbol{A})^{-1}\boldsymbol{A}^{\mathrm{T}}. \qquad (21.18)$$

Achtung Die Faktoren in dem Matrizenprodukt $(\boldsymbol{A}^{\mathrm{T}}\boldsymbol{A})$ müssen nicht quadratisch sein. Nur bei quadratischen Matrizen darf $(\boldsymbol{A}^{\mathrm{T}}\boldsymbol{A})^{-1}$ durch $\boldsymbol{A}^{-1}(\boldsymbol{A}^{\mathrm{T}})^{-1}$ ersetzt werden, womit dann $\boldsymbol{A}^{\mathrm{ps}} = \boldsymbol{A}^{-1}$ ist. ◄

Selbstfrage 8

Bestätigen Sie, dass für die Darstellungsmatrix $\boldsymbol{A}^{\mathrm{ps}}$ der Pseudoinversen im Fall $r = m$ gemäß (21.17) die Gleichungen

$$\boldsymbol{A}\boldsymbol{A}^{\mathrm{ps}}\boldsymbol{A} = \boldsymbol{A} \quad \text{und} \quad \boldsymbol{A}^{\mathrm{ps}}\boldsymbol{A}\boldsymbol{A}^{\mathrm{ps}} = \boldsymbol{A}^{\mathrm{ps}}$$

gelten und die Produkte

$$\boldsymbol{A}^{\mathrm{ps}}\boldsymbol{A} \quad \text{und} \quad \boldsymbol{A}\boldsymbol{A}^{\mathrm{ps}}$$

symmetrische Matrizen ergeben, die zugehörigen Endomorphismen also selbstadjungiert sind.

Ähnliche Überlegungen sind auch bei *surjektivem* φ, also bei $r = n$ möglich:

Um den Unterschied zwischen der adjungierten Abbildung und der Pseudoinversen aufzuheben, können wir auch vorher in $\mathrm{Im}(\varphi)$ die Skalierung mit den Faktoren $(1/s_1^2, \ldots, 1/s_r^2)$ vornehmen, indem wir die Inverse zu $(\varphi \circ \varphi^{\mathrm{ad}})$ anwenden. Dies ergibt

$$\varphi^{\mathrm{ps}} = \varphi^{\mathrm{ad}} \circ (\varphi \circ \varphi^{\mathrm{ad}})^{-1},$$

und somit bei $r = \mathrm{rg}(\varphi) = n = \dim(V')$ die Darstellungsmatrix

$$\boldsymbol{A}^{\mathrm{ps}} = {}_B\boldsymbol{M}(\varphi^{\mathrm{ps}})_{B'} = \boldsymbol{A}^{\mathrm{T}}(\boldsymbol{A}\boldsymbol{A}^{\mathrm{T}})^{-1}. \tag{21.19}$$

Darstellungsmatrix der Pseudoinversen

Für eine injektive oder surjektive lineare Abbildung $\varphi : V \to V'$ lässt sich die Darstellungsmatrix $\boldsymbol{A}^{\mathrm{ps}} = {}_B\boldsymbol{M}(\varphi^{\mathrm{ps}})_{B'}$ der Pseudoinversen direkt, also ohne Singulärwertzerlegung, aus der Darstellungsmatrix $\boldsymbol{A} = {}_{B'}\boldsymbol{M}(\varphi)_B$ berechnen, und zwar bei injektivem φ nach (21.18), bei surjektivem φ nach (21.19).

Man beachte: In dem Beispiel auf S. 804 ist φ weder injektiv noch surjektiv. Dort ist keine der angegebenen Formeln verwendbar. Siehe dazu auch die Aufgabe 21.16.

Kommentar Alle diese Überlegungen über die Pseudoinverse einschließlich des Zusammenhanges mit der adjungierten Abbildung gelten auch in unitären Räumen. Der einzige Unterschied besteht darin, dass die Darstellungsmatrix von φ^{ad} die konjugiert komplexe der transponierten Abbildung ist, also ${}_B\boldsymbol{M}(\varphi^{\mathrm{ad}})_{B'} = \overline{({}_{B'}\boldsymbol{M}(\varphi)_B)}^T$. ◄

Nochmals zur Methode der kleinsten Quadrate

Man kann φ^{ps} zur Bestimmung einer *Näherungslösung* für ein unlösbares lineares Gleichungssystem verwenden, also zur Bestimmung einer Lösung, bei welcher das Ergebnis der linken Seite möglichst wenig von den vorgegebenen Werten der Absolutspalte abweicht. Dies ist etwa dann nötig, wenn die Absolutglieder Messergebnisse sind und mehr Gleichungen als Unbekannte vorliegen. Wir greifen hier nochmals die Überlegungen aus Abschn. 20.4 auf.

Wir schreiben die n Gleichungen in m Unbekannten in gewohnter Weise in Matrizenform als $\boldsymbol{A}\,\boldsymbol{x} = \boldsymbol{s}$ mit $A \in \mathbb{R}^{n\times m}$. Die Unlösbarkeit resultiert aus der Tatsache, dass für die durch $\boldsymbol{A}$ bestimmte lineare Abbildung

$$\varphi : V = \mathbb{R}^m \to V' = \mathbb{R}^n, \quad \boldsymbol{x} \mapsto \boldsymbol{A}\,\boldsymbol{x}$$

die gegebene Absolutspalte $\boldsymbol{s} \in V'$, also das vorgeschriebene Bild $\varphi(\boldsymbol{x})$ des gesuchten Urbildes $\boldsymbol{x}$ nicht der Bildmenge $\mathrm{Im}(\varphi)$ angehört. Um eine Näherungslösung zu finden, ändern wir die

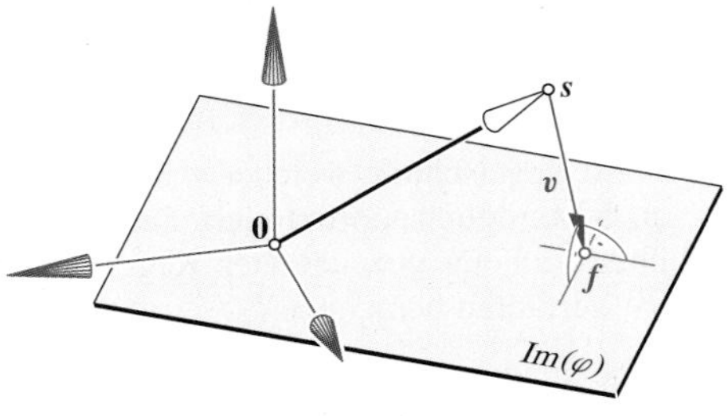

Abb. 21.22 Die Forderung nach Verbesserungen mit minimaler Quadratsumme führt zum Fußpunkt $\boldsymbol{f}$ der aus $\boldsymbol{s}$ an den Bildraum $\mathrm{Im}(\varphi)$ legbaren Normalen

Absolutspalte ab: Wir ersetzen $\boldsymbol{s}$ durch den Punkt $\boldsymbol{s} + \boldsymbol{v}$ aus $\mathrm{Im}(\varphi)$, wobei der Vektor $\boldsymbol{v}$ der *Verbesserungen* eine minimale Länge $\|\boldsymbol{v}\|$ haben soll. Damit wird $\boldsymbol{s} + \boldsymbol{v}$ zum Fußpunkt $\boldsymbol{f}$ der aus $\boldsymbol{s}$ an $\mathrm{Im}(\varphi)$ gelegten Normalen (Abb. 21.22).

Diese Näherungslösung entsteht, wenn wir $\boldsymbol{s}$ normal nach $\mathrm{Im}(\varphi)$ projizieren und davon ein Urbild aus der Menge $\varphi^{-1}(\boldsymbol{f})$ bestimmen. Nach unserer Erklärung der Pseudoinversen ist das in $\mathrm{Ker}(\varphi)^\perp$ liegende Urbild identisch mit dem Bild von $\boldsymbol{s}$ unter der Pseudoinversen φ^{ps} (vergleiche mit der Abb. 21.21).

Näherungslösung eines überbestimmten inhomogenen Systems linearer Gleichungen

Ist $\boldsymbol{A}\,\boldsymbol{x} = \boldsymbol{s}$ ein unlösbares inhomogenes lineares Gleichungssystem, so ist $\tilde{\boldsymbol{l}} = \varphi^{\mathrm{ps}}(\boldsymbol{s})$ die Näherungslösung aus $\mathrm{Ker}(\varphi)^\perp$ mit möglichst kleinem Fehler $\|\boldsymbol{A}\,\tilde{\boldsymbol{l}} - \boldsymbol{s}\|$, sofern φ^{ps} die Moore-Penrose-Pseudoinverse zur lineare Abbildung $\varphi : \boldsymbol{x} \mapsto \boldsymbol{A}\,\boldsymbol{x}$ ist.

Alle $\boldsymbol{l} \in \tilde{\boldsymbol{l}} + \mathrm{Ker}(\varphi)$ ergeben den gleichen minimalen Fehler und bilden die Lösung der **Normalgleichungen**

$$(\boldsymbol{A}^{\mathrm{T}}\boldsymbol{A})\,\boldsymbol{x} = \boldsymbol{A}^{\mathrm{T}}\boldsymbol{s}.$$

Beweis Wir erhalten unsere Näherungslösung, indem wir das unlösbare Gleichungssystem $\boldsymbol{A}\,\boldsymbol{x} = \boldsymbol{s}$ ersetzen durch $\boldsymbol{A}\,\boldsymbol{x} = \boldsymbol{f}$ mit $\boldsymbol{f}$ als Fußpunkt der Normalen aus $\boldsymbol{s}$ auf $\mathrm{Im}(\varphi)$. Die Einschränkung der adjungierten Abbildung φ^{ad} auf $\mathrm{Im}(\varphi)$ ist injektiv. Daher ist die Aussage $\varphi(\boldsymbol{x}) = \boldsymbol{f}$ äquivalent zu $(\varphi^{\mathrm{ad}} \circ \varphi)(\boldsymbol{x}) = \varphi^{\mathrm{ad}}(\boldsymbol{f})$, wobei wegen $\mathrm{Ker}(\varphi^{\mathrm{ad}}) = \mathrm{Im}(\varphi)^\perp$ $\varphi^{\mathrm{ad}}(\boldsymbol{f}) = \varphi^{\mathrm{ad}}(\boldsymbol{s})$ ist. Die zugehörige Matrizendarstellung lautet

$$(\boldsymbol{A}^T\boldsymbol{A})\,\boldsymbol{x} = \boldsymbol{A}^T\boldsymbol{s}.$$ ■

Beispiel Wir erinnern nochmals an ein Beispiel aus Kap. 15 und berechnen die optimale Näherungslösung des überbestimmten linearen Gleichungssystems

$$\begin{aligned} x_1 + x_2 &= 1 \\ 2x_1 - x_2 &= 5 \\ 3x_1 + x_2 &= 4 \end{aligned} \quad \text{oder} \quad \begin{pmatrix} 1 & 1 \\ 2 & -1 \\ 3 & 1 \end{pmatrix} \begin{pmatrix} x_1 \\ x_2 \end{pmatrix} = \begin{pmatrix} 1 \\ 5 \\ 4 \end{pmatrix}.$$

Anwendung: Ausgleichskegelschnitt

Gesucht ist ein Kegelschnitt, welcher $n > 5$ gegebene Punkte $\boldsymbol{p}_1, \ldots, \boldsymbol{p}_n$ bestmöglich approximiert. Die in den Abb. 21.8 und 21.9 über die Fotos gezeichneten Kegelschnitte wurden nach diesem Verfahren berechnet.

Wir setzen die quadratische Funktion $\psi(\boldsymbol{x})$ des Kegelschnittes $Q(\psi)$ an als

$$\psi(\boldsymbol{x}) = k_1x_1^2 + k_2x_1x_2 + k_3x_2^2 + k_3x_1 + k_5x_2 + k_6$$

mit zunächst unbestimmten Koeffizienten $k_1, \ldots, k_6$. Wenn der Punkt $\boldsymbol{p}_i$ auf $Q(\psi)$ liegt, so muss $\psi(\boldsymbol{p}_i) = 0$ sein. Dies ist eine lineare homogene Gleichung für die Koeffizienten. Die n Punkte führen demnach auf ein überbestimmtes System von n homogenen linearen Gleichungen. Wir suchen dessen optimale Lösung nach dem auf S. 809 beschriebenen Verfahren. Wir gehen also wie folgt vor:

Für jedes $i \in \{1, \ldots, n\}$ berechnen wir aus den Koordinaten $(x_1, x_2)^{\mathrm{T}}$ des Punktes $\boldsymbol{p}_i$ den Zeilenvektor

$$z_i = (x_1^2,\ x_1x_2,\ x_2^2,\ x_1,\ x_2,\ 1).$$

Dies ergibt insgesamt eine $n \times 6$-Matrix als Koeffizientenmatrix $\boldsymbol{A}$ unseres Gleichungssystems.

Hierauf bestimmen wir das Matrizenprodukt $\boldsymbol{A}^{\mathrm{T}}\boldsymbol{A}$ und suchen den kleinsten Eigenwert λ_1 dieser symmetrischen 6×6-Matrix. Ist dann $\boldsymbol{e}$ ein Eigenvektor zu λ_1, so bilden die Koordinaten von $\boldsymbol{e}$ die Koeffizienten in der Gleichung $\psi(\boldsymbol{x}) = 0$ des gesuchten Kegelschnittes.

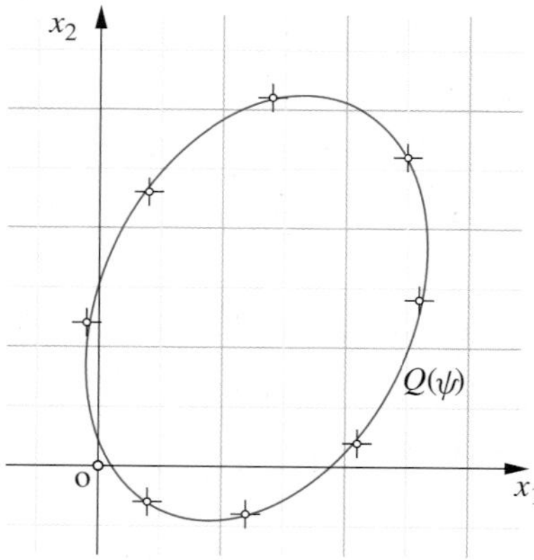

Ausgleichskegelschnitt $Q(\psi)$ durch acht gegebene Punkte

Im Gegensatz zu dem früheren Beispiel mit einer linearen Funktion gibt der Wert $\psi(\boldsymbol{x})$ keinesfalls den Normalabstand des Punktes $\boldsymbol{x}$ vom Kegelschnitt $Q(\psi)$ an. $\psi(\boldsymbol{x})$ hat keine geometrische Bedeutung. Deshalb hängt die berechnete Lösung von der Wahl des Koordinatensystems ab. Bereits eine Verschiebung des Koordinatenursprungs oder eine Änderung der Maßeinheit kann zu einem anderen Kegelschnitt führen.

Die eindeutige Lösung $(l_1, l_2) = (2, -1)$ der ersten beiden Gleichungen erfüllt die dritte Gleichung nicht mehr. Also ist dieses System unlösbar und wir können nur eine Näherungslösung erwarten.

Wir bestimmen die Normalgleichungen, indem wir beide Seiten des Gleichungssystems von links mit der transponierten Koeffizientenmatrix multiplizieren.

$$\begin{pmatrix} 1 & 2 & 3 \\ 1 & -1 & 1 \end{pmatrix} \begin{pmatrix} 1 & 1 \\ 2 & -1 \\ 3 & 1 \end{pmatrix} \begin{pmatrix} x_1 \\ x_2 \end{pmatrix} = \begin{pmatrix} 1 & 2 & 3 \\ 1 & -1 & 1 \end{pmatrix} \begin{pmatrix} 1 \\ 5 \\ 4 \end{pmatrix},$$

also

$$\begin{pmatrix} 14 & 2 \\ 2 & 3 \end{pmatrix} \begin{pmatrix} x_1 \\ x_2 \end{pmatrix} = \begin{pmatrix} 23 \\ 0 \end{pmatrix}.$$

Die Lösung der Normalgleichungen und damit Näherungslösung für das Ausgangssystem lautet

$$\tilde{\boldsymbol{l}} = \begin{pmatrix} 69/38 \\ -46/38 \end{pmatrix} \quad \text{und} \quad \boldsymbol{f} = \boldsymbol{A}\,\tilde{\boldsymbol{l}} = \begin{pmatrix} 23/38 \\ 184/38 \\ 161/38 \end{pmatrix}.$$

Aus den Abweichungen von den gegebenen Absolutwerten folgt als Fehler

$$\|\boldsymbol{f} - \boldsymbol{s}\| = \frac{\sqrt{15^2 + 6^2 + 9^2}}{38} = \frac{\sqrt{342}}{38} = \frac{3}{\sqrt{38}} \approx 0.487. \blacktriangleleft$$

Kommentar Von der *optimalen Näherungslösung* können wir nur sprechen, wenn wir keine Vervielfachung einzelner Gleichungen zulassen. An sich bleibt die Lösungsmenge einer Gleichung bei einer derartigen Multiplikation gleich, aber das Absolutglied ändert sich und damit das Größenverhältnis unter den Absolutgliedern des Systems.

Derartige Näherungslösungen sind also nur dann sinnvoll, wenn z. B. auf der rechten Seite lauter Messdaten stehen, die annähernd die gleiche Genauigkeit aufweisen. Sind diese Genauigkeiten wesentlich verschieden, so sollte man zuerst durch Vervielfachung der einzelnen Gleichungen diese Genauigkeiten angleichen. ◀

Die optimale Lösung eines überbestimmten homogenen Gleichungssystems ist ein Eigenvektor

Vorhin bei dem unlösbaren *inhomogenen* linearen Gleichungssystem $\boldsymbol{A}\boldsymbol{x} = \boldsymbol{s}$ haben wir eine Näherungslösung $\tilde{\boldsymbol{l}}$ dann als optimal bezeichnet, wenn der auf der rechten Seite auftretende Fehlervektor $\boldsymbol{s} - \boldsymbol{A}\,\tilde{\boldsymbol{l}}$ eine minimale Länge hat. Analog könnte man bei einem überbestimmten *homogenen* Systems $\boldsymbol{A}\boldsymbol{x} = \boldsymbol{0}$ mit n Gleichungen für $m < n$ Unbestimmte, also mit $\boldsymbol{A} \in \mathbb{R}^{n \times m}$

Vertiefung: Das Kovarianzellipsoid und das Konzentrationsellipsoid

Mit jeder endlichen Menge von Punkten $\boldsymbol{p}_1, \ldots, \boldsymbol{p}_n$ und dem Ursprung $\mathbf{0}$ als Bezugspunkt sind im $\mathbb{R}^2$ zwei Ellipsen, im $\mathbb{R}^3$ zwei Ellipsoide bewegungsinvariant verknüpft. Diese haben gemeinsame Symmetrieachsen und zueinander reziproke Achsenlängen. Das **Konzentrationsellipsoid** umschließt die Punktwolke und hat die Darstellungsmatrix $(\boldsymbol{A}\boldsymbol{A}^{\mathrm{T}})^{-1}$, sofern $\boldsymbol{A} = ((\boldsymbol{p}_1 \ldots \boldsymbol{p}_n)) \in \mathbb{R}^{3\times n}$ die Koordinatenvektoren der gegebenen Punkte zusammenfasst. Das **Kovarianz-** oder **Trägheitsellipsoid** hat die Darstellungsmatrix $\boldsymbol{A}\boldsymbol{A}^{\mathrm{T}}$. Es ist dies die in der Statistik auftretenden Kovarianzmatrix (siehe Kap. 36).

Wir behandeln die beiden Ellipsoide im Anschauungsraum, doch gilt dies analog in jedem $\mathbb{R}^d$, $2 \le d < n$. Die gegebenen Punkte können Objekt- oder Massenpunkte sein, aber genauso gut n Messwerte zu einem m-dimensionalen Merkmal repräsentieren.

Wir beginnen mit dem Kovarianzellipsoid: Für jede Ebene E durch den Ursprung $\mathbf{0}$ bestimmen wir die Quadratsumme Q_E der Abstände d_i von den Punkten $\boldsymbol{p}_i$ der Punktwolke und tragen $1/\sqrt{Q_E}$ auf der durch $\mathbf{0}$ gehenden Ebenennormalen nach beiden Seiten hin auf.

Ist $\boldsymbol{v}$ ein zur Ebene E orthogonaler Vektor, so ist

$$Q_E = \frac{1}{\|\boldsymbol{v}\|^2} \sum_{i=1}^{n} (\boldsymbol{p}_i \cdot \boldsymbol{v})^2 = \frac{1}{\|\boldsymbol{v}\|^2} \boldsymbol{v}^{\mathrm{T}} \left(\sum_{i=1}^{n} \boldsymbol{p}_i \boldsymbol{p}_i^{\mathrm{T}} \right) \boldsymbol{v} .$$

Wir setzen für alle Ebenen $Q_E > 0$ voraus und schließen damit Punktwolken innerhalb einer Ebene durch $\mathbf{0}$ aus. Q_E heißt auch Trägheitsmoment der Punktwolke bezüglich E.

Wir können die hier auftretende Summe der dyadischen Quadrate auch schreiben als

$$\sum_{i=1}^{n} \boldsymbol{p}_i \boldsymbol{p}_i^{\mathrm{T}} = (\boldsymbol{p}_1 \ldots \boldsymbol{p}_n) \begin{pmatrix} \boldsymbol{p}_1^{\mathrm{T}} \\ \vdots \\ \boldsymbol{p}_n^{\mathrm{T}} \end{pmatrix} = \boldsymbol{A}\boldsymbol{A}^{\mathrm{T}}.$$

Durch Abtragen der Länge $\sqrt{Q_E}$ auf der Ebenennormalen entstehen die Punkte

$$\boldsymbol{x} = \pm \frac{1}{\sqrt{Q_E}} \frac{\boldsymbol{v}}{\|\boldsymbol{v}\|} = \pm \frac{\|\boldsymbol{v}\|}{\sqrt{\boldsymbol{v}^{\mathrm{T}}(\boldsymbol{A}\boldsymbol{A}^{\mathrm{T}})\boldsymbol{v}}} \frac{\boldsymbol{v}}{\|\boldsymbol{v}\|}.$$

Diese genügen der quadratischen Gleichung

$$\boldsymbol{x}^{\mathrm{T}}(\boldsymbol{A}\boldsymbol{A}^{\mathrm{T}})\boldsymbol{x} = 1, \qquad (21.20)$$

denn $\boldsymbol{x}^{\mathrm{T}}(\boldsymbol{A}\boldsymbol{A}^{\mathrm{T}})\boldsymbol{x} = \dfrac{\boldsymbol{v}^{\mathrm{T}}(\boldsymbol{A}\boldsymbol{A}^{\mathrm{T}})\boldsymbol{v}}{\boldsymbol{v}^{\mathrm{T}}(\boldsymbol{A}\boldsymbol{A}^{\mathrm{T}})\boldsymbol{v}} = 1 .$

Nun benutzen wir die Singulärwertzerlegung $\boldsymbol{A} = \boldsymbol{U}^{\mathrm{T}}\boldsymbol{D}\boldsymbol{V}$ von $\boldsymbol{A} \in \mathbb{R}^{3\times n}$ mit $\boldsymbol{U}$ als orthogonaler Matrix aus $\mathbb{R}^{3\times 3}$ und $\boldsymbol{D} = \operatorname{diag}(s_1, s_2, s_3) \in \mathbb{R}^{3\times n}$. Damit ist $\boldsymbol{A}\boldsymbol{A}^{\mathrm{T}} = \boldsymbol{U}^{\mathrm{T}}(\boldsymbol{D}\boldsymbol{D}^{\mathrm{T}})\boldsymbol{U}$ und

$$\boldsymbol{D}\boldsymbol{D}^{\mathrm{T}} = \begin{pmatrix} s_1^2 & & 0 \\ & s_2^2 & \\ 0 & & s_3^2 \end{pmatrix}.$$

Der durch ${}_{H'}\boldsymbol{T}_E = \boldsymbol{U}$ vermittelte Basiswechsel, also der Ersatz von $\boldsymbol{x}$ durch $\boldsymbol{x}' = \boldsymbol{U}\boldsymbol{x}$, bringt die quadratische Gleichung (21.20) auf die Normalform

$$s_1^2 x_1'^2 + s_2^2 x_2'^2 + s_3^2 x_3'^2 = 1 .$$

Die Punkte $\boldsymbol{x}$ liegen also auf einem Ellipsoid, dem *Kovarianz-* oder *Trägheitsellipsoid* der Punktwolke bezüglich des Koordinatenursprungs.

Nun deuten wir $\boldsymbol{A}$ als Darstellungsmatrix einer linearen Abbildung

$$\varphi : \mathbb{R}^n \to \mathbb{R}^3, \quad \boldsymbol{y} \mapsto \boldsymbol{x} = \boldsymbol{A}\boldsymbol{y} .$$

Die Vektoren $\boldsymbol{p}_1, \ldots$ in den Spalten von $\boldsymbol{A}$ sind die Bilder der Vektoren $\boldsymbol{e}_1, \ldots$ der Standardbasis des $\mathbb{R}^n$.

Die Singulärwertzerlegung $\boldsymbol{A} = \boldsymbol{U}^{\mathrm{T}}\boldsymbol{D}\boldsymbol{V}$ zusammen mit den Basiswechseln $\boldsymbol{x}' = \boldsymbol{U}\boldsymbol{x}$ im $\mathbb{R}^3$ und $\boldsymbol{y}' = \boldsymbol{V}\boldsymbol{y}$ im $\mathbb{R}^n$ führt auf die Darstellung

$$\varphi : \boldsymbol{x}' = \boldsymbol{U}\boldsymbol{A}\,\boldsymbol{y} = \boldsymbol{U}(\boldsymbol{U}^{\mathrm{T}}\boldsymbol{D}\boldsymbol{V})\boldsymbol{y} = \boldsymbol{D}\boldsymbol{y}'.$$

Wir zerlegen φ ähnlich wie oben (Abb. 21.21) in

$$\begin{pmatrix} y_1' \\ \vdots \\ y_n' \end{pmatrix} \mapsto \begin{pmatrix} y_1' \\ y_2' \\ y_3' \end{pmatrix} \mapsto \begin{pmatrix} s_1 y_1' \\ s_2 y_2' \\ s_3 y_3' \end{pmatrix} = \begin{pmatrix} x_1' \\ x_2' \\ x_3' \end{pmatrix}.$$

Für alle Einheitsvektoren $\boldsymbol{y} \in \mathbb{R}^n$, also insbesondere für $\boldsymbol{e}_i$ mit $\varphi(\boldsymbol{e}_i) = \boldsymbol{p}_i$ gilt

$$y_1'^2 + y_2'^2 + y_3'^2 \le y_1'^2 + \ldots + y_n'^2 = 1$$

und daher

$$\frac{x_1'^2}{s_1'^2} + \frac{x_2'^2}{s_2'^2} + \frac{x_1'^2}{s_1'^2} \le 1 .$$

Damit liegt keiner der Punkte $\boldsymbol{p}_i$ außerhalb des Ellipsoids mit der Gleichung

$$\boldsymbol{x}'^T(\boldsymbol{D}\boldsymbol{D}^{\mathrm{T}})^{-1}\boldsymbol{x}' = \frac{x_1'^2}{s_1'^2} + \frac{x_2'^2}{s_2'^2} + \frac{x_1'^2}{s_1'^2} = 1 .$$

Aus der Singulärwertzerlegung entnehmen wir

$$\boldsymbol{D}\boldsymbol{D}^{\mathrm{T}} = (\boldsymbol{U}\boldsymbol{A}\boldsymbol{V}^{\mathrm{T}})(\boldsymbol{V}\boldsymbol{A}^{\mathrm{T}}\boldsymbol{U}^{\mathrm{T}}) = \boldsymbol{U}\boldsymbol{A}\boldsymbol{A}^{\mathrm{T}}\boldsymbol{U}^{\mathrm{T}}$$

und weiter

$$(\boldsymbol{D}\boldsymbol{D}^{\mathrm{T}})^{-1} = (\boldsymbol{U}\boldsymbol{A}\boldsymbol{A}^{\mathrm{T}}\boldsymbol{U}^{\mathrm{T}})^{-1} = \boldsymbol{U}(\boldsymbol{A}\boldsymbol{A}^{\mathrm{T}})^{-1}\boldsymbol{U}^{\mathrm{T}}.$$

Daher ist

$$\begin{aligned} \boldsymbol{x}'^T(\boldsymbol{D}\boldsymbol{D}^{\mathrm{T}})^{-1}\boldsymbol{x}' &= (\boldsymbol{x}^{\mathrm{T}}\boldsymbol{U}^{\mathrm{T}})\boldsymbol{U}(\boldsymbol{A}\boldsymbol{A}^{\mathrm{T}})^{-1}\boldsymbol{U}^{\mathrm{T}}(\boldsymbol{U}\boldsymbol{x}) \\ &= \boldsymbol{x}^{\mathrm{T}}(\boldsymbol{A}\boldsymbol{A}^{\mathrm{T}})^{-1}\boldsymbol{x}. \end{aligned}$$

Das Ellipsoid mit der Gleichung

$$\boldsymbol{x}^{\mathrm{T}}(\boldsymbol{A}\boldsymbol{A}^{\mathrm{T}})^{-1}\boldsymbol{x} = 1 \qquad (21.21)$$

heißt **Konzentrationsellipsoid** und schließt die Punktwolke ein. Seine Achsenlängen sind die Singulärwerte von $\boldsymbol{A}$.

Teil III

Übersicht: Normalformen, Zerlegungen und Pseudoinverse von Matrizen

Beim Rechnen mit Matrizen sind die folgenden Begriffe und Zerlegungen häufig von Nutzen.

- **Normalform äquivalenter Matrizen:**
  Zu jeder Matrix $A \in \mathbb{K}^{m\times n}$ gibt es invertierbare Matrizen $R \in \mathbb{K}^{m\times m}$ und $S \in \mathbb{K}^{n\times n}$ derart, dass

$$N_r = R^{-1} A\, S = \left(\begin{array}{c|c} \mathbf{E}_r & \mathbf{0} \\ \hline \mathbf{0} & \mathbf{0} \end{array}\right) = \left(\begin{array}{ccc|ccc} 1 & \cdots & 0 & 0 & \cdots & 0 \\ \vdots & \ddots & \vdots & \vdots & & \vdots \\ 0 & \cdots & 1 & 0 & \cdots & 0 \\ \hline 0 & \cdots & 0 & 0 & \cdots & 0 \\ \vdots & & \vdots & \vdots & & \vdots \\ 0 & \cdots & 0 & 0 & \cdots & 0 \end{array}\right) \in \mathbb{K}^{m\times n}$$

  bei $r = \mathrm{rg}A$. Diese Normalform N_r ist durch elementare Zeilen- und Spaltenumformungen zu erreichen.
- **Diagonalisieren:**
  Zu einer quadratischen Matrix $A \in \mathbb{K}^{n\times n}$ gibt es nur dann eine invertierbare Matrix $S \in \mathbb{K}^{n\times n}$ mit

$$D = S^{-1} A\, S = \begin{pmatrix} \lambda_1 & \cdots & 0 \\ \vdots & \ddots & \vdots \\ 0 & \cdots & \lambda_n \end{pmatrix},$$

  wenn A eine Basis $(v_1, \ldots, v_n)$ aus Eigenvektoren besitzt. Diese bilden nämlich die Spaltenvektoren von S. Die Einträge $\lambda_1, \ldots, \lambda_n$ in der zu A *ähnlichen* Diagonalmatrix D sind die Eigenwerte von A, also die Nullstellen des charakteristischen Polynoms $\chi_A(X) = \det(A - X\,\mathbf{E}_n)$. Matrizen A mit dieser Eigenschaft heißen *diagonalisierbar*.
  Für die Diagonalisierbarkeit von A ist notwendig und hinreichend,
  - dass $\chi_A(X)$ in Linearfaktoren zerfällt, was bei $\mathbb{K} = \mathbb{C}$ automatisch erfüllt ist, und
  - dass für jeden Eigenwert λ_i von A die *algebraische* Vielfachheit k_i, also die Vielfachheit als Nullstelle von $\chi_A(X)$, gleich ist der *geometrischen* Vielfachheit von λ_i. Letztere ist definiert als Dimension des Eigenraumes $\mathrm{Eig}_A(\lambda_i)$, also der Lösungsmenge des homogenen linearen Gleichungssystems $(A - \lambda_i\,\mathbf{E}_n)\,x = \mathbf{0}$.
- **Normalformen kongruenter Matrizen:**
  Ist $A \in \mathbb{R}^{n\times n}$ *symmetrisch* und damit Darstellungsmatrix einer symmetrischen Bilinearform oder $A \in \mathbb{C}^{n\times n}$ *hermitesch* und damit Darstellungsmatrix einer hermiteschen Sesquilinearform, so gibt es stets invertierbare Matrizen $T \in \mathbb{R}^{n\times n}$ bzw. $S \in \mathbb{C}^{n\times n}$ und eine zu A *kongruente* Diagonalmatrix

$$D = T^{\mathrm{T}} A\, T \;\text{ bzw. }\; D = \overline{S}^{\mathrm{T}} A\, S \;\text{bei}\; D = \begin{pmatrix} \lambda_1 & \cdots & 0 \\ \vdots & \ddots & \vdots \\ 0 & \cdots & \lambda_n \end{pmatrix}.$$

  Die Einträge $\lambda_1, \ldots, \lambda_n$ in dieser durch gekoppelte Zeilen- und Spaltenumformungen erreichbaren Diagonalmatrix D sind nicht eindeutig, wohl aber die Anzahlen p der positiven sowie q der negativen Werte mit $p+q = \mathrm{rg}\,A$ gemäß dem Trägheitssatz.
- **Orthogonales Diagonalisieren:**
  Ist $\mathbb{K} = \mathbb{R}$ und die Matrix A symmetrisch, also $A^{\mathrm{T}} = A$, oder $\mathbb{K} = \mathbb{C}$ und die Matrix A hermitesch, also $A^{\mathrm{T}} = \overline{A}$, so gibt es stets eine orthonormierte Basis von Eigenvektoren. Jedes derartige A ist somit diagonalisierbar, alle in der Matrix $D = S^{-1} A\, S$ aufscheinenden Eigenwerte $\lambda_1, \ldots, \lambda_n$ sind reell, und die Matrix S ist *orthogonal*, also $S^{-1} = S^{\mathrm{T}}$, bzw. *unitär*, d. h. $S^{-1} = \overline{S}^{\mathrm{T}}$.
- **Singulärwertzerlegung:**
  Für jede Matrix $A \in \mathbb{R}^{m\times n}$ gibt es orthogonale Matrizen $U \in \mathbb{R}^{m\times m}$ und $V \in \mathbb{R}^{n\times n}$, also mit $U^{-1} = U^{\mathrm{T}}$ und $V^{-1} = V^{\mathrm{T}}$, derart dass $A = U^{-1} D_r\, V$ bei $D_r = \mathrm{diag}(s_1, \ldots, s_r) \in \mathbb{R}^{m\times n}$, d. h.

$$D_r = \begin{pmatrix} s_1 & \cdots & 0 & 0 & \cdots & 0 \\ \vdots & \ddots & \vdots & \vdots & & \vdots \\ 0 & \cdots & s_r & 0 & \cdots & 0 \\ 0 & \cdots & 0 & 0 & \cdots & 0 \\ \vdots & & \vdots & \vdots & & \vdots \\ 0 & \cdots & 0 & 0 & \cdots & 0 \end{pmatrix}$$

  und $s_1, \ldots, s_r > 0$. Die Quadrate der in der Hauptdiagonale von D_r angeführten *Singulärwerte* $s_1, \ldots, s_r$ von A sind die von null verschiedenen Eigenwerte der symmetrischen Matrix $A^{\mathrm{T}} A$. Die Vielfachheit des Eigenwertes gibt an, wie oft der jeweilige Singulärwert in D_r aufscheint.
  Dasselbe gilt allgemeiner bei $A \in \mathbb{C}^{m\times n}$ mit unitären Matrizen U und V, also bei $U^{-1} = \overline{U}^{\mathrm{T}}$ und $V^{-1} = \overline{V}^{\mathrm{T}}$. In diesem Fall sind $s_1^2, \ldots, s_r^2$ Eigenwerte der hermiteschen Matrix $\overline{A}^{\mathrm{T}} A$.
- **Moore-Penrose Pseudoinverse:**
  Zu jeder Matrix $A \in \mathbb{R}^{m\times n}$ gibt es die Moore-Penrose Pseudoinverse $A^{\mathrm{ps}} \in \mathbb{R}^{n\times m}$ mit

$$A\, A^{\mathrm{ps}} A = A \;\text{ und }\; A^{\mathrm{ps}} A\, A^{\mathrm{ps}} = A^{\mathrm{ps}},$$

  wobei die Produktmatrizen $A\, A^{\mathrm{ps}}$ und $A^{\mathrm{ps}} A$ symmetrisch sind.
  Hat A die Singulärwertzerlegung $A = U^{-1} D_r\, V$ mit $D_r = \mathrm{diag}(s_1, \ldots, s_r) \in \mathbb{R}^{m\times n}$, so ist $A^{\mathrm{ps}} = V^{-1} D_r^{\mathrm{ps}}\, U$ bei $D_r^{\mathrm{ps}} = \mathrm{diag}(s_1^{-1}, \ldots, s_r^{-1}) \in \mathbb{R}^{n\times m}$.
  In zwei Fällen gibt es explizite Formeln für die Moore-Penrose Pseudoinverse: Bei $\mathrm{rg}\,A = m$ ist $A^{\mathrm{ps}} = A^{\mathrm{T}}(AA^{\mathrm{T}})^{-1}$. Bei linear unabhängigen Spaltenvektoren, also bei $\mathrm{rg}\,A = n$, ist $A^{\mathrm{ps}} = (A^{\mathrm{T}}A)^{-1}A^{\mathrm{T}}$.

Teil III

vorgehen: Wir fordern eine minimale Norm $\|A\tilde{l}\|$. Diese erreichen wir aber natürlich immer, und zwar mit der trivialen Lösung $\tilde{l} = \mathbf{0}$.

Dass eine derartige Forderung im homogenen Fall nicht zielführend ist, zeigt sich auch daran, dass der bei einem Vektor l auf der rechten Seite auftretende Fehler $\|Al\|$ sofort unterboten werden kann, weil $\frac{1}{2}l$ nur mehr eine halb so große Abweichung liefert.

Eine sinnvolle Forderung ist aber, l in seiner Länge nach unten zu begrenzen, etwa durch $\|l\| = 1$, und dann nach jenem Einheitsvektor $\tilde{l}$ zu fragen, für welchen $\|A\tilde{l}\|$ minimal ist. Wir suchen also eine Richtung mit möglichst kleiner Längenverzerrung unter der linearen Abbildung

$$\varphi_A : \mathbb{R}^m \to \mathbb{R}^n, \quad x \mapsto Ax\,.$$

Nach den Ergebnissen aus dem Abschnitt über die Singulärwertzerlegung ist diese minimale Längenverzerrung gleich dem kleinsten Singulärwert s von A. Eine optimale Lösung $\tilde{l} \neq \mathbf{0}$ mit minimaler Längenverzerrung ist somit ein Eigenvektor zum kleinsten Eigenwert s^2 der symmetrischen Produktmatrix $A^{\mathrm{T}}A$.

Es gibt noch eine andere Erklärung: Wir können die Richtung mit der kleinsten Längenverzerrung unter φ_A auch so bestimmen, dass wir wie in Abb. 21.19 unter allen Urbildern von Einheitsvektoren den längsten suchen. Nun bilden die Spitzen dieser Urbilder ein Ellipsoid mit der Gleichung $x^{\mathrm{T}}A^{\mathrm{T}}Ax = 1$. Ist in der zugehörigen Normalform

$$\lambda_1 x_1'^2 + \cdots + \lambda_m x_m'^2 = \frac{x_1'^2}{\alpha_1^2} + \cdots + \frac{x_m'^2}{\alpha_m^2} = 1$$

α_i die längste Halbachse, so ist $\lambda_i = 1/\alpha_i^2$ der kleinste Eigenwert der Matrix $A^{\mathrm{T}}A$.

Näherungslösung eines überbestimmten homogenen Gleichungssystems

Ist $Ax = \mathbf{0}$ ein nur trivial lösbares homogenes lineares Gleichungssystem, so ist jeder Eigenvektor $\tilde{l}$ zum kleinsten Eigenwert λ von $A^{\mathrm{T}}A$ eine optimale Lösung, d. h., unter allen Vektoren gleicher Länge hat $\tilde{l}$ die kleinste Abweichung $A\tilde{l}$ von $\mathbf{0}$. Bei $\|\tilde{l}\| = 1$ ist $\|A\tilde{l}\| = \sqrt{\lambda}$.

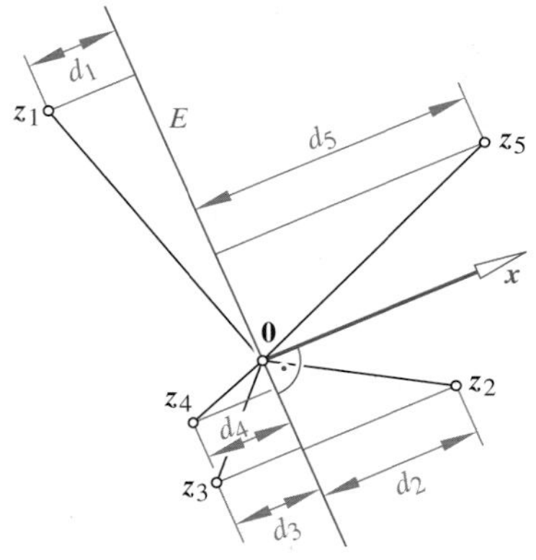

Abb. 21.23 Das Kovarianzellipsoid entsteht, indem längs des Normalvektors x der Wert $1/\sqrt{Q_E}$ mit $Q_E = \sum d_i^2$ abgetragen wird

Nun noch eine dritte Interpretation: Wir können die Zeilenvektoren $z_1, \ldots, z_n$ von A als Punkte im $\mathbb{R}^m$ interpretieren und x mit $\|x\| = 1$ als Normalvektor einer Hyperebene E durch $\mathbf{0}$. Dann bestimmt die linke Seite der linearen Gleichung $z_i \cdot x$ den orientierten Normalabstand d_i des Punktes z_i von E (siehe Abb. 21.23). Die geforderte Bedingung für eine optimale Lösung führt somit zur Ebene E durch $\mathbf{0}$ mit der kleinsten Summe $Q_E = \sum_{i=1}^{n} d_i^2$ aller Abstandsquadrate.

Dieses Problem wird indirekt in der Vertiefung auf S. 807 behandelt: Trägt man für jedes E den Wert $1/\sqrt{Q_E}$ längs des Normalvektors x von E ab, so entstehen Punkte eines Ellipsoids. Der kleinste Eigenwert der Darstellungsmatrix M bestimmt die längste Achse und damit die kürzeste Abstandsquadratsumme Q_E. In der Vertiefung ist $M = AA^{\mathrm{T}}$, doch gibt es in der Bezeichnung einen Unterschied: Die dortige Matrix A enthält die Punktkoordinaten als Spaltenvektoren.

Kommentar Wie bei inhomogenen Gleichungssystemen ist auch im homogenen Fall festzuhalten, dass die Vervielfachung einer einzelnen Gleichung die Matrix A und damit das Ergebnis verändert. Von einer *optimalen Näherungslösung* können wir wieder nur sprechen, wenn die Zeilenvektoren in der Koeffizientenmatrix längenmäßig ausgeglichen sind. ◄

Zusammenfassung

Symmetrische Bilinearformen und hermitesche Sesquilinearformen

Die Darstellungsmatrizen einer symmetrischen Bilinearform auf $\mathbb{R}^n$ oder hermiteschen Sesquilinearform auf $\mathbb{C}^n$ sind untereinander kongruent. Durch elementare Zeilen- und Spaltenumformungen erreicht man stets Darstellungsmatrizen in Diagonalform, darunter solche, deren Hauptdiagonale nur die Zahlen $1, -1$ oder 0 enthält.

Trägheitssatz von Sylvester

Alle diagonalisierten Darstellungsmatrizen einer reellen symmetrischen Bilinearform oder einer hermiteschen Sesquilinearform haben dieselbe Signatur.

Es gibt diagonalisierende Orthonormalbasen

Auch wenn nur orthonormale Basen zugelassen werden, sind Darstellungsmatrizen in Diagonalform erreichbar, doch ist deren Ermittlung ein Eigenwertproblem.

Transformation auf Hauptachsen

Zu jeder reellen symmetrischen Bilinearform bzw. hermiteschen Sesquilinearform σ auf $\mathbb{R}^n$ bzw. $\mathbb{C}^n$ gibt es eine orthonormierte Basis H, welche σ diagonalisiert. Die B-Koordinaten ${}_B\boldsymbol{h}_i$ der Vektoren aus H sind Eigenvektoren, die Diagonalelemente in $\boldsymbol{M}_H(\sigma)$ sind Eigenwerte der Darstellungsmatrix $\boldsymbol{M}_B(\sigma)^{\mathrm{T}}$.

Ist $\sigma(\boldsymbol{x}, \boldsymbol{y})$ eine symmetrische Bilinearform, so ist $\sigma(\boldsymbol{x}, \boldsymbol{x})$ die zugehörige quadratische Form.

Quadratische Funktionen und Quadriken

Definition einer Quadrik

Eine Abbildung $\psi : \mathbb{R}^n \to \mathbb{R}$ mit $\boldsymbol{x} \mapsto \psi(\boldsymbol{x}) = \rho(\boldsymbol{x}) + 2\varphi(\boldsymbol{x}) + a$ mit einer quadratischen Form ρ, einer Linearform φ und einer Konstanten $a \in \mathbb{R}$ heißt quadratische Funktion auf $\mathbb{R}^n$. Ist ψ von der Nullfunktion verschieden, so ist ihre Nullstellenmenge $Q(\psi) = \{\boldsymbol{x} \mid \psi(\boldsymbol{x}) = 0\}$ eine Quadrik des $\mathbb{R}^n$.

Durch eine Änderung des kartesischen Koordinatensystems in $\mathbb{R}^n$ lässt sich die Gleichung jeder Quadrik auf eine Normalform bringen.

Die Transformation einer Quadrikengleichung auf Normalform erfolgt in zwei Schritten

Der erste besteht in der Diagonalisierung der enthaltenen quadratischen Form. Im zweiten Schritt wird der Koordinatenursprung geeignet verlegt.

Klassifikation der reellen Quadriken

Es gibt drei Typen von Quadrikengleichungen im $\mathbb{R}^n$:

$$\text{Typ 1:} \quad \frac{x_1^2}{\alpha_1^2} + \cdots + \frac{x_p^2}{\alpha_p^2} - \frac{x_{p+1}^2}{\alpha_{p+1}^2} - \cdots - \frac{x_r^2}{\alpha_r^2} = 0$$

$$\text{Typ 2:} \quad \frac{x_1^2}{\alpha_1^2} + \cdots + \frac{x_p^2}{\alpha_p^2} - \frac{x_{p+1}^2}{\alpha_{p+1}^2} - \cdots - \frac{x_r^2}{\alpha_r^2} - 1 = 0$$

$$\text{Typ 3:} \quad \frac{x_1^2}{\alpha_1^2} + \cdots + \frac{x_p^2}{\alpha_p^2} - \frac{x_{p+1}^2}{\alpha_{p+1}^2} - \cdots - \frac{x_r^2}{\alpha_r^2} - 2x_n = 0$$

Die Quadrate der Singulärwerte sind die Eigenwerte einer symmetrischen Matrix

Sucht man bei einer linearen Abbildung $\varphi : \mathbb{R}^m \to \mathbb{R}^n$ nach jenen Vektoren $\boldsymbol{x}$, deren Bilder $\varphi(\boldsymbol{x})$ Einheitsvektoren sind, so kommt man zu einer Quadrik. Deren Hauptachsentransformation ist die Grundlage der Singulärwertzerlegung von φ.

Die Singulärwertzerlegung einer Matrix

Für jede Matrix $\boldsymbol{A} \in \mathbb{R}^{n \times m}$ gibt es orthogonale Matrizen $\boldsymbol{U} \in \mathbb{R}^{n \times n}$ und $\boldsymbol{V} \in \mathbb{R}^{m \times m}$ mit

$$\boldsymbol{A} = \boldsymbol{U}^{\mathrm{T}} \boldsymbol{D}\, \boldsymbol{V} \quad \text{bei } \boldsymbol{D} = \operatorname{diag}(s_1, \ldots, s_r) \in \mathbb{R}^{n \times m}.$$

Die Quadrate der Singulärwerte $s_1, \ldots, s_r$ von $\boldsymbol{A}$ sind die von null verschiedenen Eigenwerte der symmetrischen Matrix $\boldsymbol{A}^{\mathrm{T}}\boldsymbol{A}$.

Gibt es keine Inverse zu einer linearen Abbildung, so doch eine Pseudoinverse

Zu jeder linearen Abbildung $\varphi : \mathbb{R}^m \to \mathbb{R}^n$ gibt es eine Abbildung $\varphi^{\mathrm{ps}} : \mathbb{R}^n \to \mathbb{R}^m$ mit $\varphi \circ \varphi^{\mathrm{ps}} \circ \varphi = \varphi$ und $\varphi^{\mathrm{ps}} \circ \varphi \circ \varphi^{\mathrm{ps}} = \varphi^{\mathrm{ps}}$, die Moore-Penrose-Pseudoinverse.

Näherungslösung eines überbestimmten inhomogenen Systems linearer Gleichungen

Ist das System $\boldsymbol{A}\,\boldsymbol{x} = \boldsymbol{s}$ unlösbar, so ist $\tilde{\boldsymbol{l}} = \varphi^{\mathrm{ps}}(\boldsymbol{s})$ mit φ^{ps} als Pseudoinverser zur linearen Abbildung $\varphi : \boldsymbol{x} \mapsto \boldsymbol{A}\,\boldsymbol{x}$ die Näherungslösung aus $\mathrm{Ker}(\varphi)^{\perp}$ mit möglichst kleinem Fehler $\|\boldsymbol{A}\,\tilde{\boldsymbol{l}} - \boldsymbol{s}\|$. Alle $\boldsymbol{l} \in \tilde{\boldsymbol{l}} + \mathrm{Ker}(\varphi)$ ergeben den gleichen minimalen Fehler und lösen das System der Normalgleichungen $(\boldsymbol{A}^{\mathrm{T}}\boldsymbol{A})\,\boldsymbol{x} = \boldsymbol{A}^{\mathrm{T}}\,\boldsymbol{s}$.

Bei einem nur trivial lösbaren homogenen linearen Gleichungssystem $\boldsymbol{A}\,\boldsymbol{x} = \boldsymbol{0}$ ist jeder Eigenvektor $\tilde{\boldsymbol{l}}$ zum kleinsten Eigenwert λ von $\boldsymbol{A}^{\mathrm{T}}\boldsymbol{A}$ eine optimale Näherungslösung, denn unter allen Vektoren gleicher Länge hat $\tilde{\boldsymbol{l}}$ das kürzeste Bild $\boldsymbol{A}\,\tilde{\boldsymbol{l}}$.

Aufgaben

Die Aufgaben gliedern sich in drei Kategorien: Anhand der *Verständnisfragen* können Sie prüfen, ob Sie die Begriffe und zentralen Aussagen verstanden haben, mit den *Rechenaufgaben* üben Sie Ihre technischen Fertigkeiten und die *Anwendungsprobleme* geben Ihnen Gelegenheit, das Gelernte an praktischen Fragestellungen auszuprobieren.
Ein Punktesystem unterscheidet leichte •, mittelschwere •• und anspruchsvolle ••• Aufgaben. Lösungshinweise am Ende des Buches helfen Ihnen, falls Sie bei einer Aufgabe partout nicht weiterkommen. Dort finden Sie auch die Lösungen – betrügen Sie sich aber nicht selbst und schlagen Sie erst nach, wenn Sie selber zu einer Lösung gekommen sind. Ausführliche Lösungswege, Beweise und Abbildungen finden Sie als digitales Zusatzmaterial (electronic supplementary material).
Viel Spaß und Erfolg bei den Aufgaben!

Verständnisfragen

21.1 • Welche der nachstehend genannten Abbildungen sind quadratische Formen, welche quadratische Funktionen:

a) $f(\boldsymbol{x}) = x_1^2 - 7x_2^2 + x_3^2 + 4x_1x_2x_3$
b) $f(\boldsymbol{x}) = x_1^2 - 6x_2^2 + x_1 - 5x_2 + 4$
c) $f(\boldsymbol{x}) = x_1x_2 + x_3x_4 - 20x_5$
d) $f(\boldsymbol{x}) = x_1^2 - x_3^2 + x_1x_4$

21.2 • Welche der nachstehend genannten Abbildungen sind symmetrische Bilinearformen, welche hermitesche Sesquilinearformen:

a) $\sigma : \mathbb{C}^2 \times \mathbb{C}^2 \to \mathbb{C},\ \sigma(\boldsymbol{x},\boldsymbol{y}) = x_1\overline{y}_1$
b) $\sigma : \mathbb{C}^2 \times \mathbb{C}^2 \to \mathbb{C},\ \sigma(\boldsymbol{x},\boldsymbol{y}) = x_1\overline{y}_1 + \overline{x}_2 y_2$
c) $\sigma : \mathbb{C} \times \mathbb{C} \to \mathbb{C},\ \sigma(x,y) = \overline{xy}$
d) $\sigma : \mathbb{C} \times \mathbb{C} \to \mathbb{C},\ \sigma(x,y) = \overline{x}y + \overline{y}y$
e) $\sigma : \mathbb{C}^3 \times \mathbb{C}^3 \to \mathbb{C},\ \sigma(\boldsymbol{x},\boldsymbol{y}) = x_1y_2 - x_2y_1 + x_3y_3$

Rechenaufgaben

21.3 •• Bringen Sie die folgenden quadratischen Formen auf eine Normalform laut S. 780. Wie lauten die Signaturen, wie die zugehörigen diagonalisierenden Basen?

a) $\rho : \mathbb{R}^3 \to \mathbb{R};\ \rho(\boldsymbol{x}) = 4x_1^2 - 4x_1x_2 + 4x_1x_3 + x_3^2$
b) $\rho : \mathbb{R}^3 \to \mathbb{R};\ \rho(\boldsymbol{x}) = x_1x_2 + x_1x_3 + x_2x_3$

21.4 •• Bringen Sie die folgende hermitesche Sesquilinearform auf Diagonalform und bestimmen Sie die Signatur:

$$\rho : \mathbb{C}^3 \to \mathbb{C}, \quad \rho(\boldsymbol{x}) = 2x_1\overline{y}_1 + 2i\,x_1\overline{y}_2 - 2i\,x_2\overline{y}_1 .$$

21.5 • Bestimmen Sie die Polarform der folgenden quadratischen Formen:

a) $\rho : \mathbb{R}^3 \to \mathbb{R},\ \rho(\boldsymbol{x}) = 4x_1x_2 + x_2^2 + 2x_2x_3$
b) $\rho : \mathbb{R}^3 \to \mathbb{R},\ \rho(\boldsymbol{x}) = x_1^2 - x_1x_2 + 6x_1x_3 - 2x_3^2$

21.6 • Bestimmen Sie Rang und Signatur der quadratischen Form

$$\rho : \mathbb{R}^6 \to \mathbb{R},\ \rho(\boldsymbol{x}) = x_1x_2 - x_3x_4 + x_5x_6 .$$

21.7 •• Bringen Sie die folgenden quadratischen Formen durch Wechsel zu einem anderen kartesischen Koordinatensystem auf ihre Diagonalform:

a) $\rho : \mathbb{R}^3 \to \mathbb{R},\ \rho(\boldsymbol{x}) = x_1^2 + 6x_1x_2 + 12x_1x_3 + x_2^2 + 4x_2x_3 + 4x_3^2$
b) $\rho : \mathbb{R}^3 \to \mathbb{R},\ \rho(\boldsymbol{x}) = 5x_1^2 - 2x_1x_2 + 2x_1x_3 + 2x_2^2 - 4x_2x_3 + 2x_3^2$
c) $\rho : \mathbb{R}^3 \to \mathbb{R},\ \rho(\boldsymbol{x}) = 4x_1^2 + 4x_1x_2 + 4x_1x_3 + 4x_2^2 + 4x_2x_3 + 4x_3^2$

21.8 •• Transformieren Sie die folgenden Kegelschnitte $Q(\psi)$ auf deren Normalform und geben Sie Ursprung und Richtungsvektoren der Hauptachsen an:

a) $\psi(\boldsymbol{x}) = x_1^2 + x_1x_2 - 2$
b) $\psi(\boldsymbol{x}) = 5x_1^2 - 4x_1x_2 + 8x_2^2 + 4\sqrt{5}\,x_1 - 16\sqrt{5}\,x_2 + 4$
c) $\psi(\boldsymbol{x}) = 9x_1^2 - 24x_1x_2 + 16x_2^2 - 10x_1 + 180x_2 + 325$

21.9 •• Bestimmen Sie den Typ und im nichtparabolischen Fall einen Mittelpunkt der folgenden Quadriken $Q(\psi)$ des $\mathbb{R}^3$:

a) $\psi(\boldsymbol{x}) = 8x_1^2 + 4x_1x_2 - 4x_1x_3 - 2x_2x_3 + 2x_1 - x_3$
b) $\psi(\boldsymbol{x}) = x_1^2 - 6x_2^2 + x_1 - 5x_2$.
c) $\psi(\boldsymbol{x}) = 4x_1^2 - 4x_1x_2 - 4x_1x_3 + 4x_2^2 - 4x_2x_3 + 4x_3^2 - 5x_1 + 7x_2 + 7x_3 + 1$

21.10 •• Bestimmen Sie in Abhängigkeit vom Parameter $c \in \mathbb{R}$ den Typ der folgenden Quadrik $Q(\psi)$ des $\mathbb{R}^3$:

$$\psi(\boldsymbol{x}) = 2x_1x_2 + c\,x_3^2 + 2(c-1)x_3$$

21.11 ••• Transformieren Sie die folgenden Quadriken $Q(\psi)$ des $\mathbb{R}^3$ auf deren Hauptachsen und finden Sie damit heraus, um welche Quadrik es sich handelt:

a) $\psi(\boldsymbol{x}) = x_1^2 - 4x_1x_2 + 2\sqrt{3}\,x_2x_3 - 2\sqrt{3}\,x_1 + \sqrt{3}\,x_2 + x_3$
b) $\psi(\boldsymbol{x}) = 4x_1^2 + 8x_1x_2 + 4x_2x_3 - x_3^2 + 4x_3$
c) $\psi(\boldsymbol{x}) = 13x_1^2 - 10x_1x_2 + 13x_2^2 + 18x_3^2 - 72$

21.12 • Welche der folgenden Quadriken $Q(\psi)$ des $\mathbb{R}^3$ ist parabolisch?

a) $\psi(\boldsymbol{x}) = x_2^2 + x_3^2 + 2x_1x_2 + 2x_3$

b) $\psi(\boldsymbol{x}) = 4x_1^2 + 2x_1x_2 - 2x_1x_3 - x_2x_3 + x_1 + x_2$

21.13 • Bestimmen Sie den Typ der Quadriken $Q(\psi_0)$ und $Q(\psi_1)$ mit

$$\psi_0(\boldsymbol{x}) = \rho(\boldsymbol{x}) \text{ und } \psi_1(\boldsymbol{x}) = \rho(\boldsymbol{x}) + 1,$$

wobei

$$\rho : \mathbb{R}^6 \to \mathbb{R},\ \rho(\boldsymbol{x}) = x_1x_2 - x_3x_4 + x_5x_6 .$$

21.14 •• Berechnen Sie die Singulärwerte der linearen Abbildung

$$\varphi : \mathbb{R}^3 \to \mathbb{R}^4,\ \begin{pmatrix} x_1' \\ \vdots \\ x_4' \end{pmatrix} = \begin{pmatrix} 2 & 0 & -10 \\ -11 & 0 & 5 \\ 0 & 3 & 0 \\ 0 & -4 & 0 \end{pmatrix} \begin{pmatrix} x_1 \\ x_2 \\ x_3 \end{pmatrix}.$$

21.15 ••• Berechnen Sie die Singulärwertzerlegung der linearen Abbildung

$$\varphi : \mathbb{R}^3 \to \mathbb{R}^3,\ \begin{pmatrix} x_1' \\ x_2' \\ x_3' \end{pmatrix} = \begin{pmatrix} -2 & 4 & -4 \\ 6 & 6 & 3 \\ -2 & 4 & -4 \end{pmatrix} \begin{pmatrix} x_1 \\ x_2 \\ x_3 \end{pmatrix}.$$

21.16 ••• Berechnen Sie die Moore-Penrose-Pseudoinverse φ^{ps} zur linearen Abbildung

$$\varphi : \mathbb{R}^3 \to \mathbb{R}^3,\ \begin{pmatrix} x_1' \\ x_2' \\ x_3' \end{pmatrix} = \begin{pmatrix} 1 & 0 & 0 \\ 1 & 0 & 0 \\ 1 & 2 & 1 \end{pmatrix} \begin{pmatrix} x_1 \\ x_2 \\ x_3 \end{pmatrix}.$$

Überprüfen Sie die Gleichungen $\varphi \circ \varphi^{\text{ps}} \circ \varphi = \varphi$ und $\varphi^{\text{ps}} \circ \varphi \circ \varphi^{\text{ps}} = \varphi^{\text{ps}}$.

Anwendungsprobleme

21.17 •• Berechnen Sie eine Näherungslösung des überbestimmten linearen Gleichungssystems:

$$\begin{aligned} 2x_1 + 3x_2 &= 23.8 \\ x_1 + x_2 &= 9.6 \\ x_2 &= 4.1 \end{aligned}$$

In der Absolutspalte stehen Messdaten von vergleichbarer Genauigkeit.

21.18 •• Berechnen Sie in $\mathbb{R}^2$ die *Ausgleichsgerade* der gegebenen Punkte

$$\boldsymbol{p}_1 = \begin{pmatrix} 1 \\ -1 \end{pmatrix}, \boldsymbol{p}_2 = \begin{pmatrix} 3 \\ 0 \end{pmatrix}, \boldsymbol{p}_3 = \begin{pmatrix} 4 \\ 1 \end{pmatrix}, \boldsymbol{p}_4 = \begin{pmatrix} 4 \\ 2 \end{pmatrix},$$

also diejenige Gerade G, für welche die Quadratsumme der Normalabstände aller $\boldsymbol{p}_i$ minimal ist.

21.19 •• Die *Ausgleichsparabel* P einer gegebenen Punktmenge in der x_1x_2-Ebene ist diejenige Parabel mit zur x_2-Achse parallelen Parabelachse, welche die Punktmenge nach der Methode der kleinsten Quadrate bestmöglich approximiert. Berechnen Sie die Ausgleichsparabel der gegebenen Punkte

$$\boldsymbol{p}_1 = \begin{pmatrix} 0 \\ 5 \end{pmatrix}, \boldsymbol{p}_2 = \begin{pmatrix} 2 \\ 4 \end{pmatrix}, \boldsymbol{p}_3 = \begin{pmatrix} 3 \\ 4 \end{pmatrix}, \boldsymbol{p}_4 = \begin{pmatrix} 5 \\ 8 \end{pmatrix},$$

Antworten zu den Selbstfragen

Antwort 1

1. Nach der Definition einer Bilinearform gilt

$$\begin{aligned}\rho(\boldsymbol{x}+\boldsymbol{y}) &= \sigma(\boldsymbol{x}+\boldsymbol{y},\, \boldsymbol{x}+\boldsymbol{y})\\ &= \sigma(\boldsymbol{x},\, \boldsymbol{x}) + \sigma(\boldsymbol{y},\, \boldsymbol{y}) + 2\,\sigma(\boldsymbol{x},\boldsymbol{y}).\end{aligned}$$

2. Durch Aufspalten der reinquadratischen und der gemischten Summanden entsteht

$$\sigma(\boldsymbol{x},\boldsymbol{y}) = x_1y_1 - 3x_3y_3 + x_1y_2 + x_2y_1 - \frac{5}{2}x_2y_3 - \frac{5}{2}x_3y_2$$

mit der Matrizendarstellung

$$\sigma(\boldsymbol{x},\boldsymbol{y}) = (x_1\ x_2\ x_3)\begin{pmatrix}1 & 1 & 0\\ 1 & 0 & -\frac{5}{2}\\ 0 & -\frac{5}{2} & -3\end{pmatrix}\begin{pmatrix}y_1\\ y_2\\ y_3\end{pmatrix}.$$

Antwort 2 Die Niveaulinien haben in den Schnittpunkten mit einem der Durchmesser stets Tangenten, die zum konjugierten Durchmesser parallel sind.

Antwort 3 Die Signatur ist $(1, 1, 0)$. Gemäß S. 780 sind mögliche Basen

$$\widetilde{B} = \left(\frac{1}{\sqrt{3}}\begin{pmatrix}2\\1\end{pmatrix},\ \frac{1}{\sqrt{2}}\begin{pmatrix}1\\1\end{pmatrix}\right) \quad \text{und}$$
$$\widetilde{B}' = \left(\begin{pmatrix}1\\0\end{pmatrix},\ \frac{1}{\sqrt{6}}\begin{pmatrix}1\\-1\end{pmatrix}\right).$$

Antwort 4 Dann wäre $\sigma(\lambda\boldsymbol{x},\boldsymbol{y}) = \lambda\,\sigma(\boldsymbol{x},\boldsymbol{y})$ stets gleich dem $\sigma(\boldsymbol{y},\lambda\boldsymbol{x}) = \overline{\lambda}\,\sigma(\boldsymbol{y},\boldsymbol{x}) = \overline{\lambda}\,\sigma(\boldsymbol{x},\boldsymbol{y})$, ein Widerspruch bei nichtreellem λ.

Antwort 5 Aus den obigen Definitionen folgt unmittelbar

$$\rho(\lambda\boldsymbol{x}) = \sigma(\lambda\boldsymbol{x},\lambda\boldsymbol{x}) = \lambda\,\overline{\lambda}\,\sigma(\boldsymbol{x},\boldsymbol{x}) = \lambda\,\overline{\lambda}\,\rho(\boldsymbol{x}) = |\lambda|^2\rho(\boldsymbol{x}).$$

Antwort 6 Die Aussage $\sigma(\boldsymbol{y},\boldsymbol{x}) = \overline{\sigma(\boldsymbol{x},\boldsymbol{y})}$ ist natürlich unabhängig von der verwendeten Basis, andererseits aber äquivalent zur Aussage, dass $\boldsymbol{M}_B(\sigma)$ hermitesch ist für jede beliebige Basis.

Aber natürlich können wir die Eigenschaft (21.6) der Matrix $\boldsymbol{M}_{B'}(\sigma)$ auch mithilfe von (21.7) überprüfen. Dabei schreiben wir vorübergehend kurz $\boldsymbol{T}$ statt ${}_B\boldsymbol{T}_{B'}$:

$$\begin{aligned}\boldsymbol{M}_{B'}(\sigma)^{\mathrm{T}} &= \left(\boldsymbol{T}^{\mathrm{T}}\boldsymbol{M}_B(\sigma)\,\overline{\boldsymbol{T}}\right)^{\mathrm{T}} = \overline{\boldsymbol{T}}^{\mathrm{T}}\boldsymbol{M}_B(\sigma)^{\mathrm{T}}\,\boldsymbol{T}\\ &= \overline{\boldsymbol{T}^{\mathrm{T}}\,\overline{\boldsymbol{M}_B(\sigma)}^{\mathrm{T}}\,\overline{\boldsymbol{T}}} = \overline{\boldsymbol{T}^{\mathrm{T}}\boldsymbol{M}_B(\sigma)\,\overline{\boldsymbol{T}}} = \overline{\boldsymbol{M}_{B'}(\sigma)}\end{aligned}$$

Antwort 7

1. Es ist $\boldsymbol{D} = \mathbf{E}_3$, d. h., alle Singulärwerte sind 1, denn $\boldsymbol{A}^{\mathrm{T}}\boldsymbol{A} = \mathbf{E}_3$.
2. $\boldsymbol{D} = \operatorname{diag}(1, 1) \in \mathbb{R}^{3\times 3}$. Wir wählen eine orthonormierte Basis mit $\boldsymbol{h}_3$ in Projektionsrichtung, also $\operatorname{Ker}(\varphi) = \langle\boldsymbol{h}_3\rangle$. Dann liegen $\boldsymbol{h}_1$ und $\boldsymbol{h}_2$ in der Bildebene und $\varphi(\boldsymbol{h}_i) = \boldsymbol{h}_i$ für $i = 2, 3$.

Antwort 8 Bei $\boldsymbol{A}^{\mathrm{ps}} = (\boldsymbol{A}^{\mathrm{T}}\boldsymbol{A})^{-1}\boldsymbol{A}^{\mathrm{T}}$ ist

$$\boldsymbol{A}\,\boldsymbol{A}^{\mathrm{ps}}\boldsymbol{A} = \boldsymbol{A}(\boldsymbol{A}^{\mathrm{T}}\boldsymbol{A})^{-1}(\boldsymbol{A}^{\mathrm{T}}\boldsymbol{A}) = \boldsymbol{A}$$

und

$$\boldsymbol{A}^{\mathrm{ps}}\boldsymbol{A}\,\boldsymbol{A}^{\mathrm{ps}} = (\boldsymbol{A}^{\mathrm{T}}\boldsymbol{A})^{-1}(\boldsymbol{A}^{\mathrm{T}}\boldsymbol{A})(\boldsymbol{A}^{\mathrm{T}}\boldsymbol{A})^{-1}\boldsymbol{A}^{\mathrm{T}} = \boldsymbol{A}^{\mathrm{ps}}.$$

Die Matrix

$$\boldsymbol{A}^{\mathrm{ps}}\boldsymbol{A} = (\boldsymbol{A}^{\mathrm{T}}\boldsymbol{A})^{-1}\boldsymbol{A}^{\mathrm{T}}\boldsymbol{A} = \mathbf{E}_m$$

ist natürlich symmetrisch, aber auch die Matrix

$$\boldsymbol{A}\,\boldsymbol{A}^{\mathrm{ps}} = \boldsymbol{A}(\boldsymbol{A}^{\mathrm{T}}\boldsymbol{A})^{-1}\boldsymbol{A}^{\mathrm{T}}$$

ist gleich ihrer Transponierten.

Teil III

Tensoren – geschicktes Hantieren mit Indizes

22

Was ist ein Tensor?

Warum schreibt man manche Indizes unten, andere oben?

Wie kann ein Tensor einen Spannungszustand beschreiben?

Teil III

T. Arens et al., *Mathematik*, https://doi.org/10.1007/978-3-662-64389-1_22

Für die lineare Algebra bedeutete es einen gewaltigen Fortschritt, Vektoren und Matrizen durch jeweils ein einziges Symbol zu bezeichnen, also nicht stets die einzelnen Koordinaten oder Einträge aufschreiben zu müssen. Damit lassen sich nämlich Strukturen viel einfacher erkennen. So wird heute in fast allen Lehrbüchern zur linearen Algebra der koordinatenfreie Zugang bevorzugt.

Andererseits sind bei konkreten Anwendungsproblemen gerade die einzelnen Koordinaten oder Matrizenelemente wesentlich, denn diese vermitteln dem Praktiker oft die wesentlichen Informationen. Die Formeln der Tensorrechnung mit ihrer geschickten Notation erleichtern das Hantieren mit einzelnen Koordinaten sowie deren Transformation bei Änderungen des Koordinatensystems.

Wir werden erkennen, dass Vektoren und Matrizen, sofern sie geometrische oder physikalische Größen repräsentieren, unter dem Begriff eines Tensors zu subsumieren sind. Lineare Abbildungen und Bilinearformen ordnen sich gleichfalls diesem Begriff unter. Aber Tensoren bleiben nicht auf einfach oder zweifach indizierte Größen beschränkt, wir können mit drei und mehr Indizes arbeiten. Nur müssen wir lernen, aus dem Gewirr von Indizes das Wesentliche herauszulesen, und genau das ist ein Ziel dieses Kapitels zur Tensorrechnung. Das Wort Tensor leitet sich übrigens vom lateinischen tendere (spannen) ab und deutet auf eine wichtige Anwendung hin, den Spannungstensor.

Man kann die Tensorrechnung in zwei Teile gliedern: Im Anschauungsraum, dem Schauplatz ingenieurwissenschaftlicher Problem, kommen wir oft mit kartesischen Tensoren aus, nämlich dann, wenn ausschließlich kartesische Koordinatensysteme benutzt werden. Geht es aber um schiefwinkelige, also affine Koordinaten oder gar um krummlinige Koordinaten oder Tensorfelder, dann spielen die Begriffe kovariant und kontravariant eine wesentliche Rolle. Hier eröffnet die Tensorrechnung die Möglichkeit, mit Metriken zu arbeiten, deren Skalarprodukt auf einer nicht positiv definiten Bilinearform beruht. Dies war z. B. ein ganz wesentliches Hilfsmittel bei der Entwicklung der allgemeinen Relativitätstheorie zu Beginn des 20. Jahrhunderts.

Beide Tensortypen werden vorgestellt. Wir werden Tensoren an Hand ihres Transformationsverhaltens definieren, doch es wird auch angedeutet, wie Tensoren koordinatenfrei definiert werden können und so zum Gegenstand der multilinearen Algebra werden.

22.1 Einführung in die Tensoralgebra

Wir beginnen in diesem Abschnitt damit, bekannte Begriffe aus der linearen Algebra in die Tensorschreibweise zu übertragen, um den Leser auf diese Weise an die in der Tensorrechnung übliche Notation zu gewöhnen. Wir werden Vektoren und Matrizen nunmehr etwas anders bezeichnen, nämlich durch ihre Koordinaten bzw. Matrizenelemente. Dies macht die Darstellung einerseits etwas komplizierter, weil wir z. B. anstelle des Matrizensymbols $\boldsymbol{A}$ jetzt ein unbestimmtes Matrizenelement a_{ik} verwenden. Wir haben also stets Indizes mitzuführen, und das kann auf den ersten Blick verwirren. Andererseits wird die Schreibung einheitlicher, weil Vektoren, Matrizen und Bilinearformen unter dem Begriff Tensoren zusammengefasst und jeweils als indizierte Größen geschrieben werden. Dabei müssen wir uns auch nicht auf einfach und zweifach indizierte Größen beschränken.

Wir setzen V als n-dimensionalen reellen Vektorraum voraus, obwohl alles auch über $\mathbb{C}$ gültig bliebe. Der Querstrich wird diesmal jedoch konsequent bei Änderungen der Basis verwendet, und dies könnte im Komplexen zu Verwechslungen mit dem Übergang zu konjugiert komplexen Elementen führen.

Vektorkoordinaten verhalten sich kontravariant und bekommen hochgestellte Indizes

Eine erste kleine Umstellung ist notwendig, deren formale Notwendigkeit erst später begründet wird: Wir kennzeichnen in diesem Abschnitt – und nur in diesem – die Koordinaten der Vektoren durch hochgestellte Indizes. Die Vektoren werden sich als spezielle Tensoren herausstellen. Deshalb wollen wir uns auch der in der Tensorrechnung üblichen Konvention anschließen und anstelle von Koordinaten eines Tensors eher von dessen *Komponenten* sprechen.

Ist also $B = (\boldsymbol{b}_1, \ldots, \boldsymbol{b}_n)$ eine Basis des Vektorraumes V, so schreiben wir für die Komponenten des Vektors $\boldsymbol{x} \in V$ bezüglich B

$$_B\boldsymbol{x} = \begin{pmatrix} x^1 \\ \vdots \\ x^n \end{pmatrix} \iff \boldsymbol{x} = x^1\boldsymbol{b}_1 + x^2\boldsymbol{b}_2 + \cdots + x^n\boldsymbol{b}_n\,.$$

Um diese Summe auf der rechten Seite möglichst kurz darstellen zu können, greifen wir auf eine spezielle Schreibweise zurück.

Einstein'sche Summationskonvention

Tritt in einem Term derselbe Index $i, j, \ldots$ zweimal auf, und zwar einmal oben und einmal unten, so ist über diesen Index von 1 bis n zu summieren.

In diesem Sinn schreiben wir kurz

$$_B\boldsymbol{x} = \sum_{i=1}^{n} x^i\,\boldsymbol{b}_i = x^i\,\boldsymbol{b}_i\,.$$

Und obwohl ein Vektor $\boldsymbol{x}$ bezüglich verschiedener Basen verschiedene Komponenten hat, sprechen wir einfach vom Vektor x^i. Es wird stillschweigend vorausgesetzt, dass die diesen Komponenten zugrunde liegende Basis B stets bekannt ist.

Achtung Sollten in einem Term mehrere Summanden vorkommen, so müssen bei der Einstein'schen Summationsschreibweise unbedingt verschiedene Summationsindizes verwendet werden, da es sonst zu Widersprüchen kommt. ◀

Ändern wir die Basis, d. h., gehen wir von B zur Basis $\overline{B}$ über, so gibt es eine reguläre Transformationsmatrix ${}_{\overline{B}}\boldsymbol{T}_B$ mit

$${}_{\overline{B}}\boldsymbol{x} = {}_{\overline{B}}\boldsymbol{T}_B\, {}_B\boldsymbol{x} \quad \text{bei} \quad {}_{\overline{B}}\boldsymbol{T}_B = (({}_{\overline{B}}\boldsymbol{b}_1, \ldots, {}_{\overline{B}}\boldsymbol{b}_n)).$$

In den Spalten der Transformationsmatrix ${}_{\overline{B}}\boldsymbol{T}_B$ stehen also die neuen $\overline{B}$-Koordinaten der alten Basisvektoren $\boldsymbol{b}_1, \ldots, \boldsymbol{b}_n$. Kennzeichnen wir die neuen Koordinaten durch einen Querstrich und nummerieren wir sie wie vereinbart mit hochgestellten Indizes, so können wir setzen

$$\boldsymbol{b}_j = \overline{a}_j^1\, \overline{\boldsymbol{b}}_1 + \overline{a}_j^2\, \overline{\boldsymbol{b}}_2 + \cdots + \overline{a}_j^n\, \overline{\boldsymbol{b}}_n = \overline{a}_j^i\, \overline{\boldsymbol{b}}_i\,.$$

Also ist ${}_{\overline{B}}\boldsymbol{T}_B = (\overline{a}_j^i)$, wobei der Zeilenindex oben und der Spaltenindex unten steht. Der Eintrag $\overline{a}_j^i$ ist die i-te $\overline{B}$-Koordinate von $\boldsymbol{b}_j$. Damit lauten die neuen Koordinaten von $\boldsymbol{x}$

$${}_{\overline{B}}\boldsymbol{x} = \begin{pmatrix} \overline{x}^1 \\ \vdots \\ \overline{x}^n \end{pmatrix} = \begin{pmatrix} \overline{a}_1^1 & \cdots & \overline{a}_n^1 \\ \vdots & & \vdots \\ \overline{a}_1^n & \cdots & \overline{a}_n^n \end{pmatrix} \begin{pmatrix} x^1 \\ \vdots \\ x^n \end{pmatrix}$$

oder mittels Einstein'scher Summationsvorschrift kurz

$$\overline{x}^i = \overline{a}_j^i\, x^j\,,$$

denn die Stellung der Indizes passt zur Summationskonvention. In Übereinstimmung mit den Regeln der Matrizenmultiplikation wird über den Spaltenindex j der Transformationsmatrix ${}_{\overline{B}}\boldsymbol{T}_B$ summiert.

Wir haben also zwei Formeln für die Umrechnungen von B auf $\overline{B}$, eine für die Basisvektoren, die andere für die zugehörigen Vektorkoordinaten, nämlich

$$\boldsymbol{b}_j = \overline{a}_j^i\, \overline{\boldsymbol{b}}_i \quad \text{und} \quad \overline{x}^i = \overline{a}_j^i\, x^j. \tag{22.1}$$

Die Koeffizienten $\overline{a}_j^i$ sind beide Male dieselben, aber bei den Basisvektoren stehen links die alten und rechts die neuen. Bei den Komponenten ist es genau *entgegengesetzt*. Wir nennen daher das Transformationsverhalten der Vektorkomponenten **kontravariant**.

Dass in (22.1) bei den Basisvektoren über den Zeilenindex i, bei den Vektorkomponenten über den Spaltenindex j summiert wird, ergibt sich geradezu „von selbst" aus unserer Summationsvereinbarung. Darin liegt genau die Eleganz der Tensornotation.

Selbstfrage 1

Bestätigen Sie die Gleichung $\overline{x}^i\, \overline{\boldsymbol{b}}_i = x^j\, \boldsymbol{b}_j$ mithilfe von (22.1). Was bedeutet diese Gleichung?

Beispiel Wir wechseln im $\mathbb{R}^3$ von der Basis B zu $\overline{B}$ mit

$$\overline{\boldsymbol{b}}_1 = \boldsymbol{b}_1, \quad \overline{\boldsymbol{b}}_2 = -\boldsymbol{b}_1 + \boldsymbol{b}_2, \quad \overline{\boldsymbol{b}}_3 = \boldsymbol{b}_1 - \boldsymbol{b}_2 + \boldsymbol{b}_3\,.$$

Dann ist umgekehrt

$$\boldsymbol{b}_1 = \overline{\boldsymbol{b}}_1, \quad \boldsymbol{b}_2 = \overline{\boldsymbol{b}}_1 + \overline{\boldsymbol{b}}_2, \quad \boldsymbol{b}_3 = \overline{\boldsymbol{b}}_2 + \overline{\boldsymbol{b}}_3\,.$$

Dies führt zur Transformationsmatrix

$${}_{\overline{B}}\boldsymbol{T}_B = (\overline{a}_j^i) = (({}_{\overline{B}}\boldsymbol{b}_1, {}_{\overline{B}}\boldsymbol{b}_2, {}_{\overline{B}}\boldsymbol{b}_3)) = \begin{pmatrix} 1 & 1 & 0 \\ 0 & 1 & 1 \\ 0 & 0 & 1 \end{pmatrix}.$$

Der Vektor $\boldsymbol{v}$ mit den B-Koordinaten $(-1, 2, 1)^T$ bekommt die $\overline{B}$-Koordinaten $\overline{v}^i = \overline{a}_j^i v^j$, also im Einzelnen:

$$\begin{aligned} \overline{v}^1 &= \overline{a}_1^1 v^1 + \overline{a}_2^1 v^2 + \overline{a}_3^1 v^3 = -1 + 2 = 1 \\ \overline{v}^2 &= \overline{a}_1^2 v^1 + \overline{a}_2^2 v^2 + \overline{a}_3^2 v^3 = 2 + 1 = 3 \\ \overline{v}^3 &= \overline{a}_1^3 v^1 + \overline{a}_2^3 v^2 + \overline{a}_3^3 v^3 = 1 \end{aligned}$$

Dasselbe Ergebnis folgt natürlich, wenn wir in $\boldsymbol{v} = -\boldsymbol{b}_1 + 2\boldsymbol{b}_2 + \boldsymbol{b}_3$ die $\boldsymbol{b}_i$ durch die $\overline{\boldsymbol{b}}_j$ ausdrücken und auf diese Weise $\boldsymbol{v} = \overline{\boldsymbol{b}}_1 + 3\,\overline{\boldsymbol{b}}_2 + \overline{\boldsymbol{b}}_3$ erhalten. ◀

Die Koeffizienten in Linearformen verhalten sich kovariant und erhalten tiefgestellte Indizes

Die in einer Hyperebene durch den Ursprung gelegenen Vektoren sind die Lösungsmenge einer linearen Gleichung

$$u_1 x^1 + u_2 x^2 + \cdots + u_n x^n = 0$$

mit Koeffizienten $(u_1, \ldots, u_n) \neq \boldsymbol{0}$.

Auf der linken Seite dieser Gleichung steht die *Linearform* $\boldsymbol{l}(\boldsymbol{x}) = u_i x^i$. Das ist eine lineare Abbildung $\boldsymbol{l}: V \to \mathbb{R}$, also von V in den eindimensionalen Vektorraum $\mathbb{R}$ (siehe Kap. 17). Um die Summationsregel anwenden zu können, schreiben wir bei den u_i die Indizes unten und wir sprechen kurz von der Linearform u_i, obwohl die u_i natürlich von der Wahl der Basis B abhängen.

Nun rechnen wir von B auf die Basis $\overline{B}$ um unter der Annahme, dass die Linearform $\boldsymbol{l}$ den Vektor $\boldsymbol{x}$ auf ein- und dieselbe Zahl $\boldsymbol{l}(\boldsymbol{x}) \in \mathbb{R}$ abbildet. Die Forderung $\overline{u}_i\, \overline{x}^i = u_j x^j$ ergibt mit (22.1)

$$\overline{u}_i\, \overline{x}^i = \overline{u}_i\, \overline{a}_j^i\, x^j = u_j x^j.$$

Dies muss für alle $(x^1, \ldots, x^n) \in \mathbb{R}^n$ gelten. Also müssen die Koeffizienten von x^j für jedes j übereinstimmen. Wir erhalten

$$u_j = \overline{a}_j^i\, \overline{u}_i\,, \tag{22.2}$$

und das ist dasselbe Transformationsverhalten wie jenes der Basisvektoren in (22.1). Diesmal sprechen wir von einem **kovarianten** Transformationsverhalten und nennen $(u_1, \ldots, u_n)$ einen kovarianten Vektor. Es gab schon bisher einen Unterschied in der Schreibweise: Der kontravariante Vektor x^i wurde als Spaltenvektor geschrieben, der kovariante Vektor als Zeilenvektor. Damit passten wir uns den Regeln der Matrizenmultiplikation an.

Stimmen die neuen Basisvektoren mit den alten überein, so ist die Transformationsmatrix ${}_{\overline{B}}\boldsymbol{T}_B$ gleich der Einheitsmatrix $\mathbf{E}_n$. Die Elemente $\overline{a}_j^i$ dieser Matrix sind bei $i = j$ gleich 1 und sonst 0. Wir bezeichnen diese Einträge daher wieder mit dem Kronecker-Delta, setzen also

$$\mathbf{E}_n = \begin{pmatrix} 1 & \ldots & 0 \\ \vdots & \ddots & \vdots \\ 0 & \ldots & 1 \end{pmatrix} = (\delta_j^i).$$

Selbstfrage 2

Was ist $\delta_j^i \delta_k^j$?

Kehren wir zurück zum Basiswechsel von B nach $\overline{B}$: Wenn wir umgekehrt aus den neuen Vektorkomponenten die alten berechnen wollen, so greifen wir zurück auf

$${}_B\boldsymbol{x} = {}_B\boldsymbol{T}_{\overline{B}}\,{}_{\overline{B}}\boldsymbol{x} \quad \text{mit} \quad {}_B\boldsymbol{T}_{\overline{B}} = ({}_{\overline{B}}\boldsymbol{T}_B)^{-1}.$$

In den Spalten von ${}_B\boldsymbol{T}_{\overline{B}}$ stehen die B-Komponenten von $\overline{b}_1, \ldots, \overline{b}_n$. Zur deutlicheren Unterscheidung von der ursprünglichen Transformationsmatrix ${}_{\overline{B}}\boldsymbol{T}_B = (\overline{a}_j^i)$ unterstreichen wir die Einträge in der inversen Matrix. Wir setzen also

$${}_B\boldsymbol{T}_{\overline{B}} = ({}_{\overline{B}}\boldsymbol{T}_B)^{-1} = (\underline{a}_j^i) \quad \text{und somit} \quad \overline{\boldsymbol{b}}_j = \underline{a}_j^i\,\boldsymbol{b}_i\,.$$

Dies ergibt die Umkehrgleichungen

$$x^i = \underline{a}_j^i\,\overline{x}^j.$$

Die Gleichungen

$${}_{\overline{B}}\boldsymbol{T}_B\,{}_B\boldsymbol{T}_{\overline{B}} = {}_B\boldsymbol{T}_{\overline{B}}\,{}_{\overline{B}}\boldsymbol{T}_B = \mathbf{E}_n$$

lauten in Tensorschreibweise

$$\overline{a}_j^i\,\underline{a}_k^j = \underline{a}_j^i\,\overline{a}_k^j = \delta_k^i\,. \qquad (22.3)$$

Selbstfrage 3

Bestätigen Sie unter Benutzung von (22.3), dass die Summe $\underline{a}_j^i\overline{x}^j$ mit den $\overline{x}^j$ aus (22.1) tatsächlich die x^i zurückliefert.

Definition der Tensoren 1. Stufe

Ein **Tensor 1. Stufe** ist eine Größe, deren einfach indizierte Komponenten x^i oder x_i bei einem Wechsel von der Basis $B = (\boldsymbol{b}_1, \ldots, \boldsymbol{b}_n)$ zu $\overline{B} = (\overline{\boldsymbol{b}}_1, \ldots, \overline{\boldsymbol{b}}_n)$ mit

$$\boldsymbol{b}_j = \overline{a}_j^i\,\overline{\boldsymbol{b}}_i \quad \text{oder umgekehrt} \quad \overline{\boldsymbol{b}}_j = \underline{a}_j^i\,\boldsymbol{b}_i$$

ein bestimmtes Transformationsverhalten aufweisen, und zwar

$$\text{im kontravarianten Fall:} \quad \overline{x}^i = \overline{a}_j^i\,x^j,$$
$$\text{im kovarianten Fall:} \quad x_j = \overline{a}_j^i\,\overline{x}_i.$$

Die jeweiligen Umkehrgleichungen sind

$$\text{im kontravarianten Fall:} \quad x^i = \underline{a}_j^i\,\overline{x}^j,$$
$$\text{im kovarianten Fall:} \quad \overline{x}_j = \underline{a}_j^i\,x_i.$$

Die Tensoren 1. Stufe können mit *Vektoren* identifiziert werden. Skalare, also reelle Zahlen, werden auch als *Tensoren 0. Stufe* bezeichnet.

Wir verzichten in der Regel auf eigene Symbole für Tensoren, sondern sprechen einfach von einem *kontravarianten Tensor* x^i oder einem *kovarianten Tensor* y_j. Wie gezeigt, sind die Vektoren aus V Beispiele für kontravariante Tensoren 1. Stufe, die Linearformen über V sind kovariante Tensoren 1. Stufe. Obwohl durch basisabhängige Komponenten bezeichnet, haben Tensoren wegen des geforderten Transformationsverhaltens stets eine vom Koordinatensystem unabhängige Bedeutung. Sie sind daher geometrische oder physikalische Größen.

Beispiel Wir befassen uns noch einmal mit dem Beispiel von S. 817 zum Wechsel von der Basis B zur Basis $\overline{B}$. Neben der Transformationsmatrix

$${}_{\overline{B}}\boldsymbol{T}_B = (\overline{a}_j^i) = (({}_{\overline{B}}\boldsymbol{b}_1, {}_{\overline{B}}\boldsymbol{b}_2, {}_{\overline{B}}\boldsymbol{b}_3))$$

brauchen wir auch die inverse Matrix

$${}_B\boldsymbol{T}_{\overline{B}} = (\underline{a}_j^i) = (({}_B\overline{\boldsymbol{b}}_1, {}_B\overline{\boldsymbol{b}}_2, {}_B\overline{\boldsymbol{b}}_3)) = \begin{pmatrix} 1 & -1 & 1 \\ 0 & 1 & -1 \\ 0 & 0 & 1 \end{pmatrix}.$$

Wie transformiert sich die Ebene mit der Gleichung $x^1 + x^2 + x^3 = 0$, also $(u_1, u_2, u_3) = (1, 1, 1)$?

Es gilt $\overline{u}_i = \underline{a}_i^j u_j$ und daher:

$$\begin{aligned} \overline{u}_1 &= \underline{a}_1^1 u_1 + \underline{a}_1^2 u_2 + \underline{a}_1^3 u_3 = u_1 = 1 \\ \overline{u}_2 &= \underline{a}_2^1 u_1 + \underline{a}_2^2 u_2 + \underline{a}_2^3 u_3 = -u_1 + u_2 = 0 \\ \overline{u}_3 &= \underline{a}_3^1 u_1 + \underline{a}_3^2 u_2 + \underline{a}_3^3 u_3 = u_1 - u_2 + u_3 = 1 \end{aligned}$$

Dasselbe folgt, wenn wir in der gegebenen Ebenengleichung gemäß ${}_B\boldsymbol{x} = {}_B\boldsymbol{T}_{\overline{B}}\,{}_{\overline{B}}\boldsymbol{x}$ die x^i durch $\underline{a}_j^i\overline{x}^j$ ersetzen, denn

$$x^1 + x^2 + x^3 = (\overline{x}^1 - \overline{x}^2 + \overline{x}^3) + (\overline{x}^2 - \overline{x}^3) + \overline{x}^3. \quad ◄$$

Teil III

Zu jedem Vektorraum gibt es einen Dualraum, zu jeder Basis eine Dualbasis

In (22.1) haben wir der Transformation der Vektorkoordinaten x^i jene der Basisvektoren $\boldsymbol{b}_i$ gegenübergestellt. Letzteres fehlte bisher bei der Transformation der u_i in (22.2). Dies holen wir nun nach mit dem folgenden Nachtrag zur Theorie der Vektorräume.

Die Linearformen über einem Vektorraum V, also die linearen Abbildungen von V in den eindimensionalen Vektorraum $\mathbb{R}$, bilden wieder einen Vektorraum, den zu V **dualen Vektorraum** V^*. Zu jeder Basis $B = (\boldsymbol{b}_1, \ldots, \boldsymbol{b}_n)$ von V gibt es die **duale Basis** oder **Dualbasis** $B^* = (\boldsymbol{b}^1, \ldots, \boldsymbol{b}^n)$ von V^*. Dabei ist die Linearform $\boldsymbol{b}^i : V \to \mathbb{R}$ dadurch festgelegt, dass sie $\boldsymbol{b}_i$ auf 1 und alle anderen $\boldsymbol{b}_j$ auf 0 abbildet. Also ist $\boldsymbol{b}^i(\boldsymbol{b}_j) = \delta^i_j$.

Als Folge davon bildet $\boldsymbol{b}^i$ den Vektor $\boldsymbol{x} \in V$ auf dessen i-te Koordinate bezüglich der Basis B ab, denn

$$\boldsymbol{b}^i(\boldsymbol{x}) = \boldsymbol{b}^i(x^j\boldsymbol{b}_j) = x^j\boldsymbol{b}^i(\boldsymbol{b}_j) = x^j\delta^i_j = x^i.$$

Für die obige Linearform $\boldsymbol{l} \in V^*$ mit der Darstellung $\boldsymbol{l}(\boldsymbol{x}) = \boldsymbol{l}(x^i\boldsymbol{b}_i) = \boldsymbol{l}(\boldsymbol{b}_i)x^i = u_ix^i$ bedeutet dies einerseits $u_i = \boldsymbol{l}(\boldsymbol{b}_i)$. Andererseits ordnen wegen

$$u_i\boldsymbol{b}^i(\boldsymbol{x}) = u_ix^i = \boldsymbol{l}(\boldsymbol{x})$$

die Abbildungen $\boldsymbol{l}$ und $u_i\boldsymbol{b}^i$ jedem $\boldsymbol{x} \in V$ dieselbe reelle Zahl zu. Also sind diese beiden linearen Abbildungen identisch, d. h. $\boldsymbol{l} = u_i\boldsymbol{b}^i$.

Wenn wir von der *Linearform* u_i sprechen, so meinen wir genau genommen ein Element des zu V dualen Vektorraums V^*, und die u_i sind dessen Komponenten bezüglich der dualen Basis B^* zu B und gleichzeitig auch die Bilder $\boldsymbol{l}(\boldsymbol{b}_i)$ der Vektoren aus B.

Dies erinnert uns nochmals daran, dass wir bei der Darstellung der Vektoren durch ihre Komponenten x^i oder u_i stets über die zugrunde liegende Basis Bescheid wissen müssen. Nur dann sind die Kurzschreibungen x^i für $\boldsymbol{x} = x^i\boldsymbol{b}_i$ bei $\boldsymbol{b}_i \in B$ sowie u_i für $\boldsymbol{l} = u_i\boldsymbol{b}^i$ bei $\boldsymbol{b}^i \in B^*$ zulässig.

Parallel zum Basiswechsel in V von B zu $\overline{B}$ findet nun auch im Dualraum V^* ein Wechsel von der Dualbasis $B^* = (\boldsymbol{b}^1, \ldots, \boldsymbol{b}^n)$ von B zur Dualbasis $\overline{B}^* = (\overline{\boldsymbol{b}}^1, \ldots, \overline{\boldsymbol{b}}^n)$ von $\overline{B}$ statt. Gilt mit (22.1) $\boldsymbol{b}_j = \overline{a}^i_j\overline{\boldsymbol{b}}_i$, so ist

$$\overline{\boldsymbol{b}}^i = \overline{a}^i_k\boldsymbol{b}^k, \qquad (22.4)$$

denn wegen

$$\overline{\boldsymbol{b}}^i(\boldsymbol{x}) = \overline{x}^i = \overline{a}^i_kx^k = \overline{a}^i_k\boldsymbol{b}^k(\boldsymbol{x})$$

ordnen die beiden Linearformen $\overline{\boldsymbol{b}}^i$ und $\overline{a}^i_k\boldsymbol{b}^k$ jedem $\boldsymbol{x}$ dieselbe Zahl zu.

Beispiel Im $\mathbb{R}^3$ sind die Vektoren einer Basis B durch ihre kanonischen Koordinaten

$${}_E\boldsymbol{b}_1 = \begin{pmatrix}1\\-3\\2\end{pmatrix}, \ {}_E\boldsymbol{b}_2 = \begin{pmatrix}0\\2\\3\end{pmatrix}, \ {}_E\boldsymbol{b}_3 = \begin{pmatrix}2\\-5\\6\end{pmatrix}$$

gegeben. Wie lautet die Dualbasis B^*?

Definitionsgemäß suchen wir die Koeffizienten (u^1, u^2, u^3) einer Linearform $\boldsymbol{b}^1$, die $\boldsymbol{b}_1$ auf 1 abbildet und $\boldsymbol{b}_2$ und $\boldsymbol{b}_3$ auf 0. In Matrizenform bedeutet dies

$$(u^1\ u^2\ u^3)(({}_E\boldsymbol{b}_1, {}_E\boldsymbol{b}_2, {}_E\boldsymbol{b}_3)) = (1\ 0\ 0).$$

Die gesuchten Koeffizienten sind genau genommen die kanonischen Koordinaten von $\boldsymbol{b}^1$. Wir bezeichnen sie daher mit ${}_E\boldsymbol{b}^1$.

Schreiben wir die analogen Bedingungen für die Koeffizienten der Linearformen $\boldsymbol{b}^2$ und $\boldsymbol{b}^3$ darunter und fassen wir dies zu einer Matrizengleichung zusammen, so folgt

$$\begin{pmatrix}{}_E\boldsymbol{b}^1\\{}_E\boldsymbol{b}^2\\{}_E\boldsymbol{b}^3\end{pmatrix}(({}_E\boldsymbol{b}_1, {}_E\boldsymbol{b}_2, {}_E\boldsymbol{b}_3)) = \begin{pmatrix}1&0&0\\0&1&0\\0&0&1\end{pmatrix} = \mathbf{E}_3.$$

Damit ist die Matrix mit den ${}_E\boldsymbol{b}^i$ als Zeilenvektoren invers zur Matrix mit den ${}_E\boldsymbol{b}_j$ als Spaltenvektoren. Unsere Aufgabe läuft also auf das Invertieren einer Matrix hinaus. Wir überspringen die Rechnung und zeigen einfach die Lösung. Wegen

$$\begin{pmatrix}1&0&2\\-3&2&-5\\2&3&6\end{pmatrix}^{-1} = \begin{pmatrix}27&6&-4\\8&2&-1\\-13&-3&2\end{pmatrix}$$

lauten die Linearformen der Dualbasis in kanonischer Darstellung:

$$\begin{aligned}\boldsymbol{b}^1(\boldsymbol{x}) &= 27x^1 + 6x^2 - 4x^3\\ \boldsymbol{b}^2(\boldsymbol{x}) &= 8x^1 + 2x^2 - x^3\\ \boldsymbol{b}^3(\boldsymbol{x}) &= -13x^1 - 3x^2 + 2x^3\end{aligned}$$

Die Leser sind eingeladen nachzuprüfen, dass jedes $\boldsymbol{b}^i$ tatsächlich $\boldsymbol{b}_j$ auf δ^i_j abbildet. ◄

Der Metriktensor bestimmt das Skalarprodukt

Wir haben bewusst allgemeine Basen verwendet, also nicht notwendig orthonormierte Basen. Wie ist hier das Skalarprodukt zweier Vektoren aus V aus deren B-Koordinaten zu berechnen?

Wenn wir für das Skalarprodukt der Vektoren $\boldsymbol{u} = u^i\boldsymbol{b}_i$ und $\boldsymbol{v} = v^i\boldsymbol{b}_i$ die Standardform $\sum u^iv^i$ verwendeten, so könnten wir wegen der beiden hochgestellten Summationsindizes das Summenzeichen gar nicht weglassen. Diese Formel wäre überhaupt falsch, wie das folgende Beispiel zeigt.

Teil III

Beispiel Im $\mathbb{R}^3$ wählen wir die Basis $B = (\boldsymbol{b}_1, \boldsymbol{b}_2, \boldsymbol{b}_3)$, wobei die kanonischen Koordinaten – wir nennen diese hier die $\overline{B}$-Koordinaten – folgendermaßen lauten:

$$_{\overline{B}}\boldsymbol{b}_1 = \begin{pmatrix}1\\0\\0\end{pmatrix}, \quad _{\overline{B}}\boldsymbol{b}_2 = \begin{pmatrix}1\\1\\0\end{pmatrix}, \quad _{\overline{B}}\boldsymbol{b}_3 = \begin{pmatrix}0\\-1\\1\end{pmatrix}$$

Die beiden Vektoren $\boldsymbol{u} = \boldsymbol{b}_1$ und $\boldsymbol{v} = \boldsymbol{b}_2 - \boldsymbol{b}_1$ haben die Koordinaten

$$_{\overline{B}}\boldsymbol{u} = \begin{pmatrix}1\\0\\0\end{pmatrix} \quad \text{und} \quad _{B}\boldsymbol{u} = \begin{pmatrix}1\\0\\0\end{pmatrix} = \begin{pmatrix}u^1\\u^2\\u^3\end{pmatrix},$$

$$_{\overline{B}}\boldsymbol{v} = \begin{pmatrix}0\\1\\0\end{pmatrix} \quad \text{und} \quad _{B}\boldsymbol{v} = \begin{pmatrix}-1\\1\\0\end{pmatrix} = \begin{pmatrix}v^1\\v^2\\v^3\end{pmatrix}.$$

Nun zeigen die kanonischen $\overline{B}$-Koordinaten unmittelbar

$$\boldsymbol{u} \cdot \boldsymbol{v} = {_{\overline{B}}\boldsymbol{u}} \cdot {_{\overline{B}}\boldsymbol{v}} = 0 \neq \sum_{i=1}^{3} u^i v^i = -1. \qquad \blacktriangleleft$$

Um bei allgemeinen Basen das Skalarprodukt zweier Vektoren zu berechnen, müssen wir die Linearität des Skalarproduktes beachten und daher wie folgt vorgehen:

$$\boldsymbol{u} \cdot \boldsymbol{v} = (u^i \boldsymbol{b}_i) \cdot (v^j \boldsymbol{b}_j) = u^i v^j (\boldsymbol{b}_i \cdot \boldsymbol{b}_j) = g_{ij} u^i v^j$$

Dabei wurde $g_{ij} = \boldsymbol{b}_i \cdot \boldsymbol{b}_j$ gesetzt. Wir erhalten somit eine symmetrische Bilinearform.

Beispiel Im obigen Beispiel aus dem $\mathbb{R}^3$ gehören zur Basis B die 9 Skalarprodukte

$$(g_{ij}) = \begin{pmatrix}1 & 1 & 0\\1 & 2 & -1\\0 & -1 & 2\end{pmatrix}.$$

Nun gilt für die gewählten Vektoren $\boldsymbol{u}$ und $\boldsymbol{v}$ richtigerweise

$$g_{ij} u^i v^j = g_{11} u^1 v^1 + g_{12} u^1 v^2 = -1 + 1 = 0. \qquad \blacktriangleleft$$

Nach Übergang zur neuen Basis $\overline{\boldsymbol{b}}_i$ mit $\boldsymbol{b}_i = \overline{a}_i^j \overline{\boldsymbol{b}}_j$ gemäß (22.1) werden die g_{ij} zu $\overline{g}_{ij}$, wobei

$$g_{ij} = (\overline{a}_i^k \overline{\boldsymbol{b}}_k) \cdot (\overline{a}_j^l \overline{\boldsymbol{b}}_l) = \overline{a}_i^k \overline{a}_j^l \overline{g}_{kl}. \tag{22.5}$$

Die Umkehrgleichungen lauten

$$\overline{g}_{ij} = \underline{a}_i^k \underline{a}_j^l g_{kl}.$$

Jeder einzelne tiefgestellte Index erfordert somit eine Transformation wie bei einem kovarianten Vektor.

Selbstfrage 4

Bestätigen Sie die Gleichung $\overline{g}_{ij} \overline{u}^i \overline{v}^j = g_{ij} u^i v^j$. Was drückt diese Gleichung aus?

In Kap. 20 wurde das Skalarprodukt als eine (positiv definite) symmetrische Bilinearform σ über dem Vektorraum V eingeführt. Die symmetrische Matrix (g_{ij}) ist identisch mit der Darstellungsmatrix $\boldsymbol{M}_B(\sigma) = (\boldsymbol{b}_i \cdot \boldsymbol{b}_j)$ von σ. Jetzt nennen wir g_{ij} den **kovarianten Metriktensor** oder **metrischen Tensor**. Er wird in den Formeln für Normen, Distanzen und Winkel benötigt, denn es ist

$$\|\boldsymbol{u}^2\| = \boldsymbol{u} \cdot \boldsymbol{u} = g_{ij} u^i u^j,$$
$$\|\boldsymbol{x} - \boldsymbol{y}\|^2 = g_{ij}(x^i - y^i)(x^j - y^j),$$

und für den Winkel α zwischen $\boldsymbol{u}$ und $\boldsymbol{v}$ gilt nach (19.6)

$$\cos\alpha = \frac{g_{ij} u^i v^j}{\sqrt{g_{kl} u^k u^l}\,\sqrt{g_{rs} v^r v^s}}.$$

Die zur Matrix (g_{ij}) inverse Matrix bestimmt den **kontravarianten Metriktensor** g^{ij}. Für ihn gilt (siehe (22.3))

$$g_{ij}\, g^{jk} = g_{ji}\, g^{jk} = g_{ij}\, g^{kj} = \delta_i^k.$$

Wie wirkt sich ein Basiswechsel auf g^{ij} aus?

Wir werden auch hier das zu erwartende Transformationsgesetz

$$\overline{g}^{ij} = \overline{a}_k^i \overline{a}_l^j g^{kl} \tag{22.6}$$

in aller Ausführlichkeiten herleiten. Dabei gehen wir aus von der Gleichung (21.2) über die Kongruenz der Darstellungsmatrizen von Bilinearformen,

$$(\overline{g}_{ij}) = \boldsymbol{M}_{\overline{B}}(\sigma) = ({_B\boldsymbol{T}_{\overline{B}}})^T \boldsymbol{M}_B(\sigma)\, {_B\boldsymbol{T}_{\overline{B}}}$$

mit

$$(\overline{a}_j^i) = {_{\overline{B}}\boldsymbol{T}_B} \quad \text{und} \quad (\underline{a}_j^i) = ({_{\overline{B}}\boldsymbol{T}_B})^{-1} = {_B\boldsymbol{T}_{\overline{B}}}.$$

Wir invertieren beide Seiten der Matrizengleichung:

$$(\overline{g}^{ij}) = (\overline{g}_{ij})^{-1} = {_{\overline{B}}\boldsymbol{T}_B}\,(g_{ij})^{-1}\,({_{\overline{B}}\boldsymbol{T}_B})^T.$$

Das wird in die Tensorschreibweise übertragen. Dabei verwenden wir als Summationsindizes den Spaltenindex k (tiefgestellt) in der linken Transformationsmatrix und den Zeilenindex l in $({_{\overline{B}}\boldsymbol{T}_B})^T$, der in ${_{\overline{B}}\boldsymbol{T}_B}$ selbst erneut ein Spaltenindex und tiefgestellt ist. So können wir für die einzelnen Einträge schreiben

$$\overline{g}^{ij} = \overline{a}_k^i\, g^{kl}\, \overline{a}_l^j.$$

Natürlich können wir als kleine Rechenübung auch noch mithilfe von (22.3) bestätigen, dass diese Matrix $(\overline{g}^{ij})$ tatsächlich invers zur Matrix $\overline{g}_{ij}$ ist, denn

$$\begin{aligned}\overline{g}^{ij}\,\overline{g}_{jk} &= (\overline{a}_l^i \overline{a}_m^j g^{lm})(\underline{a}_j^r \underline{a}_k^s g_{rs}) = \overline{a}_l^i \underline{a}_k^s (\underline{a}_j^r \overline{a}_m^j)\, g^{lm} g_{rs}\\ &= \overline{a}_l^i \underline{a}_k^s (\delta_m^r g^{lm})\, g_{rs} = \overline{a}_l^i \underline{a}_k^s (g^{lr} g_{rs}) = \overline{a}_l^i \underline{a}_k^s \delta_s^l\\ &= \overline{a}_l^i \underline{a}_k^l = \delta_k^i.\end{aligned}$$

Teil III

In all diesen Ausdrücken konnte die Reihenfolge der Faktoren beliebig geändert werden, denn die einzelnen Komponenten sind ja reelle Zahlen. Bei dem Rechnen mit Matrizen durfte man nicht so sorglos vorgehen.

Die Gleichung (22.6) zeigt, dass jeder hochgestellte Index das Transformationsverhalten eines kontravarianten Vektors zeigt.

Beispiel Wir greifen noch einmal die Basis B vom Beispiel auf S. 820 auf und berechnen in B-Koordinaten die Gleichung der zu $\boldsymbol{b}_3$ orthogonalen Ebene E durch den Ursprung $\mathbf{0}$.

Der Vektor $\boldsymbol{x}$ mit den B-Koordinaten $\overline{x}^j$ liegt genau dann in E, wenn er zu $\boldsymbol{b}_3$ orthogonal ist, wenn also das Skalarprodukt $\boldsymbol{b}_3 \cdot \boldsymbol{x}$ verschwindet.

$$\boldsymbol{b}_3 \cdot \boldsymbol{x} = g_{ij}\delta^i_3 x^j = g_{3j}x^j = 0$$

führt zur Gleichung

$$u_j x^j = g_{31}x^1 + g_{32}x^2 + g_{33}x^3 = -x^2 + 2x^3 = 0\,,$$

also $u_j = (0, -1, 2)$. Wir kontrollieren dieses Ergebnis, indem wir es mit den kanonischen $\overline{B}$-Koordinaten vergleichen. Hier genügt E der Gleichung

$$\overline{u}_i\,\overline{x}^i = -\overline{x}^2 + \overline{x}^3 = 0\,, \text{ also } \overline{u}_i = (0, -1, 1),$$

denn wir wissen, dass bei kartesischen Koordinaten die Koeffizienten der linearen Gleichung einen Normalvektor der Ebene darstellen. Die Umrechnung auf B-Koordinaten gemäß (22.2) ergibt wegen

$$(\overline{a}^i_j) = ((_{\overline{B}}\boldsymbol{b}_1, {}_{\overline{B}}\boldsymbol{b}_2, {}_{\overline{B}}\boldsymbol{b}_3)) = \begin{pmatrix} 1 & 1 & 0 \\ 0 & 1 & -1 \\ 0 & 0 & 1 \end{pmatrix}$$

erneut für $u_j = \overline{a}^i_j\,\overline{u}_i$

$$(-\overline{a}^2_1 + \overline{a}^3_1,\ -\overline{a}^2_2 + \overline{a}^3_2,\ -\overline{a}^2_3 + \overline{a}^3_3) = (0, -1, 2).$$ ◀

Die linearen Abbildungen sind gemischte Tensoren zweiter Stufe

Wir gehen über zu linearen Abbildungen $\varphi : V \to V$, also zu Endomorphismen von V. Zu jeder Basis B von V gibt es eine Darstellungsmatrix $_B\boldsymbol{M}(\varphi)_B$ von φ mit der Eigenschaft

$$_B\varphi(\boldsymbol{x}) = {}_B\boldsymbol{M}(\varphi)_B\,{}_B\boldsymbol{x}\,.$$

Dabei stehen in den Spalten von $_B\boldsymbol{M}(\varphi)_B$ die B-Koordinaten der Bilder der Basis, also

$$_B\boldsymbol{M}(\varphi)_B = ((_B\varphi(\boldsymbol{b}_1), \ldots, {}_B\varphi(\boldsymbol{b}_1)))\,.$$

Nachdem wir die einzelnen Koordinaten eines Vektors durch hochgestellte Indizes unterscheiden, setzen wir $_B\varphi(\boldsymbol{b}_j) = m^i_j$. Dann können wir die durch Matrizenmultiplikation gewonnenen B-Koordinaten x'^i von $\varphi(\boldsymbol{x})$ schreiben als

$$x'^i = m^i_j\,x^j.$$

Summiert wird über den Spaltenindex j (tiefgestellt) von m^i_j. Wir lesen und schreiben zuerst den oberen, dann den unteren Index. Damit haben wir die gleiche Reihenfolge wie bei der Schreibung der Matrizenelemente.

Nun ändern wir die Basis B zu $\overline{B}$. Dann spielt wieder die Transformationsmatrix $_{\overline{B}}\boldsymbol{T}_B$ eine Rolle, denn

$$_{\overline{B}}\varphi(\boldsymbol{x}) = {}_{\overline{B}}\boldsymbol{T}_B\,{}_B\varphi(\boldsymbol{x}) = {}_{\overline{B}}\boldsymbol{T}_B\,{}_B\boldsymbol{M}(\varphi)_B\,{}_B\boldsymbol{T}_{\overline{B}}\,{}_{\overline{B}}\boldsymbol{x}\,.$$

Der Spaltenindex k in $_{\overline{B}}\boldsymbol{T}_B = (\overline{a}^i_k)$ und der Zeilenindex l in $_B\boldsymbol{T}_{\overline{B}} = (\underline{a}^l_j)$ werden als Summationsindizes verwendet und führen so zu

$$\overline{x}'^i = \overline{m}^i_j\,\overline{x}^j = \overline{a}^i_k\,m^k_l\,\underline{a}^l_j\,\overline{x}^j\,,$$

woraus nach Koeffizientenvergleich das Transformationsgesetz folgt:

$$\overline{m}^i_j = \overline{a}^i_k\,\underline{a}^l_j\,m^k_l \tag{22.7}$$

Wir nennen m^i_j einen gemischten Tensor, nämlich einen einfach kovarianten und einfach kontravarianten. Dabei zeigt der obere Index wieder das Transformationsverhalten eines kontravarianten Vektors, der untere jenes eines kovarianten Vektors.

Definition der Tensoren 2. Stufe

Ein **Tensor 2. Stufe** ist eine Größe, deren doppelt indizierte Komponenten sich bei einem Basiswechsel je nach Stellung des jeweiligen Index ebenso wie kovariante oder kontravariante Vektoren transformieren.

Wir unterscheiden zwischen

- den **kontravarianten** Tensoren 2. Stufe t^{ij} mit dem Transformationsverhalten

$$\overline{t}^{ij} = \overline{a}^i_k\,\overline{a}^j_l\,t^{kl}, \text{ umgekehrt } t^{ij} = \underline{a}^i_k\,\underline{a}^j_l\,\overline{t}^{kl},$$

- den **kovarianten** t_{ij} mit

$$\overline{t}_{ij} = \underline{a}^k_i\,\underline{a}^l_j\,t_{kl}, \text{ umgekehrt } t_{ij} = \overline{a}^k_i\,\overline{a}^l_j\,\overline{t}_{kl},$$

- und den **gemischten** Tensoren 2. Stufe t^i_j mit

$$\overline{t}^i_j = \overline{a}^i_k\,\underline{a}^l_j\,t^k_l, \text{ umgekehrt } t^i_j = \underline{a}^i_k\,\overline{a}^l_j\,\overline{t}^k_l.$$

Teil III

Jeder Tensor 2. Stufe auf dem n-dimensionalen Vektorraum V ist nach Festlegung einer Basis durch n^2 Komponenten gegeben, die sich in Form einer Matrix darstellen lassen. Aber nur dann, wenn damit ein koordinatenunabhängiger physikalischer oder geometrischer Begriff dargestellt wird wie etwa eine Bilinearform oder eine lineare Abbildung, ist umgekehrt eine n-reihige Matrix auch ein Tensor.

Selbstfrage 5

Zeigen Sie, dass δ^i_j ein gemischter Tensor 2. Stufe ist.

Kommentar Man findet in der Literatur für Tensoren 2. Stufe auch die Schreibweisen

$$\boldsymbol{T} = t^{ij}\boldsymbol{b}_i\boldsymbol{b}_j,\ \boldsymbol{T} = t_{ij}\boldsymbol{b}^i\boldsymbol{b}^j \text{ oder } \boldsymbol{T} = t^i_j\boldsymbol{b}_i\boldsymbol{b}^j\,,$$

die zugleich die verwendete Basis dokumentieren. Dabei symbolisieren z. B. die Paare $(\boldsymbol{b}_1\boldsymbol{b}_1,\ \boldsymbol{b}_1\boldsymbol{b}_2,\ \ldots,\ \boldsymbol{b}_3\boldsymbol{b}_3)$ eine Basis des Vektorraums $V \times V$ der zweifach kovarianten Tensoren. ◀

Teil III

Allgemeine Tensoren können addiert, multipliziert und sogar verjüngt werden

Wir verallgemeinern nun, was wir vorher bei den Tensoren erster und zweiter Stufe festgestellt haben.

Definition allgemeiner Tensoren

Ein r-fach kontravarianter und s-fach kovarianter **Tensor $(r+s)$-ter Stufe** $t^{i_1\ldots i_r}_{j_1\ldots j_s}$ ist eine Größe, deren Komponenten sich bei Basiswechsel gemäß der beiden Formeln verhalten:

$$\overline{t}^{i_1\ldots i_r}_{j_1\ldots j_s} = \overline{a}^{i_1}_{k_1}\ldots\overline{a}^{i_r}_{k_r}\,\underline{a}^{l_1}_{j_1}\ldots\underline{a}^{l_s}_{j_s}\,t^{k_1\ldots k_r}_{l_1\ldots l_s} \quad \text{und}$$

$$t^{i_1\ldots i_r}_{j_1\ldots j_s} = \underline{a}^{i_1}_{k_1}\ldots\underline{a}^{i_r}_{k_r}\,\overline{a}^{l_1}_{j_1}\ldots\overline{a}^{l_s}_{j_s}\,\overline{t}^{k_1\ldots k_r}_{l_1\ldots l_s}$$

Offensichtlich sind mit diesen Formeln die Transformationsgesetze (22.1) der Vektoren sowie (22.5), (22.6) und (22.7) der Tensoren 2. Stufe miterfasst.

Bei unserer Bezeichnung ist die Reihenfolge der hochgestellten Indizes wichtig und ebenso jene der tiefgestellten. Wir lesen und schreiben wiederum zuerst die oberen, dann die unteren.

Ein Tensor heißt **symmetrisch**, wenn die Komponenten bei Vertauschung zweier oberer Indizes oder zweier unterer Indizes gleich bleiben, wenn also z. B. stets $t^{jik}_l = t^{ijk}_l$ ist. Der Tensor heißt **schiefsymmetrisch**, **antisymmetrisch** oder **alternierend**, wenn ein derartiger Indextausch das Vorzeichen umkehrt, wenn also z. B. stets $t^i_{lkj} = -t^i_{jkl}$ ist. Die beiden Metriktensoren g_{ij} und g^{ij} sind symmetrische Tensoren 2. Stufe.

Kommentar Auf S. 819 wurden der Dualraum V^* zu V und die zu B duale Basis B^* vorgestellt. Sie sind die Grundlage für eine koordinatenfreie Definition von Tensoren, aus welcher die obigen Transformationsregeln folgen. Diese Definition verallgemeinert die kovarianten Tensoren 1. Stufe, also die Linearformen $\boldsymbol{l} : V \to \mathbb{R}$, und ebenso die zweifach kovarianten Tensoren 2. Stufe, also die Bilinearformen $\sigma : V \times V \to \mathbb{R}$.

Demnach ist etwa ein einfach kontravarianter, dreifach kovarianter Tensor eine Abbildung

$$\boldsymbol{T} : \begin{cases} V^* \times V \times V \times V & \to \quad \mathbb{R}, \\ (\boldsymbol{u}, \boldsymbol{v}_1, \boldsymbol{v}_2, \boldsymbol{v}_3) & \mapsto \quad \boldsymbol{T}(\boldsymbol{u}, \boldsymbol{v}_1, \boldsymbol{v}_2, \boldsymbol{v}_3), \end{cases}$$

welche in jedem Bestandteil linear, also *multilinear* ist. Die Komponenten des Tensors sind die Bilder der Basiselemente, genauer:

$$t^i_{j_1 j_2 j_3} = \boldsymbol{T}(\boldsymbol{b}^i,\ \boldsymbol{b}_{j_1},\ \boldsymbol{b}_{j_2},\ \boldsymbol{b}_{j_3})$$

Daraus folgt nun bereits das Transformationsverhalten

$$\begin{aligned} \overline{t}^i_{j_1 j_2 j_3} &= \boldsymbol{T}(\overline{\boldsymbol{b}}^i,\ \overline{\boldsymbol{b}}_{j_1},\ \overline{\boldsymbol{b}}_{j_2},\ \overline{\boldsymbol{b}}_{j_3}) \\ &= \boldsymbol{T}(\underline{a}^i_k\boldsymbol{b}^k,\ \overline{a}^{l_1}_{j_1}\boldsymbol{b}_{l_1},\ \overline{a}^{l_2}_{j_2}\boldsymbol{b}_{l_2},\ \overline{a}^{l_3}_{j_3}\boldsymbol{b}_{l_3}) \\ &= \underline{a}^i_k\overline{a}^{l_1}_{j_1}\overline{a}^{l_2}_{j_2}\overline{a}^{l_3}_{j_3}\,\boldsymbol{T}(\boldsymbol{b}^k,\ \boldsymbol{b}_{l_1},\ \boldsymbol{b}_{l_2},\ \boldsymbol{b}_{l_3}) \\ &= \underline{a}^i_k\overline{a}^{l_1}_{j_1}\overline{a}^{l_2}_{j_2}\overline{a}^{l_3}_{j_3}\,t^k_{l_1 l_2 l_3}. \end{aligned}$$ ◀

Es gibt eine Reihe von Verknüpfungen, welche aus Tensoren wieder Tensoren erzeugen.

1. **Addition:** Gleichartige Tensoren können komponentenweise addiert werden, also

$$u^{i_1\ldots i_r}_{j_1\ldots j_s} + v^{i_1\ldots i_r}_{j_1\ldots j_s} = t^{i_1\ldots i_r}_{j_1\ldots j_s}.$$

   Es entsteht ein Tensor desselben Typs.
2. **Tensorprodukt:** Zwei Tensoren über V werden multipliziert, indem jede Koordinate des einen mit jeder Koordinate des anderen multipliziert wird, also

$$u^{i_1\ldots i_r}_{j_1\ldots j_s}\,v^{k_1\ldots k_{r'}}_{l_1\ldots l_{s'}} = t^{i_1\ldots i_r k_1\ldots k_{r'}}_{j_1\ldots j_s l_1\ldots l_{s'}}.$$

   Das Produkt eines Tensors p-ter Stufe mit einem Tensor q-ter Stufe ergibt demnach einen Tensor $(p+q)$-ter Stufe. Es ist zu beachten, dass dieses Produkt in der Regel nicht kommutativ ist, weil im Tensorprodukt die Indizes von u vor jenen aus v geschrieben werden.
   Ein Beispiel dazu ist das dyadische Produkt $\boldsymbol{u}\boldsymbol{v}^T$ von S. 718. Geben wir $\boldsymbol{u}$ als kontravarianten Vektor vor und $\boldsymbol{v}$ als kovarianten, so ist deren Tensorprodukt der gemischte Tensor $t^i_j = u^i v_j$ 2. Stufe. Tensoren 2. Stufe heißen übrigens auch *Dyaden*, womit die Namensgebung für dieses Produkt verständlich wird.
   Werden für die Tensoren $u^{i_1\ldots i_r}_{j_1\ldots j_s}$ und $v^{k_1\ldots k_{r'}}_{l_1\ldots l_{s'}}$ die Symbole $\boldsymbol{U}$ und $\boldsymbol{V}$ verwendet, so bezeichnet man deren Tensorprodukt üblicherweise mit $\boldsymbol{T} = \boldsymbol{U} \otimes \boldsymbol{V}$. So könnte man für das dyadische Produkt zweier Vektoren auch $\boldsymbol{u} \otimes \boldsymbol{v}$ schreiben.

3. **Überschiebung:** Werden in einem Tensorprodukt ein oberer Index des einen Faktors mit einem unteren Index des anderen Faktors gleichgesetzt, was natürlich eine Summenbildung nach sich zieht, so entsteht ein neuer Tensor. So wird z. B. aus dem Tensorprodukt von u^{ijk} mit v^l_m bei $m = k$

$$u^{ijk} v^l_k = t^{ijl}.$$

Wir sagen, der Tensor u^{ijk} wird mit v^l_k *überschoben*.

4. **Verjüngung:** Werden in einem gemischten Tensor ein oberer und ein unter Index gleichgesetzt, so wird dieser zu einem Summationsindex, der dann im Ergebnis wegfällt. Es entsteht ein Tensor einer um 2 kleineren Stufe. Auf diese Weise kann z. B. der gemischte Tensor 2. Stufe m^i_j zu dem Skalar

$$t = m^i_i$$

verjüngt werden. In der Sprache der Matrizenrechnung ist das Ergebnis t übrigens gleich der *Spur* der Matrix (m^i_j).

5. **Hinauf-** oder **Herunterziehen** von Indizes: Damit meint man das Überschieben eines Tensors mit dem kontra- oder kovarianten Metriktensor. So entsteht z. B. aus u_{jk} durch Hinaufziehen der gemischte Tensor

$$u^i_k = g^{ij} u_{jk}$$

oder aus v^{ij} durch Herunterziehen

$$v^i_k = v^{ij} g_{jk}.$$

Handelt es sich bei u_{jk} und v^{ij} um symmetrische Tensoren, so spielt es keine Rolle, welcher der beiden Indizes verschoben wird. Andernfalls muss man zwischen den beiden Tensoren $u^i{}_k = g^{ij} u_{jk}$ und $u_k{}^i = g^{ij} u_{kj}$ unterscheiden, etwa so wie hier, wo die Stellung des hinaufgezogenen Index relativ zum unteren zeigt, ob er aus dem ersten oder zweiten Index entstanden ist.

Der Nachweis, dass alle diese Verknüpfungen als Ergebnis tatsächlich wieder einen Tensor liefern, also das erforderliche Transformationsverhalten zeigen, ist fast reine Schreibarbeit. Wir führen ihn exemplarisch für die Überschiebung $u^{ijk} v^l_k = t^{ijl}$. Ein Basiswechsel führt zu

$$\begin{aligned}\overline{u}^{ijk}\, \overline{v}^l_k &= (\overline{a}^i_m\, \overline{a}^j_p\, \overline{a}^k_q\, u^{mpq})(\overline{a}^l_r\, \underline{a}^s_k\, v^r_s)\\ &= \overline{a}^i_m\, \overline{a}^j_p\, \overline{a}^l_r\, (\overline{a}^k_q\, \underline{a}^s_k)\, u^{mpq}\, v^r_s\\ &= \overline{a}^i_m\, \overline{a}^j_p\, \overline{a}^l_r (\delta^s_q\, u^{mpq}\, v^r_s) = \overline{a}^i_m\, \overline{a}^j_p\, \overline{a}^l_r\, (u^{mps}\, v^r_s)\\ &= \overline{a}^i_m\, \overline{a}^j_p\, \overline{a}^l_r\, t^{mpr} = \overline{t}^{ijl}.\end{aligned}$$

Der Dualraum V^* zu V ist begrifflich etwas anderes als V, nämlich der Vektorraum der linearen Abbildungen $V \to \mathbb{R}$. Trotzdem wird manchmal der Dualraum V^* mit V identifiziert. Dies liegt nahe, weil man bei Verwendung kartesischer Koordinaten die Linearform auch als kanonisches Skalarprodukt interpretieren kann (siehe das Beispiel auf S. 819). Wir können also $\boldsymbol{l}(\boldsymbol{x}) = u_i x^i$ als $\boldsymbol{l} \cdot \boldsymbol{x}$ mit $\boldsymbol{l} = (u_1, \ldots, u_n)^T$ auffassen und daher setzen $\boldsymbol{b}^i(\boldsymbol{b}_k) = \boldsymbol{b}^i \cdot \boldsymbol{b}_k = \delta^i_k$. Die Vektoren der Dualbasis sind durch diese Bedingungen eindeutig festgelegt und man kann sie nun sogar explizit angeben: Wir bekommen sie durch Hinaufziehen aus den kovarianten Basisvektoren, nämlich als

$$\boldsymbol{b}^i = g^{ij}\, \boldsymbol{b}_j\,. \tag{22.8}$$

Wir können die Richtigkeit dieser Darstellung leicht beweisen, denn

$$\boldsymbol{b}^i \cdot \boldsymbol{b}_k = g^{ij}\, \boldsymbol{b}_j \cdot \boldsymbol{b}_k = g^{ij}\, g_{jk} = \delta^i_k\,.$$

Damit ist das Transformationsverhalten in (22.4) klar. Diese Darstellung hat aber noch einen Vorteil: Genauso wie $g_{ij} = \boldsymbol{b}_i \cdot \boldsymbol{b}_j$ ist, gilt nun

$$\begin{aligned}\boldsymbol{b}^i \cdot \boldsymbol{b}^j &= g^{ik}\boldsymbol{b}_k \cdot g^{jl}\boldsymbol{b}_l = g^{ik} g^{jl} (\boldsymbol{b}_k \cdot \boldsymbol{b}_l)\\ &= g^{ik} g^{jl} g_{lk} = g^{ik} \delta^j_k = g^{ij}.\end{aligned}$$

22.2 Kartesische Tensoren

Bisher hatten wir beliebige Basen zugelassen. Nun beschränken wir uns ausschließlich auf orthonormierte Rechtsbasen, d. h., die Transformationsmatrizen ${}_{\overline{B}}\boldsymbol{T}_B$ sind durchweg eigentlich orthogonal, und der kovariante Metriktensor $g_{ij} = \boldsymbol{b}_i \cdot \boldsymbol{b}_j$ wird in Übereinstimmung mit (19.7) durch das Kronecker-Delta δ_{ij} beschrieben. Zum Unterschied zu früher wollen wir Größen, die eine gegenüber eigentlich orthogonalen Transformationen invariante Bedeutung zeigen, *kartesische Tensoren* nennen.

Zudem soll hier die Dimension n des zugrunde liegenden Vektorraums V oft auf 3 beschränkt bleiben. Wir konzentrieren uns also auf den Anschauungsraum.

Bei orthonormierten Basen verschwindet der Unterschied zwischen ko- und kontravariant

Setzen wir die Matrix ${}_{\overline{B}}\boldsymbol{T}_B = (\overline{a}_j{}^i)$ als eigentlich orthogonal voraus, so ist die Inverse gleich der Transponierten (siehe S. 724), also

$${}_B\boldsymbol{T}_{\overline{B}} = (\underline{a}^i_j) = {}_{\overline{B}}\boldsymbol{T}_B^{-1} = ({}_{\overline{B}}\boldsymbol{T}_B)^T \quad \text{und} \quad \det({}_{\overline{B}}\boldsymbol{T}_B) = 1\,.$$

Daraus folgt

$$\underline{a}^j{}_i = \overline{a}_j{}^i\,. \tag{22.9}$$

Vergleichen wir unter diesen Bedingungen die Transformationsregeln zwischen kontravarianten und kovarianten Vektoren aus (22.1),

$$\overline{x}^i = \overline{a}^i_j x^j, \quad \overline{x}_i = \underline{a}^j_i x_j = \sum_{j=1}^n \overline{a}^i_j x_j\,.$$

Teil III

Hier entfällt also der Unterschied zwischen kontravariant und kovariant. Beide Vektoren zeigen dasselbe Transformationsverhalten, wobei wir aber im kovarianten Fall nicht die bisherige Summationsschreibweise nutzen können, nachdem im rechten Term der Summationsindex j beide Male unten steht.

Wir wollen daher die Bezeichnungsweisen des vorigen Abschnitts in dem folgenden Sinn vereinfachen:

- Wir schreiben sämtliche Indizes bei Vektor- und Tensorkomponenten tiefgestellt – so wie in allen früheren Kapiteln.
- Wir lassen den oberen Querstrich bei den Einträgen in ${}_{\overline{B}}\boldsymbol{T}_B$ weg, setzen also ${}_{\overline{B}}\boldsymbol{T}_B = (a_{ij})$ und für die inverse Matrix ${}_B\boldsymbol{T}_{\overline{B}} = ({}_{\overline{B}}\boldsymbol{T}_B)^T = (a_{ji})$. Man beachte, dass der Unterschied zwischen den beiden Transformationsmatrizen jetzt weniger deutlich ist als bisher.
- Tritt in einem Term ein Index $i, j, \ldots$ zweimal auf, so wird über ihn stets von 1 bis 3 summiert.

Wir behalten die in der Tensorrechnung übliche Konvention bei und bezeichnen Tensoren durch ihre Komponenten. In diesem Sinn sprechen wir vom Vektor x_i, wenn wir $\boldsymbol{x} = x_i\boldsymbol{b}_i$ meinen.

Die Gleichung (22.3) mit der tensoriellen Darstellung des Matrizenproduktes zweier inverser Transformationsmatrizen wird nun zu

$$a_{ij}\, a_{kj} = a_{ji}\, a_{jk} = \delta_{ik}\,. \tag{22.10}$$

Sie drückt einfach die Orthonormiertheit der Zeilenvektoren und ebenso jene der Spaltenvektoren in den nunmehr orthogonalen Transformationsmatrizen aus.

Von nun an beschränken wir die Dimension von V auf $n = 3$.

Definition kartesischer Tensoren

Ein **kartesischer Tensor 1. Stufe** ist ein geordnetes Zahlentripel, das sich bei eigentlich orthogonalem Basiswechsel von B zu $\overline{B}$ gemäß

$$\overline{x}_i = a_{ij}\, x_j \;\text{ und umgekehrt }\; x_i = a_{ji}\, \overline{x}_j$$

transformiert.

Ein **kartesischer Tensor 2. Stufe** ist eine geordnete Menge von 3×3 Zahlen t_{ij} mit dem Transformationsverhalten

$$\overline{t}_{ij} = a_{ik}\, a_{jl}\, t_{kl}, \quad t_{ij} = a_{ki}\, a_{lj}\, \overline{t}_{kl}.$$

Allgemein genügt ein **kartesischer Tensor r-ter Stufe** $t_{i_1 \ldots i_r}$ den Transformationsregeln

$$\overline{t}_{i_1 \ldots i_r} = a_{i_1 j_1} \ldots a_{i_r j_r}\, t_{j_1 \ldots j_r}, \text{ umgekehrt}$$
$$t_{i_1 \ldots i_r} = a_{j_1 i_1} \ldots a_{j_r i_r}\, \overline{t}_{j_1 \ldots j_r}.$$

Das Kronecker-Delta δ_{ij} wird wieder wie üblich bezeichnet. Nachdem der Metriktensor g_{ij} bei einer orthonormierten Basis mit δ_{ij} zusammenfällt, schreiben wir das Skalarprodukt zweier Vektoren kurz als

$$\boldsymbol{u} \cdot \boldsymbol{v} = u_i v_i\,.$$

Es entsteht also durch Überschieben von u_i mit v_i. Das Ergebnis ist ein Tensor 0. Stufe, also ein Skalar, und damit unabhängig von der Wahl des Koordinatensystems.

Der Epsilon-Tensor führt zu erstaunlich einfachen Darstellungen

Um das Vektorprodukt und das Spatprodukt in die Tensorschreibweise übertragen zu können, verwenden wir einen speziellen Tensor 3. Stufe, den **Epsilon-Tensor** ε_{ijk} mit

$\varepsilon_{ijk} = 0$ falls mindestens zwei Indizes gleich sind,
$\varepsilon_{ijk} = 1$ bei $(i, j, k) = (1, 2, 3), (2, 3, 1)$ oder $(3, 1, 2)$, also bei zyklischen Permutationen,
$\varepsilon_{ijk} = -1$ bei $(i, j, k) = (1, 3, 2), (2, 1, 3)$ oder $(3, 2, 1)$.

Diese Definition erinnert an die Bildung der Determinante einer dreireihigen Matrix. Tatsächlich ist

$$\varepsilon_{ijk} = \det(\boldsymbol{b}_i, \boldsymbol{b}_j, \boldsymbol{b}_k),$$

wobei $(\boldsymbol{b}_1, \boldsymbol{b}_2, \boldsymbol{b}_3)$ eine orthonormierte Rechtsbasis ist, denn unter den zyklischen Permutationen bleibt diese ein Rechtssystem, also mit dem Spatprodukt $+1$ (Kap. 20), während die restlichen Permutationen ein Linkssystem ergeben. Sind hingegen zwei Indizes gleich, so sind die Vektoren linear abhängig und das Spatprodukt verschwindet.

Das Spatprodukt von drei beliebigen Vektoren $\boldsymbol{u} = u_i\boldsymbol{b}_i$, $\boldsymbol{v} = v_j\boldsymbol{b}_j$ und $\boldsymbol{w} = w_k\boldsymbol{b}_k$ lautet

$$\begin{aligned}\det(\boldsymbol{u}, \boldsymbol{v}, \boldsymbol{w}) &= \det(u_i\boldsymbol{b}_i,\ v_j\boldsymbol{b}_j,\ w_k\boldsymbol{b}_k)\\ &= u_i v_j w_k \det(\boldsymbol{b}_i, \boldsymbol{b}_j, \boldsymbol{b}_k)\\ &= \varepsilon_{ijk} u_i v_j w_k\end{aligned} \tag{22.11}$$

in Übereinstimmung mit der Regel von Sarrus (16.5).

Wir zeigen, dass ε_{ijk} tatsächlich ein kartesischer Tensor ist: Ähnlich wie beim Kronecker-Delta ändern sich auch die Komponenten ε_{ijk} nicht beim Übergang von B zu einer anderen orthonormierten Rechtsbasis $\overline{B} = (\overline{\boldsymbol{b}}_1, \overline{\boldsymbol{b}}_2, \overline{\boldsymbol{b}}_3)$, d. h.

$$\overline{\varepsilon}_{ijk} = \det(\overline{\boldsymbol{b}}_i, \overline{\boldsymbol{b}}_j, \overline{\boldsymbol{b}}_k) = \varepsilon_{ijk}\,.$$

Dies folgt aber auch aus dem Transformationsgesetz eines Tensors 3. Stufe. Es ist nämlich

$$\overline{\varepsilon}_{ijk} = a_{il}\, a_{jm}\, a_{kn}\, \varepsilon_{lmn} = \det(\boldsymbol{a}_i, \boldsymbol{a}_j, \boldsymbol{a}_k) = \varepsilon_{ijk}\,,$$

weil $(\boldsymbol{a}_1, \boldsymbol{a}_2, \boldsymbol{a}_3)$ die Zeilenvektoren einer eigentlich orthogonalen Transformationsmatrix sind und somit ebenfalls eine orthonormierte Rechtsbasis bilden. Damit ist ε_{ijk} als ein kartesischer

Tensor nachgewiesen, und das Spatprodukt dreier Vektoren ist nach (22.11) unabhängig von der Basis – in Übereinstimmung mit (19.14).

Zyklische Permutationen der Indizes ändern den Epsilon-Tensor definitionsgemäß nicht, d. h.

$$\varepsilon_{ijk} = \varepsilon_{jki} = \varepsilon_{kij}\,.$$

Dagegen ändert sich bei jeder Vertauschung zweier Indizes das Vorzeichen, also z. B.

$$\varepsilon_{ijk} + \varepsilon_{kji} = 0\,.$$

Man hätte den Epsilon-Tensor auch definieren können als **vollständig alternierenden** Tensor mit $\varepsilon_{123} = 1$. Vollständig alternierend heißt in Übereinstimmung mit der Erklärung auf S. 822, dass seine Komponenten bei jedem Indextausch das Vorzeichen wechseln. Dies bedeutet gleichzeitig, dass jede Komponente mit zwei gleichen Indizes null sein muss.

Nun können wir auch das Vektorprodukt

$$\boldsymbol{w} = \boldsymbol{u} \times \boldsymbol{v} = \begin{pmatrix} u_2v_3 - u_3v_2 \\ u_3v_1 - u_1v_3 \\ u_1v_2 - u_2v_1 \end{pmatrix}$$

in Tensorschreibweise darstellen, nämlich als

$$w_i = \varepsilon_{ijk}\, u_j\, v_k. \tag{22.12}$$

Wir brauchen nur nachzurechnen. So lässt $i = 1$ für (j, k) nur $(2, 3)$ und $(3, 2)$ zu, wenn der Summand nicht verschwinden soll, und nun ist $\varepsilon_{123} = 1$ und $\varepsilon_{132} = -1$.

Damit ist bestätigt, dass sich $\boldsymbol{w} = w_i\boldsymbol{b}_i$ bei Basiswechsel genauso wie $\boldsymbol{u}$ und $\boldsymbol{v}$ ändert, also koordinateninvariant mit $\boldsymbol{u}$ und $\boldsymbol{v}$ verbunden ist.

Selbstfrage 6

a) Was ist $\varepsilon_{ijk}u_ju_k$?
b) Bestätigen Sie, dass der Vektor $w_i = \varepsilon_{ijk}u_jv_k$ zu u_j und v_k orthogonal ist.

Wir hatten im Kap. 19 mehrfach die lineare Abbildung $\mathbb{R}^3 \to \mathbb{R}^3$ betrachtet, welche Vektoren $\boldsymbol{x}$ abbildet auf das Vektorprodukt $\boldsymbol{x}' = \boldsymbol{d} \times \boldsymbol{x}$ mit einem festen Vektor $\boldsymbol{d}$, etwa dem *Drehvektor* $\boldsymbol{d} = \omega\widehat{\boldsymbol{d}}$ der Drehung mit der Winkelgeschwindigkeit ω um die durch $\boldsymbol{0}$ gehende Achse mit dem normierten Richtungsvektor $\widehat{\boldsymbol{d}}$. Dann ist dieses Vektorprodukt identisch mit dem Geschwindigkeitsvektor des Punktes $\boldsymbol{x}$. Die Darstellungsmatrix $\boldsymbol{S}_d$ dieser linearen Abbildung ist nach (19.9) schiefsymmetrisch, nämlich

$$\boldsymbol{S}_d = \begin{pmatrix} 0 & -d_3 & d_2 \\ d_3 & 0 & -d_1 \\ -d_2 & d_1 & 0 \end{pmatrix}.$$

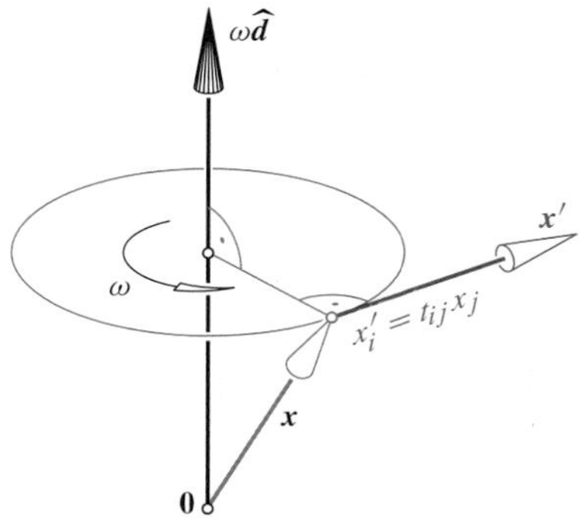

Abb. 22.1 Die Abbildung des Punktes $\boldsymbol{x}$ auf den Geschwindigkeitsvektor $\boldsymbol{x}'$ bei der Drehung mit dem Drehvektor $\omega\widehat{\boldsymbol{d}}$ ist ein Endomorphismus $\mathbb{R}^3 \to \mathbb{R}^3$ und wird durch den alternierenden Rotationstensor t_{ik} beschrieben

Die obige Tensordarstellung des Vektorproduktes führt uns jetzt unmittelbar zur Tensordarstellung

$$x'_i = (\varepsilon_{ijk}\, d_j)\, x_k = t_{ik}\, x_k$$

dieser linearen Abbildung. Wir nennen das Ergebnis der Überschiebung

$$t_{ik} = \varepsilon_{ijk}\, d_j \tag{22.13}$$

den **Rotationstensor**. Es ist dies ein alternierender Tensor 2. Stufe, denn

$$t_{ki} = \varepsilon_{kji}\, d_j = -\varepsilon_{ijk}\, d_j = -t_{ik}$$

aufgrund der Definition von ε_{ijk}.

Umgekehrt ist aus jedem alternierenden Tensor 2. Stufe t_{ik}, also mit $t_{ki} = -t_{ik}$, der zugehörige Drehvektor $\boldsymbol{d}$ rekonstruierbar. Wir können das Ergebnis sogar explizit aufschreiben als

$$d_j = \tfrac{1}{2}\, \varepsilon_{ijk}\, t_{ik}. \tag{22.14}$$

Zum Beweis überprüfen wir die Gleichung für $j = 1$: Als von null verschiedene Summanden bleiben auf der rechten Seite nur jene mit $i, k \in \{2, 3\}$ übrig, also

$$\tfrac{1}{2}\,(\varepsilon_{312}\, t_{32} + \varepsilon_{213}\, t_{23}) = \tfrac{1}{2}\,(t_{32} - t_{23}) = d_1\,.$$

Mittels zyklischer Vertauschung folgen die verbleibenden Fälle $j = 2$ und $j = 3$.

Wir können (22.14) aber auch ohne Rückgriff auf die einzelnen Komponenten herleiten, nämlich unter Verwendung der Summenformel

$$\varepsilon_{ijk}\, \varepsilon_{ilm} = \delta_{jl}\delta_{km} - \delta_{jm}\delta_{kl}\,. \tag{22.15}$$

Aus dieser noch zu beweisenden Gleichung folgt nämlich, wenn wir beide Seiten von (22.14) mit ε_{ljm} überschieben,

$$\begin{aligned} \varepsilon_{ljm}\, d_j &= \tfrac{1}{2}(\varepsilon_{ljm}\, \varepsilon_{ijk})\, t_{ik} = \tfrac{1}{2}(\varepsilon_{jml}\, \varepsilon_{jki})\, t_{ik} \\ &= \tfrac{1}{2}(\delta_{mk}\delta_{li} - \delta_{mi}\delta_{lk})\, t_{ik} = \tfrac{1}{2}(t_{lm} - t_{ml}) \\ &= t_{lm}\,. \end{aligned}$$

Also ist t_{lm} tatsächlich der zu d_j gemäß (22.13) gehörige alternierende Tensor.

Beim Beweis der Summenformel (22.15) verwenden wir den Determinantenmultiplikationssatz von S. 604, wonach die Determinante eines Produktes quadratischer Matrizen gleich ist dem Produkt der Determinanten. Wir rechnen wie folgt:

$$\begin{aligned}\varepsilon_{ijk}\,\varepsilon_{ilm} &= \det(\boldsymbol{b}_i, \boldsymbol{b}_j, \boldsymbol{b}_k)\ \det(\boldsymbol{b}_i, \boldsymbol{b}_l, \boldsymbol{b}_m)\\ &= \det((\boldsymbol{b}_i, \boldsymbol{b}_j, \boldsymbol{b}_k))^T \det((\boldsymbol{b}_i, \boldsymbol{b}_l, \boldsymbol{b}_m))\\ &= \sum_{i=1}^{3} \begin{vmatrix} \boldsymbol{b}_i\cdot\boldsymbol{b}_i & \boldsymbol{b}_i\cdot\boldsymbol{b}_l & \boldsymbol{b}_i\cdot\boldsymbol{b}_m\\ \boldsymbol{b}_j\cdot\boldsymbol{b}_i & \boldsymbol{b}_j\cdot\boldsymbol{b}_l & \boldsymbol{b}_j\cdot\boldsymbol{b}_m\\ \boldsymbol{b}_k\cdot\boldsymbol{b}_i & \boldsymbol{b}_k\cdot\boldsymbol{b}_l & \boldsymbol{b}_k\cdot\boldsymbol{b}_m \end{vmatrix}\\ &= \sum_{i=1}^{3} \begin{vmatrix} 1 & \delta_{il} & \delta_{im}\\ \delta_{ji} & \delta_{jl} & \delta_{jm}\\ \delta_{ki} & \delta_{kl} & \delta_{km} \end{vmatrix}\end{aligned}$$

Wir entwickeln jede dieser drei Determinanten nach den Elementen der ersten Zeile. Dann ist weiter

$$\begin{aligned}\varepsilon_{ijk}\,\varepsilon_{ilm} &= 3\begin{vmatrix}\delta_{jl} & \delta_{jm}\\ \delta_{kl} & \delta_{km}\end{vmatrix} - \sum_{i=1}^{3}\left(\delta_{il}\begin{vmatrix}\delta_{ji} & \delta_{jm}\\ \delta_{ki} & \delta_{km}\end{vmatrix} - \delta_{im}\begin{vmatrix}\delta_{ji} & \delta_{jl}\\ \delta_{ki} & \delta_{kl}\end{vmatrix}\right)\\ &= 3\begin{vmatrix}\delta_{jl} & \delta_{jm}\\ \delta_{kl} & \delta_{km}\end{vmatrix} - \begin{vmatrix}\delta_{jl} & \delta_{jm}\\ \delta_{kl} & \delta_{km}\end{vmatrix} + \begin{vmatrix}\delta_{jm} & \delta_{jl}\\ \delta_{km} & \delta_{kl}\end{vmatrix}\\ &= \begin{vmatrix}\delta_{jl} & \delta_{jm}\\ \delta_{kl} & \delta_{km}\end{vmatrix}.\end{aligned}$$

Jeder Tensor zweiter Stufe t_{ij} ist als Summe aus einem symmetrischen und einem alternierenden Tensor darstellbar. Wir brauchen nur zu setzen

$$s_{ij} = \tfrac{1}{2}(t_{ij} + t_{ji}) \ \text{ und } \ a_{ij} = \tfrac{1}{2}(t_{ij} - t_{ji}).$$

Dann ist s_{ij} symmetrisch, a_{ij} alternierend und insgesamt $t_{ij} = s_{ij} + a_{ij}$. Diese Zerlegung ist eindeutig.

Wir können jedem Tensor 2. Stufe t_{ik} durch die Gleichung (22.14) einen Vektor

$$v_j = \tfrac{1}{2}\,\varepsilon_{ijk}\,t_{ik} = \tfrac{1}{2}\,\varepsilon_{ijk}(s_{ik} + a_{ik})$$

zuordnen. Dabei liefert der symmetrische Anteil nur den Nullvektor, denn zunächst ist

$$2\,\varepsilon_{ijk}\,s_{ik} = \varepsilon_{ijk}(s_{ik} + s_{ki}) = \varepsilon_{ijk}s_{ik} + \varepsilon_{ijk}s_{ki}.$$

Nun vertauschen wir im zweiten Summanden die Summationsindizes j und k und erhalten weiter

$$2\,\varepsilon_{ijk}\,s_{ik} = \varepsilon_{ijk}s_{ik} + \varepsilon_{kji}s_{ik} = (\varepsilon_{ijk} + \varepsilon_{kji})s_{ik} = 0.$$

Es filtert also das Überschieben mit ε_{ijk} aus jedem Tensor t_{ik} 2. Stufe den Vektor des alternierenden Anteils heraus.

Wie auch bei Verwendung der im vorigen Abschn. 22.1 verwendeten schiefwinkeligen Koordinaten ein Epsilon-Tensor zur Darstellung von Vektor- und Spatprodukten eingeführt werden kann, zeigt die Vertiefung auf S. 827.

Die Tensoren 2. Stufe sind von besonderer Bedeutung für die Anwendungen

Zunächst erinnern wir nochmals an das dyadische Produkt zweier Vektoren $\boldsymbol{u}$ und $\boldsymbol{v}$, das sich nun als das Tensorprodukt $p_{ij} = u_i v_j$ schreiben lässt. Soll etwa ein Vektor $\boldsymbol{x}$ orthogonal auf einen Einheitsvektor $\widehat{\boldsymbol{n}}$ projiziert werden, so definiert dies eine lineare Abbildung $\boldsymbol{x} \mapsto \boldsymbol{x}'$ mit dem dyadischen Quadrat von $\widehat{\boldsymbol{n}}$ als Darstellungsmatrix (siehe Kap. 19).

Wir können dies natürlich unmittelbar herleiten, weil wir die gesuchte Komponente $\boldsymbol{x}'$ von $\boldsymbol{x}$ über das Skalarprodukt schreiben können als

$$x_i' = (x_j n_j) n_i = (n_i n_j) x_j = n_{ij}\, x_j\,.$$

Der **Projektionstensor** $n_{ij} = n_i n_j$ ist symmetrisch. Dass er tatsächlich ein Tensor ist, folgt aus seiner Darstellung als Tensorprodukt, aber auch unmittelbar aus seiner geometrischen Bedeutung.

Beispiel Als kleine Variante zur Berechnung der Komponente von $\boldsymbol{x}$ in Richtung des Einheitsvektors $\widehat{\boldsymbol{n}}$ soll nun die Abbildung von $\boldsymbol{x}$ auf die zu $\widehat{\boldsymbol{n}}$ orthogonale Komponente $\boldsymbol{x}''$ in Tensorschreibweise dargestellt werden.

Wir können $\boldsymbol{x}$ eindeutig zerlegen in $\boldsymbol{x}' + \boldsymbol{x}''$ mit $\boldsymbol{x}'$ in Richtung von $\widehat{\boldsymbol{n}}$ und $\boldsymbol{x}''$ orthogonal dazu. Somit bleibt

$$\boldsymbol{x}'' = \boldsymbol{x} - \boldsymbol{x}',$$

also

$$x_i'' = x_i - (n_i n_j)x_j = \big(\delta_{ij} - n_{ij}\big)\,x_j\,.$$

Der zugehörige Tensor $(\delta_{ij} - n_{ij})$ ist ebenfalls symmetrisch. ◀

Als nächstes betrachten wir nochmals die Drehung durch den Winkel φ um eine durch den Ursprung gehende Achse mit dem normierten Richtungsvektor $\widehat{\boldsymbol{d}}$. Die Drehung des Punktes $\boldsymbol{x}$ nach $\boldsymbol{x}'$ führt auf eine lineare Abbildung, deren Darstellungsmatrix bereits in (19.16) hergeleitet worden ist.

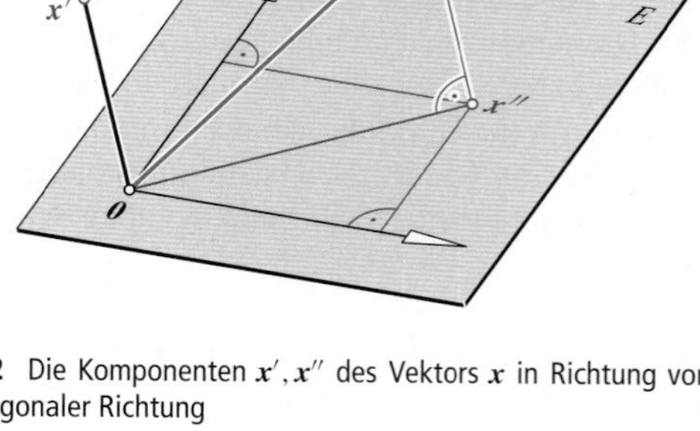

Abb. 22.2 Die Komponenten $\boldsymbol{x}', \boldsymbol{x}''$ des Vektors $\boldsymbol{x}$ in Richtung von $\widehat{\boldsymbol{n}}$ und in dazu orthogonaler Richtung

Vertiefung: Der Epsilon-Tensor bei schiefwinkeligen Koordinaten

Im Beispiel auf S. 821 wurde gezeigt, wie im $\mathbb{R}^3$ bei schiefwinkeligen Koordinaten mithilfe des Metriktensors g_{ik} die Normalebene zu einem gegebenen Vektor berechnet werden kann, eine Aufgabe, die üblicherweise ein kartesisches Koordinatensystem erfordert. Hier werden die zu (22.11) und (22.12) analogen Formeln für das Spatprodukt und das Vektorprodukt hergeleitet. Dazu muss allerdings der Epsilon-Tensor geeignet verallgemeinert werden. Auch muss innerhalb dieser Anwendung nochmals zwischen ko- und kontravariant unterschieden werden.

Zu Beginn suchen wir nach einem vollständig alternierenden kontravarianten Tensor t^{ijk} 3. Stufe im $\mathbb{R}^3$.

Nachdem alle Komponenten, bei welchen mindestens zwei Indizes gleich sind, wegen $t^{iij} = -t^{iij}$ verschwinden müssen, bleiben nur übrig

$$t^{123} = t^{231} = t^{312} = -t^{132} = -t^{213} = -t^{321}.$$

Das vorgeschriebene Transformationsverhalten ergibt bei Basiswechsel

$$\begin{aligned}\bar{t}^{123} &= \overline{a}_i^1\,\overline{a}_j^2\,\overline{a}_k^3\,t^{ijk}\\ &= (\overline{a}_1^1\,\overline{a}_2^2\,\overline{a}_3^3 + \overline{a}_2^1\,\overline{a}_3^2\,\overline{a}_1^3 + \overline{a}_3^1\,\overline{a}_1^2\,\overline{a}_2^3\\ &\quad - \overline{a}_1^1\,\overline{a}_3^2\,\overline{a}_2^3 - \overline{a}_2^1\,\overline{a}_1^2\,\overline{a}_3^3 - \overline{a}_3^1\,\overline{a}_2^2\,\overline{a}_1^3)\,t^{123}\\ &= \det(\overline{a}_j^i)\,t^{123}\end{aligned}$$

oder allgemein

$$\bar{t}^{klm} = \det(\overline{a}_j^i)\,t^{klm}.$$

Was transformiert sich ebenso? Wir erinnern uns an den kovarianten Metriktensor g_{ij} mit dem Transformationsverhalten

$$g_{ij} = \overline{a}_i^k\,\overline{a}_j^l\,\overline{g}_{kl},$$

welches gemäß (22.5) in Matrizenschreibweise als

$$(g_{ij}) = (\overline{a}_k^i)^T(\overline{g}_{kl})(\overline{a}_j^l)$$

darzustellen ist. Beim linken Matrizenprodukt wird über den Zeilenindex k der mittleren Matrix summiert, bei dem rechten Produkt über den Spaltenindex l. Somit ist

$$\det(g_{ij}) = [\det(\overline{a}_k^i)]^2\det(\overline{g}_{kl}).$$

Wir bezeichnen die Determinante des Metriktensors mit

$$g = \det(g_{kl}),\qquad \overline{g} = \det(\overline{g}_{kl})$$

und erhalten $\sqrt{g} = |\det(\overline{a}_k^i)|\sqrt{\overline{g}}$. Daraus folgt

$$\left(\bar{t}^{klm}\sqrt{\overline{g}}\right) = \frac{\det(\overline{a}_j^i)}{|\det(\overline{a}_j^i)|}\left(t^{klm}\sqrt{g}\right).$$

Das Produkt $t^{klm}\sqrt{g}$ ändert sich nicht bei *gleichsinnigen* Basiswechseln, also solchen mit $\det(\overline{a}_k^i) > 0$. Daher ist es invariant.

Wir führen nun den *kontravarianten Epsilon-Tensor* ein als vollständig alternierenden Tensor 3. Stufe mit $\varepsilon^{123}\sqrt{g} = 1$, also

$$\varepsilon^{ijk} = \begin{cases}0, & \text{falls mindestens zwei Indizes gleich sind,}\\ \frac{1}{\sqrt{g}} & \text{bei } (i,j,k) = (1,2,3),\ (2,3,1),\ (3,1,2),\\ -\frac{1}{\sqrt{g}} & \text{bei } (i,j,k) = (1,3,2),\ (2,1,3),\ (3,2,1).\end{cases}$$

Dies schließt im Fall kartesischer Koordinaten wegen $g = 1$ die Definition von S. 824 ein.

Durch Herunterziehen entsteht aus ε^{ijk} der vollständig alternierende *kovariante Epsilon-Tensor*

$$\varepsilon_{ijk} = g_{il}g_{jm}g_{kn}\varepsilon^{lmn}$$

mit

$$\begin{aligned}\varepsilon_{123} &= g_{1l}g_{2m}g_{3n}\varepsilon^{lmn}\\ &= (g_{11}g_{22}g_{33} + g_{12}g_{23}g_{31} + \ldots - \ldots)\,\varepsilon^{123}\\ &= \det(g_{ij})\,\varepsilon^{123} = \sqrt{g}\,.\end{aligned}$$

Es gilt auch $\det(\boldsymbol{b}_1,\boldsymbol{b}_2,\boldsymbol{b}_3) = \sqrt{g}$, denn

$$[\det(\boldsymbol{b}_1,\boldsymbol{b}_2,\boldsymbol{b}_3)]^2 = \det\left[\begin{pmatrix}\boldsymbol{b}_1^T\\ \boldsymbol{b}_2^T\\ \boldsymbol{b}_3^T\end{pmatrix}(\boldsymbol{b}_1\,\boldsymbol{b}_2\,\boldsymbol{b}_3)\right] = g\,.$$

Somit ist allgemeiner

$$\det(\boldsymbol{b}_i,\boldsymbol{b}_j,\boldsymbol{b}_k) = \varepsilon_{ijk}.$$

Für das Spatprodukt dreier beliebiger Vektoren bleibt wegen der Linearität die Formel (22.11)

$$\det(\boldsymbol{x},\boldsymbol{y},\boldsymbol{z}) = \det(x^i\boldsymbol{b}_i,\ y^j\boldsymbol{b}_j,\ z^k\boldsymbol{b}_k) = \varepsilon_{ijk}x^iy^jz^k$$

gültig. Bei der Berechnung des Vektorproduktes

$$\begin{aligned}\boldsymbol{x}\times\boldsymbol{y} &= x^i\boldsymbol{b}_i\times y^j\boldsymbol{b}_j = x^iy^j(\boldsymbol{b}_i\times\boldsymbol{b}_j)\\ &= (x^1y^2 - x^2y^1)(\boldsymbol{b}_1\times\boldsymbol{b}_2) + \ldots\end{aligned}$$

kommt die Dualbasis ins Spiel: Im Sinne von (22.8) ist $\boldsymbol{b}^3$ durch die Bedingungen $\boldsymbol{b}^3\cdot\boldsymbol{b}_1 = \boldsymbol{b}^3\cdot\boldsymbol{b}_2 = 0$ und $\boldsymbol{b}^3\cdot\boldsymbol{b}_3 = 1$ definiert. Nun ist

$$\begin{aligned}(\boldsymbol{b}_1\times\boldsymbol{b}_2)\cdot\boldsymbol{b}_1 &= (\boldsymbol{b}_1\times\boldsymbol{b}_2)\cdot\boldsymbol{b}_2 = 0,\\ (\boldsymbol{b}_1\times\boldsymbol{b}_2)\cdot\boldsymbol{b}_3 &= \det(\boldsymbol{b}_1,\boldsymbol{b}_2,\boldsymbol{b}_3) = \sqrt{g}\end{aligned}$$

und daher

$$\boldsymbol{b}_1\times\boldsymbol{b}_2 = \sqrt{g}\,\boldsymbol{b}^3.$$

Die Tensordarstellung (22.12) des Vektorproduktes im kartesischen Fall muss somit modifiziert werden zu

$$\boldsymbol{x}\times\boldsymbol{y} = \varepsilon_{ijk}x^iy^j\boldsymbol{b}^k.$$

Aus den kovarianten Komponenten $z_k = \varepsilon_{ijk}x^iy^j$ von $\boldsymbol{z} = \boldsymbol{x}\times\boldsymbol{y}$ sind die kontravarianten z^l durch Hinaufziehen, also Überschieben mit g^{kl} zu berechnen.

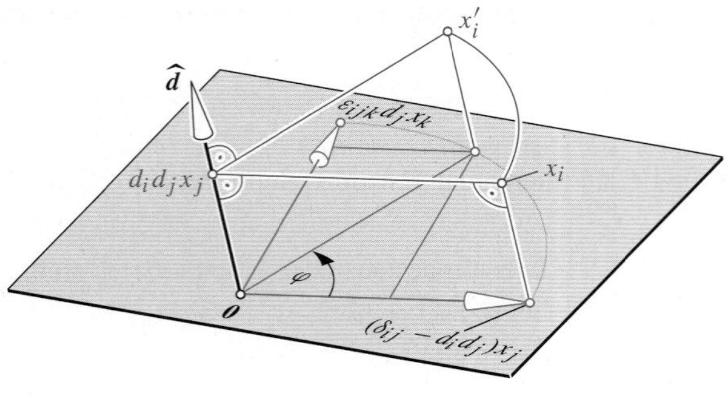

Abb. 22.3 Der Drehtensor d_{ij} beschreibt die Drehung um die Achse $\widehat{d}$ durch φ in der Form $x_i' = d_{ij}x_j$

Der zugehörige Tensor heißt **Drehtensor** d_{ij} und lässt sich unmittelbar hinschreiben, wenn man sich erinnert, dass die Komponente von $\boldsymbol{x}$ in Richtung von $\widehat{\boldsymbol{d}}$ übereinstimmt mit jener von $\boldsymbol{x}'$. Andererseits wird die zu $\widehat{\boldsymbol{d}}$ orthogonale Komponente von $\boldsymbol{x}$ durch den Winkel φ verdreht, was eine skalare Multiplikation dieses Anteils mit $\cos\varphi$ nach sich zieht, während das mit $\sin\varphi$ multiplizierte Vektorprodukt $\widehat{\boldsymbol{d}} \times \boldsymbol{x} = \varepsilon_{ijk}d_jx_k$ noch zu addieren ist. Wir fügen alles zusammen:

$$\begin{aligned} x_i' &= (d_id_j)x_j + (\delta_{ij} - d_id_j)x_j \cos\varphi + \varepsilon_{ijk}d_jx_k \sin\varphi \\ &= \big(d_id_j + (\delta_{ij} - d_id_j)\cos\varphi + \varepsilon_{ikj}d_k \sin\varphi\big)\, x_j \\ &= d_{ij}x_j \end{aligned}$$

Die ersten beiden Summanden in

$$d_{ij} = d_id_j(1 - \cos\varphi) + \delta_{ij}\cos\varphi - \varepsilon_{ijk}d_k \sin\varphi \qquad (22.16)$$

sind symmetrisch, der letzte ist alternierend.

Selbstfrage 7

Beweisen Sie, dass der Drehtensor d_{ij} zum Einheitsvektor d_i die Orthogonalitätsrelation $d_{ij}d_{ik} = \delta_{ik}$ erfüllt.

Ist umgekehrt der Drehtensor gegeben, so lassen sich der Drehwinkel und die Drehachse wie folgt berechnen.

Durch Verjüngung des Drehtensors folgt

$$\begin{aligned} d_{ii} &= d_id_i(1 - \cos\varphi) + \delta_{ii}\cos\varphi - \varepsilon_{iik}d_k \sin\varphi \\ &= (1 - \cos\varphi) + 3\cos\varphi = 1 + 2\cos\varphi. \end{aligned}$$

Dabei darf man nicht vergessen, dass $\delta_{ii} = 3$ ist, nachdem über i von 1 bis 3 zu summieren ist. Hingegen ist wegen der Normierung $d_id_i = 1$.

Diese Formel über die Spur d_{ii} der Drehmatrix war bereits in Kap. 19 hergeleitet worden. Allerdings lässt $\cos\varphi$ noch zwei Werte für $\varphi \in (-\pi, \pi]$ zu, nämlich $\pm\varphi$. Für die Bestimmung des richtigen Vorzeichens in Abhängigkeit von der Orientierung des Drehvektors ziehen wir den schiefsymmetrischen Anteil des Drehtensors heran. Die Formel (22.14) liefert

$$\tfrac{1}{2}\,\varepsilon_{ijk}\,d_{ik} = d_j \sin\varphi\,.$$

Der zugehörige Nachweis wird dem Leser überlassen. Es muss dabei nur bedacht werden, dass δ_{kk} wegen der Summationsvereinbarung wieder gleich 3 ist.

Nun können wir durch den Ansatz $\varphi = \omega\tau$ mit τ als Zeit und ω als Winkelgeschwindigkeit und durch Ableiten des Drehtensors aus (22.16) an der Stelle $\tau = 0$ noch einmal den Rotationstensor herleiten. Wir erhalten für diesen alternierenden Tensor in Übereinstimmung mit (22.13)

$$\dot{d}_{ij}(0) = -\varepsilon_{ijk}\,\omega\, d_k = \omega\, \varepsilon_{ikj}\, d_k = \omega\, t_{ij}\,.$$

Selbstfrage 8

Nachdem die Drehachse bei der Drehung fix bleibt, sind der Richtungsvektor $\widehat{\boldsymbol{d}}$ der Drehachse und auch der Vektor $2\,d_j \sin\varphi = \varepsilon_{ijk}\,d_{ik}$ Eigenvektoren der Matrix (d_{ij}) zum Eigenwert 1. Bestätigen Sie dies durch den Nachweis der Gleichung $d_{ij}\,d_j = d_i$, also $d_{ij}\,\varepsilon_{kjl}\,d_{kl} = \varepsilon_{ris}\,d_{rs}$ für d_{ij} aus (22.16).

Symmetrische Tensoren 2. Stufe sind auf ihre Hauptachsen transformierbar

Ist der Tensor t_{ij} symmetrisch, also $t_{ij} = t_{ji}$, dann bestimmen die Komponenten eine symmetrische 3×3-Matrix und damit eine symmetrische Bilinearform. Von den Kapiteln 20 und 21 wissen wir, dass es orthonormierte Basen gibt, bezüglich welcher die Darstellungsmatrix zur Diagonalmatrix wird. Die Diagonaleinträge sind die stets reellen Eigenwerte, die Basisvektoren normierte Eigenvektoren.

Hauptachsentransformation der symmetrischen Tensoren 2. Stufe

Ist der Tensor t_{ij} symmetrisch, so gibt es eine orthonormierte Rechtsbasis $\overline{B} = (\overline{\boldsymbol{b}}_1, \overline{\boldsymbol{b}}_2, \overline{\boldsymbol{b}}_3)$, bezüglich welcher gilt $(\overline{t}_{ij}) = \operatorname{diag}(\lambda_1, \lambda_2, \lambda_3)$, also

$$\overline{t}_{11} = \lambda_1,\ \overline{t}_{22} = \lambda_2,\ \overline{t}_{33} = \lambda_3 \text{ und } \overline{t}_{ij} = 0 \text{ für } i \neq j.$$

$\lambda_1, \lambda_2, \lambda_3$ sind die Eigenwerte der Matrix (t_{ij}), also die Nullstellen der charakteristischen Gleichung $\det\big(t_{ij} - \lambda\delta_{ij}\big) = 0$. Der Basisvektor $\overline{\boldsymbol{b}}_i$ ist Eigenvektor der Matrix (t_{ij}) zum Eigenwert λ_i.

Als erstes Beispiel dazu erinnern wir an den *Spannungstensor* von Kap. 16 in der Anwendung auf S. 594. Wirken auf einen ruhenden homogenen Körper äußere Kräfte, so herrscht in jeder Schnittfläche des Körpers eine Spannung, die durch den jeweiligen Spannungsvektor $\boldsymbol{s}$ beschrieben werden kann. Die Komponenten von $\boldsymbol{s}$ in Richtung der Schnittfläche heißen Schubspannungen. In Richtung der Flächennormalen $\boldsymbol{n}$ wirkt die Normalspannung.

Es zeigt sich, dass der Vektor $\boldsymbol{s}$ vom Normalvektor $\boldsymbol{n}$ abhängt. Diese Abhängigkeit ist mithilfe des symmetrischen Spannungstensors $\boldsymbol{S} = (\tau_{ij})$ darstellbar als

$$s_i = \tau_{ij} n_j \quad \text{bei} \quad n_j n_j = 1 .$$

In dem Anwendungsbeispiel auf S. 653 wird für den Fall eines Würfels der vorgegebene Spannungstensor diagonalisiert. Die zugehörigen Basisvektoren bestimmen die *Hauptspannungsachsen* des Würfels. Längs diesen wirken keine Schubspannungen, sondern nur Normalspannungen.

Als Nächstes wiederholen wir den *Trägheitstensor* aus Kap. 17, doch verwenden wir nun konsequent die Tensornotation.

Beispiel Eine Punktmasse m an der Stelle $\boldsymbol{r}$ ordnet der durch den Drehvektor $\boldsymbol{\omega} = \omega\widehat{\boldsymbol{d}}$ mit $\|\widehat{\boldsymbol{d}}\| = 1$ bestimmten Drehung mit einer Achse durch den Ursprung $\boldsymbol{0}$ einen *Drehimpuls* zu in Form des Vektors

$$\boldsymbol{L} = m\,[(\boldsymbol{r} \times \boldsymbol{\omega}) \times \boldsymbol{r}] .$$

Wir können diesen mithilfe der Grassmann-Identität von S. 714 darstellen als

$$\boldsymbol{L} = m\,[(\boldsymbol{r} \cdot \boldsymbol{r})\boldsymbol{\omega} - (\boldsymbol{r} \cdot \boldsymbol{\omega})\boldsymbol{r}] .$$

$\boldsymbol{L}$ liegt somit in der von $\boldsymbol{\omega}$ und $\boldsymbol{r}$ aufgespannten Ebene und ist dabei zu $\boldsymbol{r}$ orthogonal (siehe Abb. 16.2). $\|\boldsymbol{L}\|$ ist gleich dem Wert $ma\omega\|\boldsymbol{r}\|$, wenn a den Abstand des Punktes $\boldsymbol{r}$ von der Drehachse bezeichnet (vergleiche die Abstandsformel von S. 721).

In Tensorschreibweise gilt für die Komponenten von $\boldsymbol{L}$:

$$\begin{aligned} L_i &= m\left[r_j r_j \omega_i - r_k \omega_k r_i\right] \\ &= m\left[r_j r_j \delta_{ik} - r_i r_k\right] \omega_k = J_{ik}\omega_k \end{aligned}$$

Dabei ist J_{ik} der symmetrische Trägheitstensor der Punktmasse.

In der Anwendung auf S. 671 wird der zu einer Anordnung von acht Punktmassen gehörige Trägheitstensor $\boldsymbol{J}$ diagonalisiert. Die Eigenvektoren von $\boldsymbol{J}$ spannen die *Hauptträgheitsachsen* der gegebenen Massenanordnung auf. Zum kleinsten Eigenwert gehört die Achse mit minimaler Rotationsenergie $T = \frac{1}{2}\,\boldsymbol{\omega}^T \boldsymbol{J}\boldsymbol{\omega}$. ◀

Die Anwendung auf S. 830 zeigt als weiteres Beispiel den Verzerrungstensor mit seinen Hauptdehnungsrichtungen.

In der Kontinuumsmechanik spielt ein Tensor 4. Stufe eine Rolle

Mit der abschließenden Betrachtung des Elastizitätstensors soll exemplarisch gezeigt werden, dass in den Anwendungen natürlich auch Tensoren höherer Stufe eine Rolle spielen.

Wenn auf einen Körper Zug-, Druck- oder Scherkräfte wirken, dann ändert dieser seine Form. Nimmt der Körper seine ursprüngliche Form wieder an, sobald die Wirkung der Kräfte endet, so nennt man den Körper *elastisch*. Die meisten Körper sind nur elastisch, solange diese Kräfte einen Maximalwert, die Elastizitätsgrenze, nicht überschreiten. Andernfalls bleibt der Körper dauerhaft verformt.

Ausgangspunkt für eine mathematische Beschreibung der Elastizität ist das *Hooke'sche Gesetz*, das bei einem ideal-elastischen Materialverhalten einen linearen Zusammenhang zwischen der Dehnung und der auf den Körper wirkenden Spannung postuliert. Das heißt im Eindimensionalen, die Spannung ist proportional zur Dehnung. Als Proportionalitätsfaktor tritt das materialabhängige *Elastizitätsmodul* auf.

Interpretiert man das Hooke'sche Gesetz dreidimensional, so gibt es eine lineare Abbildung des Dehnungs- oder Verzerrungstensors $\boldsymbol{V}$ von S. 830 auf den Spannungstensor $\boldsymbol{S}$ von S. 594.

Schreiben wir die 3×3-Komponenten τ_{ij} des Spannungstensors $\boldsymbol{S}$ und v_{kl} des Verzerrungstensors $\boldsymbol{V}$ jeweils als Vektoren des $\mathbb{R}^9$, so wird die lineare Abhängigkeit $\rho : \boldsymbol{V} \mapsto \boldsymbol{S}$ durch eine (9×9)-Darstellungsmatrix (a_{ik}) beschrieben nach der Bauart $x_i \mapsto a_{ik}x_k$. Nun sind $\boldsymbol{V}$ und $\boldsymbol{S}$ aber Tensoren 2. Stufe. Folglich muss über beide Indizes von v_{kl} summiert werden, um τ_{ij} zu erhalten. Die dem Hooke'schen Gesetz entsprechende lineare Abbildung ρ hat demnach die Darstellung

$$\tau_{ij} = E_{ijkl}\, v_{kl} .$$

Der Tensor $\boldsymbol{E}$ mit den Komponenten E_{ijkl} heißt **Elastizitätstensor**.

In konkreten Fällen müssen die Komponenten von $\boldsymbol{E}$ experimentell bestimmt werden. Nachdem $\boldsymbol{V}$ und $\boldsymbol{S}$ symmetrische Tensoren sind, bestehen zwischen den 81 Komponenten von $\boldsymbol{E}$ gewisse Abhängigkeiten. Um diese herauszufinden, betrachten wir eine Basis des Vektorraumes $\mathbb{R}^{3\times 3}$ aller Verzerrungsvektoren $\boldsymbol{V}$.

Einmal wählen wir für ein $k \in \{1,2,3\}$ die Komponente $v_{kk} = 1$, während alle anderen Komponenten null gesetzt werden. Damit dessen Bild $\tau_{ij} = E_{ijkk}$ (nicht über k summieren!) symmetrisch ist, muss $E_{ijkk} = E_{jikk}$ gelten.

Zum anderen wählen wir für $(k,l) \in \{(1,2), (1,3), (2,3)\}$ $v_{kl} = v_{lk} = 1$ und alle übrigen Komponenten gleich null. Damit auch hier das Bild $\tau_{ij} = E_{ijkl} + E_{ijlk}$ symmetrisch ist, können wir ohne Beschränkung der Allgemeinheit $E_{ijkl} = E_{ijlk}$ setzen und auch für $k \neq l$ stets $E_{ijkl} = E_{jikl}$ fordern.

Teil III

Anwendung: Der Verzerrungstensor

Unter dem Einfluss einer Kraft verändert ein fixierter Körper seine Form. Man spricht von *Verzerrung*. Wir können die Positionsänderung der Punkte des Körpers von $\boldsymbol{x}$ nach $\boldsymbol{x}'$ durch den zugehörigen *Verzerrungsvektor* $\boldsymbol{u} = \boldsymbol{x}' - \boldsymbol{x}$ beschreiben. Es wird sich zeigen, dass die Zuordnung $\boldsymbol{x} \mapsto \boldsymbol{u}$ durch einen symmetrischen Tensor 2. Stufe beschrieben werden kann, den **Verzerrungstensor** v_{ij}.

Die Einwirkung einer Kraft auf einen Körper bewirkt bei kleinen Volumenelementen dieses Körpers vorrangig zweierlei: Der Abstand zwischen zwei Punkten, die wir vorläufig als Punkte der x_1-Achse betrachten, verändert sich. Man spricht hierbei von einer *Dehnung*. Der Winkel φ zwischen zwei ursprünglich orthogonal zueinander stehender Linien, etwa zwischen der x_1- und der x_2-Achse, verändert sich gleichfalls. Hierbei spricht man von *Gleitung* (oder *Scherung*).

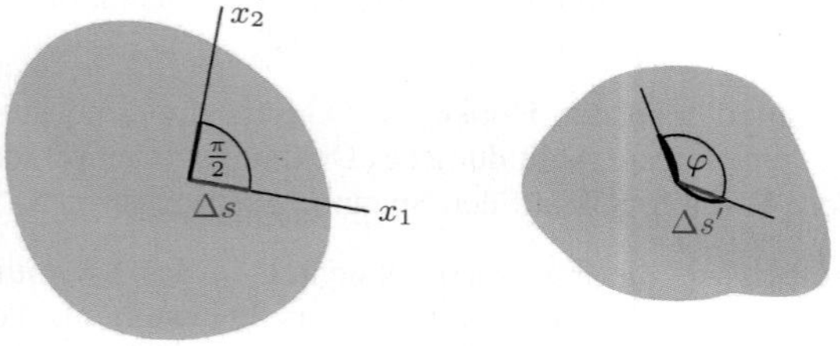

Wir betrachten nur gering *verzerrte* Körper wie etwa ein Fundament oder eine Brücke, bei denen es durch übliche Belastung kaum zu einer Verformung kommt.

Analysieren wir dann die winzig kleine Positionsänderung eines Punktes $\boldsymbol{x}$ längs der x_1-Achse, so können wir $u_1 \approx \varepsilon_1 x_1$ mit $\varepsilon_1 \ll 1$ für die Dehnung annehmen.

Für die Gleitung gilt, dass der ursprüngliche Winkel von $\frac{\pi}{2}$ zwischen der x_1-Achse und der x_2-Achse zu $\varphi = \frac{\pi}{2} - \gamma_{12}$ mit einem kleinen γ_{12} verformt wird. Die Vektoren $\boldsymbol{e}_1, \boldsymbol{e}_2$ der Standardbasis werden bei symmetrischer Aufteilung dieser Winkeländerung zu

$$\begin{aligned} \boldsymbol{e}_1' &= \cos\frac{\gamma_{12}}{2}\,\boldsymbol{e}_1 + \sin\frac{\gamma_{12}}{2}\,\boldsymbol{e}_2 \approx \boldsymbol{e}_1 + \frac{\gamma_{12}}{2}\,\boldsymbol{e}_2\,,\\ \boldsymbol{e}_2' &= \sin\frac{\gamma_{12}}{2}\,\boldsymbol{e}_1 + \cos\frac{\gamma_{12}}{2}\,\boldsymbol{e}_2 \approx \frac{\gamma_{12}}{2}\,\boldsymbol{e}_1 + \boldsymbol{e}_2\,. \end{aligned}$$

Wir führen dies für alle Kanten und Winkel eines kleinen quaderförmigen Volumenelementes mit den Kantenlängen Δx_1, Δx_2 und Δx_3 aus (siehe folgende Abbildung) und erhalten so die sechs, diese Verzerrung bestimmenden Größen $\varepsilon_1, \varepsilon_2, \varepsilon_3, \gamma_{12}, \gamma_{23}, \gamma_{13}$.

Ähnliche Überlegungen wie beim Spannungstensor auf S. 594 führen nun zum *Verzerrungstensor* $\boldsymbol{V}$, der jedem Punkt $\boldsymbol{x}$ des Körpers seinen Verzerrungsvektor $\boldsymbol{u}$ zuordnet gemäß $u_i = v_{ij} x_j$. Dabei ist

$$(v_{ij}) = \begin{pmatrix} \varepsilon_1 & \gamma_{12}/2 & \gamma_{13}/2 \\ \gamma_{12}/2 & \varepsilon_2 & \gamma_{23}/2 \\ \gamma_{13}/2 & \gamma_{23}/2 & \varepsilon_3 \end{pmatrix}.$$

Somit ist v_{ij} ein symmetrischer Tensor 2. Stufe und daher diagonalisierbar.

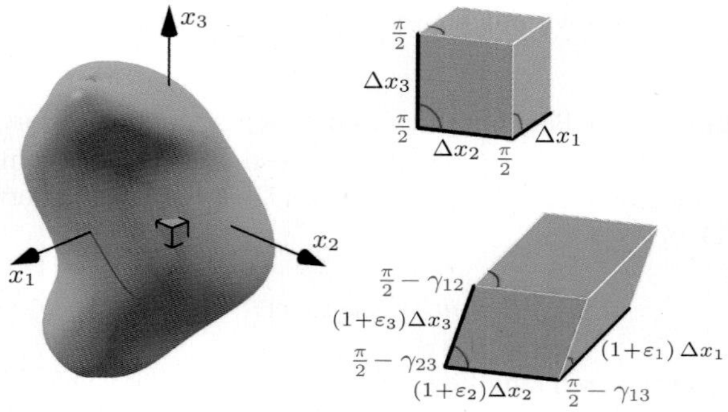

Was bedeutet es nun für den Verzerrungszustand des Körpers, wenn wir eine Orthonormalbasis $\overline{B} = (\overline{\boldsymbol{b}}_1, \overline{\boldsymbol{b}}_2, \overline{\boldsymbol{b}}_3)$ aus Eigenvektoren zur Verfügung haben? Der Verzerrungstensor bekommt die neuen Komponenten $\overline{v}_{ij}$ bei

$$(\overline{v}_{ij}) = \begin{pmatrix} \lambda_1 & 0 & 0 \\ 0 & \lambda_2 & 0 \\ 0 & 0 & \lambda_3 \end{pmatrix}.$$

Wir können diesen Sachverhalt folgendermaßen interpretieren: Es verschwinden bezüglich dieser Basis $\overline{B}$ die Gleitungen, es tauchen nur noch Dehnungen in Richtung der Eigenvektoren auf. Man spricht daher von *Hauptdehnungen* und meint damit die (reellen) Eigenwerte $\lambda_1, \lambda_2, \lambda_3$ des Verzerrungstensors $\boldsymbol{V}$. Die Eigenvektoren bestimmen die *Hauptdehnungsrichtungen*.

Wir erfassen beide Fälle, also jene mit $k = l$ und $k \neq l$, durch die Bedingungen

$$E_{ijkl} = E_{jikl} = E_{ijlk}\,.$$

Diese sind für die Symmetrie von $\boldsymbol{S}$ bei symmetrischem $\boldsymbol{V}$ bereits hinreichend, denn jeder symmetrische Tensor $\boldsymbol{V}$ ist eine Linearkombination unserer Basiselemente, und andererseits ist jede Linearkombination symmetrischer (3×3)-Matrizen wieder symmetrisch. Dies bewirkt, dass von den insgesamt 81 Komponenten E_{ijkl} des Elastizitätstensors nur die 36 mit $i \leq j$ und $k \leq l$ wesentlich sind. Alle übrigen ergeben sich aus der Symmetrie.

Es gibt aber noch weitere Einschränkungen: Aus physikalischen Gründen fordert man die Existenz einer quadratischen *elastischen Energie* $W = \frac{1}{2}\,E_{ijkl}\,v_{ij}\,v_{kl}$. Damit bleibt der Elastizitätstensor unverändert beim Vertauschen des ersten mit dem zweiten Indexpaar, also

$$E_{ijkl} = E_{klij}\,.$$

Unter den 36 verbleibenden Komponenten gibt es 6 mit $(i, j) = (k, l)$. Die restlichen 30 sind paarweise gleich. Somit bleiben nur 21 unabhängige Komponenten übrig.

Weist schließlich das Material hinsichtlich seiner elastischen Eigenschaften Symmetrien auf, so ergeben sich zusätzliche Bedingungen für die E_{ijkl}. Dieses symmetrische Verhalten bedeutet nämlich, dass es z. B. eine Spiegelung an einer Ebene oder eine Drehung um eine Achse gibt, bei welcher der Spannungstensor, der Verzerrungstensor und somit auch der Elastizitätstensor unverändert bleiben. Zu jeder Symmetrie gibt es also eine orthogonale Transformationsmatrix ${}_{\overline{B}}\boldsymbol{T}_B = (a_{ij})$, welche die Komponenten der genannten Tensoren gleich lässt. Dabei gilt allgemein

$$\overline{E}_{pqrs} = a_{pi}\,a_{qj}\,a_{rk}\,a_{sl}\,E_{ijkl}\,.$$

Setzen wir etwa die Spiegelung an der x_2x_3-Ebene als Symmetrieoperation voraus, so ist $a_{11} = -1$ und $a_{22} = a_{33} = 1$, während alle übrigen a_{ij} null sind. Aus der Bedingung $\overline{E}_{pqrs} = E_{pqrs}$ für alle $p, q, r, s \in \{1, 2, 3\}$ folgt dann

$$\begin{aligned} E_{1112} &= E_{1113} = E_{1222} = E_{1223} \\ &= E_{1233} = E_{1322} = E_{1323} = E_{1333} = 0\,. \end{aligned}$$

Zusammenfassung

Als Einführung in die Tensoralgebra vergleichen wir das Transformationsverhalten der Basisvektoren bei Basiswechseln mit jenem der Komponenten von Vektoren und Linearformen sowie jenem der Darstellungsmatrizen von Bilinearformen und linearen Abbildungen.

Vektorkoordinaten verhalten sich anders als die Basisvektoren. Wir nennen dies kontravariant, und die Vektorkoordinaten bekommen hochgestellte Indizes. Im Gegensatz dazu verhalten sich die Koeffizienten in Linearformen kovariant und ihre Indizes werden tiefgestellt.

Einstein'sche Summationskonvention

Tritt in einem Term derselbe Index zweimal auf, und zwar einmal oben, und einmal unten, so ist über diesen Index von 1 bis n zu summieren.

Definition der Tensoren 1. Stufe

Ein Tensor 1. Stufe ist eine Größe, deren Komponenten x^i oder x_i sich bei einem Wechsel von der Basis B zu $\overline{B}$ kontravariant oder kovariant verhalten, also

$$\overline{x}^i = \overline{a}^i_j\, x^j,\ x^i = \underline{a}^i_j\, \overline{x}^j, \quad \overline{x}_j = \underline{a}^i_j\, x_i\,,\ x_j = \overline{a}^i_j\, \overline{x}_i\,.$$

Zu jedem Vektorraum gibt es einen Dualraum, zu jeder Basis eine Dualbasis

Die Vektoren $(\boldsymbol{b}^1, \dots, \boldsymbol{b}^n)$ der Dualbasis verhalten sich kontravariant zu jenen der Ausgangsbasis.

Der Metriktensor bestimmt das Skalarprodukt

Die Komponenten $g_{ij} = \boldsymbol{b}_i \cdot \boldsymbol{b}_j$ des Metriktensors sind kovariant und ermöglichen die Darstellung $g_{ij}x^iy^j$ des Skalarproduktes. Die zu (g_{ij}) inverse Matrix enthält als Einträge den kontravarianten Metriktensor $g^{ij} = \boldsymbol{b}^i \cdot \boldsymbol{b}_j$.

Die linearen Abbildungen sind gemischte Tensoren zweiter Stufe und Anlass zu folgender allgemeiner Definition.

Definition der Tensoren 2. Stufe

Ein Tensor 2. Stufe ist eine Größe, deren doppelt indizierte Komponenten sich bei einem Basiswechsel je nach Stellung des jeweiligen Index ebenso wie kovariante oder kontravariante Vektoren transformieren.

Allgemeine Tensoren können addiert, multipliziert und sogar verjüngt werden

Definition allgemeiner Tensoren

Ein r-fach kontravarianter und s-fach kovarianter Tensor $t^{i_1\dots i_r}_{j_1\dots j_s}$ ist eine Größe, deren Komponenten sich bei Basiswechsel wie folgt verhalten:

$$\overline{t}^{i_1\dots i_r}_{j_1\dots j_s} = \overline{a}^{i_1}_{k_1} \dots \overline{a}^{i_r}_{k_r}\, \underline{a}^{l_1}_{j_1} \dots \underline{a}^{l_s}_{j_s}\, t^{k_1\dots k_r}_{l_1\dots l_s}$$
$$t^{i_1\dots i_r}_{j_1\dots j_s} = \underline{a}^{i_1}_{k_1} \dots \underline{a}^{i_r}_{k_r}\, \overline{a}^{l_1}_{j_1} \dots \overline{a}^{l_s}_{j_s}\, \overline{t}^{k_1\dots k_r}_{l_1\dots l_s}$$

Die Addition von Tensoren, das Tensorprodukt, das Überschieben, Verjüngen, Hinauf- und Hinunterziehen erzeugen aus Tensoren stets wieder Tensoren.

Kartesische Tensoren

Beschränkt man sich auf orthonormierte Basen, so sind alle Transformationsmatrizen orthogonal. Es entfällt der Unterschied zwischen kontravariant und kovariant. Alle Indizes werden tiefgestellt. Die Einstein'sche Summationskonvention wird dementsprechend modifiziert.

Definition kartesischer Tensoren

Ein kartesischer Tensor r-ter Stufe $t_{i_1\dots i_r}$ genügt den Transformationsregeln

$$\overline{t}_{i_1\dots i_r} = a_{i_1j_1} \dots a_{i_rj_r}\, t_{j_1\dots j_r}, \text{ umgekehrt}$$
$$t_{i_1\dots i_r} = a_{j_1i_1} \dots a_{j_ri_r}\, \overline{t}_{j_1\dots j_r}.$$

Der Epsilon-Tensor führt zu einfachen Darstellungen in Tensorschreibweise

Der Epsilon-Tensor wird als vollständig alternierender kartesischer Tensor 2. Stufe eingeführt und erlaubt die tensorielle Darstellung des Vektorproduktes $\varepsilon_{ijk}x^j y^k$ und des Spatproduktes $\varepsilon_{ijk}x^i y^j z^k$.

Die Tensoren 2. Stufe sind von besonderer Bedeutung für die Anwendungen

Als Beispiele betrachten wir den alternierenden Rotationstensor und den Drehtensor sowie als symmetrische Tensoren den Projektionstensor, den Spannungstensor, Trägheitstensor und Verzerrungstensor.

Hauptachsentransformation der symmetrischen Tensoren 2. Stufe

Zu jedem symmetrischen Tensor t_{ij} gibt es eine orthonormierte Rechtsbasis, bezüglich welcher die Tensorkomponenten eine Diagonalmatrix bilden. Dabei sind die Diagonaleinträge die Eigenwerte und die Basisvektoren Eigenvektoren der Matrix (t_{ij}).

Aufgaben

Die Aufgaben gliedern sich in drei Kategorien: Anhand der *Verständnisfragen* können Sie prüfen, ob Sie die Begriffe und zentralen Aussagen verstanden haben, mit den *Rechenaufgaben* üben Sie Ihre technischen Fertigkeiten und die *Anwendungsprobleme* geben Ihnen Gelegenheit, das Gelernte an praktischen Fragestellungen auszuprobieren.
Ein Punktesystem unterscheidet leichte •, mittelschwere •• und anspruchsvolle ••• Aufgaben. Lösungshinweise am Ende des Buches helfen Ihnen, falls Sie bei einer Aufgabe partout nicht weiterkommen. Dort finden Sie auch die Lösungen – betrügen Sie sich aber nicht selbst und schlagen Sie erst nach, wenn Sie selber zu einer Lösung gekommen sind. Ausführliche Lösungswege, Beweise und Abbildungen finden Sie als digitales Zusatzmaterial (electronic supplementary material).
Viel Spaß und Erfolg bei den Aufgaben!

Verständnisfragen

22.1 • Gegeben sind kartesische Tensoren r_{ijk}, s_{ij} und t_{ij}. Welche der folgenden Größen sind koordinateninvariant?

$$s_{ii}, \quad s_{ij}t_{jk}, \quad s_{ij}t_{ji}, \quad r_{ijj}, \quad s_{ij}t_{jk}s_{ki}$$

22.2 •• Warum verschwindet das doppelt-verjüngende Produkt $s^{ij}a_{ij}$, wenn der Tensor s^{ij} symmetrisch und der Tensor a_{ij} alternierend ist? Was ist $s^{ij}a_{ji}$?

22.3 •• Warum sind die Symmetrie und die Antisymmetrie eines kartesischen Tensors t_{ij} zweiter Stufe koordinateninvariante Eigenschaften.

22.4 • Beweisen Sie die folgende Aussage: Sind die Vektoren mit Komponenten a_i, b_i und c_i linear unabhängig im $\mathbb{R}^3$ und ist der Vektor v_i darstellbar als die Linearkombination $v_i = \alpha\, a_i + \beta\, b_i + \gamma\, c_i$, so gilt für den ersten Koeffizienten $\alpha = \varepsilon_{ijk} v_i b_j c_k / \varepsilon_{ijk} a_i b_j c_k$. Wie lauten die analogen Ausdrücke für β und γ?

22.5 ••• Wie lautet das Quadrat a) des Rotationstensors t_{ik} sowie b) jenes des Drehtensors d_{ij}?

Rechenaufgaben

22.6 • Berechnen Sie im $\mathbb{R}^3$ die nachstehend angeführten Ausdrücke, die alle das Kronecker-Delta enthalten:

$$\delta_{ii}, \quad \delta_{ij}\delta_{jk}, \quad \delta_{ij}\delta_{ji}, \quad \delta_{ij}\delta_{jk}\delta_{ki}.$$

22.7 •• Zerlegen Sie den Tensor t_{ij} mit

$$(t_{ij}) = \begin{pmatrix} 3 & 2 & 1 \\ 0 & -4 & 3 \\ 7 & 11 & -5 \end{pmatrix}$$

in seinen symmetrischen Anteil s_{ij} und seinen alternierenden Anteil a_{ij} und berechnen Sie den Vektor $d_j = \frac{1}{2}\,\varepsilon_{ijk} t_{ik}$.

22.8 ••• Berechnen Sie für den zyklischen Basiswechsel von $B = (\boldsymbol{b}_1, \boldsymbol{b}_2, \boldsymbol{b}_3)$ zu $\overline{B} = (\boldsymbol{b}_2, \boldsymbol{b}_3, \boldsymbol{b}_1)$ die Einträge $\overline{a}_j^{\,i}$ und $\underline{a}_j^{\,i}$ und überprüfen Sie dies beim kovarianten Metriktensor g_{ij}.

22.9 ••• Neben der kanonischen Basis $(\boldsymbol{e}_1, \boldsymbol{e}_2, \boldsymbol{e}_3)$ des $\mathbb{R}^3$ sei B eine weitere Basis mit

$$\boldsymbol{b}_1 = \begin{pmatrix} 1 \\ 1 \\ 1 \end{pmatrix}, \quad \boldsymbol{b}_2 = \begin{pmatrix} -1 \\ 0 \\ 1 \end{pmatrix}, \quad \boldsymbol{b}_3 = \begin{pmatrix} -1 \\ -1 \\ 1 \end{pmatrix}.$$

Berechnen Sie die Vektoren $\boldsymbol{b}^1$, $\boldsymbol{b}^2$ und $\boldsymbol{b}^3$ der Dualbasis B^*, den kovarianten Metriktensor g_{ij}, den kontravarianten Metriktensor g^{ij} durch Invertieren der Matrix (g_{ij}) und überprüfen Sie die Gleichung (22.8).

22.10 ••• Wir wechseln von der Basis $B = (\boldsymbol{b}_1, \boldsymbol{b}_2, \boldsymbol{b}_3)$ mit dem kovarianten Metriktensor $(g_{ij}) = \operatorname{diag}(1, 2, 1)$ zur Basis $\overline{B} = (\overline{\boldsymbol{b}}_1, \overline{\boldsymbol{b}}_2, \overline{\boldsymbol{b}}_3)$ mit

$$\overline{\boldsymbol{b}}_1 = \boldsymbol{b}_1, \; \overline{\boldsymbol{b}}_2 = \boldsymbol{b}_1 + \boldsymbol{b}_2, \; \overline{\boldsymbol{b}}_3 = \boldsymbol{b}_1 + \boldsymbol{b}_2 + \boldsymbol{b}_3.$$

Wie sehen die neuen Komponenten $\overline{t}_{ij}$ des Tensors t_{ij} mit

$$(t_{ij}) = \begin{pmatrix} 1 & -1 & 2 \\ 2 & 2 & -1 \\ -1 & -2 & 1 \end{pmatrix}$$

aus? Berechnen Sie ferner die neuen Komponenten $\overline{t}^{\,i}_{\,j}$, und zwar einerseits im neuen Koordinatensystem durch Hinaufziehen, andererseits aus den zugehörigen alten Komponenten nach dem jeweiligen Transformationsgesetz.

22.11 •• Wie ändert sich der symmetrische Tensor 2. Stufe

$$(t_{ij}) = \begin{pmatrix} \lambda_1 & 0 & 0 \\ 0 & \lambda_2 & 0 \\ 0 & 0 & \lambda_3 \end{pmatrix},$$

wenn die zugrunde liegende orthonormierte Basis B um die x_3-Achse durch 60° nach $\overline{B}$ verdreht wird?

Teil III

22.12 • Berechnen Sie den Projektionstensor n_{ij} zum Einheitsvektor $\widehat{\boldsymbol{n}} = \frac{1}{\sqrt{6}}(1, -1, 2)^T$ und zerlegen Sie den Vektor $\boldsymbol{v} = (1, 1, 1)^T$ in zwei orthogonale Komponenten $\boldsymbol{v}'$ und $\boldsymbol{v}''$, wobei $\boldsymbol{v}'$ zu $\widehat{\boldsymbol{n}}$ parallel ist.

22.13 •• Die eigentlich orthogonale Matrix

$$(d_{ij}) = \frac{1}{3}\begin{pmatrix} 2 & 1 & 2 \\ 1 & 2 & -2 \\ -2 & 2 & 1 \end{pmatrix}$$

bestimmt einen Drehtensor. Berechnen Sie die Drehachse $\widehat{\boldsymbol{d}}$ und den auf die Orientierung von $\widehat{\boldsymbol{d}}$ abgestimmten Drehwinkel φ mit $0 \leq \varphi < 360°$.

22.14 • Berechnen Sie die Werte $\varepsilon_{ijk}\varepsilon_{ijl}$ und $\varepsilon_{ijk}\varepsilon_{ijk}$.

22.15 •• Sind e_i die Komponenten eines Einheitsvektors und v_i jene eines beliebigen Vektors des $\mathbb{R}^3$, so gilt die Identität

$$v_i = v_j e_j e_i + \varepsilon_{ijk} e_j \, \varepsilon_{klm} v_l e_m.$$

Begründen Sie diese Identität. Was bedeutet sie in Vektorform?

22.16 •• Beweisen Sie die Grassmann-Identität von S. 714

$$\boldsymbol{u} \times (\boldsymbol{v} \times \boldsymbol{w}) = (\boldsymbol{u} \cdot \boldsymbol{w})\boldsymbol{v} - (\boldsymbol{u} \cdot \boldsymbol{v})\boldsymbol{w}$$

unter Benutzung der Tensordarstellung (22.12) von Vektorprodukten.

Anwendungsprobleme

22.17 • Bestimmen Sie bei dem gegebenen Spannungstensor

$$\boldsymbol{S} = \begin{pmatrix} \sigma & \tau & x\tau \\ \tau & \sigma & y\tau \\ x\tau & y\tau & \sigma \end{pmatrix}$$

mit σ als Normalspannung und τ als Schubspannung die Konstanten $x, y \in \mathbb{R}$ derart, dass der Spannungsvektor auf der zu $(1, 1, 1)^T$ orthogonalen Ebene verschwindet.

22.18 •• In einem Punkt des Armes am abgebildeten Kran sind die durch die Last hervorgerufenen Dehnungs- und Gleitungsgrößen bezüglich des angegebenen Koordinatensystems bekannt:

$$\varepsilon_1 = 100 \cdot 10^{-6}, \quad \varepsilon_2 = 400 \cdot 10^{-6}, \quad \varepsilon_3 = 900 \cdot 10^{-6},$$
$$\gamma_{12} = 400 \cdot 10^{-6}, \quad \gamma_{23} = -1\,200 \cdot 10^{-6}, \quad \gamma_{13} = -600 \cdot 10^{-6}$$

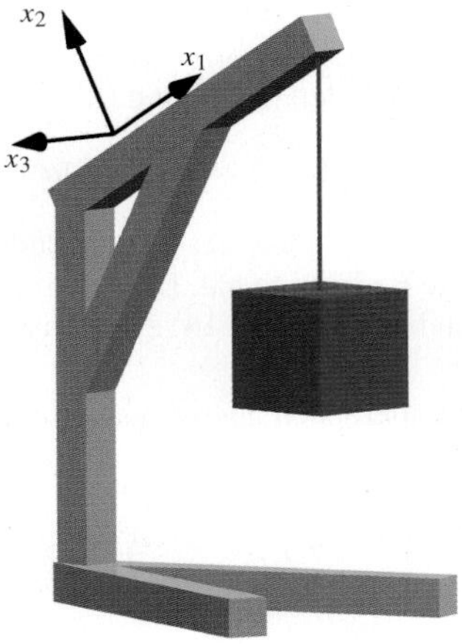

Abb. 22.4 Die Last verursacht eine Verzerrung im Träger des Kranes

Bestimmen Sie die Hauptdehnungen und die Hauptdehnungsrichtungen des zugehörigen Verzerrungstensors $\boldsymbol{V}$.

Antworten zu den Selbstfragen

Antwort 1 Wir substituieren zweimal aus (22.1),

$$\overline{x}^i\,\overline{\boldsymbol{b}}_i = (\overline{a}^i_j\,x^j)\overline{\boldsymbol{b}}_i = x^j(\overline{a}^i_j\,\overline{\boldsymbol{b}}_i) = x^j\,\boldsymbol{b}_j\,.$$

Diese Gleichung drückt aus, dass es sich auf der linken und der rechten Seite um denselben Vektor $\boldsymbol{x} \in V$ handelt. Nur die verwendeten Basen sind verschieden.

Antwort 2 Wenn der Summationsindex j gleich i ist, ist der erste Faktor 1, ansonsten 0. Damit bleibt als Summe $\delta^i_j\delta^j_k = \delta^i_k$.

Antwort 3 Durch Einsetzen folgt

$$\underline{a}^i_j\,\overline{x}^j = \underline{a}^i_j\,\overline{a}^j_k\,x^k = \delta^i_k\,x^k = x^i,$$

nachdem in der Summe $\delta^i_k x^k$ wegen der Definition des Kronecker-Deltas nur der Summand mit $k = i$ übrig bleibt.

Antwort 4 Wir verwenden (22.1) und (22.5),

$$\overline{g}_{ij}\,\overline{u}^i\,\overline{v}^j = \overline{g}_{ij}\,(\overline{a}^i_k u^k)(\overline{a}^j_l v^l) = (\overline{a}^i_k\,\overline{a}^j_l\,\overline{g}_{ij})u^k v^l = g_{kl}u^k v^l\,.$$

Diese Gleichung besagt, dass das Skalarprodukt eine von der Basis unabhängige Bedeutung hat. Dasselbe wird übrigens auch in der ersten Gleichung von (19.14) zum Ausdruck gebracht.

Antwort 5 Hier ändern sich ausnahmsweise die Komponenten nicht bei einem Basiswechsel, denn

$$\overline{\delta}^i_j = \overline{a}^i_k\,\underline{a}^l_j\,\delta^k_l = \overline{a}^i_k\,\underline{a}^k_j = \delta^i_j$$

wegen (22.3).

Antwort 6 a) Durch Vertauschung der Summationsindizes j und k folgt

$$\begin{aligned}\varepsilon_{ijk}u_j u_k &= \frac{1}{2}(\varepsilon_{ijk}u_j u_k + \varepsilon_{ikj}u_k u_j)\\ &= \frac{1}{2}(\varepsilon_{ijk} + \varepsilon_{ikj})u_j u_k = 0.\end{aligned}$$

b) Es verschwinden die Skalarprodukte $w_i u_i$ und $w_i v_i$, denn

$$w_i u_i = (\varepsilon_{ijk}\,u_i\,u_j)v_k = 0\,.$$

Antwort 7

$$\begin{aligned}d_{ij}d_{ik} &= \big(d_i d_j(1-\cos\varphi) + \delta_{ij}\cos\varphi - \varepsilon_{ijl}d_l\sin\varphi\big)\\ &\quad\cdot (d_i d_k(1-\cos\varphi) + \delta_{ik}\cos\varphi - \varepsilon_{ikm}d_m\sin\varphi)\\ &= d_i d_i d_j d_k(1-\cos\varphi)^2 + d_j d_k(1-\cos\varphi)\cos\varphi\\ &\quad - \varepsilon_{ikm}d_i d_m d_j(1-\cos\varphi)\sin\varphi + d_j d_k\cos\varphi(1-\cos\varphi)\\ &\quad + \delta_{jk}\cos^2\varphi - \varepsilon_{jkm}d_m\sin\varphi\cos\varphi\\ &\quad - \varepsilon_{ijl}d_i d_l d_k(1-\cos\varphi)\sin\varphi\\ &\quad - \varepsilon_{kjl}d_l\sin\varphi\cos\varphi + \varepsilon_{ijl}\varepsilon_{ikm}d_l d_m\sin^2\varphi\,.\end{aligned}$$

Wir nutzen mehrfach $d_i d_i = 1$ sowie $\varepsilon_{ikm}d_i d_m = 0$. Bei dem letzten Summanden verwenden wir die Summenformel (22.15). Somit erhalten wir schließlich

$$\begin{aligned}d_{ij}d_{ik} &= d_j d_k(1-\cos\varphi)(1-\cos\varphi+2\cos\varphi)\\ &\quad + \delta_{jk}\cos^2\varphi + \delta_{jk}d_l d_l\sin^2\varphi - d_j d_k\sin^2\varphi\\ &= \delta_{jk}\,.\end{aligned}$$

Antwort 8 Zuerst behandeln wir die rechte Seite:

$$\begin{aligned}\varepsilon_{ris}\,d_{rs} &= \varepsilon_{ris}\big(d_r d_s(1-\cos\varphi) + \delta_{rs}\cos\varphi - \varepsilon_{rsp}d_p\sin\varphi\big)\\ &= \varepsilon_{ris}d_r d_s(1-\cos\varphi) + \varepsilon_{ris}\delta_{rs}\cos\varphi - \varepsilon_{ris}\varepsilon_{rsp}d_p\sin\varphi\,.\end{aligned}$$

Wir beachten wiederum $\varepsilon_{ris}d_r d_s = 0$ und ferner $\varepsilon_{ris}\delta_{rs} = 0$, nachdem für jedes Indexpaar (r,s) einer der Faktoren verschwindet. Der letzte Summand wird nach (22.15) umgeformt. Damit bleibt schließlich

$$\varepsilon_{ris}\,d_{rs} = -d_i\sin\varphi + 3d_i\sin\varphi = 2d_i\sin\varphi.$$

Auf der linken Seite kommt der Summand $\varepsilon_{kjl}d_{kl} = 2d_j\sin\varphi$ vor. Also ist

$$\begin{aligned}&2\big(d_i d_j(1-\cos\varphi) + \delta_{ij}\cos\varphi - \varepsilon_{ijl}d_l\sin\varphi\big)\,d_j\sin\varphi\\ &\quad = 2\big(d_i d_j d_j(1-\cos\varphi) + d_i\cos\varphi - \varepsilon_{ijl}d_j d_l\sin\varphi\big)\sin\varphi\\ &\quad = 2d_i\sin\varphi\end{aligned}$$

wie behauptet.

Teil III

Lineare Optimierung – ideale Ausnutzung von Kapazitäten 23

Wie erzielt man maximale Gewinne?

Warum muss eine Diät nicht teuer sein?

Wieso liegen optimale Lösungen stets in Ecken?

Teil III

Ergänzende Information Die elektronische Version dieses Kapitels enthält Zusatzmaterial, auf das über folgenden Link zugegriffen werden kann https://doi.org/10.1007/978-3-662-64389-1_23.

T. Arens et al., *Mathematik*, https://doi.org/10.1007/978-3-662-64389-1_23

In der Analysis behandelte Optimierungsaufgaben, also die Suche nach Maxima oder Minima einer Funktion unter Nebenbedingungen, fordern die Einhaltung von Gleichheiten in Nebenbedingungen, wie etwa bei der Lagrange-Multiplikatorregel. Es ist im Allgemeinen aber deutlich praxisnäher, anstelle von Gleichungen Ungleichungen zuzulassen – dadurch werden Nebenbedingungen durch Ober- bzw. Untergrenzen vorgegeben. Die Nebenbedingungen müssen letztlich nicht notwendig ausgeschöpft werden, sie stellen bei den praktischen Aufgabenstellungen oft bestehende Kapazitäten dar.

Die Optimierungstheorie, also die Suche nach Extrema von Funktionen in mehreren Variablen unter Nebenbedingungen, die durch Gleichheits- oder Ungleichheitsrelationen gegeben sind, ist keineswegs abgeschlossen. Jedoch gibt es für die sogenannten linearen Optimierungsprobleme eine algorithmische Lösungsmethode. Dieses Simplexverfahren zur Lösung solcher Optimierungsprobleme ist der Kern dieses Kapitels.

Während die lineare Algebra vor mehr als hundert Jahren entstand, ist die lineare Optimierung eine junge Theorie. Sie entstand etwa 1950 und benutzt Methoden der linearen Algebra, insbesondere die Gaußelimination bei linearen Gleichungssystemen. Die Theorie gewann enorm an Bedeutung durch das Aufkommen von Computern. Es wurde so möglich, Extrema von Funktionen in zahlreichen Variablen und Nebenbedingungen zu berechnen. Praktische Problemstellungen liefern hierzu etwa das Telefon- oder das Bahnnetz. So sind etwa die Zugfahrpläne letztlich das Resultat von Optimierungsproblemen in Abertausenden von Variablen unter Millionen von Nebenbedingungen.

23.1 Typische Problemstellungen

Wir formulieren einige typische Problemstellungen, modellieren diese mathematisch und lösen diese mit grafischen Methoden. Die dabei benutzten Methoden liefern bereits die Grundidee zur Lösung beliebig schwieriger linearer Optimierungsaufgaben.

Optimierungsprobleme in zwei Variablen sind grafisch im $\mathbb{R}^2$ lösbar

Wir betrachten einen Betrieb, der zwei verschiedene Produkte P_1 und P_2 unter Verwendung zweier Maschinen M_1 und M_2 herstellt.

Beide Maschinen sind Wartungsarbeiten unterworfen. Die Maschine M_1 läuft dadurch pro Monat 200 Stunden, die Maschine M_2 ganze 300 Stunden. Die Fixkosten zur Herstellung der beiden Produkte betragen pro Monat 10 000 Euro. Bei der Herstellung einer Mengeneinheit des Produktes P_1 wird 1 Stunde lang die Maschine M_1 und 2 Stunden die Maschine M_2 benötigt. Bei der Produktion des Produktes P_2 hingegen werden die Maschinen M_1 und M_2 jeweils zwei Stunden eingesetzt.

Tab. 23.1 Kapazitäten der Maschinen, benötigte Laufzeiten und Gewinne pro Mengeneinheiten der Produkte

	P_1	P_2	Kapazität
Maschine M_1 (h/ME)	1	2	200
Maschine M_2 (h/ME)	2	2	300
Gewinn (Euro/ME)	100	150	

Der Betrieb erwirtschaftet pro Mengeneinheit des Produktes P_1 einen Gewinn von 100 Euro und pro Mengeneinheit des Produktes P_2 einen Gewinn von 150 Euro. Wie viel Mengeneinheiten der Produkte P_1 und P_2 sollte der Betrieb herstellen, um einen maximalen Gewinn zu erzielen?

Wir stellen alle Daten übersichtlich in Tab. 23.1 zusammen und formulieren das Problem mathematisch. Sind x_1 die Anzahl der herzustellenden Produkte P_1 und x_2 die Anzahl der herzustellenden Produkte P_2, so erhalten wir für diese aufgrund der Angaben zur Kapazität der Maschinen M_1 und M_2 die Einschränkungen

$$\begin{aligned} 1\,x_1 + 2\,x_2 &\leq 200\,, \\ 2\,x_1 + 2\,x_2 &\leq 300\,. \end{aligned} \tag{23.1}$$

Für die Zahlen x_1 und x_2 gelten weiter die Ungleichungen

$$x_1 \geq 0\,,\ x_2 \geq 0\,, \tag{23.2}$$

da keine negativen Stückzahlen der Produkte P_1 und P_2 hergestellt werden können.

Den Gewinn bzw. Verlust g können wir nun mit den angegebenen Fixkosten von 10 000 Euro pro Monat und den Stückzahlen x_1 und x_2 wie folgt ausdrücken,

$$g = 100x_1 + 150x_2 - 10\,000\,.$$

Hierbei ist g der Gewinn bzw. Verlust, der bei der Herstellung von x_1 Produkten P_1 und x_2 Produkten P_2 anfällt.

Die Fragestellung lautet: Für welche Zahlen x_1 und x_2 nimmt die Funktion

$$z = 100\,x_1 + 150\,x_2 - 10\,000$$

ein Maximum unter den Bedingungen (23.1) und (23.2) an? Wir betrachten z also als Funktion.

Da wir nur zwei *Variable* haben, können wir dieses Problem grafisch im $\mathbb{R}^2$ darstellen. Wir ersetzen in den Bedingungen (23.1) und (23.2) die Ungleichungszeichen durch Gleichheitszeichen und erhalten so vier Gleichungen in x_1 und x_2. Die Lösungsmenge jeder solchen Gleichung ist eine Gerade, die wir in ein Koordinatensystem eintragen können. Die zugehörigen Ungleichungsrelationen bestimmen nun jeweils einen Bereich *oberoder unterhalb* der jeweiligen Geraden, einen sogenannten *Halbraum* (siehe Abb. 23.1).

Eine Schnittmenge von Halbräumen nennt man auch *Polyeder*, also *Vieleck*, wir befassen uns im Abschn. 23.3 ab S. 845 ausführlicher mit solchen Mengen.

Die Menge aller *zulässigen* Punkte, also jene Menge von Punkten $\boldsymbol{p} \in \mathbb{R}^2$, welche alle Bedingungen (23.1) und (23.2) erfüllen,

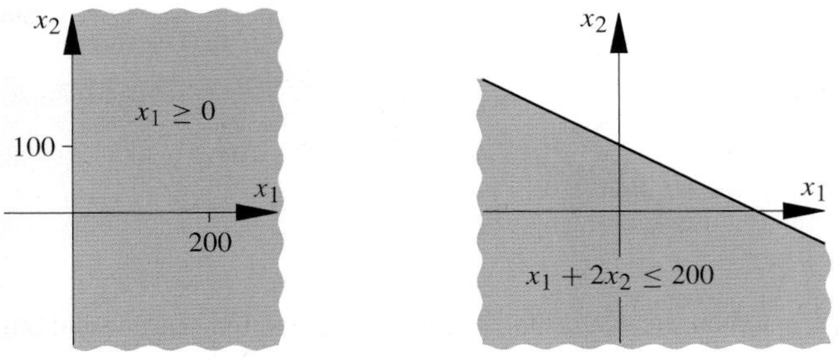

Abb. 23.1 Die Ungleichungen $x_1 \geq 0$ und $x_1 + 2x_2 \leq 200$ definieren *Halbräume* in der x_1-x_2-Ebene

ist dann gegeben durch den in Abb. 23.2 dargestellten Polyeder.

Die Geraden *umranden* den Bereich der *zulässigen* Punkte: Für jeden Punkt $\boldsymbol{p}$ des Polyeders $\boldsymbol{P}$, also inklusive der Grenzen, sind alle Bedingungen (23.1) und (23.2) erfüllt. Wir können diesen Bereich $\boldsymbol{P}$ interpretieren als die (zulässige) Definitionsmenge für die Funktion z. Das *Optimierungsproblem* besteht nun darin, einen Punkt $\boldsymbol{p} \in \boldsymbol{P}$ zu bestimmen, sodass $z(\boldsymbol{p})$ maximal auf $\boldsymbol{P}$ ist, d. h.

$$z(\boldsymbol{p}) \geq z(\boldsymbol{q}) \text{ für alle } \boldsymbol{q} \in \boldsymbol{P} .$$

Für verschiedene zulässige Punkte werden im Allgemeinen verschiedene Gewinne erzielt. So wird etwa bei $x_1 = 0 = x_2$ der *Gewinn* von $-10\,000$ Euro erwirtschaftet, es wird dabei weder P_1 noch P_2 produziert, damit besteht der *Gewinn* in den anfallenden Fixkosten.

Falls $x_1 = 100$ und $x_2 = 0$ gilt, erwirtschaftet der Betrieb ± 0 Euro und schließlich für $x_1 = 100$ und $x_2 = 50$ einen Gewinn von 7500 Euro.

Aber für welchen Punkt wird der Gewinn maximal? Wir bestimmen nun diesen Punkt und damit das Maximum der Funktion

$$z = 100x_1 + 150x_2 - 10\,000$$

auf dem Bereich der *zulässigen* Punkte mit grafischen Methoden.

Die Funktion z ist zwar keine Gerade, sie stellt aber eine Schar paralleler Geraden im folgenden Sinne dar: Für jede reelle Zahl g beschreibt die Gleichung

$$100x_1 + 150x_2 - 10\,000 = g$$

eine Gerade im $\mathbb{R}^2$. Für jeden Punkt $\boldsymbol{p} = (a_1, a_2)$ auf dieser Geraden innerhalb des Bereich der *zulässigen Punkte* ist der *Gewinn* $g = z(\boldsymbol{p})$ gleich. Wir tragen diese Geraden für $g_1 = -10\,000$, $g_2 = 0$ und $g_3 = 5000$ in das Bild ein:

Man beachte, dass die Steigung der Geraden nur durch die Gewinne von 100 und 150 Euro für die Produkte P_1 und P_2 vorgegeben, insbesondere also unabhängig vom Gesamtgewinn g ist, da wir die zum Gewinn g gehörige Gerade auch schreiben können als

$$x_2 = -\frac{100}{150}x_1 + \frac{1}{150}(10\,000 + g) .$$

Damit ist nun klar, wie wir geometrisch einen Punkt finden können, der alle Bedingungen (23.1) und (23.2) erfüllt und die Funktion z maximiert: Wir verschieben die Gerade parallel so weit nach oben rechts in Richtung der wachsenden Gewinne g, bis die Gerade den Bereich der *zulässigen Punkte* nur noch berührt, es ist dann der Gewinn g maximal.

In unserem Beispiel ist der Berührungspunkt bei $x_1 = 100$ und $x_2 = 50$ gegeben.

Teil III

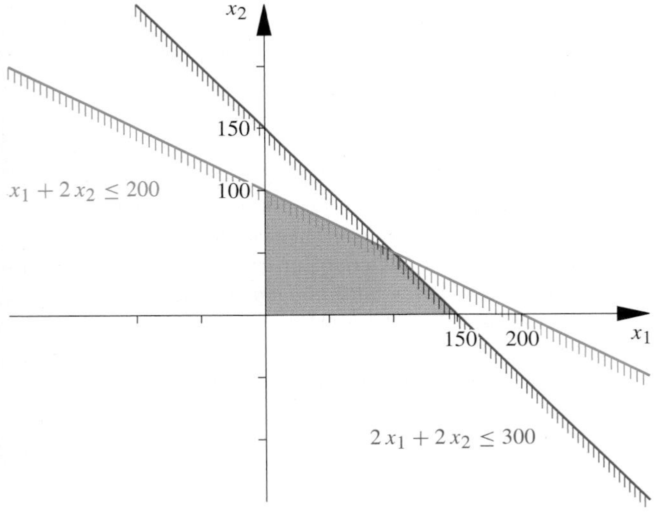

Abb. 23.2 Die Nebenbedingungen bestimmen die Menge der zulässigen Punkte

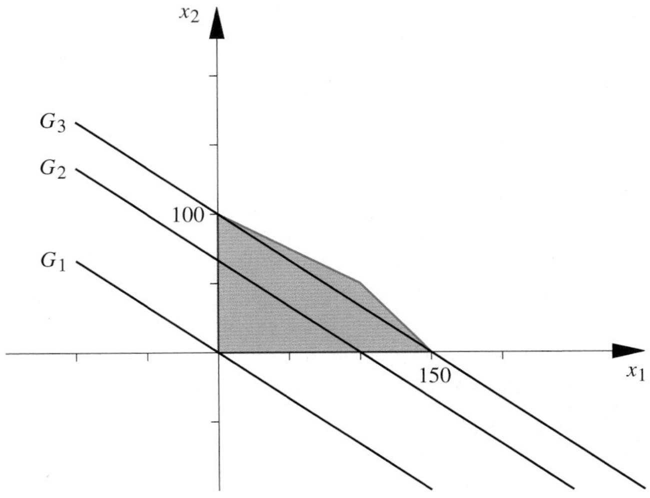

Abb. 23.3 Jeder Punkt der Geraden G_1 bzw. G_2 bzw. G_3 liefert den Gewinn g_1 bzw. g_2 bzw. g_3

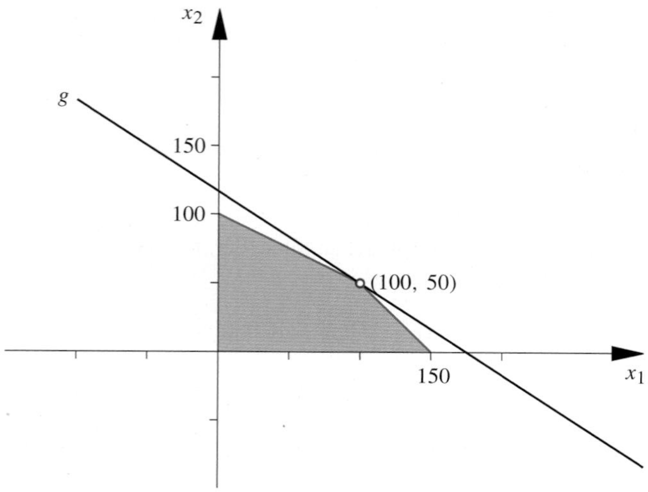

Abb. 23.4 Das Maximum der Funktion z von 7500 Euro wird in der Ecke $\boldsymbol{p} = (100, 50)$ angenommen

Dies ist die Gerade

$$100x_1 + 150x_2 - 10\,000 = 7500\,,$$

sodass also ein maximaler Gewinn von 7500 Euro mit der Herstellung von 100 Mengeneinheiten des Produktes P_1 und 50 Mengeneinheiten des Produktes P_2 erzielt wird. Es sind unter diesen Bedingungen beide Maschinen M_1 und M_2 voll ausgelastet.

Für dieses und für jedes analog formulierte zweidimensionale Optimierungsproblem gilt Folgendes:

Grafische Lösung zweidimensionaler Probleme

Man findet eine optimale Lösung der Funktion z in zwei Dimensionen, indem man die Geraden $z = g$ solange in Richtung wachsender Gewinne verschiebt, bis die Gerade das Polyeder, das durch die Nebenbedingungen gegeben ist, nur noch berührt. Es ist dann jeder Berührungspunkt eine optimale Lösung.

Das Problem war grafisch leicht zu lösen, da der Betrieb nur zwei Produkte herstellt, das Problem war dadurch *zweidimensional*. Für höherdimensionale Probleme ist eine grafische Lösung deutlich mühseliger.

Dreidimensionale Probleme sind grafisch meist schwer lösbar

Ein Betrieb erzeugt mit drei Maschinen M_1, M_2, M_3 drei Produkte P_1, P_2 und P_3. Die Fixkosten des Betriebes belaufen sich auf 15 000 Euro pro Monat.

Tab. 23.2 Kapazitäten der Maschinen, benötigte Laufzeiten und Gewinne pro Mengeneinheit der Produkte

	P_1	P_2	P_3	Kapazität
Maschine M_1 (h/ME)	1	2	0	200
Maschine M_2 (h/ME)	2	2	0	300
Maschine M_3 (h/ME)	1	2	3	290
Gewinn (Euro/ME)	100	150	250	

Wir haben die Kapazitäten und die Laufzeiten der Maschinen sowie die Gewinne pro Mengeneinheit der Produkte übersichtlich in der Tab. 23.2 zusammengefasst.

Wie viel Stück von P_1 bzw. P_2 bzw. P_3 sollte der Betrieb herstellen, sodass der Gewinn maximal wird?

Wir formulieren die Bedingungen mathematisch: Sind x_1 die Anzahl der herzustellenden Produkte P_1, x_2 die Anzahl der herzustellenden Produkte P_2 und x_3 die Anzahl der herzustellenden Produkte P_3, so erhalten wir für diese Anzahlen aufgrund der Angaben in Tab. 23.2:

$$\begin{aligned} 1\,x_1 + 2\,x_2 + 0\,x_3 &\leq 200 \\ 2\,x_1 + 2\,x_2 + 0\,x_3 &\leq 300 \\ 1\,x_1 + 2\,x_2 + 3\,x_3 &\leq 290 \end{aligned} \tag{23.3}$$

Zudem erhalten wir natürlich die Ungleichungen

$$x_1 \geq 0\,,\; x_2 \geq 0\,,\; x_3 \geq 0\,. \tag{23.4}$$

Den Gewinn bzw. Verlust kann man nun mit den angegebenen Fixkosten von 15 000 Euro pro Monat und den gesuchten Stückzahlen x_1, x_2 und x_3 ausdrücken,

$$g = 100x_1 + 150x_2 + 250x_3 - 15\,000\,.$$

Laut Fragestellung ist das Maximum der Funktion

$$z = 100x_1 + 150x_2 + 250x_3 - 15\,000$$

in drei *Variablen* x_1, x_2 und x_3 unter den Nebenbedingungen (23.3) und (23.4) gesucht.

Wir lösen dieses Problem erneut grafisch. Dazu veranschaulichen wir uns wieder die Menge der *zulässigen* Punkte, d. h. die Menge aller Punkte $\boldsymbol{p} \in \mathbb{R}^3$, welche die Bedingungen (23.3) und (23.4) erfüllen.

Da wir nun drei *Variable* haben, können wir dieses Problem grafisch im $\mathbb{R}^3$ darstellen. Wir ersetzen in den Bedingungen (23.3) und (23.4) die Ungleichungszeichen durch Gleichheitszeichen und erhalten so sechs Gleichungen in x_1, x_2 und x_3. Die Lösungsmenge jeder dieser Gleichungen ist eine Ebene im $\mathbb{R}^3$, die wir in ein Koordinatensystem eintragen können. Die zugehörigen Ungleichungsrelationen bestimmen dann jeweils einen Bereich *ober- oder unterhalb* der jeweiligen Ebene.

Wir notieren die sechs Ebenengleichungen und bestimmen den durch sie begrenzten Raum $\boldsymbol{P}$ im $\mathbb{R}^3$:

$$\begin{aligned} x_1 + 2\,x_2 + 0\,x_3 &= 200\,, & x_1 &= 0\,, \\ 2\,x_1 + 2\,x_2 + 0\,x_3 &= 300\,, & x_2 &= 0\,, \\ x_1 + 2\,x_2 + 3\,x_3 &= 290\,, & x_3 &= 0\,. \end{aligned}$$

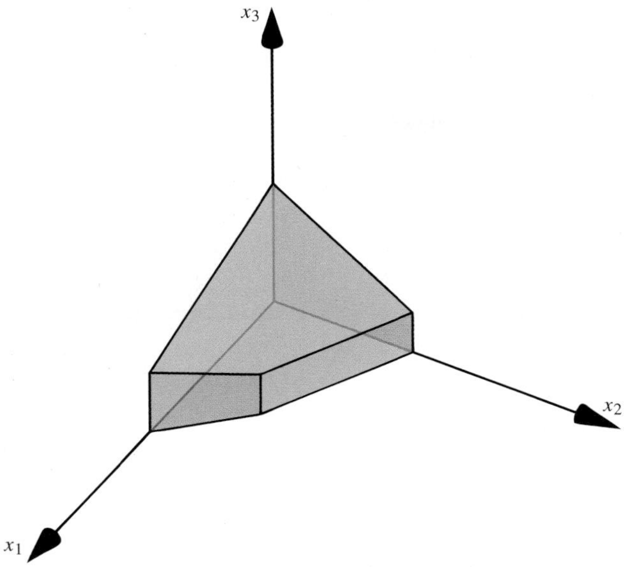

Abb. 23.5 Der durch die Ebenen begrenzte Raum ist die Menge der *zulässigen* Punkte

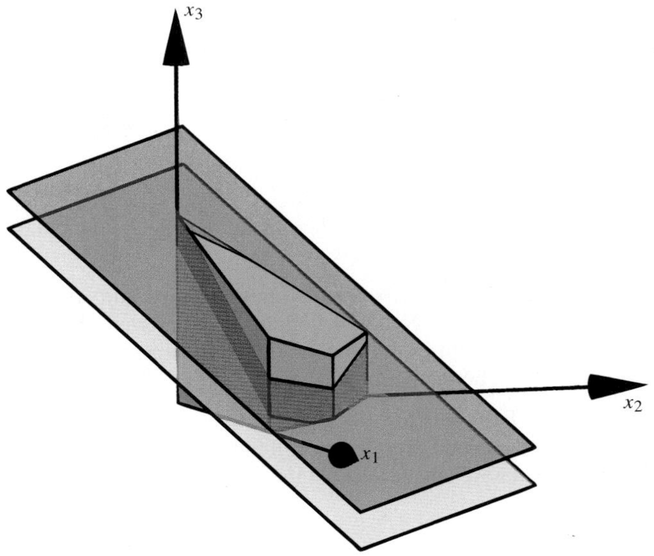

Abb. 23.6 Die Menge der zulässigen Punkte und zwei *Isogewinnflächen*

Die Menge der *zulässigen* Punkte ist die Schnittmenge der durch die Nebenbedingungen bestimmten Halbräume. Für jeden Punkt $\boldsymbol{p}$ dieses *Polyeders* sind sämtliche Nebenbedingungen (23.3) und (23.4) erfüllt.

Wir suchen nun die Punkte, die auf einer *Isogewinnfläche* liegen und damit letztlich nach einer optimalen Lösung und dem zugehörigen Maximum. Dazu gehen wir analog zu dem Beispiel im $\mathbb{R}^2$ vor.

Die Funktion $z = 100x_1 + 150x_2 + 250x_3 - 15\,000$ stellt eine Schar paralleler Ebenen im $\mathbb{R}^3$ dar. Für jede reelle Zahl g ist

$$g = 100x_1 + 150x_2 + 250x_3 - 15\,000$$

eine Ebene im $\mathbb{R}^3$. Für jeden Punkt dieser Ebene ist der *Gewinn* g gleich. Wir tragen die Ebenen für $g = 5000$ und $g = 7500$ in das Bild ein (siehe Abb. 23.6).

Also erhalten wir einen maximalen Gewinn, wenn wir die Ebene so weit nach oben in Richtung wachsender Gewinn g verschieben, bis die Ebene den *Polyeder* nur noch berührt. Dies liefert die Ebene

$$100x_1 + 150x_2 + 250x_3 - 15\,000 = 10\,000,$$

sodass also ein maximaler Gewinn von 10 000 Euro mit der Herstellung von 100 Mengeneinheiten des Produktes P_1, 50 Mengeneinheiten des Produktes P_2 und 30 Mengeneinheiten des Produktes P_3 erzielt wird. Unter diesen Bedingungen sind die Maschinen M_1, M_2 und M_3 vollständig ausgelastet.

Für dieses und für jedes analog formulierte dreidimensionale Optimierungsproblem gilt Folgendes:

Grafische Lösung dreidimensionaler Probleme

Man findet eine optimale Lösung der Funktion z in drei Dimensionen, indem man die Ebenen $z = g$ solange in Richtung wachsender Gewinne verschiebt, bis die Ebene das Polyeder, das durch die Nebenbedingungen gegeben ist, nur noch berührt. Es ist dann jeder Berührungspunkt eine optimale Lösung.

Die grafische Lösung dreidimensionaler Probleme erfordert bereits einen erheblichen grafischen Aufwand. Durch das Hinzukommen eines einzigen weiteren Produktes, ist eine grafische Lösung im bisherigen Sinne schon nicht mehr möglich, da sich eine solche Modellierung im $\mathbb{R}^4$ abspielen würde. Um also allgemein solche *Optimierungsprobleme* in möglicherweise vielen hunderttausend Variablen dennoch lösen zu können, wollen wir ein algorithmisches Verfahren entwickeln. Dazu nutzen wir die Verdachtsmomente, die wir aus diesen einfachen Beispielen gewonnen haben.

Eine Optimallösung eines linearen Optimierungsproblems liegt immer in einer Ecke des Polyeders, das durch die Nebenbedingungen bestimmt ist, und eine solche Optimallösung finden wir, indem wir solange von Ecke zu Ecke in Richtung steigenden Gewinns wandern, bis ein Maximum erreicht ist.

Bevor wir aber dieses Verfahren entwickeln, wollen wir uns die Verschiedenartigkeit von *Optimierungsproblemen* veranschaulichen.

23.2 Sonderfälle von Optimierungsproblemen

Es gibt im Grunde zwei Arten der Nichtlösbarkeit von linearen Optimierungsproblemen:

- Es gibt keinen zulässigen Punkt.
- Die Zielfunktion z ist unbeschränkt auf der Menge der zulässigen Punkte.

Der erste Fall betrifft die Nebenbedingungen. So kann etwa der Schnitt der durch die Nebenbedingungen definierten Halbräume leer sein. Es gibt in dieser Situation also keinen Punkt, der zugleich alle Nebenbedingungen erfüllt.

Der zweite Fall betrifft die Zielfunktion. Die Zielfunktion nimmt beliebig große Werte an, es gibt aber keine optimale Lösung. Der Zulässigkeitsbereich ist in diesem Fall unbeschränkt.

Wenn sich die Nebenbedingungen widersprechen, ist das Optimierungsproblem nicht lösbar

Optimierungsprobleme können deshalb nicht lösbar sein, weil der Bereich der zulässigen Punkte leer ist.

Beispiel Betrachten wir etwa einen kleinen Betrieb, der zwei verschiedene Produkte P_1 und P_2 herstellt. Der Betrieb kann monatlich durch sein Personal nur 400 Stunden Arbeitszeit aufbringen. Zur Herstellung einer Mengeneinheit von P_1 sind vier Stunden Arbeitszeit nötig, zur Herstellung einer Mengeneinheit von P_2 zwei Stunden. Aufgrund von Lieferverpflichtungen müssen pro Monat mindestens 300 Mengeneinheiten von P_1 und P_2 produziert werden. Wir formulieren diese Bedingungen mithilfe von Ungleichungen:

$$\begin{aligned} 4x_1 + 2x_2 &\le 400 \\ x_1 + x_2 &\ge 300 \\ x_1, x_2 &\ge 0\,. \end{aligned}$$

Der Schnitt der durch die Nebenbedingungen definierten Halbräume ist leer, wie man sich durch Einzeichnen der durch die Ungleichungen bestimmten Halbräume in ein Koordinatensystem überzeugt (siehe Abb. 23.7). ◄

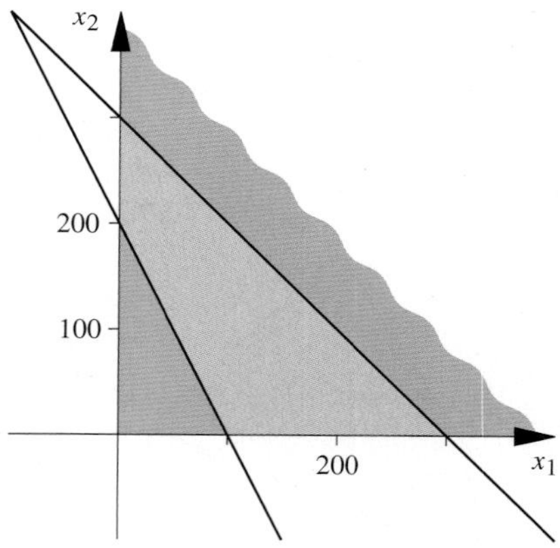

Abb. 23.7 Der Schnitt der Halbräume ist leer

Wenn die Nebenbedingungen einen unbegrenzten Bereich definieren, so existiert meist keine optimale Lösung

Auch wenn der Bereich der zulässigen Punkte nicht leer ist, kann es sein, dass es keine optimale Lösung gibt. Es ist nämlich auch möglich, dass der Wert der Zielfunktion beliebig groß werden kann. Das ist oftmals dann der Fall, wenn der Bereich der zulässigen Punkte nicht beschränkt ist.

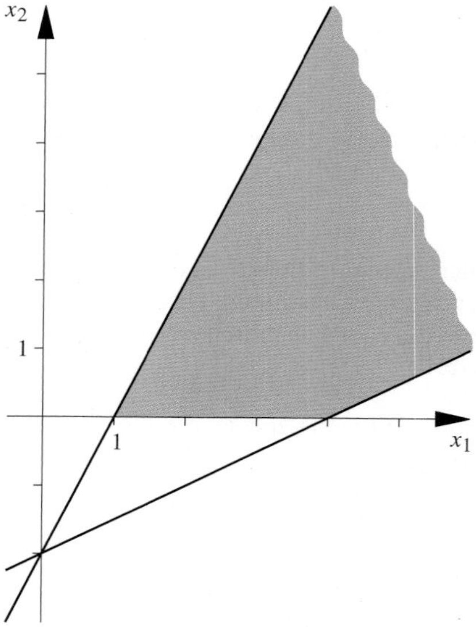

Abb. 23.8 Der Schnitt der durch die Nebenbedingungen definierten Halbräume ist nicht beschränkt

Beispiel Wir betrachten ein zweidimensionales lineares Optimierungsproblem mit der Zielfunktion $z = x_1 + x_2$ und den Nebenbedingungen:

$$\begin{aligned} x_1 - 2x_2 &\le 4 \\ 2x_1 - x_2 &\ge 2 \\ x_1, x_2 &\ge 0\,. \end{aligned}$$

Wir zeichnen den Schnitt der Halbräume, die durch die Ungleichungen bestimmt sind, in ein Koordinatensystem ein (siehe Abb. 23.8). ◄

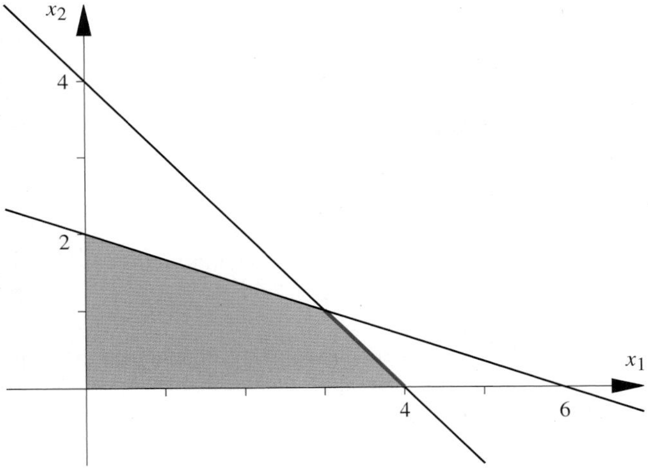

Abb. 23.9 Die Optimallösungen liegen auf einer Kante des Zulässigkeitsbereiches

Optimale Lösungen sind nicht immer eindeutig bestimmt

Ein Optimierungsproblem kann auch sehr viele verschiedene optimale Lösungen haben.

Beispiel Die Zielfunktion $z = 2x_1 + 2x_2$ mit den Nebenbedingungen

$$\begin{aligned} x_1 + 3x_2 &\le 6 \\ x_1 + x_2 &\le 4 \end{aligned}$$

hat die unendlich vielen Optimallösungen auf der Kante des beschränkten Gebietes in der x_1-x_2-Ebene (siehe Abb. 23.9). ◀

Eine optimale Lösung kann unter Umständen nicht realisiert werden

Bei den bisherigen Optimierungsproblemen haben wir bisher nicht gefordert, dass die Komponenten der optimalen Lösung etwa natürliche Zahlen sein sollten. Solche Forderungen kommen durchaus in der Praxis vor.

Beispiel Ein Reifenhersteller stellt zwei verschiedene Reifen aus unterschiedlichen Gummimischungen her. Für je ein Reifenset der Typen R_1 und R_2 werden dabei unterschiedliche Mengen der Rohstoffe A und B verwendet, von denen pro Monat eine gewisse Maximalkapazität zur Verfügung steht. Beim Verkauf eines Reifensets werden unterschiedliche Gewinne erzielt,

Tab. 23.3 Kapazitäten und pro Reifenset benötigte Mengeneinheiten der Rohstoffe und erzielte Verkaufsgewinne

	R_1	R_2	Kapazität
Rohstoff A (ME/Set)	1	2	70
Rohstoff B (ME/Set)	4	2	120
Gewinn (Euro/Set)	45	30	

die zusammen mit den anderen Daten in Tab. 23.3 aufgelistet sind.

Mathematisch gesehen ist also das Maximum der Funktion

$$z = 45x_1 + 30x_2$$

unter den Nebenbedingungen

$$\begin{aligned} x_1 + 2x_2 &\le 70 \\ 4x_1 + 2x_2 &\le 120 \\ x_1, x_2 &\ge 0 \end{aligned}$$

gesucht.

Die grafische Lösung ergibt, dass das Optimum der Funktion z bei

$$x_1 = \frac{50}{3},\ x_2 = \frac{80}{3}$$

liegt, was der Herstellung von $\frac{50}{3}$ Reifensets des Typs R_1 und $\frac{80}{3}$ Reifensets des Typs R_2 entspricht, die natürliche Forderung $x_1, x_2 \in \mathbb{N}$ wurde hierbei nicht berücksichtigt. ◀

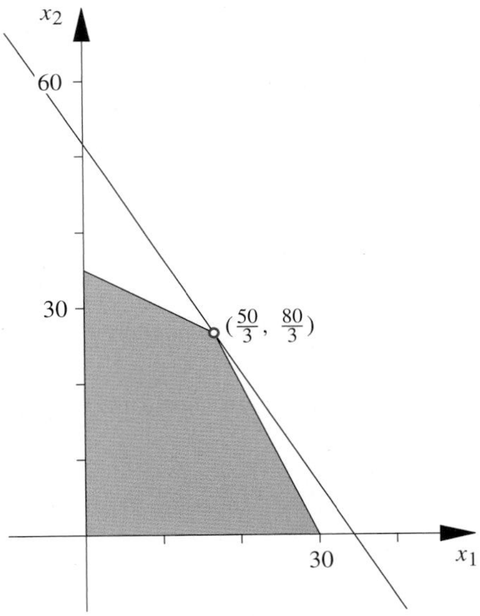

Abb. 23.10 Das Maximum der Funktion z von 1550 Euro wird in der Ecke $p = (\frac{50}{3}, \frac{80}{3})$ angenommen

Kommentar Im Allgemeinen ist es nicht die richtige Methode, die Forderung $x_1, x_2 \in \mathbb{N}$ nach Lösen eines linearen Optimierungsproblems zu stellen, also zu einer gefundenen reellen optimalen Lösung die *nächstgelegene* ganzzahlige Lösung als optimale Lösung zu wählen. Diese nächstgelegene ganzzahlige Lösung muss nicht optimal sein, sie kann unter Umständen sogar nicht einmal zulässig sein. Es gibt für solche Optimierungsprobleme eigene Methoden, sogar eine eigene Theorie, die *ganzzahlige Optimierung*. ◄

Wir werden im weiteren Verlauf dieses Kapitels Methoden und Kriterien entwickeln, anhand derer erkennbar ist, ob ein lineares Optimierungsproblem lösbar ist oder ob einer der genannten Spezialfälle vorliegt.

23.3 Definitionen und Theorie

Wir erklären nun, was wir unter (allgemeinen) *linearen Optimierungsproblemen* und unter *linearen Optimierungsproblemen in Standardform* verstehen und entwickeln ein Verfahren letztere, also *lineare Optimierungsprobleme in Standardform*, methodisch zu lösen. Auf der Website zum Buch ist ein Verfahren geschildert, wie man (allgemeine) lineare Optimierungsprobleme mithilfe verschiedener Hilfsgrößen auf solche in Standardform zurückführen kann. So kann man dann die jetzt zu entwickelnden Methoden anwenden, um optimale Lösungen allgemeiner linearer Optimierungsaufgaben zu bestimmen.

Ein lineares Optimierungsproblem in Standardform ist durch vier Bedingungen gegeben

Unsere bisher betrachteten *Optimierungsprobleme* waren von folgender allgemeinerer Form:

Sind $c_0, c_1, \ldots, c_n$ und $b_1, \ldots, b_m$ beliebige reelle Zahlen, $A = \begin{pmatrix} a_{11} & \cdots & a_{1n} \\ \vdots & & \vdots \\ a_{m1} & \cdots & a_{mn} \end{pmatrix} \in \mathbb{R}^{m \times n}$, so nennen wir die Suche nach einem Maximum oder Minimum, also kurz einem **Optimum**, einer Funktion

$$z = c_0 + c_1\,x_1 + \cdots + c_n\,x_n$$

unter den Nebenbedingungen

$$\begin{matrix} a_{11}\,x_1 + \cdots + a_{1n}\,x_n \lesseqqgtr b_1 \\ \vdots \qquad\qquad \vdots \qquad \vdots \\ a_{m1}\,x_1 + \cdots + a_{mn}\,x_n \lesseqqgtr b_m \end{matrix}$$

ein **lineares Optimierungsproblem**.

Einen Punkt $\boldsymbol{p} \in \mathbb{R}^n$, der sämtliche Nebenbedingungen erfüllt, nennen wir **zulässig**, die Menge $\boldsymbol{P} \subseteq \mathbb{R}^n$ aller zulässigen Punkte heißt **Zulässigkeitsbereich** (zu dem gegebenen linearen Optimierungsproblem). Und jeder Punkt $\boldsymbol{p} \in \boldsymbol{P}$ mit der Eigenschaft, dass $z(\boldsymbol{p})$ optimal, also minimal oder maximal, ist, heißt **optimale Lösung** des Optimierungsproblems.

Achtung Man unterscheide sorgfältig zwischen *optimaler Lösung* und *Optimum*: Es ist $\boldsymbol{p} \in \mathbb{R}^n$ die optimale Lösung und $z(\boldsymbol{p}) \in \mathbb{R}$ das Optimum. ◄

Wir betrachten nun neben diesen sehr allgemeinen linearen Optimierungsproblemen viel speziellere. Für diese speziellen linearen Optimierungsprobleme stellen wir die vier Forderungen:

- Gesucht ist nach einem Maximum anstelle eines Extremums.
- Alle $\lesseqqgtr$-Relationen sollen $\leq$-Relationen sein.
- Die reellen Zahlen $b_1, \ldots, b_m$ sollen positiv sein.
- Für alle Variablen sollen die **Nichtnegativitätsbedingungen** $x_1, \ldots, x_n \geq 0$ gelten.

Mit den Vektoren $\boldsymbol{x} = \begin{pmatrix} x_1 \\ \vdots \\ x_n \end{pmatrix}, \boldsymbol{c} = \begin{pmatrix} c_1 \\ \vdots \\ c_n \end{pmatrix} \in \mathbb{R}^n, \boldsymbol{b} = \begin{pmatrix} b_1 \\ \vdots \\ b_m \end{pmatrix} \in \mathbb{R}^m_{\geq 0}$ und der Matrix $\boldsymbol{A} \in \mathbb{R}^{m \times n}$ lässt sich das lineare Optimierungsproblem in Standardform vereinfacht darstellen.

Das lineare Optimierungsproblem in Standardform

Für $\boldsymbol{A} = (a_{ij}) \in \mathbb{R}^{m \times n}$, $\boldsymbol{x}, \boldsymbol{c} \in \mathbb{R}^n$, $c_0 \in \mathbb{R}$, $\boldsymbol{b} \in \mathbb{R}^m$ mit $\boldsymbol{b} \geq \boldsymbol{0}$ bestimme man das **Maximum** der Funktion

$$z = c_0 + \boldsymbol{c}^{\mathrm{T}}\boldsymbol{x}$$

unter den Nebenbedingungen

$$\boldsymbol{A}\,\boldsymbol{x} \leq \boldsymbol{b}$$

und den Nichtnegativitätsbedingungen

$$\boldsymbol{x} \geq \boldsymbol{0}\,.$$

(Die Ungleichungszeichen zwischen Vektoren sind komponentenweise gemeint.)

Die Funktion $z = c_0 + \boldsymbol{c}^{\mathrm{T}}\boldsymbol{x} = c_0 + c_1\,x_1 + \cdots + c_n\,x_n$ nennt man in diesem Zusammenhang auch **Zielfunktion**.

Selbstfrage 1

Wenn alle c_i kleiner oder gleich null sind – was ist dann eine Optimallösung des linearen Optimierungsproblems in Standardform?

Anhand des folgenden Beispiels eines linearen Optimierungsproblems in Standardform werden wir die allgemeine Lösungsmethode entwickeln.

Beispiel Die Aufgabe

$$\text{Maximiere } z = -4 + 2x_1 + 3x_2$$

unter den Nebenbedingungen und Nichtnegativitätsbedingungen

$$\begin{aligned} 2x_1 + 4x_2 &\leq 20 \\ 2x_1 + 2x_2 &\leq 12 \\ 4x_1 \quad\quad &\leq 16 \\ x_1, x_2 &\geq 0 \end{aligned}$$

ist ein lineares Optimierungsproblem in Standardform. ◀

Tatsächlich liefern praktische Aufgabenstellungen nicht immer lineare Optimierungsprobleme in dieser angegebenen Standardform. So sind etwa manche der b_i kleiner als null oder anstelle der Kleinergleichzeichen tauchen Größergleichzeichen oder Gleichheitszeichen auf. Wieso sollte man sich auch auf Maximierungsprobleme beschränken? Ein einfaches Beispiel eines (allgemeinen) linearen Optimierungsproblems ist das folgende.

Beispiel Ein Autohersteller will einen Dachträger aerodynamisch möglichst effizient an ein neues Modell anpassen. Dazu kann er die Positionen dreier Bauteile P_1, P_2 und P_3 verändern. Bezeichnen x_1, x_2 und x_3 die Verschiebung in cm des jeweiligen Bauteils aus seiner Standardposition, so sind diese Größen aufgrund äußerer Beschränkungen folgenden Bedingungen unterworfen:

$$\begin{aligned} &-x_1 + x_2 + x_3 = 4 \\ &x_1 \leq -2 \\ &x_2 \leq 5, \quad x_2 \geq 0 \\ &x_3 \leq 10, \quad x_3 \geq 0 \end{aligned}$$

Ein Test im Windkanal ergibt linear genähert folgende Abhängigkeit für den Luftwiderstandskoeffizienten in Promille,

$$z = -x_1 + 3x_2 + x_3 + 200\,.$$

Gesucht ist also ein Minimum der Funktion z unter den oben genannten Nebenbedingungen.

Dieses Problem wird im Bonusmaterial zu diesem Kapitel auf der Website gelöst. ◀

Bevor wir solche Optimierungsprobleme behandeln, entwickeln wir ein Lösungsverfahren für lineare Optimierungsprobleme in Standardform. Lineare Optimierungsprobleme, die nicht Standardform haben, werden wir dann mit Hilfsgrößen auf solche in Standardform zurückführen und diese dann mit den bereitgestellten Methoden lösen.

Die Menge der zulässigen Punkte ist ein Schnitt von Halbräumen

Wir betrachten das lineare Optimierungsproblem in Standardform

$$\text{Maximiere } z = c_0 + \boldsymbol{c}^{\mathrm{T}}\boldsymbol{x}$$

mit $c_0 \in \mathbb{R}$, $\boldsymbol{c}, \boldsymbol{x} \in \mathbb{R}^n$ unter den Nebenbedingungen

$$\boldsymbol{A}\,\boldsymbol{x} \leq \boldsymbol{b}$$

mit $\boldsymbol{A} \in \mathbb{R}^{m\times n}$ und $\boldsymbol{b} \in \mathbb{R}^m_{\geq 0}$ und den Nichtnegativitätsbedingungen

$$\boldsymbol{x} \geq \boldsymbol{0}\,.$$

Die m Nebenbedingungen und n Nichtnegativitätsbedingungen sind gegeben durch $m + n$ Ungleichungen.

Jede dieser Ungleichungen bestimmt einen *Halbraum* im $\mathbb{R}^n$, nämlich die Menge aller Lösungen dieser Ungleichung. In der Abb. 23.11 sind Halbräume des $\mathbb{R}^2$ eingetragen.

Der Rand der Halbräume, also die Punktmenge, die durch das Gleichheitszeichen anstelle des Ungleichheitszeichens definiert wird, ist eine Hyperebene im $\mathbb{R}^n$, im $\mathbb{R}^2$ eine Gerade, im $\mathbb{R}^3$ eine Ebene.

Der Zulässigkeitsbereich

$$\boldsymbol{P} = \{\boldsymbol{x} \in \mathbb{R}^n \mid \boldsymbol{A}\,\boldsymbol{x} \leq \boldsymbol{b},\, \boldsymbol{x} \geq \boldsymbol{0}\}$$

aller Punkte des $\mathbb{R}^n$, die alle Ungleichungen des linearen Optimierungsproblems erfüllen, ist der Durchschnitt der $m + n$ Halbräume, die durch die $m + n$ Ungleichungen $\boldsymbol{A}\,\boldsymbol{x} \leq \boldsymbol{b}, \boldsymbol{x} \geq \boldsymbol{0}$ definiert werden.

Jede **Facette** des Zulässigkeitsbereiches ist dabei durch die Gleichheit einer der $m + n$ Nebenbedingungen gegeben (siehe Abb. 23.12).

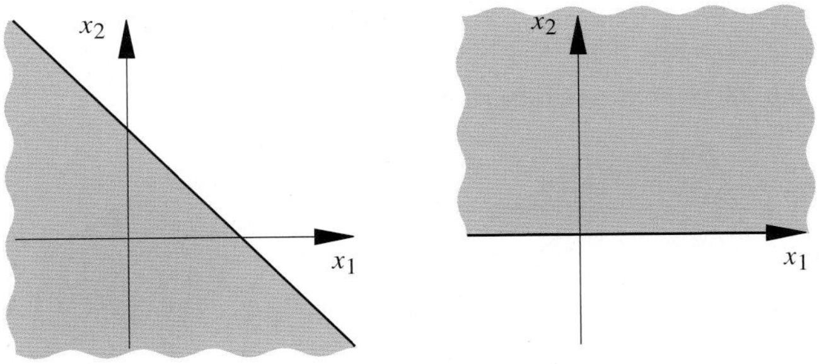

Abb. 23.11 Die Nebenbedingungen erklären Halbräume *unterhalb* einer Hyperebene, die Nichtnegativitätsbedingungen erklären Halbräume *oberhalb* von Koordinatenebenen

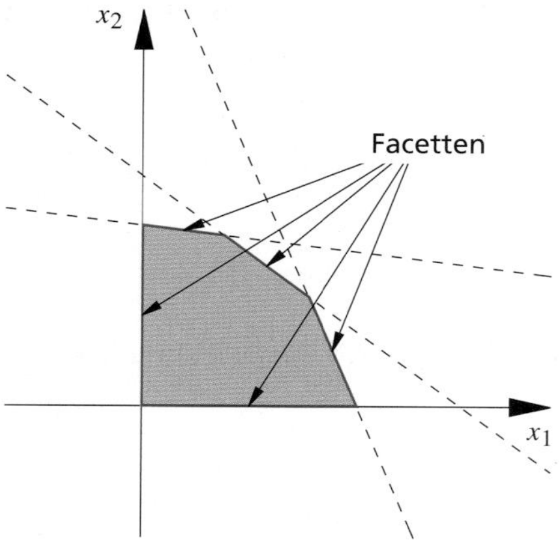

Abb. 23.12 Im $\mathbb{R}^2$ ist eine Facette ein Teil einer Geraden, im $\mathbb{R}^3$ ein Teil einer Ebene

Kommentar Etwas allgemeiner nennt man den Schnitt von endlich vielen Halbräumen einen **Polyeder**. Und unter einem **Polytop** versteht man einen beschränkten Polyeder. Siehe hierzu Abb. 23.13. ◄

Unter einer konvexen Menge verstehen wir eine Menge, die mit je zwei Punkten auch die Verbindungsstrecke zwischen den beiden Punkten enthält, siehe Abb. 23.14.

Salopp ausgedrückt haben konvexe Mengen keine Löcher oder Einbuchtungen.

Selbstfrage 2

Wieso können solche Einbuchtungen bei Schnittmengen von Halbräumen nicht vorkommen?

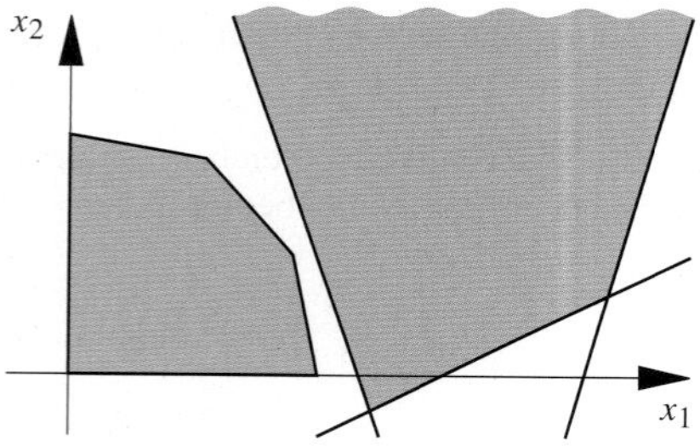

Abb. 23.13 Polytop und allgemeiner Polyeder

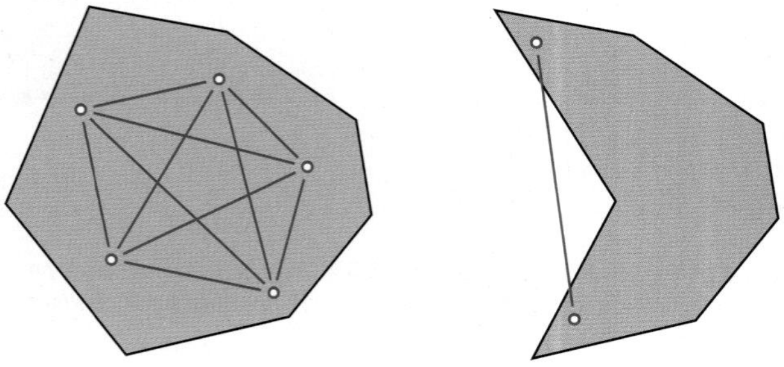

Abb. 23.14 Eine konvexe und eine nicht-konvexe Menge

Der Durchschnitt konvexer Mengen

Polyeder sind konvex, weil der Durchschnitt konvexer Mengen wieder eine konvexe Menge ist.

Diese Erkenntnis, nämlich dass Polyeder keine Einbuchtungen oder Löcher haben, wird bei unserem noch zu entwickelnden Lösungsverfahren linearer Optimierungsprobleme von fundamentaler Bedeutung sein.

Ecken im $\mathbb{R}^n$ sind bei Gleichheiten von mindestens n Ungleichungen gegeben

Im $\mathbb{R}^2$ ist eine Ecke als Schnittpunkt zweier (oder mehrerer) Hyperebenen, d. h. Geraden, gegeben. Im $\mathbb{R}^3$ ist eine Ecke ein Schnittpunkt dreier (oder mehrerer) Hyperebenen, d. h. Ebenen, gegeben (siehe Abb. 23.15).

Einen Punkt $\boldsymbol{p}$ eines Polyeders $\boldsymbol{P}$ nennt man eine **Ecke** von $\boldsymbol{P}$, wenn $\boldsymbol{p}$ nicht auf einer Geraden zwischen zwei anderen Punkten des Polyeders liegt.

Kennzeichnung von Ecken

Ist $\boldsymbol{P} \subset \mathbb{R}^n$ ein Polyeder eines linearen Optimierungsproblems mit m Nebenbedingungen, welche durch Ungleichungen gegeben sind, so erkennt man eine Ecke des Polyeders daran, dass unter den m Ungleichungen n (oder mehr) Gleichheit erfüllen.

Selbstfrage 3

Gab es bei den bisher behandelten Beispielen eines, bei dem eine optimale Lösung nicht in einer Ecke des zugehörigen Polyeders lag?

Bei der Lösungsfindung eines optimal lösbaren linearen Optimierungsproblems wird es uns letztlich nur auf die Ecken des zugehörigen Polyeders ankommen, weil wir in einer solchen eine optimale Lösung finden.

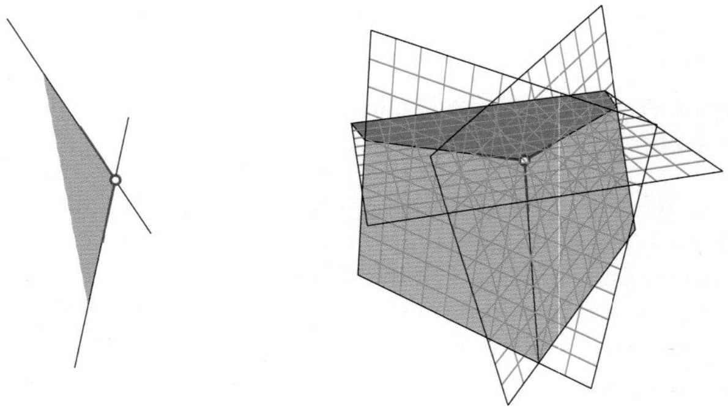

Abb. 23.15 Ecken sind Schnittpunkte von Hyperebenen

Teil III

Die Optimallösung liegt in einer Ecke des Polyeders

Was anschaulich im $\mathbb{R}^2$ bzw. $\mathbb{R}^3$ klar ist, gilt auch allgemein, auf einen Beweis dieser Tatsache verzichten wir.

Eine optimale Lösung liegt in einer Ecke

Wenn das lineare Optimierungsproblem in Standardform mit dem Polyeder $\boldsymbol{P}$ eine optimale Lösung besitzt, so wird mindestens eine optimale Lösung in einer Ecke von $\boldsymbol{P}$ angenommen.

Man kann sich also bei der Suche nach einer optimalen Lösung auf die Ecken beschränken. Nun kommt die Konvexität ins Spiel.

Hat man erstmal eine Ecke $\boldsymbol{p} = (l_1, \ldots, l_n)$ des Polyeders eines lösbaren linearen Optimierungsproblems gefunden, so vergleicht man den Wert $z(\boldsymbol{p})$ der Zielfunktion an dieser Ecke mit den Werten $z(\boldsymbol{p}')$ für die benachbarten Ecken $\boldsymbol{p}'$. Ist einer darunter größer, so wechselt man zu dieser Ecke und vergleicht wieder mit den benachbarten. Dieses Vorgehen, das Wechseln zu den höheren Werten, führt letztlich wegen der Konvexität des Polyeders zu dem größtmöglichen Wert.

Optimale Ecken

Eine Ecke $\boldsymbol{p}$ des Polyeders $\boldsymbol{P}$ eines linearen Optimierungsproblems ist genau dann eine optimale Lösung, wenn in allen Ecken $\boldsymbol{p}'$, die über eine Kante zu $\boldsymbol{p}$ führen,

$$z(\boldsymbol{p}') \leq z(\boldsymbol{p})$$

gilt.

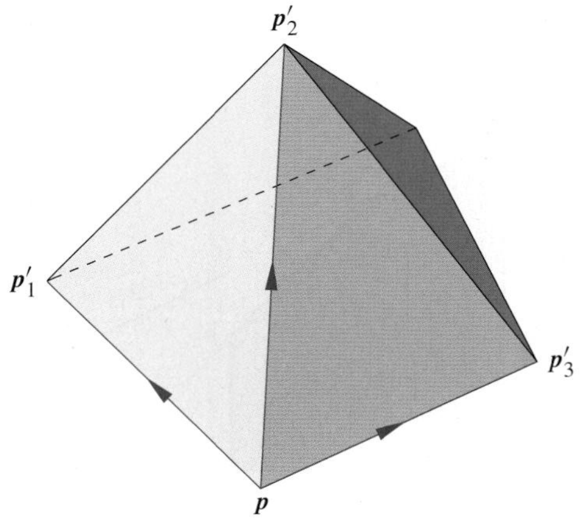

Abb. 23.16 Wenn in den benachbarten Ecken die Werte kleiner sind ($z(p'_1), z(p'_2), z(p'_3) \leq z(p)$), so hat man die optimale Lösung gefunden

Aber woran erkennt man nun rein algebraisch die Ecken des Polyeders?

Bevor wir uns darum kümmern, führen wir die Ungleichungen in Gleichungen über, sodass wir schließlich den Eliminationsalgorithmus von Gauß zum Wandern von Ecke zu Ecke benutzen können.

23.4 Wandern von Ecke zu Ecke

Wir geben eine *Beschreibung* der Ecken des Polyeders zu einem linearen Optimierungsproblem in Standardform mittels der Nebenbedingungen an. Dann begründen wir ein Verfahren, um entlang von Kanten des Polyeders von Ecke zu Ecke zu wandern.

Schlupfvariable machen aus Ungleichungen Gleichungen

Wir führen das lineare Ungleichungssystem

$$\boldsymbol{A}\,\boldsymbol{x} \leq \boldsymbol{b}$$

mit $\boldsymbol{A} \in \mathbb{R}^{m\times n}$ durch Einführung von zusätzlichen Variablen auf ein lineares Gleichungssystem zurück. Dazu betrachten wir die erste Zeile von $\boldsymbol{A}\,\boldsymbol{x} \leq \boldsymbol{b}$

$$a_{11}\,x_1 + \cdots + a_{1n}\,x_n \leq b_1\,.$$

Bezeichnet nun $x_{n+1} \geq 0$ eine nichtnegative Variable, so ist diese Ungleichung mit der linearen Gleichung

$$a_{11}\,x_1 + \cdots + a_{1n}\,x_n + x_{n+1} = b_1$$

gleichwertig. Die **Schlupfvariable** x_{n+1} gibt dabei an, um wie viel sich $a_{11}\,x_1 + \cdots + a_{1n}\,x_n$ und b_1 unterscheiden,

$$0 \leq x_{n+1} = b_1 - (a_{11}\,x_1 + \cdots + a_{1n}\,x_n)\,.$$

Wir führen nun für jede der m Zeilen des linearen Ungleichungssystems $\boldsymbol{A}\,\boldsymbol{x} \leq \boldsymbol{b}$ eine solche positive Schlupfvariable x_{n+i} ein und erhalten damit ein lineares Gleichungssystem mit m Zeilen in $n + m$ Variablen $x_1, \ldots, x_{n+m}$ mit $x_{n+1}, \ldots, x_{n+m} \geq 0$

$$\begin{array}{cccc} a_{11}\,x_1 + \cdots + a_{1n}\,x_n + x_{n+1} & & & = b_1 \\ \vdots & \vdots & \ddots & \vdots \\ a_{m1}\,x_1 + \cdots + a_{mn}\,x_n & & + x_{n+m} & = b_m \end{array}$$

und $x_1, \ldots, x_n, x_{n+1}, \ldots, x_{n+m} \geq 0$.

Beispiel Wir betrachten unsere Aufgabe

$$\text{Maximiere } z = -4 + 2x_1 + 3x_2$$

unter den Nebenbedingungen und Nichtnegativitätsbedingungen:

$$\begin{aligned} 2x_1 + \quad 4x_2 &\le 20 \\ 2x_1 + \quad 2x_2 &\le 12 \\ 4x_1 \qquad\quad &\le 16 \\ x_1,\, x_2 &\ge 0 \end{aligned}$$

Nach Einführung von Schlupfvariablen x_3, x_4, x_5 erhalten wir dann die neuen Bedingungen

$$\begin{aligned} 2x_1 + 4x_2 + x_3 \qquad\qquad &= 20 \\ 2x_1 + 2x_2 \qquad + x_4 \qquad &= 12 \\ 4x_1 \qquad\qquad\qquad + x_5 &= 16 \\ x_1,\, x_2,\, x_3,\, x_4,\, x_5 &\ge 0\,. \end{aligned}$$

◀

Der Schlupf x_{n+i} gibt an, inwieweit die i-te Nebenbedingung $a_{i1}\,x_1 + \cdots + a_{in}\,x_n \le b_i$ erfüllt ist. Ökonomisch betrachtet besagt ein kleiner Schlupf eine gute Ausnutzung der Kapazität.

Der Schlupf ist ein Maß für die Ausnutzung der Kapazität

Im Allgemeinen ist eine Nebenbedingung eines linearen Optimierungsproblems in Standardform durch Kapazitätsgrenzen von Maschinen, Arbeitszeiten oder Ähnlichem gegeben.

Ist also etwa der i-te Schlupf x_{n+i} gleich 0, so ist die i-te Nebenbedingung

$$a_{i1}\,x_1 + \cdots + a_{1n}\,x_n \le b_i$$

unseren linearen Optimierungsproblems in Standardform mit Gleichheit erfüllt. Diese Gleichheit beschreibt dann eine Sphäre des Polyeders, nämlich die Seite, die durch die i-te Nebenbedingung definiert wird. Ökonomisch entspricht diesem die volle Ausnutzung der Kapazität der i-ten Nebenbedingung.

Auf diese Art und Weise gelingt es nun, die Ecken des Polyeders durch *höherdimensionale* Koordinatenvektoren zu beschreiben. Wir führen dies an einem Beispiel vor.

Beispiel Wir betrachten die Ecken und Sphären des Polyeders zu dem linearen Optimierungsproblem in Standardform, für das wir bereits die Schlupfvariablen eingeführt haben,

$$\text{Maximiere } z = -4 + 2x_1 + 3x_2\,,$$

unter den Nebenbedingungen und Nichtnegativitätsbedingungen sowie den Schlupfvariablen x_3, x_4, x_5:

$$\begin{aligned} 2x_1 + 4x_2 + x_3 \qquad\qquad &= 20 \\ 2x_1 + 2x_2 \qquad + x_4 \qquad &= 12 \\ 4x_1 \qquad\qquad\qquad + x_5 &= 16 \\ x_1,\, x_2,\, x_3,\, x_4,\, x_5 &\ge 0\,. \end{aligned}$$

Die Eckpunkte sind dadurch bestimmt, dass (mindestens) je zwei Variablen den Wert 0 haben. Dahinter verbirgt sich die Tatsache, dass sich die zwei Halbräume zu den entsprechenden Neben- bzw. Nichtnegativitätsbedingungen schneiden.

Die Facetten des Polyeders sind dadurch gekennzeichnet, dass jeweils genau eine Variable den Wert 0 hat. Ist dies eine Schlupfvariable, so gehört die entsprechende Sphäre zu einer Nebenbedingung. Ist die Variable hingegen keine Schlupfvariable, so gehört die entsprechende Sphäre zu den Nichtnegativitätsbedingungen, diese Sphären liegen auf den Koordinatenachsen. ◀

Kommentar Die *Ecke* $\boldsymbol{p} = (0, 0, 20, 12, 16)^{\mathrm{T}}$ des Polyeders beschreibt ökonomisch jenen zulässigen Punkt, in dem nichts produziert wird, es gilt $x_1 = 0 = x_2$. Der Schlupf hat an dieser Stelle für alle Schlupfvariablen den maximalen Wert. ◀

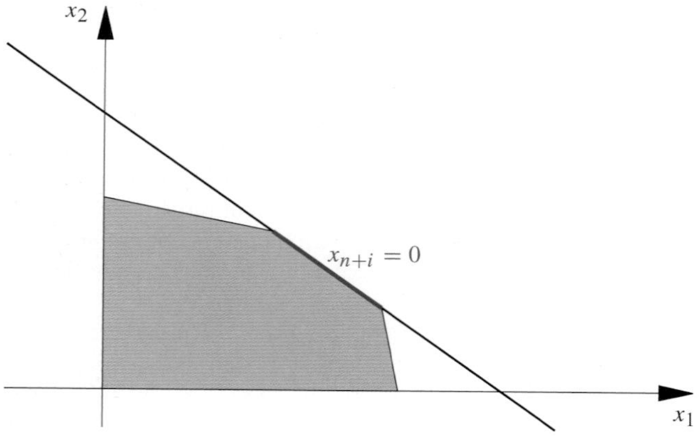

Abb. 23.17 Eine Facette des Polyeders ist durch Gleichheit der entsprechenden Nebenbedingung gegeben, d. h., die zugehörige Schlupfvariable hat den Wert 0

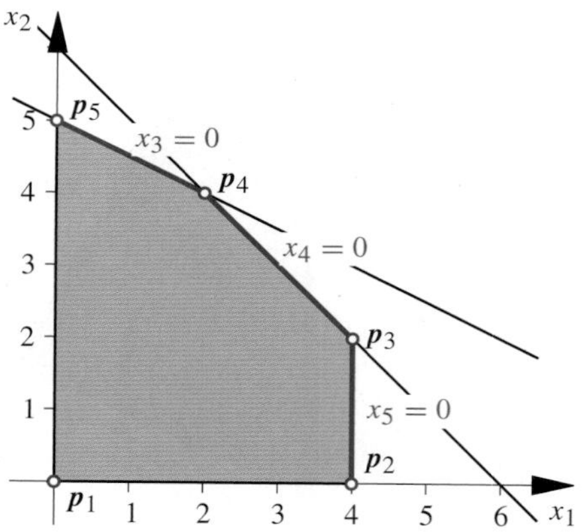

Abb. 23.18 Es sind $\boldsymbol{p}_1, \ldots, \boldsymbol{p}_5$ die Ecken in erweiterten Koordinaten, jeder solche Koordinatenvektor hat dabei zwei Nullen als Komponenten

Wir halten dieses anschaulich klare Ergebnis fest.

Die Ecken haben n Nullen als Komponenten

Ist ein lineares Optimierungsproblem in Standardform in n Variablen und m Ungleichungen $\boldsymbol{A}\,\boldsymbol{x} \leq \boldsymbol{b}$ gegeben, so beschreibt eine Lösung $\boldsymbol{p} \in \mathbb{R}_{\geq 0}^{n+m}$ des Gleichungssystems

$$\left(\begin{array}{cccccc|c} a_{11} & \cdots & a_{1n} & 1 & & & b_1 \\ \vdots & & \vdots & & \ddots & & \vdots \\ a_{m1} & \cdots & a_{mn} & & & 1 & b_m \end{array}\right)$$

eine Ecke, wenn der Vektor $\boldsymbol{p} \in \mathbb{R}_{\geq 0}^{n+m}$ mindestens n Nullen hat.

Achtung Beschreibt

$$\boldsymbol{p} = (p_1, \ldots, p_n, p_{n+1}, \ldots, p_{n+m}) \in \mathbb{R}_{\geq 0}^{n+m}$$

eine Ecke, so besagt dies, dass die Ecke des Polyeders der Punkt $(p_1, \ldots, p_n) \in \mathbb{R}^n$ ist. Wir unterscheiden nicht zwischen diesen und nennen auch $\boldsymbol{p} \in \mathbb{R}_{\geq 0}^{n+m}$ eine Ecke des Polyeders. ◄

Wir haben die Ecken aus der grafischen Lösung bestimmt. Aber tatsächlich gelingt dies auch ohne Heranziehen grafischer Methoden.

Ecken findet man unter den Lösungen des Gleichungssystems, welche mindestens n Komponenten mit Wert 0 haben

Eine Lösung des linearen Gleichungssystems

$$\left(\begin{array}{ccccc|c} 2 & 4 & 1 & 0 & 0 & 20 \\ 2 & 2 & 0 & 1 & 0 & 12 \\ 4 & 0 & 0 & 0 & 1 & 16 \end{array}\right)$$

erkennt man sofort, nämlich $\boldsymbol{p}_1 = (0, 0, 20, 12, 16)^{\mathrm{T}}$ (siehe Abb. 23.18). Dass man diese sofort erkennt, liegt an der einfachen Gestalt der Koeffizientenmatrix. Drei Spaltenvektoren sind Einheitsvektoren. Für die zu den drei Einheitsvektoren gehörenden Variablen x_3, x_4 und x_5 setze man die jeweilige rechte Seite des Gleichungssystems ein, alle anderen Variablen setze man gleich null.

Wir suchen eine weitere Lösung, in der mindestens zwei Komponenten gleich null sind – wir interessieren uns ja für die Lösungen, die Ecken sind, und nicht für beliebige Lösungen. Dazu formen wir die erweiterte Koeffizientenmatrix mittels elementarer Zeilenumformungen um. Dabei ändert sich bekanntlich die Lösungsmenge nicht. Wir konzentrieren uns auf die zweite Spalte. Wir multiplizieren die erste Zeile mit $1/4$ und addieren dann zur zweiten Zeile das (-2)-fache der neuen ersten Zeile, um einen Einheitsvektor in der zweiten Spalte zu erzeugen:

$$\left(\begin{array}{ccccc|c} 2 & 4 & 1 & 0 & 0 & 20 \\ 2 & 2 & 0 & 1 & 0 & 12 \\ 4 & 0 & 0 & 0 & 1 & 16 \end{array}\right) \to \left(\begin{array}{ccccc|c} 1/2 & 1 & 1/4 & 0 & 0 & 5 \\ 1 & 0 & -1/2 & 1 & 0 & 2 \\ 4 & 0 & 0 & 0 & 1 & 16 \end{array}\right)$$

Wieder erkennt man eine Lösung sofort, nämlich $\boldsymbol{p}_5 = (0, 5, 0, 2, 16)^{\mathrm{T}}$ (siehe Abb. 23.18), dazu gehört der Punkt $(0, 5)^{\mathrm{T}} \in \mathbb{R}^2$ des zugehörigen Polyeders.

Wir sind bei diesem Schritt eine Ecke weiter gewandert. Erzeugt man in einer Spalte einen neuen Einheitsvektor, so bleiben zwei der bestehenden drei Einheitsvektoren unverändert – dies besagt, dass man entlang einer *Kante* zur nächsten Ecke wandert.

Anwendungsbeispiel Wir interpretieren diesen Schritt ökonomisch: Das Produkt P_2 wird in der Ecke $\boldsymbol{p}_1 = (0, 0, 20, 12, 16)^{\mathrm{T}}$ nicht produziert. Der Übergang zur Ecke $\boldsymbol{p}_5 = (0, 5, 0, 2, 16)^{\mathrm{T}}$ besagt, dass das Produkt P_2 bis zur Auslastung der durch die erste Nebenbedingung gegebenen Kapazität produziert wird. Hierbei wird aber nach wie vor das Produkt P_1 nicht produziert. Daher ist auch der Schlupf zur dritten Nebenbedingung maximal, nämlich gleich 16, da die dritte Nebenbedingung nur an x_1 gerichtet ist. ◄

Da sich die Lösungsmenge eines linearen Gleichungssystems bei elementaren Zeilenumformungen nicht ändert, haben wir mit dem Algorithmus von Gauß eine Methode zur Hand, um von Ecke zu Ecke des Polyeders eines linearen Optimierungsproblems mit m Nebenbedingungen $\boldsymbol{A}\,\boldsymbol{x} \leq \boldsymbol{b}$ wandern zu können. Von der Ausgangssituation

$$\left(\begin{array}{cccccc|c} a_{11} & \cdots & a_{1n} & 1 & & & b_1 \\ \vdots & & \vdots & & \ddots & & \vdots \\ a_{m1} & \cdots & a_{mn} & & & 1 & b_m \end{array}\right)$$

mit der Lösung bzw. Ecke $(0, \ldots, 0, b_1, \ldots, b_m)$ ausgehend, gelangt man in eine weitere Ecke, indem man durch elementare Zeilenumformungen einen der ersten n Spaltenvektoren zu einem Einheitsvektor umformt. Nach einem solchen **Simplexschritt** enthalten die Spalten der Koeffizientenmatrix wieder m Einheitsvektoren, und aus diesem Gleichungssystem ist nun eine weitere Lösung bzw. Ecke ablesbar. So fortfahrend kann man die Ecken des Polyeders durchwandern. Wir werden dies gleich an unserem Beispiel vorführen.

Eine offene Frage ist, mit welcher Spalte und auch mit welcher Zeile man beginnen sollte. Blickt man auf unsere Zielfunktion $z = -4 + 2\,x_1 + 3\,x_2$, so scheint die Wahl der zweiten Spalte plausibel, da ökonomisch betrachtet, der höhere Koeffizient 3 einen *höheren* Gewinn bei der Produktion des Produktes P_2 repräsentiert. So haben wir das auch im ersten Simplexschritt gemacht.

Tatsächlich aber ist die Wahl mit Bedacht zu treffen, wir werden darauf bald genauer eingehen.

Die letzte Zeile des Simplextableaus bilden die Koeffizienten der Zielfunktion

Wie erfährt man eigentlich, welcher Gewinn an welcher Ecke erzielt wird? Man muss die Koordinaten der Ecke in die Zielfunktion einsetzen. In unserem obigen Beispiel erhalten wir

$$z((0,0)^{\mathrm{T}}) = -4 \quad \text{und} \quad z((0,5)^{\mathrm{T}}) = 11\,,$$

also ist der Gewinn in der Ecke $\boldsymbol{p}_5$ größer.

Tatsächlich erhalten wir die Werte der Zielfunktion noch viel einfacher. Nicht nur das: Wir führen die Koeffizienten der Zielfunktion bei jedem Simplexschritt mit, zum einen erhalten wir so stets den Wert der Zielfunktion an der betrachteten Ecke, zum anderen zeigen die Koeffizienten an, durch welche Spaltenwahl, der Wert noch vergrößert werden kann.

Wir notieren das erste **Simplextableau**. Das ist die erweiterte Koeffizientenmatrix inklusive der Koeffizienten der Zielfunktion $z = 2x_1 + 3x_2 + 0x_3 + 0x_4 + 0x_5 - 4$ als letzte abgesetzte Zeile für unser Beispiel, wobei wir die Konstante -4 auf die rechte Seite bringen – dadurch wird sie positiv:

$$\begin{array}{ccccc|c} 2 & 4 & 1 & 0 & 0 & 20 \\ 2 & 2 & 0 & 1 & 0 & 12 \\ 4 & 0 & 0 & 0 & 1 & 16 \\ \hline 2 & 3 & 0 & 0 & 0 & 4 \end{array}$$

Dies suggeriert, dass wir auch auf die Koeffizienten der Zielfunktion die entsprechenden Zeilenumformungen anwenden wollen. Das ist auch tatsächlich so. Durch die entsprechende Umformung wird der Wert der Zielfunktion in den Punkten des Zulässigkeitsbereichs nicht geändert, da der Zulässigkeitsbereich gerade durch die Einhaltung der ersten drei Gleichungen des Simplextableaus beschrieben wird. Mithin entspricht eine solche Zeilenumformung der Addition und gleichzeitigen Subtraktion einer Konstanten in der Zielfunktion, die deren Wert selbstverständlich nicht ändert (Subtraktion deshalb, weil der in der rechten Spalte des Simplextableaus stehende negative konstante Teil der Zielfunktion durch die Umformung erhöht wird). Vielmehr wird die Gestalt der Zielfunktion dadurch an die entsprechende Ecke angepasst, was das weitere Vorgehen erheblich erleichtert.

Um nun um eine Ecke weiterzuwandern, führen wir einen Simplexschritt aus. Als Ausgangsspalte wählen wir nun rein willkürlich die erste Spalte. Tatsächlich ist nun die Zeilenwahl, d. h. die Wahl des Koeffizienten, der auf 1 normiert wird, nicht willkürlich möglich. Wir zeigen dies zuerst an einem Beispiel.

Wir wählen den Koeffizienten der ersten Spalte und ersten Zeile, tragen diesen blau ein und führen einen Simplexschritt durch, d. h., durch elementare Zeilenumformungen machen wir die erste Spalte zu einem Einheitsvektor $\boldsymbol{e}_1 \in \mathbb{R}^4$:

$$\begin{array}{ccccc|c} \mathbf{2} & 4 & 1 & 0 & 0 & 20 \\ 2 & 2 & 0 & 1 & 0 & 12 \\ 4 & 0 & 0 & 0 & 1 & 16 \\ \hline 2 & 3 & 0 & 0 & 0 & 4 \end{array} \;\to\; \begin{array}{ccccc|c} 1 & 2 & 1/2 & 0 & 0 & 10 \\ 0 & -2 & -1 & 1 & 0 & -8 \\ 0 & -8 & -2 & 0 & 1 & -24 \\ \hline 0 & -1 & -1 & 0 & 0 & -16 \end{array}$$

Dies führt zu der falschen *Ecke* $(10, 0, 0, -8, -24)$ außerhalb unseres Polyeders (siehe Abb. 23.18).

Wie wir innerhalb des Polyeders bleiben ist nun klar: Der Schlupf darf nicht negativ werden, ein negativer Schlupf nämlich bedeutet ein Nichterfüllen einer Nebenbedingung. Dies führt zu folgender Zwangsbedingung bei der Zeilenwahl.

Engpassbedingung

Hat man eine Spalte j gewählt, so wähle man jene Zeile i, sodass der Quotient aus dem konstanten Glied b_i und a_{ij} positiv und minimal ist.

Man nennt diese Bedingung auch **Engpassbedingung**.

Kommentar Auf den Fall, dass mehrere Zeilen i mit gleichem minimalen b_i/a_{ij} existieren gehen wir auf S. 855 ein. ◄

In unserem Beispiel haben wir der Reihe nach in den drei Zeilen der ersten Spalte die drei Quotienten

$$20/2 = 10,\ 12/2 = 6,\ 16/4 = 4\,.$$

Also muss die Wahl auf die dritte Zeile fallen, nur so bleiben alle Schlüpfe positiv. Wir erhalten nun in einem korrekten Simplexschritt, wobei wir die dritte Zeile mit $1/4$ multiplizieren und mit der so entstehenden 1 Nullen an den anderen Stellen der ersten Spalte erzeugen:

$$\begin{array}{ccccc|c} 2 & 4 & 1 & 0 & 0 & 20 \\ 2 & 2 & 0 & 1 & 0 & 12 \\ \mathbf{4} & 0 & 0 & 0 & 1 & 16 \\ \hline 2 & 3 & 0 & 0 & 0 & 4 \end{array} \;\to\; \begin{array}{ccccc|c} 0 & 4 & 1 & 0 & -1/2 & 12 \\ 0 & 2 & 0 & 1 & -1/2 & 4 \\ 1 & 0 & 0 & 0 & 1/4 & 4 \\ \hline 0 & 3 & 0 & 0 & -1/2 & -4 \end{array}$$

Das liefert die Ecke $\boldsymbol{p}_2 = (4, 0, 12, 4, 0)^{\mathrm{T}}$ unseres Polyeders mit dem Zielfunktionswert $z(\boldsymbol{p}_2) = 4$ (siehe Abb. 23.19).

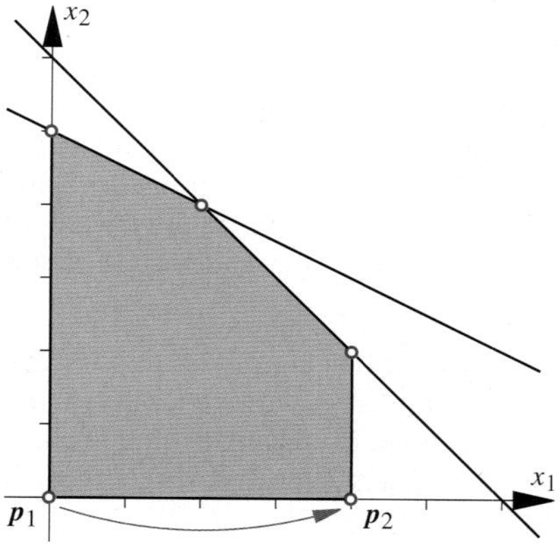

Abb. 23.19 Wir wandern vom Ursprung $\boldsymbol{p}_1$ zur Ecke $\boldsymbol{p}_2$

Man nennt die Spalte, die man zu einem Simplexschritt gewählt hat, auch **Pivotspalte**, ebenso die gewählte Zeile **Pivotzeile** und schließlich den Koeffizienten an der Kreuzstelle von Pivotspalte und Pivotzeile **Pivotelement**.

Sind die Koeffizienten der Zielfunktionszeile alle negativ, so befinden wir uns in der optimalen Lösung

Um nun Simplexschritte einzuüben, wandern wir nun durch sämtliche Ecken des Polyeders. Ausgehend von der letzten Ecke $\boldsymbol{p}_2 = (4, 0, 12, 4, 0)^{\mathrm{T}}$, versuchen wir nun weiter zu dem Punkt $\boldsymbol{p}_3$ zu wandern. Um zu $\boldsymbol{p}_3 = (4, 2, 4, 0, 0)^{\mathrm{T}}$ zu gelangen, muss die zweite Spalte *normiert* werden, also ist die zweite Spalte die Pivotspalte. Die Engpassbedingung erzwingt hierfür wegen

$$12/4 = 3 \text{ und } 4/2 = 2$$

die Wahl der zweiten Zeile als Pivotzeile. Multiplikation dieser zweiten Zeile mit $1/2$ und Erzeugung eines Einheitsvektors mit der entstehenden 1 in der Pivotspalte liefert ein neues Tableau mit einer zugehörigen neuen Ecke:

0	4	1	0	−1/2	12
0	**2**	0	1	−1/2	4
1	0	0	0	1/4	4
0	3	0	0	−1/2	−4

→

0	0	1	−2	1/2	4
0	1	0	1/2	−1/4	2
1	0	0	0	1/4	4
0	0	0	−3/2	1/4	−10

Und tatsächlich ist die zugehörige Ecke $\boldsymbol{p}_3 = (4, 2, 4, 0, 0)^{\mathrm{T}}$ mit dem erneut verbesserten Zielfunktionswert $z(\boldsymbol{p}_3) = 10$.

Nun wollen wir einen weiteren Schritt tun, um zur Ecke $\boldsymbol{p}_4 = (2, 4, 0, 0, 8)^{\mathrm{T}}$ zu gelangen. Die Ecke $\boldsymbol{p}_4$ ist durch das Verschwinden der Schlupfvariablen x_3 und x_4 gekennzeichnet. Also fällt die Wahl der Pivotspalte im letzten Tableau auf die fünfte Spalte. Die Engpassbedingung liefert die Wahl der ersten Zeile als Pivotzeile:

0	0	1	−2	**1/2**	4
0	1	0	1/2	−1/4	2
1	0	0	0	1/4	4
0	0	0	−3/2	1/4	−10

→

0	0	2	−4	1	8
0	1	1/2	−1/2	0	4
1	0	−1/2	1	0	2
0	0	−1/2	−1/2	0	−12

Wir erhalten als Lösung die Ecke $\boldsymbol{p}_4 = (2, 4, 0, 0, 8)^{\mathrm{T}}$ mit dem erneut verbesserten Zielfunktionswert $z(\boldsymbol{p}_4) = 12$.

Es ist nun natürlich möglich, in einem weiteren Schritt zur Ecke $\boldsymbol{p}_5 = (0, 5, 0, 2, 16)^{\mathrm{T}}$ zu gelangen.

Selbstfrage 4

Welche Spalte muss man nun normieren, um zur Ecke $\boldsymbol{p}_5$ zu gelangen?

Wir wollen vom ersten Tableau ausgehend, also von der Ecke $\boldsymbol{p}_1$, zur Ecke $\boldsymbol{p}_5$ wandern. Im Ausgangstableau wählen wir dazu die zweite Spalte als Pivotspalte und die erste Zeile als Pivotzeile und führen einen Simplexschritt durch:

2	**4**	1	0	0	20
2	2	0	1	0	12
4	0	0	0	1	16
2	3	0	0	0	4

→

1/2	1	1/4	0	0	5
1	0	−1/2	1	0	2
4	0	0	0	1	16
1/2	0	−3/4	0	0	−11

Der Wert der Zielfunktion an dieser zugehörigen Ecke $\boldsymbol{p}_5 = (0, 5, 0, 2, 16)^{\mathrm{T}}$ ist $z(\boldsymbol{p}_5) = 11$, das Negative des rechten unteren Eintrages – wie bei allen anderen Tableaus auch.

Damit haben wir bereits die optimale Lösung bestimmt, da wir die Werte aller Eckpunkte ermittelt haben: Es ist $\boldsymbol{p}_4 = (2, 4, 0, 0, 8)^{\mathrm{T}}$ die optimale Lösung mit dem maximalen Wert $z(\boldsymbol{p}_4) = 12$.

Wir gehen dennoch in einem weiteren Schritt zur Ecke $\boldsymbol{p}_4$ im Uhrzeigersinn, dazu normieren wir die erste Spalte unter Berücksichtigung der Engpassbedingung:

1/2	1	1/4	0	0	5
1	0	−1/2	1	0	2
4	0	0	0	1	16
1/2	0	−3/4	0	0	−11

→

0	1	1/2	−1/2	0	4
1	0	−1/2	1	0	2
0	0	2	−4	1	8
0	0	−1/2	−1/2	0	−12

Dieses Simplextableau mit der zugehörigen Ecke $\boldsymbol{p}_4 = (2, 4, 0, 0, 8)^{\mathrm{T}}$ unterscheidet sich von dem vorherigen, aber es fallen dennoch zwei Dinge auf:

- Der Wert der Zielfunktion $z(\boldsymbol{p}_4)$ ist wieder das Negative des rechten unteren Eintrages.
- Alle Koeffizienten der Zeile zu den Koeffizienten der Zielfunktion sind negativ.

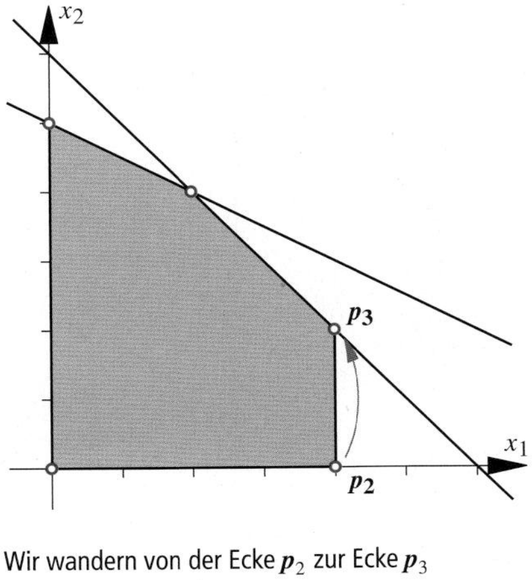

Abb. 23.20 Wir wandern von der Ecke $\boldsymbol{p}_2$ zur Ecke $\boldsymbol{p}_3$

Dies gilt tatsächlich viel allgemeiner:

Optimalitätskriterium

Ist

$$\begin{array}{ccc|c} * & \cdots & * & * \\ \vdots & & \vdots & \vdots \\ * & \cdots & * & * \\ \hline \alpha_1 & \cdots & \alpha_{m+n} & \alpha \end{array}$$

das Simplextableau zu einer Ecke $\boldsymbol{p} \in \mathbb{R}^{n+m}_{\geq 0}$ des zu einem linearen Optimierungsproblem gehörigen Polyeders, so ist $-\alpha$ der Zielfunktionswert $z(\boldsymbol{p})$ in dieser Ecke.

Dieser kann verbessert werden, wenn eines der α_i positiv ist. Man wähle hierzu die i-te Spalte als Pivotspalte.

Die Ecke $\boldsymbol{p}$ ist dann eine optimale Lösung, wenn

$$\alpha_1, \ldots, \alpha_{m+n} \leq 0$$

gilt, es ist in diesem Fall $-\alpha$ das Maximum der Zielfunktion.

Dass der Zielfunktionswert bei einem positiven α_i weiter verbessert werden kann, ist leicht einsichtig: In diesem Fall wird bei einem Pivotschritt mit der Wahl der i-ten Spalte als Pivotspalte α_i zu null gemacht. Also wird zu dem Zielfunktionswert α eine negative Größe addiert, also der Zielfunktionswert $-\alpha$ erhöht.

Wir behandeln auf S. 853 ausführlich ein weiteres Beispiel.

23.5 Das Simplexverfahren

Beim *Simplexverfahren* zur Lösung linearer Optimierungsprobleme in Standardform wandert man von einer Ecke des zugehörigen Polyeders zu einer weiteren Ecke des Polyeders, wobei sich der Zielfunktionswert verbessert. Das Verfahren endet in der optimalen Lösung, sofern diese existiert.

Streng genommen liefern unsere bisherigen Überlegungen noch keinen Algorithmus, da wir uns noch nicht auf eine Pivotspaltenwahl geeinigt haben. Wir zeigen vorab, dass diese Wahl nicht ganz einfach ist, dies liegt an den sogenannten *entarteten* Ecken.

Entartete Ecken haben mehr Nullen als notwendig

Es kann der Fall eintreten, dass bei einem Simplexschritt sich zwar das Tableau, aber nicht die zugehörige Ecke ändert: Man bleibt in der Ecke *hängen*, und damit bleibt auch der Zielfunktionswert gleich. Dahinter stecken letztlich *entartete Ecken*. Wir betrachten den Fall einer solchen *Entartung*.

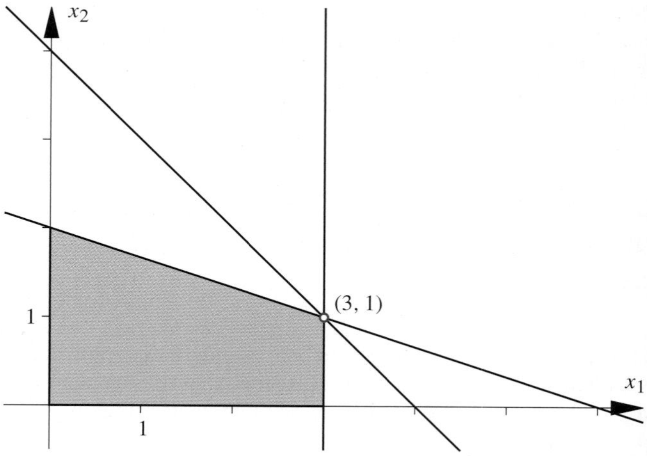

Abb. 23.21 Die Ecke $(3,\ 1)$ ist Schnittpunkt dreier Geraden

Eine Ecke im $\mathbb{R}^n$ ist der Schnitt von n oder mehr Hyperebenen. So kann eine Ecke im $\mathbb{R}^2$ auch Schnittpunkt dreier Geraden sein. So wird etwa die Ecke $(3,\ 1)^{\mathrm{T}}$ durch die drei Nebenbedingungen

$$\begin{aligned} x_1 + 3\,x_2 &\leq 6 \\ x_1 + x_2 &\leq 4 \\ x_1 &\leq 3 \end{aligned}$$

erzeugt, siehe Abb. 23.21.

Allgemeiner nennen wir eine Ecke im $\mathbb{R}^n$ **entartet**, wenn sie Schnittpunkt von echt mehr als n Hyperebenen ist.

Im $\mathbb{R}^2$ tritt keine *echte* Entartung auf, weil redundante Gleichungen einfach weggelassen werden können, im $\mathbb{R}^3$ ist dies bereits anders (siehe Abb. 23.22).

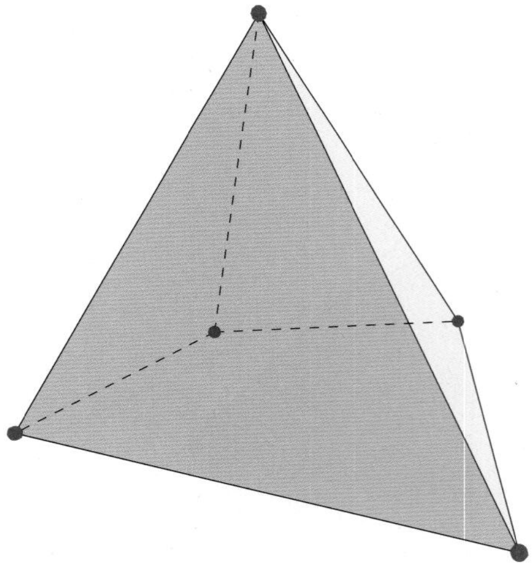

Abb. 23.22 Eine Pyramide mit viereckiger Fläche hat eine entartete und vier nichtentartete Ecken

Beispiel: Maximierung des Verkaufserlöses

Ein Kaffeeröster bezieht drei verschiedene Sorten Kaffee aus (A) Kuba, (B) Brasilien und (C) Costa Rica. Aufgrund seiner Abnahmeverträge stehen ihm davon wöchentlich maximal 380 kg des kubanischen, 280 kg des brasilianischen und 200 kg des costaricanischen Kaffees zur Verfügung. Aus diesen drei Kaffeesorten stellt der Röster die zwei Kaffeemischungen „Cuba's Best" und „Hallo Wach!" her, wobei „Cuba's Best" zu 60% aus Sorte A und zu je 20% aus den Sorten B und C sowie „Hallo Wach!" zu 20% aus Sorte A, zu 50% aus Sorte B und zu 30% aus Sorte C besteht. Der Röster verkauft den Kaffee in Einheiten zu je 10 kg an seine Kunden, wobei er mit dem Verkauf von 10 kg der Mischung „Cuba's Best" 8 Euro, mit dem Verkauf von 10 kg der Mischung „Hallo Wach!" 16 Euro Gewinn macht und monatliche Fixkosten in Höhe von 500 Euro zu veranschlagen sind. Maximal können pro Woche 600 kg „Cuba's Best" und 500 kg „Hallo Wach!" abgesetzt werden. Wie viel der beiden Mischungen muss der Kaffeeröster wöchentlich produzieren, um den Gesamtgewinn zu maximieren?

Problemanalyse und Strategie: Wir formulieren das Problem als lineares Optimierungsproblem und lösen dieses sowohl grafisch als auch mit der eben entwickelten algorithmischen Methode.

Lösung: Bezeichnen x_1 und x_2 die Anzahl der produzierten 10-kg-Einheiten der Mischungen „Cuba's Best" und „Hallo Wach!", so liegt das folgende lineare Optimierungsproblem in Standardform vor. Maximiere die Zielfunktion $z = 8x_1 + 16x_2 - 500$ unter den Nebenbedingungen:

$$\begin{aligned} x_1 \qquad &\le 60 \\ x_2 &\le 50 \\ 6x_1 + 2x_2 &\le 380 \\ 2x_1 + 5x_2 &\le 280 \\ 2x_1 + 3x_2 &\le 200 \\ x_1, x_2 &\ge 0 \end{aligned}$$

Zunächst gehen wir algorithmisch vor. Das erste Simplextableau lautet:

1	0	1	0	0	0	0	60
0	**1**	0	1	0	0	0	50
6	2	0	0	1	0	0	380
2	5	0	0	0	1	0	280
2	3	0	0	0	0	1	200
8	16	0	0	0	0	0	500

Wir wählen die zweite Spalte als Pivotspalte und aufgrund der Engpassbedingung die zweite Zeile als Pivotzeile. Nun wird durch Zeilenumformungen ein Einheitsvektor in der zweiten Spalte erzeugt:

1	0	1	0	0	0	0	60
0	1	0	1	0	0	0	50
6	0	0	−2	1	0	0	280
2	0	0	−5	0	1	0	30
2	0	0	−3	0	0	1	50
8	0	0	−16	0	0	0	−300

Durch Wahl der ersten Spalte als Pivotspalte kann der Zielfunktionswert weiter verbessert werden. Die Engpassbedingung liefert die vierte Zeile als Pivotzeile. Wir multiplizieren die vierte Zeile mit $\frac{1}{2}$ und erzeugen in der ersten Spalte einen Einheitsvektor:

0	0	1	5/2	0	−1/2	0	45
0	1	0	1	0	0	0	50
0	0	0	13	1	−3	0	190
1	0	0	−5/2	0	1/2	0	15
0	0	0	**2**	0	−1	1	20
0	0	0	4	0	−4	0	−420

Da wir noch keine optimale Ecke erreicht haben, müssen wir noch einen Simplexschritt vollziehen. Als Pivotelement ergibt sich aus Optimalitätskriterium und Engpassbedingung das Element in der vierten Spalte und der fünften Zeile. Wieder wird die Zeile mit $\frac{1}{2}$ multipliziert, sodass eine 1 entsteht, und dann der zugehörige Einheitsvektor in der vierten Spalte erzeugt, wodurch folgendes Tableau entsteht:

0	0	1	0	0	3/4	−5/4	20
0	1	0	0	0	1/2	−1/2	40
0	0	0	0	1	7/2	−13/2	60
1	0	0	0	0	−3/4	5/4	40
0	0	0	1	0	−1/2	1/2	10
0	0	0	0	0	−2	−2	−460

Das Optimalitätskriterium ist erfüllt, die zugehörige Ecke $\boldsymbol{p} = (40, 40, 20, 10, 60, 0, 0)^T$ ist also optimal. Interpretiert man dieses Ergebnis, so ergibt sich, dass der Kafferöster mit der Produktion von je 40 Einheiten beider Kaffeesorten den optimalen Gewinn von 460 Euro pro Woche erzielt. Die Werte der Schlupfvariablen in der Ecke enthalten dabei einige Zusatzinformationen: Es könnten wöchentlich noch 20 Einheiten der Mischung „Cuba's Best" und 10 Einheiten der Mischung „Hallo Wach!" mehr verkauft werden. Vom kubanischen Kaffee stünden noch 60 kg mehr zur Verfügung, während die Lieferkapazitäten der beiden anderen Sorten vollständig ausgenutzt werden.

Die grafische Lösung führt auf dasselbe Ergebnis:

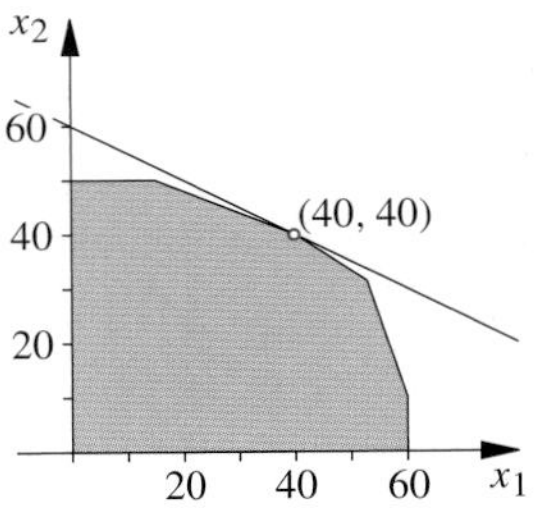

Bei der (zulässigen) Wahl der ersten Spalte als Pivotspalte im ersten Simplexschritt wären vier statt drei Schritte nötig gewesen.

Man erkennt die Ecken an der Anzahl der Nullen in der erweiterten Koordinatendarstellung $\boldsymbol{p} \in \mathbb{R}_{\geq 0}^{n+m}$ der Ecken des Polyeders.

Wir bestimmen diese Koordinaten für die drei Nebenbedingungen:

$$\begin{aligned} x_1 + 3x_2 &\leq 6 \\ x_1 + x_2 &\leq 4 \\ x_1 &\leq 3 \end{aligned}$$

Wir führen Schlupfvariablen ein, stellen das Gleichungssystem $(\boldsymbol{A}\,\mathbf{E}_m \,|\, \boldsymbol{b})$ auf und bestimmen die Ecken $\boldsymbol{p} \in \mathbb{R}_{\geq 0}^{2+3}$ des Polyeders.

Als Gleichungssystem erhalten wir

$$\left(\begin{array}{ccccc|c} 1 & 3 & 1 & 0 & 0 & 6 \\ 1 & 1 & 0 & 1 & 0 & 4 \\ 1 & 0 & 0 & 0 & 1 & 3 \end{array}\right)$$

und als Ecken

$$\begin{aligned} \boldsymbol{p}_1 &= (0, 0, 6, 4, 3)^{\mathrm{T}}, \quad & \boldsymbol{p}_2 &= (3, 0, 3, 1, 0)^{\mathrm{T}}, \\ \boldsymbol{p}_3 &= (3, 1, 0, 0, 0)^{\mathrm{T}}, \quad & \boldsymbol{p}_4 &= (0, 2, 0, 2, 3)^{\mathrm{T}}. \end{aligned}$$

Nichtentartete Ecken des Polyeders haben im $\mathbb{R}^2$ zwei Nullen im Koordinatenvektor, entartete mehr als zwei. Also ist die Ecke $\boldsymbol{p}_3$ entartet.

Kommentar Ökonomisch interpretiert, bedeutet eine entartete Ecke das gleichzeitige Erfülltsein vieler Nebenbedingungen, also die gleichzeitige Ausnutzung vieler Kapazitäten. ◄

Entartete Ecken können Probleme bereiten, da in ihnen das Weiterwandern stocken kann, man spricht vom *Zykeln* des Algorithmus.

In entarteten Ecken kann der Algorithmus zykeln

Wir betrachten das obige Beispiel mit der Zielfunktion $z = 2x_1 + 8x_2$ und wandern von Ecke zu Ecke mittels des Simplexverfahrens. Da das Problem zweidimensional ist, ist eine grafische Lösung einfach, siehe Abb. 23.23.

Wir beginnen naiv mit einem ersten Simplexschritt, gerade so als ob wir nicht wüssten, wo die optimale Lösung ist. Als Pivotspalte legen wir uns auf die erste Spalte fest, sodass wir von der Ausgangsecke $\boldsymbol{p}_1$ im Ursprung auf die Ecke $\boldsymbol{p}_2$ auf der x_1-Achse zusteuern – Pivotelemente tragen wir wieder blau ein:

$$\begin{array}{ccccc|c} 1 & 3 & 1 & 0 & 0 & 6 \\ 1 & 1 & 0 & 1 & 0 & 4 \\ \mathbf{1} & 0 & 0 & 0 & 1 & 3 \\ \hline 2 & 8 & 0 & 0 & 0 & 0 \end{array} \quad \rightarrow \quad \begin{array}{ccccc|c} 0 & \mathbf{3} & 1 & 0 & -1 & 3 \\ 0 & \mathbf{1} & 0 & 1 & -1 & 1 \\ 1 & 0 & 0 & 0 & 1 & 3 \\ \hline 0 & 8 & 0 & 0 & -2 & -6 \end{array}$$

Nun befinden wir uns in der Ecke $\boldsymbol{p}_2$. Es fällt auf, dass für den nächsten Schritt zwei Elemente als Pivotelemente in Frage kommen: $3/3 = 1/1$. Egal, auf welches der Elemente wir uns als Pivotelement festlegen, auf jeden Fall entsteht bei einem nächsten Simplexschritt wegen dieser Gleichheit eine Null rechts der Hilfslinie. Und dadurch taucht im nächsten Eckpunkt eine zusätzliche Null auf, d. h., der nächste Eckpunkt ist entartet; das gilt allgemein.

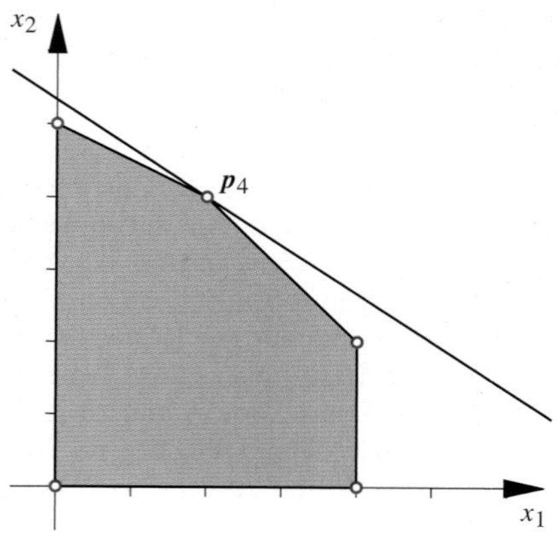

Abb. 23.23 In der Ecke $\boldsymbol{p}_4$ liegt die eindeutig bestimmte optimale Lösung

Entartete Eckpunkte

Kommen bei einem Simplexschritt mehrere Elemente als Pivotelemente infrage, so ist der nächste Eckpunkt entartet.

Wir führen unser Beispiel fort: Zuerst wählen wir die erste Zeile als Pivotzeile und wandern durch die Ecken bis zur optimalen Lösung:

$$\begin{array}{ccccc|c} 0 & \mathbf{3} & 1 & 0 & -1 & 3 \\ 0 & 1 & 0 & 1 & -1 & 1 \\ 1 & 0 & 0 & 0 & 1 & 3 \\ \hline 0 & 8 & 0 & 0 & -2 & -6 \end{array}$$

$$\rightarrow \begin{array}{ccccc|c} 0 & 1 & 1/3 & 0 & -1/3 & 1 \\ 0 & 0 & -1/3 & 1 & -2/3 & 0 \\ 1 & 0 & 0 & 0 & 1 & 3 \\ \hline 0 & 0 & -8/3 & 0 & 2/3 & -14 \end{array}$$

Wir sind nun in der entarteten Ecke $\boldsymbol{p}_3 = (3, 1, 0, 0, 0)$. Da immer noch ein Koeffizient in der Koeffizientenzeile der Zielfunktion positiv ist, kann der Zielfunktionswert noch weiter verbessert werden:

$$\begin{array}{ccccc|c} 0 & 1 & 1/3 & 0 & -1/3 & 1 \\ 0 & 0 & -1/3 & 1 & -2/3 & 0 \\ 1 & 0 & 0 & 0 & \mathbf{1} & 3 \\ \hline 0 & 0 & -8/3 & 0 & 2/3 & -14 \end{array}$$

$$\rightarrow \begin{array}{ccccc|c} 1/3 & 1 & 1/3 & 0 & 0 & 2 \\ 2/3 & 0 & -1/3 & 1 & 0 & 2 \\ 1 & 0 & 0 & 0 & 1 & 3 \\ \hline 0 & 0 & -8/3 & 0 & 0 & -16 \end{array}$$

Nun sind wir in der optimalen Lösung $\boldsymbol{p}_4 = (0, 2, 0, 2, 3)$ angelangt. Die Entartung im Punkt $\boldsymbol{p}_3$ bereitete keine Schwierigkeiten.

Aber nun wählen wir bei dem Simplexschritt, an welchem wir die Wahl zwischen zwei Pivotelementen hatten, das andere mögliche Pivotelement:

$$\begin{array}{ccccc|c} 0 & 3 & 1 & 0 & -1 & 3 \\ 0 & \mathbf{1} & 0 & 1 & -1 & 1 \\ 1 & 0 & 0 & 0 & 1 & 3 \\ \hline 0 & 8 & 0 & 0 & -2 & -6 \end{array}$$

$$\rightarrow \begin{array}{ccccc|c} 0 & 0 & 1 & -3 & 2 & 0 \\ 0 & 1 & 0 & 1 & -1 & 1 \\ 1 & 0 & 0 & 0 & 1 & 3 \\ \hline 0 & 0 & 0 & -8 & 6 & -14 \end{array}$$

Wir sind nun in der entarteten Ecke $\boldsymbol{p}_3 = (3, 1, 0, 0, 0)$. Da immer noch ein Koeffizient in der Koeffizientenzeile der Zielfunktion positiv ist, scheint der Zielfunktionswert noch weiter verbessert werden zu können. Der entsprechende Simplexschritt liefert folgendes Tableau:

$$\begin{array}{ccccc|c} 0 & 0 & 1 & -3 & \mathbf{2} & 0 \\ 0 & 1 & 0 & 1 & -1 & 1 \\ 1 & 0 & 0 & 0 & 1 & 3 \\ \hline 0 & 0 & 0 & -8 & 6 & -14 \end{array}$$

$$\rightarrow \begin{array}{ccccc|c} 0 & 0 & 1/2 & -3/2 & 1 & 0 \\ 0 & 1 & 1/2 & -1/2 & 0 & 1 \\ 1 & 0 & -1/2 & 3/2 & 0 & 3 \\ \hline 0 & 0 & -3 & 1 & 0 & -14 \end{array}$$

Durch die Addition von 0 wurde hier aber nichts am Zielfunktionswert verbessert. Wir stellen fest, dass wir die entartete Ecke $\boldsymbol{p}_3$ nicht verlassen haben, wenngleich wir einen Schritt durchgeführt haben. Genau das ist das Gefährliche an entarteten Ecken: Man kann in ihnen *hängenbleiben*. Dies ist in unserem Beispiel jedoch nicht der Fall, da wir durch einen weiteren Simplexschritt aus der entarteten Ecke gelangen:

$$\begin{array}{ccccc|c} 0 & 0 & 1/2 & -3/2 & 1 & 0 \\ 0 & 1 & 1/2 & -1/2 & 0 & 1 \\ 1 & 0 & -1/2 & \mathbf{3/2} & 0 & 3 \\ \hline 0 & 0 & -3 & 1 & 0 & -14 \end{array}$$

$$\rightarrow \begin{array}{ccccc|c} 1 & 0 & 0 & 0 & 1 & 3 \\ 1/3 & 1 & -1 & 0 & 0 & 2 \\ 2/3 & 0 & -3 & 1 & 0 & 2 \\ \hline -2/3 & 0 & 0 & 0 & 0 & -16 \end{array}$$

Durch Ignorieren der Entartung kamen wir aus der entarteten Ecke wieder raus und landeten in der optimalen Lösung $\boldsymbol{p}_4$. Das muss so aber nicht immer klappen.

Achtung Es gibt Beispiele von entarteten Ecken, bei denen man in der Ecke hängenbleibt, man sagt: *Der Algorithmus zykelt*. Da solche Beispiele relativ kompliziert sind, verzichten wir an dieser Stelle darauf. ◀

Zykeln kann man vermeiden, meistens braucht man das aber gar nicht

Man hat früher angenommen, dass das Zykeln in praktischen Fällen nicht auftaucht. Mittlerweile sind aber zahlreiche Beispiele bekannt geworden.

Eine Methode, mit der man entarteten Ecken entgegnen kann, liefert die Regel zur Pivotelementwahl von Bland:

Regel von Bland

Der Simplexalgorithmus endet, wenn man stets die erste mögliche Spalte und Zeile wählt.

Die Regel ist einfach, führt aber leider im Allgemeinen recht langsam zum Ziel, d. h., dass oft mehr Schritte notwendig sind, bis man zur optimalen Lösung gelangt, als wenn man stets die Spalte als Pivotspalte wählt, deren Zielfunktionskoeffizient maximal ist – diese Spaltenwahl führt im Allgemeinen *schneller* zu einer optimalen Lösung.

Kommentar Es gibt vielerlei Pivotauswahlregeln. Aber zu fast jeder Regel gibt es auch ein Beispiel eines Polyeders mit einer Zielfunktion, sodass beim Anwenden der entsprechenden Regel, jede Ecke des Polyeders durchlaufen werden muss, bis die optimale Lösung erreicht wird. Es gibt also keine allgemeine *beste Pivotregelung*. Die Praxiserfahrung zeigt, dass die Steilster-Anstieg-Regel, also die Wahl der Spalte, deren Zielfunktionskoeffizient maximal ist, bei kleinen Problemen (bis etwa 500 Variablen) das Mittel der Wahl ist. Sie führt bei solchen Problemen oftmals schnell zum Ziel. ◀

Wir formulieren nun den **Simplexalgorithmus** für lineare Optimierungsprobleme in Standardform.

Der Simplexalgorithmus ist die Methode der Wahl zur Lösung linearer Optimierungsprobleme

Eine tatsächliche Aufgabenstellung ist zur Formulierung eines linearen Optimierungsproblems in Standardform nicht nötig. Letztlich ist es durch Angabe der Zielfunktion $z(\boldsymbol{x}) = \boldsymbol{c}^{\mathrm{T}}\boldsymbol{x} + c$ mit $\boldsymbol{c} \in \mathbb{R}^n$, $c \in \mathbb{R}$, einer Matrix $\boldsymbol{A} \in \mathbb{R}^{m \times n}$ und eines Vektors $\boldsymbol{b} \in \mathbb{R}^m_{\geq 0}$ vollständig beschrieben.

Die entsprechende Optimierungsaufgabe lautet dann folgendermaßen: Gesucht ist das Maximum der Zielfunktion $z(\boldsymbol{x}) = \boldsymbol{c}^{\mathrm{T}}\boldsymbol{x} + c$ unter den Nebenbedingungen $\boldsymbol{A}\,\boldsymbol{x} \leq \boldsymbol{b}, \boldsymbol{x} \geq \boldsymbol{0}$ (Die Ungleichungszeichen zwischen Vektoren sind komponentenweise gemeint.).

Beispiel: Der Algorithmus an Beispielen

Wir lösen folgende lineare Optimierungsprobleme in Standardform, indem wir mithilfe des Simplexalgorithmus die optimalen Lösungen $\boldsymbol{x}^*$ mit den zugehörigen Funktionswerten $z(\boldsymbol{x}^*)$ berechnen:

Bestimme die optimale Lösung der Zielfunktion $z(\boldsymbol{x}) = \boldsymbol{c}^T\boldsymbol{x} + c$ unter den Nebenbedingungen $\boldsymbol{A}\boldsymbol{x} \leq \boldsymbol{b}$, $\boldsymbol{x} \geq \boldsymbol{0}$ zu folgenden Größen:

(a) $\boldsymbol{A} = \begin{pmatrix} 1 & 1 & 2 \\ 2 & 0 & 3 \end{pmatrix}, \boldsymbol{b} = \begin{pmatrix} 4 \\ 5 \end{pmatrix}, \boldsymbol{c} = \begin{pmatrix} 3 \\ 2 \\ 4 \end{pmatrix}, c = 0.$

(b) $\boldsymbol{A} = \begin{pmatrix} 1 & 1 & 0 & 2 \\ 1 & 2 & 4 & 0 \\ 1 & 1 & 1 & 1 \end{pmatrix}, \boldsymbol{b} = \begin{pmatrix} 3 \\ 4 \\ 6 \end{pmatrix}, \boldsymbol{c} = \begin{pmatrix} 2 \\ 3 \\ 2 \\ 1 \end{pmatrix}, c = -5.$

Problemanalyse und Strategie: Wir führen Schlupfvariablen ein und wandern von der ersten Ecke, dem Ursprung, ausgehend nach dem Simplexalgorithmus von Ecke zu Ecke.

Lösung: Zu (a): Das erste Simplextableau lautet:

$$\begin{array}{ccccc|c} 1 & 1 & 2 & 1 & 0 & 4 \\ \mathbf{2} & 0 & 3 & 0 & 1 & 5 \\ \hline 3 & 2 & 4 & 0 & 0 & 0 \end{array}$$

Wegen $3 > 0$ fällt die Wahl auf die erste Spalte und wegen $4/1 > 5/2$ auf die zweite Zeile.

Wir multiplizieren die zweite Zeile mit $1/2$ und erzeugen durch die entsprechenden Zeilenumformungen einen Einheitsvektor in der ersten Spalte. So erhalten wir das neue Simplextableau:

$$\begin{array}{ccccc|c} 0 & \mathbf{1} & 1/2 & 1 & -1/2 & 3/2 \\ 1 & 0 & 3/2 & 0 & 1/2 & 5/2 \\ \hline 0 & 2 & -1/2 & 0 & -3/2 & -15/2 \end{array}$$

Der erste positive Zielfunktionskoeffizient ist die 2 in der zweiten Spalte. Die Engpassbedingung liefert weiter die erste Zeile als Pivotzeile. Der nächste Simplexschritt führt auf das Tableau:

$$\begin{array}{ccccc|c} 0 & 1 & 1/2 & 1 & -1/2 & 3/2 \\ 1 & 0 & 3/2 & 0 & 1/2 & 5/2 \\ \hline 0 & 0 & -3/2 & -2 & -1/2 & -21/2 \end{array}$$

Da nun kein Eintrag in der letzten Zeile mehr positiv ist, sind wir fertig, die Ecke $\boldsymbol{p} = (5/2, 3/2, 0, 0, 0)^T$ ist also optimal. Die optimale Lösung ist mithin $\boldsymbol{x}^* = (5/2, 3/2, 0)^T$ mit dem zugehörigen Funktionswert $z(\boldsymbol{x}^*) = 21/2$.

Zu (b): Wir starten mit dem Tableau:

$$\begin{array}{ccccccc|c} \mathbf{1} & 1 & 0 & 2 & 1 & 0 & 0 & 3 \\ 1 & 2 & 4 & 0 & 0 & 1 & 0 & 4 \\ 1 & 1 & 1 & 1 & 0 & 0 & 1 & 6 \\ \hline 2 & 3 & 2 & 1 & 0 & 0 & 0 & 5 \end{array}$$

Wegen $1 > 0$ und $3/1 < 4/1 < 6/1$ liefern die Auswahlregeln die erste Spalte als Pivotspalte und die erste Zeile als Pivotzeile. Der entsprechende Simplexschritt liefert das neue Simplextableau:

$$\begin{array}{ccccccc|c} 1 & 1 & 0 & 2 & 1 & 0 & 0 & 3 \\ 0 & \mathbf{1} & 4 & -2 & -1 & 1 & 0 & 1 \\ 0 & 0 & 1 & -1 & -1 & 0 & 1 & 3 \\ \hline 0 & 1 & 2 & -3 & -2 & 0 & 0 & -1 \end{array}$$

Die nächste Wahl fällt auf die zweite Spalte sowie wegen $3/1 > 1/1$ auf die zweite Zeile. Wir erzeugen einen Einheitsvektor in der zweiten Spalte und erhalten so das neue Tableau:

$$\begin{array}{ccccccc|c} 1 & 0 & -4 & 4 & 2 & -1 & 0 & 2 \\ 0 & 1 & 4 & -2 & -1 & 1 & 0 & 1 \\ 0 & 0 & 1 & -1 & -1 & 0 & 1 & 3 \\ \hline 0 & 0 & -2 & -1 & -1 & -1 & 0 & -2 \end{array}$$

Da nunmehr kein Zielfunktionskoeffizient positiv ist, sind wir in der optimalen Ecke angelangt. Als optimale Lösung erhalten wir $\boldsymbol{x}^* = (2, 1, 0, 0)^T$, als zugehörigen Funktionswert $z(\boldsymbol{x}^*) = 2$.

Der Simplexalgorithmus für lineare Optimierungsprobleme in Standardform

Gegeben sei ein lineares Optimierungsproblem in Standardform mit einer Matrix $\boldsymbol{A}_0 \in \mathbb{R}^{m \times n}$, einem Vektor $\boldsymbol{b}_0 \in \mathbb{R}^m_{\geq 0}$, einem Zielfunktionsvektor $\boldsymbol{c}_0 \in \mathbb{R}^n$ und einer Konstanten $c_0 \in \mathbb{R}$. Man findet dann eine eventuell existierende optimale Lösung $\boldsymbol{x}^*$ und das zugehörige Maximum der Zielfunktion $z(\boldsymbol{x}^*) = \boldsymbol{c}_0^{\mathrm{T}} \boldsymbol{x}^* + c_0$ unter den Nebenbedingungen $\boldsymbol{A}_0 \boldsymbol{x} \leq \boldsymbol{b}_0$, $\boldsymbol{x} \geq \boldsymbol{0}$ auf folgende Art und Weise:

(1) Erstellen Sie das Simplextableau

$$\begin{array}{c|c} \boldsymbol{A} & \boldsymbol{b} \\ \hline \boldsymbol{c}^{\mathrm{T}} & -c \end{array} = \begin{array}{cc|c} \boldsymbol{A}_0 & \mathbf{E}_m & \boldsymbol{b}_0 \\ \hline \boldsymbol{c}_0^{\mathrm{T}} & \boldsymbol{0} & -c_0 \end{array}$$

zur Ecke $\boldsymbol{p} = (0, \ldots, 0, b_1, \ldots, b_m)^{\mathrm{T}} \in \mathbb{R}^{m+n}$.

(2) Sind $c_i \leq 0$ für $1 \leq i \leq n+m$, dann STOP mit optimaler Lösung $\boldsymbol{p}^* = (p_1, \ldots, p_n)^{\mathrm{T}}$ und Maximum $z(\boldsymbol{p}^*) = c$, wobei $\boldsymbol{p} = (p_1, \ldots, p_{n+m})^{\mathrm{T}}$ die zum Tableau gehörige Ecke sei.
Sonst wählen Sie das kleinste s mit $1 \leq s \leq n+m$ und $c_s > 0$ (Pivotspalte) – Regel von Bland.

(3) Sind alle $a_{rs} \leq 0$ für $1 \leq r \leq m$, so ist die Zielfunktion unbeschränkt, STOP.
Andernfalls wählen Sie ein r mit $1 \leq r \leq m$ mit $a_{rs} > 0$, sodass

$$\frac{b_r}{a_{rs}} = \min\left\{ \frac{b_i}{a_{is}} \;\middle|\; a_{is} > 0,\ 1 \leq i \leq m \right\}$$

(Pivotzeile, Engpassbedingung).

(4) Simplexschritt. (Multiplikation der Zeile r mit a_{rs}^{-1} und Erzeugen eines Einheitsvektors mit der entstandenen 1 in der s-ten Spalte.)

(5) Gehe zu (2).

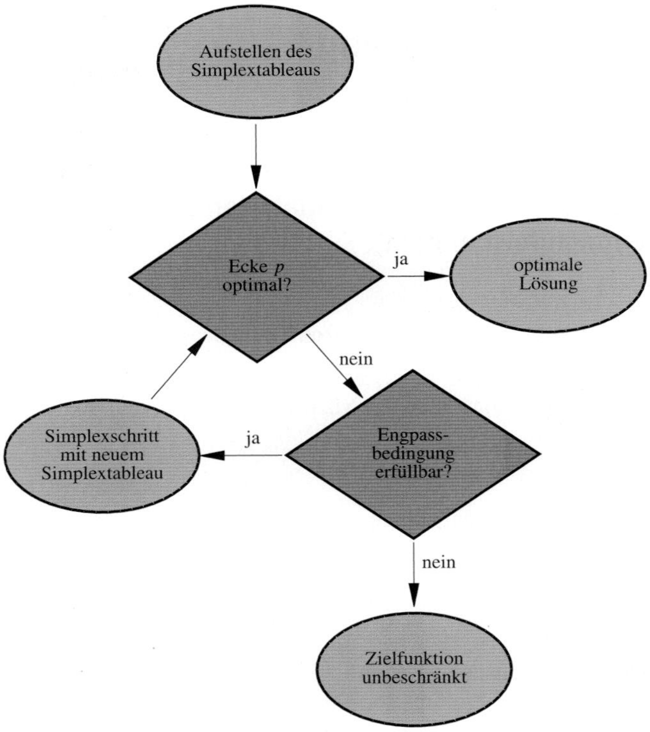

Abb. 23.24 Ablaufdiagramm für das Standardproblem

Das Ablaufdiagramm 23.24 veranschaulicht das Vorgehen.

Das allgemeine Simplexverfahren, also jenes, das auch für lineare Optimierungsprobleme anwendbar ist, die nicht in Standardform vorliegen, beschreiben wir im Bonusmaterial zu Kap. 23 auf der Website zum Buch.

Teil III

Zusammenfassung

Lineare Optimierungsprobleme in Standardform lassen sich mithilfe von Matrizen und Vektoren einfach formulieren

Das lineare Optimierungsproblem in Standardform

Für $\boldsymbol{A} = (a_{ij}) \in \mathbb{R}^{m \times n}$, $\boldsymbol{x}, \boldsymbol{c} \in \mathbb{R}^n$, $c_0 \in \mathbb{R}$, $\boldsymbol{b} \in \mathbb{R}^m$ mit $\boldsymbol{b} \geq \boldsymbol{0}$ bestimme man das **Maximum** der Funktion

$$z = c_0 + \boldsymbol{c}^{\mathrm{T}} \cdot \boldsymbol{x}$$

unter den Nebenbedingungen

$$\boldsymbol{A} \cdot \boldsymbol{x} \leq \boldsymbol{b} \text{ und } \boldsymbol{x} \geq \boldsymbol{0}\,.$$

Bei zweidimensionalen Problemen bestimmen die Nebenbedingungen und die Zielfunktion Geraden im $\mathbb{R}^2$. Eine Lösung kann man grafisch bestimmen.

Wie im zweidimensionalen Fall bestimmen auch im allgemeinen Fall die Nebenbedingungen eine konvexe Menge, nämlich einen Polyeder, die Menge der **zulässigen Punkte**.

Teil III

Die Menge der zulässigen Punkte ist ein Schnitt von Halbräumen, die durch die Nebenbedingungen bestimmt werden

Polyeder haben Ecken. Im Zweidimensionalen wird eine Ecke durch einen Schnitt von (mindestens) zwei Geraden bestimmt, d. h. durch das gleichzeitige Erfülltsein von zwei Nebenbedingungen.

Ecken im $\mathbb{R}^n$ sind bei Gleichheiten von mindestens n Ungleichungen gegeben

Die Ecken der Polyeder, die durch die Nebenbedingungen eines linearen Optimierungsproblems erklärt sind, spielen eine entscheidende Rolle.

Die Optimallösung liegt in einer Ecke des Polyeders

Das nutzt man beim **Simplexalgorithmus** zum Auffinden optimaler Lösungen aus: Man wandert von einer Ecke zu einer benachbarten Ecke, in der der Zielfunktionswert größer ist. Das *Wandern* wird durch elementare Zeilenumformungen an einem Gleichungssystem realisiert. Dazu werden Schlupfvariable eingeführt.

Schlupfvariable machen aus Ungleichungen Gleichungen

Zu jeder Ecke des Polyeders eines linearen Optimierungsproblems gehört ein **Simplextableau**.

Die letzte Zeile des ersten Simplextableaus bilden die Koeffizienten der Zielfunktion

Zum Koordinatenursprung gehört das Tableau

$$\begin{array}{cc|c} \boldsymbol{A} & \mathbf{E}_m & \boldsymbol{b} \\ \hline \boldsymbol{c}^{\mathrm{T}} & \boldsymbol{0} & -c_0 \end{array}\,.$$

Es besteht im Wesentlichen aus der erweiterten Koeffizientenmatrix, die aus den Nebenbedingungen nach Einführen der Schlupfvariablen hervorgeht, und den Koeffizienten der Zielfunktion.

Um von einer Ecke zu einer weiteren zu wandern, führt man Zeilenumformungen mit einem Pivotelement am Simplextableau durch. Bei der Wahl des Pivotelements ist die Engpassbedingung zu beachten.

Engpassbedingung

Hat man eine Spalte j gewählt, so wähle man jene Zeile i, sodass der Quotient aus dem konstanten Glied b_i und a_{ij} positiv und minimal ist.

Am Simplextableau erkennt man, ob die beschriebene Ecke eine Optimallösung darstellt.

Sind die Koeffizienten der Zielfunktionszeile alle negativ, so befinden wir uns in der optimalen Lösung

Ist jedoch ein Eintrag im linken unteren Teil des Tableaus positiv, so kann der Zielfunktionswert vergrößert werden.

Die Regel von Bland verhindert das Zykeln des Algorithmus, das in seltenen Fällen auftritt. Zudem legt die Regel von Bland das Pivotelement fest.

Regel von Bland

Der Simplexalgorithmus endet, wenn man stets die erste mögliche Spalte und Zeile wählt.

Der folgende Algorithmus zur Lösung linearer Optimierungsprobleme in Standardform berücksichtigt die Regel von Bland.

1. Erstelle das Simplextableau $\begin{array}{cc|c} \boldsymbol{A} & \mathbf{E}_m & \boldsymbol{b} \\ \hline \boldsymbol{c}^{\mathrm{T}} & \mathbf{0} & -c_0 \end{array}$.
2. Sind alle Einträge links unten kleiner gleich null, dann STOP mit optimaler Lösung in der zugehörigen Ecke.
   Sonst wähle als Pivotspalte die erste Spalte mit positivem Eintrag im linken unteren Teil.
3. Sind alle anderen Einträge dieser Pivotspalte kleiner oder gleich null, so ist die Zielfunktion unbeschränkt, STOP.
   Andernfalls wähle die erste mögliche Pivotzeile gemäß der Engpassbedingung.
4. Führe mit dem erhaltenen Pivotelement einen Simplexschritt durch und erhalte ein neues Simplextableau.
5. Gehe zum 2. Schritt.

Dieses Verfahren endet in einer optimalen Lösung, sofern eine solche existiert.

Bonusmaterial

Wir betrachteten bisher stets lineare Optimierungsprobleme in Standardform. Liegt ein lineares Optimierungsproblem jedoch nicht in Standardform vor, so kann es durch Einführen weiterer Variabler und verschiedener Umformungen auf ein Problem in Standardform zurückgeführt werden.

Wir behandeln ausführlich alle möglichen Arten von linearen Optimierungsproblemen, die nicht Standardform haben, und zeigen wie auch solche Probleme letztlich mit dem Simplexalgorithmus gelöst werden können. Zahlreiche Beispiele illustrieren die Methoden. Weiterhin sprechen wir die Dualität an: Zu jedem linearen Optimierungsproblem existiert ein *duales Problem*, das evtl. leichter zu lösen ist als das primäre.

Aufgaben

Die Aufgaben gliedern sich in drei Kategorien: Anhand der *Verständnisfragen* können Sie prüfen, ob Sie die Begriffe und zentralen Aussagen verstanden haben, mit den *Rechenaufgaben* üben Sie Ihre technischen Fertigkeiten und die *Anwendungsprobleme* geben Ihnen Gelegenheit, das Gelernte an praktischen Fragestellungen auszuprobieren.
Ein Punktesystem unterscheidet leichte •, mittelschwere •• und anspruchsvolle ••• Aufgaben. Lösungshinweise am Ende des Buches helfen Ihnen, falls Sie bei einer Aufgabe partout nicht weiterkommen. Dort finden Sie auch die Lösungen – betrügen Sie sich aber nicht selbst und schlagen Sie erst nach, wenn Sie selber zu einer Lösung gekommen sind. Ausführliche Lösungswege, Beweise und Abbildungen finden Sie als digitales Zusatzmaterial (electronic supplementary material).
Viel Spaß und Erfolg bei den Aufgaben!

Verständnisfragen

23.1 • Bestimmen Sie grafisch die optimale Lösung $\boldsymbol{x}^*$ der Zielfunktion $z = \boldsymbol{c}^\mathrm{T}\boldsymbol{x}$ unter den Nebenbedingungen

$$\begin{aligned} x_1 + x_2 &\le 2 \\ -2x_1 + x_2 &\le 2 \\ -2x_1 - 3x_2 &\le 2 \\ x_1 - x_2 &\le 4 \end{aligned}$$

mit dem Zielfunktionsvektor

(a) $\boldsymbol{c} = (3, -2)^\mathrm{T}$,
(b) $\boldsymbol{c} = (-3, 2)^\mathrm{T}$.

23.2 • Bestimmen Sie grafisch die optimalen Lösungen der Zielfunktion $z(\boldsymbol{x}) = \boldsymbol{c}^\mathrm{T}\boldsymbol{x}$ unter den Nebenbedingungen

$$\begin{aligned} -x_1 + x_2 &\le 1 \\ x_1 - 2x_2 &\le 1 \\ x_1, x_2 &\ge 0 \end{aligned}$$

mit dem Zielfunktionsvektor

(a) $\boldsymbol{c} = (1, 1)^\mathrm{T}$,
(b) $\boldsymbol{c} = (-1, 1)^\mathrm{T}$,
(c) $\boldsymbol{c} = (-1, -1)^\mathrm{T}$.

23.3 • Gegeben ist ein lineares Optimierungsproblem in Standardform

$$\begin{aligned} \max z &= \boldsymbol{c}^\mathrm{T}\boldsymbol{x} \\ \boldsymbol{A}\boldsymbol{x} &\le \boldsymbol{b},\ \boldsymbol{x} \ge \boldsymbol{0} \end{aligned}$$

mit den Größen $\boldsymbol{c} \in \mathbb{R}^n$, $\boldsymbol{A} \in \mathbb{R}^{m\times n}$ und $\boldsymbol{b} \in \mathbb{R}^m_{\ge 0}$. Welche der folgenden Behauptungen sind wahr? Begründen Sie jeweils Ihre Vermutung:

(a) Ist der durch die Nebenbedingungen definierte Polyeder unbeschränkt, so nimmt die Zielfunktion auf dem Zulässigkeitsbereich beliebig große Werte an.
(b) Eine Änderung nur des Betrages des Zielfunktionsvektors, sofern dieser nicht verschwindet, hat keine Auswirkung auf die optimale Lösung $\boldsymbol{x}^*$, ebenso wenig die Addition einer Konstanten $c_0 \in \mathbb{R}$ zur Zielfunktion.
(c) Ist $\boldsymbol{x}^*$ die optimale Lösung, so ist $a\boldsymbol{x}^*$ für ein $a \in \mathbb{R}\setminus\{0\}$ die optimale Lösung des Problems

$$\begin{aligned} \max z &= \boldsymbol{c}^\mathrm{T}\boldsymbol{x} \\ \frac{1}{a}\boldsymbol{A}\boldsymbol{x} &\le \boldsymbol{b},\ \boldsymbol{x} \ge \boldsymbol{0} \end{aligned}$$

(d) Hat das Problem zwei verschiedene optimale Lösungen, so hat es schon unendlich viele optimale Lösungen.
(e) Das Problem hat höchstens endlich viele optimale Ecken.

23.4 •• Betrachten Sie im Folgenden den durch die Ungleichungen

$$\begin{aligned} x_1 + x_2 &\le 4 \\ x_1 - x_2 &\le 2 \\ -x_1 + x_2 &\le 2 \\ x_1, x_2 &\ge 0 \end{aligned}$$

gegebenen Polyeder.

(a) Bestimmen Sie grafisch die optimale Lösung $\boldsymbol{x}^*$ der Zielfunktion $z(\boldsymbol{x}) = \boldsymbol{c}^\mathrm{T}\boldsymbol{x}$ mit dem Zielfunktionsvektor
   - $\boldsymbol{c} = (1, 0)^\mathrm{T}$,
   - $\boldsymbol{c} = (0, 1)^\mathrm{T}$.
(b) Wie muss der Zielfunktionsvektor $\boldsymbol{c} \in \mathbb{R}^2$ gewählt werden, sodass alle Punkte der Kante

$$\left\{\lambda\,(3, 1)^\mathrm{T} + \mu\,(1, 3)^\mathrm{T} \mid \lambda, \mu \in [0, 1], \lambda + \mu = 1\right\}$$

des Polyeders zwischen den beiden Ecken $(3, 1)^\mathrm{T}$ und $(1, 3)^\mathrm{T}$ optimale Lösungen der Zielfunktion $z(\boldsymbol{x}) = \boldsymbol{c}^\mathrm{T}\boldsymbol{x}$ sind?

23.5 •• Gegeben ist ein lineares Optimierungsproblem in Standardform

$$\begin{aligned} \max z &= c_0 + \boldsymbol{c}^\mathrm{T}\cdot\boldsymbol{x} \\ \boldsymbol{A}\boldsymbol{x} &\le \boldsymbol{b},\ \boldsymbol{x} \ge \boldsymbol{0} \end{aligned}$$

mit den Größen $\boldsymbol{c} \in \mathbb{R}^n$, $c_0 \in \mathbb{R}$, $\boldsymbol{A} \in \mathbb{R}^{m\times n}$ und $\boldsymbol{b} \in \mathbb{R}^m_{>0}$. Begründen Sie: Sind $\boldsymbol{p}_1, \ldots, \boldsymbol{p}_r \in \mathbb{R}^n$ sämtliche optimalen Ecklösungen, so bildet

$$\left\{\sum_{i=1}^{r} \lambda_i \boldsymbol{p}_i \;\middle|\; \lambda_1, \ldots, \lambda_r \in [0, 1],\, \lambda_1 + \ldots + \lambda_r = 1\right\}$$

die Menge aller optimalen Lösungen des linearen Optimierungsproblems.

23.6 •• Durch die fünf Ungleichungen

$$\begin{aligned} x_1 + x_2 + x_3 &\leq 1 \\ x_1 - x_2 + x_3 &\leq 1 \\ -x_1 + x_2 + x_3 &\leq 1 \\ -x_1 - x_2 + x_3 &\leq 1 \\ x_3 &\geq 0 \end{aligned}$$

wird eine vierseitige Pyramide mit den Eckpunkten $(1, 0, 0)^{\mathrm{T}}$, $(0, 1, 0)^{\mathrm{T}}$, $(-1, 0, 0)^{\mathrm{T}}$, $(0, -1, 0)^{\mathrm{T}}$, $(0, 0, 1)^{\mathrm{T}}$ definiert.

(a) Bestimmen Sie grafisch das Maximum und die zugehörige Optimallösung der Zielfunktion $z = 3x_3$ auf der Pyramide.
(b) Bestimmen Sie eine Zielfunktion z, sodass alle Punkte der Grundfläche der Pyramide, das heißt alle Punkte der konvexen Hülle der Punkte $(1, 0, 0)^{\mathrm{T}}$, $(0, 1, 0)^{\mathrm{T}}$, $(-1, 0, 0)^{\mathrm{T}}$ und $(0, -1, 0)^{\mathrm{T}}$ optimale Lösungen des zugehörigen Maximierungsproblems sind.

23.7 ••• Betrachten Sie im Folgenden den durch die Ungleichungen

$$\begin{aligned} x_1 + x_2 &\leq 5 \\ -x_1 + x_2 &\leq 1 \\ x_1, x_2 &\geq 0 \end{aligned}$$

definierten Polyeder und die Zielfunktion $z = \boldsymbol{c}^{\mathrm{T}}\boldsymbol{x}$ mit dem zugehörigen, von den beiden Größen $r > 0$ und $\alpha \in [0, 2\pi[$ abhängigen Zielfunktionsvektor $\boldsymbol{c} = \boldsymbol{c}(r, \alpha) = (r\cos\alpha, r\sin\alpha)^{\mathrm{T}}$.

(a) Bestimmen Sie grafisch die optimalen Ecken des Optimierungsproblems für $r = 1$, $\alpha = \frac{3\pi}{8}$ sowie für $r = 2$ und $\alpha = \frac{5\pi}{8}$.
(b) Bestimmen Sie die Menge aller $r > 0$ und $\alpha \in [0, 2\pi[$, für die die Ecke $(2, 3)^{\mathrm{T}}$ des Polyeders eine optimale Lösung des Optimierungsproblems ist. Gehen Sie dazu zunächst grafisch vor und beweisen Sie anschließend Ihre Vermutung mathematisch.
(c) Die Nebenbedingungen, für die in einem Punkt eines durch Ungleichungen gegebenen Polyeders sogar Gleichheit gilt, bezeichnet man als die in diesem Punkt *aktiven Nebenbedingungen*. Den zu einer Ungleichung $\boldsymbol{a}^{\mathrm{T}}\boldsymbol{x} \leq b$ gehörigen Vektor $\boldsymbol{a}$ nennt man den *Gradienten* dieser Ungleichung.
Betrachten Sie nun den von den Gradienten der in der Ecke $(2, 3)^{\mathrm{T}}$ des Polyeders aktiven Nebenbedingungen aufgespannten Kegel, das heißt die Menge

$$K = \left\{\lambda\,(1, 1)^{\mathrm{T}} + \mu\,(-1, 1)^{\mathrm{T}} \mid \lambda, \mu \geq 0\right\}.$$

Für welche $r > 0$ und $\alpha \in [0, 2\pi[$ gilt $\boldsymbol{c}(r, \alpha) \in K$? Beweisen Sie Ihre Aussage!

23.8 ••• Betrachten Sie den durch die konvexe Hülle der achten Einheitswurzeln $\boldsymbol{p}_k = \left(\cos(k\frac{\pi}{4}), \sin(k\frac{\pi}{4})\right)$, $k \in \{0, \ldots, 7\}$ definierten Polyeder, d. h. die Menge

$$P = \left\{\sum_{k=0}^{7} \lambda_k \boldsymbol{p}_k \;\middle|\; \lambda_0, \ldots, \lambda_7 \in [0, 1],\, \lambda_0 + \ldots + \lambda_7 = 1\right\}.$$

(a) Zeichnen Sie den Polyeder.
(b) Durch die beiden Größen $r > 0$ und $\alpha \in \mathbb{R}$ wird nun wieder ein Zielfunktionsvektor $\boldsymbol{c} = \boldsymbol{c}(r, \alpha) = (r\cos\alpha, r\sin\alpha)^{\mathrm{T}}$ und die zugehörige Zielfunktion $z(\boldsymbol{x}) = \boldsymbol{c}^{\mathrm{T}}\boldsymbol{x}$ definiert. Beschreiben Sie für jede Ecke $\boldsymbol{p}_k$, $k \in \{0, \ldots, 7\}$ bei welcher Wahl von r und α diese Ecke eine optimale Lösung des zugehörigen linearen Optimierungsproblems ist.

Rechenaufgaben

23.9 • Gesucht ist das Maximum der Funktion $z = x_2 + 3x_3$ unter den Nebenbedingungen

$$\begin{aligned} x_1 + x_2 + x_3 &\leq 6 \\ x_1 - x_2 + 2x_3 &\leq 3 \\ x_1, x_2, x_3 &\geq 0\,. \end{aligned}$$

Lösen Sie dieses Problem mit dem Simplexalgorithmus.

23.10 • Bestimmen Sie mithilfe des Simplexalgorithmus das Maximum der Funktion $z = 2x_1 + 2x_2 + x_3 - 5$ unter den Nebenbedingungen

$$\begin{aligned} 2x_1 + x_2 + x_3 &\leq 4 \\ x_1 + 2x_2 + x_3 &\leq 5 \\ 2x_1 + 2x_2 + x_3 &\leq 6 \\ x_1, x_2, x_3 &\geq 0\,. \end{aligned}$$

23.11 •• Bestimmen Sie mit dem Simplexalgorithmus die optimalen Lösungen der Zielfunktion $z = 3x_1 + 6x_2 - 13$ unter den Nebenbedingungen

$$\begin{aligned} -x_1 + 2x_2 &\leq 3 \\ -x_1 + 2x_2 &\leq 1 \\ x_1 + 2x_2 &\leq 5 \\ 2x_2 + x_2 &\leq 7 \\ x_1 + x_2 &\leq 4 \\ x_1, x_2 &\geq 0\,. \end{aligned}$$

Welche der Ecken, die Sie im Laufe des Algorithmus durchlaufen sind entartet?

23.12 •• Gesucht ist das Maximum der Zielfunktion $z = x_1 + \alpha\, x_2$ unter den Nebenbedingungen

$$\begin{aligned} \beta\, x_1 + x_2 &\leq 1 \\ x_1,\, x_2 &\geq 0\,. \end{aligned}$$

Bestimmen Sie für alle $\alpha,\ \beta \in \mathbb{R}$ – falls existent – sämtliche optimale Lösungen.

23.13 ••• Betrachten Sie das folgende von Klee und Minty für $n \in \mathbb{N}$ eingeführte lineare Optimierungsproblem:

$$\max \sum_{k=1}^{n} 10^{n-k} x_k$$

$$2 \cdot \sum_{k=1}^{i-1} 10^{i-k} x_k + x_i \leq 100^{i-1}\,,\ 1 \leq i \leq n\,,$$

$$x_1,\, \ldots,\, x_n \geq 0\,.$$

(a) Bestimmen Sie die optimale Lösung $\boldsymbol{x}^*$ der Zielfunktion z mithilfe des Simplexalgorithmus im Fall $n = 3$. Wählen Sie dabei als Pivotspalte stets die Spalte mit dem größten Zielfunktionskoeffizienten.
Könnte man im ersten Simplexschritt eine Pivotspalte so wählen, dass der Algorithmus schon nach diesem einen Schritt die optimale Ecke liefert?

(b) Lösen Sie nun das lineare Optimierungsproblem für jedes $n \in \mathbb{N}$.

Anwendungsprobleme

23.14 • Eine Werft mit 40 Mitarbeitern stellt die Stahlkonstruktionen für zwei unterschiedliche Yachttypen M_1 und M_2 her. Bei der Herstellung von M_1 bzw. M_2 werden je 30 bzw. 20 Tonnen Stahl verbaut, wobei 200 bzw. 300 Arbeitsstunden aufgewandt werden müssen. Es stehen jährlich maximal 6000 Tonnen Stahl und 60 000 Arbeitsstunden zur Verfügung. Beide Stahlkonstruktionen bringen im Verkauf je 1000 Euro Gewinn ein.

(a) Wie viele Yachten der Typen M_1 und M_2 sollte die Werft herstellen, um den Gewinn zu maximieren?

(b) Aufgrund steigender Nachfrage kann die Werft beim Verkauf des Modells M_2 mehr Gewinn machen. Wie hoch muss der Gewinn sein, den die Werft mit dem Verkauf von Modell M_2 erzielt, damit der Betrieb seine Produktion umstellen sollte? Würde es sich gegebenenfalls lohnen neue Arbeitskräfte einzustellen?

Antworten zu den Selbstfragen

Antwort 1 Der Nullvektor.

Antwort 2 Weil diese konvex sind.

Antwort 3 Nein.

Antwort 4 Die vierte Spalte.

Analysis mehrerer reeller Variablen

IV

Teil IV

Funktionen mehrerer Variablen – Differenzieren im Raum

24

Wie kann man Funktionen von mehreren Variablen differenzieren?

Kann man die Ableitung von Funktionen berechnen, die man gar nicht explizit kennt?

Wie löst man Extremwertaufgaben in mehreren Variablen?

Ergänzende Information Die elektronische Version dieses Kapitels enthält Zusatzmaterial, auf das über folgenden Link zugegriffen werden kann https://doi.org/10.1007/978-3-662-64389-1_24.

T. Arens et al., *Mathematik*, https://doi.org/10.1007/978-3-662-64389-1_24

Zusammenhänge sind nur in seltenen Fällen eindimensionaler Natur. Fast alle Größen, mit denen man es in der Praxis zu tun hat, hängen in Wirklichkeit von verschiedenen Einflüssen ab – also von mehreren Variablen.

Einen Vorgeschmack darauf, was es bedeutet, mit vielen Variablen umzugehen, haben wir bereits in Teil III, der linearen Algebra erhalten. Doch die Probleme, die sich im Kontext linear-algebraischer Abbildungen behandeln lassen, sind zwar vielfältig, aber doch begrenzt. Viele praktische Probleme sind komplizierterer Natur und erfordern es, nichtlineare Funktionen mehrerer Variablen zu behandeln, sie zu differenzieren, entlang von Kurven oder über gekrümmte Flächen zu integrieren oder Differenzialgleichungen aufzustellen und zu lösen, die Ableitungen nach mehreren Variablen enthalten.

Das ist ein sehr umfangreiches Programm und wird uns auch den gesamten Teil IV beschäftigen. In diesem Kapitel werden wir beginnen, die Thematik aufzurollen. Die Grundfragen dabei sind, wie man Funktionen von mehreren Variablen überhaupt handhabt, wie in diesem Fall Stetigkeit und Differenzierbarkeit aussehen und welche Anwendungen sie haben. Dabei wird sich zeigen, dass wir zwar im Prinzip auf alle Techniken und Konzepte zurückgreifen können, die wir in Teil II kennengelernt haben, dass sich dabei aber gelegentlich gewisse Komplikationen ergeben.

Ist man allerdings bereit, diesen Preis zu zahlen, dann wird einem eine Theorie von gewaltiger Leistungskraft in die Hand gegeben, mit der man Temperaturmodelle der Atmosphäre ebenso gut beschreiben kann wie die Bewegung eines Teilchens auf einer fast beliebig geformten Bahn oder den Fluss elektrischer Feldlinien durch eine gekrümmte Fläche.

24.1 Wozu Funktionen von mehreren Variablen?

Abbildungen haben wir in Abschn. 2.6 sehr allgemein eingeführt, und auch die elementaren Funktionen haben wir in Kap. 7 nicht nur für den Fall $\mathbb{R} \to \mathbb{R}$ betrachtet, sondern zum Beispiel auch für $\mathbb{R} \to \mathbb{C}$ oder $\mathbb{C} \to \mathbb{C}$.

In der Differenzial- und Integralrechnung hingegen haben wir uns bisher auf den Fall $\mathbb{R} \to \mathbb{R}$ beschränkt. Nun ist es an der Zeit, diese Werkzeuge auch auf den allgemeineren Fall $\mathbb{R}^m \to \mathbb{R}^n$ zu erweitern. Immerhin hängen auch in den Anwendungen die meisten relevanten Größen von mehreren voneinander unabhängigen Variablen ab.

Anwendungsbeispiel

- Die kinetische Energie eines Körpers

$$W_{\text{kin}} = \frac{mv^2}{2}$$

Abb. 24.1 Motorrad und Geländewagen können bei entsprechenden Geschwindigkeiten die gleiche kinetische Energie haben

ist eine Funktion der Masse m und der Geschwindigkeit v. Beide Größen sind im Prinzip völlig unabhängig voneinander, wir können einen Probekörper ganz beliebiger Masse aussuchen und diesen dann auf eine beliebig wählbare Geschwindigkeit beschleunigen. Wissen wir von einem Fahrzeug lediglich, dass es eine kinetische Energie von $W_{\text{kin}} = 340\,312.5$ J hat, so kann es sich ebenso gut um ein Motorrad mit $m = 225$ kg und einer Geschwindigkeit von $v = 55$ m/s handeln wie um einen Geländewagen mit $m = 3\,025$ kg und einer Geschwindigkeit von $v = 15$ m/s.
Auf jeden Fall lässt sich feststellen, dass die kinetische Energie sowohl mit wachsender Masse als auch mit wachsender Geschwindigkeit zunimmt, durch den quadratischen Zusammenhang allerdings mit letzterer deutlich schneller. Die Frage, wie sich solche Zusammenhänge *lokal* einfach beschreiben lassen, wird uns wie im Eindimensionalen zur Differenzierbarkeit führen.
- Die Temperatur T in der Atmosphäre wird von der geografischen Lage (Länge l und Breite b) ebenso abhängen wie von der Höhe h und sich auch noch mit der Zeit ändern. $T(l, b, h, t)$ ist also eine Funktion von vier Variablen. Dieser Zusammenhang wird sich über größere Bereiche im Allgemeinen kaum durch eine einfache Funktion beschreiben lassen.
Versuchen wir aber dennoch, ein sehr simples Modell aufzustellen, das höchstens qualitative Aussagen machen kann. Mit der in der Geografie üblichen Angabe der Breite in Grad könnte es zum Beispiel folgendermaßen aussehen:

$$\begin{aligned} T &= T(l, b, h, t) \\ &= T_0 + T_1\,(1 + \alpha \cos b)\,\mathrm{e}^{-\beta h}\,(1 + \gamma \sin(\omega t)) \end{aligned}$$

In diesem Modell gibt es einige Größen, die am Anfang frei gewählt werden, für den weiteren Verlauf aber dann als konstant angesehen werden. Wir nennen diese *Parameter*. Solche Parameter sind T_0, die Minimaltemperatur, und T_1, die Größenordnung der Temperaturskala darüber. Des Weiteren legt $\alpha \in [0, 1]$ fest, wie stark die Temperatur nach Norden hin abnimmt, $\beta > 0$ gibt den Temperaturabfall mit steigender Höhe an und $\gamma \in [0, 1]$ die täglichen Schwankun-

Abb. 24.2 Das Wetter der Erde ist ein hochkomplexes System, dessen Entwicklung auch von den besten Simulationen nur für kurze Zeit vorhergesagt werden kann. Qualitative Aspekte des Klimas lassen sich allerdings schon mit einfachen mathematischen Modellen erfassen

gen. Letztlich ist $\omega > 0$ die Rotationsgeschwindigkeit der Erde.

Hingegen haben wir hier überhaupt keine Abhängigkeit von der geografischen Länge l vorliegen. Sie trotzdem als Argument der Funktion aufzunehmen ist kein Fehler, auch die konstante Funktion, definiert durch $f(x) = c$, ist ja eine Funktion.

Die Modellparameter lässt man üblicherweise für eine bestimmte Betrachtung fix, deswegen sind sie auch nicht als Argumente der Funktion aufgeführt. In manchen Situationen könnte man sich aber durchaus für die Abhängigkeit der Temperatur von diesen Modellparametern interessieren, und dann kann es sinnvoll sein, die Funktion

$$\begin{aligned} T &= T_{\text{par}}(l, b, h, t, T_0, T_1, \alpha, \beta, \gamma) \\ &= T_0 + T_1 \cdot (1 + \cos b) \cdot \mathrm{e}^{-\beta h} \cdot (1 + \gamma \sin(\omega t)) \end{aligned}$$

zu betrachten. Will man nicht unbedingt die heutige Erde beschreiben, so kann man auch die Rotationsgeschwindigkeit ω freigeben und als zusätzliches Argument betrachten. Abhängig von der konkreten Problemstellung kann man für dieselbe Funktion unterschiedliche Größen als fixe Parameter oder als Variablen betrachten. ◀

Es ist also keineswegs mathematischer Selbstzweck, Funktionen von mehreren Variablen zu untersuchen, sondern es lassen sich dafür zahlreiche Anwendungen finden. Tatsächlich erfordern viele praktische Probleme unmittelbar die Fähigkeit, mit derartigen komplizierteren Abhängigkeiten umgehen zu können.

Selbstfrage 1

Suchen Sie selbst ein praktisch relevantes Beispiel für eine Funktion von mehreren Variablen bzw. erstellen Sie für eine derartige Größe ein einfaches mathematisches Modell.

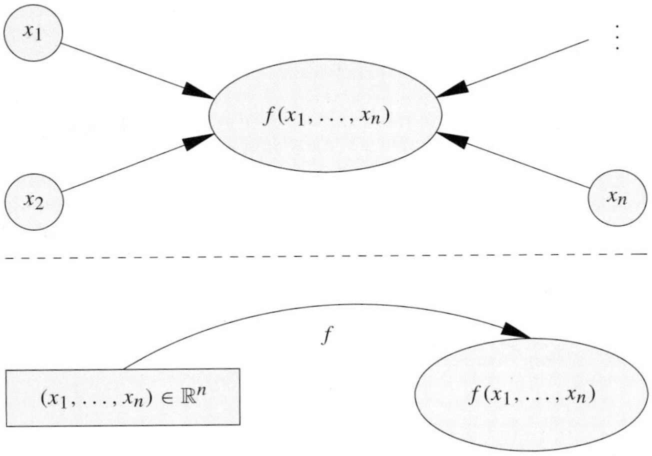

Abb. 24.3 Zwei Sichtweisen von Funktionen mit mehreren Variablen

Funktionen mehrer Variablen passen auf den ersten Blick nicht besonders gut in unser Konzept von Abbildungen. Für eine Abbildung f hatten wir ja verlangt, dass es sich um eine Vorschrift handelt, die jedem Element einer gewissen Definitionsmenge $D(f)$ ein Element einer Wertemenge $W(f)$ zuordnet. Hier scheinen wir zunächst den Fall vorliegen zu haben, dass aus mehreren Mengen zugleich in einer abgebildet wird. So ist eine Funktion f mit Vorschrift $w = f(x, y, z)$ eine Zuordnung von $\mathbb{R}$, $\mathbb{R}$ und $\mathbb{R}$ nach $\mathbb{R}$.

Dieser scheinbare Widerspruch lässt sich aber leicht auflösen. Dazu fasst man einfach die n Argumente der Funktion als n-Tupel auf, als Element $\boldsymbol{x}$ des Raums $\mathbb{R}^n$. Eine Funktion mit Vorschrift $w = f(x_1, x_2, x_3)$ ist demnach eine Abbildung vom $\mathbb{R}^3$ in die reellen Zahlen. Diese Sicht der Dinge ändert nichts an den funktionalen Abhängigkeiten, ermöglicht jedoch eine konsistente Behandlung im Rahmen des Konzepts der Abbildungen. Der Unterschied zwischen den beiden Auffassungen ist in Abb. 24.3 dargestellt.

An dieser Stelle könnte man natürlich einwenden: Wenn es Funktionen $\mathbb{R}^n \to \mathbb{R}$ gibt, warum nicht auch von $\mathbb{R}$ in einen $\mathbb{R}^m$ oder gleich der Allgemeinheit zuliebe von $\mathbb{R}^n$ nach $\mathbb{R}^m$? All diese Fälle sind natürlich möglich, und wir werden sie noch gebührend behandeln. Eine Übersicht ist auf S. 870 angegeben.

Vorläufig widmen wir uns aber Funktionen $\mathbb{R}^n \to \mathbb{R}$ – und dabei wird meistens $n = 2$ oder $n = 3$ sein. In höheren Dimensionen laufen die meisten Rechnungen weitgehend analog, nur die Schreibarbeit nimmt zu und es wird immer schwieriger, noch eine bildliche Vorstellung zu behalten. Im Fall $\mathbb{R} \to \mathbb{R}$ war es ja in vielen Fällen möglich, den Graphen einer Funktion zu zeichnen. Ähnliches gelingt oft auch noch für den Fall einer Funktion $\mathbb{R}^2 \to \mathbb{R}$.

Dabei werden die Punkte $(x_1, x_2, f(x_1, x_2))$ in ein dreidimensionales kartesisches Koordinatensystem gezeichnet, diese bilden eine Art von Fläche. Natürlich kann diese Fläche recht wild und

Übersicht: Abbildungen $\mathbb{R}^n \to \mathbb{R}^m$

Wir geben eine Übersicht über Abbildungen $\mathbb{R}^n \to \mathbb{R}^m$ mit teilweise verschiedenen geometrischen Interpretationen. Dabei benutzen wir die (zugegebenermaßen ein wenig schlampige) Vektornotation $\boldsymbol{x}$ für Elemente des $\mathbb{R}^n$ und des $\mathbb{R}^m$ auch dann, wenn $n \neq m$ ist. Viele der hier angesprochenen Begriffe werden erst in den nächsten Kapiteln (insbesondere Kap. 26 und 27) ausführlich diskutiert.

$\mathbb{R} \to \mathbb{R}$
$y = f(x)$
Fkt. einer reellen Var.

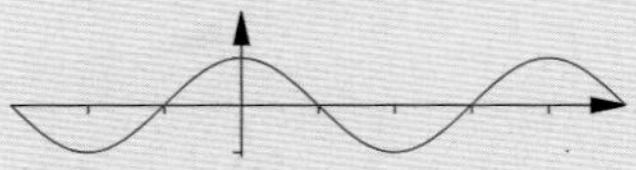

$\mathbb{R} \to \mathbb{R}^2$,
$\boldsymbol{x} = \boldsymbol{\gamma}(t)$
ebene Kurven

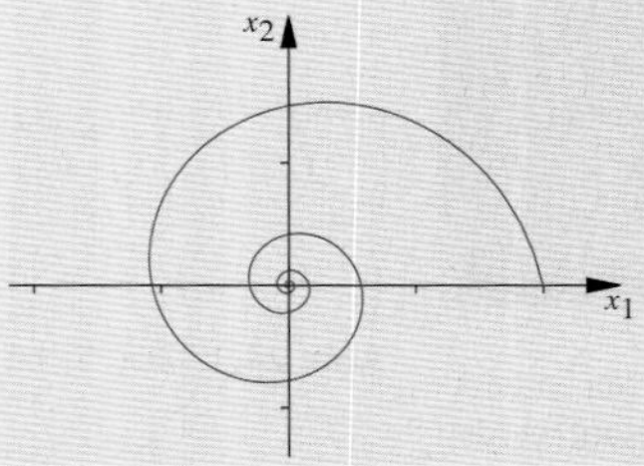

$\mathbb{R} \to \mathbb{R}^3$
$\boldsymbol{x} = \boldsymbol{\gamma}(t)$
Raumkurven

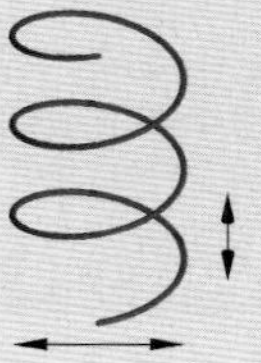

$\mathbb{R}^2 \to \mathbb{R}$
$\Phi(\boldsymbol{x})$
ebene Skalarfelder

$\mathbb{R}^2 \to \mathbb{R}^2$
$\boldsymbol{v}(\boldsymbol{x})$
ebene Vektorfelder

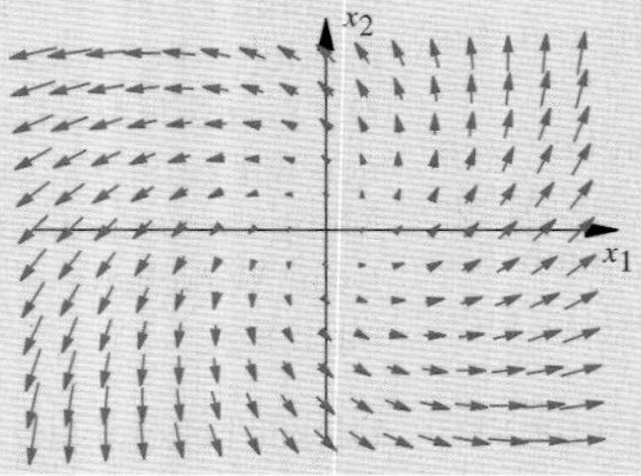

$\mathbb{R}^2 \to \mathbb{R}^3$
$\boldsymbol{x} = \boldsymbol{\Phi}(\boldsymbol{u})$
Flächen

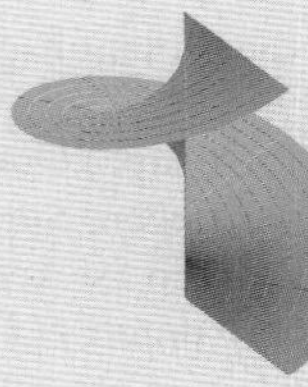

$y = f(x, t)$
Kurvenschar mit Parameter t

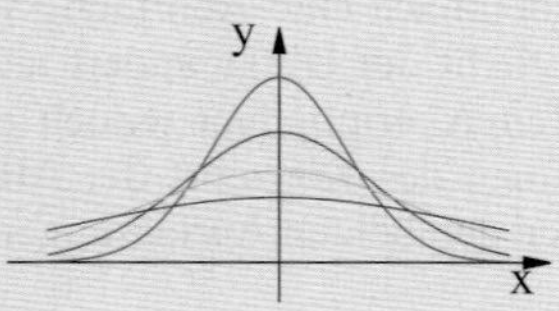

$\boldsymbol{y} = \boldsymbol{h}(\boldsymbol{x})$
Gebietstransformationen

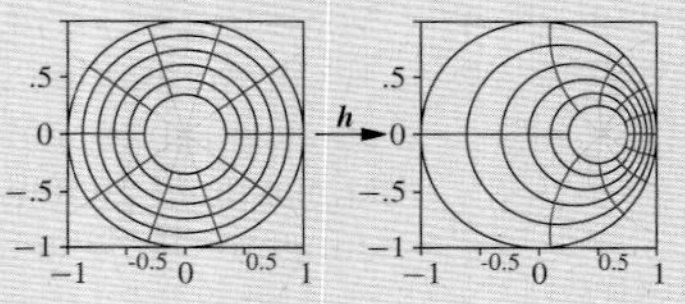

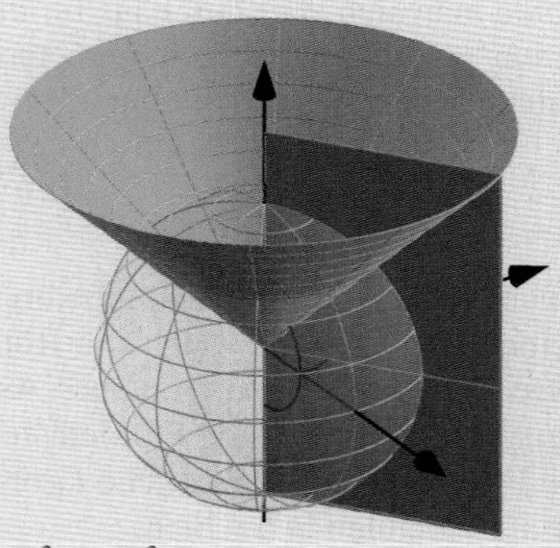

$\mathbb{R}^3 \to \mathbb{R}$
$\Phi(\boldsymbol{x})$
räumliche Skalarfelder

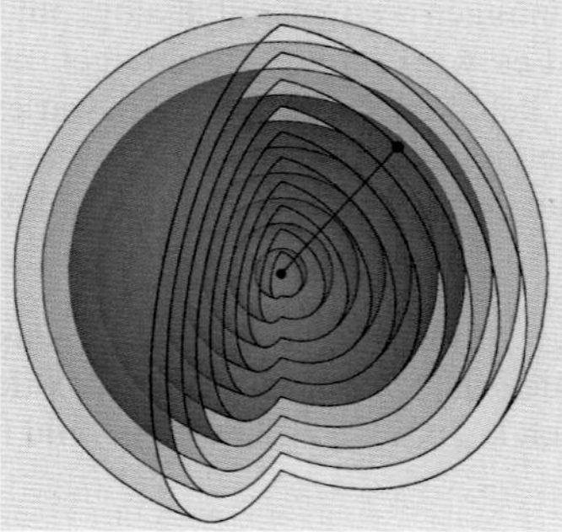

$\mathbb{R}^3 \to \mathbb{R}^2$
$\boldsymbol{y} = \boldsymbol{p}(\boldsymbol{x})$
Projektion auf Ebene

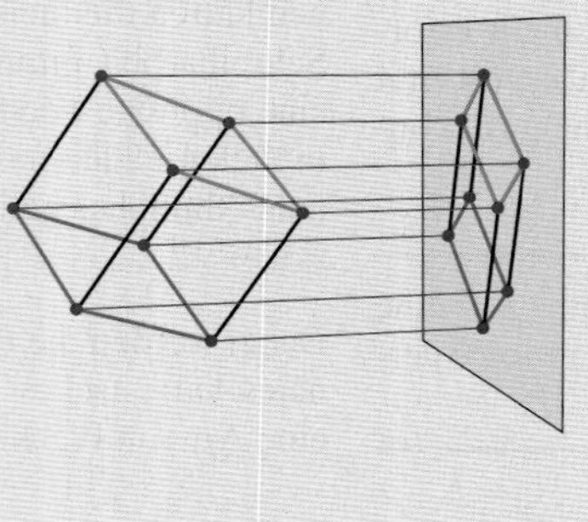

$\mathbb{R}^3 \to \mathbb{R}^3$
$\boldsymbol{v}(\boldsymbol{x})$
räumliche Vektorfelder

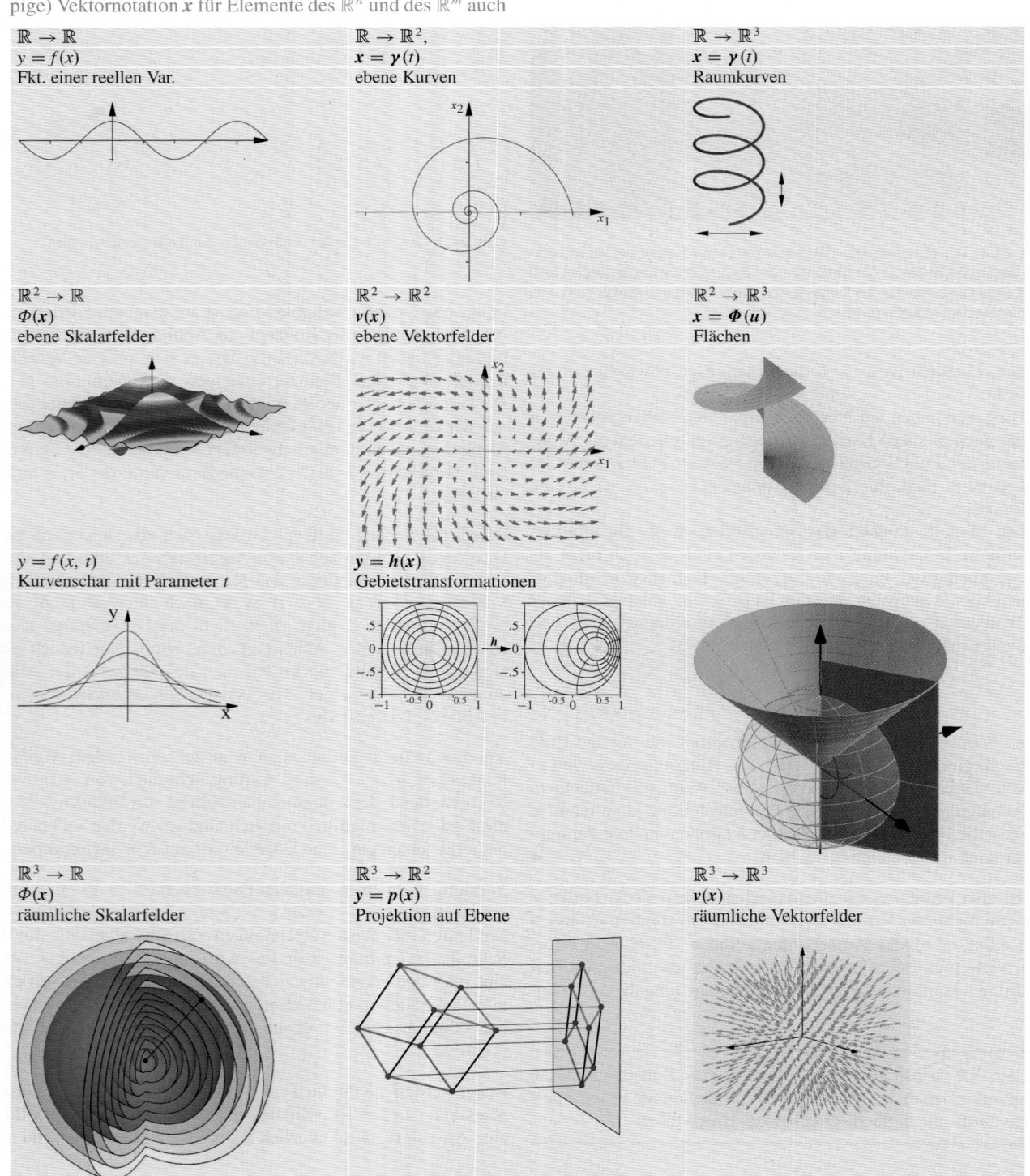

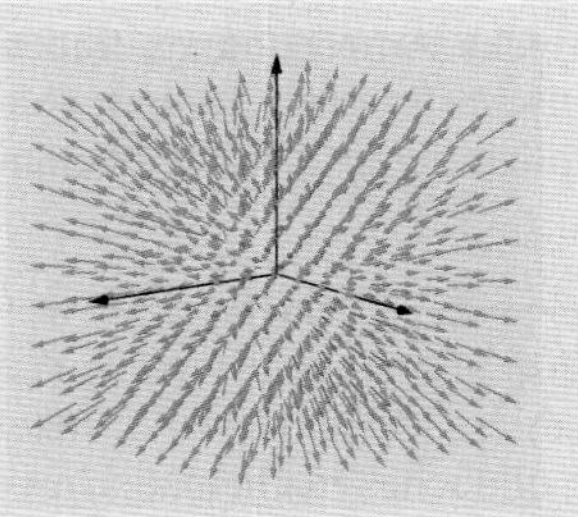

Teil IV

zerklüftet sein. Die einzige Einschränkung ist, dass über (oder unter) jedem Punkt (x_1, x_2) nur ein Punkt der Fläche liegen darf.

Meist werden wir es jedoch mit „schönen", also stetigen und nicht zu wild oszillierenden Funktionen zu tun haben. Die Graphen solcher Funktionen lassen sich außer als Flächen auch auf andere Art darstellen, etwa mittels Höhenlinien. Bei den Flächen zeichnet man häufig Bilder einiger achsenparalleler Geraden $x_1 = \text{const}$ bzw. $x_2 = \text{const}$ ein oder färbt die Fläche entsprechend dem Funktionswert.

Einige Beispiele sind in den Abb. 24.4, 24.5, 24.6 und 24.7 dargestellt. Weitere Darstellungsmöglichkeiten für Funktionen $\mathbb{R}^2 \to \mathbb{R}$ werden wir in Kap. 27 diskutieren.

Selbstfrage 2

Versuchen Sie selbst, den Graphen der Funktion f mit $[-\pi, \pi] \to [0, 1], f(x_1, x_2) = \sin^2 x_1 \cos^2 x_2$ zu skizzieren.

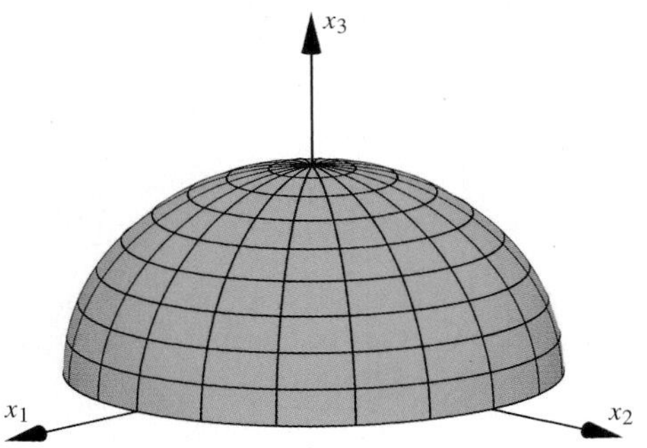

Abb. 24.4 Eine Darstellung des Graphen der Funktion f_2: $E \to \mathbb{R}$, $f_2(x_1, x_2) = \sqrt{1 - x_1^2 - x_2^2}$. Dabei bezeichnet E jene Teilmenge des $\mathbb{R}^2$, die $x_1^2 + x_2^2 \le 1$ erfüllt. Die Kurven auf der Fläche sind, wie auch in Abb. 24.5 die Bilder von achsenparallelen Geraden $x_1 = \text{const}$ bzw. $x_2 = \text{const}$

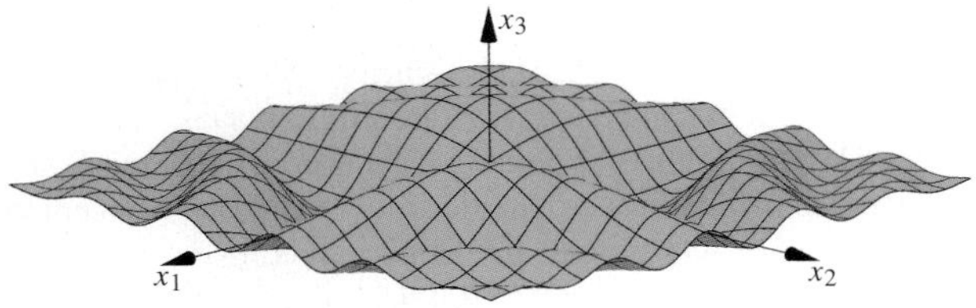

Abb. 24.5 Eine Darstellung des Graphen der Funktion f_3: $\mathbb{R}^2 \to \mathbb{R}$, $f_3(x_1, x_2) = \sin(x_1 x_2)\, e^{-\frac{1}{10}(x_1^2 + x_2^2)}$

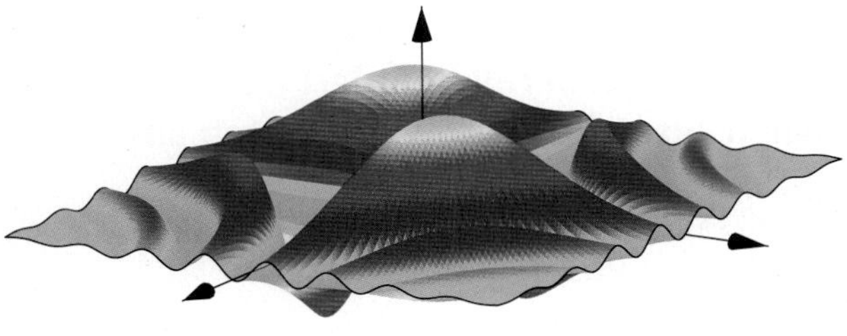

Abb. 24.6 Eine Darstellung des Graphen der Funktion f_3 aus Abb. 24.5 als Fläche im $\mathbb{R}^3$. Dabei ist die Höhe zusätzlich durch Farbe codiert

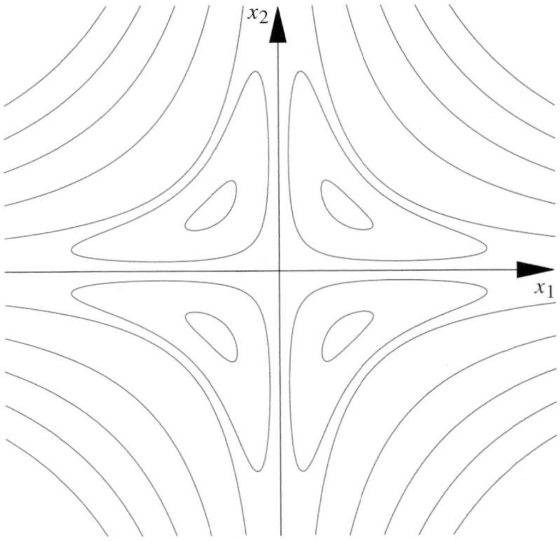

Abb. 24.7 Eine Darstellung des Graphen der Funktion f_3 aus Abb. 24.5 mittels Höhenlinien

Kommentar Wie schon im Eindimensionalen ist es aber wichtig, sich immer im Klaren zu sein, dass das, was in solchen Bildern aufgezeichnet wird, nicht „die Funktion f an sich" ist, sondern nur die Menge

$$G = \{(x_1, x_2, x_3) \mid x_3 = f(x_1, x_2)\} \subset \mathbb{R}^3.$$

Noch genauer, da die dreidimensionale Drucktechnik ja noch in den Kinderschuhen steckt, ist es sogar nur ihre zweidimensionale Projektion auf ein Blatt Papier. ◀

Für Funktionen mehrerer Variablen werden viele Ausdrücke deutlich sperriger als im eindimensionalen Fall. Daher ist jede Möglichkeit, einige Zeichen einzusparen, willkommen, und entsprechend haben sich etliche Kurzschreibweisen eingebürgert. Zum Beispiel gibt es die Schreibweise mit einem senkrechten Strich oder eckigen Klammern für das Einsetzen eines bestimmten Arguments,

$$f(x)\big|_{x_0} = f(x)\big|_{x=x_0} = [f(x)]_{x_0} = f(x_0)\,.$$

Dabei muss allerdings stets klar sein, welches Argument zu ersetzen ist.

* Funktionen $\mathbb{R}^n \to \mathbb{R}$ können zusätzliche Symmetrien besitzen

Schon für Funktionen $\mathbb{R} \to \mathbb{R}$ konnten wir manchmal bestimmte Symmetrien angeben – und diese Symmetrien haben uns einige Rechnungen deutlich vereinfacht.

So nennen wir eine Funktion f: $\mathbb{R} \to \mathbb{R}$ *symmetrisch* oder *gerade* bezüglich des Punktes x_0, wenn mit $x_0 - x \in D(f)$ stets auch $x_0 + x \in D(f)$ und $f(x_0 - x) = f(x_0 + x)$ für alle zulässigen x ist, *antisymmetrisch* oder *ungerade*, wenn entsprechend $f(x_0 - x) = -f(x_0 + x)$ ist. Ist $x_0 = 0$ wird das „bezüglich 0" meist weggelassen.

Des Weiteren nennen wir f *periodisch* mit Periodenlänge $L \in \mathbb{R}_{\neq 0}$, wenn mit x stets auch $x + L$ und $x - L$ zum Definitionsbereich der Funktion gehören und $f(x + L) = f(x)$ ist.

Derartige Symmetrien gibt es in jedem Argument natürlich auch für Funktionen mehrerer Variablen.

Beispiel Die Funktion $f: \mathbb{R}^2 \to \mathbb{R}$,

$$f(x_1, x_2, x_3) = (x_1 - 1)^2 \sin(x_2) \cos^2(x_3)$$

ist im ersten Argument symmetrisch bezüglich $x_1 = 1$, im zweiten antisymmetrisch bezüglich $x_2 = 0$ und periodisch mit Länge $L_2 = 2\pi$, im dritten symmetrisch bezüglich $x_3 = 0$ und periodisch mit Periodenlänge $L_3 = \pi$. ◄

Für Funktionen mehrer Variablen kann man aber noch zusätzliche Symmetrien finden, die über Symmetrien in den einzelnen Argumenten hinausgehen. So kann eine Funktion symmetrisch oder antisymmetrisch bezüglich Vertauschung von Argumenten sein, im einfachsten Fall $\mathbb{R}^2 \to \mathbb{R}$ also

$$f(x, y) = f(y, x) \quad \text{oder} \quad f(x, y) = -f(y, x)$$

gelten. Bei Funktionen von drei oder mehr Variablen kann es verschiedene Symmetrien bezüglich verschiedener Paare von Argumenten geben.

Beispiel Die Funktion $f: \mathbb{R}^4 \to \mathbb{R}$,

$$f(x_1, x_2, x_3, x_4) = (x_1 - x_2)^2 \,(x_3 - x_4)$$

ist symmetrisch bezüglich Vertauschung der ersten beiden Argumente, antisymmetrisch bezüglich Vertauschung der letzten beiden. Für andere Paare von Argumenten gibt es keine speziellen Symmetrien. ◄

Aus Verträglichkeitsgründen können nur bestimmte Kombinationen von Symmetrien auftreten.

Selbstfrage 3

Eine Funktion $f: \mathbb{R}^3 \to \mathbb{R}$ ist symmetrisch bezüglich Vertauschung der ersten beiden Argumente und antisymmetrisch bezüglich Vertauschung der letzten beiden. Herrscht eine Symmetriebedingung bezüglich des ersten und des letzten Arguments? Welchen Wert hat diese Funktion an der Stelle $\boldsymbol{x} = (2, 1, 2)^{\mathrm{T}}$?

Besonders interessant ist es, wenn eine Funktion von mehreren Variablen nur von bestimmten Kombinationen ihrer Argumente abhängt. Hängt eine Funktion $\mathbb{R}^2 \to \mathbb{R}$ nur von $x_1^2 + x_2^2$ ab, so ist sie rotationssymmetrisch bezüglich $\boldsymbol{x} = \boldsymbol{0}$. In diesem Fall bringt die Einführung von Polarkoordinaten oft eine große Vereinfachung.

Bei Funktionen $\mathbb{R}^3 \to \mathbb{R}$ hat man in vielen praktischen Problemen den angenehmen Fall vorliegen, dass nur Abhängigkeit von $x_1^2 + x_2^2$ und x_3 oder überhaupt nur von $x_1^2 + x_2^2 + x_3^2$ vorliegt. Man spricht dann von *Zylinder-* bzw. *sphärischer Symmetrie*. In Kap. 26 werden wir einen Weg kennenlernen, auch solche Symmetrien durch das Einführen angepasster Koordinaten auszunutzen.

24.2 Stetigkeit

Als ein zentraler Begriff in der Analysis hat sich die *Stetigkeit* herauskristallisiert, die für reellwertige Funktionen einer reellen Variablen ausführlich in Kap. 7 behandelt wurde. Stetigkeit bedeutete dabei, salopp gesprochen, dass sich die Funktionswerte nur wenig ändern, wenn man das Argument nur wenig ändert.

Diese Idee gilt genauso für Funktionen, die von $\mathbb{R}^n$ nach $\mathbb{R}$ abbilden. Während man für die Funktionen f und $g: \mathbb{R}^3 \to \mathbb{R}$ die durch

$$\begin{aligned} f(x, y, z) &= (x + 3)\,(2x + 5)\,(3x - 7) \\ g(x, y, z) &= \mathrm{e}^x \cdot \sin(x + y) \end{aligned}$$

definiert sind, vermuten kann, dass kleine Änderungen von x, y oder z jeweils nur kleine Auswirkungen haben werden, sieht die Sache bei der Funktion h, die durch

$$h(x, y, z) = \begin{cases} 1 & \text{wenn } x \cdot y \cdot z > 0 \\ 0 & \text{sonst} \end{cases}$$

definiert ist, anders aus. Geht man von der Stelle $(1, 1, \varepsilon)$ zur Stelle $(1, 1, -\varepsilon)$ über, so springt der Funktionswert von 1 nach 0 – ganz egal, wie klein ε auch sein mag. Dies sieht nicht mehr nach stetigem Verhalten aus.

Wir stehen nun vor der Aufgabe, unsere Stetigkeitsdefinition vom Ein- ins Mehrdimensionale zu übertragen. Das ist auf mehr als eine Art möglich, wie auch in der Vertiefung auf S. 875 demonstriert wird. Wir werden allerdings auf jenes Konzept zurückgreifen, das wir bereits im Eindimensionalen erfolgreich verwendet haben und das auch praktisch die größte Bedeutung hat – die Definition mittels Grenzwerten.

Obwohl die Stetigkeit analog zum eindimensionalen Fall definiert ist, tauchen zusätzliche Schwierigkeiten auf

Unser Ziel ist es, eine Funktion $f: \mathbb{R}^n \to \mathbb{R}$ in einem Punkt $(\tilde{x}_1, \ldots, \tilde{x}_n)$ als stetig anzusehen, wenn

$$\lim_{\boldsymbol{x} \to \tilde{\boldsymbol{x}}} f(\boldsymbol{x}) = f(\tilde{\boldsymbol{x}})$$

ist. Was dabei Probleme macht, ist der Grenzübergang $\boldsymbol{x} \to \tilde{\boldsymbol{x}}$. Ihn überhaupt zu definieren ist noch keine Schwierigkeit und wurde im Grunde schon in Kap. 7 erledigt. Wie immer bei Grenzübergängen greifen wir letztlich auf das Konzept der Folgen zurück.

Dabei stoßen wir allerdings im Mehrdimensionalen auf Notationsprobleme mit der Positionierung der Indizes. Um Folgenindex $k \in \mathbb{N}$ und Raumindex $i \in \{1, \ldots, n\}$ in allen Fällen klar auseinanderzuhalten, schreiben wir im Mehrdimensionalen den Folgenindex typischerweise in Klammern und hochgestellt, den Raumindex hingegen weiterhin tiefgestellt.

Die Folge $(\boldsymbol{x}^{(k)})_{k=1}^{\infty}$ besteht also aus Punkten $\boldsymbol{x}^{(k)} \in \mathbb{R}^n$ mit den Komponenten $x_i^{(k)}$, $i \in \{1, \ldots, n\}$. In praktischen Rechnungen werden wir, um die Zahl der Indizes in Grenzen zu halten, manchmal auch mit der Schreibweise (x_k, y_k) statt $(x_1^{(k)}, x_2^{(k)})$ arbeiten.

Grenzwerte im Mehrdimensionalen

Wir nennen

$$G = \lim_{\boldsymbol{x} \to \tilde{\boldsymbol{x}}} f(\boldsymbol{x})$$

den Grenzwert von f am Punkt $\tilde{\boldsymbol{x}} \in \mathbb{R}^n$, wenn für *jede* Folge $\left(\boldsymbol{x}^{(k)}\right)_{k=1}^{\infty}$ von Punkten mit $\lim_{k\to\infty} \boldsymbol{x}^{(k)} = \tilde{\boldsymbol{x}}$, $\boldsymbol{x}^{(k)} \neq \tilde{\boldsymbol{x}}$ für alle $k \in \mathbb{N}$, die Folge

$$\left(f\left(\boldsymbol{x}^{(k)}\right)\right)_{k=1}^{\infty}$$

gegen G konvergiert.

Anstelle von Folgen kann man dabei gleichwertig auch *Kurven* betrachten, die gegen $\tilde{\boldsymbol{x}}$ laufen. Die Glieder einer Folge lassen sich immer mit einer solchen Kurve verbinden, gleichzeitig definiert auf einer derartigen Kurve jede Auswahl von Punkten in Durchlaufrichtung eine für unsere Zwecke gültige Folge.

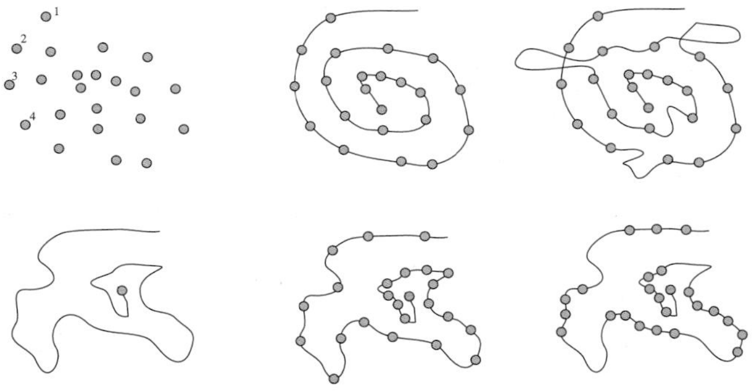

Abb. 24.8 Durch die Punkte einer Folge lässt sich immer eine Kurve legen; umgekehrt ist jede Wahl von Punkten in Durchlaufrichtung einer Kurve eine gültige Folge

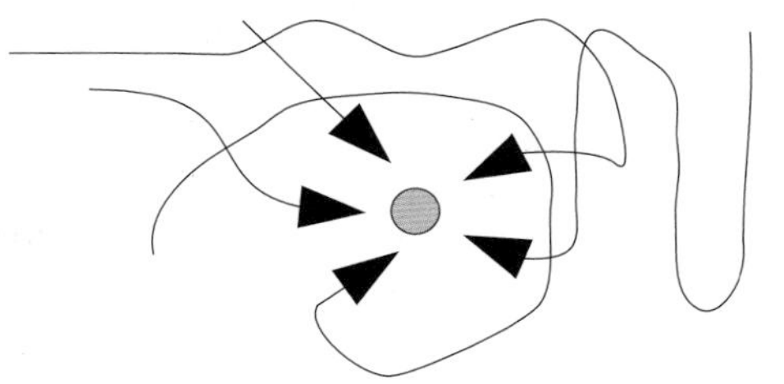

Abb. 24.9 Einige Möglichkeiten, sich im $\mathbb{R}^2$ einem Punkt zu nähern. Alle denkbaren Möglichkeiten müssten untersucht werden, um den Grenzwert einer Funktion an diesem Punkt definieren zu können

Der problematische Aspekt der obigen Definition ist, dass für den Grenzwert *alle* Folgen, die gegen $\tilde{\boldsymbol{x}}$ konvergieren, zu untersuchen sind, oder, gleichwertig alle Kurven, die nach $\tilde{\boldsymbol{x}}$ laufen.

Während es im Eindimensionalen nur zwei Richtungen gibt, aus denen man sich einem Punkt nähern kann, sind es im Mehrdimensionalen beliebig viele. Schlimmer noch, auch spiralig gewundene Bahnen, Zickzack-Kurven und beliebig andere Wege sind jeweils gültige Arten, sich einem Punkt zu nähern, und alle diese Arten müssen untersucht werden, um einen eindeutigen Grenzwert definieren zu können.

Für den einfachsten Fall, nämlich Funktionen, die von $\mathbb{R}^2$ nach $\mathbb{R}$ abbilden, sind einige wenige Möglichkeiten in Abb. 24.9 dargestellt.

Achtung Es ist ein verbreiteter Fehler, bei einem Grenzwert $\boldsymbol{x} \to \tilde{\boldsymbol{x}}$ nur sehr spezielle Richtungen zu betrachten. Werden aber beispielsweise nur die eindimensionalen Grenzwerte

$$\lim_{x_1 \to \tilde{x}_1} f(x_1, \tilde{x}_2) \quad \text{und} \quad \lim_{x_2 \to \tilde{x}_2} f(\tilde{x}_1, x_2)$$

betrachtet, kann man, selbst wenn diese Grenzwerte existieren und gleich dem Funktionswert $f(\tilde{x}_1, \tilde{x}_2)$ sind, noch lange nicht auf die Stetigkeit der Funktion schließen. Ein einfaches Gegenbeispiel wäre die durch

$$f(x_1, x_2) = \begin{cases} x_1 & \text{für } x_2 = 0 \\ x_2 & \text{für } x_1 = 0 \\ 1 & \text{sonst} \end{cases}$$

definierte Funktion $\mathbb{R}^2 \to \mathbb{R}$. Dabei ist

$$\lim_{x_1 \to 0} f(x_1, 0) = \lim_{x_2 \to 0} f(0, x_2) = 0 = f(0, 0),$$

trotzdem ist die Funktion im Ursprung offensichtlich unstetig, so ist etwa

$$\lim_{h \to 0} f(h, h) = 1 \neq 0 = f(0, 0).$$ ◄

Alle möglichen Wege zu untersuchen klingt nach einer unlösbaren Aufgabe – tatsächlich werden wir jedoch bald einen Weg finden, genau das zu tun.

Stetigkeit ist ein sehr starker Begriff

Zunächst aber definieren wir klar, was wir unter Stetigkeit im Mehrdimensionalen verstehen.

Definition von Stetigkeit

Eine Funktion $f\colon \mathbb{R}^n \to \mathbb{R}$ heißt stetig in einem Punkt $\tilde{\boldsymbol{x}} = (\tilde{x}_1, \ldots, \tilde{x}_n)^T$, wenn

$$\lim_{\boldsymbol{x}\to\tilde{\boldsymbol{x}}} f(\boldsymbol{x}) = f(\tilde{\boldsymbol{x}})$$

ist. Sie ist stetig in einem Bereich $B \subseteq D(f) \subseteq \mathbb{R}^n$, wenn sie in jedem Punkt $\tilde{\boldsymbol{x}} \in B$ stetig ist.

Achtung Wir weisen noch einmal darauf hin, dass der Grenzwert $(x_1, x_2) \to (0, 0)^\mathrm{T}$ nicht identisch mit jenem ist, den man mittels $x_1 \to 0$ und $x_2 \to 0$ erhält. Schon die Reihenfolge der Ausführung kann bei unstetigen Funktionen unterschiedliche Ergebnisse liefern, und auf keinen Fall kann man mit zwei einfachen Grenzwerten das gesamte Stetigkeitsverhalten einer Funktion in der Umgebung eines Punktes (x_1, x_2) erfassen.

Dies sieht man zum Beispiel an der durch

$$f(x_1, x_2) = \begin{cases} \frac{x_1^2}{x_1^2+x_2^2} & \text{für } (x_1, x_2)^\mathrm{T} \neq (0, 0)^\mathrm{T} \\ 0 & \text{für } (x_1, x_2)^\mathrm{T} = (0, 0)^\mathrm{T} \end{cases}$$

definierten Funktion $f\colon \mathbb{R}^2 \to \mathbb{R}$. Für diese erhält man

$$\begin{aligned} \lim_{x_1\to 0}\lim_{x_2\to 0} f(x_1, x_2) &= \lim_{x_1\to 0}\lim_{x_2\to 0} \frac{x_1^2}{x_1^2+x_2^2} \\ &= \lim_{x_1\to 0} \frac{x_1^2}{x_1^2} = 1 \\ \lim_{x_2\to 0}\lim_{x_1\to 0} f(x_1, x_2) &= \lim_{x_2\to 0}\lim_{x_1\to 0} \frac{x_1^2}{x_1^2+x_2^2} \\ &= \lim_{x_2\to 0} \frac{0}{x_2^2+0} = 0. \end{aligned}$$

Dass sich zwei Grenzübergänge im Allgemeinen nicht vertauschen lassen, ist ein Phänomen, mit dem wir schon wiederholt zu tun hatten. Tatsächlich ist das unvorsichtige Vertauschen von Grenzübergängen eine der häufigsten „fortgeschrittenen" Fehlerquellen im praktischen Arbeiten. Bei stetigen Funktionen ist das Vertauschen von zwei Grenzübergängen $x_i \to \tilde{x}_i$ und $x_k \to \tilde{x}_k$ natürlich zulässig. ◀

Teil IV

Mittels Folgen können Stetigkeit und Unstetigkeit nachgewiesen werden

In unserer Definition von Stetigkeit an $\tilde{\boldsymbol{x}}$ werden *alle* Folgen benutzt, die gegen $\tilde{\boldsymbol{x}}$ konvergieren. Alle Folgen zu überprüfen, scheint ein Ding der Unmöglichkeit zu sein, doch in gewisser Weise können wir genau das tun.

Auf jeden Fall ist die Definition der Stetigkeit mittels Folgen praktisch, um *unstetige* Funktionen zu erkennen. Findet man nämlich auch nur eine Folge $(\boldsymbol{x}^{(k)})$ mit $\boldsymbol{x}^{(k)} \neq \tilde{\boldsymbol{x}}$ für alle $k \in \mathbb{N}$, die gegen $\tilde{\boldsymbol{x}}$ konvergiert, für die aber

$$\lim_{k\to\infty} f(\boldsymbol{x}^{(k)}) \neq f(\tilde{\boldsymbol{x}})$$

ist, so muss f an $\tilde{\boldsymbol{x}}$ unstetig sein.

Beispiel Wir betrachten die Funktion

$$f(\boldsymbol{x}) = \begin{cases} 1 & \text{für } x_1 = x_2^2,\ x_2 > 0 \\ 0 & \text{sonst} \end{cases}$$

und untersuchen die Stetigkeit am Punkt $\boldsymbol{0} = (0, 0)^\mathrm{T}$. Für die Folge $\boldsymbol{x}^{(k)} = \left(\frac{1}{k^2}, \frac{1}{k}\right)$ ist

$$\lim_{k\to\infty} f(\boldsymbol{x}^{(k)}) = \lim_{k\to\infty} 1 = 1 \neq 0 = f(\boldsymbol{0}).$$

Die Unstetigkeit der Funktion im Ursprung kann demnach anhand dieser einen Folge gezeigt werden. ◀

Sehr viel schwieriger erscheint die Frage, wie man die Stetigkeit einer Funktion mithilfe von Folgen *zeigen* kann. Hier kann man jedoch ausnutzen, dass ja $\boldsymbol{x}^{(k)}$ gegen $\tilde{\boldsymbol{x}}$ konvergiert, und damit auch $x_i^{(k)} \to \tilde{x}_i$ für beliebige Koordinatenrichtungen i gelten muss.

Des Weiteren gilt immer die Ungleichung

$$\begin{aligned} |x_i^{(k)} - \tilde{x}_i| &= \sqrt{(x_i^{(k)} - \tilde{x}_i)^2} \\ &\leq \sqrt{\sum_{j=1}^{n} (x_j^{(k)} - \tilde{x}_j)^2} \\ &= \|\boldsymbol{x}^{(k)} - \tilde{\boldsymbol{x}}\|. \end{aligned}$$

Mithilfe dieser Abschätzung kann man die Stetigkeit vieler Funktionen mittels Folgen überprüfen.

Beispiel Wir zeigen die Stetigkeit der Funktion

$$f(x, y) = \begin{cases} \frac{xy^2}{x^2+y^2} & \text{für } (x, y) \neq (0, 0) \\ 0 & \text{für } (x, y) = (0, 0) \end{cases}$$

mithilfe von Folgen:

$$\begin{aligned} |f(x_k, y_k) - f(\boldsymbol{0})| &= \left|\frac{x_k y_k^2}{x_k^2 + y_k^2}\right| = \frac{y_k^2 \sqrt{x_k^2}}{x_k^2 + y_k^2} \\ &\leq \frac{(x_k^2 + y_k^2)\sqrt{x_k^2 + y_k^2}}{x_k^2 + y_k^2} \\ &= \sqrt{x_k^2 + y_k^2} \to 0 \end{aligned}$$

Der zuletzt erhaltene Ausdruck muss gegen null gehen, denn er ist gleich dem Abstand zwischen $(x_k, y_k)^\mathrm{T}$ und $\boldsymbol{0}$, und wir haben ja gerade vorausgesetzt, dass $(x_k, y_k)^\mathrm{T} \to \boldsymbol{0}$ gelten muss. ◀

Vertiefung: Allgemeine Stetigkeit und metrische Räume

In der Vertiefung auf S. 219 haben wir eine alternative Definition von Stetigkeit kennengelernt, das auf Cauchy zurückgehende ε-δ-Kriterium. Dieses Kriterium ist auch für Funktionen von mehreren Variablen anwendbar, wenn man den Betrag zur euklidischen Norm verallgemeinert.

Mehr noch, zu Abbildungen zwischen beliebigen Räumen, in dem sich jeweils sinnvoll ein Abstand definieren lässt, sogenannten *metrischen Räumen*, erhält man einen passenden Stetigkeitsbegriff quasi gratis mitgeliefert. Doch selbst zwischen noch allgemeineren Strukturen, den *topologischen Räumen*, lassen sich stetige Abbildungen betrachten.

Das ε-δ-Kriterium lautet: Eine Abbildung $f\colon D(f) \to \mathbb{R}$ ist dann stetig in $x_0 \in D(f)$, wenn es zu jeder reellen Zahl $\varepsilon > 0$ eine Umgebung $(x_0 - \delta, x_0 + \delta)$ gibt, sodass aus dieser Umgebung alle Funktionswerte einen Abstand von $f(x_0)$ haben, der kleiner ist als ε. Eine Funktion heißt (global) stetig, wenn sie in jedem Punkt ihres Definitionsbereichs stetig ist.

Der Abstand war damals einfach der Betrag, und die Bedingung im ε-δ-Kriterium las sich: Zu jedem $\varepsilon > 0$ gibt es ein $\delta > 0$, so dass

$$|x - x_0| < \delta \Rightarrow |f(x) - f(x_0)| < \varepsilon\,.$$

Nun ist die Möglichkeit, $d(x, y) = |x - y|$ als Abstand aufzufassen, auf reelle oder komplexe Zahlen sowie deren Untermengen beschränkt. Man könnte aber auch in viel allgemeineren Mengen versuchen, einen Abstandsbegriff einzuführen. Von einem solchen Abstand d, einer Funktion, die zwei Elementen x und y einer Menge M eine reelle Zahl $d(x, y)$ zuordnet, verlangt man üblicherweise drei Eigenschaften, die für beliebige x, y und z aus M zu gelten haben:

1. Positive Definitheit, $d(x, y) \geq 0$,
2. Symmetrie, $d(x, y) = d(y, x)$,
3. Dreiecksungleichung, $d(x, z) \leq d(x, y) + d(y, z)$.

Gibt es eine solche Funktion, so nennt man M zusammen mit d einen **metrischen Raum** und schreibt gerne in Kurzform (M, d). Metrische Räume werden in Kap. 28 ausführlicher diskutiert.

Für jede Abbildung $f\colon (M, d) \to (\tilde{M}, \tilde{d})$ kann man nun Stetigkeit definieren. Dabei ist f stetig an $x_0 \in M$, wenn es zu jedem $\varepsilon > 0$ ein $\delta > 0$ gibt, sodass aus $d(x, x_0) < \delta$ stets $\tilde{d}(f(x), f(x_0)) < \varepsilon$ folgt.

Diese Definition können wir sofort auf Funktionen $\mathbb{R}^n \to \mathbb{R}$ übertragen. In der Wertemenge $\mathbb{R}$ können wir den gleichen Abstandsbegriff wie immer schon verwenden. Im $\mathbb{R}^n$ bietet sich der euklidische Abstand an, $d(\boldsymbol{x}, \boldsymbol{y}) = \|\boldsymbol{x} - \boldsymbol{y}\|$.

Stetigkeit am Punkt $\tilde{\boldsymbol{x}}$ lässt sich demnach auf folgende Art definieren: Zu jedem $\varepsilon > 0$ gibt es ein $\delta > 0$, sodass $|f(\boldsymbol{x}) - f(\tilde{\boldsymbol{x}})| < \varepsilon$ für alle $\boldsymbol{x} \in \mathbb{R}^n$ mit $\|\boldsymbol{x} - \tilde{\boldsymbol{x}}\| < \delta$.

Diese Definition klingt aufs erste recht abstrakt – auch im Eindimensionalen hatten wir gute Gründe, nicht mit dem ε-δ-Kriterium zu arbeiten, sondern stattdessen Grenzwerte zu verwenden. Überraschenderweise kann man gerade im Mehrdimensionalen aber durchaus konkrete Beispiel mit diesem Kriterium recht effizient lösen.

Untersuchen wir als Beispiel die Funktion

$$f(x, y) = \begin{cases} \frac{xy^2}{x^2+y^2} & \text{für } (x, y) \neq (0, 0) \\ 0 & \text{für } (x, y) = (0, 0) \end{cases}$$

auf Stetigkeit im Punkt $(0, 0)^{\mathrm{T}}$. Dazu geben wir ein $\varepsilon > 0$ vor und überprüfen nun, ob es ein $\delta > 0$, gibt, mit dem sich das ε-δ-Kriterium erfüllen lässt. Dazu schätzen wir ab:

$$\begin{aligned} \varepsilon = |f(x, y) - f(0, 0)| &= \left|\frac{xy^2}{x^2 + y^2}\right| = |x|\,\frac{y^2}{x^2 + y^2} \\ &\leq \sqrt{x^2}\,\frac{x^2 + y^2}{x^2 + y^2} \leq \sqrt{x^2 + y^2} = \|\boldsymbol{x}\| = \delta \end{aligned}$$

In diesem Fall ist für $\delta = \varepsilon$ die Bedingung erfüllt. Allgemein können sich hier natürlich andere Beziehungen ergeben.

Kommentar

- Man könnte hier sogar noch einen Schritt weitergehen und Stetigkeit in noch allgemeinerem Kontext definieren, nämlich in *topologischen Räumen*, in denen nur noch ein konsistent definiertes System von offenen Mengen zu existieren braucht.
  In solchen Räumen muss es keinen Abstandsbegriff mehr geben und eine konvergente Folge kann mehrere Grenzwerte haben. Die einzige Stetigkeitsdefinition, die einem hier noch bleibt, ist die allgemeinste von allen: *Urbilder offener Mengen sind offen.*
- Die Forderungen, die man an metrische Räume stellt, wie etwa positive Definitheit, spiegeln die „natürlichen" Erwartungen wider, die man an einen sinnvollen Abstand stellt. Es gibt aber spezielle Situationen, in denen man diese Forderungen fallen lässt. Im Minkowski-Raum der Speziellen Relativitätstheorie etwa definiert man den Abstand zwischen zwei Ereignissen $x = (x_0, x_1, x_2, x_3)$ und $y = (y_0, y_1, y_2, y_3)$ üblicherweise als

$$\Delta s^2 = (x_0 - y_0)^2 - \sum_{k=1}^{3}(x_k - y_k)^2.$$

Dieser Abstand darf ohne Weiteres negativ sein – das bedeutet, das die beiden Ereignisse *raumartig* zueinander liegen und es keine kausale Verbindung zwischen ihnen gibt. ◀

Teil IV

Für Funktionen $\mathbb{R}^2 \to \mathbb{R}$ lässt sich Stetigkeit mittels Polarkoordinaten überprüfen

Wir haben Grenzwerte und damit Stetigkeit mittels Folgen definiert, und auch Methoden kennengelernt, die Stetigkeit von Funktionen mittels Folgen zu überprüfen. Dabei sind aber manchmal umständliche Abschätzungen erforderlich, die auf die Dauer recht lästig werden können.

Daher suchen wir einen einfacheren Weg, um Stetigkeit zu überprüfen. Beschränken wir uns auf den Fall von Funktionen $\mathbb{R}^2 \to \mathbb{R}$, so können wir um den Punkt $\tilde{\boldsymbol{x}} = (\tilde{x}_1, \tilde{x}_2)$ zentrierte Polarkoordinaten einführen,

$$x_1 = \tilde{x}_1 + r\cos\varphi\,,$$
$$x_2 = \tilde{x}_2 + r\sin\varphi\,.$$

In diesen Koordinaten gilt $r = \|\boldsymbol{x}^{(k)} - \tilde{\boldsymbol{x}}\|$, und damit lassen sich *alle* Folgen, die für unseren Stetigkeitsbegriff wichtig sind, durch den Grenzwert $r \to 0$ beschreiben.

Damit sind alle zulässigen Annäherungsmethoden auf einen Schlag abgedeckt. Ist der so erhaltene Ausdruck vom Winkel φ unabhängig, so existiert der Grenzwert, ist dieser dann auch noch gleich dem Funktionswert an der entsprechenden Stelle, so ist die Funktion dort stetig.

Einige repräsentative Beispiele für den Einsatz von Polarkoordinaten werden im Beispiel auf S. 877 gezeigt.

„Zivilisierte" Zusammensetzungen stetiger Funktionen sind stetig

Es wäre mühselig, wenn man die Stetigkeit von beliebigen Funktionen immer aufwendig mittels Grenzwerten, Polarkoordinaten oder noch komplizierteren Verfahren überprüfen müsste. Dies ist glücklicherweise meist nicht notwendig, genauso wie es auch im Eindimensionalen üblicherweise nicht erforderlich ist.

Der Grund dafür ist der Gleiche, der schon in Kap. 7 genannt wurde: Summen, Differenzen, Produkte, Quotienten und Verkettungen von stetigen Funktionen sind, soweit definiert, wieder stetig. Mit dem Wissen, dass Polynome, die Exponentialfunktion, Winkelfunktionen usw. stetig sind, hat man damit die Stetigkeit von Ausdrücken wie

$$f(x, y, z) = \cos(x^2 + y^2 + e^z)$$

oder

$$g(x_1, x_2, x_3, x_4) = \sin^2 x_1 - x_2 x_3 x_4$$

sofort abgehandelt. Auch bei Funktionen wie etwa

$$f(x, y) = \begin{cases} \frac{xy}{x^2+y^2} & \text{für } (x, y) \neq (0, 0) \\ 0 & \text{für } (x, y) = (0, 0) \end{cases}$$

liegt zwar eine Unstetigkeit am Ursprung $\mathbf{0} = (0, 0)^\mathrm{T}$ vor. An allen Punkten $\tilde{\boldsymbol{x}} \in \mathbb{R}^2 \setminus \mathbf{0}$ ist die Funktion als wohldefinierter Quotient zweier Polynome jedoch mit Sicherheit stetig.

Achtung Endliche Summen stetiger Funktionen sind stetig. Hingegen können Funktionenreihen, in denen jedes Glied und damit auch jede Partialsumme stetig ist, durchaus unstetig sein. Das ist schon im Eindimensionalen so und überträgt sich selbstverständlich auf den mehrdimensionalen Fall.

Generell gilt, dass man mittels Grenzübergängen aus stetigen Funktionen unstetige erzeugen kann. Man betrachte als Beispiel etwa die Funktionenfolge (f_n) und f_n: $[0, 1] \to [0, 1]$ und $f_n(x) = x^n$. Jedes Glied der Folge ist stetig, als Grenzfunktion erhält man aber

$$f(x) = \begin{cases} 0 & \text{für } x \in [0, 1) \\ 1 & \text{für } x = 1 \end{cases},$$

eine im Punkt $x = 1$ unstetige Funktion. ◀

24.3 Partielle Ableitungen und Differenzierbarkeit

Die Definition der Stetigkeit für Funktionen $\mathbb{R}^n \to \mathbb{R}$ sieht auf den ersten Blick nicht anders aus als jene für $\mathbb{R} \to \mathbb{R}$ – selbst wenn sich bei genauerem Hinsehen durchaus beachtliche Probleme ergeben können.

Ein wenig anders ist die Situation im Fall der Differenzierbarkeit. Tangenten kann man an eine Fläche in viele Richtungen legen, und wie man einen Differenzialquotienten definieren soll, ist auch nicht klar.

Sofort übertragen kann man allerdings jenen Begriff, der sich bereits in Kap. 10 als der zentrale der Differenzierbarkeit herausgestellt hat – die *lineare Approximierbarkeit*. Dieses Konzept wird uns auch hier retten und uns den Weg zu einer konsistenten und sinnvollen Definition der Differenzierbarkeit weisen.

Richtungsableitungen erfassen nur einen Teil des Änderungsverhaltens einer Funktion

Wir können gewisse Aspekte der Differenzierbarkeit von Funktionen $\mathbb{R}^n \to \mathbb{R}$ bereits mit den Mitteln analysieren, die uns aus der Analysis einer Variablen zur Verfügung stehen. Dazu wählen wir wieder eine Richtung $\widehat{\boldsymbol{a}}$ und definieren eine Funktion g: $\mathbb{R} \to \mathbb{R}$ über

$$g(h) = f(\tilde{x}_1 + h\,a_1, \ldots, \tilde{x}_n + h\,a_n).$$

Beispiel: Stetigkeit mittels Polarkoordinaten

Wir untersuchen die Funktionen $\mathbb{R}^2 \to \mathbb{R}$,

$$f(x, y) = \begin{cases} \frac{xy^2}{x^2+y^2} & \text{für } (x, y) \neq (0, 0) \\ 0 & \text{für } (x, y) = (0, 0) \end{cases}$$

$$g(x, y) = \begin{cases} \frac{x^4-y^4}{x^4+2x^2y^2+y^4} & \text{für } (x, y) \neq (0, 0) \\ 0 & \text{für } (x, y) = (0, 0) \end{cases}$$

$$h(x, y) = \begin{cases} \frac{x^3}{x^2-y^2} & \text{für } |x| \neq |y| \\ 0 & \text{für } (x, y) = (0, 0) \end{cases}$$

$$i(x, y) = \begin{cases} \frac{x^3y^2}{x^4+y^4} & \text{für } |x| = |y| \\ 0 & \text{für } (x, y) = (0, 0) \end{cases}$$

auf Stetigkeit im Punkt $(0, 0)^{\mathrm{T}}$, indem wir jeweils Polarkoordinaten einführen.

Problemanalyse und Strategie: Wir setzen $x = r \cos\varphi$ sowie $y = r \sin\varphi$ und untersuchen, ob der Grenzwert $r \to 0$ existiert und vom Winkel φ unabhängig ist.

Lösung:

1. Für f ist die Vorgehensweise unmittelbar klar,

$$\begin{aligned} \lim_{\boldsymbol{x}\to\boldsymbol{0}} f(x, y) &= \lim_{r\to 0} f(r\cos\varphi, r\sin\varphi) \\ &= \lim_{r\to 0} \frac{r^3 \cos\varphi \sin^2\varphi}{r^2} \\ &= \lim_{r\to 0} r \cos\varphi \sin^2\varphi = 0 = f(0,0). \end{aligned}$$

Die Funktion ist in $\boldsymbol{0} = (0, 0)^{\mathrm{T}}$ stetig. Der Grenzübergang ist hier eindeutig, da $|\cos\varphi \sin^2\varphi| \leq 1$ ist – denn wie wir wissen *ist ein beschränkter Ausdruck mal einer Nullfolge wieder eine Nullfolge.*

2. Ähnlich können wir auch im zweiten Beispiel vorgehen:

$$\begin{aligned} \lim_{\boldsymbol{x}\to\boldsymbol{0}} g(x, y) &= \lim_{\boldsymbol{x}\to\boldsymbol{0}} \frac{x^4 - y^4}{(x^2+y^2)^2} \\ &= \lim_{r\to 0} \frac{r^4(\cos^4\varphi - \sin^4\varphi)}{r^4} \\ &= \lim_{r\to 0} \left(\cos^4\varphi - \sin^4\varphi\right) \end{aligned}$$

Dieser Grenzwert existiert nicht unabhängig von φ, und nur für ganz spezielle Werte von φ stimmt der erhaltenen Ausdruck mit dem Funktionswert $g(0, 0) = 0$ überein. Die Funktion ist nicht stetig.

3. Komplizierter wird die Sache bei h. Hier erhalten wir in Polarkoordinaten:

$$\begin{aligned} \lim_{\boldsymbol{x}\to\boldsymbol{0}} h(x, y) &= \lim_{r\to 0} \frac{r^3\cos^3\varphi}{r^2(\cos^2\varphi - \sin^2\varphi)} \\ &= \lim_{r\to 0} r\, \frac{\cos^3\varphi}{\cos^2\varphi - \sin^2\varphi} \end{aligned}$$

Auf den ersten Blick sieht die Sache hier eindeutig aus, man hat einen Grenzübergang $r \to 0$ für ein Produkt aus r und einem Winkelausdruck, also eine weitgehend analoge Situation zu f.
Die Schwierigkeit hier ist allerdings, dass der Winkelausdruck *nicht beschränkt* ist. Beispielsweise geht der Nenner für $\varphi \to \pi/4$ gegen null, und der Bruch divergiert. Wählt man auf geschickte Weise eine Funktion $\varphi(r)$, also eine spezielle Art, sich $\boldsymbol{0}$ zu nähern, so kann man für $r \to 0$ jeden beliebigen nichtnegativen Wert erhalten. Der Grenzwert existiert nicht, die Funktion ist nicht stetig.

4. Mehr Glück hat man bei i. Hier ergibt die Einführung von Polarkoordinaten:

$$\begin{aligned} \lim_{\boldsymbol{x}\to\boldsymbol{0}} i(x, y) &= \lim_{r\to 0} \frac{r^5\cos^3\varphi \sin^2\varphi}{r^4(\cos^4\varphi + \sin^4\varphi)} \\ &= \lim_{r\to 0} r\, \frac{\cos^3\varphi \sin^2\varphi}{\cos^4\varphi + \sin^4\varphi} \\ &= 0 = f(0, 0) \end{aligned}$$

In diesem Fall ist es kein Problem, den Grenzübergang durchzuführen, weil der Winkelanteil beschränkt ist. Das sieht man sofort an einer Diskussion des Nenners $N(\varphi) = \cos^4\varphi + \sin^4\varphi$:

$$\begin{aligned} N'(\varphi) &= -4\cos^3\varphi \sin\varphi + 4\sin^3\varphi \cos\varphi \\ &= 4\sin\varphi \cos\varphi\,(\sin^2\varphi - \cos^2\varphi) \stackrel{!}{=} 0 \end{aligned}$$

Extrema des Nenners liegen an Nullstellen des Sinus, Nullstellen des Kosinus und an jenen Werten, für die $|\sin\varphi| = |\cos\varphi|$ ist. An diesen Stellen erhält man $N(0) = N(\frac{\pi}{2}) = N(\pi) = N(\frac{3\pi}{2}) = 1$ und $N(\frac{\pi}{4}) = N(\frac{3\pi}{4}) = N(\frac{5\pi}{4}) = N(\frac{7\pi}{4}) = \frac{1}{2}$. Dies sind die Minimal- und Maximalwerte von N. Da der Nenner nie kleiner werden kann als $1/2$, ist der Winkelausdruck beschränkt.

Achtung Wir wollen noch einmal deutlich darauf hinweisen, dass es nicht ausreicht, wenn $f(r\cos\varphi, r\sin\varphi)$ für jedes feste φ im Grenzübergang $r \to 0$ den gleichen Wert liefert. Damit Stetigkeit im Ursprung vorliegt, muss für *jede* Kombination von Folgen (r_n) und (φ_n) mit $r_n \to 0$ für $n \to \infty$ gelten, dass

$$|f(r_n\cos\varphi_n, r_n\sin\varphi_n) - f(0)| \to 0 \quad (n \to \infty)$$

gilt. Dies ist dann der Fall, wenn man eine Abschätzung der Form

$$|f(r\cos\varphi, r\sin\varphi) - f(0)| \leq c\,h(r)$$

zeigen kann, bei der c eine von φ und r unabhängige Konstante ist und $h(r) \to 0$ geht für $r \to 0$. ◀

Teil IV

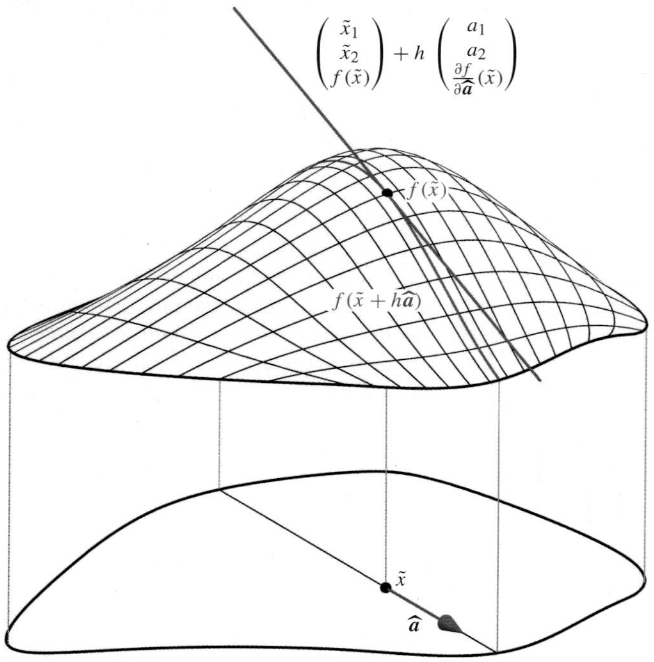

Abb. 24.10 Betrachtet man nur eine Richtung $\widehat{a}$, so reduziert sich das Problem der Ableitung auf ein eindimensionales Problem. Für die so erhaltene Funktion $\mathbb{R} \to \mathbb{R}$ kann man, falls sie differenzierbar ist, sofort die Steigung der Tangente angeben

Diese Funktion können wir, sofern differenzierbar, sofort nach dem Argument h ableiten. In der Praxis wird das meist nach den bekannten Ableitungsregeln passieren. Allgemeiner aber können wir diese **Richtungsableitung** als Grenzwert schreiben,

$$\frac{\partial f}{\partial \widehat{a}}(\tilde{\boldsymbol{x}}) = \lim_{h\to 0} \frac{f(\tilde{x}_1 + h\,a_1, \ldots, \tilde{x}_n + h\,a_n) - f(\tilde{\boldsymbol{x}})}{h}.$$

Diese Größe lässt sich, wie in Abb. 24.10 dargestellt, einfach grafisch deuten. Die Funktion f bildet die Gerade $\tilde{\boldsymbol{x}} + \mathbb{R}\widehat{a}$ auf eine Kurve auf der Hyperfläche ab. Diese Kurve ist der Graph einer Funktion $\mathbb{R} \to \mathbb{R}$, an den man – Differenzierbarkeit vorausgesetzt – in gewohnter Weise eine Tangente legen kann.

Dass in der Richtungsableitung ein ∂ statt des üblichen d steht, hat einen guten Grund. Das Zeichen ∂, gesprochen „partiell" oder seltener auch „del", soll gerade darauf hinweisen, dass man es nicht mit einer vollständigen Ableitung zu tun hat, sondern nur mit einer schwachen Variante davon, nämlich der Änderung in eine Richtung.

Als besonders praktisch erweisen sich die Ableitungen in Richtung der Koordinatenachsen, die daher einen eigenen Namen bekommen haben.

Definition der partiellen Ableitungen

Die partielle Ableitung einer Funktion $f\colon \mathbb{R}^n \to \mathbb{R}$ nach einer Variablen x_k im Punkt $\tilde{\boldsymbol{x}} = (\tilde{x}_1, \ldots, \tilde{x}_n)$ ist definiert über

$$f_{x_k}(\tilde{\boldsymbol{x}}) \equiv \frac{\partial f}{\partial x_k}(\tilde{\boldsymbol{x}}) = \frac{\partial f}{\partial \boldsymbol{e}_k}(\tilde{\boldsymbol{x}}) = \lim_{h\to 0} \frac{f(\tilde{\boldsymbol{x}} + h\,\boldsymbol{e}_k) - f(\tilde{\boldsymbol{x}})}{h}.$$

Diese Ableitungen lassen sich besonders leicht berechnen. Die Änderung parallel zu einer Koordinatenachsen „spüren" in unserem einfachen Zugang von den Änderungen in andere Richtungen „gar nichts", man hat eine konventionelle Ableitung nach der Variablen x_k vorliegen. Alle x_i mit $i \neq k$ betrachtet man als konstante Parameter.

Berechnung der partiellen Ableitung

Die partielle Ableitung der Funktion $f\colon \mathbb{R}^n \to \mathbb{R}$, nach der Variablen x_k,

$$f_{x_k} = \frac{\partial f}{\partial x_k},$$

berechnet man, indem man alle anderen Variablen konstant hält und f nach x_k „normal", also als Funktion $\mathbb{R} \to \mathbb{R}$ ableitet.

Das ist natürlich eine ungeheuer wertvolle Erkenntnis, die wir mit großer Erleichterung zur Kenntnis nehmen können. Alle Ableitungsregeln, alle Techniken, alle Tricks, die wir uns in Kap. 10 angeeignet haben, bleiben verwendbar.

Achtung Die Schreibweise f_{x_1} für die partielle Ableitung von f nach x_1 ist weit verbreitet, und auch wir werden sie manchmal einsetzen, insbesondere, wenn der Platz knapp ist. Eine analoge Schreibweise wird allerdings auch für Vektorkomponenten verwendet,

$$\boldsymbol{v} = v_{x_1}\,\boldsymbol{e}_1 + v_{x_2}\,\boldsymbol{e}_2 + v_{x_3}\,\boldsymbol{e}_3\,.$$

Manchmal schreibt man bei der Ableitung von Vektorkomponenten die Variablen, nach denen abgeleitet wird, nach einem Komma,

$$v_{x_1,x_2} = \frac{\partial v_{x_1}}{\partial x_2}\,.$$

Im Normalfall sollte es klar sein, ob solch ein tiefgestellter Buchstabe nun eine Vektorkomponente oder eine partielle Ableitung bezeichnet. Dennoch ist hier Potenzial für Missverständnisse vorhanden. ◄

Gerade am Anfang kann es verwirrend sein, die Übersicht zu behalten, nach welcher Variablen nun eigentlich abgeleitet wird. Dann kann es hilfreich sein, sich die konstant gehaltenen Variablen speziell zu markieren oder vielleicht sogar mit Umbenennungen zu arbeiten.

Beispiel Wir berechnen nun die partiellen Ableitungen einiger Funktionen nach allen ihren Argumenten. Dabei lassen wir der Übersichtlichkeit halber die Angabe (x, y, z) bei den partiellen Ableitungen weg.

1. $f\colon \mathbb{R}^3 \to \mathbb{R}$ mit $f(x, y, z) = x^2 + e^{yz}$:

$$\frac{\partial f}{\partial x} = 2x, \quad \frac{\partial f}{\partial y} = z e^{yz}, \quad \frac{\partial f}{\partial z} = y e^{yz}$$

2. $g\colon \mathbb{R} \times \mathbb{R}_{>0} \times \mathbb{R} \to \mathbb{R}$ mit $g(x, y, z) = 2xy + xz^2 - y^z$:

$$\begin{aligned} g_x &= \frac{\partial g}{\partial x} = 2y + z^2 \\ g_y &= \frac{\partial g}{\partial y} = 2x - zy^{z-1} \\ g_z &= \frac{\partial g}{\partial z} = 2xz - y^z \ln y \end{aligned}$$

3. $h\colon \mathbb{R}^3 \to \mathbb{R}$ mit $h(x, y, z) = \sin^3(xyz)$:

$$\begin{aligned} h_x &= \frac{\partial h}{\partial x} = 3yz \sin^2(xyz) \cos(xyz) \\ h_y &= \frac{\partial h}{\partial y} = 3xz \sin^2(xyz) \cos(xyz) \\ h_z &= \frac{\partial h}{\partial z} = 3xy \sin^2(xyz) \cos(xyz) \end{aligned}$$

◀

Kommentar Schreibt man eine Funktion als Argument neuer Variabler an, so sollte man auch eine neue Bezeichnung wählen, also etwa

$$f(x, y) = f(x(u, v), y(u, v)) = g(u, v).$$

In den Anwendungen, insbesondere in der Thermodynamik hat sich aber durchgesetzt, unabhängig von den Argumenten immer das gleiche Symbol für die Funktion zu verwenden.

So schreibt man etwa für die Energie sowohl $E(T, V)$ und $E(T, p)$, obwohl die funktionale Abhängigkeit der Energie des Systems vom Volumen V eine ganz andere ist als vom Druck P.

Um den Zusammenhang deutlicher zu machen, schreibt man in solchen Fällen partielle Ableitungen oft in Klammern und fügt die konstant gehaltenen Variablen tiefgestellt hinzu. Damit sind beispielsweise

$$\left(\frac{\partial E}{\partial T}\right)_V \quad \text{und} \quad \left(\frac{\partial E}{\partial T}\right)_p$$

nicht identisch. Im ersten Fall wird das Volumen festgehalten, im zweite der Druck. Auch die Schreibweise mit einem senkrechten Strich ist gelegentlich üblich, etwa

$$\left.\frac{\partial E}{\partial T}\right|_V = \left.\frac{\partial E}{\partial T}\right|_{V=\text{const}}$$

für eine partielle Ableitung mit festgehaltenem Argument V. Da wir den senkrechten Strich allerdings gelegentlich benutzen, um nachträgliche Ersetzungen zu kennzeichnen, verzichten wir auf die Verwendung dieser Schreibweise. ◀

Der Satz von Schwarz erlaubt meist das Vertauschen von partiellen Ableitungen

Existieren für eine Funktion f alle partiellen Ableitungen, so nennt man sie **partiell differenzierbar**. Wie schon bei der Ableitung im Eindimensionalen kann man auch mit partiellen Ableitungen auf natürliche Weise *Ableitungsfunktionen* definieren, aus einer partiell differenzierbaren Funktion $f\colon D(f) \to \mathbb{R}$ mit $D(f) \subseteq \mathbb{R}^n$ erhält man so k Ableitungsfunktionen

$$f_{x_k}: \begin{cases} D(f) & \to \quad \mathbb{R} \\ \boldsymbol{x} & \mapsto \quad f_{x_k}(\boldsymbol{x}). \end{cases}$$

Es ist naheliegend, dass man derartige Funktionen unter Umständen neuerlich differenzieren und so *partielle Ableitungen höherer Ordnung* definieren kann. Nun kann man etwa f_{x_1} natürlich nicht nur nach x_1 ableiten, sondern ebenso gut nach jeder anderen Variablen. Die Zahl der möglichen partiellen Ableitungen höherer Ordnung wird also rasch größer.

Die gängigen Schreibweisen sind dabei

$$f_{x_1 x_2} = \frac{\partial^2 f}{\partial x_1 \, \partial x_2} = \frac{\partial}{\partial x_1} \frac{\partial f}{\partial x_2},$$

und analog für höhere Ableitungen oder Ableitungen nach anderen Variablen.

Achtung Die Schreibweise $f_{x_{i_1} \cdots x_{i_n}}$ für partielle Ableitungen ist wegen ihres geringen Platzbedarfes oft recht praktisch, man muss aber bei ihrer Verwendung besonders darauf achten, dass es keine Missverständnisse gibt, die tiefgestellten Buchstaben also etwa als Vektor- bzw. Tensorindizes interpretiert werden. ◀

Beispiel Wir ermitteln alle zweiten partiellen Ableitungen der Funktion $f\colon \mathbb{R}^3 \to \mathbb{R}$ mit

$$f(x, y, z) = e^{x y^2} \sin z.$$

Dabei lassen wir jeweils das Argument (x, y, z) der Übersichtlichkeit halber weg:

$$\begin{aligned} f_x &= y^2 e^{x y^2} \sin z & f_{xx} &= y^4 e^{x y^2} \sin z \\ & & f_{xy} &= 2y(1 + xy^2) e^{x y^2} \sin z \\ & & f_{xz} &= y^2 e^{x y^2} \cos z \\ f_y &= 2xy e^{x y^2} \sin z & f_{yx} &= 2y(1 + xy^2) e^{x y^2} \sin z \\ & & f_{yy} &= 2x(1 + 2xy^2) e^{x y^2} \sin z \\ & & f_{yz} &= 2xy e^{x y^2} \cos z \\ f_z &= e^{x y^2} \cos z & f_{zx} &= y^2 e^{x y^2} \cos z \\ & & f_{zy} &= 2xy e^{x y^2} \cos z \\ & & f_{zz} &= -e^{x y^2} \sin z \end{aligned}$$

Des Weiteren bestimmen wir alle dritten partiellen Ableitungen der Funktion $g : \mathbb{R}^2 \to \mathbb{R}$ mit

$$g(x, y) = x^3 \, e^{2y}.$$

Wieder verzichten wir dabei auf die explizite Angabe des Arguments (x, y):

$$\begin{array}{lll} g_x = 3x^2 e^{2y} & g_{xx} = 6x\, e^{2y} & g_{xxx} = 6\, e^{2y} \\ & & g_{xxy} = 12x\, e^{2y} \\ & g_{xy} = 6x^2 e^{2y} & g_{xyx} = 12x\, e^{2y} \\ & & g_{xyy} = 12x^2 e^{2y} \\ g_y = 2x^3 e^{2y} & g_{yx} = 6x^2 e^{2y} & g_{yxx} = 12x\, e^{2y} \\ & & g_{yxy} = 12x^2 e^{2y} \\ & g_{yy} = 4x^3 e^{2y} & g_{yyx} = 12x^2 e^{2y} \\ & & g_{yyy} = 8x^3 e^{2y} \end{array}$$

◀

Die Berechnung aller partiellen Ableitungen höherer Ordnung wird rasch aufwendig. Beide Beispiele erwecken allerdings den Eindruck, als sei die Reihenfolge der partiellen Ableitungen für das Ergebnis nicht entscheidend, beispielsweise $f_{xy} = f_{yx}$ oder $g_{xxy} = g_{xyx} = g_{yxx}$.

Wäre das tatsächlich für beliebige Funktionen der Fall, so würde das eine deutliche Verringerung des Rechenaufwands bedeuten. Alternativ hätte man die Möglichkeit, durch das Berechnen solch „redundanter“ Ableitungen seine Ergebnisse zu kontrollieren.

Die beliebige Vertauschbarkeit von partiellen Ableitungen gilt zwar leider nicht allgemein, aber – und das ist die gute Nachricht – für nahezu alle praktisch relevanten Fälle.

Satz von Schwarz

Ist eine Funktion $f\colon \mathbb{R}^n \to \mathbb{R}$ in einer Umgebung U von $\tilde{x}$ mindestens p-mal partiell differenzierbar und sind alle p-ten Ableitungen in U zumindest noch *stetig*, so ist in $\tilde{x}$ die Differenziationsreihenfolge in allen q-ten partiellen Ableitung mit $q \leq p$ unerheblich.

Beweis Wir führen den Beweis für eine Funktion f von zwei Variablen und die zweiten Ableitungen; allgemeinere Fälle ergeben sich unmittelbar daraus. Gemäß den Voraussetzungen des Satzes seien die gemischten Ableitungen

$$\frac{\partial^2 f}{\partial x_1\, \partial x_2} \quad \text{und} \quad \frac{\partial^2 f}{\partial x_2\, \partial x_1}$$

in einer Umgebung U des Punktes $\boldsymbol{p}$ vorhanden und in $\boldsymbol{p}$ selbst stetig. Wir betrachten nun den Vektor $\boldsymbol{h}$, wobei wir h_1 und h_2 vorübergehend als fest gewählt betrachten, jedoch ungleich null und so klein, dass $\boldsymbol{p}+\boldsymbol{h}$ stets in U liegt. Die Funktion $\varphi_1\colon \mathbb{R} \to \mathbb{R}$

$$\varphi_1(x_1) = f(x_1, p_2 + h_2) - f(x_1, p_2)$$

ist nach den Voraussetzungen auf $[p_1, p_1 + h_1]$ differenzierbar. Nach dem Mittelwertsatz der Differenzialrechnung von S. 337 gibt es eine Stelle $\xi_1 \in [p_1, p_1 + h_1]$ mit

$$\varphi_1(p_1 + h_1) - \varphi(p_1) = h_1\, \varphi_1'(\xi_1)\,.$$

Setzen wir

$$\begin{aligned} F(\boldsymbol{h}) = &f(p_1 + h_1, p_2 + h_2) - f(p_1 + h_1, p_2) \\ &- \big(f(p_1, p_2 + h_2) - f(p_1, p_2)\big)\,, \end{aligned}$$

so ist klarerweise

$$F(\boldsymbol{h}) = \varphi_1(p_1 + h_1) - \varphi_1(p_1)\,.$$

Mit dem Ergebnis von vorhin ist

$$\begin{aligned} F(\boldsymbol{h}) &= h_1\, \varphi_1'(\xi_1) \\ &= h_1 \left[\frac{\partial f}{\partial x_1}(\xi_1, p_2 + h_2) - \frac{\partial f}{\partial x_1}(\xi_1, p_2) \right], \end{aligned}$$

und durch Anwenden des Mittelwertsatzes sehen wir, dass es ein $\xi_2 \in [p_2, p_2 + h_2]$ gibt, mit dem

$$F(\boldsymbol{h}) = h_1\, h_2\, \frac{\partial^2 f}{\partial x_2\, \partial x_1}(\boldsymbol{\xi})$$

ist. Völlig analog definieren wir nun eine Funktion $\varphi_2\colon \mathbb{R} \to \mathbb{R}$

$$\varphi_2(x_2) = f(p_1 + h_1, x_2) - f(p_1, x_2)\,,$$

mit der wir F in der Form

$$F(\boldsymbol{h}) = \varphi_2(p_2 + h_2) - \varphi_2(p_2)$$

darstellen können. Zweifaches Anwenden des Mittelwertsatzes führt auf

$$F(\boldsymbol{h}) = h_1\, h_2\, \frac{\partial^2 f}{\partial x_1\, \partial x_2}(\boldsymbol{\chi})$$

mit $\chi_1 \in [p_1, p_1 + h_1]$ und $\chi_2 \in [p_2, p_2 + h_2]$. Kombination der Ergebnisse führt mit Division durch $h_1\, h_2$ (nach Voraussetzungen ungleich null) auf

$$\frac{\partial^2 f}{\partial x_2\, \partial x_1}(\boldsymbol{\xi}) = \frac{\partial^2 f}{\partial x_1\, \partial x_2}(\boldsymbol{\chi})\,.$$

Lässt man nun $\boldsymbol{h} \to \boldsymbol{0}$ gehen, so muss auch $\boldsymbol{\xi} \to \boldsymbol{p}$ und $\boldsymbol{\chi} \to \boldsymbol{p}$ gelten, und wegen der vorausgesetzten Stetigkeit der zweiten Ableitungen ist in der Tat

$$\frac{\partial^2 f}{\partial x_2\, \partial x_1}(\boldsymbol{p}) = \frac{\partial^2 f}{\partial x_1\, \partial x_2}(\boldsymbol{p})\,.$$

■

Die Menge aller Funktionen, deren p-te partiellen Ableitungen in einer offenen Menge B alle existieren und zumindest noch stetig sind, bezeichnet man als $C^p(B)$. Bald werden wir sehen, dass das tatsächlich genau die auf B p-mal stetig differenzierbaren Funktionen sind.

Zusätzlich nennt man alle stetigen Funktionen auf B manchmal $C^0(B)$ – was gut dazupasst, wenn man eine Funktion selbst als ihre nullte Ableitung ansieht. Häufiger findet man für die auf B stetigen Funktionen allerdings die Beziehung $C(B)$.

Eine Funktion, die aus $C^p(B)$ ist oder, wie man es auch gerne ausdrückt, eine C^p-Funktion ist, ist damit immer auch aus $C^q(B)$ mit $q \leq p$ und $q \in \mathbb{N}_0$. Den Satz von Schwarz könnte man mit diesen Begriffen kürzer formulieren als

$$f \in C^p \Rightarrow \left\{ \begin{array}{l} \text{alle partiellen Ableitungen bis zur} \\ p\text{-ten Ordnung vertauschbar.} \end{array} \right\} .$$

Achtung Im Satz von Schwarz werden Existenz und Stetigkeit der partiellen Ableitungen in einer *Umgebung* des interessierenden Punktes gefordert. Die partiellen Ableitungen nur im entsprechenden Punkt zu untersuchen ist zu wenig. ◀

Dass die Bedingung der Stetigkeit der Ableitungen tatsächlich notwendig ist, zeigt etwa das folgende Beispiel.

Beispiel Eine Funktion, die zwar zweimal partiell differenzierbar, aber kein Element von C^2 ist, ist $f\colon \mathbb{R}^2 \to \mathbb{R}$ mit:

$$f(x, y) = \begin{cases} x\,y\,\frac{x^2-y^2}{x^2+y^2} & \text{für } (x, y) \neq (0, 0) \\ 0 & \text{für } (x, y) = (0, 0) \end{cases}$$

Zunächst bestimmen wir die ersten partiellen Ableitungen. Für $(x, y)^T \neq (0, 0)^T$ kann man hier mit den gewohnten Ableitungsregeln arbeiten, am Ursprung selbst muss man die Grenzwertdefinition verwenden:

$$\begin{aligned} \frac{\partial f}{\partial x} &= y\,\frac{x^2 - y^2}{x^2 + y^2} + \frac{4\,x^2\,y^3}{(x^2 + y^2)^2} \qquad \text{für } \boldsymbol{x} \neq \boldsymbol{0} \\ \frac{\partial f}{\partial x}(0) &= \lim_{h \to 0} \frac{0 + 0}{h} = 0 \\ \frac{\partial f}{\partial y} &= x\,\frac{x^2 - y^2}{x^2 + y^2} - \frac{4\,x^3\,y^2}{(x^2 + y^2)^2} \qquad \text{für } \boldsymbol{x} \neq \boldsymbol{0} \\ \frac{\partial f}{\partial y}(0) &= \lim_{h \to 0} \frac{0 - 0}{h} = 0 \end{aligned}$$

Das kann man für den uns interessierenden Fall zusammenfassen zu

$$\frac{\partial f}{\partial x}(0, y) = -y, \quad \frac{\partial f}{\partial y}(x, 0) = x.$$

Bildet man nun die gemischten Ableitungen, so ergibt sich

$$\frac{\partial f}{\partial x\,\partial y}(0, y) = -1, \quad \frac{\partial f}{\partial y\,\partial x}(x, 0) = 1.$$

In diesem speziell konstruierten Fall unterscheiden sich die gemischten Ableitungen in $(0, 0)^T$ tatsächlich je nach Differenziationsreihenfolge. ◀

Differenzierbarkeit ist weiterhin der zentrale Begriff der Analysis

Wir kennen nun partielle Ableitungen und Richtungsableitungen. Wie es die Namen schon andeuten und wie wir uns schon vage überlegt hatten, haben beide nur begrenzte Aussagekraft.

Wir haben es ja nur mit den „herkömmlichen" Ableitungen einer reduzierten Funktion zu tun, die nur mehr von einer Variablen abhängt. Dementsprechend können wir nicht erwarten, dass diese Ableitungen, selbst wenn man alle möglichen Richtungen betrachtet, das Änderungsverhalten einer gegebenen Funktion von *mehreren* Variablen wirklich erfassen können.

Beispiel Nehmen wir etwa wieder die schon untersuchte und dabei als unstetig klassifizierte Funktion $f\colon \mathbb{R}^2 \to \mathbb{R}$

$$f(x, y) = \begin{cases} 1 & \text{für } x = y^2,\ y > 0 \\ 0 & \text{sonst}, \end{cases}$$

so existiert die Ableitung in $(0, 0)^T$ entlang jeder Richtung und hat immer den Wert Null. An den Richtungsableitungen lässt sich also nirgendwo ablesen, dass f in jeder Umgebung von $(0, 0)^T$ auch irgendwo den Wert Eins hat. Die Richtungsableitungen beschreiben demnach das Verhalten der Funktion f „nicht gut genug". Wir wollen dann auch eine solche im Ursprung nicht einmal stetige Funktion dort keinesfalls als differenzierbar einordnen. ◀

Was bedeutet Differenzierbarkeit allgemein? Die Antwort ist kurz und eindeutig: lineare Approximierbarkeit mit einem Fehler, der von höherer als erster Ordnung verschwindet. Übertragen auf unseren Fall heißt das Folgendes.

Differenzierbarkeit $\mathbb{R}^n \to \mathbb{R}$

Eine Funktion f ist dann im Punkt $\tilde{\boldsymbol{x}} = (\tilde{x}_1, \ldots, \tilde{x}_n) \in D(f)$ differenzierbar, wenn es einen Vektor $\boldsymbol{a}$ gibt, sodass man sie in der Form

$$f(x_1, \ldots, x_n) = f(\tilde{\boldsymbol{x}}) + \boldsymbol{a} \cdot (\boldsymbol{x} - \tilde{\boldsymbol{x}}) + R(\boldsymbol{x})$$

schreiben kann und der Fehler R von höherer als erster Ordnung verschwindet,

$$\lim_{\boldsymbol{x} \to \tilde{\boldsymbol{x}}} \frac{R(\boldsymbol{x})}{\|\boldsymbol{x} - \tilde{\boldsymbol{x}}\|} = 0.$$

Die Funktion f heißt differenzierbar in $B \subseteq \mathbb{R}^n$, wenn sie in jedem Punkt $\tilde{\boldsymbol{x}} \in B$ differenzierbar ist.

Das Skalarprodukt $\boldsymbol{a} \cdot (\boldsymbol{x} - \tilde{\boldsymbol{x}})$ liest sich ausgeschrieben $\boldsymbol{a} \cdot (\boldsymbol{x} - \tilde{\boldsymbol{x}}) = a_1\,(x_1 - \tilde{x}_1) + \ldots + a_n\,(x_n - \tilde{x}_n)$. Differenzierbarkeit liegt also vor, wenn es an jedem Punkt irgendeinen Vektor $\boldsymbol{a}$ gibt, dessen Komponenten die Entwicklungskoeffizienten der linearen Näherung von f sind.

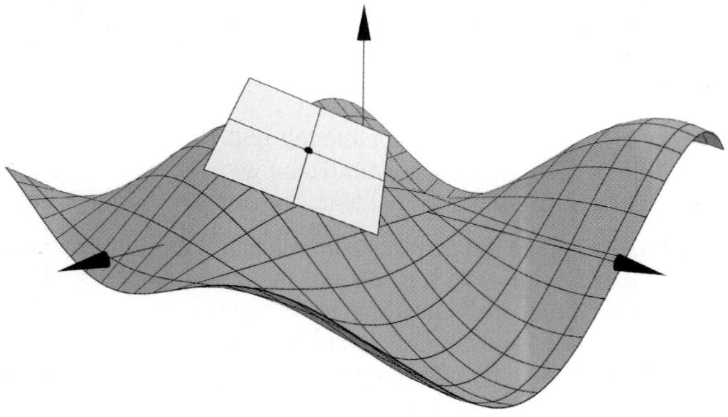

Abb. 24.11 Differenzierbarkeit einer Funktion f im Punkt $\boldsymbol{p} \in \mathbb{R}^n$ bedeutet, dass die Funktion in einer Umgebung von $\boldsymbol{p}$ hinreichend gut durch die entsprechende Tangential(hyper)ebene angenähert werden kann

Grafisch bedeutet die lineare Approximierbarkeit, dass wir unsere Funktionsfläche „genügend gut" durch eine Ebene bzw. in einem höherdimensionalen Raum durch eine Hyperebene annähern können. Für eine Funktion $\mathbb{R}^2 \to \mathbb{R}$ ist das in Abb. 24.11 dargestellt.

Das wird natürlich keineswegs immer möglich sein, selbst wenn die partiellen Ableitungen existieren. Ist die Funktion allerdings tatsächlich differenzierbar, dann gilt für die Koeffizienten a_k der linearen Approximation

$$a_k = \frac{\partial f}{\partial x_k}(\tilde{x}_1, \ldots, \tilde{x}_n).$$

Die partiellen Ableitungen sind also auch in Hinblick auf die „echte" Differenzierbarkeit sehr nützlich. Der Beweis dafür wird im Bonusmaterial gegeben.

Achtung Gerade weil die partiellen Ableitungen im Fall differenzierbarer Funktionen so praktisch sind, weisen wir noch einmal explizit darauf hin: *Die Existenz der partiellen Ableitungen allein sagt noch* nichts *über die Differenzierbarkeit einer Funktion aus.* ◄

Beispiel Wir bestimmen die Tangentialebene an die Fläche

$$z = f(x, y) = x^2 - y - x\mathrm{e}^y$$

im Punkt $\boldsymbol{p} = (1, 0, p_3)^\mathrm{T}$.

Für $p_1 = 1$, $p_2 = 0$ ist $p_3 = f(1, 0) = 0$, wir erhalten also als vollständige Koordinaten $\boldsymbol{p} = (1, 0, 0)^\mathrm{T}$. Nun ermitteln wir die ersten partiellen Ableitungen:

$$\frac{\partial f}{\partial x} = 2x - \mathrm{e}^y \qquad \frac{\partial f}{\partial x}(1,0) = 2 - \mathrm{e}^0 = 1$$
$$\frac{\partial f}{\partial y} = -1 - x\mathrm{e}^y \qquad \frac{\partial f}{\partial y}(1,0) = -1 - \mathrm{e}^0 = -2$$

Als Gleichung der Tangentialebene erhalten wir

$$z = f(1, 0) + \begin{pmatrix} 1 \\ -2 \end{pmatrix} \cdot \begin{pmatrix} x - 1 \\ y - 0 \end{pmatrix} = x - 1 - 2y .$$

In Normalform liest sich das als

$$x - 2y - z = 1 .$$ ◄

Wie man die Differenzierbarkeit einer Funktion nun konkret überprüft, ist bisher noch offen geblieben. Eine naheliegende Möglichkeit eröffnet bereits unsere Definition – die Funktion mithilfe ihrer partiellen Ableitungen linear approximieren, den Rest R bestimmen und überprüfen, ob dieser genügend schnell verschwindet.

Diese Methode werden wir bald explizit vorführen, außerdem noch weitere kennenlernen. Zuvor aber führen wir noch einen Begriff ein, der sich immer wieder als höchst nützlich erweisen wird – den *Gradienten.*

Der Gradient ist hilfreich, um differenzierbare Funktionen zu beschreiben

Eine Funktion geht spazieren und summt dabei fröhlich vor sich hin: „Ich bin e hoch x, mir passiert nix. Kannst mich differenzieren und integrieren, mir macht das nix, ich bleibe e hoch x."
Da stellt sich ihr ein Differenzialoperator in den Weg. Sie ruft ihm entgegen: „Ich bin e hoch x, mir passiert nix."
Darauf der Operator: „Bist du aber dumm. Ich bin die partielle Ableitung nach y."

Wir haben gesehen, dass sich die partiellen Ableitungen einer Funktion f einerseits verhältnismäßig leicht bestimmen lassen, andererseits zumindest für den Fall, dass f differenzierbar ist, weitreichende Aussagen erlauben.

Bei der Definition der Differenzierbarkeit tauchte ein Vektor auf, der alle partiellen Ableitungen an einem Punkt enthielt. Diesem Vektor wollen wir nun einen eigenen Namen geben.

Definition des Gradienten

Der **Gradient** einer partiell differenzierbaren Funktion f: $\mathbb{R}^n \to \mathbb{R}$ im Punkt $\boldsymbol{p}$ ist der Vektor der partiellen Ableitungen in diesem Punkt:

$$(\nabla f)(\boldsymbol{p}) = (\mathbf{grad} f)(\boldsymbol{p}) = \begin{pmatrix} \frac{\partial f}{\partial x_1}(\boldsymbol{p}) \\ \vdots \\ \frac{\partial f}{\partial x_n}(\boldsymbol{p}) \end{pmatrix}$$

Oft kann man den Gradienten allgemein, also ohne Bezugnahme auf einen bestimmten Punkt berechnen. Das definiert eine Funktion $\mathbb{R}^n \to \mathbb{R}^n$, für die man einfach $\mathbf{grad} f$ schreibt.

Teil IV

Für die Auswertung an einem Punkt $\boldsymbol{p}$ schreiben wir üblicherweise $(\boldsymbol{p})$. Die Klammern um ∇f bzw. $\mathbf{grad}\, f$ lässt man meist weg; dabei ist dennoch stets zuerst der Gradient zu bilden und dann erst $\boldsymbol{x} = \boldsymbol{p}$ einzusetzen. Wenn der Platz sehr knapp ist, benutzen wir gelegentlich auch eine Schreibweise mit senkrechtem Strich,

$$\nabla f\big|_{\boldsymbol{p}} = \nabla f(\boldsymbol{p}) = (\nabla f)(\boldsymbol{p}) .$$

Als alternative Schreibweise für den Gradienten haben wir oben das Zeichen ∇, gesprochen „Nabla", eingeführt, das für die zu einem Vektor zusammengefassten partiellen Ableitungen steht:

$$\nabla = \begin{pmatrix} \frac{\partial}{\partial x_1} \\ \vdots \\ \frac{\partial}{\partial x_n} \end{pmatrix} .$$

Der **Nabla-Operator** ist zugleich Vektor und Differenzialoperator – er gehorcht damit den Rechenregeln für beide Arten von Objekten.

Selbstfrage 4

Wir betrachten einen Vektor $\boldsymbol{f} \in \mathbb{R}^n$, dessen Komponenten f_k Funktionen der Koordinaten x_i sind, und eine Funktion g: $\mathbb{R} \to \mathbb{R}$. Gilt dabei

$$\nabla \cdot (\boldsymbol{f}\, g) = \boldsymbol{f} \cdot \nabla\, g\,?$$

Beispiel Wir bestimmen den Gradienten der Funktion f: $\mathbb{R}^3 \to \mathbb{R}$ mit $f(x, y, z) = x^2\, e^{y \sin z}$. Dabei erhalten wir für die partiellen Ableitungen

$$\begin{aligned} f_x(x, y, z) &= 2\, x\, e^{y \sin z} \\ f_y(x, y, z) &= x^2\, \sin z\, e^{y \sin z} \\ f_z(x, y, z) &= x^2\, y\, \cos z\, e^{y \sin z} \end{aligned}$$

und für den Gradienten unmittelbar

$$\mathbf{grad}\, f = \begin{pmatrix} 2\, x\, e^{y \sin z} \\ x^2\, \sin z\, e^{y \sin z} \\ x^2\, y\, \cos z\, e^{y \sin z} \end{pmatrix} .$$ ◀

Wir haben in der Definition des Gradienten bewusst nicht die Differenzierbarkeit von f gefordert, sondern nur die partielle Differenzierbarkeit. Schon in diesem Fall macht die Definition Sinn. Wirkliche Bedeutung hat der Gradient aber vor allem für differenzierbare Funktionen f, für deren lineare Approximation wir jetzt unmissverständlich

$$f(\boldsymbol{x}) = f(\boldsymbol{p}) + (\mathbf{grad}\, f)(\boldsymbol{p}) \cdot (\boldsymbol{x} - \boldsymbol{p}) + R(\boldsymbol{x})$$

schreiben können. Das sieht ganz ähnlich aus wie die Linearisierung im Eindimensionalen,

$$f(x) = f(p) + f'(p)\,(x - p) + R(x) .$$

Der Gradient wird später in der Vektoranalysis noch eine große Rolle spielen, dort werden wir auch noch näher auf ihn eingehen. Vorerst begnügen wir uns damit, einige wesentliche Eigenschaften vorzustellen, die er im Fall *differenzierbarer* Funktionen hat.

1. Für differenzierbare Funktionen f gilt für die Richtungsableitung in eine beliebige Richtung $\widehat{\boldsymbol{a}}$
$$\frac{\partial f}{\partial \widehat{\boldsymbol{a}}}(\boldsymbol{p}) = \widehat{\boldsymbol{a}} \cdot (\mathbf{grad}\, f)(\boldsymbol{p}). \tag{24.1}$$
2. Aus (24.1) folgt mit der Cauchy-Schwarz'schen Ungleichung (siehe S. 707) sofort
$$\left|\frac{\partial f}{\partial \widehat{\boldsymbol{a}}}(\boldsymbol{p})\right| \leq \|\hat{\boldsymbol{a}}\| \cdot \|(\mathbf{grad}\, f)(\boldsymbol{p})\| = \|(\mathbf{grad}\, f)(\boldsymbol{p})\|,$$
da ja $\widehat{\boldsymbol{a}}$ ein Einheitsvektor ist. Der Betrag der Änderung von f kann also nie größer sein als die Norm des Gradienten. Anders gesagt: *Die Norm des Gradienten gibt das Ausmaß der maximalen Änderung von f im Punkt $\boldsymbol{p}$ an.*
3. Es gilt sogar noch mehr. Definiert man für $\mathbf{grad}\, f \neq \mathbf{0}$ die Richtung
$$\boldsymbol{e} = \frac{\mathbf{grad}\, f}{\|\mathbf{grad}\, f\|},$$
so gibt $\boldsymbol{e}$ die Richtung des steilsten Anstiegs von f und $-\boldsymbol{e}$ die Richtung des steilsten Abfalls an. Die Richtungsableitung wird maximal, wenn man in Richtung des Gradienten ableitet.
4. Der Gradient ist ein linearer Differenzialoperator, der Produkt- und Quotientenregel erfüllt. Für Funktionen f und g: $\mathbb{R}^n \to \mathbb{R}$ und Zahlen α, β gilt
$$\begin{aligned} \mathbf{grad}(\alpha f + \beta\, g) &= \alpha\ \mathbf{grad}\, f + \beta\ \mathbf{grad}\, g \\ \mathbf{grad}(f\, g) &= f\ \mathbf{grad}\, g + g\ \mathbf{grad}\, f \end{aligned}$$
sowie für $g \neq 0$
$$\mathbf{grad}\, \frac{f}{g} = \frac{1}{g^2}\,(g\ \mathbf{grad}\, f - f\ \mathbf{grad}\, g) .$$
5. Für jede (affin) lineare Funktion ist die „Approximation" $f(\boldsymbol{p}) + (\mathbf{grad}\, f)(\boldsymbol{p}) \cdot (\boldsymbol{x} - \boldsymbol{p})$ exakt, d. h. $R(\boldsymbol{x}) \equiv 0$.

Selbstfrage 5

Der Vektor $-\,\mathbf{grad}\, f$ zeigt durch das zusätzliche Vorzeichen immer genau in die Gegenrichtung von $\mathbf{grad}\, f$. Warum müssen steilster Anstieg und steilster Abfall immer genau in entgegengesetzte Richtungen verlaufen?

Insbesondere die letzte Eigenschaft werden wir in Kap. 27 genauer diskutieren. Auf ihr beruht beispielsweise das Konzept der Potenziale, das in Physik und Elektrotechnik überragende Bedeutung hat.

Teil IV

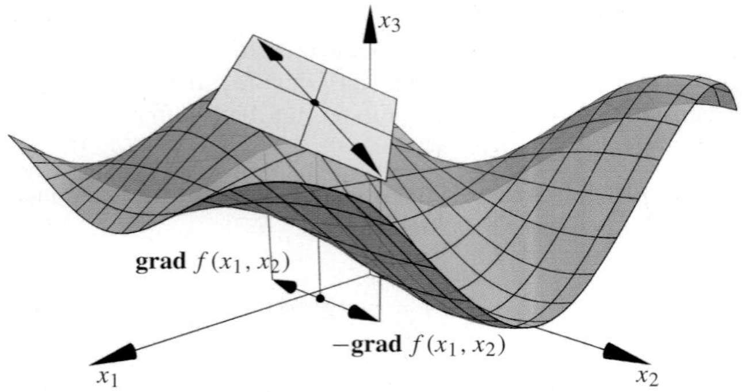

Abb. 24.12 Der Gradient zeigt in Richtung des steilsten Anstiegs einer Funktion, $-\mathbf{grad}$ entsprechend in Richtung des steilsten Abfalls

Auch das Konzept des Differenzials lässt sich ins Mehrdimensionale übertragen

In Abschn. 10.1 haben wir das Differenzial $\mathrm{d}f$ einer differenzierbaren Funktionen f kennengelernt. Diese lineare Abbildung weist jeder Änderung $\mathrm{d}x$ des Arguments die entsprechende Änderung der linearisierten Funktion zu,

$$\mathrm{d}f = \frac{\mathrm{d}f}{\mathrm{d}x}\,\mathrm{d}x\,.$$

Für hinreichend kleines $\mathrm{d}x$ beschreibt $\mathrm{d}f$ die Änderung von f beliebig genau.

Dieses Konzept lässt sich problemlos auch ins Mehrdimensionale übertragen. Hier spricht man allerdings vom **totalen Differenzial**, um anzudeuten, das man die linearisierte Gesamtänderung unter möglicher gleichzeitiger Änderung aller Argumente meint.

Analog zum Eindimensionalen definieren wir das totale Differenzial einer Funktion $f\colon \mathbb{R}^n \to \mathbb{R}$ an der Stelle $\tilde{\boldsymbol{x}}$ unter Änderungen $\mathrm{d}x_k$ der Argumente x_k als

$$\mathrm{d}f = \sum_{k=1}^{n} \frac{\partial f}{\partial x_k}(\tilde{\boldsymbol{x}})\,\mathrm{d}x_k\,.$$

Schreibt man die Änderungen mit einem Richtungsvektor $\widehat{\boldsymbol{a}}$ als $\boldsymbol{dx} = \widehat{\boldsymbol{a}}\,\mathrm{d}x$, so ordnet das totale Differenzial dem Paar $(\widehat{\boldsymbol{a}}, \mathrm{d}x)$ die Änderung

$$\mathrm{d}f = \frac{\partial f}{\partial \widehat{\boldsymbol{a}}}(\tilde{\boldsymbol{x}})\,\mathrm{d}x$$

zu.

Dass das Auftreten mehrerer Argumente zu keinen Komplikationen führt, liegt daran, dass wir eben die *linearisierte* Funktion betrachten, in der solche Änderungen unabhängig sind. In der Differenz

$$f(\tilde{\boldsymbol{x}}) + \mathrm{d}f - f(\tilde{x}_1 + \mathrm{d}x_1, \ldots, \tilde{x}_n + \mathrm{d}x_k)$$

sind alle Terme von zweiter oder höherer Ordnung in den kleinen Größen $\mathrm{d}x_k$ und damit für viele Zwecke vernachlässigbar.

Beispiel Wir bestimmen mithilfe des totalen Differenzials ohne Taschenrechner oder andere Hilfsmittel näherungsweise den Wert von

$$a = \sqrt{2.98^2 + 4.01^2}\,.$$

Dazu nutzen wir aus, dass wir $b = \sqrt{3^2 + 4^2} = 5$ ohne Mühe angeben können und die Abweichungen in

$$a = \sqrt{(3 - 0.02)^2 + (4 + 0.01)^2}$$

von diesem Punkt klein sind. Betrachten wir demnach die Funktion $f\colon \mathbb{R}^2 \to \mathbb{R}_{\geq 0}$ mit

$$f(x_1, x_2) = \sqrt{x_1^2 + x_2^2}\,,$$

so sollte das totale Differenzial dieser Funktion eine akzeptable Näherung für die Differenz $b - a$ darstellen. Dieses Differenzial an $(3, 4)^\mathrm{T}$ ist gegeben durch:

$$\begin{aligned}\mathrm{d}f &= \frac{\partial f}{\partial x_1}(3, 4)\,\mathrm{d}x_1 + \frac{\partial f}{\partial x_2}(3, 4)\,\mathrm{d}x_2\\ &= \left.\frac{x_1}{\sqrt{x_1^2 + x_2^2}}\right|_{(3,4)} \mathrm{d}x_1 + \left.\frac{x_2}{\sqrt{x_1^2 + x_2^2}}\right|_{(3,4)} \mathrm{d}x_2\\ &= \frac{3}{5}\,\mathrm{d}x_1 + \frac{4}{5}\,\mathrm{d}x_2\end{aligned}$$

Nun setzen wir $\mathrm{d}x_1 = -0.02$ und $\mathrm{d}x_2 = 0.01$:

$$\begin{aligned}\mathrm{d}f &= \frac{\partial f}{\partial x_1}(\boldsymbol{p})\,\mathrm{d}x_1 + \frac{\partial f}{\partial x_2}(\boldsymbol{p})\,\mathrm{d}x_2\\ &= -\frac{3}{5}\,0.02 + \frac{4}{5}\,0.01 = -\frac{0.02}{5} = -\frac{0.04}{10}\\ &= -0.004\end{aligned}$$

Damit erhalten wir

$$a = \sqrt{2.98^2 + 4.01^2} \approx 5 - 0.004 = 4.996\,,$$

zum Vergleich gilt genauer $a \approx 4.996\,048\,439$. ◄

Eine wichtige Anwendung des totalen Differenzials in der Fehlerrechnung wird auf S. 885 besprochen, zudem gehen wir auf S. 886 auf die *materielle Ableitung* ein.

Es gibt mehrere nützliche Differenzierbarkeitskriterien

Das Konzept der linearen Approximierbarkeit ist der theoretische Kern des Differenzierbarkeitsbegriffs – wie so oft werden wir aber in der Praxis meist nicht damit arbeiten, sondern leichter anwendbare Kriterien suchen, mit denen sich eine gegebene Funktion auf Differenzierbarkeit untersuchen lässt.

Anwendung: Fehlerrechnung und Sensitivitätsanalyse

Nur in den einfachsten Fällen kann man interessante physikalische oder andere Größen direkt messen – meist ergeben sie sich jedoch durch funktionale Abhängigkeiten von mehreren anderen einfacher zu messenden Größen. Typischerweise hat jede Messung eine gewisse Unsicherheit, die man durch Angabe des *Messfehlers* zu quantifizieren versucht. Wir wollen nun der Frage nachgehen, wie sich die Fehler der Einzelergebnisse auf das Endresultat auswirken. Eng verwandt mit dieser Problemstellung ist die Frage, wie sehr eine Größe durch Veränderungen von Parametern beeinflusst wird.

Fehlerrechnung: Der Zusammenhang zwischen den Werten, die man konkret misst, und der Größe, deren Wert man bestimmen will, ist meist ein stetig differenzierbarer. Will man etwa durch Messung von Länge l, Breite b und Höhe h den Volumeninhalt eines Quaders bestimmen, so ist die Funktion V, $\mathbb{R}^3 \to \mathbb{R}$, $V(l, b, h) = l\,b\,h$, stetig differenzierbar. Bestimmt man den elektrischen Widerstand R durch Messung von Spannung U und Strom I, so ist der Zusammenhang $R = U/I$ für $I \neq 0$ ebenfalls stetig differenzierbar.

Wir betrachten daher allgemein eine Größe, die stetig differenzierbar von den Argumenten x_1 bis x_n abhängt. Wir betrachten für jedes dieser Argumente x_i einen Messwert m_i und eine Fehlerschranke $\Delta x_i > 0$, sodass mit hoher Wahrscheinlichkeit der wahre Wert für x_i im Intervall $[m_i - \Delta x_i,\, m_i + \Delta x_i]$ liegt. Wie man eine solche Forderung quantifizieren kann, wird in Teil VI diskutiert.

Gesucht ist nun eine Fehlerschranke Δf, sodass wiederum mit hoher Wahrscheinlichkeit der wahre Wert für f im Intervall $[f(\boldsymbol{m}) - \Delta f,\, f(\boldsymbol{m}) + \Delta f]$ liegt.

Die Funktion f wurde als stetig differenzierbar angenommen, die Messfehler Δx_k sind zumeist klein. Es sollte demnach in guter Näherung möglich sein, die Funktion zu linearisieren und die Einflüsse der unterschiedlichen Fehler *unabhängig* voneinander zu betrachten. Jeder Fehler liefert in dieser Sichtweise einen Beitrag

$$\Delta f_k = \left| \frac{\partial f}{\partial x_k}(\boldsymbol{m}) \right| \Delta x_k$$

zum Gesamtfehler. Die Betragsstriche sind hier notwendig, weil die entsprechende partielle Ableitung ja ohne Weiteres negativ sein kann, der Beitrag zum Fehler aber stets positiv sein soll. Ansonsten könnten sich in der Abschätzung des *Gesamtfehlers*

$$\Delta f = \sum_{k=1}^{n} \Delta f_k = \sum_{k=1}^{n} \left| \frac{\partial f}{\partial x_k}(\boldsymbol{m}) \right| \Delta x_k$$

unterschiedliche Fehlereinflüsse kompensieren. Das kann für den echten Fehler zwar tatsächlich der Fall sein, wir dürfen in unserer Abschätzung jedoch nicht davon ausgehen. In unseren Beispielen erhalten wir für den Fehler des Quadervolumens $\Delta V = b\,h\,\Delta l + l\,h\,\Delta b + l\,b\,\Delta h$, für den Fehler des Widerstandes

$$\Delta R = \frac{1}{I}\,\Delta U + \frac{U}{I^2}\,\Delta I\,.$$

Da die in der Fehlerrechnung vorkommenden Größen meist eine physikalische Dimension (Länge, Masse, Zeit, Stromstärke, …) haben, kann man seine Rechnungen schnell kontrollieren: Jeder Term im Ausdruck für Δf muss die gleiche Dimension wie f selbst haben.

Statt der hier vorgestellten Formel wird für die Fehlerschranke oft auch der Ausdruck

$$\Delta f = \sqrt{\sum_{k=1}^{n} \left(\frac{\partial f}{\partial x_k}(\boldsymbol{m})\, \Delta x_k \right)^2}$$

verwendet, der eine moderatere Fehlerabschätzung liefert. Man geht gewissermaßen davon aus, dass die unterschiedlichen Fehlereinflüsse nicht gerade alle „in die gleiche Richtung" wirken. Das ist zumeist gerechtfertigt, wenn die Messungen der Ausgangswerte auf unterschiedliche Weise erfolgt ist. In unseren Beispielen dürfen wir das nicht annehmen, weil alle Abmessungen des Quaders wahrscheinlich auf die gleiche Weise bestimmt wurden, und auch die Messung von Strom und Spannung oft nicht unabhängig erfolgt.

Sensitivitätsanalyse: In die meisten Modelle gehen Parameter ein, deren Wert nicht genau bekannt ist oder die sich je nach Zeit und anderen Umständen ändern können. Es ist daher oft interessant, wie „empfindlich" ein Ergebnis auf solche Änderungen grundlegender Parameter ist. Abgeleitet vom englischen Wort *sensitive* für *empfindlich* (streng zu unterscheiden von *sensible* für *vernünftig*) nennt man eine derartige Untersuchung eine *Sensitivitätsanalyse*.

Oft ist ein solches Modell ein Anfangswertproblem (siehe Kap. 13) für eine Funktion f, wobei die Gleichung einen Parametersatz $\boldsymbol{p} = (p_1, \ldots, p_N)^\top$ beinhaltet:

$$\frac{\mathrm{d}}{\mathrm{d}t} f(t; \boldsymbol{p}) = g(f, t, \boldsymbol{p}), \quad t \in [0, t_{\text{end}}], \quad f(0; \boldsymbol{p}) = f_0.$$

Die Lösung f ist eine Funktion des Arguments t. Ihr Verlauf und damit der Endwert $f(t_{\text{end}}; \boldsymbol{p})$ wird aber auch durch die Parameter $\boldsymbol{p}$ beeinflusst. Um diesen Einfluss zu untersuchen, kann man verschiedenste Wege einschlagen. Ausgehend von einem „Standardsatz" von Parametern $\tilde{\boldsymbol{p}}$ kann man jeden Parameter einzeln um ein kleines Δp_i abändern und die Gleichung jeweils neu lösen. Der Differenzenquotient

$$\frac{f(t_{\text{end}}; \tilde{p}_1, \ldots, \tilde{p}_i + \Delta p_i, \ldots, \tilde{p}_N) - f(t_{\text{end}}; \tilde{\boldsymbol{p}})}{\Delta p_i}$$

kann dann als Maß für die Auswirkungen von Variationen des Parameters p_i dienen.

Anwendung: Die materielle Ableitung

In manchen Anwendungen, insbesondere in der Strömungsmechanik, ist es praktisch, einen weiteren Typ von Ableitung einzuführen, die *materielle* oder *Euler'sche Ableitung*.

Als Beispiel betrachten wir die Konzentration ρ eines Giftstoffes in einem See. Die Strömungen des Wassers im See beschreiben wir durch ein Geschwindigkeitsfeld $\boldsymbol{v}$. An jedem Punkt $\boldsymbol{x}$ gilt stets $\dot{\boldsymbol{x}} = \boldsymbol{v}$.

Die Konzentration des Giftstoffs ändert sich im Allgemeinen auf zwei Arten: Einerseits kann er direkt erzeugt oder abgebaut werden (etwa durch Mikroorganismen), andererseits wird er durch die Strömung verteilt.

Die Gesamtänderung mit der Zeit ist daher:

$$\begin{aligned}\frac{\mathrm{d}}{\mathrm{d}t}f(\boldsymbol{x}, t) &= \frac{\partial f}{\partial t} + \frac{\partial f}{\partial x_i}\frac{\mathrm{d}x_i}{\mathrm{d}t} \\ &= \frac{\partial f}{\partial t} + (\mathbf{grad}\, f)\cdot\dot{\boldsymbol{x}} \\ &= \frac{\partial f}{\partial t} + \boldsymbol{v}\cdot(\mathbf{grad}\, f)\end{aligned}$$

Dabei haben wir in der ersten Zeile die Einstein'sche Summationskonvention benutzt (Summe über i), um den resultierenden Ausdruck übersichtlicher aufschreiben zu können.

Allgemein definieren wir die **materielle Ableitung** einer Größe unter dem Einfluss eines Strömungsfeldes $\boldsymbol{v}$ als

$$\frac{\mathrm{d}}{\mathrm{d}t} = \frac{\partial}{\partial t} + \boldsymbol{v}\cdot\mathbf{grad}$$

Sie beinhaltet beide hier diskutierten Effekte: Der erste Term beschreibt die „inhärente" Änderung mit der Zeit, der zweite die Verteilung durch die herrschende Strömung. Salopp: „Die Wolken können verschwinden, indem sie wegziehen oder sich auflösen oder beides." Letztlich handelt es sich um eine Anwendung der mehrdimensionalen Kettenregel, die in Abschn. 24.4 genauer diskutiert wird.

Kommentar Die materielle Ableitung wird zur Verdeutlichung ihres „totalen" Charakters oft mit einem großen D geschrieben,

$$\frac{\mathrm{D}}{\mathrm{D}t} = \frac{\partial}{\partial t} + \boldsymbol{v}\cdot\mathbf{grad}\,. \quad ◄$$

Zwei Umstände können wir dabei sofort ausnutzen: Die Differenzierbarkeit ist „stärker" als die Existenz von Richtungsableitungen und, wie schon im Fall $\mathbb{R} \to \mathbb{R}$, „stärker" als die Stetigkeit. Stellt sich eine Funktion in einem Punkt also als unstetig heraus oder besitzt dort in irgendeine Richtung keine Richtungsableitung, so kann sie dort demnach auch nicht differenzierbar sein.

Auch die Eigenschaften des Gradienten können weiterhelfen. Konkret ist es die Gleichung

$$\frac{\partial f}{\partial \widehat{\boldsymbol{a}}}(\boldsymbol{p}) = \widehat{\boldsymbol{a}}\cdot(\mathbf{grad}\, f)(\boldsymbol{p}),$$

die für alle differenzierbaren Funktionen f gelten muss. Findet man eine Richtung $\widehat{\boldsymbol{a}}$, für die diese Gleichung verletzt ist, dann kann f in $\boldsymbol{p}$ nicht differenzierbar sein.

Beispiel Wir betrachten die Funktion $f\colon \mathbb{R}^3 \to \mathbb{R}$ mit

$$f(x_1, x_2, x_3) = \begin{cases}\frac{x_1 x_2 x_3}{x_1^2+x_2^2+x_3^2} & \text{für } \boldsymbol{x} \neq \boldsymbol{0} \\ 0 & \text{für } \boldsymbol{x} = \boldsymbol{0}.\end{cases}$$

Im Ursprung erhalten wir

$$\frac{\partial f}{\partial x_i}(0) = \lim_{h\to 0}\frac{1}{h}\left(\frac{0}{h^2} - 0\right) = 0.$$

Wie erhalten für die Richtungsableitung in Richtung $\widehat{\boldsymbol{a}} = (\frac{1}{\sqrt{3}}, \frac{1}{\sqrt{3}}, \frac{1}{\sqrt{3}})^{\mathrm{T}}$

$$\frac{\partial f}{\partial \widehat{\boldsymbol{a}}}(0) = \lim_{h\to 0}\frac{1}{h}\,\frac{\frac{h^3}{3\sqrt{3}}}{h^2} = \frac{1}{3\sqrt{3}} \neq 0$$

Damit kann die Gleichung

$$\frac{\partial f}{\partial \widehat{\boldsymbol{a}}}(\boldsymbol{p}) = \widehat{\boldsymbol{a}}\cdot(\mathbf{grad}\, f)(\boldsymbol{p})$$

für diese Richtung nicht erfüllt sein; die Funktion ist im Ursprung nicht differenzierbar. ◄

Wollen wir allerdings die Differenzierbarkeit einer Funktion *nachweisen*, dann nützen uns all diese Methoden nichts. Glücklicherweise haben die partiellen Ableitungen einer Funktion sowohl für Differenzierbarkeit als auch für Stetigkeit unter bestimmten Voraussetzungen eine beachtliche Aussagekraft.

Stetigkeits- und Differenzierbarkeitskriterien

- Sind die partiellen Ableitungen einer Funktion $f\colon \mathbb{R}^n \to \mathbb{R}$ in einer Umgebung $U(\boldsymbol{p})$ eines Punktes $\boldsymbol{p}$ beschränkt, so ist f in $\boldsymbol{p}$ stetig.
- Sind die partiellen Ableitungen einer Funktion $f\colon \mathbb{R}^n \to \mathbb{R}$ in einer Umgebung $U(\boldsymbol{p})$ eines Punktes $\boldsymbol{p}$ stetig, so ist f in $\boldsymbol{p}$ differenzierbar.

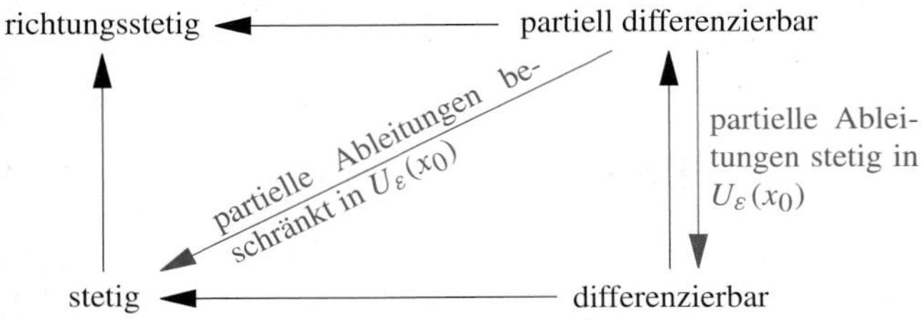

Abb. 24.13 Eine knappe Übersicht über die Zusammenhänge zwischen den Begriffen *Richtungsstetigkeit, Stetigkeit, partielle Differenzierbarkeit* und *Differenzierbarkeit*

Damit ist natürlich klar, dass alle „einfachen" Zusammensetzungen der elementaren Funktionen, also Summen, Differenzen, Produkte, Quotienten und Verkettungen in ihrem Definitionsbereich überall stetig und differenzierbar sind. Wie schon im Eindimensionalen und wie auch im Fall der Stetigkeit müssen wir uns in den meisten Fällen gar nicht viele Gedanken über Differenzierbarkeit machen, sondern können sie geeigneten Funktionen mit freiem Auge ansehen.

Beispiel Die Funktion $f(x, y) = y^2 e^{\sin x}$ ist auf ganz $\mathbb{R}^2$ differenzierbar, da sie nur aus elementaren Funktionen zusammengesetzt ist und es keine Schwierigkeiten mit dem Definitionsbereich gibt. ◄

Als kleine Übersicht wollen wir den Zusammenhang zwischen Stetigkeit, Differenzierbarkeit und partiellen Ableitungen noch einmal in einem grafischen Schema zusammenfassen, dieses ist in Abb. 24.13 dargestellt.

Beispiel Man überprüfe die Funktion $\mathbb{R}^2 \to \mathbb{R}$

$$f(x, y) = \begin{cases} \frac{x_1 x_2^2}{x_1^2 + x_2^4} & \text{für } (x_1, x_2) \neq (0, 0) \\ 0 & \text{für } (x_1, x_2) = (0, 0) \end{cases}$$

auf Stetigkeit und Differenzierbarkeit. Des Weiteren berechne man an der Stelle $\boldsymbol{x} = \boldsymbol{0}$ den Gradienten und die Ableitung nach der Richtung $\boldsymbol{a} = (\frac{1}{\sqrt{2}}, \frac{1}{\sqrt{2}})^{\mathrm{T}}$.

An allen Punkten außer $(x_1, x_2) = (0, 0)$ ist f natürlich als Zusammensetzung stetiger und differenzierbarer Funktion ebenfalls stetig und differenzierbar. Zu untersuchen bleibt der Ursprung, hier erhalten wir:

$$\begin{aligned} G &= \lim_{\boldsymbol{x} \to \boldsymbol{0}} \frac{x_1 x_2^2}{x_1^2 + x_2^4} \\ &= \lim_{r \to 0} \frac{r^3 \cos\varphi \sin^2\varphi}{r^2 \cos^2\varphi + r^4 \sin^4\varphi} \\ &= \lim_{r \to 0} \frac{r \cos\varphi \sin^2\varphi}{\cos^2\varphi + r^2 \sin^4\varphi} \end{aligned}$$

Dieser Ausdruck hängt vom Winkel φ ab. Das sieht man beispielsweise, indem man einmal $\varphi(r) = r$ und einmal $\varphi(r) = \frac{\pi}{2} - r$ wählt. Im ersten Fall ist $\sin\varphi \approx r$ und $\cos\varphi \approx 1$, G wäre null. Im zweiten Fall hat man $\sin\varphi \approx 1$ und $\cos\varphi \approx r$, das liefert $G = \frac{1}{2}$.

Der Grenzwert existiert also nicht, daher ist die Funktion f in $(0, 0)^{\mathrm{T}}$ nicht stetig und erst recht nicht differenzierbar.

Dennoch können die partiellen Ableitungen existieren, und diese wollen wir nun bestimmen:

$$\begin{aligned} \frac{\partial f}{\partial x_1}(0) &= \lim_{h \to 0} \frac{f(h, 0) - f(0, 0)}{h} \\ &= \lim_{h \to 0} \frac{1}{h} \left(\frac{h \cdot 0}{h^2 + 0} - 0 \right) = \lim_{h \to 0} 0 = 0 \\ \frac{\partial f}{\partial y}(0) &= \lim_{h \to 0} \frac{f(0, h) - f(0, 0)}{h} \\ &= \lim_{h \to 0} \frac{1}{h} \left(\frac{0 \cdot h^2}{0 + h^4} - 0 \right) = \lim_{h \to 0} 0 = 0 \end{aligned}$$

Der Gradient im Ursprung ist also

$$\mathbf{grad} f(0, 0) = \boldsymbol{0}.$$

Für die Richtungsableitung nach $\widehat{\boldsymbol{a}}$ erhalten wir:

$$\begin{aligned} \frac{\partial f}{\partial \widehat{\boldsymbol{a}}}(\boldsymbol{0}) &= \lim_{h \to 0} \frac{f(\frac{h}{\sqrt{2}}, \frac{h}{\sqrt{2}}) - f(\boldsymbol{0})}{h} \\ &= \lim_{h \to 0} \frac{1}{h} \frac{h^3/(2\sqrt{2})}{h^2/2 + h^4/4} \\ &= \lim_{h \to 0} \frac{1/(2\sqrt{2})}{1/2 + h^2/4} = \frac{1}{\sqrt{2}} \end{aligned}$$

Da f in $(0, 0)^{\mathrm{T}}$ nicht differenzierbar ist, muss hier die Gleichung $\frac{\partial f}{\partial \widehat{\boldsymbol{a}}}(\boldsymbol{0}) = \widehat{\boldsymbol{a}} \cdot \mathbf{grad} f(\boldsymbol{0})$ nicht gelten.

Des Weiteren untersuchen wir die Funktion

$$f(x_1, x_2) = \begin{cases} \frac{x_1^2 x_2^2}{x_1^2 + x_2^2} & \text{für } (x_1, x_2) \neq (0, 0) \\ 0 & \text{für } (x_1, x_2) = (0, 0) \end{cases}$$

mit $D(f) = \mathbb{R}^2$ im Punkt $\boldsymbol{x} = (0, 0)^{\mathrm{T}}$ auf Stetigkeit, berechnen dort $\frac{\partial f}{\partial \widehat{\boldsymbol{a}}}$ für beliebige Richtungen $\widehat{\boldsymbol{a}}$ und testen f dann auf Differenzierbarkeit.

Die Stetigkeit ist nicht schwierig nachzuweisen:

$$\begin{aligned} \lim_{\boldsymbol{x} \to \boldsymbol{0}} f(x_1, x_2) &= \lim_{\boldsymbol{x} \to \boldsymbol{0}} \frac{x_1^2 x_2^2}{x_1^2 + x_2^2} = \lim_{r \to 0} \frac{r^4 \cos^2\varphi \sin^2\varphi}{r^2} \\ &= \lim_{r \to 0} r^2 \cos^2\varphi \sin^2\varphi = 0 = f(0, 0). \end{aligned}$$

Auch die Richtungsableitungen ergeben sich problemlos,

$$\frac{\partial f}{\partial \boldsymbol{a}}(\boldsymbol{0}) = \lim_{h \to 0} \frac{1}{h} \left(\frac{h^4 a_1^2 a_2^2}{h^2(a_1^2 + a_2^2)} - 0 \right) = \lim_{h \to 0} h \frac{a_1^2 a_2^2}{a_1^2 + a_2^2} = 0,$$

und damit ist natürlich auch $\frac{\partial f}{\partial x_1}(\boldsymbol{0}) = \frac{\partial f}{\partial x_2}(\boldsymbol{0}) = 0$. Übrig bleibt die Differenzierbarkeit zu zeigen. Dazu bieten sich zwei Arten an:

- *Direkt mittels Definition der Differenzierbarkeit*: Dazu benutzen wird, dass sich f, wenn es eine differenzierbare Funktion ist, schreiben lässt als

$$\begin{aligned} f(\boldsymbol{x}) &= \frac{x_1^2 x_2^2}{x_1^2 + x_2^2} \\ &= f(\mathbf{0}) + \frac{\partial f}{\partial x_1}(\mathbf{0})\, x_1 + \frac{\partial f}{\partial x_2}(\mathbf{0})\, x_2 + R(\boldsymbol{x}) \end{aligned}$$

wobei

$$\lim_{\boldsymbol{x}\to\mathbf{0}} \frac{R(\boldsymbol{x})}{\|\boldsymbol{x}\|} = \lim_{\boldsymbol{x}\to\mathbf{0}} \frac{R(x_1, x_2)}{\sqrt{x_1^2 + x_2^2}} = 0$$

gelten muss.
Da sowohl Funktion als auch partielle Ableitungen im Ursprung verschwinden, ist der Rest R gleich der Funktion selbst und wir erhalten

$$\begin{aligned} \lim_{\boldsymbol{x}\to\mathbf{0}} \frac{R(x_1, x_2)}{\sqrt{x_1^2 + x_2^2}} &= \lim_{\boldsymbol{x}\to\mathbf{0}} \frac{x_1^2 x_2^2}{(x_1^2 + x_2^2)^{3/2}} \\ &= \lim_{r\to 0} r \cos^2\varphi \sin^2\varphi = 0. \end{aligned}$$

Die Approximation ist gut genug, die Funktion also auch im Ursprung differenzierbar.
- *Über die Stetigkeit der partiellen Ableitungen*: Dazu bilden wir die partiellen Ableitungen nach x und y in einer Umgebung von $\boldsymbol{x} = (0, 0)^\mathrm{T}$:

$$\frac{\partial f}{\partial x_1}(\boldsymbol{x}) = \begin{cases} \frac{2 x_1 x_2^4}{(x_1^2+x_2^2)^2} & \text{für } (x_1, x_2) \neq (0, 0) \\ 0 & \text{für } (x_1, x_2) = (0, 0) \end{cases}$$

$$\frac{\partial f}{\partial x_2}(\boldsymbol{x}) = \begin{cases} \frac{2 x_1^4 x_2}{(x_1^2+x_2^2)^2} & \text{für } (x_1, x_2) \neq (0, 0) \\ 0 & \text{für } (x_1, x_2) = (0, 0) \end{cases}$$

Außerhalb des Ursprungs sind diese natürlich stetig, zu zeigen bleibt nur mehr die Stetigkeit für $\boldsymbol{x} = \mathbf{0}$:

$$\begin{aligned} \lim_{\boldsymbol{x}\to\mathbf{0}} \frac{\partial f}{\partial x_1}(\boldsymbol{x}) &= \lim_{\boldsymbol{x}\to\mathbf{0}} \frac{2 x_1 x_2^4}{(x_1^2 + x_2^2)^2} \\ &= \lim_{r\to 0} 2r \cos\varphi \sin^4\varphi \\ &= 0 = \frac{\partial f}{\partial x_1}(\mathbf{0}) \\ \lim_{\boldsymbol{x}\to\mathbf{0}} \frac{\partial f}{\partial x_2}(\boldsymbol{x}) &= \lim_{\boldsymbol{x}\to\mathbf{0}} \frac{2 x_1^4 x_2}{(x_1^2 + x_2^2)^2} \\ &= \lim_{r\to 0} 2r \cos^4\varphi \sin\varphi \\ &= 0 = \frac{\partial f}{\partial x_2}(\mathbf{0}) \end{aligned}$$ ◄

Die Beweise der Hauptaussagen dieses Abschnitts finden sich im Bonusmaterial auf der Website.

Der Satz von Taylor lässt sich auch für Funktionen $\mathbb{R}^n \to \mathbb{R}$ formulieren

Im Eindimensionalen hat sich der Satz von Taylor als essenziell für viele Zwecke erwiesen. Unter anderem hat uns die lokale Entwicklung von (hinreichend oft differenzierbaren) Funktionen in Polynome erlaubt, Näherungsformeln zu gewinnen, Potenzreihendarstellungen zu ermitteln und allgemeine Aussagen über Extrema zu treffen.

Daher ist der Versuch naheliegend, den Satz von Taylor auch auf Funktionen $\mathbb{R}^n \to \mathbb{R}$ zu übertragen. Der Übersichtlichkeit halber setzen wir zunächst $n = 2$, die Verallgemeinerung wird hinterher wenig Schwierigkeiten machen.

Wieder ist unser Ziel, eine Funktion f, die wir als hinreichend oft differenzierbar annehmen, in der Umgebung eines Punktes $(\tilde{x}_1, \tilde{x}_2)$ durch ein Polynom möglichst gut anzunähern. Wie sehen Polynome $\mathbb{R}^2 \to \mathbb{R}$ aber überhaupt aus? Nicht so viel anders als im Eindimensionalen, im Prinzip zumindest – durch die jetzt auftretenden Mischterme sind sie jedoch etwas umständlicher anzuschreiben. Für die Nummerierung der Koeffizienten etwa brauchen wir ein neues System. Eine naheliegende Möglichkeit ist, die Potenzen von x_1 und x_2 getrennt zu zählen. Ein allgemeines Polynom dritten Grades hat damit die Gestalt

$$\begin{aligned} p(\boldsymbol{x}) = a_{0,0} &+ a_{1,0}x_1 + a_{0,1}x_2 \\ &+ a_{2,0}x_1^2 + a_{1,1}x_1x_2 + a_{0,2}x_2^2 \\ &+ a_{3,0}x_1^3 + a_{2,1}x_1^2x_2 + a_{1,2}x_1x_2^2 + a_{0,3}x_2^3 . \end{aligned}$$

Das können wir kompakter aufschreiben als

$$p(\boldsymbol{x}) = \sum_{k_1+k_2\le 3} a_{k_1,k_2} x_1^{k_1} x_2^{k_2} .$$

Bei Entwicklung von f um $\boldsymbol{x} = \tilde{\boldsymbol{x}}$ in ein Polynom m-ten Grades werden wir ein solches Polynom sinnvollerweise direkt in der Form

$$p(\boldsymbol{x}) = \sum_{k_1+k_2\le m} a_{k_1,k_2} (x_1 - \tilde{x}_1)^{k_1} (x_2 - \tilde{x}_2)^{k_2}$$

aufschreiben. Die Koeffizienten der Entwicklung erhalten wir wie im Eindimensionalen durch Differenzieren sowohl von f als auch von p und Einsetzen von $\boldsymbol{x} = \tilde{\boldsymbol{x}}$. Da es nun jedoch zwei Variablen gibt, nach denen wir differenzieren können, erhalten wir im Allgemeinen nicht einen, sondern zwei Vorfaktoren in Form von Fakultäten:

$$a_{k_1,k_2} = \frac{1}{k_1!\,k_2!} \left. \frac{\partial^{k_1+k_2} f}{\partial x_1^{k_1}\, \partial x_2^{k_2}} \right|_{\boldsymbol{x}=\tilde{\boldsymbol{x}}}$$

Selbstfrage 6

Vollziehen Sie das für $a_{2,3}$ und $\tilde{\boldsymbol{x}} = \mathbf{0}$ explizit nach.

Teil IV

Man kann die Koeffizienten auch in der Form

$$a_{k_1,k_2} = \frac{1}{(k_1+k_2)!}\binom{k_1+k_2}{k_1}\frac{\partial^{k_1+k_2} f}{\partial x_1^{k_1}\,\partial x_2^{k_2}}\bigg|_{x=\tilde{x}}$$

schreiben, und in der Vertiefung auf S. 891 wird behandelt, wie sich diese Form mittels *Multinomialkoeffizienten* auf den Fall $\mathbb{R}^n \to \mathbb{R}$ übertragen lässt.

Beispiel Wir bestimmen das Taylorpolyom dritten Grades der Funktion $f\colon \mathbb{R}^2 \to \mathbb{R}$,

$$f(x, y) = \mathrm{e}^{xy} + \sin\left(x^2 + y^2\right)$$

um $\tilde{\boldsymbol{x}} = (\tilde{x}, \tilde{y})^{\mathrm{T}} = (0, \sqrt{\pi})^{\mathrm{T}}$. Für die Koeffizienten erhalten wir:

$$\begin{aligned}
a_{0,0} &= \left[\mathrm{e}^{xy} + \sin(x^2+y^2)\right]_{\tilde{x}} \\
&= 1 \\
a_{1,0} &= \left[y\,\mathrm{e}^{xy} + 2x\cos(x^2+y^2)\right]_{\tilde{x}} \\
&= \sqrt{\pi} \\
a_{0,1} &= \left[x\,\mathrm{e}^{xy} + 2y\cos(x^2+y^2)\right]_{\tilde{x}} \\
&= -2\sqrt{\pi} \\
a_{2,0} &= \frac{1}{2}\left[y^2\,\mathrm{e}^{xy} + 2\cos(x^2+y^2) - 4x^2\sin(x^2+y^2)\right]_{\tilde{x}} \\
&= \frac{\pi-2}{2} \\
a_{1,1} &= \left[(1+xy)\,\mathrm{e}^{xy} - 4xy\sin(x^2+y^2)\right]_{\tilde{x}} = 1 \\
a_{0,2} &= \frac{1}{2}\left[x^2\,\mathrm{e}^{xy} + 2\cos(x^2+y^2) - 4y^2\sin(x^2+y^2)\right]_{\tilde{x}} \\
&= -1 \\
a_{3,0} &= \frac{1}{3!}\left[y^3\,\mathrm{e}^{xy} - 8x^3\cos(x^2+y^2) - 12x\sin(x^2+y^2)\right]_{\tilde{x}} \\
&= \frac{\pi^{3/2}}{6} \\
a_{2,1} &= \frac{1}{2}\left[(2y+xy^2)\,\mathrm{e}^{xy} - 8x^2y\cos(x^2+y^2) - 4y\sin(x^2+y^2)\right]_{\tilde{x}} \\
&= \sqrt{\pi} \\
a_{1,2} &= \frac{1}{2}\left[(2x+x^2y)\,\mathrm{e}^{xy} - 8xy^2\cos(x^2+y^2) - 4x\sin(x^2+y^2)\right]_{\tilde{x}} \\
&= 0 \\
a_{0,3} &= \frac{1}{3!}\left[x^3\,\mathrm{e}^{xy} - 8y^3\cos(x^2+y^2) - 12y\sin(x^2+y^2)\right]_{\tilde{x}} \\
&= \frac{4\pi^{3/2}}{3}
\end{aligned}$$

Das Taylorpolynom hat damit die Gestalt:

$$\begin{aligned}
p_3(x, y; 0, \sqrt{\pi}) = 1 &+ \sqrt{\pi}\,x - 2\sqrt{\pi}\,\left(y-\sqrt{\pi}\right) + \frac{\pi-2}{2}\,x^2 \\
&+ x\,\left(y-\sqrt{\pi}\right) - \left(y-\sqrt{\pi}\right)^2 \\
&+ \frac{\pi^{3/2}}{6}\,x^3 + \sqrt{\pi}\,x^2\,\left(y-\sqrt{\pi}\right) \\
&+ \frac{4\pi^{3/2}}{3}\,\left(y-\sqrt{\pi}\right)^3
\end{aligned}$$

◄

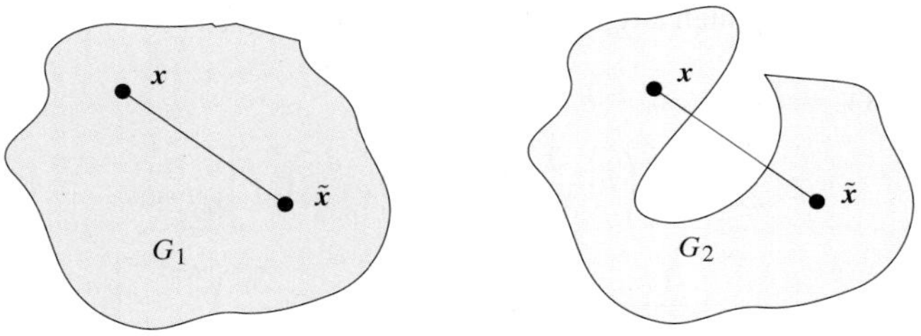

Abb. 24.14 In G_1 hat man bei Entwicklung einer Funktion f um $\tilde{\boldsymbol{x}}$ im Punkt $\boldsymbol{x}$ den Satz von Taylor (inklusive Abschätzung durch ein Restglied) zur Verfügung. In G_2 muss es bei Entwicklung von f um $\tilde{\boldsymbol{x}}$ keinen Zusammenhang zwischen dem Taylorpolynom in $\boldsymbol{x}$ und $f(\boldsymbol{x})$ geben

Nun erweitern wir unsere Ergebnisse auf den allgemeinen Fall von Funktionen $\mathbb{R}^n \to \mathbb{R}$. Ein Taylorpolynom vom Grad m hat die Form

$$p_m(\boldsymbol{x}) = \sum_{k_1+\ldots+k_n \le m} a_{k_1,\ldots,k_n}(x_1-\tilde{x}_1)^{k_1}\ldots(x_n-\tilde{x}_n)^{k_n}$$

mit den Koeffizienten

$$a_{k_1,\ldots,k_n} = \frac{1}{k_1!\ldots k_n!}\,\frac{\partial^{k_1+\ldots+k_n} f}{\partial x_1^{k_1}\ldots\partial x_n^{k_n}}\bigg|_{x=\tilde{x}}. \tag{24.2}$$

Bisher haben wir uns noch keine Gedanken um die Form des Bereichs gemacht, in dem der Satz von Taylor gilt. Koeffizienten kann man mit Formel (24.2) natürlich stets bestimmen, aber damit man wirklich eine kontrollierte Näherung mit Abschätzung durch ein Restglied zur Verfügung hat, muss die zu entwickelnde Funktion auf der gesamten Verbindungsstrecke zwischen $\boldsymbol{x}$ und $\tilde{\boldsymbol{x}}$ definiert und hinreichend oft stetig differenzierbar sein. Das ist in Abb. 24.14 illustriert.

Wir fassen das Ergebnis in folgendem Satz zusammen.

Satz von Taylor für Funktionen $\mathbb{R}^n \to \mathbb{R}$

Für eine Funktion $f\colon G \to \mathbb{R}$ mit $G \subset \mathbb{R}^n$ offen, $f \in C^{m+1}(G)$, einen Vektor $\tilde{\boldsymbol{x}} \in G$ und einen Vektor $\boldsymbol{h} = (h_1, \ldots, h_n)^{\mathrm{T}}$ gilt:

Liegen die Punkte $\tilde{\boldsymbol{x}} + t\boldsymbol{h}$ für $t \in [0, 1]$ alle in G, dann gibt es ein $\vartheta \in (0, 1)$, sodass

$$\begin{aligned}
f(\tilde{\boldsymbol{x}}+\boldsymbol{h}) = &\sum_{\nu=0}^{m}\frac{1}{\nu!}\left[(\boldsymbol{h}\cdot\nabla)^{\nu} f\right](\tilde{\boldsymbol{x}}) \\
&+ \frac{1}{(m+1)!}\left[(\boldsymbol{h}\cdot\nabla)^{m+1} f\right](\tilde{\boldsymbol{x}}+\vartheta\boldsymbol{h})
\end{aligned}$$

ist. $\tilde{\boldsymbol{x}}$ nennen wir dabei die *Entwicklungspunkt*.

Teil IV

In Komponenten aufgeschlüsselt liest sich das als:

$$\begin{aligned}f(\tilde{x}_1 + h_1, \ldots, \tilde{x}_n + h_n) \\ = \sum_{\nu=0}^{m} \frac{1}{\nu!} \left[\left(h_1 \frac{\partial}{\partial x_1} + \ldots + h_n \frac{\partial}{\partial x_n} \right)^{\nu} f \right] \Bigg|_{\tilde{x}} \\ + \frac{1}{(m+1)!} \left[\left(h_1 \frac{\partial}{\partial x_1} + \ldots + h_n \frac{\partial}{\partial x_n} \right)^{m+1} f \right] \Bigg|_{\tilde{x}+\vartheta \boldsymbol{h}}\end{aligned}$$

Die Summe beinhaltet höhere, auch gemischte Ableitungen und führt – wie in der Vertiefung auf S. 891 diskutiert – wieder genau auf die Koeffizienten aus (24.2). Nach Ausführen der Ableitungen und Einsetzen von $\boldsymbol{x} = \tilde{\boldsymbol{x}}$ kann man auch wieder $\boldsymbol{h} = \boldsymbol{x} - \tilde{\boldsymbol{x}}$ setzen.

Die Summe liefert das Taylorpolynom vom Grad m von f um $\tilde{\boldsymbol{x}}$. Der letzte Term ist ein Restglied, das man wiederum auf verschiedene Arten darstellen kann – wir wollen auf diese Thematik nicht weiter eingehen. Den Beweis für den Satz von Taylor bringen wir im Bonusmaterial.

24.4 Funktionen $\mathbb{R}^n \to \mathbb{R}^m$

Wir wenden uns nun allgemein Abbildungen $\boldsymbol{f}: \mathbb{R}^n \to \mathbb{R}^m$, $\boldsymbol{x} \mapsto \boldsymbol{f}(\boldsymbol{x})$ zu. Hier ist es nun mit wenigen Ausnahmen nicht mehr möglich, sinnvolle grafische Darstellungen zu finden – wir werden also über weite Strecken ohne hilfreiche Bilder auskommen müssen.

Teil IV

Auch wenn es natürlich allgemein beliebig „bösartige“ Funktionen $\mathbb{R}^n \to \mathbb{R}^m$ geben kann, so werden für uns doch vor allem jene interessant sein, die sich durch einigermaßen „schöne“ Eigenschaften auszeichnen. Vor allem geht es uns dabei um Differenzierbarkeit, und so werden wir meist zumindest partiell differenzierbare Funktionen betrachten.

Die Jacobi-Matrix übernimmt die Rolle der Ableitung aus dem eindimensionalen Fall

Im Fall der Funktionen $\mathbb{R}^n \to \mathbb{R}$ konnten wir für differenzierbare Funktionen einen Vektor angeben, der die partiellen Ableitungen der Funktion und damit die wesentliche Information über die lineare Approximation enthielt. Im allgemeinen Fall $\mathbb{R}^n \to \mathbb{R}^m$ können wir so etwas nicht erwarten. Immerhin können wir die Funktion $\boldsymbol{f}$ als Vektor von m Funktionen

$$f_k(x_1, \ldots, x_n), \quad k = 1, \ldots, m$$

auffassen. Wir sollten demnach erwarten, dass man jede dieser Funktionen nach allen Variablen partiell ableiten wird müssen, um die Informationen über die lineare Approximation zu erhalten – vorausgesetzt diese existiert überhaupt.

Tatsächlich ist es die Matrix der Ableitungen aller Komponenten nach allen Variablen, die bei unseren weiteren Betrachtungen eine tragende Rolle spielen wird. Diese wird nach Carl Gustav Jacob Jacobi (1804–1851) als **Jacobi-Matrix** bezeichnet. Für die Jacobi-Matrix einer Funktion $\boldsymbol{f}$ sind verschiedene Bezeichnungen üblich:

$$\begin{aligned}\boldsymbol{J}_f(\boldsymbol{p}) &\equiv \frac{\partial(f_1, \ldots f_m)}{\partial(x_1, \ldots x_n)}(\boldsymbol{p}) = \left(\nabla \boldsymbol{f}^{\mathrm{T}}\right)^{\mathrm{T}}(\boldsymbol{p}) \\ &= \begin{pmatrix} \frac{\partial f_1}{\partial x_1}(\boldsymbol{p}) & \cdots & \frac{\partial f_1}{\partial x_n}(\boldsymbol{p}) \\ \vdots & \ddots & \vdots \\ \frac{\partial f_m}{\partial x_1}(\boldsymbol{p}) & \cdots & \frac{\partial f_m}{\partial x_n}(\boldsymbol{p}) \end{pmatrix}.\end{aligned}$$

Beispiel

- Für die Funktion $f: \mathbb{R}^3 \to \mathbb{R}$,

$$f(x_1, x_2, x_3) = x_1^2 + x_2 \mathrm{e}^{x_3}$$

erhalten wir

$$\boldsymbol{J}_f = \begin{pmatrix} 2x_1 \\ \mathrm{e}^{x_3} \\ x_2 \mathrm{e}^{x_3} \end{pmatrix}^{\mathrm{T}} = (\mathbf{grad} f)^{\mathrm{T}}.$$

Die Jacobi-Matrix ist für Funktionen $\mathbb{R}^n \to \mathbb{R}$ einfach das Transponierte des Gradienten.

- Für die Funktion $\boldsymbol{f}: \mathbb{R}^2 \to \mathbb{R}^3$,

$$\boldsymbol{f}(\boldsymbol{x}) = \begin{pmatrix} \sin(x_1 x_2) \\ x_1^2 - x_2^2 \\ \cosh x_2 \end{pmatrix}$$

erhalten wir

$$\boldsymbol{J}_f = \begin{pmatrix} x_2 \cos(x_1 x_2) & x_1 \cos(x_1 x_2) \\ 2x_1 & -2x_2 \\ 0 & \sinh x_2 \end{pmatrix}.$$ ◀

Wie schon der Gradient für Funktionen $\mathbb{R}^n \to \mathbb{R}$ existiert die Jacobi-Matrix bereits, wenn die Funktion *partiell differenzierbar* ist. Wirklich interessant sind für uns aber jene Funktionen, die nicht nur partiell differenzierbar, sondern differenzierbar sind.

Wie die Differenzierbarkeit im allgemeinen Fall $\mathbb{R}^n \to \mathbb{R}^m$ definiert wird, ist nach unseren bisherigen Untersuchungen naheliegend. Wieder ist es die lineare Approximierbarkeit, die im Zentrum unserer Überlegungen steht. Diesmal hat man jedoch bereits $n\,m$ Koeffizienten, die eine entsprechende lineare Abbildung charakterisieren, und die man am besten in einer Matrix sammelt.

Vertiefung: Multinomialkoeffizienten und Multiindizes

Die Koeffizienten, die im mehrdimensionalen Satz von Taylor auftauchen, erhalten eine besonders einfache Gestalt, wenn man sie mithilfe von Multinomialkoeffizienten aufschreibt. Das sind Verallgemeinerungen der Binomialkoeffizienten, die wir bereits in Abschn. 3.4 kennengelernt haben.

Für das Ausmultiplizieren von Potenzen eines Binoms kennen wir bereits die binomische Formel

$$(a+b)^n = \sum_{k=0}^{n} \binom{n}{k} a^k b^{n-k} \quad \text{mit} \quad \binom{n}{k} = \frac{n!}{k!\,(n-k)!}\,.$$

Beim Ausmultiplizieren von Potenzen eines *Multinoms*, $(a_1 + \ldots + a_m)^n$ ist zu erwarten, dass sich ähnliche Gesetzmäßigkeiten ergeben. Jeder Term, der nach sturem Ausmultiplizieren auftritt, hat die Gestalt $a_1^{k_1}\, a_2^{k_2} \ldots a_m^{k_m}$, wobei die $k_i \in \mathbb{N}_0$ sind und die Bedingung

$$\sum_{i=1}^{m} k_i = n$$

erfüllen müssen. Wie schon im binomischen Fall gibt es jedoch meist mehrere gleiche Terme. Der ursprüngliche Ausdruck hat n Faktoren, aus denen man zunächst auf $n!$ Arten auswählen kann. Da jedoch wieder die Reihenfolge der Auswahl keine Rolle spielen soll, muss diese Zahl durch alle $k_i!$ geteilt werden. Die entsprechenden Koeffizienten sind die **Multinomialkoeffizienten**,

$$\binom{n}{\{k_1, \ldots, k_m\}} = \frac{n!}{k_1!\,k_2! \ldots k_m!}\,,$$

wobei die Zahlen $k_i \in \mathbb{N}_0$ die Bedingung $k_1+k_2+\ldots+k_m = n$ erfüllen. Für Potenzen von Multinomen gilt demnach:

$$\begin{aligned}&(a_1 + a_2 + \ldots + a_m)^n \\ &\quad = \sum_{k_1+\ldots+k_m=n} \binom{n}{\{k_1, \ldots, k_m\}} a_1^{k_1}\, a_2^{k_2} \ldots a_m^{k_m}.\end{aligned}$$

Im Fall $m = 2$ reduzieren sich die Multinomialkoeffizienten mit $k_1 = k$ und $k_2 = n - k$ auf die bekannten Binomialkoeffizienten, und die obige Formel wird zum binomischen Satz.

Als Beispiel bestimmen wir die Multinomialkoeffizienten für $n = 2$ und $m = 3$,

$$\begin{aligned}\tbinom{2}{\{2,0,0\}} &= \tbinom{2}{\{0,2,0\}} = \tbinom{2}{\{0,0,2\}} = \tfrac{2!}{2!\,0!\,0!} = 1\\ \tbinom{2}{\{1,1,0\}} &= \tbinom{2}{\{1,0,1\}} = \tbinom{2}{\{0,1,1\}} = \tfrac{2!}{1!\,1!\,0!} = 2\,.\end{aligned}$$

Damit ergibt sich für $(a+b+c)^2$:

$$\begin{aligned}(a+b+c)^2 &= \tbinom{2}{\{2,0,0\}} a^2b^0c^0 + \tbinom{2}{\{0,2,0\}} a^0b^2c^0 \\ &\quad + \tbinom{2}{\{0,0,2\}} a^0b^0c^2 + \tbinom{2}{\{1,1,0\}} a^1b^1c^0 \\ &\quad + 2\{1,0,1\} a^1b^0c^1 + \tbinom{2}{\{0,1,1\}} a^0b^1c^1 \\ &= a^2 + b^2 + c^2 + 2ab + 2ac + 2bc\end{aligned}$$

Auch die Koeffizienten mehrdimensionaler Taylorpolynome

$$p_m(\boldsymbol{x}; \tilde{\boldsymbol{x}}) = \sum_{\nu=0}^{m} \sum_{k_1+\ldots+k_n=\nu} a_{k_1,\ldots,k_p} (x_1 - \tilde{x}_1)^{k_1} \ldots (x_n - \tilde{x}_n)^{k_n}$$

kann man mithilfe von Multinomialkoeffizienten aufschreiben und besser verstehen. Diese Koeffizienten geben genau die Zahl der Möglichkeiten an, eine bestimmte Kombination von partiellen Ableitungen auf eine Funktion anzuwenden. Der Satz von Taylor beinhaltet Potenzen der Form

$$\left(\frac{\partial}{\partial x_1} + \ldots + \frac{\partial}{\partial x_n}\right)^\nu,$$

die ausmultipliziert genau

$$\sum_{k_1+\cdots+k_n=\nu} \binom{\nu}{\{k_1, \ldots, k_p\}} \frac{\partial^\nu}{\partial x_1^{k_1} \ldots x_n^{k_n}}$$

ergeben. Mit dem zusätzlichen Vorfaktor

$$\frac{1}{\nu!} = \frac{1}{(k_1 + k_2 + \ldots + k_n)!}$$

erhält man für die Koeffizienten

$$\begin{aligned}a_{k_1,\ldots,k_p} &= \frac{1}{\nu!} \binom{\nu}{\{k_1, \ldots, k_p\}} \frac{\partial^\nu f}{\partial x_1^{k_1} \ldots \partial x_p^{k_p}} (\tilde{\boldsymbol{x}}) \\ &= \frac{1}{k_1! \ldots k_p!} \frac{\partial^{k_1+\ldots+k_p} f}{\partial x_1^{n_1} \ldots \partial x_p^{k_p}} (\tilde{\boldsymbol{x}})\,.\end{aligned}$$

Eine Schreibweise, die im Mehrdimensionalen sehr nützlich ist, ist jene mit **Multiindizes**. Ein Multiindex $\boldsymbol{\nu}$ ist ein n-Tupel von Zahlen $\nu_i \in \mathbb{N}_0$, $i = 1, \ldots, n$, mit dessen Hilfe man allgemeine Potenzen oder Ableitungen knapp und übersichtlich anschreiben kann:

$$\begin{aligned}\boldsymbol{\nu} &= (\nu_1, \nu_2, \ldots, \nu_n)\,, \\ |\boldsymbol{\nu}| &= \nu_1 + \nu_2 + \cdots + \nu_n\,, \\ \boldsymbol{\nu}! &= \nu_1!\,\nu_2! \ldots \nu_n!\,, \\ \boldsymbol{x}^{\boldsymbol{\nu}} &= x_1^{\nu_1}\, x_2^{\nu_2} \ldots x_n^{\nu_n}\,, \\ \nabla^{\boldsymbol{\nu}} &= \frac{\partial^{|\boldsymbol{\nu}|}}{\partial x_1^{\nu_1} \ldots \partial x_n^{\nu_n}}\,.\end{aligned}$$

Die zentrale Formel des Satzes von Taylor lässt sich damit in der Form

$$f(\boldsymbol{x}) = \sum_{|\boldsymbol{\nu}| \le m} \frac{1}{\boldsymbol{\nu}!} (\nabla^{\boldsymbol{\nu}} f)(\tilde{\boldsymbol{x}})\,(\boldsymbol{x} - \tilde{\boldsymbol{x}})^{\boldsymbol{\nu}} + R_m(\boldsymbol{x}, \tilde{\boldsymbol{x}})$$

mit dem Restglied R_m schreiben.

Differenzierbarkeit $\mathbb{R}^n \to \mathbb{R}^m$

Eine Funktion $\boldsymbol{f}$: $\mathbb{R}^n \to \mathbb{R}^m$, ist dann im Punkt $\tilde{\boldsymbol{x}} = (\tilde{x}_1, \dots, \tilde{x}_n)$ differenzierbar, wenn es eine $(m \times n)$-Matrix $\boldsymbol{A}$ gibt, sodass man in der Form

$$\boldsymbol{f}(\boldsymbol{x}) = \boldsymbol{f}(\tilde{\boldsymbol{x}}) + \boldsymbol{A}\,(\boldsymbol{x} - \tilde{\boldsymbol{x}}) + \boldsymbol{r}(\boldsymbol{x})$$

schreiben kann und der Fehler $\boldsymbol{r}$ von höherer als erster Ordnung verschwindet,

$$\lim_{\boldsymbol{x}\to\tilde{\boldsymbol{x}}} \frac{\|\boldsymbol{r}(\boldsymbol{x})\|}{\|\boldsymbol{x} - \tilde{\boldsymbol{x}}\|} = 0.$$

Die Funktion $\boldsymbol{f}$ heißt differenzierbar in $B \subseteq \mathbb{R}^n$, wenn sie in jedem Punkt $\tilde{\boldsymbol{x}} \in B$ differenzierbar ist.

Es ist wohl keine große Überraschung, dass, wenn eine Funktion $\boldsymbol{f}$ in einem Punkt $\tilde{\boldsymbol{x}}$ differenzierbar ist, die Matrix $\boldsymbol{A}$ genau die Jacobi-Matrix an diesem Punkt ist. In diesem Fall wird die Jacobi-Matrix gerne einfach als *Ableitung* der Funktion bezeichnet und $\boldsymbol{f}'$ geschrieben. Viele Zusammenhänge nehmen so formal die gleiche Gestalt an wie im Eindimensionalen, und die Struktur von Gleichungen wird so besonders klar.

Allerdings sollte man nie aus den Augen verlieren, dass für eine differenzierbare Funktion $\boldsymbol{f}$: $\mathbb{R}^n \to \mathbb{R}^m$ die Ableitung $\boldsymbol{f}'$ eine *Matrix* ist und die entsprechenden Rechenregeln anzuwenden sind.

Für Abbildungen $\mathbb{R}^n \to \mathbb{R}^n$, wenn also Dimension der Definitions- und der Bildmenge übereinstimmen, ist die Jacobi-Matrix quadratisch, und dann kann es für viele Zwecke wichtig sein, ihre Determinante zu untersuchen. Diese wird *Jacobi-Determinante* oder auch *Funktionaldeterminante* genannt und wie bei Determinanten üblich gerne mit senkrechten Strichen gekennzeichnet:

$$\det \boldsymbol{J}_f\big|_{\boldsymbol{p}} \equiv \left|\frac{\partial(f_1,\dots f_m)}{\partial(x_1,\dots x_n)}\right|_{\boldsymbol{p}} = \begin{vmatrix} \frac{\partial f_1}{\partial x_1}(\boldsymbol{p}) & \dots & \frac{\partial f_1}{\partial x_n}(\boldsymbol{p}) \\ \vdots & \ddots & \vdots \\ \frac{\partial f_m}{\partial x_1}(\boldsymbol{p}) & \dots & \frac{\partial f_m}{\partial x_n}(\boldsymbol{p}) \end{vmatrix}$$

Die Striche haben nichts mit einem Absolutbetrag zu tun; für den Betrag der Funktionaldeterminante, der tatsächlich später bei den Mehrfachintegralen eine wichtige Rolle spielen wird, muss man z. B.

$$\left|\left|\frac{\partial(f_1,\dots f_m)}{\partial(x_1,\dots x_n)}\right|_{\boldsymbol{p}}\right|$$

schreiben.

Bei der Kettenregel für Abbildungen $\mathbb{R}^n \to \mathbb{R}^m$ müssen die Regeln der Matrizenmultiplikation beachtet werden

Wir gehen nun genauer der Frage nach, wie sich die bekannten Ableitungsregeln ins Mehrdimensionale übertragen lassen. Die Linearität der Ableitung bleibt selbstverständlich erhalten. Produkte und Quotienten kann man nur von Funktionen bilden, die nach $\mathbb{R}$ abbilden, und in diesem Fall bleiben auch Produkt- und Quotientenregel unverändert erhalten.

Etwas mehr Gedanken müssen wir uns jedoch bei der Formulierung der Kettenregel machen. Während im Eindimensionalen bei „Äußere mal innere Ableitung" lediglich Zahlen zu multiplizieren waren, werden es im Mehrdimensionalen *Matrizen* sein, die zu multiplizieren sind.

Wie das zu geschehen hat, sagt uns glücklicherweise unmittelbar das Prinzip der Linearisierung. Wir betrachten eine Funktion $\boldsymbol{f}$, die vom $\mathbb{R}^n$ in den $\mathbb{R}^q$, und eine weitere Funktion $\boldsymbol{g}$, die von $\mathbb{R}^q$ nach $\mathbb{R}^m$ abbildet. Sind beide Funktionen differenzierbar, so dürfen wir mit Recht hoffen, dass das auch für die Zusammensetzung $\boldsymbol{h} = \boldsymbol{g}(\boldsymbol{f})$ der Fall ist.

Betrachten wir einen Punkt $\boldsymbol{p} \in \mathbb{R}^n$, so gilt in der Nähe von $\boldsymbol{q} = \boldsymbol{f}(\boldsymbol{p})$

$$\boldsymbol{y} = \boldsymbol{f}(\boldsymbol{x}) = \boldsymbol{q} + \boldsymbol{J}_f(\boldsymbol{p}) \cdot (\boldsymbol{x} - \boldsymbol{p}) + \boldsymbol{R}_1(\boldsymbol{x})$$
$$\boldsymbol{J}_f(\boldsymbol{p}) = \begin{pmatrix} f_{1,1}(\boldsymbol{p}) & \dots & f_{1,n}(\boldsymbol{p}) \\ \vdots & \ddots & \vdots \\ f_{q,1}(\boldsymbol{p}) & \dots & f_{q,n}(\boldsymbol{p}) \end{pmatrix}$$

mit einem Rest $\boldsymbol{R}_1$, dessen Betrag schneller als von erster Ordnung verschwindet.

Bilden wir nun weiter mit $\boldsymbol{g}$ ab, so gilt in der Nähe von $\boldsymbol{r} = \boldsymbol{g}(\boldsymbol{q})$

$$\boldsymbol{z} = \boldsymbol{g}(\boldsymbol{y}) = \boldsymbol{r} + \boldsymbol{J}_g(\boldsymbol{q}) \cdot (\boldsymbol{y} - \boldsymbol{q}) + \boldsymbol{R}_2(\boldsymbol{y})$$
$$\boldsymbol{J}_g(\boldsymbol{q}) = \begin{pmatrix} g_{1,1}(\boldsymbol{q}) & \dots & g_{1,q}(\boldsymbol{q}) \\ \vdots & \ddots & \vdots \\ g_{m,1}(\boldsymbol{q}) & \dots & g_{m,q}(\boldsymbol{q}) \end{pmatrix}$$

wiederum mit einem Rest, $\boldsymbol{R}_2$.

Ebenso gilt jedoch in der Nähe von $\boldsymbol{r}$

$$\boldsymbol{z} = \boldsymbol{h}(\boldsymbol{x}) = \boldsymbol{r} + \boldsymbol{J}_h(\boldsymbol{p}) \cdot (\boldsymbol{x} - \boldsymbol{p}) + \boldsymbol{R}_3(\boldsymbol{x})$$
$$\boldsymbol{J}_h(\boldsymbol{p}) = \begin{pmatrix} h_{1,1}(\boldsymbol{p}) & \dots & h_{1,n}(\boldsymbol{p}) \\ \vdots & \ddots & \vdots \\ h_{m,1}(\boldsymbol{p}) & \dots & h_{m,n}(\boldsymbol{p}) \end{pmatrix}$$

mit einem dritten Rest $\boldsymbol{R}_3$.

Ein Ausdruck, der von höherer als erster Ordnung verschwindet, tut das auch nachdem eine (affin) lineare Abbildung auf ihn angewandt wurde, die Jacobi-Matrix $\boldsymbol{J}_h(\boldsymbol{q})$ muss demnach durch $\boldsymbol{J}_f(\boldsymbol{p})$ und $\boldsymbol{J}_g(\boldsymbol{q})$ vollständig festgelegt sein. Wir können demnach in den obigen Gleichungen die Reste ignorieren. Vergleich der linearen Anteile liefert, dass

$$\boldsymbol{J}_h(\boldsymbol{p}) = \boldsymbol{J}_g(\boldsymbol{q})\,\boldsymbol{J}_f(\boldsymbol{p})$$

sein muss. Dieses Matrizenprodukt ist wohldefiniert, da $\boldsymbol{J}_g(\boldsymbol{q})$ eine $(m \times q)$- und $\boldsymbol{J}_f(\boldsymbol{p})$ eine $(q \times n)$-Matrix ist. Das Produkt der beiden ist eine $(m \times n)$-Matrix, wie es die Jacobi-Matrix einer Abbildung $\mathbb{R}^n \to \mathbb{R}^m$ ja sein muss.

Es kann natürlich vorkommen, dass der Definitionsbereich der beteiligten Funktionen $\boldsymbol{f}$ und $\boldsymbol{g}$ nicht der gesamte $\mathbb{R}^n$ bzw. $\mathbb{R}^q$ ist. Damit die Verkettung der Funktionen Sinn macht, muss aber auf jeden Fall das Bild der ersten im Definitionsbereich der zweiten liegen.

Mit diesen Überlegungen im Hinterkopf notieren wir die Kettenregel wie folgt.

Kettenregel für Funktionen $\mathbb{R}^n \to \mathbb{R}^m$

Für die beiden Funktionen

$$\begin{aligned} \boldsymbol{f} &: X \subset \mathbb{R}^n \to \mathbb{R}^q \quad && X \text{ offen} \\ \boldsymbol{g} &: Y \subset \mathbb{R}^q \to \mathbb{R}^m \quad && Y \text{ offen}, \boldsymbol{f}(X) \subset Y, \end{aligned}$$

wobei $\boldsymbol{f}$ im Punkt $\boldsymbol{p}$ und $\boldsymbol{g}$ in $\boldsymbol{q} = \boldsymbol{f}(\boldsymbol{p})$ differenzierbar ist, ist die Funktion

$$\boldsymbol{h} : X \subset \mathbb{R}^n \to \mathbb{R}^m$$

mit $\boldsymbol{h} = \boldsymbol{g} \circ \boldsymbol{f}$, also $\boldsymbol{h}(\boldsymbol{x}) = \boldsymbol{g}(\boldsymbol{f}(\boldsymbol{x}))$, in $\boldsymbol{p}$ differenzierbar, und es gilt

$$\boldsymbol{h}'(\boldsymbol{p}) = \boldsymbol{g}'(\boldsymbol{q})\boldsymbol{f}'(\boldsymbol{p})$$

bzw. in ausführlicherer Schreibweise:

$$\left.\frac{\partial(h_1, \ldots, h_m)}{\partial(x_1, \ldots, x_n)}\right|_{\boldsymbol{p}} = \left.\frac{\partial(g_1, \ldots, g_m)}{\partial(y_1, \ldots, y_q)}\right|_{\boldsymbol{q}} \left.\frac{\partial(f_1, \ldots, f_q)}{\partial(x_1, \ldots, x_n)}\right|_{\boldsymbol{p}}$$

In der „Strich-Schreibweise" sieht die mehrdimensionale Kettenregel der eindimensionalen sehr ähnlich, was die analogen Strukturen im Ein- und Mehrdimensionalen unterstreicht.

Achtung Diese schöne Parallele sollte aber nicht dazu verleiten zu vergessen, dass wir es nun mit einer Matrixgleichung bzw. nach Komponenten aufgeschlüsselt mit $n \cdot m$ skalaren Gleichungen zu tun haben. ◀

Die Anwendungen der Kettenregel sind vielfältig. Naheliegenderweise kann man mit ihrer Hilfe die Berechung der Ableitung verketteter Funktionen deutlich vereinfachen. Doch zum Beispiel auch der Übergang von kartesischen zu Polarkoordinaten ist eine Abbildung $\mathbb{R}^2 \to \mathbb{R}^2$. So erlaubt es die Kettenregel, auch Ableitungen in andere Koordinatensysteme umzurechnen. Für Polarkoordinaten geben wir die Umrechnung einiger Ausdrücke auf S. 894 explizit an.

Beispiel Die mehrdimensionale Kettenregel taucht auch an Stellen auf, an denen man sie aufs Erste nicht erwarten würde. So tritt sie etwa auch in Erscheinung, wenn in einem Parameterintegral auch die Integrationsgrenzen vom Parameter abhängen,

$$I(t) = \int_{a(t)}^{b(t)} f(x, t)\,\mathrm{d}x\,.$$

Bezeichnen wir eine Stammfunktion von f bezüglich Integration nach dem ersten Argument mit $F^{(1)}$, so können wir das auch als

$$I(t) = F^{(1)}(b(t), t) - F^{(1)}(a(t), t)$$

schreiben. Nun wollen wir die Ableitung von I nach t berechnen. Um das sauber zu tun, definieren wir die Funktion J: $\mathbb{R}^3 \to \mathbb{R}$,

$$\begin{aligned} J(\boldsymbol{u}) &= \int_{u_1}^{u_2} f(x, u_3)\,\mathrm{d}x \\ &= F^{(1)}(u_2, u_3) - F^{(1)}(u_1, u_3) \end{aligned}$$

und die Funktion $\boldsymbol{u}$: $\mathbb{R} \to \mathbb{R}^3$,

$$\boldsymbol{u}(t) = \begin{pmatrix} a(t) \\ b(t) \\ t \end{pmatrix}.$$

Damit können wir I: $\mathbb{R} \to \mathbb{R}$ mit

$$I(t) = J(\boldsymbol{u}(t))$$

schreiben und für die Ableitung dieser Funktion erhalten wir nach der Kettenregel

$$\frac{\mathrm{d}I}{\mathrm{d}t}(t) = \left.\begin{pmatrix} \frac{\partial J}{\partial u_1} & \frac{\partial J}{\partial u_2} & \frac{\partial J}{\partial u_3} \end{pmatrix}\right|_{\boldsymbol{u}=(a,b,t)} \begin{pmatrix} \dot{a} \\ \dot{b} \\ 1 \end{pmatrix}$$

wobei wir die Ableitung nach t mit einem Punkt bezeichnet haben,

$$\dot{a} = \frac{\mathrm{d}a}{\mathrm{d}t}, \quad \dot{b} = \frac{\mathrm{d}b}{\mathrm{d}t}.$$

Teil IV

Beispiel: Umrechung auf Polarkoordinaten

Auch für die Umrechnung zwischen verschiedenen Koordinatensystemen benötigt man die Kettenregel – nämlich dann, wenn nicht nur die Koordinaten selbst, sondern auch die entsprechenden Ableitungen umgerechnet werden sollen. Das Koordinatensystem, das uns neben dem kartesischen am vertrautesten ist, sind wohl die Polarkoordinaten, und für diese führen wir die Rechnungen nun explizit vor.

Problemanalyse und Strategie: Mit $r = \sqrt{x^2+y^2}$ und $\varphi = \arctan\frac{y}{x}$ (für $x \neq 0$) erhalten wir:

$$\frac{\partial r}{\partial x} = \frac{x}{\sqrt{x^2+y^2}} = \frac{r\cos\varphi}{r} = \cos\varphi$$

$$\frac{\partial r}{\partial y} = \frac{y}{\sqrt{x^2+y^2}} = \frac{r\sin\varphi}{r} = \sin\varphi$$

$$\frac{\partial \varphi}{\partial x} = \frac{1}{1+\frac{y^2}{x^2}} \cdot \frac{-y}{x^2} = -\frac{y}{x^2+y^2} = -\frac{\sin\varphi}{r}$$

$$\frac{\partial \varphi}{\partial y} = \frac{1}{1+\frac{y^2}{x^2}} \cdot \frac{1}{x} = \frac{x}{x^2+y^2} = \frac{\cos\varphi}{r}$$

Diese Ausdrücke erhält man natürlich auch, wenn man die Transformationsformeln $x = r\cos\varphi$ und $y = r\sin\varphi$ nach x sowie nach y ableitet und das entstehende lineare Gleichungssystem löst.

Lösung: Als Beispiel nehmen wir eine beliebige differenzierbare Funktion $U(x, y)$ und betrachten den Differenzialausdruck

$$W = x\frac{\partial U}{\partial y} - y\frac{\partial U}{\partial x},$$

den wir auf Polarkoordinaten transformieren wollen. Im Sinne einer Vereinfachung der Notation definieren wir

$$u(r, \varphi) = U(r\cos\varphi, r\sin\varphi)$$

und rechnen um:

$$\begin{aligned} W &= x\frac{\partial U}{\partial y} - y\frac{\partial U}{\partial x} \\ &= r\cos\varphi\left(\frac{\partial u}{\partial r}\frac{\partial r}{\partial y} + \frac{\partial u}{\partial \varphi}\frac{\partial \varphi}{\partial y}\right) - r\sin\varphi\left(\frac{\partial u}{\partial r}\frac{\partial r}{\partial x} + \frac{\partial u}{\partial \varphi}\frac{\partial \varphi}{\partial x}\right) \\ &= r\cos\varphi\left(\frac{\partial u}{\partial r}\sin\varphi + \frac{\partial u}{\partial \varphi}\frac{\cos\varphi}{r}\right) \\ &\quad - r\sin\varphi\left(\frac{\partial u}{\partial r}\cos\varphi - \frac{\partial u}{\partial \varphi}\frac{\sin\varphi}{r}\right) \\ &= \cos^2\varphi\frac{\partial u}{\partial \varphi} + \sin^2\varphi\frac{\partial u}{\partial \varphi} = \frac{\partial u}{\partial \varphi} \end{aligned}$$

Des Weiteren transformieren wir den Ausdruck $W = xy\frac{\partial U}{\partial x} + y^2\frac{\partial U}{\partial y}$ auf Polarkoordinaten. Dabei definieren wir wieder $u(r, \varphi) = U(r\cos\varphi, r\sin\varphi)$:

$$\begin{aligned} W &= xy\frac{\partial U}{\partial x} + y^2\frac{\partial U}{\partial y} \\ &= r^2\cos\varphi\sin\varphi\left(\frac{\partial u}{\partial r}\frac{\partial r}{\partial x} + \frac{\partial u}{\partial \varphi}\frac{\partial \varphi}{\partial x}\right) \\ &\quad + r^2\sin^2\varphi\left(\frac{\partial u}{\partial r}\frac{\partial r}{\partial y} + \frac{\partial u}{\partial \varphi}\frac{\partial \varphi}{\partial y}\right) \\ &= r^2\cos\varphi\sin\varphi\left(\frac{\partial u}{\partial r}\cos\varphi - \frac{\partial u}{\partial \varphi}\frac{\sin\varphi}{r}\right) \\ &\quad + r^2\sin^2\varphi\left(\frac{\partial u}{\partial r}\sin\varphi + \frac{\partial u}{\partial \varphi}\frac{\cos\varphi}{r}\right) \\ &= r^2\sin\varphi(\cos^2\varphi + \sin^2\varphi)\frac{\partial u}{\partial r} \\ &\quad + r\cos\varphi\sin^2\varphi\frac{\partial u}{\partial \varphi} - r\cos\varphi\sin^2\varphi\frac{\partial u}{\partial \varphi} \\ &= r^2\sin\varphi\frac{\partial u}{\partial r} \end{aligned}$$

Auch höhere Ableitungen kann man mittels Kettenregel auf andere Koordinatensysteme umrechnen.

Mit

$$\frac{\partial J}{\partial u_1} = -\frac{\partial F^{(1)}}{\partial u_1}(u_1, u_3) = -f(u_1, u_3)$$

$$\frac{\partial J}{\partial u_2} = \frac{\partial F^{(1)}}{\partial u_2}(u_2, u_3) = f(u_2, u_3)$$

$$\frac{\partial J}{\partial u_3} = \int_{u_1}^{u_2} \frac{\partial f}{\partial u_3}(x, u_3)\,\mathrm{d}x$$

ergibt sich

$$\frac{\mathrm{d}I}{\mathrm{d}t}(t) = \int_{a(t)}^{b(t)} \frac{\partial f}{\partial t}(x, t)\,\mathrm{d}x - f(a(t), t)\,\dot{a} + f(b(t), t)\,\dot{b}\,.$$

Sind die Grenzen konstant, so verschwinden $\dot{a}$ und $\dot{b}$ und wir erhalten die Formel für die Vertauschbarkeit von Ableitung und Integration von Parameterintegralen zurück, die wir in Abschn. 11.5 kennengelernt (und hier auch verwendet) haben. ◄

Eine praktische Anwendung der Kettenregel ist die materielle Ableitung, die auf S. 886 vorgestellt wird.

Anwendung: Das mehrdimensionale Newton-Verfahren

Schon im Eindimensionalen sind wir auf Gleichungen gestoßen, die sich nicht geschlossen lösen ließen. In solchen Fällen blieb uns nichts anderes übrig, als zumindest numerisch eine Näherungslösung zu bestimmen. Als sehr nützliches Werkzeug dafür stellte sich das Newton-Verfahren heraus, das auf S. 326 beschrieben wird.

Auch im Mehrdimensionalen stößt man auf ähnliche Probleme – hier sind es nichtlineare *Gleichungssysteme*, zu denen man zumindest Näherungslösungen finden möchte. Als Hilfsmittel dafür stellen wir eine mehrdimensionale Variante des Newton-Verfahrens vor.

Das mehrdimensionale Newton-Verfahren hat ein ganz ähnliches Aussehen wie sein eindimensionales Gegenstück – wie so oft stellt sich aber die mehrdimensionale Variante bei genauerem Hinsehen als deutlich aufwendiger heraus.

Die Iterationsvorschrift

$$x_{n+1} = x_n - \frac{1}{f'(x_n)} f(x_n)$$

überträgt sich nahezu unverändert ins Mehrdimensionale,

$$\boldsymbol{x}_{n+1} = \boldsymbol{x}_n - \left(\boldsymbol{J}_f(\boldsymbol{x}_n)\right)^{-1} \boldsymbol{f}(\boldsymbol{x}_n) .$$

Wie wir es gewohnt sind, wendet man das Verfahren an, indem man einen Startwert $\boldsymbol{x}_0$ rät und dann wiederholt die Iterationsvorschrift benutzt. Unter nicht allzu harten Voraussetzungen, die zum Beispiel im zweiten Band von Harro Heuser: *Lehrbuch der Analysis* diskutiert werden, konvergiert das Verfahren.

Aufwendig ist allerdings die Bestimmung des unscheinbaren Ausdrucks $\left(\boldsymbol{J}_f(\boldsymbol{x}_n)\right)^{-1}$. Während man im Eindimensionalen lediglich durch die erste Ableitung am Punkt x_n dividiert, muss man hier die Jacobi-Matrix $\boldsymbol{J}_f(\boldsymbol{x}_n)$ *invertieren.*

Für höherdimensionale Probleme ist das ein erheblicher Aufwand, dem man gerne aus dem Weg gehen würde. Daher verwendet man häufig das vereinfachte Newtonverfahren mit der Iterationsvorschrift

$$\boldsymbol{x}_{n+1} = \boldsymbol{x}_n - \left(\boldsymbol{J}_f(\boldsymbol{x}_0)\right)^{-1} \boldsymbol{f}(\boldsymbol{x}_n) .$$

Hier muss die Jacobi-Matrix nur einmal anstatt in jedem Schritt invertiert werden. Die Verringerung des Rechenaufwandes für die einzelnen Schritte bezahlt man allerdings mit einer langsameren Konvergenz.

Speziell für Funktionen $\boldsymbol{f}\colon \mathbb{R}^2 \to \mathbb{R}^2$,

$$\boldsymbol{f}(\boldsymbol{x}) = (f(x,y),\, g(x,y))^{\mathrm{T}}$$

erhält man

$$\left(\frac{\partial(f,g)}{\partial(x,y)}\right)^{-1} = \frac{1}{\left|\frac{\partial(f,g)}{\partial(x,y)}\right|} \begin{pmatrix} g_y & -f_y \\ -g_x & f_x \end{pmatrix}$$

und mit $J_n = \det \boldsymbol{J}_f(\boldsymbol{x}_n)$ weiter:

$$x_{n+1} = x_n - \frac{1}{J_n} \left(f(x_n,y_n)\, g_y(x_n,y_n) - f_y(x_n,y_n)\, g(x_n,y_n)\right)$$
$$y_{n+1} = y_n - \frac{1}{J_n} \left(f_x(x_n,y_n)\, g(x_n,y_n) - f(x_n,y_n)\, g_x(x_n,y_n)\right)$$

Als Beispiel bestimmen wir näherungsweise eine Lösung des Gleichungssystems

$$\sin^2 x = y, \quad x + y^2 = 1 ,$$

die in der Nähe von $(x_0,\, y_0) = (0,\, 0)$ liegt. Dazu definieren wir

$$f(x,\, y) = \sin^2 x - y$$
$$g(x,\, y) = x + y^2 - 1$$

und suche nach simultanen Nullstellen von f und g. Die Jacobi-Matrix von $\boldsymbol{f} = (f,\, g)^{\mathrm{T}}$ ist

$$\boldsymbol{J}_f = \begin{pmatrix} 2\cos x \sin x & -1 \\ 1 & 2y \end{pmatrix} ,$$

am Startpunkt $(x_0,\, y_0)$ also

$$\boldsymbol{J}_f\Big|_{x_0,y_0} = \begin{pmatrix} 0 & -1 \\ 1 & 0 \end{pmatrix} , \quad \boldsymbol{J}_f^{-1}\Big|_{x_0,y_0} = \begin{pmatrix} 0 & 1 \\ -1 & 0 \end{pmatrix} .$$

Die Newton-Vorschrift gibt uns als nächsten Punkt

$$\begin{pmatrix} x_1 \\ y_1 \end{pmatrix} = \begin{pmatrix} x_0 \\ y_0 \end{pmatrix} - \boldsymbol{J}_f^{-1}\Big|_{x_0,y_0} \begin{pmatrix} f(x_0,y_0) \\ g(x_0,y_0) \end{pmatrix} = \begin{pmatrix} 1 \\ 0 \end{pmatrix} .$$

Dort erhalten wir

$$\boldsymbol{J}_f\Big|_{x_1,y_1} \approx \begin{pmatrix} 0.909297 & -1 \\ 1 & 0 \end{pmatrix}$$
$$\boldsymbol{J}_f^{-1}\Big|_{x_1,y_1} \approx \begin{pmatrix} 0 & 1 \\ -1 & 0.909297 \end{pmatrix}$$

und damit

$$\begin{pmatrix} x_2 \\ y_2 \end{pmatrix} = \begin{pmatrix} x_1 \\ y_1 \end{pmatrix} - \boldsymbol{J}_f^{-1}\Big|_{x_1,y_1} \begin{pmatrix} f(x_1,y_1) \\ g(x_1,y_1) \end{pmatrix} = \begin{pmatrix} 1 \\ 0.708073 \end{pmatrix} .$$

Die nächsten beiden Iterationsschritte liefern

$$\begin{pmatrix} x_3 \\ y_3 \end{pmatrix} = \begin{pmatrix} 0.708073 \\ 0.508793 \end{pmatrix} , \quad \begin{pmatrix} x_4 \\ y_4 \end{pmatrix} = \begin{pmatrix} 0.767891 \\ 0.482494 \end{pmatrix} ,$$

was bereits relativ nahe an der endgültigen Lösung

$$(x^*,\, y^*) \approx (0.767538,\, 0.482143) ,$$

liegt.

Am Ende des Abschn. 34.4 finden Sie einen Matlab-Code zum vorgestellten Newton-Verfahren.

Die exakte Differenzialgleichung kann mithilfe der Kettenregel gelöst werden

Mit dem Satz von Schwarz und der Kettenregel haben wir nun die Werkzeuge in der Hand, um einen wichtigen Typ von Differenzialgleichung untersuchen zu können – die *exakten Differenzialgleichungen*. Dazu betrachten wir eine zweimal stetig differenzierbare Funktion $F\colon \mathbb{R}^2 \to \mathbb{R}$. Eines ihrer Argumente, $x_1 = x$ betrachten wir als unabhängige Variable, das andere, $x_2 = y(x)$ hingegen als stetig differenzierbare Funktion des ersten.

Anders gesagt, wir untersuchen F jeweils nur auf dem Graphen von bestimmten Funktionen y, oder, wieder anders gesagt, wir betrachten eine *Verkettung* von F mit der Funktion $\mathbb{R} \to \mathbb{R}^2$, $x \mapsto (x, y(x))^{\mathrm{T}}$.

Im Folgenden betrachten wir die Funktion y als gegeben. Wir wählen nun F gerade so, dass $F(x, y(x)) = c = \text{const}$ für alle $x \in D(y)$ ist. Damit ergibt die Ableitung nach x gemäß Kettenregel

$$\frac{\mathrm{d}F}{\mathrm{d}x} = \left.\frac{\partial F(x, x_2)}{\partial x}\right|_{x_2=y(x)} + \left.\frac{\partial F(x, x_2)}{\partial x_2}\right|_{x_2=y(x)} y'(x) = 0\,.$$

Führen wir nun die Bezeichnungen

$$p(x, y) = \left.\frac{\partial F(x, x_2)}{\partial x}\right|_{x_2=y(x)}$$

$$q(x, y) = \left.\frac{\partial F(x, x_2)}{\partial x_2}\right|_{x_2=y}$$

ein, so sehen wir klar, dass y die Differenzialgleichung

$$p(x, y) + q(x, y)\, y' = 0 \qquad (24.3)$$

erfüllt. Aus dem Satz von Schwarz wissen wir, dass

$$\frac{\partial^2 F}{\partial x_1\, \partial x_2} = \frac{\partial^2 F}{\partial x_2\, \partial x_1}$$

und daher auch

$$\frac{\partial p(x, y)}{\partial y} = \frac{\partial q(x, y)}{\partial x} \qquad (24.4)$$

sein muss.

Was hilft uns das nun weiter? Um praktischen Nutzen aus unseren Überlegungen zu ziehen, drehen wir die Argumentation um. Haben wir eine Differenzialgleichung der Form (24.3) gegeben, so können wir überprüfen, ob die Bedingung (24.4) erfüllt ist. Ist das der Fall, so kann es eine Funktion F geben, die

$$\frac{\partial F(x, y)}{\partial x} = p(x, y) \quad \text{und} \quad \frac{\partial F(x, y)}{\partial y} = q(x, y) \qquad (24.5)$$

genügt und durch die bestimmte Lösungen der Differenzialgleichung zumindest in impliziter Form $F(x, y(x)) = c$ gegeben sind. Das ist sogar sicher der Fall, wenn das Definitionsgebiet G der Koeffizientenfunktionen p und q ein *einfach zusammenhängendes Gebiet* ist, d. h., wenn sich jede geschlossene Kurve stetig zu einem Punkt zusammenziehen lässt. In unserem Fall (für Teilmengen des $\mathbb{R}^2$) ist das genau dann der Fall, wenn das betrachtete Gebiet keine „Löcher" hat, siehe auch Abb. 27.20.

Exakte Differenzialgleichung

Die Differenzialgleichung

$$p(x, y) + q(x, y)\, y' = 0$$

mit p und q stetig auf einem *einfach zusammenhängenden* Gebiet $G \subseteq \mathbb{R}^2$ heißt **exakt**, wenn die Koeffizientenfunktionen p und q stetig partiell differenzierbar sind und die *Integrabilitätsbedingung*

$$\frac{\partial p(x, y)}{\partial y} = \frac{\partial q(x, y)}{\partial x}$$

erfüllen.

Man schreibt diese Differenzialgleichung auch gerne in der Form

$$p(x, y)\, \mathrm{d}x + q(x, y)\, \mathrm{d}y = 0\,.$$

Eine Funktion F, die die Gleichungen (24.5) erfüllt, nennt man eine *Stammfunktion* der exakten Differenzialgleichung. Verschiedene Stammfunktionen unterscheiden sich nur um eine additive Konstante.

Beispiel Die Differenzialgleichung

$$2xy + x^2\, y' = 0$$

ist exakt, weil die Koeffizientenfunktionen auf ganz $\mathbb{R}^2$ definiert sind (was auf jeden Fall ein einfach zusammenhängendes Gebiet ist) und sie zudem

$$\frac{\partial}{\partial y}(2xy) = 2x = \frac{\partial}{\partial x}(x^2)$$

erfüllen. Damit existiert eine Stammfunktion, die wir durch Integration ermitteln können,

$$\Phi(x, y) = \int 2xy\, \mathrm{d}x = x^2\, y + \varphi_1(y)$$

$$\Phi(x, y) = \int x^2\, \mathrm{d}y = x^2\, y + \varphi_2(x)\,.$$

Durch $\Phi(x, y) = x^2\, y$ ist eine Stammfunktion gegeben. Durch Auflösung der Gleichung

$$x^2\, y = C$$

nach y erhalten wir eine Lösung der Differenzialgleichung. Für $x \neq 0$ sind diese Funktionen y durch

$$y(x) = \frac{C}{x^2}$$

gegeben. ◀

Achtung Bei der Integration nach einer Variablen x_i hängt die Integrations„konstante“ im Allgemeinen von allen anderen Variablen ab, da ja umgekehrt eine beliebige Funktion dieser Variablen bei partieller Ableitung nach x_i verschwindet. ◀

Mit integrierenden Faktoren können manche Differenzialgleichungen auf exakte Form gebracht werden

Haben wir auf einem einfach zusammenhängenden Gebiet G eine Differenzialgleichung der Form

$$p(x, y) + q(x, y)\, y' = 0$$

vorliegen, die allerdings nicht exakt ist, können wir immer noch versuchen, sie zu einer exakten Gleichung zu machen. Multiplizieren wir die Gleichung mit einer auf G stetigen, nirgendwo verschwindenden Funktion μ, so hat die Gleichung

$$\mu(x, y)\, p(x, y) + \mu(x, y)\, q(x, y)\, y' = 0$$

die gleiche Lösungsmenge wie die ursprüngliche Gleichung. Eine solche Funktion nennt man **integrierenden Faktor** oder **Euler'schen Multiplikator**, wenn die entstandene Differenzialgleichung exakt ist. Damit die neue Gleichung exakt ist, muss die Bedingung

$$\frac{\partial}{\partial y}(\mu\, p) = \frac{\partial}{\partial x}(\mu\, q)$$

erfüllt sein. Das ist eine partielle Differenzialgleichung, von der man jedoch glücklicherweise nicht alle Lösungen benötigt, sondern nur eine. Man kann also zunächst mit speziellen Ansätzen versuchen, diese Gleichung zu erfüllen, etwa einer Funktion, die nur von x oder nur von y abhängt, einem Produktansatz $\mu(x, y) = \mu_1(x)\, \mu_2(y)$ oder auch einer Funktion, die von einer speziellen Kombination von x und y abhängt.

Beispiel Wir untersuchen die Differenzialgleichung

$$2x + \left(x^2 + 2y + y^2\right) y' = 0\,.$$

Zunächst führen wir wieder die Bezeichnungen $p(x, y) = 2x$ und $q(x, y) = x^2 + 2y + y^2$ ein. Diese Differenzialgleichung ist nicht exakt, wie wir anhand von

$$\frac{\partial p}{\partial y} = 0 \neq 2x = \frac{\partial q}{\partial x}$$

sofort sehen. Wir versuchen nun, einen integrierenden Faktor $\mu(x, y)$ zu finden, der die Differenzialgleichung auf exakte Form bringt. Der Ansatz $\mu(x, y) = \mu_1(x)$ ist nicht zielführend, denn wir erhalten

$$\frac{\partial(\mu_1 p)}{\partial y} = 0 \stackrel{?}{=} 2x\mu_1(x) + \left(x^2 + 2y + y^2\right) \mu_1'(x) = \frac{\partial(\mu_1 q)}{\partial x},$$

und eine Funktion μ_1 zu finden, für die diese beiden Ausdrücke gleich sind, ist – wenn überhaupt möglich – um nichts einfacher als das direkte Lösen der ursprünglichen Differenzialgleichung.

Mit dem Ansatz $\mu(x, y) = \mu_2(y)$ hingegen sind wir erfolgreich. Wir erhalten

$$\frac{\partial(\mu_2 p)}{\partial y} = 2x\, \mu_2'(y) \stackrel{?}{=} 2x\mu_2(y) = \frac{\partial(\mu_2 q)}{\partial x}\,.$$

Für diese Gleichung können wir sofort eine Lösung angeben, nämlich $\mu_2(y) = e^y$. Damit wissen wir, dass

$$2xe^y + \left(x^2 + 2y + y^2\right) e^y\, y' = 0$$

eine exakte Differenzialgleichung ist – mit denselben Lösungen wie unsere ursprüngliche Gleichung. Integration liefert nun:

$$\begin{aligned}
F(x, y) &= \int 2xe^y\, dx = x^2\, e^y + \varphi_1(y)\\
F(x, y) &= \int \left(x^2 + 2y + y^2\right) e^y\, dy\\
&= x^2\, e^y + \int 2ye^y\, dy + \int y^2 e^y\, dy\\
&\overset{\left|\begin{smallmatrix} u = y^2 & v' = e^y \\ u' = 2y & v = e^y \end{smallmatrix}\right|}{=} x^2\, e^y + \int 2ye^y\, dy + y^2\, e^y - \int 2ye^y\, dy\\
&= x^2\, e^y + y^2\, e^y + \varphi_2(x)
\end{aligned}$$

Vergleich zeigt, dass

$$F(x, y) = \left(x^2 + y^2\right) e^y$$

eine Stammfunktion ist. Damit sind alle Lösungen der Differenzialgleichung implizit durch $F(x, y) = C$ gegeben. Eine explizite Auflösung nach y gelingt hier allerdings nicht. Wir werden jedoch schon im nächsten Abschnitt einen Weg kennenlernen, wie man trotzdem noch weitreichende Informationen über diese Lösungen gewinnen kann. ◀

24.5 Der Hauptsatz über implizite Funktionen

Ein Thema, das wir bisher nur am Rande gestreift haben, und das mit gutem Grund, waren implizite Funktionen. Das sind Funktionen, bei denen $y = f(x)$ nicht für jedes x explizit gegeben ist, sondern man nur einen impliziten Ausdruck $F(x, y) = 0$ vorliegen hat. Die Schreibweise $F(x, y) = 0$ bedeutet dabei keinerlei Einschränkung, da man ja immer alle von null verschiedenen Ausdrücke auf die linke Seite bringen kann.

Manchmal ist es hier natürlich möglich, einen expliziten Ausdruck für $y = f(x)$ zu finden. Doch auch in Fällen, in denen das nicht funktioniert, würde man oft gern zumindest grundlegende Aussagen über f machen können, z. B. ob eine solche Funktion f überhaupt existiert und ob sie eindeutig ist.

Die höherdimensionale Verallgemeinerung dieser Thematik ist die Frage nach der Auflösbarkeit von Gleichungssystemen. Wenn wir ein Gleichungssystem

$$f_k(x_1, x_2, \ldots, x_p, x_{n+1}, \ldots, x_{n+m}) = 0, \quad k = 1, \ldots, p,$$

nach den ersten p Variablen x_1 bis x_p auflösen wollen, suchen wir Funktionen,

$$\begin{aligned} x_1 &= \varphi_1(x_{n+1}, \ldots, x_{n+m}) \\ &\vdots \\ x_p &= \varphi_p(x_{n+1}, \ldots, x_{n+m}), \end{aligned}$$

die wiederum durch das Gleichungssystem implizit gegeben sein sollen.

Wenn eine explizite Auflösung nun rechentechnisch scheitert, und das tut sie tatsächlich sehr oft, dann wüssten wir wiederum doch gerne, ob solch eine Auflösung zumindest *prinzipiell* möglich ist, ob es also entsprechende Funktionen überhaupt gibt und ob sie eindeutig sind.

Implizit gegebene Funktionen tauchen in verschiedensten Bereichen auf

Wo stößt man aber überhaupt auf implizit gegebene Funktionen? Ein markantes Beispiel sind etwa die Höhenlinien, die auf einer Landkarte eingezeichnet werden, um Informationen über den Geländeverlauf zu vermitteln. Diese kann man als implizit gegebene Kurven $F(x, y) - h = 0$ auffassen.

Will man den Verlauf der Höhenlinien nun mit Mitteln der Analysis behandeln, so braucht man zuerst eine Darstellung $y = f(x)$ bzw. $x = g(y)$. Gelegentlich beschreibt $F(x, y) = h$ allerdings ein Objekt, das nicht mehr als Kurve interpretiert werden kann – etwa bei Plateaus. Dann ist natürlich unsere Argumentation hinfällig.

Ähnliches gilt im Dreidimensionalen für *Äquipotenzialflächen* $\Phi(x, y, z) = \text{const}$, die in der Physik beispielsweise Flächen konstanter potenzieller Energie beschreiben. Auch hier kann man erst eine Auflösung wie etwa $z = f(x, y)$ mit all den Mitteln behandeln, die die Differenzialrechnung für Abbildungen $\mathbb{R}^n \to \mathbb{R}$ zur Verfügung stellt.

Beispiel Die Äquipotenzialflächen einer Punktladung im Ursprung $\mathbf{0} = (0, 0, 0)^T$ sind Kugelflächen $x_1^2 + x_2^2 + x_3^2 = R^2$. Um diese Flächen mit den Mitteln der Differenzialrechnung zu behandeln, muss man eine Auflösung finden, wie etwa

$$x_3 = \phi_{3\pm}(x_1, x_2) = \pm\sqrt{R^2 - x_1^2 - x_2^2}.$$

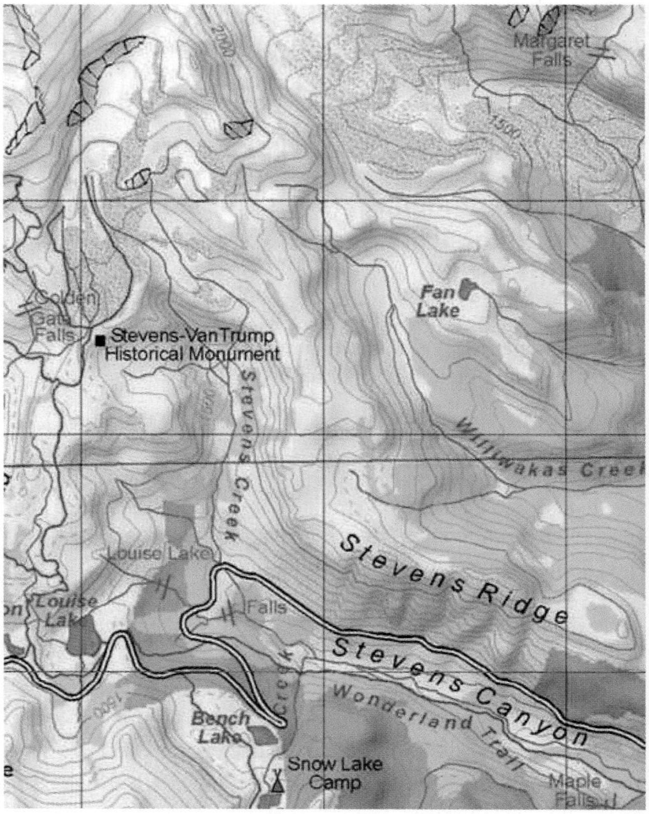

Abb. 24.15 Ein Beispiel für die Höhenlinien auf einer Landkarte

Dies sind in Wirklichkeit zwei Funktionen, die jeweils in unterschiedlichen Bereichen Gültigkeit haben. Wie man die Schnittstelle, also den „Äquator" $x_3 = 0, x_1^2 + x_2^2 = R^2$ handhaben soll, ist dabei nicht klar. Eine eindeutige Auflösung nach x_3 erscheint hier nicht möglich. ◄

Für Anfangswertprobleme der Form $\frac{dy}{dx} = f(x)g(y)$, $y(x_0) = y_0$ erhält durch Trennung der Variablen den impliziten Ausdruck

$$\int_{y_0}^{y} \frac{d\eta}{g(\eta)} = \int_{x_0}^{x} f(\xi)\,d\xi,$$

den man meist nach $y = y(x)$ auflösen will. Ist das allerdings nicht möglich, so würde man doch gerne zumindest einige grundlegende Aussagen über die Funktion y treffen können.

Auch zur exakten Differenzialgleichung

$$p(x, y) + q(x, y)\,y' = 0$$

mit $p_y = q_x$ die in Abschn. 24.4 vorgestellt wurden, erhält man mit der Stammfunktionsmethode vorerst nur eine implizite Lösung der Form $F(x, y) = C$. Eine explizite Auflösung nach y muss keineswegs immer möglich sein.

Wir motivieren den Hauptsatz anhand zweier einfacher Beispiele

Bevor wir den Hauptsatz in voller Allgemeinheit vorstellen, untersuchen wir zunächst zwei Beispiele, an denen jeweils ein Teilaspekt des Problems gut sichtbar wird.

Beispiel Der implizite Ausdruck $F(x, y) = x^2 + y^2 - 1 = 0$ beschreibt den Einheitskreis $x^2 + y^2 = 1$. Will man diesen Ausdruck nach y auflösen, erhält man die Funktionen

$$\varphi_1 : [-1, 1] \to [0, 1], \; \varphi_1(x) = \sqrt{1 - x^2}$$
$$\varphi_2 : [-1, 1] \to [-1, 0], \; \varphi_2(x) = -\sqrt{1 - x^2}.$$

Die Uneindeutigkeit, dass wir aus dem impliziten Ausdruck insgesamt zwei Funktionen φ_1 und φ_2 erhalten, ist äußerst störend.

Geben wir jedoch einen Punkt (x_0, y_0) auf dem Einheitskreis vor und wollen die implizite Gleichung in einer Umgebung davon nach $y = \varphi(x)$ auflösen, so ist das stets eindeutig möglich – außer für die beiden Punkte $(-1, 0)^T$ und $(1, 0)^T$.

Was zeichnet nun diese Punkte aus, sodass eine eindeutige Auflösung nach unserer Zielvariablen scheitert?

Geometrisch ist die Antwort klar. Die durch den impliziten Ausdruck beschriebene Kurve macht hier eine „Kehrtwende", dadurch gibt es zwei Bögen, die beide als gültige Funktionsgraphen aufgefasst werden können.

Wechseln wir kurz die Sichtweise und versuchen, aus dem impliziten Ausdruck Funktionen $x = \chi_k(y)$ zu gewinnen. Dabei

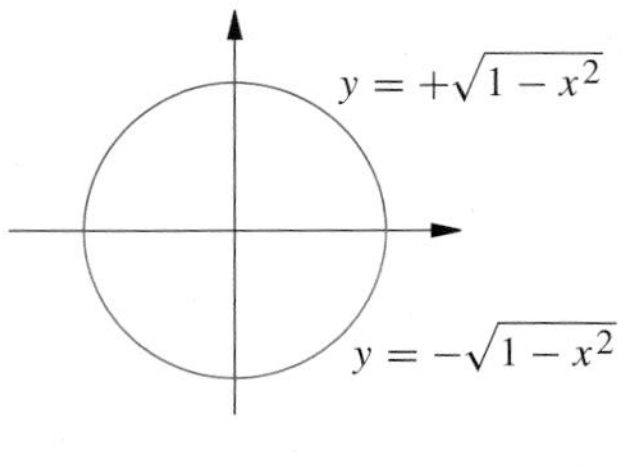

Abb. 24.16 Die Auflösung des impliziten Ausdrucks $x^2 + y^2 - 1 = 0$ nach y liefert zwei Funktionen

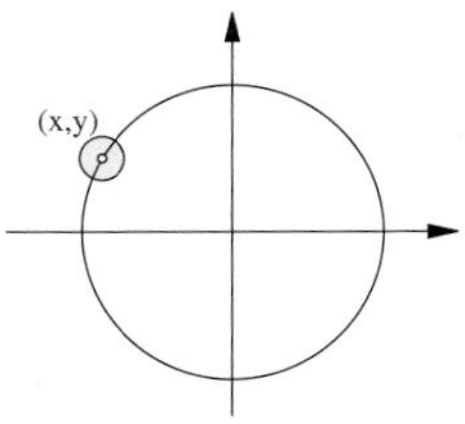

Abb. 24.17 In der Umgebung jedes Punktes (x_0, y_0) mit $y_0 \neq 0$ ist eine Auflösung des impliziten Ausdrucks $x^2 + y^2 - 1 = 0$ nach y *eindeutig* möglich

haben die entsprechenden Funktionen

$$\chi_1 : [-1, 1] \to [0, 1], \; \chi_1(y) = \sqrt{1 - y^2}$$
$$\chi_2 : [-1, 1] \to [-1, 0], \; \chi_2(y) = -\sqrt{1 - y^2}$$

gerade dort, wo wir vorhin Probleme geortet hatten, jeweils ein Extremum. Das allein hilft uns natürlich noch nicht viel, denn auch diese Funktionen haben wir ja im Allgemeinen nicht zur Verfügung. Doch auch die partielle Ableitung des impliziten Ausdrucks $F(x, y)$ nach y verschwindet an diesen Stellen,

$$\frac{\partial F(x, y)}{\partial y}(\pm 1, 0) = [2y]_{x=\pm 1, y=0)} = 0.$$ ◄

Wir können eine Vermutung aufstellen: Auch für einen impliziten Ausdruck $F(x, y)$ bedeutet das Nullwerden einer partiellen Ableitung, etwa $\partial F/\partial y$, dass die durch $F(x, y) = 0$ definierte Kurve bezüglich der entsprechenden Variablen, hier y, ein Extremum haben kann. In diesem Fall wäre eine eindeutige Auflösung nach y nicht möglich. Für $\partial F/\partial y \neq 0$ hingegen sollte eine solche Auflösung zumindest im Prinzip existieren.

Wie sieht die Sache aus, wenn wir ein höherdimensionales Problem untersuchen? Der einfachste Fall ist einer, der bereits ausführlich behandelt wurde, nämlich der eines linearen Gleichungssystems.

Beispiel Ein lineares Gleichungssystem

$$\begin{aligned} a_{11} x_1 + \ldots + a_{1n}x_n + a_{1,n+1}x_{n+1} + \ldots + a_{1,n+m}x_{n+m} &= b_1 \\ &\vdots \\ a_{n1} x_1 + \ldots + a_{nn}x_n + a_{n,n+1}x_{n+1} + \ldots + a_{n,n+m}x_{n+m} &= b_n \end{aligned}$$

kann man auf die Form

$$\begin{aligned} a_{11}x_1 + \ldots + a_{1n}x_n &= b_1 - a_{1,n+1}x_{n+1} - \ldots - a_{1,n+m}x_{n+m} \\ &\vdots \\ a_{n1}x_1 + \ldots + a_{nn}x_n &= b_n - a_{n,n+1}x_{n+1} - \ldots - a_{n,n+m}x_{n+m} \end{aligned}$$

umschreiben, und eine Auflösung nach x_1 bis x_n ist genau dann möglich, wenn die entsprechende Koeffizientendeterminante

$$\det \boldsymbol{A}_{n\times n} = \begin{vmatrix} a_{11} & \ldots & a_{1n} \\ \vdots & \ddots & \vdots \\ a_{n1} & \ldots & a_{nn} \end{vmatrix}$$

nicht verschwindet. Klarerweise wird die Lösung des Gleichungssystems alle restlichen Variablen x_{n+1} bis x_{n+m} beinhalten. Die Lösung sind also durch

$$x_k = \chi_k(x_{n+1}, \ldots, x_{n+m}), \quad k = 1, \ldots, n$$

definierte Funktionen. ◄

Teil IV

Nun lässt sich aber jede differenzierbare Abbildung $\mathbb{R}^n \to \mathbb{R}^n$ in einer genügend kleinen Umgebung eines Punktes $\boldsymbol{p}$ beliebig gut durch eine lineare Abbildung approximieren, wobei die Koeffizienten die Elemente der Jacobi-Matrix sind, $a_{ij} = \frac{\partial f_i}{\partial x_j}$. Was für lineare Gleichungssysteme gilt, wird – so wollen wir hoffen – auch für nichtlineare, differenzierbare Systeme gelten. Eine Auflösung sollte dann sicher möglich sein, wenn die entsprechende Jacobi-Determinante nicht verschwindet.

Die Kombination unserer Überlegungen führt direkt auf den Hauptsatz

Eine Kombination der Ergebnisse der vorangegangenen Beispiele führt uns unmittelbar zur Kernaussage dieses Abschnitts.

Hauptsatz über implizite Funktionen

Für die Abbildung $\boldsymbol{f}\colon M \to \mathbb{R}^n$ mit einer offenen Definitionsmenge $M \subset \mathbb{R}^{n+m}$ ist das Gleichungssystem

$$f_i(x_1, \dots, x_{n+m}) = 0, \quad i = 1, \dots, n,$$

in $\boldsymbol{p} = (p_1, \dots, p_{n+m}) \in M$ nach den Variablen x_1 bis x_n auflösbar, wenn

1. $f_i(p_1, \dots, p_{n+m}) = 0$ für alle $i = 1, \dots, n$,
2. $f_i \in C^1(U_\varepsilon(\boldsymbol{p}))$ für $i = 1, \dots, n$ und
3. $\det \frac{\partial(f_1,\dots,f_n)}{\partial(x_1,\dots,x_n)}(\boldsymbol{p}) \neq 0$ ist.

Auflösbarkeit bedeutet dabei, dass es Funktionen $\varphi_i(x_{n+1}, \dots, x_{n+m})$ mit $i = 1, \dots, n$ gibt, sodass in einer Umgebung $U_\varepsilon(\boldsymbol{p})$ gilt:

$$f_i(\varphi_1, \dots, \varphi_n, x_{n+1}, \dots, x_{n+m}) \equiv 0$$

für $i = 1, \dots, n$. Dass in der Formulierung des Hauptsatzes gerade die Auflösung nach den ersten n Variablen betrachtet wird, ist keine Einschränkung, da ja die Variablen x_i immer geeignet umnummeriert werden können.

Die erste Bedingung versteht sich von selbst: Will man ein Gleichungssystem in der Umgebung eines Punktes $\boldsymbol{p}$ auflösen, so muss das System am Punkt selbst erfüllt sein. Die anderen Bedingungen sind, dass alle f_i in einer Umgebung von $\boldsymbol{p}$ zumindest einmal partiell stetig differenzierbar sind (das garantiert Differenzierbarkeit) und dass die Jacobi-Determinante der Abbildung in $\boldsymbol{p}$ nicht verschwindet.

Diese drei Bedingungen zusammen sind zwar hinreichend, die beiden letzten sind aber keineswegs notwendig. So erfüllt etwa

$$f(x, y) = x^3 - y^3 = 0$$

weder $\frac{\partial f}{\partial x} \neq 0$ noch $\frac{\partial f}{\partial y} \neq 0$, dennoch ist mit $y = x$ eine eindeutige Auflösung nach x bzw. y möglich.

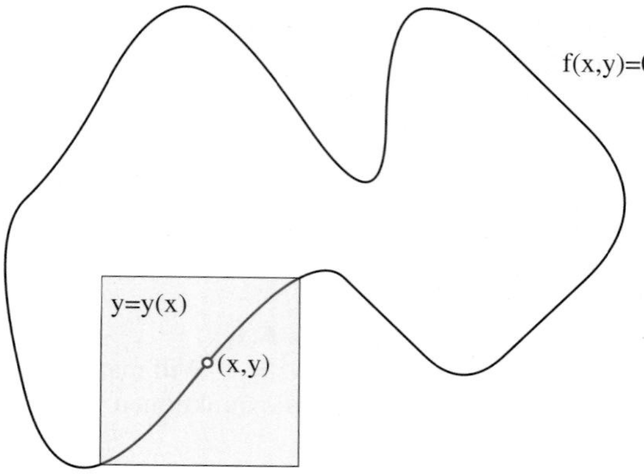

Abb. 24.18 Ein Beispiel für eine durch $f(x, y) = 0$ implizierte Kurve

Ein exakter Beweis war unsere Argumentation hier natürlich nicht. Sie gibt aber immerhin die Schritte vor, die auszuführen wären, nämlich das Gleichungssystem mittels Jacobi-Determinante zu linearisieren, mithilfe der Differenzierbarkeit zu zeigen, dass der entsprechende Fehler beliebig klein wird, und dann die entsprechenden Sätze aus der linearen Algebra zu benutzen.

Wichtiger ist es für uns, den doch ein wenig sperrig und umständlich formulierten Satz greifbar und für konkrete Probleme anwendbar zu machen. Letztendlich gibt er einfach ein Rezept vor, wie die Auflösbarkeit von Gleichungssystemen schnell überprüft werden kann – und das soll nun anhand einiger Beispiele demonstriert werden.

Beispiel

- Im Fall $n = m = 1$, also einer Gleichung $f(x, y) = 0$ wird implizit eine Kurve definiert, nämlich die Schnittkurve der durch $z = f(x, y)$ gegebenen Fläche mit der x-y-Ebene. Diese Kurve kann nun an geeigneten Stellen als Funktion $y(x)$ interpretiert werden. Wenn f einmal stetig partiell differenzierbar ist, dann ist das in einer geeigneten Umgebung jedes Punktes $(p_1, p_2)^\mathrm{T}$ möglich, wo $f(p_1, p_2) = 0$ und $\frac{\partial f}{\partial y}\big|_{\boldsymbol{p}} \neq 0$ ist.
- Wir betrachten nun konkret die Funktion $f(x, y) = x - y + \frac{1}{2}\sin y$ in einer Umgebung von $(p_1, p_2) = (0, 0)$. Diese Funktion ist sicher $\in C^1(\mathbb{R}^2)$, es ist auch $f(0, 0) = 0 - 0 + 0 = 0$ und für die Ableitung $f_y(x, y) = -1 + \frac{1}{2}\cos y$ erhält man $f_y(0, 0) = -1 + \frac{1}{2} = -\frac{1}{2} \neq 0$. Eine Auflösung $y = y(x)$ ist also in einer Umgebung von $x = 0$ möglich.
- Wir untersuchen, ob sich das Gleichungssystem
$$f_1(\boldsymbol{x}) = \sinh(x_1 x_2) + (x_2 - x_3)^2 - 1 = 0$$
$$f_2(\boldsymbol{x}) = \cos^2(\pi x_1) + x_2 - \frac{1}{2}x_3^2 = 0$$
in einer Umgebung von $\tilde{\boldsymbol{x}} = (0, 1, 2)^\mathrm{T}$ nach x_1 und x_2 auflösen lässt. Das Gleichungssystem ist an diesem Punkt erfüllt, $f_1(\tilde{\boldsymbol{x}}) = 0 + 1 - 1 = 0$, $f_2(\tilde{\boldsymbol{x}}) = 1 + 1 - 2 = 0$, und sowohl f_1 als auch f_2 sind als „unkritische" Zusammensetzungen stetig differenzierbarer Funktionen selbst $\in C^1(\mathbb{R}^2)$.

Damit bleibt nur noch die Jacobi-Determinante zu überprüfen. Mit

$$\begin{aligned} f_{1,x_1} &= \frac{\partial f_1}{\partial x_1} = x_2 \cosh(x_1 x_2) \\ f_{1,x_2} &= \frac{\partial f_1}{\partial x_2} = x_1 \cosh(x_1 x_2) + 2(x_2 - x_3) \\ f_{2,x_1} &= \frac{\partial f_2}{\partial x_1} = -2\pi \cos(\pi x_1) \sin(\pi x_1) \\ f_{2,x_2} &= \frac{\partial f_2}{\partial x_2} = 1 \end{aligned}$$

erhalten wir

$$\begin{aligned} \det \frac{\partial(f_1, f_2)}{\partial(x_1, x_2)}(\tilde{\boldsymbol{x}}) &= \begin{vmatrix} f_{1,x_1}(\tilde{\boldsymbol{x}}) & f_{1,x_2}(\tilde{\boldsymbol{x}}) \\ f_{2,x_1}(\tilde{\boldsymbol{x}}) & f_{2,x_2}(\tilde{\boldsymbol{x}}) \end{vmatrix} \\ &= \begin{vmatrix} 1 & -2 \\ 0 & 1 \end{vmatrix} = 1 \neq 0 . \end{aligned}$$

Die Auflösung ist demnach möglich. ◀

Implizite Funktionen können oft sogar differenziert werden

Der Hauptsatz über implizite Funktionen garantiert zwar die *Existenz* geeigneter Funktionen φ_j, die lokal ein nichtlineares Gleichungssystem lösen – er macht aber vorerst nicht die geringste Aussage darüber, wie diese Funktionen konkret aussehen. Auf so etwas stoßen wir nicht das erste Mal, man erinnere sich etwa an den Zwischenwertsatz für stetige Funktionen oder die Mittelwertsätze der Differenzial- und Integralrechnung. Gerade dieser offensichtliche Mangel macht es noch verblüffender, welch weitreichenden Ergebnisse man mit etwas Geschick aus solchen Sätzen gewinnen kann.

In unserem Fall hat man allerdings doch eine Möglichkeit, durch *implizites Differenzieren* Aussagen über die Funktionen φ_j zu machen.

Beispiel Die Gleichung

$$f(x, y) = (x + y^2)\mathrm{e}^{y-1} - 1 = 0$$

lässt sich am Punkt $(x, y) = (0, 1)$ nach y auflösen, da

$$f(0, 1) = (0 + 1^2)\mathrm{e}^{1-1} - 1 = 0 ,$$

$f \in C^1(\mathbb{R}^2)$ und

$$\left.\frac{\partial f}{\partial y}\right|_{(0,1)} = \left.(x + 2y + y^2)\mathrm{e}^{y-1}\right|_{(0,1)} = 3 \neq 0$$

ist. Es gibt demnach eine Funktion φ, die $\varphi(0) = 1$ sowie die Gleichung

$$F(x) = \big(x + \varphi^2(x)\big)\, \mathrm{e}^{\varphi(x)-1} - 1 = 0$$

für alle x in einer Umgebung von $x = 0$ erfüllt. Die gerade definierte Funktion F ist damit in dieser Umgebung gleich der Nullfunktion. Nicht nur F selbst, sondern auch alle ihre Ableitungen verschwinden in dieser Umgebung von $x = 0$, insbesondere an $x = 0$ selbst.

Leiten wir die obige Gleichung nach x ab, so erhalten wir

$$\begin{aligned} F'(x) &= (1 + 2\varphi(x)\,\varphi'(x))\,\mathrm{e}^{\varphi(x)-1} + \big(x + \varphi^2(x)\big)\,\mathrm{e}^{\varphi(x)-1}\varphi'(x) \\ &= \big[1 + (x + 2\varphi(x) + \varphi^2(x))\,\varphi'(x)\big]\,\mathrm{e}^{\varphi(x)-1} = 0 \end{aligned}$$

für alle x in einer Umgebung von $x = 0$. Die Werte der Funktion φ selbst und ihrer Ableitung sind hier eindeutig verknüpft. Das nützt uns zwar allgemein nicht viel, denn erstens wissen wir nicht, wie groß die Umgebung ist, in der dieser Zusammenhang gilt, und zweitens kennen wir auch dort, wo er gültig ist, $\varphi(x)$ nicht.

Am Punkt $x = 0$ jedoch können wir uns sicher sein, dass unsere Beziehung stimmt, zudem kennen wir $\varphi(0) = 1$. Wir erhalten

$$\begin{aligned} F'(0) &= \big[1 + (2\varphi(0) + \varphi^2(0))\,\varphi'(0)\big]\mathrm{e}^{\varphi(0)-1} \\ &= 1 + 3\varphi'(0) = 0 , \end{aligned}$$

also $\varphi'(0) = -\frac{1}{3}$. Weiteres Ableiten von F liefert

$$\begin{aligned} F''(x) &= \big[(1 + 2\varphi'(x) + 2\varphi(x)\varphi'(x))\varphi'(x) \\ &\quad + (x + 2\varphi(x) + \varphi^2(x))\varphi''(x)\big]\,\mathrm{e}^{\varphi(x)-1} + \underbrace{F'(x)\varphi'(x)}_{=0} \\ &= 0 \end{aligned}$$

und an $x = 0$ erhalten wir mit den bekannten Werten $\varphi(0) = 1$, und $\varphi'(0) = -\frac{1}{3}$ die Gleichung $F''(0) = \frac{1}{9} + 3\varphi''(0) = 0$, aus der wir sofort $\varphi''(0) = -\frac{1}{27}$ bestimmen können. ◀

Allgemein benutzt man, dass

$$f_i(\varphi_1(\hat{\boldsymbol{x}}), \ldots, \varphi_n(\hat{\boldsymbol{x}}), x_{n+1}, \ldots, x_{n+m}) = 0$$

für $\hat{\boldsymbol{x}} = (x_{n+1}, \ldots, x_{n+m})^{\mathrm{T}}$ in einer *Umgebung* von $\boldsymbol{p} = (p_{n+1}, \ldots, p_{n+m})^{\mathrm{T}}$ gilt. Es handelt sich hier also um eine *Identität*, die wir auch ableiten dürfen und noch immer wahre Aussagen erhalten.

So erhält man durch wiederholtes Ableiten Gleichungssysteme, aus denen sich unter Benutzung von $\varphi_j(p_{n+1}, \ldots, p_{n+m}) = p_j$ für $j = 1, \ldots, n$ die Ableitungen $\frac{\partial \varphi_i}{\partial x_j}(p_{n+1}, \ldots, p_{n+m})$ bestimmen lassen.

Meist definiert man der angenehmeren Rechung zuliebe zunächst Hilfsfunktionen F_i,

$$F_i(x_{n+1}, \ldots, x_{n+m}) = f_i(\varphi_1, \ldots \varphi_n, x_{n+1}, \ldots, x_{n+m})$$

mit $\varphi_k = \varphi_k(x_{n+1}, ..., x_{n+m})$. Nun leitet man diese Funktionen nach den Variablen x_{n+1} bis x_{n+m} ab. Auch wenn über das konkrete Aussehen der φ_j nichts bekannt ist, so müssen für sie doch die üblichen Ableitungsregeln wie etwa Produkt- und Kettenregel gelten. Die Funktionen F_i sind in einer Umgebung des Punktes $\boldsymbol{p}$ identisch null, damit verschwinden auch alle Ableitungen beliebig hoher Ordnung.

Beispiel Wir zeigen, dass sich das Gleichungssystem

$$f(\boldsymbol{y},\boldsymbol{x}) = \mathrm{e}^{y_1} + y_2 x_1 - \sin x_2 + x_3^2 - 2 = 0$$
$$g(\boldsymbol{y},\boldsymbol{x}) = (y_1 - x_1)^2 + (y_2 - x_2)^2 - \mathrm{e}^{x_3} - 1 = 0$$

in einer Umgebung von

$$(\tilde{y}_1, \tilde{y}_2, \tilde{x}_1, \tilde{x}_2, \tilde{x}_3) = (0, 1, 1, 0, 0)$$

nach y_1 und y_2 auflösen lässt und berechnen für die Auflösung (φ_1, φ_2) die partiellen Ableitungen nach x_1, x_2 und x_3 für $\boldsymbol{x} = \tilde{\boldsymbol{x}}$. Es ist

$$f(0,1,1,0,0) = 1 + 1 - 0 + 0 - 2 = 0$$
$$g(0,1,1,0,0) = 1 + 1 - 1 - 1 = 0,$$

beide Funktionen sind $\in C^1(\mathbb{R}^2)$ und es ist

$$\left|\frac{\partial(f,g)}{\partial(y_1,y_2)}\right|\Bigg|_{(\tilde{y},\tilde{x})} = \begin{vmatrix} \mathrm{e}^{y_1} & x_1 \\ 2(y_1 - x_1) & 2(y_2 - x_2) \end{vmatrix}\Bigg|_{(\tilde{y},\tilde{x})}$$
$$= \begin{vmatrix} 1 & 1 \\ -2 & 2 \end{vmatrix} = 4 \neq 0\,.$$

Es gibt also eine lokale Auflösung

$$\boldsymbol{y} = (\varphi_1(\boldsymbol{x}), \varphi_2(\boldsymbol{x}))^{\mathrm{T}}$$

des Gleichungssystems. Dieser erfüllt sicher $\varphi_1(\tilde{\boldsymbol{x}}) = 0$ und $\varphi_2(\tilde{\boldsymbol{x}}) = 1$. Wir definieren die Hilfsfunktionen F_1 und F_2 mittels

$$F_1(\boldsymbol{x}) = \mathrm{e}^{\varphi_1(\boldsymbol{x})} + \varphi_2(\boldsymbol{x})x_1 - \sin x_2 + x_3^2 - 2$$
$$F_2(\boldsymbol{x}) = (\varphi_1(\boldsymbol{x}) - x_1)^2 + (\varphi_2(\boldsymbol{x}) - x_2)^2 - \mathrm{e}^{x_3} - 1\,.$$

Beide Funktionen und alle ihre Ableitungen verschwinden in einer Umgebung von $\tilde{\boldsymbol{x}} = (1, 0, 0)^{\mathrm{T}}$. Nun bilden wir die Ableitungen nach allen Variablen und werten sie an der Stelle $\tilde{\boldsymbol{x}}$ aus:

$$\begin{aligned}
F_{1,x_1}(\tilde{\boldsymbol{x}}) &= \left[\varphi_{1,x_1}(\boldsymbol{x})\mathrm{e}^{\varphi_1(\boldsymbol{x})} + \varphi_{2,x_1}(\boldsymbol{x})x_1 + \varphi_2(\boldsymbol{x})\right]_{\tilde{\boldsymbol{x}}} \\
&= \varphi_{1,x_1}(\tilde{\boldsymbol{x}}) + \varphi_{2,x_1}(\tilde{\boldsymbol{x}}) + 1 = 0 \\
F_{2,x_1}(\tilde{\boldsymbol{x}}) &= \left[2(\varphi_1(\boldsymbol{x}) - x_1)\,(\varphi_{1,x_1}(\boldsymbol{x}) - 1)\right. \\
&\quad \left. + 2(\varphi_2(\boldsymbol{x}) - x_2)\,\varphi_{2,x_1}(\boldsymbol{x})\right]_{\tilde{\boldsymbol{x}}} \\
&= -2\varphi_{1,x_1}(\tilde{\boldsymbol{x}}) + 2 + 2\,\varphi_{2,x_1}(\tilde{\boldsymbol{x}}) = 0 \\
F_{1,x_2}(\tilde{\boldsymbol{x}}) &= \left[\varphi_{1,x_2}(\boldsymbol{x})\mathrm{e}^{\varphi_1(\boldsymbol{x})} + \varphi_{2,x_2}(\boldsymbol{x})x_1 - \cos x_2\right]_{\tilde{\boldsymbol{x}}} \\
&= \varphi_{1,x_2}(\tilde{\boldsymbol{x}}) + \varphi_{2,x_2}(\tilde{\boldsymbol{x}}) - 1 = 0 \\
F_{2,x_2}(\tilde{\boldsymbol{x}}) &= \left[2(\varphi_1(\boldsymbol{x}) - x_1)\,\varphi_{1,x_2}(\boldsymbol{x})\right. \\
&\quad \left. + 2(\varphi_2(\boldsymbol{x}) - x_2)\,(\varphi_{2,x_2}(\boldsymbol{x}) - 1)\right]_{\tilde{\boldsymbol{x}}} \\
&= -2\,\varphi_{1,x_2}(\tilde{\boldsymbol{x}}) + 2\varphi_{2,x_2}(\tilde{\boldsymbol{x}}) - 2 = 0 \\
F_{1,x_3}(\tilde{\boldsymbol{x}}) &= \left[\varphi_{1,x_3}(\boldsymbol{x})\mathrm{e}^{\varphi_1(\boldsymbol{x})} + \varphi_{2,x_3}(\boldsymbol{x})x_1 + 2x_3\right]_{\tilde{\boldsymbol{x}}} \\
&= \varphi_{1,x_3}(\tilde{\boldsymbol{x}}) + \varphi_{2,x_3}(\tilde{\boldsymbol{x}}) = 0 \\
F_{2,x_3}(\tilde{\boldsymbol{x}}) &= \left[2(\varphi_1(\boldsymbol{x}) - x_1)\,\varphi_{1,x_3}(\boldsymbol{x})\right. \\
&\quad \left. + 2(\varphi_2(\boldsymbol{x}) - x_2)\,\varphi_{2,x_3}(\boldsymbol{x}) - \mathrm{e}^{x_3}\right]_{\tilde{\boldsymbol{x}}} \\
&= -2\,\varphi_{1,x_3}(\tilde{\boldsymbol{x}}) + 2\,\varphi_{2,x_3}(\tilde{\boldsymbol{x}}) - 1 = 0
\end{aligned}$$

Wir haben nun sechs Gleichungen für die sechs gesuchten partiellen Ableitungen. Tatsächlich sind aber nur drei Systeme von mit jeweils zwei Gleichungen und zwei Unbekannten $\varphi_{1,x_i}(\tilde{\boldsymbol{x}})$ und $\varphi_{2,x_i}(\tilde{\boldsymbol{x}})$ zu lösen.

Wir erhalten:

$$\begin{aligned}
\varphi_{1,x_1}(\tilde{\boldsymbol{x}}) &= 0 & \varphi_{2,x_1}(\tilde{\boldsymbol{x}}) &= -1 \\
\varphi_{1,x_2}(\tilde{\boldsymbol{x}}) &= 0 & \varphi_{2,x_2}(\tilde{\boldsymbol{x}}) &= 1 \\
\varphi_{1,x_3}(\tilde{\boldsymbol{x}}) &= -\frac{1}{4} & \varphi_{2,x_3}(\tilde{\boldsymbol{x}}) &= \frac{1}{4}
\end{aligned}$$ ◄

Die Vorgehensweise des impliziten Ableitens lässt sich formalisieren im Sinne, dass man für bestimmte Fälle explizite Ausdrücke angeben kann. Für den Fall der Auflösung einer Gleichung $f(x, y) = 0$ nach der Variablen y erhält man

$$F(x) = f(x, y(x)) = 0, \quad F'(x) = \frac{\partial f}{\partial x} + \frac{\partial f}{\partial y}y' = 0$$

und somit

$$y'(x) = -\frac{\partial f}{\partial x}\Big/\frac{\partial f}{\partial y}\,.$$

Dieser Ausdruck ist nur definiert, wo $\frac{\partial f}{\partial y} \neq 0$ ist. Es ist aber ohnehin nur dieser Fall, in dem uns der Hauptsatz die eindeutige Auflösbarkeit der Gleichung garantiert.

Achtung Man beachte das zusätzliche Vorzeichen im Vergleich zu der Formel, die man durch naives „Kürzen" der Differenziale erhalten würde. ◄

Der Hauptsatz über implizite Funktionen garantiert uns unter recht allgemeinen Voraussetzungen die Auflösbarkeit einer Gleichung oder eines Gleichungssystems, er macht aber keine Aussagen über das „Aussehen" der Funktion, die es entsprechend geben muss.

Die folgenden Überlegungen helfen uns hierbei etwas weiter: Durch implizites Differenzieren können wir die Ableitungen der unbekannten Funktion an der Stützstelle bestimmen und sie daher mithilfe des Satzes von Taylor durch Polynome annähern.

Beispiel Wir untersuchen die Auflösbarkeit von

$$f(x, y) = y\,\mathrm{e}^{xy} - 1 = 0$$

nach y in der Umgebung von $x = 0$, $y = 1$. Die Voraussetzungen des Hauptsatzes sind erfüllt, da $f \in C^1$, $f(0, 1) = 0$ und

$$\frac{\partial f}{\partial y}(0, 1) = [\mathrm{e}^{xy} + xy\,\mathrm{e}^{xy}]_{x=0,\,y=1} = 1 \neq 0$$

ist. Die Funktion f ist sogar beliebig oft differenzierbar; damit können wir beliebige Ableitungen durch implizites Differenzieren ermitteln. Wir definieren dazu

$$F(x) = f(x, y(x)) = y(x)\,\mathrm{e}^{xy(x)} - 1 \equiv 0$$

und erhalten für die Ableitungen (wobei wir das Argument (x) der Kürze halber unterdrücken)

$$F'(x) = y'e^{xy} + ye^{xy}(y + xy') \equiv 0,$$
$$F''(x) = y''e^{xy} + 2y'e^{xy}(y + xy') + ye^{xy}(y + xy')^2 + ye^{xy}(2y' + xy'') \equiv 0.$$

Für $x = 0$ erhalten wir mit $y(0) = 1$ zunächst $y'(0) = -1$ und weiter $y''(0) = 3$. Damit können wir die Funktion y in einer Umgebung von $x = 0$ durch

$$T_2(x; 0) = 1 - x + \frac{3}{2}x^2$$

annähern. ◄

Auch in den Anwendungen spielen implizite Funktionen oft eine große Rolle. Dies ist insbesondere der Fall, wenn zwar gesichert ist, dass bestimmte Größen durch eine Gleichung verknüpft sind, der genaue Zusammenhang aber nicht bekannt ist oder sich zumindest nicht explizit nach allen vorkommenden Größen auflösen lässt.

Anwendungsbeispiel In der Thermodynamik verknüpft eine systemabhängige *Zustandsgleichung* Größen wie etwa den Druck p, das Volumen V und die Temperatur. Eine solche Zustandsgleichung hat allgemein die Form

$$F(p, V, T) = 0,$$

eine Auflösung nach einer der Variablen ist nur in einfachen Fällen möglich, oft ist nicht einmal die genaue Form der Zustandsgleichung bekannt.

Doch selbst dann kann man einige allgemeingültige Relationen ableiten. Halten wir etwa die Temperatur konstant und betrachten den Druck als Funktion des Volumens, so liefert implizites Differenzieren von

$$F(p(V), V, T_0) = 0$$

die Gleichung

$$\frac{\partial F}{\partial p}\left(\frac{\partial p}{\partial V}\right)_T + \frac{\partial F}{\partial V} = 0$$

und damit weiter

$$\left(\frac{\partial p}{\partial V}\right)_T = -\frac{\partial F}{\partial V}\Big/\frac{\partial F}{\partial p}.$$

Analog erhält man

$$\left(\frac{\partial V}{\partial T}\right)_p = -\frac{\partial F}{\partial T}\Big/\frac{\partial F}{\partial V}$$
$$\left(\frac{\partial T}{\partial p}\right)_V = -\frac{\partial F}{\partial p}\Big/\frac{\partial F}{\partial T}$$

und für das Produkt

$$\left(\frac{\partial p}{\partial V}\right)_T\left(\frac{\partial V}{\partial T}\right)_p\left(\frac{\partial T}{\partial p}\right)_V = -1.$$

Für ein System mit bekannter Zustandsgleichung kann man diesen Zusammenhang leicht nachrechnen, er gilt aber ganz allgemein. ◄

24.6 Extremwertaufgaben

Auch für Funktionen $f : \mathbb{R}^n \to \mathbb{R}$ ist es ein wesentliches Anliegen, Maxima und Minima aufzufinden. Wie im Eindimensionalen nennt man einen Punkt $\boldsymbol{p}$ ein Maximum von f, wenn es eine Umgebung $U(\boldsymbol{p})$ gibt, sodass $f(\boldsymbol{x}) \leq f(\boldsymbol{p})$ für alle $\boldsymbol{p} \in U(\boldsymbol{p})$. Analog gilt für ein Minimum, dass in einer Umgebung $U(\boldsymbol{p})$ immer $f(\boldsymbol{x}) \geq f(\boldsymbol{p})$ ist. Wie gewohnt fassen wir Minima und Maxima unter dem Sammelbegriff *Extrema* zusammen.

Kandidaten für Extremstellen lassen sich durch Nullsetzen des Gradienten finden

Wie im Eindimensionalen ist die Differenzialrechnung ein wesentliches Mittel, um Extremwerte von Funktionen zu ermitteln. Analog zum Fall $\mathbb{R} \to \mathbb{R}$ gibt es aber gewisse Einschränkungen. So werden mit Mitteln der Differenzialrechnung an Stellen, an denen die fragliche Funktion nicht differenzierbar ist, sicher keine Extremwerte gefunden; auch Randextrema werden so nicht berücksichtigt und müssen separat überprüft werden.

Klammern wir diese Probleme aber einmal vorläufig aus und betrachten eine am besten überall differenzierbare Funktion f: $\mathbb{R}^n \to \mathbb{R}$. Durch diese Funktion wird ja eine Fläche im $\mathbb{R}^{n+1}$ beschrieben. Überall dort, wo ein Extremum vorliegt, wird die Tangentialebene an die Fläche „waagrecht", also parallel zur $(x_1 - \ldots - x_n)$-Hyperebene sein, siehe Abb. 24.19. Damit das erfüllt ist, müssen alle partiellen Ableitungen $\frac{\partial f}{\partial x_i}$ verschwinden.

Notwendige Bedingung für Extrema

Ist eine Funktion f: $\mathbb{R}^n \to \mathbb{R}$ in $\boldsymbol{p}$ differenzierbar und hat dort ein relatives Extremum, so gilt

$$\frac{\partial f}{\partial x_i}(\boldsymbol{p}) = 0 \quad \text{für } i = 1, \ldots, n.$$

Es ist allerdings klar, dass nicht an allen *kritischen Punkten*, wo $\frac{\partial f}{\partial x_i} = 0$ für alle $i = 1, \ldots, n$ ist, auch wirklich ein Extremwert vorliegen muss. So ist etwa für $f(x_1, x_2) = x_1x_2$ im Ursprung $\boldsymbol{0} = (0, 0)^T$ ja $\frac{\partial f}{\partial x_1}(\boldsymbol{0}) = x_2|_{x_1=x_2=0} = 0$ und

Teil IV

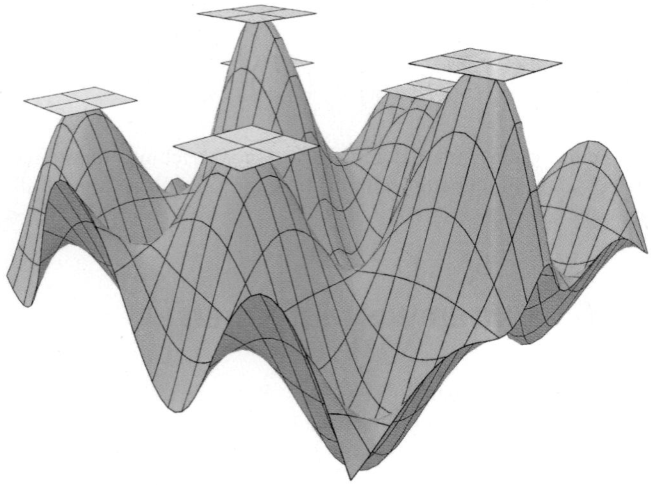

Abb. 24.19 An Extremstellen ist die Tangentialebene parallel zur x_1-x_2-Ebene. Daher lassen sich Kandidaten für Extrema durch Nullsetzen des Gradienten finden

$\frac{\partial f}{\partial x_2}(\mathbf{0}) = x_1|_{x_1=x_2=0} = 0$. In jeder Umgebung von $\mathbf{0}$ gibt es aber größere und kleinere Funktionswerte als $f(0,0) = 0$. Es liegt, wie in Abb. 24.20 dargestellt, ein Sattelpunkt vor.

Man wird also noch zusätzliche Bedingungen brauchen, um abzuklären, ob an einem *kritischen Punkt* mit $\frac{\partial f}{\partial x_1} = \ldots = \frac{\partial f}{\partial x_n} = 0$ auch wirklich ein Extremum vorliegt, und wenn ja, welches. Ähnlich wie im Eindimensionalen kann dabei die Aussage oft mithilfe der zweiten Ableitungen getroffen werden.

Dabei berufen wir uns wieder auf den Satz von Taylor, diesmal in der mehrdimensionalen Fassung von Abschn. 24.3. Dieser stellt fest, dass eine zweimal differenzierbare Funktion an einem Extremum durch ein Paraboloid angenähert werden kann. Öffnet sich dieses Paraboloid nach unten, so liegt ein Maximum vor, öffnet es sich nach oben, so haben wir ein Minimum. Sind manche der Parabeln nach oben, andere nach unten geöffnet, so liegt kein Extremum vor.

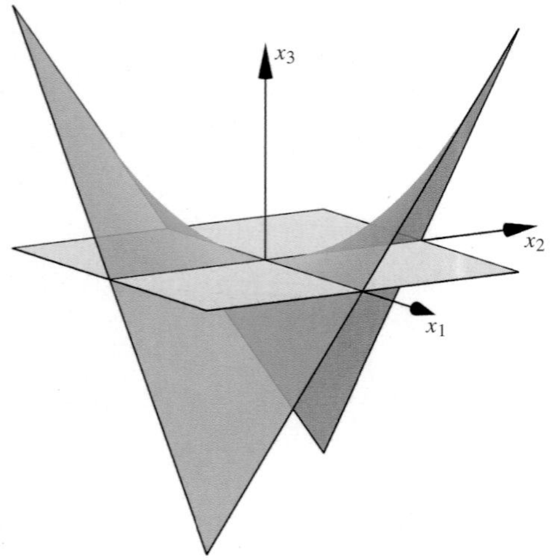

Abb. 24.20 Für die Funktion $x_3 = x_1 x_2$ ist $\mathbf{grad} f|_{\mathbf{0}} = \mathbf{0}$, es liegt jedoch keine Extremstelle, sondern ein Sattelpunkt vor

Für die Approximation durch ein Paraboloid benötigen wir die zweiten Ableitungen, die in der **Hesse-Matrix** zusammengefasst werden,

$$\boldsymbol{H} = \begin{pmatrix} \frac{\partial^2 f}{\partial x_1^2} & \frac{\partial^2 f}{\partial x_1 \partial x_2} & \cdots & \frac{\partial^2 f}{\partial x_1 \partial x_n} \\ \frac{\partial^2 f}{\partial x_2 \partial x_1} & \frac{\partial^2 f}{\partial x_2^2} & \cdots & \frac{\partial^2 f}{\partial x_2 \partial x_n} \\ \vdots & \vdots & \ddots & \vdots \\ \frac{\partial^2 f}{\partial x_n \partial x_1} & \frac{\partial^2 f}{\partial x_n \partial x_2} & \cdots & \frac{\partial^2 f}{\partial x_n^2} \end{pmatrix}.$$

Im Fall $f \in C^2$ ist $\boldsymbol{H}$ nach dem Satz von Schwarz natürlich symmetrisch. Zu dieser Matrix gehört, wie im Kap. 21 ausführlich diskutiert, eine quadratische Form, eben genau das entsprechende Paraboloid. Die Form dieses Paraboloids hängt eng mit der Definitheit von $\boldsymbol{H}$ zusammen.

Mit den Ergebnissen aus Kap. 21, natürlich immer unter der Voraussetzung, dass $\boldsymbol{p}$ ein innerer Punkt von $D(f)$ und $\mathbf{grad} f(\boldsymbol{p}) = \mathbf{0}$ ist, folgt:

- Ist die Hesse-Matrix $\boldsymbol{H}(\boldsymbol{p})$ positiv definit, so hat f an $\boldsymbol{p}$ ein relatives Minimum.
- Ist die Hesse-Matrix $\boldsymbol{H}(\boldsymbol{p})$ negativ definit, so hat f an $\boldsymbol{p}$ ein relatives Maximum.
- Ist die Hesse-Matrix $\boldsymbol{H}(\boldsymbol{p})$ indefinit, so liegt kein Extremum vor.

Die Definitheit kann man immer anhand der Eigenwerte überprüfen. In vielen Fällen gibt es jedoch ein bequemeres Kriterium. Dazu definieren wir die Unterdeterminanten:

$$\Delta_1 = \frac{\partial^2 f}{\partial x_1^2}$$

$$\Delta_2 = \begin{vmatrix} \frac{\partial^2 f}{\partial x_1^2} & \frac{\partial^2 f}{\partial x_2 \partial x_1} \\ \frac{\partial^2 f}{\partial x_1 \partial x_2} & \frac{\partial^2 f}{\partial x_2^2} \end{vmatrix}$$

$$\vdots$$

$$\Delta_n = \begin{vmatrix} \frac{\partial^2 f}{\partial x_1^2} & \cdots & \frac{\partial^2 f}{\partial x_n \partial x_1} \\ \vdots & \ddots & \vdots \\ \frac{\partial^2 f}{\partial x_1 \partial x_n} & \cdots & \frac{\partial^2 f}{\partial x_n^2} \end{vmatrix}$$

Die Hesse-Matrix ist positiv definit (und f hat an $\boldsymbol{p}$ ein lokales Minimum), wenn alle $\Delta_i > 0$ sind. Sie ist negativ definit (und f hat an $\boldsymbol{p}$ ein relatives Maximum), wenn die Vorzeichen gemäß

$$\Delta_1 < 0, \quad \Delta_2 > 0, \quad \Delta_3 < 0, \ldots$$

alternieren. Im Fall von $[2 \times 2]$-Matrizen gibt es zudem ein sehr einfaches Kriterium für die Indefinitheit von Matrizen: $\boldsymbol{H}|_{\boldsymbol{p}}$ ist indefinit (und f hat an $\boldsymbol{p}$ kein Extremum), wenn $\Delta_2 < 0$ ist.

Beispiel Wir betrachten die Funktion $f\colon \mathbb{R}^2 \to \mathbb{R}$,

$$f(x_1, x_2) = \mathrm{e}^{-x_1^2/2} \cosh x_2 .$$

Gradientenbildung liefert:

$$\frac{\partial f}{\partial x_1} = -x_1\, \mathrm{e}^{-x_1^2/2} \cosh x_2$$

$$\frac{\partial f}{\partial x_2} = \mathrm{e}^{-x_1^2/2} \sinh x_2$$

Aus der ersten Gleichung sehen wir, dass ein kritischer Punkt $x_1 = 0$ erfüllen muss, aus der zweiten, dass entsprechend $x_2 = 0$ sein muss. Die zweiten Ableitungen erhalten wir zu

$$\frac{\partial^2 f}{\partial x_1^2} = (x_1^2 - 1)\, \mathrm{e}^{-x_1^2/2} \cosh x_2$$

$$\frac{\partial^2 f}{\partial x_1\, \partial x_2} = -x_1\, \mathrm{e}^{-x_1^2/2} \sinh x_2$$

$$\frac{\partial^2 f}{\partial x_2^2} = \mathrm{e}^{-x_1^2/2} \cosh x_2 .$$

Die Hesse-Matrix im kritischen Punkt ist damit

$$\boldsymbol{H}\Big|_{\boldsymbol{0}} = \begin{pmatrix} -1 & 0 \\ 0 & 1 \end{pmatrix} .$$

Mit

$$\Delta_2 = \begin{vmatrix} -1 & 0 \\ 0 & 1 \end{vmatrix} = -1 < 0$$

sehen wir sofort, dass $\boldsymbol{H}$ indefinit ist und an $\boldsymbol{x} = \boldsymbol{0}$ ein Sattelpunkt liegt. ◀

Im Höherdimensionalen lässt sich leider kein ganz so einfaches Kriterium für die Indefinitheit angeben, hier kann man einer Diagonalisierung der Hesse-Matrix und einer Untersuchung der Eigenwerte meist nicht ausweichen.

Allerdings wird es oft vorkommen, dass sich mit der Hesse-Matrix keine Aussagen treffen lassen, nämlich dann, wenn Eigenwerte von $\boldsymbol{H}$ null sind. Dann muss man mehr oder weniger „trickreich" (und von Beispiel zu Beispiel verschieden) vorgehen, um kritische Punkte doch noch zu klassifizieren, wie etwa auf S. 906 gezeigt.

Beispiel Wir bestimmen die Extrema der Funktion $f\colon M \to \mathbb{R}$ $f(x, y) = x^3 + y^3 + 3xy$ auf $M = \mathbb{R}^2$. Dazu bilden wir die partiellen Ableitungen und setzen sie null:

$$f_x(x, y) = 3x^2 + 3y \overset{!}{=} 0 \quad x^2 + y = 0$$

$$f_y(x, y) = 3y^2 + 3x \overset{!}{=} 0 \quad y^2 + x = 0$$

Mit $y = -x^2$ aus der ersten Gleichung erhält man in der zweiten $x^4 + x = x(x^3 + 1) = 0$, also die beiden Lösungen $x = 0$ und $x = -1$ und mit $y = -x^2$ die beiden Punkte $\boldsymbol{p}_1 = (0, 0)^{\mathrm{T}}$ und $\boldsymbol{p}_2 = (-1, -1)$. Für die Determinante der Hesse-Matrix erhält man

$$\Delta_2 = \begin{vmatrix} 6x & 3 \\ 3 & 6y \end{vmatrix} = 36xy - 9,$$

also $\Delta_2|_{\boldsymbol{p}_1} = -9 < 0$ und $\Delta_2|_{\boldsymbol{p}_2} = 27 > 0$. An $\boldsymbol{p}_1$ liegt ein Sattelpunkt, $\boldsymbol{p}_2$ ist wegen $f_{xx}|_{\boldsymbol{p}_2} = -6 < 0$ ein lokales Maximum. Globale Extrema auf M besitzt diese Funktion nicht, da z. B. $f(x, 0) = x^3$ beliebig große und kleine Werte annimmt. ◀

Extremwertaufgaben mit Nebenbedingungen haben gewisse Besonderheiten

Es kann vorkommen, dass man die Extrema einer Funktion $\mathbb{R}^n \to \mathbb{R}$ unter einer oder mehreren *Nebenbedingungen* sucht. Solche Nebenbedingungen können manchmal durch Ungleichungen beschrieben werden, etwa wenn man fordert, dass bestimmte Variablen nicht negativ werden dürfen.

Wesentlich häufiger hat man es aber mit Nebenbedingungen zu tun, die sich durch Gleichungen der Form $g(x_1, \ldots, x_n) = 0$ ausdrücken lassen. Schon in Kap. 10 haben wir die Situation kennengelernt, dass wir eine Funktion mehrerer Variablen unter einer oder mehrerer solcher Nebenbedingungen extremieren wollten. In den damaligen Beispielen konnten wir die Nebenbedingungen so auflösen, dass letztlich nur eine Funktion von einer Variablen übrigblieb.

Mit unserem jetzigen Wissen können wir jedoch einerseits sehr viel besser verstehen, was bei solchen Beispielen tatsächlich geschieht. Andererseits macht es uns jetzt auch keine Probleme mehr, wenn die Zahl der Nebenbedingungen nicht ausreicht, um alle Variablen bis auf eine zu eliminieren.

Betrachten wir eine Funktion $f\colon D \to \mathbb{R}$ mit $D \subseteq \mathbb{R}^n$. Eine Gleichung $g_1(x_1, \ldots, x_n) = 0$ definiert implizit eine $(n-1)$-dimensionale Hyperfläche G_1 im $\mathbb{R}^n$. Wollen wir eine Funktion unter dieser Nebenbedingung minimieren oder maximieren, so suchen wir die Extrema nicht mehr in ganz D, sondern nur mehr auf der Schnittmenge $M = D \cap G_1$.

Gibt es eine zweite Nebenbedingung $g_2(x_1, \ldots, x_n) = 0$, so definiert auch diese eine $(n-1)$-dimensionale Hyperfläche G_2. Minima und Maxima werden nun nur noch bezüglich der $(n-2)$-dimensionalen Schnittmenge $M = D \cap G_1 \cap G_2$ gesucht. So reduziert jede neue Nebenbedingung die Dimension der betrachteten Menge M um eins (siehe dazu auch S. 979).

Hat man alle m Nebenbedingungen eliminiert, so erhält man eine Funktion von $(n-m)$ Variablen, die man mit den Mitteln behandeln kann, die wir in diesem Abschnitt kennengelernt haben.

Teil IV

Beispiel: Bestimmen und Klassifizieren von Extrema

Wir bestimmen und klassifizieren die Extrema der Funktion f mit

$$D(f) = \{(x, y) \in \mathbb{R}^2 \,|\, x \geq 0,\ 0 \leq y \leq 3 - x\},$$
$$f(x, y) = 3xy - x^2y - xy^2$$

sowie g mit

$$D(g) = \mathbb{R}^2, \quad g(x, y) = (4 - x^2)\,(3 - y)^2\,\mathrm{e}^y.$$

Problemanalyse und Strategie: Wir arbeiten sowohl mit Differenzialrechnung als auch mit Argumenten, die direkt die Form der betrachteten Funktionen ausnutzen.

Lösung: Bringt man f auf die leichter zu analysierende Form $f(x, y) = xy(3 - x - y)$, so sieht man sofort, dass sie im Inneren von M immer positiv und am Rand gleich null ist.

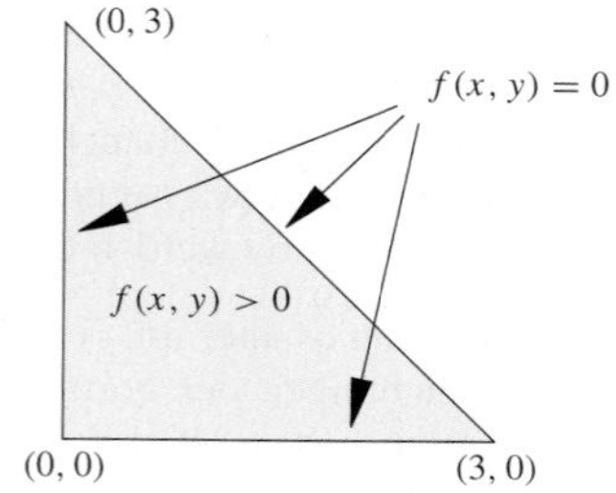

Damit liegt an jedem Randpunkt (also an $(\lambda, 0)^{\mathrm{T}}$, $(0, \lambda)^{\mathrm{T}}$ und $(\lambda, 3-\lambda)^{\mathrm{T}}$ mit $\lambda \in [0, 3]$) ein absolutes Minimum. Nun bestimmen wir die partiellen Ableitungen und setzen sie null:

$$f_x(x, y) = 3y - 2yx - y^2 = y\,(3 - 2x - y) = 0$$
$$f_y(x, y) = 3x - x^2 - 2xy = x\,(3 - x - 2y) = 0$$

Die ersten Gleichung erlaubt die Möglichkeiten $y = 0$ und $y = 3 - 2x$, die zweite $x = 0$ und $x = 3 - 2y$. Insgesamt erhält man also vier Lösungen: $(0, 0)^{\mathrm{T}}$, $(0, 3)^{\mathrm{T}}$, $(3, 0)^{\mathrm{T}}$ und $(1, 1)^{\mathrm{T}}$. Für die Klassifizierung der ersten drei Punkte kann man nicht auf die Hesse-Matrix zurückgreifen, da es sich nicht um innere Punkte von $D(f)$ handelt – aber diese Punkte wurden ohnehin schon zusammen mit allen Randextrema als absolute Minima erkannt. An $(1, 1)^{\mathrm{T}}$ kann nur noch ein (sogar absolutes) Maximum liegen, wie es auch die Rechnung mit der Hesse-Matrix bestätigt:

$$\Delta_2|_{(1,1)} = \begin{vmatrix} -2y & 3-2x-2y \\ 3-2x-2y & -2x \end{vmatrix}_{(x,y)=(1,1)}$$
$$= \begin{vmatrix} -2 & -1 \\ -1 & -2 \end{vmatrix} = 4 - 1 = 3 > 0$$

und $f_{xx}|_{(x,y)=(1,1)} = -2 < 0$.

Für g erhalten wir die kritischen Punkte aus:

$$g_x(x, y) = -2x\,(3 - y)^2\,\mathrm{e}^y = 0$$
$$g_y(x, y) = (4 - x^2)\,(y^2 - 4y + 3)\,\mathrm{e}^y = 0$$

Die Ableitung nach x wird null für $x = 0$ oder für $y = 3$. Entsprechend verschwindet jene nach y für $x = -2$, $x = 2$, $y = 1$ oder $y = 3$. Wie gehabt müssen nun alle möglichen Kombinationen ermittelt werden:

	$x=-2$	$x=2$	$y=1$	$y=3$
$x=0$	–	–	$(0, 1)$	$(0, 3)$
$y=3$	$(-2, 3)$	$(2, 3)$	–	$(x, 3),\ x \in \mathbb{R}$

Man erhält also den isolierten kritischen Punkt $(0, 1)$ sowie eine Gerade kritischer Punkte $(x, 3)$, $x \in \mathbb{R}$. Für die zweiten Ableitungen ergibt sich

$$g_{xx} = -2\,(3 - y)^2\,\mathrm{e}^y$$
$$g_{xy} = -2x\left((3 - y)^2 - 2\,(3 - y)\right)\mathrm{e}^y$$
$$g_{yy} = (4 - x^2)\left(y^2 - 2y - 1\right)\mathrm{e}^y$$

und für $(0, 1)$ liefert die Hesse-Matrix auch eine eindeutige Aussage

$$\Delta_2|_{(0,1)} = 64\,\mathrm{e}^2 > 0 \quad \Delta_1|_{(0,1)} = g_{xx}|_{(0,1)} = -8\mathrm{e} < 0\,,$$

es handelt sich also um ein lokales Maximum. Für die Punkte $(x, 3)$ ist allerdings immer $\Delta_2 = 0$, mit diesem Kriterium kann also keine Aussage gemacht werden. Hier hilft nun eine genauere Auseinandersetzung mit der Gestalt von f weiter.

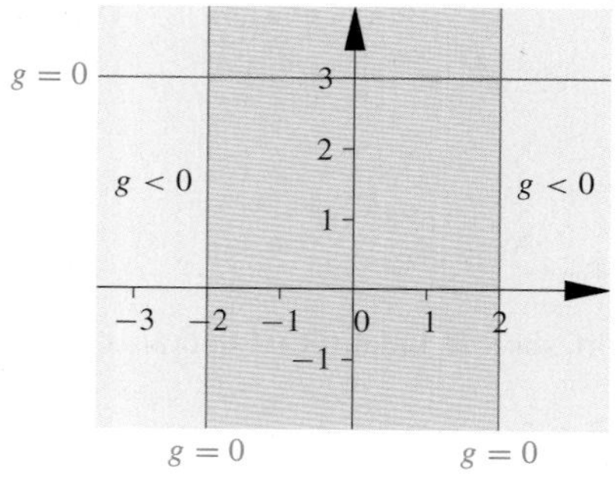

Die Funktion g ist das Produkt dreier Faktoren, von denen einer, nämlich e^y, immer positiv ist. $(3-y)^2$ wird nur null für $x = 3$ und ist sonst ebenfalls immer positiv. Das Vorzeichen von g wird also in erster Linie bestimmt vom Faktor $4 - x^2$: Für $|x| < 2$ ist auf jeden Fall $g(x, y) \geq 0$, für $|x| > 2$ ist $g(x, y) \leq 0$. Null wird die Funktion nur auf den drei Geraden $x = -2$, $x = 2$ und $y = 3$.

Damit ist klar: Für $|x| < 2$ liegen in einer genügend kleinen Umgebung eines kritischen Punktes $(x, 3)$ nur Werte, die größer oder gleich $g(x, 3)$ sind, die kritischen Punkte sind also lokale Minima. Analog erhält man für $|x| > 2$ lokale Maxima. Nur für $(-2, 3)$ und $(2, 3)$ liegen in jeder Umgebung sowohl kleinere als auch größere Funktionswerte; diese beiden sind also Sattelpunkte.

Natürlich sind alle aufgefundenen Extrema nur lokal – auch das Maximum bei $(0, 1)$, denn für $|x| < 2$ und $y \to +\infty$ geht auch g gegen $+\infty$.

Teil IV

Übersicht: Zentrale Ungleichungen

Wir fassen die wichtigsten Ungleichungen, die uns bisher begegnet sind, übersichtlich zusammen, ergänzt mit einigen weiteren, die gelegentlich nützlich sein können.

Allgemeine Regeln zum Umgang mit Ungleichungen haben wir in Abschn. 3.2 behandelt. Besonders wichtig sind das „Umklappen" des Ungleichheitszeichens bei Multiplikation mit einer negativen Zahl oder bei Kehrwertbildung von Ungleichungen, bei denen beide Seiten das gleiche Vorzeichen haben.

- **Dreiecksungleichung**: Für beliebige reelle oder komplexe Zahlen a und b gilt die *Dreiecksungleichung*:
$$|a+b| \leq |a| + |b| \,.$$
Das ist eine der wichtigsten Ungleichungen überhaupt, mit der wir immer wieder arbeiten. Unmittelbar verwandt mit ihr ist auch die Ungleichung
$$|a-b| \geq \big|\,|a| - |b|\,\big| \,.$$
- **Bernoulli-Ungleichung**: Für jede reelle Zahl $a > -1$ und $n \in \mathbb{N}_0$ gilt die *Bernoulli-Ungleichung*:
$$(1+a)^n \geq 1 + n \cdot a$$
Diese Ungleichung kann man unter der Bedingungen $n \geq 2$, $a > -1$ und $a \neq 0$ verschärfen zu
$$(1+a)^n > 1 + n \cdot a \,.$$
- **Mittelungleichung**: Zwischen dem arithmetischen Mittel A_n, dem geometrischen Mittel G_n und dem harmonischen Mittel H_n,
$$A_n = \frac{a_1 + a_2 + \ldots + a_n}{n}$$
$$G_n = \sqrt[n]{a_1 \cdot a_2 \cdot \ldots \cdot a_n}$$
$$H_n = n \left(\frac{1}{a_1} + \ldots + \frac{1}{a_n} \right)^{-1}$$
mit reellen Zahlen $a_i > 0$, $i = 1, \ldots, n$, gilt die *Mittelungleichung*
$$A_n \geq G_n \geq H_n .$$
Das Gleichheitszeichen gilt nur, wenn $a_1 = \ldots = a_n$ ist. Alle diese Mittel erfüllen, dass sie $\geq$ der kleinsten und $\leq$ der größten der Zahlen a_i sind.
- **Cauchy-Schwarz'sche Ungleichung**: Für beliebige Vektoren $\boldsymbol{a} \in \mathbb{R}^n$ und $\boldsymbol{b} \in \mathbb{R}^n$ gilt die *Cauchy-Schwarz'sche Ungleichung*
$$|\boldsymbol{a} \cdot \boldsymbol{b}| \leq \|\boldsymbol{a}\| \, \|\boldsymbol{b}\| \,.$$
In Komponenten aufgeschlüsselt gilt
$$|\boldsymbol{a} \cdot \boldsymbol{b}| = |a_1 b_1 + \cdots + a_n b_n|$$
$$\|\boldsymbol{a}\| \, \|\boldsymbol{b}\| = \sqrt{a_1^2 + \ldots + a_n^2} \cdot \sqrt{b_1^2 + \ldots + b_n^2} \,.$$
In Kap. 31 werden wir sehen, dass sich diese Ungleichung auf beliebige *unitäre Räume* übertragen lässt und dort die Definition von Winkeln zwischen Vektoren erlaubt.
- **Jensen'sche Ungleichung**: Für eine konvexe Funktion f und Gewichte λ_i mit $0 < \lambda_i \leq 1$ und $\sum_{i=1}^n \lambda_i = 1$ gilt die *Jensen'sche Ungleichung*
$$f\left(\sum_{i=1}^n \lambda_i x_i \right) \leq \sum_{i=1}^n \lambda_i f(x_i) \,.$$
Eine analoge Ungleichung gilt mit $\geq$ für konkave Funktionen.
- **Minkowski-Ungleichung**: Für beliebige komplexe Zahlen a_i und b_i, $i = 1, \ldots, n$, und $p \in [1, \infty)$ gilt die *Minkowski-Ungleichung*
$$\left(\sum_{i=1}^n |a_i + b_i|^p \right)^{1/p} \leq \left(\sum_{i=1}^n |a_i|^p \right)^{1/p} + \left(\sum_{i=1}^n |b_i|^p \right)^{1/p} .$$
- **Hölder'sche Ungleichung**: Für beliebige komplexe Zahlen a_i und b_i, $i = 1, \ldots, n$, $p \in (1, \infty)$ und q mit $\frac{1}{p} + \frac{1}{q} = 1$ gilt die *Hölder'sche Ungleichung*
$$\sum_{i=1}^n |a_i b_i| \leq \left(\sum_{i=1}^n |a_i|^p \right)^{1/p} \cdot \left(\sum_{i=1}^n |b_i|^q \right)^{1/q} .$$
Diese Ungleichung enthält als Spezialfall für $p = q = 2$ die Cauchy-Schwarz'sche Ungleichung.
- **Landau-Kolmogorov-Ungleichung**: Ist $f\colon \mathbb{R} \to \mathbb{R}$ eine zweimal stetig differenzierbare Funktion und sind f und f'' beschränkt, so ist auch f' beschränkt und es gilt mit
$$M_0 = \sup_{x \in \mathbb{R}} |f(x)| \,,$$
$$M_1 = \sup_{x \in \mathbb{R}} |f'(x)| \,,$$
$$M_2 = \sup_{x \in \mathbb{R}} |f''(x)|$$
die *Landau-Kolmogorov-Ungleichung*
$$M_1 \leq \sqrt{2 M_0 M_2} \,.$$
- Weitere Ungleichungen werden in späteren Kapiteln vorkommen, etwa die Bessel'sche Ungleichung für die Fourierkoeffizienten einer Funktion (siehe Kap. 30) oder Ungleichungen der Statistik (etwa die Tschebyschev-Ungleichung auf S. 1444 oder die Markov-Ungleichung auf S. 1446).

Viele der hier angeführten Ungleichungen lassen sich noch wesentlich erweitern, zum Beispiel durch den Übergang von Summen zu Integralen. Das ist einer der Gegenstände der *Maß- und Integrationstheorie*.

Vertiefung: Visualisierung von Funktionen mehrerer Variablen (mit MATLAB®)

Wir erweitern die Visualisierungsmethoden, die auf S. 133 eingeführt wurden, auf Funktionen mehrerer Variablen.

Um eine Funktion $\mathbb{R}^2 \to \mathbb{R}$ zu visualisieren gibt es vielfältige Möglichkeiten, die in MATLAB® meist direkt implementiert und somit schnell verfügbar sind.

Als Vorbereitung erzeugen wir eine *figure*, stellen relative Größenangaben ein und bringen das Fenster auf eine angemessene Größe:

```
fH = figure(); % neues Fenster
set(fH, 'Units', 'normalized');
set(fH, 'Position', [.1,.1,.8,.8]);
```

Das folgende Skript stellt die Funktion f mit $f(\boldsymbol{x}) = x_1 + x_2^2$ im Bereich $[-3, 3] \times [-3, 3]$ auf vier Arten dar:

```
% Plot-Bereich definieren:
x1 = -3:.1:3; x2 = -3:.1:3;
% Vektoren zu Matrizen erweitern:
[X, Y] = meshgrid(x1,x2);
% Werte fuer eine Funktion f mit
% f(x,y)=sin(x+y^2) berechnen:
F = sin(X+Y.^2);
% Fenster wird in Subplots unterteilt:
subplot(2,2,1); % 1. Graph als Flaeche
surf(x1, x2, F); shading interp;
subplot(2,2,2); % 2. Pseudofarben-Plot
pcolor(x1, x2, F); shading interp;
% 3. Konturlinien in mehreren Hoehen:
subplot(2,2,3); contour3(x1,x2,F);
% 4. "Klassischer" Kontur-Plot:
subplot(2,2,4); contour(x1,x2,F);
```

Das Ergebnis sollte ca. so aussehen:

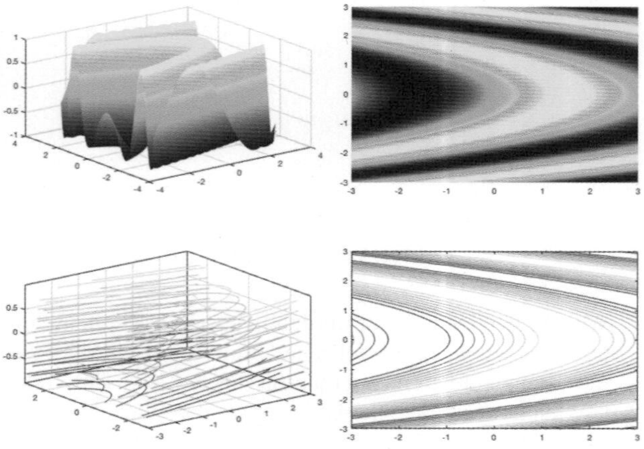

Der Großteil des Vorgehens erfolgt völlig analog zum Fall des Darstellens von Funktionsgraphen für Funktionen $\mathbb{R} \to \mathbb{R}$.

Dass man nun (z. B. in `surf(x1, x2, F))` statt eines Vektors zwei braucht, um den Bereich zu definieren, ist naheliegend. Erklärungs- und gewöhnungsbedürftig ist in erster Linie der Befehl `[X, Y] = meshgrid(x1,x2)`.

Wie in MATLAB® üblich, wird die Funktion f elementweise auf einem Gitter definiert, das in unserem Fall aus 61×61 Punkten besteht. Auf jedem dieser Punkte muss entsprechend sowohl die x_1- als auch die x_2-Koordinate für die elementweise Berechnung zur Verfügung stehen. Dafür sorgt der `meshgrid`-Befehl, der in unserem Beispiel die Vektoren `x1` und `x2` passend repliziert, quasi „auf Matrix-Format aufbläst".

Auch Funktionen $\mathbb{R} \to \mathbb{R}^3$ (also Kurven) lassen sich einfach darstellen; hier für das Beispiel einer Funktion mit $\boldsymbol{x}(t) = (t \cos t,\ t \sin t,\ t)^\top$. Das kurze Skript

```
% Parameterbereich definieren:
t = 0:pi/50:10*pi;
% Kurve plotten:
pH=plot3(t.*cos(t),t.*sin(t),t,'k-');
set(pH, 'LineWidth', 2);
```

liefert den folgenden Kurvenplot:

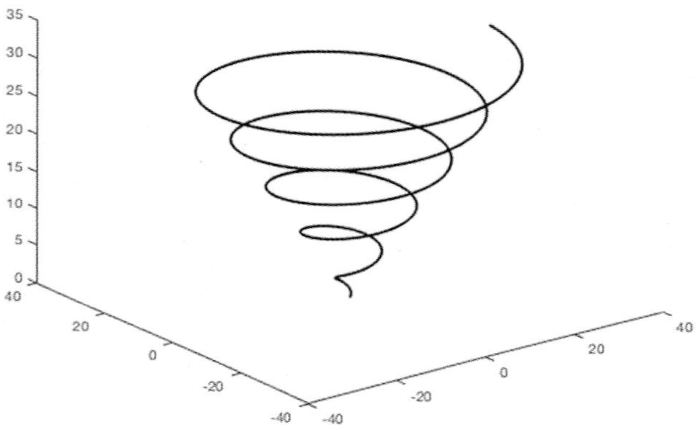

Die Stilelemente, die vom `plot`-Befehl bekannt sind, können auch hier verwendet werden. Hätte man die Linie also z. B. lieber rot gepunktet statt schwarz durchgezogen, müsste man als Format-String nur `'r:'` statt `'k-'` angeben. Über das *handle* auf den Plot, hier `pH`, ist das Setzen umfassenderer Eigenschaften möglich.

Mit dem Befehl `rotate3d on` lässt sich das Rotieren eines 3D-Plots per Maus aktivieren (was aber natürlich auch mit der entsprechenden Menüoption möglich ist).

Eine Übersicht über die verschiedenen Visualisierungsmethoden, die MATLAB® zur Verfügung stellt, erhält man auf: https://de.mathworks.com/help/matlab/creating_plots/types-of-matlab-plots.html

Beispiel Wir bestimmen und klassifizieren alle Extrema der Funktion

$$f(x, y, z) = -xy + z^2 - 3x + 5y$$

unter der Nebenbedingung $g(x, y, z) = x + y + z - 1 = 0$.

Da in der Nebenbedingung die Variablen nur in erster Potenz vorkommen, ist es nicht schwierig, die Nebenbedingung in die Zielfunktion einzusetzen. Mit $x = 1 - y - z$ erhält man die neue Zielfunktion

$$\tilde{f}(y, z) = y^2 + yz + z^2 + 7y + 3z - 3\,,$$

mit den partiellen Ableitungen $\tilde{f}_y = 2y+z+7$ und $\tilde{f}_z = 2z+y+3$. Nullsetzen und anschließendes Lösen des Gleichungssystems liefert $y = -\frac{11}{3}$, $z = \frac{1}{3}$, die Nebenbedingung ergibt weiter $x = \frac{13}{3}$.

Für die Funktion $\tilde{f}(y, z)$ kann man die Hesse-Matrix überprüfen: Man erhält mit $\tilde{f}_{yy} = 2$, $\tilde{f}_{yz} = 1$ und $\tilde{f}_{zz} = 2$ sofort $\Delta = \tilde{f}_{yy}\tilde{f}_{zz} - \tilde{f}_{yz}^2 = 3 > 0$ für beliebige y und z, wegen $\tilde{f}_{yy} = 2 > 0$ ist also jeder kritische Punkt (es gibt ohnehin nur einen) ein relatives Minimum.

Tatsächlich ist der vorher gefundene Punkt $\boldsymbol{P} = (\frac{13}{3}, -\frac{11}{3}, \frac{1}{3})$ sogar ein absolutes Minimum: Es kommen nämlich sowohl y als auch z in $\tilde{f}$ in höchster Potenz quadratisch vor, die Funktion geht also in jede Richtung $\to +\infty$. Des Weiteren ist die Funktion auf ganz $\mathbb{R}^2$ differenzierbar und besitzt keine weiteren kritischen Punkte, an $\boldsymbol{P}$ muss also ein absolutes Minimum liegen. ◀

Achtung Die obige Beschreibung bezieht sich auf den gutartigen Normalfall. Es kann natürlich vorkommen, dass Nebenbedingungen unverträglich sind oder zusammenfallen. Die Schnittmenge von zwei $(n-1)$-dimensionalen Hyperflächen kann im Allgemeinen jede Dimension von null bis $(n-1)$ haben oder auch leer sein. ◀

Das oben geschilderte Vorgehen hat jedoch gewisse Schwächen. Es funktioniert nur, wenn sich die Nebenbedingungen explizit nach einer Variablen auflösen oder sonst auf eine geschickte Art einbauen lassen. Das kann im Allgemeinen nicht vorausgesetzt werden. Selbst wenn das möglich ist, werden die resultierenden Funktionen schnell sehr kompliziert.

Es gibt eine äußerst elegante andere Variante, Extremwertaufgaben mit Nebenbedingungen zu behandeln, die Methode der *Lagrange-Multiplikatoren*. Dabei umgeht man das Problem der Auflösbarkeit und erhält im Normalfall wesentlich einfachere Gleichungen für die kritischen Punkte. Lagrange-Multiplikatoren werden in Abschn. 35.2 besprochen.

Wir haben in diesem Kapitel den Grundstein für den weiteren Aufbau der mehrdimensionalen Analysis gelegt, ein Themenkomplex, der uns noch geraume Zeit beschäftigen wird. Dabei hat sich die Verknüpfung von Methoden der eindimensionalen Analysis mit denen der linearen Algebra als zentral erwiesen.

Aus beiden Bereichen kennen wir inzwischen verschiedenste wichtige Ungleichungen, die sich an diversen Stellen als zentral erwiesen haben und noch erweisen werden. Der Übersicht halber stellen wir nun all jene Ungleichungen, die wir bisher kennengelernt haben, gesammelt auf S. 907 zusammen.

Zusammenfassung

Wozu Funktionen von mehreren Variablen?

Funktionen mehrerer Variabler, die als Abbildungen $\mathbb{R}^n \to \mathbb{R}^m$ aufgefasst werden können, tauchen in den verschiedensten Anwendungen auf. Derartige Funktionen können gegenüber dem eindimensionalen Fall zusätzliche Symmetrien besitzen.

Richtungsstetigkeit und Stetigkeit

Die Stetigkeit ist analog zum eindimensionalen Fall mittels Grenzwerten definiert, die Handhabung von Grenzwerten im Mehrdimensionalen ist aber schwieriger. Daher ist es manchmal nützlich, eine einfachere, aber schwächere Variante, die *Richtungsstetigkeit* zu betrachten.

Selbst aus Richtungsstetigkeit in alle Richtungen folgt jedoch nicht zwangsläufig Stetigkeit – diese ist ein sehr starker Begriff.

Definition von Stetigkeit

Eine Funktion $f\colon \mathbb{R}^n \to \mathbb{R}$ ist stetig in einem Punkt $\tilde{\boldsymbol{x}} = (\tilde{x}_1, \ldots, \tilde{x}_n)$, wenn

$$\lim_{\boldsymbol{x}\to\tilde{\boldsymbol{x}}} f(\boldsymbol{x}) = f(\tilde{\boldsymbol{x}})$$

ist. Sie ist stetig in einem Bereich $B \subseteq D(f) \subseteq \mathbb{R}^n$, wenn sie in jedem Punkt $\tilde{\boldsymbol{x}} \in B$ stetig ist.

Die Stetigkeit oder Unstetigkeit von Funktionen lässt sich mittels Folgen, für Funktionen $\mathbb{R}^2 \to \mathbb{R}$ auch mittels Polarkoordinaten überprüfen. Glücklicherweise gilt wie im Eindimensionalen, dass „zivilisierte" Zusammensetzungen stetiger Funktionen stetig sind.

Partielle Ableitungen und Differenzierbarkeit

Richtungsableitungen sind einfach zu beschreiben, erfassen jedoch nur einen Teil des Änderungsverhaltens einer Funktion. Besonders wichtig sind Richtungsableitungen in Richtung der Koordinatenachsen.

Definition der partiellen Ableitungen

Die partielle Ableitung einer Funktion $f\colon \mathbb{R}^n \to \mathbb{R}$ nach einer Variablen x_k im Punkt $\tilde{\boldsymbol{x}} = (\tilde{x}_1, \ldots, \tilde{x}_n)$ ist definiert über

$$\begin{aligned} f_{x_k}(\tilde{\boldsymbol{x}}) &\equiv \left.\frac{\partial f}{\partial x_k}\right|_{\tilde{\boldsymbol{x}}} = \left.\frac{\partial f}{\partial \boldsymbol{e}_k}\right|_{\tilde{\boldsymbol{x}}} \\ &= \lim_{h\to 0} \frac{f(\tilde{\boldsymbol{x}} + h\,\boldsymbol{e}_k) - f(\tilde{\boldsymbol{x}})}{h}\,. \end{aligned}$$

In den meisten Fällen kann man partielle Ableitungen mit den üblichen Ableitungsregeln bestimmen.

Berechnung der partiellen Ableitung

Die partielle Ableitung der Funktion $f\colon \mathbb{R}^n \to \mathbb{R}$, nach der Variablen x_k,

$$f_{x_k} \equiv \frac{\partial f}{\partial x_k},$$

berechnet man, indem man alle anderen Variablen konstant hält und f nach x_k „normal", also als Funktion $\mathbb{R} \to \mathbb{R}$ ableitet.

In vielen Fällen ist $f_{x_i x_j} = f_{x_j x_i}$. Konkret:

Satz von Schwarz

Ist eine Funktion $f\colon \mathbb{R}^n \to \mathbb{R}$ in einer Umgebung U von $\tilde{\boldsymbol{x}}$ mindestens p-mal partiell differenzierbar und sind alle p-ten Ableitungen in U zumindest noch *stetig*, so ist in $\tilde{\boldsymbol{x}}$ die Differenziationsreihenfolge in allen q-ten partiellen Ableitung mit $q \leq p$ unerheblich.

Differenzierbarkeit ist weiterhin der zentrale Begriff der Analysis

Differenzierbarkeit bedeutet lineare Approximierbarkeit.

Differenzierbarkeit $\mathbb{R}^n \to \mathbb{R}$

Eine Funktion f ist dann im Punkt $\tilde{\boldsymbol{x}} = (\tilde{x}_1, \ldots, \tilde{x}_n)$ differenzierbar, wenn es einen Vektor $\boldsymbol{a}$ gibt, sodass man sie in der Form

$$f(x_1, \ldots, x_n) = f(\tilde{\boldsymbol{x}}) + \boldsymbol{a} \cdot (\boldsymbol{x} - \tilde{\boldsymbol{x}}) + R(\boldsymbol{x})$$

schreiben kann und der Fehler R von höherer als erster Ordnung verschwindet,

$$\lim_{\boldsymbol{x} \to \tilde{\boldsymbol{x}}} \frac{R(\boldsymbol{x})}{\|\boldsymbol{x} - \tilde{\boldsymbol{x}}\|} = 0.$$

Die Funktion f heißt differenzierbar in $B \subseteq \mathbb{R}^n$, wenn sie in jedem Punkt $\boldsymbol{p} \in B$ differenzierbar ist.

Dabei ist $\boldsymbol{a} = \mathbf{grad}\, f(\tilde{\boldsymbol{x}})$.

Definition des Gradienten

Der **Gradient** einer partiell differenzierbaren Funktion f: $\mathbb{R}^n \to \mathbb{R}$ im Punkt $\boldsymbol{p}$ ist der Vektor der partiellen Ableitungen in diesem Punkt:

$$\nabla f(\boldsymbol{p}) \equiv \mathbf{grad}\, f(\boldsymbol{p}) = \begin{pmatrix} \frac{\partial f}{\partial x_1}(\boldsymbol{p}) \\ \vdots \\ \frac{\partial f}{\partial x_n}(\boldsymbol{p}) \end{pmatrix}$$

Auch Richtungsableitung in jede Richtung lassen sich bei differenzierbaren Funktionen mithilfe des Gradienten bestimmen.

Das Konzept des Differenzials lässt sich ins Mehrdimensionale übertragen, und auch den Satz von Taylor können wir für Funktionen $\mathbb{R}^n \to \mathbb{R}$ formulieren.

Satz von Taylor für Funktionen $\mathbb{R}^n \to \mathbb{R}$

Für eine Funktion f: $G \to \mathbb{R}$ mit $G \subset \mathbb{R}^n$ offen, $f \in C^{m+1}(G)$, einen Vektor $\tilde{\boldsymbol{x}} \in G$ und einen Vektor $\boldsymbol{h} = (h_1, \ldots, h_n)^{\mathrm{T}}$ gilt:

Liegen die Punkte $\tilde{\boldsymbol{x}} + t\boldsymbol{h}$ für $t \in [0, 1]$ alle in G, dann gibt es ein $\vartheta \in (0, 1)$, sodass

$$f(\tilde{\boldsymbol{x}} + \boldsymbol{h}) = \sum_{\nu=0}^{m} \frac{1}{\nu!} \big[(\boldsymbol{h} \cdot \nabla)^{\nu} f\big](\tilde{\boldsymbol{x}}) + \frac{1}{(m+1)!} \big[(\boldsymbol{h} \cdot \nabla)^{m+1} f\big](\tilde{\boldsymbol{x}} + \vartheta \boldsymbol{h})$$

ist. $\tilde{\boldsymbol{x}}$ nennen wir dabei die *Entwicklungsmitte*.

Funktionen $\mathbb{R}^n \to \mathbb{R}^m$

Eine Funktion $\boldsymbol{f}$ ist dann im Punkt $\tilde{\boldsymbol{x}} = (\tilde{x}_1, \ldots, \tilde{x}_n)$ differenzierbar, wenn es eine Matrix $\boldsymbol{A}$ gibt, sodass man sie in der Form

$$\boldsymbol{f}(\boldsymbol{x}) = \boldsymbol{f}(\tilde{\boldsymbol{x}}) + \boldsymbol{A}\, (\boldsymbol{x} - \tilde{\boldsymbol{x}}) + \boldsymbol{r}(\boldsymbol{x})$$

schreiben kann und der Fehler $\boldsymbol{r}$ von höherer als erster Ordnung verschwindet,

$$\lim_{\boldsymbol{x} \to \tilde{\boldsymbol{x}}} \frac{\|\boldsymbol{r}(\boldsymbol{x})\|}{\|\boldsymbol{x} - \tilde{\boldsymbol{x}}\|} = 0.$$

Die Matrix $\boldsymbol{A}$ ist dabei die Matrix der partiellen Ableitungen, die *Jacobi-Matrix*

$$\boldsymbol{J}_f\big|_{\boldsymbol{p}} \equiv \left.\frac{\partial(f_1, \ldots f_m)}{\partial(x_1, \ldots x_n)}\right|_{\boldsymbol{p}} = \nabla \boldsymbol{f}^{\mathrm{T}}\big|_{\boldsymbol{p}},$$

die die Rolle der Ableitung aus dem eindimensionalen Fall übernimmt. Für zusammengesetzte Abbildungen gilt die Kettenregel

$$\boldsymbol{h}'(\boldsymbol{p}) = \boldsymbol{g}'(\boldsymbol{q}) \boldsymbol{f}'(\boldsymbol{p})$$

bzw. in ausführlicherer Schreibweise:

$$\left.\frac{\partial(h_1, \ldots, h_m)}{\partial(x_1, \ldots, x_n)}\right|_{\boldsymbol{p}} = \left.\frac{\partial(g_1, \ldots, g_m)}{\partial(y_1, \ldots, y_q)}\right|_{\boldsymbol{q}} \left.\frac{\partial(f_1, \ldots, f_q)}{\partial(x_1, \ldots, x_n)}\right|_{\boldsymbol{p}}$$

Mithilfe der Kettenregel kann ein bestimmter Typ von Differenzialgleichung gelöst werden, die exakte Differenzialgleichung

$$p(x, y) + q(x, y)\, y' = 0$$

mit p und q stetig auf einem einfach zusammenhängenden Gebiet $G \subseteq \mathbb{R}^2$ und

$$\frac{\partial p(x, y)}{\partial y} = \frac{\partial q(x, y)}{\partial x}.$$

Mit integrierenden Faktoren können manche anderen Differenzialgleichungen auf exakte Form gebracht werden.

Der Hauptsatz über implizite Funktionen

Implizit gegebene Funktionen tauchen in verschiedensten Bereichen auf.

Hauptsatz über implizite Funktionen

Für die Abbildung $\boldsymbol{f}$: $M \to \mathbb{R}^n$ mit einer offenen Definitionsmenge $M \subset \mathbb{R}^{n+m}$ ist das Gleichungssystem

$$f_i(x_1, \ldots, x_{n+m}) = 0, \quad i = 1, \ldots, n,$$

in $\boldsymbol{p} = (p_1, \ldots, p_{n+m}) \in M$ nach den Variablen x_1 bis x_n auflösbar, wenn

1. $f_i(p_1, \ldots, p_{n+m}) = 0$ für alle $i = 1, \ldots, n$,
2. $f_i \in C^1(U_\varepsilon(\boldsymbol{p}))$ für $i = 1, \ldots, n$ und
3. $\det \frac{\partial(f_1, \ldots, f_n)}{\partial(x_1, \ldots, x_n)}(\boldsymbol{p}) \neq 0$ ist.

Durch implizites Differenzieren kann man oft Ableitungen implizit gegebener Funktionen bestimmen.

Teil IV

Kandidaten für Extremstellen lassen sich durch Nullsetzen des Gradienten finden

An allen inneren Extrema muss $\mathbf{grad}\,f = \mathbf{0}$ gelten, daher:

Notwendige Bedingung für Extrema

Ist eine Funktion $f\colon \mathbb{R}^n \to \mathbb{R}$ in $\boldsymbol{p}$ differenzierbar und hat dort ein relatives Extremum, so gilt

$$\frac{\partial f}{\partial x_i}(\boldsymbol{p}) = 0 \quad \text{für } i = 1, \ldots, n\,.$$

Ob an solchen kritischen Stellen tatsächlich ein Extremum vorliegt, muss noch überprüft werden, etwa über Definitheit der Hesse-Matrix $H_{ij} = \frac{\partial^2 f}{\partial x_i\, \partial x_j}$.

Extremwertaufgaben mit Nebenbedingungen haben gewisse Besonderheiten

Nebenbedingungen lassen sich manchmal eliminieren, um die Zahl der Variablen zu reduzieren. Eine vielseitigere Methode, die Verwendung von *Lagrange*-Multiplikatoren, wird im Kap. 35 über Optimierung behandelt.

Bonusmaterial

Im Bonusmaterial reichen wir einige Beweise nach, die wir aus Platz- und Übersichtlichkeitsgründen nicht im Haupttext bringen wollten. Das betrifft etwa die Bedeutung der partiellen Ableitungen für differenzierbare Funktionen oder die mehrdimensionale Variante des Satzes von Taylor.

Aufgaben

Die Aufgaben gliedern sich in drei Kategorien: Anhand der *Verständnisfragen* können Sie prüfen, ob Sie die Begriffe und zentralen Aussagen verstanden haben, mit den *Rechenaufgaben* üben Sie Ihre technischen Fertigkeiten und die *Anwendungsprobleme* geben Ihnen Gelegenheit, das Gelernte an praktischen Fragestellungen auszuprobieren.
Ein Punktesystem unterscheidet leichte •, mittelschwere •• und anspruchsvolle ••• Aufgaben. Lösungshinweise am Ende des Buches helfen Ihnen, falls Sie bei einer Aufgabe partout nicht weiterkommen. Dort finden Sie auch die Lösungen – betrügen Sie sich aber nicht selbst und schlagen Sie erst nach, wenn Sie selber zu einer Lösung gekommen sind. Ausführliche Lösungswege, Beweise und Abbildungen finden Sie als digitales Zusatzmaterial (electronic supplementary material).
Viel Spaß und Erfolg bei den Aufgaben!

Verständnisfragen

24.1 • Welche der folgenden Aussagen über Funktionen $f\colon \mathbb{R}^n \to \mathbb{R}$ sind richtig?

(a) Jede in einem Punkt $\boldsymbol{p}$ differenzierbare Funktion ist dort partiell differenzierbar.
(b) Jede in einem Punkt $\boldsymbol{p}$ differenzierbare Funktion ist dort stetig.
(c) Jede in einem Punkt $\boldsymbol{p} \in D(f)$ differenzierbare Funktion f ist in ganz $D(f)$ differenzierbar.
(d) Jede in einem Punkt $\boldsymbol{p}$ stetige Funktion ist dort partiell differenzierbar.
(e) Jede in einem Punkt $\boldsymbol{p}$ differenzierbare Funktion ist dort in x_1-Richtung stetig.

24.2 •• Wir betrachten eine Funktion $f\colon \mathbb{R}^2 \to \mathbb{R}$, von der bekannt ist, dass sie auf jeden Fall in $\mathbb{R}^2 \setminus \{\boldsymbol{0}\}$ stetig ist. Gilt mit Sicherheit

(a) $\lim_{x\to 0} \lim_{y\to 0} f(x, y) = \lim_{y\to 0} \lim_{x\to 0} f(x, y)$,
(b) $\lim_{(x,y)\to(0,0)} = f(0, 0)$,

wenn f in $\boldsymbol{x} = (0, 0)^{\mathrm{T}}$

1. stetig ist?
2. in jeder Richtung richtungsstetig ist?
3. differenzierbar ist?
4. partiell differenzierbar ist?

24.4 •• Man betrachte die Schar aller Strecken von $(0, t)^{\mathrm{T}}$ nach $(1 - t, 0)^{\mathrm{T}}$ mit $t \in [0, 1]$ und bestimme die Einhüllende dieser Strecken.

24.5 • Untersuchen Sie die beiden Funktionen f und g, $\mathbb{R}^2 \to \mathbb{R}$,

$$f(\boldsymbol{x}) = \begin{cases} \frac{x_1 x_2^3}{(x_1^2+x_2^2)^2} & \text{für } \boldsymbol{x} \neq \boldsymbol{0} \\ 0 & \text{für } \boldsymbol{x} = \boldsymbol{0} \end{cases}$$

$$g(\boldsymbol{x}) = \begin{cases} \frac{x_1^3 x_2^2}{(x_1^2+x_2^2)^2} & \text{für } \boldsymbol{x} \neq \boldsymbol{0} \\ 0 & \text{für } \boldsymbol{x} = \boldsymbol{0} \end{cases}$$

auf Stetigkeit im Ursprung.

24.6 •• Man untersuche die Funktion f,

$$f(x, y) = \begin{cases} \frac{xy^3}{\cos(x^2+y^2)-1} & \text{für } (x, y) \neq (0, 0) \\ 0 & \text{für } (x, y) = (0, 0) \end{cases}$$

auf Stetigkeit im Punkt $(0, 0)$.

24.7 •• Man untersuche die Funktion

$$f(x, y) = \begin{cases} \frac{x^6+y^5}{x^4+y^4} & \text{für } (x, y) \neq (0, 0) \\ 0 & \text{für } (x, y) = (0, 0) \end{cases}$$

auf Stetigkeit. Des Weiteren berechne man die partiellen Ableitungen $\frac{\partial f}{\partial x}(0, 0)$, $\frac{\partial f}{\partial y}(0, 0)$ und die Richtungsableitung $\frac{\partial f}{\partial \widehat{\boldsymbol{a}}}(0, 0)$ mit $\widehat{\boldsymbol{a}} = (\frac{1}{\sqrt{2}}, \frac{1}{\sqrt{2}})^{\mathrm{T}}$. Ist die Funktion im Ursprung differenzierbar?

Rechenaufgaben

24.3 • Man berechne alle partiellen Ableitungen erster und zweiter Ordnung der Funktionen:

$$f(x, y) = x^2 e^y + e^{xy}$$
$$g(x, y) = \sin^2(xy)$$
$$h(x, y) = e^{\cos x + y^3}$$

24.8 • Man entwickle die Funktion f, $\mathbb{R}^2 \to \mathbb{R}$,

$$f(x, y) = y \cdot \ln x + x\, e^{y+2}$$

um $P = (\frac{1}{e}, -1)$ in ein Taylorpolynom zweiter Ordnung.

24.9 •• Man entwickle $f(x,y) = x^y$ an der Stelle $\tilde{x} = (1,\ 1)^T$ in ein Taylorpolynom bis zu Termen zweiter Ordnung und berechne damit näherungsweise $\sqrt[10]{(1.05)^9}$.

24.10 • Bestimmen Sie das Taylorpolynom zweiten Grades der Funktion $f\colon \mathbb{R}\setminus\{0\} \to \mathbb{R}_{>0}$,

$$f(\boldsymbol{x}) = \frac{1}{\sqrt{x_1^2 + x_2^2 + x_3^2}}$$

an der Stelle $\tilde{x} = (1,\ 1,\ 1)^T$.

24.11 •• Bestimmen Sie die Ableitung $\frac{dy}{dx}$ der Funktion y, die durch $x^y = y^x$ definiert ist. Bestimmen Sie die Tangente an diese Funktion an der Stelle $x = 1$.

24.12 • Man berechne die Jacobi-Matrizen $\boldsymbol{J}_f$ und $\boldsymbol{J}_g$ der Abbildungen:

$$\begin{aligned}
f_1(x,y,z) &= e^{xy} + \cos^2 z \\
f_2(x,y,z) &= xyz - e^{-z} \\
f_3(x,y,z) &= \sinh(xz) + y^2 \\
g_1(x_1,x_2,x_3,x_4) &= \sqrt{x_1^2 + x_2^2 + 1} - x_4 \\
g_2(x_1,x_2,x_3,x_4) &= \cos(x_1x_3^2) + e^{x_4} \\
g_3(x_1,x_2,x_3,x_4) &= x_2x_3 + \ln(1 + x_4^2)
\end{aligned}$$

24.13 •• Man bestimme einen allgemeinen Ausdruck für die zweite Ableitung eines Parameterintegrals mit variablen Grenzen,

$$I(t) = \int_{a(t)}^{b(t)} f(x,\ t)\,dx\,,$$

und damit das Taylorpolynom zweiter Ordnung der Funktion $I\colon \mathbb{R} \to \mathbb{R}$,

$$I(t) = \int_{2t}^{1+t^2} e^{-tx^2}\,dx$$

mit Entwicklungsmitte $t_0 = 1$.

24.14 •• Transformieren Sie den Ausdruck

$$W = \frac{1}{\sqrt{x^2 + y^2}}\left(x\frac{\partial U}{\partial x} + y\frac{\partial U}{\partial y}\right)$$

auf Polarkoordinaten. (Hinweis: Setzen Sie dazu $u(r,\ \varphi) = U(r\cos\varphi,\ r\sin\varphi)$.)

24.15 •• Bestimmen Sie mithilfe des Newton-Verfahrens eine Näherungslösung des Gleichungssystems

$$\begin{aligned}
\sin x\, \cos y &= 0.1 \\
x^2 + \sin y &= 0.2\,,
\end{aligned}$$

die in der Nähe von $x_0 = y_0 = 0$ liegt (zwei Iterationsschritte).

24.16 ••• Zeigen Sie die *Euler-Gleichung*: Ist eine Funktion $f\colon \mathbb{R}^n \to \mathbb{R}$ homogen vom Grad h, ist also

$$f(\lambda\boldsymbol{x}) = f(\lambda x_1,\ \ldots,\ \lambda x_n) = \lambda^h f(\boldsymbol{x})\,,$$

so gilt

$$\boldsymbol{x}\cdot\nabla f = hf\,.$$

24.17 • Bestimmen Sie alle Lösungen der Differenzialgleichungen

$$2x\,\cos y - x^2\,\sin y\, y' = 0$$

und

$$e^x\, y + (e^x + 2y)\; y' = 0\,.$$

24.18 •• Bestimmen Sie alle Lösungen der Differenzialgleichung

$$\frac{2x}{1+x^2}\,\sin(x+y) + \cos(x+y)(1+y') = 0\,.$$

24.19 ••• Bestimmen Sie alle Lösungen der Differenzialgleichung

$$\cos x + \sin x + 2\sin x\, y\, y' = 0\,.$$

24.20 •• Man untersuche, ob sich die Funktion $f\colon \mathbb{R}^2 \times (-1,\infty) \to \mathbb{R}$

$$f(x,y,z) = e^x - y^2 z + x\ln(1+z) - 1 = 0$$

am Punkt $\boldsymbol{p} = (0,1,0)^T$ lokal eindeutig nach $z = \varphi(x,y)$ auflösen lässt und berechne für diesen Fall die partiellen Ableitungen $\varphi_x(0,\ 1)$ und $\varphi_y(0,\ 1)$.

24.21 •• Man begründe, warum sich das Gleichungssystem

$$\begin{aligned}
f_1(x,y,z) &= 2\cos(xyz) + yz - 2x = 0 \\
f_2(x,y,z) &= (xyz)^2 + z - 1 = 0
\end{aligned}$$

in einer Umgebung des Punktes $\tilde{x} = (1,\ 0,\ 1)^T$ lokal nach y und z auflösen lässt und berechne für diese Auflösungen $y'(1)$, $z'(1)$, $y''(1)$ sowie $z''(1)$.

24.22 •• Gegeben ist die Funktion $f\colon \mathbb{R}^3 \to \mathbb{R}$

$$f(x,y,z) = e^{\cos^2(xy^3z)} - \sqrt{e}\,.$$

Man begründe, warum sich $f(x,y,z) = 0$ in einer Umgebung von $P = (x_0,y_0,z_0) = (\pi, 1, \frac{1}{4})$ lokal nach z auflösen lässt, und berechne dort die partiellen Ableitungen $z_x(x_0,y_0)$ und $z_y(x_0,y_0)$.

Teil IV

24.23 • Man überprüfe, ob sich das Gleichungssystem

$$f_1(x,y,z) = x^2 + y^2 - z - 22 = 0$$
$$f_2(x,y,z) = x + y^2 + z^3 = 0$$

in einer Umgebung von $\tilde{\boldsymbol{x}} = (4, 2, -2)^{\mathrm{T}}$ eindeutig nach x und y auflösen lässt. Ferner bestimme man explizit zwei Funktionen φ_1 und φ_2, sodass in $U(P)$ gilt: $f_j(\varphi_1(z), \varphi_2(z), z) \equiv 0, j = 1, 2$.

24.24 •• Gegeben sind die Abbildungen $\boldsymbol{f} : \mathbb{R}^3 \to \mathbb{R}^3$ und $\boldsymbol{g} : \mathbb{R}^3 \to \mathbb{R}^3$:

$$f_1(\boldsymbol{x}) = x_1 - 2x_2 + x_3$$
$$f_2(\boldsymbol{x}) = x_1 x_2$$
$$f_3(\boldsymbol{x}) = x_1^2 - x_3^2$$
$$g_1(\boldsymbol{y}) = (y_1 - y_2)^2 + y_3^2$$
$$g_2(\boldsymbol{y}) = (y_1 + y_2)^2$$
$$g_3(\boldsymbol{y}) = y_1 y_2 - y_3$$

Man überprüfe, ob die Abbildung $\boldsymbol{h} = \boldsymbol{g} \circ \boldsymbol{f} = \boldsymbol{g}(\boldsymbol{f})$, $\mathbb{R}^3 \to \mathbb{R}^3$ in einer geeigneten Umgebung von $h(\boldsymbol{p})$ mit $\boldsymbol{p} = (1,\ 1,\ 1)^{\mathrm{T}}$ umkehrbar ist.

24.25 •• Man finde alle kritischen Punkte der Funktion

$$f(x,y) = (y^2 - x^2) \cdot \mathrm{e}^{-\frac{x^2+y^2}{2}}$$

und überprüfe, ob es sich dabei um lokale Maxima, lokale Minima oder Sattelpunkte handelt.

24.26 •• Man bestimme und klassifiziere alle Extrema der Funktion $f \colon \mathbb{R}^2 \to \mathbb{R}$,

$$f(x,y) = (1 + 2x - y)^2 + (2 - x + y)^2 + (1 + x - y)^2 .$$

24.27 •• Man bestimme die stationären Stellen der Funktion f, $\mathbb{R}^3 \to \mathbb{R}$,

$$f(x,y,z) = x^2 + xz + y^2$$

unter der Nebenbedingung $g(x,y,z) = x+y+z-1 = 0$. Handelt es sich dabei um Extrema?

24.28 •• Gegeben ist die Funktion $f \colon \mathbb{R}^2 \to \mathbb{R}$,

$$f(x,y) = y^4 - 3xy^2 + x^3 .$$

Gesucht sind Lage und Art aller kritischen Punkte dieser Funktion.

Anwendungsprobleme

24.29 • Bestimmen Sie die Werte und Fehler der folgenden Größen:

- Zylindervolumen V,

$$V = r^2 \pi\, h,$$
$$r = (10.0 \pm 0.1)\,\mathrm{cm}, \qquad h = (50.0 \pm 0.1)\,\mathrm{cm}$$

- Beschleunigung a,

$$s = \frac{1}{2} a t^2,$$
$$s = (100.0 \pm 0.5)\,\mathrm{m}, \qquad t = (3.86 \pm 0.01)\,\mathrm{s}$$

- Widerstand R_{12} bei Parallelschaltung,

$$\frac{1}{R_{12}} = \frac{1}{R_1} + \frac{1}{R_2},$$
$$R_1 = (100 \pm 5)\,\Omega, \qquad R_2 = (50 \pm 5)\,\Omega$$

24.30 • Das *ideale Gas* hat die Zustandsgleichung $pV = RT$ mit der Gaskonstanten R. Prüfen Sie für dieses System die Beziehung

$$\left(\frac{\partial p}{\partial V}\right)_T \left(\frac{\partial V}{\partial T}\right)_p \left(\frac{\partial T}{\partial p}\right)_V = -1 .$$

explizit nach.

24.31 ••• Eine Schlüsselgröße in der statistischen Physik ist die *Zustandssumme* Z, die von verschiedenen Variablen x_1 bis x_n abhängen kann.

Bestimmen Sie die vierte Ableitung des Logarithmus der Zustandssumme

$$\frac{\partial^4 \ln Z}{\partial x_i\, \partial x_j\, \partial x_k\, \partial x_l}$$

und stellen Sie das Ergebnis mit

$$\left\langle \frac{\partial^k Z}{\partial x_{i_1} \ldots \partial x_{i_k}} \right\rangle = \frac{1}{Z} \frac{\partial^k Z}{\partial x_{i_1} \ldots \partial x_{i_k}}$$

dar. Sie erhalten eine *verbundene Korrelationsfunktion* des betrachteten thermodynamischen Systems, ausgedrückt durch Erwartungswerte, die *vollen Korrelationsfunktionen* entsprechen.

Antworten zu den Selbstfragen

Antwort 1 Hier gibt es unzählige Möglichkeiten. Das durchschnittliche Einkommen in einer Volkswirtschaft hängt ebenso von mehreren Variablen ab wie die Intensität eines elektromagnetischen Signals oder die Ausbeute in einem verfahrenstechnischen Prozess.

Antwort 2 Am besten ist es hier, sich einige signifikante Punkte herauszugreifen, etwa $(0, 0)^T$, $(\frac{\pm\pi}{2}, 0)^T$, $(\pm\pi, 0)^T$, ... und in eine perspektivische Darstellung einzuzeichnen.

Antwort 3 Anwenden der Symmetrie im ersten Argumentenpaar, dann der Antisymmetrie im zweiten und wieder der Symmetrie im ersten liefert

$$f(x, y, z) = f(y, x, z) = -f(y, z, x) = -f(z, y, x).$$

Die Funktion ist demnach auch bezüglich Vertauschung des ersten und des letzten Arguments antisymmetrisch. Aus dieser Antisymmetrie folgt $f(2, 1, 2) = -f(2, 1, 2)$, der Funktionswert an dieser Stelle muss also null sein.

Antwort 4 Nein. Das Skalarprodukt ist zwar kommutativ, ∇ ist aber nicht nur Vektor, sondern gleichzeitig auch Differenzialoperator. Steht er links von $\boldsymbol{f}$, so werden die Komponenten f_k differenziert, ansonsten nicht. In diesem Beispiel erhalten wir

$$\begin{aligned} \nabla \cdot \boldsymbol{f}\, g &= \frac{\partial f_1\, g}{\partial x_1} + \ldots + \frac{\partial f_n\, g}{\partial x_n}, \\ \boldsymbol{f} \cdot \nabla g &= f_1 \frac{\partial g}{\partial x_1} + \ldots + f_n \frac{\partial g}{\partial x_n}. \end{aligned}$$

Diese beiden Ausdrücke sind (für $g \not\equiv 0$) nur dann gleich, wenn alle Komponenten f_k konstant sind. Diese Betrachtung gilt für beliebige g, man kann also auch knapp formulieren: Die beiden Differenzial*operatoren* $\nabla \cdot \boldsymbol{f}$ und $\boldsymbol{f} \cdot \nabla$ sind nicht gleich, $\nabla \cdot \boldsymbol{f} \neq \boldsymbol{f} \cdot \nabla$.

Antwort 5 Obige Bedeutung hat der Gradient nur für *differenzierbare* Funktionen, und diese lassen sich lokal immer hinreichend gut durch eine (Hyper)ebene annähern. Für eine Ebene liegen sich die Richtung des steilsten Anstiegs und des steilsten Abfalls aber tatsächlich immer genau gegenüber.

Antwort 6 Ein Taylorpolynom fünften oder höheren Grades hat die Gestalt

$$p(\boldsymbol{x}) = a_{0,0} + a_{1,0}x_1 + \cdots + a_{2,3}x_1^2x_2^3 + \ldots$$

Zweimaliges Differenzieren nach x_1 und dreimaliges nach x_2 liefert:

$$\begin{aligned} \frac{\partial p}{\partial x_1}(\boldsymbol{x}) &= a_{1,0} + 2a_{2,0}x_1 + \cdots + 2a_{2,3}x_1x_2^3 + \ldots \\ \frac{\partial p}{\partial x_1^2}(\boldsymbol{x}) &= 2a_{2,0} + 6a_{3,0}x_1 + \cdots + 2a_{2,3}x_2^3 + \ldots \\ \frac{\partial p}{\partial x_1^2\,\partial x_2}(\boldsymbol{x}) &= 2a_{2,1} + 6a_{3,1}x_1 + \cdots + 6a_{2,3}x_2^2 + \ldots \\ \frac{\partial p}{\partial x_1^2\,\partial x_2^2}(\boldsymbol{x}) &= 4a_{2,2} + 12a_{3,2}x_1 + 12a_{2,3}x_2 + \ldots \\ \frac{\partial p}{\partial x_1^2\,\partial x_2^3}(\boldsymbol{x}) &= 12a_{2,3} + 36a_{3,3}x_1 + 48a_{2,4}x_2 + \ldots \end{aligned}$$

Setzt man nun $\boldsymbol{x} = \boldsymbol{0}$, so erhält man

$$\frac{\partial^5 p}{\partial x_1^2\,\partial x_2^3}(\boldsymbol{0}) = 12a_{2,3} \stackrel{!}{=} \frac{\partial^5 f}{\partial x_1^2\,\partial x_2^3}(\boldsymbol{0})$$

und damit genau

$$a_{2,3} = \frac{1}{2!\,3!} \left.\frac{\partial^5 f}{\partial x_1^2\,\partial x_2^3}\right|_{\boldsymbol{x}=\boldsymbol{0}}.$$

Gebietsintegrale – das Ausmessen von Körpern

25

Was ist ein iteriertes Integral?

Wie berechnet man den Schwerpunkt eines Körpers?

Was sind Kugelkoordinaten?

Teil IV

T. Arens et al., *Mathematik*, https://doi.org/10.1007/978-3-662-64389-1_25

Nachdem wir im vorangegangenen Kapitel die Differenzialrechnung in das Mehrdimensionale übertragen haben, wollen wir nun den ersten Schritt unternehmen, auch die Integralrechnung auf höhere Dimensionen zu übertragen. Es gibt dabei viele verschiedene Integralbegriffe im Mehrdimensionalen, zum Beispiel *Kurvenintegrale* oder *Oberflächenintegrale*, mit denen wir uns erst im Kap. 27 beschäftigen werden. In diesem Kapitel wird es dagegen ausschließlich um sogenannte Gebietsintegrale gehen.

Kennzeichnend für Gebietsintegrale ist, dass die Dimension des Integrationsgebiets mit der Dimension des betrachteten Raums übereinstimmt. Im Zweidimensionalen integrieren wir über einen ebenen Bereich, im Dreidimensionalen über ein Volumen. Typische Anwendungen dieser Integrale sind die Berechnung von Volumen, Massen oder Schwerpunkten von Körpern.

Aus mathematischer Sicht sind die Gebietsintegrale, wenn man das schon bekannte Lebesgue-Integral aus dem Eindimensionalen als Spezialfall hinzuzählt, die Basis für die Definition der oben schon erwähnten komplizierteren Integraltypen. Es ist dieses Fundament, auf dem die Sätze der Vektoranalysis in Integralform und dadurch die mathematischen Modelle für die unterschiedlichsten naturwissenschaftlichen Theorien aufbauen, zum Beispiel die Maxwell'schen Gleichungen in der Elektrodynamik oder die Navier-Stokes'schen Gleichungen der Strömungsmechanik. Für die Physik und die Ingenieurwissenschaften spielt das Gebietsintegral also eine entscheidende Rolle.

Erstaunlicherweise zeigt sich, dass die Berechnung von Integralen selbst über komplizierte Integrationsbereiche im Mehrdimensionalen doch immer wieder auf die Berechnung von einzelnen eindimensionalen Integralen zurückgeführt werden kann. Die zentralen Werkzeuge hierzu, der Satz von Fubini und die Transformationsformel, bilden die wichtigsten Aussagen dieses Kapitels.

25.1 Definition und Eigenschaften

Wir erinnern uns zunächst daran, auf welche Art und Weise das eindimensionale Lebesgue-Integral eingeführt wurde. Ziel war es, die Fläche zwischen der reellen Achse und dem Graphen einer Funktion $f: I \to \mathbb{R}$ zu bestimmen, wobei $I \subseteq \mathbb{R}$ ein Intervall war. Dazu wurde zunächst definiert, was unter dieser Fläche im Fall von sehr einfachen Funktionen, den sogenannten Treppenfunktionen, zu verstehen ist.

Treppenfunktionen sind stückweise konstant, die gesuchte Fläche ergibt sich bei ihnen einfach als ein Summe von Rechtecken. Für andere Funktionen ergibt sich das Integral durch einen Grenzprozess. Die integrierbaren Funktionen sind solche, die sich in einer bestimmten Art und Weise durch eine Folge von Treppenfunktionen approximieren lassen und bei denen auch die Folge der Integrale über diese Treppenfunktionen konvergiert. Der entscheidende Punkt dabei ist, dass der Grenzwert dieser Folge von Integralen von der konkreten Wahl der approximierenden Folge von Treppenfunktionen unabhängig ist. Diesen Grenzwert haben wir das Integral über f genannt.

Das Vorgehen lässt sich ganz analog in das Mehrdimensionale übertragen. Wir beginnen damit, ein Integral für eine Funktion $f: D \to \mathbb{R}$ mit $D \subseteq \mathbb{R}^n$ zu definieren. Dabei nehmen wir an, dass D ein **Gebiet** ist. Dies bedeutet, dass D zusammenhängt und kein Randpunkt der Menge ein Element ist. Auf eine rigorose Definition dieser Begriffe wollen wir verzichten, die Anschauung ist hier für das Verständnis ausreichend.

Welche Größe berechnen wir durch ein Integral? Ist $n = 2$, so handelt es sich um das *Volumen* zwischen der (x_1, x_2)-Ebene und dem Graphen von f. Für größere Werte von n handelt es sich um eine Verallgemeinerung der Begriffe Flächeninhalt oder Volumen für höhere Dimensionen.

Integrale über Treppenfunktionen sind Summen von Volumen von Quadern

Der einfachste geometrische Körper, für den wir den Begriff des Volumens einführen können, ist ein **Quader**. Im Zweidimensionalen ist uns das Rechteck als kartesisches Produkt zweier beschränkter, offener Intervalle bekannt,

$$(a_1, b_1) \times (a_2, b_2).$$

Sein Flächeninhalt ist das Produkt der beiden Intervalllängen, $(b_1 - a_1)(b_2 - a_2)$. Im Dreidimensionalen ist der entsprechende Begriff der Quader als kartesisches Produkt dreier Intervalle,

$$(a_1, b_1) \times (a_2, b_2) \times (a_3, b_3).$$

Sein Volumen ist das Produkt aller drei Intervalllängen, $(b_1 - a_1)(b_2 - a_2)(b_3 - a_3)$. Solche Mengen sind in Abb. 25.1 und 25.2 dargestellt.

Auch für höhere Dimensionen nennen wir das entsprechende geometrische Objekt, also das kartesische Produkt von n beschränkten offenen Intervallen

$$Q = (a_1, b_1) \times \cdots \times (a_n, b_n) \subseteq \mathbb{R}^n$$

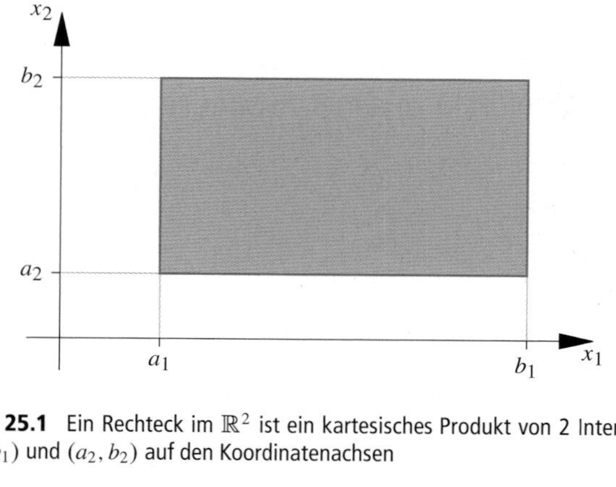

Abb. 25.1 Ein Rechteck im $\mathbb{R}^2$ ist ein kartesisches Produkt von 2 Intervallen (a_1, b_1) und (a_2, b_2) auf den Koordinatenachsen

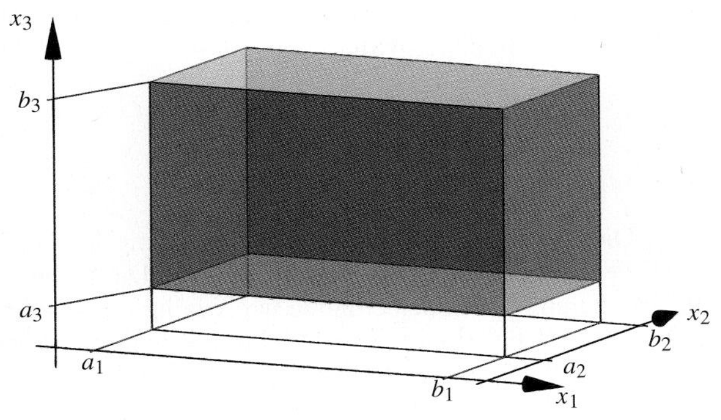

Abb. 25.2 Ein Quader im $\mathbb{R}^3$ ist ein kartesisches Produkt von 3 Intervallen (a_1, b_1), (a_2, b_2) und (a_3, b_3) auf den Koordinatenachsen

einen Quader. Sein **Volumen** V definieren wir als Produkt der Intervalllängen,

$$V(Q) = \prod_{j=1}^{n}(b_j - a_j).$$

Unter einer **Treppenfunktion** wollen wir nun eine Funktion $\varphi : D \to \mathbb{R}$ mit folgenden drei Eigenschaften verstehen:

- Der Definitionsbereich D enthält die Vereinigung von endlich vielen Quadern $Q_j \subseteq \mathbb{R}^n, j = 1, \dots, N$. Dabei sollen die Q_j paarweise disjunkt sein, also $Q_j \cap Q_k = \emptyset, j, k = 1, \dots, N, j \neq k$.
- Es ist $\varphi(\boldsymbol{x}) = 0$ für $\boldsymbol{x} \in D \setminus \bigcup_{j=1}^{N} Q_j$.
- Auf jedem Q_j ist die Funktion φ konstant,

$$\varphi(\boldsymbol{x}) = c_j, \quad \boldsymbol{x} \in Q_j,$$

mit $c_j \in \mathbb{R}, j = 1, \dots, N$.

Für eine solche Treppenfunktion ist das Integral nun schnell definiert,

$$\int_D \varphi(x)\, dx = \sum_{j=1}^{N} c_j\, V(Q_j).$$

Diese Definition bedeutet, dass das Integral über eine Treppenfunktion eine Summe von Volumen von Quadern im $\mathbb{R}^{n+1}$ ist. Durch das Vorzeichen der c_j werden dabei allerdings manche Volumen negativ gerechnet.

Indem wir eine Treppenfunktion $\varphi : D \to \mathbb{R}$ außerhalb von D durch null fortsetzen, können wir immer davon sprechen, dass eine Treppenfunktion auf ganz $\mathbb{R}^n$ definiert ist.

Beispiel Als Gebiet betrachten wir eine Ellipse im $\mathbb{R}^2$,

$$D = \{\boldsymbol{x} \in \mathbb{R}^2 \mid x_1^2 + 2x_2^2 < 4\}.$$

Auf D definieren wir eine Treppenfunktion φ. Auf vier verschiedenen Rechtecken $R_j \subseteq D$ hat φ einen konstanten Wert, außerhalb dieser Rechtecke ist die Funktion null. Die Definition

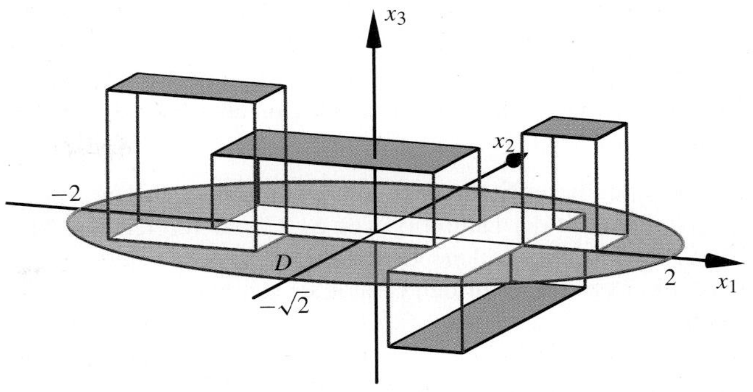

Abb. 25.3 Eine Treppenfunktion definiert auf einem Gebiet $D \subseteq \mathbb{R}^2$

der R_j, ihr Flächeninhalt und der entsprechende Wert von φ ist in der folgenden Tabelle aufgeführt:

j	R_j	$V(R_j)$	$c_j = \varphi\|_{R_j}$
1	$(-\frac{3}{2}, -\frac{1}{2}) \times (-\frac{3}{4}, -\frac{1}{4})$	$\frac{1}{2}$	1
2	$(-1, \frac{1}{2}) \times (-\frac{1}{4}, \frac{1}{2})$	$\frac{9}{8}$	$\frac{1}{2}$
3	$(\frac{1}{2}, 1) \times (-1, 1)$	1	$-\frac{1}{2}$
4	$(1, \frac{3}{2}) \times (0, \frac{1}{2})$	$\frac{1}{4}$	$\frac{1}{4}$

Die Funktion φ ist in der Abb. 25.3 dargestellt.

Das Gebietsintegral berechnet sich nun einfach als Summe der Produkte der Flächeninhalte der R_j mit dem entsprechenden Werten von φ,

$$\int_D \varphi(\boldsymbol{x})\, d\boldsymbol{x} = \sum_{j=1}^{4} c_j\, V(R_j) = \frac{5}{8}.$$ ◀

Gebietsintegrale ergeben sich als Grenzwerte von Integralen über Treppenfunktionen

Die Definition des Gebietsintegrals für eine allgemeine Funktion $f : D \to \mathbb{R}$ ergibt sich nun wie im eindimensionalen Fall, der im Kap. 11 besprochen wurde, durch die Approximation mit Treppenfunktionen. Um die Art und Weise der Approximation genau charakterisieren zu können, benötigen wir wieder den Begriff der *Nullmenge*. Eine Menge $M \subset \mathbb{R}^n$ nennt man eine **Nullmenge**, falls wir zu jedem vorgegebenen ε abzählbar viele Quader Q_k, $k \in \mathbb{N}$, finden können, mit den beiden Eigenschaften:

- Die Vereinigung all dieser Quader überdeckt M, d. h.

$$M \subseteq \bigcup_{k=1}^{\infty} Q_k,$$

- und das Volumen aller Quader zusammen ist kleiner als ε,

$$\sum_{k=1}^{\infty} V(Q_k) \leq \varepsilon.$$

Wie im eindimensionalen Fall gilt eine Aussage $\mathcal{A}(\boldsymbol{x})$ in Abhängigkeit eines Punktes $\boldsymbol{x} \in \mathbb{R}^n$ **fast überall** oder **für fast alle** $\boldsymbol{x}$**,** falls die Menge, auf der $\mathcal{A}(\boldsymbol{x})$ nicht gilt, eine Nullmenge ist. Die Abkürzungen **f. ü.** oder **f. f. a.** $\boldsymbol{x}$ finden ebenfalls weiter Verwendung.

Wir raten an dieser Stelle dazu, die Definition einer Nullmenge noch einmal mit der Definition von S. 377 zu vergleichen. Machen Sie sich klar, welche Unterschiede bestehen und welche Auswirkungen diese für den Charakter von Nullmengen im $\mathbb{R}^n$ bewirken.

Selbstfrage 1

Überlegen Sie sich einige Beispiele für Nullmengen im $\mathbb{R}^2$ und im $\mathbb{R}^3$.

Achtung Der Begriff der Nullmenge ist von der Dimension des betrachteten Raums abhängig. Das Intervall $(0,1) \subseteq \mathbb{R}$ ist keine, die Menge $(0,1) \times \{0\} \subseteq \mathbb{R}^2$ ist eine Nullmenge. Die Menge $\mathbb{R}$ ist keine, die Menge $\mathbb{R} \times \{0\} \subseteq \mathbb{R}^2$ ist eine Nullmenge, obwohl sie unbeschränkt ist. ◀

Aufbauend auf dem Begriff der Nullmenge können wir nun eine Konvergenz von Treppenfunktionen gegen andere Funktionen definieren. Dazu soll (φ_k) eine Folge von Treppenfunktionen und $f : D \to \mathbb{R}$ eine Funktion mit $D \subseteq \mathbb{R}^n$ sein. Man sagt, dass die Folge von Treppenfunktionen **fast überall auf** D gegen die Funktion strebt, falls

$$\lim_{k\to\infty} \varphi_k(\boldsymbol{x}) = f(\boldsymbol{x})$$

für fast alle $\boldsymbol{x} \in D$ gilt.

Darüber hinaus nennen wir eine Folge (φ_k) von Treppenfunktionen **monoton wachsend,** falls für alle $k \in \mathbb{N}$ und fast alle $\boldsymbol{x} \in \mathbb{R}^n$ die Ungleichung

$$\varphi_k(\boldsymbol{x}) \leq \varphi_{k+1}(\boldsymbol{x})$$

gilt.

Mit diesen beiden Begriffen gelingt uns nun die Definition des Gebietsintegrals. Es soll dazu $D \subseteq \mathbb{R}^n$ sein, und $f : D \to \mathbb{R}$ eine Funktion mit den folgenden Eigenschaften:

- Es gibt eine monoton wachsende Folge von Treppenfunktionen (φ_k), die fast überall auf D gegen f konvergiert.
- Die Folge der Integrale

  $$\left(\int_D \varphi_k(\boldsymbol{x})\, \mathrm{d}\boldsymbol{x} \right)$$

  soll konvergieren.

Man kann dann zeigen, dass der Grenzwert der Folge über die Integrale nicht von der speziellen Folge (φ_k), sondern allein von der Funktion f abhängig ist. Damit ist die Definition des **(Lebesgue'schen) Gebietsintegrals**

$$\int_D f(\boldsymbol{x})\, \mathrm{d}\boldsymbol{x} = \lim_{k\to\infty} \int_D \varphi_k(\boldsymbol{x})\, \mathrm{d}\boldsymbol{x}$$

sinnvoll. Die Menge all derjenigen Funktionen mit den beiden obigen Eigenschaften bezeichnen wir mit $L^\uparrow(D)$. Die Menge aller integrierbaren Funktionen erhalten wir, wie im eindimensionalen Fall, durch die Bildung von Differenzen von Funktionen aus $L^\uparrow(D)$.

Lebesgue-integrierbare Funktionen

Für ein Gebiet $D \subseteq \mathbb{R}^n$ ist die Menge $L^\uparrow(D)$ die Menge derjenigen Funktionen, die fast überall in D Grenzwert einer monoton wachsenden Folge von Treppenfunktionen (φ_k) sind und für die die Folge $\left(\int_D \varphi_k(\boldsymbol{x})\, \mathrm{d}\boldsymbol{x}\right)$ konvergiert. Für $f \in L^\uparrow(D)$ ist

$$\int_D f(\boldsymbol{x})\, \mathrm{d}\boldsymbol{x} = \lim_{k\to\infty} \int_D \varphi_k(\boldsymbol{x})\, \mathrm{d}\boldsymbol{x}.$$

Die Menge $L(D)$, definiert durch

$$\begin{aligned} L(D) &= L^\uparrow(D) - L^\uparrow(D) \\ &= \{f = f_1 - f_2 : f_1, f_2 \in L^\uparrow(D)\} \end{aligned}$$

heißt die **Menge der Lebesgue-integrierbaren Funktionen** über D. Für $f \in L(D)$ ist das Integral definiert durch

$$\int_D f(\boldsymbol{x})\, \mathrm{d}\boldsymbol{x} = \int_D f_1(\boldsymbol{x})\, \mathrm{d}\boldsymbol{x} - \int_D f_2(\boldsymbol{x})\, \mathrm{d}\boldsymbol{x}.$$

Wie im eindimensionalen Fall ist es auch hier notwendig zu beweisen, dass der Wert des Integrals nicht von der speziellen Wahl von f_1 und f_2 abhängig ist, sondern nur von f selbst. Solche Beweise können ganz analog wie im Bonusmaterial zu Kap. 11 erbracht werden. Auch andere weiterführende Aussagen aus dem Kap. 11 wie das Konvegenzkriterium für Integrale und der Lebesgue'sche Konvergenzsatz, gelten sinngemäß für die Gebietsintegrale. So ergibt sich zum Beispiel, dass auf einem beschränkten Gebiet alle stetigen Funktionen, die sich auch stetig auf den Rand des Gebiets fortsetzen lassen, integrierbar sind. Ist eine Funktion dagegen im Gebiet oder auf dessen Rand unbeschränkt, so kann die Funktion integrierbar sein oder nicht. Wir gehen auf diesen Aspekt in einem Beispiel auf S. 944 näher ein.

Daneben ergibt sich durch die Definition, die ja ganz analog zum eindimensionalen Fall erfolgt, dass auch analoge Rechenregeln für den Umgang mit Gebietsintegralen angewandt werden können. Die Übersicht auf S. 921 listet die wichtigsten davon auf.

Übersicht: Eigenschaften von Gebietsintegralen

Für Gebietsintegrale gelten im Wesentlichen dieselben Eigenschaften und Rechenregeln wie für eindimensionale Integrale. Hier sind die wichtigsten Regeln zusammengestellt.

Linearität

Für $f, g \in L(D)$ und $\lambda \in \mathbb{C}$ gilt

$$\int\limits_D (f(\boldsymbol{x}) + g(\boldsymbol{x}))\,\mathrm{d}\boldsymbol{x} = \int\limits_D f(\boldsymbol{x})\,\mathrm{d}\boldsymbol{x} + \int\limits_D g(\boldsymbol{x})\,\mathrm{d}\boldsymbol{x}$$

$$\int\limits_D \lambda f(\boldsymbol{x})\,\mathrm{d}\boldsymbol{x} = \lambda \int\limits_D f(\boldsymbol{x})\,\mathrm{d}\boldsymbol{x}.$$

Zerlegung des Integrationsgebiets

Für $D = D_1 \cup D_2$ mit $D_1 \cap D_2$ einer Nullmenge, ist $f : D \to \mathbb{C}$ genau dann integrierbar, wenn f über den Gebieten D_1 und D_2 integrierbar ist. Es gilt

$$\int\limits_D f(\boldsymbol{x})\,\mathrm{d}\boldsymbol{x} = \int\limits_{D_1} f(\boldsymbol{x})\,\mathrm{d}\boldsymbol{x} + \int\limits_{D_2} f(\boldsymbol{x})\,\mathrm{d}\boldsymbol{x}.$$

Monotonie

Aus $f(\boldsymbol{x}) \leq g(\boldsymbol{x})$ für fast alle $\boldsymbol{x} \in D$ folgt

$$\int\limits_D f(\boldsymbol{x})\,\mathrm{d}\boldsymbol{x} \leq \int\limits_D g(\boldsymbol{x})\,\mathrm{d}\boldsymbol{x}.$$

Insbesondere ergibt sich aus $f(\boldsymbol{x}) = g(\boldsymbol{x})$ fast überall in D die Identität

$$\int\limits_D f(\boldsymbol{x})\,\mathrm{d}\boldsymbol{x} = \int\limits_D g(\boldsymbol{x})\,\mathrm{d}\boldsymbol{x}.$$

Betrag, Maximum und Minimum

Sind $f, g \in L(D)$, so sind die Funktionen $|f|$, $\max(f, g)$ und $\min(f, g)$ mit

$$\begin{aligned} |f|(\boldsymbol{x}) &= |f(\boldsymbol{x})|, \\ \max(f, g)(\boldsymbol{x}) &= \max(f(\boldsymbol{x}), g(\boldsymbol{x})), \\ \min(f, g)(\boldsymbol{x}) &= \min(f(\boldsymbol{x}), g(\boldsymbol{x})) \end{aligned}$$

über D integrierbar.

Dreiecksungleichung

$$\left|\int\limits_D f(\boldsymbol{x})\,\mathrm{d}\boldsymbol{x}\right| \leq \int\limits_D |f(\boldsymbol{x})|\,\mathrm{d}\boldsymbol{x}.$$

Wenn $f : D \to \mathbb{R}$ sein Maximum annimmt, kann weiter abgeschätzt werden

$$\int\limits_D |f(\boldsymbol{x})|\,\mathrm{d}\boldsymbol{x} \leq \max_{\boldsymbol{x} \in D}\{|f(\boldsymbol{x})|\}\, V(D).$$

Definitheit

Aus $f(\boldsymbol{x}) \geq 0$ fast überall in D und

$$\int\limits_D f(\boldsymbol{x})\,\mathrm{d}\boldsymbol{x} = 0$$

folgt, dass $f(\boldsymbol{x}) = 0$ für fast alle $\boldsymbol{x} \in D$ ist.

Integrierbare Funktionen

Ist D beschränkt, so sind alle auf D stetigen Funktionen, die sich auch stetig auf den Rand von D fortsetzen lassen, integrierbar.

Insbesondere sind Polynome auf beschränkten Gebieten integrierbar.

Lebesgue'scher Konvergenzsatz

Wenn für eine Folge (f_n) aus $L(D)$ und eine integrierbare Funktion $g : D \to \mathbb{R}$ gilt:

- (f_n) konvergiert punktweise fast überall gegen $f : D \to \mathbb{C}$,
- und es gilt

  $$|f_n(\boldsymbol{x})| \leq g(\boldsymbol{x})$$

  für fast alle $\boldsymbol{x} \in D$,

dann ist $f \in L(D)$, und es gilt

$$\lim_{n\to\infty} \int\limits_D f_n(\boldsymbol{x})\,\mathrm{d}\boldsymbol{x} = \int\limits_D f(\boldsymbol{x})\,\mathrm{d}\boldsymbol{x}.$$

Zahlreiche Notationen für Gebietsintegrale sind üblich

Die Schreibweise, ja selbst die Namensgebung, für Gebietsintegrale ist keineswegs eindeutig. In der Literatur findet man häufig auch den äquivalenten Begriff *Bereichsintegral*. Daneben sind vor allem in den Anwendungen Namen gebräuchlich, die für spezielle Raumdimensionen verwendet werden. So gibt es zum Beispiel für $n = 3$ den Ausdruck *Volumenintegral*.

In der Notation gibt es viele Varianten, die zu einem großen Teil ebenfalls an bestimmte Dimensionsanzahlen angepasst sind. Meistens geht es dabei um das Differenzial. Für Gebiete $D \subseteq \mathbb{R}^2$ findet man

$$\int_D f(\boldsymbol{x})\,\mathrm{d}A,$$

wobei das große A an das lateinische *area* für Fläche erinnern soll. Im Dreidimensionalen geht es um Volumen, daher ist für $D \subseteq \mathbb{R}^3$ die Notation

$$\int_D f(\boldsymbol{x})\,\mathrm{d}V$$

üblich. Der Nachteil solcher Schreibweisen ist, dass man am Differenzial nicht erkennen kann, welches die Integrationsvariable ist. Dies muss sich aus dem Kontext erschließen oder auf andere Art und Weise explizit dazugeschrieben werden. Daher wollen wir solche Notationen nicht verwenden.

In der Physik ist für Raumvariablen die Schreibweise $\boldsymbol{r} = (x, y, z)$ gebräuchlich. Die sich damit ergebende Version

$$\int_D f(\boldsymbol{r})\,\mathrm{d}\boldsymbol{r}$$

ist aber nichts anderes als die von uns verwendete Notation, nur mit einer anderen Variable. Will man bei einer solchen Notation die Komponenten einzeln aufzählen, so sollte man dies als

$$\int_D f(x, y, z)\,\mathrm{d}(x, y, z)$$

tun. Manchmal findet man in Büchern stattdessen allerdings die Schreibweise $\mathrm{d}x\,\mathrm{d}y\,\mathrm{d}z$, die aber schnell zu Verwechslungen mit den *iterierten Integralen* führt, die wir ab S. 922 einführen werden und die von den Gebietsintegralen zu unterscheiden sind.

Andere Möglichkeiten, die Dimension des Gebiets, über das integriert wird, hervorzuheben, sind die Notation von n im Differenzial

$$\int_D f(\boldsymbol{x})\,\mathrm{d}^n\boldsymbol{x} \quad \text{oder} \quad \int_D f(\boldsymbol{x})\,\mathrm{d}^n x,$$

oder eine entsprechend häufige Wiederholung des Integralzeichens. Für $D \subseteq \mathbb{R}^3$ schreibt man dann beispielsweise

$$\iiint_D f(\boldsymbol{x})\,\mathrm{d}\boldsymbol{x}.$$

Solche Notationen werden wir gelegentlich auch verwenden, wenn es der besseren Lesbarkeit der Rechnungen dient.

Zuletzt wollen wir noch darauf hinweisen, dass man auch oft Gebietsintegrale über vektorwertige Funktionen $\boldsymbol{f}\colon D \to \mathbb{R}^m$ bildet,

$$\int_D \boldsymbol{f}(\boldsymbol{x})\,\mathrm{d}\boldsymbol{x}.$$

Dies ist so zu verstehen, dass das Integral für jede Komponente von $\boldsymbol{f}$ separat berechnet wird. Das Ergebnis ist also der Vektor der Gebietsintegrale $\int_D f_j(\boldsymbol{x})\,\mathrm{d}\boldsymbol{x}\; j = 1, \ldots, n$.

Ebenso können Gebietsintegrale für komplexwertige Funktionen $f : D \to \mathbb{C}$ mit $D \subseteq \mathbb{R}^n$ erklärt werden, indem man sie für den Real- und den Imaginärteil getrennt bestimmt. Hieraus setzen wir dann das gesamte Integral zusammen,

$$\int_D f(\boldsymbol{x})\,\mathrm{d}\boldsymbol{x} = \int_D \mathrm{Re}(f(\boldsymbol{x}))\,\mathrm{d}\boldsymbol{x} + \mathrm{i}\int_D \mathrm{Im}(f(\boldsymbol{x}))\,\mathrm{d}\boldsymbol{x}.$$

Alle Ergebnisse für reelle Integrale übertragen sich dann sinngemäß auch auf Integrale für komplexwertige Funktionen.

Der Satz von Fubini führt Gebietsintegrale auf eindimensionale Integrale zurück

Bisher haben wir definiert, was wir unter einem Gebietsintegral verstehen. Es stellt sich die Frage, wie wir den Wert solcher Integrale berechnen können. Der Weg, approximierende Folgen von Treppenfunktionen zu definieren und einen Grenzübergang gemäß der Definition durchzuführen, ist zwar theoretisch beschreitbar, aber er ist viel zu umständlich, um für die Praxis tauglich zu sein.

Die wesentliche Problematik bei der Berechnung von Gebietsintegralen ist die recht komplizierte Gestalt, die ein Integrationsbereich haben kann. Je einfacher ein Gebiet mathematisch zu beschreiben ist, um so leichter wird es uns fallen, den Wert von Integralen über dieses Gebiet zu bestimmen. Dies ist eine neue Problematik, die durch die Mehrdimensionalität entsteht. Im eindimensionalen Fall sind die Integrationsbereiche stets Intervalle gewesen, die sich denkbar einfach beschreiben lassen.

Wir wenden uns daher zunächst der direkten Verallgemeinerung von Intervallen zu, den Quadern. Wir werden in diesem Abschnitt ein zentrales Resultat vorstellen, dass die Integration über einen Quader zurückgeführt werden kann auf die sukzessive Integration über eindimensionale Intervalle. Man spricht hier von einem *iterierten Integral*.

Zur Motivation betrachten wir ein Rechteck $R \subseteq \mathbb{R}^2$ und eine Treppenfunktion $\varphi : R \to \mathbb{R}$. Die Abb. 25.4 zeigt ein typisches Beispiel für eine solche Funktion. Das Rechteck R kann als ein kartesisches Produkt $R = I \times J$ mit reellen Intervallen I, J geschrieben werden. Wir halten nun $x_1 \in I$ fest und betrachten die Funktion $g_{x_1} : J \to \mathbb{R}$, die durch

$$g_{x_1}(x_2) = \varphi(x_1, x_2), \quad x_2 \in J,$$

gegeben ist. Für ein $x_1 \in I$ und die Treppenfunktion aus Abb. 25.4 ist g_{x_1} in Abb. 25.5 dargestellt. Wie man sich unmit-

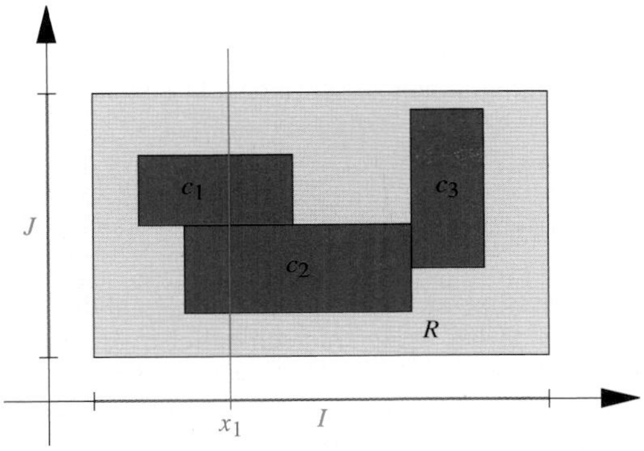

Abb. 25.4 Eine Treppenfunktion definiert auf dem Rechteck $R = I \times J \subseteq \mathbb{R}^2$. Auf den kleinen Rechtecken hat die Funktion den entsprechenden Wert c_j, außerhalb davon ist sie null

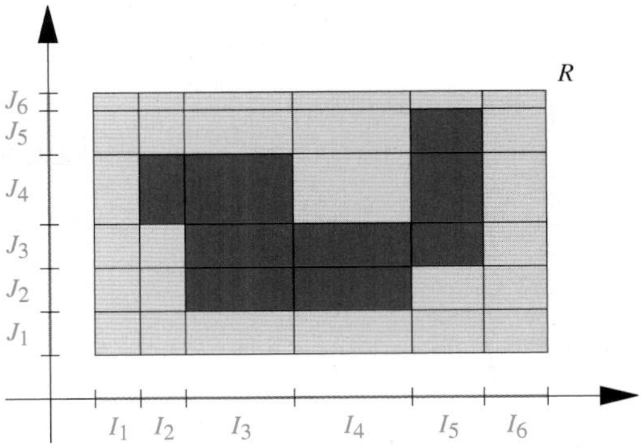

Abb. 25.6 Dieselbe Treppenfunktion wie in der Abb. 25.4, aber das Rechteck R ist vollständig durch ein Raster aus Rechtecken überdeckt

telbar klar machen kann, ist g_{x_1} eine eindimensionale Treppenfunktion. Das liegt den Verdacht nahe, dass das Integral über R aus den Integralen über g_{x_1} für alle $x_1 \in I$ bestimmt werden kann.

Selbstfrage 2

Setze $h_{x_2}(x_1) = \varphi(x_1, x_2)$, $x_1 \in I$ für die Situation aus der Abb. 25.4. Für unterschiedliche Werte von $x_2 \in J$ hat der Graph von h_{x_2} unterschiedliche Gestalt. Wie viele verschiedene Fälle gibt ist? Fertigen Sie Skizzen der Graphen an.

Um uns dies zu überlegen, modifizieren wir zunächst die Definition von φ. Für jedes Rechteck $S \subseteq R$, auf dem φ konstant ist, verlängern wir dessen Kanten bis zum Rand von R. Dadurch wird R komplett in ein Raster von Rechtecken aufgeteilt, siehe die Abb. 25.6. Genauer gesagt erhalten wir eine Einteilung von I in Intervalle I_j, $j = 1, \ldots, N$ und von J in Intervalle J_k, $k = 1, \ldots, M$. Das Rechteck R ist nun unterteilt in die Rechtecke $R_{jk} = I_j \times J_k$, und auf jedem davon ist φ konstant. Den Funktionswert bezeichnen wir mit c_{jk}. Jetzt können wir den Wert des Integrals angeben:

$$\int_R \varphi(\boldsymbol{x})\,\mathrm{d}\boldsymbol{x} = \sum_{j=1}^{N}\sum_{k=1}^{M} c_{jk}\,|I_j|\,|J_k|.$$

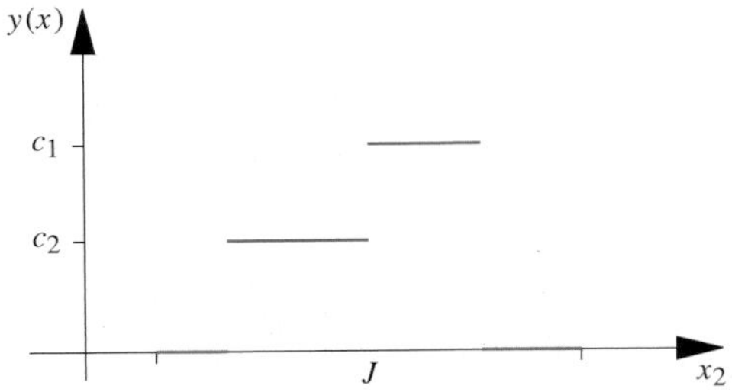

Abb. 25.5 Entlang der blauen Gerade in Abb. 25.4 ergibt sich die eindimensionale Treppenfunktion g_{x_1}

Ähnlich können wir für die Funktion g_{x_1} vorgehen: Für $x_{1j} \in I_j$ ist

$$g_{x_{1j}}(x_2) = \varphi(x_{1j}, x_2) = c_{jk} \quad \text{für } x_2 \in J_k,$$

und daher gilt

$$\int_J g_{x_{1j}}(x_2)\,\mathrm{d}x_2 = \sum_{k=1}^{M} c_{jk}\,|J_k|.$$

Es ergibt sich

$$\int_R \varphi(\boldsymbol{x})\,\mathrm{d}\boldsymbol{x} = \sum_{j=1}^{N} |I_j| \int_J \varphi(x_{1j}, x_2)\,\mathrm{d}x_2.$$

Dabei spielt die genaue Lage von x_{1j} im Intervall I_j keine Rolle, da sich dadurch an den Funktionswerten nichts ändert. Betrachtet man die Funktion $h : I \to \mathbb{R}$, definiert durch

$$h(x_1) = \int_J \varphi(x_1, x_2)\,\mathrm{d}x_2, \quad x_1 \in I,$$

so stellt man fest, dass es sich hier wiederum um eine Treppenfunktion handelt. Es folgt

$$\int_R \varphi(\boldsymbol{x})\,\mathrm{d}\boldsymbol{x} = \int_I h(x_1)\,\mathrm{d}x_1 = \int_I \int_J \varphi(x_1, x_2)\,\mathrm{d}x_2\,\mathrm{d}x_1.$$

Damit haben wir gezeigt, dass sich für eine Treppenfunktion auf einem Rechteck das Gebietsintegral als eine sukzessive Bestimmung der Integrale über die einzelnen Koordinaten berechnen lässt. Man nennt dies ein **iteriertes Integral**. Die Reihenfolge der Koordinaten haben wir dabei willkürlich festgelegt, sie spielt keine Rolle.

Beispiel Wir wollen auch für eine kompliziertere Funktion, aber noch stets definiert auf einem Rechteck, die iterierten Integrale berechnen. Dazu betrachten wir $R = (0, \pi/2) \times (0, \pi/2)$ und die Funktion $f : R \to \mathbb{R}$, die durch

$$f(\boldsymbol{x}) = \sin(x_1 + 2x_2), \quad \boldsymbol{x} = (x_1, x_2) \in R,$$

gegeben ist.

Teil IV

Zunächst berechnen wir

$$\begin{aligned}\int_0^{\pi/2}\int_0^{\pi/2} \sin(x_1+2x_2)\,\mathrm{d}x_2\,\mathrm{d}x_1 &= \int_0^{\pi/2}\left[-\frac{1}{2}\cos(x_1+2x_2)\right]_{x_2=0}^{\pi/2}\mathrm{d}x_1\\ &= \int_0^{\pi/2}\left(\frac{1}{2}\cos(x_1)-\frac{1}{2}\cos(x_1+\pi)\right)\mathrm{d}x_1\\ &= \int_0^{\pi/2}\cos(x_1)\,\mathrm{d}x_1\\ &= 1.\end{aligned}$$

Nun vertauschen wir die Reihenfolge,

$$\begin{aligned}\int_0^{\pi/2}\int_0^{\pi/2} \sin(x_1+2x_2)\,\mathrm{d}x_1\,\mathrm{d}x_2 &= \int_0^{\pi/2}[-\cos(x_1+2x_2)]_{x_1=0}^{\pi/2}\,\mathrm{d}x_2\\ &= \int_0^{\pi/2}\left(\cos(2x_2)-\cos\left(2x_2+\frac{\pi}{2}\right)\right)\mathrm{d}x_2\\ &= \left[\frac{1}{2}\sin(2x_2)-\frac{1}{2}\sin\left(2x_2+\frac{\pi}{2}\right)\right]_0^{\pi/2}\\ &= \frac{1}{2}\left(\sin(\pi)-\sin\left(\frac{3\pi}{2}\right)-\sin(0)+\sin\left(\frac{\pi}{2}\right)\right)\\ &= 1.\end{aligned}$$

Für beide iterierten Integrale erhalten wir dasselbe Ergebnis. ◄

Achtung Bei iterierten Integralen muss man stets auf die korrekte Reihenfolge der Integralzeichen und der dazugehörigen Differenziale achten. Das innerste Integralzeichen und das innerste Differenzial gehören zusammen und so weiter schrittweise nach außen. Es handelt sich hierbei ganz einfach um ineinandergeschachtelte herkömmliche eindimensionale Integrale.

Insbesondere bei vielen verschiedenen Variablen kann man leicht den Überblick darüber verlieren, welche Grenzen zu welcher Integrationsvariablen gehören. Um sich besser zurechtzufinden, kann man die entsprechende Variable bei den Grenzen dazuschreiben. Wir haben das im Beispiel nur bei den Stammfunktionen getan, aber oft ist es auch nützlich, dies bei den Integralzeichen selbst zu tun. Ein Beispiel ist

$$\int_{x_1=0}^{\pi/2}\int_{x_2=0}^{\pi/2} \sin(x_1+2x_2)\,\mathrm{d}x_2\,\mathrm{d}x_1$$

In der Physik ist es unter anderem aus diesem Grund üblich, das Differenzial direkt auf das Integralzeichen folgen zu lassen und dann erst den Integranden zu schreiben. Das sieht dann so aus:

$$\int_0^{\pi/2}\mathrm{d}x_1\int_0^{\pi/2}\mathrm{d}x_2\,\sin(x_1+2x_2)$$ ◄

Wir haben im Beispiel für eine spezielle Funktion herausgefunden, dass sich bei einer unterschiedlichen Reihenfolge der Integrale im iterierten Integral der Wert nicht ändert. Außerdem stimmt dieser Wert, zumindest für Treppenfunktionen, mit dem Wert des Gebietsintegrals überein.

Es ist nicht so schwierig, unsere Überlegungen auch für höhere Dimensionen durchzuführen. Dies bedeutet im Wesentlichen Schreibarbeit. Sehr viel mehr Mühe bereitet es jedoch, auch für eine beliebige, über einem Quader integrierbare Funktion zu beweisen, dass der Wert des iterierten Integrals mit dem des Gebietsintegrals übereinstimmt. Dazu sind komplizierte Approximationen durch Treppenfunktionen durchzuführen, was wir hier nicht tun wollen. Das Ergebnis ist dann der ganz allgemeine *Satz von Fubini.*

In der Herleitung haben wir nur beschränkte Integrationsgebiete betrachtet. Der Satz bleibt aber gültig, wenn wir Quader zulassen, bei denen eines oder mehrere der Intervalle in der Definition unbeschränkt sind.

Satz von Fubini

Sind $I \subseteq \mathbb{R}^p$ und $J \subseteq \mathbb{R}^q$ (möglicherweise unbeschränkte) Quader sowie $f \in L(Q)$ eine auf dem Quader $Q = I \times J \subseteq \mathbb{R}^{p+q}$ integrierbare Funktion, so gibt es Funktionen $g \in L(I)$ und $h \in L(J)$ mit

$$g(\boldsymbol{x}) = \int_J f(\boldsymbol{x},\boldsymbol{y})\,\mathrm{d}\boldsymbol{y} \quad \text{für fast alle } \boldsymbol{x} \in I,$$

$$h(\boldsymbol{y}) = \int_I f(\boldsymbol{x},\boldsymbol{y})\,\mathrm{d}\boldsymbol{x} \quad \text{für fast alle } \boldsymbol{y} \in J.$$

Ferner ist

$$\begin{aligned}\int_R f(\boldsymbol{x},\boldsymbol{y})\,\mathrm{d}(\boldsymbol{x},\boldsymbol{y}) &= \int_I\int_J f(\boldsymbol{x},\boldsymbol{y})\,\mathrm{d}\boldsymbol{y}\,\mathrm{d}\boldsymbol{x} = \int_I g(\boldsymbol{x})\,\mathrm{d}\boldsymbol{x}\\ &= \int_J\int_I f(\boldsymbol{x},\boldsymbol{y})\,\mathrm{d}\boldsymbol{x}\,\mathrm{d}\boldsymbol{y} = \int_J h(\boldsymbol{y})\,\mathrm{d}\boldsymbol{y}.\end{aligned}$$

Diese formale Formulierung deckt alle Dimensionszahlen ab, besagt aber letztendlich, dass sich Gebietsintegrale über Quader immer als iterierte Integrale über die einzelnen Koordinaten berechnen lassen, und dass die Integrationsreihenfolge dabei egal ist. Im Fall $p = q = 1$ haben wir genau die zweidimensionale Situation aus dem Beispiel oben.

Beispiel Das dreidimensionale Gebietsintegral

$$\int_D \frac{x_1\,(x_1+x_3)}{1+x_2^2}\,\mathrm{d}\boldsymbol{x}$$

über das Gebiet $D=(0,1)\times(0,1)\times(0,1)$ soll berechnet werden. Der Integrand ist eine stetige beschränkte Funktion und daher auch integrierbar. Der Satz von Fubini darf also angewandt werden:

$$\begin{aligned}\int_D \frac{x_1\,(x_1+x_3)}{1+x_2^2}\,\mathrm{d}\boldsymbol{x} &= \int_0^1\int_0^1\int_0^1 \frac{x_1\,(x_1+x_3)}{1+x_2^2}\,\mathrm{d}x_2\,\mathrm{d}x_3\,\mathrm{d}x_1\\ &= \int_0^1\int_0^1 \big[x_1\,(x_1+x_3)\,\arctan x_2\big]_{x_2=0}^1\,\mathrm{d}x_3\,\mathrm{d}x_1\\ &= \frac{\pi}{4}\int_0^1 \left[x_1^2x_3+\frac{1}{2}x_1x_3^2\right]_{x_3=0}^1\,\mathrm{d}x_1\\ &= \frac{\pi}{4}\int_0^1\left(x_1^2+\frac{1}{2}x_1\right)\mathrm{d}x_1\\ &= \frac{\pi}{4}\left[\frac{1}{3}x_1^3+\frac{1}{4}x_1^2\right]_0^1=\frac{7\,\pi}{48}\end{aligned}$$

◀

Achtung Die Umkehrung des Satzes von Fubini gilt nicht. Man darf also aus der Existenz eines iterierten Integrals nicht darauf schließen, dass man die Integrationsreihenfolge vertauschen kann, ohne dass sich der Wert des Integrals ändert. Dieser Schluss ist nur zulässig, wenn die Funktion f über dem Quader Q integrierbar ist. Das Beispiel auf S. 926 zeigt dies. ◀

Selbstfrage 3

Falls eines der folgenden Integrale existiert, welche Aussage können Sie über die Existenz der anderen beiden Integrale treffen?

(a) $\displaystyle\int_{[0,1]^2} f(x,y)\,\mathrm{d}(x,y)$

(b) $\displaystyle\int_0^1\int_0^1 f(x,y)\,\mathrm{d}x\,\mathrm{d}y$

(c) $\displaystyle\int_0^1\int_0^1 f(x,y)\,\mathrm{d}y\,\mathrm{d}x$

Der Satz von Fubini garantiert uns, sofern die Funktion f integrierbar ist, dass alle Funktionen, die im iterierten Integral auftauchen, integrierbar sind und dass die Integrationsreihenfolge beliebig ist. Dies bedeutet jedoch nicht, dass man immer rechnerisch mit einer beliebigen Reihenfolge zum Ziel kommt. Es gibt Fälle, bei denen nur eine bestimmte Integrationsreihenfolge weiter führt.

Beispiel Für $R=(0,1)\times(0,1)$ definieren wir die Funktion $f: R\to\mathbb{R}$ durch

$$f(\boldsymbol{x})=\begin{cases}\mathrm{e}^{x_2^2}, & x_1<x_2\,,\\ 0, & x_1\geq x_2\,.\end{cases}$$

Der Graph der Funktion ist in der Abb. 25.7 dargestellt.

Nach dem Satz von Fubini ist

$$\int_R f(\boldsymbol{x})\,\mathrm{d}\boldsymbol{x}=\int_0^1\int_0^1 f(\boldsymbol{x})\,\mathrm{d}x_2\,\mathrm{d}x_1\,.$$

Aber damit kommen wir nicht weiter, denn das innere Integral ist

$$\int_0^1 f(\boldsymbol{x})\,\mathrm{d}x_2=\int_{x_1}^1 \mathrm{e}^{x_2^2}\,\mathrm{d}x_2\,.$$

Dies folgt daraus, dass für festes x_1, die Funktion $f(x_1,x_2)=0$ ist für $x_2\in(0,x_1)$. Da sich keine explizite Formel für eine Stammfunktion von $\exp(t^2)$ angeben lässt, können wir so nicht weiter rechnen.

Vertauschen wir aber die Integrationsreihenfolge, so ergibt sich

$$\begin{aligned}\int_R f(\boldsymbol{x})\,\mathrm{d}\boldsymbol{x}&=\int_0^1\int_0^1 f(\boldsymbol{x})\,\mathrm{d}x_1\,\mathrm{d}x_2\\ &=\int_0^1\int_0^{x_2}\mathrm{e}^{x_2^2}\,\mathrm{d}x_1\,\mathrm{d}x_2,\end{aligned}$$

denn für festes x_2 ist $f(x_1,x_2)=0$ für $x_1\in(x_2,1)$.

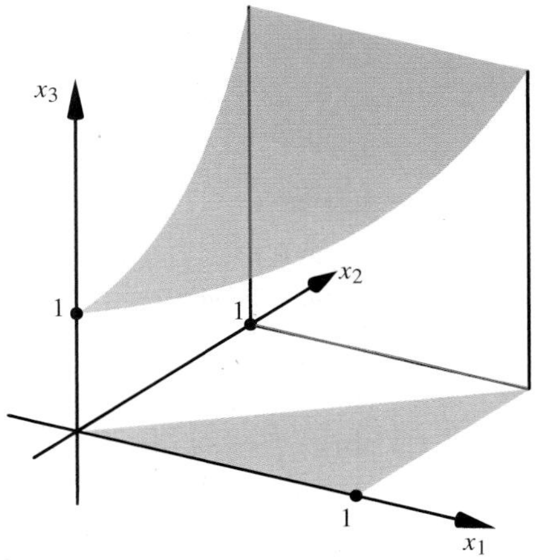

Abb. 25.7 Der Graph der Funktion f mit $f(\boldsymbol{x})=\mathrm{e}^{x_2^2}$ für $x_1<x_2$ und $f(\boldsymbol{x})=0$ sonst

Teil IV

Beispiel: Die Integrationsreihenfolge im iterierten Integral ist nicht beliebig

Es sollen die beiden iterierten Integrale

$$\int_0^1\int_0^1 \frac{x_1 - x_2}{(x_1 + x_2)^3}\, dx_1\, dx_2 \quad \text{und} \quad \int_0^1\int_0^1 \frac{x_1 - x_2}{(x_1 + x_2)^3}\, dx_2\, dx_1$$

berechnet werden. Darf der Satz von Fubini angewandt werden?

Problemanalyse und Strategie: Man muss nur eines der iterierten Integrale berechnen, da sich der Wert des anderen durch eine Symmetrieüberlegung ergibt. Wir bestimmen zunächst den Wert des inneren Integrals durch partielle Integration. Das äußere Integral kann dann direkt berechnet werden.

Lösung: Wir betrachten zunächst nur das innere Integral für ein festes $x_2 \in (0, 1)$. Mit partieller Integration, wobei wir als Stammfunktion $x_1 - x_2$ und als Ableitung $(x_1 + x_2)^{-3}$ wählen, erhalten wir

$$\begin{aligned}\int_0^1 \frac{x_1 - x_2}{(x_1 + x_2)^3}\, dx_1 &= \left[-\frac{1}{2}\frac{x_1 - x_2}{(x_1 + x_2)^2}\right]_{x_1=0}^1 \\ &\quad + \frac{1}{2}\int_0^1 \frac{1}{(x_1 + x_2)^2}\, dx_1.\end{aligned}$$

Mit

$$\int_0^1 \frac{1}{(x_1 + x_2)^2}\, dx_1 = \left[-\frac{1}{x_1 + x_2}\right]_{x_1=0}^1,$$

ergibt sich

$$\begin{aligned}\int_0^1 \frac{x_1 - x_2}{(x_1 + x_2)^3}\, dx_1 &= \left[\frac{-x_1}{(x_1 + x_2)^2}\right]_{x_1=0}^1 \\ &= \frac{-1}{(1 + x_2)^2}.\end{aligned}$$

Den Wert des iterierten Integrals zu bestimmen, ist jetzt nicht mehr schwer,

$$\begin{aligned}\int_0^1\int_0^1 \frac{x_1 - x_2}{(x_1 + x_2)^3}\, dx_1\, dx_2 &= \int_0^1 \frac{-1}{(1 + x_2)^2}\, dx_2 \\ &= \left[\frac{1}{1 + x_2}\right]_0^1 = -\frac{1}{2}.\end{aligned}$$

Um den Wert des zweiten Integrals zu bestimmen, nutzen wir die Symmetrie aus. Es ist

$$\int_0^1\int_0^1 \frac{x_1 - x_2}{(x_1 + x_2)^3}\, dx_2\, dx_1 = -\int_0^1\int_0^1 \frac{x_2 - x_1}{(x_1 + x_2)^3}\, dx_2\, dx_1.$$

Nun benennen wir die Integrationsvariablen um und schreiben y_1 für x_2 sowie y_2 für x_1. Es ergibt sich

$$\int_0^1\int_0^1 \frac{x_1 - x_2}{(x_1 + x_2)^3}\, dx_2\, dx_1 = -\int_0^1\int_0^1 \frac{y_1 - y_2}{(y_2 + y_1)^3}\, dy_1\, dy_2.$$

Rechts steht nun aber genau das iterierte Integral, dass wir eben berechnet haben. Also folgt

$$\int_0^1\int_0^1 \frac{x_1 - x_2}{(x_1 + x_2)^3}\, dx_2\, dx_1 = \frac{1}{2}.$$

In beiden Fällen existiert hier das iterierte Integral, aber der Wert hängt von der Integrationsreihenfolge ab.

Kommentar Im Fall dieses Beispiels kann der Satz von Fubini nicht angewandt werden. Die Singularität der Funktion

$$f(\boldsymbol{x}) = \frac{x_1 - x_2}{(x_1 + x_2)^3}, \quad \boldsymbol{x} \neq \boldsymbol{0},$$

für $\boldsymbol{x} \to \boldsymbol{0}$ ist so stark, dass f keine integrierbare Funktion auf dem Quadrat $(0, 1) \times (0, 1)$ ist. Die Voraussetzungen des Satzes von Fubini sind hier verletzt. ◄

Da der Integrand nicht von x_1 abhängt, kann es aus dem inneren Integral herausgezogen werden. Damit folgt

$$\begin{aligned}\int_R f(\boldsymbol{x})\, d\boldsymbol{x} &= \int_0^1 e^{x_2^2} \int_0^{x_2} dx_1\, dx_2 \\ &= \int_0^1 x_2\, e^{x_2^2}\, dx_2.\end{aligned}$$

Mit der Substitution $t = x_2^2$ lässt sich der Wert dieses Integrals nun sofort berechnen. Es ergibt sich

$$\int_R f(\boldsymbol{x})\, d\boldsymbol{x} = \frac{1}{2}\int_0^1 e^t\, dt = \frac{e - 1}{2}.$$ ◄

Beachten Sie bei diesem Beispiel, worin das Problem liegt: Die Integrale existieren sehr wohl und besitzen auch einen Wert, egal wie wir die Integrationsreihenfolge wählen. Aber da wir in einem Fall keine Stammfunktion angeben können, kommen wir rechnerisch nicht weiter.

Auch Integrale über Normalbereiche lassen sich als iterierte Integrale berechnen

Im letzten Beispiel haben wir im Prinzip schon ein Gebietsintegral für eine Funktion berechnet, die nicht auf einem Quader definiert ist. Denn statt f auf $R = (0, 1) \times (0, 1)$ zu bestimmen, könnten wir den Definitionsbereich auf die Menge einschränken, auf der f nicht identisch verschwindet, den interessanten Teil sozusagen. Das ist

$$D = \{\boldsymbol{x} = (x_1, x_2)^{\mathrm{T}} \in R \mid x_1 < x_2\}.$$

Diese Menge ist das Dreieck mit den Eckpunkten $(0, 0)$, $(1, 1)$ und $(0, 1)$.

Vom entgegengesetzten Standpunkt aus betrachtet, zeigt das Beispiel auch, wie man bei einem komplizierteren Gebiet vorgehen kann. Findet man einen Quader Q, der den Definitionsbereich D der Funktion umfasst, so setzt man die Funktion auf $Q \setminus D$ durch 0 fort. Das Integral über Q kann dann mit dem Satz von Fubini als iteriertes Integral bestimmt werden.

In der Praxis verzichtet man meist darauf, Q explizit anzugeben. Stattdessen schreibt man ein iteriertes Integral auf, bei dem die Grenzen der inneren Integrale von den äußeren Integrationsvariablen abhängig sind. Für das Beispiel von S. 925 sind dies die Ausdrücke

$$\int_R f(\boldsymbol{x})\,\mathrm{d}\boldsymbol{x} = \int_0^1\int_{x_1}^1 \mathrm{e}^{x_2^2}\,\mathrm{d}x_2\,\mathrm{d}x_1 = \int_0^1\int_0^{x_2} \mathrm{e}^{x_2^2}\,\mathrm{d}x_1\,\mathrm{d}x_2.$$

Die Abb. 25.8 verdeutlicht dabei, wie die Abhängigkeit der Integrationsgrenzen für dieses Beispiel zustande kommen.

Nicht für alle Arten von Gebieten ist dieses Vorgehen allerdings sinnvoll. Die Abbildungen zeigen zwei Beispiele. In der Abb. 25.9 ergibt sich für jedes feste x_1 ein Intervall als Integrationsbereich für x_2. In der Abb. 25.10 ist dies nicht der Fall. Es entstehen kompliziertere Integrationsbereiche, nämlich Vereinigungen mehrerer Intervalle.

Beachten Sie auch, dass die Situation in der Abbildung nicht unabhängig von der Integrationsreihenfolge ist: Für ein festes x_2 kann auch in dem Beispiel in der Abb. 25.9 ein Integrationsbereich entstehen, der kein Intervall mehr ist. Es wird also

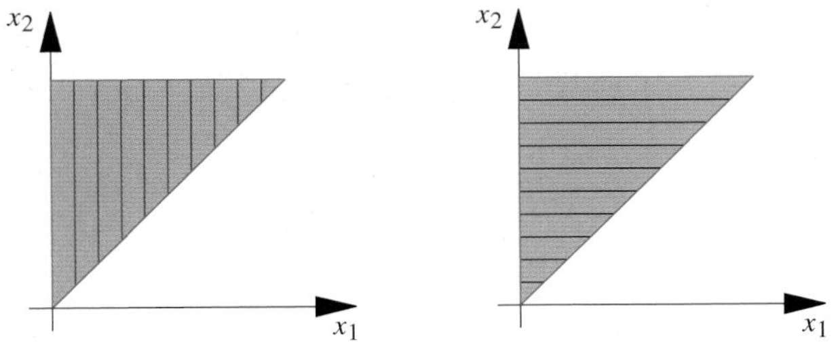

Abb. 25.8 Integration über ein Dreieck mit unterschiedlicher Integrationsreihenfolge. Die farbigen Linien stellen die Integrationsbereiche der jeweils inneren Integrale dar. Links wird im inneren Integral über x_2, rechts über x_1 integriert

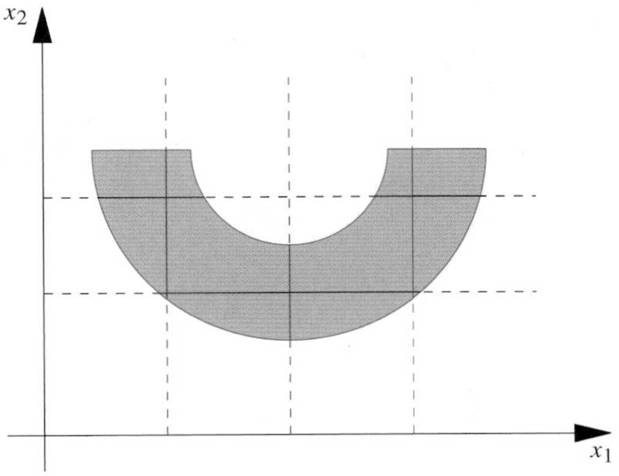

Abb. 25.9 Bei der Integration über D ergibt sich für jedes x_1 ein Intervall als Integrationsgebiet für x_2 (rote Strecken). Dies ist bei der Umkehrung der Integrationsreihenfolge nicht der Fall: Für manche x_2 entsteht kein Intervall als Integrationsgebiet für x_1 (schwarze Strecken)

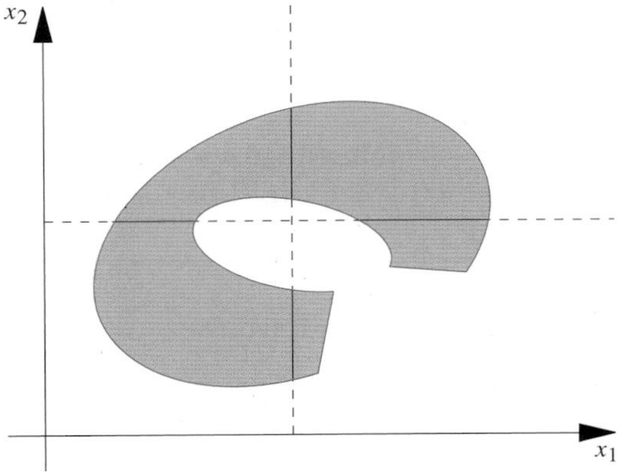

Abb. 25.10 Weder für jedes x_1 noch für jedes x_2 ergibt sich bei der Integration über D ein Intervall als Integrationsgebiet für die jeweils andere Koordinate

darauf ankommen, die einzelnen Koordinaten in eine sinnvolle Reihenfolge zu bringen.

Um die Darstellung einfach zu halten, werden wir trotzdem zunächst nur mit der natürlichen Reihenfolge der Koordinaten arbeiten. Wir nennen ein Gebiet $D \subseteq \mathbb{R}^n$ einen **Normalbereich,** falls für jedes j und für festes $x_1, \dots, x_{j-1}$ die Menge

$$\{t \mid \text{es gibt } x_{j+1}, \dots, x_n \text{ mit } (x_1, \dots, x_{j-1}, t, x_{j+1}, \dots, x_n)^{\mathrm{T}} \in D\}$$

ein Intervall oder die leere Menge ist. Man kann dies auch so ausdrücken: Es gibt ein Intervall I und Funktionen $g_j, h_j : \mathbb{R}^j \to \mathbb{R}, j = 1, \dots, n-1$, sodass

$$\begin{aligned} D = \big\{\boldsymbol{x} \in \mathbb{R}^n \mid x_1 \in I,\ & g_1(x_1) \le x_2 \le h_1(x_1), \\ & g_2(x_1, x_2) \le x_3 \le h_2(x_1, x_2), \\ & \vdots \\ & g_{n-1}(x_1, \dots, x_{n-1}) \le x_n \le h_{n-1}(x_1, \dots, x_{n-1})\big\}. \end{aligned} \tag{25.1}$$

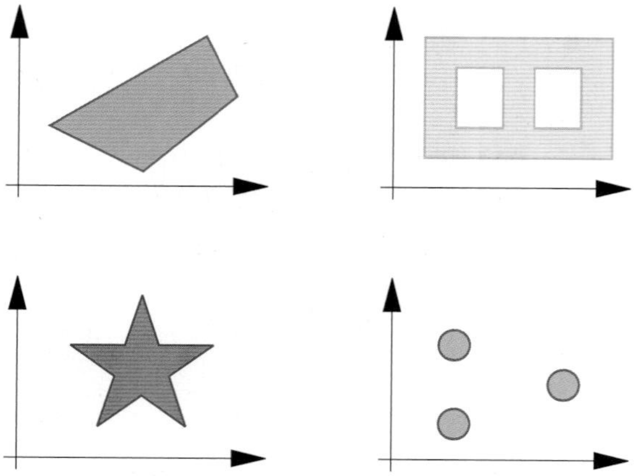

Abb. 25.11 Welche der dargestellten Mengen sind Normalbereiche?

Wie schon angesprochen, kann diese Bedingung für eine gewisse Reihenfolge der Koordinaten erfüllt sein, für eine andere verletzt. Korrekter nennen wir ein Gebiet einen **Normalbereich**, wenn die Darstellung (25.1) für irgendeine Reihenfolge der Koordinaten richtig ist.

Selbstfrage 4

Welche der in der Abb. 25.11 dargestellten Mengen sind Normalbereiche?

Beispiel Wir betrachten die Menge

$$D = \{\boldsymbol{x} \in \mathbb{R}^2 \mid x_1 > 0, 1 < x_1^2 + x_2^2 < 4\} \subseteq \mathbb{R}^2.$$

Es handelt sich um die rechte Hälfte eines Kreisringes mit innerem Radius 1 und äußerem Radius 2, siehe Abb. 25.12.

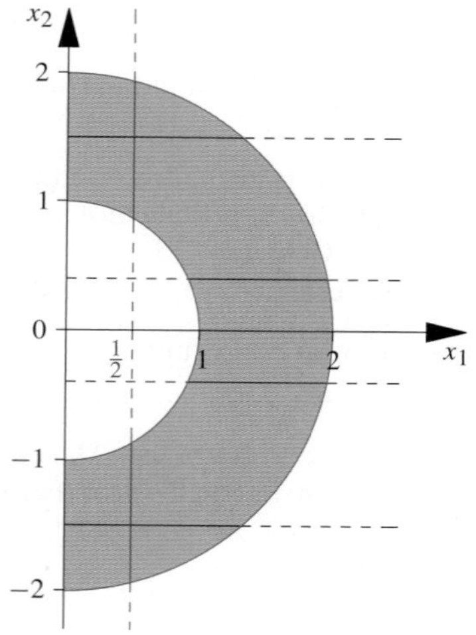

Abb. 25.12 Das Gebiet D aus dem Beispiel ist die rechte Hälfte eines Kreisringes mit innerem Radius 1 und äußerem Radius 2. Es handelt sich um ein Normalgebiet. Man muss zuerst über x_1, dann über x_2 integrieren

Bezüglich der ursprünglichen Reihenfolge der Koordinaten ist die Bedingung von oben nicht erfüllt, denn für $x_1 = \frac{1}{2}$ ist

$$\{t \mid (x_1, t)^\mathrm{T} \in D\} = \left(-\frac{\sqrt{15}}{2}, -\frac{\sqrt{3}}{2}\right) \cup \left(\frac{\sqrt{3}}{2}, \frac{\sqrt{15}}{2}\right),$$

und dies ist kein Intervall. Auch dies ist in der Abb. 25.12 angedeutet. In der umgekehrten Reihenfolge ist dies jedoch sehr wohl der Fall. Wir benutzen dazu die zweite Charakterisierung und geben Funktionen $g, h : \mathbb{R} \to \mathbb{R}$ an,

$$g(x_2) = \begin{cases} \sqrt{1 - x_1^2}, & -1 < x_1 < 1, \\ 0, & \text{sonst}, \end{cases}$$

$$h(x_2) = \begin{cases} \sqrt{4 - x_1^2}, & -2 < x_1 < 2, \\ 0, & \text{sonst}. \end{cases}$$

Dann ist

$$D = \{\boldsymbol{x} \in \mathbb{R}^2 \mid x_2 \in (-2, 2),\ g(x_2) < x_1 < h(x_2)\}. \quad \blacktriangleleft$$

Bezüglich eines Normalbereiches können wir nun das Gebietsintegral genauso ausrechnen, wie für einen Quader: Wir schreiben die Integration als eine sukzessive Folge von eindimensionalen Integralen, also als iteriertes Integral. Allerdings, und dies ist der große Unterschied, ist die Integrationsreihenfolge nun keineswegs egal, sondern entspricht genau der Reihenfolge der Koordinaten aus der Definition des Normalbereichs.

Integration über einen Normalbereich

Das Gebiet $D \subset \mathbb{R}^n$ soll bezüglich der natürlichen Reihenfolge der Koordinaten ein Normalbereich mit Darstellung (25.1) und die Funktion $f : D \to \mathbb{R}$ integrierbar sein. Dann ist

$$\int_D f(\boldsymbol{x})\,\mathrm{d}\boldsymbol{x} = \int_I \int_{g_1(x_1)}^{h_1(x_1)} \cdots \int_{g_{n-1}(x_1,\ldots,x_{n-1})}^{h_{n-1}(x_1,\ldots,x_{n-1})} f(\boldsymbol{x})\,\mathrm{d}x_n \cdots \mathrm{d}x_2\,\mathrm{d}x_1.$$

Für jede andere Reihenfolge der Koordinaten gilt die Aussage sinngemäß.

Beispiel Wir betrachten die Funktion $f : D \to \mathbb{R}$ mit

$$D = \{\boldsymbol{x} \in \mathbb{R}^2 \mid x_1 > 0, 1 < x_1^2 + x_2^2 < 4\} \subseteq \mathbb{R}^2$$

und

$$f(\boldsymbol{x}) = x_1\,(x_1^2 + x_2), \quad \boldsymbol{x} \in D.$$

Das Gebiet ist genau der halbe Kreisring aus dem letzten Beispiel. Wir können das Gebietsintegral daher als iteriertes Integral berechnen,

$$\int_D f(\boldsymbol{x})\,\mathrm{d}\boldsymbol{x} = \int_{-2}^{2}\int_{g(x_2)}^{h(x_2)} x_1\,(x_1^2 + x_2)\,\mathrm{d}x_1\,\mathrm{d}x_2.$$

Die Definition der Funktionen g und h aus dem letzten Beispiel macht es notwendig, das äußere Integral aufzuspalten,

$$\begin{aligned}\int_D f(\boldsymbol{x})\,\mathrm{d}\boldsymbol{x} &= \int_{-2}^{-1}\int_{0}^{\sqrt{4-x_2^2}} x_1\,(x_1^2 + x_2)\,\mathrm{d}x_1\,\mathrm{d}x_2\\ &+ \int_{-1}^{1}\int_{\sqrt{1-x_2^2}}^{\sqrt{4-x_2^2}} x_1\,(x_1^2 + x_2)\,\mathrm{d}x_1\,\mathrm{d}x_2\\ &+ \int_{1}^{2}\int_{0}^{\sqrt{4-x_2^2}} x_1\,(x_1^2 + x_2)\,\mathrm{d}x_1\,\mathrm{d}x_2.\end{aligned}$$

Es ergibt sich

$$\begin{aligned}\int_0^{\sqrt{4-x_2^2}} x_1\,(x_1^2 + x_2)\,\mathrm{d}x_1 &= \left[\frac{1}{4}x_1^4 + \frac{1}{2}x_1^2 x_2\right]_{x_1=0}^{\sqrt{4-x_2^2}}\\ &= \frac{1}{4}(4-x_2^2)^2 + \frac{1}{2}(4-x_2^2)\,x_2\\ &= 4 + 2x_2 - 2x_2^2 - \frac{1}{2}x_2^3 + \frac{1}{4}x_2^4\end{aligned}$$

und analog

$$\int_{\sqrt{1-x_2^2}}^{\sqrt{4-x_2^2}} x_1\,(x_1^2 + x_2)\,\mathrm{d}x_1 = \frac{15}{4} + \frac{3}{2}x_2 - \frac{3}{2}x_2^2.$$

Das Einsetzen in die äußeren Integrale und deren Berechnung bereitet nun keine neuen Schwierigkeiten mehr. Als Ergebnis erhalten wir

$$\int_D f(\boldsymbol{x})\,\mathrm{d}\boldsymbol{x} = \frac{124}{15}.$$ ◄

Kommentar Die hier verwendete Methode ist keineswegs der eleganteste Weg, um dieses Integral zu berechnen. Später werden wir es durch Verwendung von *Polarkoordinaten* auf sehr viel kürzerem Wege erledigen. Es ist auch möglich, das Integral als Differenz von zwei Integralen über Halbkreise darzustellen, was die Rechnung ebenso verkürzt. ◄

25.2 Volumen, Masse und Schwerpunkt

Ziel bei der Definition der Gebietsintegrale ist es, ein $(n+1)$-dimensionales Volumen zu bestimmen, nämlich genau das Volumen zwischen dem $\mathbb{R}^n$ und dem Graphen der Funktion im $\mathbb{R}^{n+1}$. Wir betrachten dazu die für die Anwendung wichtigsten Fälle.

- Beim herkömmlichen eindimensionalen Integral wird die Fläche zwischen der x-Achse und dem Graphen der integrierten Funktion bestimmt.
- Bei einem Gebietsintegral über ein Gebiet $D \subseteq \mathbb{R}^2$ wird das dreidimensionale Volumen zwischen der x_1x_2-Ebene und dem Graphen der integrierten Funktion bestimmt. Der Graph ist selbst eine Fläche im $\mathbb{R}^3$.
- Bei einem Gebietsintegral über ein Gebiet $D \subseteq \mathbb{R}^3$ wird in derselben Art und Weise ein vierdimensionales Volumen bestimmt.

Allerdings ist dies nur eine mögliche Interpretation der Integration. Wir wollen uns nun damit beschäftigen, andere Interpretationen zu untersuchen. Wir beginnen mit der folgenden Beobachtung.

Anwendungsbeispiel In den Natur- und Ingenieurwissenschaften sind die Größen, mit denen gearbeitet wird, im Allgemeinen mit einer Einheit versehen. Führen wir eine Integration im Raum durch, so ändert sich auch die Einheit. Für jede Raumdimension, über die integriert wird, erhalten wir eine zusätzliche Einheit [m]. Die oben aufgeführten Interpretationen des Gebietsintegrals gehen also davon aus, dass die zu integrierende Funktion selbst schon die Einheit [m] besitzt, also den Charakter einer Länge oder Höhe hat.

Was geschieht nun, wenn man eine einheitenlose Größe integriert, etwa die Konstante 1? Ein zweidimensionales Integral bekommt dann die Einheit einer Fläche, ein dreidimensionales die eines Volumens. ◄

Das Volumen eines Gebiets ist gleich dem Integral über die Konstante 1

Wir überzeugen uns zunächst davon, dass man bei der Integration der Konstante 1 sogar genau das Volumen des Integrationsgebiets als Ergebnis erhält. Vorab ein Beispiel, dass dieses Resultat für den Fall eines zweidimensionalen Gebiets zeigt.

Beispiel Ein eindimensionales Integral

$$\int_a^b f(x)\,\mathrm{d}x$$

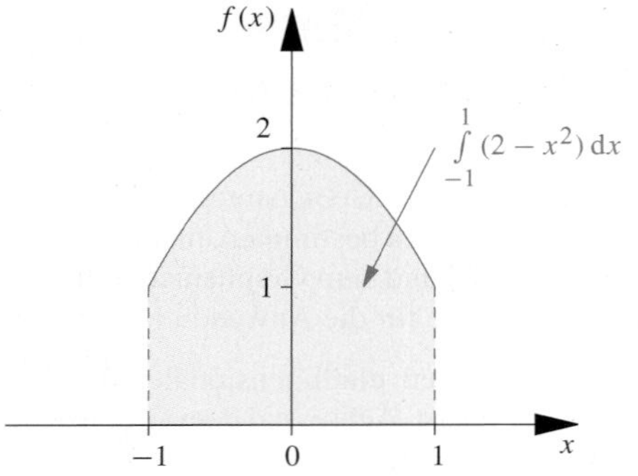

Abb. 25.13 Bei einem eindimensionalen Gebiet entspricht das Integral dem Inhalt der Fläche zwischen der x-Achse und dem Graphen des Integranden

hat als Wert den Flächeninhalt der Fläche, zwischen dem Intervall (a, b) auf der x-Achse und dem Graphen der Funktion, siehe Abb. 25.13. Als Beispiel wählen wir $(a, b) = (-1, 1)$ und $f(x) = 2 - x^2$. Damit ergibt sich

$$\int_{-1}^{1}(2-x^2)\,dx = \left[2x - \frac{1}{3}x^3\right]_{-1}^{1} = \frac{10}{3}.$$

Die Menge zwischen dem Graphen von f und der x-Achse ist

$$D = \{\boldsymbol{x} \in \mathbb{R}^2 \mid -1 \le x_1 \le 1, 0 \le x_2 \le 2 - x_1^2\}.$$

Damit gilt

$$\begin{aligned}\int_D 1\,d\boldsymbol{x} &= \int_{-1}^{1}\int_{0}^{2-x_1^2} 1\,dx_2\,dx_1\\ &= \int_{-1}^{1}(2-x_1^2)\,dx_1 = \frac{10}{3}.\end{aligned}$$

Auch die umgekehrte Integrationsreihenfolge kann verwendet werden,

$$\begin{aligned}\int_D 1\,d\boldsymbol{x} &= \int_{1}^{2}\int_{-\sqrt{2-x_2}}^{\sqrt{2-x_2}} 1\,dx_1\,dx_2 + \int_{0}^{1}\int_{-1}^{1} 1\,dx_1\,dx_2\\ &= \int_{1}^{2} 2\sqrt{2-x_2}\,dx_2 + \int_{0}^{1} 2\,dx_2\\ &= \left[-\frac{4}{3}(2-x_2)^{3/2}\right]_1^2 + 2\\ &= \frac{4}{3} + 2 = \frac{10}{3}.\end{aligned}$$ ◄

Ganz allgemein betrachten wir nun ein Gebiet $D \subset \mathbb{R}^n$ und eine Funktion $f : D \to \mathbb{R}_{\ge 0}$. Dann können wir auch das Gebiet

$$\tilde{D} = \{\boldsymbol{y} = (\boldsymbol{x}, y_{n+1})^{\mathrm{T}} \in \mathbb{R}^{n+1} \mid 0 \le y_{n+1} \le f(\boldsymbol{x})\}$$

definieren. $\tilde{D}$ ist also das Gebiet im $\mathbb{R}^{n+1}$, das nach unten durch das Gebiet D und nach oben durch den Graphen von f begrenzt ist. Damit ist $\tilde{D}$ ein Normalbereich und mit dem Satz von Fubini erhalten wir

$$\begin{aligned}V(\tilde{D}) &= \int_D f(\boldsymbol{x})\,d\boldsymbol{x} = \int_D (f(\boldsymbol{x}) - 0)\,d\boldsymbol{x}\\ &= \int_D \int_0^{f(\boldsymbol{x})} 1\,dy_{n+1}\,d\boldsymbol{x}\\ &= \int_{\tilde{D}} 1\,d\boldsymbol{y}.\end{aligned}$$

Damit haben wir das folgende Resultat erhalten.

Berechnung eines Volumens

Das Volumen eines beschränkten Körpers $K \subseteq \mathbb{R}^n$ erhalten wir als das Gebietsintegral

$$V(K) = \int_K 1\,d\boldsymbol{x},$$

falls das Integral existiert.

Achtung Die Forderung, dass das Integral existieren muss, ist für die in der Praxis auftretenden Gebiete im Allgemeinen erfüllt. Gebiete K, für die dies der Fall ist, werden **messbar** genannt. Mehr zu diesem Begriff enthält die Vertiefung auf S. 932. ◄

Häufig wird der Integrand 1 auch weggelassen, man schreibt

$$V(K) = \int_K d\boldsymbol{x}.$$

Wir wollen in diesem Kapitel der Deutlichkeit halber jedoch stets den Integranden 1 explizit hinschreiben.

Selbstfrage 5

Berechnen Sie das Volumen des Tetraeders aus dem Beispiel von S. 931 und überprüfen Sie es mit der elementargeometrischen Formel.

Beispiel: Ein Integral über ein Tetraeder

Das Integral

$$\int_T x\,y\,z\,\mathrm{d}(x,y,z)$$

soll berechnet werden, wobei $T \subseteq \mathbb{R}^3$ das nicht-regelmäßige Tetraeder mit den Eckpunkten $(0,0,0)^\mathrm{T}$, $(1,0,0)^\mathrm{T}$, $(1,1,0)^\mathrm{T}$ sowie $(1,1,1)^\mathrm{T}$ ist.

Problemanalyse und Strategie: Das Tetraeder muss zunächst so beschrieben werden, dass es als ein Normalbereich zu erkennen ist. Anschließend kann das Integral durch ein iteriertes Integral ausgedrückt und berechnet werden.

Lösung: Interpretiert man die x- und y-Achsen als horizontal, die z-Achse als vertikal, so ist T ein Körper, der von unten durch die xy-Ebene und von oben durch die Ebene durch $(0,0,0)^\mathrm{T}$, $(1,0,0)^\mathrm{T}$ und $(1,1,1)$ begrenzt wird. Diese obere Begrenzungsebene lässt sich auch durch die Gleichung

$$y - z = 0$$

beschreiben.

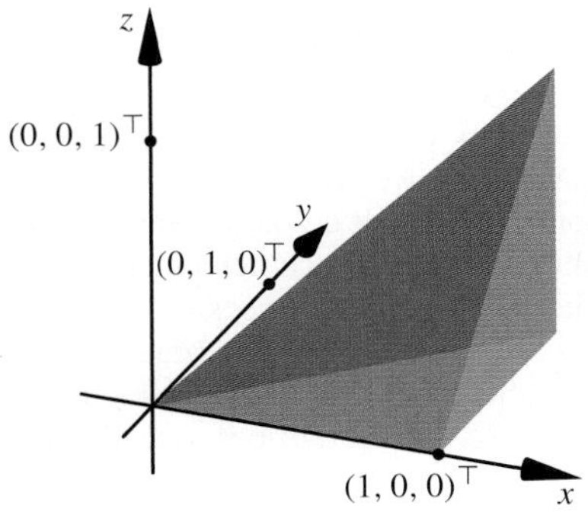

Die Grundfläche D des Tetraeders in der xy-Ebene können wir wie in dem Beispiel auf S. 925 durch

$$B = \{(x,y,0)^\mathrm{T} \in \mathbb{R}^3 \mid 0 < y < x < 1\}$$

darstellen. Mit der Darstellung der oberen Begrenzungsebene ergibt sich daraus

$$\begin{aligned} T &= \{(x,y,z)^\mathrm{T} \in \mathbb{R}^3 \mid (x,y,0)^\mathrm{T} \in B \text{ und } 0 < z < y\} \\ &= \{(x,y,z)^\mathrm{T} \in \mathbb{R}^3 \mid 0 < z < y < x < 1\}. \end{aligned}$$

In dieser Darstellung ist T als ein Normalbereich zu erkennen, wenn zunächst über z, dann über y und schließlich über x integriert wird. Es ergibt sich für das Integral:

$$\begin{aligned} \int_T x\,y\,z\,\mathrm{d}(x,y,z) &= \int_0^1\int_0^x\int_0^y xyz\,\mathrm{d}z\,\mathrm{d}y\,\mathrm{d}x \\ &= \int_0^1\int_0^x \left[\frac{1}{2}xyz^2\right]_{z=0}^{y} \mathrm{d}y\,\mathrm{d}x \\ &= \int_0^1\int_0^x \frac{1}{2}xy^3\,\mathrm{d}y\,\mathrm{d}x = \int_0^1 \left[\frac{1}{8}xy^4\right]_{y=0}^{x} \mathrm{d}x \\ &= \int_0^1 \frac{1}{8}x^5\,\mathrm{d}x = \left[\frac{1}{48}x^6\right]_0^1 \\ &= \frac{1}{48}. \end{aligned}$$

Eine Folgerung aus dieser Formel des Volumens erhalten wir aus einer Anwendung des Satzes von Fubini. Dazu nehmen wir an, dass wir das Integral schreiben können als

$$V(K) = \int_0^h \int_{K(x_n)} 1\,\mathrm{d}(x_1,\ldots,x_{n-1})\,\mathrm{d}x_n.$$

Dazu muss das innere Integral für jedes $x_n \in (0,h)$ existieren. Dies bedeutet, dass der Schnitt von K mit jeder ($(n-1)$-dimensionalen) Ebene senkrecht zur x_n-Achse eine messbare Menge ist. Beachten wir noch, dass wir beliebige Drehungen des Koordinatensystems zulassen können, ohne dass sich der Wert eines Gebietsintegrals ändert, so erhalten wir eine Aussage, die als das **Prinzip von Cavalieri** bekannt ist: Sind zwei Körper und eine Gerade im $\mathbb{R}^n$ gegeben und sind die Inhalte der 2 Schnitte der Körper mit jeder $(n-1)$-dimensionalen Ebenesenkrecht zur Geraden gleich, so haben beide Körper auch dasselbe Volumen. Die Abb. 25.14 illustriert diese Aussage. Historisch ist das Prinzip von Cavalieri zur Herleitung von vielen Formeln für das Volumen von Körpern, wie etwa der Kugel, verwendet worden.

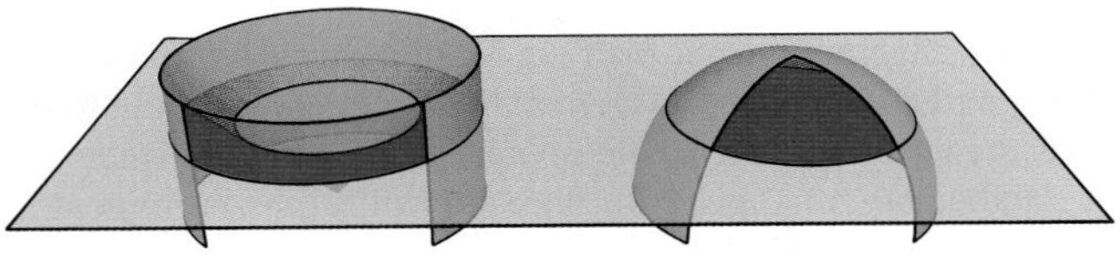

Abb. 25.14 Nach dem Prinzip von Cavalieri stimmt das Volumen einer Halbkugel mit dem eines Zylinders mit herausgeschnittenem Kegel überein, wenn beide Körper denselben Kreis als Grundfläche haben. Dann haben in jeder Höhe die rot eingezeichneten Schnittflächen mit einer horizontalen Ebene denselben Flächeninhalt

Vertiefung: Messbare Mengen

Das Volumen eines n-dimensionalen Körpers K wurde als das Integral der Konstanten 1 über K definiert. Dies bedeutet, dass wir das Volumen nur dann definieren können, wenn die Funktion 1 über K integrierbar ist. Körper mit dieser Eigenschaft werden **messbar** genannt. Im Folgenden sollen einige Eigenschaften solcher Körper vorgestellt werden.

Für jedes Gebiet D mit $1 \in L(D)$ können wir das Volumen

$$V(D) = \int_D 1\, \mathrm{d}\boldsymbol{x}$$

bestimmen. Ist $1 \notin L(D)$, so wollen wir $V(D) = \infty$ setzen, falls es eine Folge von Treppenfunktionen gibt, die fast überall auf D gegen 1 konvergiert. Die Menge aller Gebiete, für die wir so $V(D)$ definiert haben, wird die Menge der **(Lebesgue-)messbaren Mengen** $\mathcal{L}$ genannt. Wir können V als eine Abbildung $V : \mathcal{L} \to \mathbb{R}_{\geq 0} \cup \infty$ auffassen.

Mit den Eigenschaften des Gebietsintegrals können wir die folgenden Eigenschaften von $\mathcal{L}$ und V nachweisen:

- Die leere Menge $\emptyset$ ist Element von $\mathcal{L}$, und es ist $V(\emptyset) = 0$.
- Ist die Menge $D \in \mathcal{L}$, so ist auch ihr Komplement $\mathbb{R}^n \setminus D \in \mathcal{L}$.
- Für jede Folge (D_n) aus $\mathcal{L}$ ist auch die Vereinigung $\bigcup_{n=1}^{\infty} D_n \in \mathcal{L}$. Sind die Folgenglieder auch noch paarweise disjunkt, $D_j \cap D_k = \emptyset$ für $j \neq k$, so gilt

$$V\left(\bigcup_{n=1}^{\infty} D_n\right) = \sum_{n=1}^{\infty} V(D_n).$$

Diese letzte Eigenschaft ist übrigens eine Besonderheit des Lebesgue-Integrals. Hätten wir das Riemann'sche Integral verwendet, wäre diese Eigenschaft nur bei endlich vielen Mengen richtig.

Ganz allgemein nennt man ein Mengensystem $\mathcal{L}$ mit diesen Eigenschaften eine **σ-Algebra** und die Funktion V ein **Maß**. Systeme dieser Art spielen auch in anderen Bereichen der Mathematik eine ganz wesentliche Rolle. Das prominenteste Beispiel ist die Wahrscheinlichkeitstheorie, die das Thema von Teil VI dieses Buches ist. Das Gebiet der Mathematik, das sich ganz allgemein mit σ-Algebren und Maßen beschäftigt, wird **Maßtheorie** genannt.

Es ist nun so, dass nicht jede Teilmenge des $\mathbb{R}^n$ Lebesgue-messbar ist. Schon im Eindimensionalen können Beispiele von Mengen konstruiert werden, die einerseits Teilmengen von beschränkten messbaren Mengen sind, sich aber andererseits als disjunkte Vereinigung von abzählbar unendlich vielen Obermengen einer einzigen beschränkten messbaren Menge darstellen lassen. Wäre einer solche Menge messbar, folgt aus der ersten Eigenschaft, dass sie ein endliches Maß hat, aus der zweiten aber, dass das Maß unendlich ist. Eine solche Konstruktion geht auf den italienischen Mathematiker Guiseppe Vitali (1875–1932) zurück. Ein anderes Beispiel ist das *Banach-Tarski-Paradoxon* (Stefan Banach, 1892–1945, Alfred Tarski, 1901–1983): Eine Kugel im $\mathbb{R}^3$ kann in endlich viele disjunkte Teilmengen zerlegt werden. Durch Translation und erneute Vereinigung dieser Mengen entstehen dann zwei Kugeln mit demselben Radius. Daher können diese Teilmengen der Kugel keine messbaren Mengen sein. Mehr zu diesem Thema findet sich in dem unten angegebenen Sachbuch.

Allen Beispielen für nicht messbare Mengen ist gemeinsam, dass sie abstrakte Konstruktionen sind. Sie verwenden das *Auswahlaxiom,* welches besagt, dass bei Vorgabe eines beliebigen Mengensystems aus jeder Menge ein Element ausgewählt werden kann. Es wird dabei aber nicht gesagt, auf welche Art diese Auswahl konkret geschieht und daher bleibt die konkrete Gestalt der konstruierten Mengen unklar. Das Auswahlaxiom spielt auch bei anderen mathematischen Aussagen, die uns bereits begegnet sind, eine Rolle, zum Beispiel bei dem Satz, dass jeder Vektorraum eine Basis besitzt. Auch hier handelt es sich um eine reine Existenzaussage, wir erhalten keine Information darüber, wie diese Basis zu konstruieren ist.

Obwohl wir die Existenz nicht messbarer Mengen zur Kenntnis nehmen müssen, spielen diese für die Praxis so gut wie keine Rolle. Zum einen werden einem in den Anwendungen niemals nicht messbare Mengen begegnen, zum anderen ist die Menge der messbaren Mengen auch aus mathematischer Sicht relativ groß. So ist zum Beispiel jede *offene* und jede *abgeschlossene* Menge Lebesgue-messbar.

Literatur

- Leonard M. Wapner: *Aus 1 mach 2*. Spektrum Akademischer Verlag, 2007

Die Masse und der Schwerpunkt eines Körpers lassen sich als Gebietsintegrale berechnen

Wir wenden uns nun weiteren physikalischen Größen zu, die sich als Gebietsintegrale bestimmen lassen. Besteht zum Beispiel ein Körper aus einem homogenen Material, so ergibt sich seine Masse als Produkt von Volumen und Dichte. Für einen Körper, der aus vielen, jeweils homogenen Teilen besteht, ist das Volumen jedes Teils mit der entsprechenden Dichte zu multiplizieren und diese Produkte sind über alle Teile aufzusummieren. Auf dieser Überlegung aufbauend, können wir einen Grenzprozess konstruieren, der die Masse eines inhomogenen Körpers mit variierender Dichte durch die Masse von Körpern mit stückweise konstanter Dichte approximiert. Daraus erhalten wir schlussendlich die Formel

$$m(K) = \int_K \rho(\boldsymbol{x})\,\mathrm{d}\boldsymbol{x}$$

für die Masse eines Körpers $K \subseteq \mathbb{R}^3$ mit Dichte $\rho : K \to \mathbb{R}$.

Selbstfrage 6

Was ergibt sich für ein Resultat, falls der Körper K aus n Teilkörpern $K_1, \ldots, K_n$ besteht, auf denen die Dichte jeweils konstant ist?

Das Prinzip, dass durch Integration einer *Dichte* über ein Gebiet eine andere Größe bestimmt wird, findet sich in vielen Anwendungen wieder. Die Übersicht auf S. 934 gibt einige Beispiele aus Naturwissenschaft und Technik an. Daneben gibt es in der Mathematik eine wichtige Anwendung in der Wahrscheinlichkeitstheorie, die im Teil VI des Buches behandelt wird. Dort wird durch Integration einer *Wahrscheinlichkeitsdichte* die Wahrscheinlichkeit für das Auftreten von Ereignissen berechnet.

Eine für die Mechanik besonders wichtige Anwendung von Gebietsintegralen ist die Bestimmung des **Schwerpunkts** einer Fläche oder eines Körpers. Der Schwerpunkt $\boldsymbol{x}_S$ eines Körpers K ist als derjenige Punkt definiert, an dem sich bei fester Lagerung alle Drehmomente gegenseitig aufheben. In der Abb. 25.15 ist das Prinzip für einen Körper, der sich aus mehreren Punktmassen zusammensetzt, dargestellt. Für eine kontinuierliche

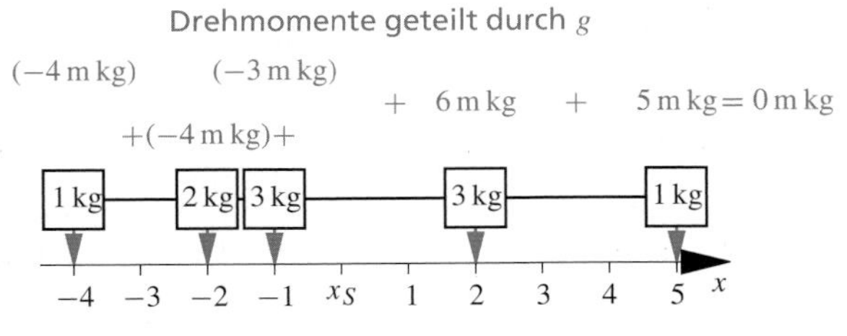

Abb. 25.15 Schematische Darstellung der Schwerpunktberechnung für einen Körper, der sich aus 5 Punktmassen zusammensetzt. Im Schwerpunkt heben sich die durch die Massen hervorgerufenen Drehmomente gerade auf

Massenverteilung ergibt sich die Forderung

$$\int_K (\boldsymbol{x} - \boldsymbol{x}_S)\,\rho(\boldsymbol{x})\,\mathrm{d}\boldsymbol{x} = \boldsymbol{0}.$$

Aus dieser Forderung erhalten wir sofort die Formel

$$\boldsymbol{x}_S = \frac{1}{m(K)} \int_K \boldsymbol{x}\,\rho(\boldsymbol{x})\,\mathrm{d}\boldsymbol{x}$$

für den Schwerpunkt. Beachten Sie, dass wir hier für jede Koordinate des Schwerpunkts ein Gebietsintegral berechnen müssen.

Selbstfrage 7

Welcher Zusammenhang besteht zwischen dem Schwerpunkt eines Köpers K, der aus n-Teilkörpern $K_1, \ldots, K_n$ besteht, und den Schwerpunkten der Körper K_j?

Die Formel für den Schwerpunkt gilt sowohl für $K \subseteq \mathbb{R}^2$ als auch für $K \subseteq \mathbb{R}^3$. Ist die Dichte konstant, so kann man sie aus dem Integral ziehen und man erhält, dass der Schwerpunkt mit dem *geometrischen Schwerpunkt*, der sich nur aus der Form des Körpers bestimmt, zusammenfällt.

Anwendungsbeispiel Gegeben ist ein quaderförmiger Balken B der Länge $l = 5\,\mathrm{m}$, der Breite $b = 0.2\,\mathrm{m}$ und der Höhe $h = 0.1\,\mathrm{m}$. Wir legen das Koordinatensystem so, dass das eine Ecke im Ursprung liegt, die x_1-Achse in der Längsrichtung und die x_2-Achse in der Breite. Die Dichte des Materials soll linear entlang der Länge des Balkens zunehmen, gemäß der Formel

$$\rho(\boldsymbol{x}) = 500\frac{\mathrm{kg}}{\mathrm{m}^3} + x_1\,200\frac{\mathrm{kg}}{\mathrm{m}^4}.$$

Diese Werte der Dichte liegen in einem für Holz typischen Bereich.

Die Masse berechnet sich als

$$\begin{aligned} m(B) &= \int_B \rho(\boldsymbol{x})\,\mathrm{d}\boldsymbol{x} = \int_0^l\int_0^b\int_0^h \left(500\,\frac{\mathrm{kg}}{\mathrm{m}^3} + x_1\,200\,\frac{\mathrm{kg}}{\mathrm{m}^4}\right)\mathrm{d}x_3\,\mathrm{d}x_2\,\mathrm{d}x_1 \\ &= 50\,\mathrm{kg} + 4\frac{\mathrm{kg}}{\mathrm{m}} \int_0^l x_1\,\mathrm{d}x_1 = 100\,\mathrm{kg}. \end{aligned}$$

Aufgrund der Symmetrie des Balkens und der Tatsache, dass die Dichte nur von der x_1-Koordinate abhängt, ergibt sich sofort $x_{2\,S} = \frac{b}{2}$ und $x_{3\,S} = \frac{h}{2}$. Die erste Koordinate des Schwerpunkts ergibt sich als

$$\begin{aligned} x_{1\,S} &= \frac{1}{m(B)} \int_B x_1\,\rho(\boldsymbol{x})\,\mathrm{d}\boldsymbol{x} = \frac{0.02\,\mathrm{m}^2}{m(B)} \int_0^l x_1\,\rho(\boldsymbol{x})\,\mathrm{d}x_1 \\ &= \frac{0.02\,\mathrm{m}^2}{m(B)} \left[x_1^2\,250\,\frac{\mathrm{kg}}{\mathrm{m}^3} + x_1^3\,\frac{200}{3}\,\frac{\mathrm{kg}}{\mathrm{m}^4}\right]_0^l \\ &= \frac{35}{12}\,\mathrm{m} \approx 2.917\,\mathrm{m}. \end{aligned}$$

◄

Übersicht: Physikalische Größen als Gebietsintegrale

Zahlreiche physikalische Größen lassen sich als Gebietsintegrale schreiben. Dabei haben die Integranden stets die Gestalt einer Dichte, d. h. einer *Größe pro Volumen*. In den hier angegebenen Beispielen ist D stets ein Gebiet des $\mathbb{R}^3$.

Volumen V [m³]

$$V(D) = \int_D 1 \,\mathrm{d}\boldsymbol{x}$$

Masse m [kg]

- Dichte ρ [kg/m³]

$$m(D) = \int_D \rho(\boldsymbol{x}) \,\mathrm{d}\boldsymbol{x}$$

Schwerpunkt $\boldsymbol{x}_S$ [m]

- Masse des Körpers $m(D)$
- Dichte ρ [kg/m³]

$$\boldsymbol{x}_S = \frac{1}{m(D)} \int_D \boldsymbol{x}\, \rho(\boldsymbol{x}) \,\mathrm{d}\boldsymbol{x}$$

Drehmoment $\boldsymbol{D}$ [N/m²]

- Last $\boldsymbol{q}$ [N/m³]

$$\boldsymbol{D} = \int_D \boldsymbol{x} \times \boldsymbol{q} \,\mathrm{d}\boldsymbol{x}$$

Ladung Q [C]

- Raumladungsdichte ρ [C/m³]

$$Q = \int_D \rho(\boldsymbol{x}) \,\mathrm{d}\boldsymbol{x}$$

Energie E [J]

- volumetrische Energiedichte ω [J/m³]

$$E = \int_D \omega(\boldsymbol{x}) \,\mathrm{d}\boldsymbol{x}$$

Teil IV

25.3 Die Transformationsformel

Bei den bisher berechneten Gebietsintegralen handelte es sich durchweg um Integrale über Quader oder allgemeiner über Normalbereiche. Damit lassen sich bereits viele Definitionsmengen von Integranden behandeln, doch es fehlt ein universelles Werkzeug, um den Wert von Integralen über möglichst allgemeine Gebiete zu bestimmen.

Das Werkzeug, das uns dies ermöglicht, ist die *Transformationsformel*. Sie ist eine Verallgemeinerung der Substitutionsregel für ein eindimensionales Integral,

$$\int_{x(a)}^{x(b)} f(t) \,\mathrm{d}t = \int_a^b f(x(u))\, x'(u) \,\mathrm{d}u\,.$$

Hierbei wird ein Integral über dem Intervall $(x(a), x(b))$ ausgedrückt durch ein Integral über dem Intervall (a, b).

Unser ganz analoges Ziel ist es, ein Gebietsintegral über einem komplizierten Gebiet D durch ein Integral über ein einfacheres Gebiet B darzustellen,

$$\int_D f(\boldsymbol{x}) \,\mathrm{d}\boldsymbol{x} = \int_B g(\boldsymbol{y}) \,\mathrm{d}\boldsymbol{y}.$$

Dabei soll B nach Möglichkeit ein Normalbereich sein, denn dann kann das rechte Integral mit dem Satz von Fubini berechnet werden.

Der Zusammenhang zwischen den beiden Integralen entsteht durch eine Abbildung $\psi : B \to D$ zwischen den beiden Gebieten. Diese Abbildung muss einer Reihe von Voraussetzungen genügen, damit wir sie für unsere Zwecke einsetzen können, auf die wir im nächsten Abschnitt eingehen wollen. Sind diese Eigenschaften erfüllt, werden wir von einer *Transformation* sprechen.

Das eindimensionale Pendant zur Transformationsformel ist die Substitutionsregel. Schon dort kommt die Ableitung der substituierten Funktion ins Spiel. Somit ist es plausibel, dass auch im Mehrdimensionalen Transformationen zumindest differenzierbar sein müssen. Um weitere Eigenschaften herzuleiten, wollen wir uns im Folgenden Abbildungen zwischen zwei Gebieten genauer ansehen.

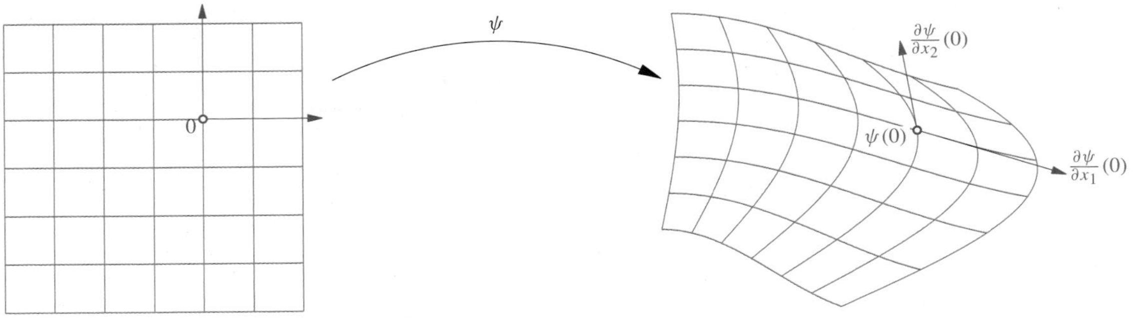

Abb. 25.16 Eine Transformation als Wechsel des Koordinatensystems. Die kartesischen Koordinatenlinien werden unter ψ auf krumme Koordinatenlinien in D abgebildet. Die Spalten $\partial\psi/\partial x_j$ der Funktionalmatrix sind die Tangentialvektoren an die Bilder der Koordinatenlinien. Ihre Orientierung bleibt dabei stets gleich

Eine Transformation bewirkt einen Wechsel des Koordinatensystems

Wir werden von der Abbildung ψ gewisse Eigenschaften fordern müssen, damit wir unser Ziel erreichen können. Bloße Stetigkeit reicht beispielsweise nicht aus. Man kann nämlich zeigen, dass es eine stetige Abbildung gibt, die das Intervall $B = (0, 1)$ auf das Quadrat $D = (0, 1) \times (0, 1)$ abbildet. Wäre eine solche Abbildung zulässig, so müsste das Integral

$$\int_D f(\boldsymbol{x})\,\mathrm{d}\boldsymbol{x}$$

für jede integrierbare Funktion $f : D \to \mathbb{R}$ null sein, denn B ist eine Nullmenge im $\mathbb{R}^2$. Dies ist ein klarer Widerspruch.

Sind $B, D \subseteq \mathbb{R}^n$ zwei Gebiete, so werden wir eine Abbildung $\psi : B \to D$ eine **Transformation** zwischen diesen Gebieten nennen, wenn sie die folgenden Bedingungen erfüllt:

- Sie soll bijektiv sein.
- Sie soll stetig differenzierbar sein und für die Funktionaldeterminante soll

$$\det \psi'(\boldsymbol{x}) < 0 \quad \text{oder} \quad \det \psi'(\boldsymbol{x}) > 0$$

für fast alle $\boldsymbol{x} \in B$ gelten.

Die erste Bedingung stellt sicher, dass das komplette Volumen von B bzw. von D auch tatsächlich berücksichtigt wird und dass keine Bereiche doppelt gezählt werden. Die zweite Bedingung ist notwendig, um Widersprüche von der Art, wie oben geschildert, zu vermeiden. Um sie besser zu verstehen, machen wir uns klar, dass eine Transformation einem Wechsel in ein anderes Koordinatensystem entspricht.

Um die Situation zu vereinfachen, beschränken wir uns auf den $\mathbb{R}^2$ und nehmen zusätzlich an, dass $\mathbf{0} \in B$ liegt. Dann ist die Menge

$$\{\boldsymbol{x} \in B \mid x_1 = 0\}$$

nicht leer. Wir nennen diese Menge eine Koordinatenlinie, denn die x_1-Koordinate ist entlang dieser Linie konstant. Weitere Koordinatenlinien erhalten wir für andere Werte für x_1, bzw. auch als Linien, entlang denen x_2 konstant ist. Diese Linien bilden ein Schachbrettmuster auf B, siehe Abb. 25.16 links.

In der Abb. 25.16 rechts sind die Bilder dieser Koordinatenlinien unter der Transformation ψ zu sehen. Man erkennt, dass man durch Vorgabe eines Punktes $\boldsymbol{x} \in B$ einen Punkt $\boldsymbol{y} \in D$ eindeutig identifizieren kann. Da ψ außerdem stetig differenzierbar ist, sind die Bilder der Koordinatenlinien wieder glatte Kurven.

In Kap. 26 werden wir uns näher mit Kurven beschäftigen. Es genügt hier zu bemerken, dass die Spalten der Funktionalmatrix ψ' Tangentialvektoren an die Bilder der Koordinatenlinien sind. Die Voraussetzung, dass die Funktionaldeterminante ihr Vorzeichen nicht wechselt, bedeutet, dass sich die Orientierung dieser Tangentialvektoren nicht ändert: Bilden diese Vektoren in einem Punkt ein Rechtssystem, so tun sie dies auch in jedem anderen Punkt.

Durch die Transformation kommt eine Determinante ins Spiel

Mit solchen Transformationen kann man die sogenannten *Transformationsformel* herleiten. Der Beweis für allgemeine Transformationen ist allerdings recht schwierig (für einen vollständigen Beweis siehe zum Beispiel Heuser: *Analysis II*. Teubner). Wir wollen ihn daher nicht führen, sondern nur skizzenhaft die wichtigsten Schritte der Herleitung darstellen.

Wir beginnen zunächst mit einem Quader $B \subseteq \mathbb{R}^n$ und einer recht einfachen Transformation: Eine affine Abbildung ψ auf B wird definiert durch die Gleichung

$$\psi(\boldsymbol{x}) = \boldsymbol{z} + \boldsymbol{A}\boldsymbol{x}, \quad \boldsymbol{x} \in B,$$

mit einem Vektor $\boldsymbol{z} \in \mathbb{R}^n$ und einer Matrix $\boldsymbol{A} \in \mathbb{R}^{n\times n}$.

Selbstfrage 8

Erfüllt eine affine Abbildung die Eigenschaften einer Transformation? Wie lautet die Funktionalmatrix?

Teil IV

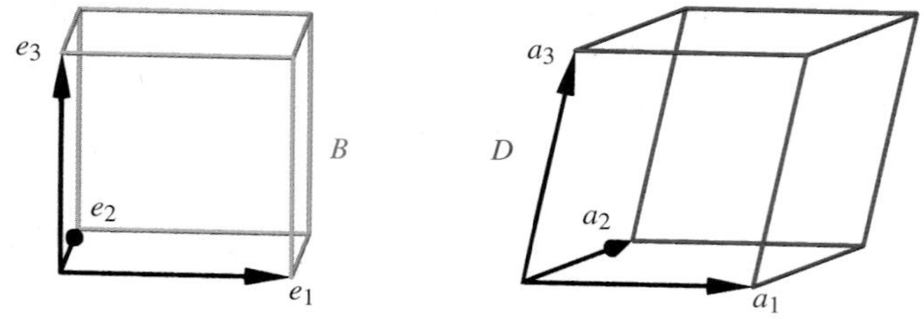

Abb. 25.17 Ein Quader B und ein Parallelepiped D in drei Dimensionen

Da es sich bei der affinen Abbildung um eine Transformation handeln soll, sind die Spalten von $\boldsymbol{A}$ linear unabhängig. Dann wird durch ein solches ψ der Quader B auf ein **Parallelepiped** D abgebildet. Dabei handelt es sich um einen geometrischen Körper, bei dem gegenüberliegende Seitenflächen jeweils parallel sind. Beispiele für sowohl B als auch D sind in der Abb. 25.17 dargestellt.

Im Abschn. 16.6 wurde das Volumen eines Parallelepipeds *definiert* als der Betrag der Determinante der Matrix, deren Spalten die aufspannenden Vektoren des Parallelepipeds sind. Ein wichtiger Schritt für den Beweis der Transformationsformel ist die Überlegung, dass diese Definition mit der neuen Definition von Volumina über Gebietsintegrale übereinstimmt. Dies tun wir in einem optionalen Abschnitt ab S. 937.

Nehmen wir aber nun an, dass diese Überlegung richtig ist, so erhalten wir sofort die Aussage, dass das Volumen von D gleich dem Volumen von B multipliziert mit dem Betrag der Determinante von $\boldsymbol{A}$ ist,

$$\int_D 1\,\mathrm{d}\boldsymbol{x} = |\det \boldsymbol{A}| \int_B 1\,\mathrm{d}\boldsymbol{y}.$$

Die Überlegungen für das Volumen eines Parallelepipeds übertragen sich auf kompliziertere Situationen

Diese Überlegung lässt sich nun leicht in zweierlei Hinsicht verallgemeinern. Zunächst kann man statt des konstanten Integranden 1 eine Treppenfunktion zulassen und anschließend das Gebiet B ganz allgemein wählen. Ist also $B \subset \mathbb{R}^n$ ein Gebiet, geht D aus B durch die affine Transformation $\psi(\boldsymbol{x}) = \boldsymbol{z} + \boldsymbol{A}\boldsymbol{x}$ hervor und ist $\varphi : D \to \mathbb{R}$ eine Treppenfunktion, so gilt

$$\int_D \varphi(\boldsymbol{x})\,\mathrm{d}\boldsymbol{x} = |\det \boldsymbol{A}| \int_B \varphi(\psi(\boldsymbol{y}))\,\mathrm{d}\boldsymbol{y}.$$

Der nächste Schritt in der Herleitung besteht darin, sich von der Einschränkung auf affine Transformationen zu lösen. Man lässt also nun eine ganz allgemeine Transformation $\psi : B \to D$ zu. Um die Formel oben auf diese Situation zu übertragen, führt man eine Approximation durch, bei der die Transformation lokal durch ihre Linearisierung ersetzt wird. Dies ist genau wieder eine affine Transformation, bei der die Matrix $\boldsymbol{A}$ die Funktionalmatrix der Transformation an der Stelle der Linearisierung ist.

Mit den Voraussetzungen für eine Transformation von S. 935 gelingt der Grenzübergang. Man kann für jede Treppenfunktion $\varphi : D \to \mathbb{R}$ mittels der oben angesprochenen Approximation durch lokale Linearisierung die Formel

$$\int_D \varphi(\boldsymbol{x})\,\mathrm{d}\boldsymbol{x} = \int_B \varphi(\psi(\boldsymbol{y}))\,|\det \psi'(\boldsymbol{y})|\,\mathrm{d}\boldsymbol{y}$$

zeigen.

Im letzten Schritt der Herleitung lösen wir uns noch von der Voraussetzung, dass wir es mit einer Treppenfunktion zu tun haben. Für eine beliebige integrierbare Funktionen $f : D \to \mathbb{R}$ geschieht das durch Approximation durch eine Folge von Treppenfunktionen und Anwendung der oben gefundenen Formel. Damit gelingt auch eine Charakterisierung, dass die Existenz eines der beiden Integrale in der Formel die Existenz des anderen impliziert. Zusammengefasst haben wir also folgende Aussage erhalten.

Die Transformationsformel

Für B, D und $\psi : B \to D$ sollen die eben formulierten Voraussetzungen gelten. Eine Funktion $f : D \to \mathbb{R}$ ist genau dann über D integrierbar, wenn $f(\psi(\cdot))\,|\det \psi'|$ über B integrierbar ist, und es gilt

$$\int_D f(\boldsymbol{x})\,\mathrm{d}\boldsymbol{x} = \int_B f(\psi(\boldsymbol{y}))\,|\det \psi'(\boldsymbol{y})|\,\mathrm{d}\boldsymbol{y}.$$

Die Analogie zur eindimensionalen Substitutionsregel (siehe S. 431) erkennt man auch gut an der Formulierung

$$\int_D f(\boldsymbol{x})\,\mathrm{d}\boldsymbol{x} = \int_B f(\boldsymbol{x}(\boldsymbol{y}))\,\left|\det \frac{\partial(x_1,\ldots,x_n)}{\partial(y_1,\ldots y_n)}\right|\,\mathrm{d}\boldsymbol{y}\,.$$

Beispiel Das Integral

$$\int_D \sqrt{x_1}\,x_2\,\mathrm{d}\boldsymbol{x}$$

mit

$$D = \left\{\boldsymbol{x} \in \mathbb{R}^2 \mid x_1, x_2 > 0,\ \sqrt{x_1} < x_2 < 2\sqrt{x_1},\ \frac{1}{x_1} < x_2 < \frac{2}{x_1}\right\}.$$

soll berechnet werden. Das Gebiet D ist in der Abb. 25.18 dargestellt.

Um eine geeignete Transformation zu finden, betrachten wir die Bedingungen in der Definition von D genauer. Sie lassen sich umschreiben zu

$$1 < \frac{x_2}{\sqrt{x_1}} < 2 \quad \text{und} \quad 1 < x_1 x_2 < 2.$$

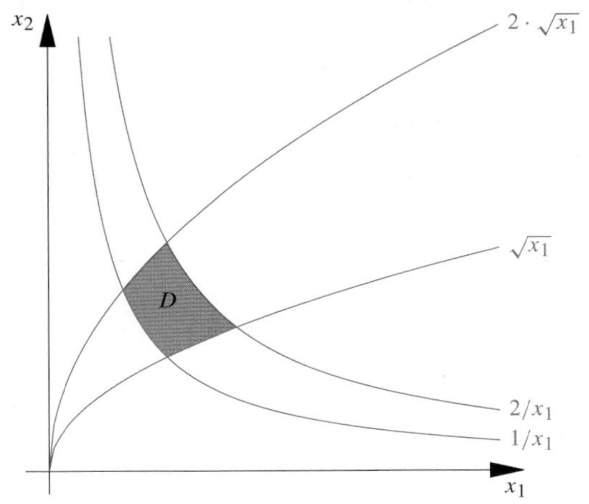

Abb. 25.18 Das Gebiet D aus dem Beispiel wird durch die vier Kurven $x_2 = \sqrt{x_1}$, $x_2 = 2\sqrt{x_1}$, $x_2 = 1/x_1$ und $x_2 = 2/x_1$ begrenzt

Es liegt daher nahe, als neue Koordinaten $u_1 = x_1 x_2$ und $u_2 = x_2/\sqrt{x_1}$ zu wählen. Umgekehrt hat man dann

$$\boldsymbol{x} = \psi(\boldsymbol{u}) = \begin{pmatrix} u_1^{2/3} u_2^{-2/3} \\ u_1^{1/3} u_2^{2/3} \end{pmatrix}, \quad 1 < u_1, u_2 < 2.$$

Da man die Darstellung von $\boldsymbol{u}$ durch $\boldsymbol{x}$ und umgekehrt äquivalent in einander umformen kann, ist diese Transformation bijektiv. Als Funktionaldeterminante ergibt sich

$$\begin{aligned} \det \psi'(\boldsymbol{u}) &= \det \begin{pmatrix} \frac{2}{3} u_1^{-1/3} u_2^{-2/3} & -\frac{2}{3} u_1^{2/3} u_2^{-5/3} \\ \frac{1}{3} u_1^{-2/3} u_2^{2/3} & \frac{2}{3} u_1^{1/3} u_2^{-1/3} \end{pmatrix} \\ &= \frac{4}{9} u_2^{-1} + \frac{2}{9} u_2^{-1} = \frac{2}{3\,u_2}. \end{aligned}$$

Die Determinante ist daher stets positiv.

Wir können nun die Transformationsformel anwenden und erhalten mit $B = (1,2) \times (1,2)$

$$\begin{aligned} \int_D \sqrt{x_1}\, x_2 \,\mathrm{d}\boldsymbol{x} &= \int_B u_1^{1/3} u_2^{-1/3} u_1^{1/3} u_2^{2/3} \frac{2}{3\,u_2} \,\mathrm{d}\boldsymbol{u} \\ &= \frac{2}{3} \int_1^2 \int_1^2 u_1^{2/3} u_2^{-2/3} \,\mathrm{d}u_1 \,\mathrm{d}u_2 \\ &= \frac{2}{5} (\sqrt[3]{32} - 1) \int_1^2 u_2^{-2/3} \,\mathrm{d}u_2 \\ &= \frac{6}{5} (\sqrt[3]{32} - 1)(\sqrt[3]{2} - 1) \\ &= \frac{6}{5} \left(5 - \sqrt[3]{32} - \sqrt[3]{2}\right). \end{aligned}$$ ◄

Im Abschn. 25.4 werden wir einige weitere wichtige Beispiele für die Anwendung der Transformationsformel kennenlernen. Es handelt sich hierbei um einige Koordinatensysteme, die in den Anwendungen oft verwendet werden, um spezielle geometrische Konstellationen zu beschreiben.

* Das Volumen eines Parallelepipeds ist eine Determinante

In Abschn. 16.6 wurde das Volumen eines Parallelepipeds $D_n \subseteq \mathbb{R}^n$, das von linear unabhängigen Vektoren $\boldsymbol{a}_1, \ldots, \boldsymbol{a}_n \in \mathbb{R}^n$ aufgespannt wird, als der Betrag der Determinante der Matrix $\boldsymbol{A} = (\boldsymbol{a}_1, \ldots, \boldsymbol{a}_n)$ **definiert.** Wir zeigen nun, dass diese Definition mit unserer Definition von n-dimensionalen Volumen über Gebietsintegrale kompatibel ist.

Der Beweis erfolgt über vollständige Induktion. Der Induktionsanfang ist der Nachweis der Aussage für $n = 2$, bei dem der Flächeninhalt eines Parallelogramms zu bestimmen ist. Dies kann man mit Mitteln der elementaren Geometrie leicht durchführen.

Für den Induktionsschritt nehmen wir an, dass die Aussage für ein $n \in \mathbb{N}$ korrekt ist. Gegeben sind ferner $n+1$ linear unabhängige Vektoren $\boldsymbol{a}_1, \ldots, \boldsymbol{a}_{n+1} \in \mathbb{R}^{n+1}$. Wir wählen dabei die Reihenfolge dieser Vektoren so, dass $\boldsymbol{a}_{n+1}$ sich nicht als Linearkombination der Vektoren $\boldsymbol{e}_1, \ldots, \boldsymbol{e}_n$ der Standardbasis darstellen lässt. Mit D_{n+1} bezeichnen wir nun das von den Vektoren $\boldsymbol{a}_1, \ldots, \boldsymbol{a}_{n+1}$ aufgespannte Parallelepiped.

Als nächstes definieren wir den affinen Unterraum U durch

$$U = \boldsymbol{a}_{n+1} + \langle \boldsymbol{e}_1, \ldots, \boldsymbol{e}_n \rangle.$$

Dieser teilt das Parallelepiped D_{n+1} in zwei Teile, siehe die Darstellung der Situation für $n = 2$ in Abb. 25.19. Den oberen Teil verschieben wir durch $-\boldsymbol{a}_{n+1}$. Er verlängert den unteren Teil genau bis zu dem von $\boldsymbol{e}_1, \ldots, \boldsymbol{e}_n$ aufgespannten Unterraum. Das Volumen ändert sich dabei aufgrund der Additivität des Gebietsintegrals nicht, denn beide Parallelepipede bestehen aus den gleichen zwei disjunkten Teilgebieten.

Das neue Parallelepiped, wir nennen es $\tilde{D}_{n+1}$, wird aufgespannt von $\boldsymbol{a}_{n+1}$ und Vektoren $\boldsymbol{c}_j \in \langle \boldsymbol{e}_1, \ldots \boldsymbol{e}_n \rangle$, wobei die Gleichung

$$\boldsymbol{a}_j = \boldsymbol{c}_j + \alpha_j \boldsymbol{a}_{n+1}, \quad j = 1, \ldots, n,$$

mit Zahlen $\alpha_j \in \mathbb{R}$ gilt. Indem wir auf beiden Seiten der Gleichung das Skalarprodukt mit $\boldsymbol{e}_{n+1}$ bilden, folgt $\alpha_j = a_{j\,n+1}/a_{n+1\,n+1}$, d. h.

$$\boldsymbol{c}_j = \boldsymbol{a}_j - \frac{a_{j\,n+1}}{a_{n+1\,n+1}} \boldsymbol{a}_{n+1}, \quad j = 1, \ldots, n.$$

Mit den Matrizen $\boldsymbol{A} = ((\boldsymbol{a}_1, \ldots, \boldsymbol{a}_{n+1}))$ und $\boldsymbol{C} = ((\boldsymbol{c}_1, \ldots, \boldsymbol{c}_n, \boldsymbol{a}_{n+1}))$ können wir die letzte Gleichung als eine

Anwendung: Numerische Integration in mehreren Dimensionen

Für die numerische Berechnung von Integralen gibt es im Eindimensionalen eine Reihe von Formeln. Für die Integration im Mehrdimensionalen kann über das iterierte Integral auf diese Formeln zurückgegriffen werden. Dazu kommen einige weitere Techniken.

Wir wollen uns hier beispielhaft mit der Integration über ein beschränktes Gebiet $D \subseteq \mathbb{R}^2$ beschäftigen. Am einfachsten stellt sich die Situation dar, wenn es sich bei D um ein Rechteck handelt,

$$D = (a_1, b_1) \times (a_2, b_2).$$

In diesem Fall können wir das Gebietsintegral als iteriertes Integral schreiben und für beide eindimensionalen Integrale separat eine Quadraturformel verwenden. So erhalten wir

$$\begin{aligned}\int_D f(\boldsymbol{x})\,\mathrm{d}\boldsymbol{x} &= \int_{a_1}^{b_1}\int_{a_2}^{b_2} f(x_1, x_2)\,\mathrm{d}x_2\,\mathrm{d}x_1 \\ &\approx \sum_{j=1}^{n_1} w_{1j} \int_{a_2}^{b_2} f(x_{1j}, x_2)\,\mathrm{d}x_2 \\ &\approx \sum_{j=1}^{n_1}\sum_{k=1}^{n_2} w_{1j} w_{2k} f(x_{1j}, x_{2k}).\end{aligned}$$

Dies ist eine Quadraturformel mit Gewichten $w_{jk} = w_{1j}w_{2k}$ und Quadraturpunkten $\boldsymbol{x}_{jk} = (x_{1j}, x_{2k})^\top$. Als eindimensionale Quadraturformeln können ganz beliebige Regeln verwendet werden, zum Beispiel die zusammengesetzte Trapezregel oder eine Gauß'sche Quadraturformel.

Bei komplizierteren Gebieten können wir auf diese Methode nicht direkt zurückgreifen. Es ist keine Option, den Integranden außerhalb des eigentlichen Gebiets durch null auf ein Rechteck fortzusetzen. Die Approximationsgüte einer Quadraturformel ist ja wesentlich davon abhängig, dass der Integrand eine glatte Funktion ist.

Für dreieckige Integrationsgebiete sind in der Literatur ebenfalls viele Formeln zu finden. Ist D ein Dreieck mit den Eckpunkten $\boldsymbol{a}, \boldsymbol{b}, \boldsymbol{c} \in \mathbb{R}^2$, so verwendet man für $\boldsymbol{x} \in D$ die Darstellung

$$\boldsymbol{x} = \boldsymbol{a} + s_1\,(\boldsymbol{b} - \boldsymbol{a}) + s_2\,(\boldsymbol{c} - \boldsymbol{a}),$$

$s_1 \in (0, 1)$, $s_2 \in (0, 1 - s_2)$.

Dadurch ist eine Transformation vom Dreieck B mit den Eckpunkten $(0,0)^\top$, $(1,0)^\top$ und $(0,1)^\top$ auf das Dreieck D gegeben. Man erhält

$$\int_D f(\boldsymbol{x})\,\mathrm{d}\boldsymbol{x} = \frac{|\det((\boldsymbol{b} - \boldsymbol{a}, \boldsymbol{c} - \boldsymbol{a}))|}{2} \int_B f(\boldsymbol{x}(\boldsymbol{s}))\,\mathrm{d}\boldsymbol{s}.$$

Das Dreieck B wird auch Referenzdreieck genannt. In Büchern zur numerischen Integration sind Formeln zu finden, die Integrale über B für Polynome bis zu einem gewissen Grad exakt berechnen, siehe etwa die angegebene Referenz. Ein Beispiel ist die folgende Formel mit 7 Quadraturpunkten, die Polynome bis zum dritten Grad exakt integriert:

$$\begin{aligned}\int_B f(\boldsymbol{s})\,\mathrm{d}\boldsymbol{s} \approx{}& \frac{9}{40} f\left(\frac{1}{3}, \frac{1}{3}\right) + \frac{1}{40}[f(0,0) + f(1,0) + f(0,1)] \\ &+ \frac{1}{15}\left[f\left(\frac{1}{2}, 0\right) + f\left(0, \frac{1}{2}\right) + f\left(\frac{1}{2}, \frac{1}{2}\right)\right].\end{aligned}$$

Die Abbildung zeigt die Lage der Quadraturpunkte:

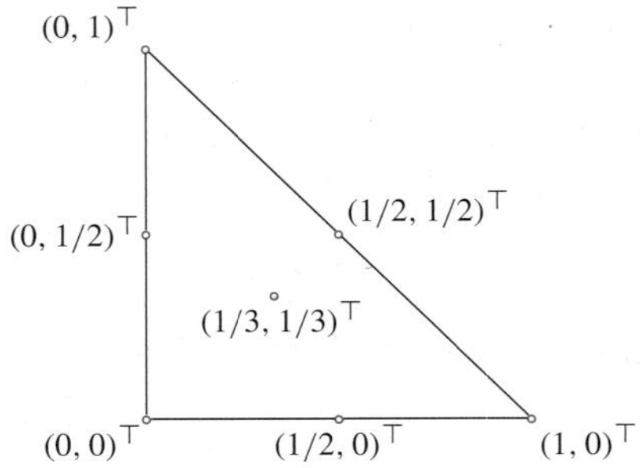

Bei noch komplizierteren Gebieten unterteilt man das Integrationsgebiet in kleinere Teilgebiete, die jeweils entweder Dreiecke oder Rechtecke sind. Für ein Polygon, also ein Gebiet, das durch einen Streckenzug berandet ist, ist dies exakt möglich. Die folgende Abbildung zeigt ein Beispiel für eine solche Zerlegung.

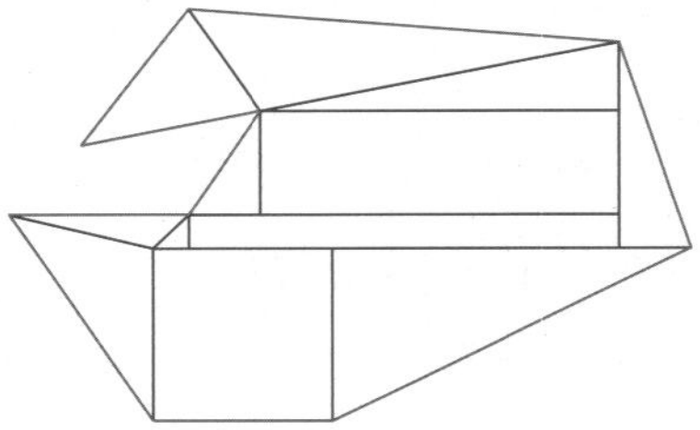

Für krummlinig berandete Gebiete ist es oft notwendig, dass Gebiet selbst zu approximieren, wenn nicht eine Transformation bekannt ist, die das Integral vereinfacht. Mittels Spline-Interpolation können zum Beispiel krummlinig berandete Dreiecke auf das Referenzdreieck abgebildet werden. Die entsprechende Funktionaldeterminante muss dann beim Berechnen des Integrals berücksichtigt werden.

In höheren Dimensionen sind verwandte Techniken anzuwenden. Aus Rechtecken werden dann Quader, aus Dreiecken Tetraeder oder prismenförmige Referenzgebiete.

Literatur

- A. H. Stroud: *Approximate calculation of multiple integrals.* Prentice-Hall, 1971.

Teil IV

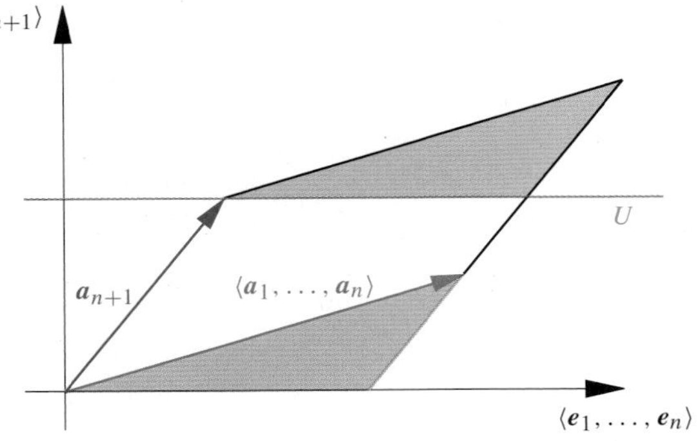

Abb. 25.19 Durch Verschiebung des oberen Teils von D_{n+1} um $-a_{n+1}$ entsteht das Parallelepiped $\tilde{D}_{n+1}$, das von a_{n+1} und Vielfachen der Basisvektoren $e_1, \ldots, e_n$ aufgespannt wird

Gleichung von Matrizen schreiben,

$$C = A \begin{pmatrix} 1 & & 0 & 0 \\ & \ddots & & \vdots \\ 0 & & 1 & 0 \\ -\frac{a_{1\,n+1}}{a_{n+1\,n+1}} & \cdots & -\frac{a_{n\,n+1}}{a_{n+1\,n+1}} & 1 \end{pmatrix}$$

Die letzte Matrix besitzt die Determinante 1, es folgt also

$$\det C = \det A.$$

Mit $\tilde{C}$ bezeichnen wir noch die Matrix, die sich durch Streichen der letzten Spalte und letzten Zeile von C ergibt. Die Spalten dieser Matrix sind genau die Vektoren c_j, $j = 1, \ldots, n$, aufgefasst als Vektoren im $\mathbb{R}^n$. Nach dem Entwicklungssatz für Determinanten gilt

$$a_{n+1\,n+1} \det \tilde{C} = \det C = \det A.$$

Wir berechnen jetzt das Volumen von $\tilde{D}_{n+1}$, indem wir das Gebiet in einen umfassenden Quader einbetten und den Satz von Fubini anwenden. Es folgt

$$\begin{aligned} V(D_{n+1}) &= V(\tilde{D}_{n+1}) \\ &= \int_0^{a_{n+1\,n+1}} \int_{D_n(t)} 1 \, \mathrm{d}(x_1, \ldots, x_n) \, \mathrm{d}x_n \end{aligned}$$

mit

$$D_n(t) = t\,a_n + D_n, \quad t \in \mathbb{R},$$

und dem Parallelepiped $D_n \subseteq \mathbb{R}^n$, welches von $c_1, \ldots, c_n$ aufgespannt wird. Nach der Induktionsvoraussetzung ist

$$V(D_n(t)) = \int_{D_n(t)} 1 \, \mathrm{d}(x_1, \ldots, x_n) = \det \tilde{C}.$$

Damit ist

$$\begin{aligned} V(D_{n+1}) &= \int_0^{a_{n+1\,n+1}} \det \tilde{C} \, \mathrm{d}x_n \\ &= a_{n+1\,n+1} \det \tilde{C} = \det A. \end{aligned}$$

Genau dies war zu zeigen.

25.4 Wichtige Koordinatensysteme

Wie die Beispiele aus dem letzten Abschnitt gezeigt haben, versetzt uns die Transformationsformel dazu in die Lage, Integrale über komplizierte Gebiete auf Integrale über Quader zurückzuführen und so deren rechnerische Bestimmung zu erleichtern. Dabei erlaubt sie es uns, mit ganz allgemeinen Transformationen zwischen zwei Gebieten zu arbeiten.

Es gibt nun einige Standardtransformationen, die mit der Beschreibung von Gebieten in bestimmten Koordinatensystemen zusammenhängen und die in der Praxis sehr häufig vorkommen. Diese besprechen wir nun gesondert. Besonders das erste dieser Koordinatensysteme, die *Polarkoordinaten*, ist uns schon von vielen Anwendungen her und im Zusammenhang mit den komplexen Zahlen vertraut. Hier erscheint es unter einem neuen Blickwinkel.

Die hier vorgestellten Koordinatensysteme und zugehörigen Transformationen werden speziell für zwei bzw. für drei Raumdimensionen verwandt. Auf Verallgemeinerungen, die auch in höheren Dimensionen verwendet werden können, geht die Vertiefung auf S. 946 ein.

Teil IV

Polarkoordinaten

Im $\mathbb{R}^2$ sind uns die **Polarkoordinaten** (r, φ) als eine Alternative zu den kartesischen Koordinaten (x_1, x_2) vertraut. Die Zahl $r \geq 0$ beschreibt den Abstand eines Punktes vom Ursprung, die Zahl $\varphi \in (-\pi, \pi)$ den Winkel zwischen der Verbindungsstrecke des Punktes mit dem Ursprung und der positiven x_1-Achse, siehe Abb. 25.20. Statt des Intervalls $(-\pi, \pi)$ kann auch jedes

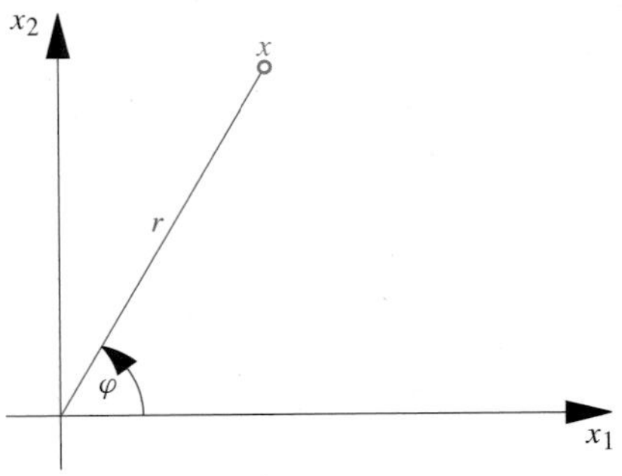

Abb. 25.20 Die Darstellung eines Punktes x im $\mathbb{R}^2$ durch die Polarkoordinaten (r, φ). Der Abstand des Punktes vom Ursprung ist r, der Winkel zwischen der Verbindungsgerade von x und dem Ursprung mit der positiven x_1-Achse ist φ

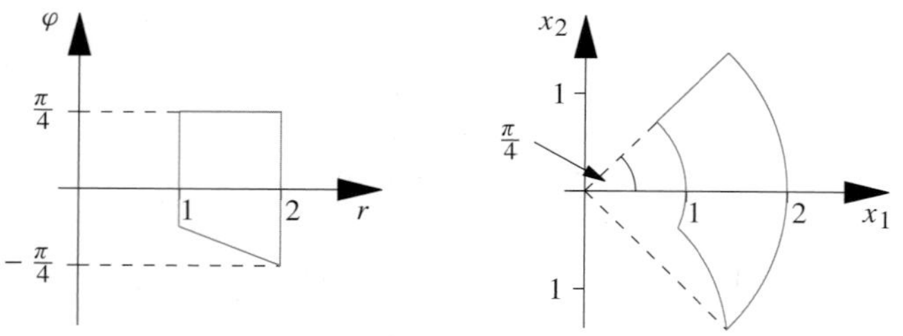

Abb. 25.21 Das rechts abgebildete Segment eines Kreisrings wäre in kartesischen Koordinaten nur schwer zu beschreiben. Die Polarkoordinaten der Punkte bilden ein Trapez

andere Intervall der Länge 2π gewählt werden, um die gesamte Ebene abzudecken.

Achtung In früheren Kapiteln hatten wir für φ das Intervall $(-\pi, \pi]$ zugelassen, damit man die gesamte Ebene durch Polarkoordinaten beschreiben kann. In diesem Abschnitt wollen wir grundsätzlich nur offene Intervalle für die Koordinaten verwenden. Das gilt auch später für die anderen zu besprechenden Koordinatensysteme. Für die Integration spielen die Ränder der Integrationsgebiete keine Rolle, denn sie bilden Nullmengen. ◀

Aus elementargeometrischen Überlegungen folgt der Zusammenhang

$$x_1 = r\cos\varphi, \quad x_2 = r\sin\varphi.$$

Diese beiden Gleichungen liefern uns bereits die Transformation ψ zwischen der Darstellung einer Teilmenge der Ebene in Polarkoordinaten B und in kartesischen Koordinaten D,

$$\psi(r,\varphi) = \begin{pmatrix} r\cos\varphi \\ r\sin\varphi \end{pmatrix}, \quad (r,\varphi) \in B.$$

Ein Beispiel dafür zeigt die Abb. 25.21. Aus dem in kartesischen Koordinaten nur kompliziert zu beschreibenden Segment eines Kreisrings wird in Polarkoordinaten ein Trapez.

Um die Transformationsformel in dieser Situation anzuwenden, benötigen wir die Jacobi-Matrix dieser Transformation,

$$\frac{\partial(x_1,x_2)}{\partial(r,\varphi)} = \begin{pmatrix} \cos\varphi & -r\sin\varphi \\ \sin\varphi & r\cos\varphi \end{pmatrix},$$

und daher gilt

$$\det\frac{\partial(x_1,x_2)}{\partial(r,\varphi)} = r\cos^2\varphi + r\sin^2\varphi = r.$$

Integration mit Polarkoordinaten

Ist $D \subseteq \mathbb{R}^2, f \in L(D)$ und B die Beschreibung von D durch Polarkoordinaten, so gilt

$$\int_D f(x_1,x_2)\,\mathrm{d}(x_1,x_2) = \int_B f(r\cos\varphi, r\sin\varphi)\, r\,\mathrm{d}(r,\varphi).$$

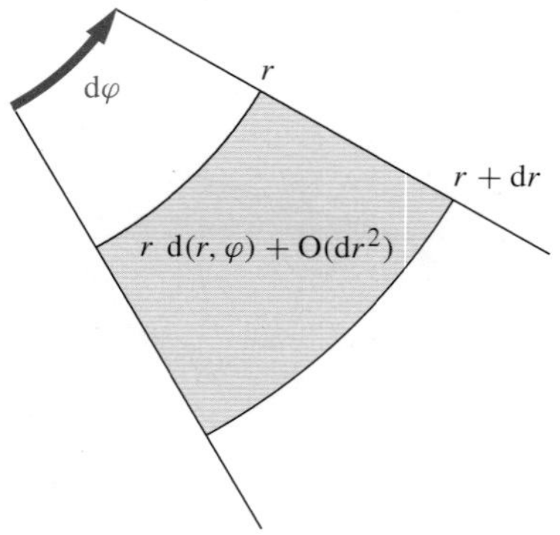

Abb. 25.22 In linearer Näherung entspricht das Differenzial $r\,\mathrm{d}(r,\varphi)$ der Fläche eines Kreissegments mit Öffnungswinkel $\mathrm{d}\varphi$ zwischen den Radien r und $r + \mathrm{d}r$

Selbstfrage 9

Wie ändert sich die Funktionalmatrix, wenn die Reihenfolge der Argumente (r, φ) von ψ vertauscht wird? Welchen Einfluss hat dies auf die Funktionaldeterminante und auf die Transformationsformel?

Zum einen ergibt sich die Formel für die Integration mit Polarkoordinaten mathematisch aus der Transformationsformel. Man kann sie aber auch geometrisch veranschaulichen: Das gewöhnliche Gebietsintegral entsteht durch einen Grenzprozess durch Summation von Treppenfunktionen auf Quadern mit dem Volumen $\mathrm{d}\boldsymbol{x}$. In Polarkoordinaten summieren wir über Kreissegmente zwischen den Radien r und $r + \mathrm{d}r$ mit dem Öffnungswinkel $\mathrm{d}\varphi$ (siehe Abb. 25.22). Die Fläche eines solchen Segments ist

$$\left[\pi\,(r+\mathrm{d}r)^2 - \pi r^2\right]\frac{\mathrm{d}\varphi}{2\pi} = r\,\mathrm{d}\varphi\,\mathrm{d}r + \frac{1}{2}\,\mathrm{d}\varphi\,(\mathrm{d}r)^2.$$

Bei einer Linearisierung wird der zweite Summand vernachlässigt, denn er ist quadratisch in $\mathrm{d}r$. Wir erhalten also als Fläche dieses Kreissegments in linearer Näherung genau das Differenzial für die Polarkoordinaten $r\,\mathrm{d}(r,\varphi)$. Aus physikalischer Sicht ordnet man übrigens dem Differenzial $\mathrm{d}(r,\varphi)$ die Einheit einer Länge zu, da ein Winkel eine dimensionslose Größe ist. Somit hat die Größe $r\mathrm{d}(r,\varphi)$ dieselbe Dimension wie $\mathrm{d}(x_1,x_2)$.

Wir illustrieren die Anwendung dieser Transformation an einem schon bekannten Beispiel.

Beispiel Wir greifen noch einmal das Beispiel von S. 928 auf und berechnen das Integral

$$\int_D x_1\,(x_1^2 + x_2)\,\mathrm{d}\boldsymbol{x}$$

mit

$$D = \{\boldsymbol{x} \in \mathbb{R}^2 \mid x_1 > 0, 1 < x_1^2 + x_2^2 < 4\}.$$

Diesmal sollen jedoch Polarkoordinaten verwendet werden. Wir drücken D aus durch

$$D = \left\{(r\cos\varphi, r\sin\varphi)^{\mathrm{T}} \in \mathbb{R}^2 \;\middle|\; -\frac{\pi}{2} < \varphi < \frac{\pi}{2}, 1 < r < 2\right\}.$$

Das Gebiet B aus der Transformationsformel ist also genau das Rechteck

$$B = \left\{(r, \varphi) \in \mathbb{R}^2 \mid -\frac{\pi}{2} < \varphi < \frac{\pi}{2}, 1 < r < 2\right\}.$$

Damit ergibt sich:

$$\begin{aligned}
&\int_D x_1\,(x_1^2 + x_2)\,\mathrm{d}\boldsymbol{x}\\
&= \int_B \left(r^3 \cos^3\varphi + r^2 \cos\varphi\,\sin\varphi\right) r\,\mathrm{d}(r,\varphi)\\
&= \int_1^2 \int_{-\frac{\pi}{2}}^{\frac{\pi}{2}} \left(r^4 \cos^3\varphi + r^3 \cos\varphi\,\sin\varphi\right) \mathrm{d}\varphi\,\mathrm{d}r\\
&= \int_1^2 \left[\frac{r^4}{3}\sin\varphi\,\cos^2\varphi + \frac{2\,r^4}{3}\sin\varphi + \frac{r^3}{2}\sin^2\varphi\right]_{-\frac{\pi}{2}}^{\frac{\pi}{2}} \mathrm{d}r\\
&= \int_1^2 \frac{4}{3} r^4\,\mathrm{d}r = \left[\frac{4}{15} r^5\right]_1^2 = \frac{128-4}{15} = \frac{124}{15}
\end{aligned}$$

Wir haben tatsächlich genau dasselbe Ergebnis wie auf S. 928 erhalten. Die Rechnung über Polarkoordinaten ist allerdings erheblich einfacher, denn der Kreisring, der in kartesischen Koordinaten schwer zu beschreiben ist, wird in Polarkoordinaten zu einem Rechteck. ◄

Kommentar Im Zusammenhang mit Transformationen zwischen Gebieten hatten wir schon auf S. 935 darauf hingewiesen, dass die Spalten der Funktionalmatrix der Transformation Tangentialvektoren an die Koordinatenlinien darstellen. Bei Polarkoordinaten sind die Koordinatenlinien zum einen Kreise um den Ursprung, wenn r konstant ist, zum anderen sind es vom Ursprung ausgehende Strahlen, wenn φ konstant ist. Es fällt auf, dass die Tangentialvektoren an die beiden Koordinatenlinien, die sich in einem Punkt schneiden, stets zueinander orthogonal sind. Koordinatensysteme, bei denen dies der Fall ist, nennt man **orthogonale Koordinatensysteme**. Auch die später in diesem Abschnitt zu besprechenden Zylinder- und Kugelkoordinaten gehören zu dieser Klasse. Orthogonale Koordinatensysteme spielen eine wichtige Rolle in der Vektoranalysis (siehe Kap. 27). ◄

Zylinderkoordinaten erweitern Polarkoordinaten um eine dritte Dimension

Im $\mathbb{R}^3$ ergibt sich ein Koordinatensystem auf besonders einfache Art und Weise, indem den zweidimensionalen Polarkoordinaten eine dritte Koordinate hinzugefügt wird. Diese bezeichnen wir gemeinhin mit z, sodass sich insgesamt der Zusammenhang

$$x_1 = \rho\,\cos\varphi, \quad x_2 = \rho\,\sin\varphi, \quad x_3 = z$$

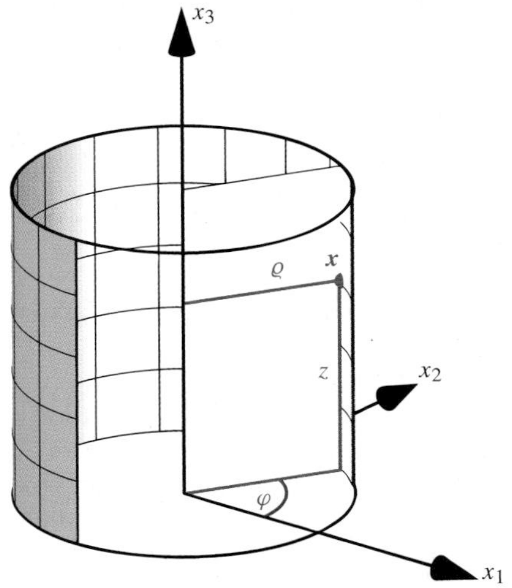

Abb. 25.23 Zylinderkoordinaten erweitern Polarkoordinaten um eine dritte Koordinate z, die der x_3-Koordinate entspricht

ergibt. Hierbei ist $\rho > 0$ der Abstand des Punktes von der x_3-Achse, $\varphi \in (-\pi, \pi)$, der Winkel zwischen dem Lot vom Punkt auf die x_3-Achse und der positiven x_1-Achse (siehe Abb. 25.23). Lässt man ρ konstant, so entsteht durch die Variation von z und φ eine Zylinderfläche, daher trägt das (ρ, φ, z)-Koordinatensystem den Namen **Zylinderkoordinaten**.

Die zugehörige Koordinatentransformation ergibt sich als

$$\psi(\rho, \varphi, z) = \begin{pmatrix} \rho\,\cos\varphi \\ \rho\,\sin\varphi \\ z \end{pmatrix}, \quad (\rho, \varphi, z) \in B,$$

wobei $B \subseteq \mathbb{R}^3$ die Menge ist, die den Körper in Zylinderkoordinaten beschreibt. Die Jacobi-Matrix ist

$$\frac{\partial(x_1, x_2, x_3)}{\partial(\rho, \varphi, z)} = \begin{pmatrix} \cos\varphi & -\rho\,\sin\varphi & 0 \\ \sin\varphi & \rho\,\cos\varphi & 0 \\ 0 & 0 & 1 \end{pmatrix},$$

sodass sich als Funktionaldeterminante $\det\psi'(\rho, \varphi, z) = \rho$ ergibt. Ganz analog zu den Polarkoordinaten nimmt die Transformationsformel die folgende Gestalt an.

Integration mit Zylinderkoordinaten

Ist $D \subseteq \mathbb{R}^3$, $f \in L(D)$ und B die Beschreibung von D durch Zylinderkoordinaten, so gilt

$$\int_D f(x_1, x_2, x_3)\,\mathrm{d}(x_1, x_2, x_3) = \int_B f(\rho\cos\varphi, \rho\sin\varphi, z)\,\rho\mathrm{d}(\rho, \varphi, z).$$

Beispiel: Die Bestimmung eines uneigentlichen Integrals

Der Wert des Integrals

$$\int_{-\infty}^{\infty} e^{-x^2}\, dx$$

soll mithilfe einer Transformation auf Polarkoordinaten bestimmt werden.

Problemanalyse und Strategie: Die Funktion e^{-x^2} ist zwar integrierbar, es ist jedoch nicht möglich, ihre Stammfunktion durch die uns bekannten Funktionen in einer expliziten Formel auszudrücken. Mittels einer Darstellung durch ein Gebietsintegral und der Verwendung von Polarkoordinaten kann aber der Wert des oben angegebenen Integrals bestimmt werden.

Lösung: Die Grundidee ist das Quadrat des Integrals zu betrachten. Dieses lässt sich als ein iteriertes Integral und damit als ein Gebietsintegral über den $\mathbb{R}^2$ schreiben,

$$\begin{aligned}\left(\int_{-\infty}^{\infty} e^{-x^2}\, dx\right)^2 &= \int_{-\infty}^{\infty} e^{-x^2}\, dx \int_{-\infty}^{\infty} e^{-y^2}\, dy\\ &= \int_{\mathbb{R}^2} e^{-(x^2+y^2)}\, d(x,y).\end{aligned}$$

Es bietet sich nun an, diese Gebietsintegral über eine Transformation auf Polarkoordinaten zu berechnen. Dazu setzen wir

$$B = \{(r,\varphi) \mid r > 0, \varphi \in (-\pi,\pi)\}$$

und erhalten

$$\int_{\mathbb{R}^2} e^{-(x^2+y^2)}\, d(x,y) = \int_B r\, e^{-r^2}\, d(r,\varphi).$$

Durch die Transformation ist der zusätzliche Faktor r ins Spiel gekommen. Er bewirkt, dass wir das Integral nun leicht als iteriertes Integral bestimmen können,

$$\begin{aligned}\int_B r\, e^{-r^2}\, d(r,\varphi) &= \int_0^{\infty}\int_{-\pi}^{\pi} r\, e^{-r^2}\, d\varphi\, dr\\ &= 2\pi \int_0^{\infty} r\, e^{-r^2}\, dr\\ &= 2\pi \left[-\frac{1}{2} e^{-r^2}\right]_0^{\infty} = \pi.\end{aligned}$$

Somit folgt

$$\int_{-\infty}^{\infty} e^{-x^2}\, dx = \sqrt{\pi}.$$

Kommentar Dies ist nur eine von vielen Möglichkeiten zur Bestimmung des Werts dieses Integrals. Anwendung findet das Integral in der Wahrscheinlichkeitstheorie im Zusammenhang mit der Normalverteilung (siehe Abschn. 39.3). ◄

Als eine einfache Anwendung dieser Integrationsformel erhält man die wohlbekannten Formeln zur Bestimmung des Volumens von Kegeln.

Anwendungsbeispiel Wir bestimmen das Volumen eines Kegels K, dessen Grundfläche ein Kreis mit Radius R ist und der die Höhe h besitzt, siehe Abb. 25.24. Wir werden die Menge der Punkte im Innern des Kegels durch Zylinderkoordinaten beschreiben. Dabei wählt man die x_3-Achse als Verbindungsgerade der Spitze des Kegels mit dem Mittelpunkt der Grundfläche. Der maximale Abstand eines Punktes des Kegels von der x_3-Achse nimmt dann linear ab vom Wert R am Boden bis zu 0 an derSpitze. Es folgt also

$$\begin{aligned}K = \Big\{(\rho\cos\varphi, \rho\sin\varphi, z)^{\mathrm{T}} \mid\ & 0 < z < h,\\ & 0 < \rho < R\Big(1 - \frac{z}{h}\Big), -\pi < \varphi < \pi\Big\}.\end{aligned}$$

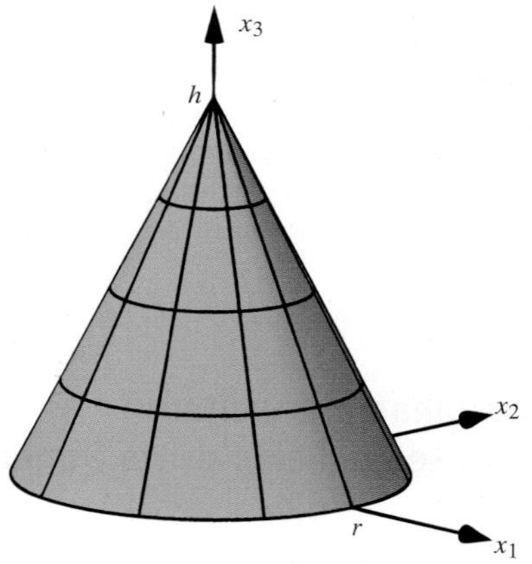

Abb. 25.24 Ein Kegel ist ein geometrischer Körper, der sich gut durch Zylinderkoordinaten beschreiben lässt

Die Menge der Tripel (ρ, φ, z), die einen Punkt in K in Zylinderkoordinaten darstellen, nennen wir B. Damit ergibt sich

$$\begin{aligned} V(K) &= \int_K 1 \,\mathrm{d}\boldsymbol{x} = \int_B \rho \,\mathrm{d}(\rho, \varphi, z) \\ &= \int_0^h \int_0^{R(1-z/h)} \int_{-\pi}^{\pi} \rho \,\mathrm{d}\varphi \,\mathrm{d}\rho \,\mathrm{d}z \\ &= 2\pi \int_0^h \frac{R^2}{2} \left(1 - \frac{z}{h}\right)^2 \mathrm{d}z \\ &= \pi R^2 \left[-\frac{h}{3} \left(1 - \frac{z}{h}\right)^3 \right]_0^h = \frac{1}{3} \pi R^2 h. \end{aligned}$$

Es ergibt sich genau der bekannte Ausdruck *ein Drittel mal Grundfläche mal Höhe.* ◀

Ein Kegel ist natürlich nur ein spezieller Fall für einen **Rotationskörper**, also einen Körper, der durch Rotation des Graphen einer stetigen Funktion $f : (a, b) \to \mathbb{R}_{\geq 0}$ um die x-Achse entsteht. Für das Volumen eines solchen Körpers K hatten wir schon in Abschn. 11.4 mithilfe des eindimensionalen Integrals die Formel

$$V(K) = \pi \int_a^b f(x)^2 \,\mathrm{d}x$$

hergeleitet. Wir können dieses Ergebnis jetzt durch Verwendung der Zylinderkoordinaten direkt verifizieren. Es ist nämlich

$$\begin{aligned} K = \{(x, \rho \cos \varphi, \rho \sin \varphi)^{\mathrm{T}} \in \mathbb{R}^3 \mid a < x < b, \\ -\pi < \varphi < \pi, 0 < \rho < f(x)\}. \end{aligned}$$

Der Unterschied zu den gewöhnlichen Zylinderkoordinaten besteht hier nur in der anderen Zuordnung zu den kartesischen Koordinaten. Dies ändert jedoch den Betrag der Funktionaldeterminante nicht, sodass wir die folgende Rechnung durchführen können:

$$\begin{aligned} V(K) &= \int_K 1 \,\mathrm{d}\boldsymbol{x} = \int_{-\pi}^{\pi} \int_a^b \int_0^{f(x)} \rho \,\mathrm{d}\rho \,\mathrm{d}x \,\mathrm{d}\varphi \\ &= 2\pi \int_a^b \left[\frac{1}{2} \rho^2 \right]_0^{f(x)} \mathrm{d}x = \pi \int_a^b f(x)^2 \,\mathrm{d}x \end{aligned}$$

Es ergibt sich also wieder die aus Kap. 11 bekannte Formel. Eine Anwendung der Zylinderkoordinaten bei der Berechnung eines Schwerpunkts zeigt die Anwendung auf S. 945.

Kugelkoordinaten

Bei den Polarkoordinaten wird ein Punkt durch seinen Abstand vom Ursprung und eine Winkelkoordinate beschrieben. Will man diese Idee in drei Raumdimensionen übertragen, so kommt eine zweite Winkelkoordinate ins Spiel.

Am einfachsten lässt sich ein solches Koordinatensystem aus den Zylinderkoordinaten ableiten. Die Abb. 25.25 zeigt das Vorgehen. Man behält die Winkelkoordinate φ bei und erhält

$$\rho = r \sin \vartheta, \quad z = r \cos \vartheta,$$

wobei $r > 0$ den Abstand des Punktes vom Ursprung und $\vartheta \in (0, \pi)$ den Winkel zwischen der positiven x_3-Achse und der Verbindungsstrecke des Punktes mit dem Ursprung darstellt. Die so erhaltenen Koordinaten nennt man **Kugelkoordinaten** oder auch **sphärische Koordinaten**, in Formeln

$$x_1 = r \cos \varphi \sin \vartheta, \quad x_2 = r \sin \varphi \sin \vartheta, \quad x_3 = r \cos \vartheta,$$

mit $r > 0$, $\varphi \in (-\pi, \pi)$, $\vartheta \in (0, \pi)$. Lässt man r konstant, so erhält man durch Variation von φ und ϑ eine Sphäre um den Ursprung mit Radius R.

Selbstfrage 10

Wieso darf man für ϑ nicht das Intervall $(-\pi, \pi)$ oder ein anderes Intervall der Länge 2π zulassen?

Die Kugelkoordinaten ergeben die Transformation

$$\psi(r, \varphi, \vartheta) = r(\cos \varphi \sin \vartheta, \sin \varphi \sin \vartheta, \cos \vartheta)^{\mathrm{T}}$$

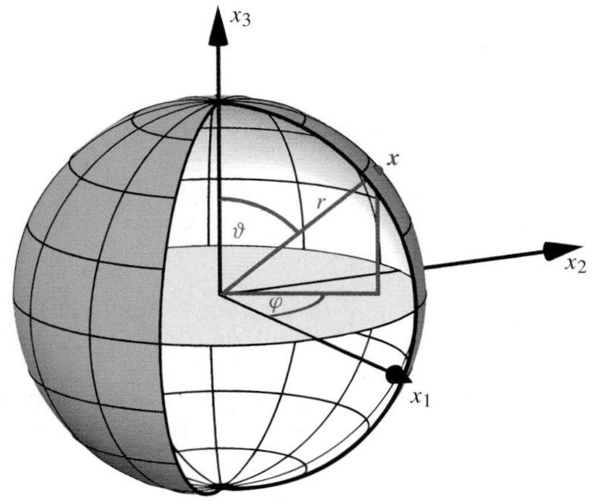

Abb. 25.25 Man erhält die Kugelkoordinaten, indem man die ρ- und die z-Koordinate der Zylinderkoordinaten durch den Abstand vom Ursprung r und die Winkelkoordinate ψ ausdrückt

Beispiel: Integration von unbeschränkten Funktionen

Wir definieren $D = \{\boldsymbol{x} \in \mathbb{R}^3 \mid \|\boldsymbol{x}\| < 1\}$. Zeigen Sie, dass das uneigentliche Integral

$$\int_D \frac{|x_1 + x_2|}{\|\boldsymbol{x}\|^{7/2}} \, \mathrm{d}\boldsymbol{x}$$

existiert, und berechnen Sie seinen Wert.

Problemanalyse und Strategie: Es bietet sich an, auf Kugelkoordinaten zu transformieren. Dabei bleiben wir zunächst ein Stück von der Stelle weg, an der sich die Singularität befindet. Durch einen Grenzübergang erhalten wir die Existenz des Integrals.

Lösung: Um mit Integralen zu arbeiten, die auf jeden Fall existieren, führen wir für $\varepsilon > 0$ die Gebiete

$$D_\varepsilon = \{\boldsymbol{x} \in \mathbb{R}^3 \mid \varepsilon < \|\boldsymbol{x}\| < 1\}$$

ein. Dann ist der Integrand auf jedem D_ε stetig und beschränkt, und er lässt sich stetig auf den Rand von D_ε fortsetzten. Somit ist der Integrand in $L(D_\varepsilon)$ für jedes $\varepsilon > 0$.

Mit Kugelkoordinaten und dem Gebiet

$$B_\varepsilon = (\varepsilon, 1) \times (-\pi, \pi) \times (0, \pi)$$

folgt dann:

$$\begin{aligned} &\int_{D_\varepsilon} \frac{|x_1 + x_2|}{\|x\|^{7/2}} \, \mathrm{d}\boldsymbol{x} \\ &= \int_{B_\varepsilon} \frac{|r \cos\varphi \sin\vartheta + r \sin\varphi \sin\vartheta|}{r^{7/2}} \, r^2 \sin\vartheta \, \mathrm{d}(r, \varphi, \vartheta) \\ &= \int_{B_\varepsilon} \frac{|\cos\varphi + \sin\varphi|}{\sqrt{r}} \sin^2\vartheta \, \mathrm{d}(r, \varphi, \vartheta) \end{aligned}$$

Der Integrand zerfällt nun in drei Faktoren, die jeweils nur von einer Integrationsvariablen abhängen. Es folgt

$$\int_{D_\varepsilon} \frac{|x_1 + x_2|}{\|\boldsymbol{x}\|^{7/2}} \mathrm{d}\boldsymbol{x} = \int_{-\pi}^{\pi} |\cos\varphi + \sin\varphi| \, \mathrm{d}\varphi \cdot \int_0^{\pi} \sin^2\vartheta \, \mathrm{d}\vartheta \cdot \int_\varepsilon^1 \frac{1}{\sqrt{r}} \, \mathrm{d}r.$$

Wir verwenden jetzt

$$\sin\varphi + \cos\varphi = \sqrt{2} \sin\left(\varphi + \frac{\pi}{4}\right)$$

und erhalten so

$$\int_{D_\varepsilon} \frac{|x_1 + x_2|}{\|\boldsymbol{x}\|^{7/2}} \, \mathrm{d}\boldsymbol{x} = 2\sqrt{2}\,\pi \left[2\sqrt{r}\right]_\varepsilon^1 \longrightarrow 4\sqrt{2}\,\pi$$

für $\varepsilon \to 0$.

Kommentar Allgemein gesprochen haben wir in diesem Beispiel eine Funktion $f : D \setminus \{\boldsymbol{x}_0\} \to \mathbb{R}$ mit $D \subseteq \mathbb{R}^3$ betrachtet, die an der Stelle $\boldsymbol{x}_0$ eine Singularität besitzt. Dabei gilt die Abschätzung $|f(\boldsymbol{x})| \leq C \, \|\boldsymbol{x} - \boldsymbol{x}_0\|^{-5/2}$. Durch die Kugelkoordinaten wird ein Faktor $\|\boldsymbol{x} - \boldsymbol{x}_0\|^2$ kompensiert, das Integral existiert.

Betrachtet man die Situation im $\mathbb{R}^2$, wo mit Polarkoordinaten gearbeitet werden muss, erhält man nur einen Kompensationsfaktor $\|\boldsymbol{x} - \boldsymbol{x}_0\|$. Die Vertiefung auf S. 946 zeigt, dass man allgemein im $\mathbb{R}^d$ einen Kompensationsfaktor $\|\boldsymbol{x} - \boldsymbol{x}_0\|^{d-1}$ erhält. Somit folgt, dass für $D \subseteq \mathbb{R}^d$ eine Funktion $f : D \to \mathbb{R}$ noch integrierbar ist, wenn eine Abschätzung der Form

$$|f(\boldsymbol{x})| \leq C \, \|\boldsymbol{x} - \boldsymbol{x}_0\|^{-\alpha} \quad \text{mit } \alpha < d$$

für fast alle $\boldsymbol{x} \in D \setminus \{\boldsymbol{x}_0\}$ gilt. Man nennt eine solche Funktion **schwach singulär**. ◄

mit der zugehörigen Funktionaldeterminante

$$\begin{aligned} \det \psi'(r, \varphi, \vartheta) &= \det \begin{pmatrix} \cos\varphi \sin\vartheta & -r \sin\varphi \sin\vartheta & r \cos\varphi \cos\vartheta \\ \sin\varphi \sin\vartheta & r \cos\varphi \sin\vartheta & r \sin\varphi \cos\vartheta \\ \cos\vartheta & 0 & -r \sin\vartheta \end{pmatrix} \\ &= \cos\vartheta \det \begin{pmatrix} -r \sin\varphi \sin\vartheta & r \cos\varphi \cos\vartheta \\ r \cos\varphi \sin\vartheta & r \sin\varphi \cos\vartheta \end{pmatrix} \\ &\quad - r \sin\vartheta \det \begin{pmatrix} \cos\varphi \sin\vartheta & -r \sin\varphi \sin\vartheta \\ \sin\varphi \sin\vartheta & r \cos\varphi \sin\vartheta \end{pmatrix} \\ &= -r^2 \sin^2\varphi \sin\vartheta \cos^2\vartheta - r^2 \cos^2\varphi \sin\vartheta \cos^2\vartheta \\ &\quad - r^2 \cos^2\varphi \sin^3\vartheta - r^2 \sin^2\varphi \sin^3\vartheta \\ &= -r^2 \sin\vartheta (\sin^2\varphi + \cos^2\varphi)(\sin^2\vartheta + \cos^2\vartheta) \\ &= -r^2 \sin\vartheta. \end{aligned}$$

Für $\vartheta \in (0, \pi)$ ist $\sin\vartheta > 0$. Berücksichtigen wir, dass in der Transformationsformel der Betrag der Funktionaldeterminante auftaucht, erhalten wir die folgende Rechenregel.

Integration mit Kugelkoordinaten

Ist $D \subseteq \mathbb{R}^3$, $f \in L(D)$ und B die Beschreibung von D durch Kugelkoordinaten, so gilt

$$\begin{aligned} &\int_D f(x_1, x_2, x_3) \, \mathrm{d}(x_1, x_2, x_3) \\ &= \int_B f(r \cos\varphi \sin\vartheta, r \sin\varphi \sin\vartheta, r \cos\vartheta) r^2 \sin\vartheta \, \mathrm{d}(r, \varphi, \vartheta). \end{aligned}$$

Anwendung: Der Schwerpunkt eines zylindrischen Körpers

Der Schwerpunkt eines dreidimensionalen Körpers soll bestimmt werden. Der Körper setzt sich dabei aus drei Teilen zusammen, deren Symmetrieachse jeweils die x_1-Achse ist:

- ein Kegel mit Höhe 2, Spitze bei $(-4, 0, 0)^{\mathrm{T}}$ und Radius der Grundfläche $2/3$,
- daran anschließend ein Zylinder mit Höhe 2 und Radius 1,
- schließlich ein halbes Paraboloid mit Scheitelpunkt bei $(3, 0, 0)^{\mathrm{T}}$ und Radius der Grundfläche 1.

Der Körper besteht aus einem homogenen Material.

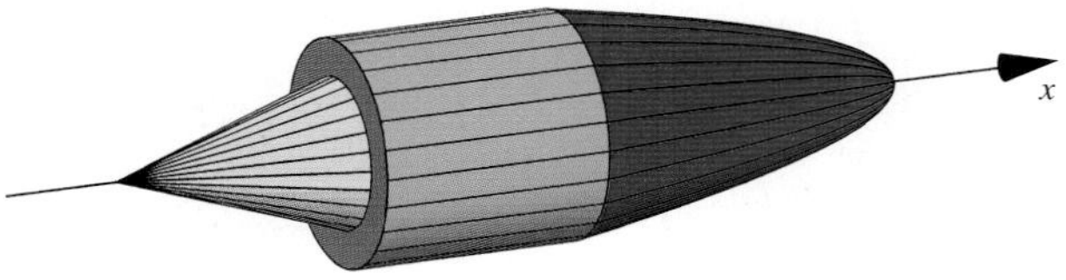

Die Abbildung zeigt den Körper und seine drei Komponenten grafisch. Mathematisch als Mengen formuliert haben wir die drei Teilkörper:

$$K_1 = \left\{ \boldsymbol{x} \in \mathbb{R}^3 \;\middle|\; -4 < x_1 < -2, x_2^2 + x_3^2 < \frac{(4 + x_1)^2}{9} \right\}$$
$$K_2 = \left\{ \boldsymbol{x} \in \mathbb{R}^3 \mid -2 < x_1 < 0, x_2^2 + x_3^2 < 1 \right\}$$
$$K_3 = \left\{ \boldsymbol{x} \in \mathbb{R}^3 \mid 0 < x_1 < 3, x_2^2 + x_3^2 < 1 - \frac{x_1}{3} \right\}$$

Da der Köper homogen ist, ist die Dichte des Köpers konstant und kürzt sich in der Formel zur Bestimmung des Schwerpunkts heraus. Zunächst benötigen wir daher für jeden der drei Körper das Volumen. Für den Kegel haben wir dies schon im Anwendungsbeispiel auf S. 942 berechnet, für den Zylinder ist es die bekannte Formel,

$$V(K_1) = \frac{8\pi}{27}, \quad V(K_2) = 2\pi.$$

Für das Paraboloid können wir das Volumen schnell über die Formel für Rotationskörper bestimmen,

$$\begin{aligned} V(K_3) &= \pi \int_0^3 \left(1 - \frac{x_1}{3}\right) \mathrm{d}x_1 \\ &= \pi \left[x_1 - \frac{x_1^2}{6} \right]_0^3 = \frac{3\pi}{2}. \end{aligned}$$

Damit ist das Gesamtvolumen

$$V(K) = V(K_1) + V(K_2) + V(K_3) = \frac{205\pi}{54}.$$

Zur Schwerpunktsberechnung bestimmen wir das Gebietsintegral für jeden Körper separat. Aus Symmetriegründen ist klar, dass die x_2- und x_3-Koordinaten des Schwerpunkts null sein müssen und deswegen nur die x_1-Koordinaten berechnet werden muss. Dazu verwenden wir Zylinderkoordinaten mit der x_1-Achse als z-Achse, d. h.

$$x_1 = z, \quad x_2 = \rho \cos\varphi, \quad x_3 = \rho \sin\varphi.$$

Damit ist

$$\begin{aligned} \int_{K_1} x_1 \, \mathrm{d}\boldsymbol{x} &= \int_{-4}^{-2} \int_{-\pi}^{\pi} \int_0^{(4+z)/3} z\rho \, \mathrm{d}\rho \, \mathrm{d}\varphi \, \mathrm{d}z \\ &= 2\pi \int_{-4}^{-2} \left[\frac{z\rho^2}{2} \right]_{\rho=0}^{(4+z)/3} \mathrm{d}z \\ &= 2\pi \int_{-4}^{-2} \frac{z\,(4+z)^2}{18} \, \mathrm{d}z \\ &= 2\pi \left[\frac{z\,(4+z)^3}{54} - \frac{(4+z)^4}{216} \right]_{-4}^{-2} \\ &= -\frac{20\pi}{27}. \end{aligned}$$

Für den Zylinder K_2 ergibt sich der Wert sofort aus Symmetriegründen zu

$$\int_{K_2} x_1 \, \mathrm{d}\boldsymbol{x} = -2\pi.$$

Für das Paraboloid haben wir das Integral:

$$\begin{aligned} \int_{K_3} x_1 \, \mathrm{d}\boldsymbol{x} &= \int_0^3 \int_{-\pi}^{\pi} \int_0^{\sqrt{1-z/3}} z\rho \, \mathrm{d}\rho \, \mathrm{d}\varphi \, \mathrm{d}z \\ &= 2\pi \int_0^3 \left[\frac{z\rho^2}{2} \right]_{\rho=0}^{\sqrt{1-z/3}} \mathrm{d}z \\ &= 2\pi \int_0^3 \frac{z\,(3-z)}{6} \, \mathrm{d}z \\ &= 2\pi \left[\frac{z\,(3-z)^2}{12} - \frac{(3-z)^3}{36} \right]_0^3 \\ &= \frac{3\pi}{2} \end{aligned}$$

Somit haben wir die x_1-Koordinate des Schwerpunkts gefunden als

$$x_{1S} = \frac{\int_K x_1 \, \mathrm{d}\boldsymbol{x}}{V(K)} = \frac{-\frac{20\pi}{27} - 2\pi + \frac{3\pi}{2}}{\frac{205\pi}{54}} = -\frac{67}{205}.$$

Vertiefung: Kugelkoordinaten in n Dimensionen und das Volumen einer Kugel

Auch in n Dimensionen kann eine Kugel K_R^n mit Radius $R > 0$ und dem Ursprung als Mittelpunkt als die Menge aller Punkte $\boldsymbol{x} \in \mathbb{R}^n$ definiert werden, für die $\|\boldsymbol{x}\| < R$ gilt. Ihr Volumen ergibt sich als Gebietsintegral, das durch die Verwendung von n-dimensionalen Kugelkoordinaten berechnet werden kann.

Um das Prinzip des Vorgehens zu verstehen, betrachten wir zunächst die Herleitung von vierdimensionalen Kugelkoordinaten. Diese erfolgt ganz analog zu der Überlegung, die von Polarkoordinaten über Zylinderkoordinaten zu dreidimensionalen Kugelkoordinaten führt.

Wir wählen für die Koordinaten x_1, x_2, x_3 die Darstellung durch Kugelkoordinaten, die letzte Koordinate belassen wir zunächst kartesisch und nennen sie z. Also haben wir die Darstellung

$$\begin{aligned} x_1 &= \rho\, \cos\varphi_1\, \sin\varphi_2, \\ x_2 &= \rho\, \sin\varphi_1\, \sin\varphi_2, \\ x_3 &= \rho\, \cos\varphi_2, \\ x_4 &= z \end{aligned}$$

mit $\varphi \in (-\pi, \pi)$, $\varphi_2 \in (0, \pi)$, $\rho > 0$ und $z \in \mathbb{R}$. Jetzt drücken wir den Punkt $(z, \rho)^{\mathrm{T}} \in \mathbb{R}^2$ durch Polarkoordinaten aus,

$$z = r\, \cos\varphi_3, \qquad \rho = r\, \sin\varphi_3.$$

Da $\rho > 0$ ist, gilt dabei $\varphi_3 \in (0, \pi)$ und $r > 0$. Damit erhalten wir die vierdimensionalen Kugelkoordinaten

$$\begin{aligned} x_1 &= r\, \cos\varphi_1\, \sin\varphi_2\, \sin\varphi_3, \\ x_2 &= r\, \sin\varphi_1\, \sin\varphi_2\, \sin\varphi_3, \\ x_3 &= r\, \cos\varphi_2\, \sin\varphi_3, \\ x_4 &= r\, \cos\varphi_3 \end{aligned}$$

mit $\varphi_1 \in (-\pi, \pi)$, $\varphi_2 \in (0, \pi)$, $\varphi_3 \in (0, \pi)$ und $r > 0$.

Dieser Prozess kann nun iterativ fortgesetzt werden, und wir erhalten Kugelkoordinaten für jede Raumdimension n. Es ist dabei zweckmäßig, die Rolle der x_1- und x_2-Koordinaten zu vertauschen, um eine griffigere Formel zu erhalten. Hat man dies durchgeführt, so gilt

$$\begin{aligned} x_1 &= r\, \sin\varphi_1 \cdots \sin\varphi_{n-1}, \\ x_j &= r\, \cos\varphi_{j-1}\, \sin\varphi_j \cdots \sin\varphi_{n-1}, \quad j = 2, \ldots, n \end{aligned}$$

mit $r > 0$, $\varphi_1 \in (-\pi, \pi)$ und $\varphi_j \in (0, \pi)$, $j = 2, \ldots, n$.

Der Betrag der Funktionaldeterminante für die entsprechende Transformation ergibt sich hieraus als

$$\begin{aligned} &|\det \psi'(r, \varphi_1, \ldots, \varphi_{n-1})| \\ &\quad = r^{n-1} \sin\varphi_2 \sin^2\varphi_3 \cdots \sin^{n-2}\varphi_{n-1}. \end{aligned}$$

Um das Volumen von K_R^n zu berechnen, benötigen wir jetzt die Transformationsformel und können den Ausdruck dann als iteriertes Integral schreiben,

$$\begin{aligned} V(K_R^n) &= \int_{K_R^n} 1\, \mathrm{d}\boldsymbol{x} \\ &= \int_0^R \int_{-\pi}^{\pi} \int_0^{\pi} \cdots \int_0^{\pi} r^{n-1} \sin\varphi_2 \sin^2\varphi_3 \cdots \\ &\qquad \cdots \sin^{n-2}\varphi_{n-1} \mathrm{d}\varphi_{n-1} \cdots \mathrm{d}\varphi_1\, \mathrm{d}r. \end{aligned}$$

Die Integrale über die einzelnen Koordinaten sind nun voneinander unabhängig, sie *separieren*. Man erhält

$$V(K_R^n) = \frac{2\pi R^n}{n} \prod_{j=1}^{n-2} \int_0^{\pi} \sin^j\varphi\, \mathrm{d}\varphi.$$

Die verbleibenden Integrale werden *Wallis-Integrale* genannt. Formeln für ihren Wert sind in der Literatur zu finden. Setzt man diese ein erhält man für gerades n die Formel

$$V(K_R^n) = \frac{\pi^{n/2} R^n}{(n/2)!},$$

für ungerades n dagegen

$$V(K_R^n) = \frac{\pi^{(n-1)/2} R^n}{\prod_{j=1}^{(n+1)/2} (2j-1)/2}.$$

Verwendet man die *Gammafunktion* (siehe Kap. 34), so lassen sich beide Formeln gemeinsam als

$$V(K_R^n) = \frac{\pi^{n/2} R^n}{\Gamma(n/2 + 1)}$$

ausdrücken.

Einen anderen Zugang sowohl zum Volumen als auch der Oberfläche der n-dimensionalen Kugel finden Sie auf S. 1295 im Kap. 34 über Spezielle Funktionen.

Teil IV

Beispiel Die Bestimmung des Volumens einer Kugel mit Radius R ist eine typische Anwendung der Kugelkoordinaten. Dazu beschreiben wir die Kugel durch

$$\begin{aligned} K &= \{\boldsymbol{x} \in \mathbb{R}^3 \mid x_1^2 + x_2^2 + x_3^2 \leq R^2\} \\ &= \{r\,(\cos\varphi \sin\vartheta, \sin\varphi \sin\vartheta, \cos\vartheta)^{\mathrm{T}} \in \mathbb{R}^3 \mid (r,\varphi,\vartheta)^{\mathrm{T}} \in B\} \end{aligned}$$

mit dem Quader

$$B = (0,R) \times (-\pi,\pi) \times (0,\pi).$$

Das Volumen der Kugel ergibt sich dann als

$$\begin{aligned} V(K) &= \int_K 1\,\mathrm{d}\boldsymbol{x} = \int_B r^2 \sin\vartheta\,\mathrm{d}(r,\varphi,\vartheta) \\ &= \int_0^R \int_{-\pi}^{\pi} \int_0^{\pi} r^2 \sin\vartheta\,\mathrm{d}\vartheta\,\mathrm{d}\varphi\,\mathrm{d}r \\ &= 2\pi \int_0^R r^2 (\cos 0 - \cos\pi)\,\mathrm{d}r \\ &= 4\pi \left[\frac{1}{3} r^3\right]_0^R = \frac{4}{3}\pi R^3. \end{aligned}$$

◀

Teil IV

Zusammenfassung

Für die Definition eines Gebietsintegrals gehen wir von **Treppenfunktionen** aus. Das sind Funktionen, die auf endlich vielen Quadern eine Konstante als Wert besitzen und außerhalb dieser Quader null sind. Integrale über Treppenfunktionen sind Summen über die Volumen dieser Quader multipliziert mit dem Wert der Treppenfunktion.

Gebietsintegrale ergeben sich als Grenzwerte von Integralen über Treppenfunktionen

Lebesgue-integrierbare Funktionen

Für ein Gebiet $D \subseteq \mathbb{R}^n$ ist die Menge $L^\uparrow(D)$ die Menge derjenigen Funktionen, die fast überall in D Grenzwert einer monoton wachsenden Folge von Treppenfunktionen (φ_k) sind und für die die Folge $\left(\int_D \varphi_k(\boldsymbol{x})\,\mathrm{d}\boldsymbol{x}\right)$ konvergiert. Für $f \in L^\uparrow(D)$ ist

$$\int_D f(\boldsymbol{x})\,\mathrm{d}\boldsymbol{x} = \lim_{k\to\infty} \int_D \varphi_k(\boldsymbol{x})\,\mathrm{d}\boldsymbol{x}.$$

Die Menge $L(D)$, definiert durch

$$\begin{aligned} L(D) &= L^\uparrow(D) - L^\uparrow(D) \\ &= \{f = f_1 - f_2 : f_1, f_2 \in L^\uparrow(D)\} \end{aligned}$$

heißt die **Menge der Lebesgue-integrierbaren Funktionen** über D. Für $f \in L(D)$ ist das Integral definiert durch

$$\int_D f(\boldsymbol{x})\,\mathrm{d}\boldsymbol{x} = \int_D f_1(\boldsymbol{x})\,\mathrm{d}\boldsymbol{x} - \int_D f_2(\boldsymbol{x})\,\mathrm{d}\boldsymbol{x}.$$

Zur Berechnung von Gebietsintegralen betrachtet man zunächst die einfache Situation, dass der Integrationsbereich ein Quader ist. Der Satz von Fubini führt ein solches Gebietsintegral auf eindimensionale Integrale zurück.

Satz von Fubini

Sind $I \subseteq \mathbb{R}^p$ und $J \subseteq \mathbb{R}^q$ (möglicherweise unbeschränkte) Quader sowie $f \in L(Q)$ eine auf dem Quader $Q = I \times J \subseteq \mathbb{R}^{p+q}$ integrierbare Funktion, so gibt es Funktionen $g \in L(I)$ und $h \in L(J)$ mit

$$g(\boldsymbol{x}) = \int_J f(\boldsymbol{x}, \boldsymbol{y})\,\mathrm{d}\boldsymbol{y} \quad \text{für fast alle } \boldsymbol{x} \in I,$$

$$h(\boldsymbol{y}) = \int_I f(\boldsymbol{x}, \boldsymbol{y})\,\mathrm{d}\boldsymbol{x} \quad \text{für fast alle } \boldsymbol{y} \in J.$$

Ferner ist

$$\begin{aligned} \int_R f(\boldsymbol{x}, \boldsymbol{y})\,\mathrm{d}(\boldsymbol{x}, \boldsymbol{y}) &= \int_I \int_J f(\boldsymbol{x}, \boldsymbol{y})\,\mathrm{d}\boldsymbol{y}\,\mathrm{d}\boldsymbol{x} = \int_I g(\boldsymbol{x})\,\mathrm{d}\boldsymbol{x} \\ &= \int_J \int_I f(\boldsymbol{x}, \boldsymbol{y})\,\mathrm{d}\boldsymbol{x}\,\mathrm{d}\boldsymbol{y} = \int_J h(\boldsymbol{y})\,\mathrm{d}\boldsymbol{y}. \end{aligned}$$

Eine verwandte Situation liegt vor, wenn der Integrationsbereich ein **Normalbereich** ist. Dann kann das Integral als ein **iteriertes Integral** geschrieben werden, wobei die Integrationsgrenzen der inneren Integrale von den Integrationsvariablen der äußeren Integrale abhängen dürfen.

Volumen, Masse und Schwerpunkt

Verschiedene physikalische Größen lassen sich in natürlicher Weise durch ein Gebietsintegral ausdrücken bzw. berechnen. Am einfachsten geht dies für das **Volumen** eines Körpers.

Berechnung eines Volumens

Das Volumen eines beschränkten Körpers $K \subseteq \mathbb{R}^n$ erhalten wir als das Gebietsintegral

$$V(K) = \int_K 1\,\mathrm{d}\boldsymbol{x},$$

falls das Integral existiert.

Teil IV

Auch die **Masse** und der **Schwerpunkt** eines Körpers lassen sich in entsprechender Art und Weise als Gebietsintegrale berechnen.

Die Transformationsformel

Eine **Transformation** ist eine Abbildung, die einen Wechsel des Koordinatensystems bewirkt. Anhand des Volumens eines Parallelepipeds haben wir uns klargemacht, dass bei der Umformung des Gebietsintegrals durch eine Transformation eine Determinante ins Spiel kommt.

Die Transformationsformel

Für B, D und $\psi : B \to D$ sollen die im Text formulierten Voraussetzungen gelten. Eine Funktion $f : D \to \mathbb{R}$ ist genau dann über D integrierbar, wenn $f(\psi(\cdot))\,|\det \psi'|$ über B integrierbar ist, und es gilt

$$\int_D f(\boldsymbol{x})\,\mathrm{d}\boldsymbol{x} = \int_B f(\psi(\boldsymbol{y}))\,|\det \psi'(\boldsymbol{y})|\,\mathrm{d}\boldsymbol{y}.$$

Diese Formel lässt sich ganz allgemein bei Koordinatentransformationen anwenden. Es gibt aber eine Reihe von besonders wichtigen Koordinatensystemen, die in den Anwendungen immer wieder vorkommen.

Integration mit Polarkoordinaten

Ist $D \subseteq \mathbb{R}^2$, $f \in L(D)$ und B die Beschreibung von D durch Polarkoordinaten, so gilt

$$\int_D f(x_1, x_2)\,\mathrm{d}(x_1, x_2) = \int_B f(r\cos\varphi, r\sin\varphi)\,r\,\mathrm{d}(r, \varphi).$$

Integration mit Zylinderkoordinaten

Ist $D \subseteq \mathbb{R}^3$, $f \in L(D)$ und B die Beschreibung von D durch Zylinderkoordinaten, so gilt

$$\int_D f(x_1, x_2, x_3)\,\mathrm{d}(x_1, x_2, x_3) = \int_B f(\rho\cos\varphi, \rho\sin\varphi, z)\,\rho\,\mathrm{d}(\rho, \varphi, z).$$

Integration mit Kugelkoordinaten

Ist $D \subseteq \mathbb{R}^3$, $f \in L(D)$ und B die Beschreibung von D durch Kugelkoordinaten, so gilt

$$\int_D f(x_1, x_2, x_3)\,\mathrm{d}(x_1, x_2, x_3)$$
$$= \int_B f(r\cos\varphi\sin\vartheta, r\sin\varphi\sin\vartheta, r\cos\vartheta)\,r^2\sin\vartheta\,\mathrm{d}(r, \varphi, \vartheta).$$

Teil IV

Aufgaben

Die Aufgaben gliedern sich in drei Kategorien: Anhand der *Verständnisfragen* können Sie prüfen, ob Sie die Begriffe und zentralen Aussagen verstanden haben, mit den *Rechenaufgaben* üben Sie Ihre technischen Fertigkeiten und die *Anwendungsprobleme* geben Ihnen Gelegenheit, das Gelernte an praktischen Fragestellungen auszuprobieren.
Ein Punktesystem unterscheidet leichte •, mittelschwere •• und anspruchsvolle ••• Aufgaben. Lösungshinweise am Ende des Buches helfen Ihnen, falls Sie bei einer Aufgabe partout nicht weiterkommen. Dort finden Sie auch die Lösungen – betrügen Sie sich aber nicht selbst und schlagen Sie erst nach, wenn Sie selber zu einer Lösung gekommen sind. Ausführliche Lösungswege, Beweise und Abbildungen finden Sie als digitales Zusatzmaterial (electronic supplementary material).
Viel Spaß und Erfolg bei den Aufgaben!

Verständnisfragen

25.1 • Mit $W \subseteq \mathbb{R}^3$ bezeichnen wir das Gebiet, das von den Ebenen $x_1 = 0, x_2 = 0, x_3 = 2$ und der Fläche $x_3 = x_1^2 + x_2^2$, $x_1 \geq 0, x_2 \geq 0$ begrenzt wird. Schreiben Sie das Integral

$$\int_W \sqrt{x_3 - x_2^2}\, \mathrm{d}\boldsymbol{x}$$

auf 6 verschiedene Arten als iteriertes Integral in kartesischen Koordinaten. Berechnen Sie den Wert mit der Ihnen am geeignetsten erscheinenden Integrationsreihenfolge.

25.2 •• Gesucht ist das Gebietsintegral

$$\int_{x=0}^{2}\int_{y=0}^{x^2} \frac{x}{y+5}\,\mathrm{d}y\,\mathrm{d}x + \int_{x=2}^{\sqrt{20}}\int_{y=0}^{\sqrt{20-x^2}} \frac{x}{y+5}\,\mathrm{d}y\,\mathrm{d}x\,.$$

Erstellen Sie eine Skizze des Integrationsbereichs. Vertauschen Sie die Integrationsreihenfolge und berechnen Sie so das Integral.

25.3 • Gegeben ist das Gebiet $D \subseteq \mathbb{R}^3$, das als Schnitt der Einheitskugel mit der Menge $\{\boldsymbol{x} \in \mathbb{R}^3 \mid x_1, x_2, x_3 > 0\}$ entsteht. Beschreiben Sie dieses Gebiet in kartesischen Koordinaten, Zylinderkoordinaten und Kugelkoordinaten.

25.4 • Bestimmen Sie für die folgenden Gebiete D je eine Transformation $\psi : B \to D$, bei der B ein Quader ist:

(a) $D = \left\{\boldsymbol{x} \in \mathbb{R}^2 \mid 0 < x_1^2 + x_2^2 < 4,\ 0 < \frac{x_2}{x_1} < 1\right\}$
(b) $D = \left\{\boldsymbol{x} \in \mathbb{R}^3 \mid x_1, x_2 > 0,\ x_1^2 + x_2^2 + x_3^2 < 1\right\}$
(c) $D = \left\{\boldsymbol{x} \in \mathbb{R}^2 \mid 0 < x_2 < 1,\ x_2 < x_1 < 2 + x_2\right\}$
(d) $D = \left\{\boldsymbol{x} \in \mathbb{R}^3 \mid 0 < x_3 < 1,\ x_2 > 0,\ x_1^2 < 9 - x_2^2\right\}$

25.5 • Gegeben ist ein Dreieck $D \subseteq \mathbb{R}^2$ mit den Eckpunkten $\boldsymbol{a}$, $\boldsymbol{b}$ und $\boldsymbol{c}$. Zeigen Sie, dass für den Schwerpunkt des Dreiecks die Formel

$$\boldsymbol{x}_S = \frac{1}{3}\,(\boldsymbol{a} + \boldsymbol{b} + \boldsymbol{c})$$

gilt.

25.6 •• Die Menge all derjenigen Punkte $\boldsymbol{x} \in \mathbb{R}^3$, die Lösungen einer Gleichung der Form

$$a\,x_1^2 + b\,x_2^2 + c\,x_3^2 = r^2$$

bei gegebenem a, b, c und $r > 0$ sind, nennt man ein **Ellipsoid**. Für $a = b = c$ erhält man den Spezialfall einer Kugel.

Bei Kugelkoordinaten erhält man für konstantes r und variable Winkelkoordinaten eine Kugelschale. Modifizieren Sie die Kugelkoordinaten so, dass bei konstantem r ein Ellipsoid entsteht. Wie lautet die Funktionaldeterminante der zugehörigen Transformation?

25.7 ••• Gegeben ist eine messbare Menge $D \subseteq \mathbb{R}^n$ und eine Folge von paarweise disjunkten, messbaren Mengen (D_n) aus $\mathbb{R}^n$ mit $\bigcup_{n=1}^{\infty} D_n = D$. Zeigen Sie

$$\int_D 1\,\mathrm{d}\boldsymbol{x} = \sum_{n=1}^{\infty} \int_{D_n} 1\,\mathrm{d}\boldsymbol{x}\,.$$

Rechenaufgaben

25.8 • Berechnen Sie die folgenden Gebietsintegrale:

(a) $J = \displaystyle\int_D \frac{\sin(x_1 + x_3)}{x_2 + 2}\,\mathrm{d}\boldsymbol{x}$ mit $D = \left[-\frac{\pi}{4}, 0\right] \times [0, 2] \times \left[0, \frac{\pi}{2}\right]$

(b) $J = \displaystyle\int_D \frac{2x_1 x_3}{(x_1^2 + x_2^2)^2}\,\mathrm{d}\boldsymbol{x}$ mit $D = \left[\frac{1}{\sqrt{3}}, 1\right] \times [0, 1] \times [0, 1]$

25.9 •• Berechnen Sie die folgenden Integrale für beide möglichen Integrationsreihenfolgen:

(a) $\int_B (x^2 - y^2)\,\mathrm{d}(x, y)$ mit dem Gebiet $B \subseteq \mathbb{R}^2$ zwischen den Graphen der Funktionen mit $y = x^2$ und $y = x^3$ für $x \in (0, 1)$.
(b) $\int_B \frac{\sin(y)}{y}\,\mathrm{d}(x, y)$ mit $B \subseteq \mathbb{R}^2$ definiert durch

$$B = \left\{(x, y)^{\mathrm{T}} \in \mathbb{R}^2 : 0 \leq x \leq y \leq \frac{\pi}{2}\right\}.$$

Welche Integrationsreihenfolge ist jeweils die günstigere?

25.10 •• Zeigen Sie für beliebige $n \in \mathbb{N}$ die Beziehung

$$V_n = \int_0^1 \int_0^{t_1} \dots \int_0^{t_{n-1}} \mathrm{d}t_n \cdots \mathrm{d}t_2\, \mathrm{d}t_1 = \frac{1}{n!}.$$

25.11 •• Das Dreieck D ist durch seine Eckpunkten $(0,0)^\mathrm{T}$, $(\pi/2, \pi/2)^\mathrm{T}$ und $(\pi, 0)^\mathrm{T}$ definiert. Berechnen Sie das Gebietsintegral

$$\int_D \sqrt{\sin x_1 \sin x_2} \cos x_2 \,\mathrm{d}\boldsymbol{x}.$$

25.12 ••• Das Gebiet M ist definiert durch

$$M = \left\{ \boldsymbol{x} \in \mathbb{R}^2 \,|\, 0 < \frac{x_2}{x_1^2 + x_2^2} < 1 - \frac{x_1}{x_1^2 + x_2^2} < \frac{1}{2} \right\}.$$

Bestimmen Sie das Integral

$$\int_M \frac{4(x_1 + x_2)}{(x_1^2 + x_2^2)^3} \,\mathrm{d}\boldsymbol{x}$$

mithilfe der Transformation

$$x_1 = \frac{u_1}{u_1^2 + u_2^2}, \quad x_2 = \frac{u_2}{u_1^2 + u_2^2}.$$

25.13 •• Bestimmen Sie das Integral

$$I = \int_D (2y^2 + 3xy - 2x^2) \,\mathrm{d}(x, y),$$

wobei D ein Quadrat ist, dessen Eckpunkte bei $(x, y) = (4, 0)$, $(2, 4)$, $(-2, 2)$ und $(0, -2)$ liegen.

25.14 •• Bestimmen Sie den Inhalt jenes Volumenbereiches, der von den Flächen $x^2 + y^2 = 1 + z^2$ und $x^2 + y^2 = 2 - z^2$ eingeschlossen wird und der den Koordinatenursprung enthält.

25.15 •• Gegeben ist $D = \{x \in \mathbb{R}^2 \,|\, x_1^2 + x_2^2 < 1\}$. Berechnen Sie

$$\int_D (x_1^2 + x_1 x_2 + x_2^2)\, \mathrm{e}^{-(x_1^2 + x_2^2)} \,\mathrm{d}\boldsymbol{x}$$

durch Transformation auf Polarkoordinaten.

25.16 •• Aus dem Zylinder

$$\{\boldsymbol{x} \in \mathbb{R}^3 \,|\, x_1^2 + x_2^2 < 4\} \subseteq \mathbb{R}^3$$

wird durch die x_1x_2-Ebene und die Fläche

$$\{\boldsymbol{x} \in \mathbb{R}^3 \,|\, x_3 = \mathrm{e}^{x_1^2 + x_2^2}\}$$

ein Körper herausgeschnitten. Welche Masse hat dieser Körper und wo liegt sein Schwerpunkt, wenn seine Dichte durch $\rho(\boldsymbol{x}) = x_2^2$ gegeben ist?

25.17 • Gegeben ist die Kugelschale D um den Nullpunkt mit äußerem Radius R und innerem Radius r $(r < R)$. Berechnen Sie den Wert des Integrals

$$\int_D \sqrt{x^2 + y^2 + z^2} \,\mathrm{d}(x, y, z).$$

25.18 •• Die Halbkugel $B = \{\boldsymbol{x} \in \mathbb{R}^3 \,|\, \|\boldsymbol{x}\| < R, z > 0\}$ besteht aus einem Material mit der Dichte $\varrho(x) = a x_3$, $a > 0$. Berechnen Sie die Masse und die dritte Koordinate des Schwerpunkts der Halbkugel.

Anwendungsprobleme

25.19 • Wir nähern die Erde durch eine Kugel mit Radius $R = 7000\,\mathrm{km}$ an. Entlang des Äquators soll rund um die Erde eine Straße der Breite $B = 60\,\mathrm{m}$ gebaut werden. Welches Volumen V hat die abgetragene Planetenmasse, wenn die Straßenoberfläche genau die Mantelfläche eines Zylinders bildet (siehe Abb. 25.26)? Wie groß ist das Volumen, wenn die Straße auf dem Mond $(R = 1700\ \mathrm{km})$ gebaut wird?

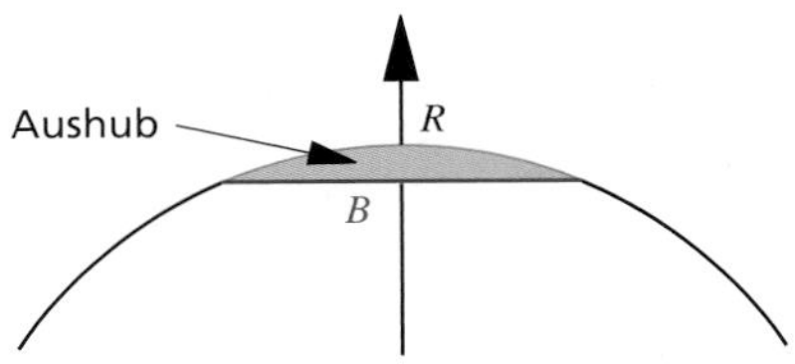

Abb. 25.26 Schematische Darstellung der Straße aus Aufgabe 25.19 als Querschnitt durch den Planeten

25.20 •• Auf einem L-förmig eingezäunten Stück Wiese ist an der linken oberen Ecke eine Ziege mit einer Leine der Länge ρ angebunden. Die Bezeichnungen für die Maße der Wiese finden Sie in Abb. 25.27. Es soll

$$\sqrt{e^2 + b^2} < \rho < \min\{a, f\}$$

gelten. Welche Fläche kann die Ziege abgrasen?

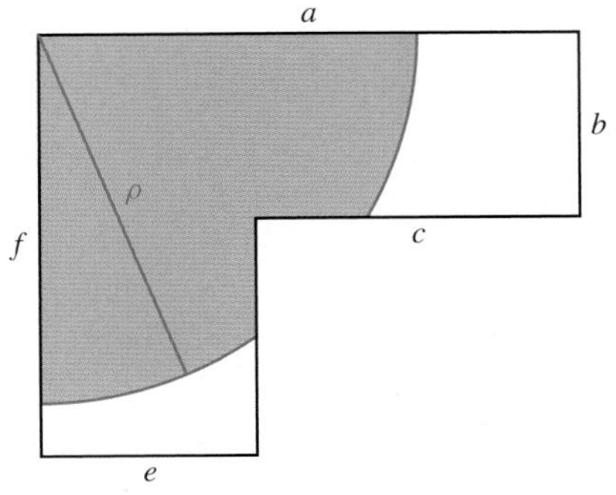

Abb. 25.27 Die L-förmige Wiese aus Aufgabe 25.20 und der Bereich, der von der Ziege abgegrast werden kann

25.21 •• Ein Hammer (siehe Abb. 25.28) besteht aus einem hölzernen Stiel der Dichte $\rho_H = 600\,\mathrm{kg/m^3}$ und einem stählernen Kopf der Dichte $\rho_S = 7700\,\mathrm{kg/m^3}$. Der Stiel hat die Länge $l_1 = 30\,\mathrm{cm}$ und ist zylindrisch. Der Radius am freien Ende beträgt $r_1 = 1\,\mathrm{cm}$. An den übrigen Stellen ist er in Abhängigkeit des Abstands x vom freien Ende durch die Formel

$$r(x) = r_1 - a\,\frac{x^2}{l_1^2}, \quad 0 \le x \le l_1,$$

gegeben. Hierbei ist $a = 0.2\,\mathrm{cm}$.

Der Kopf ist ein Quader mit Länge $l_2 = 9\,\mathrm{cm}$, sowie Breite und Höhe $b_2 = h_2 = 2.4\,\mathrm{cm}$. Der Kopf ist so durchbohrt, dass der Stiel genau hineinpasst und Stiel und Kopf bündig abschließen. Bestimmen Sie die Lage des Schwerpunkts des Hammers. Runden Sie dabei alle Zahlenwerte auf vier signifikante Stellen.

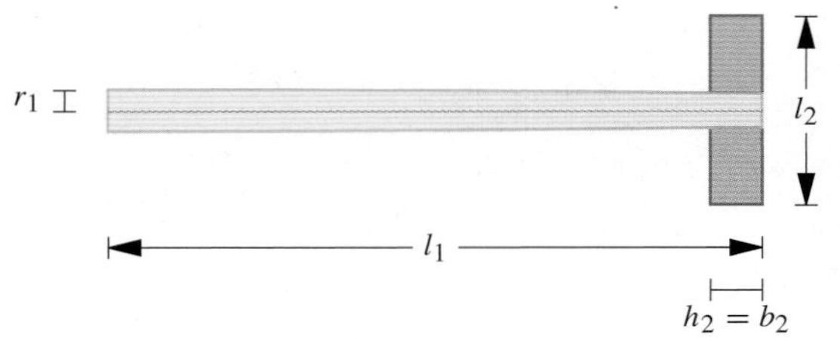

Abb. 25.28 Darstellung des Hammers aus Aufgabe 25.21 im Querschnitt

Antworten zu den Selbstfragen

Antwort 1 In jedem Fall sind isolierte Punkte und abzählbare Vereinigungen von isolierten Punkten wie im eindimensionalen Nullmengen. Das bedeutet etwa, dass $\mathbb{Q}^2 \subset \mathbb{R}^2$ oder $\mathbb{Q}^3 \subset \mathbb{R}^3$ Nullmengen sind.

Der Rand eines Quaders, im zweidimensionalen also der Rand eines Rechtecks, ist ebenfalls eine Nullmenge. Dasselbe gilt für abzählbare Vereinigungen solcher Ränder.

Als letztes Beispiel im $\mathbb{R}^2$ sei der Graph einer Funktion $f : \mathbb{R} \to \mathbb{R}$ genannt.

Antwort 2 Es gibt 4 verschieden Fälle:

- h_{x_2} ist konstant null,
- h_{x_2} nimmt auf einem Intervall den Wert c_1 an, auf einem anderen den Wert c_3 und ist sonst null,
- h_{x_2} nimmt auf einem Intervall den Wert c_2 an, auf einem anderen den Wert c_3 und ist sonst null,
- h_{x_2} nimmt auf einem Intervall den Wert c_2 an und ist sonst null.

Antwort 3 Falls (a) existiert, so existieren nach dem Satz von Fubini auch (b) und (c) und der Wert all dieser Integrale stimmt überein. Aus der Existenz von (b) oder (c) kann man weder darauf schließen, dass (a), noch, dass das andere iterierte Integral existiert.

Antwort 4 Das Viereck links oben ist ein Normalbereich, bei dem sogar die Integrationsreihenfolge beliebig ist. Der Stern links unten ist kein Normalbereich. Die anderen beiden Gebiete sind Normalbereiche, wobei im inneren Integral über x_1 integriert werden muss.

Antwort 5 Wie im Beispiel von S. 931 berechnen wir das Volumen durch ein iteriertes Integral:

$$V(K) = \int_K 1 \, \mathrm{d}\boldsymbol{x} = \int_0^1 \int_0^x \int_0^y 1 \, \mathrm{d}z \, \mathrm{d}y \, \mathrm{d}x = \int_0^1 \int_0^x y \, \mathrm{d}y \, \mathrm{d}x = \int_0^1 \frac{x^2}{2} \, \mathrm{d}x = \frac{1}{6}$$

Nach der elementargeometrischen Formel ist das Volumen eines Tetraeders ein Drittel des Produkts aus Grundfläche und Höhe. Die Grundfläche ist ein rechwinkliges Dreieck mit Katetenlänge 1, hat also den Flächeninhalt $1/2$. Die Höhe ist 1, also erhalten wir ebenfalls das Ergebnis $1/6$.

Antwort 6 Man kann das Integral aus der Formel für die Masse aufspalten als n Integrale über jeweils einen der n Körper. Aus jedem dieser Integrale kann die Dichte als Konstante herausgezogen werden. Wir erhalten die Summe von Volumen jedes Teilkörpers mal der Dichte über alle Teilkörper.

Antwort 7 Der Schwerpunkt ist die gewichtete Summe über die Schwerpunkte aller Teilkörper,

$$\boldsymbol{x}_S = \sum_{j=1}^n w_j \boldsymbol{x}_{Sj} = \sum_{j=1}^n \frac{w_j}{m(K_j)} \int_{K_j} \boldsymbol{x} \, \rho(\boldsymbol{x}) \, \mathrm{d}\boldsymbol{x} \,,$$

wobei das Gewicht das Verhältnis zwischen der Masse des Teilkörpers und der des gesamten Köpers ist, $w_j = m(K_j)/m(K)$.

Antwort 8 Wenn die Spalten von $\boldsymbol{A}$ linear unabhängig sind, so ist eine affine Abbildung bijektiv. Sie ist auch stetig differenzierbar, es ist $\psi'(\boldsymbol{x}) = \boldsymbol{A}$. Daher ist auch die zweite Voraussetzung erfüllt, falls die Spalten von $\boldsymbol{A}$ linear unabhängig sind.

Antwort 9 In der Funktionalmatrix werden die beiden Spalten vertauscht. In der Determinante bewirkt dies ein Wechsel des Vorzeichens, der aber auf die Transformationsformel keinen Einfluss hat: Hier geht nur der Betrag der Funktionaldeterminante ein.

Antwort 10 Dadurch wären die Punkte des Raums nicht mehr eindeutig durch die Kugelkoordinaten darstellbar. Es ist

$$\begin{pmatrix} r\cos\varphi\,\sin(-\vartheta) \\ r\sin\varphi\,\sin(-\vartheta) \\ r\cos(-\vartheta) \end{pmatrix} = \begin{pmatrix} -r\cos\varphi\,\sin\vartheta \\ -r\sin\varphi\,\sin\vartheta \\ r\cos\vartheta \end{pmatrix} = \begin{pmatrix} r\cos(\varphi+\pi)\,\sin\vartheta \\ r\sin(\varphi+\pi)\,\sin\vartheta \\ r\cos\vartheta \end{pmatrix}.$$

Für $(r, \varphi, -\vartheta)$ und $(r, \varphi + \pi, \vartheta)$ erhalten wir denselben Punkt im $\mathbb{R}^3$. Daher wird $\vartheta \in (0, \pi)$ verlangt, nur einer der beiden Fälle kann dann auftreten.

Kurven und Flächen – von Krümmung, Torsion und Längenmessung

26

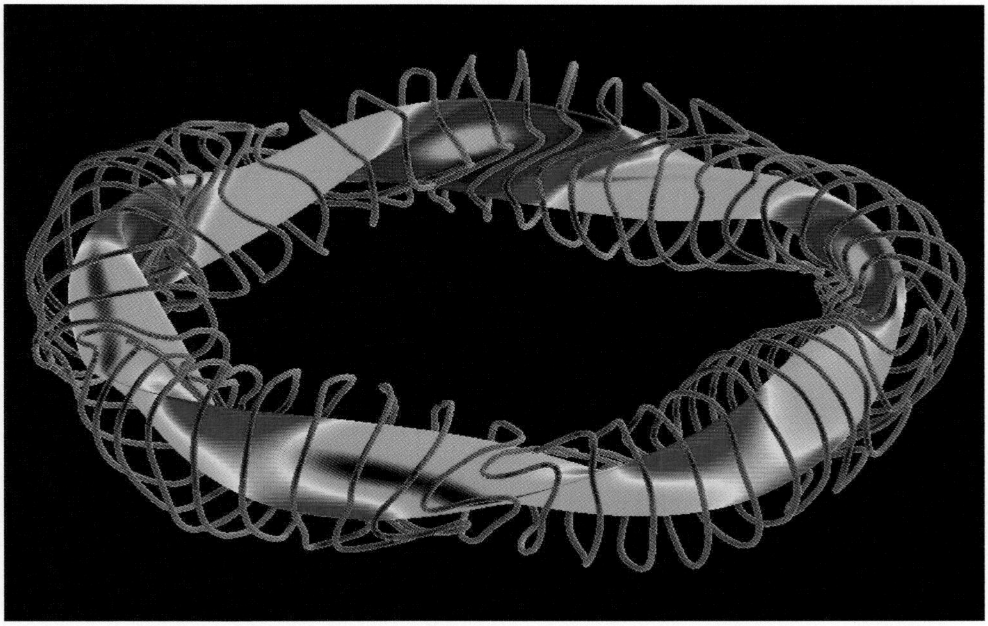

Sind Funktionsgraphen Kurven?

Wie beschreibt man ein Möbiusband?

Wie berechnet man Bogenlängen auf einer Fläche?

Teil IV

Ergänzende Information Die elektronische Version dieses Kapitels enthält Zusatzmaterial, auf das über folgenden Link zugegriffen werden kann https://doi.org/10.1007/978-3-662-64389-1_26.

T. Arens et al., *Mathematik*, https://doi.org/10.1007/978-3-662-64389-1_26

Unsere Bemühungen, Analysis im Raum zu betreiben, sind inzwischen weit vorangekommen. Wir haben einen Funktionsbegriff zur Verfügung, können Aussagen über Stetigkeit machen, differenzieren und integrieren. Als wesentlich haben sich dabei die Werkzeuge der linearen Algebra erwiesen, lineare Abbildungen ebenso wie die Methoden der analytischen Geometrie.

Gerade bei letzteren liegt momentan aber noch unsere größte Schwäche. Die Geometrie, die wir bisher zur Verfügung haben, kennt Geraden, Ebenen, vielleicht noch Flächen zweiter Ordnung wie Ellipsoide oder Hyperboloide, aber nichts, was darüber hinausgeht.

Auf der anderen Seite können wir mittels Funktionen $\mathbb{R} \to \mathbb{R}$ zwar durchaus kompliziertere Kurven und Flächen beschreiben. Die Forderung der Eindeutigkeit jedes Funktionswerts verbietet es uns aber bereits, auch nur einen kompletten Kreis oder eine ganze Kugel durch eine einzelne Funktion darzustellen.

Alle diese Einschränkungen wollen wir nun überwinden und eine völlig allgemeine Art suchen, Kurven in Ebene und Raum, Flächen und Hyperflächen zu behandeln.

Die dazu notwendige Synthese aus Geometrie und Differenzialrechnung wurde früher oft als *Differenzialgeometrie* bezeichnet. Inzwischen verwendet man diesen Begriff allerdings eher für die abstrakte Verallgemeinerung dessen, was wir hier und auch im folgenden Kapitel studieren wollen.

So faszinierend Kurven und Flächen auch sein mögen, ihre Behandlung ist doch keineswegs Selbstzweck. In der Vektoranalysis, mit der wir uns direkt im Anschluss befassen werden, spielen diese Objekte eine große Rolle. Insbesondere werden wir dort über Kurven und Flächen integrieren, und die hier gewonnenen Erkenntnisse und Einsichten werden uns dort von großem Nutzen sein.

26.1 Ebene Kurven

Wir beginnen nun, den bisher nur vage vorhandenen Begriff der *Kurve* zu konkretisieren. Das geht sehr allgemein, wir werden Kurven aber vor allem in der Ebene $\mathbb{R}^2$ und im dreidimensionalen Raum $\mathbb{R}^3$ benötigen und dort ausführlich studieren. Beginnen werden wir unsere Betrachtungen in der Ebene.

Nicht nur, dass hier die Dinge oft ein wenig einfacher liegen, es gibt auch einige speziell aufs Zweidimensionale zugeschnittene Begriffe, die bei verschiedenen praktischen Problemen höchst nützlich sein können. Außerdem haben wir in der Ebene die einfachsten Möglichkeiten der grafischen Darstellung.

Was ist eine Kurve und wie lässt sie sich darstellen?

Natürlich hatten wir es schon bei den verschiedensten Gelegenheiten mit Kurven zu tun. Implizite Ausdrücke in zwei Variablen

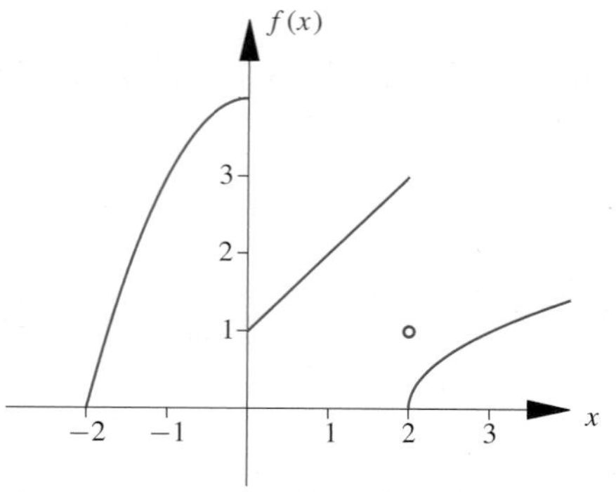

Abb. 26.1 Der Graph einer unstetigen Funktion soll nicht als Kurve zugelassen werden

wie etwa $x^2 + y^2 = R^2$ können in der Ebene eine Kurve definieren, und ebenso können wir jeden Funktionsgraphen als Kurve auffassen.

Jeden Graphen? Das hängt sehr davon ab, was wir als Kurve zulassen wollen. Ein so „zerbrochenes" Objekt wie der in Abb. 26.1 dargestellte Graph der Funktion $f\colon [-2, 4] \to \mathbb{R}$,

$$f(x) = \begin{cases} 4 - x^2 & \text{für } x \in [-2, 0) \\ x + 1 & \text{für } x \in [0, 2) \\ 1 & \text{für } x = 2 \\ \sqrt{x-2} & \text{für } x \in (2, 4], \end{cases}$$

soll wohl nicht als Kurve durchgehen. Spätestens im Fall der Dirichlet'schen Sprungfunktion von S. 379,

$$\chi_{\mathbb{Q}}(x) = \begin{cases} 1 & \text{für } x \in \mathbb{Q} \\ 0 & \text{sonst} \end{cases}$$

ist die Sache auf jeden Fall klar – eine so zerrissene Punktmenge ist kaum das, was man gerne unter einer Kurve verstehen würde.

Andererseits gibt es Kurven, die sich mit Sicherheit nicht als simple Funktionsgraphen der Form

$$\{(x_1, x_2) \in \mathbb{R}^2 \mid x_2 = f(x_1)\}$$

darstellen lassen. Ein einfaches Beispiel dafür ist der Kreis $x_1^2 + x_2^2 = R^2$, für den man keine eindeutige, überall gültige Auflösung nach einer Variablen findet. Die Funktion

$$K_1 : x_2 = \sqrt{R^2 - x_1^2}, \ |x_1| \le R$$

beschreibt den oberen Halbkreis,

$$K_2 : x_2 = -\sqrt{R^2 - x_1^2}, \ |x_1| \le R$$

den unteren. Man kann zwar unstetige Funktionen finden, die jeweils Teile des unteren und des oberen Halbkreises beschreiben, aber keine, die den ganzen Kreis erfasst.

Selbstfrage 1

Geben Sie eine unstetige Funktion an, die Teile des unteren und des oberen Halbkreises beschreibt.

Ein anderes Beispiel ist die logarithmische Spirale, die in den Abb. 26.2 und 26.3 dargestellt ist. Ihre Darstellung in Polarkoordinaten lautet

$$r = \mathrm{e}^{-\varphi}, \quad \varphi \in \mathbb{R}_{\geq 0}.$$

Würde man versuchen, das in kartesische Koordinaten umzuschreiben, so erhielte man

$$x_2 = -x_1 \tan\left(\ln \sqrt{x_1^2 + x_2^2}\right),$$

also einen sehr komplizierten impliziten Ausdruck. Eine global gültige Auflösung nach einer Variablen zu finden ist hier ein aussichtsloses Unterfangen.

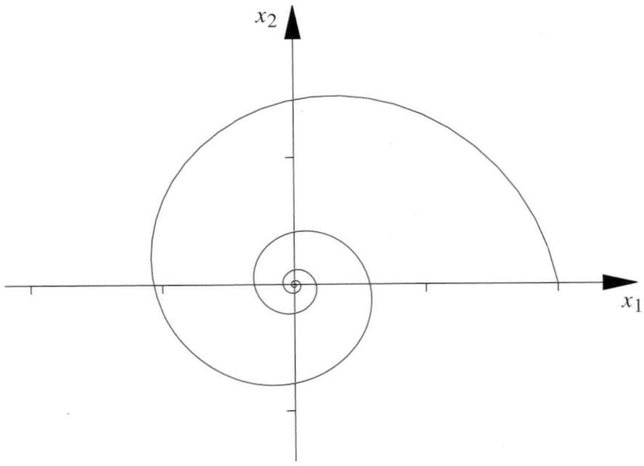

Abb. 26.2 Die allgemeine logarithmische Spirale wird in Polarkoordinaten durch $r = \mathrm{e}^{-a\varphi}$ mit $a > 0$ dargestellt. Im Text haben wir $a = 1$ gesetzt, für diese Grafik wurde $a = 0.2$ gewählt

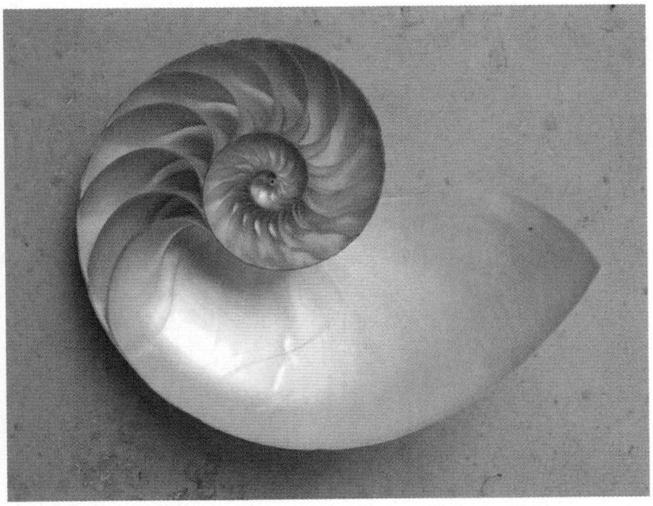

Abb. 26.3 Das Haus von *Nautilus*, einem urzeitlichen Verwandten des Tintenfischs, folgt in seiner Form einer logarithmischen Spirale

Selbstfrage 2

Rechnen Sie den Übergang von Polar- zu kartesischen Koordinaten selbst nach.

Wie können wir alle derartigen Objekte und noch weitere, wie etwa die in Abb. 26.4 dargestellte Kurve beschreiben?

Hier können wir, wie gar nicht so selten in der Mathematik, Anleihe an der Physik oder am Alltag nehmen. Alle Objekte, die wir als ebene Kurven zulassen wollen, kann man sich auf einfache Weise erzeugt denken.

Dazu betrachten wir eine kleine, in Farbe getränkte Kugel, die im Laufe der Zeit t ihre Position ändert und dabei etwa auf einem Blatt Papier eine deutliche Spur hinterlässt. Die Koordinaten des Mittelpunkts der Kugel $(x_1, x_2)^{\mathrm{T}}$ sind Funktionen von t, $t \mapsto \boldsymbol{x}(t) = (x_1(t), x_2(t))^{\mathrm{T}}$, und beschreiben genau eine Kurve.

Bei ihrer Bewegung kann die Kugel sowohl den Graphen einer beliebigen stetigen Funktion $f\colon [a, b] \to \mathbb{R}$ mittels

$$\begin{aligned} x(t) &= t \\ y(t) &= f(x(t)) = f(t) \end{aligned} \qquad t \in [a, b]$$

abfahren als auch einen Kreis mittels

$$\begin{aligned} x(t) &= R \cos t \\ y(t) &= R \sin t \end{aligned} \qquad t \in [0, 2\pi]$$

oder eine logarithmische Spirale mittels

$$\begin{aligned} x(t) &= \mathrm{e}^{-t} \cos t \\ y(t) &= \mathrm{e}^{-t} \sin t \end{aligned} \qquad t \in [0, \infty). \tag{26.1}$$

Dabei meinen wir mit $t \in [a, b]$ in diesem Zusammenhang, dass t mit a beginnend sämtliche Werte des Intervalls bis hin zu b „durchläuft".

Die farbige Kugel ist natürlich nur eine Veranschaulichung, und auch die Zeit ist kein Gegenstand der Mathematik. Sehr wohl aber können wir die Idee aufgreifen, dass eine Kurve durch einen zusätzlichen **Parameter** t beschrieben wird und sich die Koordinaten $(x_1, x_2)^{\mathrm{T}}$ ihrer Punkte als Funktionen von t angeben lassen.

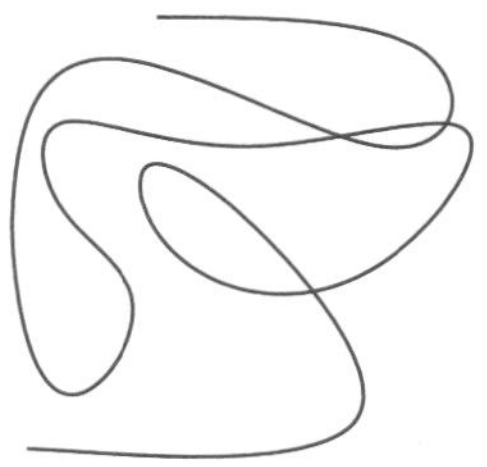

Abb. 26.4 Diese Kurve lässt sich weder in kartesischen noch in Polarkoordinaten durch eine einzige Funktion beschreiben

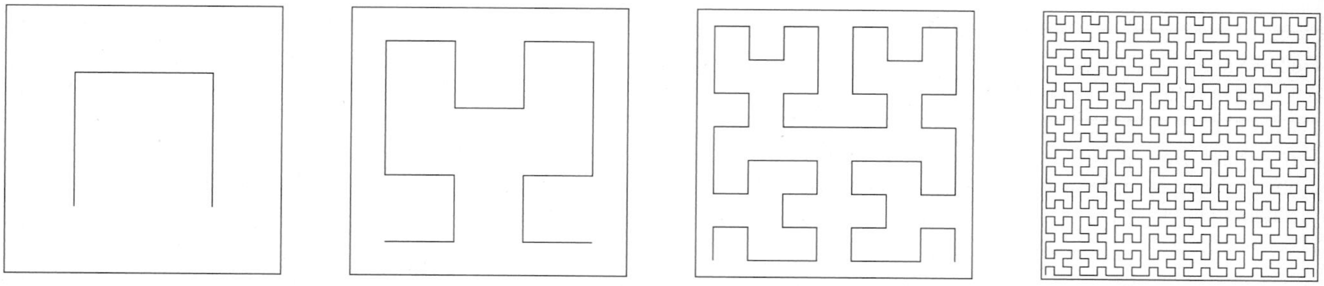

Abb. 26.5 Die ersten Schritte bei der Konstruktion einer Hilbertkurve

Von Geraden ist uns das aus der analytischen Geometrie schon längst vertraut, denn auch eine Gleichung $g\colon \boldsymbol{x} = \boldsymbol{p} + \mathbb{R}\boldsymbol{a}$ bedeutet im $\mathbb{R}^2$ gelesen, nichts anderes als

$$\begin{aligned} x_1(t) &= p_1 + t\,a_1 \\ x_2(t) &= p_2 + t\,a_2 \end{aligned} \qquad t \in (-\infty,\ \infty)\,.$$

Wir können demnach ebene Kurven mit *vektorwertigen* Funktionen eines Parameters t beschreiben, also mit Abbildungen $\mathbb{R} \to \mathbb{R}^2$. Beliebige Funktionen wollen wir dabei aber nicht zulassen; zumindest Stetigkeit werden wir auf jeden Fall fordern.

Stetigkeit allein ist allerdings nicht ausreichend, um manche „pathologischen“ Fälle auszuschließen. So gibt es stetige Kurven, die eine Fläche, etwa ein Quadrat, vollständig überdecken. Derartige Flächen füllende Kurven nennt man *Peano-Kurven*, die berühmteste ist die *Hilbert-Kurve*, deren Konstruktion in Abb. 26.5 skizziert ist.

Wir werden also noch schärfere Forderungen stellen und nicht nur die Stetigkeit, sondern Differenzierbarkeit, sogar *stetige Differenzierbarkeit* fordern. An endlich vielen Punkten wollen wir bei der Differenzierbarkeit aber Ausnahmen zulassen, denn sonst wäre etwa auch der Rand eines Quadrats keine Kurve in unserem Sinne.

Daher verlangen wir zwar Stetigkeit, aber nur **stückweise** stetige Differenzierbarkeit. Das bedeutet, dass sich das Parameterintervall $[a,\ b]$ mittels endlich vieler Punkte $\{t_k\}$, $t_0 = a$, $t_m = b$, $t_k < t_{k+1}$, so zerlegen lässt, dass die Kurve in jedem Teilintervall $(t_k,\ t_{k+1})$ stetig differenzierbar ist.

Definition ebener Kurven

Die Parametrisierung einer **ebenen Kurve** γ ist eine stetige, stückweise stetig differenzierbare Abbildung $\boldsymbol{\gamma}$ von einem **Parameterintervall** $I \subseteq \mathbb{R}$ nach $\mathbb{R}^2$,

$$\gamma : t \to \boldsymbol{x} = \boldsymbol{\gamma}(t)\,.$$

Als **Bild** der Kurve bezeichnen wir die Punktmenge

$$B(\gamma) = \left\{\boldsymbol{x} \in \mathbb{R}^2 \mid \exists t \in I : \boldsymbol{x} = \boldsymbol{\gamma}(t)\right\}.$$

Das Bild einer Kurve wird oft auch als *Spur* bezeichnet. Neben $B(\gamma)$ ist auch die Schreibweise γ^* für das Bild weit verbreitet. Meist wird das Parameterintervall I ein abgeschlossenes Intervall $[a,\ b]$ sein. Gelegentlich ist es aber praktisch, auch $[a,\ \infty)$, $[-\infty,\ b]$ oder $\mathbb{R}$ als Parameterintervalle zuzulassen.

Kommentar In diesem Fall können wir für die stückweise stetige Differenzierbarkeit auch die Unterteilung in unendlich viele Intervalle zulassen, solange es ein festes $\varepsilon > 0$ gibt, sodass die Länge jedes Intervalls größer als ε ist. ◀

Wer bisher genau mitgelesen hat wird festgestellt haben, dass wir den Begriff „Kurve“ selbst gar nicht definiert haben. In der Literatur findet man sowohl die Variante, die *Parametrisierung* als Kurve zu bezeichnen, als auch jene, das *Bild* die Kurve zu nennen. Beides hat Vor- und Nachteile. Wir werden einen Mittelweg gehen, indem wir den Begriff der Kurve selbst gar nicht streng definieren, sondern eben je nach Situation explizit von der Parametrisierung oder dem Bild sprechen. Klarerweise können sehr unterschiedliche Parametrisierungen Kurven mit demselben Bild beschreiben.

Manchmal ist es praktisch, für die Parametrisierungsvorschrift ein spezielles Symbol zur Verfügung zu haben, etwa $\boldsymbol{x} = \boldsymbol{\gamma}(t)$. Meist werden dafür aber kein eigenes Symbol benutzen, sondern direkt von einer mit $\boldsymbol{x} = \boldsymbol{x}(t)$ parametrisierten Kurve sprechen.

Die genaue Parametrisierung einer Kurve wird dann wichtig, wenn die Kurve beispielsweise als Bahn eines Teilchens aufgefasst wird.

Anwendungsbeispiel Die beiden Parametrisierungen

$$\boldsymbol{\gamma}_1 : \boldsymbol{\gamma}_1(t) = \begin{pmatrix} t \\ t \end{pmatrix}, \qquad t \in [0,\ 1]$$

$$\boldsymbol{\gamma}_2 : \boldsymbol{\gamma}_2(t) = \begin{pmatrix} t^4 \\ t^4 \end{pmatrix}, \qquad t \in [0,\ 1]$$

erzeugen das gleiche Bild, nämlich eine gerade Strecke von $(0,\ 0)$ nach $(1,\ 1)$. Während dieses Strecke im Fall von $\boldsymbol{\gamma}_1$ aber mit gleichmäßiger Geschwindigkeit $v_1 = \sqrt{2}$ durchlaufen wird, nimmt im anderen Fall die Geschwindigkeit ständig zu und beträgt am Ende bereits $v_2(1) = 4\sqrt{2}$. ◀

Manche Eigenschaften von Kurven hängen zwar nicht von der genauen Parametrisierung ab, sehr wohl aber von der **Orientierung** der Kurve, also der Richtung, in der die Kurve „durchlaufen" wird. Eine solche Richtung lässt sich allerdings nicht von vornherein für jede Parametrisierung definieren, sondern nur dann, wenn die Kurve nicht plötzlich „umdreht". Das ist sicher der Fall, wenn für alle $t \in I$

$$\frac{\mathrm{d}\boldsymbol{\gamma}}{\mathrm{d}t} \neq \mathbf{0}$$

ist. Die Ableitung ist dabei komponentenweise zu nehmen.

Kommentar Die Bezeichnung t für den Parameter einer Kurve ist weit verbreitet, aber natürlich keineswegs verpflichtend. Je nach Situation können auch bevorzugt andere Symbole benutzt werden, etwa φ bei der Interpretation des Parameters als Winkelvariable. ◄

Die Ableitung nach dem Parameter wird üblicherweise mit einem Punkt bezeichnet

Parametrisierungen von Kurven sind stetige, stückweise stetig differenzierbare Funktionen $\gamma\colon t \to \boldsymbol{x}(t)$, und so werden wir auch Interesse daran haben, sie abzuleiten. Die Ableitung nach dem Parameter t wird meist nicht mit einem Strich, sondern mit einem Punkt bezeichnet, also

$$\dot{\boldsymbol{x}} = \begin{pmatrix} \dot{x}_1 \\ \dot{x}_2 \end{pmatrix}, \quad \dot{x}_i = \frac{\mathrm{d}x_i}{\mathrm{d}t}.$$

Dort wo die Ableitung $\dot{x}_1$ nicht verschwindet, kann man eine solche ebene Kurve *lokal* als Funktion $x_1 \to x_2(x_1)$ auffassen. Für die Steigung der Tangente in einem Punkt

$$\boldsymbol{x}(t_0) = \begin{pmatrix} x_1(t_0) \\ x_2(t_0) \end{pmatrix}$$

erhalten wir mit der Kettenregel

$$\tan\alpha = \left.\frac{\mathrm{d}x_2}{\mathrm{d}x_1}\right|_{\boldsymbol{x}(t_0)} = \left.\frac{\frac{\mathrm{d}x_2}{\mathrm{d}t}}{\frac{\mathrm{d}x_1}{\mathrm{d}t}}\right|_{\boldsymbol{x}(t_0)} = \frac{\dot{x}_2(t_0)}{\dot{x}_1(t_0)}, \tag{26.2}$$

sofern eben $\dot{x}_1 \neq 0$ ist. Das ist in Abb. 26.6 dargestellt. Analog erhalten wir

$$\frac{1}{\mathrm{d}x_2/\mathrm{d}x_1} = \frac{\dot{x}_1}{\dot{x}_2},$$

unter der Bedingung $\dot{x}_2 \neq 0$.

Bei Interpretation einer Kurve als Teilchenbahn (mit der Zeit t als Parameter) ist $\dot{\boldsymbol{x}}(t_0)$ der Tangentenvektor an die Bahnkurve zur Zeit t_0. Der Betrag $\|\dot{\boldsymbol{x}}(t_0)\|$ dieses Vektors gibt die Geschwindigkeit zur Zeit t_0 an.

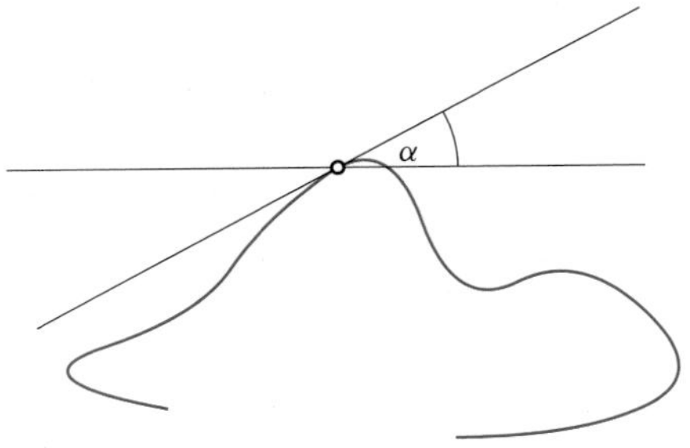

Abb. 26.6 An Stellen mit $\dot{x}_1 \neq 0$ können wir eine Kurve lokal als Funktion $x_1 \mapsto x_2(x_1)$ darstellen und erhalten die Steigung der Tangente als Ableitung $\tan\alpha = \frac{\mathrm{d}x_2}{\mathrm{d}x_1} = \dot{x}_2/\dot{x}_1$

Beispiel Ein Teilchen bewegt sich gemäß

$$\boldsymbol{x}(t) = \begin{pmatrix} t^2 \\ t^3 \end{pmatrix}, \quad t \in [0,\ 1].$$

Wir bestimmen nun seine Geschwindigkeit zu einer beliebigen Zeit $t \in [0,\ 1]$. Für den Tangentenvektor erhalten wir

$$\dot{\boldsymbol{x}}(t) = \begin{pmatrix} 2\,t \\ 3\,t^2 \end{pmatrix}.$$

Die Geschwindigkeit des Teilchens ergibt sich zu

$$v(t) = \|\dot{\boldsymbol{x}}(t)\| = \sqrt{4\,t^2 + 9\,t^4} = t\,\sqrt{4 + 9\,t^2}.$$ ◄

Die Leibniz'sche Sektorformel dient zur Flächenberechnung

Interpretiert man $\boldsymbol{x} = \boldsymbol{\gamma}(t)$ als veränderlichen Ortsvektor, so überstreicht dieser Vektor in einem Intervall $[t_1,\ t_2]$ eine bestimmte Fläche A.

Besonders einfach liegt die Sache bei einem Kreis

$$\begin{aligned} x(t) &= R\,\cos t \\ y(t) &= R\,\sin t \end{aligned} \qquad t \in [0,\ 2\pi].$$

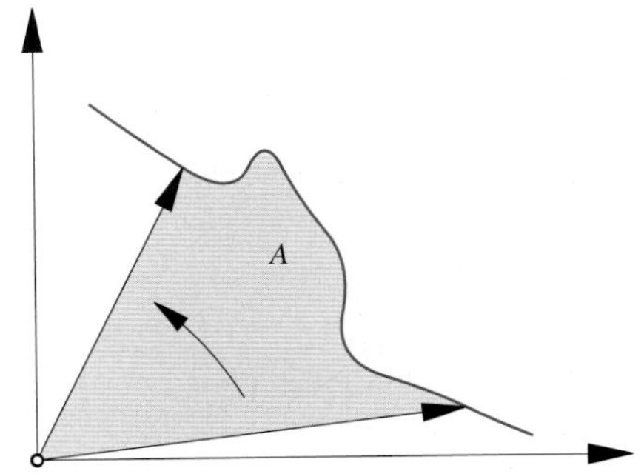

Abb. 26.7 Die als veränderlicher Ortsvektor interpretierte Kurve überstreicht eine bestimmte Fläche A

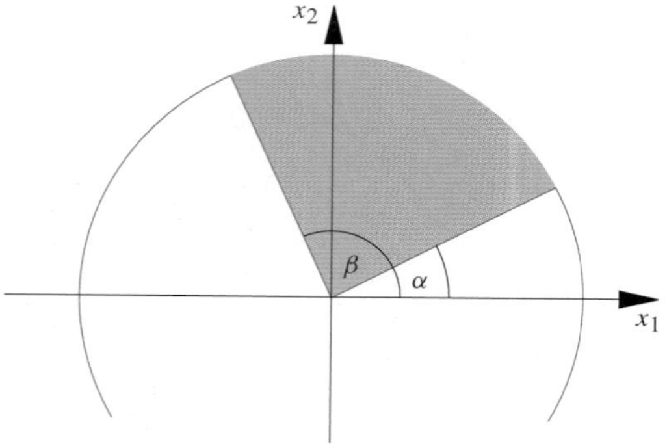

Abb. 26.8 Die Fläche des Kreissektors zwischen den Winkeln α und β kann man sofort angeben

Hier erhält man für den Flächeninhalt des Sektors $\alpha < t < \beta$ mit $0 \leq \alpha < \beta \leq 2\pi$, wie in Abb. 26.8 dargestellt, unmittelbar

$$A(\alpha, \beta) = \frac{R^2}{2}(\beta - \alpha).$$

Nun lässt sich aber jede stetige, zweimal stückweise stetig differenzierbare Kurve durch eine Folge kleine Kreisbögen beliebig gut annähern. Für jede Kurve, die sich in Polarkoordinaten mittels $r(\varphi)$ beschreiben lässt, erhält man im Grenzübergang unendlich schlanker Kreissektoren für die Fläche im Winkelbereich $[\alpha, \beta]$ ein Integral,

$$A = \frac{1}{2}\int_{\alpha}^{\beta} r^2(\varphi)\,\mathrm{d}\varphi. \tag{26.3}$$

So wie sich eine Kurve in allgemeiner Darstellung außer an einzelnen Punkten meist nach einer der beiden kartesischen Koordinaten auflösen lässt, ist das auch mit der Auflösung nach Polarkoordinaten möglich.

Umgekehrt können wir aus der Flächenformel für Polarkoordinaten auf die für eine allgemeine Parametrisierung schließen. Im allgemeinen Fall hat man üblicherweise x_1 und x_2 als Funktionen des Parameters t vorliegen. Um (26.3) auf kartesische Koordinaten umzuschreiben setzen wir $\varphi = \varphi(t)$ und erhalten

$$\begin{aligned}
A &= \frac{1}{2}\int_{t(\alpha)}^{t(\beta)} r^2(\varphi(t))\,\frac{\mathrm{d}\varphi}{\mathrm{d}t}\,\mathrm{d}t \\
&= \frac{1}{2}\int_{t_1}^{t_2} \left(x_1^2(t) + x_2^2(t)\right)\,\frac{\mathrm{d}(\arctan\frac{x_2}{x_1})}{\mathrm{d}t}\,\mathrm{d}t \\
&= \frac{1}{2}\int_{t_1}^{t_2} \left(x_1^2(t) + x_2^2(t)\right)\,\frac{1}{1+\left(\frac{x_2}{x_1}\right)^2}\,\frac{\dot{x}_2\,x_1 - x_2\,\dot{x}_1}{x_1^2}\,\mathrm{d}t \\
&= \frac{1}{2}\int_{t_1}^{t_2} \left(\dot{x}_2(t)\,x_1(t) - x_2(t)\dot{x}_1(t)\right)\,\mathrm{d}t.
\end{aligned}$$

Dieses Ergebnis lässt sich auch als Determinante schreiben,

$$A = \frac{1}{2}\int_{t_1}^{t_2} \begin{vmatrix} x_1 & \dot{x}_1 \\ x_2 & \dot{x}_2 \end{vmatrix}\,\mathrm{d}t. \tag{26.4}$$

Kommentar Dass hier eine Determinantenschreibweise möglich ist, ist keine große Überraschung. Wir wissen ja bereits aus Kap. 16, dass ein enger Zusammenhang zwischen Determinanten und Dreiecksflächen besteht. In den Übungen wird diskutiert, wie sich das obige Ergebnis bereits unter schwächeren Bedingungen mittels einer Approximation durch Dreiecksflächen gewinnen lässt. ◀

Mit der aus der Linearen Algebra geläufigen Schreibweise können wir dieses Resultat, die **Leibniz'sche Sektorformel**, auch als

$$A = \frac{1}{2}\int_{t_1}^{t_2} \det((\boldsymbol{x}, \dot{\boldsymbol{x}}))\,\mathrm{d}t \tag{26.5}$$

notieren.

Für geschlossene Kurven, die den Ursprung **0** umlaufen, können wir dieses Resultat noch weiter vereinfachen (wir setzen der Übersichtlichkeit halber $x = x_1$ und $y = x_2$), und zwar, indem wir benutzen, dass

$$\begin{aligned}
\int_a^b y\,\dot{x}\,\mathrm{d}t &= \int_a^b y(t)\,\frac{\mathrm{d}x(t)}{\mathrm{d}t}\,\mathrm{d}t \\
&= x(t)\,y(t)|_a^b - \int_a^b x(t)\,\frac{\mathrm{d}y(t)}{\mathrm{d}t}\,\mathrm{d}t \\
&= \underbrace{x(b)y(b) - x(a)y(a)}_{=0} - \int_a^b x(t)\,\dot{y}(t)\,\mathrm{d}t \\
&= -\int_a^b x(t)\,\dot{y}(t)\,\mathrm{d}t
\end{aligned}$$

ist. Damit erhalten wir

$$A_{\text{geschl.}} = \int_{t_1}^{t_2} x(t)\,\dot{y}(t)\,\mathrm{d}t.$$

Beispiel Für den Flächeninhalt einer Ellipse

$$\begin{aligned} x(t) &= a\cos t \\ y(t) &= b\sin t \end{aligned} \qquad t \in [0, 2\pi]$$

erhalten wir

$$A_{\text{ell}} = \int_0^{2\pi} a\cos t\, b\cos t\,\mathrm{d}t = ab\int_0^{2\pi}\cos^2 t\,\mathrm{d}t = ab\pi.$$

Für den Spezialfall $a = b = R$ reduziert sich das auf die bekannte Flächenformel für den Kreis. ◀

Teil IV

Da die beiden Koordinaten in unserer jetzigen Betrachtungsweise völlig gleichwertig sind, erhalten wir ebenso die Darstellung

$$A_{\text{geschl.}} = \int_{t_1}^{t_2} y(t)\,\dot{x}(t)\,\mathrm{d}t\,.$$

Kommentar Der hier berechnete Flächeninhalt hat ein Vorzeichen, das sich bei Umkehr der Orientierung gleichfalls umkehrt. Gegebenenfalls kann es also notwendig sein, den Betrag des erhaltenen Ergebnisses zu nehmen, um zum gesuchten Flächeninhalt zu kommen. ◀

26.2 Die Bogenlänge von Kurven

Der Weg, den ein Körper in einer endlichen Zeit zurücklegt, hat eine bestimmte Länge. Das gilt auch dann, wenn die Bewegung nicht geradlinig erfolgt, sondern auf einer beliebig gekrümmten Bahn.

Daher erscheint es naheliegend, dass man auch jeder Kurve eine bestimmte *Bogenlänge* zuordnen kann. Vom mathematischen Standpunkt ist es allerdings nicht selbstverständlich, dass beliebige Kurven eine Bogenlänge haben.

Dass sich eine solche dennoch allgemein definieren lässt, liegt daran, dass bereits unsere Definition der Kurven recht strikt war und wir schon dort stückweise stetige Differenzierbarkeit der zugrunde liegenden Funktion gefordert hatten.

Dadurch ist es egal, welche Parametrisierung man der Kurve zugrunde legt, man erhält stets die gleiche Bogenlänge, solange man eine zusätzliche Forderung stellt. Diese lautet, dass die Ableitung der Parametrisierung nirgendwo verschwindet, $\dot{\boldsymbol{\gamma}}(t) \neq \mathbf{0}$ für alle $t \in (a, b)$. Durch diese Zuatzforderung stellt man sicher, dass der betrachtete Weg nicht irgendwo kehrt macht und einen Teil des Bildes der Kurve mehrfach durchläuft.

Beispiel Die beiden Kurven

$$\begin{aligned} \gamma_1 &: x(t) = y(t) = t, & t &\in [-1, 1] \\ \gamma_2 &: x(t) = y(t) = \sin t, & t &\in [-\pi/2, 5\pi/2] \end{aligned}$$

haben das gleiche Bild, die Strecke von $\boldsymbol{a} = (-1, -1)^{\mathrm{T}}$ nach $\boldsymbol{b} = (1, 1)^{\mathrm{T}}$. Der erste Weg läuft nur einmal von $\boldsymbol{a}$ nach $\boldsymbol{b}$, der zweite hingegen von $\boldsymbol{a}$ nach $\boldsymbol{b}$, macht dort kehrt, läuft zurück nach $\boldsymbol{a}$, macht wieder kehrt und läuft nach $\boldsymbol{b}$. An den Umkehrpunkten gilt jeweils

$$\dot{\boldsymbol{x}}_2\left(\frac{\pi}{2}\right) = \dot{\boldsymbol{x}}_2\left(\frac{3\pi}{2}\right) = \mathbf{0}\,.$$ ◀

Wir können die Bogenlänge ebener Kurven mittels Integration bestimmen

Wie definieren wir nun konkret die Bogenlänge einer Kurve unter der Voraussetzung, dass wir eine gültige Parametrisierung vorliegen haben?

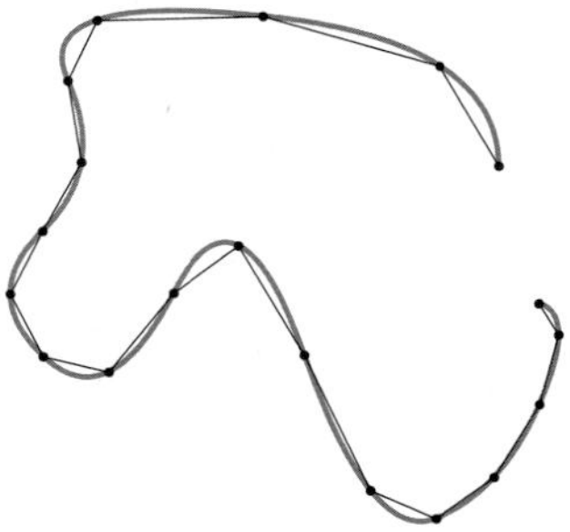

Abb. 26.9 Eine beliebige Kurve kann durch einen Polygonzug approximiert werden

Die Strategie ist nahe verwandt mit der, die wir schon in Abschn. 11.4 bei der Bogenlänge von Funktionsgraphen benutzt haben. Wieder ist die Idee, die Kurve durch einen Polygonzug zu approximieren und dessen Länge bei immer feinerer Approximation zu untersuchen. Das ist in Abb. 26.9 dargestellt.

Wir wählen beliebige Zwischenpunkte t_k im Intervall $[a, b]$, wobei $t_0 = a$ und $t_n = b$ ist. Da eine Strecke stets die kürzeste Verbindung zwischen zwei Punkten ist, ist die Länge des Polygonzugs,

$$L_n = \sum_{k=1}^{n} \|\boldsymbol{x}(t_k) - \boldsymbol{x}(t_{k-1})\|\,,$$

eine untere Schranke für die Bogenlänge der Kurve.

Fügen wir weitere Zwischenpunkte ein, so wird die neue Näherung $L_{n'}$ im Allgemeinen größer, auf jeden Fall nicht kleiner. Das ist eine unmittelbare Folge der Dreiecksungleichung

$$\|\boldsymbol{a} - \boldsymbol{b}\| \leq \|\boldsymbol{a} - \boldsymbol{c}\| + \|\boldsymbol{c} - \boldsymbol{b}\|\,.$$

Ebenso ist $L_{n'}$ sicher weiterhin kleiner oder höchsten gleich der Bogenlänge l von γ.

Konvergiert nun L_n, wenn $\sup_k |t_k - t_{k-1}|$ gegen null geht, so definieren wir diesen Grenzwert als Bogenlänge von γ. Tatsächlich ist die Konvergenz bereits durch unsere Forderungen gesichert, dass die Parametrisierung $\boldsymbol{\gamma}$ stückweise stetig differenzierbar ist und $\dot{\boldsymbol{\gamma}}$ nirgendwo verschwindet.

Nun schreiben wir in der Summe

$$L_n = \sum_{k=1}^{n} \|\boldsymbol{x}(t_k) - \boldsymbol{x}(t_{k-1})\|$$

die Länge jeder Strecke als

$$\|\boldsymbol{\gamma}(t_k) - \boldsymbol{\gamma}(t_{k-1})\| = \|\dot{\boldsymbol{\gamma}}(\tau_k)\|\,(t_k - t_{k-1}) + \mathcal{O}((t_k - t_{k-1})^2)$$

mit $\tau_k \in (t_{k-1} - t_k)$.

Man kann zeigen, dass im Grenzübergang von Unterteilungen mit $\max_{k=1,\dots,n}(t_k - t_{k-1}) \to 0$ für $n \to \infty$ die Summe über

Teil IV

die Terme zweiter Ordnung gegen null konvergiert. Die Summe über die Terme erster Ordnung ergibt im Grenzwert ein Integral. Wir erhalten:

Bogenlänge ebener Kurven

Für die Bogenlänge einer stetig differenzierbaren Kurve γ mit $\boldsymbol{x} = \boldsymbol{x}(t)$, $\dot{\boldsymbol{x}}(t) \neq \mathbf{0}$ für alle $t \in I$, erhalten wir im Intervall $[t_0, t_1] \subseteq I$:

$$\begin{aligned} s(t_0, t_1) &= \int_{t_0}^{t_1} \|\dot{\boldsymbol{x}}(t)\|\, \mathrm{d}t \\ &= \int_{t_0}^{t_1} \sqrt{\dot{x}_1^2 + \dot{x}_2^2}\, \mathrm{d}t \qquad (26.6) \end{aligned}$$

Beispiel

- Für die Gesamtlänge der logarithmischen Spirale in der Darstellung von Formel (26.1) erhalten wir mit

$$\begin{aligned} \dot{x} &= \frac{\mathrm{d}}{\mathrm{d}t}\mathrm{e}^{-t}\cos t = -\mathrm{e}^{-t}\cos t - \mathrm{e}^{-t}\sin t \\ \dot{y} &= \frac{\mathrm{d}}{\mathrm{d}t}\mathrm{e}^{-t}\sin t = -\mathrm{e}^{-t}\sin t + \mathrm{e}^{-t}\cos t \end{aligned}$$

das überraschend einfache Ergebnis

$$\begin{aligned} l = s(0, \infty) &= \int_0^\infty \sqrt{\dot{x}^2 + \dot{y}^2}\, \mathrm{d}t \\ &= \int_0^\infty \sqrt{2\mathrm{e}^{-2t}\cos^2 t + 2\mathrm{e}^{-2t}\sin^2 t} \\ &= \sqrt{2}\int_0^\infty \mathrm{e}^{-t}\, \mathrm{d}t = \sqrt{2}\,. \end{aligned}$$

- Für jede Kurve, die sich in Polarkoordinaten mittels $r = r(\varphi)$, $\varphi \in (\alpha, \beta)$ darstellen lässt, erhalten wir

$$\begin{aligned} x &= r(\varphi)\cos\varphi & \dot{x} &= \dot{r}\cos\varphi - r\sin\varphi \\ y &= r(\varphi)\sin\varphi & \dot{y} &= \dot{r}\sin\varphi + r\cos\varphi \end{aligned}$$

und weiter

$$\dot{x}^2 + \dot{y}^2 = \left(\dot{r}^2 + r^2\right)\left(\cos^2\varphi + \sin^2\varphi\right) = \dot{r}^2 + r^2\,.$$

Die Bogenlängenformel nimmt damit die einprägsame Gestalt

$$s(\alpha, \beta) = \int_\alpha^\beta \sqrt{r^2 + \dot{r}^2}\, \mathrm{d}\varphi \qquad (26.7)$$

an. Für die logarithmische Spirale erhalten wir so deutlich schneller

$$l = \int_0^\infty \sqrt{\mathrm{e}^{-2t} + (-\mathrm{e}^{-t})^2}\, \mathrm{d}t = \sqrt{2}\int_0^\infty \mathrm{e}^{-t}\, \mathrm{d}t = \sqrt{2}\,.$$

- Für den Graphen einer stetig differenzierbaren Funktion f können wir

$$x_1(t) = t, \qquad x_2(t) = f(t)$$

setzen und erhalten

$$\begin{aligned} s(t_0, t_1) &= \int_{t_0}^{t_1} \left\| \begin{pmatrix} 1 \\ \dot{f}(t) \end{pmatrix} \right\| \mathrm{d}t \\ &= \int_{t_0}^{t_1} \sqrt{1 + \dot{f}(t)^2}\, \mathrm{d}t \\ &= \int_{x_0}^{x_1} \sqrt{1 + f'(x)^2}\, \mathrm{d}x\,. \end{aligned}$$

Damit haben wir die Formel von S. 406 wiedergefunden. ◄

Eine Kurve kann durch ihre Bogenlänge parametrisiert werden

Die Bogenlänge einer Kurve, gemessen vom Anfangspunkt $\boldsymbol{a} = \boldsymbol{\gamma}(a)$ ist eine streng monoton wachsende Funktion des Parameters t,

$$s(t) = s(a, t) = \int_a^t \sqrt{\dot{x}_1^2(\tau) + \dot{x}_2^2(\tau)}\, \mathrm{d}\tau\,.$$

Durch Angabe eines Wertes $t \in [a, b]$ kann man bei gegebener Parametrisierung einen bestimmten Punkt auf der Kurve kennzeichnen. Ebenso gut geht das jedoch auch durch die Angabe der vom Anfangspunkt aus gemessenen Bogenlänge.

Man kann daher die Bogenlänge benutzen, um die Kurve zu parametrisieren. Während allgemeine Parametrisierungen weitgehend willkürlich sind, ist die Parametrisierung mittels Bogenlänge s abgesehen von Wahl des Anfangspunktes und der Durchlaufrichtung *eindeutig*. Sie wird daher oft als **natürliche Parametrisierung** bezeichnet.

Interpretiert man eine Kurve physikalisch als Teilchenbahn und t als Zeit, so bedeutet die natürliche Parametrisierung, dass die Kurve mit der konstanten Geschwindigkeit von eins durchlaufen wird,

$$\left\| \frac{\mathrm{d}\boldsymbol{x}}{\mathrm{d}s} \right\| = 1\,.$$

Um eine Kurve in die natürliche Parametrisierung zu bringen, muss man den Zusammenhang $s = s(t)$ nach t auflösen. Das ist im Prinzip stets möglich, da die Funktion streng monoton ist, die praktische Rechnung kann aber sehr mühsam oder analytisch gar nicht möglich sein.

Beispiel: Bogenlänge zweier typischer Kurven

Wir untersuchen die Bogenlänge zweier typischer ebener Kurven.

1. Ein Stück der **archimedischen Spirale** wird durch
$$r(\varphi) = a\,\varphi, \quad \varphi \in [0,\, 2\pi]$$
mit einer Konstanten $a \in \mathbb{R}_{>0}$ beschrieben.
2. Die **Zykloide** oder **Radkurve**
$$\boldsymbol{\gamma}(t) = \begin{pmatrix} R\,(t - \sin t) \\ R\,(1 - \cos t) \end{pmatrix}, \quad t \in [0,\, 2n\pi]$$
ist die Bahnkurve eines Punktes, der am Rande eines Rades mit Radius $R > 0$ liegt, das auf der x-Achse abgerollt wird und dabei n Umdrehungen vollführt.

Problemanalyse und Strategie: Wie benötigen die Ableitung der Kurven nach dem Parameter; für die Bogenlänge müssen wir zudem ein Integral bestimmen.

Lösung:

1. Da die archimedische Spirale in Polarkoordinaten gegeben ist, können wir ihre Bogenlänge direkt mit Formel (26.7) bestimmen. Mit $\dot{r} = a$ erhalten wir:
$$s(0,\,2\pi) = \int_0^{2\pi} \sqrt{a^2\varphi^2 + a^2}\,\mathrm{d}\varphi = a \int_0^{2\pi} \sqrt{1+\varphi^2}\,\mathrm{d}\varphi$$
$$= \left| \begin{matrix} \varphi = \sinh u \\ \mathrm{d}\varphi = \cosh u\,\mathrm{d}u \end{matrix} \right| = a \int_B \cosh^2 u\,\mathrm{d}u$$
Für dieses Integral erhält man mittels partieller Integration
$$\int \cosh^2 u\,\mathrm{d}u = \frac{1}{2}\,(u + \sinh u\,\cosh u) + C$$
$$= \frac{1}{2}\left(u + \sinh u\,\sqrt{1+\sinh^2 u}\right) + C$$
und damit
$$s(0,\,2\pi) = \frac{a}{2}\left[u + \sinh u\,\sqrt{1+\sinh^2 u}\right]_B$$
$$= \frac{a}{2}\left[\operatorname{arsinh}\varphi + \varphi\,\sqrt{1+\varphi^2}\right]_0^{2\pi}$$
$$= \frac{a}{2}\left(\operatorname{arsinh}(2\pi) + 2\pi\,\sqrt{1+4\pi^2}\right),$$

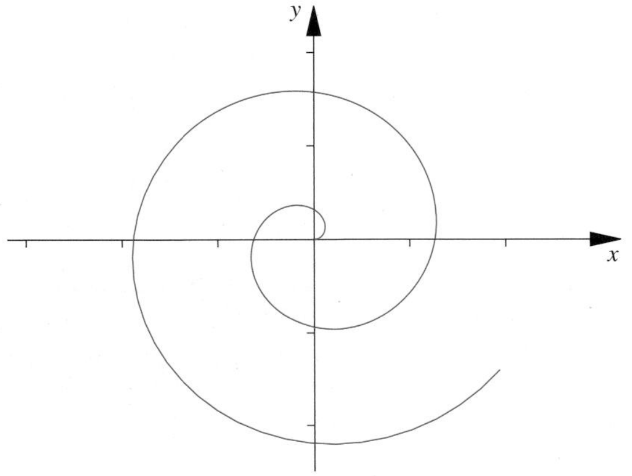

2. Für die Zykloide erhalten wir
$$\dot{x} = R\,(1 - \cos t)\,, \quad \dot{y} = R\,\sin t$$
und für die Bogenlänge unter Ausnützung der Periodizität und der Symmetrie des Integranden:
$$s(0,\,2\pi n) = \int_0^{2\pi n} \sqrt{\dot{x}^2 + \dot{y}^2}\,\mathrm{d}t$$
$$= \int_0^{2\pi n} \sqrt{R^2\,(1-\cos t)^2 + R^2\,\sin^2 t}\,\mathrm{d}t$$
$$= \int_0^{2\pi n} \sqrt{2R^2 - 2R^2\cos t}\,\mathrm{d}t$$
$$= \sqrt{2}R \int_0^{2\pi n} \sqrt{1-\cos t}\,\mathrm{d}t$$
$$= 2n\sqrt{2}R \int_0^{\pi} \sqrt{1-\cos t}\,\mathrm{d}t$$
$$= \left| \begin{matrix} u = \cos t & \pi \to -1 \\ \mathrm{d}t = -\frac{\mathrm{d}u}{\sin t} & 0 \to 1 \end{matrix} \right|$$
$$= -2n\sqrt{2}R \int_1^{-1} \sqrt{1-u}\,\frac{\mathrm{d}u}{\sqrt{1-u^2}}$$
$$= 2n\sqrt{2}R \int_{-1}^{1} \frac{\mathrm{d}u}{\sqrt{1+u}}$$
$$= 2n\sqrt{2}R\;2\sqrt{1+u}\,\Big|_{-1}^{1} = 8nR$$

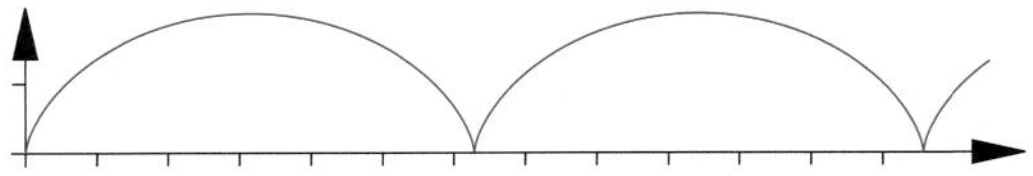

Verallgemeinerte Zykloiden erhält man mit
$$\boldsymbol{\gamma}(t) = \begin{pmatrix} R\,(t - a\sin t) \\ R\,(1 - a\cos t) \end{pmatrix}, \quad t \in [0,\, 2n\pi]$$
und $a > 0$. Für $a \neq 1$ liegt der betrachtete Punkt nicht am Rande des Rades. Zwei Beispiele dafür sind im Folgenden dargestellt.

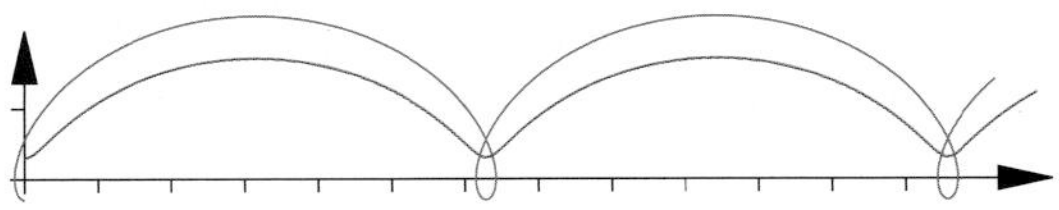

Beispiel Für die Bogenlänge der logarithmischen Spirale (26.1) erhalten wir

$$s(t) = \sqrt{2} \int_0^t \mathrm{e}^{-\tau}\, \mathrm{d}\tau = \sqrt{2}\left(1 - \mathrm{e}^{-t}\right) .$$

Auflösen dieser Beziehung nach t liefert

$$t = -\ln \frac{\sqrt{2} - s}{\sqrt{2}} = \ln \frac{\sqrt{2}}{\sqrt{2} - s} .$$

Einsetzen ergibt

$$x = \mathrm{e}^{-t} \cos t = \frac{\sqrt{2} - s}{\sqrt{2}} \cos \ln \frac{\sqrt{2}}{\sqrt{2} - s}$$
$$y = \mathrm{e}^{-t} \sin t = \frac{\sqrt{2} - s}{\sqrt{2}} \sin \ln \frac{\sqrt{2}}{\sqrt{2} - s}$$

mit $s \in [0, \sqrt{2}]$. ◄

Die Ableitung nach der Bogenlänge s wird üblicherweise mit einem Strich statt mit einem Punkt geschrieben. Das soll die Einzigartigkeit der natürlichen Parametrisierung unterstreichen. Viele Beziehungen der Kurventheorie werden besonders einfach, wenn man sie in natürlicher Parametrisierung behandelt.

26.3 Die Krümmung ebener Kurven

Die Bilder allgemeiner Kurven kann man oft erstaunlich gut nur mit Zirkel und Bleistift zeichnen. Am bekanntesten ist diese Konstruktion für die Ellipse. Dort konstruiert man, wie in Abb. 26.10 gezeigt, an den Scheiteln jeweils *Schmiegekreise*. Nicht zu weit von den Scheiteln entfernt sind diese Kreise eine gute Näherung für die Ellipse selbst.

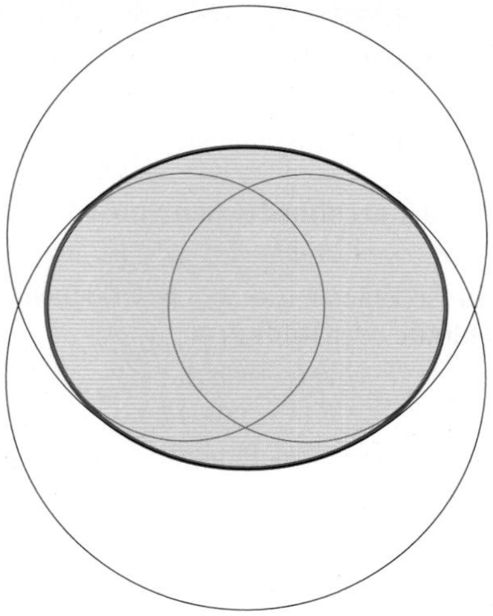

Abb. 26.10 Mittels Schmiegekreisen kann die Konstruktion einer Ellipse deutlich erleichtert werden

Dies ist generell der Fall, wenn eine Kurve zumindest zweimal stetig differenzierbar ist. Dann ist die zweite Ableitung ein Maß für die *Krümmung* der Kurve, und mit ihrer Hilfe lassen sich Schmiegekreise konstruieren.

Die Krümmung von Kurven lässt sich mittels zweiter Ableitungen bestimmen

Die Krümmung haben wir als Maß dafür kennengelernt, wie sehr sich die Steigung eines Graphen ändert. Diese Größe war ganz natürlich mit der zweiten Ableitung verbunden, denn diese gibt ja gerade die Änderung der Änderung an.

Nun hängt die Krümmung zwar mit der zweiten Ableitung zusammen, ist aber keineswegs identisch. Das kommt daher, dass noch zusätzliche geometrische Faktoren zu berücksichtigen sind. Diese wollen wir nun bestimmen.

Wir werden letztlich alle Größen auf die Bogenlänge s beziehen, vorläufig aber trotzdem davon ausgehen, dass sich die Kurve auch in der Form $x_2 = x_2(x_1)$ darstellen lässt. Uns interessiert, wie sich die Tangentensteigung

$$\alpha = \arctan x_2' = \arctan \frac{\mathrm{d}x_2}{\mathrm{d}x_1}$$

in Abhängigkeit von der Bogenlänge ändert. Dafür erhalten wir mit der Kettenregel

$$\kappa(x_1) = \frac{\mathrm{d}\alpha}{\mathrm{d}s} = \frac{\mathrm{d}\alpha}{\mathrm{d}x_1} \frac{\mathrm{d}x_1}{\mathrm{d}s} .$$

Die Ableitung des Winkels nach x_1 macht keine Schwierigkeit,

$$\frac{\mathrm{d}\alpha}{\mathrm{d}x_1} = \frac{\mathrm{d}}{\mathrm{d}x_1} \arctan x_2' = \frac{x_2''}{1 + {x_2'}^2} ,$$

wobei wir mit dem Strich hier die Ableitung nach x_1 bezeichnen. Für die Ableitung $\mathrm{d}x_1/\mathrm{d}s$ benutzen wir

$$\frac{\mathrm{d}x_1}{\mathrm{d}s} = \left(\frac{\mathrm{d}s}{\mathrm{d}x_1}\right)^{-1} = \left(\frac{\mathrm{d}}{\mathrm{d}x_1} \int_{a_1}^{x_1} \sqrt{1 + {x_2'}^2(\xi)}\, \mathrm{d}\xi\right)^{-1}$$
$$= \left(\sqrt{1 + {x_2'}^2(x_1)}\right)^{-1} = \frac{1}{\sqrt{1 + {x_2'}^2}}$$

und erhalten letztendlich

$$\kappa(x_1) = \frac{x_2''}{(1 + x_2'^2)^{3/2}} .$$

Selbstfrage 3

Beweisen Sie, dass die Krümmung einer durch $y = y(x)$ darstellbaren Kurve genau dann überall verschwindet, wenn diese Kurve eine Gerade ist.

Teil IV

Mit diesem Ergebnis sind wir nicht ganz zufrieden, denn x_1 und x_2 erscheinen darin keineswegs gleichberechtigt. Mehr noch, es sind erste und zweite Ableitungen von x_2 nach x_1 vorhanden. Unser Ziel bei der Betrachtung von Kurven war es aber gerade, x_1 und x_2 als gleichwertige Funktionen eines Parameters t anzusehen.

Nun wissen wir bereits aus (26.2), dass sich x_2' durch Ableitungen von x_1 und x_2 nach dem Parameter ausdrücken lässt, und analog erhalten wir

$$\begin{aligned} x_2'' &= \frac{\mathrm{d}x_2'}{\mathrm{d}x_1} = \frac{\mathrm{d}\left(\frac{\dot{x}_2}{\dot{x}_1}\right)}{\mathrm{d}x_1} = \frac{\mathrm{d}\left(\frac{\dot{x}_2}{\dot{x}_1}\right)}{\mathrm{d}t}\,\frac{\mathrm{d}t}{\mathrm{d}x_1} = \frac{\dot{x}_1\,\ddot{x}_2 - \dot{x}_2\,\ddot{x}_1}{\dot{x}_1^2}\,\frac{1}{\dot{x}_1} \\ &= \frac{1}{\dot{x}_1^3}\begin{vmatrix} \dot{x}_1 & \ddot{x}_1 \\ \dot{x}_2 & \ddot{x}_2 \end{vmatrix} = \frac{1}{\dot{x}_1^3}\det((\dot{\boldsymbol{x}},\, \ddot{\boldsymbol{x}})) \end{aligned}$$

Damit können wir unser Ergebnis nun in sehr viel schönerer Form angeben.

Krümmung einer ebenen Kurve

Die **Krümmung** einer mittels $\boldsymbol{x}(t) = (x_1(t), x_2(t))^\mathrm{T}$ parametrisierten, zumindest zweimal differenzierbaren Kurve ist durch

$$\kappa(t) = \frac{\det((\dot{\boldsymbol{x}},\, \ddot{\boldsymbol{x}}))}{(\dot{x}_1^2 + \dot{x}_2^2)^{3/2}} \tag{26.8}$$

gegeben. Einen Punkt der Kurve, an dem die Krümmung ein lokales Extremum annimmt, nennen wir **Scheitelpunkt**.

Kommentar In natürlicher Parametrisierung ist der Nenner im Ausdruck für die Krümmung gleich eins, und man erhält

$$\kappa(s) = \det((\boldsymbol{x}',\, \boldsymbol{x}'')) .$$

Das Vorzeichen der Krümmung kehrt sich bei Änderung der Durchlaufrichtung um. Ist man am Vorzeichen nicht interessiert, so kann man die obige Formel nochmals deutlich vereinfachen. Da $\boldsymbol{x}'$ ein Einheitsvektor ist und, wie wir später sehen werden, $\boldsymbol{x}''$ normal auf $\boldsymbol{x}'$ steht, ergibt sich

$$|\kappa(s)| = \|\boldsymbol{x}''\| .$$ ◀

Beispiel Wir untersuchen die Krümmung der Ellipse und der logarithmischen Spirale.

1. Für die Ellipse

$$\boldsymbol{x}(t) = \begin{pmatrix} x_1(t) \\ x_2(t) \end{pmatrix} = \begin{pmatrix} a\,\cos t \\ b\,\sin t \end{pmatrix}, \quad t \in [0,\, 2\pi]$$

erhalten wir die Ableitungen

$$\dot{\boldsymbol{x}} = \begin{pmatrix} \dot{x}_1 \\ \dot{x}_2 \end{pmatrix} = \begin{pmatrix} -a\,\sin t \\ b\,\cos t \end{pmatrix}$$
$$\ddot{\boldsymbol{x}} = \begin{pmatrix} \ddot{x}_1 \\ \ddot{x}_2 \end{pmatrix} = \begin{pmatrix} -a\,\cos t \\ -b\,\sin t \end{pmatrix} .$$

Mit

$$\begin{vmatrix} \dot{x}_1 & \ddot{x}_1 \\ \dot{x}_2 & \ddot{x}_2 \end{vmatrix} = \dot{x}_1\,\ddot{x}_2 - \dot{x}_2\,\ddot{x}_1 = a\,b\,\sin^2 t + a\,b\,\cos^2 t = a\,b$$

ergibt sich

$$\kappa(t) = \frac{ab}{\left(a^2\sin^2 t + b^2\cos^2 t\right)^{3/2}} .$$

Die Krümmung wird extremal für $t = 0, t = \pi/2, t = \pi$ und $t = 3\pi/2$. Ihre Werte an diesen Stellen sind b/a^2 bzw. a/b^2. Das sind genau die Kehrwerte der Schmiegekreisradien in Abb. 26.10.

2. Für die logarithmische Spirale $r = \mathrm{e}^{-\varphi}$ haben wir schon zuvor

$$\dot{x} = -\mathrm{e}^{-t}\,(\cos t + \sin t)\,, \quad \dot{y} = -\mathrm{e}^{-t}\,(\sin t - \cos t)$$

erhalten. Die direkte Berechnung der zweiten Ableitung wird hier schon ein wenig mühsam. Daher benutzen wir einen kleinen Trick und „komplexifizieren" die Kurve, indem wir die beiden reellen Koordinaten zu einer komplexen zusammenfassen,

$$\begin{aligned} z(t) &= x(t) + \mathrm{i}y(t) = \mathrm{e}^{-t}\cos t + \mathrm{i}\mathrm{e}^{-t}\sin t \\ &= \mathrm{e}^{-t}\,\mathrm{e}^{\mathrm{i}t} = \mathrm{e}^{(-1+\mathrm{i})t} . \end{aligned}$$

Nun ergibt sich für die Ableitungen

$$\begin{aligned} \dot{z}(t) &= (-1+\mathrm{i})\,\mathrm{e}^{(-1+\mathrm{i})t}\,, \\ \ddot{z}(t) &= (-1+\mathrm{i})^2\,\mathrm{e}^{(-1+\mathrm{i})t} \\ &= (1 - 2\mathrm{i} - 1)\,\mathrm{e}^{-t}\,(\cos t + \mathrm{i}\sin t) \\ &= 2\mathrm{e}^{-t}\,\sin t - 2\mathrm{i}\mathrm{e}^{-t}\cos t\,, \\ \ddot{x}(t) &= \operatorname{Re}\ddot{z}(t) = 2\mathrm{e}^{-t}\,\sin t\,, \\ \ddot{y}(t) &= \operatorname{Im}\ddot{z}(t) = -2\mathrm{e}^{-t}\,\cos t\,. \end{aligned}$$

Damit erhalten wir

$$\begin{aligned} \kappa(t) &= \frac{\begin{vmatrix} -\mathrm{e}^{-t}\,(\cos t + \sin t) & 2\mathrm{e}^{-t}\,\sin t \\ -\mathrm{e}^{-t}\,(\sin t - \cos t) & -2\mathrm{e}^{-t}\,\cos t \end{vmatrix}}{\left(\mathrm{e}^{-2t}(1 + 2\cos t\sin t) + \mathrm{e}^{-2t}(1 - 2\cos t\sin t)\right)^{3/2}} \\ &= \frac{2\mathrm{e}^{-2t}(\cos^2 t + \cos t\sin t - \cos t\sin t + \sin^2 t)}{(2\,\mathrm{e}^{-2t})^{3/2}} \\ &= \frac{2\mathrm{e}^{-2t}}{2\mathrm{e}^{-2t}\,\sqrt{2\mathrm{e}^{-t}}} = \frac{\mathrm{e}^t}{\sqrt{2}} . \end{aligned}$$

Die Krümmung der logarithmischen Spirale nimmt nach innen exponentiell zu. ◀

Teil IV

Die Krümmung einer Kurve hat eine anschauliche geometrische Bedeutung

Für einen Kreis

$$\begin{aligned} x_1(t) &= p_1 + R\cos t \\ x_2(t) &= p_2 + R\sin t \end{aligned} \qquad t \in [0,\, 2\pi]$$

erhalten wir für die Krümmung

$$\kappa(t) = \frac{\begin{vmatrix} -R\sin t & -R\cos t \\ R\cos t & -R\sin t \end{vmatrix}}{\left(R^2\sin^2 t + R^2\cos^2 t\right)^{3/2}} = \frac{1}{R}\,.$$

Die Krümmung ist indirekt proportional zum Radius R und, da bei ihrer Bestimmung nur Ableitungen benötigt werden, völlig unabhängig von der Lage des Kreises.

Beides ist anschaulich klar. Beide Umstände zusammen legen nahe, dass man zu jedem Punkt $\boldsymbol{x} = \boldsymbol{\gamma}(t)$ einer ebenen Kurve γ einen Kreis finden kann, der die Kurve in $\boldsymbol{p}$ gerade berührt und dessen Krümmung mit der von γ an dieser Stelle übereinstimmt. Einen solchen Kreis nennt man **Krümmungskreis** oder auch, wie bei der Ellipse, **Schmiegekreis**.

Das wollen wir nun streng begründen. Dazu konstruieren wir, wie in Abb. 26.11 dargestellt an zwei Punkten $\boldsymbol{x}(t)$ und $\boldsymbol{x}(\tau)$ die Normalen an die Kurve.

Tangentenvektoren an die Kurven erhält man durch Ableiten,

$$\boldsymbol{T}(t) = \dot{\boldsymbol{x}}(t) = \begin{pmatrix} \dot{x}_1(t) \\ \dot{x}_2(t) \end{pmatrix}, \quad \boldsymbol{T}(\tau) = \dot{\boldsymbol{x}}(\tau) = \begin{pmatrix} \dot{x}_1(\tau) \\ \dot{x}_2(\tau) \end{pmatrix}.$$

Die entsprechenden Normalen an die Kurve sind

$$\begin{aligned} n_1 : \boldsymbol{x}(u) &= \begin{pmatrix} p_1 \\ p_2 \end{pmatrix} + u\begin{pmatrix} a_1 \\ a_2 \end{pmatrix} = \begin{pmatrix} x_1(t) \\ x_2(t) \end{pmatrix} + u\begin{pmatrix} -\dot{x}_2(t) \\ \dot{x}_1(t) \end{pmatrix}, \\ n_2 : \boldsymbol{x}(v) &= \begin{pmatrix} q_1 \\ q_2 \end{pmatrix} + v\begin{pmatrix} b_1 \\ b_2 \end{pmatrix} = \begin{pmatrix} x_1(\tau) \\ x_2(\tau) \end{pmatrix} + v\begin{pmatrix} -\dot{x}_2(\tau) \\ \dot{x}_1(\tau) \end{pmatrix}. \end{aligned}$$

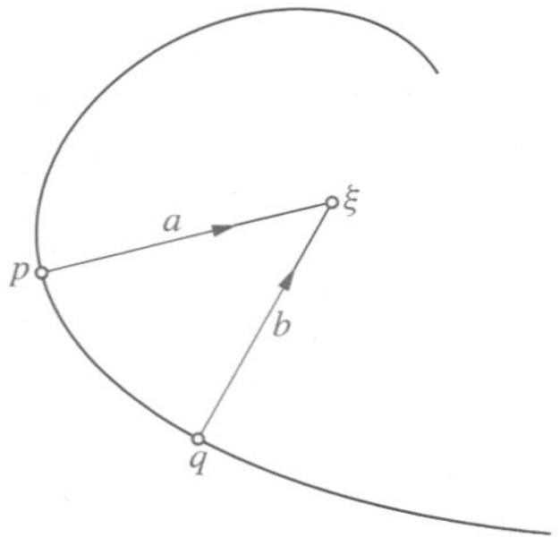

Abb. 26.11 Eine Näherung des Krümmungskreismittelpunkts erhält man als Schnittpunkt der Normalen an die Kurve in zwei Punkten

Als Schnittpunkt der beiden Geraden erhalten wir

$$\boldsymbol{\xi} = \boldsymbol{p} + \frac{\det((\boldsymbol{b},\, \boldsymbol{p}-\boldsymbol{q}))}{\det((\boldsymbol{a},\, \boldsymbol{b}))}\,\boldsymbol{a}\,.$$

Nun setzen wir $\tau = t + \varepsilon$ mit einem kleinen $\varepsilon > 0$. Die Vektoren an γ können wir als

$$\begin{aligned} \boldsymbol{x}(\tau) &= \boldsymbol{x}(t) + \varepsilon\,\dot{\boldsymbol{x}}(t) + \mathcal{O}(\varepsilon^2)\,, \\ \dot{\boldsymbol{x}}(\tau) &= \dot{\boldsymbol{x}}(t) + \varepsilon\,\ddot{\boldsymbol{x}}(t) + \mathcal{O}(\varepsilon^2) \end{aligned}$$

schreiben. Auflösen der Determinanten liefert

$$\boldsymbol{\xi} = \begin{pmatrix} x_1(t) \\ x_2(t) \end{pmatrix} + \frac{\varepsilon\,(\dot{x}_1^2(t) + \dot{x}_2^2(t)) + \mathcal{O}(\varepsilon^2)}{\varepsilon\,(\dot{x}_1(t)\ddot{x}_2(t) - \dot{x}_2(t)\ddot{x}_1(t)) + \mathcal{O}(\varepsilon^2)}\begin{pmatrix} -\dot{x}_2(t) \\ \dot{x}_1(t) \end{pmatrix},$$

und wir erhalten für $\varepsilon \to 0$

$$\boldsymbol{\xi} = \begin{pmatrix} x_1(t) \\ x_2(t) \end{pmatrix} + \frac{\dot{x}_1^2(t) + \dot{x}_2^2(t)}{\begin{vmatrix} \dot{x}_1(t) & \ddot{x}_1(t) \\ \dot{x}_2(t) & \ddot{x}_2(t) \end{vmatrix}}\begin{pmatrix} -\dot{x}_2(t) \\ \dot{x}_1(t) \end{pmatrix}, \tag{26.9}$$

Nun, da wir den Mittelpunkt des Kreises kennen, können wir ohne Schwierigkeiten seinen Radius bestimmen,

$$\begin{aligned} R = \|\xi - \boldsymbol{x}(t)\| &= \left|\frac{\dot{x}_1^2(t) + \dot{x}_2^2(t)}{\det((\dot{\boldsymbol{x}}(t)\,\ddot{\boldsymbol{x}}(t)))}\right| \cdot \left\|\begin{pmatrix} -\dot{x}_2(t) \\ \dot{x}_1(t) \end{pmatrix}\right\| \\ &= \left|\frac{\left(\dot{x}_1^2(t) + \dot{x}_2^2(t)\right)^{3/2}}{\det((\boldsymbol{x}(t),\, \ddot{\boldsymbol{x}}(t)))}\right| = \frac{1}{|\kappa(t)|}\,. \end{aligned}$$

Der Radius des Krümmungskreises ist tatsächlich genau der Kehrwert des Betrags der Krümmung.

Das Vorzeichen der Krümmung gibt an, auf welcher Seite der Kurve der Krümmungsmittelpunkt liegt. Bei $\kappa > 0$ liegen die Kreismittelpunkte im Sinne der Durchlaufrichtung links der Kurve. Kurvenpunkte, in denen der Nenner von κ verschwindet, sind Wendepunkte der Kurve.

Mit diesen Formeln können wir zu jedem Wert $t \in [a,\, b]$ den Krümmungsmittelpunkt in $\boldsymbol{\gamma}(t)$ bestimmen. Lassen wir t nun variieren, so erkennt man, dass die Krümmungsmittelpunkte selbst wieder auf einer Kurve liegen. Die Zuordnung $t \mapsto \boldsymbol{\xi}(t)$, $t \in [a,\, b]$ ist damit die Parametrisierung einer neuen Kurve ξ, die **Evolute** von γ genannt wird.

Beispiel Auf S. 965 haben wir für die Ellipse

$$\boldsymbol{x}(t) = \begin{pmatrix} x_1(t) \\ x_2(t) \end{pmatrix} = \begin{pmatrix} a\cos t \\ b\sin t \end{pmatrix}, \quad t \in [0,\, 2\pi]$$

bereits

$$\dot{x}_1 = -a\sin t\,, \quad \dot{x}_2 = b\cos t\,, \quad \begin{vmatrix} \dot{x}_1 & \ddot{x}_1 \\ \dot{x}_2 & \ddot{x}_2 \end{vmatrix} = ab$$

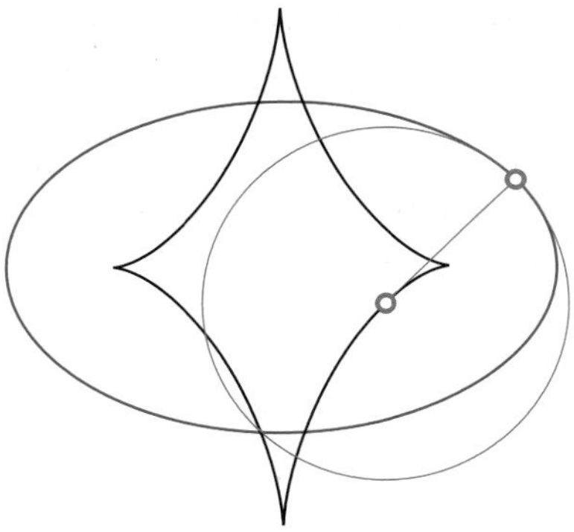

Abb. 26.12 Die Evolute einer Ellipse ist eine Astroide

erhalten. Damit ergibt sich für die Koordinaten der Krümmungsmittelpunkte

$$\begin{aligned}
\xi_1 &= a\,\cos t - b\,\cos t\,\frac{b^2\cos^2 t + a^2\sin^2 t}{a\,b} \\
&= \frac{a^2\cos t}{a} - \cos t\,\frac{b^2\cos^2 t + a^2\,(1-\cos^2 t)}{a} \\
&= \frac{a^2-b^2}{a}\,\cos^3 t = \alpha\,\cos^3 t \\
\xi_2 &= b\,\sin t - a\,\sin t\,\frac{b^2\cos^2 t + a^2\sin^2 t}{a\,b} \\
&= \frac{b^2\sin t}{b} - \sin t\,\frac{b^2\,(1-\sin^2 t) + a^2\sin^2 t}{b} \\
&= \frac{b^2-a^2}{b}\,\sin^3 t = \beta\,\sin^3 t\,.
\end{aligned}$$

Wir haben die Parameterdarstellung der Evolute gefunden,

$$\boldsymbol{\xi}(t) = \begin{pmatrix}\xi_1\\ \xi_2\end{pmatrix} = \begin{pmatrix}\alpha\,\cos^3 t\\ \beta\,\sin^3 t\end{pmatrix} \qquad t \in [0,\,2\pi]$$

mit $\alpha = (a^2-b^2)/a$ und $\beta = (b^2-a^2)/b$. Die Koordinaten erfüllen die Gleichung

$$\left(\frac{\xi_1}{\alpha}\right)^{2/3} + \left(\frac{\xi_2}{\beta}\right)^{2/3} = 1\,.$$

Eine solche Kurve wird *Astroide* oder *Sternkurve* genannt.

Eine Ellipse und ihre Evolute sind in Abb. 26.12 dargestellt. Man beachte allerdings, dass die Ellipse im positiven Sinne, also gegen den Uhrzeigersinn durchlaufen wird, die Astroide hingegen im negativen Sinn. ◄

Selbstfrage 4

Welche Form hat die Evolute für $a = b$?

Ist ξ die Evolute von γ, so nennt man γ auch die **Evolvente** von ξ. Während die Bestimmung der Evolute einer Kurve als reine Differenziationsaufgabe keine prinzipiellen Probleme beinhaltet, erfordert die Bestimmung der Evolvente die Lösung einer Differenzialgleichung.

26.4 Raumkurven

Nach der ausführlichen Betrachtung von Kurven in der Ebene gehen wir nun eine Dimension höher und betrachten Raumkurven. Die meisten Eigenschaften laufen völlig analog. Insbesondere können wir unsere grundlegende Definition ohne Probleme verallgemeinern.

Definition von Raumkurven

Die Parametrisierung einer **Raumkurve** γ ist eine stetige, stückweise stetig differenzierbare Abbildung von einem **Parameterintervall** $I \subseteq \mathbb{R}$ nach $\mathbb{R}^3$,

$$\gamma : t \to \boldsymbol{x} = \boldsymbol{\gamma}(t)\,.$$

Als **Bild** der Kurve bezeichnen wir die Punktmenge

$$B(\gamma) = \left\{\boldsymbol{x} \in \mathbb{R}^3 \mid \exists t \in I : \boldsymbol{x} = \boldsymbol{\gamma}(t)\right\}.$$

Eine Verallgemeinerung auf Kurven im $\mathbb{R}^n$ liegt unmittelbar auf der Hand. Uns interessiert jedoch besonders der Fall von Kurven im Raum – einerseits ist der für Anwendungen am wichtigsten, andererseits ist die Behandlung mit den Werkzeugen der Vektorrechnung besonders angenehm.

Viele Definitionen und Ergebnisse lassen sich vom ebenen Fall ohne Änderungen für Raumkurven übernehmen:

- Die Ableitung nach dem Parameter wird auch im allgemeinen Fall gerne mit einem Punkt bezeichnet,
  $$\dot{x}_i = \frac{\mathrm{d}x_i}{\mathrm{d}t}\,, \qquad \dot{\boldsymbol{x}} = \frac{\mathrm{d}\boldsymbol{x}}{\mathrm{d}t}\,,$$
  die Ableitung erfolgt komponentenweise. Den Vektor $\dot{\boldsymbol{x}}(t) = \dot{\boldsymbol{\gamma}}(t)$ nennen wir den **Tangentenvektor** am Punkt $\boldsymbol{\gamma}(t)$.
- Unter der Voraussetzung $\dot{\boldsymbol{x}}(t) \neq 0$ für alle $x \in I$ ist die Bogenlänge s in einem Parameterintervall $[t_1,\,t_2] \subseteq I$ durch
  $$s(t_0,\,t_1) = \int_{t_0}^{t_1} \|\dot{\boldsymbol{x}}(t)\|\,\mathrm{d}t = \int_{t_0}^{t_1} \sqrt{\sum_{k=1}^{3} \dot{x}_i^2\,\mathrm{d}t} \qquad (26.10)$$
  gegeben. $s(t) = s(a,\,t)$ ist eine streng monoton wachsende Funktion des Parameters t.
- Raumkurven können mittels Bogenlänge parametrisiert werden. Auch in diesem Fall spricht man von *natürlicher Parametrisierung*.

Wo es allerdings gravierende Unterschiede gibt, das ist der Bereich der Krümmung. Es ist wenig verwunderlich, dass eine einzelne Funktion κ nicht mehr ausreicht, um die Gestalt einer Kurve im Dreidimensionalen zu beschreiben.

Untersuchen wir nun die Krümmung einer Raumkurve. Um die Betrachtungen zu vereinfachen, arbeiten wir dabei in natürlicher Parametrisierung, untersuchen also die Kurve in Abhängigkeit von der Bogenlänge.

Beispiel: Die Evoluten zweier Kurven

Wir ermitteln nun die Evoluten der beiden Kurven, deren Bogenlängen wir in der Aufgabe von S. 963 bestimmt hatten. Dies waren die *archimedische Spirale*

$$r(\varphi) = a\,\varphi\,, \qquad \varphi \in [0,\,2\pi]$$

mit $a > 0$ und die *Zykloide*

$$\boldsymbol{x}(t) = \begin{pmatrix} R\,(t - \sin t) \\ R\,(1 - \cos t) \end{pmatrix}, \qquad t \in [0,\,2n\pi]\,.$$

mit $R > 0$.

Problemanalyse und Strategie: Für die Evolute benötigen wir die Ableitung der Kurven nach dem Parameter. Dabei werden wir in kartesischen Koordinaten arbeiten, wir brauchen jeweils erste und zweite Ableitung.

Lösung:

1. Die kartesische Darstellung der archimedischen Spirale lautet:

$$\begin{aligned} x(\varphi) &= a\,\varphi\,\cos\varphi \\ y(\varphi) &= a\,\varphi\,\sin\varphi \end{aligned}$$

Für die Ableitungen erhalten wir:

$$\begin{aligned} \dot{x} &= a\,\cos\varphi - a\,\varphi\,\sin\varphi \\ \dot{y} &= a\,\sin\varphi + a\,\varphi\,\cos\varphi \\ \ddot{x} &= -2a\,\sin\varphi - a\,\varphi\,\cos\varphi \\ \ddot{x} &= 2a\,\cos\varphi - a\,\varphi\,\sin\varphi \end{aligned}$$

Für die Krümmung ergibt sich damit

$$\begin{vmatrix} \dot{x} & \ddot{x} \\ \dot{y} & \ddot{y} \end{vmatrix} = a^2(2 + \varphi^2)\,,$$

außerdem erhalten wir

$$\dot{x}^2 + \dot{y}^2 = a^2(1 + \varphi^2)\,.$$

Damit finden wir für die Evolute:

$$\begin{aligned} \xi_1(\varphi) &= a\varphi\,\cos\varphi - (a\,\sin\varphi + a\,\varphi\,\cos\varphi)\,\frac{a^2(1+\varphi^2)}{a^2(2+\varphi^2)} \\ &= a\varphi\,\cos\varphi - (a\,\sin\varphi + a\,\varphi\,\cos\varphi)\left(1 - \frac{1}{2+\varphi^2}\right) \\ &= -a\,\sin\varphi + \frac{a\,\sin\varphi + a\,\varphi\,\cos\varphi}{2+\varphi^2} \end{aligned}$$

$$\begin{aligned} \xi_2(\varphi) &= a\varphi\,\sin\varphi + (a\,\cos\varphi - a\,\varphi\,\sin\varphi)\,\frac{a^2(1+\varphi^2)}{a^2(2+\varphi^2)} \\ &= a\,\cos\varphi - \frac{a\,\cos\varphi - a\,\varphi\,\sin\varphi}{2+\varphi^2} \end{aligned}$$

Die Evolute dieser Kurve nähert sich für große Werte des Parameters φ immer mehr einem Kreis an.

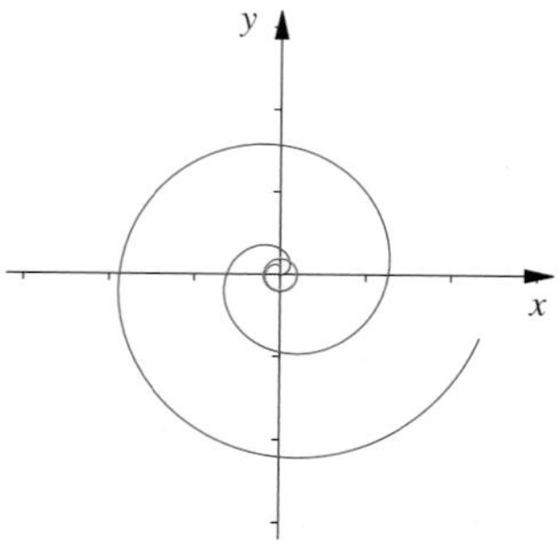

2. Im Fall der Zykloide erhalten wir für die Ableitungen:

$$\begin{aligned} \dot{x} &= R\,(1 - \cos t)\,, & \ddot{x} &= R\,\sin t \\ \dot{y} &= R\,\sin t\,, & \ddot{y} &= R\,\cos t \end{aligned}$$

Das ergibt für die Krümmung

$$\begin{aligned} \begin{vmatrix} \dot{x} & \ddot{x} \\ \dot{y} & \ddot{y} \end{vmatrix} &= R^2(1 - \cos t)\,\cos t - R^2\,\sin^2 t \\ &= R^2\,(\cos t - 1)\,. \end{aligned}$$

Weiter erhalten wir

$$\begin{aligned} \dot{x}^2 + \dot{y}^2 &= R^2(1 - 2\cos t + \cos^2 t) + R^2\sin^2 t \\ &= 2R^2(1 - \cos t) \end{aligned}$$

und damit für die Evolute der Kurve:

$$\begin{aligned} \xi_1(t) &= R(t - \sin t) - R\,\sin t\,\frac{2R^2(1-\cos t)}{R^2(\cos t - 1)} \\ &= R(t - \sin t) + 2R\,\sin t \\ &= R(t + \sin t) \end{aligned}$$

$$\begin{aligned} \xi_2(t) &= R(1 - \cos t) + R(1 - \cos t)\,\frac{2R^2(1-\cos t)}{R^2(\cos t - 1)} \\ &= R(1 - \cos t) - 2R(1 - \cos t) \\ &= R(\cos t - 1) \end{aligned}$$

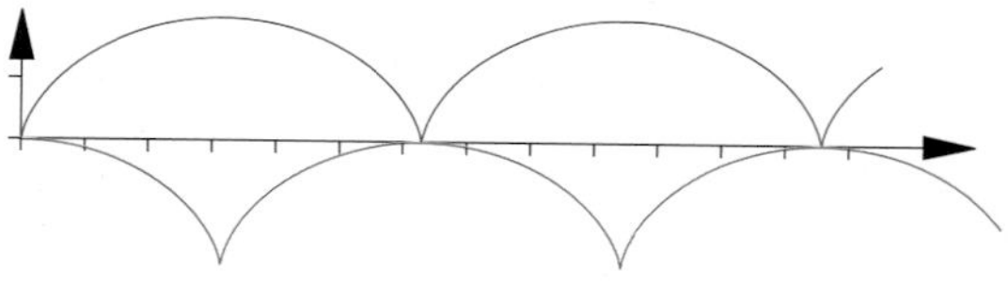

Die Evolute ist hier sogar kongruent zur Ausgangskurve.

Anwendung: Evolute, Schwerpunkt und stabiles Gleichgewicht

Die Evolute hat große Bedeutung für die stabile Lagerung von Körpern. Wir zeigen hier an einem einfachen Beispiel, wie man anhand von Evolute und Schwerpunkt abschätzen kann, ob eine bestimmte Lage einem stabilen oder labilen Gleichgewicht entspricht.

Wir betrachten einen Körper mit parabelförmigem Querschnitt und genau bekanntem Schwerpunkt S. Eine Gleichgewichtsstellung kann es nur dann geben, wenn die Senkrechte am Fußpunkt F durch den Schwerpunkt verläuft. Andernfalls entspricht das Kräftepaar aus Schwerkraft F_s und Lagerungskraft F_r einem Drehmoment, das die Lage des Körpers weiter verändert.

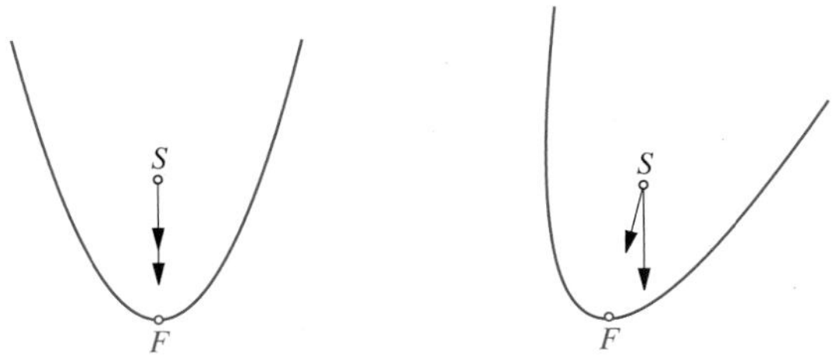

Untersuchen wir zunächst den Fall eines „tief liegenden" Schwerpunktes. Das ist zunächst etwas vage formuliert, wir werden aber bald genau quantifizieren können, was „hoch" und „tief" in diesem Zusammenhang bedeuten.

Für einen hinreichend tief liegenden Schwerpunkt gibt es nur einen einzigen möglichen Fußpunkt. Konstruieren wir einen Kreis K_S mit Mittelpunkt S, der durch F verläuft, so liegt dieser Kreis *innerhalb* des Körpers. Er hat insbesondere einen kleineren Radius als der Krümmungskreis K_κ in P.

Man kann sich leicht überlegen, dass dieser Umstand große Bedeutung hat. Lenken wir den Körper ein wenig aus der Ruhelage aus, wird in unserem Fall der Schwerpunkt *angehoben*. Die Kräfte, die entstehen, sind *rücktreibende*, und der Körper kehrt nach Loslassen in die Gleichgewichtslage zurück.

Im umgekehrten Fall, wenn also K_S einen *größeren* Radius als K_κ hat, wird der Schwerpunkt bei einer Auslenkung *abgesenkt*, die entstehenden Kräfte entfernen den Körper immer weiter aus seiner ursprünglichen Lage. Der Radius des Kreises K_S ist aber gerade dann größer als der des Krümmungskreises, wenn S *oberhalb* der Evolute der Randkurve liegt.

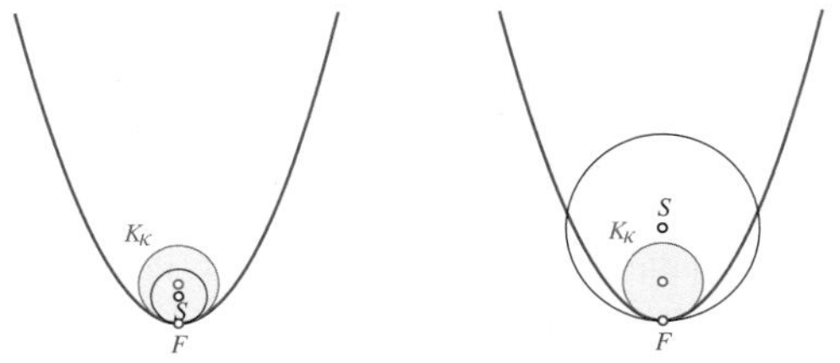

Damit können wir klären, was „hoch" und „tief" für den Schwerpunkt bedeuten. Im einen Fall liegt S oberhalb der Evolute der Randkurve, im anderen unterhalb. Im Fall der Parabel sieht man sofort, was passiert, wenn wir den Schwerpunkt verschieben.

Eine Schwerelinie, also eine Gerade, die durch einen Fußpunkt F und den Schwerpunkt S verläuft, muss eine Tangente an die Evolute sein, nur dann ist eine Gleichgewichtslage möglich. Liegt S unterhalb der Evolute, so gibt es nur eine Tangente und damit nur einen möglichen Fußpunkt.

Liegt S hingegen oberhalb, so kann man drei Tangenten durch S konstruieren, die drei Fußpunkten F, F' und F'' entsprechen. Die Konstruktion der Krümmungskreise zeigt, dass das Gleichgewicht in F labil ist, in F' und F'' hingegen stabil.

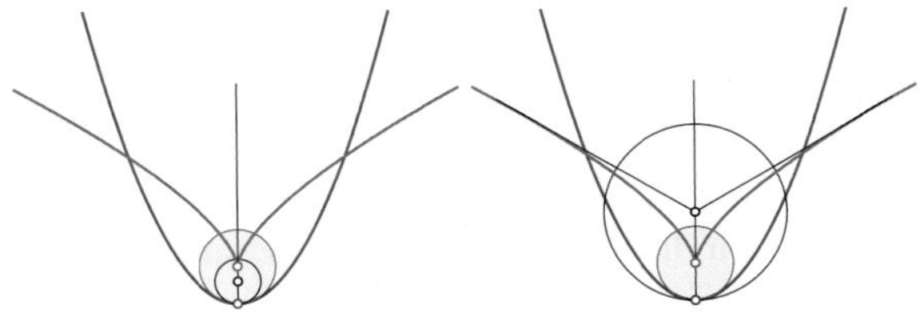

Diese Überlegungen haben insbesondere im Schiffbau große Bedeutung. Die Rolle der Randkurve übernimmt dort die *Auftriebskurve*, deren Evolute man *metazentrische Kurve* nennt. Die Form der metazentrischen Kurve und die Lage des Schwerpunkts sind verantwortlich dafür, unter welchen Umständen ein Schiff kentern kann.

Literatur

- Ian Stewart: *Das Versteck der Andromeda*. Spektrum Akademischer Verlag, 1996
- Georg Glaeser: *Der mathematische Werkzeugkasten*. Spektrum Akademischer Verlag, 2008

Anwendung: Kegelschnitte in Polarkoordinaten

Kegelschnitte spielen in den verschiedensten Bereichen eine große Rolle. Insbesondere tauchen sie als Lösungen des Zweikörperproblems der klassischen Mechanik auf und sind in guter Näherung in Planeten- und Kometenbahnen verwirklicht. Auch in der Optik und der Nachrichtentechnik werden ihre Eigenschaften ausgenutzt (Stichwort Parabolspiegel). Wir suchen nun nach einer Darstellung der Kegelschnitte in Polarkoordinaten.

Wir beginnen mit einer Ellipse in Hauptlage, d. h. der Kurve, deren Bild durch die Gleichung

$$\frac{x_1^2}{a^2} + \frac{x_1^2}{b^2} = 1$$

mit $a > b > 0$ beschrieben wird. Die Brennweite dieser Ellipse ist $e = \sqrt{a^2 - b^2}$. Diese Größe wird auch als *lineare Exzentrizität* bezeichnet. Nun führen wir Polarkoordinaten ein, zunächst in der Form $x_1 = r\cos\varphi$, $x_2 = r\sin\varphi$, also mit dem Ursprung als Bezugspunkt. Die Ellipsengleichung nimmt so die Gestalt

$$r^2\left(\frac{\cos^2\varphi}{a^2} + \frac{\sin^2\varphi}{b^2}\right) = 1$$

an. Benutzen wir nun $\sin^2\varphi = 1 - \cos^2\varphi$, so erhalten wir

$$r^2\left(\frac{1}{b^2} - \left(\frac{1}{b^2} - \frac{1}{a^2}\right)\cos^2\varphi\right) = 1\,.$$

Multiplikation mit b^2 führt auf

$$r^2\left(1 - \frac{a^2 - b^2}{a^2}\cos^2\varphi\right) = b^2\,.$$

Nun führen wir die **numerische Exzentrizität**

$$\varepsilon = \frac{e}{a} \overset{\text{für Ellipse}}{=} \frac{\sqrt{a^2 - b^2}}{a}$$

ein, eine dimensionslose Größe, mit der wir die Gleichung der Ellipse letztlich als

$$r = \frac{b}{\sqrt{1 - \varepsilon^2\cos^2\varphi}}\,, \qquad \varphi \in (-\pi, \pi]$$

schreiben können. Für einen Kreis ist $\varepsilon = 0$, und man erhält $r = b$, für eine „echte" Ellipse gilt $0 < \varepsilon < 1$.

Es kann allerdings Vorteile bringen, den Bezugspunkt der Polarkoordinaten (den *Pol*) nicht in den Ursprung zu legen, sondern in einen der beiden Brennpunkt der Ellipse. Wir wählen den linken, also $(-e, 0)$. Um Verwechslungen zu vermeiden, bezeichnen wir diese neuen, in $(-e, 0)$ zentrierten Polarkoordinaten mit (ϱ, ψ).

Mit diesen Koordinaten nimmt die Ellipsengleichung die Form

$$\varrho = \frac{p}{1 - \varepsilon\cos\psi}\,, \qquad \psi \in (-\pi, \pi]$$

mit $p = b^2/a$ an. Für im rechten Brennpunkt $(e, 0)$ zentrierte Polarkoordinaten (ρ', ψ') gilt analog $\varrho' = p/(1 + \varepsilon\cos\psi')$.

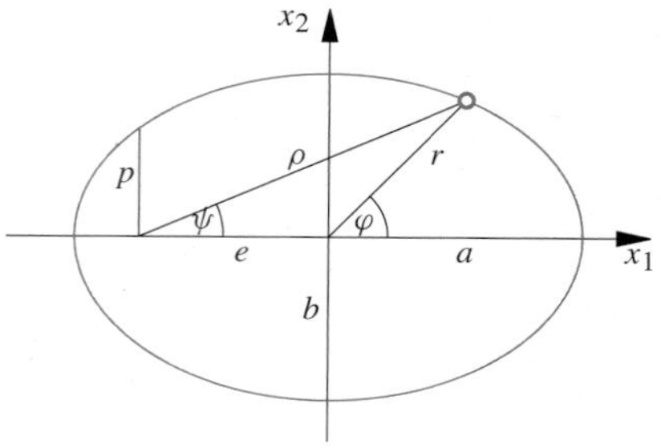

Auch für die anderen Kegelschnitte lässt sich auf ähnliche Weise eine Polardarstellung finden. Für die Hyperbel ist $\varepsilon = \frac{e}{a} > 1$, da hier $e^2 = a^2 + b^2 > a^2$ gilt. Damit ergibt sich für den Pol im Ursprung

$$r = \frac{b}{\sqrt{\varepsilon^2\cos^2\varphi - 1}}\,.$$

Die Werte von φ für die das Argument der Wurzel verschwindet oder negativ wird sind dabei auszunehmen.

Legt man den Pol in den linken bzw. rechten Brennpunkt, so erhält man

$$\varrho = \frac{p}{1 + \varepsilon\cos\psi} \quad \text{bzw.} \quad \varrho' = \frac{p}{1 - \varepsilon\cos\psi'}\,.$$

Jene Werte von $\psi \in (-\pi, \pi]$, für die der Nenner verschwindet, muss man dabei ausnehmen, zudem muss man die Definition der Polarkoordinaten so erweitern, dass auch negative Werte für den Polarabstand ρ zugelassen werden. (Das macht beim Auswerten der formelmäßigen Ausdrücke keinerlei Probleme. Es führt jedoch dazu, dass zu manchen Winkeln ψ zwei Punkte zu gehören scheinen, jener für ψ_1 und $\rho_1 > 0$ sowie jener für $\psi_2 = \psi_1 \pm \pi$ und $\rho_2 < 0$.)

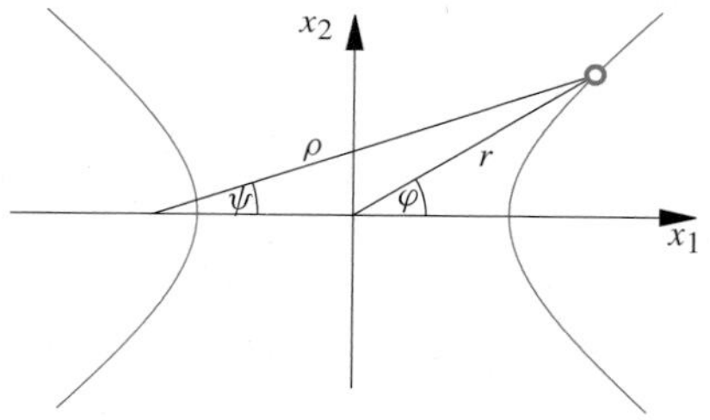

Die Parabel entspricht dem Grenzfall $\varepsilon = 1$. In Hauptlage befindet sich der Scheitel der Parabel $y^2 = 2px$ im Ursprung, mit dort zentrierten Polarkoordinaten erhält man

$$r = 2p\cos\varphi\left(1 + \cot^2\varphi\right).$$

Legt man den Pol in den Brennpunkt, so ergibt sich die Gleichung

$$\varrho = \frac{p}{1 - \cos\psi}$$

mit $\psi \in (-\pi, \pi] \setminus \{0\}$.

Zu vielen Kurven lässt sich ein begleitendes Dreibein konstruieren

Zunächst stellen wir fest, dass die Ableitung eines Einheitsvektors $\boldsymbol{e}(t)$ immer normal auf diesem Vektor steht. Das zeigt die ebenso einfache wie elegante Rechnung

$$\begin{aligned} 0 &= \frac{\mathrm{d}}{\mathrm{d}t} 1 = \frac{\mathrm{d}}{\mathrm{d}t} (\boldsymbol{e}(t) \cdot \boldsymbol{e}(t)) \\ &= \frac{\mathrm{d}}{\mathrm{d}t} \sum_{k=1}^{3} e_k^2(t) = 2 \sum_{k=1}^{3} e_k(t)\, \dot{e}_k(t) = 2\, \boldsymbol{e}(t) \cdot \dot{\boldsymbol{e}}(t) . \end{aligned}$$

Da das Skalarprodukt von $\boldsymbol{e}$ und $\dot{\boldsymbol{e}}$ verschwindet, muss $\boldsymbol{e} \perp \dot{\boldsymbol{e}}$ sein. Noch eleganter schreibt sich obige Rechnung als

$$0 = \frac{\mathrm{d}}{\mathrm{d}t} 1 = \frac{\mathrm{d}}{\mathrm{d}t} \boldsymbol{e}^2 = 2\, \boldsymbol{e} \cdot \dot{\boldsymbol{e}} .$$

Bei derartigen Rechnungen sollte man allerdings komponentenweise nachprüfen, ob sich die verwendeten Ableitungsregeln tatsächlich so direkt auf Vektoren übertragen lassen.

Anwendungsbeispiel Diese Rechenregel hat eine unmittelbare physikalische Interpretation. Bewegt sich ein Massepunkt mit konstanter Geschwindigkeit, so steht die Beschleunigung stets senkrecht auf der Bewegungsrichtung.

Umgekehrt, wenn die auf den Massepunkt wirkende Kraft $\boldsymbol{F}$ senkrecht auf die Richtung der Geschwindigkeit $\boldsymbol{v} = \dot{\boldsymbol{x}}$ steht, so gilt das auch für die von ihr hervorgerufene Beschleunigung. Diese Kraft verrichtet keine Arbeit, da $\boldsymbol{F} \cdot \boldsymbol{v} = 0$ ist. Da sie die kinetische Energie des Körpers nicht ändert, bleibt die Geschwindigkeit konstant.

Das wichtigste Beispiel für eine solche Kraft ist die *Lorenz-Kraft* $\boldsymbol{F}_L$, die in einem Magnetfeld $\boldsymbol{B}$ auf eine mit $\boldsymbol{v}$ bewegte Ladung q wirkt. Da

$$\boldsymbol{F}_L = q\, \boldsymbol{v} \times \boldsymbol{B}$$

normal auf $\boldsymbol{v}$ steht, kann sie nur die Richtung der Bewegung ändern, nicht aber den Betrag der Geschwindigkeit. ◄

Das gilt selbstverständlich auch dann, wenn wir in natürlicher Parametrisierung arbeiten. Bezeichnen wir, wie allgemein üblich, die Ableitung nach der Bogenlänge s mit einem Strich $'$, so erhalten wir den normierten Tangentenvektor $\boldsymbol{t}$ zu

$$\boldsymbol{t} = \boldsymbol{x}' = \frac{\mathrm{d}}{\mathrm{d}s} \boldsymbol{x} .$$

Für die Ableitung dieses Tangentenvektors muss nun ebenfalls

$$\boldsymbol{t} \perp \boldsymbol{t}'$$

gelten. Der Vektor $\boldsymbol{t}' = \boldsymbol{x}''$ steht normal auf $\boldsymbol{t}$, er ist allerdings im Allgemeinen kein Einheitsvektor mehr. Sollte es sich bei $\boldsymbol{t}'$ aber nicht gerade um den Nullvektor handeln, können wir ihn normieren und erhalten so den **Hauptnormalenvektor**

$$\boldsymbol{h} = \frac{\boldsymbol{t}'}{\|\boldsymbol{t}'\|} .$$

Im Zweidimensionalen hatten wir auf S. 965 für die Krümmung in natürlicher Parametrisierung den einfachen Zusammenhang $|\kappa(s)| = \|\boldsymbol{x}''(s)\|$ gefunden. Dies soll nun auch im Dreidimensionalen gelten, und so *definieren* wir die Krümmung κ mittels

$$\boldsymbol{t}' = \kappa\, \boldsymbol{h} .$$

Auch den Hauptnormalenvektor können wir, genügend hohe Differenzierbarkeit der ursprünglichen Kurve vorausgesetzt, wieder ableiten, und wieder muss diese Ableitung normal auf dem Vektor selbst stehen.

Einen Vektor, der normal auf $\boldsymbol{h}$ steht, kennen wir bereits, nämlich den Tangentenvektor $\boldsymbol{t}$ selbst. Einen zweiten können wir uns schnell konstruieren, nämlich den **Binormalvektor**

$$\boldsymbol{b} = \boldsymbol{t} \times \boldsymbol{h} .$$

Dieser steht nach Konstruktion sowohl auf $\boldsymbol{t}$ als auch auf $\boldsymbol{h}$ normal. Die Basis, die aus den drei Vektoren $\boldsymbol{t}$, $\boldsymbol{h}$ und $\boldsymbol{b}$ gebildet wird, ist so praktisch, dass sie einen eigenen Namen erhalten hat.

Begleitendes Dreibein

Die ortsabhängige Orthonormalbasis $(\boldsymbol{t}, \boldsymbol{h}, \boldsymbol{b})$ mit

$$\boldsymbol{t} = \boldsymbol{x}', \quad \boldsymbol{h} = \frac{1}{\kappa(s)} \boldsymbol{t}', \quad \boldsymbol{b} = \boldsymbol{t} \times \boldsymbol{h}$$

heißt **begleitendes Dreibein** der Kurve γ.

Die Ebene normal zu $\boldsymbol{t}$, die von $\boldsymbol{h}$ und $\boldsymbol{b}$ aufgespannt wird, heißt **Normalebene**, die Ebene normal zu $\boldsymbol{b}$ die **Schmiegebene** und jene normal zu $\boldsymbol{h}$ die **Streckebene** oder auch *rektifizierende Ebene*.

Das begleitende Dreibein mit diesen drei Ebenen ist in Abb. 26.13 dargestellt.

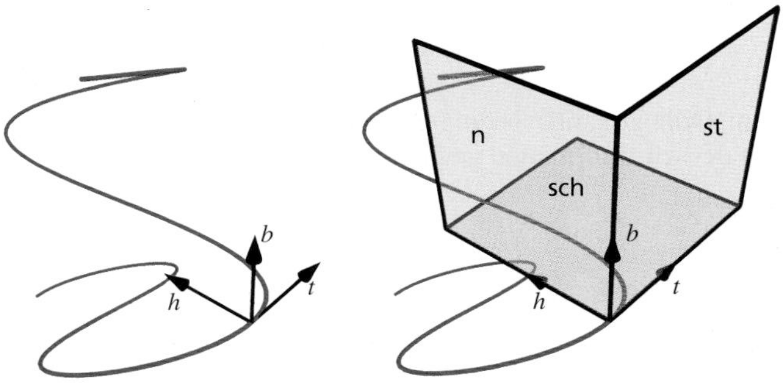

Abb. 26.13 Das begleitende Dreibein $((\boldsymbol{t}, \boldsymbol{h}, \boldsymbol{b}))$ sowie Normalebene (n), Schmiegebene (sch) und Streckebene (st)

Die Ableitung von $\boldsymbol{h}$ und $\boldsymbol{b}$ lassen sich in der Form

$$\begin{aligned} \boldsymbol{h}' &= c_{21}\,\boldsymbol{t} + c_{23}\,\boldsymbol{b} \\ \boldsymbol{b}' &= c_{31}\,\boldsymbol{t} + c_{32}\,\boldsymbol{h} \end{aligned}$$

schreiben. Übersichtlicher wird das, wenn wir die Matrixdarstellung benutzen und unser Resultat $\boldsymbol{t}' = \kappa\,\boldsymbol{h}$ hinzunehmen,

$$\begin{pmatrix} \boldsymbol{t}' \\ \boldsymbol{h}' \\ \boldsymbol{b}' \end{pmatrix} = \begin{pmatrix} 0 & \kappa & 0 \\ c_{21} & 0 & c_{23} \\ c_{31} & c_{32} & 0 \end{pmatrix} \cdot \begin{pmatrix} \boldsymbol{t} \\ \boldsymbol{h} \\ \boldsymbol{b} \end{pmatrix}.$$

Selbstfrage 5

Warum verschwinden alle Diagonalelemente der Matrix?

Wie können wir die Konstanten c_{21} bis c_{32} bestimmen? Da $(\boldsymbol{t}, \boldsymbol{h}, \boldsymbol{b})$ eine orthonormierte Basis ist, können wir sie, wie in Kap. 19, durch Skalarproduktbildung berechnen.

$$c_{21} = \boldsymbol{h}' \cdot \boldsymbol{t}, \quad c_{23} = \boldsymbol{h}' \cdot \boldsymbol{b}, \quad c_{31} = \boldsymbol{b}' \cdot \boldsymbol{t}, \quad c_{32} = \boldsymbol{b}' \cdot \boldsymbol{h}.$$

Nun greifen wir zu einem recht eleganten Trick und leiten die Orthogonalitätsbeziehung

$$\boldsymbol{h} \cdot \boldsymbol{t} = 0$$

nach der Bogenlänge s ab.

Selbstfrage 6

Warum ist das eine zulässige Operation?

Das liefert

$$\begin{aligned} \boldsymbol{h}' \cdot \boldsymbol{t} + \boldsymbol{h} \cdot \boldsymbol{t}' &= 0 \\ \boldsymbol{h}' \cdot \boldsymbol{t} = -\boldsymbol{h} \cdot \boldsymbol{t}' &= -\kappa\,\boldsymbol{h} \cdot \boldsymbol{h} = -\kappa\,. \end{aligned}$$

Damit kennen wir $c_{21} = -\kappa$. Die Konstante c_{31} verschwindet, denn Ableiten von

$$\boldsymbol{b} \cdot \boldsymbol{t} = 0$$

liefert

$$\boldsymbol{b}' \cdot \boldsymbol{t} = -\boldsymbol{b} \cdot \boldsymbol{t}' = -\kappa\,\boldsymbol{b} \cdot \boldsymbol{h} = 0\,.$$

Eine Orthogonalitätsbedingung haben wir noch zur Verfügung, aus der wir Information gewinnen können. Durch Ableiten von

$$\boldsymbol{b} \cdot \boldsymbol{h} = 0$$

sehen wir, dass

$$\boldsymbol{b}' \cdot \boldsymbol{h} = -\boldsymbol{b} \cdot \boldsymbol{h}'$$

und damit $c_{32} = -c_{23}$ sein muss. Damit sind unsere Möglichkeiten ausgeschöpft. Wir hatten jedoch ohnehin schon vermutet, dass zum Beschreiben des Verlaufs im Raum noch eine weitere Kennzahl notwendig werden würde. Daher *definieren* wir die **Torsion** τ der Kurve als

$$\tau = \boldsymbol{h}' \cdot \boldsymbol{b} = -\boldsymbol{b}' \cdot \boldsymbol{h}$$

und erhalten folgende Formel.

Frenet-Serret'sche Formeln

Für dreimal stetig differenzierbare Kurven im $\mathbb{R}^3$ mit dem begleitenden Dreibein $(\boldsymbol{t}, \boldsymbol{h}, \boldsymbol{b})$ gelten für die Ableitungen nach der Bogenlänge die **Ableitungsformeln von Jean Frédéric Frenet und Joseph Alfred Serret**

$$\begin{pmatrix} \boldsymbol{t}' \\ \boldsymbol{h}' \\ \boldsymbol{b}' \end{pmatrix} = \begin{pmatrix} 0 & \kappa & 0 \\ -\kappa & 0 & \tau \\ 0 & -\tau & 0 \end{pmatrix} \cdot \begin{pmatrix} \boldsymbol{t} \\ \boldsymbol{h} \\ \boldsymbol{b} \end{pmatrix}$$

mit der Krümmung κ und der Torsion τ.

Die Torsion, auch als *Windung* bezeichnet, misst die Abweichung von einer Ebene. Etwas präziser gesagt gibt die Torsion die Geschwindigkeit an, mit der sich die Schmiegebene dreht, wenn man entlang der Kurve geht. Eine Kurve mit verschwindender Torsion liegt komplett in einer Ebene.

Anwendungsbeispiel Ein Körper der Masse m, der sich entlang einer Kurve γ bewegt, hat (vom Ursprung aus gesehen) den Drehimpuls

$$\boldsymbol{L}(t) = m\,\boldsymbol{x}(t) \times \dot{\boldsymbol{x}}(t)\,.$$

Ist γ eine ebene Kurve, hat also verschwindende Torsion τ, so liegt auch $\dot{\boldsymbol{\gamma}}$ in dieser Ebene. In dieser Ebene lässt sich der Drehimpuls durch einen Skalar $L = \|\boldsymbol{L}\|$ kennzeichnen. ◀

Der **Fundamentalsatz der Kurventheorie**, den wir hier nicht beweisen wollen, besagt, dass die geometrische Gestalt einer Raumkurve allein durch Krümmung und Torsion festgelegt ist.

Selbstfrage 7

Kann man auch Lage und Orientierung einer Kurve anhand von Krümmung und Torsion bestimmen? Wenn ja, wie? Wenn nein, warum nicht?

Beispiel Eine der einfachsten „echten" Raumkurven ist die *Schraubenlinie*, die in Abb. 26.14 dargestellt ist,

$$\boldsymbol{x}(t) = \begin{pmatrix} x_1(t) \\ x_2(t) \\ x_3(t) \end{pmatrix} = \begin{pmatrix} a\,\cos t \\ a\,\sin t \\ b\,t \end{pmatrix} \qquad t \in [0, 2n\pi],\ n \in \mathbb{N}$$

mit $a > 0$ und $b > 0$.

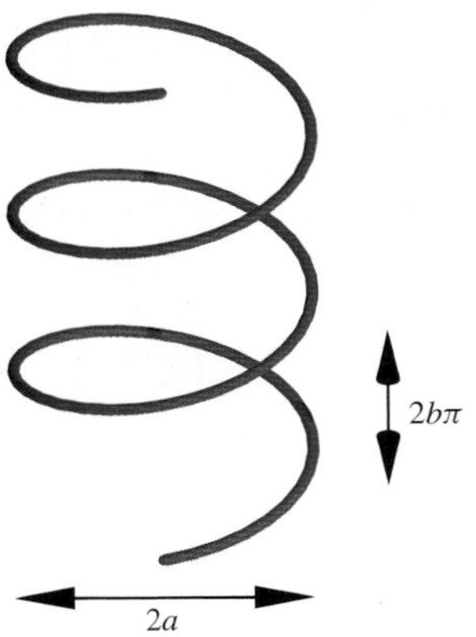

Abb. 26.14 Eine Schraubenlinie mit Radius a und Ganghöhe $2\pi b$

Um unseren bisherigen Formalismus anwenden zu können, müssen wir die obige Darstellung zuerst auf die natürliche Parametrisierung umschreiben:

$$\begin{aligned} s(t_1) &= \int_0^{t_1} \|\dot{\boldsymbol{x}}\|\,\mathrm{d}t = \int_0^{t_1} \sqrt{\dot{x}_1^2 + \dot{x}_2^2 + \dot{x}_3^2}\,\mathrm{d}t \\ &= \int_0^{t_1} \sqrt{a^2 \sin^2 t + a^2 \cos^2 t + b^2}\,\mathrm{d}t = \sqrt{a^2 + b^2}\,t_1 . \end{aligned}$$

Diese Beziehung lässt sich problemlos umkehren, und wir erhalten

$$\begin{aligned} x_1(t) &= a \cos \frac{s}{\sqrt{a^2+b^2}} \\ x_2(t) &= a \sin \frac{s}{\sqrt{a^2+b^2}} \qquad s \in \left[0,\, 2n\pi\sqrt{a^2+b^2}\right],\ n \in \mathbb{N} . \\ x_3(t) &= b \frac{s}{\sqrt{a^2+b^2}} \end{aligned}$$

Nun können wir beginnen, das begleitende Dreibein zu ermitteln:

$$\boldsymbol{t} = \boldsymbol{x}' = \begin{pmatrix} -\frac{a}{\sqrt{a^2+b^2}} \sin \frac{s}{\sqrt{a^2+b^2}} \\ \frac{a}{\sqrt{a^2+b^2}} \cos \frac{s}{\sqrt{a^2+b^2}} \\ \frac{b}{\sqrt{a^2+b^2}} \end{pmatrix}$$

$$\boldsymbol{x}'' = \begin{pmatrix} -\frac{a}{a^2+b^2} \cos \frac{s}{\sqrt{a^2+b^2}} \\ -\frac{a}{a^2+b^2} \sin \frac{s}{\sqrt{a^2+b^2}} \\ 0 \end{pmatrix}$$

Mit diesen beiden Ableitungen können wir sofort die Krümmung bestimmen,

$$\kappa = \|\boldsymbol{x}''\| = \sqrt{\frac{a^2}{(a^2+b^2)^2}} = \frac{a}{a^2+b^2} .$$

Für die Schraubenlinie ist die Krümmung konstant. Mit der Krümmung erhalten wir den Hauptnormalenvektor

$$\boldsymbol{h} = \frac{\boldsymbol{x}''}{\kappa} = \begin{pmatrix} -\cos \frac{s}{\sqrt{a^2+b^2}} \\ -\sin \frac{s}{\sqrt{a^2+b^2}} \\ 0 \end{pmatrix}$$

und damit auch den Binormalenvektor

$$\boldsymbol{b} = \boldsymbol{t} \times \boldsymbol{h} = \begin{pmatrix} \frac{b}{\sqrt{a^2+b^2}} \sin \frac{s}{\sqrt{a^2+b^2}} \\ -\frac{b}{\sqrt{a^2+b^2}} \cos \frac{s}{\sqrt{a^2+b^2}} \\ \frac{a}{\sqrt{a^2+b^2}} \end{pmatrix}$$

mit der Ableitung

$$\boldsymbol{b}' = \begin{pmatrix} \frac{b}{a^2+b^2} \cos \frac{s}{\sqrt{a^2+b^2}} \\ \frac{b}{a^2+b^2} \sin \frac{s}{\sqrt{a^2+b^2}} \\ 0 \end{pmatrix} .$$

Damit können wir die Torsion bestimmen und erhalten

$$\tau = -\boldsymbol{b}' \cdot \boldsymbol{h} = \frac{b}{a^2+b^2} .$$

Auch die Torsion der Schraubenlinie ist konstant – damit ist die Schraubenlinie tatsächlich die einfachste nichttriviale Raumkurve.

Die Torsion verschwindet für $b \to 0$, sofern $a \neq 0$ bleibt – also für den Grenzfall eines Kreises. Das bestätigt unsere Interpretation von τ als Maß für den Drang der Kurve, die momentane Schmiegebene zu verlassen. ◀

Selbstfrage 8

Wie verhält sich die Torsion für $a \to 0$ bzw. $b \to \infty$?

Das Umschreiben in natürliche Parametrisierung ist manchmal recht mühsam, daher geben wir (ohne Beweis, der lediglich ein aufwendiges Umrechnen wäre) das folgende Resultat an.

Krümmung und Torsion für allgemeine Parametrisierung

In allgemeiner Parametrisierung erhalten wir für Krümmung und Torsion einer Raumkurve $\boldsymbol{x} = \boldsymbol{x}(t)$

$$\kappa = \frac{\|\dot{\boldsymbol{x}} \times \ddot{\boldsymbol{x}}\|}{\|\dot{\boldsymbol{x}}\|^3}, \qquad \tau = \frac{\det(\dot{\boldsymbol{x}}, \ddot{\boldsymbol{x}}, \dddot{\boldsymbol{x}})}{\|\dot{\boldsymbol{x}} \times \ddot{\boldsymbol{x}}\|^2} .$$

Teil IV

Abb. 26.15 Krümmung und Torsion einer Kurve bestimmen die Beschleunigungen, denen ein Körper ausgesetzt ist, der sich entlang dieser Kurve bewegt

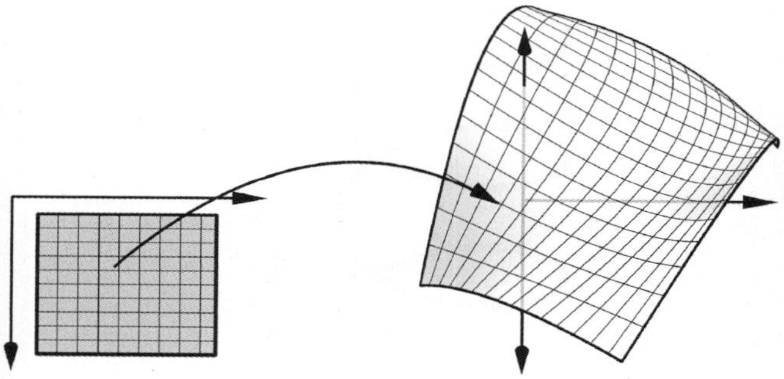

Abb. 26.16 Eine Fläche ist eine Abbildung $\mathbb{R}^2 \to \mathbb{R}^3$

26.5 Darstellung von Flächen

Während wir Kurven bereits recht allgemein in der Ebene studieren konnten, ist das bei *Flächen* nicht mehr möglich. Eine gekrümmte Fläche lässt sich eben nicht in einen zweidimensionalen Raum pressen, ohne dass wesentliche Merkmale verloren gehen. Insbesondere Kartographen ist dieser Umstand sehr wohl bewusst.

Die Flächen, die uns bisher begegnet sind, waren mit wenigen, wenn auch wichtigen Ausnahmen Graphen von Funktionen $\mathbb{R}^2 \to \mathbb{R}$. Wie schon im Fall der Kurven ist die Menge der Flächen, die sich auf diese Art darstellen lassen, durch die Eindeutigkeitsforderung an Funktionen in einem inakzeptablen Ausmaß eingeschränkt.

Die Abhilfe liegt aber auf der Hand. Statt uns mit Flächen der Gestalt $z = f(x, y)$ zu begnügen, werden wir alle drei Koordinaten als Funktionen von Parametern ansehen. Dass ein Parameter nicht genügen wird, wissen wir schon, denn damit würden wir lediglich eine Raumkurve erhalten, zumindest wenn wir vernünftige Forderungen an Stetigkeit und Differenzierbarkeit stellen.

Da wir hier ein zweidimensionales Objekt beschreiben wollen, können wir richtigerweise vermuten, dass wir zwei Parameter benötigen werden. Diese werden wir nach gängiger Konvention meist mit u und v bezeichnen.

Wir können daher die Parametrisierung einer Fläche Φ im $\mathbb{R}^3$ als stetige Abbildung von einem zusammenhängenden Gebiet $B \subseteq \mathbb{R}^2$ nach $\mathbb{R}^3$,

$$\boldsymbol{x} = \boldsymbol{\Phi}(u, v)$$

definieren. Dieser Zusammenhang ist in Abb. 26.16 dargestellt. Wir verwenden das als vorläufige Vereinbarung. Die letztlich gültige Definition wird ganz ähnlich aussehen, allerdings wiederum eine Differenzierbarkeitsbedingung und eine geometrische Zusatzforderung beinhalten.

Wie schon bei den Kurven interessiert uns oft nicht so sehr die Parametrisierung der Fläche, sondern mehr ihr *Bild*, also die entsprechende Punktmenge im $\mathbb{R}^3$. Generell gilt an Bezeichnungen, was schon bei den Kurven vereinbart wurde; auch die Schreibweise $\boldsymbol{x} = \boldsymbol{x}(u, v)$ ist bei Flächen durchaus üblich.

Beispiel

- Der Funktionsgraph jeder stetigen Funktion $f : \mathbb{R}^2 \to \mathbb{R}$ lässt sich in diesem allgemeineren Formalismus als Fläche in der Form

$$\boldsymbol{\Phi}(u, v) = \begin{pmatrix} u \\ v \\ f(u, v) \end{pmatrix}, \quad (u, v) \in D(f)$$

  darstellen.
- Ein Kreiszylinder mit der z-Achse als Symmetrieachse wird durch

$$\boldsymbol{\Phi}(u, v) = \begin{pmatrix} R \cos u \\ R \sin u \\ v \end{pmatrix}, \quad 0 \le u < 2\pi, \ v \in \mathbb{R}$$

  beschrieben.
- Eine Kugel mit Radius R und Mittelpunkt $\mathbf{0}$ wird durch

$$\boldsymbol{\Phi}(\vartheta, \varphi) = \begin{pmatrix} R \sin\vartheta \cos\varphi \\ R \sin\vartheta \sin\varphi \\ R \cos\vartheta \end{pmatrix}, \quad 0 \le \vartheta \le \pi, \ 0 \le \varphi < 2\pi,$$

  beschrieben. In diesem Fall ist die Bezeichnung (ϑ, φ) üblicher als (u, v). Interpretiert man die Kugel als Globus, so hängen die beiden Winkel ϑ und φ eng mit geografischer Breite und Länge zusammen. ◀

Der Normalvektor auf eine Fläche lässt sich leicht bestimmen

Nun, da wir die grundlegende Definition der Flächen zur Verfügung haben, studieren wir deren Geometrie etwas genauer. Wo immer wir dazu in der Lage sind, werden wir dabei auf schon bekannte Resultate zurückgreifen.

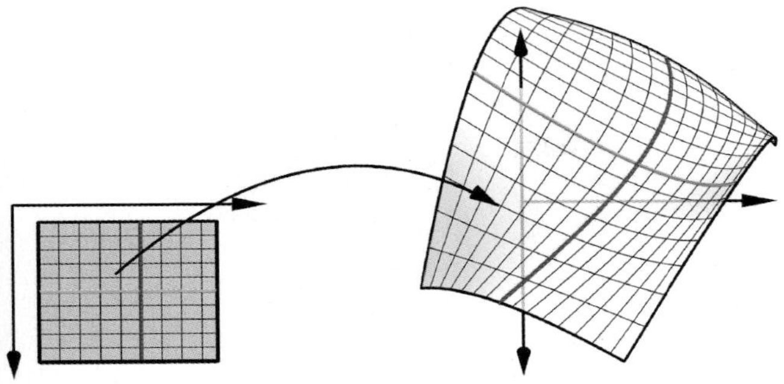

Abb. 26.17 Die Geraden $u = u_0$ und $v = v_0$ im Parameterraum werden auf Kurven auf der Fläche abgebildet

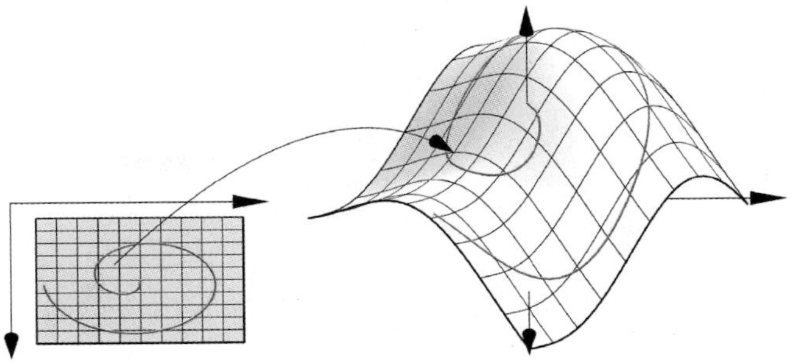

Abb. 26.18 Kurven im Parameterraum werden auf Kurven auf der Fläche abgebildet

Halten wir in der Abbildung $(u, v) \mapsto \boldsymbol{\Phi}(u, v)$ einen der beiden Parameter fest, so haben wir es wieder mit Kurven $u \mapsto \boldsymbol{\Phi}(u, v_0)$, $v \mapsto \boldsymbol{\Phi}(u_0, v)$ zu tun, die sich im Punkt $\boldsymbol{\Phi}(u_0, v_0)$ schneiden. Wir nennen diese u-Linien bzw. v-Linien von Φ.

An beide Kurven können wir Tangentenvektoren

$$\frac{\partial \boldsymbol{\Phi}}{\partial u} \quad \text{und} \quad \frac{\partial \boldsymbol{\Phi}}{\partial v}$$

legen, die zugleich Tangentialvektoren der Fläche sind. Es könnte nun passieren, dass diese beiden Vektoren in $\boldsymbol{\Phi}(u_0, v_0)$ linear abhängig sind. Diesen Fall wollen wir aber gerade ausschließen, denn dann reduziert sich das, was eigentlich eine Fläche sein sollte, zu einer Kurve.

Wir werden also, zumindest fast überall, fordern, dass diese Ableitungsvektoren linear unabhängig sind. Zudem verlangen wir von einer Fläche, dass sie stetig differenzierbar ist – zumindest stückweise.

In Analogie zu den Kurven vereinbaren wir, dass eine Fläche $\Phi\colon B \to \mathbb{R}^3$ eine Eigenschaft **stückweise** besitzt, wenn sich B in endlich viele Bereiche B_1 bis B_m zerlegen lässt, sodass

$$B = \bigcup_{k=1}^{m} B_k = B_1 \cup B_2 \cup \ldots \cup B_m$$

ist und Φ im Inneren jedes dieser Bereiche die gewünschte Eigenschaft hat. Damit können wir nun unsere endgültige Definition von Flächen geben.

Flächen im $\mathbb{R}^3$

Die Parametrisierung einer Fläche Φ im $\mathbb{R}^3$ ist eine stetige, stückweise stetig differenzierbare Abbildung von einem zusammenhängenden Gebiet $B \subseteq \mathbb{R}^2$ nach $\mathbb{R}^3$,

$$\boldsymbol{x} = \boldsymbol{\Phi}(u, v),$$

wobei die Tangentialvektoren $\frac{\partial \boldsymbol{\Phi}}{\partial u}$ und $\frac{\partial \boldsymbol{\Phi}}{\partial v}$ fast überall linear unabhängig sind.

Selbstfrage 9

Wird durch die Abbildung $\mathbb{R}^2 \to \mathbb{R}^3$,

$$(u, v) \mapsto \boldsymbol{\Phi}(u, v) = (u + v,\ 2u + 2v,\ u + v)$$

eine Fläche definiert?

Da Flächen stetige, stückweise stetig differenzierbare Abbildungen sind, übersetzen sich Kurven γ in der u-v-Ebene mit $\boldsymbol{\gamma}(t) = (u(t), v(t))$ unmittelbar in Kurven $\boldsymbol{x}(t) = \boldsymbol{\Phi}(\boldsymbol{\gamma}(t))$ auf der Fläche,

$$\boldsymbol{x} = \boldsymbol{\Phi}(\boldsymbol{\gamma}(t)) = \begin{pmatrix} \Phi_1(u(t), v(t)) \\ \Phi_2(u(t), v(t)) \\ \Phi_3(u(t), v(t)) \end{pmatrix}.$$

Das ist in Abb. 26.18 dargestellt.

Wir haben also eine einfache Möglichkeit, auch auf der Fläche Kurven und Wege zu beschreiben. Die von den Parameterraum-Geraden $u = \text{const}$ und $v = \text{const}$ definierten Kurven, die **Koordinatenlinien**, sind hier ein besonders wichtiger Spezialfall.

Da wir schon aus der Definition heraus wissen, dass die beiden Tangentialvektoren

$$\frac{\partial \boldsymbol{\Phi}}{\partial u}, \quad \frac{\partial \boldsymbol{\Phi}}{\partial v}$$

fast überall linear unabhängig sind, können wir, wie in Abb. 26.19 dargestellt, sofort einen Normalvektor an die Fläche angeben, nämlich

$$\boldsymbol{n} = \frac{\partial \boldsymbol{\Phi}}{\partial u} \times \frac{\partial \boldsymbol{\Phi}}{\partial v} = \begin{pmatrix} \left|\frac{\partial(y,z)}{\partial(u,v)}\right| \\ \left|\frac{\partial(z,x)}{\partial(u,v)}\right| \\ \left|\frac{\partial(x,y)}{\partial(u,v)}\right| \end{pmatrix}.$$

Teil IV

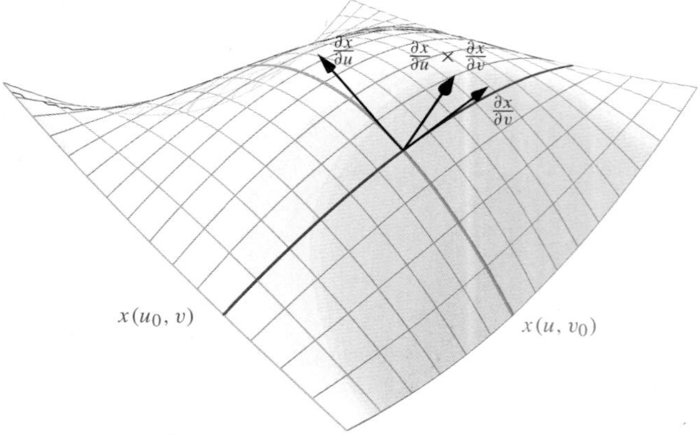

Abb. 26.19 Der Normalvektor an eine Fläche lässt sich durch ein Kreuzprodukt bestimmen

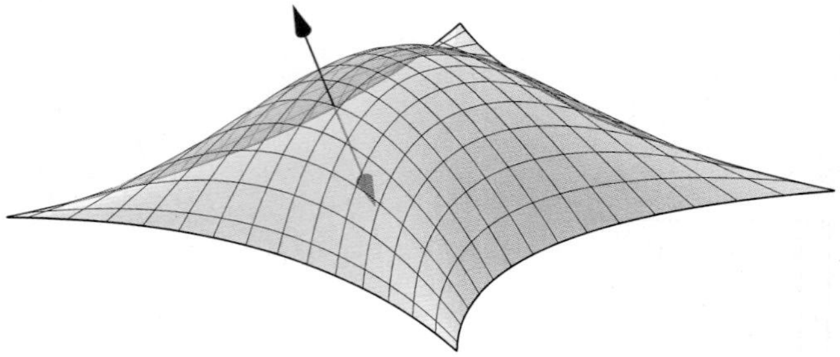

Abb. 26.21 Der Normalvektor an eine Fläche kann nach zwei Seiten hin orientiert sein

Beispiel Die *Wendelfläche* ist definiert durch

$$\boldsymbol{x}(u, v) = \begin{pmatrix} u \cos v \\ u \sin v \\ b\,v \end{pmatrix}, \qquad (u, v) \in \mathbb{R}_{\geq 0} \times \mathbb{R}$$

mit $b > 0$. Diese Fläche ist in Abb. 26.20 dargestellt. Die Linien $u = \text{const}$ sind Schraubenlinien, $v = \text{const}$ beschreibt Strahlen von der 3-Achse weg. ◀

Nun sind die beiden Parameter im Prinzip völlig austauschbar, die Reihenfolge ist demnach willkürlich. Ein Vertauschen der beiden Vektoren bringt ein zusätzliches Vorzeichen. Das überrascht nicht besonders, denn der Normalvektor an eine Fläche kann, wie in Abb. 26.21 dargestellt, nach zwei Seiten hin orientiert sein.

Die Flächen, mit denen wir meist zu tun haben, sind *orientierbar*, die beiden Seiten der Fläche lassen sich unterscheiden. Das klingt trivial, und doch ist es gar nicht schwierig, eine Fläche zu konstruieren, die nicht orientierbar ist.

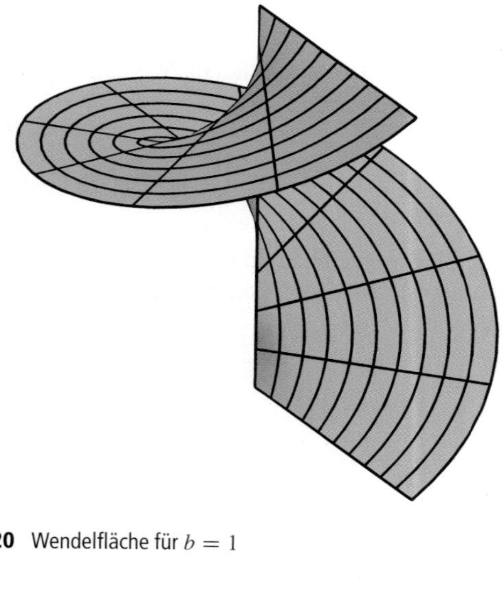

Abb. 26.20 Wendelfläche für $b = 1$

Beispiel Das **Möbiusband** ist ein bekanntes Beispiel für eine nicht orientierbare Fläche. Ein solches Band, wie in Abb. 26.22 dargestellt, kann man einfach herstellen, indem man einen Papierstreifen ringförmig zusammenklebt, dabei aber ein Ende um 180° dreht.

Ein Möbiusband kann etwa durch

$$\begin{aligned} x(u, v) &= \left(1 + \frac{u}{2}\cos\frac{v}{2}\right)\cos v \\ y(u, v) &= \left(1 + \frac{u}{2}\cos\frac{v}{2}\right)\sin v \\ z(u, v) &= \frac{u}{2}\sin\frac{v}{2} \end{aligned}$$

mit $u \in [-1, 1]$ und $v \in [0, 2\pi)$ parametrisiert werden.

Hält man den Parameter v konstant, so erhält man als Bilder der u-Linien Geradenstücke. Variiert man nun den Parameter v von 0 bis 2π, so drehen sich diese Geradenstücke wegen des Terms $\cos\frac{v}{2}$ insgesamt um π, was gerade der einfachen Verdrillung des Bandes entspricht. ◀

Abb. 26.22 Das Möbiusband ist die bekannteste nichtorientierbare Fläche

Längenmessung auf einer Fläche wird durch die erste Fundamentalform beschrieben

Wir gehen nun der Frage nach, wie sich auf einer Fläche Φ Längen messen lassen. Wie wir bereits gesehen haben, werden Kurven auf der Fläche durch Kurven im Parameterraum festgelegt,

$$\boldsymbol{x} = \boldsymbol{\Phi}(\boldsymbol{\gamma}(t)) = \begin{pmatrix} \Phi_1(u(t), v(t)) \\ \Phi_2(u(t), v(t)) \\ \Phi_3(u(t), v(t)) \end{pmatrix}.$$

Für die Bogenlänge dieser neuen Kurve haben wir unsere bewährte Formel

$$s(t_1, t_2) = \int_{t_1}^{t_2} \sqrt{\dot{x}_1^2 + \dot{x}_2^2 + \dot{x}_3^2}\,\mathrm{d}t$$

zur Verfügung. Da aber die Koordinaten x_1, x_2, x_3 über die Zwischenvariablen u und v vom Parameter t abhängen, müssen wir die Ableitungen nach t über die Kettenregel bestimmen,

$$\begin{aligned} \dot{x} &= x_u\,\dot{u} + x_v\,\dot{v} \\ \dot{y} &= y_u\,\dot{u} + y_v\,\dot{v} \\ \dot{z} &= z_u\,\dot{u} + z_v\,\dot{v}\,, \end{aligned}$$

oder kurz und elegant

$$\dot{\boldsymbol{x}} = \boldsymbol{\Phi}_u\,\dot{u} + \boldsymbol{\Phi}_v\,\dot{v}\,.$$

Damit erhalten wir

$$s(t_1, t_2) = \int_{t_1}^{t_2} \sqrt{E\,\dot{u}^2 + 2\,F\,\dot{u}\,\dot{v} + G\,\dot{v}^2}\,\mathrm{d}t$$

mit den Abkürzungen

$$\begin{aligned} E &= x_u^2 + y_u^2 + z_u^2 = \boldsymbol{\Phi}_u^2 \\ F &= x_u\,x_v + y_u\,y_v + z_u\,z_v = \boldsymbol{\Phi}_u \cdot \boldsymbol{\Phi}_v \\ G &= x_v^2 + y_v^2 + z_v^2 = \boldsymbol{\Phi}_v^2 \end{aligned}$$

Die Größe

$$\begin{aligned} \mathrm{d}s &= \sqrt{E\,\dot{u}^2 + 2\,F\,\dot{u}\,\dot{v} + G\,\dot{v}^2}\,\mathrm{d}t \\ &= \sqrt{E\,\mathrm{d}u^2 + 2\,F\,\mathrm{d}u\,\mathrm{d}v + G\,\mathrm{d}v^2} \end{aligned}$$

heißt **Bogendifferenzial**, und die quadratische Differenzialform

$$\mathrm{d}s^2 = E\,\mathrm{d}u^2 + 2\,F\,\mathrm{d}u\,\mathrm{d}v + G\,\mathrm{d}v^2$$

nennt man die **erste Fundamentalform der Fläche**. Sie beschreibt die Längenmessung auf dieser Fläche.

$(\dot{u}, \dot{v})^\mathrm{T}$ sind die Koordinaten des Tangentenvektors der Kurve γ in der u-v-Ebene. Kennt man diese Werte und zudem von der Fläche die Größen E, F und G, so lassen sich Bogenlängen von Flächenkurven bestimmen.

Beispiel Die Sattelfläche ist definiert über

$$\boldsymbol{\Phi}(u, v) = \begin{pmatrix} u \\ v \\ u\,v \end{pmatrix}, \qquad (u, v) \in \mathbb{R}^2\,.$$

Ein Kreis

$$\boldsymbol{\gamma}(t) = \begin{pmatrix} u(t) \\ v(t) \end{pmatrix} = \begin{pmatrix} \cos t \\ \sin t \end{pmatrix}$$

definiert auf dieser Fläche eine Kurve mit $\boldsymbol{x}(t) = \boldsymbol{\Phi}(\boldsymbol{\gamma}(t))$, die in Abb. 26.23 dargestellt ist.

Diese Kurve ist klarerweise kein Kreis mehr. Wir bestimmen ihre Länge und ermitteln dazu zunächst das Bogendifferenzial der Fläche.

$$\boldsymbol{\Phi}_u = \begin{pmatrix} 1 \\ 0 \\ v \end{pmatrix}, \quad \boldsymbol{\Phi}_v = \begin{pmatrix} 0 \\ 1 \\ u \end{pmatrix}.$$

$$\begin{aligned} E &= \boldsymbol{\Phi}_u^2 = 1 + v^2\,, \\ F &= \boldsymbol{\Phi}_u \cdot \boldsymbol{\Phi}_v = u\,v\,, \\ G &= \boldsymbol{\Phi}_v^2 = 1 + u^2\,. \end{aligned}$$

Der allgemeine Ausdruck für eine Kurve auf der Sattelfläche ist damit

$$s(t_0, t_1) = \int_{t_0}^{t_1} \sqrt{(1 + v^2)\dot{u}^2 + 2uv\dot{u}\dot{v} + (1 + u^2)\dot{v}^2}\,\mathrm{d}t\,.$$

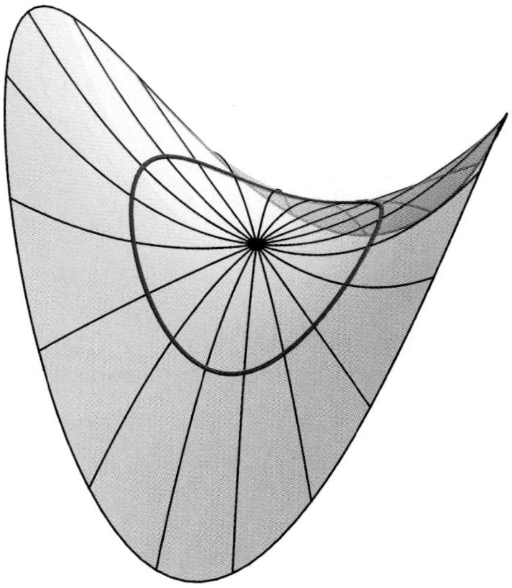

Abb. 26.23 Die von einem Kreis im Parameterraum auf der Sattelfläche definierte Kurve

Für unsere Form der Kurve erhalten wir

$$\begin{aligned} s(0,2\pi) &= \int_0^{2\pi} \sqrt{1+\sin^4 t - 2\sin^2 t\cos^2 t + \cos^4 t}\, dt \\ &= \int_0^{2\pi} \sqrt{1+(\cos^2 t - \sin^2 t)^2}\, dt \\ &= \int_0^{2\pi} \sqrt{1+\cos^2(2t)}\, dt = \left| \begin{matrix} \tau = 2t & 2\pi \to 4\pi \\ d\tau = 2dt & 0 \to 0 \end{matrix} \right| = \\ &= \frac{1}{2}\int_0^{4\pi} \sqrt{1+\cos^2\tau}\, d\tau = 2\int_0^{\pi} \sqrt{1+\cos^2\tau}\, d\tau \,. \end{aligned}$$

Dieses Integral lässt sich nicht mittels elementarer Stammfunktionen ausdrücken, eine numerische Bestimmung ergibt

$$s(0,\, 2\pi) \approx 7.6404\,.$$ ◄

Unsere Überlegungen zu den Bogenlängen können auch benutzt werden, um allgemeine Formeln für zweidimensionale krummlinige Koordinatensysteme abzuleiten. Mit den Werkzeugen, die uns inzwischen zur Verfügung stehen, können wir solche Probleme elegant behandeln.

Beispiel Auch die x_1-x_2-Ebene selbst ist natürlich eine Fläche, die auf verschiedene Arten parametrisiert werden kann. Eine Möglichkeit sind, wie bereits mehrfach diskutiert, Polarkoordinaten

$$\boldsymbol{x} = \begin{pmatrix} r\cos\varphi \\ r\sin\varphi \end{pmatrix}, \qquad (r,\,\varphi) \in \mathbb{R}_{\geq 0} \times [0,\, 2\pi)\,.$$

Für die Ableitungen nach den Parametern erhalten wir

$$\frac{\partial \boldsymbol{x}}{\partial r} = \begin{pmatrix} \cos\varphi \\ \sin\varphi \end{pmatrix}, \qquad \frac{\partial \boldsymbol{x}}{\partial \varphi} = \begin{pmatrix} -r\sin\varphi \\ r\cos\varphi \end{pmatrix}$$

und damit weiter

$$\begin{aligned} E &= \boldsymbol{x}_r^2 = \cos^2\varphi + \sin^2\varphi = 1\,, \\ F &= \boldsymbol{x}_r \cdot \boldsymbol{x}_\varphi = 0\,, \\ G &= \boldsymbol{x}_\varphi^2 = r^2\sin^2\varphi + r^2\cos^2\varphi = r^2\,. \end{aligned}$$

Ist eine Kurve demnach in der Form $\boldsymbol{\gamma}(t) = (r(t)\,,\varphi(t))^{\mathrm{T}}$ gegeben, so können wir ihre Bogenlänge unmittelbar mit

$$s(t_0,\, t_1) = \int_{t_0}^{t_1} \sqrt{\dot{r}^2 + r^2\,\dot{\varphi}^2}\, dt$$

bestimmen. Für den Fall $\varphi(t) = t$ vereinfacht sich das mit $\dot{\varphi} = 1$ zu Formel (26.7). ◄

Auch Inhalte von Flächenstücken lassen sich auf ähnliche Weise bestimmen, und zwar über Doppelintegrale der Form

$$F = \int_B \sqrt{EG - F^2}\,\mathrm{d}(u,v)\,,$$

mit $\sqrt{EG-F^2} = \|\boldsymbol{\Phi}_u \times \boldsymbol{\Phi}_v\|$ Dieses Thema wird zusammen mit allgemeineren Integralen über Flächen in Abschn. 27.4 ausführlich behandelt.

26.6 Basissysteme krummliniger Koordinaten

In Abschn. 25.4 haben wir bereits *Koordinatentransformationen* kennengelernt, mit denen sich viele Probleme der mehrdimensionalen Analysis effizienter behandeln lassen. So ist es etwa bei sphärisch-symmetrischen Problemen meist günstig, Punkte $\boldsymbol{x}$ nicht durch ihre kartesischen Koordinaten $(x_1,\, x_2,\, x_3)$ zu beschreiben, sondern durch *Kugelkoordinaten* $(r,\, \vartheta,\, \varphi)$.

Bei genauerem Hinsehen haben wir bei Verwendung kartesischer Koordinaten allerdings mehr zur Hand als nur drei Zahlen, die die Lage von Punkten festlegen. So verfügen wir über eine Basis $\{\boldsymbol{e}_1,\, \boldsymbol{e}_2,\, \boldsymbol{e}_3\}$, die der *Orthonormalitätsbedingung*

$$\boldsymbol{e}_i \cdot \boldsymbol{e}_j = \delta_{ij}$$

genügt. Mit diesen Vektoren konnten wir etwa sofort Komponenten in eine bestimmte Richtung herausprojizieren, beispielsweise $a_1 = \boldsymbol{a} \cdot \boldsymbol{e}_1$. Können wir einen so praktischen Zusammenhang auch für beliebige Koordinatensysteme herstellen?

Gibt es z. B. für Kugelkoordinaten eine Basis von normierten Vektoren $\{\boldsymbol{e}_r,\, \boldsymbol{e}_\vartheta,\, \boldsymbol{e}_\varphi\}$, sodass

$$\boldsymbol{e}_r \cdot \boldsymbol{e}_\vartheta = \boldsymbol{e}_r \cdot \boldsymbol{e}_\varphi = \boldsymbol{e}_\vartheta \cdot \boldsymbol{e}_\varphi = 0$$

gilt und man etwa die Radialkomponente eines Vektors einfach durch ein Skalarprodukt als $a_r = \boldsymbol{a} \cdot \boldsymbol{e}_r$ erhält?

Dieser Frage werden wir jetzt nachgehen und als Antwort auf unsere Fragen ein eingeschränktes *Ja* erhalten. Die Einführung einer derartigen Basis ist für alle Koordinatensysteme möglich, die für uns relevant sind. Allerdings verlieren wir einige Vorzüge der kartesischen Basis.

So gibt es nicht mehr nur eine Basis, sondern zwei komplementäre Basen, die *kovariante* und die *kontravariante*, und die entsprechenden Basisvektoren sind nicht mehr konstant, sondern *ortsabhängig*.

Anwendung: Die Dimension von Konfigurationsräumen

Nicht immer ist es allein der dreidimensionale Raum, in dem sich interessante Dinge abspielen. In vielen Fällen ist es nützlich, einen (oft hochdimensionalen) abstrakten Raum zu betrachten, dessen Koordinaten die Parameter eines betrachteten Systems sind. Wie betrachten dazu zwei Beispiele: das Doppelpendel und den starren Körper.

Untersuchen wir zunächst ein ebenes Doppelpendel, also ein starres Pendel, an dessen unterstem Punkt $\boldsymbol{x}^{(1)}$ ein weiteres solches mit Endpunkt $\boldsymbol{x}^{(2)}$ angebracht ist.

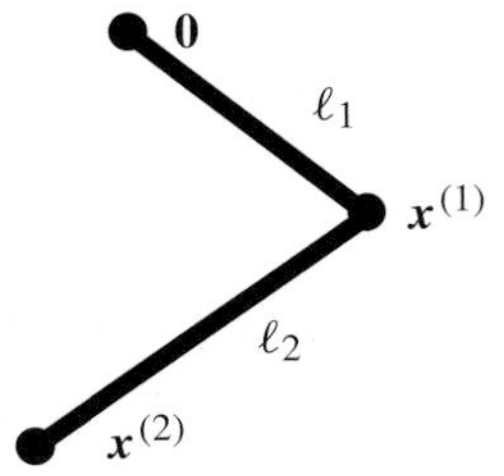

Uns interessieren die Koordinaten von $\boldsymbol{x}^{(1)}$ und $\boldsymbol{x}^{(2)}$; diese können wir zu einem vierdimensionalen Konfigurationsraum zusammenfassen. Nicht jeder Punkt

$$(x_1^{(1)}, x_2^{(1)}, x_1^{(2)}, x_2^{(2)})$$

ist aber tatsächlich zulässig, um den Zustand des Pendels zu beschreiben. Einerseits hat $\boldsymbol{x}^{(1)}$ vom Aufhängungspunkt, den wir in den Ursprung setzen, stets den Abstand l_1, andererseits ist der Abstand von $\boldsymbol{x}^{(1)}$ und $\boldsymbol{x}^{(2)}$ stets gleich l_2. Die beiden Bedingungen

$$l_1^2 = \left(x_1^{(1)}\right)^2 + \left(x_2^{(1)}\right)^2$$
$$l_2^2 = \left(x_1^{(1)} - x_1^{(2)}\right)^2 + \left(x_2^{(1)} - x_2^{(2)}\right)^2$$

schränken den zugänglichen Bereich des Konfigurationsraumes auf einen zweidimensionalen Unterraum ein. Meist kann man – zumindest im Prinzip – jeweils eine solche *Zwangsbedingung* benutzen, um eine Koordinate ganz zu eliminieren.

Geometrisch gesehen definiert im Normalfall eine Zwangsbedingung im n-dimensionalen Konfigurationsraum eine $(n-1)$-dimensionale Hyperfläche. Der Schnitt zweier solcher Hyperflächen liefert im Normalfall eine $(n-2)$-dimensionale Fläche, und so reduziert jede Zwangsbedingung die Dimension des Konfigurationsraums um eins.

Gehen wir dem am Beispiel des starren Körpers nach: Die Lage eines starren Körpers ist dann bekannt, wenn man die Koordinaten dreier seiner Punkte kennt. Diese Punkte haben zusammen neun Koordinaten, die aber nicht alle unabhängig sind.

Die „Starrheitsbedingung" bedeutet, dass die Abstände der Punkte zueinander fixiert sind, man also drei Zwangsbedingungen vorliegen hat. (Man betrachtet also ein Dreieck mit fixen Seitenlängen.)

Jede Zwangsbedingung eliminiert eine Dimension, und man kommt zu sechs Variablen, die zur Beschreibung des Systems notwendig sind.

Ist die Dimension des Konfigurationsraumes bekannt, so kann man versuchen, in diesem für das System günstige Koordinaten zu wählen, in denen die Zwangsbedingungen schon „eingebaut" sind. Im Fall des Doppelpendels kann man etwa statt vier Ortskoordinaten mit zwei Zwangsbedingungen auch zwei Winkelvariablen verwenden, die keiner weiteren Einschränkung unterliegen.

Diese Argumentation lässt sich jedoch auch umkehren. Kann man klären, wie viele Zahlen zur eindeutigen Beschreibung des Systems mindestens notwendig sind, hat man die Dimension des Konfigurationsraumes direkt gefunden.

Da im Fall des Doppelpendels offensichtlich zwei Winkel ausreichen (nicht aber weniger) ist klar, dass der Konfigurationsraum zweidimensional sein muss.

Ein wenig schwieriger ist es, diese Methode auf den starren Körper anzuwenden. Drei Koordinaten legen seinen Schwerpunkt eindeutig fest. Weitere drei Zahlen sind notwendig, um die Orientierung des Körpers zu beschreiben – beispielsweise jeweils der Drehwinkel um jede der drei Koordinatenachsen. (Da Drehungen im Raum nicht vertauschen, muss man hier gewisse Konventionen treffen. Meist werden dabei die *Euler'schen Winkel* verwendet.)

Alternativ kann man auch eine Drehachse und einen Drehwinkel angeben. Eine Gerade durch einen fixen Punkt kann man durch einen Einheitsvektor beschreiben, und von dessen drei Komponenten ist eine durch die Normierung festgelegt. Wieder benötigt man insgesamt sechs Zahlen.

Kommentar Dass jede Zwangsbedingung einen Freiheitsgrad „wegnimmt" und damit die Dimension des Konfigurationsraumes um eins reduziert, ist zwar eine brauchbare Faustregel, stimmt aber nicht allgemein.

Abgesehen davon, dass die Zwangsbedingungen einerseits unabhängig, andererseits natürlich miteinander verträglich sein müssen, kann schon eine einzige *nichtlineare* Zwangsbedingung ein System sämtlicher Freiheitsgrade berauben. Ein Punktteilchen im Raum wird etwa durch die Bedingung

$$x_1^2 + x_2^2 + x_3^2 = 0$$

unausweichlich im Ursprung fixiert. Eine einzige Zwangsbedingung nimmt ihm alle Freiheitsgrade.

Im Allgemeinen ist der Konfigurationsraum eines Systems eine *Mannigfaltigkeitkeit*. Diese Verallgemeinerung von Kurven- und Flächenbegriff hat in der Differenzialgeometrie enorme Tragweite, wir diskutieren diese Thematik im Bonusmaterial. ◄

Teil IV

Koordinatenlinien und -flächen helfen uns bei der Einführung allgemeiner Basen

Unser Ziel ist es, für beliebige krummlinige Koordinatensysteme ein geeignetes System von Basisvektoren zu definieren. Dabei werden uns zwei neue Begriffe helfen, nämlich *Koordinatenlinien* und *Koordinatenflächen*.

Die Koordinaten eines Punktes in einem krummlinigen Koordinatensystem werden durch Zahlen (u_1, u_2, u_3) angegeben. Zwischen den u_i und den kartesischen Koordinaten x_k besteht fast überall ein bijektiver Zusammenhang.

Halten wir zwei Koordinaten fest und fassen die letzte als Parameter auf, so erhalten wir Kurven, die als **Koordinatenlinien** bezeichnet werden. Eine Koordinatenlinie wird nach der auf ihr variablen Koordinate benannt.

Beispiel

- Halten wir in Kugelkoordinaten (r, ϑ, φ) die Winkelvariablen fest und lassen r variieren, so beschreibt das Strahlen vom Ursprung weg, die r-Linien

$$\boldsymbol{\gamma}(r) = \begin{pmatrix} r \sin\vartheta_0 \cos\varphi_0 \\ r\sin\vartheta_0 \sin\varphi_0 \\ r\cos\vartheta_0 \end{pmatrix}, \quad r \in \mathbb{R}_{\geq 0}.$$

Fixes r und φ mit variablem ϑ beschreibt Halbkreise um $\mathbf{0}$ mit Anfangs- und Endpunkt auf der x_3-Achse, die ϑ-Linien

$$\boldsymbol{\gamma}(\vartheta) = \begin{pmatrix} r_0 \sin\vartheta \cos\varphi_0 \\ r_0\sin\vartheta \sin\varphi_0 \\ r_0\cos\vartheta \end{pmatrix}, \quad \vartheta \in [0, \pi].$$

Fixes r und ϑ mit variablem φ charakterisiert Kreise mit Mittelpunkt auf der x_3-Achse, die φ-Linien

$$\boldsymbol{\gamma}(\varphi) = \begin{pmatrix} r_0 \sin\vartheta_0 \cos\varphi \\ r_0\sin\vartheta_0 \sin\varphi \\ r_0\cos\vartheta_0 \end{pmatrix}, \quad \varphi \in [0, 2\pi).$$

Diese Linien sind in Abb. 26.24 dargestellt.

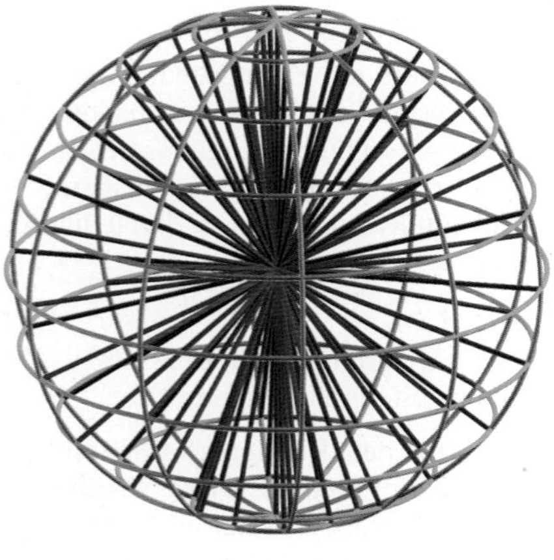

Abb. 26.24 Die Koordinatenlinien der Kugelkoordinaten: Die r-Linien sind rot, die ϑ-Linien blau und die φ-Linien grün dargestellt

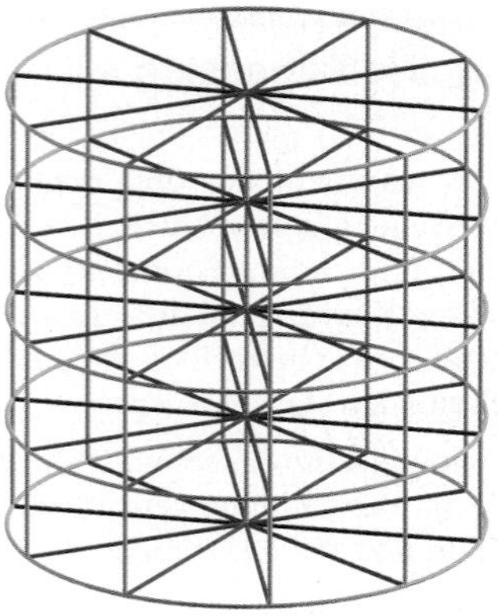

Abb. 26.25 Die Koordinatenlinien der Zylinderkoordinaten: Die ρ-Linien sind rot, die φ-Linien blau und die z-Linien grün dargestellt

- Betrachten wir nun Zylinderkoordinaten (ρ, φ, z). Halten wir den Polarwinkel φ sowie $z = x_3$ fest und lassen ρ variieren, so erhalten wir von der z-Achse ausgehende Strahlen, die ρ-Linien

$$\boldsymbol{\gamma}(\rho) = \begin{pmatrix} \rho \cos\varphi_0 \\ \rho \sin\varphi_0 \\ z_0 \end{pmatrix}, \quad \rho \in \mathbb{R}_{\geq 0}.$$

Festhalten von ρ und z liefert Kreise mit Mittelpunkt auf der z-Achse, die φ-Linien

$$\boldsymbol{\gamma}(\varphi) = \begin{pmatrix} \rho_0 \cos\varphi \\ \rho_0 \sin\varphi \\ z_0 \end{pmatrix}, \quad \varphi \in [0, 2\pi).$$

Variables z bei festem ρ und φ liefert Geraden parallel zur z-Achse, die z-Linien

$$\boldsymbol{\gamma}(z) = \begin{pmatrix} \rho_0 \cos\varphi_0 \\ \rho_0 \sin\varphi_0 \\ z \end{pmatrix}, \quad z \in \mathbb{R}.$$

Diese Kurven sind in Abb. 26.25 dargestellt. ◀

Wir können jedoch auch eine Koordinate festhalten und die übrigen zwei variieren lassen. Das liefert Flächen, die als **Koordinatenflächen** bezeichnet werden. Koordinatenflächen werden nach der dort konstanten Koordinate benannt.

Beispiel

- Untersuchen wir zunächst wieder die Kugelkoordinaten. Die r-Flächen sind Kugelflächen mit Mittelpunkt im Ursprung,

$$\boldsymbol{x}(\vartheta, \varphi) = \begin{pmatrix} r_0 \sin\vartheta \cos\varphi \\ r_0\sin\vartheta \sin\varphi \\ r_0\cos\vartheta \end{pmatrix}, \quad \vartheta \in [0, \pi], \ \varphi \in [0, 2\pi).$$

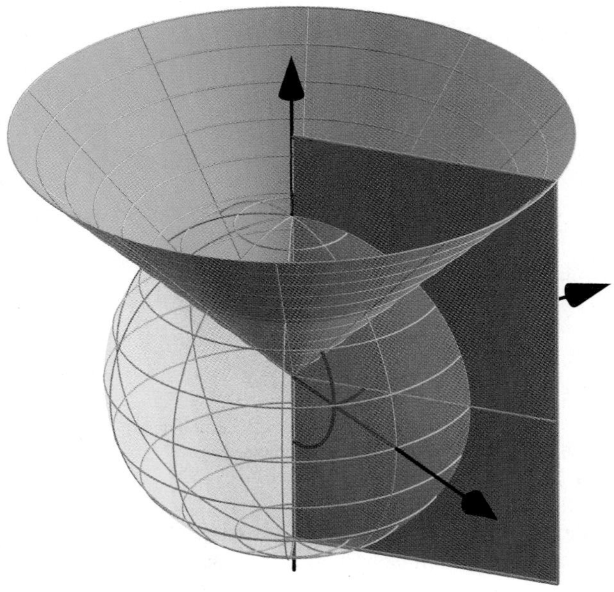

Abb. 26.26 Die Koordinatenflächen der Kugelkoordinaten

Die ϑ-Flächen sind Kegel mit Spitze im Ursprung,

$$x(r,\varphi)=\begin{pmatrix} r\sin\vartheta_0\cos\varphi \\ r\sin\vartheta_0\sin\varphi \\ r\cos\vartheta_0 \end{pmatrix},\quad r\in\mathbb{R}_{\geq 0},\ \varphi\in[0,2\pi),$$

für $\vartheta=\pi/2$ entartet der Kegel zu einer Ebene. Die φ-Flächen sind wieder Halbebenen, die von der x_3-Achse ausgehen,

$$x(r,\vartheta)=\begin{pmatrix} r\sin\vartheta\cos\varphi_0 \\ r\sin\vartheta\sin\varphi_0 \\ r\cos\vartheta \end{pmatrix},\quad r\in\mathbb{R}_{\geq 0},\ \vartheta\in[0,\pi].$$

Diese Flächen sind in Abb. 26.26 dargestellt.

- Betrachten wir nun die Zylinderkoordinaten. Halten wir ρ fest und lassen φ sowie z variieren, so erhalten wir Zylindermäntel, die ρ-Flächen,

$$x(\varphi,z)=\begin{pmatrix} \rho_0\cos\varphi \\ \rho_0\sin\varphi \\ z \end{pmatrix},\quad \varphi\in[0,2\pi),\quad z\in\mathbb{R}.$$

Festhalten von φ liefert Halbebenen mit der z-Achse als Rand,

$$x(\rho,z)=\begin{pmatrix} \rho\cos\varphi_0 \\ \rho\sin\varphi_0 \\ z \end{pmatrix}\quad \rho\in\mathbb{R}_{\geq 0},\quad z\in\mathbb{R}.$$

Hält man z fest, so erhält man Ebenen parallel zur x_1-x_2-Ebene,

$$x(\rho,\varphi)=\begin{pmatrix} \rho\cos\varphi \\ \rho\sin\varphi \\ z_0 \end{pmatrix}\quad \varphi\in[0,2\pi),\quad \rho\in\mathbb{R}_{\geq 0}.$$

Diese Flächen sind in Abb. 26.27 dargestellt. ◀

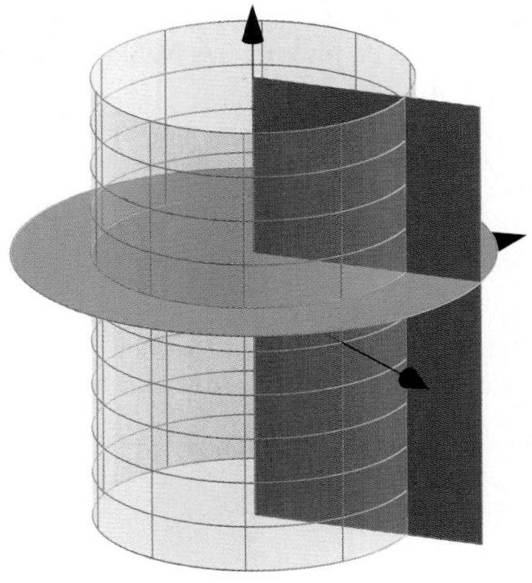

Abb. 26.27 Die Koordinatenflächen der Zylinderkoordinaten

Nun können wir ko- und kontravariante Basisvektoren definieren

Immer noch ist es unser Ziel, in jedem Punkt des Raums eine Basis von Vektoren zur Verfügung zu haben, die den gerade verwendeten krummlinigen Koordinaten optimal angepasst ist. Dazu orientieren wir uns zunächst einmal an den Kugelkoordinaten.

In eine Richtung können wir hier sofort einen Basisvektor benennen, denn in Kugelkoordinaten wird die Richtung *radial auswärts* wohl eine mindestens ebenso bedeutende Rolle spielen wie eine Koordinatenrichtung in kartesischen Koordinaten.

Der Basisvektor e_r in r-Richtung ist bei Kugelkoordinaten offensichtlich

$$e_r=\begin{pmatrix} \sin\vartheta\cos\varphi \\ \sin\vartheta\sin\varphi \\ \cos\vartheta \end{pmatrix}.$$

Hier sieht man schon, dass ein solcher Basisvektor nicht konstant sein kann, sondern im Allgemeinen ortsabhängig sein muss.

Wie können wir diese Idee nun verallgemeinern? Dazu überlegen wir uns, wie man überhaupt rechnerisch auf den radialen Basisvektor e_r kommen könnte, auch ohne eine geometrische Veranschaulichung der Koordinaten zur Verfügung zu haben.

Einerseits erhält man diesen Vektor als *Tangentenvektor* an die r-Koordinatenlinie,

$$e_r=\frac{\partial x}{\partial r}=\frac{\partial x}{\partial r}\begin{pmatrix} r\sin\vartheta\cos\varphi \\ r\sin\vartheta\sin\varphi \\ r\cos\vartheta \end{pmatrix}.$$

Andererseits ist dieser Vektor auch der *Normalvektor* auf die r-Flächen.

Da wir die r-Flächen als Niveauflächen eines Skalarfeldes auffassen können und der Gradient immer normal auf Niveauflächen steht, erhalten wir den unnormierten Normalenvektor als Gradienten, den wir auch mithilfe des Nablaoperators

$$\nabla = \sum_{k=1}^{3} \boldsymbol{e}_k \frac{\partial}{\partial x_k} = \begin{pmatrix} \frac{\partial}{\partial x_1} \\ \frac{\partial}{\partial x_2} \\ \frac{\partial}{\partial x_3} \end{pmatrix}$$

schreiben können.

Um die beiden Arten zu unterscheiden, auf einen (in diesem Fall gleichen) Basisvektor zu kommen, werden wir diesen Vektor mit einem hochgestellten Index kennzeichnen:

$$\begin{aligned} \boldsymbol{e}^r &= \nabla r = \sum_{k=1}^{3} \boldsymbol{e}_k \frac{\partial}{\partial x_k} \sqrt{x_1^2 + x_2^2 + x_3^2} \\ &= \sum_{k=1}^{3} \boldsymbol{e}_k \frac{2\,x_k}{2\sqrt{x_1^2 + x_2^2 + x_3^2}} = \frac{1}{r} \begin{pmatrix} x_1 \\ x_2 \\ x_3 \end{pmatrix} \end{aligned}$$

Die Verwendung hochgestellter Indizes ist zwar gefährlich, weil die Verwechslung mit Potenzen leicht möglich ist, sie lässt sich aber in diesem Formalismus langfristig nicht vermeiden.

Dass die Vektoren hier gerade eine Länge von eins haben, ist zwar praktisch, wird aber im Allgemeinen nicht der Fall sein. Daher reservieren wir das Symbol $\boldsymbol{e}$ für Einheitsvektoren und bezeichnen allgemeine Basisvektoren mit $\boldsymbol{b}$.

Beispiel

- Wir untersuchen nun, was wir für die Tangentenvektoren der übrigen Koordinatenlinien und die Normalvektoren der übrigen Koordinatenflächen erhalten. Die Tangentenvektoren der ϑ-Linien ergeben sich zu

$$\boldsymbol{b}_\vartheta = \frac{\partial \boldsymbol{x}}{\partial \vartheta} = r \begin{pmatrix} \cos\vartheta\,\cos\varphi \\ \cos\vartheta\,\sin\varphi \\ -\sin\vartheta \end{pmatrix} = r\,\boldsymbol{e}_\vartheta\,,$$

jene der φ-Linien zu

$$\boldsymbol{b}_\varphi = \frac{\partial \boldsymbol{x}}{\partial \varphi} = r\sin\vartheta \begin{pmatrix} -\sin\varphi \\ \cos\varphi \\ 0 \end{pmatrix} = r\sin\vartheta\,\boldsymbol{e}_\varphi\,.$$

Als Normalvektoren auf die Koordinatenflächen erhalten wir:

$$\begin{aligned} \boldsymbol{b}^\vartheta &= \mathbf{grad}\,\vartheta = \mathbf{grad}\arctan\frac{\sqrt{x_1^2 + x_2^2}}{x_3} \\ &= \frac{1}{r}\begin{pmatrix} \cos\vartheta\,\cos\varphi \\ \cos\vartheta\,\sin\varphi \\ -\sin\vartheta \end{pmatrix} = \frac{1}{r}\boldsymbol{e}^\vartheta \\ \boldsymbol{b}^\varphi &= \mathbf{grad}\,\varphi = \mathbf{grad}\arctan\frac{x_2}{x_1} \\ &= \frac{1}{r\sin\vartheta}\begin{pmatrix} -\sin\varphi \\ \cos\varphi \\ 0 \end{pmatrix} = \frac{1}{r\sin\vartheta}\,\boldsymbol{e}^\varphi \end{aligned}$$

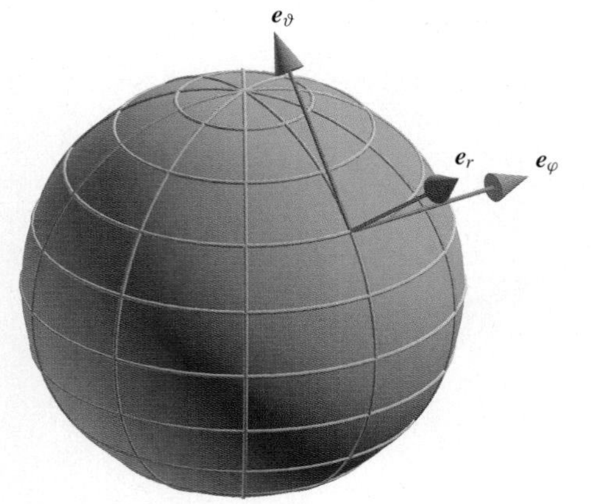

Abb. 26.28 Das Basissystem der Kugelkoordinaten

Die normierten Basisvektoren stimmen hier überein, neben $\boldsymbol{e}_r = \boldsymbol{e}^r$ gilt demnach auch $\boldsymbol{e}_\vartheta = \boldsymbol{e}^\vartheta$ und $\boldsymbol{e}_\varphi = \boldsymbol{e}^\varphi$. Wie man leicht nachrechnen kann, ist $((\boldsymbol{e}_r, \boldsymbol{e}_\vartheta, \boldsymbol{e}_\varphi))$, dargestellt in Abbildung 26.28, eine Orthonormalbasis.
Die ursprünglichen Längen der beiden Arten von Vektoren verhalten sich jedoch reziprok. Zwar ist keiner der Vektoren $\boldsymbol{b}_\vartheta$, $\boldsymbol{b}_\varphi$, $\boldsymbol{b}^\vartheta$, $\boldsymbol{b}^\varphi$ normiert, es gilt jedoch

$$\boldsymbol{b}_r \cdot \boldsymbol{b}^r = \boldsymbol{b}_\vartheta \cdot \boldsymbol{b}^\vartheta = \boldsymbol{b}_\varphi \cdot \boldsymbol{b}^\varphi = 1\,.$$

- Als Nächstes untersuchen wir die Zylinderkoordinaten. Hier erhalten wir:

$$\boldsymbol{b}_\rho = \frac{\partial \boldsymbol{x}}{\partial \rho} = \begin{pmatrix} \cos\varphi \\ \sin\varphi \\ 0 \end{pmatrix} = \boldsymbol{e}_\rho$$

$$\boldsymbol{b}_\varphi = \frac{\partial \boldsymbol{x}}{\partial \varphi} = \rho \begin{pmatrix} -\sin\varphi \\ \cos\varphi \\ 0 \end{pmatrix} = \rho\,\boldsymbol{e}_\varphi$$

$$\boldsymbol{b}_z = \frac{\partial \boldsymbol{x}}{\partial \varphi} = \begin{pmatrix} 0 \\ 0 \\ 1 \end{pmatrix} = \boldsymbol{e}_z$$

$$\boldsymbol{b}^\rho = \mathbf{grad}\,\rho = \mathbf{grad}\sqrt{x_1^2 + x_2^2} = \begin{pmatrix} \cos\varphi \\ \sin\varphi \\ 0 \end{pmatrix} = \boldsymbol{e}^\rho$$

$$\boldsymbol{b}^\varphi = \mathbf{grad}\,\varphi = \mathbf{grad}\arctan\frac{x_2}{x_1} = \frac{1}{\rho}\begin{pmatrix} -\sin\varphi \\ \cos\varphi \\ 0 \end{pmatrix} = \frac{1}{\rho}\,\boldsymbol{e}^\varphi$$

$$\boldsymbol{b}^z = \mathbf{grad}\,z = \mathbf{grad}\,x_3 = \begin{pmatrix} 0 \\ 0 \\ 1 \end{pmatrix} = \boldsymbol{e}^z$$

Auch hier können wir Ähnliches beobachten wie bei den Kugelkoordinaten: Die normierten Vektoren stimmen bei beiden Zugängen überein und bilden ein Orthonormalsystem, die Längen der ursprünglichen Vektoren verhalten sich reziprok zueinander.

Teil IV

Beschränkt man sich auf die ersten beiden Komponenten sowie die beiden Vektoren $\boldsymbol{e}_\rho$ und $\boldsymbol{e}_\varphi$, so erhält man aus den Zylinderkoordinaten unmittelbar die Ausdrücke für Polarkoordinaten im Zweidimensionalen.

- Auch die kartesischen Koordinaten fügen sich zwanglos in diesen Formalismus ein. Mit

$$\boldsymbol{x} = (x_1 \; x_2 \; x_3)^\top$$

erhalten wir

$$\begin{aligned} \boldsymbol{e}_1 &= \frac{\partial \boldsymbol{x}}{\partial x_1} = (1 \; 0 \; 0)^\top, \\ \boldsymbol{e}_2 &= \frac{\partial \boldsymbol{x}}{\partial x_2} = (0 \; 1 \; 0)^\top, \\ \boldsymbol{e}_3 &= \frac{\partial \boldsymbol{x}}{\partial x_3} = (0 \; 0 \; 1)^\top. \end{aligned}$$

Entsprechend ergibt sich

$$\begin{aligned} \boldsymbol{e}^1 &= \mathbf{grad}\, x_1 = (1 \; 0 \; 0)^\top, \\ \boldsymbol{e}^2 &= \mathbf{grad}\, x_2 = (0 \; 1 \; 0)^\top, \\ \boldsymbol{e}^3 &= \mathbf{grad}\, x_3 = (0 \; 0 \; 1)^\top. \end{aligned}$$

Auch hier gibt es keinen Unterschied zwischen den beiden Arten, die Basisvektoren zu berechnen, und natürlich sind in diesem Fall die Basisvektoren orthogonal. ◄

Im Allgemeinen müssen ko- und kontravariante Basis nicht orthogonal sein. In diesem Fall haben die Vektoren b^{u_i} und b_{u_i} nicht mehr die gleiche Richtung.

Beispiel Ein einfaches Beispiel dafür ist das Koordinatensystem:

$$\begin{aligned} u &= x_1 & x_1 &= u \\ v &= x_2 & x_2 &= v \\ w &= x_1 + x_2 + x_3 & x_3 &= w - u - v \end{aligned}$$

Hier erhalten wir einerseits

$$\boldsymbol{b}_u = \begin{pmatrix} 1 \\ 0 \\ -1 \end{pmatrix}, \quad \boldsymbol{b}_v = \begin{pmatrix} 0 \\ 1 \\ -1 \end{pmatrix}, \quad \boldsymbol{b}_w = \begin{pmatrix} 0 \\ 0 \\ 1 \end{pmatrix},$$

andererseits

$$\boldsymbol{b}^u = \begin{pmatrix} 1 \\ 0 \\ 0 \end{pmatrix}, \quad \boldsymbol{b}^v = \begin{pmatrix} 0 \\ 1 \\ 0 \end{pmatrix}, \quad \boldsymbol{b}^w = \begin{pmatrix} 1 \\ 1 \\ 1 \end{pmatrix}.$$

◄

Selbstfrage 10

Was sind Koodinatenlinien- und Flächen des Koordinatensystems aus dem vorangegangenen Beispiel?

Das Normieren der Tangenten- und Normalvektoren ist zwar notwendig, um eine Ortho*normal*basis zu erhalten, dieser Schritt kann aber jederzeit erfolgen. In der Länge der Vektoren steckt noch zusätzliche Information, und so wollen wir vorläufig die unnormierten Vektoren betrachten.

Ko- und kontravariante Basisvektoren

Die **kovarianten Basisvektoren** des krummlinigen Koordinatensystems (u_1, u_2, u_3) erhält man als Tangentenvektoren der Koordinatenlinien,

$$\boldsymbol{b}_{u_i} = \frac{\partial \boldsymbol{x}}{\partial u_i},$$

Die **kontravarianten Basisvektoren** sind die Normalenvektoren auf die Koordinatenflächen,

$$\boldsymbol{b}^{u_i} = \mathbf{grad}\, u_i.$$

Kommentar Auch die gegengleiche Konvention kommt in der Literatur durchaus vor, also $\boldsymbol{b}_{u_i} = \mathbf{grad}\, u_i$ für die kovarianten und $\boldsymbol{b}^{u_i} = \frac{\partial \boldsymbol{x}}{\partial u_i}$ für die kontravarianten Basisvektoren. ◄

Im Allgemeinen werden ko- und kontravariante Basisvektoren nicht zusammenfallen und jeweils zwar eine Basis, nicht unbedingt aber eine Orthogonalbasis bilden. Trotzdem ist ein Umrechnen zwischen den beiden Koordinatensystemen ohne Schwierigkeiten möglich: Dazu führen wir zwei weitere, ungemein praktische Größen ein.

Der **kovariante metrische Tensor** ist gegeben durch

$$g_{u_i u_k} = \boldsymbol{b}_{u_i} \cdot \boldsymbol{b}_{u_k}.$$

Den **kontravarianten metrischen Tensor** erhalten wir entsprechend als

$$g^{u_i u_k} = \boldsymbol{b}^{u_i} \cdot \boldsymbol{b}^{u_k}.$$

Die beiden Tensoren sind nicht unabhängig voneinander, es gilt

$$g_{u_i u_k} g^{u_k u_l} = \delta_{u_i}^{u_l},$$

dabei wird gemäß Einstein'scher Summationskonvention über u_k von 1 bis 3 summiert. Multipliziert man diese Gleichung von links mit $(g_{u_j u_i})^{-1}$, sieht man sofort, dass

$$g^{u_j u_l} = (g_{u_j u_l})^{-1}$$

ist, der ko- und der kontravariante metrische Tensor sind demnach zueinander invers.

Mit diesen Tensoren gilt für die Basisvektoren

$$\boldsymbol{b}_{u_i} = g_{u_i u_k} \boldsymbol{b}^{u_k} \quad \text{und} \quad \boldsymbol{b}^{u_i} = g^{u_i u_k} \boldsymbol{b}_{u_k},$$

Teil IV

wobei wir, wie auch im Folgenden, weiterhin die Einstein'sche Summenkonvention verwenden. Dieses besagt, wie in Kapitel 22 dargestellt, dass im kovariant-kontravarianten Formalismus über jeden Index summiert wird, der in einem Term einmal oben und einmal unten auftritt. Wie gehabt kann man mit diesen metrische Tensoren Indizes hinauf- oder hinunterziehen und so auch allgemeine Tensoren transformieren. Sind Verwechslungen ausgeschlossen, schreibt man auch oft g_{ik} und g^{ik} statt $g_{u_iu_k}$ und $g^{u_iu_k}$.

Beispiel Wir bestimmen die metrischen Tensoren für Kugel- und Zylinderkoordinaten. Aus den obigen Ergebnissen erhalten wir für Kugelkoordinaten

$$g_{ik} = \begin{pmatrix} 1 & 0 & 0 \\ 0 & r^2 & 0 \\ 0 & 0 & r^2 \sin^2 \vartheta \end{pmatrix}, \qquad g^{ik} = \begin{pmatrix} 1 & 0 & 0 \\ 0 & \frac{1}{r^2} & 0 \\ 0 & 0 & \frac{1}{r^2 \sin^2 \vartheta} \end{pmatrix},$$

für Zylinderkoordinaten

$$g_{ik} = \begin{pmatrix} 1 & 0 & 0 \\ 0 & \rho^2 & 0 \\ 0 & 0 & 1 \end{pmatrix}, \qquad g^{ik} = \begin{pmatrix} 1 & 0 & 0 \\ 0 & \frac{1}{\rho^2} & 0 \\ 0 & 0 & 1 \end{pmatrix}.$$

Nun können wir die Gültigkeit der Transformationsformeln für diese Systeme explizit nachrechnen. So gilt etwa

$$\begin{aligned} \boldsymbol{b}_\vartheta &= g_{\vartheta u_k} \boldsymbol{b}^{u_k} = g_{\vartheta r} \boldsymbol{b}^r + g_{\vartheta\vartheta} \boldsymbol{b}^\vartheta + g_{\vartheta\varphi} \boldsymbol{b}^\varphi \\ &= 0 \cdot \begin{pmatrix} \sin\vartheta \cos\varphi \\ \sin\vartheta \sin\varphi \\ \cos\vartheta \end{pmatrix} + r^2 \, \frac{1}{r} \begin{pmatrix} \cos\vartheta \cos\varphi \\ \cos\vartheta \sin\varphi \\ -\sin\vartheta \end{pmatrix} \\ &+ 0 \cdot \frac{1}{r \sin\vartheta} \begin{pmatrix} -\sin\varphi \\ \cos\varphi \\ 0 \end{pmatrix} = r \begin{pmatrix} \cos\vartheta \cos\varphi \\ \cos\vartheta \sin\varphi \\ -\sin\vartheta \end{pmatrix}. \end{aligned}$$ ◄

Sowohl für Kugel- als auch für Zylinderkoordinaten sind die metrischen Tensoren diagonal, d. h., die von den Komponenten gebildeten Matrizen haben Diagonalform. Das gilt zwar nicht allgemein, aber die meisten gebräuchlichen Koordinatensysteme haben diese Eigenschaft. Man nennt sie **orthogonale Koordinatensysteme**.

Selbstfrage 11

Welche Eigenschaften müssen die Basisvektoren eines krummlinigen Koordinatensystems erfüllen, damit der metrische Tensor diagonal ist?

In orthogonalen Koordinaten führt man für die Diagonalelemente gelegentlich die Abkürzung

$$h_{u_i} = \sqrt{g_{u_iu_i}}$$

ein. Hier wird *nicht* über u_i summiert.

Die wichtigsten Koordinatensysteme, mit denen wir es zu tun haben, sind, wie wir festgestellt haben, orthogonal. Auch sonst kann man in den meisten Fällen orthogonale Koordinaten konstruieren, und daher werden wir uns im Folgenden auf diesen Fall beschränken.

Kommentar Bei orthogonalen Koordinaten macht es nahezu keinen Unterschied, ob man eine ko- oder eine kontravariante Basis verwendet. Daher wird meist nur mit einer der beiden Arten von Basen gearbeitet, und oft fallen die Begriffe *kovariant* oder *kontravariant* gar nicht.

Beim Darstellen von Differenzialoperatoren in krummlinigen Koordinaten sind jedoch die Informationen, die im metrischen Tensor stecken, von entscheidender Bedeutung. Wir werden uns mit dieser Thematik in Abschnitt 27.6 auseinandersetzen.

Schwer verzichten kann man auf den vollen ko- und kontravarianten Formalismus auf jeden Fall in der Relativitätstheorie, die üblicherweise im sogenannte *Ricci-Kalkül* formuliert wird, und in den Rechungen oft schwer mit unteren und oberen Indizes beladen sind. ◄

Vektorkomponenten lassen sich durch Skalarproduktbildung bestimmen

In einer Basis $\{\boldsymbol{e}_{u_1}, \boldsymbol{e}_{u_2}, \boldsymbol{e}_{u_3}\}$ können wir jeden Vektor $\boldsymbol{V}$ sofort als

$$\boldsymbol{V} = V_{u_1} \boldsymbol{e}_{u_1} + V_{u_2} \boldsymbol{e}_{u_2} + V_{u_3} \boldsymbol{e}_{u_3}$$

darstellen. Das bleibt auch dann richtig, wenn die Basisvektoren die eines krummlinigen Koordinatensystems und damit ortsabhängig sind. Allerdings ändert sich die Darstellung abhängig vom Ort, an dem man den Vektor betrachtet.

Durch Bilden von Skalarprodukten mit den Basisvektoren kann man aus einer solchen Darstellung sofort die Komponenten des Vektors bestimmen. Dabei muss man lediglich ein lineares Gleichungssystem lösen. Besonders angenehm ist der Fall einer Orthonormalbasis; in dieser gilt

$$V_{u_1} = \boldsymbol{V} \cdot \boldsymbol{e}_{u_1}, \quad V_{u_2} = \boldsymbol{V} \cdot \boldsymbol{e}_{u_2}, \quad V_{u_3} = \boldsymbol{V} \cdot \boldsymbol{e}_{u_3}.$$

Beispiel Für den Ortsvektor $\boldsymbol{r} = (r_1, r_2, r_3)$ finden wir in Zylinderkoordinaten

$$\begin{aligned} r_\rho &= \boldsymbol{r} \cdot \boldsymbol{e}_\rho = \begin{pmatrix} \rho \cos\varphi \\ \rho \sin\varphi \\ z \end{pmatrix} \cdot \begin{pmatrix} \cos\varphi \\ \sin\varphi \\ 0 \end{pmatrix} \\ &= \rho \cos^2\varphi + \rho \sin^2\varphi = \rho, \\ r_\varphi &= -\rho \cos\varphi \sin\varphi + \rho \cos\varphi \sin\varphi = 0, \\ r_z &= z, \end{aligned}$$

also

$$\boldsymbol{r} = \rho \boldsymbol{e}_\rho + z \boldsymbol{e}_z.$$

In Kugelkoordinaten ist die Darstellung des Ortsvektors noch einfacher. Mit

$$r_r = \boldsymbol{r}\cdot\boldsymbol{e}_r = \begin{pmatrix} r\sin\vartheta\cos\varphi \\ r\sin\vartheta\sin\varphi \\ r\cos\vartheta \end{pmatrix}\cdot\begin{pmatrix} \sin\vartheta\cos\varphi \\ \sin\vartheta\sin\varphi \\ \cos\vartheta \end{pmatrix} = r\,,$$

$$r_\vartheta = \begin{pmatrix} r\sin\vartheta\cos\varphi \\ r\sin\vartheta\sin\varphi \\ r\cos\vartheta \end{pmatrix}\cdot\begin{pmatrix} r\cos\vartheta\cos\varphi \\ r\cos\vartheta\sin\varphi \\ -r\sin\vartheta \end{pmatrix} = 0\,,$$

$$r_\varphi = \begin{pmatrix} r\sin\vartheta\cos\varphi \\ r\sin\vartheta\sin\varphi \\ r\cos\vartheta \end{pmatrix}\cdot\begin{pmatrix} -r\sin\vartheta\sin\varphi \\ r\sin\vartheta\cos\varphi \\ 0 \end{pmatrix} = 0\,,$$

erhalten wir

$$\boldsymbol{r} = r\,\boldsymbol{e}_r\,.$$ ◄

Beim Ableiten müssen wir nun beachten, dass auch die Basisvektoren differenziert werden,

$$\frac{\mathrm{d}}{\mathrm{d}t}\sum_{k=1}^{3} a_k\,\boldsymbol{e}_{u_k} = \sum_{k=1}^{3}\left[\dot{a}_k\boldsymbol{e}_{u_k} + a_k\dot{\boldsymbol{e}}_{u_k}\right].$$

Anwendungsbeispiel Die Bahn eines Teilchens in der Ebene wird in Polarkoordinaten durch

$$\boldsymbol{x}(t) = r(t)\,\boldsymbol{e}_r$$

beschrieben. Für die Geschwindigkeit dieses Teilchens erhalten wir

$$\dot{\boldsymbol{x}}(t) = \dot{r}(t)\,\boldsymbol{e}_r + r(t)\,\dot{\boldsymbol{e}}_r = \dot{r}(t)\,\boldsymbol{e}_r + r(t)\,\dot{\varphi}\,\boldsymbol{e}_\varphi\,.$$

Bestimmen wir noch seine Beschleunigung, so erhalten wir

$$\begin{aligned}\ddot{\boldsymbol{x}}(t) &= \ddot{r}(t)\,\boldsymbol{e}_r + \dot{r}(t)\,\dot{\boldsymbol{e}}_r + \dot{r}(t)\,\dot{\varphi}\,\boldsymbol{e}_\varphi + r(t)\,\ddot{\varphi}\,\boldsymbol{e}_\varphi + r(t)\,\dot{\varphi}\,\dot{\boldsymbol{e}}_\varphi \\ &= \ddot{r}(t)\,\boldsymbol{e}_r + 2\,\dot{r}(t)\,\dot{\varphi}\,\boldsymbol{e}_\varphi + r(t)\,\ddot{\varphi}\,\boldsymbol{e}_\varphi - r(t)\,\dot{\varphi}^2\,\boldsymbol{e}_r\,.\end{aligned}$$

Ein einfacher Spezialfall ist die Kreisbewegung $r(t) = r_0$ mit konstantem Radius r_0 und $\varphi(t) = \omega\,t$. In diesem Fall ist $\dot{r}(t) = \ddot{r}(t) = 0$. Die Geschwindigkeit ist rein tangential,

$$\boldsymbol{v}(t) = \dot{\boldsymbol{x}}(t) = \omega\,r_0\,\boldsymbol{e}_\varphi\,,$$

die Beschleunigung radial einwärts gerichtet

$$\boldsymbol{a}(t) = \ddot{\boldsymbol{x}}(t) = -\omega^2\,r_0\,\boldsymbol{e}_r\,.$$

Zu ihr gehört zwangsläufig eine *Zentripetalkraft*, die das Teilchen auf der Kreisbahn hält. ◄

Zusammenfassung

Ebene Kurven

Definition ebener Kurven

Die Parametrisierung einer **ebenen Kurve** γ ist eine stetige, stückweise stetig differenzierbare Abbildung γ von einem **Parameterintervall** $I \subseteq \mathbb{R}$ nach $\mathbb{R}^2$,

$$\gamma : t \to x = \gamma(t).$$

Als **Bild** der Kurve bezeichnen wir die Punktmenge

$$B(\gamma) = \left\{ x \in \mathbb{R}^2 \mid \exists t \in I : x = \gamma(t) \right\}.$$

Die Ableitung nach dem Parameter wird üblicherweise mit einem Punkt bezeichnet.

Die Leibniz'sche Sektorformel dient zur Flächenberechnung

$$A = \frac{1}{2} \int_{t_1}^{t_2} \det((x, \dot{x}))\, dt$$

Auch Bogenlängen von Kurven lassen sich mittels Integration bestimmen.

Bogenlänge ebener Kurven

Für die Bogenlänge einer stetig differenzierbaren Kurve γ mit $x = \gamma(t)$, $\dot{\gamma}(t) \neq 0$ für alle $t \in I$, erhalten wir im Intervall $[t_0, t_1] \subseteq I$:

$$s(t_0, t_1) = \int_{t_0}^{t_1} \|\dot{x}(t)\|\, dt = \int_{t_0}^{t_1} \sqrt{\dot{x}_1^2 + \dot{x}_2^2}\, dt$$

Eine Kurve kann durch ihre Bogenlänge parametrisiert werden

Ist für alle t des Parameterintervalls stets $\dot{\gamma}(t) \neq 0$, so gibt es einen bijektiven Zusammenhang zwischen Parameter t und Bogenlänge s.

Krümmung einer ebenen Kurve

Die **Krümmung** einer mittels $\gamma(t) = (x_1(t), x_2(t))^{\mathrm{T}}$ parametrisierten, zumindest zweimal differenzierbaren Kurve ist durch

$$\kappa(t) = \frac{\det((\dot{x}, \ddot{x}))}{(\dot{x}_1^2 + \dot{x}_2^2)^{3/2}}$$

gegeben. Einen Punkt der Kurve, an dem die Krümmung ein lokales Extremum annimmt, nennen wir **Scheitelpunkt**.

Die Krümmung einer Kurve hat eine anschauliche geometrische Bedeutung: $\frac{1}{\kappa(t)}$ ist der Radius des Krümmungskreises an die Kurve im Punkt $x(t)$.

Raumkurven

Definition von Raumkurven

Die Parametrisierung einer **Raumkurve** γ ist eine stetige, stückweise stetig differenzierbare Abbildung von einem **Parameterintervall** $I \subseteq \mathbb{R}$ nach $\mathbb{R}^3$,

$$\gamma : t \to x = \gamma(t).$$

Als **Bild** der Kurve bezeichnen wir die Punktmenge

$$B(\gamma) = \left\{ x \in \mathbb{R}^3 \mid \exists t \in I : x = \gamma(t) \right\}.$$

Die meisten Ergebnisse zu ebenen Kurven lassen sich unmittelbar auf Raumkurven übertragen, nicht jedoch die Konstruktion von Evolute und Evolvente.

Zu vielen Kurven lässt sich ein begleitendes Dreibein konstruieren

Begleitendes Dreibein

Die ortsabhängige Orthonormalbasis (t, h, b) mit

$$t = \gamma', \quad h = \frac{1}{\kappa(s)} t', \quad b = t \times h$$

heißt **begleitendes Dreibein** der Kurve γ.

Für die Basisvektoren des begleitenden Dreibeins gibt es in natürlicher Parametrisierung praktische Ableitungsformeln, die Frenet-Serret'sche Formeln

$$\begin{pmatrix} \boldsymbol{t}' \\ \boldsymbol{h}' \\ \boldsymbol{b}' \end{pmatrix} = \begin{pmatrix} 0 & \kappa & 0 \\ -\kappa & 0 & \tau \\ 0 & -\tau & 0 \end{pmatrix} \cdot \begin{pmatrix} \boldsymbol{t} \\ \boldsymbol{h} \\ \boldsymbol{b} \end{pmatrix} .$$

Hier tritt neben der Krümmung κ auch die Torsion τ auf.

Viele Formeln sind in natürlicher Parametrisierung besonders einfach, doch selbst in allgemeiner Parametrisierung ergeben sich für Krümmung und Torsion einer Raumkurve noch handliche Ausdrücke.

Krümmung und Torsion für allgemeine Parametrisierung

In allgemeiner Parametrisierung erhalten wir für Krümmung und Torsion einer Raumkurve $\gamma, \boldsymbol{x} = \boldsymbol{x}(t)$

$$\kappa = \frac{\|\dot{\boldsymbol{x}} \times \ddot{\boldsymbol{x}}\|}{\|\dot{\boldsymbol{x}}\|^3}, \quad \tau = \frac{\det(\dot{\boldsymbol{x}}, \ddot{\boldsymbol{x}}, \dddot{\boldsymbol{x}})}{\|\dot{\boldsymbol{x}} \times \ddot{\boldsymbol{x}}\|^2} .$$

Flächen

Flächen im $\mathbb{R}^3$

Die Parametrisierung einer Fläche Φ im $\mathbb{R}^3$ ist eine stetige, stückweise stetig differenzierbare Abbildung von einem zusammenhängenden Gebiet $B \subseteq \mathbb{R}^2$ nach $\mathbb{R}^3$,

$$\boldsymbol{x} = \boldsymbol{\Phi}(u, v) ,$$

wobei die Tangentialvektoren $\frac{\partial \boldsymbol{\Phi}}{\partial u}$ und $\frac{\partial \boldsymbol{\Phi}}{\partial v}$ fast überall linear unabhängig sind.

Längenmessung auf einer Fläche wird durch die erste Fundamentalform beschrieben

Die erste Fundamentalform ist die Größe

$$\mathrm{d}s = \sqrt{E\,\mathrm{d}u^2 + 2\,F\,\mathrm{d}u\,\mathrm{d}v + G\,\mathrm{d}v^2}$$

mit den Abkürzungen:

$$\begin{aligned} E &= x_u^2 + y_u^2 + z_u^2 = \boldsymbol{\Phi}_u^2 \\ F &= x_u\,x_v + y_u\,y_v + z_u\,z_v = \boldsymbol{\Phi}_u \cdot \boldsymbol{\Phi}_v \\ G &= x_v^2 + y_v^2 + z_v^2 = \boldsymbol{\Phi}_v^2 \end{aligned}$$

Koordinatenlinien und -flächen helfen uns bei der Einführung allgemeiner Basen

In krummlinigen Koordinaten erhält man Kurven, die Koordinatenlinien, indem man zwei Koordinaten konstant hält. Hält man eine konstant, so liefert das Flächen, die Koordinatenflächen.

Nun können wir ko- und kontravariante Basisvektoren definieren

Ko- und kontravariante Basisvektoren

Die **kovarianten Basisvektoren** des krummlinigen Koordinatensystems (u_1, u_2, u_3) erhält man als Tangentenvektoren der Koordinatenlinien,

$$\boldsymbol{b}_{u_i} = \frac{\partial \boldsymbol{x}}{\partial u_i} .$$

Die **kontravarianten Basisvektoren** sind die Normalenvektoren auf die Koordinatenflächen,

$$\boldsymbol{b}^{u_i} = \mathbf{grad}\, u_i .$$

In orthogonalen Koordinaten stehen diese Basisvektoren jeweils normal aufeinander, $\boldsymbol{b}_{u_i}$ und $\boldsymbol{b}^{u_i}$ unterscheiden sich in diesem Fall nur in der Länge, aber nicht in der Richtung.

Vektorkomponenten in orthogonalen krummlinigen Koordinaten lassen sich durch Skalarprodukte mit den Basisvektoren bestimmen.

Bonusmaterial

Im Bonusmaterial werden wir unsere Betrachtungen zu Kurven vertiefen. Insbesondere Kurven, die sich nicht selbst schneiden, sogenannte *Jordan-Kurven*, werden wir dort behandeln. In einer Vertiefung untersuchen wir eine spezielle Kurve, die *Traktrix* oder auch *Schleppkurve*.

Zugleich Vereinheitlichung und Verallgemeinerung von Kurven und Flächen sind *Mannigfaltigkeiten*. Zwar würde eine strenge Behandlung dieses Begriffs beträchtliche Vorkenntnisse erfordern, nichtsdestotrotz wollen wir in einer weiteren Vertiefung zumindest die Grundidee darstellen.

Aufgaben

Die Aufgaben gliedern sich in drei Kategorien: Anhand der *Verständnisfragen* können Sie prüfen, ob Sie die Begriffe und zentralen Aussagen verstanden haben, mit den *Rechenaufgaben* üben Sie Ihre technischen Fertigkeiten und die *Anwendungsprobleme* geben Ihnen Gelegenheit, das Gelernte an praktischen Fragestellungen auszuprobieren.
Ein Punktesystem unterscheidet leichte •, mittelschwere •• und anspruchsvolle ••• Aufgaben. Lösungshinweise am Ende des Buches helfen Ihnen, falls Sie bei einer Aufgabe partout nicht weiterkommen. Dort finden Sie auch die Lösungen – betrügen Sie sich aber nicht selbst und schlagen Sie erst nach, wenn Sie selber zu einer Lösung gekommen sind. Ausführliche Lösungswege, Beweise und Abbildungen finden Sie als digitales Zusatzmaterial (electronic supplementary material).
Viel Spaß und Erfolg bei den Aufgaben!

Verständnisfragen

26.1 • Kann eine Kurve im $\mathbb{R}^2$, die nur in einem beschränkten Bereich liegt, unendliche Bogenlänge haben?

26.2 • Ordnen Sie zu: Welche der folgenden Kurven entspricht welcher Parameterdarstellung:

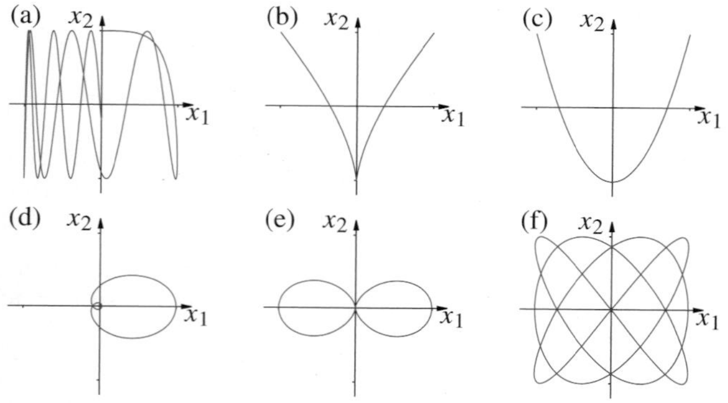

1. $\gamma_1\colon \boldsymbol{x}(t) = \begin{pmatrix} \cos(3t) \\ \sin(4t) \end{pmatrix}, t \in [0,\, 2\pi]$
2. $\gamma_2\colon \boldsymbol{x}(t) = \begin{pmatrix} t^3 \\ 2t^6 - 1 \end{pmatrix}, t \in [-1,\, 1]$
3. $\gamma_3\colon \boldsymbol{x}(t) = \begin{pmatrix} \sin t \\ \cos(t^2) \end{pmatrix}, t \in [0,\, 2\pi]$
4. $\gamma_4\colon \boldsymbol{x}(t) = \begin{pmatrix} t^3 \\ 2t^2 - 1 \end{pmatrix}, t \in [-1,\, 1]$
5. $\gamma_5\colon r(\varphi) = \frac{1}{1+\varphi^2}, \varphi \in [-4\pi,\, 4\pi]$
6. $\gamma_6\colon r(\varphi) = \cos^2\varphi, \varphi \in [0,\, 2\pi]$

26.3 •• Leiten Sie die Flächenformel (26.4) durch Zerlegungen der von der Kurve umschlossenen Fläche in Dreiecke und einen entsprechenden Grenzübergang her.

26.4 •• Eine *Epizykloide* ist die Bahnkurve eines Punktes am Rande eines Rades, das auf einem anderen Rad abrollt. Bestimmen Sie eine Parameterdarstellung einer solchen Epizykloide, wobei der feste Kreis den Radius R, der abrollende den Radius a hat. Unter welcher Bedingung ist eine solche Epizykloide eine geschlossene Kurve? Wie weit können zwei Punkte einer solchen Epizykloide höchstens voneinander entfernt sein?

Rechenaufgaben

26.5 • Finden Sie jeweils eine Parametrisierung der folgenden Kurven:

1. Zunächst ein Geradenstück von $\boldsymbol{A} = (-2,\, 0)^{\mathrm{T}}$ nach $\boldsymbol{B} = (0,\, 1)^{\mathrm{T}}$, anschließend ein Dreiviertelkreis von $\boldsymbol{B}$ mit Mittelpunkt $\boldsymbol{M} = (0,\, 2)^{\mathrm{T}}$ nach $\boldsymbol{C} = (-1,\, 2)^{\mathrm{T}}$ und zuletzt ein Geradenstück von $\boldsymbol{C}$ nach $\boldsymbol{D} = (-2,\, 2)^{\mathrm{T}}$.
2. Vom Anfangspunkt $\boldsymbol{A} = (-1,\, 3)^{\mathrm{T}}$ entlang eines Parabelbogens durch den Scheitel $\boldsymbol{B} = (0,\, -1)^{\mathrm{T}}$ nach $\boldsymbol{C} = (1,\, 3)^{\mathrm{T}}$, von dort entlang einer Geraden nach $\boldsymbol{D} = (1,\, 5)$ und zuletzt auf einem Viertelkreis zurück nach $\boldsymbol{A}$.
3. Ein im negativen Sinne durchlaufener Halbkreis von $\boldsymbol{A} = (2,\, 0)^{\mathrm{T}}$ nach $\boldsymbol{B} = (-2,\, 0)$, ein Geradenstück von $\boldsymbol{B}$ nach $\boldsymbol{0} = (0,\, 0)^{\mathrm{T}}$ und ein im positiven Sinne durchlaufener Halbkreis von $\boldsymbol{0}$ zurück nach $\boldsymbol{A}$.

26.6 • Bestimmen Sie einen allgemeinen Ausdruck für die Krümmung einer in Polarkoordinaten als $r(\varphi)$ gegebenen Kurve.

26.7 •• Die *Kardioide* oder *Herzkurve* ist gegeben durch

$$r(\varphi) = a\,(1 + \cos\varphi)\,, \qquad \varphi \in [0,\, 2\pi]$$

mit einer Konstante $a \in \mathbb{R}_{>0}$.

1. Bestimmen Sie den Inhalt der Fläche, die von dieser Kurve begrenzt wird.
2. Bestimmen Sie ihre Bogenlänge.
3. Bestimmen Sie die Evolute dieser Kurve.
4. Fertigen Sie eine Skizze an.

26.8 •• Die Bernoulli'sche *Lemniskate* ist in Polarkoordinaten gegeben durch

$$r(\varphi) = a\,\sqrt{2\,\cos(2\varphi)}$$

mit $\varphi \in \left[-\frac{\pi}{4}, \frac{\pi}{4}\right] \cup \left[\frac{3\pi}{4}, \frac{5\pi}{4}\right]$. Skizzieren Sie diese Kurve, geben Sie eine Darstellung in kartesischen Koordinaten an und bestimmen Sie den Inhalt der von ihr eingeschlossenen Fläche.

26.9 •• Die *Pascal'sche Schnecke* ist in Parameterdarstellung gegeben durch

$$\boldsymbol{x}(t) = \begin{pmatrix} a\,\cos^2 t + b\,\cos t \\ a\,\cos t\,\sin t + b\,\sin t \end{pmatrix}$$

mit festen positiven Werten $a > 0$, $b > 0$ und dem Parameterintervall $t \in (-\pi, \pi]$. Skizzieren Sie den Verlauf der Kurve für die Fälle $b < a$, $a < b < 2a$ und $b > 2a$. Suchen Sie eine kartesische und eine Polarkoordinatendarstellung der Kurve und bestimmen Sie den von ihr eingeschlossenen Flächeninhalt. Was ist dabei zu beachten?

26.10 ••• Die *Strophoide* kann in Polarkoordinaten durch

$$r = -\frac{a\,\cos(2\varphi)}{\cos\varphi}, \quad -\frac{\pi}{2} < \varphi < \frac{\pi}{2}$$

beschrieben werden. (Dabei gelten die Bemerkungen von S. 970 bezüglich negativer Werte von r.)

- Finden Sie eine implizite Darstellung der Kurve in kartesischen Koordinaten.
- Zeigen Sie, dass die Kurve mittels

$$x_1(t) = \frac{a\,(t^2-1)}{1+t^2}, \quad x_2(t) = \frac{a\,t\,(t^2-1)}{1+t^2}$$

  parametrisiert werden kann.
- Bestimmen Sie die Tangenten an die Kurve im Ursprung.
- Bestimmen Sie die Asymptote der Strophoide und fertigen Sie eine Skizze der Kurve an.
- Bestimmen Sie den Flächeninhalt der „Schleife" der Kurve.
- Bestimmen Sie den Inhalt der Fläche, die von der Strophoiden und ihrer Asymptoten eingeschlossen wird.

26.11 •• Bestimmen Sie zu den folgenden Kurven Krümmung, Torsion, begleitendes Dreibein und die Bogenlänge $s(t, 0)$:

$$\boldsymbol{\alpha}(t) = \begin{pmatrix} \cosh t \\ \sinh t \\ t \end{pmatrix}, \quad \boldsymbol{\beta}(t) = \begin{pmatrix} t\,\cos t \\ t\,\sin t \\ t \end{pmatrix}$$

mit jeweils $t \in \mathbb{R}_{\geq 0}$.

26.12 •• Auf der Wendelfläche

$$\boldsymbol{x}(u, v) = \begin{pmatrix} u\,\cos v \\ u\,\sin v \\ v \end{pmatrix} \qquad u \in \mathbb{R}_{\geq 0},\ v \in \mathbb{R}$$

ist die Kurve γ durch $\gamma = \gamma_1 + \gamma_2$ mit

$$\gamma_1: \begin{array}{l} u(t) = t \\ v(t) = t \end{array} \qquad t \in [0, 2\pi]$$

$$\gamma_2: \begin{array}{l} u(t) = \pi - t \\ v(t) = 2\pi \end{array} \qquad t \in [0, 2\pi]$$

gegeben. Bestimmen Sie die Länge dieser Kurve.

26.13 • Zeigen Sie, dass die Basisvektoren der Kugelkoordinaten, $((\boldsymbol{e}_r, \boldsymbol{e}_\vartheta, \boldsymbol{e}_\varphi))$, und der Zylinderkoordinaten, $((\boldsymbol{e}_\rho, \boldsymbol{e}_\varphi, \boldsymbol{e}_z))$, jeweils ein Orthonormalsystem darstellen.

26.14 •• Bestimmen Sie kovariante Basisvektoren für die folgenden beiden Koordinatensysteme, überprüfen Sie, ob es sich um orthogonale Koordinaten handelt und beschreiben Sie die Koordinatenflächen. Die Konstante $c > 0$ ist dabei ein Maßstabsfaktor.

- *Polare elliptische Koordinaten*

$$\boldsymbol{x} = \begin{pmatrix} c\,\sinh\alpha\,\sin\beta\,\cos\varphi \\ c\,\sinh\alpha\,\sin\beta\,\sin\varphi \\ c\,\cosh\alpha\,\cos\beta \end{pmatrix}$$

  mit $\alpha \in \mathbb{R}_{\geq 0}$, $0 \leq \beta \leq \pi$ und $-\pi < \varphi \leq \pi$.
- *Parabolische Zylinderkoordinaten*

$$\boldsymbol{x} = \begin{pmatrix} \frac{c}{2}\,(u^2 - v^2) \\ c\,uv \\ z \end{pmatrix}$$

  mit $u \in \mathbb{R}_{\geq 0}$, $v \in \mathbb{R}$ und $z \in \mathbb{R}$.

Anwendungsprobleme

26.15 • Die Bahn der Erde um die Sonne ist in sehr guter Näherung eine Ellipse mit der großen Halbachse $a \approx 149\,597\,890$ km und numerischer Exzentrizität $\varepsilon \approx 0.016\,710\,2$. In einem Brennpunkt dieser Ellipse steht die Sonne. Bestimmen Sie damit näherungsweise die Länge der Erdbahn. (Hinweis: Das auftretende elliptische Integral ist nicht elementar lösbar, entwickeln Sie den Integranden in ε.) Erwarten Sie, dass die Korrektur zu $2\pi\,a$ positiv oder negativ ist?

26.16 ••• Eine Ziege ist an einem festen Punkt einer runden Säule angebunden, und zwar mit einem Seil, dessen Länge gleich dem halben Umfang der Säule ist. Welche Fläche Gras kann die (als punktförmig angenommene) Ziege erreichen?

26.17 •• Ein Stab der Länge l ist an einem Ende mittels eines Gelenks $\boldsymbol{g}$ auf der Seite eines Rades befestigt. Das Gelenk hat vom Radmittelpunkt (=Drehpunkt) den Abstand a. Der Stab läuft durch eine frei drehbare Hülse $\boldsymbol{h}$, die im Abstand b vom Radmittelpunkt fixiert ist. (Dabei ist $a + b < l$.) Bestimmen Sie die Kurve, die der Endpunkt $\boldsymbol{p}$ des Stabes bei Drehung des Rades beschreibt.

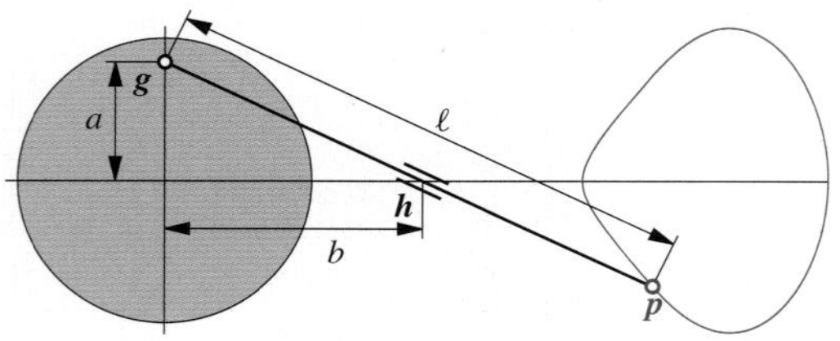

Abb. 26.29 Ein einfaches Gestänge mit einem Gelenk $\boldsymbol{g}$ und einer Hülse $\boldsymbol{h}$

Die Situation ist in Abb. 26.29 dargestellt. Alle betrachteten Punkte liegen in einer Ebene, alle Gelenke sind in dieser Ebene frei drehbar.

26.18 •• Betrachten Sie einen homogenen Körper, dessen Querschnitt von den Kurven $y = ax^2$ und $y = c$ mit $a, c > 0$ begrenzt wird. Für welche Werte von a und c ist dieser Körper (in einem homogenen Kraftfeld $\boldsymbol{F} = -F\widehat{\boldsymbol{y}}$, $F > 0$) stabil gelagert?

26.19 •• Im Straßenbau und bei der Anlage von Eisenbahntraßen spielt die **Klothoide**

$$\boldsymbol{\gamma}(t) = \left(\int_0^t \cos(\tau^2)\,\mathrm{d}\tau, \quad \int_0^t \sin(\tau^2)\,\mathrm{d}\tau \right)^{\mathrm{T}}, \quad t \in \mathbb{R}_{\geq 0},$$

die auch als *Spinnkurve* oder *Cornu-Spirale* bezeichnet wird, eine wichtige Rolle. Die *Fresnel'schen Integrale*, die in ihrer Parameterdarstellung auftauchen, können nicht elementar gelöst werden.

Bestimmen Sie Bogenlänge $s(0, t)$ und Krümmung der Klothoide, skizzieren Sie die Kurve. Überlegen Sie, wegen welcher Eigenschaft Klothoidenstücke neben Geraden und Kreisen zentrale Elemente im Straßen- und Trassenbau sein könnten.

Antworten zu den Selbstfragen

Antwort 1 Ein Beispiel dafür wäre

$$K_3: \; x_2 = \begin{cases} \sqrt{R^2 - x_1^2} & \text{für } -R \le x_1 < 0 \\ -\sqrt{R^2 - x_1^2} & \text{für } 0 \le x_1 \le R\,. \end{cases}$$

Antwort 2 Wir erhalten

$$\begin{aligned} \sqrt{x_1^2 + x_2^2} &= \mathrm{e}^{-\arctan \frac{x_2}{x_1}} \\ \ln \sqrt{x_1^2 + x_2^2} &= -\arctan \frac{x_2}{x_1} \\ \frac{x_2}{x_1} &= \tan\left(-\ln \sqrt{x_1^2 + x_2^2}\right), \end{aligned}$$

und der gesuchte Ausdruck folgt nach elementarer Umformung sowie Ausnutzen der Antisymmetrie des Tangens, $\tan(-\alpha) = -\tan\alpha$.

Antwort 3 Zunächst betrachten wir eine Gerade $y = kx + d$. Zweimaliges Differenzieren liefert $y' = k$, $y'' = 0$, die Krümmung ist null. Sei nun umgekehrt die Krümmung und damit auch y'' gleich null. Dann liefert zweimaliges Integrieren $y' = \int y''\,\mathrm{d}x = a$, $y = \int y'\,\mathrm{d}x = ax + b$.

Antwort 4 Sie reduziert sich auf einen Punkt. Dies ist der Mittelpunkt des Kreises mit Radius $r = a = b$, zu dem die Ellipse in diesem Fall wird. Hier kann man zwar anschaulich kaum noch von einer Kurve sprechen, unsere Definition von S. 958 verbietet jedoch auch den Fall einer „konstanten Kurve" nicht.

Antwort 5 Die Diagonalelemente entsprechen den Komponenten der Ableitung eines Vektors in Richtung dieses Vektors selbst. Da wir nur Einheitsvektoren betrachten, die ja immer normal auf ihre Ableitung stehen, muss diese Komponente verschwinden.

Antwort 6 Diese Orthogonalitätsbeziehungen sind *Identitäten*, sie gelten für beliebige Werte von s. Das Ableiten einer Identität liefert wiederum eine gültige Identität.

Antwort 7 Die Lage lässt sich aus Krümmung und Torsion nicht bestimmen, da diese Größen ja nur Ableitungen enthalten, in denen jede absolute Positionsangabe bereits verlorengegangen ist („wegdifferenziert" wurde). Auch Drehungen im Raum lassen Krümmung und Torsion invariant.

Antwort 8 Für $a \to 0$ erhält man für die Torsion $\tau = 1/b$. Im Fall $a = 0$ reduziert sich die Schraubenlinie zur 3-Achse, deren Torsion verschwindet. Die Torsion ist also für $a \to 0$ unstetig. Das ist nicht überraschend – eine Schraubenlinie mit beliebig kleinem Windungsradius und endlicher Ganghöhe ist nie auch nur annähernd eine Gerade. Wegen

$$\lim_{b\to\infty} \frac{b}{a^2 + b^2} = \lim_{b\to\infty} \frac{\frac{1}{b}}{\frac{a^2}{b^2} + 1} = 0$$

verschwindet die Torsion für $b \to \infty$. Der Grenzübergang entspricht einem stetigen „Langziehen" der Schraubenlinie, die einer Geraden auf stetige Weise immer ähnlicher wird.

Antwort 9 Nein, da die Tangentenvektoren $\frac{\partial \boldsymbol{\Phi}}{\partial u}$ und $\frac{\partial \boldsymbol{\Phi}}{\partial v}$ überall linear abhängig sind.

Antwort 10 Die Koordinatenlinien sind Geraden, die Koordinatenflächen Ebenen.

Antwort 11 Es muss $\boldsymbol{b}_{u_i} \cdot \boldsymbol{b}_{u_j} = \boldsymbol{b}^{u_i} \cdot \boldsymbol{b}^{u_j} = 0$ für $i \neq j$ sein.

Teil IV

Vektoranalysis – von Quellen und Wirbeln

27

Was sind Rotation und Divergenz eines Vektorfeldes?

Wie integriert man entlang von Kurven und über Flächen?

Was besagen Integralsätze?

Teil IV

Ergänzende Information Die elektronische Version dieses Kapitels enthält Zusatzmaterial, auf das über folgenden Link zugegriffen werden kann https://doi.org/10.1007/978-3-662-64389-1_27.

T. Arens et al., *Mathematik*, https://doi.org/10.1007/978-3-662-64389-1_27

Die Vektoranalysis ist ein Gebiet, das für naturwissenschaftliche und technische Anwendungen von immenser Bedeutung ist. Erfreulicherweise sind die zentralen Begriffe, mit denen wir es in diesem Kapitel zu tun haben werden, Skalar- und Vektorfelder, keineswegs neu. Im Prinzip haben wir sie, noch dazu in größerer Allgemeinheit, bereits mit den Abbildungen $\mathbb{R}^n \to \mathbb{R}^m$ vollständig abgehandelt.

Dennoch lohnt es sich, hier noch einmal genauer hinzusehen und die Folgerungen zu untersuchen, die sich ergeben, wenn man die Vektorrechnung mit der Analysis, vor allem Differenzial- und Integralrechnung verknüpft.

Einerseits werden wir verschiedene Differenzialoperatoren definieren, die speziell auf Skalar- und Vektorfelder zugeschnitten sind. Andererseits können wir solche Felder auch integrieren. Die Integrationsbereiche sind hier zumeist Kurven und Flächen – und wir werden unsere Kenntnisse aus Kap. 26 gut gebrauchen können.

Die Anwendungen sind insbesondere in Strömungsmechanik und Elektrodynamik offensichtlich, und wir werden auch immer wieder Beispiele und Veranschaulichungen aus diesen Bereichen benutzen. Doch generell taucht die Vektoranalysis in verschiedensten Bereichen naturwissenschaftlich-technischer Anwendungen auf.

27.1 Skalar- und Vektorfelder

Der zentrale Begriff in diesem Kapitel ist der des *Feldes*. Diese Bezeichnung stammt ursprünglich aus der Physik und bezeichnet eine ortsabhängige Größe. So weist etwa ein Temperaturfeld jedem Raumpunkt x eine Temperatur $T(x)$ zu. Bei einem elektrischen Feld hat man an jedem Raumpunkt x einen elektrischen Feldstärkevektor $E(x)$.

Der Feldbegriff fügt sich nahtlos in unsere Betrachtungen zu Funktionen $\mathbb{R}^n \to \mathbb{R}^m$ ein

Auch wenn es Anwendungen gibt, in denen allgemeine Tensorfelder eine Rolle spielen, sind Skalar- und Vektorfelder doch die beiden wichtigsten Arten von Feldern. Mit den Bezeichnungen aus Kap. 24 haben wir es dabei mit Funktionen $\mathbb{R}^n \to \mathbb{R}$ und $\mathbb{R}^n \to \mathbb{R}^n$ zu tun, genauer

---

Skalar- und Vektorfelder

Wir betrachten eine zusammenhängende Menge $D \subseteq \mathbb{R}^n$. Ein **Skalarfeld** ist eine Funktion $D \to \mathbb{R}$, ein **Vektorfeld** eine Funktion $D \to \mathbb{R}^n$.

Ein Feld mit Definitionsbereich $D \subseteq \mathbb{R}^n$ werden wir oft als *n*-dimensionales Feld bezeichnen. Von allen Feldern, also allen möglichen Funktionen, werden uns auch hier wieder besonders die stetigen und insbesondere die differenzierbaren interessieren.

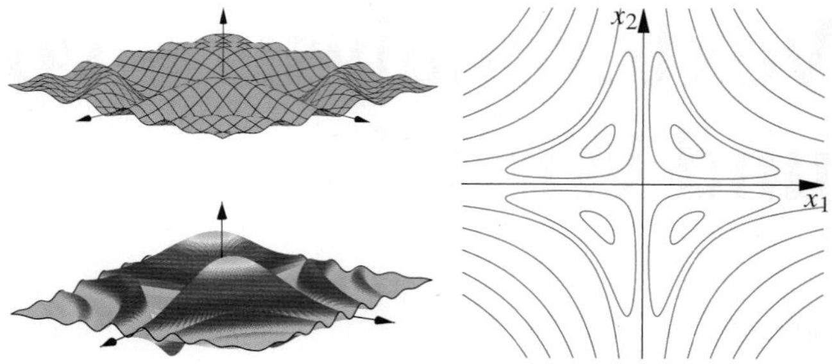

Abb. 27.1 Darstellung eines zweidimensionalen Skalarfeldes (einer Funktion $\mathbb{R}^2 \to \mathbb{R}$) als Fläche (mit Gitternetzlinien oder mit Farbcodierung) im $\mathbb{R}^3$ bzw. mittels Niveaulinien

Meist wird bei uns zudem $n = 2$ oder $n = 3$ sein, da der ebene Fall am übersichtlichsten und der dreidimensionale für die Anwendungen am wichtigsten ist. Zudem gibt es in zwei und drei Dimensionen einen besonders hochentwickelten Formalismus. Dieser lässt sich zwar auf allgemeine Werte für n übertragen – wird dabei, wie im Bonusmaterial diskutiert, jedoch deutlich abstrakter.

Zweidimensionale Skalarfelder lassen sich, wie schon in Kap. 24 diskutiert, leicht grafisch darstellen – entweder als Flächen im $\mathbb{R}^3$ oder mittels Niveaulinien. Diese beiden Möglichkeiten sind einander in Abb. 27.1 gegenübergestellt. Beide Darstellungen lassen sich nicht unmittelbar ins Dreidimensionale übertragen.

Bei Vektorfeldern v hat man schon im Zweidimensionalen Schwierigkeiten mit einer vollständigen Darstellung. Als Abhilfe greift man einzelne Punkte x_i, etwa in einem rechteckigen Gitter, heraus und zeichnet dort Pfeile $v(x_i)$ ein, wie etwa in Abb. 27.2 dargestellt.

Dieses Vorgehen lässt sich auf dreidimensionale Vektorfelder übertragen, siehe Abb. 27.3. Allerdings sollten die Punkte hier wirklich in einem regelmäßigen Gitter liegen, die Punktdich-

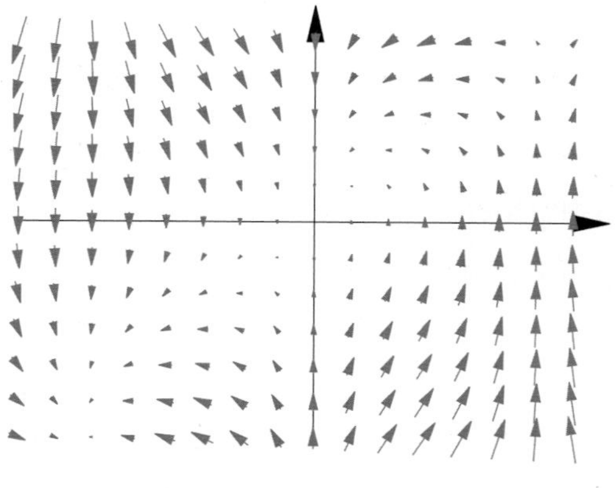

Abb. 27.2 Grafische Darstellung eines zweidimensionalen Vektorfeldes mittels Pfeilchen

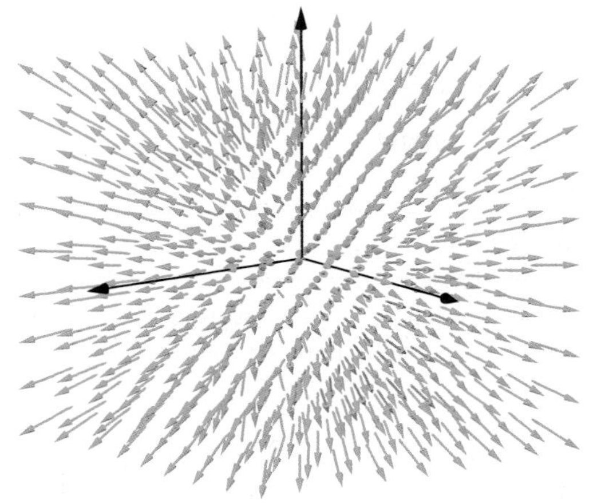

Abb. 27.3 Grafische Darstellung eines dreidimensionalen Vektorfeldes mittels Pfeilchen

te darf nicht zu hoch sein und die perspektivische Darstellung muss geeignet gewählt werden.

Insbesondere für zweidimensionale Vektorfelder sind auch Feldlinien-Darstellungen mit durchgezogenen Linien, wie in Abb. 27.4 gezeigt, üblich. Ähnliche Abbildungen haben wir bereits in Kap. 13 kennengelernt. Das durch eine Differenzialgleichung der Form $y' = f(x, y)$ definierte Richtungsfeld kann man auch als zweidimensionales Vektorfeld $\boldsymbol{v}(x, y) = (1, f(x, y))^{\mathrm{T}}$ auffassen.

Wir werden an verschiedenen Stellen Anwendungen aus Strömungsmechanik und Elektrodynamik betrachten. Für diese Gebiete bietet sich eine vektoranalytische Behandlung besonders an, und umgekehrt hat man für viele vektoranalytische Zusammenhänge sofort „handfeste" Veranschaulichungen zur Verfügung.

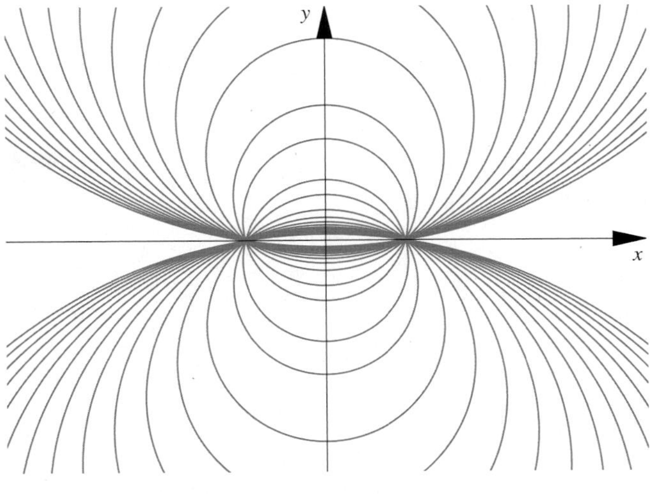

Abb. 27.4 Grafische Darstellung eines Vektorfeldes mittels Feldlinien

Anwendungsbeispiel

- Das elektrische Feld einer Punktladung q im Ursprung hat die Gestalt

$$\boldsymbol{E}(\boldsymbol{x}) = \frac{q}{4\pi\,\varepsilon_0}\,\frac{\boldsymbol{x}}{\|\boldsymbol{x}\|^3} = \frac{q}{4\pi\,\varepsilon_0}\,\frac{\boldsymbol{e}_r}{r^2} = \frac{q}{4\pi\,\varepsilon_0\,(x_1^2+x_2^2+x_3^2)^{3/2}}\begin{pmatrix}x_1\\x_2\\x_3\end{pmatrix}$$

mit der Konstanten ε_0 und $r = \|\boldsymbol{x}\|$. Definitionsbereich ist dabei $\mathbb{R}^3 \setminus \boldsymbol{0}$. Den Ursprung selbst muss man aus dem Definitionsbereich ausnehmen. Würde man statt einer Punktladung eine kleine, homogen geladene Kugel betrachten, hätte man dieses Problem nicht.

- Das elektrische Feld, das von mehreren Punktladungen q_i an den Orten $\boldsymbol{x}_i$ erzeugt wird, erhält man durch simple Summation,

$$\boldsymbol{E} = \frac{1}{4\pi\,\varepsilon_0}\sum_{i=1}^{n}\frac{q_i(\boldsymbol{x}-\boldsymbol{x}_i)}{\|\boldsymbol{x}-\boldsymbol{x}_i\|^3}\,.$$

Der Definitionsbereich dieses Vektorfeldes ist $\mathbb{R}^3 \setminus \{\boldsymbol{x}_1, \ldots, \boldsymbol{x}_n\}$.

- Das Vektorfeld, das eine gleichförmigen Strömung beschreibt, hat eine sehr einfache Gestalt. Hat die Flüssigkeit überall die Geschwindigkeit $\boldsymbol{v} = (v_1, v_2, v_3)^{\mathrm{T}}$, so ist das entsprechende Feld

$$\boldsymbol{v}(\boldsymbol{x}) = \begin{pmatrix}v_1\\v_2\\v_3\end{pmatrix}.$$

- Ein zweidimensionales Strömungsfeld, das einen Wirbel um den Ursprung beschreibt, ist

$$\boldsymbol{v}(\boldsymbol{x}) = \begin{pmatrix}-v_0\,\sin\varphi\\v_0\,\cos\varphi\end{pmatrix}.$$

Dabei haben wir den Polarwinkel φ mit $\tan\varphi = \frac{x_2}{x_1}$ der Bequemlichkeit halber eingeführt, den Punkt $\boldsymbol{0}$ müssen wir aus dem Definitionsbereich ausnehmen. Die Darstellung liegt natürlich trotzdem in kartesischen Koordinaten vor. Wir könnten gleichwertig auch

$$\boldsymbol{v}(\boldsymbol{x}) = \frac{v_0}{\sqrt{x_1^2+x_2^2}}\begin{pmatrix}x_1\\x_2\end{pmatrix}$$

schreiben.

- Auch das Strömungsfeld

$$\boldsymbol{v}(\boldsymbol{x}) = \frac{v_0}{1+r}\begin{pmatrix}-\sin\varphi\\\cos\varphi\end{pmatrix}$$

beschreibt einen Wirbel. Nun aber nimmt die Strömungsgeschwindigkeit vom Zentrum weg ab. Auch hier müssen wir den Punkt $\boldsymbol{0}$ aus dem Definitionsbereich ausnehmen, da der Polarwinkel φ dort nicht definiert ist. ◀

Teil IV

Kommentar Manche Vektorfelder haben in krummlinigen Koordinaten eine viel einfachere Gestalt. So haben wir bereits gesehen, dass das Feld einer Punktladung im Ursprung in Kugelkoordinaten einfach durch

$$\boldsymbol{E}(\boldsymbol{x}) = \frac{q}{4\pi\varepsilon_0 r^2}\,\boldsymbol{e}_r.$$

beschrieben werden kann. Die Vorteile dieser Darstellung werden allerdings durch den Nachteil erkauft, dass die Basisvektoren solcher Systeme ortsabhängig sind. ◂

27.2 Differenzialoperatoren

Unser Hauptaugenmerk liegt auf *differenzierbaren* Vektorfeldern, und das mit gutem Grund. Viele Betrachtungen und Rechnungen vereinfachen sich erheblich, wenn man die Mittel der Differenzialrechnung zur Verfügung hat. Im Folgenden wollen wir Skalar- und Vektorfelder immer als hinreichend oft differenzierbar annehmen.

Viele Werkzeuge stehen uns natürlich schon aus Kap. 24 zur Verfügung. Insbesondere für Vektorfelder werden wir unsere Betrachtungen aber deutlich erweitern. Wir konzentrieren uns im Folgenden auf den dreidimensionalen Fall. Als Funktion $\mathbb{R}^3 \to \mathbb{R}^3$ gesehen, wird die Ableitung eines Vektorfeldes $\boldsymbol{v}$ durch neun unabhängige Größen $\frac{\partial v_i}{\partial x_j}$ charakterisiert.

Tatsächlich erhält man aber oft bereits viel Information, indem man nur bestimmte Kombinationen dieser partiellen Ableitungen betrachtet. Um dafür eine einfache Notation zur Verfügung zu haben, führt man bestimmte *Differenzialoperatoren* ein, von denen wir einen bereits kennengelernt haben.

Teil IV

Der Gradient eines Skalarfeldes gibt die Richtung des steilsten Anstiegs an

Wir kennen den Gradienten $\mathbf{grad} f = \nabla f$ bereits aus Abschn. 24.3 als Vektor der partiellen Ableitungen. Der Nabla-Operator

$$\nabla = \begin{pmatrix} \partial/\partial x_1 \\ \partial/\partial x_2 \\ \partial/\partial x_3 \end{pmatrix}$$

wird im Folgenden äußerst praktisch zum Aufschreiben von Differenzialoperatoren sein.

Achtung Der Nabla-Operator ∇ ist zugleich Vektor und Differenzialoperator, weshalb man bei seiner Anwendung sowohl die Regeln der Vektor- als auch jene der Differenzialrechnung berücksichtigen muss. Dabei ist zu beachten, dass der Nabla-Operator wie jeder Differenzialoperator definitionsgemäß auf alles wirkt, was im entsprechenden Term rechts von ihm steht. ◂

Als Ableitungsoperator erfüllt der Nabla-Operator die gewohnten Rechenregeln, etwa Produkt- und Kettenregel. Lediglich auf die Reihenfolge bzw. ein Abgrenzen etwa durch Klammern muss man gegebenenfalls achten,

$$\nabla(\Phi_1\Phi_2) = (\nabla\Phi_1)\,\Phi_2 + \Phi_1\,(\nabla\Phi_2) = \Phi_2\,\nabla\Phi_1 + \Phi_1\,\nabla\Phi_2\,,$$

$$\nabla\frac{1}{r} = \nabla r^{-1} = -r^{-2}\,\nabla r = -\frac{1}{r^2}\,\nabla r = -\frac{1}{r^2}\,\boldsymbol{e}_r\,.$$

Selbstfrage 1

Wie kommt man zu $\nabla r = \boldsymbol{e}_r$?

Bildet man den Gradienten eines Skalarfeldes, so erhält man einen Vektor – an jedem Raumpunkt. Das Ergebnis ist demnach ein Vektor*feld*.

Wirkung des Gradienten

Der Gradient $\mathbf{grad}\,\Phi = \nabla\Phi$ des Skalarfeldes Φ ist ein Vektorfeld.

Beispiel Betrachten wir etwa das Feld Φ, $\mathbb{R}^2 \to \mathbb{R}$ mit

$$\Phi\,(x_1, x_2) = x_1\,x_2 + \mathrm{e}^{-x_2^2}\,.$$

Für die partiellen Ableitungen erhalten wir $\frac{\partial\Phi}{\partial x_1} = x_2$ und $\frac{\partial\Phi}{\partial x_2} = x_1 - 2x_2\,\mathrm{e}^{-x_2^2}$. Der Gradient ist also in diesem Fall

$$\mathbf{grad}\,\Phi = \begin{pmatrix} x_2 \\ x_1 - 2x_2\,\mathrm{e}^{-x_2^2} \end{pmatrix}.$$

Für den übersichtlicheren Fall $\Phi(x_1, x_2) = x_1 x_2$ ist in Abb. 27.5 die Niveauliniendarstellung zusammen mit dem Gradientenfeld gezeigt. Allgemein steht der Gradient in jedem Punkt senkrecht auf die Niveaulinien des Skalarfeldes. ◂

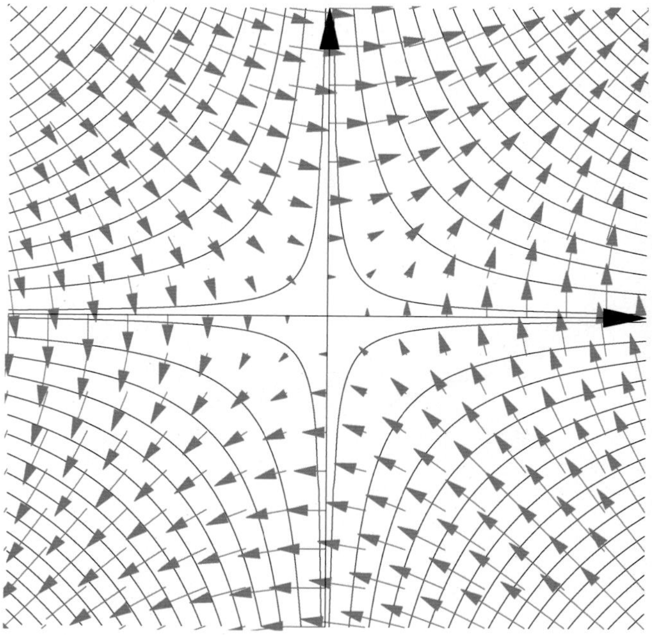

Abb. 27.5 Niveaudarstellung des Skalarfeldes Φ: $\mathbb{R}^2 \to \mathbb{R}$, $\Phi(x_1, x_2) = x_1\,x_2$ zusammen mit seinem Gradientenfeld $\boldsymbol{v} = \mathbf{grad}\,\Phi$

Anwendungsbeispiel Ein in der Physik und Technik wichtiger Fall ist

$$\Phi\,(x_1, x_2, x_3) = \frac{\alpha}{r} = \frac{\alpha}{\sqrt{x_1^2 + x_2^2 + x_3^2}},$$

denn mit $\alpha = GM$ wird dadurch das Gravitationspotenzial einer kugelsymmetrischen Masse, mit $\alpha = \frac{Q}{4\pi\varepsilon_0}$ das elektrostatische Potenzial einer Punktladung beschrieben. Die partielle Ableitung nach einer Variablen x_i ergibt, da α eine Konstante ist

$$\begin{aligned}\frac{\partial}{\partial x_i}\frac{\alpha}{r} &= \frac{\partial}{\partial x_i}\alpha\left(x_1^2 + x_2^2 + x_3^2\right)^{-1/2} \\ &= -\frac{\alpha}{2}\left(x_1^2 + x_2^2 + x_3^2\right)^{-3/2} 2x_i \\ &= -\alpha\,\frac{x_i}{r^3}\,.\end{aligned}$$

Wir erhalten für den Gradienten also diesmal

$$\textbf{grad}\,\Phi = -\alpha\left(\frac{x_1}{r^3}, \frac{x_2}{r^3}, \frac{x_3}{r^3}\right)^{\mathrm{T}} = -\alpha\frac{1}{r^3}\boldsymbol{r} = -\alpha\frac{1}{r^2}\boldsymbol{e}_r\,.$$

Dieses Vektorfeld beschreibt bei der physikalischen Interpretation von oben bis auf das negative Vorzeichen das Feld der Gravitationsbeschleunigung bzw. der elektrischen Feldstärke. Mit einer kleinen Probemasse m bzw. einer entsprechenden Probeladung q multipliziert erhält man das wirkende *Kraftfeld*. ◄

In diesen Beispielen kann man aus einem Skalarfeld ein Vektorfeld ableiten. Skalarfelder sind wesentlich einfacher zu beschreiben, man braucht nur eine statt drei Komponenten anzugeben. Die Frage ist nun, ob sich *jedes* Vektorfeld als Gradient eines geeigneten Skalarfeldes darstellen lässt.

Das ist zwar nicht der Fall, aber immerhin spielen jene Vektorfelder, für die das doch gilt, eine so große Rolle, dass sie einen eigenen Namen bekommen haben.

Definition eines Potenzialfeldes

Ein Vektorfeld $\boldsymbol{v}$, das sich als Gradient eines Skalarfeldes Φ darstellen lässt,

$$\boldsymbol{v} = \textbf{grad}\,\Phi\,,$$

heißt **Potenzialfeld**, **Gradientenfeld** oder **konservativ**. Man sagt auch „$\boldsymbol{v}$ besitzt ein Potenzial".

Das Skalarfeld Φ nennt man in diesem Fall das **Potenzial** des Vektorfeldes $\boldsymbol{v}$. Während es einfach ist, mittels Potenzial das entsprechende Vektorfeld zu bestimmen, ist die Umkehrung schwieriger. Gelingt es aber, die zugehörige Integrationsaufgabe zu lösen, dann ist das Potenzial bis auf eine additive Konstante eindeutig.

Beispiel

- Wir untersuchen, ob das Vektorfeld

$$\boldsymbol{v} = \begin{pmatrix} y\,\mathrm{e}^{xy} + z \\ x\,\mathrm{e}^{xy} \\ x + 2z \end{pmatrix}$$

ein Potenzial Φ besitzt. Ist das der Fall, so muss

$$\frac{\partial\Phi}{\partial x} = y\,\mathrm{e}^{xy} + z\,, \qquad \frac{\partial\Phi}{\partial y} = x\,\mathrm{e}^{xy}\,, \qquad \frac{\partial\Phi}{\partial z} = x + 2z$$

sein. Integration liefert:

$$\begin{aligned}\Phi(x,y,z) &= \int (y\,\mathrm{e}^{xy} + z)\,\mathrm{d}x = \mathrm{e}^{xy} + xz + \varphi_1(y,z) \\ \Phi(x,y,z) &= \int x\,\mathrm{e}^{xy}\,\mathrm{d}y = \mathrm{e}^{xy} + \varphi_2(x,z) \\ \Phi(x,y,z) &= \int (x + 2z)\,\mathrm{d}z = xz + z^2 + \varphi_3(x,y)\end{aligned}$$

Die Integrations„konstanten" φ_i können noch jeweils von den beiden anderen Variablen abhängen. Lassen sich die Funktionen φ_1, φ_2 und φ_3 so wählen, dass man in allen drei Gleichungen die gleiche Funktion Φ erhält, so existiert ein Potenzial.
In unserem Fall ist das möglich. Die Wahl $\varphi_1(y,z) = z^2 + C$, $\varphi_2(x,z) = xz + z^2 + C$, $\varphi_3(x,y) = \mathrm{e}^{xy} + C$ mit einer beliebigen Konstante C liefert

$$\Phi(x,y,z) = \mathrm{e}^{xy} + xz + z^2 + C\,.$$

- Nun untersuchen wir das Vektorfeld

$$\boldsymbol{v} = \begin{pmatrix} y\,\mathrm{e}^{x} + yz \\ \mathrm{e}^{x} + xz \\ \mathrm{e}^{x} + xy \end{pmatrix}.$$

Integration der Komponenten ergibt:

$$\begin{aligned}\Phi(x,y,z) &= \int (y\,\mathrm{e}^{x} + yz)\,\mathrm{d}x = y\,\mathrm{e}^{x} + xyz + \varphi_1(y,z) \\ \Phi(x,y,z) &= \int (\mathrm{e}^{x} + xz)\,\mathrm{d}y = y\,\mathrm{e}^{x} + xyz + \varphi_2(x,z) \\ \Phi(x,y,z) &= \int (\mathrm{e}^{x} + xy)\,\mathrm{d}z = z\,\mathrm{e}^{x} + xyz + \varphi_3(x,y)\end{aligned}$$

Im ersten Ausdruck für Φ taucht kein Term $z\mathrm{e}^x$ auf, der gemäß dem dritten Ausdruck jedoch vorhanden sein müsste. Er kann auch durch noch so geschickte Wahl von φ_1 nicht eingeführt werden, denn φ_1 darf nicht von x abhängen. Die drei Gleichungen für Φ sind nicht gemeinsam erfüllbar, es gibt für dieses Vektorfeld kein Potenzial. ◄

Kommentar Existiert zu einem Vektorfeld ein Potenzial, so zeigt man mit der oben verwendeten Methode nicht nur dessen Existenz, sondern man kann es auch sofort angeben. Das ist ein durchaus vertretbares Verhältnis von Aufwand und Nutzen. Besitzt das zu untersuchende Vektorfeld jedoch *kein* Potenzial, so ist mehrfache Integration ein mühsamer Weg, das herauszufinden. Bald werden wir einen Weg kennenlernen, die Existenz eines Potenzials wesentlich einfacher durch *Differenzieren* zu überprüfen. ◄

Die Verwendung von Potenzialen ist eines der Schlüsselkonzepte in den Naturwissenschaften. Insbesondere in der Physik leitet man, wenn möglich, gerne Kräfte $\boldsymbol{F}$ aus einem Potenzial Φ über $\boldsymbol{F} = -\,\textbf{grad}\,\Phi$ ab. Ist das für eine spezielle Kraft möglich, so nennt man diese **konservativ**.

Abb. 27.6 Die Situation, dass Wasser ohne äußeren Antrieb in einem geschlossen Kreislauf fließt und dabei noch Arbeit (am Wasserrad) leistet, ist nur in einem nichtkonservativen Kraftfeld möglich

Kommentar Der Ausdruck „konservativ" kommt daher, dass eine derartige Kraft entlang eines geschlossenen Weges keine Arbeit leistet. Die Energie eines (ruhenden) Körpers hängt nur von seiner Position ab, nicht von der Weise, wie er dorthin gekommen ist.

Die Energie ist in diesem Fall erhalten, wird konserviert. Wir werden diese Thematik in Abschn. 27.3 noch ausführlich diskutieren.

Eine Situation wie in Abb. 27.6 von M.C. Escher dargestellt erfordert neben einer sehr flexiblen Auffassung von Geometrie also auch ein nichtkonservatives Kraftfeld. ◀

Man kann sich die Berechnung einer Kraft aus einem Potenzial auch recht anschaulich vorstellen. Dazu interpretieren wir das Potenzial als Erhebung. Für ein zweidimensionales Skalarfeld kann man sich das wie eine dreidimensionale Landschaft vorstellen. Man spricht dabei ganz allgemein auch von einem *Potenzialgebirge*, siehe Abb. 27.7.

Wir haben schon in Abschn. 24.3 gesehen, dass $\|\boldsymbol{n} \cdot \nabla\Phi\|$ extremal wird, wenn $\boldsymbol{n}$ parallel zu $\nabla\Phi$ ist. Der Vektor $\nabla\Phi = \mathbf{grad}\,\Phi$ zeigt in die Richtung des größten Anstiegs, $-\mathbf{grad}\,\Phi$ in jene des steilsten Abfalls.

Abb. 27.7 Ein Skalarfeld Φ kann man sich auch als *Potenzialgebirge* vorstellen. Der Vektor $-\mathbf{grad}\,\Phi$ zeigt dabei immer in Richtung des steilsten Abfalls, gibt also die Richtung an, in die eine Murmel rollen oder Wasser fließen würde

Das ist jene Richtung, in die z. B. eine kleine Kugel auf der Funktionsfläche rollen würde – und jene Richtung, in die das aus dem Potenzial abgeleitete Kraftfeld wirkt.

Die Frage, unter welchen Voraussetzungen ein Vektorfeld ein Potenzial besitzt, hat eine verblüffend einfache Antwort. Um die Bedingungen aber angeben zu können, benötigen wir einen weiteren Differenzialoperator – die Rotation.

Die Rotation misst die Wirbeldichte eines Vektorfeldes

Bisher haben wir den Nabla-Operator nur auf Skalarfelder angewandt. Bei dessen Anwendung auf ein Vektorfeld bieten sich nun zwei Möglichkeiten an, nämlich Bildung des Vektor- oder Skalarprodukts. Untersuchen wir zunächst den ersten Fall.

(Vorläufige) Definition der Rotation

Die **Rotation rot $\boldsymbol{v}$** eines Vektorfeldes

$$\boldsymbol{v}(\boldsymbol{x}) = (v_1(\boldsymbol{x}), v_2(\boldsymbol{x}), v_3(\boldsymbol{x}))^\mathrm{T}$$

ist das Vektorprodukt des Nabla-Operators mit diesem Feld:

$$\mathbf{rot}\,\boldsymbol{v} = \nabla \times \boldsymbol{v} = \begin{pmatrix} \frac{\partial v_3}{\partial x_2} - \frac{\partial v_2}{\partial x_3} \\ \frac{\partial v_1}{\partial x_3} - \frac{\partial v_3}{\partial x_1} \\ \frac{\partial v_2}{\partial x_1} - \frac{\partial v_1}{\partial x_2} \end{pmatrix}.$$

Die Rotation eines Vektorfeldes ist wieder ein Vektorfeld.

Kommentar Die Rotation wird manchmal auch als *Rotor* bezeichnet. ◀

Da das vektorielle Produkt nur in drei Dimensionen definiert ist, gilt diese Einschränkung auch für die Rotation. Der dreidimensionale Fall ist natürlich der für unsere Zwecke wichtigste, deswegen stört uns dieser Umstand nicht besonders.

Man kann ein zweidimensionales Vektorfeld $\boldsymbol{v}(x_1, x_2)$ durch Ergänzung einer Nullkomponente stets in den $\mathbb{R}^3$ einbetten, das liefert das Feld

$$\tilde{\boldsymbol{v}} = \begin{pmatrix} v_1(x_1, x_2) \\ v_2(x_1, x_2) \\ 0 \end{pmatrix}.$$

Für dieses Feld kann man nun die Rotation bestimmen. Nur die 3-Komponente von $\mathbf{rot}\,\boldsymbol{v}$ kann ungleich null sein. Diese Komponente

$$\frac{\partial v_2}{\partial x_1} - \frac{\partial v_1}{\partial x_2}$$

kann wiederum als Skalarfeld im $\mathbb{R}^2$ interpretiert werden. In diesem Sinne ist die Rotation eines zweidimensionalen Vektorfeldes ein Skalarfeld. Wir schreiben für diese Größe $\boldsymbol{e}_3 \cdot \mathbf{rot}\,\boldsymbol{v}$ und nehmen dabei implizit an, dass alle Vektoren durch Hinzunehmen einer Nullkomponente in den $\mathbb{R}^3$ eingebettet wurden.

Für höhere Dimensionen bzw. überhaupt in allgemeineren Räumen lässt sich zwar eine Verallgemeinerung der Rotation finden, diese Größe ist aber weder Vektor- noch Skalarfeld. Mehr dazu im Bonusmaterial.

Was ist nun die Bedeutung der Rotation? Ihr Name legt schon nahe, dass sie etwas mit den „Dreheigenschaften" eines Vektorfeldes zu tun hat. Da die Rotation als Differenzialoperator nur lokale Information beinhaltet, kann sie lediglich Aussagen darüber machen, wie sehr sich ein Vektorfeld „lokal dreht".

Beispiel Betrachten wir das Feld

$$\boldsymbol{v} = \omega\rho\boldsymbol{e}_\varphi = \begin{pmatrix} -\omega\, x_2 \\ \omega\, x_1 \\ 0 \end{pmatrix},$$

$\rho = \sqrt{x_1^2 + x_2^2}$, das die Geschwindigkeitsverteilung in einem mit Winkelgeschwindigkeit ω rotierenden Zylinder beschreibt. Dieses Feld ist in Abb. 27.8 dargestellt, man erhält für die Rotation

$$\mathbf{rot}\,\boldsymbol{v} = \begin{pmatrix} 0-0 \\ 0-0 \\ \omega+\omega \end{pmatrix} = 2\omega\,\boldsymbol{e}_3.$$

Damit ist $\|\mathbf{rot}\,\boldsymbol{v}\| = 2\omega$. Gibt man, wie allgemein üblich, der Drehung gemäß Rechtsschraubenregel die Richtung der z-Achse, so ist die Rotation direkt proportional der Winkelgeschwindigkeit einer derartigen Drehung. Der Faktor 2, der hier auftritt, ist ein wenig irritierend und mag manchmal auch lästig sein. Um ihn loszuwerden müsste man aber die Rotation zu $\frac{1}{2}\nabla \times \boldsymbol{v}$ umdefinieren, was nicht üblich ist. ◀

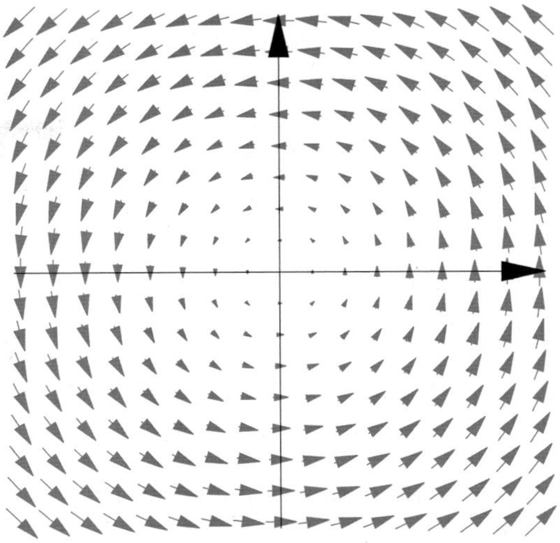

Abb. 27.8 Eine Darstellung des Vektorfelds $\boldsymbol{v} = \omega r \boldsymbol{e}_\varphi$ mit Blick in $(-x_3)$-Richtung

In der Rotation tauchen jeweils die Änderungen einer Vektorkomponente in die *dazu orthogonalen* Richtungen auf. Schon anschaulich ist es klar, dass diese Größe etwas mit Drehungen zu tun hat.

Nun haben die Komponenten der Rotation die Gestalt

$$\frac{\partial v_i}{\partial x_j} - \frac{\partial v_j}{\partial x_i}.$$

Salopp gesprochen geben sie an, um wie viel sich die Änderung der i-ten Komponente in j-Richtung von der Änderung der j-ten Komponente in i-Richtung unterscheidet. Wieso spielt eine solche Differenz die entscheidende Rolle?

Abbildung 27.9 macht deutlich, warum es sinnvoll ist, die Differenz zu betrachten. Im linken Bildchen ist $\partial v_1/\partial x_2$ positiv, $\partial v_2/\partial x_1$ negativ, und die Differenz ist sicher nicht null. Die Komponenten des Vektors ändern sich „auf richtige Weise" für eine echte Drehung.

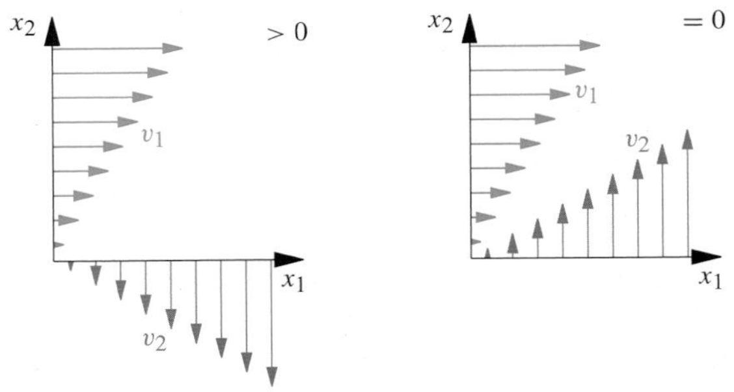

Abb. 27.9 Im linken Bild ist $\mathbf{rot}\,\boldsymbol{v} \neq \mathbf{0}$, im Rechten hingegen ist $\frac{\partial v_1}{\partial x_1} = \frac{\partial v_2}{\partial x_2}$, es kommt zu keiner lokalen Drehung

Teil IV

Im rechten Bildchen sind $\partial v_1/\partial x_2$ und $\partial v_2/\partial x_1$ hingegen beide positiv, die Differenz verschwindet. Hier wird das Vektorfeld nur gestreckt, gestaucht oder verzerrt, ohne dass es zu einer echten Drehung käme.

Lokale Drehungen werden auch als *Wirbel* bezeichnet. Wirbel, wie sie etwa in Wasserströmungen auftreten, sind eine hervorragende Veranschaulichung der Rotation eines Vektorfeldes. Halten wir also Folgendes fest.

Bedeutung der Rotation

Die Rotation eines Vektorfeldes misst dessen (lokale) Wirbeldichte.

Für Flüssigkeitsströmungen gibt es eine einfache experimentelle Methode, die Rotation zu bestimmen. Setzt man einen kleinen Korken in die Flüssigkeit, so gibt die Rotation an, wie schnell er sich an einer bestimmten Stelle dreht.

Beispiel

- Einem Feld wie

$$\boldsymbol{v}(\boldsymbol{x}) = \begin{pmatrix} x_2 + c \\ 0 \\ 0 \end{pmatrix}$$

mit $c \in \mathbb{R}$ und $D(\boldsymbol{v}) = \mathbb{R} \times [-c, c] \times \mathbb{R}$ sieht man sein „Rotationsverhalten" nicht sofort an. Aus der Darstellung in Abb. 27.10 würde man vielleicht sogar eher auf eine verschwindende Rotation tippen.
Tatsächlich ist aber

$$\mathbf{rot}\,\boldsymbol{v} = \begin{pmatrix} 0 \\ 0 \\ -1 \end{pmatrix}$$

wieder ein Vektor in x_3-Richtung. Das versteht man besser, wenn man $\boldsymbol{v}$ als Strömungsfeld interpretiert und sich ins „mitbewegte Koordinatensystem" begibt, also gewissermaßen die Sicht eines mitströmenden Teilchens übernimmt.

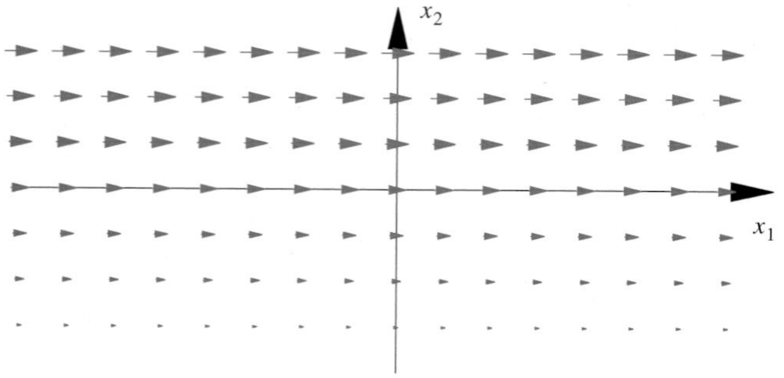

Abb. 27.10 Das Vektorfeld $\boldsymbol{v}(\boldsymbol{x}) = (x_2 + c, 0, 0)^{\mathrm{T}}$ hat nichtverschwindende Rotation. (Wir zeigen nur einen Schnitt durch die x_1-x_2-Ebene)

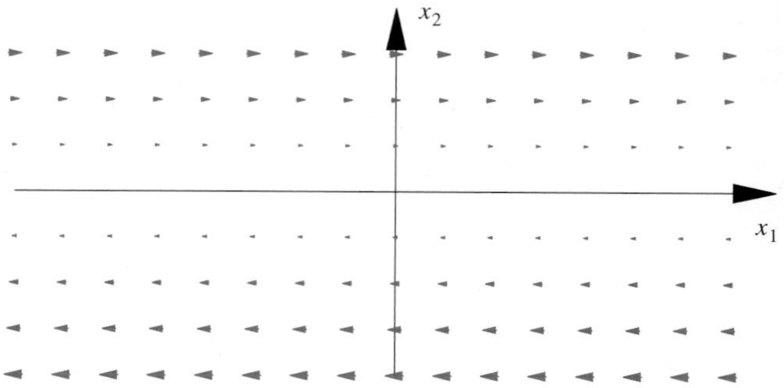

Abb. 27.11 Das Vektorfeld aus Abb. 27.10 aus der Sicht eines mitbewegten Teilchens

Für ein Teilchen mit der Bahnkurve $\boldsymbol{\gamma}(t) = (ct, 0, p_3)$ mit beliebigem $p_3 \in \mathbb{R}$ stellt sich die Situation so dar, wie in Abb. 27.11 gezeigt.
Teilchen mit $x_2 > 0$ sind schneller als unser Bezugsteilchen, solche mit $x_2 < 0$ langsamer, netto resultiert daraus eine lokale Drehung.

- Ein Feld von der Form

$$\boldsymbol{v} = \frac{1}{r^2}\boldsymbol{e}_r = \frac{1}{\|\boldsymbol{x}\|^3}\begin{pmatrix} x_1 \\ x_2 \\ x_3 \end{pmatrix}$$

mit $D(\boldsymbol{v}) = \mathbb{R}^3 \setminus \{\boldsymbol{0}\}$ besitzt wegen

$$\begin{aligned} \frac{\partial}{\partial x_i}\frac{x_j}{r^{3/2}} &= \frac{\partial}{\partial x_i}\frac{x_j}{(x_1^2 + x_2^2 + x_3^2)^{3/2}} \\ &= -\frac{3}{2}\,x_j(x_1^2 + x_2^2 + x_3^2)^{-5/2} \cdot 2x_i \\ &= -3\,\frac{x_i\,x_j}{r^5} \end{aligned}$$

für $i \neq j$ eine in ganz $\mathbb{R}^3 \setminus \{\boldsymbol{0}\}$ verschwindende Rotation,

$$\mathbf{rot}\,\boldsymbol{v} = -\frac{3}{\|\boldsymbol{x}\|^5}\begin{pmatrix} x_2x_3 - x_3x_2 \\ x_3x_1 - x_1x_3 \\ x_1x_2 - x_2x_1 \end{pmatrix} = \boldsymbol{0}\,.$$

Dieses Feld ist in Abb. 27.12 dargestellt.

- Wir betrachten das Feld $\boldsymbol{v}$, $\mathbb{R}^2 \setminus \{\boldsymbol{0}\} \to \mathbb{R}^2$,

$$\boldsymbol{v}(\boldsymbol{x}) = \frac{1}{r}\,\boldsymbol{e}_\varphi = \frac{1}{x_1^2 + x_2^2}\begin{pmatrix} -x_2 \\ x_1 \end{pmatrix},$$

das in Abb. 27.13 veranschaulicht ist, und sehr wohl „Drehcharakter" zu haben scheint.

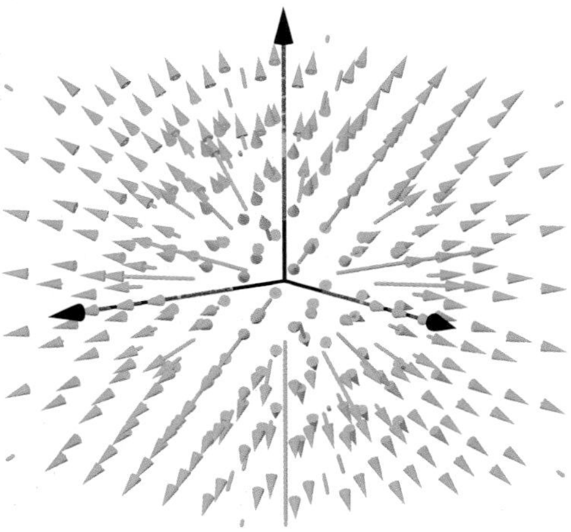

Abb. 27.12 Das Vektorfeld $v = \frac{1}{r^2}e_r$ besitzt eine auf ganz $D(v) = \mathbb{R}^3 \setminus \{\mathbf{0}\}$ verschwindende Rotation

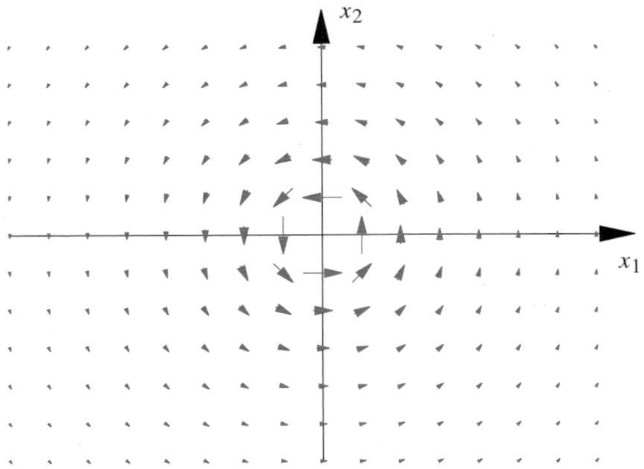

Abb. 27.13 Für dieses Vektorfeld verschwindet $\mathbf{rot}\, v$ für alle $x \neq \mathbf{0}$

Berechnen wir jedoch die Rotation dieses Feldes, so erhalten wir

$$\begin{aligned} e_3 \cdot \mathbf{rot}\, v &= \frac{\partial v_2}{\partial x_1} - \frac{\partial v_1}{\partial x_2} \\ &= \frac{2}{x_1^2 + x_2^2} - \frac{2x_1^2}{(x_1^2 + x_2^2)^2} - \frac{2x_2^2}{(x_1^2 + x_2^2)^2} \\ &= \frac{2}{x_1^2 + x_2^2} - \frac{2}{x_1^2 + x_2^2} = 0\,. \end{aligned}$$

Ein derartiges Geschwindigkeitsfeld führt also nicht zu Drehbewegungen kleiner Körper, die lokalen Drehungen verschwinden. Dass es im *globalen* Sinne durchaus eine Drehung gibt, werden wir später in diesem Kapitel noch sehen. Dass dem so ist, hängt eng mit der Definitionslücke bei $x = \mathbf{0}$ zusammen. ◄

Selbstfrage 2

Lässt sich die Rotation $\mathbf{rot}\, v$ aus den Komponenten der Ableitung $v' = \frac{\partial(v_1, v_2, v_3)}{\partial(x_1, x_2, x_3)}$ berechen?

Die Divergenz misst die Quelldichte eines Vektorfeldes

Die zweite naheliegende Möglichkeit, den Nabla-Operator mit einem Vektor v zu verknüpfen, ist das Skalarprodukt $\nabla \cdot v$. Diese Größe bezeichnet man als *Divergenz eines Vektorfeldes*.

(Vorläufige) Definition der Divergenz

Die **Divergenz** $\operatorname{div} v$ eines Vektorfeldes

$$v(x) = (v_1(x),\, v_2(x),\, v_3(x))^{\mathrm{T}}$$

ist das Skalarprodukt des Nabla-Operators mit diesem Feld,

$$\operatorname{div} v = \nabla \cdot v = \frac{\partial v_1}{\partial x_1} + \frac{\partial v_2}{\partial x_2} + \frac{\partial v_3}{\partial x_3}.$$

Die Divergenz eines Vektorfeldes ist ein Skalarfeld.

Für die Rotation spielte die Änderungsrate orthogonal zur jeweiligen Komponente des Vektorfeldes eine Rolle. Für die Divergenz hingegen summiert man die Änderungen in *Richtung* der Komponente. Schon anschaulich ist das ein Maß dafür, wie viel ein Vektorfeld „stärker" oder „schwächer" wird.

Wie kann man das besser begründen? Wir beschränken uns vorerst auf den zweidimensionalen Fall und betrachten $v = (v_1(x_1, x_2),\, v_2(x_1, x_2))^{\mathrm{T}}$ als Geschwindigkeitsfeld einer Flüssigkeitsströmung.

Nun untersuchen wir, wie in Abb. 27.14 dargestellt, ein kleines Rechteck mit den Abmessungen Δx_1 und Δx_2 am Ort (x_1, x_2). Wie viel Flüssigkeit verlässt *netto* diesen Bereich?

Für unsere Betrachtungen nehmen wir an, dass die beiden Komponenten v_1 und v_2 überall positiv sind. (Die Strömung verläuft damit von links unten nach rechts oben.) Das ist für ein differenzierbares und damit stetiges Vektorfeld sicher der Fall, wenn $v_1(x_1, x_2)$ und $v_2(x_1, x_2)$ positiv sind, außerdem Δx_1 und Δx_2 klein genug.

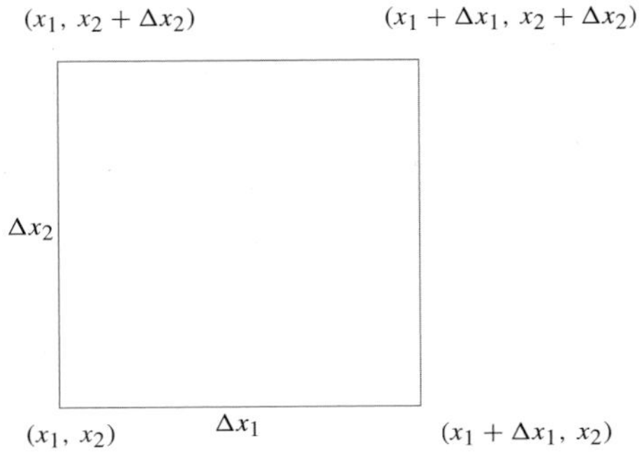

Abb. 27.14 Rechteck am Ort (x_1, x_2) mit Seitenlänge Δx_1 und Δx_2

Teil IV

Betrachten wir zunächst die Komponente v_1 des Vektorfelds. Für den Abfluss erhalten wir

$$A_1 = \int_0^{\Delta x_2} v_1(x_1 + \Delta x_1,\, x_2 + h)\,\mathrm{d}h\,,$$

für den Zufluss

$$Z_1 = \int_0^{\Delta x_2} v_1(x_1,\, x_2 + h)\,\mathrm{d}h\,.$$

Der Nettoabfluss ist die Differenz der beiden,

$$\begin{aligned} N_1 &= A_1 - Z_1 \\ &= \int_0^{\Delta x_2} \{v_1(x_1 + \Delta x_1,\, x_2 + h) - v_1(x_1,\, x_2 + h)\}\,\mathrm{d}h\,. \end{aligned}$$

Nach dem Mittelwertsatz der Integralrechnung gibt es ein $\zeta \in (0,\, 1)$, sodass

$$N_1 = \left\{v_1(x_1 + \Delta x_1,\, x_2 + \zeta \Delta x_2) - v_1(x_1,\, x_2 + \zeta \Delta x_2)\right\} \Delta x_2$$

ist. Analog erhalten wir für den Nettoabfluss im Fall der zweiten Komponente

$$N_2 = \left\{v_2(x_1 + \eta \Delta x_1,\, x_2 + \Delta x_2) - v_2(x_1 + \eta \Delta x_1,\, x_2)\right\} \Delta x_1$$

mit $\zeta \in (0,\, 1)$. Nun beziehen wir den Nettoabfluss auf die Fläche $\Delta x_1\, \Delta x_2$ des Rechtecks und führen die Netto-*Quelldichte* n ein:

$$\begin{aligned} n &= \frac{N_1 + N_2}{\Delta x_1\, \Delta x_2} \\ &= \frac{v_1(x_1 + \Delta x_1,\, x_2 + \zeta \Delta x_2) - v_1(x_1,\, x_2 + \zeta \Delta x_2)}{\Delta x_1} \\ &\quad + \frac{v_2(x_1 + \eta \Delta x_1,\, x_2 + \Delta x_2) - v_2(x_1 + \eta \Delta x_1,\, x_2)}{\Delta x_2} \end{aligned}$$

Im Grenzfall $\Delta x_1,\, \Delta x_2 \to 0$ erhält man für ein differenzierbares Vektorfeld $\boldsymbol{v}$

$$n = \frac{\partial v_1}{\partial x_1}(x_1,\, x_2) + \frac{\partial v_2}{\partial x_2}(x_1,\, x_2)\,.$$

Das ist genau die Divergenz des Vektorfeldes. Auch in drei oder mehr Dimensionen funktioniert die Herleitung analog. Auch die Annahme, dass die Komponenten v_i alle positiv sind, ist nicht notwendig, die zusätzlichen Vorzeichen kompensieren sich gerade.

Bedeutung der Divergenz

Die Divergenz ist ein Maß für die Quelldichte eines Vektorfeldes.

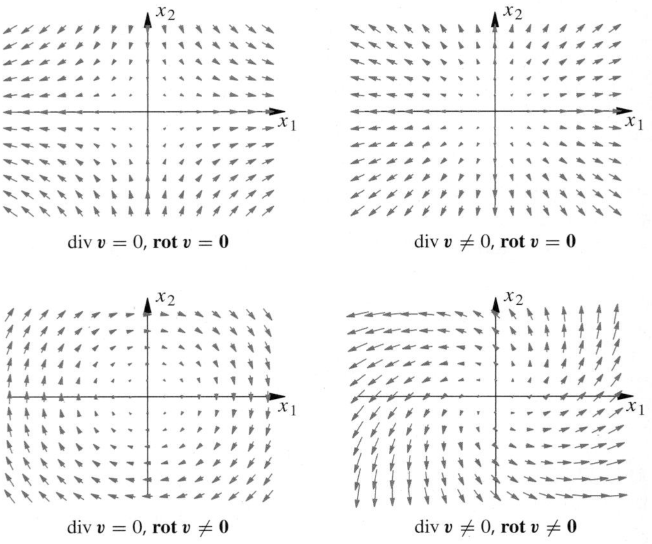

Abb. 27.15 Wir vergleichen Vektorfelder mit jeweils verschwindender und nicht verschwindender Divergenz bzw. Rotation

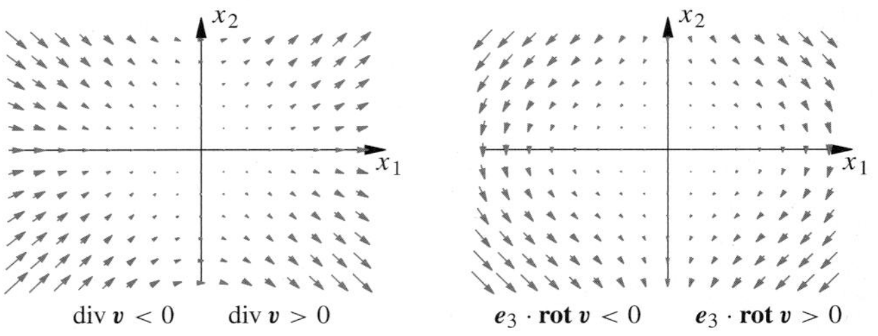

Abb. 27.16 Der Übergang von negativen Werten der Divergenz bzw. der 3-Komponente der Rotation in der jeweils linken Bildhälfte zu positiven in der rechten. (Das anscheinend „falsche" Vorzeichen der Rotation stammt daher, dass gemäß „Rechte-Hand-Regel" der Vektor $\boldsymbol{e}_3$ aus dem Buch heraus zeigt)

Ist die Divergenz in einem Bereich gleich null, so muss gleich viel zu- wie abfließen. Dieses Situation ist auch aus der Elektrostatik bekannt: Elektrische Feldlinien beginnen an positiven und enden an negativen Ladungen. Sind in einem Bereich keine Ladungen oder allgemeiner gleich viele positive wie negative, so müssen in diesen Bereich gleich viele Feldlinien ein- wie auslaufen.

Eine Veranschaulichung von Vektorfeldern mit verschwindender oder nichtverschwindender Rotation bzw. Divergenz finden wir in Abb. 27.15. Den Übergang zwischen Bereichen positiver und negativer Rotation bzw. Divergenz wird in Abb. 27.16 dargestellt.

Selbstfrage 3

Was ist die Divergenz des Koordinatenvektors, div $\boldsymbol{x}$?

Teil IV

Kommentar Wir haben Rotation und Divergenz sehr formal eingeführt, nämlich als Vektoroperationen mit dem Nabla-Operator. Allerdings haben wir auch schon gesehen, dass beide Operatoren eine (differenzial-)geometrische Bedeutung haben.

In Abschn. 27.6 werden wir den Spieß umdrehen und die Differenzialoperatoren nochmals neu über ihren differenzialgeometrischen Inhalt definieren. Damit werden wir auch unmittelbar in der Lage sein, sie für beliebige krummlinige Koordinaten anzugeben, während wir vorläufig auf kartesische beschränkt sind. ◄

Der Laplace-Operator beinhaltet zweite Ableitungen

In der Vektoranalysis stößt man häufig auf Summen von zweiten partiellen Ableitungen. Daher definiert man den **Laplace-Operator**

$$\Delta = \nabla \cdot \nabla = \frac{\partial^2}{\partial x_1^2} + \frac{\partial^2}{\partial x_2^2} + \frac{\partial^2}{\partial x_3^2}\,.$$

An der Schreibweise mit Nabla-Operator sieht man, dass

$$\Delta \Phi = \operatorname{div} \mathbf{grad}\, \Phi$$

gilt. Beide Ausdrücke lassen sich problemlos auf beliebige Dimensionen übertragen.

Laplace-Operator

Der Laplace-Operator in n Dimensionen hat in kartesischen Koordinaten die Form

$$\Delta = \operatorname{div} \mathbf{grad} = \sum_{k=1}^{n} \frac{\partial^2}{\partial x_k^2}\,.$$

Achtung Der Laplace-Operator wird üblicherweise als Δ geschrieben. Δ steht aber auch oft für eine Differenz. Meist sollte aus dem Zusammenhang klar sein, was gemeint ist, aber Verwechslungen sind nicht immer auszuschließen. In manchen Büchern wird daher für den Laplace-Operator die Schreibweise ∇^2 benutzt. In seltenen Fällen wird das allerdings auch für die Hesse-Matrix, die wir in Abschn. 24.6 kennengelernt haben, verwendet, weshalb auch hier Vorsicht geboten ist. ◄

Der Laplace-Operator ist Bestandteil wichtiger *partieller Differenzialgleichungen* zweiter Ordnung, etwa der Potenzial-, Wellen- oder Wärmeleitungsgleichung. Diese Gleichungen werden in Kap. 29 diskutiert.

Funktionen Φ, die die *Laplace-Gleichung* (auch Potenzialgleichung)

$$\Delta \Phi = 0$$

erfüllen, heißen **harmonisch**. Da die Laplace-Gleichung selbst bei vielen Problemen eine wichtige Rolle spielt und darüber hinaus der stationäre Grenzfall anderer wichtiger Gleichungen ist, ist die Kenntnis harmonischer Funktionen in vielen Gebieten von großer Bedeutung. Dies ist Gegenstand der Potenzialtheorie, die wir in Abschn. 29.4 diskutieren werden.

Für Probleme mit speziellen Symmetrien kann es praktisch sein, den Laplace-Operator direkt in angepassten Koordinaten zur Verfügung zu haben. Für Kugel- und Zylinderkoordinaten geben wir die entsprechenden Formeln in der Übersicht auf S. 1029 an.

Gradient und Laplace-Operator lassen sich auch für Vektoren definieren

Bildet man die Ableitungen eines Vektorfeldes nach allen Koordinaten, so erhält man eine Matrix, die man formal als Jacobi-Matrix, im Rahmen der Tensorrechnung jedoch ebenso als Tensor zweiter Stufe auffassen kann. Das ist der **Vektorgradient**

$$\begin{aligned} \mathbf{grad}\, \boldsymbol{A} &= \nabla \boldsymbol{A}^{\mathrm{T}} = (\boldsymbol{A}')^{\mathrm{T}} = \left(\frac{\partial(A_1, A_2, A_3)}{\partial(x_1, x_2, x_3)}\right)^{\mathrm{T}} \\ &= \begin{pmatrix} \frac{\partial A_1}{\partial x_1} & \frac{\partial A_2}{\partial x_1} & \frac{\partial A_3}{\partial x_1} \\ \frac{\partial A_1}{\partial x_2} & \frac{\partial A_2}{\partial x_2} & \frac{\partial A_3}{\partial x_2} \\ \frac{\partial A_1}{\partial x_3} & \frac{\partial A_2}{\partial x_3} & \frac{\partial A_3}{\partial x_3} \end{pmatrix}, \end{aligned}$$

den man mit der transponierten Jacobi-Matrix identifizieren kann. Auch der Laplace-Operator lässt sich auf ein Vektorfeld anwenden,

$$\{\Delta \boldsymbol{A}\}_i = \sum_{k=1}^{n} \frac{\partial^2}{\partial x_k^2} A_i\,.$$

Mit der Identität

$$\boldsymbol{A} \times (\boldsymbol{B} \times \boldsymbol{C}) = \boldsymbol{B}\,(\boldsymbol{A} \cdot \boldsymbol{C}) - (\boldsymbol{A} \cdot \boldsymbol{B})\,\boldsymbol{C}$$

erhält man aus

$$\begin{aligned} \mathbf{rot}\,\mathbf{rot}\, \boldsymbol{A} &= \nabla \times (\nabla \times \boldsymbol{A}) \\ &= \nabla\,(\nabla \cdot \boldsymbol{A}) - (\nabla \cdot \nabla)\,\boldsymbol{A} \\ &= \mathbf{grad}\, \operatorname{div} \boldsymbol{A} - \Delta \boldsymbol{A} \end{aligned}$$

unmittelbar folgenden Zusammenhang.

Laplace-Operator für Vektorfelder

$$\Delta \boldsymbol{A} = \mathbf{grad}\, \operatorname{div} \boldsymbol{A} - \mathbf{rot}\,\mathbf{rot}\, \boldsymbol{A}\,.$$

Dabei ist, wie immer beim Anwenden von Vektoridentitäten auf den Nabla-Operator, darauf zu achten, dass die Ableitungen weiterhin auf die gleichen Größen wirken.

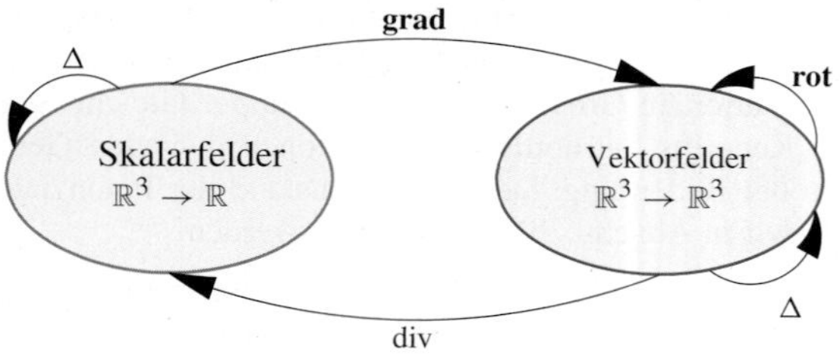

Abb. 27.17 Übersicht über die Wirkung der Differenzialoperatoren auf Skalar- und Vektorfelder

Für zusammengesetzte Differenzialoperatoren gibt es spezielle Beziehungen

Natürlich hat man allgemein die Möglichkeit, den Nabla-Operator *zweimal* hintereinander anzuwenden. Es muss nur auf sinnvolle Weise passieren, je nachdem, ob die erste Anwendung ein Skalar- oder ein Vektorfeld geliefert hat.

Hat man etwa aus einem Feld Φ das Gradientenfeld $\mathbf{grad}\,\Phi$ berechnet, so kann man von diesem die Divergenz oder die Rotation bilden. Auch bei einem Wirbelfeld $\boldsymbol{W} = \mathbf{rot}\,\boldsymbol{A}$ ist so etwas mühelos möglich, und schließlich kann man noch den Gradienten der Divergenz eines Vektorfeldes bilden.

Selbstfrage 4

Warum haben die Ausdrücke $\operatorname{div}\operatorname{div}\boldsymbol{A}$ und $\mathbf{rot}\operatorname{div}\boldsymbol{A}$ keinen Sinn?

Betrachten wir nun ein zumindest zweimal stetig differenzierbares Skalarfeld Φ, so erhalten wir für die Rotation von dessen Gradienten:

$$\mathbf{rot}\,\mathbf{grad}\,\Phi = \mathbf{rot}\begin{pmatrix}\frac{\partial\Phi}{\partial x}\\ \frac{\partial\Phi}{\partial y}\\ \frac{\partial\Phi}{\partial z}\end{pmatrix} = \begin{pmatrix}\frac{\partial^2\Phi}{\partial z\,\partial y} - \frac{\partial^2\Phi}{\partial y\,\partial z}\\ \frac{\partial^2\Phi}{\partial x\,\partial z} - \frac{\partial^2\Phi}{\partial z\,\partial x}\\ \frac{\partial^2\Phi}{\partial y\,\partial x} - \frac{\partial^2\Phi}{\partial x\,\partial y}\end{pmatrix} = \mathbf{0}$$

Aufgrund des Satzes von Schwarz verschwindet dieser Ausdruck. Analog erhalten wir für jedes zweimal stetig differenzierbare Vektorfeld $\boldsymbol{v}$

$$\operatorname{div}\mathbf{rot}\,\boldsymbol{v} = 0\,.$$

Selbstfrage 5

Rechnen Sie $\operatorname{div}\mathbf{rot}\,\boldsymbol{v} = 0$ für zweimal stetig differenzierbare Vektorfelder $\boldsymbol{v}$ explizit nach.

Diese Ergebnisse erhält man auch recht einfach in Indexschreibweise, die in der Vektoranalysis generell sehr nützlich ist. Wie in Kap. 22 eingeführt greifen wir dabei für jedes Objekt in einem Term ein allgemeines Element heraus und schreiben es mit Indizes so an, dass über gleiche Indizes summiert wird. Die Gleichung $\boldsymbol{A}\,\boldsymbol{x} = \boldsymbol{b}$ nimmt damit beispielsweise die Form $A_{ij}x_j = b_i$ an.

Um eine besonders übersichtliche Bezeichnung für Differenzialoperatoren zur Verfügung zu haben, führen wir die Abkürzung

$$\partial_i = \frac{\partial}{\partial x_i}$$

ein. In dieser Schreibweise erhalten Gradient, Rotation und Divergenz die Gestalt

$$\begin{aligned}\mathbf{grad}\,\Phi &\iff \partial_i\Phi\\ \mathbf{rot}\,\boldsymbol{v} &\iff \varepsilon_{ijk}\partial_j v_k\\ \operatorname{div}\boldsymbol{v} &\iff \partial_i v_i\,.\end{aligned}$$

Bei Gradient und Rotation bleibt dabei der Index i als Vektorindex frei, alle anderen vorkommenden Indizes sind kontrahiert.

Beispiel In Indexschreibweise erhalten wir mit $\partial_i = \frac{\partial}{\partial x_i}$

$$\begin{aligned}\{\mathbf{rot}\,\mathbf{grad}\,\Phi\}_i &= \varepsilon_{ijk}\partial_j\partial_k\Phi\\ &= \frac{1}{2}\varepsilon_{ijk}\partial_j\partial_k\Phi + \frac{1}{2}\varepsilon_{ijk}\partial_j\partial_k\Phi\\ &= \frac{1}{2}\varepsilon_{ijk}\partial_j\partial_k\Phi - \frac{1}{2}\varepsilon_{ikj}\partial_k\partial_j\Phi\\ &= \frac{1}{2}\varepsilon_{ijk}\partial_j\partial_k\Phi - \frac{1}{2}\varepsilon_{ijk}\partial_j\partial_k\Phi\\ &= 0\,.\end{aligned}$$

Dabei wurde im Schritt von der zweiten zur dritten Zeile die Antisymmetrie des Epsilon-Tensors und die Vertauschbarkeit der Ableitungen ausgenutzt, im Schritt auf die vierte wurden im zweiten Term k in j und j in k umbenannt. Analog ist

$$\begin{aligned}\operatorname{div}\mathbf{rot}\,\boldsymbol{v} &= \partial_i\,\varepsilon_{ijk}\partial_j\,v_k = \varepsilon_{ijk}\partial_i\,\partial_j\,v_k\\ &= \frac{1}{2}\varepsilon_{ijk}\partial_i\partial_j\,v_k + \frac{1}{2}\varepsilon_{ijk}\partial_i\partial_j\,v_k\\ &= \frac{1}{2}\varepsilon_{ijk}\partial_i\partial_j\,v_k - \frac{1}{2}\varepsilon_{jik}\partial_j\partial_i\,v_k\\ &= \frac{1}{2}\varepsilon_{ijk}\partial_i\partial_j\,v_k - \frac{1}{2}\varepsilon_{ijk}\partial_i\partial_j\,v_k\\ &= 0\,.\end{aligned}$$

Tatsächlich sieht man den Ausdrücken in Indexschreibweise sofort an, dass sie verschwinden, da der antisymmetrische Epsilon-Tensor jeweils mit einem symmetrischen Ausdruck überschoben wird. ◄

Ein Feld $\boldsymbol{v}$, das sich als Gradient eines Skalarfeldes darstellen lässt, haben wir *Potenzialfeld* oder *Gradientenfeld* genannt. Ähnlich nennen wir ein Feld $\boldsymbol{v}$, das die Rotation eines anderen Feldes $\boldsymbol{w}$ ist, ein **Wirbelfeld**.

Beispiel: Zusammengesetzte Differenzialoperatoren

Wir bestätigen die Identitäten

$$\begin{aligned}\mathbf{grad}(\Phi_1\,\Phi_2) &= \Phi_1\,\mathbf{grad}\,\Phi_2 + \Phi_2\,\mathbf{grad}\,\Phi_1\\ \operatorname{div}(\boldsymbol{A}\times\boldsymbol{B}) &= \boldsymbol{B}\cdot\mathbf{rot}\boldsymbol{A} - \boldsymbol{A}\cdot\mathbf{rot}\,\boldsymbol{B}\,.\end{aligned}$$

Problemanalyse und Strategie: Solche Identitäten folgen direkt durch Anwendung der Ableitungsregeln. Da man aber immer zugleich die Regeln der Differenzial- und der Vektorrechnung zu berücksichtigen hat, kann das folgende handwerksmäßiges Vorgehen manchmal durchaus praktisch sein:

1. Alle vorkommenden Differenzialoperatoren auf Nabla-Operatoren umschreiben.
2. Den Differenzialausdruck als Summe von Ausdrücken aufschreiben, bei denen jeweils nur ein Faktor der Differenziation unterworfen ist. Dabei muss man den jeweils zu differenzierenden Ausdruck von denen unterscheiden, die konstant gehalten werden. (Gängige Wege, das zu tun sind etwa Pfeile (↓) über der zu differenzierenden Größe oder das Unterstreichen der konstant gehaltenen Faktoren. Auch andere Schreibweisen sind in Verwendung.)
3. Mit den Regeln der Vektorrechnung den Ausdruck so umformen, dass alle nicht zu differenzierenden Größen links vom ∇-Operator stehen. Das ist oft in Index-Schreibweise einfacher.
4. Wo möglich, die Bezeichnungen **grad**, **rot** und div wiedereinführen.

Lösung: Die Anwendung der obigen Regeln liefert:

$$\begin{aligned}\mathbf{grad}(\Phi_1\,\Phi_2) &\overset{(1)}{=} \nabla(\Phi_1\,\Phi_2)\\ &\overset{(2)}{=} \nabla\big(\overset{\downarrow}{\Phi}_1\,\Phi_2\big) + \nabla\big(\Phi_1\,\overset{\downarrow}{\Phi}_2\big)\\ &\overset{(3)}{=} \Phi_2\,\nabla\overset{\downarrow}{\Phi}_1 + \Phi_1\,\nabla\overset{\downarrow}{\Phi}_2\\ &= \Phi_2\,\nabla\Phi_1 + \Phi_1\,\nabla\Phi_2\\ &\overset{(4)}{=} \Phi_2\,\mathbf{grad}\,\Phi_1 + \Phi_1\,\mathbf{grad}\,\Phi_2\end{aligned}$$

Im zweiten Fall ist die Indexschreibweise vorteilhaft:

$$\begin{aligned}\operatorname{div}(\boldsymbol{A}\times\boldsymbol{B}) &\overset{(1)}{=} \nabla\cdot(\boldsymbol{A}\times\boldsymbol{B})\\ &\overset{(2)}{=} \nabla\cdot(\boldsymbol{A}\times\underline{\boldsymbol{B}}) + \nabla\cdot(\underline{\boldsymbol{A}}\times\boldsymbol{B})\\ &\overset{(3)}{=} \partial_i\varepsilon_{ijk}A_j\underline{B_k} + \partial_i\varepsilon_{ijk}\underline{A_j}B_k\\ &= \underline{B_k}\varepsilon_{ijk}\partial_iA_j + \underline{A_j}\varepsilon_{ijk}\partial_iB_k\\ &= B_k\varepsilon_{kij}\partial_iA_j - A_j\varepsilon_{jik}\partial_iB_k\\ &= \boldsymbol{B}\cdot(\nabla\times\boldsymbol{A}) - \boldsymbol{A}\cdot(\nabla\times\boldsymbol{B})\\ &\overset{(4)}{=} \boldsymbol{B}\cdot\mathbf{rot}\boldsymbol{A} - \boldsymbol{A}\cdot\mathbf{rot}\boldsymbol{B}\end{aligned}$$

Ein Feld, dessen Rotation verschwindet, heißt **wirbelfrei**, eines, dessen Divergenz verschwindet, **quellenfrei**. Damit können wir sofort Folgendes feststellen.

Quellen- und Wirbelfreiheit

Gradientenfelder sind wirbelfrei. Wirbelfelder sind quellenfrei.

Tatsächlich gilt auch die Umkehrung. Weiß man von einem Vektorfeld $\boldsymbol{v}$, $\mathbb{R}^3 \to \mathbb{R}^3$, dass dessen Rotation verschwindet, so gibt es immer ein Skalarfeld Φ, das $\boldsymbol{v} = \mathbf{grad}\,\Phi$ erfüllt. Analog gibt es zu jedem Vektorfeld $\boldsymbol{v}$, $\mathbb{R}^3 \to \mathbb{R}^3$ mit $\operatorname{div}\boldsymbol{v} = 0$ ein anderes Vektorfeld $\boldsymbol{w}$ mit $\boldsymbol{v} = \mathbf{rot}\,\boldsymbol{w}$. Den Beweis der zweiten Behauptung bringen wir am Ende dieses Abschnitts, den der ersten werden wir auf den nächsten Abschnitt verschieben, da er mit den dortigen Mitteln wesentlich einfacher zu führen ist.

Selbstfrage 6

Gibt es Felder, die quellen- und wirbelfrei sind?

Damit haben wir anscheinend einen einfachen Weg gefunden, Gradienten- und Wirbelfelder zu erkennen. Will man etwa wissen, ob es zu einem Vektorfeld $\boldsymbol{v}$ ein Potenzial gibt, so braucht man dazu nicht unbedingt eine Integrationsaufgabe zu lösen. Es genügt, die Rotation zu berechnen, um zu wissen, ob das Feld konservativ ist.

Beispiel Wir betrachten noch einmal die beiden Beispiel von S. 997. Für die Rotation von

$$\boldsymbol{v} = \begin{pmatrix} y\,e^{xy} + z\\ x\,e^{xy}\\ x + 2z\end{pmatrix}$$

erhalten wir

$$\mathbf{rot}\,\boldsymbol{v} = \begin{pmatrix} 0-0\\ 1-1\\ e^{xy} + xy\,e^{xy} - e^{xy} - xy\,e^{xy}\end{pmatrix} = \boldsymbol{0}\,.$$

Für die Rotation von

$$\boldsymbol{v} = \begin{pmatrix} y\,e^{x} + yz\\ e^{x} + xz\\ e^{x} + xy\end{pmatrix}.$$

Übersicht: Zusammengesetzte Differenzialoperatoren

Für das Hintereinanderausführen von Differenzialoperatoren gibt es zahleichen Identitäten. Die wichtigsten, $\mathbf{rot}\,\mathbf{grad}\,\Phi = \mathbf{0}$ und $\operatorname{div}\mathbf{rot}\,\boldsymbol{v} = 0$, haben wir ebenso wie $\Delta\boldsymbol{A} = \mathbf{grad}\operatorname{div}\boldsymbol{A} - \mathbf{rot}\,\mathbf{rot}\boldsymbol{A}$ bereits kennengelernt, doch auch noch andere Zusammenhänge erweisen sich oft als nützlich.

Die Differenzialoperatoren, die wir hier betrachten, sind alle linear:

$$\begin{aligned}\mathbf{grad}(\Phi_1 + \Phi_2) &= \mathbf{grad}\,\Phi_1 + \mathbf{grad}\,\Phi_2\\ \mathbf{rot}(\boldsymbol{A} + \boldsymbol{B}) &= \mathbf{rot}\,\boldsymbol{A} + \mathbf{rot}\,\boldsymbol{B}\\ \operatorname{div}(\boldsymbol{A} + \boldsymbol{B}) &= \operatorname{div}\boldsymbol{A} + \operatorname{div}\boldsymbol{B}\\ \Delta(\Phi_1 + \Phi_2) &= \Delta\Phi_1 + \Delta\Phi_2\\ \Delta(\boldsymbol{A} + \boldsymbol{B}) &= \Delta\boldsymbol{A} + \Delta\boldsymbol{B}\end{aligned}$$

Durch Anwenden der Produktregel erhält man für die Anwendung der Differenzialoperatoren auf Produkte von Skalar- oder Vektorfeldern:

$$\begin{aligned}\mathbf{grad}(\Phi_1\Phi_2) &= \Phi_1\,\mathbf{grad}\,\Phi_2 + \Phi_2\,\mathbf{grad}\,\Phi_1\\ \operatorname{div}(\Phi\boldsymbol{A}) &= \Phi\,\operatorname{div}\boldsymbol{A} + \boldsymbol{A}\cdot\mathbf{grad}\,\Phi\\ \mathbf{rot}(\Phi\boldsymbol{A}) &= \Phi\,\mathbf{rot}\,\boldsymbol{A} - \boldsymbol{A}\times\mathbf{grad}\,\Phi\\ \operatorname{div}(\boldsymbol{A}\times\boldsymbol{B}) &= \boldsymbol{B}\cdot\mathbf{rot}\,\boldsymbol{A} - \boldsymbol{A}\cdot\mathbf{rot}\,\boldsymbol{B}\\ \mathbf{rot}(\boldsymbol{A}\times\boldsymbol{B}) &= \boldsymbol{A}\,\operatorname{div}\boldsymbol{B} - \boldsymbol{B}\,\operatorname{div}\boldsymbol{A} + (\boldsymbol{B}\cdot\nabla)\boldsymbol{A} - (\boldsymbol{A}\cdot\nabla)\boldsymbol{B}\\ \mathbf{grad}(\boldsymbol{A}\cdot\boldsymbol{B}) &= \boldsymbol{A}\times\mathbf{rot}\,\boldsymbol{B} + \boldsymbol{B}\times\mathbf{rot}\,\boldsymbol{A} + (\boldsymbol{B}\cdot\nabla)\boldsymbol{A} + (\boldsymbol{A}\cdot\nabla)\boldsymbol{B}\\ (\nabla\cdot\boldsymbol{A})\,\boldsymbol{B} &= (\boldsymbol{A}\cdot\nabla)\,\boldsymbol{B} + \boldsymbol{B}\,\operatorname{div}\boldsymbol{A}\\ &= \boldsymbol{A}\cdot\mathbf{grad}\,\boldsymbol{B} + \boldsymbol{B}\,\operatorname{div}\boldsymbol{A}\end{aligned}$$

Dabei ist zu beachten, dass der Nabla-Operator definitionsgemäß auf alles wirkt, was im gleichen Term rechts von ihm steht.

In einigen dieser Identitäten kommt der Ausdruck

$$\boldsymbol{A}\cdot\nabla = a_1(\boldsymbol{x})\frac{\partial}{\partial x_1} + a_2(\boldsymbol{x})\frac{\partial}{\partial x_2} + a_3(\boldsymbol{x})\frac{\partial}{\partial x_3}$$

vor, der ebenfalls einen linearen Differenzialoperator definiert und

$$(\boldsymbol{A}\cdot\nabla)\boldsymbol{B} = \boldsymbol{A}\cdot\mathbf{grad}\,\boldsymbol{B}$$

erfüllt. Einige Identitäten für drei Vektorfelder sind:

$$\begin{aligned}(\boldsymbol{A}\times\boldsymbol{B})\cdot\mathbf{rot}\,\boldsymbol{C} &= \boldsymbol{B}\cdot(\boldsymbol{A}\cdot\nabla)\,\boldsymbol{C} - \boldsymbol{A}\cdot(\boldsymbol{B}\cdot\nabla)\,\boldsymbol{C}\\ (\boldsymbol{C}\cdot\nabla)\,(\boldsymbol{A}\times\boldsymbol{B}) &= \boldsymbol{A}\times(\boldsymbol{C}\cdot\nabla)\,\boldsymbol{B} - \boldsymbol{B}\times(\boldsymbol{C}\cdot\nabla)\,\boldsymbol{A}\\ \boldsymbol{C}\cdot\mathbf{grad}(\boldsymbol{A}\cdot\boldsymbol{B}) &= (\boldsymbol{A}\cdot\nabla)\boldsymbol{B} + \boldsymbol{B}\,\operatorname{div}\boldsymbol{A}\end{aligned}$$

Für doppelte Kreuzprodukte, in denen der Nabla-Operator vorkommt, erhält man:

$$\begin{aligned}(\boldsymbol{A}\times\nabla)\times\boldsymbol{B} &= (\boldsymbol{A}\cdot\nabla)\boldsymbol{B} + \boldsymbol{A}\times\mathbf{rot}\,\boldsymbol{B} - \boldsymbol{A}\,\operatorname{div}\boldsymbol{B}\\ (\nabla\times\boldsymbol{A})\times\boldsymbol{B} &= \boldsymbol{A}\,\operatorname{div}\boldsymbol{B} - (\boldsymbol{A}\cdot\nabla)\boldsymbol{B}\\ &\quad - \boldsymbol{A}\times\mathbf{rot}\,\boldsymbol{B} - \boldsymbol{B}\times\mathbf{rot}\,\boldsymbol{A}\end{aligned}$$

ergibt sich

$$\mathbf{rot}\,\boldsymbol{v} = \begin{pmatrix} x - x\\ y - (\mathrm{e}^x + y)\\ \mathrm{e}^x + z - (\mathrm{e}^x + z)\end{pmatrix} = \begin{pmatrix}0\\ -\mathrm{e}^x\\ 0\end{pmatrix} \neq \mathbf{0}\,.$$

Das erste Vektorfeld besitzt nach diesen Überlegungen ein Potenzial, das zweite nicht. ◀

Tatsächlich ist die Sache allerdings ein wenig komplizierter. Ist das Definitionsgebiet des Vektorfeldes nicht ganz $\mathbb{R}^3$, genauer: kein einfach zusammenhängendes Gebiet, so ist auch ein verschwindender Rotor kein Garant für das Vorliegen eines Gradientenfeldes. Wir werden diese Frage in Abschn. 27.3 aufgreifen und dort auch genaue Kriterien für die Existenz eines Potenzials formulieren.

Nun ist zwar $\mathbf{rot}\,\mathbf{grad}\,\boldsymbol{v} = \mathbf{0}$ und $\operatorname{div}\mathbf{rot}\,\boldsymbol{v} = 0$ (zweimalige stetige Differenzierbarkeit vorausgesetzt); die Zusammensetzung zweier Differenzialoperatoren liefert aber nicht immer einen verschwindenden Ausdruck. $\mathbf{rot}\,\mathbf{rot}\,\boldsymbol{v}$ ist genauso wenig immer null wie $\mathbf{grad}\,\mathbf{rot}\,\boldsymbol{v}$ oder $\operatorname{div}\mathbf{grad}\,\Phi$. Zusammengesetzte Differenzialoperatoren werden im Beispiel auf S. 1005 diskutiert und sind in der Übersicht auf S. 1006 zusammengefasst.

Beweis (Darstellung eines quellenfreien Vektorfeldes als Rotation eines anderen Vektorfeldes) Wir betrachten ein Vektorfeld $\boldsymbol{v}$, $\mathbb{R}^3 \to \mathbb{R}^3$, das wir als quellenfrei annehmen, $\operatorname{div}\boldsymbol{v} = 0$. Nun konstruieren wir ein zweites Vektorfeld $\boldsymbol{A}$ mithilfe eines beliebigen, aber festen Punktes $\boldsymbol{a} = (a_1, a_2, a_3)^{\mathrm{T}}$,

$$A_1 = \int\limits_{a_3}^{x_3} v_2(x_1, x_2, \xi_3)\,\mathrm{d}\xi_3 - \int\limits_{a_2}^{x_2} v_3(x_1, \xi_2, a_3)\,\mathrm{d}\xi_2\,,$$

$$A_2 = -\int\limits_{a_3}^{x_3} v_1(x_1, x_2, \xi_3)\,\mathrm{d}\xi_3\,,$$

$$A_3 = 0\,.$$

Vertiefung: Berechnung eines Vektorfeldes aus seinen Quellen und Wirbeln

Wir haben bereits gesehen, dass man ein gegebenes Vektorfeld $\boldsymbol{v}$ durch das zugehörige Quellenfeld $q = \operatorname{div} \boldsymbol{v}$ und das Wirbelfeld $\boldsymbol{w} = \mathbf{rot}\, \boldsymbol{v}$ charakterisieren kann. Wir wenden uns nun dem *inversen* Problem zu: Wie kann man ein Vektorfeld aus seinen Quellen und Wirbeln bestimmen?

Wir zerlegen das Problem in drei Schritte:

1. Zunächst betrachten wir ein wirbelfreies Vektorfeld $\boldsymbol{v}$ mit den Quellen q. Das Feld erfüllt die Gleichungen

$$\mathbf{rot}\, \boldsymbol{v} = \mathbf{0}, \quad \operatorname{div} \boldsymbol{v} = q$$

Wir zeigen in Abschn. 27.3, dass sich in einem einfach zusammenhängenden Gebiet jedes wirbelfreie Vektorfeld $\boldsymbol{v}$ als Gradientenfeld darstellen lässt, $\boldsymbol{v} = \mathbf{grad}\, \Phi$. Da das Vektorfeld die Quellen q haben soll, muss die Gleichung

$$\operatorname{div} \boldsymbol{v} = \operatorname{div} \mathbf{grad}\, \Phi = \Delta \Phi = q$$

erfüllt sein. Die partielle Differenzialgleichung

$$\Delta \Phi(\boldsymbol{x}) = q(\boldsymbol{x})$$

für ein vorgegebenes Skalarfeld q heißt *Poisson-Gleichung* und wird in Kap. 29 ausführlich behandelt. Hat man ein Feld Φ als Lösung der Poisson-Gleichung gefunden, kann man daraus mittels Gradientenbildung sofort $\boldsymbol{v}$ bestimmen.

2. Ein quellenfreies Vektorfeld $\boldsymbol{v}$ mit den Wirbeln $\boldsymbol{w}$ erfüllt die beiden Gleichungen

$$\operatorname{div} \boldsymbol{v} = 0, \quad \mathbf{rot}\, \boldsymbol{v} = \boldsymbol{w}.$$

Jedes quellenfreie Vektorfeld lässt sich in der Form $\boldsymbol{v} = \mathbf{rot} \boldsymbol{A}$ schreiben. Dabei nennt man $\boldsymbol{A}$ das *Vektorpotenzial* des Feldes. In die zweite Gleichung eingesetzt erhält man

$$\mathbf{rot}\, \boldsymbol{v} = \mathbf{rot}\,\mathbf{rot} \boldsymbol{A} = -\Delta \boldsymbol{A} + \mathbf{grad} \operatorname{div} \boldsymbol{A} = \boldsymbol{w}.$$

Man kann nun $\operatorname{div} \boldsymbol{A}$ beliebig wählen, ohne dass sich $\mathbf{rot} \boldsymbol{A}$ dadurch ändert. Das sieht man am einfachsten, indem man $\boldsymbol{A}$ als Summe eines quellenfreien Feldes $\boldsymbol{A}_\mathrm{W}$ und eines wirbelfreien Feldes $\boldsymbol{A}_\mathrm{Q}$ schreibt. Einerseits gilt immer $\operatorname{div} \boldsymbol{A}_\mathrm{W} = 0$, andererseits lässt sich das wirbelfreie Feld als $\boldsymbol{A}_\mathrm{Q} = \mathbf{grad}\, U$ mit einem Skalarfeld U schreiben. Wegen $\mathbf{rot} \boldsymbol{A}_\mathrm{Q} = \mathbf{rot}\,\mathbf{grad}\, U = 0$ hat $\boldsymbol{A}_\mathrm{Q}$ keinen Einfluss auf die Rotation von $\boldsymbol{A} = \boldsymbol{A}_\mathrm{W} + \boldsymbol{A}_\mathrm{Q}$. Die Divergenz hingegen kann durch $\boldsymbol{A}_\mathrm{Q}$ verändert werden, und zwar durch geeignete Wahl des Feldes U auf beliebige Weise.
Da wir über $\operatorname{div} \boldsymbol{A}$ frei verfügen können, werden wir es so wählen, dass sich die Bestimmungsgleichung für $\boldsymbol{A}$ aus $\boldsymbol{w}$ möglichst weit vereinfacht. Das gelingt am besten mit $\operatorname{div} \boldsymbol{A} \equiv 0$,

$$\Delta \boldsymbol{A} = -\boldsymbol{w}.$$

Komponentenweise aufgeschrieben liest sich das als

$$\Delta A_i = -w_i, \quad i = 1, 2, 3.$$

Jede Komponente von $\boldsymbol{A}$ erfüllt demnach wiederum eine Poisson-Gleichung. Hat man diese Gleichungen auf eine Weise gelöst, die mit $\operatorname{div} \boldsymbol{A} = 0$ verträglich ist, und somit ein geeignetes Vektorpotenzial $\boldsymbol{A}$ bestimmt, so erhält man $\boldsymbol{v}$ durch einfaches Bilden der Rotation.

3. Jedes allgemeine Vektorfeld lässt sich als Summe eines quellen- und eines wirbelfreien Feldes darstellen,

$$\boldsymbol{v} = \boldsymbol{v}_\mathrm{Q} + \boldsymbol{v}_\mathrm{W}$$

mit

$$\mathbf{rot}\, \boldsymbol{v}_\mathrm{Q} = \mathbf{0}, \quad \operatorname{div} \boldsymbol{v}_\mathrm{W} = 0$$

(*Helmholtz'scher Zerlegungssatz*). Durch die Linearität der Differenzialoperatoren lässt sich das allgemeine Problem auf die beiden bereits gelösten Teilprobleme zurückführen. Hat ein Vektorfeld die Quellen q und die Wirbel $\boldsymbol{w}$, so muss man „nur" die vier Poisson-Gleichungen

$$\Delta \Phi = q, \quad \Delta A_i = -w_i, \quad i = 1, 2, 3$$

lösen und erhält

$$\boldsymbol{v} = \mathbf{grad}\, \Phi + \mathbf{rot} \boldsymbol{A}.$$

Für die Rotation dieses neuen Feldes erhalten wir

$$\begin{aligned}
\{e_1 \cdot \mathbf{rot} \boldsymbol{A}\}_1 &= v_1(x_1, x_2, x_3) \\
\{e_2 \cdot \mathbf{rot} \boldsymbol{A}\}_2 &= v_2(x_1, x_2, x_3) \\
\{e_3 \cdot \mathbf{rot} \boldsymbol{A}\}_3 &= -\int_{a_3}^{x_3} \left(\frac{\partial v_1}{\partial x_1} + \frac{\partial v_2}{\partial x_2} \right) \mathrm{d}\xi_3 + v_3(x_1, x_2, a_3)
\end{aligned}$$

Ist nun $\operatorname{div} \boldsymbol{v} = 0$, so gilt

$$\frac{\partial v_1}{\partial x_1} + \frac{\partial v_2}{\partial x_2} = -\frac{\partial v_3}{\partial x_3}$$

und wir erhalten weiter:

$$\begin{aligned}
\{e_3 \cdot \mathbf{rot} \boldsymbol{A}\}_3 &= \int_{a_3}^{x_3} \frac{\partial v_3}{\partial x_3} \mathrm{d}\xi_3 + v_3(x_1, x_2, a_3) \\
&= v_3(x_1, x_2, \xi_3)\big|_{\xi_3 = a_3}^{x_3} + v_3(x_1, x_2, a_3) \\
&= v_3(x_1, x_2, x_3)
\end{aligned}$$

Wir haben gezeigt, dass es ein Vektorfeld $\boldsymbol{A}$ gibt, für das $\mathbf{rot} \boldsymbol{A} = \boldsymbol{v}$ ist. Dass wir $A_3 = 0$ wählen konnten, zeigt, dass wir bei der Konstruktion eines solchen Vektorfeldes („des Vektorpotenzials") sogar viel Freiheit haben. ■

Teil IV

27.3 Kurvenintegrale

Bisher haben wir nur reellwertige Funktionen entlang von Intervallen aus $\mathbb{R}$ bzw. über Bereiche des $\mathbb{R}^n$ integriert. Für viele Zwecke ist es aber notwendig, dieses Konzept zu erweitern.

Anwendungsbeispiel

- Die Energie eines durch eine Kurve beschreibbaren Objekts (etwa eines dünnen Drahtes) in einem Potenzial erhält man, indem man die Werte dieses Potenzials entlang der Kurve „aufsammelt", d. h. das *skalare* Potenzial entlang der Kurve integriert.
- Will man die Arbeit berechnen, die ein Kraftfeld an einem Körper leistet, der sich entlang einer bestimmten Bahn bewegt, muss man eine *vektorwertige* Funktion entlang der Bahnkurve integrieren.
- Um die Gesamtladung einer geladenen Fläche zu bestimmen, wenn die Oberflächenladungsdichte gegeben ist, muss man eine Möglichkeit finden, als Integrationsbereich nur die interessierende Fläche zu wählen.
- Will man den Fluss etwa eines Strömungsfeldes durch eine Fläche bestimmen, muss man das Konzept des Oberflächenintegrals ebenfalls auf Vektorfunktionen ausdehnen. ◀

Zunächst untersuchen wir die ersten beiden Aufgaben, die anderen beiden werden im folgenden Abschn. 27.4 behandelt.

Skalare Funktionen lassen sich entlang von Kurven integrieren

Wir orientieren uns bei der Definition von Kurvenintegralen (auch als *Linienintegrale* oder *Wegintegrale* bezeichnet) an einem konkreten Beispiel. Ein Draht, der homogen und so dünn ist, dass er durch eine Kurve γ beschrieben werden kann, ist in einem Gravitationspotenzial Φ fixiert.

Wie schon in Kap. 26 bei der Herleitung der Bogenlänge nähern wir die Kurve durch einen Polygonzug an. Dazu wählen wir im Parameterintervall $[a, b]$ Unterteilungspunkte t_k mit $t_0 = a$, $t_n = b$ und $t_{k-1} < t_k$ für alle $k \in \{1, 2, \ldots, n\}$. Die Punkte $\boldsymbol{x}_k = \boldsymbol{x}(t_k)$ verbinden wir, wie in Abb. 27.18 dargestellt nun durch Geradenstücke.

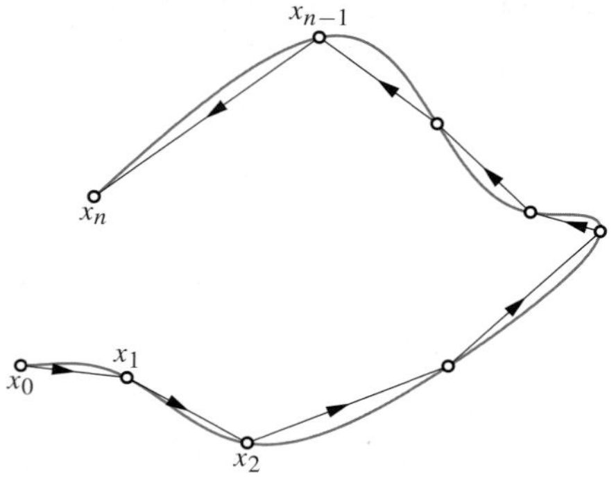

Abb. 27.18 Näherung eines Weges durch einen Polygonzug

Da wir Kurven stets als stückweise stetig differenzierbar voraussetzen, kann man diese Näherung durch entsprechend feine Unterteilung beliebig gut machen.

Der Betrag, den jedes Geradenstück liefert, ist näherungsweise durch

$$\begin{aligned}\Delta U_k &= \Phi(\tau_k)\|\boldsymbol{x}(t_k) - \boldsymbol{x}(t_{k-1})\| \\ &= \Phi(\tau_k)\left\|\frac{\boldsymbol{x}(t_k) - \boldsymbol{x}(t_{k-1})}{\Delta t_k}\right\| \Delta t_k\end{aligned}$$

gegeben, wobei $\Delta t_k = t_k - t_{k-1}$ und $\tau_k \in (t_{k-1}, t_k)$ ist. Die gesamte Energie ist die Summe dieser Beiträge. Im Grenzübergang $\max_k \Delta t_k \to 0$ wird – in unserer schematischen Vorgangsweise – die Summe zu einem Integral, der Differenzenquotient zu einer Ableitung und die Parameterdifferenzen Δt_k zu Differenzialen $\mathrm{d}t$. Strenggenommen müsste man natürlich wieder entsprechende Folgen von Treppenfunktionen betrachten.

Wir erhalten damit folgende Definition.

Skalares Kurvenintegral

Das Kurvenintegral einer skalaren Funktion Φ über eine Kurve γ mit $\boldsymbol{x} = \boldsymbol{\gamma}(t)$, $t \in [a, b]$ ist definiert als

$$\int_\gamma \Phi \,\mathrm{d}s = \int_a^b \Phi(\boldsymbol{x}(t))\,\|\dot{\boldsymbol{x}}(t)\|\,\mathrm{d}t\,.$$

Die Bezeichnung $\mathrm{d}s$ für das Differenzial soll dabei an die Bogenlänge, die ja meist mit s bezeichnet wird, erinnern. Mit $\Phi(\boldsymbol{x}) \equiv 1$ fügt sich auch die Bogenlänge

$$l = \int_\gamma \mathrm{d}s = \int_a^b \|\dot{\boldsymbol{x}}(t)\|\,\mathrm{d}t$$

nahtlos in diese Bezeichnungsweise ein.

Letztlich ist $\mathrm{d}s$, wie ja der gesamte Ausdruck auf der linken Seite, ein Symbol, das erst durch die Definition mit Leben oder zumindest Bedeutung erfüllt wird. Wir werden noch auf verschiedene Arten von Integralen stoßen, bei denen es entscheidend ist, jeweils einen symbolischen Ausdruck wie eben $\int_\gamma \Phi\,\mathrm{d}s$ in ein Lebesgue Integral zu „übersetzen". Dieses Integral kann dann mit Standardmethoden – analytisch oder numerisch – berechnet werden.

Die Übersetzung geschieht in unserem Fall, indem die Parametrisierung der Kurve als Argument in das Skalarfeld eingesetzt, mit der Norm der Ableitung multipliziert und über das Parameterintervall integriert wird.

Das funktioniert natürlich nur dort, wo die Kurve stetig differenzierbar ist. Besteht γ aus mehreren derartigen Stücken, die aber auf nicht differenzierbare Weise zusammengesetzt wurden, so muss man das Integral für jedes Stück separat berechnen und erhält das gesamte Integral als Summe der Einzelintegrale. Ist eine Kurve γ aus einzelnen Stücken γ_i, $i = 1, \ldots, n$ zusammengesetzt, schreibt man das symbolisch als

$$\gamma = \gamma_1 + \gamma_2 + \ldots + \gamma_n ,$$

gelegentlich findet man auch die Schreibweise $\gamma = \gamma_1 * \gamma_2 * \ldots * \gamma_n$. In diesem Fall gilt

$$\int_\gamma \Phi \, \mathrm{d}s = \int_{\gamma_1 + \ldots + \gamma_n} \Phi \, \mathrm{d}s = \sum_{i=1}^{n} \int_{\gamma_i} \Phi \, \mathrm{d}s .$$

Wird eine Kurve γ in der Gegenrichtung durchlaufen, so schreibt man dafür $-\gamma$. Da das skalare Kurvenintegral die Orientierung nicht berücksichtigt, ist

$$\int_{-\gamma} \Phi \, \mathrm{d}s = \int_\gamma \Phi \, \mathrm{d}s .$$

Warum die Norm von $\dot{\boldsymbol{x}}$ in unserer Definition vorkommt, ist auch ohne Blick auf unsere Herleitung recht plausibel. Wir würden ja erwarten oder uns zumindest wünschen, dass der Wert eines Kurvenintegrals von der Parametrisierung unabhängig ist. Das bedeutet aber, je schneller die Kurve durchlaufen wird, desto „kürzer" bleibt man an einem Ort, und mit einem umso größeren Ausdruck muss der dortige Wert des Skalarfeldes multipliziert werden.

Diese Argumentation hat aber einen Haken: Die Norm von $\dot{\boldsymbol{x}}$ schluckt ja das orientierungsabhängige Vorzeichen, ähnlich wie der Betrag der Jacobi-Determinante bei Mehrfachintegralen. Hier haben wir einen deutlichen Unterschied zu den gewohnten eindimensionalen Integralen. Wird ein Kurvenstück daher mehrfach durchlaufen, liefert das auch mehrmals den gleichen Beitrag.

Wir müssen daher zusätzlich fordern, dass $\dot{\boldsymbol{\gamma}}(t) \neq \boldsymbol{0}$ für alle $t \in (a, b)$ ist, um überhaupt eine Chance auf Eindeutigkeit des Kurvenintegrals zu haben. Damit gilt dann Folgendes.

Parametrisierungsunabhängigkeit von Kurvenintegralen

Sind γ_1, $t \in [a, b]$, und γ_2, $\tau \in [\alpha, \beta]$, zwei Parametrisierungen der gleichen Kurve, ist $\dot{\boldsymbol{\gamma}}_1(t) \neq \boldsymbol{0}$ für alle $t \in (a, b)$ und $\dot{\boldsymbol{\gamma}}_2(\tau) \neq \boldsymbol{0}$ für alle $\tau \in (\alpha, \beta)$, so gilt für beliebige Skalarfunktionen Φ, in deren Definitionsgebiet die Kurve zur Gänze liegt,

$$\int_{\gamma_1} \Phi \, \mathrm{d}s = \int_{\gamma_2} \Phi \, \mathrm{d}s .$$

Der Beweis erfolgt durch simple Anwendung der Kettenregel – anders gesagt folgt die Behauptung direkt aus der eindimensionalen Substitutionsregel, wobei ein etwaiges Vorzeichen von der Norm geschluckt wird.

Beispiel Wir integrieren die Funktion Φ, $\mathbb{R}^3 \to \mathbb{R}$ mit

$$\Phi(\boldsymbol{x}) = x_1^2 + x_2 x_3$$

entlang der Kurve

$$\boldsymbol{\gamma}(t) = \begin{pmatrix} \cos t \\ \sin t \\ t \end{pmatrix}, \quad t \in [0, 2\pi] .$$

Für diese Kurve erhalten wir

$$\dot{\boldsymbol{\gamma}}(t) = \begin{pmatrix} -\sin t \\ \cos t \\ 1 \end{pmatrix}, \quad \|\dot{\boldsymbol{\gamma}}(t)\| = \sqrt{\sin^2 t + \cos^2 t + 1} = \sqrt{2}$$

und damit für das Integral

$$\begin{aligned} \int_\gamma \Phi \, \mathrm{d}s &= \int_0^{2\pi} \Phi(\cos t, \sin t, t) \sqrt{2} \, \mathrm{d}t \\ &= \sqrt{2} \int_0^{2\pi} \left(\cos^2 t + t \sin t\right) \mathrm{d}t \\ &= \sqrt{2} \left(\pi - t \cos t\big|_0^{2\pi} + \int_0^{2\pi} \cos t \, \mathrm{d}t \right) \\ &= -\sqrt{2}\,\pi . \end{aligned}$$

◀

Auch das Problem, das uns zur Definition des skalaren Kurvenintegrals geführt hat, können wir nun konkret behandeln.

Anwendungsbeispiel Wir betrachten ein Stück Draht mit Massenbelegung $\rho(t) \equiv 1$ in einem homogenen Gravitationsfeld. Der Draht wird durch die Kurve

$$\boldsymbol{\gamma}(t) = \begin{pmatrix} t \\ \cosh t \end{pmatrix}, \quad t \in [-\ln 2, \ln 2]$$

beschrieben. (Er hat also die Form eines an den Punkten $\boldsymbol{a} = (-\ln 2, \frac{5}{4})^\mathrm{T}$ und $\boldsymbol{b} = (\ln 2, \frac{5}{4})^\mathrm{T}$ befestigten Seiles.) Für diese Kurve erhalten wir

$$\dot{\boldsymbol{\gamma}}(t) = \begin{pmatrix} 1 \\ \sinh t \end{pmatrix}, \quad \|\dot{\boldsymbol{\gamma}}(t)\| = \sqrt{1 + \sinh^2 t} = \cosh t .$$

Die potenzielle Energie ist nur bis auf eine Konstante bestimmt, $U(\boldsymbol{x}) = x_2 + C$. Wir setzen $C = 0$ und erhalten damit

$$\begin{aligned} \int_\gamma U \, \mathrm{d}s &= \int_{-\ln 2}^{\ln 2} x_2(t) \, \|\dot{\boldsymbol{x}}(t)\| \, \mathrm{d}t = \int_{-\ln 2}^{\ln 2} \cosh^2 t \, \mathrm{d}t \\ &= \frac{1}{2} \left[t + \cosh t \sinh t\right]_{-\ln 2}^{\ln 2} = \left[t + \cosh t \sinh t\right]_0^{\ln 2} \\ &= \ln 2 + \frac{5}{4} \cdot \frac{3}{4} = \ln 2 + \frac{15}{16} . \end{aligned}$$

◀

Teil IV

Kommentar Für Integrale entlang von geschlossenen Kurven γ schreibt man gerne einen Ring in das Integralzeichen,

$$\oint_\gamma \Phi \, \mathrm{d}s \,.$$

Auch später bei Integralen über geschlossene Flächen wird diese Schreibweise gelegentlich verwendet. ◀

Bei der Integration von Vektorfeldern kommt die Projektion in Tangentialrichtung zum Tragen

Auch Vektorfelder können wir entlang von Kurven integrieren, und wieder betrachten wir ein physikalisches Beispiel als Motivation, hier die Bewegung eines Körpers in einem Kraftfeld $\boldsymbol{F}$.

Betrachten wir zunächst ein konstantes Kraftfeld $\boldsymbol{F} = F\widehat{\boldsymbol{e}}_F$. Legt ein Massepunkt einen Weg der Länge s in Richtung $\widehat{\boldsymbol{e}}_F$ zurück, so ist die Arbeit, die das Kraftfeld an diesem Massepunkt leistet, $W = F\,s$. Im Allgemeinen werden aber Kraft und Weg nicht parallel sein, und in diesem Fall kommt nur die *Projektion* der Kraft auf den Weg zum Tragen.

Wir können sowohl Kraft wie auch Weg durch Vektoren $\boldsymbol{F}$ und $\boldsymbol{s}$ beschreiben. Die Projektion entspricht, wie in Abb. 27.19 links dargestellt, nun dem Skalarprodukt

$$\boldsymbol{F} \cdot \boldsymbol{s} \,.$$

Was tut man nun aber, wenn sich der Körper nicht mehr entlang einer Geraden bewegt und auch das Kraftfeld vom Ort abhängt (siehe Abb. 27.19 rechts)?

Wenn sowohl Kurve als auch Vektorfeld stetig differenzierbar sind, bietet es sich an, die gesuchte Arbeit zumindest näherungsweise zu berechnen. Dazu nähern wir die Kurve wiederum wie in Abb. 27.18 durch einen Polygonzug an.

Wenn diese Geradenstücke klein genug sind, ist das Kraft- bzw. Vektorfeld an ihnen jeweils näherungsweise konstant, und man erhält als Abschätzung:

$$W \approx \sum_{k=1}^{n-1} \boldsymbol{F}(\boldsymbol{x}(\tau_k)) \cdot (\boldsymbol{x}_k - \boldsymbol{x}_{k-1}) \,,$$

wiederum mit $\tau_k \in (t_k,\, t_{k-1})$.

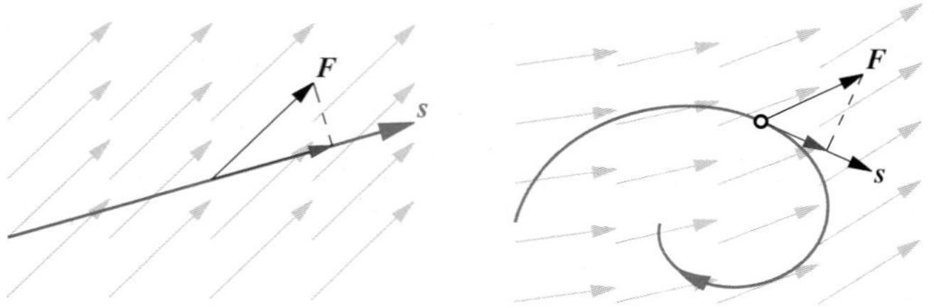

Abb. 27.19 Kraft und Weg lassen sich durch Vektoren $\boldsymbol{F}$ und $\boldsymbol{s}$ ausdrücken, die geleistete Arbeit ist das Skalarprodukt $W = \boldsymbol{F} \cdot \boldsymbol{s}$ (links). Für einen gekrümmten Weg oder ein inhomogenes Vektorfeld benötigt man ein Integral

Analog zum skalaren Fall erhält man im Grenzübergang das exakte Ergebnis. Aus der Summe wird dabei ein Integral, aus $\boldsymbol{F}(\boldsymbol{\gamma}(\tau_i))$ einfach $\boldsymbol{F}(\boldsymbol{\gamma}(t))$. Für die Wegdifferenz $\boldsymbol{x}(t_{i+1}) - \boldsymbol{x}(t_i)$ ergibt sich mit dem Mittelwertsatz

$$\boldsymbol{x}(t + \Delta t) - \boldsymbol{x}(t) = \frac{\boldsymbol{x}(t + \Delta t) - \boldsymbol{x}(t)}{\Delta t}\,\Delta t = \dot{\boldsymbol{x}}(\tau)\,\Delta t \,,$$

im Grenzübergang gilt $\tau \to t$ und die Ersetzung $\Delta t \to \mathrm{d}t$. Für das gesamte Kurvenintegral erhalten wir folgenden Zusammenhang.

Vektorielles Kurvenintegral

Das Kurvenintegral entlang einer mit $\boldsymbol{\gamma}(t)$, $t \in [a, b]$ parametrisierten Kurve γ über ein Vektorfeld

$$\boldsymbol{v}(\boldsymbol{x}) = (v_1(\boldsymbol{x}), \ldots, v_n(\boldsymbol{x}))^{\mathrm{T}}$$

ist definiert als:

$$\int_\gamma \boldsymbol{v} \cdot \mathbf{d}\boldsymbol{s} = \int_a^b \boldsymbol{v}(\boldsymbol{x}(t)) \cdot \dot{\boldsymbol{x}}(t)\,\mathrm{d}t \qquad (27.1)$$

Das vektorielle Kurvenintegral wird, motiviert durch die Interpretation des Vektorfeldes als Kraftfeld, auch als *Arbeitsintegral* bezeichnet. Durch explizites Ausschreiben das Skalarprodukts erhält man

$$\int_\gamma \boldsymbol{v} \cdot \mathbf{d}\boldsymbol{s} = \int_a^b \{v_1(\boldsymbol{\gamma}(t))\,\dot{\gamma}_1(t) + \ldots + v_n(\boldsymbol{\gamma}(t))\,\dot{\gamma}_n(t)\}\,\mathrm{d}t\,;$$

gelegentlich setzt man zudem

$$\int_\gamma \boldsymbol{v} \cdot \mathbf{d}\boldsymbol{s} = \int_\gamma \{v_1\,\mathrm{d}x_1 + \ldots + v_n\,\mathrm{d}x_n\}\,.$$

Die Schreibweise auf der rechten Seite ist – wie auch $\int_\gamma \boldsymbol{v} \cdot \mathbf{d}\boldsymbol{s}$ – vorerst rein symbolisch, sie muss bei Verwendung erst in eine konkrete Rechenvorschrift übersetzt werden.

Ähnlich wie im skalaren Fall setzt man wiederum die Parametrisierung als Argument in das Feld ein; dieses Vektorfeld multipliziert man nun skalar mit der Ableitung der Parametrisierung und integriert diesen Ausdruck über den Parameterbereich.

Beispiel

- Wir integrieren das Vektorfeld

$$\boldsymbol{v}(\boldsymbol{x}) = \left(x_1\,x_2^2,\; x_1\,x_3,\; x_3\right)^{\mathrm{T}}$$

entlang der Kurve

$$\boldsymbol{\gamma}(t) = \begin{pmatrix} t \\ t^2 \\ t^3 \end{pmatrix}, \qquad t \in [0,\, 1]\,.$$

Mit

$$\dot{\boldsymbol{\gamma}}(t) = \left(1\,, 2t\,, 3t^2\right)^{\mathrm{T}}$$

Teil IV

erhalten wir

$$\int_\gamma \boldsymbol{v}\cdot \mathbf{d}\boldsymbol{s} = \int_0^1 \boldsymbol{v}(t,\, t^2,\, t^3)\cdot \dot{\boldsymbol{\gamma}}(t)\,\mathrm{d}t$$
$$= \int_0^1 \begin{pmatrix} t^5 \\ t^4 \\ t^3 \end{pmatrix}\cdot \begin{pmatrix} 1 \\ 2t \\ 3t^2 \end{pmatrix}\mathrm{d}t$$
$$= \int_0^1 6t^5\,\mathrm{d}t = t^6\big|_0^1 = 1\,.$$

- Wir bestimmen das Integral des Vektorfeldes

$$\boldsymbol{v} = \begin{pmatrix} 1+x+yz \\ 1+y+xz \\ 1+z+xy \end{pmatrix}$$

entlang jener Kurve γ, die zunächst geradlinig von $(0,\,0,\,0)^\mathrm{T}$ nach $(1,\,0,\,0)^\mathrm{T}$, geradlinig weiter zu $(1,\,1,\,0)^\mathrm{T}$ und wieder geradlinig zu $(1,\,1,\,1)^\mathrm{T}$ läuft. Zerlegen in stetig differenzierbare Teile liefert $\gamma = \gamma_1 + \gamma_2 + \gamma_3$ mit

$$\boldsymbol{\gamma}_1(t) = \begin{pmatrix} t \\ 0 \\ 0 \end{pmatrix},\quad \boldsymbol{\gamma}_2(t) = \begin{pmatrix} 1 \\ t \\ 0 \end{pmatrix},\quad \boldsymbol{\gamma}_3(t) = \begin{pmatrix} 1 \\ 1 \\ t \end{pmatrix}$$

und jeweils $t \in [0,\,1]$. Für die Kurvenintegrale erhalten wir mit $I_i = \int_{\gamma_i} \boldsymbol{v}\cdot \mathbf{d}\boldsymbol{s}$:

$$I_1 = \int_0^1 \boldsymbol{v}(\boldsymbol{\gamma}_1(t))\cdot \dot{\boldsymbol{\gamma}}_1\,\mathrm{d}t = \int_0^1 \begin{pmatrix} 1+t \\ 1 \\ 1 \end{pmatrix}\cdot \begin{pmatrix} 1 \\ 0 \\ 0 \end{pmatrix}\mathrm{d}t$$
$$= \int_0^1 (1+t)\,\mathrm{d}t = \left[t + \frac{t^2}{2}\right]_0^1 = \frac{3}{2}$$

$$I_2 = \int_0^1 \boldsymbol{v}(\boldsymbol{\gamma}_2(t))\cdot \dot{\boldsymbol{\gamma}}_2\,\mathrm{d}t = \int_0^1 \begin{pmatrix} 2 \\ 1+t \\ 1+t \end{pmatrix}\cdot \begin{pmatrix} 0 \\ 1 \\ 0 \end{pmatrix}\mathrm{d}t$$
$$= \int_0^1 (1+t)\,\mathrm{d}t = \left[t + \frac{t^2}{2}\right]_0^1 = \frac{3}{2}$$

$$I_3 = \int_0^1 \boldsymbol{v}(\boldsymbol{\gamma}_3(t))\cdot \dot{\boldsymbol{\gamma}}_3\,\mathrm{d}t = \int_0^1 \begin{pmatrix} 2+t \\ 2+t \\ 2+t \end{pmatrix}\cdot \begin{pmatrix} 0 \\ 0 \\ 1 \end{pmatrix}\mathrm{d}t$$
$$= \int_0^1 (2+t)\,\mathrm{d}t = \left[2t + \frac{t^2}{2}\right]_0^1 = \frac{5}{2}$$

Damit ist

$$\int_\gamma \boldsymbol{v}\cdot \mathbf{d}\boldsymbol{s} = \int_{\gamma_1} \boldsymbol{v}\cdot \mathbf{d}\boldsymbol{s} + \int_{\gamma_2} \boldsymbol{v}\cdot \mathbf{d}\boldsymbol{s} + \int_{\gamma_3} \boldsymbol{v}\cdot \mathbf{d}\boldsymbol{s} = \frac{11}{2}\,.$$ ◀

Skalares und vektorielles Kurvenintegral hängen eng zusammen

Auf den ersten – oder vielleicht doch eher zweiten – Blick scheint das vektorielle Kurvenintegral ein Spezialfall des skalaren zu sein. Als zu integrierende Skalarfunktion wird $\Phi = \boldsymbol{x}\cdot \boldsymbol{\tau}$ gesetzt, wobei τ der normierte Tangentenvektor der Kurve ist.

Das ist allerdings nur fast richtig. Dadurch, dass man im Integranden direkt auf die Ableitung der Kurve Bezug nimmt, geht man über das Konzept einer Integration über ein simples Skalarfeld hinaus. Der wesentlichste Effekt, der sich dadurch ergibt, ist, dass das vektorielle Kurvenintegral *orientiert* ist, d. h.

$$\int_{-\gamma} \boldsymbol{v}\cdot \mathbf{d}\boldsymbol{s} = -\int_\gamma \boldsymbol{v}\cdot \mathbf{d}\boldsymbol{s}$$

gilt. Im vektoriellen Fall muss man die Bedingung $\dot{\boldsymbol{\gamma}}(t) \neq \mathbf{0}$ nicht stellen, um Parametrisierungsunabhängigkeit zu erhalten, denn mehrfach in unterschiedlicher Richtung durchlaufene Teile tragen je nach Durchlaufrichtung mit unterschiedlichem Vorzeichen bei.

Beispiel Wir betrachten die Kurven γ_n, $n \in \mathbb{N}_0$ mit Parametrisierung

$$\boldsymbol{\gamma}_n(t) = \begin{pmatrix} \sin t \\ 1 \end{pmatrix},\quad t \in \left[-\frac{\pi}{2},\, \frac{(4n+1)\pi}{2}\right],\quad n \in \mathbb{N}_0\,.$$

Alle diese Kurven haben Anfangspunkte $\boldsymbol{a} = (-1,\,1)^\mathrm{T}$ und Endpunkt $\boldsymbol{b} = (1,\,1)^\mathrm{T}$, doch während γ_0 injektiv ist, ist das für γ_n mit $n \geq 1$ nicht mehr der Fall.

Für das Kurvenintegral über $\boldsymbol{v}(\boldsymbol{x}) = (x_1^2 x_2,\, x_1 \mathrm{e}^{x_1 x_2})^\mathrm{T}$ entlang der Kurven γ_n erhalten wir

$$\int_{\gamma_n} \boldsymbol{v}\cdot \mathbf{d}\boldsymbol{s} = \int_{-\pi/2}^{(4n+1)\pi/2} \begin{pmatrix} \sin^2 t \\ \sin t\,\mathrm{e}^{\sin t} \end{pmatrix}\cdot \begin{pmatrix} \cos t \\ 0 \end{pmatrix}$$
$$= \int_{-\pi/2}^{(4n+1)\pi/2} (\cos t)\,\sin^2 t\,\mathrm{d}t$$
$$= \frac{1}{3}\sin^3 t\Big|_{-\pi/2}^{(4n+1)\pi/2} = \frac{2}{3}\,.$$

Unabhängig davon, ob die Kurve einmal oder mehrere Male durchlaufen wird, der Wert des Kurvenintegrals ist immer der gleiche. ◀

Hat man sich auf eine Orientierung festgelegt und erfüllt diese für alle $t \in [a,\,b]$ die Bedingung $\dot{\boldsymbol{\gamma}}(t) \neq \mathbf{0}$, so hängt das vektorielle Wegelement $\mathbf{d}\boldsymbol{s}$ mit dem skalaren $\mathrm{d}s$ gemäß

$$\mathbf{d}\boldsymbol{s} = \dot{\boldsymbol{\gamma}}(t)\,\mathrm{d}t = \frac{\dot{\boldsymbol{\gamma}}(t)}{\|\dot{\boldsymbol{\gamma}}(t)\|}\|\dot{\boldsymbol{\gamma}}(t)\|\mathrm{d}t = \frac{\dot{\boldsymbol{\gamma}}(t)}{\|\dot{\boldsymbol{\gamma}}(t)\|}\,\mathrm{d}s = \boldsymbol{t}\,\mathrm{d}s$$

zusammen.

Skalare Kurvenintegrale sind einfacher zu handhaben und stellen auch den mathematischen Kern des Begriffs *Kurvenintegral* dar. Für die Anwendung allerdings benötigt man das vektorielle deutlich häufiger, und so gehen wir noch genauer auf dessen Eigenschaften ein.

Die Wegunabhängigkeit eines Kurvenintegrals kann man durch Differenzieren überprüfen

Immer wieder stößt man auf Fälle, wo der Wert eines Kurvenintegrals von der genauen Form der Kurve, über die man integriert, unabhängig wird und nur mehr von Anfangs- und Endpunkt abhängt.

Für die Berechnung von Kurvenintegralen ist es natürlich ein beträchtlicher Vorteil, wenn man weiß, ob man einen komplizierten Weg durch einen einfacheren ersetzen darf. Diesen Untersuchungen wenden wir uns jetzt zu.

Eine schnelle Antwort können wir geben, wenn der Integrand $\boldsymbol{v}$ ein Gradientenfeld ist, $\boldsymbol{v} = \mathbf{grad}\,\Phi$. Für eine stetig differenzierbare Kurve $\boldsymbol{\gamma}$ mit Anfangspunkt $\boldsymbol{a} = \boldsymbol{\gamma}(a)$ und Endpunkt $\boldsymbol{b} = \boldsymbol{\gamma}(b)$ setzen wir $\Psi(t) = \Phi(\boldsymbol{\gamma}(t))$. Damit ergibt die Kettenregel

$$\dot{\Psi}(t) = \mathbf{grad}\,\Phi(\boldsymbol{\gamma}(t)) \cdot \dot{\boldsymbol{\gamma}}(t)$$

für alle t aus dem Parameterintervall $[a, b]$, und wir erhalten

$$\begin{aligned}\int_\gamma \boldsymbol{v}\cdot \mathbf{ds} &= \int_a^b \mathbf{grad}\,\Phi(\boldsymbol{\gamma}(t)) \cdot \dot{\boldsymbol{\gamma}}(t)\,\mathrm{d}t = \int_a^b \dot{\Psi}(t)\,\mathrm{d}t \\ &= \Psi(b) - \Psi(a) = \Phi(\boldsymbol{\gamma}(b)) - \Phi(\boldsymbol{\gamma}(a)) \\ &= \Phi(\boldsymbol{b}) - \Phi(\boldsymbol{a})\,.\end{aligned}$$

Der Wert des Integrals hängt nicht mehr von der Form der Kurve ab, sondern nur noch von Anfangs- und Endpunkt. Für stückweise stetig differenzierbare Kurven erhält man durch Betrachten der Teilkurven eine Teleskopsumme und letztlich das gleiche Ergebnis.

Wann ist nun ein Vektorfeld ein Gradientenfeld? Wir haben bereits behauptet, dass dazu die Rotation von $\boldsymbol{v}$ verschwinden muss, d. h., in zwei Dimension muss

$$\frac{\partial v_1}{\partial x_2} - \frac{\partial v_2}{\partial x_1} = 0$$

sein. Allgemein muss die **Integrabilitätsbedingung**

$$\frac{\partial v_i}{\partial x_j} - \frac{\partial v_j}{\partial x_i} = 0$$

für alle i und j erfüllt sein. Das ist zwar eine notwendige, aber keineswegs eine hinreichende Bedingung, wie man etwa an folgendem Beispiel sieht.

Beispiel Wir betrachten noch einmal das Vektorfeld $\boldsymbol{v}$, $\mathbb{R}^2 \setminus \{\mathbf{0}\} \to \mathbb{R}^2$,

$$\boldsymbol{v} = \frac{1}{x_1^2 + x_2^2}\begin{pmatrix} -x_2 \\ x_1 \end{pmatrix}.$$

Wir haben bereits gesehen (bzw. können leicht nachrechnen), dass die Rotation dieses Feldes verschwindet. Für das Integral entlang der geschlossenen Kurve γ, $\boldsymbol{\gamma}(t) = (\cos t, \sin t)^{\mathrm{T}}$, $t \in [0, 2\pi]$, erhalten wir jedoch

$$\begin{aligned}\int_\gamma \boldsymbol{v}\cdot\mathbf{ds} &= \int_0^{2\pi} \begin{pmatrix} -\sin t \\ \cos t\end{pmatrix} \cdot \begin{pmatrix} -\sin t \\ \cos t\end{pmatrix} \mathrm{d}t \\ &= \int_0^{2\pi} (\sin^2 t + \cos^2 t)\,\mathrm{d}t = \int_0^{2\pi} \mathrm{d}t = 2\pi\,.\end{aligned}$$

Das Integral über einen geschlossenen Weg ist hier nicht null, Kurvenintegrale sind nicht wegunabhängig.

Dass das trotz verschwindender Rotation passiert, liegt daran, dass wir den Punkt $\mathbf{0}$ aus der Definitionsmenge ausnehmen mussten und das Vektorfeld dort auch nicht differenzierbar (oder auch nur stetig) ergänzen können.

Wie man durch Differenzieren leicht nachprüfen kann, müsste eine Stammfunktion von $\boldsymbol{v}$ die Form $\Phi(\boldsymbol{x}) = \varphi = \arctan(x_2/x_1)$ haben,

$$\begin{aligned}\frac{\partial}{\partial x_1} \arctan\frac{x_2}{x_1} &= -\frac{x_2}{x_1^2 + x_2^2} = v_1(x_1, x_2) \\ \frac{\partial}{\partial x_2} \arctan\frac{x_2}{x_1} &= \frac{x_1}{x_1^2 + x_2^2} = v_2(x_1, x_2)\,.\end{aligned}$$

Der Polarwinkel ϕ ist aber nicht in ganz $\mathbb{R}^2$ stetig definierbar, irgendwo muss es einen Sprung geben (z. B. von $-\pi$ nach π oder von 0 nach 2π). Solange der Ursprung nicht vollständig umlaufen wird, kann man dieser Unstetigkeit ausweichen, und dann ist $\Phi(\boldsymbol{x}) = \arctan(x_2/x_1)$ tatsächlich eine „gute" Stammfunktion. Eine direkte Anwendung davon stellen wir auf S. 1014 vor. ◄

Generell gilt, dass „Löcher" im Definitionsbereich die schöne Eigenschaft, ein Gradientenfeld zu sein, zerstören können. Das kann nicht passieren, wenn der Definitionsbereich **einfach zusammenhängend** ist, also salopp gesprochen nicht von Lücken oder Löchern „durchbohrt" wird.

Genauer heißt einfach zusammenhängend, dass sich in diesem Bereich jede geschlossene Kurve stetig zu einem Punkt deformieren lässt, ohne dass man den Bereich verlassen müsste. Im $\mathbb{R}^2 \setminus \{\mathbf{0}\}$ ist das nicht möglich; eine Kurve, die den Ursprung einmal umläuft, kann man nicht stetig auf einen Punkt zusammenziehen, ohne $\boldsymbol{x} = \mathbf{0}$ zu passieren.

Greift man, wie in Abb. 27.20 gezeigt, nur eine Teilmenge, die einfach zusammenhängend ist (in unserem Beispiel also insbesondere den Punkt $\boldsymbol{x} = \mathbf{0}$ nicht enthält), hat man dort mit $\mathbf{rot}\,\boldsymbol{v} = \mathbf{0}$ eine Stammfunktion zur Verfügung.

Übersicht: Eigenschaften von Kurvenintegralen

Wir stellen die wichtigsten Eigenschaften reeller Kurvenintegrale zusammen. Dabei sind Kurven γ_i mit $\boldsymbol{x} = \boldsymbol{\gamma}_i(t)$, $t \in (a_i, b_i)$ parametrisiert, $-\gamma$ wird in entgegengesetzter Richtung von γ durchlaufen. Des Weiteren bezeichnet $\gamma_1 + \gamma_2$ die Zusammensetzung zweier Kurven γ_1 und γ_2, $l(\gamma)$ steht für die Länge der Kurve γ, γ^* für ihr Bild. Φ und Ψ sind Skalar-, $\boldsymbol{v}$ und $\boldsymbol{w}$ Vektorfelder, α und β reelle Zahlen.

Skalares Kurvenintegral	Vektorielles Kurvenintegral
Linearität	
$\int_\gamma (\alpha\,\Phi + \beta\,\Psi)\,\mathrm{d}s = \alpha \int_\gamma \Phi\,\mathrm{d}s + \beta \int_\gamma \Psi\,\mathrm{d}s$	$\int_\gamma (\alpha\,\boldsymbol{v} + \beta\,\boldsymbol{w})\cdot \mathbf{ds} = \alpha \int_\gamma \boldsymbol{v}\cdot \mathrm{d}\boldsymbol{s} + \beta \int_\gamma \boldsymbol{w}\cdot \mathrm{d}\boldsymbol{s}$
Zusammensetzbarkeit von Wegen	
$\int_{\gamma_1+\gamma_2} \Phi\,\mathrm{d}s = \int_{\gamma_1} \Phi\,\mathrm{d}s + \int_{\gamma_2} \Phi\,\mathrm{d}s$	$\int_{\gamma_1+\gamma_2} \boldsymbol{v}\cdot \mathbf{ds} = \int_{\gamma_1} \boldsymbol{v}\cdot \mathbf{ds} + \int_{\gamma_2} \boldsymbol{v}\cdot \mathbf{ds}$
Abschätzungen	
$\left\lvert \int_\gamma \Phi\,\mathrm{d}s \right\rvert \leq l(\gamma) \max_{\boldsymbol{x}\in\gamma^*} \lvert\Phi(\boldsymbol{x})\rvert$	$\left\lvert \int_\gamma \boldsymbol{v}\cdot \mathbf{ds} \right\rvert \leq l(\gamma) \max_{\boldsymbol{x}\in\gamma^*} \lVert\boldsymbol{v}(\boldsymbol{x})\rVert$
Parametrisierungsunabhängigkeit	
für injektive Parametrisierungen	bei Orientierungserhaltung
$\int_{\gamma_1} \Phi\,\mathrm{d}s = \int_{\gamma_2} \Phi\,\mathrm{d}s$, wenn $\dot{\boldsymbol{\gamma}}_i(t) \neq \mathbf{0}$ für alle $t \in (a_i, b_i)$	$\int_{\gamma_1} \boldsymbol{v}\cdot \mathbf{ds} = \int_{\gamma_2} \boldsymbol{v}\cdot \mathbf{ds}$, wenn γ_1 und γ_2 gleich orientiert sind
bei Orientierungsumkehr	
Invarianz	Vorzeichenwechsel
$\int_{-\gamma} \Phi\,\mathrm{d}s = \int_\gamma \Phi\,\mathrm{d}s$	$\int_{-\gamma} \boldsymbol{v}\cdot \mathbf{ds} = -\int_\gamma \boldsymbol{v}\cdot \mathbf{ds}$

Wegunabhängigkeit von Kurvenintegralen

Das Vektorfeld $\boldsymbol{v}$, das auf der offenen und *einfach zusammenhängenden* Menge G stetig differenzierbar ist, ist genau dann ein Gradientenfeld, wenn die Integrabilitätsbedingung

$$\frac{\partial v_i}{\partial x_j} = \frac{\partial v_j}{\partial x_i} \tag{27.2}$$

erfüllt ist. In diesem Fall hat

$$\int_\gamma \boldsymbol{v}\cdot \mathbf{ds}$$

für alle Kurven γ, die ganz in G liegen und gemeinsame Anfangs- und Endpunkte haben, denselben Wert. Integrale entlang geschlossener Kurven liefern null.

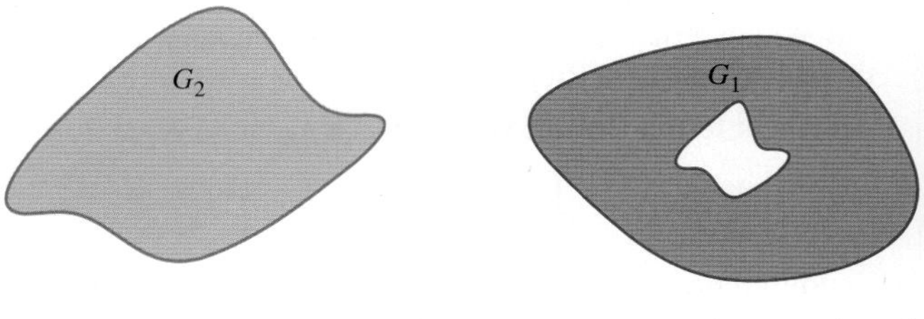

Abb. 27.20 Das Gebiet G_1 (rot) ist nicht einfach zusammenhängend. Auch wenn $\mathbf{rot}\,\boldsymbol{v} = \mathbf{0}$ für alle $\boldsymbol{x} \in G_1$ ist, muss $\boldsymbol{v}$ in G_1 keine Stammfunktion besitzen. G_2 (blau) hingegen ist einfach zusammenhängend, und $\mathbf{rot}\,\boldsymbol{v} = \mathbf{0}$ garantiert hier die Existenz einer Stammfunktion

Die Menge $\mathbb{R}^2 \setminus \{\mathbf{0}\}$ ist nicht einfach zusammenhängend, im Einklang mit dem Satz konnten wir im vorigen Beispiel trotz erfüllter Integrabilitätsbedingung kein Potenzial angeben. Den Beweis (allerdings unter einer stärkeren Bedingung als „einfach zusammenhängend") führen wir im Bonusmaterial.

Selbstfrage 7

Kann ein auf einem nicht einfach zusammenhängenden Gebiet definiertes Vektorfeld ein Gradientenfeld sein?

Teil IV

Anwendung: In 80 Tagen um die Welt

In seinem berühmten Roman *Reise um die Erde in achtzig Tagen* beschreibt Jules Verne die Reise des Millionärs Phileas Fogg, der gewettet hat, die Welt in 80 Tagen umrunden zu können. Wer die Geschichte noch nicht kennt, möge diese Box vorläufig überspringen, sich das Buch (siehe Literaturhinweis) besorgen und einmal einen gemütlichen Abend abseits der Mathematik verbringen. Unseren übrigen Lesern wollen wir jedoch nun näherbringen, was die Vektoranalysis zur Schlusswendung der Erzählung zu sagen hat.

Am Ende der Geschichte scheint Foggs Wette bereits verloren – doch da ist der Tag Zeitdifferenz zwischen der Zählung der Reisenden und der Daheimgebliebenen. Wie kommt dieser Tag Unterschied zustande und was hat die Vektoranalysis damit zu tun?

Wir betrachten dazu ein vereinfachtes Modell in $D = \mathbb{R}^2 \setminus \{\mathbf{0}\}$. Die Zeit zählen wir in Tagen bzw. Bruchteilen davon, mit t bezeichnen wir die Zeit auf universeller Skala, mit τ den Stand einer realen Uhr.

Der Polarwinkel φ entspricht dem Längengrad auf der Erdkugel. Den Punkt $\boldsymbol{x} = \mathbf{0}$ müssen wir ausnehmen, da φ dort nicht definiert ist. Analog gibt es am Nord- oder Südpol der Erde keine definierte Tageszeit.

In unserem Modell ignorieren wir Zeitzonen, statt dessen nehmen an, dass sich die Zeitzählung kontinuierlich mit dem Winkel ändert und dass die Uhren von Reisenden immer richtig synchronisiert sind. Das vereinfacht die Betrachtungen und ändert nichts am Effekt. Eine Datumsgrenze muss es jedoch auch in unserem Modell geben, und sie bewegt sich mit Winkelgeschwindigkeit $2\pi/\text{Tag}$ (wir nehmen an in mathematisch positive Richtung).

An einem festen Ort mit Winkel φ_0 ist die angezeigte Zeit

$$\tau(t) = \frac{1}{2\pi}\,(2\pi\, t - \varphi_0) = t - \frac{\varphi_0}{2\pi}\,.$$

Zeitdifferenzen lassen sich mit solchen lokalen Uhren ebenso gut bestimmen wie auf der universellen Skala, $\tau(t_2) - \tau(t_1) = t_2 - t_1$.

Ändert sich der Standort jedoch ebenfalls mit der Zeit, so ist die angezeigte Zeit

$$\tau(t) = t - \frac{\varphi(t)}{2\pi}\,.$$

Für $\frac{\mathrm{d}\varphi}{\mathrm{d}t} > 0$ scheint die mit τ gemessene Zeit langsamer zu vergehen (Bewegung mit der Datumsgrenze), für $\frac{\mathrm{d}\varphi}{\mathrm{d}t} < 0$ schneller (Bewegung gegen die Datumsgrenze). Bewegt man sich schneller als die Datumsgrenze (etwa mit Winkelgeschwindigkeit $\omega > 2\pi$) in dieselbe Richtung, scheint die (Uhr)zeit sogar rückwärts zu laufen.

Bewegt man sich zunächst in eine Richtung (etwa hin zu größeren φ) und dann zurück, so kompensieren sich die Effekte gerade. Misst man also am gleichen Ort zweimal die Zeit, auch wenn man sich dazwischen bewegt hat, so stimmen die Differenzen weiterhin mit denen auf der universellen Skala überein.

Das ist jedoch nicht mehr richtig, wenn man den Ursprung umrundet. Jede Umrundung mit der Datumsgrenze führt dazu, dass τ einen Tag weniger zählt als t, umgekehrt bringt jede Umrundung gegen die Datumsgrenze τ einen Tag Vorsprung gegenüber t.

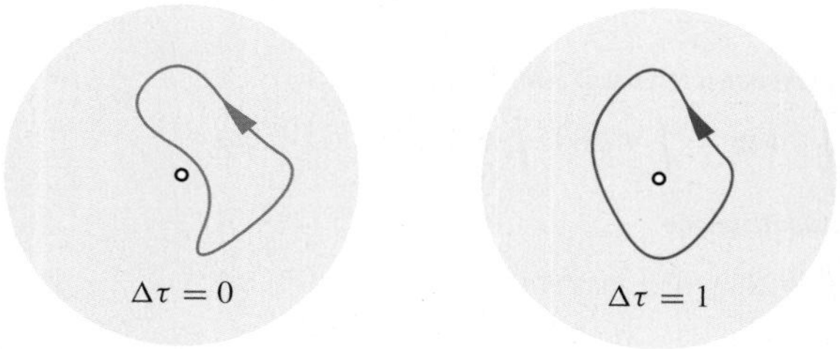

Das ist genau der Umstand, der Phileas Fogg rettet – er reist nach Osten, während sich die Datumsgrenze auf der Erde nach Westen bewegt. So geht nach einer Umrundung seine Uhr gegenüber denen der Daheimgebliebenen um einen Tag vor.

Nun aber zur vektoranalytischen Interpretation: Die Zeitzählung mit realen Uhren erfolgt in unserem Modell mithilfe des Polarwinkels $\varphi = \arctan \frac{x_2}{x_1}$. Wie auf S. 1012 gezeigt ist dieser zwar *lokal* die Stammfunktion eines Vektorfelds, nicht aber auf ganz D. Da wir den Punkt $\boldsymbol{x} = \mathbf{0}$ ausnehmen mussten, ist D eben nicht einfach zusammenhängend.

Ist C eine beliebige Kurve, die den Ursprung einmal in positivem Sinne durchläuft, so erhält man beim Durchlaufen die Differenz

$$\Delta\varphi = \oint_{\pm C} (\mathbf{grad}\,\varphi) \cdot \mathbf{d}\boldsymbol{s} = \pm 2\pi\,,$$

was mit unserer Skalierung genau einem Tag mehr bzw. weniger auf einer mitbewegten Uhr entspricht.

Kommentar Nahezu unnötig zu erwähnen, aber natürlich haben Unterschiede in der Zeitmessung keinen Einfluss auf die real vergangene physikalische Zeit. Dass man bei Bewegung gegen die Datumsgrenze einen Tag mehr zur Verfügung zu haben scheint, wird dadurch erkauft, dass jeder einzelne Tag entsprechend kürzer ist.

Im Gegensatz dazu sind die zeitverzerrenden Effekte, die man in der Relativitätstheorie hat, real. Im berühmten Zwillingsparadoxon etwa hat man es nicht nur mit unterschiedlichen Zeitangaben, sondern wirklich mit verschiedenen Lebensaltern zu tun. ◄

Literatur

- Jules Verne: *Reise um die Erde in achtzig Tagen.* Diogenes, 18. Auflage (1974)
- Umberto Eco: *Die Insel des vorigen Tages.* Dtv (1997)

Die exakte Differenzialgleichung ist eng mit Kurvenintegralen verwandt

In Abschn. 24.4 haben wir einen Typ von Differenzialgleichungen kennengelernt, deren allgemeine Lösung sich jeweils durch eine *Stammfunktion* beschreiben ließ. Diese Art von Differenzialgleichung haben wir *exakt* genannt, und erkannt, dass eine Differenzialgleichung

$$p(x,\, y) + q(x,\, y)\, y' = 0$$

genau dann exakt ist, wenn es eine Funktion Φ gibt, die

$$\frac{\partial \Phi}{\partial x} = p\,, \quad \frac{\partial \Phi}{\partial y} = q$$

erfüllt. Alternativ konnten wir die Integrabilitätsbedingung

$$\frac{\partial p(x,\, y)}{\partial y} = \frac{\partial q(x,\, y)}{\partial x}$$

fordern. Im Lichte dessen, was wir inzwischen über Gradientenfelder, Wirbelfreiheit und die Wegunabhängigkeit von Kurvenintegralen wissen, könnten wir ebenso gut definieren: *Die Differenzialgleichung*

$$p(x,\, y) + q(x,\, y)\, y' = 0$$

mit p und q stetig auf einem Gebiet $G \subseteq \mathbb{R}^2$ *heißt* ***exakt****, wenn* $(p,\, q)^{\mathrm{T}}$ *auf G ein Gradientenfeld ist.*

Man kann die exakte Differenzialgleichung daher direkt als Anwendung der zweidimensionalen Vektoranalysis ansehen.

27.4 Oberflächenintegrale

Der nächste Schritt nach der Integration über Kurven ist jene über Flächen. Eine Fläche $\boldsymbol{\Phi}$ hatten wir in Abschn. 26.5 mithilfe einer Abbildung $B \to \mathbb{R}^3$, $\boldsymbol{x} = \boldsymbol{\Phi}(u, v)$ mit $(u,\, v)$ aus einem Parameterraum $B \subseteq \mathbb{R}^2$ beschrieben. An diese Abbildungen haben wir verschiedene Zusatzforderungen gestellt, neben Stetigkeit und Differenzierbarkeit auch, dass die Tangentialvektoren $\frac{\partial \boldsymbol{\Phi}}{\partial u}$ und $\frac{\partial \boldsymbol{\Phi}}{\partial v}$ fast überall linear unabhängig sind.

Als ersten Schritt untersuchen wir nun den Inhalt einer solchen Fläche, und wie gewohnt werden wir ihn auf eine Integration über einfachere, dafür aber infinitesimal kleine Strukturen zurückführen. Dazu erinnern wir zunächst daran, dass der Flächinhalt eines Parallelogramms, das von den Vektoren $\boldsymbol{A}$ und $\boldsymbol{B}$ aufgespannt wird, durch $\|\boldsymbol{A} \times \boldsymbol{B}\| = \|\boldsymbol{A}\|\, \|\boldsymbol{B}\|\, \sin \vartheta$ gegeben ist, wobei ϑ den Winkel zwischen $\boldsymbol{A}$ und $\boldsymbol{B}$ bezeichnet.

Da nach Voraussetzungen die beiden Tangentialvektoren

$$\frac{\partial \boldsymbol{\Phi}}{\partial u} \quad \text{und} \quad \frac{\partial \boldsymbol{\Phi}}{\partial v}$$

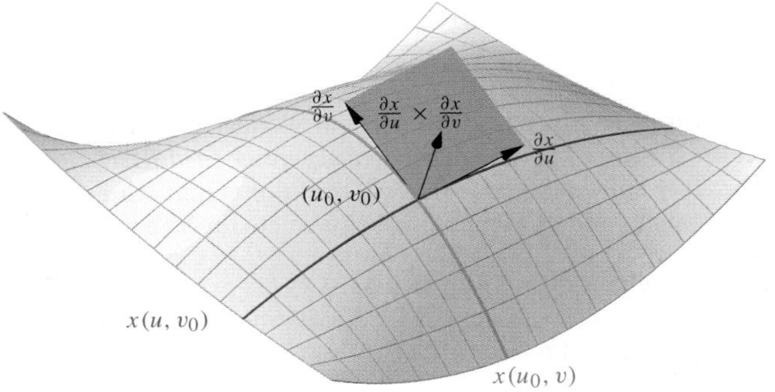

Abb. 27.21 Überdecken wir eine Fläche mit vielen kleinen Parallelogrammen, so sehen wir, dass der Flächeninhalt eines solchen Parallelogramms proportional zu $\|\frac{\partial x}{\partial u} \times \frac{\partial x}{\partial v}\|$ ist

linear unabhängig sind, spannen sie ein Parallelogramm mit der Fläche

$$A = \left\| \frac{\partial \boldsymbol{\Phi}}{\partial u} \times \frac{\partial \boldsymbol{\Phi}}{\partial v} \right\|$$

auf. Überdecken wir nun die Fläche mit vielen kleinen Parallelogrammen an Punkten

$$\boldsymbol{x}_{mn} = \boldsymbol{x}(u_0 + m\,\Delta u,\, v_0 + n\,\Delta v)$$

mit $m \in \mathbb{N}_{\leq M}$, $n \in \mathbb{N}_{\leq N}$, so liefert jedes Parallelogramm, wie in Abb. 27.21 dargestellt, einen Beitrag,

$$\Delta A_{mn} = \left\| \frac{\partial \boldsymbol{x}}{\partial u} \times \frac{\partial \boldsymbol{x}}{\partial v} \right\|_{\boldsymbol{x}_{mn}} \Delta u\, \Delta v\,,$$

und für den Flächeninhalt erhält man den Näherungswert $A = \sum_{mn} \Delta A_{mn}$.

Geht man nun zu Differenzialen $\mathrm{d}u$, $\mathrm{d}v$ über, so wird die obige Näherung für den Flächeninhalt exakt, und man erhält für den Flächeninhalt (bzw. das *Maß* μ) von F:

$$A_F = \mu(F) = \int_F \mathrm{d}\sigma = \int_B \left\| \frac{\partial \boldsymbol{x}}{\partial u} \times \frac{\partial \boldsymbol{x}}{\partial v} \right\| \mathrm{d}(u,\, v).$$

Dabei nennt man $\mathrm{d}\sigma = \|\frac{\partial x}{\partial u} \times \frac{\partial x}{\partial v}\|\, \mathrm{d}u\, \mathrm{d}v$ das *skalare Oberflächenelement* (σ erinnert dabei an das „s" im engl./franz. *surface*). Andere gängige Bezeichnungen sind $\mathrm{d}\boldsymbol{A}$ und $\mathrm{d}\boldsymbol{O}$.

Nun verallgemeinern wir diese Formel, zunächst auf skalare Funktionen: Ist also F eine durch $\boldsymbol{x}(u, v)$ mit $(u,\, v) \in B$ parametrisierte Fläche, so wird das Oberflächenintegral der Funktion G, $\mathbb{R}^3 \to \mathbb{R}$ über F definiert durch

$$I = \int_F G(\boldsymbol{x})\, \mathrm{d}\sigma = \int_B G(\boldsymbol{x}(u, v)) \left\| \frac{\partial \boldsymbol{x}}{\partial u} \times \frac{\partial \boldsymbol{x}}{\partial v} \right\| \mathrm{d}(u, v)\,.$$

Für eine genauere Herleitung überdeckt man wieder die Fläche mit Parallelogrammen, benutzt für jedes Parallelogramm den

Mittelwertsatz und lässt die Unterteilung im Grenzübergang unendlich fein werden.

Kommentar In manchen Büchern werden Oberflächenintegrale auch mit zwei Integralzeichen geschrieben, um zu betonen, dass über ein zweidimensionales Objekt integriert wird und die Berechnung mittels Integralen über Gebiete im $\mathbb{R}^2$ erfolgt. ◄

Ist die Fläche F über einem Bereich $S \subset \mathbb{R}^2$ explizit durch $x_3 = z(x_1, x_2)$ gegeben, erhält man für den Betrag des Kreuzprodukts der Tangentialvektoren:

$$\left\| \frac{\partial \boldsymbol{x}}{\partial x_1} \times \frac{\partial \boldsymbol{x}}{\partial x_2} \right\| = \left\| \begin{pmatrix} 1 \\ 0 \\ z_{x_1} \end{pmatrix} \times \begin{pmatrix} 0 \\ 1 \\ z_{x_2} \end{pmatrix} \right\| = \left\| \begin{pmatrix} -z_{x_1} \\ -z_{x_2} \\ 1 \end{pmatrix} \right\|$$
$$= \sqrt{1 + z_{x_1}^2 + z_{x_2}^2}\,.$$

Mit

$$d\sigma = \|\boldsymbol{x}_x \times \boldsymbol{x}_y\| \, d(x, y)$$

vereinfacht sich die Formel für das Oberflächenintegral über eine Funktion G, $\mathbb{R}^3 \to \mathbb{R}$ zu:

$$\begin{aligned} I &= \int_F G(\boldsymbol{x}) \, d\sigma \\ &= \int_S G(x_1, x_2, z(x_1, x_2)) \sqrt{1 + z_{x_1}^2 + z_{x_2}^2} \, d(x_1, x_2) \end{aligned}$$

Für eine derartige Fläche $z(x_1, x_2)$ kann man entsprechend auch sofort den normierten Normalvektor angeben, nämlich

$$\boldsymbol{n} = \frac{1}{\sqrt{1 + z_{x_1}^2 + z_{x_2}^2}} \begin{pmatrix} z_{x_1} \\ z_{x_2} \\ -1 \end{pmatrix}$$

oder für umgekehrte Orientierung

$$\boldsymbol{n}' = -\boldsymbol{n} = \frac{1}{\sqrt{1 + z_{x_1}^2 + z_{x_2}^2}} \begin{pmatrix} -z_{x_1} \\ -z_{x_2} \\ 1 \end{pmatrix}.$$

Beispiel Wir bestimmen das Integral von f, $\mathbb{R}^3 \to \mathbb{R}$, $f(x, y, z) = z^2$ über die obere Halbkugelfläche F mit Radius R. Diese parametrisieren wir mittels

$$\boldsymbol{x}(\vartheta, \varphi) = (R \sin\vartheta \cos\varphi,\ R \sin\vartheta \sin\varphi,\ R \cos\vartheta)$$

mit $(\vartheta, \varphi) \in [0, \frac{\pi}{2}] \times [0, 2\pi]$. Nun ergibt sich:

$$\begin{aligned} \frac{\partial \boldsymbol{x}}{\partial \vartheta} \times \frac{\partial \boldsymbol{x}}{\partial \varphi} &= \begin{pmatrix} R \cos\vartheta \cos\varphi \\ R \cos\vartheta \sin\varphi \\ -R \sin\vartheta \end{pmatrix} \times \begin{pmatrix} -R \sin\vartheta \sin\varphi \\ R \sin\vartheta \cos\varphi \\ 0 \end{pmatrix} \\ &= \begin{pmatrix} R^2 \sin^2\vartheta \cos\varphi \\ R^2 \sin^2\vartheta \sin\varphi \\ R^2 \sin\vartheta \cos\vartheta \end{pmatrix} \end{aligned}$$

Damit erhält man für das skalare Oberflächenelement

$$\begin{aligned} d\sigma &= \sqrt{R^4 \sin^4\vartheta (\cos^2\varphi + \sin^2\varphi) + R^4 \sin^2\vartheta \cos^2\vartheta} \, d\vartheta \, d\varphi \\ &= R^2 \sin\vartheta \, d\vartheta \, d\varphi \end{aligned}$$

und für das Integral:

$$\begin{aligned} \int_F z^2 \, d\sigma &= \int_{[0, \frac{\pi}{2}] \times [0, 2\pi]} (R \cos\vartheta)^2 R^2 \sin\vartheta \, d(\vartheta, \varphi) \\ &= R^4 \int_{\varphi=0}^{2\pi} d\varphi \cdot \int_{\vartheta=0}^{\pi/2} \cos^2\vartheta \, \sin\vartheta \, d\vartheta \\ &= -2\pi R^4 \left. \frac{\cos^3\vartheta}{3} \right|_{\vartheta=0}^{\pi/2} = \frac{2\pi R^4}{3} \end{aligned}$$

◄

Der Fluss durch eine Fläche ergibt sich durch Skalarproduktbildung und Integration

Auch Vektorfelder lassen sich über Flächen integrieren – das Ergebnis nennt man den *Fluss* des Feldes durch die Fläche. Ähnlich wie beim Kurvenintegral kommt es hier wesentlich auf die Orientierung des Vektorfeldes bezüglich der Kurve an.

Um das zu beschreiben, wird für eine infinitesimale Fläche mit Einheitsnormalvektor $\boldsymbol{n}$ und Inhalt dA der Vektor $\mathbf{d}\boldsymbol{\sigma} = \boldsymbol{n} \, d\sigma$ definiert. Ist das Vektorfeld $\boldsymbol{v}$ parallel zu $\mathbf{d}\boldsymbol{\sigma}$, so ist der Fluss von $\boldsymbol{v}$ durch die Fläche genau $d\Phi = \|\boldsymbol{v}\| \, d\sigma$, im antiparallelen Fall $d\Phi = -\|\boldsymbol{v}\| \, d\sigma$.

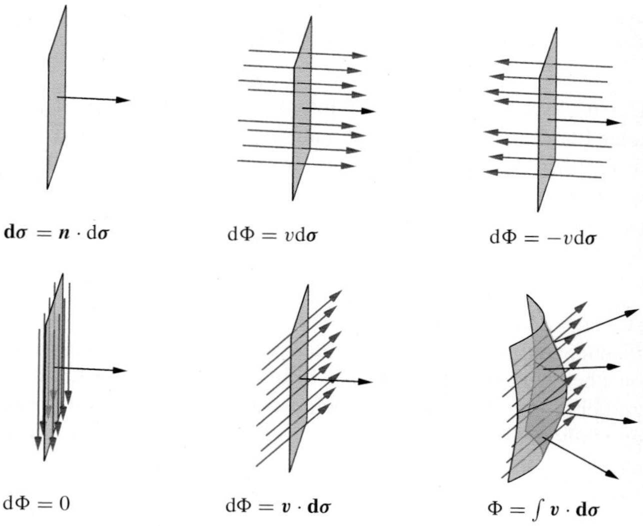

Abb. 27.22 Der Fluss eines konstanten Vektorfeldes $\boldsymbol{v}$ durch eine ebene Fläche wird durch ein Skalarprodukt gegeben. Im Fall komplizierter geformter Flächen oder eines räumlich inhomogenen Feldes benötigt man ein Oberflächenintegral

Falls das Vektorfeld parallel zur Fläche und damit orthogonal zu $\boldsymbol{n}$ ist, ist der Fluss null. Ganz allgemein wird der Fluss durch das Skalarprodukt angegeben und es ist $\mathrm{d}\Phi = \boldsymbol{v}\cdot\mathbf{d}\boldsymbol{\sigma}$. Nun setzen wir die komplette Fläche aus infinitesimalen Flächen zusammen und erhalten für den Gesamtfluss

$$\begin{aligned}\Phi &= \int_F \boldsymbol{v}\cdot\mathbf{d}\boldsymbol{\sigma}\\ &= \int_F (\boldsymbol{k}\cdot\boldsymbol{n})\,\mathrm{d}\sigma\\ &= \int_B \boldsymbol{v}\cdot\left(\frac{\partial\boldsymbol{x}}{\partial u}\times\frac{\partial\boldsymbol{x}}{\partial v}\right)\mathrm{d}(u,v)\end{aligned}$$

Dabei nennt man $\mathbf{d}\boldsymbol{\sigma} = \frac{\partial\boldsymbol{x}}{\partial u}\times\frac{\partial\boldsymbol{x}}{\partial v}\,\mathrm{d}u\,\mathrm{d}v$ das *vektorielle Oberflächenelement*.

Kommentar Für Oberflächenintegrale findet man häufig auch die Schreibweise

$$\Phi = \iint_F \left\{v_1\,\mathrm{d}x_2\wedge\mathrm{d}x_3 + v_2\,\mathrm{d}x_3\wedge\mathrm{d}x_1 + v_3\,\mathrm{d}x_1\wedge\mathrm{d}x_2\right\},$$

je nach Quelle mit einem oder zwei Integralzeichen. In dieser Notation wird

$$\mathrm{d}x_i\wedge\mathrm{d}x_j = \begin{vmatrix}\frac{\partial x_i}{\partial u} & \frac{\partial x_i}{\partial v}\\ \frac{\partial x_j}{\partial u} & \frac{\partial x_j}{\partial v}\end{vmatrix}\,\mathrm{d}u\,\mathrm{d}v$$

gesetzt. Die Schreibweise $\wedge$, die aus der Theorie der Differenzialformen entlehnt ist, deutet ein antikommutatives Produkt an, $\mathrm{d}x_i\wedge\mathrm{d}x_j = -\mathrm{d}x_j\wedge\mathrm{d}x_i$.

Auch die „Ringschreibweise" $\oint$ für das Integral über eine geschlossene Fläche ist weit verbreitet. ◀

Beispiel Wir bestimmen den Fluss des Vektorfeldes $\boldsymbol{v}$,

$$\boldsymbol{v}(\boldsymbol{x}) = (x_2,\,x_1,\,x_3)^{\mathrm{T}}$$

durch die obere Halbkugel H_R mit Mittelpunkt $\boldsymbol{x} = \boldsymbol{0}$ und Radius R. Diese Fläche parametrisieren wir mit

$$\boldsymbol{x}(\vartheta,\varphi) = \begin{pmatrix}R\sin\vartheta\cos\varphi\\ R\sin\vartheta\sin\varphi\\ R\cos\vartheta\end{pmatrix}\quad \vartheta\in\left[0,\frac{\pi}{2}\right],\ \varphi\in[0,2\pi)$$

und erhalten für das Oberflächenelement

$$\begin{aligned}\mathbf{d}\boldsymbol{\sigma} &= \frac{\partial\boldsymbol{x}}{\partial\vartheta}\times\frac{\partial\boldsymbol{x}}{\partial\varphi}\mathrm{d}(\vartheta,\varphi)\\ &= R^2\begin{pmatrix}\sin^2\vartheta\cos\varphi\\ \sin^2\vartheta\sin\varphi\\ \sin\vartheta\cos\vartheta\end{pmatrix}\mathrm{d}(\vartheta,\varphi).\end{aligned}$$

Der Fluss durch die Fläche ist damit

$$\begin{aligned}\Phi &= \int_{H_R}\boldsymbol{v}\cdot\mathbf{d}\boldsymbol{\sigma}\\ &= R^3\int_0^{\pi/2}\int_0^{2\pi}\begin{pmatrix}\sin\vartheta\sin\varphi\\ \sin\vartheta\cos\varphi\\ \cos\vartheta\end{pmatrix}\cdot\begin{pmatrix}\sin^2\vartheta\cos\varphi\\ \sin^2\vartheta\cos\varphi\\ \sin\vartheta\cos\vartheta\end{pmatrix}\mathrm{d}\varphi\,\mathrm{d}\vartheta\\ &= 2R^3\int_0^{\pi/2}\sin^3\vartheta\,\mathrm{d}\vartheta\cdot\underbrace{\int_0^{2\pi}\sin\varphi\cos\varphi\,\mathrm{d}\varphi}_{=0}\\ &\quad + R^3\underbrace{\int_0^{2\pi}\mathrm{d}\varphi}_{=2\pi}\cdot\underbrace{\int_0^{\pi/2}\sin\vartheta\cos^2\vartheta\,\mathrm{d}\vartheta}_{=-\frac{1}{3}\cos^3\vartheta\big|_0^{\pi/2}=\frac{1}{3}}\\ &= \frac{2\pi R^3}{3}.\end{aligned}$$

◀

27.5 Integralsätze

Bisher haben wir Kurven-, Oberflächen und Volumenintegrale weitgehend unabhängig voneinander betrachtet. Tatsächlich gibt es zwischen ihnen aber zahlreiche Zusammenhänge.

Eine Analogie aus dem Eindimensionalen kennen wir bereits. Der Hauptsatz der Differenzial- und Integralrechnung erlaubt es, das Integral über eine Funktion f zu bestimmen, wenn man die Werte einer „verwandten" Funktion F an den Randpunkten kennt,

$$\int_a^b f(x)\,\mathrm{d}x = F(b) - F(a).$$

Ähnliches gilt auch im Mehrdimensionalen: Bestimmte Integrale über $\boldsymbol{v}$ lassen sich ermitteln, wenn die Werte eines „verwandten" Vektorfeldes $\boldsymbol{w}$ am Rand bekannt sind. Da der Rand einer Fläche oder eines Volumenbereiches jedoch ausgedehnte Objekte sind, ist auch hier noch eine Integration notwendig.

Allgemein nennt man Beziehungen, die eine Verbindung zwischen dem Integral über ein Objekt und dessen Rand herstellen, **Integralsätze**. Die wichtigsten Integralsätze der zwei- und dreidimensionalen Vektoranalysis stellen wir im Folgenden vor. Davor führen wir allerdings noch eine nützliche Notation ein.

Das Zeichen ∂, das uns schon bei den partiellen Ableitungen begegnet ist, wird in der Geometrie benutzt, um den Rand eines Objekts zu bezeichnen. Ist etwa F eine Fläche, so kennzeichnet ∂F ihre Randkurve, der Rand ∂B eines Volumens B ist dessen Oberfläche.

Selbstfrage 8

Was ist ∂C für eine Kurve C?

Für ein beliebiges Objekt X wird der Rand ∂X zunächst als Punktmenge aufgefasst; wann immer möglich gehen wir aber davon aus, dass ∂X auch gleich mit einer geeigneten Parametrisierung versehen wird.

Kommentar Es kann vorkommen, dass der Rand eines Objekts lediglich die leere Menge ist. Geschlossene Flächen haben keine Randkurve, geschlossene Kurven keine Randpunkte. Insbesondere gilt stets $\partial^2 = 0$, *ein Rand hat keinen Rand.*

Die Frage, wieweit die Umkehrung dieser Feststellung gilt, ob also randlose Mengen stets Ränder anderer Mengen sind, hat weitreichende Konsequenzen, die im Bonusmaterial diskutiert werden. ◀

Wir erinnern daran, dass wir die Parametrisierung sowohl von Kurven als auch von Flächen stets als stückweise stetig differenzierbar („stückweise glatt") voraussetzen. Manchmal wird in der Literatur allerdings ein allgemeinerer Kurven- bzw. Flächenbegriff verwendet, in den keine Differenzierbarkeitsbedingungen „eingebaut" sind. Um Missverständnissen vorzubeugen, geben wir diese Bedingungen daher im Folgenden explizit an, auch wenn das bei Benutzung der Definitionen aus Kap. 26 im Grunde überflüssig ist.

Der Satz von Gauß verknüpft Oberflächen- und Volumenintegrale

Wir haben bei der Diskussion über die Bedeutung der Divergenz bereits gesehen, dass der gesamte Nettofluss eines Vektorfeldes $\boldsymbol{v}$ durch die Oberfläche eines kleinen Quaders mit den Seitenlängen Δx_i gleich der Divergenz von $\boldsymbol{v}$ an einem Punkt $\boldsymbol{\xi}$ im Quader mal Quadervolumen ist,

$$\int_{\partial Q} \boldsymbol{v}\, \mathrm{d}\boldsymbol{\sigma} = \operatorname{div} \boldsymbol{v}(\boldsymbol{\xi})\ \Delta x_1\, \Delta x_2\, \Delta x_3\,.$$

Dabei wurde wieder der Mittelwertsatz der Integralrechnung benutzt, von dessen Nützlichkeit wir uns nun schon anhand vieler Beispiele überzeugt haben.

Tatsächlich kann man aber jeden endlichen Bereich B mit beliebiger Genauigkeit aus hinreichend kleinen Quadern zusammensetzen. Alle Flüsse durch die Berührungsflächen dieser Quader tragen zum Nettofluss nichts bei, denn was aus einem Quader herausfließt, fließt in den nächsten hinein. Nur die Außenflächen des betrachteten Bereichs spielen also eine Rolle. Das führt uns zum Satz von Gauß.

Satz von Gauß

Ist B ein kompakter Teilbereich des $\mathbb{R}^3$ mit der Oberfläche ∂B, die sich auf stückweise stetige Weise parametrisieren lässt, und ist $\boldsymbol{v}(\boldsymbol{r})$ ein in ganz B stetig differenzierbares Vektorfeld, so gilt, sofern alle vorkommenden Funktionen über die entsprechenden Bereiche integrierbar sind,

$$\int_{\partial B} \boldsymbol{v} \cdot \mathrm{d}\boldsymbol{\sigma} = \int_B \operatorname{div} \boldsymbol{v}\, \mathrm{d}\boldsymbol{x}\,.$$

Diese Beziehung, die gelegentlich auch als *Divergenztheorem* bezeichnet wird, ist eine der wichtigsten in der gesamten Mathematik. Sie hat unzählige Anwendungen in Naturwissenschaft und Technik und darüber hinaus eine völlig anschauliche Bedeutung.

Alles, was aus einem Bereich mehr ab- als zufließt, muss dort in Quellen entstehen. Fließt mehr zu als ab, muss es Senken geben, also Bereiche negativer Divergenz.

Für den Fall, dass in B weder Quellen noch Senken vorhanden sind, lässt sich das kurz und prägnant formulieren: Zufluss gleich Abfluss.

Beispiel Als erstes Beispiel wollen wir das Integral

$$I = \int_{\partial W} \begin{pmatrix} x^2 + \mathrm{e}^{y^2+z^2} \\ y^2 + x^2 z^2 \\ z^2 - \mathrm{e}^y \end{pmatrix} \cdot \mathrm{d}\boldsymbol{\sigma}$$

berechnen, wobei W der Einheitswürfel ist, siehe Abb. 27.23.

Auf herkömmlichem Wege müssten wir uns jetzt mit sechs Flächenintegralen herumschlagen, je eines für jede Würfelseite. Auch wenn es nicht schwer wäre, die Flächen zu parametrisieren und die Normalenvektoren zu ermitteln, wäre das Berechnen von sechs Doppelintegralen doch ein beachtlicher Aufwand. Versuchen wir es stattdessen lieber mit dem Satz von Gauß.

Unser Vektorfeld ist ja

$$\boldsymbol{v}(\boldsymbol{x}) = \begin{pmatrix} x^2 + \mathrm{e}^{y^2+z^2} \\ y^2 + x^2 z^2 \\ z^2 - \mathrm{e}^y \end{pmatrix},$$

seine Divergenz ergibt sich also zu

$$\begin{aligned} \operatorname{div} \boldsymbol{v} &= \frac{\partial}{\partial x}\left(x^2 + \mathrm{e}^{y^2+z^2}\right) + \frac{\partial}{\partial y}\left(y^2 + x^2 z^2\right) + \frac{\partial}{\partial z}\left(z^2 - \mathrm{e}^y\right) \\ &= 2x + 2y + 2z\,. \end{aligned}$$

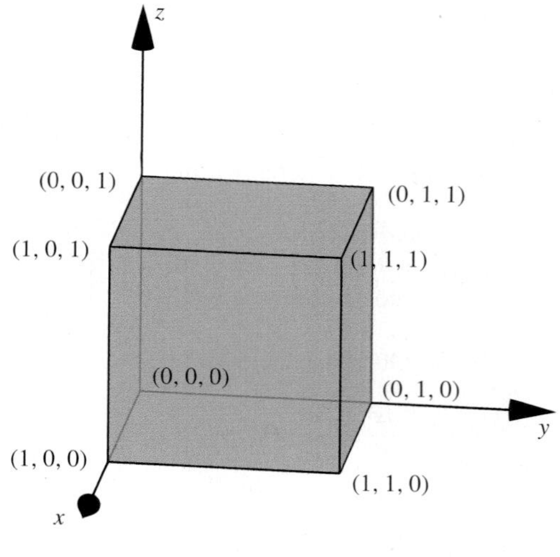

Abb. 27.23 Wir bestimmen den Fluss durch die Oberfläche dieses Würfels mithilfe des Gauß'schen Integralsatzes

Mit dem Satz von Gauß haben wir jetzt also nur noch ein Volumenintegral zu ermitteln:

$$\begin{aligned} I &= \iiint\limits_W (2x+2y+2z)\ \mathrm{d}\boldsymbol{x} \\ &= \int_0^1\int_0^1\int_0^1 (2x+2y+2z)\,\mathrm{d}z\,\mathrm{d}y\,\mathrm{d}x \\ &= \int_0^1\int_0^1 (2x+2y+1)\ \mathrm{d}y\,\mathrm{d}x \\ &= \int_0^1 (2x+2)\ \mathrm{d}x = 3 \end{aligned}$$ ◄

Die Anwendbarkeit des Satzes von Gauß ist vielgestaltiger als es zunächst den Anschein haben mag. An sich gilt er zwar nur für geschlossene Flächen, in Spezialfällen lässt sich jedoch mit seiner Hilfe auch die Berechnung des Flusses durch eine nicht geschlossene Fläche vereinfachen.

Beispiel Für das Vektorfeld

$$\boldsymbol{v}(\boldsymbol{x}) = (yz,\ \mathrm{e}^x + z,\ 1)^{\mathrm{T}}$$

wollen wir den Fluss durch den Mantel M eines Drehkegels berechnen, dessen Spitze im Ursprung liegt, und dessen Grundfläche G ein Kreis mit Radius 2 und Mittelpunkt $(0,0,-2)^{\mathrm{T}}$ ist. Diese Situation ist in Abb. 27.24 dargestellt.

Zwar können wir den Satz von Gauß nicht direkt auf den Kegelmantel anwenden (weil dieser ja keine geschlossene Fläche darstellt), wohl aber auf den gesamten Kegel, und man erhält mit $\operatorname{div}\boldsymbol{v} = 0$, dass das Integral über die komplette Kegeloberfläche verschwindet. Das Oberflächenintegral über den Mantel muss also entgegengesetzt gleich groß sein wie jenes über die Grundfläche G. Für dieses erhält man, da der Normalenvektor in Richtung $-\boldsymbol{e}_z$ zeigt

$$\int\limits_G \boldsymbol{v}\cdot\mathrm{d}\boldsymbol{\sigma} = -\int\limits_G \mathrm{d}\boldsymbol{x} = -\int_0^{2\pi}\mathrm{d}\varphi\int_0^2 r\,\mathrm{d}r = -4\pi\,.$$

Demnach ist

$$\int\limits_M \boldsymbol{v}\cdot\mathrm{d}\boldsymbol{\sigma} = 4\pi.$$ ◄

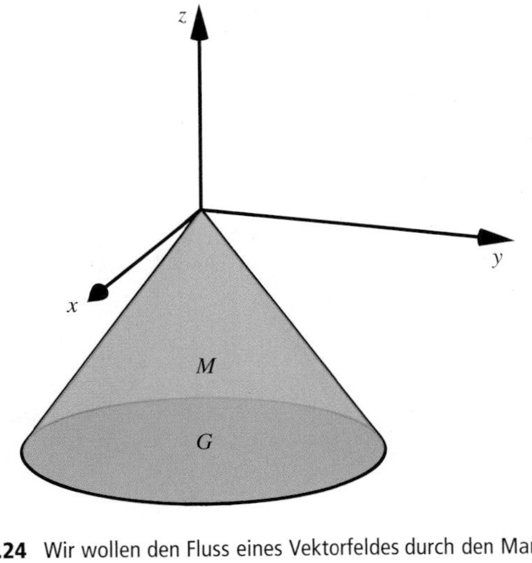

Abb. 27.24 Wir wollen den Fluss eines Vektorfeldes durch den Mantel dieses Kegels bestimmen

Zum Satz von Gauß gibt es natürlich einige Anmerkungen: Bei komplizierten Bereichen B sollte man darauf achten, den Rand richtig zu berücksichtigen, das gilt besonders für eventuelle Löcher innerhalb von B.

Die stetige Differenzierbarkeit des Vektorfeldes scheint eine Allerweltsbedingung zu sein, aber es gibt doch immer wieder Fälle, in denen sie doch nicht erfüllt ist und der Satz von Gauß entsprechend merkwürdige Ergebnisse liefert.

Beispiel Ein geradezu klassisches Beispiel dafür ist das elektrische Feld einer Punktladung q, das durch

$$\boldsymbol{E}(\boldsymbol{x}) = \frac{q}{4\pi\varepsilon_0 r^2}\boldsymbol{e}_r = \frac{q}{4\pi\varepsilon_0 r^3}\boldsymbol{x}$$

mit $r = \|\boldsymbol{x}\|$ beschrieben wird. (ε_0, die Permittivität des Vakuums, ist eine Naturkonstante.) Der Fluss durch eine Kugelfläche S_R^2 mit Radius R ist:

$$\begin{aligned} \Phi &= \oint\limits_{S_R^2} \boldsymbol{E}\cdot\mathrm{d}\boldsymbol{\sigma} \\ &= \int_0^{\pi}\int_0^{2\pi} R^2\sin\vartheta\,\frac{q}{4\pi\varepsilon_0 R^2}\boldsymbol{e}_r\cdot\boldsymbol{e}_r\,\mathrm{d}\varphi\,\mathrm{d}\vartheta \\ &= \frac{q}{4\pi\varepsilon_0 R^2}R^2\int_0^{\pi}\int_0^{2\pi}\sin\vartheta\,\mathrm{d}\varphi\,\mathrm{d}\vartheta \\ &= \frac{q}{4\pi\varepsilon_0}4\pi = \frac{q}{\varepsilon_0} \end{aligned}$$

Wir wissen nun aus vorangegangenen Rechnungen, dass für $\boldsymbol{x} \neq \boldsymbol{0}$

$$\operatorname{div}\boldsymbol{E} = 0$$

ist. Ein einzelner Punkt kann am Wert eines Integrals nichts ändern, und wir erhalten für das Integral über die Vollkugel ebenfalls null. Der Satz von Gauß ist in diesem Beispiel nicht erfüllt. Das angegeben Feld $\boldsymbol{E}$ hat jedoch eine Definitionslücke im Ursprung und ist damit nicht überall im betrachteten Bereich stetig differenzierbar. Daher dürfen wir auch nicht erwarten, mit dem Integralsatz ein richtiges Ergebnis zu erhalten. ◄

Teil IV

Kommentar Wir werden in Kap. 31 einen Weg kennenlernen, dieses Problem sauber zu lösen. Dazu ist es allerdings notwendig, unseren Funktionsbegriff zu erweitern, um auch Objekte mit „singulärem" Verhalten (wie Punktladungen) erfassen zu können. ◄

Die Divergenz lässt sich problemlos mittels

$$\operatorname{div} \boldsymbol{v} = \sum_{k=1}^{n} \frac{\partial v_k}{\partial x_k}$$

auf den $\mathbb{R}^n$ verallgemeinern, und ebenso kann man den Satz von Gauß auf beliebige Dimensionen übertragen. Er ist dort das mehrdimensionale Analogon zur partiellen Integration.

Insbesondere der zweidimensionale Fall ist manchmal von großer Bedeutung. Dazu betrachten wir einen kompakten einfach zusammenhängenden Bereich $B \subsetneq \mathbb{R}^2$ mit zumindest stückweise stetig differenzierbarem Rand. Den nach außen gerichteten Normalenvektor auf B bezeichnen wir mit $\boldsymbol{n}$; die zentrale Formel des Satzes von Gauß nimmt damit die Gestalt

$$\int_{\partial B} (\boldsymbol{v} \cdot \boldsymbol{n})\mathrm{d}s = \int_{B} \operatorname{div} \boldsymbol{v}\, \mathrm{d}\boldsymbol{x}$$

an. In Komponenten aufgeschlüsselt liest sich das als

$$\int_{\partial B} (v_1 n_1 + v_2 n_2)\mathrm{d}s = \int_{B} \left(\frac{\partial v_1}{\partial x_1} + \frac{\partial v_2}{\partial x_2} \right) \mathrm{d}(x_1, x_2)\,.$$

Können wir den Rand ∂B als positiv orientierte Kurve mit der Parametrisierung $\boldsymbol{x} = \boldsymbol{x}(t)$, $t \in [a, b]$ beschreiben, so ist der Tangentenvektor an diese Kurve

$$\boldsymbol{T} = \dot{\boldsymbol{x}} = \begin{pmatrix} \frac{\mathrm{d}x_1}{\mathrm{d}t} \\ \frac{\mathrm{d}x_2}{\mathrm{d}t} \end{pmatrix}$$

und der nach außen gerichtete Normalenvektor entsprechend

$$\boldsymbol{n} = \begin{pmatrix} \frac{\mathrm{d}x_2}{\mathrm{d}t} \\ -\frac{\mathrm{d}x_1}{\mathrm{d}t} \end{pmatrix}.$$

Zusammenfassend erhalten wir

Satz von Gauß in der Ebene

Für einen kompakten, einfach zusammenhängenden Bereich $B \subsetneq \mathbb{R}^2$, dessen positiv durchlaufener Rand durch eine stetig differenzierbare Abbildung $\boldsymbol{x} = \boldsymbol{x}(t)$, $t \in [a, b]$ parametrisiert werden kann, gilt, sofern alle beteiligten Funktionen über die entsprechenden Bereiche integrierbar sind,

$$\int_a^b \left(v_1(\boldsymbol{x}(t))\, \frac{\mathrm{d}x_1}{\mathrm{d}t} + v_2(\boldsymbol{x}(t))\, \frac{\mathrm{d}x_2}{\mathrm{d}t} \right) \mathrm{d}t = \int_B \left(\frac{\partial v_2}{\partial x_1} - \frac{\partial v_1}{\partial x_2} \right) \mathrm{d}(x_1, x_2)\,.$$

Dieser Satz ist je nach Quelle auch als *Satz von Stokes in der Ebene*, *Satz von Green-Riemann* und anderen Namen bekannt. Ist der Rand von B nur stückweise stetig differenzierbar, so kann man das Kurvenintegral auf der linken Seite aus mehreren Teilen zusammensetzen. Dass der Normalenvektor in diesem Fall an manchen Punkten nicht definiert ist, spielt keine Rolle, da ja einzelne Punkte den Wert eines Integrals nicht ändern.

Der Satz von Stokes verknüpft Kurven- und Flächenintegrale

Neben dem Satz von Gauß spielt vor allem der Integralsatz von Stokes in der Praxis eine bedeutende Rolle. Dieser Satz verknüpft das Kurvenintegral über einen geschlossenen Weg C mit dem Integral der Rotation über eine beliebige von C berandete Fläche F. Mit der Schreibweise ∂ für Ränder kann man das auch kurz und prägnant als $C = \partial F$ formulieren.

Zur Herleitung des Satzes betrachten wir wie in Abb. 27.25 dargestellt ein Rechteck R, das in der x_1-x_2-Ebene liegt. Nun integrieren wir ein beliebiges stetig differenzierbares Vektorfeld $\boldsymbol{v}$ entlang des Randes ∂R dieses Rechtecks:

$$\begin{aligned} I &= \int_{\partial R} \boldsymbol{v} \cdot \mathbf{d}\boldsymbol{s} = \sum_{k=1}^{4} \int_{\gamma_k} \boldsymbol{v} \cdot \mathbf{d}\boldsymbol{s} \\ &= \int_0^{\Delta x_1} v_1(x_1 + t, x_2)\, \mathrm{d}t + \int_0^{\Delta x_2} v_2(x_1 + \Delta x_1, x_2 + t)\, \mathrm{d}t \\ &\quad - \int_0^{\Delta x_1} v_1(x_1 + t, x_2 + \Delta x_2)\, \mathrm{d}t - \int_0^{\Delta x_2} v_2(x_1, x_2 + t)\, \mathrm{d}t \\ &= \int_0^{\Delta x_2} \{v_2(x_1 + \Delta x_1, x_2 + t) - v_2(x_1, x_2 + t)\}\, \mathrm{d}t \\ &\quad - \int_0^{\Delta x_1} \{v_1(x_1 + t, x_2 + \Delta x_2) - v_1(x_1 + t, x_2)\}\, \mathrm{d}t. \end{aligned}$$

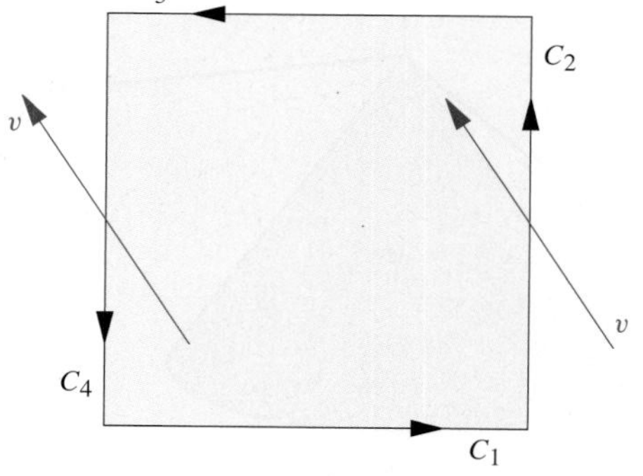

Abb. 27.25 Zur Herleitung des Satzes von Stokes

Nun benutzen wir zunächst den Mittelwertsatz der Integral-, anschließend den der Differenzialrechnung:

$$\begin{aligned} I &= \left\{v_2(x_1+\Delta x_1,\,\xi_2) - v_2(x_1,\,\xi_2)\right\}\Delta x_2 \\ &\quad - \left\{v_1(\xi_1,\,x_2+\Delta x_2) - v_1(\xi_1,\,x_2)\right\}\Delta x_1 \\ &= \frac{v_2(x_1+\Delta x_1,\,\xi_2) - v_2(x_1,\,\xi_2)}{\Delta x_1}\,\Delta x_1\,\Delta x_2 \\ &\quad - \frac{v_1(\xi_1,\,x_2+\Delta x_2) - v_1(\xi_1,\,x_2)}{\Delta x_2}\,\Delta x_1\,\Delta x_2 \\ &= \left\{\frac{\partial v_2}{\partial x_1}(\chi_1,\,\xi_2) - \frac{\partial v_1}{\partial x_2}(\xi_1,\,\chi_2)\right\}\Delta x_1\,\Delta x_2 . \end{aligned}$$

Dabei liegen sowohl ξ_i als χ_i im Intervall $(x_i,\, x_i + \Delta x_i)$, und für $\Delta x_i \to 0$ geht $\xi_i \to x_i$, $\chi_i \to x_i$. In diesem Fall wird der Klammerausdruck zur 3-Komponente der Rotation von $\boldsymbol{v}$. Für eine hinreichend kleine Fläche gilt demnach in beliebig guter Näherung

$$\oint_{\gamma_{12}} \boldsymbol{v}\cdot \mathrm{d}\boldsymbol{s} = \{\mathbf{rot}\,\boldsymbol{v}\}_3\;\Delta x_1\,\Delta x_2\,.$$

Im Allgemeinen kann eine Fläche natürlich beliebig im Raum orientiert sein, man erhält also noch die zusätzlichen Beiträge

$$\oint_{\gamma_{13}} \boldsymbol{v}\cdot \mathrm{d}\boldsymbol{s} = \{\mathbf{rot}\,\boldsymbol{v}\}_2\;\Delta x_1\,\Delta x_3\,,$$

$$\oint_{\gamma_{23}} \boldsymbol{v}\cdot \mathrm{d}\boldsymbol{s} = \{\mathbf{rot}\,\boldsymbol{v}\}_1\;\Delta x_2\,\Delta x_3\,.$$

Für das Kurvenintegral ergibt sich insgesamt $\oint_C \boldsymbol{v}\cdot\mathrm{d}\boldsymbol{s} = \mathbf{rot}\,\boldsymbol{v}\cdot\mathrm{d}\boldsymbol{\sigma}$.

Alle diese Betrachtungen gelten bisher nur für ein hinreichend kleines Flächenstück. Nun kann man sich aber, wie in Abb. 27.26 dargestellt, jede Fläche endlicher Ausdehnung genau aus solchen Stückchen zusammengesetzt denken.

Da sich, wie in Abb. 27.27 dargestellt, in Gegenrichtung durchlaufene Wege bei Kurvenintegralen aufheben, bleibt nur das Integral entlang des Randes der großen Fläche übrig. Der Term $\mathbf{rot}\,\boldsymbol{v}\cdot\mathrm{d}\boldsymbol{\sigma}$ hingegen trägt von jedem Flächenelement bei, man muss also zum Oberflächenintegral übergehen. Insgesamt erhält man den Satz von Stokes.

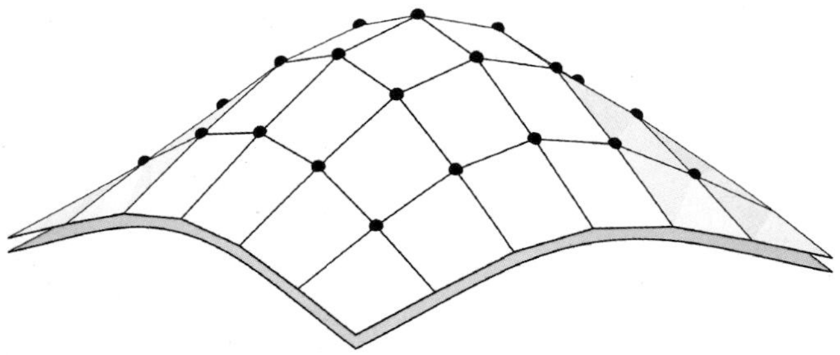

Abb. 27.26 Zusammensetzung einer Fläche aus kleinen Flächenstücken

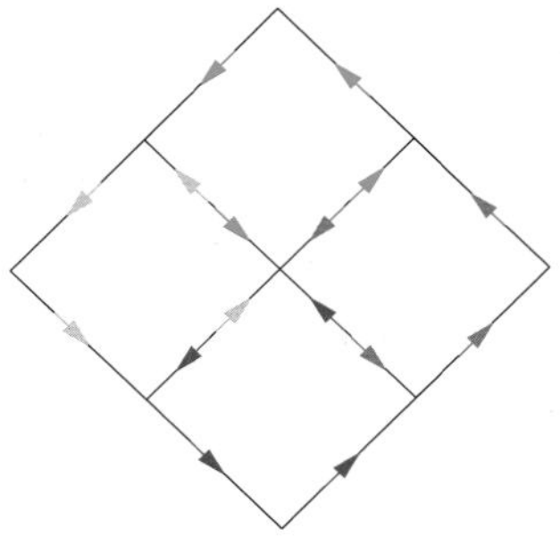

Abb. 27.27 Beiträge von in Gegenrichtung durchlaufenen Wegen heben sich auf

Satz von Stokes

Für eine orientierbare stückweise glatte Fläche F mit dem stückweise glatten Rand ∂F und ein auf dem Bild dieser Fläche stetig differenzierbares Vektorfeld $\boldsymbol{v}$ gilt, sofern alle vorkommenden Funktionen über die entsprechenden Bereiche integrierbar sind,

$$\oint_{\partial F} \boldsymbol{v}\cdot\mathrm{d}\boldsymbol{s} = \int_F \mathbf{rot}\,\boldsymbol{v}\cdot\mathrm{d}\boldsymbol{\sigma}\,.$$

Dabei ist die Kurve ∂F so parametrisiert, dass sie den nach außen weisenden Normalenvektor $\boldsymbol{n} = \frac{\mathrm{d}\boldsymbol{\sigma}}{\mathrm{d}\sigma}$ der Fläche im mathematisch positiven Sinne umläuft.

Mathematisch positiver Sinn ist dabei, wie noch einmal in Abb. 27.28 illustriert, im Sinne der Rechtsschraubenregel zu verstehen.

Wesentlich ist dabei, dass F eine *beliebige* Fläche sein kann, die von der Kurve $C = \partial F$ umschlossen wird. Unter bestimmten Umständen kann man so die Berechnung von Integralen über geschlossene Wege wesentlich vereinfachen.

Unsere Herleitung ist natürlich lediglich eine Beweisskizze, für einen sauberen Beweis müsste man jeweils die Fehler abschätzen und zeigen, dass sich auch der Fehler für die Gesamtfläche beliebig klein machen lässt. Unsere Skizze zeigt allerdings

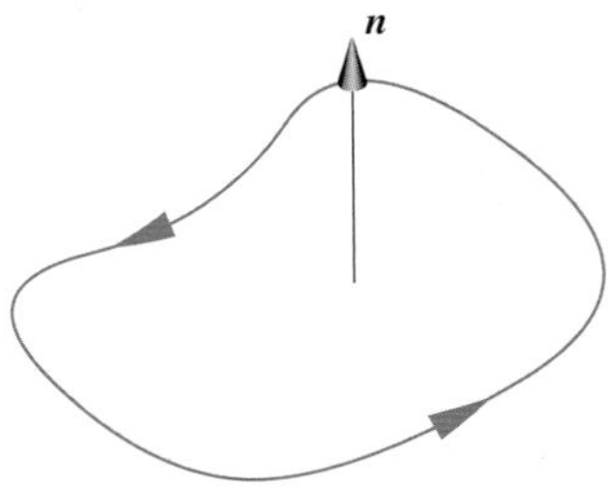

Abb. 27.28 Zur positiven Orientierung der Randkurve beim Satz von Stokes

Teil IV

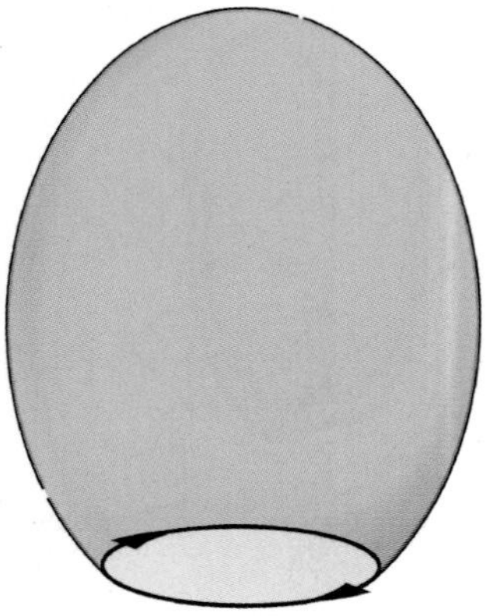

Abb. 27.29 Entstehung einer geschlossenen Fläche durch Zusammenziehen des Randes

bereits, warum man in den Voraussetzungen *stetige Differenzierbarkeit* fordern muss. Wäre $\frac{\partial v_i}{\partial x_j}$ für irgendein Indexpaar $i \neq j$ nicht stetig, würde die Herleitung zusammenbrechen.

Aus dem Satz von Stokes lassen sich nun weitreichende allgemeine Folgerungen ziehen.

Kurvenintegrale sind genau dann wegunabhängig, wenn das Integral über jeden geschlossenen Weg gleich null ist. Damit aber das der Fall ist, muss nach dem Satz von Stokes auch das Integral der Rotation über jede beliebige Fläche verschwinden – und das wiederum kann nur dann sein, wenn die Rotation des Vektorfeldes selbst überall null ist. Daher ist in einfach zusammenhängenden Gebieten $\mathbf{rot}\,\boldsymbol{v} = \mathbf{0}$ äquivalent zur Wegunabhängigkeit von Kurvenintegralen $\int_C \boldsymbol{v} \cdot \mathbf{d}\boldsymbol{s}$.

Außerdem kann man sich, wie in Abb. 27.29 dargestellt, jede geschlossene Fläche dadurch entstanden denken, dass man bei einer berandeten Fläche deren Randkurve zu einem Punkt zusammenzieht. Die Länge der Randkurve geht dabei gegen null, ebenso das Kurvenintegral über jedes beschränkte Vektorfeld, und man erhält mit dem Satz von Stokes

$$\oint_F \mathbf{rot}\,\boldsymbol{v} \cdot \mathbf{d}\boldsymbol{\sigma} = 0$$

für beliebige stetig differenzierbare Vektorfelder und beliebige geschlossene Flächen F.

Selbstfrage 9

Auf welchem anderen Weg erhält man ebenfalls dieses Ergebnis – und unter welchen Voraussetzungen?

Kommentar Die Wirbelstärke in einer Fläche mit Normalenvektor $\boldsymbol{n}$ ist durch $\mathbf{rot}\,\boldsymbol{v} \cdot \boldsymbol{n}$ gegeben. Die Wirbelstärke nimmt damit ihr Betragsmaximum an, wenn $\boldsymbol{n}$ parallel zu $\mathbf{rot}\,\boldsymbol{v}$ ist. Das ist analog zur Richtungsableitung, deren Betrag auch in Richtung des Gradienten maximal wird. ◀

Betrachtet man eine Fläche F, die komplett in der x_1-x_2-Ebene liegt, dann reduziert sich der Satz von Stokes zur zweidimensionalen Version

$$\int_{\partial F} \left(v_1 \frac{\mathrm{d}x_1}{\mathrm{d}t} + v_2 \frac{\mathrm{d}x_2}{\mathrm{d}t} \right) \mathrm{d}t = \int_F \left(\frac{\partial v_2}{\partial x_1} - \frac{\partial v_1}{\partial x_2} \right) \mathrm{d}(x_1, x_2) \,.$$

Das ist, wie man durch Betrachtung des Vektorfeldes $\binom{-v_2}{v_1}^{\mathrm{T}}$ leicht nachprüfen kann, äquivalent zum Satz von Gauß in der Ebene.

Diese Beziehung ist auch ein guter Ausgangspunkt für einen strengen Beweis des Satzes von Stokes (im Gegensatz zu unserer heuristischen Herleitung). Für ebene Normalbereiche ist nämlich nicht schwierig zu zeigen, dass die beiden Integrale übereinstimmen, davon ausgehend kann man auch auf kompliziertere und schließlich mittels Projektion auf beliebig im Raum orientierte Flächen übergehen.

Aus der zweidimensionalen Version des Satzes von Gauß bzw. Satzes von Stokes können wir uns übrigens sofort eine Formel (26.5) zur Berechnung von Flächeninhalten herleiten.

Setzt man nämlich $v_1(x_1, x_2) = -x_2$ und $v_2(x_1, x_2) = x_1$, so ergibt sich

$$\begin{aligned} I &= \int_{\partial B} \left(-x_2 \frac{\mathrm{d}x_1}{\mathrm{d}t} + x_1 \frac{\mathrm{d}x_2}{\mathrm{d}t} \right) \mathrm{d}t \\ &= \int_B \left(\frac{\partial x_1}{\partial x_1} + \frac{\partial x_2}{\partial x_2} \right) \mathrm{d}(x_1,\, x_2) \\ &= 2 \int_B \mathrm{d}(x_1, x_2) = 2A_B, \end{aligned}$$

also der doppelte Flächeninhalt A_B des Bereichs B.

Beispiel

- Wir berechnen das Kurvenintegral

$$I = \int_C \{(x_1 - x_3)\,\mathrm{d}x_1 + x_1 x_3\,\mathrm{d}x_2 + x_2^2\,\mathrm{d}x_3\}$$

entlang der positiv orientierten Schnittkurve des Zylinders $x_1^2 + x_2^2 = 4$ mit der Ebene $x_3 = 3$. C ist eine Kreislinie mit Radius $r = 2$, und mit dem Satz von Stokes gehen wir auf das Oberflächenintegral der Rotation auf der Kreisfläche (mit $\boldsymbol{n} = (0,\, 0,\, 1)^{\mathrm{T}}$) über. Mit

$$\boldsymbol{v} = \begin{pmatrix} x_1 - x_3 \\ x_1 x_3 \\ x_2^2 \end{pmatrix}, \quad \mathbf{rot}\,\boldsymbol{v} = \begin{pmatrix} 2x_2 - x_1 \\ -1 \\ x_3 \end{pmatrix}$$

erhalten wir

$$I = \iint_B x_3\,\mathrm{d}(x_1 x_2) = 3 \int_{r=0}^{2} \int_{\varphi=0}^{2\pi} r\,\mathrm{d}\varphi\,\mathrm{d}r = 12\pi \,.$$

Übersicht: Integralsätze

Wir geben eine kurze Übersicht über die wichtigsten Zusammenhänge zwischen Kurven-, Flächen- und Volumenintegralen für allgemeine und spezielle Integranden. Dabei ist γ eine mit $\boldsymbol{x} = \boldsymbol{\gamma}(t)$, $t \in (a, b)$ parametrisierte Kurve. ∂F bezeichnet die Randkurve der Fläche F, ∂B die Oberfläche des Volumens B.

Art des Integrals	Allgemeiner Integrand	Spezieller Integrand
Integral entlang allgemeiner Kurve	$\int_\gamma \boldsymbol{v}\cdot \mathbf{ds}$	$\int_\gamma (\mathbf{grad}\,\Phi)\cdot \mathbf{ds} = \Phi(\boldsymbol{\gamma}(b)) - \Phi(\boldsymbol{\gamma}(a))$ (Hauptsatz)
Integral entlang geschlossener Kurve	$\oint_{\partial F} \boldsymbol{v}\cdot \mathbf{ds} = \int_F \mathbf{rot}\,\boldsymbol{v}\cdot \mathbf{d}\boldsymbol{\sigma}$ (Satz von Stokes)	$\oint_{\partial F} (\mathbf{grad}\,\Phi)\cdot \mathbf{ds} = 0$
Integral über allgemeine Fläche	$\int_F \boldsymbol{v}\cdot \mathbf{d}\boldsymbol{\sigma}$	$\int_F (\mathbf{rot}\,\boldsymbol{v})\cdot \mathbf{d}\boldsymbol{\sigma} = \oint_{\partial F} \boldsymbol{v}\cdot \mathbf{ds}$ (Satz von Stokes)
Integral über geschlossene Fläche	$\oint_{\partial B} \boldsymbol{v}\cdot \mathbf{d}\boldsymbol{\sigma} = \int_B \operatorname{div}\boldsymbol{v}\,\mathrm{d}\boldsymbol{x}$ (Satz von Gauß)	$\int_{\partial B} (\mathbf{rot}\,\boldsymbol{v})\cdot \mathbf{d}\boldsymbol{\sigma} = 0$

- Wir berechnen

$$I = \int_{\partial B} \Big(\underbrace{(x^2 - y)}_{=f(x,y)}\mathrm{d}x + \underbrace{xy}_{=g(x,y)}\,\mathrm{d}y \Big),$$

wobei ∂B wie in Abb. 27.30 dargestellt der positiv orientierte Rand jenes Bereichs ist, der von $x^2 + y^2 = 1$, $x = 0$ und $y = 0$ begrenzt wird.
Der Satz von Gauß in der Ebene ergibt mit $f_y = -1$ und $g_x = y$

$$I = \iint_B (y+1)\,\mathrm{d}(x,y) = \int_0^1 \mathrm{d}x \int_0^{\sqrt{1-x^2}} (y+1)\,\mathrm{d}y$$
$$= \int_0^1 \mathrm{d}x \left(\frac{y^2}{2} + y\right)\Bigg|_0^{\sqrt{1-x^2}}$$
$$= \underbrace{\frac{1}{2}\int_0^1 (1-x^2)\mathrm{d}x}_{=I_1} + \underbrace{\int_0^1 \sqrt{1-x^2}\,\mathrm{d}x}_{=I_2}$$

Für das erste Integral erhalten wir sofort

$$I_1 = \frac{1}{2}\left(x - \frac{x^3}{3}\right)\Bigg|_0^1 = \frac{1}{2}\left(1 - \frac{1}{3}\right) = \frac{1}{3}.$$

Das zweite ist etwas schwieriger analytisch zu lösen. Partielle Integration liefert

$$I_2 = \frac{1}{2}\left(x\sqrt{1-x^2} + \arcsin x\right)\Bigg|_0^1 = \frac{\pi}{4}.$$

Schneller erhält man dieses Ergebnis, indem man I_2 als Flächeninhalt eines Viertelkreises mit Radius 1 erkennt oder mit der Substitution $x = \sin u$ und Ausnutzung von $\sin^2 u + \cos^2 u = 1$. Insgesamt erhalten wir somit

$$I = I_1 + I_2 = \frac{1}{3} + \frac{\pi}{4}.$$

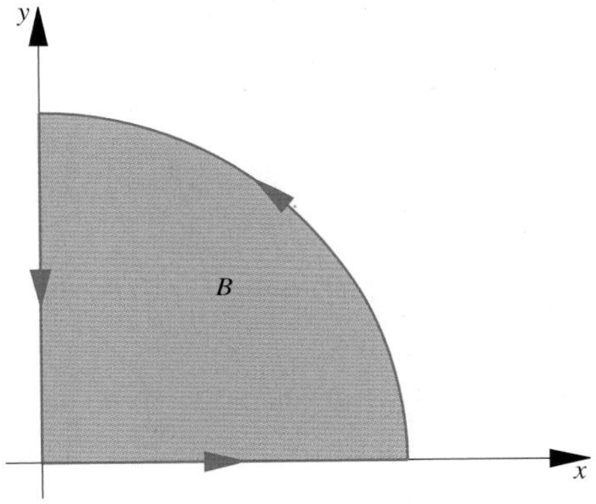

Abb. 27.30 Wir wenden den Satz von Gauß in der Ebene in diesem Bereich auf das Vektorfeld $\boldsymbol{v}(x, y) = (x^2 - y, xy)^\mathrm{T}$ an

- Mit der Sektorformel wollen wir den Flächeninhalt einer Ellipse mit den Halbachsen a und b berechnen. Begrenzt wird diese von der Kurve C: $x_1 = a\cos t$, $x_2 = b\sin t$, $t \in [0, 2\pi]$. Man erhält also mit $\mathrm{d}x_1 = -a\sin t\,\mathrm{d}t$ und $\mathrm{d}x_2 = b\cos t\,\mathrm{d}t$:

$$A_{ell} = \frac{1}{2}\oint_C (-x_2\,\mathrm{d}x_1 + x_1\,\mathrm{d}x_2)$$
$$= \frac{1}{2}\int_0^{2\pi} \left(ab\cos^2 t + ab\sin^2 t\right)\mathrm{d}t = \frac{1}{2}ab\int_0^{2\pi}\mathrm{d}t = ab\pi$$

Für $a = b = r$ erhält man daraus die bekannte Formel für die Kreisfläche $A_\circ = r^2\pi$. ◀

Anwendung: Integralsätze und die Maxwell-Gleichungen

Die Grundgleichungen der Elektrodynamik, die elektrische und magnetische Felder verknüpfen, sind die *Maxwell-Gleichungen*, siehe auch S. 1096. Diese können in Differenzial- oder in Integralform aufgeschrieben werden. Der Übergang zwischen den beiden Formen erfolgt mittels Integralsätzen.

Die Grundgrößen der Elektrodynamik sind das elektrische Feld $\boldsymbol{E}$, die Verschiebungsdichte $\boldsymbol{D}$, das magnetische Feld $\boldsymbol{H}$ und die Induktionsdichte $\boldsymbol{B}$ sowie die Ladung Q und der Strom I. Jeweils zwei Felder hängen direkt über die Gleichungen

$$\boldsymbol{D} = \varepsilon_0\, \varepsilon_r\, \boldsymbol{E}$$
$$\boldsymbol{B} = \mu_0\, \mu_r\, \boldsymbol{H}$$

zusammen. Dabei sind ε_0 und μ_0 universelle Naturkonstanten. Die Konstanten ε_r und μ_r hingegen sind materialabhängig und können Tensorcharakter haben. (In diesem Fall haben $\boldsymbol{D}$ und $\boldsymbol{E}$ bzw. $\boldsymbol{H}$ und $\boldsymbol{B}$ im Allgemeinen nicht die gleiche Richtung.)

Wie Ladungen bzw. Ströme elektrische bzw. magnetische Felder erzeugen, und wie zeitlich veränderliche Felder jeweils solche des anderen Typs erzeugen, wird durch die *Maxwell-Gleichungen* beschrieben. Historisch wurden diese zuerst in *Integralform* gefunden:

$$\oint_{\partial F} \boldsymbol{H} \cdot \mathbf{d}\boldsymbol{s} - \frac{\mathrm{d}}{\mathrm{d}t} \int_F \boldsymbol{D} \cdot \mathbf{d}\boldsymbol{\sigma} = I \qquad \oint_{\partial B} \boldsymbol{D} \cdot \mathbf{d}\boldsymbol{\sigma} = Q$$
$$\oint_{\partial F} \boldsymbol{E} \cdot \mathbf{d}\boldsymbol{s} + \frac{\mathrm{d}}{\mathrm{d}t} \int_F \boldsymbol{B} \cdot \mathbf{d}\boldsymbol{\sigma} = 0 \qquad \oint_{\partial B} \boldsymbol{B} \cdot \mathbf{d}\boldsymbol{\sigma} = 0.$$

Dabei ist F eine Fläche mit Rand ∂F, durch die ein Strom der Stärke I fließt, B ein Bereich, der die Ladung Q enthält. Beide Größen sind Nettogröße, d. h., Ströme in entgegengesetzte Richtung oder Ladungen unterschiedlichen Vorzeichens kompensieren sich.

Für viele Zwecke ist die *differenzielle* Version der Maxwell-Gleichungen praktischer. Dazu führt man die Ladungsdichte ρ (Ladung pro Volumen) und die Stromdichte $\boldsymbol{j}$ (Strom pro Fläche) ein, und erhält:

$$\mathbf{rot}\,\boldsymbol{H} - \dot{\boldsymbol{D}} = \boldsymbol{j} \qquad \operatorname{div}\boldsymbol{D} = \rho$$
$$\mathbf{rot}\,\boldsymbol{E} + \dot{\boldsymbol{B}} = \mathbf{0} \qquad \operatorname{div}\boldsymbol{B} = 0$$

Wir wollen nun zeigen, wie man die Integralform aus der differenziellen Form herleiten kann. Das entscheidende Hilfsmittel dabei sind die Integralsätze von Stokes und Gauß. Integrieren wir die erste der differenziellen Gleichungen über eine Fläche F mit Rand $C = \partial F$, so erhalten wir

$$\int_F \mathbf{rot}\,\boldsymbol{H} \cdot \mathbf{d}\boldsymbol{\sigma} - \int_F \dot{\boldsymbol{D}} \cdot \mathbf{d}\boldsymbol{\sigma} = \int_F \boldsymbol{j}\, \mathrm{d}\sigma\,.$$

Das erste Integral auf der linken Seite können wir mit dem Satz von Stokes zu

$$\oint_{\partial F} \boldsymbol{H} \cdot \mathbf{d}\boldsymbol{s}$$

umformen. Im zweiten würden wir die Zeitableitung gerne vor das Integral schreiben. Dazu müssen wir allerdings bedenken, dass sich der Wert des Integrals

$$\int_F \boldsymbol{D} \cdot \mathbf{d}\boldsymbol{\sigma}$$

sowohl durch die Zeitabhängigkeit von $\boldsymbol{D}$ als auch durch die von F ändern kann. Beim Vertauschen von Integral und Ableitung erhalten wir demnach eine *totale* Ableitung

$$\int_F \frac{\partial \boldsymbol{D}}{\partial t} \cdot \mathbf{d}\boldsymbol{\sigma} = \frac{\mathrm{d}}{\mathrm{d}t} \int_F \boldsymbol{D} \cdot \mathbf{d}\boldsymbol{\sigma}\,.$$

Die Integration von j über F liefert den gesamten durch F fließenden Strom I, und wir erhalten

$$\oint_{\partial F} \boldsymbol{H} \cdot \mathbf{d}\boldsymbol{s} - \frac{\mathrm{d}}{\mathrm{d}t} \int_F \boldsymbol{D} \cdot \mathbf{d}\boldsymbol{\sigma} = I\,.$$

Für die zweite Maxwell-Gleichung erhalten wir analog

$$\oint_{\partial F} \boldsymbol{E} \cdot \mathbf{d}\boldsymbol{s} + \frac{\mathrm{d}}{\mathrm{d}t} \int_F \boldsymbol{B} \cdot \mathbf{d}\boldsymbol{\sigma} = 0\,.$$

Um die dritte Gleichung umzuformen betrachten wir einen Bereich B mit Rand ∂B und integrieren die Gleichung über diesen Bereich,

$$\int_B \operatorname{div}\boldsymbol{D}\, \mathrm{d}\boldsymbol{x} = \int_B \rho\, \mathrm{d}\boldsymbol{x}\,.$$

Das Integral auf der linken Seite können wir mit dem Satz von Gauß in ein Oberflächenintegral umschrieben, das Integral auf der rechten Seite ergibt die in B enthaltene Nettoladung. Insgesamt erhalten wir

$$\oint_{\partial B} \boldsymbol{D} \cdot \mathbf{d}\boldsymbol{\sigma} = Q$$

und analog aus der vierten Gleichung

$$\oint_{\partial B} \boldsymbol{B} \cdot \mathbf{d}\boldsymbol{\sigma} = 0\,.$$

Mithilfe der Maxwell-Gleichungen kann man auch zeigen, dass $\boldsymbol{E}$- und $\boldsymbol{B}$-Feld die Wellengleichung erfüllen, dass es also *elektromagnetische Wellen* gibt (siehe auch die Anwendung in Abschn. 29.1).

Teil IV

Einige weitere Integralsätze können manchmal nützlich sein

Aus den bisher vorgestellten Integralsätzen können mehr oder weniger direkt noch weitere abgeleitet werden. Einige davon werden im Bonusmaterial vorgestellt, die beiden wichtigsten wollen wir aber an dieser Stelle angeben.

Integralsätze von Green

Für zwei skalare, zumindest zweimal differenzierbare Felder Φ und Ψ gilt, wenn B ein Raumbereich ist, der von der Fläche ∂B begrenzt wird:

$$\int_B (\Phi\,\Delta\Psi + (\nabla\Phi)\cdot(\nabla\Psi))\,\mathrm{d}\boldsymbol{x} = \oint_{\partial B} \Phi\,\nabla\Psi\cdot\mathbf{d}\boldsymbol{\sigma}$$

$$\int_B (\Phi\,\Delta\Psi - \Psi\,\Delta\Phi)\,\mathrm{d}\boldsymbol{x} = \oint_{\partial B} (\Phi\,\nabla\Psi - \Psi\,\nabla\Phi)\cdot\mathbf{d}\boldsymbol{\sigma}$$

Setzt man in den Green'schen Sätzen $\Phi = 1$, so erhält man als wichtigen Sonderfall

$$\int_B \Delta\Psi\,\mathrm{d}\boldsymbol{x} = \oint_{\partial B} (\nabla\Psi)\cdot\mathrm{d}\boldsymbol{\sigma}\,.$$

27.6 Differenzialoperatoren in krummlinigen Koordinaten

Bei vielen Problemen ist es praktisch, nicht in kartesischen, sondern in krummlinigen Koordinaten zu arbeiten. Besonders beliebt sind dabei Kugel- und Zylinderkoordinaten, doch auch andere Koordinatensysteme können durchaus nützlich sein. Das gilt auch für Probleme, in denen Differenzialoperatoren auftauchen, insbesondere für partielle Differenzialgleichungen.

Wir gehen nun der Frage nach, wie man Differenzialoperatoren in krummlinigen Koordinaten darstellen kann. Nach unseren bisherigen Erfahrungen mit der Kettenregel und mit krummlinigen Koordinaten können wir schon vermuten, dass dazu nicht einfach ein naives Ersetzen der kartesischen durch die neuen Koordinaten ausreichen wird. Für Zylinderkoordinaten ist also etwa

$$\Delta \neq \frac{\partial^2}{\partial\rho^2} + \frac{\partial^2}{\partial\varphi^2} + \frac{\partial^2}{\partial z^2}.$$

Wir beschränken uns in diesem Abschnitt auf *orthogonale* krummlinige Koordinaten, wie sie in Abschn. 26.6 ausführlich beschrieben wurden. Die Basisvektoren nennen wir $\boldsymbol{e}_{u_1}$, $\boldsymbol{e}_{u_2}$ und $\boldsymbol{e}_{u_3}$, die metrischen Koeffizienten h_{u_1}, h_{u_2} und h_{u_3}.

Bogen-, Flächen und Volumenelemente lassen sich auch in krummlinigen Koordinaten darstellen

Um die Differenzialoperatoren in krummlinigen Koordinaten ausdrücken zu können, müssen wir die *geometrische* Bedeutung von Größen wie etwa den metrischen Koeffizienten diskutieren. Zum Teil ist das auch schon an einzelnen Stellen geschehen, nun aber gehen wir der Sache systematisch auf den Grund.

Die geometrischen Grundgrößen, auf die wir alle unsere Betrachtungen zurückführen werden, sind das Linienelement $\mathbf{d}\boldsymbol{s}$, das Flächenelement $\mathbf{d}\boldsymbol{\sigma}$ und das Volumenelement $\mathrm{d}\boldsymbol{x}$. Dabei hilft es oft, sich diese Größen anschaulich als klein, aber doch endlich vorzustellen.

In kartesischen Koordinaten gilt einfach $\mathrm{d}s_i = \mathrm{d}x_i$, $\mathrm{d}\sigma_i = \pm\mathrm{d}x_j\,\mathrm{d}x_k$ (zyklisch) und $\mathrm{d}\boldsymbol{x} = \mathrm{d}x_1\,\mathrm{d}x_2\,\mathrm{d}x_3$. Das Vorzeichen $\pm$ im Flächenelement berücksichtigt die unterschiedlichen Orientierungsmöglichkeiten einer Fläche. Mit zyklisch meinen wir, dass (i, j, k) drei aufeinanderfolgende Indizes aus der Abfolge $1 \to 2 \to 3 \to 1 \to 2 \to \ldots$ sind.

Achtung Mit dem ε-Tensor aus Kap. 22 kann man den Ausdruck für das Oberflächenelement auch als

$$\mathrm{d}\sigma_i = \varepsilon_{ijk}\mathrm{d}x_j\,\mathrm{d}x_k$$

schreiben, was die unterschiedlichen Vorzeichen auf „saubere" Weise berücksichtigt. Dabei ist aber speziell darauf hinzuweisen, dass über j und k *nicht* summiert wird. Eine auf falsche Weise durchgeführte Summation ergäbe z. B.

$$\mathrm{d}\sigma_1 = \varepsilon_{123}\mathrm{d}x_2\mathrm{d}x_3 + \varepsilon_{132}\mathrm{d}x_3\mathrm{d}x_2 = \mathrm{d}x_2\mathrm{d}x_3 - \mathrm{d}x_3\mathrm{d}x_2 = 0\,. \blacktriangleleft$$

In allgemeinen krummlinigen Koordinaten werden all diese Zusammenhänge aber nicht mehr so einfach sein. Als konkretes Beispiel betrachten wir Zylinderkoordinaten (ρ, φ, z), anhand derer man die wichtigsten Konzepte auf einfache Weise illustrieren kann. Dass die Beziehung zwischen den Differenzialen $\mathrm{d}\rho$, $\mathrm{d}\varphi$ und $\mathrm{d}z$ anders aussehen wird als im kartesischen Fall, sieht man schon daran, dass $\mathrm{d}\varphi$ ein Winkel ist, keine Länge. Daher wird mit Sicherheit $\mathrm{d}s_\varphi \neq \mathrm{d}\varphi$ sein.

Allgemein erhalten wir die Komponenten eines Vektors, indem wir die Projektion auf die Basisvektoren berechnen,

$$v_{u_i} = \boldsymbol{v}\cdot\boldsymbol{e}_{u_i} = \frac{1}{h_{u_i}}\,\boldsymbol{v}\cdot\frac{\partial\boldsymbol{x}}{\partial u_i}\,.$$

Das können wir auch mit $\mathrm{d}\boldsymbol{s}$ machen,

$$\mathrm{d}s_{u_i} = \mathbf{d}\boldsymbol{s}\cdot\boldsymbol{e}_{u_i}\,.$$

Mit der Kettenregel und unseren Bezeichnungen aus Kap. 26 erhalten wir außerdem

$$\mathrm{d}\boldsymbol{s} = \mathrm{d}\boldsymbol{x} = \frac{\partial\boldsymbol{x}}{\partial u_i}\,\mathrm{d}u_i = h_{u_i}\,\boldsymbol{e}_{u_i}\,\mathrm{d}u_i\,.$$

Dabei wird über i summiert, obwohl es im letzten Ausdruck nicht zwei-, sondern dreimal vorkommt. (Diese Ausnahme von der Einstein'schen Summationskonvention ist eine Folge der ex-

Teil IV

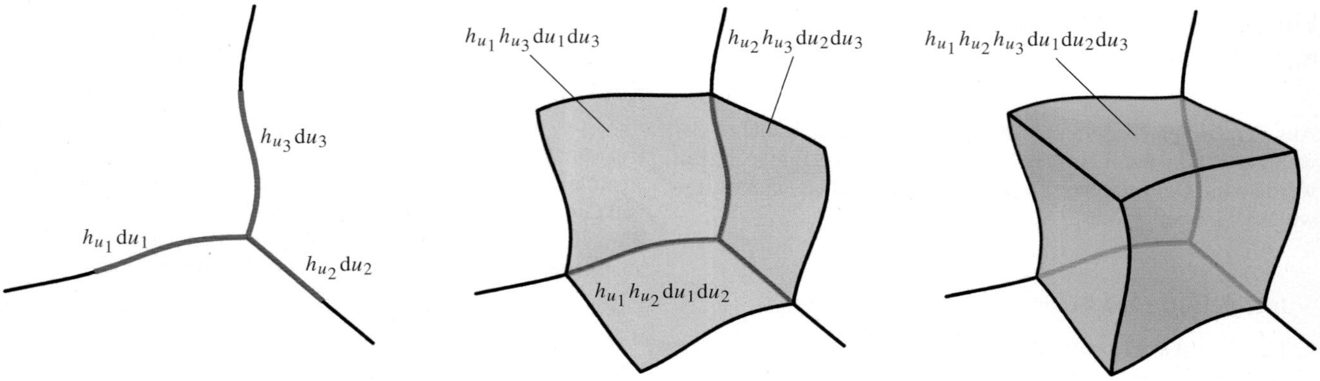

Abb. 27.31 Veranschaulichung von Linien-, Flächen- und Volumenelement in krummlinigen Koordinaten

pliziten Benutzung der metrischen Koeffizienten $h_{u_i} = \left\| \frac{\partial \boldsymbol{x}}{\partial u_i} \right\|$.) Damit erhalten wir

$$\mathrm{d}s_{u_i} = h_{u_i}\,\boldsymbol{e}_{u_i} \cdot \boldsymbol{e}_{u_i}\,\mathrm{d}u_i = h_{u_i}\,\mathrm{d}u_i$$

ohne Summation über i.

Die metrischen Koeffizienten geben demnach Korrekturfaktoren, mit denen die Differenziale $\mathrm{d}u_i$ multipliziert werden müssen, um Komponenten des Längenelements $\mathbf{d}\boldsymbol{s}$ zu ergeben.

Für Zylinderkoordinaten ist $\mathrm{d}s_\rho = \mathrm{d}\rho$ und $\mathrm{d}s_z = \mathrm{d}z$, hingegen erhalten wir $\mathrm{d}s_\varphi = \rho\,\mathrm{d}\varphi$. Der infinitesimale Winkel $\mathrm{d}\varphi$ wird mit der Länge ρ multipliziert, das gibt wie erwartet eine Länge.

Haben wir einmal einen Ausdruck für das Linienelement gefunden, so machen Flächen- und Volumenelement keine Schwierigkeiten mehr. Da wir mit orthogonalen Koordinaten arbeiten, ist $\mathrm{d}\sigma_{u_i} = \pm \mathrm{d}s_{u_j}\,\mathrm{d}s_{u_k}$ (zyklisch) und $\mathrm{d}\boldsymbol{x} = \mathrm{d}s_{u_1}\,\mathrm{d}s_{u_2}\,\mathrm{d}s_{u_3}$.

Wir erhalten für das Flächenelement

$$\mathrm{d}\sigma_i = \pm h_{u_j}\,h_{u_k}\,\mathrm{d}u_j\,\mathrm{d}u_k$$

wiederum mit zyklischen Indizes (ohne Summe über j oder k), für das Volumenelement

$$\mathrm{d}\boldsymbol{x} = h_{u_1}\,h_{u_2}\,h_{u_3}\mathrm{d}u_1\,\mathrm{d}u_2\,\mathrm{d}u_3\,.$$

Damit sind wir nun bereit, auch Differenzialoperatoren in krummlinige Koordinaten umzurechnen. Wir werden allerdings gelegentlich vor der Aufgabe stehen, in krummlinigen Koordinaten gegebene Vektorausdrücke abzuleiten. Dabei muss man sowohl die Ableitung der Komponenten als auch der Basisvektoren berücksichtigen.

Für die Ableitung eines Vektorfeldes nach einem beliebigen Parameter t erhalten wir

$$\frac{\partial \boldsymbol{v}}{\partial t} = \frac{\partial}{\partial t}\left(\sum_{i=1}^{3} v_{u_i}\,\boldsymbol{e}_{u_i}\right) = \sum_{i=1}^{3}\left(\frac{\partial v_{u_i}}{\partial t}\,\boldsymbol{e}_{u_i} + v_{u_i}\,\frac{\partial \boldsymbol{e}_i}{\partial t}\right).$$

Insbesondere ergibt sich für die Ableitung nach einer Koordinate u_j

$$\frac{\partial \boldsymbol{v}}{\partial u_j} = \frac{\partial}{\partial u_j}\left(\sum_{i=1}^{3} v_{u_i}\,\boldsymbol{e}_{u_i}\right) = \sum_{i=1}^{3}\left(\frac{\partial v_{u_i}}{\partial u_j}\,\boldsymbol{e}_{u_i} + v_{u_i}\,\frac{\partial \boldsymbol{e}_i}{\partial u_j}\right).$$

Den Gradienten erhält man durch Projektion auf die Basisvektoren

Um den Gradienten in krummlinigen Koordinaten zu erhalten, betrachten wir für ein beliebiges differenzierbares Skalarfeld Φ die Skalarprodukte des Gradienten mit den normierten Einheitsvektoren. Dafür ergibt sich mit der Kettenregel

$$\begin{aligned}(\mathbf{grad}\,\Phi)_{u_i} &= \boldsymbol{e}_{u_i} \cdot \mathbf{grad}\,\Phi = \sum_{j=1}^{3}\left\{\frac{1}{h_{u_i}}\frac{\partial \boldsymbol{x}}{\partial u_i}\right\}_j \frac{\partial \Phi}{\partial x_j} \\ &= \frac{1}{h_{u_i}}\sum_{j=1}^{3}\frac{\partial x_j}{\partial u_i}\frac{\partial \Phi}{\partial x_j} = \frac{1}{h_{u_i}}\frac{\partial \Phi}{\partial u_i}\,.\end{aligned}$$

Damit finden wir für den Gradienten folgenden Zusammenhang.

Gradient in krummlinigen Koordinaten

Der Gradient in den krummlinigen Koordinaten (u_1, u_2, u_3) mit metrischen Koeffizienten h_{u_i} hat die Gestalt

$$\mathbf{grad} = \sum_{i=1}^{3} \boldsymbol{e}_{u_i}\frac{1}{h_{u_i}}\frac{\partial}{\partial u_i}\,.$$

Diese Form lässt sich ohne Probleme auf jede beliebige Zahl von Dimensionen übertragen. Für unsere vertrauten Zylinder- und Kugelkoordinaten finden wir

$$\mathbf{grad} = \boldsymbol{e}_\rho\,\frac{\partial}{\partial \rho} + \boldsymbol{e}_\varphi\,\frac{1}{\rho}\frac{\partial}{\partial \varphi} + \boldsymbol{e}_z\,\frac{\partial}{\partial z}$$

und

$$\mathbf{grad} = \boldsymbol{e}_r\,\frac{\partial}{\partial r} + \boldsymbol{e}_\vartheta\,\frac{1}{r}\frac{\partial}{\partial \vartheta} + \boldsymbol{e}_\varphi\,\frac{1}{r\,\sin\vartheta}\frac{\partial}{\partial \varphi}\,.$$

Teil IV

Divergenz und Rotation in krummlinigen Koordinaten lassen sich geometrisch definieren

Wir hatten Divergenz und Rotation eines Vektorfeldes $\boldsymbol{v}$ ursprünglich mittels

$$\operatorname{div} \boldsymbol{v} = \frac{\partial v_1}{\partial x_1} + \frac{\partial v_2}{\partial x_2} + \frac{\partial v_2}{\partial x_2}, \qquad \mathbf{rot}\, \boldsymbol{v} = \begin{pmatrix} \frac{\partial v_3}{\partial x_2} - \frac{\partial v_2}{\partial x_3} \\ \frac{\partial v_1}{\partial x_3} - \frac{\partial v_3}{\partial x_1} \\ \frac{\partial v_2}{\partial x_1} - \frac{\partial v_1}{\partial x_2} \end{pmatrix}$$

definiert. Diese Definition ist auf kartesische Koordinaten zugeschnitten und lässt sich nicht unmittelbar auf krummlinige Koordinaten übertragen.

Inzwischen wissen wir jedoch einiges über die differenzialgeometrische Bedeutung dieser Größen, insbesondere haben wir für stetig differenzierbare Vektorfelder den Satz von Gauß und den Satz von Stokes zur Verfügung. Oberflächen von Bereichen oder Umrandungen von Flächen können wir aber beliebig geformt wählen, insbesondere auch an spezielle Koordinaten angepasst.

Die Integralsätze sind demnach deutlich flexibler, und so ist es nur naheliegend, mit ihrer Hilfe die entsprechenden Differenzialoperatoren zu verallgemeinern. Unter Verwendung des Satzes von Gauß erhalten wir eine neue Definition für die Divergenz.

Koordinatenfreie Neudefinition der Divergenz

Für ein stetig differenzierbares Vektorfeld $\boldsymbol{A}$ setzen wir

$$\operatorname{div} \boldsymbol{A}(\boldsymbol{x}) = \lim_{V(B)\to 0} \frac{1}{V(B)} \oint_{\partial B} \boldsymbol{A} \cdot \mathbf{d}\boldsymbol{\sigma}\,.$$

Dabei bezeichnen wir mit $V(B)$ den Volumeninhalt des Bereichs B, und der Limes $V(B) \to 0$ ist so zu nehmen, dass der Abstand jedes Punktes in B von $\boldsymbol{x}$ gegen null geht.

Analog können wir den Satz von Stokes verwenden, um die Rotation koordinatenfrei zu definieren.

Koordinatenfreie Neudefinition der Rotation

Für ein stetig differenzierbares Vektorfeld $\boldsymbol{A}$ und einen beliebigen Einheitsvektor $\boldsymbol{n}$ setzen wir

$$\boldsymbol{n} \cdot \mathbf{rot} \boldsymbol{A}(\boldsymbol{x}) = \lim_{A(F)\to 0} \frac{1}{A(F)} \oint_{\partial F} \boldsymbol{A} \cdot \mathbf{d}\boldsymbol{s}\,.$$

Dabei bezeichnet $A(F)$ den Inhalt der Fläche F, und der Limes $A(F) \to 0$ ist so zu nehmen, dass F stets den Punkt $\boldsymbol{x}$ enthält, $\boldsymbol{n}$ dort der Normalenvektor an F ist und mit $A(F)$ auch die Länge von ∂F gegen null geht

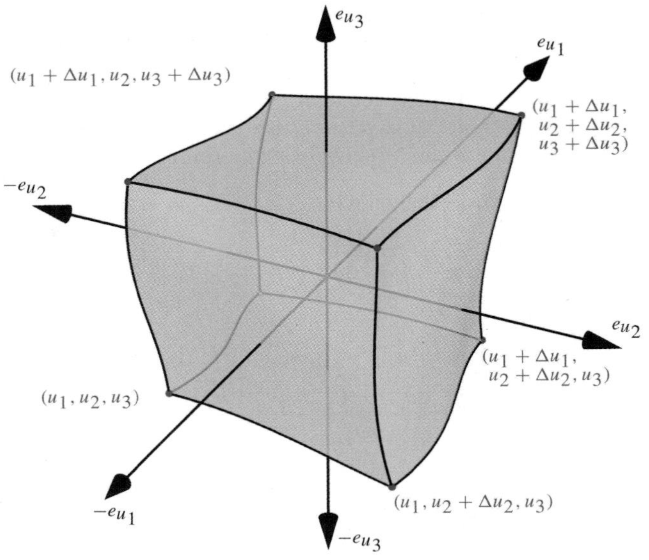

Abb. 27.32 Zur Herleitung der Divergenz in krummlinigen Koordinaten

Für kartesische Koordinaten liefern die neuen Definitionen genau die schon bekannten Resultate. Mit diesen neuen Definitionen können wir jedoch auch den krummlinigen Fall behandeln.

Für die Divergenz betrachten wir einen kleinen Bereich, der jeweils von Koordinatenflächen begrenzt wird. Da wir uns auf orthogonale Koordinaten beschränken, sind die Basisvektoren jeweils Normalenvektoren auf diese Flächen. Diese Situation ist in Abb. 27.32 skizziert.

Wir bestimmen nun den Nettofluss eines Vektorfeldes $\boldsymbol{v}$ durch die beiden u_1-Flächen. Dabei haben wir die beiden Integrale

$$\int_{F_{u_1}} \boldsymbol{v} \cdot \mathbf{d}\boldsymbol{\sigma} \quad \text{und} \quad \int_{F_{u_1}^{\Delta}} \boldsymbol{v} \cdot \mathbf{d}\boldsymbol{\sigma}$$

auszuwerten, wobei F_{u_1} für die u_1-Fläche bei u_1 und $F_{u_1}^{\Delta}$ für jene bei $u_1 + \Delta u_1$ steht. Die Projektion von $\boldsymbol{v}$ auf die Flächennormalen zu bestimmen ist kein Problem, dafür haben wir ja schon

$$v_{u_1} = \boldsymbol{v} \cdot \boldsymbol{e}_{u_1}$$

gefunden, die Orientierung können wir durch ein entsprechendes Vorzeichen berücksichtigen. Das Integral selbst werden wir mit dem Mittelwertsatz der Integralrechnung auswerten – dazu benötigen wir jedoch auch den Inhalt der Flächenstücke. Hier ist es nun wesentlich, dass die metrischen Koeffizienten *Geometriefaktoren* sind, ein Stück der u_1-Fläche mit $u_2 \in [u_2, u_2 + \Delta u_2]$ und $u_3 \in [u_3, u_3 + \Delta u_3]$ in erster Näherung den Inhalt $h_{u_2} h_{u_3} \Delta u_2 \Delta u_3$ hat.

Da die metrischen Koeffizienten orts- bzw. $\boldsymbol{u}$-abhängig sind, gehen auch in den Ausdruck für den Flächeninhalt entsprechende Abhängigkeiten ein. Wir müssen entsprechend darauf achten, ob wir eine Funktion an $\tilde{\boldsymbol{u}}_1 = (u_1, \tilde{u}_2, \tilde{u}_3)^T$ oder $\tilde{\boldsymbol{u}}_1^\Delta = (u_1 + \Delta u_1, \tilde{u}_2, \tilde{u}_3)^T$ auswerten. Dabei sind $\tilde{u}_i \in [u_i, u_i + \Delta u_i]$ mit $i = 2, 3$ durch den Mittelwertsatz bestimmt.

Für den Nettofluss erhalten wir

$$\begin{aligned}\Phi &= \int_{F_{u_1}^\Delta} \boldsymbol{v} \cdot \mathbf{d}\boldsymbol{\sigma} - \int_{F_{u_1}} \boldsymbol{v} \cdot \mathbf{d}\boldsymbol{\sigma} \\ &= \left((v_{u_1} h_{u_2} h_{u_3})(\tilde{\boldsymbol{u}}_1^\Delta) - (v_{u_1} h_{u_2} h_{u_3})(\tilde{\boldsymbol{u}}_1)\right) \Delta u_2 \, \Delta u_3 \\ &= \frac{(v_{u_1} h_{u_2} h_{u_3})(\tilde{\boldsymbol{u}}_1^\Delta) - (v_{u_1} h_{u_2} h_{u_3})(\tilde{\boldsymbol{u}}_1)}{\Delta u_1} \Delta u_1 \, \Delta u_2 \, \Delta u_3\end{aligned}$$

und den Bruch können wir mit dem Mittelwertsatz der Differenzialrechnung als $\frac{\partial v_{u_1}}{\partial u_1}(\tilde{u})$ mit $\tilde{u} = (\tilde{u}_1, \tilde{u}_2, \tilde{u}_3)^T$ schreiben.

Analoge Beiträge erhalten wir von den beiden anderen Flächenpaaren, insgesamt

$$\Phi = \left(\frac{\partial v_{u_1}}{\partial u_1}(\tilde{u}) + \frac{\partial v_{u_2}}{\partial u_2}(\hat{u}) + \frac{\partial v_{u_3}}{\partial u_3}(\check{u})\right) \Delta u_1 \, \Delta u_2 \, \Delta u_3$$

Dabei liegen $\tilde{u}$, $\hat{u}$ und $\check{u}$ jeweils in

$$[u_1, u_1 + \Delta u_1] \times [u_2, u_2 + \Delta u_2] \times [u_3, u_3 + \Delta u_3] \, .$$

Dividieren wir den Fluss Φ durch den Volumeninhalt

$$V(B) = h_{u_1} \, h_{u_2} \, h_{u_3} \, \Delta u_1 \, \Delta u_2 \, \Delta u_3 \, ,$$

und lassen anschließend Δu_i für $i = 1, 2, 3$ gegen null gehen, so lokalisieren sich alle drei Punkte an $(u_1, u_2, u_3)^T$ und wir erhalten folgenden Darstellung für die Divergenz.

Divergenz in krummlinigen Koordinaten

Die Divergenz in den krummlinigen Koordinaten (u_1, u_2, u_3) mit metrischen Koeffizienten h_{u_i} hat die Gestalt

$$\begin{aligned}\operatorname{div} \boldsymbol{A} = \frac{1}{h_{u_1} \, h_{u_2} \, h_{u_3}} \Bigg[&\frac{\partial}{\partial u_1} (A_{u_1} \, h_{u_2} \, h_{u_3}) + \frac{\partial}{\partial u_2} (A_{u_2} \, h_{u_3} \, h_{u_1}) \\ &+ \frac{\partial}{\partial u_3} (A_{u_3} \, h_{u_1} \, h_{u_2}) \Bigg] .\end{aligned}$$

Durch analoge Überlegungen zu jeweils einem kleinen Element der u_i-Flächen mit Normalenvektor $\boldsymbol{n} = \boldsymbol{e}_{u_i}$ mit $i = 1, 2, 3$ erhalten wir folgende Darstellung für die Rotation.

Rotation in krummlinigen Koordinaten

Die Rotation in den krummlinigen Koordinaten (u_1, u_2, u_3) mit metrischen Koeffizienten h_{u_i} hat die Gestalt

$$\begin{aligned}\mathbf{rot}\, \boldsymbol{A} = &\frac{1}{h_{u_2} \, h_{u_3}} \boldsymbol{e}_{u_1} \left(\frac{\partial}{\partial u_2} h_{u_3} A_{u_3} - \frac{\partial}{\partial u_3} h_{u_2} A_{u_2} \right) \\ &+ \frac{1}{h_{u_1} \, h_{u_3}} \boldsymbol{e}_{u_2} \left(\frac{\partial}{\partial u_3} h_{u_1} A_{u_1} - \frac{\partial}{\partial u_1} h_{u_3} A_{u_3} \right) \\ &+ \frac{1}{h_{u_1} \, h_{u_2}} \boldsymbol{e}_{u_3} \left(\frac{\partial}{\partial u_1} h_{u_2} A_{u_2} - \frac{\partial}{\partial u_2} h_{u_1} A_{u_1} \right) .\end{aligned}$$

Dass hier die metrischen Koeffizienten zum Teil innerhalb der Ableitungen stehen, ändert die Form der Differenzialoperatoren gegenüber dem kartesischen Fall. Für Kugel- und Zylinderkoordinaten sind die entsprechenden Ausdrücke auf S. 1029 zusammengefasst.

Die Form des Laplace-Operators erhalten wir aus Gradient und Divergenz

Der Differenzialoperator, den man üblicherweise am häufigsten in krummlinigen Koordinaten benötigt, ist der Laplace-Operator. Die wichtigsten Vorarbeiten zu dessen Bestimmung in beliebigen orthogonalen Koordinaten haben wir bereits geleistet, wenn wir die Beziehung

$$\Delta \Phi = \operatorname{div} \mathbf{grad}\, \Phi$$

ausnutzen. Direktes Einsetzen liefert folgendes Ergebnis.

Laplace-Operator in krummlinigen Koordinaten

Der Laplace-Operator in den krummlinigen Koordinaten (u_1, u_2, u_3) mit metrischen Koeffizienten h_{u_i} hat die Gestalt

$$\begin{aligned}\Delta = \frac{1}{h_{u_1} h_{u_2} h_{u_3}} \Bigg\{ &\frac{\partial}{\partial u_1} \frac{h_{u_2} h_{u_3}}{h_{u_1}} \frac{\partial}{\partial u_1} + \frac{\partial}{\partial u_2} \frac{h_{u_1} h_{u_3}}{h_{u_2}} \frac{\partial}{\partial u_2} \\ &+ \frac{\partial}{\partial u_3} \frac{h_{u_1} h_{u_2}}{h_{u_3}} \frac{\partial}{\partial u_3} \Bigg\}\end{aligned}$$

Durch die Produktregel ergeben sich zweite Ableitungen; in allgemeinen Koordinaten mit nichtkonstanten h_{u_k} tauchen aber auch erste Ableitungen auf. In Kugel- und Zylinderkoordinaten ist der Laplace-Operator auf S. 1029 angegeben.

Übersicht: Differenzialoperatoren in Zylinder- und Kugelkoordinaten

Oft ist es vorteilhaft, Differenzialoperatoren nicht in kartesischen, sondern in bestimmten krummlinigen Koordinaten auszudrücken. Wir geben die Formeln für Zylinder- und Kugelkoordinaten an.

Aus den Ergebnissen von Abschn. 27.6 erhalten wir mit $h_\rho = 1$, $h_\varphi = \rho$, $h_z = 1$ für Zylinder- und $h_r = 1$, $h_\vartheta = r$, $h_\varphi = r\,\sin\vartheta$ für Kugelkoordinaten unmittelbar die entsprechenden Darstellungen der Differenzialoperatoren.

Zylinderkoordinaten

- Gradient:

$$\mathbf{grad}\,\Phi = \boldsymbol{e}_\rho\,\frac{\partial\Phi}{\partial\rho} + \boldsymbol{e}_\varphi\,\frac{1}{\rho}\,\frac{\partial\Phi}{\partial\varphi} + \boldsymbol{e}_z\,\frac{\partial\Phi}{\partial z}$$

- Divergenz:

$$\operatorname{div}\boldsymbol{A} = \frac{1}{\rho}\,\frac{\partial}{\partial\rho}(\rho A_\rho) + \frac{1}{\rho}\,\frac{\partial A_\varphi}{\partial\varphi} + \frac{\partial A_z}{\partial z}$$

- Rotation:

$$\begin{aligned}\mathbf{rot}\,\boldsymbol{A} = &\left\{\frac{1}{\rho}\,\frac{\partial A_z}{\partial\varphi} - \frac{\partial A_\varphi}{\partial z}\right\}\boldsymbol{e}_\rho + \left\{\frac{\partial A_\rho}{\partial z} - \frac{\partial A_z}{\partial\rho}\right\}\boldsymbol{e}_\varphi\\ &+ \left\{\frac{1}{\rho}\left(\frac{\partial}{\partial\rho}(\rho A_\varphi) - \frac{\partial A_\rho}{\partial\varphi}\right)\right\}\boldsymbol{e}_z\end{aligned}$$

- Laplace-Operator:

$$\begin{aligned}\Delta\Phi &= \frac{1}{\rho}\,\frac{\partial}{\partial\rho}\left(\rho\,\frac{\partial\Phi}{\partial\rho}\right) + \frac{1}{\rho^2}\,\frac{\partial^2\Phi}{\partial\varphi^2} + \frac{\partial^2\Phi}{\partial z^2}\\ &= \frac{\partial^2\Phi}{\partial\rho^2} + \frac{1}{\rho}\,\frac{\partial\Phi}{\partial\rho} + \frac{1}{\rho^2}\,\frac{\partial^2\Phi}{\partial\varphi^2} + \frac{\partial^2\Phi}{\partial z^2}\,.\end{aligned}$$

Kugelkoordinaten

- Gradient:

$$\mathbf{grad}\,\Phi = \boldsymbol{e}_r\,\frac{\partial\Phi}{\partial r} + \boldsymbol{e}_\vartheta\,\frac{1}{r}\,\frac{\partial\Phi}{\partial\vartheta} + \boldsymbol{e}_\varphi\,\frac{1}{r\,\sin\vartheta}\,\frac{\partial\Phi}{\partial\varphi}$$

- Divergenz:

$$\operatorname{div}\boldsymbol{A} = \frac{1}{r^2}\,\frac{\partial}{\partial r}\left(r^2 A_r\right) + \frac{1}{r\,\sin\vartheta}\left(\frac{\partial}{\partial\vartheta}(\sin\vartheta\,A_\vartheta) + \frac{\partial A_\varphi}{\partial\varphi}\right)$$

- Rotation:

$$\begin{aligned}\mathbf{rot}\,\boldsymbol{A} = &\left\{\frac{1}{r\,\sin\vartheta}\left(\frac{\partial}{\partial\vartheta}(\sin\vartheta\,A_\varphi) - \frac{\partial A_\vartheta}{\partial\varphi}\right)\right\}\boldsymbol{e}_r\\ &+ \left\{\frac{1}{r}\left(\frac{1}{\sin\vartheta}\,\frac{\partial A_r}{\partial\varphi} - \frac{\partial}{\partial r}(r A_\varphi)\right)\right\}\boldsymbol{e}_\vartheta\\ &+ \left\{\frac{1}{r}\left(\frac{\partial}{\partial r}(r A_\vartheta) - \frac{\partial A_r}{\partial\vartheta}\right)\right\}\boldsymbol{e}_\varphi\end{aligned}$$

- Laplace-Operator:

$$\begin{aligned}\Delta\Phi &= \frac{1}{r^2}\,\frac{\partial}{\partial r}\left(r^2\,\frac{\partial\Phi}{\partial r}\right) + \frac{1}{r^2\,\sin\vartheta}\,\frac{\partial}{\partial\vartheta}\left(\sin\vartheta\,\frac{\partial\Phi}{\partial\vartheta}\right)\\ &\quad + \frac{1}{r^2\,\sin^2\vartheta}\,\frac{\partial^2\Phi}{\partial\varphi^2}\\ &= \frac{\partial^2\Phi}{\partial r^2} + \frac{2}{r}\,\frac{\partial\Phi}{\partial r} + \frac{1}{r^2}\,\frac{\partial^2\Phi}{\partial\vartheta^2}\\ &\quad + \frac{\cos\vartheta}{r^2\,\sin\vartheta}\,\frac{\partial\Phi}{\partial\vartheta} + \frac{1}{r^2\,\sin^2\vartheta}\,\frac{\partial^2\Phi}{\partial\varphi^2}\end{aligned}$$

Vertiefung: Visualisierung und Analyse von Vektorfeldern (mit MATLAB®)

Wir benutzen MATLAB®, um Vektorfelder zu visualisieren und (näherungsweise) zu analysieren.

Die Visualisierung von Vektorfeldern kann in MATLAB® mit den Befehlen `quiver` für 2D- und `quiver3` für 3D-Vektorfelder erfolgen.

Im Zweidimensionalen lässt sich die Visualisierung auch gut mit Darstellungsarten kombinieren, die wir schon in der Box auf S. 908 kennengelernt haben, etwa indem man ein Skalarfeld (hier mittels $\Phi(\boldsymbol{x}) = \frac{1}{16}x_1^2 + \frac{1}{2}x_2^2$ definiert) und das zugehörige Gradientenfeld gemeinsam darstellt:

```
% 2D-Plotbereich definieren:
x1f = -4.5:.05:4.5;
x2f = -2.5:.05:2.5;
[Xf, Yf] = meshgrid(x1f,x2f);
x1v = -4:.5:4; x2v = -2:.5:2;
[Xv, Yv] = meshgrid(x1v,x2v);
% Potenzial definieren:
Phi = (Xf.^2)/16 + (Yf.^2)/2;
% Gradientenfeld definieren:
v1 = Xv/8; v2 = Yv;
% grafische Darstellung:
contour(x1f,x2f,Phi); hold on;
quiver(Xv,Yv,v1,v2);
```

Dabei verwenden wir für den Bereich, den wir darstellen wollen, zwei Gitter. Das feinere, das aus `x1f` und `x2f` gebildet wird, dient zur Darstellung des Potenzials. Das andere Gitter, das wir für Definition und Darstellung des Gradientenfeldes benutzen und das aus `x1v` und `x2v` erstellt wird, ist wesentlich gröber, da zu viele Pfeilchen unübersichtlich wären.

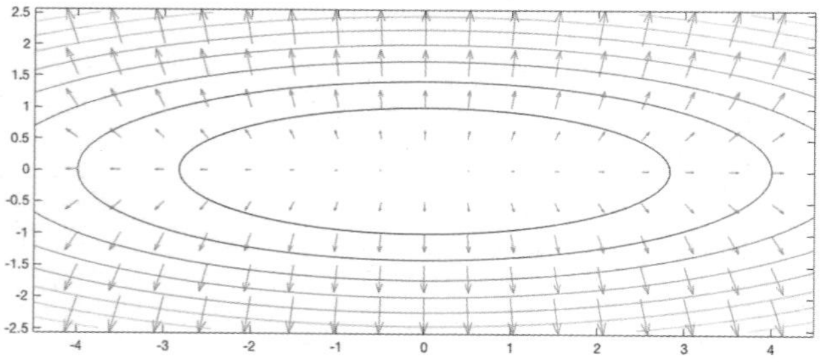

Als 3D-Beispiel betrachten wir für $\boldsymbol{x} \neq \boldsymbol{0}$ das Feld

$$\boldsymbol{v}(\boldsymbol{x}) = \frac{1}{\|\boldsymbol{x}\|^3}\begin{pmatrix} x_1 \\ x_2 \\ x_3 \end{pmatrix},$$

das wir mit folgendem Skript visualisieren:

```
% 3D-Plotbereich definieren:
xr = -2.5:1:2.5;
[X, Y, Z] = meshgrid(xr,xr,xr);
% 3D-Vektorfeld definieren:
r3 = (X.^2+Y.^2+Z.^2).^(3/2);
v1 = X./r3; v2 = Y./r3; v3 = Z./r3;
% 3D-Vektorfeld darstellen:
quiver3(X,Y,Z,v1,v2,v3);
```

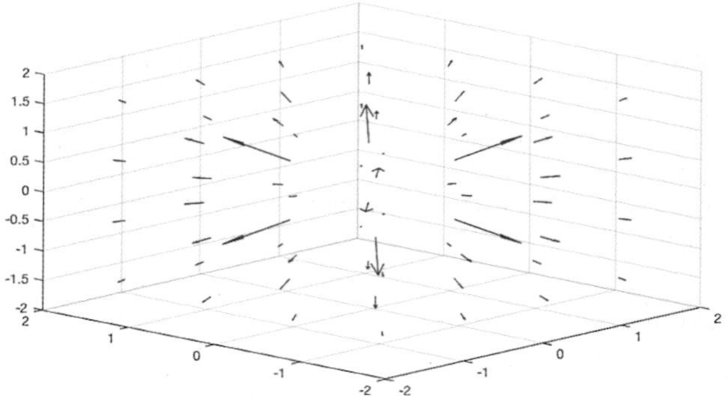

Über die Visualisierung hinaus sind auch Analysen von Vektorfeldern möglich – allerdings ist dabei Vorsicht geboten. Die Differenzialoperatoren Rotation und Divergenz stehen in MATLAB® zwar zur Verfügung. Die Ableitungen werden aber nur numerisch approximiert – und numerisches Differenzieren ist eine heikle und fehleranfällige Angelegenheit.

In unserem Beispiel können wir natürlich sofort versuchen, die Rotation mittels

```
>> [r1, r2, r3] = curl(X,Y,Z,v1,v2,v3);
```

zu berechnen. Da es sich beim ursprünglichen Feld um ein Gradientenfeld handelt, müsste die Rotation verschwinden. Tatsächlich erhalten wir jedoch für `r1max = max(max( max(abs(r1))))`, also für den maximalen Absolutwert der ersten Komponenten des so berechneten Feldes, nicht Null, sondern `0.2786`. Der numerische Fehler ist also erheblich. Um solche Fehler zu verkleinern, ist es oft sinnvoll, das Gitter zu verfeinern.

Ändern wir im obigen Skript die Definition des Bereichs zu `xr = -1.5:.1:1.5;`, so erhalten wir jedoch `r1max = 80.1595`. Die Näherung scheint also nicht besser, sondern schlechter geworden zu sein.

Woran liegt das? Die Komponenten unseres Vektorfeldes werden in der Nähe des Ursprungs betragsmäßig sehr groß – entsprechend groß werden auch die absoluten Fehler bei der numerischen Berechnung der partiellen Ableitung.

Für einen fairen Vergleich zwischen altem und neuem Gitter müssten wir uns auf jenen Bereich beschränken, wo $|x_i| \geq 0.5$ für zumindest ein $i \in \{1, 2, 3\}$ ist:

```
indx = (xr<=-.5)|(xr>=.5); r1max = ...
max(max(max(abs(r1(indx,indx,indx)))))
```

Nun erhalten wir `r1max = 0.0153`, der Fehler ist also in der Tat kleiner geworden. Für eine Überprüfung, ob ein gegebenes Feld ein Gradientenfeld ist, ist die Methode dennoch nur sehr schlecht geeignet.

Zusammenfassung

Skalar- und Vektorfelder

Der Feldbegriff fügt sich nahtlos in unsere Betrachtungen zu Funktionen $\mathbb{R}^n \to \mathbb{R}^m$ ein. Für $D \subseteq \mathbb{R}^n$ werden Skalarfelder als Funktionen $D \to \mathbb{R}$, Vektorfelder als Funktion $D \to \mathbb{R}^n$ aufgefasst.

Differenzialoperatoren

Der Gradient gibt die Richtung des steilsten Anstiegs an. Der Gradient $\mathbf{grad}\,\Phi = \nabla\Phi$ des Skalarfeldes Φ ist ein Vektorfeld.

Definition eines Potenzialfeldes

Ein Vektorfeld $\boldsymbol{v}$, das sich als Gradient eines Skalarfeldes Φ darstellen lässt,

$$\boldsymbol{v} = \mathbf{grad}\,\Phi ,$$

heißt **Potenzialfeld**, **Gradientenfeld** oder **konservativ**. Man sagt auch „$\boldsymbol{v}$ besitzt ein Potenzial".

Die Rotation und die Divergenz eines Vektorfeldes werden in kartesischen Koordinaten mittels

$$\mathbf{rot}\,\boldsymbol{v} = \nabla \times \boldsymbol{v}, \qquad \operatorname{div}\boldsymbol{v} = \nabla \cdot \boldsymbol{v}$$

definiert. Die Rotation misst die Wirbeldichte eines Vektorfeldes, die Divergenz dessen Quelldichte.

Laplace-Operator

Der Laplace-Operator in n Dimensionen hat in kartesischen Koordinaten die Form

$$\Delta = \operatorname{div}\mathbf{grad} = \sum_{k=1}^{n} \frac{\partial^2}{\partial x_k^2} .$$

Gradient und Laplace-Operator lassen sich auch für Vektoren definieren, für den Laplace-Operator erhält man

$$\Delta \boldsymbol{A} = \mathbf{grad}\operatorname{div}\boldsymbol{A} - \mathbf{rot}\,\mathbf{rot}\,\boldsymbol{A} .$$

Für zusammengesetzte Differenzialoperatoren gelten spezielle Beziehungen, insbesondere $\mathbf{rot}\,\mathbf{grad}\,\Phi = \mathbf{0}$ und $\operatorname{div}\mathbf{rot}\,\mathbf{0} = 0$.

Quellen- und Wirbelfreiheit

Gradientenfelder sind wirbelfrei. Wirbelfelder sind quellenfrei.

Kurvenintegrale

Skalare Funktionen lassen sich entlang von Kurven integrieren.

Skalares Kurvenintegral

Das Kurvenintegral einer skalaren Funktion Φ über eine Kurve γ mit $\boldsymbol{x} = \boldsymbol{\gamma}(t)$, $t \in [a, b]$ ist definiert als

$$\int_\gamma \Phi \,\mathrm{d}s = \int_a^b \Phi(\boldsymbol{x}(t))\,\|\dot{\boldsymbol{x}}(t)\|\,\mathrm{d}t .$$

Bei solchen Kurvenintegralen liegt Parametrisierungsunabhängigkeit vor, wenn überall $\dot{\boldsymbol{\gamma}}(t) \neq \mathbf{0}$ ist.

Bei der Integration von Vektorfeldern kommt die Projektion in Tangentialrichtung zum Tragen.

Vektorielles Kurvenintegral

Das Kurvenintegral entlang einer mit $\boldsymbol{\gamma}(t)$, $t \in [a, b]$ parametrisierten Kurve γ über ein Vektorfeld

$$\boldsymbol{v}(\boldsymbol{x}) = (v_1(\boldsymbol{x}), \ldots, v_n(\boldsymbol{x}))^\mathrm{T}$$

ist definiert als:

$$\int_\gamma \boldsymbol{v} \cdot \mathbf{d}\boldsymbol{s} = \int_a^b \boldsymbol{v}(\boldsymbol{x}(t)) \cdot \dot{\boldsymbol{x}}(t)\,\mathrm{d}t.$$

Teil IV

Die Wegunabhängigkeit eines Kurvenintegrals kann man durch Differenzieren überprüfen

Wegunabhängigkeit von Kurvenintegralen

Das Vektorfeld $\boldsymbol{v}$, das auf der offenen und *einfach zusammenhängenden* Menge G stetig differenzierbar ist, ist genau dann ein Gradientenfeld, wenn die Integrabilitätsbedingung

$$\frac{\partial v_i}{\partial x_j} = \frac{\partial v_j}{\partial x_i}$$

erfüllt ist. In diesem Fall hat

$$\int_\gamma \boldsymbol{v} \cdot \mathbf{d}\boldsymbol{s}$$

für alle Kurven γ, die ganz in G liegen und den gleichen Anfangs- und Endpunkt haben, denselben Wert. Integrale entlang geschlossener Kurven liefern null.

Die exakte Differenzialgleichung ist eng mit Kurvenintegralen verwandt.

Oberflächenintegrale

Das Oberflächenintegral einer Funktion G über eine Fläche F wird auf ein Gebietsintegral zurückgeführt:

$$I = \int_F G(\boldsymbol{x})\,\mathrm{d}\sigma = \int_B G(\boldsymbol{x}(u,v)) \left\| \frac{\partial \boldsymbol{x}}{\partial u} \times \frac{\partial \boldsymbol{x}}{\partial v} \right\| \mathrm{d}(u,v).$$

Der Fluss durch eine Fläche ergibt sich durch Skalarproduktbildung und Integration:

$$\begin{aligned}\Phi &= \int_F \boldsymbol{v} \cdot \mathbf{d}\boldsymbol{\sigma} = \int_F (\boldsymbol{v} \cdot \boldsymbol{n})\,\mathbf{d}\sigma \\ &= \int_B \boldsymbol{v} \cdot \left(\frac{\partial \boldsymbol{x}}{\partial u} \times \frac{\partial \boldsymbol{x}}{\partial v} \right) \mathrm{d}(u,v).\end{aligned}$$

Integralsätze

Integralsätze stellen Beziehungen zwischen verschiedenen Typen von Integralen her: Der Satz von Gauß verknüpft Oberflächen- und Volumenintegrale.

Satz von Gauß

Ist B ein kompakter Teilbereich des $\mathbb{R}^3$ mit der Oberfläche ∂B, die sich auf stückweise stetige Weise parametrisieren lässt, und ist $\boldsymbol{v}(\boldsymbol{r})$ ein in ganz B stetig differenzierbares Vektorfeld, so gilt, sofern alle vorkommenden Funktionen über die entsprechenden Bereiche integrierbar sind,

$$\int_{\partial B} \boldsymbol{v} \cdot \mathbf{d}\boldsymbol{\sigma} = \int_B \operatorname{div} \boldsymbol{v}\,\mathrm{d}\boldsymbol{x}\,.$$

Auch die zweidimensionale Fassung des Satzes von Gauß ist von großer Bedeutung:

Satz von Gauß in der Ebene

Für einen kompakten, einfach zusammenhängenden Bereich $B \subsetneq \mathbb{R}^2$, dessen positiv durchlaufener Rand durch eine stetig differenzierbare Abbildung $\boldsymbol{x} = \boldsymbol{x}(t)$, $t \in [a, b]$ parametrisiert werden kann, gilt, sofern alle beteiligten Funktionen über die entsprechenden Bereiche integrierbar sind,

$$\begin{aligned}&\int_a^b \left(v_1(\boldsymbol{x}(t))\,\frac{\mathrm{d}x_2}{\mathrm{d}t} - v_2(\boldsymbol{x}(t))\,\frac{\mathrm{d}x_1}{\mathrm{d}t} \right) \mathrm{d}t \\ &\quad = \int_B \left(\frac{\partial v_1}{\partial x_1} + \frac{\partial v_2}{\partial x_2} \right) \mathrm{d}(x_1, x_2)\,.\end{aligned}$$

Der Satz von Stokes verknüpft Kurven- und Flächenintegrale.

Satz von Stokes

Für eine orientierbare stückweise glatte Fläche F mit dem stückweise glatten Rand ∂F und ein auf dem Bild dieser Fläche stetig differenzierbares Vektorfeld $\boldsymbol{v}$ gilt, sofern alle vorkommenden Funktionen über die entsprechenden Bereiche integrierbar sind,

$$\oint_{\partial F} \boldsymbol{v} \cdot \mathbf{d}\boldsymbol{s} = \int_F \mathbf{rot}\,\boldsymbol{v} \cdot \mathbf{d}\boldsymbol{\sigma}\,.$$

Dabei ist die Kurve ∂F so parametrisiert, dass sie den nach außen weisenden Normalenvektor $\boldsymbol{n} = \frac{\mathbf{d}\boldsymbol{\sigma}}{\mathrm{d}\sigma}$ der Fläche im mathematisch positiven Sinne umläuft.

Teil IV

Auch einige weitere Integralsätze können manchmal nützlich sein, etwa die Integralsätze von Green:

$$\iiint_B (\Phi \, \Delta\Psi + (\nabla\Phi)\cdot(\nabla\Psi))\,\mathrm{d}\boldsymbol{x} = \oint_{\partial B} \Phi \, \nabla\Psi \cdot \mathbf{d}\boldsymbol{\sigma}$$

$$\iiint_B (\Phi \, \Delta\Psi - \Psi \, \Delta\Phi)\,\mathrm{d}\boldsymbol{x} = \oint_{\partial B} (\Phi \, \nabla\Psi - \Psi \, \nabla\Phi)\cdot \mathbf{d}\boldsymbol{\sigma}$$

Differenzialoperatoren in krummlinigen Koordinaten

Bogen-, Flächen und Volumenelemente lassen sich auch in krummlinigen Koordinaten darstellen. Den Gradienten erhält man besonders einfach, durch Projektion auf die Basisvektoren.

Mithilfe der Integralsätze von Gauß und Stokes lassen sich Divergenz und Rotation koordinatenfrei definieren,

$$\operatorname{div}\boldsymbol{A}(\boldsymbol{x}) = \lim_{V(B)\to 0} \frac{1}{V(B)} \oint_{\partial B} \boldsymbol{A}\cdot\mathbf{d}\boldsymbol{\sigma}$$

$$\boldsymbol{n}\cdot\mathbf{rot}\,\boldsymbol{A}(\boldsymbol{x}) = \lim_{A(F)\to 0} \frac{1}{A(F)} \oint_{\partial F} \boldsymbol{A}\cdot\mathbf{d}\boldsymbol{s}\,.$$

Durch Anwendung auf geeignet geformte Bereiche lassen sich diese Differenzialoperatoren auch in krummlinigen Koordinaten aufschreiben:

$$\begin{aligned}
\operatorname{div}\boldsymbol{A} &= \frac{1}{h_{u_1}\,h_{u_2}\,h_{u_3}}\left[\frac{\partial}{\partial u_1}\left(A_{u_1}\,h_{u_2}\,h_{u_3}\right) + \frac{\partial}{\partial u_2}\left(A_{u_2}\,h_{u_3}\,h_{u_1}\right)\right.\\
&\qquad\left. + \frac{\partial}{\partial u_3}\left(A_{u_3}\,h_{u_1}\,h_{u_2}\right)\right],\\
\mathbf{rot}\,\boldsymbol{A} &= \frac{1}{h_{u_2}\,h_{u_3}}\,\boldsymbol{e}_{u_1}\left(\frac{\partial}{\partial u_2}h_{u_3}A_{u_3} - \frac{\partial}{\partial u_3}h_{u_2}A_{u_2}\right)\\
&\quad + \frac{1}{h_{u_1}\,h_{u_3}}\,\boldsymbol{e}_{u_2}\left(\frac{\partial}{\partial u_3}h_{u_1}A_{u_1} - \frac{\partial}{\partial u_1}h_{u_3}A_{u_3}\right)\\
&\quad + \frac{1}{h_{u_1}\,h_{u_2}}\,\boldsymbol{e}_{u_3}\left(\frac{\partial}{\partial u_1}h_{u_2}A_{u_2} - \frac{\partial}{\partial u_2}h_{u_1}A_{u_1}\right),\\
\Delta &= \frac{1}{h_{u_1}h_{u_2}h_{u_3}}\left\{\frac{\partial}{\partial u_1}\frac{h_{u_2}h_{u_3}}{h_{u_1}}\frac{\partial}{\partial u_1} + \frac{\partial}{\partial u_2}\frac{h_{u_1}h_{u_3}}{h_{u_2}}\frac{\partial}{\partial u_2}\right.\\
&\qquad\left. + \frac{\partial}{\partial u_3}\frac{h_{u_1}h_{u_2}}{h_{u_3}}\frac{\partial}{\partial u_3}\right\}.
\end{aligned}$$

Bonusmaterial

Im Bonusmaterial reichen wir einige Beweise nach, die im Haupttext ausgespart blieben, zudem verallgemeinern wir Kurven- und Flächenintegrale vom Vektor- auf den allgemeinen Tensorfall. Der Schwerpunkt liegt allerdings auf einem knappen Einblick in die moderne *Differenzialgeometrie*.

Dass die Kombinationen **rot grad** und div **rot** immer verschwinden, ist nämlich keineswegs Zufall, sondern Ausdruck einer fundamentalen Struktur. Diese werden wir beleuchten, und dabei auch wesentlich allgemeinere Räume als bloß den $\mathbb{R}^2$ oder $\mathbb{R}^3$ untersuchen.

Auch die unterschiedlichen Integralsätzen stehen keineswegs isoliert nebeneinander, sondern sind letztlich Spezialfälle eines sehr allgemeinen Satzes, der in beliebig hohen Dimensionen und auch in „gekrümmten Räumen“ gilt.

Aufgaben

Die Aufgaben gliedern sich in drei Kategorien: Anhand der *Verständnisfragen* können Sie prüfen, ob Sie die Begriffe und zentralen Aussagen verstanden haben, mit den *Rechenaufgaben* üben Sie Ihre technischen Fertigkeiten und die *Anwendungsprobleme* geben Ihnen Gelegenheit, das Gelernte an praktischen Fragestellungen auszuprobieren.
Ein Punktesystem unterscheidet leichte •, mittelschwere •• und anspruchsvolle ••• Aufgaben. Lösungshinweise am Ende des Buches helfen Ihnen, falls Sie bei einer Aufgabe partout nicht weiterkommen. Dort finden Sie auch die Lösungen – betrügen Sie sich aber nicht selbst und schlagen Sie erst nach, wenn Sie selber zu einer Lösung gekommen sind. Ausführliche Lösungswege, Beweise und Abbildungen finden Sie als digitales Zusatzmaterial (electronic supplementary material).
Viel Spaß und Erfolg bei den Aufgaben!

Verständnisfragen

27.1 •• Ordnen Sie die folgenden Vektorfelder $\boldsymbol{v}_i$, $i = 1, \ldots, 6$ den Teilbildern in Abb. 27.15 und 27.16 zu:

- $\boldsymbol{v}_1(x, y) = (x_1, x_2)^{\mathrm{T}}$
- $\boldsymbol{v}_2(x, y) = (x_2, -x_1)^{\mathrm{T}}$
- $\boldsymbol{v}_3(x, y) = (x_1^2 + x_2^2, 2x_1x_2)^{\mathrm{T}}$
- $\boldsymbol{v}_4(x, y) = (x_1 - x_2, x_1 + x_2)^{\mathrm{T}}$
- $\boldsymbol{v}_5(x, y) = (x_1, -x_2)^{\mathrm{T}}$
- $\boldsymbol{v}_6(x, y) = (2x_1x_2, -x_1^2 - x_2^2)^{\mathrm{T}}$

27.2 • Gegeben sind ein Vektorfeld $\boldsymbol{V}$ sowie zwei Kurven C_1 und C_2 mit gleichem Anfangs- und Endpunkt. Kann man aus

$$\int_{C_1} \boldsymbol{V}(\boldsymbol{x})\,\mathrm{d}\boldsymbol{x} = \int_{C_2} \boldsymbol{V}(\boldsymbol{x})\,\mathrm{d}\boldsymbol{x}$$

folgern, dass $\boldsymbol{V}$ ein Potenzial besitzt?

27.3 •• Wir betrachten die Ausdrücke

$$\boldsymbol{v}(\boldsymbol{x}) = \frac{1}{x_1^2 + x_2^2}\begin{pmatrix} -x_2 \\ x_1 \\ 0 \end{pmatrix},$$

$$\boldsymbol{w}(\boldsymbol{x}) = \frac{1}{x_1^2 + x_2^2 + x_3^2}\begin{pmatrix} -x_2 \\ x_1 \\ 0 \end{pmatrix}.$$

Für welche $\boldsymbol{x} \in \mathbb{R}^3$ sind dieser Ausdrücke definiert? Sind die Definitionsmengen $D(\boldsymbol{v})$ und $D(\boldsymbol{w})$ einfach zusammenhängend? Besitzen die Vektorfelder $\boldsymbol{v}$: $D(\boldsymbol{v}) \to \mathbb{R}^3$, $\boldsymbol{x} \mapsto \boldsymbol{v}(\boldsymbol{x})$ bzw, $\boldsymbol{w}$: $D(\boldsymbol{w}) \to \mathbb{R}^3$, $\boldsymbol{x} \mapsto \boldsymbol{w}(\boldsymbol{x})$ ein Potenzial?

27.4 •• Die Rotation eines Vektorfeldes der Form

$$\boldsymbol{A}(x_1, x_2, x_3) = \begin{pmatrix} A_1(x_1) \\ A_2(x_2) \\ A_3(x_3) \end{pmatrix}$$

verschwindet trivialerweise, da in den Komponenten $\left(\frac{\partial A_i}{\partial x_j} - \frac{\partial A_j}{\partial x_i}\right)$ bereits jeder Term für sich verschwindet und damit auch ihre Differenz. Welche Form hat ein Vektorfeld, für das das Gleiche gilt, in Kugelkoordinaten?

Rechenaufgaben

27.5 •• Für das Vektorfeld $\boldsymbol{v}$, $\mathbb{R}^3 \to \mathbb{R}^3$, $\boldsymbol{v}(\boldsymbol{x}) = (x_2x_3^3, x_1x_3^3, 3x_1x_2x_3^2)^{\mathrm{T}}$ berechne man $\mathbf{rot}\,\boldsymbol{v}$, $\operatorname{div}\boldsymbol{v}$, $\mathbf{grad}\operatorname{div}\boldsymbol{v}$, gegebenenfalls ein Potenzial ϕ und das Kurvenintegral

$$I = \int_C \boldsymbol{v} \cdot \mathbf{d}\boldsymbol{s},$$

wobei C den Anfangspunkt $(0, 0, 0)$ geradlinig mit dem Endpunkt $(1, 2, 3)$ verbindet.

27.6 •• Man berechne den Wert des Kurvenintegrals

$$I = \int_K \begin{pmatrix} 2x_1x_2 + x_2^2 \\ 2x_1x_2 + x_1^2 \end{pmatrix} \cdot \mathbf{d}\boldsymbol{s}$$

für die in Abb. 27.33 dargestellte Kurve K.

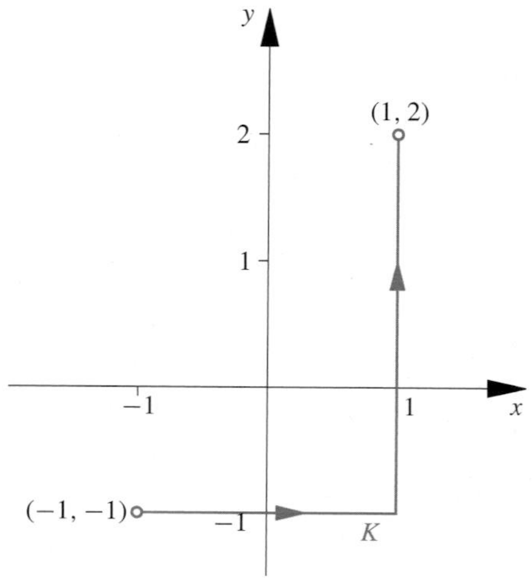

Abb. 27.33 Berechnen Sie $\int_K \{(2x_1x_2 + x_2^2)\mathrm{d}x_1 + (2x_1x_2 + x_1^2)\mathrm{d}x_2\}$ entlang dieser Kurve

Teil IV

27.7 •• K_1, K_2 sind die in Abb. 27.34 dargestellten Kurven im $\mathbb{R}^2$ mit Anfangspunkt $(-1, 0)$ und Endpunkt $(1, 1)$.

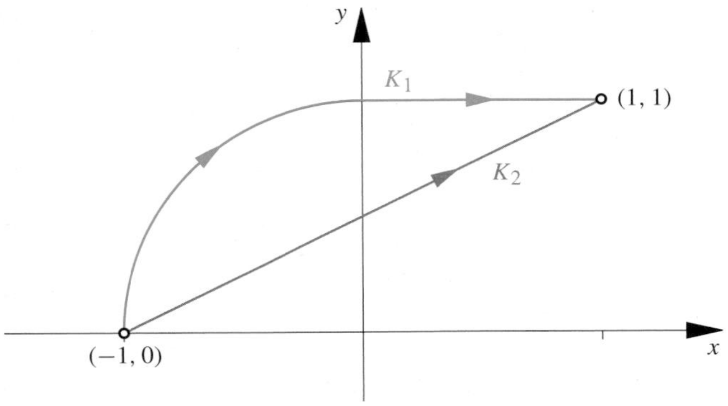

Abb. 27.34 Kurven K_1 und K_2

Für die Vektorfelder

- $\boldsymbol{v}(x, y) = (x, y)^{\mathrm{T}}$,
- $\boldsymbol{v}(x, y) = (-y, x)^{\mathrm{T}}$,
- $\boldsymbol{v}(x, y) = (\mathrm{e}^{\pi x}\cos(\pi y), -\mathrm{e}^{\pi x}\sin(\pi y))^{\mathrm{T}}$

berechne man die Integrale $\int_{K_i} \boldsymbol{v} \cdot \mathbf{d}\boldsymbol{s}$.

27.8 • Man untersuche, ob die folgenden Kurvenintegrale vom Weg unabhängig sind, und berechne das Integral für den Fall, dass die Kurve C die geradlinige Verbindungsstrecke von $\boldsymbol{a}$ nach $\boldsymbol{b}$ ist.

- $I_1 = \int\limits_C \{2x_1\,\mathrm{d}x_1 + x_3\,\mathrm{d}x_2 + (x_2 + x_4)\,\mathrm{d}x_3 + x_3\,\mathrm{d}x_4\}$,

  mit $\boldsymbol{a} = (0, 0, 0, 0)^{\mathrm{T}}$, $\boldsymbol{b} = (1, 1, 0, 1)^{\mathrm{T}}$
- $I_2 = \int\limits_C \{\pi x \mathrm{e}^{\pi w}\,\mathrm{d}w + \mathrm{e}^{\pi w}\,\mathrm{d}x + z^2\,\mathrm{d}y + 2yz\,\mathrm{d}z\}$

  mit $\boldsymbol{a} = (1, 1, 1, 1)^{\mathrm{T}}$ und $\boldsymbol{b} = (1, -1, 2, 0)^{\mathrm{T}}$

27.9 •• Man berechne das Kurvenintegral

$$L = \int\limits_C \{(x - 2y^2 z)\mathrm{d}x + (x^3 - z^2)\mathrm{d}y + (x^2 + y^2)\mathrm{d}z\},$$

wobei C die Schnittkurve der beiden Flächen $z^2 = x^2 + y^2$ und $z = \frac{8}{x^2+y^2}$ ist.

27.10 •• Man berechne das Kurvenintegral

$$K = \int\limits_{\partial B} (xy^2\,\mathrm{d}x + xy\,\mathrm{d}y),$$

wobei ∂B der positiv orientierte Rand jenes Bereiches B ist, der von

- $y = \sqrt{2x - x^2}$ für $0 \le x < 2$,
- $y = 0$ für $2 \le x \le 4$ und
- $y = \sqrt{4x - x^2}$ für $0 \le x \le 4$

begrenzt wird.

27.11 •• Wir betrachten den Bereich $S \subset \mathbb{R}^2$,

$$S = \{(x, y) \mid x \ge 0,\ 0 \le y \le x,\ 1 \le x^2 + y^2 \le 4\}$$

Über S ist durch $z(x, y) = x^2 + y^2$ explizit eine Fläche F gegeben. Skizzieren Sie die Menge S und berechnen Sie das Oberflächenintegral $I = \int_F G\,\mathrm{d}\sigma$ mit $G(x, y, z) = \arctan\frac{y}{x}$.

27.12 • Man berechne den Oberflächeninhalt der Fläche F mit Parametrisierung

$$\boldsymbol{x}(u, v) = \begin{pmatrix} \sin^2 u \cos v \\ \sin^2 u \sin v \\ \sin u \cos u \end{pmatrix} \qquad u \in [0, \pi],\ v \in [0, 2\pi].$$

27.13 •• Man berechne das Oberflächenintegral

$$I = \iint\limits_{\partial B} (x + z^2)\,\mathrm{d}y \wedge \mathrm{d}z + (z - y)\,\mathrm{d}z \wedge \mathrm{d}x + x^2 z\,\mathrm{d}x \wedge \mathrm{d}y,$$

wobei der Bereich B von den Flächen $x^2 + z^2 = 1$ und $x^2 + y^2 = 1$ begrenzt wird.

27.14 •• Durch $z(x, y) = y^2$ ist über der Menge

$$S = \{(x, y) \in \mathbb{R}^2 \mid 0 \le x \le 2,\ 0 \le y \le \sqrt{x}\}$$

eine Fläche F gegeben. Man berechne den Wert des Oberflächenintegrals $I = \int_F y\,\mathrm{d}\boldsymbol{\sigma}$.

27.15 •• Man berechne das Oberflächenintegral $\int_F G\,\mathrm{d}\sigma$ der Funktion

$$G(x, y, z) = \frac{yz}{\sqrt{1 + x}}$$

über der Fläche

$$F = \{(x, y, z) \in \mathbb{R}^3 \mid 0 \le x \le 2, 0 \le y \le 2\sqrt{x}, z = \sqrt{4x - y^2}\}.$$

27.16 •• Berechnen Sie für das Vektorfeld

$$\boldsymbol{V}(\boldsymbol{x}) = \begin{pmatrix} x^2 + \frac{\cosh y}{\cosh z} \\ y^2 + 2xz - x^2 \sin z \\ x^2 z^2 - \mathrm{e}^{\sin y} \end{pmatrix}$$

das Oberflächenintegral über die Oberfläche der oberen Halbkugel mit Mittelpunkt $(0, 0, 0)$, Radius 2 und nach außen orientiertem Normalvektor.

27.17 •• Man berechne den Fluss des Vektorfeldes

$$\boldsymbol{V} = \begin{pmatrix} x^3 + xy^2 \\ x^2 y + y^3 \\ x^2 y \end{pmatrix}$$

durch die Fläche

$$F:\ z = \sqrt{x^2 + y^2} < 2,$$

die so orientiert ist, dass die z-Komponente ihres Normalenvektors negativ ist.

Teil IV

27.18 •• Bestimmen Sie den Fluss des Vektorfeldes

$$\boldsymbol{V} = \left(x^3 y,\, x^2 y^2,\, x\right)^{\mathrm{T}}$$

durch die Fläche F, die durch

$$z = 2x^2 + 2y^2, \quad 2 \le z \le 8, \quad x \ge 0, \quad y \ge 0$$

gegeben und dabei so orientiert ist, dass die z-Komponente des Normalenvektors immer negativ ist.

27.19 •• Man berechne das Oberflächenintegral

$$I = \iint_{\partial B} \begin{pmatrix} x + \mathrm{e}^{(z^2)} \\ x^2 - y^2 + z^2 \\ 1 - xyz \end{pmatrix} \cdot \mathbf{d}\boldsymbol{\sigma} \,,$$

wobei B jener Bereich ist, der von den Flächen $z = \sqrt{x^2 + y^2}$ und $z = 2 - \sqrt{x^2 + y^2}$ eingeschlossen wird.

27.20 •• Bestimmen Sie das Linienelement $\mathbf{d}\boldsymbol{s}$, das Oberflächenelement $\mathbf{d}\boldsymbol{\sigma}$, das Volumenelement $\mathrm{d}\boldsymbol{x}$ sowie die Differenzialoperatoren **grad**, **rot**, div und Δ in polaren elliptische Koordinaten

$$\boldsymbol{x} = \begin{pmatrix} c\,\sinh\alpha\,\sin\beta\,\cos\varphi \\ c\,\sinh\alpha\,\sin\beta\,\sin\varphi \\ c\,\cosh\alpha\,\cos\beta \end{pmatrix}$$

mit $\alpha \in \mathbb{R}_{\ge 0}$, $0 \le \beta \le \pi$ und $-\pi < \varphi \le \pi$. Die Konstante $c > 0$ ist ein Maßstabsfaktor. (Vergleiche dazu auch Aufgabe 27.14.)

27.21 •• Bestimmen Sie den Fluss von

$$\boldsymbol{V}(x, y, z) = \frac{1}{\sqrt{x^2 + y^2}} \begin{pmatrix} x^3 - y^3 \\ x^2 y + x y^2 \\ x^2 + y^2 \end{pmatrix}$$

durch die nach außen orientierte Oberfläche des Zylinders $x^2 + y^2 = \frac{9}{4}$, $-\frac{1}{2} \le z \le \frac{1}{2}$. Bestimmen Sie zudem die Kurvenintegrale

$$\oint_{C_{z_0}} \boldsymbol{V} \cdot \mathbf{d}\boldsymbol{s} \,,$$

wobei C_{z_0} die Kreise $x^2 + y^2 = \frac{9}{4}$, $z = z_0$ sind, die so durchlaufen werden, dass im Punkt $(\frac{3}{2}, 0, z_0)$ die y-Komponente des Tangentenvektors positiv ist, $\dot{y} > 0$.

27.22 •• Bestimmen Sie die Komponenten des Vektorfeldes

$$\boldsymbol{V}(\boldsymbol{x}) = \begin{pmatrix} \frac{x^2+y^2}{\sqrt{x^2+y^2+z^2}} \\ 0 \\ \frac{xz}{\sqrt{x^2+y^2+z^2}} \end{pmatrix}$$

bei Darstellung in Kugelkoordinaten, d.h. V_r, V_ϑ und V_φ für

$$\boldsymbol{V} = V_r\,\boldsymbol{e}_r + V_\vartheta\,\boldsymbol{e}_\vartheta + V_\varphi\,\boldsymbol{e}_\varphi \,.$$

Bestimmen Sie für das Vektorfeld $\boldsymbol{V}$ den Fluss

$$\oint_{\mathcal{K}} \boldsymbol{V} \cdot \mathbf{d}\boldsymbol{\sigma} \,,$$

wobei $\mathcal{K}$ die nach außen orientierte Kugeloberfläche $x^2 + y^2 + z^2 = 9$ ist.

Anwendungsprobleme

27.23 ••• Ein *Dipol* sind zwei in festem Abstand $2a$ zueinander gehaltene gegengleiche (d. h. betragsmäßig gleiche, entgegengesetzte) Ladungen $\pm q$.

Bestimmen Sie jeweils die auf einen Dipol wirkende Kraft $\boldsymbol{F}$ und Drehmoment $\boldsymbol{T} = \sum_i (\boldsymbol{x} - \tilde{\boldsymbol{x}}) \times \boldsymbol{F}_i$ (mit Bezugspunkt $\tilde{\boldsymbol{x}}$) in einem

- homogenen elektrischen Feld $\boldsymbol{E}(\boldsymbol{x}) = E_0\,\boldsymbol{e}_3$,
- radialen elektrischen Feld

$$\boldsymbol{E}(\boldsymbol{x}) = \frac{1}{4\pi\,\varepsilon_0}\,\frac{Q}{r^2}\,\boldsymbol{e}_r$$

mit $Q \gg q$.

Bestimmen Sie im zweiten Fall Näherungsausdrücke für $a \ll \|\tilde{\boldsymbol{x}}\|$. Diskutieren Sie das Verhalten eines drehbaren, beweglichen Dipols in den angegebenen Feldern. (Hinweis: als Bezugspunkt $\tilde{\boldsymbol{x}}$ für die Bestimmung des Drehmoments wählen Sie günstigerweise den Mittelpunkt der Verbindungslinie der beiden Ladungen.)

27.24 •• Wir haben auf S. 1009 die potenzielle Energie eines in Form einer Kettenlinie gebogenen Drahtes bestimmt. Vergleichen Sie das Ergebnis mit der Energie für einen Draht der gleichen Länge, der an den gleichen Punkten befestigt ist, nun aber die Form

- eines „V"s (stückweise gerade) oder
- einer nach oben offenen Parabel

hat. (Hinweis: Im Fall der Parabel erhält man eine transzendente Gleichung, die sich nur näherungsweise lösen lässt.)

27.25 •• Das Strömungsfeld in einem Fluid mit zwei entgegengesetzten Linienwirbel ist durch

$$\boldsymbol{v}(\boldsymbol{x}) = \begin{pmatrix} \frac{x_2}{(x_1+a)^2+x_2^2} - \frac{x_2}{(x_1-a)^2+x_2^2} \\ \frac{x_1-a}{(x_1-a)^2+x_2^2} - \frac{x_1+a}{(x_1+a)^2+x_2^2} \end{pmatrix}$$

gegeben.

Wo liegen die Wirbel? Bestimmen Sie die Arbeit, die bei Umlauf der folgenden positiv orientierten Kreise gewonnen wird:

$$\begin{aligned} C_1: &\quad (x_1-a)^2+x_2^2=a^2 \\ C_2: &\quad (x_1+a)^2+x_2^2=a^2 \\ C_3: &\quad x_1^2+x_2^2=\frac{1}{4}a^2 \\ C_4: &\quad x_1^2+x_2^2=4a^2 \end{aligned}$$

27.26 •••

- Bestimmen Sie die Gravitationskraft, die eine Kugelschale mit homogener Dichte ρ auf eine Probemasse m (a) außerhalb, (b) innerhalb der Kugelschale ausübt.
- Durch die (als homogen und kugelförmig angenommene) Erde wird ein Tunnel vom Nord- zum Südpol gegraben. Beschreiben Sie den (reibungsfreien) Fall eines Körpers durch diesen Tunnel mit einer geeigneten Differenzialgleichung. Lösen Sie diese Gleichung für einen am Nordpol mit Anfangsgeschwindigkeit $v_0 = 0$ losgelassenen Körper.

Antworten zu den Selbstfragen

Antwort 1 Aus

$$\frac{\partial}{\partial x_i} r = \frac{\partial}{\partial x_i} \sqrt{x_1^2 + x_2^2 + x_3^2} = \frac{x_i}{\sqrt{x_1^2 + x_2^2 + x_3^2}}$$

erhält man

$$\begin{aligned} \nabla r &= \frac{1}{\sqrt{x_1^2 + x_2^2 + x_3^2}} \begin{pmatrix} x_1 \\ x_2 \\ x_3 \end{pmatrix} \\ &= \frac{1}{r} \begin{pmatrix} r \sin\vartheta \cos\varphi \\ r \sin\vartheta \sin\varphi \\ r \cos\vartheta \end{pmatrix} \\ &= \begin{pmatrix} \sin\vartheta \cos\varphi \\ \sin\vartheta \sin\varphi \\ \cos\vartheta \end{pmatrix} = \boldsymbol{e}_r \,. \end{aligned}$$

Antwort 2 Ja, da die Vorschrift zur Bildung der Rotation nur Elemente der Form $\frac{\partial v_i}{\partial x_j}$ enthält, die auch alle in der Ableitung vorkommen.

Die Ableitung enthält wesentlich mehr Informationen als die Rotation; in der Rotation sind allerdings die Aussagen über die Wirbelstruktur des Vektorfeldes „komprimiert", während sie aus den neun Komponenten der Ableitung erst mühsam herausgesucht werden müssten.

Antwort 3 Wir erhalten in drei Dimensionen

$$\operatorname{div} \boldsymbol{x} = \frac{\partial}{\partial x_1} x_1 + \frac{\partial}{\partial x_2} x_2 + \frac{\partial}{\partial x_3} x_3 = 3 \,,$$

allgemein gilt in n Dimensionen $\operatorname{div} \boldsymbol{x} = n$.

Antwort 4 Die Divergenz führt Vektor- in Skalarfelder über, $\operatorname{div} \boldsymbol{A}$ ist also bereits ein Skalarfeld, von dem keine Divergenz oder Rotation mehr gebildet werden kann – sehr wohl hingegen ein Gradient.

Antwort 5

$$\begin{aligned} \operatorname{div} \mathbf{rot}\, \boldsymbol{v} &= \operatorname{div} \begin{pmatrix} \frac{\partial v_3}{\partial x_2} - \frac{\partial v_2}{\partial x_3} \\ \frac{\partial v_1}{\partial x_3} - \frac{\partial v_3}{\partial x_1} \\ \frac{\partial v_2}{\partial x_1} - \frac{\partial v_1}{\partial x_2} \end{pmatrix} \\ &= \frac{\partial^2 v_3}{\partial x_1\, \partial x_2} - \frac{\partial^2 v_2}{\partial x_1\, \partial x_3} + \frac{\partial^2 v_1}{\partial x_2\, \partial x_3} \\ &\quad - \frac{\partial^2 v_3}{\partial x_2\, \partial x_1} + \frac{\partial^2 v_2}{\partial x_3\, \partial x_1} - \frac{\partial^2 v_1}{\partial x_3\, \partial x_2} \\ &= 0 \end{aligned}$$

Antwort 6 Ja. Beispielsweise hat jedes konstante Vektorfeld verschwindende Divergenz und Rotation.

Antwort 7 Ja. Man kann ja aus der Definitionsmenge eines völlig gutartigen Feldes, etwa $\boldsymbol{v}$ mit $\boldsymbol{v}(\boldsymbol{x}) = (x_1, x_2)^{\mathrm{T}}$, willkürlich Punkte ausnehmen. Die Eigenschaft, ein Gradientenfeld zu sein, bleibt dabei erhalten. Eine „Garantie" für die Gradientenfeldeigenschaft erhält man allerdings nur in einem einfach zusammenhängenden Gebiet.

Antwort 8 Der Rand einer Kurve sind nur zwei Punkte – Anfangs- und Endpunkt. Ist die Kurve geschlossen, ist der Rand die leere Menge.

Antwort 9 Der Satz von Gauß liefert für den von F eingeschlossenen Bereich B

$$\oint_F \mathbf{rot}\, \boldsymbol{v} \cdot \mathbf{d}\boldsymbol{\sigma} = \iiint_B \operatorname{div} \mathbf{rot}\, \boldsymbol{v}\, \mathrm{d}\boldsymbol{x} = 0 \,,$$

weil $\operatorname{div} \mathbf{rot}\, \boldsymbol{v} = 0$ ist – unter der Voraussetzung, dass $\boldsymbol{v}$ in B zweimal stetig differenzierbar ist.

Teil IV

Differenzialgleichungssysteme – ein allgemeiner Zugang zu Differenzialgleichungen 28

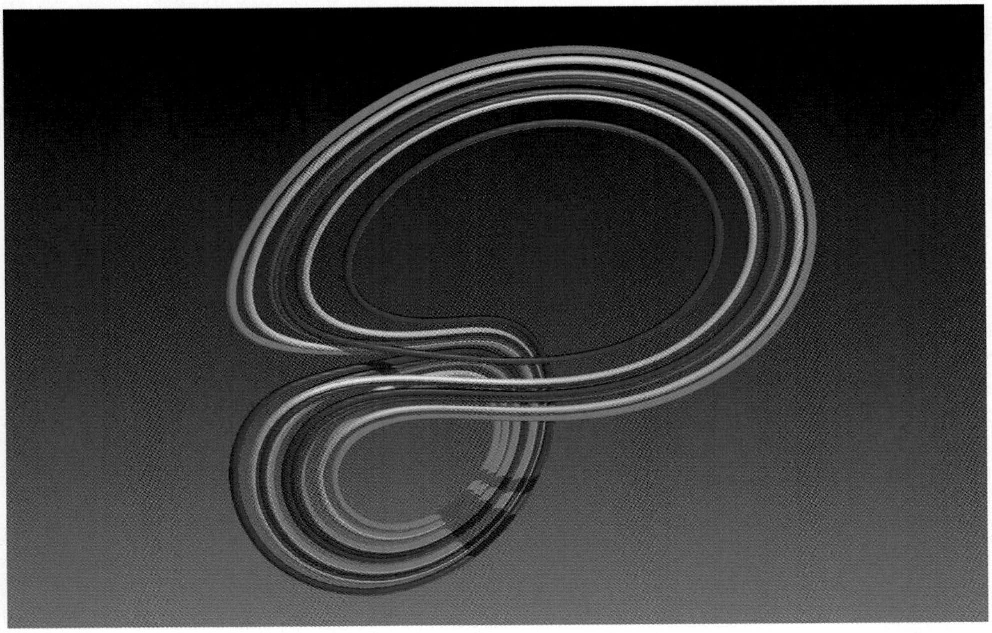

Wieso reicht es aus, Systeme erster Ordnung zu betrachten?

Was versteht man unter Stabilität?

Was ist die Methode der finiten Elemente?

Teil IV

Ergänzende Information Die elektronische Version dieses Kapitels enthält Zusatzmaterial, auf das über folgenden Link zugegriffen werden kann https://doi.org/10.1007/978-3-662-64389-1_28.

T. Arens et al., *Mathematik*, https://doi.org/10.1007/978-3-662-64389-1_28

Im Kap. 13 haben wir uns ausführlich mit rechnerischen Verfahren beschäftigt, um Lösungen von Differenzialgleichungen zu bestimmen. Dabei haben wir jedoch nur angenommen, dass solche Lösungen tatsächlich existieren, dies jedoch niemals bewiesen. Auch die Frage, ob wir wirklich alle Lösungen einer Differenzialgleichung gefunden haben, musste unbeantwortet bleiben.

Mit dem Satz von Picard-Lindelöf können wir nun die Begründung nachreichen, und wir werden das gleich für Systeme von Differenzialgleichungen tun können. Um diesen Satz und zahlreiche andere Aspekte aus der Theorie der Differenzialgleichungen angehen zu können, werden wir starken Gebrauch von Ergebnissen aus der mehrdimensionalen Analysis, aber auch aus der linearen Algebra machen. In diesem Kapitel kommen diese beiden unterschiedlichen Bereiche der Mathematik erstmals gemeinsam zum Zuge.

Ein wichtiges Phänomen, das im Zusammenhang mit Differenzialgleichungen eine Rolle spielt, ist die Stabilität: Wie wirken sich kleine Veränderungen in den Anfangsbedingungen auf die Lösung aus? Dies ist zum einen von Interesse, um das Verhalten komplizierter nicht-linearer Systeme qualitativ zu verstehen, zum anderen ist es bei numerischen Verfahren essenziell. Bei einem instabilen Verfahren hat die berechnete Näherung nichts mit der tatsächlichen Lösung zu tun.

Statt der bisher vor allem betrachteten Anfangswertprobleme können für Differenzialgleichungen ab der 2. Ordnung auch Randwertprobleme betrachtet werden. Viele klassische Probleme aus der mathematischen Physik, etwa die schwingende Saite, lassen sich als ein solches Problem beschreiben. Randwertprobleme bringen ganz eigene Schwierigkeiten mit sich, ihre Theorie ist komplizierter als die der Anfangswertprobleme. Wir werden sie hier nur anreißen und einen Ausblick auf die wichtigsten Verfahren zu ihrer Lösung geben können.

28.1 Definition und qualitatives Lösungsverhalten

Systeme von Differenzialgleichungen sind keineswegs künstliche mathematische Konstrukte, sondern treten ganz natürlich bei der Untersuchung von naturwissenschaftlichen Phänomenen auf. Um uns zu orientieren, wollen wir als ein erstes Beispiel ein klassisches Problem der Physik vorstellen, die Beschreibung der Bahnen der Planeten des Sonnensystems.

Anwendungsbeispiel Das Newton'sche Gravitationsgesetz besagt, dass die Gravitationskraft $\boldsymbol{F}$, die eine Punktmasse m_1 auf eine Punktmasse m_2 ausübt, durch die Formel

$$\boldsymbol{F} = -G\,\frac{m_1\,m_2}{\|\boldsymbol{x}\|^3}\,\boldsymbol{x}$$

gegeben ist. Hierbei ist G die Gravitationskonstante und $\boldsymbol{x}$ der Vektor, der von der Punktmasse m_1 zur Masse m_2 weist.

Wählt man das Koordinatensystem so, dass sich die Punktmasse m_1 immer im Ursprung befindet und die Masse m_2 zum Zeitpunkt t am Ort $\boldsymbol{x}(t)$, so ist der Beschleunigungsvektor durch die zweite Ableitung $\boldsymbol{x}''$ gegeben. Da eine Kraft gleich dem Produkt von Masse und Beschleunigung ist, gilt die Beziehung

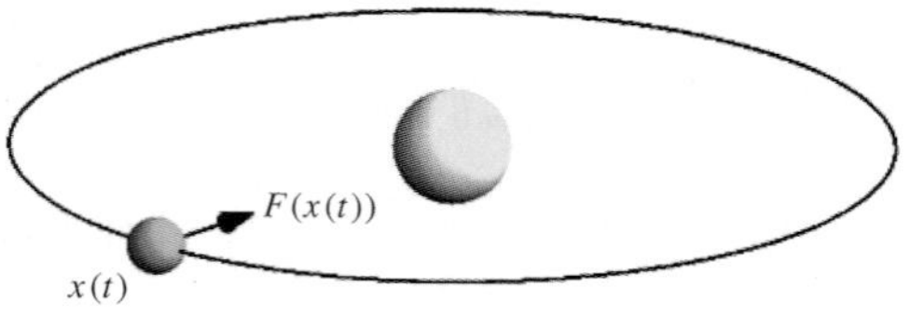

Abb. 28.1 Die Bahn eines Planeten um die Sonne ergibt sich als Lösung eines Differenzialgleichungssystems mit 3 Gleichungen und 3 Unbekannten

$$\boldsymbol{x}''(t) = -\frac{G\,m_1}{\|\boldsymbol{x}(t)\|^3}\,\boldsymbol{x}(t)$$

für alle Zeitpunkte t.

Weil die Planeten des Sonnensystems nahezu punktsymmetrische Masseverteilungen besitzen, kann diese Gleichung gut benutzt werden, um deren Bewegungen zu beschreiben. Dabei muss man m_1 durch die Masse der Sonne ersetzen. Es wird dabei der Einfluss, den die anderen Planeten auf die Bahn der Erde ausüben, vernachlässigt. In der Praxis werden verschiedene Approximationstechniken eingesetzt, um solche Bahnstörungen zu berücksichtigen.

Ausgeschrieben handelt es sich bei der Gleichung oben um ein System von Differenzialgleichungen für drei Unbekannte, nämlich die drei Komponenten der Kurve $\boldsymbol{x}$:

$$\begin{aligned}
x_1''(t) &= -\frac{G\,m_1}{\left((x_1(t))^2 + (x_2(t))^2 + (x_3(t))^2\right)^{3/2}}\,x_1(t)\\
x_2''(t) &= -\frac{G\,m_1}{\left((x_1(t))^2 + (x_2(t))^2 + (x_3(t))^2\right)^{3/2}}\,x_2(t)\\
x_3''(t) &= -\frac{G\,m_1}{\left((x_1(t))^2 + (x_2(t))^2 + (x_3(t))^2\right)^{3/2}}\,x_3(t)
\end{aligned}$$

Die Lösung für Anfangswerte $\boldsymbol{x}(t_0) = \boldsymbol{x}_0$ und $\boldsymbol{x}'(t_0) = \boldsymbol{v}_0$ ist eine Näherung der Bahn eines Planeten im Sonnensystem. Bei den Lösungskurven handelt es sich um Kegelschnitte (siehe Kap. 21) mit dem Ursprung als Brennpunkt. ◀

Mit unseren Kenntnissen über Funktionen im Mehrdimensionalen ist es uns möglich, dieses System von Differenzialgleichungen in Vektorschreibweise sehr kompakt zu formulieren. Dafür definieren wir die vektorwertige Funktion $\boldsymbol{F}$ durch

$$\boldsymbol{F}(\boldsymbol{x}) = -\frac{G\,m_1}{\|\boldsymbol{x}\|^3}\,\boldsymbol{x}.$$

Dann lautet das System

$$\boldsymbol{x}''(t) = \boldsymbol{F}(\boldsymbol{x}(t))$$

für t aus einem geeigneten Intervall.

Dies ist eine relativ einfache Situation. Bei den Differenzialgleichungen, die wir in Kap. 13 kennengelernt haben, konnte die Funktion $\boldsymbol{F}$ auch explizit von t und auch von der Ableitung $\boldsymbol{x}'$ abhängen. Genau dies wollen wir auch in der allgemeinen Definition eines *Differenzialgleichungssystems* zulassen. Hierbei kehren wir wieder zu unserer alten Konvention zurück und nennen die unbekannte Funktion $\boldsymbol{y}$, die Variable aber x.

Definition eines Differenzialgleichungssystems

Unter einem **Differenzialgleichungssystem n-ter Ordnung** mit m Gleichungen auf einem Intervall $I \subseteq \mathbb{R}$ ($n,m \in \mathbb{N}$) versteht man eine Gleichung der Form

$$\boldsymbol{y}^{(n)}(x) = \boldsymbol{F}(x, \boldsymbol{y}(x), \boldsymbol{y}'(x), \dots, \boldsymbol{y}^{(n-1)}(x))$$

für alle $x \in I$. Hierbei ist $\boldsymbol{F}\colon I \times \mathbb{C}^{m\times n} \to \mathbb{C}^m$ gegeben und die Funktion $\boldsymbol{y}\colon I \to \mathbb{C}^m$ gesucht.

Jede Differenzialgleichung n-ter Ordnung lässt sich als System erster Ordnung formulieren

Wir können uns bei unseren Betrachtungen auf Differenzialgleichungssysteme erster Ordnung beschränken. Dazu ist lediglich ein geschicktes Einführen von neuen Unbekannten notwendig. Sehen wir uns zunächst ein einfaches Beispiel an.

Beispiel Gegeben ist die lineare Differenzialgleichung dritter Ordnung mit konstanten Koeffizienten

$$y'''(x) + 2y''(x) - y'(x) - 2y(x) = \sin(x), \quad x \in I.$$

Wir führen eine vektorwertige Funktion $\boldsymbol{u}\colon I \to \mathbb{C}^3$ ein, indem wir setzen

$$u_1(x) = y(x), \quad u_2(x) = y'(x), \quad u_3(x) = y''(x).$$

Damit gelten zwei Differenzialgleichungen für die Komponenten von $\boldsymbol{u}$, nämlich

$$u_1'(x) = u_2(x) \quad \text{und} \quad u_2'(x) = u_3(x).$$

Außerdem können die Komponenten von $\boldsymbol{u}$ in die ursprüngliche Differenzialgleichung eingesetzt werden. Man erhält

$$u_3'(x) = 2u_1(x) + u_2(x) - 2u_3(x) + \sin(x).$$

Diese drei Gleichungen lassen sich mithilfe einer Matrix auch sehr kompakt als System erster Ordnung notieren,

$$\boldsymbol{u}'(x) = \begin{pmatrix} 0 & 1 & 0 \\ 0 & 0 & 1 \\ 2 & 1 & -2 \end{pmatrix} \boldsymbol{u}(x) + \begin{pmatrix} 0 \\ 0 \\ \sin(x) \end{pmatrix}, \quad x \in I.$$

Umgekehrt ist die erste Komponente der Lösung $\boldsymbol{u}$ dieses Systems eine Lösung $y = u_1$ der ursprünglichen Differenzialgleichung. ◀

Dieses Vorgehen kann ganz allgemein auf beliebige Systeme von Differenzialgleichungen angewandt werden. Hat man ein System n-ter Ordnung vorliegen, müssen alle Ableitungen bis zur Ordnung $n-1$ durch neue Funktionen substituiert werden. Die dabei bestehenden Zusammenhänge zwischen Ableitungen und Stammfunktionen bilden einen großen Teil des neuen Systems. Den Rest erhält man durch Einsetzen der neuen Funktionen in die Gleichungen des ursprünglichen Systems.

Betrachten wir zum Beispiel ein nicht-lineares System 2. Ordnung

$$\begin{aligned} u'' &= (u')^2 - v'\,u + v^3, \\ v'' &= \left[(v')^2 + (u'u)^2\right]^{1/2}. \end{aligned}$$

Hier setzt man $w_1 = u$, $w_2 = v$ sowie $w_3 = u'$, $w_4 = v'$. Damit gelten die Zusammenhänge

$$w_1' = w_3 \quad \text{und} \quad w_2' = w_4.$$

Einsetzen in das ursprüngliche System ergibt zwei weitere Gleichungen

$$\begin{aligned} w_3' &= w_3^2 - w_1\,w_4 + w_2^3, \\ w_4' &= \left[w_4^2 + (w_1 w_3)^2\right]^{1/2}. \end{aligned}$$

Insgesamt haben wir ein Gleichungssystem 1. Ordnung mit 4 Gleichungen erhalten.

Selbstfrage 1

Formulieren Sie die Differenzialgleichung

$$u''(t) - \sin(t)\,(u'(t))^2\,u(t) = \cosh(t) - (u(t))^2$$

als ein System erster Ordnung.

Phasendiagramme autonomer Systeme ermöglichen ein qualitatives Verständnis des Lösungsverhaltens

Nicht immer sind wir in der Lage, eine Formel für die Lösung eines Differenzialgleichungssystems zu bestimmen. In diesen Fällen können qualitative Analysen ein Verständnis für die Eigenschaften der Lösungen ermöglichen. Wir wollen in diesem Abschnitt einen besonderen Fall von Systemen besprechen, die *autonomen Systeme*, bei denen ein sogenanntes *Phasendiagramm* dies erlaubt. Dabei wollen wir uns grundsätzlich auf Systeme erster Ordnung mit zwei Gleichungen beschränken, da bei diesen die grafische Darstellung einfach möglich ist. Die Ergebnisse lassen sich jedoch auch auf Systeme mit mehr Gleichungen übertragen.

Wir beginnen mit einem sehr einfachen System,

$$x'(t) = \begin{pmatrix} -1 & 1 \\ -1 & -1 \end{pmatrix} x(t),$$

für $t \in \mathbb{R}$. Mit Lösungsmethoden für ein solches System wollen wir uns im Abschn. 28.4 auseinandersetzen. Um unsere Aussagen zu illustrieren, geben wir aber die allgemeine reelle Lösung des Systems an,

$$x(t) = A \begin{pmatrix} \sin(t) \\ \cos(t) \end{pmatrix} \exp(-t) + B \begin{pmatrix} \cos(t) \\ -\sin(t) \end{pmatrix} \exp(-t),$$

für $t \in \mathbb{R}$ mit Koeffizienten $A, B \in \mathbb{R}$.

Für dieses Beispiel haben wir bewusst den Buchstaben t für das Argument der Funktionen gewählt, der an die Zeit erinnern soll. Ein punktförmiges Objekt bewegt sich in der Zeit in der Ebene, zum Zeitpunkt t befindet es sich im Punkt $x(t)$ und hat den Geschwindigkeitsvektor $x'(t)$. Die Kurve $t \mapsto x(t)$ wird auch als **Trajektorie** bezeichnet.

Eine besondere Bedeutung spielt ein Punkt x mit

$$x'(t) = \begin{pmatrix} -1 & 1 \\ -1 & -1 \end{pmatrix} x = \mathbf{0}.$$

Der Ursprung ist die einzige Lösung dieses Gleichungssystems. Gilt $x(t_0) = \mathbf{0}$ für irgendein t_0 aus $\mathbb{R}$, so folgt $x'(t_0) = \mathbf{0}$. Das Objekt bewegt sich also nicht und verharrt daher für alle Zeiten im Ursprung. Man spricht davon, dass sich das System in einem Gleichgewichtszustand befindet. Allgemein nennt man einen Punkt mit $x'(t) = \mathbf{0}$ einen **kritischen Punkt** eines Differenzialgleichungssystems.

In dieser Argumentation haben wir strenggenommen einen Eindeutigkeitssatz für das Differenzialgleichungssystem angewandt: Die Lösung $x(t) = \mathbf{0}$ ist die einzige Lösung des Systems mit Anfangswerten $x(t_0) = \mathbf{0}$. Die genaue Argumentation werden wir im Abschn. 28.2 mit dem Satz von Picard-Lindelöf nachreichen.

Wir können nun die möglichen Trajektorien des Systems – für jede Kombination von Koeffizienten A, B erhalten wir eine davon – in der Ebene grafisch darstellen. Eine solche Abbildung wird als **Phasendiagramm** bezeichnet. Für das obige System ist das Phasendiagramm in der Abb. 28.2 dargestellt. Man erkennt, dass der kritische Punkt $(0, 0)^T$ eine besondere geometrische Bedeutung erhält. Die Trajektorien laufen als Spiralen auf diesen Punkt zu, daher spricht man auch von einem **Spiralpunkt**.

Eine weitere wichtige Eigenschaft ist, dass die Trajektorien sich dem kritischen Punkt annähern. Da dieses Verhalten für die Eigenschaften des zugrunde liegenden physikalischen Systems entscheidend ist, wollen wir ihm einen Namen geben. Ein kritischer Punkt z wird **stabil** genannt, falls es ein $\delta > 0$ gibt, sodass für jede Trajektorie x mit

$$\|x(t_0) - z\| < \delta$$

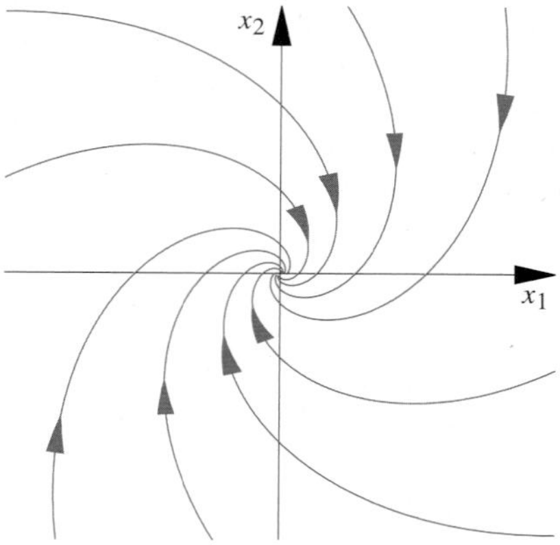

Abb. 28.2 Trajektorien eines Systems, die spiralförmig auf den kritischen Punkt zulaufen. Man spricht von einem Spiralpunkt

für irgendein t_0 folgt, dass

$$\|x(t) - z\| < \delta \quad \text{für alle} \quad t \geq t_0$$

gilt. Hat sich eine Trajektorie also einmal einem stabilen kritischen Punkt bis auf δ angenähert, so kann sie sich niemals wieder weiter davon entfernen.

Offensichtlich erfüllt der Spiralpunkt aus dem Beispiel diese Eigenschaft, die Trajektorien *konvergieren* sogar gegen den kritischen Punkt. Mathematisch formuliert lautet diese Eigenschaft: Es gibt ein $\delta > 0$, sodass für jede Trajektorie x mit

$$\|x(t_0) - z\| < \delta$$

für irgendein t_0 folgt, dass

$$\lim_{t \to \infty} x(t) = z.$$

Einen kritischen Punkt mit dieser Eigenschaft nennen wir **asymptotisch stabil**.

Selbstfrage 2

Ein Differenzialgleichungssystem besitzt die Trajektorien

$$x(t) = A \begin{pmatrix} \cos(t) \\ \sin(t) \end{pmatrix} + B \begin{pmatrix} -\sin(t) \\ \cos(t) \end{pmatrix} \qquad t \in \mathbb{R},$$

mit $A, B \in \mathbb{R}$. Ist der Punkt $z = \mathbf{0}$ stabil oder sogar asymptotisch stabil?

Die Übersicht auf S. 1043 listet alle möglichen Fälle für kritische Punkte bei einem Differenzialgleichungssystem der Form

$$x'(t) = A\, x(t)$$

Teil IV

Übersicht: Kritische Punkte bei einem linearen Differenzialgleichungssystem

Der Typ des kritischen Punktes eines linearen Differenzialgleichungssystems $\boldsymbol{x}'(t) = \boldsymbol{A}\,\boldsymbol{x}(t)$ mit einer reellen 2×2-Matrix $\boldsymbol{A}$ hängt von den Eigenwerten λ_1, λ_2 dieser Matrix ab. Unten sind alle möglichen Fälle zusammengestellt, bei denen keiner der Eigenwerte null ist.

Uneigentlicher Knoten (1. Fall)

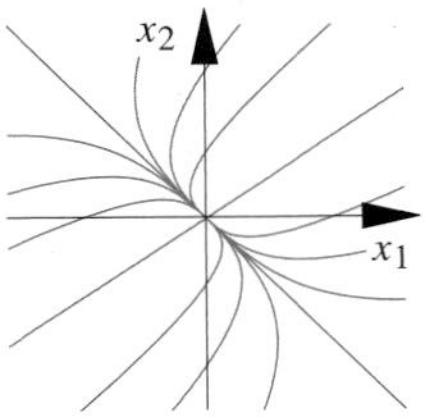

Beispielsystem:

$$\boldsymbol{x}'(t) = -\frac{1}{5}\begin{pmatrix} 11 & 6 \\ 4 & 9 \end{pmatrix} \boldsymbol{x}(t)$$

- Eigenwerte $\lambda_1, \lambda_2 \in \mathbb{R}$, $\lambda_1 \neq \lambda_2$, gleiche Vorzeichen.
- Trajektorien nähern sich dem Ursprung asymptotisch in der Richtung des Eigenvektors zum betragskleineren Eigenwert.
- Negative Vorzeichen: asymptotisch stabil, positive Vorzeichen: instabil.

Uneigentlicher Knoten (2. Fall)

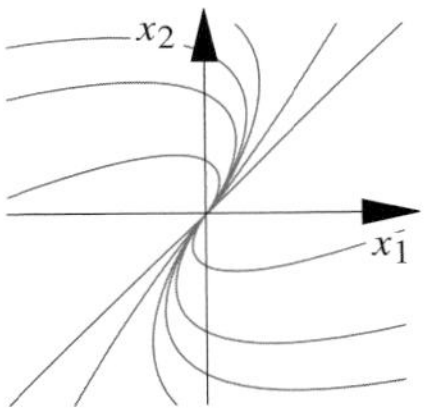

Beispielsystem:

$$\boldsymbol{x}'(t) = \frac{1}{6}\begin{pmatrix} -8 & -1 \\ 4 & -4 \end{pmatrix} \boldsymbol{x}(t)$$

- Zweifacher reeller Eigenwert.
- Eigenraum hat Dimension 1.
- Negatives Vorzeichen: asymptotisch stabil, positives Vorzeichen: instabil.

Eigentlicher Knoten

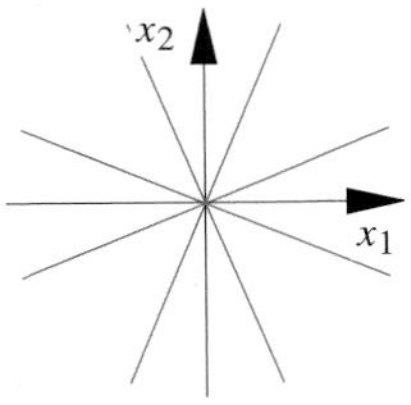

Beispielsystem:

$$\boldsymbol{x}'(t) = \begin{pmatrix} -1 & 0 \\ 0 & -1 \end{pmatrix} \boldsymbol{x}(t)$$

- Zweifacher reeller Eigenwert.
- Eigenraum hat Dimension 2.
- Trajektorien sind Halbgeraden.
- Negatives Vorzeichen: asymptotisch stabil, positives Vorzeichen: instabil.

Sattelpunkt

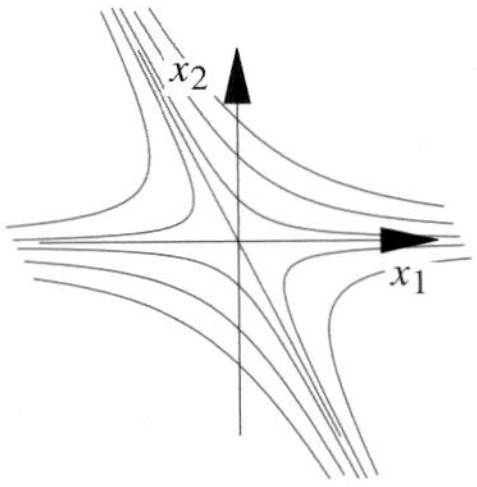

Beispielsystem:

$$\boldsymbol{x}'(t) = \begin{pmatrix} 1 & 0 \\ -2 & -1 \end{pmatrix} \boldsymbol{x}(t)$$

- Eigenwerte $\lambda_1, \lambda_2 \in \mathbb{R}$, $\lambda_1 < 0 < \lambda_2$.
- Trajektorien nähern sich asymptotisch den Richtungen der Eigenvektoren.
- Instabil.

Spiralpunkt

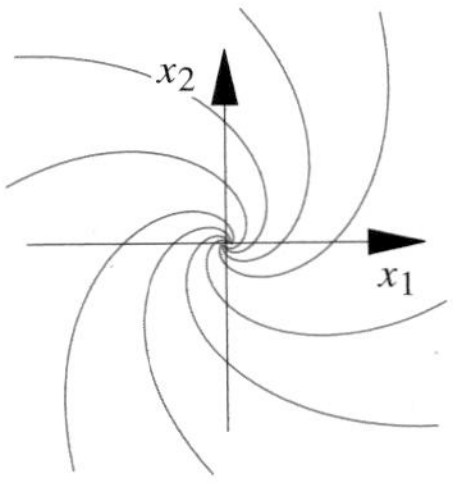

Beispielsystem:

$$\boldsymbol{x}'(t) = \begin{pmatrix} -1 & 1 \\ -1 & -1 \end{pmatrix} \boldsymbol{x}(t)$$

- Konjugiert komplexe Eigenwerte $\lambda_1 = \xi + \mathrm{i}\eta$, $\lambda_2 = \xi - \mathrm{i}\eta$ mit $\eta > 0$
- Trajektorien sind Spiralen.
- ξ negativ: asymptotisch stabil, ξ positiv: instabil.

Zentrum

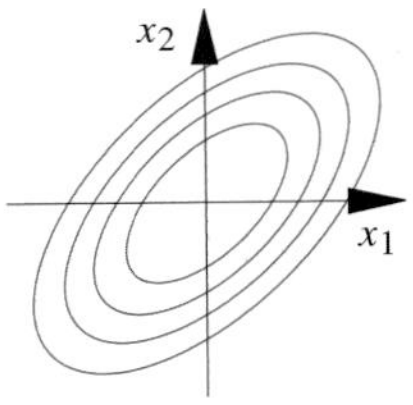

Beispielsystem:

$$\boldsymbol{x}'(t) = \frac{1}{4}\begin{pmatrix} 3 & -5 \\ 5 & -3 \end{pmatrix} \boldsymbol{x}(t)$$

- Konjugiert komplexe Eigenwerte $\lambda_1 = \mathrm{i}\eta$, $\lambda_2 = -\mathrm{i}\eta$.
- Trajektorien sind Ellipsen.
- Stabil.

mit einer reellen 2×2 Matrix $\boldsymbol{A}$ auf. Man spricht von einem *linearen Differenzialgleichungssystem.* Die verschiedenen Typen von kritischen Punkten hängen dabei mit den Eigenwerten der Matrix zusammen, da jedem Eigenwert eine Lösung des Systems entspricht. Die genaue Struktur der Lösungsmenge eines solchen Systems werden wir im Abschn. 28.4 angeben.

Diese Betrachtungen für lineare Differenzialgleichungssysteme lassen sich im Wesentlichen auf eine allgemeinere Klasse von Systemen verallgemeinern, den *autonomen Systemen.* Wir nennen ein Differenzialgleichungssystem der Form

$$\boldsymbol{x}'(t) = \boldsymbol{F}(\boldsymbol{x}(t))$$

autonom. Die Funktion auf der rechten Seite hängt hier also explizit nur von der gesuchten Funktion $\boldsymbol{x}$ ab, nicht aber zusätzlich von der Variable t. Bei einem autonomen System ist das Verhalten somit nicht davon abhängig, zu welchem Zeitpunkt das System betrachtet wird. Das System ist invariant gegenüber Translationen in der Zeit.

Auch hier sind kritische Punkte als diejenigen Stellen benannt, an denen die rechte Seite verschwindet. Es gilt dort also

$$\boldsymbol{F}(\boldsymbol{x}(t)) = \boldsymbol{0}.$$

Die Beschreibung der Trajektorien bei einem solchen System ist im Allgemeinen nicht mehr explizit möglich, wie noch bei einem linearen System. Aber wir können davon ausgehen, dass in Umgebungen von kritischen Punkten dasselbe qualitative Verhalten auftritt, wie im linearen Fall. Die Argumentation dafür liefert der Satz von Taylor in mehreren Dimensionen (siehe Abschn. 24.3). Wir betrachten die Linearisierung von $\boldsymbol{F}$ bezüglich $\boldsymbol{x}$ im kritischen Punkt z, also mit $\boldsymbol{F}(z) = \boldsymbol{0}$,

$$\begin{aligned}\boldsymbol{F}(\boldsymbol{x}) &= \boldsymbol{F}(z) + \boldsymbol{F}'(z)\,(\boldsymbol{x} - z) + \mathrm{O}(\|\boldsymbol{x} - z\|^2)\\ &= \boldsymbol{F}'(z)\,(\boldsymbol{x} - z) + \mathrm{O}(\|\boldsymbol{x} - z\|^2).\end{aligned}$$

Der Summand $\boldsymbol{F}'(z)\,(\boldsymbol{x} - z)$ entspricht dem Ausdruck in einem linearen System. Befinden wir uns in einer kleinen Umgebung von z, so sind die Terme höherer Ordnung betragsmäßig viel kleiner als die linearen Terme. Daher erwarten wir qualitativ dasselbe Verhalten wie im linearen Fall. Allerdings sind zwei Einschränkungen zu beachten:

- Durch Approximation der Linearisierung kann sich der Typus eines kritischen Punktes ändern. Punkte, die im linearen Fall Knoten waren, können sich im nichtlinearen Fall als Spiralpunkte entpuppen. Dabei ändert sich das Stabilitätsverhalten im Allgemeinen nicht. Eine Ausnahme bildet ein Punkt, der im linearen Fall ein Zentrum wäre. Im nichtlinearen Fall kann es sich um ein Zentrum oder aber um einen Spiralpunkt handeln, der nicht mehr stabil zu sein braucht.
- Die Linearisierung funktioniert nur, wenn die Terme höherer Ordnung in einer Umgebung des kritischen Punktes wirklich klein sind gegenüber den linearen Termen. Ist die Funktion $\boldsymbol{F}$ zweimal stetig differenzierbar, so ist dies immer der Fall.

Zu detaillierten Darstellungen dieser Themen verweisen wir auf die Literatur (zum Beispiel: William E. Boyce, Richard C. DiPrima: *Gewöhnliche Differentialgleichungen.* Spektrum Akademischer Verlag, 2000). Die folgende Anwendung ist ein klassisches Beispiel, an dem diese Überlegungen angestellt werden können.

Anwendungsbeispiel Wir betrachten ein schwingendes Pendel, wie es in der Abb. 28.3 dargestellt ist: Ein Körper mit einer Masse m ist an einem Faden oder dünnen Stab der Länge L befestigt. Der Stab ist an seinem oberen Ende an einer frei drehbaren Achse befestigt. In der Ruhelage hängt der Stab senkrecht nach unten, der Winkel $\varphi(t)$ beschreibt die Auslenkung aus dieser Ruhelage zum Zeitpunkt t. Die Masse des Stabes wird vernachlässigt, auf den Körper wirkt dann die Gewichtskraft mg.

Zum Zeitpunkt t ist das Pendel um φ aus der Ruhelage ausgelenkt, der Körper hat die Höhe

$$h = L\,(1 - \cos\varphi(t))$$

über dem Niveau der Ruhelage und die Geschwindigkeit

$$v = L\varphi'(t).$$

Damit ist die gesamte Energie des Systems

$$E(t) = \frac{mL^2}{2}\,(\varphi'(t))^2 + mgL\,(1 - \cos(\varphi(t))).$$

Wegen der Energieerhaltung ist die Ableitung dieses Ausdrucks nach der Zeit null. Es folgt also

$$mL^2\,\varphi'(t)\,\varphi''(t) + mgL\,\sin(\varphi(t))\,\varphi'(t) = 0,$$

bzw. die Differenzialgleichung zweiter Ordnung

$$\varphi''(t) + \frac{g}{L}\,\sin(\varphi(t)) = 0.$$

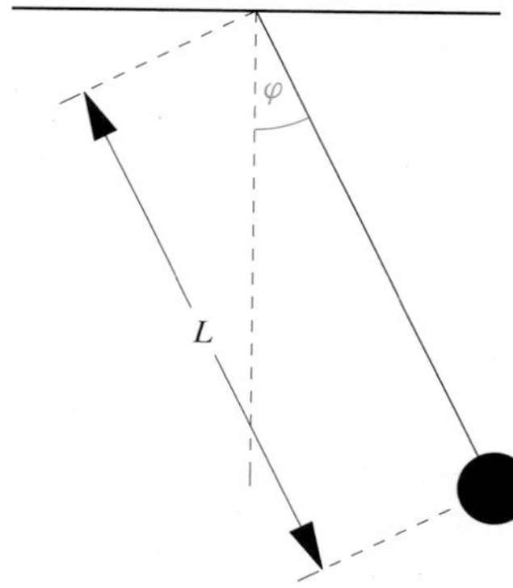

Abb. 28.3 Ein Fadenpendel besteht aus einer Masse m, die an einem dünnen Stab oder Faden der Länge L aufgehängt ist. Die Auslenkung aus der Ruhelage wird durch den Winkel φ beschrieben

Teil IV

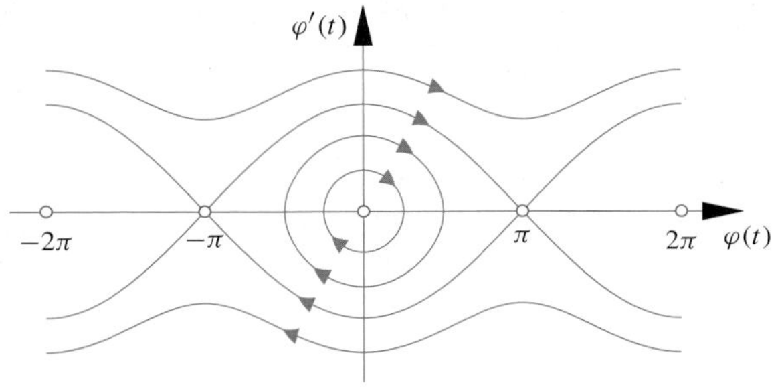

Abb. 28.4 Das Phasenporträt des ungedämpften Fadenpendels. Die Trajektorien bilden geschlossene Kurven um die stabilen kritischen Punkte

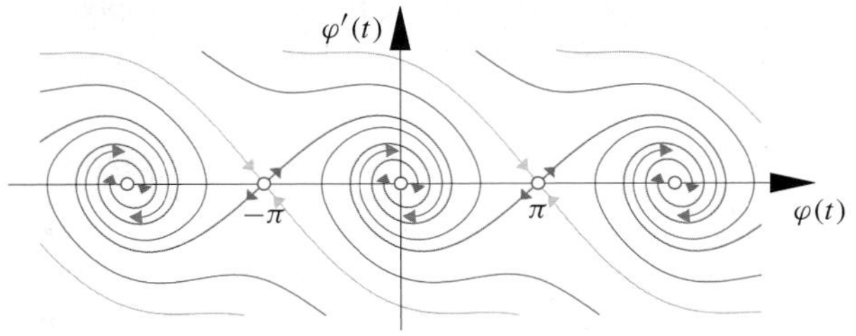

Abb. 28.5 Das Phasenporträt eines gedämpften Fadenpendels. Die orangefarbenen Trajektorien laufen in die instabilen Sattelpunkte hinein, die grünen daraus hinaus. Die blauen Trajektorien sind Lösungen, wie sie in der Realität beobachtet werden können

Mit der Substitution $x_1(t) = \varphi(t)$, $x_2(t) = \varphi'(t)$ erhalten wir ein autonomes System 1. Ordnung,

$$\boldsymbol{x}'(t) = \begin{pmatrix} x_2(t) \\ -\frac{g}{L}\sin(x_1(t)) \end{pmatrix}.$$

Die Energieerhaltung bedeutet übrigens, dass der Ausdruck für die Gesamtenergie oben auch eine Gleichung darstellt, aus der die Trajektorien direkt gewonnen werden können,

$$x_2(t) = \pm\frac{1}{L}\sqrt{\frac{2E}{m} - 2gL(1-\cos x_1(t))}.$$

Kritische Punkte des Systems, also Punkte, an denen $\boldsymbol{x}' = \boldsymbol{0}$ ist, sind durch

$$z = \begin{pmatrix} n\pi \\ 0 \end{pmatrix}, \quad n \in \mathbb{Z},$$

gegeben. Für gerades n entspricht dies der Ruhelage, von der wir anschaulich annehmen, dass es sich um einen stabilen Punkt handeln muss. Für ungerades n befindet sich das Pendel in der Stellung, in der der Stab senkrecht nach oben zeigt. Anschaulich ist dies ein instabiler Zustand.

Um dies mathematisch zu untersuchen, betrachten wir die Linearisierung der Differenzialgleichung in den kritischen Punkten, d. h., wir bestimmen die Taylorentwicklung bis zum Grad 1 und vernachlässigen die Terme höherer Ordnung. In $z_1 = (0,0)^{\mathrm{T}}$ erhalten wir

$$\boldsymbol{x}'(t) = \begin{pmatrix} 0 & 1 \\ -g/L & 0 \end{pmatrix}(\boldsymbol{x}(t) - z_1).$$

Die Eigenwerte sind $\pm\mathrm{i}\sqrt{g/L}$, wir haben es also in der Tat mit einem Zentrum zu tun. Die Trajektorien für das Pendel sind in der Abb. 28.4 dargestellt. Um den Ursprung bilden die Trajektorien geschlossene Kurven, die Lösungen sind also periodisch.

Im kritischen Punkt $z_2 = (\pi, 0)^{\mathrm{T}}$ lautet die Linearisierung

$$\boldsymbol{x}'(t) = \begin{pmatrix} 0 & 1 \\ g/L & 0 \end{pmatrix}(\boldsymbol{x}(t) - z_2).$$

Die Eigenwerte der Matrix sind nun $\pm\sqrt{g/L}$. Es handelt sich also um einen Sattelpunkt, insbesondere ist dieser Punkt instabil.

Für ein realistischeres Modell eines Pendels müssen wir die Dämpfung durch den Luftwiderstand berücksichtigen. Die Differenzialgleichung ist dann zu

$$\varphi''(t) + \frac{c}{mL}\varphi'(t) + \frac{g}{L}\sin(\varphi(t)) = 0.$$

zu modifizieren. Hierbei ist c ein Parameter, der die Dämpfung charakterisiert. Die Lage der kritischen Punkte ändert sich durch diesen neuen Term nicht. Allerdings werden die Zentren bei $(2n\pi, 0)^{\mathrm{T}}$, $n \in \mathbb{Z}$, zu stabilen Spiralpunkten. Die Abb. 28.5 zeigt das Phasendiagramm in diesem Fall. ◀

Es gibt viele weitere Beispiele von Systemen, bei denen diese qualitativen Überlegungen gewinnbringend angewandt werden können. In vielen Anwendungen tauchen autonome System auf. Ein weiteres klassisches Beispiel sind die Beziehungen zwischen einer Räuber- und einer Beutetierpopulation, die wir in der Anwendung auf S. 1046 vorstellen. Weitere Beispiele sind im Aufgabenteil zu finden.

28.2 Existenz von Lösungen

Bisher ging es uns darum, Lösungen von Differenzialgleichungen zu bestimmen. Es ist jetzt an der Zeit, die vorgestellten Lösungsverfahren auf ein solides Fundament zu stellen. Das Ergebnis sollen theoretische Aussagen über die Existenz und Eindeutigkeit von Lösungen sein.

Aus den Betrachtungen des Kap. 13 ist klar, dass wir Eindeutigkeit der Lösung nur bei einem Anfangswertproblem erwarten können. Differenzialgleichungen an sich besitzen im Allgemeinen viele Lösungen. Darüber hinaus ergibt sich aus dem ersten Abschnitt dieses Kapitels, dass wir uns auf Anfangswertprobleme für Differenzialgleichungssysteme erster Ordnung

Anwendung: Räuber-Beute-Modelle

In der Populationsdynamik betrachtet man die gegenseitige Beeinflussung von Populationen unterschiedlicher Arten, zum Beispiel von Beute- und Raubtieren. Im einfachsten Fall beeinflussen sich zwei Arten nur gegenseitig, isoliert von weiteren Einflüssen. Diese idealisierte Situation wird durch das Lotka-Volterra'sche Räuber-Beute-Modell dargestellt.

Die Gleichungen des Lotka-Volterra'schen Modells gehen von wenigen einfachen Annahmen über das Verhalten der Populationen aus. Wir bezeichnen die Beute-Population zum Zeitpunkt t mit $x_1(t)$, die Räuber-Population mit $x_2(t)$.

Über die Beute-Population wird die Annahme gemacht, dass sie bei Abwesenheit der Räuber exponentiell wachsen würde,

$$x_1'(t) = c_1\, x_1(t)$$

mit einer positiven Konstante c_1. Umgekehrt wird über die Räuber-Population angenommen, dass sie sich bei Abwesenheit der Beute mit exponentieller Rate verringern würde,

$$x_2'(t) = -c_2\, x_2(t),$$

ebenfalls mit einer positiven Konstante c_2.

Das Zusammentreffen von Räubern und Beute ist gut für die Räuber, schlecht für die Beute. Es wird die Annahme getroffen, dass die Wahrscheinlichkeit für ein Zusammentreffen sowohl zur Beute- als auch zur Räuber-Population proportional ist. Die entsprechenden positiven Proportionalitätskonstanten bezeichnen wir mit d_1 bzw. d_2 und erhalten damit das vollständige Modell

$$\boldsymbol{x}'(t) = \begin{pmatrix} c_1\, x_1(t) - d_1\, x_1(t)\, x_2(t) \\ -c_2\, x_2(t) + d_2\, x_1(t)\, x_2(t) \end{pmatrix}, \qquad t \in \mathbb{R}.$$

Um das Verhalten dieses nicht-linearen Systems zu verstehen, betrachten wir die kritischen Punkte. Die Bedingung $\boldsymbol{x}'(t) = \boldsymbol{0}$ ist äquivalent zu den Gleichungen

$$x_1\,(c_1 - d_1\, x_2) = 0 \quad \text{und} \quad x_2\,(d_2\, x_1 - c_2) = 0.$$

Als Lösungen ergeben sich $\boldsymbol{z}_1 = (0, 0)^{\mathrm{T}}$ und $\boldsymbol{z}_2 = (c_2/d_2, c_1/d_1)^{\mathrm{T}}$.

Als Nächstes bestimmen wir die Linearisierungen des Systems in diesen Punkten. In $\boldsymbol{z}_1$ erhalten wir

$$\boldsymbol{x}'(t) = \begin{pmatrix} c_1 & 0 \\ 0 & -c_2 \end{pmatrix} (\boldsymbol{x}(t) - \boldsymbol{z}_1).$$

Die Matrix hat die beiden Eigenwerte c_1 und $-c_2$, es handelt sich also um einen Sattelpunkt, ein instabiler Punkt. Man stellt fest, dass die Trajektorie mit $x_1(t) = 0$ in diesen Punkt hineinläuft, die Trajektorie mit $x_2(t) = 0$ läuft hinaus. Diese beiden Trajektorien entsprechen der Lösung in den Fällen der Abwesenheit der Beute bzw. der Räuber, geben also die beiden Spezialfälle wieder, die den ersten beiden Annahmen zugrunde liegen.

Im zweiten kritischen Punkt erhalten wir als Linearisierung

$$\boldsymbol{x}'(t) = \begin{pmatrix} 0 & -d_1\, c_2/d_2 \\ d_2\, c_1/d_1 & 0 \end{pmatrix} (\boldsymbol{x}(t) - \boldsymbol{z}_1).$$

Die Eigenwerte der Matrix sind nun $\pm\sqrt{c_1\, c_2}\,\mathrm{i}$. Hätten wir ein lineares System, würde es sich bei diesem Punkt also um ein Zentrum handeln. Für ein nicht-lineares System sind aber auch ein asymptotisch stabiler oder ein instabiler Spiralpunkt nicht auszuschließen.

Um die Trajektorien genauer zu analysieren, nehmen wir an, dass sich in einer Umgebung eines Punktes $\boldsymbol{x}$ die zweite Komponente der Trajektorie als Funktion der ersten darstellen lässt,

$$x_2(t) = f(x_1(t)).$$

Es folgt nach der Kettenregel

$$x_2'(t) = f'(x_1(t))\, x_1'(t),$$

also, wenn wir die Abhängigkeit von t weglassen,

$$(d_2\, x_1 - c_2) f(x_1) = f'(x_1)\, x_1\, (c_1 - d_1 f(x_1)).$$

Dies ist eine separable Differenzialgleichung für f (siehe Abschn. 13.3). Die Lösung führt auf die Gleichung

$$d_2\, x_1 - c_2\, \ln(x_1) + d_1\, x_2 - c_1\, \ln(x_2) = C,$$

die die Trajektorien charakterisiert. Für jedes $C \in (C_0, \infty)$ erhält man eine Trajektorie, wobei C_0 derjenige Wert ist, der beim Einsetzen von $\boldsymbol{z}_2$ entsteht. Da es nur einen einzigen kritischen Punkt für x_1, $x_2 > 0$ gibt, und da die Lösungen der charakterisierenden Gleichungen für festes C eine beschränkte Menge bilden, folgt auch, dass es sich bei den Trajektorien um geschlossene Kurven handelt. Die Lösungen sind also periodisch, der kritische Punkt ist ein Zentrum.

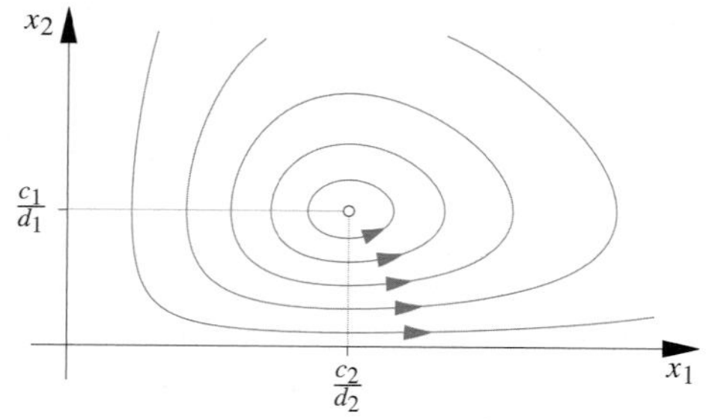

Die Abbildung zeigt einige der Trajektorien für dieses Problem. Zunächst wächst jeweils die Population der Beute, dann auch die Räuber-Population. Schließlich beginnt die Beute-Population zurückzugehen, sodass die Räuber bald keine ausreichende Nahrung mehr vorfinden und ebenfalls in ihrer Zahl zurückgehen.

In diesem einfachen Modell kann es niemals geschehen, dass eine der Populationen ausstirbt. Viele Verfeinerungen, die eine genauere Modellierung ermöglichen, sind denkbar, etwa eine Darstellung des Eingreifens des Menschen. Solche Modelle werden in der Praxis für Vorhersagen über die Entwicklungen von Populationen in unterschiedlichen Situation eingesetzt.

beschränken können. Wir wollen uns also nun mit einem Anfangswertproblem der Form

$$\begin{aligned} \boldsymbol{y}'(x) &= \boldsymbol{F}(x, \boldsymbol{y}(x)) \quad \text{auf } I, \\ \boldsymbol{y}(x_0) &= \boldsymbol{y}_0, \end{aligned}$$

mit einem Intervall I mit $x_0 \in I$ beschäftigen.

Wir können nicht erwarten, dass die Lösung eines Differenzialgleichungssystems auf dem ganzen Intervall I zu existieren braucht, für das wir die Gleichung aufschreiben können. Nur lokal, also in einer Umgebung des Anfangspunktes x_0, ist mit der Existenz einer Lösung zu rechnen. Es macht daher Sinn, unsere Betrachtungen auf Umgebungen von x_0 und $\boldsymbol{y}_0$ zu konzentrieren.

Der Satz von Picard-Lindelöf: Jedes Anfangswertproblem hat genau eine Lösung

Wir geben uns dazu zwei positive Zahlen $a, b > 0$ vor und definieren für $x_0 \in \mathbb{R}$ das Intervall

$$I = [x_0 - a, x_0 + a]$$

und für $\boldsymbol{y}_0 = (y_{10}, \dots, y_{n0})^T \in \mathbb{C}^n$ die Menge

$$Q = \left\{ z \in \mathbb{C}^n \mid \max_{j=1,\dots,n} |z_j - y_{j0}| \leq b \right\}.$$

Eine Komponente eines Vektors in Q weicht also niemals mehr als b von der entsprechenden Komponente von $\boldsymbol{y}_0$ ab. In zwei Dimensionen handelt es sich bei Q um ein Rechteck, in drei Dimensionen um einen Quader. Im Kap. 25 haben wir auch in höheren Dimensionen bei Mengen dieser Form von Quadern gesprochen.

Der Ausgangspunkt ist nun das obige Anfangswertproblem mit einer Funktion $\boldsymbol{F}\colon I \times Q \to \mathbb{C}^n$. Diese Funktion wollen wir zunächst als stetig voraussetzen. Da I und Q kompakte Mengen sind, folgt daraus auch sofort, dass die Komponenten $F_1, \dots, F_n$ von F beschränkte Funktionen sind. Es gibt also eine Zahl $R > 0$ mit

$$|F_j(x, \boldsymbol{y})| \leq R \quad x \in I, \boldsymbol{y} \in Q, j = 1, \dots, n.$$

Allerdings reicht die bloße Stetigkeit von $\boldsymbol{F}$ noch nicht aus, um die Existenz einer eindeutigen Lösung zu garantieren. Mehr Informationen zu diesem Thema finden sich in der Vertiefung auf S. 1048. Um insbesondere die Eindeutigkeit zu garantieren, ist eine weitere Voraussetzung an die Funktion $\boldsymbol{F}$ notwendig. Hierbei handelt es sich um die Bedingung, dass es eine Konstante $L > 0$ gibt mit

$$|F_j(x, \boldsymbol{u}) - F_j(x, \boldsymbol{v})| \leq L \sum_{k=1}^{n} |u_k - v_k|$$

für $j = 1, \dots, n$, für alle $x \in I$ und alle $\boldsymbol{u}, \boldsymbol{v} \in Q$. Man sagt auch, dass die Komponenten von $\boldsymbol{F}$ bezüglich des zweiten Arguments einer **Lipschitz-Bedingung** mit **Lipschitz-Konstante** L genügen, bzw. bezüglich des zweiten Arguments **Lipschitz-stetig** sind. Siehe dazu auch die Vertiefung auf S. 220 im Abschn. 7.4.

Jetzt verfügen wir über alle Begriffe, um die zentrale Aussage dieses Abschnitts zu formulieren.

Satz von Picard-Lindelöf

Für $x_0 \in \mathbb{R}$, $\boldsymbol{y}_0 \in \mathbb{C}^n$, $a, b > 0$ setze

$$I = [x_0 - a, x_0 + a]$$

und

$$Q = \{z \in \mathbb{C}^n \mid \max_{j=1,\dots,n} |z_j - y_{j0}| \leq b\}.$$

Ist die Funktion $\boldsymbol{F}\colon I \times Q \to \mathbb{C}^n$ stetig, komponentenweise durch R beschränkt und genügt sie bezüglich ihres zweiten Arguments einer Lipschitz-Bedingung mit Lipschitz-Konstante L, so hat das Anfangswertproblem

$$\begin{aligned} \boldsymbol{y}'(x) &= F(x, \boldsymbol{y}(x)), \\ \boldsymbol{y}(x_0) &= \boldsymbol{y}_0, \end{aligned}$$

auf dem Intervall $J = [x_0 - \alpha, x_0 + \alpha]$ mit $\alpha = \min\{a, b/R\}$ genau eine stetig differenzierbare Lösung $\boldsymbol{y}\colon J \to Q$.

Kommentar Mithilfe der Überlegung, dass sich *jedes* Differenzialgleichungssystem als ein System erster Ordnung schreiben lässt, folgt aus dem Satz von Picard-Lindelöf, dass jedes Anfangswertproblem für ein Differenzialgleichungssystem zumindest in einer kleinen Umgebung des Anfangswerts *genau eine* Lösung besitzt. Allerdings ist dafür notwendig, dass die Funktion F bezüglich ihres zweiten Arguments eine Lipschitz-Bedingung erfüllt, was in der Praxis aber meist der Fall ist. ◄

Die genaue Herleitung dieses Satzes, die verdeutlicht, wie die verschiedenen Voraussetzungen im Beweis ins Spiel kommen, findet sich in einem optionalen Abschnitt ab S. 1051. Die Bedeutung der Voraussetzungen und ihr Zusammenspiel kann aber an einem konkreten Beispiel auch veranschaulicht werden.

Beispiel Wir wollen das Anfangswertproblem

$$y'(x) = \frac{x}{1 - y(x)} \quad \text{für } x \in (-1, 1), \quad y(0) = 0,$$

betrachten. Es handelt sich hier also um den einfachsten Fall, eine einzige gewöhnliche Differenzialgleichung erster Ordnung. Die Lösung kann durch Separation sofort bestimmt werden, sie lautet

$$y(x) = 1 - \sqrt{1 - x^2}, \quad x \in (-1, 1).$$

Sie kann sogar noch stetig auf das abgeschlossene Intervall $[-1, 1]$ fortgesetzt werden, ist in den Endpunkten ± 1 aber nicht mehr differenzierbar.

Vertiefung: Der Existenzsatz von Peano

Der Satz von Picard-Lindelöf garantiert eine *eindeutige* Lösung eines Anfangswertproblems, sofern die Funktion der rechten Seite einer Reihe von Bedingungen genügt: Sie muss stetig und beschränkt sein, ferner Lipschitz-stetig bezüglich ihres zweiten Arguments. Es stellt sich die Frage, welche Aussagen noch möglich sind, falls die Voraussetzungen abgeschwächt werden.

Die stärkste Voraussetzung beim Satz von Picard-Lindelöf ist die Lipschitz-Bedingung bezüglich des zweiten Arguments. Es liegt daher nahe zu untersuchen, welche Aussagen noch möglich sind, falls diese Bedingung verletzt ist.

Wir betrachten als erstes Beispiel das Anfangswertproblem

$$\begin{aligned} y'(x) &= \sqrt{y(x)}, \quad x \in [-a, a], \\ y(0) &= 0. \end{aligned}$$

Hierbei ist a irgendeine positive Zahl.

Man erkennt sofort, dass die Nullfunktion eine Lösung dieses Anfangswertproblems ist. Eine weitere Lösung erhalten wir aber durch Trennung der Veränderlichen. Es gilt

$$\begin{aligned} \frac{y'(x)}{\sqrt{y(x)}} &= 1, \\ 2\sqrt{y(x)} &= x - c, \\ y(x) &= \left(\frac{x-c}{2}\right)^2. \end{aligned}$$

Durch Kombination der Nullfunktion mit dieser Funktion für $x > c$ bzw. $x < c$ kann man unendlich viele verschiedene Lösungen des Anfangswertproblems konstruieren. Die Abbildung zeigt die beiden Lösungszweige $y(x) = x^2/4$ und die Nullfunktion, sowie die weitere Lösung

$$y(x) = \begin{cases} (x-1)^2/4, & x > 1 \\ 0, & x \le 1 \end{cases}.$$

Jede dieser Lösungen ist auf $\mathbb{R}$ stetig differenzierbar. Analog können beliebig viele weitere konstruiert werden.

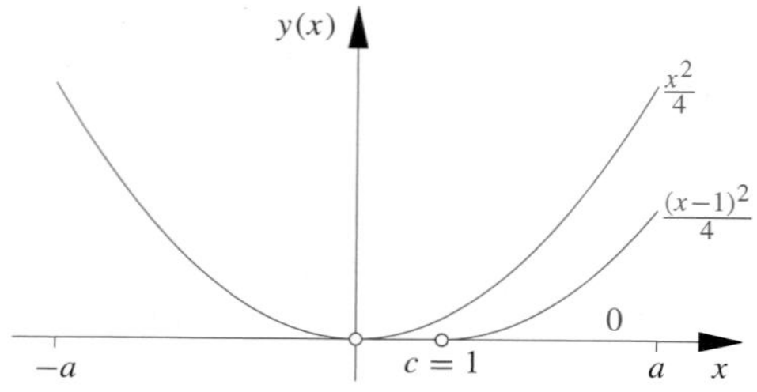

Die Eindeutigkeit der Lösung geht verloren, da die Funktion auf der rechten Seite der Differenzialgleichung keiner Lipschitz-Bedingung genügt. Allerdings ist sie stetig und auf jedem Rechteck $[-a, a] \times [0, b]$ auch beschränkt.

An diesem einfachen Beispiel erkennen wir also, dass die Lipschitz-Bedingung im Satz von Picard-Lindelöf für die Eindeutigkeit der Lösung entscheidend ist. Bloße Stetigkeit der Funktion der rechten Seite ist dafür nicht ausreichend. Allerdings bleibt die Frage, ob denn wenigstens die Existenz einer oder mehrerer Lösungen garantiert ist.

Dies ist in der Tat richtig. Der Satz, der diese Aussage macht, heißt **Existenzsatz von Peano** nach dem italienischen Mathematiker Giuseppe Peano (1858–1932). Sein Beweis ist vom Prinzip her dem Beweis des Satzes von Picard-Lindelöf ähnlich. Allerdings findet statt dem Banach'schen Fixpunktsatz der Fixpunktsatz von Schauder Anwendung. Der entscheidende Punkt hierbei ist, dass der durch (28.4) definierte Operator **kompakt** ist. Eine Definition dieser Eigenschaft von Operatoren und einige Konsequenzen davon werden wir im Bonusmaterial zu Kap. 31 über Funktionalanalysis betrachten.

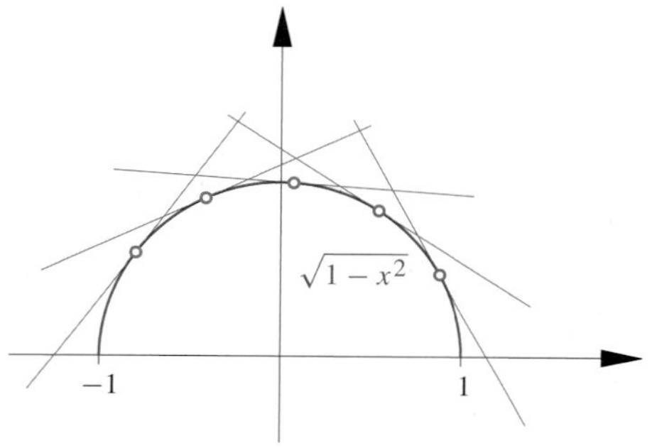

Ein weiteres, klassisches Beispiel für eine Differenzialgleichung, bei der es bei Anfangswertproblemen mehrere Lösungen geben kann, ist die Clairaut'sche Differenzialgleichung, die wir in Aufgabe 13.4 vorgestellt haben. Betrachten wir etwa das Anfangswertproblem

$$\begin{aligned} y(x) &= x\,y'(x) + \sqrt{1 + y'(x)^2}, \quad x \in (-1, 1), \\ y(0) &= 1, \end{aligned}$$

so ist sowohl die Einhüllende

$$y(x) = \sqrt{1 - x^2}$$

als auch jede ihrer Tangenten, zum Beispiel die Gerade

$$y(x) = 1,$$

eine Lösung. Für Anfangswerte $y(0) = y_0$ mit $y_0 > 1$ gibt es zwei Lösungen, die Tangenten an die Einhüllende sind, für $0 < y_0 < 1$ existieren keine Lösungen.

Teil IV

In diesem Beispiel ist $I = [-a, a]$, $Q = [-b, b]$ und

$$F(x, y) = \frac{x}{1-y} \quad \text{für } x \in I,\ y \in Q.$$

Die Wahl von a und b beeinflusst die Aussage des Satzes von Picard-Lindelöf darüber, wie groß das Intervall J ist, auf dem die Lösung existiert. Aufgrund des Ausdrucks für F muss auf jeden Fall $b < 1$ sein, und nach unserer Kenntnis der Lösung macht es keinen Sinn $a \geq 1$ zu wählen. Als Schranke für F erhalten wir dann

$$|F(x, y)| \leq \frac{a}{1-b} = R, \quad x \in I,\ y \in Q.$$

Für $(x, y) = (a, b)$ wird dieser Wert auch tatsächlich angenommen, die Schranke ist also optimal.

Außerdem ist F auch bezüglich y Lipschitz-stetig, denn es gilt

$$\begin{aligned} |F(x, y) - F(x, z)| &= \left| \frac{x}{1-y} - \frac{x}{1-z} \right| \\ &= |x| \left| \frac{1 - z - (1-y)}{(1-y)(1-z)} \right| \\ &\leq \frac{a}{(1-b)^2}\, |y - z| \end{aligned}$$

für alle $x \in I$ und alle $y, z \in Q$. Also kann der Satz von Picard-Lindelöf angewandt werden.

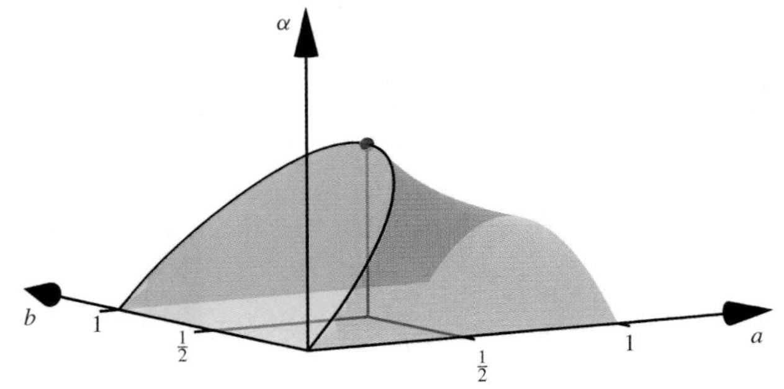

Abb. 28.6 Der Wert von α aus dem Satz von Picard-Lindelöf, aufgetragen als eine Funktion der Parameter a und b für das Beispiel

Die Länge des Existenzintervalls α ergibt sich zu

$$\alpha = \min\left\{a, \frac{b}{R}\right\} = \min\left\{a, \frac{b\,(1-b)}{a}\right\}.$$

In der Abb. 28.6 ist α als Funktion von a und b dargestellt. Man erkennt, dass α seinen maximalen Wert für $a = b = 1/2$ annimmt. Dies kann man auch analytisch nachweisen. Das ist aber mit etwas Aufwand verbunden, da die Funktion an dieser Stelle nicht differenzierbar ist.

Der Wert R entspricht nach der Differenzialgleichung dem theoretischen Maximum des Betrags der Ableitung der Lösung y. Der Graph der Lösung muss sich also stets zwischen den beiden Geraden $y = \pm R x$ befinden. In der Abb. 28.7 ist dies für drei mögliche Wahlen von a und b dargestellt. Der Definitionsbereich von F ist jeweils durch das grüne Rechteck angegeben, die Geraden $y = \pm R x$ sind rot eingezeichnet. Sobald diese Geraden den Definitionsbereich von F verlassen, ist die Existenz der Lösung nicht mehr gewährleistet. Der Satz von Picard-Lindelöf garantiert also die Existenz der Lösung nur solange, wie sich der Graph im Innern der roten Dreiecke befindet.

Um in diesem Beispiel mathematisch beweisen zu können, dass die Lösung sogar auf $(-1, 1)$ existiert, muss man ausgehend von $x = 1/2$ ein neues Anfangswertproblem formulieren und wieder das maximale Existenzintervall für die Lösung bestimmen. Diesen Vorgang kann man dann iterativ wiederholen. Meist ist es aber vollkommen ausreichend zu wissen, dass die Lösung in einer Umgebung des Anfangswerts existiert, wie groß diese Umgebung ist, ist nicht so entscheidend. ◀

Selbstfrage 3

Beim Anfangswertproblem

$$\begin{aligned} y'(x) &= x^2\,(1 - (y(x))^2), \quad x \in [1, 3], \\ y(2) &= 1, \end{aligned}$$

soll im Satz von Picard-Lindelöf $b = 1$ gewählt werden. Geben Sie eine Lipschitz-Konstante der Funktion F bezüglich y an. Für welches Intervall garantiert der Satz die Existenz der Lösung?

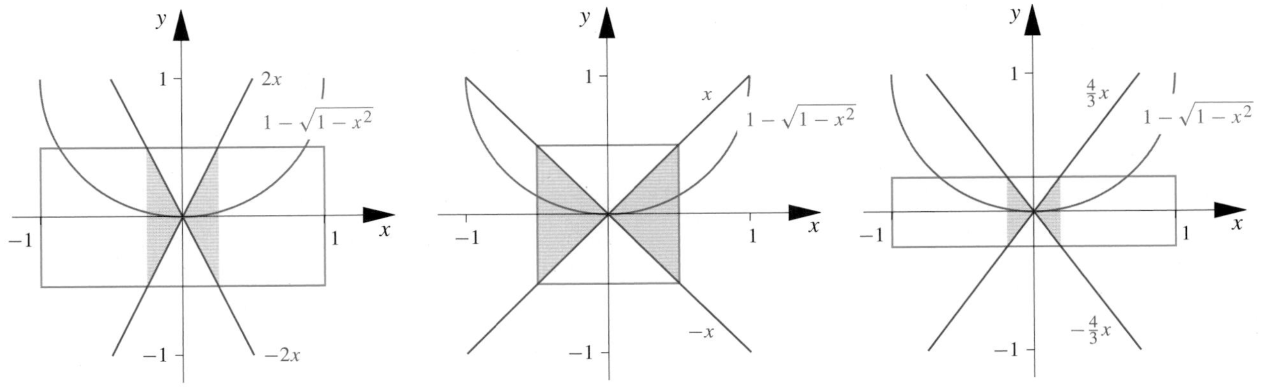

Abb. 28.7 Das Intervall, für das der Satz von Picard-Lindelöf die Existenz der Lösung garantiert, hängt vom Definitionsbereich der Funktion F (grüne Rechtecke) ab. Links ist $a = 1$, $b = 1/2$, in der Mitte $a = b = 1/2$ und rechts $a = 1$, $b = 1/4$ gewählt

In den Anwendungen hat die Funktion $\boldsymbol{F}$ oft weitaus gutartigere Eigenschaften als bloße Lipschitz-Stetigkeit. Die Voraussetzungen des Satzes von Picard-Lindelöf sind insbesondere dann erfüllt, wenn $\boldsymbol{F}$ bezüglich $\boldsymbol{y}$ stetig differenzierbar ist. In diesem Fall kann nämlich der Mittelwertsatz angewandt werden. Es gilt dann

$$|F_k(x, \boldsymbol{y}_1(x)) - F_k(x, \boldsymbol{y}_2(x))| = |\nabla_y F_k(x, \boldsymbol{z}) \cdot (\boldsymbol{y}_1(x) - \boldsymbol{y}_2(x))|$$

mit einem Punkt $\boldsymbol{z}$ auf der Strecke von $\boldsymbol{y}_1(x)$ nach $\boldsymbol{y}_2(x)$. Ist nun der Gradient $\nabla_y F_k(x, \boldsymbol{z})$ für $x \in I$ und $\boldsymbol{z} \in Q$ beschränkt, so folgt aus der obigen Gleichung die Lipschitz-Bedingung bezüglich des zweiten Arguments.

Somit kann der Satz in den Anwendungen zumeist bedenkenlos angewandt werden. Dabei kann eine vordergründig nur mathematisch interessante Aussage wie etwa die Eindeutigkeit einer Lösung durchaus auch für die Anwendung wichtige Konsequenzen haben.

Anwendungsbeispiel Die Funktion $\boldsymbol{F}$ auf der rechten Seite des Differenzialgleichungssystems aus dem Beispiel über die Planetenbahnen auf S. 1040,

$$\boldsymbol{F}(\boldsymbol{x}) = -\frac{G\,m_1}{\|\boldsymbol{x}\|^3}\,\boldsymbol{x},$$

ist beliebig oft stetig differenzierbar, wenn nur $\|\boldsymbol{x}\| > 0$ vorausgesetzt ist. Formuliert man das System als System erster Ordnung, kann daher der Satz von Picard-Lindelöf angewandt werden, und man erhält, dass für Anfangswerte $\boldsymbol{x}(t_0) = \boldsymbol{x}_0$ und $\boldsymbol{x}'(t_0) = \boldsymbol{v}_0$ eine eindeutige Lösung existiert.

Es kann aber noch mehr ausgesagt werden. Wir wählen einen Vektor $\boldsymbol{n}$, der orthogonal zu $\boldsymbol{x}_0$ und $\boldsymbol{v}_0$ sein soll. Damit definieren wir

$$g(t) = \boldsymbol{x}(t) \cdot \boldsymbol{n},$$

wobei $\boldsymbol{x}$ die Lösung des Anfangswertproblems bezeichnet. Durch zweimaliges Ableiten erkennen wir, dass g die Lösung der Differenzialgleichung

$$g''(t) = -\frac{G\,m_1}{\|\boldsymbol{x}\|^3}\,g(t)$$

ist. Wiederum besitzt diese Differenzialgleichung nach dem Satz von Picard-Lindelöf für jedes Paar von Anfangswerten $g(t_0)$, $g'(t_0)$ genau eine Lösung. Die Anfangswerte sind aber

$$g(t_0) = \boldsymbol{x}_0 \cdot \boldsymbol{n} = 0 \quad \text{und} \quad g'(t_0) = \boldsymbol{v}_0 \cdot \boldsymbol{n} = 0.$$

Daher ist g die Nullfunktion. Die Konsequenz ist, dass $\boldsymbol{x}(t)$ für alle t orthogonal zu $\boldsymbol{n}$ ist: Der Planet bewegt sich stets innerhalb der Ebene, die durch den Ursprung, d. h. die Sonne, und die Vektoren $\boldsymbol{x}_0$, $\boldsymbol{v}_0$ aufgespannt wird. Damit ist auch ein Teil des Drehimpulserhaltungssatzes im Zentralfeld gezeigt, die Invarianz der Richtung des Drehimpulses. ◀

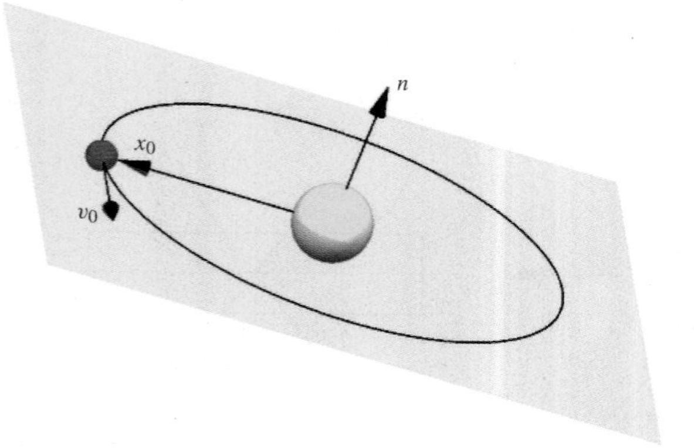

Abb. 28.8 Die Bahn eines Planeten um die Sonne befindet sich stets in der Ebene, die vom Mittelpunkt der Sonne und den Anfangsvektoren $\boldsymbol{x}_0$ und $\boldsymbol{v}_0$ aufgespannt wird

Eine Näherung der Lösung erhält man durch sukzessive Approximation

Eine besondere Eigenschaft des Satzes von Picard-Lindelöf ist, dass der Beweis *konstruktiv* erfolgt. Der Satz liefert nicht einfach nur eine Existenzaussage, wie zum Beispiel der Nullstellensatz oder der Mittelwertsatz aus Teil II des Buches es tun, sondern wir erhalten auch eine Vorschrift, wie wir diese Lösung zumindest approximativ berechnen können. Die genauere Herleitung ist in dem optionalen Abschnitt ab S. 1051 nachzulesen, wir zitieren hier nur einige wenige Resultate.

Die grundlegende Idee ist die Umformulierung des Anfangswertproblems durch eine Integration. Dies liefert die Gleichung

$$\boldsymbol{y}(x) = \boldsymbol{y}_0 + \int_{x_0}^{x} \boldsymbol{F}(\xi, \boldsymbol{y}(\xi))\,\mathrm{d}\xi$$

für $x \in J$, wobei J das Intervall aus dem Satz von Picard-Lindelöf ist.

Beginnend mit der konstanten Funktion $\boldsymbol{y}_0(x) = \boldsymbol{y}_0$ kann nun durch die Rekursionsvorschrift

$$\boldsymbol{y}_k(x) = \boldsymbol{y}_0 + \int_{x_0}^{x} \boldsymbol{F}(\xi, \boldsymbol{y}_{k-1}(\xi))\,\mathrm{d}\xi, \quad x \in J, k \in \mathbb{N},$$

eine Folge von Funktionen $(\boldsymbol{y}_k)$ definiert werden. Im Beweis wird gezeigt, dass diese Folge gegen die Lösung $\boldsymbol{y}$ des Anfangswertproblems konvergiert, und zwar in dem Sinne, dass für die j-ten Komponenten von $\boldsymbol{y}_k$ und $\boldsymbol{y}$ gilt

$$\max_{j=1,\ldots,n} \max_{x \in J} |y_{jk}(x) - y_j(x)| \to 0 \quad (k \to \infty).$$

Die Folge $(\boldsymbol{y}_k)$ heißt auch Folge der **sukzessiven Approximationen**.

Es ist auch möglich, die obige Konvergenzaussage durch eine Abschätzung noch zu konkretisieren. Es gilt

$$\max_{j=1,\dots,n}\max_{x\in J}|y_{jk}(x)-y_j(x)| \le \frac{(Ln\alpha)^k}{k!}\exp(Ln\alpha)\max_{j=1,\dots,n}\max_{x\in J}|y_{j1}(x)-y_{j0}(x)|$$

für alle $k\in\mathbb{N}_0$ mit den Konstanten L und α aus dem Satz von Picard-Lindelöf. Man nennt diese Ungleichung eine **A-priori-Abschätzung** für die Güte der Approximation der Lösung durch die k-te sukzessive Approximation. Die Wendung *a priori*, also *vorher*, weist daraufhin, dass man, bevor man die Approximationen berechnet, bereits sagen kann, wie viele Glieder in der Folge berechnet werden müssen, damit eine vorgegebene Fehlerschranke eingehalten werden kann. Alle Terme, die in die rechte Seite eingehen, sind nämlich bereits vor der Rechnung bekannt, oder genauer gesagt, nach Berechnung von $\boldsymbol{y}_0$ und $\boldsymbol{y}_1$.

Allerdings ist diese Schranke in der Praxis recht pessimistisch, wie wir im folgenden Beispiel zeigen wollen, indem der tatsächliche Fehler um Größenordnungen kleiner ist, als die A-priori-Schranke. Der hauptsächliche Nutzen der Schranke ist, dass sie uns die Konvergenz der sukzessiven Approximationen garantiert.

Beispiel Wir betrachten das Anfangswertproblem

$$u'(x)=x\,(u(x))^2,\quad u(0)=\frac{1}{2}.$$

Mit Separation können wir die Lösung bestimmen, sie lautet

$$u(x)=\frac{2}{4-x^2}.$$

Für die Anwendung des Satzes von Picard-Lindelöf setzen wir

$$F(x,u)=x\,u^2 \quad \text{für } x\in[-1,1],\ u\in[0,1].$$

Damit ist

$$|F(x,u)|\le 1$$

und

$$|F(x,u)-F(x,v)|\le|x\,(u-v)(u+v)|\le 2\,|u-v|.$$

Es ist also $a=1$, $b=1/2$, $R=1$ und $L=2$. Damit erhalten wir $\alpha=1/2$.

Wir wollen nun die Lösung durch sukzessive Approximation annähern, wobei wir $u_0=1/2$ setzen. Dann gilt

$$u_1(x)=\frac{1}{2}+\int_0^x t\left(\frac{1}{2}\right)^2\,\mathrm{d}t = \frac{1}{2}+\frac{1}{8}x^2.$$

Die nächste Approximation ergibt sich zu

$$u_2(x)=\frac{1}{2}+\int_0^x t\left(\frac{1}{2}+\frac{1}{8}t^2\right)^2\mathrm{d}t = \frac{1}{2}+\frac{1}{8}x^2+\frac{1}{32}x^4+\frac{1}{384}x^6.$$

Nach demselben Verfahren bestimmen wir noch

$$u_3(x)=\frac{1}{2}+\frac{1}{8}x^2+\frac{1}{32}x^4+\frac{1}{128}x^6+\frac{1}{768}x^8 +\frac{1}{6144}x^{10}+\frac{1}{73\,728}x^{12}+\frac{1}{2\,064\,384}x^{14}.$$

Die ersten drei Summanden entsprechen hier übrigens dem Taylorpolynom 3. Grades der exakten Lösung um den Entwicklungspunkt Null. Würde man weitere Approximationen berechnen, erhält man auch weitere Glieder der Taylorentwicklung.

Mit der Abschätzung oben wollen wir Schranken für den Fehler bestimmen. Dafür bestimmen wir zunächst

$$\max_{x\in J}|u_1(x)-u_0(x)|=\max_{x\in[-1/2,1/2]}\left|\frac{1}{2}+\frac{1}{8}x^2-\frac{1}{2}\right|=\frac{1}{32}.$$

Ferner ist $\exp(Ln\alpha)=\exp(2\cdot 1\cdot(1/2))=\mathrm{e}$. In der Tabelle sind die Werte der Schranke aufgelistet, außerdem haben wir den tatsächlichen Wert von $\max_{x\in J}|u(x)-u_k(x)|$ auch numerisch bestimmt.

k	Schranke	Numerisch
1	0.08494631	0.00208333
2	0.04247315	0.00008952
3	0.01415772	0.00000289

In Fällen wie diesem Beispiel, in dem die sukzessiven Approximationen auf Polynome führen, lassen sich schnell gute Näherungen an die Lösung erzielen. Im Allgemeinen kann man aber nicht damit rechnen, dass sich die Integrale wie hier geschlossen berechnen lassen. ◄

Kommentar Das Pendant zu einer A-priori-Abschätzung ist eine **A-posteriori-Abschätzung**. Dabei kann man aus der Kenntnis des k-ten Folgenglieds auf die Güte der Approximation schließen. Eine solche Abschätzung ergibt meist eine genauere Schranke für den Fehler als eine A-priori-Abschätzung. ◄

28.3 * Die Herleitung des Satzes von Picard-Lindelöf

In diesem Abschnitt wollen wir den Beweis des Satzes von Picard-Lindelöf nachreichen. Die Überlegungen, die dazu anzustellen sind, sind besonders interessant, da sie nicht nur für diese konkrete Aufgabenstellung Bedeutung haben, sondern erste Hinweise auf Sachverhalte und Methoden bilden, die im Teil V des Buches thematisiert werden.

Unser Ausgangspunkt ist das Anfangswertproblem

$$\begin{aligned} \boldsymbol{y}'(x) &= \boldsymbol{F}(x, \boldsymbol{y}(x)) \quad \text{auf } I, \\ \boldsymbol{y}(x_0) &= \boldsymbol{y}_0, \end{aligned}$$

mit $F\colon I \times Q \to \mathbb{C}^n$, wobei

$$I = [x_0 - a, x_0 + a]$$

und

$$Q = \left\{ z \in \mathbb{C}^n \mid \max_{j=1,\dots,n} |z_j - y_{j0}| \le b \right\}$$

ist. Wie bei den einfachsten Differenzialgleichungen, die wir im Kap. 13 untersucht haben, kann man durch eine Integration eine neue Gleichung für die gesuchte Lösung $\boldsymbol{y}$ gewinnen,

$$\boldsymbol{y}(x) = \boldsymbol{y}(x_0) + \int_{x_0}^{x} \boldsymbol{F}(\xi, \boldsymbol{y}(\xi))\, \mathrm{d}\xi, \quad x \in I.$$

Diese Identität gilt für die Funktionswerte auf beiden Seiten des Gleichheitszeichens. Wenn die Funktionswerte aber für alle Stellen aus einem Intervall gleich sind, bedeutet dies eine Gleichheit von Funktionen,

$$\boldsymbol{y} = \mathcal{G}(\boldsymbol{y}). \tag{28.1}$$

Der Buchstabe $\mathcal{G}$ bezeichnet hier eine Abbildung, die eine Funktion $\boldsymbol{y}$ auf eine neue Funktion $\mathcal{G}(\boldsymbol{y})$ wirft, und zwar durch die Vorschrift

$$(\mathcal{G}(\boldsymbol{y}))(x) = \boldsymbol{y}(x_0) + \int_{x_0}^{x} \boldsymbol{F}(\xi, \boldsymbol{y}(\xi))\, \mathrm{d}\xi$$

für alle $x \in I$. Eine solche Abbildung zwischen Funktionen bezeichnet man auch als einen **Operator**. Wir sind schon an verschiedenen Stellen in diesem Buch auf Operatoren gestoßen, ohne dies explizit zu erwähnen. Ein Beispiel ist die Differenziation: Durch das Bilden einer Ableitung wird aus einer Funktion eine andere. Häufig verwendete Operatoren sind auch die *Integraltransformationen,* die das Thema des Kap. 33 bilden.

Somit ist (28.1) einerseits als eine Gleichung mit einem Operator erkannt. Andererseits hat sie eine sehr spezielle Form: Das Bild von $\boldsymbol{y}$ unter dem Operator $\mathcal{G}$ muss wieder $\boldsymbol{y}$ sein. Bei einer Gleichung von dieser Form spricht man von einer **Fixpunktgleichung**, die Lösung $\boldsymbol{y}$ heißt **Fixpunkt von** $\mathcal{G}$. Auch auf diesen Begriff sind wir schon gestoßen, zum Beispiel bei der Bestimmung der Grenzwerte von rekursiv definierten Folgen in Kap. 6.

Ist G eine reelle Funktion einer Veränderlichen, so kann man Fixpunkte von G leicht grafisch charakterisieren. Die Gleichung $x = G(x)$ beschreibt dann Stellen, an denen der Graph von G die erste Winkelhalbierende $y = x$ schneidet (siehe Abb. 28.9).

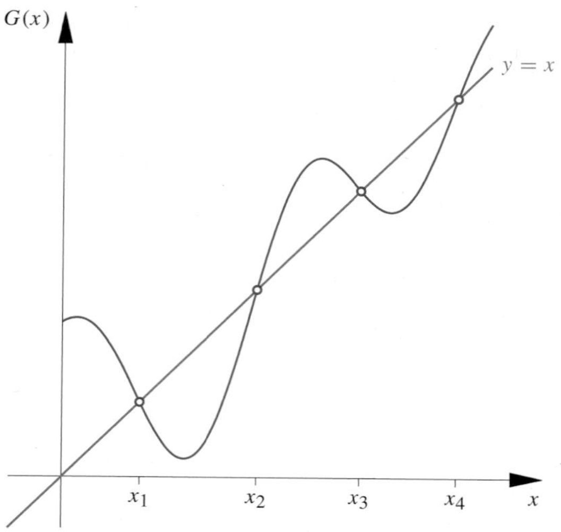

Abb. 28.9 Bei einer Abbildung $G\colon \mathbb{R} \to \mathbb{R}$ sind Fixpunkte gerade diejenigen Stellen, an denen der Graph von G die erste Winkelhalbierende schneidet

Der Fixpunktsatz von Banach garantiert die Lösbarkeit einer Fixpunktgleichung

Um die Lösbarkeit von Anfangswertproblemen zu untersuchen, werden wir zunächst einen Abstraktionsschritt durchführen und uns ganz allgemein mit Fixpunktgleichungen beschäftigen. Danach erst werden wir uns überlegen, wie die Lösungen von Differenzialgleichungssystemen in dieses Schema passen.

Zur Untersuchung von Fixpunktgleichungen benötigen wir einen speziellen Rahmen. Dieser Rahmen ist eine Menge M und eine Abbildung $d\colon M \times M \to \mathbb{R}_{\ge 0}$, die folgende drei Eigenschaften erfüllt:

- Für alle $x, y \in M$ gilt $d(x, y) = 0$ genau dann, wenn $x = y$ ist (Definitheit).
- Für alle $x, y \in M$ gilt $d(x, y) = d(y, x)$ (Symmetrie).
- Für alle $x, y, z \in M$ gilt $d(x, z) \le d(x, y) + d(y, z)$ (Dreiecksungleichung)

Die Abbildung d liefert uns einen Abstandsbegriff für Elemente aus M. Man nennt d auch **Metrik** und die Menge M einen **metrischen Raum**.

Beispiel

- Die Menge der komplexen Zahlen $\mathbb{C}$ ist mit der Metrik

  $$d(u, v) = |u - v| \quad \text{für alle } u, v \in \mathbb{C}$$

  ein metrischer Raum. Prüfen Sie selbst die drei Eigenschaften nach.
- Aus Kap. 16 kennen wir den Begriff der Norm. Ist V ein Vektorraum über $\mathbb{C}$ mit einer Norm $\|\cdot\|$, so erhalten wir durch

  $$d(\boldsymbol{u}, \boldsymbol{v}) = \|\boldsymbol{u} - \boldsymbol{v}\| \quad \text{für alle } \boldsymbol{u}, \boldsymbol{v} \in V$$

  eine Metrik auf diesem Vektorraum.

- Es gibt auch Beispiele für Metriken, die unserer Intuition von einem Abstand nicht entsprechen. In der Zahlentheorie betrachtet man zum Beispiel für Brüche deren Zerlegung in Primfaktoren. Wir wählen uns einen positiven Bruch q und schreiben ihn für eine feste Primzahl p als

$$q = p^n \cdot r$$

mit einem $n \in \mathbb{Z}$, wobei weder Zähler noch Nenner von $r \in \mathbb{Q}$ durch p teilbar sein sollen. Der **p-adische Betrag** von q ist dann als $|q|_p = p^{-n}$ definiert. Für null setzt man $|0|_p = 0$. Durch

$$d_p(q, r) = |q - r|_p$$

ist dann eine Metrik auf $\mathbb{Q}$ definiert, die einige ungewöhnliche Eigenschaften besitzt. So ist

$$d_2(5120, 5121) = 1$$

aber

$$d_2(5120, 1024) = |4096|_2 = 2^{-12}.$$

Zwei natürliche Zahlen liegen im Sinne der Metrik dicht beieinander, wenn ihre Differenz durch eine hohe Potenz von p teilbar ist. Dabei kann ihre Differenz im herkömmlichen Sinne durchaus sehr groß sein. Diese Metrik wird in der Zahlentheorie etwa zum Auffinden von rationalen Lösungen von algebraischen Gleichungen verwendet. ◀

Die Struktur des metrischen Raums ist noch etwas zu allgemein für unsere Überlegungen. Wir benötigen zusätzlich die Eigenschaft, dass M **vollständig** ist. Das bedeutet, dass jede Folge (x_n) aus M mit der Eigenschaft

$$d(x_n, x_m) \longrightarrow 0, \quad n, m \to \infty$$

auch einen Grenzwert $x \in M$ besitzt.

Kommentar Eine Folge mit dieser Eigenschaft wird *Cauchy-Folge* genannt. Solche Folgen und der damit eng verwandte Begriff der Vollständigkeit waren schon Thema der Vertiefung auf S. 190. Eine genauere Darstellung dieses Themas findet sich im Kap. 31 zur Funktionalanalysis. ◀

Wir betrachten jetzt eine Fixpunktgleichung auf M, d. h. eine Gleichung

$$x = G(x)$$

mit einer Abbildung $G\colon M \to M$. Gesucht ist ein Fixpunkt $x \in M$, der diese Gleichung löst. Es sind in der Mathematik viele Aussagen bekannt, die die Existenz von Lösungen einer Fixpunktgleichung garantieren. Viele davon machen eine reine Existenzaussage: Es gibt einen Fixpunkt, aber wir können nicht sagen, wo er sich befindet oder wie viele es gibt. Der Banach'sche Fixpunktsatz, mit dem wir uns jetzt näher beschäftigen wollen, hat zwar recht restriktive Voraussetzungen, aber er garantiert auch die Eindeutigkeit des Fixpunkts und liefert ein Verfahren, den Fixpunkt zu bestimmen. Die entscheidende Voraussetzung ist, dass die Abbildung $G\colon M \to M$ eine **Kontraktion** ist, d. h., dass es eine Konstante $q \in (0, 1)$ gibt mit

$$d(Gx, Gy) \le q\, d(x, y) \quad \text{für alle } x, y \in M.$$

Selbstfrage 4

Ist die Abbildung $f\colon [0, 1] \to [0, 1]$ mit

$$f(x) = \frac{1}{2} \sin(x^2)$$

bezüglich der Metrik $d(x, y) = |x - y|$ eine Kontraktion?

Wir betrachten nun eine rekursiv definierte Folge mit einem Startwert $x_0 \in M$ und der Rekursionsvorschrift

$$x_n = G(x_{n-1}), \quad n \in \mathbb{N}.$$

Für $n \ge 2$ folgt dann die Abschätzung

$$\begin{aligned} d(x_n, x_{n-1}) &= d(G(x_{n-1}), G(x_{n-2})) \\ &\le q\, d(x_{n-1}, x_{n-2}) \\ &\le q^{n-1}\, d(x_1, x_0). \end{aligned}$$

Damit wiederum erhalten wir durch die Dreiecksungleichung

$$\begin{aligned} d(x_{n+k}, x_n) &\le \sum_{j=0}^{k-1} d(x_{n+j+1}, x_{n+j}) \\ &\le d(x_1, x_0) \sum_{j=0}^{k-1} q^{n+j} \\ &\le d(x_1, x_0)\, \frac{q^n\,(1 - q^k)}{1 - q}. \end{aligned}$$

Eine Anwendung der geometrischen Summenformel liefert jetzt die Abschätzung

$$d(x_{n+k}, x_n) \le \frac{q^n}{1 - q}\, d(x_1, x_0), \quad n \in \mathbb{N}. \tag{28.2}$$

Die rechte Seite ist nun aber unabhängig von k und geht für $n \to \infty$ gegen null, wenn G eine Kontraktion ist. Damit ist gezeigt, dass die Folge (x_n) eine Cauchy-Folge ist. Da M ein vollständiger metrischer Raum ist, konvergiert sie also gegen einen Grenzwert $x \in M$. Nochmals mit der Kontraktionseigenschaft von G folgt nun für diesen Grenzwert x

$$\begin{aligned} d(G(x), x) &\le d(G(x), G(x_n)) + d(G(x_n), x_n) + d(x_n, x) \\ &\le q\, d(x, x_n) + d(x_{n+1}, x_n) + d(x_n, x) \\ &\to 0 \quad (n \to \infty), \end{aligned}$$

d. h., es gilt $x = G(x)$. Damit haben wir die meisten Aussagen des Banach'schen Fixpunktsatzes bewiesen.

Banach'scher Fixpunktsatz

Wenn M ein vollständiger metrischer Raum ist und $G\colon M \to M$ eine Kontraktion, dann hat G genau einen Fixpunkt $x \in M$. Dieser ist Grenzwert jeder Folge (x_n) definiert durch einen beliebigen Startwert $x_0 \in M$ und die Rekursionsvorschrift

$$x_n = G(x_{n-1}), \quad n \in \mathbb{N}.$$

Das Besondere dieser Aussage ist, dass man ein Verfahren mitgeliefert bekommt, um den Fixpunkt x zu bestimmen. Die Folge (x_n), man spricht auch von der Folge der **sukzessiven Approximationen**, konvergiert immer gegen x, egal wie der Startwert gewählt wird. Aus der Abschätzung (28.2) kann dabei sofort eine Schranke für den Fehler zwischen der n-ten Approximation und dem Fixpunkt abgeleitet werden. Es gilt

$$d(x, x_n) \leq \frac{q^n}{1-q}\, d(x_1, x_0), \quad n \in \mathbb{N}.$$

Vergleichen Sie diese Situation zum Beispiel mit der des Newton-Verfahrens (siehe die Anwendung auf S. 326).

Selbstfrage 5

Welche Voraussetzung im Banach'schen Fixpunktsatz genügt, um die noch nicht bewiesene Aussage zu zeigen, dass es nur einen einzigen Fixpunkt gibt?

Teil IV

Die Anwendung des Banach'schen Fixpunktsatzes liefert den Satz von Picard-Lindelöf

Wir kehren nun zurück zu der Frage, ob wir die Existenz einer Lösung eines Anfangswertproblems sicherstellen können. Dabei werden wir versuchen, die Situation auf den Banach'schen Fixpunktsatz zurückzuspielen.

Wir nehmen nun zunächst an, dass eine Lösung $\boldsymbol{y}$ des Anfangswertproblems auf I existiert. Durch Integration hatten wir oben schon hergeleitet, dass diese Lösung dann auch die Gleichung

$$\boldsymbol{y}(x) = \boldsymbol{y}_0 + \int_{x_0}^{x} \boldsymbol{F}(\xi, \boldsymbol{y}(\xi))\, \mathrm{d}\xi \qquad (28.3)$$

für alle x in einer Umgebung von x_0 erfüllen muss. Diese Gleichung wollen wir als Fixpunktgleichung auffassen und auf sie den Banach'schen Fixpunktsatz anwenden. Es muss dafür ein geeigneter vollständiger metrischer Raum gefunden werden.

Eine geeignete Menge, in der eine Lösung von (28.3) gesucht werden kann, ist die Menge der auf I stetigen Funktionen $C(I)$. Da I kompakt ist, nehmen stetige Funktionen auf I ihr Maximum und Minimum an und sind daher auf jeden Fall auch beschränkt. Damit können wir die folgende Metrik auf $C(I)$ einführen,

$$d(\boldsymbol{f}, \boldsymbol{g}) = \max_{j=1,\dots,n} \max_{x \in I} |g_j(x) - f_j(x)|, \quad \boldsymbol{f}, \boldsymbol{g} \in C(I).$$

Es wird also komponentenweise das Betragsmaximum der Differenz von $\boldsymbol{f}$ und $\boldsymbol{g}$ gebildet und aus allen Komponenten der maximale Wert bestimmt. Es ist nicht schwer nachzuweisen, dass es sich hierbei um eine Metrik handelt. Den Nachweis aber, dass $C(I)$ mit dieser Metrik ein vollständiger metrischer Raum ist, wollen wir an dieser Stelle schuldig bleiben. Dieser Frage wird im Kap. 31 zur Funktionalanalysis ausführlich nachgegangen.

Beispiel Für eine stetige Funktion $f : [0, 2\pi] \to \mathbb{R}$ soll gelten

$$d(f, \sin) \leq \varepsilon.$$

Was bedeutet eine solche Bedingung in der Anschauung?

In diesem Fall haben wir nur eine einzige Komponente, das Maximum über j fällt weg. Die Bedingung lautet also

$$\max_{x \in [0, 2\pi]} |f(x) - \sin(x)| \leq \varepsilon.$$

Es gilt also für jedes $x \in [0, 2\pi]$, dass der Funktionswert $f(x)$ nicht weiter als ε von $\sin(x)$ entfernt ist. Man kann dies dadurch veranschaulichen, dass man einen Streifen S um den Graphen der Sinusfunktion,

$$S = \{(x, y) \in \mathbb{R}^2 \mid |y - \sin(x)| \leq \varepsilon\},$$

markiert, wie es in der Abb. 28.10 dargestellt ist. Der Graph von f muss ganz innerhalb dieses Streifens liegen. Dasselbe gilt für jede andere Funktion, die in dieser Metrik nicht weiter als ε von der Sinusfunktion entfernt ist. ◄

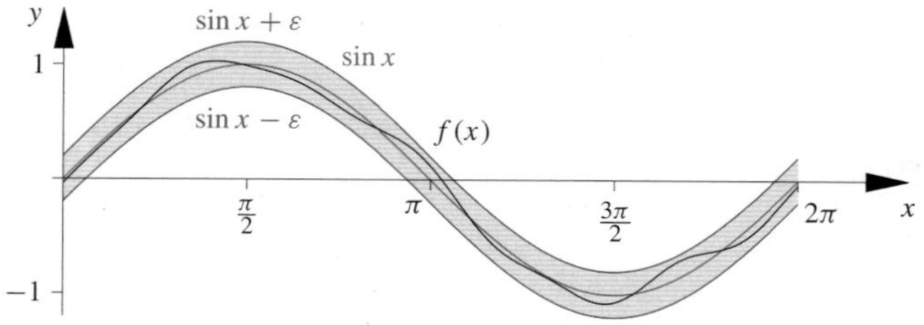

Abb. 28.10 Der Graph einer Funktion, deren Abstand von der Sinusfunktion im Sinne der im Text definierten Metrik weniger als ε beträgt, liegt ganz in einem Streifen der in y-Richtung gemessenen Breite 2ε um den Graphen der Sinusfunktion

Allerdings ist durch die Definition

$$(\mathcal{G}f)(x) = \boldsymbol{y}_0 + \int_{x_0}^{x} \boldsymbol{F}(\xi, \boldsymbol{f}(\xi))\,\mathrm{d}\xi, \qquad (28.4)$$

nicht notwendigerweise ein Operator $\mathcal{G}\colon C(I) \to C(I)$ gegeben, wie wir ihn für die Anwendung des Fixpunktsatzes benötigen. Das Paar $(\xi, \boldsymbol{f}(\xi))$ muss dazu für alle $\xi \in I$ im Definitionsbereich von $\boldsymbol{F}$ liegen, und dafür ist $\boldsymbol{f}(I) \subseteq Q$ zu fordern.

Um diese Schwierigkeit aufzulösen, schränken wir uns weiter ein. Wir setzen

$$R = \max_{j=1,\dots,n} \max_{x\in I, \boldsymbol{y}\in Q} |F_j(x, \boldsymbol{y})|$$

und

$$\alpha = \min\left\{a, \frac{b}{R}\right\}.$$

Damit gilt für das Intervall $J = [x_0 - \alpha, x_0 + \alpha]$, dass $J \subseteq I$ ist. Wir können nun die Menge

$$M = \{\boldsymbol{f} \in C(J) \mid d(\boldsymbol{f}, \boldsymbol{y}_0) \le b\}$$

definieren. Als abgeschlossene Teilmenge von $C(J)$ ist M selbst ebenfalls ein vollständiger metrischer Raum. Die Behauptung ist nun, dass durch (28.4) für alle $x \in J$ ein Operator $\mathcal{G} : M \to M$ gegeben ist.

Das sieht man folgendermaßen: Wegen der Definition von M gilt für alle $\boldsymbol{f} \in M$ auch $\boldsymbol{f}(J) \subseteq Q$. Die Definition von $\mathcal{G}f$ ist also für alle $\boldsymbol{f} \in M$ sinnvoll. Ferner ist für alle $x \in J$ und $j = 1, \dots, n$

$$\begin{aligned} |(\mathcal{G}f)_j(x) - y_{j0}| &= \left|\int_{x_0}^{x} |F_j(\xi, \boldsymbol{f}(\xi))|\,\mathrm{d}\xi\right| \\ &\le R \left|\int_{x_0}^{x} \mathrm{d}\xi\right| \le R\,\frac{b}{R} = b. \end{aligned}$$

Damit folgt

$$d(\mathcal{G}f, \boldsymbol{y}_0) \le b,$$

und es ist $\mathcal{G}f \in M$.

Allerdings ist dieser Operator $\mathcal{G}$ im Allgemeinen keine Kontraktion, wie wir es für die Anwendung des Banach'schen Fixpunktsatzes benötigen. Es kommt nun die letzte Voraussetzung ins Spiel, dass $\boldsymbol{F}$ bezüglich seines zweiten Arguments einer Lipschitz-Bedingung genügt.

Nun versuchen wir, die Kontraktionseigenschaft für $\mathcal{G}$ nachzuweisen. Es gilt

$$d(\mathcal{G}f, \mathcal{G}g) = \max_{j=1,\dots,n} \max_{x\in I} |(\mathcal{G}f)_j(x) - (\mathcal{G}\boldsymbol{g})_j(x)|,$$

und wir untersuchen zunächst den Betrag auf der rechten Seite näher, und zwar für $x > x_0$. Indem wir die Definition von $\mathcal{G}$ einsetzen, erhalten wir

$$\begin{aligned} |(\mathcal{G}f)_j(x) - (\mathcal{G}\boldsymbol{g})_j(x)| &= \left|\int_{x_0}^{x} F_j(\xi, \boldsymbol{f}(\xi))\,\mathrm{d}\xi - \int_{x_0}^{x} F_j(\xi, \boldsymbol{g}(\xi))\,\mathrm{d}\xi\right| \\ &\le \int_{x_0}^{x} \left|F_j(\xi, \boldsymbol{f}(\xi)) - F_j(\xi, \boldsymbol{g}(\xi))\right|\mathrm{d}\xi \\ &\le L \sum_{k=1}^{n} \int_{x_0}^{x} |f_k(\xi) - g_k(\xi)|\,\mathrm{d}\xi \\ &\le L\,n\,d(\boldsymbol{f}, \boldsymbol{g}) \int_{x_0}^{x} \mathrm{d}\xi \\ &\le L\,n\,|x - x_0|\,d(\boldsymbol{f}, \boldsymbol{g}). \end{aligned}$$

Im vorletzten Schritt haben wir nur jede der n Komponenten-Differenzen $|f_k(\xi) - g_k(\xi)|$ durch $d(\boldsymbol{f}, \boldsymbol{g})$ abgeschätzt, dadurch kommt auch der Faktor n ins Spiel. Dieselbe Abschätzung erhalten wir auch für $x \le x_0$.

Man sieht jetzt, dass $\mathcal{G}$ leider noch immer keine Kontraktion zu sein braucht. Nur falls $L\,n\,|J| < 1$ ist, ist dies sicher. Dies wäre eine Möglichkeit, hier weiter fortzufahren, aber es geht besser. Wir behaupten, dass die Abschätzung

$$|(\mathcal{G}^m\boldsymbol{f})_j(x) - (\mathcal{G}^m\boldsymbol{g})_j(x)| \le \frac{(L\,n\,|x - x_0|)^m}{m!}\,d(\boldsymbol{f}, \boldsymbol{g})$$

für alle $x \in J$, $j = 1, \dots, n$, $\boldsymbol{f}, \boldsymbol{g} \in M$ und alle $m \in \mathbb{N}$ richtig ist.

Es ist nicht schwer, sich davon mit vollständiger Induktion zu überzeugen. Den Induktionsanfang für $m = 1$ haben wir oben schon erbracht. Für $m + 1$ gilt, wiederum zunächst für $x > x_0$,

$$\begin{aligned} &|(\mathcal{G}^{m+1}\boldsymbol{f})_j(x) - (\mathcal{G}^{m+1}\boldsymbol{g})_j(x)| \\ &\quad = \left|\int_{x_0}^{x} F_j(\xi, \mathcal{G}^m\boldsymbol{f}(\xi))\,\mathrm{d}\xi - \int_{x_0}^{x} F_j(\xi, \mathcal{G}^m\boldsymbol{g}(\xi))\,\mathrm{d}\xi\right| \\ &\quad \le L \sum_{k=1}^{n} \int_{x_0}^{x} |(\mathcal{G}^m f)_k(\xi) - (\mathcal{G}^m g)_k(\xi)|\,\mathrm{d}\xi. \end{aligned}$$

Durch Anwendung der Induktionsvoraussetzung, dass die Aussage für m richtig ist, folgt

$$\begin{aligned} &|(\mathcal{G}^{m+1}\boldsymbol{f})_j(x) - (\mathcal{G}^{m+1}\boldsymbol{g})_j(x)| \\ &\quad \le \frac{L^{m+1}n^m}{m!} \sum_{k=1}^{n} \int_{x_0}^{x} (\xi - x_0)^m \mathrm{d}\xi\; d(\boldsymbol{f}, \boldsymbol{g}) \\ &\quad = \frac{(L\,n\,|x - x_0|)^{m+1}}{(m+1)!}\,d(\boldsymbol{f}, \boldsymbol{g}). \end{aligned}$$

Damit ist unsere Behauptung von oben bewiesen. Aus ihr folgt nun unmittelbar die Abschätzung

$$d(\mathcal{G}^m \boldsymbol{f}, \mathcal{G}^m \boldsymbol{g}) \leq \frac{(L\, n\, |J|)^m}{m!}\, d(\boldsymbol{f}, \boldsymbol{g}) \tag{28.5}$$

für alle $\boldsymbol{f}, \boldsymbol{g} \in M$ und alle $m \in \mathbb{N}$. Da die Fakultät aber schneller wächst als jede Potenz, wird der Bruch auf der rechten Seite auf jeden Fall kleiner als 1, wenn nur m groß genug gewählt wird. Es ist dann also nicht $\mathcal{G}$ eine Kontraktion, aber $\mathcal{G}^m$. Wenden wir nun den Banach'schen Fixpunktsatzan, so erhalten wir genau die Aussage des Satzes von Picard-Lindelöf.

Auch die Folge der sukzessiven Approximationen konvergiert

Ein Teil der Aussage des Banach'schen Fixpunktsatzes ist, dass für jeden Startwert x_0 die rekursiv durch

$$x_k = \mathcal{G}(x_{k-1}), \quad k \in \mathbb{N},$$

definierte Folge (x_k) gegen den Fixpunkt konvergiert. Diese Folge können wir auch für den Operator $\mathcal{G}$ aus (28.4) betrachten. Dies ist genau die Folge, die wir im Anschluss an den Satz von Picard-Lindelöf als Folge der sukzessiven Approximationen an die Lösung des Anfangswertproblems definiert hatten. Da jedoch $\mathcal{G}$ selbst keine Kontraktion darstellt, sondern nur eine geeignete Potenz $\mathcal{G}^m$ eine solche ist, können wir die Aussage aus dem Banach'schen Fixpunktsatz nicht direkt verwenden.

Trotzdem wollen wir versuchsweise diese Folge betrachten. Wir wählen also eine beliebige Funktion $\boldsymbol{u}_0$ aus M und definieren

$$\begin{aligned} \boldsymbol{u}_k(x) &= (\mathcal{G}\boldsymbol{u}_{k-1})(x) \\ &= \boldsymbol{y}_0 + \int_{x_0}^{x} \boldsymbol{F}(\xi, \boldsymbol{u}_{k-1}(\xi))\, \mathrm{d}\xi, \quad x \in J,\ k \in \mathbb{N}. \end{aligned}$$

Wir können nun eine Abschätzung durchführen, bei der wir zweimal die Ungleichung (28.5) für Potenzen des Operators $\mathcal{G}$ und die Definition der Exponentialfunktion verwenden,

$$\begin{aligned} d(\boldsymbol{u}_{k+l}, \boldsymbol{u}_k) &\leq \sum_{j=0}^{l-1} d(\boldsymbol{u}_{k+j+1}, \boldsymbol{u}_{k+j}) \\ &= \sum_{j=0}^{l-1} d(\mathcal{G}^j \boldsymbol{u}_{k+1}, \mathcal{G}^j \boldsymbol{u}_k) \\ &\leq \sum_{j=0}^{l-1} \frac{(Ln\alpha)^j}{j!}\, d(\boldsymbol{u}_{k+1}, \boldsymbol{u}_k) \\ &\leq \frac{(Ln\alpha)^k}{k!} d(\boldsymbol{u}_1, \boldsymbol{u}_0) \sum_{j=0}^{l-1} \frac{(Ln\alpha)^j}{j!} \\ &\leq \frac{(Ln\alpha)^k}{k!}\, \exp(Ln\alpha)\, d(\boldsymbol{u}_1, \boldsymbol{u}_0) \end{aligned}$$

für alle $k \in \mathbb{N}_0$, $l \in \mathbb{N}$. Aus dieser Abschätzung folgt zunächst, dass die Folge $(\boldsymbol{u}_k)$ eine Cauchy-Folge bildet und daher im vollständigen metrischen Raum M konvergiert. Ihr Grenzwert ist gerade die Lösung $\boldsymbol{y}$ des Anfangswertproblems. Damit gilt auch eine entsprechende Ungleichung für den Grenzwert,

$$d(\boldsymbol{y}, \boldsymbol{u}_k) \leq \frac{(Ln\alpha)^k}{k!}\, \exp(Ln\alpha)\, d(\boldsymbol{u}_1, \boldsymbol{u}_0), \quad k \in \mathbb{N}_0.$$

Damit sind nun alle Aussagen gezeigt, die im Abschn. 28.2 Verwendung fanden.

28.4 Die Lösung linearer Differenzialgleichungssysteme

Im Kap. 13 hatte unser besonderes Augenmerk auf *linearen Differenzialgleichungen* gelegen. Diese waren durch ihre spezielle Lösungsstruktur aufgefallen, die ausgenutzt werden konnte, um Methoden zur Lösungsbestimmung zu entwickeln. Die *allgemeine Lösung* setzte sich dabei zusammen aus der allgemeinen Lösung der zugehörigen *homogenen Gleichung* und einer *partikulären Lösung* der Differenzialgleichung selbst. Im Kap. 14 haben wir dieselbe Struktur bei den Lösungen der linearen Gleichungssysteme wiedergefunden.

Ziel dieses Abschnitts ist es, die Lösungsverfahren aus dem Kap. 13 theoretisch zu untermauern und zu begründen, warum sie uns tatsächlich die vollständige Lösungsstruktur liefern. Im Unterschied zum Teil II des Buches haben wir dafür inzwischen zwei entscheidende Grundlagen entwickelt. Die eine ist der Satz von Picard-Lindelöf, die andere ist die Theorie der Vektorräume aus Teil III des Buches. An dieser Stelle wird zum ersten Mal deutlich, wie Analysis und lineare Algebra im Zusammenspiel zu einem weitaus wirkungsvolleren Werkzeug in der Mathematik werden, als es jedes dieser Gebiete für sich bereits ist. Dies ist eine entscheidende Grundlage moderner Mathematik, sei es für die *Funktionalanalysis,* die theoretische Physik oder für numerische Verfahren der angewandten Mathematik.

Die Lösungsmenge einer linearen Gleichung ist ein affiner Raum

Zunächst müssen wir uns vergegenwärtigen, was wir unter einem **linearen Differenzialgleichungssystem** verstehen. Bei einer linearen Differenzialgleichung (vergleiche die Definition auf S. 490) besteht jede Seite aus Summanden, in denen die gesuchte Funktion y oder ihre Ableitung stets nur linear vorkommen. Die Koeffizienten und die Inhomogenität sind dabei noch von der Variablen x abhängig. Genau dieselbe Situation liegt bei einem linearen System vor. Wegen den Überlegungen aus Abschn. 28.2 reicht es aus, sich auf Systeme erster Ordnung zu beschränken, das heißt auf Systeme der Form

$$\boldsymbol{y}'(x) = \boldsymbol{A}(x)\,\boldsymbol{y}(x) + \boldsymbol{h}(x), \quad x \in I,$$

mit einer stetigen Matrixfunktion $\boldsymbol{A}\colon I \to \mathbb{C}^{n\times n}$, einer Inhomogenität $\boldsymbol{h}\colon I \to \mathbb{C}^n$ und einer gesuchten Funktion $\boldsymbol{y}\colon I \to \mathbb{C}^n$, die stetig differenzierbar sein soll.

Selbstfrage 6

Ist das Differenzialgleichungssystem

$$\begin{aligned} u'(x) &= \sin(x) - 3x^2\, v(x) + 2u(x) - \exp(x), \\ v'(x) &= v(x) + \cos(x) - \sqrt{u(x)}, \end{aligned} \qquad x > 0,$$

linear?

Unterdrücken wir die Abhängigkeit von x, haben wir die Gleichung $\boldsymbol{y}' = \boldsymbol{A}\boldsymbol{y} + \boldsymbol{h}$, die stark an ein lineares Gleichungssystem oder ein Eigenwertproblem erinnert. Genau das ist der Grund, warum wir auf einen Bezug zur linearen Algebra stoßen. Wir versuchen also, unser Problem der Suche nach einer Lösung eines Differenzialgleichungssystems mit dem Vokabular der linearen Algebra zu beschreiben.

Die Lösung $\boldsymbol{y}$ soll eine stetig differenzierbare Funktion sein, also ein Element der Menge $C^1(I)$. Summen von stetig differenzierbaren Funktionen sind wieder stetig differenzierbar, dasselbe gilt für skalare Vielfache von ihnen. Bei $C^1(I)$ handelt es sich also um einen Vektorraum über $\mathbb{C}$ (siehe Kap. 15). Dieselbe Überlegung trifft natürlich auch für die Menge der auf I stetigen Funktionen zu, oder allgemein für die Mengen $C^k(I)$, $k \in \mathbb{N}_0$.

Welche Operation erfolgt nun bei der Bildung des Matrix-Vektor-Produkts $\boldsymbol{A}(x)\,\boldsymbol{y}(x)$? Dazu definieren wir $\mathcal{A}\boldsymbol{y}$ durch

$$(\mathcal{A}\boldsymbol{y})(x) = \boldsymbol{A}(x)\boldsymbol{y}(x), \quad x \in I.$$

Da die Elemente von $\boldsymbol{A}$ selbst *stetige* Funktionen sind, haben wir es mit einer Abbildung $\mathcal{A}\colon C^1(I) \to C(I)$ zu tun. Für alle $x \in I$, $\boldsymbol{y}, \boldsymbol{z} \in C^1(I)$ und $\lambda \in \mathbb{C}$ gilt nach den Rechenregeln der Matrizenrechnung

$$\begin{aligned} \boldsymbol{A}(x)\,(\boldsymbol{y}(x) + \boldsymbol{z}(x)) &= \boldsymbol{A}(x)\,\boldsymbol{y}(x) + \boldsymbol{A}(x)\,\boldsymbol{z}(x), \\ \boldsymbol{A}(x)\,(\lambda \boldsymbol{y}(x)) &= \lambda\, \boldsymbol{A}(x)\,\boldsymbol{y}(x). \end{aligned}$$

Dies bedeutet, dass die Abbildung $\mathcal{A}$ die Gleichungen

$$\mathcal{A}(\boldsymbol{y} + \boldsymbol{z}) = \mathcal{A}\boldsymbol{y} + \mathcal{A}\boldsymbol{z} \quad \text{und} \quad \mathcal{A}(\lambda \boldsymbol{y}) = \lambda\, \mathcal{A}\boldsymbol{y}$$

erfüllt. Mit anderen Worten: $\mathcal{A}$ ist eine *lineare Abbildung*.

Auf der linken Seite der Differenzialgleichung wird nun die Ableitung der Funktion y gebildet. Im Kap. 10 hatten wir schon darauf hingewiesen, dass für das Bilden der Ableitung die Linearitätseigenschaften gelten. Das heißt, dass auch durch das Bilden der Ableitung eine lineare Abbildung $\mathcal{D}\colon C^1(I) \to C(I)$ gegeben ist. Damit schreibt sich das Differenzialgleichungssystem nun kompakt als

$$(\mathcal{D} - \mathcal{A})\,\boldsymbol{y} = \boldsymbol{h}.$$

Die Abbildung $\mathcal{D} - \mathcal{A}$ ist dabei linear.

Mit solchen Gleichungen für lineare Abbildungen hatten wir es im Teil III des Buches zur Genüge zu tun. So wissen wir etwa aus Kap. 15, dass die Lösungsmenge einer solchen Gleichung ein affiner Unterraum des $C^1(I)$ sein muss. Neu an der Situation ist allerdings die Natur des Raumes, in dem wir arbeiten. $C^k(I)$ hat immer unendliche Dimension, egal welche natürliche Zahl wir für k wählen.

Allerdings ist es an dieser Stelle nicht nötig, sich darüber viele Gedanken zu machen, denn wir möchten uns mit Anfangswertproblemen beschäftigen. Der Satz von Picard-Lindelöf garantiert uns, dass wir für jeden Vektor von Anfangswerten $\boldsymbol{y}^{(0)} \in \mathbb{C}^n$ genau eine Lösung des linearen Differenzialgleichungssystems erhalten. Im Zusammenhang mit dem Nachweis von sogenannten *Fundamentalsystemen* werden wir uns gleich überlegen, dass damit auch der affine Lösungsraum genau die Dimension n hat. Er ist also endlichdimensional.

Noch einige Worte zu den Voraussetzungen des Satzes von Picard-Lindelöf: Da die Funktion $\boldsymbol{F}$ bei einem linearen Differenzialgleichungssystem linear in $\boldsymbol{y}$ ist, kann man die Konstante b beliebig groß wählen. Ferner ist $\boldsymbol{F}$ als lineare Funktion bezüglich $\boldsymbol{y}$ auch stetig differenzierbar. Man kann also den Mittelwertsatz anwenden und erhält

$$\begin{aligned} &\boldsymbol{F}(x, \boldsymbol{y}_1(x)) - \boldsymbol{F}(x, \boldsymbol{y}_2(x)) \\ &\quad = \sum_{k=1}^{n} \sum_{j=1}^{n} \frac{\partial F_k(x, \boldsymbol{z}_k)}{\partial y_j} \left(y_{j1}(x) - y_{j2}(x)\right) \boldsymbol{e}_k \\ &\quad = \boldsymbol{A}(x)\left(\boldsymbol{y}_1(x) - \boldsymbol{y}_2(x)\right). \end{aligned}$$

Dabei ist $\boldsymbol{z}_k \in \mathbb{C}^n$ ein Vektor, dessen Komponenten zwischen denen von $\boldsymbol{y}_1(x)$ und $\boldsymbol{y}_2(x)$ liegen. Die Ableitungen von $\boldsymbol{F}$ nach den Komponenten von $\boldsymbol{y}$ sind aber gerade die Spalten der Matrix $\boldsymbol{A}$, und diese sind nicht mehr von den $\boldsymbol{z}_k$ abhängig. Bezeichnet man mit a_{jk} das entsprechende Element von $\boldsymbol{A}$, so ergibt sich die Abschätzung

$$\begin{aligned} &\max_{j=1,\dots,n} \left| F_j(x, \boldsymbol{y}_1(x)) - F_j(x, \boldsymbol{y}_2(x)) \right| \\ &\quad \le \left(\max_{j=1,\dots,n} \sum_{k=1}^{n} |a_{jk}(x)| \right) \max_{j=1,\dots,n} \left| y_{j1}(x) - y_{j2}(x) \right|. \end{aligned}$$

Die Beschränktheit der a_{jk} auf I garantiert also bei einem linearen Differenzialgleichungssystem immer die Existenz der Lösung auf ganz I.

Beispiel In einem Beispiel auf S. 500 hatten wir uns mit der Euler'schen Differenzialgleichung

$$x^2\, y''(x) + x\, y'(x) - y(x) = 0, \quad x > 0,$$

Teil IV

beschäftigt und ihre allgemeine Lösung als

$$y(x) = c_1\, x + \frac{c_2}{x}$$

angegeben. Als Differenzialgleichungssystem erster Ordnung schreibt sich diese Gleichung mit den Substitutionen $u = y$, $v = y'$ als

$$\begin{pmatrix} u' \\ v' \end{pmatrix} = \begin{pmatrix} 0 & 1 \\ \frac{1}{x^2} & -\frac{1}{x} \end{pmatrix} \begin{pmatrix} u \\ v \end{pmatrix}.$$

Es gilt dann:

$$\max_{j=1,\dots,n} \sum_{k=1}^{n} |a_{jk}(x)| = \begin{cases} \frac{1}{x^2} + \frac{1}{x}, & 0 < x < \frac{1+\sqrt{5}}{2} \\ 1, & x \geq \frac{1+\sqrt{5}}{2} \end{cases}$$

Man sieht hier, dass der Satz von Picard-Lindelöf für $x \to 0$ keine Aussage macht, da die Lipschitz-Konstante dann gegen unendlich geht. Dies entspricht der aus Kap. 13 bekannten Tatsache, dass Lösungen von Euler'schen Differenzialgleichungen an der Stelle 0 entweder eine Singularität oder eine Nullstelle besitzen und daher ein Anfangswert an dieser Stelle zu keinem vernünftigen Problem führt.

In einer Umgebung der Stelle $x_0 = 1$ haben wir aber für jeden Anfangsvektor $(u_0, v_0)^\mathrm{T} \in \mathbb{C}^2$ genau eine Lösung, das heißt, wir erwarten einen zweidimensionalen Lösungsraum. Unsere Formel oben für die allgemeine Lösung spiegelt das durch ihre beiden Integrationskonstanten wider. Allerdings bleibt noch die Frage, ob diese Formel wirklich einen zweidimensionalen Raum definiert. ◀

Teil IV

Selbstfrage 7

Bestimmen Sie für das lineare System

$$\boldsymbol{y}'(x) = \begin{pmatrix} x & \frac{1}{1+x^2} \\ \sin x & x^2 \end{pmatrix} \boldsymbol{y}(x), \quad x \in [0, 1],$$

eine Lipschitz-Konstante bezüglich $\boldsymbol{y}$.

Ein Fundamentalsystem ist eine Basis des Lösungsraums der homogenen Gleichung

Die zuletzt im Beispiel aufgeworfene Frage zwingt uns dazu, nach einer Basis der Lösungsmenge zu suchen, genauer: nach einer Basis des Lösungsraums der zugehörigen homogenen Gleichung. Es geht also um die lineare Unabhängigkeit von Funktionen. Dabei hilft uns keine anschauliche Vorstellung des Begriffs *linear unabhängig* weiter. Der einzige mögliche Zugang ist die abstrakte Definition.

Im Beispiel oben müssen wir untersuchen, ob die Funktionen x und $1/x$ über $\mathbb{C}$ in $C^1(0, 2)$ linear unabhängig sind. Wir wählen also eine Linearkombination aus, die die Nullfunktion ergeben soll,

$$c_1\, x + c_2\, \frac{1}{x} = 0, \qquad \text{für alle } x \in (0, 2)$$

mit $c_1, c_2 \in \mathbb{C}$. Diese Gleichung muss richtig interpretiert werden: Es geht hier nicht darum, sie für eine isolierte Stelle x zu erfüllen, sondern für alle x aus dem entsprechenden Intervall. Nur die Nullfunktion ist der Nullvektor in $C^1(0, 2)$.

Da die Gleichung für alle x gelten soll, muss sie zum Beispiel für $x = 1$ und für $x = 3/2$ richtig sein. Damit erhalten wir ein lineares Gleichungssystem,

$$\begin{aligned} c_1 + c_2 &= 0, \\ 9c_1 + 4c_2 &= 0. \end{aligned}$$

Dieses Gleichungssystem besitzt nur die triviale Lösung $c_1 = c_2 = 0$. Es folgt, dass die Funktionen linear unabhängig sind. Sie bilden also eine Basis des Lösungsraums der homogenen Differenzialgleichung $x^2 y''(x) + xy'(x) - y(x) = 0$.

Selbstfrage 8

Gegeben sind die Funktionen

$$f_1(x) = \sin x, \quad f_2(x) = \cos x, \quad f_3(x) = \sin\left(x + \frac{\pi}{3}\right),$$

jeweils für $x \in [0, 2\pi]$. Welche der Mengen

$$\{f_1, f_2\}, \quad \{f_1, f_3\}, \quad \{f_1, f_2, f_3\}$$

sind linear unabhängig?

Statt von einer Basis des Lösungsraums der zugehörigen homogenen Gleichung spricht man bei Differenzialgleichungssystemen kurz von einem **Fundamentalsystem**. Wenn wir in Kap. 13 also nach den allgemeinen Lösungen von homogenen Differenzialgleichungen geforscht haben, so haben wir nichts anderes getan, als deren Fundamentalsysteme aufzustellen. Die allgemeine Lösung der homogenen Gleichung ergibt sich dann als Linearkombination der Elemente des Fundamentalsystems.

Die Suche nach der partikulären Lösung der inhomogenen Gleichung entspricht dem Auffinden eines Aufpunktes des affinen Lösungsraums. An diesen wird der vom Fundamentalsystem aufgespannte Vektorraum angehängt, siehe Abb. 28.11.

Wie gelangen wir nun zu einer allgemeinen Aussage über die Existenz von Fundamentalsystemen? Dazu betrachten wir ein homogenes lineares Differenzialgleichungssystem

$$\boldsymbol{y}'(x) = \boldsymbol{A}(x)\, \boldsymbol{y}(x), \quad x \in I,$$

wobei die Elemente der Matrix $\boldsymbol{A}$ auf dem Intervall I stetig und beschränkt sein sollen. Für ein Anfangswertproblem mit Anfangswerten an einer beliebigen Stelle $\hat{x} \in I$ sind dann die

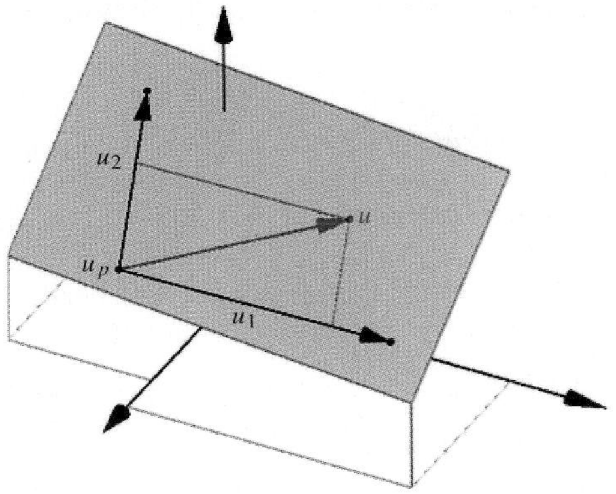

Abb. 28.11 Der Lösungsraum einer linearen Differenzialgleichung ist ein affiner Raum: An eine partikuläre Lösung u_p wird der von den Elementen u_j des Fundamentalsystems aufgespannte Vektorraum angehängt. Jede Lösung u der linearen Differenzialgleichung kann so dargestellt werden

Voraussetzungen des Satzes von Picard-Lindelöf erfüllt. Als Anfangswerte wählen wir nacheinander die Koordinateneinheitsvektoren im $\mathbb{R}^n$,

$$\boldsymbol{y}(\hat{x}) = \boldsymbol{e}_j, \quad j = 1, \ldots, n.$$

Für jeden dieser Anfangswerte existiert genau eine Lösungsfunktion $\boldsymbol{y}_j$ auf I. Ferner müssen diese Lösungen linear unabhängig sein, denn aus

$$\sum_{j=1}^{n} \lambda_j \boldsymbol{y}_j(x) = 0, \quad x \in I,$$

folgt nämlich erst recht

$$0 = \sum_{j=1}^{n} \lambda_j \boldsymbol{y}_j(\hat{x}) = \sum_{j=1}^{n} \lambda_j \boldsymbol{e}_j.$$

Da die Koordinateneinheitsvektoren im $\mathbb{R}^n$ linear unabhängig sind, folgt $\lambda_j = 0, j = 1, \ldots, n$, also die lineare Unabhängigkeit der $\boldsymbol{y}_j$. Damit haben wir das folgende Ergebnis gefunden.

Existenz von Fundamentalsystemen

Ist $\boldsymbol{A}\colon I \to \mathbb{C}^{n\times n}$ die Matrixfunktion in einem homogenen linearen Differenzialgleichungssystem $\boldsymbol{y}'(x) = \boldsymbol{A}(x)\,\boldsymbol{y}(x)$ und sind die Koeffizientenfunktionen von $\boldsymbol{A}$ stetig und beschränkt, so besitzt das Differenzialgleichungssystem ein Fundamentalsystem $\{\boldsymbol{y}_1, \ldots, \boldsymbol{y}_n\}$ mit Funktionen $\boldsymbol{y}_j\colon I \to \mathbb{C}^n$.

Dieses Ergebnis lässt sich durch die Möglichkeit, jedes beliebige System von linearen Differenzialgleichungen auf ein System erster Ordnung zu transformieren, auch für entsprechende Anfangswertprobleme mit anderen Systemen formulieren. Ein für uns besonders interessanter Fall ist eine einzelne Differenzialgleichung n-ter Ordnung, da wir Differenzialgleichungen dieses Typs in Kap. 13 ausführlich behandelt haben.

Wir betrachten also ein Anfangswertproblem mit der Gleichung

$$a_n(x)\, y^{(n)}(x) + \cdots + a_1(x)\, y'(x) + a_0(x) y(x) = f(x)$$

mit Anfangswerten

$$y(x_0) = y_{0,0}, \quad y'(x_0) = y_{1,0}, \quad \ldots \quad y^{(n-1)}(x) = y_{n-1,0}.$$

Die Funktionen $a_j, j = 0, \ldots, n$ sollen in einer Umgebung von x_0 beschränkt und stetig sein. Außerdem soll $a_n(x_0) \neq 0$ sein. Dann dürfen wir sogar annehmen, dass eine Konstante $C > 0$ existiert mit

$$|a_n(x)| \geq C$$

für alle x aus einer Umgebung von x_0.

Mit der üblichen Substitution,

$$v_1(x) = y(x), \ldots, v_n(x) = y^{(n-1)}(x),$$

und $\boldsymbol{v} = (v_1, \ldots, v_n)^{\mathrm{T}}$ ergibt sich das lineare System

$$\boldsymbol{v}'(x) = \boldsymbol{A}(x)\, \boldsymbol{v}(x) + \boldsymbol{f}(x)$$

mit der Matrix

$$\boldsymbol{A}(x) = \begin{pmatrix} 0 & 1 & 0 & \cdots & 0 \\ 0 & 0 & \ddots & \ddots & \vdots \\ \vdots & \vdots & \ddots & \ddots & 0 \\ 0 & 0 & \cdots & 0 & 1 \\ -\frac{a_0(x)}{a_n(x)} & \cdots & \cdots & \cdots & -\frac{a_{n-1}(x)}{a_n(x)} \end{pmatrix}$$

und der Inhomogenität

$$\boldsymbol{f}(x) = \left(0, \ldots, 0, \frac{f(x)}{a_n(x)}\right)^{\mathrm{T}}.$$

Die Anfangswerte ergeben sich zu

$$\boldsymbol{v}(x_0) = \boldsymbol{y}_0 = (y_{0,0}, y_{1,0}, \ldots, y_{n-1,0})^{\mathrm{T}}.$$

Durch die Substitution erhalten wir also ein Anfangswertproblem für ein lineares Differenzialgleichungssystem erster Ordnung. Wegen dieser Entsprechung der Probleme sind auch die Lösungsräume ganz analog aufgebaut. Insbesondere heißt eine Menge von n auf demselben Intervall definierten Lösungsfunktionen einer linearen Differenzialgleichung ein **Fundamentalsystem**, wenn diese Funktionen über $\mathbb{C}$ (bzw. über $\mathbb{R}$) linear unabhängig sind.

Aufgrund der oben gemachten Voraussetzungen an die Koeffizientenfunktionen a_j sind nun alle Einträge in der Matrix $\boldsymbol{A}$ in einer Umgebung von x_0 beschränkt und stetig. Damit können

Teil IV

Vertiefung: Variation der Konstanten

Für einzelne lineare Differenzialgleichungen erster Ordnung wurde in Kap. 13 der Ansatz der Variation der Konstanten vorgestellt, um eine partikuläre Lösung der inhomogenen Gleichung zu bestimmen. Um diese Methode auf Differenzialgleichungen höherer Ordnung zu übertragen, muss man ein Fundamentalsystem der zugehörigen homogenen Gleichung kennen.

Bei einer Differenzialgleichung erster Ordnung der Form

$$y'(x) = g(x)\,y(x) + f(x), \quad x \in I,$$

kann die allgemeine Lösung der zugehörigen homogenen Gleichung durch Separation angegeben werden,

$$y_h(x) = c\,\exp\left(\int_{x_0}^{x} g(t)\,\mathrm{d}t\right), \quad x \in I.$$

Hierbei ist x_0 irgendeine Stelle aus I und c eine Integrationskonstante. Eine Möglichkeit, eine partikuläre Lösung der inhomogenen Gleichung zu bestimmen, besteht darin, die Konstante c durch eine Funktion $c\colon I \to \mathbb{C}$ zu ersetzen. Durch Einsetzen erhält man eine Gleichung für deren Ableitung c'.

Will man dieses Verfahren für eine Differenzialgleichung n-ter Ordnung

$$a_n(x)\,y^{(n)}(x) + \cdots + a_0(x)y(x) = f(x)$$

für $x \in I$ verallgemeinern, so benötigt man zunächst ebenfalls einen Ausdruck für die allgemeine Lösung der homogenen Differenzialgleichung. Mit einem Fundamentalsystem $\{y_1, \ldots, y_n\}$ kann man diese als

$$y_h(x) = \sum_{j=1}^{n} c_j\,y_j(x), \quad x \in I,$$

darstellen. Statt der Konstanten wählt man jetzt Funktionen als Ansatz für die partikuläre Lösung,

$$y_p(x) = \sum_{j=1}^{n} c_j(x)\,y_j(x), \quad x \in I.$$

Durch diesen Ansatz haben wir zunächst sehr viel mehr Freiheiten, als wir zur Bestimmung von y_p benötigen: Der Ansatz enthält n zu bestimmende Funktionen, wenn wir ihn aber in die Differenzialgleichung einsetzen, erhalten wir nur eine einzige Bedingung zur Bestimmung der c_j. Allerdings ist diese Bedingung recht kompliziert, daher liegt der Gedanke nahe, weitere Bedingungen zu formulieren, die die Sache einfacher machen.

Dazu betrachten wir die erste Ableitung von y_p,

$$y_p'(x) = \sum_{j=1}^{n} c_j'(x)\,y_j(x) + \sum_{j=1}^{n} c_j(x)\,y_j'(x), \quad x \in I.$$

Um die Rechnung so einfach wie möglich zu halten, wollen wir möglichst nicht mit höheren Ableitungen der c_j zu tun bekommen. Daher fordern wir

$$\sum_{j=1}^{n} c_j'(x)\,y_j(x) = 0.$$

Analog verfahren wir mit den höheren Ableitungen von y_p: Stets werden alle Terme, die Ableitungen der c_j enthalten, zusammengefasst und zu null gesetzt. Das liefert die $n-1$ Bedingungen

$$\sum_{j=1}^{n} c_j'(x)\,y_j^{(k)}(x) = 0, \quad k = 0, \ldots, n-2.$$

Die so vereinfachten Ausdrücke für die Ableitungen von y_p werden nun in die Differenzialgleichung eingesetzt, und es ergibt sich

$$\sum_{j=1}^{n} c_j'(x)\,y_j^{(n-1)}(x) = \frac{f(x)}{a_n(x)}.$$

Insgesamt erhalten wir also ein lineares Gleichungssystem mit n Gleichungen für die n Unbekannten $c_j'(x), j = 1, \ldots, n$.

Als Beispiel betrachten wir die Gleichung

$$x^2\,y''(x) - 2\,y(x) = x, \quad x > 0,$$

mit dem Fundamentalsystem $\{x^2, 1/x\}$. Der Ansatz lautet also

$$y_p(x) = c_1(x)\,x^2 + \frac{c_2(x)}{x}, \quad x > 0.$$

Die erste Ableitung ist

$$y_p'(x) = c_1'(x)\,x^2 + \frac{c_2'(x)}{x} + 2\,c_1(x)\,x - \frac{c_2(x)}{x^2}.$$

Mit der Forderung $c_1'(x)\,x^2 + c_2'(x)/x = 0$ ist die zweite Ableitung

$$y_p''(x) = 2\,c_1'(x)\,x - \frac{c_2'(x)}{x^2} + 2\,c_1(x) + 2\,\frac{c_2(x)}{x^3}.$$

Setzen wir die Ausdrücke für y_p und y_p'' in die Differenzialgleichung ein, so bleibt die Gleichung

$$2\,c_1'(x)\,x^3 - c_2'(x) = x.$$

Aus der Forderung oben und dieser Gleichung ergibt sich nun $c_1'(x) = 1/(3x^2)$ und $c_2'(x) = -x/3$. Damit folgt

$$y_p(x) = -\frac{1}{3x}\,x^2 - \frac{x^2}{6}\,\frac{1}{x} = -\frac{1}{2}\,x, \quad x > 0.$$

Teil IV

wir die Aussage über die Existenz eines Fundamentalsystems für ein System erster Ordnung von oben sofort sinngemäß auf eine lineare Differenzialgleichung erster Ordnung übertragen. Das Ergebnis ist die folgende Aussage.

Existenz eines Fundamentalsystems für eine lineare Differenzialgleichung n-ter Ordnung

Wir betrachten eine lineare homogene Differenzialgleichung

$$a_n(x)y^{(n)}(x) + \cdots + a_0(x)y(x) = 0$$

mit stetigen und beschränkten Koeffizientenfunktionen $a_j\colon I \to \mathbb{C}$. Ferner soll $|a_n(x)| \geq C > 0$ für alle $x \in I$ gelten. Dann besitzt die Differenzialgleichung ein Fundamentalsystem $\{y_1, \dots, y_n\}$ mit Funktionen $y_j\colon I \to \mathbb{C}$.

Beispiel Wir betrachten die Legendre'sche Differenzialgleichung n-ter Ordnung

$$(1 - x^2)\, u''(x) - 2x\, u'(x) + n\,(n+1)\, u(x) = 0.$$

Auf jedem abgeschlossenen Intervall I, das die Punkte ± 1 nicht enthält, sind die Voraussetzungen der obigen Aussage über die Existenz eines Fundamentalsystems erfüllt. Man findet dann für jedes n tatsächlich zwei linear unabhängige Lösungen. Die eine ist das Legendre-Polynom n-ter Ordnung,

$$p_n(x) = \frac{1}{2^n\, n!}\, \frac{\mathrm{d}^n}{\mathrm{d}x^n}\, (x^2 - 1)^n, \quad x \in \mathbb{R}.$$

Die andere Funktion ist die Legendre-Funktion 2. Art q_n, die man mit der Kenntnis des Legendre-Polynoms mit der Methode der Reduktion der Ordnung bestimmen kann.

Für den Fall $n = 1$ gilt

$$\begin{aligned} p_1(x) &= x, & x &\in \mathbb{R}, \\ q_1(x) &= \frac{x}{2} \ln\left(\frac{1+x}{1-x}\right) - 1, & x &\in \mathbb{R} \setminus \{-1, 1\}. \end{aligned}$$

Enthält also das Intervall I, auf dem die Differenzialgleichung betrachtet wird, die Stellen 1 oder -1, so existiert kein Fundamentalsystem, denn q_1 ist an dieser Stelle nicht definiert. Dasselbe gilt für die Legendre-Funktionen 2. Art für andere Ordnungen. Mehr zu diesem Thema finden Sie im Kap. 34 zu speziellen Funktionen. ◄

Selbstfrage 9

Auf welchen Intervallen besitzt die homogene lineare Differenzialgleichung

$$\frac{1 - \exp(-x^2)}{1 + x^2}\, u''(x) + \frac{1}{x - 1}\, u'(x) - \sin(x)\, u(x) = 0$$

nach der Aussage oben sicher ein Fundamentalsystem?

Systeme mit konstanten Koeffizienten führen auf Eigenwertprobleme

Die am leichtesten zu lösenden linearen Differenzialgleichungen höherer Ordnung waren in Kap. 13 die Gleichungen mit konstanten Koeffizienten. Hier hatte der Exponentialansatz zum Ziel geführt.

Mit den Überlegungen aus dem vorangegangenen Abschnitt können wir diesen Ansatz nun besser motivieren. Eine lineare Differenzialgleichung mit konstanten Koeffizienten kann zu einem System erster Ordnung umgeformt werden. Aus der Gestalt der dabei entstandenen Matrix $\boldsymbol{A}$ erkennt man, dass dann auch dieses System wieder konstante Koeffizienten besitzt. In diesem Abschnitt wollen wir nun ganz allgemein Systeme betrachten, bei denen die Matrix nur Konstanten als Einträge hat.

Nehmen wir an, dass diese Matrix einen Eigenvektor $\boldsymbol{w}$ zu einem Eigenwert λ besitzt, so können wir den Ansatz

$$\boldsymbol{y}(x) = \boldsymbol{w}\, u(x)$$

machen, wobei $u\colon I \to \mathbb{C}$ eine skalarwertige Funktion sein soll. Dieser Ansatz führt auf

$$\boldsymbol{w}\, u'(x) = \boldsymbol{y}'(x) = \boldsymbol{A}\boldsymbol{y}(x) = \boldsymbol{A}\boldsymbol{w}\, u(x) = \lambda\, \boldsymbol{w}\, u(x).$$

Es muss also

$$u'(x) = \lambda\, u(x)$$

gelten, damit $\boldsymbol{y}$ eine Lösung des Systems ist. Diese einfache gewöhnliche Differenzialgleichung können wir sofort durch Separation lösen und erhalten $u(x) = C\, \exp(\lambda x)$.

Jeder Eigenvektor von $\boldsymbol{A}$ liefert uns also eine zugehörige Lösungsfunktion in der Gestalt eines Produkts aus Eigenvektor und Exponentialfunktion mit dem Eigenwert im Exponenten. Unsere Überlegungen zur Diagonalisierbarkeit von linearen Abbildungen aus Kap. 18 liefern uns nun die folgenden weiteren Resultate fast wie von selbst.

- Ist die Matrix $\boldsymbol{A}$ diagonalisierbar, so besitzt der $\mathbb{C}^n$ eine Basis von linear unabhängigen Eigenvektoren $(\boldsymbol{w}_1, \dots \boldsymbol{w}_n)$ von $\boldsymbol{A}$ mit zugehörigen Eigenwerten $\lambda_1, \dots, \lambda_n$. Dabei müssen diese Eigenwerte nicht unbedingt alle verschieden sein.
  Wir erhalten dann durch
  $$\{\boldsymbol{w}_1 \exp(\lambda_1 x),\ \dots,\ \boldsymbol{w}_n \exp(\lambda_n x)\}$$
  ein Fundamentalsystem des Differenzialgleichungssystems. Aus der linearen Unabhängigkeit der Eigenvektoren folgt sofort auch die lineare Unabhängigkeit dieser Lösungsfunktionen.
- Ist A nicht diagonalisierbar, so ist die Situation etwas komplizierter. Es gibt dann Eigenwerte, für die die Dimension des zugehörigen Eigenraumes kleiner ist als die Vielfachheit dieses Eigenwerts als Nullstelle des charakteristischen Polynoms.

Der Eigenraum kann auch als $\operatorname{Ker}(A-\lambda\mathbf{E}_n)$ geschrieben werden. In dem hier auftretenden Fall betrachtet man dann auch $\operatorname{Ker}(A-\lambda\mathbf{E}_n)^k$ für größere k. Eine vollständige Analyse liefert die Theorie der *Jordan-Normalformen* von Matrizen, die im optionalen Abschn. 18.8 behandelt wurde. Im Detail soll das hier nicht betrachtet werden. Wir verweisen stattdessen auf die Literatur (zum Beispiel Harro Heuser: *Gewöhnliche Differentialgleichungen.* 3. Aufl., Teubner-Verlag, 2006), wollen aber ein rechnerisches Beispiel betrachten.

Beispiel

- Wir betrachten zunächst ein Differenzialgleichungssystem

$$\boldsymbol{y}'(x) = \boldsymbol{A}\,\boldsymbol{y}(x)$$

mit

$$\boldsymbol{A} = \begin{pmatrix} 0 & -4 & 4 \\ 0 & 2 & 0 \\ -2 & -4 & 6 \end{pmatrix}.$$

Die Matrix besitzt das charakteristische Polynom

$$(\lambda-4)(\lambda-2)^2,$$

also die Eigenwerte $\lambda_1 = 4$ und $\lambda_2 = 2$. Die zugehörigen Eigenräume sind

$$\operatorname{Eig}(4) = \left\langle \begin{pmatrix} 1 \\ 0 \\ 1 \end{pmatrix} \right\rangle \quad \text{und} \quad \operatorname{Eig}(2) = \left\langle \begin{pmatrix} 2 \\ -1 \\ 0 \end{pmatrix}, \begin{pmatrix} 0 \\ 2 \\ 2 \end{pmatrix} \right\rangle.$$

Damit ist die Menge

$$\left\{ \begin{pmatrix} 1 \\ 0 \\ 1 \end{pmatrix} \mathrm{e}^{4x}, \begin{pmatrix} 2 \\ -1 \\ 0 \end{pmatrix} \mathrm{e}^{2x}, \begin{pmatrix} 0 \\ 2 \\ 2 \end{pmatrix} \mathrm{e}^{2x} \right\}$$

ein Fundamentalsystem der Differenzialgleichung.

- Nun betrachten wir das Differenzialgleichungssystem

$$\boldsymbol{y}'(x) = \boldsymbol{A}\,\boldsymbol{y}(x)$$

mit der Matrix

$$\boldsymbol{A} = \begin{pmatrix} 4 & 0 & 0 & 0 \\ 0 & 2 & 0 & 0 \\ 0 & 1 & 2 & 0 \\ 0 & 0 & 1 & 2 \end{pmatrix}.$$

Man kann direkt ablesen, dass auch die Matrix nur die Eigenwerte $\lambda_1 = 4$ und $\lambda_2 = 2$ besitzt. Beide zugehörigen Eigenräume haben allerdings nur die Dimension 1. Zum Eigenwert 4 gehört gerade der Eigenvektor $\boldsymbol{e}_1$, zum Eigenwert 2 der Eigenvektor $\boldsymbol{e}_4$. Damit haben wir vorerst nur zwei linear unabhängige Lösungen gefunden, nämlich

$$\boldsymbol{y}_1(x) = \boldsymbol{e}_1 \exp(4x) \quad \text{und} \quad \boldsymbol{y}_2(x) = \boldsymbol{e}_4 \exp(2x).$$

Um weitere Lösungen zu bestimmen, lesen wir an der Matrix ab, dass

$$(\boldsymbol{A} - 2\,\boldsymbol{E}_4)\,\boldsymbol{e}_3 = \boldsymbol{e}_4$$

ist. Da $\boldsymbol{e}_4$ Eigenvektor ist, folgt

$$(\boldsymbol{A} - 2\,\boldsymbol{E}_4)^2\boldsymbol{e}_3 = \boldsymbol{0}.$$

Wir wählen den Ansatz

$$\boldsymbol{y}(x) = (\boldsymbol{e}_3 + u(x)\,\boldsymbol{e}_4)\exp(2x).$$

Ableiten und Einsetzen liefert

$$\begin{aligned} \boldsymbol{y}'(x) - \boldsymbol{A}\boldsymbol{y}(x) &= (2\,\boldsymbol{e}_3 + 2\,u(x)\,\boldsymbol{e}_4 + u'(x)\,\boldsymbol{e}_4)\exp(2x) \\ &\quad - (2\,\boldsymbol{e}_3 + \boldsymbol{e}_4 + 2\,u(x)\,\boldsymbol{e}_4)\exp(2x) \\ &= (u'(x) - 1)\,\boldsymbol{e}_4 \exp(2x). \end{aligned}$$

Also erhalten wir eine Lösung durch $u(x) = x$, d. h.

$$\boldsymbol{y}_3(x) = (\boldsymbol{e}_3 + x\,\boldsymbol{e}_4)\exp(2x).$$

Für die vierte Funktion des Fundamentalsystems verwenden wir

$$(\boldsymbol{A} - 2\,\boldsymbol{E}_4)\,\boldsymbol{e}_2 = \boldsymbol{e}_3,$$

also

$$(\boldsymbol{A} - 2\,\boldsymbol{E}_4)^3\,\boldsymbol{e}_2 = \boldsymbol{0}.$$

Damit findet man die Lösung

$$\boldsymbol{y}_4(x) = (2\boldsymbol{e}_2 + 2x\,\boldsymbol{e}_3 + x^2\,\boldsymbol{e}_4)\exp(2x).$$

Aus den Ansätzen, die wir für $\boldsymbol{y}_3$ und $\boldsymbol{y}_4$ gewählt haben, folgt direkt, dass die 4 Funktionen linear unabhängig über $\mathbb{C}$ sind. Somit ist das Fundamentalsystem ermittelt. ◀

Meist hat eine Matrix allerdings nicht eine solch einfache Gestalt, an der man die Eigenvektoren ablesen kann. Dann berechnet man zunächst die Eigenwerte als Nullstellen des charakteristischen Polynoms und dann die Vektoren als Lösungen der homogenen Gleichungssysteme $(A-\lambda\mathbf{E}_n)^k x = 0$ für $k = 1, 2, \ldots$

Selbstfrage 10

Bestimmen Sie ein Fundamentalsystem für das homogene lineare Differenzialgleichungssystem

$$\boldsymbol{y}'(x) = \frac{1}{12}\begin{pmatrix} 16 & 12 & -8 \\ 6 & -6 & -12 \\ 5 & -3 & 2 \end{pmatrix}\boldsymbol{y}(x).$$

Eine formal elegante Methode für die Lösung eines linearen Differenzialgleichungssystems mit konstanten Koeffizienten ist durch die Exponentialfunktion für Matrizen gegeben, die in Kap. 18 eingeführt wurde. Für die Ableitung dieser matrixwertigen Funktion gilt

$$\left(e^{At}\right)' = e^{At}\boldsymbol{A} = \boldsymbol{A}\,e^{At},$$

wobei die letzte Gleichheit direkt aus der Definition der Exponentialfunktion folgt. Somit kann man nachrechnen, dass die Lösung des Anfangswertproblems

$$\boldsymbol{y}'(t) = \boldsymbol{A}\,\boldsymbol{y}(t), \quad \boldsymbol{y}(t_0) = \boldsymbol{y}_0,$$

durch

$$\boldsymbol{y}(t) = \exp(\boldsymbol{A}(t-t_0))\,\boldsymbol{y}_0$$

gegeben ist. Besonders elegant dabei ist, dass die Lösung in dieser Form direkt analog zur Lösung im eindimensionalen Fall ist.

Für eine diagonalisierbare Matrix $\boldsymbol{A} \in \mathbb{C}^{n\times n}$ mit Eigenwerten $\lambda_1, \ldots, \lambda_n$ und zugehörigen Eigenvektoren $\boldsymbol{v}_1, \ldots, \boldsymbol{v}_n$ können wir schön nachrechnen, dass sich die vorher gefundene Darstellung der Lösung mit der neuen deckt. Mit den Eigenvektoren geschrieben, ist die Lösung

$$\boldsymbol{y}(t) = \sum_{j=1}^{n} c_j\,\boldsymbol{v}_j\,e^{\lambda_j(t-t_0)}.$$

Die Koeffizienten c_j müssen dabei so gewählt sein, dass die Anfangsbedingung erfüllt ist. Bezeichnen wir mit $\boldsymbol{c}$ den Vektor der c_j und mit $\boldsymbol{V}$ die Matrix mit den Eigenvektoren von $\boldsymbol{A}$ als Spalten, bedeutet dies

$$\boldsymbol{V}\boldsymbol{c} = \boldsymbol{y}_0, \quad \text{oder} \quad \boldsymbol{c} = \boldsymbol{V}^{-1}\boldsymbol{y}_0.$$

Mit der Darstellung der Exponentialfunktion für Matrizen über die Eigenwerte und -vektoren von $\boldsymbol{A}$ folgt also:

$$\begin{aligned}
e^{\boldsymbol{A}(t-t_0)} &= \boldsymbol{V}\begin{pmatrix} e^{\lambda_1(t-t_0)} & & \\ & \ddots & \\ & & e^{\lambda_n(t-t_0)} \end{pmatrix}\boldsymbol{V}^{-1}\boldsymbol{y}_0 \\
&= \boldsymbol{V}\begin{pmatrix} e^{\lambda_1(t-t_0)} & & \\ & \ddots & \\ & & e^{\lambda_n(t-t_0)} \end{pmatrix}\boldsymbol{c} \\
&= (\boldsymbol{v}_1 \cdots \boldsymbol{v}_n)\begin{pmatrix} c_1\,e^{\lambda_1(t-t_0)} \\ \vdots \\ c_n\,e^{\lambda_n(t-t_0)} \end{pmatrix} \\
&= \sum_{j=1}^{n} c_j\boldsymbol{v}_j e^{\lambda_j(t-t_0)}.
\end{aligned}$$

Kommentar Die Exponentialfunktion für Matrizen bietet eine kurze, suggestive und elegante Notation für die Lösung von linearen Differenzialgleichungssystemen mit konstanten Koeffizienten. Insbesondere wenn die Matrix des Systems nicht diagonalisierbar ist, gibt es keine vergleichbar einfache Möglichkeit, die Lösung aufzuschreiben. Durch Anwendung der in Kap. 18 vorgestellten Rechenregeln für die Exponentialfunktion für Matrizen, kann die Lösung in dieser Form auch gut für weitere Überlegungen eingesetzt werden. Es bleibt dabei aber stets eine theoretische Darstellung der Lösung: Für das konkrete Ausrechnen führt kein Weg an der Bestimmung der Eigenwerte und Eigenvektoren bzw. der Jordannormalform der Matrix vorbei. ◀

Viele Probleme lassen sich durch Differenzialgleichungssysteme mit konstanten Koeffizienten beschreiben. Ein klassisches Problem aus der Mechanik, die Kopplung von zwei Fadenpendel durch eine Feder, ist in der Anwendung auf S. 1064 beschrieben. In der Elektrotechnik hingegen werden elektrische Netzwerke als Verallgemeinerungen elektrischer Schwingkreise betrachtet.

Anwendungsbeispiel Statt mit einfachen geschlossenen Stromkreisen hat man es in der Praxis häufig mit komplizierteren Anordnung von Widerständen, Kondensatoren, Spulen und Spannungsquellen zu tun, bei denen verschiedene dieser Objekte parallel oder in Serie geschaltet sind. Ein noch recht einfaches Beispiel zeigt die Abb. 28.12.

Um ein mathematisches Modell für solche elektrische Netzwerke herzuleiten, benötigt man die Kirchhoff'schen Gesetze:

- In jedem Punkt des Netzwerkes ist die Summe der Ströme, also der zufließenden und der abfließenden Ströme, gleich null.
- In jeder geschlossenen Schleife im Netzwerk ist die Summe der Spannungsabfälle gleich null.

Für das Netzwerk aus der Abb. 28.12 bedeutet dies die drei Gleichungen

$$\begin{aligned}
I_1 - I_2 - I_3 &= 0, \\
U_L - U_{R_2} - U_C &= 0, \\
U_{R_1} + U_L - V &= 0.
\end{aligned}$$

Wir bezeichnen mit $Q(t)$ die Ladung auf den Kondensatorplatten zum Zeitpunkt t. Es ist dann $I_3(t) = Q'(t)$. Verwendet

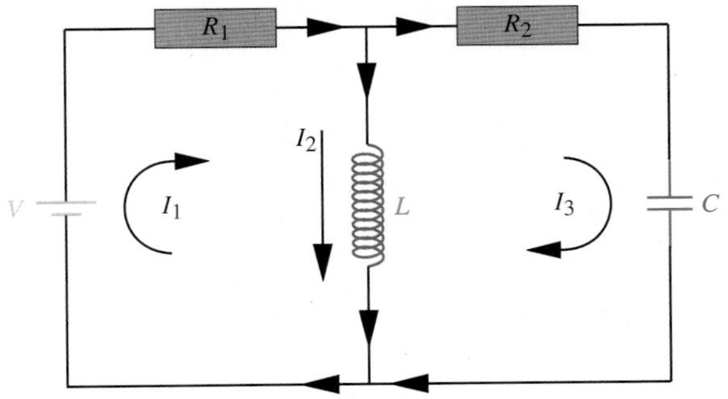

Abb. 28.12 Ein Beispiel für ein einfaches elektrisches Netzwerk mit zwei Schleifen und zwei Knoten. Mit den Kirchhoff'schen Gesetzen lässt sich ein lineares Differenzialgleichungssystem mit konstanten Koeffizienten herleiten

Anwendung: Gekoppelte Pendel

In vielen physikalischen Systemen hat man es mit Schwingungsvorgängen zu tun, die einander beeinflussen. Der einfachste Fall zweier harmonischer Oszillatoren, die durch eine Feder gekoppelt sind, ist ein klassisches Problem der mathematischen Physik. Er lässt sich durch ein System von linearen Differenzialgleichungen mit konstanten Koeffizienten beschreiben.

Bei einem Fadenpendel ist eine Masse m an einem Faden der Länge L aufgehängt. Wird die Masse aus ihrer Ruhelage ausgelenkt, so beginnt sie zu schwingen. Die mathematische Gleichung hierfür hatten wir schon in der Anwendung auf S. 1044 hergeleitet. Sie lautet

$$\varphi''(t) + \frac{g}{L}\sin(\varphi(t)) = 0,$$

wobei $\varphi(t)$ den Winkel bezeichnet, um den das Pendel zum Zeitpunkt t aus der Ruhelage ausgelenkt ist.

Geht man davon aus, dass die Auslenkungen nur klein sind, so kann man die Differenzialgleichung linearisieren. Sie lautet dann

$$\varphi''(t) + \frac{g}{L}\varphi(t) = 0,$$

also einfach die Gleichung des harmonischen Oszillators.

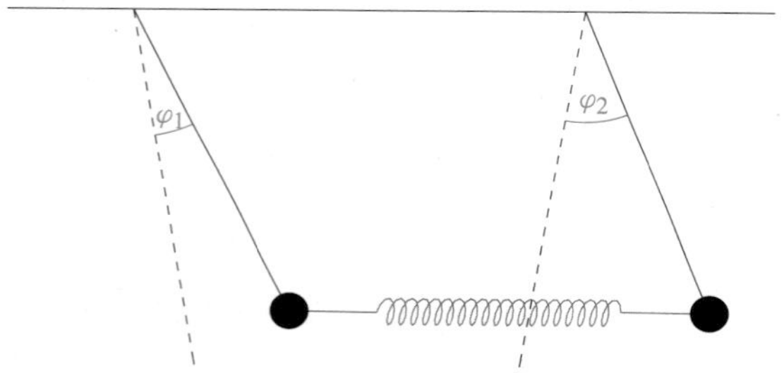

Die Abbildung zeigt nun die Situation, in der zwei Fadenpendel mit gleicher Masse m und gleicher Fadenlänge L nebeneinander aufgehängt und durch eine Feder miteinander verbunden sind. Dabei soll φ_1 die Auslenkung des linken und φ_2 die Auslenkung des rechten Pendels bedeuten. Durch die Kopplung verschiebt sich die Ruhelage des Systems ein wenig aus der Position, in der beide Pendel senkrecht herabhängen. Da wir jedoch ein Linearisierung des Systems um diese Ruhelage betrachten, bereitet dies keine Schwierigkeiten. Zu beachten ist aber, dass die Größen φ_j stets die Auslenkungen der Pendel aus der Ruhelage bezeichnen, wie dies in der Abbildung – plakativ übertrieben – dargestellt ist.

Durch die Feder wirkt eine zusätzliche Kraft auf die beiden Massen. Wiederum im Fall kleiner Auslenkungen, in dem die Linearisierung eine gute Approximation ist, ist diese Kraft proportional zur Differenz der beiden Auslenkungen. Wir erhalten das System

$$\begin{aligned}\varphi_1''(t) &= -\frac{g}{L}\varphi_1(t) - \frac{D}{m}(\varphi_1(t) - \varphi_2(t)),\\ \varphi_2''(t) &= -\frac{g}{L}\varphi_2(t) + \frac{D}{m}(\varphi_1(t) - \varphi_2(t)).\end{aligned}$$

Mit der Substitution $\boldsymbol{y}(t) = (\varphi_1(t), \varphi_1'(t), \varphi_2(t), \varphi_2'(t))$ erhalten wir ein Differenzialgleichungssystem erster Ordnung mit konstanten Koeffizienten,

$$\boldsymbol{y}'(t) = \begin{pmatrix} 0 & 1 & 0 & 0\\ a & 0 & b & 0\\ 0 & 0 & 0 & 1\\ b & 0 & a & 0\end{pmatrix}\boldsymbol{y}(t),$$

mit

$$a = -\frac{g}{L} - \frac{D}{m} \quad \text{und} \quad b = \frac{D}{m}.$$

Wir haben genau diese Anwendung schon einmal im Kap. 17 auf S. 679 betrachtet. Dort wurden die Eigenwerte und Eigenvektoren der Matrix bestimmt. Die Eigenwerte sind $\pm\mathrm{i}\sqrt{g/L}$ und $\pm\mathrm{i}\sqrt{g/L + 2D/m}$. Es treten also harmonische Schwingungen von zwei unterschiedlichen Frequenzen auf. Die zugehörigen Eigenvektoren beschreiben die Schwingung der beiden Pendel in Phase und in entgegengesetzter Phase. Die Frequenz $\sqrt{g/L}$ bei der Schwingung in Phase ist genau die Frequenz eines einzelnen Pendels. In diesem Fall schwingen beide Pendel synchron und *spüren* die koppelnde Feder daher nicht.

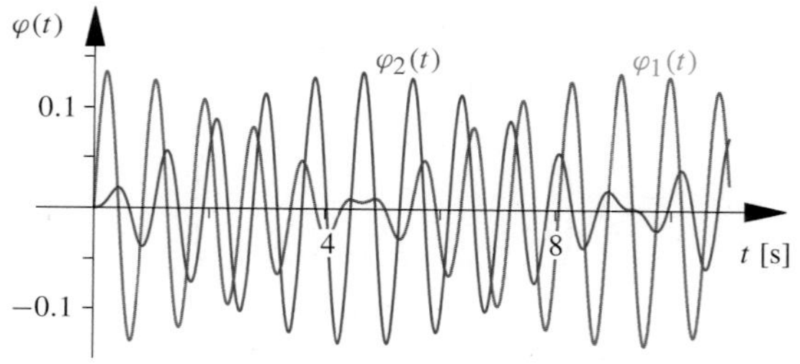

Ein besonders interessanter Fall tritt bei sehr schwacher Kopplung auf, wenn also g/L deutlich größer ist als D/m. Die beiden Eigenwerte sind dann vom Betrag her nahezu gleich groß. Wird nun nur ein Pendel ausgelenkt, so treten Schwebungen auf: Die Bewegungsenergie wandert von einem Pendel zum anderen und wird wieder zurück übertragen. Die Abbildung zeigt eine Illustration für die Werte $g = 10\,\mathrm{m/s^2}$, $L = 0.2\,\mathrm{m}$, $m = 0.2\,\mathrm{kg}$ und $D = 1\,\mathrm{N/m}$.

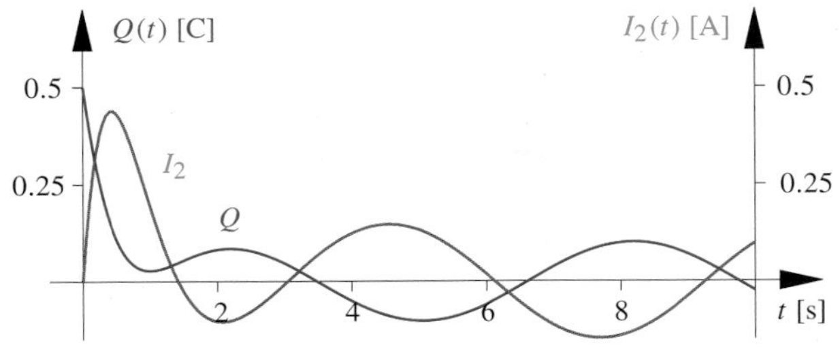

Abb. 28.13 Lösung des Differenzialgleichungssystems für das elektrische Netzwerk aus Abb. 28.12 mit $L = 1\,\mathrm{H}$, $C = 0.1\,\mathrm{F}$, $R_1 = R_2 = 2\,\Omega$ und $V = 0.2\sin(t)$ V sowie $Q(0) = 0.5\,\mathrm{C}$ und $I_2(0) = 0\,\mathrm{A}$ als Anfangswerten

man ferner die bekannten Identitäten für Spannungsabfälle (siehe auch S. 471) und setzt die erste Gleichung in die dritte ein, um I_1 zu eliminieren, so ergibt sich

$$\begin{aligned} L I_2'(t) + R_1 I_2(t) + R_1 Q'(t) &= V(t), \\ L I_2'(t) - R_2 Q'(t) - \frac{1}{C} Q(t) &= 0. \end{aligned}$$

Dies lässt sich noch weiter umschreiben zu

$$\begin{aligned} (R_1 + R_2) Q'(t) &= -R_1 I_2(t) - \frac{1}{C} Q(t) + V(t), \\ (R_1 + R_2) L I_2'(t) &= -R_1 R_2 I_2(t) + \frac{R_1}{C} Q(t) - R_2 V(t). \end{aligned}$$

Die Abb. 28.13 zeigt eine Lösung für eine zeitharmonische Anregung durch die Spannungsquelle. ◄

Mit den Mitteln der linearen Algebra wird schnell klar, wieso der Exponentialansatz bei lineare Differenzialgleichungen mit konstanten Koeffizienten oder allgemeiner noch bei linearen Systemen mit konstanten Koeffizienten zum Ziel führt. Als nächstes wenden wir uns, wieder mit den Mitteln der linearen Algebra, der Frage zu, woran wir einer Menge von Funktionen ansehen können, ob sie ein Fundamentalsystem eines gegebenen Systems bildet oder nicht.

Mit der Wronski-Determinanten kann überprüft werden, ob ein Fundamentalsystem vorliegt

Es ist eine häufige Situation, dass man bei einem linearen Differenzialgleichungssystem oder einer linearen Differenzialgleichung höherer Ordnung eine Anzahl von Lösungen bestimmt hat. Man ist sich aber nicht sicher, ob diese tatsächlich linear unabhängig sind, also ein Fundamentalsystem bilden.

Aus der linearen Algebra sind uns viele Methoden bekannt, festzustellen, ob eine gegebene Menge von Vektoren linear unabhängig ist. Ganz allgemein ist dafür ein homogenes Gleichungssystem zu lösen. Eine andere Möglichkeit besteht darin, die Vektoren als Spalten einer Matrix aufzufassen. In dem speziellen Fall, dass die Anzahl der Einträge in den Vektoren gerade der Anzahl der Vektoren entspricht, kann man dann die Determinante der Matrix bestimmen. Ist diese null, so sind die Vektoren linear abhängig, sonst unabhängig.

Diese Methode wollen wir auf die linearen Differenzialgleichungssysteme anwenden. Dazu betrachten wir ein homogenes System auf einem Intervall I,

$$\boldsymbol{y}'(x) = \boldsymbol{A}(x)\,\boldsymbol{y}(x), \quad x \in I.$$

Die Einträge der $n \times n$-Matrix $\boldsymbol{A}$ sollen beschränkt und stetig sein, sodass die Existenz eines Fundamentalsystems gesichert ist. Außerdem nehmen wir an, dass wir n Lösungsfunktion $\boldsymbol{y}_j\colon I \to \mathbb{C}$, $j = 1, \dots, n$, des Differenzialgleichungssystems kennen.

Die Lösungsfunktionen können wir als die Spalten einer Matrixfunktion $\boldsymbol{W}\colon I \to \mathbb{C}^{n\times n}$ auffassen,

$$\boldsymbol{W}(x) = (\boldsymbol{y}_1(x)\ \boldsymbol{y}_2(x)\ \cdots\ \boldsymbol{y}_n(x)).$$

Da $\boldsymbol{W}$ quadratisch ist, kann $\det \boldsymbol{W}(x)$ für jedes $x \in I$ berechnet werden. Wir nehmen jetzt an, dass es eine Stelle $\hat{x} \in I$ gibt, sodass $\det \boldsymbol{W}(\hat{x}) = 0$ ist. Dann sind die n Vektoren des $\mathbb{C}^n$,

$$\{\boldsymbol{y}_1(\hat{x}), \boldsymbol{y}_2(\hat{x}), \cdots, \boldsymbol{y}_n(\hat{x})\}$$

linear abhängig. Wir können also $\lambda_j \in \mathbb{C}$, $j = 1, \dots, n$, mit

$$\sum_{j=1}^{n} \lambda_j \boldsymbol{y}_j(\hat{x}) = 0$$

wählen und definieren

$$\boldsymbol{y}(x) = \sum_{j=1}^{n} \lambda_j \boldsymbol{y}_j(x), \quad x \in I.$$

Es gilt dann $\boldsymbol{y}(\hat{x}) = 0$, und nach dem Satz von Picard-Lindelöf ist dann auch $\boldsymbol{y}(x) = 0$ für alle $x \in I$. Die Funktion $\boldsymbol{y}(j)$ können also kein Fundamentalsystem des Differenzialgleichungssystems bilden.

Für je n Lösungsfunktionen $\boldsymbol{y}_1, \dots, \boldsymbol{y}_n$ nennt man die Matrix $\boldsymbol{W}$ eine **Wronski-Matrix** und ihre Determinante eine **Wronski-Determinante**. Mit ihrer Hilfe lassen sich Fundamentalsysteme charakterisieren.

Eigenschaften der Wronski-Determinante

Bilden Funktionen $\boldsymbol{y}_j\colon I \to \mathbb{C}$, $j = 1, \dots, n$ ein Fundamentalsystem eines linearen Differenzialgleichungssystems, so gilt für die Wronski-Determinante $\det \boldsymbol{W}(x) \neq 0$ für alle $x \in I$.

Gibt es dagegen ein $\hat{x} \in I$ mit $\det \boldsymbol{W}(\hat{x}) = 0$, und sind die Voraussetzungen des Satzes von Picard-Lindelöf in einer Umgebung von $\hat{x}$ erfüllt, so sind die Funktionen linear abhängig.

Teil IV

Mithilfe der Wronski-Matrix kann also die Untersuchung auf lineare Unabhängigkeit der Lösungsfunktionen auf die Untersuchung der Funktionswerte an einer einzigen Stelle im Intervall reduziert werden. Es muss betont werden, dass dies keineswegs allgemein für n Funktionen möglich ist, sondern eben nur im speziellen Fall von n Lösungsfunktionen eines linearen $(n \times n)$-Differenzialgleichungssystems.

Beispiel

- Bei dem linearen Differenzialgleichungssystem

$$\boldsymbol{y}'(x) = \begin{pmatrix} 0 & 1 \\ \frac{2}{x^2} & 0 \end{pmatrix} \boldsymbol{y}(x)$$

ist auf dem Intervall $(0, 2)$ ein Fundamentalsystem durch

$$\left\{ \begin{pmatrix} x^2 \\ 2x \end{pmatrix}, \begin{pmatrix} \frac{1}{x} \\ -\frac{1}{x^2} \end{pmatrix} \right\}$$

gegeben. Dass beides Lösungen der Differenzialgleichung sind, rechnet man schnell nach. Die Wronski-Determinante ist

$$\det \begin{pmatrix} x^2 & \frac{1}{x} \\ 2x & -\frac{1}{x^2} \end{pmatrix} = x^2 \left(\frac{-1}{x^2} \right) - \frac{1}{x}\, 2x = -3.$$

Sie verschwindet also für kein $x \in (0, 2)$.

- Für die beiden Funktionen

$$\boldsymbol{y}_1(x) = \begin{pmatrix} x^2 \\ x \end{pmatrix} \quad \text{bzw.} \quad \boldsymbol{y}_2(x) = \begin{pmatrix} \frac{1}{x} \\ \frac{1}{x^2} \end{pmatrix}$$

ist

$$\boldsymbol{W}(1) = \det \begin{pmatrix} 1 & 1 \\ 1 & 1 \end{pmatrix} = 0.$$

Trotzdem sind die Funktionen linear unabhängig, da keine ein skalares Vielfaches der anderen ist. Es gibt also kein lineares Differenzialgleichungssystem, das in einer Umgebung von $x = 1$ diese beiden Funktionen als Lösung besitzt. ◀

Oft wird die Wronski-Matrix auch bei linearen Differenzialgleichungen höherer Ordnung verwendet. Hier muss man die spezielle Substitution beachten, die von einer Differenzialgleichung n-ter Ordnung auf ein $(n \times n)$-System erster Ordnung führt. Bilden die Funktionen $y_j \colon I \to \mathbb{C}, j = 1, \dots, n$, ein Fundamentalsystem einer Differenzialgleichung n-ter Ordnung, so hat deren Wronski-Matrix die Form

$$\boldsymbol{W}(x) = \begin{pmatrix} y_1(x) & y_2(x) & \cdots & y_n(x) \\ y_1'(x) & y_2'(x) & \cdots & y_n'(x) \\ \vdots & \vdots & \ddots & \vdots \\ y_1^{(n-1)}(x) & y_2^{(n-1)}(x) & \cdots & y_n^{(n-1)}(x) \end{pmatrix}.$$

Der oben formulierte Satz über die Eigenschaft der Wronski-Determinante gilt dann aber entsprechend.

Selbstfrage 11

Stellen Sie ein Fundamentalsystem der Euler'schen Differenzialgleichung

$$x^2 y''(x) + x y'(x) - y(x) = 0, \quad x > 0,$$

auf und bestimmen Sie die Wronski-Determinante.

Eine besondere Bedeutung haben Wronski-Determinanten bei Speziellen Funktionen, die das Thema von Kap. 34 bilden werden. Viele solcher Funktionen sind dadurch definiert, dass sie Lösungen bestimmter linearer Differenzialgleichungen sind. Die Eigenschaft der Wronski-Determinante liefert dann gewisse Ausdrücke für solche Funktionen, die niemals verschwinden dürfen. Mehr dazu erfahren Sie an der entsprechenden Stelle.

28.5 Numerische Verfahren für Anfangswertprobleme: Konvergenz, Konsistenz und Stabilität

An dieser Stelle wollen wir die theoretische Behandlung von Anfangswertproblemen abschließen und uns einmal mehr der numerischen Lösung solcher Probleme zuwenden. Längst nicht jede Differenzialgleichung lässt sich mit analytischen Methoden behandeln, selbst wenn es sich um einen linearen Vertreter handelt. Daher gewinnen numerische Methoden eine immer größerer Bedeutung für die Praxis.

Im Kap. 13 haben wir verschiedene Verfahren kennengelernt, um Differenzialgleichungen numerisch zu lösen. Dabei haben wir uns ein Gitter $\{x_j \,|\, x_j = x_0 + jh\}$ mit einer Schrittweite h vorgegeben und durch verschiedene Vorschriften Näherungen y_j für die Funktionswerte $y(x_j)$ bestimmt. Solche Verfahren, zu denen etwa das Euler-Verfahren oder die Runge-Kutta-Verfahren gehören, haben wir als explizite Einschrittverfahren bezeichnet.

Sicher ist Ihnen schon aufgefallen, dass diese Verfahren nicht dafür zugeschnitten sind, Differenzialgleichungen höherer Ordnung zu behandeln, und dass wir auch keine weiteren Verfahren vorgestellt haben, die dazu in der Lage sind. Der Grund liegt darin, dass die expliziten Einschrittverfahren sehr wohl dazu verwendet werden können, um Systeme von Differenzialgleichungen erster Ordnung zu behandeln. Dafür müssen wir keinerlei neue Formeln einführen, die Algorithmen aus dem Abschn. 13.2 können genauso für Systeme übernommen werden. Statt für einen skalaren Wert $y(x_j)$ berechnet man dann eben eine Näherung für den Vektor $\boldsymbol{y}(x_j)$. Da aber Gleichungen höherer Ordnung stets auf Systeme erster Ordnung transformiert werden können, sind damit auch solche Gleichungen numerisch lösbar.

Teil IV

Manchmal entspricht das beobachtete Lösungsverhalten nicht der erwarteten Konvergenzordnung

Allerdings treten bei der numerischen Lösung von Differenzialgleichungssystemen Phänomene auf, die wir so bei einzelnen Gleichungen erster Ordnung nicht finden. Sehen wir uns dazu ein Beispiel an.

Anwendungsbeispiel Wir betrachten das Masse-Feder-System mit Dämpfung. Die einwirkende Masse ist $m = 25\,\text{kg}$, die Federkonstante $D = 5\,000\,\text{N/m}$ und die Dämpfung $\sigma = 4\,000\,\text{kg/s}$. Die entsprechende Differenzialgleichung ist

$$m\,u''(t) + \sigma\,u'(t) + D\,u(t) = 0.$$

Als Anfangswerte geben wir $u(0) = 0.05\,\text{m}$ und $u'(0) = 10\,\text{m/s}$ vor.

Es handelt sich hierbei um einen harmonischen Oszillator im stark gedämpften Fall (siehe S. 498). Die Nullstellen des charakteristischen Polynoms sind (in Einheiten 1/s)

$$\lambda_{1,2} = -80 \pm \sqrt{6\,200},$$

d. h. $\lambda_1 \approx -158.740$ bzw. $\lambda_2 \approx -1.260$. Mit den Anfangswerten ergibt sich die Lösung

$$u(t) \approx -0.064 \exp\left(-158.740\,\frac{1}{\text{s}}\,t\right)\,\text{m} + 0.114 \exp\left(-1.260\,\frac{1}{\text{s}}\,t\right)\,\text{m}.$$

Dieses Problem haben wir für verschiedene Schrittweiten mit dem klassischen Runge-Kutta-Verfahren 4. Stufe zu lösen versucht. Die Abb. 28.14 zeigt jeweils den Fehler zwischen der numerisch berechneten und der exakten Lösung für verschiedene Werte von h.

Der Verlauf der Fehlerkurve entspricht nicht dem Verhalten, das wir nach unserer Kenntnis der Konvergenzordnung des Runge-Kutta-Verfahrens erwarten würden. Eine Abnahme des Fehlers entsprechend der Ordnung h^4 ist erst ab einer genügend kleinen Schrittweite zu beobachten. Der Wechsel von völlig falschen Ergebnissen zu solchen, bei denen die korrekte Konvergenzordnung zu beobachten ist, erfolgt schlagartig. Es scheint sogar ein Aufblähen des Fehlers für zu große Werte von h stattzufinden. Die korrekte Lösung ist beschränkt durch 0.11, die berechnete Näherungslösung wird um viele Ordnungen größer. ◄

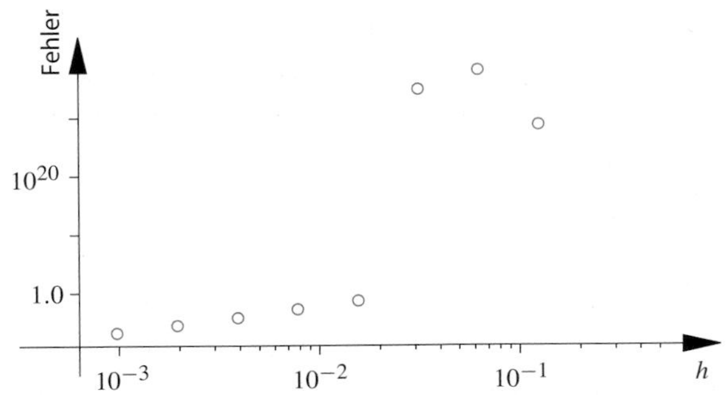

Abb. 28.14 Fehler zwischen den Näherungen mit dem klassischen Runge-Kutta-Verfahren 4. Stufe und der exakten Lösung bei einem harmonischen Oszillator mit starker Dämpfung. Bei zu großen Schrittweiten liegt eine Instabilität vor, die numerisch berechnete Lösung wird stark aufgebläht

Wir haben es hier mit einem Phänomen zu tun, dass nicht durch den Begriff der *Konvergenz* beschrieben wird, sondern durch den Begriff der *Stabilität*. Um dieses neue Konzept einzuführen und abzugrenzen, erinnern wir noch einmal an die Definition der Konvergenz. Ein numerisches Verfahren haben wir konvergent genannt, wenn der globale Fehler auf dem betrachteten Gittern gegen null geht, wenn man die Schrittweite gegen null gehen lässt. Wir betrachten hierbei also exakte Daten, das heißt wir kennen den Anfangswert genau und nehmen an, dass wir alle auftretenden Funktionen exakt auswerten können.

Im Gegensatz dazu geht es bei der Stabilität darum, welchen Einfluss Fehler in den Daten auf die berechnete Näherungslösung haben. Wir nennen ein Verfahren für eine Differenzialgleichung **stabil,** wenn ein Fehler δ in einem Anfangswert nur zu einer beschränkten Differenz in den Näherungslösungen führt. Es ist also ein Verfahren nicht grundsätzlich stabil oder instabil, sondern dies hängt von der Differenzialgleichung ab, auf die das Verfahren angewandt werden soll und von der Wahl der Parameter, z. B. der Schrittweite des Gitters.

Wir wollen den Begriff der Stabilität auch von den Untersuchungen, die wir im Abschn. 13.2 bei der Analyse der Einschrittverfahren durchgeführt haben, abgrenzen. Dort ging es darum, den Fehler des Verfahrens zu bestimmen, wenn man einen Schritt auf der Grundlage von exakten Daten durchführt. Man spricht in diesem Zusammenhang auch vom *lokalen Diskretisierungsfehler* und nennt ein Verfahren **konsistent,** wenn dieser Fehler gegen null geht, wenn man die Schrittweite zu null gehen lässt.

Die drei Begriffe der Konvergenz, Stabilität und der Konsistenz sind nicht unabhängig voneinander. Während die Stabilität aussagt, dass sich vorhandene Fehler nicht beliebig ausbreiten, beschreibt die Konsistenz, welche Fehler neu entstehen. Insofern ist klar, dass Stabilität und Konsistenz beide notwendig für die Konvergenz eines Verfahrens sind. Der *Satz von Lax* formuliert unter bestimmten Voraussetzungen auch die Umkehrung: Ist ein Verfahren stabil und konsistent, so konvergiert es auch.

Das explizite Euler-Verfahren besitzt einen Kreis als Stabilitätsgebiet

Um die Stabilität eines numerischen Verfahrens für Anfangswertprobleme zu untersuchen, betrachtet man das einfache Testproblem

$$y'(x) = \lambda\,y(x), \quad y(0) = 1,$$

für eine Zahl $\lambda \in \mathbb{C}$. Durch derartige Untersuchungen kann man Aussagen über das Verhalten des Verfahrens für große Klassen von Differenzialgleichungssystemen machen. Mehr dazu finden Sie in der Vertiefung auf S. 1069.

Für $\mathrm{Re}(\lambda) > 0$ wächst die Lösung des Testproblems exponentiell an. Bei einem Fehler in den Anfangswerten wächst dementsprechend auch die Differenz zwischen den beiden Lösungen exponentiell. In einer solchen Situation spricht man von **inhärenter Instabilität**, denn kein Verfahren kann hier das Kriterium der Stabilität erfüllen. Das qualitative Verhalten der Lösung würde ja bei exponentiell wachsenden Fehlern auch korrekt wiedergegeben.

Sehr viel interessanter ist der Fall $\mathrm{Re}(\lambda) < 0$. Hier fällt die Lösung exponentiell ab. Ein stabiles numerisches Verfahren sollte dieses Verhalten widerspiegeln.

Sehen wir uns dazu das Euler-Verfahren noch einmal an. Auf unser Testproblem angewandt lautet die Iterationsvorschrift

$$y_0 = 1, \quad y_j = (1 + \lambda h)\, y_{j-1}, \quad j \in \mathbb{N}.$$

Damit können wir die numerische Lösung auch explizit als

$$y_j = (1 + \lambda h)^j, \quad j \in \mathbb{N}_0,$$

angeben.

Wie verhält sich nun diese numerische Lösung? Die Bedingung für einen Abfall in den Näherungswerten ist

$$|1 + \lambda h| < 1.$$

Ist diese **Stabilitätsbedingung** nicht erfüllt, wachsen die berechneten Näherungswerte vom Betrag her an, obwohl die korrekte Lösung abfällt – das Verfahren ist instabil.

Die Stabilitätsbedingung ist eine Bedingung an die Schrittweite h in Abhängigkeit von der betrachteten Differenzialgleichung, vertreten durch den Parameter λ. Um sie zu veranschaulichen, setzt man allerdings meist $\mu = h\lambda$ und betrachtet die Menge aller $\mu \in \mathbb{C}$ mit

$$|1 + \mu| < 1.$$

Für das Euler-Verfahren ist diese Menge ein Kreis in der komplexen Zahlenebene mit Mittelpunkt -1 und Radius 1. Man spricht in der Literatur auch vom **Gebiet der absoluten Stabilität**.

Auch mit anderen expliziten Einschrittverfahren kommt man bei der Anwendung dieser Verfahren auf das Testproblem zu Rekursionsvorschriften der Form

$$y_j = F(h\lambda)\, y_{j-1}, \quad j \in \mathbb{N}.$$

Beim klassischen Runge-Kutta-Verfahren der 4. Stufe gilt beispielsweise

$$F(h\lambda) = 1 + h\lambda + \frac{1}{2}(h\lambda)^2 + \frac{1}{6}(h\lambda)^3 + \frac{1}{24}(h\lambda)^4.$$

Die Stabilitätsbedingung ist dann gerade

$$|F(\mu)| < 1.$$

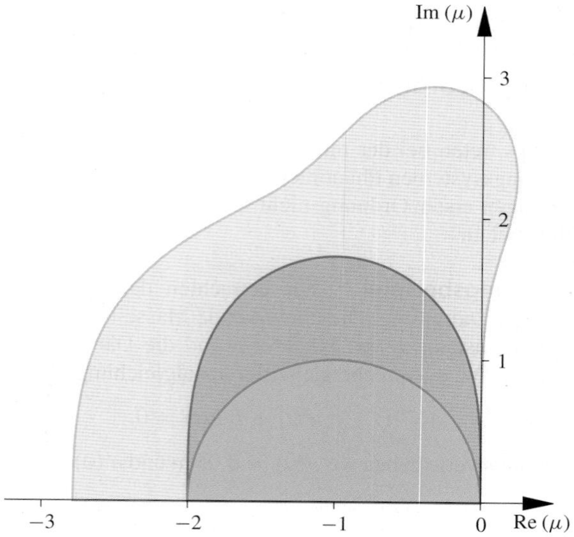

Abb. 28.15 Gebiete der absoluten Stabilität für das Euler-Verfahren (grün), das verbesserte Euler-Verfahren (blau) und das klassische Runge-Kutta-Verfahren der 4. Stufe (orange). Die Gebiete sind jeweils symmetrisch zur reellen Achse, es ist nur die obere Hälfte der komplexen Zahlenebene dargestellt

Die durch solche Bedingungen beschriebenen Gebiete sind komplizierter als der beim Euler-Verfahren auftretende Kreis (für Illustrationen für verschiedene Runge-Kutta-Verfahren siehe Abb. 28.15), aber das zugrunde liegende Prinzip ist das gleiche: Besitzt λ einen großen Betrag, so muss h klein genug gewählt sein, damit $h\lambda$ noch im Gebiet der absoluten Stabilität liegt.

Stabilitätsprobleme sind typisch für steife Differenzialgleichungssysteme

Wir erinnern noch einmal an die Anwendung von S. 1067, bei der wir zum ersten Mal auf ein Problem mit Stabilität gestoßen sind. Nach unseren Betrachtungen aus dem vorangegangenen Abschnitt ist jetzt klar, wo das Problem liegt: Wir müssen h klein genug wählen, damit das Produkt $h\lambda_1$ für den betragsmäßig größeren Eigenwert λ_1 im Gebiet der absoluten Stabilität liegt.

Im Prinzip bedeutet dies keine große Schwierigkeit. Das problematische an dieser Sache ist allerdings, dass dies eine Menge Arbeit bedeutet. Die Abb. 28.16 zeigt den Graphen der Lösung für das Intervall $(0, 1)$. Bis auf den schnellen Abfall zu Beginn, wird die Lösung durch den Term mit λ_2 dominiert. Trotzdem müssen wir über das ganze Intervall sehr fein diskretisieren. Der Vorteil des Runge-Kutta-Verfahrens, auch mit größeren Schrittweiten eine gute Approximation zu erreichen, vor allem dann, wenn die Lösung wenig variiert, geht vollständig verloren.

Das Problem rührt von den betragsmäßig so unterschiedlichen Nullstellen des charakteristischen Polynoms her. Die betrags-

Vertiefung: Stabilitätsbetrachtungen für nichtlineare Differenzialgleichungssysteme

Bei einer nicht-linearen Differenzialgleichung erscheint eine Stabilitätsanalyse zunächst schwierig. Die Situation lässt sich aber zumeist vollständig auf ein einfaches lineares Testsystem zurückspielen.

Wir betrachten ein Anfangswertproblem für eine nichtlineare gewöhnliche Differenzialgleichung

$$x'(t) = f(t, x(t)), \quad x(t_0) = x_0,$$

für t aus einer Umgebung von t_0. Für die Stabilitätsanalyse muss das Verhalten dieser Gleichung und von numerischen Verfahren analysiert werden, wenn die Anfangswerte ein wenig gestört werden. Welchen Einfluss hat eine solche Änderung auf die Lösung?

Dazu betrachten wir das gestörte Problem

$$y'(t) = f(t, y(t)), \quad y(t_0) = x_0 + \delta.$$

Wir führen auch die Differenz $z(t) = y(t) - x(t)$ ein. Wir wollen nur sehr kleine Umgebungen von t_0 betrachten, bei denen

$$|z(t)| \leq c\,\delta$$

mit einer vorgegebenen Konstante $c > 1$ gilt. Wir wenden nun die Taylorformel für die Funktion f bezüglich ihres zweiten Arguments an und erhalten damit die Linearisierung

$$\begin{aligned} y'(t) &= f(t, x(t) + z(t)) \\ &= f(t, x(t)) + \frac{\partial f}{\partial x}(t, x(t))\, z(t) + O(\delta^2) \\ &= x'(t) + \frac{\partial f}{\partial x}(t, x(t))\, z(t) + O(\delta^2). \end{aligned}$$

Der Term $O(\delta^2)$ ergibt sich durch die Annahme, dass die Störung in kleinen Umgebungen von t_0 klein bleibt. Das Ergebnis bedeutet, dass

$$z'(t) = \frac{\partial f}{\partial x}(t, x(t))\, z(t) + O(\delta^2).$$

In einem zweiten Schritt argumentieren wir jetzt, dass sich die Lösung x des ungestörten Problems in einer kleinen Umgebung von t_0 auch nur wenig ändert. Damit ergibt sich näherungsweise

$$z'(t) \approx \frac{\partial f}{\partial x}(t_0, x_0)\, z(t).$$

Fassen wir diese Näherung als Gleichung auf, ergibt sich genau das lineare Testproblem aus dem Haupttext.

Als Beispiel betrachten wir die Differenzialgleichung

$$x'(t) = C\,(1 - x(t)^2)\, x(t).$$

Hierbei ist $C > 0$ eine Konstante. Um das zugehörige Testproblem zu erhalten, müssen wir die rechte Seite partiell nach x ableiten. Dies ergibt

$$z'(t) = C\,(1 - 3\,x_0^2)\, z(t).$$

Insbesondere für eine große Konstante C treten Stabilitätsprobleme bei Einzelschrittverfahren auf, wenn x_0 nicht in der Nähe von $1/\sqrt{3}$ liegt. Man kann die hier angestellten Überlegungen aber für eine adaptive Wahl der Schrittweite nutzen, also h in jedem Schritt in Abhängigkeit von t_j und x_j so bestimmen, dass x_{j+1} stabil berechnet werden kann.

Die hier aufgeführte Herleitung lässt sich auch auf nichtlineare Systeme von Differenzialgleichungen übertragen. Das Vorgehen dabei ist identisch, nur ist in einem letzten Schritt noch eine Diagonalisierung der entstandenen Matrix durchzuführen.

Die genaue Analyse der verwendeten Näherungen ist ein Thema der numerischen Mathematik und kann hier nicht detailliert dargestellt werden. Für eine detailliertere Darstellung von Fragen der Stabilitätsanalyse verweisen wir auf die Literatur.

Literatur

- M. Hanke-Bourgeois: *Grundlagen der Numerischen Mathematik und des Wissenschaftlichen Rechnens.* Teubner, 2002

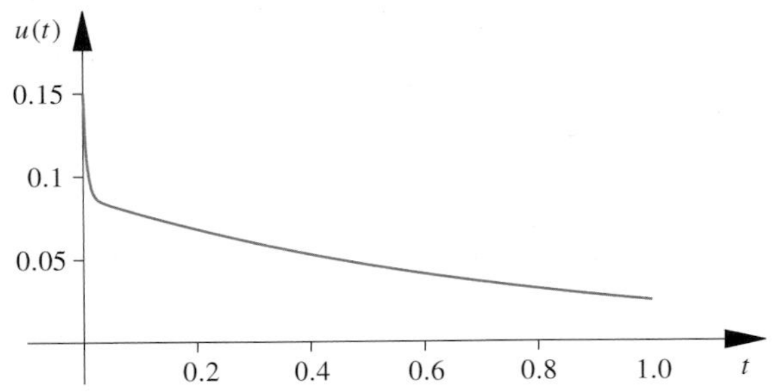

Abb. 28.16 Die exakte Lösung für das Anfangswertproblem aus der Anwendung von S. 1067. Das qualitativ unterschiedliche Verhalten der Lösung zu Anfang und auf dem Rest des Intervalls führt zu Stabilitätsproblemen bei Einzelschrittverfahren

mäßig größere ist für die Stabilitätsbetrachtungen wichtig, die betragsmäßig kleinere für das qualitative Verhalten der Lösung entscheidend. Da solche Fälle in der Praxis zum Beispiel bei Problemen mit sehr steifen Federn auftreten, spricht man von **steifen Differenzialgleichungssystemen**. Als Maß der Steifheit ist es üblich, den Quotienten S aus den Realteilen der Eigenwerte zu betrachten,

$$S = \frac{\max_j |\operatorname{Re}(\lambda_j)|}{\min_j |\operatorname{Re}(\lambda_j)|}.$$

Der in unserem Beispiel aufgetretene Fall $S \approx 100$ ist noch sehr moderat, in der Praxis treten oft Größenordnungen für S von 10^3 bis 10^6 auf.

Teil IV

Vertiefung: Differenzialgleichungssysteme mit MATLAB®

Wir zeigen, wie verschiedene Beispiele aus diesem Kapitel in MATLAB® umgesetzt werden können. Dabei gehen wir insbesondere auf spezielle Löser für steife Differenzialgleichungssysteme ein.

Wir beginnen mit dem Anwendungsbeispiel von S. 1044, wobei wir den Fall der gedämpften Schwingung vom Ende des Beispiels betrachten wollen. Die Differenzialgleichung 2. Ordnung lautet

$$\varphi''(t) + \frac{c}{mL}\,\varphi'(t) + \frac{g}{L}\,\sin\varphi(t) = 0\,.$$

Um einen der von MATLAB® bereitgestellten numerischen Löser anzuwenden, muss diese Gleichung als ein System 1. Ordnung formuliert werden. Mit der Substitution $x_1(t) = \varphi(t)$, $x_2(t) = \varphi'(t)$ lautet dieses System

$$x_1'(t) = x_2(t)\,,$$

$$x_2'(t) = -\frac{g}{L}\,\sin x_1(t) - \frac{c}{mL}\,x_2(t)\,.$$

Der Löser `ode45`, den wir schon in der Vertiefung auf S. 503 verwendet haben, lässt sich auch auf so ein System anwenden. Die folgenden MATLAB®-Zeilen setzen dies um, wobei die rechte Seite des Systems $\boldsymbol{x}'(t) = \boldsymbol{F}(\boldsymbol{x}(t))$ als eine anonyme Funktion definiert wird.

```
>> g = 9.81;
>> L = 1.0;
>> c_durch_m = 1.0;
>> F = @(t,x) [ x(2);
        -g/L*sin(x(1)) - c_durch_m/L*x(2) ];
>> [t,x] = ode45(F, [0, 10], [pi/6; 0] );
```

Um einen Plot zu erhalten, muss man beachten, dass das Ausgabeargument x eine Matrix mit 2 Spalten ist. Die erste Spalte enthält die Werte von $x_1(t) = \varphi(t)$, die zweite diejenigen von $x_2(t) = \varphi'(t)$.

```
>> plot(t,x(:,1),t,x(:,2))
```

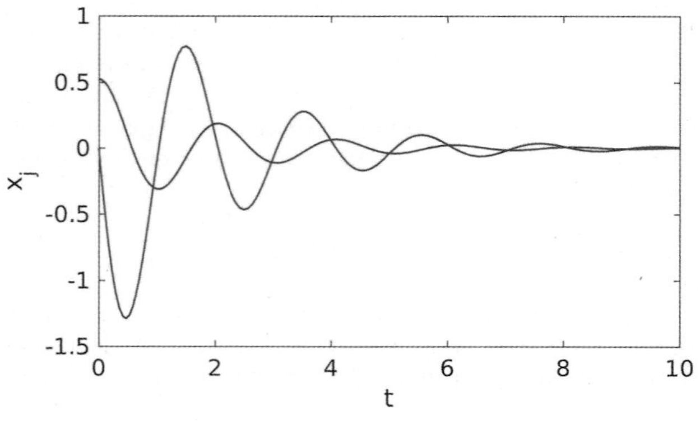

Die Trajektorie der Lösung erhält man, indem man x_1 gegen x_2 plottet:

```
>> plot(x(:,1),x(:,2))
```

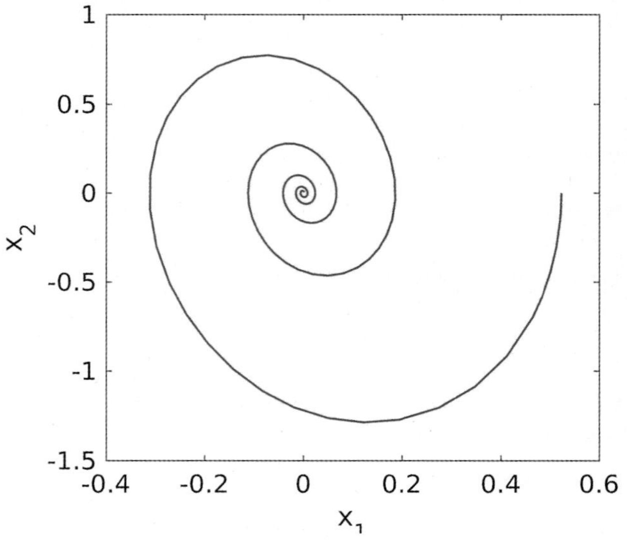

Man kann leicht ein Phasendiagramm erzeugen, indem man solche Trajektorien für verschiedene Anfangswerte in einem Plot kombiniert.

Als zweites Beispiel betrachten wir eine lineare Differenzialgleichung mit konstanten Koeffizienten im steifen Fall, siehe das Anwendungsbeispiel auf S. 1067. Die Umsetzung erfolgt analog zum Fadenpendel:

```
>> m = 25; D = 5000; sigma = 4000;
>> F = @(t,x) [ x(2);
            -D/m*x(1) - sigma/m*x(2) ];
>> [t,x] = ode45(F, [0, 10], [0.05; 10] );
```

Im Plot zeigt die berechnete Lösung gute Übereinstimmung mit der exakten Lösung des Anfangswertproblems. Allerdings hat der Vektor t jetzt 10 mal so viele Einträge wie beim Fadenpendel, obwohl das Intervall, für das die Lösung berechnet werden soll, dasselbe ist. Dies ist der Einfluss der Steifigkeit: Um die Stabilität zu gewährleisten, muss der Algorithmus eine viel kleinere Schrittweite wählen.

Durch die Verwendung eines impliziten Verfahrens kann die Schrittweite reduziert werden. Ein solches stellt `ode23s` zur Verfügung, die Konvergenzrate ist aber niedriger als bei `ode45`. Der Aufruf ist praktisch derselbe:

```
>> [ts,xs] = ode23s(F, [0, 10], [0.05; 10] );
>> plot(t,x(:,1),ts,xs(:,1))
```

Die Anzahl der Einträge in ts ist um den Faktor 25 geringer als in t. Im Plot sind die berechneten Lösungen praktisch nicht zu unterscheiden.

Es wäre nun wünschenswert, Verfahren zu haben, die weitaus größere Gebiete absoluter Stabilität besitzen. Mit solchen Verfahren kann sich die Wahl von h wieder am qualitativen Verhalten der Lösung orientieren und es muss nicht unnötig fein diskretisiert werden.

Implizite Verfahren besitzen oft größere Stabilitätsgebiete als explizite Verfahren

Beispiele für Verfahren, die solch gutartige Eigenschaften besitzen, sind sogenannte implizite Verfahren. Bei einem expliziten Verfahren gibt es eine Formel, mit der der Wert der Näherung im $j+1$-ten Schritt explizit aus dem Wert der Näherungen in vorhergehenden Schritten bestimmt werden kann. Bei einem impliziten Verfahren gibt es eine solche Formel nicht, sondern nur eine Gleichung, die die Näherungen miteinander in Zusammenhang bringt. Im Allgemeinen kann man diese Gleichung wiederum nur näherungsweise lösen, zum Beispiel durch ein Newton-Verfahren.

Zur Illustration verwenden wir ein einfaches Anfangswertproblem,

$$u'(x) = f(x, u(x)), \quad x \in I, \quad u(x_0) = u_0.$$

Das einfachste implizite Verfahren ist das **implizite Euler-Verfahren**. Es geht von den beiden Gleichungen

$$u(x_{j+1}) = u(x_j) + h\,u'(x_j) + O(h^2),$$
$$u(x_j) = u(x_{j+1}) - h\,u'(x_{j+1}) + O(h^2)$$

für $h \to 0$ aus. Indem man die beiden Gleichungen mittelt, folgt

$$u(x_{j+1}) = u(x_j) + \frac{h}{2}[f(x_j, u(x_j)) + f(x_{j+1}, u(x_{j+1}))] + O(h^2).$$

Dies führt auf die Iterationsgleichung

$$u_{j+1} = u_j + \frac{h}{2}\,[f(x_j, u_j) + f(x_{j+1}, u_{j+1})]$$

für die Folge der Näherungen u_j in den Gitterpunkten x_j.

Selbstfrage 12

Formulieren Sie einen Schritt des impliziten Euler-Verfahrens für die Differenzialgleichung

$$u'(x) = x\left(1 + (u(x))^3\right).$$

Was für eine Gleichung muss zur Bestimmung von u_{j+1} gelöst werden?

Wie das explizite Euler-Verfahren besitzt auch das implizite Euler-Verfahren die Konvergenzordnung 1. Der Vorteil ist jedoch, dass dieses Verfahren ein viel größeres Stabilitätsgebiet

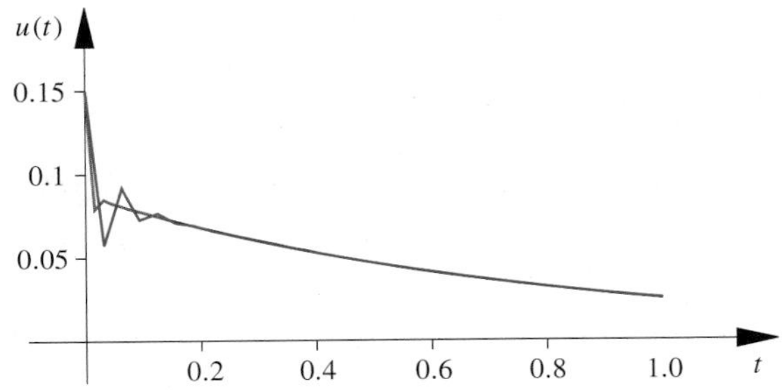

Abb. 28.17 Zwei Näherungen für die Lösung des Anfangswertproblems aus der Anwendung von S. 1067. Angewandt wurde das implizite Euler-Verfahren mit 32 (rot) bzw. 64 (grün) Schritten auf dem Intervall $(0, 1)$. Die korrekte Lösung ist in der Abb. 28.16 dargestellt

besitzt. In der Abb. 28.17 sind zwei Näherungen für das Anfangswertproblem aus der Anwendung von S. 1067 gezeigt, die mit dem impliziten Euler-Verfahren berechnet wurden. Die Anzahl der Schritte beträgt 32 bzw. 64. Für solche Schrittweiten war das Runge-Kutta-Verfahren 4. Ordnung noch instabil. Die Näherungen sollten mit der exakten Lösung verglichen werden, die in Abb. 28.16 gezeigt ist. Das implizite Euler-Verfahren liefert schon eine sehr brauchbare Näherung an die tatsächliche Lösung.

Es lässt sich zeigen, dass das implizite Euler-Verfahren für das Testproblem auf der gesamten Halbebene $\text{Re}(\lambda) < 0$ stabil ist. Es muss aber beachtet werden, dass Stabilität nicht zwangsläufig bedeutet, dass ein Verfahren die Lösung genau approximiert. Stabilität ist eine notwendige Voraussetzung für Konvergenz, keine hinreichende. Um eine hohe Genauigkeit bei gleichzeitiger Stabilität zu erzielen, sollten implizite Runge-Kutta-Verfahren höherer Ordnung zum Einsatz kommen. Numerische Standardsoftware wie zum Beispiel das Programmpaket MATLAB® enthalten solche Verfahren.

28.6 Randwertprobleme: Theorie und numerische Verfahren

Mit den Erkenntnissen der vorangegangenen Abschnitte haben wir einen Einblick in die Theorie und über Lösungsmethoden, sowohl analytischer als auch numerischer Art, für Anfangswertprobleme erworben. Dank des Satzes von Picard-Lindelöf, der eine sehr allgemeine Lösungsaussage macht, ist in allen praktisch relevanten Fällen vor allem die Frage nach der Existenz einer Lösung beantwortet.

Leider lassen sich aber längst nicht alle für die Praxis wichtigen Anwendungen durch Anfangswertprobleme beschreiben. Oft hat man es mit Randwertproblemen zu tun: Statt einer Reihe von Bedingungen an einer einzigen Stelle x_0 zu definieren, hat man Bedingungen an verschiedenen Stellen $x_0, x_1, \ldots$ Oft sind dies genau zwei Stellen, nämlich die Randpunkte des Intervalls, in dem man die Lösung erhalten möchte.

Schon in Kap. 13 hatten wir solche Probleme vorgestellt und auch besprochen, dass es keine eindeutige Lösung geben muss. Im Allgemeinen braucht bei einem Randwertproblem gar keine Lösung zu existieren, oder es kann mehrere Lösungen geben.

Die Behandlung ganz allgemeiner Randwertprobleme, so wie wir es im Satz von Picard-Lindelöf für ganz allgemeine Anfangswertprobleme getan haben, ist schwierig. Daher wollen wir uns hier auf den einfacheren Fall einer einzigen linearen Differenzialgleichung zweiter Ordnung beschränken und auch nur recht einfache Bedingungen an den Randpunkten zulassen. Ziel der Betrachtungen ist dabei, nur die Grundzüge der möglichen Aussagen zur Existenz und Eindeutigkeit zu entwickeln und dann darauf einzugehen, wie man die Lösung in der Praxis mit den Mitteln der Numerik approximieren kann.

Einfache Randwertprobleme sind typisch für Schwingungsphänomene

Wir betrachten ein Intervall $[a, b]$ und eine lineare Differenzialgleichung zweiter Ordnung der Form

$$\frac{\mathrm{d}}{\mathrm{d}x}\left(p(x)\,u'(x)\right) + q(x)\,u(x) = f(x)$$

für $x \in (a, b)$. Zusätzlich sind an den Endpunkten des Intervalls Bedingungen für die Lösung formuliert, etwa für die Funktionswerte an diesen Stellen

$$u(a) = y_0, \quad u(b) = y_1.$$

Dies ist ein Beispiel für ein **lineares Randwertproblem**. Wir haben mit einer linearen Differenzialgleichung 2. Ordnung zu tun und an den Endpunkten des Intervalls ist je eine Bedingung für die Lösung formuliert. Diese Bedingungen können auch allgemeiner formuliert werden, siehe etwa das Beispiel auf S. 1074. In der Praxis tauchen meist die Funktionswerte der Lösung, ihre erste Ableitung oder eine Linearkombination von beidem auf.

Die spezielle Form, in der wir die lineare Differenzialgleichung hingeschrieben haben, ist übrigens nicht entscheidend. Sie wird sich nur später als bequem erweisen. Allerdings benötigen wir für diese Form die Voraussetzung, dass p stetig differenzierbar ist, während q und f nur stetig zu sein brauchen. Von der Lösung erwarten wir, dass sie in (a, b) zweimal stetig differenzierbar und auf dem abgeschlossenen Intervall $[a, b]$ stetig ist. Im Übrigen wollen wir in diesem Abschnitt nur reellwertige Funktionen betrachten. Vergleichbare Ergebnisse gelten jedoch auch für Fälle, in denen die auftretenden Funktionen komplexe Werte besitzen.

Anwendungsbeispiel Die Saiten einer Geige oder einer Gitarre erzeugen bei sachgerechter Anregung einen Ton. Wir geben eine Saite der Länge L vor, die an beiden Enden eingespannt ist. Die Amplitude A ist dann Lösung des Randwertproblems

$$\begin{aligned} A''(x) + \lambda\, A(x) &= 0, \quad x \in (0, L), \\ A(0) = A(L) &= 0. \end{aligned}$$

Dabei ist die Konstante λ noch nicht bekannt. Mögliche Werte von λ bestimmen die Schwingungsform und somit auch die Frequenz des erzeugten Tons.

Die Funktion $A(x) = 0$ ist natürlich immer eine Lösung dieses Randwertproblems. Es interessieren uns in dieser Aufgabenstellung also gerade Werte von λ, in denen die Lösung nicht eindeutig bestimmt ist.

Wir machen uns hier zunutze, dass wir ein Fundamentalsystem der Differenzialgleichung bestimmen können. Für $\lambda > 0$ ist dies

$$\{\sin(\sqrt{\lambda}\, x), \cos(\sqrt{\lambda}\, x)\}.$$

Im nächsten Abschnitt wird klar werden, dass der Fall $\lambda < 0$ nicht in Frage kommt.

Mit der allgemeinen Lösung

$$A(x) = c_1 \sin(\sqrt{\lambda}\, x) + c_2 \cos(\sqrt{\lambda}\, x)$$

erhalten wir durch $A(0) = 0$ den Wert $c_2 = 0$. Damit auch $A(L) = 0$ gilt, muss

$$\sqrt{\lambda}\, L = n\pi, \quad n \in \mathbb{Z},$$

erfüllt sein. Also gibt es nicht-triviale Lösungen nur für

$$\lambda = \left(\frac{n\pi}{L}\right)^2, \quad n \in \mathbb{N}.$$

◀

Nur spezielle Voraussetzungen können die Eindeutigkeit von Randwertproblemen garantieren

Wir wollen uns nun der Frage zuwenden, ob wir Voraussetzungen formulieren können, die uns eine eindeutige Lösung eines Randwertproblems garantieren. Wir werden dafür das Problem zunächst umformulieren. Wir setzen

$$r(x) = \frac{(b - x)\, y_0 + (x - a)\, y_1}{b - a}, \quad x \in [a, b].$$

Wir nehmen nun an, dass eine Lösung u des Randwertproblems existiert und setzen

$$v(x) = u(x) - r(x), \quad x \in [a, b].$$

Teil IV

Dann gilt $v(a) = v(b) = 0$, und wir erhalten für $x \in (a, b)$

$$\begin{aligned} f(x) &= \frac{\mathrm{d}}{\mathrm{d}x}(p(x)\,u'(x)) + q(x)\,u(x) \\ &= \frac{\mathrm{d}}{\mathrm{d}x}(p(x)\,(v'(x) + r'(x))) + q(x)\,(v(x) + r(x)) \\ &= \frac{\mathrm{d}}{\mathrm{d}x}(p(x)\,v'(x)) + q(x)\,v(x) + \frac{\mathrm{d}}{\mathrm{d}x}(p(x)\,r'(x)) + q(x)\,r(x). \end{aligned}$$

Dies bedeutet, dass v die Differenzialgleichung

$$\frac{\mathrm{d}}{\mathrm{d}x}\,(p(x)\,v'(x)) + q(x)\,v(x) = g(x), \quad x \in (a, b),$$

mit

$$g(x) = f(x) - \frac{\mathrm{d}}{\mathrm{d}x}\,(p(x)\,r'(x)) - q(x)\,r(x)$$

löst.

Der entscheidende Punkt ist, dass dieses Randwertproblem genau dieselbe Form hat, wie das ursprüngliche Problem für u, nur eben mit **homogenen Randbedingungen** $v(a) = v(b) = 0$. Außerdem erhalten wir durch Addition von r zu v wieder die Lösung u des ursprünglichen Problems. Beide Formulierungen sind also äquivalent.

Wir nehmen nun an, dass das transformierte Problem zwei verschiedene Lösungen v_1 und v_2 besitzt. Indem wir die Differenz der Differenzialgleichungen für v_1 und v_2 bilden, erhalten wir für $w = v_1 - v_2$ die homogene Differenzialgleichung

$$\frac{\mathrm{d}}{\mathrm{d}x}\,(p(x)\,w'(x)) + q(x)\,w(x) = 0, \quad x \in (a, b).$$

Außerdem gilt auch $w(a) = w(b) = 0$. Wir multiplizieren nun diese Gleichung mit w und integrieren die Nullfunktion über das Intervall. Es folgt

$$\int_a^b \left[w(x)\,\frac{\mathrm{d}}{\mathrm{d}x}\,(p(x)\,w'(x)) + q(x)\,(w(x))^2 \right] \mathrm{d}x = 0.$$

Für das Integral über den Summanden, der die Ableitungen enthält, kann man jetzt die partielle Integration anwenden. Das liefert

$$\begin{aligned} &\int_a^b w(x)\,\frac{\mathrm{d}}{\mathrm{d}x}\,(p(x)\,w'(x))\,\mathrm{d}x \\ &\quad = [w(x)\,p(x)\,w'(x)]_a^b - \int_a^b w'(x)\,p(x)\,w'(x)\,\mathrm{d}x \\ &\quad = -\int_a^b p(x)\,(w'(x))^2\,\mathrm{d}x, \end{aligned}$$

denn die Funktion w verschwindet ja in den Endpunkten des Intervalls. Insgesamt folgt

$$\int_a^b \left[p(x)\,(w'(x))^2 - q(x)\,(w(x))^2\right] \mathrm{d}x = 0.$$

Wir treffen nun die zusätzliche Annahme, dass $p(x) > 0$ und $q(x) < 0$ ist für fast alle $x \in (a, b)$. (Wir erinnern daran, dass der Ausdruck *für fast alle* x bedeutet, dass die Menge der x, auf der dies nicht gilt, eine Nullmenge ist. Für den Wert eines Integrals spielt diese also keine Rolle.) Dann ist der Integrand in der obigen Gleichung positiv. Die Gleichung kann also nur erfüllt sein, wenn $w(x) = 0$ für fast alle $x \in (a, b)$ ist. Also ist w die Nullfunktion. Da w die Differenz aus v_1 und v_2 war, bedeutet dies, dass diese beiden Lösungen gleich sind: Das Randwertproblem besitzt höchstens eine Lösung.

Kommentar Die Forderung, dass $p(x) > 0$ und $q(x) < 0$ sein sollen, ist notwendig, um ganz allgemein Eindeutigkeit der Lösung zu garantieren. Wie in der Anwendung auf S. 1072 deutlich wurde, muss ein lineares Randwertproblem keine eindeutige Lösung besitzen, wenn diese Voraussetzungen nicht erfüllt sind. Es kann dann auch der Fall eintreten, dass überhaupt keine Lösung existiert. Das Beispiel auf S. 1074 zeigt, wie die Existenz einer Lösung in diesem Fall von den geforderten Randdaten abhängt. ◄

Auch die Frage nach der Existenz einer Lösung kann im oben betrachteten Fall positiv beantwortet werden, allerdings mit einer zusätzlichen Einschränkung. Man muss zusätzlich zu $q(x) < 0$ für fast alle $x \in (a, b)$ fordern, dass $p(x) \geq c > 0$ ist. Die Funktion p muss also stets ein Stück von der Null wegbeschränkt werden. Damit erhalten wir den folgenden Satz.

Existenzaussage für ein Randwertproblem

Wir betrachten zwei stetige Funktionen $p, q\colon [a, b] \to \mathbb{R}$, von denen p auf (a, b) auch stetig differenzierbar sein soll. Gilt $p(x) \geq c > 0$ und $q(x) < 0$ für fast alle $x \in [a, b]$, so besitzt das lineare Randwertproblem

$$\begin{aligned} &\frac{\mathrm{d}}{\mathrm{d}x}\,(p(x)\,u'(x)) + q(x)\,u(x) = f(x), \\ &u(a) = y_0, \quad u(b) = y_1, \end{aligned}$$

für jede stetige rechte Seite $f\colon [a, b] \to \mathbb{R}$ und jedes Paar von Randwerten $y_0, y_1 \in \mathbb{C}$ eine eindeutige zweimal stetig differenzierbare Lösung $u\colon [a, b] \to \mathbb{C}$.

Für den Nachweis der Existenz wird ähnlich vorgegangen, wie bei der Herleitung der Eindeutigkeit. Man betrachtet wieder das Problem mit homogenen Randwerten $y_0 = y_1 = 0$. Durch Multiplikation mit einer *Testfunktion* v, die ebenfalls diese Randwerte besitzt, und anschließende Integration erhält man

Beispiel: Existenz über ein Fundamentalsystem

Für welche Werte von L ist das Randwertproblem

$$u''(x) + 2u'(x) + 2u(x) = 0, \quad x \in (0, L),$$
$$u'(0) = 0, \quad u(L) = 1,$$

lösbar? Ist die Lösung, sofern sie existiert, eindeutig?

Problemanalyse und Strategie: Für diese Differenzialgleichung kann durch den Exponentialansatz ein Fundamentalsystem bestimmt werden. Eine Lösung des Randwertproblems ist dann eine Linearkombination der Funktionen des Fundamentalsystems. Mit diesem Ansatz erhält man aus den Randbedingungen ein lineares Gleichungssystem.

Lösung: Mit dem Exponentialansatz erhält man das charakteristische Polynom

$$p(\lambda) = \lambda^2 + 2\lambda + 2$$

mit den Nullstellen $-1 + \mathrm{i}$ und $-1 - \mathrm{i}$. Ein reelles Fundamentalsystem ist also durch $\{u_1, u_2\}$ mit

$$u_1(x) = \sin(x)\,\mathrm{e}^{-x},$$
$$u_2(x) = \cos(x)\,\mathrm{e}^{-x}$$

für $x \in (0, L)$ gegeben.

Die Ableitungen lauten

$$u_1'(x) = (\cos(x) - \sin(x))\,\mathrm{e}^{-x},$$
$$u_2'(x) = (-\sin(x) - \cos(x))\,\mathrm{e}^{-x}.$$

Damit folgt

$$u_1'(0) = 1, \quad u_1(L) = \sin(L)\,\mathrm{e}^{-L},$$
$$u_2'(0) = -1, \quad u_2(L) = \cos(L)\,\mathrm{e}^{-L}.$$

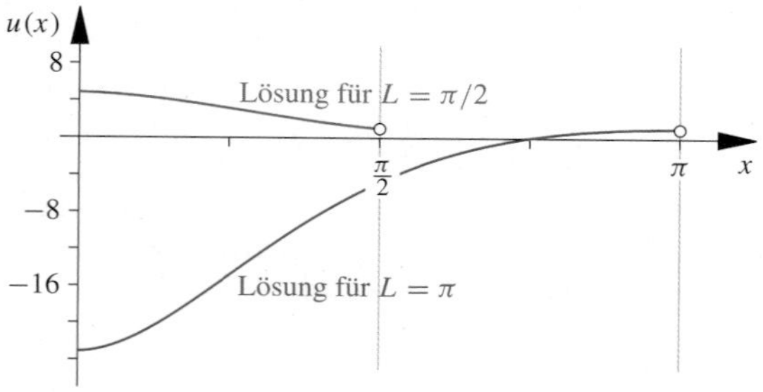

Für zwei verschiedene Werte von L ist die Lösung des Randwertproblems in der Abbildung dargestellt. Sofern sie existiert, muss sie eine Linearkombination von u_1 und u_2 sein,

$$u(x) = c_1\,u_1(x) + c_2\,u_2(x).$$

Durch Einsetzen in die Randbedingungen folgt also

$$c_1 - c_2 = 0,$$
$$\sin(L)\,c_1 + \cos(L)\,c_2 = \mathrm{e}^L.$$

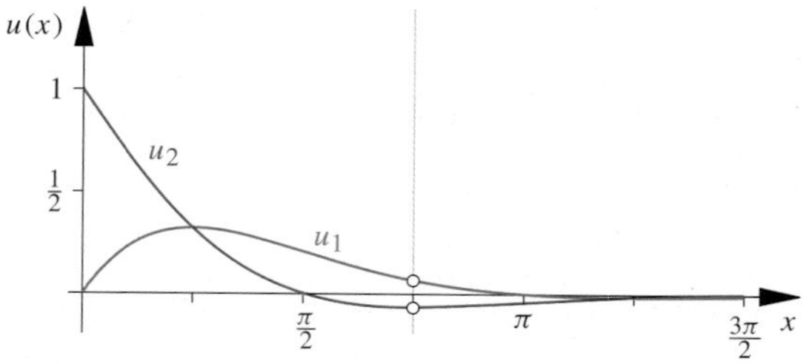

Offensichtlich ist dieses Gleichungssystem genau dann eindeutig lösbar, wenn $\sin(L) \neq -\cos(L)$ ist. Es gilt dann

$$c_1 = c_2 = \frac{\mathrm{e}^L}{\sin(L) + \cos(L)}.$$

Im Fall $\sin(L) = -\cos(L)$ liefert eine einfache Zeilenumformung $0 = \mathrm{e}^L$. Diese Bedingung ist für kein $L \in \mathbb{R}$ erfüllt, das Randwertproblem besitzt also keine Lösung. Die Gleichung $\sin(L) = -\cos(L)$ ist gleichbedeutend mit

$$L = \frac{3\pi}{4} + \pi n \quad \text{mit } n \in \mathbb{Z}.$$

Die Abbildung oben zeigt die beiden Funktionen des Fundamentalsystems. Ein möglicher Werte von L, für den das Randwertproblem nicht lösbar ist, ist ebenfalls gekennzeichnet.

Kommentar Sofern bei einem Randwertproblem mit einer linearen Differenzialgleichung ein Fundamentalsystem bekannt ist, kann die hier beschriebene Methode angewandt werden, um das Problem auf das Lösen eines linearen Gleichungssystems zurückzuführen. Das ist auch für sehr viel allgemeinere Randbedingungen möglich, diese müssen aber ebenfalls linear sein (siehe etwa: Klemens Burg, Herbert Haf, Friedrich Wille: *Höhere Mathematik für Ingenieure.* Band III, Abschnitt 5.1.2, Teubner, 1993). Für die Lösbarkeit des Randwertproblems gibt es somit dieselben Fälle wie für die Lösbarkeit des Gleichungssystems: eine eindeutige Lösung, keine Lösung oder unendlich viele Lösungen. ◀

Teil IV

die Aussage, dass eine Lösung des Randwertproblems die **Variationsgleichung**

$$\int_a^b [p(x)\,u'(x)\,v'(x) - q(x)\,u(x)\,v(x)]\,\mathrm{d}x = -\int_a^b f(x)\,v(x)\,\mathrm{d}x \tag{28.6}$$

für jede solche Testfunktion v erfüllen muss. Umgekehrt kann man mit dem *Lemma von Lax-Milgram* nachweisen, dass diese Variationsgleichung stets eine Lösung y besitzt. Es muss anschließend einiger technischer Aufwand betrieben werden, um tatsächlich nachzuweisen, dass y zweimal stetig differenzierbar ist, denn in (28.6) kommt eine zweite Ableitung ja überhaupt nicht vor.

Ein anderer Weg zum Nachweis der Existenz eines Randwertproblems führt über die sogenannte *Green'sche Funktion*. Für mehr Details zu diesem Thema verweisen wir auf die Literatur (z. B. Heuser: *Gewöhnliche Differentialgleichungen*, Teubner, 1991).

Das Schießverfahren approximiert ein Randwertproblem durch Anfangswertprobleme

Es liegt nahe, für die numerische Lösung eines Randwertproblems die Verfahren für Anfangswertprobleme zu nutzen. Diese Idee liegt dem sogenannten **Schießverfahren** zugrunde. Anstatt des Randwertproblems betrachtet man das Anfangswertproblem

$$\frac{\mathrm{d}}{\mathrm{d}x}(p(x)\,u'(x)) + q(x)\,u(x) = f(x),$$
$$u(a) = y_0, \quad u'(a) = t.$$

Ziel ist nun, den Parameter t, also die Steigung von u an der Stelle a so zu bestimmen, dass $u(b) = y_1$ gilt. Die Abb. 28.18 illustriert dies.

Für ein lineares Randwertproblem wie hier lässt sich dieser Parameter exakt bestimmen. Dafür betrachten wir zwei Hilfsprobleme. Zum einen

$$\frac{\mathrm{d}}{\mathrm{d}x}\big(p(x)\,u_1'(x)\big) + q(x)\,u_1(x) = f(x),$$
$$u_1(a) = y_0, \quad u_1'(a) = 0,$$

zum anderen ein Problem mit der zugehörigen homogenen Gleichung,

$$\frac{\mathrm{d}}{\mathrm{d}x}\big(p(x)\,u_2'(x)\big) + q(x)\,u_2(x) = 0,$$
$$u_2(a) = 0, \quad u_2'(a) = 1.$$

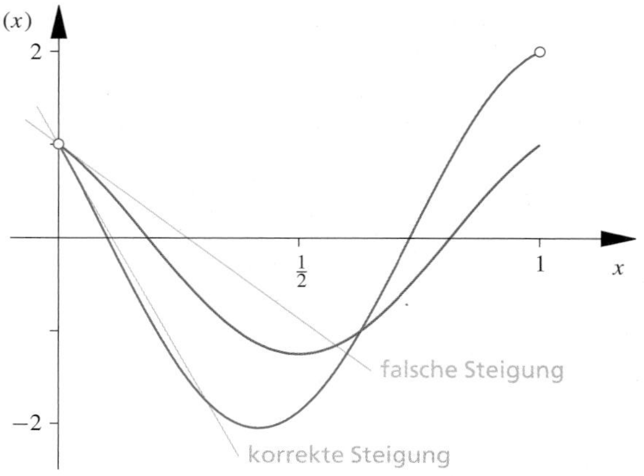

Abb. 28.18 Das Schießverfahren für die Differenzialgleichung $u''(x)+5u(x) = 0$ und Randwerte $u(0) = 1$, $u(1) = 2$. Mit der korrekten Vorgabe der Steigung im Anfangswert $x_0 = 0$ (blau) trifft die Lösung des Anfangswertproblems genau den richtigen Randwert bei $x_1 = 1$

Nun betrachten wir die Linearkombination

$$u(x) = u_1(x) + t\,u_2(x)$$

Da u_1 Lösung der inhomogenen Gleichung ist und u_2 Lösung der homogenen Gleichung, ist auch u Lösung der inhomogenen Gleichung. Ferner lässt sich direkt ablesen, dass u auch die richtigen Randbedingungen an den Randpunkten a bzw. b erfüllt. Diese Linearkombination von u_1 und u_2 ist also gerade die Lösung des ersten Anfangswertproblems.

Die richtige Wahl von t, um eine Lösung des Randwertproblems zu erhalten, lässt sich aber nun direkt ablesen:

$$t = \frac{y_1 - u_1(b)}{u_2(b)}.$$

Dieses Verfahren zur Rückführung von Randwertproblemen auf Anfangswertprobleme wird **einfaches Schießverfahren** genannt.

Obwohl es konzeptionell recht einfach ist, birgt das Schießverfahren die Gefahr der Instabilität. Differenzialgleichungen zweiter Ordnung haben oft exponentiell wachsende Lösungen. Ist dies der Fall, kann es bei der Bestimmung des Quotienten $(y_1 - u_1(b))/u_2(b)$ durch Rundungen im Computer zu Fehlern kommen. Das folgende Beispiel illustriert die Anwendung des Verfahrens, einmal im stabilen und einmal im instabilen Fall.

Beispiel Wir betrachten das Randwertproblem

$$\frac{\mathrm{d}}{\mathrm{d}x}(\exp(-x)\,u'(x)) + c\,\exp(-x)\,u(x) = 0, \quad x \in (0,5),$$
$$u(0) = -1, \quad u(5) = 1.$$

Hierbei ist $c > 0$ eine Konstante. Wir werden das Schießverfahren für unterschiedliche Werte von c auf dieses Problem anwenden.

Teil IV

Wir betrachten zunächst den Fall $c = 2$. Die Lösungen der beiden Hilfsprobleme sind in diesem Fall

$$u_1(x) = -\frac{1}{3}\exp(2x) - \frac{2}{3}\exp(-x),$$
$$u_2(x) = \frac{1}{3}\exp(2x) - \frac{1}{3}\exp(-x),$$

jeweils für $x \in (0, 5)$. Wertet man diese Funktionen auf einem Computer aus und bestimmt t, so erhält man bei einer Rundung auf 12 Stellen das Ergebnis

$$t \approx 1.000137117538$$

und daraus

$$u(5) = u_1(5) + t\,u_2(5) \approx 0.999999998579.$$

Die Lösung im rechten Randpunkt des Intervalls stimmt also auf 8 Nachkommastellen mit dem exakten Ergebnis überein.

Nun betrachten wir den Fall $c = 306$. Hier sind die Lösungen der Hilfsprobleme

$$u_1(x) = -\frac{17}{35}\exp(18x) - \frac{18}{35}\exp(-17x),$$
$$u_2(x) = \frac{1}{35}\exp(18x) - \frac{1}{35}\exp(-17x).$$

Wieder runden wir alle Werte auf 12 Nachkommastellen und erhalten

$$t \approx 17.000000000001,$$
$$u(5) \approx 1.480934129028 \cdot 10^{25}.$$

Das Ergebnis für den rechten Randpunkt ist völlig falsch. Wir haben es mit einer Instabilität zu tun. Der exakte Wert für t ist durch die Formel

$$t = \frac{17 + 35\exp(-90) - 18\exp(-175)}{1 - \exp(-175)}$$

gegeben. Er ist also ein klein wenig größer als 17. Der oben berechnete Wert ist auf zwölf Nachkommastellen genau die nächste Zahl größer als 17, die der Computer darstellen kann. Diese winziger Fehler im berechneten Wert von t führt bereits zu einem völlig verfälschten Ergebnis.

Moderne Computer verwenden in der sogenannten *doppelt genauen Darstellung (double precision)* von Dezimalzahlen eine Genauigkeit von 14 Nachkommastellen. Die im Beispiel vorgestellten Größenordnungen sind also realistisch. ◀

Die Stabilitätsprobleme können dadurch behoben werden, dass das Intervall (a, b) unterteilt wird und auf jedem Teilintervall Anfangswertprobleme gelöst werden. Die entsprechenden Koeffizienten für die Bildung der Linearkombinationen erhält man aus der Lösung eines linearen Gleichungssystems. Man spricht hierbei von **Mehrfach-Schießverfahren**.

Seinen Namen erhält das Schießverfahren übrigens durch seine Anwendung bei Randwertproblemen für nicht-lineare Differenzialgleichungen. Hier startet man mit einer Vermutung für t und prüft dann, welchen Randwert man am Ende des Intervalls erhält. Man *schießt* also auf Verdacht los und sieht, wo der Schuss landet. Durch die Anwendung eines Newton-Verfahrens lässt sich dann die Lösung approximieren.

Bei Differenzenverfahren werden die Ableitungen durch Differenzenquotienten ersetzt

Einen anderen Weg zur Umgehung der Stabilitätsprobleme bei Schießverfahren bieten Verfahren, die direkt für Randwertprobleme konzipiert wurden. Zwei solche Verfahren, Differenzenverfahren und die Methode der finiten Elemente, wollen wir im Folgenden noch vorstellen. Diese Methoden haben auch den Vorteil, dass sie sich auf sogenannte partielle Differenzialgleichungen, die das Thema von Kap. 29 bilden, verallgemeinern lassen.

Statt auf Methoden für Anfangswertprobleme zurückzugreifen, versucht man bei Differenzenverfahren die Ableitungen direkt zu approximieren. In Kap. 10 haben wir die Differenzenquotienten als Möglichkeit zur Approximation einer Ableitung kennengelernt. Um diese Näherung anzuwenden, schreiben wir das Randwertproblem in der Form

$$u''(x) + p(x)\,u'(x) + q(x)\,u(x) = f(x), \quad x \in (a, b),$$
$$u(a) = y_0, \quad u(b) = y_1.$$

Selbstfrage 13

Zeigen Sie, dass diese Formulierung des Randwertproblems äquivalent zu der Formulierung aus der Existenzaussage für ein Randwertproblem auf S. 1073 ist, sofern die Voraussetzungen dieser Aussage gelten.

Zur Lösung betrachten wir wie bei einem Verfahren für ein Anfangswertproblem ein äquidistantes Gitter für das Intervall $[a, b]$. Mit einer Schrittweite $h = (b - a)/N$, $N \in \mathbb{N}$, setzen wir also

$$x_j = a + jh, \quad j = 0, 1, \ldots, N.$$

Es folgt dann $x_0 = a$ und $x_N = b$. Es sind Näherungen u_j für die Funktionswerte der Lösung in den Gitterpunkten $u(x_j)$ zu bestimmen.

Zur Approximation der ersten Ableitung u' verwenden wir den **zentralen Differenzenquotienten**,

$$u'(x_j) \approx \frac{u(x_{j+1}) - u(x_{j-1})}{2h}, \quad j = 1, \ldots, N - 1.$$

Die zweite Ableitung kann ebenfalls mit einem Quotienten,

$$u''(x_j) \approx \frac{u(x_{j+1}) - 2u(x_j) + u(x_{j-1})}{h^2}$$

für $j = 1, \ldots, N-1$ angenähert werden. Diese Approximation erhält man aus der Taylorentwicklung

$$u(x_j \pm h) = u(x_j) \pm h\,u'(x_j) + \frac{h^2}{2}\,u''(x_j) \pm \frac{h^3}{6}\,u'''(x_j) + \mathrm{O}(h^4),$$

durch die man auch erkennt, dass hierbei ein Fehler der Ordnung $\mathrm{O}(h^2)$ entsteht. Dies ist genau dieselbe Fehlerordnung wie bei der Approximation der ersten Ableitung durch den zentralen Differenzenquotienten.

Wir ersetzen nun in der Differenzialgleichung sowohl u'' als auch u' durch die entsprechenden Differenzenquotienten, wobei auch noch jeweils u_j die Stelle von $u(x_j)$ einnimmt. Das ergibt die Gleichungen

$$\left(1 + \frac{h}{2}\,p(x_j)\right) u_{j+1} - \left(2 - h^2\,q(x_j)\right) u_j + \left(1 - \frac{h}{2}\,p(x_j)\right) u_{j-1} = h^2 f(x_j)$$

für $j = 1, \ldots, N-1$. Zusammen mit den beiden Randbedingungen $u_0 = y_0$ und $u_N = y_1$ ergeben sich $N+1$ lineare Gleichungen für die $N+1$ Unbekannten $u_0, \ldots, u_N$. Es ist also ein quadratisches lineares Gleichungssystem zu lösen.

Die Lösbarkeit dieses linearen Gleichungssystems ist eng mit der Lösbarkeit des Randwertproblems gekoppelt. Zum Beispiel folgt im Fall $q(x) < 0$ für fast alle $x \in (a, b)$, dass es ein $h_0 > 0$ gibt, sodass das lineare Gleichungssystem eindeutig lösbar ist für alle $h < h_0$.

Beispiel Wir betrachten das Randwertproblem

$$(1 - x^2)\,y''(x) - 2x\,y'(x) + 12\,y(x) = 0, \quad x \in (-1, 1)$$
$$y(-1) = -1, \quad y(1) = 1.$$

Dies ist die Legendre'sche Differenzialgleichung mit Parameter $n = 3$ (siehe auch Kap. 34). Für die gegebenen Randwerte ist die Lösung des Randwertproblems das Legendre-Polynom 3. Grades,

$$y(x) = \frac{1}{2}\,(5x^3 - 3x), \quad x \in (-1, 1).$$

Die Matrix $\boldsymbol{A} = (a_{jk})$, die durch die Diskretisierung mit der Finite-Differenzen-Methode entsteht, besitzt nur auf der Haupt- und den beiden Nebendiagonalen Elemente ungleich null. Hier gilt

$$a_{j,j-1} = 1 + \frac{2x_j}{N\,(1 - x_j^2)},$$
$$a_{jj} = -2 + \frac{48}{N^2\,(1 - x_j^2)},$$
$$a_{j,j+1} = 1 - \frac{2x_j}{N\,(1 - x_j^2)},$$

jeweils für $j = 1, \ldots, N-1$. Hinzu kommen noch die Einträge

$$a_{00} = a_{NN} = 1.$$

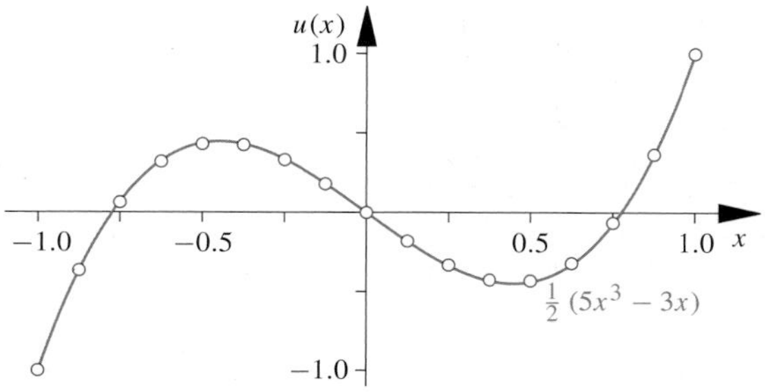

Abb. 28.19 Die Lösung des Randwertproblems aus dem Beispiel und ihre Approximation in den Gitterpunkten durch die Finite-Differenzen-Methode mit $N = 16$

Ausnahmsweise haben wir hier die Matrixzeilen und -spalten bei 0 zu zählen begonnen, da dann die Notation kompatibel bleibt. Die rechte Seite $\boldsymbol{b}$ des Gleichungssystems enthält ebenfalls fast nur Einträge, die null sind, mit Ausnahme von $b_0 = -1$ und $b_N = 1$.

Wir haben die Finite-Differenzen-Methode für verschiedene Werte von N durchgeführt. In der folgenden Tabelle ist für jedes N der Betrag des maximalen Unterschieds zwischen Funktions- und berechnetem Näherungswert angegeben. In der dritte Stelle ist der Faktor angegeben, um den sich der Fehler reduziert hat. Dieser Faktor muss für große N bei einer Verdopplung von N mit der doppelten Konvergenzordnung übereinstimmen.

N	max. Fehler	Faktor
4	0.10416667	–
8	0.02840909	3.6667
16	0.00738100	3.8490
32	0.00187389	3.9389

Man erkennt, dass die erwartete Konvergenzordnung von 2 tatsächlich auftritt. Die Abb. 28.19 zeigt die korrekte Lösung und die berechneten Näherungswerte in den Gitterpunkten für $N = 16$. Optisch ist kein Unterschied zwischen Funktionswerten und Näherung erkennbar. ◄

Die Ergebnisse des Beispiels weisen auf die Konvergenzordnung 2 hin, d. h., der Fehler im Differenzenverfahren verhält sich wie $\mathrm{O}(h^2)$ für $h \to 0$. Dieses Verhalten konnte man auch schon aufgrund der gewählten Differenzenquotienten erwarten. Ein Beweis dieser Tatsache setzt voraus, dass die Lösungsfunktion des Randwertproblems sogar viermal stetig differenzierbar ist (siehe z. B.: Rainer Kress: *Numerical Analysis*. Springer-Verlag, 1998).

Um eine hohe Genauigkeit zu erreichen, muss N natürlich recht groß gewählt werden. Spezialisierte Software zum Lösen von Randwertproblemen nutzt daher die besondere Struktur des linearen Gleichungssystems aus. Die zugehörige Matrix hat eine **Bandstruktur:** Sie besitzt nur auf der Diagonalen und einigen Nebendiagonalen Einträge, die von null verschieden sind. Dadurch lässt sich dieses Gleichungssystem sehr effizient lösen.

Die Methode der finiten Elemente baut auf der Variationsgleichung auf

Eine weitere numerische Methode für Randwertprobleme hat sich durch ihren universellen Charakter etabliert, die Methode der finiten Elemente, oft mit FEM abgekürzt. Die Idee, die zu dieser Methode führt, lässt sich nicht nur bei Randwertproblemen für gewöhnliche Differenzialgleichungen, sondern auch bei vielen partiellen Differenzialgleichungen, die im Kap. 29 behandelt werden, anwenden.

Ausgangspunkt ist die Formulierung des Randwertproblems mit homogenen Randbedingungen als Variationsgleichung (28.6). Um diese Gleichung approximativ zu lösen, definieren wir einen endlichdimensionalen Vektorraum, aus dem wir sowohl die Testfunktionen wählen als auch die Näherungslösung bestimmen.

Dazu nutzen wir wieder das äquidistante Gitter mit der Schrittweite h und den Gitterpunkten $x_j = jh, j = 0, \dots, N$. Nun setzen wir

$$v_j(x) = \begin{cases} \frac{1}{h}(x - x_{j-1}), & x_{j-1} < x \le x_j \\ \frac{1}{h}(x_{j+1} - x), & x_j < x < x_{j+1} \\ 0, & \text{sonst} \end{cases}$$

für $j = 1, \dots, N-1$. Diese Funktionen heißen aufgrund der Form ihrer Graphen, die in der Abb. 28.20 dargestellt sind, **Hutfunktionen** (Englisch: *hat functions*). Der endlichdimensionale Vektorraum entsteht nun als lineare Hülle dieser Funktionen,

$$V_N = \langle v_1, v_2, \dots, v_{N-1} \rangle.$$

Selbstfrage 14

Sind die durch ein Gitter definierten Hutfunktionen linear unabhängig?

Das Bemerkenswerte ist nun, dass die Funktionen aus V_N nicht gerade das sind, was wir uns unter einer Lösung einer Differenzialgleichung zweiter Ordnung vorstellen: In den Gitterpunkten

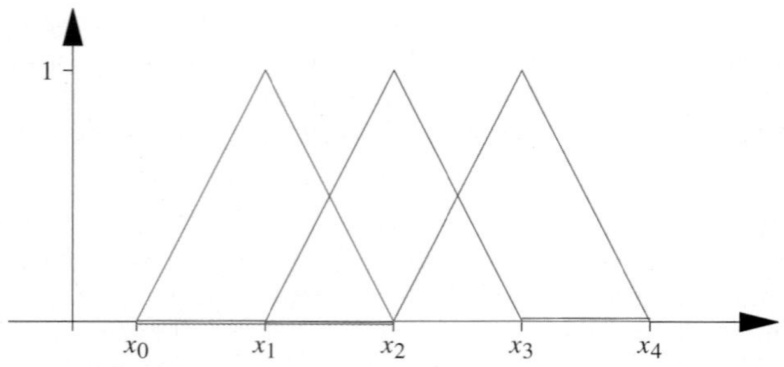

Abb. 28.20 Die Graphen einiger Hutfunktionen, wie sie in der Methode der finiten Elemente Verwendung finden

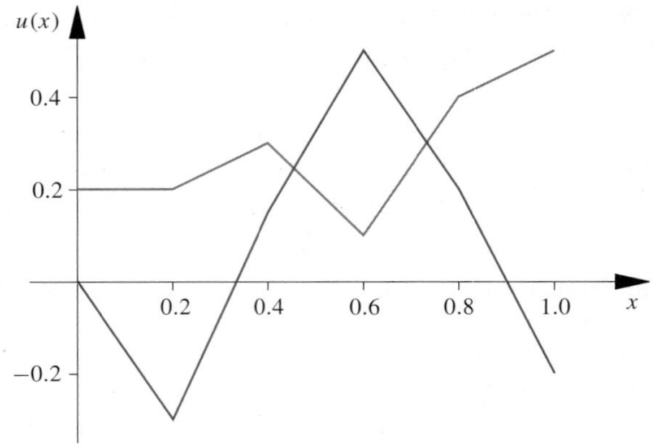

Abb. 28.21 Zwei typische Linearkombinationen von Hutfunktionen, wie sie in der Finite-Elemente-Methode verwendet werden. Die Funktionen sind stückweise linear und in den Gitterpunkten nicht differenzierbar

sind sie nicht einmal differenzierbar, die Abb. 28.21 zeigt einige typische Vertreter. Für eine Lösung der Variationsgleichung ist dies jedoch auch überhaupt nicht notwendig. Hier treten die Ableitungen nur im Integral auf. Es reicht also aus, dass die Funktionen aus V_N stückweise stetig differenzierbar sind.

Da die Hutfunktionen linear unabhängig sind, bilden sie eine Basis von V_N. Wir wählen daher den Ansatz

$$u_N(x) = \sum_{k=1}^{N-1} \alpha_k v_k(x), \quad x \in [a, b],$$

mit $\alpha_1, \dots, \alpha_{N-1} \in \mathbb{R}$, für die Näherungslösung u_N. Wir fordern, dass u_N die Variationsgleichung

$$\int_a^b \left[p(x)\, u_N'(x)\, v'(x) - q(x)\, u_N(x)\, v(x)\right] \mathrm{d}x = -\int_a^b f(x)\, v(x)\, \mathrm{d}x$$

für alle $v \in V_N$ erfüllt. Insbesondere muss dies also für die Hutfunktionen gelten. Setzen wir noch den Ansatz für u_N ein, so erhalten wir die Gleichungen

$$\sum_{k=1}^{N-1} \alpha_k \int_a^b \left[p(x)\, v_k'(x)\, v_j'(x) - q(x)\, v_k(x)\, v_j(x)\right] \mathrm{d}x = -\int_a^b f(x)\, v_j(x)\, \mathrm{d}x$$

für $j = 1, \dots, N-1$. Dies ist aber ein lineares Gleichungssystem mit $N-1$ Gleichungen für die $N-1$ Unbekannten α_k. Die Integrale können ausgerechnet werden und bilden die Koeffizienten bzw. die rechte Seite des Gleichungssystems.

Nur wenn p und q einfache Funktionen sind, zum Beispiel Polynome, können die Integrale exakt berechnet werden. In der Praxis müssen sie meist durch geeignete Quadraturformeln approximiert werden.

Teil IV

Übersicht: Numerische Verfahren (kapitelübergreifend)

Für die praktische Lösung vieler Problemstellungen nimmt die numerische Mathematik eine zunehmend wichtige Stellung ein. Ihr Aufgabenfeld ist die Beschreibung und Analyse von Verfahren zur Lösung mathematischer Probleme durch den Computer. Zu vielen realen Problemen aus Naturwissenschaften und Technik lassen sich die gesuchten Antworten nicht mit analytischen Methoden bestimmen, sondern es kann nur auf numerischem Weg eine Lösung gefunden werden. Dabei ist für die Praxis eine hinreichend genaue Näherung meist genauso aussagekräftig wie die mathematisch exakte Lösung. Anstelle der numerischen Mathematik ein eigenes Kapitel zu widmen, wurden relevante numerische Verfahren an verschiedenen Stellen des Buches beschrieben.

Definition

Unter einem numerischen Verfahren verstehen wir eine Vorschrift, in einer endlichen Anzahl von Rechenschritten aus gegebenen Daten zu numerischen Werten zu gelangen. Diese stellen im Allgemeinen eine Näherung an die Lösung der ursprünglichen mathematischen Aufgabe da. Ein solches, nach endlich vielen Schritten beendet Verfahren, wird auch **Algorithmus** genannt.

Beispiele für numerische Verfahren

- **Dezimaldarstellungen irrationaler Zahlen**
  Man sucht die ersten n Stellen der exakten Dezimaldarstellung einer irrationaler Zahl. Mit dem Heron-Verfahren (siehe S. 189) können zum Beispiel Näherungen an Quadratwurzeln bestimmt werden.
- **Lösung von Gleichungen**
  Kann eine Gleichung nicht explizit aufgelöst werden, kann man ein Näherungsverfahren zur Berechnung der Lösung einsetzen. Ein Beispiel ist das Newton-Verfahren (siehe S. 326).
- **Interpolation**
  Es soll eine Funktion gefunden werden, die durch eine endliche Zahl von Punkten verläuft. Wir haben die Interpolation durch Polynome (siehe S. 116) und durch Splines (Abschn. 10.5) kennengelernt.
- **Quadratur**
  Die näherungsweise Berechnung von Integralen erfolgt über Quadraturformeln (siehe Abschn. 11.5)
- **Lineare Gleichungssysteme**
  Zur Lösung großer linearer Gleichungssysteme setzt man den Computer ein. Der Gauß-Algorithmus wird als die LR-Zerlegung implementiert (siehe S. 596). Daneben gibt es iterative Verfahren, wie das Gauß-Seidel-Verfahren (S. 533) oder das CG-Verfahren (S. 762). Auch die Singulärwertzerlegung (siehe Abschnitt 21.4) kann zur numerischen Lösung linearer Gleichungssysteme verwendet werden.
- **Gewöhnliche Differenzialgleichungen**
  Bei gewöhnlichen Differenzialgleichungen haben wir in den Abschn. 13.2 und 28.5 Einzelschrittverfahren für Anfangswertprobleme beschrieben. Im Abschn. 28.6 wurden verschiedene Verfahren für Randwertprobleme vorgestellt, etwa Differenzenverfahren und die Methode der finiten Elemente.
- **Partielle Differenzialgleichungen**
  Viele Anwendungsprobleme lassen sich durch partielle Differenzialgleichungen beschreiben. Je nach dem Typ der Gleichung kommen unterschiedliche numerische Verfahren zum Einsatz (Abschn. 28.5).

Diskretisierungen

Eine Funktion kann in einem numerischen Verfahren im Allgemeinen nicht exakt dargestellt werden, da nur endlich viele Funktionswerte verwendet werden können. Daher verwendet man **Diskretisierungen:** Der Definitionsbereich wird mit einem Gitter diskreter Punkte überzogen und so in endlich viele Bereiche zerlegt. Beispiele sind die Interpolationspunkte bei der Interpolation, Quadraturpunkte bei den Quadraturformeln oder die Gitter bei den Einzelschrittverfahren für Anfangswertprobleme. Den Abstand zwischen den Punkten der Diskretisierung nennt man auch Schrittweite.

Konvergenz

Ein numerisches Verfahren enthält oft einen oder mehrere Parameter, der die Dauer der Berechnung aber auch die Genauigkeit der Approximation steuert. Ein Beispiel ist die Schrittweite der gewählten Diskretisierung: Ein feineres Gitter bedeutet mehr Aufwand, aber eben hoffentlich auch eine bessere Approximation. Bei iterativen Verfahren wie dem CG-Verfahren für lineare Gleichungssysteme oder dem Newton-Verfahren spielt die Anzahl der Iterationen die Rolle dieses Parameters.

Falls die numerische Lösung sich der exakten Lösung bei entsprechender Wahl der Parameter beliebig gut annähert, spricht man von einem **konvergenten Verfahren**. Die **Konvergenzordnung** beschreibt die Geschwindigkeit, in der die Konvergenz erfolgt.

Fehler und Stabilität

Bei numerischen Verfahren wird an vielen Stellen approximiert. Dadurch entstehen Fehler. Durch die Diskretisierung werden Funktionen nicht exakt dargestellt, man erhält **Diskretisierungsfehler**. Gegebenenfalls sind die Eingangsdaten durch eine Messung bestimmt und daher mit einem **Datenfehler** behaftet. Durch die Darstellung aller Zahlen im Computer entstehen darüber hinaus **Rundungsfehler.** Bei einem gutartigen Verfahren haben kleine Fehler auch immer nur geringe Auswirkungen auf die Näherungslösung. Solche Verfahren nennt man **stabil**. Beispiele für Verfahren mit Stabilitätsproblemen sind die Einzelschrittverfahren für Anfangswertprobleme bei steifen Differenzialgleichungen (Abschn. 28.5) und das Schießverfahren für Randwertprobleme (ab S. 1075).

In der Matrix des linearen Gleichungssystems, das bei der Methode der finiten Elemente entsteht, sind die meisten Einträge null. Dies liegt daran, dass es nur für Basisfunktionen für benachbarte Gitterpunkte ein Intervall gibt, auf dem beide von null verschieden sind. Die auftretenden Matrizen können also sehr effizient gespeichert werden, und es existieren auch effiziente Lösungsmethoden für lineare Gleichungssysteme mit solchen Matrizen. Dadurch ist es mit der Methode der finiten Elemente möglich, Probleme mit sehr großen Gittern effizient zu lösen.

Ein großer Vorteil der Methode ist, dass sie ohne größere Änderung auch für nicht uniforme Gitter anwendbar ist. Insbesondere kann das Gitter *adaptiv* verfeinert werden: Man führt dabei zunächst eine Rechnung mit einem einfachen Gitter durch. Durch geeignete Ungleichungen, lässt sich der Fehler auf jedem Teilintervall des Gitters abschätzen. Man verfeinert nun das Gitter dort, wo der Fehler besonders groß zu sein scheint, um eine bessere Approximation an die Lösung zu erhalten.

Beispiel Bei dem Randwertproblem

$$u''(x) = -\frac{3x+1}{4\,x^{3/2}} \qquad x \in (0,1),$$
$$u(0) = u(1) = 0,$$

ist die exakte Lösung

$$u(x) = \sqrt{x}\,(1-x), \qquad x \in [0,1].$$

Die Schwierigkeit bei der numerischen Lösung ist die Singularität in den Ableitungen der Lösung am Randpunkt $x_0 = 0$.

Wir lösen das Randwertproblem mit der Finite-Elemente-Methode mit jeweils einer Basis aus 9 Hutfunktionen auf zwei verschiedene Arten: Im ersten Fall werden die Gitterpunkte äquidistant gewählt,

$$x_j = j\,h, \quad j = 1, \ldots, 9,$$

im zweiten Fall verfeinern wir die Schrittweite zum linken Randpunkt hin,

$$x_j = (j\,h)^4, \quad j = 1, \ldots, 9.$$

Das Intervall (0, 1) ist also jeweils in 10 Teilintervalle eingeteilt, nur die Größe der Intervalle ist unterschiedlich. Die Abb. 28.22 zeigt die Resultate der beiden Rechnungen.

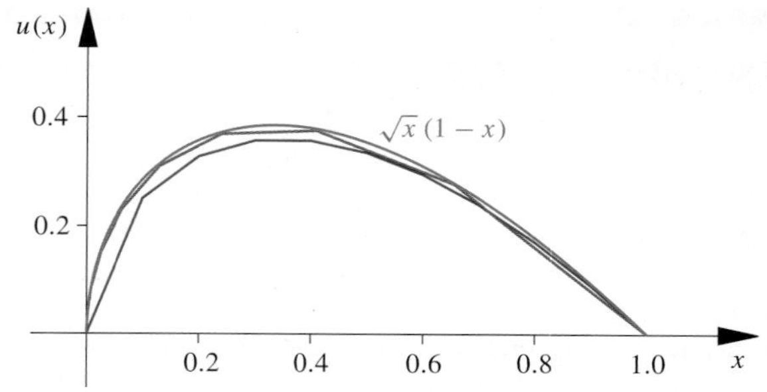

Abb. 28.22 Näherungsweise Lösung eines Randwertproblems durch die Finite-Elemente-Methode mit einem uniformen Gitter (rot) und einem nicht-uniformen Gitter (grün). Da die exakte Lösung (blau) am linken Randpunkt eine Wurzel-Singularität besitzt, kann mit dem nicht-uniformen Gitter die Lösung dort besser approximiert werden

Durch das nicht-uniforme Gitter bei der zweiten Wahl wird eine erhebliche Verbesserung der Genauigkeit erreicht, ohne dass man die Methode irgendwie abändern muss oder der Aufwand steigt. Auch die Konvergenzordnung wird dabei besser. Die Tabelle auf S. 1080 zeigt den maximalen Fehler in den Gitterpunkten zwischen der korrekten und der Finite-Elemente-Lösung für Rechnungen, bei denen höhere Anzahlen von Gitterpunkten gewählt wurden.

	Maximaler Fehler	
Intervalle	uniform	nicht uniform
10	0.033901	0.004285
20	0.021820	0.001135
40	0.014570	0.000291
80	0.009982	0.000073
160	0.006942	0.000018

Während im Fall uniformer Gitterpunkte der Fehler sich durch eine Verdopplung der Teilintervalle nur um einen Faktor von ungefähr $2/3$ verbessert, nimmt er im nicht-uniformen Fall um den Faktor 4 ab. ◄

Weitere Modifikationen der Methode beinhalten die Wahl anderer Basisfunktionen als die stückweise linearen Hutfunktionen. Es können zum Beispiel Splines mit beliebig hohen Glattheitseigenschaften gewählt werden. Durch geschickte Kombination von Verfeinerungen des Gitters und lokal glatten Basisfunktionen können bei der Methode der finiten Elemente sehr hohe Konvergenzraten erreicht werden.

Teil IV

Zusammenfassung

Definition und qualitatives Lösungsverhalten

Definition eines Differenzialgleichungssystems

Unter einem **Differenzialgleichungssystem n-ter Ordnung** mit m Gleichungen auf einem Intervall $I \subseteq \mathbb{R}$ ($n,m \in \mathbb{N}$) versteht man eine Gleichung der Form

$$\boldsymbol{y}^{(n)}(x) = \boldsymbol{F}(x, \boldsymbol{y}(x), \boldsymbol{y}'(x), \ldots, \boldsymbol{y}^{(n-1)}(x))$$

für alle $x \in I$. Hierbei ist $\boldsymbol{F}: I \times \mathbb{C}^{m \times n} \to \mathbb{C}^m$ gegeben und die Funktion $\boldsymbol{y}: I \to \mathbb{C}^m$ gesucht.

Jede Differenzialgleichung n-ter Ordnung lässt sich als System erster Ordnung formulieren

Indem man für die unbekannte Funktion und ihre Ableitungen bis zur Ordnung $n-1$ neue Unbekannte einführt, erhält man eine Formulierung als ein System erster Ordnung. Generell kann jedes Differenzialgleichungssystem als System erster Ordnung formuliert werden.

Bei einem **autonomen System** hängt die Funktion $\boldsymbol{F}$ nicht explizit von x ab. Bei solchen Systemen lassen sich die Lösungen in sogenannten **Phasendiagrammen** als Trajektorien darstellen. In diesen Phasendiagrammen gibt es **kritische Punkte,** d. h. Punkte mit $\boldsymbol{y}'(x) = \boldsymbol{0}$ für alle x. Diese Punkte und das asymptotische Verhalten der Trajektorien in ihrer Umgebung ermöglichen ein qualitatives Studium des Lösungsverhaltens.

Existenz von Lösungen

Satz von Picard-Lindelöf

Für $x_0 \in \mathbb{R}$, $\boldsymbol{y}_0 \in \mathbb{C}^n$, $a, b > 0$ setze

$$I = [x_0 - a, x_0 + a]$$

und

$$Q = \{z \in \mathbb{C}^n \mid \max_{j=1,\ldots,n} |z_j - y_{j0}| \le b\}.$$

Ist die Funktion $\boldsymbol{F}: I \times Q \to \mathbb{C}^n$ stetig, komponentenweise durch R beschränkt und genügt sie bezüglich ihres zweiten Arguments einer Lipschitz-Bedingung mit Lipschitz-Konstante L, so hat das Anfangswertproblem

$$\begin{aligned} \boldsymbol{y}'(x) &= F(x, \boldsymbol{y}(x)), \\ \boldsymbol{y}(x_0) &= \boldsymbol{y}_0, \end{aligned}$$

auf dem Intervall $J = [x_0 - \alpha, x_0 + \alpha]$ mit $\alpha = \min\{a, b/R\}$ genau eine stetig differenzierbare Lösung $\boldsymbol{y}: J \to Q$.

Der Satz von Picard-Lindelöf ist konstruktiv. Durch Integration des Anfangswertproblems erhält man eine Fixpunktgleichung. Mit dieser kann eine Folge sukzessiver Approximationen an die Lösung berechnet werden.

Die Lösung linearer Differenzialgleichungssysteme

Bei einem linearen Differenzialgleichungssystem erster Ordnung mit n unabhängigen Gleichungen ist die Lösungsmenge ein affiner Raum der Dimension n. Eine Basis des Vektorraums der Lösungen der zugehörigen homogenen Differenzialgleichung nennt man **Fundamentalsystem.**

Existenz von Fundamentalsystemen

Ist $\boldsymbol{A}: I \to \mathbb{C}^{n \times n}$ die Matrixfunktion in einem homogenen linearen Differenzialgleichungssystem $\boldsymbol{y}'(x) = \boldsymbol{A}(x)\,\boldsymbol{y}(x)$ und sind die Koeffizientenfunktionen von $\boldsymbol{A}$ stetig und beschränkt, so besitzt das Differenzialgleichungssystem ein Fundamentalsystem $\{\boldsymbol{y}_1, \ldots, \boldsymbol{y}_n\}$ mit Funktionen $\boldsymbol{y}_j: I \to \mathbb{C}^n$.

Systeme mit konstanten Koeffizienten führen auf Eigenwertprobleme

Bei konstanten Koeffizienten liefert jeder Eigenwert der Matrix eine Lösung des Systems. Gibt es mehrere linear unabhängige Eigenvektoren zu einem Eigenwert, ergeben sich entsprechend viele linear unabhängige Lösungen. Lösungen zu verschiedenen Eigenwerten sind stets linear unabhängig.

Teil IV

Mit der Wronski-Determinanten kann überprüft werden, ob ein Fundamentalsystem vorliegt

Schreibt man n Lösungen eines homogenen linearen $(n \times n)$-Differenzialgleichungssystems als Spalten einer Matrix, so heißt deren Determinante **Wronski-Determinante**. Ist diese an einer Stelle des betrachteten Intervalls ungleich null, so ist sie dies an jeder Stelle und die Lösungen bilden ein Fundamentalsystem.

Manchmal entspricht das beobachtete Lösungsverhalten nicht der erwarteten Konvergenzordnung

Bei der Anwendung numerischer Lösungsverfahren können Stabilitätsprobleme auftreten. Die Schrittweite muss für ein gegebenes System klein genug gewählt werden, damit **Stabilität** sichergestellt werden kann. Für Stabilitätsuntersuchungen betrachtet man ein einfaches Testproblem mit einem Parameter λ. Jedes Verfahren besitzt ein **Gebiet absoluter Stabilität**, in dem das Produkt aus Schrittweite und λ liegen muss.

Stabilitätsprobleme sind typisch für steife Differenzialgleichungssysteme

Bei einem steifen Differenzialgleichungssystem haben die Eigenwerte der zugehörigen Matrix sehr unterschiedliche Größenordnungen. Obwohl man typischerweise an Ergebnissen für große Zeitspannen interessiert ist, muss die Schrittweite sehr klein gewählt werden, um Stabilitätsprobleme zu vermeiden. Eine Lösung bieten implizite Verfahren, die im Allgemeinen größere Stabilitätsgebiete als explizite Verfahren besitzen.

Einfache Randwertprobleme sind typisch für Schwingungsphänomene

Probleme wie die schwingende Saite lassen sich als **Randwertproblem** formulieren. Nur spezielle Voraussetzungen können die eindeutige Lösbarkeit von Randwertproblemen garantieren. Eine generelle Existenz- und Eindeutigkeitstheorie vergleichbar mit dem Satz von Picard-Lindelöf gibt es hier nicht.

Zur numerischen Lösung gibt es recht unterschiedliche Ansätze. Das **Schießverfahren** approximiert ein Randwertproblem durch Anfangswertprobleme. Es können jedoch Stabilitätsprobleme auftreten.

Bei **Differenzenverfahren** werden die Ableitungen durch Differenzenquotienten ersetzt. Man benötigt eine uniforme Diskretisierung des Lösungsgebiets für ihre Anwendung. Die **Methode der finiten Elemente** baut auf der Formulierung des Randwertproblems als Variationsgleichung auf. Die Lösung wird durch **Hutfunktionen** oder ähnliche Ansätze approximiert.

Aufgaben

Die Aufgaben gliedern sich in drei Kategorien: Anhand der *Verständnisfragen* können Sie prüfen, ob Sie die Begriffe und zentralen Aussagen verstanden haben, mit den *Rechenaufgaben* üben Sie Ihre technischen Fertigkeiten und die *Anwendungsprobleme* geben Ihnen Gelegenheit, das Gelernte an praktischen Fragestellungen auszuprobieren.
Ein Punktesystem unterscheidet leichte •, mittelschwere •• und anspruchsvolle ••• Aufgaben. Lösungshinweise am Ende des Buches helfen Ihnen, falls Sie bei einer Aufgabe partout nicht weiterkommen. Dort finden Sie auch die Lösungen – betrügen Sie sich aber nicht selbst und schlagen Sie erst nach, wenn Sie selber zu einer Lösung gekommen sind. Ausführliche Lösungswege, Beweise und Abbildungen finden Sie als digitales Zusatzmaterial (electronic supplementary material).
Viel Spaß und Erfolg bei den Aufgaben!

Verständnisfragen

28.1 • Geben Sie bei den folgenden linearen Systemen den Typ des kritischen Punktes $(0,0)^{\mathrm{T}}$ an. Welche Stabilitätseigenschaften liegen vor?

(a) $\boldsymbol{x}'(t) = \begin{pmatrix} 1 & -2 \\ -1 & 0 \end{pmatrix} \boldsymbol{x}(t)$,

(b) $\boldsymbol{x}'(t) = \frac{1}{3}\begin{pmatrix} 4 & -5 \\ 2 & 2 \end{pmatrix} \boldsymbol{x}(t)$,

(c) $\boldsymbol{x}'(t) = \frac{1}{3}\begin{pmatrix} -4 & -1 \\ 1 & -2 \end{pmatrix} \boldsymbol{x}(t)$,

(d) $\boldsymbol{x}'(t) = \begin{pmatrix} 4 & -10 \\ 2 & -4 \end{pmatrix} \boldsymbol{x}(t)$.

28.2 •• Für $(x,y)^{\mathrm{T}}$ aus dem Rechteck

$$R = \{(x,y) \mid |x| < 10, \quad |y-1| < b\}$$

ist die Funktion f definiert durch

$$f(x,y) = 1 + y^2.$$

(a) Geben Sie mit dem Satz von Picard-Lindelöf ein Intervall $[-\alpha, \alpha]$ an, auf dem das Anfangswertproblem

$$y'(x) = f(x, y(x)), \qquad y(0) = 1,$$

genau eine Lösung auf $(-\alpha, \alpha)$ besitzt.
(b) Wie muss man die Zahl b wählen, damit die Intervalllänge 2α aus (a) größtmöglich wird?
(c) Berechnen Sie die Lösung des Anfangswertproblems. Auf welchem Intervall existiert die Lösung?

28.3 • Bestimmen Sie die allgemeine Lösung des Systems

$$\boldsymbol{x}'(t) = \boldsymbol{A}\boldsymbol{x}(t) = \begin{pmatrix} -3 & 1 \\ -1 & -1 \end{pmatrix} \boldsymbol{x}(t).$$

Zeigen Sie dazu:

(a) $\lambda = -2$ ist doppelte Nullstelle des charakteristischen Polynoms von $\boldsymbol{A}$ und $\boldsymbol{v}_1 = (1,1)^{\mathrm{T}}$ ist ein zugehöriger Eigenvektor.
(b) Der Ansatz

$$\boldsymbol{x}(t) = \mathrm{e}^{\lambda t}\boldsymbol{v}_2 + t\mathrm{e}^{\lambda t}\boldsymbol{v}_1$$

liefert die Gleichung $(\boldsymbol{A} - \lambda \boldsymbol{E}_2)\boldsymbol{v}_2 = \boldsymbol{v}_1$. Bestimmen Sie eine Lösung $\boldsymbol{v}_2$.
(c) Die Funktionen

$$\boldsymbol{x}_1(t) = \mathrm{e}^{\lambda t}\boldsymbol{v}_1 \qquad \text{und} \qquad \boldsymbol{x}_2(t) = \mathrm{e}^{\lambda t}\boldsymbol{v}_2 + t\boldsymbol{x}_1(t)$$

bilden ein Fundamentalsystem.

28.4 • Gegeben ist ein Fundamentalsystem $\{\boldsymbol{u}_1, \boldsymbol{u}_2\}$ eines Differenzialgleichungssystems $\boldsymbol{u}'(x) = \boldsymbol{A}(x)\,\boldsymbol{u}(x)$ und $\boldsymbol{v}$ eine weitere Lösung.

Welches ist die Dimension von $\boldsymbol{A}$? Ist auch $\{\boldsymbol{u}_1, \boldsymbol{u}_2, \boldsymbol{v}\}$ bzw. $\{\boldsymbol{u}_1 + \boldsymbol{u}_2, \boldsymbol{u}_1 - \boldsymbol{u}_2\}$ ein Fundamentalsystem?

28.5 •• Bestimmen Sie die Stabilitätsbedingung für das verbesserte Euler-Verfahren (siehe S. 480). Zeigen Sie, dass der Schnitt des Gebiets absoluter Stabilität mit der reellen Achse das Intervall $(-2, 0)$ ist.

28.6 •• Gegeben ist die Differenzialgleichung

$$x^2\, y''(x) - x\, y'(x) + y(x) = 0, \qquad x \in (1, A)$$

mit den Randwertvorgaben

$$y'(1) = 1, \qquad y(A) = b,$$

wobei $A > 1$ und $b \in \mathbb{R}$ gilt.

Bestimmen Sie ein Fundamentalsystem der Differenzialgleichung. Für welche A ist das Randwertproblem eindeutig lösbar? Geben Sie für ein A, für das keine eindeutige Lösbarkeit vorliegt, je einen Wert von b an, für den das System keine bzw. unendlich viele Lösungen besitzt.

Rechenaufgaben

28.7 •• Bestimmen Sie alle kritischen Punkte der folgenden Differenzialgleichungssysteme.

(a) $x_1'(t) = x_1(t) + (x_2(t))^2,$
$x_2'(t) = x_1(t) + x_2(t),$

(b) $x_1'(t) = 1 - x_1(t)\,x_2(t),$
$x_2'(t) = (x_1(t))^2 - (x_2(t))^3.$

Was können Sie ohne weitere Betrachtungen über die Stabilität der Punkte aussagen?

28.8 • Berechnen Sie die ersten drei sukzessiven Iterationen zu dem Anfangswertproblem

$$u'(x) = x - (u(x))^2, \quad x \in \mathbb{R}, \qquad u(0) = 1.$$

28.9 •• Lösen Sie das Anfangswertproblem

$$\boldsymbol{u}'(x) = \begin{pmatrix} 1 & 0 & 0 \\ 0 & 1 & -1 \\ 0 & 1 & 1 \end{pmatrix} \boldsymbol{u}(x), \qquad \boldsymbol{u}(0) = \begin{pmatrix} 1 \\ 1 \\ 1 \end{pmatrix}.$$

28.10 •• Bestimmen Sie für die Differenzialgleichung

$$x^2 y''(x) - \frac{3}{2} x\, y'(x) + y(x) = x^3$$

(a) zunächst die allgemeine Lösung der zugehörigen homogenen linearen Differenzialgleichung durch Reduktion der Ordnung. Nutzen Sie, dass $y_1(x) = x^2$ die homogene Differenzialgleichung löst.
(b) Bestimmen Sie dann eine partikuläre Lösung und die allgemeine Lösung der inhomogenen Differenzialgleichung durch Variation der Konstanten.
(c) Geben Sie die Lösung des Anfangswertproblems mit

$$y(1) = \frac{17}{5} \qquad \text{und} \qquad y'(1) = \frac{21}{5}$$

an.

28.11 • Das Differenzialgleichungssystem erster Ordnung

$$\boldsymbol{y}'(x) = \begin{pmatrix} 0 & 1 \\ 2/x^2 & 0 \end{pmatrix} \boldsymbol{y}(x) + \begin{pmatrix} 0 \\ 1/x \end{pmatrix}, \qquad x > 0,$$

besitzt das Fudamentalsystem $\{\boldsymbol{y}_1, \boldsymbol{y}_2\}$ mit

$$\boldsymbol{y}_1(x) = \begin{pmatrix} x^2 \\ 2x \end{pmatrix}, \qquad \boldsymbol{y}_2(x) = \begin{pmatrix} 1/x \\ -1/x^2 \end{pmatrix}, \qquad x > 0.$$

Bestimmen Sie eine partikuläre Lösung $\boldsymbol{y}_p$ durch den Ansatz

$$\boldsymbol{y}_p(x) = c_1(x)\,\boldsymbol{y}_1(x) + c_2(x)\,\boldsymbol{y}_2(x).$$

Anwendungsprobleme

28.12 ••• Zwei Populationen x, y mit $0 \leq x, y \leq 1$ stehen in Konkurrenz um eine für beide lebenswichtige Ressource. Die zeitliche Veränderung der Populationen wird durch das folgende Differenzialgleichungssystem beschrieben:

$$x'(t) = x(t)\left(1 - x(t) - \frac{1}{2} y(t)\right)$$
$$y'(t) = y(t)\left(\frac{1}{2} - \frac{1}{2} y(t) - \frac{1}{3} x(t)\right)$$

(a) Überlegen Sie sich, welchen Einfluss die einzelnen Koeffizienten im System beschreiben. Stellen Sie dazu zunächst fest, um was für ein Modell es sich handelt, wenn eine der beiden Populationen nicht vorhanden ist.
(b) Können beide Populationen koexistieren, oder muss eine davon aussterben?

28.13 •• Die Verteilung und der Abbau von Alkohol im menschlichen Körper kann durch das folgende einfache Modell beschrieben werden. Mit $B(t)$ bezeichnet man die Menge an Alkohol im Blut zum Zeitpunkt t, mit $G(t)$ die Menge an Alkohol im Gewebe. Der Austausch des Alkohols zwischen Blut und Gewebe sowie die Ausscheidung werden durch das Differenzialgleichungssystem

$$B'(t) = -\alpha B(t) - \beta B(t) + \gamma G(t)$$
$$G'(t) = \beta B(t) - \gamma G(t)$$

beschrieben. Dabei beschreibt der Koeffizient α die Geschwindigkeit der Ausscheidung aus dem Körper, der Koeffizient β die Geschwindigkeit des Übergangs vom Blut ins Gewebe und der Koeffizient γ die des Übergangs vom Gewebe ins Blut.

Geben Sie das Verhalten des Alkoholgehalts qualitativ an. Was ist bei der numerischen Lösung des Systems zu beachten?

28.14 •• Das Anfangswertproblem

$$\boldsymbol{x}'(t) = \boldsymbol{A}\,\boldsymbol{x}(t) = \begin{pmatrix} -60 & 20 \\ 118 & -41 \end{pmatrix} \boldsymbol{x}(t), \quad t > 0,$$

mit $\boldsymbol{x}(0) = (1, 1)^{\mathrm{T}}$ soll einmal mit dem Euler-Verfahren

$$\boldsymbol{x}_{k+1} = \boldsymbol{x}_k + h\boldsymbol{A}\boldsymbol{x}_k, \quad k = 1, 2, \ldots$$

und mit dem Rückwärts-Euler-Verfahren

$$\boldsymbol{x}_{k+1} = \boldsymbol{x}_k + h\boldsymbol{A}\boldsymbol{x}_{k+1}, \quad k = 1, 2, \ldots$$

und der Schrittweite $h = 0.1$ gelöst werden. Führen Sie für beide Verfahren jeweils die ersten 5 Schritte durch. Verwenden Sie dazu nach Möglichkeit einen Computer, da die auftretenden Rechnungen unhandlich sind. Welche Schlussfolgerungen ziehen Sie?

28.15 ●●● Zu lösen ist das Randwertproblem

$$xu''(x) + u'(x) - u(x) = x^2,$$
$$u(0) = 0, \quad u(1) = 0.$$

Formulieren Sie das Randwertproblem als Variationsgleichung. Stellen Sie außerdem das lineare Gleichungssystem auf, das bei der Methode der finiten Elemente mit 4 Hutfunktionen gelöst werden muss.

28.16 ● Verwenden Sie den numerischen Löser `ode45`, um das Anfangswertproblem

$$u''(x) + 2x\,u'(x) - u(x) = (1 + x + x^2)\,\mathrm{e}^x\,, \quad x \in [0,1]\,,$$
$$u(0) = 0\,, \quad u'(0) = \frac{1}{2}\,,$$

aus dem Beispiel von S. 502 numerisch zu lösen.

Antworten zu den Selbstfragen

Antwort 1 Mit der Substitution $w_1(t) = u(t)$, $w_2(t) = u'(t)$ gilt

$$w_1'(t) = w_2(t)$$
$$w_2'(t) = \cosh(t) - (w_1(t))^2 + \sin(t)\,(w_2(t))^2\,w_1(t).$$

Antwort 2 Da $\|\boldsymbol{x}(t)\| = \sqrt{A^2 + B^2}$ für alle $t \in \mathbb{R}$ ist, ist der Ursprung ein stabiler Punkt. Er ist aber nicht asymptotisch stabil, denn keine Trajektorie konvergiert dagegen.

Antwort 3 Es ist $I = [1, 3]$ und $Q = [0, 2]$. Die Lipschitz-Konstante ergibt sich aus der Abschätzung

$$\begin{aligned}|F(x, y_1) - F(x, y_2)| &= |x^2\,(y_2^2 - y_1^2)|\\ &= x^2\,|y_2 + y_1| \cdot |y_2 - y_1|.\end{aligned}$$

Damit ist

$$L = \max_{x \in I,\, y_1, y_2 \in Q} x^2\,|y_2 + y_1| = 9 \cdot 4 = 36.$$

Eine Schranke für F ergibt sich aus

$$|1 - y^2| \leq 3 \quad \text{für } y \in Q.$$

Daher folgt

$$|F(x, y)| = |x^2\,(1 - y^2)| \leq 9 \cdot 3 = 27$$

für $(x, y) \in I \times Q$. Es ist damit $R = 27$, und wir erhalten

$$\alpha = \min\left\{1, \frac{b}{R}\right\} = \min\left\{1, \frac{1}{27}\right\} = \frac{1}{27}.$$

Also existiert die Lösung garantiert auf dem Intervall $[53/27, 55/27]$.

Antwort 4 Nach dem Mittelwertsatz gibt es zu $x, y \in [0, 1]$ eine Stelle $\hat{x}$ zwischen x und y mit

$$\begin{aligned}d(f(x), f(y)) &= \frac{1}{2}\,|\sin(x^2) - \sin(y^2)|\\ &= \frac{1}{2}\,|2\hat{x}\,\cos(\hat{x}^2)\,(x - y)| = |\hat{x}\,\cos(\hat{x}^2)|\,d(x, y).\end{aligned}$$

Das Maximum von $\hat{x} \mapsto \hat{x}\,\cos(\hat{x}^2)$ auf $[0, 1]$ ist echt kleiner als 1, denn 0 ist keine Maximalstelle und für alle anderen $\hat{x} \in [0, 1]$ ist $0 < \hat{x}\cos(\hat{x}^2) < 1$. Daher ist f eine Kontraktion.

Antwort 5 Es reicht die Voraussetzung, dass G eine Kontraktion ist. Wären nämlich x und y verschiedene Fixpunkte, so folgt

$$d(x, y) = d(G(x), G(y)) \leq q\,d(x, y) < d(x, y).$$

Dies ist ein Widerspruch.

Antwort 6 Der Vektor der Unbekannten ist $\boldsymbol{y} = (u, v)^{\mathrm{T}}$. Aber wegen dem Term $\sqrt{u(x)}$ kann das System nicht auf die Form eines linearen Systems gebracht werden.

Antwort 7 Zu bestimmen ist eine Zahl L mit

$$L \geq \max\left\{|x| + \left|\frac{1}{1 + x^2}\right|, |\sin x| + |x^2| \,\Big|\, x \in [0, 1]\right\}.$$

Dies ist sicher für $L = 2$ erfüllt.

Antwort 8 Aus

$$c_1\,\sin x + c_2\,\cos x = 0$$

für alle $x \in [0, 2\pi]$ folgt insbesondere

$$0 = c_1\,\sin 0 + c_2\,\cos 0 = c_2.$$

für $x = \pi/2$ folgt $c_1 = 0$, also ist die Menge $\{f_1, f_2\}$ linear unabhängig.

Analog folgt, dass $\{f_1, f_3\}$ linear unabhängig ist.

Mit dem Additionstheorem folgt schließlich

$$\sin\left(x + \frac{\pi}{3}\right) = \cos\left(\frac{\pi}{3}\right)\,\sin x + \sin\left(\frac{\pi}{3}\right)\,\cos(x)$$

für alle $x \in [0, 2\pi]$, also ist $\{f_1, f_2, f_3\}$ linear abhängig.

Antwort 9 Auf jedem Intervall, auf dem die Koeffizienten beschränkt sind und eine Konstante $C > 0$ mit

$$\frac{1 - \exp(-x^2)}{1 + x^2} \geq C$$

existiert, besitzt die Differenzialgleichung ein Fundamentalsystem. Einzige Nullstelle dieses Ausdrucks ist 0. Die Sinusfunktion ist stets beschränkt, der Term $1/(x - 1)$ wird in 1 unbeschränkt. Daher besitzt die Differenzialgleichungen auf Intervallen der Form $(-\infty, -\delta)$, $(\delta, 1 - \varepsilon)$ und $(1 + \varepsilon, \infty)$ mit δ, $\varepsilon > 0$ auf jeden Fall ein Fundamentalsystem. Es ist dabei wichtig, ein Stück weit von den kritischen Stellen 0 und 1 entfernt zu bleiben, daher die Konstanten ε und δ.

Teil IV

Antwort 10 Die Eigenwerte der Matrix sind 1 und -1, die zugehörigen Eigenräume

$$\mathrm{Eig}(1) = \left\langle \begin{pmatrix} 2 \\ 0 \\ 1 \end{pmatrix} \right\rangle \quad \text{und} \quad \mathrm{Eig}(-1) = \left\langle \begin{pmatrix} -1 \\ 3 \\ 1 \end{pmatrix} \right\rangle.$$

Damit erhalten wir die beiden ersten Elemente des Fundamentalsystems,

$$\boldsymbol{y}_1(x) = \begin{pmatrix} 2 \\ 0 \\ 1 \end{pmatrix} \exp(x) \quad \text{bzw.} \quad \boldsymbol{y}_2(x) = \begin{pmatrix} -1 \\ 3 \\ 1 \end{pmatrix} \exp(-x).$$

Im charakteristischen Polynom ist -1 eine einfache Nullstelle, dagegen ist 1 eine doppelte Nullstelle. Wir lösen also das Gleichungssystem

$$\left[\frac{1}{12} \begin{pmatrix} 16 & 12 & -8 \\ 6 & -6 & -12 \\ 5 & -3 & 2 \end{pmatrix} - 1 \cdot \begin{pmatrix} 1 & 0 & 0 \\ 0 & 1 & 0 \\ 0 & 0 & 1 \end{pmatrix} \right] x = \begin{pmatrix} 2 \\ 0 \\ 1 \end{pmatrix}.$$

Eine Lösung ist $(1, 1, -1)^{\mathrm{T}}$.

Mit dem Ansatz

$$\boldsymbol{y}_3(x) = \left[\begin{pmatrix} 1 \\ 1 \\ -1 \end{pmatrix} + u(x) \begin{pmatrix} 2 \\ 0 \\ 1 \end{pmatrix} \right] \exp(x)$$

ergibt sich $u'(x) = 1$, also $u(x) = x$. Die dritte Funktion im Fundamentalsystem ist also

$$\boldsymbol{y}_3(x) = \left[\begin{pmatrix} 1 \\ 1 \\ -1 \end{pmatrix} + x \begin{pmatrix} 2 \\ 0 \\ 1 \end{pmatrix} \right] \exp(x).$$

Antwort 11 Der Ansatz $y(x) = x^\lambda$ führt auf die quadratische Gleichung

$$\lambda^2 - 1 = 0.$$

Ein Fundamentalsystem der Differenzialgleichung ist also durch $\{x, 1/x\}$ gegeben. Die Wronski-Matrix ist dann

$$\boldsymbol{W}(x) = \begin{pmatrix} x & \frac{1}{x} \\ 1 & -\frac{1}{x^2} \end{pmatrix}.$$

Als Wronski-Determinanten ergibt sich

$$\det \boldsymbol{W}(x) = -\frac{2}{x}.$$

Antwort 12 Die Gleichung des impliziten Euler-Verfahrens lautet

$$u_{j+1} = u_j + \frac{h}{2} \left[x_j \left(1 + u_j^3\right) + x_{j+1} \left(1 + u_{j+1}^3\right) \right].$$

Dies führt auf

$$u_{j+1} \left(1 + \frac{h}{2} x_{j+1} u_{j+1}^2 \right) = u_j + \frac{h}{2} \left[x_j + x_{j+1} + x_j u_j^3 \right].$$

Es ist also in jedem Schritt eine kubische Gleichung zu lösen. Zur Lösung bietet sich ein Newton-Verfahren an, bei dem der Wert u_j als Startwert verwendet wird.

Antwort 13 Für eine Differenzialgleichung der Form

$$\frac{\mathrm{d}}{\mathrm{d}x} \left(P(x)\, u'(x)\right) + Q(x)\, u(x) = F(x)$$

erhält man durch die Produktregel

$$P(x)\, u''(x) + P'(x)\, u'(x) + Q(x)\, u(x) = F(x).$$

Da $P(x) \geq c > 0$ für fast alle x gilt, folgt

$$u''(x) + \frac{P'(x)}{P(x)} u'(x) + \frac{Q(x)}{P(x)} u(x) = \frac{F(x)}{P(x)}.$$

Dies ist die Form für der Differenzialgleichung, die im Differenzenverfahren verwandt wird.

Hat man umgekehrt eine Differenzialgleichung in der Form

$$u''(x) + p(x)\, u'(x) + q(x)\, u(x) = f(x)$$

vorliegen, so setzt man

$$P(x) = \exp\left(\int_a^x p(t) \mathrm{d}t \right)$$

sowie

$$F(x) = f(x)\, P(x) \quad \text{und} \quad Q(x) = q(x)\, P(x).$$

Damit folgt $P(x) \geq c > 0$ für alle $x \in [a, b]$,

$$P'(x) = P(x)\, p(x)$$

und

$$P(x)\, u''(x) + P'(x)\, u'(x) + Q(x)\, u(x) = F(x).$$

Damit hat man die Form der Differenzialgleichung von S. 1073.

Antwort 14 Ja, denn hat man eine Linearkombination von Hutfunktionen vorliegen, die die Nullfunktion darstellt, so muss man nur einen der Gitterpunkte einsetzen. In diesem besitzt nur eine einzige Hutfunktion den Wert 1, alle anderen sind null. Also ist der entsprechende Koeffizient null.

Partielle Differenzialgleichungen – Modelle von Feldern und Wellen

29

Wie lassen sich elektromagnetische Felder beschreiben?

Wie hängen Potenziale und Differenzialgleichungen zusammen?

Was berechnet man mit der Methode der finiten Elemente?

Teil IV

T. Arens et al., *Mathematik*, https://doi.org/10.1007/978-3-662-64389-1_29

Die Bedeutung von Differenzialgleichungen in Naturwissenschaft und Technik ist schon in den Kap. 13 und 28 angeklungen. Selbstverständlich sind in vielen Modellen aber nicht nur Funktionen einer unabhängigen Variablen zu betrachten. Entsprechend müssen im Allgemeinen partielle Ableitungen berücksichtigt werden. Differenzialgleichungen, bei denen partielle Ableitungen in Relation zueinander gestellt werden, nennt man *partielle Differenzialgleichungen.*

Es stellt sich heraus, dass viele grundlegende Theorien wie etwa die Elektrodynamik oder die Elastizitätstheorie durch partielle Differenzialgleichungen formuliert werden. Wir sind somit an einer entscheidenden Nahtstelle zwischen Mathematik und ihren Anwendungen angekommen. Leicht stößt man auf noch offene Fragen bei diesen Modellen. So bilden die partiellen Differenzialgleichungen ein aktuelles Forschungsfeld, in dem sich stärker als in anderen Bereichen Mathematik und Anwendungen verzahnen. Auch wenn wir hier die Vielschichtigkeit der mathematischen Aspekte nicht darstellen können, versuchen wir in die Welt der partiellen Differenzialgleichungen einzutauchen und eine Orientierung zu geben.

29.1 Klassifizierung partieller Differenzialgleichungen

Bei den bisher betrachteten Differenzialgleichungen stehen Ableitungen einer Funktion und die Funktion selbst in Relation zueinander. Dabei wurden bisher Funktionen betrachtet, die von einer reellen Variablen abhängen (siehe Kap. 13 und 28). Wir haben auch schon gesehen, dass die Beschreibung komplizierterer funktionaler Zusammenhänge Funktionen von mehreren Variablen erfordern. Entsprechend muss der Begriff der Differenzialgleichung dahingehend erweitert werden, dass partielle Ableitungen in den Gleichungen auftreten.

Die höchste Ableitung bestimmt die Ordnung einer partiellen Differenzialgleichung

Um allgemein solche Gleichungen in einem formalen Ausdruck zu beschreiben, fasst man die Beziehungen mit einer Funktion $F : D \times \mathbb{R} \times \mathbb{R}^n \times \cdots \times \mathbb{R}^{n^k} \to \mathbb{R}^m$ zusammen und nennt jede Gleichung von der Form

$$\boldsymbol{F}\left(\boldsymbol{x}, u(\boldsymbol{x}), \frac{\partial u(\boldsymbol{x})}{\partial x_1}, \dots, \frac{\partial u(\boldsymbol{x})}{\partial x_n}, \frac{\partial^2 u(\boldsymbol{x})}{\partial x_1^2}, \frac{\partial^2 u(\boldsymbol{x})}{\partial x_1 \partial x_2}, \dots, \frac{\partial^k u(\boldsymbol{x})}{\partial x_n^k}\right) = 0$$

eine **partielle Differenzialgleichung k-ter Ordnung**. Dabei ist der Vektor $\boldsymbol{x}$ das Argument der gesuchten Funktion u, die auf dem Gebiet D definiert ist. Die Ordnung k gibt wie bei gewöhnlichen Differenzialgleichungen (siehe Kap. 13 und 28) den höchsten auftretenden Ableitungsgrad in der Gleichung an. Die Funktion $\boldsymbol{F}$ dient nur dazu, den funktionalen Zusammenhang zwischen der gesuchten Funktion u und all ihren Ableitungen bis zum Grad k zu beschreiben.

Beispiel

- Das klassische Beispiel einer partiellen Differenzialgleichung erster Ordnung ist die *Transportgleichung*

$$\frac{\partial u(\boldsymbol{x}, t)}{\partial t} + \boldsymbol{a} \cdot \nabla_{\boldsymbol{x}} u(\boldsymbol{x}, t) = \frac{\partial u(\boldsymbol{x}, t)}{\partial t} + \sum_{i=1}^{n} a_i \frac{\partial u(\boldsymbol{x}, t)}{\partial x_i} = 0$$

  für eine Funktion $u : \mathbb{R}^n \times \mathbb{R} \to \mathbb{R}$, deren $n+1$ Argumente als *Ortsvariable* $\boldsymbol{x} = (x_1, \dots, x_n)^{\mathrm{T}} \in \mathbb{R}^n$ und als Zeit $t \in \mathbb{R}_{\geq 0}$ angesehen werden können. Hier ist der Vektor $\boldsymbol{a} \in \mathbb{R}^n$ vorgegeben. Wir werden später noch sehen, wie wir den Vektor $\boldsymbol{a}$ interpretieren können (siehe S. 1105 f.).
  Oft wird in der Literatur auf den Index beim Gradienten $\nabla_{\boldsymbol{x}}$ verzichtet. Aber sicherheitshalber deuten wir hier mit dem Index an, dass sich der Nabla-Operator in dieser Gleichung nur auf die Ortsvariablen und nicht auf die Zeitvariable bezieht.
- Ein weiteres Beispiel sind die *Navier-Stokes-Gleichungen*

$$\begin{aligned} \frac{\partial \boldsymbol{u}}{\partial t} + (\boldsymbol{u} \cdot \nabla_{\boldsymbol{x}})\boldsymbol{u} - \Delta_{\boldsymbol{x}} \boldsymbol{u} &= -\nabla_{\boldsymbol{x}} p\,, \\ \operatorname{div}_{\boldsymbol{x}} \boldsymbol{u} &= 0\,. \end{aligned}$$

  Dabei handelt es sich um ein System von vier partiellen Differenzialgleichungen zweiter Ordnung, denn schreiben wir die Differenzialoperatoren aus, so sind mit der ersten Zeile die drei Gleichungen

$$\frac{\partial u_j}{\partial t} + \sum_{i=1}^{3} u_i \frac{\partial u_j}{\partial x_i} - \sum_{i=1}^{3} \frac{\partial^2 u_j}{\partial x_i^2} = -\frac{\partial p}{\partial x_j}$$

  für $j = 1, 2, 3$ gemeint und die zweite Zeile zur Divergenz von $\boldsymbol{u}$ liefert eine weitere. Diese Gleichungen sind die Grundgleichungen der Strömungsmechanik und modellieren eine inkompressible, viskose Strömung $\boldsymbol{u} : \mathbb{R}^3 \times \mathbb{R} \to \mathbb{R}^3$, wobei mit $p(\boldsymbol{x}, t)$ der Druck zum Zeitpunkt t am Ort $\boldsymbol{x}$ bezeichnet wird. ◀

Eine k-mal differenzierbare Funktion u heißt **Lösung** der Differenzialgleichung, wenn die Funktion u mit ihren partiellen Ableitungen die Gleichung erfüllt. So ist etwa die Funktion $u : \mathbb{R}^2 \to \mathbb{R}$ mit $u(\boldsymbol{x}) = \sin x_1 \cos x_2$ Lösung der partiellen Differenzialgleichung dritter Ordnung

$$\frac{\partial^3 u}{\partial^2 x_1\, \partial x_2}(\boldsymbol{x}) + \frac{\partial u}{\partial x_2}(\boldsymbol{x}) = 0\,.$$

Überprüfen Sie dies, indem Sie die Ableitungen ausrechnen. Genauso ist aber auch die Funktion v mit $v(\boldsymbol{x}) = \mathrm{e}^{x_1}$ für alle $\boldsymbol{x} \in \mathbb{R}^2$ eine Lösung dieser Differenzialgleichung.

Anwendungsbeispiel Die partielle Differenzialgleichung

$$u_t + 6\,u\,u_x + u_{xxx} = 0$$

für $x \in \mathbb{R}$ und $t > 0$ heißt **Korteweg-de-Vries-Gleichung**. Sie beschreibt die Ausbreitung von Wasserwellen.

Eine spezielle Klasse von Lösungen dieser Gleichung sind die **Solitonen**. Sie ergeben sich durch den Ansatz

$$u(x,t) = v(x - ct).$$

Durch diesen Ansatz wird eine Welle beschrieben, deren Form in der Zeit konstant bleibt und die sich mit der Geschwindigkeit c fortbewegt. Das Wort Soliton bezieht sich darauf, dass es sich nur um eine einzelne Welle handeln soll und keine Folge von vielen Wellenbergen. Mathematisch drücken wir dies durch die Forderungen

$$v(z), v'(z), v''(z) \to 0 \quad (|z| \to \infty)$$

aus.

Einsetzen unseres Ansatzes in die Differenzialgleichung liefert

$$-c\,v'(z) + 6\,v(z)\,v'(z) + v'''(z) = 0,$$

oder

$$\frac{\mathrm{d}}{\mathrm{d}z}\left(-c\,v(z) + 3\,v^2(z) + v''(z)\right) = 0.$$

Also ist der Ausdruck in der Klammer konstant. Indem wir $z \to \infty$ gehen lassen, folgt, dass die Konstante null ist.

Jetzt haben wir die Gleichung

$$-c\,v(z) + 3\,v^2(z) + v''(z) = 0.$$

Indem wir mit $v'(z)$ multiplizieren, erhalten wir abermals eine Ableitung gleich null,

$$\frac{\mathrm{d}}{\mathrm{d}z}\left(-\frac{c}{2}\,v^2(z) + v^3(z) + \frac{(v'(z))^2}{2}\right) = 0.$$

Auch hier ist der Ausdruck in der Klammer konstant, und mit dem Grenzprozess $z \to \infty$ erhalten wir, dass diese Konstante null ist. Insgesamt folgt

$$\frac{(v'(z))^2}{2} + v^2(z)\left(v(z) - \frac{c}{2}\right) = 0.$$

Die Auflösung dieser gewöhnlichen Differenzialgleichung ist etwas technisch. Nach einigen Umformungen erhält man schließlich die Lösung

$$u(x,t) = \frac{c}{2}\left[\cosh\left(\frac{\sqrt{c}}{2}(x - ct - d)\right)\right]^{-2},$$

für $x \in \mathbb{R}$, $t > 0$, mit einer Konstante $d \in \mathbb{R}$. Eine solche Lösung ist in der Abb. 29.1 dargestellt. Bemerkenswert ist, dass die Geschwindigkeit der Solitonen proportional zu ihrer Amplitude ist. Man kann außerdem zeigen, dass sich Solitonen in Form und Geschwindigkeit nicht gegenseitig beeinflussen. Sie verhalten sich damit annähernd wie Lösungen einer linearen Differenzialgleichung, obwohl die Korteweg-de-Vries-Gleichung nichtlinear ist. ◀

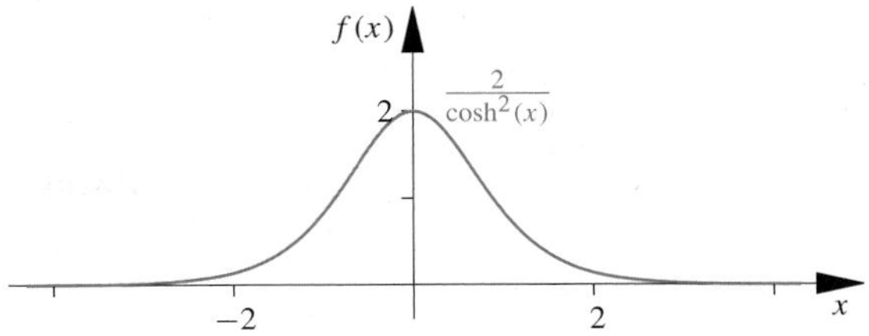

Abb. 29.1 Der Graph der Funktion gibt die Gestalt eines Solitons mit Geschwindigkeit 4 zum Zeitpunkt $t = 0$ wieder

Die Herleitung einer partiellen Differenzialgleichung aus physikalisch-technischen Überlegungen basiert oft auf dem Gauß'schen Satz, wie es im Beispiel auf S. 1109 dargestellt wird.

Wenn der Ausdruck, der durch F repräsentiert wird, eine *lineare* Struktur aufweist, ist es sinnvoll, die Terme, die nicht von der Funktion u abhängen, extra zu betrachten, wie bei den inhomogenen linearen gewöhnlichen Differenzialgleichungen (siehe Abschn. 13.4).

Lineare partielle Differenzialgleichungen

Eine partielle Differenzialgleichung der Form

$$\boldsymbol{F}\left(\boldsymbol{x}, u(\boldsymbol{x}), \frac{\partial u(\boldsymbol{x})}{\partial x_1}, \dots, \frac{\partial^k u(\boldsymbol{x})}{\partial x_n^k}\right) = \boldsymbol{g}(\boldsymbol{x})$$

heißt **linear**, wenn der Ausdruck $F(\dots)$ bezüglich der Funktion u linear ist, d. h., wenn für alle differenzierbaren Funktionen $u, v : D \to \mathbb{R}$ und Faktoren $\lambda, \mu \in \mathbb{R}$ gilt

$$\begin{aligned}&\boldsymbol{F}\left(\boldsymbol{x}, (\lambda u + \mu v), \frac{\partial(\lambda u + \mu v)}{\partial x_1}, \dots, \frac{\partial^k(\lambda u + \mu v)}{\partial x_n^k}\right)\\ &= \lambda \boldsymbol{F}\left(\boldsymbol{x}, u, \frac{\partial u}{\partial x_1}, \dots, \frac{\partial^k u}{\partial x_n^k}\right) + \mu \boldsymbol{F}\left(\boldsymbol{x}, v, \frac{\partial v}{\partial x_1}, \dots, \frac{\partial^k v}{\partial x_n^k}\right).\end{aligned}$$

Wie bei den gewöhnlichen Differenzialgleichungen spricht man von einer **homogenen** linearen partiellen Differenzialgleichung, wenn $\boldsymbol{g} = 0$ ist. Ansonsten heißt die Gleichung **inhomogen**.

Beispiel

- Die linearen partiellen Differenzialgleichungen erster Ordnung bei skalarwertigen Funktionen sind alle von der Gestalt

$$\sum_{j=1}^{n} a_j(\boldsymbol{x})\frac{\partial u}{\partial x_j} + b(\boldsymbol{x})u(\boldsymbol{x}) = g(\boldsymbol{x})$$

Teil IV

mit gegebenen Funktionen $a_j, b, g : D \to \mathbb{R}$. Auch wenn komplexwertige Funktionen zugelassen sind, also $u, a_j, b, g : D \to \mathbb{C}$, sprechen wir von einer linearen partiellen Differenzialgleichung erster Ordnung. Weiterhin betrachten wir aber ausschließlich reelle Argumente, d. h., für die Definitionsmenge gilt $D \subseteq \mathbb{R}^n$.
Fassen wir die Funktionen a_j zu einem Vektor $\boldsymbol{a}(\boldsymbol{x}) = (a_1(\boldsymbol{x}), \ldots, a_n(\boldsymbol{x}))^{\mathrm{T}}$ zusammen und lesen die Gleichung als Identität zwischen Funktionen, so können wir die lineare partielle Differenzialgleichungen kürzer mit dem Nabla-Operator notieren,

$$\boldsymbol{a} \cdot \nabla u + bu = g\,,$$

und auf Argumente verzichten.

- Die skalaren linearen partiellen Differenzialgleichungen zweiter Ordnung lassen sich entsprechend angeben. Diese Gleichungen sind von der Form

$$\sum_{i,j=1}^{n} a_{ij} \frac{\partial^2 u}{\partial x_i x_j} + \sum_{i=1}^{n} b_i \frac{\partial u}{\partial x_j} + c\, u = g\,,$$

wobei die Koeffizienten $a_{ij}, b_j, c : D \to \mathbb{R}$ (oder $\mathbb{C}$) und die Inhomogenität $g : D \to \mathbb{R}$ (oder $\mathbb{C}$) vorgegebene Funktionen sind.
Üblicherweise gibt man lineare partielle Differenzialgleichungen zweiter Ordnung so an, dass die Matrix der Funktionen $\boldsymbol{A}(\boldsymbol{x}) = (a_{ij}(\boldsymbol{x}))_{i,j=1\ldots n}$ symmetrisch ist, d. h., es gilt $a_{ij}(\boldsymbol{x}) = a_{ji}(\boldsymbol{x})$ für $i, j \in \{1, \ldots, n\}$. So setzen wir etwa $a_{11}(\boldsymbol{x}) = 1$, $a_{12}(\boldsymbol{x}) = a_{21}(\boldsymbol{x}) = x_1 x_2$ und $a_{22}(\boldsymbol{x}) = x_2^2$ und weiter $b_1 = b_2 = 0$, $c(\boldsymbol{x}) = x_1^2 x_2^2$, $g = 0$ im Beispiel

$$\frac{\partial^2 u}{\partial x_1^2}(\boldsymbol{x}) + 2x_1x_2 \frac{\partial^2 u}{\partial x_1\, \partial x_2}(\boldsymbol{x}) + x_2^2 \frac{\partial^2 u}{\partial x_2^2}(\boldsymbol{x}) + x_1^2 x_2^2 u(\boldsymbol{x}) = 0\,.$$

◄

Selbstfrage 1

Warum kann allgemein bei einer linearen partiellen Differenzialgleichung zweiter Ordnung von symmetrischen Matrizen $\boldsymbol{A}(\boldsymbol{x}) = (a_{ij}(\boldsymbol{x}))_{i,j=1,\ldots,n}$ ausgegangen werden?

Die Ortsvariablen werden natürlich nicht immer nur mit $x_1, x_2, \ldots, x_n$ bezeichnet sondern etwa bei Problemen im dreidimensionalen Raum mit x, y, z. Wenn eine Variable im Sinne einer Zeitvariablen ausgezeichnet ist, wird diese häufig separat mit t angegeben. Die besondere Rolle dieser Variablen ist aber erst bei genauerer Betrachtung von Lösungen der Differenzialgleichung erkennbar.

Zur Abkürzung der Gleichungen bietet es sich bei skalarwertigen Funktionen an, die partiellen Ableitungen mit einem Index zu bezeichnen, etwa u_t anstelle von $\frac{\partial u}{\partial t}$. Ansonsten werden häufig Differenzialoperatoren genutzt wie etwa der Nabla-Operator für den Gradienten, der Laplace-Operator

$$\Delta u = \frac{\partial^2 u}{\partial x_1^2} + \frac{\partial^2 u}{\partial x_2^2} + \cdots + \frac{\partial^2 u}{\partial x_n^2}\,,$$

oder Operatoren wie die Divergenz, div, oder die Rotation, **rot**.

Potenzial-, Wellen- und Diffusionsgleichung sind wichtige Beispiele für partielle Differenzialgleichungen

Eine zentrale Rolle in der Theorie der partiellen Differenzialgleichungen spielen drei lineare homogene Gleichungen zweiter Ordnung, die wir im folgenden Beispiel zusammenstellen.

Beispiel

- **Die Potenzialgleichung** oder **Laplace-Gleichung** ist gegeben durch

$$\Delta u = 0\,.$$

Dies ist eine homogene lineare partielle Differenzialgleichung zweiter Ordnung. Der Laplace-Gleichung begegnen wir bei stationären Phänomenen. Alle Variablen können im Sinne von Ortsvariablen interpretiert werden.

- Dagegen ist bei der **Wellengleichung**

$$\frac{\partial^2 u(\boldsymbol{x}, t)}{\partial t^2} - \Delta_{\boldsymbol{x}} u(\boldsymbol{x}, t) = 0$$

durch das andere Vorzeichen eine Variable besonders ausgezeichnet, die in den physikalischen Anwendungen die Zeit beschreibt.

- Die dritte grundlegende lineare partielle Differenzialgleichung zweiter Ordnung ist die **Wärmeleitungsgleichung** oder **Diffusionsgleichung**

$$\frac{\partial u(\boldsymbol{x}, t)}{\partial t} - \Delta_{\boldsymbol{x}} u(\boldsymbol{x}, t) = 0\,.$$

Auch hier ist eine Zeitvariable besonders ausgezeichnet, da keine zweite Ableitung zu t in der Gleichung auftaucht.

Das Symbol $\Delta_{\boldsymbol{x}}$ soll andeuten, dass sich in den beiden letzten Beispielen der Laplace-Operator nur auf die Ortsvariablen bezieht. Auf diese Klarstellung wird üblicherweise verzichtet und der Index am Operator weggelassen. ◄

Die drei Beispiele sind Prototypen ganzer Klassen von linearen partiellen Differenzialgleichungen. Sie sind physikalisch dadurch zu unterscheiden, dass zugehörige Lösungen ein prinzipiell anderes Verhalten bezüglich der Zeit aufweisen. So steht die Laplace-Gleichung für ein stationäres Verhalten, die Wellengleichung für ein periodisches Verhalten in der Zeit und die Diffusionsgleichung für exponentielles Wachstum oder Zerfall.

Selbstfrage 2

Klassifizieren Sie die partiellen Differenzialgleichungen in der Übersicht auf S. 1099 nach ihrer Ordnung und danach, ob diese linear oder nichtlinear sind.

Beispiel: Die Helmholtz-Gleichung

Die **Helmholtz-Gleichung** oder auch **Schwingungsgleichung** $\Delta u + k^2 u = 0$ ist eine elliptische lineare partielle Differenzialgleichung zweiter Ordnung, die durch Separation der zeitlichen Abhängigkeit aus der Wellengleichung entsteht (siehe Aufgabe 29.8). Der Parameter $k \in \mathbb{C}$ heißt **Wellenzahl**. Real- und Imaginärteil der Wellenzahl entscheiden über den Charakter von Lösungen der Differenzialgleichung. Anhand einiger Lösungen im $\mathbb{R}^3$ wird dies deutlich.

Problemanalyse und Strategie: Wir rechnen nach, dass die Funktionen $u : \mathbb{R}^3 \to \mathbb{C}$ mit $u(x) = e^{ik\boldsymbol{d}\cdot x}$ für einen Richtungsvektor $\boldsymbol{d} \in \mathbb{R}^3$ mit $|\boldsymbol{d}| = 1$ und $u : \mathbb{R}^3 \setminus \{y\} \to \mathbb{C}$ mit $u(\boldsymbol{x}) = e^{ik\|x-y\|}/\|\boldsymbol{x} - \boldsymbol{y}\|$ für $\boldsymbol{y} \in \mathbb{R}^3$ Lösungen der Helmholtz-Gleichung sind und untersuchen das Verhalten dieser Funktionen in Abhängigkeit der Wellenzahl.

Lösung: Durch zweimaliges partielles Differenzieren berechnen wir für die Funktion $u : \mathbb{R}^3 \to \mathbb{C}$ mit $u(x) = e^{ik\boldsymbol{d}\cdot x}$ bei Vorgabe eines Vektors $\boldsymbol{d} \in \mathbb{R}^3$ mit $\|\boldsymbol{d}\| = 1$

$$\frac{\partial^2 u}{\partial x_j^2}(\boldsymbol{x}) = i^2 k^2 d_j^2 e^{ik\boldsymbol{d}\cdot x} .$$

Somit ergibt sich bei Anwendung des Laplace-Operators

$$\Delta u(\boldsymbol{x}) = i^2 k^2 \left(\sum_{j=1}^{3} d_j^2 \right) e^{ik\boldsymbol{d}\cdot x} = -k^2 u(\boldsymbol{x}) .$$

Für jede beliebige Richtung $\boldsymbol{d}$ ist die Funktion eine Lösung der Helmholtz-Gleichung. Diese Art von Lösungen beschreiben **ebene Wellen**, wenn eine harmonische Schwingung in der Zeit, d. h. Funktionen der Form $U(\boldsymbol{x}, t) = u(\boldsymbol{x})e^{ikt}$, betrachtet werden. In der Abbildung ist der Realteil von $u(x_1, x_2, 0)$ für die Richtung $\boldsymbol{d} = \frac{1}{\sqrt{2}}(1, 1, 0)^T$ und die Wellenzahl $k = 1$ dargestellt. Wellenfronten liegen senkrecht zur Ausbreitungsrichtung, und in dieser Richtung ist U konstant.

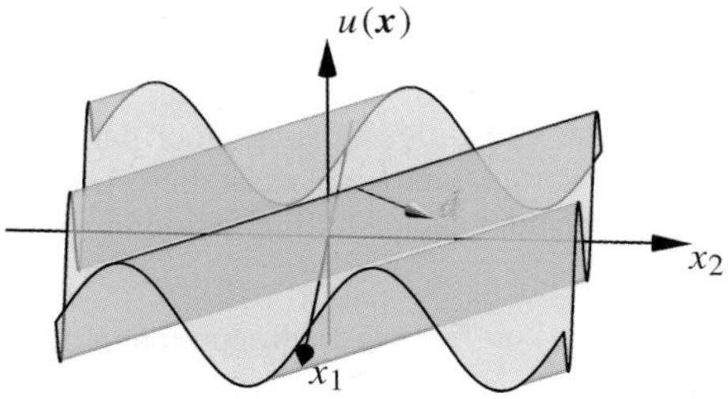

Dieses harmonisch schwingende Verhalten zeigt sich für reelle Wellenzahlen $k \in \mathbb{R}$. Nehmen wir hingegen an, dass $k = i\kappa$ mit $\kappa \in \mathbb{R}$ rein imaginär ist, so ergibt sich ein exponentiell wachsendes bzw. fallendes Verhalten der Funktion in Richtung von $\boldsymbol{d}$ und wiederum bleiben die Funktionswerte auf Ebenen senkrecht zu $\boldsymbol{d}$ konstant. Besitzt die Wellenzahl sowohl komplexe als auch imaginäre Anteile, so ergeben sich Schwingungen mit Wellenfronten senkrecht zu $\boldsymbol{d}$, deren Amplituden in Richtung $\boldsymbol{d}$ exponentiell gedämpft oder exponentiell wachsend sind.

Wir betrachten noch eine weitere Klasse von Lösungen. Wir setzen

$$u(\boldsymbol{x}) = \frac{e^{ik\|\boldsymbol{x}-\boldsymbol{y}\|}}{\|\boldsymbol{x} - \boldsymbol{y}\|}$$

für $\boldsymbol{y} \in \mathbb{R}^3$ und $\boldsymbol{x} \in \mathbb{R}^3 \setminus \{\boldsymbol{y}\}$. Um einzusehen, dass es sich um eine Lösung der Helmholtz-Gleichung handelt, transformieren wir auf Kugelkoordinaten um $\boldsymbol{y}$,

$$\boldsymbol{x} = \boldsymbol{y} + r\,(\cos\varphi \sin\vartheta, \sin\varphi \sin\vartheta, \cos\vartheta)^T ,$$

mit $r > 0$, $\varphi \in (-\pi, \pi]$ und $\vartheta \in (0, \pi)$. In der Übersicht auf S. 1029 findet sich für den Laplace-Operator in Kugelkoordinaten die Darstellung

$$\Delta = \frac{1}{r^2}\frac{\partial}{\partial r}\left(r^2 \frac{\partial}{\partial r}\right) + \frac{1}{r^2 \sin\vartheta}\frac{\partial}{\partial\vartheta}\left(\sin\vartheta \frac{\partial}{\partial\vartheta}\right) + \frac{1}{r^2 \sin^2\vartheta}\frac{\partial^2}{\partial\varphi^2} .$$

Mit $u(\boldsymbol{x}) = e^{ikr}/r$ lässt sich durch diese Darstellung des Operators direkt nachrechnen, dass es sich bei u um eine Lösung der Helmholtz-Gleichung handelt.

Man nennt u eine *Grundlösung* oder *Green'sche Funktion* zur Helmholtz-Gleichung. Entscheidend dafür ist die Singularität an der Stelle $\boldsymbol{y}$ und deren genaue Beschaffenheit. Wir kommen im Abschn. 29.4 noch genauer auf die Bedeutung von Grundlösungen zu sprechen.

Physikalisch gesehen beschreiben diese Funktionen Kugelwellen, die von einer Quelle bei $\boldsymbol{y}$ ausgehen. Im Bild zeigen wir den Graphen von u als Funktion von r für $k = 1$. Auf den Kugeloberflächen $\|x - y\| = r$ ist u konstant.

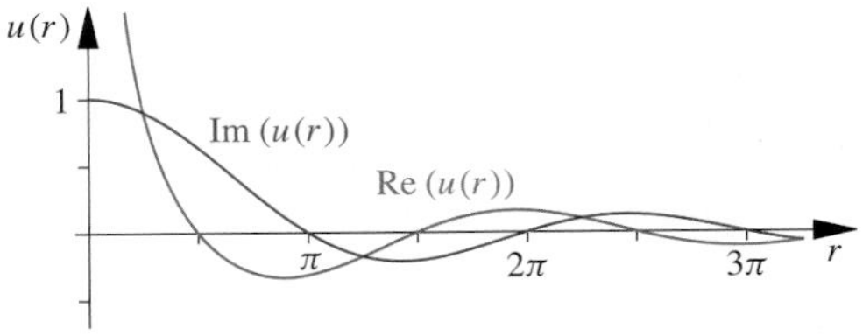

Wie bei den ebenen Wellen entscheidet der Realteil der Wellenzahl über das Schwingungsverhalten und die Wellenlänge, der Imaginärteil über die Amplitude. In der Aufgabe 29.8 werden Sie untersuchen, welcher Zusammenhang zwischen der Helmholtz-Gleichung und der Wellengleichung besteht. Dieser Zusammenhang begründet die häufig genutzten Namen **Schwingungsgleichung** und den Ausdruck **Wellenzahl** für k im Fall $k \in \mathbb{R}$.

Bei den angegebenen Prototypen sind alle auftretenden physikalischen Parameter auf 1 normiert. Dies ist bei Anwendungsproblemen nicht immer sinnvoll. Das Lösungsverhalten kann wesentlich von entsprechenden Kennzahlen abhängen, die somit berücksichtigt werden müssen. Um diese Kennzahlen herauszukristallisieren, nutzt man eine *Dimensionsanalyse* wie es in der Vertiefung auf S. 1095 erläutert wird. Bei der Charakterisierung von Typen von partiellen Differenzialgleichungen dürfen wir somit Parameter mit entsprechenden Eigenschaften nicht vernachlässigen.

Um die linearen partiellen Differenzialgleichungen zweiter Ordnung genauer zu klassifizieren, nutzen wir die im Beispiel auf S. 1091 erwähnte allgemeine Form

$$\sum_{i,j=1}^{n} a_{ij} \frac{\partial^2 u}{\partial x_i \, \partial x_j} + \sum_{i=1}^{n} b_i \frac{\partial u}{\partial x_i} + c\,u = g$$

mit symmetrischer Matrix $\boldsymbol{A}(\boldsymbol{x}) = \boldsymbol{A}^{\mathrm{T}}(\boldsymbol{x}) = (a_{ij}(\boldsymbol{x}))_{i,j=1}^{n} \in \mathbb{R}^{n\times n}$ für $\boldsymbol{x} \in \mathbb{R}^n$ und Funktionen $b_i, c, g : \mathbb{R}^n \to \mathbb{R}$.

Der Hauptteil klassifiziert lineare Gleichungen zweiter Ordnung

Der Anteil $\sum_{i,j=1}^{n} a_{ij} \frac{\partial^2 u}{\partial x_i \, \partial x_j}$ in einer linearen partiellen Differenzialgleichung zweiter Ordnung wird der **Hauptteil** der Differenzialgleichung genannt. Die verschiedenen Typen definieren sich nun über Eigenschaften der Matrix $\boldsymbol{A}$.

Dazu erinnern wir kurz an den Begriff des Eigenwerts einer Matrix $\boldsymbol{A} \in \mathbb{R}^{n\times n}$ (siehe S. 652). Eine Zahl $\lambda \in \mathbb{R}$ heißt Eigenwert einer Matrix $\boldsymbol{A}$, wenn es Vektoren $\boldsymbol{v} \in \mathbb{R}^n \backslash \{0\}$ gibt mit der Eigenschaft

$$\boldsymbol{A}\boldsymbol{v} = \lambda \boldsymbol{v}\,.$$

Ist die Matrix symmetrisch, so ist $\boldsymbol{A}$ diagonalisierbar, d. h., es gibt eine Basis von Eigenvektoren zu Eigenwerten $\lambda_1, \ldots, \lambda_n$ (siehe S. 649). In diesem Fall sprechen wir von einer *positiv definiten* Matrix, wenn alle Eigenwerte positiv sind. Es gilt dann $\boldsymbol{v}^{\mathrm{T}}\boldsymbol{A}\boldsymbol{v} > 0$ für alle Vektoren $\boldsymbol{v} \in \mathbb{R}^n \backslash \{0\}$. Auch über diese Bedingung können symmetrische, positiv definite Matrizen beschrieben werden. Die Vorzeichen der Eigenwerte im Hauptteil einer linearen partiellen Differenzialgleichung haben entscheidenden Einfluss auf das Lösungsverhalten der Gleichungen und werden deswegen genutzt, um drei Typen von Gleichungen zu unterscheiden.

Elliptisch, parabolisch und hyperbolisch

Eine lineare partielle Differenzialgleichung zweiter Ordnung in einem Gebiet $D \subseteq \mathbb{R}^n$ heißt

- **elliptisch**, wenn die Matrizen $\boldsymbol{A}(\boldsymbol{x})$ für alle $\boldsymbol{x} \in D$ ausschließlich positive oder nur negative Eigenwerte haben, d. h., wenn $\boldsymbol{A}(\boldsymbol{x})$ für alle $\boldsymbol{x} \in D$ positiv bzw. negativ definit ist.
- **parabolisch**, wenn Null einfacher Eigenwert ist und alle anderen Eigenwerte entweder alle positiv oder alle negativ sind.
- **hyperbolisch**, wenn genau ein negativer einfacher Eigenwert vorliegt und alle weiteren positiv sind oder umgekehrt.

Für andere Konstellationen der Eigenwerte sind keine speziellen Namen etabliert. Für die drei oben angegebenen klassischen Beispiele ist die Laplace-Gleichung elliptisch, die Diffusionsgleichung parabolisch und die Wellengleichung hyperbolisch. Denn die zugehörigen Matrizen $\boldsymbol{A}(\boldsymbol{x})$ sind von der Gestalt

$$\begin{pmatrix} 1 & 0 & 0 \\ 0 & 1 & 0 \\ & & \ddots \end{pmatrix}$$

für die Laplace-Gleichung und

$$\begin{pmatrix} 0 & 0 & 0 \\ 0 & 1 & 0 \\ & & \ddots \end{pmatrix} \quad \text{und} \quad \begin{pmatrix} -1 & 0 & 0 \\ 0 & 1 & 0 \\ & & \ddots \end{pmatrix}$$

für die Diffusions- bzw. die Wellengleichung.

Anfangs- und Randbedingungen sind wichtige Restriktionen an eine Lösung

Analog zu den gewöhnlichen Differenzialgleichungen können wir nur dann eine eindeutige Lösung einer partiellen Differenzialgleichung erwarten, wenn wir zusätzlich Anfangs- und/oder Randbedingungen oder auch Abklingbedingungen für $|x_i| \to \infty$ festlegen.

Dabei spricht man von Anfangsbedingungen in der Form

$$u(\boldsymbol{x}, t_0) = f(\boldsymbol{x}) \quad \text{oder} \quad \frac{\partial u}{\partial t}(\boldsymbol{x}, t_0) = g(\boldsymbol{x})$$

an einer Stelle $t_0 \in \mathbb{R}$, wenn die einzelne, ausgezeichnete Variable t im Sinne einer Zeitabhängigkeit interpretiert werden

Vertiefung: Dimensionsanalyse bei Differenzialgleichungen

In den Anwendungen der Differenzialgleichungen hängen die betrachteten Modellgleichungen im Allgemeinen von physikalischen Parametern ab. Es ist wichtig, die mathematischen Modelle so zu formulieren, dass die relevanten Kombinationen der Parameter erkennbar werden. Wir erläutern das generelle Vorgehen am klassischen Beispiel der Navier-Stokes Gleichung, bei dem eine *Dimensionsanalyse* eine solche Formulierung liefert und auf eine wichtige physikalische Kennzahl, die Reynolds-Zahl, führt.

Für physikalische Anwendungen ist die im Beispiel auf S. 1090 angegebene Navier-Stokes-Gleichung noch um zwei Parameter, die Massendichte ρ und die dynamische Viskosität μ zu erweitern, damit u als Modellierung des Geschwindigkeitsfelds einer viskosen Strömung gesehen werden kann. Das System lautet dann

$$\rho\left(\frac{\partial \boldsymbol{u}}{\partial t} + (\boldsymbol{u}\cdot\nabla_x)\boldsymbol{u}\right) - \mu\Delta_x u = -\nabla_x p$$

zusammen mit

$$\operatorname{div}_x u = 0\,.$$

Unser Ziel ist es, diese Gleichungen dimensionslos zu formulieren, d.h. alle auftretenden unabhängigen und abhängigen Variablen sollten als relative Größen ohne Einheiten in den Differenzialgleichungen auftreten und auch die Gleichungen selbst sollten unabhängig von der Einheitenwahl zu lesen sein.

Wir sammeln zunächst die physikalischen Einheiten aller Größen, indem wir die Längeneinheit mit L, die Zeiteinheit mit T und die Masseneinheit mit M bezeichnen. Damit haben wir die Einheiten $[t] = T$, $x = [L]$, $[u] = L/T$, $\rho = ML^{-3}$, $[p] = ML^{-1}T^{-2}$ und $[\mu] = ML^{-1}T^{-1}$. Beachten wir noch die Ableitungen, etwa $[\nabla_x u] = (L/T)/L = 1/T$, so ist ersichtlich, dass die erste der beiden partiellen Differenzialgleichungen in der Einheit $ML^{-2}T^{-2}$ gegeben ist.

Nun transformieren wir die Variablen auf dimensionslose relative Zahlen

$$y = \frac{x}{\overline{x}}, \quad \tau = \frac{t}{\overline{t}},$$

wobei $\overline{x}$ und $\overline{t}$ feste Größen sind, die sich aus der physikalischen Situation ergeben. Wir wählen etwa für $\overline{x}$ die Länge des Flugzeugs, wenn wir die Stömungen um ein Flugzeug im Windkanal modellieren wollen. Weiter substituieren wir die abhängigen Variablen zu dimensionslosen Funktionen durch

$$v(y,\tau) = \frac{u(\overline{x}\,y, \overline{t}\,\tau)}{\overline{u}} \quad \text{und} \quad q(y,\tau) = \frac{p(\overline{x}\,y, \overline{t}\,\tau)}{\overline{p}}\,.$$

Dabei bietet sich in unserem Flugzeugbeispiel für die Vergleichsgröße $\overline{u}$ die Geschwindigkeit an, bei der das Strömungsverhalten getestet werden soll. Diese Substitutionen setzen wir in die erste Differenzialgleichung ein und erhalten die dimensionslose Differenzialgleichung

$$\frac{\partial v}{\partial \tau} + \frac{\overline{t}\overline{u}}{\overline{x}}(v\cdot\nabla_y)v - \frac{\mu\overline{t}}{\rho\overline{x}^2}\Delta_y v = -\frac{\overline{p}\overline{t}}{\rho\overline{x}\overline{u}}\nabla_y q\,.$$

Bisher haben wir nur $\overline{x}$ und $\overline{u}$ festgelegt. Nun versuchen wir die weiteren Referenzgrößen so zu wählen, dass möglichst einfache Koeffizienten in der Differenzialgleichung auftreten. Deswegen setzen wir unter Beachtung der richtigen Einheiten $\overline{t} = \overline{x}/\overline{u}$, $\overline{p} = \overline{u}^2\rho$ und definieren die kinematische Viskosität $\eta = \mu/\rho$. Dann ergibt sich

$$\frac{\partial v}{\partial \tau} + (v\cdot\nabla_y)v - \frac{1}{R}\Delta_y v = -\nabla_y q$$

mit dem dimensionslosen Faktor $R = \frac{\overline{x}\overline{u}}{\eta}$. Diese Zahl wird **Reynolds-Zahl** genannt.

Für die zweite partielle Differenzialgleichung im System folgt nach der Substitution $\operatorname{div}_y v = 0$. Wir sehen, dass das Verhalten einer Strömung bis auf Ähnlichkeitstransformationen durch die Reynolds-Zahl charakterisiert ist.

Wollen wir das Windkanal-Experiment also an einem verkleinerten Modell etwa in Größenordnungen im Maßstab 1:87 einer Modellbahn simulieren, werden wir nur vergleichbare Strömungen bekommen, wenn wir im verkleinerten Modell dieselbe Reynolds-Zahl gewährleisten. Das bedeutet, dass wir, um eine echte Skalierung im Modell mit realistischen Strömungsverläufen zu bekommen, für die Geschwindigkeit und die Viskosität ein Verhältnis $\overline{u}/\eta = 87$ erreichen müssen, weil sich die Referenzlänge $\overline{x}$ um den Faktor $1/87$ verkürzt. Da man so hohe Geschwindigkeiten in einem verkleinerten Experiment nur schwer realisieren kann, wird in der Praxis durch starkes Abkühlen die Viskosität bei solchen Experimenten entsprechend verringert.

Literatur

- C. Eck und P. Knabner, *Mathematische Modellierung*, Springer Verlag, 2008 .

Anwendung: Die Maxwell-Gleichungen

Historisch den wesentlichen Anstoß zum heutigen Kalkül von Differenzialoperatoren und den Integralsätzen gab die Elektrodynamik, also die allgemeine Theorie zu elektromagnetischen Phänomenen. Diese Theorie wird heute durch ein System von linearen partiellen Differenzialgleichungen beschrieben, den *Maxwell-Gleichungen* (siehe auch Anwendung auf S. 1024).

Die Maxwell-Gleichungen in ihrer differenziellen Form sind ein System von vier gekoppelten partiellen Differenzialgleichungen zur Beschreibung von elektromagnetischen Phänomenen. Bezeichnen wir mit

- $\boldsymbol{E} : \mathbb{R}^3 \times \mathbb{R} \to \mathbb{C}^3$ das elektrische Feld,
- $\boldsymbol{D} : \mathbb{R}^3 \times \mathbb{R} \to \mathbb{C}^3$ die dielektrische Verschiebung,
- $\boldsymbol{H} : \mathbb{R}^3 \times \mathbb{R} \to \mathbb{C}^3$ das magnetisches Feld,
- $\boldsymbol{B} : \mathbb{R}^3 \times \mathbb{R} \to \mathbb{C}^3$ die magnetische Induktion,
- $\boldsymbol{J} : \mathbb{R}^3 \times \mathbb{R} \to \mathbb{C}^3$ die Stromdichte und mit
- $\rho : \mathbb{R}^3 \times \mathbb{R} \to \mathbb{C}$ die Ladungsdichte

so lauten diese Gleichungen, wenn wir das international übliche SI-Einheitensystem nutzen

$$\frac{\partial \boldsymbol{B}}{\partial t} + \mathbf{rot}_x \boldsymbol{E} = 0, \qquad \text{div}_x \boldsymbol{D} = \rho$$

$$\frac{\partial \boldsymbol{D}}{\partial t} - \mathbf{rot}_x \boldsymbol{H} = -\boldsymbol{J}, \qquad \text{div}_x \boldsymbol{B} = 0$$

Die erste Gleichung ist das **Faraday'sche Induktionsgesetz** benannt nach dem englischen Physiker Michael Faraday (1791–1867). Es beschreibt den Effekt eines sich zeitlich ändernden Magnetfeldes auf das elektrische Feld. Die zweite Gleichung wird nach André Marie Ampère (1775–1836) das **Ampère'sche Durchflutungsgesetz** genannt und gibt die Wirkung eines Stromflusses (Stromdichte und Verschiebungsstrom) auf das magnetische Feld an. Vervollständigt werden die Gleichungen durch das **Coulomb'sche Gesetz**, die dritte Gleichung (Charles Augustin de Coulomb (1736–1806)). Die letzte partielle Differenzialgleichung, die Quellenfreiheit der magnetischen Induktion, besagt, dass es keine einzelnen magnetischen Ladungsträger (magnetische Monopole) gibt.

James Clerk Maxwells (1831–1879) geniale Leistung bestand in der Modifikation des Ampère'schen Durchflutungsgesetzes, das bis dahin in der Form $\mathbf{rot}_x\, \boldsymbol{H} = \boldsymbol{J}$ für stationäre Ströme bekannt war, aber bei zeitabhängigen Phänomenen keine vollständige Beschreibung lieferte. Außerdem stellte er diese vier Gleichungen als konsistente Theorie der elektromagnetischer Felder zusammen (James Clerk Maxwell: *Treatise on Electricity and Magnetism*. 1873). Dadurch begründete er den engen Zusammenhang zwischen elektrischen und magnetischen Phänomenen. Insbesondere die Existenz von elektromagnetischen Wellen im Vakuum, wie Licht oder Röntgenstrahlen, folgt aus den Gleichungen. Dies wurde erst ca. 20 Jahre später durch Heinrich Rudolf Hertz (1857–1894) experimentell bestätigt. (Literaturhinweis: J. D. Jackson: *Klassische Elektrodynamik.*).

Klassische Resultate ergeben sich direkt aus diesem System von Gleichungen. Es gilt etwa die **Kontinuitätsgleichung**

$$\frac{\partial \rho}{\partial t} = \text{div}\,\frac{\partial \boldsymbol{D}}{\partial t} = \text{div}\,(\mathbf{rot}\,\boldsymbol{H} - \boldsymbol{J}) = -\,\text{div}\,\boldsymbol{J}\,,$$

indem man den Divergenzoperator auf das Ampère'sche Durchflutungsgesetz anwendet und das Coulomb'sche Gesetz einsetzt.

Die Gleichungen bilden in der oben angegebenen allgemeinen Form noch kein vollständig konsistentes System. Gehen wir davon aus, dass Strom- und Ladungsdichte gegeben sind, so besteht das System aus 8 skalaren Gleichungen zur Bestimmung der Komponenten der Funktionen $\boldsymbol{E}, \boldsymbol{D}, \boldsymbol{B}, \boldsymbol{H}$. Um die Theorie zu vervollständigen müssen noch Materialgleichungen der Form

$$\boldsymbol{D} = \boldsymbol{D}(\boldsymbol{E}, \boldsymbol{H}) \quad \text{und} \quad \boldsymbol{B} = \boldsymbol{B}(\boldsymbol{E}, \boldsymbol{H})$$

berücksichtigt werden.

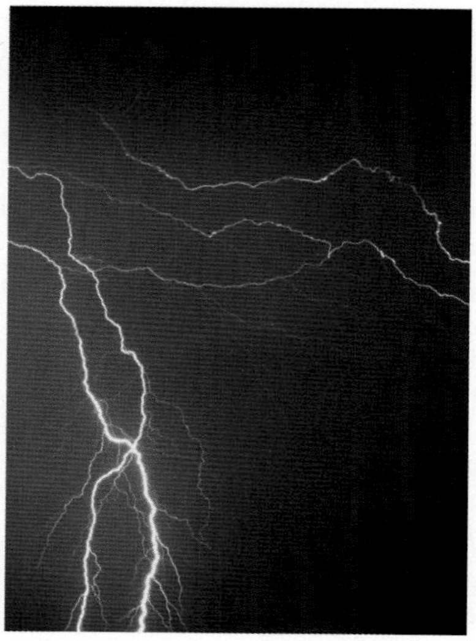

Die elektrischen Eigenschaften von Materialien sind kompliziert. Sie hängen im Allgemeinen nicht nur von der molekularen Struktur, sondern auch von makroskopischen Größen wie Dichte und Temperatur des Materials ab. Darüber hinaus können zeitliche Effekte hinzukommen, wie bei Hysterese-Effekten, die von vergangenen Zuständen abhängen. Im Vakuum und in erster Näherung bei anderen Medien geht man oft von **isotropen, homogenen** Medien aus, sodass ein einfacher, linearer Zusammenhang der Form

$$\boldsymbol{D} = \epsilon \boldsymbol{E} \quad \text{und} \quad \boldsymbol{B} = \mu \boldsymbol{H}$$

mit der Dielektrizitätskonstante $\epsilon \in \mathbb{R}$ und Permeabilität $\mu \in \mathbb{R}$ angenommen wird.

Teil IV

kann. Hingegen spricht man bei anderen Bedingungen, die auf Rändern der interessierenden Definitionsbereiche zu erfüllen sind, von Randbedingungen. In der Literatur haben sich einige Bezeichnungen für bestimmte Arten von Randbedingungen etabliert. So sprechen wir etwa von **Dirichlet'schen Randbedingungen**, wenn neben einer partiellen Differenzialgleichung für eine Funktion $u : D \subseteq \mathbb{R}^n \to \mathbb{R}$ noch die Funktionswerte auf dem Rand des Gebiets D festgelegt werden, d. h. eine Randbedingung von der Form

$$u(\boldsymbol{x}) = g(\boldsymbol{x}), \quad \boldsymbol{x} \in \partial D,$$

mit einer gegebenen Funktion g vorliegt. Entsprechend bezeichnet man Bedingungen an die Ableitung von u in Richtung des Normalenvektors $\boldsymbol{n}$ am Rand ∂D als **Neumann'sche Randbedingung**. Die Anfangs- und Randbedingungen sind Bestandteil der Modelle, die sich auf partielle Differenzialgleichungen stützen, und beeinflussen die Lösungen und mögliche Lösungsmethoden stark.

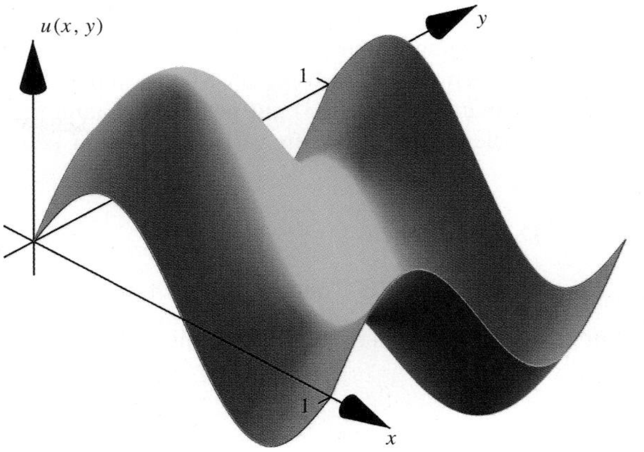

Abb. 29.2 Graph der Lösung u mit $u(x, y) = \sin(2\pi x) + \sin(2\pi y)$ zum Randwertproblem $u_{xy} = 0$ in $(0,1) \times (0,1)$ mit $u(x,0) = \sin(2\pi x)$ und $u(0,y) = \sin(2\pi y)$

Beispiel Wir betrachten die Differenzialgleichung

$$u_{xy} = 0$$

im Quadrat $D = (0,1) \times (0,1) \subseteq \mathbb{R}^2$ und suchen zweimal stetig differenzierbare Lösungen. Durch Integration erhalten wir mit der Differenzialgleichung aus

$$u_x(x,y) = \int u_{xy}(x,y)\,\mathrm{d}y = a'(x),$$

dass alle Lösungen von der Form

$$\begin{aligned} u(x,y) &= \int u_x(x,y)\,\mathrm{d}x \\ &= \int a'(x)\,\mathrm{d}x + b(y) = a(x) + b(y) \end{aligned}$$

sein müssen mit beliebigen stetig differenzierbaren Funktionen $a, b : D \to \mathbb{R}$. Es ist zu beachten, dass dabei die jeweiligen Integrationskonstanten vom anderen Argument abhängen können. In der obigen Rechnung haben wir diesen „Konstanten" gleich im Sinne der letzten Zeile passende Namen gegeben.

Wir sehen, dass wir eine relativ große Menge von Funktionen erhalten, die alle die Differenzialgleichung lösen. Werden nun aber noch Randbedingungen an den Seiten $\Gamma_1 = \{(x,0) : 0 < x < 1\}$, $\Gamma_2 = \{(0,y) : 0 < y < 1\}$, $\Gamma_3 = \{(x,1) : 0 < x < 1\}$ oder $\Gamma_4 = \{(1,y) : 0 < y < 1\}$ gestellt, ändert sich die Situation.

Wird etwa $u(x,y) = \sin(2\pi x)$ auf Γ_1 gefordert, so gibt es weiterhin unendlich viele Funktionen, die das Problem lösen. Alle sind von der Form $u(x,y) = \sin(2\pi x) + b(y)$ mit irgendeiner differenzierbaren Funktion b mit der Eigenschaft $b(0) = 0$. Legen wir nun aber noch eine zweite Bedingung fest, z. B. $u(0,y) = \sin 2\pi y$ auf Γ_2, so besitzt das gesamte Problem nur noch genau eine Lösung nämlich $u(x,y) = \sin(2\pi x) + \sin(2\pi y)$ (siehe Abb. 29.2).

Würden wir auf den restlichen Rändern weitere Bedingungen fordern, die nicht mit dieser Lösung kompatibel sind, so sind wir in der Situation, dass es überhaupt keine Funktion gibt, die alle Bedingungen erfüllt. Aber auch die Bedingungen auf Γ_1 und Γ_2 sind nicht unabhängig voneinander. Denn stellen wir die Forderungen $u(x,0) = \sin 2\pi x$ auf Γ_1 und $u(0,y) = \cos 2\pi y$ auf Γ_2, so kann es wiederum keine Funktion geben, die der Differenzialgleichung genügt und diese Bedingung erfüllt.

Diese kurzen Überlegungen zu einem sehr einfachen Beispiel machen schon deutlich, wie diffizil die Behandlung von Randwertproblemen oder auch Anfangswertproblemen ist. ◄

Es gibt gut und schlecht gestellte Probleme

Wenn für ein Modell adäquate Randbedingungen festgelegt sind, stellen sich folgende mathematische Fragen:

- Gibt es eine Lösung zu dem Anfangs- oder Randwertproblem?
- Wie viele Lösungen existieren?
- Wie hängen diese Lösungen ab von den sie bestimmenden Größen, etwa Randbedingungen oder Inhomogenitäten?
- Wie lassen sich Lösungen analytisch oder numerisch berechnen?

Mathematisch ist die erste der vier Fragen die Frage nach der *Existenz* von Lösungen. Die zweite Frage klärt die *Eindeutigkeit* und die dritte bezieht sich auf die sogenannte *Stabilität* von Lösungen. Die Bedeutung der Stabilität ist vielleicht nicht ganz so offensichtlich. Aber wenn wir berücksichtigen, dass für die Daten in der Praxis Messwerte in das Modell eingesetzt werden müssen, die stets mit Fehlern behaftet sind, so ist es notwendig, dass die Lösung des Modellproblems bei kleinen Fehlern auch nur relativ kleine Abweichungen von der wahren Lösung zeigt.

Ein Problem, bei dem zu vorgegebenen Anfangs- oder Randdaten genau eine Lösung existiert und diese stetig von den Daten abhängt, wird nach dem französischen Mathematiker Jacques Salomon Hadamard (1865–1963) **gut gestellt** genannt. Probleme, die eine dieser Bedingungen verletzen, heißen **schlecht gestellt**.

Beispiel Die Funktionen

$$u_n(x,t) = \mathrm{e}^{-n^2 t} \sin nx, \qquad n \in \mathbb{N},$$

sind für $x, t \in \mathbb{R}$ Lösungen der Wärmeleitungsgleichung

$$u_t - u_{xx} = 0.$$

Zunächst betrachten wir irgendeine Lösung u, die eine Anfangsvorgabe

$$u(x,0) = f(x), \qquad x \in \mathbb{R},$$

erfüllt. Modifizieren wir die Anfangsvorgabe, indem wir einen kleinen Störterm addieren,

$$f_n(x) = f(x) + \frac{1}{n} \sin(nx),$$

so ist die zugehörige Lösung der Wärmeleitungsgleichung durch

$$v_n(x,t) = u(x,t) + \frac{1}{n} u_n(x,t), \qquad x \in \mathbb{R},\ t > 0,$$

gegeben.

Für $n \to \infty$ geht die Störung gegen null,

$$|f_n(x) - f(x)| \leq \frac{1}{n} \to 0 \quad (n \to \infty).$$

Für $t > 0$ ist durch den exponentiellen Abfall von u_n auch die Differenz der Lösungen $v_n - u$ in gleicher Weise beschränkt. Die Lösung für gestörte Daten hängt stetig von der Störung ab. Ein Anfangswertproblem für die Wärmeleitungsgleichung ist gut gestellt.

Für $t < 0$ wachsen die Funktionen u_n aber exponentiell an. Es ist

$$|v_n(x,t) - u(x,t)| = \frac{1}{n} \mathrm{e}^{n^2 |t|}, \qquad x \in \mathbb{R},\ t < 0.$$

Egal wie klein $|t|$ gewählt wird, für $n \to \infty$ geht die Differenz zwischen den Lösungen für exakte und gestörte Daten gegen unendlich. Ein *Endwertproblem* für die Wärmeleitungsgleichung ist schlecht gestellt. ◄

Zu all den angesprochenen Aspekten kann man in Abhängigkeit der jeweils betrachteten partiellen Differenzialgleichung mit den Anfangs- und Randbedingungen Bücher füllen und man stößt schnell auf noch offene Probleme. Im Abschnitt über Potenzialtheorie werden wir die ersten beiden Aspekte im Spezialfall der Laplace-Gleichung aufgreifen. Ansonsten konzentrieren wir uns hier aber auf die letzte der vier Fragen, die geschlossene oder numerische Lösung von Anfangs- oder Randwertproblemen.

29.2 Separationsansätze

Bei linearen partiellen Differenzialgleichungen lassen sich manchmal durch sogenannte **Separationsansätze** oder **Bernoulli-Ansätze** in Abhängigkeit der zugrunde liegenden Geometrie und den Anfangs- und/oder Randbedingungen Lösungen bestimmen. Dabei sucht man eine Lösung, die sich als Produkt von Funktionen in je einer Variablen schreiben lässt. Um das Vorgehen zu erläutern, ist es am sinnvollsten, ein Beispiel ausführlich zu betrachten.

Durch Separation lassen sich einige Anfangsrandwertprobleme lösen

Gesucht ist eine Lösung zum Anfangsrandwertproblem für Diffusionsgleichung in einer Raumdimension,

$$\frac{\partial u(x,t)}{\partial t} - a^2 \frac{\partial^2 u(x,t)}{\partial x^2} = 0 \quad (x,t) \in (0,L) \times (0,\infty),$$

mit den Anfangswerten

$$u(x,0) = \sin\left(\frac{\pi}{L} x\right), \quad x \in (0,L),$$

und Randwerten

$$u(0,t) = u(L,t) = 0, \quad t \in (0,\infty),$$

zur Wärmeleitungsgleichung mit positivem Diffusionskoeffizienten $a^2 > 0$. Wir können dies als Modell für die Abkühlung eines dünnen Stabs der Länge L, der an den Enden auf einer konstanten Temperatur gehalten wird, auffassen. Es ist durch $u(0,x) = \sin\left(\frac{\pi}{L}x\right)$ der Anfangszustand zum Zeitpunkt $t = 0$ bekannt.

Um eine Lösung zu finden, nehmen wir an, dass sich die Lösung als Produkt

$$u(x,t) = v(t)\, w(x)$$

schreiben lässt. Also machen wir einen solchen *Separationsansatz* für u und setzen diesen Ansatz in die Differenzialgleichung ein. Es folgt

$$v'(t)\, w(x) - a^2 v(t)\, w''(x) = 0,$$

bzw., falls $v(t) \neq 0$ und $w(x) \neq 0$,

$$\frac{v'(t)}{v(t)} = a^2 \frac{w''(x)}{w(x)}.$$

In der letzten Gleichung hängt die linke Seite nur von t und die rechte Seite nur von x ab, sodass beide Ausdrücke gleich derselben Konstanten, etwa $a^2 k$, sein müssen, wobei $k \in \mathbb{R}$ noch zu

Übersicht: Partielle Differenzialgleichungen

Partielle Differenzialgleichungen tauchen häufig in Anwendungen auf. Die folgende Liste stellt einige der wesentlichen Gleichungen zusammen, wobei eventuell auftretende weitere Parameter auf 1 normiert sind.

Skalare Gleichungen

- *Transportgleichung*

$$\frac{\partial u(\boldsymbol{x},t)}{\partial t} + \boldsymbol{a} \cdot \nabla_{\boldsymbol{x}} u(\boldsymbol{x},t) = 0$$

- *Laplace-Gleichung*

$$\Delta u = 0\,,$$

wobei eine inhomogene Laplace-Gleichung von der Form $\Delta u = g$ *Poisson-Gleichung* genannt wird.

- *Helmholtz-Gleichung* oder *Schwingungsgleichung*

$$\Delta u + k^2 u = 0$$

mit Wellenzahl $k \in \mathbb{C}$

- *Wellengleichung*

$$\frac{\partial^2 u}{\partial t^2} - \Delta_{\boldsymbol{x}} u = 0$$

- Die *Diffusions-* oder *Wärmeleitungsgleichung*

$$\frac{\partial u}{\partial t} - \Delta_{\boldsymbol{x}} u = 0$$

- *Schrödinger-Gleichung*

$$\frac{\hbar^2}{2m}\Delta_{\boldsymbol{x}} u + \mathrm{i}\hbar\frac{\partial u}{\partial t} - V\,u = 0$$

mit Planck'scher Konstante $\hbar$, der Teilchenmasse m und einer Potenzialfunktion $V : \mathbb{R}^3 \to \mathbb{R}$.

- *Hamilton-Jacobi-Gleichung*

$$\frac{\partial u}{\partial t} + H(\nabla u, \boldsymbol{x}) = 0$$

mit einer Funktion $H : \mathbb{R}^n \times \mathbb{R}^n \to \mathbb{R}$.

- *Airy-Gleichung*

$$\frac{\partial u}{\partial t} + \frac{\partial^3 u}{\partial x^3} = 0$$

- *Korteweg-de-Vries-Gleichung*

$$\frac{\partial u}{\partial t} + 6u\frac{\partial u}{\partial x} + \frac{\partial^3 u}{\partial x^3} = 0$$

Systeme von partiellen Differenzialgleichungen

- *Lamé-Gleichungen*, Grundgleichungen der linearen Elastizitätstheorie,

$$\mu\Delta\boldsymbol{u} + (\lambda + \mu)\nabla(\operatorname{div}\boldsymbol{u}) = 0$$

mit den Lamé-Koeffizienten μ und λ.

- *Maxwell-Gleichungen*, Grundgleichungen der Elektrodynamik, (siehe Anwendung auf S. 1096)

$$\begin{aligned}\frac{\partial \boldsymbol{B}}{\partial t} + \mathbf{rot}_{\boldsymbol{x}}\,\boldsymbol{E} &= 0\\ \frac{\partial \boldsymbol{D}}{\partial t} - \mathbf{rot}_{\boldsymbol{x}}\,\boldsymbol{H} &= -\boldsymbol{J}\\ \operatorname{div}_{\boldsymbol{x}}\boldsymbol{D} &= \rho\\ \operatorname{div}_{\boldsymbol{x}}\boldsymbol{B} &= 0\end{aligned}$$

- *Navier-Stokes-Gleichungen*, Grundgleichungen der Strömungslehre bei inkompressiblen, viskosen Strömungen,

$$\begin{aligned}\frac{\partial \boldsymbol{u}}{\partial t} + (\boldsymbol{u}\cdot\nabla_{\boldsymbol{x}})\boldsymbol{u} - \Delta_{\boldsymbol{x}}\boldsymbol{u} &= -\nabla_{\boldsymbol{x}} p\\ \operatorname{div}_{\boldsymbol{x}}\,\boldsymbol{u} &= 0\end{aligned}$$

Anfangs- und Randbedingungen

Ist eine Variable t im Sinne einer Zeitabhängigkeit ausgezeichnet und werden Bedingungen der Form

$$u(x, t_0) = f(x)$$

und/oder

$$\frac{\partial u}{\partial t}(x, t_0) = g(x)$$

eventuell auch an höhere Ableitungen zu einem Zeitpunkt t_0 gestellt, spricht man von einer **Anfangsbedingung**.

Werden Bedingungen auf dem Rand ∂D eines Definitionsbereichs vorgegeben, etwa eine **Dirichlet-Bedingung**

$$u(x) = f(x) \text{ auf } \partial D$$

oder eine **Neumann-Bedingung**

$$\frac{\partial u}{\partial n}(x) = g(x) \text{ auf } \partial D$$

spricht man von **Randbedingungen**, auch wenn eventuell noch eine Zeitabhängigkeit, z. B. $u(x,t) = f(x)$, für alle $t \geq t_0$ besteht. Ist $f = 0$ und/oder $g = 0$, so heißt die Anfangs- oder Randbedingung **homogen**.

Teil IV

Abb. 29.3 Die Modellierung von Diffusionsprozessen ist etwa bei der Qualitätssicherung in der Stahlproduktion von großer Bedeutung

bestimmen ist. Es ergeben sich die beiden gewöhnlichen Differenzialgleichungen

$$v'(t) = a^2 k\, v(t) \quad \text{und} \quad w''(x) = k\, w(x)\,.$$

Zu beiden Differenzialgleichungen kennen wir die allgemeine Lösung (siehe S. 490). Somit gilt

$$v(t) = c\, e^{a^2 kt} \quad \text{und} \quad w(x) = c_1 e^{\sqrt{k}x} + c_2 e^{-\sqrt{k}x}$$

mit Konstanten c, c_1, c_2. Ist $k < 0$, so ist $\sqrt{k}$ rein imaginär. Wir nutzen zunächst die Exponentialfunktion mit komplexen Argumenten und wechseln gegebenenfalls später mithilfe der Euler'schen Formel zu trigonometrischen Funktionen.

Um mehr Informationen über k und das Vorzeichen von k zu gewinnen, müssen wir die Randbedingungen ansehen. Aus den Bedingungen $u(t,0) = u(t,L) = 0$ folgt $0 = w(0) = c_1 + c_2$ und $0 = w(L) = c_1 \exp(\sqrt{k}L) + c_2 \exp(-\sqrt{k}L)$, da uns der triviale Fall $v(t) = 0$ für $t > 0$ nicht interessiert. Aus den Bedingungen folgt

$$c_2 = -c_1 \quad \text{und} \quad 0 = c_1(e^{\sqrt{k}L} - e^{-\sqrt{k}L}) = 2c_1 \sinh(\sqrt{k}L)\,.$$

Sei zunächst $k > 0$. Da der sinh für reelle Argumente nur in $x = 0$ eine Nullstelle besitzt, folgt $c_1 = 0$ und somit auch $c_2 = 0$. Damit erhalten wir nur die triviale Lösung $v \equiv 0$.

Sei jetzt $k < 0$. Dann ist

$$w(x) = \tilde{c}_1 \sin\big(\sqrt{|k|}\,x\big) + \tilde{c}_2 \cos\big(\sqrt{|k|}\,x\big)\,.$$

Aus den Randbedingungen ergibt sich weiter $0 = w(0) = \tilde{c}_2$ und $0 = \tilde{c}_1 \sin\big(\sqrt{|k|}L\big)$. Also muss $\sqrt{|k|}\,L = n\pi$ für ein $n \in \mathbb{N}$ gelten. Insgesamt erhalten wir für jedes $n \in \mathbb{N}$ eine Lösung

$$w_n(x) = c_n \sin\left(\frac{n\pi}{L}x\right)$$

mit beliebigen Konstanten $c_n \in \mathbb{R}$. Für die zeitliche Abhängigkeit ergibt sich dann

$$v_n(t) = c_n\, e^{-(n\pi a/L)^2 t}$$

mit beliebigen Konstanten c_n. Damit haben wir eine ganze Schar von Lösungen der Differenzialgleichung gefunden, die alle den Randbedingungen genügen,

$$u_n(x,t) = \sin\left(\frac{n\pi}{L}x\right) e^{-(n\pi a/L)^2 t}, \quad n \in \mathbb{Z}.$$

Da die Differenzialgleichung linear ist, sind auch alle Linearkombinationen dieser Funktionen Lösungen und wir erhalten, dass die folgende *Fourierreihe* (siehe Kap. 30) bezüglich der Ortskoordinate,

$$u(x,t) = \sum_{n=1}^{\infty} c_n\, e^{-(n\pi a/L)^2 t} \sin\left(\frac{n\pi}{L}x\right),$$

Lösung der partiellen Differenzialgleichung ist – vorausgesetzt, die Reihe und ihre Ableitungen konvergieren.

Schließlich betrachten wir noch die Anfangsbedingung und erhalten durch Koeffizientenvergleich $c_1 = 1$ und $c_n = 0$ für $n \geq 2$. Insgesamt haben wir so eine Lösung

$$u(x,t) = e^{-(\pi a/L)^2 t} \sin\left(\frac{\pi}{L}x\right)$$

des Anfangsrandwertproblems bestimmt.

Durch diese Anwendung auf die Wärmeleitungsgleichung wird das allgemeine Vorgehen bei Separation schon recht deutlich. Wir rechnen nun auch einen Fall zur Wellengleichung durch. Der physikalische Hintergrund ist in der Anwendung auf S. 1136 genauer dargelegt.

Beispiel Die Auslenkung $u(x,t)$ einer Saite, die an den Endpunkten $x = 0$ und $x = L$ fest eingespannt ist, lässt sich durch das Anfangsrandwertproblem

$$\begin{aligned} \frac{\partial^2 u(x,t)}{\partial t^2} - a^2\,\frac{\partial^2 u(x,t)}{\partial x^2} &= 0\,, \quad && (x,t) \in (0,L) \times (0,\infty)\,,\\ u(x,0) = f(x)\,, \quad \frac{\partial u(x,0)}{\partial t} &= 0\,, && x \in (0,L)\,,\\ u(0,t) = u(L,t) &= 0\,, && t \in (0,\infty) \end{aligned}$$

modellieren. Dabei wird davon ausgegangen, dass die Saite zum Zeitpunkt $t = 0$ mit $u(x,0) = f(x)$ ausgelenkt ist und in Ruhe ist, d. h. $\partial u(x,0)/\partial t = 0$.

Beispiel: Separation des Laplace-Operators

Wir suchen alle reellwertigen harmonischen Funktionen, d. h. Lösungen zu $\Delta u = 0$, in $\mathbb{R}^2$, die sich durch Separation in kartesischen Koordinaten, also in der Form $u(\boldsymbol{x}) = v(x_1)w(x_2)$ darstellen lassen.

Problemanalyse und Strategie: Mit einem Ansatz der Form $u(\boldsymbol{x}) = v(x_1)w(x_2)$ in der partiellen Differenzialgleichung ermittelt man zwei gewöhnliche Differenzialgleichungen für die Funktionen v und w, die durch eine gemeinsame reelle Konstante zusammenhängen. Mit den allgemeinen Lösungen der beiden gewöhnlichen Differenzialgleichungen ergeben sich in Abhängigkeit dieser Konstanten die gesuchten Funktionen u.

Lösung: Setzen wir $u(\boldsymbol{x}) = v(x_1)w(x_2)$ in die partiellen Differenzialgleichung ein, so folgt

$$v''(x_1)w(x_2) + v(x_1)w''(x_2) = 0\,.$$

Wir erhalten aus

$$\frac{v''(x_1)}{v(x_1)} = -\frac{w''(x_2)}{w(x_2)} = k$$

für eine frei wählbare Konstante $k \in \mathbb{R}$ die beiden gewöhnlichen Differenzialgleichungen

$$v''(x_1) - kv(x_1) = 0$$

und

$$w''(x_2) + kw(x_2) = 0\,.$$

Aus den Nullstellen der beiden charakteristischen Polynome

$$\lambda^2 - k = 0\,, \quad \lambda^2 + k = 0$$

ergeben sich die Lösungen. Drei Fälle müssen wir dabei unterscheiden:

- Im Fall $k > 0$ sind die allgemeinen Lösungen

$$v(x_1) = c_1 e^{\sqrt{k}x_1} + c_2 e^{-\sqrt{k}x_1}$$

und

$$w(x_2) = c_3 \cos(\sqrt{|k|}x_2) + c_4 \sin(\sqrt{|k|}x_2)$$

mit Konstanten $c_1, \dots, c_4 \in \mathbb{R}$. Also sind durch

$$u(\boldsymbol{x}) = (c_1 e^{\sqrt{k}x_1} + c_2 e^{-\sqrt{k}x_1}) \cdot (c_3 \cos(\sqrt{|k|}x_2) + c_4 \sin(\sqrt{|k|}x_2))$$

harmonische Funktionen in $\mathbb{R}^2$ gegeben.

- Analog ergeben sich im Fall $k < 0$ die harmonischen Funktionen

$$u(\boldsymbol{x}) = (c_1 \cos(\sqrt{|k|}x_1) + c_2 \sin(\sqrt{|k|}x_1)) \cdot (c_3 e^{\sqrt{|k|}x_2} + c_4 e^{-\sqrt{|k|}x_2})\,.$$

- Im Fall $k = 0$ ist $\lambda = 0$ doppelte Nullstelle des charakteristischen Polynoms und es ergeben sich die allgemeinen Lösungen

$$v(x_1) = c_1 + c_2 x_1 \quad \text{und} \quad w(x_2) = c_3 + c_4 x_2$$

bzw. die harmonischen Funktionen

$$u(\boldsymbol{x}) = (c_1 + c_2 x_1)(c_3 + c_4 x_2)\,.$$

Einsetzen eines Separationsansatzes der Form $u(x,t) = v(t)w(x)$ in die Differenzialgleichung führt auf

$$v''(t)\,w(x) - a^2 v(t)\,w''(x) = 0 \quad \text{bzw.} \quad \frac{v''(t)}{v(t)} = a^2\,\frac{w''(x)}{w(x)}\,,$$

wenn $v(t) \neq 0$ und $w(x) \neq 0$ sind. Diese Identität kann nur gelten, wenn beide Seiten konstant sind. Nennen wir diese Konstante $k \in \mathbb{R}$, so erhalten wir die gewöhnlichen Differenzialgleichungen

$$v''(t) = a^2 k\, v(t) \quad \text{und} \quad w''(x) = k\, w(x)$$

mit den allgemeinen Lösungen

$$v(t) = a_1\, e^{a\sqrt{k}\,t} + a_2\, e^{-a\sqrt{k}\,t}$$

und

$$w(x) = b_1\, e^{\sqrt{k}\,x} + b_2\, e^{-\sqrt{k}\,x}\,.$$

Aus der Randbedingung $w(0) = w(L) = 0$ ergeben sich wie im vorherigen Beispiel nur die Möglichkeiten $k = -(n\pi/L)^2$ für $n \in \mathbb{Z}$ mit den zugehörigen Lösungen

$$w_n(x) = \tilde{b}_n \sin\left(\frac{n\pi}{L}x\right), \quad \tilde{b}_n \in \mathbb{R}.$$

Für die Zeitabhängigkeit erhalten wir

$$v_n(t) = a_{1,n}\, e^{ia\frac{n\pi}{L}t} + a_{2,n}\, e^{-ia\frac{n\pi}{L}t}\,.$$

Auch Summen von den Funktionen $u_n(x,t) = v_n(t)w_n(x)$ sind Lösungen der homogenen Differenzialgleichung, da die Differenzialgleichung linear ist. Wegen des Produkts können wir ohne Einschränkung $b_n = 1$ setzen. Lassen wir sogar unendlich viele Summanden zu, führt uns der Separationsansatz auf die im folgenden Kap. 30 diskutierten *Fourierreihen* der Form

$$u(x,t) = \sum_{n\in\mathbb{Z}} \sin\left(\frac{n\pi}{L}x\right)\left[a_{1,n}\,\mathrm{e}^{\mathrm{i}a\frac{n\pi}{L}t} + a_{2,n}\,\mathrm{e}^{-\mathrm{i}a\frac{n\pi}{L}t}\right]$$

als Lösungen der partiellen Differenzialgleichung, die die Randbedingung erfüllen, zumindest wenn die Reihe eine zweimal stetig differenzierbare Funktion repräsentiert und gliedweise differenziert werden darf. Solche Überlegungen zur Konvergenz der Reihen verschieben wir in das folgende Kapitel.

Zum Zeitpunkt $t = 0$ gilt

$$u(x,0) = \sum_{n\in\mathbb{Z}}^{\infty}(a_{1,n}+a_{2,n})\sin\left(\frac{n\pi}{L}x\right) = f(x) \quad \text{und}$$

$$\frac{\partial u(x,0)}{\partial t} = \sum_{n\in\mathbb{Z}}^{\infty}\frac{\pi n}{L}(a_{1,n}-a_{2,n})\frac{kn\pi}{L}\sin\left(\frac{n\pi}{L}x\right) = 0\,.$$

Im nächsten Kapitel sehen wir, dass die zweite Identität nur gelten kann, wenn $a_{1,n} = a_{2,n}$ für $n \in \mathbb{Z}$ ist. Aus der ersten Gleichung lassen sich allgemein die sogenannten Fourierkoeffizienten $a_{1,n}$ bestimmen, wenn eine Funktion f gegeben ist (siehe Kap. 30).

Ist etwa $f(x) = \sin(\pi/Lx)$, so folgt $2a_{1,1} = 1$ und $a_{1,n} = a_{2,n} = 0$ für $n \neq 1$. Wir erhalten die Lösung

$$u(x,t) = \frac{1}{2}\sin\left(\frac{\pi}{L}x\right)\left[\mathrm{e}^{\mathrm{i}a\frac{\pi}{L}t} + \mathrm{e}^{-\mathrm{i}a\frac{\pi}{L}t}\right]$$

des Anfangsrandwertproblems. ◄

Teil IV

Die Methode von d'Alembert liefert eine Lösung der Wellengleichung

Eine andere Art von Separation ergibt sich auf natürliche Weise bei der Wellengleichung in $\mathbb{R}\times\mathbb{R}_{\geq 0}$. Wir schreiben

$$\left(\frac{\partial^2}{\partial t^2} - a^2\frac{\partial^2}{\partial x^2}\right)u(x,t) = \left(\frac{\partial}{\partial t} - a\frac{\partial}{\partial x}\right)\left(\frac{\partial}{\partial t} + a\frac{\partial}{\partial x}\right)u(x,t).$$

Wir führen nun eine Variablentransformation so durch, dass jeder der beiden Klammern der partiellen Ableitung nach einer der neuen Koordinaten entspricht. Dies ist für $\xi = x + at$ und $\eta = x - at$ bzw. für $x = \frac{1}{2}(\xi+\eta)$ und $t = \frac{1}{2a}(\xi - \eta)$ der Fall. Mit der Definition

$$u(x,t) = u\left(\frac{\xi+\eta}{2}, \frac{\xi-\eta}{2a}\right) = v(\xi,\eta)$$

berechnen wir mit der Kettenregel

$$\begin{aligned} u_x &= v_\xi\frac{\partial\xi}{\partial x} + v_\eta\frac{\partial\eta}{\partial x} = v_\xi + v_\eta\\ u_{xx} &= v_{\xi\xi} + 2v_{\xi\eta} + v_{\eta\eta}\\ u_t &= a\,(v_\xi - v_\eta)\\ u_{tt} &= a^2\,(v_{\xi\xi} - 2v_{\xi\eta} + v_{\eta\eta})\,. \end{aligned}$$

Bei dieser Auflistung haben wir die abkürzende Notation für partielle Ableitungen genutzt. Es ist zum Beispiel $u_{xx} = \partial^2 u/\partial x^2$. Wenn $u : \mathbb{R}^2 \to \mathbb{R}$ Lösung der Wellengleichung $u_{tt} = a^2 u_{xx}$ ist, erhalten wir für v die partielle Differenzialgleichung

$$v_{\xi\eta}(\xi,\eta) = 0$$

(siehe das Beispiel auf S. 1097).

Also ist

$$v_\xi(\xi,\eta) = v_\xi(\xi,0)$$

konstant bezüglich η. Integrieren führt auf

$$\begin{aligned} v(\xi,\eta) &= v(0,\eta) + \int_0^\xi v_\xi(\tilde\xi,\eta)\,d\tilde\xi\\ &= v(0,\eta) + v(\xi,0) - v(0,0)\,. \end{aligned}$$

Somit gibt es eine Zerlegung $v(\xi,\eta) = \varphi(\xi) + \psi(\eta)$ mit $\varphi,\psi \in C^2(\mathbb{R})$ bzw. in den Koordinaten x und t

$$u(x,t) = \varphi(x+at) + \psi(x-at)\,. \qquad (29.1)$$

Diese Betrachtung liefert uns einen Existenz- und Eindeutigkeitssatz für Anfangswertprobleme zur räumlich eindimensionalen Wellengleichung, der nach dem französischen Mathematiker d'Alembert (1717–1783) benannt ist.

D'Alembert'sche Lösung der Wellengleichung in einer Raumdimension

Ist $f \in C^2(\mathbb{R})$ und $g \in C^1(\mathbb{R})$. Dann besitzt das Anfangswertproblem

$$\begin{aligned} \frac{\partial^2 u}{\partial t^2} - a^2\frac{\partial^2 u}{\partial x^2} &= 0 && \text{in } \mathbb{R}\times(0,\infty)\,,\\ u(x,0) &= f(x) && \text{für } x\in\mathbb{R}\,,\\ \frac{\partial u(x,0)}{\partial t} &= g(x) && \text{für } x\in\mathbb{R}\,, \end{aligned}$$

genau eine Lösung. Diese ist gegeben durch

$$u(x,t) = \frac{1}{2}(f(x+at) + f(x-at)) + \frac{1}{2a}\int_{x-at}^{x+at} g(z)\,\mathrm{d}z\,.$$

Beweis Sei u eine Lösung der Differenzialgleichung. Dann hat u die in (29.1) angegebene Form mit gewissen, noch unbekannten Funktionen φ,ψ. Aus den Anfangsbedingungen

$$u(x,0) = f(x) \quad \text{und} \quad \frac{\partial u(x,0)}{\partial t} = g(x)$$

folgt $f(x) = \varphi(x) + \psi(x)$ und $g(x) = a(\varphi'(x) - \psi'(x))$ bzw.

$$\varphi(x) - \psi(x) = \frac{1}{a}\int_0^x g(z)\,dz + \varphi(0) - \psi(0).$$

Auflösen der Gleichungen nach φ und ψ führt auf die explizite Darstellung

$$u(x,t) = \frac{1}{2a}\Big(f(x+at) + f(x-at)\Big) + \frac{1}{2a}\int_0^{x+at} g(z)\,dz - \frac{1}{2a}\int_0^{x-at} g(z)\,dz.$$

Umgekehrt rechnet man direkt nach, dass die so definierte Funktion auch eine Lösung des Anfangswertproblems ist.

Die Eindeutigkeit der Lösung erhalten wir, wenn wir die Differenz $w = u - v$ von zwei Lösungen u, v der Aufgabe betrachten. Dann löst w das Problem mit homogenen Anfangsbedingungen $w(x,0) = 0$ und $w_t(x,0) = 0$. Mit der Darstellungsformel folgt $w(x,t) = 0$, d. h. $u = v$. Also gibt es genau eine Lösung zum Anfangswertproblem. ■

Beachten Sie, dass die Lösung des Anfangswertproblems an einem Ort x zu einem Zeitpunkt T nur von den Werten der Funktionen f, g auf dem Intervall $[x - aT, x + aT]$ abhängt. Also nur Anfangswerte in diesem Intervall haben Einfluss auf die Welle an diesem Ort zu diesem Zeitpunkt (siehe Abb. 29.4). Bedingungen, die weiter entfernt gefordert werden, haben zu diesem Zeitpunkt die Stelle x noch nicht erreicht.

Beispiel Wir betrachten die d'Alembert'sche Zerlegung für die Wellengleichung mit $a = 1$, d. h.

$$\frac{\partial^2 u}{\partial t^2} - \frac{\partial^2 u}{\partial x^2} = 0 \quad \text{in } \mathbb{R} \times (0,\infty)$$

mit den Anfangsbedingungen

$$u(x,0) = f(x) \quad \text{und} \quad \frac{\partial u(x,0)}{\partial t} = 0 \quad \text{für } x \in \mathbb{R}$$

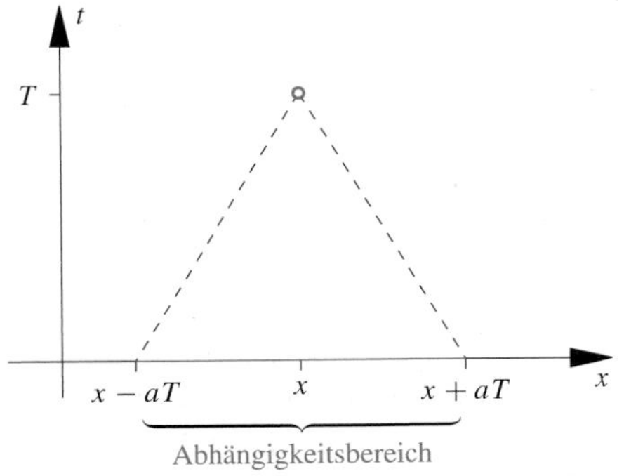

Abb. 29.4 Der Wert $u(x,T)$ der Lösung zur Wellengleichung hängt nur von den Anfangswerten im Intervall $[x - aT, x + aT]$ ab

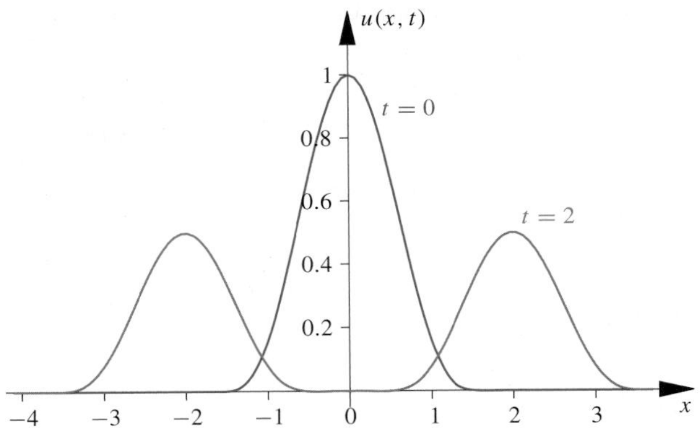

Abb. 29.5 Die Lösung der Wellengleichung zum Zeitpunkt $t = 0$ und zum Zeitpunkt $t = 2$. Offensichtlich zerfällt der Wellenberg zum Zeitpunkt $t = 0$ in zwei Anteile, die mit der Zeit t nach rechts und links laufen

mit der stückweise definierten Funktion $f : \mathbb{R} \to \mathbb{R}$

$$f(x) = \begin{cases} \cos^3 x, & x \in (-\pi/2, \pi/2) \\ 0 & \text{sonst}. \end{cases}$$

Die Funktion ist zweimal stetig differenzierbar. Dies lässt sich prüfen, indem wir die Ableitungen berechnen und die kritischen Stellen bei $x = -\pi/2$ und $x = \pi/2$ einsetzen. Also ist die Lösung des Anfangswertsproblems nach der d'Alembert'schen Methode gegeben durch

$$u(x,t) = \frac{1}{2}f(x+t) + \frac{1}{2}f(x-t).$$

In der Abb. 29.5 ist der Graph diese Lösung zum Zeitpunkt $t = 0$ und $t = 2$ dargestellt.

Dies macht eine physikalische Interpretation von Lösung der Wellengleichungen auf ganz $\mathbb{R}$ klar. Der Anteil $\frac{1}{2}f(x-t)$ beschreibt eine Bewegung des Anfangsprofils mit wachsendem t nach rechts und der Anteil $\frac{1}{2}f(x+t)$ eine Verschiebung nach links. Das Anfangsprofil zerfällt somit in zwei gleiche Anteile, die mit der Zeit auseinanderlaufen. ◄

Auf Kreisflächen hilft eine Separation in Polarkoordinaten

Bei Separationsansätzen ist es manchmal durchaus sinnvoll, andere Koordinatensysteme zu betrachten. Dabei müssen die Differenzialoperatoren aber in diese Systeme umgerechnet werden (siehe Abschn. 27.6 mit der Übersicht auf S. 1029). Im folgenden Beispiel liegt eine rotationssymmetrische Geometrie vor. Ein Produktansatz in Polarkoordinaten bietet sich deswegen an.

Teil IV

Anwendung: Die schwingende Membran

Bezeichnen wir mit $u(\boldsymbol{x}, t)$ die Auslenkung einer Membran an einer Stelle $\boldsymbol{x} \in D$ zu einem Zeitpunkt $t \in \mathbb{R}_{\geq 0}$. Dann ist im linearen physikalischen Modell u Lösung der Wellengleichung $u_{tt} - \Delta_x u = 0$. Nehmen wir weiter an, dass die Membran fest eingespannt ist, so ergeben sich Dirichlet'sche Randbedingungen $u(\boldsymbol{x}, t) = 0$ für $\boldsymbol{x} \in \partial D$ zu allen Zeitpunkten $t \in \mathbb{R}_{\geq 0}$. Gibt man eine Anfangsauslenkung oder Geschwindigkeit zum Zeitpunkt $t = 0$ vor, so erhält man ein Anfangsrandwertproblem, das sich durch Separation analysieren lässt.

Wir interpretieren im Rahmen des Modells die Lösungen, die sich durch Separation gewinnen lassen. Als Membran D wählen wir die Einheitskreisscheibe.

Im ersten Schritt separiert man die Zeitabhängigkeit. Setzen wir einen Ansatz von der Form $u(\boldsymbol{x}, t) = w(t)v(\boldsymbol{x})$ in die Differenzialgleichung ein, so ergeben sich die beiden Differenzialgleichungen

$$w''(t) + k^2 w(t) = 0 \quad \text{und} \quad \Delta v(\boldsymbol{x}) + k^2 v(\boldsymbol{x}) = 0\,,$$

die durch eine Konstante k gekoppelt sind. Nehmen wir an, dass die Membran zum Zeitpunkt $t = 0$ nicht ausgelenkt ist, so erhalten wir als Lösung w der ersten Differenzialgleichung $w(t) = c \sin(kt)$ mit $c \in \mathbb{R}$.

Für die auf D noch zu lösende Helmholtz-Gleichung machen wir einen Separationsansatz in Polarkoordinaten, d. h., wir suchen Lösungen in der Form $v(\boldsymbol{x}) = p(r)\,q(\varphi)$, wobei q eine 2π-periodische Funktion sein muss. Mit der Polarkoordinatendarstellung des Laplace-Operators ergeben sich aus der Helmholtz-Gleichung mit dieser Separation die beiden durch eine weitere Konstante c gekoppelten Differenzialgleichungen

$$q''(\varphi) + cq(\varphi) = 0,$$
$$r^2 p''(r) + rp'(r) + (k^2 - c)r^2 p(r) = 0\,.$$

Da q eine 2π-periodische Funktion sein muss, bleibt $\sqrt{c} = n \in \mathbb{N}_0$ möglich. Damit erhalten wir

$$q(\varphi) = a_n \cos(n\varphi) + b_n \sin(n\varphi)\,.$$

Für den radialen Anteil ergibt sich die Bessel'sche Differenzialgleichung

$$s^2 \tilde{q}''(s) + s\tilde{q}(s) + (s^2 - n^2)\tilde{q}(s) = 0,$$

wenn wir die Variable $s = kr$ verwenden und $\tilde{q}(kr) = q(r)$ transformieren. Die Lösungen dieser *Bessel'schen Differenzialgleichung* werden in Abschn. 34.5 vorgestellt. Da wir für das Membranenproblem eine in 0 stetige Lösung benötigen, setzen wir $q_n(r) = J_n(kr)$ mit der *Bessel-Funktion* n-ter Ordnung J_n. Wir erhalten so Lösungen von der Form

$$u_n(\boldsymbol{x}, t) = (a_n \cos(n\varphi) + b_n \sin(n\varphi))\; J_n(kr)\; \sin(kt)\,.$$

Es fehlt noch die Randbedingung $u(\boldsymbol{x}, t) = 0$ für $|\boldsymbol{x}| = r = 1$. Die Funktion u_n erfüllt die Bedingung, wenn $0 = J_n(k)$ ist. Für die Konstante k kommen also die Nullstellen der Bessel-Funktionen in Betracht. Zu jeder Nullstelle einer Bessel-Funktion finden wir somit eine Funktion, die das Randwertproblem löst. Diese Nullstellen lassen sich als *Eigenwerte* mit den zugehörigen Eigenfunktionen u_n der Membran auffassen, die sogenannten *Schwingungsmoden* oder auch Eigenfrequenzen des Systems.

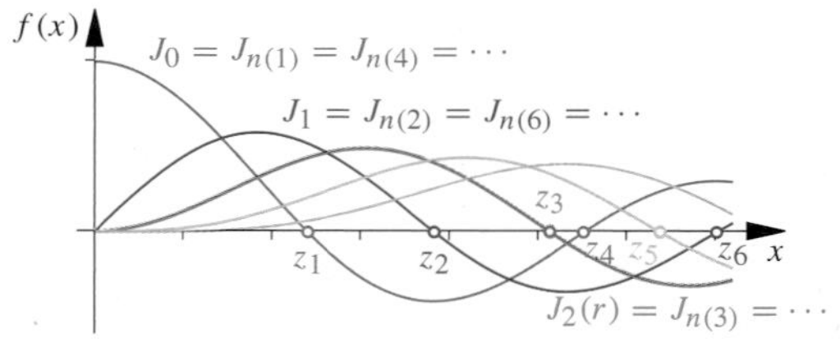

Die verschiedenen Eigenfunktionen lassen sich beobachten. Viele Leser werden schon im Physikunterricht die Muster stehender Wellen gesehen haben, sogenannte *Chladni'sche Figuren*, die sich bei *Resonanz* einstellen, wenn man Sand auf eine schwingende Platte gibt. Die Partikel sammeln sich dort, wo die Membran sich nicht bewegt, also bei den Niveaulinien der angeregten *Eigenschwingung* u_n mit $u_n(\boldsymbol{x}, t) = 0$ für alle $t \in \mathbb{R}_{>0}$.

Die sich real einstellende Schwingung ist eine Linearkombination dieser Funktionen, physikalisch spricht man von einer **Superposition**. Sortieren wir alle Nullstellen von Bessel-Funktionen der Größe nach und nennen diese z_m, $m \in \mathbb{N}$, so ist z_m Nullstelle zu einer Bessel-Funktion $J_{n(m)}$ mit $n(m) \in \mathbb{N}$, wie es oben in der Abbildung gekennzeichnet ist. Bilden wir Linearkombinationen bzw. fassen wir die Funktionen zu einer Reihe zusammen, so erhalten wir die allgemeine Lösung

$$u(\boldsymbol{x}, t) = \sum_{m=1}^{\infty} \big(a_m \cos(n(m)\varphi) + b_m \sin(n(m)\varphi)\big) \cdot J_{n(m)}(z_n r)\; \sin(z_n t)\,.$$

Je nach Anregung der Schwingung, ergeben sich die Koeffizienten a_m und b_m. Maßgeblich beteiligte Eigenfrequenzen, d. h. Anteile mit Index m, die relativ große Werte a_m und/oder b_m aufweisen, sind entscheidend für den sich einstellenden Klang. Da die Frequenzen z_n nicht äquidistant verteilt sind, kann es bei einer schwingenden Membran leicht zu *Geräuschen* statt wohlklingenden Tönen kommen. Eine Pauke zu stimmen ist schwieriger als eine Saite.

Beispiel Auf der Einheitskreisscheibe $D = \{x \in \mathbb{R}^2 : \|x\| < 1\}$ ist eine Lösung des **Dirichlet-Problems** zur Laplace-Gleichung

$$\Delta u = 0 \quad \text{in } D$$

mit Dirchlet'scher Randbedingung

$$u = f \quad \text{auf } \partial D$$

gesucht. Allgemein werden Randbedingungen, die die Funktionswerte auf dem Rand festlegen, **Dirichlet'sche Bedingungen** genannt.

Da die Randdaten auf dem Kreis $\|x\| = 1$ vorgegeben sind, bietet es sich an, dieses Problem in Polarkoordinaten, $x_1 = r\cos\varphi$ und $x_2 = r\sin\varphi$, zu betrachten mit $D = \{(r,\varphi) \in [0,1) \times [0,2\pi)\}$ und einen Separationsansatz $u(x_1,x_2) = U(r,\varphi) = v(r)\,w(\varphi)$ zu versuchen. Dazu müssen wir zunächst den Laplace-Operator in Polarkoordinaten ausdrücken (siehe die Übersicht auf S. 1029),

$$\Delta u = \frac{\partial^2 u}{\partial x_1^2} + \frac{\partial^2 u}{\partial x_2^2} = \frac{\partial^2 U}{\partial r^2} + \frac{1}{r}\frac{\partial U}{\partial r} + \frac{1}{r^2}\frac{\partial^2 U}{\partial \varphi^2}.$$

Also liefert die Laplace-Gleichung für den Ansatz $U(r,\varphi) = v(r)\,w(\varphi)$ die Gleichung

$$v''(r)\,w(\varphi) + \frac{1}{r}\,v'(r)\,w(\varphi) + \frac{1}{r^2}\,v(r)\,w''(\varphi) = 0$$

bzw. für Funktionen v, w, die nicht konstant null sind, $v(r) \neq 0 \neq w(\varphi)$

$$\frac{r^2 v''(r) + r v'(r)}{v(r)} = -\frac{w''(\varphi)}{w(\varphi)}.$$

Da die linke Seite nur von r und die rechte Seite nur von φ abhängt, muss es eine Konstante k geben mit

$$\frac{r^2 v''(r) + r v'(r)}{v(r)} = k = -\frac{w''(\varphi)}{w(\varphi)}.$$

Also sind die gewöhnlichen Differenzialgleichungen

$$r^2 v''(r) + r v'(r) - k\,v(r) = 0$$

und

$$w''(\varphi) + k\,w(\varphi) = 0$$

zu lösen. Da w eine 2π-periodische Funktion sein muss, kommt nur $k = n^2 \geq 0$ für $n \in \mathbb{Z}$ infrage mit den periodischen Lösungen

$$w_n(\varphi) = c_n\,\mathrm{e}^{in\varphi}$$

und Konstanten c_n zu jedem $n \in \mathbb{Z}$. Aus $k = n^2$ ergibt sich weiter für v_n die Euler'sche Differenzialgleichung

$$r^2 v_n''(r) + r\,v_n'(r) - n^2 v_n(r) = 0$$

mit der allgemeinen Lösung

$$v_0(r) = a_0 + \tilde{a}_0 \ln r \quad \text{und} \quad v_n(r) = a_n r^n + \tilde{a}_n r^{-n}$$

für $n \in \mathbb{N}$ (siehe S. 497). Da wir nach einer stetigen Funktion u in D suchen, fallen die in $r = 0$ singulären Anteile heraus, d. h. $\tilde{a}_0 = \tilde{a}_n = 0$. Wir erhalten die Lösungen

$$u_n(r,\varphi) = r^{|n|}\,\mathrm{e}^{in\varphi}$$

für $n \in \mathbb{Z}$. Durch Aufsummieren ergibt sich wieder eine *Fourierreihe* bezüglich φ mit

$$u(r,\varphi) = \sum_{n=-\infty}^{\infty} c_n\,r^{|n|}\,\mathrm{e}^{in\varphi}$$

als Lösung der Laplace-Gleichung, wenn die Konvergenz der Reihe gliedweises Differenzieren erlaubt.

Für $r = 1$ folgt

$$f(\varphi) = u(1,\varphi) = \sum_{n=-\infty}^{\infty} c_n\,\mathrm{e}^{in\varphi}, \qquad \varphi \in (-\pi,\pi].$$

Damit erhält man die Lösung des Randwertproblems mithilfe der *Fourierentwicklung* der Randfunktion f mit den *Fourierkoeffizienten*

$$c_n = \frac{1}{2\pi}\int_{-\pi}^{\pi} f(\varphi)\,\mathrm{e}^{in\varphi}\,\mathrm{d}\varphi.$$

Wieder wird deutlich, wie wichtig es ist, solche Reihen genauer zu untersuchen (siehe Kap. 30).

Analog kann man die Laplace-Gleichung in drei Dimensionen in Kugelkoordinaten separieren. Dabei kommt man statt $\mathrm{e}^{in\varphi}$ auf Kugelflächenfunktionen (siehe Kap. 34). ◀

29.3 Quasilineare partielle Differenzialgleichungen erster Ordnung

Neben der Separation wird eine andere Methode, das Charakteristikenverfahren, zum Lösen partieller Differenzialgleichungen herangezogen. Die Methode führt partielle Differenzialgleichungen auf ein System gewöhnlicher Differenzialgleichungen zurück. Wir starten mit der einfachsten partiellen Differenzialgleichung, der **Transportgleichung** mit konstanten Koeffizienten.

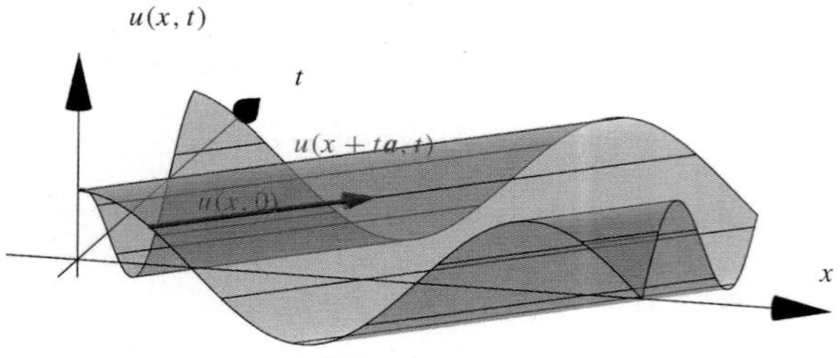

Abb. 29.6 Graph zur Lösung der Transportgleichung mit $n = 1$, $a = 2$ und $g(x) = \cos x$. Längs Geraden in Richtung $(2, 1)^{\mathrm{T}}$ sind die Funktionen w konstant. Dies sind gerade die Niveaulinien der Funktion u

Beispiel Für einen festen Vektor $\boldsymbol{a} \in \mathbb{R}^n$ ist eine Lösung $u : \mathbb{R}^n \times \mathbb{R} \to \mathbb{R}$ der homogenen Differenzialgleichung

$$\frac{\partial u(\boldsymbol{x}, t)}{\partial t} + \boldsymbol{a} \cdot \nabla_x u(\boldsymbol{x}, t) = 0\,, \quad \boldsymbol{x} \in \mathbb{R}^n\,,\ t \in \mathbb{R}\,,$$

gesucht, wobei zusätzlich eine Anfangsbedingung der Form

$$u(\boldsymbol{x}, 0) = g(\boldsymbol{x})\,, \quad \boldsymbol{x} \in \mathbb{R}^n\,,$$

mit einer Funktion $g : \mathbb{R}^n \to \mathbb{R}$ erfüllt sein soll. Nun beobachten wir, dass die linke Seite der Differenzialgleichung die Richtungsableitung von u in Richtung $(a_1, \dots, a_n, 1)^{\mathrm{T}} \in \mathbb{R}^{n+1}$ ist. Wir definieren daher die eindimensionale Funktion $w : \mathbb{R} \to \mathbb{R}$ durch $w(s) = u(\boldsymbol{x} + s\boldsymbol{a}, t + s)$ und erhalten mit der Kettenregel und der Differenzialgleichung

$$\begin{aligned} w'(s) &= \frac{\partial u(\boldsymbol{x} + s\boldsymbol{a}, t + s)}{\partial t} + a_1 \frac{\partial u(\boldsymbol{x} + s\boldsymbol{a}, t + s)}{\partial x_1} \\ &\quad + \dots + a_n \frac{\partial u(\boldsymbol{x} + s\boldsymbol{a}, t + s)}{\partial x_n} = 0\,. \end{aligned}$$

Also ist w eine konstante Funktion. Insbesondere ist $w(0) = w(-t)$ Mit dem Anfangswert können wir nun die Lösung der partiellen Differenzialgleichung für alle Punkte $(\boldsymbol{x}, t) \in \mathbb{R}^n \times \mathbb{R}$ angeben,

$$u(\boldsymbol{x}, t) = w(0) = w(-t) = u(\boldsymbol{x} - t\boldsymbol{a}, 0) = g(\boldsymbol{x} - t\boldsymbol{a})$$

(siehe auch Abb. 29.6).

Interpretieren wir diese Lösung, so bedeutet es, dass der Funktionswert an einer Stelle $\boldsymbol{y}$ zum Zeitpunkt 0 mit der Geschwindigkeit $\|\boldsymbol{a}\|$ in Richtung $\boldsymbol{a}/\|\boldsymbol{a}\|$ transportiert wird. Diese Bewegung wird deutlich mit der Identität

$$u(\boldsymbol{y}, 0) = g(\boldsymbol{y}) = g(\boldsymbol{y} + t\boldsymbol{a} - t\boldsymbol{a}) = u(\boldsymbol{y} + t\boldsymbol{a}, t)\,. \quad \blacktriangleleft$$

Das Beispiel liefert eine generelle Idee, um lineare partielle Differenzialgleichungen erster Ordnung auf Systeme von gewöhnlichen Differenzialgleichungen zurückzuführen. Wir gehen aus von einer allgemeinen quasi-linearen Differenzialgleichung erster Ordnung

$$\boldsymbol{a}(\boldsymbol{x}, u(\boldsymbol{x})) \cdot \nabla u(\boldsymbol{x}) + b(\boldsymbol{x}, u(\boldsymbol{x})) = 0$$

mit einem Vektorfeld $\boldsymbol{a} : \mathbb{R}^n \times \mathbb{R} \to \mathbb{R}^n$ und einer Funktion $b : \mathbb{R}^n \times \mathbb{R} \to \mathbb{R}$.

Beachten Sie, dass bei dieser Formulierung keine der Variablen eine ausgezeichnete Rolle spielt, wie die Variable t im obigen Beispiel. Die Variablen sind alle gleichberechtigt und können als Ortskoordinaten aufgefasst werden. Die Differenzialgleichung heißt **quasi-linear**, da der Ausdruck zwar linear von den höchsten Ableitungen, also hier von $\frac{\partial u}{\partial x_j}$, $j = 1, \dots, n$, abhängt, aber durch die allgemeinen Terme $a(x, u)$ und $b(x, u)$ nicht linear bezüglich u sein kann. Ist bei einer quasi-linearen Differenzialgleichung der Koeffizient $a = a(\boldsymbol{x})$ unabhängig von der Funktion u, so spricht man auch von einer *semi-linearen* Differenzialgleichung.

Wir verfolgen eine differenzierbare Funktion $u : \mathbb{R}^n \to \mathbb{R}$ entlang einer differenzierbaren Kurve $k : I \subseteq \mathbb{R} \to \mathbb{R}^n$. Dazu definieren wir die eindimensionale Funktion

$$w(s) = u\big(\boldsymbol{k}(s)\big).$$

Mit der Kettenregel ergibt sich die Ableitung

$$w'(s) = \boldsymbol{k}'(s) \cdot \nabla u\big(\boldsymbol{k}(s)\big)\,.$$

Selbstfrage 3

Machen Sie sich diese Anwendung der Kettenregel am Beispiel $u(x, y) = \frac{x}{y}$, $y \neq 0$, klar, indem Sie die Ableitung der Funktion $w(s) = u(\boldsymbol{k}(s))$ berechnen für die Kurve mit der Parametrisierung $\boldsymbol{k}(s) = (s, 1 + s^2)^{\mathrm{T}}$.

Die Idee ist es, Kurven zu bestimmen, die als Tangentialfeld das Vektorfeld $\boldsymbol{a}$ aufweisen, d. h., gesucht ist eine Lösung zu

$$\boldsymbol{k}'(s) = \boldsymbol{a}\big(\boldsymbol{k}(s), w(s)\big)\,.$$

Denn dann ergibt sich für w mit der partiellen Differenzialgleichung eine weitere gewöhnliche Differenzialgleichung erster Ordnung, nämlich

$$w'(s) = \boldsymbol{k}'(s) \cdot \nabla u\big(\boldsymbol{k}(s)\big) = -b\big(\boldsymbol{k}(s), w(s)\big)\,.$$

Das charakteristische System

Wenn $D \subset \mathbb{R}^n$ eine offene Teilmenge ist und $\boldsymbol{a} : D \times \mathbb{R} \to \mathbb{R}^n$ und $b : D \times \mathbb{R} \to \mathbb{R}$ Funktionen bezeichnen, dann heißt das System gewöhnlicher Differenzialgleichungen

$$\begin{aligned} \boldsymbol{k}'(s) &= \boldsymbol{a}\big(\boldsymbol{k}(s), w(s)\big) \\ w'(s) &= -b\big(\boldsymbol{k}(s), w(s)\big) \end{aligned}$$

das **charakteristische System** zur quasi-linearen partiellen Differenzialgleichung erster Ordnung

$$\boldsymbol{a}(\boldsymbol{x}, u(\boldsymbol{x})) \cdot \nabla u(\boldsymbol{x}) + b(\boldsymbol{x}, u(\boldsymbol{x})) = 0\,.$$

Lösungen $(k_1, k_2, \dots, k_n, w)$ des Systems werden **Charakteristiken** der Differenzialgleichung genannt.

Längs der Charakteristiken ergeben sich gewöhnliche Differenzialgleichungen

Wenn u Lösung einer partiellen Differenzialgleichung erster Ordnung ist, so beschreiben die Charakteristiken Kurven auf dem Graphen von u. Längs einer solchen Kurve ist die ursprüngliche partielle Differenzialgleichung durch eine gewöhnliche Differenzialgleichung für $w(s) = u(\boldsymbol{k}(s))$ beschrieben. Die Projektion dieser Kurven auf den Argumentbereich, also die oben mit k bezeichneten Kurven, werden auch **Grundcharakteristiken** genannt.

Damit deutet sich eine Möglichkeit an, solche Differenzialgleichungen zu lösen. Mit den Methoden, die wir in den Kap. 13 und 28 kennengelernt haben, lassen sich gegebenenfalls Lösungen des charakteristischen Systems finden. Wird nun durch eine Anfangsbedingung noch ein Wert, etwa

$$w(0) = u\big(\boldsymbol{k}(0)\big)$$

festgelegt, so ist auch die Lösung u der partiellen Differenzialgleichung entlang einer solchen Grundcharakteristik eindeutig bestimmt.

Wenn solche Anfangswerte zu einer den $\mathbb{R}^n$ überdeckenden Schar von Grundcharakteristiken gegeben sind, so haben wir eine Möglichkeit die Lösung u für jeden Punkt $x \in \mathbb{R}^n$ anzugeben.

Kommentar Beachten Sie, dass das charakteristische System im Allgemeinen nicht linear ist, auch dann wenn die partielle Differenzialgleichung linear ist. Dieser Umstand erfordert insbesondere für eine Existenztheorie zu solchen Anfangswertproblemen weitere Überlegungen, da die allgemeine Theorie zu nichtlinearen Systemen nur lokale Aussagen machen kann. Weiter fällt auf, dass wir zu einer partiellen Differenzialgleichung erster Ordnung nicht auf beliebigen Kurven beliebige Anfangswerte vorgeben können, da das Verhalten von Lösungen längs der Charakteristiken ja schon durch die Differenzialgleichung vorgegeben ist. ◄

Beispiel Gesucht ist die Lösung der partiellen Differenzialgleichung

$$\frac{\partial u(\boldsymbol{x})}{\partial x_1} - \frac{1}{x_1^2}\frac{\partial u(\boldsymbol{x})}{\partial x_2} = 0$$

für $x_1, x_2 > 0$ mit der Anfangsbedingung

$$u(\boldsymbol{x}) = x_1 \text{ für } \boldsymbol{x} \in \Gamma\,,$$

wobei $\Gamma = \{\boldsymbol{x} \in \mathbb{R}^2 : x_1 = x_2, x_1, x_2 > 0\}$. Wir suchen somit eine Fläche $\big\{(x_1, x_2, u(\boldsymbol{x})) : x_1, x_2 > 0\big\}$, die die Raumkurve

$$\tilde{\Gamma} = \{(x_1, x_2, u(\boldsymbol{x}))^\top \,|\, \boldsymbol{x} \in \Gamma\} = \{(x_1, x_1, x_1)^\top \,|\, x_1 \in \mathbb{R}\}$$

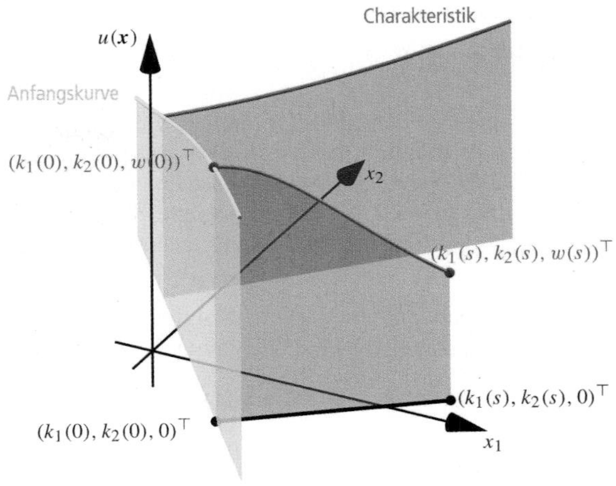

Abb. 29.7 Das Charakteristikenverfahren: Ausgehend von Punkten auf der Anfangskurve sind durch Charakteristiken Kurven auf der gesuchten Lösung gegeben

enthält. Das zugehörige charakteristische System ist

$$\begin{aligned} k_1'(s) &= 1 \\ k_2'(s) &= -\frac{1}{k_1^2(s)} \\ w'(s) &= 0\,. \end{aligned}$$

Die Abbildung

$$s \mapsto \begin{pmatrix} k_1(s) \\ k_2(s) \\ w(s) \end{pmatrix}$$

beschreibt eine Charakteristik im $\mathbb{R}^3$ (siehe Abb. 29.7)

Um nun aus diesen Angaben die Funktion $u(\boldsymbol{x})$ zu bestimmen, gehen wir in drei Schritten vor.

1. Schritt: Zunächst lösen wir das System gewöhnlicher Differenzialgleichungen. Wir erhalten $k_1(s) = s + c_1$, $k_2(s) = -\int \frac{1}{(s+c_1)^2}\,\mathrm{d}s = \frac{1}{s+c_1} + c_2$ und $w(s) = c$ mit Konstanten $c, c_1, c_2 \in \mathbb{R}$. Für jedes Tripel von Konstanten haben wir damit eine Kurve beschrieben, insgesamt erhalten wir eine **Schar von Charakteristiken**.

2. Schritt: Nun parametrisieren wir die **Anfangskurve** $\tilde{\Gamma} = \big\{(x_1, x_2, u(\boldsymbol{x})) : x \in \Gamma\big\}$. Mit $x_1 = x_2$, $u(\boldsymbol{x}) = x_1$ auf $\tilde{\Gamma}$ und dem Parameter $t = x_1$ folgt $\tilde{\Gamma} = \{(t, t, t) \in \mathbb{R}^3 : t \in \mathbb{R}_{>0}\}$. Für jeden Punkt auf $\tilde{\Gamma}$ wählen wir die Konstanten c_1, c_2 und c so, dass für $s = 0$ der Punkt $(k_1(0), k_2(0), w(0))$ auf der Kurve $\tilde{\Gamma}$ liegt, d. h., für $t > 0$ ist

$$\left(0 + c_1, \frac{1}{0 + c_1} + c_2, c\right) = \big(k_1(0), k_2(0), w(0)\big) = (t, t, t)\,.$$

Aus dieser Bedingung lassen sich die Konstanten in Abhängigkeit des Parameters t bestimmen. Wir erhalten $c_1 = c = t$ und

Vertiefung: Charakteristiken bei Differenzialgleichungen zweiter Ordnung

Bei quasi-linearen partiellen Differenzialgleichungen erster Ordnung ist es möglich, die Lösung aus speziellen Kurven, den Charakteristiken, zusammenzusetzen. Gibt es solche spezielle Kurven auch für Differenzialgleichungen höherer Ordnung? Ist es möglich, die Lösung entsprechend zu konstruieren?

Eine quasi-lineare partielle Differenzialgleichung erster Ordnung im $\mathbb{R}^2$ stellt sich als eine Gleichung der Form

$$a_1(\boldsymbol{x}, u(\boldsymbol{x}))\, u_{x_1}(\boldsymbol{x}) + a_2(\boldsymbol{x}, u(\boldsymbol{x})\, u_{x_2}(\boldsymbol{x}) + b(\boldsymbol{x}, \boldsymbol{u}(x)) = 0$$

für $\boldsymbol{x} \in \mathbb{R}^2$ dar. Die Charakteristiken findet man, indem man die Frage stellt, entlang welcher Kurven Anfangswerte vorgegeben werden können, sodass das Problem eine eindeutige Lösung besitzt. Ist eine Anfangskurve $(x_1(t), x_2(t), w(t))^{\mathrm{T}}$, $t \in \mathbb{R}$, gegeben, so folgt mit der Kettenregel

$$w'(t) = \frac{\mathrm{d}}{\mathrm{d}t} u(\boldsymbol{x}(t)) = \nabla \boldsymbol{u}(\boldsymbol{x}(t)) \cdot \boldsymbol{x}'(t).$$

Zusammen mit

$$a_1(\boldsymbol{x}(t), w(t))\, u_{x_1}(\boldsymbol{x}(t)) + a_2(\boldsymbol{x}(t), w(t))\, u_{x_2}(\boldsymbol{x}(t)) + b(\boldsymbol{x}(t), w(t)) = 0$$

haben wir damit ein lineares Gleichungssystem zur Bestimmung der 2 Komponenten von $\nabla \boldsymbol{u}(\boldsymbol{x}(t))$. Dieses System ist eindeutig lösbar, falls für die Determinante der Matrix

$$a_1(\boldsymbol{x}(t), w(t))\, x_2'(t) - a_2(\boldsymbol{x}(t), w(t))\, x_1'(t) \neq 0$$

gilt. Verschwindet diese Determinante, so spricht man von einer **charakteristischen Richtung**. Anfangsvorgaben dürfen also nicht entlang einer charakteristischen Richtung erfolgen.

Charakteristiken sind Kurven, entlang denen die Determinante des Gleichungssystems verschwindet. Aus einer Anfangsvorgabe und diesen Kurven kann die Lösung wie im Haupttext beschrieben zusammengesetzt werden.

Bei einer partiellen Differenzialgleichung zweiter Ordnung im $\mathbb{R}^2$ muss auf einer Anfangskurve nicht nur der Wert der Funktion $\boldsymbol{u}$, sondern auch deren Ableitung normal, also orthogonal, zur Kurve vorgegeben werden. Damit es eine eindeutige Lösung gibt, müssen sich höhere Ableitungen normal zur Anfangskurve aus diesen Vorgaben bestimmen lassen. Schreiben wir die Differenzialgleichung als

$$a_{11}(\boldsymbol{x}, u(\boldsymbol{x}), \nabla u(\boldsymbol{x}))\, u_{x_1x_1}(\boldsymbol{x}) + a_{12}(\boldsymbol{x}, u(\boldsymbol{x}), \nabla u(\boldsymbol{x}))\, u_{x_1x_2}(\boldsymbol{x}) + a_{22}(\boldsymbol{x}, u(\boldsymbol{x}), \nabla u(\boldsymbol{x}))\, u_{x_2x_2}(\boldsymbol{x}) + b(\boldsymbol{x}, \boldsymbol{u}(x), \nabla u(\boldsymbol{x})) = 0$$

für $\boldsymbol{x} \in \mathbb{R}^2$, so ergibt sich entsprechend eine Determinantenbedingung

$$\det \begin{pmatrix} a_{11} & a_{12} & a_{22} \\ x_1' & x_2' & 0 \\ 0 & x_1' & x_2' \end{pmatrix} \neq 0$$

oder

$$a_{11}\,(x_2')^2 - a_{12}\, x_1'\, x_2' + a_{22}\,(x_1')^2 \neq 0.$$

Verschwindet die Determinante, so liegt eine charakteristische Richtung vor.

Diese Bedingung definiert eine Quadrik, deren Koeffizienten genau dem Hauptteil der Differenzialgleichung entstammen. Die Anzahl der Lösungen hängt direkt mit dem Typ der Differenzialgleichung zusammen. Ist die Gleichung **hyperbolisch,** so gibt es zwei charakteristische Richtungen. Ist sie **parabolisch,** so ist es nur eine. Ist sie **elliptisch,** so gibt es keine solche Richtung.

Dementsprechend ist es bei partiellen Differenzialgleichungen ab der zweiten Ordnung nicht mehr so einfach möglich, aus Charakteristiken eine Lösung zu konstruieren. Ist die Gleichung durchweg parabolisch, so funktioniert dieser Weg noch recht gut. Bei hyperbolischen Gleichungen müssen von jedem Punkt zwei Charakteristiken verfolgt werden. Bei elliptischen Problemen ist es gar nicht möglich. Dementsprechend stellt sich heraus, dass Anfangswertprobleme für elliptische partielle Differenzialgleichungen instabile Probleme sind, und stattdessen Randwertprobleme formuliert werden sollten.

Ein zentraler Aspekt ist, dass sich Unstetigkeiten in einer Lösung aufgrund der Konstruktion immer nur entlang von Charakteristiken ausbreiten können. Für hyperbolische Differenzialgleichungen zweiter Ordnung kommt als neuer Aspekt hinzu, dass Charakteristiken zusammenfallen können. Dadurch entstehen neue Unstetigkeiten in der Lösung, sogenannte Schocks.

Für Räume höherer Dimension als dem $\mathbb{R}^2$ muss man statt Anfangsvorgaben entlang von Kurven solche entlang von Flächen entsprechender Dimension betrachten. Im Mittelpunkt der Überlegungen steht dann die Frage, ob Normalableitungen der Lösung an der Anfangsfläche bestimmt werden können. Das Vorgehen ist aber analog.

Anwendung: Die Kontinuitätsgleichung

Wie kommt man auf eine partielle Differenzialgleichung? Bei der Beschreibung von Strömungen ergibt sich zum Beispiel ein Anfangswertproblem für die **Kontinuitätsgleichung**

$$\frac{\partial u(\boldsymbol{x},t)}{\partial t} + \operatorname{div}_{\boldsymbol{x}}\big(u(\boldsymbol{x},t)\,\boldsymbol{v}(\boldsymbol{x},t)\big) = 0 \quad \text{und} \quad u(\boldsymbol{x},0) = g(\boldsymbol{x})$$

mit Zeitkoordinate $t \in \mathbb{R}$ und Ortskoordinaten $\boldsymbol{x} \in \mathbb{R}^3$, einem Geschwindigkeitsfeld $\boldsymbol{v} : \mathbb{R}^3 \times \mathbb{R} \to \mathbb{R}^3$ und dem Anfangszustand $g : \mathbb{R}^3 \to \mathbb{R}$. Dieses Anfangswertproblem lässt sich dann mit dem Charakteristikenverfahren lösen.

Wir bezeichnen mit $u(\boldsymbol{x},t)$ die Massendichte einer Flüssigkeit am Ort $\boldsymbol{x}$ zu einem Zeitpunkt t. Dann erhalten wir die Gesamtmasse an Flüssigkeit in einem Gebiet $D \subseteq \mathbb{R}^3$ durch Integrieren, d. h.

$$m(t) = \int_D u(\boldsymbol{x},t)\,\mathrm{d}\boldsymbol{x}\,.$$

Wir gehen davon aus, dass u so glatt ist, dass das Parameterintegral differenzierbar ist. Dann gilt

$$m'(t) = \int_D \frac{\partial u}{\partial t}(\boldsymbol{x},t)\,\mathrm{d}\boldsymbol{x}\,.$$

Andererseits ist der Massenfluss durch die Oberfläche ∂D des Gebiets D in Abhängigkeit der Geschwindigkeit $\boldsymbol{v}(\boldsymbol{x},t)$ der Strömung gegeben durch

$$F(t) = \int_{\partial D} u(\boldsymbol{x},t)\boldsymbol{v}(\boldsymbol{x},t)\cdot\boldsymbol{n}(\boldsymbol{x})\,\mathrm{d}\sigma\,,$$

wobei $\boldsymbol{n}$ der nach außen gerichtete Einheitsnormalenvektor an ∂D ist. Mit dem **Gauß'schen Satz** (siehe S. 1018) erhalten wir

$$F(t) = \int_D \operatorname{div}_{\boldsymbol{x}}(u(\boldsymbol{x},t)\boldsymbol{v}(\boldsymbol{x},t))\,\mathrm{d}\boldsymbol{x}\,.$$

Mit dem Massenfluss können wir die Menge an herausgeströmter Flüssigkeit in einem Zeitintervall $[t_0,t]$ bilanzieren. Es ist

$$m(t_0) - m(t) = \int_{t_0}^{t} F(\tau)\,\mathrm{d}\tau\,.$$

Also gilt $m'(t) = -F(t)$. Insgesamt erhalten wir

$$\begin{aligned} 0 &= m'(t) + F(t) \\ &= \int_D \left(\frac{\partial u}{\partial t}(\boldsymbol{x},t) + \operatorname{div}_{\boldsymbol{x}}(u(\boldsymbol{x},t)\boldsymbol{v}(\boldsymbol{x},t))\right)\mathrm{d}\boldsymbol{x}\,. \end{aligned}$$

Dieses Integral verschwindet für jedes glatt berandete Gebiet D. Damit folgt aber, dass der Integrand null ist. Wir folgern die Kontinuitätsgleichung.

Wie hier stellt der Gauß'sche Satz in vielen Fällen die Verbindung zwischen Bilanzen von Energie, Massen, etc. und der Modellformulierung durch partielle Differenzialgleichungen dar. Diese physikalische Bedeutung macht ihn zu einem so wichtigen Werkzeug der angewandten Mathematik.

In der Herleitung wird auch deutlich, dass das Vektorfeld $\boldsymbol{v}$ in der Kontinuitätsgleichung als Geschwindigkeitsfeld zu interpretieren ist, wie wir es beim Spezialfall der Transportgleichung schon erwähnt haben.

Wir skizzieren noch, wie das Charakteristikenverfahren angewandt werden kann. Schreiben wir die Differenzialgleichung um zu

$$\frac{\partial u}{\partial t} + \boldsymbol{v}\cdot\nabla_{\boldsymbol{x}} u + (\operatorname{div}_{\boldsymbol{x}} \boldsymbol{v})\, u = 0\,,$$

so erhalten wir mit $\alpha = \operatorname{div}_{\boldsymbol{x}} \boldsymbol{v}$ und $w(s) = u\big(\boldsymbol{k}(s)\big)$ das charakteristische System (die Zeit t entspricht x_4)

$$\begin{aligned} k_1'(s) &= v_1\big(\boldsymbol{k}(s)\big)\,, & k_2'(s) &= v_2\big(\boldsymbol{k}(s)\big)\,, \\ k_3'(s) &= v_3\big(\boldsymbol{k}(s)\big)\,, & k_4'(s) &= 1\,, \\ w'(s) &= -\alpha\big(\boldsymbol{k}(s)\big)\,w(s)\,. \end{aligned}$$

Dies ist ein System von 5 Differenzialgleichungen. Für deren Lösung erhalten wir 5 Konstanten, die wir als Anfangswerte $\big(k_1(0),k_2(0),k_3(0),k_4(0),w(0)\big)$ nehmen können. Unsere „Anfangskurve" ist jetzt eine dreidimensionale Fläche im $\mathbb{R}^5$, parametrisiert durch $z \in \mathbb{R}^3$ mit

$$z \mapsto (z_1,z_2,z_3,0,g(z))^{\mathrm{T}}\,.$$

Wieder müssen wir zu z die Konstanten bestimmen, sodass für $s = 0$ die Charakteristik die Anfangsfläche schneidet. Dies führt auf das Anfangswertproblem

$$\begin{aligned} k_j'(s) &= v_j\big(\boldsymbol{k}(s)\big)\,, & k_j(0) &= z_j\,,\ j = 1,2,3\,, \\ k_4'(s) &= 1\,, & k_4(0) &= 0\,, \\ w'(s) &= -\alpha\big(\boldsymbol{k}(s)\big)\,w(s)\,, & w(0) &= g(z)\,. \end{aligned}$$

Hieraus folgt $k_4(s) = s$, d. h. $s = t$. Die Funktionen k_1, k_2, k_3 werden aus dem System

$$k_j'(t) = v_j\big(k_1(t),k_2(t),k_3(t),t\big)\,, \quad k_j(0) = z_j$$

für $j = 1,2,3$ bestimmt. Da sie von z abhängen und x_j beschreiben, notieren wir stattdessen $x_j(z,t)$. Für w erhalten wir die Lösung

$$w(t) = g(z)\,\exp\!\left(-\int_0^t \alpha\big(k_1(\tau),k_2(\tau),k_3(\tau),\tau\big)\,\mathrm{d}t\right).$$

Für ein konkret gegebenes Geschwindigkeitsfeld muss nun die Hilfsvariable z durch $\boldsymbol{x}$ ersetzt, d. h. die Abbildung $(z,t) \mapsto \big(x_1(z,t),x_2(z,t),x_3(z,t),t\big)$ invertiert werden. Dann ergibt sich die Lösung $u(\boldsymbol{x},t)$.

Teil IV

Beispiel: Das Charakteristikenverfahren

Gesucht ist die Lösung des Anfangswertproblems

$$\frac{\partial u}{\partial x_1} + 2u\frac{\partial u}{\partial x_2} - u = 0$$

mit der Anfangsbedingung $u(0, x_2) = x_2$, für $x_2 \in \mathbb{R}$.

Problemanalyse und Strategie: Es handelt sich um eine quasi-lineare partielle Differenzialgleichung mit $\boldsymbol{a}(\boldsymbol{x}, u) = (1, 2u)^{\mathrm{T}}$ und $b(\boldsymbol{x}, u) = -u$ und es lässt sich das Charakteristikenverfahren anwenden. Wir führen die im Text beschriebenen drei Schritte aus.

Lösung: Wir stellen zunächst das charakteristische System auf. Aus der Differenzialgleichung lesen wir die entsprechenden Koeffizienten ab und erhalten mit $\boldsymbol{x} = \boldsymbol{k}(s)$ und $w(s) = u(\boldsymbol{k}(s))$ das System

$$\begin{aligned} k_1'(s) &= 1 \\ k_2'(s) &= 2u(\boldsymbol{k}(s)) = 2w(s) \\ w'(s) &= w(s)\,. \end{aligned}$$

Lösungen dieses Systems sind relativ schnell gefunden. Aus der ersten Gleichung $k_1'(s) = 1$ folgt $k_1(s) = s + c_1$ mit einer Konstanten $c_1 \in \mathbb{R}$. Die dritte Gleichung ist eine separable Differenzialgleichung erster Ordnung und es ergibt sich

$$\ln|w(s)| = \int \frac{w'(s)}{w(s)}\,\mathrm{d}s = \int 1\,\mathrm{d}s = s + \tilde{c}_3\,.$$

Somit ist

$$w(s) = c_3 \mathrm{e}^s\,.$$

Aus der zweiten Gleichung lesen wir

$$k_2'(s) = 2w(s) = 2c_3\mathrm{e}^s\,.$$

Integration führt auf

$$k_2(s) = 2c_3\int \mathrm{e}^s\,\mathrm{d}s = 2c_3\mathrm{e}^s + c_2\,.$$

Im zweiten Schritt berücksichtigen wir die Anfangsbedingung. Wir parametrisieren die Anfangskurve Γ durch $\Gamma = \{\gamma(t) = (0, t)^{\mathrm{T}} \mid t \in \mathbb{R}\}$ und bestimmen die Konstanten in der Beschreibung von $\boldsymbol{k}$ so, dass $\boldsymbol{k}(0) = \gamma(t) \in \Gamma$ für ein $t \in \mathbb{R}$ gilt. Also gilt $k_1(0) = c_1 = 0$, $k_2(0) = 2c_3 + c_2 = t$ und aus der Anfangsbedingung

$$c_3 = w(0) = u(\boldsymbol{k}(0)) = k_2(0) = t\,.$$

Also ergeben sich die Konstanten in Abhängigkeit von t zu $c_1 = 0$, $c_3 = t$ und $c_2 = t - 2c_3 = -t$.

Mit den Parametern s, t erhalten wir somit die Beziehungen

$$x_1 = s, \quad x_2 = 2t\,\mathrm{e}^s - t$$

und die Lösung

$$u(\boldsymbol{x}) = t\,\mathrm{e}^s = \frac{x_2}{2\mathrm{e}^{x_1} - 1}\,\mathrm{e}^{x_1}\,.$$

Der Graph dieser Funktion ist in der Abbildung gezeigt. Die gelbe Strecke markiert die Anfangskurve, die blauen Charakteristiken bilden die Lösungsfläche.

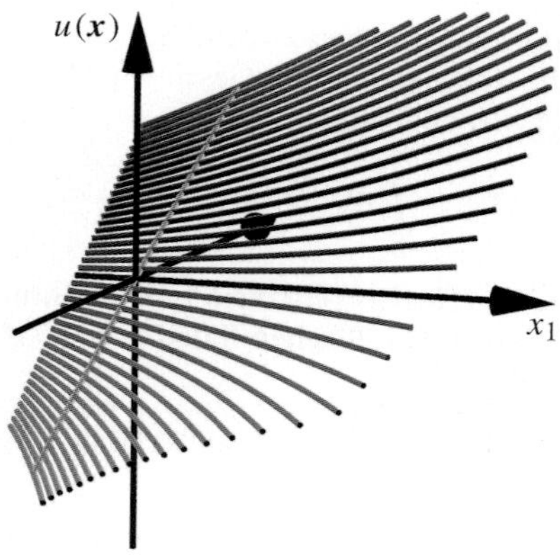

$c_2 = t - \frac{1}{t}$. Jedem Wert t wird so genau eine Charakteristik zugeordnet.

3. Schritt: Damit haben wir die Lösungsfläche durch die Parameter s und t beschrieben, also

$$\begin{aligned} x_1(s,t) &= k_1(s) = s + c_1 = s + t \\ x_2(s,t) &= k_2(s) = \frac{1}{s + c_1} + c_2 = \frac{1}{s+t} + t - \frac{1}{t} \\ u(s,t) &= w(s) = c = t\,. \end{aligned}$$

Es werden nun noch s, t aus dem System eliminiert, um u in Abhängigkeit von x_1 und x_2 auszudrücken. Aus $k_1(s) = x_1$ und $k_2(s) = x_2$ längs einer Charakteristik folgt $x_2 = \frac{1}{x_1} + t - \frac{1}{t}$. Lösen wir die quadratische Gleichung und berücksichtigen $t > 0$, so ergibt sich

$$t = \frac{1}{2}\left(x_2 - \frac{1}{x_1}\right) + \sqrt{1 + \frac{1}{4}\left(x_2 - \frac{1}{x_1}\right)^2}\,.$$

Ferner ist $s = x_1 - t$. Setzen wir diese Darstellung ein, erhalten wir die Lösung

$$u(x) = t = \frac{1}{2}\left(x_2 - \frac{1}{x_1}\right) + \sqrt{1 + \frac{1}{4}\left(x_2 - \frac{1}{x_1}\right)^2}\,. \qquad \blacktriangleleft$$

Kommentar Die Wahl im zweiten Schritt, dass die Charakteristik gerade bei $s = 0$ die Anfangskurve $\tilde{\Gamma}$ trifft, ist willkürlich, aber bequem. Wir haben diese Freiheit, da das charakteristische System autonom ist (siehe S. 1041), d. h., mit einer Charakteristik $\boldsymbol{k}(s)$ und $w(s)$ ist auch durch jede beliebige Translation um $\tau \in \mathbb{R}$, also durch die Funktionen $\boldsymbol{k}(s+\tau)$, $w(s+\tau)$, eine Lösung des Systems gegeben. ◀

29.4 Potenzialtheorie

Die Bedeutung der **Laplace-Gleichung** bzw. **Potenzialgleichung**

$$\Delta u = 0$$

ist schon in den vorangegangenen Kapiteln angeklungen. Jedes rotationsfreie Vektorfeld $\boldsymbol{V}$, d. h. $\text{rot}\boldsymbol{V} = 0$, ist in einfach zusammenhängenden Gebieten durch eine Potenzialfunktion u darstellbar, also durch $\boldsymbol{V} = \nabla u$. Ist darüber hinaus das Feld quellenfrei, d. h. $\text{div}\,\boldsymbol{V} = 0$, so gilt

$$\Delta u = \text{div}\,\nabla u = 0\,.$$

Also ist die Potenzialfunktion u eine Lösung der Laplace-Gleichung. Funktionen, die dieser Differenzialgleichung genügen, heißen **harmonisch**. Im Kap. 32 wird ein enger Zusammenhang zwischen harmonischen Funktionen in $\mathbb{R}^2$ und dem Differenzieren im Komplexen gezeigt: Real- und Imaginärteil einer komplex differenzierbaren Funktion sind harmonisch.

Dieser Abschnitt liefert einen Einstieg in die Potenzialtheorie, die insbesondere geeignet ist, Existenz und Eindeutigkeit von Lösungen zu Randwertproblemen zu klären. Wir beschränken uns in den Ausführungen auf den dreidimensionalen Fall mit Dirichlet'schen Randbedingungen. Viele der folgenden Aussagen gelten aber mit entsprechenden Modifikation auch in anderen Dimensionen. Außerdem lassen sich die Konzepte ganz oder teilweise auf weitere lineare partielle Differenzialgleichungen übertragen, wenn entsprechende Grundlösungen betrachtet werden. Auch andere Randbedingungen können ähnlich behandelt werden.

Mit der Grundlösung lassen sich zweimal stetig differenzierbare Funktionen durch Integrale darstellen

Eine Schlüsselrolle in der Potenzialtheorie spielt die im Beispiel auf S. 1105 für den zweidimensionalen Fall durch Separation gefundene radialsymmetrische Lösung $u(\boldsymbol{x}) = \ln\|\boldsymbol{x}\|$ für $\boldsymbol{x} \neq 0$. Analog gilt im Dreidimensionalen, dass die Funktionen $\Phi : \mathbb{R}^3 \times \mathbb{R}^3 \backslash \{\boldsymbol{x} = \boldsymbol{y}\} \to \mathbb{C}$ mit

$$\Phi(\boldsymbol{x}, \boldsymbol{y}) = \frac{1}{4\pi} \frac{1}{\|\boldsymbol{x} - \boldsymbol{y}\|}, \quad \boldsymbol{x} \neq \boldsymbol{y}$$

bezüglich $\boldsymbol{x}$ oder auch bezüglich $\boldsymbol{y}$ Lösungen der Potenzialgleichung sind, d. h. $\Delta_x \Phi = 0$ und $\Delta_y \Phi = 0$ für $\boldsymbol{x} \neq \boldsymbol{y}$.

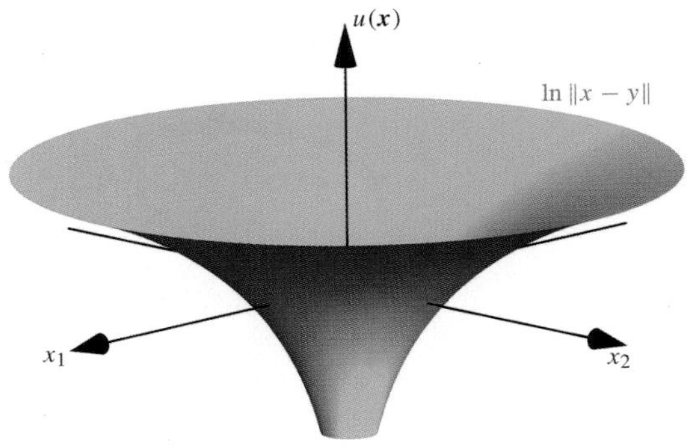

Abb. 29.8 Die Grundlösung der Potenzialgleichung in 2 Dimensionen ist die radialsymmetrische Funktion $\ln\|x - y\|$, hier für $\boldsymbol{y} = \boldsymbol{0}$

Die Funktion Φ beschreibt physikalisch das durch eine Punktladung hervorgerufene Potenzial. Die genauen Zusammenhänge zu den Anwendungen sind am Beispiel der Elektrostatik in der Anwendung auf S. 1114 dargestellt.

Selbstfrage 4

Verifizieren Sie, dass $\Delta_x \Phi(\boldsymbol{x}, \boldsymbol{y}) = 0$ gilt für $\boldsymbol{x} \neq \boldsymbol{y}$.

Beachten Sie, dass Φ symmetrisch bezüglich $\boldsymbol{x}$ und $\boldsymbol{y}$ ist und dass wir mit $\boldsymbol{y}$ die singuläre Stelle an jeden beliebigen Ort $\boldsymbol{y} \in \mathbb{R}^3$ legen können, nicht nur in den Ursprung. Die Funktion Φ heißt **Grundlösung** der Laplace-Gleichung, da der folgende Darstellungssatz erfüllt ist. Dieser Darstellungssatz ist von großem theoretischem und praktischem Nutzen, da die Werte einer Funktion u auf dem gesamten Gebiet allein aus Dirichlet- und Neumann-Randwerten und dem Wert von Δu im Innern berechnet werden können. Wenn $\Delta u = 0$ ist, lässt sich u allein aus den Randwerten bestimmen.

Darstellungssatz für zweimal stetig differenzierbare Funktionen

Ist D eine offene zusammenhängende Menge, die die Anwendung der Green'schen Sätze erlaubt, und ist $u \in C^2(\overline{D})$ zweimal stetig differenzierbar, dann gilt die Darstellung

$$u(\boldsymbol{x}) = \int\limits_{\partial D} \left[\frac{\partial u(\boldsymbol{y})}{\partial \nu}\, \Phi(\boldsymbol{x}, \boldsymbol{y}) - u(\boldsymbol{y})\, \frac{\partial \Phi(\boldsymbol{x}, \boldsymbol{y})}{\partial \nu_y} \right] \mathrm{d}\sigma_y - \int\limits_D \Phi(\boldsymbol{x}, \boldsymbol{y})\, \Delta u(\boldsymbol{y})\, \mathrm{d}\boldsymbol{y}$$

für $\boldsymbol{x} \in D$. Dabei bezeichnet $\nu \in \mathbb{R}^3$ den nach außen gerichteten Normaleneinheitsvektor am Rand ∂D des Gebiets. Das Differenzial $\mathrm{d}\sigma_y$ deutet an, dass eine Oberflächenintegration bezüglich der Variablen $\boldsymbol{y}$ gemeint ist.

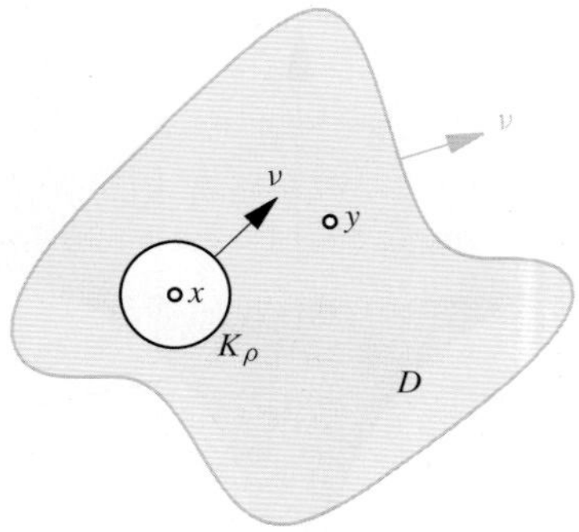

Abb. 29.9 Für die Anwendung des zweiten Green'schen Satzes wird eine Kugel K_ρ mit Mittelpunkt x aus D ausgenommen

Beweis Halten wir $\boldsymbol{x} \in D$ fest und bezeichnen mit $K_\rho = \{\boldsymbol{y} \in \mathbb{R}^3 : \|\boldsymbol{y}-\boldsymbol{x}\| < \rho\}$ die Kugel um $\boldsymbol{x}$ mit Radius ρ, siehe Abb. 29.9. Dann gilt mit dem zweiten Green'schen Satz (siehe S. 1114)

$$\begin{aligned}
&\int\limits_{\partial D \cup \partial K_\rho} \left[\Phi(\boldsymbol{x},\boldsymbol{y}) \frac{\partial u(\boldsymbol{y})}{\partial \nu} - \frac{\partial \Phi(\boldsymbol{x},\boldsymbol{y})}{\partial \nu_{\boldsymbol{y}}} u(\boldsymbol{y})\right] \mathrm{d}\sigma_{\boldsymbol{y}} \\
&= \int\limits_{D\setminus\overline{K_\rho}} \left[\Phi(\boldsymbol{x},\boldsymbol{y})\, \Delta u(\boldsymbol{y}) - \Delta_{\boldsymbol{y}} \Phi(\boldsymbol{x},\boldsymbol{y})\, u(\boldsymbol{y})\right] \mathrm{d}\boldsymbol{y}\,, \\
&= \int\limits_{D\setminus\overline{K_\rho}} \Phi(\boldsymbol{x},\boldsymbol{y})\, \Delta u(\boldsymbol{y}) \mathrm{d}\boldsymbol{y}\,. \qquad (29.2)
\end{aligned}$$

Nun betrachten wir den Grenzübergang $\rho \to 0$. Da Δu stetig ist auf $\overline{D}$ und $\Phi(\boldsymbol{x}, .)$ eine integrierbar Funktion ist, ergibt sich mit dem Lebesgue'schen Konvergenzsatz

$$\lim_{\rho\to 0} \int\limits_{D\setminus\overline{K_\rho}} \Phi(\boldsymbol{x},\boldsymbol{y})\, \Delta u(\boldsymbol{y})\, \mathrm{d}\boldsymbol{y} = \int\limits_{D} \Phi(\boldsymbol{x},\boldsymbol{y})\, \Delta u(\boldsymbol{y})\, \mathrm{d}\boldsymbol{y}\,.$$

Es bleiben die Randintegrale zu untersuchen. Da das äußere Randintegral von ρ unabhängig ist, müssen wir nur die Integrale über die Kugeloberfläche mit $\|\boldsymbol{y}-\boldsymbol{x}\| = \rho$ betrachten.

Parametrisieren wir mit Kugelkoordinaten die Randfläche durch $\boldsymbol{y}(t) = \boldsymbol{x} + \rho(\cos\varphi\, \sin\theta, \sin\varphi\, \sin\theta, \cos\theta)^{\mathrm{T}}$ mit $\varphi \in [0, 2\pi)$ und $\theta \in [0, \pi]$, so ergibt sich für das erste Oberflächenintegral

$$\begin{aligned}
&\frac{1}{4\pi} \int\limits_{\partial K_\rho} \frac{1}{\|\boldsymbol{x}-\boldsymbol{y}\|} \frac{\partial u}{\partial \nu}(\boldsymbol{y})\, \mathrm{d}\sigma_{\boldsymbol{y}} \\
&= -\frac{1}{4\pi} \int_0^\pi \int_0^{2\pi} \rho \sin\theta\, \frac{\partial u}{\partial \rho}(\boldsymbol{y}(\varphi,\theta))\, \mathrm{d}\varphi\, \mathrm{d}\theta\,.
\end{aligned}$$

Beachten Sie, dass die äußere Normale

$$\nu = -(\cos\varphi \sin\theta, \sin\varphi \sin\theta, \cos\theta)^{\mathrm{T}}$$

am Ringgebiet $D \setminus K_\rho$ auf der Kugeloberfläche nach innen gerichtet ist, sodass $\partial u/\partial\nu = -\partial u/\partial\rho$ gilt. Da $u \in C^1(\overline{D})$ ist, ist die Ableitung $\partial u/\partial\rho$ beschränkt, und wir erhalten

$$\lim_{\rho\to 0} \int\limits_{\partial K_\rho} \Phi(\boldsymbol{x},\boldsymbol{y})\, \frac{\partial u(\boldsymbol{y})}{\partial \nu}\, \mathrm{d}\sigma_{\boldsymbol{y}} = 0\,.$$

Für das zweite Integral berechnen wir

$$\nabla_{\boldsymbol{y}} \frac{1}{\|\boldsymbol{x}-\boldsymbol{y}\|} = \frac{\boldsymbol{x}-\boldsymbol{y}}{\|\boldsymbol{x}-\boldsymbol{y}\|^3}\,.$$

Also ergibt sich auf der Kugeloberfläche

$$\frac{\partial \Phi}{\partial \nu}(\boldsymbol{x},\boldsymbol{y}) = \frac{1}{4\pi} \frac{\boldsymbol{x}-\boldsymbol{y}}{\|\boldsymbol{x}-\boldsymbol{y}\|^3} \cdot \frac{\boldsymbol{x}-\boldsymbol{y}}{\|\boldsymbol{x}-\boldsymbol{y}\|} = \frac{1}{4\pi} \frac{1}{\rho^2}$$

Mit derselben Parametrisierung der Kugeloberfläche wie oben folgt somit die Identität

$$\begin{aligned}
&\int\limits_{\partial K_\rho} \frac{\partial \Phi(x,y)}{\partial \nu_y} u(y)\, \mathrm{d}\sigma_y \\
&= \frac{1}{4\pi} \int_0^{2\pi} \int_0^{\pi} u(\boldsymbol{x} + \rho(\cos\varphi \sin\theta, \sin\varphi \sin\theta, \cos\theta)^{\mathrm{T}}) \sin\theta\, \mathrm{d}\theta\, \mathrm{d}\varphi.
\end{aligned}$$

Da u auf K_ρ eine stetige Funktion ist und $\sin\theta \geq 0$ für $\theta \in [0, \pi]$ gilt, können wir abschätzen

$$\begin{aligned}
\min_{\boldsymbol{y}\in\overline{K_\rho}} u(\boldsymbol{y}) &= \frac{1}{4\pi} \min_{\boldsymbol{y}\in\overline{K_\rho}} u(\boldsymbol{y}) \int_0^{2\pi} \int_0^{\pi} \sin\theta \mathrm{d}\theta\, \mathrm{d}\varphi \\
&\leq \frac{1}{4\pi} \int_0^{2\pi} \int_0^{\pi} u(\boldsymbol{x} + \rho(\cos\varphi \sin\theta, \sin\varphi \sin\theta, \cos\theta)^{\mathrm{T}}) \\
&\qquad \cdot \sin\theta\, \mathrm{d}\theta\, \mathrm{d}\varphi \\
&\leq \frac{1}{4\pi} \max_{\boldsymbol{y}\in\overline{K_\rho}} u(\boldsymbol{y}) \int_0^{2\pi} \int_0^{\pi} \sin\theta\, \mathrm{d}\theta\, \mathrm{d}\varphi = \max_{\boldsymbol{y}\in\overline{K_\rho}} u(\boldsymbol{y})\,.
\end{aligned}$$

Ein Grenzübergang $\rho \to 0$ zusammen mit der Stetigkeit der Funktion u zeigt durch die Einschließung die Konvergenz

$$\lim_{\rho\to 0} \int\limits_{\partial K_\rho} \frac{\partial \Phi(\boldsymbol{x},\boldsymbol{y})}{\partial \nu_{\boldsymbol{y}}} u(\boldsymbol{y})\, \mathrm{d}\sigma_{\boldsymbol{y}} = u(\boldsymbol{x})\,.$$

Fügen wir alle Terme zusammen, ergibt sich die angegebene Darstellungsformel für die Funktion u. ■

Analog ergeben sich Darstellungssätze etwa im $\mathbb{R}^2$ mit der Grundlösung $\Phi(\boldsymbol{x},\boldsymbol{y}) = -\frac{1}{2\pi} \ln(\|\boldsymbol{x}-\boldsymbol{y}\|)$ oder zu anderen Differenzialoperatoren mit den jeweils zugehörigen Grundlösungen.

Kommentar Häufig findet man in der Literatur dieNotation

$$-\Delta_y \Phi(\boldsymbol{x},\cdot) = \delta(\cdot - \boldsymbol{x})$$

im *distributionellen* Sinne. Um diese Notation zu verstehen, müssen wir die Gleichung 29.2 betrachten. Wäre Φ eine zweimal stetig differenzierbare Funktion in D, so würde

$$-\int_D \Delta_y \Phi(\boldsymbol{x},\boldsymbol{y})\, u(\boldsymbol{y})\, \mathrm{d}\boldsymbol{y} = \int_{\partial D} \left[\Phi(\boldsymbol{x},\boldsymbol{y}) \frac{\partial u(\boldsymbol{y})}{\partial \nu} - \frac{\partial \Phi(\boldsymbol{x},\boldsymbol{y})}{\partial \nu_y} u(\boldsymbol{y})\right] \mathrm{d}\sigma_y - \int_D \Phi(\boldsymbol{x},\boldsymbol{y})\, \Delta u(\boldsymbol{y})\, \mathrm{d}\boldsymbol{y}$$

für $\boldsymbol{x} \in D$ gelten. Diese Gleichung trifft für die Grundlösung Φ nicht zu, da das linke Integral nicht existiert. Andererseits liefert aber der Darstellungssatz, dass die rechte Seite existiert und gleich $u(\boldsymbol{x})$ ist. Mit der *Delta-Distribution* wird diese Identität häufig durch

$$-\int_D \Delta_y \Phi(\boldsymbol{x},\boldsymbol{y})\, u(\boldsymbol{y})\, \mathrm{d}\boldsymbol{y} = \int_D \delta(\boldsymbol{y} - \boldsymbol{x}) u(\boldsymbol{y})\, \mathrm{d}\boldsymbol{y} = u(\boldsymbol{x})$$

angegeben. Die Notation ist rein formal zu lesen, da $\Delta_y \Phi(\boldsymbol{x},\cdot)$ keine integrierbare Funktion ist. Aber im Raum der *Distributionen*, siehe Abschn. 31.3, ist die Aussage gerade durch die Identität $\Delta_y \Phi(\boldsymbol{x},\cdot) = -\delta(\cdot - \boldsymbol{x})$ beschrieben. ◄

Beispiel Betrachten wir die Darstellung für eine harmonische Funktion, d. h. $\Delta u = 0$, so verschwindet das Volumenintegral und es folgt die **Green'sche Darstellungsformel**

$$u(\boldsymbol{x}) = \int_{\partial D} \left[\frac{\partial u(\boldsymbol{y})}{\partial \nu} \Phi(\boldsymbol{x},\boldsymbol{y}) - u(\boldsymbol{y}) \frac{\partial \Phi(\boldsymbol{x},\boldsymbol{y})}{\partial \nu_y}\right] \mathrm{d}\sigma_y$$

für $\boldsymbol{x} \in D$. ◄

Die Green'sche Funktion führt auf die Poisson-Formel

Einige interessante Folgerungen ergeben sich aus der Darstellungsformel. Dazu beachten wir aber zunächst, dass sich die Darstellungsformel nicht ändert, wenn zur Grundlösung $\Phi(x, y)$ noch eine in D harmonische Funktion v addiert wird. Denn wenn v harmonisch ist, gilt mit der zweiten Green'schen Formel

$$0 = \int_{\partial D} \left[\frac{\partial u(\boldsymbol{y})}{\partial \nu} v(\boldsymbol{y}) - u(\boldsymbol{y}) \frac{\partial v(\boldsymbol{y})}{\partial \nu_y}\right] \mathrm{d}\sigma_y - \int_D v(\boldsymbol{y})\, \Delta u(\boldsymbol{y})\, \mathrm{d}\boldsymbol{y}.$$

Wir nehmen nun an, dass wir in Abhängigkeit von $\boldsymbol{x} \in D$ eine bezüglich $\boldsymbol{y}$ harmonische Funktion $v(\boldsymbol{x},\boldsymbol{y})$ finden können, die gerade die Randwerte von Φ kompensiert, d. h.

$$\Delta_y v(\boldsymbol{x},\boldsymbol{y}) = 0 \quad \text{in } D$$

und

$$v(\boldsymbol{x},\boldsymbol{y}) = \Phi(\boldsymbol{x},\boldsymbol{y}) \quad \text{für } \boldsymbol{y} \in \partial D.$$

Ersetzen wir Φ im Darstellungssatz durch

$$G(\boldsymbol{x},\boldsymbol{y}) = \Phi(\boldsymbol{x},\boldsymbol{y}) + v(\boldsymbol{x},\boldsymbol{y}),$$

so gilt der Darstellungssatz entsprechend, aber wegen der homogenen Randbedingung von G verschwindet das Oberflächenintegrale mit $\partial u/\partial \nu$.

Nehmen wir nun weiter an, dass u eine Lösung des Dirichlet'sche Randwertproblems, $\Delta u = 0$ in D und $u = f$ auf ∂D, ist, so liefert der Green'sche Darstellungssatz mit der Grundlösung G die explizite Lösungsformel

$$\begin{aligned} u(\boldsymbol{x}) &= -\int_{\partial D} u(\boldsymbol{y}) \frac{\partial G(\boldsymbol{x},\boldsymbol{y})}{\partial \nu_y}\, \mathrm{d}\sigma_y \\ &= -\int_{\partial D} f(\boldsymbol{y}) \frac{\partial G(\boldsymbol{x},\boldsymbol{y})}{\partial \nu_y}\, \mathrm{d}\sigma_y. \end{aligned}$$

Die Funktion $G = \Phi + v$ mit einer bezüglich $\boldsymbol{x}$ und bezüglich $\boldsymbol{y}$ harmonischen Funktion $v \in C^2(\overline{D} \times \overline{D})$ und der Randbedingung $G(\boldsymbol{x},\boldsymbol{y}) = 0$ für $\boldsymbol{x} \in D$ und $\boldsymbol{y} \in \partial D$ heißt **Green'sche Funktion** zum Dirichlet-Problem.

Auch für das Poisson-Problem,

$$\Delta w = f \quad \text{in } D$$

mit homogenen Randbedingungen

$$w = 0 \quad \text{auf } \partial D$$

zu einer Funktion $f \in C(\overline{D})$ lässt sich mit der Green'schen Funktion eine Lösungsformel angeben. Denn in diesem Fall folgt für eine solche Funktionen w aus dem Darstellungssatz

$$w(\boldsymbol{x}) = -\int_D G(\boldsymbol{x},\boldsymbol{y}) \Delta u(\boldsymbol{y})\, \mathrm{d}\boldsymbol{y} = -\int_D G(\boldsymbol{x},\boldsymbol{y}) f(\boldsymbol{y})\, \mathrm{d}\boldsymbol{y}$$

für $\boldsymbol{x} \in D$, da beide Randintegrale verschwinden. Die rechte Seite nennt man ein *Volumenpotenzial*. Im folgenden Beispiel berechnen wir die Green'sche Funktion, wenn das Gebiet D eine Kugel ist. Zusammen mit den Lösungsformeln lässt sich daraus, zumindest für die Kugel, die Frage nach der Existenz klären: Für welche Funktionen f gibt es eine Lösung des Dirichlet-Problems bzw. des Poisson-Problems?

Beispiel Wir konstruieren die Green'sche Funktion für die Kugel $K_R = \{\boldsymbol{x} \in \mathbb{R}^3 \mid \|\boldsymbol{x}\| < R\}$. Dazu machen wir folgenden Ansatz

$$G(\boldsymbol{x},\boldsymbol{y}) = \frac{1}{4\pi} \left[\frac{1}{\|\boldsymbol{x} - \boldsymbol{y}\|} - \frac{1}{\lambda \|\mu \boldsymbol{x} - \boldsymbol{y}\|}\right].$$

G ist offensichtlich für $\mu \boldsymbol{x} \neq \boldsymbol{y}$ und $\boldsymbol{x} \neq \boldsymbol{y}$ harmonisch in $\boldsymbol{y}$, wenn wir voraussetzen, dass $\lambda \neq 0$ und μ von $\boldsymbol{y}$ unabhängig sind.

Anwendung: Potenziale, Monopole und Dipole

Über den Darstellungssatz lässt sich jede zweimal stetig differenzierbare Funktion in drei Anteile aufspalten, die *Potenziale* genannt werden. Wir stellen hier den Zusammenhang mit der Physik für die Elektrostatik her.

In der Elektrostatik ist das elektrische Feld $\boldsymbol{E}$ als Gradient einer Potenzialfunktion u darstellbar. Da das elektrische Feld hier divergenzfrei ist, ist u eine harmonische Funktion. Die Differenz zwischen den Werten von u an zwei Punkten $\boldsymbol{x}$ und $\boldsymbol{y}$ entspricht dem Spannungsabfall zwischen diesen Punkten.

Nach dem Darstellungssatz gilt nun in jedem Normalgebiet die Darstellung

$$u(\boldsymbol{x}) = \int_{\partial D} \frac{\partial u(\boldsymbol{y})}{\partial \nu}\, \Phi(x, y)\, \mathrm{d}\sigma_y - \int_{\partial D} u(\boldsymbol{y})\, \frac{\partial \Phi(\boldsymbol{x}, \boldsymbol{y})}{\partial \nu(\boldsymbol{y})}\, \mathrm{d}\sigma_y$$

mit der Fundamentallösung

$$\Phi(\boldsymbol{x}, \boldsymbol{y}) = \frac{1}{4\pi} \frac{1}{\|\boldsymbol{x} - \boldsymbol{y}\|}.$$

Das erste Integral wird auch als **Einfachschichtpotenzial**, das zweite als **Doppelschichtpotenzial** bezeichnet.

Um diese Ausdrücke physikalisch zu interpretieren, muss man zunächst die Bedeutung von $\Phi(\boldsymbol{x}, \boldsymbol{y})$ bzw. von $(\partial\Phi(\boldsymbol{x}, \boldsymbol{y}))/(\partial\nu(\boldsymbol{y}))$ klären. Das Potenzial einer punktförmigen Ladung Q im Punkt $\boldsymbol{y}$ ist gerade durch

$$u_{Q,\boldsymbol{y}}(\boldsymbol{x}) = \frac{Q}{\varepsilon_0}\, \Phi(\boldsymbol{x}, \boldsymbol{y})$$

mit der elektrischen Permitivität ε_0 gegeben. Somit gibt die Fundamentallösung Φ das Potenzial einer solchen Punktladung wieder, man spricht auch von einem **Monopol**. Die Äquipotenzialflächen sind Sphären.

Damit ist das Einfachschichtpotenzial eine Superposition von Monopolen. Dabei werden die Monopole mit der **Flächenladungsdichte**

$$\sigma = \varepsilon_0 \frac{\partial u(\boldsymbol{y})}{\partial \nu}$$

gewichtet.

Die Monopole wurden schon in der Anwendung auf S. 407 verwendet, um das Potenzial einer geladenen kreisförmigen Platte zu bestimmen. Im Grunde handelt es sich dort um eine Anwendung des Darstellungssatzes, bei dem nur das erste Integral einen Beitrag liefert.

Ganz analog repräsentiert die Normalableitung der Fundamentallösung das Feld eines elektrischen **Dipols**, dessen Dipolmoment zu ν parallel ist. Es ist

$$\frac{\partial \Phi(\boldsymbol{x}, \boldsymbol{y})}{\partial \nu(\boldsymbol{y})} = \frac{1}{4\pi} \frac{\nu \cdot (\boldsymbol{x} - \boldsymbol{y})}{\|\boldsymbol{x} - \boldsymbol{y}\|^3}.$$

Die Abbildung zeigt die Äquipotenziallinien eines solchen Dipols in der (x_1, x_2)-Ebene.

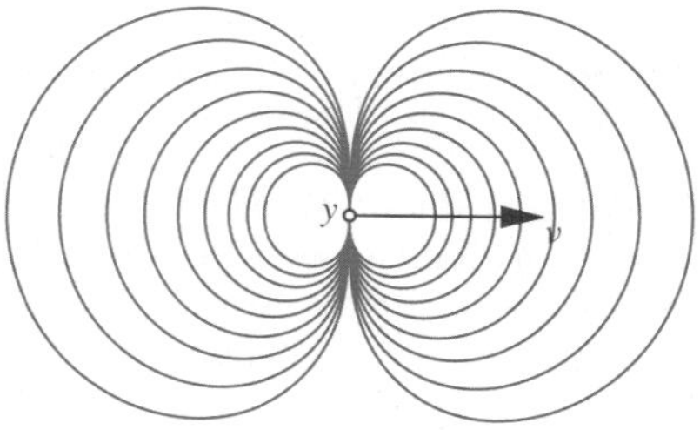

Die beiden Oberflächenintegrale im Darstellungssatz repräsentieren die Beiträge von Quellen außerhalb des Bereichs D (man spricht von äquivalenten Oberflächenpotenzialen) oder aber von Ladungen, die sich auf dem Rand des Bereichs befinden.

Gibt es auch Ladungen im Innern des Bereichs, so ändert sich die Differenzialgleichung, die u erfüllt. Es ist dann

$$\Delta\, u(\boldsymbol{x}) = -\frac{\rho(\boldsymbol{x})}{\varepsilon_0},$$

wobei ρ die **Raumladungsdichte** am Punkt $\boldsymbol{x}$ bezeichnet. In diesem Fall kommt nach Darstellungssatz das zusätzliche Integral

$$\frac{1}{\varepsilon_0} \int_D \rho(\boldsymbol{y})\, \Phi(\boldsymbol{x}, \boldsymbol{y})\, \mathrm{d}\sigma_y$$

ins Spiel. Man nennt es ein **Volumenpotenzial.**

Damit G Green'sche Funktion zum Gebiet $D = K_R$ ist, fordern wir $G(\boldsymbol{x},\boldsymbol{y}) = 0$ für $\boldsymbol{x} \in K_R$ und $\boldsymbol{y} \in \partial K_R$. Also muss $\|\boldsymbol{x}-\boldsymbol{y}\| = \lambda\,\|\mu\boldsymbol{x}-\boldsymbol{y}\|$ für $\|\boldsymbol{y}\| = R$ gelten. Quadrieren wir die Gleichung und berechnen die Beträge, so ergibt sich für λ und μ die Gleichung

$$(1-\lambda^2\mu^2)\|\boldsymbol{x}\|^2 - 2(1-\lambda^2\mu)\boldsymbol{x}\cdot\boldsymbol{y} + (1-\lambda^2)R^2 = 0\,.$$

Diese Gleichung soll für alle $\boldsymbol{y} \in \partial K_R$ gelten. Also muss $(1 - \lambda^2\mu) = 0$ bzw. $\lambda^2 = 1/\mu$ erfüllt sein. Setzen wir dies in obige Gleichung ein, so folgt $(1-\frac{1}{\lambda^2})\|\boldsymbol{x}\|^2+(1-\lambda^2)R^2 = 0$. Wir lösen die quadratische Gleichung in λ^2, vernachlässigen die triviale Lösung $\lambda = \mu = 1$ und erhalten $\lambda = \|\boldsymbol{x}\|/R$ und $\mu = R^2/\|\boldsymbol{x}\|^2$. Also ist die Green'sche Funktion gegeben durch

$$G(\boldsymbol{x},\boldsymbol{y}) = \frac{1}{4\pi}\left[\frac{1}{\|\boldsymbol{x}-\boldsymbol{y}\|} - \frac{1}{\frac{\|\boldsymbol{x}\|}{R}\left\|\frac{R^2}{\|\boldsymbol{x}\|^2}\boldsymbol{x}-\boldsymbol{y}\right\|}\right].$$

Um die Green'sche Funktion in die Darstellungsformel einzusetzen, berechnen wir noch den Gradienten von G für $\|\boldsymbol{y}\| = R$. Es ist

$$\begin{aligned}\nabla_y G(x,y) &= \frac{1}{4\pi}\left(\frac{\boldsymbol{x}-\boldsymbol{y}}{\|\boldsymbol{x}-\boldsymbol{y}\|^3} - \frac{\mu\boldsymbol{x}-\boldsymbol{y}}{\|\mu\boldsymbol{x}-\boldsymbol{y}\|^3}\right)\\ &= \frac{1}{4\pi}\frac{1}{\|\boldsymbol{x}-\boldsymbol{y}\|^3}\left[(1-\lambda^2\mu)\boldsymbol{x} + (\lambda^2-1)\boldsymbol{y}\right]\\ &= -\frac{1}{4\pi}\frac{1-\lambda^2}{\|\boldsymbol{x}-\boldsymbol{y}\|^3}\,\boldsymbol{y}\,.\end{aligned}$$

Verwenden wir noch die Darstellung $\nu = \frac{\boldsymbol{y}}{\|\boldsymbol{y}\|} = \frac{\boldsymbol{y}}{R}$ für den Normalenvektor an ∂K_R, so ergibt sich schließlich

$$\frac{\partial G(\boldsymbol{x},\boldsymbol{y})}{\partial\nu} = -\frac{1}{4\pi}\frac{(1-\lambda^2)R}{\|\boldsymbol{x}-\boldsymbol{y}\|^3} = -\frac{1}{4\pi}\frac{R^2-\|\boldsymbol{x}\|^2}{R\|\boldsymbol{x}-\boldsymbol{y}\|^3}\,.$$ ◀

Selbstfrage 5

Zeigen Sie, dass der Punkt $\frac{R^2}{\|\boldsymbol{x}\|^2}\boldsymbol{x} \notin K_R$ nicht in K_R liegt, wenn $\boldsymbol{x} \in K_R$ ist.

Bemerkung: Der im Beispiel gemachte Ansatz für die harmonische Funktion v in Form der Grundlösung $\frac{1}{\lambda}\Phi(\mu\boldsymbol{x},\boldsymbol{y})$, aber mit einer am Kreisrand gespiegelten singulären Stelle $\mu\boldsymbol{x} = \frac{R^2}{\|\boldsymbol{x}\|^2}\boldsymbol{x}$ wird *Spiegelungsmethode* genannt (siehe Abb. 29.10). In den Anwendungen wird sie so interpretiert, dass eine Hilfsladung konstruiert wird, sodass sich gerade die gewünschte Randbedingung einstellt. Bei einer ebenen Berandung ist der Ort der Hilfsladung gerade der an der Ebene gespiegelte Quellpunkt. Auch bei einigen anderen Differenzialoperatoren und/oder Gebieten D lässt sich auf diesem Weg aus einer Grundlösung die Green'sche Funktion konstruieren.

Zusammenfassend haben wir einen wesentlichen Teil des folgenden Existenzsatzes gezeigt, wenn wir die berechnete Green'sche Funktion in die Darstellungsformel einsetzen.

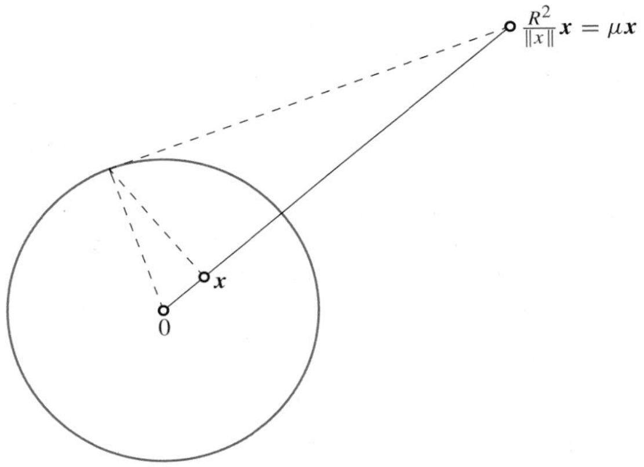

Abb. 29.10 Der Punkt $(R^2/\|x\|)x$ zu einem inneren Punkt $x \in K_R$ bei der Spiegelungsmethode

Die Poisson-Formel

Ist $K_R = \{\boldsymbol{x} \in \mathbb{R}^3 \mid \|\boldsymbol{x}\| < R\}$ und $f \in C(\partial K_R)$. Dann ist die durch

$$u(\boldsymbol{x}) = \frac{1}{4\pi R}\int\limits_{\|\boldsymbol{y}\|=R}\frac{R^2-\|\boldsymbol{x}\|^2}{\|\boldsymbol{y}-\boldsymbol{x}\|^2}f(\boldsymbol{y})\,\mathrm{d}\sigma_y$$

definierte Funktion zweimal stetig differenzierbar mit $\Delta u = 0$ in K_R und u lässt sich stetig fortsetzen auf den Rand mit $u = f$ auf ∂K_R.

Beweis Da der Integrand für $\|\boldsymbol{x}\| < R$ und $\|\boldsymbol{y}\| = R$ zweimal stetig differenzierbar ist und sich lokal um $\boldsymbol{x}$ integrierbare Majoranten angeben lassen, können Differenziation und Integration vertauscht werden und es folgt $\Delta u = 0$. Es bleibt also noch zu zeigen, dass die durch das Integral beschriebene Funktion stetig bis auf den Rand ∂K_R fortsetzbar ist und die Randwerte f auf ∂K_R wirklich annimmt. Für diesen Teil des Beweises verweisen wir auf die Literatur (zum Beispiel D. Gilbarg, N.S. Trudinger: *Elliptic Partiel Differential Equations of Second Order.* Springer Verlag). ■

Analog zur Poisson-Formel können wir mit der Green'schen Funktion eine Existenzaussage für das Randwertproblem $\Delta w = f$ in K_R und $w = 0$ auf ∂K_R formulieren. Ist $f \in C(\overline{K_R})$, so lässt sich zeigen, dass durch das Volumenpotenzial

$$w(\boldsymbol{x}) = -\frac{1}{4\pi}\int\limits_{K_R}\left(\frac{1}{\|\boldsymbol{x}-\boldsymbol{y}\|} - \frac{1}{\frac{\|\boldsymbol{x}\|}{R}\left\|\frac{R^2}{\|\boldsymbol{x}\|^2}\boldsymbol{x}-\boldsymbol{y}\right\|_2}\right)f(\boldsymbol{y})\,\mathrm{d}\boldsymbol{y}$$

eine Lösung gegeben ist. Wie im Beweis zum Darstellungssatz lässt sich hier zeigen, dass $\Delta w = f$ ist und die homogene Randbedingung folgt aus der Randbedingung für die Green'sche Funktion. Um den Beweis zu komplettieren muss aber zunächst die Regularität der so definierten Funktion w gezeigt werden. Auch dazu verweisen wir auf die Literatur.

Teil IV

Es gibt genau eine Lösung des Dirichlet-Problems

Da die Konstruktion einer Green'schen Funktion eine Lösung des Dirichlet-Problems verwendet, sind für eine Existenztheorie zu den Randwertproblemen in beliebigen Gebieten D weitere Überlegungen nötig. Einige wichtige Folgerungen aus dem Darstellungssatz lassen sich relativ direkt ziehen. Wir nehmen für den Rest des Abschnitts an, dass $D \subset \mathbb{R}^3$ stets offen, zusammenhängend und beschränkt ist.

Mittelwerteigenschaft

Ist $u \in C^2(D)$ eine harmonische Funktion, $\boldsymbol{x} \in D$ und $R > 0$ mit $K_R = \{\boldsymbol{y} \in \mathbb{R}^2 : \|\boldsymbol{x} - \boldsymbol{y}\| \leq R\} \subset D$. Dann gilt

$$u(\boldsymbol{x}) = \frac{1}{4\pi R^2} \int\limits_{\|\boldsymbol{x}-\boldsymbol{y}\|=R} u(\boldsymbol{y})\,\mathrm{d}\sigma_y\,.$$

Jeder Funktionswert einer harmonischen Funktion ist also das Mittel der Funktionswerte auf einer umgebenden Kugel.

Beweis Dies folgt direkt aus der Green'schen Darstellungsformel, wenn als Gebiet der Kreis mit Radius R um $\boldsymbol{x}$ gewählt wird. Dann ist $\|\boldsymbol{x} - \boldsymbol{y}\| = R$ für alle $\boldsymbol{y} \in \partial K_R$ und wir erhalten

$$u(\boldsymbol{x}) = \frac{1}{4\pi R^2} \int\limits_{\|\boldsymbol{x}-\boldsymbol{y}\|=R} u(\boldsymbol{y})\,\mathrm{d}\sigma - \frac{1}{4\pi R^2} \int\limits_{\|\boldsymbol{x}-\boldsymbol{y}\|=R} \frac{\partial u(\boldsymbol{y})}{\partial \nu}\,\mathrm{d}\sigma_y\,.$$

Das zweite Integral muss aber verschwinden, da u harmonisch ist. Dies folgt aus dem zweiten Green'schen Satz für u und die harmonische Funktion $v(\boldsymbol{x}) = 1$ für $\boldsymbol{x} \in D$,denn es gilt

$$\begin{aligned} 0 &= \int\limits_D \Delta u\, v - u\, \Delta v\,\mathrm{d}\boldsymbol{x} \\ &= \int\limits_{\partial D} \frac{\partial u}{\partial \nu} v - u \frac{\partial v}{\partial \nu}\,\mathrm{d}\sigma = \int\limits_{\partial D} \frac{\partial u}{\partial \nu}\,\mathrm{d}\sigma\,. \end{aligned}$$ ∎

Es lässt sich sogar zeigen, dass eine Funktion in einem Gebiet D genau dann harmonisch ist, wenn diese Mittelwerteigenschaft für beliebige Kugeln in D erfüllt ist. Mithilfe des Mittelwertsatzes können wir nun das Maximumsprinzip zeigen.

Maximumsprinzip

Eine harmonische Funktion $u \in C^2(D)$ ist konstant, wenn sie im Inneren des Gebietes D ihr Maximum annimmt, d. h., wenn es $\boldsymbol{x} \in D$ gibt mit $u(\boldsymbol{y}) \leq u(\boldsymbol{x})$ für alle $\boldsymbol{y} \in D$.

Beweis Ist $\boldsymbol{x} \in D$ eine Maximalstelle mit $u(\boldsymbol{x}) \geq u(\boldsymbol{y})$ für alle $\boldsymbol{y} \in D$, so besagt die Mittelwerteigenschaft $u(\boldsymbol{x}) = \frac{1}{4\pi R^2} \int_{\|\boldsymbol{x}-\boldsymbol{y}\|=R} u(\boldsymbol{y})\,\mathrm{d}\sigma$. Somit gilt

$$\begin{aligned} &\frac{1}{4\pi R^2} \int\limits_{\|\boldsymbol{x}-\boldsymbol{y}\|=R} [u(\boldsymbol{x}) - u(\boldsymbol{y})]\,\mathrm{d}\sigma_y \\ &= u(\boldsymbol{x}) - \frac{1}{4\pi R^2} \int\limits_{\|\boldsymbol{x}-\boldsymbol{y}\|=R} u(\boldsymbol{y})\,\mathrm{d}\sigma_y = 0\,, \end{aligned}$$

wenn wir $R > 0$ hinreichend klein wählen, sodass $\{\boldsymbol{y} \in \mathbb{R} : \|\boldsymbol{x} - \boldsymbol{y}\| \leq R\} \subset D$ ist. Da aber nach Voraussetzung $u(\boldsymbol{x}) - u(\boldsymbol{y}) \geq 0$ gilt, folgt $u(\boldsymbol{x}) - u(\boldsymbol{y}) = 0$ bzw. $u(\boldsymbol{y}) = u(\boldsymbol{x})$ für alle $\boldsymbol{y}$ mit $\|\boldsymbol{x} - \boldsymbol{y}\| = R$.

Für einen beliebigen Punkt $\tilde{\boldsymbol{x}} \in D$ erhalten wir das Resultat $u(\tilde{\boldsymbol{x}}) = u(\boldsymbol{x})$, wenn wir hinreichend kleine Kreise entlang einer ganz in D liegenden Verbindungskurve von $\boldsymbol{x}$ und $\tilde{\boldsymbol{x}}$ aneinanderlegen. ∎

Setzen wir statt u die Funktion $-u$ im vorangegangenen Satz ein, so sehen wir, dass genauso ein **Minimumsprinzip** formuliert werden kann. Damit muss eine harmonische Funktion ihre Extrema auf dem Rand des betrachteten Gebiets annehmen. Dies liefert uns den folgenden grundlegenden Eindeutigkeitssatz.

Eindeutigkeit des Dirichlet-Problems

Das Dirichlet-Problem $\Delta u = 0$ in D mit Randbedingung $u = f$ auf ∂D besitzt höchstens eine Lösung.

Beweis Angenommen es gäbe zwei Lösungen $u_1, u_2 \in C^2(D) \cap C(\overline{D})$ des Dirichlet-Problems. Dann ist auch die Differenz $v = u_1 - u_2$ eine harmonische Funktion und es gilt $v = 0$ auf ∂D. Da aber v stetig ist auf der kompakten Menge $\overline{D}$, besitzt v sowohl ein Maximum als auch ein Minimum in $\overline{D}$. Nach dem Maximumsprinzip müssen diese Stellen auf dem Rand liegen, wo $v = 0$ gilt. Also ist $u_1 - u_2 = v = 0$ in $\overline{D}$. ∎

Nun verbleibt noch die Frage, ob es wie bei der Kugel stets eine Lösung zum Dirichlet-Problem gibt. Wenn der Rand ∂D genügend glatt ist, ist dies der Fall, d. h., es gibt zu jedem $f \in C(D)$ genau eine Funktion $u \in C^2(D) \cap C(\overline{D})$ mit $\Delta u = 0$ und $u = f$ auf ∂D. Die Regularität des Randes spielt aber eine wichtige Rolle. Eine hinreichende Bedingung ist es, wenn ∂D eine geschlossene stetig differenzierbar parametrisierbare Oberfläche ist. Es gibt verschiedene Zugänge, die Existenz zu klären. Und einige davon haben sich in den letzten hundert Jahren zu mächtigen mathematischen Gebieten entwickelt, so zum Beispiel die Variationsrechnung, Integralgleichungen oder Hilbertraummethoden. Es würde den Rahmen sprengen, dies im Einzelnen darzustellen. Eine ausführliche Hinführung zu den partiellen Differenzialgleichungen (in Englisch) findet sich in L. C. Evans: *Partial Differential Equations*. American Mathematical Society.

Übersicht: Methoden zur Behandlung partieller Differenzialgleichungen

Diese Zusammenstellung gibt einen kurzen Überblick über die gebräuchlichsten Methoden, partielle Differenzialgleichungen zu untersuchen.

Analytische Konzepte

- **Separation**
  Ansatz als Produkt von Funktionen, die jeweils nur von einer Koordinate des Koordinatensystems abhängen. Führt auf System von gewöhnlichen Differenzialgleichungen.
- **Substitution**
  Ersetzen der Variablen durch eine Transformation der Variablen. Führt auf eine vereinfachte partielle oder eine gewöhnliche Differenzialgleichung (siehe etwa Anwendung auf S. 1091).
- **Charakteristikenverfahren**
  Bestimmt wird eine Parametrisierung des Graphen der Lösung. Ist beschränkt auf quasi-lineare Differenzialgleichungen erster Ordnung. Führt auf System gewöhnlicher Differenzialgleichungen.
- **Integraltransformationen**
  Transformation bezüglich einer oder mehrerer Variablen durch die Laplace- oder die Fouriertransformation kann auf eine gewöhnliche Differenzialgleichung führen (siehe Kap. 33).
- **Potenzialtheorie**
  Ein Ansatz als Potenzial oder Summe von Potenzialen bei einem Randwertproblem führt auf eine Integralgleichung.
- **Variationsformulierung**
  Entweder direkt durch partielle Integration oder durch Formulierung als ein Optimierungsproblem kann eine Variationsformulierung eines Anfangs- oder Randwertproblems gefunden werden.

Numerische Konzepte

- **Methode der finite Differenzen**
  Die partiellen Ableitungen werden ersetzt durch Differenzenquotienten.
- **Methode der finiten Elemente (FEM)**
  Baut auf der Variationsformulierung auf. Die Lösungsfunktion wird durch eine Linearkombination einfacher Funktionen (z. B. Hutfunktionen) approximiert.
- **Randelementmethode (BEM)**
  Baut auf einer mittels Potenzialtheorie gewonnenen Integralgleichungsformulierung auf. Die Lösung der Integralgleichung wird wie bei FEM durch einfache Funktionen approximiert.
- **Finite Volumen**
  Die partiellen Differenzialgleichungen werden als Erhaltungsgleichungen umgeschrieben. Das Lösungsgebiet wird in kleine Volumen aufgeteilt und die Erhaltungsgleichungen werden jeweils erfüllt.

29.5 Die Methode der finiten Elemente

Zur numerischen Behandlung von partiellen Differenzialgleichungen gibt es verschiedene Methoden, die sich je nach Differenzialgleichung und zugrunde liegender Geometrie anbieten und in der Praxis eingesetzt werden. Die allgemeinsten Ansätze sind *finite Differenzen* und die Methode der *finiten Elemente*, die beide schon bei eindimensionalen Randwertproblemen in Abschn. 28.6 vorgestellt wurden.

Bei der Methode der finiten Differenzen wird die Definitionsmenge des Problems mit einem kartesischen Gitter überzogen und man ersetzt die partiellen Ableitungen durch die Differenzenquotienten in der entsprechenden Richtung. So erhält man aus der Differenzialgleichung relativ leicht ein endlichdimensionales Gleichungssystem, das die Funktionswerte der Lösung an den Gitterpunkten als unbekannte Variable enthält. In dieses System müssen dann noch die Rand- und/oder Anfangsbedingungen eingebaut werden. Beachten Sie, dass die Dimension der Definitionsmenge der Funktionen als Potenz in die Anzahl der Unbekannten eingeht. Es entstehen somit schnell sehr große Gleichungssysteme. Die Systeme sind aber dünn besetzt, d. h., viele Einträge in der Matrix sind null, da zur Näherung der Ableitungen nur Werte von benachbarten Gitterpunkten eingehen. Offensichtlich ist dieses Vorgehen völlig analog zum eindimensionalen Fall.

Ähnlich stellt sich die Situation dar bei der Methode der *finiten Elemente*. Die Idee des eindimensionalen Falls bleibt auch hier erhalten. Die gesuchte Funktion wird durch einen Spline approximiert und für die unbekannten Koeffizienten der Spline-Funktion ergeben sich aus einer Variationsformulierung des Randwertproblems entsprechende Gleichungssysteme. Wie sich diese Idee in mehreren Dimensionen ausgestalten lässt, werden wir in diesem Abschnitt zusammenstellen und anhand eines zweidimensionalen Beispiels erläutern.

Andere numerische Verfahren zu partiellen Differenzialgleichungen stützen sich auf Umformulierungen der Randwertprobleme durch Potenziale zu *Integralgleichungen*. Diese lassen sich dann mit geeigneten Quadraturen diskretisieren und bieten so Möglichkeiten, Näherungslösungen zum ursprünglichen Randwertproblem zu berechnen. Nutzt man dabei zur Diskretisierung die Ideen wie bei den finiten Elementen, so spricht man von *Randelementmethoden*.

Bei elliptischen Differenzialgleichungen werden diese Verfahren meistens einzeln angewandt. Aber schon bei hyperbolischen oder parabolischen Gleichungen sind Mischformen dieser Ansätzen sinnvoller, zum Beispiel wird häufig die Zeitvariable bei parabolischen Problemen durch finite Differenzen approximiert, aber für die Ortsabhängigkeit des Problems ein Ansatz mit finiten Elementen gewählt.

Darüber hinaus kommen bei der numerischen Behandlung von Differenzialgleichungen auch Integraltransformationen zum Tragen (siehe Kap. 33), die es zum Beispiel erlauben, anstelle einer *zeitabhängigen* Formulierung des Problems eine *frequenzabhängige* zu betrachten.

Für das sehr weite Feld der numerischen Lösung von Rand- und/oder Anfangswertproblemen bei partiellen Differenzialgleichungen verweisen wir auf die entsprechende Literatur. Zum Thema finite Elemente bietet sich etwa das Lehrbuch *Finite Elemente* von Dietrich Braess, Springer Verlag (1991), an. Wir beschränken uns hier darauf, die Idee der finiten Elemente aus Abschn. 28.6 noch einmal aufzugreifen und systematisch herauszustellen, wie sich dieses Konzept auf höhere Dimensionen übertragen lässt.

Variationsformulierungen

Grundlage der Methode der finiten Elemente ist stets eine Variationsformulierung des Randwertproblems. Betrachten wir den einfachsten Fall, das Randwertproblem zur elliptischen Differenzialgleichung

$$\Delta u - u = f$$

in einem Gebiet $D \subseteq \mathbb{R}^2$ mit einer Inhomogenität $f : D \to \mathbb{R}$ und homogenen Neumann'schen Randbedingungen

$$\frac{\partial u}{\partial \boldsymbol{n}} = 0$$

auf dem Rand ∂D. Dabei bezeichnen wir wie bisher mit $\frac{\partial u}{\partial \boldsymbol{n}}$ die Richtungsableitung der Funktion u in Richtung des nach außen gerichteten Normalenvektors $\boldsymbol{n}$. Eine **Variationsformulierung** zu diesem Randwertproblem ergibt sich mit dem Gauß'schen Satz. Denn multiplizieren wir die Differenzialgleichung mit einer **Testfunktion** $v : D \to \mathbb{R}$ und wenden formal den Gauß'schen Satz an, so ergibt sich

$$\begin{aligned}\int_D f\,v\,\mathrm{d}\boldsymbol{x} &= \int_D (\Delta u - u)\,v\,\mathrm{d}\boldsymbol{x}\\ &= \int_D \operatorname{div}(v\nabla u) - \nabla u\cdot\nabla v - u\,v\,\mathrm{d}\boldsymbol{x}\\ &= \int_{\partial D} v\nabla u\cdot\boldsymbol{n}\,\mathrm{d}\sigma - \int_D \nabla u\cdot\nabla v + u\,v\,\mathrm{d}\boldsymbol{x}\\ &= \int_{\partial D} v\frac{\partial u}{\partial \boldsymbol{n}}\,\mathrm{d}\sigma - \int_D \nabla u\cdot\nabla v + u\,v\,\mathrm{d}\boldsymbol{x}\,.\end{aligned}$$

Nutzen wir weiter noch die Randbedingung aus, so erhalten wir die Variationsgleichung

$$\int_D \nabla u\cdot\nabla v + u\,v\,\mathrm{d}\boldsymbol{x} = -\int_D f\,v\,\mathrm{d}\boldsymbol{x}\,. \tag{29.3}$$

Diese Identität gilt für alle Funktionen v, die so regulär sind, dass der Gauß'sche Satz angewandt werden kann.

Die Gleichung (29.3) liefert nicht viel Information, wenn sie nur für eine oder wenige spezielle Testfunktionen v gelten würde. Der Zusatz *für alle* v ist also ganz entscheidend bei der Variationsformulierung. Denn, wenn die Klasse der Testfunktionen hinreichend groß ist, kommen wir auch wieder zurück. Dies bedeutet, wenn u eine Lösung von (29.3) ist, so folgt, dass u auch Lösung des Randwertproblems ist – die beiden Formulierungen des Problems sind **äquivalent**.

Schauen wir diese Umkehrung noch genauer an. Wenn wir davon ausgehen, dass u eine Funktion ist, die einerseits Lösung der Variationsgleichung und andererseits so regulär ist, dass der Gauß'sche Satz angewandt werden kann, ergibt sich aus (29.3) die Identität

$$\int_D (\Delta u - u - f)\,v\,\mathrm{d}\boldsymbol{x} - \int_{\partial D} \frac{\partial u}{\partial \boldsymbol{n}} v\,\mathrm{d}\sigma = 0\,.$$

Für Äquivalenz der beiden Formulierungen des Randwertproblems muss also gewährleistet werden, dass die Menge aller Testfunktionen hinreichend groß ist, um aus dieser Identität folgern zu können, dass u Lösung des Randwertproblems $\Delta u - u = f$ in D mit $\frac{\partial u}{\partial \boldsymbol{n}} = 0$ auf ∂D ist. Solche Fragen nach *Vollständigkeit* bzw. *Dichtheit* von Teilmengen von Funktionen in entsprechenden Funktionenräumen spielen in der Funktionalanalysis eine wichtige Rolle (siehe Kap. 31).

Wir machen noch eine weitere Beobachtung in Bezug auf die Variationsgleichung. Die Formulierung des Randwertproblems in Form der Variationsgleichung erfordert nur, dass die Funktion und der Gradient der Lösung u multipliziert mit v bzw. den Gradienten der Testfunktionen integrierbar ist. Insbesondere wird eine zweite Ableitung der Lösungsfunktion nicht benötigt. Wir können also das Problem sinnvoll formulieren nur mit der Forderung, dass wir eine Funktion u suchen aus der Klasse von Funktionen, die einen entsprechend integrierbaren Gradienten besitzen. Dies ist weit weniger als bei der klassischen Formulierung mithilfe des Laplace-Operators.

Die Überlegungen führen auf spezielle Funktionenräume, die sogenannten **Sobolev-Räume**. In unserem Beispiel ist dies der Raum aller Funktionen, die quadratintegrierbar sind und einen quadratintegrierbaren Gradienten besitzen. Man notiert diesen Funktionenraum durch $H^1(D)$. Zur genauen Definition dieser Menge von Funktionen gibt es verschiedene Möglichkeiten etwa als *Vervollständigung*, mithilfe von *Distributionen* oder über die *Fouriertheorie*. Akzeptieren wir an dieser Stelle einfach, dass es einen passenden Vektorraum von Funktionen gibt, der insbesondere die zweimal stetig differenzierbaren Funktionen als Teilmenge enthält.

Teil IV

Kommentar Übrigens ist der Buchstabe H nicht zufällig, sondern wurde zu Ehren des Mathematikers David Hilbert (1862–1943) gewählt, da der Funktionenraum die wichtige Struktur eines *Hilbertraums* aufweist (siehe die Definition auf S. 1177). ◀

Es lässt sich weiter zeigen, dass der $H^1(D)$ auch ein passender Raum für die Menge der Testfunktionen ist. Sogar das Randintegral, das bei der zunächst formalen Anwendung des Gauß'schen Satzes auftritt, lässt sich in diesem Raum interpretieren. Die Forderung an die Ableitung einer Funktion in $H^1(D)$ impliziert nämlich Eigenschaften der Funktionen auf dem Rand ∂D, die wir im Allgemeinen nicht voraussetzen können, da es sich bei dem Rand um eine Nullmenge handelt.

Überraschend elegant fügen sich alle Aspekte zu einer vollständigen Variationsformulierung des Randwertproblems zusammen.

Variationsformulierung des Randwertproblems

Zu $D \subseteq \mathbb{R}^n$ und einer quadratintegrierbaren Funktion $f \in L^2(D)$ ist eine Funktion $u \in H^1(D)$ gesucht mit

$$\int_D \nabla u \cdot \nabla v + uv \,\mathrm{d}\boldsymbol{x} = -\int_D f\, v \,\mathrm{d}\boldsymbol{x}$$

für alle $v \in H^1(D)$.

Eine Lösung $u \in H^1(D)$ des Variationsproblems wird **schwache Lösung** des Randwertproblems genannt. Werden zusätzliche Voraussetzungen an das Gebiet D und an die Funktion f gestellt, so lässt sich zeigen, dass die schwache Lösung eine klassische Lösung ist.

Diese Erweiterung des Lösungsbegriffs zu Differenzialgleichungen hat einen entscheidenden Vorteil für die Anwendungen, denn häufig sind Probleme zu behandeln, bei denen zum Beispiel das Gebiet Ecken aufweist oder die Inhomogenität f stückweise konstant und somit unstetig ist. In solchen Fällen sind die Lösungen im Allgemeinen nicht mehr zweimal stetig differenzierbar.

Beispiel Wir betrachten das Randwertproblem

$$\begin{aligned} -\Delta u &= f \quad \text{in } D, \\ \frac{\partial u}{\partial \boldsymbol{n}} &= 0 \quad \text{auf } \partial D, \end{aligned}$$

für die Menge

$$D = \{\boldsymbol{x} \in \mathbb{R}^2 \mid \|\boldsymbol{x}\| < 2\}$$

und die Funktion

$$f(\boldsymbol{x}) = \begin{cases} 3, & \|\boldsymbol{x}\| < 1, \\ -1, & 1 < \|\boldsymbol{x}\| < 2. \end{cases}$$

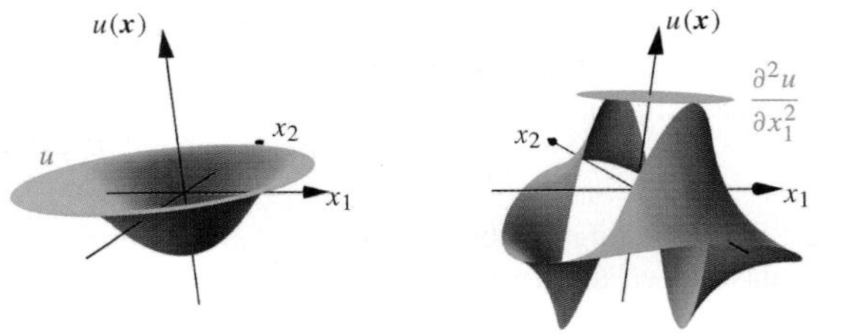

Abb. 29.11 Die schwache Lösung u des Neumann-Problems für die Poisson-Gleichung aus dem Beispiel (blau) und ihre partielle Ableitung $\partial^2 u/\partial x_1^2$ (grün). Deutlich erkennt man die Unstetigkeit in der zweiten partiellen Ableitung

Die Variationsformulierung lautet

$$\int_D \nabla u \cdot \nabla v \,\mathrm{d}\boldsymbol{x} = \int_D f v \,\mathrm{d}\boldsymbol{x}$$

für alle $v \in H^1(D)$. In diesem Fall ist

$$u(\boldsymbol{x}) = \begin{cases} \frac{3}{4}\|\boldsymbol{x}\|^2 - 1, & \|\boldsymbol{x}\| < 1 \\ 2\ln\|\boldsymbol{x}\| - \frac{1}{4}\|\boldsymbol{x}\|^2, & 1 < \|\boldsymbol{x}\| < 2, \end{cases}$$

eine schwache Lösung. Es ist nicht schwer, dies über die erste Green'sche Identität nachzurechnen.

Die Funktion u ist für $\|\boldsymbol{x}\| < 1$ und für $1 < \|\boldsymbol{x}\| < 2$ jeweils zweimal stetig differenzierbar. Auf dem Kreisring $\|\boldsymbol{x}\| = 1$ springen die zweiten Ableitungen aber, u ist nicht auf ganz D zweimal stetig differenzierbar (siehe Abb. 29.11). ◀

Der schwache Lösungsbegriff hat auch eine entscheidende Bedeutung für die Methode der finiten Elemente. Erinnern wir uns an die Idee, wie sie für Randwertprobleme bei gewöhnlichen Differenzialgleichungen in Abschn. 28.6 dargestellt ist. Es wird versucht, die Lösung durch Hutfunktionen zu approximieren. Die Ableitung dieser Funktionen an den Stützstellen sind unstetig und es gibt keine zweite Ableitung. Die klassische Differenzialgleichung macht, wie wir gesehen haben, für solche Funktionen keinen Sinn. Anders die Variationsformulierung, die schwächere Voraussetzungen an die zu untersuchenden Funktionen stellt und daher auch diese Approximationen umfasst.

Es gibt einen weiteren, physikalisch motivierten Zugang, der auf Variationsgleichungen führt. Denn die Variationsgleichung kann als notwendige Optimalitätsbedingung eines entsprechenden Optimierungsproblems angesehen werden. In den Anwendungen ergeben sich diese Optimierungsprobleme üblicherweise aus Erhaltungssätzen oder Gleichgewichtsbedingungen. Dieser Zusammenhang wird in Kap. 35 erörtert.

Das Galerkin-Verfahren approximiert Lösungen von Variationsgleichungen

Ähnlich zu unserem Beispiel lassen sich mit dem Gauß'schen Satz und den passenden Sobolev-Räumen viele Randwertprobleme durch Variationsgleichungen formulieren. Abstrakt bedeutet dies, es wird eine Funktion $u \in H$ in einem Sobolev-Raum H gesucht, die einer Variationsgleichung

$$a(u,v) = l(v)$$

für alle $v \in H$ genügt. Dabei bezeichnet l ein gegebenes *Funktional*, das jeder Funktion $v \in H$ einen Wert zuordnet wie das Integral

$$l(v) = -\int_D f\, v \,\mathrm{d}\boldsymbol{x}$$

auf der rechten Seite in unserem Beispiel, das durch die Funktion f definiert ist. Der Ausdruck $a(u,v)$ auf der linken Seite ist in unserem Beispiel gerade das Integral

$$a(u,v) = \int_D \nabla u \cdot \nabla v + uv \,\mathrm{d}\boldsymbol{x}\,.$$

Allgemein ist $a(u,v)$ bei linearen Differenzialgleichungen linear bezüglich der Argumente u und v und wird als *Bilinearform* bezeichnet. Eine allgemeine Aussage, *das Lemma von Lax-Milgram*, die Voraussetzungen angibt, wann es eine Lösung zu solchen Gleichungen gibt, wird im Abschn. 31.4 vorgestellt.

Wir bleiben bei bilinearen Ausdrücken $a(u,v)$. Eine generelle Idee, solche Variationsgleichungen numerisch zu behandeln, besteht darin die Gleichung nicht in H, sondern nur noch in einem endlichdimensionalen Unterraum $V_n \subseteq H$ zu erfüllen, d. h., wir suchen Funktionen $u_n \in V_n$ mit der Eigenschaft

$$a(u_n, v) = l(v)\,, \qquad \text{für alle } v \in V_n\,.$$

Numerische Methoden, denen diese Idee zugrunde liegt, heißen **Galerkin-Verfahren**. Die Elemente im Vektorraum V_n werden dabei als **Ansatzfunktionen** bezeichnet.

Wir gehen im Folgenden davon aus, dass durch a eine Bilinearform gegeben ist und auch l eine lineare Abbildung ist, dass es sich also um ein lineares Problem handelt. Haben wir weiter zum Vektorraum V_n eine Basis $\{\varphi_1, \varphi_2, \ldots, \varphi_n\}$, so lässt sich jedes Element durch die n Koordinaten bezüglich dieser Basis angeben. Damit gibt es Darstellungen

$$u(\boldsymbol{x}) = \sum_{j=1}^n u_j\, \varphi_j(\boldsymbol{x}) \quad \text{und} \quad v(\boldsymbol{x}) = \sum_{j=1}^n v_j\, \varphi_j(\boldsymbol{x})$$

mit Zahlen $u_j, v_j \in \mathbb{R}$, bzw. $\in \mathbb{C}$ im komplexwertigen Fall. Setzen wir diese Darstellungen in die Variationsgleichung ein, folgt wegen der Linearität

$$\begin{aligned}\sum_{j=1}^n \sum_{l=1}^n u_j v_l\, a(\varphi_j, \varphi_l) &= a\left(\sum_{j=1}^n u_j \varphi_j, \sum_{l=1}^n v_l \varphi_l\right) = a\,(u,v)\\ &= l(v) = l\left(\sum_{l=1}^n v_l \varphi_l\right)\\ &= \sum_{l=1}^n v_l\, l(\varphi_l)\,.\end{aligned}$$

Da diese Gleichung für alle $v_l \in \mathbb{R}$ gelten soll, führt ein Koeffizientenvergleich auf ein lineares Gleichungssystem

$$\sum_{j=1}^n a(\varphi_j, \varphi_l) u_j = l(\varphi_l)\,, \quad l = 1, \ldots, n\,, \tag{29.4}$$

die sogenannten **Galerkin-Gleichungen**, für die unbekannten Koeffizienten u_j, $j = 1, \ldots, n$.

In kurzer Schreibweise ist somit zur numerischen Lösung des Randwertproblems letztendlich ein lineares Gleichungssystem

$$\boldsymbol{A}\boldsymbol{u} = \boldsymbol{b}$$

mit $\boldsymbol{u} = (u_1, \ldots, u_n)^{\mathrm{T}}$, $\boldsymbol{b} = (l(\varphi_1), l(\varphi_2), \ldots, l(\varphi_n))^{\mathrm{T}}$ und der **Steifigkeitsmatrix**

$$(\boldsymbol{A})_{lj} = a(\varphi_j, \varphi_l), \quad l = 1, \ldots, n,\; j = 1, \ldots, n$$

zu lösen. Beachten Sie, dass alle Information aus der Differenzialgleichung in der Steifigkeitsmatrix $\boldsymbol{A}$ steckt. Die Matrix $\boldsymbol{A}$ und die rechte Seite $\boldsymbol{b}$ können aus den Angaben des Randwertproblems berechnet werden, wobei die auftretenden Integrationen häufig numerisch mithilfe von Quadraturformeln (siehe Abschn. 12.5) angenähert werden müssen.

Beispiel Für unser Referenzbeispiel, das Neumann-Problem, erhalten wir bei einem Galerkin-Verfahren die Steifigkeitsmatrix aus den Integralen

$$\boldsymbol{A}_{jl} = a(\varphi_j, \varphi_l) = \int_D \nabla\varphi_j(\boldsymbol{x}) \cdot \nabla\varphi_l(\boldsymbol{x}) + \varphi_j(\boldsymbol{x})\varphi_l(\boldsymbol{x}) \,\mathrm{d}\boldsymbol{x}$$

und die Einträge der rechten Seite, zum Vektor $\boldsymbol{b}$, berechnen sich aus

$$\boldsymbol{b}_l = l(\varphi_l) = \int_D f(\boldsymbol{x})\varphi_l(\boldsymbol{x}) \,\mathrm{d}\boldsymbol{x}\,.$$ ◀

Ob wir auf diesem Weg eine sinnvolle Approximation

$$u_n(\boldsymbol{x}) = \sum_{j=1}^n u_{nj}\, \varphi_j(\boldsymbol{x})$$

an die wahre Lösung des Randwertproblems bekommen, hängt zum einen vom Randwertproblem und dem passenden Sobolev-Raum H und andererseits von der Wahl des endlichdimensionalen Unterraums V_n ab. Unter den oben erwähnten Voraussetzungen, die Lösbarkeit des Variationsproblems in H garantieren, lässt sich generell zeigen, dass es eine Abschätzung von der Form

$$\|u - u_n\|_H \le C \inf_{v \in V_n} \|u - v\|_H$$

mit $C > 0$ gibt. Man nennt diese Aussage das **Céa-Lemma**. Sie besagt, dass der Fehler gemessen in dem Abstandsbegriff, der dem Vektorraum H zugeordnet ist, zwischen der wahren Lösung u und der Näherung u_n abgesehen von einem konstanten Faktor so groß ist, wie der kürzeste Abstand zwischen der wahren Lösung und allen möglichen Ansatzfunktionen im Unterraum V_n. Mehr können wir nicht erwarten, da wir ja numerisch nur mit Funktionen in diesem Unterraum arbeiten können.

Wir wollen es bei diesen Andeutungen zur Konvergenztheorie bei Galerkin-Verfahren belassen. Für unser Beispielproblem sind die Voraussetzungen erfüllt und das weitere Vorgehen hängt an der Auswahl des endlichdimensionalen Unterraums V_n.

Durch Triangulierungen werden Flächen näherungsweise beschrieben

Erst jetzt kommen wir zum Begriff der finiten Elemente. Es gibt natürlich unendlich viele Möglichkeiten für die Wahl der Ansatzfunktionen, also des Unterraums V_n. Im $\mathbb{R}^1$ haben wir gesehen, dass man von finiten Elementen spricht, wenn wir für den Ansatzraum Spline-Funktionen bis zu einem gewissen Grad und einer entsprechenden Ordnung nutzen.

Im Mehrdimensionalen gilt dies analog. Die Fragestellung wird nur komplexer. Im Eindimensionalen lassen sich Definitionsmengen relativ naheliegend in Intervalle aufteilen und auf diesen Intervallen ist jede Ansatzfunktion durch ein Polynom gegeben. Auf der gesamten Definitionsmenge erhalten wir dadurch eine Spline-Funktion (siehe Abschn. 10.5). Schon für $D \subseteq \mathbb{R}^2$ können wir uns viele verschiedene Teilungen des Gebiets in kleine, durch Strecken berandete Gebiete vorstellen. In den meisten Fällen wählt man aber kleine Dreiecke oder kleine Quadrate und pflastert mit diesen Teilstücken die Definitionsmenge (siehe Abb. 29.12). Im Fall von Dreiecken sprechen wir von einer **Triangulierung**. Entsprechend geht man in drei und mehr Dimensionen vor, so werden etwa Objekte im Raum in Tetraeder aufgeteilt (siehe Abb. 29.13).

Um das weitere Vorgehen bei einer Finiten-Elemente-Methode darzustellen, beschränken wir uns von nun an auf Teilmengen $D \subseteq \mathbb{R}^2$. Bei der Zerlegung der zu betrachtenden Geometrie sollte nicht völlig willkürlich vorgegangen werden.

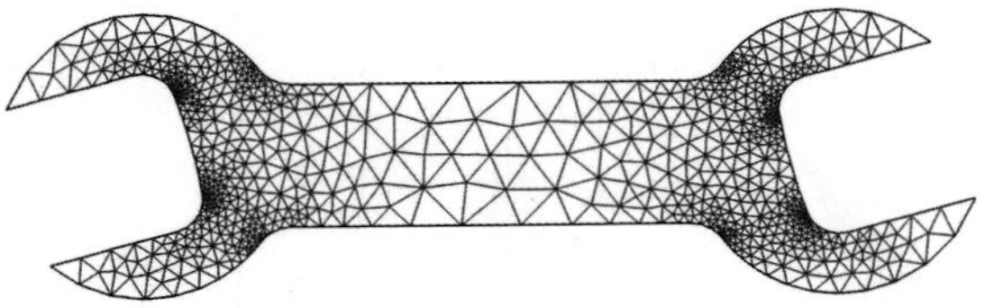

Abb. 29.12 Die Triangulierung eines komplexen Gebiets entsteht durch Aufteilung in kleine Dreiecke oder Quadrate. Gekrümmte Ränder approximiert man am einfachsten durch Streckenzüge

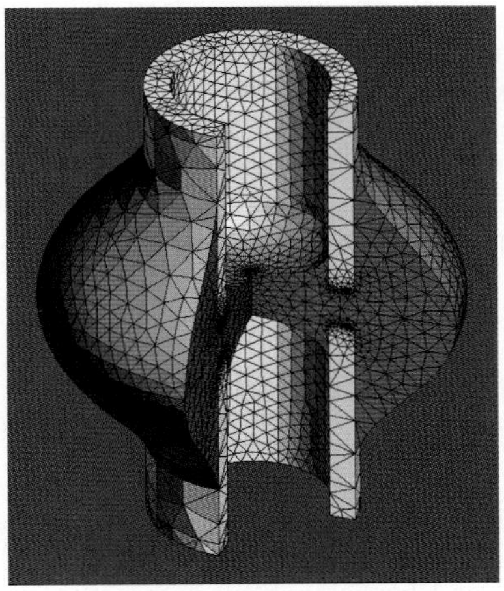

Abb. 29.13 Ein Beispiel für eine dreidimensionale Finite-Elemente-Triangulierung. Im Volumen ist der Körper in Tetraeder unterteilt. Das Beispiel stellt ein Knochenheilungsgebiet dar

Eine reguläre Triangulierung

Eine Triangulierung $\mathcal{T} = \{D_1, \ldots, D_m\}$, $m \in \mathbb{N}$, eines Gebiets $D \subseteq \mathbb{R}^2$ heißt **regulär**, wenn alle Elemente $D_l \in \mathcal{D}$ offene Dreiecke sind mit

- $\bigcup_{l=1}^{m} \overline{D}_l = \overline{D}$
- $D_l \cap D_k = \emptyset$ für $l \neq k$
- und die Mengen $\overline{D_l} \cap \overline{D_k}$, $l \neq k$ entweder leer sind, eine gemeinsam Ecke oder eine gemeinsame Kante enthalten.

Die Ecken in einer regulären Triangulierung heißen **Knoten**.

Jede dieser Forderungen ist notwendig, um letztendlich zeigen zu können, dass die Methode auf sinnvolle Approximationen eines Randwertproblems führt.

Selbstfrage 6

Sind die in der Abb. 29.14 gezeigten Triangulierungen regulär?

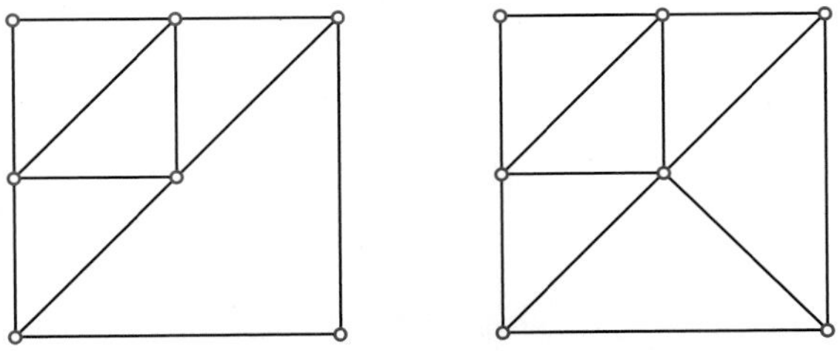

Abb. 29.14 Welche diese beiden Triangulierungen ist regulär? Oder sind es beide oder keine?

Teil IV

Kommentar Eine reguläre Triangulierung oder sogar ein Tetraeder-Gitter zu einer gegebenen Geometrie im Rechner zu generieren ist aufwendig und wird durch entsprechende Software realisiert. Aus der Definition ist ersichtlich, dass reguläre Triangulierungen nur bei polygonal berandeten Definitionsmengen gegeben sind. Glatte Randkurven bzw. Flächen werden bei einer Triangulierung nur approximiert, was eine weitere Näherung im Verfahren bedeutet. ◀

Finite Elemente – auf jedem Dreieck ein Polynom

Ist eine reguläre Triangulierung gegeben, so legen wir einen Vektorraum V_n von Ansatzfunktionen analog zu den Splines im $\mathbb{R}^1$ fest. Der Übersichtlichkeit halber wählen wir hier nur stückweise lineare, stetige Ansatzfunktionen, aber auch Polynome höheren Grads, die etwa einen stetig differenzierbaren Anschluss an den Nahtkanten erlauben, werden in der Praxis genutzt.

Eine Basis zu diesem V_n erhalten wir, in dem wir die Knotenpunkte der Triangulierung mit $\boldsymbol{x}^1, \boldsymbol{x}^2, \dots, \boldsymbol{x}^n$ durchnummerieren und jedem Knotenpunkt eine **Hutfunktion** φ_j, $j = 1, \dots, n$ zuordnen mit der Interpolationsbedingung

$$\varphi_j(\boldsymbol{x}^i) = \begin{cases} 1 & \text{für } i = j \\ 0 & \text{für } i \neq j \end{cases}$$

und der Forderung, dass φ_j auf jedem Dreieck $D_l \subseteq \mathbb{R}^2$ eine lineare Funktion ist, d. h., es gilt

$$\varphi_j(\boldsymbol{x}) = \boldsymbol{a}^{jl} \cdot \boldsymbol{x} + b^{jl} \quad \text{für } \boldsymbol{x} \in D_l$$

mit Koeffizienten $a_1^{jl}, a_2^{jl}, b^{jl} \in \mathbb{R}$. In der Abb. 29.15 ist der Graph einer Hutfunktion über einer Triangulierung eingezeichnet. Beachten Sie, dass sich die drei Koeffizienten eindeutig aus den Werten der Hutfunktion in den Knoten des Dreiecks D_l ergeben. Insbesondere verschwindet φ_j auf allen Dreiecken, die den Punkt $\boldsymbol{x}_j$ nicht als Knoten haben. Es ist also $\varphi_j(\boldsymbol{x}) = 0$ für alle $\boldsymbol{x} \in D_l$ mit $\boldsymbol{x}^j \notin \overline{D_l}$.

Beispiel Um Hutfunktionen praktisch darzustellen, verwendet man das *Referenzdreieck* R mit den Ecken $(0,0)^{\mathrm{T}}$, $(1,0)^{\mathrm{T}}$ und $(0,1)^{\mathrm{T}}$. Ist D irgendein Dreieck einer Triangulierung mit Eckpunkten $\boldsymbol{p}$, $\boldsymbol{q}$ und $\boldsymbol{r}$, so stellt die affin lineare Abbildung

$$\gamma(\boldsymbol{x}) = \boldsymbol{p} + x_1\,(\boldsymbol{q} - \boldsymbol{p}) + x_2\,(\boldsymbol{r} - \boldsymbol{p}), \quad \boldsymbol{x} \in R,$$

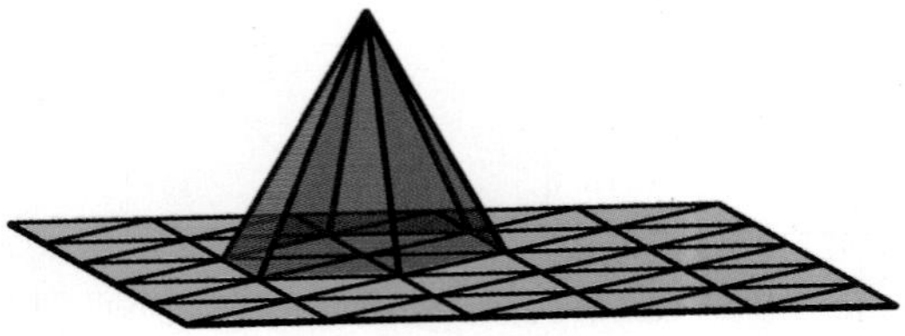

Abb. 29.15 Triangulierung eines Quadrats und eine Hutfunktion

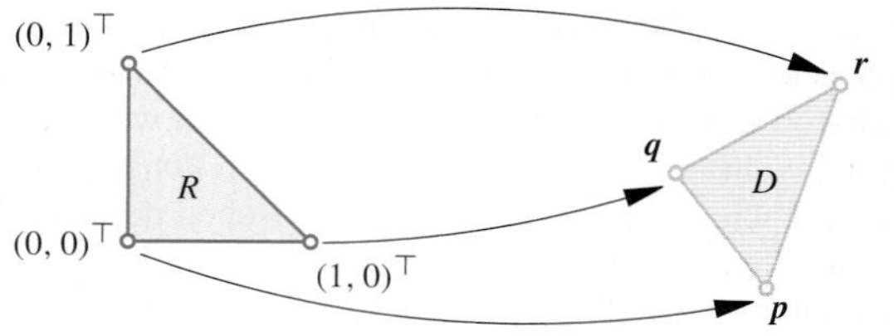

Abb. 29.16 Die Abbildung vom Referenzdreieck R auf das Dreieck D der Triangulierung

eine bijektive Zuordnung zwischen Punkten aus R und D her (siehe Abb. 29.16).

Die linearen Funktionen auf R, die in zwei der drei Ecken verschwinden und in der dritten den Wert 1 annehmen, sind jetzt schnell explizit angegeben,

$$\begin{aligned} \psi_1(\boldsymbol{x}) &= x_1\,, \\ \psi_2(\boldsymbol{x}) &= x_2\,, \qquad \boldsymbol{x} \in R. \\ \psi_3(\boldsymbol{x}) &= 1 - x_1 - x_2\,. \end{aligned}$$

Diese Funktionen werden **Formfunktionen** genannt (siehe Abb. 29.17).

Ist nun zum Beispiel φ diejenige Hutfunktion, die in $\boldsymbol{p}$ den Wert 1 besitzt und in $\boldsymbol{q}$ und $\boldsymbol{r}$ verschwindet, so ist

$$\psi_3(\boldsymbol{x}) = \varphi(\gamma(\boldsymbol{x})), \quad \boldsymbol{x} \in R.$$

Durch diese Zuordnung reicht es aus, auf dem Referenzdreieck mit den Funktionen ψ_1, ψ_2 und ψ_3 zu arbeiten. Ist für das Galerkin-Verfahren ein Integral

$$\int_D \varphi_j(\boldsymbol{y})\,\varphi_k(\boldsymbol{y})\,\mathrm{d}\boldsymbol{y}$$

zu berechnen, so bestimmt man zunächst die Zahlen $m(j)$ mit $\psi_{m(j)}(\boldsymbol{x}) = \varphi_j(\gamma(\boldsymbol{x}))$. Dann folgt mit der Transformationsformel

$$\begin{aligned} \int_D \varphi_j(\boldsymbol{y})\,\varphi_k(\boldsymbol{y})\,\mathrm{d}\boldsymbol{y} &= \int_R \psi_{m(j)}(\boldsymbol{x})\,\psi_{m(k)}(\boldsymbol{x})\,|\det\gamma'(\boldsymbol{x})|\,\mathrm{d}\boldsymbol{x} \\ &= \int_R \psi_{m(j)}(\boldsymbol{x})\,\psi_{m(k)}(\boldsymbol{x})\,|\det((\boldsymbol{q} - \boldsymbol{p}, \boldsymbol{r} - \boldsymbol{p}))|\,\mathrm{d}\boldsymbol{x}. \end{aligned}$$

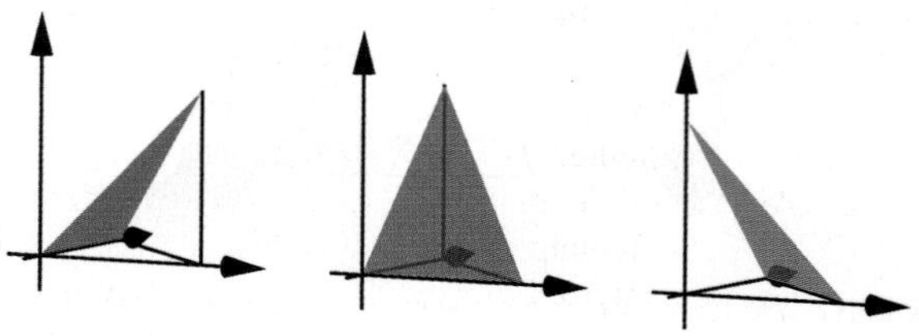

Abb. 29.17 Die drei Formfunktionen zur Darstellung von Hutfunktionen, definiert auf dem Referenzdreieck

Teil IV

Es gehen also nur die Funktionen auf dem Referenzdreieck und die drei Eckpunkte des Dreiecks ein. Dies vereinfacht die Implementierung entsprechender Computer-Programme erheblich.

Um die Steifigkeitsmatrix aufzustellen, müssen auch Integrale über die Gradienten berechnet werden,

$$\int_D \nabla_y \varphi_j(y) \cdot \nabla_y \varphi_k(y)\, \mathrm{d}y.$$

Hier verwendet man die Kettenregel

$$\nabla_x \psi_{m(j)}(x) = \nabla_x \varphi_j(\gamma(x)) = \gamma'(x)\, \nabla_y \varphi_j(\gamma(x)).$$

Damit folgt

$$\begin{aligned}\nabla_y \varphi_j(\gamma(x)) &= (\gamma'(x))^{-1}\, \nabla_x \psi_{m(j)}(x) \\ &= ((q-p, r-p))^{-1}\, \nabla_x \psi_{m(j)}(x).\end{aligned}$$

Eine Anwendung der Transformationsformel ergibt nun das gewünschte Integral analog wie oben. ◀

Mit den Hutfunktionen lässt sich der Vektorraum der gewählten Ansatzfunktionen aufspannen. Es ist in unserem Beispiel

$$V_n = \operatorname{span}\{\varphi_1, \varphi_2, \ldots, \varphi_n\}.$$

Selbstfrage 7

Wieso sind die Hutfunktionen linear unabhängig?

Die Funktionen in V_n sind nach Konstruktion stetig und auf jedem Dreieck differenzierbar mit einem konstantem Gradienten $\nabla\varphi_j(x) = a^{jl}$ für $x \in D_l$. Insbesondere sind die stückweise konstanten Ableitungen quadratintegrierbar und $V_n \subseteq H^1(D)$ ist endlichdimensionaler Unterraum des Sobolev-Raums $H^1(D)$.

Definition von finiten Elementen

Eine Triangulierung $\mathcal{T}$ zusammen mit einem Vektorraum V_n von Ansatzfunktionen nennt man **finite Elemente**.

Kommentar Beachten Sie, dass die Anzahl m der Dreiecke (oder Tetraeder etc.) nicht identisch ist mit der Anzahl n der Knoten, denn diese hängen von der Anordnung der Dreiecke ab. Bei linearen Ansatzfunktionen stimmen aber Anzahl der Knoten und Dimension von V_n überein. Lassen wir auch Polynome höheren Grads auf den Dreiecken zu, erhöht sich die Anzahl der Freiheitsgrade in V_n. ◀

Sind die finiten Elemente, also die Triangulierungen D_l und die Menge der Ansatzfunktionen festgelegt, so kommen wir zurück auf die Galerkin-Gleichungen (29.4). Um die Koeffizienten u_j, $j = 1, \ldots, n$ für die approximierende Lösung u_n zu bestimmen, muss nun das lineare Gleichungssystemen aufgestellt und gelöst werden. Das heißt im Wesentlichen, dass zunächst die Steifigkeitsmatrix berechnet werden muss.

Als Lösung des linearen Gleichungssystems erhalten wir die Koeffizienten u_{nj} der Lösungsfunktion

$$u_n(x) = \sum_{j=1}^{n} u_{nj}\, \varphi_j(x).$$

Aufgrund der Gestalt der Hutfunktionen, entsprechen die Koeffizienten gerade den Werten von u_n in den Knoten.

Wie gut eine so erzielte Näherung u_n an die wahre Lösung u des Randwertproblems ist, hängt von der Feinheit des Gitters, also von der Anzahl an finiten Elementen ab.

Konvergenz der Finiten-Elemente-Methode

Wir verzichten auf die Darstellung von Konvergenzaussagen bei einer Verfeinerung der Triangulierungen und verweisen auf die Literatur. Allgemein lässt sich mit dem Céa-Lemma zeigen, dass in unserem Referenzbeispiel eine Abschätzung von der Form

$$\|u - u_n\|_{H^1} \le ch\|u\|_{H^2}$$

gilt, wobei eine stärkere Norm für die Lösung u, die auch zweite Ableitungen berücksichtigt, eingeht. Dabei bezeichnet h die maximale Kantenlänge der Dreiecke in der Triangulierung. Zu berücksichtigen ist weiter, dass die Konstante c nicht nur vom Randwertproblem abhängt, sondern auch von der Triangulierung. So geht in die Konstante zum Beispiel der Kehrwert des kleinsten Innenwinkels in den Dreiecken ein. Folglich sollte auf sehr spitze Dreiecke bei der Triangulierung verzichtet werden.

Es lässt sich belegen, dass eine Erhöhung der Anzahl an Dreiecken und somit eine Verkleinerung der einzelnen Dreiecke zu besseren Approximationen an die Lösung führt. Andererseits erhöht sich aber der Rechenaufwand, da die Dimension des aufzustellenden und zu lösenden lineare Gleichungssystem schnell wächst. In der heutigen Anwendung finiter Elemente haben sich deshalb verschiedene Strategien etabliert, die Genauigkeit zu erhöhen, ohne den Rechenaufwand ins Uferlose ansteigen zu lassen. Zum Beispiel wird das Problem zunächst auf einem groben Gitter betrachtet. Anhand der so erhaltenen Lösung wird abgeschätzt, in welchen Regionen der Definitionsmenge sich die wahre Lösung voraussichtlich stark ändert, d. h. der Gradient einen relativ großen Betrag aufweist. Nur in diesen Regionen wird dann die Triangulierung verfeinert. In allen anderen Bereichen behält man das grobe Gitter bei. Mit der neuen Triangulierung ergeben sich bei einer moderaten Erhöhung der Anzahl an Dreiecken erheblich verbesserte Näherungen an die Lösung. Ein solches Vorgehen wird **adaptive** Verfeinerung genannt.

Die Matrix des linearen Gleichungssystems ist dünn besetzt

Der wesentliche numerische Aufwand bei einer Finite-Elemente-Methode steckt an zwei Stellen. Zum einen muss die

Steifigkeitsmatrix generiert werden und andererseits muss ein lineares Gleichungssystem mit einer möglicherweise sehr großen Anzahl von Unbekannten gelöst werden. Hier kann jedoch die spezielle Struktur der Steifigkeitsmatrix ausgenutzt werden.

Da jede Hutfunktion nur auf wenigen Dreiecken von null verschieden ist, ist der größte Teil der Koeffizienten der Steifigkeitsmatrix null. Eine solche Matrix nennt man **dünn besetzt**. Bei solchen Gleichungssystemen bieten sich iterative Verfahren zur Lösung an, wie sie in den Kapiteln zur linearen Algebra erwähnt wurden. Ein solches Vorgehen ist effizienter, als beispielsweise den Gauß-Algorithmus oder die LU-Zerlegung einzusetzen.

Nicht nur mathematische Aspekte zu Konvergenz und Stabilität, sondern auch die praktische Umsetzung von Finiten-Elemente-Methoden ist vielschichtig und Gegenstand aktueller Forschung. Wir zeigen zum Abschluss dieses Abschnitts für das Beispiel des Neumann-Problems auf einem Rechteck die einzelnen notwendigen Schritte zur Anwendung der Methode der finiten Elemente.

Beispiel Als Gebiet D wählen wir das Quadrat $[0, 1] \times [0, 1]$. Für ein $N \in \mathbb{N}$ definieren wir die Knotenpunkte

$$\boldsymbol{x}_{km} = \left(\frac{k}{N}, \frac{m}{N}\right)^{\mathrm{T}}, \quad k, m = 0, \ldots, N.$$

Insgesamt handelt es sich um $(N + 1)^2$ Punkte.

Für die Implementierung müssen wir die Knoten fortlaufend nummerieren. Dazu setzen wir

$$j = m\,(N + 1) + k + 1, \quad k, m = 0, \ldots, m.$$

Damit nimmt j die Werte von 1 bis $(N + 1)^2$ an.

Verbinden wir die Knoten durch horizontale und vertikale Punkte, so ergibt sich ein Gitter von Quadraten. Wir verbinden jeweils die linke obere mit der rechten unteren Ecke eines Quadrats, um eine Triangulierung zu erhalten. Für die Implementierung nummeriert man nun auch die Dreiecke fortlaufend, wie es die Abb. 29.18 zeigt.

An jedem inneren Knotenpunkt kommen nun sechs Dreiecke zusammen. Für die Knoten am Rand des Quadrats sind es entsprechend weniger. Die Hutfunktion φ_j, die im Knoten j den Wert 1 besitzt und in allen anderen Knoten verschwindet, trägt

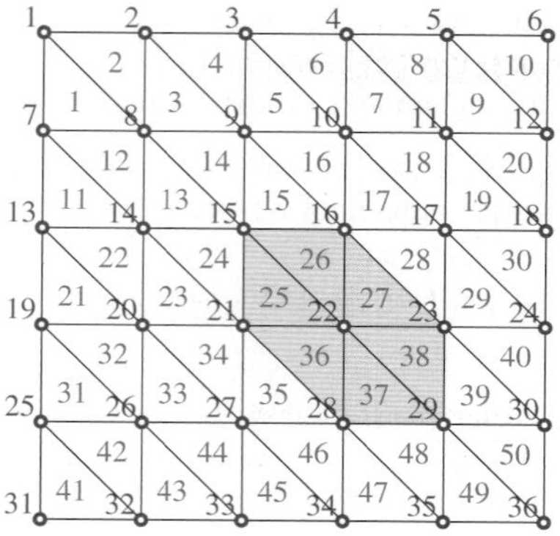

Abb. 29.18 Eine einfache Triangulierung eines Quadrates. Die Knoten sind rot, die Dreiecke blau nummeriert. Diejenigen Dreiecke, auf denen die Hutfunktion, die am Knoten 22 den Wert 1 hat, nicht verschwindet, sind rot hinterlegt

also so zu maximal sieben Einträgen in der Matrix bei. In jeder Zeile der Matrix sind somit maximal sieben Einträge von null verschieden.

Für die Bestimmung der Einträge der Steifigkeitsmatrix muss, wie es im Beispiel auf S. 1122 beschrieben ist, für jedes Dreieck der Triangulierung eine Abbildung γ vom Referenzdreieck aufgestellt werden. Für unser Beispiel bietet es sich an, diese Abbildungen jeweils so zu wählen, dass die Ecke $(0, 0)^{\mathrm{T}}$ des Referenzdreiecks auf die Ecke der Gitterdreiecke mit dem rechten Winkel abgebildet wird. Man erhält so

$$\det \gamma'(\boldsymbol{x}) = \frac{1}{N^2}$$

für alle Dreiecke.

Für die genaue Bestimmung der Einträge der Steifigkeitsmatrizen ist es notwendig, die Zuordnung von Knoten und Dreiecken zueinander und zu den Ecken des Referenzdreiecks genau zu kennen. Diese Art der Datenverwaltung konsistent durchzuführen ist eine der Hauptschwierigkeit bei der Umsetzung von Finite-Elemente-Methoden, insbesondere für Probleme in drei Dimensionen.

Es werden nun nacheinander die Beiträge zur Steifigkeitsmatrix für alle Dreiecke der Triangulierung bestimmt. Aus Effizienzgründen werden nur Matrixeinträge, die von null verschieden sind, gespeichert. Entsprechend werden die Einträge des Vektors $\boldsymbol{b}$ bestimmt und zuletzt das Gleichungssystem gelöst. ◄

Zusammenfassung

Die höchste Ableitung bestimmt die Ordnung einer partiellen Differenzialgleichung

Eine partielle Differenzialgleichung wird dargestellt durch eine Gleichung der Form

$$\boldsymbol{F}\left(\boldsymbol{x}, u(\boldsymbol{x}), \frac{\partial u(\boldsymbol{x})}{\partial x_1}, \dots, \frac{\partial^k u(\boldsymbol{x})}{\partial x_n^k}\right) = \boldsymbol{g}(\boldsymbol{x}).$$

Dabei nennt man den Grad der höchsten auftretenden Ableitung der unbekannten Funktion u, also k, die **Ordnung**. Ist die Funktion $\boldsymbol{F}$ linear in allen Argumenten außer ggf. dem ersten, so spricht man von einer **linearen partiellen Differenzialgleichung.**

Anfangs- und Randbedingungen sind wichtige Restriktionen an eine Lösung

Partielle Differenzialgleichungen haben im Allgemeinen viele Lösungen. Die Eindeutigkeit der Lösung wird durch Anfangs- oder Randbedingungen sichergestellt. Dabei kommen für parabolische und hyperbolische Probleme normalerweise Anfangs- oder Anfangsrandwerte in Betracht, für elliptische Probleme Randbedingungen.

Besitzt ein Problem für eine partielle Differenzialgleichung genau ein Lösung und hängt diese stetig von den Daten ab, so nennt man das Problem **gut gestellt.** Analog spricht man von einem **schlecht gestellten Problem,** wenn eine dieser Bedingungen verletzt ist.

Potenzial-, Wellen- und Diffusionsgleichung sind wichtige Beispiele für partielle Differenzialgleichungen

Bestimmte Formen von partiellen Differenzialgleichungen treten in den Anwendungen besonders häufig auf, da sie zentrale physikalische Phänomene beschreiben. Dazu gehören die **Potenzial-**, die **Wellen-** und die **Diffusionsgleichung** (oder Wärmeleitungsgleichung). Alle drei Differenzialgleichung haben die Ordnung zwei.

Anhand ihres **Hauptteils** werden partielle Differenzialgleichungen zweiter Ordnung in Klassen eingeteilt, die sich durch die Art der zu stellenden Rand- oder Anfangswerte, aber auch durch die verwendeten Lösungsverfahren, stark unterscheiden.

Elliptisch, parabolisch und hyperbolisch

Eine lineare partielle Differenzialgleichung zweiter Ordnung in einem Gebiet $D \subseteq \mathbb{R}^n$ heißt

- **elliptisch**, wenn die Matrizen $\boldsymbol{A}(\boldsymbol{x})$ für alle $\boldsymbol{x} \in D$ ausschließlich positive oder nur negative Eigenwerte haben, d. h., wenn $\boldsymbol{A}(\boldsymbol{x})$ für alle $\boldsymbol{x} \in D$ positiv bzw. negativ definit ist.
- **parabolisch**, wenn die Null einfacher Eigenwert ist und alle anderen Eigenwerte entweder alle positiv oder alle negativ sind.
- **hyperbolisch**, wenn genau ein negativer einfacher Eigenwert vorliegt und alle weiteren positiv sind oder umgekehrt.

Durch Separation lassen sich einige Anfangsrandwertprobleme lösen

Bei einem **Separationsansatz** sucht man die Lösung eines Anfangs-/Randwertproblems als Produkt von Funktionen, die jeweils nur von einer der Unbekannten abhängen. Dadurch gewinnt man spezielle Lösungen, aus denen sich häufig allgemeine Lösung durch Reihenbildung gewinnen lassen.

Die **Methode von d'Alembert** basiert auf einer Variante dieses Ansatzes, bei dem zuerst eine Variablensubstitution durchgeführt wird.

D'Alembert'sche Lösung der Wellengleichung in einer Raumdimension

Ist $f \in C^2(\mathbb{R})$ und $g \in C^1(\mathbb{R})$. Dann besitzt das Anfangswertproblem

$$\begin{aligned} \frac{\partial^2 u}{\partial t^2} - a^2 \frac{\partial^2 u}{\partial x^2} &= 0 && \text{in } \mathbb{R} \times (0, \infty)\,, \\ u(x,0) &= f(x) && \text{für } x \in \mathbb{R}\,, \\ \frac{\partial u(x,0)}{\partial t} &= g(x) && \text{für } x \in \mathbb{R}\,, \end{aligned}$$

genau eine Lösung. Diese ist gegeben durch

$$u(x,t) = \frac{1}{2}(f(x+at) + f(x-at)) + \frac{1}{2a}\int\limits_{x-at}^{x+at} g(z)\,\mathrm{d}z\,.$$

Teil IV

Auf Kreisflächen hilft eine Separation in Polarkoordinaten

Bei Separationsansätzen nutzt man oft spezielle Geometrien der betrachteten Gebiete aus. Auf Kreisflächen separiert man in Polarkoordinaten, auf Kugeln in Kugelkoordinaten. Es müssen dann Darstellungen der Differenzialoperatoren in den entsprechenden Koordinaten verwendet werden, wie sie in Kap. 27 hergeleitet wurden.

Quasilineare partielle Differenzialgleichungen erster Ordnung

Eine quasilineare partielle Differenzialgleichung erster Ordnung hat die Form

$$\boldsymbol{a}(\boldsymbol{x}, u(\boldsymbol{x})) \cdot \nabla u(\boldsymbol{x}) + b(\boldsymbol{x}, u(\boldsymbol{x})) = 0.$$

Ihr **charakteristisches System** ist das System gewöhnlicher Differenzialgleichungen

$$\begin{aligned} \boldsymbol{k}'(s) &= \boldsymbol{a}\big(\boldsymbol{k}(s), w(s)\big), \\ w'(s) &= -b\big(\boldsymbol{k}(s), w(s)\big). \end{aligned}$$

Die Lösungen dieses Systems sind spezielle Raumkurven, die **Charakteristiken,** aus denen die Lösung zusammengesetzt werden kann. Indem man die Charakteristiken bestimmt, die die Anfangskurve schneiden, erhält man eine Parametrisierung der Lösungsfläche.

Potenzialtheorie

In der **Potenzialtheorie** geht es um die Lösung der **Laplace-** oder **Poisson-Gleichungen.** Lösungen der Laplace-Gleichung nennt man **harmonische Funktionen.** Mithilfe der **Grundlösung** $\Phi(\boldsymbol{x}, \boldsymbol{y})$ lassen sich zweimal stetig differenzierbare Funktionen durch Integrale darstellen.

Darstellungssatz für zweimal stetig differenzierbare Funktionen

Ist D eine offene zusammenhängende Menge D, die die Anwendung der Green'schen Sätze erlaubt, und ist $u \in C^2(\overline{D})$ zweimal stetig differenzierbar, dann gilt die Darstellung

$$u(\boldsymbol{x}) = \int\limits_{\partial D} \left[\frac{\partial u(\boldsymbol{y})}{\partial \nu} \Phi(\boldsymbol{x}, \boldsymbol{y}) - u(\boldsymbol{y}) \frac{\partial \Phi(\boldsymbol{x}, \boldsymbol{y})}{\partial \nu_y} \right] \mathrm{d}\sigma_y - \int\limits_{D} \Phi(\boldsymbol{x}, \boldsymbol{y}) \, \Delta u(\boldsymbol{y}) \, \mathrm{d}\boldsymbol{y}$$

für $\boldsymbol{x} \in D$. Dabei bezeichnet $\nu \in \mathbb{R}^3$ den nach außen gerichteten Normaleneinheitsvektor am Rand ∂D des Gebiets. Das Differenzial $\mathrm{d}\sigma_y$ deutet an, dass eine Oberflächenintegration bezüglich der Variablen $\boldsymbol{y}$ gemeint ist.

Addiert man zur Grundlösung eine harmonische Funktion, sodass vorgegebene Randbedingungen für ein Gebiet erfüllt sind, spricht man von einer **Green'schen Funktion.** Mit der Green'schen Funktion für die Kugel mit Mittelpunkt $\boldsymbol{x}$ und Radius R, auf deren Rand die Dirichlet'sche Randbedingung erfüllt ist, erhält man die **Poisson-Formel**

$$u(\boldsymbol{x}) = \frac{1}{2\pi R} \int\limits_{\|\boldsymbol{y}\|=R} \frac{R^2 - \|\boldsymbol{x}\|^2}{\|\boldsymbol{y} - \boldsymbol{x}\|^2} f(\boldsymbol{y}) \, \mathrm{d}\sigma_y$$

für die Lösung u der Laplace-Gleichung und vorgegebene Randwerte f auf dem Rand der Kugel.

Es gibt genau eine Lösung des Dirichlet-Problems

Harmonische Funktionen haben viele nützliche mathematische Eigenschaften. Zum Beispiel gilt die **Mittelwerteigenschaft** und das **Maximumsprinzip.** Aus dem Maximumsprinzip folgt wiederum, dass ein Randwertproblem für die Laplace-Gleichung mit vorgegebenen Dirichlet'schen Randwerten höchstens eine Lösung besitzt.

Die Methode der finiten Elemente

Die **Methode der finiten Elemente** ist ein numerisches Verfahren zur Lösung von Randwertproblemen für elliptische partielle Differenzialgleichungen. In Kombination mit anderen Ansätzen findet sie allerdings auch bei parabolischen und hyperbolischen Problemen Anwendung. Als Modell wird das Neumann'sche Randwertproblem

$$\Delta u - u = f \quad \text{in } D, \qquad \frac{\partial u}{\partial \nu} = 0 \quad \text{auf } \partial D$$

betrachtet. Unter Verwendung des **Sobolev-Raums** $H^1(D)$ kann man zu diesem Problem eine **Variationsformulierung** angeben.

Variationsformulierung des Randwertproblems

Zu $D \subseteq \mathbb{R}^n$ und einer quadratintegrierbaren Funktion $f \in L^2(D)$ ist eine Funktion $u \in H^1(D)$ gesucht mit

$$\int\limits_D \nabla u \cdot \nabla v + uv \, \mathrm{d}\boldsymbol{x} = -\int\limits_D fv \, \mathrm{d}\boldsymbol{x}$$

für alle $v \in H^1(D)$.

Teil IV

Mit dem **Galerkin-Verfahren** approximiert man Lösungen von Variationsgleichungen: Statt des gesamten Funktionenraums $H^1(D)$ schränkt man sich auf einen endlichdimensionalen Unterraum ein und löst die Variationsgleichung dort. Solche Unterräume kann man zum Beispiel dadurch gewinnen, dass das Gebiet durch eine **reguläre Triangulierung** unterteilt wird. Ein möglicher Unterraum ist der Raum der Spline-Funktionen, die auf jedem Teilgebiet der Triangulierung linear sind.

Die Matrix des linearen Gleichungssystems ist dünn besetzt

Mit den **Knoten** der Triangulierung werden **Hutfunktionen** assoziiert, die in jeweils einem Knoten den Wert 1 haben und in allen anderen Knoten verschwinden. Nutzt man diese Hutfunktionen als Basis, so lässt sich die Variationsgleichung als lineares Gleichungssystem formulieren. Die Matrix dieses Systems ist **dünn besetzt,** d. h., in jeder Zeile sind nur wenige Einträge von null verschieden.

Aufgaben

Die Aufgaben gliedern sich in drei Kategorien: Anhand der *Verständnisfragen* können Sie prüfen, ob Sie die Begriffe und zentralen Aussagen verstanden haben, mit den *Rechenaufgaben* üben Sie Ihre technischen Fertigkeiten und die *Anwendungsprobleme* geben Ihnen Gelegenheit, das Gelernte an praktischen Fragestellungen auszuprobieren.
Ein Punktesystem unterscheidet leichte •, mittelschwere •• und anspruchsvolle ••• Aufgaben. Lösungshinweise am Ende des Buches helfen Ihnen, falls Sie bei einer Aufgabe partout nicht weiterkommen. Dort finden Sie auch die Lösungen – betrügen Sie sich aber nicht selbst und schlagen Sie erst nach, wenn Sie selber zu einer Lösung gekommen sind. Ausführliche Lösungswege, Beweise und Abbildungen finden Sie als digitales Zusatzmaterial (electronic supplementary material).
Viel Spaß und Erfolg bei den Aufgaben!

Verständnisfragen

29.1 • Geben Sie den Typ folgender partieller Differenzialgleichungen an:

(a) $y\,u_{xx} + u_{yy} = 0$
(b) $u_{xx} + 4\,u_{yy} + 9\,u_{zz} - 4u_{xy} + 3u_x = u$
(c) $(x^2 - 1)u_{xx} + (y^2 - 1)u_{yy} = xu_x + yu_y$

29.2 •• Zeigen Sie, dass für eine Lösung $u : \mathbb{R}^n \to \mathbb{R}$ der Laplace-Gleichung $\Delta u = 0$ und eine orthogonale Matrix $\boldsymbol{A} \in \mathbb{R}^{n\times n}$ auch $v(\boldsymbol{x}) = u(\boldsymbol{A}\boldsymbol{x})$ eine Lösung der Laplace-Gleichung ist.

Teil IV

29.3 • Welche Lösungen $u \in C^2(D) \cap C^1(\overline{D})$ besitzt das Neumann-Problem

$$\Delta u = 0 \quad \text{in } D,$$
$$\frac{\partial u}{\partial \nu} = 0 \quad \text{auf } \partial D.$$

Hierbei ist D eine beschränkte, offene Menge, in der der Gauß'sche Satz angewandt werden darf.

29.4 •• Es sei eine Funktion $u : \mathbb{R}^n \times (0, \infty) \to \mathbb{R}$ gegeben, die die Diffusionsgleichung

$$\frac{\partial u}{\partial t} - \Delta u = 0$$

löst und mindestens dreimal stetig differenzierbar ist. Zeigen Sie, dass die Funktion $v : \mathbb{R}^n \times (0, \infty) \to \mathbb{R}$ mit

$$v(\boldsymbol{x}, t) = \boldsymbol{x} \cdot \nabla u(\boldsymbol{x}, t) + 2t\frac{\partial u}{\partial t}(\boldsymbol{x}, t)$$

auch eine Lösung der Diffusionsgleichung ist,

(a) durch direktes Nachrechnen,
(b) indem Sie verwenden, dass mit u auch die Funktion $w : \mathbb{R}^n \times (0, \infty) \to \mathbb{R}$ mit $w(\boldsymbol{x}, t; \mu) = u(\mu\boldsymbol{x}, \mu^2 t)$ bei festem Parameter $\mu \in \mathbb{R}$ Lösung der Diffusionsgleichung ist.

Rechenaufgaben

29.5 •• Es sind Parameter zu bestimmen, sodass gewisse Funktionen Lösungen der angegebenen partiellen Differenzialgleichungen sind.

(a) Bestimmen Sie eine Zahl $a \in \mathbb{R}$, sodass die Funktion mit $u(\boldsymbol{x}, t) = \exp(-\|\boldsymbol{x}\|^2/(2t))/t$ Lösung der Diffusionsgleichung

$$a\frac{\partial u}{\partial t} - \Delta u = 0$$

für $\boldsymbol{x} \in \mathbb{R}^2$ und $t > 0$ ist.
(b) Gegeben ist $\boldsymbol{d} \in \mathbb{R}^3\backslash\{0\}$. Für welche Vektoren $\boldsymbol{p} \in \mathbb{R}^3$ ist das Vektorfeld $\boldsymbol{E} : \mathbb{R}^3 \to \mathbb{R}^3$ mit

$$\boldsymbol{E}(x) = \boldsymbol{p}\,\mathrm{e}^{\mathrm{i}\boldsymbol{d}\cdot\boldsymbol{x}}$$

Lösung der zeitharmonischen Maxwellgleichungen

$$\mathbf{rot}\,\boldsymbol{E} - \mathrm{i}\,\|d\|\,\boldsymbol{H} = 0, \quad \text{und} \quad \mathbf{rot}\,\boldsymbol{H} + \mathrm{i}\,\|d\|\,\boldsymbol{E} = 0?$$

29.6 •• Lösen Sie die Laplace-Gleichung

$$\Delta u(x, y) = u_{xx}(x, y) + u_{yy}(x, y) = 0$$

mit den Randbedingungen

$$u_y(x, 0) = 0, \quad u(x, 1) = \sin(3\pi x)\cosh(3\pi) - 2\sin(\pi x)$$

für $x \in [0, 1]$ sowie $u(0, y) = u(1, y) = 0$ für $y \in [0, 1]$ mithilfe eines Separationsansatzes.

29.7 •• Ermitteln Sie mit einem Separationsansatz die Lösung $u : [0, \pi] \times \mathbb{R}_{>0} \to \mathbb{R}$ des Problems

$$u_{xx}(x, t) + 4u_t(x, t) - 3u(x, t) = 0$$

mit Anfangswert $u(x, 0) = \sin^3 x$ für $x \in [0, \pi]$ und Randwerten $u(0, t) = u(\pi, t) = 0$.

29.8 •• Separationsansätze für die Helmholtz-Gleichung.

(a) Zeigen Sie, dass die Wellengleichung $u_{tt} = \Delta u$ mit $\boldsymbol{x} \in \mathbb{R}^2$, $t \in \mathbb{R}$ mithilfe des Separationsansatzes $u(\boldsymbol{x}, t) = \mathrm{e}^{ikt}\, U(\boldsymbol{x})$ auf die Helmholtz-Gleichung $\Delta U + k^2 U = 0$ führt.

(b) Finden Sie Lösungen zur Helmholtz-Gleichung

$$\Delta u + k^2 u = \frac{\partial^2 u}{\partial x_1^2} + \frac{\partial^2 u}{\partial x_2^2} + k^2 u = 0$$

mit den Randbedingungen

$$u(x_1, 0) = u(x_1, b) = u(0, x_2) = u(a, x_2) = 0$$

für $0 < a, b \in \mathbb{R}$, indem Sie $k^2 = k_{x_1}^2 + k_{x_2}^2$ setzen und einen Separationsansatz benutzen.

29.9 • Rechnen Sie nach, dass in Polarkoordinaten (r, φ) durch

$$u(\boldsymbol{x}) = f_n(kr)\,\mathrm{e}^{in\varphi}, \quad \boldsymbol{x} = r\begin{pmatrix}\cos\varphi\\ \sin\varphi\end{pmatrix}, n \in \mathbb{Z}$$

eine Lösung der Helmholtz-Gleichung gegeben ist, wobei f_n eine Lösung der *Bessel'schen Differenzialgleichung*

$$t^2 f_n''(t) + t f_n'(t) + (t^2 - n^2) f_n(t) = 0, \quad t > 0,$$

ist. Mehr zu dieser Differenzialgleichung findet sich in Kap. 34.

29.10 •• Gegeben ist das Anfangswertproblem

$$\begin{aligned} x\,u_x + y\,u_y + (x^2 + y^2)\,u &= 0, & x, y > 0,\\ u(x, -x^2) &= \mathrm{e}^{-x^2/2}, & x > 0. \end{aligned}$$

Finden Sie die Lösung $u = u(x, y)$ mit dem Charakteristikenverfahren.

29.11 •• Bestimmen Sie die Lösung u des Anfangswertproblems

$$x u_x(x, y) + \frac{x}{y u(x, y)} u_y(x, y) + u(x, y) = 0, \quad x, y > 0$$

und

$$u(t^2, t) = 1, \quad t > 0.$$

Anwendungsprobleme

29.12 •• Gegeben ist eine Lösung u des Anfangswertproblems für die Wellengleichung

$$\frac{\partial^2 u(x,t)}{\partial t^2} - \frac{\partial^2 u(x,t)}{\partial x^2} = 0, \quad x \in \mathbb{R},\ t > 0,$$

$$u(x, 0) = g(x), \qquad \frac{\partial u}{\partial t}(x, 0) = h(x).$$

Dabei soll $g \in C^2(\mathbb{R})$, $h \in C^1(\mathbb{R})$ gelten und beide Funktionen sollen außerhalb eines kompakten Intervalls verschwinden. Wir definieren die potenzielle Energie der Welle durch

$$E_p(t) = \frac{1}{2}\int_{-\infty}^{\infty} \left(\frac{\partial u}{\partial x}(x, t)\right)^2 \mathrm{d}x, \quad t \in \mathbb{R},$$

und die kinetische Energie durch

$$E_k(t) = \frac{1}{2}\int_{-\infty}^{\infty} \left(\frac{\partial u}{\partial t}(x, t)\right)^2 \mathrm{d}x, \quad t \in \mathbb{R}.$$

Zeigen Sie die Energieerhaltung

$$E_p(t) + E_k(t) = \text{konst.}, \quad t \in \mathbb{R},$$

und

$$\lim_{t\to\infty} E_p(t) = \lim_{t\to\infty} E_k(t).$$

29.13 ••• Wir betrachten den Verkehr auf einer Straße. Mit $\rho(x, t)$ bezeichnen wir die Anzahl der Fahrzeuge pro Längeneinheit am Ort x und zur Zeit t, also die Fahrzeugdichte. Mit $q(x, t)$ bezeichnen wir die Anzahl der Fahrzeuge pro Zeiteinheit, die den Ort x zum Zeitpunkt t passieren.

(a) Zeigen Sie die Erhaltungsgleichung

$$\frac{\partial \rho}{\partial t}(x, t) + \frac{\partial q}{\partial x}(x, t) = 0, \quad x \in \mathbb{R},\ t > 0.$$

(b) Die Geschwindigkeit der Fahrzeuge am Ort x und zum Zeitpunkt t modellieren wir als

$$v(x, t) = c\left(1 - \frac{\rho(x, t)}{\rho_0}\right),$$

wobei c die Maximalgeschwindigkeit ist und ρ_0 die maximale Fahrzeugdichte bezeichnet, bei der der Verkehr zum Erliegen kommt. Zeigen Sie, dass die Funktion

$$u(x, t) = v(x, t) - c\frac{\rho(x, t)}{\rho_0} = c\left(1 - \frac{2\rho(x, t)}{\rho_0}\right)$$

eine Lösung der *Burger-Gleichung*

$$u_t + u u_x = 0$$

ist.

(c) Finden Sie mit dem Charakteristikenverfahren Gebiete, in denen Sie die Lösung der Burger-Gleichung für die Anfangsbedingung

$$u(x, 0) = \begin{cases} 1, & x \le 0,\\ 1 - x, & 0 < x < 1,\\ 0, & 1 \le x,\end{cases}$$

und $0 < t < 1$ angeben können. Welches Verhalten zeigt sich für $t = 1$? Interpretieren Sie die Lösung für die Anwendung der Verkehrssimulation.

Teil IV

29.14 •• Die Poisson-Gleichung

$$-\Delta u = f$$

mit Dirichlet'scher Randbedingung soll auf dem Quadrat $Q = [0,1] \times [0,1]$ durch die Methode der finiten Elemente approximativ gelöst werden. Die Variationsformulierung für dieses Problem lautet

$$\int_Q \nabla u(\boldsymbol{x}) \cdot \nabla v(\boldsymbol{x})\,\mathrm{d}\boldsymbol{x} = \int_Q f(\boldsymbol{x})\,v(\boldsymbol{x})\,\mathrm{d}\boldsymbol{x}$$

für alle $v \in H^1(Q)$ mit $v = 0$ auf ∂Q.

Es soll ein Gitter aus Quadraten der Kantenlänge $1/N$, $N \in \mathbb{N}$, verwendet werden. Als Ansatzfunktionen sollen Funktionen eingesetzt werden, die auf jedem Quadrat des Gitters bezüglich beider Argumente linear sind.

Stellen Sie Formeln für die Einträge der Steifigkeitsmatrix auf. Geben Sie dazu Formfunktionen auf einem Referenzquadrat an. Welche Dimension hat die Steifigkeitsmatrix? Wie viele Einträge sind in einer Zeile maximal von null verschieden?

Antworten zu den Selbstfragen

Antwort 1 Die Symmetrie lässt sich mit dem Satz von Schwarz (siehe S. 880) erreichen, in dem man gegebenenfalls die Koeffizienten a_{ij} und a_{ji} durch

$$\tilde{a}_{ij} = \tilde{a}_{ji} = \frac{a_{ij} + a_{ji}}{2}$$

ersetzt; denn es gilt die Identität

$$\begin{aligned} a_{ij}\frac{\partial^2 u}{\partial x_1 \partial x_2} + a_{ji}\frac{\partial^2 u}{\partial x_2 \partial x_1} &= (a_{ij} + a_{ji})\frac{\partial^2 u}{\partial x_1 \partial x_2} \\ &= \frac{a_{ij} + a_{ji}}{2}\frac{\partial^2 u}{\partial x_1 \partial x_2} + \frac{a_{ij} + a_{ji}}{2}\frac{\partial^2 u}{\partial x_2 \partial x_1} . \end{aligned}$$

Antwort 2

Name	Typ	Ordnung
Transportgleichung	linear	1.
Laplace-Gleichung	linear	2.
Poisson-Gleichung	linear	2.
Helmholtz-Gleichung	linear	2.
Wellengleichung	linear	2.
Diffusionsgleichung	linear	2.
Schrödinger-Gleichung	linear	2.
Hamilton-Jacobi-Gleichung	nichtlinear	1.
Airy-Gleichung	linear	3.
Korteweg-de-Vries-Gleichung	nichtlinear	3.
Lamé-Gleichungen	linear	2.
Maxwell-Gleichungen	linear	1.
Navier-Stokes-Gleichungen	nichtlinear	2.

Antwort 3 Mit der Kettenregel berechnen wir

$$\begin{aligned} w'(s) &= \nabla u(\boldsymbol{k}(s)) \cdot \dot{k}(s) \\ &= \begin{pmatrix} \frac{1}{1+s^2} \\ -\frac{s}{(1+s^2)^2} \end{pmatrix} \cdot \begin{pmatrix} 1 \\ 2s \end{pmatrix} \\ &= \frac{1}{1+s^2} - \frac{2s^2}{(1+s^2)^2} . \end{aligned}$$

Antwort 4 Ausgeschrieben ist

$$\Phi(\boldsymbol{x}, \boldsymbol{y}) = \frac{1}{4\pi}\left((x_1 - y_1)^2 + (x_2 - y_2)^2 + (x_3 - y_3)^2\right)^{-1/2} .$$

Damit ist

$$\operatorname{grad}_x \Phi(\boldsymbol{x}, \boldsymbol{y}) = \frac{1}{4\pi}\frac{\boldsymbol{y} - \boldsymbol{x}}{\|\boldsymbol{x} - \boldsymbol{y}\|^3}$$

und

$$\begin{aligned} \Delta_x \Phi(\boldsymbol{x}, \boldsymbol{y}) &= \operatorname{div}_x \operatorname{grad}_x \Phi(\boldsymbol{x}, \boldsymbol{y}) \\ &= \frac{1}{4\pi}\left(-\frac{3}{\|\boldsymbol{x} - \boldsymbol{y}\|^3} + 3\frac{(x_1 - y_1)^2 + (x_2 - y_2)^2 + (x_3 - y_3)^2}{\|\boldsymbol{x} - \boldsymbol{y}\|^5}\right) \\ &= 0. \end{aligned}$$

Antwort 5 Es gilt

$$\left\| \frac{R^2}{\|\boldsymbol{x}\|^2}\boldsymbol{x} \right\| = \frac{R^2\|\boldsymbol{x}\|}{\|\boldsymbol{x}\|^2} = \frac{R}{\|\boldsymbol{x}\|}R \le R$$

für $\|\boldsymbol{x}\| \le R$.

Antwort 6 In der linken Triangulierung ist ein Knoten nicht für alle angrenzenden Dreiecke eine Ecke. Daher ist diese Triangulierung nicht regulär. Rechts sind alle Bedingungen erfüllt, die Triangulierung ist regulär.

Antwort 7 Angenommen es gibt Koeffizienten α_j mit der Eigenschaft

$$0 = \sum_{k=1}^{n} \alpha_k \varphi_k(\boldsymbol{x})$$

für alle $\boldsymbol{x} \in D$. Setzen wir einen Knoten $\boldsymbol{x}_j$ ein, so folgt aus der Interpolationsbedingung $\alpha_j = 0$. Also sind die Funktionen linear unabhängig.

Höhere Analysis

V

Teil V

Fouriertheorie – von schwingenden Saiten

30

Was ist Konvergenz im quadratischen Mittel?

Wie schnell ist die schnelle Fouriertransformation?

Was bedeutet JPEG?

T. Arens et al., *Mathematik*, https://doi.org/10.1007/978-3-662-64389-1_30

Die Fouriertheorie ist eines der Gebiete der modernen Mathematik mit der breitesten Anwendung. In den meisten Wohnungen stehen heute Fernseher, CD- und DVD-Spieler und Verstärker, alles Geräte, die es ohne die moderne Signalverarbeitung nicht geben würde. Die mathematische Grundlage dafür ist die Fouriertheorie.

In diesem Kapitel wollen wir uns zum einen mit Fourierreihen, zum anderen mit der diskreten Fouriertheorie beschäftigen. Die kontinuierliche Fouriertransformation bleibt zunächst außen vor und wird im Kap. 33 zu Integraltransformationen behandelt. Während wir die Fourierreihen noch im Wesentlichen mit der uns bekannten Mathematik behandeln können, benötigt die Fouriertransformation für eine mathematisch korrekte Darstellung weitaus mehr Mittel.

Die Idee der Fouriertheorie ist es, beliebige Funktionen als Überlagerung von Schwingungen mit festen Frequenzen darzustellen. Es war schon der Grundgedanke von Fourier im 18. Jahrhundert, dass dies für beliebige periodische Funktionen möglich sei. Auch wenn sich diese ganz generelle Idee als falsch herausstellte, hat sich das Prinzip als sehr fruchtbar erwiesen.

Ist die Aufteilung einer Funktion (oder eines Signals) in seine Frequenzkomponenten erreicht, so ist Filterung oder Verstärkung einzelner Frequenzen beliebig möglich. Dass die Ermittlung dieser Komponenten in der Praxis effizient zu bewerkstelligen ist, ist der Verdienst der sogenannten schnellen Fouriertransformation.

Die Fouriertheorie wird uns aber auch von der bisher bekannten Mathematik wegführen. Stetige Funktionen, die uns bisher für viele Überlegungen als wichtiger Stützpfeiler gedient haben, spielen hier eine untergeordnete Rolle. An ihre Stelle treten andere Klassen von Funktionen, insbesondere solche, die quadratintegrierbar sind.

30.1 Trigonometrische Polynome

Wir starten mit einem klassischen Beispiel für das Auftreten von Funktionen, die sich als Überlagerung von Schwingungen mit bestimmten festen Frequenzen ergeben.

Anwendungsbeispiel Wir betrachten eine fest eingespannte Saite, zum Beispiel eines Musikinstruments. Wird sie ausgelenkt, beginnt sie zu schwingen, und ein Ton entsteht.

Die Punkte, an denen die Saite eingespannt ist, setzen wir zu 0 bzw. zu L. Wir nehmen an, dass die Saite nur *transversal* schwingt, das heißt orthogonal zu ihrer Ruhelage. Die Amplitude der Auslenkung an einer Stelle $x \in (0, L)$ zum Zeitpunkt $t \in \mathbb{R}$ bezeichnen wir mit $u(x, t)$. Offensichtlich haben wir die Randbedingungen

$$u(0, t) = u(L, t) = 0 \quad \text{für alle } t.$$

Wir betrachten einen Abschnitt der Saite, etwa zwischen zwei Stellen x_1 und x_2. Auf den Abschnitt wirken durch die Spannung in der Saite Kräfte $\boldsymbol{F}_1$ bzw. $\boldsymbol{F}_2$ tangential zum Verlauf der Saite an den Stellen x_1 bzw. x_2. Die Annahme, dass die Saite nur

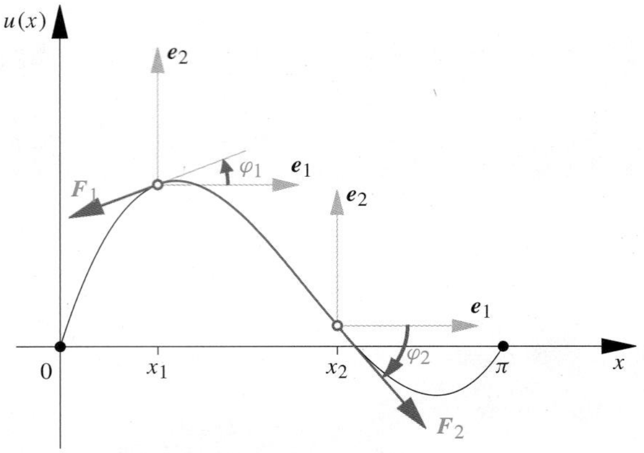

Abb. 30.1 Auf den Abschnitt der Saite zwischen den Stellen x_1 und x_2 wirken die Kräfte $\boldsymbol{F}_1$ und $\boldsymbol{F}_2$, deren Horizontalkomponenten entgegengesetzt gleich sind. Die Vertikalkomponenten berechnet man mithilfe der Winkel φ_1 und φ_2

transversal schwingt, bedeutet, dass sich die horizontal wirkenden Komponenten von $\boldsymbol{F}_1$ und $\boldsymbol{F}_2$ gegenseitig aufheben müssen (siehe Abb. 30.1). Der Betrag dieser horizontalen Komponenten ist die Spannung S der Saite. Es gilt also

$$S = \|\boldsymbol{F}_1\| \cos\varphi_1 = \|\boldsymbol{F}_2\| \cos\varphi_2$$

mit den Winkeln φ_1 und φ_2 aus der Abbildung.

Mit $Q_j = \boldsymbol{F}_j \cdot \boldsymbol{e}_2$ gilt nun

$$\begin{aligned} Q_1 &= -\|\boldsymbol{F}_1\| \sin\varphi_1, \\ Q_2 &= \|\boldsymbol{F}_2\| \sin\varphi_2. \end{aligned}$$

Also wirkt insgesamt die vertikale Kraftkomponente

$$Q = Q_1 + Q_2 = \|\boldsymbol{F}_2\| \sin\varphi_2 - \|\boldsymbol{F}_1\| \sin\varphi_1.$$

Wir teilen nun diese Gleichung durch S und erhalten

$$\begin{aligned} \frac{Q}{S} &= \frac{\|\boldsymbol{F}_2\| \sin\varphi_2}{\|\boldsymbol{F}_2\| \cos\varphi_2} - \frac{\|\boldsymbol{F}_1\| \sin\varphi_1}{\|\boldsymbol{F}_1\| \cos\varphi_1} \\ &= \tan\varphi_2 - \tan\varphi_1 \\ &= \frac{\partial u}{\partial x}(x_2, t) - \frac{\partial u}{\partial x}(x_1, t). \end{aligned}$$

Andererseits ergibt sich die Kraft Q als Produkt aus Masse und Beschleunigung. Wir nehmen nun zusätzlich an, dass die Saite eine konstante Massendichte ρ, d. h. Masse pro Längeneinheit, besitzt. Damit folgt

$$Q = \rho\,(x_2 - x_1)\,a,$$

wobei a die Beschleunigung bezeichnet. Damit folgt

$$a = \frac{S}{\rho} \cdot \frac{\frac{\partial u}{\partial x}(x_2, t) - \frac{\partial u}{\partial x}(x_1, t)}{x_2 - x_1}.$$

Im Grenzfall $x_2 \to x_1$ ist die Beschleunigung gerade die 2. Ableitung von u nach der Zeit in der Stelle x_1. Somit erhalten wir die partielle Differenzialgleichung

$$\frac{\partial^2 u}{\partial t^2}(x,t) = \frac{S}{\rho}\frac{\partial^2 u}{\partial x^2}(x,t), \quad x \in (0,L).$$

Beachtet man ρ, $S > 0$, so erkennt man, dass es sich um die Wellengleichung handelt. ◀

Die Wellengleichung wurde schon im Kap. 29 durch die Methode der Trennung der Veränderlichen gelöst. Bevor wir einige Aspekte der Rechnung wiederholen, wollen wir die zusätzliche Annahme treffen, dass $L = \pi$ gilt. Dies kann man stets durch eine entsprechende Skalierung des Problems erreichen.

Für die Separation macht man den Ansatz

$$u(x,t) = v(x)w(t).$$

Dies führt auf ein Randwertproblem für v, nämlich

$$v''(x) + \lambda^2 v(x) = 0,$$
$$v(0) = v(\pi) = 0.$$

Es handelt sich um ein homogenes Randwertproblem. Uns interessieren nichttriviale Lösungen dieses Problems. Wir suchen also solche $\lambda \in \mathbb{C}$, für die das Randwertproblem keine eindeutige Lösung besitzt.

Die allgemeine Lösung der Differenzialgleichung ist

$$v(x) = A\,e^{i\lambda x} + B\,e^{-i\lambda x}.$$

Aus den Randbedingungen erhalten wir, dass nichteindeutige Lösungen genau für den Fall existieren, in dem

$$\lambda = k\pi, \quad k \in \mathbb{Z},$$

ist. In der Lösung tauchen also gerade die Funktionen e^{ikx} für $k \in \mathbb{Z}$ auf,

$$v(x) = A\left(e^{ikx} - e^{-ikx}\right) = \frac{A}{2i}\sin(kx), \quad k \in \mathbb{N}.$$

Die ausführliche Rechnung in Kap. 29 liefert die zugehörigen Bewegungen der Saite von der Form

$$u(x,t) = \sin(kx)\cos\left(\sqrt{\frac{S}{\rho}}\,kt\right) \quad \text{bzw.}$$
$$u(x,t) = \sin(kx)\sin\left(\sqrt{\frac{S}{\rho}}\,kt\right)$$

In der Abb. 30.2 ist eine solche Lösung für den Fall $k = 3$ im Experiment zu sehen. Aus der Linearität des zugrunde liegenden Randwertproblems kann man den Schluss ziehen, dass auch die Reihe

$$u(x,t) = \sum_{k=1}^{\infty} \sin(kx)\left[a_k\cos\left(\sqrt{\frac{S}{\rho}}\,kt\right) + b_k\sin\left(\sqrt{\frac{S}{\rho}}\,kt\right)\right]$$

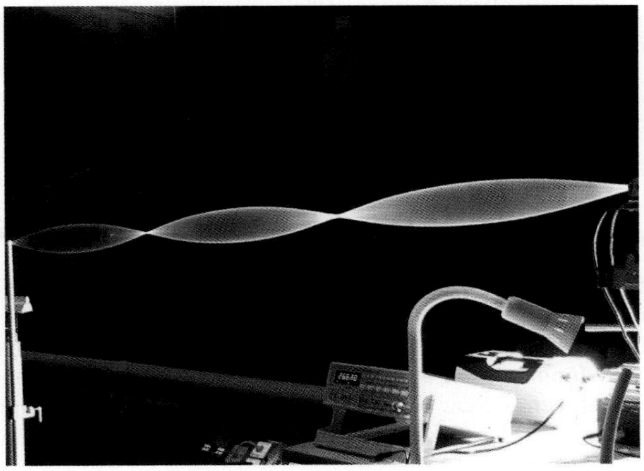

Abb. 30.2 Experiment zur schwingenden Saite: Ein Gummiband wird so angeregt, dass die Schwingung unserer Lösung für $k = 3$, der *3. Oberschwingung,* entspricht

eine Lösung darstellt, sofern nur die Koeffizienten a_k, b_k schnell genug abfallen, sodass die Reihe konvergiert.

Die rein mathematische Bedingung an $\lambda = k\pi$, $k \in \mathbb{Z}$, die wir oben gefunden haben, entpuppt sich nun als eine physikalische Restriktion an die möglichen Frequenzen der Schwingung. Die Reihendarstellung zeigt, dass die Lösung sich aus einer Schwingung in einer Grundfrequenz ($k = 1$) und davon abzuleitenden Oberfrequenzen ($k > 1$) zusammensetzt. Dies ist der mathematisch-physikalische Grund für die von unserem Ohr als *harmonisch* wahrgenommenen Töne einer Saite.

Durch die Separation haben wir eine Klasse von Lösungen des Problems der schwingenden Saite gefunden. Es stellt sich aber die Frage, ob dies bereits alle Lösungen sind. Anders ausgedrückt: Wenn wir zum Zeitpunkt $t = 0$ eine Anfangsauslenkung der Saite $f : (0,\pi) \to \mathbb{R}$ vorgeben, dann ist unsere Reihe von oben genau dann eine Lösung, falls

$$u(x,0) = \sum_{k=1}^{\infty} a_k \sin(kx) = f(x), \quad x \in (0,\pi),$$

gilt. Eine der Fragen, denen wir in diesem Kapitel nachgehen werden, ist, für welche Klassen von Funktionen f es möglich ist, eine solche Bedingung zu erfüllen.

Auch bei der Lösung anderer partieller Differenzialgleichungen durch Separation stößt man auf die Funktionen e^{inx}, etwa bei der Lösung des Dirichlet-Problems für die Laplace-Gleichung im Kreis in Polarkoordinaten (siehe das Beispiel auf S. 1105). Die Lösung dort lautet

$$u(r,\varphi) = \sum_{n=-\infty}^{\infty} a_n\, r^{|n|}\, e^{in\varphi}.$$

Gibt man auf dem Kreis

$$B = \{\boldsymbol{x} = (r\cos\varphi, r\sin\varphi)^{\mathrm{T}} \in \mathbb{R}^2 \mid r = 1\}$$

Teil V

Randwerte durch eine Funktion $f : B \to \mathbb{C}$ vor, so muss die Gleichung

$$u(1, \varphi) = \sum_{n=-\infty}^{\infty} a_n \, \mathrm{e}^{\mathrm{i}n\varphi} = f(\cos\varphi, \sin\varphi)$$

erfüllt sein. Wieder kommen wir auf das Problem der *Darstellung einer Funktion durch eine Reihe mit den Funktionen* $\mathrm{e}^{\mathrm{i}nx}$.

Man kann noch viele weitere Probleme angeben, in denen die Lösung auf vergleichbare Reihen führt, in denen die Funktionen $\mathrm{e}^{\mathrm{i}nx}$ für $n \in \mathbb{Z}$ eine Rolle spielen. Wir nennen sie **trigonometrische Monome**. Im Folgenden wollen wir uns im Detail damit beschäftigen, welche Funktionen sich mit ihrer Hilfe darstellen lassen.

Linearkombination der trigonometrischen Monome bilden die trigonometrischen Polynome

Wir gehen die Fragestellungen aus dem vorangegangenen Abschnitt an, indem wir zunächst einmal wie in der linearen Algebra endliche Summen von Vielfachen der trigonometrischen Monome betrachten. Wir hatten solche Ausdrücke dort bereits **Linearkombinationen** genannt.

Definition der trigonometrischen Polynome

Ein **trigonometrisches Polynom** vom Grad n ist eine Funktion $p : \mathbb{R} \to \mathbb{C}$ der Form

$$p(x) = \sum_{k=-n}^{n} c_k \, \mathrm{e}^{\mathrm{i}kx}, \quad x \in \mathbb{R},$$

mit Koeffizienten $c_k \in \mathbb{C}$.

Kommentar Der Ausdruck *Polynom* in dieser Definition stammt daher, dass Potenzen von $t = \mathrm{e}^{\mathrm{i}x}$ gebildet werden. Substituiert man diesen Ausdruck, so erhält man

$$p(x) = \sum_{k=-n}^{n} c_k \, t^k,$$

und dies erinnert schon sehr an ein Polynom in t. Zu beachten ist aber, dass auch negative Potenzen von $\mathrm{e}^{\mathrm{i}x}$ auftauchen. ◀

Die komplexe Exponentialfunktion ist uns auf ganz natürliche Weise begegnet, da wir Lösungen einer linearen Differenzialgleichung mit konstanten Koeffizienten betrachtet haben. Für mathematische Rechnungen ist diese Darstellung der trigonometrischen Polynome gut geeignet, da sie kurz und prägnant ist und einfache Rechenregeln für die Exponentialfunktion gelten. Aber schon bei den linearen Differenzialgleichungen ist man manchmal nur an einer reellen Lösung interessiert. Daher wollen wir auch eine Form der trigonometrischen Polynome suchen, die für die Darstellung reeller Ausdrücke besser geeignet ist. Diese wird auch das Wort *trigonometrisch* in der Namensgebung erklären.

Der Schlüssel dafür ist die Euler'sche Formel,

$$\mathrm{e}^{\mathrm{i}x} = \cos x + \mathrm{i}\,\sin x, \quad x \in \mathbb{R}.$$

Damit stellt sich ein trigonometrisches Polynom vom Grad n dar als

$$\begin{aligned} p(x) &= \sum_{k=-n}^{n} c_k \, \mathrm{e}^{\mathrm{i}kx} \\ &= \sum_{k=-n}^{n} c_k \, (\cos(kx) + \mathrm{i}\,\sin(kx)) \\ &= c_0 + \sum_{k=1}^{n} \big[c_k \, \cos(kx) + c_{-k}\cos(-kx) \\ &\qquad + \mathrm{i}c_k \sin(kx) + \mathrm{i}c_{-k}\sin(-kx) \big]. \end{aligned}$$

Wir nutzen nun aus, dass die Kosinusfunktion gerade, die Sinusfunktion aber ungerade ist. Damit folgt

$$p(x) = c_0 + \sum_{k=1}^{n} (c_k + c_{-k}) \, \cos(kx) + \mathrm{i}(c_k - c_{-k}) \, \sin(kx).$$

Führen wir für die Koeffizienten bei den Kosinus- und Sinusfunktionen noch neue Variabeln ein, so erhalten wir eine neue Darstellung des trigonometrischen Polynoms.

Reelle Darstellung trigonometrischer Polynome

Ein trigonometrisches Polynom $p : \mathbb{R} \to \mathbb{C}$ kann als

$$p(x) = a_0 + \sum_{k=1}^{n} [a_k \, \cos(kx) + b_k \, \sin(kx)]$$

geschrieben werden. Dabei berechnen sich die neuen Koeffizienten $a_k, b_k \in \mathbb{C}$ durch

$$\begin{aligned} a_0 &= c_0 \\ a_k &= c_k + c_{-k}, \qquad k = 1, \ldots, n, \\ b_k &= \mathrm{i}\,(c_k - c_{-k}), \end{aligned}$$

aus den ursprünglichen Koeffizienten c_k. Sind alle a_k und b_k reelle Zahlen, so ist auch das trigonometrische Polynom p reellwertig.

Natürlich gewinnen wir aus den obigen Formeln auch umgekehrt die ursprünglichen Koeffizienten c_k aus den neuen

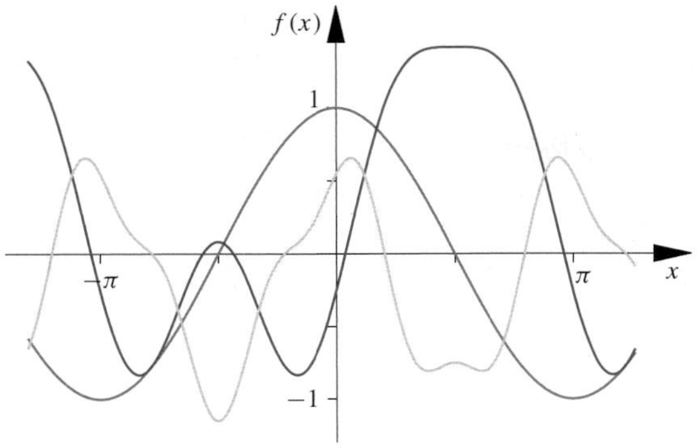

Abb. 30.3 Die Graphen der Realteile von drei verschiedenen trigonometrischen Polynomen. Es handelt sich um 2π-periodische Funktionen

Koeffizienten a_k und b_k zurück. Es ist

$$c_k = \begin{cases} a_0, & k = 0, \\ (a_k - \mathrm{i}b_k)/2, & k = 1, \dots, n, \\ (a_{-k} + \mathrm{i}b_{-k})/2, & k = -n, \dots, -1. \end{cases}$$

Selbstfrage 1

Welche Eigenschaft gilt für die c_k, falls das trigonometrische Polynom reellwertig ist?

Beispiel Wir betrachten das trigonometrische Polynom

$$p(x) = \sum_{\substack{k=-N \\ k\neq 0}}^{N} \frac{\mathrm{i}^k}{k^2} \mathrm{e}^{\mathrm{i}kx}, \quad x \in \mathbb{R}.$$

Dann ist $a_0 = 0$ sowie

$$a_k = \frac{\mathrm{i}^k + (-\mathrm{i})^k}{k^2} = \frac{\mathrm{i}^k}{k^2}\left(1 + (-1)^k\right),$$
$$b_k = \mathrm{i}\,\frac{\mathrm{i}^k - (-\mathrm{i})^k}{k^2} = \frac{\mathrm{i}^{k+1}}{k^2}\left(1 - (-1)^k\right).$$

Damit ist $a_k = 0$ für ungerade k, $b_k = 0$ für gerade k, und es ergibt sich

$$a_{2l} = \frac{\mathrm{i}^{2l}}{(2l)^2}\left(1 + (-1)^{2l}\right) = \frac{(-1)^l}{2\,l^2}$$
$$b_{2l-1} = \frac{\mathrm{i}^{2l}}{(2l-1)^2}\left(1 - (-1)^{2l-1}\right) = \frac{2\,(-1)^l}{(2l-1)^2},$$

für $l \in \mathbb{N}$. Damit erhalten wir für gerades $N = 2L$ die reelle Form des trigonometrischen Polynoms

$$p(x) = \sum_{l=1}^{L} (-1)^l \left[\frac{1}{2\,l^2}\cos(2lx) + \frac{2}{(2l-1)^2}\sin((2l-1)x)\right]$$

für $x \in \mathbb{R}$. Da alle Koeffizienten reell sind, ist auch das trigonometrische Polynom rein reell. ◄

Eine weitere Eigenschaft der trigonometrischen Polynome wird an der reellen Darstellung besonders deutlich: Alle trigonometrischen Polynome sind **periodische Funktionen** mit der Periode 2π, d. h.

$$p(x + 2\pi) = p(x).$$

Die Periode 2π hat keine spezielle Bedeutung. Die gesamte Fouriertheorie lässt sich auch mit jeder anderen Periodenlänge aufschreiben, indem man einfach die entsprechende Transformation wie oben beschrieben durchführt.

Die **Menge der trigonometrischen Polynome** wollen wir mit T bezeichnen. T ist ein Vektorraum und besitzt unendliche Dimension. Eine Basis ist zum Beispiel die Menge der trigonometrischen Monome,

$$\{\mathrm{e}^{\mathrm{i}kx} \mid k \in \mathbb{Z}\}.$$

Genau als Menge aller Linearkombinationen von trigonometrischen Monomen wurde T ja definiert. Die reelle Darstellung der trigonometrischen Polynome zeigt, dass auch die Menge

$$\{1\} \cup \{\cos(kx), \sin(kx) \mid k \in \mathbb{N}\}$$

eine Basis von T ist. Wollen wir uns nur auf trigonometrische Polynome vom Grad *höchstens* n einschränken, so bezeichnen wir den entsprechenden Unterraum von T mit T_n.

Wir kehren nun zurück zur Frage am Ende des letzten Abschnitts: Durch endliche Linearkombinationen erhalten wir nur die Funktionen aus T. Können wir beliebige Funktionen durch Reihen über die trigonometrischen Polynome darstellen? Da durch die Reihenbildung ein Grenzwert ins Spiel kommt, stellen wir die Frage allgemeiner: Wie gut lässt sich eine beliebige Funktion durch trigonometrische Polynome approximieren?

30.2 Approximation im quadratischen Mittel

Wir haben in diesem Buch bereits an vielen Stellen mit der Approximation von Funktionen zu tun gehabt. Die Übersicht in Kap. 35 stellt verschiedene Varianten dar. Ein wichtiger Punkt hierbei ist, dass wir zunächst mathematisch streng definieren müssen, in welchem Sinn die Approximation stattfindet. Hier noch einmal zwei Beispiele, die unterschiedliche Arten der Approximation illustrieren. Dabei ist (f_n) eine Folge von Funktionen und f eine weitere Funktion, die alle denselben Definitionsbereich D besitzen.

- Gilt
$$\lim_{n\to\infty} f_n(x) = f(x) \quad \text{für alle } x \in D,$$
so sprechen wir von **punktweiser Konvergenz**.
- Gilt
$$\lim_{n\to\infty} \max_{x\in D} |f_n(x) - f(x)| = 0,$$
so sprechen wir von **gleichmäßiger Konvergenz**.

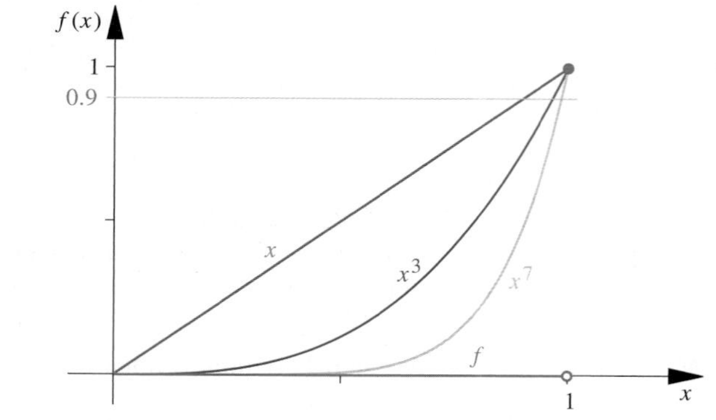

Abb. 30.4 Die Approximation der Funktion f durch die Polynome x^n. Die Konvergenz ist nicht gleichmäßig: Egal wie groß wir n wählen, gibt es eine Stelle $\hat{x} < 1$ mit $\hat{x}^n > 0.9$

Um den Unterschied zwischen diesen beiden Arten der Approximation zu illustrieren, betrachten wir das folgende Beispiel:

Beispiel Wir wählen $D = [0, 1]$ und definieren die Folge (f_n) durch

$$f_n(x) = x^n, \quad x \in [0, 1].$$

Dann gilt

$$\lim_{n\to\infty} f_n(x) = f(x) = \begin{cases} 0, & x \in [0, 1) \\ 1, & x = 1. \end{cases}$$

Die Folge (f_n) approximiert also die Funktion f im Sinne der punktweisen Konvergenz.

Im Sinne der gleichmäßigen Konvergenz ist dies jedoch nicht der Fall. Denn egal wie groß wir n wählen, wir können immer ein $\hat{x} < 1$ nahe bei 1 finden, sodass

$$f_n(\hat{x}) > 0.9$$

ist. Damit ist auch

$$\max_{x\in[0,1]} |f_n(x) - f(x)| > 0.9.$$

Die Abb. 30.4 illustriert die Situation. ◀

Es gibt also Folgen von Funktionen, die punktweise konvergieren, aber nicht gleichmäßig. Umgekehrt kann man zeigen, dass jede gleichmäßig konvergente Folge auch punktweise konvergiert. Man sagt, dass gleichmäßige Konvergenz **stärker** ist als punktweise, oder umgekehrt, dass punktweise Konvergenz **schwächer** ist als gleichmäßige.

Selbstfrage 2

Für welche $z \in \mathbb{C}$ mit $|z| < 1$ konvergiert die Folge (f_n) mit

$$f_n(z) = \sum_{k=0}^{n} z^k$$

punktweise gegen

$$f(z) = \frac{1}{1-z}\,?$$

Warum ist die Konvergenz nicht gleichmäßig?

Um gute Approximationen zu erhalten, kann ein Skalarprodukt verwendet werden

Um beliebige Funktionen durch trigonometrische Polynome zu approximieren, müssen wir den Sinn festlegen, in dem wir diese Approximation verstehen. Da die trigonometrischen Polynome einen Vektorraum bilden, liegt es nahe, es mit Methoden zu versuchen, die uns aus der linearen Algebra vertraut sind. Dort haben wir den Begriff der **Norm** eingeführt, um Abstände von Vektoren auszudrücken. Stand uns darüber hinaus ein Skalarprodukt zur Verfügung, so war die beste Approximation an einen Vektor aus einem gegebenen Unterraum dadurch zu bestimmen, dass das Lot von dem Vektor auf den Unterraum gefällt wurde.

Diese Ideen wollen wir aufgreifen, indem wir zunächst ein Skalarprodukt auf T definieren. Auch dieses ist uns schon in Abschn. 20.2 in Beispielen begegnet. Wir setzen

$$\langle p, q\rangle = \int_{-\pi}^{\pi} p(x)\,\overline{q(x)}\,\mathrm{d}x.$$

Hierzu sind eine Reihe von Bemerkungen zu machen:

- Die Schreibweise $\langle p, q\rangle$ für ein Skalarprodukt statt $p \cdot q$ ist üblich, wenn es sich bei den Vektoren um Funktionen handelt.
- Es ist keineswegs offensichtlich, dass es sich bei dieser Größe um ein Skalarprodukt auf T handelt. Der Beweis ist im Wesentlichen in Kap. 20 zu finden. Man muss dabei nur bedenken, dass trigonometrische Polynome stetig sind. Zusätzlich muss noch ausgenützt werden, dass die Funktionen aus T 2π-periodisch sind. Deswegen ist es ausreichend, über das Intervall $(-\pi, \pi)$ zu integrieren.

Durch die obige Definition ist also ein Skalarprodukt auf T gegeben. Wir werden später untersuchen, für welche Funktionen, die nicht in T liegen, wir es noch verwenden können. Dann werden wir auch seinen Namen motivieren: Man nennt diese Größe das L^2**-Skalarprodukt** (sprich: *ell-zwei*).

Die trigonometrischen Monome, aus denen die trigonometrischen Polynome aufgebaut sind, haben bezüglich dieses Skalarprodukts auch eine besondere Eigenschaft: Sie sind paarweise orthogonal. Um dies einzusehen, berechnen wir einfach das Skalarprodukt zwei solcher Funktionen.

$$\begin{aligned} \langle \mathrm{e}^{\mathrm{i}jx}, \mathrm{e}^{\mathrm{i}kx}\rangle &= \int_{-\pi}^{\pi} \mathrm{e}^{\mathrm{i}(j-k)x}\,\mathrm{d}x \\ &= \begin{cases} \int_{-\pi}^{\pi} 1\,\mathrm{d}x = 2\pi, & j = k, \\ \left[\frac{-\mathrm{i}}{j-k}\,\mathrm{e}^{\mathrm{i}(j-k)x}\right]_{-\pi}^{\pi} = 0, & j \neq k, \end{cases} \end{aligned}$$

für $j, k \in \mathbb{Z}$. Im Fall $j \neq k$ ist das Ergebnis 0, da die Exponentialfunktion 2π-periodisch und $2\pi(j-k)$ ein ganzzahliges Vielfaches von 2π ist. So bekommen wir die folgende Aussage:

Orthonormalbasis von T

Die Funktionen

$$\varphi_k(x) = \frac{1}{\sqrt{2\pi}} e^{ikx}, \quad x \in \mathbb{R}, k \in \mathbb{Z}$$

bilden eine **Orthonormalbasis** auf T, d. h.

$$\langle \varphi_k, \varphi_j \rangle = \begin{cases} 1, & j = k \\ 0, & j \neq k. \end{cases}$$

Ähnliche Orthogonalitätsrelationen ergeben sich für die reellwertigen trigonometrischen Funktionen

$$\sqrt{\frac{2}{\pi}} \sin(kx), \quad \sqrt{\frac{2}{\pi}} \cos(kx), \quad k \in \mathbb{N}\,.$$

Es gilt hier

$$\begin{aligned} \frac{2}{\pi} \int_0^\pi \sin(jx) \sin(kx)\, dx &= \frac{2}{\pi} \int_0^\pi \cos(jx) \cos(kx)\, dx \\ &= \begin{cases} 1, & j = k \\ 0, & j \neq k \end{cases}, \end{aligned}$$

$$\frac{2}{\pi} \int_0^\pi \sin(jx) \cos(kx)\, dx = 0, \quad j, k \in \mathbb{N}\,.$$

Im Falle der Kosinusfunktion ist auch j oder $k = 0$ zulässig.

Mit jedem Skalarprodukt ist auch eine Norm verbunden. Hier ist das die **L^2-Norm**

$$\|p\|_{L^2} = (\langle p, p \rangle)^{1/2} = \left(\int_{-\pi}^{\pi} |p(x)|^2\, dx \right)^{1/2}.$$

Durch die Norm ist wiederum ein Abstand zwischen zwei trigonometrischen Polynomen p und q bestimmt, indem wir die Norm der Differenz bestimmen,

$$\|p - q\|_{L^2} = \left(\int_{-\pi}^{\pi} |p(x) - q(x)|^2\, dx \right)^{1/2}.$$

Man nennt dies den **Abstand im quadratischen Mittel**.

Wir wollen die Approximation von Funktionen durch trigonometrische Polynome in dem Sinne verstehen, dass der Abstand im quadratischen Mittel klein wird. Wir werden feststellen, dass diese noch schwächer ist, als die punktweise Konvergenz. Doch zunächst müssen wir diejenigen Funktionen finden, für die dieser Approximationsbegriff überhaupt einen Sinn ergibt.

Funktionen, die sich nur auf Nullmengen unterscheiden, werden im L^2-Sinn miteinander identifiziert

Damit wir von einer Approximation im Sinne des quadratischen Mittels sprechen können, müssen wir die Größe $\|f\|_{L^2}$ auch für die Funktion f bilden können, die wir approximieren wollen. Dann nämlich ist der Ausdruck

$$\|f - p\|_{L^2}, \quad p \in T,$$

für den Abstand zwischen f und einem trigonometrischen Polynom wohl definiert. Wir führen daher die Menge

$$L^2_\star(-\pi, \pi) = \left\{ f : (-\pi, \pi) \to \mathbb{C} \mid \int_{-\pi}^{\pi} |f(x)|^2\, dx < \infty \right\}$$

derjenigen Funktionen ein, für die dies der Fall ist.

Mit der Menge $L^2_\star(-\pi, \pi)$ gibt es aber noch ein Problem: Sie ist zwar ein Vektorraum, aber durch die L^2-Norm ist keine Norm auf $L^2_\star(-\pi, \pi)$ gegeben. Falls eine Funktion f sich von der Nullfunktion nur auf einer Nullmenge unterscheidet, gilt $\|f\|_{L^2} = 0$, obwohl f nicht mit der Nullfunktion identisch ist. Die Eigenschaft der *Definitheit* ist also verletzt.

Selbstfrage 3

Finden Sie eine Funktion, deren Abstand von der Funktion $f(x) = 1$ im quadratischen Mittel null ist, obwohl sich der Funktionswert an unendlich vielen Stellen im Intervall $(-\pi, \pi)$ von dem von f unterscheidet.

Um diese Schwierigkeit aufzulösen, geht man sehr pragmatisch vor: Wenn sich zwei Funktionen aus $L^2_\star(-\pi, \pi)$ im quadratischen Mittel nicht unterscheiden, postuliert man, dass es sich hierbei im Wesentlichen um dieselbe Funktion handelt. Wir *identifizieren* zwei Funktionen im Sinne des L^2, wenn ihr Abstand im quadratischen Mittel null ist.

Der Raum der quadratintegrierbaren Funktionen

Der Raum $L^2(-\pi, \pi)$ der **quadratintegrierbaren Funktionen** auf $(-\pi, \pi)$ ist definiert als die Menge

$$L^2(-\pi, \pi) = \left\{ f : (-\pi, \pi) \to \mathbb{C} \;\middle|\; \int_{-\pi}^{\pi} |f(x)|^2\, dx < \infty \right\}.$$

Elemente von $L^2(-\pi, \pi)$ werden identifiziert, wenn sie sich nur auf einer Nullmenge unterscheiden. Es handelt sich hierbei um einen **unitären Vektorraum** mit dem L^2-Skalarprodukt als Skalarprodukt.

Achtung Durch die Identifikation von Funktionen, deren Abstand im quadratischen Mittel null ist, entstehen aus den uns vertrauten Funktionen neue, kompliziertere Objekte. Zum Beispiel macht es keinen Sinn, bei einer Funktion aus $L^2(-\pi, \pi)$ von ihrem Wert an der Stelle 0 zu sprechen. Den Funktionswert an einer isolierten Stelle kann man jederzeit abändern, ohne dass man es im Sinne des L^2 mit einer anderen Funktion zu tun bekommt. Funktionen aus $L^2(-\pi, \pi)$ kommen daher auch stets nur innerhalb von Integralen zum Einsatz, denn hier sind Nullmengen unerheblich. ◄

Der Funktionsbegriff im Sinne eines Elements des $L^2(-\pi, \pi)$ ist nur ein Beispiel dafür, wie in der höheren Analysis der Funktionsbegriff verallgemeinert wird. In Kap. 31 werden noch weitere solche Verallgemeinerungen besprochen. Für diejenigen Leser, die sich mit dem Bonusmaterial zu Kap. 2 beschäftigt haben, möchten wir kurz erwähnen, dass die Funktionen des $L^2(-\pi, \pi)$ streng genommen Äquivalenzklassen von herkömmlichen Funktionen sind. Die Äquivalenzrelation ist dadurch gegeben, dass die Funktionen einer Klasse im quadratischen Mittel den Abstand null haben.

Die uns schon bekannten Funktionenräume, wie zum Beispiel der Raum $C([-\pi, \pi])$ der auf $[-\pi, \pi]$ stetigen Funktionen oder auch der Raum T_n der trigonometrischen Polynome vom Grad höchstens n lassen sich als Unterräume in $L^2(-\pi, \pi)$ wiederfinden,

$$C([-\pi, \pi]) \subseteq L^2(-\pi, \pi), \qquad T_n \subseteq L^2(-\pi, \pi), \qquad n \in \mathbb{N}.$$

Wenn man zum Beispiel sagt, dass eine Funktion $f \in L^2(-\pi, \pi)$ stetig ist, so ist damit gemeint, dass unter all den Funktionen, die mit ihr im L^2 identifiziert werden, eine ist, die stetig ist.

Das Fourierpolynom einer Funktion ist die beste Approximation aus T im Sinne des quadratischen Mittels

Nun betrachten wir den Abstand einer Funktion $f \in L^2(-\pi, \pi)$ zu einem trigonometrischen Polynom vom Grad n,

$$q = \sum_{k=-n}^{n} q_k \varphi_k \in T_n$$

mit Koeffizienten $q_k \in \mathbb{C}$. Durch Ausnutzung der Orthogonalität der Funktionen φ_k erhalten wir

$$\begin{aligned}\|f - q\|_{L^2}^2 &= \langle f - q, f - q\rangle \\ &= \langle f, f\rangle - 2\,\mathrm{Re}\langle f, q\rangle + \langle q, q\rangle \\ &= \langle f, f\rangle - 2\,\mathrm{Re}\left\langle f, \sum_{k=-n}^{n} q_k\varphi_k\right\rangle \\ &\quad + \left\langle \sum_{k=-n}^{n} q_k\varphi_k, \sum_{k=-n}^{n} q_k\varphi_k\right\rangle \\ &= \|f\|_{L^2} - 2\,\mathrm{Re}\sum_{k=-n}^{n} \overline{q_k}\langle f, \varphi_k\rangle + \sum_{k=-n}^{n} |q_k|^2 .\end{aligned}$$

Wir verwenden nun, dass

$$\begin{aligned}|q_k - \langle f, \varphi_k\rangle|^2 &= (q_k - \langle f, \varphi_k\rangle)\,\overline{(q_k - \langle f, \varphi_k\rangle)} \\ &= |q_k|^2 - q_k\overline{\langle f, \varphi_k\rangle} - \overline{q_k}\langle f, \varphi_k\rangle + |\langle f, \varphi_k\rangle|^2 \\ &= |q_k|^2 - 2\,\mathrm{Re}\,(\overline{q_k}\langle f, \varphi_k\rangle) + |\langle f, \varphi_k\rangle|^2 .\end{aligned}$$

Somit folgt

$$\|f - q\|_{L^2}^2 = \|f\|_{L^2}^2 - \sum_{k=-n}^{n} |\langle f, \varphi_k\rangle|^2 + \sum_{k=-n}^{n} |q_k - \langle f, \varphi_k\rangle|^2 . \tag{30.1}$$

Dieses Ergebnis ist bemerkenswert. Die ersten beiden Terme hängen nicht von dem trigonometrischen Polynom q ab, sondern nur von f. Der dritte Term ist eine Summe von Quadraten und daher sicherlich nicht negativ. Wir können also sofort die Frage beantworten, durch welches trigonometrische Polynom der Abstand zu f im quadratischen Mittel minimiert wird: Dies ist genau dann der Fall, wenn

$$q_k = \langle f, \varphi_k\rangle, \qquad k = -n, \ldots, n,$$

denn dann und nur dann wird der dritte Term zu null. Das trigonometrische Polynom mit dieser Eigenschaft erhält einen besonderen Namen.

Definition des Fourierpolynoms

Das **Fourierpolynom** p_n vom Grad n zu einer Funktion $f \in L^2(-\pi, \pi)$ ist definiert als

$$p_n(x) = \sum_{k=-n}^{n} c_k \mathrm{e}^{\mathrm{i}kx}, \qquad x \in \mathbb{R},$$

mit den **Fourierkoeffizienten**

$$c_k = \frac{1}{2\pi}\int_{-\pi}^{\pi} f(x)\,\mathrm{e}^{-\mathrm{i}kx}\,\mathrm{d}x.$$

Es ist das eindeutig bestimmte trigonometrische Polynom aus T_n, welches f im quadratischen Mittel am besten approximiert.

Kommentar Wenn man die Herleitung des Fourierpolynoms genau studiert, stellt man fest, dass wir hier keinerlei besondere Eigenschaften der trigonometrischen Polynome verwendet haben. Verwendet wurde nur, dass wir ein Skalarprodukt zur Verfügung haben und dass die Funktionen φ_k bezüglich dieses Skalarprodukts orthonormal sind. Hätten wir die Aufgabe gestellt, die beste Approximation an einem Punkt $\boldsymbol{f} \in \mathbb{R}^n$ aus dem Unterraum

$$\{\boldsymbol{q} \in \mathbb{R}^n \mid q_n = 0\}$$

zu bestimmen, hätten wir dieselbe Rechnung durchgeführt. Die geometrische Interpretation dieser letzten Aufgabe ist aber, das

Teil V

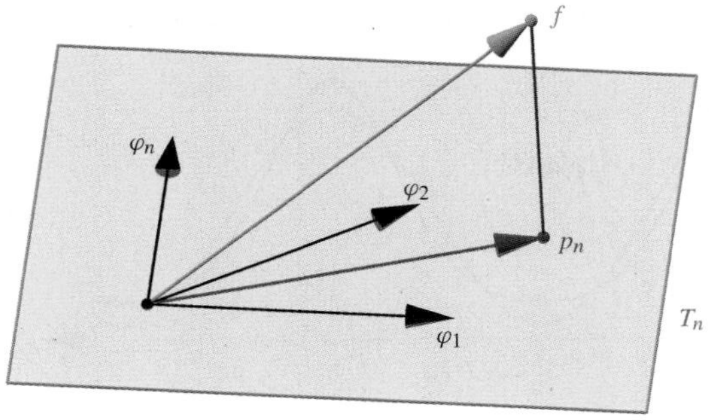

Abb. 30.5 Das Fourierpolynom entspricht dem Lotfußpunkt beim Fällen des Lotes von f auf den Raum T_n der trigonometrischen Polynome vom Grad höchstens n bei Verwendung des L^2-Skalarprodukts

Lot von f auf den Unterraum zu fällen. Der Lotfußpunkt ist die beste Approximation (siehe Abb. 30.5). Demnach erhalten wir das Fourierpolynom, indem wir das Lot bezüglich des L^2-Skalarprodukts auf den Unterraum der trigonometrischen Polynome vom Grad höchstens n fällen. ◄

Beispiel Als erstes Beispiel betrachten wir die Funktion $f(x) = 1 - (x/\pi)^2$, $x \in (-\pi, \pi)$. Wir berechnen die Fourierkoeffizienten

$$c_0 = \frac{1}{2\pi} \int_{-\pi}^{\pi} \left(1 - \frac{x^2}{\pi^2}\right) \mathrm{d}x = \frac{1}{2\pi} \left[x - \frac{x^3}{3\pi^2}\right]_{-\pi}^{\pi} = \frac{2}{3}$$

sowie für $k \neq 0$,

$$\begin{aligned} c_k &= \frac{1}{2\pi} \int_{-\pi}^{\pi} \left(1 - \frac{x^2}{\pi^2}\right) \mathrm{e}^{\mathrm{i}kx}\, \mathrm{d}x \\ &= \frac{1}{2\pi} \left[\frac{(1-(x/\pi)^2)\,\mathrm{e}^{\mathrm{i}kx}}{\mathrm{i}k}\right]_{-\pi}^{\pi} + \frac{1}{2\pi\,\mathrm{i}\,k} \int_{-\pi}^{\pi} \frac{2x}{\pi^2}\, \mathrm{e}^{\mathrm{i}kx}\, \mathrm{d}x \\ &= -\frac{1}{\pi^3 k^2} \left[x\, \mathrm{e}^{\mathrm{i}kx}\right]_{-\pi}^{\pi} + \frac{1}{\pi^3 k^2} \int_{-\pi}^{\pi} \mathrm{e}^{\mathrm{i}kx}\, \mathrm{d}x \\ &= -\frac{2(-1)^k}{\pi^2 k^2} + \frac{1}{\mathrm{i}\,\pi\, k^3} \left[\mathrm{e}^{\mathrm{i}kx}\right]_{-\pi}^{\pi} = \frac{2\,(-1)^{k+1}}{(\pi k)^2}. \end{aligned}$$

Damit erhalten wir die Fourierpolynome

$$p_n(x) = \frac{2}{3} + \frac{2}{\pi^2} \sum_{\substack{k=-n \\ k \neq 0}}^{n} \frac{(-1)^{k+1}}{k^2}\, \mathrm{e}^{\mathrm{i}kx}, \quad x \in \mathbb{R}.$$

Da $c_{-k} = \overline{c_k}$ gilt, sind diese trigonometrischen Polynome reellwertig. Die Abb. 30.6 zeigt die Funktion und einige der Polynome.

Als zweites Beispiel betrachten wir $g(x) = \exp(\sin(x))$, $x \in (-\pi, \pi)$. In diesem Beispiel können wir die Fourierkoeffizienten (d_k) nicht geschlossen berechnen. Wir haben sie daher numerisch bestimmt.

k	d_k
0	1.26607
1	−0.56516i
2	−0.13565
3	0.02217i
4	0.00274

Da die Funktion g reellwertig ist, gilt $d_k = \overline{d_{-k}}$, und auch die Fourierpolynome

$$q_n(x) = \sum_{k=-n}^{n} d_k\, \mathrm{e}^{\mathrm{i}kx}, \quad x \in \mathbb{R},$$

sind reellwertig. Die Abb. 30.7 zeigt einige davon sowie g.

In beiden Fällen zeigen die Abbildungen, wie die Fourierpolynome die Funktion approximieren. Die Polynome sind jeweils für größere Intervalle gezeichnet als das Intervall $(-\pi, \pi)$, auf dem die zu approximierenden Funktionen definiert sind. Die Fourierpolynome approximieren außerhalb dieses Intervalls die 2π-periodischen Fortsetzungen der Funktionen.

Noch ein Punkt fällt bei den Abbildungen ins Auge: Schon für kleine k ist die Approximation von g sehr gut, für f ist sie insbesondere in der Nähe der Endpunkte des Intervalls schlechter. Dies ist kein Zufall. Wir werden uns später in diesem Kapitel noch mit der Frage der Approximationsgeschwindigkeit auseinandersetzen. ◄

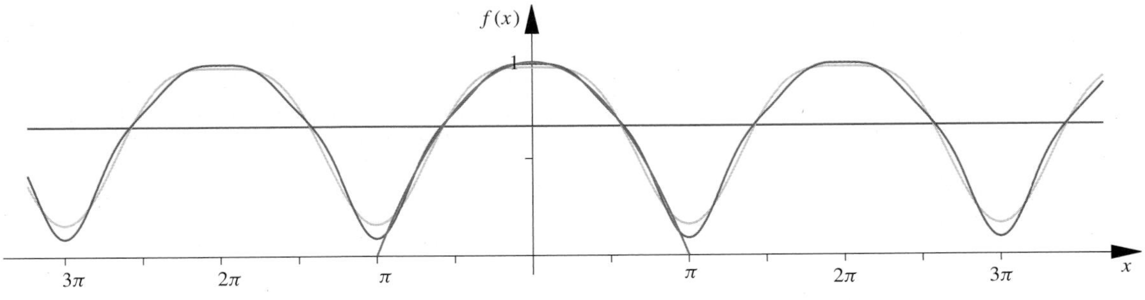

Abb. 30.6 Die Funktion $f(x) = 1 - (x/\pi)^2$, $x \in (-\pi, \pi)$ (blau) und einige ihrer Fourierpolynome: p_0 (rot), p_2 (orange) und p_4 (grün)

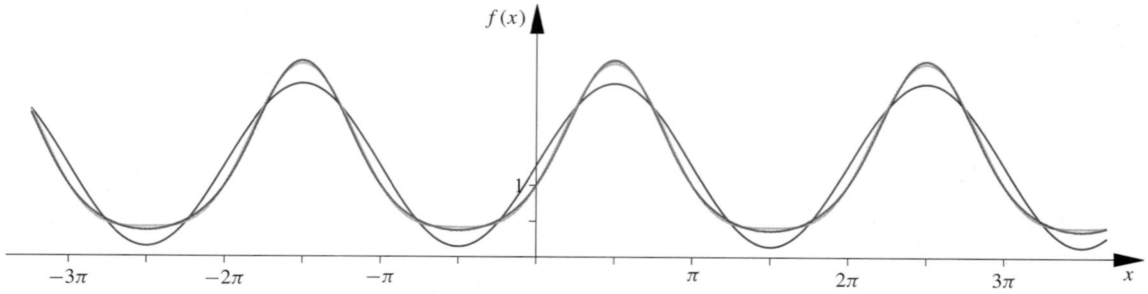

Abb. 30.7 Die Funktion $g(x) = \exp(\sin(x))$, $x \in (-\pi, \pi)$ (blau) und einige ihrer Fourierpolynome: p_1 (rot), p_2 (orange) und p_3 (grün)

Für gerade oder ungerade Funktionen gibt es spezielle Darstellungen der Fourierkoeffizienten

Für eine reellwertige Funktion liegt es nahe, die reelle Darstellung der trigonometrischen Polynome zu verwenden. Wir schreiben also das Fourierpolynom in der Form

$$p_n(x) = a_0 + \sum_{k=1}^{n} [a_k \cos(kx) + b_k \sin(kx)] .$$

Für ein reellwertiges f gilt ja für die Fourierkoeffizienten $c_{-k} = \overline{c_k}$. Daher erhalten wir aus der Definition der a_k und b_k die Formeln

$$\begin{aligned} a_0 = c_0 &= \frac{1}{2\pi} \int_{-\pi}^{\pi} f(x)\,\mathrm{d}x, \\ a_k = c_k + c_{-k} &= \frac{1}{\pi} \int_{-\pi}^{\pi} f(x)\, \cos(kx)\,\mathrm{d}x, \\ b_k = \mathrm{i}\,(c_k - c_{-k}) &= \frac{1}{\pi} \int_{-\pi}^{\pi} f(x)\, \sin(kx)\,\mathrm{d}x. \end{aligned}$$

Hieraus folgt insbesondere, dass das Fourierpolynom zu einer reellwertigen Funktion f stets wieder selbst reellwertig ist.

In der Praxis treten häufig bestimmte Symmetrien bei reellwertigen Funktionen auf, die für die Berechnung der Fourierpolynome ausgenützt werden können. Zu Erinnerung: Eine Funktion f heißt **gerade**, falls für alle x im Definitionsbereich

$$f(-x) = f(x)$$

gilt. Sie heißt **ungerade**, falls stets

$$f(-x) = -f(x).$$

gilt.

Wir beginnen mit dem Fall, dass eine Funktion f ungerade ist. Dann erhalten wir, da die Kosinusfunktion gerade ist,

$$\begin{aligned} a_k &= \frac{1}{\pi} \int_{-\pi}^{\pi} f(x)\, \cos(kx)\,\mathrm{d}x \\ &= \frac{1}{\pi} \int_{-\pi}^{0} f(x)\, \cos(kx)\,\mathrm{d}x + \frac{1}{\pi} \int_{0}^{\pi} f(x)\, \cos(kx)\,\mathrm{d}x \\ &= \frac{1}{\pi} \int_{0}^{\pi} f(-x)\, \cos(-kx)\,\mathrm{d}x + \frac{1}{\pi} \int_{0}^{\pi} f(x)\, \cos(kx)\,\mathrm{d}x \\ &= \frac{1}{\pi} \int_{0}^{\pi} (f(-x) + f(x))\, \cos(-kx)\,\mathrm{d}x \\ &= 0, \quad k = 1, 2, 3, \ldots \end{aligned}$$

Analog berechnet man auch $a_0 = 0$ und

$$b_k = \frac{2}{\pi} \int_{0}^{\pi} f(x)\, \sin(kx)\,\mathrm{d}x, \quad k = 1, 2, 3, \ldots$$

Es folgt also, dass alle Fourierpolynome zu einer ungeraden Funktion immer selbst wieder ungerade sind.

Umgekehrt ist es bei einer geraden Funktion. Hier werden die Fourierkoeffizienten b_k, $k \in \mathbb{N}$, zu null. Fourierpolynome zu einer geraden Funktion sind also selbst ebenfalls gerade. Die Formeln für die a_k sind in der Übersicht auf S. 1145 zu finden.

Selbstfrage 4

Welche Aussagen können Sie über die Fourierkoeffizienten der folgenden Funktionen treffen, ohne diese explizit zu berechnen?

(a) $f(x) = x\,(x^2 - 1)$,
(b) $g(x) = \exp(x^2) - 1$,
(c) $h(x) = 1 - \sinh(x)$,

jeweils für $x \in (-\pi, \pi)$.

Übersicht: Fourierpolynome

Die wichtigsten Eigenschaften der Fourierpolynome im Überblick.

Fourierpolynom (komplexe Form)

Das Fourierpolynom n-ten Grades lautet

$$p_n(x) = \sum_{k=-n}^{n} c_k \, \mathrm{e}^{\mathrm{i}kx}, \quad x \in \mathbb{R},$$

mit den Koeffizienten

$$c_k = \frac{1}{2\pi} \int_{-\pi}^{\pi} f(x) \, \mathrm{e}^{-\mathrm{i}kx} \, \mathrm{d}x, \quad k \in \mathbb{Z}.$$

Fourierpolynom (reelle Form)

Das Fourierpolynom n-ten Grades lautet

$$p_n(x) = a_0 + \sum_{k=1}^{n} (a_k \cos(kx) + b_k \sin(kx))$$

für $x \in \mathbb{R}$ mit den Koeffizienten

$$a_0 = \frac{1}{2\pi} \int_{-\pi}^{\pi} f(x) \, \mathrm{d}x,$$

$$a_k = \frac{1}{\pi} \int_{-\pi}^{\pi} f(x) \cos(kx) \, \mathrm{d}x,$$

$$b_k = \frac{1}{\pi} \int_{-\pi}^{\pi} f(x) \sin(kx) \, \mathrm{d}x,$$

für $k = 1, 2, 3, \ldots$

Umrechnungen

$$\begin{aligned} a_0 &= c_0 \\ a_k &= c_k + c_{-k} \\ b_k &= \mathrm{i}\,(c_k - c_{-k}) \\ c_k &= \frac{a_k - \mathrm{i}b_k}{2} \\ c_{-k} &= \frac{a_k + \mathrm{i}b_k}{2} \end{aligned} \qquad k \in \mathbb{N}.$$

Vereinfachte Formeln

Ist f eine **gerade** Funktion, so ist $b_k = 0$ und

$$a_0 = \frac{1}{\pi} \int_{0}^{\pi} f(x) \, \mathrm{d}x,$$

$$a_k = \frac{2}{\pi} \int_{0}^{\pi} f(x) \cos(kx) \, \mathrm{d}x,$$

für $k = 1, 2, 3, \ldots$

Ist f eine **ungerade** Funktion, so ist $a_k = 0$, $k = 0, 1, 2, \ldots$, und

$$b_k = \frac{2}{\pi} \int_{0}^{\pi} f(x) \sin(kx) \, \mathrm{d}x, \quad k = 1, 2, 3, \ldots$$

Linearität

Hat f die Fourierkoeffizienten (c_k) und g die Fourierkoeffizienten (d_k) und ist $\lambda \in \mathbb{C}$, so hat

- $f \pm g$ die Koeffizienten $(c_k \pm d_k)$,
- λf die Koeffizienten (λc_k).

Entsprechendes gilt für die reellen Koeffizienten.

Ableitung

Voraussetzung ist, dass f stetig und stückweise stetig differenzierbar ist.

Hat f die komplexen Fourierkoeffizienten (c_k), so hat f' die Fourierkoeffizienten $(\mathrm{i}k\, c_k)$.

Hat f die reellen Fourierkoeffizienten (a_k) für die Kosinus- bzw. (b_k) für die Sinusterme, so hat f' die Koeffizienten $(-k\, b_k)$ für die Kosinus- und $(k\, a_k)$ für die Sinusterme.

Die Konstante a_0 fällt jeweils weg.

Verschiebung

Hat f die Fourierkoeffizienten (c_k), so hat die verschobene Funktion $f(x-a)$ die Fourierkoeffizienten $(\mathrm{e}^{\mathrm{i}ka} c_k)$.

Für $n \in \mathbb{N}$ hat die Funktion $\mathrm{e}^{\mathrm{i}nx} f(x)$ die Fourierkoeffizienten $(c_{k-n})_{k \in \mathbb{Z}}$.

Anwendungsbeispiel Wir betrachten eine fest eingespannte Saite der Länge π. Zum Zeitpunkt $t = 0$ lenken wir die Saite in ihrer Mitte um $1/10$ aus ihrer Ruhelage aus. Dann lassen wir sie los, und sie beginnt eine Schwingung durchzuführen.

Die Anfangsauslenkung wird durch

$$u(x, 0) = \begin{cases} \frac{x}{5\pi}, & 0 < x < \pi/2, \\ \frac{\pi - x}{5\pi}, & \pi/2 < x < \pi \end{cases}$$

gegeben. Wir setzen die Funktion ungerade auf das Intervall $(-\pi, \pi)$ fort und berechnen die reellen Fourierkoeffizienten. Es ist $a_k = 0$, $k = 0, 1, 2, \ldots$ und

$$\begin{aligned} b_k &= \frac{2}{\pi} \int_0^{\pi} u(x, 0) \sin(kx)\, dx \\ &= \frac{2}{5\pi^2} \int_0^{\pi/2} x \sin(kx)\, dx + \frac{2}{5\pi^2} \int_{\pi/2}^{\pi} (\pi - x) \sin(kx)\, dx \\ &= \frac{4 \sin(\pi k/2)}{5\pi^2 k^2}. \end{aligned}$$

Für gerade k ist $b_k = 0$, für $k = 2l - 1$ erhalten wir

$$b_{2l-1} = \frac{4\,(-1)^{l+1}}{5\pi^2\,(2l-1)^2}, \qquad l = 1, 2, 3, \ldots$$

Im nächsten Abschnitt werden wir zeigen, dass die Folge der Fourierpolynome mit diesen Koeffizienten in jedem $x \in (0, \pi)$ gegen den Wert $u(x, 0)$ konvergiert, d. h., es gilt

$$u(x, 0) = \sum_{l=1}^{\infty} \frac{4\,(-1)^{l+1}}{5\pi^2\,(2l-1)^2} \sin((2l-1)\,x), \qquad x \in (0, \pi).$$

Durch einen Koeffizientenvergleich folgern wir hieraus mit den Ergebnissen vom Anfang des Kapitels, dass die schwingende Saite die Bewegung

$$u(x, t) = \sum_{l=1}^{\infty} \frac{4\,(-1)^{l+1}}{5\pi^2\,(2l-1)^2} \sin((2l-1)\,x) \cos\left(\sqrt{\frac{S}{\rho}}\, kt\right)$$

für $x \in (0, \pi)$ und $t > 0$ durchführt. Hierbei ist noch die Tatsache eingegangen, dass sich die Saite zum Zeitpunkt $t = 0$ in Ruhe befindet, also $(\partial u(x, 0))/(\partial t) = 0$ ist. ◄

30.3 Fourierreihen

Wir wissen nun, dass das Fourierpolynom von f die beste Approximation aus T_n an f im Sinne des quadratischen Mittels darstellt. Wir wenden uns nun der Frage zu, in welchem Sinne die Folge (p_n) der Fourierpolynome gegen die Funktion f konvergiert. Wir werden hier mit verschiedenen Konvergenzbegriffen konfrontiert werden. Als entscheidend dafür, welcher Begriff zum Einsatz kommt, werden sich die Glattheitseigenschaften der Funktion f herausstellen.

Zunächst beschäftigen wir uns weiter mit der Approximation im quadratischen Mittel. Aus der Herleitung des Fourierpolynoms wissen wir, dass für $f \in L^2(-\pi, \pi)$ und das zugehörige Fourierpolynom p_n vom Grad n mit

$$p_n(x) = \sum_{k=-n}^{n} c_k\, e^{ikx}, \qquad x \in \mathbb{R},$$

die Gleichung

$$\int_{-\pi}^{\pi} \left| f(x) - \sum_{k=-n}^{n} c_k\, e^{ikx} \right|^2 dx = \int_{-\pi}^{\pi} |f(x)|^2\, dx - 2\pi \sum_{k=-n}^{n} |c_k|^2$$

gilt. Dies entspricht gerade (30.1) für den Fall des Fourierpolynoms. Es folgt also

$$\begin{aligned} \sum_{k=-n}^{n} |c_k|^2 &= \frac{1}{2\pi} \int_{-\pi}^{\pi} |f(x)|^2\, dx - \frac{1}{2\pi} \int_{-\pi}^{\pi} |f(x) - \sum_{k=-n}^{n} c_k e^{ikx}|^2\, dx \\ &\le \frac{1}{2\pi} \int_{-\pi}^{\pi} |f(x)|^2\, dx. \end{aligned}$$

Diese Aussage heißt **Bessel'sche Ungleichung**. Da auf der linken Seite der Abschätzung eine Reihe mit nichtnegativen Gliedern steht, folgt mit dem Monotoniekriterium für Folgen, dass die Reihe

$$\left(\sum_{k=-\infty}^{\infty} |c_k|^2 \right)$$

konvergiert. Dies ist so zu verstehen, dass wir Partialsummen bilden, bei denen der Summationsindex von $-N$ bis N läuft, und wir N gegen unendlich gehen lassen. Die Konvergenz dieser Reihe bedeutet auch, dass die Fourierkoeffizienten abfallen. Es gilt

$$c_k \to 0 \quad (k \to \pm\infty).$$

Diese letzte Aussage ist in der Mathematik als **Riemann-Lebesgue-Lemma** bekannt.

Mithilfe der Bessel'schen Ungleichung erhält man, dass es eine Funktion $g \in L^2(-\pi, \pi)$ gibt, gegen die die Folge der Fourierpolynome konvergiert. Wesentliche Grundlage dieser Überlegung ist, dass der Raum $L^2(-\pi, \pi)$ **vollständig** ist. Auf diesen Begriff und seine Konsequenzen wird im Kap. 31 genauer eingegangen. Ferner folgt, dass f und g dieselben Fourierkoeffizienten besitzen,

$$\int_{-\pi}^{\pi} f(x)\, e^{-ikx}\, dx = \int_{-\pi}^{\pi} g(x)\, e^{-ikx}\, dx, \qquad k \in \mathbb{Z}.$$

Es stellt sich nun die Frage, ob aufgrund dieser Tatsache nicht auf $f = g$ geschlossen werden kann. Dazu darf es außer der Nullfunktion keine Funktion in $L^2(-\pi, \pi)$ geben, die zu allen trigonometrischen Polynomen φ_k, $k \in \mathbb{Z}$, orthogonal ist. Dies ist in der Tat der Fall. Ein Beweis findet sich zum Beispiel bei Heuser: *Analysis II*. Satz 141.3, Teubner, 1991. Wir fassen diese Resultate zusammen.

Fourier'scher Entwicklungssatz

Die Folge (p_n) der Fourierpolynome zu einer Funktion $f \in L^2(-\pi, \pi)$ konvergiert im quadratischen Mittel gegen f, d. h.

$$\int_{-\pi}^{\pi} |p_n(x) - f(x)|^2 \, dx \longrightarrow 0 \quad (n \to \infty).$$

Die in diesem Sinne konvergente Reihe

$$\left(\sum_{k=-\infty}^{\infty} c_k e^{ikx}\right)$$

mit den Fourierkoeffizienten (c_k) von f heißt **Fourierreihe**.

Ferner gilt die **Parseval'sche Gleichung**

$$\sum_{k=-\infty}^{\infty} |c_k|^2 = \frac{1}{2\pi} \int_{-\pi}^{\pi} |f(x)|^2 \, dx.$$

Man sagt auch, dass man die Funktion f **in eine Fourierreihe entwickelt**, oder spricht von der **Fourierreihendarstellung von** f.

Beispiel Wir betrachten die Funktion $f : (-\pi, \pi) \to \mathbb{R}$ mit

$$f(x) = \begin{cases} \dfrac{x+\pi}{\pi}, & x \in (-\pi, 0], \\ \dfrac{x-\pi}{\pi}, & x \in (0, \pi). \end{cases}$$

Die Funktion ist ungerade, daher benötigen wir nur die Koeffizienten der Sinusfunktionen in der reellen Darstellung der Fourierreihe. Diese sind

$$\begin{aligned} b_k &= \frac{2}{\pi} \int_0^{\pi} f(x) \sin(kx) \, dx \\ &= \frac{2}{\pi^2} \int_0^{\pi} x \sin(kx) \, dx - \frac{2}{\pi} \int_0^{\pi} \sin(kx) \, dx \\ &= \frac{2}{\pi^2} \left[\frac{\sin(kx)}{k^2} - \frac{x \cos(kx)}{k}\right]_0^{\pi} + \frac{2}{\pi} \left[\frac{\cos(kx)}{k}\right]_{x=0}^{\pi} \\ &= \frac{2}{\pi^2} \left(-\frac{\pi (-1)^k}{k}\right) + \frac{2}{\pi} \left(\frac{(-1)^k}{k} - \frac{1}{k}\right) \\ &= -\frac{2}{\pi k}. \end{aligned}$$

Somit ist

$$f(\cdot) = -\frac{2}{\pi} \sum_{k=1}^{\infty} \frac{1}{k} \sin(k \cdot),$$

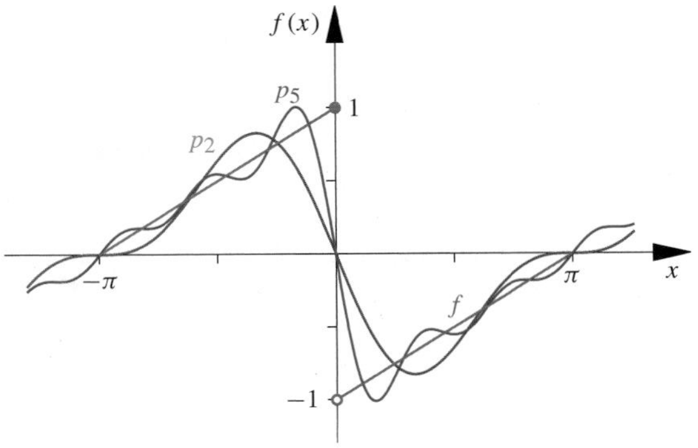

Abb. 30.8 Eine unstetige Funktion und zwei ihrer Fourierpolynome. Die Fourierpolynome konvergieren im quadratischen Mittel gegen die Funktion. Es liegt keine punktweise Konvergenz vor: An der Stelle 0 haben die Fourierpolynome stets den Wert 0, die Funktion aber den Wert 1

auf $(-\pi, \pi)$, wobei die Gleichheit der Funktionen im Sinne des L^2 zu verstehen ist. Wir haben das Argument x der Funktionen weggelassen, denn die Gleichheit gilt nicht für jedes einzelne x aus dem Intervall: Für $x = 0$ steht rechts die Nullreihe, links ist der Funktionswert 1. Die Abb. 30.8 zeigt die Funktion und zwei ihrer Fourierpolynome.

Wir können noch die Formel für die Normen überprüfen. Es ist

$$|c_k| = \frac{\sqrt{a_k^2 + b_k^2}}{2} = \frac{1}{\pi k}$$

für $k \in \mathbb{N}$. Ferner ist $c_0 = 0$ und $c_{-k} = \overline{c_k}$ für $k \in \mathbb{N}$. Daher gilt

$$\sum_{n=-\infty}^{\infty} |c_k|^2 = 2 \sum_{n=1}^{\infty} |c_k|^2 = \frac{2}{\pi^2} \sum_{n=1}^{\infty} \frac{1}{k^2} = \frac{1}{3}.$$

Den Wert $\pi^2/6$ der Reihe über $1/k^2$ bestimmen wir im Beispiel auf S. 1153. Andererseits ist

$$\begin{aligned} \frac{1}{2\pi} \int_{-\pi}^{\pi} |f(x)|^2 \, dx &= \frac{1}{2\pi^3} \int_{-\pi}^{0} (x+\pi)^2 \, dx + \frac{1}{2\pi^3} \int_0^{\pi} (x-\pi)^2 \, dx \\ &= \frac{1}{2\pi^3} \left[\frac{1}{3}(x+\pi)^3\right]_{-\pi}^{0} + \frac{1}{2\pi^3} \left[\frac{1}{3}(x-\pi)^3\right]_0^{\pi} \\ &= \frac{1}{3}. \end{aligned}$$

◀

Selbstfrage 5

Gilt für die Fourierkoeffizienten (c_k) einer L^2-Funktion die Asymptotik

$$|c_k| = o\left(\frac{1}{\sqrt{|k|}}\right), \quad |k| \to \infty?$$

Konvergenz für glatte Funktionen

Mit der Konvergenz im quadratischen Mittel und dem Raum der quadratintegrierbaren Funktionen haben wir das natürliche Umfeld der Fourierreihen gefunden. Allerdings erhalten wir mit diesen Begriffen keine Aussage darüber, wie sich die Fourierreihe an einer einzelnen Stelle $x \in (-\pi, \pi)$ oder in den Endpunkten $\pm\pi$ verhält.

Um hierüber Aussagen zu treffen, ist es notwendig, eine neue Klasse von Funktionen einzuführen, die *stückweise stetigen* Funktionen. Dazu zerlegen wir das Intervall $(-\pi, \pi)$ durch ein Gitter, d. h. eine endliche Anzahl von Punkten $x_j \in [-\pi, \pi]$, $j = 1, \ldots, n$ mit

$$-\pi = x_0 < x_1 < x_2 < \cdots < x_{n-1} < x_n = \pi.$$

Wir nennen eine Funktion $f : (-\pi, \pi) \to \mathbb{C}$ **stückweise stetig** auf dem abgeschlossenen Intervall $[-\pi, \pi]$, falls es ein solches Gitter gibt, sodass jede der Einschränkungen $f|_{(x_{j-1}, x_j)}$, $j = 1, \ldots, n$, stetig ist und sich stetig auf das abgeschlossene Intervall $[x_{j-1}, x_j]$ fortsetzen lässt.

Beispiel Die Funktion

$$f(x) = \begin{cases} 1 + x, & -\pi < x \leq 0, \\ x, & 0 < x < \pi. \end{cases}$$

ist stückweise stetig, denn die Grenzwerte

$$\begin{aligned} f(0-) &= 1, & f(-\pi+) &= 1 - \pi, \\ f(0+) &= 0, & f(\pi-) &= \pi \end{aligned}$$

existieren jeweils (siehe Abb. 30.9).

Die Funktion

$$g(x) = \begin{cases} \ln\left(4 \sin^2 \frac{x}{2}\right), & x \in (-\pi, \pi) \setminus \{0\}, \\ 0, & x = 0. \end{cases}$$

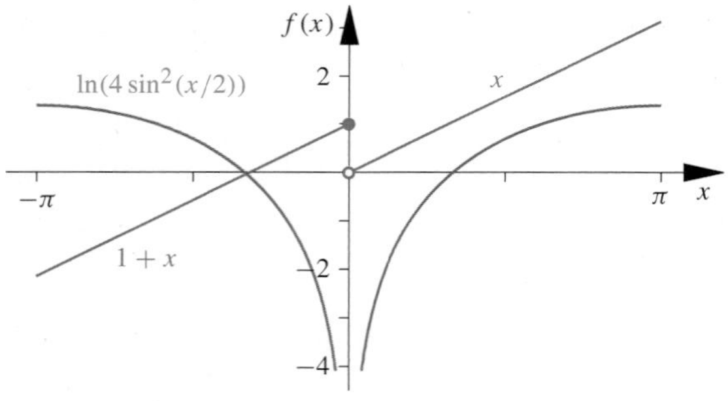

Abb. 30.9 Die Funktion f aus dem Beispiel ist stückweise stetig, denn die links- und rechtsseitigen Grenzwerte bei 0 und $\pm\pi$ existieren. Die Funktion g hat bei null eine Singularität und ist daher nicht stückweise stetig

ist nicht stückweise stetig, denn die Grenzwerte

$$\lim_{x \to 0+} g(x), \quad \lim_{x \to 0-} g(x)$$

existieren nicht. ◄

Für eine stückweise stetige Funktion f lässt sich eine Formel für die Differenz zwischen der Funktion und ihrem Fourierpolynom n-ten Grades herleiten. Dazu benötigen wir noch eine neue Notation. Für stückweise stetige Funktionen können wir die links- und rechtsseitigen Grenzwerte an einer Stelle $\hat{x} \in (-\pi, \pi)$ durch

$$\begin{aligned} f(\hat{x}+) &= \lim_{\substack{x \to \hat{x} \\ x > \hat{x}}} f(x), \\ f(\hat{x}-) &= \lim_{\substack{x \to \hat{x} \\ x < \hat{x}}} f(x) \end{aligned}$$

definieren. Diese Notation hatten wir in Abschn. 7.4 schon kennengelernt.

Achtung Ist f in $\hat{x}$ stetig, so gilt

$$f(\hat{x}+) = f(\hat{x}-) = f(\hat{x}).$$

Im Allgemeinen sind jedoch die beiden Grenzwerte verschieden. Selbst wenn sie gleich sind, müssen sie nicht mit dem Funktionswert $f(\hat{x})$ übereinstimmen. ◄

In den Randpunkten $\pm\pi$ können wir nur jeweils einen der beiden Grenzwerte definieren, nämlich $f((-\pi)+)$ und $f(\pi-)$. Da die Fourierpolynome jedoch stets die 2π-periodische Fortsetzung einer Funktion approximieren, setzen wir noch

$$f((-\pi)-) = f(\pi-) \quad \text{und} \quad f(\pi+) = f((-\pi)+).$$

In vielen der folgenden Aussagen wird der Mittelwert

$$\frac{1}{2}\left(f(\hat{x}+) + f(\hat{x}-)\right)$$

des links- und rechtsseitigen Grenzwerts an einer Stelle $\hat{x}$ eine Rolle spielen. Ist die Funktion in f stetig, so stimmt dieser Mittelwert mit dem Funktionswert $f(\hat{x})$ überein. Der Einfachheit halber wollen wir in folgenden Aussagen auch davon ausgehen, dass f eine 2π-periodische Funktion ist bzw. dass f die periodische Fortsetzung einer auf $(-\pi, \pi)$ definierten Funktion ist.

Es gilt nun der folgende Zusammenhang zwischen diesem Mittelwert und dem Wert des Fourierpolynoms n-ten Grades für jedes $x \in [-\pi, \pi]$:

$$\frac{1}{2}\left(f(x+) + f(x-)\right) = \sum_{k=-n}^{n} c_k \, e^{ikx} + R_n(x), \qquad (30.2)$$

wobei

$$R_n(x) = \frac{1}{2\pi}\left[\int\limits_{x-\pi}^{x} (f(x-) - f(t))\frac{\sin[(2n+1)\frac{x-t}{2}]}{\sin\frac{x-t}{2}}\,dt + \int\limits_{x}^{x+\pi} (f(x+) - f(t))\frac{\sin\left[(2n+1)\frac{x-t}{2}\right]}{\sin\frac{x-t}{2}}\,dt\right].$$

Die Herleitung der Formel (30.2) werden wir im folgenden optionalen Abschnitt präsentieren.

Kommentar Beachten Sie die Analogie zur Taylorformel (siehe S. 351). In beiden Fällen wird die Differenz zwischen Funktionswert und (hier trigonometrischem) Polynom durch ein Restglied ausgedrückt. Selbst wenn die Taylorreihe konvergiert, muss ihr Wert nicht gleich dem Funktionswert sein. Dazu ist notwendig, dass das Restglied gegen null geht. Wie wir gleich an einem Beispiel sehen werden, liegt der Fall bei den Fourierreihen ganz ähnlich. Nur wenn das Restglied gegen null geht, konvergiert die Fourierreihe gegen den Mittelwert des links- und des rechtsseitigen Grenzwerts. ◄

* Die Herleitung der Restgliedformel

Wir wollen uns die Herleitung der Restgliedformel (30.2) für die Differenz zwischen einer Funktion $f \in L^2(-\pi, \pi)$ und ihrem Fourierpolynom n-ten Grades überlegen. Dazu nehmen wir an, dass f eine auf ganz $\mathbb{R}$ definierte, 2π-periodische Funktion ist.

Für die Herleitung verwenden wir vollständige Induktion. Zunächst betrachten wir als Induktionsanfang $n = 0$. Es ist

$$\begin{aligned}\frac{1}{2}\,[f(x+) + f(x-)] - c_0 &= \frac{1}{2\pi}\left[\pi f(x+) + \pi f(x-) - \int\limits_{x-\pi}^{x+\pi} f(t)\,dt\right] \\ &= \frac{1}{2\pi}\left[\int\limits_{x-\pi}^{x} (f(x-) - f(t))\,dt + \int\limits_{x}^{x+\pi} (f(x+) - f(t))\,dt\right]\end{aligned}$$

Damit ist der Induktionsanfang erbracht.

Für den Induktionsschluss nehmen wir an, dass die Restgliedformel für ein $n \in \mathbb{N}_0$ richtig ist. Zur Abkürzung setzen wir noch

$$A_n(s) = \frac{\sin\left[(2n+1)\frac{s}{2}\right]}{\sin\frac{s}{2}}, \quad s \in \mathbb{R}.$$

Für $s = 2\pi n$, $n \in \mathbb{Z}$, ist diese Definition im Sinne des Grenzwerts nach der Regel von L'Hospital zu verstehen.

Nun gilt

$$\begin{aligned}R_{n+1}(x) &= \frac{1}{2}\,[f(x+) + f(x-)] - \sum_{k=-(n+1)}^{n+1} c_k\,e^{ikx} \\ &= R_n(x) - c_{-(n+1)}\,e^{-i(n+1)x} - c_{n+1}\,e^{i(n+1)x} \\ &= \frac{1}{2\pi}\left[\int\limits_{x-\pi}^{x} (f(x-) - f(t))\,A_n(x-t)\,dt + \int\limits_{x}^{x+\pi} (f(x+) - f(t))\,A_n(x-t)\,dt - \int\limits_{x-\pi}^{x+\pi} f(t)\left(e^{-i(n+1)(x-t)} + e^{i(n+1)(x-t)}\right)dt\right].\end{aligned}$$

Den Integranden im letzten Integral können wir noch vereinfachen, denn es gilt

$$e^{-i(n+1)(x-t)} + e^{i(n+1)(x-t)} = 2\cos((n+1)(x-t)).$$

Um die Integrale weiter zu vereinfachen, berechnen wir noch

$$\begin{aligned}\int\limits_{x-\pi}^{x} \cos((n+1)(x-t))\,dt &= \left[-\frac{1}{(n+1)}\sin((n+1)(x-t))\right]_{t=x-\pi}^{x} \\ &= \frac{1}{i\,(n+1)}\,(\sin(0) - \sin((n+1)\pi)) \\ &= 0.\end{aligned}$$

Also folgt auch

$$\int\limits_{x-\pi}^{x} f(x-)\,\cos((n+1)(x-t))\,dt = 0$$

und analog

$$\int\limits_{x}^{x+\pi} f(x+)\,\cos((n+1)(x-t))\,dt = 0.$$

Somit erhalten wir

$$\begin{aligned}R_{n+1}(x) = \frac{1}{2\pi}\Bigg[&\int\limits_{x-\pi}^{x} (f(x-) - f(t)) \cdot (A_n(x-t) + 2\cos((n+1)(x-t)))dt \\ &+ \int\limits_{x}^{x+\pi} (f(x+) - f(t)) \cdot (A_n(x-t) + 2\cos((n+1)(x-t)))dt\Bigg].\end{aligned}$$

Nun betrachten wir den Ausdruck für A_n genauer. Mit einem Additionstheorem folgt

$$\begin{aligned} &A_n(s) + 2\cos((n+1)s) \\ &\quad= \frac{\sin((n+1)s)\,\cos(s/2) - \cos((n+1)s)\,\sin(s/2)}{\sin(s/2)} \\ &\qquad + 2\cos((n+1)s) \\ &\quad= \frac{\sin((n+1)s)\,\cos(s/2) + \cos((n+1)s)\,\sin(s/2)}{\sin(s/2)} \\ &\quad= \frac{\sin((2n+3)s/2)}{\sin(s/2)} \\ &\quad= A_{n+1}(s). \end{aligned}$$

Somit erhalten wir die Aussage

$$\begin{aligned} R_{n+1}(x) = \frac{1}{2\pi}\Bigg[&\int_{x-\pi}^{x} (f(x-) - f(t))A_{n+1}(x-t)\,\mathrm{d}t \\ &+ \int_{x}^{x+\pi} (f(x+) - f(t))A_{n+1}(x-t)\,\mathrm{d}t \Bigg]. \end{aligned}$$

Dies war in der Induktionsbehauptung zu zeigen.

Ist die Ableitung stückweise stetig, so konvergiert die Fourierreihe punktweise

Wir haben die Restgliedformel für Fourierpolynome zwar für stückweise stetige Funktionen herleiten können, aber für solche Funktionen muss das Restglied nicht gegen null gehen. Damit die Fourierreihe punktweise konvergiert, benötigen wir noch etwas gutartigere Funktionen, nämlich solche, die bis auf endlich viele Ausnahmestellen differenzierbar sind und bei denen die Ableitung stückweise stetig ist.

Dafür wählen wir uns eine Funktion $f : (-\pi, \pi) \to \mathbb{C}$ und ein Gitter von Punkten $x_j \in [-\pi, \pi]$, $j = 0, \ldots, N$, sodass f' auf jedem Intervall (x_{j-1}, x_j), $j = 1, \ldots, N$ existiert und sich stetig auf das Intervall $[x_{j-1}, x_j]$ fortsetzen lässt. Wir nennen eine solche Funktion **stückweise stetig differenzierbar**. Sie ist dann auch selbst stückweise stetig. Außerhalb von $[-\pi, \pi]$ setzen wir f 2π-periodisch auf ganz $\mathbb{R}$ fort.

Für ein solches f wollen wir das Verhalten der Fourierreihe an einer Stelle $x \in [-\pi, \pi]$ untersuchen. Dazu definieren wir die Funktion

$$\psi(t) = \begin{cases} \frac{f(x-)-f(t)}{\sin((x-t)/2)}, & t \in [x-\pi, x), \\ \frac{f(x+)-f(t)}{\sin((x-t)/2)}, & t \in (x, x+\pi]. \end{cases}$$

Wir können die Grenzwerte $\psi(x-)$ und $\psi(x+)$ bilden. Zum Beispiel gilt nach der Regel von L'Hospital

$$\begin{aligned} \psi(x+) &= \lim_{t\to x+} \frac{f(x+) - f(t)}{\sin((x-t)/2)} \\ &= \lim_{t\to x+} \frac{2f'(t)}{\cos((x-t)/2)} \\ &= 2f'(x+). \end{aligned}$$

Analog erhalten wir $\psi(x-) = 2f'(x-)$. Wir erhalten somit, dass ψ eine stückweise stetige Funktion auf dem Intervall $(x-\pi, x+\pi)$ ist. Eine solche Funktion ist auch quadratintegrierbar. Wenn wir noch die Verschiebung um x kompensieren, erhalten wir $s \mapsto \psi(x-s) \in L^2(-\pi, \pi)$.

Nun betrachten wir das Restglied der Fourierreihenentwicklung von f. Es gilt mit der Funktion ψ

$$\begin{aligned} R_n(x) &= \frac{1}{2\pi}\int_{x-\pi}^{x+\pi} \psi(t)\,\sin\left((2n+1)\,\frac{x-t}{2}\right)\mathrm{d}t \\ &= \frac{1}{2\pi}\int_{-\pi}^{\pi} \psi(x-s)\,\sin\left(\frac{(2n+1)\,s}{2}\right)\mathrm{d}s \\ &= \frac{1}{2\pi}\int_{-\pi}^{\pi} \left[\psi(x-s)\,\cos\frac{s}{2}\right]\sin(ns)\,\mathrm{d}s \\ &\qquad + \frac{1}{2\pi}\left[\psi(x-s)\,\sin\frac{s}{2}\right]\cos(ns)\,\mathrm{d}s. \end{aligned}$$

Dies ist die Summe von zwei Fourierkoeffizienten, einmal von der Funktion $\psi(x - \cdot)\cos(\cdot/2)$ und einmal von der Funktion $\psi(x - \cdot)\sin(\cdot/2)$. Da $\psi(x - \cdot)$ eine L^2-Funktion ist, sind es auch diese beiden. Nach dem Riemann-Lebesgue-Lemma (siehe S. 1146) gehen diese Koeffizienten gegen null für n gegen unendlich. Also gilt auch

$$R_n(x) \to 0 \quad (n \to \infty).$$

Wir halten dieses wichtige Resultat fest.

Punktweise Konvergenz der Fourierreihe

Ist $f : (-\pi, \pi) \to \mathbb{C}$ stückweise stetig differenzierbar, so konvergiert die Fourierreihe von f punktweise, und es gilt

$$\frac{f(x+) + f(x-)}{2} = \sum_{k=-\infty}^{\infty} c_k\,\mathrm{e}^{\mathrm{i}kx}$$

für jedes $x \in [-\pi, \pi]$. Hierbei sind c_k, $k \in \mathbb{Z}$, die Fourierkoeffizienten der Funktion f.

Beispiel

- Die Funktion $f(x) = x^3$, $x \in (-\pi, \pi)$ ist stückweise stetig differenzierbar, denn sie ist auf $(-\pi, \pi)$ stetig differenzierbar

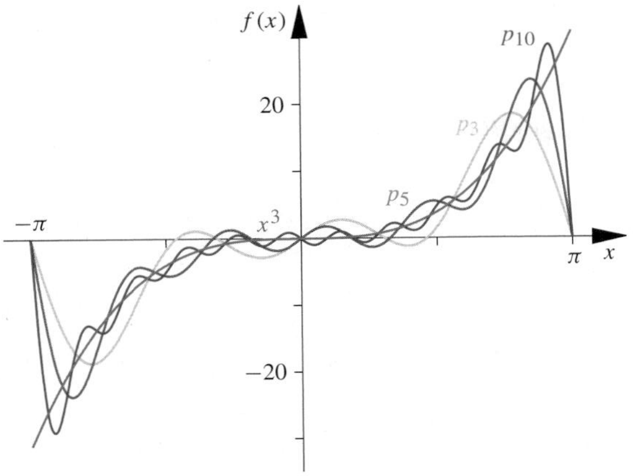

Abb. 30.10 Die Funktion $f(x) = x^3$, $x \in (-\pi, \pi)$ und drei ihrer Fourierpolynome. An den Randpunkten $\pm\pi$ konvergiert die Fourierreihe gegen den Mittelwert der links- und rechtsseitigen Grenzwerte, der null ist

und die Ableitung $f'(x) = 3x^2$ lässt sich stetig auf $[-\pi, \pi]$ fortsetzen. Die Fourierreihe lautet

$$\left(\sum_{k=1}^{\infty}(-1)^k\left(\frac{12}{k^3}-\frac{2\pi^2}{k}\right)\sin(kx)\right).$$

Die Funktion und einige ihrer Fourierpolynome sind in der Abb. 30.10 zu sehen. Nach der Aussage über die punktweise Konvergenz konvergiert die Fourierreihe für alle $x \in (-\pi, \pi)$ gegen die Funktion.
An den Randpunkten ist der Wert der Fourierreihe null. Dies ist nicht der Funktionswert, sondern der Mittelwert der links- und rechtsseitigen Grenzwerte,

$$0 = \frac{1}{2}\left(\pi^3 + (-\pi)^3\right) = \frac{1}{2}\left[f(\pi-) + f((-\pi)+)\right].$$

- Die Funktion $f : (-\pi, \pi) \to \mathbb{R}$ mit

$$f(x) = \begin{cases} \frac{x+\pi}{\pi}, & x \in (-\pi, 0), \\ \frac{x-\pi}{\pi}, & x \in [0, \pi). \end{cases}$$

kennen wir schon aus dem Beispiel von S. 1147. Dort wurde gezeigt, dass ihre Fourierreihe

$$\left(-\frac{2}{\pi}\sum_{n=1}^{\infty}\frac{1}{k}\sin(kx)\right)$$

lautet. Diese Funktion und zwei ihrer Fourierpolynome sind in der Abb. 30.8 dargestellt.
Auch diese Funktion ist stückweise stetig differenzierbar, denn sie ist auf den Intervallen $(-\pi, 0)$ und $(0, \pi)$ jeweils stetig differenzierbar und die Ableitung lässt sich jeweils von links und rechts stetig in die Punkte $\pm\pi$ und 0 fortsetzen. Nach dem Satz über die punktweise Konvergenz konvergiert die Fourierreihe auf den Intervallen $(-\pi, 0)$ und $(0, \pi)$ gegen die Funktion, denn diese ist dort stetig. An der Stelle 0

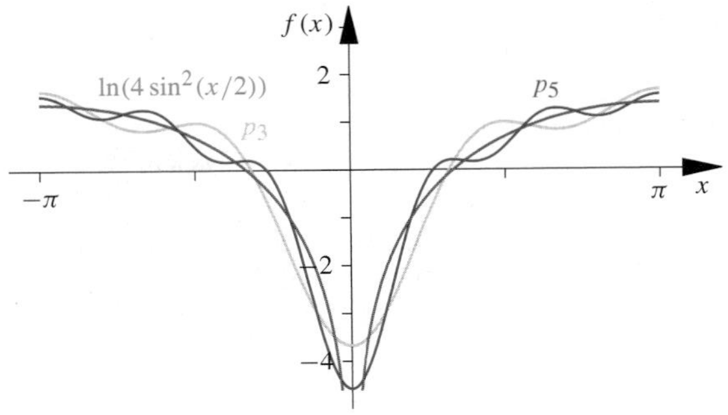

Abb. 30.11 Die Funktion $f(x) = \ln(4\sin^2(x/2))$, $x \in (-\pi, \pi)$, hat an der Stelle null eine Singularität. Die Fourierreihe divergiert an dieser Stelle

konvergiert die Fourierreihe gegen

$$\frac{f(0-) + f(0+)}{2} = \frac{1 + (-1)}{2} = 0.$$

An den Randpunkten $\pm\pi$ gilt

$$f((-\pi)-) = f(\pi-) = 0 = f((-\pi)+) = f(\pi+).$$

Daher konvergiert die Fourierreihe auch in diesen Punkten gegen null. Man vergewissert sich leicht, dass sogar jedes Fourierpolynom von f an den Stellen $\pm\pi$ und 0 verschwindet.

- Als letztes betrachten wir die Funktion

$$f(x) = \begin{cases} \ln\left(4\sin^2\frac{x}{2}\right), & x \in (-\pi, \pi)\setminus\{0\}, \\ 0, & x = 0. \end{cases}$$

Im Beispiel auf S. 1148 hatten wir gesehen, dass diese Funktion nicht stückweise stetig ist, und daher auch nicht stückweise stetig differenzierbar. Daher ist der Satz über die punktweise Konvergenz der Fourierreihe nicht anwendbar.
Die Fourierkoeffizienten können wir bestimmen durch die Taylorreihe der Funktion $\ln(1-t)$ um $t_0 = 0$. Es ist für $x \neq 0$:

$$\begin{aligned}
\ln\left(4\sin^2\frac{x}{2}\right) &= \ln\left(2 - 2\cos^2\frac{x}{2} + 2\sin^2\frac{x}{2}\right) \\
&= \ln\left(2 - 2\cos x\right) \\
&= \ln\left((1 - e^{ix})(1 - e^{-ix})\right) \\
&= \ln\left(1 - e^{ix}\right) + \ln\left(1 - e^{-ix}\right) \\
&= -\sum_{n=1}^{\infty}\frac{1}{n}(e^{ix})^n - \sum_{n=1}^{\infty}\frac{1}{n}(e^{-ix})^n \\
&= -\sum_{n=1}^{\infty}\frac{1}{n}\left(e^{inx} + e^{-inx}\right) \\
&= -2\sum_{n=1}^{\infty}\frac{\cos(nx)}{n}
\end{aligned}$$

An der Stelle $x = 0$ erhalten wir die harmonische Reihe, die divergiert. Die Funktion und zwei ihrer Fourierpolynome sind in der Abb. 30.11 dargestellt. ◄

Kommentar Im letzten Teil des Beispiels sehen wir, dass auch bei einer Funktion, die nicht stückweise stetig differenzierbar ist, die Fourierreihe an solchen Stellen punktweise gegen die Funktion konvergiert, die ein Stück von der Unstetigkeitsstelle der Ableitung entfernt ist. Man kann allgemein zeigen, dass die Aussage über die punktweise Konvergenz der Fourierreihe lokal gilt: Ist f in einer Umgebung einer Stelle x_0 differenzierbar und lassen sich die Grenzwerte $f'(\hat{x}-)$ und $f'(\hat{x}+)$ bilden, so ist der Wert der Fourierreihe in $\hat{x}$ gleich $(f(\hat{x}+)+f(\hat{x}-))/2$. ◀

Eine Fourierreihe darf man gliedweise integrieren und manchmal auch differenzieren

Nachdem wir nun wissen, unter welchen Voraussetzungen eine Fourierreihe punktweise konvergiert, liegt es nahe, danach zu fragen, wie sich analytische Eigenschaften von einer Funktion auf ihre Fourierreihe übertragen. So wissen wir zum Beispiel bei Potenzreihen, dass wir diese gliedweise Differenzieren können. Das dies bei einer Fourierreihe falsch ist, zeigt ein einfaches Beispiel.

Beispiel Im Beispiel auf S. 1153 wird gezeigt, dass für $x \in (-\pi,\pi)$ die Gleichung

$$x = 2\sum_{k=1}^{\infty}\frac{(-1)^{k+1}}{k}\sin(kx)$$

gilt. Wenn wir die Fourierreihe gliedweise differenzieren, so erhalten wir die Reihe

$$\left(2\sum_{k=1}^{\infty}(-1)^{k+1}\cos(kx)\right).$$

Dies ist nicht die Fourierreihe einer L^2-Funktion, denn nach dem Riemann-Lebesgue-Lemma müssen die Fourierkoeffizienten einer solchen Funktion gegen null gehen. ◀

Die Voraussetzungen für die punktweise Konvergenz der Fourierreihe reichen also für die gliedweise Differenzierbarkeit nicht. Wir müssen mehr fordern. Es gilt der Satz, dass die Fourierreihe einer 2π-periodischen, stetigen Funktion, deren Ableitung stückweise stetig ist, gliedweise differenziert werden kann und die so gewonnene Reihe mit der Fourierreihe der Ableitung der Funktion übereinstimmt. Hat also f die Fourierreihe

$$\left(\sum_{k=-\infty}^{\infty}c_k\,\mathrm{e}^{\mathrm{i}kx}\right),$$

so hat unter den eben genannten Voraussetzungen f' die Fourierreihe

$$\left(\sum_{k=-\infty}^{\infty}\mathrm{i}k\,c_k\,\mathrm{e}^{\mathrm{i}kx}\right).$$

Für die reelle Darstellung der Fourierreihe gilt eine entsprechende Formel.

Beispiel Im Beispiel auf S. 1153 wird auch gezeigt, dass die Funktion

$$f(x) = x^2, \quad x \in (-\pi,\pi),$$

die Fourierreihe

$$\left(\frac{\pi^2}{3} + 4\sum_{k=1}^{\infty}\frac{(-1)^k}{k^2}\cos(kx)\right)$$

besitzt. Setzen wir f 2π-periodisch fort, ergibt sich insgesamt eine stetige Funktion, und auch f' ist stückweise stetig. Wir dürfen also gliedweise differenzieren und erhalten die Reihe

$$\left(4\sum_{k=1}^{\infty}\frac{(-1)^{k+1}}{k}\sin(kx)\right).$$

Aus dem vorangegangen Beispiel sehen wir unmittelbar, dass dies mit der Fourierreihe von

$$f'(x) = 2x, \quad x \in (-\pi,\pi),$$

übereinstimmt. ◀

Die Situation bei der Integration ist etwas angenehmer. Sind (c_k) die Fourierkoeffizienten einer Funktion $f \in L^2(-\pi,\pi)$, so erhält man durch gliedweise Integration die Reihe

$$\left(c + c_0\,x + \sum_{\substack{k=-\infty\\k\neq 0}}^{\infty}\frac{-\mathrm{i}\,c_k}{k}\,\mathrm{e}^{\mathrm{i}kx}\right).$$

Da hier die Koeffizienten noch schneller abfallen, als diejenigen von f, ist das Ergebnis auf jeden Fall wieder eine L^2-Funktion. Ein kleines Problem entsteht dadurch, dass es sich nicht mehr um eine Fourierreihe handelt, denn durch die Integration kommt ein linearer Term ins Spiel.

Achtung Man kann wieder eine Fourierreihe gewinnen, indem man $c_0\,x$ durch die entsprechende Fourierreihe ersetzt. Deren Koeffizienten fallen aber nur ab wie $1/k$. Fallen die c_k schneller ab, geht diese schnelle Konvergenzgeschwindigkeit der Reihe verloren. Außerdem wäre die so erhaltene Reihe nicht mehr gliedweise differenzierbar und damit die nun folgenden Argumente nicht umsetzbar. ◀

Handelt es sich bei der oben gefundenen Reihe um eine Stammfunktion von f? Dazu nehmen wir an, dass f stückweise stetig ist und setzen

$$g(x) = \int_{-\pi}^{x} f(t)\,\mathrm{d}t - c_0\,x, \quad x \in [-\pi,\pi].$$

Teil V

Beispiel: Berechnung von Reihenwerten

Die Werte der folgenden Reihen sollen berechnet werden:

$$\left(\sum_{k=1}^{\infty}(-1)^{k+1}\frac{1}{2k-1}\right), \quad \left(\sum_{k=1}^{\infty}\frac{1}{k^2}\right), \quad \left(\sum_{k=1}^{\infty}(-1)^{k+1}\frac{1}{k^2}\right).$$

Problemanalyse und Strategie: Wir suchen jeweils eine Funktion, bei der die Reihen den Fourierreihen der Funktion an einer festen Stelle entsprechen. Ist die Funktion stückweise stetig differenzierbar, so ist der Reihenwert gleich dem Mittelwert des rechts- und linksseitigen Grenzwerts dieser Funktion.

Lösung: Aus dem Abfallverhalten der Fourierkoeffizienten können wir mit Ergebnissen, die wir ab S. 1155 erzielen, ableiten, dass die gesuchte Funktion für die erste Reihe einen Sprung besitzen, die für die zweite und dritte Reihe stetig sein sollte. Um alles übersichtlich zu halten, wollen wir es mit geraden bzw. ungeraden Funktionen versuchen.

Zunächst betrachten wir die Funktion

$$f_1(x) = x, \quad x \in (-\pi, \pi).$$

Die periodische Fortsetzung springt an den Stellen $(2k-1)\,\pi$, $k \in \mathbb{Z}$. Wir berechnen die Fourierkoeffizienten in der reellen Form. Da es sich um eine ungerade Funktion handelt, sind alle a_k gleich null. Für die b_k gilt

$$\begin{aligned} b_k &= \frac{2}{\pi}\int_0^{\pi} x\,\sin(kx)\,\mathrm{d}x \\ &= \frac{2}{\pi}\left[-\frac{x\,\cos(kx)}{k}\right]_0^{\pi} + \frac{2}{\pi\,k}\int_0^{\pi}\cos(kx)\,\mathrm{d}x \\ &= -\frac{2\,(-1)^k}{k} + \frac{2}{\pi}\left[\frac{1}{k^2}\,\sin(kx)\right]_0^{\pi} = \frac{2\,(-1)^{k+1}}{k}. \end{aligned}$$

Also haben wir die Fourierreihe

$$\left(2\sum_{k=1}^{\infty}\frac{(-1)^{k+1}}{k}\,\sin(kx)\right).$$

Da die Funktion f_1 auf $(-\pi, \pi)$ stetig differenzierbar ist, gilt nach dem Satz über die punktweise Konvergenz der Fourierreihe

$$x = 2\sum_{k=1}^{\infty}\frac{(-1)^{k+1}}{k}\,\sin(kx), \quad x \in (-\pi, \pi).$$

Wir suchen nun eine Stelle x, für die die Glieder für gerades k zu null werden. Für $x = \pi/2$ gilt

$$\sin(2k\pi/2) = 0, \quad \sin((2k-1)\pi/2) = (-1)^{k+1},$$

für $k = 1, 2, 3, \ldots$ Wir setzen dies ein und erhalten

$$\frac{\pi}{2} = 2\sum_{k=1}^{\infty}\frac{(-1)^{2k-1+1}}{2k-1}\,(-1)^{k+1}.$$

Damit folgt

$$\frac{\pi}{4} = \sum_{k=1}^{\infty}\frac{(-1)^{k+1}}{2k-1} = 1 - \frac{1}{3} + \frac{1}{5} - \frac{1}{7} + - \cdots$$

Diese Reihe heißt auch Gregory-Leibniz-Reihe.

Um die anderen beiden Reihen zu erhalten, betrachten wir die Funktion

$$f_2(x) = x^2, \quad x \in (-\pi, \pi).$$

Diesmal handelt es sich um eine gerade Funktion. Es ist

$$a_0 = \frac{1}{\pi}\int_0^{\pi} x^2\,\mathrm{d}x = \frac{1}{\pi}\left[\frac{x^3}{3}\right]_0^{\pi} = \frac{\pi^2}{3},$$

und

$$\begin{aligned} a_k &= \frac{2}{\pi}\int_0^{\pi} x^2\cos(kx)\,\mathrm{d}x \\ &= \frac{2}{\pi}\left[\frac{x^2\,\sin(kx)}{k} + \frac{2x\,\cos(kx)}{k^2} - \frac{2\,\sin(kx)}{k^3}\right]_0^{\pi} \\ &= \frac{4\,(-1)^k}{k^2}, \quad k = 1, 2, 3, \ldots \end{aligned}$$

Die Funktion f_2 ist auf $(-\pi, \pi)$ stetig differenzierbar und auf $[-\pi, \pi]$ stückweise stetig differenzierbar. In den Endpunkten $\pm\pi$ des Intervalls ist ihre periodische Fortsetzung ebenfalls stetig, siehe Abbildung.

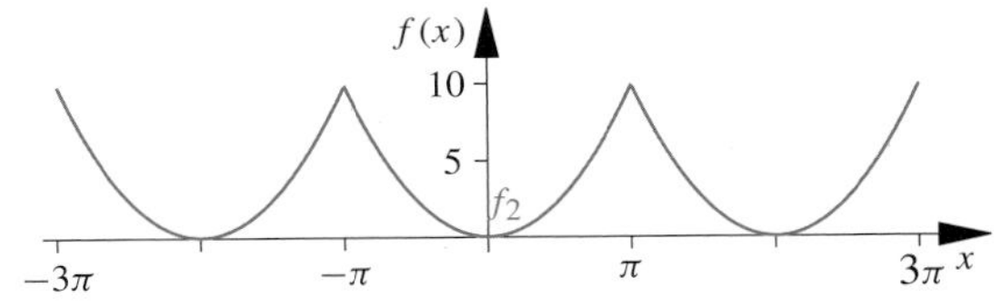

Daher gilt für alle $x \in [-\pi, \pi]$ die Formel

$$x^2 = \frac{\pi^2}{3} + 4\sum_{k=1}^{\infty}\frac{(-1)^k}{k^2}\,\cos(kx).$$

Für $x = 0$ ist $\cos(kx) = 1$, und wir erhalten

$$\sum_{k=1}^{\infty}\frac{(-1)^{k+1}}{k^2} = \frac{\pi^2}{12}.$$

Für $x = \pi$ ist $\cos(kx) = (-1)^k$, und es folgt

$$\sum_{k=1}^{\infty}\frac{1}{k^2} = \frac{\pi^2}{6}.$$

Dies sind zwei der Reihen, deren Werte wir in Abschn. 8.1 angegeben haben, ohne dies begründen zu können. Mit dem Satz über die punktweise Konvergenz der Fourierreihen erhalten wir sie fast ohne Aufwand.

Die Fourierkoeffizienten von g bezeichnen wir mit (d_k). Die Funktion g ist stetig, die Ableitung $g'(x) = f(x) - c_0$ ist stückweise stetig, und es gilt

$$\begin{aligned} c_0\pi &= g(-\pi) \\ &= g(\pi) = \int_{-\pi}^{\pi} f(t)\,\mathrm{d}t - c_0\pi = 2\pi c_0 - c_0\pi = c_0\pi. \end{aligned}$$

Die Fourierreihe von g konvergiert demnach punktweise gegen g,

$$g(x) = \sum_{k=-\infty}^{\infty} d_k\,\mathrm{e}^{\mathrm{i}kx}, \quad x \in [-\pi, \pi].$$

Außerdem dürfen wir die Fourierreihe gliedweise differenzieren und erhalten die Fourierreihe von g',

$$\left(\sum_{\substack{k=-\infty\\k\neq 0}}^{\infty} \mathrm{i}k\,d_k\,\mathrm{e}^{\mathrm{i}kx}\right).$$

Da aber

$$g'(x) = f(x) - c_0, \quad x \in (-\pi, \pi),$$

ist, folgt $c_k = \mathrm{i}k\,d_k$, $k \in \mathbb{Z}$. Es ergibt sich damit die Identität

$$\int_{-\pi}^{x} f(t)\,\mathrm{d}t - c_0 x = \sum_{\substack{k=-\infty\\k\neq 0}}^{\infty} \frac{-\mathrm{i}\,c_k}{k}\,\mathrm{e}^{\mathrm{i}kx}, \quad x \in [-\pi, \pi],$$

für jede auf $(-\pi, \pi)$ stückweise stetige Funktion f.

Für eine Funktion mit einem Sprung konvergiert die Fourierreihe niemals gleichmäßig

Wir haben nun einige Resultate zur Konvergenz der Fourierreihen erhalten: Die Reihe konvergiert im Sinne des quadratischen Mittels und für stückweise stetig differenzierbare Funktionen konvergiert sie auch punktweise. Wie sieht es mit dem noch stärkeren Begriff der gleichmäßigen Konvergenz aus? Für die Definition dieses Begriffs verweisen wir auf den Beginn des Abschn. 30.2 auf S. 1139.

Wir betrachten die Fourierreihe der Sprungfunktion

$$f(x) = \begin{cases} -1, & -\pi < x < 0, \\ 1, & 0 < x < \pi. \end{cases}$$

Es handelt sich um eine ungerade Funktion, daher treten in der Fourierreihe nur die Sinusterme auf. Für deren Koeffizienten erhalten wir

$$b_k = \frac{2}{\pi}\int_0^{\pi} \sin(kt)\,\mathrm{d}t = \frac{2}{\pi k}\,(1 - (-1)^k).$$

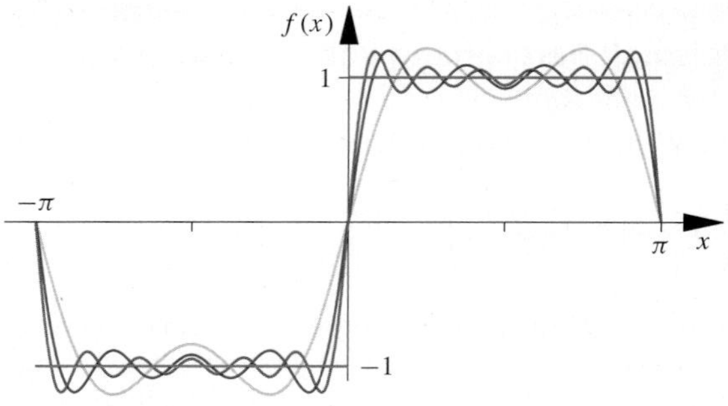

Abb. 30.12 Die Sprungfunktion f (blau) und ihre Fourierpolynome p_3 (orange), p_7 (rot) und p_{11} (grün). In der Nähe des Sprungs haben die Fourierpolynome lokale Extrema. Der Wert dieser Extrema bleibt um ein konstantes Stück oberhalb bzw. unterhalb von f

Damit ist die Fourierreihe von f gegeben durch

$$\left(\frac{4}{\pi}\sum_{k=1}^{\infty} \frac{1}{2k-1}\,\sin((2k-1)x)\right).$$

In der Abb. 30.12 ist diese Funktion und drei ihrer Fourierpolynome dargestellt. Deutlich erkennt man, dass die Fourierpolynome in der Nähe des Sprungs von f bei null lokale Extrema besitzen. Die Differenz zwischen diesen Extrema und dem Wert von f scheint unabhängig vom Grad des Polynoms zu sein. Dies werden wir näher untersuchen.

Die Extrema erhalten wir durch Differenziation der Fourierpolynome. Ist

$$p_n(x) = \frac{4}{\pi}\sum_{k=1}^{n} \frac{1}{2k-1}\,\sin((2k-1)x),$$

so gilt

$$p_n'(x) = \frac{4}{\pi}\sum_{k=1}^{n} \cos((2k-1)x).$$

Mit vollständiger Induktion können wir nachweisen, dass

$$p_n'(x) = \frac{4}{\pi}\,\frac{\sin(2nx)}{2\sin x}$$

ist, mit den Nullstellen

$$x_j = \frac{j\pi}{2n}, \quad j = \pm 1, \dots, \pm(2n-1).$$

Uns interessiert aufgrund der Abb. 30.12 vor allem die Stelle $x_1 = \pi/(2n)$. Der Wert des Fourierpolynoms ist hier

$$\begin{aligned} p_n\left(\frac{\pi}{2n}\right) &= \frac{4}{\pi}\sum_{k=1}^{n} \frac{\sin(\frac{(2k-1)\pi}{2n})}{2k-1} \\ &= \frac{2}{\pi}\sum_{k=1}^{n} \frac{\sin(\frac{(2k-1)\pi}{2n})}{\frac{(2k-1)\pi}{2n}} \cdot \frac{\pi}{n}. \end{aligned}$$

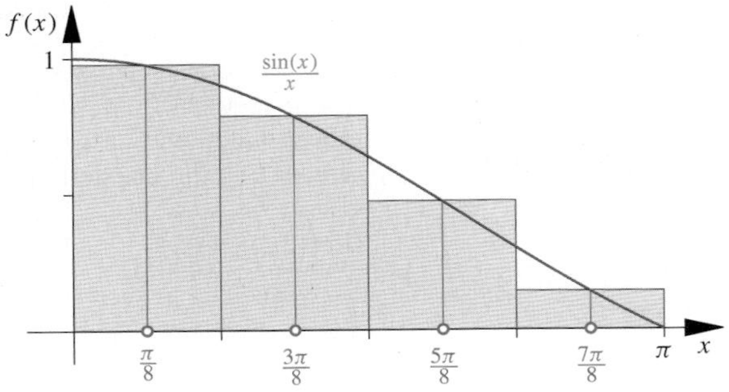

Abb. 30.13 Approximation des Integrals über $\sin(x)/x$ durch die Rechteckregel, hier mit 4 Quadraturpunkten

Den letzten Ausdruck können wir interpretieren als eine Quadraturformel für die Funktion $\sin(x)/x$ mit den Quadraturpunkten $(2k-1)\pi/(2n)$ und den Gewichten π/n, eben genau die Rechteckregel (siehe Abb. 30.13). Damit erhalten wir die Konvergenz des Werts der Fourierpolynome am ersten Extremum,

$$\lim_{n\to\infty} p_n\left(\frac{\pi}{2n}\right) = \frac{2}{\pi}\int_0^{\pi} \frac{\sin(x)}{x}\,\mathrm{d}x \approx 1.17898.$$

Diese Beobachtung, dass die Fourierpolynome einer Funktion in der Nähe des Sprunges um einen asymptotisch konstanten Wert von der Funktion abweichen, bezeichnet man als **Gibbs'sches Phänomen** (nach seinem Entdecker, dem amerikanischen Physiker Josiah Willard Gibbs, 1839–1903). Man spricht auch von *Unter- bzw. Oberschwingern* der Fourierpolynome in der Nähe einer Unstetigkeitsstelle.

Mathematisch folgern wir, dass die Fourierreihe der Funktion f in einer Umgebung des Sprungs niemals gleichmäßig gegen die Funktion konvergieren kann. Es gilt stets

$$\max_{x\in(-\delta,\delta)} |f(x) - p_n(x)| \geq \frac{0.17898}{2},$$

wenn nur n groß gewählt wird. Dieses Resultat lässt sich sofort auch auf andere Funktionen mit Sprüngen verallgemeinern: Ist g eine 2π-periodische stückweise stetig differenzierbare Funktion mit einem Sprung an der Stelle $\hat{x}$, so setzen wir

$$h(x) = g(x) - \frac{g(\hat{x}+) - g(\hat{x}-)}{2} f(x-\hat{x})$$

für x in einer Umgebung von $\hat{x}$. Dann ist h ebenfalls stückweise stetig differenzierbar und lässt sich in die Stelle $\hat{x}$ durch

$$h(\hat{x}) = \frac{g(\hat{x}+) + g(\hat{x}-)}{2}$$

stetig fortsetzen. Somit konvergiert die Fourierreihe von h an der Stelle $\hat{x}$ ebenfalls gegen diesen Wert. Bezeichnet nun q_n das Fourierpolynom n-ten Grades zu g, so folgt

$$\lim_{n\to\infty} q_n\left(\hat{x} + \frac{\pi}{2n}\right) = g(\hat{x}+) + \frac{2}{\pi}\,\frac{g(\hat{x}+) - g(\hat{x}-)}{2}\int_0^{\pi}\frac{\sin(x)}{x}\,\mathrm{d}x.$$

Es ändert sich also die Skalierung, aber das Prinzip des Gibbs'schen Phänomens bleibt bestehen.

Je glatter die Funktion ist, umso schneller fallen die Fourierkoeffizienten ab

Das Gibbs'sche Phänomen bedeutet, dass Fourierreihen keine geeignete Methode zur Approximation unstetiger Funktionen sind, wenn man an gleichmäßiger Konvergenz interessiert ist. Ganz anders sieht die Sache aus, wenn eine Funktion mehrmals stetig differenzierbar ist. Hier können wir uns zunächst überlegen, dass die Abfallrate der Fourierkoeffizienten mit der Glattheit der Funktion verknüpft ist.

Dazu soll f eine m-mal stetig differenzierbare 2π-periodische Funktion sein. Dann konvergiert die Fourierreihe der m-ten Ableitung von f,

$$\left(\sum_{k=-\infty}^{\infty} d_k\,\mathrm{e}^{\mathrm{i}kx}\right)$$

im quadratischen Mittel gegen $f^{(m)}$. Wie hängen die Fourierkoeffizienten d_k von $f^{(m)}$ mit den Fourierkoeffizienten c_k von f zusammen?

Mit partieller Integration erhalten wir

$$\begin{aligned} d_k &= \frac{1}{2\pi}\int_{-\pi}^{\pi} f^{(m)}(t)\,\mathrm{e}^{\mathrm{i}kt}\,\mathrm{d}t \\ &= \frac{1}{2\pi}\left[f^{(m-1)}(t)\,\mathrm{e}^{\mathrm{i}kt}\right]_{t=-\pi}^{\pi} - \frac{\mathrm{i}k}{2\pi}\int_{-\pi}^{\pi} f^{(m-1)}(t)\,\mathrm{e}^{\mathrm{i}kt}\,\mathrm{d}t \\ &= -\frac{\mathrm{i}k}{2\pi}\int_{-\pi}^{\pi} f^{(m-1)}(t)\,\mathrm{e}^{\mathrm{i}kt}\,\mathrm{d}t. \end{aligned}$$

Durch m-maliges Anwenden dieser Rechnung auf die entsprechenden Ableitungen von f folgt

$$d_k = (-\mathrm{i}k)^m\,c_k.$$

Aufgrund der Parseval'schen Gleichung fallen die Koeffizienten (d_k) betragsmäßig so schnell ab, dass die Reihe

$$\left(\sum_{k=-\infty}^{\infty} |d_k|^2\right)$$

konvergiert. Aus der obigen Gleichung folgt

$$|c_k| \leq \frac{|d_k|}{k^m}.$$

Die Fourierkoeffizienten von f fallen um so schneller ab, je häufiger die Funktion stetig differenzierbar ist.

Vertiefung: Die Fourierreihen stetiger Funktionen

Wir haben zeigen können, dass die Fourierreihen von Funktionen aus $L^2(-\pi, \pi)$ im quadratischen Mittel konvergieren, also fast überall. Für stückweise stetig differenzierbare Funktionen konvergiert die Fourierreihe in jedem Punkt. Was kann man über L^2-Funktionen aussagen, die nicht diese Regularität besitzen? Diese Frage hat die Mathematiker lange Zeit beschäftigt. Daher wollen wir ein wenig von der Historie darstellen.

Reihen von trigonometrischen Polynomen tauchten zum ersten Mal im Zusammenhang mit Randwertproblemen für partielle Differenzialgleichungen, wie etwa dem Problem der schwingenden Saite auf. Der französische Mathematiker Jean Baptiste Fourier (1768–1830) stellte aber die Vermutung auf, dass sich jede 2π-periodische Funktion als Grenzwert einer solchen Reihe darstellen lässt.

Die Frage, ob diese Vermutung richtig ist, beschäftigte die Mathematik für einen Zeitraum von gut 200 Jahren. Viele der Begriffe, die wir heute verwenden, ergaben sich aus Überlegungen zu dieser Frage.

Es ist dazu sagen, dass es zu Beginn noch keine exakte Definition gab, was denn unter einer Funktion zu verstehen sei. Man verstand darunter zunächst stetige Funktionen. Im Laufe der Diskussion wurde deutlich, dass es auch unstetige Funktionen gab, für die die Fourierreihe punktweise gegen die Funktion konvergierte. Hieraus ergab sich der moderne Funktionsbegriff, den wir heute verwenden, und auch, für die Berechnung der Koeffizienten, das Riemann'sche Integral.

Andererseits gelang es nicht, für eine bloß stetige Funktion zu beweisen, dass ihre Fourierreihe überall gegen die Funktion konvergiert. Es dauerte bis 1876, dass gezeigt wurde, dass diese Aussage falsch ist.

Wir wissen, dass eine stetige, 2π-periodische Funktion immer auch ein Element von $L^2(-\pi, \pi)$ ist. Daher konvergiert ihre Fourierreihe im quadratischen Mittel. Hieraus folgt zunächst aber nichts über punktweise Konvergenz. Erst 1966 wurde von Carleson bewiesen, dass die Fourierreihe einer stetigen Funktion (sogar jeder L^2-Funktion) fast überall gegen diese Funktion konvergiert.

Andererseits wissen wir, dass Nullmengen recht groß sein können. So ist $\mathbb{Q}$ eine Nullmenge in $\mathbb{R}$, und doch können wir jede Zahl aus $\mathbb{R}$ durch Elemente von $\mathbb{Q}$ beliebig gut approximieren. Wir sagen, dass $\mathbb{Q}$ in $\mathbb{R}$ *dicht* liegt.

Die Aussage, die Paul du Bois-Reymond 1876 bewies, besagt nun, dass es eine stetige Funktion gibt, deren Fourierreihe auf einer in $(-\pi, \pi)$ dichten Nullmenge nicht punktweise gegen die Funktion konvergiert.

Eine ähnliche Überlegung, die beweist, dass es eine stetige Funktion gibt, deren Fourierreihe in 0 divergiert, stammt vom russischen Mathematiker Kolmogorov (1903–1987). Aus der Restgliedformel für die Fourierreihe erhalten wir, dass für eine Funktion f mit Fourierkoeffizienten (c_k) die Darstellung

$$\sum_{k=-n}^{n} c_k = \frac{1}{2\pi} \int_{-\pi}^{\pi} f(x) \, \frac{\sin\left((2n+1)\,\frac{x}{2}\right)}{\sin\frac{x}{2}} \, \mathrm{d}x$$

gilt. Die rechte Seite dieser Gleichung kann man als eine Abbildung von der Menge der stetigen, 2π-periodischen Funktionen in die komplexen Zahlen auffassen. Man nennt ein solches Objekt ein **Funktional,** wir setzen

$$A_n[f] = \frac{1}{2\pi} \int_{-\pi}^{\pi} f(x) \, \frac{\sin\left((2n+1)\,\frac{x}{2}\right)}{\sin\frac{x}{2}} \, \mathrm{d}x.$$

Im Kap. 31 zur Funktionalanalysis werden wir solche Funktionale wie Vektoren behandeln. Unter anderem können wir auch eine Norm definieren. Hier ist

$$\|A_n\| = \frac{1}{2\pi} \int_{-\pi}^{\pi} \left| \frac{\sin\left((2n+1)\,\frac{x}{2}\right)}{\sin\frac{x}{2}} \right| \mathrm{d}x.$$

Die Beobachtung, dass der Integrand gerade ist, und eine Substitution liefern

$$\|A_n\| \geq \frac{2}{\pi} \int_{0}^{(n+1/2)\pi} \frac{|\sin t|}{t} \, \mathrm{d}t.$$

Nun ist $\sin(t)/t$ ein Paradebeispiel für eine Funktion, die auf $(0, \infty)$ nicht Lebesgue-integrierbar ist. Daher ist auch der Betrag nicht Lebesgue-integrierbar, es gilt $\|A_n\| \to \infty$ für $n \to \infty$. Hieraus schließen wir mit einem Satz aus der Funktionalanalysis, dem Satz von Banach-Steinhaus, dass es ein f im Definitionsbereich der A_n geben muss, also eine stetige, 2π-periodische Funktion, mit

$$\lim_{n\to\infty} |A_n[f]| = \infty.$$

Links steht aber gerade die Fourierreihe von f ausgewertet an der Stelle null, die also divergiert.

Diese und ähnliche Aussagen zeigen, dass die beiden Konzepte *Funktion ist stetig* und *Fourierreihe konvergiert punktweise gegen die Funktion* nicht besonders gut zueinander passen. Die Fourierreihen mit dem daraus natürlich entstehenden Raum $L^2(-\pi, \pi)$ bilden den Ausgangspunkt für eine neue Art der Analysis, die sich von den klassischen Begriffen der Stetigkeit und Differenzierbarkeit löst und dafür neue, tragfähigere Begriffe einführt. Mehr dazu finden Sie in der Vertiefung zu *Sobolev-Räumen* im Bonusmaterial zu Kap. 31.

Beispiel Für die unstetige Funktion

$$f(x) = \begin{cases} \ln(4\sin^2 \frac{x}{2}), & x \in (-\pi,\pi) \setminus \{0\}, \\ 0, & x = 0, \end{cases}$$

ist $c_0 = 0$ und $c_k = 1/|k|$ für $k \in \mathbb{Z} \setminus \{0\}$. Sie fallen also ab wie $|k|^{-1}$.

Die 2π periodische Fortsetzung von

$$g(x) = 1 - \left(\frac{x}{\pi}\right)^2, \quad x \in (-\pi,\pi),$$

ist auf ganz $\mathbb{R}$ stetig. Die Fourierkoeffizienten (siehe das Beispiel auf S. 1143) sind

$$c_0 = 2/3 \quad \text{und} \quad c_k = \frac{2\,(-1)^{k+1}}{(\pi k)^2}, \quad k \in \mathbb{Z} \setminus \{0\}.$$

Diese Koeffizienten fallen ab wie $|k|^{-2}$.

Die 2π periodische Fortsetzung von

$$h(x) = x\,(x-\pi)\,(x+\pi), \quad x \in (-\pi,\pi)$$

ist auf ganz $\mathbb{R}$ sogar einmal stetig differenzierbar. Die Berechnung der Fourierkoeffizienten liefert

$$c_0 = 0 \quad \text{und} \quad c_k = \frac{6\mathrm{i}\,(-1)^{k+1}}{k^3}, \quad k \in \mathbb{Z} \setminus \{0\}.$$

Die Koeffizienten fallen ab wie $|k|^{-3}$. ◀

Aus dem Abfallverhalten der Fourierkoeffizienten kann auch auf die Geschwindigkeit geschlossen werden, mit der die Fourierreihe gegebenenfalls gleichmäßig gegen die Funktion konvergiert. Dazu verwenden wir die Dreiecksungleichung für absolut konvergente Reihen und erhalten

$$\begin{aligned} |f(x) - p_n(x)| &= \left| \sum_{|k|>n} c_k \,\mathrm{e}^{\mathrm{i}kx} \right| \\ &\le \sum_{|k|>n} |c_k| \le \sum_{|k|>n} \frac{|d_k|}{k^m}. \end{aligned}$$

Um diese Reihe weiter abzuschätzen, benutzen wir nun die Cauchy-Schwarz'sche Ungleichung für Reihen. Dies liefert

$$\begin{aligned} |f(x) - p_n(x)| &\le \left(\sum_{|k|>n} \frac{1}{k^2} \right)^{1/2} \left(\sum_{|k|>n} \frac{|d_k|^2}{k^{2m-2}} \right)^{1/2} \\ &\le \frac{1}{n^{m-1}} \left(2 \sum_{k=1}^{\infty} \frac{1}{k^2} \right)^{1/2} \left(\sum_{|k|>n} |d_k|^2 \right)^{1/2}. \end{aligned}$$

Da die rechte Seite von $x \in [-\pi,\pi]$ unabhängig ist, folgt hieraus unter Anwendung des Werts der Reihe über $1/k^2$ und der Bessel'schen Ungleichung die Abschätzung

$$\max_{x\in[-\pi,\pi]} |f(x) - p_n(x)| \le \sqrt{\frac{\pi}{6}}\, \frac{1}{n^{m-1}}\, \|f^{(m)}\|_{L^2}.$$

An dieser Abschätzung kann man die Geschwindigkeit der gleichmäßigen Konvergenz der Fourierreihe ablesen. Die Approximation verbessert sich mit wachsendem n mit dem Faktor n^{1-m}. Je öfter die Funktion stetig differenzierbar ist, um so höher wird die Konvergenzgeschwindigkeit.

Die Abschätzung oben ist allerdings nicht *scharf:* Bei einer stetig differenzierbaren Funktion, zum Beispiel, konvergiert die Fourierreihe gleichmäßig gegen die Funktion, die rechte Seite der Abschätzung geht jedoch nicht gegen null.

30.4 Die diskrete Fouriertransformation

Die Entwicklung von Funktionen in Fourierreihen, bzw. die Fouriertransformation, die in Kap. 33 besprochen wird, haben eine enorme Bedeutung für die Praxis. In der Signalverarbeitung, der Mess- und Regelungstechnik und bei Verfahren der Ton-, Bild- und Videoverarbeitung kommt dieses Feld der Mathematik zur Anwendung.

Zur tatsächlichen Anwendung müssen jedoch aus Reihen Partialsummen und aus Integralen Quadraturformeln gemacht werden: Auf dem Computer kann stets nur mit endlichen Zahlenmengen gerechnet werden. Daher wollen wir uns nun mit *diskreten* Methoden der Fouriertheorie auseinandersetzen.

Zur Approximation kann auch interpoliert werden

Wir beginnen damit, dass wir uns eine andere Möglichkeit suchen, eine 2π-periodische Funktion durch trigonometrische Polynome zu approximieren. Schon an verschiedenen Stellen des Buchs sind wir auf *Interpolationsaufgaben* gestoßen: Zu einer vorgegebenen Anzahl von Punkten wird eine Funktion gesucht, deren Graph genau durch diese Punkte geht. Dabei ist die gesuchte Funktion oft Element einer bestimmten Klasse von Funktionen. So hatten wir die **Polynominterpolation** kennengelernt, oder die **Spline-Interpolation.**

Genauso ist es möglich, mit trigonometrischen Polynomen zu interpolieren. Von der Vielzahl der möglichen Interpolationsaufgaben, die man mit trigonometrischen Polynomen angehen kann, wollen wir eine einzige näher untersuchen. Dazu teilen wir das Intervall $(-\pi,\pi)$ in eine gerade Anzahl gleichlanger Teilintervalle auf und erhalten so ein **äquidistantes Gitter** von Interpolationspunkten

$$x_j = -\pi + j\,\frac{\pi}{N}, \quad j = 0,\ldots,2N.$$

Die **Interpolationsaufgabe** ist es nun, zu einer vorgegebenen Funktion $f : [-\pi, \pi] \to \mathbb{C}$ ein trigonometrisches Polynom p zu bestimmen, sodass

$$f(x_j) = p(x_j), \quad j = 0, \ldots, 2N \tag{30.3}$$

gilt. Wir wollen annehmen, dass die Funktion f 2π-periodisch ist, sodass die erste und die letzte Bedingung gleichbedeutend sind. Insgesamt erhalten wir also $2N$ Bedingungen. Es liegt nahe, entsprechend nach einem trigonometrischen Polynom mit $2N$ Koeffizienten zu suchen, das diese Bedingungen erfüllt.

Achtung Eine Interpolation durchzuführen bedeutet nicht notwendigerweise auch eine gute Approximation an f zu finden (siehe dazu das Beispiel auf S. 363, das die Probleme bei der Interpolation mit Polynomen zeigt). Zunächst kann man nur hoffen, eine gute Approximation zu erhalten. Bei der Interpolation mit trigonometrischen Polynomen kann man zeigen, dass die trigonometrischen Interpolationspolynome für $N \to \infty$ im quadratischen Mittel gegen f konvergieren, falls die 2π-periodische Fortsetzung von f stetig ist. Ist f sogar stetig differenzierbar, so ist die Konvergenz gleichmäßig. ◄

Kommentar Wir haben eine gerade Anzahl von Interpolationsbedingungen gewählt, da dies gut zur späteren Erläuterung der schnellen Fouriertransformation passt. Man kann genauso gut die trigonometrische Interpolation mit einem Gitter mit einer ungeraden Anzahl von Teilintervallen durchführen. Die Formeln sehen dann ein wenig anders aus, als diejenigen, die wir im Folgenden erhalten. Es liegt in der Natur der Sache, dass sich bei trigonometrischer Interpolation die Ergebnisse für die gerade bzw. die ungerade Konfiguration in der Form unterscheiden, die Prinzipien sind jedoch die gleichen. ◄

Um die Anzahl von $2N$ Koeffizienten sicherzustellen, betrachten wir ein trigonometrisches Polynom

$$q_N(x) = \sum_{k=-N+1}^{N-1} c_k \, e^{ikx} + \frac{c_N}{2} \left(e^{iNx} + e^{-iNx}\right), \quad x \in \mathbb{R}.$$

Diese spezielle Form bedeutet letztendlich nur, dass die Koeffizienten der trigonometrischen Monome e^{iNx} und e^{-iNx} übereinstimmen. In der reellen Form liest sich dies als

$$q_N(x) = a_0 + \sum_{k=1}^{N-1} [a_k \cos(kx) + b_k \sin(kx)] + a_N \cos(Nx),$$

d. h., der Sinus-Term kommt für $k = N$ nicht vor.

Da für q_N die Anzahl der Freiheitsgrade mit der Anzahl der Interpolationsbedingungen übereinstimmt, ist zu vermuten, dass die Interpolationsaufgabe eine eindeutige Lösung besitzt. Das bedeutet, dass wir zu jeder 2π-periodischen Funktion f genau ein trigonometrisches Polynom der Form von q_N finden, sodass die Bedingungen (30.3) erfüllt sind.

Nutzen wir noch aus, dass für die Gitterpunkte x_j gilt

$$e^{iNx_j} = e^{i(N\pi - j\pi)} = e^{i(-N\pi + j\pi)} e^{i2\pi(N-j)} = e^{-iNx_j}$$

für $j = 0, \ldots, 2N-1$, so erhalten wir aus den Bedingungen (30.3) das lineare Gleichungssystem

$$\sum_{k=-N+1}^{N} c_k \, e^{ikx_j} = f(x_j), \quad j = 0, \ldots, 2N-1.$$

Die Frage nach der eindeutigen Lösbarkeit der Interpolationsaufgabe reduziert sich also auf die eindeutige Lösbarkeit eines linearen Gleichungssystems. Die trigonometrische Interpolation ist aber insoweit etwas besonderes, dass sich relativ einfache Formeln für die Lösung dieses Gleichungssystems bestimmen lassen.

Trigonometrische Interpolation

Zu jeder 2π-periodischen Funktion f gibt es ein eindeutig bestimmtes trigonometrisches Interpolationspolynom q_N, dessen Koeffizienten durch

$$c_k = \frac{1}{2N} \sum_{j=0}^{2N-1} f(x_j) \, e^{-ikx_j}, \quad k = -N+1, \ldots, N$$

gegeben sind.

Den Beweis dieser Aussage durchzuführen, haben wir im Aufgabenteil als Aufgabe 30.5 gestellt. Wir wenden uns gleich einem Beispiel zu.

Beispiel Wir bestimmen für $N = 2$ das trigonometrische Interpolationspolynom zur Funktion

$$f(x) = \exp(\sin(x)), \quad x \in [-\pi, \pi].$$

Die Tabelle gibt die Quadraturpunkte und zugehörigen Funktionswerte an:

j	0	1	2	3
x_j	$-\pi$	$-\pi/2$	0	$\pi/2$
$f(x_j)$	1	e^{-1}	1	e

Nach der Formel ergibt sich für die Koeffizienten des trigonometrischen Interpolationspolynoms

$$c_{-1} = \frac{1}{4}(-1 \cdot 1 - i \cdot e^{-1} + 1 \cdot 1 + i \cdot e) = i \, \frac{e - e^{-1}}{4},$$

$$c_0 = \frac{1}{4}(1 \cdot 1 + 1 \cdot e^{-1} + 1 \cdot 1 + 1 \cdot e) = \frac{2 + e + e^{-1}}{4},$$

$$c_1 = \frac{1}{4}(-1 \cdot 1 + i \cdot e^{-1} + 1 \cdot 1 - i \cdot e) = -i \, \frac{e - e^{-1}}{4},$$

$$c_2 = \frac{1}{4}(1 \cdot 1 - 1 \cdot e^{-1} + 1 \cdot 1 - 1 \cdot e) = \frac{2 - e - e^{-1}}{4}.$$

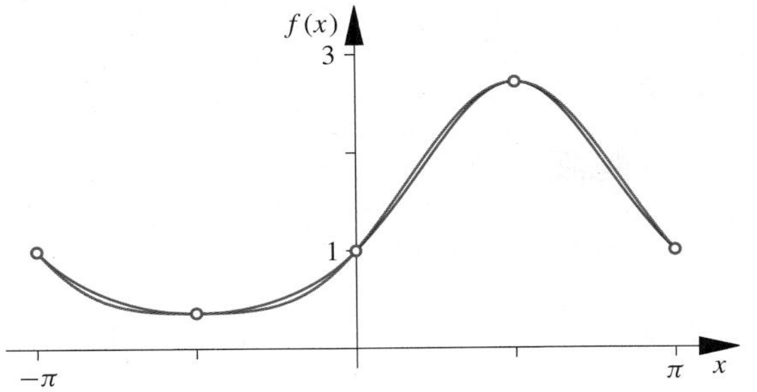

Abb. 30.14 Die Funktion $f(x) = \exp(\sin(x))$, $x \in (-\pi, \pi)$, (rot) und das trigonometrische Interpolationspolynom (grün) für die 4 rot markierten Interpolationspunkte. Der Punkt bei π entspricht wegen der Periodizität dem bei $-\pi$

Mit auf 4 Dezimalstellen gerundeten Koeffizienten erhalten wir das trigonometrische Interpolationspolynom

$$p(x) = 1.2715 + 0.5876\,\mathrm{i}\,\mathrm{e}^{-\mathrm{i}x} - 0.5876\,\mathrm{i}\,\mathrm{e}^{\mathrm{i}x} - 0.1358\,(\mathrm{e}^{\mathrm{i}2x} + \mathrm{e}^{-\mathrm{i}2x}).$$

p ist reellwertig. Die Abb. 30.14 zeigt f und p. Vergleichen Sie auch mit den Fourierpolynomen von f, die wir auf S. 1143 bestimmt haben (siehe auch Abb. 30.7). ◀

Das Interpolationspolynom ergibt sich als Diskretisierung des Fourierpolynoms

Wir wollen nun den Zusammenhang zwischen dem trigonometrischen Interpolationspolynom und dem Fourierpolynom näher untersuchen. Wie hängen die Koeffizienten dieser beiden trigonometrischen Polynome zusammen?

Um eine diskrete Form des Fourierpolynoms zu erhalten, können wir die Integrale, die zur Bestimmung der Fourierkoeffizienten zu berechnen sind, durch eine Quadraturformel ersetzen. Wählen wir die zusammengesetzte Trapezregel, so erhalten wir

$$\begin{aligned} c_k &= \frac{1}{2\pi}\int_{-\pi}^{\pi} f(x)\,\mathrm{e}^{-\mathrm{i}kx}\,\mathrm{d}x \\ &\approx \frac{1}{2\pi}\,\frac{\pi}{2N} f(-\pi)\,\mathrm{e}^{\mathrm{i}k\pi} + \frac{1}{2\pi}\,\frac{\pi}{N}\sum_{j=1}^{2N-1} f(x_j)\,\mathrm{e}^{-\mathrm{i}kx_j} \\ &\quad + \frac{1}{2\pi}\,\frac{\pi}{2N} f(\pi)\,\mathrm{e}^{-\mathrm{i}k\pi}. \end{aligned}$$

Hierbei sind x_j die Quadraturpunkte

$$x_j = -\pi + j\,\frac{\pi}{N}, \quad j = 0, \ldots, 2N,$$

die genau den Interpolationspunkten bei der trigonometrischen Interpolation entsprechen.

Nutzen wir aus, dass f eine 2π-periodische Funktion ist, so folgt

$$c_k \approx \frac{1}{2N}\sum_{j=0}^{2N-1} f(x_j)\,\mathrm{e}^{-\mathrm{i}kx_j}.$$

Dies ist gerade die Formel für die Koeffizienten des Interpolationspolynoms.

Wir halten also fest, dass sich die Koeffizienten des Interpolationspolynoms ergeben durch die Anwendung der zusammengesetzten Trapezregel auf die Integrale in den Koeffizienten des Fourierpolynoms.

Es gibt auch einen Zusammenhang zur *kontinuierlichen Fouriertransformation*, die wir im Kap. 33 zu Integraltransformationen vorstellen werden. Für eine Funktion $f: \mathbb{R} \to \mathbb{C}$ mit entsprechenden Eigenschaften ist die Fouriertransformierte $\mathcal{F}f$ definiert durch

$$(\mathcal{F}f)(y) = \int_{-\infty}^{\infty} f(x)\,\mathrm{e}^{-\mathrm{i}xy}\,\mathrm{d}x, \quad y \in \mathbb{R}.$$

Man kann die Fouriertransformation interpretieren als eine orthogonale Projektion auf die Funktion $\mathrm{e}^{\mathrm{i}y\cdot}$: $(\mathcal{F}f)(y)$ gibt den Anteil dieser Funktion an f an.

Um die Fouriertransformation für gegebene Daten numerisch zu bestimmen, muss man eine Approximation durchführen. Dabei wird man f niemals für alle $x \in \mathbb{R}$ kennen, sondern höchstens für x aus einem endlichen Intervall $[-A, A]$ mit $A > 0$. Außerhalb von A setzen wir f durch null fort. Dann erhalten wir mit einer Substitution

$$\begin{aligned} (\mathcal{F}f)(y) &= \int_{-A}^{A} f(x)\,\mathrm{e}^{-\mathrm{i}xy}\,\mathrm{d}x \\ &= \frac{A}{\pi}\int_{-\pi}^{\pi} f\left(\frac{Az}{\pi}\right)\mathrm{e}^{-\mathrm{i}Azy/\pi}\,\mathrm{d}z. \end{aligned}$$

Wir ersetzen das Integral jetzt durch eine Quadraturformel mit den Quadraturpunkten x_j, die wir von der trigonometrischen Interpolation schon kennen, und den Gewichten π/N. Dann folgt

$$(\mathcal{F}f)(y) \approx \frac{A}{N}\sum_{j=0}^{2N-1} f\left(\frac{Ax_j}{\pi}\right)\mathrm{e}^{-\mathrm{i}Ax_jy/\pi}.$$

Indem wir diese Formel an Stellen y_k, $k = -N+1, \ldots, N$ mit

$$\frac{A\,y_k}{\pi} = k, \quad \text{bzw.} \quad y_k = k\,\frac{\pi}{A},$$

auswerten, erhalten wir

$$(\mathcal{F}f)(y_k) \approx \frac{A}{N}\sum_{j=0}^{2N-1} f\left(\frac{Ax_j}{\pi}\right)\mathrm{e}^{-\mathrm{i}kx_j}.$$

Teil V

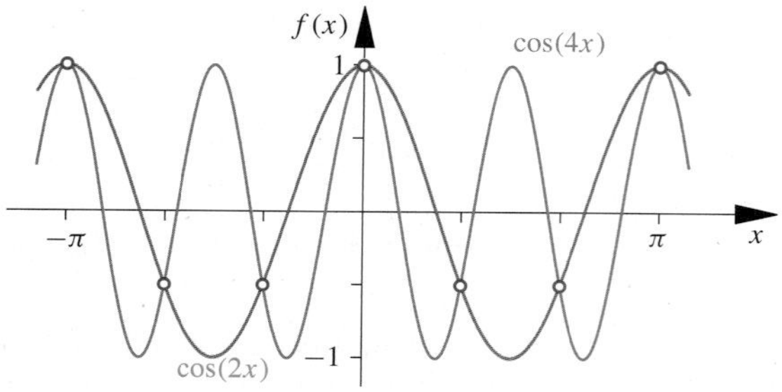

Abb. 30.15 Zwei Signale zu denselben Sampling-Werten. Die Frequenz des einen liegt unterhalb, die des anderen oberhalb der Nyquist-Frequenz (hier $y_N = 3$)

Bis auf den Vorfaktor haben wir wieder die Formel für die Koeffizienten des trigonometrischen Interpolationspolynoms gefunden. Da es sich um eine Approximation der kontinuierlichen Fouriertransformation handelt, nennt man die trigonometrische Interpolation auch die **diskrete Fouriertransformation**.

Diese Methode ist in der Signalverarbeitung von immenser Bedeutung. Hier möchte man für gegebene akustische, elektrische oder optische Signale den Anteil von bestimmten Frequenzen bestimmen. Dabei liegt das Signal in der Praxis nicht für alle Zeiten vor, sondern für eine endliche Anzahl, diskreter, meist äquidistanter Zeitpunkte. Man spricht im Englischen von einem **Sample**. Wir können die Formel der diskreten Fouriertransformation nun so interpretieren, dass wir aus der Kenntnis des Signals zu den Zeitpunkten

$$\frac{Ax_j}{\pi} = -A + j\,\frac{A}{N}, \quad j = 0, \ldots, 2N-1$$

eine Approximation der Fouriertransformierten durch Bestimmung der Koeffizienten des trigonmetrischen Interpolationspolynoms erhalten können.

Die höchste Frequenz, deren Anteil wir dabei bestimmen können, ist

$$y_N = N\,\frac{\pi}{A} = \frac{\pi}{h}$$

mit $h = A/N$ dem Abstand der Sampling-Punkte. Diese Frequenz heißt **Nyquist-Frequenz**. Besitzt das Signal Anteile einer höheren Frequenz als der Nyquist-Frequenz, so können diese aus dem Sample nicht bestimmt werden. Für dieselben Daten in den Sampling-Punkten gibt es immer auch ein Signal, welches nur aus Frequenzen unterhalb der Nyquist-Frequenz besteht (siehe Abb. 30.15).

Indem wir auch die Frequenz $\lambda = 2\pi/h$ der Sampling-Punkte einführen, erhalten wir

$$y_n = \frac{\lambda}{2}.$$

Für die Signalverarbeitung bedeutet dies, dass um ein Signal einer bestimmten Frequenz y zu übertragen, die Abtastfrequenz λ größer sein muss als $2y$. Umgekehrt kann man ein Signal, welches nur Frequenzen bis zur halben Sampling-Frequenz enthält, beliebig genau rekonstruieren, wenn man nur genügend Sampling-Punkte zur Verfügung hat. Dies ist die Aussage des berühmten **Shannon-Nyquist-Abtasttheorems** (englisch: Sampling theorem), das eine immense Bedeutung für die Signal- und Bildverarbeitung besitzt.

Kommentar Wir haben uns hier nicht zur Qualität der Approximation durch die trigonometrische Interpolation oder durch die verwendeten Quadraturformeln geäußert. Generell gelten hier ähnliche Aussagen, wie für die gleichmäßige Konvergenz von Fourierreihen: Je glatter eine Funktion ist, umso höhere Konvergenzraten werden erzielt. Für eine genauere Analyse verweisen wir auf Kress: *Numerical Analysis.* Abschnitte 8.2 und 9.4, Springer, 1998. ◀

Die diskrete Fouriertransformation lässt sich sehr effizient berechnen

Wir haben für die Berechnung der diskreten Fouriertransformation, d. h. der Koeffizienten des Interpolationspolynoms, und ihrer Inversen, d. h. der Auswertung des Interpolationspolynoms, explizite Formeln angegeben. Es sind dies die Gleichungen

$$c_k = \frac{1}{2N} \sum_{j=0}^{2N-1} f(x_j)\, \mathrm{e}^{-\mathrm{i}kx_j}, \quad k = -N+1, \ldots, N,$$

$$f(x_j) = \sum_{k=-N+1}^{N} c_k\, \mathrm{e}^{\mathrm{i}kx_j}, \qquad j = 0, \ldots, 2N-1.$$

Wir werden nun näher untersuchen, welchen Aufwand es bedeutet, diese Formeln auszuwerten. Um uns auf das Wesentliche zu konzentrieren, verwenden wir zur Abkürzung Vektoren. Ausnahmsweise starten wir die Nummerierung ihrer Einträge bei null und setzen

$$\begin{aligned} y_j &= \mathrm{e}^{\mathrm{i}\pi j(N-1)/N} f(x_j), & j &= 0, \ldots, 2N-1, \\ z_k &= \mathrm{e}^{-\mathrm{i}\pi(k-N+1)}\, c_{k-N+1}, & k &= 0, \ldots, 2N-1. \end{aligned}$$

Mit diesen Definitionen ergeben sich nach den Formeln oben die beiden Vektoren jeweils durch eine Multiplikation mit einer Matrix

$$\boldsymbol{z} = \boldsymbol{F}\boldsymbol{y}, \quad \text{bzw.} \quad \boldsymbol{y} = \boldsymbol{F}^{-1}\boldsymbol{z}$$

mit $\boldsymbol{F} = (\omega_{jk})$ gegeben durch

$$\omega_{jk} = \frac{1}{2N}\, \mathrm{e}^{-\mathrm{i}\pi jk/N}, \quad j,k = 0, \ldots, 2N-1,$$

sowie $\boldsymbol{F}^{-1} = (\rho_{jk})$ gegeben durch

$$\rho_{jk} = \mathrm{e}^{\mathrm{i}\pi jk/N}, \quad j,k = 0, \ldots, 2N-1.$$

Teil V

Anwendung: Das JPEG-Format

Von Digitalkameras her kennt heutzutage fast jeder das JPEG-Format, in dem sich insbesondere Fotografien komprimiert abspeichern lassen können. Dieses Format ist verlustbehaftet, d. h., zum Zwecke der Komprimierung geht Information aus dem Bild verloren. Um diese Komprimierung vorzubereiten, wird die *diskrete Kosinustransformation* verwendet, die eng mit der diskreten Fouriertransformation verwandt ist.

Ein Farbfoto besteht aus einer großen Anzahl von einzelnen Bildpunkten, sogenannten *Pixels*. Für jedes solches Pixel muss die Bildfarbe digital gespeichert werden. In einem ersten Schritt bei der Speicherung im JPEG-Format wird die Farbinformation in verschiedene Anteile zerlegt. Einer davon ist nur für die Helligkeitswerte zuständig, entspricht also einem Schwarz-Weiß Bild. Nur mit diesem Teil wollen wir uns hier beschäftigen. Die anderen Teile werden ganz analog behandelt.

Wie schon angesprochen, erleiden als JPEG gespeicherte Bilder Verluste. In der Abbildung ist dieselbe Fotografie in einem Bildbearbeitungsprogramm einmal in höchster und einmal in niedrigster Qualität als JPEG gespeichert worden.

Man nimmt die Verluste in Kauf, um den Speicherbedarf zu reduzieren. Das Bild wird in Blöcke von 8×8 Pixeln aufgeteilt. In der Abbildung mit niedriger Qualität oben rechts sind diese Blöcke gut zu erkennen. Jeder Block wird von nun an für sich bearbeitet.

Als zweites werden die Helligkeitswerte der 64 Pixel eines Blocks als Werte einer Funktion f auf dem Quadrat $(0, \pi) \times (0, \pi)$ aufgefasst, und zwar in den Punkten

$$\boldsymbol{x}_{jk} = \left(\frac{2j+1}{16}\pi, \frac{2k+1}{16}\pi \right)^{\mathrm{T}}, \quad j, k = 0, \ldots, 7.$$

Diese Funktion setzt man sowohl in x_1 als auch in x_2 Richtung gerade fort und interpoliert anschließend trigonometrisch bezüglich beider Koordinaten. Die Interpolationspunkte sind gegenüber der im Haupttext dargestellten Interpolation um $\pi/16$ verschoben. Das Prinzip ist aber identisch. Da die Funktion gerade fortgesetzt wurde, treten nur Kosinus-Terme in den Interpolationspolynomen auf, die interpolierende Funktion hat die Gestalt

$$p_8(\boldsymbol{x}) = \sum_{j,k=0}^{7} c_{jk} \cos(jx_1) \cos(kx_2), \quad \boldsymbol{x} \in (0, \pi) \times (0, \pi).$$

Man spricht von der **diskreten Kosinustransformation**.

Durch die Interpolation der Funktion f wird die Helligkeitsinformation aus einem 8×8 Block als eine Überlagerung der 64 Basis-Funktionen dargestellt, die in der Darstellung von p_8 oben auftauchen und jeweils Produkte zweier Kosinusfunktionen bezüglich x_1 und x_2 sind. Die Abbildung zeigt die Helligkeitsverteilungen, die zu diesen Basisfunktionen gehören.

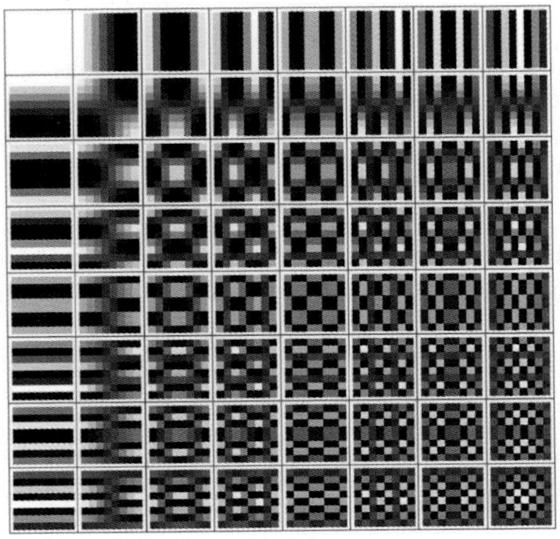

Der Schlüssel zur Kompression der Bildinformation ist nun, dass nicht jede dieser 64 Verteilungen vom menschlichen Auge bei gleicher Intensität gleich stark wahr genommen wird. Die in der Abbildung weiter rechts unten befindlichen Funktionen müssen mit viel höherer Intensität vorhanden sein, um wahrgenommen zu werden, als die links oben. Man vergleicht nun die Intensitäten mit vorgegebenen Schwellenwerten und vernachlässigt dann diejenigen Komponenten, die kleinere Intensitäten besitzen als der Schwellenwert.

Die diskrete Kosinustransformation dient hier also dazu, die vorhandenen Daten in eine Form zu bringen, die für die Weiterverarbeitung vorteilhaft ist. Sie selbst bewirkt keinen Verlust an Information. Das Beispiel zeigt, wie Objekte unseres alltäglichen Lebens auf der Fouriertheorie gründen.

Beide Operationen, die Bestimmung der Koeffizienten aus den Daten und die Rückgewinnung der Daten aus den Koeffizienten, erfordern also die Multiplikation eines Vektors mit einer Matrix. Welchen Aufwand erfordert dies?

Unsere Vektoren besitzen $2N$ Einträge. Um einen Eintrag zu berechnen, muss ein Skalarprodukt aus dem anderen Vektor und einer Zeile der Matrix berechnet werden. Dies erfordert $2N$ Multiplikationen und $2N-1$ Additionen. Insgesamt sind $2N$ Einträge zu berechnen, d. h., es sind $4N^2$ Multiplikationen und $4N^2-2N$ Additionen auszuführen.

Wir wollen die Annahme treffen, dass die beiden Operationen *Multiplikation* und *Addition* auf einem Computer dieselbe Zeit erfordern. Dann haben wir einen Gesamtaufwand der proportional ist zur Gesamtzahl der Operationen von

$$\text{Aufwand} \sim 8N^2 - 2N.$$

Der dominante Term, der für große N bestimmend ist, ist der quadratische. Wir sprechen auch von einem Aufwand von $O(N^2)$.

Für die Praxis ist es außerordentlich bedeutsam, dass es ein Verfahren gibt, mit dem dieser Aufwand erheblich reduziert werden kann. Dieses Verfahren nennt man die **schnelle Fouriertransformation**. Im Englischen spricht man von der *fast Fourier transform,* daher hat sich die Abkürzung FFT eingebürgert.

Die Grundidee ist es, spezielle Eigenschaften der Matrix $\boldsymbol{F}$ auszunutzen, um die Transformation anders hinzuschreiben. Dazu definieren wir die Hilfsgröße

$$\omega_{2N} = \mathrm{e}^{-\mathrm{i}\pi/N}.$$

Die Zahl ω_{2N} ist eine $2N$-te komplexe Einheitswurzel. Für die Einträge von $\boldsymbol{F}$ gilt

$$\omega_{jk} = (\omega_{2N})^{jk}, \quad j,k = 0,\dots,2N-1.$$

Durch einfaches Nachrechnen erhalten wir die Gleichungen

$$\omega_N = \omega_{2N}^2, \quad \omega_N^N = 1, \quad \omega_{2N}^N = -1.$$

Diese werden wir im Folgenden verwenden. Wir betrachten zunächst die Einträge des Vektors $\boldsymbol{z}$ mit geradem Index:

$$\begin{aligned}
2N\, z_{2j} &= \sum_{k=0}^{2N-1} \omega_{2j\,k} y_k = \sum_{k=0}^{2N-1} (\omega_{2N})^{2jk} y_k \\
&= \sum_{k=0}^{2N-1} (\omega_N)^{jk} y_k \\
&= \sum_{k=0}^{N-1} \left[(\omega_N)^{jk} y_k + (\omega_N)^{j(k+N)} y_{k+N}\right] \\
&= \sum_{k=0}^{N-1} (\omega_N)^{jk} (y_k + y_{k+N})
\end{aligned}$$

Analog erhalten wir für die Einträge mit ungeradem Index:

$$\begin{aligned}
2N\, z_{2j+1} &= \sum_{k=0}^{2N-1} \omega_{2j+1\,k} y_k = \sum_{k=0}^{2N-1} (\omega_{2N})^{(2j+1)k} y_k \\
&= \sum_{k=0}^{2N-1} (\omega_N)^{jk} (\omega_{2N})^k\, y_k \\
&= \sum_{k=0}^{N-1} \left[(\omega_N)^{jk} (\omega_{2N})^k\, y_k + (\omega_N)^{j(k+N)} (\omega_{2N})^{k+N}\, y_{k+N}\right] \\
&= \sum_{k=0}^{N-1} (\omega_N)^{jk} (\omega_{2N})^k\, (y_k - y_{k+N})
\end{aligned}$$

Setzen wir also

$$y_k^{(1)} = y_k + y_{k+N} \quad \text{und} \quad y_k^{(2)} = (\omega_{2N})^k\,(y_k - y_{k+N})$$

für $k = 0,\dots,N-1$, so erhalten wir die Ausdrücke

$$\begin{aligned}
z_{2j} &= \frac{1}{2N} \sum_{k=0}^{N-1} (\omega_N)^{jk} y_k^{(1)}, \\
z_{2j+1} &= \frac{1}{2N} \sum_{k=0}^{N-1} (\omega_N)^{jk} y_k^{(2)}.
\end{aligned}$$

Beides ist dieselbe Formel – aber beide Formeln entsprechen selbst wieder diskreten Fouriertransformationen, nur eben für Vektoren der Länge N statt der Länge $2N$. Nur der Vorfaktor muss angepasst werden. Dies ist bereits der Schlüssel zur Durchführung der schnellen Fouriertransformation.

Beispiel Wir wollen die diskrete Fouriertransformation für den Datenvektor

$$\boldsymbol{y} = (8, -4, -8, 16)^{\mathrm{T}}$$

bestimmen. Zunächst führen wir die Division mit $2N = 4$ durch und erhalten

$$(2, -1, -2, 4)^{\mathrm{T}}.$$

Jetzt führen wir die oben beschriebene Reduktion auf Vektoren der halben Länge durch. Dazu benötigen wir $\omega_4 = -\mathrm{i}$. Damit ist

$$\begin{pmatrix} 2 + (-2) \\ -1 + 4 \end{pmatrix} = \begin{pmatrix} 0 \\ 3 \end{pmatrix}, \quad \begin{pmatrix} \omega_4^0\,(2 - (-2)) \\ \omega_4^1\,(-1 - 4) \end{pmatrix} = \begin{pmatrix} 4 \\ 5\mathrm{i} \end{pmatrix}.$$

Anstatt jetzt für beide Vektoren der Länge 2 je eine diskrete Fouriertransformation zu berechnen, reduzieren wir die Länge der Vektoren noch einmal auf die Hälfte. Dazu benötigen wir die Zahl $\omega_2 = -1$. Nun gilt

$$\begin{aligned}
(0 + 3) &= (3), & (4 + 5\mathrm{i}) &= (4 + 5\mathrm{i}), \\
\omega_2^0(0 - 3) &= (-3), & \omega_2^0\,(4 - 5\mathrm{i}) &= 4 - 5\mathrm{i}.
\end{aligned}$$

Jetzt müssen wir 4 diskrete Fouriertransformationen für Vektoren der Länge 1 durchführen. Hier ist aber nichts zu tun, denn dies entspricht der Interpolation eines einzelnen Werts durch eine konstante Funktion.

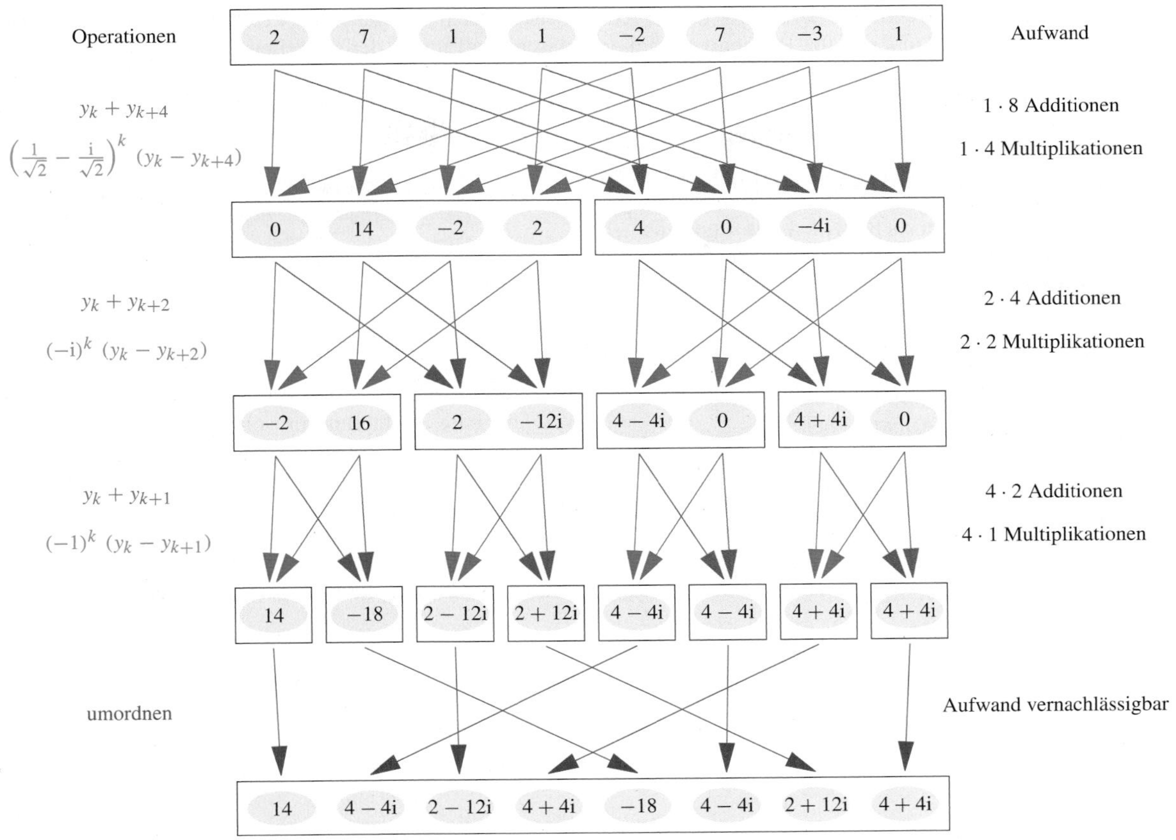

Abb. 30.16 Beispiel für die Durchführung einer schnellen Fouriertransformation mit $N = 4$. Der Faktor $1/(2N)$ wird vernachlässigt. Die Farben der Formeln links entsprechen den Farben der Pfeile, die diese Operationen andeuten

Die 4 Werte entsprechen schon den gesuchten Fourierkoeffizienten, aber welches ist die korrekte Reihenfolge? Bei der ersten Teilung des Datenvektors werden aus den Einträgen der ersten Hälfte die Koeffizienten z_0 und z_2 bestimmt, aus denen der zweiten Hälfte die Koeffizienten z_1 und z_3. Bei der zweiten Teilung ändert sich die Reihenfolge nicht mehr. Es gilt

$$\begin{pmatrix} z_0 \\ z_1 \\ z_2 \\ z_3 \end{pmatrix} = \begin{pmatrix} 3 \\ 4+5i \\ -3 \\ 4-5i \end{pmatrix}$$

Zur Überprüfung führen wir die ursprüngliche Matrixmultiplikation durch:

$$\begin{aligned} \boldsymbol{Fy} &= \frac{1}{4}\begin{pmatrix} 1 & 1 & 1 & 1 \\ 1 & -i & -1 & i \\ 1 & -1 & 1 & -1 \\ 1 & i & -1 & -i \end{pmatrix}\begin{pmatrix} 8 \\ -4 \\ -8 \\ 16 \end{pmatrix} \\ &= \begin{pmatrix} 2-1-2+4 \\ 2+i+2+4i \\ 2+1-2-4 \\ 2-i+2-4i \end{pmatrix} = \begin{pmatrix} 3 \\ 4+5i \\ -3 \\ 4-5i \end{pmatrix} \end{aligned}$$

Zum Vergleich der Operationen: Bei der Halbierung der Vektoren haben wir insgesamt 8 Additionen und 4 Multiplikationen benötigt. Die direkte Multiplikation des Datenvektors mit der Matrix benötigt 16 Multiplikationen und 12 Additionen. ◄

In der Abb. 30.16 ist ein vergleichbares Beispiel für $2N = 8$ dargestellt. Auch hier muss man am Ende die Fourierkoeffizienten in die richtige Reihenfolge bringen, also eine Permutation der Koeffizienten durchführen. Für Vektoren fester Länge lässt sich diese Permutation und die im Verfahren auftauchenden Faktoren einmal im Voraus bestimmen.

Wir überlegen uns nun allgemein den Aufwand für die Durchführung der schnellen Fouriertransformation. Dazu nehmen wir an, dass wir einen Datenvektor der Länge 2^p vorliegen haben. Dann müssen wir p Halbierungsschritte durchführen. In jedem Schritt sind 2^p Additionen bzw. Subtraktionen durchzuführen, und wir müssen (2^{p-1})-mal multiplizieren. Nach p solchen Halbierungen sind die Fourierkoeffizienten bestimmt. Damit haben wir eine Gesamtzahl an Operationen von

$$p \cdot (2^p + 2^{p-1}) = 3p\, 2^{p-1}.$$

Der Aufwand für die anschließende Umsortierung des Ergebnisses kann gegenüber dem Aufwand für Rechenoperationen vernachlässigt werden. Wir halten dieses Ergebnis in der in der Literatur üblichen Form fest.

Aufwand der schnellen Fouriertransformation

Zur Bestimmung der Fourierkoeffizienten aus einem Datenvektor der Länge $N = 2^p$ benötigt man bei direkter Matrixmultiplikation

$$2N^2 - N$$

Rechenoperationen. Bei Anwendung der schnellen Fouriertransformation liegt der Aufwand bei

$$\frac{3}{2} N \log_2 N$$

Operationen.

Um deutlich zu machen, welch drastischer Effizienzgewinn durch den Einsatz der schnellen Fouriertransformation möglich ist, haben wir diese Zahlen für einige Werte von N in einer Tabelle dargestellt. Die letzte Spalte gibt das Verhältnis des Aufwands von schneller zu gewöhnlicher Transformation an.

	Aufwand		
N	normal	schnell	prozentual
4	28	12	42.857%
16	496	96	19.355%
64	8128	576	7.087%
256	130 816	3072	2.348%
1024	2 096 128	15 360	0.733%

Auch wenn die Zahl N keine Potenz von 2 ist, lassen sich vergleichbare Verfahren für schnelle Fouriertransformationen angeben. Sie sind umso effizienter, umso besser sich N als Produkt von möglichst kleinen Primzahlen darstellen lässt. In mathematischen Softwarepaketen sind solche Verfahren implementiert. Als Beispiel sei das bekannte Paket *FFTW* genannt (*the fastest Fourier transform in the West*), das unter http://www.fftw.org im Internet heruntergeladen werden kann.

Teil V

Zusammenfassung

Linearkombination der trigonometrischen Monome bilden die trigonometrischen Polynome

Definition der trigonometrischen Polynome

Ein **trigonometrisches Polynom** vom Grad n ist eine Funktion $p : \mathbb{R} \to \mathbb{C}$ der Form

$$p(x) = \sum_{k=-n}^{n} c_k \, \mathrm{e}^{\mathrm{i}kx}, \quad x \in \mathbb{R},$$

mit Koeffizienten $c_k \in \mathbb{C}$.

Statt mit den komplexen trigonometrischen Monomen $\mathrm{e}^{\mathrm{i}kx}$ können die trigonometrischen Polynome auch mit den trigonometrischen Funktionen ausgedrückt werden. Dies liefert die **reelle Darstellung**

$$p(x) = a_0 + \sum_{k=1}^{n} [a_k \cos(kx) + b_k \sin(kx)]\,.$$

Approximation im quadratischen Mittel

In der Fouriertheorie versucht man Funktionen durch trigonometrische Polynome zu approximieren. Um gute Approximationen zu erhalten, kann ein Skalarprodukt verwendet werden. Bei der **Approximation im quadratischen Mittel** nutzt man das **L^2-Skalarprodukt**

$$\langle p, q \rangle = \int_{-\pi}^{\pi} p(x)\,\overline{q(x)}\,\mathrm{d}x.$$

Die normierten trigonometrischen Monome bilden eine **Orthonormalbasis** auf dem Raum T der trigonometrischen Polynome.

Funktionen, die sich nur auf Nullmengen unterscheiden, werden im L^2-Sinn miteinander identifiziert

Das L^2-Skalarprodukt ist für diejenigen Funktionen f anwendbar, für die das Integral

$$\int_{\pi}^{\pi} |f(x)|^2 \,\mathrm{d}x$$

existiert. Diese Funktionen bilden den Raum $L^2(-\pi, \pi)$ der **quadratintegrierbaren Funktionen** auf $(-\pi, \pi)$. Dabei werden Funktionen identifiziert, wenn sie sich nur auf einer Nullmenge unterscheiden.

Das Fourierpolynom einer Funktion ist die beste Approximation aus T im Sinne des quadratischen Mittels

Definition des Fourierpolynoms

Das **Fourierpolynom** p_n vom Grad n zu einer Funktion $f \in L^2(-\pi, \pi)$ ist definiert als

$$p_n(x) = \sum_{k=-n}^{n} c_k \mathrm{e}^{\mathrm{i}kx}, \quad x \in \mathbb{R},$$

mit den **Fourierkoeffizienten**

$$c_k = \frac{1}{2\pi} \int_{-\pi}^{\pi} f(x)\,\mathrm{e}^{-\mathrm{i}kx}\,\mathrm{d}x.$$

Es ist das eindeutig bestimmte trigonometrische Polynom aus T_n, welches f im quadratischen Mittel am besten approximiert.

Für gerade oder ungerade Funktionen gibt es spezielle Darstellungen der Fourierkoeffizienten, die von den besonderen Eigenschaften dieser Funktionen Gebrauch machen und die Rechnungen vereinfachen.

Fourierreihen

Fourier'scher Entwicklungssatz

Die Folge (p_n) der Fourierpolynome zu einer Funktion $f \in L^2(-\pi, \pi)$ konvergiert im quadratischen Mittel gegen f, d. h.

$$\int_{-\pi}^{\pi} |p_n(x) - f(x)|^2 \, dx \longrightarrow 0 \quad (n \to \infty).$$

Die in diesem Sinne konvergente Reihe

$$\left(\sum_{k=-\infty}^{\infty} c_k e^{ikx} \right)$$

mit den Fourierkoeffizienten (c_k) von f heißt **Fourierreihe**.

Ferner gilt die **Parseval'sche Gleichung**

$$\sum_{k=-\infty}^{\infty} |c_k|^2 = \frac{1}{2\pi} \int_{-\pi}^{\pi} |f(x)|^2 \, dx .$$

Im Allgemeinen konvergieren Fourierreihen nur in dem im Entwicklungssatz angegebenen Sinn. Insbesondere muss die Fourierreihe an irgendeiner festen Stelle überhaupt nicht konvergieren.

Für glatte Funktionen sind jedoch weitergehende Aussagen möglich. Ist die Ableitung einer Funktion f stückweise stetig, so konvergiert die Fourierreihe punktweise. Es gilt die Formel

$$\frac{f(x+) + f(x-)}{2} = \sum_{k=-\infty}^{\infty} c_k \, e^{ikx}.$$

Eine Fourierreihe darf man gliedweise integrieren. Das Ergebnis ist stets wieder eine Reihe, die eine L^2-Funktion darstellt, es ist aber nicht deren Fourierreihe.

Auch gliedweises Differenzieren ist möglich, wenn man fordert, dass die Funktion f stetig und ihre Ableitung stückweise stetig ist. In diesem Fall ist das Ergebnis die Fourierreihe der Ableitung.

Für eine Funktion mit einem Sprung konvergiert die Fourierreihe niemals gleichmäßig

Bei Funktionen mit Sprüngen tritt an den Sprungstellen das **Gibbs'sche Phänomen** auf. Egal wie hoch man den Grad des Fourierpolynoms wählt, gibt es immer Stellen, an denen das Fourierpolynom um eine feste Größe von der ursprünglichen Funktion abweicht. Dies widerspricht der gleichmäßigen Konvergenz in der Nähe der Sprungstelle.

Bei periodischen Funktionen fallen die Fourierkoeffizienten um so schneller ab, umso öfter diese Funktionen stetig differenzierbar sind.

Zur Approximation kann auch interpoliert werden

Die **trigonometrische Interpolation** besteht darin, zu einer vorgegebenen Funktion f ein trigonometrisches Polynom p zu bestimmen, dass mit f in $2N$ äquidistanten Stellen übereinstimmt. Zu jeder 2π-periodischen Funktion f gibt es ein eindeutig bestimmtes **trigonometrisches Interpolationspolynom** q_N vom Grad N.

Es bestehen enge Zusammenhänge zwischen dem trigonometrischen Interpolationspolynom und dem Fourierpolynom einerseits, aber auch der kontinuierlichen **Fouriertransformation** andererseits. Daher spricht man statt trigonometrischer Interpolation auch von der **diskreten Fouriertransformation.**

Die diskrete Fouriertransformation lässt sich sehr effizient berechnen

Aufwand der schnellen Fouriertransformation

Zur Bestimmung der Fourierkoeffizienten aus einem Datenvektor der Länge $N = 2^p$ benötigt man bei direkter Matrixmultiplikation

$$2N^2 - N$$

Rechenoperationen. Bei Anwendung der schnellen Fouriertransformation liegt der Aufwand bei

$$\frac{3}{2} N \log_2 N$$

Operationen.

Aufgaben

Die Aufgaben gliedern sich in drei Kategorien: Anhand der *Verständnisfragen* können Sie prüfen, ob Sie die Begriffe und zentralen Aussagen verstanden haben, mit den *Rechenaufgaben* üben Sie Ihre technischen Fertigkeiten und die *Anwendungsprobleme* geben Ihnen Gelegenheit, das Gelernte an praktischen Fragestellungen auszuprobieren.
Ein Punktesystem unterscheidet leichte •, mittelschwere •• und anspruchsvolle ••• Aufgaben. Lösungshinweise am Ende des Buches helfen Ihnen, falls Sie bei einer Aufgabe partout nicht weiterkommen. Dort finden Sie auch die Lösungen – betrügen Sie sich aber nicht selbst und schlagen Sie erst nach, wenn Sie selber zu einer Lösung gekommen sind. Ausführliche Lösungswege, Beweise und Abbildungen finden Sie als digitales Zusatzmaterial (electronic supplementary material).
Viel Spaß und Erfolg bei den Aufgaben!

Verständnisfragen

30.1 • Gegeben ist die Funktion

$$f(x) = \begin{cases} x, & 0 < x \leq \frac{\pi}{2} \\ \frac{\pi}{2}, & \frac{\pi}{2} < x \leq \pi. \end{cases}$$

Setzen Sie die Funktion

(a) als gerade Funktion,
(b) als ungerade Funktion,
(c) als π-periodische Funktion

auf das Intervall $[-\pi, 0)$ fort. Skizzieren Sie jeweils den Funktionsverlauf in $(-\pi, \pi)$ und berechnen Sie die komplexen Fourierkoeffizienten c_0, c_1 und c_{-1} sowie die reellen Koeffizienten a_0, a_1 und b_1.

30.2 •• Leiten Sie aus der komplexen Darstellung der Parseval'schen Gleichung (siehe S. 1147) die folgende reelle Form her: Für eine reellwertige Funktion $f \in L^2(\pi, \pi)$ mit den Fourierkoeffizienten a_k, $k \in \mathbb{N}_0$ bzw. b_k, $k \in \mathbb{N}$ gilt

$$2\,a_0^2 + \sum_{k=1}^{\infty}(a_k^2 + b_k^2) = \frac{1}{\pi}\int_{-\pi}^{\pi} |f(x)|^2 \mathrm{d}x.$$

30.3 •• Die mit 2π-periodische Funktion $f : \mathbb{R} \to \mathbb{R}$ besitzt im Intervall $(-\pi, \pi)$ die Werte

$$f(x) = \cosh x, \quad x \in (-\pi, \pi).$$

Begründen Sie, dass f stückweise stetig differenzierbar ist. Ist f auch stetig differenzierbar?

Bestimmen Sie auch die Fourierreihe der Funktion in reeller Form. Ist diese punktweise konvergent? Tritt das Gibbs'sche Phänomen auf?

30.4 ••• Sind $f, g : \mathbb{R} \to \mathbb{C}$ 2π-periodische Funktionen mit $f, g \in L^2(-\pi, \pi)$, so ist auch h definiert durch

$$h(x) = \int_{-\pi}^{\pi} f(x-t)\, g(t)\, \mathrm{d}t, \quad x \in (-\pi, \pi),$$

eine Funktion aus $L^2(-\pi, \pi)$. Man nennt h die **Faltung** von f mit g.

Wir bezeichnen mit (f_k), (g_k) bzw. (h_k) die Fourierkoeffizienten der entsprechenden Funktion. Zeigen Sie den *Faltungssatz*

$$h_k = 2\pi f_k g_k, \quad k \in \mathbb{Z}.$$

30.5 •• Der Satz über die trigonometrische Interpolation von S. 1158 soll bewiesen werden. Dazu sind für $N \in \mathbb{N}$ die Interpolationspunkte durch

$$x_j = -\pi + j\frac{\pi}{N}, \quad j = 0, \ldots, 2N$$

gegeben. Zeigen Sie:

(a) Es gelten die Gleichungen

$$\sum_{j=0}^{2N-1} \mathrm{e}^{\mathrm{i}(l-k)x_j} = \begin{cases} 2N, & l = k, \\ 0, & \text{sonst}, \end{cases}$$

$$\sum_{k=-N+1}^{N} \mathrm{e}^{\mathrm{i}k(x_j - x_l)} = \begin{cases} 2N, & j = l, \\ 0, & \text{sonst}. \end{cases}$$

(b) Erfüllen die Zahlen $c_{-N+1}, \ldots, c_N \in \mathbb{C}$ das Gleichungssystem

$$\sum_{k=-N+1}^{N} c_k\, \mathrm{e}^{\mathrm{i}kx_j} = f(x_j), \quad j = 0, \ldots, 2N-1,$$

so gilt

$$c_k = \frac{1}{2N}\sum_{j=0}^{2N-1} f(x_j)\, \mathrm{e}^{-\mathrm{i}kx_j}, \quad k = -N+1, \ldots, N.$$

(c) Durch die c_k aus der letzten Formel in Aufgabenteil (b) ist eine Lösung des Gleichungssystems aus Teil (b) gegeben.

Rechenaufgaben

30.6 • Bestimmen Sie die komplexen Fourierkoeffizienten der Funktion f, die durch

$$f(x) = \begin{cases} 0, & -\pi < x \leq 0, \\ e^{ix}, & 0 < x \leq \pi, \end{cases}$$

gegeben ist.

30.7 •• Entwickeln Sie die Funktion

$$f(x) = x \cos x, \quad x \in (-\pi, \pi),$$

in eine Fourierreihe in reeller Form.

30.8 •• Die 2π-periodische Funktion f ist auf dem Intervall $(-\pi, \pi)$ durch

$$f(x) = |x| \, (\pi - |x|)$$

gegeben. Skizzieren Sie f und berechnen Sie die reellen Fourierkoeffizienten. Warum konvergiert die Fourierreihe für jedes $x \in \mathbb{R}$? Zeigen Sie außerdem

$$\sum_{n=1}^{\infty} \frac{1}{n^4} = \frac{\pi^4}{90}.$$

30.9 •• Berechnen Sie den Wert der Reihe

$$\sum_{n=1}^{\infty} (-1)^{n+1} \frac{1}{4n^2 - 1}$$

unter Verwendung der Fourierreihe der 2π-periodischen Funktion f mit

$$f(x) = \cos\left(\frac{x}{2}\right), \quad x \in (-\pi, \pi).$$

Zeigen Sie dazu

$$\int_{-\pi}^{\pi} \cos\frac{x}{2} \cos(nx) \, dx = (-1)^n \frac{4}{1 - 4n^2}$$

für $n = 1, 2, 3, \ldots$

30.10 ••• Die Funktion f ist auf $\mathbb{R}$ gegeben durch

$$f(x) = \begin{cases} x\,(\pi - x)\,, & 0 \leq x \leq \pi\,, \\ 0\,, & \text{sonst.} \end{cases}$$

(a) Zeigen Sie, dass $g : \mathbb{R} \to \mathbb{R}$, definiert durch

$$g(x) = f\left(x + \frac{\pi}{2}\right), \quad x \in \mathbb{R},$$

eine gerade Funktion ist.

(b) Bestimmen Sie die reellen Fourierkoeffizienten von g.

(c) Zeigen Sie

$$\int_{-\pi}^{\pi} f(x) \, e^{-inx} \, dx = (-i)^n \int_{-\pi}^{\pi} g(x) \cos(nx) \, dx, \quad n \in \mathbb{Z},$$

und bestimmen Sie die komplexen Fourierkoeffizienten von f.

Anwendungsprobleme

30.11 •• Beim Anschlagen einer Saite werden Obertöne angeregt. Sie sind auch wichtig für die Klangfarbe. Nun ist es so, dass die zweite und vierte Oberschwingung genau ins Halbtonkonzept passen, in dem eine Oktave in 12 Halbtöne zerlegt wird, die dritte und sechste fast genau und die fünfte auch noch einigermaßen. Die siebente Oberschwingung aber liegt ziemlich genau zwischen zwei Halbtönen und sorgt entsprechend für Dissonanzen. Wo muss man eine Saite anschlagen, um die siebente Oberschwingung so weit wie möglich zu unterdrücken?

30.12 •• Ermitteln Sie mit einem Separationsansatz die Lösung $u : [0, \pi] \times \mathbb{R}_{>0} \to \mathbb{R}$ des Problems

$$u_{xx}(x, t) - 4u_t(x, t) - 3u(x, t) = 0$$

mit Anfangswert $u(x, 0) = x\,(x^2 - \pi^2)$ für $x \in [0, \pi]$ und Randwerten $u(0, t) = u(\pi, t) = 0$.

30.13 ••• Eine zirkulante $n \times n$-Matrix ist eine Matrix $\boldsymbol{C} = (c_{jk}) \in \mathbb{C}^{n \times n}$ mit

$$c_{jk} = \gamma_{j-k}, \quad j, k = 1, \ldots, n,$$

mit $\gamma_j \in \mathbb{C}, j = 1 - n, \ldots, n - 1$ und

$$\gamma_{j-n} = \gamma_j, \quad j = 1, \ldots, n - 1.$$

(a) Überlegen Sie sich ein Beispiel für eine zirkulante (4×4)-Matrix.

(b) Es ist $\boldsymbol{C}$ eine zirkulante $(2N \times 2N)$-Matrix, $\boldsymbol{a} = (a_0, \ldots, a_{2N-1})^T \in \mathbb{C}^{2N}$, $\boldsymbol{\gamma} = (\gamma_0, \ldots, \gamma_{2N-1})^T$ und $\boldsymbol{b} = \boldsymbol{Ca}$. Mit $\boldsymbol{F}$ bezeichnen wir die Matrix der diskreten Fouriertransformation. Zeigen Sie:

$$(\boldsymbol{Fb})_j = 2N\,(\boldsymbol{F\gamma})_j(\boldsymbol{Fa})_j, \quad j = 0, \ldots, 2N - 1.$$

(c) Wieso kann die Multiplikation mit einer zirkulanten Matrix effizient implementiert werden?

Antworten zu den Selbstfragen

Antwort 1 Wenn ein trigonometrisches Polynom reellwertig ist, dann sind die Zahlen a_k, $k = 0, \dots, n$ und b_k, $k = 1, \dots, n$ alle reell. Die eben bestimmte Formel für die c_k zeigt, dass in diesem Fall

$$c_{-k} = \overline{c_k}, \qquad k = -n, \dots, n,$$

gilt.

Antwort 2 Die f_n sind Partialsummen der geometrischen Reihe, die genau für $|z| < 1$ konvergiert. Das entspricht gerade der punktweisen Konvergenz.

Für die Differenz zwischen Partialsumme und Reihenwert gilt

$$\begin{aligned}\frac{1}{1-z} - f_n(z) &= \sum_{k=n+1}^{\infty} z^k \\ &= z^{n+1} \sum_{k=0}^{\infty} z^k \\ &= \frac{z^{n+1}}{1-z}.\end{aligned}$$

Für $|1-z| < 1/2$ gilt daher

$$\left|\frac{1}{1-z} - f_n(z)\right| > 2|z|^{n+1}.$$

Egal wie groß wir n wählen, ist die rechte Seite in dieser Abschätzung größer als 1, sofern nur z nahe genug bei 1 liegt. Daher ist die Konvergenz nicht gleichmäßig.

Gleichmäßige Konvergenz erhält man, indem man fordert, dass $|z| \leq q < 1$ ist. Dann gilt $|1-z| \geq 1-q$, und es folgt

$$\left|\frac{1}{1-z} - f_n(z)\right| \leq \frac{|q|^{n+1}}{1-q}.$$

Die rechte Seite dieser Abschätzung ist unabhängig von z und wird für n groß genug beliebig klein. Daher ist

$$\lim_{n\to\infty} \max_{|z|\leq q} \left|\frac{1}{1-z} - f_n(z)\right| = 0,$$

es liegt gleichmäßige Konvergenz vor.

Antwort 3 Die Funktion g mit

$$g(x) = \begin{cases} 1, & x \in (-\pi, \pi) \setminus \mathbb{Q}, \\ 0, & x \in (-\pi, \pi) \cap \mathbb{Q}, \end{cases}$$

unterscheidet sich von $f(x) = 1$ nur auf der Nullmenge $(-\pi, \pi) \cap \mathbb{Q}$. Daher ist

$$\int_{-\pi}^{\pi} |f(x) - g(x)|^2 \, dx = \int_{-\pi}^{\pi} 0 \, dx = 0.$$

Der Abstand im quadratischen Mittel dieser beiden Funktionen ist null.

Antwort 4 Die Funktion f ist ungerade, daher sind die Fourierkoeffizienten a_k alle null. Die Funktion g ist gerade, hier verschwinden alle Fourierkoeffizienten b_k.

Die Funktion h ist die Differenz aus der ungeraden Funktion sinh und der Konstanten 1. Daher ist nur $a_0 = 1$, alle anderen a_k sind null.

Antwort 5 Die Reihe $\sum |c_k|^2$ konvergiert nach der Parseval'schen Gleichung, daher ist die Reihe $\sum 1/k$ keine divergente Minorante. Hieraus folgt die Asymptotik.

Funktionalanalysis – Operatoren wirken auf Funktionen

31

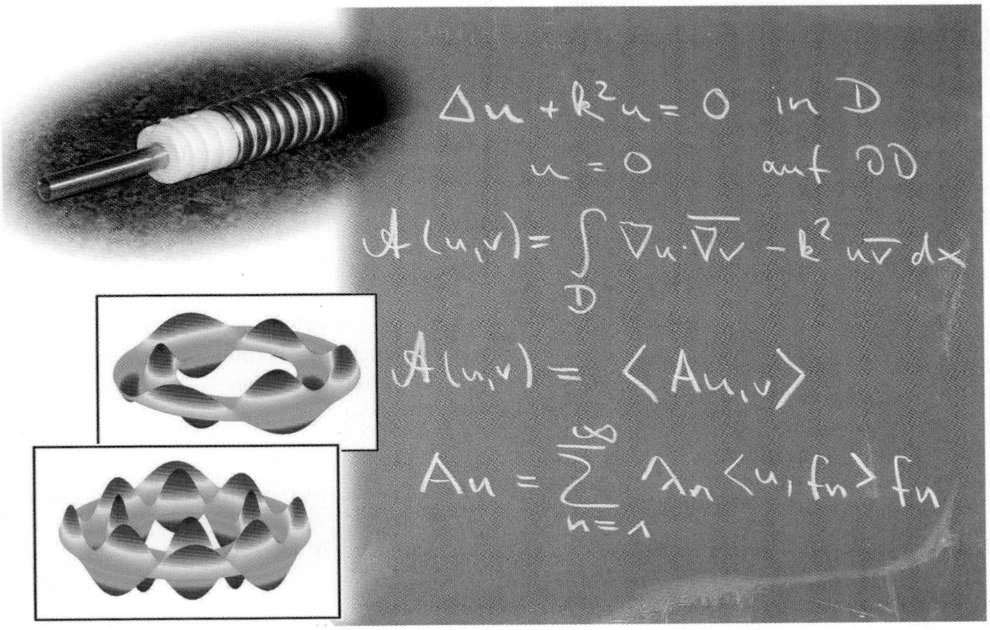

Was bedeutet Vollständigkeit?

Was ist die Neumann'sche Reihe?

Was ist das Galerkin-Verfahren?

Ergänzende Information Die elektronische Version dieses Kapitels enthält Zusatzmaterial, auf das über folgenden Link zugegriffen werden kann https://doi.org/10.1007/978-3-662-64389-1_31.

T. Arens et al., *Mathematik*, https://doi.org/10.1007/978-3-662-64389-1_31

In den Kapiteln des vierten Teils des Buches sind wir immer wieder auf das Phänomen gestoßen, dass Begriffe und Konzepte aus der linearen Algebra in die Analysis übertragen werden und so zu neuen Ergebnissen führen. Beispiele sind Fundamentalsysteme bei Differenzialgleichungen, die nichts anderes sind als Basen der Lösungsräume, oder die Verbindung zwischen den Lösungsmengen von linearen Differenzialgleichungen mit konstanten Koeffizienten und den Eigenwertproblemen.

Die Funktionalanalysis schafft für beide Gebiete, Analysis und lineare Algebra, ein gemeinsames Dach, indem sie die Begriffe der Vektorräume und der linearen Abbildungen verwendet, um Operationen wie das Differenzieren und das Bilden von Integralen zu beschreiben. Die Methoden der linearen Algebra führen allerdings allein nicht zum Ziel, da die für die Analysis interessanten Räume von unendlicher Dimension sind. Als zusätzliches Mittel aus der Analysis stehen aber die Begriffe des Grenzwerts und der Vollständigkeit zur Verfügung.

Betrachten wir nun beispielsweise Randwertprobleme in dieser Art und Weise, so erhalten wir allgemeinere Formulierungen der Problemstellungen, die auch neue Typen von Lösungen zulassen. Diese Lösungen haben merkwürdige Eigenschaften, sie sind zum Beispiel nicht überall differenzierbar.

Solche Lösungen haben nicht nur eine rein theoretische Bedeutung für die Mathematik, sondern sie entsprechen auch physikalischen Lösungen. Es sind dies genau die Fälle, an denen es der klassischen Mathematik nicht mehr – oder nur schwer – gelingt, das physikalische Problem adäquat durch ein Modell zu beschreiben. Durch die Verallgemeinerungen in der Funktionalanalysis erhalten wir neue, verallgemeinerte Lösungen von Anwendungsproblemen.

Auch in der Mathematik findet die Funktionalanalysis breite Anwendung, zum Beispiel in der numerischen Mathematik. Wir beschreiben den Zusammenhang zwischen dem ursprünglichen Problem und der diskretisierten Fassung mit ihrer Sprache. Dadurch lässt sich die Konvergenzanalyse von an sich verschiedenen numerischen Verfahren zusammenfassen und einfach darstellen.

31.1 Normierte Räume, Banachräume, Hilberträume

In der Anwendung der Funktionalanalysis geht es meistens um die Bestimmung von Funktionen, zum Beispiel um Lösungen von Differenzialgleichungen. Wir verwenden aber in diesem Kapitel die Sprache der linearen Algebra: Wir betrachten die Funktionen als Elemente von Vektorräumen, also als Punkte oder Vektoren. Oft ist es sogar hilfreich zum Verständnis, sich konkret ein Bild von Punkten im Raum zu machen. Dabei ist jedoch insoweit Vorsicht geboten, als die meisten Funktionenräume, die für uns von Interesse sind, unendliche Dimension besitzen. Nicht alle Sachverhalte aus dem Anschauungsraum lassen sich ohne Weiteres übertragen.

Die lineare Algebra zeigt uns, wie man in allgemeinen Vektorräumen zu einem Abstandsbegriff gelangt. Im dritten Teil dieses Buchs haben wir den Begriff der **Norm** auf einem Vektorraum kennengelernt. Zur Erinnerung: Ist V eine Vektorraum über $\mathbb{C}$ (oder über $\mathbb{R}$), so nennt man eine Funktion $\|\cdot\| : V \to \mathbb{R}_{\geq 0}$ eine Norm, falls die folgenden Eigenschaften für $f \in V$ und $\lambda \in \mathbb{C}$ (oder $\in \mathbb{R}$ falls V ein Vektorraum über $\mathbb{R}$ ist) erfüllt sind:

- $\|f\| = 0$ genau dann, wenn $f = 0$ (positiv definit),
- $\|\lambda f\| = |\lambda| \, \|f\|$ (homogen),
- $\|f + g\| \leq \|f\| + \|g\|$ (Dreiecksungleichung).

Einen Vektorraum, auf dem eine Norm definiert ist, nennen wir einen **normierten Raum**.

Beispiel

- Die reellen Zahlen bilden einen normierten Raum, wenn wir den **Betrag** als Norm verwenden. Die Eigenschaften einer Norm sind für die Betragsfunktion alle gut bekannt.
- In der linearen Algebra haben wir für die Räume $\mathbb{R}^n$ bzw. $\mathbb{C}^n$ verschiedene Normen eingeführt. Am wichtigsten ist sicherlich die euklidische Norm
$$\|\boldsymbol{x}\| = \left(\sum_{k=1}^{n} |x_k|^2\right)^{1/2}, \quad \boldsymbol{x} \in \mathbb{R}^n \text{ (bzw. } \boldsymbol{x} \in \mathbb{C}^n\text{)}.$$
- Ist $[a, b] \subseteq \mathbb{R}$ ein abgeschlossenes Intervall, so nimmt jede dort stetige Funktion auch ihr Maximum und Minimum an. Daher macht die Definition der Norm
$$\|f\|_\infty = \max_{x \in [a,b]} |f(x)|, \quad f \in C([a, b]),$$
Sinn. Man nennt dies die **Maximumsnorm** oder **Supremumsnorm**.
- Aus dem Kap. 30 kennen wir den Raum $L^2(-\pi, \pi)$ mit der L^2-Norm,
$$\|f\|_{L^2} = \left(\int_{-\pi}^{\pi} |f(x)|^2 \, \mathrm{d}x\right)^{1/2}, \quad f \in L^2(-\pi, \pi).$$
Hier folgen die Normeigenschaften aus den Eigenschaften des zugehörigen Skalarprodukts, ganz analog wie in Abschn. 20.2. ◄

Die Abb. 31.1 und 31.2 zeigen Funktionen mit der Norm 1 bezüglich verschiedener Normen. Diese Normen charakterisieren sehr unterschiedliche Eigenschaften der Funktionen.

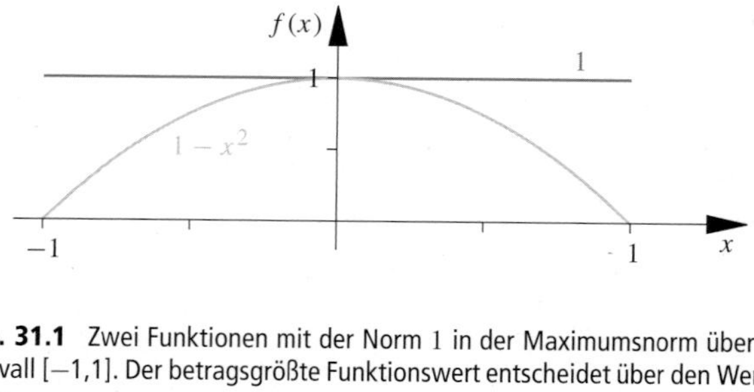

Abb. 31.1 Zwei Funktionen mit der Norm 1 in der Maximumsnorm über dem Intervall $[-1,1]$. Der betragsgrößte Funktionswert entscheidet über den Wert der Norm

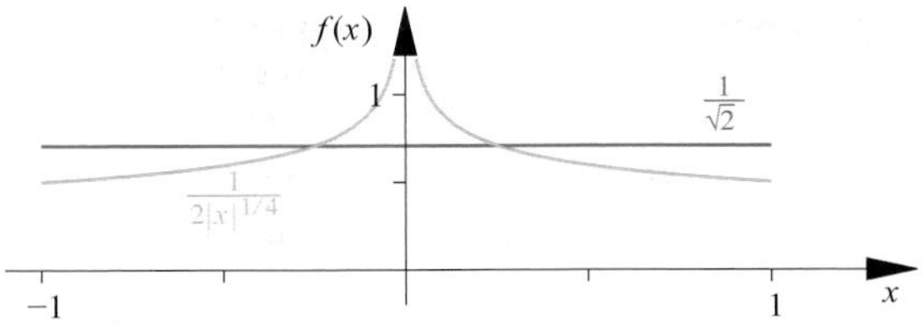

Abb. 31.2 Zwei Funktionen mit der Norm 1 in der L^2-Norm über dem Intervall $(-1,1)$. Auch eine unbeschränkte Funktion kann eine endliche L^2-Norm haben

Achtung Beachten Sie, dass der Begriff der Norm zunächst nichts mit einem Skalarprodukt zu tun hat. Man kann aus einem Skalarprodukt stets eine Norm erzeugen (etwa die euklidische oder die L^2-Norm) und im Abschnitt über Hilberträume werden wir dies auch tun. Aber der Begriff der Norm ist allgemeinerer Natur, denn es gibt Normen, zum Beispiel die Maximumsnorm, die nicht aus einem Skalarprodukt abgeleitet werden können. ◀

Selbstfrage 1

Überlegen Sie sich den Nachweis der Normeigenschaften für die Maximumsnorm.

Durch eine Norm steht uns einerseits ein Längenbegriff für die Vektoren eines Vektorraums zur Verfügung. Die Vektoren werden dadurch vergleichbar. Andererseits erhalten wir auch einen Abstandsbegriff, nämlich die Norm der Differenz der beiden Vektoren. Damit spielt eine Norm auf einem allgemeinen Vektorraum genau die Rolle, die der Betrag auf den reellen oder komplexen Zahlen spielt. Zum Beispiel können wir definieren, was wir unter einer konvergenten Folge in einem Vektorraum verstehen. Dafür müssen wir in der Definition des Grenzwerts auf S. 181 lediglich den Betrag durch die Norm ersetzen und die Menge $\mathbb{C}$ durch den zu betrachtenden Vektorraum.

Die Funktionenräume, mit denen in der Funktionalanalysis gearbeitet wird, haben zumeist unendliche Dimension. Daher reichen die Norm und der Konvergenzbegriff allein nicht aus, um schlagkräftige Resultate zu erhalten. Um dies zu verdeutlichen, beginnen wir noch einmal bei den Anfängen.

Wichtige Sätze der Analysis beruhen auf der Vollständigkeit von $\mathbb{R}$

Bei der Einführung der Zahlensysteme kann man so vorgehen, dass man mit den natürlichen Zahlen $\mathbb{N}$ beginnt. Als Differenzen von natürlichen Zahlen erhält man die ganzen Zahlen $\mathbb{Z}$, als Quotienten von ganzen Zahlen die rationalen Zahlen $\mathbb{Q}$. In $\mathbb{Q}$ kann man jetzt schon recht gut Analysis betreiben, etwa den Konvergenzbegriff einführen. Die Folge $(1/n)$ ist zum Beispiel aus $\mathbb{Q}$ und konvergiert gegen die Null.

Es gibt aber auch andere Folgen in $\mathbb{Q}$, die sich wie konvergente Folgen verhalten, deren Grenzwert aber nicht in $\mathbb{Q}$ liegt, sondern in $\mathbb{R}$. Ein Beispiel dafür ist die Folge, die beim Heron-Verfahren (siehe S. 189) zur Approximation von $\sqrt{2}$ konstruiert wird. Beschränkt man sich nur auf $\mathbb{Q}$, so ist eine solche Folge *nicht konvergent*, denn sie besitzt keinen Grenzwert in $\mathbb{Q}$. Sie hat aber die folgende Eigenschaft.

Definition einer Cauchy-Folge

Eine Folge (x_n) in einem normierten Raum V heißt **Cauchy-Folge**, falls es zu jeder Zahl $\varepsilon > 0$ eine natürliche Zahl N gibt, sodass

$$\|x_n - x_m\| < \varepsilon \quad \text{für alle } n, m \geq N.$$

Beispiel

- Wir rechnen die Cauchy-Folgen-Eigenschaft der Folge aus dem Heron-Verfahren nach. Die Folge ist definiert durch

$$a_0 = 2, \quad a_n = \frac{1}{2}\left(a_{n-1} + \frac{2}{a_{n-1}}\right), \quad n \in \mathbb{N}.$$

Mittels vollständiger Induktion zeigt man sofort, dass $a_n \in [1, 2]$ für alle $n \in \mathbb{N}_0$ gilt. Weiterhin folgt

$$\begin{aligned} a_{n+1} - a_n &= \frac{1}{2}\left(a_n + \frac{2}{a_n} - a_{n-1} - \frac{2}{a_{n-1}}\right) \\ &= \left(\frac{1}{2} - \frac{1}{a_n\, a_{n-1}}\right)(a_n - a_{n-1}) \end{aligned}$$

für $n \in \mathbb{N}$. Somit ergibt sich

$$\begin{aligned} |a_{n+1} - a_n| &\leq \frac{1}{2}\,|a_n - a_{n-1}| \\ &\leq \left(\frac{1}{2}\right)^n |a_1 - a_0|. \end{aligned}$$

Für $m > n$ folgt nun mit der geometrischen Reihe

$$\begin{aligned} |a_m - a_n| &\leq \sum_{k=n}^{m-1} |a_{k+1} - a_k| \\ &\leq \sum_{k=n}^{m-1} \left(\frac{1}{2}\right)^k |a_1 - a_0| \\ &= \left(\frac{1}{2}\right)^n |a_1 - a_0| \sum_{k=0}^{m-n-1} \left(\frac{1}{2}\right)^k \\ &\leq \left(\frac{1}{2}\right)^{n-1} |a_1 - a_0|. \end{aligned}$$

Indem wir n groß genug wählen, wird die Schranke auf der rechten Seite kleiner als jedes vorgegebene ε. Wir haben damit den Nachweis erbracht, dass (x_n) eine Cauchy-Folge ist.

Teil V

- Die Dezimaldarstellung einer reellen Zahl aus $[0, 1)$ kann als eine Reihe der Form

$$\left(\sum_{k=1}^{\infty} a_k\, 10^{-k}\right)$$

mit $k \in \{0, 1, 2, \ldots, 9\}$ angesehen werden. Wir rechnen nach, dass die Folge ihrer Partialsummen (s_n) eine Cauchy-Folge in $\mathbb{Q}$ ist. Mit

$$s_n = \sum_{k=1}^{n} a_k\, 10^{-k}, \quad n \in \mathbb{N},$$

ist jedes s_n eine endliche Summe von ganzzahligen Vielfachen der Brüche $1/10^k$. Daher handelt es sich bei ihnen um rationale Zahlen.
Nun geben wir uns $\varepsilon > 0$ vor und wählen uns dazu ein $N \in \mathbb{N}$ mit $10^{-N} \leq \varepsilon$. Dann gilt unter Anwendung der geometrischen Reihe für $n \geq m \geq N$ die Abschätzung

$$\begin{aligned}|s_n - s_m| &= \sum_{k=m+1}^{n} a_k 10^{-k}\\ &\leq 9 \sum_{k=m+1}^{n} 10^{-k} \leq 9 \sum_{k=m+1}^{\infty} 10^{-k}\\ &= 9 \cdot 10^{-(m+1)} \sum_{k=0}^{\infty} 10^{-k} = 9 \cdot 10^{-(m+1)} \frac{1}{1 - 1/10}\\ &= 10^{-m} \leq 10^{-N} \leq \varepsilon.\end{aligned}$$

Die Voraussetzung $n \geq m$ bedeutet dabei keine Einschränkung, denn die Rollen von n und m können wir vertauschen. Damit ist gezeigt: Zu jedem $\varepsilon > 0$ gibt es ein $N \in \mathbb{N}$ mit $|s_n - s_m| \leq \varepsilon$ für alle $n, m \geq N$. Dies ist genau die Definition einer Cauchy-Folge. ◂

Selbstfrage 2

Ist eine konvergente Folge auch eine Cauchy-Folge?

Die besondere Eigenschaft der Menge der reellen Zahlen ist nun gegenüber $\mathbb{Q}$, dass jede Cauchy-Folge in $\mathbb{R}$ auch einen Grenzwert aus $\mathbb{R}$ besitzt. Auch für die komplexen Zahlen $\mathbb{C}$ gilt dies. Ohne diese wichtige Eigenschaft wären viele zentrale Sätze der Analysis, etwa der Zwischenwertsatz oder der Mittelwertsatz, falsch.

Definition eines Banachraums

Ein normierter Raum, in dem jede Cauchy-Folge einen Grenzwert besitzt, heißt **vollständig**. Einen vollständigen normierten Raum nennt man auch **Banachraum**.

Im nächsten Abschnitt werden wir Beispiele für vollständige und nicht vollständige Räume vorstellen. Dabei werden uns viele schon bekannte Vektorräume wieder begegnen.

Beispiele für Banachräume

Wie oben schon ausgeführt, sind die Mengen $\mathbb{R}$ und $\mathbb{C}$, aufgefasst als normierte Räume mit dem Betrag als Norm, vollständig. Auf dieser Tatsache fußen wesentliche Aussagen der Analysis. Genauso sind die Räume $\mathbb{R}^n$ bzw. $\mathbb{C}^n$ mit den uns bekannten Normen Banachräume. Es ist hier sogar egal, welche Norm wir wählen: Ein normierter Raum endlicher Dimension über $\mathbb{R}$ oder $\mathbb{C}$ ist stets ein Banachraum. Die Situation wird schwieriger, wenn wir uns Räumen unendlicher Dimension zuwenden.

Ein klassisches Beispiel für einen Banachraum ist der Raum der auf einem kompakten Intervall stetigen Funktionen $C([a, b])$, ausgestattet mit der Maximumsnorm. Wir überlegen uns, dass dies ein vollständiger Raum ist.

In einem ersten Schritt wählen wir eine Cauchy-Folge (f_n) aus $C([a, b])$ aus und konstruieren einen Kandidaten für einen Grenzwert. An einer beliebigen Stelle $\hat{x} \in [a, b]$ ist

$$|f_n(\hat{x}) - f_m(\hat{x})| \leq \max_{x \in [a,b]} |f_n(x) - f_m(x)| = \|f_n - f_m\|_\infty.$$

Also ist $(f_n(\hat{x}))$ eine Cauchy-Folge in $\mathbb{C}$. Da $\mathbb{C}$ selbst vollständig ist, konvergiert diese Zahlenfolge. Wir können somit

$$f(x) = \lim_{n \to \infty} f_n(x), \quad x \in [a, b],$$

definieren.

Im zweiten Schritt zeigen wir, dass die Folge (f_n) in der Maximumsnorm gegen dieses f konvergiert. Dazu nutzen wir nochmals die Cauchy-Folgen-Eigenschaft: Zu $\varepsilon > 0$ finden wir ein $N \in \mathbb{N}$ mit

$$|f_m(x) - f_N(x)| \leq \varepsilon$$

für alle $m \geq N$ und alle $x \in [a, b]$. In dieser Ungleichung lassen wir nun m gegen unendlich gehen und erhalten

$$|f(x) - f_N(x)| \leq \varepsilon$$

für alle $x \in [a, b]$. Dies ist gleichbedeutend mit

$$\|f - f_N\|_\infty \to 0 \quad (N \to \infty),$$

die Folge (f_n) konvergiert also in der Maximumsnorm gegen f.

Im dritten Schritt zeigen wir abschließend, dass f stetig ist, also tatsächlich ein Element von $C([a, b])$. Dies folgt sofort aus der Ungleichung

$$|f(x) - f(y)| \leq |f(x) - f_n(x)| + |f_n(x) - f_n(y)| + |f_n(y) - f(y)|$$

für alle $x, y \in [a, b]$ und alle $n \in \mathbb{N}$.

Somit ist gezeigt, dass es sich bei $C([a, b])$ um einen Banachraum handelt. Als nächstes bringen wir ein Beispiel für einen normierten Raum, der kein Banachraum ist.

Wir betrachten den Raum der auf (a, b) stetig differenzierbaren Funktionen, deren Ableitung sich stetig auf $[a, b]$ fortsetzen

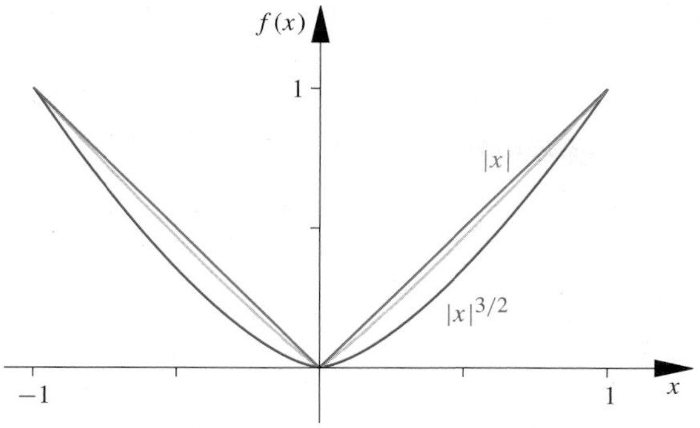

Abb. 31.3 Die Glieder f_2 (rot) und f_{10} (orange) der Funktionenfolge (f_n) mit $f_n(x) = |x|^{1+\frac{1}{n}}, x \in [-1, 1]$. Die Folge konvergiert in der Maximumsnorm gegen $|x|$ (blau). Alle Glieder der Folge sind stetig differenzierbar, der Grenzwert nicht

lässt, $C^1([a, b])$, ausgestattet mit der Maximumsnorm. Dies ist ein Unterraum von $C([a, b])$. Dass es sich nicht um einen Banachraum handelt, sieht man, indem man eine Cauchy-Folge angibt, die in $C^1([a, b])$ nicht konvergiert. Hierzu setzen wir

$$f_n(x) = |x|^{1+\frac{1}{n}}, \quad x \in [-1, 1], \quad n \in \mathbb{N}.$$

Diese Folge konvergiert in der Maximumsnorm gegen

$$f(x) = |x|, \quad x \in [-1, 1].$$

In der Abb. 31.3 sind zwei Folgenglieder und die Grenzwertfunktion dargestellt.

Jede konvergente Folge ist auch eine Cauchy-Folge. Aber f ist kein Element von $C^1([-1, 1])$, denn an der Stelle 0 ist f nicht differenzierbar.

Man kann auch $C^1([a, b])$ zu einem Banachraum machen, dazu muss man aber die Ableitung bei der Norm berücksichtigen. Eine geeignete Norm ist

$$\|f\| = \max_{x\in[a,b]} |f(x)| + \max_{x\in[a,b]} |f'(x)|.$$

Ein weiteres Beispiel für einen normierten Raum, der kein Banachraum ist, kennen wir aus dem Kap. 30. Hier hatten wir auf dem Raum T der trigonometrischen Polynome die L^2-Norm

$$\|f\|_{L^2(-\pi,\pi)} = \left(\int_{-\pi}^{\pi} |f(x)|^2 \,\mathrm{d}x \right)^{1/2}$$

definiert. Der Fourier'sche Entwicklungssatz (siehe S. 1147) besagt, dass T mit dieser Norm nicht vollständig sein kann. Es handelt sich um einen Unterraum von $L^2(-\pi, \pi)$.

Statt des Intervalls $(-\pi, \pi)$ kann natürlich ein beliebiges Intervall (a, b) verwendet werden. Es erfordert einigen technischen Aufwand, um nachzuweisen, dass $L^2(a, b)$ mit der L^2-Norm vollständig ist. Wir werden das Vorgehen nur skizzieren.

Wir wählen dazu eine Cauchy-Folge (f_n) aus $L^2(a, b)$, deren Konvergenz wir zeigen wollen. Zu einer Folge von Indizes

$$n_0 < n_1 < n_2 < n_3 < \dots$$

betrachtet man die Reihe

$$\left(f_{n_0} + \sum_{k=0}^{\infty} (f_{n_{k+1}} - f_{n_k}) \right).$$

Bei einer geschickten Wahl der Indexfolge (n_k) folgt aus der Cauchy-Folgen-Eigenschaft, dass diese Reihe in $L^2(a, b)$ konvergiert. Ihre Partialsummen sind aber gerade die Funktionen (f_{n_k}). Wir können also zeigen, dass eine *Teilfolge* der Folge (f_n) konvergiert. Ganz allgemein gilt jedoch, dass eine Cauchy-Folge, die eine konvergente Teilfolge hat, selbst konvergent ist.

Einen normierten Raum kann man abschließen

Wir haben bei der Diskussion dieser Räume gesehen, dass manche normierte Räume Unterräume von Banachräumen sind. So ist T ein Unterraum von $L^2(-\pi, \pi)$. Hier kommt man aber auch vom Unterraum in natürlicher Weise zum Banachraum: Wir können Fourierreihen einerseits als Reihen von trigonometrischen Polynomen ansehen, andererseits können sie mit der zugehörigen L^2-Funktion identifiziert werden.

Man nennt das Vergrößern eines normierten Raums, bis man einen Banachraum erhält, das **Bilden des Abschlusses**. Der mathematische Prozess ist recht kompliziert und in der Vertiefung auf S. 1176 an einem Beispiel dargestellt. Es ist aber leicht zu verstehen, was eigentlich, versteckt durch die viele mathematische Technik, passiert: Für jede Cauchy-Folge, die in X nicht konvergiert, wird ein Grenzwert als neues Element hinzugefügt, solange, bis alle Cauchy-Folgen einen Grenzwert besitzen.

Mit diesem Verfahren gelangen wir also von einem normierten Raum X zu seinem **Abschluss** $\overline{X}$. Ist nicht von vornherein klar, welche Norm gemeint ist, so wird diese als Exponent mit angegeben,

$$\overline{X}^{\|\cdot\|_X}.$$

Ist Y der Abschluss von X, so sagt man, dass X **dicht** in Y liegt.

Wir wollen uns einige im Prinzip schon bekannte Beispiele ansehen.

Beispiel

- Der Abschluss des Raums der Polynomfunktionen eingeschränkt auf ein abgeschlossenes Intervall $[a, b]$, $P(a, b)$ mit der Maximumsnorm ist der Raum der auf $[a, b]$ stetigen Funktionen,

$$\overline{P(a, b)}^{\|\cdot\|_\infty} = C([a, b]).$$

Dies ist die Aussage des **Weierstraß'schen Approximationssatzes**: Jede stetige Funktion kann beliebig gut gleichmäßig durch ein Polynom approximiert werden.

Teil V

Vertiefung: Wie gelangt man von $\mathbb{Q}$ nach $\mathbb{R}$?

Ist ein normierter Raum gegeben, so kann man dessen Abschluss bilden oder, wie man auch sagt, diesen vervollständigen. Das bedeutet, dass wir einen Banachraum konstruieren, in dem wir den ursprünglichen Raum wiederfinden. Die Struktur eines Vektorraums ist für diese Vervollständigung zunächst gar nicht nötig. Man kann allgemeiner in sogenannten metrischen Räumen arbeiten. Wir stellen den Prozess hier am Beispiel der Vervollständigung von $\mathbb{Q}$ dar, deren Ergebnis $\mathbb{R}$ ist.

Für die Darstellung der Vervollständigung von $\mathbb{Q}$ werden wir Gebrauch machen von Äquivalenzklassen, die im Bonusmaterial zu Kap. 2 eingeführt werden, und von metrischen Räumen, die schon beim Beweis des Satzes von Picard-Lindelöf in einem optionalen Abschnitt des Kap. 28 Verwendung fanden. Ein metrischer Raum ist eine Menge M mit einer *Metrik*, das heißt einer Abbildung $d : M \times M \to \mathbb{R}_{\geq 0}$ mit den folgenden Eigenschaften

- für alle $x, y \in M$ folgt aus $d(x, y) = 0$ die Gleichheit $x = y$,
- $d(x, y) = d(y, x)$ gilt für alle $x, y \in M$,
- für alle $x, y, z \in M$ ist $d(x, z) \leq d(x, y) + d(y, z)$.

Eine Metrik liefert einen Abstandsbegriff. Jeder normierte Raum ist mit $d(x, y) = \|x - y\|$ ein metrischer Raum. Speziell ist $\mathbb{Q}$, mit $d(q, r) = |q - r|$, $q, r \in \mathbb{Q}$ ein metrischer Raum.

Auf einem metrischen Raum können wir konvergente Folgen und Cauchy-Folgen ganz wie in $\mathbb{R}$ oder in $\mathbb{C}$ definieren. Es muss nur die Metrik statt des Betrags einer Differenz verwendet werden.

Die Vervollständigung läuft nun folgendermaßen ab:

1. Es wird die Menge M aller Cauchy-Folgen auf $\mathbb{Q}$ gebildet. Auf M definieren wir einen Abstandsbegriff: Für zwei Cauchy-Folgen (x_n) bzw. (y_n) ist $d((x_n), (y_n))$ die größte Zahl $\rho \geq 0$ mit
$$|x_n - y_n| \geq \rho \quad \text{für alle } n \in \mathbb{N}.$$
Es muss natürlich mathematisch begründet werden, dass diese Zahl ρ existiert. Darauf wollen wir hier nicht eingehen.
2. Die eben definierte Abbildung d ist keine Metrik. Wählen wir etwa die Folgen
$$(a_n) = (1.0, 1.0, 1.0, 1.0, \ldots),$$
$$(b_n) = (0.9, 0.99, 0.999, 0.9999, \ldots),$$
so haben beide den Grenzwert 1. Damit ist die Zahl $\rho = 0$. Dies widerspricht der ersten Eigenschaft einer Metrik.
Um wieder einen metrischen Raum zu erhalten, bilden wir Äquivalenzklassen von Cauchy-Folgen. Zwei Cauchy-Folgen (x_n) bzw. (y_n) sollen derselben Klasse angehören, falls $d((x_n), (y_n)) = 0$ ist. Die Menge all dieser Äquivalenzklassen bezeichnen wir mit $\overline{M}$. Eine Metrik definieren wir, indem wir für je zwei Elemente $x, y \in \overline{M}$
$$d(x, y) = d((x_n), (y_n)) \quad \text{mit } (x_n) \in x, (y_n) \in y$$
setzen. Hierbei muss man beweisen, dass diese Definition von den konkreten $(x_n) \in x$ bzw. $(y_n) \in y$ unabhängig ist. Die Folge (c_n) mit $c_n = 2$, $n \in \mathbb{N}$ ist zum Beispiel ebenfalls eine Cauchy-Folge in $\mathbb{Q}$. Es ist
$$d((a_n), (c_n)) = 1 = d((b_n), (c_n))$$
mit den beiden Folgen (a_n), (b_n) von oben.
3. Es ist nun zu zeigen, dass im metrischen Raum $\overline{M}$ jede Cauchy-Folge konvergiert. Dieser Schritt ist technisch aufwendig, schließlich geht es um Cauchy-Folgen von Äquivalenzklassen von Cauchy-Folgen. Wir wollen ihn nicht weiter beschreiben.
4. Somit ist $\overline{M}$ ein vollständiger metrischer Raum. Wie finden wir nun $\mathbb{Q}$ darin wieder? Wir identifizieren eine Zahl $q \in \mathbb{Q}$ mit derjenigen Äquivalenzklasse aus $\overline{M}$, die die konstante Folge (q) enthält. Zum Beispiel identifizieren wir die Zahl 1 mit der Äquivalenzklasse, die die Folge (a_n) enthält. Somit stellt auch die Folge (b_n) genau diese Zahl dar. Wir erhalten so auch die Gleichheit der Dezimaldarstellungen von
$$1.0000000000000\ldots = 0.9999999999999\ldots$$
Diese Identifizierung beschreibt man mathematisch durch eine injektive Abbildung, eine **Einbettung.**
Es gibt aber auch Elemente von $\overline{M}$, die nicht mit rationalen Zahlen identifiziert werden. Dies sind die neu hinzugekommenen Grenzwerte für Cauchy-Folgen, die in $\mathbb{Q}$ nicht konvergieren, die irrationalen Zahlen.
5. In einem letzten Schritt müssen wir überprüfen, dass die Rechenregeln, die in $\mathbb{Q}$ gelten, sich ebenfalls nach $\overline{M}$ übertragen. Man muss dazu Addition und Multiplikation für Äquivalenzklassen von Cauchy-Folgen definieren und dann überprüfen, dass sich die Operationen in $\mathbb{Q}$ bei der Einbettung genau auf entsprechenden Operationen in $\overline{M}$ übertragen. Gleichzeitig erhält man so, dass $\overline{M}$ alle Eigenschaften von $\mathbb{R}$ aufweist, also mit der Menge $\mathbb{R}$ identifiziert werden kann.

Bei der Vervollständigung von normierten Räumen geht man ganz genauso vor. Die Vektorraumstrukturen und die Norm übertragen sich dabei ganz analog wie die Rechenregeln auf $\mathbb{Q}$ auf den neu konstruierten Raum der Äquivalenzklassen von Cauchy-Folgen.

- Im Kapitel über Fourierreihen hatten wir gesehen, dass jede L^2-Funktion im quadratischen Mittel durch ihre Fourierpolynome beliebig gut approximiert werden kann. Dies bedeutet, dass

$$\overline{T}^{\|\cdot\|_{L^2(-\pi,\pi)}} = L^2(-\pi,\pi).$$

Der Raum T der trigonometrischen Polynome liegt dicht im L^2.
Übrigens liegt auch $C([a,b])$ dicht in $L^2(a,b)$. ◀

Einen Banachraum mit einem Skalarprodukt nennt man Hilbertraum

In der analytischen Geometrie verwendet man das Standardskalarprodukt im $\mathbb{R}^n$, um Längen und Winkel zu bestimmen. Im Kapitel über Fouriertheorie haben wir außerdem gesehen, dass wir über das L^2-Skalarprodukt dasjenige trigonometrische Polynom eines festen Grades bestimmen können, das eine gegebene L^2-Funktion am besten approximiert.

Vektorräume, auf denen Skalarprodukte definiert sind, haben wir in der linearen Algebra *euklidisch* bei reellen bzw. *unitär* bei komplexen Zahlen als Grundkörper genannt. Zusammengefasst spricht man von **Innenprodukträumen**. Hat man mit Räumen unendlicher Dimension zu tun, ist auch der Begriff **Prä-Hilbertraum** gebräuchlich.

Für die Notation des Skalarprodukts verwendet man in der Funktionalanalysis üblicherweise die Schreibweise als Paar, $\langle x, y\rangle$, wie wir das schon im Kapitel über Fouriertheorie getan haben. Auf einem Innenproduktraum ist durch das Skalarprodukt immer auch eine Norm definiert,

$$\|x\| = \sqrt{\langle x, x\rangle}.$$

Dies entspricht genau dem aus der Geometrie bekannten Sachverhalt, dass die Länge eines Vektors gleich der Wurzel aus seinem Skalarprodukt mit sich selbst ist. Jeder Innenproduktraum ist also bezüglich der durch sein Skalarprodukt definierten Norm auch ein normierter Raum. Schon dieses Zusammenspiel von Norm und Skalarprodukt ist eine mathematisch reiche Struktur. Zum Beispiel können wir die Cauchy-Schwarz'sche Ungleichung (siehe auch S. 707),

$$|\langle x, y\rangle| \leq \|x\| \, \|y\|$$

ganz allgemein in jedem Innenproduktraum beweisen.

Beispiel In dem komplexen Innenproduktraum $L^2(a,b)$ lautet die Cauchy-Schwarz'sche Ungleichung

$$\left|\int_a^b f(t)\,\overline{g(t)}\,\mathrm{d}t\right| \leq \left(\int_a^b |f(t)|^2\,\mathrm{d}t\right)^{1/2} \left(\int_a^b |g(t)|^2\,\mathrm{d}t\right)^{1/2}$$

für alle $f,\ g \in L^2(a,b)$. Mit einer Funktion f ist auch die Funktion $|f|$ ein Element von $L^2(a,b)$. Somit können wir die gebräuchlichere Ungleichung

$$\int_a^b |f(t)\,g(t)|\,\mathrm{d}t \leq \left(\int_a^b |f(t)|^2\,\mathrm{d}t\right)^{1/2} \left(\int_a^b |g(t)|^2\,\mathrm{d}t\right)^{1/2}$$

angeben, die sehr häufig Verwendung findet. ◀

Ein Innenproduktraum ist also stets ein normierter Raum. Umgekehrt kann man aber nicht jede Norm aus irgendeinem Skalarprodukt ableiten (siehe dazu auch Aufgabe 31.7).

Für die Funktionalanalysis sind vollständige Räume besonders wichtig. Daher wollen wir uns mit solchen Innenprodukträumen beschäftigen, die bezüglich der vom Skalarprodukt erzeugten Norm Banachräume sind.

Definition eines Hilbertraums

Ein Innenproduktraum, der bezüglich der vom Skalarprodukt erzeugten Norm vollständig ist, heißt **Hilbertraum**.

Die Namensgebung geht auf den deutschen Mathematiker David Hilbert (1862–1943) zurück. Es stellt sich heraus, dass Hilberträume eine so reichhaltige mathematische Struktur besitzen, dass wir in ihnen viele nützliche Ergebnisse erzielen können. Für uns werden zum Beispiel die folgenden beiden Hilberträume von Interesse sein.

Beispiel

- Den Raum $L^2(a,b)$ mit dem Innenprodukt

$$\langle f, g\rangle = \int_a^b f(x)\,\overline{g(x)}\,\mathrm{d}x$$

kennen wir bereits. Den Beweis der Vollständigkeit haben wir im Abschnitt über Banachräume ja schon angesprochen.
- Eine andere Möglichkeit, den $L^2(a,b)$ zu erhalten, ist ja die Vervollständigung des $C([a,b])$ in der L^2-Norm. Analog können wir auf $C^1([a,b])$ ein Skalarprodukt

$$\langle f, g\rangle_1 = \int_a^b \left[f(x)\,\overline{g(x)} + f'(x)\,\overline{g'(x)}\right]\mathrm{d}x$$

definieren. Durch Vervollständigung erhalten wir einen Hilbertraum $H^1(a,b)$, der häufig bei der Lösung von Randwertproblemen eingesetzt wird. Dies ist ein Beispiel für einen *Sobolev-Raum*. Im Bonusmaterial zu diesem Kapitel wird dieser Raum ausführlicher besprochen. ◀

Selbstfrage 3

Wie lautet die Norm auf $H^1(a,b)$?

Durch Orthonormalbasen lassen sich die Elemente eines Hilbertraums darstellen

In der linearen Algebra ist der Begriff der *Basis* zentral: Indem wir Vektoren aus beliebigen endlichdimensionalen Vektorräumen über eine Basis darstellen, können die Probleme der linearen Algebra fast immer als lineare Gleichungssysteme formuliert werden. Für solche Systeme sind uns ausgefeilte Lösungsverfahren bekannt.

Es sei daran erinnert, dass bei einer Basis jeder Vektor eines Vektorraums durch eine *endliche Linearkombination* von Basisvektoren darstellbar ist. Da wir in der linearen Algebra zumeist mit Räumen endlicher Dimension arbeiten, bedeutet dies dort keine wirkliche Einschränkung.

Diejenigen Räume, die in der Funktionalanalysis von Interesse sind, haben allesamt unendliche Dimension. Zwar gilt auch hier die allgemeine Aussage, dass ein solcher Raum eine Basis besitzt, allerdings hat jede solche Basis unendlich viele Elemente. Mehr noch: Diejenigen Räume, die eine *abzählbare* Basis besitzen, wie zum Beispiel der Raum T der trigonometrischen Polynome aus Kap. 30, sind nicht vollständig. Es lässt sich zeigen, dass eine Basis in einem Banachraum unendlicher Dimension immer überabzählbar ist. Dies disqualifiziert den Basisbegriff der linearen Algebra gewissermaßen für die Arbeit in Banach- oder Hilberträumen, denn mit überabzählbaren Basen lässt sich nur mühsam hantieren.

Die Idee ist es, auf die Forderung zu verzichten, dass die Darstellung eines Vektors durch endlich viele Elemente erfolgt. Stattdessen stellen wir wie bei den Fourierreihen die Elemente als Reihen dar, deren Partialsummen Linearkombinationen der *Basisvektoren* sind.

Definition einer Orthonormalbasis

Eine Teilmenge B eines Hilbertraums X heißt **Orthogonalsystem,** falls je zwei verschiedene Elemente von B orthogonal sind,

$$\langle x, y\rangle = 0, \quad x, y \in B,\ x \neq y.$$

Gibt es in einem Hilbertraum X ein Orthogonalsystem

$$B = \{x_k \in X \mid k \in \mathbb{N}\},$$

sodass für jedes $x \in X$ die Darstellung

$$x = \sum_{k=1}^{\infty} \langle x, x_k\rangle\, x_k$$

gilt, so nennt man B eine **Orthonormalbasis** von X.

Die Orthonormalbasen ersetzen uns in Hilberträumen die Standardbasis der linearen Algebra. Wir werden sehen, dass wir mit ihrer Hilfe in der Funktionalanalysis fast genauso arbeiten können wie in der analytischen Geometrie.

Die Elemente einer Orthonormalbasis sind paarweise orthogonal, da es sich um ein Orthogonalsystem handelt. Sie haben aber die Norm 1. Ist nämlich $x_n \in B$, so folgt

$$x_n = \sum_{k=1}^{\infty} \langle x_n, x_k\rangle\, x_k = \langle x_n, x_n\rangle x_n.$$

Daraus schließen wir $\|x_n\| = 1$. Das Wort *normal* in der Namensgebung hat also seine Berechtigung.

Die Darstellung eines Elements x eines Hilbertraums bezüglich einer Orthonormalbasis ist eindeutig: Es gibt keine zweite Koeffizientenfolge (c_k), mit der man denselben Reihenwert erzeugen kann. Dazu betrachten wir eine Darstellung

$$x = \sum_{k=1}^{\infty} c_k\, x_k$$

mit irgendwelchen Koeffizienten (c_k). Dann gilt für jedes $N \geq n \in \mathbb{N}$

$$c_n = \sum_{k=1}^{N} c_k\, \langle x_k, x_n\rangle = \left\langle \sum_{k=1}^{N} c_k\, x_k,\ x_n \right\rangle.$$

Indem wir N gegen unendlich streben lassen, folgt

$$c_n = \langle x, x_n\rangle.$$

Diese Eindeutigkeit der Darstellung bedeutet, dass wir für diese Reihen die Technik des Koeffizientenvergleichs zur Verfügung haben.

Selbstfrage 4

Beim letzten Argument haben wir verwendet, dass das Skalarprodukt im ersten Argument stetig ist, also dass

$$\lim_{n\to\infty} \langle x_n, y\rangle = \left\langle \lim_{n\to\infty} x_n,\ y\right\rangle$$

für beliebiges y gilt. Wieso ist dies gerechtfertigt?

Der Prototyp für eine solche Orthonormalbasis ist die Menge der Funktionen

$$\varphi_k = \frac{1}{\sqrt{2\pi}}\, \mathrm{e}^{\mathrm{i}kx}, \quad k \in \mathbb{Z},\ x \in (-\pi, \pi),$$

im $L^2(-\pi, \pi)$. Hier ist die Reihendarstellung

$$x = \sum_{k=-\infty}^{\infty} \langle x, \varphi_k\rangle\, \varphi_k$$

gerade die Fourierreihe der Funktion x. In Analogie hieran nennt man die Koeffizienten $\langle x, x_k\rangle$ in der Reihe auch **Fourierkoeffizienten.** Mit ähnlichen Argumenten wie oben die Eindeutigkeit der Darstellung zeigt man die **Parseval'sche Gleichung**

$$\|x\|^2 = \sum_{k=1}^{\infty} |\langle x, x_k\rangle|^2.$$

Kommentar Wir haben in die Definition des Begriffs *Orthonormalbasis* mit eingebaut, dass diese Menge abzählbar ist. Dies ist nicht unbedingt notwendig, aber die Räume mit abzählbaren Orthonormalbasen, sogenannte *separable* Räume, sind die für uns wichtigen. ◄

Achtung Beachten Sie, dass wir den Begriff der Orthonormalbasis hier anders definiert haben als im Abschn. 20.3 im Teil über die lineare Algebra. Eine Orthonormalbasis in dem hier beschriebenen Sinn ist keine Basis im Sinne der linearen Algebra. Manche Autoren sprechen daher lieber von einem **vollständigen Orthonormalsystem.** Allerdings findet man, gerade in der für Anwender geschriebenen Literatur den Begriff Orthonormalbasis in dem hier definierten Sinn. ◄

31.2 Lineare, beschränkte Operatoren und Funktionale

Aus der linearen Algebra sind uns die linearen Abbildungen zwischen Vektorräumen wohlbekannt. In der Funktionalanalysis sind die auftretenden Räume oft Räume von Funktionen. Man spricht daher häufiger von **linearen Operatoren**, meint damit aber dieselbe mathematische Konstruktion.

Zu Beginn betrachten wir zwei typische Klassen von Operatoren, die auf Räumen von Funktionen definiert sind.

Beispiel

- Das Ableiten von Funktionen ist uns gut bekannt. Das Ableiten von Funktionen der Form $f : (a,b) \to \mathbb{R}$ kann als Anwendung eines Operators

$$\frac{\mathrm{d}}{\mathrm{d}x} : \begin{cases} C^1(a,b) & \to & C(a,b) \\ f & \mapsto & f' \end{cases}$$

  angesehen werden. Wir wissen, dass das Bilden der Ableitung eine lineare Operation ist, $\mathrm{d}/\mathrm{d}x$ ist ein linearer Operator. Auch für höhere Ableitungen und für partielle Ableitungen können solche Operatoren gebildet werden. Für diese und Summen von ihnen gibt es zusammengefasst den Begriff der **Differenzialoperatoren**. Beispiele aus der Vektoranalysis sind grad und div, bei den partiellen Differenzialgleichungen ist uns der Laplace-Operator Δ begegnet.
- In vielen Aufgabenstellungen trifft man auf Operatoren, die durch Integrale definiert sind, etwa $\mathcal{A} : X \to Y$ mit

$$\mathcal{A}\varphi(x) = \int_a^b k(x,y)\,\varphi(y)\,\mathrm{d}y, \quad x \in (a,b), \quad \varphi \in X.$$

  Dabei sollen X, Y Vektorräume von auf dem Intervall (a,b) definierten Funktionen sein. Die Funktion k bezeichnet man als **Kernfunktion**. Die Eigenschaften von k und den Funktionen aus X müssen so sein, dass das Integral existiert. Wegen der Linearität des Integrals ist dann auch $\mathcal{A}$ ein linearer Operator. Man nennt ihn einen **Integraloperator**. Eine typische Konstellation ist, dass k auf $[a,b] \times [a,b]$ stetig ist und $X = C([a,b])$. Aber auch andere Möglichkeiten für k und X werden noch vorgestellt. ◄

Mithilfe von solchen Differenzial- oder Integraloperatoren können wir Anwendungsprobleme wie die Suche nach einer Lösung von Differenzial- oder Integralgleichungen abstrakt beschreiben. Dann kann man versuchen, Bedingungen für die Operatoren zu finden, unter denen eine Lösung existiert.

Beispiel Wir betrachten die Integralgleichung

$$u(x) - \int_0^x u(t)\,\mathrm{d}t = f(x), \quad x \in [0,1],$$

mit einer Funktion $f \in C([0,1])$. Wir sind an einer Lösung $u \in C([0,1])$ interessiert. Dazu betrachten wir den Operator $\mathcal{A} : C([0,1]) \to C([0,1])$ definiert durch

$$\mathcal{A}u(x) = \int_0^x u(t)\,\mathrm{d}t, \quad x \in [0,1].$$

Die Gleichung lässt sich so als

$$(\mathrm{id} - \mathcal{A})u = f$$

schreiben. Dies erinnert sehr an ein lineares Gleichungssystem aus der linearen Algebra. Am Ende dieses Abschnitts werden wir eine Bedingung für den Operator $\mathcal{A}$ angeben können, die die eindeutige Lösbarkeit garantiert. Dann müssen wir nur noch überprüfen, dass unser konkretes $\mathcal{A}$ diese Bedingung tatsächlich erfüllt. ◄

Aus der Linearität allein gewinnen wir in den unendlichdimensionalen Räumen, mit denen sich die Funktionalanalysis auseinandersetzt, nicht genug Informationen, um tragfähige Sätze formulieren zu können. Der wesentliche Nutzen, der aus der Linearität gewonnen werden kann, ist die Darstellbarkeit einer linearen Abbildung bezüglich einer Basis. Dies hat im Endlichdimensionalen bemerkenswerte Konsequenzen wie etwa den Dimensionssatz. Für einen Endomorphismus $\boldsymbol{A}$, also eine lineare Abbildung $\boldsymbol{A} : V \to V$ besagt er zum Beispiel, dass aus der Injektivität von $\boldsymbol{A}$ bereits folgt, dass die Gleichung $\boldsymbol{A}\boldsymbol{x} = \boldsymbol{y}$ für jedes $\boldsymbol{y} \in V$ genau eine Lösung $\boldsymbol{x} \in V$ besitzt. Somit ist im Endlichdimensionalen ein injektives $\boldsymbol{A}$ stets auch surjektiv und damit bijektiv. Solche Aussagen sind im Unendlichdimensionalen falsch, wie das folgende Beispiel zeigt.

Beispiel Wir betrachten den linearen Integraloperator $\mathcal{A} : C([0,1]) \to C([0,1])$ mit

$$\mathcal{A}\varphi(x) = \int_0^x \varphi(y)\,\mathrm{d}y, \quad x \in [0,1], \quad \varphi \in C([0,1]).$$

Auf den ersten Blick hat dieser Operator nicht dieselbe Form, wie ein Integraloperator oben. Wir können ihn aber mit der Kernfunktion

$$k(x,y) = \begin{cases} 1, & 0 \le y \le x \le 1, \\ 0, & 0 \le x < y \le 1, \end{cases}$$

auf genau die Form von oben bringen.

Wir betrachten zunächst den Fall $\mathcal{A}\varphi = 0$. Es gilt also

$$\int_0^x \varphi(y)\,\mathrm{d}y = 0 \quad \text{für alle } x \in [0,1].$$

Indem wir auf beiden Seiten differenzieren, erhalten wir

$$\varphi(x) = 0 \quad \text{für alle } x \in [0,1].$$

Der Operator $\mathcal{A}$ ist injektiv.

Aufgrund des Hauptsatzes der Differenzial- und Integralrechnung ist jede Funktion $\mathcal{A}\varphi$ stetig differenzierbar. Das Bild von $\mathcal{A}$ ist demnach nur eine Teilmenge von $C([0,1])$. Der Operator $\mathcal{A}$ ist nicht surjektiv. ◀

Um weiterführende Aussagen über Operatoren und – damit verbunden – über die Lösbarkeit von Gleichungen mit Operatoren zu gewinnen, müssen wir uns nach neuen Begriffen umsehen.

Mit beschränkten Operatoren können wir Analysis betreiben

Solche neuen Begriffe erhalten wir, indem wir die lineare Algebra mit Konzepten der Analysis verbinden. Im ersten Abschnitt hatten wir Normen und – damit verbunden – die Vollständigkeit als zentrale Begriffe ausgemacht. Wir untersuchen nun, wie sich diese Begriffe auf lineare Operatoren auswirken. Dies wird uns auf einen Stetigkeitsbegriff führen.

Definition eines beschränkten Operators

Mit X und Y bezeichnen wir zwei normierte Räume. Einen Operator $\mathcal{A} : X \to Y$ nennt man **beschränkt**, falls es eine Konstante $C_{\mathcal{A}} > 0$ gibt mit

$$\|\mathcal{A}x\|_Y \le C_{\mathcal{A}}\, \|x\|_X \quad \text{für alle } x \in X.$$

Ein linearer, beschränkter Operator ist stets auch **stetig:**

$$\lim_{n\to\infty} \mathcal{A}x_n = \mathcal{A}\left(\lim_{n\to\infty} x_n\right).$$

Die Menge der linearen, beschränkten Operatoren von X nach Y bezeichnen wir mit $B(X,Y)$.

Zu beachten ist, dass der Begriff der Beschränktheit ganz allgemein für Operatoren verwendet wird, Linearität ist dafür nicht erforderlich. Die Folgerung, dass ein linearer, beschränkter Operator stetig ist, braucht aber ganz entscheidend die Linearität. Ist $\mathcal{A} : X \to Y$ beschränkt und (x_n) eine konvergente Folge aus X mit Grenzwert $x \in X$, so gilt

$$\|\mathcal{A}x_n - \mathcal{A}x\| = \|\mathcal{A}(x_n - x)\| \le C_{\mathcal{A}}\, \|x_n - x\|.$$

Es konvergiert also auch $(\mathcal{A}x_n)$ gegen $\mathcal{A}x$, der Operator $\mathcal{A}$ ist stetig.

Umgekehrt nehmen wir an, dass $\mathcal{A} : X \to Y$ ein linearer, stetiger Operator ist, der nicht beschränkt ist. Dann gibt es eine Folge (x_n) aus X mit

$$\|x_n\| = 1 \quad \text{und} \quad \|\mathcal{A}x_n\| \ge n.$$

Es ist aber

$$\left\|\frac{x_n}{n}\right\| = \frac{1}{n}\,\|x_n\| = \frac{1}{n} \to 0 \quad (n \to \infty).$$

Da $\mathcal{A}$ stetig ist, folgt $\mathcal{A}(x_n/n) \to 0$. Dies steht aber im Widerspruch zu unserer Annahme, aus der wir

$$\left\|\mathcal{A}\frac{x_n}{n}\right\| = \frac{1}{n}\,\|\mathcal{A}x_n\| \ge 1$$

erhalten. Jeder stetige, lineare Operator ist also beschränkt.

Achtung Ein beschränkter Operator ist etwas ganz anderes als eine beschränkte Funktion. Bei einer beschränkten Funktion ist das Bild eine beschränkte Menge. Bei einem beschränkten Operator wird jede beschränkte Menge auf eine beschränkte Menge abgebildet. Das Bild braucht nicht beschränkt zu sein. Bei den linearen, beschränkten Operatoren hat nur der Nulloperator ein beschränktes Bild. ◀

Die Beschränktheit von Operatoren ist der richtige Begriff für unsere Zwecke, da er uns im Fall linearer Abbildungen die Stetigkeit liefert. Das folgende Beispiel zeigt, dass die Beschränktheit eines Operators ganz entscheidend davon abhängt, dass mit den richtigen Räumen gearbeitet wird.

Beispiel Bei Operatoren ist für die Frage nach der Beschränktheit die verwendete Norm entscheidend. Wir betrachten den Differenzialoperator

$$\frac{\mathrm{d}}{\mathrm{d}t} : C^1([0,1]) \to C([0,1]).$$

Wir können sowohl $C^1([0,1])$ als auch $C([0,1])$ mit der Maximumsnorm zu normierten Räumen machen. In diesem Fall ist der Operator $\mathrm{d}/\mathrm{d}t$ nicht beschränkt. Wählen wir etwa die Folge (f_n) mit

$$f_n(t) = \cos(nt), \quad t \in [0,1],$$

so ist $\|f_n\|_\infty = 1$ für alle $n \in \mathbb{N}$, aber

$$\left\|\frac{\mathrm{d}f_n}{\mathrm{d}t}\right\|_\infty = \max_{t\in[0,1]} |n\sin(t)| \to \infty \quad (n \to \infty).$$

Stattet man $C^1([0,1])$ dagegen mit der Norm

$$\|f\| = \|f\|_\infty + \|f'\|_\infty$$

Teil V

Beispiel: Beschränktheit von Integraloperatoren

Durch die Formel

$$\mathcal{K}x(s) = \int_a^b k(s,t)\,x(t)\,\mathrm{d}t, \qquad s \in [a,b],$$

ist ein linearer Integraloperator gegeben. Für welche Räume ist ein solcher Operator definiert? Wann ist er beschränkt?

Problemanalyse und Strategie: Eine recht einfache Situation ist der Fall, wenn die Kernfunktion k und das Argument x stetige Funktionen sind. Hiervon ausgehend können wir uns davon lösen, dass k stetig sein soll und gewisse Singularitäten zulassen. Diese müssen so sein, dass das Integral wohldefiniert bleibt.

Lösung: Wir beginnen mit der Situation, dass $k : [a,b] \times [a,b] \to \mathbb{C}$ stetig ist. Ist x ebenfalls auf $[a,b]$ eine stetige Funktion, so sind alle Voraussetzungen erfüllt, um den Lebesgue'schen Konvergenzsatz anzuwenden. Hieraus erkennen wir, dass auch $\mathcal{K}x$ wieder auf $[a,b]$ stetig ist. Wir haben es mit einem linearen Operator

$$\mathcal{K} : C([a,b]) \to C([a,b])$$

zu tun.

Wir weisen nun nach, dass der Operator $\mathcal{K}$ bezüglich der Maximumsnorm beschränkt ist. Dazu wählen wir $x \in C([a,b])$ beliebig und schätzen für $s \in [a,b]$ ab:

$$\begin{aligned}|\mathcal{K}x(s)| &= \left|\int_a^b k(s,t)\,x(t)\,\mathrm{d}t\right| \le \int_a^b |k(s,t)\,x(t)|\,\mathrm{d}t \\ &\le \int_a^b |k(s,t)|\,\mathrm{d}t \max_{t\in[a,b]} |x(t)| = \int_a^b |k(s,t)|\,\mathrm{d}t\,\|x\|_\infty\end{aligned}$$

Bilden wir links und rechts das Maximum, so folgt

$$\|\mathcal{K}x\|_\infty \le \max_{s\in[a,b]} \int_a^b |k(s,t)|\,\mathrm{d}t\,\|x\|_\infty$$

für jedes $x \in C([a,b])$. Damit haben wir nachgewiesen, dass $\mathcal{K}$ beschränkt ist. Mit etwas mehr Aufwand kann man sogar zeigen, dass wir bei der obigen Abschätzung nichts verschenkt haben, denn es gilt sogar

$$\|\mathcal{K}\| = \max_{s\in[a,b]} \int_a^b |k(s,t)|\,\mathrm{d}t.$$

Nun wenden wir uns der Situation zu, dass wir gewisse Singularitäten in der Kernfunktion zulassen. In der Praxis, zum Beispiel bei Green'schen Funktionen für Randwertprobleme, tritt häufig die Situation auf, dass eine Kernfunktion für $t \neq s$ stetig ist, aber für $t = s$ eine Singularität besitzt. Wir wollen fordern, dass es eine Konstante $\alpha \in [0,1)$ und $C > 0$ gibt mit

$$|k(s,t)| \le C\,|s-t|^{-\alpha}, \qquad s,t \in [a,b].$$

Kernfunktionen mit dieser Eigenschaft nennt man **schwach singulär**. Es stellen sich die Fragen, ob das Bild $\mathcal{K}x$ überhaupt noch eine stetige Funktion ist, und falls ja, ob der Operator noch stets beschränkt ist.

Indem wir die Ungleichung der schwachen Singularität ausnützen, erhalten wir wie oben

$$\begin{aligned}|\mathcal{K}x(s)| &= \left|\int_a^b k(s,t)\,x(t)\,\mathrm{d}t\right| \\ &\le \int_a^b |k(s,t)|\,\mathrm{d}t\,\|x\|_\infty \\ &\le C\,\|x\|_\infty \int_a^b |s-t|^{-\alpha}\,\mathrm{d}t.\end{aligned}$$

Das Integral auf der rechten Seite existiert, denn

$$\begin{aligned}\int_a^b |s-t|^{-\alpha}\,\mathrm{d}t &= \int_a^s (s-t)^{-\alpha}\,\mathrm{d}t + \int_s^b (t-s)^{-\alpha}\,\mathrm{d}t \\ &= \left[\frac{(s-t)^{1-\alpha}}{\alpha-1}\right]_{t=a}^{s} + \left[\frac{(t-s)^{1-\alpha}}{1-\alpha}\right]_{t=s}^{b} \\ &= \frac{(s-a)^{1-\alpha} + (b-s)^{1-\alpha}}{1-\alpha}.\end{aligned}$$

Somit ist gezeigt, dass das Integral existiert. Die Rechnung erlaubt uns auch, wieder den Lebesgue'schen Konvergenzsatz anzuwenden, um zu sehen, dass das Bild eine stetige Funktion ist. Schließlich liefert die Rechnung auch, dass der Operator $\mathcal{K}$ auch für eine schwach singuläre Kernfunktion noch beschränkt ist.

Kommentar Manchmal treten noch stärkere Singularitäten in Kernfunktionen auf. Gilt die Abschätzung für die Kernfunktion etwa mit $\alpha = 1$, so spricht man von einer **starken Singularität**. In diesem Fall existiert das Integral nur noch in einem verallgemeinerten Sinn, zum Beispiel als *Cauchy'scher Hauptwert*. Dies setzt aber voraus, dass auch das Argument x gutartigere Eigenschaften besitzt, als bloß auf $[a,b]$ stetig zu sein. In diesem Fall ist $\mathcal{K}$ kein wohldefinierter Operator auf dem Raum der stetigen Funktionen. ◄

aus, so ist trivialerweise

$$\left\| \frac{\mathrm{d}f}{\mathrm{d}t} \right\|_\infty = \|f'\|_\infty \leq \|f\|$$

für jedes $f \in C^1([0,1])$. Der Differenzialoperator ist beschränkt. ◀

Auch die Menge $B(X, Y)$ ist selbst ein Vektorraum: Summen und skalare Vielfache von beschränkten, linearen Operatoren sind selbst wieder beschränkte, lineare Operatoren. Es ist uns aber auch möglich, auf $B(X, Y)$ eine Norm zu definieren, eine **Operatornorm**. Die entscheidende Beobachtung ist, dass die Menge

$$\{C > 0 \mid \|\mathcal{A}x\|_Y \leq C\,\|x\|_X \text{ für alle } x \in X\}$$

ein Minimum besitzt. Wir definieren damit die Operatornorm von $\mathcal{A}$ durch

$$\|\mathcal{A}\| = \min\{C > 0 \mid \|\mathcal{A}x\|_Y \leq C\,\|x\|_X \text{ für alle } x \in X\}.$$

Ist nun Y ein Banachraum, so ist auch $B(X, Y)$ ein Banachraum. Von dieser Aussage werden wir im Folgenden häufig Gebrauch machen.

Die Operatornorm hat alle Eigenschaften einer gewöhnlichen Vektorraumnorm. Zusätzlich gilt für die Verkettung von zwei beschränkten Operatoren $\mathcal{A} : X \to Y$ und $\mathcal{B} : Y \to Z$ die Abschätzung

$$\|\mathcal{B}\mathcal{A}\| \leq \|\mathcal{B}\|\,\|\mathcal{A}\|.$$

Im Beispiel oben hatten wir schon gesehen, dass die Beschränktheit von Differenzialoperatoren sehr von der verwandten Norm abhängig ist. Integraloperatoren sind in dieser Hinsicht etwas gutartiger. Das Beispiel auf S. 1181 zeigt einige Resultate in dieser Richtung.

Insbesondere um gutartige Eigenschaften von linearen, beschränkten Operatoren sicherzustellen, ist es wichtig, dass man es mit vollständigen Räumen zu tun hat. Betrachten wir etwa die Situation, dass wir eine Operatorgleichung

$$\mathcal{A}x = y$$

lösen wollen. In der Praxis kann dies zum Beispiel eine Integralgleichung sein. Ist der Operator $\mathcal{A}$ injektiv, so besitzt diese Gleichung für jedes y aus dem Bild von $\mathcal{A}$ eine eindeutige Lösung bzw. der Operator $\mathcal{A}$ besitzt eine Inverse $\mathcal{A}^{-1}$. Für die numerische Lösung der Aufgabe wäre es allerdings nützlich, wenn diese Inverse auch stetig ist, denn dann würden kleine Fehler in der rechten Seite (den Daten) die Lösung der Gleichung nur wenig verändern. Eine Aussage der Funktionalanalysis lautet wie folgt.

Satz von der beschränkten Inversen

Sind X, Y Banachräume und ist $\mathcal{A} : X \to Y$ ein bijektiver, linearer, beschränkter Operator, so ist auch die Inverse $\mathcal{A}^{-1} : Y \to X$ beschränkt (und daher stetig).

Man kann zeigen, dass jede der Voraussetzungen nötig ist: Ist entweder X oder Y kein Banachraum oder ist $\mathcal{A}$ nicht surjektiv, so können Gegenbeispiele angegeben werden.

Leider ist es nicht so, dass alle in der Praxis wichtigen Aufgabenstellungen auf diese angenehme Situation führen. Bei einer großen Klasse von Operatoren, den *kompakten Operatoren*, ist das Bild niemals ein vollständiger Raum und damit ist ihre Inverse stets unbeschränkt. Diese Problematik führt auf die Klasse der *Inversen Probleme,* auf die wir im Bonusmaterial zu diesem Kapitel eingehen werden.

Operatoren können auf abgeschlossene Räume fortgesetzt werden

Wir kehren nun zu der Situation zurück, dass wir einen linearen, beschränkten Operator $\mathcal{A} \in B(X, Y)$ betrachten, wobei X und Y normierte Räume sind. Wir haben gesehen, dass wichtige Aussagen der Funktionalanalysis vollständige Räume, also Banachräume, benötigen. Wie kann man trotzdem in die Lage versetzt werden, diese Aussagen zu nutzen, wenn X und Y nicht vollständig sind?

Die Idee ist, zu X bzw. Y die Abschlüsse $\overline{X}$ und $\overline{Y}$ zu konstruieren, die vollständig sind. Der Operator $\mathcal{A}$ lässt sich in eindeutiger Art und Weise auf diese größeren Räume fortsetzen. Betrachten wir eine Cauchy-Folge (x_n) aus X, so gilt

$$\|\mathcal{A}x_n - \mathcal{A}x_m\| \leq \|\mathcal{A}\|\,\|x_n - x_m\|.$$

Dies bedeutet, dass auch $(\mathcal{A}x_n)$ eine Cauchy-Folge in Y ist.

Die Cauchy-Folge (x_n) besitzt einen Grenzwert in $x \in \overline{X}$, die Cauchy-Folge $(\mathcal{A}x_n)$ einen Grenzwert $y \in \overline{Y}$. Wir setzen

$$\overline{\mathcal{A}}x = \mathcal{A}(\lim_{n\to\infty} x_n) = \lim_{n\to\infty} \mathcal{A}x_n = y$$

und erhalten einen Operator $\overline{\mathcal{A}} : \overline{X} \to \overline{Y}$ mit $\overline{\mathcal{A}}x = \mathcal{A}x$ für alle $x \in X$. In anderen Worten: Wir setzen $\mathcal{A}$ stetig von X nach $\overline{X}$ fort. Man kann zeigen, dass diese Fortsetzung eindeutig ist und dass sich dabei die Norm des Operators nicht ändert.

Stetige Fortsetzung eines Operators

Zu zwei normierten Räumen X, Y und einem Operator $\mathcal{A} \in B(X, Y)$ gibt es eine eindeutig bestimmte **stetige Fortsetzung** $\overline{\mathcal{A}} \in B(\overline{X}, \overline{Y})$. Es gilt

$$\overline{\mathcal{A}}x = \mathcal{A}x \quad \text{für alle } x \in X$$

und $\|\overline{\mathcal{A}}\| = \|\mathcal{A}\|$.

Meist verwendet man für die stetige Fortsetzung allerdings dasselbe Symbol wie für den ursprünglichen Operator, man schreibt also wieder $\mathcal{A}$ für $\overline{\mathcal{A}}$. Auch wir werden das im Folgenden tun.

Teil V

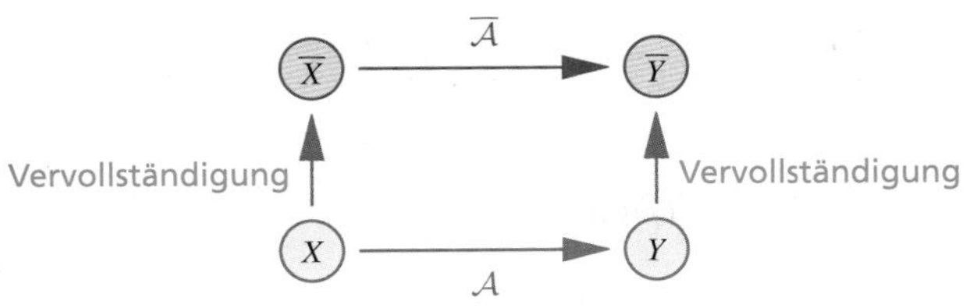

Abb. 31.4 Schematische Darstellung der stetigen Fortsetzung eines Operators $\mathcal{A}$ zwischen zwei normierten Räumen

Die Technik der stetigen Fortsetzung eines Operators von normierten Räumen auf Banachräumen ist für die Praxis wichtig, denn sie erlaubt es, viele Eigenschaften eines Operators zunächst für klassische Funktionen zu zeigen und dann durch Vervollständigung bzw. stetige Fortsetzung zu übertragen.

Beispiel Eine Folgerung aus dem Beispiel auf S. 1181 ist, dass der lineare Operator $\mathcal{A} : C([-1,1]) \to C([-1,1])$, definiert durch

$$\mathcal{A}x(s) = \int_{-1}^{1} \sqrt{|s-t|}\, x(t)\,\mathrm{d}t, \qquad x \in C([-1,1]),$$

wohldefiniert ist. Anstatt jetzt $C([-1,1])$ als Banachraum mit der Maximumsnorm zu betrachten, sehen wir ihn als normierten Raum mit der L^2-Norm an. Mit der Cauchy-Schwarz'schen Ungleichung im L^2 gilt

$$\begin{aligned}
\int_{-1}^{1} |\mathcal{A}x(s)|^2\,\mathrm{d}s &= \int_{-1}^{1} \left| \int_{-1}^{1} \sqrt{|s-t|}\, x(t)\,\mathrm{d}t \right|^2 \mathrm{d}s \\
&\le \int_{-1}^{1} \left(\int_{-1}^{1} \left| \sqrt{|s-t|}\, x(t) \right| \mathrm{d}t \right)^2 \mathrm{d}s \\
&\le \int_{-1}^{1}\int_{-1}^{1} |s-t|\,\mathrm{d}t \int_{-1}^{1} |x(t)|^2\,\mathrm{d}t\,\mathrm{d}s \\
&= \int_{-1}^{1}\int_{-1}^{1} |s-t|\,\mathrm{d}t\,\mathrm{d}s \int_{-1}^{1} |x(t)|^2\,\mathrm{d}t.
\end{aligned}$$

Wenn wir die Wurzel ziehen, erhalten wir

$$\|\mathcal{A}x\|_{L^2(-1,1)} \le \left(\int_{-1}^{1}\int_{-1}^{1} |s-t|\,\mathrm{d}t\,\mathrm{d}s \right)^{1/2} \|x\|_{L^2(-1,1)}$$

für jede auf $[-1,1]$ stetige Funktion. Also ist $\mathcal{A}$ ein auf $C([-1,1])$ bezüglich der L^2-Norm beschränkter Operator. Durch die Vervollständigung von $C([-1,1])$ zu $L^2(-1,1)$ und eine entsprechende stetige Fortsetzung des Operators $\mathcal{A}$ folgt, dass dieser Integraloperator ein auf $L^2(-1,1)$ definierter, beschränkter Operator ist. Für die Herleitung dieses Resultats haben wir aber nur mit stetigen Funktionen gearbeitet. ◀

Die geometrische Reihe für Operatoren heißt Neumann'sche Reihe

Die häufigste Anwendung der Techniken aus der Funktionalanalysis ist die Beantwortung der Frage, ob eine Gleichung

$$\mathcal{A}x = y$$

für einen linearen, beschränkten Operator $\mathcal{A}$ eine Lösung besitzt. Am liebsten hätte man, dass $\mathcal{A}$ injektiv, also invertierbar, ist, und dass die Inverse selbst wieder beschränkt ist.

Es gibt eine Situation, in der sich dieser Sachverhalt beinahe von selbst ergibt. Wir betrachten dazu einen linearen Operator $\mathcal{A} : X \to X$, wobei X ein Banachraum sein soll. Außerdem soll $\|\mathcal{A}\| < 1$ gelten. Wir definieren jetzt die Partialsummen

$$S_n = \sum_{k=0}^{n} \mathcal{A}^k, \qquad n \in \mathbb{N},$$

von Potenzen von $\mathcal{A}$. Zu Recht erinnert diese Konstruktion an die geometrische Reihe. Aber liegt auch bei Operatoren Konvergenz vor, wenn wir n gegen unendlich gehen lassen?

Für den Nachweis nutzen wir aus, dass $S_n \in B(X,X)$ und dieser Raum ein Banachraum ist. Wir werden zeigen, dass (S_n) eine Cauchy-Folge ist. Zuallererst sehen wir, dass die Folge (S_n) beschränkt ist, denn es gilt

$$\|S_n\| = \left\| \sum_{k=0}^{n} \mathcal{A}^k \right\| \le \sum_{k=0}^{n} \|\mathcal{A}\|^k \le \frac{1}{1-\|\mathcal{A}\|}.$$

Nun wählen wir uns $m \ge n \ge N$ aus und bestimmen

$$\begin{aligned}
\|S_n - S_m\| &= \left\| \sum_{k=n+1}^{m} \mathcal{A}^k \right\| \\
&\le \|\mathcal{A}\|^{n+1}\, \|S_{m-n+1}\| \le \frac{\|\mathcal{A}\|^N}{1-\|\mathcal{A}\|}.
\end{aligned}$$

Lassen wir $N \to \infty$ gehen, so geht die Schranke auf der rechten Seite gegen null. Die Folge (S_n) ist eine Cauchy-Folge, und da $B(X,X)$ ein Banachraum ist, besitzt sie einen Grenzwert $S \in B(X,X)$. Um Eigenschaften dieses Grenzwerts zu bestimmen, erinnern wir uns an die geometrische Summenformel (siehe S. 76) und wandeln diese leicht ab. Für jedes $x \in X$

gilt dann:

$$\begin{aligned}(\mathrm{id}-\mathcal{A})Sx &= \lim_{n\to\infty}[(\mathrm{id}-\mathcal{A})S_n x] \\ &= \lim_{n\to\infty}\left[(\mathrm{id}-\mathcal{A})\sum_{k=0}^{n}\mathcal{A}^k x\right] \\ &= \lim_{n\to\infty}\left[\sum_{k=0}^{n}\mathcal{A}^k x-\sum_{k=1}^{n+1}\mathcal{A}^k x\right] \\ &= \lim_{n\to\infty}\left[x-\mathcal{A}^{n+1}x\right]=x \\ S(\mathrm{id}-\mathcal{A})x &= \lim_{n\to\infty}[S_n(\mathrm{id}-\mathcal{A})x] \\ &= \lim_{n\to\infty}\left[\left(\sum_{k=0}^{n}\mathcal{A}^k\right)(\mathrm{id}-\mathcal{A})x\right] \\ &= \lim_{n\to\infty}\left[\sum_{k=0}^{n}\mathcal{A}^k x-\sum_{k=1}^{n+1}\mathcal{A}^k x\right] \\ &= \lim_{n\to\infty}\left[x-\mathcal{A}^{n+1}x\right]=x\end{aligned}$$

Der Operator S ist also die Inverse von $\mathrm{id}-\mathcal{A}$.

Neumann'sche Reihe

Ist X ein Banachraum und $\mathcal{A} : X \to X$ ein linearer, beschränkter Operator mit $\|\mathcal{A}\| < 1$, so ist

$$(\mathrm{id}-\mathcal{A})^{-1}=\sum_{k=0}^{\infty}\mathcal{A}^k,$$

wobei die Reihe in der Operatornorm konvergiert. Man nennt sie die **Neumann'sche Reihe** zu $\mathcal{A}$.

Es gilt auch

$$\left\|(\mathrm{id}-\mathcal{A})^{-1}\right\| \le \frac{1}{1-\|\mathcal{A}\|}.$$

Kommentar

- Wir haben hier nichts anderes getan, als die seit dem Beginn der Analysis bekannte geometrische Reihe auf Operatoren zu übertragen. Auch wenn die Aussage völlig analog übertragbar ist, erkennt man an der Herleitung jedoch, dass bei Reihen von Operatoren sorgfältiger vorgegangen werden muss als bei Reihen von Zahlen.
- Man kann die Aussage über die Neumann'sche Reihe noch unter schwächeren Voraussetzungen zeigen. Es reicht zum Beispiel aus, dass für irgendeine Potenz des Operators $\mathcal{A}$ die Ungleichung $\|\mathcal{A}^n\| < 1$ gilt. ◂

Selbstfrage 5

Wieso reicht es für die Herleitung der Aussage über die Neumann'sche Reihe nicht aus, die Identität

$$\lim_{n\to\infty}[(\mathrm{id}-\mathcal{A})S_n x]=\lim_{n\to\infty}[S_n(\mathrm{id}-\mathcal{A})x]=x$$

zu zeigen?

Beispiel Wir kehren nun zurück zu dem Beispiel von S. 1179, die Integralgleichung

$$u(x)-\int_0^x u(t)\,\mathrm{d}t=f(t),\quad x\in[0,1],$$

mit $f \in C([0,1])$. Wir hatten den Operator $\mathcal{A} : C([0,1]) \to C([0,1])$ durch

$$\mathcal{A}u(x)=\int_0^x u(t)\,\mathrm{d}t,\quad x\in[0,1].$$

definiert. Es gilt für jedes $u \in C([0,1])$ und $x \in [0,1]$ die Abschätzung

$$\begin{aligned}|\mathcal{A}u(x)| = \left|\int_0^x u(t)\,\mathrm{d}t\right| &\le \int_0^x |u(t)|\,\mathrm{d}t \\ &\le \int_0^x \mathrm{d}t\,\|u\|_\infty = x\,\|u\|_\infty.\end{aligned}$$

Wir können also nur

$$\|\mathcal{A}u\|_\infty \le \|u\|_\infty$$

folgern, und damit $\|\mathcal{A}\| \le 1$. Dies reicht zunächst nicht aus, um den Satz über die Neumann'sche Reihe anzuwenden.

Daher beachten wir den Kommentar und betrachten eine Potenz von $\mathcal{A}$.

$$|\mathcal{A}^2u(x)| = \left|\int_0^x\int_0^t u(s)\,\mathrm{d}s\,\mathrm{d}t\right| \le \int_0^x\int_0^t \mathrm{d}s\,\mathrm{d}t\,\|u\|_\infty = \frac{x^2}{2}\,\|u\|_\infty.$$

Diesmal folgt

$$\|\mathcal{A}^2u\|_\infty \le \frac{1}{2}\,\|u\|_\infty,$$

also $\|\mathcal{A}^2\| \le 1/2$. Somit ist der Satz über die Neumann'sche Reihe unter Beachtung des Kommentars anwendbar, und wir erhalten, dass

$$(\mathrm{id}-\mathcal{A})^{-1}=\sum_{n=0}^{\infty}\mathcal{A}^n$$

ein beschränkter Operator ist. Die Integralgleichung besitzt somit für jedes $f \in C([0,1])$ genau eine auf $[0,1]$ stetige Lösung u. Indem wir eine Partialsumme der Neumann'schen Reihe auswählen, erhalten wir auch gleich ein numerisches Verfahren zur Berechnung der Lösung.

Die Reihe soll im Fall $f(x) = x\cos(x)$ zur Bestimmung einer Approximation an die Lösung der Integralgleichung angewandt werden. Die exakte Lösung ist in diesem Fall

$$u(x)=\frac{1}{2}\,(x+1)\,\sin(x)+\frac{1}{2}\,x\,\cos(x),\quad x\in[0,1].$$

Teil V

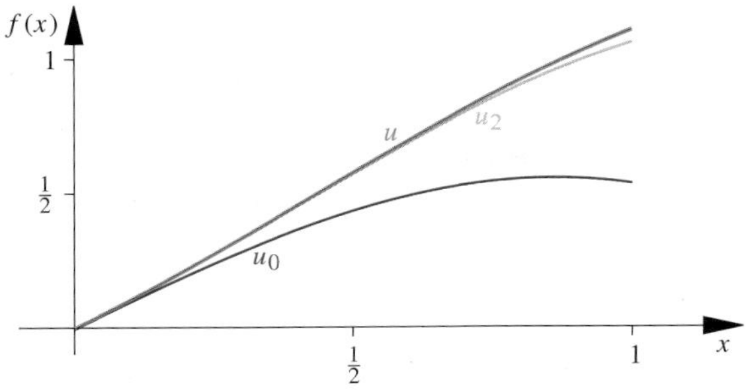

Abb. 31.5 Die korrekte Lösung u aus dem Beispiel und zwei der Partialsummen der Neumann'schen Reihe

Wir bestimmen Partialsummen der Reihe

$$u_n(x) = \sum_{j=0}^{n} \mathcal{A}^j f(x), \quad x \in [0,1], \quad j = 0, 1, 2, \ldots$$

Es ist

$$\begin{aligned}
\mathcal{A}^0 f(x) &= x\cos(x),\\
\mathcal{A}^1 f(x) &= x\sin(x) + \cos(x) - 1,\\
\mathcal{A}^2 f(x) &= 2\sin(x) - x\cos(x) - x,\\
\mathcal{A}^3 f(x) &= -3\cos(x) - x\sin(x) - \frac{1}{2}x^2 + 3,\\
\mathcal{A}^4 f(x) &= -4\sin(x) + x\cos(x) - \frac{1}{6}x^3 + 3x,
\end{aligned}$$

und damit zum Beispiel

$$u_4(x) = (x-2)\cos(x) - 2\sin(x) + 2 + 2x - \frac{1}{2}x^2 - \frac{1}{6}x^3$$

für $x \in [0,1]$. In der Abb. 31.5 sind die exakte Lösung und einige dieser Approximationen dargestellt. Die Funktion u_4 ist in dieser Darstellung optisch bereits nicht mehr von der exakten Lösung zu unterscheiden. ◀

Die Aussage über die Neumann'sche Reihe hat eine wichtige Bedeutung bei der Approximation von Operatoren. Gerade in den Anwendungen arbeitet man ja meist nicht mit dem Operator selbst, sondern mit einer Diskretisierung, die auf numerischem Wege gewonnen wurde. Wir wollen daher die Situation studieren, dass wir einen linearen, beschränkten Operator $\mathcal{A}$ vorliegen haben, der invertierbar ist und dessen Inverse beschränkt ist. Zum anderen haben wir eine Approximation $\mathcal{B}$ an $\mathcal{A}$ mit

$$\|\mathcal{A} - \mathcal{B}\| < \frac{1}{\|\mathcal{A}^{-1}\|}.$$

Nach dem Lemma über die Neumann'sche Reihe besitzt dann der Operator $\mathcal{A}^{-1}\mathcal{B}$ eine beschränkte Inverse, denn

$$\|\mathrm{id} - \mathcal{A}^{-1}\mathcal{B}\| \leq \|\mathcal{A}^{-1}\|\,\|\mathcal{A} - \mathcal{B}\| < 1,$$

und

$$\mathcal{A}^{-1}\mathcal{B} = \mathrm{id} - (\mathrm{id} - \mathcal{A}^{-1}\mathcal{B}).$$

Damit ist auch $\mathcal{B}$ invertierbar mit der beschränkten Inversen

$$\mathcal{B}^{-1} = (\mathcal{A}^{-1}\mathcal{B})^{-1}\mathcal{A}^{-1}.$$

Wir halten also fest, dass eine Approximation an einen beschränkten, linearen Operator mit einer beschränkten Inversen immer auch selbst invertierbar ist, wenn die Approximation nur hinreichend gut ist. Wegen dieser Aussage nennt man den Satz über die Neumann'sche Reihe auch das **Störungslemma**.

31.3 Funktionale und Distributionen

Bisher haben wir uns mit normierten Räumen und den linearen, beschränkten Operatoren zwischen ihnen befasst. Dies ist das Tagesgeschäft in der Funktionalanalysis. Woher aber kommt eigentlich dieser Name?

Er ist historisch daraus entstanden, dass man statt der Analyse von Funktionen, eben der Analysis, mit der Analyse einer ganz besonderen Klasse von Operatoren begonnen hat, den *Funktionalen*. Auf verschiedene Art und Weise kann man Funktionale als eine Verallgemeinerung der Funktionen ansehen. Sie bilden ein schlagkräftiges Werkzeug nicht nur in der Mathematik, sondern ihre Anwendung ist auch in den Natur- und Ingenieurwissenschaften weit verbreitet.

Eine besondere Gruppe von Funktionalen bilden die Distributionen, die wir in diesem Abschnitt ebenfalls vorstellen möchten.

Operatoren, die auf Skalare abbilden, heißen Funktionale

In einer recht allgemeinen Definition wollen wir zunächst klären, was unter einem Funktional zu verstehen ist.

Definition eines Funktionals

Ist V ein Vektorraum über $\mathbb{C}$ (bzw. über $\mathbb{R}$), so nennt man eine Abbildung $\varphi : V \to \mathbb{C}$ (bzw. $\varphi : V \to \mathbb{R}$) ein **Funktional.** Ist φ eine lineare Abbildung, so nennt man es ein **lineares Funktional** oder eine **Linearform**.

Diese Definition ist sehr allgemein: Es gibt lineare und nichtlineare Funktionale. Für uns besonders interessant ist der Fall, wenn V ein normierter Raum ist. Dann stellt sich auch die Frage ob ein Funktional beschränkt bzw. stetig ist.

Anwendungsbeispiel Ein Körper der Masse m bewegt sich im Zeitintervall $[0, T]$ im Schwerefeld der Erde. Zum Zeitpunkt

Teil V

t befindet er sich am Ort $\boldsymbol{x}(t)$. Wir wollen annehmen, dass die Bewegung glatt verläuft, d. h., dass $\boldsymbol{x} \in C^1([0, T])$ ist.

In der Physik betrachtet man die *Wirkung* dieses Systems,

$$\mathcal{H}\boldsymbol{x} = \int_0^T \left(\frac{m}{2} \, \|\boldsymbol{x}'(t)\|^2 - mg\, x_3(t) \right) \mathrm{d}t.$$

Hierbei ist $g = 9.81\,\mathrm{kg\,m/s^2}$.

Es handelt sich um ein Funktional, denn der Funktion $\boldsymbol{x} \in C^1([0, T])$ wird eine Zahl $\mathcal{H}\boldsymbol{x} \in \mathbb{R}$ zugeordnet. Das Funktional ist nichtlinear, denn die Geschwindigkeit geht quadratisch ein. ◄

Lineare Funktionale entstehen oft durch Integration. Erbringt ein physikalisches System zum Beispiel zum Zeitpunkt t die Leistung $L(t)$, so ist die im Zeitintervall $[0, T]$ insgesamt erbrachte Arbeit durch

$$A = \int_0^T L(t)\,\mathrm{d}t$$

gegeben. Ist L eine stetige Funktion, so haben wir es mit einem linearen Funktional von $C([0, T])$ in die reellen Zahlen zu tun.

Auch in der Mathematik sind Funktionale von großer Bedeutung. Das folgende Beispiel zeigt einige typische Fälle.

Beispiel Beim Lösen einer linearen Operatorgleichung

$$\mathcal{A}x = y$$

kann man so vorgehen, dass man die Norm des Residuums, oder äquivalent deren Quadrat

$$\|\mathcal{A}x - y\|^2,$$

minimiert. Dies ist ein nichtlineares Funktional, das für eine mögliche Lösung der Operatorgleichung das Minimum 0 besitzt. Bei linearen Gleichungssystemen geht etwa das Verfahren der konjugierten Gradienten (siehe S. 762) so vor. Auch die Methode der kleinsten Quadrate (siehe S. 1318) verwendet ein solches Funktional.

Manchmal führt die Minimierung nur des Residuums einer Operatorgleichung zu Instabilitäten. Ein Möglichkeit zur Verbesserung ist die Einführung eines zusätzlichen Strafterms

$$\|\mathcal{A}x - y\|^2 + \alpha\, \|x\|^2$$

mit einer geeignet zu wählenden Konstante α. Man spricht von einer **Regularisierung.** Mehr zu diesem Themenbereich werden wir einerseits im Bonusmaterial zu diesem Kapitel unter dem Stichwort *Inverse Problem* vorstellen, andererseits im Kap. 35 zur Optimierung. ◄

Auf stetige, lineare Funktionale in einem Hilbertraum gehen wir im Abschn. 31.4 genauer ein. Jetzt wollen wir uns zunächst einer speziellen Klasse von Funktionalen zuwenden, die man als Verallgemeinerung der Funktionen auffassen kann.

Distributionen sind Funktionale

Die Beschreibung von Phänomenen der Natur durch Modelle, die stetige und stetig differenzierbare Funktionen verwenden, also sogenannte *klassische Funktionenräume,* ist eine sehr erfolgreiche Strategie. Allerdings gibt es auch Beobachtungen, die sich nur schwer mit diesen Modellen beschreiben lassen.

Anwendungsbeispiel Beim Stoß von zwei Billardkugeln überträgt die eine Kugel einen Teil ihres Impulses und ihrer Energie auf die andere. Diese Übertragung geschieht sprunghaft. Beim Flug eines Düsenjägers entsteht durch das Durchbrechen der Schallmauer eine Stoßwelle, an deren Front sich der Druck sprunghaft ändert, wie in Abb. 31.6 zu sehen.

Bei beiden Beispielen ist es denkbar, ein kontinuierliches Modell vorzuschlagen, bei dem die Änderung sich sehr schnell, aber stetig vollzieht. Dies ist jedoch nicht im Sinne des Anwenders, der zum Beispiel an der Bewegung der Billardkugeln oder der Druckwellen für große Zeiträume interessiert ist. ◄

Eine Möglichkeit zur Beschreibung solcher unstetiger Phänomene sind *Distributionen,* die eine Verallgemeinerung von Funktionen darstellen. Es wird sich herausstellen, dass Distributionen nichts anderes als bestimmte stetige Funktionale sind.

Bevor wir solch schwierige Dinge wie unstetige Funktionen angehen, betrachten wir das genaue Gegenteil: sehr glatte Funktionen. Mit $C_0^\infty(\mathbb{R})$ bezeichnen wir den Raum der *unendlich oft differenzierbaren Funktionen mit kompaktem Träger*, d. h.,

- eine Funktion $\varphi \in C_0^\infty(\mathbb{R})$ ist beliebig oft differenzierbar und
- es gibt ein kompaktes Intervall $I \subseteq \mathbb{R}$, sodass $\varphi(x) = 0$ für jedes $x \in \mathbb{R} \setminus I$ ist.

Wir sprechen auch vom **Raum der Grundfunktionen**. Viel gutartiger kann eine Funktion nicht sein: Nur auf einer be-

Abb. 31.6 Bei Flugzeugen, die sich mit Schallgeschwindigkeit fortbewegen, kommt es zu einer sprunghaften Änderung des Luftdrucks, die sich bei entsprechenden Bedingungen durch eine Kondensationswolke bemerkbar macht

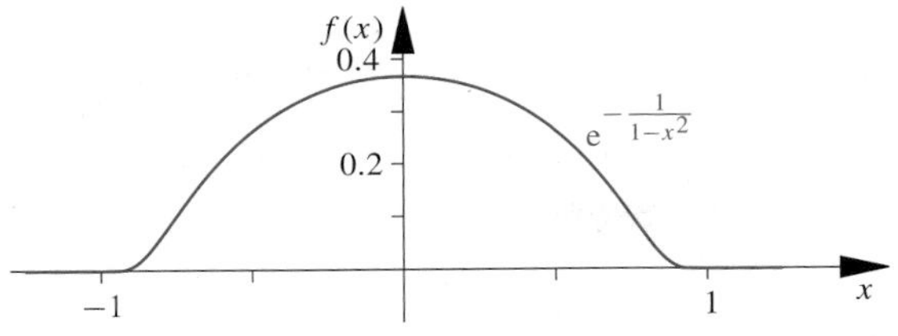

Abb. 31.7 Die Grundfunktion f mit $f(x) = \exp(-1/(1-x^2))$ auf dem Intervall $(-1, 1)$ und $f(x) = 0$ sonst

schränkten Menge passiert etwas, und wir haben vorbildliche Differenzierbarkeitseigenschaften.

Ein Beispiel für eine Grundfunktion ist

$$f(x) = \begin{cases} e^{-\frac{1}{1-x^2}}, & |x| < 1 \\ 0, & |x| \geq 1. \end{cases}$$

In der Abb. 31.7 ist diese Funktion dargestellt.

Damit wir $C_0^\infty(\mathbb{R})$ für die Analysis verwenden können, benötigen wir einen passenden Konvergenzbegriff. Ist eine Folge (φ_k) von Grundfunktionen gegeben, so konvergiert diese Folge gegen $\varphi \in C_0^\infty(\mathbb{R})$, falls ein kompaktes Intervall $I \subseteq \mathbb{R}$ existiert, so dass für jeden Ableitungsgrad n

$$\|\varphi_k^{(n)} - \varphi^{(n)}\|_{I,\infty} \to 0 \quad (k \to \infty)$$

und $\varphi_k(x) = 0$ für $x \notin I$. Auf dem kompakten Intervall I konvergiert also jede Folge von Ableitungen der (φ_k) gleichmäßig (siehe S. 1139) gegen die entsprechende Ableitung von φ. Außerhalb von I verschwinden all diese Funktionen.

Diesen Konvergenzbegriff können wir nicht durch eine Norm beschreiben. Trotzdem aber können wir Funktionale $\psi : C_0^\infty(\mathbb{R}) \to \mathbb{C}$ betrachten, und zwar solche, die bezüglich dieses Konvergenzbegriffes stetig sind. Aus

$$\varphi_k \to \varphi \quad \text{soll also} \quad \psi(\varphi_k) \to \psi(\varphi)$$

folgen. Die Menge D all solcher stetigen Funktionale nennen wir den **Raum der Distributionen**.

Beispiel

- Eine sehr einfache Distribution ist die δ-Distribution definiert durch

$$\delta(\varphi) = \varphi(0), \quad \varphi \in C_0^\infty(\mathbb{R}).$$

Ist (φ_k) eine Folge von Grundfunktionen mit $\varphi_k \to \varphi \in C_0^\infty(\mathbb{R})$, so liegt gleichmäßige Konvergenz auf jedem kompakten Intervall vor, das die Null enthält. Also ist auch

$$\lim_{k\to\infty} \delta(\varphi_k) = \lim_{k\to\infty} \varphi_k(0) = \varphi(0) = \delta(\varphi).$$

Damit ist gezeigt, dass δ ein stetiges Funktional auf dem Raum der Grundfunktionen ist.

- Die Funktion $H : \mathbb{R} \to \mathbb{R}$,

$$H(x) = \begin{cases} 0, & x < 0, \\ 1, & x \geq 0, \end{cases}$$

wird auch **Heaviside-Funktion** genannt (nach dem englischen Mathematiker und Physiker Oliver Heaviside, 1850–1925). In der Literatur wird sie manchmal auch mit Θ bezeichnet. Da sie stückweise stetig ist, ist sie auf jedem kompakten Intervall $I \subseteq \mathbb{R}$ integrierbar. Somit können wir eine Distribution ψ_H durch

$$\psi_H(\varphi) = \int_{-\infty}^{\infty} H(x)\,\varphi(x)\,\mathrm{d}x, \quad \varphi \in C_0^\infty(\mathbb{R}),$$

definieren. Das Integral existiert, da der Integrationsbereich in Wahrheit nur das kompakte Intervall ist, außerhalb von dem φ verschwindet, und der Integrand ist dort stückweise stetig. Die Stetigkeit von ψ_H bezüglich der Konvergenz in $C_0^\infty(\mathbb{R})$ kann man mit dem Lebesgue'schen Konvergenzsatz zeigen. ◄

Die Definition erlaubt es, einfache Rechenregeln zu verwenden. Ist ψ eine Distribution und $f \in C^\infty(\mathbb{R})$ eine beliebig oft differenzierbare Funktion, so wird das Produkt von f und ψ durch

$$[f\,\psi](\varphi) = \psi(f\,\varphi), \quad \varphi \in C_0^\infty(\mathbb{R})$$

erklärt. Die Übersicht auf S. 1189 listet weitere Regeln auf.

Das Beispiel der Heaviside-Funktion kann man noch viel allgemeiner formulieren. Eine Funktion f, die über jedem kompakten Intervall integrierbar ist, nennt man **lokal integrierbar**.

Reguläre Distributionen

Für jede lokal integrierbare Funktion $f : \mathbb{R} \to \mathbb{C}$ erhalten wir durch

$$\psi_f(\varphi) = \int_{-\infty}^{\infty} f(x)\,\varphi(x)\,\mathrm{d}x, \quad \varphi \in C_0^\infty(\mathbb{R}),$$

eine zugehörige Distribution. Zwei verschiedene lokal integrierbare Funktionen liefern dabei auch unterschiedliche Distributionen. Die Distributionen, die sich auf diese Art und Weise darstellen lassen, heißen **reguläre Distributionen**.

Man führt auch eine neue Schreibweise ein,

$$\psi_f(\varphi) = \langle f, \varphi \rangle, \quad \varphi \in C_0^\infty(\mathbb{R}),$$

die wir im Folgenden verwenden wollen.

Indem wir nun die lokal integrierbaren Funktionen mit den von ihnen erzeugten regulären Distributionen identifizieren, erhalten wir eine *Einbettung* der lokal integrierbaren Funktionen in die Distributionen. Da alle klassischen Funktionenräume nur lokal integrierbare Funktionen enthalten, finden wir so zum Beispiel die stetigen oder die stetig differenzierbaren Funktionen in den Distributionen wieder.

Nicht jede Distribution ist regulär. Die δ-Distribution ist das klassische Beispiel für eine Distribution, die sich nicht durch eine lokal integrierbare Funktion darstellen lässt. Trotzdem sind, vor allem bei Anwendern, die Schreibweisen

$$\delta(\varphi) = \langle \delta, \varphi \rangle = \int_{-\infty}^{\infty} \delta(x)\,\varphi(x)\,\mathrm{d}x = \varphi(0)$$

üblich. Beachten Sie aber, dass es sich in der vorletzten Schreibweise keineswegs um ein Integral im Lebesgue'schen Sinne handelt, sondern nur um die Auswertung des Funktionals δ an der Stelle φ.

Die Schreibweise als Integral hat auch noch einen anderen Hintergrund, und dieser ist eng damit verknüpft, dass sich die δ-Distribution zur Modellierung der schlagartigen Impulsübertragung eignet.

Anwendungsbeispiel An ein physikalisches System wird durch externe Krafteinwirkung schlagartig ein Impuls von 1 Ns übertragen. Ist $F(t)$ die zum Zeitpunkt t wirkende Kraft, so gilt also

$$\int_{-\infty}^{\infty} F(t)\,\mathrm{d}t = 1\,\mathrm{Ns}.$$

Um die schlagartige Wirkung zu modellieren, wählen wir die Funktion F so, dass sie nur auf einem kleinen Intervall von null verschieden ist. Wir setzen

$$F_\varepsilon(t) = \begin{cases} \frac{t+\varepsilon}{\varepsilon^2}\,\mathrm{Ns}, & -\varepsilon \le t < 0\mathrm{s}, \\ \frac{\varepsilon-t}{\varepsilon^2}\,\mathrm{Ns}, & 0\mathrm{s} \le t \le \varepsilon, \\ 0\,\mathrm{Ns}, & \text{sonst.} \end{cases}$$

Für jedes $\varepsilon > 0$ ist ferner

$$\begin{aligned} \int_{-\infty}^{\infty} F_\varepsilon(t)\,\mathrm{d}t &= \int_{-\varepsilon}^{0\mathrm{s}} \frac{t+\varepsilon}{\varepsilon^2}\,\mathrm{Ns}\,\mathrm{d}t + \int_{0\mathrm{s}}^{\varepsilon} \frac{\varepsilon-t}{\varepsilon^2}\,\mathrm{Ns}\,\mathrm{d}t \\ &= \left[\frac{t^2}{2\,\varepsilon^2}\,\mathrm{Ns} + \frac{t}{\varepsilon}\,\mathrm{Ns}\right]_{-\varepsilon}^{0\mathrm{s}} + \left[\frac{t}{\varepsilon}\mathrm{Ns} - \frac{t^2}{2\,\varepsilon^2}\,\mathrm{Ns}\right]_{0\mathrm{s}}^{\varepsilon} \\ &= -\frac{1}{2}\,\mathrm{Ns} + 1\,\mathrm{Ns} + 1\,\mathrm{Ns} - \frac{1}{2}\,\mathrm{Ns} = 1\,\mathrm{Ns}. \end{aligned}$$

Die Zahl ε gibt die Länge des Zeitintervals an, in dem dieser Impuls übertragen wird. Je kleiner wir ε wählen, um so kleiner wird diese Spanne. Wir erreichen in diesem Modell mit klassischen Funktionen allerdings nicht den Idealzustand, in dem die Impulsübertragung schlagartig erfolgt.

Nun fassen wir die Funktionen F_ε als reguläre Distributionen auf. Angewandt auf eine Grundfunktion φ ergibt sich

$$\begin{aligned} \langle F_\varepsilon, \varphi \rangle &= \int_{-\infty}^{\infty} F_\varepsilon(t)\,\varphi(t)\,\mathrm{d}t \\ &= \varphi(0) \int_{-\infty}^{\infty} F_\varepsilon(t)\,\mathrm{d}t + \int_{-\infty}^{\infty} F_\varepsilon(t)\,(\varphi(t) - \varphi(0))\,\mathrm{d}t \\ &= \varphi(0)\,\mathrm{Ns} + \int_{-\infty}^{\infty} F_\varepsilon(t)\,(\varphi(t) - \varphi(0))\,\mathrm{d}t. \end{aligned}$$

Das verbleibende Integral können wir durch eine Anwendung des Mittelwertsatzes in den Griff bekommen. Mit einem s zwischen 0 und t erhalten wir

$$\begin{aligned} &\left| \int_{-\infty}^{\infty} F_\varepsilon(t)(\varphi(t) - \varphi(0))\,\mathrm{d}t \right| \\ &\quad = \left| \int_{-\varepsilon}^{\varepsilon} F_\varepsilon(t)(\varphi(t) - \varphi(0))\,\mathrm{d}t \right| \\ &\quad \le \int_{-\varepsilon}^{\varepsilon} |F_\varepsilon(t)\varphi'(s)t|\,\mathrm{d}t \\ &\quad \le \max_{u\in[-\varepsilon,\varepsilon]} |F_\varepsilon(u)| \max_{u\in[-\varepsilon,\varepsilon]} |\varphi'(u)| \int_{-\varepsilon}^{\varepsilon} |t|\,\mathrm{d}t \\ &\quad = \frac{1}{\varepsilon} \max_{u\in\mathbb{R}} |\varphi'(u)|\varepsilon^2 = \varepsilon \max_{u\in\mathbb{R}} |\varphi'(u)|. \end{aligned}$$

Somit verschwindet das Integral für $\varepsilon \to 0$, und es folgt

$$\lim_{\varepsilon\to 0} \langle F_\varepsilon, \varphi \rangle = \varphi(0)\,\mathrm{Ns} = \langle \delta, \varphi \rangle.$$

Im Grenzfall, in dem das Zeitintervall gegen null geht, entspricht die Kraft aufgefasst als Distribution in ihrer Wirkung auf eine Grundfunktion genau der δ-Distribution. Dies begründet die Verwendung von δ zur Modellierung von schlagartigen Impulsen.

Man kann auch noch auf viele andere Arten solche Approximationen der δ-Distribution konstruieren. In der Literatur verwendet man zum Beispiel häufig die Approximation durch die Dichten von Gauß'schen Normalverteilungen. Das funktioniert vom Prinzip her genauso. Unsere Darstellung mit einer stückweise linearen Approximation ist aber elementarer. ◀

Übersicht: Rechenregeln für Distributionen

Distributionen sind lineare Funktionale vom Raum der Grundfunktionen $C_0^\infty(\mathbb{R})$ in den Körper $\mathbb{C}$. Da jeder lokal integrierbaren Funktion in eindeutiger Weise eine Distribution zugeordnet werden kann, spricht man auch von **verallgemeinerten Funktionen.** Hier sind Rechenregeln für Distributionen zusammengefasst.

Linearität

Für je zwei Distributionen f, g, zwei Grundfunktionen φ, ψ und eine Zahl $\lambda \in \mathbb{C}$ gilt

$$\begin{aligned}\langle f+g,\varphi\rangle &= \langle f,\varphi\rangle + \langle g,\varphi\rangle,\\ \langle f,\varphi+\psi\rangle &= \langle f,\varphi\rangle + \langle f,\psi\rangle,\\ \langle \lambda f,\varphi\rangle &= \langle f,\lambda\varphi\rangle = \lambda\,\langle f,\varphi\rangle.\end{aligned}$$

Reguläre Distributionen

Jede lokal integrierbare Funktion f legt durch

$$\langle f,\varphi\rangle = \int_{-\infty}^{\infty} f(t)\,\varphi(t)\,\mathrm{d}t, \qquad \varphi \in C_0^\infty(\mathbb{R}),$$

eine Distribution fest. Die so darstellbaren Distributionen heißen **regulär**.

Multiplikation mit Funktionen

Ist f eine Distribution, $g \in C^\infty(\mathbb{R})$, so ist das Produkt gf als Distribution erklärt durch

$$\langle gf,\varphi\rangle = \langle f, g\varphi\rangle, \qquad \varphi \in C_0^\infty(\mathbb{R}).$$

Skalierung

Für $a \in \mathbb{R}\setminus\{0\}$ und eine reguläre Distribution f gilt

$$\int_{-\infty}^{\infty} f(at)\,\varphi(t)\,\mathrm{d}t = \frac{1}{|a|}\int_{-\infty}^{\infty} f(s)\,\varphi\left(\frac{s}{a}\right)\,\mathrm{d}s$$

für alle $\varphi \in C_0^\infty(\mathbb{R})$. Dementsprechend definiert man für eine nichtreguläre Distribution die **Skalierung mit** a

$$\langle f(a\cdot),\varphi\rangle = \frac{1}{|a|}\left\langle f,\varphi\left(\frac{\cdot}{a}\right)\right\rangle.$$

Translation

Für $a \in \mathbb{R}$ und eine reguläre Distribution f gilt

$$\int_{-\infty}^{\infty} f(t-a)\,\varphi(t)\,\mathrm{d}t = \int_{-\infty}^{\infty} f(s)\,\varphi(s+a)\,\mathrm{d}s$$

für alle $\varphi \in C_0^\infty(\mathbb{R})$. Dementsprechend definiert man für eine nichtreguläre Distribution die

Translation um a

$$\langle f(\cdot - a),\varphi\rangle = \langle f,\varphi(\cdot + a)\rangle.$$

Ableitung

Für jede Distribution f ist durch

$$\langle f',\varphi\rangle = -\langle f,\varphi'\rangle$$

die Ableitung im distributionellen Sinn erklärt.

Ist $g \in C^\infty(\mathbb{R})$, so gilt die **Produktregel**

$$(gf)' = gf' + g'f.$$

Eigenschaften der δ-Distribution

Ist $\varphi \in C_0^\infty(\mathbb{R})$, $a \in \mathbb{R}$, $b \in \mathbb{R}\setminus\{0\}$, so gilt

$$\begin{aligned}\langle \delta,\varphi\rangle &= \varphi(0),\\ \left\langle \delta\left(\frac{\cdot - a}{b}\right),\varphi\right\rangle &= |b|\,\varphi(a),\\ \langle H',\varphi\rangle &= \langle \delta,\varphi\rangle,\\ \langle \delta^{(k)},\varphi\rangle &= (-1)^k\,\varphi^{(k)}(0).\end{aligned}$$

Weitere übliche Notationen

In den Anwendungen werden Distributionen häufig wie Funktionen geschrieben, angelehnt an die Entsprechung lokal integrierbarer Funktionen und regulärer Distributionen. Man findet zum Beispiel Formeln wie:

$$\begin{aligned}\delta(ax) &= \frac{1}{|a|}\,\delta(x) && \text{(Skalierung)},\\ f(x) &= \int_{-\infty}^{\infty} f(y)\,\delta(x-y)\,\mathrm{d}y && \text{(Translation/Faltung)},\\ f(x)\,\delta(x-y) &= f(y)\,\delta(y-x) && \text{(Faltung)},\\ &= f(y)\,\delta(x-y) && \text{(Skalierung)},\\ \delta(x) &= \int_{-\infty}^{\infty} \mathrm{e}^{\mathrm{i}xy}\,\mathrm{d}y && \text{(Fouriertransformation)},\\ &= \lim_{a\to\infty} \frac{\sin(ax)}{\pi x}.\end{aligned}$$

Teil V

Jede Distribution kann beliebig oft differenziert werden

Das Bemerkenswerte an Distributionen ist nun, dass wir viele Eigenschaften von klassischen Funktionen verallgemeinern und auf die Distributionen übertragen können. Betrachten wir etwa die Ableitung. Für eine stetig differenzierbare Funktion f untersuchen wir die reguläre Distribution, die durch f' gebildet wird. Wir wenden diese Distribution auf eine Grundfunktion φ an, die außerhalb eines Intervalls $I = (a, b)$ verschwindet. Durch partielle Integration erhalten wir

$$\begin{aligned}\langle f', \varphi\rangle &= \int_I f'(x)\,\varphi(x)\,\mathrm{d}x \\ &= [f(x)\,\varphi(x)]_a^b - \int_I f(x)\,\varphi'(x)\,\mathrm{d}x \\ &= -\int_{-\infty}^{\infty} f(x)\,\varphi'(x)\,\mathrm{d}x = -\langle f, \varphi'\rangle,\end{aligned}$$

denn $\varphi(a) = \varphi(b) = 0$. Beachten Sie, dass die Schreibweise in der letzten Zeile gerechtfertigt ist, denn mit φ ist auch die Ableitung φ' wieder eine Grundfunktion.

Selbstfrage 6

Ist eine Stammfunktion einer Grundfunktion wieder eine Grundfunktion?

Für jede stetig differenzierbare Funktion gilt also die Gleichung

$$\langle f', \varphi\rangle = -\langle f, \varphi'\rangle, \quad \varphi \in C_0^\infty(\mathbb{R}),$$

die eine Beziehung zwischen der durch f' und der durch f gegebenen Distribution herstellt. Andererseits ist dieser Zusammenhang charakteristisch für Funktion und Ableitung.

Mit dieser Gleichung können wir den Begriff der Ableitung verallgemeinern: Wir können sie benutzen, um für eine *beliebige* Distribution eine *Ableitung im distributionellen Sinn* zu definieren.

Teil V

Distributionelle Ableitung

Ist d eine Distribution, so ist ihre **Ableitung** d' definiert als

$$\langle d', \varphi\rangle = -\langle d, \varphi'\rangle, \quad \varphi \in C_0^\infty(\mathbb{R}).$$

Selbstfrage 7

Überlegen Sie sich, wieso die distributionelle Ableitung selbst wieder eine Distribution ist.

Beispiel

- Die Heaviside-Funktion H ist nicht stetig differenzierbar. Wir können aber ihre Ableitung im distributionellen Sinn bestimmen. Es ist für $\varphi \in C_0^\infty(\mathbb{R})$

$$\begin{aligned}\langle H', \varphi\rangle &= -\langle H, \varphi'\rangle = -\int_{-\infty}^{\infty} H(x)\,\varphi'(x)\,\mathrm{d}x \\ &= -\int_0^{\infty} \varphi'(x)\,\mathrm{d}x = -\,[\varphi(x)]_0^\infty = \varphi(0) = \langle \delta, \varphi\rangle.\end{aligned}$$

  Die Ableitung der Heaviside-Funktion ist also die δ-Distribution.
- Die Ableitung der δ-Distribution lässt sich sofort hinschreiben. Für eine Grundfunktion φ ist

$$\langle \delta', \varphi\rangle = -\langle \delta, \varphi'\rangle = -\varphi'(0).$$ ◄

Es gibt keine Einschränkungen bei der Definition der distributionellen Ableitung. Jede Distribution kann beliebig oft differenziert werden.

Als eine Anwendung wollen wir die Lösung einer inhomogenen linearen Differenzialgleichung suchen, wenn die Inhomogenität eine Distribution ist.

Beispiel Gesucht ist die allgemeine Lösung der Differenzialgleichung

$$u'' + u = \delta.$$

Hierbei betrachten wir u als Distribution. Aus Sicht der Anwendung könnte dieses Problem ein Modell für ein Pendel darstellen, das zum Zeitpunkt $t_0 = 0$ einen Schlag mit einem Hammer erhält.

Wir kennen die allgemeine Lösung der homogenen Gleichung aus der klassischen Theorie der Differenzialgleichungen,

$$u_h(t) = c_1 \cos(t) + c_2 \sin(t), \quad t \in \mathbb{R}.$$

Diese Funktion, aufgefasst als reguläre Distribution, ist dann auch im distributionellen Sinn Lösung der Differenzialgleichung.

Zur Bestimmung einer partikulären Lösung verwenden wir Variation der Konstanten, d. h., wir machen den Ansatz

$$u_p = c_1 \cos(\cdot) + c_2 \sin(\cdot)$$

mit zwei Distributionen c_1, c_2. Dies bedeutet

$$\langle u_p, \varphi\rangle = \langle c_1, \cos(\cdot)\,\varphi\rangle + \langle c_2, \sin(\cdot)\,\varphi\rangle$$

für jede Grundfunktion φ. Wir differenzieren einmal,

$$u_p' = -c_1 \sin(\cdot) + c_2 \cos(\cdot) + c_1' \cos(\cdot) + c_2' \sin(\cdot),$$

und fordern

$$c_1' \cos(\cdot) + c_2' \sin(\cdot) = 0.$$

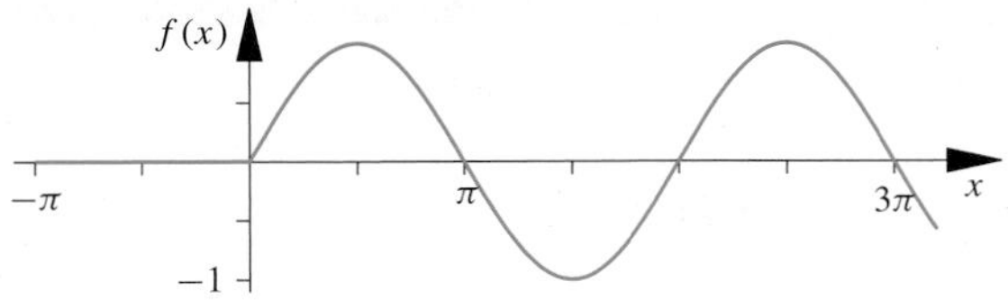

Abb. 31.8 Die partikuläre Lösung $u_p(t) = \sin(t)\,H(t)$ der Differenzialgleichung $u'' + u = \delta$

Eine zweite Differenziation,

$$u_p'' = -c_1 \cos(\cdot) - c_2 \sin(\cdot) - c_1' \sin(\cdot) + c_2' \cos(\cdot),$$

und Einsetzen in die Differenzialgleichung, ergibt

$$-c_1' \sin(\cdot) + c_2' \cos(\cdot) = \delta.$$

Wir multiplizieren die erste Gleichung mit cos, die zweite mit $-\sin$ und addieren beide. Es ergibt sich

$$c_1' = (\cos^2(\cdot) + \sin^2(\cdot))\, c_1' = -\sin(\cdot)\,\delta.$$

Da $\sin(0) = 0$ ist, ist c_1' die Nulldistribution.

Analog wie oben bestimmen wir auch

$$c_2' = (\sin^2(\cdot) + \cos^2(\cdot))\, c_2' = \cos(\cdot)\,\delta.$$

Da $\cos(0) = 1$ ist, ist $c_2' = \delta$.

Damit ist

$$c_1 = 0, \quad c_2 = H$$

eine mögliche Wahl. Wir erhalten die partikuläre Lösung

$$u_p(t) = \sin(t)\,H(t).$$

Die Abb. 31.8 zeigt sie.

Wir rechnen kurz nach, dass dies tatsächlich eine Lösung der Differenzialgleichung ist. Für jede Grundfunktion φ gilt

$$\begin{aligned}
\langle u_p'' + u_p, \varphi\rangle &= \langle u_p, \varphi'' + \varphi\rangle \\
&= \int_{-\infty}^{\infty} \sin(t)H(t)\varphi''(t)\,\mathrm{d}t + \int_{-\infty}^{\infty} \sin(t)H(t)\varphi(t)\,\mathrm{d}t \\
&= \int_0^{\infty} \sin(t)\varphi''(t)\,\mathrm{d}t + \int_0^{\infty} \sin(t)\varphi(t)\,\mathrm{d}t \\
&= [\sin(t)\varphi'(t)]_0^{\infty} - \int_0^{\infty} \cos(t)\varphi'(t)\,\mathrm{d}t + \int_0^{\infty} \sin(t)\varphi(t)\,\mathrm{d}t \\
&= [-\cos(t)\varphi(t)]_0^{\infty} - \int_0^{\infty} \sin(t)\varphi(t)\,\mathrm{d}t + \int_0^{\infty} \sin(t)\varphi(t)\,\mathrm{d}t \\
&= \cos(0)\varphi(0) = \varphi(0) = \langle\delta, \varphi\rangle.
\end{aligned}$$

Mithilfe der Distributionen erhalten wir eine Lösung einer Differenzialgleichung zweiter Ordnung, die nicht einmal differenzierbar ist. Wir können somit schlagartige Impulse durch die rechte Seite einer Differenzialgleichung modellieren. Mit der klassischen Analysis funktioniert dies nur durch Formulierung einzelner Anfangswertaufgaben, was bei mehreren Impulsen zu unterschiedlichen Zeiten recht mühsam ist. ◀

Partikuläre Lösungen von linearen Differenzialgleichungen mit der δ-Distribution als Inhomogenität werden **Green'sche Funktionen** genannt. Kennt man eine Green'sche Funktion einer Differenzialgleichung, so lässt sich damit sofort eine partikuläre Lösung für eine beliebige Inhomogenität gewinnen. Der Schlüssel hierzu ist die Operation der **Faltung**, auf die im Detail im Kap. 33 über Integraltransformationen eingegangen wird. Für zwei Funktionen $f,\ g : \mathbb{R} \to \mathbb{C}$ ist die Faltung die Funktion $(f \star g) : \mathbb{R} \to \mathbb{C}$, definiert als

$$(f \star g)(x) = \int_{-\infty}^{\infty} f(x-t)g(t)\,\mathrm{d}t, \quad x \in \mathbb{R},$$

falls das Integral existiert. Offensichtlich kann die Faltung nicht für beliebige lokal integrierbare Funktionen erklärt werden. Wählt man zum Beispiel für f und g die konstante Funktion 1, so ist das Integral nicht definiert. Somit ist klar, dass wir die Faltung auch nicht für beliebige Paare von Distributionen definieren können. Für die genaue Bedingung verweisen auf die Literatur.

Es ist aber stets möglich, eine beliebige Distribution f mit der δ-Distribution zu falten. Dabei gilt die Formel $f = \delta \star f$. Falls f eine Funktion ist, gilt somit mit der Integralschreibweise

$$f(x) = \int_{-\infty}^{\infty} \delta(x-t)f(t)\,\mathrm{d}t.$$

Beachten Sie, dass diese Formel genau der Translation von δ entspricht, falls f eine Grundfunktion ist.

Eine weitere Eigenschaft der Faltung ist, dass sich Ableitungen beliebig hineinziehen lassen,

$$(f \star g)' = f' \star g = f \star g'.$$

Damit haben wir nun alle Rechenregeln zusammen, um die Green'sche Funktion zu nutzen. Die Differenzialgleichung schreiben wir mit einem Differenzialoperator als $\mathcal{D}u = f$. Ist G die Green'sche Funktion, so gilt

$$\mathcal{D}G = \delta.$$

Wir bilden nun die Faltung von G mit der Inhomogenität f und wenden den Differenzialoperator an,

$$\mathcal{D}(G \star f) = (\mathcal{D}G) \star f = \delta \star f = f.$$

Die Faltung von f mit G liefert uns eine partikuläre Lösung der Differenzialgleichung.

Beispiel: Die Green'sche Funktion des Laplace-Operators

Aus dem Kap. 29 kennen wir die Green'schen Funktionen des Laplace-Operators

$$G(\boldsymbol{x}) = \frac{1}{2\pi} \ln \|\boldsymbol{x}\|_2, \quad \boldsymbol{x} \in \mathbb{R}^2.$$

Wie stellt sich diese Funktion im Rahmen der Theorie der Distributionen dar?

Problemanalyse und Strategie: Zunächst müssen wir erklären, wie Distributionen in mehreren Dimensionen aufgefasst werden. Dann überträgt sich die Anwendung der Faltung direkt auf diese Funktionen.

Lösung: Im Kap. 29 wurde bereits gezeigt, dass wir durch die Gleichung

$$u(\boldsymbol{x}) = \frac{1}{2\pi} \int_{\mathbb{R}^2} \ln \|\boldsymbol{x} - \boldsymbol{y}\|_2 f(\boldsymbol{y})\, \mathrm{d}\boldsymbol{y},$$

eine partikuläre Lösung der Poisson-Gleichung

$$\Delta u = f$$

im $\mathbb{R}^2$ gewinnen. Die Herleitung erfolgte ganz mit klassischen Mitteln der Analysis, insbesondere den Green'schen Identitäten und einer genauen Analyse des Integrals in einer Umgebung der Singularitäten. Vorausgesetzt werden muss dabei allerdings, dass die Funktion f so beschaffen ist, dass das Integral existiert. Ist man nur an einer Lösung in einem beschränkten Gebiet $D \subseteq \mathbb{R}^n$ interessiert, so setzt man f außerhalb davon zu null.

Formal entspricht die Formel oben der Faltung

$$u = G \star f,$$

ganz analog der Situation für einen gewöhnlichen Differenzialoperator aus dem Haupttext.

Distributionen werden im Mehrdimensionalen prinzipiell genauso definiert, wie im Eindimensionalen: als stetige Funktionale auf dem Raum der Grundfunktionen. Eine Grundfunktion auf dem $\mathbb{R}^n$ ist unendlich oft differenzierbar und identisch null außerhalb irgendeiner Kugel. Auch hier legen die regulären Distributionen wieder die Integralschreibweise nahe,

$$\langle \psi, \varphi \rangle = \int_{\mathbb{R}^n} \psi(\boldsymbol{x})\, \varphi(\boldsymbol{x})\, \mathrm{d}\boldsymbol{x}.$$

Eine besondere Klasse von Distributionen sind solche, bei denen sich die Variablen trennen lassen. Im $\mathbb{R}^2$ können wir dann statt des Gebietsintegrals ein iteriertes Integral schreiben,

$$\langle \psi, \varphi \rangle = \int_{-\infty}^{\infty} \psi_1(x_1) \int_{-\infty}^{\infty} \psi_2(x_2)\, \varphi(x_1, x_2)\, \mathrm{d}x_2\, \mathrm{d}x_1.$$

Dies entspricht der konsekutiven Anwendung der beiden eindimensionalen Distributionen ψ_1 und ψ_2.

Auch die δ-Distribution gehört in diese Klasse. Dementsprechend schreibt man unter dem Integral

$$\delta(\boldsymbol{x}) = \delta(x_1)\, \delta(x_2).$$

Sämtliche partiellen Ableitungen lassen sich in ein Faltungsprodukt hineinziehen. Damit ergibt sich

$$f = \Delta u = \Delta(G \star f) = (\Delta G) \star f.$$

Wir argumentieren jetzt anders herum, als im eindimensionalen Fall: Da die δ-Distribution durch die Gleichung

$$f = \delta \star f$$

charakterisiert ist, erhalten wir

$$\Delta G = \delta.$$

Damit ist die in Kap. 29 zunächst nur formal eingeführte Schreibweise auch im Sinne der Distributionen bestätigt.

Faltung mit einer Green'schen Funktion

Zu einer Differenzialgleichung $\mathcal{D}u = f$ erhält man durch Faltung der Inhomogenität f mit der Green'schen Funktion G eine partikuläre Lösung u_p der Differenzialgleichung,

$$u_p = G \star f,$$

falls die Faltung von G mit f definiert ist. In Integralschreibweise ist

$$u_p(x) = \int_{-\infty}^{\infty} G(x-t)f(t)\,\mathrm{d}t.$$

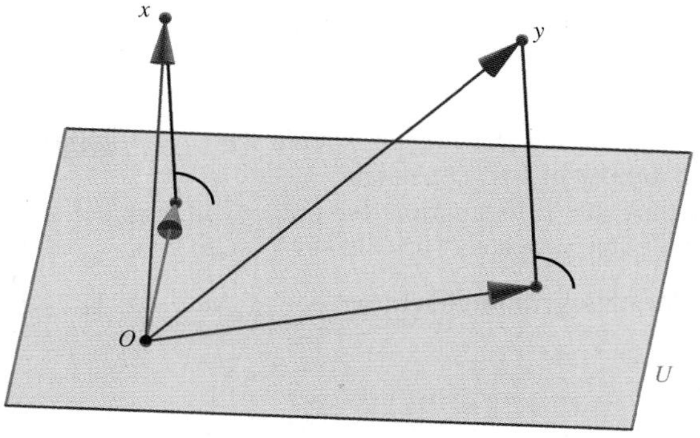

Abb. 31.9 Für zwei Elemente x, y eines Hilbertraums wird die Bestapproximation aus dem abgeschlossenen Unterraum U bestimmt. Dies entspricht geometrisch dem Fällen des Lots

Wir können an dieser Stelle nur einen kleinen Einblick in die Theorie der Distributionen geben. Man kann sie im Mehrdimensionalen genauso definieren wie im Eindimensionalen, und sie hat viele weitere Anwendungen in der Mathematik und den Naturwissenschaften. Eine relativ elementar gehaltene Einführung in das Thema liefert das Buch W. Walter: *Einführung in die Theorie der Distributionen.* B. I. Wissenschaftsverlag, 1994. Dort findet sich insbesondere auch eine exakte Darstellung der Faltung von Distributionen.

31.4 Operatoren in Hilberträumen

Durch die Existenz des Skalarprodukts ist es in Hilberträumen möglich, beinahe so zu arbeiten, wie in der analytischen Geometrie. Viele Aussagen und Argumentationen lassen sich übernehmen. Ein Beispiel ist die Konstruktion der Fourierpolynome als beste Approximation an eine Funktion aus einem endlichdimensionalen Unterraum im $L^2(-\pi,\pi)$, die wir aus Kap. 30 kennen.

Allerdings gibt es durch die unendliche Dimension der Funktionenräume auch Unterschiede in den Argumentationsketten. Daher müssen wir bisweilen vorsichtig sein.

Auf einen abgeschlossenen Unterraum kann man orthogonal projizieren

Wir vergegenwärtigen uns zunächst unser Vorgehen bei der Konstruktion der Fourierpolynome (siehe S. 1142), und übersetzen es sogleich in den abstrakten Kontext, den wir in allgemeinen Hilberträumen benötigen. Für eine Funktion f aus dem Hilbertraum $L^2(-\pi,\pi)$ hatten wir ein trigonometrisches Polynom höchstens vom Grad n gesucht, das f im quadratischen Mittel am besten approximiert. Wir haben also ein Element des Unterraums T_n gesucht und gefunden, dessen Abstand zu f minimal ist. Für die Herleitung hatten wir ausgenutzt, dass T_n endlichdimensionial ist und dass uns eine Orthonormalbasis von T_n zur Verfügung stand.

Jetzt wollen wir dieselbe Aufgabe in einem allgemeineren Kontext untersuchen: Statt $L^2(-\pi,\pi)$ und T_n betrachten wir einen beliebigen Hilbertraum X und einen **abgeschlossenen Unterraum** U. U ist also selbst auch wieder ein Hilbertraum. Die Frage, die wir beantworten wollen, lautet nun: Gibt es zu $x \in X$ ein $\hat{u} \in U$, das einen minimalen Abstand zu x hat, also unter allen Elementen von U die beste Approximation an x darstellt? Formelmäßig ausgedrückt lautet die Forderung

$$\|x-\hat{u}\| \le \|x-u\| \quad \text{für alle } u \in U.$$

Wir werden im Folgenden zeigen, dass es ein solches $\hat{u}$ gibt und das dieses $\hat{u}$ eindeutig bestimmt ist.

Wir geben uns dazu einen Hilbertraum X und einen Punkt $x \in X$ sowie einen abgeschlossenen Unterraum U von X vor. Wir setzen $a_0 = 0$ und $b_0 = \|x-u_0\|$ für irgendein $u_0 \in U$. Jetzt konstruieren wir rekursiv zwei Folgen. Ausgehend von a_{n-1} und b_{n-1} definieren wir

$$c_n = \frac{a_{n-1}+b_{n-1}}{2}, \qquad n \in \mathbb{N}.$$

Ist nun

$$c_n \le \|x-u\| \quad \text{für alle } u \in U,$$

so setzen wir

$$a_n = c_n \quad \text{und} \quad b_n = b_{n-1}.$$

Andernfalls setzen wir

$$a_n = a_{n-1} \quad \text{und} \quad b_n = c_n.$$

Die so konstruierten Folgen (a_n) bzw. (b_n) sind monoton wachsend bzw. monoton fallend. (a_n) ist durch b_0 nach oben beschränkt, (b_n) durch 0 nach unten. Beide Folgen sind nach

Teil V

dem Monotoniekriterium konvergent. Mit einem Widerspruchsbeweis lässt sich auch schnell zeigen, dass beide denselben Grenzwert besitzen. Wir haben nun zweierlei erhalten:

- Der Grenzwert der Folgen ist eine Zahl $\rho \geq 0$, die wir den **Abstand von** x **zu** U nennen.
- Analog zur Konstruktion der Folge (b_n) erhalten wir auch eine Folge (u_n) aus U mit $\|x - u_n\| \to \rho$.

Die **Parallelogrammgleichung** (siehe Aufgabe 31.7) besagt nun

$$\begin{aligned}\|u_n - u_m\|^2 &= \|u_n - x - (u_m - x)\|^2\\ &= 2\,\|u_n - x\|^2 + 2\,\|u_m - x\|^2 - 4\left\|\frac{u_n + u_m}{2} - x\right\|^2\\ &\leq 2\,\|u_n - x\|^2 + 2\,\|u_m - x\|^2 - 4\rho^2.\end{aligned}$$

Für $n, m \to \infty$ geht die Schranke auf der rechten Seite gegen null. Es folgt, dass (u_n) eine Cauchy-Folge ist und damit einen Grenzwert $\hat{u} \in U$ besitzt. Damit haben wir die Existenz einer Bestapproximation nachgewiesen, denn aufgrund unserer Konstruktion gilt

$$\|x - \hat{u}\| = \rho \leq \|x - u\| \quad \text{für alle } u \in U.$$

Bei der Konstruktion des Fourierpolynoms hatten wir gesehen, dass die Differenz $f - p_n$ stets orthogonal zum Raum T_n liegt. Auch diese Aussage gilt im allgemeinen Fall. Dafür wählen wir ein beliebiges $v \in U$ und eine Zahl $\alpha \in \mathbb{C}$. Dann gilt

$$\begin{aligned}\|x - \hat{u}\|^2 &\leq \|x - \hat{u} - \alpha v\|^2\\ &= \|x - \hat{u}\|^2 - 2\Re\left(\overline{\alpha}\,\langle x - \hat{u}, v\rangle\right) + |\alpha|^2\,\|v\|^2.\end{aligned}$$

Wir wählen nun

$$\alpha = \frac{\langle x - \hat{u}, v\rangle}{\|v\|^2}.$$

Dann folgt

$$\|x - \hat{u}\|^2 \leq \|x - \hat{u}\|^2 - \frac{|\langle x - \hat{u}, v\rangle|^2}{\|v\|^2}.$$

Diese Ungleichung kann nur stimmen, wenn das Skalarprodukt im Zähler des Bruchs null ist, denn alle auftauchenden Größen sind positiv. Da $v \in U$ beliebig war, haben wir gezeigt:

$$\langle x - \hat{u}, v\rangle = 0 \quad \text{für alle } v \in U.$$

Einzige Voraussetzung für die Orthogonalitätsaussage ist, dass $\hat{u}$ eine Stelle mit $\|x - \hat{u}\| = \rho$ ist. Hat $\tilde{u} \in U$ ebenfalls diese Eigenschaft, so folgt aus der Orthogonalitätsaussage und dem Satz des Pythagoras, dass

$$\begin{aligned}\rho^2 &= \|x - \hat{u}\|^2\\ &\leq \|x - \hat{u}\|^2 + \|\hat{u} - \tilde{u}\|^2 = \|x - \tilde{u}\|^2 = \rho^2.\end{aligned}$$

Somit ist $\|\hat{u} - \tilde{u}\| = 0$, und es ist auch gezeigt, dass die Bestapproximation an x aus U eindeutig festgelegt ist.

Es ist also so, dass wir durch die Zuordnung von x zu $\hat{u}$ eine Abbildung $\mathcal{P} : X \to U$ festgelegt haben. Damit können wir das Ergebnis in der folgenden Form notieren.

Orthogonale Projektion

Ist U ein abgeschlossener Unterraum eines Hilbertraums X, so gibt es eine **Orthogonalprojektion** $\mathcal{P} : X \to U$ mit der Eigenschaft

$$\|x - \mathcal{P}x\| \leq \|x - u\| \quad \text{für alle } u \in U.$$

Der Operator $\mathcal{P}$ ist linear und beschränkt mit $\|\mathcal{P}\| = 1$. Ferner gilt

$$\langle x - \mathcal{P}x, u\rangle = 0 \quad \text{für alle } u \in U.$$

Die neu hinzugekommene Aussagen, dass $\mathcal{P}$ linear und beschränkt mit Norm 1 ist, haben wir im Aufgabenteil als Aufgabe 31.5 formuliert.

Aus dem Satz über die orthogonale Projektion folgt, dass man in Hilberträumen eine **orthogonale Zerlegung** durchführen kann. Ist U ein abgeschlossener Unterraum eines Hilbertraums X, so definiert man zu U das **orthogonale Komplement**

$$U^\perp = \{v \in X \mid \langle u, v\rangle = 0 \text{ für alle } u \in U\}.$$

Auch $U^\perp$ ist ein abgeschlossener Unterraum von X.

Für $x \in X$ ist zum Beispiel $x - \mathcal{P}x$ nach dem Satz über die orthogonale Projektion ein Element von $U^\perp$. Somit kann jedes x in eindeutiger Art und Weise als eine Summe

$$x = u + v$$

mit $u \in U$ und $v \in U^\perp$ geschrieben werden. Hierbei ist eben

$$u = \mathcal{P}x \quad \text{und} \quad v = x - \mathcal{P}x.$$

Diese Möglichkeit der Zerlegung wollen wir nun weiter nutzen.

Stetige Linearformen in einem Hilbertraum lassen sich durch das Skalarprodukt ausdrücken

Bei vielen Anwendungsaufgaben stoßen wir auf stetige Linearformen. Ein Beispiel sind Formulierungen von Randwertaufgaben als Variationsgleichungen, die wir aus den Kap. 28 und 29 her kennen und in diesem Kapitel auch wieder aufgreifen wollen. Wir werden uns nun überlegen, dass in einem Hilbertraum X ein besonders einfacher Zusammenhang zwischen dem Raum

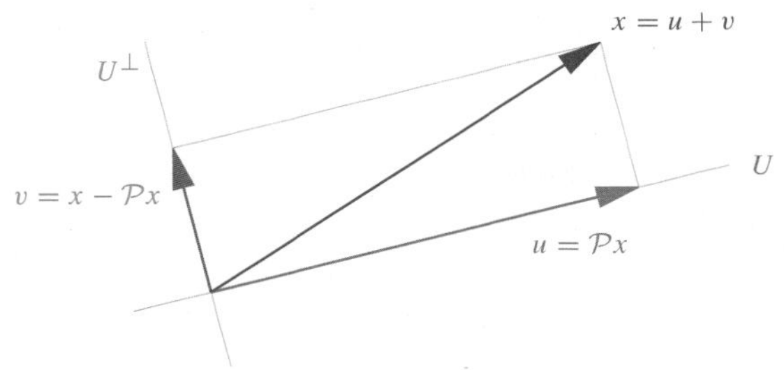

Abb. 31.10 Ein Element x eines Hilbertraums lässt sich in eindeutiger Weise orthogonal in ein Element u eines abgeschlossenen Unterraums U und ein Element v dessen orthogonalen Komplements $U^\perp$ zerlegen

selbst und dem Raum der auf ihm definierten stetigen Linearformen besteht.

Wählen wir zunächst ein Element $z \in X$ willkürlich aus, so ist durch

$$\varphi(x) = \langle x, z \rangle, \quad x \in X,$$

zunächst eine Linearform definiert. Dies folgt aus der Linearität des Skalarprodukts im ersten Argument. Dass diese Form beschränkt und damit stetig ist, ist eine Konsequenz der Cauchy-Schwarz'schen Ungleichung, denn es gilt

$$|\varphi(x)| = |\langle x, z \rangle| \le \|x\| \, \|z\|.$$

Wir halten somit zunächst fest: Durch jedes Element $z \in X$ erhalten wir durch die obige Konstruktion eine stetige Linearform auf X. Es ist nun überraschenderweise so, dass alle stetigen Linearformen auf einem Hilbertraum in dieser Art und Weise dargestellt werden können.

Riesz'scher Darstellungssatz

In einem Hilbertraum X gibt es für jede stetige Linearform $\varphi : X \to \mathbb{C}$ genau ein $z \in X$ mit

$$\varphi(x) = \langle x, z \rangle, \quad x \in X.$$

Umgekehrt ist für jedes $z \in X$ durch $\langle \cdot, z \rangle$ eine stetige Linearform gegeben.

Für den Beweis nutzt man die Tatsache aus, dass der *Nullraum* N einer stetigen Linearform φ,

$$N = \{x \in X \mid \varphi(x) = 0\},$$

einen abgeschlossenen Unterraum bildet und sein orthogonales Komplement $N^\perp$ die Dimension 1 besitzt. Aus einem Element von $N^\perp$ kann der zu φ gehörige Vektor z konstruiert werden.

In den folgenden Abschnitten werden wir diesen Satz anwenden.

Die Lösung von Variationsgleichungen beruht auf dem Satz von Lax-Milgram

Der Riesz'sche Darstellungssatz ist zwar eher theoretischer Natur, aber er hat direkte Anwendungen, die für die Praxis relevant sind. Eine davon ist der Satz von Lax-Milgram, der die Grundlage für die Methode der finiten Elemente bildet. Als Beispiel betrachten wir ein Randwertproblem, wie wir es im Kap. 28 kennengelernt haben. Wir werden uns in diesem Abschnitt auf reellwertige Funktionen beschränken.

Beispiel Wir betrachten das Randwertproblem

$$u''(t) - (t^2 + 1)\, u(t) = \cos(t), \quad t \in (0, \pi),$$
$$u(0) = u(\pi) = 0.$$

Im Abschn. 28.6 haben wir gesehen, dass sich ein solches Problem als eine Variationsgleichung schreiben lässt. Dazu definieren wir den Raum

$$V = \{v \in C^1([0, \pi]) \mid v(0) = v(\pi) = 0\}.$$

Wählen wir eine beliebige Funktion $v \in V$ und führen eine partielle Integration durch, so folgt

$$\int_0^\pi u''(t)\, v(t)\, dt = [u'(t)\, v(t)]_0^\pi - \int_0^\pi u'(t)\, v'(t)\, dt$$
$$= -\int_0^\pi u'(t)\, v'(t)\, dt.$$

Ist also u eine Lösung des Randwertproblems, so gilt für jedes solche v die Variationsgleichung

$$\int_0^\pi \big(u'(t)v'(t) + (t^2 + 1)\, u(t)v(t)\big)\, dt = -\int_0^\pi \cos(t)\, v(t) dt.$$

Ein Weg zur Lösung des Randwertproblems, der auch numerisch in der Methode der finiten Elemente ihre Anwendung findet, besteht in der Lösung dieser Variationsgleichung anstelle des Randwertproblems. Siehe dazu den Abschn. 28.6 und auch, für den Fall von partiellen Differenzialgleichungen, Abschn. 29.5.

Interessanterweise macht das Variationsproblem für $u \in V$ Sinn, die Lösung muss nicht zweimal stetig differenzierbar sein. Die Variationsgleichung ist allgemeiner, als das ursprüngliche Randwertproblem. Man nennt Lösungen der Variationsgleichung **schwache Lösungen**. Indem man die partielle Differenziation rückgängig macht, kann man sich überzeugen, dass eine schwache Lösung aus $C^2(0, \pi)$ auch eine Lösung des ursprünglichen Randwertproblems ist.

Eine schwache Lösung dieses Randwertproblems muss also nicht in jedem Punkt $t \in (0, \pi)$ eine zweite Ableitung besitzen. Ihr Graph darf beispielsweise eine Ecke besitzen. Die Hutfunktionen aus der Methode der finiten Elemente sind Beispiele für solche Funktionen. Trotzdem sind schwache Lösungen nicht unphysikalische Lösungen im Sinne des Modells. Auf den Zusammenhang zwischen Differenzialgleichung, Variationsgleichung und dem zugrunde liegenden mathematisch-physikalischen Modell wird in Kap. 35 näher eingegangen. ◄

Wir betrachten nun **Variationsprobleme** der Form

$$\Psi(u, v) = \varphi(v) \quad \text{für alle } v \in X.$$

Hierbei soll X ein Innenproduktraum sein, φ eine auf X definierte stetige Linearform und $\Psi : X \times X \to \mathbb{R}$ eine **Bilinearform,** also eine Abbildung, die bezüglich beider Argumente linear ist. Die Frage ist, welche Voraussetzungen an Ψ gestellt werden müssen, um sicherzustellen, dass es eine eindeutig bestimmte Lösung $u \in X$ gibt.

Um die bisher zusammengestellten Ergebnisse sinnvoll nutzen zu können, kommt es auf Vollständigkeit an. In einem ersten Schritt ersetzen wir daher den Innenproduktraum X durch seinen Abschluss $\overline{X}$. Damit können wir in einem Hilbertraum arbeiten.

Für eine konkrete Anwendung, wie im Beispiel oben, müssen wir jedoch zunächst klären, welches Skalarprodukt wir nutzen wollen. Da in der Bilinearform erste Ableitungen auftauchen, wählen wir das Skalarprodukt des Hilbertraums $H^1(0, \pi)$ (siehe S. 1177), welches für reellwertige Funktionen

$$\langle u, v \rangle_1 = \int_0^\pi [u(t)\, v(t) + u'(t)\, v'(t)]\, dt$$

lautet. Somit erhalten wir den Hilbertraum

$$H_0^1(0, \pi) = \overline{V}^{\|\cdot\|_{H_1}}.$$

Dies ist der Hilbertraum, aus dem die schwachen Lösungen des Randwertproblems stammen. Der Index 0 deutet dabei an, dass wir die Nullrandwerte der Funktionen aus V berücksichtigt haben. $H_0^1(0, \pi)$ ist ein abgeschlossener Unterraum von $H^1(0, \pi)$. In diesem Raum sind die ersten distributionellen Ableitungen der Funktionen reguläre Distributionen aus $L^2(0, \pi)$. Außerdem ist eine punktweise Auswertung der Funktionen aus $H_0^1(0, \pi)$ möglich. In den Randpunkten 0 und π haben Funktionen aus diesem Raum den Wert Null. Es handelt sich um ein Beispiel für einen Sobolev-Raum (siehe hierzu das Bonusmaterial).

Für das Beispiel passt das H^1-Skalarprodukt gut, denn nun gilt

$$\begin{aligned}
|\Psi(u, v)| &\le \int_0^\pi \left[|u'(t)v'(t)| + (t^2 + 1)\, |u(t)v(t)|\right] dt \\
&\le \|u'\|_{L^2}\, \|v'\|_{L^2} + (1 + \pi^2)\, \|u\|_{L^2}\, \|v\|_{L^2} \\
&\le (1 + \pi^2)\, (\|u'\|_{L^2} + \|u\|_{L^2})\, (\|v'\|_{L^2} + \|v\|_{L^2}) \\
&\le (1 + \pi^2)\, \|u\|_{H_1}\, \|v\|_{H_1}
\end{aligned}$$

für alle $u, v \in H_0^1(0, \pi)$. Noch leichter sehen wir die Abschätzung nach unten

$$\|\Psi(u, u)| \ge \|u\|_{H_1}^2$$

für alle $u \in H_0^1(0, \pi)$.

Mit diesen Überlegungen haben wir alle Voraussetzungen zusammengestellt, um auf das Beispiel den Satz von Lax-Milgram anzuwenden.

Satz von Lax-Milgram

Ist X ein Hilbertraum, $\varphi : X \to \mathbb{R}$ eine stetige Linearform und $\Psi : X \times X \to \mathbb{R}$ eine Bilinearform mit den beiden Eigenschaften:

- es gibt eine Konstante $C > 0$ mit

  $$\|\Psi(u, v)\| \le C\, \|u\|\, \|v\|$$

  für alle $u, v \in X$ (Stetigkeit bezüglich beider Argumente),
- es gibt eine Konstante $c > 0$ mit

  $$\|\Psi(u, u)\| \ge c\, \|u\|^2$$

  für alle $u \in X$ (Koerzivität),

dann existiert genau eine Lösung $\hat{u} \in X$ der Variationsgleichung

$$\Psi(\hat{u}, v) = \varphi(v) \quad \text{für alle } v \in X.$$

Die Eindeutigkeit der Lösung stellen wir als Selbstfrage (siehe unten).

Zum Nachweis der Existenz führt die Überlegung, dass für jedes $u \in X$ durch

$$\psi(v) = \Psi(u, v), \quad v \in X,$$

eine stetige Linearform auf X gegeben ist. Nach dem Riesz'schen Darstellungssatz existiert also zu u ein Element $\mathcal{T} u \in X$ mit

$$\Psi(u, v) = \langle v, \mathcal{T} u \rangle, \quad u, v \in X.$$

Man beweist dann, dass $\mathcal{T} : X \to X$ ein bijektiver, beschränkter linearer Operator ist. Durch Verwendung seiner Inversen $\mathcal{T}^{-1}$ erhält man eine Lösung der Variationsgleichung.

Selbstfrage 8

Wieso ist die Lösung der Variationsgleichung unter den Voraussetzungen des Satzes von Lax-Milgram eindeutig bestimmt?

Kommentar Im vollständigen Beweis des Satzes von Lax-Milgram wird auch gezeigt, dass die Inverse des Operators $\mathcal{T}$ beschränkt ist. Hieraus folgt, dass die Lösung des Variationsproblems stetig von der Form φ abhängt. Kleine Störungen in der rechten Seite bewirken daher nur kleine Veränderungen der Lösung. Ein Variationsproblem, bei dem die Voraussetzungen des Satzes von Lax-Milgram erfüllt sind, ist stabil. ◄

Teil V

Der Satz von Lax-Milgram ermöglicht es, Existenz und Eindeutigkeit zum Beispiel von schwachen Lösungen von Randwertproblemen zu zeigen. Auch bei Randwertproblemen für elliptische partielle Differenzialgleichungen kann der Satz ganz analog angewandt werden, wie schon im Kap. 29 beschrieben wurde. Eine Stärke des Satzes liegt aber darin, dass auch die numerische Approximation zum Beispiel in der Methode der finiten Elemente mit abgehandelt wird. Wir werden darauf im Abschn. 31.5 noch eingehen.

Allerdings sind die Voraussetzungen des Satzes recht stark, insbesondere die der Koerzivität. Es gibt verschiedene Verallgemeinerungen, die wir im Bonusmaterial zu diesem Kapitel ansprechen.

Die Darstellung von Lösungen gelingt über Eigenfunktionen

Durch den Satz von Lax-Milgram erhalten wir eine Aussage über die prinzipielle Lösbarkeit eines Randwertproblems bzw. der zugehörigen Variationsgleichung. Aber wir wissen nichts über die Gestalt der Lösung. Wir werden nun der Frage nachgehen, wie wir eine Darstellung gewinnen können.

Wir verwenden dazu das Werkzeug der Orthonormalbasen. Aus der Theorie der Fourierreihen sind uns die trigonometrischen Monome als Basisfunktionen im $L^2(-\pi, \pi)$ bekannt. Kennt man die Darstellung einer Funktion durch ihre Fourierreihe, so kann man schon an den Koeffizienten Eigenschaften der Funktion ablesen, wie zum Beispiel Glattheit oder Symmetrieeigenschaften. Schneidet man die Reihe ab, so erhält man durch die Partialsumme eine Approximation an die Lösung.

Allerdings ist nicht zu erwarten, dass die trigonometrischen Monome zu einer beliebigen Variationsgleichung passen. Wir wollen uns an die lineare Algebra, genauer, an das Kap. 18 erinnern. Dort wurde gezeigt, dass eine symmetrische bzw. hermitesche Matrix diagonalisierbar ist und dass es eine Orthonormalbasis von Eigenvektoren gibt. Ist etwa $\boldsymbol{A} \in \mathbb{R}^{n\times n}$ symmetrisch, so besitzt die Matrix Eigenwerte $\lambda_1, \ldots, \lambda_n$ und zugehörige, orthonormale Eigenvektoren $\boldsymbol{v}_1, \ldots, \boldsymbol{v}_n$. Damit können wir die Lösung eines linearen Gleichungssystems,

$$\boldsymbol{A}\boldsymbol{x} = \boldsymbol{y}$$

hinschreiben: Der Lösungsvektor und die rechte Seite werden durch die Orthogonalbasis dargestellt,

$$\boldsymbol{x} = \sum_{j=1}^{n} (\boldsymbol{x} \cdot \boldsymbol{v}_j)\, \boldsymbol{v}_j,$$

$$\boldsymbol{y} = \sum_{j=1}^{n} (\boldsymbol{y} \cdot \boldsymbol{v}_j)\, \boldsymbol{v}_j.$$

Durch Einsetzen erhält man

$$\boldsymbol{A}\boldsymbol{x} = \sum_{j=1}^{n} \lambda_j\, (\boldsymbol{x} \cdot \boldsymbol{v}_j)\, \boldsymbol{v}_j = \sum_{j=1}^{n} (\boldsymbol{y} \cdot \boldsymbol{v}_j)\, \boldsymbol{v}_j.$$

Hieraus berechnen sich die Koeffizienten von $\boldsymbol{x}$ für diejenigen j mit $\lambda_j \neq 0$ zu

$$\boldsymbol{x} \cdot \boldsymbol{v}_j = \frac{\boldsymbol{y} \cdot \boldsymbol{v}_j}{\lambda_j},$$

und man erhält entsprechende Bedingungen für $\boldsymbol{y}$, falls der Eigenwert null vorkommt.

Die Situation in unendlich dimensionalen Räumen ist ungleich komplizierter: Ein Operator, selbst wenn er eine der Symmetrie vergleichbare Eigenschaft besitzt, muss überhaupt keine Eigenwerte besitzen. Man benötigt zusätzliche Eigenschaften. Dann jedoch ist eine vergleichbare Darstellung möglich.

Wir betrachten dazu das Beispiel aus dem vorhergehenden Abschnitt. Die Bilinearform Ψ ist dort **symmetrisch,** es gilt

$$\Psi(u, v) = \Psi(v, u) \quad \text{für alle } u, v \in H_0^1(0, \pi).$$

Hieraus folgt, dass der Operator $\mathcal{T}$, der im Beweis des Satzes von Lax-Milgram verwendet wird, **selbstadjungiert** ist, d. h.

$$\langle v, \mathcal{T} u\rangle = \langle \mathcal{T} v, u\rangle \quad \text{für alle } u, v \in H_0^1(0, \pi).$$

Diese Eigenschaft entspricht genau der Symmetrie einer reellen Matrix: Auch dort gilt $\boldsymbol{x} \cdot \boldsymbol{A}\boldsymbol{y} = \boldsymbol{A}\boldsymbol{x} \cdot \boldsymbol{y}$ für alle $\boldsymbol{x}, \boldsymbol{y} \in \mathbb{R}^n$. In Analogie zum endlichdimensionalen Fall erhalten wir damit zumindest die folgende Aussage: Sind λ_1 und λ_2 verschiedene Eigenwerte eines selbstadjungierten Operators $\mathcal{A}$ und v_1, v_2 zugehörige Eigenvektoren, so gilt

$$\lambda_1\langle v_1, v_2\rangle = \langle \mathcal{A}v_1, v_2\rangle = \langle v_1, \mathcal{A}v_2\rangle = \lambda_2\langle v_1, v_2\rangle,$$

das heißt,

$$(\lambda_1 - \lambda_2)\,\langle v_1, v_2\rangle = 0.$$

Da die Eigenwerte verschieden sind, sind die Eigenvektoren zwangsläufig orthogonal. Es gilt also ganz allgemein, dass Eigenvektoren zu verschiedenen Eigenwerten eines selbstadjungierten Operators orthogonal sind.

Selbstfrage 9

Welche vergleichbaren Aussagen lassen sich über die Eigenwerte und die zugehörigen Eigenvektoren eines symmetrischen Operators in einem komplexen Hilbertraum treffen?

Die Eigenschaft der Selbstadjungiertheit allein reicht jedoch nicht aus für die Existenz von Eigenwerten. Es gibt allerdings eine große Klasse von selbstadjungierten Operatoren, für die man die Existenz von Eigenwerten zeigen kann. Es sind dies die *kompakten* selbstadjungierten Operatoren. Zusätzlich kann man für diese auch beweisen, dass es eine Orthonormalbasis des zugrunde liegenden Hilbertraums aus Eigenvektoren gibt. Wir gehen auf diese Theorie im Bonusmaterial genauer ein.

Hier verdeutlichen wir nur an einem Beispiel, dass man im Fall der Existenz einer Orthonormalbasis aus Eigenvektoren ganz ähnlich wie im Fall von endlichdimensionalen diagonalisierbaren Endomorphismen argumentieren kann.

Beispiel Zu bestimmen ist eine partikuläre Lösung der Differenzialgleichung

$$(1-t^2)\,u''(t) - 2t\,u'(t) - u(t) = f(t), \quad t \in (-1,1).$$

Indem wir die Ableitungen im Sinne der Distributionen begreifen, definieren wir den Vektorraum

$$V = \{u \in L^2(-1,1) \mid u', u'' \text{ sind regulär und aus } L^2(-1,1)\}.$$

Wir fassen dies als einen Unterraum von $L^2(-1,1)$ auf, also als einen Innenproduktraum mit dem L^2-Skalarprodukt.

Die Differenzialgleichung liefert uns nun einen Operator $\mathcal{D} : V \to L^2(-1,1)$, definiert durch

$$\mathcal{D}u(t) = (1-t^2)\,u''(t) - 2t\,u'(t) - u(t), \quad t \in (-1,1).$$

Die Ableitungen sind dabei im distributionellen Sinne zu verstehen. Der Operator $\mathcal{D}$ ist selbstadjungiert, denn für $u, v \in V$ gilt

$$\begin{aligned}\langle \mathcal{D}u, v\rangle &= \int_{-1}^{1} \left[(1-t^2)\,u''(t) - 2t\,u'(t) - u(t)\right] v(t)\,\mathrm{d}t\\ &= \int_{-1}^{1} \left[\left(\frac{\mathrm{d}}{\mathrm{d}t}(1-t^2)\,u'(t)\right) v(t) - u(t)\,v(t)\right] \mathrm{d}t\\ &= -\int_{-1}^{1} \left[(1-t^2)\,u'(t)\,v'(t) + u(t)\,v(t)\right] \mathrm{d}t\\ &= \langle u, \mathcal{D}v\rangle.\end{aligned}$$

Für die letzte Umformung werden dieselben Schritte in umgekehrter Reihenfolge auf v angewandt.

Da $V \subseteq L^2(-1,1)$ ist, macht es Sinn, von Eigenwerten und Eigenfunktionen zu sprechen: Wir suchen Zahlen $\lambda \in \mathbb{R}$ und Funktionen $v \in V \setminus \{0\}$ mit

$$\mathcal{D}v = \lambda\, v.$$

Aus der Theorie der speziellen Funktionen (siehe Kap. 34) sind uns Lösungen der Differenzialgleichung

$$(1-t^2)\,u''(t) - 2t\,u'(t) + n(n+1)\,u(t) = 0, \quad n \in \mathbb{N}_0,$$

bekannt. Es handelt sich um die **Legendre-Polynome**, definiert durch

$$p_n(t) = \frac{1}{2^n\,n!}\,\frac{\mathrm{d}^n}{\mathrm{d}t^n}\,(t^2-1)^n, \quad t \in (-1,1).$$

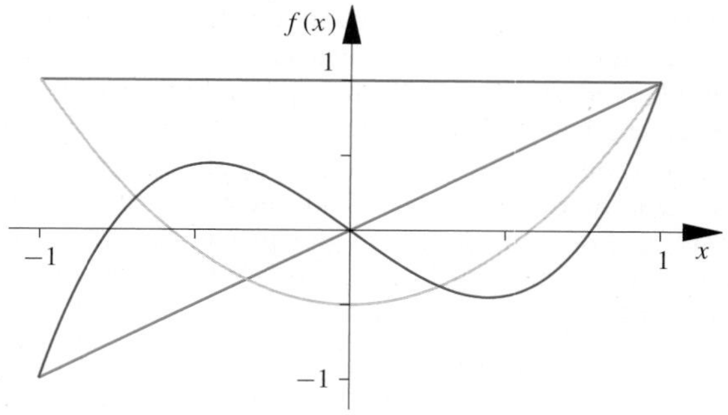

Abb. 31.11 Die Legendre-Polynome p_0 (blau), p_1 (grün), p_2 (orange) und p_3 (rot)

Diese bilden eine Familie von Orthogonalpolynomen: Legendre-Polynome verschiedenen Grades n sind zueinander orthogonal in $L^2(-1,1)$. Für uns folgt, dass die Legendre-Polynome Eigenfunktionen des Operators $\mathcal{D}$ sind. Es gilt

$$\mathcal{D}p_n = [1 + n\,(n+1)]\,p_n.$$

Aus der Selbstadjungiertheit von $\mathcal{D}$ folgt daraus schon direkt, dass die p_n für verschiedene n zueinander orthogonal sind. Im Bonusmaterial zu diesem Kapitel werden wir das Beispiel weiter untersuchen und zeigen, dass die p_n, wenn sie noch normiert werden, eine Orthonormalbasis des $L^2(-1,1)$ bilden. Einige dieser Polynome sind in Abb. 31.11 dargestellt.

Somit kann die Funktion f auf der rechten Seite durch

$$f = \sum_{n=0}^{\infty} \frac{\langle f, p_n\rangle}{\|p_n\|^2}\,p_n$$

dargestellt werden, und genauso die mögliche Lösung u des Randwertproblems,

$$u = \sum_{n=0}^{\infty} \frac{\langle u, p_n\rangle}{\|p_n\|^2}\,p_n\,.$$

Durch Einsetzen in die Differenzialgleichung folgt

$$\sum_{n=0}^{\infty} [1 + n\,(n+1)]\,\frac{\langle u, p_n\rangle}{\|p_n\|^2}\,p_n = f = \sum_{n=0}^{\infty} \frac{\langle f, p_n\rangle}{\|p_n\|^2}\,p_n.$$

Durch Koeffizientenvergleich erhält man die partikuläre Lösung

$$u = \sum_{n=0}^{\infty} \frac{\langle f, p_n\rangle}{(1 + n\,(n+1))\,\|p_n\|^2}\,p_n.$$

Da wir mit distributionellen Ableitungen gearbeitet haben, können wir nicht erwarten, dass dieses u eine zweimal stetig differenzierbare Funktion ist. Beachten Sie aber das Abfallverhalten der Koeffizienten in der Reihenentwicklung: Die Koeffizienten von u fallen um zwei Potenzen von n schneller ab als die von f. ◀

Achtung Wir weisen noch einmal darauf hin, dass wir uns in diesem Kapitel auf den Fall reeller Räume beschränkt haben. Bei komplexen Räumen gelten ganz ähnliche Ergebnisse, durch die komplexe Konjugation sind jedoch einige der Formeln komplizierter. Insbesondere gilt aber, dass ein selbstadjungierter Operator immer nur reelle Eigenwerte besitzen kann. ◄

31.5 * Approximation von Operatoren

Viele der Ergebnisse der Funktionalanalysis sind eher theoretischer Natur, oder scheinen es zumindest zu sein. Sie finden jedoch ihre Anwendung bei der Analyse von numerischen Verfahren, insbesondere für Differenzial- und Integralgleichungen.

Wollen wir eine solche Gleichung numerisch lösen, wird sie durch eine Diskretisierung approximiert. Dies verstehen wir als eine Approximation des entsprechenden Operators. Durch den Apparat der Funktionalanalysis kann diese Approximation untersucht und zum Beispiel eine Fehlerabschätzung hergeleitet werden.

Eine zweite Fragestellung ist die, ob das diskrete Problem überhaupt lösbar ist. Die Methoden der Funktionalanalysis können garantieren, dass das diskrete Problem eine Lösung besitzt, wenn das ursprüngliche Problem lösbar und die Approximation hinreichend gut ist.

Der Satz von Lax-Milgram kann auf Unterräume angewandt werden

Probleme, bei denen der Satz von Lax-Milgram angewandt werden kann, sind besonders leicht zu analysieren. Wir betrachten ein Randwertproblem für eine elliptische partielle Differenzialgleichung,

$$\begin{aligned} -\Delta u + k^2 u &= f \quad \text{in } D, \\ u &= 0 \quad \text{auf } \partial D. \end{aligned}$$

Dabei ist D ein beschränktes, polygonal berandetes Gebiet.

Der richtige Raum zum Lösen eines solchen Randwertproblems ist $H_0^1(D)$, ein *Sobolev-Raum*. Diesen erhält man durch Abschluss von

$$V = \{u \in C^2(D) \cap C^1(\overline{D}) \mid u = 0 \text{ auf } \partial D\}$$

in der Norm

$$\|u\|_1 = \left(\int_D \left[\|\nabla u(\boldsymbol{x})\|^2 + |u(\boldsymbol{x})|^2\right] \mathrm{d}\boldsymbol{x} \right)^{1/2}.$$

Es handelt sich um einen Hilbertraum mit dem Skalarprodukt

$$\langle u, v\rangle = \int_D \left[\nabla u(\boldsymbol{x}) \cdot \overline{\nabla v(\boldsymbol{x})} + u(\boldsymbol{x})\overline{v(\boldsymbol{x})}\right] \mathrm{d}\boldsymbol{x}.$$

In diesem Raum lässt sich das Randwertproblem als die Variationsgleichung

$$\int_D (\nabla u(\boldsymbol{x}) \cdot \overline{\nabla v(\boldsymbol{x})} + k^2 u(\boldsymbol{x})\overline{v(\boldsymbol{x})})\mathrm{d}\boldsymbol{x} = \int_D f(\boldsymbol{x})\, \overline{v(\boldsymbol{x})}\, \mathrm{d}\boldsymbol{x}, \quad v \in H_0^1(D),$$

formulieren. Gesucht ist $u \in H_0^1(D)$. Man nennt die Formulierung als Variationsgleichung auch die schwache Formulierung des Randwertproblems, da sie allgemeiner als das ursprüngliche Randwertproblem ist, und wir wollen dementsprechend **schwache Lösungen** finden. Auf den Zusammenhang zwischen der Variationsgleichung und dem ursprünglichen Randwertproblem sind wir in dem Beispiel auf S. 1195 für eine gewöhnliche Differenzialgleichung schon eingegangen. Das dort gesagte überträgt sich auf die Arbeit mit Randwertproblemen für partielle Differenzialgleichungen.

Man muss den Satz von Lax-Milgram hier in seiner komplexen Variante anwenden, die jedoch in der Aussage mit der von uns präsentierten reellen Form übereinstimmt. Die Form hier ist koerziv und bezüglich beider Argumente beschränkt, linear im ersten und *antilinear* im zweiten Argument. Daraus folgt, dass die Variationsgleichung zum Beispiel für jedes $f \in L^2(D)$ genau eine Lösung besitzt.

Eine Möglichkeit der Diskretisierung bietet die Methode der finiten Elemente. Wir wählen, wie im Kap. 29 beschrieben, eine Triangulierung des Gebiets D und bilden die dazugehörigen Hutfunktionen. Diese Funktionen spannen einen n-dimensionalen Vektorraum V_n auf.

Jede der Hutfunktionen ist aber auch ein Element von $H_0^1(D)$. Daher können wir V_n mit dem Skalarprodukt von $H_0^1(D)$ ausstatten und erhalten so wieder einen Hilbertraum, einen endlichdimensionalen Unterraum von $H_0^1(D)$.

Die Variationsgleichung kann nun auf V_n eingeschränkt werden, d. h., man sucht $u_n \in V_n$ mit

$$\int_D (\nabla u_n(\boldsymbol{x}) \cdot \overline{\nabla v(\boldsymbol{x})} + k^2 u_n(\boldsymbol{x})\overline{v(\boldsymbol{x})})\mathrm{d}\boldsymbol{x} = \int_D f(\boldsymbol{x})\, \overline{v(\boldsymbol{x})}\, \mathrm{d}\boldsymbol{x}, \quad v \in V_n.$$

Dieses Verfahren ist auch, unabhängig von der konkreten Wahl von V_n als Raum von Hutfunktionen, als **Galerkin-Verfahren** bekannt. Da V_n ein Unterraum von $H_0^1(D)$ ist, ändert sich an den Eigenschaften des Problems nichts: Der Satz von Lax-Milgram bleibt anwendbar. Also hat auch das diskrete Problem für jedes $f \in L^2(D)$ genau eine Lösung $u_n \in V_n$.

Das Galerkin-Verfahren kann durch eine Orthogonalprojektion beschrieben werden

Wir wollen das Beispiel des Randwertproblems noch ein wenig weiter untersuchen und die Konvergenz betrachten. Im Beweis des Satzes von Lax-Milgram hatten wir gesehen, dass es einen Operator $\mathcal{T} : H_0^1(D) \to H_0^1(D)$ und eine Funktion $w \in H_0^1(D)$ gibt, sodass die Variationsgleichung in der Form

$$\langle \mathcal{T} u, v\rangle = \langle w, v\rangle \quad \text{für alle } v \in H_0^1(D)$$

geschrieben werden kann.

Für das Galerkin-Verfahren schränken wir uns wieder auf den Unterraum V_n ein. Die Variationsgleichung lautet dann

$$\langle \mathcal{T} u_n - w, v\rangle = 0 \quad \text{für alle } v \in V_n.$$

Man sucht also dasjenige $u_n \in V_n$, sodass $\mathcal{T} u_n - w$ zum Raum V_n orthogonal ist, bzw. mit der Orthogonalprojektion $\mathcal{P}_n : H_0^1(D) \to V_n$, dass

$$\mathcal{P}_n(\mathcal{T} u_n - w) = 0.$$

Die diskrete Lösung u_n ist also gerade so gewählt, dass 0 die beste Approximation an das **Residuum** $\mathcal{T} u_n - w$ in V_n darstellt.

Der Satz von Lax-Milgram besagt, dass der Operator $\mathcal{P}_n\mathcal{T} : V_n \to V_n$ invertierbar ist. Somit erhalten wir als Differenz der eigentlichen Lösung u der Variationsgleichung und der diskreten Lösung u_n die Identität

$$u - u_n = u - (\mathcal{P}_n\mathcal{T})^{-1}\mathcal{P}_n w = u - (\mathcal{P}_n\mathcal{T})^{-1}\mathcal{P}_n\mathcal{T} u.$$

Achtung, die Operatoren heben sich hier nicht auf, weil sich die Inverse auf den auf V_n definierten Operator bezieht, rechts ist $\mathcal{P}_n\mathcal{T}$ auf ganz $H_0^1(D)$ definiert. Auf V_n selbst heben sich die Operatoren weg, somit folgt für alle $v \in V_n$

$$u - u_n = (\mathrm{id} - (\mathcal{P}_n\mathcal{T})^{-1}\mathcal{P}_n\mathcal{T})\,(u - v).$$

Aus den Eigenschaften der Variationsgleichung folgt, dass es eine Konstante M gibt mit

$$\|(\mathcal{P}_n\mathcal{T})^{-1}\mathcal{P}_n\mathcal{T}\| \le M, \quad n \in \mathbb{N}.$$

Es folgt die Fehlerabschätzung

$$\|u - u_n\| \le (1 + M)\|u - v\|$$

für alle $v \in V_n$ und alle $n \in \mathbb{N}$. Diese Aussage, die auch als **Céa-Lemma** bekannt ist, besagt, dass das Galerkin-Verfahren bzw. die Methode der finiten Elemente, genau dann konvergiert, wenn ein beliebiges Element $u \in H_0^1(D)$ mit zunehmendem n beliebig gut durch Elemente aus V_n approximiert werden kann. Es kommt also nur auf die Approximationseigenschaften der Räume von Hutfunktionen an.

Auch die Kollokation kann durch eine Projektion beschrieben werden

Während das Galerkin-Verfahren für seine Analyse einen Hilbertraum geradezu verlangt, gibt es auch Methoden, die mit weniger gutartigen Bedingungen auskommen. Als Beispiel wollen wir ein *Kollokationsverfahren* für eine Integralgleichung betrachten,

$$u(x) + \int_0^1 \frac{1-x}{2}\,\mathrm{e}^{-xy}\,u(y)\,\mathrm{d}y = f(x), \quad x \in [0,1],$$

mit

$$f(x) = \mathrm{e}^x + \frac{\mathrm{e}^{1-x}}{2} - \frac{1}{2}, \quad x \in [0,1].$$

Durch einfaches Nachrechnen erkennen wir, dass $u(x) = \mathrm{e}^x$, $x \in [0,1]$, eine Lösung ist.

Es spielt der Integraloperator $\mathcal{K} : C([0,1]) \to C([0,1])$ mit

$$\mathcal{K}u(x) = \int_0^1 \frac{1-x}{2}\,\mathrm{e}^{-xy}\,u(y)\,\mathrm{d}y, \quad x \in [0,1]$$

die wesentliche Rolle. Da

$$\max_{x\in[0,1]} \int_0^1 \left|\frac{1-x}{2}\,\mathrm{e}^{-xy}\right|\,\mathrm{d}y = \frac{1}{2},$$

ist auch $\|\mathcal{K}\| = 1/2$. Damit kann der Satz über die Neumann'sche Reihe angewandt werden, der besagt, dass $\mathrm{id} + \mathcal{K}$ invertierbar ist und eine beschränkte Inverse besitzt. Die Integralgleichung hat demnach eine eindeutig bestimmte Lösung, eben $u(x) = \mathrm{e}^x$, $x \in [0,1]$.

Bei einem **Kollokationsverfahren** bestimmt man eine Näherungslösung aus einem vorgegebenen endlichdimensionalen Unterraum. Dabei soll die Näherungslösung die Integralgleichung in gewissen vorgegebenen Punkten, den **Kollokationspunkten**, erfüllen. Geeignet ist zum Beispiel der Raum V_n der auf $[0,1]$ stückweise stetigen linearen Spline-Funktionen. Die Splines sollen jeweils auf den Intervallen $[x_{j-1}, x_j]$ mit

$$x_j = j/n, \quad j = 0, \ldots, n,$$

linear sein.

Wir wählen gerade die x_j, $j = 0, \ldots, n$, als Kollokationspunkte und erhalten so ein System von $n + 1$ Gleichungen,

$$u_n(x_j) + \int_0^1 \frac{1-x_j}{2}\,\mathrm{e}^{-x_j y}\,u_n(y)\,\mathrm{d}y = f(x_j), \quad j = 0, \ldots, n.$$

Teil V

Die Spline-Funktionen haben ebenfalls $n + 1$ Freiheitsgrade, es handelt sich somit um ein lineares Gleichungssystem von $n + 1$ Gleichungen für die unbekannten $n + 1$ Koeffizienten.

Die Interpolation durch einen Spline kann durch einen linearen Operator $\mathcal{I}_n : C([0, 1]) \to V_n$ beschrieben werden. Somit gewinnen wir das Gleichungssystem der Kollokationsmethode durch Anwendung des Operators $\mathcal{I}_n$ auf die ursprüngliche Gleichung,

$$\mathcal{I}_n(\mathrm{id} + \mathcal{K})u_n = \mathcal{I}_n f.$$

Dies ist vergleichbar mit der Struktur der Gleichung bei der Galerkin-Methode. Allerdings arbeiten wir in dem Banachraum $C([0, 1])$ und $\mathcal{I}_n$ ist keine Orthogonalprojektion. Stattdessen spricht man ganz allgemein bei einem linearen, beschränkten Operator $\mathcal{P} : X \to Y$ auf einem normierten Raum X in einem Unterraum Y von einer **Projektion**, falls

$$\mathcal{P}x = x \quad \text{für alle } x \in Y$$

gilt. Dies ist bei dem Interpolationsoperator der Fall: Interpoliert man einen linearen Spline in den Interpolationspunkten, so ist das Ergebnis derselbe lineare Spline.

Die Konvergenz der Kollokationsmethode nachzuweisen ist allerdings erheblich schwieriger, als bei der Galerkin-Methode. Das Fehlen des Skalarprodukts macht die Argumentation komplizierter. Wir wollen den Beweis hier nicht führen. Man kann aber wiederum zeigen, dass es eine Konstante $M > 0$ gibt, sodass wir die Ungleichung

$$\|u_n - u\|_\infty \leq (1 + M)\, \|v - u\|_\infty$$

für alle $v \in V_n$ haben. Entscheidend für die Konvergenzrate des numerischen Verfahrens ist also wieder allein die Frage, wie gut die Lösung der ursprünglichen Gleichung u sich durch einen Spline approximieren lässt. Aus Abschn. 10.5 wissen wir, dass dies von der Regularität von u abhängt. Da $u(x) = \mathrm{e}^x$,

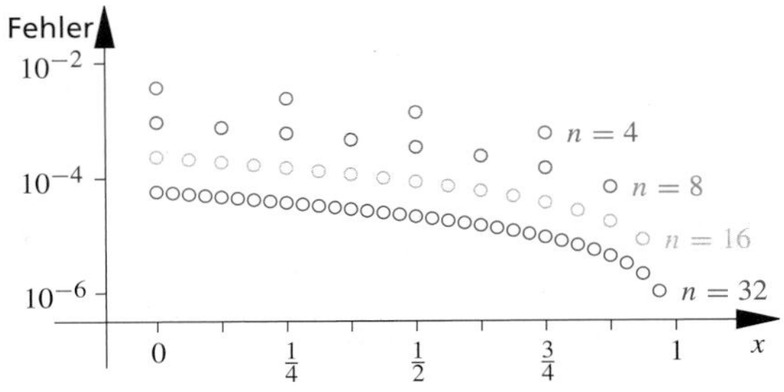

Abb. 31.12 Fehler in den einzelnen Kollokationspunkten in logarithmischer Skala für die Lösung der Integralgleichung aus dem Text mit dem Kollokationsverfahren

$x \in [0, 1]$, sogar zweimal stetig differenzierbar ist, geht der Fehler mit $\mathrm{O}(h^2)$ gegen null, wobei h der maximale Abstand von zwei Interpolationspunkten ist.

In der folgenden Tabelle ist der Fehler

$$e_n = \max_{j=0,\ldots,n} |u_n(x_j) - u(x_j)|$$

für das oben genannte Beispiel dargestellt. Die dritte Spalte zeigt den Faktor, um den sich das Ergebnis jeweils gegenüber der vorhergehenden Zeile verbessert hat.

n	e_n	Faktor
4	0.0036995	–
8	0.0009274	3.9891
16	0.0002320	3.9974
32	0.0000580	4.0000

Bei einer Verdoppelung der Anzahl der Kollokationspunkte verringert sich der Fehler jeweils etwa um den Faktor 4. Dies ist genau die erwartete Konvergenzrate. Die Abb. 31.12 zeigt die Fehler in den einzelnen Kollokationspunkten.

Zusammenfassung

Normierte Räume, Banachräume, Hilberträume

In der Funktionalanalysis betrachten wir normierte Vektorräume von meist unendlicher Dimension. Ein wichtiges Konzept ist die Vollständigkeit.

Definition eines Banachraums

Ein normierter Raum, in dem jede Cauchy-Folge einen Grenzwert besitzt, heißt **vollständig.** Einen vollständigen normierten Raum nennt man auch **Banachraum.**

Ein wichtiger Banachraum ist der Raum der auf einem kompakten Intervall stetigen Funktionen mit der **Maximumsnorm**.

Hat man einen nicht vollständigen Raum vorliegen, so kann man durch **Vervollständigung** immer einen Banachraum erhalten.

Einen Banachraum mit einem Skalarprodukt nennt man Hilbertraum

Räume, auf denen Skalarprodukte definiert sind, heißen in der Funktionalanalysis Innenprodukträume. In einem Innenproduktraum erhält man aus dem Skalarprodukt eine dazugehörige Norm.

Definition eines Hilbertraums

Ein Innenproduktraum, der bezüglich der vom Skalarprodukt erzeugten Norm vollständig ist, heißt **Hilbertraum.**

Das wichtigste Beispiel für einen Hilbertraum ist der Raum der auf einem Intervall (a, b) quadratintegrablen Funktionen $L^2(a, b)$.

Die Elemente eines Hilbertraums kann man zum Beispiel durch **Orthonormalbasen** darstellen. Statt den endlichen Linearkombinationen der linearen Algebra verwendet man Reihen über Vielfache der Elemente der Orthonormalbasis.

Lineare, beschränkte Operatoren und Funktionale

Ein linearer Operator ist eine lineare Abbildung von einem Funktionenraum in einen anderen.

Definition eines beschränkten Operators

Mit X und Y bezeichnen wir zwei normierte Räume. Einen Operator $\mathcal{A} : X \to Y$ nennt man **beschränkt,** falls es eine Konstante $C_{\mathcal{A}} > 0$ gibt mit

$$\|\mathcal{A}x\|_Y \leq C_{\mathcal{A}} \, \|x\|_X \quad \text{für alle } x \in X.$$

Ein linearer, beschränkter Operator ist stets auch **stetig:**

$$\lim_{n\to\infty} \mathcal{A}x_n = \mathcal{A}\left(\lim_{n\to\infty} x_n\right).$$

Die Menge der linearen, beschränkten Operatoren von X nach Y bezeichnen wir mit $B(X, Y)$.

Beschränkten Operatoren kann eine Operatornorm zugeordnet werden. Ist Y ein Banachraum, so ist auch $B(X, Y)$ mit dieser Operatornorm ein solcher.

Hat man einen linearen beschränkten Operator zwischen zwei normierten Räumen, so kann dieser in eindeutiger Weise auf die Vervollständigung dieser Räume stetig fortgesetzt werden. Dabei bleibt die Operatornorm unverändert.

Neumann'sche Reihe

Ist X ein Banachraum und $\mathcal{A} : X \to X$ ein linearer, beschränkter Operator mit $\|A\| < 1$, so ist

$$(\mathrm{id} - \mathcal{A})^{-1} = \sum_{k=0}^{\infty} \mathcal{A}^k,$$

wobei die Reihe in der Operatornorm konvergiert. Man nennt sie die **Neumann'sche Reihe** zu $\mathcal{A}$.

Es gilt auch

$$\left\|(\mathrm{id} - \mathcal{A})^{-1}\right\| \leq \frac{1}{1 - \|\mathcal{A}\|}.$$

Operatoren, deren Bilder Skalare sind, heißen Funktionale. In der Funktionalanalysis interessiert man sich besonders für lineare, stetige Funktionale.

Distributionen sind Funktionale

Die auf dem Raum $C_0^\infty(\mathbb{R})$ der Grundfunktionen stetigen linearen Funktionale nennt man **Distributionen**. Da man für jede lokal integrierbare Funktion eine zugehörige Distribution erhält, die **regulären Distributionen**, spricht man auch von verallgemeinerten Funktionen. In den Anwendungen spielt vor allem die δ-Distribution, die zur Modellierung von Impulsen verwendet wird, eine wichtige Rolle.

Jede Distribution kann beliebig oft differenziert werden. Ihre Ableitung ist selbst wieder eine Distribution.

Die **Green'sche Funktion** zu einem linearen Differenzialoperator ist eine Funktion, bei der sich durch Anwendung des Operators die δ-Distribution ergibt. Durch Faltung einer Inhomogenität mit der Green'schen Funktion erhält man eine partikuläre Lösung der entsprechenden inhomogenen linearen Differenzialgleichung.

Operatoren in Hilberträumen

Durch das Skalarprodukt lassen sich in einem Hilbertraum Approximationsaufgaben besonders gut lösen. Grundlage dafür ist die orthogonale Projektion.

Orthogonale Projektion

Ist U ein abgeschlossener Unterraum eines Hilbertraums X, so gibt es eine **Orthogonalprojektion** $\mathcal{P} : X \to U$ mit der Eigenschaft

$$\|x - \mathcal{P}x\| \leq \|x - u\| \quad \text{für alle } u \in U.$$

Der Operator $\mathcal{P}$ ist linear und beschränkt mit $\|\mathcal{P}\| = 1$. Ferner gilt

$$\langle x - \mathcal{P}x, u\rangle = 0 \quad \text{für alle } u \in U.$$

Der Riesz'sche Darstellungssatz besagt, dass jede stetige Linearform auf einem Hilbertraum durch Bildung des Skalarprodukts mit einem festen Element ausgedrückt werden kann. Dieser Satz ist die Grundlage des Beweises des Satzes von Lax-Milgram über die Lösbarkeit von Variationsgleichungen.

Satz von Lax-Milgram

Ist X ein Hilbertraum, $\varphi : X \to \mathbb{R}$ eine stetige Linearform und $\Psi : X \times X \to \mathbb{R}$ eine Bilinearform mit den beiden Eigenschaften:

- es gibt eine Konstante $C > 0$ mit

  $$\|\Psi(u, v)\| \leq C\,\|u\|\,\|v\|$$

  für alle $u, v \in X$ (Stetigkeit bezüglich beider Argumente),
- es gibt eine Konstante $c > 0$ mit

  $$\|\Psi(u, u)\| \geq c\,\|u\|^2$$

  für alle $u \in X$ (Koerzivität),

dann existiert genau eine Lösung $\hat{u} \in X$ der Variationsgleichung

$$\Psi(\hat{u}, v) = \varphi(v) \quad \text{für alle } v \in X.$$

Die Darstellung von Lösungen gelingt über Eigenfunktionen

In manchen Situationen findet man eine Orthonormalbasis eines Operators aus Eigenfunktionen. In diesem Fall lassen sich, ganz analog zu den diagonalisierbaren Matrizen in der linearen Algebra, die Lösungen von Operatorgleichungen als lineare Superpositionen von Eigenfunktionen darstellen.

Bonusmaterial

Wir haben in diesem Kapitel das Gebiet der Funktionalanalysis nur anreißen können. Trotzdem wurde bereits klar, wie sich die Mathematik der Analysis und der linearen Algebra unter ihrem Dach vereinigen.

Als Ergänzung zu dem bereits behandelten Themen wird im Bonusmaterial auf sogenannte **Sobolev-Räume** genauer eingegangen. Auch das allgemeine Approximationsproblem in einem Hilbertraum, eine Erweiterung der Orthogonalprojektion, stellen wir vor.

Der nächste Schritt für die Übertragung von Ergebnissen aus der linearen Algebra in die Funktionenräume ist die Betrachtung **kompakter Operatoren**, die wir im Bonusmaterial bringen. Sind diese symmetrisch, so lassen sie eine Entwicklung nach Eigenfunktionen zu. Für allgemeine kompakte Operatoren gibt es die **Singulärwertzerlegung**.

Operatorgleichungen mit kompakten Operatoren tauchen sowohl bei Integralgleichungen als auch bei Randwertproblemen für Differenzialgleichungen auf. Bei Gleichungen zweiter Art liefern die **Riesz'schen Sätze** und die **Fredholm'sche Alternative** die Lösbarkeitstheorie. Bei Gleichungen erster Art mit einem kompakten Operator hängt die Lösung nicht mehr stetig von der rechten Seite ab. Man ist bei einem **inversen Problem** angekommen.

Für weitere Ergebnisse aus diesen Bereichen muss man sich mit der Literatur auseinandersetzen. Eine Einführung mit verschiedenen Anwendungen aus der Physik bietet das Buch von Heuser: *Funktionalanalysis*. Teubner, 2006. Für den Fall der Integralgleichungen zeigt Kress: *Linear Integral Equations*. Springer, 1999, die ganze Bandbreite von Lösbarkeitstheorie bis zu numerischen Methoden durch Anwendung der Funktionalanalysis. Dies sind allerdings nur zwei Bücher aus einem sehr breiten Angebot, dass sich aber zumeist an Mathematiker richtet.

Teil V

Aufgaben

Die Aufgaben gliedern sich in drei Kategorien: Anhand der *Verständnisfragen* können Sie prüfen, ob Sie die Begriffe und zentralen Aussagen verstanden haben, mit den *Rechenaufgaben* üben Sie Ihre technischen Fertigkeiten und die *Anwendungsprobleme* geben Ihnen Gelegenheit, das Gelernte an praktischen Fragestellungen auszuprobieren.
Ein Punktesystem unterscheidet leichte •, mittelschwere •• und anspruchsvolle ••• Aufgaben. Lösungshinweise am Ende des Buches helfen Ihnen, falls Sie bei einer Aufgabe partout nicht weiterkommen. Dort finden Sie auch die Lösungen – betrügen Sie sich aber nicht selbst und schlagen Sie erst nach, wenn Sie selber zu einer Lösung gekommen sind. Ausführliche Lösungswege, Beweise und Abbildungen finden Sie als digitales Zusatzmaterial (electronic supplementary material).
Viel Spaß und Erfolg bei den Aufgaben!

Verständnisfragen

31.1 •• Handelt es sich bei den folgenden Vektorräumen V über $\mathbb{C}$ mit den angegebenen Abbildungen $\|\cdot\| : V \to \mathbb{R}_{\geq 0}$ um normierte Räume?

(a) $V = \{f \in C(\mathbb{R}) \mid \lim_{x\to\pm\infty} f(x) = 0\}$
mit $\|f\| = \max_{x\in\mathbb{R}} |f(x)|$,

(b) $V = \{(a_n) \text{ aus } \mathbb{C} \mid (a_n) \text{ konvergiert}\}$
mit $\|(a_n)\| = |\lim_{n\to\infty} a_n|$,

(c) $V = \{(a_n) \text{ aus } \mathbb{C} \mid (a_n) \text{ ist Nullfolge}\}$
mit $\|(a_n)\| = \max_{n\in\mathbb{N}} |a_n|$.

31.2 ••• Weisen Sie nach, dass der Raum aus Aufgabe 31.1 (a) ein Banachraum ist.

31.3 •• Wieso ist $C^1([a,b])$ mit der Norm

$$\|f\| = \max_{x\in[a,b]} |f(x)| + \max_{x\in[a,b]} |f'(x)|$$

ein Banachraum?

31.4 • Die Funktion $\psi : \mathbb{R} \to \mathbb{C}$ ist definiert durch

$$\psi(x) = \begin{cases} -1, & -1 < x \leq 0, \\ 1, & 0 < x < 1, \\ 0, & \text{sonst.} \end{cases}$$

Zeigen Sie, dass die Funktionen

$$\varphi_{jk} = 2^{(j-1)/2}\, \psi\left(2^j x + 2k - 1\right), \quad x \in (-1,1),$$

für $j \in \mathbb{N}_0$, $k = -j+1, \ldots, j$, in $L^2(-1,1)$ orthonormal sind. Man nennt diese Funktionen die Familie der *Haar-Wavelets*.

31.5 •• Gegeben ist ein Hilbertraum X und ein abgeschlossener Unterraum U. Zeigen Sie, dass die Orthogonalprojektion $\mathcal{P} : X \to U$ ein linearer beschränkter Operator mit Norm $\|\mathcal{P}\| = 1$ ist.

Rechenaufgaben

31.6 •• Handelt es sich bei den unten stehenden Folgen um Cauchy-Folgen?

(a) (a_n) aus $\mathbb{R}$ mit

$$a_0 = 1, \quad a_n = \sqrt{2\,a_{n-1}}, \quad n \in \mathbb{N},$$

(b) (f_k) mit

$$f_k(x) = \begin{cases} x - k + 1, & k - 1 \leq x < k, \\ k + 1 - x, & k \leq x \leq k + 1, \\ 0, & \text{sonst,} \end{cases}$$

für $x \in \mathbb{R}$, $k \in \mathbb{N}$, aus dem Raum der beschränkten stetigen Funktionen mit der Maximumsnorm,

(c) (x^k) aus $C([0,1])$ mit der Maximumsnorm,

(d) (x^k) aus $L^2(0,1)$ mit der L^2-Norm.

31.7 • In dieser Aufgabe betrachten wir einen Vektorraum X über $\mathbb{R}$. Die Rechnungen lassen sich aber ganz ähnlich in Räumen über $\mathbb{C}$ ausführen.

Rechnen Sie nach, dass in einem Innenproduktraum X die Parallelogrammgleichung

$$\|x+y\|^2 + \|x-y\|^2 = 2\,\|x\|^2 + 2\,\|y\|^2, \quad x, y \in X,$$

gilt und dass

$$\langle x, y\rangle = \frac{1}{4}\,\|x+y\|^2 - \frac{1}{4}\,\|x-y\|^2, \quad x, y, \in X,$$

ist.

Zeigen Sie auch, dass die Parallelogrammgleichung in $C([0,1])$ mit der Maximumsnorm nicht gilt.

31.8 • Eine Möglichkeit der Approximation einer stetigen Funktion f auf dem Intervall $[0,1]$ durch Polynome ist die Berechnung der zugehörigen *Bernstein-Polynome* $\mathcal{B}_n f$,

$$\mathcal{B}_n f(x) = \sum_{k=0}^{n} f\left(\frac{k}{n}\right) \binom{n}{k} x^k\,(1-x)^{n-k}, \quad x \in [0,1].$$

Bestimmen Sie die Norm der Operatoren $\mathcal{B}_n$, wenn $C([0,1])$ mit der Maximumsnorm versehen ist.

31.9 •• Verwenden Sie die Neumann'sche Reihe, um die Lösung der Integralgleichung

$$u(x) - \int_0^x u(t)\,\mathrm{d}t = \mathrm{e}^x, \qquad x \in [0,1]$$

zu bestimmen.

31.10 •• Beweisen Sie die Produktregel für die Ableitung des Produkts aus einer Funktion $g \in C^\infty(\mathbb{R})$ und einer Distribution f.

Bestimmen Sie die Ableitung von $\sin(\cdot)\,H$.

Anwendungsprobleme

31.11 •• Gegeben sind n Datenpunkte $(x_j, y_j)^\top \in \mathbb{R}^2$, $j = 1,\dots,n$. Es soll eine Ausgleichsgerade $g(x) = ax + b$ so gefunden werden, dass die Bedingung

$$\sum_{j=1}^n |g(x_j) - y_j|^2 \stackrel{!}{=} \min$$

erfüllt ist. Zeigen Sie, dass dieses Problem eine eindeutige Lösung besitzt und geben Sie ein lineares Gleichungssystem an, aus dem a und b bestimmt werden können.

31.12 •• Ein elektrischer Schwingkreis besteht aus einer Spannungsquelle, einem Kondensator der Kapazität $C = 1\,\mathrm{F}$ und einer Spule der Induktivität $L = 1\,\mathrm{H}$. Die Ladung $Q(t)$ des Kondensators zum Zeitpunkt t erfüllt die Differenzialgleichung

$$L\,Q''(t) + \frac{1}{C}\,Q(t) = V(t).$$

Die Spannungsquelle wird zum Zeitpunkt $t_0 = 0\,\mathrm{s}$ angeschaltet und erzeugt eine Spannung von $1\,\mathrm{V}$. Zum Zeitpunkt $t_1 = 2\,\mathrm{s}$ wechselt die Spannung schlagartig auf $-1\,\mathrm{V}$. Zum Zeitpunkt $t_2 = 3\,\mathrm{s}$ wird die Spannungsquelle wieder ausgeschaltet.

Bestimmen Sie die Ladung Q des Kondensators als Funktion der Zeit.

31.13 •• Das Kollokationsverfahren soll angewandt werden, um eine Näherungslösung der Integralgleichung

$$u(x) + \int_0^1 \frac{1-x}{2}\,\mathrm{e}^{-xy}\,u(y)\,\mathrm{d}y = f(x), \qquad x \in [0,1],$$

mit

$$f(x) = \mathrm{e}^x + \frac{\mathrm{e}^{1-x}}{2} - \frac{1}{2}, \qquad x \in [0,1],$$

zu bestimmen. Man gibt sich eine Schrittweite $h = 1/N$ vor und sucht eine stückweise konstante Nährungslösung

$$u_N(x) = \sum_{j=1}^N c_j\,v_j(x),$$

mit

$$v_j(x) = \begin{cases} 1, & (j-1)\,h \le x \le jh. \\ 0, & \text{sonst,} \end{cases} \qquad j = 1,\dots,N.$$

Als Kollokationspunkte wird $x_j = (j - 1/2)\,h$, $j = 1,\dots,N$, verwendet.

Berechnen Sie die Einträge der Matrix und der rechten Seite des resultierenden linearen Gleichungssystems. Wer Spaß am Programmieren hat, kann das Verfahren auch implementieren und die Lösung für verschiedene Werte von n untersuchen.

Antworten zu den Selbstfragen

Antwort 1 Ist das Maximum des Betrags einer Funktion null, so handelt es sich um die Nullfunktion. Umgekehrt ist natürlich $\|0\|_\infty = 0$.

Die Homogenität ergibt sich aus

$$\max_{x\in[a,b]} |\lambda f(x)| = \max_{x\in[a,b]} \{|\lambda|\,|f(x)|\} = |\lambda| \max_{x\in[a,b]} |f(x)|$$

für alle $\lambda \in \mathbb{C}$ und alle $f \in C([a,b])$.

Die Dreiecksungleichung folgt schließlich direkt aus der Dreiecksungleichung für den Betrag:

$$\begin{aligned}\|f+g\|_\infty &= \max_{x\in[a,b]} |f(x)+g(x)| \\ &\le \max_{x\in[a,b]} \{|f(x)|+|g(x)|\} \\ &\le \max_{x\in[a,b]} |f(x)| + \max_{x\in[a,b]} |g(x)| \\ &= \|f\|_\infty + \|g\|_\infty.\end{aligned}$$

Antwort 2 Ja, denn konvergiert (x_n) gegen x, so folgt mit der Dreiecksungleichung die Abschätzung

$$\|x_n - x_m\| = \|x_n - x - (x_m - x)\| \le \|x_n - x\| + \|x_m - x\|.$$

Wählen wir n, m groß genug, ist die rechte Seite kleiner als ein beliebig vorgegebenes ε.

Antwort 3 Es ist

$$\|f\|_{H^1} = (\langle f,f\rangle_1)^{1/2} = \left(\int_a^b \left[|f(x)|^2 + |f'(x)|^2\right] \mathrm{d}x\right)^{1/2}.$$

Antwort 4 Wegen der Cauchy-Schwarz'schen Ungleichung gilt

$$|\langle x_n - x, y\rangle| \le \|x_n - x\|\,\|y\|$$

für jedes y. Hieraus ergibt sich sofort die Stetigkeit im ersten Argument. Genauso sieht man, dass das Skalarprodukt im zweiten Argument stetig ist.

Antwort 5 Aus dieser Identität können wir noch nicht einmal die Existenz eines Operators $S = \lim_{n\to\infty} S_n$ folgern. Man müsste dafür noch zeigen, dass $\lim_{n\to\infty} S_n x$ für jedes $x \in X$ konvergiert. Aber selbst dann folgt noch keineswegs, dass S ein beschränkter Operator ist.

Antwort 6 Nein. Ist $\varphi \ge 0$ und echt größer null auf einem kompakten Intervall $[a,b]$, so ist eine Stammfunktion Φ von φ entweder für $x < a$ kleiner als null oder für $x > b$ größer als null. Sie verschwindet also nicht außerhalb irgendeines kompakten Intervalls.

Gilt

$$\int_{-\infty}^{\infty} \varphi(x)\,\mathrm{d}x = 0,$$

so gibt es eine Stammfunktion von φ, die selbst wieder eine Grundfunktion ist.

Antwort 7 Klar ist, dass durch die Definition ein lineares Funktional gegeben ist. Wir müssen noch zeigen, dass es auf dem Raum der Grundfunktionen stetig ist. Falls aber $\varphi_k \to \varphi$ im Raum der Grundfunktionen gilt, so folgt aus der gleichmäßigen Konvergenz aller Ableitungen auf kompakten Intervallen, dass auch $\varphi_k' \to \varphi'$ im Sinne der Grundfunktionen konvergiert. Damit folgt

$$\langle d, \varphi_k'\rangle \longrightarrow \langle d, \varphi'\rangle \quad (k \to \infty).$$

Antwort 8 Wir nehmen an, es gibt zwei Lösungen u_1 und u_2. Dann erfüllt die Differenz $u = u_1 - u_2$ die Variationsgleichung

$$\Psi(u,v) = 0 \quad \text{für alle } v \in X.$$

Wir wählen speziell $v = u$ und erhalten $\Psi(u,u) = 0$. Wegen der Koerzivität von Ψ ist dies nur für $u = 0$ möglich.

Antwort 9 Für zwei Eigenwerte λ_1, λ_2 und zugehörige Eigenvektoren v_1 und v_2 erhalten wir in einem komplexen Hilbertraum ganz analog die Gleichung

$$(\lambda_1 - \overline{\lambda_2})\,\langle v_1, v_2\rangle = 0.$$

Setzt man zunächst $\lambda_2 = \lambda_1$ und $v_1 = v_2$, so folgt $\lambda_1 = \overline{\lambda_1}$. Dies bedeutet, dass die Eigenwerte eines selbstadjungierten Operators in einem komplexen Hilbertraum reell sind. Damit hat man aber für verschiedene λ_j dieselbe Gleichung wie in reellen Hilberträumen: Eigenvektoren zu verschiedenen Eigenwerten sind ebenfalls zueinander orthogonal.

Funktionentheorie – von komplexen Zusammenhängen

32

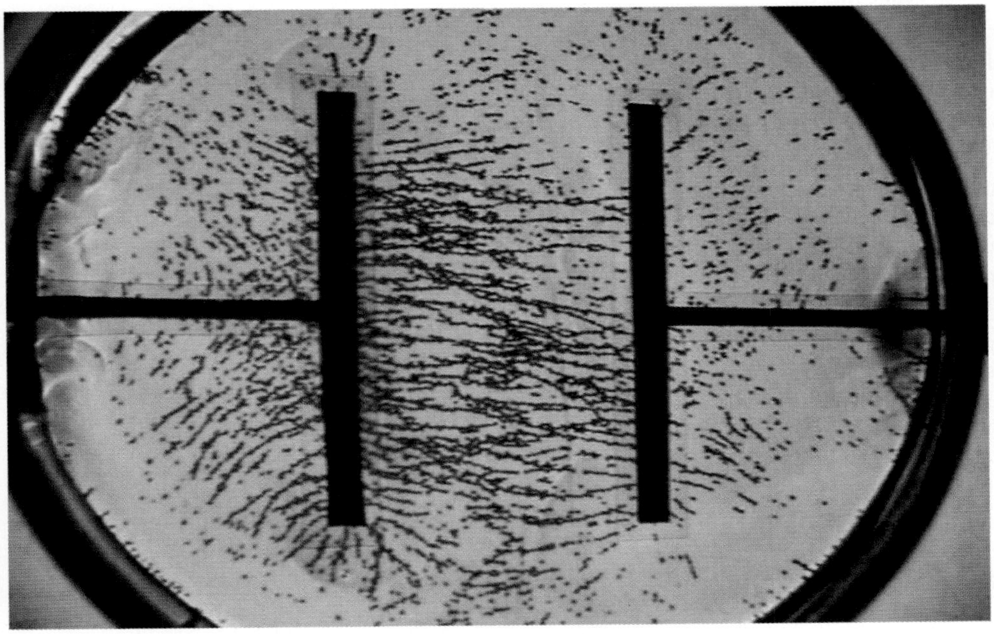

Wie kann man komplexwertige Funktionen differenzieren?

Was haben komplexe Funktionen mit Strömungen zu tun?

Wie kann man auf dem Umweg übers Komplexe reelle Integrale bestimmen?

Ergänzende Information Die elektronische Version dieses Kapitels enthält Zusatzmaterial, auf das über folgenden Link zugegriffen werden kann https://doi.org/10.1007/978-3-662-64389-1_32.

T. Arens et al., *Mathematik*, https://doi.org/10.1007/978-3-662-64389-1_32

Bisher haben wir komplexwertige Funktionen nur sehr oberflächlich studiert. Insbesondere haben wir uns nicht weiter mit der Frage beschäftigt, ob man solche Funktionen $\mathbb{C} \to \mathbb{C}$ auch auf sinnvolle Weise differenzieren kann. Und auch wenn wir schon gelegentlich komplexwertige Funktionen integriert haben, so ist das doch nur entlang der reellen Achse passiert, Integrationen auf anderen Kurven der komplexen Ebene sind bisher unterblieben. All das wollen wir nun nachholen.

Dabei zeigt sich, dass komplexe Differenzierbarkeit eine sehr starke Eigenschaft ist, die nur wenige Funktionen besitzen. Glücklicherweise sind darunter jene, die für uns besondere Bedeutung haben, nämlich die uns bekannten elementaren Funktionen.

Der starke Zusammenhang und die besonderen Eigenschaften, die komplex differenzierbare Funktionen haben, eröffnen Zusammenhänge, die allein im Reellen keineswegs offensichtlich sind. Folgerichtig ist die Stärke der komplexen Differenzierbarkeit ein zentrales Thema dieses Kapitels und Fundament der Funktionentheorie.

Zudem hängt komplexes Differenzieren eng mit komplexem Integrieren zusammen. So lässt sich die Integration komplex differenzierbarer Funktionen oft auf sehr einfache Weise ausführen. Die entsprechenden Techniken können zudem noch benutzt werden, um auch bestimmte reelle Integrale zu berechnen.

Die Funktionentheorie ist ein sehr umfassendes Gebiet, das allein Bücher füllt. Daher werden wir hier nur einen knappen Abriss darstellen können, der sich aber dennoch als grundlegend für das Studium weiterführender Themen erweisen wird. Hier sind insbesondere spezielle Funktionen und die in vielen Anwendungen wichtigen Integraltransformationen zu nennen.

Doch auch unmittelbar hat die Funktionentheorie zahlreiche Anwendungen, insbesondere in der Potenzialtheorie und der Strömungsmechanik – und nicht zuletzt liefert sie auch neue Einsichten in der *reellen* Analysis.

32.1 Komplexe Funktionen und Differenzierbarkeit

Komplexwertige Funktionen von komplexen Variablen, kurz und schlampig auch *komplexe Funktionen*, sind uns bereits in Kap. 5 begegnet. Da wir im Folgenden jedoch ständig mit ihnen zu tun haben werden, wollen wir doch die wichtigsten Ergebnisse wiederholen und an der einen oder anderen Stelle vertiefen.

Allgemein sind komplexe Funktionen Abbildungen $f\colon \mathbb{C} \to \mathbb{C}$ mit einer Vorschrift

$$w = f(z) = u(x, y) + \mathrm{i}v(x, y)\,.$$

Man sagt auch, von der z-Ebene wird in die w-Ebene abgebildet. Vom geometrischen Standpunkt her unterscheiden sich Abbildungen $f\colon \mathbb{C} \to \mathbb{C}$ nicht von denen $\mathbb{R}^2 \to \mathbb{R}^2$. Damit sind viele Fragen zu komplexen Funktionen bereits geklärt, etwa die Diskussion von Grenzwerten und Stetigkeit, die völlig analog zu der in Kap. 7 erfolgt.

So sehen wir sofort, dass eine Folge $(z_n) = (x_n + \mathrm{i}y_n)$ genau dann gegen $z_0 = x_0 + \mathrm{i}y_0$ konvergiert, wenn $x_n \to x_0$ und $y_n \to y_0$ geht.

Im Gegensatz zu den reellen Fällen von Funktionen $\mathbb{R} \to \mathbb{R}$ oder auch noch $\mathbb{R}^2 \to \mathbb{R}$ lassen sich komplexe Funktionen leider nicht mehr einfach mittels eines Graphen (Kurve im $\mathbb{R}^2$ bzw. Fläche im $\mathbb{R}^3$) darstellen.

Dennoch gibt es diverse Arten, Funktionen $\mathbb{C} \to \mathbb{C}$ doch noch grafisch zu veranschaulichen.

- Eine davon ist es, Real- und Imaginärteil, die ja jeweils Funktionen $\mathbb{R}^2 \to \mathbb{R}$ sind, *getrennt* darzustellen. Dabei benötigen wir allerdings zwei Graphen pro Funktion.
- Eine andere Variante ist es, Farbe für zusätzliche Information heranzuziehen und die Werte einer komplexen Funktion als Fläche darzustellen, deren Höhe dem Betrag und deren Farbe an jedem Punkt dem Argument entspricht. Das Argument nimmt Werte im halboffenen Intervall $(-\pi, \pi]$ an, und wir werden es in der Darstellung so handhaben, dass Rot dem Wert $\operatorname{Arg} z \to -\pi$ entspricht. Für wachsende Argumente durchläuft die Farbe der Fläche den Regenbogen, $\operatorname{Arg} z = 0$ entspricht Grün, und für $\operatorname{Arg} z = \pi$ gelangt man zu Violett.
- Alternativ kann man auch den Definitionsbereich („die z-Ebene") und den Wertebereich („die w-Ebene") nebeneinander darstellen und durch das Einzeichnen von Gitternetzlinien bzw. das Markieren einzelner Punkte illustrieren, wie die Funktion wirkt.

Diese drei Darstellungsarten werden einander in den Abb. 32.1, 32.2 und 32.3 für die Quadratfunktion $f\colon \mathbb{C} \to \mathbb{C}$, $f(z) = z^2$ in $[-2, 2] \times [-2, 2]$ gegenübergestellt. Dabei ist zu beachten, dass die Quadratabbildung die offene Halbebene $\operatorname{Re} z > 0$ in die *geschlitzte Ebene* $|\operatorname{Arg} z| < \pi$, also die komplexe Ebene ohne negative reelle Achse abbildet.

Selbstfrage 1

Kann in den Darstellungen mittels Flächen im $\mathbb{R}^3$ eine solche Fläche auch unterhalb der x-y-Ebene liegen?

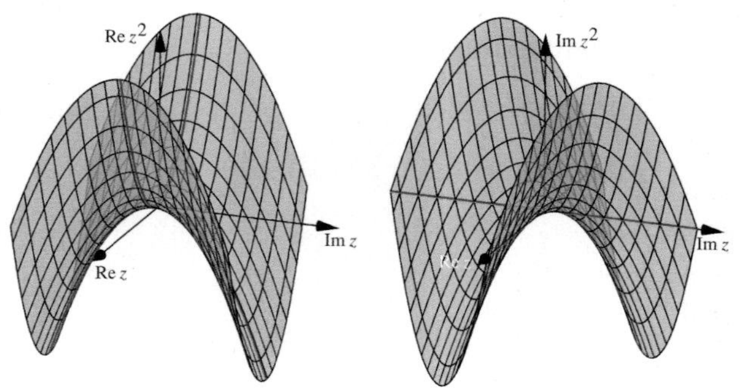

Abb. 32.1 Eine grafische Darstellung der komplexen Quadratfunktion. Realteil ($x^2 - y^2$, links) und Imaginärteil ($2xy$, rechts) werden dabei als separate Flächen gezeichnet. Vergleiche auch Abb. 32.9 auf S. 1219

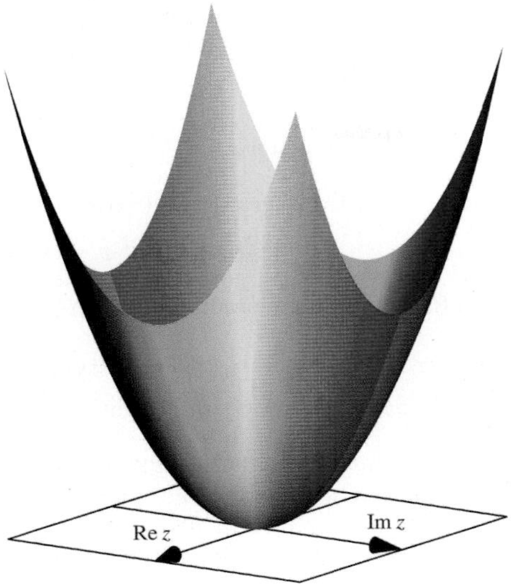

Abb. 32.2 Eine grafische Darstellung der komplexen Quadratfunktion. Die Höhe entspricht dem Betrag des Funktionswerts, $|z^2| = x^2 + y^2$, die Farbe dem Argument. Das Farbspektrum wird hier zweimal durchlaufen, da Quadrieren das Argument verdoppelt

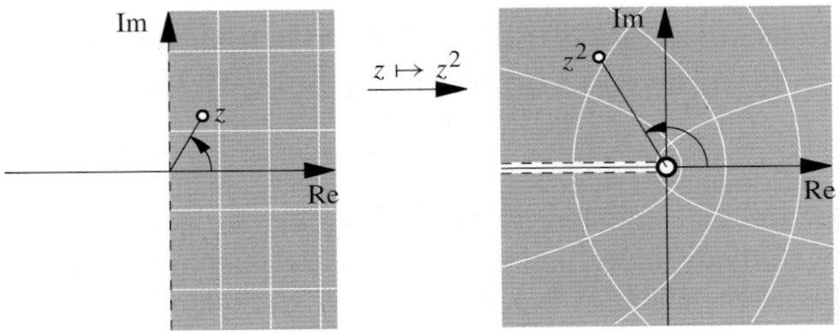

Abb. 32.3 Eine grafische Darstellung der komplexen Quadratfunktion. Die rechte Halbebene wird in die „geschlitzte Ebene" abgebildet

Exponential- und Winkelfunktionen sind durch Potenzreihen definiert

Die Exponential- und Winkelfunktionen haben wir in Kap. 9 als Potenzreihen auch gleich für komplexe Argumente definiert. Auch die Definitionen

$$\tan z = \frac{\sin z}{\cos z} \quad \text{und} \quad \cot z = \frac{\cos z}{\sin z}$$

bleiben im Komplexen gültig.

Im Gegensatz zum Reellen gibt es im Komplexen jedoch auch Zahlen z mit $|\sin z| > 1$ oder $|\cos z| > 1$. Die Exponentialfunktion kann allgemein komplexe, auch negative reelle Werte annehmen, aber weiterhin nicht null werden. Zudem gelten die folgenden Funktionalgleichungen für alle komplexen z, w und alle reellen x, y:

- Wie auch im Reellen ist $e^{z+w} = e^z \cdot e^w$, wie sich leicht durch Einsetzten in die Potenzreihendarstellung zeigen lässt. Wie wir allerdings bald sehen werden, bleiben leider bei Weitem nicht alle aus dem Reellen bekannten Rechenregeln auch im Komplexen gültig.
- Die Euler'sche Formel gilt für beliebige komplexe Argumente,
$$e^{iz} = \cos z + i \sin z .$$
Insbesondere ist natürlich, wie schon lange bekannt, $e^{iy} = \cos y + i \sin y$ für reelle y. Daraus folgt
$$|e^{iy}| = \cos^2 y + \sin^2 y = 1 \quad \text{für } y \in \mathbb{R} .$$
- Mit den beiden oberen Eigenschaften folgt weiter
$$e^z = e^{x+iy} = e^x e^{iy} = e^x(\cos y + i \sin y) .$$
Daraus ergibt sich unmittelbar: $e^{z+2\pi i} = e^z$. Die Exponentialfunktion ist 2πi-periodisch.
- Klarerweise lassen sich auch die trigonometrischen Funktionen durch die Exponentialfunktion darstellen:
$$\cos z = \frac{1}{2}(e^{iz} + e^{-iz}) ,$$
$$\sin z = \frac{1}{2i}(e^{iz} - e^{-iz}) .$$
- Wie im Reellen gelten die Additionstheoreme
$$\cos(z \pm w) = \cos z \cos w \mp \sin z \sin w$$
$$\sin(z \pm w) = \sin z \cos w \pm \cos z \sin w .$$
- Außerdem ist nach wie vor $\cos(z + 2\pi) = \cos z$ und analog für Sinus, des Weiteren
$$\cos(-z) = \cos(z)$$
$$\sin(-z) = -\sin(z) ,$$
zudem gilt $\cos^2 z + \sin^2 z = 1$.
- Definiert man wie im Reellen die hyperbolischen Funktionen mit $\cosh z = \frac{1}{2}(e^z + e^{-z})$, $\sinh z = \frac{1}{2}(e^z - e^{-z})$, so gilt $\cosh(iz) = \cos z$ und $\sinh(iz) = i \sin z$ sowie $\cos(iz) = \cosh z$ und $\sin(iz) = i \sinh z$. Außerdem ist allgemein $\cosh^2 z - \sinh^2 z = 1$.
- Damit kann man die trigonometrischen Funktionen in Real- und Imaginärteil auftrennen, man erhält dabei mit $z = x + iy$:
$$\cos(z) = \cos x \cosh y - i \sin x \sinh y$$
$$\sin(z) = \sin x \cosh y + i \cos x \sinh y .$$

Achtung Die Euler'sche Formel

$$e^{iz} = \cos z + i \sin z$$

ist für $z \notin \mathbb{R}$ keine Zerlegung in Real- und Imaginärteil. Sowohl $\cos z$ als auch $\sin z$ sind im Allgemeinen für komplexe Argumente z ebenfalls komplex. ◀

Teil V

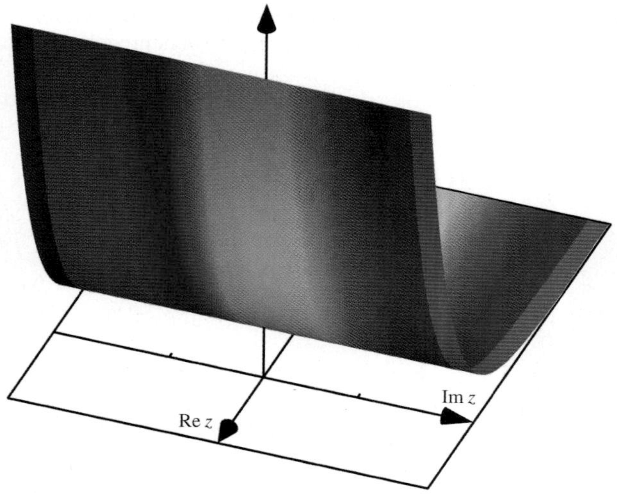

Abb. 32.4 Eine Darstellung der komplexen Exponentialfunktion. Man erkennt, dass die Höhe, d.h. der Betrag, nur vom Realteil $x = \operatorname{Re} z$, die Farbe, d. h. das Argument, nur vom Imaginärteil $y = \operatorname{Im} z$ abhängt

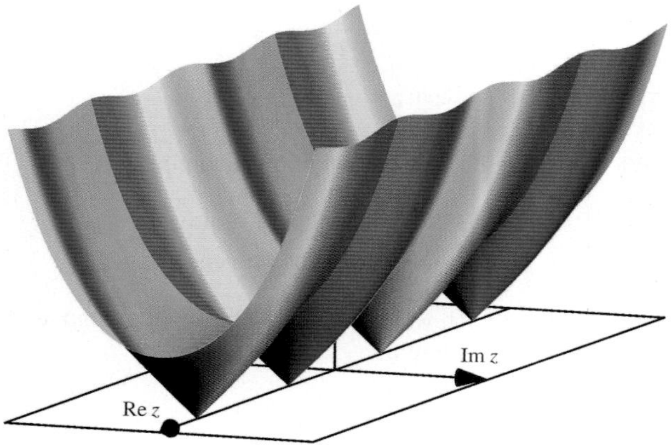

Abb. 32.5 Eine Darstellung des komplexen Kosinus. Man sieht deutlich die periodische Abfolge der Nullstellen auf der reellen Achse

Die grafische Darstellung von Exponentialfunktion und Kosinus ist in Abbildungen 32.4 und 32.5 gegeben.

Selbstfrage 2

Geben Sie zwei komplexe Zahlen z_1 und z_2 an, wobei $|\cos z_1| > 1$ und e^{z_2} reell und kleiner als 0 ist.

Die Eigenschaften der komplexen Exponentialfunktion erlauben es, diverse Additionstheoreme für trigonometrische Funktionen herzuleiten. Dazu wendet man die Euler'sche Formel auf

$$e^{in\varphi} = \left(e^{i\varphi}\right)^n$$

an, setzt in der so erhaltenen **Formel von Moivre**

$$\cos(n\varphi) + i\sin(n\varphi) = (\cos\varphi + i\sin\varphi)^n \qquad (32.1)$$

den gewünschten Wert $n \in \mathbb{N}$ ein, multipliziert auf der rechten Seite aus. Trennung von Real- und Imaginärteil liefert nun zwei Identitäten für Winkelvielfache.

Beispiel Für $n = 3$ erhalten wir

$$\begin{aligned}\cos(3\varphi) + i\sin(3\varphi) &= \cos^3\varphi + 3i\cos^2\varphi\,\sin\varphi \\ &\quad - 3\cos\varphi\,\sin^2\varphi - i\sin^3\varphi\,.\end{aligned}$$

Trennung von Real- und Imaginärteil liefert nun

$$\begin{aligned}\cos(3\varphi) &= \cos^3\varphi - 3\cos\varphi\,\sin^2\varphi \\ \sin(3\varphi) &= 3\cos^2\varphi\,\sin\varphi - \sin^3\varphi\,.\end{aligned}$$

Die erste Identität kann man mittels trigonometrischem Pythagoras $\cos^2\varphi + \sin^2\varphi = 1$ weiter zu

$$\cos(3\varphi) = 4\cos^3\varphi - 3\cos\varphi\,.$$

vereinfachen, die zweite Identität zu

$$\sin(3\varphi) = 3\sin\varphi - 4\sin^3\varphi\,.$$ ◄

Arkus- und Areafunktionen lassen sich durch den komplexen Logarithmus ausdrücken

Wir haben bereits in Kap. 9 gesehen, wie man die Umkehrfunktion der komplexen Exponentialfunktion, den komplexen Logarithmus findet, und dass es beim Rechnen mit diesem gewisse Feinheiten zu beachten gibt. Wir erinnern kurz an die wichtigsten Ergebnisse und führen einige ergänzende Notationen ein.

Da die Exponentialfunktion jeden halboffenen horizontalen Streifen der Breite 2π, insbesondere also jeden Streifen

$$(2k-1)\pi < \operatorname{Im} z(2k+1) \leq \pi\,, \quad k \in \mathbb{Z}$$

wie in Abb. 32.6 dargestellt nach $\dot{\mathbb{C}} = \mathbb{C} \setminus \{0\}$ abbildet, gibt es nicht nur eine Umkehrfunktion, sondern *unendlich* viele, mit

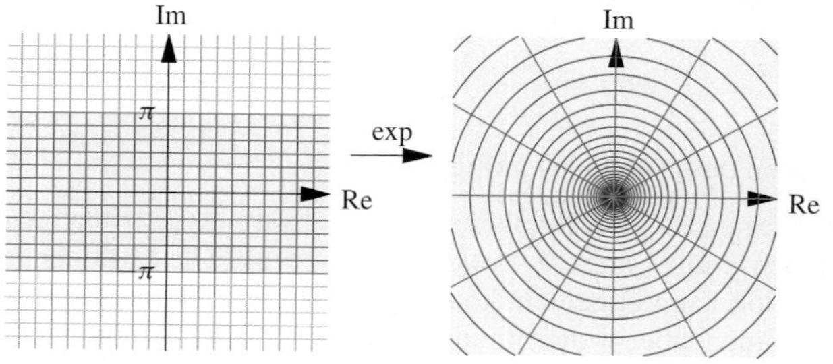

Abb. 32.6 Die komplexe Exponentialfunktion bildet jeden horizontalen Streifen der Breite 2π nach $\dot{\mathbb{C}}$ ab. Wegen der $2\pi i$-Periodizität werden der obere und der untere Rand des Streifens jeweils auf die gleiche Halbgerade (hier $\mathbb{R}_{<0}$) abgebildet

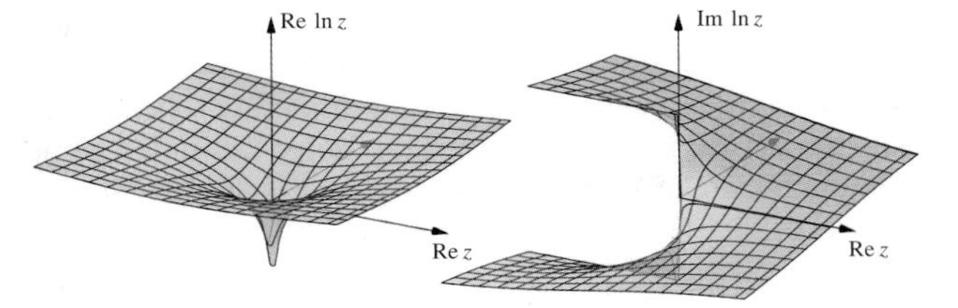

Abb. 32.7 Eine graphische Darstellung des komplexen Logarithmus. Links ist der Realteil gezeigt, rechts der Imaginärteil

einem Index k durchnummerierbare Logarithmusfunktionen $\ln_k$, die jeweils

$$\dot{\mathbb{C}} \to \mathbb{R} \times (k\,2\pi - \pi,\, k\,2\pi + \pi]$$

abbilden, aber alle die Bedingung $\mathrm{e}^{\ln_k w} = w$ erfüllen.

Achtung In der Funktionentheorie wird oft die Notation „log" statt „ln" verwendet. Jedoch wird auch der reelle Zehnerlogarithmus – gerade in Schulbüchern – oft mit ln bezeichnet, was die Gefahr von Verwechslungen in sich birgt. ◀

Besonders wichtig ist der Fall $k = 0$, man spricht dann vom *Fundamentalstreifen*

$$\{z = x + \mathrm{i}y \,|\, x \in \mathbb{R}, -\pi < y \leq \pi\}$$

und vom **Hauptwert** des Logarithmus, der meist als Log geschrieben wird,

$$z = \operatorname{Log} w = \ln|w| + \mathrm{i}\,\operatorname{Arg} w.$$

Dabei schreiben wir auch den Hauptwert des Arguments arg der Konsistenz zuliebe hier nun mit einem großen A.

Diese Funktion ist in Abb. 32.7 dargestellt. Da wir den Hauptzweig betrachten, ist die Funktion auf der negativen reellen Achse unstetig. Deutlich erkennbar sind die Singularität bei $w = 0$ und die Unstetigkeit für negative reelle Zahlen.

Jede Funktion $\ln_k w$ ist für beliebige k auf $\mathbb{R}_{\leq 0}$ unstetig und bei $w = 0$ nicht einmal definiert. Beliebige Logarithmen $\ln_k$ kann man über $\ln_k w = \operatorname{Log} w + 2\pi \mathrm{i}k$ stets auf den Hauptwert umschreiben.

Achtung Wie schon in Kap. 9 dargestellt, gelten für den komplexen Logarithmus manche aus dem reellen gewohnten Zusammenhänge nicht mehr. So ist etwa im Allgemeinen $\operatorname{Log}(zw) \neq \operatorname{Log} z + \operatorname{Log} w$. Retten können wir nur eine abgeschwächte Form dieser Beziehung: Es gibt nämlich stets ein $k \in \mathbb{Z}$, für das $\operatorname{Log}(zw) = \operatorname{Log} z + \operatorname{Log} w + k\,2\pi\mathrm{i}$ ist. ◀

Dass es verschiedene, ja sogar abzählbar unendlich viele Logarithmusfunktionen gibt, ist oft lästig, lässt sich aber nicht vermeiden. Im Gegenteil, viele andere Funktionen haben ebenfalls diese Eigenschaft. Bei den Arkusfunktionen kennen wir ja sogar im Reellen schon die Situation, dass es unendlich viele davon gibt, die sich jeweils um eine additive Konstante unterscheiden.

Für derartige Funktionen, die Umkehrungen der ursprünglich gleichen, aber auf verschiedene disjunkte Bereiche eingeschränkten Funktion sind, ist die Bezeichnung *Zweige* üblich. Die negative reelle Achse, auf die man üblicherweise die Unstetigkeit legt, wird **Verzweigungsschnitt** genannt, jeder Verzweigungsschnitt verbindet zwei **Verzweigungspunkte**, hier $z = 0$ und den Punkt im Unendlichen.

Kommentar In einer verbreiteten Sprechweise werden alle solchen Zweige zu einer „mehrdeutigen Funktion" zusammengefasst. Das steht allerdings in Konflikt mit der Definition von Funktion, wie wir sie aus Kap. 2 kennen. Wir werden diese Bezeichnung nicht verwenden; eine saubere Variante, „mehrdeutige Funktionen" durch Erweiterung des Definitionsbereiches wieder eindeutig zu machen wird jedoch im Bonusmaterial diskutiert (Stichwort *Riemann'sche Blätter*). ◀

Die Mehrdeutigkeit des Logarithmus überträgt sich auch auf die allgemeine Potenzfunktion

$$z^w = \mathrm{e}^{w \ln z}.$$

Damit erkennt man, dass im Allgemeinen $(\mathrm{e}^z)^w \neq \mathrm{e}^{zw}$ ist,

$$\begin{aligned}(\mathrm{e}^z)^w &= \mathrm{e}^{w \ln(\mathrm{e}^z)} = \mathrm{e}^{w\,\{\ln|\mathrm{e}^z| + \mathrm{i}\,\operatorname{Arg}\mathrm{e}^z + 2k\pi\,\mathrm{i}\}} \\ &= \mathrm{e}^{wz + 2k\pi\,\mathrm{i}\,w}.\end{aligned}$$

Beispiel Wir erhalten so

$$\begin{aligned}\mathrm{i}^\mathrm{i} &= \mathrm{e}^{\mathrm{i}\,\ln \mathrm{i}} = \mathrm{e}^{\mathrm{i}\left(\ln 1 + \mathrm{i}\frac{\pi}{2}\right)} = \mathrm{e}^{-\pi/2} \approx 0.207\,9 \\ \ln(1 - \mathrm{i}) &= \ln\sqrt{2} - \mathrm{i}\,\frac{\pi}{4}\end{aligned}$$

für die jeweiligen Hauptwerte. ◀

Ist w jedoch eine ganze Zahl, so bleibt die aus dem Reellen bekannte Beziehung gültig, $(\mathrm{e}^z)^n = \mathrm{e}^{nz}$. Ist $w = \frac{1}{n}$ mit $n \in \mathbb{N}$, so erhält man

$$z^{1/n} = \mathrm{e}^{\frac{1}{n}\,\ln|z| + \frac{\mathrm{i}}{n}\,\operatorname{Arg} z + 2\pi\mathrm{i}\,\frac{k}{n}}, \quad k \in \mathbb{Z}$$

Man erhält nur n unterschiedliche Werte z. B. mit $k = 0, 1, \ldots, (n-1)$. Setzt man etwa $k = n$, so liefert das wegen der imaginären Periodizität der Exponentialfunktion wieder den gleichen Wert wie $k = 0$. Eine komplexe Zahl z besitzt, wie bereits in Kap. 5 festgestellt, genau n Stück n-te Wurzeln,

$$w_k = \sqrt[n]{|z|}\,\mathrm{e}^{\frac{\mathrm{i}}{n}\,(\operatorname{Arg} z + 2\pi\,k)}, \quad k = 0, 1, \ldots, (n-1),$$

die geometrisch ein regelmäßiges n-Eck bilden, dessen Spitzen auf einem Kreis mit Radius $\sqrt[n]{|z|}$ um den Ursprung liegen.

Teil V

So wie zur Exponentialfunktion lassen sich natürlich auch zu Winkel- und Hyperbelfunktionen entsprechende Umkehrfunktionen finden. Allen diesen Funktionen ist gemeinsam, dass sie sich durch den Logarithmus ausdrücken lassen, also ebenfalls mehrere Zweige besitzen:

$$z = \arcsin w = -\mathrm{i} \ln\left(\mathrm{i}\, w \pm \sqrt{1-w^2}\right)$$

$$z = \arccos w = -\mathrm{i} \ln\left(w \pm \sqrt{w^2-1}\right)$$

$$z = \arctan w = \frac{\mathrm{i}}{2} \ln \frac{\mathrm{i}+w}{\mathrm{i}-w}$$

$$z = \operatorname{arccot} w = \frac{\mathrm{i}}{2} \ln \frac{\mathrm{i}-w}{\mathrm{i}+w}$$

$$z = \operatorname{arsinh} w = \ln\left(w \pm \sqrt{w^2+1}\right)$$

$$z = \operatorname{arcosh} w = \ln\left(w \pm \sqrt{w^2-1}\right)$$

Nimmt man in diesen Ausdrücken jeweils den Hauptwert des Logarithmus und das positive Vorzeichen, so erhält man den jeweiligen Hauptwert, der ebenfalls mit einem großen Anfangsbuchstaben angedeutet wird. Beispielsweise ist $\operatorname{Arcsin} w = -\mathrm{i}\,\operatorname{Log}(\mathrm{i}w + \sqrt{1-w^2})$.

Komplexe Differenzierbarkeit ist eine scharfe Bedingung

Wir gehen nun daran, die Differenzierbarkeit auch für Funktionen $\mathbb{C} \to \mathbb{C}$ zu definieren. Wer sich an unsere Diskussion von Abbildungen $\mathbb{R}^m \to \mathbb{R}^n$ in Kap. 24 erinnert, mag sich wundern, was dabei überhaupt noch zu tun bleibt.

Da die komplexe Ebene dem $\mathbb{R}^2$ entspricht, sind doch komplexwertige Funktionen einer komplexen Variablen simple Abbildungen $\mathbb{R}^2 \to \mathbb{R}^2$, und für solche ist die Ableitung doch bereits definiert worden.

Das stimmt natürlich, aber um die Ableitung einer solchen Funktion zu charakterisieren, braucht man bereits eine (2×2)-Matrix, die die partiellen Ableitungen enthält. Oft hätte man aber gern die Ableitung einer komplexen Funktion f an einem Punkt z_0 durch eine einzige Zahl $f'(z_0)$ charakterisiert – wie eben auch im Reellen. Um das zu erreichen, verschärft man die Anforderungen an die komplexe Ableitung und definiert:

$$f'(z_0) = \lim_{z \to z_0} \frac{f(z) - f(z_0)}{z - z_0}\,. \qquad (32.2)$$

Dass eine solche Definition überhaupt möglich ist, liegt daran, dass $\mathbb{C}$ wie $\mathbb{R}$ ein *Körper* ist. Damit kann man Elemente multiplizieren und eben auch dividieren, was das Bilden von Differenzenquotienten erlaubt. Im $\mathbb{R}^2$, der ja „nur" die Vektorraumstruktur trägt, ist eine solche Definition nicht möglich.

Bei Definition (32.2) kommen natürlich alle Tücken der Grenzwerte in mehreren Variablen zum Tragen. Auch wenn eine Funktion $f\colon \mathbb{R}^2 \to \mathbb{R}^2$ mit $\boldsymbol{f}(\boldsymbol{x}) = (u(x,y), v(x,y))^\top$ reell durchaus differenzierbar ist, muss deshalb die Ableitung von $f = u + \mathrm{i}v$ im strengeren komplexen Sinne noch keineswegs existieren. Tatsächlich werden durch die obige Definition gerade jene Funktionen mit besonders schönen Eigenschaften „herausgepickt". Diese stehen im Zentrum der Betrachtungen der Funktionentheorie.

Beispiel Wir untersuchen zunächst die Funktion f mit $f(z) = z^2$. Im reellen Sinne, als Abbildung $\mathbb{R}^2 \to \mathbb{R}^2$ ist sie mit

$$\boldsymbol{f}(x, y) = (x^2 - y^2, 2xy)^\top$$

problemlos differenzierbar,

$$f' = \begin{pmatrix} 2x & 2y \\ -2y & 2x \end{pmatrix}.$$

Sehen wir uns die Sache nun im Komplexen an. Dabei setzen wir als Abkürzung $h = z - z_0$:

$$f'(z_0) = \lim_{h\to 0} \frac{f(z_0+h) - f(z_0)}{h} = \lim_{h\to 0} \frac{(z_0+h)^2 - z_0^2}{h}$$
$$= \lim_{h\to 0} \frac{z_0^2 + 2hz_0 + h^2 - z_0^2}{h} = \lim_{h\to 0}(2z_0 + h) = 2z_0$$

In diesem Beispiel ist es völlig egal, aus welcher Richtung die *komplexe* Variable h gegen null und damit z gegen z_0 geht. Der Grenzwert existiert, und wir erhalten wie im Reellen $(z^2)' = 2z$. ◀

Es zeigt sich, dass die elementaren Funktionen wie Polynome, e^z, $\sin z$, $\cos z$, … komplex differenzierbar sind, und sich ihre Ableitungsregeln eins zu eins aus dem Reellen übertragen lassen.

Hingegen ist bei Funktionen, die den komplexen Logarithmus enthalten (unter anderem Wurzeln, Arkus- und Areafunktionen), an manchen Punkten Vorsicht geboten. Üblicherweise wird der Logarithmus ja so definiert, dass er auf der negativen reellen Achse unstetig ist. Da Differenzierbarkeit nach wie vor Stetigkeit impliziert, kann er dort auch nicht differenzierbar sein.

Nicht oder nur an einzelnen Punkten komplex differenzierbar sind hingegen Funktionen wie $\bar{z}$, $|z|$ oder $\operatorname{Re} z$.

Beispiel Sehen wir uns etwa $g(z) = \bar{z}$ an. Grenzwertbildung liefert

$$G = \lim_{h\to 0} \frac{g(z_0+h) - g(z_0)}{h} = \lim_{h\to 0} \frac{\overline{z_0+h} - \overline{z_0}}{h}$$
$$= \lim_{h\to 0} \frac{\overline{z_0} + \bar{h} - \overline{z_0}}{h} = \lim_{h\to 0} \frac{\bar{h}}{h}.$$

Teil V

Hier hängt das Ergebnis wesentlich davon ab, wie wir h ansetzen. Wählen wir h reell, $h = \Delta x$, nähern uns also z_0 parallel zur reellen Achse, so erhalten wir

$$\lim_{\Delta x \to 0} \frac{\overline{\Delta x}}{\Delta x} = \lim_{\Delta x \to 0} \frac{\Delta x}{\Delta x} = 1\,.$$

Mit imaginärem h hingegen, $h = \mathrm{i}\Delta y$, folgt

$$\lim_{\Delta y \to 0} \frac{\overline{\mathrm{i}\Delta y}}{\mathrm{i}\Delta y} = \lim_{\Delta y \to 0} \frac{-\mathrm{i}\Delta y}{\mathrm{i}\Delta y} = -1\,.$$

Die beiden Werte sind unterschiedlich, die Ableitung existiert also nicht. Wählen wir allgemein $\Delta z = \Delta r\, \mathrm{e}^{\mathrm{i}\varphi}$, so erhalten wir

$$\lim_{\Delta r \to 0+} \frac{\overline{\Delta r\, \mathrm{e}^{\mathrm{i}\varphi}}}{\Delta r\, \mathrm{e}^{\mathrm{i}\varphi}} = \lim_{\Delta r \to 0} \frac{\Delta r\, \mathrm{e}^{-\mathrm{i}\varphi}}{\Delta r\, \mathrm{e}^{\mathrm{i}\varphi}} = \mathrm{e}^{-2\mathrm{i}\varphi}\,.$$

Dieser Ausdruck ist vom Winkel φ abhängig, wiederum sieht man, dass der Grenzwert nicht existiert. Da der Punkt z_0 in diesen Überlegungen völlig beliebig war, ist $g(z) = \bar{z}$ für kein $z \in \mathbb{C}$ komplex differenzierbar. ◄

Zum komplexen Differenzieren braucht man immer eine kleine Umgebung. Umgebungen hat man in offenen Mengen stets zur Verfügung. Für viele Zwecke sind außerdem zusammenhängende Mengen besonders nützlich. Offene und zusammenhängende Mengen nennt man **Gebiete**, und diese spielen in der Funktionentheorie eine besonders große Rolle. Eine Übersicht über wichtige Gebiete in der komplexen Ebene geben wir auf S. 1216.

Ist eine Funktion in einem Gebiet G für alle $z \in G$ komplex differenzierbar, so nennt man sie dort **holomorph** oder **analytisch**, manchmal auch **regulär**.

Holomorphie ist ein zentraler Begriff in der Funktionentheorie; bloße komplexe Differenzierbarkeit erlaubt hingegen bei Weitem nicht so starke Folgerungen. Eine Funktion, die nur in einzelnen Punkten komplex differenzierbar ist, ist nirgendwo holomorph, und sie hat auch noch nicht die schönen Eigenschaften, die holomorphe Funktionen gerade auszeichnen.

Kommentar Manchmal spricht man allerdings auch davon, dass eine Funktion f „in einem Punkt z_0 holomorph" ist. Diese Sprechweise bedeutet, dass es zu dem Punkt z_0 eine (beliebig kleine) Umgebung $U_\varepsilon(z_0)$ gibt, in der f komplex differenzierbar ist. ◄

Wie im Reellen sind gültige Zusammensetzungen differenzierbarer Funktionen ebenfalls wieder differenzierbar, es bleiben Produkt-, Ketten- und Quotientenregel gültig, wie sich völlig analog zum reellen Fall zeigen lässt. Da, wie wir gesehen haben, $\bar{z}$ nicht differenzierbar ist, überträgt sich diese Eigenschaft (manchmal mit Ausnahme einzelner Punkte) auch auf Zusammensetzungen mit z. Daher können wir sofort feststellen, dass $\operatorname{Re} z = \frac{1}{2}(z+\bar{z})$, $\operatorname{Im} z = \frac{1}{2\mathrm{i}}(z-\bar{z})$ und $|z| = \sqrt{z\bar{z}}$ ebenfalls nicht holomorph sind. Als Faustregel kann man sich merken, dass Funktionen, deren Abbildungsvorschrift auf unkürzbare Weise $\bar{z}$ enthält, nicht holomorph sind. Eine genauere Diskussion dieses Sachverhalts mithilfe der sogenannten *Wirtinger-Operatoren* erfolgt im Bonusmaterial.

Beispiel Die Funktion f, $\mathbb{C} \to \mathbb{C}$ mit $f(z) = |z|^2 = z\bar{z}$ ist nach unserer Faustregel nicht holomorph. Prüfen wir das mittels Grenzwerten nach, so erhalten wir:

$$\begin{aligned}
G &= \lim_{h\to 0} \frac{(z_0+h)\,\left(\overline{z_0+h}\right) - z_0\,\overline{z_0}}{h} \\
&= \lim_{h\to 0} \frac{(z_0+h)\,(\overline{z_0}+\bar{h}) - z_0\,\overline{z_0}}{h} \\
&= \lim_{h\to 0} \frac{z_0\,\overline{z_0} + z_0\,\bar{h} + h\,\overline{z_0} - z_0\,\overline{z_0} + h\bar{h}}{h} \\
&= \lim_{h\to 0} \left(z_0\,\frac{\bar{h}}{h} + \overline{z_0} + \bar{h} \right) \\
&= \overline{z_0} + z_0 \lim_{h\to 0} \frac{\bar{h}}{h}
\end{aligned}$$

Dieser Grenzwert existiert nur für $z_0 = 0$, die Funktion ist nur im Ursprung komplex differenzierbar, daher nirgendwo holomorph. ◄

Oft sind komplexe Funktionen nicht direkt als Funktionen von z und $\bar{z}$, sondern als Funktionen von $x = \operatorname{Re} z$ und $y = \operatorname{Im} z$ gegeben. Mittels

$$z = x + \mathrm{i}y, \quad \bar{z} = x - \mathrm{i}y \quad x = \frac{z+\bar{z}}{2}, \quad y = \frac{z-\bar{z}}{2\mathrm{i}}$$

kann man das problemlos umrechnen; Zusammenhänge wie $x^2 + y^2 = z\bar{z}$ können dieses Umschreiben zusätzlich vereinfachen.

Beispiel Wir kennen von einer komplexen Funktion f Realteil $u(x, y) = x^2 - y^2 - x$ und Imaginärteil $v(x, y) = 2xy + y$. Umschreiben auf z und $\bar{z}$ liefert

$$\begin{aligned}
f(z) &= x^2 - y^2 - x + \mathrm{i}(2xy + y) \\
&= x^2 + 2\mathrm{i}\,xy - y^2 - x + \mathrm{i}y \\
&= (x + \mathrm{i}y)^2 - (x - \mathrm{i}y) = z^2 - \bar{z}\,,
\end{aligned}$$

und wir erkennen, dass diese Funktion nirgendwo holomorph ist. ◄

Komplex differenzierbare Funktionen erfüllen die Cauchy-Riemann-Gleichungen

Ist eine Funktion direkt in Abhängigkeit von z (und $\bar{z}$) gegeben, so kann man ihr die Differenzierbarkeit oder Nichtdifferenzierbarkeit im Allgemeinen unmittelbar ansehen. Kennt man aber –

Übersicht: Gebiete in der komplexen Ebene

Gebiete, also nichtleere offene und zusammenhängende Mengen, spielen in der Funktionentheorie eine besonders große Rolle. Auch wenn Gebiete fast beliebig geformt sein können, gibt es doch einige Arten, auf die man besonders häufig stößt und für die deshalb eigene Bezeichnungen eingeführt wurden.

Schon die komplexe Ebene $\mathbb{C}$ ist ein Gebiet. Sie bleibt es auch, wenn man den Ursprung $z = 0$ entfernt, das Resultat ist die **punktierte Ebene**

$$\dot{\mathbb{C}} = \mathbb{C} \setminus \{0\} = \{z \in \mathbb{C} \mid z \neq 0\} .$$

Auch *Halbebenen* sind Gebiete. Jede Gerade in $\mathbb{C}$ kann benutzt werden, um zwei Halbebenen zu definieren. Besonders wichtig sind aber die linke und die rechte Halbebene:

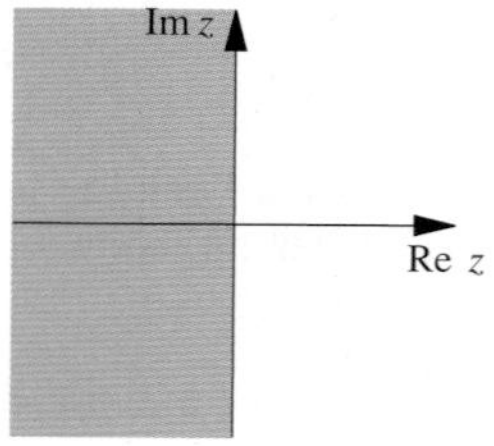

$\operatorname{Re} z < 0$

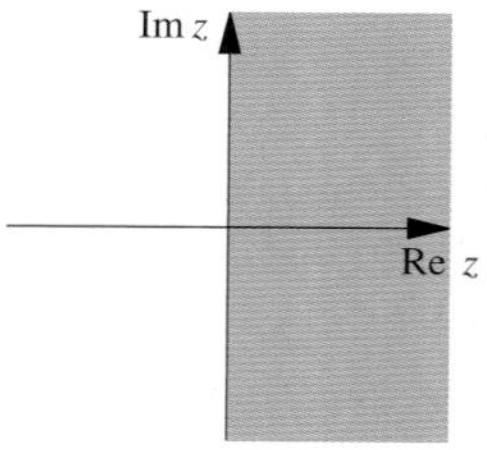

$\operatorname{Re} z > 0$

sowie die obere und die untere Halbebene:

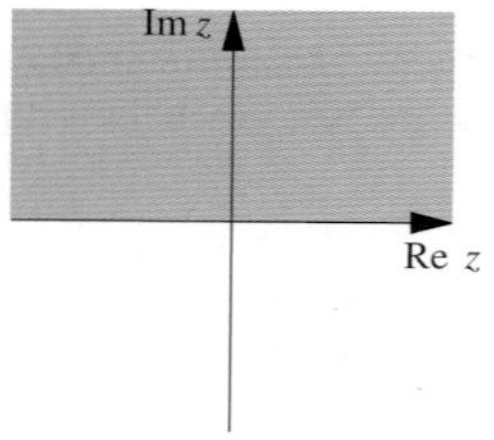

$\operatorname{Im} z > 0$

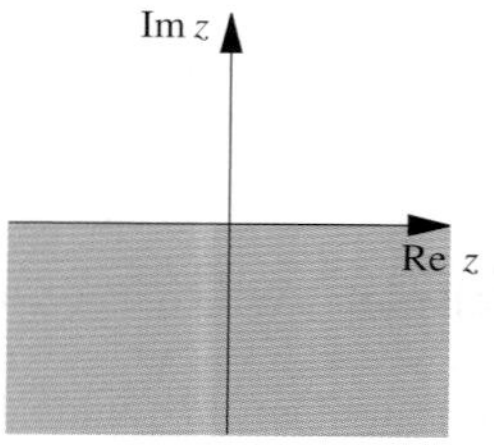

$\operatorname{Im} z < 0$

Oft hat man es zudem mit Kreisen, genauer mit Kreisscheiben zu tun. Für eine Kreisscheibe mit Mittelpunkt z_0 und Radius R schreibt man

$$D_R(z_0) = \{z \in \mathbb{C} \mid |z - z_0| < R\} .$$

Für die besonders wichtige Einheitskreisscheibe wird manchmal die Abkürzung $E = D_1(0)$ benutzt.

Für Kreisscheiben, aus denen der Mittelpunkt entfernt wird, wird ebenfalls die „Punktschreibweise" benutzt,

$$\dot{D}_R(z_0) = \{z \in \mathbb{C} \mid 0 < |z - z_0| < R\} .$$

Wird nicht nur ein einzelner Punkt, sondern ein konzentrischer Kreis entfernt, erhält man einen Kreisring

$$D_{R_1 R_2}(z_0) = \{z \mid R_1 < |z - z_0| < R_2\} .$$

Gelegentlich benötigt man *Winkelbereiche* der Art

$$W_{\varphi_1 \varphi_2} = \{z \in \mathbb{C} \mid z \neq 0,\ \varphi_1 < \operatorname{Arg} z < \varphi_2\} .$$

Der Punkt $z = 0$, für den $\operatorname{Arg} z$ nicht definiert ist, ist hier nicht enthalten:

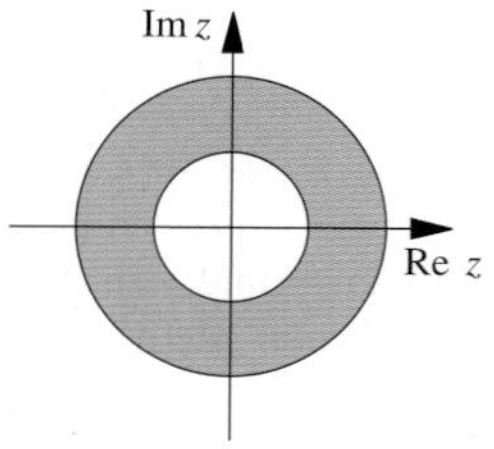

$R_1 < |z| < R_2 0$

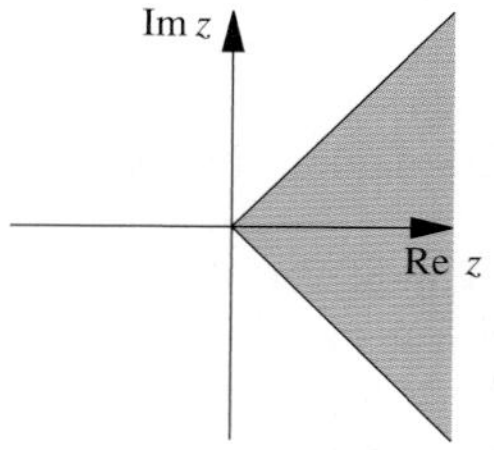

$-\frac{\pi}{4} < \operatorname{Arg} z < \frac{\pi}{4}$

Ein Sonderfall für einen Winkelbereich ist die längs der negativen reellen Achse *geschlitzte Ebene*

$$\mathbb{C} \setminus \mathbb{R}_{\leq 0} .$$

In diesem Gebiet ist $\operatorname{Arg} z$ stetig und eindeutig – das überträgt sich weiter auf $\ln z$, die Arkus- und die Areafunktionen.

Für bestimmte Probleme kann es jedoch auch sinnvoll sein, die Ebene anders zu „schlitzen", meist jedoch weiterhin entlang eines Strahls, der von $z = 0$ ausgeht.

Gelegentlich kann es aber auch durchaus sinnvoll sein, nur die Verbindungsstrecke zweier Punkte zu entfernen, wie etwa in

$$\mathbb{C} \setminus S \quad \text{mit} \quad S = \{z \in \mathbb{C} \mid \operatorname{Im} z = 0 \text{ und } |\operatorname{Re} z| \leq 1\} .$$

Oft kann man aus zwei schon bekannten Gebieten mittels Durchschnitt oder Vereinigung schnell ein weiteres konstruieren. Die Offenheit bleibt auf jeden Fall erhalten, überprüfen muss man allerdings, ob die so erhaltene Menge nichtleer und zusammenhängend ist.

wie so oft – vorerst nur Real- und Imaginärteil der Funktion in Abhängigkeit von Real- und Imaginärteil des Arguments,

$$u(x, y) \quad \text{und} \quad v(x, y)\,,$$

so kann das Umschreiben auf eine Funktion von z und $\bar{z}$ recht mühsam sein. Wir suchen daher ein einfacheres Kriterium, um die komplexe Differenzierbarkeit zu überprüfen, wenn Real- und Imaginärteil als Funktion von x und y gegeben sind.

Auf jeden Fall muss eine Funktion, die komplex differenzierbar sein soll, auch reell differenzierbar sein. Dies ist sicher erfüllt, wenn sowohl Realteil u als auch Imaginärteil v stetige erste Ableitungen nach x und y besitzen, also C^1-Funktionen sind. Das allein genügt aber natürlich für die komplexe Differenzierbarkeit nicht.

Die Ableitung der Funktion f, $\mathbb{R}^2 \to \mathbb{R}^2$, $\boldsymbol{f}(\boldsymbol{x}) = (u(x, y), v(x, y))$ ist durch die Jacobi-Matrix

$$f' = \begin{pmatrix} u_x & v_x \\ u_y & v_y \end{pmatrix}$$

gegeben. Wir haben bereits gesehen, dass die Multiplikation mit komplexen Zahlen geometrisch Drehstreckungen entsprechen. Von daher können wir eine bijektive Zuordnung zwischen komplexen Zahlen und Drehstreckungen im $\mathbb{R}^2$ finden, die wiederum genau durch Matrizen der Form

$$\boldsymbol{M} = \begin{pmatrix} a & -b \\ b & a \end{pmatrix}$$

ausgedrückt werden können (siehe S. 587). Daher können wir schließen, dass eine Funktion $\mathbb{R}^2 \to \mathbb{R}^2$ genau dann komplex differenzierbar ist, wenn sie zusätzlich zur reellen Differenzierbarkeit auch die Bedingungen

$$\frac{\partial u}{\partial x} = \frac{\partial v}{\partial y}\,, \qquad \frac{\partial u}{\partial y} = -\frac{\partial v}{\partial x}$$

erfüllt.

Cauchy-Riemann-Gleichungen

Eine komplexe Funktion $f = u + \mathrm{i}\,v$ ist genau dann in einem Punkt $z = x + \mathrm{i}y \in D(f)$ *komplex* differenzierbar, wenn sie dort reell (als Funktion $\mathbb{R}^2 \to \mathbb{R}^2$) differenzierbar ist und zusätzlich die **Cauchy-Riemann-Gleichungen**

$$\frac{\partial u}{\partial x} = \frac{\partial v}{\partial y}\,, \qquad \frac{\partial u}{\partial y} = -\frac{\partial v}{\partial x} \tag{32.3}$$

erfüllt.

Achtung Man beachte das negative Vorzeichen, das in der zweiten Gleichung steht. ◄

Beispiel

- Die Funktion $f(z) = \mathrm{e}^z = \mathrm{e}^x \cos y + \mathrm{i}\mathrm{e}^x \sin y$ ist in ganz $\mathbb{C}$ holomorph, denn sowohl $u(x, y) = \mathrm{e}^x \cos y$ als auch $v(x, y) = \mathrm{e}^x \sin y$ besitzen stetige Ableitungen nach x und y. Außerdem erfüllen sie überall die Cauchy-Riemann-Gleichungen:

$$\frac{\partial u}{\partial x} = \mathrm{e}^x \cos y = \frac{\partial v}{\partial y} \qquad \frac{\partial u}{\partial y} = -\mathrm{e}^x \sin y = -\frac{\partial v}{\partial x}.$$

- Für $g(z) = \operatorname{Re} z$ sind zwar sowohl Real- als auch Imaginärteil völlig harmlos. Sowohl $u(x, y) = x$ als auch $v(x, y) = 0$ sind stetig differenzierbar, man erhält aber

$$\frac{\partial u}{\partial x} = 1 \neq 0 = \frac{\partial v}{\partial y}\,.$$

Die Funktion $g = \operatorname{Re} z$ ist also nirgends in $\mathbb{C}$ differenzierbar. ◄

Als Nebenprodukt zu unseren obigen Überlegungen ergeben sich Formeln, die gelegentlich zur tatsächlichen Berechnung der Ableitung nützlich sein können,

$$f'(z) = \frac{\partial u}{\partial x} + \mathrm{i}\frac{\partial v}{\partial x} = \frac{\partial v}{\partial y} - \mathrm{i}\frac{\partial u}{\partial y}\,. \tag{32.4}$$

Benutzt man die Cauchy-Riemann-Gleichungen, so kann man das auch in der Form

$$f'(z) = \frac{\partial u}{\partial x} - \mathrm{i}\frac{\partial u}{\partial y} = \frac{\partial v}{\partial y} + \mathrm{i}\frac{\partial v}{\partial x} \tag{32.5}$$

schreiben. Es ist also bereits möglich, die Ableitung einer komplexen Funktion zu bestimmen, wenn man nur ihren Real- oder Imaginärteil kennt. In den meisten Fällen sind diese Formeln allerdings nicht notwendig, weil sich die bekannten Ableitungsregeln aus dem Reellen ganz natürlich auf die Funktionen im Komplexen übertragen.

Wir werden im Verlauf dieses Kapitels verschiedenste Eigenschaften holomorpher Funktionen kennenlernen; die wichtigsten sind in der Übersicht auf S. 1234 zusammengefasst.

Real- und Imaginärteil holomorpher Funktionen sind harmonisch

Für eine holomorphe Funktion $f = u + \mathrm{i}v$ gelten die Cauchy-Riemann-Gleichungen $\frac{\partial u}{\partial x} = \frac{\partial v}{\partial y}$ und $\frac{\partial u}{\partial y} = -\frac{\partial v}{\partial x}$. Wenden wir nun den Laplace-Operator $\Delta = \frac{\partial^2}{\partial x^2} + \frac{\partial^2}{\partial y^2}$ auf den Realteil einer solchen Funktion an, so erhalten wir

$$\begin{aligned}\Delta u &= \frac{\partial}{\partial x}\left(\frac{\partial u}{\partial x}\right) + \frac{\partial}{\partial y}\left(\frac{\partial u}{\partial y}\right) \\ &= \frac{\partial}{\partial x}\left(\frac{\partial v}{\partial y}\right) + \frac{\partial}{\partial y}\left(-\frac{\partial v}{\partial x}\right) \\ &= \frac{\partial^2 v}{\partial x\,\partial y} - \frac{\partial^2 v}{\partial x\,\partial y} = 0\,.\end{aligned}$$

Ebenso gilt auch für den Imaginärteil $\Delta v = 0$. Solche Funktionen Φ, die die Laplace-Gleichung $\Delta\Phi = 0$ erfüllen, nennt man **harmonisch**. Real- und Imaginärteil jeder holomorphen Funktion sind demnach harmonisch.

Auf einfach zusammenhängenden Gebieten gilt aber sogar: Ist $u(x, y)$ eine harmonische Funktion, so lässt sich stets eine weitere harmonische Funktion $v(x, y)$ finden, sodass

$$f(z) = u(x, y) + \mathrm{i}v(x, y)$$

holomorph ist. Diese *harmonisch konjugierte* Funktion ist bis auf eine Konstante eindeutig bestimmt.

Kommentar Die Behandlung des Problems $\Delta\phi = 0$ im Dreidimensionalen ist Gegenstand der Potenzialtheorie, die in Abschn. 29.4 behandelt wird. Zudem führt diese Gleichung bei Separation in angepassten Koordinaten auf wichtige spezielle Funktionen, die in den Abschn. 34.4 und 34.5 diskutiert werden. ◄

Aus den Cauchy-Riemann-Gleichungen folgt noch ein weiterer wichtiger Zusammenhang zwischen Real- und Imaginärteil einer holomorphen Funktion. Dazu untersuchen wir die Kurvenscharen $u(x, y) = \alpha = \text{const}$ und $v(x, y) = \beta = \text{const}$. Für eine implizit gegebene Kurve $F(x, y) = \text{const}$ erhält man durch implizites Differenzieren

$$\frac{\partial F}{\partial x} + \frac{\partial F}{\partial y}\frac{\mathrm{d}y}{\mathrm{d}x} = 0$$

und damit für die Steigung

$$\frac{\mathrm{d}y}{\mathrm{d}x} = -\frac{\partial F/\partial x}{\partial F/\partial y}\,.$$

Bilden wir nun das Produkt der Steigungen von $u(x, y) = \alpha$ und $v(x, y) = \beta$ und verwenden wieder die Cauchy-Riemann-Gleichungen, so erhalten wir

$$\frac{\partial u/\partial x}{\partial u/\partial y} \cdot \frac{\partial v/\partial x}{\partial v/\partial y} = \frac{\partial u/\partial x}{-\partial v/\partial x} \cdot \frac{\partial v/\partial x}{\partial u/\partial x} = -1.$$

Für eine holomorphe Funktion $f(z) = u(x, y) + \mathrm{i}v(x, y)$ sind also die Kurvenscharen $u(x, y) = \alpha$ und $v(x, y) = \beta$ in jedem Punkt orthogonal. Das ist in Abb. 32.8 für $f(z) = \mathrm{e}^z$ und $\operatorname{Re} z > 0$ gezeigt.

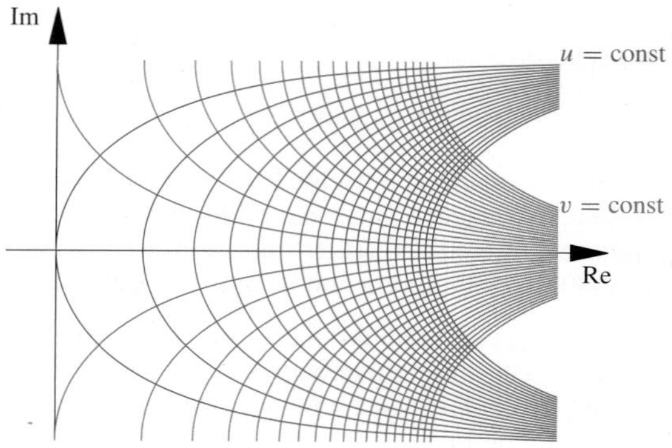

Abb. 32.8 Die Kurven $\operatorname{Re} f = \text{const}$ und $\operatorname{Im} f = \text{const}$ sind für jede holomorphe Funktion f orthogonal, hier gezeigt für f mit $f(z) = \mathrm{e}^z$

Wie berechnet man nun zu einem gegebenen $u(x, y)$ die konjugiert harmonische Partnerfunktion v? Ein denkbarer Weg wäre, einfach die Cauchy-Riemann-Gleichungen zu integrieren. Die Gleichungen $\frac{\partial u}{\partial x} = \frac{\partial v}{\partial y}$ und $\frac{\partial u}{\partial y} = -\frac{\partial v}{\partial x}$ können wir ja auch in Integralform

$$v = \int \frac{\partial u}{\partial x}\,\mathrm{d}y \quad \text{und} \quad v = -\int \frac{\partial u}{\partial y}\,\mathrm{d}x$$

schreiben. Dabei ist aber zu beachten, dass die Integrations*konstante* jeweils noch von der Variablen, über die nicht integriert wird, abhängen kann. Erst durch Vergleich der beiden Ausdrücke erhält man also das vollständige $v(x, y)$.

Beispiel

- Wir wollen zu $u(x, y) = x^2 - y^2$ die konjugiert harmonische Funktion bestimmen. Dabei sollten wir zuerst einmal überprüfen, ob u überhaupt selbst harmonisch ist:

$$\Delta u = \frac{\partial^2 u}{\partial x^2} + \frac{\partial^2 u}{\partial y^2} = 2 - 2 = 0\,.$$

Diese Voraussetzung ist erfüllt. Integration der Cauchy-Riemann-Gleichungen liefert:

$$\begin{aligned} v &= \int \frac{\partial u}{\partial x}\,dy = \int 2x\,dy = 2xy + \phi(x) \\ v &= -\int \frac{\partial u}{\partial y}\,dx = -\int (-2y)\,dx = 2xy + \psi(y)\end{aligned}$$

In diesem Fall ist $\phi(x) = \psi(y) = C$ eine Konstante, die man, wenn keine zusätzlichen Bedingungen zu erfüllen sind, auch null setzen kann, und man erhält $v(x, y) = 2xy$.
Die Funktion f ist demnach durch $f(z) = x^2 + 2\mathrm{i}xy - y^2 = (x + \mathrm{i}y)^2 = z^2$ gegeben. Die orthogonalen Kurvenscharen für konstante Real- und Imaginärteile sind die in Abb. 32.9 dargestellten Hyperbeln.

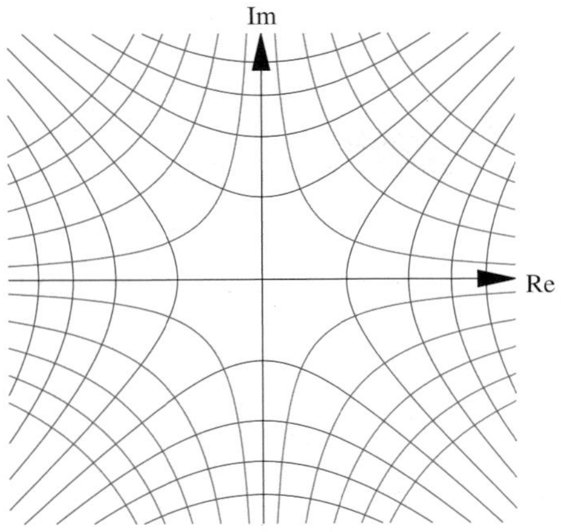

Abb. 32.9 Die Kurven $\text{Re}(z^2) = x^2 - y^2 = \text{const}$ und $\text{Im}(z^2) = 2xy = \text{const}$ stehen normal aufeinander

- Nun untersuchen wir $u(x, y) = 2xy - x + y$. Auch diese Funktion ist harmonisch, und wir erhalten durch Integration der Cauchy-Riemann-Gleichungen:

$$v = \int \frac{\partial u}{\partial x}\,\mathrm{d}y = \int (2y-1)\,\mathrm{d}y = y^2 - y + \phi(x)$$
$$v = -\int \frac{\partial u}{\partial y}\,\mathrm{d}x = -\int (2x+1)\,\mathrm{d}x = -x^2 - x + \psi(y)$$

In diesem Fall ist also

$$\phi(x) = -x^2 - x + C\,,$$
$$\psi(y) = y^2 - y + C\,,$$

wobei C eine beliebige reelle Konstante ist. Setzen wir diese gleich null, erhalten wir

$$v(x, y) = y^2 - x^2 - y - x\,.$$

Die gesamte Funktion lässt sich als

$$\begin{aligned} f(z) &= u + \mathrm{i}v = 2xy - x + y + \mathrm{i}(y^2 - x^2 - y - x) \\ &= -\mathrm{i}(x^2 + 2\mathrm{i}xy - y^2) - (1+\mathrm{i})(x + \mathrm{i}y) \\ &= -\mathrm{i}z^2 - (1+\mathrm{i})z \end{aligned}$$

darstellen. Dieses Umschreiben in z ist gleichzeitig auch eine Kontrollrechnung. Hat man richtig gerechnet, dürfen sich keine Terme mit $\bar{z}$ ergeben. ◄

Kommentar Neben dieser direkten Methode gibt es noch eine zweite, für die wir noch nicht alle Techniken zur Verfügung haben. Sie beruht auf dem Identitätssatz für holomorphe Funktionen, den wir im folgenden Abschnitt kennenlernen werden, und wird im Bonusmaterial behandelt. ◄

Die Orthogonalitätseigenschaft von Real- und Imaginärteil holomorpher Funktionen wird bei der Behandlung verschiedener physikalischer und technischer Problemen ausgenutzt. Wir stellen Anwendungen aus der Elektrostatik auf S. 1220 und aus der Strömungsmechanik auf S. 1221 vor.

Die größte Einschränkung dieser Methoden ist, dass sie auf den zweidimensionalen Fall zugeschnitten sind. Eine Anwendung auf dreidimensionale Probleme ist nur beim Vorliegen geeigneter Symmetrien (Translationsinvarianz in einer Richtung oder Zylindersymmetrie) möglich. So kann man zwar den Mittelbereich einer Tragfläche so behandeln, nicht aber das Ende oder den Teil nahe am Rumpf des Flugzeugs.

Die Bedeutung dieser Techniken hat mit den immer besseren numerischen Methoden zur Lösung partieller Differenzialgleichungen abgenommen. Mit finiten Elementen lassen sich auch allgemeine dreidimensionale Probleme behandeln. Dennoch sollte man die Brauchbarkeit funktionentheoretischer Methoden nicht gering schätzen, insbesondere wenn es darum geht, ohne großen numerischen Aufwand Aussagen zu treffen.

Konforme Abbildungen erhalten Winkel und Orientierung

Stellen Sie sich zwei Flüsse vor, die sich senkrecht kreuzen …
Mathematikprofessor beim Versuch, abstrakte mathematische Begriffe wie die Winkeltreue durch alltägliche Erfahrungen aus der Geografie zu veranschaulichen.

Wir vertiefen nun unsere Betrachtungen zu den Eigenschaften komplexer Funktionen, indem wir uns geometrischen Aspekten der Funktionentheorie zuwenden.

Die Holomorphie wird dabei weiterhin der Schlüsselbegriff sein. Allgemeine Abbildungen $\mathbb{C} \to \mathbb{C}$ können die unterschiedlichsten geometrischen Eigenschaften haben. Sie können eine gegebene Menge stauchen, strecken, drehen, sogar zerreißen. Besonderes Interesse haben wir jedoch an Abbildungen, die stetig sind und zudem die Winkel zwischen Kurven sowie die Orientierung nicht ändern. Diese *konformen Abbildungen*, so zeigt es sich, sind gerade die holomorphen Funktionen.

Dazu betrachten wir zunächst einen Punkt z_0, durch den zwei Kurven γ_1: $z = z_1(t)$ und γ_2: $z = z_2(t)$ verlaufen. Von diesen Kurven fordern wir nur, dass sie in z_0 Tangenten besitzen, ansonsten ist ihre Wahl völlig frei.

Durch eine Funktion f wird mittels $w = f(z)$ eine Umgebung von z_0 von der z- in die w-Ebene abgebildet, und auch die beiden Kurven $z_1(t)$ und $z_2(t)$ gehen in zwei andere Kurven $w_1(t) = f(z_1(t))$ und $w_2(t) = f(z_2(t))$ über. Nun müssen $w_1(t)$ und $w_2(t)$ nicht notwendigerweise Kurven im engeren Sinn des Wortes sein; f könnte ja im Prinzip beliebig unstetig sein, die konstante Funktion $f(z) = c$ hingegen würde die beiden Kurven zusammen mit ganz $\mathbb{C}$ in einen Punkt $w = c$ hinein abbilden.

Nehmen wir aber an, dass die Bilder der z-Kurven auch in der w-Ebene zumindest in einer Umgebung von $w_0 = f(z_0)$ noch „vernünftige" Kurven sind und darüber hinaus in w_0 auch noch

Anwendung: Komplexe Methoden für Funktionen aus der Elektrostatik

Für konservative Felder stehen Äquipotenziallinien und Feldlinien normal aufeinander, da die Feldlinien in Richtung des Gradienten laufen, und dieser wiederum in Richtung des steilsten Anstiegs weist.

Im zeitunabhängigen Fall ist das elektrische Feld $\boldsymbol{E}$ konservativ. Sein Potenzial Φ muss in ladungsfreien Bereichen zudem die Laplace-Gleichung $\Delta\Phi = 0$ erfüllen, ist also harmonisch. Die zu Φ konjugiert harmonische Funktion gibt demnach unmittelbar den Feldlinienverlauf an. Wir identifizieren daher in $f(z) = u(x, y) + \mathrm{i}\, v(x, y)$ den Realteil u mit dem Potenzial Φ und nennen f das **komplexe Potenzial**. Für das elektrische Feld $\boldsymbol{E} = (E_1, E_2)^\top$ gilt $E_1 = u_x$ und $E_2 = u_y$.

Setzen wir $E = E_1 + \mathrm{i}\, E_2$, so erhalten wir mit (32.4) und (32.5)

$$E(z) = u_x(z) + \mathrm{i}\, u_y(z) = u_x(z) - \mathrm{i}\, v_x(z) = \overline{f'(z)}\,.$$

Die Komponenten des Feldstärkevektors sind Real- und Imaginärteil der komplex konjugierten Ableitung des komplexen Potenzials. Dieses Potenzial wollen wir nun für einige einfache Ladungsverteilungen bestimmen. Im ladungsfreien Bereich muss das Potenzial holomorph sein, während an den Orten der Ladungen selbst (wo $\Delta\Phi \neq 0$ ist) Singularitäten liegen müssen.

Die Äquipotenziallinien einer **Punktladung** sind konzentrische Kreise, die Feldlinien Strahlen vom Ort der Ladung weg. Setzen wir die Ladung in den Ursprung, so muss bis auf eine unwichtige additive Konstante $v(x, y) = \arg z$ sein. Als dazu konjugiert harmonische Funktion erhalten wir $u(x, y) = \ln |z|$, das komplexe Potenzial einer Einheitsladung im Ursprung ist damit $f(z) = \ln z$.

Setzen wir eine Ladung q an den Ort $z = a$, so ist ihr komplexes Potenzial $f(z) = q\, \ln(z - a)$. Durch die Linearität der elektrostatischen Gleichungen ist die Superposition zweier Lösungen wieder eine Lösung. Einen elektrischen **Dipol**, bestehend aus einer positiver Ladung q bei $z = -a$ und einer negativen $-q$ bei $z = a$ können wir demnach durch das komplexe Potenzial

$$f(z) = q\, (\ln(z + a) - \ln(z - a)) = q\, \ln \frac{z + a}{z - a}$$

beschreiben.

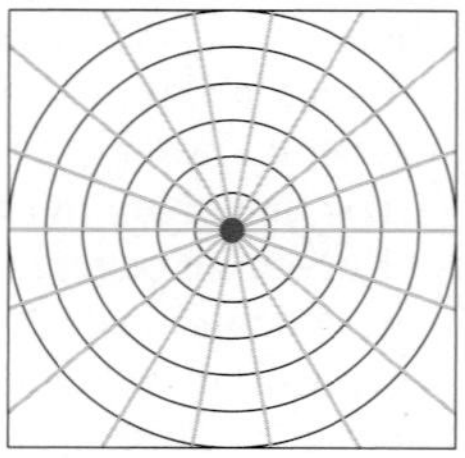

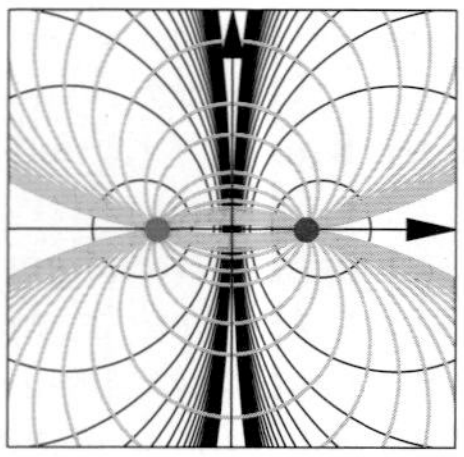

Auch für einen unendlich ausgedehnten Kondensator können wir sofort das komplexe Potenzial angeben. Die Skala können wir beliebig wählen; es erweist sich als günstig, die Platten als waagrechte Linien $\operatorname{Im} z = \pm a$ zu beschreiben. Die Ladungsdichte der Platten soll entgegengesetzt, aber betragsmäßig gleich sein, die obere Platte nehmen wir als positiv geladen an.

Im einfachen Bild des in beide Richtungen **unendlich ausgedehnten Kondensators** sind nicht nur die Kondensatorplatten selbst, sondern alle Äquipotenziallinien jeweils Linien mit konstantem Imaginärteil. Aus $u(x, y) = c\,y$ mit einer Konstanten $c > 0$ folgt sofort $v(x, y) = -c\,x$, und wir erhalten für das komplexe Potenzial

$$f(z) = cy - \mathrm{i}\, c\, x = -\mathrm{i}\, c\, (x + \mathrm{i}\, y) = -\mathrm{i}\, c\, z$$

für $|y| = |\operatorname{Re} z| < a$. Die Konstante c ergibt sich aus der Ladungsdichte und dem Abstand a der Platten.

Durch die Linearität wissen wir nun auch sofort, wie das Feld einer räumlich fixierten Ladung oder eines Dipols innerhalb eines Kondensators aussieht – man erhält das komplexe Potenzial durch simple Addition.

Ebenso wie für eine Punktladung müssen auch für **zwei konzentrische Kreise** die Äquipotenziallinien Kreise mit dem gleichen Mittelpunkt und die Feldlinien radial gerichtet sein. Hat der innere Kreis den Radius r_1 und das Potenzial V_1, der äußere Radius r_2 und Potenzial V_2, so ist das Potenzial V durch

$$V = V_2 + (V_1 - V_2)\, \frac{\ln \frac{|z|}{r_2}}{\ln \frac{r_1}{r_2}}$$

für $r_1 < |z| < r_2$ gegeben. Das ist ein einfaches Modell eines Koaxialkabels.

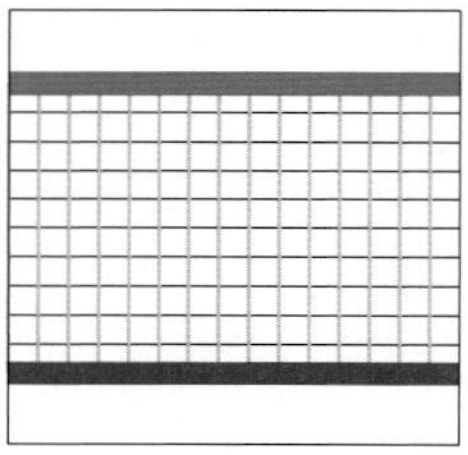

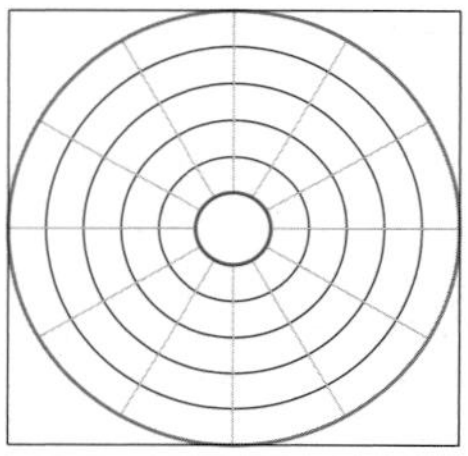

Neben der Linearität ist auch das folgende **Verpflanzungsprinzip** oft nützlich, das direkt aus der Kettenregel folgt: Ist f ein komplexes Potenzial in $G \subseteq \mathbb{C}$ und h eine holomorphe bijektive Abbildung $B \to G$, $B \subseteq \mathbb{C}$ so ist $g = f \circ h$, $g(z) = f(h(z))$ ein komplexes Potenzial in B.

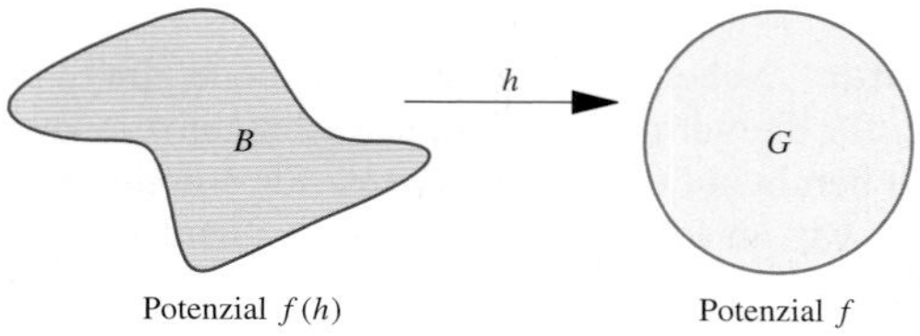

Dieses Prinzip werden wir auf S. 1223 ausnutzen, um auch kompliziertere elektrostatische Probleme zu lösen.

Anwendung: Das komplexe Potenzial eines Strömungsfeldes

Funktionentheoretische Methoden können benutzt werden, um zweidimensionale Strömungen zu behandeln. Dabei muss man allerdings voraussetzen, dass die Flüssigkeit *inkompressibel* und *wirbelfrei* ist. Beschreiben wir die Strömung der Flüssigkeit durch ein Vektorfeld $\boldsymbol{v}$, so lassen sich die beiden Bedingungen als $\operatorname{div}\boldsymbol{v} = 0$ und $\mathbf{rot}\,\boldsymbol{v} = \mathbf{0}$ formulieren.

Wir wissen bereits aus Kap. 27, dass ein Vektorfeld $\boldsymbol{v}$, das beiden Bedingungen genügt, sich gemäß $\boldsymbol{v} = \mathbf{grad}\,\Phi$ aus einem Potenzial ableiten lässt, das seinerseits die Laplace-Gleichung $\Delta\Phi = 0$ erfüllt. Damit haben wir für Strömungen die gleichen Methoden zur Verfügung, die wir auf S. 1220 für elektrostatische Probleme entwickelt haben. Auch hier nennt man

$$f(z) = u(x, y) + \mathrm{i}\, v(x, y)$$

das komplexe Potenzial, die Linien $u = \text{const}$ sind Äquipotenziallinien, $v = \text{const}$ Stromlinien, und das aus $\boldsymbol{v} = (v_1, v_2)^\top$ konstruierte Geschwindigkeitsfeld $v = v_1 + \mathrm{i}\, v_2$ erhält man mittels $v(z) = \overline{f'(z)}$. Von besonderem Interesse sind bei Strömungen jene Punkte, an denen $\boldsymbol{v} = \mathbf{0}$ ist. Sie werden *Staupunkte* genannt, an ihnen gilt $f'(z) = 0$.

Sowohl $\operatorname{div}\boldsymbol{v} = 0$ als auch $\mathbf{rot}\,\boldsymbol{v} = \mathbf{0}$ sind für reale Fluide Näherungen, deren Gültigkeit überprüft werden muss. Inkompressibilität ist zumeist für Flüssigkeiten sehr gut, für Gase ausreichend gut erfüllt. Die Bedingung der Wirbelfreiheit bedeutet, dass wir nur sogenannte *laminare* Strömungen beschreiben können, in denen es keine Turbulenzen gibt.

Wir listen nun einige wichtige Strömungstypen auf (in den Abbildungen sind die Stromlinien stets orange eingezeichnet)

- Eine *Parallelströmung* mit Geschwindigkeit v_0 in Richtung $\boldsymbol{a} = (\cos\varphi_0, \sin\varphi_0)^\top$ wird durch das komplexe Potenzial
$$f(z) = v_0\, \mathrm{e}^{-\mathrm{i}\varphi_0}\, z$$
beschrieben.
- Eine *Quellenströmung* hat formal das gleiche komplexe Potenzial wie eine Punktladung in der Elektrostatik,
$$f(z) = k \ln(z - z_0)\,.$$
mit $k > 0$.
- Von großer praktischer Bedeutung ist die *Zirkulationsströmung* mit dem komplexen Potenzial
$$f(z) = \mathrm{i}\, k \ln(z - z_0)\,.$$
Das zusätzliche i ändert die Charakteristik der Strömung gegenüber der Quellströmung grundlegend.
- Eine *Dipolströmung* hat das komplexe Potenzial
$$f(z) = \frac{1}{z}\,.$$

Aus diesen Strömungstypen kann man nun komplexere Strömungen zusammensetzen. Wird ein Kreis mit Radius r_0 umströmt, so erhält man das komplexe Potenzial als Überlagerung einer Parallel- und einer Dipolströmung

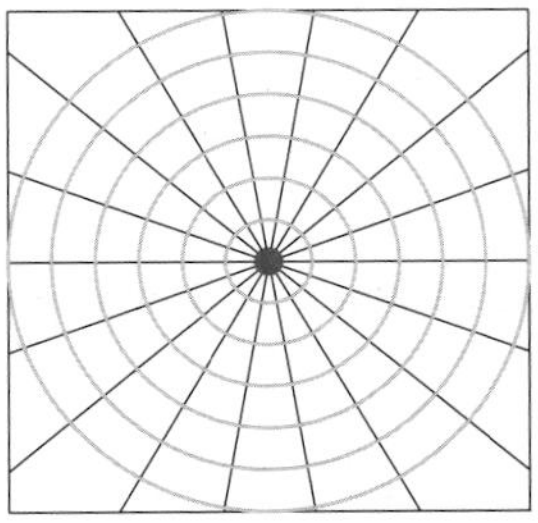

Zirkulationsströmung

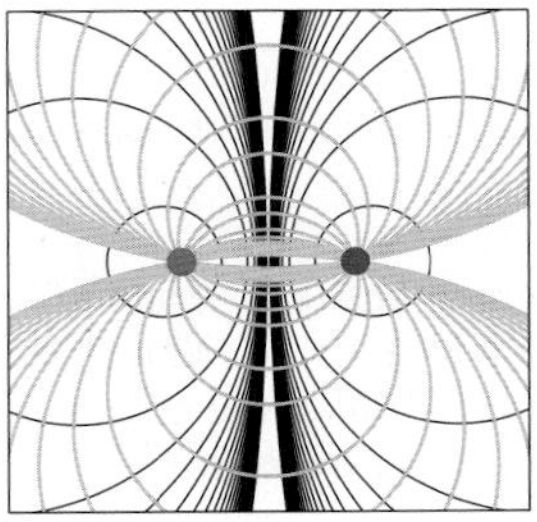

Dipolströmung

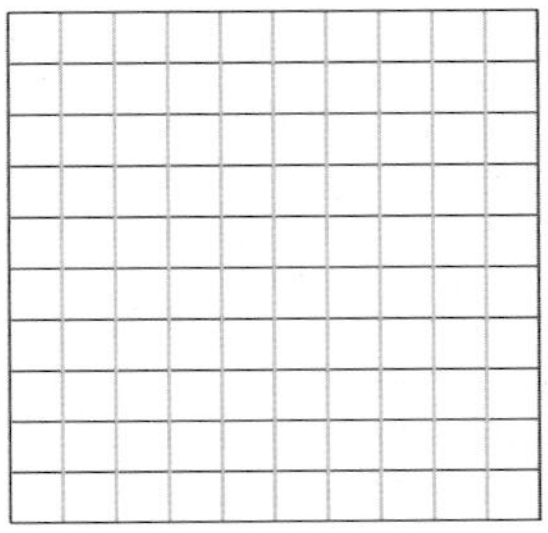

Parallelströmung

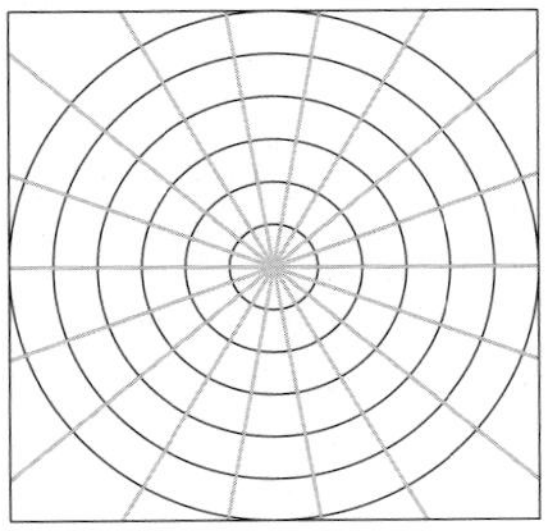

Quellenströmung

$$f(z) = v_0 \left(z + \frac{r_0^2}{z}\right)\,.$$

Berücksichtigt man zusätzlich noch eine Zirkulation der Stärke k, so wird das Potenzial zu

$$f(z) = v_0 \left(z + \frac{r_0^2}{z}\right) + \mathrm{i}\, k \ln z$$

erweitert. Dieses Zirkulation ist es, die für die Aufwärtskraft des Zylinders in der Strömung verantwortlich ist. Wir werden dieses Problem auf S. 1228 genauer diskutieren und am Ende ein einfaches Modell für eine Flugzeugtragfläche zur Verfügung haben.

Alle Methoden von S. 1220 stehen auch für Strömungsfelder zur Verfügung, insbesondere das Verpflanzungsprinzip.

In den folgenden Büchern findet sich neben einer ausführlicheren Diskussion der hier behandelten Themen auch Material zu den elektrostatischen Anwendungen auf S. 1220 sowie den weiterführenden Anwendungen auf S. 1223.

Literatur

- Meyberg/Vachenauer: *Höhere Mathematik*. Band 2, Springer, 1991.
- Murray R. Spiegel: *Schaum's Outline of Complex Variables*. McGraw-Hill, 1994.

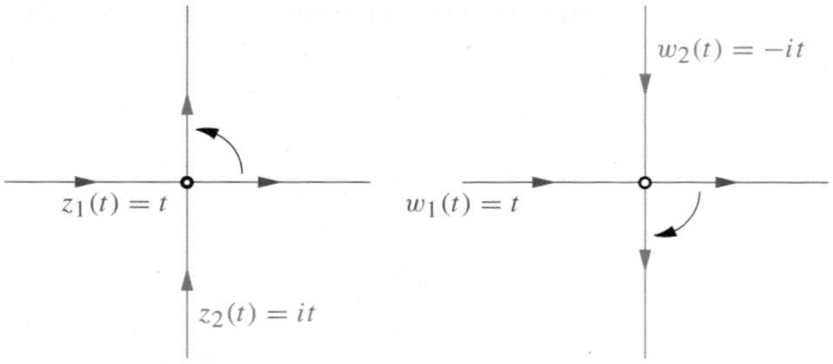

Abb. 32.10 Beispiel einer winkel-, aber nicht orientierungstreuen Funktion

Tangenten besitzen. Dann können wir definieren: Stimmen für alle $z_1(t)$, $z_2(t)$ die Winkel zwischen diesen Kurven einerseits und ihren Bildkurven unter f andererseits überein, so nennt man die Funktion *winkeltreu*. Stimmen die Winkel auch noch dem Drehsinn nach überein, so nennt man f zusätzlich orientierungstreu.

Eine Funktion, die zwar winkel-, aber nicht orientierungstreu ist, wäre $f(z) = \bar{z}$, wie in Abb. 32.10 illustriert. An der Skizze sieht man klar, dass durch die Abbildung $f(z) = \bar{z}$ zwar die rechten Winkel erhalten bleiben, ihr Drehsinn sich aber ändert.

Ist eine Funktion an jedem Punkt eines Gebietes G winkel- und orientierungstreu, so nennt man sie *lokal konform*. Ist sie zudem noch bijektiv, so heißt sie auf G *global konform*. Wir haben schon gesehen, dass die aufeinander normalen Kurven $x =$ const und $y =$ const durch eine holomorphe Funktion in zwei Kurven $u(x, y) =$ const und $v(x, y) =$ const abgebildet werden, wobei diese beiden wieder normal aufeinander stehen. Ganz allgemein gilt, dass eine holomorphe Funktion überall dort, wo ihre Ableitung nicht verschwindet, eine zumindest lokal konforme Abbildung darstellt, und umgekehrt entspricht jede konforme Abbildung einer solch holomorphen Funktion.

Die Exponentialfunktion ist auf ganz $\mathbb{C}$ lokal konform, denn $f(z) = \mathrm{e}^z$ ist überall holomorph und die Ableitung $f'(z) = \mathrm{e}^z$ wird nirgendwo null. Sie ist aber nicht global konform, denn wegen $\mathrm{e}^{z \pm 2\pi \mathrm{i}} = \mathrm{e}^z$ ist sie ja nicht bijektiv. Beschränkt man sich hingegen auf den Streifen

$$\{z \,|\, x \in \mathbb{R}, -\pi < y \leq \pi\} ,$$

so wird e^z eineindeutig und damit auch global konform.

Die Funktion $f(z) = z^2$ hat die Ableitung $f'(z) = 2z$ und ist überall außer bei $z = 0$ lokal konform. Betrachtet man beispielsweise nur die rechte oder nur die linke Halbebene, so ist sie dort jeweils bijektiv und damit auch global konform.

Konforme Abbildungen sind nützliche Werkzeuge in den verschiedensten Bereichen. Da bei vielen Problemen die wesentlichen Eigenschaften durch konforme Abbildungen erhalten bleiben, kann man bestimmte Aufgaben, etwa in der Elektrostatik oder der Fluidmechanik, mit ihrer Hilfe deutlich vereinfachen (siehe Anwendungen auf S. 1223 und 1228).

Dies geschieht zum Beispiel, indem man den betrachteten Bereich zunächst auf die Einheitskreisscheibe transformiert, dort das Problem löst und schließlich die Lösung rücktransformiert. Der *kleine Riemann'sche Abbildungssatz* sagt aus, dass es tatsächlich für jedes einfach zusammenhängende Gebiet $\neq \mathbb{C}$ eine konforme Abbildung dieses Gebietes auf die offene Einheitskreisscheibe $|z| < 1$ gibt.

32.2 Komplexe Kurvenintegrale

Wir wenden uns nun der komplexen *Integration* zu – und diese wird uns im Gegenzug auch neue Erkenntnisse über die *Differenzierbarkeit* holomorpher Funktionen liefern.

Der Weg zu unserem Ziel, die Integralrechnung im Komplexen einzuführen, wird über mehrere Etappen laufen, und die erste davon bekommen wir mit der reellen Integralrechnung nahezu „geschenkt". Zu Beginn betrachten wir nämlich erst einmal Funktionen, die zwar in die komplexen Zahlen abbilden, als Argument aber nur eine reelle Variable haben, also Funktionen der Form $f(t) = u(t) + \mathrm{i}v(t)$ mit $t \in \mathbb{R}$.

Die Linearität der Integration überträgt sich auf komplexwertige Funktionen einer reellen Variablen

Integrieren ist eine lineare Operation. Für beliebige Funktionen f und g gilt mit Konstanten α und β

$$\int_a^b (\alpha f + \beta g)\mathrm{d}x = \alpha \int_a^b f \,\mathrm{d}x + \beta \int_a^b g \,\mathrm{d}x ,$$

auch, wenn die Konstanten α und β komplex sind. Wir erhalten aus dieser Forderung das wesentliche Ergebnis:

$$\int_a^b f(t)\,\mathrm{d}t = \int_a^b (u(t) + \mathrm{i}v(t))\mathrm{d}t = \int_a^b u(t)\,\mathrm{d}t + \mathrm{i}\int_a^b v(t)\,\mathrm{d}t.$$

Dabei sind statt eines komplexen zwei reelle Integrale zu berechnen. Doch es geht noch einfacher. Geht man nämlich einmal von der obigen Definition aus, so lassen sich beliebige Integrale $\int_a^b f(t)\, dt$ auch für komplexwertige Funktionen berechnen wie „gewöhnliche" reelle Integrale, und dass dort irgendwelche komplexen Zahlen auftauchen, braucht einen überhaupt nicht zu stören.

Anwendung: Konforme Abbildungen in der Elektrostatik

Wir haben auf S. 1220 bereits das komplexe Potenzial einiger einfacher Ladungsverteilungen bestimmt. Mit den konformen Abbildungen haben wir nun jedoch ein Werkzeug in der Hand, um auch komplizierte Geometrien zu behandeln.

Entscheidend ist dabei das ebenfalls auf S. 1220 vorgestellte Verpflanzungsprinzip, das uns ein „Kochrezept" vorgibt, wie solche Probleme zu lösen sind. Wir müssen nur eine Abbildung h finden, die die gegebene Geometrie in der z-Ebene bijektiv und holomorph in eine einfachere in der w-Ebene transformiert. Kennen wir dort das komplexe Potenzial $f = f(w)$, so gibt uns $f(h(z))$ sofort das komplexe Potenzial für das Problem in der z-Ebene. Wir zeigen das anhand dreier Beispiele, nämlich eines Blitzableiters, zweier nicht konzentrischer Zylinder und des Randes eines unendlich ausgedehnten Kondensators.

Blitzableiter

In einem Gewitter hat man modellmäßig über der (natürlich geerdeten) Erdoberfläche ein nach oben hin linear zunehmendes Potenzial vorliegen. Beschreiben wir im zweidimensionalen Schnitt die Erdoberfläche durch die Gerade $\operatorname{Im} w = 0$, so ist das Potenzial (in einer geeigneten Skala) durch $f(w) = -\mathrm{i}\, w$ gegeben. Durch

$$w = h(z) = \sqrt{z^2 + 1}$$

wird die zwischen $z = 0$ und $z = \mathrm{i}$ geschlitzte obere z-Halbebene konform auf die obere w-Halbebene abgebildet. (Dabei muss man darauf achten, den korrekten Zweig der Wurzel auszuwerten.) Dies ist ein einfaches Modell eines Blitzableiters.

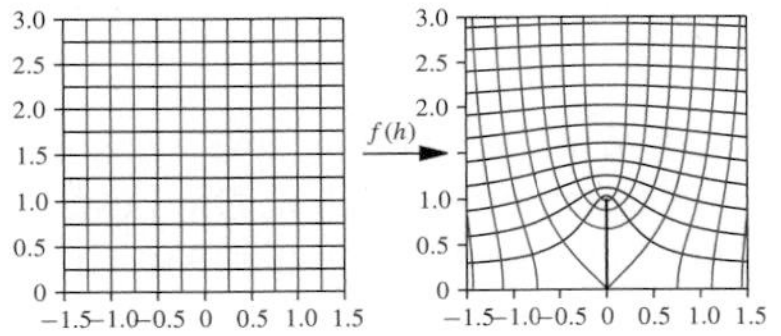

Der Blitzableiter ist ein Beispiel für die *Abbildungsformel von Schwarz-Christoffel*, mit deren Hilfe man die obere Halbebene konform auf das Innere beliebiger Polygone (Vielecke) abbilden kann. Die Abbildungsformel wird im Bonusmaterial kurz diskutiert.

Nicht-konzentrische Zylinder

Wir betrachten zwei Zylinder, deren Querschnitte durch $|z| = 1$ und $\left|z - \frac{1}{2}\right| = \frac{1}{4}$ gegeben sind. Den äußeren Zylinder nehmen wir als geerdet an ($V = 0$), der innere habe das Potenzial $V = V_0$.

Für konzentrische Kreise kennen wir die Lösung bereits von S. 1220, und mittels

$$w = \frac{z - z_0}{\overline{z_0}\, z - 1} \quad \text{mit } z_0 = \frac{1}{16}\left(19 - \sqrt{105}\right)$$

werden die beiden ursprünglichen Kreise auf $|w| = 1$ (mit $V = 0$) und

$$|w| = r_0 = \frac{1}{8}(13 - \sqrt{105})$$

(mit Potenzial $V = V_0$) transformiert. Das Potenzial dieser Konfiguration ist $\tilde{\Phi}(w) = V_0 \frac{\ln|w|}{\ln r_0}$, und wir erhalten für das ursprüngliche Problem das Potenzial

$$\Phi(x, y) = \frac{V_0}{2 \ln r_0} \ln \frac{(x - z_0)^2 + y^2}{(z_0 x - 1)^2 + z_0^2 y^2}\,.$$

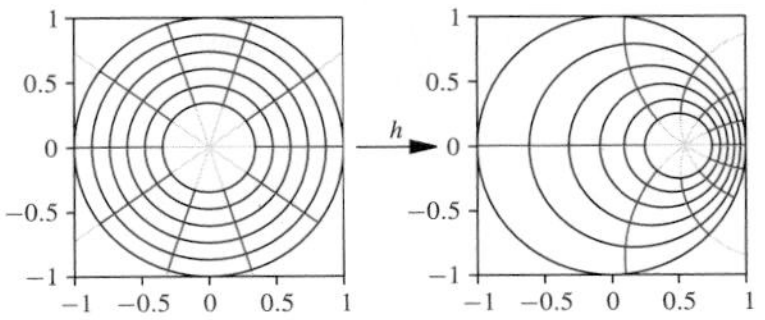

Die hier benutzte Abbildung ist eine Möbius-Transformation (gebrochen lineare Abbildung), siehe Bonusmaterial.

Rand eines Kondensators

Wir können einen unendlich ausgedehnten Kondensator durch zwei parallele Geraden, etwa $\operatorname{Im} z = \pm\pi$ beschreiben. Durch

$$w = z + \mathrm{e}^z$$

werden diese Geraden auf die Halbgeraden

$$x = \operatorname{Re} z \le -1\,, \quad y = \operatorname{Im} z = \pm\pi$$

abgebildet, die man als *rechten Rand* eines unendlich ausgedehnten Kondensators auffassen kann. Der Streifen $-\pi < \operatorname{Im} z < \pi$ wird auf die entlang der beiden Halbgeraden geschlitzte w-Ebene abgebildet.

Hier können wir nun nicht direkt so vorgehen wie bisher, weil wir zwar die Abbildung von der einfachen in die komplizierte Geometrie kennen, nicht aber deren Umkehrung, die man durch Lösen einer transzendenten Gleichung bestimmen müsste. Den Verlauf der Äquipotenzial- und Feldlinien können wir aber dennoch problemlos angeben. In der z-Ebene haben wir

Äquipotenziallinien	$z(t) = t + \mathrm{i}y_0$	$t \in \mathbb{R}$
Feldlinien	$z(t) = x_0 + \mathrm{i}t$	$t \in (-\pi, \pi)$

mit Konstanten $x_0 \in \mathbb{R}$ und $y_0 \in (-\pi, \pi)$. Diese Kurven können wir transformieren und erhalten das folgende Bild. (In der rechten Abbildung haben wir die Feldliniendichte erhöht, um den Verlauf besser darstellen zu können.)

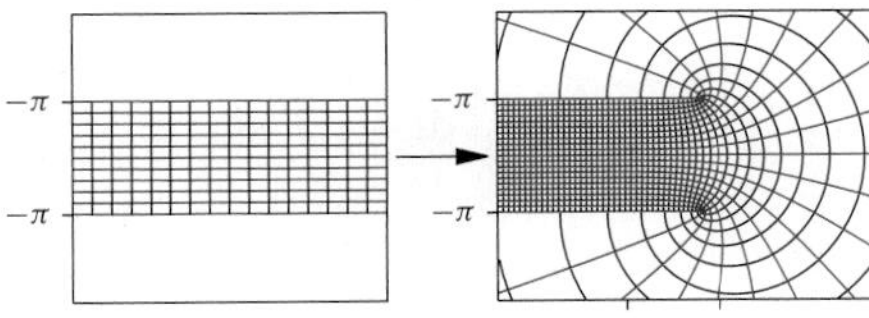

Wie sich leicht nachprüfen lässt, gelten für Integrale über Funktionen $\mathbb{R} \to \mathbb{C}$ nämlich die folgenden Rechenregeln:

$$\int_a^b (f+g)(t)\,\mathrm{d}t = \int_a^b f(t)\,\mathrm{d}t + \int_a^b g(t)\,\mathrm{d}t$$

$$\int_a^b cf(t)\,\mathrm{d}t = c\int_a^b f(t)\,\mathrm{d}t$$

$$\operatorname{Re}\int_a^b f(t)\,\mathrm{d}t = \int_a^b \operatorname{Re} f(t)\,\mathrm{d}t$$

$$\operatorname{Im}\int_a^b f(t)\,\mathrm{d}t = \int_a^b \operatorname{Im} f(t)\,\mathrm{d}t$$

$$\int_a^c f(t)\,\mathrm{d}t = \int_a^b f(t)\,\mathrm{d}t + \int_b^c f(t)\,\mathrm{d}t$$

$$\int_a^b f(t)\,\mathrm{d}t = -\int_b^a f(t)\,\mathrm{d}t$$

Vor allem aber gilt nach wie vor der Hauptsatz der Differenzial- und Integralrechnung: Ist F eine Stammfunktion von f, also $\frac{\mathrm{d}F}{\mathrm{d}t} = f(t)$, so ist

$$\int_a^b f(t)\,\mathrm{d}t = F(b) - F(a)\,,$$

und alle Stammfunktionen unterscheiden sich nur um jeweils eine Konstante. Der Beweis dafür folgt sofort aus der reellen Analysis, wenn man Real- und Imaginärteil getrennt betrachtet. Aus diesem Grund wird man komplexe Integrale meist genauso berechnen wie ihre reellen Verwandten: durch Aufsuchen einer Stammfunktion.

Der Vollständigkeit halber sei noch gesagt, dass nach wie vor die Abschätzung

$$\left|\int_a^b f(t)\,\mathrm{d}t\right| \le \int_a^b |f(t)|\,\mathrm{d}t$$

gilt, wie sich mit ein wenig mehr Aufwand leicht zeigen lässt.

Beispiel Wir berechnen das Integral $\int_0^\pi \mathrm{e}^{\mathrm{i}t}\,\mathrm{d}t$. Durch Auftrennen in Real- und Imaginärteil erhalten wir:

$$\begin{aligned}\int_0^\pi \mathrm{e}^{\mathrm{i}t}\,\mathrm{d}t &= \int_0^\pi (\cos t + \mathrm{i}\sin t)\,\mathrm{d}t \\ &= \int_0^\pi \cos t\,\mathrm{d}t + \mathrm{i}\int_0^\pi \sin t\,\mathrm{d}t \\ &= 0 + \mathrm{i}\cdot 2 = 2\mathrm{i}\end{aligned}$$

Noch einfacher erhält man das gleiche Ergebnis aber mit

$$\int_0^\pi \mathrm{e}^{\mathrm{i}t}\,\mathrm{d}t = \frac{1}{\mathrm{i}}\mathrm{e}^{\mathrm{i}t}\Big|_0^\pi = \frac{\mathrm{e}^{\mathrm{i}\pi} - \mathrm{e}^0}{\mathrm{i}} = 2\mathrm{i}.$$ ◀

Beispiel Auch Polynome machen natürlich keine Probleme:

$$\begin{aligned}I &= \int_0^1 (t^2 + (1+\mathrm{i})t - 5\mathrm{i})\,\mathrm{d}t \\ &= \left(\frac{t^3}{3} + (1+\mathrm{i})\frac{t^2}{2} - 5\mathrm{i}t\right)\Big|_0^1 \\ &= \frac{1}{3} + \frac{1+\mathrm{i}}{2} - 5\mathrm{i} = \frac{5}{6} - \frac{9}{2}\mathrm{i}\end{aligned}$$ ◀

Allgemein können bei solchen Integralen natürlich sämtliche schon aus der reellen Analysis bekannten Tricks (wie etwa Partialbruchzerlegung oder partielle Integration) zur Anwendung kommen. Auch Substitutionen sind erlaubt, allerdings sollte man bei ihnen darauf achten, dass man nicht versehentlich die reelle Achse verlässt.

Wege in der komplexen Ebene lassen sich mittels Kurven beschreiben

Bisher haben wir uns mit Integralen über komplexwertige Funktionen beschäftigt, die nur von einer reellen Variablen abhängen. Während man in $\mathbb{R}$ aber notgedrungen nur entlang von Intervallen integrieren kann, stehen in der komplexen Ebene beliebige Wege zur Verfügung.

Teile der reellen Achse sind nur ganz spezielle Integrationskurven, wenn auch sehr wichtige – wir werden nämlich allgemeine Kurvenintegrale beim Ausrechnen meist auf diesen Fall zurückführen.

Zunächst müssen wir aber wissen, wie wir solche Kurven oder Wege überhaupt beschreiben sollen. Die beste Möglichkeit dazu ist eine Parameterdarstellung der Art C: $z(t) = \gamma(t) = \gamma_1(t) + \mathrm{i}\gamma_2(t)$ mit einem reellen Parameter t. Um Komplikationen aus dem Weg zu gehen, lassen wir wie im Reellen nur solche Funktionen γ_1 und γ_2 zu, die zumindest stückweise stetig differenzierbar sind.

Auch wenn sich in Parameterdarstellung fast beliebige Kurven beschreiben lassen, verwendet man in der Praxis doch vor allem zwei Arten, nämlich Kreise und Geraden sowie deren Kombinationen. Diese lassen sich auf einfache Weise parametrisieren.

Für einen mathematisch positiv, also gegen den Uhrzeigersinn durchlaufenen Kreis mit Mittelpunkt z_0 und Radius r_0 erhält man beispielsweise

$$z(t) = z_0 + r_0\mathrm{e}^{\mathrm{i}t} \quad t \in [0, 2\pi).$$

Ein Geradenstück mit Anfangspunkt z_A und Endpunkt z_E ergibt sich mit

$$z(t) = z_A + (z_E - z_A)t \quad t \in [0, 1].$$

Teil V

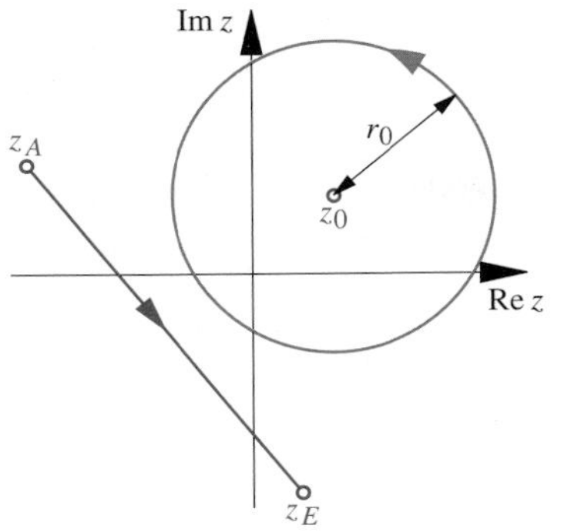

Abb. 32.11 Kreise und Gerade sind die wichtigsten Typen von Wegen in der komplexen Ebene

Besonders angenehm sind natürlich Geraden parallel zur reellen oder imaginären Achse, die man einfach mit $z(t) = z_0 + t$ bzw. $z(t) = z_0 + \mathrm{i}t$, beschreiben kann, wobei das t-Intervall jeweils geeignet zu wählen ist.

Beispiel Aus diesen Elementen können wir nun auch wieder kompliziertere Kurven zusammensetzen. So suchen wir jetzt eine Parametrisierung für die in Abb. 32.12 dargestellte Kurve C_1.

Hier ist es sinnvoll, den Weg in mehrere Stücke zu zerlegen. Der erste Teil von C_1 ist ein Geradenstück, das wir mit

$$C_{11}: \; z(t) = -2 - 2\mathrm{i} + \mathrm{i}t\,, \quad t \in [0,\, 3]$$

aufschreiben können. Es folgt ein negativ durchlaufener Viertelkreis

$$C_{12}: \; z(t) = -1 + \mathrm{i} + \mathrm{e}^{-\mathrm{i}t}\,, \quad t \in \left[-\pi,\, -\frac{\pi}{2}\right],$$

wieder ein Geradenstück

$$C_{13}: \; z(t) = -1 + 2\mathrm{i} + t\,, \quad t \in [0,\, 1]$$

und zum Abschluss ein Halbkreis

$$C_{14}: \; z(t) = \mathrm{i} + \mathrm{e}^{-\mathrm{i}t}\,, \quad t \in \left[-\frac{\pi}{2},\, \frac{\pi}{2}\right].$$

◀

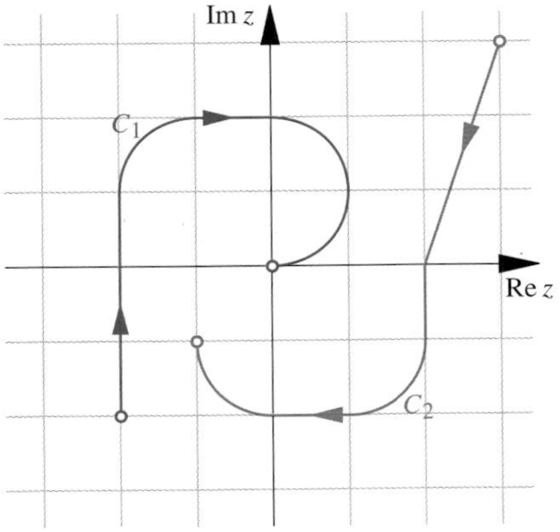

Abb. 32.12 Zwei Kurven in der komplexen Ebene

Selbstfrage 3

Bestimmen Sie eine Parametrisierung für die Kurve C_2 in Abb. 32.12.

Die gleiche Kurve kann verschieden parametrisiert werden, so stellen

$$z(t) = \mathrm{e}^{\mathrm{i}t}, \quad t \in [0, \pi]$$

und

$$z(t) = \mathrm{e}^{2\mathrm{i}t}, \quad t \in \left[0, \frac{\pi}{2}\right]$$

natürlich die gleiche Kurve dar. Durchläuft man eine Kurve C in der anderen Richtung, so schreibt man dafür oft $-C$ (oder auch C^{-1}). Das Bild der Kurve ändert sich bei Umkehrung des Durchlaufungssinns nicht.

Kurvenintegrale lassen sich auf Integrale über komplexwertige Funktionen einer reellen Variablen zurückführen

Wir haben nun die nötigen Werkzeuge bei der Hand, um allgemeine Kurvenintegrale in der komplexen Ebene zu behandeln.

Wir definieren als Kurvenintegral über eine Funktion $f(z)$ entlang einer mit $z(t)$, $t \in [a, b]$ parametrisierten Kurve C:

$$\int_C f(z)\mathrm{d}z = \int_a^b f(z(t))\frac{\mathrm{d}z}{\mathrm{d}t}\mathrm{d}t\,.$$

Die Formel ist mit $\mathrm{d}z = \frac{\mathrm{d}z}{\mathrm{d}t}\,\mathrm{d}t$ leicht zu merken. Bevor wir uns über die allgemeinen Eigenschaften von Kurvenintegralen unterhalten, zunächst einige Beispiele.

Beispiel

- Als erstes berechnen wir das Integral über $f(z) = z^2$ entlang des Halbkreises

  $$C: \; z(t) = \mathrm{e}^{\mathrm{i}t}\,, \quad t \in [0, \pi]\,.$$

  Dafür erhalten wir

  $$\int_C z^2 \mathrm{d}z = \int_0^\pi (\mathrm{e}^{\mathrm{i}t})^2 \mathrm{i}\,\mathrm{e}^{\mathrm{i}t}\mathrm{d}t = \mathrm{i}\int_0^\pi \mathrm{e}^{3\mathrm{i}t}\mathrm{d}t = \mathrm{i}\frac{\mathrm{e}^{3\mathrm{i}t}}{3\mathrm{i}}\bigg|_0^\pi = -\frac{2}{3}\,.$$

- Nun ermitteln wir $\int_C \bar{z}\,\mathrm{d}z$, wobei C die Strecke $z(t) = \mathrm{i} + (1+\mathrm{i})t$, $t \in [0,1]$ ist:

$$\begin{aligned}\int_C \bar{z}\,\mathrm{d}z &= \int_0^1 \bar{z}\,\frac{\mathrm{d}z}{\mathrm{d}t}\,\mathrm{d}t = \int_0^1 \overline{(\mathrm{i}+t+\mathrm{i}t)}(1+\mathrm{i})\mathrm{d}t \\ &= (1+\mathrm{i})\int_0^1 (-\mathrm{i}+(1-\mathrm{i})t)\mathrm{d}t \\ &= (1+\mathrm{i})\left(-\mathrm{i}t+(1-\mathrm{i})\frac{t^2}{2}\right)\Bigg|_0^1 \\ &= (1+\mathrm{i})\left(-\mathrm{i}+\frac{1-\mathrm{i}}{2}\right) = 2-\mathrm{i}\end{aligned}$$

◀

Nach diesen Beispielen nun ein kurzer Überblick über die wichtigsten Eigenschaften und Merkmale der Kurvenintegrale. Vieles davon verläuft völlig analog zu den reellen Kurvenintegralen in Kap. 26.

- Ist eine Kurve C aus mehreren Stücken $C_1, \dots, C_n$ zusammengesetzt, so erhält man

$$\int_C f(z)\,\mathrm{d}z = \int_{C_1} f(z)\,\mathrm{d}z + \ldots + \int_{C_n} f(z)\,\mathrm{d}z.$$

- Durchläuft man den Integrationsweg in der umgekehrten Richtung, so kehrt sich das Vorzeichen des Integrals um,

$$\int_{-C} f(z)\,\mathrm{d}z = -\int_C f(z)\,\mathrm{d}z.$$

- Real- und Imaginärteil eines komplexen Kurvenintegrals sind reelle Kurvenintegrale. Ein wenig schlampig, aber gut zu merken:

$$\begin{aligned}\int_C f(z)\,\mathrm{d}z &= \int_C (u+\mathrm{i}v)(\mathrm{d}x+\mathrm{i}\,\mathrm{d}y) \\ &= \int_C (u\,\mathrm{d}x - v\,\mathrm{d}y) + \mathrm{i}\int_C (v\,\mathrm{d}x + u\,\mathrm{d}y)\end{aligned}$$

- Kurvenintegrale sind linear in dem Sinne, dass

$$\int_C (f+g)(z)\,\mathrm{d}z = \int_C f(z)\,\mathrm{d}z + \int_C g(z)\,\mathrm{d}z$$

$$\int_C cf(z)\,\mathrm{d}z = c\int_C f(z)\,\mathrm{d}z$$

ist.

- Hingegen gilt eine Eigenschaft nicht mehr, die wir bei Integralen entlang der reellen Achse noch vorliegen hatten. Im Allgemeinen ist nämlich

$$\mathrm{Re}\int_C f(z)\,\mathrm{d}z \neq \int_C \mathrm{Re}\,f(z)\,\mathrm{d}z$$

und analog für den Imaginärteil.

- Der Wert eines Kurvenintegrals hängt, abgesehen von der Richtung, nicht von der Parametrisierung der Kurve ab. Das ist analog zu reellen Kurvenintegralen und ist das Äquivalent zur Substitutionsregel aus Kap. 12.
- Die Beziehung $|\int_a^b f(t)\,\mathrm{d}t| \leq \int_a^b |f(t)|\,\mathrm{d}t$ lässt sich so nicht mehr auf Kurvenintegrale übertragen, allerdings gibt es zumindest noch die folgende Abschätzung: Nennen wir $L(C)$ die Länge der Kurve C und $\|f\|_C$ das Maximum des Betrages von f auf C, so ist

$$\left|\int_C f(z)\,\mathrm{d}z\right| \leq \|f\|_C \cdot L(C)\,.$$

- Bei Kurvenintegralen über gleichmäßig konvergente Funktionenfolgen oder -reihen dürfen Grenzübergang und Integration vertauscht werden.

Eines der wichtigsten Kurvenintegrale überhaupt ist jenes über $(z-z_0)^n$ mit $n \in \mathbb{Z}$. Dabei soll der Integrationsweg der Einfachheit halber ein Kreis mit Mittelpunkt z_0 und Radius r_0 sein,

$$C:\ z(t) = z_0 + r_0\mathrm{e}^{\mathrm{i}t}\,, \quad t \in [0, 2\pi)\,.$$

Zunächst betrachten wir einmal den Fall $n \neq -1$,

$$\begin{aligned}\int_C (z-z_0)^n\,\mathrm{d}z &= \int_0^{2\pi} \left(r_0\mathrm{e}^{\mathrm{i}t}\right)^n \left(\mathrm{i}\,r_0\mathrm{e}^{\mathrm{i}t}\right)\mathrm{d}t \\ &= \mathrm{i}r_0^{n+1}\int_0^{2\pi} \mathrm{e}^{\mathrm{i}(n+1)t}\,\mathrm{d}t \\ &= \frac{r_0^{n+1}}{n+1}\mathrm{e}^{\mathrm{i}(n+1)t}\Bigg|_0^{2\pi} = 0,\end{aligned}$$

denn e^z ist $2\pi\mathrm{i}$-periodisch. Nun geht es nur noch um den Fall $n = -1$. Hier erhalten wir

$$\int_C \frac{1}{z-z_0}\,\mathrm{d}z = \int_0^{2\pi} R^{-1}\mathrm{e}^{-\mathrm{i}t}\mathrm{i}\,R\mathrm{e}^{\mathrm{i}t}\,\mathrm{d}t = \mathrm{i}\int_0^{2\pi}\mathrm{d}t = 2\pi\mathrm{i}.$$

Wir erhalten also folgendes Ergebnis.

Zentrales Integral der Funktionentheorie

Für einen positiv orientierten Kreis C mit Mittelpunkt z_0 und Radius $R > 0$ erhalten wir

$$\int_C (z-z_0)^n\,\mathrm{d}z = \begin{cases}0 & \text{für } n \neq -1 \\ 2\pi\mathrm{i} & \text{für } n = -1\end{cases} \tag{32.6}$$

Dieses Ergebnis gehört zu den wichtigsten Formeln der Funktionentheorie und wird uns mehrfach wieder begegnen.

Nun aber zu einem Beispiel, das einerseits noch einmal das handwerkliche Rechnen demonstrieren soll, andererseits aber auch gleich auf eine der wesentlichsten Fragen bei Kurvenintegralen hinweist: die Wegunabhängigkeit.

Beispiel Wir berechnen die Integrale $\int_{C_k} z^2\,\mathrm{d}z$ und $\int_{C_k} \bar{z}\,\mathrm{d}z$ entlang der drei in Abb. 32.13 dargestellten Wege mit Anfangspunkt $z_A = -1$ und Endpunkt $z_E = +1$.

Die erste Integration erfolgt entlang der reellen Achse.

$$\int_{C_1} z^2\,\mathrm{d}z = \int_{-1}^{1} t^2\,\mathrm{d}t = \frac{t^3}{3}\bigg|_{-1}^{1} = \frac{2}{3}$$

$$\int_{C_1} \bar{z}\,\mathrm{d}z = \int_{-1}^{1} t\,\mathrm{d}t = \frac{t^2}{2}\bigg|_{-1}^{1} = 0\,.$$

Nun integrieren wir entlang eines Halbkreises in der oberen Halbebene:

$$\int_{C_2} z^2\,\mathrm{d}z = \int_{\pi}^{0} \left(\mathrm{e}^{\mathrm{i}t}\right)^2 \mathrm{i}\mathrm{e}^{\mathrm{i}t}\,\mathrm{d}t = -\mathrm{i}\,\frac{\mathrm{e}^{3\mathrm{i}t}}{3\mathrm{i}}\bigg|_{0}^{\pi} = \frac{2}{3}$$

$$\int_{C_2} \bar{z}\,\mathrm{d}z = \int_{\pi}^{0} \mathrm{e}^{-\mathrm{i}t}\,\mathrm{i}\,\mathrm{e}^{\mathrm{i}t}\,\mathrm{d}t = -\mathrm{i}\int_{0}^{\pi} \mathrm{d}t = -\mathrm{i}\pi\,.$$

Zuletzt wählen wir noch ein Rechteck. Für die Quadratfunktion erhalten wir

$$\begin{aligned} I &= \int_{C_3} z^2\,\mathrm{d}z \\ &= \int_{0}^{1} (-1+\mathrm{i}t)^2\mathrm{i}\,\mathrm{d}t + \int_{-1}^{1} (\mathrm{i}+t)^2\mathrm{d}t + \int_{1}^{0} (1+\mathrm{i}t)^2\mathrm{i}\,\mathrm{d}t = \frac{2}{3}, \end{aligned}$$

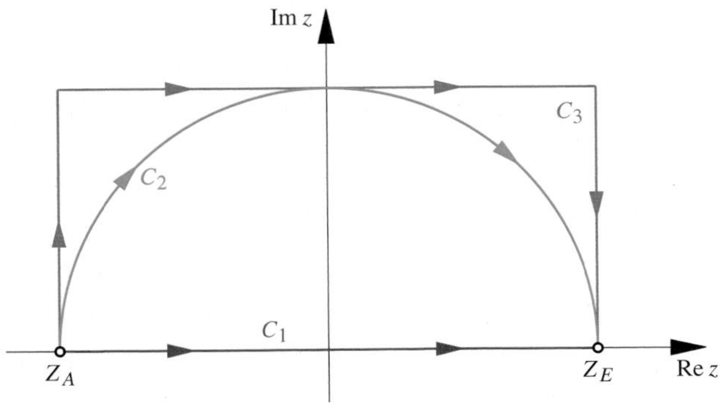

Abb. 32.13 Wir integrieren entlang dieser drei Wege

für die Konjugationsfunktion

$$\begin{aligned} \int_{C_3} \bar{z}\,\mathrm{d}z &= \int_{0}^{1} (-1-\mathrm{i}t)\mathrm{i}\,\mathrm{d}t + \int_{-1}^{1} (-\mathrm{i}+t)\mathrm{d}t + \int_{1}^{0} (1-\mathrm{i}t)\mathrm{i}\,\mathrm{d}t \\ &= -4\mathrm{i}\,. \end{aligned}$$

Für $f(z) = z^2$ ergibt jedes Integral den gleichen Wert, für $f(z) = \bar{z}$ hingegen hängt das Ergebnis erheblich vom Integrationsweg ab. z^2 ist holomorph, $\bar{z}$ hingegen nicht, und es wird sich im nächsten Abschnitt zeigen, dass es sich dabei tatsächlich um das entscheidende Kriterium für Wegunabhängigkeit handelt. ◀

Beispiel Ganz kurz demonstrieren wir noch die Abschätzung für Kurvenintegrale: Wenn C ein Kreis mit Radius R ist, dann erhalten wir als Abschätzung für $\int_C \frac{1}{z}\,\mathrm{d}z$ die Abschätzung

$$\left|\int_C \frac{1}{z}\,\mathrm{d}z\right| \leq \frac{1}{R}\cdot 2\pi R = 2\pi\,.$$

In diesem Fall hat das Integral (je nach Orientierung) den Wert $\pm 2\pi\mathrm{i}$, die Abschätzung liefert hier, was natürlich auch vorkommen kann, den exakten Wert. ◀

Der Cauchy'sche Integralsatz macht Aussagen über die Wegunabhängigkeit von Kurvenintegralen

Wie schon angekündigt befassen wir uns nun mit der Wegunabhängigkeit von Kurvenintegralen. Bevor wir aber zum zentralen Satz in diesem Zusammenhang kommen, suchen wir zuerst noch nach Möglichkeiten, wie sich die Wegunabhängigkeit anders formulieren lässt.

Dazu betrachten wir den in Abb. 32.14 dargestellten geschlossenen Integrationsweg C. Nun wählen wir auf dieser Kurve zwei

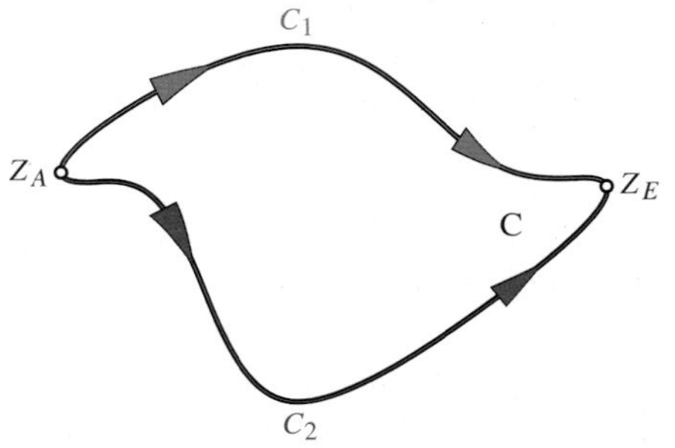

Abb. 32.14 Wir machen aus einem geschlossenen Weg zwei Wege mit jeweils gleichem Anfangs- und Endpunkt

Anwendung: Physikalische Interpretation des Kurvenintegrals und Aufwärtskraft

Wie auf S. 1221 dargestellt können wir holomorphe Funktionen f als komplexe Potenziale eines Strömungsfeldes $\boldsymbol{v}$ auffassen. Auch das Kurvenintegral über eine solche Funktion erhält dann eine unmittelbare physikalische Interpretation.

Für ein Kurvenintegral entlang C nennen wir den Realteil die **Zirkulation** Γ von $\boldsymbol{v}$ längs C und den Imaginärteil den **Fluss** Φ von $\boldsymbol{v}$ durch C,

$$\Gamma = \operatorname{Re} \int_C f(z)\,\mathrm{d}z\,, \qquad \Phi = \operatorname{Im} \int_C f(z)\,\mathrm{d}z\,.$$

Diese suggestiven Namen drücken den Sachverhalt gut aus. Γ misst den Anteil der Strömung entlang der Kurve, Φ den Anteil senkrecht dazu.

Für *Stromlinien* verläuft die Strömung stets tangential zur Kurve, der Fluss ist dementsprechend null. Für eine geschlossene Stromlinie gilt

$$\Gamma = \operatorname{Re} \oint_C f'(z)\,\mathrm{d}z = \oint_C f'(z)\,\mathrm{d}z\,.$$

Aus dem Bernoulli-Gesetz

$$\frac{\rho}{2}\,|f'(z)|^2 + p(z) = \text{const}$$

für eine Flüssigkeit der Dichte ρ kann man für eine Stromlinie die *Formel von Blasius* für die Auftriebskraft F herleiten,

$$F = -\mathrm{i}\,\frac{\rho}{2}\,\overline{\oint_C f'(z)^2\,\mathrm{d}z}\,.$$

Für eine Kreisströmung mit Zirkulation, wie auf S. 1221 diskutiert,

$$f(z) = v_0\left(z + \frac{1}{z}\right) + \mathrm{i}\,k \operatorname{Log} z$$

erhält man $\Gamma = -2\pi\,k$ und $F = \mathrm{i}\,\frac{\rho}{2}\,4\pi\,v_0\,k$. Das ergibt die **Auftriebsformel von Kutta**

$$F = -\mathrm{i}\rho v_0\,\Gamma\,.$$

Die Kraft wirkt senkrecht zur Anströmrichtung. (Diese als Auftrieb bezeichnete Kraft darf nicht mit dem hydrostatischen Auftrieb verwechselt werden, der rein auf Dichteunterschieden beruht.) Kurz und prägnant formuliert: *Ohne Zirkulation keine Auftriebskraft*.

Erklärungen für Auftriebskräfte von der Art „Weil die Luft auf der oberen Seite der Tragfläche einen längeren Weg zurücklegen muss als auf der unteren, ist der Druck oben geringer als unten“ greifen zu kurz bzw. sind falsch.

Woher kommt nun aber die Zirkulationsströmung um die Tragfläche? Warum benötigt man überhaupt speziell geformte Tragflächen, wo doch die Zirkulation um einen Zylinder genauso zu einer Aufwärtskraft führt?

Erstens sind unsere Näherungen für ein „breites“ Objekt wie einen Zylinder deutlich schlechter gerechtfertigt als für ein „schlankes“ wie eine Tragfläche. Zweitens entsteht Zirkulation natürlich nicht von allein. Selbst wenn anfangs eine Zirkulation vorhanden ist, hilft das nicht viel. Immerhin gilt unsere Annahme von Reibungsfreiheit nicht exakt – eine Zirkulation, der nicht ständig Energie zugeführt wird, wird durch Reibung schwächer und verschwindet irgendwann.

Entsprechend muss eine reale Tragfläche so geformt sein, dass die Zirkulation darum herum erzeugt und aufrechterhalten wird. Das geschieht, indem sich an ihrem Ende ständig kleine Wirbel lösen. Durch die Drehimpulserhaltung kommt es dann zu einer Zirkulation in umgekehrter Richtung um die Tragfläche – und diese Zirkulation hält das Flugzeug in der Luft.

Wirbel können wir mit unserem Ansatz zwar nicht behandeln, sie können überhaupt nur entstehen, wo unser Formalismus versagt – etwa an der scharfen Kante einer Tragfläche. Dort kann kein reales Fluid den scharf gekrümmten Bahnkurven folgen, es reißen Wirbel ab – so lange, bis die Zirkulation genügend angestiegen ist, dass der *Staupunkt* z_S mit $f'(z_S) = 0$ genau an der Hinterkante liegt.

Eine Tragfläche erhalten wir mithilfe der **Joukowski-Abbildung**

$$w = f_J(z) = \frac{1}{2}\left(z + \frac{1}{z}\right),$$

die den Kreis $|10z + 2 - 5\mathrm{i}| = 13$ auf das Kutta-Joukowski-Profil abbildet. Der Punkt $z = 1$ wird in sich selbst übergeführt.

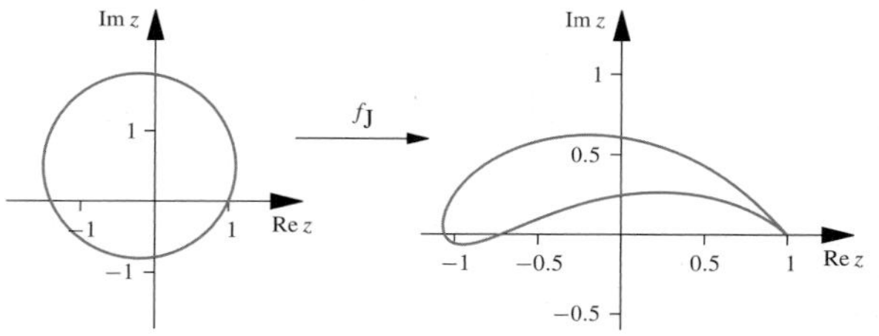

Mithilfe dieser Abbildung untersuchten Martin Wilhelm Kutta (1867–1944) und Nikolai Jegorowitsch Joukowski (1847–1921) erstmals mathematisch den Auftrieb von Tragflächen.

Die Verschiebung der Staupunkte sieht man besonders schön an einem Zylinder. Für $v_0 = 1$ und einen Zylinder vom Radius $r_0 = 1$ wandern die Staupunkte bei Zunahme der Zirkulation (gemessen durch den Parameter k) nach unten, bis sie sich bei $k = 1$ treffen und für $k > 1$ verschwinden.

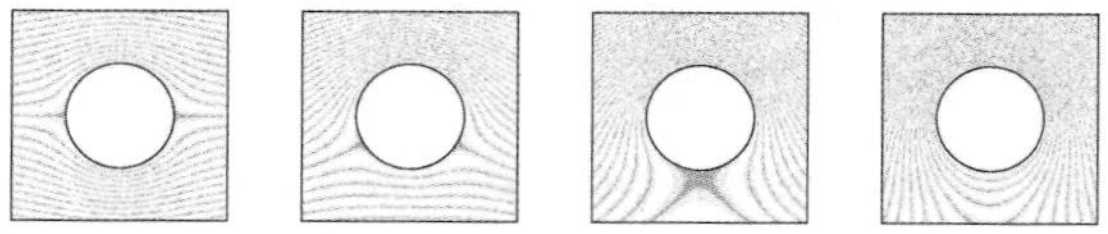

$k = 0$ $\quad$ $k = 0.5$ $\quad$ $k = 1$ $\quad$ $k = 1.5$

beliebige Punkte z_A und z_E. Es gibt nun zwei Wege, die von z_A nach z_E laufen, nämlich C_1 und C_2. Bei Wegunabhängigkeit ist

$$\int_{C_1} f(z)\,\mathrm{d}z = \int_{C_2} f(z)\,\mathrm{d}z\,.$$

Außerdem ist für beliebige Kurvenintegrale

$$\int_{-C} f(z)\,\mathrm{d}z = -\int_{C} f(z)\,\mathrm{d}z\,.$$

Für das Integral über die ganzen Schlinge erhält man im Fall von Wegunabhängigkeit also (man beachte die Orientierung von C_2)

$$\begin{aligned}\oint_C f(z)\,\mathrm{d}z &= \int_{C_1} f(z)\,\mathrm{d}z + \int_{-C_2} f(z)\,\mathrm{d}z\\ &= \int_{C_1} f(z)\,\mathrm{d}z - \int_{C_2} f(z)\,\mathrm{d}z = 0.\end{aligned}$$

Das bedeutet: Bei Wegunabhängigkeit ist jedes Integral über einen geschlossenen Weg gleich null. Umgekehrt gilt auch: Ist das Integral einer stetigen Funktion über *jeden* geschlossenen Weg gleich null, so liegt Wegunabhängigkeit vor.

Noch eine andere Umschreibung der Wegunabhängigkeit gibt es: Wenn es zu f eine andere Funktion F mit $\frac{\mathrm{d}F}{\mathrm{d}z} = f$ gibt, so nennt man diese wie im Reellen eine Stammfunktion, und analog zum Reellen ist

$$\int_{z_A \to z_E} f(z)\,\mathrm{d}z = F(z_E) - F(z_A)\,,$$

wobei $z_A \to z_E$ ein beliebiger Weg mit Anfangspunkt z_A und Endpunkt z_E ist. Wenn eine Stammfunktion existiert, liegt also Wegunabhängigkeit vor. Umgekehrt kann man im Fall von Wegunabhängigkeit immer eine Stammfunktion mittels

$$F(z) = \int_{z_0 \to z} f(\zeta)\mathrm{d}\zeta$$

konstruieren. Wegunabhängigkeit und Existenz einer Stammfunktion sind also ebenfalls äquivalent.

Unter welchen Voraussetzungen liegt nun Wegunabhängigkeit von Kurvenintegralen vor? Dazu erinnern wir daran, dass ja Real- und Imaginärteil eines komplexen Kurvenintegrals jeweils reelle Kurvenintegrale sind. $\int_C f(z)\,\mathrm{d}z$ ist dann wegunabhängig, wenn das auf die beiden reellen Integrale

$$\int_C (u\,\mathrm{d}x - v\,\mathrm{d}y) \quad \text{und} \quad \int_C (v\,\mathrm{d}x + u\,\mathrm{d}y)$$

zutrifft.

Die reelle Integrabilitätsbedingung $\frac{\partial V_j}{\partial x_k} = \frac{\partial V_k}{\partial x_j}$ ergibt für das erste Integral $\frac{\partial u}{\partial y} = -\frac{\partial v}{\partial x}$ und für das zweite $\frac{\partial v}{\partial y} = \frac{\partial u}{\partial x}$. Das sind genau die Cauchy-Riemann-Gleichungen! Kurvenintegrale über holomorphe Funktionen sind also wegunabhängig. Allerdings müssen wir dieses Ergebnis noch ein wenig präzisieren, was die erlaubten Integrationswege angeht.

Cauchy'scher Integralsatz

Für ein einfach zusammenhängendes Gebiet G und eine darin holomorphe Funktion f gilt, sofern alle betrachteten Wege ganz in G liegen:

- Für jeden geschlossenen Weg C ist $\oint_C f(z)\,\mathrm{d}z = 0$.
- Für zwei beliebige Wege C_1 und C_2 mit gleichem Anfangs- und Endpunkt ist

$$\int_{C_1} f(z)\,\mathrm{d}z = \int_{C_2} f(z)\,\mathrm{d}z\,.$$

- Zu $f(z)$ existiert eine Stammfunktion $F(z)$ mit $\frac{\mathrm{d}F}{\mathrm{d}z} = f$ und

$$\int_{z_A \to z_E} f(z)\,\mathrm{d}z = F(z_E) - F(z_A)\,.$$

Dazu gibt es natürlich einige Anmerkungen: Zunächst einmal ist es wesentlich, dass ein *einfach* zusammenhängendes Gebiet vorausgesetzt wird, also eines „ohne Löcher", in dem sich jede geschlossene Kurve stetig auf einen Punkt zusammenziehen lässt. Die Funktion f, $\dot{\mathbb{C}} \to \mathbb{C}$ mit $f(z) = \frac{1}{z}$ etwa ist in jedem Punkt mit Ausnahme von $z = 0$ holomorph, und trotzdem ergibt das Integral auf einem Kreis um den Ursprung nicht den Wert Null. Schon ein einzelner Punkt kann also die Wegunabhängigkeit zerstören.

Eine direkte Folgerung aus dem Cauchy'schen Integralsatz ist weiter, dass Integrationswege innerhalb des Holomorphiegebietes einer Funktion beliebig deformiert werden können. Das ist mit ein Grund, warum man sich bevorzugt mit Geraden und Kreisen als Integrationswegen befasst. Bei einem holomorphen Integranden kann, wie in Abb. 32.15 demonstriert, ohnehin wieder jeder Weg in diese Form gebracht werden.

Kommentar Die hier gebrachte Formulierung des Cauchy'schen Integralsatzes ist zwar richtig, die Voraussetzungen können aber noch weiter gefasst werden. Für den rigorosen Aufbau der Funktionentheorie wählt man einen zunächst beliebigen, im Weiteren aber festen Punkt $z^* \in G$ und fordert zwar Stetigkeit von f in ganz G, Holomorphie aber nur in $G \setminus \{z^*\}$.

Diese Forderung ist zwar rein technischer Natur (denn es zeigt sich, dass eine Funktion, die diese Voraussetzungen erfüllt, ohnehin in z^* ebenfalls holomorph ist), sie ist aber für den Beweis der im nächsten Abschnitt vorgestellten Cauchy'schen Integralformel notwendig. Der Beweis wird dann allerdings deutlich umfangreicher, weshalb wir hier darauf verzichten. ◀

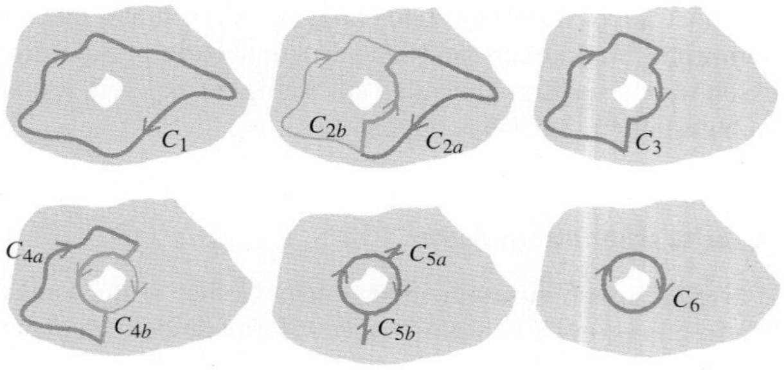

Abb. 32.15 Innerhalb des Holomorphiegebietes einer Funktion kann der Integrationsweg beliebig verformt werden. Wir betrachten dazu eine Funktion f, die in dem orange schattierten Gebiet holomorph ist. Wegen der Holomorphie von f ist $\int_{C_{2a}+C_{2b}} f(z)\,\mathrm{d}z = 0$, also $\int_{C_{2a}} f(z)\,\mathrm{d}z = \int_{-C_{2b}} f(z)\,\mathrm{d}z$. Damit erhalten wir $\int_{C_3} f(z)\,\mathrm{d}z = \int_{C_1} f(z)\,\mathrm{d}z$. Analog ist $\int_{C_{4a}} f(z)\,\mathrm{d}z = \int_{-C_{4b}} f(z)\,\mathrm{d}z$, und wir können wieder den einen Integrationsweg durch den anderen ersetzen. Die beiden Geradenstücke C_{5a} und C_{5b} werden je zweimal in jeweils unterschiedlicher Richtung durchlaufen, liefern also keinen Beitrag zum Integral. Damit ist $\int_{C_1} f(z)\,\mathrm{d}z = \int_{C_6} f(z)\,\mathrm{d}z$, wir haben den Integrationsweg erfolgreich zu einem Kreis verformt

Im Fall holomorpher Integranden kann man mithilfe des Cauchy'schen Integralsatzes die Berechnung von Kurvenintegralen stark vereinfachen. Es genügt, eine Stammfunktion aufzufinden und dort Anfangs- und Endpunkte der Kurve einzusetzen. Auch bei einem Integranden, der nicht überall holomorph ist, kann man immer noch im Holomorphiegebiet die Integrationswege geeignet verformen und so manche Probleme vereinfachen.

Beispiel

- Als erstes berechnen wir die Integrale $\int_{C_k} \mathrm{e}^{\pi z}\mathrm{d}z$ entlang der Kurven C_1 bis C_3, die in Abb. 32.16 dargestellt sind.
  Auf die direkte Art müssten wir jetzt erst einmal die Wege parametrisieren und dann insgesamt fünf komplexe Integrale auswerten. Nun ist aber der Integrand $f(z) = \mathrm{e}^{\pi z}$ holomorph und besitzt die Stammfunktion $\frac{1}{\pi}\mathrm{e}^{\pi z}$. Da alle drei Kurven den gleichen Anfangs- und Endpunkt haben, nämlich $z_A = -1$ und $z_E = 2\mathrm{i}$, ist
  $$\int_{C_1} \mathrm{e}^{\pi z}\mathrm{d}z = \int_{C_2} \mathrm{e}^{\pi z}\mathrm{d}z = \int_{C_3} \mathrm{e}^{\pi z}\mathrm{d}z = \frac{\mathrm{e}^{2\pi\mathrm{i}} - \mathrm{e}^{-\pi}}{\pi} = \frac{1-\mathrm{e}^{-\pi}}{\pi}.$$
  Das würde natürlich auch für jeden anderen Weg mit gleichem Anfang und Ende gelten, egal wie kompliziert er auch sein mag.
- Des Weiteren berechnen wir die beiden Integrale $\oint_{C_1} \frac{1}{z}\,\mathrm{d}z$ und $\oint_{C_2} \frac{1}{z}\,\mathrm{d}z$ mit den in Abb. 32.17 dargestellten Wegen. Diese wären zwar recht schwierig zu parametrisieren, das ist aber auch gar nicht nötig.
  Der Integrand $\frac{1}{z}$ ist nämlich überall außer bei $z = 0$ holomorph, also sicher auch in dem orange schattierten einfach zusammenhängenden Gebiet. Dort ist also jedes Integral über einen geschlossenen Weg null, und wir können sofort sagen: $\oint_{C_1} \frac{1}{z}\,\mathrm{d}z = 0$.
  Im zweiten Fall ist es zwar nicht ganz so einfach, denn hier umläuft der Integrationsweg den Nullpunkt, es lässt sich jetzt also kein geeignetes einfach zusammenhängendes Gebiet finden. Allerdings ist der Integrand außerhalb von $z = 0$ holomorph, der Integrationsweg darf also beliebig verformt werden, zum Beispiel auch zu einem Kreis – und für diesen Fall haben wir schon früher das Ergebnis $2\pi\mathrm{i}$ erhalten, also ist $\oint_{C_2} \frac{1}{z}\,\mathrm{d}z = 2\pi\mathrm{i}$. ◄

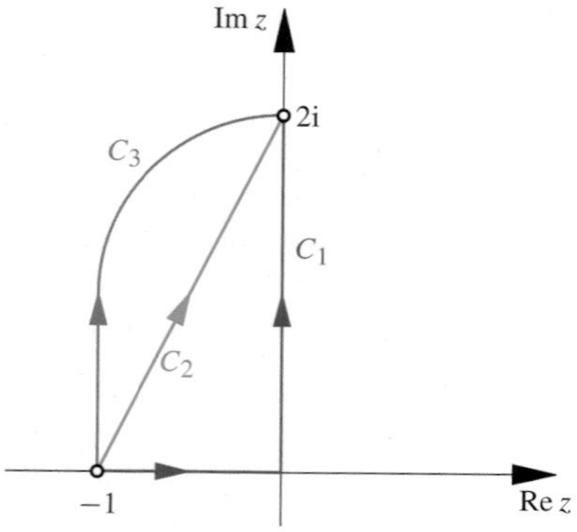

Abb. 32.16 Integration von $\mathrm{e}^{\pi z}$ entlang dieser drei Kurven

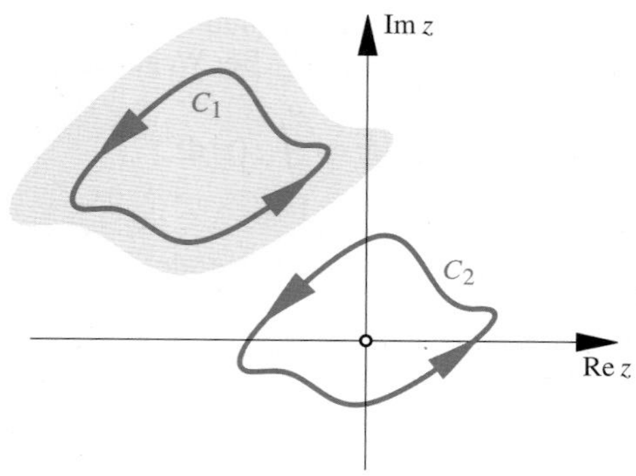

Abb. 32.17 Das Integral von $1/z$ über C_1 verschwindet. Das Integral über C_2 hat immer den Wert $2\pi\mathrm{i}$, unabhängig von der genauen Form der Kurve

Windungszahlen beschreiben, wie oft eine Kurve einen bestimmten Punkt umläuft

Aus dem Cauchy'schen Integralsatz folgt mit wenig Aufwand eine weitere zentrale Formel der Funktionentheorie, die *Cauchy'sche Integralformel*. Vor deren Formulierung müssen wir uns aber noch ein wenig mit der Thematik der Windungszahlen befassen.

Dazu wählen wir einen beliebigen Punkt $z_0 \in \mathbb{C}$ und einen positiv orientieren Kreis C, wobei z_0 nicht im Bild der Kurve C liegen darf. Nun wollen wir das Integral

$$\oint_C \frac{1}{z-z_0} dz$$

berechnen. Dabei müssen wir zwei Fälle unterscheiden: Liegt z_0 außerhalb des Kreises, ist das Integral null, da der Integrand ja in einem geeigneten einfach zusammenhängenden Gebiet holomorph ist.

Liegt z_0 hingegen innerhalb und wird der Kreis n-mal positiv (gegen den Uhrzeigersinn) durchlaufen, so erhält man das Ergebnis $n2\pi\mathrm{i}$, bei n Umläufen im negativen Sinne (im Uhrzeigersinn) wird das zu $-n2\pi\mathrm{i}$. Man kann also sagen, das obige Integral zählt, wie oft der Punkt z_0 von der Kurve C umlaufen wird.

Nun verallgemeinern wir das für beliebige Kurven. Dazu definieren wir den **Index**, der auch als **Windungszahl** bezeichnet wird.

Der Index einer Kurve C bezüglich eines Punktes z_0 ist

$$\mathrm{Ind}_C(z_0) = \frac{1}{2\pi\mathrm{i}} \oint_C \frac{1}{z-z_0}\,\mathrm{d}z.$$

Dabei darf z_0 nicht im Bild von C liegen. Der Index gibt also an, wie oft ein Punkt von einer speziellen Kurve umlaufen wird, das Vorzeichen sagt zusätzlich, ob im oder gegen den Uhrzeigersinn.

Für allgemeine geschlossene Wege C nennt man nun die Menge aller Punkte $z \in \mathbb{C} \setminus C$ mit $\mathrm{Ind}_C(z) \neq 0$ das Innere von C, jene mit $\mathrm{Ind}_C(z) = 0$ das Äußere. Als Schreibweise sind für Inneres und Äußeres $\mathrm{Int}(C)$ von *interior* und $\mathrm{Ext}(C)$ von *exterior* üblich.

$$\begin{aligned} \mathrm{Int}(C) &= \{z \in \mathbb{C} \mid z \notin C \text{ und } \mathrm{Ind}_C(z) \neq 0\} \\ \mathrm{Ext}(C) &= \{z \in \mathbb{C} \mid z \notin C \text{ und } \mathrm{Ind}_C(z) = 0\} \end{aligned}$$

Demnach liegt im Beispiel auf S. 1232 z_2 im *Äußeren* der Kurve C_6, $z_2 \in \mathrm{Ext}(C_6)$.

Klarerweise ist

$$\mathrm{Ind}_{-C}(z_0) = -\mathrm{Ind}_C(z_0)\,.$$

Jene Wege C, für die an allen $z \in \mathrm{Int}(C) \neq \emptyset$ die Windungszahl $\mathrm{Ind}_C(z)$ gleich Eins ist, nennt man **einfach geschlossen**. Im Beispiel auf S. 1232 wäre also C_1 einfach geschlossen, C_2 hingegen bereits nicht mehr (alle Windungszahlen im Inneren sind gleich -1).

Die Cauchy'sche Integralformel erlaubt grundlegende Aussagen über holomorphe Funktionen

Mit diesem Vorwissen können wir nun die Cauchy'sche Integralformel herleiten. Dazu wählen wir eine Funktion f, die in einem Gebiet G holomorph ist. Mit einem beliebigen, aber fest gewählten Punkt $z_0 \in G$ definieren wir nun eine zweite Funktion g in G mittels

$$g(z) = \begin{cases} \frac{f(z)-f(z_0)}{z-z_0} & \text{für } z \neq z_0 \\ f'(z_0) & \text{für } z = z_0 \end{cases}.$$

Diese Funktion ist sicher holomorph in $G \setminus \{z_0\}$ und stetig in ganz G. Wie im Kommentar auf S. 1229 bemerkt, gilt der Cauchy'sche Integralsatz bereits unter diesen Voraussetzungen, das Integral über einen geschlossenen Weg, der ganz in G verläuft, ist null.

Wir wählen nun einen Weg C, der z_0 einmal im positiven Sinne umläuft. Der Einfachheit halber kann das ein Kreis sein, die genaue Form ist jedoch wegen der Holomorphie von g in $G \setminus \{z_0\}$ nicht wichtig.

Anwenden des Integralsatzes liefert:

$$\begin{aligned} 0 = \oint_C g(z)\,\mathrm{d}z &= \oint_C \frac{f(z)-f(z_0)}{z-z_0}\,\mathrm{d}z \\ &= \oint_C \frac{f(z)}{z-z_0}\,\mathrm{d}z - f(z_0) \oint_C \frac{\mathrm{d}z}{z-z_0} \\ &= \oint_C \frac{f(z)}{z-z_0}\,\mathrm{d}z - 2\pi\mathrm{i} f(z_0)\,. \end{aligned}$$

Dabei haben wir das Ergebnis (32.6) benutzt. Umstellen der Gleichung liefert einen Ausdruck für das bisher unbekannte Integral $\oint_C \frac{f(z)}{z-z_0}\,\mathrm{d}z$. Umläuft die Kurve C den Punkt nicht einmal, sondern n-mal, so bleibt dieses Ergebnis immer noch gültig, sofern man einen Faktor $\mathrm{Ind}_C(z_0)$ ergänzt. Somit erhalten wir eine der wichtigsten Formeln der gesamten Funktionentheorie.

Cauchy'sche Integralformel

Für eine in einem einfach zusammenhängenden Gebiet G holomorphe Funktion f und einen ganz in G verlaufenden geschlossenen Weg C mit Bild C^* gilt für beliebige $z_0 \in G \setminus C^*$:

$$f(z_0)\,\mathrm{Ind}_C(z_0) = \frac{1}{2\pi\mathrm{i}} \oint_C \frac{f(z)}{z-z_0}\,\mathrm{d}z$$

Teil V

Beispiel: Bestimmung von Windungszahlen

Wir ermitteln die Windungszahlen $\operatorname{Ind}_{C_k}(z_j)$ der folgenden Punkte bezüglich der dargestellten Kurven C_1 bis C_6.

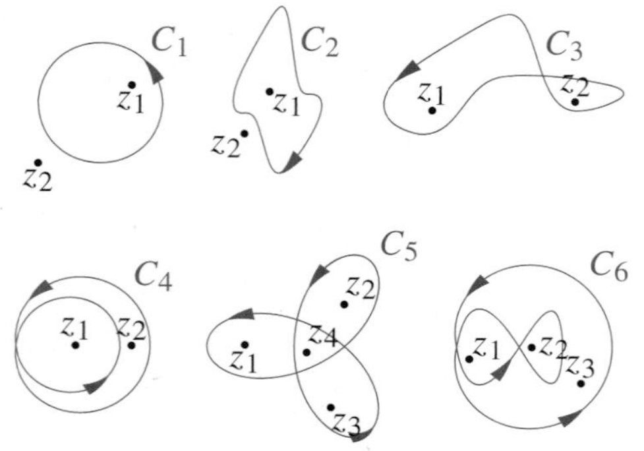

Problemanalyse und Strategie: Wir zählen jeweils, wie oft jeder Punkt in positiver bzw. negativer Richtung umlaufen wird. Bei komplizierteren Kurven kann eine Zerlegung in mehrere einfachere Kurven helfen.

Lösung: Für die erste Kurve erhalten wir $\operatorname{Ind}_{C_1}(z_1) = +1$, denn dieser Punkt wird einmal mathematisch positiv umlaufen. Des Weiteren ist $\operatorname{Ind}_{C_1}(z_2) = 0$.

Die Kurve C_2 wird mathematisch negativ durchlaufen, es ist $\operatorname{Ind}_{C_2}(z_1) = -1$, und klarerweise erhalten wir $\operatorname{Ind}_{C_2}(z_2) = 0$.

C_3 umläuft den Punkt z_1 positiv, z_2 hingegen negativ, also $\operatorname{Ind}_{C_3}(z_1) = +1$ und $\operatorname{Ind}_{C_3}(z_2) = -1$.

Die Kurve C_4 umläuft den Punkt z_2 einmal, z_1 zweimal im positiven Sinne; es ist also $\operatorname{Ind}_{C_4}(z_1) = +2$ und $\operatorname{Ind}_{C_4}(z_2) = +1$.

Während die Windungszahlen bisher recht offensichtlich waren, ist das bei komplizierteren Kurven wie etwa C_5 oder C_6 nicht mehr unbedingt der Fall. Hier hilft es, die Kurven in geschlossene Teilstücke zu zerlegen, die nur mehr einmal in positiver oder negativer Richtung durchlaufen werden.

Dabei gibt es meist mehrere Möglichkeiten, für C_5 unter anderem die im Folgenden dargestellte.

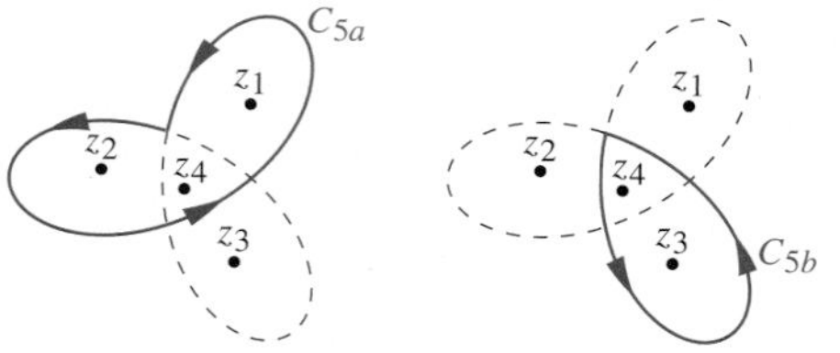

Für eine solche Zerlegung kann man nun die Windungszahlen für jede Teilkurve getrennt ermitteln und am Ende die Ergebnisse addieren.

In unserem Fall ist $\operatorname{Ind}_{C_{5a}}(z_1) = \operatorname{Ind}_{C_{5a}}(z_4) = +1$ bzw. $\operatorname{Ind}_{C_{5b}}(z_2) = \operatorname{Ind}_{C_{5b}}(z_3) = \operatorname{Ind}_{C_{5b}}(z_4) = +1$, alle anderen Windungszahlen sind null. Nun addiert man die Ergebnisse und erhält: $\operatorname{Ind}_{C_5}(z_1) = \operatorname{Ind}_{C_5}(z_2) = \operatorname{Ind}_{C_5}(z_3) = +1$, $\operatorname{Ind}_{C_5}(z_4) = +2$.

Analog kann man bei C_6 vorgehen.

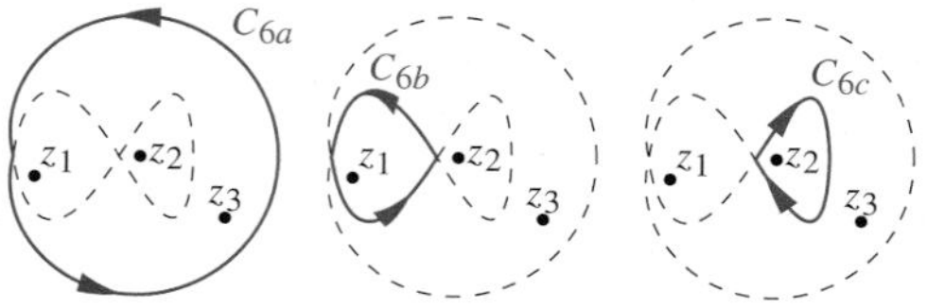

Hier erhält man drei Teilstücke und die Windungszahlen $\operatorname{Ind}_{C_{6a}}(z_1) = \operatorname{Ind}_{C_{6a}}(z_2) = \operatorname{Ind}_{C_{6c}}(z_3) = +1$, $\operatorname{Ind}_{C_{6b}}(z_1) = +1$ sowie $\operatorname{Ind}_{C_{6c}}(z_2) = -1$.

Das Gesamtergebnis ist also $\operatorname{Ind}_{C_6}(z_1) = +2$, $\operatorname{Ind}_{C_6}(z_2) = 0$ und $\operatorname{Ind}_{C_6}(z_3) = 1$. Man sieht: Der Punkt z_2 wird von C_6 netto gar nicht umlaufen, weil sich eine positive und eine negative Umrundung aufheben.

Natürlich kann man die Integralformel auch in der Form

$$\oint_C \frac{f(z)}{z - z_0}\, \mathrm{d}z = 2\pi\mathrm{i} \cdot f(z_0)\, \operatorname{Ind}_C(z_0)$$

schreiben. So sieht man besonders klar, dass sich bestimmte Typen von Integralen recht leicht mit dieser Formel berechnen lassen. Die Aussagen der Cauchy'schen Integralformel reichen aber noch viel weiter: So geht aus ihr hervor, dass die Werte einer holomorphen Funktion im Inneren eines Bereichs vollständig durch die Werte am Rand festgelegt sind.

Im Reellen würde die analoge Aussage lauten: Kennt man die Werte einer Funktion an den Grenzen eines Intervalls, dann kennt man auch alle Werte im Inneren – das trifft im Fall $\mathbb{R} \to \mathbb{R}$ nur für lineare Funktionen zu.

Betrachtet man als Kurve in der Cauchy'schen Integralformel einen einfach positiv durchlaufenen Kreis mit Mittelpunkt z_0 und Radius r, so erhält man die **Mittelwertgleichung**

$$f(z_0) = \frac{1}{2\pi} \int_0^{2\pi} f(z_0 + r\,\mathrm{e}^{\mathrm{i}t})\, \mathrm{d}t\,.$$

Der Funktionswert von f an jedem Punkt ist demnach das arithmetische Mittel der Werte auf jeder beliebigen Kreislinie um den Punkt.

Beispiel Wir zeigen nun noch wie sich gewisse Integrale mithilfe der Cauchy'schen Integralformel berechnen lassen. Als Beispiel wählen wir

$$I = \oint_{|z-(1+2i)|=\sqrt{2}} \frac{e^{\pi z} z^2}{z - 2i} \, dz .$$

Der Punkt $z_0 = 2i$ liegt innerhalb des positiv durchlaufenen Kreises, die Integralformel ergibt also

$$I = 2\pi i \; e^{\pi z} z^2\big|_{z=2i} = 2\pi i \left(e^{2\pi i} \cdot (-4)\right) = -8\pi i. \qquad ◀$$

Wesentlich wichtiger ist aber eine andere Folgerung aus der Integralformel. Mit einem etwas aufwendigeren Induktionsbeweis lässt sich zeigen, dass sich mit ihrer Hilfe Ableitungen beliebig hoher Ordnung berechnen lassen. So gilt

$$f^{(n)}(z) = \frac{n!}{2\pi i} \oint_{|z-z_0|=r} \frac{f(z)}{(z - z_0)^{n+1}} \, dz . \qquad (32.7)$$

Nun wird man zwar selten Ableitungen auf diese Weise berechnen. Die Formel garantiert aber, dass Ableitungen beliebig hoher Ordnung *existieren*. Jede holomorphe Funktion ist beliebig oft differenzierbar!

Das ist ein radikaler Unterschied zum Reellen, wo man problemlos Funktionen konstruieren kann, die zwar 32-mal, jedoch nicht 33-mal differenzierbar sind. Das ist im Komplexen nicht möglich. Die Existenz beliebig hoher Ableitungen erlaubt es nun auch, *jede* holomorphe Funktion in eine Potenzreihe zu entwickeln.

Betrachten wir eine Funktion f, die in einem Gebiet G holomorph ist. Der Konvergenzradius R einer Entwicklung von f um einen Punkt $z_0 \in G$ ist mindestens so groß wie der Abstand von z_0 zum Rand von G. Das ist in Abb. 32.18 dargestellt.

R kann allerdings nicht größer sein als der Abstand von z_0 zur nächsten Singularität von f. Aus diesem Umstand lässt sich oft sofort der zu erwartende Konvergenzradius einer Potenzreihenentwicklung bestimmen.

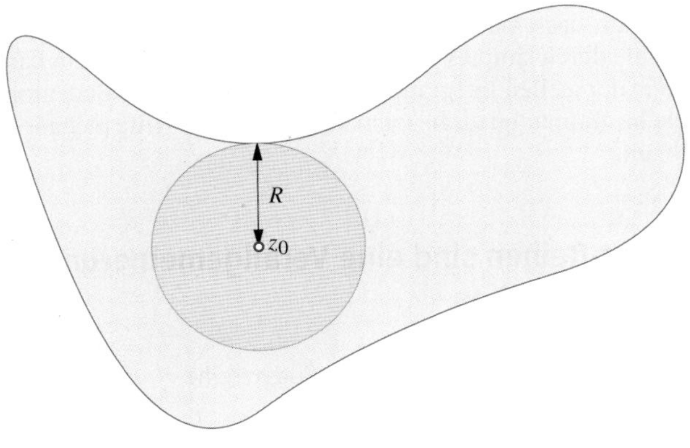

Abb. 32.18 Die Entwicklung einer holomorphen Funktion f in eine Potenzreihe. Der Konvergenzradius R ist dabei mindestens so groß wie der Abstand von z_0 zum Rand des Holomorphiegebietes (hier blau dargestellt) von f

Beispiel Entwickelt man etwa $f, \dot{\mathbb{C}} \to \mathbb{C}, f(z) = \frac{1}{z}$ in eine Potenzreihe um $z = 1 + i$, so sieht man sofort, dass der Konvergenzradius

$$R = |1 + i - 0| = \sqrt{2}$$

sein muss. In $\dot{\mathbb{C}}$ ist die Funktion holomorph, an $z = 0$ liegt eine Singularität. ◀

Wir können sogar noch weiter gehen und feststellen: Holomorphe Funktionen sind genau die (lokal) in Potenzreihen entwickelbaren Funktionen.

Für Potenzreihen, und damit auch allgemein für holomorphe Funktionen gilt ein weitreichender Satz.

Identitätssatz

Stimmen zwei in einem Gebiet G holomorphe Funktionen auf einer Menge überein, die einen Häufungspunkt in G hat, oder stimmen an einem Punkt alle Ableitungen der beiden Funktionen überein, so sind diese Funktionen in G identisch.

Da das Bild einer Kurve eine Menge mit unendlich vielen Häufungspunkten ist, folgt sofort: *Stimmen zwei holomorphe Funktionen auf einer Kurve überein, so stimmen sie im gesamten gemeinsamen Holomorphiegebiet überein.*

Mithilfe dieses Satzes lassen sich viele Funktionalgleichungen der elementaren Funktionen leicht beweisen.

Beispiel Wir zeigen, dass die Identität $\sin^2 z + \cos^2 z = 1$ für beliebige komplexe z gelten muss.

Die Funktion $f(z) = \sin^2 z + \cos^2 z - 1$ ist ja auf ganz $\mathbb{C}$ holomorph und auf der reellen Achse gilt $f(x) \equiv 0$. Also ist nach dem Identitätssatz $f(z) \equiv 0$ für alle komplexen z, und damit gilt die Identität $\sin^2 z + \cos^2 z = 1$ in ganz $\mathbb{C}$. ◀

Der Identitätssatz besagt weiterhin, dass man die reellen Funktionen e^x, $\sin x$ usw. nur auf *eine* Art holomorph nach ganz $\mathbb{C}$ fortsetzen kann. Unsere Definition der elementaren Funktionen mittels Potenzreihen war also „goldrichtig".

Holomorphe Funktionen besitzen noch weitere erstaunliche Eigenschaften

Von den vielen Besonderheiten, die holomorphe Funktionen darüber hinaus besitzen, wollen wir an dieser Stelle nur noch zwei weitere kurz anführen.

Übersicht: Eigenschaften holomorpher Funktionen

Wir stellen die wichtigsten Eigenschaften holomorpher Funktionen, auf die wir in diesem Kapitel gestoßen sind, zusammen.

- Eine Funktion heißt holomorph, wenn sie in einem Gebiet differenzierbar ist. Differenzierbarkeit an einzelnen Punkten reicht für Holomorphie nicht aus.
- Ist eine Funktion einmal komplex differenzierbar, so existieren auch die Ableitungen beliebig hoher Ordnung.
- Real- und Imaginärteil einer holomorphen Funktion sind harmonisch, erfüllen also die Laplace-Gleichung $\Delta\Phi = 0$. Kennt man einen der beiden, so ist auch der andere bis auf eine additive Konstante bestimmt.
- Sind f und g zwei auf einem Gebiet G holomorphe Funktionen und ist $f(z) = g(z)$ auf einer Menge, die in G zumindest einen Häufungspunkt hat (z. B. einer Kurve), dann stimmen f und g auf ganz G überein.
- Wenn die Funktion $f(z)$ auf einem Gebiet G holomorph und des Weiteren stetig auf dem Abschluss $\overline{G}$ ist, dann nimmt sie ihr Betragsmaximum am Rand an. Es kann also keine echten lokalen Betragsmaxima im Inneren geben.
- Es gilt der **Satz von Liouville**: Wenn eine Funktion beschränkt und holomorph auf ganz $\mathbb{C}$ ist, dann ist sie konstant.
- Geometrisch entsprechen die holomorphen Funktionen genau den konformen Abbildungen, die Winkel und Orientierungen unverändert lassen. Da auch die Laplace-Gleichung durch konforme Abbildungen invariant gelassen wird, haben konforme Abbildungen zahlreiche Anwendungen in der Potenzialtheorie.

Das ist erstens das **Maximumprinzip**: Wenn die Funktion $f(z)$ auf einem Gebiet G holomorph und des Weiteren stetig auf dem Abschluss $\overline{G}$ ist, dann nimmt sie ihr Betragsmaximum am Rand an. Es kann also keine echten lokalen Betragsmaxima im Inneren geben.

Zweitens gilt der **Satz von Liouville**: Wenn eine Funktion beschränkt und holomorph auf ganz $\mathbb{C}$ ist, dann ist sie konstant.

Auf ganz $\mathbb{C}$ holomorphe Funktionen werden auch **ganze Funktionen** genannt. Beispiele für ganze Funktionen sind etwa die Exponentialfunktion, Sinus und Kosinus, aber auch alle Polynome. Diese sind (mit Ausnahme der Polynome vom Grad null) nicht konstant, also auch nicht beschränkt.

Der Satz von Liouville lautet mit dieser Bezeichnung: *Jede beschränkte ganze Funktion ist konstant.*

Kommentar Mit dem Satz von Liouville ist es ein leichtes, den Fundamentalsatz der Algebra zu beweisen, also die Aussage, dass jedes Polynom P vom Grad ≥ 1 zumindest eine Nullstelle hat.

Wäre dem nämlich nicht so, müsste $1/P$ als Kehrwert einer auf ganz $\mathbb{C}$ holomorphen und nirgendwo verschwindenden Funktion ebenfalls auf ganz $\mathbb{C}$ holomorph sein. Zudem müsste der Betrag von P irgendwo ein Minimum $m > 0$ annehmen. Nach den Rechenregeln für Kehrwerte würde für alle $z \in \mathbb{C}$ stets $|1/P(z)| \leq 1/m$ gelten.

Die Funktion $1/P$ wäre eine ganze und beschränkte Funktion, also konstant – was nicht möglich ist, wenn P nicht ebenfalls konstant ist. Damit erhalten wir einen Widerspruch zur Annahme P habe keine Nullstellen. ◀

32.3 Laurent-Reihen und Residuensatz

Potenzreihen sind aus der reellen Analysis schon längst bekannt, und auch in der komplexen Analysis haben sie eine große Bedeutung. So haben wir schon die elementaren Funktionen mit ihrer Hilfe eingeführt. Zudem haben wir gerade gesehen, dass sich jede holomorphe Funktion lokal in eine Potenzreihe entwickeln lässt.

Für manche Zwecke reichen Potenzreihen allerdings nicht aus. Daher werden wir zusätzlich den Begriff der Laurent-Reihe einführen. Mithilfe dieser „verallgemeinerten Potenzreihen" können wir nun endlich die Singularitäten von Funktionen klassifizieren, vor allem aber einen letzten zentralen Satz ableiten, der für die Anwendungen von beträchtlicher Bedeutung ist, den *Residuensatz.*

Nicht nur, dass man mit seiner Hilfe viele komplexe Kurvenintegrale durch simples Abzählen und Einsetzen ermitteln kann, auch in der reellen Integrationstheorie hat er enorme Bedeutung. Viele bestimmte Integrale kann man mit seiner Hilfe elegant berechnen.

Laurent-Reihen sind eine Verallgemeinerung von Potenzreihen

Eine Möglichkeit, den Begriff der Potenzreihe

$$\sum_{n=0}^{\infty} a_n (z - z_0)^n$$

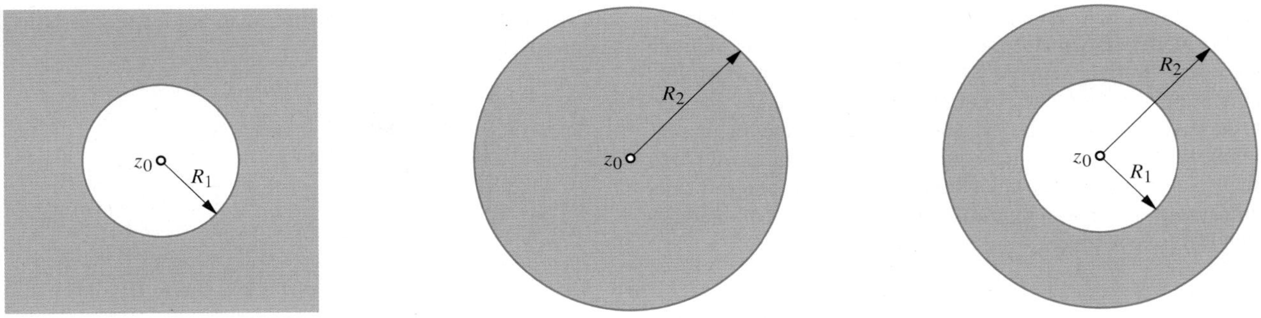

$\sum_{n=-\infty}^{-1} a_n(z-z_0)^n$ konv. $\quad \sum_{n=0}^{\infty} a_n(z-z_0)^n$ konv. $\quad \sum_{n=-\infty}^{\infty} a_n(z-z_0)^n$ konv.

Abb. 32.19 Eine Laurent-Reihe konvergiert nur dort, wo sowohl Hauptteil als auch Nebenteil konvergent sind

zu verallgemeinern ist, auch negative Potenzen

$$(z-z_0)^{-n} = \frac{1}{(z-z_0)^n}$$

zuzulassen. Damit erhält man die in der Funktionentheorie enorm wichtigen **Laurent-Reihen**

$$\sum_{n=-\infty}^{+\infty} a_n(z-z_0)^n = \sum_{n=0}^{\infty} a_n(z-z_0)^n + \sum_{n=1}^{\infty} a_{-n}(z-z_0)^{-n}.$$

Eine solche Reihe ist klarerweise nur dort konvergent, wo beide Teilreihen konvergent sind, und dieses Konvergenzgebiet wollen wir nun bestimmen.

Den Ausdruck

$$H(z) = \sum_{n=-\infty}^{-1} a_n(z-z_0)^n = \sum_{n=1}^{\infty} a_{-n}(z-z_0)^{-n}$$

nennt man den **Hauptteil** der Laurent-Reihe. Für dessen Konvergenz erhält man nach dem Wurzelkriterium

$$\lim_{n\to\infty} \sqrt[n]{\left|\frac{a_{-n}}{(z-z_0)^n}\right|} = \lim_{n\to\infty} \frac{\sqrt[n]{|a_{-n}|}}{|z-z_0|} < 1\,,$$

also die Bedingung

$$|z-z_0| > \lim_{n\to\infty} \sqrt[n]{|a_{-n}|} = R_1$$

Die Reihe konvergiert nur *außerhalb* von und eventuell auf $|z-z_0| = R_1$.

Der „Nebenteil"

$$\sum_{n=0}^{\infty} a_n(z-z_0)^n$$

hat als gewöhnliche Potenzreihe den Konvergenzradius $R_2 = 1/\limsup_{n\to\infty} |a_n|^{1/n}$. Die gesamte Laurent-Reihe konvergiert demnach auf einem Kreisring

$$D_{R_1R_2}(z_0) = \{z \mid R_1 < |z-z_0| < R_2\}\,,$$

sie divergiert für $|z-z_0| < R_1$ oder $|z-z_0| > R_2$. Das wird in Abb. 32.19 dargestellt.

Punkte mit $|z-z_0| = R_1$ oder $|z-z_0| = R_2$ müssen wie gewohnt gesondert betrachtet werden. In den Fällen $R_2 < R_1$, $R_2 = 0$ oder $R_1 = \infty$ konvergiert die Laurent-Reihe nirgendwo in $\mathbb{C}$, für $R_1 = R_2 = R$ höchstens auf dem Kreis $|z-z_0| = R$.

Selbstfrage 4

Ist eine Laurent-Reihe im Entwicklungsmittelpunkt konvergent?

Im Kreisring $D_{R_1R_2}$ stellt die Laurent-Reihe eine holomorphe Funktion dar, und umgekehrt lässt sich eine in einem Kreisring holomorphe Funktion auch in eine Laurent-Reihe entwickeln. Für diese Entwicklung erhält man, wenn C ein einfach geschlossener Weg in $D_{R_1R_2}$ ist und die abgeschlossene Kreisscheibe $\overline{D_{R_1}(z_0)}$ ganz im Inneren von C liegt:

$$f(z) = \sum_{n=-\infty}^{+\infty} a_n(z-z_0)^n$$

$$a_n = \frac{1}{2\pi \mathrm{i}} \oint_C \frac{f(\zeta)}{(\zeta-z_0)^{n+1}}\,\mathrm{d}\zeta\,.$$

Kommentar Während die Taylorreihe einer Funktion durch Angabe des Entwicklungsmittelpunktes eindeutig gegeben ist, benötigt man für eine Laurent-Entwicklung sowohl die Angabe der Entwicklungsmitte als auch eines Punktes innerhalb des entsprechenden Kreisrings. ◄

Die Formel für die Koeffizienten ist in der Praxis weniger wichtig als es vielleicht den Anschein haben mag. Will man nämlich die Laurent-Reihe einer Funktion bestimmen, dann ist ihre Verwendung nur der letzte Ausweg, sozusagen als Akt der Verzweiflung, wenn alles andere versagt. In den meisten interessanten Fällen kann man nämlich die Laurent-Reihenentwicklung einfach aus einer bereits bekannten Potenzreihe ablesen oder mithilfe bestimmter Summenformeln (etwa der für die geometrische Reihe) gewinnen.

Beispiel Wir wollen die Laurent-Reihe von $e^{1/z}$ um den Nullpunkt $z = 0$ herum bestimmen. Die Exponentialfunktion hat dort die Potenzreihendarstellung

$$e^u = \sum_{n=0}^{\infty} \frac{1}{n!} u^n .$$

In diese können wir nun $u = z^{-1}$ einsetzen und erhalten

$$e^{1/z} = \sum_{n=0}^{\infty} \frac{1}{n!} z^{-n} = \sum_{n=-\infty}^{0} \frac{1}{(-n)!} z^n . \qquad \blacktriangleleft$$

Beispiel Wir betrachten nun die Laurent-Entwicklung von $f(z) = \frac{1}{(z-1)(z-\mathrm{i})}$. Hier sind vor allem zwei Entwicklungspunkte interessant, nämlich die Singularitäten $z = +1$ und $z = +\mathrm{i}$. Ihr Abstand voneinander ist $\sqrt{2}$; insgesamt wird man also vier Laurent-Reihen erhalten, nämlich für $0 < |z-1| < \sqrt{2}$, für $|z-1| > \sqrt{2}$, für $0 < |z-\mathrm{i}| < \sqrt{2}$ und für $|z-\mathrm{i}| > \sqrt{2}$.

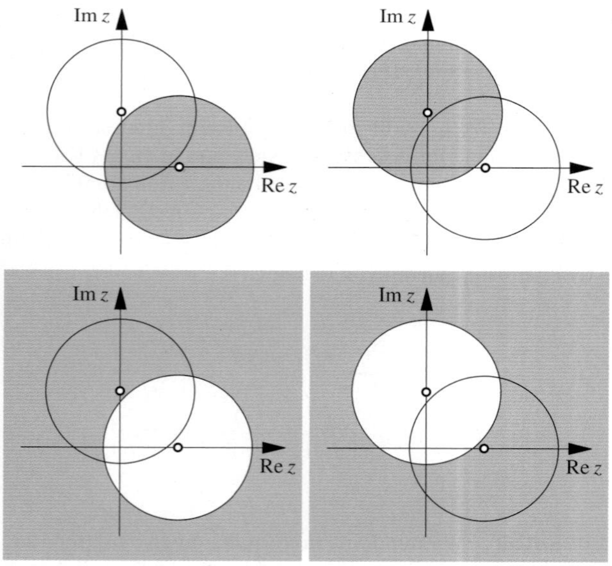

Abb. 32.20 In den unterschiedlichen Bereichen erhält man andere Laurent-Entwicklungen für die Funktion f mit $f(z) = \frac{1}{(z-1)(z-\mathrm{i})}$

Die expliziten Ausdrücke gewinnt man am besten mithilfe der geometrischen Reihe:

$$\begin{aligned}\frac{1}{z-\mathrm{i}} &= -\frac{1}{\mathrm{i}-z} = -\frac{1}{\mathrm{i}-z+1-1} \\ &= -\frac{1}{\mathrm{i}-1-(z-1)} = -\frac{1}{\mathrm{i}-1}\,\frac{1}{1-\frac{z-1}{\mathrm{i}-1}} \\ &= -\frac{1}{\mathrm{i}-1}\sum_{n=0}^{\infty}\left(\frac{z-1}{\mathrm{i}-1}\right)^n = -\sum_{n=0}^{\infty}\frac{(z-1)^n}{(\mathrm{i}-1)^{n+1}}\end{aligned}$$

Der entscheidende Schritt ist dabei die Anwendung von

$$\sum_{n=0}^{\infty} q^n = \frac{1}{1-q} ,$$

einer Formel, die nur unter der Bedingung $|q| < 1$ gilt. Daher stimmt diese Entwicklung nur für $|\frac{z-1}{\mathrm{i}-1}| < 1$, also für $|z-1| < |\mathrm{i}-1| = \sqrt{2}$, aber das ist ja auch genau der Bereich, der uns interessiert. Die übrigen Entwicklungen erhält man auf ähnliche Weise:

$$\begin{aligned}\frac{1}{z-\mathrm{i}} &= \frac{1}{z-1-\mathrm{i}+1} = \frac{1}{z-1}\,\frac{1}{1-\frac{\mathrm{i}-1}{z-1}} \\ &= \frac{1}{z-1}\sum_{n=0}^{\infty}\left(\frac{\mathrm{i}-1}{z-1}\right)^n = \sum_{n=0}^{\infty}\frac{(\mathrm{i}-1)^n}{(z-1)^{n+1}} \\ \frac{1}{z-1} &= \frac{-1}{1-\mathrm{i}-z+\mathrm{i}} = \frac{-1}{1-\mathrm{i}}\,\frac{1}{1-\frac{z-\mathrm{i}}{1-\mathrm{i}}} \\ &= \frac{-1}{1-\mathrm{i}}\sum_{n=0}^{\infty}\left(\frac{z-\mathrm{i}}{1-\mathrm{i}}\right)^n = -\sum_{n=0}^{\infty}\frac{(z-\mathrm{i})^n}{(1-\mathrm{i})^{n+1}} \\ \frac{1}{z-1} &= \frac{1}{z-\mathrm{i}-1+\mathrm{i}} = \frac{1}{z-\mathrm{i}}\,\frac{1}{1-\frac{1-\mathrm{i}}{z-\mathrm{i}}} \\ &= \frac{1}{z-\mathrm{i}}\sum_{n=0}^{\infty}\left(\frac{1-\mathrm{i}}{z-\mathrm{i}}\right)^n = \sum_{n=0}^{\infty}\frac{(1-\mathrm{i})^n}{(z-\mathrm{i})^{n+1}}\end{aligned}$$

In diesen Fällen gelten die Entwicklungen für $|z-1| > \sqrt{2}$, für $|z-\mathrm{i}| < \sqrt{2}$ und für $|z-\mathrm{i}| > \sqrt{2}$. Die Ergebnisse können wir hier sofort in $f(z)$ einsetzen und erhalten für den Fall $0 < |z-1| < \sqrt{2}$:

$$\begin{aligned}f(z) &= \frac{1}{(z-1)}\,\frac{1}{(z-\mathrm{i})} \\ &= -\frac{1}{(z-1)}\sum_{n=0}^{\infty}\frac{(z-1)^n}{(\mathrm{i}-1)^{n+1}} \\ &= -\sum_{n=0}^{\infty}\frac{(z-1)^{n-1}}{(\mathrm{i}-1)^{n+1}}\end{aligned}$$

Analog ergeben sich die Ausdrücke

$$f(z) = \sum_{n=0}^{\infty} \frac{(\mathrm{i}-1)^n}{(z-1)^{n+2}} \qquad \text{für } |z-1| > \sqrt{2}$$

$$f(z) = -\sum_{n=0}^{\infty} \frac{(z-\mathrm{i})^{n-1}}{(1-\mathrm{i})^{n+1}} \qquad \text{für } 0 < |z-\mathrm{i}| < \sqrt{2}$$

$$f(z) = \sum_{n=0}^{\infty} \frac{(1-\mathrm{i})^n}{(z-\mathrm{i})^{n+2}} \qquad \text{für } |z-\mathrm{i}| > \sqrt{2}$$

In diesem Fall hat man beim Einsetzen keinerlei Probleme. Geht es aber um eine Funktion mit mehr als zwei Singularitäten oder eine allgemeine rationale Funktion, wird die Sache schwieriger. Dann muss man nämlich jeden Term für sich entwickeln. In solchen Fällen hilft meist eine Partialbruchzerlegung, in die man dann wiederum einfach einsetzen kann.

Möglich ist das natürlich auch in unserem Beispiel, man erhält klarerweise dieselben Ergebnisse, auch wenn sie auf den ersten Blick ein wenig anders aussehen mögen. Eine Umnummerierung der Summen schafft da Abhilfe. Doch auch unsere oben stehenden Ergebnisse können noch ein wenig „kosmetisch“ behandelt werden, indem man die Summationsindizes entsprechend verschiebt:

$$f(z) = \sum_{n=-1}^{\infty} \frac{(z-1)^n}{-(\mathrm{i}-1)^{n+2}}, \qquad 0 < |z-1| < \sqrt{2}$$

$$f(z) = \sum_{n=-\infty}^{-2} \frac{(z-1)^n}{(\mathrm{i}-1)^{n+2}}, \qquad |z-1| > \sqrt{2}$$

$$f(z) = \sum_{n=-1}^{\infty} \frac{(z-\mathrm{i})^n}{-(1-\mathrm{i})^{n+2}}, \qquad 0 < |z-\mathrm{i}| < \sqrt{2}$$

$$f(z) = \sum_{n=-\infty}^{-2} \frac{(z-\mathrm{i})^n}{(1-\mathrm{i})^{n+2}}, \qquad |z-\mathrm{i}| > \sqrt{2}$$

Aus dieser Darstellung können die Koeffizienten a_n nun direkt abgelesen werden. ◀

Ein Koeffizient der Laurent-Entwicklung wird im Folgenden eine besondere Rolle spielen, daher erhält er auch einen eigenen Namen:

Ist f holomorph in der punktierten Kreisscheibe

$$\dot{D}_\varepsilon(z_0) = \{z \in \mathbb{C} \mid 0 < |z - z_0| < \varepsilon\}$$

mit $\varepsilon > 0$, so nennt man den Koeffizienten a_{-1} der dort gültigen Laurent-Entwicklung von f um z_0 das **Residuum** von f an der Stelle z_0, $\mathrm{Res}(f; z_0)$.

Singularitäten lassen sich mithilfe von Laurent-Reihen klassifizieren

Mithilfe der Laurent-Reihen ist es nun auch möglich, die Singularitäten, denen wir natürlich früher schon begegnet sind, systematisch einzuordnen. Betrachten wir etwa die Ausdrücke

$$\frac{\sin z}{z}, \quad \frac{1}{z}, \quad \mathrm{e}^{1/z},$$

so sind sie alle für $z = 0$ nicht definiert. Die *Natur* der Singularität bei $z = 0$ ist jedoch jeweils eine ganz andere.

Im Folgenden beschränken wir unsere Betrachtungen auf isolierte Singularitäten ansonsten holomorpher Funktionen. Wir können also zu jeder Singularität z_0 jeweils ein $\varepsilon > 0$ finden, sodass die Funktion in der punktierten Kreisscheibe $\dot{D}_\varepsilon(z_0)$ holomorph ist.

Dort hat sie eine Laurent-Darstellung

$$\sum_{n=-\infty}^{+\infty} a_n (z - z_0)^n .$$

mit dem Hauptteil

$$H(z) = \sum_{n=-\infty}^{-1} a_n (z - z_0)^n .$$

Die Singularität z_0 von f heißt nun

- **hebbare Singularität**, wenn $a_{-n} = 0$ für alle $n \in \mathbb{N}$, wenn also $H(z) \equiv 0$ ist,
- **Pol** der Ordnung k, wenn $a_{-k} \neq 0$ und $a_{-n} = 0$ für alle $n > k$ ist, wenn also der Hauptteil die Gestalt

$$H(z) = \sum_{n=-k}^{-1} a_n (z - z_0)^n$$

  hat, und
- **wesentliche Singularität**, wenn $a_{-n} \neq 0$ für unendliche viele $n \in \mathbb{N}$ ist, wenn also der Hauptteil nicht durch eine endliche Summe dargestellt wird.

Hebbare Singularitäten und Pole fasst man auch unter der Bezeichnung „außerwesentliche Singularitäten“ zusammen. Wenn eine Funktion abgesehen von hebbaren Singularitäten nur Pole besitzt, nennt man sie **meromorph**.

Gehen wir nun aber ein wenig weiter ins Detail und sehen uns die unterschiedlichen Singularitäten genauer an.

Am angenehmsten zu behandeln sind wohl die hebbaren Singularitäten. Für sie gilt, dass der gesamte Hauptteil der Laurent-Entwicklung um sie herum verschwindet, dass also die Funktion in einer Umgebung von z_0 als reine Potenzreihe

$$f(z) = \sum_{n=0}^{\infty} a_n (z - z_0)^n$$

geschrieben werden kann. Dazu äquivalent ist, dass der Grenzwert $\lim_{z \to z_0} f(z)$ existiert, er ist dann gleich dem Koeffizienten a_0 der Laurent-Entwicklung. Behebt man die Definitionslücke durch die Festsetzung $f(z_0) = a_0$ so erhält man eine in

$$D_\varepsilon(z_0) = \{z \in \mathbb{C} \mid |z - z_0| < \varepsilon\}$$

holomorphe Funktion.

Beispiel Typischer Vertreter einer Funktion mit hebbarer Singularität ist $f\colon \mathbb{C} \to \mathbb{C}, f(z) = \frac{\sin z}{z}$. Für den Sinus erhält man bei Entwicklung um $z = 0$ die Reihe $\sin z = z - \frac{z^3}{3!} + \frac{z^5}{5!} \mp \ldots$, die Laurent-Reihe der gesamten Funktion ist also

$$f(z) = \frac{z - \frac{z^3}{3!} + \frac{z^5}{5!} \mp \ldots}{z} = 1 - \frac{z^2}{3!} + \frac{z^4}{5!} \mp \ldots$$

Diese Potenzreihe definiert eine in ganz $\mathbb{C}$ holomorphe Funktion g mit $g(z) = f(z)$ für $z \neq 0$ und $g(0) = \lim_{z \to 0} f(z) = 1$. ◀

Um einen *Pol* k-ter Ordnung verschwinden in der Laurent-Entwicklung von f ja alle Koeffizienten a_{-n} mit $n > k$. Multipliziert man also eine solche Funktion mit $(z - z_0)^k$ wird aus dem Pol eine hebbare Singularität, es ist

$$\lim_{z \to z_0} (z - z_0)^k f(z) = a_{-k} \,.$$

Betrachtet man die Funktion selbst, so ist

$$\lim_{z \to z_0} |f(z)| = \infty \,.$$

Beispiel Musterbeispiel für eine Funktion mit Polen wäre

$$f(z) = \frac{1}{(z - z_0)^2 \, (z - z_1)} \,.$$

Diese Funktion hat einen Pol zweiter Ordnung in z_0 und einen erster Ordnung in z_1. Dementsprechend besitzt

$$(z - z_0)^2 f(z)$$

eine hebbare Singularität in $z = z_0$, analog

$$(z - z_1) f(z)$$

in $z = z_1$. ◀

Schließlich haben wir es noch mit wesentlichen Singularitäten zu tun. Da der Hauptteil der Laurent-Entwicklung in diesem Fall tatsächlich eine unendliche Reihe ist, können sie nicht mittels Multiplikation mit einer Potenz von $(z - z_0)$ in hebbare Singularitäten umgewandelt werden. In der Umgebung einer wesentlichen Singularität z_0 zeigen Funktionen ein ganz erstaunliches Verhalten: So wird in jeder beliebig kleinen Umgebung $U_\varepsilon(z_0)$ jeder Wert $w = f(z) \in \mathbb{C}$ mit höchstens einer Ausnahme angenommen („großer Satz von Picard").

Beispiel Eine wesentliche Singularität finden wir etwa bei $f\colon \dot{\mathbb{C}} \to \dot{\mathbb{C}}, f(z) = e^{1/z}$. Wählen wir ein beliebiges $r > 0$ und geben eine (vollkommen beliebige) komplexe Zahl $w \neq 0$ vor. Nun untersuchen wir, ob der Wert w von $e^{1/z}$ tatsächlich innerhalb von $|z| = r$ angenommen wird:

Wenn $w = f(z) = e^{1/z}$ ist, dann ist das Urbild dieses Wertes

$$z = f^{-1}(w) = \frac{1}{\ln w} = \frac{1}{\ln |w| + \mathrm{i} \operatorname{Arg} w + \mathrm{i} 2\pi k} \,.$$

mit $k \in \mathbb{Z}$. Durch ein genügend großes k kann der Betrag von z beliebig klein gemacht werden, insbesondere also kleiner als r. Es gibt also eine Stelle mit $z = f^{-1}(w)$ und $|z| < r$, dort ist natürlich $f(z) = w$ – wie es gefordert wurde. Da $w \neq 0$ völlig beliebig war, wird jeder derartige Wert von unserer Funktion innerhalb eines beliebig kleinen Kreises stets, sogar unendlich oft, angenommen.

Nun kann man auch erklären, warum die im Reellen unendlich oft differenzierbare Funktion

$$f(x) = \begin{cases} e^{-1/x^2} & \text{für } x \neq 0 \\ 0 & \text{für } x = 0 \end{cases}$$

keine „vernünftige" Taylorentwicklung um $x = 0$ herum hat. (Die Taylorreihe verschwindet identisch und stellt die Funktion daher nur in $x = 0$ selbst dar.) Komplex betrachtet hat f nämlich an $x = 0$ eine wesentliche Singularität, was natürlich jeden Versuch der Entwicklung in eine Potenzreihe scheitern lässt. ◀

Kommentar Auch Verzweigungspunkte, wie sie im Bonusmaterial erwähnt werden, zählen zu den Singularitäten, sie lassen sich aber nicht in das eben erwähnte Schema einordnen, da die entsprechenden Funktionen auch in beliebig kleinen punktierten Umgebungen (im bisher betrachteten Sinne) nicht holomorph sind. ◀

Der Residuensatz erlaubt es, Integrale auf einfachste Art zu bestimmen

Wir gehen nun daran, den Residuensatz herzuleiten, wobei wir uns an einem allgemein gehaltenen Beispiel, das in Abb. 32.21 skizziert ist, orientieren wollen.

Wir möchten das Integral $\oint_C f(z)\,\mathrm{d}z$ berechnen, wobei der Integrand f folgende Eigenschaften hat. Es soll ein einfach zusammenhängendes Gebiet G geben, in dem f mit Ausnahme höchstens endlich vieler Punkte z_j, $j = 1, \ldots, N$ holomorph ist. Der geschlossene Integrationsweg C soll ganz in $G \setminus \{z_1, \ldots, z_N\}$ liegen.

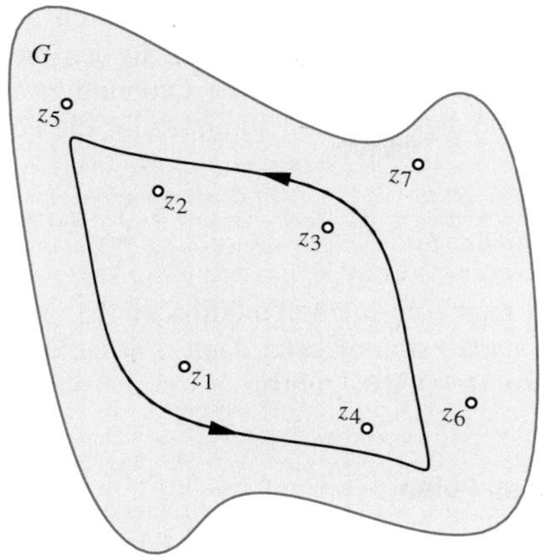

Abb. 32.21 Ein allgemeiner, einfach geschlossener Integrationsweg

Der Einfachheit halber nehmen wir vorläufig an, dass sich C nie selbst schneidet, also *einfach geschlossen* ist. Ansonsten erlegen wir C jedoch keine Beschränkungen auf, der Weg kann beliebig kompliziert sein und vor allem mehrere, sagen wir n Punkte z_j umlaufen.

Wie lässt sich nun das Integral ermitteln? Zuerst erinnern wir uns, dass Integrationswege im Holomorphiegebiet des Integranden beliebig deformiert werden können. Den Weg C können wir also wie in Abb. 32.22 dargestellt verformen, ohne dass sich am Wert des Integrals etwas ändert.

Wenn man die Geradenstücke eng genug aneinanderrücken lässt, wird schließlich derselbe Weg in zwei verschiedenen Richtungen durchlaufen, die Integrale heben sich weg, und es tragen nur noch die Integrale auf den Kreisen zum Ergebnis bei.

Da sich die Punkte z_j ohnehin beliebig durchnummerieren lassen, können wir der Einfachheit halber annehmen, dass gerade die ersten n umlaufen wurden. Wir erhalten als Zwischen-

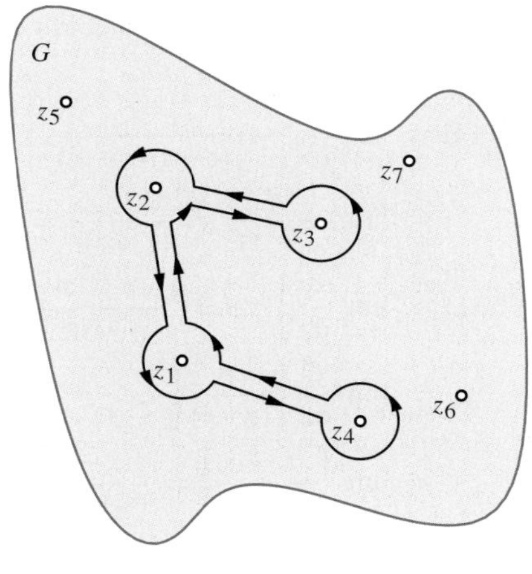

Abb. 32.22 Der Integrationsweg nach Verformung

ergebnis

$$\oint_C f(z)\,\mathrm{d}z = \sum_{j=1}^{n} \oint_{|z-z_j|=R} f(z)\,\mathrm{d}z$$

erhalten, wobei der Radius R natürlich hinreichend klein sein muss. Nun müssen wir nur noch die Integrale entlang der Kreise bestimmen. Die Funktion f kann zwar ganz verschiedene Gestalt haben. Mit Sicherheit aber ist sie jeweils in $\dot{D}_R(z_j)$ holomorph und lässt sich demnach dort in eine Laurent-Reihe entwickeln. Wir erhalten

$$\begin{aligned}\oint_{|z-z_j|=R} f(z)\,\mathrm{d}z &= \oint_{|z-z_j|=R} \sum_{n=-\infty}^{+\infty} a_n^{(j)}(z-z_0)^n \mathrm{d}z \\ &= \sum_{n=-\infty}^{+\infty} a_n^{(j)} \oint_{|z-z_j|=R} (z-z_0)^n \mathrm{d}z\,,\end{aligned}$$

wobei die Vertauschung von Integration und Reihenbildung durch die gleichmäßige Konvergenz der Laurent-Reihe gerechtfertigt ist. Nun wissen wir aber, dass das Integral

$$\oint_{|z-z_j|=R} (z-z_0)^n\,\mathrm{d}z$$

stets den Wert null ergibt – außer wenn gerade $n = -1$ ist, dann erhalten wir $2\pi\mathrm{i}$. Von den unendlich vielen Termen in der Laurent-Reihe trägt gemäß (32.6) also nur jener für $n = -1$ zum Integral bei, es bleibt also jeweils nur $2\pi\mathrm{i}a_{-1}^{(j)}$ übrig. Insgesamt erhalten wir also, wenn wir $a_{-1}^{(j)}$ wie schon früher vereinbart mit Res bezeichnen:

$$\oint_C f(z)\mathrm{d}z = 2\pi\mathrm{i} \sum_{j=1}^{n} \mathrm{Res}(f;\, z_j)\,.$$

Nun ist auch klar, warum gerade der Koeffizient a_{-1} eine solche Sonderstellung hat – er ist es, der den Wert vieler Integrale über geschlossene Kurven bestimmt.

Bisher haben wir immer von einem *einfach* geschlossenen Weg gesprochen, weil das das Verständnis erleichtert, doch in Wirklichkeit ist das eine völlig unnötige Einschränkung. C könnte ohne Weiteres auch so aussehen wie in Abb. 32.23 dargestellt, und noch immer bliebe unsere Formel richtig, sofern wir eine kleine Ergänzung anbringen.

Für einen k-fach umlaufenen Kreis ergibt das Integral

$$\oint (z-z_0)^{-1}\mathrm{d}z$$

ja den Wert $k\,2\pi\mathrm{i}$, wobei k durchaus auch negativ sein darf. Diesen zusätzlichen Faktor müssen wir also noch erfassen.

Mehrfach umlaufene Punkte können wir aber einfach durch die Windungszahl $\mathrm{Ind}_C(z_j)$ berücksichtigen, auch in der Gegenrichtung durchlaufene Punkte werden so gleich mit dem richtigen

Teil V

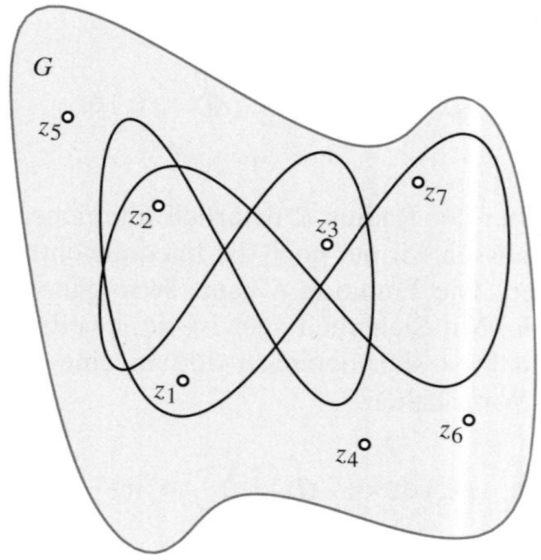

Abb. 32.23 Ein allgemeiner Integrationsweg

Vorzeichen erfasst. Da der Index für überhaupt nicht umlaufene Punkte null ist, können wir die Summe dann auch über *alle* singulären Punkte $z_j \in G$ erstrecken. Damit erhalten wir den Residuensatz.

Residuensatz

Sind in einem einfach zusammenhängenden Gebiet G $z_1, z_2, \ldots z_N \in G$ endlich viele (paarweise verschiedene) Punkte und ist die Funktion f auf $G \setminus \{z_1, \ldots, z_N\}$ holomorph, dann gilt für jeden geschlossene Weg C, der ganz in $G \setminus \{z_1, \ldots, z_N\}$ verläuft:

$$\oint_C f(z)\mathrm{d}z = 2\pi \mathrm{i} \cdot \sum_{j=1}^{N} \left(\operatorname{Res}(f, z_j) \cdot \operatorname{Ind}_C(z_j)\right).$$

Kommentar Die Residuen sind „charakteristisch" für die zu integrierende Funktion, die Windungszahlen für die geschlossene Kurve, entlang derer integriert wird (allerdings bezüglich der Singularitäten des Integranden). Will man das Integral einer Funktion entlang mehrerer Kurven bestimmen, so muss man die Residuen nur einmal ermitteln. Integriert man hingegen verschiedene Funktionen entlang der gleichen Kurve, muss man sich meist doch für jede einzeln Gedanken über die Windungszahlen machen, da im Allgemeinen die Singularitäten an anderen Stellen liegen werden. ◄

Das Berechnen von Kurvenintegralen ist unter geeigneten Voraussetzungen also auf bloßes Abzählen, Einsetzen und Summieren zurückgeführt. Ein großer Haken scheint allerdings zu bleiben: Während sich die Windungszahlen $\operatorname{Ind}_C(z_0)$ durch bloßes Hinschauen bestimmen lassen, muss man doch, um die Residuen ablesen zu können, die Funktion f um jede umlaufene Singularität z_j in eine Laurent-Reihe entwickeln. Bringt denn der Residuensatz bei dem Aufwand, den das bedeutet, noch wirklich etwas?

Glücklicherweise gib es hier Techniken, durch die einem die Laurent-Entwicklung oft erspart bleibt. In den meisten Fällen hat man es nämlich mit Polen k-ter Ordnung zu tun, und bei Entwicklung um diese hat die Laurent-Reihe die Form

$$f(z) = \frac{a_{-k}}{(z-z_0)^k} + \ldots + \frac{a_{-1}}{z-z_0} + \sum_{\nu=0}^{\infty} a_\nu (z-z_0)^\nu$$

Multipliziert man eine solche Funktion mit $(z-z_0)^k$, leitet sie $(k-1)$-mal nach z ab und setzt dann $z = z_0$, dann bleibt nur mehr der Term $(k-1)!\,a_{-1}$ übrig.

Residuen an Polen

Man erhält für das Residuum einer Funktion f an einem Pol k-ter Ordnung die Formel

$$\operatorname{Res}(f; z_0) = \frac{1}{(k-1)!} \lim_{z \to z_0} \left[\frac{\mathrm{d}^{k-1}}{\mathrm{d}z^{k-1}} \left((z-z_0)^k f(z)\right)\right].$$

Speziell für Pole erster Ordnung ergibt sich

$$\operatorname{Res}(f; z_0) = \lim_{z \to z_0} \left[(z-z_0) f(z)\right],$$

für Pole zweiter Ordnung erhält man

$$\operatorname{Res}(f; z_0) = \lim_{z \to z_0} \left[\frac{\mathrm{d}}{\mathrm{d}z} \left((z-z_0)^2 f(z)\right)\right].$$

Aus der Formel folgt außerdem: Wenn f und g holomorph in z_0 sind und des Weiteren $f(z_0) \neq 0$, $g(z_0) = 0$ und $g'(z_0) \neq 0$ ist, dann gilt:

$$\operatorname{Res}\left(\frac{f}{g}; z_0\right) = \frac{f(z_0)}{g'(z_0)}. \qquad (32.8)$$

Auch aus einer Partialbruchzerlegung können die Residuen meist direkt abgelesen werden.

Beispiel Die Funktion $f(z) = \frac{z}{(z-\mathrm{i})(z+1)^2}$ hat an $z = +\mathrm{i}$ einen Pol erster, bei $z = -1$ einen zweiter Ordnung. Für die Residuen an diesen Punkten erhalten wir:

$$\begin{aligned}
\operatorname{Res}(f; +\mathrm{i}) &= \lim_{z \to +\mathrm{i}} \left\{(z-\mathrm{i}) \frac{z}{(z-\mathrm{i})(z+1)^2}\right\} \\
&= \lim_{z \to +\mathrm{i}} \frac{z}{(z+1)^2} = \frac{\mathrm{i}}{(1+\mathrm{i})^2} = \frac{1}{2} \\
\operatorname{Res}(f; -1) &= \lim_{z \to -1} \frac{\mathrm{d}}{\mathrm{d}z} \left\{(z+1)^2 \frac{z}{(z-\mathrm{i})(z+1)^2}\right\} \\
&= \lim_{z \to -1} \frac{\mathrm{d}}{\mathrm{d}z} \left\{\frac{z}{(z-\mathrm{i})}\right\} \\
&= \lim_{z \to -1} \left\{\frac{z-\mathrm{i}}{(z-\mathrm{i})^2}\right\} = \frac{-\mathrm{i}}{(-1-\mathrm{i})^2} \\
&= -\frac{\mathrm{i}}{1+2\mathrm{i}-1} = -\frac{1}{2}.
\end{aligned}$$

◄

Teil V

Beispiel Die rationale Funktion f mit der Partialbruchzerlegung

$$f(z) = \frac{1}{z-1} + \frac{2}{3}\frac{1}{z+2\mathrm{i}} - 2\frac{1}{z-3} + \frac{1}{(z-3)^2}$$

hat die Residuen $\operatorname{Res}(f;+1) = 1$, $\operatorname{Res}(f;-2\mathrm{i}) = \frac{2}{3}$ und $\operatorname{Res}(f;+3) = -2$. ◀

Solche einfachen Methode zur Berechnung von Residuen erlauben es uns, viele Integrale ohne aufwendige Rechnung zu bestimmen.

Beispiel Wir berechnen die Integrale

$$\int_{C_k} \frac{2z+1}{z^2-z-2}\,\mathrm{d}z$$

entlang der fünf in Abb. 32.24 dargestellten Kurven C_1 bis C_5.

Zunächst bestimmen wir Art und Lage der Residuen: Die quadratische Gleichung $z^2 - z - 2 = 0$ hat die beiden Lösungen $z_{1,2} = \frac{1}{2} \pm \sqrt{\frac{1}{4}+2} = \frac{1}{2} \pm \frac{3}{2}$. Also hat $f(z) = \frac{2z+1}{z^2-z-2} = \frac{2z+1}{(z+1)(z-2)}$ zwei Pole erster Ordnung an $z = -1$ und $z = +2$.

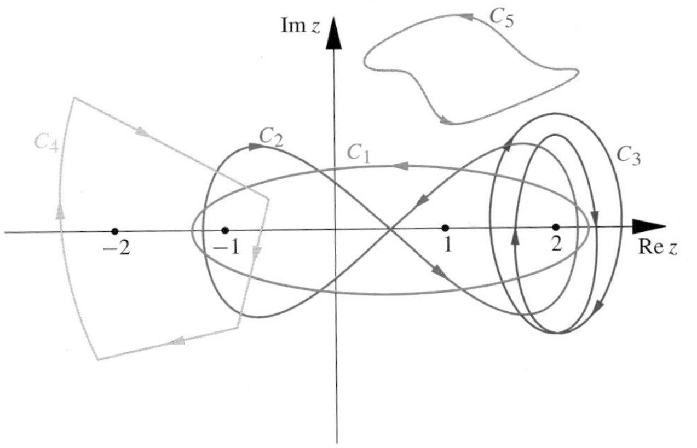

Abb. 32.24 Wir wollen das Integral über eine Funktion entlang der fünf Kurven C_1 bis C_5 bestimmen

Nun berechnen wir an diesen Stellen die Residuen. Dafür erhalten wir:

$$\begin{aligned}
\operatorname{Res}(f,-1) &= \lim_{z\to-1}(z+1)\frac{2z+1}{(z+1)(z-2)} \\
&= \lim_{z\to-1}\frac{2z+1}{z-2} = \frac{-2+1}{-1-2} = \frac{1}{3}, \\
\operatorname{Res}(f,+2) &= \lim_{z\to2}(z-2)\frac{2z+1}{(z+1)(z-2)} \\
&= \lim_{z\to2}\frac{2z+1}{z+1} = \frac{4+1}{2+1} = \frac{5}{3}.
\end{aligned}$$

Im dritten Schritt bestimmen wir die Windungszahlen, wobei die separate Darstellung der Kurven in Abb. 32.25 nützlich ist.

$$\begin{aligned}
&\operatorname{Ind}_{C_1}(-1) = +1 \quad &&\operatorname{Ind}_{C_1}(+2) = +1\\
&\operatorname{Ind}_{C_2}(-1) = -1 \quad &&\operatorname{Ind}_{C_2}(+2) = +1\\
&\operatorname{Ind}_{C_3}(-1) = 0 \quad &&\operatorname{Ind}_{C_3}(+2) = -2\\
&\operatorname{Ind}_{C_4}(-1) = -1 \quad &&\operatorname{Ind}_{C_4}(+2) = 0\\
&\operatorname{Ind}_{C_5}(-1) = 0 \quad &&\operatorname{Ind}_{C_5}(+2) = 0
\end{aligned}$$

Jetzt steht dem Berechnen der Integrale nichts mehr im Wege:

$$\int_{C_1} f(z)\,\mathrm{d}z = 2\pi\mathrm{i}\left\{\frac{1}{3}\cdot 1 + \frac{5}{3}\cdot 1\right\} = 2\pi\mathrm{i}\cdot\frac{6}{3} = 4\pi\mathrm{i}$$

$$\int_{C_2} f(z)\,\mathrm{d}z = 2\pi\mathrm{i}\left\{\frac{1}{3}\cdot(-1) + \frac{5}{3}\cdot 1\right\} = 2\pi\mathrm{i}\cdot\frac{4}{3} = \frac{8\pi\mathrm{i}}{3}$$

$$\int_{C_3} f(z)\,\mathrm{d}z = 2\pi\mathrm{i}\left\{\frac{1}{3}\cdot 0 + \frac{5}{3}\cdot(-2)\right\} = 2\pi\mathrm{i}\cdot\left(-\frac{10}{3}\right) = -\frac{20\pi\mathrm{i}}{3}$$

$$\int_{C_4} f(z)\,\mathrm{d}z = 2\pi\mathrm{i}\left\{\frac{1}{3}\cdot(-1) + \frac{5}{3}\cdot 0\right\} = 2\pi\mathrm{i}\cdot\left(-\frac{1}{3}\right) = -\frac{2\pi\mathrm{i}}{3}$$

$$\int_{C_5} f(z)\,\mathrm{d}z = 2\pi\mathrm{i}\left\{\frac{1}{3}\cdot 0 + \frac{5}{3}\cdot 0\right\} = 0 .$$

Das letzte Integral erhält man bereits aus dem Cauchy'schen Integralsatz, überhaupt lassen sich sowohl dieser als auch die Cauchy'sche Integralformel als Spezialfälle des Residuensatzes auffassen (keine Singularität bzw. nur ein Pol erster Ordnung). ◀

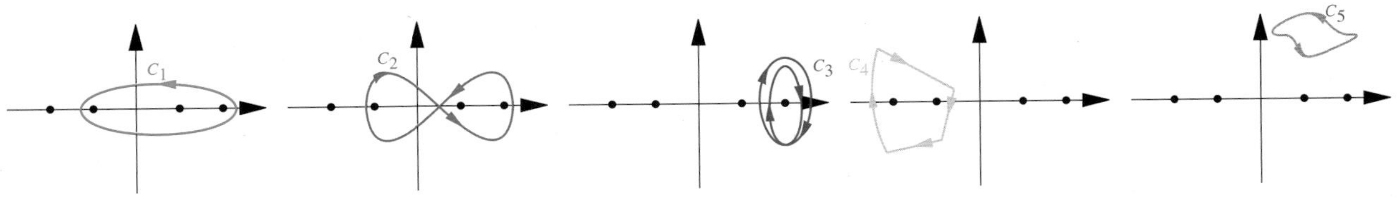

Abb. 32.25 Die Bilder aus Abb. 32.24 einzeln dargstellt

Auch reelle Integrale lassen sich mittels Residuensatz bestimmen

Auch bei der Berechnung reeller Integrale kann der Residuensatz helfen. Das ist auf zwei Arten möglich: Entweder ein reelles Integral wird durch eine geeignete Substitution in ein komplexes Kurvenintegral umgewandelt oder aber man betrachtet eine geschlossene Kurve, die zum Teil auf der reellen Achse verläuft und bei der die Integrale über die anderen Kurvenstücke entweder von vornherein bekannt sind oder verschwinden.

Beim ersten Integraltyp, den wir behandeln wollen, kommt die Taktik der Substitution zur Anwendung. Konkret geht es dabei um Integrale über rationale Funktionen R von Sinus und Kosinus, also

$$I = \int_0^{2\pi} R(\cos t, \sin t)\,\mathrm{d}t = \int_0^{2\pi} \frac{P(\cos t, \sin t)}{Q(\cos t, \sin t)}\,\mathrm{d}t\,,$$

P und Q stehen dabei für beliebige Polynome in zwei Variablen.

In diesem Fall werden die Mittel der Funktionentheorie nicht unbedingt benötigt, da sich ein solches Integral auch mit rein reellen Methoden auswerten lässt. Das kann aber einen beträchtlichen Aufwand bedeuten. Mit $\cos t = \frac{1}{2}(\mathrm{e}^{\mathrm{i}t} + \mathrm{e}^{-\mathrm{i}t})$ und $\sin t = \frac{1}{2\mathrm{i}}(\mathrm{e}^{\mathrm{i}t} - \mathrm{e}^{-\mathrm{i}t})$ kann man das ursprünglich reelle Integral aber auf eines über den Einheitskreis umschreiben. Setzt man nun $z = \mathrm{e}^{\mathrm{i}t}$, so ist $\mathrm{d}z = \mathrm{i}\mathrm{e}^{\mathrm{i}t}\mathrm{d}t = \mathrm{i}z\,\mathrm{d}t$ und man erhält

$$I = \oint_{|z|=1} \underbrace{\frac{1}{\mathrm{i}z} R\left(\frac{1}{2}\left(z + \frac{1}{z}\right), \frac{1}{2\mathrm{i}}\left(z - \frac{1}{z}\right)\right)}_{=f(z)} \mathrm{d}z\,.$$

Wenn nun kein Pol, also keine Nullstelle des Nenners auf dem Einheitskreis selbst liegt, wird der Residuensatz anwendbar und man erhält für das Integral

$$\int_0^{2\pi} R(\cos t, \sin t)\,\mathrm{d}t = 2\pi\mathrm{i} \sum_{|z_j|<1} \mathrm{Res}(f(z), z_j),$$

wobei

$$f(z) = \frac{1}{\mathrm{i}z} R\left(\frac{1}{2}\left(z + \frac{1}{z}\right), \frac{1}{2\mathrm{i}}\left(z - \frac{1}{z}\right)\right)$$

gesetzt wurde.

Beispiel Wir berechnen das Integral

$$I = \int_0^{2\pi} \frac{1}{(5 + 4\cos t)^2}\,\mathrm{d}t\,.$$

Zunächst erhalten wir

$$f(z) = \frac{1}{\mathrm{i}z}\,\frac{1}{(5 + 4\frac{1}{2}(z + \frac{1}{z}))^2} = \frac{z}{4\mathrm{i}}\,\frac{1}{\left(z + \frac{1}{2}\right)^2 (z+2)^2}$$

Diese Funktion hat bei $z = -\frac{1}{2}$ und $z = -2$ jeweils Pole zweiter Ordnung, nur $z = -\frac{1}{2}$ liegt dabei innerhalb des Einheitskreises. Für das Residuum an diesem Punkt ergibt sich:

$$\begin{aligned}
\mathrm{Res}\left(f; -\frac{1}{2}\right) &= \lim_{z\to-\frac{1}{2}} \frac{\mathrm{d}}{\mathrm{d}z}\left\{\left(z + \frac{1}{2}\right)^2 f(z)\right\} \\
&= \lim_{z\to-\frac{1}{2}} \frac{\mathrm{d}}{\mathrm{d}z}\left\{\frac{z}{4\mathrm{i}(z+2)^2}\right\} \\
&= \lim_{z\to-\frac{1}{2}} \left\{\frac{1}{4\mathrm{i}(z+2)^2} - \frac{2z}{4\mathrm{i}(z+2)^3}\right\} \\
&= \frac{1}{9\mathrm{i}} + \frac{2}{27\mathrm{i}} = \frac{5}{27\mathrm{i}}
\end{aligned}$$

Insgesamt erhalten wir also

$$\int_0^{2\pi} \frac{1}{(5 + 4\cos t)^2}\,\mathrm{d}t = 2\pi\mathrm{i}\cdot\frac{5}{27\mathrm{i}} = \frac{10\pi}{27}\,.$$ ◀

Der nächste Typ von Integral, den wir behandeln wollen, ist von der Form

$$I = \int_{-\infty}^{+\infty} \frac{P(t)}{Q(t)}\,\mathrm{d}t,$$

wobei P und Q Polynome über $\mathbb{R}$ sind und $\mathrm{Grad}\,Q \geq 2 + \mathrm{Grad}\,P$ gelten soll, außerdem darf Q keine reellen Nullstellen besitzen.

Nun betrachten wir den in Abb. 32.26 dargestellten Integrationsweg. Der Radius R ist dabei so groß, dass alle Pole, die sich in der oberen Halbebene befinden, innerhalb des Halbkreises lie-

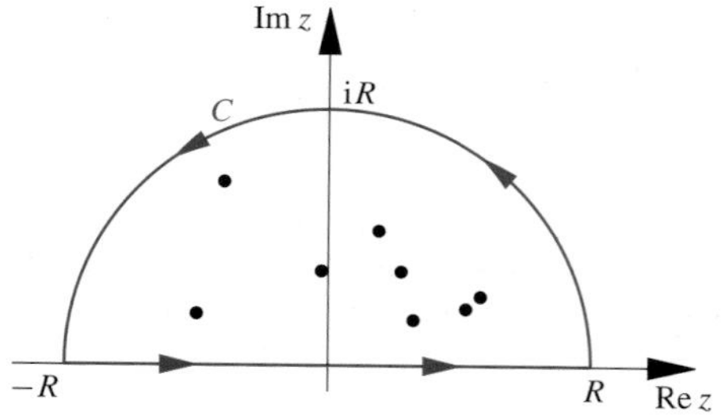

Abb. 32.26 Ein Integrationsweg zur Bestimmung reeller Integrale des Typs $I = \int_{-\infty}^{+\infty} \frac{P(t)}{Q(t)}\,\mathrm{d}t$

Anwendung: Die Fourierdarstellung der Stufenfunktion

Wir zeigen eine Integraldarstellung der Heaviside'schen Stufenfunktion, die in der Signaltheorie eine wichtige Rolle spielt und oft benutzt wird, um kausales Verhalten in ein System einzubauen.

Die **Heaviside'sche Stufenfunktion** Θ, benannt nach Oliver Heaviside (1850–1925), ist eine Funktion $\mathbb{R} \to \mathbb{R}$ mit der Abbildungsvorschrift

$$\Theta(t) = \begin{cases} 0 & \text{für } t < 0 \\ 1 & \text{für } t > 0 \end{cases}.$$

Der Funktionswert an der Stelle $t = 0$ wird von verschiedenen Autoren verschieden festgelegt, z. B. $\Theta(0) = 0$, $\Theta(0) = \frac{1}{2}$ oder $\Theta(0) = 1$. Der konkrete Wert hat nur geringe Bedeutung, da man in den Anwendungen üblicherweise lediglich Integrale der Form

$$\int_I f(t)\,\Theta(t)\,\mathrm{d}t$$

betrachtet und einzelne Punkte den Wert eines Integrals nicht beeinflussen. Daher lassen wir den Wert an $t = 0$ einfach undefiniert. Die Heaviside-Funktion, oft auch Stufenfunktion oder Sprungfunktion genannt, spielt eine bedeutende Rolle in der Signaltheorie, und wir wollen kurz erklären, warum.

Die Signaltheorie beschäftigt sich mit der *Antwort* von Systemen auf einlaufende Signale. *System* ist hier ganz allgemein zu verstehen, das kann ein mechanischer Apparat genauso sein wie ein elektrischer Schaltkreis oder ein chemischer Reaktor.

Gemeinsam ist ihnen, dass ein Eingangssignal f, dargestellt als Funktion der Zeit, eingespeist wird und das System ein Ausgangssignal g, wiederum dargestellt als Funktion der Zeit, liefert. Man beschreibt diesen Zusammenhang formal durch einen Operator, also eine Vorschrift, die eine Funktion auf eine andere abbildet. Nennen wir den Operator S, so wird der obige Zusammenhang als $g = Sf$ geschrieben.

Der Zusammenhang kann in manchen Fällen sehr einfach sein, ein idealer Verstärker etwa liefert ein Signal

$$g(t) = (Sf)(t) = \alpha f(t)$$

mit einer Konstanten $\alpha > 0$.

Meist jedoch ist der Zusammenhang zwischen Eingangs- und Ausgangssignal komplizierter, und die meisten Systeme haben ein „Gedächtnis", d. h., ihre Antwort zur Zeit t hängt nicht nur vom Wert des Eingangssignals zur Zeit t, sondern auch von früheren Werten des Signals ab. Das kann man in vielen Fällen durch ein Integral in der Form

$$g(t) = \int_{-\infty}^{\infty} K(t, \tau) f(\tau)\,\mathrm{d}\tau$$

mit einem Integralkern K modellieren. Nun haben Systeme zwar meist eine Gedächtnis, aber üblicherweise keine hellseherischen Fähigkeiten. Die Antwort $g(t)$ zur Zeit t darf demnach nicht von Werten $f(\tau)$ mit $\tau > t$ abhängen. Das ist genau dann der Fall, wenn

$$K(t, \tau) = 0 \quad \text{für } t < \tau$$

ist, der Integralkern also die Form

$$K(t, \tau) = \Theta(t - \tau) h(t, \tau)$$

mit einer beliebigen Funktion h, $\mathbb{R}^2 \to \mathbb{R}$ hat. Die Heaviside-Funktion erzwingt *Kausalität*, dass die Ursache vor der Wirkung kommen muss.

Ist das betrachtete System *homogen in der Zeit*, hat also keine „eingebauten" Zeitabhängigkeiten, so hängt h nur von der Differenz $t - \tau$ ab, $h(t, \tau) = h_1(t - \tau)$.

Nun spielen bei der Behandlung und Analyse von Signalen *Integraltransformationen*, insbesondere die Fouriertransformation, eine wichtige Rolle. Diese Transformation wird in Kap. 33 ausführlich diskutiert, uns genügt es hier zu wissen, dass wir Darstellungen von Funktionen f in der Form

$$f(t) = \frac{1}{2\pi} \int_{-\infty}^{+\infty} \tilde{f}(\omega)\,\mathrm{e}^{-\mathrm{i}\omega t}\,\mathrm{d}\omega$$

suchen. Unsere Behauptung ist nun, dass

$$\Theta(t) = -\frac{1}{2\pi\mathrm{i}} \lim_{\varepsilon \to 0} \int_{-\infty}^{+\infty} \frac{\mathrm{e}^{-\mathrm{i}\omega t}}{\omega + \mathrm{i}\varepsilon}\,\mathrm{d}\omega$$

ist. Beim Nachrechnen werten wir das Integral auf der rechten Seite mittels Residuensatz aus. Die einzige Singularität des Integranden ist ein Pol erster Ordnung bei $\omega = -\mathrm{i}\varepsilon$ mit Residuum $\mathrm{e}^{-\varepsilon t}$. Für $t < 0$ schließen wir wie bei der Herleitung von (32.9) den Integrationsweg in der oberen Halbebene. Dort liegt keine Singularität, das Integral verschwindet.

Für $t > 0$ müssen wir den Integrationsweg in der unteren Halbebene schließen. Da der Weg nun in negativer Richtung durchlaufen wird, ergibt sich ein zusätzliches Vorzeichen,

$$\int_{-\infty}^{+\infty} \frac{\mathrm{e}^{-\mathrm{i}\omega t}}{\omega + \mathrm{i}\varepsilon}\,\mathrm{d}\omega = -2\pi\mathrm{i}\,\mathrm{e}^{-\varepsilon t}.$$

Für $\varepsilon \to 0$ erhalten wir $-2\pi\mathrm{i}$, und damit die Bestätigung unserer Behauptung.

Kommentar Die Heaviside-Funktion ist im klassischen Sinne an $t = 0$ nicht differenzierbar. In der Funktionalanalysis (Kap. 31) haben wir unseren Funktionsbegriff jedoch so erweitert, dass wir Θ überall differenzieren können und $\Theta' = \delta$ mit der Dirac'schen Deltafunktion δ erhalten. ◀

Teil V

gen. Dann gilt:

$$\int_C \frac{P(z)}{Q(z)}\,dz = \int_{-R}^{R} \frac{P(t)}{Q(t)}\,dt + \int_{\cap} \frac{P(z)}{Q(z)}\,dz$$
$$= 2\pi i \sum_{\operatorname{Im} z_j>0} \operatorname{Res}\left(\frac{P(z)}{Q(z)}, z_j\right).$$

Bisher haben wir noch nicht viel gewonnen, denn wir wissen ja nicht, welchen Wert das Integral $\int_\cap$ über den Halbkreis hat. Setzen wir aber die Abschätzung für Kurvenintegrale an, so ergibt sich

$$\left|\int_\cap \frac{P(z)}{Q(z)}\,dz\right| \leq \max_\cap \left|\frac{P(z)}{Q(z)}\right| \cdot L(\cap).$$

Für große R fällt $|\frac{P(z)}{Q(z)}|$ unter den obigen Voraussetzungen zumindest so schnell wie $\frac{\alpha}{|z|^2}$ mit $\alpha = \text{const}$ ab; die Länge des Halbkreises ist $L(\cap) = \pi R$. Wir erhalten also

$$\left|\int_\cap \frac{P(z)}{Q(z)}\,dz\right| \leq \frac{\alpha}{R^2}\,\pi R = \frac{\alpha\pi}{R},$$

und dieser Ausdruck geht gegen null, wenn R gegen Unendlich geht. Für $R \to \infty$ erhalten wir also

$$\int_{-\infty}^{\infty} \frac{P(t)}{Q(t)}\,dt = 2\pi i \sum_{\operatorname{Im} z_j>0} \operatorname{Res}\left(\frac{P(z)}{Q(z)}, z_j\right). \qquad (32.9)$$

Beispiel Wir berechnen

$$I = \int_0^\infty \frac{t^6}{1+t^8}\,dt = \frac{1}{2}\int_{-\infty}^{\infty} \frac{t^6}{1+t^8}\,dt.$$

Die Nullstellen des Nenners befinden sich bei $z_k = e^{i\frac{\pi+2\pi k}{8}}$ mit $k = 0, 1, 2, \ldots, 7$, davon liegen $z_0 = e^{i\frac{\pi}{8}}$, $z_1 = e^{i\frac{3\pi}{8}}$, $z_2 = e^{i\frac{5\pi}{8}}$ und $z_3 = e^{i\frac{7\pi}{8}}$ in der oberen Halbebene. Die Residuen haben den Wert

$$\operatorname{Res}\left(\frac{z^6}{1+z^8}; z_j\right) = \frac{z_j^6}{8z_j^7} = \frac{1}{8z_j}.$$

Damit erhält man (unter Berücksichtigung der Symmetrieeigenschaften $\cos\varphi = -\cos(\pi-\varphi)$ und $\sin\varphi = \sin(\pi-\varphi)$):

$$I = \frac{2\pi i}{2\cdot 8}\sum_{j=0}^{3}\frac{1}{z_j} = \frac{i\pi}{8}\left\{e^{-i\frac{\pi}{8}} + e^{-i\frac{3\pi}{8}} + e^{-i\frac{5\pi}{8}} + e^{-i\frac{7\pi}{8}}\right\}$$
$$= \frac{i\pi}{8}\left\{\cos\frac{\pi}{8} - i\sin\frac{\pi}{8} + \cos\frac{3\pi}{8} - i\sin\frac{3\pi}{8} + \cos\frac{5\pi}{8} - i\sin\frac{5\pi}{8} + \cos\frac{7\pi}{8} - i\sin\frac{7\pi}{8}\right\}$$
$$= \frac{i\pi}{8}\left\{-2i\sin\frac{\pi}{8} - 2i\sin\frac{3\pi}{8}\right\} = \frac{\pi}{4}\left\{\sin\frac{\pi}{8} + \sin\frac{3\pi}{8}\right\} \blacktriangleleft$$

Ganz ähnlich lassen sich auch Integrale vom Typ

$$I = \int_{-\infty}^{+\infty} \frac{P(t)}{Q(t)}\,e^{i\alpha t}\,dt$$

behandeln. Dabei sollen P und Q Polynome mit $\operatorname{Grad} Q \geq 1 + \operatorname{Grad} P$ sein und Q wieder keine reellen Nullstellen besitzen. Die reelle Zahl α sei beliebig, aber positiv. Mit einer ähnlichen Abschätzung wie oben kann man wieder zeigen, dass das Integral über den Halbkreis verschwindet, und es bleibt

$$\int_{-\infty}^{+\infty} \frac{P(t)}{Q(t)}e^{i\alpha t}\,dt = 2\pi i \sum_{\operatorname{Im} z_j>0} \operatorname{Res}\left(\frac{P(z)}{Q(z)}e^{i\alpha z}, z_j\right). \qquad (32.10)$$

Betrachtung von Real- und Imaginärteil zeigt des Weiteren:

$$I_c = \int_{-\infty}^{+\infty} \frac{P(t)}{Q(t)}\cos(\alpha t)\,dt = \operatorname{Re}\left\{2\pi i \sum_{\operatorname{Im} z_j>0} \operatorname{Res}\left(\frac{P(z)}{Q(z)}e^{i\alpha z}, z_j\right)\right\}$$
$$I_s = \int_{-\infty}^{+\infty} \frac{P(t)}{Q(t)}\sin(\alpha t)\,dt = \operatorname{Im}\left\{2\pi i \sum_{\operatorname{Im} z_j>0} \operatorname{Res}\left(\frac{P(z)}{Q(z)}e^{i\alpha z}, z_j\right)\right\}.$$

Diese Formeln gelten auch dann, wenn man statt $\frac{P}{Q}$ eine beliebige Funktion F betrachtet, für die

$$\lim_{R\to\infty}\sup_{|z|=R}|F(z)| = 0$$

ist und die keine Singularitäten auf der reellen Achse hat. Verantwortlich dafür, dass die Voraussetzungen gegenüber dem vorherigen Typ $\int_{-\infty}^{+\infty}\frac{P(t)}{Q(t)}\,dt$ so abgeschwächt werden können, ist, dass der Betrag von $e^{i\alpha z} = e^{i\alpha(x+iy)} = e^{i\alpha x}e^{-\alpha y}$ gleich $e^{-\alpha y}$ ist. Es ergibt sich also ein zusätzlicher exponentieller Abfall für große Imaginärteile, und deshalb verschwindet das Integral über den Halbkreis auch unter viel moderateren Bedingungen. Ganz salopp: Die e-Funktion macht das Integral konvergenter.

Durch Schließen des Integrationsweges in der unteren Halbebene erhält man für $\alpha > 0$

$$\int_{-\infty}^{+\infty} \frac{P(t)}{Q(t)}e^{-i\alpha t}\,dt = -2\pi i \sum_{\operatorname{Im} z_j<0} \operatorname{Res}\left(\frac{P(z)}{Q(z)}e^{-i\alpha z}, z_j\right).$$

Das zusätzliche Minus stammt daher, dass jetzt der gesamte Weg in mathematisch negativer Richtung durchlaufen wird, was sich natürlich auf die Windungszahlen $\operatorname{Ind}_C(z_j)$ im Residuensatz auswirkt.

Beispiel Wir ermitteln $I = \int_{-\infty}^{\infty} \frac{1}{k^2+t^2} \mathrm{e}^{\mathrm{i}\alpha t}\,\mathrm{d}t$ mit $k, \alpha \in \mathbb{R}^+$. Die rationale Funktion $\frac{1}{k^2+z^2}$ hat Pole erster Ordnung an $z = \pm\mathrm{i}k$, davon interessiert uns hier ($\alpha > 0$) nur der in der oberen Halbebene, also $z = +\mathrm{i}k$. Für das Residuum ergibt sich

$$\operatorname{Res}\left(\frac{\mathrm{e}^{\mathrm{i}\alpha z}}{k^2+z^2}; +\mathrm{i}k\right) = \lim_{z\to\mathrm{i}k}\left\{(z-\mathrm{i}k)\frac{\mathrm{e}^{\mathrm{i}\alpha z}}{(z-\mathrm{i}k)(z+\mathrm{i}k)}\right\} = \frac{\mathrm{e}^{-\alpha k}}{2\mathrm{i}k}$$

und für das Integral damit

$$\int_{-\infty}^{\infty} \frac{1}{k^2+t^2}\mathrm{e}^{\mathrm{i}\alpha t}\,\mathrm{d}t = 2\pi\mathrm{i}\frac{\mathrm{e}^{-\alpha k}}{2\mathrm{i}k} = \frac{\pi}{k}\mathrm{e}^{-\alpha k}.$$

Da $\frac{1}{k^2+t^2}$ für reelle t ebenfalls immer reell ist, haben wir damit automatisch auch durch Betrachtung von Real- und Imaginärteil

$$\int_{-\infty}^{\infty} \frac{\cos\alpha t}{k^2+t^2}\,\mathrm{d}t = \frac{\pi}{k}\mathrm{e}^{-\alpha k}$$

$$\int_{-\infty}^{\infty} \frac{\sin\alpha t}{k^2+t^2}\,\mathrm{d}t = 0$$

bestimmt. Dass das zweite Integral verschwindet, folgt nebenbei auch bereits aus den Symmetrieeigenschaften des Integranden. ◀

Teil V

Zusammenfassung

Komplexe Funktionen und Differenzierbarkeit

Viele aus dem Reellen bekannte Zusammenhänge gelten unverändert auch im Komplexen, insbesondere bei allgemeinen Potenzen und Logarithmen ist aber Vorsicht geboten. Komplexe Differenzierbarkeit ist eine deutlich stärkere Bedingung als reelle.

Exponential- und Winkelfunktionen sind durch Potenzreihen definiert

Die reelle Potenzreihendefinition der elementaren Funktionen gilt unverändert auch für komplexe Argumente. Auch der Logarithmus lässt sich ins Komplexe übertragen, ist dort aber eine Funktion mit mehreren Zweigen. Arkus- und Areafunktionen lassen sich durch den komplexen Logarithmus ausdrücken.

Komplexe Differenzierbarkeit ist eine scharfe Bedingung

Obwohl $\mathbb{C}$ und $\mathbb{R}^2$ auf geometrischer Ebene äquivalent sind, sind in $\mathbb{C}$ noch algebraische Eigenschaften wichtig. Entsprechend muss eine differenzierbare Funktion $\mathbb{R}^2 \to \mathbb{R}^2$ nicht komplex differenzierbar sein. Komplex differenzierbare Funktionen erfüllen zusätzlich zur reellen Differenzierbarkeit die folgenden Gleichungen.

Cauchy-Riemann-Gleichungen

Eine komplexe Funktion $f = u + \mathrm{i}\,v$ ist genau dann in einem Punkt $z = x + \mathrm{i}y \in D(f)$ *komplex* differenzierbar, wenn sie dort reell (als Funktion $\mathbb{R}^2 \to \mathbb{R}^2$) differenzierbar ist und zusätzlich die **Cauchy-Riemann-Gleichungen**

$$\frac{\partial u}{\partial x} = \frac{\partial v}{\partial y}, \quad \frac{\partial u}{\partial y} = -\frac{\partial v}{\partial x}$$

erfüllt.

Aus den Cauchy-Riemann-Gleichungen folgt, dass Real- und Imaginärteil holomorpher Funktionen harmonisch sind, $\Delta u = \Delta v = 0$. Das hat wichtige Anwendungen in Elektrostatik, Fluidmechanik und anderen Gebieten.

Konforme Abbildungen erhalten Winkel und Orientierung

Konforme Abbildungen sind im Komplexen gerade die holomorphen Funktionen. Das erlaubt es, Lösungen für Probleme mit komplizierter Geometrie auf solche mit einfacher Geometrie zu übertragen.

Komplexe Kurvenintegrale

Integrale über komplexwertige Funktionen macht keine Schwierigkeiten, die Linearität der Integration überträgt sich auf komplexwertige Funktionen einer reellen Variablen. Meist will man jedoch über Wege in der komplexen Ebene integrieren, diese lassen sich mittels Kurven beschreiben.

Kurvenintegrale lassen sich auf Integrale über komplexwertige Funktionen einer reellen Variablen zurückführen

Das geschieht durch Parametrisierung. Ein Integral erweist sich als besonders wichtig.

Zentrales Integral der Funktionentheorie

Für einen positiv orientierten Kreis C mit Mittelpunkt z_0 und Radius $R > 0$ erhalten wir

$$\int_C (z - z_0)^n \,\mathrm{d}z = \begin{cases} 0 & \text{für } n \neq -1 \\ 2\pi\mathrm{i} & \text{für } n = -1 \end{cases}$$

Der Cauchy'sche Integralsatz macht Aussagen über die Wegunabhängigkeit von Kurvenintegralen

Cauchy'scher Integralsatz

Für ein einfach zusammenhängendes Gebiet G und eine darin holomorphe Funktion f gilt, sofern alle betrachteten Wege ganz in G liegen:

- Für jeden geschlossenen Weg C ist $\oint_C f(z)dz = 0$.
- Für zwei beliebige Wege C_1 und C_2 mit gleichem Anfangs- und Endpunkt ist

$$\int_{C_1} f(z)\,\mathrm{d}z = \int_{C_2} f(z)\,\mathrm{d}z\,.$$

- Zu $f(z)$ existiert eine Stammfunktion $F(z)$ mit $\frac{\mathrm{d}F}{\mathrm{d}z} = f$ und

$$\int_{z_A \to z_E} f(z)\,\mathrm{d}z = F(z_E) - F(z_A)\,.$$

Die Cauchy'sche Integralformel erlaubt grundlegende Aussagen über holomorphe Funktionen

Aus dem Cauchy'schen Integralsatz lässt sich die Cauchy'sche Integralformel herleiten. In dieser tauchen Windungszahlen $\mathrm{Ind}_C(z)$ auf, die beschreiben, wie oft eine Kurve C einen bestimmten Punkt z_0 umläuft.

Cauchy'sche Integralformel

Für eine in einem einfach zusammenhängenden Gebiet G holomorphe Funktion f und einen ganz in G verlaufenden geschlossenen Weg C mit Bild C^* gilt für beliebige $z_0 \in G \setminus C^*$:

$$f(z_0)\,\mathrm{Ind}_C(z_0) = \frac{1}{2\pi\mathrm{i}} \oint_C \frac{f(z)}{z - z_0}\,\mathrm{d}z$$

Holomorphe Funktionen besitzen noch weitere erstaunliche Eigenschaften

Der „innere Zusammenhalt" holomorpher Funktionen ist sehr stark, so gilt etwa der folgende Satz.

Identitätssatz

Stimmen zwei in einem Gebiet G holomorphe Funktionen auf einer Menge überein, die einen Häufungspunkt in G hat, oder stimmen an einem Punkt alle Ableitungen der beiden Funktionen überein, so sind diese Funktionen in G identisch.

Jede Funktion ist in ihrem Holomorphiegebiet unendlich oft differenzierbar. Im Inneren des Holomorphiegebietes kann es keine echten Betragsmaxima geben.

Laurent-Reihen und Residuensatz

Laurent-Reihen sind eine Verallgemeinerung von Potenzreihen, in der auch negative Potenzen eingeschlossen werden. Eine Laurentreihe konvergiert, wenn überhaupt, in einem Kreisring.

Singularitäten lassen sich mithilfe von Laurent-Reihen klassifizieren

Je nach Aussehen der Laurentreihe kann man isolierte Singularitäten in hebbare Singularitäten, Pole und wesentliche Singularitäten unterteilen.

Der Residuensatz erlaubt es, Integrale auf einfachste Art zu bestimmen

Residuensatz

Sind in einem einfach zusammenhängenden Gebiet G $z_1, z_2, \ldots z_N \in G$ endlich viele (paarweise verschiedene) Punkte und ist die Funktion f auf $G \setminus \{z_1, \ldots, z_N\}$ holomorph, dann gilt für jeden geschlossene Weg C, der ganz in $G \setminus \{z_1, \ldots, z_N\}$ verläuft:

$$\oint_C f(z)\mathrm{d}z = 2\pi\mathrm{i} \cdot \sum_{j=1}^{N} \left(\mathrm{Res}(f, z_j) \cdot \mathrm{Ind}_C(z_j)\right)$$

Dieser Satz ist besonders praktisch, weil es eine einfache Formel für die Bestimmung von Residuen an Polen gibt. Man erhält für das Residuum einer Funktion f an einem Pol k-ter Ordnung

$$\operatorname{Res}(f; z_0) = \frac{1}{(k-1)!} \lim_{z \to z_0} \left[\frac{\mathrm{d}^{k-1}}{\mathrm{d}z^{k-1}} \left((z - z_0)^k f(z) \right) \right].$$

Auch reelle Integrale lassen sich mittels Residuensatz bestimmen

Das gelingt etwa bei Integralen der Form

$$\int_0^{2\pi} R(\cos t, \sin t)\, \mathrm{d}t\,, \qquad \int_{-\infty}^{+\infty} \frac{P(t)}{Q(t)}\, \mathrm{d}t,$$

und

$$\int_{-\infty}^{+\infty} \frac{P(t)}{Q(t)} \cos(\alpha t)\, \mathrm{d}t\,, \qquad \int_{-\infty}^{+\infty} \frac{P(t)}{Q(t)} \sin(\alpha t)\, \mathrm{d}t\,,$$

insbesondere letztere spielen eine wichtige Rolle in der Signaltheorie.

Bonusmaterial

Im Bonusmaterial bringen wir einige Anmerkungen zu komplexen Differenzierbarkeit, insbesondere stellen wir die *Wirtinger-Operatoren* als nützliche Hilfsmittel vor. Eine besonders nützliche Klasse von konformen Abbildungen sind die *Möbius-Transformation*, die wir ebenso diskutieren wie die *Abbildungsformel von Schwarz-Christoffel.*

Außerdem gehen wir der Frage nach, wie sich „verzweigte" Funktionen eindeutig definieren lassen und wie man eine gegebene holomorphe Funktion in ein größeres Gebiet hinein holomorph fortsetzen kann.

Teil V

Aufgaben

Die Aufgaben gliedern sich in drei Kategorien: Anhand der *Verständnisfragen* können Sie prüfen, ob Sie die Begriffe und zentralen Aussagen verstanden haben, mit den *Rechenaufgaben* üben Sie Ihre technischen Fertigkeiten und die *Anwendungsprobleme* geben Ihnen Gelegenheit, das Gelernte an praktischen Fragestellungen auszuprobieren.
Ein Punktesystem unterscheidet leichte •, mittelschwere •• und anspruchsvolle ••• Aufgaben. Lösungshinweise am Ende des Buches helfen Ihnen, falls Sie bei einer Aufgabe partout nicht weiterkommen. Dort finden Sie auch die Lösungen – betrügen Sie sich aber nicht selbst und schlagen Sie erst nach, wenn Sie selber zu einer Lösung gekommen sind. Ausführliche Lösungswege, Beweise und Abbildungen finden Sie als digitales Zusatzmaterial (electronic supplementary material).
Viel Spaß und Erfolg bei den Aufgaben!

Verständnisfragen

32.1 •• Zeigen Sie, dass die Summe der n-ten Einheitswurzeln für $n \geq 2$ immer null ergibt und interpretieren Sie dieses Ergebnis für $n \geq 3$ geometrisch.

32.2 • Zeigen Sie die Identität

$$\cos(4\varphi) = 8\cos^4\varphi - 8\cos^2\varphi + 1$$

und leiten Sie eine analoge Identität für $\sin(4\varphi)$ her.

32.3 •• Geben Sie jeweils zwei Gebiete G_1 und G_2 an, sodass

1. Vereinigung und Durchschnitt wieder Gebiete sind,
2. die Vereinigung ein Gebiet ist, nicht aber der Durchschnitt,
3. weder Vereinigung noch Durchschnitt Gebiete sind.

32.4 • Man zeige, dass die „Häufungspunktbedingung" im Identitätssatz tatsächlich notwendig ist, dass also zwei holomorphe Funktionen, die auf einer unendlichen Menge M übereinstimmen, nicht gleich sein müssen, wenn M keinen Häufungspunkt hat.

32.5 •• Gibt es eine Funktion $f(z)$ mit der Eigenschaft

$$f\left(\frac{1}{n}\right) = \frac{1}{1-\frac{1}{n}} \quad \text{für } n = 2, 3, 4, \ldots,$$

die (a) auf $|z| < 1$, (b) auf ganz $\mathbb{C}$ holomorph ist?

32.6 •• Man ermittle ohne Rechnung den Konvergenzradius bei Entwicklung der jeweils angegebenen Funktion um den Punkt z_0 in eine Potenzreihe:

(a) $f(z) = \frac{z}{(z-\mathrm{i})(z+2)}$ um $z_0 = 0$
(b) $f(z) = \mathrm{Log}(z)$ um $z_0 = 2 + \mathrm{i}$
(c) $f(z) = 1/\sin(\frac{1}{z})$ um $z_0 = \frac{1}{\pi} + \mathrm{i}$

32.7 •• Wo haben die folgenden Funktionen $f, D(f) \to \mathbb{R}$ Singularitäten und um welche Art handelt es sich jeweils (soweit in unserem Schema klassifizierbar)?

(a) $f(z) = \frac{1}{z^8+z^2}$.
(b) $f(z) = \frac{1}{\cos\frac{1}{z}}$,
(c) $f(z) = \frac{\sin\frac{1}{z}}{z^2+1}$.

32.8 • Wir setzen im Folgenden stets $z = x + \mathrm{i}y$.

- Schreiben Sie den Ausdruck $x^3 + xy^2$ auf z und $\bar{z}$ sowie $z^2\bar{z}$ auf x und y um.
- Verifizieren Sie die Relation $\mathrm{e}^{\mathrm{i}z} = \cos z + \mathrm{i}\sin z$ für die komplexe Zahl $z = \pi + \mathrm{i}$.
- Berechnen Sie
$$\mathrm{Re}(\mathrm{e}^{(z^3)}) \quad \text{und} \quad \mathrm{Im}(\mathrm{e}^{(z^3)})$$
für $z = x + \mathrm{i}y$ und speziell für $z_1 = \sqrt[3]{\pi} + \mathrm{i}\sqrt[3]{\pi}$.
- Berechnen Sie $\mathrm{Log}\, z_k$ für die komplexen Zahlen $z_1 = \mathrm{i}$, $z_2 = \sqrt{2} + \sqrt{2}\,\mathrm{i}$ und $z_3 = z_1 \cdot z_2$.
- Überprüfen Sie, ob die beiden Grenzwerte
$$G_1 = \lim_{z\to 1} \frac{z^2-1}{z+2} \qquad G_2 = \lim_{z\to 0} \frac{\bar{z}}{z}$$
existieren und berechne Sie sie gegebenenfalls.

32.9 •• Man zeige, dass f, $\mathbb{C} \to \mathbb{C}$, $f(z) = \mathrm{Im}\, z$ für kein $z \in \mathbb{C}$ komplex differenzierbar ist, indem man (a) die entsprechenden Grenzwerte bilde, (b) die Cauchy-Riemann-Gleichungen überprüfe.

32.10 • Man zeige anhand der Cauchy-Riemann-Gleichungen, dass die Funktionen f, g und h, $\mathbb{C} \to \mathbb{C}$ mit

- $f(z) = \cos z$
- $g(z) = z^2 + (1 + \mathrm{i})z - 1$
- $h(z) = \mathrm{e}^{\sin z}$

auf ganz $\mathbb{C}$ holomorph sind.

Teil V

32.11 ••• Sind für die Funktion f, $\mathbb{C} \to \mathbb{C}$ mit

$$f(z) = \begin{cases} \frac{z^5}{|z|^4} & \text{für } z \neq 0 \\ 0 & \text{für } z = 0 \end{cases}$$

im Punkt $z_0 = 0$ die Cauchy-Riemann-Gleichungen erfüllt? Ist f in $z_0 = 0$ komplex differenzierbar?

32.12 •• Man zeige, dass die Funktion u, $\mathbb{R}^2 \to \mathbb{R}^2$

$$u(x, y) = 2x(1 - y)$$

harmonisch ist und berechne die konjugiert harmonische Funktion v sowie $f = u + \mathrm{i}v$ als Funktion von $z = x + \mathrm{i}y$. (Die Integrationskonstante darf dabei null gesetzt werden.)

32.13 •• Man berechne die Integrale

- $I_1 = \int_0^\pi \frac{\mathrm{e}^{\mathrm{i}t}+1}{\mathrm{e}^{\mathrm{i}t}+\mathrm{e}^{-\mathrm{i}t}}\,\mathrm{d}t$
- $I_2 = \int_0^1 (t^3 + (\mathrm{i}+1)t^2 + (\mathrm{i}-1)t + 2\mathrm{i})\,\mathrm{d}t$
- $I_3 = \int_0^1 \frac{2t}{t^2+(1+\mathrm{i})t+\mathrm{i}}\,\mathrm{d}t$

32.14 • Man parametrisiere die in Abb. 32.27 dargestellten Kurven.

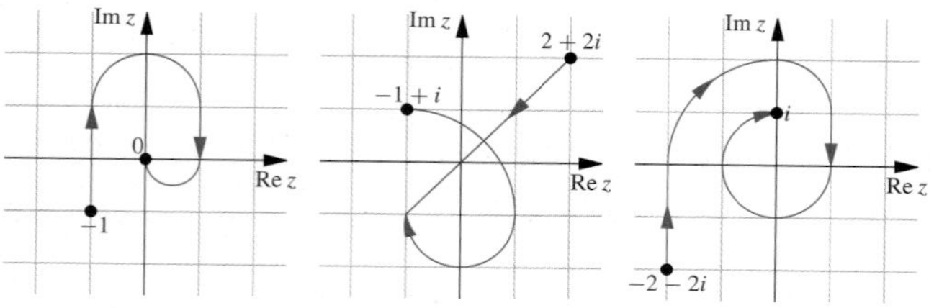

Abb. 32.27 Parametrisieren Sie diese Kurven

32.15 •• Man berechne die Integrale

$$I_{a,k} = \int_{C_k} \bar{z}\,\mathrm{d}z \qquad I_{b,k} = \int_{C_k} \operatorname{Re} z\,\mathrm{d}z$$

$$I_{c,k} = \int_{C_k} \mathrm{e}^{\pi z}\,\mathrm{d}z \qquad I_{d,k} = \int_{C_k} z^5\,\mathrm{d}z$$

für $k = 1, 2, 3, 4, 5$ entlang der in Abb. 32.28 dargestellten Kurven:

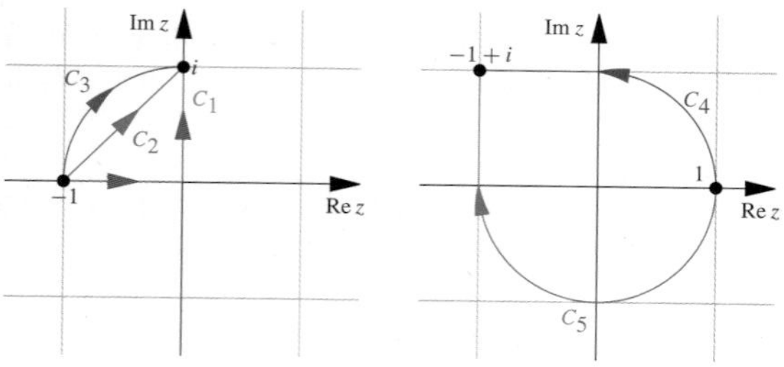

Abb. 32.28 Berechnen Sie die Integrale $\int_{C_k} f(z)\,\mathrm{d}z$ für $f(z) = \bar{z}$, $f(z) = \operatorname{Re} z$, $f(z) = \mathrm{e}^{\pi z}$ und $f(z) = z^5$ entlang dieser Kurven

32.16 • Man berechne die Integrale:

a) $I_{1,k} = \oint_{C_k} \frac{\mathrm{e}^z}{z-2}\,\mathrm{d}z$
entlang der positiv orientierten Kreise
C_1: $|z| = 3$ und C_2: $|z| = 1$.

b) $I_2 = \oint_C \frac{\sin 3z}{z+\frac{\pi}{2}}\,\mathrm{d}z$
entlang des positiv orientierten Kreises
C: $|z| = 5$.

c) $I_3 = \oint_C \frac{\mathrm{e}^{3z}}{z-\pi i}\,\mathrm{d}z$
entlang der positiv orientierten Kurve
C: $|z - 2| + |z + 2| = 6$.

32.17 ••• Man zeige

$$\int_{-\infty}^{+\infty} \mathrm{e}^{-ax^2-bx}\,\mathrm{d}x = \sqrt{\frac{\pi}{4\,|a|}}\,\mathrm{e}^{\frac{b^2}{4a}}\,\mathrm{e}^{-\frac{\mathrm{i}}{2}\operatorname{Arg} a}$$

für $a, b \in \mathbb{C}$ und $\operatorname{Re} a > 0$ durch Anwendung des Cauchy'schen Integralsatzes auf den in Abb. 32.29 gezeigten Integrationsweg.

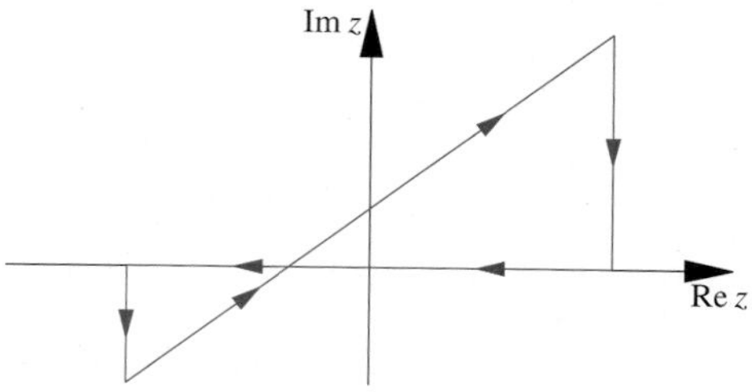

Abb. 32.29 Durch Anwendung des Cauchy'schen Integralsatzes auf den hier dargestellten Integrationsweg kann man Gauß-Integrale auf komplexe Argumente verallgemeinern

32.18 ••• Man berechne das reelle Integral

$$I = \int_0^{2\pi} (\cos x)^{2p}\,\mathrm{d}x \quad \text{mit } p \in \mathbb{N}\,.$$

für $p \in \mathbb{N}$.

32.19 •• Man ermittle die Laurent-Reihenentwicklung der Funktion f, $\dot{\mathbb{C}} \to \mathbb{C}$, $f(z) = \sin(\frac{1}{z^2})$ um $z = 0$.

32.20 •• Man entwickle die Funktion f, $f(z) = \frac{1}{z^2-2\mathrm{i}z}$ in Laurent-Reihen um die Punkte $z_1 = 0$ und $z_2 = 2\mathrm{i}$ (jeweils zwei Bereiche).

32.21 •• Man berechne die Laurent-Reihenentwicklung der Funktion

$$f(z) = \frac{1}{(z-1)(z-2)}$$

(a) für $|z| < 1$, (b) für $1 < |z| < 2$ und (c) für $|z| > 2$.

32.22 •• Man zerlege die Funktion f,

$$f(z) = \frac{4z^2 - 2z + 8}{z^3 - z^2 + 4z - 4}$$

in Partialbrüche und ermittle die Residuen an den Polstellen. (Hinweis: Eine Nullstelle des Nenners liegt bei $z = +1$).

32.23 • Man bestimme zu den folgenden Funktionen f, $D(f) \to \mathbb{C}$ jeweils die maximale Definitionsmenge und die Residuen der Funktionen an allen Singularitäten:

(a) $f(z) = \frac{e^{\pi z}}{z^2+1}$

(b) $f(z) = \frac{1}{z^4+2z^2-3}$

(c) $f(z) = \frac{4z^2-5z+3}{z^3-2z^2+z}$

32.24 •• Man berechne mittels Residuensatz die Integrale über die Funktionen f und g mit

$$f(z) = \frac{e^{\pi z}}{z^2 - (1+i)z + i}$$

$$g(z) = \frac{z^2}{z^2 + (i-2)z - 2i}$$

entlang der in Abb. 32.30 dargestellten Kurven C_1 bis C_3.

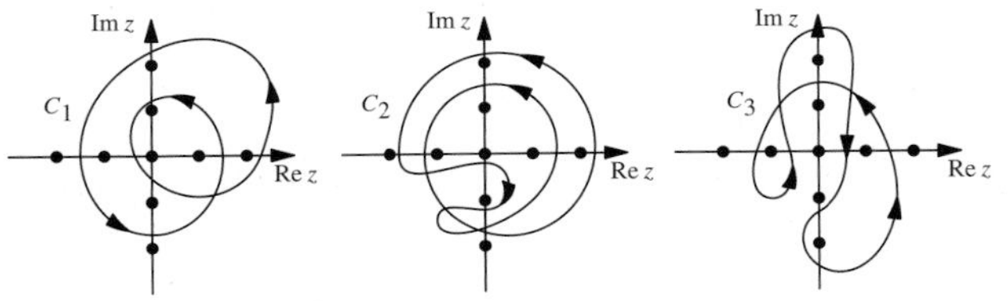

Abb. 32.30 Bestimmen Sie die Integrale der Funktionen f und g entlang der hier dargestellten Kurven C_1, C_2 und C_3. (Die Punkte markieren dabei komplexe Zahlen $z \in \mathbb{Z}$ bzw. $z \in i\mathbb{Z}$)

32.25 •• Mittels Residuensatz berechne man die reellen Integrale:

- $I_1 = \int_0^{\pi} \sin^2 t \, dt$
- $I_2 = \int_0^{2\pi} \frac{\cos t}{5-4\cos t} \, dt$
- $I_3 = \int_0^{\pi} \frac{\cos 3t}{5-4\cos t} \, dt$

32.26 •• Mittels Residuensatz berechne man die Integrale:

$$I_a = \int_{-\infty}^{+\infty} \frac{1}{t^4+1} \, dt, \quad I_b = \int_{-\infty}^{+\infty} \frac{t^2}{t^6+1} \, dt, \quad I_c = \int_{-\infty}^{\infty} \frac{t \sin t}{t^2+4} \, dt$$

32.27 •• Bestimmen Sie mittels Residuensatz das Integral

$$I = \int_0^{2\pi} \frac{dt}{a + b \cos t}$$

für $a > b$.

Anwendungsprobleme

32.28 ••• Zwei unendlich ausgedehnte geerdete Platten sind parallel im Abstand a angebracht, dazwischen ist Ladung q fixiert. Bestimmen Sie das Potenzial zwischen den Platten in Abhängigkeit vom Abstand b der Ladung zu einer der Platten.

(Hinweise: Die Abbildung $w = e^{\frac{\pi z}{a}}$ bildet den Streifen $0 < z < a$ in die obere Halbebene $\operatorname{Im} w > 0$ ab. Die Erdung einer Platte kann man durch Anbringen einer *Spiegelladung* $-q$ an einer geeigneten Stelle erreichen.)

Antworten zu den Selbstfragen

Antwort 1 Werden einfach Real- und Imaginärteil als Flächen dargestellt, so ist das selbstverständlich möglich. In der zweiten Darstellungsart hingegen entspricht die Höhe dem Betrag, und dieser kann nie negativ werden. Die Fläche darf in diesem Fall nie unterhalb der x-y-Ebene liegen.

Antwort 2 Wählen wir zum Beispiel $z_1 = \pi + \mathrm{i}\,\ln 2$, so erhalten wir

$$\cos(z_1) = \underbrace{\cos(\pi)}_{=-1}\,\underbrace{\cosh(\ln 2)}_{=\frac{5}{4}} - \underbrace{\sin(\pi)\,\sinh(\ln 2)}_{=0} = -\frac{5}{4}$$

Für $z_2 = 1 + \mathrm{i}$ ergibt sich

$$\mathrm{e}^{z_2} = \mathrm{e}^{1+\mathrm{i}\pi} = \mathrm{e}^1\,\mathrm{e}^{\mathrm{i}\pi} = \mathrm{e}\,(\underbrace{\cos\pi}_{=-1} + \mathrm{i}\,\underbrace{\sin\pi}_{=0}) = -\mathrm{e} < 0\,.$$

Antwort 3 Analog zum vorangegangenen Beispiel erhalten wir für C_2

$$\begin{aligned}
C_{21}: &\quad z(t) = 3 + 3\mathrm{i} + (-1 - 3\mathrm{i})t\,, && t \in [0,\ 1]\,,\\
C_{22}: &\quad z(t) = 2 - \mathrm{i}t\,, && t \in [0,\ 1]\,,\\
C_{23}: &\quad z(t) = 1 - \mathrm{i} + \mathrm{e}^{-\mathrm{i}t}\,, && t \in \left[0,\ \frac{\pi}{2}\right]\,,\\
C_{24}: &\quad z(t) = 1 - 2\mathrm{i} - t\,, && t \in [0,\ 1]\,,\\
C_{25}: &\quad z(t) = -\mathrm{i} + \mathrm{e}^{-\mathrm{i}t}\,, && t \in \left[\frac{\pi}{2},\ \pi\right]\,.
\end{aligned}$$

Antwort 4 Im Allgemeinen nicht. Nur wenn der innere Radius $R_1 = 0$ ist, man also den innersten möglichen Ring betrachtet und zusätzlich alle Koeffizenten a_{-n} mit $n \in \mathbb{N}$ verschwinden, liegt Konvergenz vor.

Teil V

Integraltransformationen – Multiplizieren statt Differenzieren

33

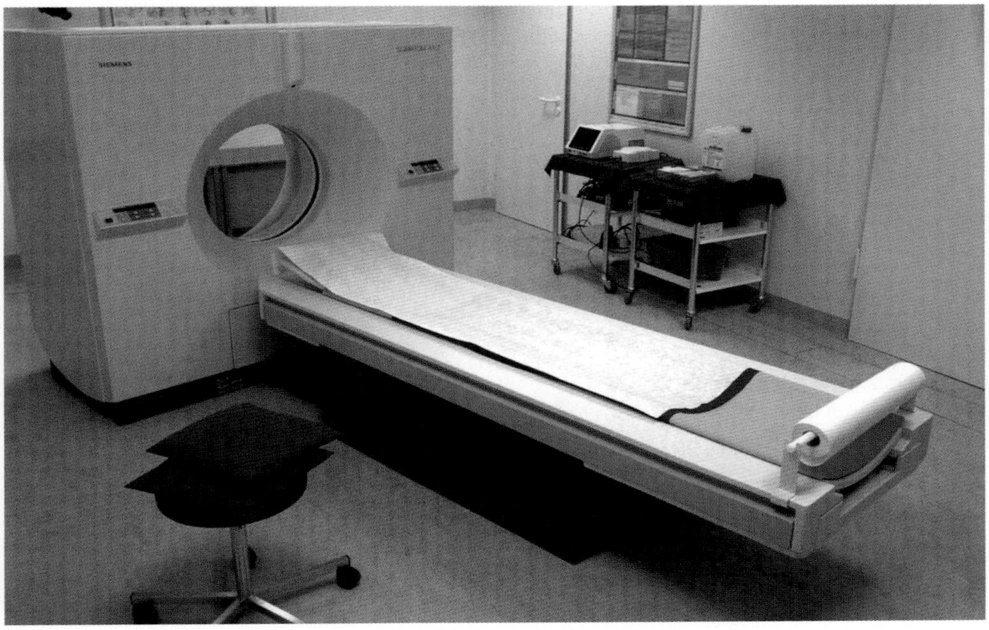

Was ist die Fouriertransformation?

Wozu verwendet man Transformationen?

Wie funktioniert Computertomografie?

Teil V

T. Arens et al., *Mathematik*, https://doi.org/10.1007/978-3-662-64389-1_33

Durch die Arbeiten von Laplace und Fourier sind Integraltransformationen als mathematische Methode aus kaum einem Anwendungsfeld wegzudenken. Die Laplace- und die Fouriertransformation bieten häufig elegante Wege zur Lösung komplizierter Differenzial- oder Integralgleichungen. Dabei wurde historisch die Laplacetransformation von Pierre-Simon Laplace (1749–1827) zunächst im Zusammenhang mit der Wahrscheinlichkeitstheorie betrachtet. Die Interpretation der von Jean Baptiste Fourier (1768–1830) entwickelten Fouriertransformation im Sinne der Spektralanalyse von Signalen ist hingegen physikalischer Natur.

Neben diesen beiden zentralen Integraltransformationen sind andere Transformationen durch spezielle Anwendungen motiviert. So liefert die Radon-Transformation die Grundlage der heutigen Computertomografie. Weitere Transformationen wie die Mellin-, die Hankel- oder die Hilbert-Transformation begegnen uns bei der Behandlung bestimmter Differenzialgleichungen.

33.1 Transformation von Funktionen

Bei einer Integraltransformation wird eine Funktion auf eine andere Funktion abgebildet. Es ist nützlich, sich die gemeinsame Struktur von Integraltransformationen klar zu machen, bevor einzelne Transformationen konkret untersucht werden. Allgemein lässt sich eine Integraltransformation durch einen *linearen Integraloperator* $\mathcal{A}$ beschreiben. Ist eine Funktion $f : D \to \mathbb{C}$ gegeben, so erhalten wir die **transformierte Funktion** $\mathcal{A}f$ durch ein Parameterintegral

$$\mathcal{A}f(s) = \int_D k(t,s) f(t)\,\mathrm{d}t \quad \text{für } s \in G$$

(siehe auch Abschn. 11.5). Die neue Funktion $\mathcal{A}f$ ist somit durch f und den Ausdruck $k : G \times D \to \mathbb{C}$ festgelegt. Die Funktion k wird der **Kern** des Integraloperators $\mathcal{A}$ genannt.

Lineare Integraloperatoren

Ist der Kern k und die Definitionsmenge D vorgegeben, so beschreibt das Integral eine Abbildung $\mathcal{A} : V \to W$, die jeder Funktion $f \in V$ eine Funktion $\mathcal{A}f$ zuordnet, wenn für Funktionen aus der Menge V sichergestellt ist, dass die Integrale existieren. Eine Integraltransformation ist somit durch ihren Kern k und die Definitionsmenge D definiert.

Achtung Der Begriff *Kern* wird für zwei verschiedene Dinge genutzt. Zum einen die Kernfunktion k eines Integraloperators, wie oben angegeben. Zum anderen wird wie bei den Matrizen die Menge N aller Elemente, die durch den Operator auf 0 abgebildet werden, also $N = \{f \in V \mid \mathcal{A}f = 0\}$, als Kern bezeichnet. Es sollte stets aus dem Zusammenhang klar werden, welcher Begriff gerade gemeint ist. ◄

Integraltransformationen werden eingesetzt, um mathematische Probleme umzuformulieren, in der Hoffnung, sie dadurch zu vereinfachen. Oft handelt es sich um Anfangs- oder Randwertprobleme für Differenzialgleichungen, die man auf diesem Wege lösen kann. Bevor wir uns näher mit solchen Problemlösungen beschäftigen, betrachten wir einige Beispiele für solche Transformationen.

Beispiel

- Die Laplacetransformation ist charakterisiert durch die Definitionsmenge $D = (0,\infty)$ und den Kern $k(s,t) = \mathrm{e}^{-st}$. Bezeichnen wir den *Operator* mit $\mathcal{L}$, dann ist durch

$$\mathcal{L}f(s) = \int_0^\infty \mathrm{e}^{-st} f(t)\,\mathrm{d}t$$

die *Laplacetransformierte* einer Funktion f gegeben. Betrachten wir etwa die konstante Funktion $f(t) = 1$ für $t \in (0,\infty)$, so erhalten wir

$$\mathcal{L}f(s) = \int_0^\infty \mathrm{e}^{-st}\,\mathrm{d}t = \frac{-1}{s}\,\mathrm{e}^{-st}\Big|_{t=0}^{\infty} = \frac{1}{s}\,.$$

Die Funktion $\mathcal{L}f : (0,\infty) \to \mathbb{R}$ mit $\mathcal{L}f(s) = 1/s$ ist die **Laplacetransformierte** zu f.

- Die Mellin-Transformation ist definiert durch

$$\mathcal{M}f(s) = \int_0^\infty t^{s-1} f(t)\,\mathrm{d}t\,.$$

Also gilt bei dieser Integraltransformation $D = (0,\infty)$ und $k(s,t) = t^{s-1}$. Im Kap. 34 zu speziellen Funktionen wird die Gammafunktion untersucht und unter anderem gezeigt, dass diese als Mellin-Transformierte der Funktion f mit $f(t) = \exp(-t)$ aufgefasst werden kann, d. h., es gilt

$$\Gamma(s) = \int_0^\infty t^{s-1}\mathrm{e}^{-t}\,\mathrm{d}t\,.$$

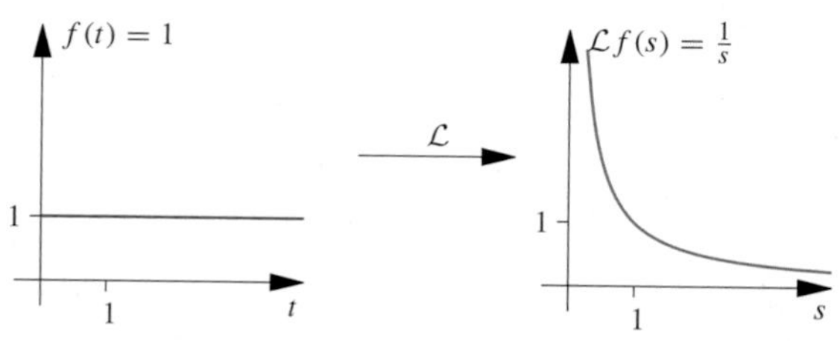

Abb. 33.1 Die Graphen der Funktion $f(t) = 1$ und der Laplacetransformierten $\mathcal{L}f(s) = 1/s$

- Mit dem Integrationsgebiet $D = (-\infty, \infty)$ und dem Kern $k(s,t) = \exp(-\mathrm{i}st)$ ist die Fouriertransformation gegeben, d. h., es ist durch

$$\mathcal{F}f(s) = \int_{-\infty}^{\infty} f(t)\,\mathrm{e}^{-\mathrm{i}st}\,\mathrm{d}t$$

die Fouriertransformierte $\mathcal{F}f$ einer Funktion f definiert, wenn das Integral existiert. ◀

Man spricht bei Abbildungen, die Funktionen auf Funktionen abbilden, von **Operatoren**. Die im Beispiel vorgestellten Operatoren haben wir mit kalligrafischen Buchstaben, $\mathcal{L}$, $\mathcal{M}$ und $\mathcal{F}$, notiert.

Achtung Wichtig ist, deutlich zu unterscheiden zwischen dem Operator, $\mathcal{A} : V \to W$, und dem Bild einer bestimmten Funktion unter diesem Operator, das wir mit $\mathcal{A}f : D \to G$ bezeichnen. So ist im Beispiel oben mit $\mathcal{L}$ die Laplacetransformation als Operator gemeint. Hingegen wird mit $\mathcal{L}f$ die *Laplacetransformierte* der Funktion f bezeichnet, d. h., es wird der Operator $\mathcal{L}$ auf die Funktion f angewandt. Wenn wir einen Funktionswert einer transformierten Funktion $\mathcal{A}f$ an einer Stelle $s \in G$ betrachten wollen, so schreiben wir $\mathcal{A}f(s)$. Diese im ersten Moment akribisch wirkende Unterscheidung ist extrem wichtig zum Verständnis von Integraltransformationen, ihren Eigenschaften und den Anwendungen. ◀

Der allgemein beschriebene Integraloperator $\mathcal{A}$ weist noch eine weitere wichtige Eigenschaft auf: Da Integrale linear bezüglich des Integranden sind, ist der Operator $\mathcal{A}$ **linear**, d. h., es gilt genauso wie bei den linearen Abbildungen im $\mathbb{R}^n$ (siehe S. 620) die Identität

$$\mathcal{A}(\alpha f + \beta g) = \alpha\mathcal{A}f + \beta\mathcal{A}g\,,$$

für Faktoren $\alpha, \beta \in \mathbb{C}$ und Funktionen $f, g \in V$. Die oben herausgestellte Unterscheidung kommt schon hier zum Tragen. Die Eigenschaft *linear* bezieht sich auf den Operator, nicht auf die einzelnen Funktionen f oder $\mathcal{A}f$ oder auf den Kern k des Integraloperators.

Selbstfrage 1

Verifizieren Sie die Linearität der Laplacetransformation (siehe Beispiel auf S. 1254) für $\alpha = 2$, $\beta = 3$ und die Funktionen mit $f(t) = \sin t$ und $g(t) = 1/(1+t^2)$.

Um von einer Transformation zu sprechen, muss noch eine weitere Eigenschaft gegeben sein. Es muss gewährleistet sein, dass wir die Transformation wieder rückgängig machen können. Dies bedeutet, dass zum Operator $\mathcal{A} : V \to W$ eine Umkehrabbildung $\mathcal{A}^{-1} : W \to V$ existiert mit der Eigenschaft $\mathcal{A}^{-1}\mathcal{A} = I = \mathcal{A}\mathcal{A}^{-1}$, wobei I für die Identität steht, d. h. die Abbildung, die einer Funktion f wieder diese Funktion f zuordnet.

Beispiel In Abschn. 33.3 zeigen wir, dass für eine bestimmte Klasse von Funktionen die Identitäten

$$\frac{1}{2\pi}\int_{-\infty}^{\infty} \mathrm{e}^{\mathrm{i}st}\int_{-\infty}^{\infty} \mathrm{e}^{-\mathrm{i}s\tau} f(\tau)\,\mathrm{d}\tau\,\mathrm{d}s = f(t)$$

$$\frac{1}{2\pi}\int_{-\infty}^{\infty} \mathrm{e}^{-\mathrm{i}st}\int_{-\infty}^{\infty} \mathrm{e}^{\mathrm{i}\sigma t} g(\sigma)\,\mathrm{d}\sigma\,\mathrm{d}t = g(s)$$

gelten. Für diese Funktionen f ist somit durch

$$\mathcal{F}^{-1}g(t) = \frac{1}{2\pi}\int_{-\infty}^{\infty} g(s)\mathrm{e}^{\mathrm{i}st}\,\mathrm{d}t$$

ein inverser Operator, die *Rücktransformation*, zur Fouriertransformation $\mathcal{F}$ gegeben. ◀

Die Umkehrbarkeit einer Transformation ist eine zentrale Frage. Dabei ist das Ziel, bei gegebenem Kern k und Integrationsgebiet D möglichst umfangreiche und einfach zu charakterisierende Funktionenräume V und W angeben zu können, für die der Operator $\mathcal{A} : V \to W$ invertierbar ist.

Die bedeutenden Integraltransformationen zeichnen sich durch weitere Eigenschaften aus, die jeweils die Anwendungsmöglichkeiten ausmachen. Für die Laplacetransformation und die Fouriertransformation werden wir in den folgenden beiden Abschnitten diese Aspekte ausführlich erarbeiten. Beide Abschnitte können unabhängig voneinander gelesen werden.

Vom Original zum Bild und zurück

Bevor wir konkrete Integraltransformationen behandeln, stellen wir die wesentliche Idee bei der Nutzung solcher Transformationen heraus. Beim Arbeiten mit Integraltransformationen unterscheiden wir den **Originalbereich** und den **Bildbereich**. Genau genommen sind es die noch nicht genauer spezifizierten Mengen V für den Originalbereich und W für den Bildbereich.

Das Konzept der Anwendung von Integraltransformationen auf ein gegebenes Problem, zum Beispiel eine lineare gewöhnliche Differenzialgleichung mit Anfangsbedingungen, besteht darin, die Aufgabe zunächst in den Bildbereich zu transformieren. Dort lässt sich das Problem, wie wir noch sehen werden, unter Umständen leichter lösen. Die Lösung im Bildbereich wird abschließend wieder in den Originalbereich zurücktransformiert. Der Umweg führt letztendlich auf die gesuchte Lösung (siehe Abb. 33.2).

Aus dieser Sichtweise von Integraltransformationen haben sich verschiedene Schreibweisen in der Literatur etabliert. So finden wir häufig Gegenüberstellungen einer Funktion und ihrer Transformierten mit einem ausgefüllten und einem offenen Kreis wie

Anwendung: Die Computertomografie

Die theoretische Grundlage der Computertomografie ist eine Integraltransformation, die *Radon-Transformation*. Auch wenn die Transformation schon 1917 von J. Radon (1887–1956) untersucht wurde und von ihm eine Umkehrformel angegeben werden konnte, dauerte es noch fast 50 Jahre bis sich ihre Bedeutung als Grundlage der modernen Computertomografie durch die Arbeiten von A. Cormack und G. Hounsfield herauskristallisierte. Heute ist die Computertomografie als diagnostische Methode weder aus der Medizin noch aus Material- und Geowissenschaften wegzudenken.

Bei der Computertomografie wird ein Röntgenstrahl durch das zu untersuchende Medium gesandt und die transmittierte Intensität auf der gegenüberliegenden Seite gemessen. Diese ist durch Absorption im Innern des Mediums abgeschwächt worden. Die Stärke der Absorption ist für unterschiedliche Gewebearten oder für Knochen sehr unterschiedlich. Daher kann man sie direkt verwenden, um ein Bild des Inneren des Mediums zu erzeugen.

Im Zweidimensionalen beschreibt man das Medium durch die (x_1, x_2)-Ebene, den Strahl als eine Gerade γ. Nimmt man ein lineares Modell für die Absorption der Röntgenstrahlen an, so ergibt sich die gesamte Absorption als ein Kurvenintegral

$$A(\gamma) = \int\limits_{\gamma} f(\boldsymbol{x})\,\mathrm{d}s,$$

wobei $f(\boldsymbol{x})$ der **Absorptionskoeffizient** des Mediums an der Stelle $\boldsymbol{x}$ ist. Außerhalb des zu betrachtenden Körpers ist dieser näherungsweise null. Das Integral reduziert sich also in der Praxis auf ein endliches Integrationsgebiet.

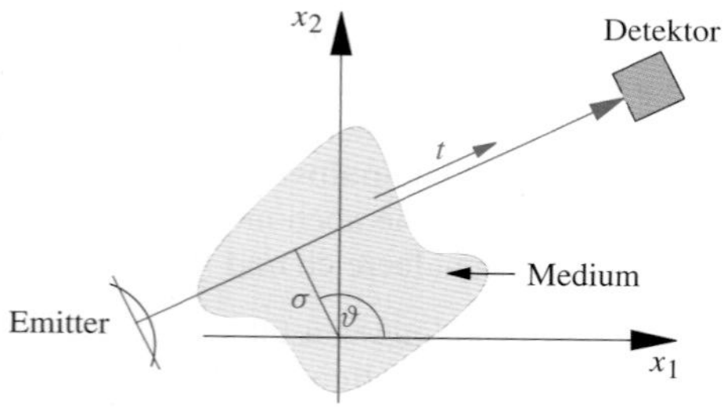

Man betrachtet nun alle möglichen Richtungen und parallele Verschiebungen des Strahls γ. Dazu parametrisieren wir durch

$$\gamma(\sigma, \vartheta) = \left\{\sigma \begin{pmatrix} -\sin\vartheta \\ \cos\vartheta \end{pmatrix} + t \begin{pmatrix} \cos\vartheta \\ \sin\vartheta \end{pmatrix},\ t \in \mathbb{R}\right\}$$

für $\vartheta \in [0, 2\pi)$ und $\sigma \in \mathbb{R}$. Der Parameter σ ist der orientierte Abstand des Strahls vom Ursprung, während ϑ die Richtung angibt.

Insgesamt erhalten wir die Transformation

$$A(\gamma(\sigma, \vartheta)) = \mathcal{R}f(\sigma, \vartheta) = \int\limits_{\gamma(\sigma,\vartheta)} f(\boldsymbol{x})\,\mathrm{d}s,$$

die als **Radon-Transformation** bezeichnet wird. Es handelt sich um eine Integraltransformation.

In der Computertomografie kennt man also $\mathcal{R}f$ für alle $(\sigma, \vartheta) \in \mathbb{R} \times [0, 2\pi)$. Daraus ist f zurückzugewinnen. Dies bedeutet, dass die Radon-Transformation umzukehren ist. Es gibt dazu eine Umkehrformel

$$f(\boldsymbol{x}) = \frac{1}{4\pi^2} \int\limits_0^{2\pi} \int\limits_{-\infty}^{\infty} \frac{\frac{\partial}{\partial\sigma} \mathrm{R}f(\sigma, \vartheta)}{\boldsymbol{x} \cdot (\cos\vartheta, \sin\vartheta) - \sigma}\,\mathrm{d}\sigma\,\mathrm{d}\vartheta, \quad \boldsymbol{x} \in \mathbb{R}^2.$$

Diese ist zwar mathematisch exakt, aber keineswegs leicht in der Praxis umzusetzen. Das Problem liegt darin, dass die Formel instabil ist. Kleine Fehler in $\mathrm{R}f$ werden verstärkt und führen zu einem komplett falschen Ergebnis. Man spricht von einem *schlecht gestellten Problem*.

Der gebräuchliche Ansatz zur Behebung dieser Schwierigkeiten besteht in einer Filterung der Daten. Hochfrequente Anteile in den Daten verschwinden dadurch und das Verfahren wird stabilisiert. Der Nachteil ist, dass Informationen über kleine Details verloren gehen und das man an Schärfe verliert. Den kompletten Algorithmus bezeichnet man als *gefilterte Rückprojektion*.

Literatur

- Frank Natterer, Frank Wübbeling: *Mathematical Methods in Image Reconstruction*. SIAM, 2001.

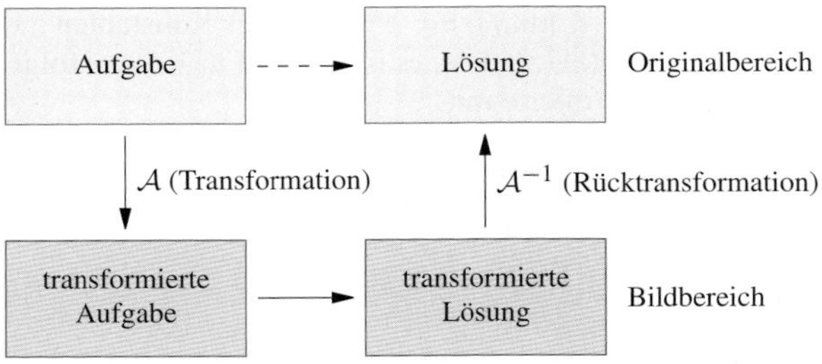

Abb. 33.2 Der Weg zur Lösung eines Problems mithilfe einer Integraltransformation. Durch die Farben sind Originalbereich und Bildbereich unterschieden

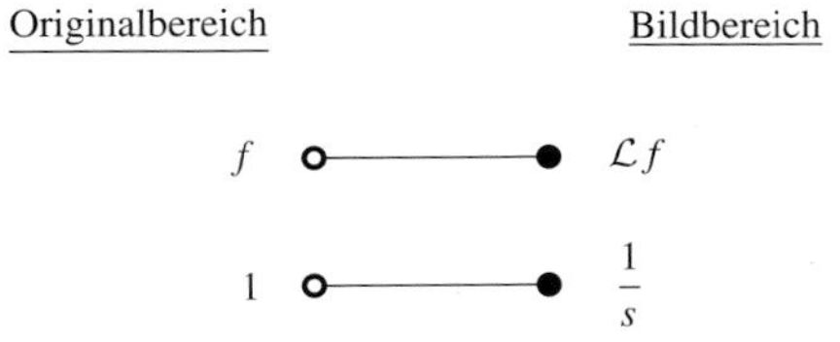

Abb. 33.3 Eine häufig genutzte Notation, um Original- und Bildbereich bei Integraltransformationen zu kennzeichnen. Als Beispiel hier die Laplacetransformierte zu $f : (0, \infty) \to \mathbb{R}$ mit $f(t) = 1$

in Abb. 33.3. Genauso ist es üblich, die transformierten Funktionen durch ein Sonderzeichen zu kennzeichnen. Vor allem bei der Fouriertransformation wird oft $\hat{f}$ anstelle von $\mathcal{F}f$ geschrieben. Oder es werden für die transformierten Funktionen durchgehend Großbuchstaben verwendet, $\mathcal{A}f = F$.

Auch wenn es manchmal umständlich erscheint, werden wir die moderne Operatorschreibweise bevorzugen, um die oben betonte Unterscheidung zwischen Operator und der konkreten, transformierten Funktion stets deutlich zu machen.

33.2 Die Laplacetransformation

In Beispielen haben wir die Laplacetransformation bereits kennengelernt.

Die Laplacetransformation

Zu einer Funktion $f : [0, \infty) \to \mathbb{C}$ ist auf einem Intervall $J \subseteq \mathbb{R}_{\geq 0}$ die **Laplacetransformierte** definiert als die Funktion $\mathcal{L}f : J \to \mathbb{C}$, die durch das Parameterintegral

$$\mathcal{L}f(s) = \int_0^\infty f(t)\,\mathrm{e}^{-st}\,\mathrm{d}t, \qquad s \in J$$

gegeben ist, wenn das Integral für $s \in J$ existiert.

Durch Berechnung des Integrals können wir einige Laplacetransformierte direkt bestimmen. Eine Liste zur Laplacetransformation findet sich in der Übersicht auf S. 1270.

Beispiel

- Für Monome $f_n : \mathbb{R} \to \mathbb{R}$ mit $f_n(t) = t^n$ und $n \in \mathbb{N}_0$ gilt

$$\mathcal{L}f_n(s) = \frac{n!}{s^{n+1}}, \qquad s > 0.$$

Dies lässt sich mit vollständiger Induktion nach n beweisen. Den Induktionsanfang für $n = 0$ haben wir im Beispiel auf S. 1254 schon berechnet. Für den Induktionsschritt nutzen wir partielle Integration und erhalten mit der Induktionsannahme für $\mathcal{L}f_n(s)$ die Identität:

$$\begin{aligned}\mathcal{L}f_{n+1}(s) &= \int_0^\infty t^{n+1}\mathrm{e}^{-st}\,\mathrm{d}t \\ &= -\frac{1}{s}t^{n+1}\mathrm{e}^{-st}\Big|_{t=0}^{\infty} + \frac{n+1}{s}\underbrace{\int_0^\infty t^n \mathrm{e}^{-st}\,\mathrm{d}t}_{=\mathcal{L}f_n(s)} \\ &= \frac{n+1}{s}\,\frac{n!}{s^{n+1}} = \frac{(n+1)!}{s^{n+2}}\end{aligned}$$

Dabei wurde der Grenzwert $\lim_{t\to\infty} t^{n+1}\mathrm{e}^{-st} = 0$ für $s > 0$ und $n \in \mathbb{N}_0$ ausgenutzt.

- Für die stückweise definierte Funktion f mit

$$f(t) = \begin{cases} 1, & 0 \leq t \leq 1, \\ 0, & t > 1, \end{cases}$$

ergibt sich die Laplacetransformierte aus

$$(\mathcal{L}f)(s) = \int_0^1 \mathrm{e}^{-st}\,dt = \frac{1}{s}\,(1 - \mathrm{e}^{-s}),$$

für $s > 0$ (siehe Abb. 33.5). ◄

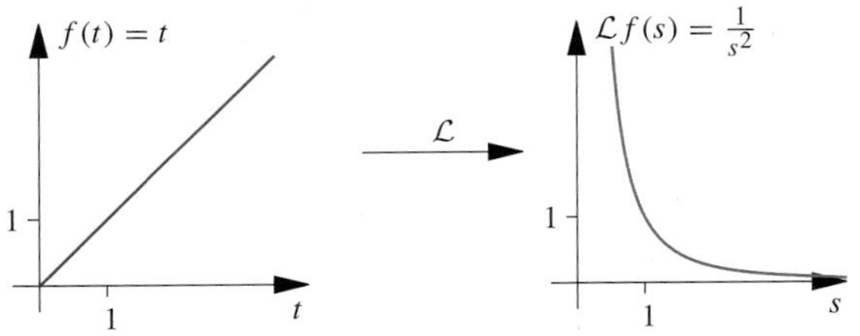

Abb. 33.4 Die Laplacetransformierte der Identitätsfunktion $f(t) = t$ ist durch die Funktion $\mathcal{L}f$ mit $\mathcal{L}f(s) = 1/s^2$ gegeben

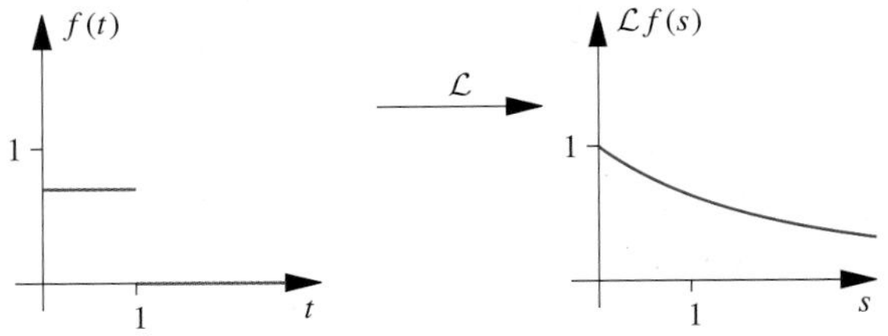

Abb. 33.5 Die Laplacetransformierte zu einer stückweise konstanten Funktion

Die Eigenschaften des Operators $\mathcal{L}$ werden wir nutzen, um etwa Differenzialgleichungen zu transformieren. Zunächst klären wir, auf welche Klasse von Funktionen wir die Laplacetransformation anwenden können.

Funktionen von exponentiellem Typ lassen sich transformieren

Wir setzen voraus, dass $f : [0, \infty) \to \mathbb{C}$ auf jedem kompakten Intervall $I \subseteq [0, \infty)$ integrierbar und von **exponentiellem Typ** ist, d. h., es gibt Konstanten $c > 0$ und $a \in \mathbb{R}$ mit

$$|f(x)| \le c\,\mathrm{e}^{ax} \quad \text{für fast alle} \quad x \ge 0\,.$$

Dann können wir für $s > a$ abschätzen

$$\begin{aligned}\int_0^T |f(t)|\,\mathrm{e}^{-st}\,\mathrm{d}t &\le c\int_0^T \mathrm{e}^{(a-s)t}\,\mathrm{d}t \\ &= \frac{c}{a-s}\left(\mathrm{e}^{(a-s)T}-1\right) \le \frac{c}{s-a}\,.\end{aligned}$$

Da dieses Integral unabhängig von T beschränkt ist, existiert mit dem Konvergenzkriterium für Integrale von S. 393 die Laplacetransformierte für $s > a$, und es gilt

$$\mathcal{L}f(s) = \lim_{T\to\infty}\int_0^T f(t)\,\mathrm{e}^{-st}\,\mathrm{d}t\,.$$

Wir fassen alle Funktionen, die diese Abschätzung erlauben, in einer Menge zusammen,

$$\mathcal{E} = \{f : [0,\infty) \to \mathbb{C} \mid f \text{ ist integrierbar auf kompakten Intervallen und von exponentiellem Typ}\}\,.$$

Die Menge $\mathcal{E}$ ist ein Vektorraum von Funktionen.

Selbstfrage 2

Überprüfen Sie die Eigenschaften eines Vektorraums (siehe S. 546) für die Menge $\mathcal{E}$.

Beispiel

- Diskutieren wir die Funktion $f : \mathbb{R}_{>0} \to \mathbb{R}$ mit $f(t) = t^n \exp(-at)$ für $n \in \mathbb{N}$ und $a > 0$, so sehen wir, dass f bei $t_{\max} = n/a$ ein globales Maximum hat und es gilt die Abschätzung $t^n \le c\mathrm{e}^{at}$ für die Konstante $c = f(t_{\max})$. Entsprechend lassen sich Linearkombinationen der Monome abschätzen. Wir erhalten, dass jedes Polynom p mit $p(t) = \sum_{j=0}^n a_j t^j$ von exponentiellem Typ ist, d. h. $p \in \mathcal{E}$.
- Für $f : \mathbb{R}_{\ge 0} \to \mathbb{R}$ mit $f(t) = \mathrm{e}^{zt}$ und einer Konstanten $z \in \mathbb{C}$ ist $|f(t)| = \exp(t\,\Re z)$, d. h., es ist $f \in \mathcal{E}$. Für $s > \Re z$ folgt die Laplacetransformierte mit

$$\begin{aligned}(\mathcal{L}f)(s) &= \int_0^\infty \mathrm{e}^{(z-s)t}\mathrm{d}t \\ &= \frac{1}{z-s}\,\mathrm{e}^{-(s-z)t}\Big|_{t=0}^{t\to\infty} = \frac{1}{s-z}\,,\end{aligned}$$

denn $|\exp(-(s-z)t)| = \exp(-(s-\Re z)\,t) \to 0$ für $t \to \infty$.
- Die Funktion $f(t) = \mathrm{e}^{t^2}$ ist **nicht** von exponentiellem Typ, denn der Ausdruck $\frac{\mathrm{e}^{t^2}}{\mathrm{e}^{at}} = \mathrm{e}^{t^2-at}$ mit $a > 0$ ist unbeschränkt für $t \to \infty$. ◀

Rechenregeln zur Laplacetransformation

Für die Definitionsmenge V der Laplacetransformation wählen wir im Folgenden den Vektorraum $\mathcal{E}$. Eine Beschreibung der Bildmenge W des Operators $\mathcal{L} : \mathcal{E} \to W$ erfordert genauere Betrachtung der Funktionen $\mathcal{L}f$ und ihrer Eigenschaften. Wenden wir uns zunächst einigen einfachen Regeln zu. Neben der Linearität der Integraltransformationen, die wir oben schon erwähnt haben, ergeben sich etwa durch Substitution weitere Rechenregeln.

Betrachten wir anstelle einer Funktion $f \in \mathcal{E}$ die Laplacetransformierte der Funktion g mit $g(t) = f(\lambda t)$, so ergibt sich mit der Substitution $\tau = \lambda t$ die Identität

$$\begin{aligned}\mathcal{L}g(s) &= \int_0^\infty f(\lambda t)\,\mathrm{e}^{-st}\,\mathrm{d}t \\ &= \int_0^\infty f(\tau)\,\mathrm{e}^{-\frac{s}{\lambda}\tau}\,\frac{1}{\lambda}\,\mathrm{d}\tau = \frac{1}{\lambda}\,\mathcal{L}f\left(\frac{s}{\lambda}\right).\end{aligned}$$

Diese Beziehung wird **Ähnlichkeitssatz** genannt.

Für die Laplacetransformierte einer Funktion an einer Stelle $s - \lambda > a$ folgt

$$\begin{aligned}\mathcal{L}f(s-\lambda) &= \int_0^\infty f(t)\,\mathrm{e}^{-(s-\lambda)t}\,\mathrm{d}t \\ &= \int_0^\infty \left(\mathrm{e}^{\lambda t}f(t)\right)\mathrm{e}^{-st}\,\mathrm{d}t \\ &= \mathcal{L}(\mathrm{e}^{\lambda t}f(t))(s)\,.\end{aligned}$$

Diese Aussage wird **Dämpfungssatz** genannt.

Teil V

Beispiel: Laplacetransformation der trigonometrischen Funktionen

Die Linearität der Laplacetransformation lässt sich nutzen, um die Laplacetransformierten

$$\mathcal{L}(\cos \omega t) \quad \text{und} \quad \mathcal{L}(\sin \omega t)$$

für Frequenzen $\omega \in \mathbb{R}$ zu bestimmen.

Problemanalyse und Strategie: Setzen wir die komplexen Darstellung $\cos \omega t = \frac{1}{2}(e^{i\omega t} + e^{-i\omega t})$ und $\sin \omega t = \frac{1}{2i}(e^{i\omega t} - e^{-i\omega t})$ in die Definition ein, so lassen sich die Laplacetransformierten berechnen durch die Linearkombination von Laplacetransformierten zur Exponentialfunktion.

Lösung: Mit $\cos \omega t = \frac{1}{2}(e^{i\omega t} + e^{-i\omega t})$ folgt

$$\mathcal{L} \cos (s) = \frac{1}{2}\left[\mathcal{L}(e^{i\omega t})(s) + \mathcal{L}(e^{-i\omega t})(s)\right].$$

Nutzen wir die Laplacetransformierte

$$\mathcal{L}(\exp(zt))(s) = \frac{1}{s-z}$$

für $s > \operatorname{Re} z$, die wir im Beispiel auf S. 1259 gezeigt haben, folgt

$$\mathcal{L}(\cos \omega t)(s) = \frac{1}{2}\left[\frac{1}{s - i\omega} + \frac{1}{s + i\omega}\right] = \frac{s}{s^2 + \omega^2}$$

für $s > 0$.

Analog erhalten wir für die Sinusfunktion

$$\mathcal{L}(\sin \omega t)(s) = \frac{1}{2i}\left[\mathcal{L}(e^{i\omega t})(s) - \mathcal{L}(e^{-i\omega t})(s)\right] = \frac{1}{2i}\left[\frac{1}{s - i\omega} - \frac{1}{s + i\omega}\right] = \frac{\omega}{s^2 + \omega^2}$$

für $s > 0$.

Achtung Wir haben in der Formulierung des Dämpfungssatzes eine bequeme, aber nicht ganz saubere Notation benutzt: Wir schreiben $\mathcal{L}(e^{\lambda t} f(t))$ und meinen die Laplacetransformierte $\mathcal{L}g$ der Funktion g, die durch $g(t) = e^{\lambda t} f(t)$ gegeben ist. Der Operator $\mathcal{L}$ hat als Argument eine **Funktion**, die Funktion g, das Argument etwa t dieser Funktion g hat somit in der Notation nichts zu suchen. Damit wir aber nicht stets leicht modifizierten Funktionen neue Namen geben müssen, kürzen wir ab und schreiben $\mathcal{L}(e^{\lambda t} f(t))$ für diese Laplacetransformierte. Wollen wir die transformierte Funktion an einer Stelle s auswerten, so müssen wir noch eine weitere Klammer anhängen und schreiben $\mathcal{L}g(s) = \mathcal{L}(e^{\lambda t} f(t))(s)$. ◀

Selbstfrage 3

Bestimmen Sie die Laplacetransformierte zu der Funktion $f: \mathbb{R} \to \mathbb{R}$ mit $f(t) = e^{2t} \sin t$.

Die dritte Rechenregel ist der **Verschiebungssatz:** Betrachten wir zu $\lambda > 0$ und $f \in \mathcal{E}$ die verschobene Funktion

$$g(t) = \begin{cases} 0, & 0 \le t < \lambda, \\ f(t-\lambda), & t \ge \lambda. \end{cases}$$

Dann ist

$$\mathcal{L}g(s) = \int_{\lambda}^{\infty} f(t-\lambda)\, e^{-st}\, dt = \int_{0}^{\infty} f(\tau)\, e^{-s(\tau+\lambda)}\, d\tau = e^{-s\lambda}\, \mathcal{L}f(s)$$

mit der Substitution $\tau = t - \lambda$.

Beispiel Betrachten wir die Funktion

$$f(t) = \begin{cases} 1, & 0 \le t \le 1, \\ 0, & t > 1, \end{cases}$$

mit der Laplacetransformierten $\mathcal{L}f(s) = \frac{1}{s}(1 - e^{-s})$ für $s > 0$ aus dem Beispiel auf S. 1257.

Strecken wir das Rechteck um den Faktor 2, d. h., wir betrachten die Funktion $g: \mathbb{R}_{\ge 0} \to \mathbb{R}$ mit $g(t) = f(\frac{1}{2}t)$, so erhalten wir mit dem Ähnlichkeitssatz die Laplacetransformierte

$$\mathcal{L}\left(f\left(\frac{1}{2}t\right)\right)(s) = 2\mathcal{L}f(2s) = 2\frac{1}{2s}(1 - e^{-2s}) = \frac{1}{s}(1 - e^{-2s})$$

(siehe Abb. 33.6).

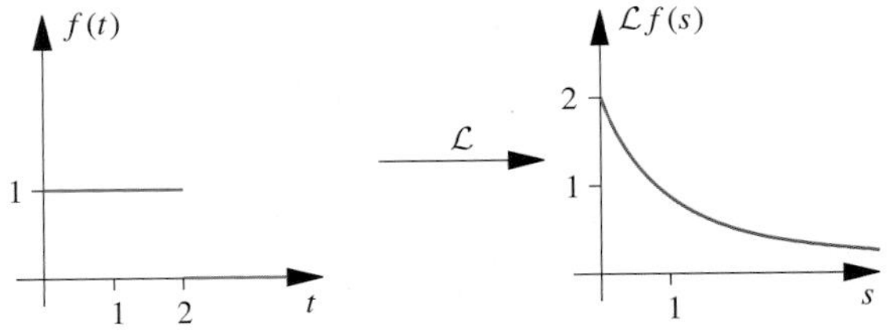

Abb. 33.6 Die Laplacetransformierte mit dem Ähnlichkeitssatz

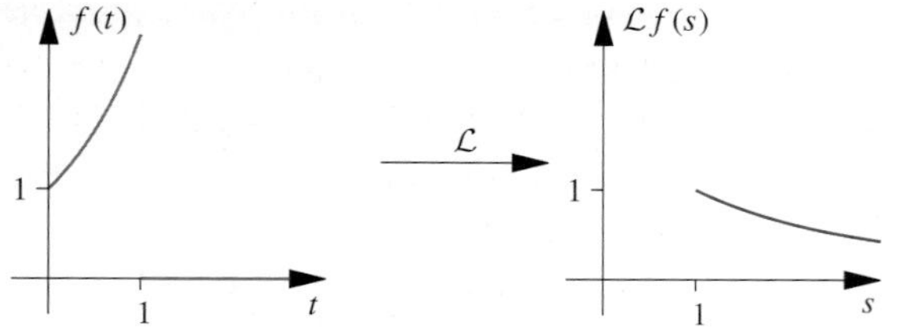

Abb. 33.7 Eine mit einer Exponentialfunktion multiplizierte Originalfunktion führt auf eine verschobene Laplacetransformierte

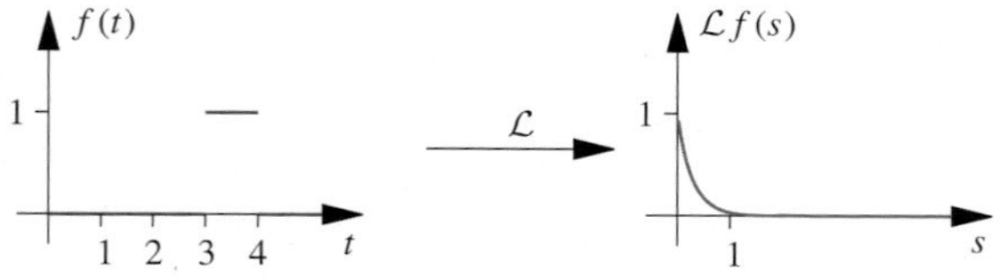

Abb. 33.8 Ist die Originalfunktion verschoben, so ist die Laplacetransformierte exponentiell gedämpft

Mit dem Dämpfungssatz erhalten wir die um 1 nach rechts verschobene Laplacetransformierte

$$\mathcal{L}(e^t f(t))(s) = \mathcal{L}f(s-1) = \frac{1}{s-1}(1 - e^{s-1})$$

für $s > 1$ (siehe Abb. 33.7).

Und der Verschiebungssatz liefert für die Funktion

$$g(t) = \begin{cases} 1, & 3 \le t \le 4, \\ 0, & \text{sonst,} \end{cases}$$

die Laplacetransformierte

$$\mathcal{L}g(s) = e^{-3s}\mathcal{L}f(s) = \frac{e^{-3s}}{s}(1 - e^{-s})$$

für $s > 0$ (siehe Abb. 33.8). ◀

Es ist nützlich, diese Rechenregeln beim Umgang mit der Laplacetransformation parat zu haben, deswegen sind sie neben anderem in der Übersicht auf S. 1270 aufgelistet. Die angegebenen Definitionsmengen ergeben sich dabei stets aus der Forderung, dass alle auftretenden Integrale existieren.

Die Laplacetransformierte der Ableitung

Die wichtigste Eigenschaft der Laplacetransformation für die Anwendungen ergibt sich, wenn wir die Laplacetransformierte der Ableitung einer Funktion betrachten.

Differenziation im Originalbereich

Ist f eine auf $[0, \infty)$ n-mal stetig differenzierbare Funktion und sind alle Ableitungen $f^{(j)} \in \mathcal{E}$ für $j = 0, \dots, n$, dann gilt

$$\mathcal{L}(f^{(n)})(s) = s^n \mathcal{L}f(s) - \sum_{j=0}^{n-1} f^{(j)}(0)\, s^{n-j-1}$$

für $s > a$ und $n \in \mathbb{N}$. Dabei ist mit $a > 0$ das gemeinsame Intervall (a, ∞) beschrieben, auf dem die Laplacetransformierten $\mathcal{L}f^{(j)}, j = 0, \dots, n$, existieren.

Der Beweis dieser Aussage ergibt sich durch partielle Integration.

Beweis Wir zeigen die Laplacetransformation angewandt auf die Ableitung, also für $n = 1$. Mit partieller Integration ist

$$\begin{aligned} \mathcal{L}(f')(s) &= \int_0^\infty f'(t)\, e^{-st}\, dt \\ &= f(t)\, e^{-st}\Big|_{t=0}^{t\to\infty} + s\int_0^\infty f(t)\, e^{-st}\, dt\,. \end{aligned}$$

Da $\int_0^\infty |f(t)|e^{-st}dt \le c\int_0^\infty e^{(a-s)t}dt = \frac{c}{s-a}$ existiert, ist insbesondere $\lim_{t\to\infty}(f(t)e^{-st}) = 0$ für jedes $s > a$. Somit folgt

$$\mathcal{L}(f')(s) = -f(0) + s\,\mathcal{L}f(s)\,.$$

Der Beweis für $n \ge 2$ ergibt sich mit vollständiger Induktion. ■

Beispiel Für die Funktion $f : \mathbb{R}_{\ge 0} \to \mathbb{R}$ mit $f(t) = te^{2t}$ erhalten wir einerseits

$$\mathcal{L}f'(s) = s\mathcal{L}f(s) - 0$$

und andererseits, wenn wir die Ableitung $f'(t) = e^{2t} + 2te^{2t}$ ausrechnen, die Transformierte

$$\mathcal{L}f'(s) = \mathcal{L}(e^{2t})(s) + 2\mathcal{L}f(s)$$

Setzen wir beide Identitäten gleich, so ergibt sich

$$s\mathcal{L}f(s) = \mathcal{L}(e^{2t})(s) + 2\mathcal{L}f(s)$$

bzw. mit der auf S. 1258 ausgerechneten Laplacetransformierten zu e^{2t} ist

$$(s-2)\mathcal{L}f(s) = \frac{1}{s-2}$$

für $s > 2$ und wir erhalten die Laplacetransformierte der Funktion f mit

$$\mathcal{L}f(s) = \frac{1}{(s-2)^2}.$$

Dieses Ergebnis hätten wir auch mit dem Dämpfungssatz berechnen können.

Für die zweite Ableitung folgt mit der Differenziation im Bildbereich und der gerade bestimmten Laplacetransformierten

$$\begin{aligned}\mathcal{L}f''(s) &= s^2\mathcal{L}f(s) - sf(0) - f'(0)\\ &= s^2\frac{1}{(s-2)^2} - 1 = \frac{4s-4}{(s-2)^2}.\end{aligned}$$ ◀

Durch die Laplacetransformation wird aus der Differenziation im Originalbereich eine Multiplikation im Bildbereich. Dieses Resultat wird genutzt, um Differenzialgleichungen zu lösen.

Lösen von Anfangswertaufgaben

Machen wir uns die Idee klar, indem wir eine lineare gewöhnliche Differenzialgleichung 2-ter Ordnung mit konstanten Koeffizienten,

$$a_2\,u''(t) + a_1\,u'(t) + a_0\,u(t) = b(t)$$

für $t \geq 0$ und Anfangsbedingungen $u(0) = u_0$ und $u'(0) = u_1$ betrachten.

Für eine stetige Funktion $b : [0,\infty) \to \mathbb{C}$ existiert genau eine Lösung $u \in C^2[0,\infty)$ im Raum der zweimal stetig differenzierbaren Funktionen. Wir nehmen an, dass $u, b \in \mathcal{E}$ sind und wenden auf beiden Seiten der Differenzialgleichung die Laplacetransformation an. Mit den Anfangsbedingungen erhalten wir:

$$\begin{aligned}\mathcal{L}(a_2\,u'' + a_1\,u' + a_0\,u)(s) &= a_2\mathcal{L}u''(s) + a_1\mathcal{L}u'(s) + a_0\mathcal{L}u(s)\\ &= a_2(s^2\mathcal{L}u(s) - su_0 - u_1)\\ &\quad + a_1(s\mathcal{L}u(s) - u_0) + a_0\mathcal{L}u(s)\\ &= \mathcal{L}b(s).\end{aligned}$$

Lösen wir die Gleichung nach der Laplacetransformierten auf, so ergibt sich

$$\mathcal{L}u(s)\,\underbrace{(a_2s^2 + a_1s + a_0)}_{=p(s)} = \mathcal{L}b(s) + \underbrace{a_2(u_0s + u_1) - a_1u_0}_{=q(s)}.$$

Beachten Sie, dass der Ausdruck $p(s) = a_2s^2 + a_1s + a_0$ auf der linken Seite das **charakteristische Polynom** der Differenzialgleichung ist. Im Bildbereich erhalten wir die Lösung

$$\mathcal{L}u(s) = \frac{\mathcal{L}b(s)}{p(s)} + \frac{q(s)}{p(s)}$$

für $s > a$, wobei a größer als die größte reelle Nullstelle von p ist.

Damit wird das allgemeine Vorgehen offensichtlich; denn, wenn wir die rechte Seite der letzten Identität als Laplacetransformierte einer Funktion schreiben könnten, d. h. $\frac{\mathcal{L}b(s)}{p(s)} + \frac{q(s)}{p(s)} = \mathcal{L}g(s)$, so ergibt sich direkt die Lösung $u = g$.

Der letzte Schluss, die **Rücktransformation**, bedarf noch einiger Überlegung. Es muss sichergestellt sein, dass aus $\mathcal{L}u = \mathcal{L}g$ die Identität $u = g$ folgt. Diese Eigenschaft einer Abbildung $\mathcal{L}$ haben wir injektiv genannt. Bevor eine entsprechende Aussage formuliert wird, betrachten wir ein Beispiel für das Vorgehen bei gewöhnlichen Differenzialgleichungen.

Beispiel Das Anfangswertproblem

$$u'(t) - u(t) = \mathrm{e}^t \quad \text{mit } u(0) = 1$$

transformiert sich mithilfe der Laplacetransformation zu

$$s\mathcal{L}u(s) - \underbrace{u(0)}_{=1} - \mathcal{L}u(s) = \frac{1}{s-1}.$$

Diese Gleichung lässt sich auflösen, und wir erhalten

$$(s-1)\mathcal{L}u(s) = \frac{1}{s-1} + 1 = \frac{s}{s-1}.$$

Somit gilt für die Laplacetransformation der gesuchten Funktion u

$$\mathcal{L}u(s) = \frac{s}{(s-1)^2} = \frac{s-1+1}{(s-1)^2} = \frac{1}{s-1} + \frac{1}{(s-1)^2}.$$

Nach dieser Umformung stehen auf der rechten Seite ausschließlich Summanden, von denen wir bereits wissen, dass sie die Laplacetransformierten von bestimmten Funktionen sind. Nehmen wir die Tabelle in der Übersicht auf S. 1270 zur Hilfe, so sehen wir

$$\mathcal{L}u(s) = \mathcal{L}(\mathrm{e}^t)(s) + \mathcal{L}(t\mathrm{e}^t)(s).$$

Wir können rücktransformieren und erhalten die Lösung des Anfangswertproblems

$$u(t) = \mathrm{e}^t + t\mathrm{e}^t.$$

Durch Ableiten können wir das Ergebnis leicht prüfen. ◀

Wir hätten im Beispiel natürlich auch einfach die Methode der Variation der Konstanten anwenden können, wie auf S. 484. Das Beispiel illustriert das allgemeine Vorgehen, wenn die Rücktransformation relativ leicht zu sehen ist. Ein weiteres, etwas komplizierteres Beispiel für die Anwendung der Laplacetransformation bei linearen gewöhnlichen Differenzialgleichungen findet sich in der Anwendung auf S. 1262.

Beachten Sie, dass das Beispiel auf S. 1262 unter anderem zeigt, dass eine unstetige rechte Seite direkt mit der Laplacetransformation behandelt werden kann. Hingegen würde man mit den Methoden aus Kap. 13 zunächst das Anfangswertproblem auf dem Intervall [0, 1] lösen. Und anschließend in einem zweiten Schritt auf dem Intervall $(1,\infty)$ mit den im ersten Schritt berechneten Anfangswerten bei $t = 1$.

Anwendung: Ausschalten einer Stromquelle beim Schwingkreis

Im Kap. 13 ist in einer Anwendung auf S. 471 ein elektrischer Schwingkreis beschrieben. Er enthält eine Spannungsquelle V, einen Widerstand R, eine Spule der Induktivität L und einen Kondensator der Kapazität C. Ist mit $Q(t)$ die Ladung auf den Kondensatorplatten zum Zeitpunkt t bezeichnet, gilt die Differenzialgleichung

$$L\,Q''(t) + R\,Q'(t) + \frac{1}{C}\,Q(t) = V(t).$$

Zum Zeitpunkt $t_0 = 0\,\mathrm{s}$ wird die Spannungsquelle mit einer Spannung von $1\,\mathrm{V}$ eingeschaltet, zum Zeitpunkt $t_1 = 1\,\mathrm{s}$ wird sie wieder ausgeschaltet. Dies entspricht den Anfangsvorgaben $Q(0) = 0\,\mathrm{C}$ und $Q'(0) = 0\,\mathrm{C/s}$ sowie der Inhomogenität

$$V(t) = \begin{cases} 1\,\mathrm{V}, & t_0 \le t \le t_1, \\ 0\,\mathrm{V}, & \text{sonst.} \end{cases}$$

Die Funktion $Q(t)$ soll bestimmt werden.

Zur Lösung von Anfangswertproblemen bei linearen Differenzialgleichungen mit konstanten Koeffizienten und einer unstetigen rechten Seite ist die Laplacetransformation gut geeignet. Zur Illustration des Vorgehens wählen wir die elektrischen Parameter $L = 1\,\mathrm{H}$, $R = 2\,\Omega$ und $C = 0.1\,\mathrm{F}$. Wenden wir die Transformation auf beiden Seiten der Differenzialgleichung an, so ergibt sich

$$\begin{aligned} & s^2\mathcal{L}Q(s) - s\,Q(0) - Q'(0) \\ & + 2(s\mathcal{L}Q(s) - Q(0)) + 10\mathcal{L}Q(s) = \mathcal{L}V(s). \end{aligned}$$

Nach dem Beispiel von S. 1257 ist

$$\mathcal{L}V(s) = \frac{1 - \mathrm{e}^{-t_1 s}}{s}, \quad s > 0.$$

Somit folgt

$$\mathcal{L}Q(s) = \frac{1 - \mathrm{e}^{-t_1 s}}{s\,(s^2 + 2s + 10)}, \quad s > 0.$$

Zunächst bestimmten wir f mit

$$\mathcal{L}f(s) = \frac{1}{s(s^2 + 2s + 10)}.$$

Eine Partialbruchzerlegung liefert

$$\mathcal{L}f(s) = \frac{1}{10s} - \frac{1}{10}\frac{(s+1)+1}{(s+1)^2 + 9}.$$

Mit der Tabelle in der Übersicht auf S. 1270 finden wir die passende Originalfunktion,

$$f(t) = \frac{1}{10}\left(1 - \mathrm{e}^{-t}\cos 3t - \mathrm{e}^{-t}\sin 3t\right), \quad t > 0.$$

Die Funktion Q erhalten wir nun durch den Verschiebungssatz. Es ist

$$Q(t) = \begin{cases} f(t), & \text{für } t_0 \le t \le t_1 \\ f(t) - f(t - t_1), & \text{für } t > t_1 \end{cases}$$

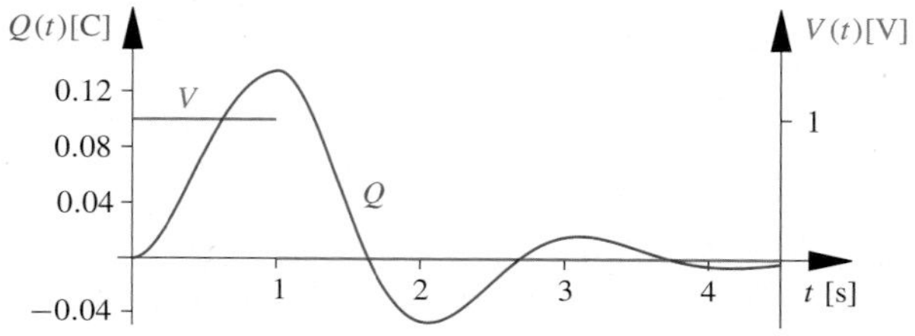

Die Abbildung zeigt den Verlauf der Spannung und der Ladung auf den Kondensatorplatten für einen elektrischen Schwingkreis mit $L = 1\,\mathrm{H}$, $R = 2\,\Omega$ und $C = 0.1\,\mathrm{F}$.

Die Eindeutigkeit der Laplacetransformation

Kommen wir zurück auf den letzten Schritt bei der Methode, die Rücktransformation. Der folgende Identitätssatz liefert uns die Begründung, dass wir zurückschließen dürfen. Mit anderen Worten: Der Operator $\mathcal{L}$ auf der Menge $\mathcal{E}$ ist injektiv.

Eindeutigkeit der Laplacetransformation

Sind $f, g \in \mathcal{E}$ mit $\mathcal{L}f(s) = \mathcal{L}g(s)$ für $s > a$. Dann ist $f(t) = g(t)$ für fast alle $t \ge 0$.

In der Vertiefung auf S. 1263 gehen wir auf die Beweisidee zu diesem Satz ein. Um die Rücktransformation auszuführen, haben wir in den Beispielen einfach die Tabelle der bekannten Laplacetransformierten aus der Übersicht auf S. 1270 und allgemeine Rechenregeln genutzt. Dies ist im Allgemeinen das zu empfehlende Vorgehen, auch wenn zunächst einige Umformungen, wie zum Beispiel eine Partialbruchzerlegung, erforderlich sind, um bekannte Laplacetransformierte herauszuarbeiten. Die in der Vertiefung auf S. 1263 gezeigte Inversionsformel ist für die explizite Berechnung nur bedingt hilfreich.

Beispiel

- Um zu einer gegebenen Funktion $\mathcal{L}f$ mit

  $$\mathcal{L}f(s) = \frac{s}{s^2 - 2s + 2}$$

  die Funktion f im Originalbereich zu finden, versuchen wir den Ausdruck so umzuschreiben, dass letztendlich eine Sum-

Vertiefung: Injektivität und Inversionsformel zur Laplacetransformation

Die Laplacetransformation als Operator auf dem Funktionenraum $\mathcal{E}$ ist injektiv. Dies lässt sich mithilfe der Fouriertheorie zeigen. Betrachtet man die Fortsetzung der Laplacetransformation in die komplexe Halbebene $\mathrm{Re}(z) > a$, so lässt sich eine Umkehrformel angeben.

Um den Zusammenhang zur Fouriertheorie deutlich zu machen, skizzieren wir den Beweis der Injektivität für stetige Funktionen $f, g \in \mathcal{E}$. Besitzen f, g dieselbe Laplacetransformierte, so folgt für $h = f - g \in C[0,\infty) \cap \mathcal{E}$, dass

$$\begin{aligned} 0 = \mathcal{L}h(s) &= \int_0^\infty h(t)\mathrm{e}^{-st}\,\mathrm{d}t \\ &= \int_0^\infty h(t)\mathrm{e}^{-at}\mathrm{e}^{-(s-a)t}\,\mathrm{d}t \end{aligned}$$

für $s > a$ gilt. Setzen wir $\tilde{h}(t) = h(t)\mathrm{e}^{-at}$, so ist

$$0 = \int_0^\infty \tilde{h}(t)\mathrm{e}^{-\sigma t}\,\mathrm{d}t$$

für alle $\sigma > 0$. Ziel ist es, $\tilde{h} = 0$ und somit $h = 0$ zu zeigen.

Dazu substituiert man weiter $t = -\ln(\cos\tau)$ für $\tau \in [0, \pi/2)$ und erhält für $\sigma = n \in \mathbb{N}$

$$0 = \mathcal{L}\tilde{h}(n) = \int_0^{\frac{\pi}{2}} \tilde{h}(-\ln(\cos\tau))\,\cos^{n-1}(\tau)\,\sin\tau\,\mathrm{d}\tau.$$

Wir betrachten nun die Funktion ψ mit $\psi(\tau) = \tilde{h}(-\ln(\cos\tau))\sin\tau$ für $\tau \in [0,\pi/2)$ und setzen $\psi(\pi/2 + \tau) = \psi(\pi/2 - \tau)$ für $\tau \in [0, \pi/2)$. Weiter setzen wir ψ zu einer geraden 2π-periodischen Funktion fort. Dann haben wir

$$\int_{-\pi}^{\pi} \psi(\tau)\cos^n\tau\,\mathrm{d}\tau = 0$$

für $n \in \mathbb{N}_0$. Mit den Additionstheoremen folgt

$$0 = \frac{1}{2\pi}\int_{-\pi}^{\pi} \psi(t)\cos(nt)\,\mathrm{d}t\,,$$

d. h., alle Fourierkoeffizienten der Funktion ψ verschwinden. Die Parseval'sche Gleichung impliziert $\psi = 0$ bzw. $\tilde{h} = 0$.

Damit ist $h = 0$ gezeigt, wenn wir alle Substitutionen zurückverfolgen. Wir haben somit den **Identitätssatz** gezeigt, d.h. die Aussage, dass aus $\mathcal{L}f = \mathcal{L}g$ auch $f = g$ folgt, zumindest wenn die Funktionen stetig sind. Der allgemeine Beweis erfordert einige zusätzliche Überlegungen, denn die Argumentation erfordert die Eigenschaft $\psi \in L^2(-\pi, \pi)$.

Ist $f \in \mathcal{E}$, so ist die Laplacetransformierte auch für komplexe Argumente $s \in \mathbb{C}$ in der Halbebene $\mathrm{Re}(s) > a$ definiert (siehe Abbildung).

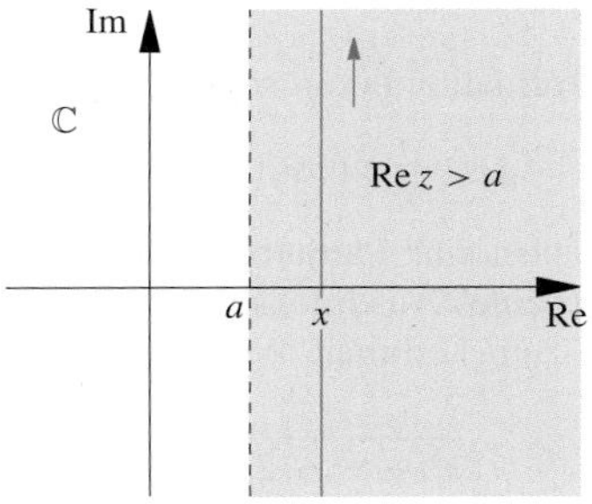

Betrachten wir nun für eine reelle Zahl $x \in \mathbb{R}$ die Identität:

$$\begin{aligned} \frac{1}{2\pi}\mathcal{L}f(x + \mathrm{i}\omega) &= \frac{1}{2\pi}\int_0^\infty f(t)\mathrm{e}^{-(x+\mathrm{i}\omega)t}\,\mathrm{d}t \\ &= \frac{1}{2\pi}\int_0^\infty \mathrm{e}^{-xt}f(t)\mathrm{e}^{-\mathrm{i}\omega t}\,\mathrm{d}t \end{aligned}$$

Wir erhalten die Fouriertransformation der Funktion $g : \mathbb{R} \to \mathbb{R}$ mit:

$$g(t) = \begin{cases} \mathrm{e}^{-xt}f(t)\,, & t \geq 0\,, \\ 0\,, & t < 0\,. \end{cases}$$

Mit den Umkehreigenschaften und der Inversionsformel der Fouriertransformation (siehe S. 1276) folgt aus dieser Beobachtung die Inversionsformel für die Laplacetransformation. Ist $f \in \mathcal{E}$ eine stetige Funktion ergibt sich

$$f(t) = \frac{1}{2\pi\mathrm{i}}\lim_{r\to\infty}\int_{x-\mathrm{i}r}^{x+\mathrm{i}r} \mathrm{e}^{tz}\mathcal{L}f(z)\,\mathrm{d}z$$

mit $x > a$, wobei das komplexe Wegintegral längs der durch $\Gamma_r = \{x + \mathrm{i}\sigma \in \mathbb{C} \mid \sigma \in [-r, r]\}$ parametrisierten Kurve gemeint ist (siehe Abschn. 32.2).

Teil V

me uns bekannter Laplacetransformierter erreicht wird. Für die Rücktransformation schreiben wir in diesem Beispiel das Nennerpolynom mit quadratischer Ergänzung in Scheitelpunktsform und erhalten:

$$\begin{aligned}\frac{s}{s^2-2s+2} &= \frac{s}{(s-1)^2+1}\\ &= \frac{s-1+1}{(s-1)^2+1}\\ &= \frac{s-1}{(s-1)^2+1} + \frac{1}{(s-1)^2+1}\end{aligned}$$

Mit der Tabelle auf S. 1270 sehen wir

$$\frac{s}{s^2-2s+2} = \mathcal{L}(\mathrm{e}^t\cos t)(s) + \mathcal{L}(\mathrm{e}^t\sin t)(s)\,.$$

Die Rücktransformation liefert somit

$$f(t) = \mathrm{e}^t(\cos t + \sin t)\,.$$

- Häufig ist zunächst eine Partialbruchzerlegung erforderlich, um die Struktur eines Ausdrucks in Hinblick auf eine Rücktransformation zu bekommen. Wir betrachten den Ausdruck

$$\frac{s}{s^3+s^2+2s+2}\,.$$

Mit der Nullstelle $s = -1$ des Nenners faktorisieren wir den Nenner und machen den Ansatz einer Partialbruchzerlegung. Es ergibt sich

$$\begin{aligned}\frac{s}{s^3+s^2+2s+2} &= \frac{s}{(s+1)(s^2+2)}\\ &= \frac{a}{s+1} + \frac{bs+c}{s^2+2}\\ &= \frac{a(s^2+1)+b(s^2+s)+c(s+1)}{(s+1)(s^2+2)}\\ &= \frac{(a+b)s^2+(c+b)s+2a+c}{(s+1)(s^2+2)}\,.\end{aligned}$$

Durch Koeffizientenvergleich ergibt sich das lineare Gleichungssystem $a+b=0$, $c+b=1$ und $2a+c=0$. Aus $a=-b$, $c=1-b$ und der dritten Gleichung $-2b+(1-b)=0$ folgt $b=\frac{1}{3}$. Für die anderen Werte errechnen wir $a=-\frac{1}{3}$ und $c=\frac{2}{3}$. Somit folgt

$$\begin{aligned}\frac{s}{s^3+s^2+2s+2} &= \frac{1}{3}\left(\frac{-1}{s+1} + \frac{s}{s^2+2} + 2\frac{1}{s^2+2}\right)\\ &= \frac{1}{3}\left(\frac{-1}{s+1} + \frac{s}{s^2+2} + \sqrt{2}\frac{\sqrt{2}}{s^2+2}\right).\end{aligned}$$

Nun können wir wiederum an der Tabelle die einzelnen Laplacetransformationen ablesen und es folgt

$$\begin{aligned}\frac{s}{s^3+s^2+2s+2} &= -\frac{1}{3}\mathcal{L}\left(\mathrm{e}^{-t}\right)(s) + \frac{1}{3}\mathcal{L}\big(\cos(\sqrt{2}t)\big)(s)\\ &\quad + \frac{\sqrt{2}}{3}\mathcal{L}\big(\sin(\sqrt{2}t)\big)(s)\,.\end{aligned}$$ ◀

Auch Systeme von linearen Differenzialgleichungen mit konstanten Koeffizienten können mit der Laplacetransformation gelöst werden. Dazu betrachten wir noch ein weiteres Beispiel.

Beispiel Lösen wir mittels der Laplacetransformation das Anfangswertproblem

$$\begin{aligned}u'(t) + v'(t) - 2v(t) &= \mathrm{e}^t + \mathrm{e}^{-t}\\ u'(t) + 3v'(t) + u(t) - 5v(t) &= 3\mathrm{e}^t\end{aligned}$$

mit den Anfangsbedingungen $u(0) = -1$ und $v(0) = 0$. Zur Abkürzung setzen wir $\mathcal{L}u(s) = U(s)$ und $\mathcal{L}v(s) = V(s)$. Mit der Laplacetransformation ergibt sich aus dem Anfangswertproblem im Bildbereich das Gleichungssystem

$$\begin{aligned}sU(s) + (s-2)V(s) &= \frac{1}{s-1} + \frac{1}{s+1} - 1\\ (s+1)U(s) + (3s-5)V(s) &= \frac{3}{s-1} - 1\,.\end{aligned}$$

Subtrahieren wir das s-Fache der zweiten Zeile von der mit dem Faktor $(s+1)$ multiplizierten ersten Zeile, so folgt

$$\begin{aligned}&(s+1)(s-2)V(s) - s(3s-5)V(s)\\ &\quad= \frac{s+1}{s-1} + 1 - (s+1) - \frac{3s}{s-1} + s\end{aligned}$$

bzw. zusammengefasst

$$-2(s-1)^2V(s) = \frac{1-2s}{s-1}\,.$$

Also ist

$$\begin{aligned}V(s) &= -\frac{1}{2}\frac{1-2+2-2s}{(s-1)^3}\\ &= \frac{1}{(s-1)^2} + \frac{1}{2}\frac{1}{(s-1)^3}\,.\end{aligned}$$

Für die Rücktransformation lassen sich nun die Laplacetransformierten angeben, und es ist

$$v(t) = t\mathrm{e}^t + \frac{1}{4}t^2\mathrm{e}^t\,.$$

Da aus der ersten Differenzialgleichung

$$\begin{aligned}u'(t) &= -v'(t) + 2v(t) + \mathrm{e}^t + \mathrm{e}^{-t}\\ &= \left(\frac{1}{4}t^2 + \frac{1}{2}t\right)\mathrm{e}^t + \mathrm{e}^{-t}\end{aligned}$$

folgt, liefert Integration die Funktion u mit

$$u(t) = \frac{1}{4}t^2\mathrm{e}^t - \mathrm{e}^{-t}\,,$$

wenn wir die Anfangsbedingung $u(0) = -1$ berücksichtigen. ◀

Teil V

Beispiel: Ein System linearer Differenzialgleichungen

Es sind die Funktionen u und v gesucht, die das Anfangswertproblem

$$\begin{aligned} u'(t) - v'(t) - 2\,u(t) + 2\,v(t) &= \sin t\,, \\ u''(t) + 2\,v'(t) + u(t) &= 0\,, \end{aligned}$$

mit den Anfangsbedingungen $u(0) = u'(0) = 0$, $v(0) = 0$ lösen.

Problemanalyse und Strategie: Eine Laplacetransformation des Anfangswertproblems führt auf ein lineares Gleichungssystem für die transformierten Funktionen $\mathcal{L}u$ und $\mathcal{L}v$. Lösen wir das Gleichungssystem, so ergeben sich die gesuchten Funktionen durch eine Rücktransformation.

Lösung: Wegen der homogenen Randbedingung ist $\mathcal{L}(u'') = s^2\mathcal{L}u$, $\mathcal{L}(u') = s\,\mathcal{L}u$, $\mathcal{L}(v') = s\,\mathcal{L}v$. Wir setzen zur Abkürzung $U = \mathcal{L}u$ und $V = \mathcal{L}v$. Damit transformiert sich das Anfangswertproblem für u, v zum linearen Gleichungssystem in U und V

$$\begin{aligned} s\,U(s) - s\,V(s) - 2\,U(s) + 2\,V(s) &= \frac{1}{1+s^2}\,, \\ s^2\,U(s) + 2\,sV(s) + U(s) &= 0 \end{aligned}$$

bzw.

$$\begin{aligned} U(s)\,(s-2) + V(s)\,(2-s) &= \frac{1}{1+s^2}\,, \\ U(s)\,(s^2+1) + 2s\,V(s) &= 0\,. \end{aligned}$$

Multiplikation der ersten Gleichung mit $(1 + s^2)$ und der zweiten mit $(s - 2)$ und Subtraktion der Gleichungen liefert

$$\begin{aligned} V(s) &= \frac{-1}{(s-2)(1+s^2+2s)} = \frac{-1}{(s-2)(s+1)^2}\,, \\ U(s) &= \frac{-2s}{1+s^2}V(s) = \frac{2s}{(s+i)(s-i)(s-2)(s+1)^2}\,. \end{aligned}$$

Für eine Partialbruchzerlegung machen wir den Ansatz

$$V(s) = \frac{a}{s-2} + \frac{b}{(s+1)^2} + \frac{c}{s+1} = \frac{-1}{(s-2)(s+1)^2}\,.$$

Ein Koeffizientenvergleich liefert das lineare Gleichungssystem für a, b, c, das wir lösen müssen. Ein wenig schneller geht der Vergleich, indem wir die Nullstellen ausnutzen. Aus

$$a + (s-2)\left(\frac{b}{(s+1)^2} + \frac{c}{s+1}\right) = -\frac{1}{(s+1)^2}$$

folgt für $s \to 2$, dass $a = -1/9$ ist. Mit

$$b + (s+1)^2\frac{a}{s-2} + (s+1)c = -\frac{1}{s-2}$$

sehen wir für $s \to -1$ den Wert $b = 1/3$. Die Variable c ergibt sich, wenn wir in

$$c + \frac{s+1}{s-2}a + \frac{b}{s+1} = -\frac{1}{(s-2)(s+1)}$$

den Grenzwert $s \to +\infty$ betrachten. Es ergibt sich $c + a = 0$ bzw. $c = -a = \frac{1}{9}$.

Daher ist

$$\mathcal{L}v(s) = V(s) = -\frac{1}{9}\frac{1}{s-2} + \frac{1}{3}\frac{1}{(s+1)^2} + \frac{1}{9}\frac{1}{s+1}\,,$$

und die Rücktransformation liefert

$$v(t) = -\frac{1}{9}\,e^{2t} + \frac{1}{3}\,t\,e^{-t} + \frac{1}{9}\,e^{-t}.$$

Analog machen wir einen komplexen Partialbruchansatz für U und erhalten

$$\begin{aligned} U(s) &= \frac{\alpha}{s+i} + \frac{\beta}{s-i} + \frac{\gamma}{s-2} + \frac{\delta}{(s+1)^2} + \frac{\eta}{s+1} \\ &= \frac{2s}{(s+i)(s-i)(s-2)(s+1)^2}\,. \end{aligned}$$

Der Koeffizientenvergleich führt auf die Werte

$$\begin{aligned} \alpha &= \lim_{s\to -i}(s+i)U(s) \\ &= \frac{-2i}{(-2i)(-i-2)(1-i)^2} = -\frac{1+2i}{10}\,, \\ \beta &= \lim_{s\to +i}(s-i)U(s) \\ &= \frac{2i}{(2i)(i-2)(1+i)} = -\frac{1-2i}{10}\,, \\ \gamma &= \lim_{s\to 2}[(s-2)U(s)] = \frac{4}{5\cdot 9} = \frac{4}{45}\,, \\ \delta &= \lim_{s\to -1}[(s+1)^2U(s)] = \frac{-2}{2\cdot(-3)} = \frac{1}{3}\,, \end{aligned}$$

und aus der Identität $\alpha + \beta + \gamma + \eta = \lim_{s\to\infty}[s\,U(s)] = 0$ folgt

$$\eta = -(\alpha+\beta) - \gamma = \frac{1}{5} - \frac{4}{45} = \frac{1}{9}.$$

Somit ergibt sich u durch Rücktransformation zu

$$\begin{aligned} u(t) &= -\frac{1+2i}{10}e^{-it} - \frac{1-2i}{10}e^{it} + \frac{4}{45}e^{2t} + \frac{1}{3}te^{-t} + \frac{1}{9}e^{-t} \\ &= -\frac{1}{5}\cos t - \frac{2}{5}\sin t + \frac{4}{45}e^{2t} + \frac{1}{3}te^{-t} + \frac{1}{9}e^{-t}\,. \end{aligned}$$

Kommentar Für U haben wir eine Partialbruchzerlegung mit komplexen Linearfaktoren angesetzt. Alternativ ist auch die reelle Partialbruchzerlegung mit dem Ansatz

$$U(s) = \frac{\alpha s + \beta}{s^2+1} + \frac{\gamma}{s-2} + \frac{\delta}{(s+1)^2} + \frac{\eta}{s+1}\,.$$

durchführbar. ◀

Teil V

Die Laplacetransformierte einer Funktion von exponentiellem Typ ist beliebig oft differenzierbar

Bisher haben wir zwar einige Eigenschaften über die Laplacetransformierte einer Funktion $f \in \mathcal{E}$ zusammengetragen, aber uns über die Regularität der Funktion $\mathcal{L}f$ keine Gedanken gemacht. Es lassen sich generell einige Aussagen zum Bildbereich der Laplacetransformation machen, die wir herausstellen.

Differenziation im Bildbereich

Die Laplacetransformierte $\mathcal{L}f$ zu $f \in \mathcal{E}$ ist stetig und beliebig oft differenzierbar mit

$$\frac{\mathrm{d}^n}{\mathrm{d}s^n}\mathcal{L}f(s) = (-1)^n\,\mathcal{L}\big(t^n f(t)\big)(s)$$

für $s > a$ und $n \in \mathbb{N}$. Außerdem ist $\lim_{s\to\infty} \mathcal{L}f(s) = 0$ für $f \in \mathcal{E}$.

Die Aussagen folgen aus den allgemeinen Kriterien zur Stetigkeit und zur Differenzierbarkeit von Parameterintegralen (siehe Abschn. 11.5). Da $f \in \mathcal{E}$ vorausgesetzt ist, lassen sich durch $g(t) = f(t)\,t^n\,\mathrm{e}^{-\epsilon t}$ für $s > a + \epsilon$ mit $\epsilon > 0$ integrierbare Majoranten angeben. Somit dürfen wir insbesondere Differenziation und Integration vertauschen und es folgt etwa für die erste Ableitung

$$\begin{aligned}\frac{\mathrm{d}}{\mathrm{d}s}\int_0^\infty f(t)\mathrm{e}^{-st}\,\mathrm{d}t &= \int_0^\infty \frac{\partial}{\partial s}\big(f(t)\mathrm{e}^{-st}\big)\,\mathrm{d}t\\ &= -\int_0^\infty tf(t)\mathrm{e}^{-st}\,\mathrm{d}t\,.\end{aligned}$$

Für höhere Ableitungen, $n \geq 2$, ergibt sich die Formel durch iteratives Anwenden des Resultats.

Beispiel

- Mit der Differenziation im Bildraum berechnet sich leicht die Laplacetransformierte zu $f: \mathbb{R}_{>0} \to \mathbb{R}$ mit $f(t) = t\cos\omega t$, denn es gilt zusammen mit dem Resultat aus dem Beispiel auf S. 1259

$$\begin{aligned}\mathcal{L}(t\cos\omega t)(s) &= -\frac{\mathrm{d}}{\mathrm{d}s}\mathcal{L}(\cos\omega t)(s)\\ &= -\frac{\mathrm{d}}{\mathrm{d}s}\left(\frac{s}{s^2+\omega^2}\right) = \frac{s^2-\omega^2}{(s^2+\omega^2)^2}\end{aligned}$$

für $s > 0$. Analog erhalten wir

$$\mathcal{L}(t\sin\omega t)(s) = -\frac{\mathrm{d}}{\mathrm{d}s}\left(\frac{\omega}{s^2+\omega^2}\right) = \frac{2\omega s}{(s^2+\omega^2)^2}$$

für $s > 0$.

- Auch Differenzialgleichungen mit nicht-konstanten Koeffizienten lassen sich manchmal durch die Laplacetransformation lösen, wenn man die Formel für Differenziation im Bildraum verwendet. Betrachten wir das Anfangswertproblem

$$tu''(t) - (t-1)u'(t) - 2u(t) = 0$$

mit $u(0) = 1$ und $u'(0) = 2$.
Das Transformieren der Differenzialgleichung ergibt

$$\begin{aligned}0 &= \mathcal{L}\big(tu''(t)\big)(s) - \mathcal{L}\big(tu'(t)\big)(s) + \mathcal{L}u'(s) - 2\mathcal{L}u(s)\\ &= -\frac{\mathrm{d}}{\mathrm{d}s}(\mathcal{L}u'')(s) + \frac{\mathrm{d}}{\mathrm{d}s}(\mathcal{L}u')(s) + \mathcal{L}u'(s) - 2\mathcal{L}u(s)\\ &= -\frac{\mathrm{d}}{\mathrm{d}s}\big(s^2\mathcal{L}u(s) - s - 2\big) + \frac{\mathrm{d}}{\mathrm{d}s}\big(s\mathcal{L}u(s) - 1\big)\\ &\quad + s\mathcal{L}u(s) - 1 - 2\mathcal{L}u(s)\\ &= -2s\mathcal{L}u(s) - s^2(\mathcal{L}u)'(s) + 1 + \mathcal{L}u(s)\\ &\quad + s(\mathcal{L}u)'(s) + s\mathcal{L}u(s) - 1 - 2\mathcal{L}u(s)\\ &= (s-s^2)(\mathcal{L}u)'(s) - (s+1)\mathcal{L}u(s).\end{aligned}$$

Wir haben die Differenzialgleichung

$$(s-s^2)(\mathcal{L}u)'(s) - (s+1)\mathcal{L}u(s) = 0.$$

erhalten. Mit Separation und einer Partialbruchzerlegung folgt

$$\begin{aligned}\ln|\mathcal{L}u(s)| &= \int \frac{(\mathcal{L}u)'(s)}{\mathcal{L}u(s)}\mathrm{d}s\\ &= \int \frac{s+1}{s-s^2}\,\mathrm{d}s = \ln s - 2\ln(s-1) + c.\end{aligned}$$

Also ist

$$\mathcal{L}u(s) = \tilde{c}\frac{s}{(s-1)^2} = \tilde{c}\left(\frac{1}{s-1} + \frac{1}{(s-1)^2}\right)$$

mit einer Konstanten $\tilde{c} = \pm\mathrm{e}^c$. Nach Rücktransformation ergibt sich

$$u(t) = \tilde{c}(\mathrm{e}^t + t\,\mathrm{e}^t).$$

Mit der Anfangsbedingung $u(0) = 1$ bzw. $u'(0) = 2$ folgt $\tilde{c} = 1$ und somit lautet die Lösung

$$u(t) = (1+t)\mathrm{e}^t.$$ ◄

Selbstfrage 4

Welche der folgenden Funktionen h_1, h_2, h_3 kann keine Laplacetransformierte einer Funktion aus $\mathcal{E}$ sein,

$$h_1(s) = s,\quad h_2(s) = \ln(1+s)\mathrm{e}^{-2s},\quad h_3(s) = \frac{|\sin s|}{s}?$$

Auch zur Lösung von partiellen Differenzialgleichungen kann die Laplacetransformation eingesetzt werden.

Anwendungsbeispiel Wir betrachten die Wärmeleitungsgleichung

$$\frac{\partial u(x,t)}{\partial t} - \frac{\partial^2 u(x,t)}{\partial x^2} = 0, \quad x > 0, t > 0,$$

mit den Anfangswert- bzw. Randwertvorgaben

$$u(x,0) = 0, \qquad x > 0,$$
$$u(0,t) = f(t), \quad t > 0.$$

Zusätzlich nehmen wir $u(x,t) \to 0$ für $x \to \infty$ für jedes feste $t > 0$ an. Zur Abkürzung setzen wir

$$U(x,s) = \mathcal{L}_t(u(x,t))(s), \quad x > 0, s > 0.$$

Der Index t deutet dabei an, dass wir bezüglich der Variablen t transformieren. Es folgt dann

$$\mathcal{L}_t\left(\frac{\partial u(x,t)}{\partial t}\right)(s) = s\,U(x,s).$$

Somit erhalten wir die Gleichung

$$\frac{\partial^2 U(x,s)}{\partial x^2} - s\,U(x,s) = 0, \quad x > 0, s > 0.$$

Wenn wir s als einen Parameter auffassen, handelt es sich hierbei um eine gewöhnliche Differenzialgleichung, deren allgemeine Lösung wir sofort hinschreiben können,

$$U(x,s) = c_1(s)\,\mathrm{e}^{\sqrt{s}x} + c_2(s)\,\mathrm{e}^{-\sqrt{s}x}, \quad x > 0, s > 0,$$

mit Funktionen c_1, c_2, die nur von s abhängen.

Aus der Voraussetzung $u(x,t) \to 0$ für $x \to \infty$ folgt auch $U(x,s) \to 0$ für $x \to \infty$. Dies impliziert $c_1(s) = 0$. Aus der Randwertvorgabe $u(0,t) = f(t)$ erhalten wir

$$U(x,s) = \mathcal{L}f(s)\,\mathrm{e}^{-\sqrt{s}x}, \quad x > 0, s > 0.$$

Einer mathematischen Formelsammlung kann man entnehmen, dass

$$\mathrm{e}^{-\sqrt{s}x} = \mathcal{L}_t\left(\frac{x\exp(-x^2/(4t))}{2\sqrt{\pi}\,t^{3/2}}\right).$$

Im nächsten Abschnitt über die Faltung werden wir uns genau mit dem Produkt von zwei Laplacetransformierten beschäftigen und herleiten, dass die Formel

$$u(x,t) = \frac{x}{2\sqrt{\pi}}\int_0^t f(t-\tau)\,\frac{\exp(-x^2/(4\tau))}{\tau^{3/2}}\,\mathrm{d}\tau$$

gilt. ◀

Ein neues Produkt – die Faltung

Eine weitere nützliche Beobachtung ergibt sich, wenn wir das Produkt zweier Laplacetransformierter betrachten. Mit der Substitution $u = t - \tau$ gilt zumindest formal:

$$\begin{aligned}
\mathcal{L}f(s)\cdot\mathcal{L}g(s) &= \mathcal{L}f(s)\int_0^\infty g(\tau)\mathrm{e}^{-s\tau}\,\mathrm{d}\tau \\
&= \int_0^\infty\int_0^\infty f(u)\mathrm{e}^{-su}\,\mathrm{d}u\,g(\tau)\mathrm{e}^{-s\tau}\,\mathrm{d}\tau \\
&= \int_0^\infty\int_\tau^\infty f(t-\tau)\,g(\tau)\mathrm{e}^{-s(t-\tau+\tau)}\,\mathrm{d}t\,\mathrm{d}\tau \\
&= \int_0^\infty\left(\int_0^t f(t-\tau)\,g(\tau)\,\mathrm{d}\tau\right)\mathrm{e}^{-st}\,\mathrm{d}t
\end{aligned}$$

Zum Vertauschen der Integrationsreihenfolge verweisen wir auf das Beispiel auf S. 927. Wir sehen, dass das Produkt wiederum eine Laplacetransformation liefert. Die zugehörige Originalfunktion ist durch eine *Faltung* gegeben.

Das einseitige Faltungsprodukt

Zu $f, g : [0,\infty) \to \mathbb{C}$ ist das einseitige **Faltungsprodukt** oder die **Faltung** $f * g : [0,\infty) \to \mathbb{C}$ definiert durch

$$(f * g)(t) = \int_0^t f(t-\tau)\,g(\tau)\,\mathrm{d}\tau, \quad t \geq 0,$$

wenn das Integral für alle $t \in \mathbb{R}_{\geq 0}$ existiert.

Der Name *Produkt* für die Verknüpfung $*$ ist sinnvoll. Es gilt etwa Kommutativität, denn mit der Substitution $s = t - \tau$ erhalten wir

$$(f * g)(t) = \int_0^t f(s)\,g(t-s)\,ds = (g * f)(t).$$

Auch Assoziativ- und Distributivgesetz sind erfüllt, d. h.

$$f * (g * h) = (f * g) * h \quad \text{sowie}$$
$$f * (g + h) = f * g + f * h \text{ und } (f + g) * h = f * h + g * h.$$

Darüber hinaus gilt Homogenität der Faltung bezüglich Multiplikation mit einem konstanten Faktor $\lambda \in \mathbb{C}$. Es ist

$$f * (\lambda g) = \lambda(f * g) = (\lambda f) * g.$$

All diese Identitäten gelten, wann immer die Faltung von f und g existiert.

Teil V

Faltung im Originalbereich statt Produkt im Bildbereich

Die Beobachtung, die uns auf das Faltungsprodukt führte, wird der *Faltungssatz* genannt.

Der Faltungssatz

Seien $f, g \in \mathcal{E}$ und $\mathcal{L}f : (a, \infty) \to \mathbb{C}$, $\mathcal{L}g : (b, \infty) \to \mathbb{C}$. Dann ist auch $f * g \in \mathcal{E}$ und es gilt

$$\mathcal{L}(f * g)(s) = (\mathcal{L}f)(s) \cdot (\mathcal{L}g)(s)$$

für $s > \gamma = \max\{a, b\}$.

Für einen vollständigen Beweis des Satzes müssen wir in der Rechnung oben die Existenz des zweidimensionalen Integrals sicherstellen. Mit der Abschätzung

$$\begin{aligned} |(f * g)(t)| &\le \int_0^t |f(t-\tau)|\,|g(\tau)\,\mathrm{d}\tau \\ &\le c \int_0^t \mathrm{e}^{\alpha(t-\tau)}\,\mathrm{e}^{\beta\tau}\,\mathrm{d}\tau \\ &\le c \int_0^t \mathrm{e}^{\gamma(t-\tau)+\gamma\tau}\,\mathrm{d}\tau \;\le\; c\,t\,\mathrm{e}^{\gamma t} \end{aligned}$$

mit einer geeigneten Konstanten $c > 0$ ist sogar gezeigt, dass $f * g \in \mathcal{E}$ ist und somit insbesondere das iterierte Integral existiert.

Beispiel Gesucht ist die Lösung eines Anfangswertproblems von der Form

$$y''(t) + 4y(t) = g(t), \quad y(0) = 3, y'(0) = -1$$

mit einer stetigen rechten Seite g von exponentiellem Typ. Transformieren wir diese Gleichung, so ergibt sich

$$s^2\mathcal{L}y(s) - 3s + 1 + 4\mathcal{L}y(s) = \mathcal{L}g(s)\,.$$

Also ist

$$\mathcal{L}y(s) = 3\frac{s}{s^2+4} - \frac{1}{s^2+4} + \frac{1}{s^2+4}\mathcal{L}g(s),$$

und mit dem Faltungssatz folgt die Lösung

$$y(t) = 3\cos 2t - \frac{1}{2}\sin 2t + \frac{1}{2}\int_0^t \sin 2(t-\tau)\,g(\tau)\,d\tau\,. \quad ◀$$

Beachten Sie die Struktur der Lösung im letzten Beispiel. Das Faltungsintegral ist eine partikuläre Lösung der inhomogenen Gleichung, und mit $\{\cos 2t, \sin 2t\}$ ist ein Fundamentalsystem zur homogenen Differenzialgleichung gegeben. Als Fazit lässt sich festhalten, dass sich die Lösung zu jeder Inhomogenität bei linearen gewöhnlichen Differenzialgleichungen mit konstanten Koeffizienten in Form eines Faltungsintegrals angeben lässt.

Behandlung von Impulsen mittels der Laplacetransformation

Häufig treten in der Praxis anregende Kräfte in Form von Impulsen auf. Wir nehmen an, eine Schwingung, die durch die Differenzialgleichung

$$u''(t) + u(t) = g(t), \quad t > 0,$$

beschrieben wird, werde durch einen solchen Impuls angeregt, d. h., die Inhomogenität g ist nur in einem extrem kleinen Zeitintervall von null verschieden. Um die Situation zu modellieren, betrachtet man zunächst

$$g_\varepsilon(t) = \begin{cases} \frac{1}{2\varepsilon}, & t \in (t_0 - \varepsilon, t_0 + \varepsilon) \\ 0, & \text{sonst} \end{cases}$$

(siehe Abb. 33.9).

Die Funktionen g_ε sind so definiert, dass

$$\int_{-\infty}^{\infty} g_\varepsilon(t)\,\mathrm{d}t = \int_{t_0-\varepsilon}^{t_0+\varepsilon} \frac{1}{2\varepsilon}\,\mathrm{d}t = 1$$

gilt, also die zur Verfügung stehende „Energie" unabhängig von ε konstant ist. Was passiert für $\varepsilon \to 0$? Es gilt

$$\lim_{\varepsilon\to 0} g_\varepsilon(t) = 0 \quad \text{für } t \neq t_0$$

und

$$\lim_{\varepsilon\to 0} \int_{-\infty}^{\infty} g_\varepsilon(t)\,\mathrm{d}t = 1\,.$$

Die abstrakte Vorstellung von einem Impuls zum Zeitpunkt $t = t_0$ kann somit nicht durch eine Funktion beschrieben wer-

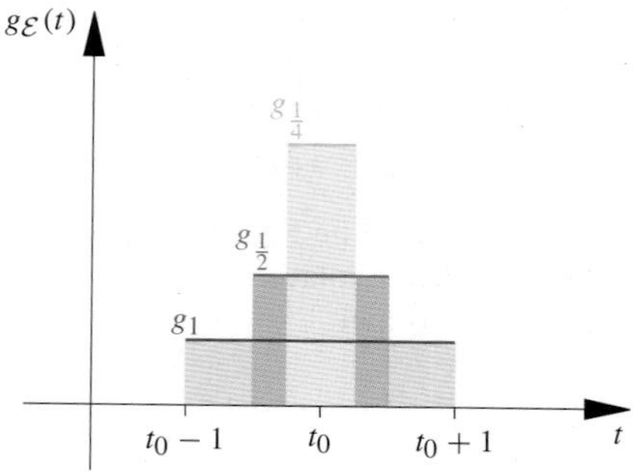

Abb. 33.9 Eine Approximation der Delta-Distribution zur Beschreibung eines Impulses zum Zeitpunkt t_0

Beispiel: Faltungsintegralgleichungen

Mithilfe der Laplacetransformation lassen sich gegebenenfalls Faltungsintegralgleichungen lösen. Es ist jeweils eine Lösung u zu den Integralgleichungen

$$u(t) = \sin t + \int_0^t u(t-\tau)\sin\tau \,\mathrm{d}\tau \quad \text{und}$$

$$tu(t) + \int_0^t u(t-\tau)\,u(\tau)\,\mathrm{d}\tau = 0$$

gesucht.

Problemanalyse und Strategie: Wir wenden die Laplacetransformation auf die Integralgleichung an und nutzen den Faltungssatz. Dies liefert einen Ausdruck für die Laplacetransformierte zu u. Mit einer Rücktransformation lässt sich u bestimmen.

Im zweiten Beispiel ergibt sich eine separable Differenzialgleichung für $\mathcal{L}u$ im Bildbereich. Lösen der Differenzialgleichung und Rücktransformation liefert letztendlich die gesuchte Funktion u.

Lösung: Zur Abkürzung setzen wir $U(s) = \mathcal{L}u(s)$. Wenden wir die Laplacetransformation auf die erste Integralgleichung an, so folgt mit dem Faltungssatz

$$U(s) = \mathcal{L}(\sin)(s) + U(s)\mathcal{L}(\sin)(s)$$

bzw.

$$U(s) = \frac{\mathcal{L}(\sin)(s)}{1-\mathcal{L}(\sin)(s)} = \frac{\frac{1}{s^2+1}}{1-\frac{1}{s^2+1}} = \frac{1}{s^2}.$$

Mit der Tabelle auf S. 1270 erhalten wir nach Rücktransformation die Lösung u mit $u(t) = t$.

Im zweiten Beispiel nutzen wir die Differenziation im Bildbereich

$$\mathcal{L}(t\,u(t)) = -U'(s)$$

und den Faltungssatz

$$\mathcal{L}(u*u)(s) = (U(s))^2.$$

Somit ergibt die Transformation der Integralgleichung im Bildbereich die separable Differenzialgleichung

$$-U'(s) + (U(s))^2 = 0.$$

Separation führt auf

$$\int \frac{1}{U^2}\,\mathrm{d}U = \int \frac{U'(s)}{U^2(s)}\,\mathrm{d}s = \int 1\,\mathrm{d}s$$

und es folgt

$$-U^{-1}(s) = s + c$$

bzw.

$$U(s) = \frac{-1}{s+c}$$

für eine Konstante $c \in \mathbb{R}$. Wieder lesen wir die Tabelle in der Übersicht auf S. 1270 von rechts nach links und finden für die gesuchte Funktion u mit dieser Laplacetransformierten die Darstellung

$$u(t) = -\mathrm{e}^{-ct}.$$

Da diese Funktion für alle $c \in \mathbb{R}$ eine Lösung der Integralgleichung ist, gibt es unendlich viele Lösungen. Diese nichtlineare Integralgleichung ist also lösbar aber nicht eindeutig lösbar.

den, da der Grenzfall fast überall null ist. Allgemeiner erhalten wir für stetige Funktionen $f: \mathbb{R} \to \mathbb{R}$ mit dem Mittelwertsatz

$$\int_{-\infty}^{\infty} g_\varepsilon(t) f(t)\,\mathrm{d}t = \frac{1}{2\varepsilon}\int_{t_0-\varepsilon}^{t_0+\varepsilon} f(t)\,\mathrm{d}t = f(z)$$

für eine Zwischenstelle $z \in (t_0-\varepsilon, t_0+\varepsilon)$. Also ist im Grenzfall

$$\lim_{\varepsilon\to 0}\int_{-\infty}^{\infty} g_\varepsilon(t) f(t)\,\mathrm{d}t = f(t_0).$$

Die letzte Betrachtung liefert uns einen Operator, der einer Funktion f einen Wert, in diesem Fall den Funktionswert $f(t_0)$ zuordnet. Solche Operatoren werden *Distributionen* oder *verallgemeinerte Funktionen* genannt (siehe S. 1187). Als Notation für diesen Grenzfall wird formal die Schreibweise als Faltungsintegral beibehalten,

$$F_\delta \varphi(x_0) = \int_{\mathbb{R}} \delta(x-x_0)\varphi(x)\,\mathrm{d}x,$$

wobei aber das Symbol $\delta(x)$ zusammen mit dem Integralzeichen im distributionellen Sinne zu interpretieren ist.

Übersicht: Die Laplacetransformation

Die wichtigsten Rechenregeln und einige Laplacetransformationen werden häufig gebraucht und sind deshalb hier zusammengestellt. Dabei wird $f, g \in \mathcal{E}$ mit $\mathcal{L}f : (a, \infty) \to \mathbb{R}$ und $\mathcal{L}g : (b, \infty) \to \mathbb{R}$ vorausgesetzt. Mit $\lambda, \omega \in \mathbb{R}$ sind reelle Konstanten bezeichnet.

- **Definition**

$$\mathcal{L}f(s) = \int_0^\infty f(t)\mathrm{e}^{-st}\,\mathrm{d}t$$

für $s > a$.

- **Linearität**

$$\mathcal{L}(\lambda f + \mu g)(s) = \lambda\,(\mathcal{L}f)(s) + \mu\,(\mathcal{L}g)(s),$$

für $s > \max\{a, b\}$.

- **Ähnlichkeitssatz**

$$\mathcal{L}(f(\lambda t))(s) = \frac{1}{\lambda}\,\mathcal{L}f\left(\frac{s}{\lambda}\right)$$

für $s > a$.

- **Dämpfungssatz**

$$\mathcal{L}\big(\mathrm{e}^{\lambda t}f(t)\big)(s) = \mathcal{L}f(s - \lambda)$$

für $s > a + \lambda$.

- **Verschiebungssatz** Mit

$$g(t) = \begin{cases} 0, & 0 \le t < \lambda, \\ f(t-\lambda), & t \ge \lambda. \end{cases}$$

ist

$$\mathcal{L}g(s) = \mathrm{e}^{-\lambda s}\mathcal{L}f(s)$$

für $s > a$.

- **Differenziation im Originalbereich**

$$\mathcal{L}(f^{(n)})(s) = s^n\,\mathcal{L}f(s) - \sum_{j=0}^{n-1} f^{(j)}(0)\,s^{n-j-1}$$

für $s > a$ und $n \in \mathbb{N}$.

- **Differenziation im Bildbereich**

$$\frac{\mathrm{d}^n}{\mathrm{d}s^n}\mathcal{L}f(s) = (-1)^n\,\mathcal{L}\big(t^n f(t)\big)(s)$$

für $s > a$ und $n \in \mathbb{N}$.

- **Faltungssatz**

$$\mathcal{L}(f * g)(s) = (\mathcal{L}f)(s) \cdot (\mathcal{L}g)(s)$$

für $s > \max\{a, b\}$.

Laplacetransformierte

Original	Bild
t^n	$\frac{n!}{s^{n+1}}$, $n \in \mathbb{N}_0$
e^{zt}	$\frac{1}{(s-z)}$, $z \in \mathbb{C}$
$t^n\mathrm{e}^{zt}$	$\frac{n!}{(s-z)^{n+1}}$, $n \in \mathbb{N}$, $z \in \mathbb{C}$
$\cosh \lambda t$	$\frac{s}{s^2 - \lambda^2}$
$\sinh \lambda t$	$\frac{\lambda}{s^2 - \lambda^2}$
$t \cosh \lambda t$	$\frac{s^2 + \lambda^2}{(s^2 - \lambda^2)^2}$
$t \sinh \lambda t$	$\frac{2\lambda s}{(s^2 - \lambda^2)^2}$
$\cos \omega t$	$\frac{s}{s^2 + \omega^2}$
$\sin \omega t$	$\frac{\omega}{s^2 + \omega^2}$
$\mathrm{e}^{\lambda t} \cos \omega t$	$\frac{s - \lambda}{(s-\lambda)^2 + \omega^2}$
$\mathrm{e}^{\lambda t} \sin \omega t$	$\frac{\omega}{(s-\lambda)^2 + \omega^2}$
$t \cos \omega t$	$\frac{s^2 - \omega^2}{(s^2 + \omega^2)^2}$
$t \sin \omega t$	$\frac{2\omega s}{(s^2 + \omega^2)^2}$
$\frac{\sin t}{t}$	$\operatorname{arccot} s$
$J_0(\lambda t)$	$\frac{1}{\sqrt{s^2 + \lambda^2}}$
$\delta(t - t_0)$	$\mathrm{e}^{-t_0 s}$

Teil V

Laplacetransformation der Delta-Distribution

Im Zusammenhang mit den Transformationen ist an dieser Stelle wichtig, die Wirkung der Laplacetransformation auf die Delta-Distribution zu klären. Denn wollen wir die Laplacetransformation auf eine Differenzialgleichung mit einem solchen Impuls als Inhomogenität anwenden, müssen wir angeben, was mit $\mathcal{L}\delta$ gemeint ist.

Dazu verwenden wir die oben angegebene Approximation. Wir sehen mit der Regel von l'Hospital

$$\begin{aligned}\mathcal{L}(\delta(t-t_0))(s) &= \lim_{\varepsilon\to 0} \mathcal{L}(g_\varepsilon(t))(s)\\ &= \lim_{\varepsilon\to 0} \int_0^\infty g_\varepsilon(t)\mathrm{e}^{-st}\,\mathrm{d}t\\ &= \lim_{\varepsilon\to 0} \frac{1}{2\varepsilon}\int_{t_0-\varepsilon}^{t_0+\varepsilon} \mathrm{e}^{-st}\,\mathrm{d}t\\ &= \lim_{\varepsilon\to 0} \frac{\sinh(\varepsilon s)}{\varepsilon s}\mathrm{e}^{-t_0 s} = \mathrm{e}^{-t_0 s}\end{aligned}$$

für $t_0 > 0$. Diese Rechnung motiviert die folgende Aussage. Ein Beweis muss im Vektorraum der Distributionen (siehe Abschn. 31.3) geführt werden.

Laplacetransformation der Delta-Distribution

Für die Delta-Distribution δ und $t_0 > 0$ ist die Laplacetransformation erklärt durch

$$\mathcal{L}(\delta(t-t_0))(s) = \mathrm{e}^{-t_0 s}\,.$$

Somit lässt sich die abstrakte Vorstellung von einem Impuls in unserem Beispiel durch die Differenzialgleichung

$$u''(t) + u(t) = \delta(t-t_0), \quad t > 0,$$

im Sinne von Distributionen beschreiben. Nehmen wir noch die Anfangswerte $u(0) = u'(0) = 0$ an, so erhalten wir die transformierte Gleichung

$$\mathcal{L}u''(s) + \mathcal{L}u(s) = (s^2+1)\mathcal{L}u(s) = \mathrm{e}^{-t_0 s}$$

bzw.

$$\mathcal{L}u(s) = \frac{1}{s^2+1}\,\mathrm{e}^{-t_0 s}\,.$$

Der Verschiebungssatz liefert

$$u(t) = \begin{cases} 0, & t < t_0 \\ \sin(t-t_0), & t \geq t_0\,. \end{cases}$$

An der Lösung sehen wir deutlich, dass die durch die Differenzialgleichung beschriebene harmonische Schwingung erst durch den Impuls zum Zeitpunkt t_0 angeregt wird.

Die Überlegungen erläutern, dass mithilfe der Delta-Distribution eine allgemeinere Klasse von Inhomogenitäten bei Differenzialgleichungen bequem behandelt werden kann. Beachten Sie, dass die Differenzialgleichung dann aber im distributionellen Sinne gelesen werden muss. Die Lösung der Differenzialgleichung ist in $t = t_0$ unstetig bzw. nicht differenzierbar, d. h., wir sind hier einem erweiterten Begriff von „Lösung" einer Differenzialgleichung begegnet, da bisher nur Funktionen als Lösungen akzeptiert wurden, für die an jeder Stelle die entsprechenden Ableitungen definiert sind.

33.3 Die Fouriertransformation

Bei der Untersuchung der Fourierreihen in Kap. 30 sind wir bereits auf die Aufgabe gestoßen, den Anteil einer gewissen Frequenz in einer Funktion zu bestimmen. Bei den Fourierpolynomen beschränken sich die Untersuchungen auf periodische Funktionen. Für allgemeinere Funktionen leistet diese Aufgabe die *Fouriertransformation,* die in vielen Anwendungen eine zentrale Rolle spielt.

Die Fouriertransformation

Zu einer über $\mathbb{R}$ integrierbaren Funktion $x \in L(\mathbb{R})$ ist die **Fouriertransformation** definiert durch

$$\mathcal{F}(x)(s) = \int_{-\infty}^{\infty} \mathrm{e}^{-\mathrm{i}st}\,x(t)\,\mathrm{d}t\,,$$

für $s \in \mathbb{R}$.

Man nennt die Funktion $\mathcal{F}x$ auch oft die **Fouriertransformierte** der Funktion x. Sowohl x als auch $\mathcal{F}(x)$ sind Funktionen, die auf ganz $\mathbb{R}$ definiert sind. Motiviert durch die Anwendungen spricht man beim Definitionsbereich von x von der **Zeit,** beim Definitionsbereich von $\mathcal{F}x$ vom **Frequenzraum.** Dementsprechend bezeichnet man $\mathcal{F}x$ auch als das **kontinuierliche Spektrum** von x.

Achtung In der Literatur findet man unterschiedliche Faktoren vor dem Fourierintegral. Üblich sind $1/(2\pi)$, $1/\sqrt{2\pi}$ oder wie bei uns die 1. Darauf muss man achten, wenn man in Tabellen Transformationen nachschlägt oder eine mathematische Software nutzt. Aus Sicht der Mathematik spielt der Faktor keine wesentliche Rolle. Wichtig ist nur, dass das Produkt der Faktoren bei der Transformation und bei der Umkehrformel (siehe S. 1276) den Wert $1/(2\pi)$ ergibt. ◄

Zunächst empfiehlt sich ein Vergleich der Definition der Fouriertransformation mit der der Fourierkoeffizienten einer 2π-periodischen Funktion. Diese lautet

$$c_k = \frac{1}{2\pi} \int_{-\pi}^{\pi} x(t)\,\mathrm{e}^{-\mathrm{i}kt}\,\mathrm{d}t, \quad k \in \mathbb{Z}.$$

Die Formeln ähneln einander sehr, wenn man vom unterschiedlichen Integrationsbereich absieht. In der Tat besteht ein enger Zusammenhang zwischen beiden mathematischen Konzepten. In beiden Fällen geht es um die Bestimmung von Anteilen gewisser Frequenzen. Die Fourierreihen sind für periodische Funktionen geeignet, bei denen nur bestimmte diskrete Frequenzen auftreten. Die Fouriertransformation kann zunächst nur auf über $\mathbb{R}$ integrierbare Funktionen angewandt werden. Beachten Sie, dass dies gerade periodische Funktionen ausschließt.

Beispiel

- Die Rechteckfunktion r, definiert durch

$$r(t) = \begin{cases} 1, & |t| \le 1, \\ 0, & \text{sonst}, \end{cases}$$

hat die Fouriertransformierte

$$\mathcal{F}r(s) = \int_{-\infty}^{\infty} r(t)\,\mathrm{e}^{-\mathrm{i}st}\,\mathrm{d}t = \int_{-1}^{1} \mathrm{e}^{-\mathrm{i}st}\,\mathrm{d}t$$
$$= \frac{\mathrm{e}^{\mathrm{i}s} - \mathrm{e}^{-\mathrm{i}s}}{\mathrm{i}s} = \frac{2\sin(s)}{s} = 2\,\mathrm{sinc}(s).$$

Die Funktionen sind in den Abb. 33.10 und 33.11 dargestellt.

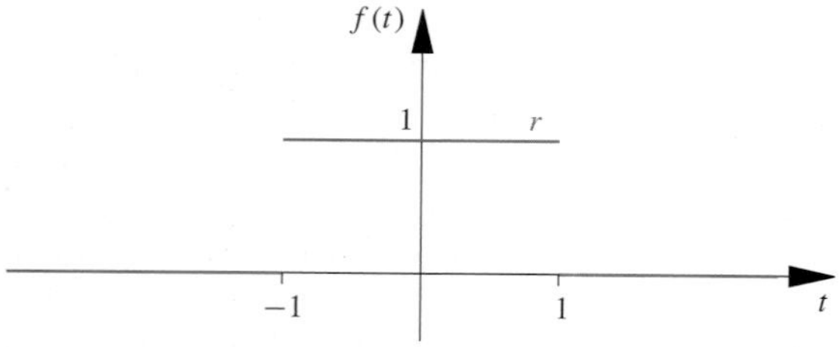

Abb. 33.10 Die Rechteckfunktion r ist innerhalb des Intervalls $[-1, 1]$ konstant 1, außerhalb davon verschwindet sie

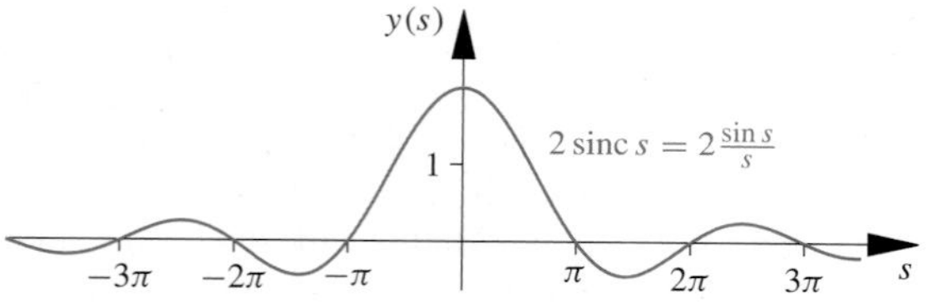

Abb. 33.11 Die Fouriertransformierte der Rechteckfunktion ist $2\,\mathrm{sinc}\,(s) = 2\sin(s)/s$

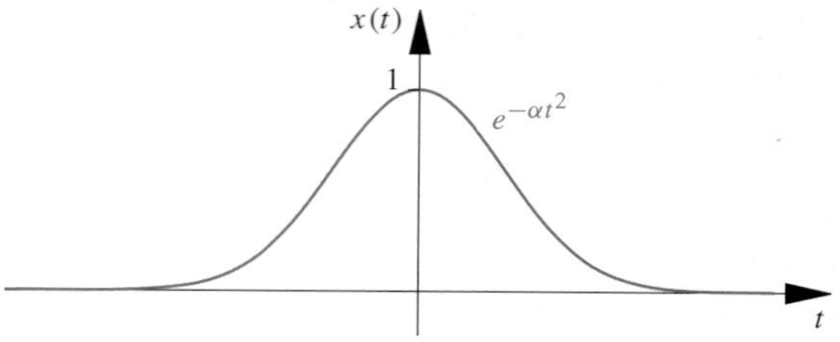

Abb. 33.12 Die Gauß'sche Glockenkurve ist der Graph der Funktion $x(t) = \mathrm{e}^{-\alpha t^2}$, $t \in \mathbb{R}$

- Mit $\alpha > 0$ definieren wir die Funktion

$$x(t) = \mathrm{e}^{-\alpha t^2}, \quad t \in \mathbb{R}.$$

Diese Funktion, manchmal auch als Gauß'sche Glockenkurve bezeichnet, spielt auch in der Wahrscheinlichkeitstheorie eine große Rolle. Sie ist in Abb. 33.12 dargestellt.
Die Funktion x ist über $\mathbb{R}$ integrierbar. Das Integral lässt sich auf verschiedene Art und Weise berechnen, siehe zum Beispiel S. 942, und es gilt

$$\int_{-\infty}^{\infty} \mathrm{e}^{-\alpha t^2}\,\mathrm{d}t = \sqrt{\frac{\pi}{\alpha}}.$$

Die Fouriertransformierte lässt sich über den Umweg der Ableitung bestimmen. Nach den Aussagen über Parameterintegrale ist

$$\mathcal{F}x(s) = \int_{-\infty}^{\infty} \mathrm{e}^{-\alpha t^2}\mathrm{e}^{-\mathrm{i}st}\,\mathrm{d}t$$

differenzierbar. Durch partielle Integration erhalten wir für die Ableitung den Zusammenhang:

$$(\mathcal{F}x)'(s) = \int_{-\infty}^{\infty} (-\mathrm{i}t)\,\mathrm{e}^{-\alpha t^2}\,\mathrm{e}^{-\mathrm{i}st}\,\mathrm{d}t$$
$$= \left[\frac{\mathrm{i}}{2\alpha}\,\mathrm{e}^{-\alpha t^2}\mathrm{e}^{-\mathrm{i}st}\right]_{t=-\infty}^{\infty} - \frac{s}{2\alpha}\int_{-\infty}^{\infty} \mathrm{e}^{-\alpha t^2}\mathrm{e}^{-\mathrm{i}st}\,\mathrm{d}t$$
$$= -\frac{s}{2\alpha}\,\mathcal{F}x(s)$$

Die Lösung dieser gewöhnlichen Differenzialgleichung ist

$$\mathcal{F}x(s) = c\,\mathrm{e}^{-\frac{s^2}{4\alpha}}, \quad s \in \mathbb{R}.$$

Mit dem oben angegebenen Wert für das Integral über x folgt noch

$$c = \mathcal{F}x(0) = \int_{-\infty}^{\infty} \mathrm{e}^{-\alpha t^2}\,\mathrm{d}t = \sqrt{\frac{\pi}{\alpha}}.$$

Die Fouriertransformation einer Gauß'schen Glockenkurve ist also wieder eine Funktion desselben Typs. ◀

Selbstfrage 5

Bestimmen Sie die Fouriertransformierte von

$$x(t) = t\,r(t), \quad t \in \mathbb{R}.$$

Für Funktionen mit besonderen Eigenschaften gibt es vereinfachte Formen der Fouriertransformation

Bei einer reellwertigen geraden oder ungeraden Funktion vereinfacht sich die Formel für die Fouriertransformation. Ist zum Beispiel $x \in L(\mathbb{R})$ eine gerade Funktion, so gilt

$$\begin{aligned}
\mathcal{F}x(s) &= \int_{-\infty}^{\infty} x(t)\,\mathrm{e}^{-\mathrm{i}st}\,\mathrm{d}t \\
&= \int_{-\infty}^{0} x(t)\,\mathrm{e}^{-\mathrm{i}st}\,\mathrm{d}t + \int_{0}^{\infty} x(t)\,\mathrm{e}^{-\mathrm{i}st}\,\mathrm{d}t \\
&= \int_{0}^{\infty} x(-t)\,\mathrm{e}^{\mathrm{i}st}\,\mathrm{d}t + \int_{0}^{\infty} x(t)\,\mathrm{e}^{-\mathrm{i}st}\,\mathrm{d}t \\
&= \int_{0}^{\infty} x(t)\,\mathrm{e}^{\mathrm{i}st}\,\mathrm{d}t + \int_{0}^{\infty} x(t)\,\mathrm{e}^{-\mathrm{i}st}\,\mathrm{d}t \\
&= \int_{0}^{\infty} x(t)\,\left(\mathrm{e}^{\mathrm{i}st} + \mathrm{e}^{-\mathrm{i}st}\right)\mathrm{d}t \\
&= 2\int_{0}^{\infty} x(t)\,\cos(st)\,\mathrm{d}t.
\end{aligned}$$

Ganz analog gilt für eine ungerade Funktion x die Formel

$$\mathcal{F}x(s) = -2\mathrm{i}\int_{0}^{\infty} x(t)\,\sin(st)\,\mathrm{d}t.$$

Die Integraltransformationen

$$\mathcal{F}_c x(s) = 2\int_{0}^{\infty} x(t)\,\cos(st)\,\mathrm{d}t,$$

$$\mathcal{F}_s x(s) = 2\int_{0}^{\infty} x(t)\,\sin(st)\,\mathrm{d}t$$

sind natürlich für ganz beliebige Funktionen $x \in L(\mathbb{R}_{>0})$ definiert und werden **Fourier-Kosinus-** bzw. **Fourier-Sinus-Transformation** genannt.

Man findet manchmal in Tabellen nur diese Transformationen, nicht aber die ursprüngliche Fouriertransformation. Dies liegt daran, dass jede Funktion x in einen geraden Anteil x_g und einen ungeraden Anteil x_u aufgeteilt werden kann,

$$\left.\begin{aligned}
x_g(t) &= \frac{1}{2}\,(x(t) + x(-t)), \\
x_u(t) &= \frac{1}{2}\,(x(t) - x(-t)),
\end{aligned}\right\} \quad t \in \mathbb{R}.$$

Umgekehrt ergibt sich

$$x(t) = x_g(t) + x_u(t), \quad t \in \mathbb{R},$$

und damit aufgrund der Linearität der Fouriertransformation und der Überlegung oben

$$\begin{aligned}
\mathcal{F}x(s) &= \int_{-\infty}^{\infty} x_g(t)\,\mathrm{e}^{-\mathrm{i}st}\,\mathrm{d}t + \int_{-\infty}^{\infty} x_u(t)\,\mathrm{e}^{-\mathrm{i}st}\,\mathrm{d}t \\
&= \mathcal{F}_c x_g(s) + \mathrm{i}\,\mathcal{F}_s x_u(s), \quad s \in \mathbb{R}.
\end{aligned}$$

Die Fouriertransformation kann also immer auf die Fourier-Kosinus- und die Fourier-Sinus-Transformation zurückgeführt werden.

Auch die Fouriertransformation macht aus einer Differenziation eine Multiplikation

Um die Wirkung der Fouriertransformation auf eine Ableitung zu bestimmen, betrachten wir $x \in C^k(\mathbb{R}) \cap L(\mathbb{R})$, also die Menge der k-mal stetig differenzierbare Funktionen, die über ganz $\mathbb{R}$ integrierbar sind.

Es ist von vornherein nicht offensichtlich, dass auch eine Ableitung einer solchen Funktion über ganz $\mathbb{R}$ integrierbar ist. Daher schränken wir uns zunächst auf einen endlichen Integrationsbereich ein. Durch partielle Integration erhalten wir

$$\int_{-A}^{A} x'(t)\,\mathrm{e}^{-\mathrm{i}st}\,\mathrm{d}t = \left[x(t)\,\mathrm{e}^{-\mathrm{i}st}\right]_{t=-A}^{A} + \mathrm{i}s\int_{-A}^{A} x(t)\,\mathrm{e}^{-\mathrm{i}st}\,\mathrm{d}t$$

für jedes $A > 0$. Da x stetig und über $\mathbb{R}$ integrierbar ist, folgt

$$\lim_{t \to \pm\infty} x(t) = 0.$$

Indem wir also A gegen unendlich gehen lassen, erhalten wir somit die Formel

$$\mathcal{F}(x')(s) = \mathrm{i}s\,\mathcal{F}x(s).$$

Mehrfaches Anwendung führt auf

$$\mathcal{F}(x^{(k)})(s) = (\mathrm{i}s)^k\,\mathcal{F}x(s)$$

Beispiel: Integration in der komplexen Zahlenebene

Berechnen Sie die Fouriertransformierte der Funktion

$$x(t) = \frac{1}{1+t^2}, \qquad t \in \mathbb{R}.$$

Problemanalyse und Strategie: Bei der Fouriertransformation wird ein Integral mit einem komplexwertigen Integranden bestimmt. Man kann diesen Integranden oft analytisch in die komplexe Zahlenebene fortsetzen. Dann lässt sich das Integral als ein komplexes Kurvenintegral auffassen. Die Methoden der *Funktionentheorie* (siehe Kap. 32), insbesondere der *Residuensatz* stehen als Hilfsmittel bereit, um solche Integrale zu berechnen.

Lösung: Zu bestimmen ist die Fouriertransformierte

$$\mathcal{F}x(s) = \int_{-\infty}^{\infty} \frac{\mathrm{e}^{-\mathrm{i}st}}{1+t^2}\,\mathrm{d}t, \qquad s \in \mathbb{R}.$$

Der Integrand lässt sich um jede Stelle $t \in \mathbb{C} \setminus \{\mathrm{i}, -\mathrm{i}\}$ in eine Potenzreihe entwickeln, ist also mit Ausnahme der Stellen $\pm\mathrm{i}$ eine analytische Funktion.

Wir wollen annehmen, dass $s > 0$ ist. Zunächst beschränken wir die Integration auf das Intervall $[-R, R]$ mit einer Zahl $R > 0$. Durch einen Halbkreis in der unteren komplexen Halbebene wird daraus eine geschlossene Kurve γ in der komplexen Zahlenebene,

$$\gamma = [-R, R] \cup \{R\,\mathrm{e}^{-\mathrm{i}\varphi} \mid 0 < \varphi < \pi\}.$$

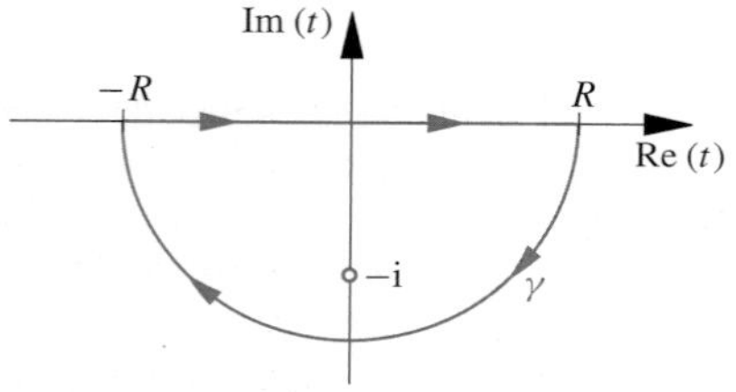

In den nun folgenden Rechnungen wird das Intervall auf der reellen Achse stets von $-R$ nach R durchlaufen, den Halbkreis durchlaufen wir mit dem Uhrzeigersinn von R nach $-R$. Der Integrand besitzt einen einzigen Pol bei $-\mathrm{i}$ in der unteren komplexen Halbebene. Daher gilt für $R > 1$ nach dem Residuensatz die Gleichung

$$\int_{-R}^{R} \frac{\mathrm{e}^{-\mathrm{i}st}}{1+t^2}\,\mathrm{d}t = -\int_{\substack{|t|=R\\ \mathrm{Im}\,(t)<0}} \frac{\mathrm{e}^{-\mathrm{i}st}}{1+t^2}\,\mathrm{d}t - 2\pi\mathrm{i}\,\mathrm{Res}\left(\frac{\mathrm{e}^{-\mathrm{i}st}}{1+t^2}, -\mathrm{i}\right)$$

Wir haben einen Halbkreis in der unteren komplexen Halbebene gewählt, da für $s > 0$

$$\left|\mathrm{e}^{-\mathrm{i}st}\right| \leq 1, \quad \mathrm{Im}\,(t) < 0$$

ist. Daher lässt sich das Integral über den Halbkreis für $R^2 \geq 2$ durch

$$\begin{aligned}\left|\int_{\substack{|t|=R\\ \mathrm{Im}\,(t)<0}} \frac{\mathrm{e}^{-\mathrm{i}st}}{1+t^2}\,\mathrm{d}t\right| &\leq \int_{\substack{|t|=R\\ \mathrm{Im}\,(t)<0}} \frac{1}{|1+t^2|}\,\mathrm{d}t\\ &\leq \int_{\substack{|t|=R\\ \mathrm{Im}\,(t)<0}} \frac{1}{R^2-1}\,\mathrm{d}t\\ &\leq \frac{2}{R^2}\int_{\substack{|t|=R\\ \mathrm{Im}\,(t)<0}} \mathrm{d}t\\ &= \frac{2}{R^2}\,\pi\,R = \frac{2\pi}{R}\end{aligned}$$

abschätzen.

Aus der Partialbruchzerlegung

$$\frac{1}{1+t^2} = -\frac{1}{2\mathrm{i}}\left(\frac{1}{t+\mathrm{i}} - \frac{1}{t-\mathrm{i}}\right)$$

folgt die Identität

$$-2\pi\mathrm{i}\,\mathrm{Res}\left(\frac{\mathrm{e}^{-\mathrm{i}st}}{1+t^2}, -\mathrm{i}\right) = \pi\,\mathrm{e}^{(-\mathrm{i})s(-\mathrm{i})} = \pi\,\mathrm{e}^{-s}.$$

Somit ist

$$\int_{-R}^{R} \frac{\mathrm{e}^{-\mathrm{i}st}}{1+t^2}\,\mathrm{d}t = \pi\,\mathrm{e}^{-s} + \mathrm{O}\left(\frac{1}{R}\right), \qquad R \to \infty.$$

Für $s < 0$ muss der Halbkreis in der oberen komplexen Zahlenebene gewählt werden. Die entsprechende Rechnung unterscheidet sich nur durch entsprechend andere Vorzeichen im Exponenten. Insgesamt erhält man, indem man R gegen unendlich streben lässt,

$$\mathcal{F}x(t) = \pi\,\mathrm{e}^{-|s|}.$$

für Funktionen $x \in C^k(\mathbb{R}) \cap L(\mathbb{R})$. Wie die Laplacetransformation verwandelt also die Fouriertransformation Ableitungen in Multiplikationen. Ist x differenzierbar, so können wir immer die Fouriertransformation der Ableitung bilden.

Selbstfrage 6

Gegeben ist die Differenzialgleichung

$$u''(t) - u(t) = f(t), \quad t \in \mathbb{R}.$$

Bestimmen Sie die Fouriertransformierte von u.

Diese Eigenschaft der Fouriertransformation ist nützlich zur Bestimmung der Lösung von partiellen Differenzialgleichungen in unbeschränkten Gebieten.

Anwendungsbeispiel Wir betrachten die Wärmeleitungsgleichung in einer Halbebene,

$$\frac{\partial u(x,t)}{\partial t} - \frac{\partial^2 u(x,t)}{\partial x^2} = 0, \quad x \in \mathbb{R}, t > 0,$$

mit der Anfangswertvorgabe

$$u(x,0) = f(x), \quad x \in \mathbb{R}.$$

Eine Möglichkeit zur Lösung besteht darin, die Fouriertransformierte von u bezüglich der Variable x zu bestimmen. Wir setzen dazu

$$v(s,t) = \mathcal{F}u(s,t) = \int_{-\infty}^{\infty} u(x,t)\, \mathrm{e}^{-\mathrm{i}xs}\, \mathrm{d}x.$$

Die zweifache Ableitung nach x in der partiellen Differenzialgleichung verwandelt sich in eine Multiplikation mit dem Faktor $-s^2$. Somit erfüllt v die Differenzialgleichung

$$\frac{\partial v(s,t)}{\partial t} + s^2\, v(s,t) = 0.$$

Dies ist eine lineare gewöhnliche Differenzialgleichung erster Ordnung bezüglich t, deren Lösung durch

$$v(s,t) = V(s)\, \mathrm{e}^{-s^2 t}, \quad s \in \mathbb{R},\ t > 0,$$

gegeben ist.

Die Funktion V erhalten wir, indem wir $t = 0$ setzen und auch die Anfangswertvorgabe transformieren. Es folgt sofort

$$V(s) = \mathcal{F}f(s), \quad s \in \mathbb{R}.$$

Wir haben somit die Fouriertransformierte bezüglich der x-Koordinate der Lösung gefunden. Es stellt sich nun die Frage, wie wir zur ursprünglichen Lösung zurückgelangen. Dazu müssen wir die Fouriertransformation umkehren. Die Lösung des Problems aus dieser Anwendung präsentieren wir auf S. 1280. ◀

Definitionsmengen für die Fouriertransformation

Wir wenden uns der Frage zu, wann die Fouriertransformation umkehrbar ist. In der Definition der Fouriertransformation hatten wir als Argumente beliebige Funktionen in $L(\mathbb{R})$ zugelassen. Es ist klar, dass das Integral dann existiert, die Fouriertransformation also auf dieser Menge ein wohldefinierter linearer Operator ist. Dazu muss man nur den Lebesgue'schen Konvergenzsatz (siehe S. 411) anwenden.

Aus welcher Menge stammen nun die Bilder $\mathcal{F}x$? Aus der Abschätzung

$$|\mathcal{F}x(s)| \leq \int_{-\infty}^{\infty} |x(t)\, \mathrm{e}^{-\mathrm{i}st}|\, \mathrm{d}t \leq \int_{-\infty}^{\infty} |x(t)|\, \mathrm{d}t$$

für alle $s \in \mathbb{R}$ erkennen wir zunächst, dass $\mathcal{F}x$ für jedes $x \in L(\mathbb{R})$ beschränkt ist. Wiederum mit dem Lebesgue'schen Konvergenzsatz zeigt man, dass es sich auch um eine stetige Funktion handelt. Die Bilder von integrierbaren Funktionen unter der Fouriertransformation sind also immer **beschränkt und stetig**. Die Menge dieser Funktionen bezeichnen wir mit $BC(\mathbb{R})$, wobei die Buchstabenwahl sich aus den englischen Worten *bounded* und *continuous* ergibt.

Kommentar Der Raum $L(\mathbb{R})$ wird mit der Norm

$$\|x\| = \int_{-\infty}^{\infty} |x(t)|\, \mathrm{d}t$$

zu einem Banachraum. Ebenso ist $BC(\mathbb{R})$ mit der Maximumsnorm ein Banachraum. Mit der Sprache der Funktionalanalysis (siehe Kap. 31) erkennen wir also, dass die Fouriertransformation ein beschränkter linearer Operator von $L(\mathbb{R})$ nach $BC(\mathbb{R})$ ist und die Operatornorm 1 besitzt. ◀

Als Abbildung $\mathcal{F} : L(\mathbb{R}) \to BC(\mathbb{R})$ lässt sich die Fouriertransformation aber nicht umkehren, denn nicht jede Funktion aus $BC(\mathbb{R})$ ist Bild einer integrierbaren Funktion. Dies folgt aus dem **Riemann-Lebesgue-Lemma**, das besagt, dass

$$\lim_{s \to \pm\infty} \mathcal{F}x(s) = 0, \quad x \in L(\mathbb{R}).$$

Daher sind also zum Beispiel konstante Funktionen, aber auch die trigonometrischen Funktionen, keine Bilder von integrierbaren Funktionen unter der Fouriertransformation. Später in diesem Kapitel werden wir uns mit Erweiterungen des Definitionsbereichs der Fouriertransformation beschäftigen, sodass auch solche Funktionen zum Bild gehören. Das wird uns auf *Distributionen* führen.

Zunächst aber beschreiten wir den umgekehrten Weg: Wir schränken die Definitionsmenge der Fouriertransformation stückweise ein, bis wir zu einer Menge gelangen, auf der wir die Umkehrung definieren können. Aus der Überlegung des vorangegangenen Abschnitts erhalten wir für $x \in C^k(\mathbb{R}) \cap L(\mathbb{R})$ die Abschätzung

$$|\mathcal{F}x(s)| \leq \frac{|\mathcal{F}(x^{(k)})(s)|}{|s|^k}, \quad s \in \mathbb{R}.$$

Die Fouriertransformierte $\mathcal{F}x$ fällt also für $|s| \to \infty$ umso schneller ab, je häufiger die Funktion x differenzierbar ist.

Selbstfrage 7

Welche Aussage können Sie über das Verhalten der Fouriertransformierten einer Funktion $x \in C^2(\mathbb{R}) \cap L(\mathbb{R})$ für $s \to \infty$ treffen.

Wie sieht es umgekehrt aus, wann können wir eine Fouriertransformierte differenzieren? Nach den Aussagen über die Differenzierbarkeit von Parameterintegralen aus Abschn. 11.5 muss es dazu eine Funktion $y \in L(\mathbb{R})$ geben mit

$$\left|\frac{\partial x(t)\,\mathrm{e}^{-\mathrm{i}st}}{\partial s}\right| = |-\mathrm{i}t\,x(t)\,\mathrm{e}^{-\mathrm{i}st}| \leq y(t)$$

für fast alle $t \in \mathbb{R}$. Damit erhalten wir: Die Fouriertransformierte ist differenzierbar, falls $tx(t)$ über $\mathbb{R}$ integrierbar ist, und es gilt

$$(\mathcal{F}x)'(s) = -\mathrm{i} \int_{-\infty}^{\infty} t\,x(t)\,\mathrm{e}^{-\mathrm{i}st}\,\mathrm{d}t, \quad s \in \mathbb{R}.$$

Auch hier erhalten wir durch mehrmaliges Anwenden die Formel

$$(\mathcal{F}x)^{(k)}(s) = (-\mathrm{i})^k \int_{-\infty}^{\infty} t^k\,x(t)\,\mathrm{e}^{-\mathrm{i}st}\,\mathrm{d}t, \quad s \in \mathbb{R},$$

falls $t^k x(t)$ über $\mathbb{R}$ integrierbar ist.

Wir kehren nun zurück zu der Frage nach der Umkehrbarkeit der Fouriertransformation. Wir werden zunächst zeigen, dass diese zumindest für diejenigen Funktionen gegeben ist, die beliebig oft differenzierbar sind und deren Fouriertransformierte ebenfalls beliebig oft differenzierbar ist. Die Menge dieser Funktionen werden wir jetzt definieren.

Der Schwartz-Raum

Der Funktionenraum

$$\mathcal{S}(\mathbb{R}) = \{x \in C^\infty(\mathbb{R}) \mid t^p x^{(k)} \in L(\mathbb{R}) \text{ für alle } p, k \in \mathbb{N}_0\}$$

wird **Schwartz-Raum** oder **Menge der schnell abfallenden Funktionen** genannt.

Teil V

Beispiel Die Funktion

$$x(t) = \mathrm{e}^{-t^2}, \quad t \in \mathbb{R},$$

ist das klassische Beispiel für ein Element des Schwartz-Raums.

Auch jede *Grundfunktion,* d. h., jede beliebig oft differenzierbare Funktion, die außerhalb eines kompakten Intervalls verschwindet, ist Element des Schwartz-Raums. Diese Funktionen stehen in enger Verbindung mit den *Distributionen,* siehe Abschn. 31.3. ◄

Der Schwartz-Raum ist sowohl ein Unterraum des Raums $L(\mathbb{R})$ der über $\mathbb{R}$ integrierbaren Funktionen, als auch ein Unterraum von $L^2(\mathbb{R})$, des Raums der quadrat-integrierbaren Funktionen.

Auf dem Schwartz-Raum und der Menge der quadratintegrablen Funktionen kann man die Fouriertransformation umkehren

Das Bemerkenswerte am Schwartz-Raum ist, dass die Fouriertransformierte jeder Funktion aus diesem Raum selbst wieder ein Element dieses Raums ist. Dies ist die wesentliche Grundlage dafür, dass wir eine Umkehrformel zur Fouriertransformation angeben können. Den genauen Beweis dieser und der weiteren Aussagen dieses Abschnitts führen wir im nächsten, optionalen Abschnitt aus.

Umkehrformel zur Fouriertransformation

Mit $x \in \mathcal{S}(\mathbb{R})$ ist auch $\mathcal{F}x \in \mathcal{S}(\mathbb{R})$, und es gilt

$$x(t) = \frac{1}{2\pi} \int_{-\infty}^{\infty} \mathrm{e}^{\mathrm{i}st}(\mathcal{F}x(s))\,\mathrm{d}s, \quad t \in \mathbb{R}.$$

Ferner gilt die **Formel von Plancherel**

$$\langle \mathcal{F}x, \mathcal{F}y\rangle_{L^2} = 2\pi\,\langle x, y\rangle_{L^2}$$

für $x, y \in \mathcal{S}(\mathbb{R})$.

Kommentar Aus der Tatsache, dass die Umkehrformel auf $\mathcal{S}(\mathbb{R})$ gilt, ergibt sich, dass die Fouriertransformation als Abbildung $\mathcal{F} : \mathcal{S}(\mathbb{R}) \to \mathcal{S}(\mathbb{R})$ bijektiv ist. Für die Leser des Kap. 31 merken wir zusätzlich an, dass die Formel von Plancherel impliziert, dass $\mathcal{F}$ und ihre Inverse in der L^2-Norm beschränkte Operatoren auf $\mathcal{S}(\mathbb{R})$ sind. Der Operator $(1/\sqrt{2\pi})\,\mathcal{F}$ hat sogar die Operatornorm 1. ◄

Beispiel In dem Beispiel auf S. 1272 hatten wir gesehen, dass die Fouriertransformierte der Rechteckfunktion

$$r(t) = \begin{cases} 1, & |t| \leq 1, \\ 0, & \text{sonst}, \end{cases}$$

durch

$$\mathcal{F}r(s) = \frac{2\sin(s)}{s}, \quad s \in \mathbb{R}$$

gegeben ist. Nach der Formel von Plancherel folgt hieraus die Identität

$$\int_{-\infty}^{\infty} \frac{\sin^2(s)}{s^2}\,\mathrm{d}s = \frac{\pi}{2}\int_{-\infty}^{\infty} (r(t))^2\,\mathrm{d}t$$
$$= \frac{\pi}{2}\int_{-1}^{1} \mathrm{d}t = \pi.$$

Auf ähnliche Art und Weise kann die Formel von Plancherel auch für andere Integrale mit unbeschränktem Integrationsbereich angewandt werden. ◀

Die Umkehrformel und die Formel von Plancherel haben weitgehende Konsequenzen. Eine zentrale Folgerung ist, dass wir den Definitionsbereich der Fouriertransformation von $S(\mathbb{R})$ auf den Raum $L^2(\mathbb{R})$ der quadratintegrierbaren Funktionen vergrößern können. Die Grundidee dabei ist, dass man Funktionen aus $L^2(\mathbb{R})$ durch Funktionen aus $S(\mathbb{R})$ approximiert und anschließend einen Grenzübergang durchführt, ganz analog wie bei der stetigen Fortsetzung einer Funktion in der Analysis. Mehr Details dazu finden sich in Abschn. 31.2 und in der Vertiefung auf S. 1278.

Fortsetzung der Fouriertransformation auf $L^2(\mathbb{R})$

Die Fouriertransformation und ihre Umkehrung lassen sich stetig von $S(\mathbb{R})$ nach $L^2(\mathbb{R})$ fortsetzen. Auch die Formel von Plancherel gilt für alle $x, y \in L^2(\mathbb{R})$.

Achtung Das Fourierintegral existiert für $x \in L^2(\mathbb{R})$ nicht im Sinne eines Lebesgue'schen Integrals, sondern nur noch in dem Sinn, dass der Grenzwert

$$\mathcal{F}x(s) = \lim_{A\to\infty} \int_{-A}^{A} x(t)\,\mathrm{e}^{-\mathrm{i}st}\,\mathrm{d}t$$

existiert. Die Vertiefung auf S. 1278 geht genauer darauf ein. ◀

* Der Beweis der Umkehrformel

Im ersten Schritt überlegen wir uns zunächst, dass für $x \in S(\mathbb{R})$ auch $\mathcal{F}x \in S(\mathbb{R})$ ist. Da jede der Funktionen $t^p x$ integrierbar ist, folgt $\mathcal{F}x \in C^\infty(\mathbb{R})$. Andererseits ist mit x auch jede Ableitung $x^{(k)}$ ein Element des Schwartz-Raums und kann daher Fouriertransformiert werden. Somit ist $s^k\mathcal{F}x$ integrierbar. Indem wir diese Überlegung auch für jede Ableitung von $\mathcal{F}x$ anstellen, erhalten wir insgesamt $\mathcal{F}x \in S(\mathbb{R})$.

Um die Umkehrformel nachzuweisen, genügt es nicht, einfach die Definition der Fouriertransformierten einzusetzen. Es ist keineswegs klar, dass sich die beiden Integrationen vertauschen lassen. Daher führt man eine Hilfsfunktion $\varphi \in S(\mathbb{R})$ ein und berechnet

$$\int_{-\infty}^{\infty} \mathrm{e}^{\mathrm{i}ts}\varphi(s)(\mathcal{F}x(s))\,\mathrm{d}s = \int_{-\infty}^{\infty} \mathrm{e}^{\mathrm{i}ts}\varphi(s)\left(\int_{-\infty}^{\infty} \mathrm{e}^{-\mathrm{i}s\tau}x(\tau)\,\mathrm{d}\tau\right)\mathrm{d}s\,.$$

Dieser Ausdruck kann als ein iteriertes Integral verstanden werden. Durch die Funktion φ ist der Integrand über $\mathbb{R}^2$ integrierbar, d. h., nach dem Satz von Fubini darf die Integrationsreihenfolge vertauscht werden. Wir erhalten:

$$\int_{-\infty}^{\infty} \mathrm{e}^{\mathrm{i}ts}\varphi(s)(\mathcal{F}x(s))\,\mathrm{d}s = \int_{-\infty}^{\infty} x(\tau)\int_{-\infty}^{\infty} \mathrm{e}^{-\mathrm{i}(\tau-t)s}\varphi(s)\,\mathrm{d}s\,\mathrm{d}\tau$$
$$= \int_{-\infty}^{\infty} x(\tau)\mathcal{F}\varphi(\tau-t)\,\mathrm{d}\tau$$
$$= \int_{-\infty}^{\infty} x(t+\tau)\mathcal{F}\varphi(\tau)\,\mathrm{d}\tau$$

Nun wählt man ganz speziell für $\varepsilon > 0$

$$\varphi(s) = \mathrm{e}^{-(\varepsilon s)^2/2}, \quad s \in \mathbb{R}.$$

Für jedes $s \in \mathbb{R}$ ist

$$\mathrm{e}^{\mathrm{i}ts}\,\mathcal{F}x(s) = \lim_{\varepsilon\to 0} \mathrm{e}^{\mathrm{i}ts}\varphi(s)\mathcal{F}x(s).$$

Der Grenzwert ist gleichzeitig eine integrierbare Majorante, sodass die Voraussetzungen des Lebesgue'schen Konvergenzsatzes erfüllt sind. Es folgt

$$\int_{-\infty}^{\infty} \mathrm{e}^{\mathrm{i}ts}\,\mathcal{F}\,x(s)\,\mathrm{d}s = \lim_{\varepsilon\to 0}\int_{-\infty}^{\infty} \mathrm{e}^{\mathrm{i}ts}\,\varphi(s)\,\mathcal{F}x(s)\,\mathrm{d}s.$$

Mit der Überlegung von oben über die Vertauschbarkeit der Integrationsreihenfolge erhalten wir

$$\int_{-\infty}^{\infty} \mathrm{e}^{\mathrm{i}ts}\,\mathcal{F}\,x(s)\,\mathrm{d}s = \lim_{\varepsilon\to 0}\int_{-\infty}^{\infty} x(t+\tau)\,\mathcal{F}\,\varphi(\tau)\,\mathrm{d}\tau.$$

Vertiefung: Definition der Fouriertransformation auf $L^2(\mathbb{R})$

Das Fourierintegral deutet auf den Raum $L(\mathbb{R})$ als den natürlichen Definitionsbereich der Fouriertransformation hin. Durch die Betrachtung des Schwartz-Raums $S(\mathbb{R})$ ergibt sich aber die Möglichkeit der Definition der Transformation auf $L^2(\mathbb{R})$. Der Schlüssel dazu ist die stetige Fortsetzung eines beschränkten linearen Operators im Sinne der Funktionalanalysis.

Aus der Formel von Plancherel

$$\langle \mathcal{F}x, \mathcal{F}y\rangle_{L^2} = 2\pi\, \langle x, y\rangle_{L^2}$$

für $x, y \in S(\mathbb{R})$ folgt, indem man $y = x$ setzt, die Aussage

$$\|\mathcal{F}x\|_{L^2} = \sqrt{2\pi}\, \|x\|_{L^2}.$$

Dies bedeutet, dass es sich bei der Fouriertransformation um einen im Sinne der L^2-Norm beschränkten linearen Operator auf $S(\mathbb{R})$ handelt (siehe Kap. 31).

Nach den Aussagen über die Fortsetzung von beschränkten linearen Operatoren aus diesem Kapitel lässt sich die Fouriertransformation daher stetig auf den Abschluss von $S(\mathbb{R})$ in der L^2-Norm fortsetzen. Eine zentrale Aussage über den Schwartz-Raum ist aber, dass dieser Abschluss mit dem Raum $L^2(\mathbb{R})$ identisch ist. Mit anderen Worten: $S(\mathbb{R})$ liegt dicht in $L^2(\mathbb{R})$.

Der Beweis dieser Dichtheitsaussage erfordert einigen technischen Aufwand. Er basiert auf der Beobachtung, dass der Raum $C_0^\infty(\mathbb{R})$ der beliebig of stetig differenzierbaren Funktionen, die außerhalb eines kompakten Intervalls verschwinden, ein Unterraum des Schwartz-Raums ist. Die Grundidee des Beweises ist es, dass $C_0^\infty(\mathbb{R})$ bereits dicht in $S(\mathbb{R})$ liegt.

Die Approximation einer Funktion $x \in L^2(\mathbb{R})$ durch eine Funktion $\hat{x} \in C_0^\infty(\mathbb{R})$ erfolgt in zwei Schritten. Zunächst definiert man

$$x_A(t) = \begin{cases} x(t), & |t| < A, \\ 0, & \text{sonst.} \end{cases}$$

Anschließend wird in einem aufwendigen Verfahren die Funktion x_A, die ja außerhalb des Intervalls $[-A, A]$ verschwindet, durch $\hat{x} \in C_0^\infty(\mathbb{R})$ angenähert. Eine Konsequenz dieses Vorgehens ist, dass bewiesen wird, dass der Grenzwert

$$\lim_{A\to\infty} \int_{-A}^{A} x(t)\, \mathrm{e}^{-\mathrm{i}st}\, \mathrm{d}t$$

existiert. Den Grenzwert bezeichnet man als den **Cauchy'schen Hauptwert** (siehe auch S. 400) des Integrals

$$\mathcal{F}x(s) = \int_{-\infty}^{\infty} x(t)\, \mathrm{e}^{-\mathrm{i}st}\, \mathrm{d}t.$$

Das Integral existiert keineswegs im Sinne eines Lebesgue'schen oder eines uneigentlichen Integrals. Für beide Fälle lassen sich $x \in L^2(\mathbb{R})$ angeben, die das Gegenteil bestätigen. Für die Existenz des Cauchy'schen Hauptwerts ist es essenziell, dass obere und untere Integrationsgrenze gemeinsam gegen unendlich streben.

Nachdem die Dichtheit von $S(\mathbb{R})$ in $L^2(\mathbb{R})$ gezeigt ist, ergibt sich sofort die stetige Fortsetzung von $\mathcal{F}$ auf $L^2(\mathbb{R})$ unter Beibehaltung der Operatornorm. Dabei stimmt diese Fortsetzung mit dem oben angegebenen Grenzwert überein. Ganz analog ergibt sich, dass auch die Umkehrformel und die Formel von Plancherel in $L^2(\mathbb{R})$ ihre Gültigkeit behalten.

Die Fouriertransformierte $\mathcal{F}\varphi$ hatten wir bereits im Beispiel auf S. 1272 bestimmt. Mit diesem Ergebnis und der Substitution $\sigma = \tau/\varepsilon$ folgt

$$\begin{aligned}\int_{-\infty}^{\infty} \mathrm{e}^{\mathrm{i}ts}\, \mathcal{F}\, x(s)\, \mathrm{d}s &= \lim_{\varepsilon\to 0} \int_{-\infty}^{\infty} x(t+\tau)\, \frac{\sqrt{2\pi}}{\varepsilon}\, \mathrm{e}^{-\tau^2/(2\varepsilon^2)}\, \mathrm{d}\tau \\ &= \lim_{\varepsilon\to 0} \sqrt{2\pi} \int_{-\infty}^{\infty} x(t+\varepsilon\sigma)\, \mathrm{e}^{-\sigma^2/2}\, \mathrm{d}\sigma.\end{aligned}$$

Eine integrierbare Majorante für den Integranden ist $\max_{\tau\in\mathbb{R}} x(\tau)\, \mathrm{e}^{-\sigma^2/2}$. Daher dürfen wir wieder den Lebesgue'schen Konvergenzsatz anwenden und erhalten

$$\int_{-\infty}^{\infty} \mathrm{e}^{\mathrm{i}ts}\, \mathcal{F}\, x(s)\, \mathrm{d}s = \sqrt{2\pi} \int_{-\infty}^{\infty} x(t)\, \mathrm{e}^{-\sigma^2/2}\, \mathrm{d}\sigma = 2\pi x(t).$$

Dabei wurde der Wert des verbleibenden Integrals in dem Beispiel auf S. 942 bestimmt.

Die Formel von Plancherel folgt nun direkt aus diesem Ergebnis, wenn wir noch einmal den Satz von Fubini anwenden:

$$\begin{aligned}\langle \mathcal{F}x, \mathcal{F}y\rangle_{L^2} &= \int_{-\infty}^{\infty} \left(\int_{-\infty}^{\infty} x(s)\, \mathrm{e}^{-\mathrm{i}ts}\, \mathrm{d}s \right) \overline{\mathcal{F}y(t)}\, \mathrm{d}t \\ &= \int_{-\infty}^{\infty} x(s) \int_{-\infty}^{\infty} \mathrm{e}^{-\mathrm{i}ts}\, \overline{\mathcal{F}y(t)}\, \mathrm{d}t\, \mathrm{d}s \\ &= \int_{-\infty}^{\infty} x(s)\, \overline{\int_{-\infty}^{\infty} \mathrm{e}^{\mathrm{i}ts}\, \mathcal{F}\, y(t)\, \mathrm{d}t}\, \mathrm{d}s \\ &= 2\pi \int_{-\infty}^{\infty} x(s)\, \overline{y(s)}\, \mathrm{d}s = 2\pi\, \langle x, y\rangle_{L^2}\end{aligned}$$

Übersicht: Eigenschaften der Fouriertransformation

Im Folgenden stellen wir die wichtigsten Rechenregeln zur Fouriertransformation zusammen und geben auch eine Tabelle häufig auftauchender Transformierter an. Für die Rechenregeln gilt durchweg $x, y \in L^2(\mathbb{R})$, $t_0 \in \mathbb{R}$ und $\lambda, \mu \in \mathbb{C}$.

- **Definition**

$$\mathcal{F}x(s) = \int_{-\infty}^{\infty} x(t)\mathrm{e}^{-\mathrm{i}st}\,\mathrm{d}t$$

- **Linearität**

$$\mathcal{F}(\lambda x + \mu y)(s) = \lambda\,\mathcal{F}x(s) + \mu\,\mathcal{F}y(s)$$

- **Skalierung**

$$\mathcal{F}(x(\lambda t))(s) = \frac{1}{|\lambda|}\,\mathcal{F}x\left(\frac{s}{\lambda}\right)$$

- **Verschiebung**

$$\mathcal{F}(x(t - t_0))(s) = \mathrm{e}^{-\mathrm{i}st_0}\,\mathcal{F}x(s)$$

- **Differenziation im Originalbereich**

$$\mathcal{F}(x^{(n)})(s) = (\mathrm{i}s)^n\,\mathcal{F}x(s)$$

für $n \in \mathbb{N}$.

- **Differenziation im Bildbereich**

$$\frac{\mathrm{d}^n}{\mathrm{d}s^n}\mathcal{F}x(s) = (-\mathrm{i})^n\,\mathcal{F}\big(t^n x(t)\big)(s)$$

für $n \in \mathbb{N}$.

- **Faltungssätze**

Ist $x \in L^2(\mathbb{R})$, $y \in L(\mathbb{R})$ (oder umgekehrt), so gilt

$$\mathcal{F}(x * y)(s) = (\mathcal{F}x)(s) \cdot (\mathcal{F}y)(s)$$

Ist $x \in L^2(\mathbb{R})$, $y \in S(\mathbb{R})$ (oder umgekehrt), so gilt

$$2\pi\,\mathcal{F}(xy)(s) = (\mathcal{F}x * \mathcal{F}y)(s)$$

Original	Bild
$r(t) = \begin{cases} 1, & \lvert t\rvert \le 1, \\ 0, & \text{sonst} \end{cases}$	$\dfrac{2\sin(s)}{s}$
$h(t) = \begin{cases} 1 - \lvert t\rvert, & \lvert t\rvert \le 1, \\ 0, & \text{sonst} \end{cases}$	$\dfrac{4\sin^2(s/2)}{s^2}$
$\mathrm{e}^{-\alpha\lvert t\rvert}$	$\dfrac{2\alpha}{\alpha^2 + s^2}$
$\mathrm{e}^{-\alpha t^2}$	$\dfrac{\pi}{\alpha}\,\mathrm{e}^{-s^2/(4\alpha)}$
$\dfrac{1}{\alpha^2 + t^2}$	$2\,\dfrac{\mathrm{e}^{-\alpha\lvert s\rvert}}{\alpha}$
$\dfrac{1}{\alpha^2 - t^2}$	$2\,\dfrac{\sin(\alpha\lvert s\rvert)}{\lvert s\rvert}$
$\dfrac{t}{\alpha^2 + t^2}$	$2\mathrm{i}\,\dfrac{s\,\mathrm{e}^{-\alpha\lvert s\rvert}}{\lvert s\rvert}$
$\delta(t - t_0)$	$\mathrm{e}^{-\mathrm{i}st_0}$

Die zweiseitige Faltung

Wie bei der Laplacetransformation können wir auch bei der Fouriertransformation das Produkt von zwei Fouriertransformierten bestimmen. Für $x, y \in S(\mathbb{R})$ gilt mit der Substitution $u = t - \tau$:

$$\begin{aligned}\mathcal{F}x(s)\cdot\mathcal{F}y(s) &= \int_{-\infty}^{\infty}\int_{-\infty}^{\infty} x(u)\,\mathrm{e}^{-\mathrm{i}su}\,\mathrm{d}u\,y(\tau)\,\mathrm{e}^{-\mathrm{i}s\tau}\,\mathrm{d}\tau \\ &= \int_{-\infty}^{\infty}\int_{-\infty}^{\infty} x(t-\tau)\,\mathrm{e}^{-\mathrm{i}s(t-\tau)}\,\mathrm{d}t\,y(\tau)\,\mathrm{e}^{-\mathrm{i}s\tau}\,\mathrm{d}\tau \\ &= \int_{-\infty}^{\infty}\int_{-\infty}^{\infty} x(t-\tau)\,y(\tau)\mathrm{d}\tau\,\mathrm{e}^{-\mathrm{i}st}\mathrm{d}t.\end{aligned}$$

Analog zur Laplacetransformation ist das Ergebnis die Fouriertransformierte einer neuen Funktion, die wir als *Faltung* von x mit y bezeichnen.

Das zweiseitige Faltungsprodukt

Sind $x, y \in S(\mathbb{R})$, so heißt

$$\begin{aligned}(x * y)(t) &= \int_{-\infty}^{\infty} x(t-s)\,y(s)\,\mathrm{d}s \\ &= \int_{-\infty}^{\infty} y(t-s)\,x(s)\,\mathrm{d}s = (y * x)(t)\end{aligned}$$

die **zweiseitige Faltung** von x mit y.

Die Definition der zweiseitigen Faltung entspricht also vollkommen der einseitigen Faltung aus dem Abschnitt der Laplacetransformation. Der einzige Unterschied besteht in dem unterschiedlichen Integrationsbereich, der sich hier über ganz $\mathbb{R}$ erstreckt.

Achtung Die zweiseitige Faltung bleibt wohldefiniert, solange eine der Funktionen x, y in $L(\mathbb{R})$, die andere in $L^2(\mathbb{R})$ ist. In diesem Fall ist die Faltung selbst ein Element von $L^2(\mathbb{R})$. Diese Aussage ist eine Konsequenz der sogenannten *Young'schen Sätze,* auf die wir im Rahmen dieses Werkes nicht eingehen können. ◀

Aus der Herleitung der Faltung ergibt sich nun direkt der *Faltungssatz* für die zweiseitige Faltung.

Faltungssatz für die zweiseitige Faltung

Für $x, y \in S(\mathbb{R})$ gilt

$$\mathcal{F}(x * y)(s) = \mathcal{F}x(s) \cdot \mathcal{F}y(s), \quad s \in \mathbb{R}.$$

Die Aussage bleibt erhalten, wenn eine der Funktionen x, y aus $L(\mathbb{R})$, die andere aus $L^2(\mathbb{R})$ stammt.

Umgekehrt gilt für $x, y \in S(\mathbb{R})$ auch

$$2\pi \mathcal{F}(xy)(s) = (\mathcal{F}x * \mathcal{F}y)(s), \quad s \in \mathbb{R}.$$

Diese Aussage bleibt erhalten, wenn eine der beiden Funktionen x, y aus $L^2(\mathbb{R})$ stammt.

Selbstfrage 8

Wie lautet die Fouriertransformierte der Funktion

$$x(t) = \begin{cases} \exp(-t^2), & |t| < 1 \\ 0, & \text{sonst} \end{cases} ?$$

Mit dem Faltungssatz können wir nun die Anwendung von S. 1275 wieder aufgreifen und zu einem Ende bringen.

Anwendungsbeispiel Zu dem Anfangswertproblem

$$\frac{\partial u(x,t)}{\partial t} - \frac{\partial^2 u(x,t)}{\partial x^2} = 0, \qquad x \in \mathbb{R}, t > 0,$$
$$u(x,0) = f(x), \qquad x \in \mathbb{R},$$

hatten wir gefunden, dass die Fouriertransformierte bezüglich der x-Koordinate der Lösung,

$$v(s,t) = \mathcal{F}u(s,t)$$

durch

$$v(s,t) = \mathcal{F}f(s)\, \mathrm{e}^{-s^2 t}, \quad s \in \mathbb{R},\ t > 0,$$

gegeben ist.

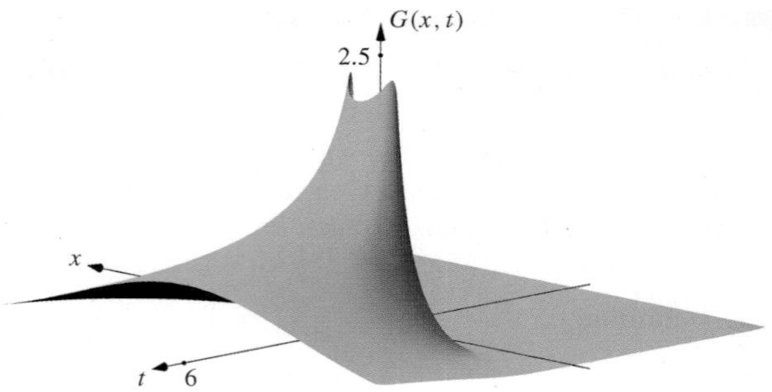

Abb. 33.13 Die Green'sche Funktion der Wärmeleitungsgleichung ist durch $G(x,t) = \sqrt{\pi/t}\, \mathrm{e}^{-x^2/(4t)}$, $x \in \mathbb{R}$, $t > 0$ gegeben

Ganz wie im Beispiel auf S. 1272 können wir zeigen, dass auch $\mathrm{e}^{-s^2 t}$ eine Fouriertransformierte ist, nämlich

$$\mathrm{e}^{-s^2 t} = \sqrt{\frac{\pi}{t}} \int_{-\infty}^{\infty} \mathrm{e}^{-x^2/(4t)}\, \mathrm{e}^{-\mathrm{i}xs}\, \mathrm{d}x.$$

Die Fouriertransformierte der Lösung ist ein Produkt von zwei Fouriertransformierten. Nach dem Faltungssatz ist sie damit selbst die Faltung der Ausgangsfunktionen. Wir erhalten

$$u(x,t) = \sqrt{\frac{\pi}{t}} \int_{-\infty}^{\infty} f(y)\, \mathrm{e}^{-(x-y)^2/(4t)}\, \mathrm{d}y,$$

für $x \in \mathbb{R}$ und $t > 0$.

Die Funktion

$$G(x,t) = \sqrt{\frac{\pi}{t}}\, \mathrm{e}^{-x^2/(4t)}, \quad x \in \mathbb{R},\ t > 0$$

wird auch **Green'sche Funktion** der Wärmeleitungsgleichung genannt. Für $t \leq 0$ wird sie üblicherweise zu null gesetzt. ◀

Der Faltungssatz liefert direkt eine Anwendung der Faltung in der Signalverarbeitung. Hier wird das Signal als eine Funktion der Zeit dargestellt. Die Anwendung eines *Filters* auf solch ein Signal soll die Auslöschung oder Schwächung bzw. die Verstärkung gewisser Frequenzkomponenten in einem Signal bewirken. Dies bedeutet eine Multiplikation der Fouriertransformierten des Signals mit einer gewissen Funktion und anschließende Rücktransformation. Der Faltungssatz besagt nun, dass sich dies auch durch die Faltung des Signals mit der Rücktransformierten der filternden Funktion erreichen lässt. Zwei Varianten von Filtern werden in der Anwendung auf S. 1281 vorgestellt.

Anwendung: Filtern mit der Faltung

Das Filtern, also das Verstärken oder Dämpfen von Anteilen bestimmter Frequenzen in einem Signal, kann durch eine Faltung erreicht werden. Wir wollen mit verschiedenen Filtern experimentieren.

Ein **idealer Tiefpassfilter** erhält in einem Signal alle Komponenten unterhalb einer gewissen Frequenz S, während alle Komponenten mit höheren Frequenzen ausgelöscht werden. Im Frequenzbereich stellt er sich als Multiplikation mit der Funktion

$$\hat{f}(s) = \begin{cases} 1, & |s| \leq S, \\ 0, & |s| > S \end{cases}$$

dar. Mit dem Beispiel von S. 1272 erhalten wir $\hat{f}(s) = r(s/S)$, $s \in \mathbb{R}$. Eine analoge Rechnung wie dort ergibt

$$f(t) = \mathcal{F}^{-1}\hat{f}(t) = \frac{S}{\pi}\,\frac{\sin(St)}{t}$$

für $t \in \mathbb{R}$. Man erreicht also eine ideale Tiefpassfilterung durch Faltung eines Signals mit der Funktion f.

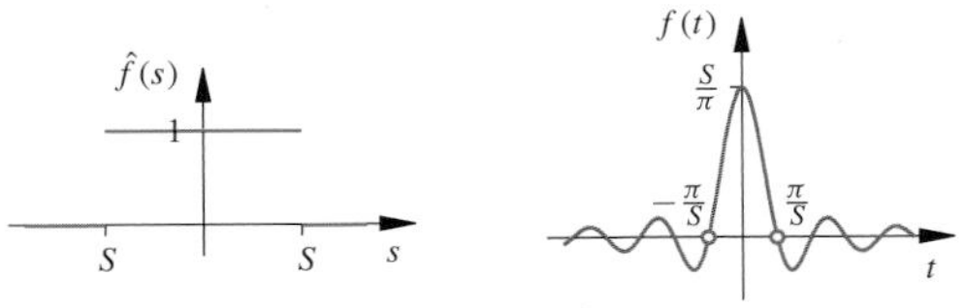

Für ein numerisches Beispiel wählen wir das Signal

$$x(t) = 0.4 + \frac{t}{2\,(1+t^2)}, \quad t \in [-5, 5].$$

Zur Realisierung des Filterns müssen wir das Signal zeitlich begrenzen, daher die Einschränkung auf das endliche Intervall.

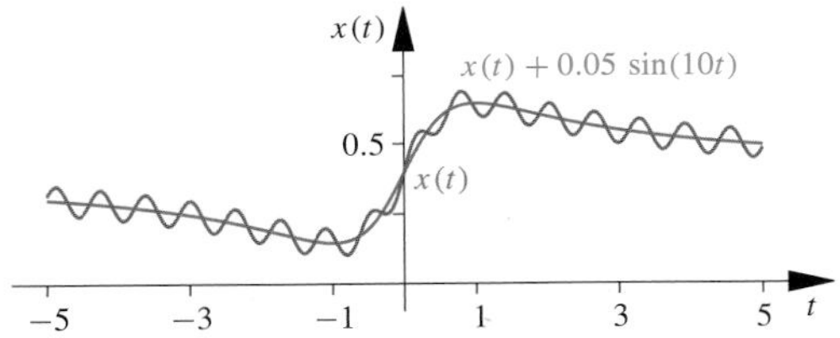

In der Abbildung sind x und das Signal $x(t) + 0.05\,\sin(10t)$ dargestellt. Das ursprüngliche Signal x wollen wir durch Tiefpassfilterung des anderen mit $S = 6$ zurückgewinnen.

Zur numerischen Implementierung wählen wir die Quadraturpunkte $t_j = j/100, j = -500, \ldots, 500$, und approximieren das Faltungsintegral, indem wir es ebenfalls auf das Intervall $[-5, 5]$ beschränken und durch die zusammengesetzte Rechteckregel ersetzen.

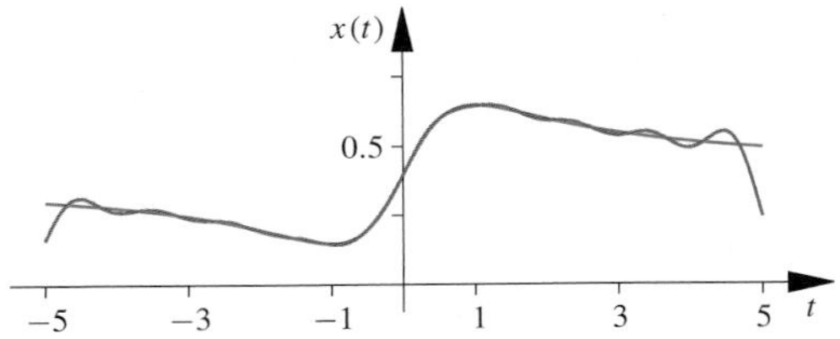

Die Abbildung unten links zeigt in Blau das Originalsignal x, in Grün das Ergebnis der Filterung.

Zum einen ist die Störung mit der Frequenz 10 durch den Filter tatsächlich vollständig entfernt worden. Andererseits treten Effekte durch die numerische Rechnung auf. Das Abschneiden des Signals auf ein endliches Intervall entspricht mathematisch einem zu null Setzen des Signals außerhalb des Intervalls. An den Rändern des Intervalls ist zu beobachten, dass die Rekonstruktion dieses nachzubilden versucht. Dabei entstehen Oszillationen vergleichbar mit denen beim *Gibbs'schen Phänomen* (siehe Kap. 30).

Der Filter $\hat{f}$ ist eine unstetige Funktion, daher fällt die Funktion f, mit der gefaltet wird, nur langsam ab. Auch f wird bei der Berechnung des Faltungsintegrals abgeschnitten. Der dadurch entstehende Fehler verstärkt die Oszillationen.

Bessere Ergebnisse lassen sich erzielen, wenn wir eine stetige Filterfunktion wählen, etwa

$$\hat{f}(s) = \begin{cases} \cos(\pi s/(2S)), & |s| < S \\ 0, & \text{sonst.} \end{cases}$$

Die inverse Fouriertransformierte ist

$$f(t) = \frac{1}{2\pi}\left[\frac{\sin(\pi/2 - St)}{\pi/(2S) - t} + \frac{\sin(\pi/2 + St)}{\pi/(2S) + t}\right], \quad t \in \mathbb{R}.$$

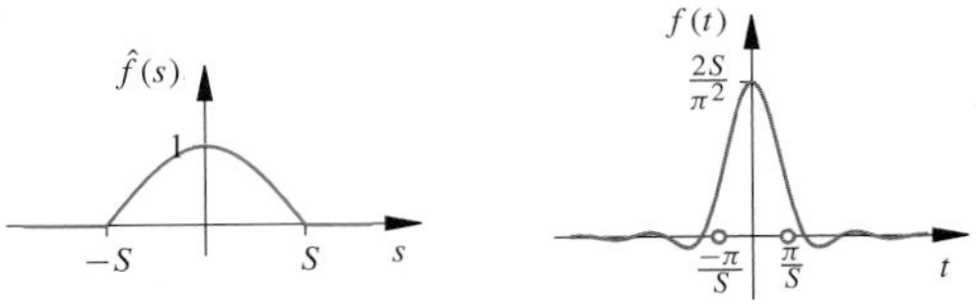

Da $\hat{f}$ stetig ist, fällt f schneller ab als beim idealen Tiefpass. Somit fallen die Abschneidefehler weniger stark ins Gewicht. In der Abbildung ist das ursprüngliche Signal wieder in blau, die Rekonstruktion in rot dargestellt.

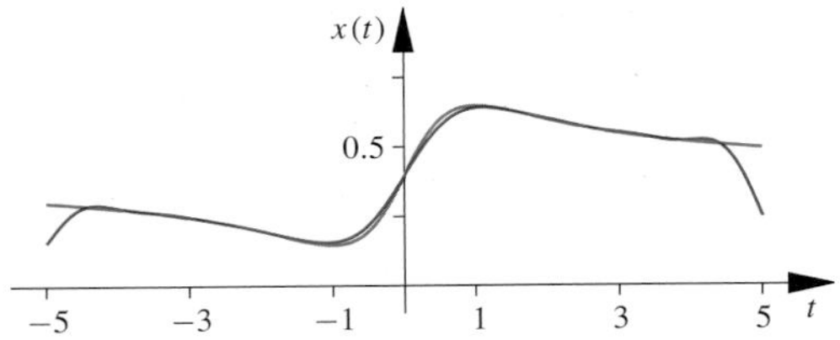

Die Oszillation sind hier geringer. Allerdings ist das Signal in der Mitte des Intervalls schlechter rekonstruiert, da sich die Filterfunktion für $|s| > 0$ schnell vom Wert 1 entfernt und damit Anteile aller Frequenzen gedämpft werden.

Teil V

Durch das Abtasten eines Signals entstehen diskrete Varianten der Fouriertransformation

In der Praxis liegt nicht das ideale Modell vor, dass ein Signal zu allen Zeiten als bekannt vorausgesetzt werden kann. Statt dessen wird man ein Signal nur zu bestimmten diskreten Zeitpunkten messen können. Dabei liegen die Zeitpunkte der Messung oft äquidistant, d. h., sie sind jeweils um dieselbe Zeitspanne Δt voneinander entfernt. Der Einfachheit halber definieren wir diese *Sampling-Punkte* als

$$t_j = j\,\Delta t, \quad j \in \mathbb{Z}.$$

Die Größe $\lambda = 2\pi/\Delta t$ bezeichnet man als die **Abtastfrequenz**.

Da wir das Signal nicht zu allen Zeiten kennen, ist es nicht möglich, die exakte Fouriertransformierte zu bestimmen. Stattdessen können wir das Fourierintegral durch eine Quadraturformel, zum Beispiel die zusammengesetzte Rechteckregel (siehe Abb. 33.15) approximieren. Wir erhalten die **semidiskrete Fouriertransformation**

$$\mathcal{F}_{sd}x(s) = \Delta t \sum_{j=-\infty}^{\infty} x(t_j)\,\mathrm{e}^{-\mathrm{i}st_j}.$$

Das Wort semidiskret kommt daher, dass wir zwar das Integral diskretisiert haben, aber noch immer eine unendliche Reihe auswerten müssen.

Es handelt sich nun bei $\mathcal{F}_{sd}x$ um eine Fourierreihe mit der Periode λ (siehe Kap. 30). Die Größe $\lambda_N = \lambda/2$ nennen wir

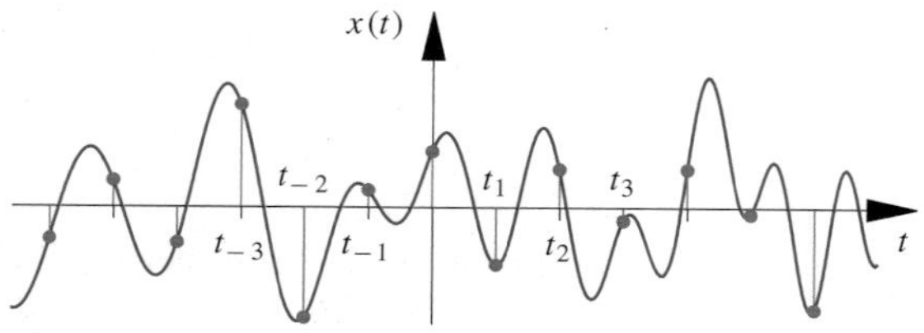

Abb. 33.14 Beim Sampling wird ein kontinuierliches Signal zu den diskreten Zeitpunkten t_j abgetastet

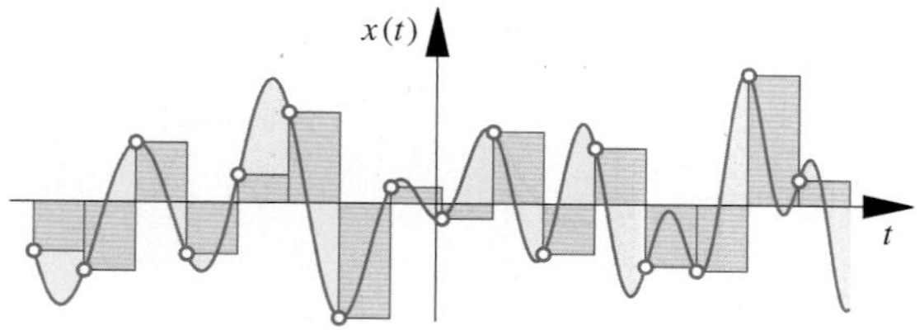

Abb. 33.15 Bei der zusammengesetzten Rechteckregel wird die Fläche unter dem Graph einer Funktion durch Rechtecke approximiert, deren Höhe mit dem Funktionswert am linken Rand übereinstimmt

Nyquist-Frequenz. Mit ihr erhalten wir die Umkehrformel zur semidiskreten Fouriertransformation

$$x(t_j) = \frac{1}{2\pi} \int_{-\lambda_N}^{\lambda_N} \mathcal{F}_{sd}x(s)\,\mathrm{e}^{\mathrm{i}st_j}\,\mathrm{d}s, \quad j \in \mathbb{Z}.$$

Sie entspricht gerade der Bestimmung der Fourierkoeffizienten.

Wie auch auf S. 1160 beschrieben, ist es nicht möglich, bei einer Abtastfrequenz λ Frequenzkomponenten des Signals mit einer höheren Frequenz als λ_N zu bestimmen. Es gibt unendlich viele Möglichkeiten, Signale mit höheren Frequenzen als der Nyquist-Frequenz zu konstruieren, die in allen Sampling-Punkten verschwinden.

Anders sieht die Sache aus, falls das Signal **bandbeschränkt** ist, d. h., dass die Fouriertransformierte außerhalb eines gewissen Intervalls verschwindet. Liegt dieses Intervall innerhalb von $[-\lambda_N, \lambda_N]$, gibt es also nur Frequenzkomponenten unterhalb der Nyquist-Frequenz, so besagt das **Shannon-Nyquist-Abtasttheorem**, dass die Formel

$$x(t) = \sum_{j=-\infty}^{\infty} x(t_j)\,\frac{\sin(\lambda_N t - j\pi)}{\lambda_N t - j\pi}$$

für alle $t \in \mathbb{R}$ gilt. Ein bandbeschränktes Signal kann also beliebig gut aus diskreten Samples rekonstruiert werden, falls die Abtastfrequenz mindestens doppelt so groß ist wie die höchste auftretende Frequenzkomponente. Die Herleitung dieses Satzes zeigen wir in der Vertiefung auf S. 1283.

Für die numerische Bestimmung der Fouriertransformierten muss zusätzlich zum diskreten Abtasten auch die Menge der Sampling-Punkte endlich bleiben. In diesem Fall approximieren wir das Fourierintegral durch eine vollständig diskrete Variante

$$\mathcal{F}_D x(s) = \Delta t \sum_{j=-n}^{n} x(t_j)\,\mathrm{e}^{-\mathrm{i}st_j}.$$

Wie in Abschn. 30.4 beschrieben, handelt es sich hierbei um eine trigonometrische Interpolationsaufgabe. Sie kann sehr effizient durch die schnelle Fouriertransformation gelöst werden, die dort ebenfalls ausführlich behandelt wird.

Die Transformierte der δ-Distribution ist eine Konstante

Wie bei der Laplacetransformation auch wollen wir abschließend die Wirkung der Fouriertransformation in Situationen klären, in denen Impulse, also die δ-Distribution, auftreten. Wir starten wieder mit der Approximation

$$g_\varepsilon(t) = \begin{cases} \frac{1}{2\varepsilon}, & |t - t_0| < \varepsilon, \\ 0, & \text{sonst.} \end{cases}$$

Vertiefung: Die Herleitung des Sampling-Theorems

Für ein bandbeschränktes Signal $x \in L^2(\mathbb{R})$ mit $\mathcal{F}x(s) = 0$ für $|s| > \lambda_N$ gilt die Formel

$$x(t) = \sum_{j=-\infty}^{\infty} x(t_j) \frac{\sin(\lambda_N t - j\pi)}{\lambda_N t - j\pi}, \quad t \in \mathbb{R}.$$

Die Herleitung dieses nach Shannon und Nyquist benannten Sampling-Theorems stellen wir hier dar.

Die Herleitung des Sampling-Theorems vermischt die Theorie der Fouriertransformation mit der der Fourierreihen. Kenntnisse aus Kap. 30 werden hier vorausgesetzt.

Die Fouriertransformierte des Signals x kann über dem Intervall $(-\lambda_N, \lambda_N)$ in eine Fourierreihe entwickelt werden. Diese Reihe lautet

$$\frac{\pi}{\lambda_N} \sum_{j=-\infty}^{\infty} c_j \, \mathrm{e}^{-\mathrm{i}\pi s j/\lambda_N}.$$

Die Fourierkoeffizienten (c_j) berechnen sich als

$$c_j = \frac{1}{2\pi} \int_{-\lambda_N}^{\lambda_N} \mathcal{F}x(s) \, \mathrm{e}^{\mathrm{i}\pi s j/\lambda_N} \, \mathrm{d}s, \quad j \in \mathbb{Z}.$$

Da die Funktion $\mathcal{F}x$ bandbeschränkt ist, stimmt dieses Integral mit der inversen Fouriertransformation für x überein. Es gilt also

$$c_j = x\left(\frac{j\pi}{\lambda_N}\right), \quad j \in \mathbb{Z}.$$

Die Fourierreihe von $\mathcal{F}x$ liefert die $2\lambda_N$-periodische Fortsetzung von $\mathcal{F}x|_{(-\lambda_N,\lambda_N)}$. Für fast alle $s \in \mathbb{R}$ gilt aber die Gleichung

$$\mathcal{F}x(s) = \frac{\pi}{\lambda_N} \, r\left(\frac{s}{\lambda_N}\right) \sum_{j=-\infty}^{\infty} x\left(\frac{j\pi}{\lambda_N}\right) \mathrm{e}^{-\mathrm{i}\pi s j/\lambda_N}$$

mit der Rechteckfunktion r aus dem Beispiel von S. 1272. Zur Erinnerung: Für fast alle $s \in \mathbb{R}$ bedeutet, dass die Gleichung für alle s mit der möglichen Ausnahme einer Nullmenge richtig ist.

Es ist

$$r\left(\frac{s}{\lambda_N}\right) = \lambda_N \, \mathcal{F}\left(\frac{2\sin(\lambda_N t)}{\lambda_N t}\right)(s)$$

und daher

$$\mathrm{e}^{-\mathrm{i}\pi s j/\lambda_N} \, r\left(\frac{s}{\lambda_N}\right) = 2\lambda_N \, \mathcal{F}\left(\frac{\sin(\lambda_N t - j\pi)}{\lambda_N t - j\pi}\right)(s).$$

Somit haben wir die Darstellung

$$\mathcal{F}x(s) = 2\pi \sum_{j=-\infty}^{\infty} x\left(\frac{j\pi}{\lambda_N}\right) \mathcal{F}\left(\frac{\sin(\lambda_N t - j\pi)}{\lambda_N t - j\pi}\right)(s)$$

für fast alle $s \in \mathbb{R}$. Da die Reihe in $L^2(\mathbb{R})$ konvergiert, können wir die inverse Fouriertransformation auf beiden Seiten der Gleichung anwenden und mit der Reihenbildung vertauschen. Damit folgt

$$x(t) = \sum_{j=-\infty}^{\infty} x\left(\frac{j\pi}{\lambda_N}\right) \frac{\sin(\lambda_N t - j\pi)}{\lambda_N t - j\pi}$$

für fast alle $t \in \mathbb{R}$. Dies ist die Aussage des Sampling-Theorems.

Wie im Abschn. 33.2 gezeigt, gelten die Formeln

$$\int_{-\infty}^{\infty} g_\varepsilon(t) \, \mathrm{d}t = 1$$

für alle $\varepsilon > 0$ und

$$f(t_0) = \lim_{\varepsilon \to 0} \int_{-\infty}^{\infty} g_\varepsilon(t) f(t) \, \mathrm{d}t.$$

Die Funktion g_ε können wir auch mithilfe der Rechteckfunktion r aus dem Beispiel von S. 1272 ausdrücken,

$$g_\varepsilon(t) = \frac{1}{2\varepsilon} \, r\left(\frac{t - t_0}{\varepsilon}\right), \quad t \in \mathbb{R}.$$

Damit kennen wir auch schon die Fouriertransformierte dieser Funktion,

$$\mathcal{F}g_\varepsilon(s) = \mathrm{e}^{-\mathrm{i}st_0} \frac{\sin(s\varepsilon)}{s\varepsilon}, \quad s \in \mathbb{R}.$$

Lassen wir $\varepsilon \to 0$ gehen, so erhalten wir

$$\lim_{\varepsilon \to 0} \mathcal{F}g_\varepsilon(s) = \mathrm{e}^{-\mathrm{i}st_0}, \quad s \in \mathbb{R}.$$

Fouriertransformation der δ-Distribution

Es ist

$$[\mathcal{F}\delta(\cdot - t_0)](s) = \mathrm{e}^{-\mathrm{i}st_0}, \quad s \in \mathbb{R}.$$

Insbesondere gilt

$$\mathcal{F}\delta(s) = 1, \quad s \in \mathbb{R}.$$

Indem man die δ-Distribution in den Definitionsbereich der Fouriertransformation mit einbezieht, erhält man also die trigonometrischen Funktionen im Bildbereich und umgekehrt. Auf diesem Wege können auch die Zusammenhänge zwischen Fouriertransformation und Fourierreihe geklärt werden. Dies erfordert aber tiefere Kenntnisse im Umgang mit Distributionen.

Beispiel Wir schreiben die Fouriertransformation einer Funktion in $L^2(\mathbb{R})$ auf den ersten Blick kompliziert um,

$$\mathcal{F}x(s) = 1 \cdot \mathcal{F}x(s) = \mathcal{F}\delta(s)\, \mathcal{F}x(s).$$

Dies gibt uns die Möglichkeit, die Faltung mit der δ-Distribution zu definieren, indem wir die Formel aus dem Faltungssatz verwenden. Wir setzen

$$\begin{aligned}(\delta * x)(t) &= \mathcal{F}^{-1}\left(\mathcal{F}\delta\, \mathcal{F}x\right)(t)\\ &= \mathcal{F}^{-1}\left(\mathcal{F}x\right)(t) = x(t).\end{aligned}$$

Dies ist eine Möglichkeit, die Beziehung

$$\delta * x = x$$

zu motivieren, die auch als

$$x(t) = \int_{-\infty}^{\infty} \delta(t-s)\, x(s)\, \mathrm{d}s$$

geschrieben wird. Eine andere Möglichkeit besteht darin, die δ-Distribution im Faltungsintegral durch Rechteckfunktionen zu approximieren und den Grenzübergang zu vollziehen. ◄

Zusammenfassung

Eine Integraltransformation bildet eine Funktion durch einen **linearen Integraloperator** auf eine andere Funktion ab. Bei vielen mathematischen Problemen, insbesondere Anfangs- oder Randwertaufgaben für (partielle) Differenzialgleichung, vereinfacht sich das Problem, wenn wir es im **Bildbereich** lösen. Anschließend muss man durch eine Rücktransformation zum **Originalbereich** zurückkehren.

Die Laplacetransformation

Die Laplacetransformation

Zu einer Funktion $f : [0, \infty) \to \mathbb{C}$ ist auf einem Intervall $J \subseteq \mathbb{R}_{\geq 0}$ die **Laplacetransformierte** definiert als die Funktion $\mathcal{L}f : J \to \mathbb{C}$, die durch das Parameterintegral

$$\mathcal{L}f(s) = \int_0^\infty f(t)\,\mathrm{e}^{-st}\,\mathrm{d}t, \qquad s \in J$$

gegeben ist, wenn das Integral für $s \in J$ existiert.

Die Funktionen, auf die sich die Laplace-Transformation anwenden lässt, sind die Funktionen vom **exponentiellen Typ.** Diese Funktionen wachsen höchstens so schnell an wie eine Exponentialfunktion.

Rechenregeln zur Laplacetransformation

Eine Reihe von Regeln wie der **Ähnlichkeitssatz,** der **Dämpfungssatz** und der **Verschiebungssatz** vereinfachen die Arbeit mit der Laplacetransformation. Besonders nützlich sind die Rechenregeln für Ableitungen.

Differenziation im Originalbereich

Ist f eine auf $[0, \infty)$ n-mal stetig differenzierbare Funktion und sind alle Ableitungen $f^{(j)} \in \mathcal{E}$ für $j = 0, \ldots, n$, dann gilt

$$\mathcal{L}(f^{(n)})(s) = s^n\,\mathcal{L}f(s) - \sum_{j=0}^{n-1} f^{(j)}(0)\,s^{n-j-1}$$

für $s > a$ und $n \in \mathbb{N}$. Dabei ist mit $a > 0$ das gemeinsame Intervall (a, ∞) beschrieben, auf dem die Laplacetransformierten $\mathcal{L}f^{(j)}, j = 0, \ldots, n$, existieren.

Mit diesem Satz ist es zum Beispiel möglich, Anfangswertaufgaben für gewöhnliche lineare Differenzialgleichung zu lösen. Am Ende des Lösungsprozesses muss man von der Laplacetransformierten der Lösung jedoch auf die Originalfunktion zurückschließen. Dafür ist es essenziell, dass die Laplacetransformation eine eindeutige Zuordnung darstellt.

Eindeutigkeit der Laplacetransformation

Sind $f, g \in \mathcal{E}$ mit $\mathcal{L}f(s) = \mathcal{L}g(s)$ für $s > a$. Dann ist $f(t) = g(t)$ für fast alle $t \geq 0$.

Die Laplacetransformierte einer Funktion von exponentiellem Typ ist beliebig oft differenzierbar

Analog zur Formel über die Differenziation im Originalbereich, gibt es auch eine Aussage zur Differenziation im Bildbereich.

Im Zusammenhang mit Integraltransformationen spielt die **Faltung** von Funktionen eine wesentliche Rolle. Für unterschiedliche Transformationen werden auch unterschiedliche Typen von Faltungen verwendet. Bei der Laplacetransformation ist es die **einseitige Faltung,**

$$(f * g)(t) = \int_0^t f(t-\tau)\,g(\tau)\,\mathrm{d}\tau, \qquad t \geq 0.$$

Faltung im Originalbereich statt Produkt im Bildbereich

Der Faltungssatz

Seien $f, g \in \mathcal{E}$ und $\mathcal{L}f : (a, \infty) \to \mathbb{C}$, $\mathcal{L}g : (b, \infty) \to \mathbb{C}$. Dann ist auch $f * g \in \mathcal{E}$ und es gilt

$$\mathcal{L}(f * g)(s) = (\mathcal{L}f)(s) \cdot (\mathcal{L}g)(s)$$

für $s > \gamma = \max\{a, b\}$.

Impulse werden in der Mathematik durch die Delta-Distribution dargestellt. Auch hier kann die Laplacetransformation angewandt werden. Für die Delta-Distribution δ ist sie durch

$$\mathcal{L}\big(\delta(t - t_0)\big)(s) = \mathrm{e}^{-t_0 s}$$

erklärt.

Teil V

Die Fouriertransformation

Die Fouriertransformation

Zu einer über $\mathbb{R}$ integrierbaren Funktion $x \in L(\mathbb{R})$ ist die **Fouriertransformation** definiert durch

$$\mathcal{F}(x)(s) = \int_{-\infty}^{\infty} \mathrm{e}^{-\mathrm{i}st}\, x(t)\, \mathrm{d}t\,,$$

für $s \in \mathbb{R}$.

Auch die Fouriertransformation macht aus einer Differenziation eine Multiplikation

Es gelten vergleichbare Rechenregeln für den Umgang mit der Fouriertransformation wie mit der Laplacetransformation. Insbesondere entspricht der Differenziation im Originalraum einer Multiplikation mit einem Polynom im Bildraum, und umgekehrt.

Um tiefer liegende Eigenschaften dieser Transformation zu untersuchen, muss man sich mit möglichen Definitionsmengen beschäftigen. Eine solche Menge ist der **Schwartz-Raum** $S(\mathbb{R})$, in dem beliebig oft differenzierbare und schnell abfallende Funktionen enthalten sind.

Auf dem Schwartz-Raum und der Menge der quadratintegrablen Funktionen kann man die Fouriertransformation umkehren

Umkehrformel zur Fouriertransformation

Mit $S(\mathbb{R})$ ist auch $\mathcal{F}x \in S(\mathbb{R})$, und es gilt

$$x(t) = \frac{1}{2\pi} \int_{-\infty}^{\infty} \mathrm{e}^{\mathrm{i}st} (\mathcal{F}x(s))\, \mathrm{d}s, \quad t \in \mathbb{R}.$$

Ferner gilt die **Formel von Plancherel**

$$\langle \mathcal{F}x, \mathcal{F}y \rangle_{L^2} = 2\pi\, \langle x, y \rangle_{L^2}$$

für $x, y \in S(\mathbb{R})$.

Diese Formeln bleiben gültig, wenn man $S(\mathbb{R})$ durch den Raum der quadratintegrierbaren Funktionen $L^2(\mathbb{R})$ ersetzt.

Bei der Fouriertransformation kommt eine spezielle Variante der Faltung zum Einsatz, die **zweiseitige Faltung,**

$$(x * y)(t) = \int_{-\infty}^{\infty} x(t-s)\, y(s)\, \mathrm{d}s, \quad t \in \mathbb{R}.$$

Faltungssatz für die zweiseitige Faltung

Für $x, y \in S(\mathbb{R})$ gilt

$$\mathcal{F}(x * y)(s) = \mathcal{F}x(s) \cdot \mathcal{F}y(s), \quad s \in \mathbb{R}.$$

Die Aussage bleibt erhalten, wenn eine der Funktionen x, y aus $L(\mathbb{R})$, die andere aus $L^2(\mathbb{R})$ stammt.

Dieser Satz ist die Grundlage für die breite Anwendung der Fouriertransformation in der Signalverarbeitung. Dort kommen auch **diskrete** Varianten der Transformation zum Einsatz.

Die Transformierte der δ-Distribution ist eine Konstante

Für die Arbeit mit Impulsen ist es wichtig, die Fouriertransformierte der δ-Distribution zu kennen. Es ist

$$[\mathcal{F}\delta(\cdot - t_0)]\,(s) = \mathrm{e}^{-\mathrm{i}st_0}, \quad s \in \mathbb{R}.$$

Aufgaben

Die Aufgaben gliedern sich in drei Kategorien: Anhand der *Verständnisfragen* können Sie prüfen, ob Sie die Begriffe und zentralen Aussagen verstanden haben, mit den *Rechenaufgaben* üben Sie Ihre technischen Fertigkeiten und die *Anwendungsprobleme* geben Ihnen Gelegenheit, das Gelernte an praktischen Fragestellungen auszuprobieren.
Ein Punktesystem unterscheidet leichte •, mittelschwere •• und anspruchsvolle ••• Aufgaben. Lösungshinweise am Ende des Buches helfen Ihnen, falls Sie bei einer Aufgabe partout nicht weiterkommen. Dort finden Sie auch die Lösungen – betrügen Sie sich aber nicht selbst und schlagen Sie erst nach, wenn Sie selber zu einer Lösung gekommen sind. Ausführliche Lösungswege, Beweise und Abbildungen finden Sie als digitales Zusatzmaterial (electronic supplementary material).
Viel Spaß und Erfolg bei den Aufgaben!

Verständnisfragen

33.1 •• Berechnen Sie das uneigentliche Integral

$$\int_0^\infty \operatorname{sinc}(t)\,\mathrm{d}t = \int_0^\infty \frac{\sin(t)}{t}\,\mathrm{d}t,$$

indem Sie die Laplacetransformierte $\mathcal{L}\operatorname{sinc}$ und den Grenzwert für $s \to 0$ bestimmen.

33.2 •• Zeigen Sie für die einseitige Faltung, dass die Funktionen f_n mit $f_n(t) = t^n/n!$ für $t \geq 0$ und $n \in \mathbb{N}_0$ die Identität

$$f_n * f_m = f_{n+m+1}, \qquad n, m \in \mathbb{N}_0$$

erfüllen.

33.3 • Zeigen Sie für $x \in L(\mathbb{R})$ die folgenden Eigenschaften der Fouriertransformation

(a) $(\mathcal{F}x(t-t_0))(s) = \mathrm{e}^{-\mathrm{i}t_0 s}\,\mathcal{F}x(s)$, $t_0, s \in \mathbb{R}$,
(b) $(\mathcal{F}x(\alpha t))(s) = \frac{1}{|\alpha|}\,\mathcal{F}x\left(\frac{s}{\alpha}\right)$, $s \in \mathbb{R}, \alpha \neq 0$,
(c) $\mathcal{F}(\mathrm{e}^{\mathrm{i}s_0 t}x(t))(s) = \mathcal{F}x(s - s_0)$, $s, s_0 \in \mathbb{R}$,
(d) $(\mathcal{F}\overline{x(-t)})(s) = \overline{\mathcal{F}x(s)}$, $s \in \mathbb{R}$ (komplexe Konjugation).

Zeigen Sie ferner für $x \in S(\mathbb{R})$ die Identität

$$\mathcal{F}(\mathcal{F}x)(t) = x(-t), \qquad t \in \mathbb{R}.$$

Rechenaufgaben

33.4 • Berechnen Sie jeweils die Laplacetransformierte der folgenden Funktionen

(a) $f(t) = 3\mathrm{e}^{4t} + 2$
(b) $h(t) = \mathrm{e}^{-t}\cos(2t)$
(c) $g(t) = \begin{cases} \sin(\omega t - \varphi), & \text{für } \omega t - \varphi \geq 0, \\ 0 & \text{sonst, mit } \omega, \varphi > 0, \end{cases}$
(d) $u(t) = \int_0^t y^3\,\mathrm{d}y$.

33.5 • Berechnen Sie mithilfe der Faltung die Funktionen f und g, die die folgende Beziehung erfüllen,

(a) $(\mathcal{L}f)(s) = \frac{1}{s^2(s^2+1)}$,
(b) $(\mathcal{L}g)(s) = \frac{1}{(s^2+1)^2}$.

33.6 • Bestimmen Sie die Fouriertransformierten der Funktionen

(a) $x(t) = \begin{cases} 1 - |t|, & |t| \leq 1, \\ 0, & |t| > 1. \end{cases}$
(b) $x(t) = \frac{t}{1+t^2}$, $t \in \mathbb{R}$.

33.7 •• Die hermiteschen Funktionen sind definiert durch

$$\psi_n(t) = (-1)^n \mathrm{e}^{t^2/2}\,\frac{\mathrm{d}^n}{\mathrm{d}t^n}(\mathrm{e}^{-t^2}), \qquad n \in \mathbb{N}_0.$$

(a) Zeigen Sie zunächst die Rekursionsformeln

$$\psi_n'(t) = t\psi_n(t) - \psi_{n+1}(t)$$

und

$$(\mathcal{F}\psi_n)'(s) = s\mathcal{F}\psi_n(s) - \mathrm{i}\mathcal{F}\psi_{n+1}(s).$$

(b) Zeigen Sie induktiv, dass ψ_n Eigenfunktionen zur Fouriertransformation sind, d. h. $\mathcal{F}\psi_n = \lambda_n\psi_n$, und bestimmen Sie die Eigenwerte $\lambda_n \in \mathbb{C}$.

33.8 •• Bestimmen Sie die Lösung der Anfangswertaufgabe

$$u'''(x) - 3\,u''(x) + 3\,u'(x) - u(x) = x^2\mathrm{e}^x$$

für $x \geq 0$ mit den Anfangswerten $u(0) = 1$, $u'(0) = 0$ und $u''(0) = -2$.

33.9 •• Lösen Sie das Anfangswertproblem

$$\begin{aligned} u'(t) &= u(t), & u(0) &= 0, \\ v'(t) &= 2u(t) + v(t) - 2w(t), & v(0) &= 0, \\ w'(t) &= 3u(t) + 2v(t) + w(t) + \mathrm{e}^t \cos(2t), & w(0) &= 1. \end{aligned}$$

33.10 •• Lösen Sie die folgende Differenzialgleichung

$$u'(t) - \int_0^t (t-s)u(s)\,\mathrm{d}s = 1\,.$$

mithilfe der Laplacetransformation. (Weil in dieser Differenzialgleichung auch ein Integral vorkommt, nennt man Gleichungen dieses Typs manchmal auch *Integrodifferenzialgleichung*.)

Anwendungsprobleme

33.11 • Als Modell für die Ausbreitung transversaler Wellen auf einer langen, an einem Ende eingespannten und angeregten Saite wählen wir die Wellengleichung

$$\frac{\partial^2 u}{\partial t^2}\,u(x,t) - c^2\,\frac{\partial^2 u}{\partial x^2}(x,t) = 0, \quad x,t > 0.$$

Hierbei ist $u(x,t)$ die Amplitude der Wellen zum Zeitpunkt t am Ort x. Die Saite befindet sich zum Zeitpunkt $t = 0$ in Ruhe,

$$u(x,0) = \frac{\partial u}{\partial t}(x,0) = 0, \quad x > 0.$$

Sie wird an einem Ende angeregt durch die Vorgabe

$$u(0,t) = f(t), \quad t > 0.$$

Da die Saite nur an diesem Ende angeregt wird, gilt $u(x,t) \to 0$ für $x \to \infty$ und jedes $t > 0$. Bestimmen Sie die Amplitude der Saite mithilfe der Laplacetransformation bezüglich t.

33.12 •• Wir betrachten das Randwertproblem

$$\begin{aligned} \Delta u(\boldsymbol{x}) &= 0, & x_1 &\in \mathbb{R}, x_2 > 0, \\ u(x_1, 0) &= f(x_1), & x_1 &\in \mathbb{R}, \end{aligned}$$

mit einer Funktion $f \in L(\mathbb{R})$. Außerdem soll es eine Funktion $g \in L(\mathbb{R})$ geben mit

$$|u(\boldsymbol{x})| \le g(x_1), \quad x_1 \in \mathbb{R}, x_2 > 0.$$

Bestimmen Sie durch eine Fouriertransformation in x_1-Richtung eine Integraldarstellung der Lösung u.

33.13 ••• Ein Signal $x \in L^2(\mathbb{R})$ soll so beschaffen sein, dass die gewichtetenMittelwerte

$$t_0 = \frac{1}{\|x\|_{L^2}^2} \int_{-\infty}^{\infty} t\,|x(t)|^2\,\mathrm{d}t,$$

$$s_0 = \frac{1}{\|\mathcal{F}x\|_{L^2}^2} \int_{-\infty}^{\infty} s\,|\mathcal{F}(s)|^2\,\mathrm{d}s,$$

sowie die *Dauer* T mit

$$T^2 = \frac{1}{\|x\|_{L^2}^2} \int_{-\infty}^{\infty} (t-t_0)^2\,|x(t)|^2\,\mathrm{d}t$$

und die *Bandbreite* B mit

$$B^2 = \frac{1}{\|\mathcal{F}x\|_{L^2}^2} \int_{-\infty}^{\infty} (s-s_0)^2\,|\mathcal{F}x(s)|^2\,\mathrm{d}s$$

existieren. Zeigen Sie das *Bandbreiten-Theorem*, dass

$$TB \ge \frac{1}{2}.$$

Dieses Theorem, dass in direktem Bezug zur Heisenberg'schen Unschärferelation steht, besagt, dass es nicht möglich ist, ein Signal gleichzeitig in der Zeit und in der Frequenz gut zu lokalisieren.

Antworten zu den Selbstfragen

Antwort 1 Es gilt

$$\begin{aligned}\mathcal{L}(2f+3g)(s) &= \int_0^\infty e^{-st}\left(2\sin t + \frac{3}{1+t^2}\right)\,dt\\ &= 2\int_0^\infty e^{-st}\sin t\,dt + 3\int_0^\infty e^{-st}\frac{1}{1+t^2}\,dt\\ &= 2\mathcal{L}\sin(s) + 3\mathcal{L}\left(\frac{1}{1+t^2}\right)(s)\\ &= 2\mathcal{L}f(s) + 3\mathcal{L}g(s)\,.\end{aligned}$$

Antwort 2 Es ist zu zeigen, dass $\mathcal{E}$ ein Unterraum des Raums der auf kompakten Intervallen integrierbaren Funktionen ist. Ist $f \in \mathcal{E}$ und $\lambda \in \mathbb{C}$, so folgt

$$|\lambda f(x)| = |\lambda|\,|f(x)| \leq c\,|\lambda|\,e^{ax},$$

d. h. auch $\lambda f \in \mathcal{E}$. Sind $f, g \in \mathcal{E}$ mit

$$|f(x)| \leq c_1\,e^{a_1 x}, \quad |g(x)| \leq c_2\,e^{a_2 x},$$

so folgt

$$\begin{aligned}|f(x)+g(x)| &\leq |f(x)| + |g(x)|\\ &\leq c_1\,e^{a_1 x} + c_2\,e^{a_2 x}\\ &\leq (c_1+c_2)\,e^{\max\{a_1,a_2\}x}.\end{aligned}$$

Somit ist auch $f+g \in \mathcal{E}$.

Antwort 3 Nach dem Dämpfungssatz ist

$$\mathcal{L}f(s) = (\mathcal{L}\sin)(s-2) = \left.\frac{1}{\sigma^2+1}\right|_{\sigma=s-2} = \frac{1}{s^2-2s+5}.$$

Antwort 4 Da h_1 unbeschränkt ist für $s \to \infty$, kann diese Funktion keine Laplacetransformierte sein. Hingegen ist h_2 unendlich oft differenzierbar und der Grenzwert

$$\lim_{s\to\infty} h_2(s) = 0\,.$$

Die Funktion könnte somit eine Laplacetransformierte sein. Im dritten Beispiel ist die Differenzierbarkeit verletzt, da die Funktion an den Stellen $x = \pi n$ für $n \in \mathbb{N}$ nicht differenzierbar ist, kann sie nicht als Laplacetransformierte einer Funktion aus der Menge $\mathcal{E}$ auftreten.

Antwort 5 Es ist

$$\begin{aligned}\mathcal{F}x(s) &= \int_{-1}^{1} t\,e^{-Ist}\,dt = \left[\frac{e^{-ist}}{s^2}\,(1+ist)\right]_{t=-1}^{1}\\ &= \frac{e^{-is}}{s^2}\,(1+is) - \frac{e^{is}}{s^2}\,(1-is)\\ &= \frac{1}{s^2}\left(e^{-is}-e^{is}\right) + \frac{i}{s}\left(e^{-is}+e^{is}\right)\\ &= \frac{2i}{s}\,\cos(s) - \frac{2}{s^2}\,\sin(s).\end{aligned}$$

Antwort 6 Wir wenden die Fouriertransformation auf die Differenzialgleichung an und erhalten

$$\mathcal{F}(u'')(s) - \mathcal{F}u(s) = \mathcal{F}f(s), \quad s \in \mathbb{R}.$$

Nach den Formeln für die Transformierte einer Ableitung folgt

$$(-s^2-1)\,\mathcal{F}u(s) = \mathcal{F}f(s), \quad s \in \mathbb{R},$$

oder

$$\mathcal{F}u(s) = -\frac{\mathcal{F}f(s)}{s^2+1}.$$

Antwort 7 Die zweite Ableitung von x kann noch Fouriertransformiert werden. Nach dem Riemann-Lebesgue-Lemma gilt $\mathcal{F}(x'')(s) \to 0$ für $|s| \to \infty$. Mit der Landau-Symbolik folgt daraus

$$\mathcal{F}x(s) = o\left(\frac{1}{s^2}\right), \quad |s| \to \infty.$$

Antwort 8 Wir schreiben $x(t) = r(t)\,\exp(-t^2)$ mit der Rechteckfunktion r aus dem Beispiel von S. 1272. Nach dem Faltungssatz gilt dann

$$\begin{aligned}\mathcal{F}x(s) &= \int_{-\infty}^{\infty} \mathcal{F}r(s-\sigma)\left[\mathcal{F}(e^{-t^2})\right](\sigma)\,d\sigma\\ &= 2\sqrt{\pi}\int_{-\infty}^{\infty} \frac{\sin(s-\sigma)}{s-\sigma}\,e^{-\sigma^2/4}\,d\sigma.\end{aligned}$$

Teil V

Spezielle Funktionen – nützliche Helfer

34

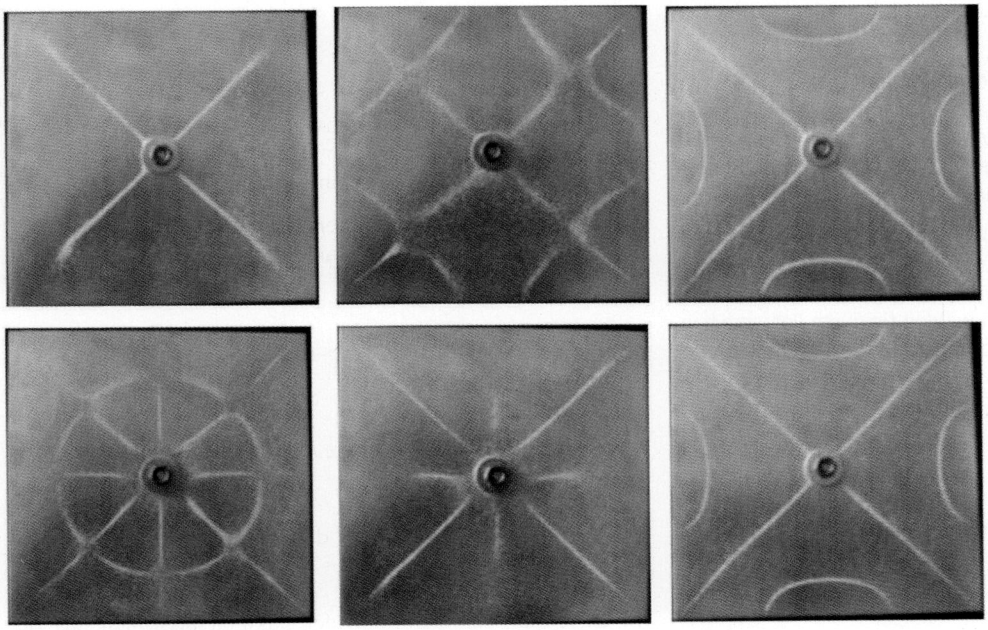

Kann man die Fakultät auf beliebige komplexe Argumente erweitern?

Wie können Polynome orthogonal sein?

Was sind Kugel- und Zylinderfunktionen?

Teil V

Ergänzende Information Die elektronische Version dieses Kapitels enthält Zusatzmaterial, auf das über folgenden Link zugegriffen werden kann https://doi.org/10.1007/978-3-662-64389-1_34.

T. Arens et al., *Mathematik*, https://doi.org/10.1007/978-3-662-64389-1_34

Wir haben inzwischen viele Funktionen kennengelernt, die sich in den verschiedensten Situationen als nützlich oder gar unentbehrlich erwiesen haben. Zu diesen elementaren Funktionen zählen Polynome, Winkelfunktionen, die Exponentialfunktion, Hyperbelfunktionen, Logarithmen, Arkus- und Areafunktionen.

Einige Male sind wir aber auch an die Grenzen dessen gestoßen, was sich mit diesen Funktionen darstellen lässt. Insbesondere bei Integralen und bei Differenzialgleichungen gab es immer wieder Lösungen, die aus dem Bereich der elementaren Funktionen herausführten.

Nun ist unsere Vorstellung von dem, was elementare Funktionen sind, letztlich willkürlich. Man kann das Arsenal der verfügbaren Funktionen ohne Probleme vergrößern, indem man weitere „spezielle Funktionen" hinzunimmt, die sich nicht mit den bisher verfügbaren elementaren Funktionen darstellen lassen.

Einen solchen Fall, die Gammafunktion, haben wir bereits kennengelernt, ein weiteres wichtiges Beispiel sind etwa die Zylinderfunktionen. Derartige spezielle Funktionen sind in keiner Weise fundamental anders. Wie schon gewohnt werden sie durch Potenzreihen, als Lösungen von Differenzialgleichungen oder als Parameterintegrale gegeben.

Speziell an ihnen ist lediglich, dass ihre Anwendbarkeit auf einen schmaleren Bereich beschränkt ist und sie deswegen auch nicht so bekannt sind. Viele Probleme der angewandten Mathematik führen jedoch auf solche Funktionen – die Schwingung einer kreisförmigen Membran ebenso wie die quantenmechanische Behandlung des Wasserstoffatoms.

34.1 Die Gammafunktion

Die Gammafunktion verallgemeinert die Fakultät auf komplexe Argumente

Bei vielen Problemen hat sich die Fakultät $n!$ als außerordentlich nützlich erwiesen. Diese hatten wir zunächst für natürliche Zahlen n über

$$n! = n\,(n-1)\,(n-2)\ldots 2\cdot 1$$

und zusätzlich noch für null mittels $0! = 1$ definiert.

Gibt es nun eine Funktion, die die Fakultät auf beliebige reelle oder gar komplexe Argumente verallgemeinert? Können wir also eine sinnvolle Definition für Ausdrücke wie $\frac{1}{2}!$ oder $(-\frac{1}{3}+\mathrm{i})!$ finden?

Nun, das können wir in der Tat – wobei wir uns vorerst auf positive reelle Argumente beschränken. Für diese kommt uns ein bestimmtes Integral zu Hilfe, das *Euler'sche Integral zweiter Art*

$$I_n = \int_0^\infty t^n\,\mathrm{e}^{-t}\,\mathrm{d}t\,.$$

Wie man durch partielle Integration leicht nachprüfen kann, gilt für alle $n \in \mathbb{N}$:

$$\begin{aligned} I_n &= \int_0^\infty t^n\,\mathrm{e}^{-t}\,\mathrm{d}t \quad = \left| \begin{matrix} u = t^n & v' = \mathrm{e}^{-t} \\ u' = n\,t^{n-1} & v = -\mathrm{e}^{-t} \end{matrix} \right| = \\ &= \underbrace{-t^n\,\mathrm{e}^{-t}\Big|_0^\infty}_{=0} + n\int_0^\infty t^{n-1}\,\mathrm{e}^{-t}\,\mathrm{d}t \\ &= n\,I_{n-1}\,. \end{aligned}$$

Der integralfreie Beitrag verschwindet offensichtlich an der unteren Grenze, ebenso aber auch an der oberen, da e^{-x} schneller fällt als jede beliebige Potenz anwächst.

Ein Integral I_n lässt sich also per Rekursion auf I_{n-1} zurückführen, dieses wiederum auf I_{n-2} und so fort. Für $n = 0$ erhalten wir unmittelbar

$$I_0 = \int_0^\infty \mathrm{e}^{-t}\,\mathrm{d}t = 1.$$

Insgesamt gilt also für beliebige $n \in \mathbb{N}_0$ die Gleichung

$$\int_0^\infty t^n\,\mathrm{e}^{-t}\,\mathrm{d}t = n!\,.$$

Im Gegensatz zur Definition der Fakultät lässt sich das Euler'sche Integral problemlos auf nichtganzzahlige Argumente übertragen.

Definition der Gammafunktion (für positive Argumente)

Die Gammafunktion Γ ist für beliebige $x \in \mathbb{R}_{>0}$ definiert als

$$\Gamma(x) = \int_0^\infty t^{x-1}\,\mathrm{e}^{-t}\,\mathrm{d}t$$

und erfüllt die Funktionalgleichung

$$\Gamma(1+x) = x\,\Gamma(x)\,.$$

Für $n \in \mathbb{N}_0$ gilt $\Gamma(n+1) = n!$.

Das Integral

$$\int_0^\infty t^{z-1}\,\mathrm{e}^{-t}\,\mathrm{d}t$$

konvergiert für allgemeine z mit $\operatorname{Re} z > 0$, und wir können die Definition der Gammafunktion damit sofort auf die gesamte rechte Halbebene ausdehnen. Alle hier und später angegebenen Formeln gelten für komplexe Argumente der Gammafunktion ebenso wie für reelle.

Kommentar Manchmal stößt man auf Ausdrücke wie $\alpha!$ mit $\alpha \in \mathbb{C}$, $\alpha \notin \mathbb{N}_0$. In diesem Fall wird vorausgesetzt, dass man die Definition der Fakultät mittels

$$\alpha! = \Gamma(\alpha + 1)$$

erweitert. ◄

Die Werte der Gammafunktion an verschiedenen Stellen sind durch mehrere Funktionalgleichungen verknüpft

Neben der zentralen Formel

$$\Gamma(z + 1) = z\,\Gamma(z)$$

gelten für die Gammafunktion weitere, oft praktische Funktionalgleichungen.

Funktionalgleichungen der Gammafunktion

Für die Gammafunktion gilt der **Ergänzungssatz**

$$\Gamma(z)\,\Gamma(1 - z) = \frac{\pi}{\sin(\pi z)}$$

und die **Verdopplungsformel**

$$\Gamma(2z) = \frac{1}{\sqrt{\pi}}\,2^{2z-1}\,\Gamma(z)\,\Gamma\left(z + \frac{1}{2}\right).$$

Der Beweis dieser Formeln wird im Bonusmaterial behandelt. Die Verdopplungsformel ist übrigens nur ein Spezialfall der **Gauß'sche Multiplikationsformel**

$$\Gamma(n\,z) = (2\pi)^{(1-n)/2}\,n^{nz-1/2}\prod_{k=0}^{n-1}\Gamma\left(z + \frac{k}{n}\right).$$

Als wichtigen Wert der Gammafunktion erhält man aus Ergänzungssatz oder Verdopplungsformel sofort

$$\Gamma\left(\frac{1}{2}\right) = \sqrt{\pi}\,.$$

Über die Funktionalgleichung $\Gamma(x + 1) = x\,\Gamma(x)$ kennt man damit die Werte der Gammafunktion für alle halbzahligen Argumente.

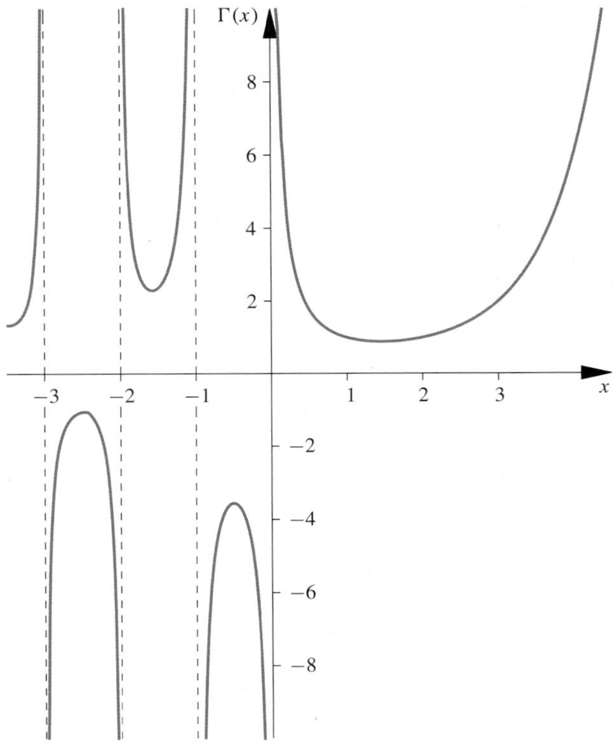

Abb. 34.1 Der Graph der Gammafunktion Γ für reelle Argumente

Die Integraldefinition der Gammafunktion konvergiert zwar nur für $\operatorname{Re} z > 0$; dank ihrer besonderen Eigenschaften kann man die Definition der Gammafunktion mittels

$$\Gamma(z - 1) = \frac{\Gamma(z)}{z - 1}$$

jedoch auch nach $\mathbb{C} \setminus \mathbb{Z}_{<0}$ ausdehnen. Diese ist eine holomorphe Fortsetzung in fast die gesamte linke Halbebene.

Für $x = 0$ und negative ganze Zahlen funktioniert diese Fortsetzung jedoch nicht. Es müsste ja

$$0 \cdot \Gamma(0) = \Gamma(1) = 1$$

sein. Diese Bedingung kann von keiner reellen oder komplexen Zahl erfüllt werden, und tatsächlich divergiert $\Gamma(x)$ für $x \to 0$. Aus der Funktionalgleichung folgt, dass die Gammafunktion auch für negative ganze Zahlen divergiert. Der Graph der Gammafunktion für reelle Argumente ist in Abb. 34.1 dargestellt.

Eine komplexe Betrachtung, wie im Bonusmaterial ausgeführt, zeigt, dass an $x = 0, -1, -2, \ldots$ jeweils Pole erster Ordnung liegen und die Gammafunktion überall sonst holomorph ist.

Für $|\varepsilon| \ll 1$ gilt die Entwicklung

$$\Gamma(\varepsilon) = \frac{1}{\varepsilon} - \gamma_E + O(\varepsilon)\,.$$

Teil V

Dabei ist γ_E die **Euler-Mascheroni-Konstante**

$$\gamma_E = \lim_{n\to\infty}\left(\sum_{k=1}^{n}\frac{1}{k} - \ln n\right) \approx 0.577\,215\,664\,9\,,$$

die in Zusammenhang mit der Gammafunktion immer wieder auftritt.

Oft wird man mit dem Problem konfrontiert, die Fakultät $n!$ bzw. die Gammafunktion $\Gamma(n+1)$ für *große* Werte von n auszuwerten. Dafür gilt die äußerst praktische Stirling-Formel.

Stirling-Formel

Für große Werte von n gilt die **Formel von Stirling**

$$\begin{aligned} n! &= n^n\,\mathrm{e}^{-n}\,\sqrt{2\pi n}\left(1 + O\left(\frac{1}{n}\right)\right) \\ &\sim n^n\,\mathrm{e}^{-n}\,\sqrt{2\pi n} \end{aligned}$$

Hier haben wir $\sim$ geschrieben, um anzudeuten, dass der absolute Fehler dieser Näherung mit wachsendem n zwar immer größer wird, der in solchen Fällen wichtige *relative Fehler* aber wie $1/n$ verschwindet.

Das Problem, systematisch Näherungen einer Funktion für große Argumente zu finden, wird im Bonusmaterial unter dem Stichwort *asymptotische Entwicklungen* diskutiert.

34.2 Differenzialgleichungen aus Separationsansätzen

Wir wollen nun einige weitere spezielle Funktionen kennenlernen. Dabei ist es jedoch hilfreich zu verstehen, warum man solche Funktionen überhaupt einführt. Meist tut man dies, um spezielle Differenzialgleichungen, bei denen Ansätze mit elementaren Funktionen versagen, lösen zu können.

So etwas ist einerseits durchaus legitim – schließlich kann man sich auch die Exponentialfunktion als Lösung der Gleichung $y' = y$ eingeführt denken – andererseits kann man sich natürlich beliebig viele, beliebig komplizierte Differenzialgleichungen konstruieren. In allen diesen Fällen den entsprechenden Lösungen eigene Namen zu geben und unserem Repertoire von Funktionen hinzuzufügen, kann kaum sinnvoll sein.

Ist es auch nicht. Man beschränkt sich bei diesem Vorgehen auf einige zentrale Gleichungen, die in den Anwendungen immer wieder auftauchen. Diese stammen meist aus der Separation einer der folgenden partiellen Differenzialgleichungen (siehe Kap. 29 für eine vollständigere Liste):

- Potenzialgleichung

$$\Delta U = 0$$

- Wellengleichung

$$\Delta U = \frac{1}{c^2}\frac{\partial^2 U}{\partial t^2}$$

- Wärmeleitungs- bzw. Diffusionsgleichung

$$\Delta U = \frac{1}{\kappa}\frac{\partial U}{\partial t}$$

- Schrödinger-Gleichung

$$\left(-\frac{\hbar}{2m}\Delta + V(\boldsymbol{x})\right)U = \mathrm{i}\hbar\frac{\partial U}{\partial t},$$

letztere jeweils mit vorgegebenem Potenzial V. Die Variable t steht allgemein für die Zeit, daher ihre Sonderstellung gegenüber den in

$$\Delta = \frac{\partial^2}{\partial x_1^2} + \frac{\partial^2}{\partial x_2^2} + \frac{\partial^2}{\partial x_3^2}$$

gleichberechtigten Ortskoordinaten. Die Zeitabhängigkeit in diesen Gleichungen, wenn überhaupt vorhanden, ist jedoch relativ einfach. Mit einem Separationsansatz der Art $U(\boldsymbol{x}, t) = u(\boldsymbol{x})\,T(t)$ erhalten wir für T eine Gleichung der Art

$$\dot{T} + \alpha\,T = 0 \quad \text{bzw.} \quad \ddot{T} + \alpha\,T = 0\,,$$

wobei α sich aus der Separationskonstanten und konstanten Koeffizienten der Gleichung zusammensetzt. Derartige Gleichungen für T können wir mittels Exponentialansatz einfach lösen.

Selbstfrage 1

Was erhalten Sie als Lösung für $T(t)$?

Die tatsächlichen Probleme liegen bei der Lösung des räumlichen Teils. Hier können wir wiederum mit Separationsansätzen arbeiten. Dabei werden wir jedoch zu beachten haben, dass sowohl die Funktion V als auch die Randbedingungen, die an die Lösungen der Gleichung gestellt werden, oft bestimmte Symmetrieeigenschaften haben.

Hängt etwa in der Schrödingergleichung das Potenzial V nur vom Radialabstand $r = \|\boldsymbol{x}\|$ ab und verlangt man, dass die Lösung im Bereich $r \geq R_0$ mit einer Konstanten R_0 verschwindet, so wird eine Separation in kartesischen Koordinaten wenig erfolgversprechend sein, eine Separation in Kugelkoordinaten hingegen kann sehr gut funktionieren.

Allgemein sollte die Wahl des verwendeten Koordinatensystems der Symmetrie des Problems angepasst sein. Das kann im Einzelfall durchaus anspruchsvoll werden, so lässt sich etwa die Schrödingergleichung des H_2^+-Ions gerade in polaren elliptischen Koordinaten separieren und exakt lösen.

Zumeist kommt man aber neben den kartesischen Koordinaten auch hier mit zwei weiteren Systemen aus, nämlich Zylinder- und Kugelkoordinaten. Den Laplace-Operator in diesen Koordinatensystemen haben wir bereits auf S. 1029 angegeben, und so untersuchen wir nun, was sich bei der Separation der Potenzial- alias Laplace-Gleichung (als einfachster der hier betrachteten Gleichungen) in diesen Koordinaten ergibt.

Anwendung: Volumen und Oberfläche einer n-dimensionalen Kugel

Wir bestimmen den Oberflächeninhalt $A_n = \int_{S^{n-1}} \mathrm{d}\Omega_n$ der n-dimensionalen Einheitskugel und den Volumeninhalt einer n-dimensionalen Kugel B_R^n mit Radius R.

Wir beschäftigen uns mit Oberfläche und Volumen einer Kugel von beliebiger Dimension n. Dieses Problem ist keineswegs rein „akademisch“, da etwa die Phasenräume konkreter Probleme oft mehr als drei Dimensionen haben, und es dann wichtig ist, bekannte Formeln aus der zwei- und dreidimensionalen Geometrie auf beliebige Dimension zu verallgemeinern.

In Kap. 25 hatten wir diese Problem schon einmal behandelt; der Weg über iterierte Winkelintegrale war jedoch relativ umständlich. Nun, da wir die Gammafunktion zur Verfügung haben, können wir einen sehr viel einfacheren Weg gehen.

Konkret bestimmen wir den Oberflächeninhalt, indem wir das Integral

$$\int_{\mathbb{R}^n} \mathrm{e}^{-x_1^2}\,\mathrm{e}^{-x_2^2}\ldots\mathrm{e}^{-x_n^2}\,\mathrm{d}\boldsymbol{x}$$

einmal in kartesischen und einmal in n-dimensionalen Kugelkoordinaten auswerten.

In kartesischen Koordinaten faktorisiert das Integral, wir erhalten

$$\begin{aligned} I &= \int_{\mathbb{R}^n} \mathrm{e}^{-x_1^2}\,\mathrm{e}^{-x_2^2}\ldots\mathrm{e}^{-x_n^2}\,\mathrm{d}\boldsymbol{x} \\ &= \int_{-\infty}^{\infty} \mathrm{e}^{-x_1^2}\,\mathrm{d}x_1 \ldots \int_{-\infty}^{\infty} \mathrm{e}^{-x_n^2}\,\mathrm{d}x_n = \sqrt{\pi}^{\,n} = \pi^{\frac{n}{2}}. \end{aligned}$$

In Kugelkoordinaten erhalten wir hingegen die Integraldarstellung der Gammafunktion,

$$\begin{aligned} I &= \int_{\mathbb{R}^n} \mathrm{e}^{-(x_1^2+x_2^2+\ldots+x_n^2)}\,\mathrm{d}\boldsymbol{x} \\ &= \int_{S^{n-1}} \mathrm{d}\Omega_n \int_0^{\infty} r^{n-1}\,\mathrm{e}^{-r^2}\,\mathrm{d}r \;\; = \left| \begin{matrix} u = r^2 & r = \sqrt{u} \\ \mathrm{d}u = 2r\,\mathrm{d}r & \mathrm{d}r = \frac{\mathrm{d}u}{2\sqrt{u}} \end{matrix} \right| = \\ &= \frac{A_n}{2} \int_0^{\infty} u^{\frac{n}{2}-1}\,\mathrm{e}^{-u}\,\mathrm{d}u = \frac{A_n}{2}\,\Gamma\left(\frac{n}{2}\right). \end{aligned}$$

Der Vergleich der beiden Ergebnisse liefert

$$A_n = \frac{2\,\pi^{\frac{n}{2}}}{\Gamma\left(\frac{n}{2}\right)}\,.$$

Damit können wir auch das Volumen einer Kugel mit Radius R sofort angeben,

$$\begin{aligned} V(B_R^n) &= \int_{B_R^n} \mathrm{d}\boldsymbol{x} \\ &= \int_{S^{n-1}} \mathrm{d}\Omega_n \int_0^R r^{n-1}\,\mathrm{d}r \\ &= A_n \left.\frac{r^n}{n}\right|_0^R \\ &= \frac{2\,\pi^{\frac{n}{2}}}{n\,\Gamma\left(\frac{n}{2}\right)} R^n\,. \end{aligned}$$

Kommentar Im Deutschen hat „Kugel“ eine Doppelbedeutung, einerseits steht das Wort für die Oberfläche $x_1^2 + \ldots + x_n^2 = R^2$, andererseits auch für die Vollkugel $x_1^2 + \ldots + x_n^2 \le R^2$. Im Englischen kann man hier leichter differenzieren, und in Anlehnung an die englische Nomenklatur bezeichnet man die Kugeloberfläche mit dem Symbol S (für *sphere*), die Vollkugel mit B (für *ball*). ◄

Achtung In der üblichen Schreibweise gibt man (hochgestellt) die Dimension des jeweiligen Objekts an, und da die Oberfläche einer n-dimensionalen Kugel $(n-1)$-dimensional ist, ist die Oberfläche der B^n die S^{n-1}. Die Oberfläche der dreidimensionalen Einheitskugel ist beispielsweise die S^2, nicht die S^3. Die Bezeichnungen in der Literatur sind dabei allerdings nicht völlig einheitlich.

Auch die Bezeichnungen $\mathrm{d}\Omega_n$ für den Winkelanteil des n-dimensionalen Volumenelements ist weit verbreitet, wird aber keineswegs ganz einheitlich gehandhabt. ◄

Separation in Zylinderkoordinaten führt auf die Bessel'sche Differenzialgleichung

In Zylinderkoordinaten liest sich die Laplace-Gleichung $\Delta u = 0$ als

$$\frac{\partial^2 u}{\partial \rho^2} + \frac{1}{\rho}\frac{\partial u}{\partial \rho} + \frac{1}{\rho^2}\frac{\partial^2 u}{\partial \varphi^2} + \frac{\partial^2 u}{\partial z^2} = 0\,.$$

Nun setzen wir $u(\boldsymbol{x}) = R(\rho)\,\Phi(\varphi)\,Z(z)$ und erhalten nach Separation die drei Gleichungen

$$R'' + \frac{1}{\rho}R' + \left(B - \frac{A}{\rho^2}\right)R = 0$$
$$\Phi'' + A\,\Phi = 0$$
$$Z'' - B\,Z = 0$$

mit Konstanten A und B. Die zweite (und ebenso die dritte) Gleichung können wir sofort lösen,

$$\Phi(\varphi) = \mathrm{e}^{\mathrm{i}\sqrt{A}\varphi}\,.$$

Suchen wir nach Lösungen, die für alle Winkel φ definiert sind, so verlangt die Eindeutigkeit der Lösung $A = m^2$ mit $m \in \mathbb{Z}$. Die erste Gleichung nimmt so mit $x = \sqrt{B}\,\rho$ und $u(x) = R(\rho(x))$ die Form

$$u'' + \frac{1}{x}u' + \left(1 - \frac{n^2}{x^2}\right)u = 0$$

an. Diese Gleichung wird *Bessel'sche Differenzialgleichung* genannt. Mit ihren Lösungen werden wir uns in Abschn. 34.5 auseinandersetzen.

Separation in Kugelkoordinaten führt auf die Legendre'sche Differenzialgleichung

Die Laplace-Gleichung nimmt in Kugelkoordinaten die Gestalt

$$\frac{\partial^2 u}{\partial r^2} + \frac{2}{r}\frac{\partial u}{\partial r} + \frac{1}{r^2}\left\{\frac{1}{\sin\vartheta}\frac{\partial}{\partial \vartheta}\left(\sin\vartheta\,\frac{\partial u}{\partial \vartheta} + \frac{1}{\sin^2\vartheta}\frac{\partial^2 u}{\partial \varphi^2}\right)\right\} = 0.$$

an. Die Separation $u = R(r)\,\Theta(\vartheta)\,\Phi(\varphi)$ führt zu

$$R'' + \frac{2}{r}R' - \frac{B}{r^2}R = 0$$
$$\frac{1}{\sin\vartheta}\frac{\mathrm{d}}{\mathrm{d}\vartheta}\left(\sin\vartheta\,\frac{\mathrm{d}\Theta}{\mathrm{d}\vartheta}\right) + \left(B - \frac{A}{\sin^2\vartheta}\right)\Theta = 0$$
$$\Phi'' + A\,\Phi = 0\,.$$

Wieder können wir aus der Gleichung für Φ sofort ablesen, dass $A = m^2$ mit $m \in \mathbb{Z}$ sein muss, damit die Lösungen eindeutig sein können.

Die *Euler-Gleichung* für den Radialteil R taucht speziell bei Separation der Laplace-Gleichung auf, die Gleichung für Θ hingegen tritt bei der Separation vieler Gleichungen in Kugelkoordinaten in Erscheinung und verdient daher unsere besondere Aufmerksamkeit.

Setzen wir $x = \cos\vartheta$, so nimmt die Gleichung die Gestalt

$$(1 - x^2)\,u'' - 2x\,u' + \left(\lambda - \frac{m^2}{1 - x^2}\right)u = 0$$

an. Diese Gleichung wird als *allgemeine Legendre'sche Differenzialgleichung* bezeichnet. Im rotationssymmetrischen Fall ist $m = 0$, und man erhält die *spezielle Legendre'sche Differenzialgleichung*

$$(1 - x^2)\,u'' - 2x\,u' + \lambda\,u = 0\,.$$

Mit der Lösung dieser Gleichungen werden wir uns in Abschn. 34.4 ausführlich beschäftigen.

34.3 Das Sturm-Liouville-Problem

Die Differenzialgleichungen, auf die man bei Separationen der bisher betrachteten stößt, haben allgemein die Form

$$a_2(x)\,y''(x) + a_1(x)\,y'(x) + a_0(x)\,y(x) + \lambda\,y(x) = 0$$

mit $a_2(x) > 0$ für alle relevanten x. Üblicherweise sind solche Differenzialgleichungen Teil eines Randwertproblems, wo am Rande eines Intervalls $[a, b]$ die Werte der Funktion y oder ihrer Ableitung vorgegeben sind. Allgemeiner können wir eine beliebige Linearkombination aus $y(a)$ und $y'(a)$ bzw. analog für $x = b$ vorschreiben.

Selbstfrage 2

Warum darf man nicht $y(a)$, $y(b)$, $y'(a)$ und $y'(b)$ jeweils getrennt vorgeben?

Meist hat man es mit *homogenen* Randbedingungen

$$\alpha_1\,y(a) + \alpha_2\,y'(a) = 0$$
$$\beta_1\,y(b) + \beta_2\,y'(b) = 0$$

zu tun. Derartige Bedingungen definieren in der y-y'-Ebene jeweils einen eindimensionalen Untervektorraum, also eine Gerade durch den Ursprung.

Definieren wir im Raum der auf $[a, b]$ zweimal stetig differenzierbaren Funktionen, $C^2[a, b]$ einen linearen Differenzialoperator $\mathcal{L}$ als

$$\mathcal{L}y = a_2\,y'' + a_1\,y' + a_0\,y \qquad \begin{cases}\alpha_1\,y(a) + \alpha_2\,y'(a) = 0\\ \beta_1\,y(b) + \beta_2\,y'(b) = 0\,,\end{cases}$$

so sehen wir besonders klar, dass unser ursprüngliches Randwertproblem die Gestalt eines Eigenwertproblems

$$\mathcal{L}y = -\lambda\,y$$

für den Operator $\mathcal{L}$ annimmt. Das negative Vorzeichen ist dabei reine Konvention.

Teil V

Achtung Die Randbedingungen sind wie der Definitionsbereich ein wesentlicher Teil des Operators. Unsere weiteren Überlegungen hängen wesentlich davon ab, dass $\mathcal{L}$ nicht nur aus dem Ableitungsausdruck allein, sondern auch aus den Randbedingungen besteht. ◀

In der linearen Algebra hatten wir derartige Eigenwertprobleme

$$\boldsymbol{A}\,\boldsymbol{x} = \lambda\,\boldsymbol{x}$$

erfolgreich durch *Hauptachsentransformation* gelöst. Das war auf jeden Fall möglich, wenn die Matrix $\boldsymbol{A}$ hermitesch war, also

$$\boldsymbol{v}^\dagger \boldsymbol{A}\,\boldsymbol{w} = (\boldsymbol{A}\,\boldsymbol{v})^\dagger\,\boldsymbol{w}$$

für beliebige Vektoren $\boldsymbol{v}$ und $\boldsymbol{w}$ erfüllte. Im reellen Fall reduzierte sich diese Bedingung auf Symmetrie der Matrix. Mit der allgemeinen Schreibweise $\langle .,. \rangle$ für ein Skalarprodukt kann man das auch in der Form

$$\langle \boldsymbol{v}, \boldsymbol{A}\boldsymbol{w} \rangle = \langle \boldsymbol{A}\boldsymbol{v}, \boldsymbol{w} \rangle$$

schreiben. Wir können nun hoffen, unser – natürlich bei weitem komplizierteres, weil unendlichdimensionales – Eigenwertproblem ähnlich wie in der linearen Algebra lösen zu können, wenn der Operator $\mathcal{L}$ die analoge Bedingung

$$\langle f, \mathcal{L}\,g \rangle = \langle \mathcal{L} f, g \rangle$$

mit dem Skalarprodukt

$$\langle f, g \rangle = \int_a^b f(x)\,g(x)\,\mathrm{d}x$$

erfüllt. Ein solcher Operator wird **formal selbstadjungiert** genannt. Um zu überprüfen, ob das auf unseren Operator zutrifft, bestimmen wir die Differenz

$$\begin{aligned} D &= \langle \mathcal{L} f, g \rangle - \langle f, \mathcal{L}\,g \rangle \\ &= \int_a^b (a_2\,(f''\,g - f\,g'') + a_1\,(f'\,g - f\,g')\,\mathrm{d}x\,. \end{aligned}$$

Partielle Integration liefert nun

$$\begin{aligned} \int_a^b f''\,a_2\,g\,\mathrm{d}x &\overset{\left|\begin{smallmatrix} u = a_2\,g & v' = f'' \\ u' = (a_2\,g)' & v = f' \end{smallmatrix}\right|}{=} \\ &= a_2\,g f'\big|_a^b - \int_a^b (a_2\,g)'\,f'\,\mathrm{d}x \\ &= a_2\,g f'\big|_a^b - \int_a^b (a_2'\,g + a_2\,g')\,f'\,\mathrm{d}x\,, \end{aligned}$$

analog für $\int_a^b f\,a_2\,g''\,\mathrm{d}x$, und insgesamt erhalten wir mit der praktischen Determinantenschreibweise

$$f'\,g - f\,g' = \begin{vmatrix} f & g \\ f' & g' \end{vmatrix}$$

den Ausdruck

$$D = \int_a^b (a_2' - a_1) \begin{vmatrix} f & g \\ f' & g' \end{vmatrix} \mathrm{d}x - \left[a_2 \begin{vmatrix} f & g \\ f' & g' \end{vmatrix} \right]_a^b .$$

Der Randterm verschwindet, wenn $(f, f')^\mathrm{T}$ und $(g, g')^\mathrm{T}$ an $x = a$ und $x = b$ jeweils linear abhängig sind – was genau aus den Randbedingungen des Operators folgt.

Für allgemeine $x \in (a, b)$ wissen wir jedoch nichts über die Determinante, und daher wird der Integralterm nur dann für beliebige f und g verschwinden, wenn $a_2' = a_1$ ist. In diesem Fall kann man den Differenzialoperator mittels Produktregel auch in der Form

$$\mathcal{L}\,y = (r\,y')' + q\,y$$

schreiben.

Selbstfrage 3

Wie hängen die Funktionen r und q mit den Koeffizientenfunktionen a_0, a_1 und a_2 zusammen?

Das motiviert folgende Definition.

Sturm-Liouville-Operator

Ein auf $C^2[a, b]$ definierter Differenzialoperator der Form

$$\mathcal{L}\,y = (r\,y')' + q\,y \qquad \begin{cases} \alpha_1\,y(a) + \alpha_2\,y'(a) = 0 \\ \beta_1\,y(b) + \beta_2\,y'(b) = 0 \end{cases}$$

mit Konstanten $\alpha_i, \beta_k \in \mathbb{R}$ (wobei α_1 und α_2 bzw. β_1 und β_2 jeweils nicht gleichzeitig null sein dürfen) wird **Sturm-Liouville-Operator** genannt, die Eigenwertgleichung

$$\mathcal{L}\,y + \lambda\,y = 0$$

Sturm-Liouville-Problem.

Wir können nun hoffen, dass ein Eigenwertproblem der Bauart

$$\mathcal{L}y + \lambda\,y = 0$$

für spezielle Werte von λ (Eigenwerte) Lösungen haben wird, dass zu diesen Lösungen jeweils Eigenfunktionen gehören, dass diese Eigenfunktionen bezüglich des Skalarprodukts

$$\langle f, g \rangle = \int_a^b f(x)\,g(x)\,\mathrm{d}x$$

Teil V

orthogonal sind und dass man (im Unendlichdimensionalen keineswegs selbstverständlich) die Eigenwerte und Eigenfunktionen irgendwie ordnen und durchnummerieren kann.

Das ist tatsächlich der Fall, und die Frage, von welcher Art die so erhaltenen Eigenfunktionen sind, wird uns einen großen Teil dieses Kapitels beschäftigen.

Kommentar Durch ein weiter gefasstes Skalarprodukt kann man die Anwendbarkeit der Sturm-Liouville-Theorie wesentlich erweitern und *jede* lineare gewöhnliche Differenzialgleichung zweiter Ordnung in Sturm-Liouville-Form schreiben kann. Das wird auf S. 1302 kurz diskutiert. ◂

34.4 Orthogonalpolynome und Kugelfunktionen

Polynome gelten im Allgemeinen nicht als *spezielle* Funktionen. Ganz im Gegenteil, es sind nahezu die einfachsten Funktionen, die es überhaupt gibt, entstehen sie doch nur durch endliche Summen und Produkte aus Konstanten c_i und der identischen Abbildung Id: $\mathbb{R} \to \mathbb{R}, f(x) = x$.

Für viele Sturm-Liouville-Probleme, die aus der Separation partieller Differenzialgleichungen stammen, kann man allerdings Polynomlösungen angeben. Dabei findet man zu jeder derartigen Differenzialgleichung eine andere Art von Polynomen, die jeweils bemerkenswerte Eigenschaften und entsprechend weit gefächerte Anwendungen besitzen. Da verschiedene Polynome, die zur gleichen Differenzialgleichung gehören, jeweils *orthogonal* zueinander sind, werden sie **Orthogonalpolynome** genannt.

Legendre-Polynome ergeben sich als Lösungen der Legendre'schen Differenzialgleichung

Als vielleicht einfachstes und zugleich wichtigstes Beispiel für Orthogonalpolynome betrachten wir die *Legendre-Polynome*. Bei der Separation partieller Differenzialgleichungen in Kugelkoordinaten haben wir für den Winkelteil die spezielle Legendre'sche Differenzialgleichung

$$(1 - x^2)u'' - 2xu' + \lambda\, u = 0$$

gefunden. Nun suchen wir nach Lösungen dieser Gleichung, und zwar in Form eines Potenzreihenansatzes

$$u(x) = \sum_{k=0}^{\infty} a_k\, x^k\,.$$

Zweimaliges Ableiten dieses Ansatzes, Einsetzen in die Differenzialgleichung und geeignetes Umnummerieren liefert nach Koeffizientenvergleich die Rekursionsformel

$$a_{k+2} = \frac{k\,(k+1) - \lambda}{(k+2)\,(k+1)}\, a_k\,. \qquad (34.1)$$

Diese Formel verknüpft jeweils gerade mit geraden und ungerade mit ungerade Koeffizienten. Die „Startkoeffizienten" a_0 und a_1 kann man im Prinzip frei wählen, insbesondere kann man einen von ihnen null setzen. Die Wahl $a_0 = 0$ liefert eine ungerade, $a_1 = 0$ entsprechend eine gerade Funktion.

Selbstfrage 4

Darf man auch beide Koeffizienten gleich null setzen?

Wie jedoch soll man die Koeffizienten wählen, damit die erhaltene Lösung die gegebenen Randbedingungen erfüllen kann? Bei der Beantwortung dieser Frage hilft die folgende Beobachtung:

Hat der Eigenwert λ *nicht* die Form $\lambda = n\,(n+1)$, so sind unendlich viele Koeffizienten ungleich null, wir erhalten eine Potenzreihe, deren Konvergenzradius sich, am einfachsten mit dem Quotientenkriterium, zu $R = 1$ ergibt. Dabei zeigt sich, dass solche Reihen zumindest an einem der beiden Punkte $x = \pm 1$ divergieren, für die Lösung unseres Randwertproblems also unbrauchbar sind.

Hat der Eigenwert λ jedoch die Form $\lambda = n\,(n+1)$ mit $n \in \mathbb{N}$, so bricht eine Rekursion für $k = n$ ab. Ist n gerade und setzt man $a_1 = 0$ oder ist umgekehrt n ungerade und man setzt $a_0 = 0$, so erhält man als Lösung ein Polynom P_n vom Grad n.

Wird der nichtverschwindende Koeffizient so gewählt, dass $P_n(1) = 1$ ist (man spricht dabei auch von *Normierung* des Polynoms), so erhält man für die **Legendre-Polynome** den expliziten Ausdruck

$$P_n(x) = \frac{1}{2^n} \sum_{k=0}^{\lfloor n/2 \rfloor} \frac{(-1)^k\,(2n-2k)!}{k!\,(n-k)!\,(n-2k)!}\, x^{n-2k}\,.$$

Dabei steht die Gauß-Klammer $\lfloor x \rfloor$ für das Abrunden zum nächsten ganzzahligen Wert, der $\leq x$ ist.

Die ersten dieser Polynome sind durch

$$\begin{aligned}
P_0(x) &= 1\\
P_1(x) &= x\\
P_2(x) &= \frac{1}{2}\left(3x^2 - 1\right)\\
P_3(x) &= \frac{1}{2}\left(5x^3 - 3x\right)\\
P_4(x) &= \frac{1}{8}\left(35x^4 - 30x^2 + 3\right)
\end{aligned}$$

gegeben und in Abb. 34.2 dargestellt.

Teil V

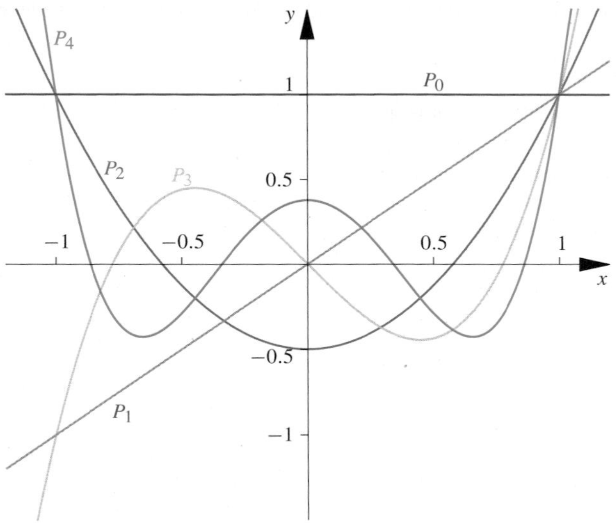

Abb. 34.2 Die Legendrepolynome P_0 bis P_4

Für diese Polynome gibt es zahlreiche nützliche Formeln, etwa die *Rodriguez-Darstellung*

$$P_n(x) = \frac{1}{2^n\, n!} \frac{\mathrm{d}^n}{\mathrm{d}x^n}(x^2-1)^n\,,$$

die sich zeigen lässt, indem man nachweist, dass die Koeffizienten von $\left\{(x^2-1)^n\right\}^{(n)}$ die Rekursionsformel (34.1) erfüllen und dass

$$\left.\left\{(x^2-1)^n\right\}^{(n)}\right|_{x=1} = 2^n\, n!$$

ist. Wir werden diese Darstellung und ihre Erweiterung auf andere Arten von Polynomen später noch ausführlicher diskutieren.

Auch Rekursionsbeziehungen wie

$$\begin{aligned}(n+1)\,P_{n+1}(x) &= (2n+1)\,x\,P_n(x) - n\,P_{n-1}(x)\\ (2n+1)\,P_n(x) &= P'_{n+1}(x) - P'_{n-1}(x)\,.\end{aligned}$$

können gelegentlich praktisch sein. Wie sich diese und andere Rekursionsformeln mittels *erzeugender Funktionen* herleiten lassen, wird im Bonusmaterial diskutiert.

Entscheidend ist allerdings eine andere Eigenschaft der Legendre-Polynome, und zwar die, auf dem Intervall $[-1,\,1]$ *orthogonal* zu sein.

Orthogonalität der Legendre-Polynome

Für die Legendre-Polynome P_n gilt die Orthogonalitätsbeziehung:

$$\int_{-1}^{1} P_n(x)\,P_m(x)\,\mathrm{d}x = \begin{cases}\frac{1}{n+1/2} & \text{für } m=n\\ 0 & \text{sonst}\end{cases}$$

Benutzt man das Skalarprodukt zweier auf $[-1,\,1]$ definierten Funktionen f und g,

$$\langle f,\,g\rangle = \int_{-1}^{1} f(x)\,g(x)\,\mathrm{d}x\,,$$

so kann man die obige Beziehung auch eingängig als

$$\langle P_n,\,P_m\rangle = \frac{\delta_{nm}}{n+\frac{1}{2}}$$

schreiben. Beweisen kann man diesen Zusammenhang zum Beispiel mithilfe der Rodriguez-Darstellung und wiederholter partieller Integration.

Selbstfrage 5

Rechnen Sie die Beziehung für einige Polynome P_n und P_m explizit nach.

Analog zur Fourierreihenentwicklung kann man demnach beliebige Funktionen (mit einigermaßen regulärem Verhalten) in Legendre-Polynome entwickeln:

$$\begin{aligned}f(x) &\sim \sum_{k=0}^{\infty} c_k\,P_k(x)\\ c_k &= \left(k+\frac{1}{2}\right)\int_{-1}^{1} P_k(x) f(x)\,\mathrm{d}x\end{aligned}$$

Dabei haben wir das Zeichen „$\sim$“ für die Entwicklung verwendet, um anzudeuten, dass die Bemerkungen zur Darstellbarkeit von Funktionen durch Fourierreihen aus Kap. 30 (etwa zum Verhalten an Unstetigkeitsstellen) auch hier gelten.

Die Verwendung von Polynomen als Basis eines Funktionenraums ist für viele Zwecke nützlich. So beruht etwa eine der besten Methoden zur numerischen Integration, die auf S. 1300 vorgestellte Gauß-Legendre-Integration, letztlich auf der Entwickelbarkeit integrierbarer Funktionen nach Legendre-Polynomen.

Anwendung: Gauß-Legendre-Integration

Die Verwendung von Orthogonalpolynomen führt zu sehr leistungsfähigen Quadraturformeln, die in der numerischen Integration große Bedeutung haben.

Wie bereits in Abschn. 12.5 diskutiert, haben fast alle Formeln für numerische Integration die Form

$$\int_a^b f(x)\,\mathrm{d}x \approx \sum_{k=0}^{n} w_k f(x_k)$$

mit geeigneten Stützstellen x_k und Gewichtsfaktoren w_k. Die Gewichte haben wir bisher aus der Forderung bestimmt, dass Polynome möglichst hohen Grades exakt integriert werden. Die Stützstellen allerdings haben wir bisher – wie selbstverständlich – äquidistant gewählt, $x_k = a + \frac{k}{n}(b-a)$ mit $k = 0, \ldots, n$.

Das ist aber keineswegs verbindlich – ganz im Gegenteil: Wählt man die $2n+2$ Parameter x_k und w_k so, dass die Integration für ein Polynom $(2n+1)$-ten Grades exakt ist, erhält man meist wesentlich genauere Ergebnisse als mit Trapez- und Simpsonformel oder deren Verallgemeinerungen.

Da sich jedes endliche Integrationsintervall $[a, b]$ mittels

$$x = \frac{2t - a - b}{b - a}$$

affin linear auf das Intervall $[-1, 1]$ transformieren lässt, genügt es, dieses Intervall zu betrachten. Wir suchen also nach einer Darstellung

$$\int_{-1}^{1} f(x)\,\mathrm{d}x \approx \sum_{k=0}^{n} w_k f(x_k),$$

die eine möglichst effiziente numerische Integration erlaubt. Dafür fordern wir, dass Polynome bis zum Grad $(2n+1)$ exakt integriert werden – das muss natürlich insbesondere für die Legendre-Polynome gelten. Wir haben gesehen, dass sich auf $[-1, 1]$ jede reguläre Funktion in Legendre-Polynome entwickeln, also in der Form

$$f(x) \approx \sum_{j=0}^{m} c_j P_j(x)$$

darstellen lässt. Im Normalfall fallen die Koeffizienten c_j mit wachsendem j schnell ab. Werden also die ersten Terme der Entwicklung exakt integriert, so sollte man für die Integration der gesamten Funktion immer noch ein sehr gutes Näherungsergebnis erwarten – und das ist tatsächlich meist der Fall.

Ein Grund hierfür ist die Parseval'sche Gleichung, die uns analog wie bei den Fourierreihen garantiert, dass die Quadratsumme der Koeffizienten für eine beschränkte Funktion beschränkt bleibt, dass also nicht plötzlich Terme hoher Ordnung wieder große Beiträge liefern.

Die Forderung nach exakter Integration von Polynomen möglichst hohen Grades legt Stützstellen und Gewichte eindeutig fest. Tatsächlich sind die Stützstellen x_k genau die Nullstellen des *Legendre-Polynoms* $(n+1)$-ter Ordnung, L_{n+1}.

Die Stützstellen sind jetzt nicht mehr äquidistant. Sie liegen symmetrisch um $x = 0$, und ihre Dichte nimmt zu den Intervallgrenzen hin zu.

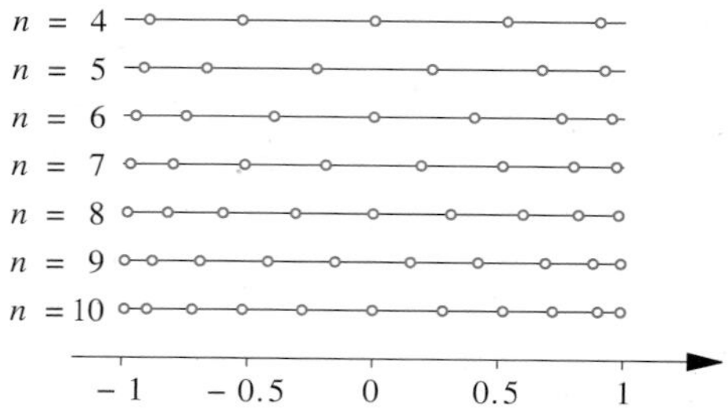

Die Randpunkte selbst sind dabei niemals Stützstellen. Das hat in bestimmten Situationen Vorteile, etwa wenn am Rand eine integrable Singularität liegt. Man muss den Randpunkt dann nicht speziell berücksichtigen, während man bei Trapez- oder Simpsonformel zusätzlichen Aufwand und die Gefahr systematischer Fehler in Kauf nehmen müsste.

Für die Gewichte erhält man

$$w_k = \frac{2}{(1 - x_k^2)\,[P'_{n+1}(x_k)]^2}$$

Damit hat man alle Parameter der Quadraturformel von *Gauß-Legendre* gefunden.

Wenn es darum geht, ein Integral näherungsweise mit einer vorgegebenen Zahl von Stützstellen auszuwerten, dann ist die Gauß-Legendre-Methode dem in Abschn. 12.5 vorgestellten Romberg-Verfahren meist deutlich überlegen.

Anders sieht die Sache allerdings im häufiger auftretenden Fall aus, dass für das Ergebnis eine gewisse Genauigkeit gefordert wird, und die Integration mit einer zunehmenden Zahl von Stützpunkten solange wiederholt wird, bis die Fehlerabschätzung innerhalb der Genauigkeitsschranke liegt.

Dabei sind Romberg und Gauß-Legendre oft fast äquivalent. Das liegt vor allem daran, dass im Romberg-Verfahren alle vorherigen Ergebnisse benutzt werden, während man bei Gauß-Legendre in jedem Schritt wieder alle Funktionswerte neu ermitteln muss.

Auch das Gauß-Legendre-Verfahren lässt sich allerdings so erweitern, dass die bisherigen Ergebnisse weiterverwendet werden können. Das führt auf die sogenannten **Gauß-Kronrod**-Formeln.

Literatur

- J. D. Faires, R. L. Burden: *Numerische Methoden. Näherungsverfahren und ihre praktische Anwendung.* Spektrum Akademischer Verlag, 2000.
- W. H. Press, S. A. Teukolsky, W. T. Vetterling: *Numerical Recipes. The Art of Scientific Computing.* Cambridge University Press, 3. Auflage 2007.

Verschiedene Skalarprodukte liefern verschiedene Familien von orthogonalen Polynomen

Das charakteristischste Merkmal der Legendre-Polynome war ihre Orthogonalität bezüglich des Skalarprodukts

$$\langle f, g\rangle = \int_{-1}^{1} f(x)\, g(x)\, \mathrm{d}x\,.$$

Da $((P_0, \ldots, P_{n-1}))$ eine Basis des n-dimensionalen reellen Vektorraums $\mathcal{P}_{n-1}$ aller Polynome vom Grad $\leq (n-1)$ darstellt, ist es klar, dass P_n nicht nur zu allen vorangegangenen Legendre-Polynome, sondern überhaupt zu allen Polynomen von kleinerem Grad orthogonal ist.

Da $\mathcal{P}_n$ aber ein $(n+1)$-dimensionaler Vektorraum ist, also gegenüber $\mathcal{P}_{n-1}$ nur eine Dimension dazukommt, ist P_n bis auf einen Vorfaktor eindeutig. Die Wahl des Skalarprodukts bestimmt (bis auf Normierung) eindeutig die Familie von Orthogonalpolynomen!

Um auf andere Arten von Ortogonalpolynomen zu kommen, muss man – so liegt es auf der Hand – andere Arten von Skalarprodukten benutzen.

Schon in der linearen Algebra haben wir die Möglichkeit kennengelernt, neben dem Standard-Skalarprodukt

$$\langle \boldsymbol{a}, \boldsymbol{b}\rangle = \boldsymbol{a}\cdot\boldsymbol{b} \equiv \boldsymbol{a}^{\mathrm{T}}\boldsymbol{b}$$

mithilfe positiv definiter Matrizen $\boldsymbol{A}$ andere Skalarprodukte der Form

$$\langle \boldsymbol{a}, \boldsymbol{b}\rangle_A = \boldsymbol{a}^{\mathrm{T}}\boldsymbol{A}\,\boldsymbol{b}$$

zu definieren. Ähnliches können wir auch in Funktionenräumen machen. Die Rolle der Matrix $\boldsymbol{A}$ übernimmt hier eine vorerst beliebige reelle Funktion p, mit der wir ein modifiziertes Skalarprodukt

$$\langle f, g\rangle_p = \int_I f(x)\, p(x)\, g(x)\, \mathrm{d}x$$

definieren. Die Funktion p muss allerdings noch einige Zusatzbedingungen erfüllen, um diese Definition sinnvoll zu machen.

In Analogie zur positiven Definitheit der Matrix A fordern wir nun im Integrationsbereich I Positivität von p, also $p(x) > 0$ für alle $x \in I$. Das garantiert uns, dass $\langle f, f\rangle \geq 0$ ist, und nur dann gleich null, wenn f fast überall verschwindet.

Da p in einem Integral auftaucht, müssen wir zudem die Integrierbarkeit auf I fordern – und zwar nicht nur von p selbst, sondern auch von Produkten mit beliebigen Polynomen.

Kommentar Letzteres ist für endliche Intervalle keine starke Einschränkung, sehr wohl aber für unbeschränkte Intervalle. Wählen wir etwa $I = \mathbb{R}$, so schließt diese Forderung die Funktion p_1 mit $p_1(x) = \frac{1}{1+x^2}$ aus, hingegen ist p_2 mit $p_2(x) = \mathrm{e}^{-x^2}$ zugelassen. Allgemein dürfen wir bei Integration über $\mathbb{R}$ nur Funktionen zulassen, die „schneller abfallen, als jede Potenz anwächst". ◀

Eine solche Funktionen p nennen wir eine **Gewichtsfunktion**. Der Name wird schnell klar, denn in einem modifizierten Skalarprodukt

$$\langle f, g\rangle_p = \int_I f(x)\, p(x)\, g(x)\, \mathrm{d}x$$

gibt sie an, mit welchem Gewicht die Funktionswerte in verschiedenen Regionen von I zum Gesamtergebnis beitragen. Ist für zwei Funktionen f und g

$$\langle f, g\rangle_p = 0\,,$$

so nennen wir f und g *orthogonal bezüglich p*. Streng genommen sollte man in alle diese Bezeichnungen noch den Integrationsbereich I angeben, da dieser aber meist klar ist, verzichtet man üblicherweise auf eine solche Angabe.

Verwendung von Nicht-Standard-Skalarprodukten erlaubt es uns, den Formalismus der Sturm-Liouville-Theorie wesentlich zu erweitern, das wird in der Vertiefung auf S. 1302 diskutiert.

Durch Wahl von I und p gelangt man nun – wie erhofft – zu anderen Familien von Orthogonalpolynomen, von denen die bekanntesten auf S. 1302 zusammengestellt sind.

Wählt man etwa $I = \mathbb{R}$ und $p(x) = \mathrm{e}^{-x^2}$, so erhält man die Hermite-Polynome H_n, die für $n \neq m$ die Orthogonalitätsrelation

$$\langle H_n, H_m\rangle_{\mathrm{e}^{-x^2}} = \int_{\infty}^{\infty} H_n(x)\, \mathrm{e}^{-x^2}\, H_m(x)\, \mathrm{d}x = 0$$

erfüllen – und so nebenbei die Hermite-Differenzialgleichung

$$y''(x) - 2x\, y'(x) + \lambda\, y(x) = 0$$

für $\lambda = 2n$ lösen. Auch andere Orthogonalpolynome ergeben sich als Lösungen von Differenzialgleichungen, die wir natürlich nicht alle im Detail diskutieren können. Stattdessen werden wir nun einige weitere Eigenschaften von Orthogonalpolynomen herausarbeiten.

Kommentar Gelegentlich ist es nützlich, die Gewichtsfunktion „aufzuteilen", um Funktionen zu konstruieren, die orthogonal bezüglich eines Standard-Skalarprodukts sind. Tut man das etwa für die Hermite-Polynome, so erhält man die *Hermite-Funktionen*

$$\psi_n(x) = \mathrm{e}^{-x^2/2}\, H_n(x)\,,$$

die nun orthogonal bezüglich des Skalarprodukts

$$\langle f, g\rangle = \int_{-\infty}^{\infty} f(x)\, g(x)\, \mathrm{d}x$$

sind. ◀

Teil V

Übersicht: Orthogonalpolynome

Wir stellen einige gebräuchliche Orthogonalpolynome zusammen. Diese sind orthogonal bezüglich des Skalarprodukts $\langle f, g\rangle = \int_I f(x)\,p(x)\,g(x)\,\mathrm{d}x$ mit $I = (a, b)$ und ergeben sich als Lösungen der Differenzialgleichung

$$(\beta(x)\,y'(x))' + \alpha(x)\,y'(x) + \lambda\,y(x) = 0\,.$$

(Mit den Bezeichnungen der Vertiefung unten gilt $\alpha(x) = \frac{r(x)}{p(x)}$ und $\beta(x) = \frac{r'(x)}{p(x)} - \left(\frac{r(x)}{p(x)}\right)'$.)

Alle angegebenen Polynome erfüllen zusätzlich die Bedingungen $p(a)\,\beta(a) = p(b)\,\beta(b) = 0$ und $\frac{p'}{p} = \frac{\alpha}{\beta}$.

Wir geben jeweils das Basisintervall $I = (a, b)$, die Koeffizientenfunktionen α und β, die zulässigen Parameter λ und die Gewichtsfunktion p an, zudem eine Darstellung mit Standardnormierung. Neben den hier angeführten Orthogonalpolynomen gibt es natürlich noch viele andere, die manchmal nützlich sein können, etwa die Jacobi- oder Gegenbauer-Polynome.

- **Legendre-Polynome P_n**

$$I = (-1, 1), \quad p(x) = 1,$$
$$\beta(x) = 1 - x^2, \quad \alpha(x) = 0,$$
$$\lambda = n(n+1),$$
$$P_n(x) = \frac{1}{2^n}\sum_{k=0}^{\lfloor n/2\rfloor} \frac{(-1)^k\,(2n-2k)!}{k!\,(n-k)!\,(n-2k)!}\,x^{n-2k}$$

- **Tschebyschev-Polynome T_n**

$$I = (-1, 1), \quad p(x) = 1/\sqrt{1-x^2},$$
$$\beta(x) = 1 - x^2, \quad \alpha(x) = x,$$
$$\lambda = n^2,$$
$$T_n(x) = \frac{n}{2}\sum_{k=0}^{\lfloor n/2\rfloor} \frac{(-1)^k\,(n-k-1)!}{k!\,(n-2k)!}\,(2x)^{n-2k}$$

- **Hermite-Polynome H_n**

$$I = \mathbb{R}, \quad p(x) = \mathrm{e}^{-x^2},$$
$$\beta(x) = 1, \quad \alpha(x) = -2x,$$
$$\lambda = 2n,$$
$$H_n^{\nu}(x) = \sum_{k=0}^{\lfloor n/2\rfloor} \frac{(-1)^k\,n!}{k!\,(n-2k)!}\,(2x)^{n-2k}$$

- **Laguerre-Polynome L_n^{ω}**

$$I = \mathbb{R}_{\geq 0}, \quad p(x) = x^{\omega}\,\mathrm{e}^{-x},$$
$$\beta(x) = x, \quad \alpha(x) = \omega - x,$$
$$\lambda = n,$$
$$L_n^{\omega}(x) = \sum_{k=0}^{n} \frac{(-1)^k}{k!}\binom{\omega+n}{n-k}\,x^k$$

Vertiefung: Viele Randwertprobleme lassen sich auf Sturm-Liouville-Typ bringen

Wir haben bereits in Abschn. 34.3 gesehen, dass sich Randwertprobleme vom Sturm-Liouville-Typ mit Methoden behandeln lassen, die weitgehend analog zur Hauptachsentransformation der linearen Algebra funktionieren. Wir zeigen nun, wie sich durch Verwendung eines erweiterten Skalarprodukts eine sehr viel größere Klasse von Randwertproblemen auf diese Form bringen lässt.

Oft verallgemeinert man das Sturm-Liouville-Problem noch, indem man eine recht allgemeine *Gewichtsfunktion p* zulässt, also die Gleichung

$$L\,y(x) - \lambda\,p(x)\,y(x) = 0$$

untersucht. Der Grund für die Betrachtung dieses allgemeineren Ausdrucks ist, dass man *jede* Differenzialgleichung der Form

$$a_2(x)\,y''(x) + a_1(x)\,y'(x) + a_0(x)\,y(x) + \lambda\,y(x) = 0$$

mit stetig differenzierbarem und nirgendwo verschwindendem a_2 in Sturm-Liouville-Form schreiben kann. Dazu multiplizieren wir die Gleichung mit dem Ausdruck $\mathrm{e}^{s(x)}$, und die Forderung der formalen Selbstadjungiertheit wird zu

$$s'(x) = \frac{a_1(x) - a_2'(x)}{a_2(x)}\,.$$

Das ist leicht zu erfüllen, zumindest im Prinzip, man wählt s einfach als beliebige Stammfunktion zu $(a_1 - a_2')/a_2$. Selbst wenn man diese vielleicht nicht explizit ausdrücken kann, existieren tut sie unter den üblichen Bedingungen an die Koeffizienten a_1 und a_2 auf jeden Fall.

Analog zum konventionellen Sturm-Liouville-Problem hat nun ein Eigenwertproblem der Bauart

$$(r\,y')' + q\,y + \lambda\,p\,y = 0 \qquad \begin{cases}\alpha_1\,y(a) + \alpha_2\,y'(a) = 0\\ \beta_1\,y(b) + \beta_2\,y'(b) = 0\,,\end{cases}$$

Lösungen für spezielle Werte von λ (Eigenwerte). Zu diesen Lösungen gehören jeweils Eigenfunktionen, und diese sind bezüglich des Skalarprodukts

$$\langle f, g\rangle = \int_a^b f(x)\,p(x)\,g(x)\,\mathrm{d}x$$

orthogonal.

Die Formel von Rodriguez erlaubt die Darstellung von Orthogonalpolynomen durch einen Ableitungsoperator

Es gibt verschiedene Darstellungen von Orthogonalpolynomen. Besonders nützlich ist oft die Beschreibung durch einen speziellen Differenzialoperator. Ein Beispiel dafür haben wir bereits mit der Rodriguez-Darstellung der Legendre-Polynome kennengelernt. Nun präsentieren wir jedoch den allgemeinen Zusammenhang.

Formel von Rodriguez

Ein System $\{Q_n\}$ von Ortogonalpolynomen mit Gewichtsfunktion p genüge (mit den Bezeichnungen von S. 1302) den Bedingungen

$$\frac{p'}{p} = \frac{\alpha}{\beta}, \quad p(a)\,\beta(a) = p(b)\,\beta(b) = 0\,.$$

Dann gilt die Darstellung

$$Q_n(x) = N_n \frac{1}{p(x)} \frac{\mathrm{d}^n}{\mathrm{d}x^n}\,(p(x)\,\beta^n(x))$$

mit Normierungsfaktoren N_n.

Der Beweis erfolgt im Wesentlichen, indem man zeigt, dass die durch die Rodriguez-Formel definierten Funktionen Q_n Polynome und orthogonal bezüglich p sind. Da bei gegebenem Gewicht p die Orthogonalpolynome bis auf Normierung eindeutig sind, ist der Beweis dadurch bereits erbracht.

Lösungen der allgemeinen Legendre-Gleichung lassen sich aus den Legendre-Polynomen ableiten

Die allgemeine Legendre-Differenzialgleichung hat die Form

$$(1-x^2)u'' - 2x\,u' + \left(\lambda - \frac{m^2}{1-x^2}\right) u = 0\,.$$

Für $m = 0$ und $\lambda = n\,(n+1)$ haben wir als Lösung dieser Differenzialgleichung die Legendre-Polynome erhalten. Was ist aber mit dem Fall $m \neq 0$?

Informationen darüber liefert die Theorie komplexer Differenzialgleichungen, auf die wir in diesem Buch nicht genauer eingehen können – als gut lesbare Lektüre zu diesem Thema empfehlen wir das Buch von Klaus Jänich: *Analysis für Physiker und Ingenieure*.

Zumindest den Grund, warum es hilfreich ist, hier *komplex* zu arbeiten, wollen wir aber doch kurz diskutieren. Für $m \neq 0$ hat ein Koeffizient der Differenzialgleichung Pole an den Stellen $x = \pm 1$. Dort ist demnach nicht einmal die Differenzialgleichung selbst definiert – wie sollten es dann ihre Lösungen sein?

Die Singularitäten zerlegen die Zahlengerade in die drei Bereiche $(-\infty, 1)$, $(-1, 1)$ und $(1, \infty)$, wo die Lösungen jeweils „nichts voneinander wissen". Betrachtet man die Situation jedoch komplex, so hat man einerseits einen zusammenhängenden Bereich vorliegen, in dem die Gleichung definiert ist, andererseits kann man das gesamte Instrumentarium der Funktionentheorie anwenden, um das Verhalten der Lösungen in Abhängigkeit der Polstruktur der Koeffizienten zu untersuchen.

Für die Legendre-Differenzialgleichung ergibt sich, dass man solche Lösungen stets in der Form

$$u(x) = (1-x^2)^{m/2}\,g(x)$$

schreiben kann, wobei g eine auf ganz $\mathbb{C}$ holomorphe Funktion ist. Einsetzen dieses Ausdrucks in die Differenzialgleichung ergibt

$$(1-x^2)\,g'' - 2(m+1)x\,g' + (\lambda - m\,(m+1))\;g = 0\,. \quad (34.2)$$

Setzen wir für die Lösung wieder eine Potenzreihe an, so erhalten wir für die Koeffizienten a_k die Rekursionsformel

$$a_{k+1} = \frac{(m+k)\,(m+k+1) - \lambda}{(k+1)\,(k+2)}\,a_k\,.$$

Für $\lambda \neq n\,(n+1)$ mit $n \in \mathbb{N}$ erhalten wir wieder eine Potenzreihe mit Konvergenzradius 1, die für unsere Zwecke unbrauchbar ist. Demnach kommen wieder nur Lösungen mit $\lambda = n\,(n+1)$ in Betracht, bei der die Rekursion abbricht und man lediglich ein Polynom erhält.

Diese Polynome können wir erfreulicherweise recht einfach aus den Legendre-Polynomen erhalten. Leiten wir nämlich (34.2) nach x ab, so erhalten wir

$$(1-x^2)(g')'' - 2(m+1)x(g')' + (\lambda - (m+1)(m+2))g' = 0.$$

Ist also g eine Lösung der Gleichung für m, so erfüllt g' die Gleichung für $(m+1)$. Für $m = 0$ wird (34.2) aber einfach zur speziellen Legendre-Gleichung, die ja von den Legendre-Polynomen erfüllt wird.

Lösungen für beliebige $m \in \mathbb{N}$ können wir demnach einfach durch m-faches Ableiten der Legendre-Polynome erhalten. Man spricht von *zugeordneten Legendre-Funktionen*.

Zugeordnete Legendre-Funktionen

Die Funktionen

$$P_n^m(x) = (1-x^2)^{m/2}\,\frac{\mathrm{d}^m}{\mathrm{d}x^m} P_n(x)$$

(mit $n \in \mathbb{N}$ und $m \in \mathbb{N}_0$, $m \leq n$) heißen **zugeordnete Legendre-Funktionen**. Sie sind die Lösungen der Legendre-Gleichung

$$(1-x^2)u'' - 2x\,u' + \left(n\,(n+1) - \frac{m^2}{1-x^2}\right) u = 0\,.$$

Teil V

Auch die zugeordneten Legendre-Funktionen erfüllen eine Orthogonalitätsrelation, nämlich

$$\int_{-1}^{1} P_l^m(x)\, P_k^n(x) = \frac{\delta_{mn}\,\delta_{kl}}{l+\frac{1}{2}}\,\frac{(l+m)!}{(l-m)!}$$

für $0 \leq m \leq l$.

Kommentar Gelegentlich werden die zugeordneten Legendre-Funktionen auch *Kugelfunktionen* genannt, manchmal wird diese Bezeichnung aber auch für $P_n(\cos\vartheta)$, für die im nächsten Abschnitt diskutierten Kugelflächenfunktionen oder als Oberbegriff für alle drei verwendet. ◄

Kugelflächenfunktionen bilden ein Basissystem auf der Kugeloberfläche

Der Winkelanteil, den unsere Separationsansätze in Kugelkoordinaten lieferten, hatte die Gestalt

$$\Delta_{S^2} Y + \lambda\, Y = 0\,,$$

wobei Δ_{S^2} für den Winkelanteil des Laplace-Operators steht, ausgeschrieben

$$\frac{1}{\sin^2\vartheta}\,\frac{\partial^2 Y}{\partial\varphi^2} + \frac{1}{\sin\vartheta}\,\frac{\partial}{\partial\vartheta}\left(\sin\vartheta\,\frac{\partial Y}{\partial\vartheta}\right) + \lambda\, Y = 0\,.$$

Lösungen dieser Gleichung nennen wir **Kugelflächenfunktionen**, eine Lösung zu $\lambda = l\,(l+1)$ heißt Kugelflächenfunktion vom Grad l.

Aus unseren bisherigen Betrachtungen wissen wir bereits, dass

$$P_l^m(\cos\vartheta)\, e^{im\varphi} \qquad (34.3)$$

mit $m = -l, -l+1, \ldots, l-1, l$ allesamt Kugelflächenfunktionen vom Grad l sind. Das gilt natürlich ebenso für Linearkombinationen und insbesondere für die reellen Funktionen

$$P_l^m(\cos\vartheta)\,\cos(m\varphi) \quad \text{und} \quad P_l^m(\cos\vartheta)\,\sin(m\varphi)\,.$$

mit $m = 1, \ldots, l$. Die reellen Kugelflächenfunktionen kann man auf ihr Vorzeichenverhalten untersuchen. Das ist in Abb. 34.3 skizziert, je nach Verlauf der positiven und negativen Bereiche spricht man von *zonalen*, *sektoralen* und *tesseralen* Kugelflächenfunktionen.

Mit unseren Ergebnissen über zugeordnete Legendre-Funktionen sehen wir sofort, dass die Funktionen in (34.3) orthogonal bezüglich Integration über die Kugeloberfläche S^2 sind. Im Skalarprodukt wird dabei, wie im komplexen Fall notwendig, eine der beiden Funktionen komplex konjugiert.

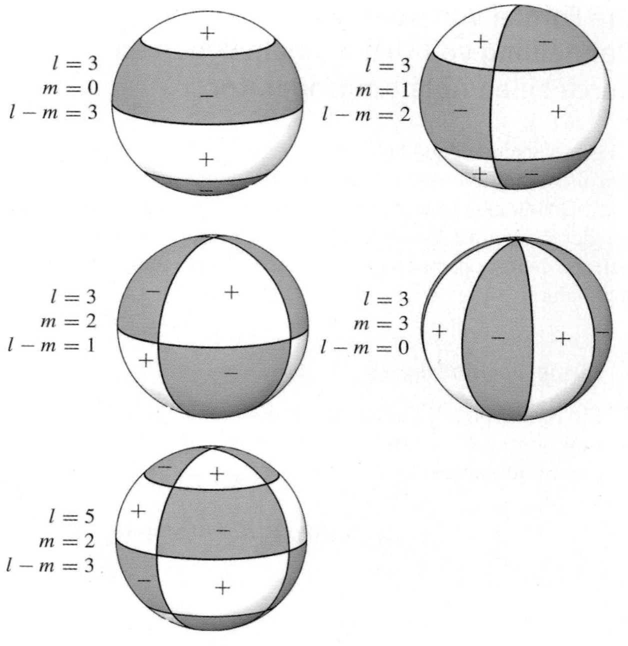

Abb. 34.3 Zonale ($m = 0$), sektorale ($l = m$) und tesserale ($0 < m < l$) Kugelflächenfunktionen

Auch die Normierungsfaktoren kann man sofort durch direkte Rechnung bestimmen, und wir können uns damit unmittelbar ein Ortho*normal*system konstruieren.

Orthonormalität der Kugelflächenfunktionen

Die komplexen Kugelflächenfunktionen

$$Y_l^m(\vartheta,\varphi) = (-1)^m \sqrt{\frac{2l+1}{4\pi}\,\frac{(l-m)!}{(l+m)!}}\; P_l^m(\cos\vartheta)\, e^{im\varphi}$$

$$Y_l^{-m} = (-1)^m\, \overline{Y_l^m}$$

bilden auf der Einheitskugel ein Orthogonalsystem mit

$$\iint_{S^2} Y_m^k(\vartheta,\varphi)\overline{Y_n^l}(\vartheta,\varphi)\,\mathrm{d}\Omega = \delta_{mn}\,\delta_{kl}\,.$$

Der Vorfaktor $(-1)^m$ in der Definition ist dabei reine Konvention. Man kann zeigen, dass es jeweils nicht mehr als $2l+1$ linear unabhängige Kugelflächenfunktionen vom Grad l geben kann. Unsere Funktionen Y_l^m sind demnach eine vollständige Basis der Kugelflächenfunktionen, und jede stetige Funktion auf S^2 lässt sich in Kugelflächenfunktionen entwickeln.

Anwendungsbeispiel Die Lösung der Schrödingergleichung für das Wasserstoffatom führt für den Winkelteil auf

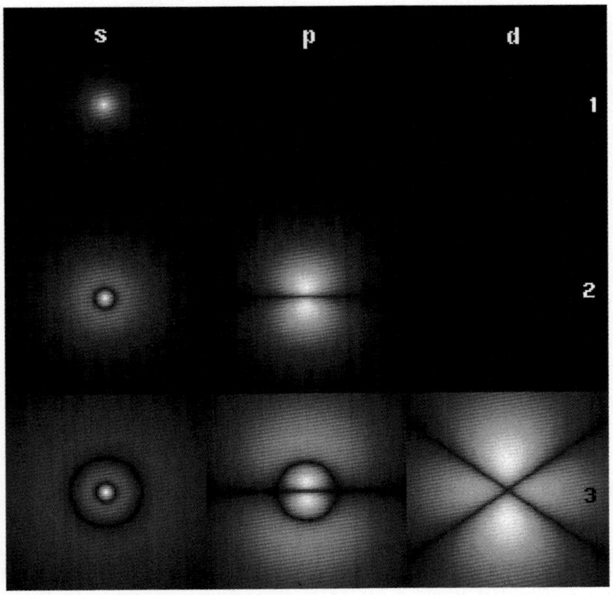

Abb. 34.4 Die Winkelabhängigkeit der Orbitale des Wasserstoffatoms sind durch Kugelflächenfunktionen gegeben

Kugelflächenfunktionen. Dabei steht l für die Drehimpulsquantenzahl, m mit $-l \leq m \leq l$ ist die magnetische Quantenzahl, die die Ausrichtung des Drehimpulses bezüglich einer festen Achse beschreibt.

Zusammen mit der Lösung für den Radialteil erhält man so unter anderem die in Abb. 34.4 dargestellten Orbitale. ◀

34.5 Zylinderfunktionen

Wir haben uns nun ausführlich mit den Funktionen beschäftigt, die sich aus dem Winkelanteil bei Separation in Kugelkoordinaten ergeben. Die letztlich resultierenden Kugelflächenfunktionen ließen sich im Prinzip sogar noch mittels elementarer Funktionen ausdrücken – in erster Linie durch Polynome mit Winkelfunktionen als Argument.

Wir gehen nun zu den Funktionen über, die sich bei Separation in Zylinderkoordinaten für $R(\rho)$ ergeben, und hier reichen die elementaren Funktionen endgültig nicht mehr aus. Erinnern bzw. definieren wir aber zunächst:

Bessel'sche Differenzialgleichung

Die Bessel'sche Differenzialgleichung lautet

$$u'' + \frac{1}{x}u' + \left(1 - \frac{\lambda^2}{x^2}\right)u = 0\,.$$

Ihre Lösungen heißen **Zylinderfunktionen**.

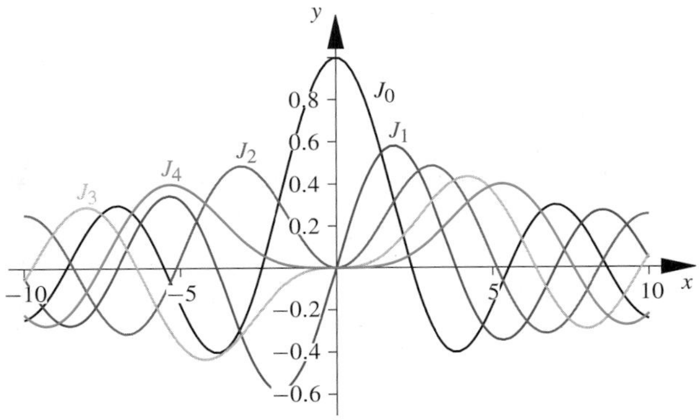

Abb. 34.5 Die Besselfunktionen J_0 bis J_4

Die Bezeichnung *Zylinderfunktionen* ist vielleicht nicht ganz glücklich gewählt, weil es sich hier um Funktionen handelt, die vom Radialanteil der Separation her kommen, im Gegensatz zu den Kugelfunktionen, die ja aus dem Winkelanteil stammen. Die Bezeichnungsweise ist aber so weit verbreitet, dass wir uns ihr auch anschließen.

Zylinderfunktionen tauchen als Lösungen vieler Probleme mit Zylindersymmetrie auf. Der naheliegendste Weg, eine Lösung der Bessel'schen Differenzialgleichung zu finden, ist, wie schon in Kap. 28 gezeigt, wiederum ein Potenzreihenansatz. Dieser Ansatz liefert mit der üblichen Normierung die nach Friedrich W. Bessel (1784–1846) benannten Besselfunktionen.

Reihendarstellung der Besselfunktionen

Für die Besselfunktionen J_λ erhalten wir die Reihendarstellung

$$J_\lambda(z) = \left(\frac{z}{2}\right)^\lambda \sum_{k=0}^{\infty} \frac{(-1)^k}{k!\,\Gamma(1+k+\lambda)} \left(\frac{z}{2}\right)^{2k}$$

für $z \in \mathbb{C}$ und $\lambda \in \mathbb{C} \setminus \mathbb{Z}_{<0}$. Die Funktion kann nach $\lambda \in \mathbb{Z}_{<0}$ holomorph fortgesetzt werden.

Die ersten dieser Funktionen sind in Abb. 34.5 dargestellt.

Für ganzzahlige Parameter benötigt man eine zweite Art von Zylinderfunktionen

Durch Einsetzen in die Reihendarstellung sieht man, dass für ganzzahlige Parameter $\lambda = n \in \mathbb{Z}$

$$J_{-n}(z) = (-1)^n J_n(z)$$

gilt. Demnach sind J_n und J_{-n} linear abhängig. Diese lineare Abhängigkeit liegt glücklicherweise wirklich nur für *ganzzah-*

Teil V

lige Werte des Parameters λ vor. Wir erhalten für die Wronski-Determinante

$$W_\lambda(z) = -\frac{2\sin(\pi\lambda)}{\pi z},$$

und für $\lambda \notin \mathbb{Z}$ ist dieser Ausdruck ungleich null. Die beiden Lösungen J_λ und $J_{-\lambda}$ sind in diesem Fall linear unabhängig. Sie bilden damit ein Fundamentalsystem der Bessel'schen Differenzialgleichung.

Für $\lambda = n \in \mathbb{N}$ kennen wir allerdings vorerst nur eine Lösung. Um ein Fundamentalsystem angeben zu können, benötigen wir noch eine weitere. Diese können wir uns durch einen Grenzprozess erzeugen.

Für $\lambda \notin \mathbb{Z}$ ist die Linearkombination

$$\cos(\lambda\pi)J_\lambda(z) - J_{-\lambda}(z)$$

sicher eine Lösung der Bessel'schen Differenzialgleichung, und, da sie ja $J_{-\lambda}$ enthält, linear unabhängig von J_λ. Im Grenzfall $\lambda \to n \in \mathbb{Z}$ verschwindet diese Differenz; genauer liegt eine Nullstelle erster Ordnung in λ vor. Dividiert man daher den Ausdruck durch eine Funktion von λ, die ebenfalls für $\lambda \in \mathbb{Z}$ Nullstellen erster Ordnung hat, so darf man hoffen, dass der Quotient einerseits für $\lambda \to n \in \mathbb{Z}$ nicht verschwindet, andererseits noch immer unabhängig von J_n ist.

Die wohl einfachste Funktion mit dem gewünschten Nullstellenverhalten ist f mit $f(\lambda) = \sin(\lambda\pi)$, und tatsächlich funktioniert die Methode wie erhofft. Durch Berechnung der Wronski-Determinante kann man schnell nachprüfen, dass man so tatsächlich eine von J_n unabhängige Lösung der Bessel'schen Differenzialgleichung erhält.

Neumannfunktionen

Die Neumannfunktionen

$$N_\lambda(z) = \frac{\cos(\lambda\pi)J_\lambda(z) - J_{-\lambda}(z)}{\sin(\lambda\pi)} \quad \text{für } \lambda \notin \mathbb{Z}$$

$$N_n(z) = \lim_{\lambda\to n} N_\lambda(z) \quad \text{für } n \in \mathbb{N}$$

sind jeweils linear unabhängig von J_λ. Daher ist $\{J_n, N_n\}$ ein Fundamentalsystem der Bessel'schen Differenzialgleichung für $\lambda = n$.

Die Neumannfunktionen divergieren logarithmisch für $x \to 0$. N_1 bis N_4 sind in Abb. 34.6 dargestellt.

Kommentar Für spezielle Probleme ist es nützlich, Bessel- und Neumannfunktionen zu den *Hankel-Funktionen* erster bzw. zweiter Art

$$H^{(1)}_{(\lambda)}(z) = J_\lambda(z) + \mathrm{i}\,N_\lambda(z)$$

$$H^{(2)}_{(\lambda)}(z) = J_\lambda(z) - \mathrm{i}\,N_\lambda(z)$$

zu kombinieren, in Analogie zu

$$\mathrm{e}^{\mathrm{i}x} = \cos x + \mathrm{i}\sin x, \quad \mathrm{e}^{-\mathrm{i}x} = \cos x - \mathrm{i}\sin x.$$

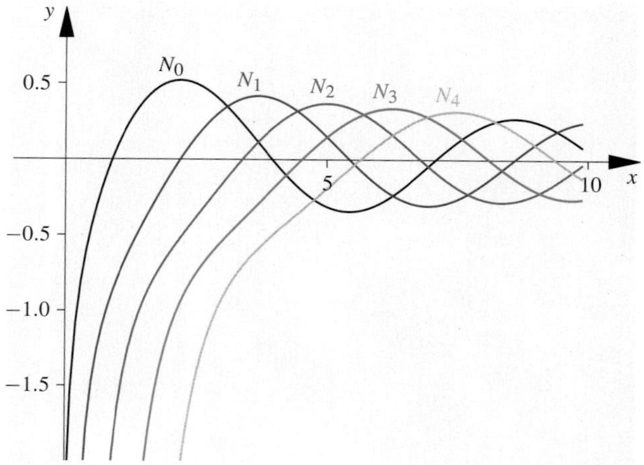

Abb. 34.6 Die Neumannfunktionen N_0 bis N_4

Besselfunktionen werden manchmal auch als Zylinderfunktionen erster Art bezeichnet, Neumannfunktionen als Zylinderfunktionen zweiter Art. In dieser Nomenklatur sind die Hankel-Funktionen die Zylinderfunktionen dritter Art. ◄

Sphärische Besselfunktionen

Die Helmholtz-Gleichung

$$\Delta u + k^2 u = 0$$

entsteht zum Beispiel durch Abseparieren der Zeit in der Wellengleichung. In bestimmten Situationen (etwa Streuproblemen der Quantenmechanik) ist es sinnvoll, diese Gleichung in Kugelkoordinaten zu separieren. Für den Radialteil ergibt sich dann die Gleichung

$$R'' + \frac{2}{r}R' + \left(k^2 - \frac{l(l+1)}{r^2}\right) R = 0,$$

die man mittels $x = kr$ und $R(r) = u(x)/\sqrt{x}$ in der Form

$$u'' + \frac{1}{x}u' + \left(1 - \frac{\left(l+\frac{1}{2}\right)^2}{x^2}\right) u = 0$$

mit $l \in \mathbb{N}_0$ schreiben kann. Das ist ein Spezialfall der Bessel'schen Differenzialgleichung mit den Lösungen $J_{l+\frac{1}{2}}$ und $J_{-l-\frac{1}{2}}$. Diese lassen sich – als einzige Zylinderfunktionen – mittels elementarer Funktionen ausdrücken. Wegen der Rekursionsformel

$$z\left(J_{\lambda-1}(z) + J_{\lambda+1}\right) = 2\lambda J_\lambda(z)$$

brauchen wir das nur für $J_{\frac{1}{2}}$ und $J_{-\frac{1}{2}}$ nachzuweisen. Benutzen wir in der Reihendarstellung

$$J_{\frac{1}{2}}(z) = \left(\frac{z}{2}\right)^{\frac{1}{2}} \sum_{k=0}^{\infty} \frac{(-1)^k}{k!\,\Gamma(k+\frac{3}{2})} \left(\frac{z}{2}\right)^{2k}.$$

den Ergänzungssatz der Gammafunktion in der Form

$$\Gamma\left(k+\frac{3}{2}\right)=\sqrt{\pi}\,\frac{(2k+1)!}{2^{2k+1}\,k!},$$

so erhalten wir

$$J_{\frac{1}{2}}(z)=\sqrt{\frac{2}{\pi z}}\sum_{k=0}^{\infty}\frac{(-1)^k}{(2m+1)!}\,z^{2k+1}=\sqrt{\frac{2}{\pi z}}\,\sin z$$

und analog $J_{-\frac{1}{2}}(z)=\sqrt{\frac{2}{\pi z}}\,\cos z$.

Oft wird für diese **sphärischen Besselfunktionen** eine eigene Bezeichnung eingeführt, in die man auch gleich den Vorfaktor $\sqrt{\frac{2}{\pi z}}$ absorbiert,

$$j_n(z)=\sqrt{\frac{2}{\pi z}}\,J_{n+\frac{1}{2}}(z)\,.$$

Diese Funktionen tauchen an den verschiedensten Stellen auf, unter anderem bei der Entwicklung einer ebenen räumlichen Welle $e^{i x_3}=e^{i r\cos\vartheta}$ nach *Kugelfunktionen*,

$$e^{i r\cos\vartheta}=\sum_{l=0}^{\infty}(2l+1)\,i^l\,j_l(r)\,P_l(\cos\vartheta)\,.$$

Zusammenfassung

Die Gammafunktion

Die Gammafunktion verallgemeinert die Fakultät auf komplexe Argumente.

Definition der Gammafunktion (für positive Argumente)

Die Gammafunktion Γ ist für beliebige $x \in \mathbb{R}_{>0}$ definiert als

$$\Gamma(x) = \int_0^\infty t^{x-1}\,\mathrm{e}^{-t}\,\mathrm{d}t$$

und erfüllt die Funktionalgleichung

$$\Gamma(1+x) = x\,\Gamma(x)\,.$$

Für $n \in \mathbb{N}_0$ gilt $\Gamma(n+1) = n!$.

Die Werte der Gammafunktion an verschiedenen Stellen sind durch mehrere Funktionalgleichungen verknüpft. Insbesondere gelten der **Ergänzungssatz** $\Gamma(z)\,\Gamma(1-z) = \frac{\pi}{\sin(\pi z)}$ und die **Verdopplungsformel**

$$\Gamma(2z) = \frac{1}{\sqrt{\pi}}\,2^{2z-1}\,\Gamma(z)\,\Gamma\left(z+\frac{1}{2}\right)\,.$$

Stirling-Formel

Für große Werte von n gilt die **Formel von Stirling**:

$$\begin{aligned} n! &= n^n\,\mathrm{e}^{-n}\,\sqrt{2\pi n}\,\left(1 + O(\tfrac{1}{n})\right) \\ &\sim n^n\,\mathrm{e}^{-n}\,\sqrt{2\pi n} \end{aligned}$$

Während der absolute Fehler dieser Näherung für $n \to \infty$ divergiert, geht der relative Fehler gegen null.

Differenzialgleichungen aus Separationsansätzen

Verschiedene wichtige gewöhnliche Differenzialgleichungen zweiter Ordnung ergeben sich aus der Separation von partiellen Differenzialgleichungen.

Bei Separation der Laplace-Gleichung in Zylinderkoordinaten erhält man die *Bessel'sche Differenzialgleichung*

$$u'' + \frac{1}{x}\,u' + \left(1 - \frac{n^2}{x^2}\right)\,u = 0\,.$$

Aus dem Winkelanteil des Laplace-Operators erhält man bei Separation in Kugelkoordinaten die *Legendre'sche Differenzialgleichung*

$$(1-x^2)\,u'' - 2x\,u' + \left(\lambda - \frac{m^2}{1-x^2}\right)\,u = 0\,.$$

Besonders wichtig ist hier der rotationssymmetrische Fall $m = 0$.

Das Sturm-Liouville-Problem

Wir können viele Differenzialgleichungen als Eigenwertprobleme formulieren und mit Methoden ähnlich denen aus der linearen Algebra lösen. Das gelingt auf jeden Fall für Differenzialgleichungen vom Sturm-Liouville-Typ.

Sturm-Liouville-Operator

Ein auf $C^2[a,\,b]$ definierter Differenzialoperator der Form

$$\mathcal{L}\,y = (r\,y')' + q\,y \qquad \begin{cases} \alpha_1\,y(a) + \alpha_2\,y'(a) = 0 \\ \beta_1\,y(b) + \beta_2\,y'(b) = 0 \end{cases}$$

mit Konstanten $\alpha_i,\ \beta_k \in \mathbb{R}$ (wobei α_1 und α_2 bzw. β_1 und β_2 jeweils nicht gleichzeitig null sein dürfen) wird **Sturm-Liouville-Operator** genannt, die Eigenwertgleichung

$$\mathcal{L}\,y + \lambda\,y = 0$$

Sturm-Liouville-Problem.

Die Lösungen eines Sturm-Liouville-Problems zu verschiedenen Eigenwerten sind orthogonal bezüglich des Skalarprodukts $\langle f,\,g\rangle = \int_a^b f(x)\,g(x)\,\mathrm{d}x$.

Durch Einführung einer *Gewichtsfunktion* und eines allgemeinen Skalarprodukts lässt sich jede lineare Differenzialgleichung zweiter Ordnung auf Sturm-Liouville-Form bringen.

Orthogonalpolynome und Kugelfunktionen

Für viele Differenzialgleichungen vom Sturm-Liouville-Typ lassen sich Polynomlösungen angeben. So ergeben sich etwa die Legendre-Polynome als Lösungen der Legendre'schen Differenzialgleichung. Diese Polynome erfüllen die Orthogonalitätsbeziehung:

$$\int_{-1}^{1} P_n(x)\, P_m(x)\, \mathrm{d}x = \begin{cases} \frac{1}{n+1/2} & \text{für } m = n \\ 0 & \text{sonst} \end{cases}$$

Verschiedene verallgemeinerte Skalarprodukte

$$\langle f, g \rangle = \int_a^b f(x)\, p(x)\, g(x)\, \mathrm{d}x$$

liefern verschiedene Familien von orthogonalen Polynomen. Derartige Orthogonalpolynome lassen sich zum Beispiel durch einen Ableitungsoperator darstellen. Mit der Gewichtsfunktion p gilt dabei die Formel von Rodriguez

$$Q_n(x) = N_n \frac{1}{p(x)} \frac{\mathrm{d}^n}{\mathrm{d}x^n} (p(x)\, \beta^n(x))$$

mit Normierungsfaktoren N_n.

Lösungen der allgemeinen Legendre- Gleichung lassen sich aus den Legendre-Polynomen ableiten

Zugeordnete Legendre-Funktionen

Die Funktionen

$$P_n^m(x) = (1-x^2)^{m/2} \frac{\mathrm{d}^m}{\mathrm{d}x^m} P_n(x)$$

(mit $n \in \mathbb{N}$ und $m \in \mathbb{N}_0$, $m \leq n$) heißen **zugeordnete Legendre-Funktionen**. Sie sind die Lösungen der Legendre-Gleichung

$$(1-x^2)u'' - 2x\,u' + \left(n\,(n+1) - \frac{m^2}{1-x^2}\right) u = 0\,.$$

Mithilfe dieser Funktionen können wir die *Kugelflächenfunktionen* definieren. Diese bilden ein Basissystem auf der Kugeloberfläche.

Orthonormalität der Kugelflächenfunktionen

Die komplexen Kugelflächenfunktionen

$$Y_l^m(\vartheta, \varphi) = (-1)^m \sqrt{\frac{2l+1}{4\pi} \frac{(l-m)!}{(l+m)!}}\, P_l^m(\cos\vartheta)\, \mathrm{e}^{\mathrm{i}m\varphi}$$

$$Y_l^{-m} = (-1)^m\, \overline{Y_l^m}$$

bilden auf der Einheitskugel ein Orthogonalsystem mit

$$\iint_{S^2} Y_m^k(\vartheta, \varphi) \overline{Y_n^l}(\vartheta, \varphi)\, \mathrm{d}\Omega = \delta_{mn}\, \delta_{kl}\,.$$

Zylinderfunktionen

Wir nennen Lösungen der Bessel'schen Differenzialgleichung **Zylinderfunktionen**. Diese lassen sich im Allgemeinen nicht mehr durch elementare Funktionen ausdrücken.

Reihendarstellung der Besselfunktionen

Für die Besselfunktionen J_λ erhalten wir die Reihendarstellung

$$J_\lambda(z) = \left(\frac{z}{2}\right)^\lambda \sum_{k=0}^{\infty} \frac{(-1)^k}{k!\, \Gamma(1+k+\lambda)} \left(\frac{z}{2}\right)^{2k}$$

für $z \in \mathbb{C}$ und $\lambda \in \mathbb{C} \setminus \mathbb{Z}_{<0}$. Die Funktion kann nach $\lambda \in \mathbb{Z}_{<0}$ holomorph fortgesetzt werden.

Für $\lambda = n \in \mathbb{Z}$ sind die Funktionen J_n und J_{-n} nicht linear unabhängig, entsprechend benötigt man eine zweite Art von Zylinderfunktionen.

Neumannfunktionen

Die Neumannfunktionen

$$N_\lambda(z) = \frac{\cos(\lambda\pi) J_\lambda(z) - J_{-\lambda}(z)}{\sin(\lambda\pi)} \quad \text{für } \lambda \notin \mathbb{Z}$$

$$N_n(z) = \lim_{\lambda \to n} N_\lambda(z) \quad \text{für } n \in \mathbb{N}$$

sind jeweils linear unabhängig von J_λ. Daher ist $\{J_n, N_n\}$ ein Fundamentalsystem der Bessel'schen Differenzialgleichung für $\lambda = n$.

Gelegentlich werden Bessel- und Neumannfunktionen zu *Hankelfunktionen* kombiniert.

Sphärische Besselfunktionen

Die sphärischen Besselfunktionen

$$j_n(z) = \sqrt{\frac{2}{\pi z}}\, J_{n+\frac{1}{2}}(z)$$

lassen sich durch elementare Funktionen ausdrücken. Sie tauchen unter anderem als Koeffizienten der Entwicklung einer ebenen räumlichen Welle nach Kugelfunktionen auf.

Bonusmaterial

Im Bonusmaterial besprechen wir einige weitere Eigenschaften der Gammafunktion sowie einer weiteren verwandten Funktion, der *Betafunktion*. Orthogonalpolynome, aber auch beispielsweise Zylinderfunktionen lassen sich besonders bequem mithilfe von *erzeugenden Funktionen* beschreiben. Mit deren Hilfe können wir beispielsweise verschiedenste Rekursionsformeln ableiten.

Neben den hier vorgestellten speziellen Funktionen gibt es noch einige weitere Arten, die in diversen Anwendungen eine Rolle spielen. Hier sind insbesondere *hypergeometrische* Funktionen zu nennen, aber auch auf *elliptische* Funktionen werden wir kurz eingehen und in einer Vertiefung auch eine der geheimnisvollsten Funktionen überhaupt diskutieren – die *Riemann'sche Zetafunktion*.

Für große Argumente lassen sich spezielle Funktionen oft durch einfachere Ausdrücke annähern – die Stirling-Formel ist dafür ein Paradebeispiel. Wir gehen der Frage nach, wie sich solche *asymptotischen Entwicklungen* für allgemeine Funktionen gewinnen lassen und welche Eigenschaften sie haben.

Aufgaben

Die Aufgaben gliedern sich in drei Kategorien: Anhand der *Verständnisfragen* können Sie prüfen, ob Sie die Begriffe und zentralen Aussagen verstanden haben, mit den *Rechenaufgaben* üben Sie Ihre technischen Fertigkeiten und die *Anwendungsprobleme* geben Ihnen Gelegenheit, das Gelernte an praktischen Fragestellungen auszuprobieren.
Ein Punktesystem unterscheidet leichte •, mittelschwere •• und anspruchsvolle ••• Aufgaben. Lösungshinweise am Ende des Buches helfen Ihnen, falls Sie bei einer Aufgabe partout nicht weiterkommen. Dort finden Sie auch die Lösungen – betrügen Sie sich aber nicht selbst und schlagen Sie erst nach, wenn Sie selber zu einer Lösung gekommen sind. Ausführliche Lösungswege, Beweise und Abbildungen finden Sie als digitales Zusatzmaterial (electronic supplementary material).
Viel Spaß und Erfolg bei den Aufgaben!

Verständnisfragen

34.1 • Was ist der entscheidende Unterschied zwischen „elementaren" und „speziellen" Funktionen.

34.2 •• Begründen Sie ohne Rechnung, dass es Zahlen a_1 bis a_4 geben muss, sodass

$$P_3(x)\,P_4(x) = a_1\,P_1(x) + a_2\,P_3(x) + a_3\,P_5(x) + a_4\,P_7(x)$$

ist. Kann es Zahlen b_1 bis b_4 mit $b_4 \neq 0$ bzw. c_1 bis c_4 geben, sodass

$$P_3(x)\,P_4(x) = b_1\,P_3(x) + b_2\,P_5(x) + b_3\,P_7(x) + b_4\,P_9(x)$$
$$P_3(x)\,P_4(x) = c_1\,P_0(x) + c_2\,P_2(x) + c_3\,P_4(x) + c_4\,P_6(x)$$

ist?

34.3 • Welche der folgenden Aussagen sind richtig?

1. Zylinderfunktionen treten bei Separation als Funktionen des Abstands ρ von der x_3-Achse auf.
2. Zylinderfunktionen sind auf einem Zylinder $x_1^2 + x_2^2 = \rho_0^2$ definiert.
3. Kugelflächenfunktionen treten bei Separation als Funktionen des Abstands r vom Ursprung **0** auf.
4. Kugelflächenfunktionen sind auf einer Kugel $x_1^2 + x_2^2 + x_3^2 = r_0^2$ definiert.

34.4 •• Ein spezielles zylindersymmetrisches Problem, definiert für $\varrho \leq b$, mit einer Randbedingung für $\varrho = b$ führt auf eine Bessel'sche Differenzialgleichung mit ganzzahligem Parameter n. Benötigen Sie für die Lösung des Problems (a) die Besselfunktion J_n, (b) die Neumannfunktion N_n oder (c) beide? Was ändert sich, wenn Ihr Problem in $a \leq \varrho < b$ definiert ist und Sie Randbedingungen für $\varrho = a$ und $\varrho = b$ zu erfüllen haben?

Rechenaufgaben

34.5 • Bestimmen Sie $\Gamma(6)$, $\Gamma(13/2)$ und $\Gamma(-5/2)$.

34.6 •• Zeigen Sie für $\operatorname{Re} z \geq 0$, $z \neq 0$ die Beziehung $\Gamma(\bar{z}) = \overline{\Gamma(z)}$. (Diese Beziehung gilt tatsächlich sogar für alle $z \in D(\Gamma)$.) Beweisen Sie damit

$$|\Gamma(\mathrm{i}x)|^2 = \frac{\pi}{x\,\sinh(\pi x)}$$

für $x \in \mathbb{R}_{\neq 0}$.

34.7 •• Zeigen Sie die Beziehung

$$\frac{\Gamma'\left(\frac{1}{2}\right)}{\Gamma\left(\frac{1}{2}\right)} = \frac{\Gamma'(1)}{\Gamma(1)} - 2\,\ln 2\,.$$

34.8 •• Zeigen Sie die Beziehung

$$\Gamma\left(\frac{1}{6}\right) = \sqrt{\frac{3}{\pi}}\,2^{-1/3}\,\Gamma^2\left(\frac{1}{3}\right).$$

34.9 • Zeigen Sie, dass die Legendre'schen Differenzialgleichung

$$(1-x^2)u'' - 2xu' + \lambda\,u = 0$$

für den Potenzreihenansatzes $u(x) = \sum_{k=0}^{\infty} a_k\,x^k$ die Rekursionsformel

$$a_{k+2} = \frac{k\,(k+1) - \lambda}{(k+2)\,(k+1)}\,a_k\,.$$

liefert.

34.10 •• Zeigen Sie, dass die Koeffizienten von

$$\frac{\mathrm{d}^n}{\mathrm{d}x^n}(x^2-1)^n$$

die Rekursionsformel

$$a_{k+2} = \frac{k\,(k+1) - n\,(n+1)}{(k+2)\,(k+1)}\,a_k\,.$$

erfüllen.

34.11 • Zeigen Sie mittels Reihendarstellung der Besselfunktionen die Relation

$$J_{-n}(z) = (-1)^n J_n(z)\,.$$

34.12 •• Bestimmen Sie mithilfe der Rodriguez-Formel explizit P_5. Entwickeln Sie die Funktionen f und g, $[-1,\,1] \to \mathbb{R}$ nach Legendre-Polynomen:

- $f(x) = \sin\frac{\pi x}{2}$ bis zur fünften Ordnung
- $g(x) = x^5 + x^2$

34.13 •• Zeigen Sie die Beziehungen

$$\mathrm{e}^{\frac{z}{2}\left(t-\frac{1}{t}\right)} = \sum_{k=-\infty}^{\infty} J_k(z)\,t^k$$

$$z\,(J_{n-1} + J_{n+1}(z)) = 2n\,J_n(z)$$

durch Benutzung der Reihendarstellung der Besselfunktionen.

34.14 • Die Tschebyschev-Polynome können über die Beziehung

$$T_n(t) = \cos(n \arccos t) \quad \text{für } t \in [-1,\,1]$$

definiert werden. Bestimmen Sie T_1 und T_2 und drücken Sie für $n \geq 1$ allgemein $T_{n+1}(t)$ durch $T_n(t)$ und $T_{n-1}(t)$ aus. (Hinweis: Benutzen Sie die trigonometrischen Identität $\cos((n+1)x) = 2\cos x\,\cos(nx) - \cos((n-1)x)$.)

Anwendungsprobleme

34.15 •• Zu höheren Dimensionen:

- Welcher Anteil des Volumens einer zehndimensionalen Orange nimmt in etwa die Schale ein, wenn die Dicke der Schale ein Zehntel des Radius ausmacht? Vergleichen Sie mit dem Wert für herkömmliche dreidimensionale Orangen. Wie ist das Verhältnis bei der 100-dimensionalen Variante?
- In einer hypothetischen (räumlich) 5-dimensionalen Welt sei das Gravitationspotenzial Φ einer Masse M weiterhin sphärisch symmetrisch. Die Gravitationskraft $\boldsymbol{F}_g$ auf eine kleine Probemasse m sei $\boldsymbol{F}_g = -m\,\mathbf{grad}\,\Phi$, und für beliebige Radien R gelte analog zum Dreidimensionalen

$$\int_{S_R^4} \boldsymbol{F}_g \cdot \mathbf{d}\sigma = \gamma\,M\,m$$

  mit einer Konstanten γ. Welche Form hat das Gravitationspotenzial in dieser Welt?

34.16 •• Für die Legendre-Polynome gibt es eine Darstellung mittels ihrer *erzeugenden Funktion*

$$\frac{1}{\sqrt{1-2xt+t^2}} = \sum_{n=0}^{\infty} P_n(x)\,t^n\,. \tag{34.4}$$

(Erzeugende Funktionen werden im Bonusmaterial genauer diskutiert.)

Wir betrachten zwei gleiche Punktladungen q, die mit Abstand d voneinander angebracht sind. Drücken Sie das Potenzial dieser Ladungskonfiguration in Kugelkoordinaten ohne Verwendung von Wurzeln aus. Welchen Näherungsausdruck erhalten Sie für das Potenzial in sehr großem Abstand von den beiden Ladungen? (Das Potenzial einer Punktladung q an der Stelle $\boldsymbol{p}$ ist $V(\boldsymbol{x}) = \frac{q}{4\pi\,\varepsilon_0}\,\frac{1}{\|\boldsymbol{x}-\boldsymbol{p}\|}$.)

Antworten zu den Selbstfragen

Antwort 1 Für die Gleichung erster Ordnung liefert der Exponentialansatz

$$T(t) = c\,\mathrm{e}^{-\alpha t},$$

für die Gleichung zweiter Ordnung bei $\alpha \neq 0$

$$T(t) = c_1\,\mathrm{e}^{\mathrm{i}\sqrt{\alpha}t} + c_2\,\mathrm{e}^{-\mathrm{i}\sqrt{\alpha}t} = \tilde{c}_1 \sin(\sqrt{\alpha}\,t) + \tilde{c}_2 \cos(\sqrt{\alpha}\,t),$$

bei $\alpha = 0$ einfach $T(t) = c_1 + c_2\,t$.

Antwort 2 Die Lösung einer linearen gewöhnlichen Differenzialgleichung zweiter Ordnung enthält zwei freie Konstanten, durch zwei Bedingungen wird also bereits eindeutig eine Lösung bestimmt. Jede weitere Bedingung ist entweder trivial erfüllt oder nicht erfüllbar.

Antwort 3 Wir haben $r = a_2$ und $q = a_0$ gesetzt, zudem muss, wie gerade nachgerechnet, $r' = a_1$ sein.

Antwort 4 Ja, das liefert allerdings lediglich die triviale Lösung $u = 0$.

Antwort 5 Wir erhalten zum Beispiel:

$$\begin{aligned}\langle P_0, P_4\rangle &= \int_{-1}^{1} P_0(x)\,P_4(x)\,\mathrm{d}x \\ &= \frac{1}{8}\int_{-1}^{1} \left(35x^4 - 30x^2 + 3\right)\,\mathrm{d}x \\ &= \frac{1}{4}\int_{0}^{1} \left(35x^4 - 30x^2 + 3\right)\,\mathrm{d}x \\ &= \frac{1}{4}\left[7x^5 - 10x^3 + 3x\right]\Big|_0^1 = 0\end{aligned}$$

Für gerades n und ungerades m folgt das Verschwinden des Integrals unmittelbar aus den Symmetrieeigenschaften.

Teil V

Optimierung und Variationsrechnung – Suche nach dem Besten

35

Wie lassen sich Minima berechnen?

Welche Extremalbedingungen gelten bei Restriktionen?

Was besagen die Euler-Gleichungen?

Teil V

Ergänzende Information Die elektronische Version dieses Kapitels enthält Zusatzmaterial, auf das über folgenden Link zugegriffen werden kann https://doi.org/10.1007/978-3-662-64389-1_35.

T. Arens et al., *Mathematik*, https://doi.org/10.1007/978-3-662-64389-1_35

Oft sind wir an optimalen Lösungen interessiert. Bei den Segelyachten des Titelbilds wird nicht nur der optimale Kurs am Wind gesucht. Schon bei der Konstruktion ist die beste Form des Rumpfes und sind die besten Materialien gefragt, um Höchstleistungen möglich zu machen. Bei allen Produktionsprozessen wird versucht, den Materialverbrauch so gering wie möglich zu halten, um Kosten und Ressourcen zu sparen. Aber auch natürliche Phänomene sind durch minimalen Energiebedarf gekennzeichnet.

Der Bestimmung von Extrema sind wir schon an verschiedenen Stellen begegnet. Bei differenzierbaren Funktionen, beim Simplexverfahren, in der Fouriertheorie, und bei vielen weiteren Themen spielen Extrema wichtige Rollen. Durch die Entwicklung der Computer können heute auch bei aufwendigen Modellen unter entsprechenden Voraussetzungen beste Lösungen approximiert werden. Wobei die Suche nach *dem globalen* Minimum wegen vieler *lokaler* Minima schwierig bis unmöglich sein kann.

Zu berücksichtigen sind häufig auch Einschränkungen an die zur Optimierung zulässigen Größen. Solche Restriktionen sowie die Bewertungskriterien, was eigentlich eine optimale Lösung sein soll, sind je nach Problem sehr unterschiedlicher Natur. Die Optimierungstheorie zeigt, dass es sinnvoll ist, systematisch an solche Fragen heranzugehen und mithilfe ihrer mathematischen Formulierung die Probleme zu analysieren und gegebenenfalls numerisch Lösungen zu bestimmen.

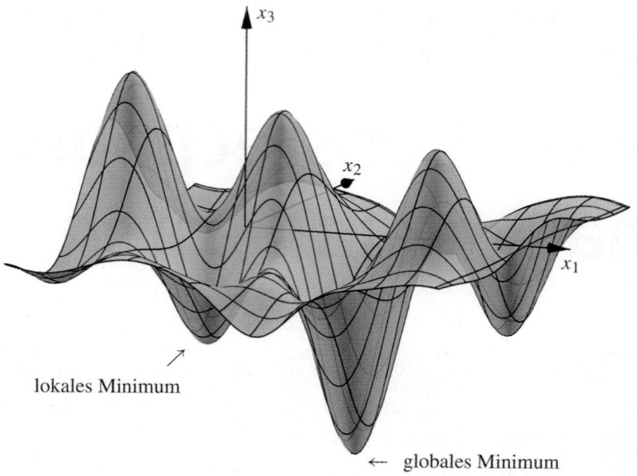

Abb. 35.1 Es wird zwischen globalen und lokalen Minima einer Funktion unterschieden

35.1 Optimierungsaufgaben

Die Mathematik gibt uns die Möglichkeit, jegliche Art von Optimierung in einen abstrakten Rahmen zu stellen. Wir sprechen von einer Optimierungsaufgabe, wenn zu einer Abbildung $f : D \to \mathbb{R}$ Elemente $\hat{x} \in D$ gesucht sind, die f minimieren, d. h.

$$f(\hat{x}) \leq f(x) \quad \text{für alle } x \in D\,.$$

Wenn die Ungleichung gilt, sprechen wir von einem **globalen** Minimum. Hingegen liegt ein **lokales** Minimum vor, wenn nur für eine offene Umgebung $U \subseteq D$ mit $U \neq \emptyset$ und $x, \hat{x} \in U$ die Abschätzung gültig ist. Beachten Sie, dass es nicht nötig ist, parallel eine zweite Formulierung für die Suche nach Maxima anzugeben. Ein Maximum einer Funktion f ist ein Minimum der Funktion $-f$, sodass wir auch bei Maximierung diese Notation wählen können, eben mit der Funktion $-f$.

Zielfunktion und zulässige Punkte definieren ein Optimierungsproblem

Um die Schreibweise abzukürzen, notieren wir Optimierungsprobleme durch

$$\operatorname*{Min}_{x \in D} f(x)\,.$$

Dabei heißt f die **Zielfunktion** oder das zu minimierende **Zielfunktional** des Problems. Allgemein verwendet man den Begriff *Funktional* für Abbildungen, die nach $\mathbb{R}$ oder nach $\mathbb{C}$ abbilden. Ist D eine Teilmenge des $\mathbb{R}^n$, sprechen wir eher von der Zielfunktion. Ist hingegen D eine Menge von Funktionen, wird der Begriff Zielfunktional verwendet.

Die Menge D und die Art der Zielfunktionen können sehr unterschiedlich sein, wie die folgenden Beispiele illustrieren. Für die Menge der Lösungen, also die Stellen, an denen f minimal wird, ist in der Literatur die Notation

$$\operatorname*{argmin}_{x \in D}(f(x)) = \{x \in D \,|\, f(x) \leq f(y) \text{ für alle } y \in D\}$$

üblich.

Beispiel

- Bei einem linearen Optimierungsproblem in Standardform ist ein Optimum einer affin-linearen Zielfunktion von der Form
$$f(\boldsymbol{x}) = c_0 + \boldsymbol{c} \cdot \boldsymbol{x}$$
gesucht unter Nebenbedingungen
$$\boldsymbol{A}\boldsymbol{x} \leq \boldsymbol{b} \quad \text{und} \quad \boldsymbol{x} \geq 0\,.$$
Also ist in diesem Fall $D = \{\boldsymbol{x} \in \mathbb{R}^n \,|\, \boldsymbol{A}\boldsymbol{x} \leq \boldsymbol{b}, \boldsymbol{x} \geq 0\}$. Im Abschn. 23.5 wird das Simplexverfahren gezeigt, das eine algebraische Methode liefert, solche Probleme zu lösen.
- Schon mit Taylorpolynomen haben wir Näherungen an eine auf einem Intervall gegebene Funktion $y : [a, b] \to \mathbb{R}$ durch Polynome bis zu einem Grad n konstruiert. Wir können auch nach dem Polynom fragen, das die Funktion „am besten" approximiert. Wählen wir, um den Abstand zwischen Funktion

und einem Polynom p mit $p(x) = \sum_{j=0}^{n} a_j x^j$ zu messen, die Maximumsnorm, dann ergibt sich die zu minimierende Zielfunktion

$$f(a_0, a_1, \dots, a_n) = \|y - p\|_\infty = \max_{x\in[a,b]} \left| y(x) - \sum_{j=0}^{n} a_j x^j \right| .$$

Dabei setzen wir voraus, dass die Funktion $y \in C([a,b])$ stetig ist. Die Menge der zulässigen Punkte ist $D = \mathbb{R}^{n+1}$, da wir in der Klasse der Polynom bis zum Grad n gerade die $n+1$ Koeffizienten $a_0, \dots, a_n$ zur Verfügung haben. Die Aufgabe, die Funktion f über $D = \mathbb{R}^{n+1}$ zu minimieren, wird als **Tschebyschev-Approximationsproblem** bezeichnet. Es lässt sich zeigen, dass es eine Lösung, d. h. ein Polynom gibt, das diesen Abstand unter allen Polynomen bis zum Grad n minimiert. Eine notwendige und hinreichende Bedingung, die dieses Polynom charakterisiert, finden Sie in der Literatur unter dem Namen *Alternantensatz*.

- Wir betrachten Rotationsflächen, die entstehen, wenn wir den Graph einer Funktion $z : [0,1] \to \mathbb{R}$ mit $z(0) = z_0$ und $z(1) = z_1$ um die x-Achse rotieren lassen. Nun stellt sich die Frage, für welche Funktion f der Flächeninhalt der so entstehenden Oberfläche minimal ist. Den Flächeninhalt können wir nach den Überlegungen auf S. 404 berechnen durch

$$J(z) = 2\pi \int_0^1 z(t)\sqrt{1 + (z'(t))^2}\, dt .$$

Es ergibt sich das Optimierungsproblem, eine differenzierbare Funktion z mit fest vorgegeben Werten bei $t = 0$ und $t = 1$ zu finden, die das Funktional J minimiert. Mit der eingeführten Notation, der Definition

$$D = \{z \in C([0,1]) \cap C^1((0,1)) \mid z(0) = z_0, z(1) = z_1, z' \in L((0,1))\}$$

für zulässige Funktionen und dem Zielfunktional J erhalten wir das Optimierungsproblem

$$\operatorname*{Min}_{z\in D} J(z) .$$

Flächen mit der hier gesuchten Eigenschaft nennt man *Minimalflächen*. Im angegebenen Spezialfall der rotationssymmetrischen Fläche, die durch zwei Kreislinien begrenzt wird, ist dies die *Katenoide* (siehe Abb. 35.2). Eine solche Minimalfläche lässt sich experimentell erzeugen durch einen Seifenfilm zwischen zwei Drahtschleifen, zumindest wenn die Schwerkraft nicht berücksichtigt wird. ◀

Wir sehen, dass die Zielfunktion beliebig kompliziert sein kann und im Allgemeinen nicht durch einen schlichten algebraischen Ausdruck gegeben ist. Es ist bei dieser allgemeinen Formulierung ohne Weiteres zugelassen, dass die Auswertung der Zielfunktion etwa die Lösung eines Randwertproblems zu einer Differenzialgleichung erfordert.

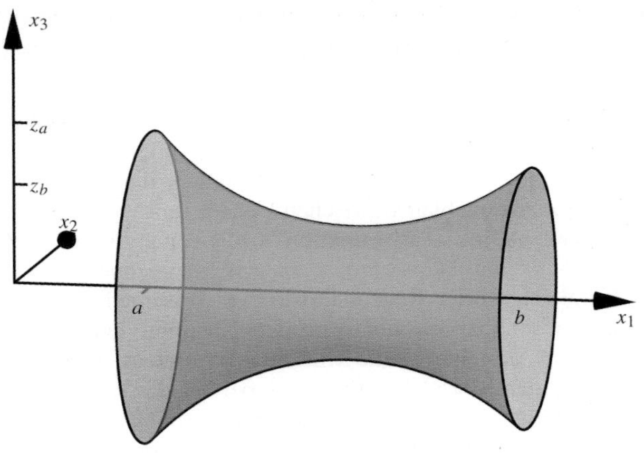

Abb. 35.2 Die Katenoide ist die Fläche zwischen zwei Ringen mit kleinstem Flächeninhalt

Die abstrakte Formulierung liefert noch nicht viel Informationen, um das Optimierungsproblem zu behandeln. Aber sie gibt uns den Rahmen, indem wir alles Weitere einbetten. Offensichtlich müssen wir einige wichtige mathematische Fragen stellen, um mehr Klarheit über ein Problem zu bekommen.

Es ist erforderlich abzuklären, über welche Art von Elemente wir minimieren. Wie lässt sich die Menge D algebraisch beschreiben und welche weiteren Bedingungen können vorausgesetzt werden? Im einfachsten Fall ist $D \subseteq \mathbb{R}$ ein kompaktes Intervall und die Elemente in D sind reelle Zahlen. Beim Simplexalgorithmus (siehe S. 1316) ist D durch ein Polyeder gegeben. Wenn das Problem auf einer Menge $D \subseteq \mathbb{R}^n$ formuliert werden kann, bezeichnet man es als **endlichdimensionale Optimierungsaufgabe**. Wie beim Simplexverfahren sprechen wir bei den Elementen $x \in D$ von **zulässigen Stellen** für das Optimierungsproblem. Im Fall der Minimalfläche im Beispiel auf S. 1317 wird eine Funktion gesucht, die ein gegebenes Funktional minimiert. Die zulässigen Punkte sind Funktionen und D ist eine Teilmenge der stetigen Funktionen. Das Problem ist nicht endlichdimensional.

Selbstfrage 1

Geben Sie die Zielfunktion und die Menge der zulässigen Punkte an zur Optimierungsaufgabe, den Flächeninhalt unter dem Graphen der Funktion $g : [0,1] \to \mathbb{R}$ mit $g(x) = \exp(\frac{(a^2-a+1)x^2}{1+b-b^2})$ bezüglich der Parameter $a, b \in (0,1)$ zu minimieren.

Nicht in jedem Fall wird es ein Optimum geben, und es ist wünschenswert, Kriterien bereitzustellen, mit denen entschieden werden kann, ob es zu einem gegebenen Optimierungsproblem ein oder mehrere Minima gibt. Suchen wir etwa ein Minimum der Funktion $f : \mathbb{R} \to \mathbb{R}$ mit $f(x) = \frac{1}{1+x^2}$, so existiert keine Stelle, in der ein Minimum angenommen wird. Am Graphen

Beispiel: Die Methode der kleinsten Quadrate

Oft soll bei Experimenten zu m gemessenen Datenpaaren $(x_j, y_j) \in \mathbb{R} \times \mathbb{R}$, $j = 1, \ldots, m$, eine möglichst einfache Funktion $g : \mathbb{R} \to \mathbb{R}$ bestimmt werden, die den funktionalen Zusammenhang zwischen x und y „gut" widerspiegelt, etwa eine affin-lineare Funktion, d. h. g von der Form $g(x) = p_1 x + p_2$ mit Parametern p_1, p_2. Wir sprechen von einer **Ausgleichs- oder Regressionskurve**. Verschiedene Kriterien sind denkbar, was denn eine gute Näherung sein kann. Ein häufiges Vorgehen ist die **Methode der kleinsten Quadrate** (siehe auch S. 759 und Kap. 41), bei der die Parameter zur Darstellung der Funktion g dadurch bestimmt werden, dass die Summe der Abstandsquadrate, $\sum_{j=1}^{n}(y_j - g(x_j))^2$, minimal wird. Dies soll als Optimierungsproblem formuliert werden.

Problemanalyse und Strategie: Ist eine Klasse von Funktionen festgelegt, so sind die Variablen, über die optimiert werden muss, durch die Parameter gegeben. Dies liefert die Menge D der zulässigen Punkte. Die Zielfunktion ist dann durch die Summe der Abstandsquadrate gegeben.

Lösung: Zunächst muss eine Klasse von Funktionen ausgewählt werden. Wird etwa ein linearer Zusammenhang vermutet, so setzt man $g(x) = p_1 x + p_2$ und sucht eine **Ausgleichsgerade**. Ist eher von einem exponentiellen Verhalten auszugehen, bieten sich Funktionen des Typs $g(x) = p_1\, e^{p_2 x}$ an. Die **Parameter** $p_1, p_2 \in \mathbb{R}$ sind die Größen, über die optimiert werden soll. Die zulässigen Funktionen beschreiben wir, indem wir die Parameter als weitere Variable in g auffassen. Wir betrachten also $g : \mathbb{R} \times \mathbb{R}^n \to \mathbb{R}$. Eigentlich würde man gerne die Parameter $\boldsymbol{p} = (p_1, \ldots, p_n) \in \mathbb{R}^n$ so bestimmen, dass $g(x^{(j)}, \boldsymbol{p}) = y^{(j)}$ für alle $j = 1, \ldots, m$ gilt. Dies ist im Allgemeinen aber nicht möglich. Die Methode der kleinsten Quadrate besteht darin, die Parameter $p_1, \ldots, p_n$ so zu bestimmen, dass die Zielfunktion $f : \mathbb{R}^n \to \mathbb{R}$ mit

$$f(\boldsymbol{p}) = \sum_{j=1}^{m} \left[y_j - g(x_j, \boldsymbol{p}) \right]^2$$

einen minimalen Wert annimmt.

Die Funktion f ist eine differenzierbare Funktion und für eine Extremalstelle $\hat{\boldsymbol{p}}$ kennen wir das notwendige Kriterium $\nabla f(\hat{\boldsymbol{p}}) = 0$ (siehe S. 903). Mit der Kettenregel berechnen wir den Gradienten der Zielfunktion und erhalten

$$\frac{\partial f}{\partial p_\ell}(\boldsymbol{p}) = 2 \sum_{j=1}^{m} \left[y_j - g(x_j, \boldsymbol{p}) \right] \frac{\partial g}{\partial p_\ell}(x_j, \boldsymbol{p})$$

für $\ell = 1, \ldots, n$. Die Bedingung $\nabla f(\hat{\boldsymbol{p}}) = 0$ liefert n Gleichungen für die zu bestimmenden Parameter $p_1, \ldots, p_n$, die **Normalgleichungen** genannt werden.

Nicht immer lassen sich die Normalgleichungen auflösen. Meistens müssen die Gleichungen numerisch gelöst werden. Im Fall einer Ausgleichsgeraden haben wir die zwei Parameter p_1, p_2, um $g(x, \boldsymbol{p}) = p_1 x + p_2$ zu beschreiben. In diesem Fall führen die Normalgleichungen auf ein lineares Gleichungssystem in p_1 und p_2. Wir erhalten

$$0 = \nabla f(\boldsymbol{p}) = 2 \begin{pmatrix} \sum_{j=1}^{m} [y_j - p_1 x_j - p_2]\, x_j \\ \sum_{j=1}^{m} [y_j - p_1 x_j - p_2] \end{pmatrix}$$

bzw.

$$\begin{pmatrix} \left(\sum_{j=1}^{m} (x_j)^2\right) & \left(\sum_{j=1}^{m} x_j\right) \\ \left(\sum_{j=1}^{m} x_j\right) & m \end{pmatrix} \begin{pmatrix} p_1 \\ p_2 \end{pmatrix} = \begin{pmatrix} \sum_{j=1}^{m} y_j x_j \\ \sum_{j=1}^{m} y_j \end{pmatrix}.$$

Mit

$$\begin{aligned} D &= \det \begin{pmatrix} \left(\sum_{j=1}^{m} (x_j)^2\right) & \left(\sum_{j=1}^{m} x_j\right) \\ \left(\sum_{j=1}^{m} x_j\right) & m \end{pmatrix} \\ &= m \sum_{j=1}^{m} (x_j)^2 - \left(\sum_{j=1}^{m} x_j\right)^2 = \frac{1}{2} \sum_{i,j=1}^{m} (x_i - x_j)^2 > 0 \end{aligned}$$

folgt, dass das lineare Gleichungssystem stets lösbar ist und mit dem Gauß'schen Algorithmus erhalten wir für die optimale Gerade, die Ausgleichsgerade, die beiden Parameter

$$\hat{p}_1 = \frac{1}{D}\left[m\left(\sum_{j=1}^{m} y_j x_j\right) - \left(\sum_{j=1}^{m} x_j\right)\left(\sum_{j=1}^{m} y_j\right) \right]$$

$$\hat{p}_2 = \frac{1}{D}\left[\left(\sum_{j=1}^{m} y_j\right)\left(\sum_{j=1}^{m} (x_j)^2\right) - \left(\sum_{j=1}^{m} y_j x_j\right)\left(\sum_{j=1}^{m} x_j\right) \right].$$

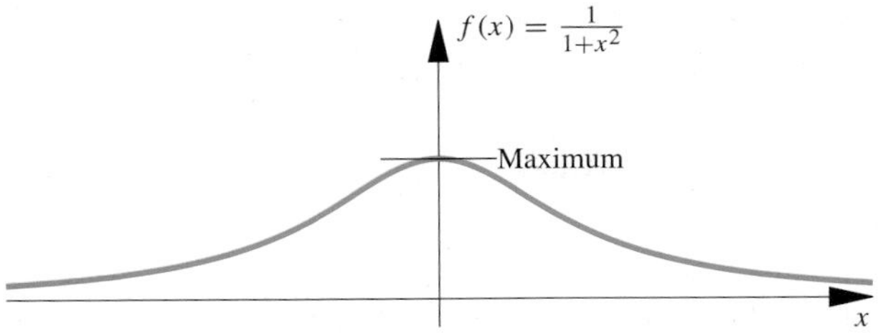

Abb. 35.3 Die Funktion f mit $f(x) = 1/(1+x^2)$ besitzt auf $\mathbb{R}$ kein Minimum, aber genau ein Maximum

der Funktion in Abb. 35.3 wir dies sofort deutlich. Die Funktion besitzt zwar ein Maximum, aber kein Minimum.

Beispiel Die Frage nach der Existenz optimaler Lösungen zu einem Problem ist häufig nur schwer zu beantworten. Untersuchen wir ein klassisches Beispiel. Will man die kürzeste differenzierbare Kurve zwischen zwei Punkten, sagen wir $p_0 = (0,0)^T$ und $p_1 = (1,0)^T$, bestimmen, deren Tangente in den beiden Endpunkten senkrecht zur x_1-Achse stehen (siehe Abb. 35.4), so ist relativ leicht zu sehen, dass es diese Kurve nicht gibt.

Denn legen wir um $(\varepsilon, 0)^T$ und $(1-\varepsilon, 0)^T$ einen Kreis mit Radius ε und verbinden die beiden Endpunkte durch die Strecke, die durch $\gamma(t) = (t, \varepsilon)$ mit $t \in (\varepsilon, 1-\varepsilon)$ gegeben ist, dann ergibt sich eine Kurve mit der Länge $l(\varepsilon) = \pi\varepsilon + (1-2\varepsilon)$. Im Grenzfall $\varepsilon \to 0$ ergibt sich $l(0) = 1$, aber im Grenzfall ist die Bedingung an die beiden Tangenten verletzt. Es gibt keine optimale Kurve unter diesen Bedingungen. ◀

In den praktisch auftretenden Optimierungsproblemen hat die Frage nach der Existenz von Optima meistens nicht höchste Priorität, da das Modell oft aus naheliegenden Gründen diese motiviert. Schwerwiegender ist das Problem, dass es bei „unschönen" Zielfunktionen sehr viele lokale Extremalstellen geben kann. Zu entscheiden, wo das gesuchte Optimum in solchen Fällen liegt, kann sehr aufwendig bis unmöglich werden. Bei der numerischen Behandlung solcher Probleme kommen nicht nur deterministische, sondern auch stochastische Verfahren zum Einsatz (siehe Vertiefung auf S. 1343).

Die Vielfalt von verschiedenen Optimierungsproblemen, die unterschiedlichste Methoden erfordern, lässt sich aus diesen ersten

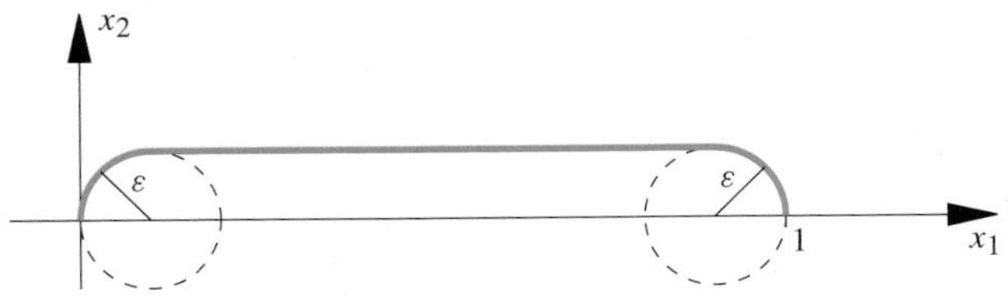

Abb. 35.4 Eine differenzierbare Verbindung zwischen $(0,0)^T$ und $(1,0)^T$, deren Tangenten in den Endpunkten senkrecht zur x_1-Achse stehen

Bemerkungen erahnen. Trotzdem bleiben die generellen Ideen, die wir aus der Analysis von Funktionen einer Veränderlichen kennen, auch im allgemeinen Kontext nützlich.

Es lassen sich mit ein wenig Vorsicht viele der uns aus dem $\mathbb{R}^n$ bekannten Begriffe übertragen auf den Fall, dass $D \subseteq V$ Teilmenge eines **normierten Raums** ist. Mit einem normierten Raum bezeichnet man einen Vektorraum, der mit einer Norm ausgestattet ist (siehe S. 1172). So gilt etwa, wenn die Zielfunktion f eine stetige Funktion und die Menge $D \subseteq V$ eine *kompakte* Menge ist, dass es eine Minimalstelle und eine Maximalstelle in D geben muss. Die Übertragung der Begriffe „stetig" und „kompakt" in den allgemeinen Kontext wird im Kap. 31 zur Funktionalanalysis beschrieben.

Die Gâteaux-Ableitung liefert eine Optimalitätsbedingung

Bei Funktionen mit reellen Variablen haben wir als notwendiges Kriterium für lokale Extrema kennengelernt: In einer Extremalstelle $\hat{x}$ gilt $\nabla f(\hat{x}) = 0$. Diese Bedingung hilft uns Minima oder Maxima zu finden (siehe etwa das Beispiel auf S. 1318). Die Idee, die Ableitung gleich null zu setzen, gilt erheblich allgemeiner. Dazu erweitern wir den Begriff der Richtungsableitung.

Die Gâteaux-Ableitung

Ist V ein normierter Vektorraum und $f : D \to \mathbb{R}$ eine Funktion auf einer nicht leeren, offenen Teilmenge $D \subseteq V$. Dann heißt f an einer Stelle $\hat{x}$ **Gâteaux-differenzierbar**, wenn der Grenzwert

$$\delta f(\hat{x})h = \lim_{\varepsilon \to 0} \frac{1}{\varepsilon} \left(f(\hat{x} + \varepsilon h) - f(\hat{x})\right)$$

für jede Richtung $h \in V$ existiert und wenn mit $\delta f(\hat{x}) : V \to \mathbb{R}$ eine beschränkte lineare Abbildung gegeben ist.

Der betrachtete Grenzwert ist die uns aus dem $\mathbb{R}^n$ bekannte Richtungsableitung (siehe S. 876) in Richtung $h \in V$. Für den nach René Gâteaux (1889–1914) benannten Ableitungsbegriff bei Operatoren genügt es nicht, nur die Existenz des Grenzwerts zu fordern, sondern wir müssen zusätzlich verlangen, dass die durch die Ableitung gegebene lineare Abbildung beschränkt ist. Ausformuliert bedeuten diese Forderungen, dass

$$\delta f(\hat{x})(g + h) = \delta f(\hat{x})g + \delta f(\hat{x})h$$

und

$$\delta f(\hat{x})(\lambda h) = \lambda \delta f(\hat{x})h$$

für alle $g, h \in V$ und $\lambda \in \mathbb{R}$ gilt, d. h. Linearität des Operators $\delta f(\hat{x}) : V \to \mathbb{R}$. Der Operator $\delta f(\hat{x})$ ist beschränkt, wenn es eine

Teil V

Konstante $c > 0$ gibt mit

$$|\delta f(\hat{x})h| \leq c\|h\|_V$$

für alle $h \in V$.

Selbstfrage 2

Begründen Sie folgende Aussage: Wenn $f : D \to \mathbb{R}$ in $\hat{x} \in D$ Gâteaux-differenzierbar ist, dann ist die Funktion $g : (-\varepsilon_0, \varepsilon_0) \to \mathbb{R}$ mit $g(\varepsilon) = f(\hat{x} + \varepsilon h)$ für $h \in V$ eine in der Stelle $\varepsilon = 0$ differenzierbare Funktion mit

$$g'(0) = \frac{\mathrm{d}}{\mathrm{d}\varepsilon} g(\varepsilon)\Big|_{\varepsilon=0} = \delta f(\hat{x})h .$$

Man unterscheidet den Operator $\delta f(\hat{x}) : V \to \mathbb{R}$ und die Auswertung $\delta f(\hat{x})h \in \mathbb{R}$ in einer Richtung $h \in V$ üblicherweise auch in der Sprechweise. Der Operator wird **Gâteaux-Ableitung** an der Stelle $\hat{x}$ genannt und die Auswertung **Gâteaux-Variation** an der Stelle $\hat{x}$ bezüglich h.

Achtung In der Literatur werden die Begriffe Richtungsableitung und Gâteaux-Variation unterschiedlich verwendet. So wird manchmal der Grenzwert

$$\lim_{\varepsilon \to 0+} \frac{1}{\varepsilon} \left(f(\hat{x} + \varepsilon h) - f(\hat{x})\right)$$

als Richtungsableitung bezeichnet. Wenn der Grenzwert, wie oben, unabhängig vom Vorzeichen von ε existiert, wird dann von Gâteaux-Variation gesprochen, ohne die weiteren Forderungen an den Operator $\delta f(\hat{x})$ zu verlangen. ◀

Beispiel

- Ist $V = \mathbb{R}^n$ und $f : V \to \mathbb{R}$ eine Funktion, zu der alle partiellen Ableitungen an einer Stelle $\hat{\boldsymbol{x}} \in \mathbb{R}^n$ existieren, so ist f auch Gâteaux-differenzierbar und es gilt mit der Kettenregel

$$\begin{aligned} \delta f(\hat{\boldsymbol{x}})\boldsymbol{h} &= \frac{\mathrm{d}}{\mathrm{d}\varepsilon}(f(\hat{\boldsymbol{x}} + \varepsilon \boldsymbol{h}))\Big|_{\varepsilon=0} \\ &= (\nabla f(\hat{\boldsymbol{x}})) \cdot \boldsymbol{h} . \end{aligned}$$

  In diesem Fall ist somit die Gâteaux-Ableitung die lineare beschränkte Abbildung $\delta f(\hat{\boldsymbol{x}}) : V \to \mathbb{R}$, die jedem Vektor $\boldsymbol{h} \in \mathbb{R}^n$ den Wert des Skalarprodukts $\nabla f(\hat{\boldsymbol{x}}) \cdot \boldsymbol{h}$ zuordnet. Eine Schranke $c = \|\nabla f(\hat{\boldsymbol{x}})\| \geq 0$ ist mit der Cauchy-Schwarz'schen Ungleichung durch

$$|\nabla f(\hat{\boldsymbol{x}}) \cdot \boldsymbol{h}| \leq \|\nabla f(\hat{\boldsymbol{x}})\| \, \|\boldsymbol{h}\|$$

  gegeben.
- Ist $g : \mathbb{R} \times [a, b] \to \mathbb{R}$ eine stetige Funktion mit stetiger partieller Ableitung $\frac{\partial g}{\partial x}(x, t)$, dann ist das Funktional $J : C([a, b]) \to \mathbb{R}$ mit

$$J(u) = \int_a^b g(u(t), t) \, \mathrm{d}t$$

  Gâteaux-differenzierbar und es gilt

$$\delta J(u)h = \int_a^b \frac{\partial g}{\partial x}(u(t), t)\, h(t) \, \mathrm{d}t$$

  für alle $h \in C([a, b])$.
  Dies sieht man mit dem Mittelwertsatz der Differenzialrechnung, indem die Differenz geschrieben wird als

$$\begin{aligned} J(u + \varepsilon h) - J(u) &= \int_a^b [g(u(t) + \varepsilon h(t), t) - g(u(t), t)] \, \mathrm{d}t \\ &= \varepsilon \int_a^b \frac{\partial g}{\partial x}(u(t) + \varepsilon \tau(t) h(t), t) h(t) \, \mathrm{d}t \end{aligned}$$

  mit einem von t abhängenden Faktor $\tau \in [0, 1]$. Da die partielle Ableitung von g als stetig vorausgesetzt ist, existiert der Grenzwert (siehe S. 412) und wir erhalten

$$\lim_{\varepsilon \to 0} \frac{1}{\varepsilon} \left(J(u + \varepsilon h) - J(u)\right) = \int_a^b \frac{\partial g}{\partial x}(u(t), t) h(t) \, \mathrm{d}t . \quad ◀$$

Genauso wie man bei Funktionen im $\mathbb{R}^n$ zwischen partieller Differenzierbarkeit, Differenzierbarkeit und stetig partieller Differenzierbarkeit unterscheidet, werden auch bei Operatoren unterschiedliche Ableitungsbegriffe eingeführt. Zum Beispiel spricht man von einer *Fréchet-Ableitung*, wenn für die Gâteaux-Ableitung δf, analog zur totalen Differenzierbarkeit im $\mathbb{R}^n$, der Grenzwert

$$\lim_{\|h\|_V \to 0} \frac{1}{\|h\|_V} |f(\hat{x} + h) - f(\hat{x}) - \delta f(\hat{x})h| = 0$$

existiert, der Grenzwert also insbesondere nicht nur für eine feste Richtung h gebildet wird. Diese und weitere Definitionen diskutieren wir hier nicht und verweisen auf die Literatur zur *Optimierung* oder auch zur *nichtlinearen Funktionalanalysis*.

Mit der Generalisierung des Ableitungsbegriffs können wir das notwendige Kriterium für Extremalstellen einer Funktion auf Funktionale erweitern.

Notwendiges Optimalitätskriterium

Ist $f : D \to \mathbb{R}$ ein Funktional auf einer offenen Menge $D \subseteq V$, das an einer Stelle $\hat{x} \in D$ ein Minimum besitzt und das in $\hat{x}$ Gâteaux-differenzierbar ist, so gilt

$$\delta f(\hat{x})h = 0$$

für alle $h \in V$.

Teil V

Der Beweis dieser Aussage lässt sich direkt von den Funktionen einer reellen Variablen abschreiben. Denn wenn $\hat{x}$ ein Minimum ist, so gilt für jedes $h \in V$ und $\varepsilon \in \mathbb{R}$ mit $\hat{x} + \varepsilon h \in D$

$$f(\hat{x}) \leq f(\hat{x} + \varepsilon h)\,.$$

Daher ist

$$\delta f(\hat{x})h = \lim_{\varepsilon \to 0+} \frac{1}{\varepsilon}(f(\hat{x} + \varepsilon h) - f(\hat{x})) \geq 0$$

und

$$\delta f(\hat{x})h = \lim_{\varepsilon \to 0-} \frac{1}{\varepsilon}(f(\hat{x} + \varepsilon h) - f(\hat{x})) \leq 0\,.$$

Beide Ungleichungen zusammen implizieren $\delta f(\hat{x})h = 0$. Diese Überlegung gilt für jede beliebige Richtung $h \in V$.

Beispiel Betrachten wir einen Unterraum $U \subseteq L^2(-\pi, \pi)$ des Vektorraums der reellwertigen, quadrat-integrierbaren Funktionen und eine Funktion $v \in L^2(-\pi, \pi)$. Gesucht ist das Element $u \in U$, das den Abstand zwischen u und v minimiert. Mit unserer Notation können wir dies als Optimierungsproblem

$$\operatorname*{Min}_{u \in U} J(u)$$

schreiben mit dem Zielfunktional

$$J(u) = \|u - v\|_{L^2}^2 = (u - v, u - v)_{L^2} = \int_{-\pi}^{\pi} |u(x) - v(x)|^2\, \mathrm{d}x$$

für $u \in U$. Nutzen wir die Notation der Integrale mithilfe des L^2-Skalarprodukts, finden wir für die Differenz

$$\begin{aligned} J(u + \varepsilon h) - J(u) &= (u + \varepsilon h - v, u + \varepsilon h - v)_{L^2} - (u - v, u - v)_{L^2} \\ &= (u - v, \varepsilon h)_{L^2} + (\varepsilon h, u - v)_{L^2} + (\varepsilon h, \varepsilon h)_{L^2} \\ &= 2\varepsilon(u - v, h)_{L^2} + \varepsilon^2(h, h)_{L^2} \end{aligned}$$

für $h \in U$. Damit ergibt sich Differenzierbarkeit mit der Gâteaux-Variation

$$\begin{aligned} \delta J(u)h &= \lim_{\varepsilon \to 0} [2(u - v, h)_{L^2} + \varepsilon(h, h)_{L^2}] \\ &= 2(u - v, h)_{L^2}\,. \end{aligned}$$

Die notwendige Bedingung $\delta J(\hat{u})h = 0$ für alle $h \in U$ liefert die Normalgleichung

$$(\hat{u} - v, h)_{L^2} = 0 \quad \text{für alle } h \in U\,.$$

Also muss für eine Funktion $\hat{u}$, die den Abstand minimiert, die Differenz $\hat{u} - v$ senkrecht auf dem Unterraum U stehen. Dies ist ein Ergebnis, dass wir aus der euklidischen Geometrie als *Projektionssatz* kennen (siehe S. 756). Für den speziellen Unterraum der trigonometrischen Polynome ist die Bedingung Grundlage der Fouriertheorie wie es in Kap. 30 gezeigt wird. Da wir nur die Eigenschaften des Skalarprodukts nutzen, lässt sich diese Bedingung an *beste Approximationen* auch ganz allgemein in *Hilberträumen* formulieren (siehe S. 1177). ◀

Wie im Eindimensionalen handelt es sich nur um ein notwendiges Kriterium, d. h., liegt in $\hat{x}$ ein Minimum, so ist die Gâteaux-Ableitung null. Andersherum können wir aus einer Nullstelle der Gâteaux-Ableitung aber nicht ohne weitere Untersuchungen auf ein Minimum schließen. Wir nennen eine Stelle $\hat{x}$, in der $\delta f(\hat{x}) = 0$ ist, einen **kritischen Punkt** oder auch einen **stationären Punkt**.

Bei konvexen Funktionalen sind stationäre Punkte Minimalstellen

Die Menge D heißt konvex, wenn mit $x, y \in D$ auch die **konvexe Kombinationen**

$$x + t(y - x) = (1 - t)x + ty \in D \quad \text{für alle } t \in (0, 1)$$

in D sind. Weiter ist ein Funktional **konvex**, wenn

$$f((1 - t)x + ty) \leq (1 - t)f(x) + tf(y)$$

für alle $t \in (0, 1)$ gilt. Ist die offene Menge D konvex und das Zielfunktional auch konvex, so ist jede stationäre Stelle auch globales Minimum (siehe auch S. 343). Denn nehmen wir an, $\hat{x}$ ist stationärer Punkt zu einem Gâteaux-differenzierbaren, konvexen Funktional $f : D \to \mathbb{R}$ und es gäbe eine weitere Stelle $\hat{y} \in D$ mit $f(\hat{y}) < f(\hat{x})$. Dann folgt aus der Konvexität

$$f((1 - t)\hat{x} + t\hat{y}) \leq (1 - t)f(\hat{x}) + tf(\hat{y})\,.$$

Also ist

$$\frac{f(\hat{x} + t(\hat{y} - \hat{x})) - f(\hat{x})}{t} \leq f(\hat{y}) - f(\hat{x})$$

für $t \in (0, 1)$. Betrachten wir den Grenzwert $t \to 0$, so folgt

$$\delta f(\hat{x})(\hat{y} - \hat{x}) \leq f(\hat{y}) - f(\hat{x}) < 0$$

im Widerspruch zu $\delta f(\hat{x}) = 0$. Es kann somit keine Stelle in D geben, in der das Funktional kleinere Werte annimmt.

Beispiel Bei der Tschebyschev-Approximation im Beispiel auf S. 1317 wird zu $y \in C([a, b])$ das Zielfunktional

$$f(p) = \|y - p\|_\infty$$

bezüglich aller Polynome p bis zum Grad n minimiert. Die zulässigen Punkte sind die Elemente der Menge

$$D = \left\{ p : [a, b] \to \mathbb{R} \mid p(x) = \sum_{j=0}^{n} a_j x^j \right\}.$$

Übersicht: Approximation von Funktionen (kapitelübergreifend)

Die Approximation von Funktionen begegnet uns häufig etwa bei Potenzreihen, bei der Definition des Integrals oder bei Fourierreihen. Dabei werden nicht nur verschiedene Klassen von Funktionen betrachtet, sondern es kommen auch unterschiedliche Abstandsbegriffe zwischen Funktionen zum Tragen. Fragen wir nach der besten Approximation an eine Funktion durch Elemente aus einer durch Parameter/Koeffizienten festgelegten Menge von Funktionen, so ist ein Optimierungsproblem zu lösen.

Die Approximation von Funktionen durch Polynome, trigonometrische Polynome oder andere Ausdrücke hängt einerseits von diesen Unterräumen ab und andererseits von der Wahl der Norm, dem Abstandsbegriff zwischen Funktionen. Einige grundlegende Varianten bei Funktionen $f : [a, b] \to \mathbb{R}$ sind hier zusammengestellt:

- Ist f differenzierbar, so ist durch die **Linearisierung**

$$f(x) \approx f(x_0) + f'(x_0)(x - x_0)$$

  um eine Stelle $x_0 \in [a, b]$ eine Näherung durch eine affin-lineare Funktion an f gegeben. Die Differenz $f(x) - (f(x_0) + f'(x_0)(x - x_0)) = h(x)(x - x_0)$ ist dabei durch einen Rest $h(x)(x - x_0)$ mit der Eigenschaft $h(x) \to 0$ für $x \to x_0$ abschätzbar (siehe S. 319). Dies ist sicher die in den Anwendungen am häufigsten verwendete Art der Approximation.
- Bei hinreichender Differenzierbarkeit der Funktion f lässt sich eine lokale Approximationen durch Polynome höherer Ordnung durch das **Taylorpolynom**

$$p_n(x) = \sum_{k=0}^{n} \frac{f^{(k)}(x_0)}{k!} (x - x_0)^k, \quad x \in \mathbb{R}$$

  erreichen mit dem **Restglied**

$$\begin{aligned} |R_n(x, x_0)| &= |f(x) - p_n(x)| \\ &\leq \frac{1}{(n+1)!} |x - x_0|^{n+1} \max_{\xi \in [a,b]} (|f^{(n+1)}(\xi)|) . \end{aligned}$$

  Konvergiert das Restglied gegen null für $n \to \infty$, so ist die beliebig oft differenzierbare Funktion f in einer Umgebung um x_0 in eine **Potenzreihe** entwickelbar (siehe Abschn. 10.4).
- Die Frage nach der besten Approximation einer stetigen Funktion f bezüglich der Maximums- oder Supremumsnorm durch Polynome beantwortet die **Tschebyschev-Approximation**. Es gibt in der Menge $\mathcal{P}_n$ der Polynome bis zum Grad n genau ein Polynom $p_n \in \mathcal{P}_n$ mit der Eigenschaft

$$\|f - p_n\|_\infty \leq \|f - p\|_\infty$$

  für alle $p \in \mathcal{P}_n$. Dabei ist der Abstand zwischen stetigen Funktionen durch die **Maximumsnorm**

$$\|f - p\|_\infty = \max_{x \in [a,b]} |f(x) - p(x)|$$

  gegeben.
  Bemerkung: Der Weierstrass'sche Approximationssatz besagt, dass jede stetige Funktion beliebig genau durch Polynome approximiert werden kann, d. h., zu jedem Wert $\varepsilon > 0$ gibt es ein Polynom p von entsprechend hohem Grad mit der Eigenschaft $\|f - p\|_\infty \leq \varepsilon$.
- Bei der **Polynom-Interpolation** sind einige Funktionswerte bekannt und es wird das Polynom mit entsprechendem Grad betrachtet, das an diesen Stellen dieselben Funktionswerte besitzt. Eine generelle Konvergenzaussage gibt es bei der klassischen Polynom-Interpolation nicht. Im Gegensatz dazu erhalten wir eine beliebig genaue Approximation an eine Funktion f, wenn wir Funktionswerte an genügend Stützstellen kennen, durch die **Spline-Interpolation** (siehe Abschn. 10.5). Fehlerabschätzung bezüglich der Maximumsnorm lassen sich in Abhängigkeit der gewählten Menge von Spline-Funktionen angeben. Diese Näherung an Funktionen ist Ausgangspunkt der Methode der finiten Elemente (siehe Abschn. 28.6 und 29.5).
- Die punktweise Annäherung an Funktionen bedeutet, der Abstand wird an jeder Stelle $x \in [a, b]$ durch $|f(x) - p(x)|$ betrachtet. Die Näherung mit diesem Abstandsbegriff durch **Treppenfunktionen** ist Grundlage der Integralrechnung. Bleibt die Integralfolge von einer **punktweise fast überall** gegen eine Funktion konvergierenden Folge von Treppenfunktionen beschränkt, so ist f eine **Lebesgue-integrierbare Funktion** (siehe Abschn. 11.1). Identifizieren wir Funktionen, die sich höchstens auf einer Nullmenge unterscheiden, so ergibt sich der Funktionenraum $L([a, b])$ der Lebesgue-integrierbaren Funktionen.
- Die beste Approximation durch trigonometrische Polynome an eine quadratintegrierbare Funktion $f \in L^2([a, b])$ bezüglich der L^2-**Norm** ist durch das **Fourierpolynom** gegeben. Weiter besagt die Fouriertheorie, dass die Folge der Fourierpolynome (p_n) bezüglich des Abstands, der durch die L^2-Norm

$$\|f - p_n\|_{L^2} = \left(\int_a^b |f(x) - p_n(x)|^2 \, dx \right)^{1/2}$$

  definiert ist, gegen die Funktion f konvergiert (siehe Kap. 30).

Teil V

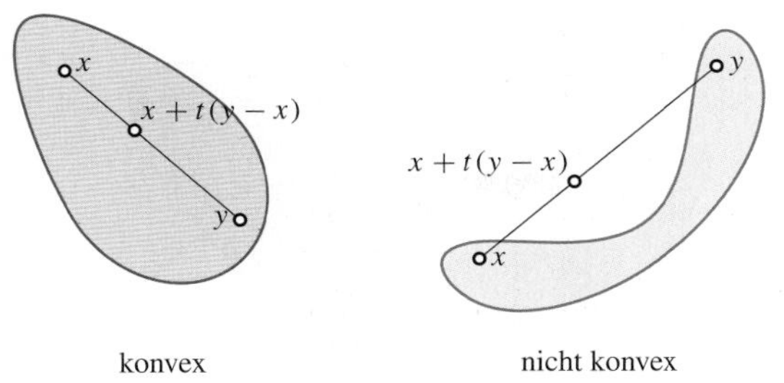

Abb. 35.5 Bei konvexen Mengen liegt die Verbindungsstrecke zwischen zwei Elementen vollständig in der Menge

Dies ist ein Unterraum der stetigen Funktionen und somit eine konvexe Menge. Außerdem ist das Funktional konvex, denn mit der Dreiecksungleichung folgt für $p, q \in D$ die Abschätzung

$$\begin{aligned} f(p + t(q-p)) &= \|y - (p + t(q-p))\|_\infty \\ &= \|(1 - t + t)y - (1-t)p - tq\|_\infty \\ &= \|(1-t)(y-p) + t(y-q)\|_\infty \\ &\leq (1-t)\|y-p\|_\infty + t\|y-q\|_\infty \\ &= (1-t)f(p) + tf(q) \end{aligned}$$

für $t \in (0, 1)$. ◄

Je nach Voraussetzungen an die Menge D und die Funktion f erlaubt die Optimierungstheorie mehr oder weniger allgemeine Aussagen auf der Suche nach optimalen Lösungen. In den folgenden Abschnitten stellen wir drei verschiedene Aspekte der Optimierung heraus. Zum einen betrachten wir Lagrange'sche Multiplikatoren, die notwendige Bedingungen liefern, wenn Restriktionen an die Menge D gegeben sind, sodass D keine offenen Teilmenge ist. Die Variationsrechnung in Abschn. 35.3 ist das klassisches Beispiel, wenn die für die Optimierung zulässigen Punkte Funktionen sind. Grundprinzipien der Physik sind mit der Variationsrechnung gekoppelt. Schließlich wenden wir uns noch einigen numerischen Konzepten zu, wie sie bei der Suche nach Minima/Maxima in entsprechender Software genutzt werden.

35.2 Optimierung unter Nebenbedingungen

Häufig ist bei Optimierungsproblemen die Zielfunktion $f : D \subseteq \mathbb{R}^n \to \mathbb{R}$ auf einer Teilmenge $D \subseteq \mathbb{R}^n$ zu minimieren, wobei die Menge D durch **Nebenbedingungen**, sogenannte **Restriktionen**, gegeben ist. Wir gehen davon aus, dass es eine Funktion $\boldsymbol{g} : \mathbb{R}^n \to \mathbb{R}^k$ und/oder eine Funktion $\boldsymbol{h} : \mathbb{R}^n \to \mathbb{R}^l$ gibt, mit denen wir die Menge D angeben können durch

$$D = \{\boldsymbol{x} \in \mathbb{R}^n \,|\, \boldsymbol{g}(\boldsymbol{x}) = 0 \text{ und } \boldsymbol{h}(\boldsymbol{x}) \leq 0\}\,.$$

Gleichungs- und Ungleichungsbedingungen schränken den zulässigen Bereich ein

Die Restriktionsmenge D ist durch k Gleichungsnebenbedingungen der Form $g_j(\boldsymbol{x}) = 0$ für $j = 1, \ldots, k$ und l Ungleichungsnebenbedingungen der Form $h_j(\boldsymbol{x}) \leq 0$ für $j = 1, \ldots, l$ beschrieben. Die Notation $\boldsymbol{h}(\boldsymbol{x}) \leq 0$ in der Mengenbeschreibung von D ist also komponentenweise zu lesen. Die Menge D ist in all diesen Fällen keine offene Teilmenge, sodass das Kriterium des letzten Abschnitts, $\nabla f(\hat{\boldsymbol{x}}) = 0$, nicht anwendbar ist.

Beispiel

- Die Lemniskate ist die Kurve im $\mathbb{R}^2$, die durch die Bedingung

$$(x_1^2 + x_2^2)^2 = 2x_1x_2$$

charakterisiert ist. Also lässt sich die Kurve durch eine Gleichungsnebenbedingung

$$g(\boldsymbol{x}) = (x_1^2 + x_2^2)^2 - 2x_1x_2 = 0$$

angeben. Ersetzen wir die Gleichung durch die Ungleichung $g(\boldsymbol{x}) \leq 0$, so beschreiben wir mit der Menge

$$D = \{\boldsymbol{x} \in \mathbb{R}^2 \mid (x_1^2 + x_2^2)^2 - 2x_1x_2 \leq 0\}$$

die durch die Lemniskate berandete Fläche (siehe Abb. 35.6). Übrigens, um zu sehen, ob die Punkte im Inneren oder im Äußeren eines durch eine Kurve/Fläche umschlossenen Bereichs die entsprechende Ungleichung erfüllen, setzt man am besten Punkte in die Bedingung ein. Hier etwa den Punkt $(1/2, 1/2)^T \in D$.

- In der linearen Optimierung (siehe S. 844) sind in Standardform die Restriktionen durch Ungleichungen gegeben,

$$\boldsymbol{A}\boldsymbol{x} \leq \boldsymbol{b} \quad \text{und} \quad \boldsymbol{x} \geq 0$$

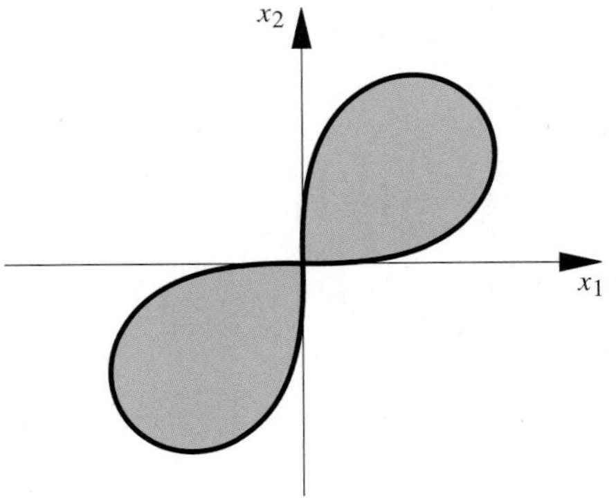

Abb. 35.6 Eine von Kurven berandete Fläche lässt sich durch Ungleichungsnebenbedingungen beschreiben

Teil V

mit einer Matrix $\boldsymbol{A} \in \mathbb{R}^{m\times m}$ und einem Vektor $\boldsymbol{b} \in \mathbb{R}^m$. Eine Funktion g wird somit in diesem Fall zur Beschreibung von D nicht benötigt und die Funktion $\boldsymbol{h} : \mathbb{R}^n \to \mathbb{R}^{m+n}$ ist gegeben durch

$$\boldsymbol{h}(\boldsymbol{x}) = \begin{pmatrix} \boldsymbol{A}\boldsymbol{x} - \boldsymbol{b} \\ -\boldsymbol{x} \end{pmatrix}$$ ◀

In Kap. 24 auf S. 906 ist beschrieben, wie wir das übliche Kriterium (Gradient gleich null setzen) auch im Fall von Gleichungsnebenbedingungen nutzen können, wenn die Gleichungen $g_j(\boldsymbol{x}) = 0, j = 1, k$, explizit nach einzelnen Variablen auflösbar sind. Bei diesem Vorgehen eliminieren wir zunächst diese Variablen, um dann für die restlichen Veränderlichen ein Optimierungsproblem auf einer offenen Menge zu formulieren. Allgemeiner können wir stets versuchen, eine Nebenbedingung zu parametrisieren, um auf diesem Weg die Anzahl der Variablen zu reduzieren.

Beispiel Gesucht sind die Extrema der Funktion $f : D \to \mathbb{R}$ mit $f(\boldsymbol{x}) = x_1^2x_2^2 + x_1^2 + x_2^2$ auf dem Einheitskreis

$$D = \{\boldsymbol{x} \in \mathbb{R}^2 \mid x_1^2 + x_2^2 - 1 = 0\}.$$

Bei Nebenbedingungen, die durch Kreise oder Ellipsen gegeben sind, bietet es sich an, durch Polarkoordinaten die Punkte in D zu parametrisieren. Setzen wir

$$\boldsymbol{x}(t) = \begin{pmatrix} \cos t \\ \sin t \end{pmatrix}.$$

Mit $t \in [0, 2\pi)$ erreichen wir alle Punkte in D und aus dem Optimierungsproblem wird die eindimensionale Frage nach dem Minimum der Funktion

$$\tilde{f}(t) = \cos^2 t \sin^2 t + 1.$$

Mit der Ableitung

$$\tilde{f}'(t) = 2\cos t \sin t\,(\cos^2 t - \sin^2 t)$$

erhalten wir kritische Punkte bei $\cos t = 0$, $\sin t = 0$ und $\cos t = \pm\sin t$. Im Intervall $[0, 2\pi)$ sind dies die acht Stellen $t_n = n\frac{\pi}{2}$ und $t_{n+4} = \frac{\pi}{4} + n\frac{\pi}{2}$ mit $n = 0, 1, 2, 3$. Mit den Funktionswerten an diesen Stellen,

$$f\left(\frac{1}{\sqrt{2}}, \frac{1}{\sqrt{2}}\right) = f\left(\frac{-1}{\sqrt{2}}, \frac{-1}{\sqrt{2}}\right) = \frac{5}{4},$$
$$f\left(\frac{1}{\sqrt{2}}, \frac{-1}{\sqrt{2}}\right) = f\left(\frac{-1}{\sqrt{2}}, \frac{1}{\sqrt{2}}\right) = \frac{3}{4},$$

und

$$f(0, 1) = f(1, 0) = f(-1, 0) = f(0, -1) = 1,$$

ergibt sich, dass die Funktion f bei $\boldsymbol{x} = (1/\sqrt{2}, 1/\sqrt{2})^{\mathrm{T}}$ und $\boldsymbol{x} = (-1/\sqrt{2}, -1/\sqrt{2})^{\mathrm{T}}$ Maxima auf D besitzt und in $\boldsymbol{x} = (-1/\sqrt{2}, 1/\sqrt{2})^{\mathrm{T}}$ und $\boldsymbol{x} = (1/\sqrt{2}, -1/\sqrt{2})^{\mathrm{T}}$ Minimalstellen sind (siehe Abb. 35.7). An den weiteren stationären Stellen liegen keine Extrema des Optimierungsproblems. ◀

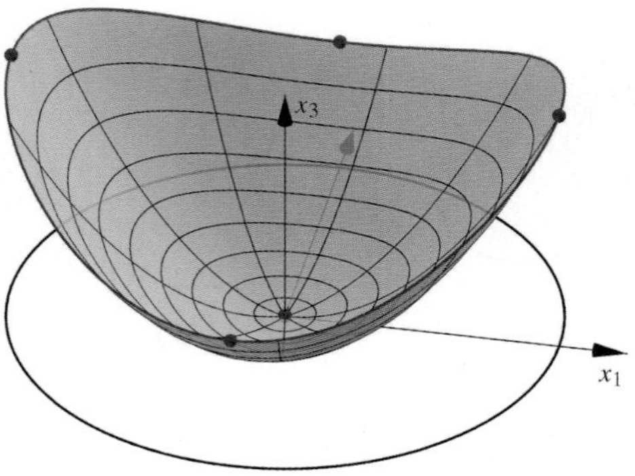

Abb. 35.7 Extremalstellen einer Funktion auf einer Randkurve und im Inneren des berandeten Gebiets

Eine Auflösung der Gleichungsnebenbedingungen wie im Beispiel ist nicht immer möglich oder wird unüberschaubar. Neben dieser Methode, bei der wir das bekannte Kriterium, den Gradient null zu setzen, verwenden, gibt es eine elegante Variante, ein notwendiges Kriterium für kritische Punkte eines Optimierungsprobleme mit Gleichungsnebenbedingungen zu formulieren.

Stationäre Punkte der Lagrange-Funktion sind Kandidaten für Extrema

Betrachten wir noch einmal das Beispiel auf S. 1324. In Abb. 35.8 sind Niveaulinien der Zielfunktion f und die Niveaulinie $g(\boldsymbol{x}) = 0$, also die Nebenbedingung eingezeichnet. Wir beobachten, dass in der Extremalstelle bei $\hat{\boldsymbol{x}} = (1/\sqrt{2}, 1/\sqrt{2})$

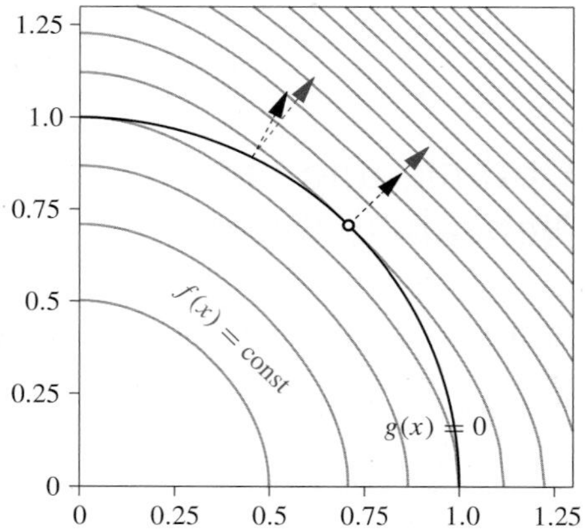

Abb. 35.8 In einer Extremalstelle zu einer Funktion f unter einer Nebenbedingung der Form $g(x) = 0$ sind die Gradienten von f und g linear abhängig

Nebenbedingung und Niveaulinie zu f tangential zueinander liegen. Die Gradienten von f und von g stehen jeweils senkrecht auf den Niveaulinien. In der Extremalstelle zeigen somit beide Gradienten in die gleiche oder in entgegengesetzte Richtung. Das bedeutet, dass die Vektoren $\nabla f(\hat{\boldsymbol{x}})$ und $\nabla g(\hat{\boldsymbol{x}})$ in der Extremalstelle linear abhängig sind. Oder mit anderen Worten: Es gibt einen Faktor $\lambda \in \mathbb{R}$, sodass

$$\nabla f(\hat{\boldsymbol{x}}) + \lambda \nabla g(\hat{\boldsymbol{x}}) = 0$$

gilt.

An nicht extremalen Stellen kann eine solche Abhängigkeit nicht eintreten, da die Gradienten senkrecht auf den Niveaulinien stehen. Aus dieser Beobachtung ergibt sich die Idee der Lagrange'schen Multiplikatoren. Haben wir eine Extremalstelle $\hat{\boldsymbol{x}}$ der Funktion f unter einer Gleichungsnebenbedingung der Form $g(\boldsymbol{x}) = 0$, so gibt es einen Faktor λ, sodass die modifizierte Zielfunktion

$$L(\boldsymbol{x}, \lambda) = f(\boldsymbol{x}) + \lambda g(\boldsymbol{x})$$

eine kritische Stelle in $\boldsymbol{x}$ besitzt; denn der Gradient von L bezüglich $\boldsymbol{x}$ verschwindet wegen der linearen Abhängigkeit der einzelnen Gradienten. Die Ableitung bezüglich λ im Extremalpunkt $\hat{\boldsymbol{x}}$ verschwindet, da an der Stelle $\hat{\boldsymbol{x}}$ die Nebenbedingung erfüllt ist.

Die Funktion L heißt *Lagrange-Funktion*. Mit der Lagrange-Funktion modifizieren wir die Zielfunktion f, indem wir ein Vielfaches der Nebenbedingung addieren. Damit ändern wir die Funktionswerte für Punkte, die die Nebenbedingung erfüllen, nicht. Unsere Überlegungen lassen vermuten, dass der Faktor bei der Addition so eingestellt werden kann, dass die Lagrange-Funktion im längs der Kurve gesuchten Extremum von f einen kritischen Punkt hat. Man vergleiche dazu die Graphen in den Abb. 35.7 und 35.9.

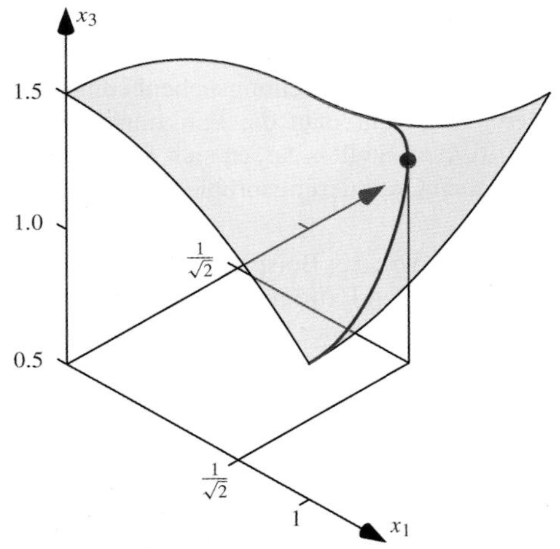

Abb. 35.9 Der Graph der Lagrange-Funktion zeigt den Sattelpunkt bei $(1/\sqrt{2}, 1/\sqrt{2})^{\mathrm{T}}$, der durch Verwenden des Multiplikators $\lambda = -3/2$ erzeugt wird und das Extremum der ursprünglichen Zielfunktion auf der Kurve $x^2 + y^2 = 1$ charakterisiert (siehe Abb. 35.7)

Die Überlegung lässt sich übertragen auf mehrere Gleichungsnebenbedingungen. Wir definieren $L : \mathbb{R}^n \times \mathbb{R}^k \to \mathbb{R}$ durch

$$L(\boldsymbol{x}, \lambda_1, \ldots, \lambda_k) = f(x) + \sum_{j=1}^{k} \lambda_j g_j(x)$$

als die **Lagrange-Funktion** zum Optimierungsproblem, eine Zielfunktion f zu minimieren unter Nebenbedingungen $g_j(\boldsymbol{x}) = 0$ für $j = 1, \ldots, k$. Die Faktoren λ_j, $j = 1, 2, \ldots, k$ werden **Lagrange'sche Multiplikatoren** genannt. Mit diesen Notationen können wir ein Kriterium angeben für ein Optimum unter Nebenbedingungen, die *Lagrange'sche Multiplikatorenregel*.

Lagrange'sche Multiplikatorenregel

Wir bezeichnen mit $L = f + \sum_{j=1}^{k} \lambda_j g_j$ die Lagrange-Funktion zu einem Optimierungsproblem

$$\underset{x \in D}{\mathrm{Min}} f(\boldsymbol{x})$$

mit einer Zielfunktion $f : \mathbb{R}^n \to \mathbb{R}$ und Nebenbedingungen

$$D = \{\boldsymbol{x} \in \mathbb{R}^n \mid g_j(\boldsymbol{x}) = 0, j = 1, \ldots, k\}.$$

Ist $\hat{\boldsymbol{x}} \in D$ ein lokales Minimum der Funktion f auf der Menge D und sind die k Gradienten

$$\nabla g_1(\hat{\boldsymbol{x}}), \nabla g_2(\hat{\boldsymbol{x}}), \ldots, \nabla g_k(\hat{\boldsymbol{x}})$$

an der Stelle $\hat{x}$ linear unabhängig, dann existieren Lagrange'sche Multiplikatoren $\hat{\lambda}_1, \ldots, \hat{\lambda}_k \in \mathbb{R}$, sodass die $n + k$ Gleichungen mit

$$\frac{\partial L}{\partial x_i}(\hat{\boldsymbol{x}}, \hat{\boldsymbol{\lambda}}) = 0, \quad i = 1, \ldots, n$$
$$\frac{\partial L}{\partial \lambda_i}(\hat{\boldsymbol{x}}, \hat{\boldsymbol{\lambda}}) = 0, \quad i = 1, \ldots, k$$

erfüllt sind.

Schreiben wir die Bedingungen für die einzelnen partiellen Ableitungen bzgl. x_j, λ_j aus. Mit $\nabla_{\boldsymbol{x}} L(\hat{\boldsymbol{x}}, \hat{\boldsymbol{\lambda}}) = 0$ folgen die n Gleichungen

$$\frac{\partial f}{\partial x_i}(\hat{\boldsymbol{x}}) + \sum_{j=1}^{k} \hat{\lambda}_j \frac{\partial g_j}{\partial x_i}(\hat{\boldsymbol{x}}) = 0$$

für $i = 1, \ldots, n$. Die Gleichungen für die partiellen Ableitungen bzgl. $\boldsymbol{\lambda}$ ergeben wieder die k Gleichungsnebenbedingungen

$$\frac{\partial L}{\partial \lambda_i} L(\hat{\boldsymbol{x}}, \hat{\boldsymbol{\lambda}}) = g_i(\hat{x}) = 0.$$

Anhand der folgenden Beispiele wird deutlich, wie die Lagrange'sche Multiplikatorenregel genutzt werden kann, um Minima zu bestimmen. Auf eine Darstellung eines Beweises der Lagrange'schen Multiplikatorenregel, der mithilfe des Satzes über implizit gegebene Funktionen (siehe Abschn. 24.5) geführt werden kann, wird verzichtet und auf die Literatur verwiesen (siehe etwa H. Heuser: *Lehrbuch der Analysis II*. Teubner Verlag).

Beispiel Gesucht sind die Extrema der Zielfunktion $f\colon \mathbb{R}^2 \to \mathbb{R}$ mit

$$f(\boldsymbol{x}) = x_1^2 + x_2^2 - 2x_1 - 4x_2 + 5$$

unter der Restriktion $(x_1 - 2)^2 + x_2^2 = 5/4$.

Dazu beschreiben wir die Restriktion durch die Funktion $g : \mathbb{R}^2 \to \mathbb{R}$ mit $g(\boldsymbol{x}) = (x_1 - 2)^2 + x_2^2 - 5/4$ und definieren die Lagrange-Funktion $L = f + \lambda g : \mathbb{R}^2 \to \mathbb{R}$, d. h.

$$L(\boldsymbol{x}, \lambda) = x_1^2 + x_2^2 - 2x_1 - 4x_2 + 5 + \lambda((x_1 - 2)^2 + x_2^2 - 5/4)$$

mit $\lambda \in \mathbb{R}$.

Für eine Extremalstelle $(x_1, x_2)^\mathrm{T}$ gilt die notwendige Bedingung, dass $\lambda \in \mathbb{R}$ existiert mit $\nabla_{\boldsymbol{x}} L(x_1, x_2, \lambda) = 0$ und $g(x_1, x_2) = 0$. Wir erhalten somit die drei Gleichungen:

$$\begin{aligned} 2(x_1 - 1) + 2\lambda(x_1 - 2) &= 0 \\ 2(x_2 - 2) + 2\lambda x_2 &= 0 \\ (x_1 - 2)^2 + x_2^2 - \frac{5}{4} &= 0 \end{aligned}$$

Die ersten beiden Gleichungen implizieren

$$x_1 = \frac{2\lambda + 1}{\lambda + 1} \quad \text{und} \quad x_2 = \frac{2}{\lambda + 1}.$$

Dabei nutzen wir aus, dass $\lambda + 1 \neq 0$ sein muss, etwa wegen der ersten Gleichung. Einsetzen dieser Ergebnisse in die dritte Gleichung führt auf

$$\left(\frac{-1}{\lambda + 1}\right)^2 + \left(\frac{2}{\lambda + 1}\right)^2 = \frac{5}{4}.$$

Mit den beiden Lösungen der quadratischen Gleichung $\lambda = -3$ oder $\lambda = 1$ ergeben sich die Extremalstellen

$$\boldsymbol{x}^{(1)} = \left(\frac{5}{2}, -1\right)^\mathrm{T} \quad \text{und} \quad \boldsymbol{x}^{(2)} = \left(\frac{3}{2}, 1\right)^\mathrm{T}.$$

Da die stetige Funktion f auf der durch die Nebenbedingung beschriebenen kompakten Menge, die Kreislinie um $(2, 0)^\mathrm{T}$ mit Radius $r = \sqrt{5}/2$, ein Maximum und ein Minimum besitzen muss, wird durch Einsetzen der Stellen ersichtlich, dass bei $\boldsymbol{x}^{(2)}$ das Minimum der Zielfunktion und bei $\boldsymbol{x}^{(1)}$ das Maximum liegt. Beschreiben wir f durch den Ausdruck

$$f(x) = (x_1 - 1)^2 + (x_2 - 2)^2,$$

so wird die geometrische Interpretation des Problems als Frage nach den Extremalwerten des Abstandes des Punkts $(1, 2)^\mathrm{T}$ zu den Punkten auf der Kreislinie deutlich (siehe Abb. 35.10). ◄

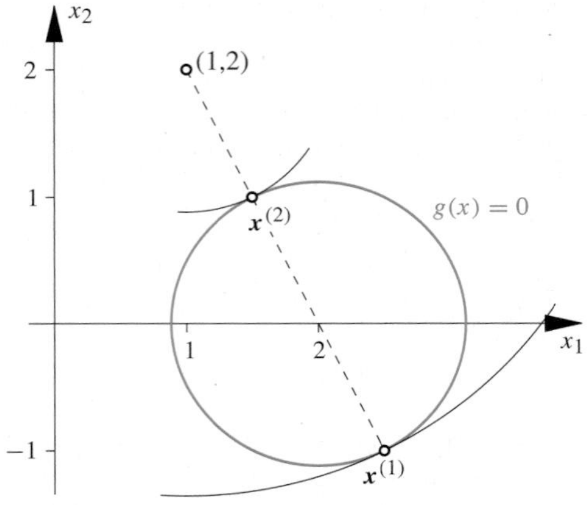

Abb. 35.10 Die Multiplikatorenregel kann helfen bei der Bestimmung des kleinsten Abstands zwischen geometrischen Objekten, hier einem Kreis und einem Punkt in der Ebene

Selbstfrage 3

Stellen Sie eine Lagrange-Funktion auf, um den Punkt $\boldsymbol{x}$ auf dem Kreis $x_1^2 + (x_2 - 2)^2 = 1$ zu finden, der den kürzesten Abstand zu der Geraden hat, die durch $x_1 = x_2$ gegeben ist.

Auch bei Ungleichungsnebenbedingungen gibt es Lagrange'sche Multiplikatoren

Wenden wir uns zum Abschluss des Abschnitts noch den Ungleichungsnebenbedingungen zu. Bei Ungleichungsbedingungen lässt sich das eigentliche Optimierungsproblem oft in zwei Probleme zerlegen; erstens eine globale Optimierung der Zielfunktion ohne die Nebenbedingungen zu berücksichtigen und zweitens die Zielfunktion nur in Punkten auf dem Rand des durch die Ungleichung beschriebenen Gebiets zu betrachten, also die entsprechenden Gleichungsnebenbedingungen zu berücksichtigen. Vergleicht man die Funktionswerte an den so ermittelten kritischen Stellen, lassen sich Minima und Maxima des ursprünglichen Optimierungsproblems ausmachen.

Beispiel Greifen wir das Beispiel von S. 1324 noch einmal auf und fragen nach den Extrema der Funktion $f : \tilde{D} \to \mathbb{R}$ mit $f(\boldsymbol{x}) = x_1^2 x_2^2 + x_1^2 + x_2^2$ auf der Einheitskreisscheibe

$$\tilde{D} = \{\boldsymbol{x} \in \mathbb{R}^2 \mid x_1^2 + x_2^2 \leq 1\}.$$

Wir teilen das Problem auf und suchen zunächst Extremalstellen der Funktion f auf der offenen Menge mit $|\boldsymbol{x}| < 1$. Aus der notwendigen Bedingung

$$\nabla f(\hat{x}) = \begin{pmatrix} 2\hat{x}_1(\hat{x}_2^2 + 1) \\ 2\hat{x}_2(\hat{x}_1^2 + 1) \end{pmatrix} = 0$$

folgt die einzige kritische Stelle bei $\hat{x}_1 = \hat{x}_2 = 0$.

Teil V

Mit den Überlegungen aus dem letzten Beispiel auf dem Kreisrand $\|\boldsymbol{x}\| = 1$ wird deutlich, dass bei $(0,0)^T$ ein Minimum der Funktion auf $\tilde{D}$ liegt, da der Funktionswert $f(0) = 0$ kleiner ist als die Extrema auf dem Rand. In der Abb. 35.7 sind all diese Extremalstellen in den Graphen der Funktion f eingezeichnet. ◄

Anstelle dieses zweistufigen Vorgehens gibt es auch die Möglichkeit, Multiplikatoren zu nutzen. Wir bezeichnen mit

$$I(x) = \{j \in \{1,2,\dots,l\} \mid h_j(x) = 0\}$$

die Menge der Indizes der **aktiven** Ungleichungsbedingungen in einem Punkt $\boldsymbol{x} \in D$ (siehe Abb. 35.11). Weiter definieren wir die **Lagrange-Funktion** $L : \mathbb{R}^n \times \mathbb{R}^k \times \mathbb{R}^l \to \mathbb{R}$ durch

$$L(\boldsymbol{x}, \boldsymbol{\lambda}, \boldsymbol{\mu}) = f(x) + \sum_{j=1}^{k} \lambda_j g_j(x) + \sum_{j=1}^{l} \mu_j h_j(x)$$

mit den Lagrange'sche Multiplikatoren λ_j, $j = 1,2,\dots,k$ und $\mu_j, j = 1,2,\dots,l$. Analog zu reinen Gleichungsnebenbedingungen lässt sich eine Lagrange'sche Multiplikatorenregel zeigen.

Wenn die $k + l$ Gradienten

$$\nabla g_1(\hat{\boldsymbol{x}}), \nabla g_2(\hat{\boldsymbol{x}}), \dots, \nabla g_k(\hat{\boldsymbol{x}})$$

und

$$\nabla h_1(\hat{\boldsymbol{x}}), \dots, \nabla h_l(\hat{\boldsymbol{x}})$$

an der Stelle $\hat{x}$ linear unabhängig sind und in $\hat{\boldsymbol{x}} \in D$ die Funktion f auf D ein lokales Minimum hat, gibt es Lagrange-Multiplikatoren $\hat{\lambda}_1, \dots, \hat{\lambda}_k \in \mathbb{R}$ und $\hat{\mu}_1, \dots, \hat{\mu}_l \geq 0$, sodass die $n + k + l$ Gleichungen mit

$$\frac{\partial L}{\partial x_i}(\hat{\boldsymbol{x}}, \hat{\boldsymbol{\lambda}}, \hat{\boldsymbol{\mu}}) = 0, \quad i = 1,\dots,n$$
$$\frac{\partial L}{\partial \lambda_i}(\hat{\boldsymbol{x}}, \hat{\boldsymbol{\lambda}}, \hat{\boldsymbol{\mu}}) = 0, \quad i = 1,\dots,k$$
$$\mu_i \frac{\partial L}{\partial \mu_i}(\hat{\boldsymbol{x}}, \hat{\boldsymbol{\lambda}}, \hat{\boldsymbol{\mu}}) = 0, \quad i = 1,\dots l$$

erfüllt sind.

Diese Bedingungen für die partiellen Ableitungen x_j, λ_j oder μ_i bedeuten ausgeschrieben die n Gleichungen

$$\frac{\partial f}{\partial x_i}(\hat{\boldsymbol{x}}) + \sum_{j=1}^{k} \lambda_j \frac{\partial g_j}{\partial x_i}(\hat{\boldsymbol{x}}) + \sum_{j=1}^{l} \mu_j \frac{\partial h_j}{\partial x_i}(\hat{\boldsymbol{x}}) = 0$$

für $i = 1,\dots,n$. Die Gleichungen für die partiellen Ableitungen bzgl. $\boldsymbol{\lambda}$ ergeben wieder die k Gleichungsnebenbedingungen

$$\frac{\partial L}{\partial \lambda_i} L(\hat{\boldsymbol{x}}, \hat{\boldsymbol{\lambda}}, \hat{\boldsymbol{\mu}}) = g_i(\hat{x}) = 0\,.$$

Die partiellen Ableitungen bzgl. der Variablen μ_i liefern

$$\mu_i \frac{\partial L}{\partial \mu_i} L(\hat{\boldsymbol{x}}, \hat{\boldsymbol{\lambda}}, \hat{\boldsymbol{\mu}}) = \mu_i h_i(\hat{x}) = 0\,,$$

d. h., entweder ist $i \in I(\hat{x})$, die Ungleichungsnebenbedingung ist aktiv mit $h_i(\hat{x}) = 0$, oder es gilt $\mu_i = 0$ für $i \notin I(\hat{x})$. Mit anderen Worten: eine Minimalstelle $\hat{x}$ von f gehört zu einem kritischen Punkt der Lagrange-Funktion, wenn wir nicht aktive Ungleichungsnebenbedingungen außer Acht lassen.

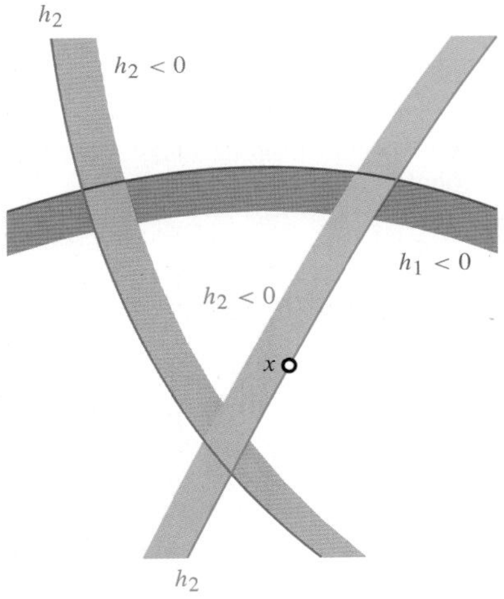

Abb. 35.11 Die durch die Funktion h_2 gegebene Nebenbedingung ist in der Stelle x *aktiv*. Die weiteren Bedingungen hingegen nicht

Kommentar Eine Verallgemeinerung der hier beschriebenen Multiplikatorenregel auf Funktionale in Vektorräumen V, wird in der Optimierungstheorie als die Karush-Kuhn-Tucker Bedingung bezeichnet (siehe z. B. F. Jarre und J. Stoer: *Optimierung*. Springer, 2003). ◄

35.3 Variationsrechnung

An Stelle eines Extremalpunkts im $\mathbb{R}^n$ wollen wir in diesem Abschnitt nach Funktionen fragen, die ein Funktional minimieren. Wir haben zu Beginn festgehalten, dass das notwendige Kriterium einer verschwindenden Gâteaux-Ableitung in diesem Kontext Gültigkeit hat. Dies lässt sich anwenden, um Funktionen u zu charakterisieren, die ein Funktional von der Form

$$J(u) = \int_a^b g(u(t), u'(t), t)\,\mathrm{d}t$$

minimieren. Diese Zielfunktionen sind Ausgangspunkt der Variationsrechnung.

Teil V

Beispiel: Die Hölder'sche Ungleichung

Für positive Zahlen $x, y > 0$ und reelle Zahlen $p, q > 1$ mit $\frac{1}{p} + \frac{1}{q} = 1$ gilt die Hölder'sche Ungleichung

$$\frac{1}{p}x^p + \frac{1}{q}y^q \geq xy\,.$$

Diese Ungleichung lässt sich mithilfe der Multiplikatorenregel zeigen.

Problemanalyse und Strategie: Die Idee besteht darin, zunächst für die Funktion $f : \mathbb{R}^2 \to \mathbb{R}$ mit

$$f(u, v) = \frac{1}{p}u^p + \frac{1}{q}v^q$$

unter der Nebenbedingung $g(u, v) = uv - 1 = 0$ eine Minimalstelle zu zeigen. Mit einer entsprechenden Skalierung von x, y lässt sich dann die Hölder'sche Ungleichung folgern.

Lösung: Wir betrachten die Lagrange-Funktion L mit

$$L(u, v, \lambda) = \frac{1}{p}u^p + \frac{1}{q}v^q + \lambda(uv - 1)$$

zur Funktion f unter der Gleichungsnebenbedingung $uv - 1 = 0$. Für eine kritische Stelle der Funktion L ergeben sich mit den partiellen Ableitungen die drei Bedingungen

$$\begin{aligned} u^{p-1} + \lambda v &= 0 \\ v^{q-1} + \lambda u &= 0 \\ uv - 1 &= 0\,. \end{aligned}$$

Multiplizieren wir die erste Gleichung mit u und die zweite mit v und bilden wir die Differenz, so folgt die Gleichung

$$u^p - v^q = 0\,.$$

Also ist

$$u = v^{\frac{q}{p}}\,.$$

Mit der dritten Gleichung ergibt sich

$$1 = v^{\frac{q}{p}+1} = v^q$$

wegen der Voraussetzung $\frac{1}{p} + \frac{1}{q} = 1$. Somit ist $v = 1$ und mit der dritten Bedingung folgt auch $u = 1$. Es gibt nur die kritische Stelle $(u, v) = (1, 1)$ zu f unter der Nebenbedingung $uv = 1$. Aus $f(u, 1/u) \to \infty$ für $u \to \infty$ und auch für $u \to 0$ wird deutlich, dass bei $u = v = 1$ ein Minimum liegt. Wir haben somit die Ungleichung

$$\frac{1}{p}u^p + \frac{1}{q}v^q \geq 1$$

unter der Bedingung $uv = 1$ für $p, q > 1$ und $1/p + 1/q = 1$ gezeigt.

Definieren wir nun

$$u = \frac{x}{(xy)^{1/p}} \quad \text{und} \quad v = \frac{y}{(xy)^{1/q}}$$

für Zahlen $x, y > 0$, so ist $uv = 1$. Setzen wir u und v in die Abschätzung ein, ergibt sich die Hölder'sche Ungleichung

$$\frac{1}{p}x^p + \frac{1}{q}y^q \geq xy\,.$$

Teil V

Anwendungsbeispiel Nach dem **Fermat-Prinzip** nimmt ein Lichtstrahl in einem Medium den Weg, der vom Strahl in kürzester Zeit zurückgelegt wird. Um den Verlauf des Lichtstrahls zu bestimmen ergibt sich damit ein Optimierungsproblem. Nehmen wir an, dass die Geschwindigkeit des Lichts $v(\boldsymbol{x})$ bzw. der Brechungsindex $n(\boldsymbol{x}) = \frac{1}{v(\boldsymbol{x})}$ im Medium nur in einer Ebene variiert und in der dritten Raumrichtung konstant ist. Außerdem gehen wir davon aus, dass sich der Weg des Strahls durch den Graphen einer differenzierbaren Funktion $y = u(x)$ in dieser Ebene darstellen lässt. Dann ist durch $\Gamma = \{(x, u(x))^{\mathrm{T}} : x \in [x_0, x_1]\}$ eine solche Kurve parametrisiert. Bezeichnen wir weiter mit $s(t)$ die zum Zeitpunkt t zurückgelegte Strecke, d. h. insbesondere $\frac{\mathrm{d}s}{\mathrm{d}t}(t) = s'(t) = v(x(t), y(t))$, so lässt sich die Laufzeit des Lichts längs einer solchen Kurve durch das Funktional

$$\begin{aligned} T(u) &= \int_0^T \mathrm{d}t = \int_0^T \frac{s'(t)}{v(x(t), y(t))}\,\mathrm{d}t \\ &= \int_\Gamma \frac{1}{v(x, y)}\,\mathrm{d}s = \int_{x_0}^{x_1} \frac{\sqrt{1 + (u'(x))^2}}{v(x, u(x))}\,\mathrm{d}x \end{aligned}$$

beschreiben. Aus dem Fermat-Prinzip folgt, dass die wirklich durchlaufene Kurve durch ein Minimum des Funktionals T gegeben ist. ◀

Anwendung: Die Hauptspannungen

In der Festigkeitslehre interessieren die Spannungen, die in einem Material auftreten. Dabei bezeichnet man mit Spannung die Kraft pro Flächeneinheit auf einer gedachten Schnittfläche durch das Material. Mit diesen Kenntnissen lässt sich etwa die Belastbarkeit eines Werkstücks quantifizieren. Die Richtungen in denen die Spannungen extremal werden, die **Hauptspannungsrichtungen**, spielen für die Analyse solcher Materialien eine entscheidende Rolle.

Die Spannungen werden modelliert durch den Spannungstensor $\boldsymbol{S}$ (siehe auch das Beispiel auf S. 653). In einem isotropen Material bei Verwendung kartesischer Koordinaten lässt sich $\boldsymbol{S} \in \mathbb{R}^{3\times 3}$ als Matrix schreiben. Das Produkt $\boldsymbol{Sx}$ für einen normierten Vektor $\boldsymbol{x} \in \mathbb{R}^3$ mit $\|\boldsymbol{x}\| = 1$ liefert den Spannungsvektor auf einer Fläche senkrecht zur Normalenrichtung $\boldsymbol{x}$. Der Betrag der Spannung in dieser Richtung ergibt sich aus der quadratischen Form $f : \mathbb{R}^3 \to \mathbb{R}$ mit

$$f(\boldsymbol{x}) = \boldsymbol{x}^{\mathrm{T}}\boldsymbol{Sx}$$

und der Bedingung $\boldsymbol{x} \in K = \{\boldsymbol{x} \in \mathbb{R}^3 : \|\boldsymbol{x}\| = 1\}$.

Für die Hauptspannungen sind somit Extrema der Funktion f gesucht unter der Nebenbedingung $\boldsymbol{x} \in K$. Es handelt sich um ein Optimierungsproblem mit einer Gleichungsnebenbedingung.

Wir definieren die Gleichungsnebenbedingung durch $g(\boldsymbol{x}) = \boldsymbol{x}^{\mathrm{T}}\boldsymbol{x} - 1 = x_1^2 + x_2^2 + x_3^2 - 1 = 0$. Damit lautet die zugehörige Lagrange-Funktion:

$$\begin{aligned} L(\boldsymbol{x}, \lambda) &= f(\boldsymbol{x}) + \lambda g(\boldsymbol{x}) \\ &= \boldsymbol{x}^{\mathrm{T}}\boldsymbol{Sx} + \lambda(\boldsymbol{x}^{\mathrm{T}}\boldsymbol{x} - 1) \\ &= \sum_{i,j=1}^{3}(s_{ij}x_ix_j) + \lambda\sum_{j=1}^{3}(x_j^2) - \lambda \end{aligned}$$

Wir berechnen den Gradienten dieser Funktion:

$$\begin{aligned} \nabla_x L(\boldsymbol{x}, \lambda) &= \begin{pmatrix} \sum_{j=1}^{3}(s_{1j}x_j) + 2\lambda x_1 \\ \sum_{j=1}^{3}(s_{2j}x_j) + 2\lambda x_2 \\ \sum_{j=1}^{3}(s_{3j}x_j) + 2\lambda x_3 \end{pmatrix} \\ &= \boldsymbol{Sx} + 2\lambda\boldsymbol{x}\,. \end{aligned}$$

Die notwendige Extremalbedingung besagt, wenn die Spannung bezüglich einer Richtung maximal ist, so gilt

$$\boldsymbol{Sx} + 2\lambda\boldsymbol{x} = 0\,.$$

Das bedeutet, dass die Hauptspannungsrichtungen gegeben sind durch Eigenvektoren $\boldsymbol{x}$ der Spannungsmatrix $\boldsymbol{S}$. Der zugehörige Eigenwert wird **Hauptspannung** genannt. Die Lagrange'schen Multiplikatoren mit Faktor $+2$ liefern somit diese Eigenwerte bzw. Hauptspannungen.

Die Gâteaux-Variation bei einem Variationsproblem folgt aus der Kettenregel

Setzen wir voraus, dass $g : \mathbb{R} \times \mathbb{R} \times [a, b] \to \mathbb{R}$ eine einmal stetig differenzierbare Funktion ist und $u \in C^1([a, b])$ gilt. Dann ist das Funktional J mit

$$J(u) = \int_a^b g(u(t), u'(t), t)\,\mathrm{d}t$$

Gâteaux-differenzierbar. Für eine „Variationsrichtung" $h \in C^1([a, b])$ können wir dies mit den allgemeinen Kriterien zum Ableiten von Parameter-abhängigen Integralen (siehe S. 414) und der Kettenregel herleiten. Wir bekommen die Gâteaux-Variation

$$\begin{aligned} \delta J(u)h &= \frac{\mathrm{d}}{\mathrm{d}\varepsilon}(J(u + \varepsilon h))\Big|_{\varepsilon=0} \\ &= \int_a^b \frac{\partial g}{\partial x_1}(u(t) + \varepsilon h(t), u'(t) + \varepsilon h'(t), t)\frac{\mathrm{d}}{\mathrm{d}\varepsilon}(u(t) + \varepsilon h(t))\Big|_{\varepsilon=0} \\ &\quad + \frac{\partial g}{\partial x_2}(u(t) + \varepsilon h(t), u'(t) + \varepsilon h'(t), t)\frac{\mathrm{d}}{\mathrm{d}\varepsilon}(u'(t) + \varepsilon h'(t))\Big|_{\varepsilon=0}\,\mathrm{d}t \\ &= \int_a^b \frac{\partial g}{\partial x_1}(u(t), u'(t), t)\,h(t) + \frac{\partial g}{\partial x_2}(u(t), u'(t), t)\,h'(t)\,\mathrm{d}t\,. \end{aligned}$$

Kommentar Für einen vollständigen Beweis der Gâteaux-Differenzierbarkeit müssen wir uns noch überlegen, dass das

Teil V

bzgl. h offensichtlich lineare Funktional $\delta J(u) : C^1([a,b]) \to \mathbb{R}$ beschränkt ist. Dies ergibt sich mit der Abschätzung

$$\begin{aligned} |\delta J(u)h| &\leq \int_a^b \left| \frac{\partial g}{\partial x_1}(u(t), u'(t), t)\, h(t) \right. \\ &\qquad \left. + \frac{\partial g}{\partial x_2}(u(t), u'(t), t)\, h'(t) \right| \mathrm{d}t\,. \\ &\leq \max_{t\in[a,b]} \left(\left| \frac{\partial g}{\partial x_1}(u(t), u'(t), t) \right| |h(t)| \right. \\ &\qquad \left. + \left| \frac{\partial g}{\partial x_2}(u(t), u'(t), t) \right| \left| h'(t) \right| \right) |b-a| \\ &\leq c\|h\|_{C^1([a,b])}\,, \end{aligned}$$

wobei $\|h\|_{C^1([a,b])} = \max_{t\in[a,b]} |h(t)| + \max_{t\in[a,b]} |h'(t)|$ die übliche Norm im Vektorraum $C^1([a,b])$ bezeichnet. Da g und u stetig differenzierbar auf dem kompakten Intervall $[a,b]$ vorausgesetzt sind, gibt es die Konstante $c > 0$ in Abhängigkeit der beiden Funktionen g und u. ◄

Diese Gâteaux-Ableitung ist der Ausgangspunkt der Variationsrechnung. Nehmen wir etwa an, dass das Funktional J zu minimieren ist unter allen differenzierbaren Funktionen, die am Rand des Intervalls fest vorgegebene Werte $u_a, u_b \in \mathbb{R}$ annehmen. Dies bedeutet, für den Definitionsbereich des Funktionals sind nur Funktionen

$$u \in D = \{v \in C^1([a,b]) \mid v(a) = u_a,\ v(b) = u_b\}$$

zulässig. Eine Variation einer solchen Funktion u ist gegeben durch $v = u + \varepsilon h$ mit $\varepsilon \in \mathbb{R}$ und

$$h \in V = \{h \in C^1([a,b]) \mid h(a) = 0,\ h(b) = 0\}\,.$$

Die homogenen Randbedingungen für die Variationsrichtung h müssen wir fordern, damit auch v wieder ein zulässiger Punkt ist, d. h. $v \in D$ gilt.

Die notwendige Minimalitätsbedingung führt auf die Euler-Gleichung

Auf der Menge D wenden wir nun das allgemeine Kriterium für Extrema des Funktionals J an (siehe S. 1320). Dann gilt für eine Funktion $\hat{u} \in D$, die das Funktional J minimiert, also eine Lösung des Optimierungsproblems

$$\operatorname*{Min}_{u\in D} J(u)\,,$$

die notwendige Bedingung

$$\delta J(\hat{u})h = 0$$

für alle $h \in V$. Somit haben wir die notwendige Bedingung

$$\int_a^b \frac{\partial g}{\partial u}(\hat{u}(t), \hat{u}'(t), t)\; h(t) + \frac{\partial g}{\partial u'}(\hat{u}(t), \hat{u}'(t), t)\; h'(t)\,\mathrm{d}t = 0.$$

für alle Funktionen $h \in V$. Dabei notieren wir der Deutlichkeit halber die partielle Ableitung des Ausdrucks g nach dem ersten Argument mit $\frac{\partial g}{\partial u}$, nach dem zweiten Argument mit $\frac{\partial g}{\partial u'}$ und nach dem dritten Argument mit $\frac{\partial g}{\partial t}$. Die Bedingung führt auf die *Euler-Gleichungen* der Variationsrechnung.

Euler-Gleichung zum Variationsproblem

Ist g zweimal stetig differenzierbar und $\hat{u} \in D$ lokale Extremalfunktion des Funktionals J mit

$$J(u) = \int_a^b g(u(t), u'(t), t)\,\mathrm{d}t$$

auf dem Zulässigkeitsbereich

$$D = \{u \in C^1([a,b]) \mid u(a) = u_a,\ u(b) = u_b\}$$

zu vorgegebenen Werten $u_a, u_b \in \mathbb{R}$, dann gilt die **Euler-Gleichung**

$$\frac{\partial g}{\partial u}(\hat{u}(t), \hat{u}'(t), t) - \frac{\mathrm{d}}{\mathrm{d}t}\frac{\partial g}{\partial u'}(\hat{u}(t), \hat{u}'(t), t) = 0$$

für alle $t \in [a,b]$.

Um die Aussage aus der oben gezeigten notwendigen Bedingung in Integralform herzuleiten, sind noch einige weitere Überlegungen erforderlich. Diese bezeichnet man als das *Fundamentallemma* der Variationsrechnung.

Das **Fundamentallemma**, das letztendlich die Euler-Gleichung begründet, besteht in folgender Aussage:

Fundamentallemma

Sind $\alpha, \beta \in C([a,b])$ stetige Funktionen mit der Eigenschaft

$$\int_a^b [\alpha(t)h(t) + \beta(t)h'(t)]\,\mathrm{d}t = 0$$

für alle Funktionen $h \in C^1([a,b])$ mit $h(a) = h(b) = 0$, dann ist $\beta \in C^1([a,b])$ einmal stetig differenzierbar und es gilt $\beta' = \alpha$.

Teil V

Beweis Der Beweis lässt sich mit den Hauptsätzen der Differenzial- und Integralrechnung führen. Wir definieren die Funktion

$$F(t) = \int_a^t \alpha(s)\,\mathrm{d}s + c\,,$$

wobei $c \in \mathbb{R}$ eine Konstante ist, die wir später noch festlegen müssen. Da $F' = \alpha$ ist, gilt mit partieller Integration

$$\begin{aligned} 0 &= \int_a^b F'(t)h(t) + \beta(t)h'(t)\,\mathrm{d}t \\ &= \underbrace{F(t)h(t)\big|_{t=a}^{t=b}}_{=0} - \int_a^b (F(t) - \beta(t))h'(t)\,\mathrm{d}t\,. \end{aligned}$$

Der Randterm bei der partiellen Integration verschwindet, da mit $h \in V$ die homogene Randbedingungen $h(a) = h(b) = 0$ gelten.

Jetzt konstruieren wir eine spezielle Testfunktion $h \in V$. Setzen wir

$$\begin{aligned} h(t) &= \int_a^t F(s) - \beta(s)\,\mathrm{d}s \\ &= \int_a^t \left(\int_a^s \alpha(\sigma)\,\mathrm{d}\sigma - \beta(s) \right) \mathrm{d}s + c(t-a) \end{aligned}$$

und wählen die Konstante $c \in \mathbb{R}$ so, dass $h(b) = 0$ ist, so ist $h \in V$ mit der Ableitung $h' = F - \beta$. Diese Testfunktion setzen wir in die Gleichung ein und erhalten

$$0 = -\int_a^b (h'(t))^2\,\mathrm{d}t\,.$$

Somit ist $h'(t) = F(t) - \beta(t) = 0$ für $t \in [a, b]$. Also ist $\beta = F \in C^1([a, b])$ differenzierbar und es gilt $\beta' = F' = \alpha$. ■

Die Lösung eines solchen Variationsproblems ist also durch das Lösen einer gewöhnlichen Differenzialgleichung, der Euler-Gleichung, charakterisiert. In der Literatur wird diese Differenzialgleichung auch **Euler-Lagrange-Gleichung** genannt. Sind g und u zweimal stetig differenzierbar, so können wir die Euler-Gleichung auch expliziter in der häufig verwendeten Form

$$g_u - g_{tu'} - g_{uu'}u' - g_{u'u'}u'' = 0$$

angeben, wenn wir die totale Differenziation bezüglich t mit der Kettenregel ausrechnen. Dabei wurde wegen besserer Übersicht für die entsprechenden partiellen Ableitungen die Index-Schreibweise genutzt.

Selbstfrage 4

Leiten Sie die sogenannte zweite Euler-Lagrange-Gleichung

$$\frac{\mathrm{d}}{\mathrm{d}t}(g - u'g_{u'}) = g_t$$

für zweimal stetig differenzierbare Funktionen u, g aus der Euler-Gleichung her.

Berechnung von Minima aus der Euler-Gleichung

Die Euler-Gleichung liefert uns eine Möglichkeit stationäre Punkte zu einer Variationsaufgabe zu berechnen. Ob es sich wirklich um ein Minimum handelt, muss durch ergänzende Überlegungen zum konkreten Funktional entschieden werden.

Beispiel

- Wir suchen die differenzierbare Funktion $f \in C^1([a, b])$, deren Graph die kürzeste Verbindung zwischen den beiden Punkten $(a, y_a)^T$ und $(b, y_b)^T$ ist. Wir formulieren die Frage als Variationsproblem: Mit der Kurvenlänge der durch $(t, f(t))^T$, $t \in [a, b]$, parametrisierten Kurve ist ein Minimum des Funktionals

$$J(f) = \int_0^1 \sqrt{1 + (f'(t))^2}\,\mathrm{d}t$$

gesucht in der Menge

$$D = \{f \in C^1([a, b]) \mid f(a) = y_a \text{ und } f(b) = y_b\}\,.$$

Da der Integrand nicht explizit von f abhängt, führen uns die Euler-Gleichungen für eine minimierende Funktion $\hat{f}$ auf die Bedingung:

$$\begin{aligned} 0 &= \frac{\mathrm{d}}{\mathrm{d}t}\frac{\partial}{\partial f'}\left(\sqrt{1 + (f'(t))^2}\right)\bigg|_{f=\hat{f}} \\ &= \frac{\mathrm{d}}{\mathrm{d}t}\frac{\hat{f}'(t)}{\sqrt{1 + (\hat{f}'(t))^2}} \end{aligned}$$

Somit ist

$$\frac{\hat{f}'(t)}{\sqrt{1 + (\hat{f}'(t))^2}} = c$$

mit einer Konstanten $c \in \mathbb{R}$. Wir erhalten $(1-c^2)\big(\hat{f}'(t)\big)^2 = c^2$ für alle $t \in [a,b]$, d. h., $\hat{f}'(t) = d \in \mathbb{R}$ ist konstant. Die Lösung ist, wie zu erwarten war, die affin-lineare Funktion

$$\hat{f}(t) = y_a + \underbrace{\frac{y_b - y_a}{b-a}}_{=d}(t-a)\,.$$

- Wir greifen das Beispiel der Katenoide auf S. 1317 noch einmal auf. Es ist das Funktional J mit

$$J(u) = \int_0^1 u(t)\sqrt{1+(u'(t))^2}\,\mathrm{d}t$$

über

$$D = \{u \in C([0,1]) \cap C^1((0,1)) \mid u(0) = z_0, u(1) = z_1, u' \in L((0,1))\}$$

zu minimieren. Setzen wir $g : \mathbb{R}\times\mathbb{R}\times\mathbb{R}$ mit

$$g(u,u',t) = u(t)\sqrt{1+(u'(t))^2}\,,$$

so gilt die Euler-Gleichung

$$\frac{\partial g}{\partial u} - \frac{\mathrm{d}}{\mathrm{d}t}\frac{\partial g}{\partial u'} = 0\,.$$

Da g nicht explizit von t abhängt, schreiben wir $g(u,u')$ für diesen Ausdruck und erhalten, wenn u zweimal stetig differenzierbar angenommen wird:

$$\begin{aligned}\frac{\mathrm{d}}{\mathrm{d}t}(g(u,u') - u'g_{u'}(u,u')) &= g_u(u,u')u' + g_{u'}(u,u')u'' \\ &\quad - u''g_{u'}(u,u') - u'\frac{\mathrm{d}}{\mathrm{d}t}(g_{u'}(u,u')) \\ &= (g_u(u,u') - \frac{\mathrm{d}}{\mathrm{d}t}(g_{u'}(u,u')))u' \\ &= 0\end{aligned}$$

Damit gibt es eine Konstante $c_1 \in \mathbb{R}$ mit

$$g(u,u') - u'g_{u'}(u,u') = c_1\,.$$

Setzen wir den Ausdruck für g ein, so folgt die Bedingung

$$u(t)\sqrt{1+(u'(t))^2} - u(t)\frac{(u'(t))^2}{\sqrt{1+(u'(t))^2}} = c_1$$

bzw.

$$\frac{u(t)}{\sqrt{1+(u'(t))^2}} = c_1\,.$$

Dies führt auf eine separable Differenzialgleichung, denn aus $(u(t))^2 = c_1^2(1+(u'(t))^2)$ ergibt sich $(u(t))^2 - c_1^2 = c_1^2(u'(t))^2$ und wir erhalten

$$1 = c_1\frac{u'(t)}{\sqrt{(u(t))^2 - c_1^2}}\,,$$

an Stellen t, in denen der Nenner nicht null ist. Integrieren wir diese Gleichung, so folgt

$$t + c_2 = c_1\operatorname{arccosh}\frac{u(t)}{c_1}\,.$$

Somit erhalten wir für u eine *Kettenlinie* mit der Darstellung

$$u(t) = c_1\cosh\left(\frac{t+c_2}{c_1}\right).$$

Um die Konstanten c_1 und c_2 zu bestimmen, müssen die Gleichungen

$$z_0 = u(0) = c_1\cosh\left(\frac{c_2}{c_1}\right),$$
$$z_1 = u(1) = c_1\cosh\left(\frac{1+c_2}{c_1}\right)$$

aufgelöst werden. Nicht für jede Konstellation von Werten $u(0) = z_0$ und $u(1) = z_1$ ist dies möglich, oder es kann mehrere Lösungen geben, die dann noch auf Minimalität geprüft werden müssen. Auf eine weitere Diskussion der Kettenlinien in Abhängigkeit von z_0 und z_1 verzichten wir hier. ◀

Auch bei Modifikationen des zulässigen Bereichs lassen sich Variationsgleichungen angeben

Auch andere Bedingungen an den Rändern lassen sich berücksichtigen. Die Idee der Variationsrechnung, die Bedingung $\delta J(\hat{u})h = 0$ an die Gâteaux-Variationen in einer Minimalstelle zu nutzen, bleibt dieselbe. Setzen wir etwa voraus, dass $u(a) = u_a$ gegeben ist, aber $u(b)$ nicht festgelegt wird. Aus der notwendigen Bedingung

$$\int_a^b \frac{\partial g}{\partial u}(\hat{u}(t),\hat{u}'(t),t)\,h(t) + \frac{\partial g}{\partial u'}(\hat{u}(t),\hat{u}'(t),t)\,h'(t)\,\mathrm{d}t = 0$$

für alle Funktionen $h \in C^1([a,b])$ mit $h(a) = 0$ erhalten wir mit partieller Integration, wenn die Funktionen hinreichend regulär sind, die Identität

$$g_{u'}h\big|_a^b + \int_a^b \left(g_u - \frac{\mathrm{d}}{\mathrm{d}t}(g_{u'})\right)h\,\mathrm{d}t = 0\,,$$

Teil V

Beispiel: Die Brachistochrone

Der historische Ursprung der Variationsrechnung lässt sich an einer Aufgabe festmachen, die 1696 von Johann Bernoulli (1667–1748) gestellt wurde: *Wie muss ein Abhang geformt sein, auf dem eine Kugel nur unter Einfluss der Schwerkraft, ohne Reibungsverluste, am raschesten vom einem Ort A zu einem Ort B läuft?*

Wir orientieren das Koordinatensystem so, dass die y-Achse nach unten weist und setzen $A = (0,0)^T$ und $B = (b_1, b_2)^T$ (siehe Abbildung). Die gesuchte Kurve $\Gamma = \{(u(y), y)^T \mid y \in [0, b_2]\}$ ist dann durch die Höhe y und eine nicht negative, stetig differenzierbare Funktion $u : [0, b_2] \to \mathbb{R}$ mit $u(0) = 0$, $u(b_2) = b_1$ parametrisiert. Aus dem Energiesatz $\frac{1}{2}(v(y))^2 - gy = 0$ mit Geschwindigkeit $v(y)$, Gravitationskonstante g und Masse $m = 1$ erhalten wir

$$T(u) = \int_\Gamma \frac{1}{v}\,\mathrm{d}s = \int_0^{b_2} \frac{\sqrt{(u'(y))^2 + 1}}{\sqrt{2gy}}\,\mathrm{d}y\,.$$

Gesucht ist die Funktion u, die $T(u)$ minimiert unter den Nebenbedingungen $u(0) = 0$ und $u(b_2) = b_1$.

Problemanalyse und Strategie: Die Euler-Gleichung zu diesem Variationsproblem ist zu untersuchen. Da der Integrand nicht explizit von u abhängt, erhält man einen Ausdruck für u'. Mit einer entsprechenden Substitution findet sich eine Stammfunktion und somit eine Darstellung $(x(t), y(t))^T$ der kritischen Kurve.

Lösung: Setzen wir $g(y, u') = \frac{\sqrt{(u')^2+1}}{\sqrt{2gy}}$, so lautet die Euler-Gleichung zum Funktional T

$$\frac{\mathrm{d}}{\mathrm{d}y}\left(g_{u'}(y, u'(y))\right) = 0\,,$$

da g nicht explizit von u abhängt. Damit ist die Funktion $g_{u'}$ konstant, d. h., es gibt eine Konstante $c \in \mathbb{R}$ mit

$$c = \frac{\partial}{\partial u'}\frac{\sqrt{(u')^2 + 1}}{\sqrt{2gy}} = \frac{u'(y)}{\sqrt{2gy\,((u'(y))^2 + 1)}}$$

für $y \in (0, b_2)$. Diesen Ausdruck lösen wir über $(u'(y))^2 = c^2 y((u'(y))^2 + 1)$ nach $u'(y)$ auf und bekommen

$$u'(y) = \pm|c|\sqrt{y/(1 - c^2 y)}\,,$$

wobei wir die Konstante durch $\sqrt{2g}c$ ersetzt haben. Nehmen wir an, dass $c > 0$ ist. Eine Stammfunktion zu u' ergibt sich aus dieser Darstellung mit einer Substitution $y(t) = \frac{1}{c^2}\sin^2 t$ mit $t \in (0, \pi/2)$. Wir berechnen

$$\begin{aligned} u(y) &= \pm c \int \sqrt{\frac{y}{1 - c^2 y}}\,\mathrm{d}y \\ &= \pm c \int \frac{\frac{1}{c}\sin t}{\sqrt{1 - \sin^2 t}}\frac{2}{c^2}\sin t\cos t\,\mathrm{d}t \\ &= \pm\frac{2}{c^2}\int \sin^2 t\,\mathrm{d}t = \pm\frac{1}{2c^2}(2t - \sin(2t)) + k \end{aligned}$$

mit einer Konstanten $k \in \mathbb{R}$. Aus $x(0) = u(y(0)) = 0$ folgt $k = 0$ und positive x-Koordinaten legen das Vorzeichen fest. Zusammen mit $y(t) = \frac{1}{c^2}\sin^2 t = \frac{1}{2c^2}(1 - \cos(2t))$ haben wir für die durch die stationäre Funktion parametrisierte Kurve die Darstellung

$$(x(t), y(t))^T = \left(\frac{1}{2c^2}(2t - \sin(2t)), \frac{1}{2c^2}(1 - \cos(2t))\right)^T$$

für $t \in (0, \pi/2)$ gefunden. Diese Parametrisierung kennen wir als Parametrisierung der *Zykloide* (siehe Beispiel auf S. 963).

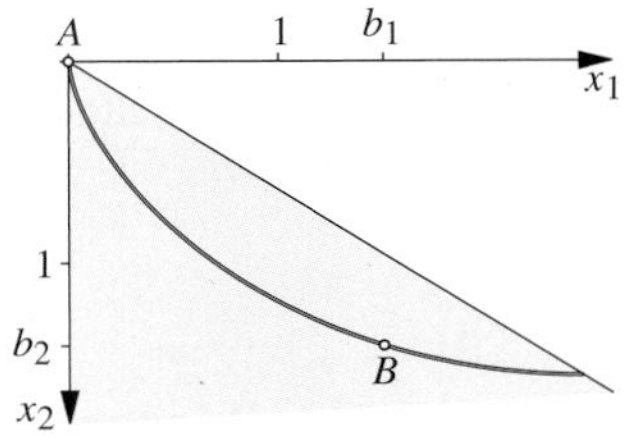

Nun müssen wir noch die Konstante c und einen Zeitpunkt $t_0 \in (0, \pi/2)$ bestimmen, sodass der Endpunkt $B = (b_1, b_2)^T = (x(t_0), y(t_0))^T$ auf der Kurve liegt. Aus dem Verhältnis

$$\frac{b_1}{b_2} = \frac{2t_0 - \sin(2t_0)}{1 - \cos(2t_0)}$$

und der Monotonie des Ausdrucks auf der rechten Seite ist ersichtlich, dass dies erreicht werden kann, wenn $b_1/b_2 \in (0, \pi/2)$ ist (hellblauer Bereich im Bild).

Durch die Euler-Gleichung haben wir einen stationären Punkt gefunden. Das Ergebnis dieser Rechnungen zeigt, dass die Lösung u im Fall $b_1 \geq \frac{\pi}{2}b_2$ keine Funktion in $C^1([0, b_2])$ ist. Für eine mathematisch vollständige Behandlung in diesem Fall muss die ursprünglich angenommene Parametrisierung mit einer Funktion u durch einen allgemeineren Ansatz ersetzt werden.

Um zu zeigen, dass mit $x(t)$ und $y(t)$ wirklich ein Minimum gefunden wurde, verwenden wir, dass das Funktional T strikt konvex ist. Daher ist mit dem stationären Punkt wirklich die Kurve mit geringster Laufzeit gegeben. Die Konvexität des Funktionals sehen wir durch die Funktion $f : \mathbb{R} \to \mathbb{R}$ mit $f(s) = \sqrt{1 + s^2}$. Aus $f''(s) = (1 + s^2)^{-\frac{3}{2}} > 0$ für $s \in \mathbb{R}$ folgt, dass f strikt konvex ist. Diese Eigenschaft des Integranden überträgt sich auf das Funktional T.

Kommentar Die historisch erste Lösung der Aufgabe lieferte Johann Bernoulli selbst. Er fand eine Analogie zur geometrischen Optik. Der hier gezeigte Zugang zum Brachistochronen-Problem geht zurück auf seinen Bruder Jacob Bernoulli (1654–1705), der damit den Grundstein für die heutige Variationsrechnung legte. ◄

Teil V

wobei die Argumente der Funktionen zur besseren Übersicht weggelassen wurden. Wählen wir Testfunktionen mit der zusätzlichen Bedingung $h(b) = 0$, so erhalten wir wie oben die Euler-Gleichung $g_u - \frac{\mathrm{d}}{\mathrm{d}t} g_{u'} = 0$. Setzen wir die Euler-Gleichung wiederum ein, folgt weiter

$$\begin{aligned} g_{u'}(u(b), u'(b), b)h(b) - g_{u'}(u(a), u'(a), a)h(a) \\ = g_{u'}(u(b), u'(b), b)h(b) = 0\,. \end{aligned}$$

Aus $h(b) \neq 0$ ergibt sich die **natürliche Randbedingung**

$$\frac{\partial g}{\partial u'}(u(b), u'(b), b) = 0\,,$$

die in diesem Fall für ein Minimum gelten muss. Kompliziertere Nebenbedingungen, die etwa aufgrund von Zwangsbedingungen an ein physikalisches System berücksichtigt werden müssen, können mithilfe entsprechender Verallgemeinerungen der Multiplikatorenregel behandelt werden, die wir hier aber nicht weiter vertiefen können.

Grundgleichungen der Physik ergeben sich aus der Variation von Kurven

Bisher haben wir für die im Funktional zulässigen Funktionen nur reellwertige Funktionen betrachtet. Die Idee überträgt sich auf den Fall, dass $\boldsymbol{u}$ vektorwertig ist, d. h., die gesuchte Lösung ist eine Extremalkurve parametrisiert durch $\boldsymbol{u} : [a, b] \to \mathbb{R}^n$. In diesem Fall schreiben wir völlig analog

$$J(\boldsymbol{u}) = \int_a^b g(\boldsymbol{u}(t), \dot{\boldsymbol{u}}(t), t)\, \mathrm{d}t\,,$$

wenn $\boldsymbol{g} : \mathbb{R}^n \times \mathbb{R}^n \times [a, b] \to \mathbb{R}$ gegeben ist. Die Gâteaux-Variation ist dann durch die partiellen Ableitungen bezüglich der Komponenten von $\boldsymbol{u}$ gegeben und wir bekommen ein System von Euler-Gleichungen

$$\frac{\partial g}{\partial u_j} - \frac{\mathrm{d}}{\mathrm{d}t}\frac{\partial g}{\partial u_j'} = 0$$

für $j = 1, \ldots, n$.

Diese Variante der Variationsrechnung gestattet es, aus dem Hamilton'schen Prinzip (siehe Beispiel auf S. 1335) die Grundgleichungen der theoretischen Mechanik herzuleiten.

Die Variationsrechnung hilft auch bei mehreren Variablen weiter

Zum Abschluss dieses kurzen Einstiegs in die Variationsrechnung und ihrer weitreichenden Bedeutung versuchen wir nun die Idee der verschwindenden Gâteaux-Ableitung auf Funktionen zu übertragen, die von mehreren Variablen abhängen. Lassen wir wie bisher im Zielfunktional nur maximal Terme bis zur ersten Ableitung der gesuchten Funktion zu, so ergibt sich ein Funktional von der Gestalt

$$J(u) = \int_D g(\boldsymbol{x}, u(\boldsymbol{x}), u_{x_1}(\boldsymbol{x}), \ldots, u_{x_n}(\boldsymbol{x}))\, \mathrm{d}\boldsymbol{x}\,,$$

das über eine Menge von stetig differenzierbaren Funktionen $u : D \subseteq \mathbb{R}^n \to \mathbb{R}$ minimiert werden soll. Wieder bestimmen wir die Gâteaux-Ableitung zu diesem Funktional. Die notwendige Bedingung $\delta J(\hat{u}) = 0$ führt uns in diesem Fall auf eine partielle Differenzialgleichung.

Betrachten wir den Fall $n = 2$ genauer. Wir gehen von einem Funktional der Form

$$J(u) = \int_D g(x, y, u(x, y), u_x(x, y), u_y(x, y))\, \mathrm{d}(x, y)$$

aus, wobei die partiellen Ableitungen wieder durch entsprechende Indizes an u gekennzeichnet sind. Mit einer entsprechenden Modifizierung des Fundamentallemmas führt die notwendige Bedingung an die Gâteaux-Ableitung im Minimum auf Euler-Gleichungen der Form

$$g_u - \frac{\partial}{\partial x}(g_{u_x}) - \frac{\partial}{\partial y}(g_{u_y}) = 0\,.$$

Beachten Sie, dass mit g_{u_x} bzw. g_{u_y} die partiellen Ableitungen nach den letzten beiden Variablen bezeichnet sind.

Beispiel

- Eine wichtige Anwendung dieses Resultats sind die schwachen Formulierungen von partiellen Differenzialgleichungen zweiter Ordnung, wie sie auch in Abschn. 29.5 angesprochen werden. Die Differenzialgleichung zusammen mit dem Satz von Gauß führt dort auf die *Variationsformulierung* der Randwertprobleme. Physikalisch motiviert sind diese partiellen Differenzialgleichungen aber durch Extrema entsprechender Funktionale. Betrachten wir etwa das Potenzialproblem mit Dirichlet'schen Randbedingungen in einem Gebiet $D \subseteq \mathbb{R}^2$, d. h.

$$\Delta u = 0 \quad \text{in } D \quad \text{und} \quad u = f \quad \text{auf } \partial D\,.$$

Das zugehörige Funktional ist das **Energiefunktional**

$$J(u) = \int_D |\nabla u(x)|^2\, \mathrm{d}x,$$

und eine Lösung minimiert dieses unter allen differenzierbaren Funktionen mit denselben Randwerten.

Anwendung: Das Hamilton'sche Prinzip

Eine Möglichkeit die Mechanik theoretisch zu begründen, ist das Hamilton'sche Prinzip. Es besagt, dass der wirkliche Zustand eines konservativen physikalischen Systems ein Extremum des Wirkungsfunktionals ist. Mit der Variationsrechnung folgen aus diesem grundlegenden Prinzip die Bewegungsgleichungen der klassischen Mechanik.

Der Zustand eines physikalischen Systems in der klassischen Mechanik wird durch eine Funktion $\boldsymbol{x} : [a,b] \to \mathbb{R}^n$ beschrieben, wobei das Argument $t \in [a,b]$ als Zeitvariable zu interpretieren ist. Ist das System konservativ, sind also die auftretenden Kraftfelder konservativ (siehe S. 997), so genügt es dem **Hamilton'schen Prinzip**:

Die Bewegung des Systems zwischen einem Zeitpunkt t_1 und einem Zeitpunkt t_2 stellt sich so ein, dass das Wirkungsfunktional

$$\Phi(\boldsymbol{x}) = \int_{t_1}^{t_2} L(\boldsymbol{x}(t), \dot{\boldsymbol{x}}(t), t)\,\mathrm{d}t$$

stationär ist.

Dabei bezeichnet $L : \mathbb{R}^n \times \mathbb{R}^n \times \mathbb{R} \to \mathbb{R}$ die **Lagrange-Funktion**, die als die Differenz

$$L(\boldsymbol{x}, \dot{\boldsymbol{x}}, t) = T(\boldsymbol{x}, \dot{\boldsymbol{x}}, t) - V(\boldsymbol{x}, \dot{\boldsymbol{x}}, t)$$

zwischen *kinetischer Energie T* und *potenzieller Energie V* definiert ist.

Nehmen wir an, dass die Voraussetzungen der Variationsrechnung erfüllt sind, so folgen für den Systemzustand die Euler-Gleichungen

$$\frac{\partial L}{\partial x_j} - \frac{\mathrm{d}}{\mathrm{d}t}\frac{\partial L}{\partial x_j'} = 0 \quad \text{für } j = 1, \ldots, n.$$

Dies sind die **Bewegungsgleichungen** oder auch **Euler-Lagrange-Gleichungen** des Systems.

Betrachten wir etwa ein Doppelpendel mit Massen $m_1 = m_2 = 1$ und Pendel der Länge $l_1 = l_2 = 1$ (siehe Abbildung). Wir betrachten das System nur unter Einfluss der Schwerkraft ohne Reibungsverluste. Bezeichnen wir mit φ_1 den Auslenkungswinkel des ersten Pendels und mit φ_2 den Winkel für das zweite Pendel, so ist mit

$$T(\varphi(t), \dot{\varphi}(t), t) = \frac{1}{2}\left(\varphi_1'(t) + \varphi_2'(t)\right)^2 + \frac{1}{2}\varphi_1'^2(t)$$

die kinetische Energie und mit

$$V(\varphi(t), \dot{\varphi}(t), t) = \frac{g}{2}\left(\varphi_1^2(t) + \varphi_2^2(t)\right) + \frac{g}{2}\varphi_1^2(t)$$

die potenzielle Energie bei kleinen Auslenkung näherungsweise gegeben.

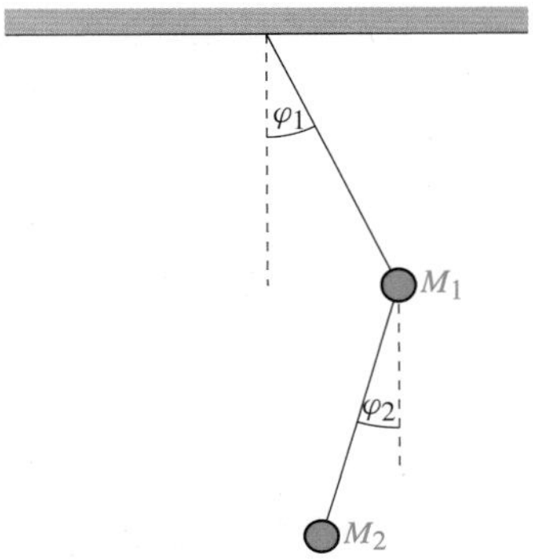

Mit dem Hamilton'schen Prinzip und den Euler-Gleichungen zum Wirkungsfunktional erhalten wir für das Doppelpendel die gekoppelten Bewegungsgleichungen

$$0 = \frac{\partial L}{\partial \varphi_1} - \frac{\mathrm{d}}{\mathrm{d}t}\frac{\partial L}{\partial \varphi_1'} = -2g\varphi_1 - 2\varphi_1'' - \varphi_2''$$
$$0 = \frac{\partial L}{\partial \varphi_2} - \frac{\mathrm{d}}{\mathrm{d}t}\frac{\partial L}{\partial \varphi_2'} = -g\varphi_2 - \varphi_1'' - \varphi_2''$$

für die Funktionen φ_1, φ_2. Eine Lösung dieses Differenzialgleichungssystems ist auf S. 659 angegeben.

Setzen wir $g(x, y, u, u_x, u_y) = \nabla u \cdot \nabla u$, ergibt die notwendige Bedingung an die Gâteaux-Variation die Variationsgleichung

$$\begin{aligned} 0 &= \delta J(u)h \\ &= \lim_{\varepsilon \to 0} \frac{1}{\varepsilon}(J(u + \varepsilon h) - J(u)) \\ &= \lim_{\varepsilon \to 0} \frac{1}{\varepsilon} \int_D \nabla(u + \varepsilon h) \cdot \nabla(u + \varepsilon h) - \nabla u \cdot \nabla u \,\mathrm{d}x \\ &= 2 \int_D \nabla u \cdot \nabla h \,\mathrm{d}x \end{aligned}$$

für alle $h \in C(\overline{D}) \cap C^1(D)$ mit $h = 0$ auf ∂D. Die homogene Randbedingung an Testfunktionen h ist erforderlich, um zu gewährleisten, dass eine Variation $u + \varepsilon h$ dieselben Randwerte wie $u = f$ auf ∂D besitzt. Bei hinreichenden Voraussetzungen an das Gebiet D lässt sich zeigen, dass eine Lösung u auch zweimal differenzierbar ist und somit die Euler-Gleichung zu diesem Funktional mit

$$0 = g_u - \frac{\partial}{\partial x}(g_{u_x}) - \frac{\partial}{\partial y}(g_{u_y}) = -2\Delta u$$

die Potenzialgleichung liefert.

- Das Minimalflächenproblem haben wir schon in einem Spezialfall im Beispiel auf S. 1317 betrachtet. Allgemein wird die Frage nach der Fläche mit minimalem Flächeninhalt, die durch gegebene Kurvenstücke im Raum begrenzt wird, nach dem belgischen Mathematiker Joseph Plateau (1801–1883) benannt.
  Gehen wir davon aus, dass die Fläche als Graph einer Funktion $u : B \to \mathbb{R}$ dargestellt werden kann. Die Fläche ist also durch die Parametrisierung Φ mit $D = \{\Phi(x,y) = (x,y,u(x,y))^T \in \mathbb{R}^3 \mid (x,y) \in B \subseteq \mathbb{R}^2\}$ gegeben. Der Flächeninhalt lässt sich mit dieser Parametrisierung durch

$$J(u) = \int_D \mathrm{d}\sigma = \int_B \|\Phi_x \times \Phi_y\| \,\mathrm{d}(x,y) = \int_B \sqrt{u_x^2 + u_y^2 + 1}\,\mathrm{d}(x,y)$$

berechnen. Es ist ein Minimum des Funktionals J über differenzierbare Funktionen $u : B \to \mathbb{R}$ gesucht, die auf dem Rand ∂B vorgegebene Werte annehmen. Setzen wir $g(u_x, u_y) = \sqrt{u_x^2 + u_y^2 + 1}$, so bekommen wir die Euler-Gleichung

$$g_u - \frac{\partial}{\partial x} g_{u_x} - \frac{\partial}{\partial y} g_{u_y} = 0\,.$$

Rechnet man diese Ableitungen aus und verwendet, dass der Nenner $(u_x^2 + u_y^2 + 1)^2$ nicht null wird, so erhält man aus der Euler-Gleichung die sogenannte *Minimalflächengleichung*

$$-(1 + u_y^2)u_{xx} + 2u_x u_y u_{xy} - (1 + u_x^2)u_{yy} = 0\,.$$

Mit einem Ansatz der Form $u(x,y) = f(x) + g(y)$ erhalten wir durch Separation aus der Differenzialgleichung

$$(1 + (g'(y))^2)f''(x) + (1 + (f'(x))^2)g''(y) = 0\,.$$

Wir bekommen für die beiden Funktionen f und g die gewöhnlichen Differenzialgleichungen

$$-\frac{f''(x)}{1 + (f'(x))^2} = c = \frac{g''(y)}{1 + (g'(y))^2}$$

für eine Konstante $c \in \mathbb{R}$. Es folgt

$$c = -\frac{f''(x)}{1 + (f'(x))^2} = -(\arctan(f'(x)))'\,.$$

Setzen wir $u(0,0) = 0$ und nehmen wir weiter an, dass $\nabla u(0,0) = 0$ und $c \neq 0$ gilt, so erhalten wir

$$f'(x) = \tan(-cx)$$

bzw. nach Integration

$$f(x) = \frac{1}{c}\ln(\cos(cx))\,.$$

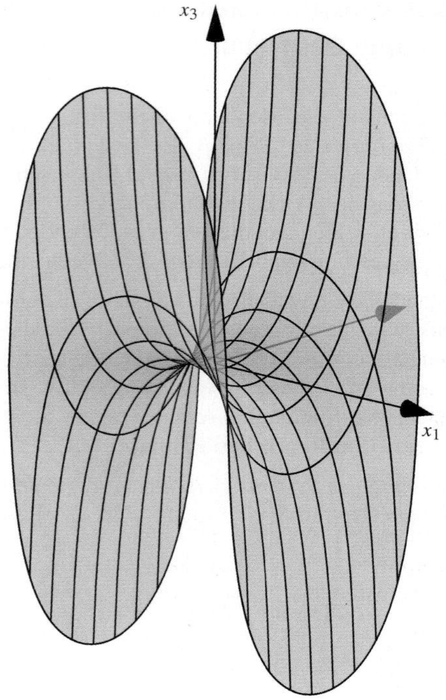

Abb. 35.12 Die Scherk'sche Minimalfläche ergibt sich aus einem Separationsansatz für Lösungen der Minimalflächengleichung

Entsprechend folgt

$$g(y) = -\frac{1}{c}\ln(\cos(cy))\,.$$

Die durch $u(x,y) = \frac{1}{c}(\ln(\cos(cx)) - \ln(\cos(cy)))$ beschriebenen Minimalflächen heißen Scherk'sche Flächen (siehe Abb. 35.12).
Man beachte, dass sich allgemein für reguläre, konform parametrisierte Flächen, d. h. $u_x^2 = u_y^2 > 0$ und $u_{xy} = 0$, die Minimalflächengleichung auf die Laplacegleichung

$$\Delta u = u_{xx} + u_{yy} = 0$$

reduziert. Eine solche Minimalfläche ist somit durch eine harmonische Funktion u beschrieben (siehe Abschn. 29.4).
Minimalflächen finden wir unter anderem als architektonisches Element, etwa beim Dach der Olympiaschwimmhalle in München (siehe Titelbild zu Kap. 22). ◀

35.4 Numerische Verfahren zur Optimierung

Wir kehren zurück zur unrestringierten Optimierung einer Funktion $f : \mathbb{R}^n \to \mathbb{R}$, um die grundlegenden numerischen Konzepte zur Optimierung zu diskutieren.

Teil V

Ein Modell-Verfahren illustriert das numerische Vorgehen

Stellen Sie sich vor, Sie stehen nachts an einem Gebirgshang und wollen zurück ins Tal. Da es dunkel ist, können Sie nur die unmittelbare Umgebung ertasten. Eine naheliegende Methode ist es, eine Richtung zu ertasten, in die es abwärts geht, und vorsichtig ein paar Schritte in diese Richtung zu gehen. Dann suchen Sie wieder eine neue *Abstiegsrichtung*. Notieren wir dieses Vorgehen. Die Topografie des Gebirges fassen wir als Graph der Funktion $f : D \to \mathbb{R}$ auf, die einem Ort seine Höhe zuordnet. Sie befinden sich also an einem Ort $\boldsymbol{x} \in D \subseteq \mathbb{R}^n$ auf der Höhe $f(\boldsymbol{x})$. Nun suchen Sie eine Abstiegsrichtung $\boldsymbol{p} \in \mathbb{R}^n$, d. h., sie wählen eine Richtung mit

$$f(\boldsymbol{x} + t\boldsymbol{p}) < f(\boldsymbol{x})$$

für alle positiven $t \in (0, t_0)$. Im Grenzfall $t_0 \to 0$ können wir diese Bedingung auf die Richtungsableitung beziehen. Wir erhalten für eine differenzierbare Funktion

$$\nabla f(\boldsymbol{x}) \cdot \boldsymbol{p} = \lim_{t \to 0} \frac{f(\boldsymbol{x} + t\boldsymbol{p}) - f(\boldsymbol{x})}{t} < 0$$

als Kriterium für eine **Abstiegsrichtung** $\boldsymbol{p}$.

Wenn wir keine Abstiegsrichtung finden, d. h.

$$\nabla f(\boldsymbol{x}) \cdot \boldsymbol{p} \geq 0$$

für alle $\boldsymbol{p} \in \mathbb{R}^n$ gilt, muss $\nabla f(\boldsymbol{x}) = 0$ sein, denn die Ungleichung muss sowohl für einen Vektor $\boldsymbol{p}$ als auch für den Vektor $-\boldsymbol{p}$ erfüllt sein. Wir sind in einem stationären Punkt gelandet und hoffen, zumindest ein lokales Minimum erreicht zu haben.

Mit dieser Beobachtung können wir ein Schema für iterative Algorithmen entwerfen, die sich einer Minimalstelle nähern.

Ausgehend von einem Startwert $\boldsymbol{x}^{(0)} \in D$ bestimmt man für $k = 0, 1, 2, \ldots$ den nächsten Iterationsschritt $\boldsymbol{x}^{(k+1)}$, indem zu $\boldsymbol{x}^{(k)}$

1. getestet wird, ob

   $$\nabla f(\boldsymbol{x}^{(k)}) \cdot \boldsymbol{p} \geq 0$$

   für alle Richtungen $\boldsymbol{p} \in \mathbb{R}^n$ gilt. In diesem Fall brechen wir die Iteration ab, da wir in einem kritischen Punkt gelandet sind,
2. eine Abstiegsrichtung $\boldsymbol{p}^{(k)}$ gewählt wird mit der Eigenschaft $\nabla f(\boldsymbol{x}^{(k)}) \cdot \boldsymbol{p}^{(k)} < 0$ und
3. eine **Schrittweite** $t_k > 0$ festgelegt wird und

   $$\boldsymbol{x}^{(k+1)} = \boldsymbol{x}^{(k)} + t_k \boldsymbol{p}^{(k)}$$

   berechnet wird.

Strategien zur Auswahl der Abstiegsrichtung und der Schrittweite führen auf unterschiedliche Methoden, von denen wir hier im Sinne einer kurzen Übersicht einige kurz erläutern wollen.

Möglichkeiten zur Schrittweitensteuerung

Um die Schrittweite zu steuern, gibt es verschiedene Ansätze. Zunächst ist es naheliegend, in jedem Schritt das eindimensionale Optimierungsproblem

$$\operatorname*{Min}_{t \in [0,\infty)} f(\boldsymbol{x}^{(k)} + t\boldsymbol{p}^{(k)})$$

exakt zu lösen. Mit der notwendigen Bedingung an die Ableitung dieser Funktion bedeutet dies, wir suchen eine Nullstelle $\hat{t} \in [0, \infty)$ von

$$\nabla f(\boldsymbol{x}^{(k)} + \hat{t}\boldsymbol{p}^{(k)}) \cdot \boldsymbol{p}^{(k)} = 0 \,.$$

Damit in jedem Schritt eine Lösung $\hat{t}$ existiert, benötigen wir neben der Differenzierbarkeit von f weitere Voraussetzungen an die Zielfunktion. Es gibt zum Beispiel immer ein $\hat{t}$, wenn wir voraussetzen, dass die Menge

$$M_0 = \{\boldsymbol{x} \in \mathbb{R}^n \,|\, f(\boldsymbol{x}) \leq f(\boldsymbol{x}_0)\}$$

kompakt ist.

Nur für relativ einfache Funktionen f können wir hoffen, einen Wert für $\hat{t}$ geschlossen berechnen zu können. Ansonsten müssen wir zu einem numerischen Verfahren greifen, das Nullstellen von differenzierbaren Funktionen approximiert, etwa das Newton-Verfahren (siehe S. 326).

Da wir in der Praxis darauf angewiesen sind, mit Approximationen an eine exakte Schrittweite zu arbeiten, werden auch andere **inexakte** Strategien zur Schrittweitensteuerung verwendet. Es ist zum Beispiel stets möglich, sich eine maximale Schrittweite, etwa $t = 1$, vorzugeben und im Fall $f(\boldsymbol{x}^{(k)} + t\boldsymbol{p}^{(k)}) \geq f(\boldsymbol{x}^{(k)})$ die Schrittweite durch halbieren $t \rightsquigarrow \frac{t}{2}$ sukzessive zu verkleinern, bis man einen Wert $\frac{t}{2^j}$ für die Schrittweite gefunden hat, bei dem $f(\boldsymbol{x}^{(k)} + \frac{t}{2^j}\boldsymbol{p}^{(k)}) < f(\boldsymbol{x}^{(k)})$ gilt. Diese Idee liegt den sogenannten *Armijo-Schrittweiten* zugrunde, wobei wegen des Konvergenzverhaltens Faktoren $\alpha \in (0, \frac{1}{2})$ anstelle von $\alpha = \frac{1}{2}$ für die Verkürzung, $t \rightsquigarrow \alpha t$, der Schrittweite gewählt werden.

Beispiel Eine oft verwendete inexakte Schrittweitensteuerung geht auf M. J. D. Powell zurück. Man gibt zwei Parameter vor, $\alpha \in (0, \frac{1}{2})$ und $\beta \in (\alpha, 1)$, und sucht einen Wert $t > 0$, sodass die Bedingungen

$$f(\boldsymbol{x}^{(k)} + t\boldsymbol{p}^{(k)}) \leq f(\boldsymbol{x}^{(k)}) + \alpha t \, \nabla f(\boldsymbol{x}^{(k)}) \cdot \boldsymbol{p}^{(k)}$$

und

$$\nabla f(\boldsymbol{x}^{(k)} + t\boldsymbol{p}^{(k)}) \cdot \boldsymbol{p}^{(k)} \geq \beta \, \nabla f(\boldsymbol{x}^{(k)}) \cdot \boldsymbol{p}^{(k)}$$

gelten. In der Abb. 35.13 wird deutlich, welche Forderungen mit diesen beiden Bedingungen verbunden sind.

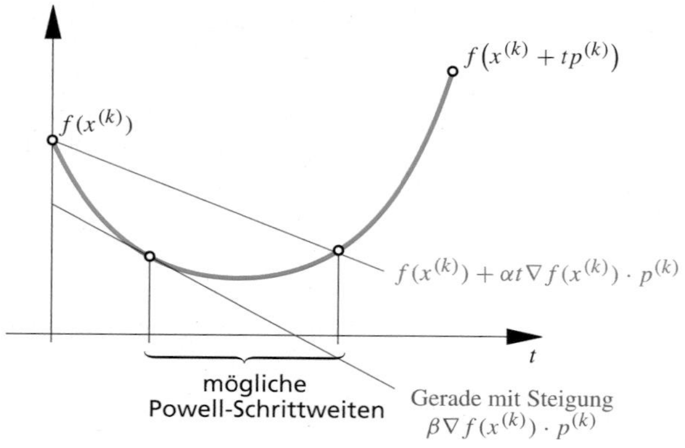

Abb. 35.13 Die Bedingungen von Powell liefern ein Intervall von möglichen Schrittweiten

Es lässt sich zeigen, dass mit einer solchen Schrittweite unter den oben erwähnten Voraussetzungen an f eine Reduzierung des Funktionswerts um

$$f(\boldsymbol{x}^{(k)}) - f(\boldsymbol{x}^{(k)} + t\boldsymbol{p}^{(k)}) \geq \gamma \frac{(\nabla f(\boldsymbol{x}^{(k)}) \cdot \boldsymbol{p}^{(k)})^2}{\|\boldsymbol{p}^{(k)}\|^2}$$

erreicht wird, wenn der Gradient von f Lipschitz-stetig ist. Dabei hängt die Konstante γ nur von der Wahl von α, β und der Lipschitz-Konstanten für die Gradienten auf der Menge M_0 ab. ◀

Bei den Schrittweitensteuerungen kommt es darauf an, Ungleichungen für die Reduktion $f(\boldsymbol{x}^{(k)} + t\boldsymbol{p}^{(k)}) - f(\boldsymbol{x}^{(k)})$ unabhängig von k zu zeigen, wie es im Beispiel zur Powell-Schrittweite erwähnt ist. In Kombination mit entsprechenden Aussagen für die Richtungswahl folgert man daraus Konvergenz und Konvergenzgeschwindigkeit eines Verfahrens.

Der negative Gradient liefert die Richtung für die Methode des steilsten Abstiegs

Nachdem Schrittweiten geklärt sind, wenden wir uns der Suche nach einer Abstiegsrichtung zu. Naheliegend ist es, den negativen Gradienten $\boldsymbol{p}^{(k)} = -\nabla f(\boldsymbol{x}^{(k)})$ als Abstiegsrichtung zu wählen. Denn wegen der Cauchy-Schwarz-Ungleichung gilt für eine Richtungsableitung in Richtung $\boldsymbol{d} \in \mathbb{R}^n$ mit $\|\boldsymbol{d}\| = 1$

$$\frac{\partial f}{\partial \boldsymbol{d}}(\boldsymbol{x}) = \nabla f(\boldsymbol{x}) \cdot \boldsymbol{d} \leq \|\nabla f(\boldsymbol{x})\| \, \|\boldsymbol{d}\| = \|\nabla f(\boldsymbol{x})\| \, .$$

Setzen wir für $\boldsymbol{d} = \nabla f(\boldsymbol{x}) / \|\nabla f(\boldsymbol{x})\|$, so bekommen wir Gleichheit. Also zeigt der Gradient in die Richtung des steilsten Anstiegs bzw. der negative Gradient in Richtung des steilsten Abstiegs. Kombiniert man diese Richtungswahl mit der exakten Schrittweite, so bekommt man die **Methode des steilsten Abstiegs**. Allgemeiner sprechen wir bei dieser Richtung von einem **Gradientenverfahren**.

Beispiel Bei einem **nichtlinearen Ausgleichsproblem** sind Minima einer Zielfunktion

$$f(\boldsymbol{x}) = \frac{1}{2}\|\boldsymbol{F}(\boldsymbol{x})\|^2 = \frac{1}{2}\boldsymbol{F}(\boldsymbol{x}) \cdot \boldsymbol{F}(\boldsymbol{x})$$

für eine vektorwertige Funktion $\boldsymbol{F} : \mathbb{R}^n \to \mathbb{R}^m$ gesucht. Mit der Jacobi-Matrix $\boldsymbol{F}'(\boldsymbol{x}) = \left(\frac{\partial F_i}{\partial x_j}(\boldsymbol{x})\right)_{i,j}$ zur Funktion $\boldsymbol{F}$ an einer Stelle $\boldsymbol{x}$, der transponierten Jacobi-Matrix $(\boldsymbol{F}'(\boldsymbol{x}))^{\mathrm{T}}$ und der Ableitung

$$\nabla f(\boldsymbol{x}) = \sum_{j=1}^{m} F_j(\boldsymbol{x}) \nabla F_j(\boldsymbol{x}) = (\boldsymbol{F}'(\boldsymbol{x}))^{\mathrm{T}} \boldsymbol{F}(\boldsymbol{x})$$

liefert die Methode des steilsten Abstiegs die Iterationsfolge

$$\boldsymbol{x}^{(k+1)} = \boldsymbol{x}^{(k)} - t_k (\boldsymbol{F}'(\boldsymbol{x}^{(k)}))^{\mathrm{T}} \boldsymbol{F}(\boldsymbol{x}^{(k)}) \, .$$

Wir illustrieren das Verfahren für die Funktion F mit

$$F(\boldsymbol{x}) = \begin{pmatrix} 4(x_2 - x_1^2) \\ x_2 - 1 \end{pmatrix}$$

und dem Startwert $\boldsymbol{x}_0 = (0.5, 0)^{\mathrm{T}}$. Diese *Rosenbrock-Funktion* ist ein klassisches Beispiel zum Testen von Optimierungs-Verfahren, denn, wie an den Niveaulinien zu sehen ist, handelt es sich um ein langes bananenförmiges Tal mit einem Minimum bei $(1, 1)^{\mathrm{T}}$. Es ergeben sich bei exakter Schrittweite für die ersten acht Iterationsschritte des Gradientenverfahrens die in der Tab. 35.1 aufgelisteten Werte.

Da F konvex und zweimal stetig differenzierbar ist, konvergiert das Verfahren gegen das Minimum bei $\hat{\boldsymbol{x}} = (1, 1)^{\mathrm{T}}$. Die Abb. 35.14 zeigt einige Niveaulinien und die oben angegebenen iterierten Punkte (siehe auch Abb. 35.15). ◀

Im Beispiel wird deutlich, dass sich das Verfahren des steilsten Abstiegs in der Nähe eines lokalen Minimums durch einen

Tab. 35.1 Die ersten Iterationsschritte des Gradientenverfahrens aus dem Beispiel auf S. 1338 auf vier Stellen gerundet

k	$x_1^{(k)}$	$x_2^{(k)}$	$f(\boldsymbol{x}^{(k)})$
0	0.5000	0.0000	1.0000
1	0.3664	0.1670	0.3555
2	0.6892	0.4253	0.1849
3	0.6638	0.4571	0.1496
4	0.7469	0.5235	0.1229
5	0.7295	0.5453	0.1047
6	0.7851	0.5898	0.0898
7	0.7717	0.6066	0.0783
8	0.8134	0.6400	0.0686

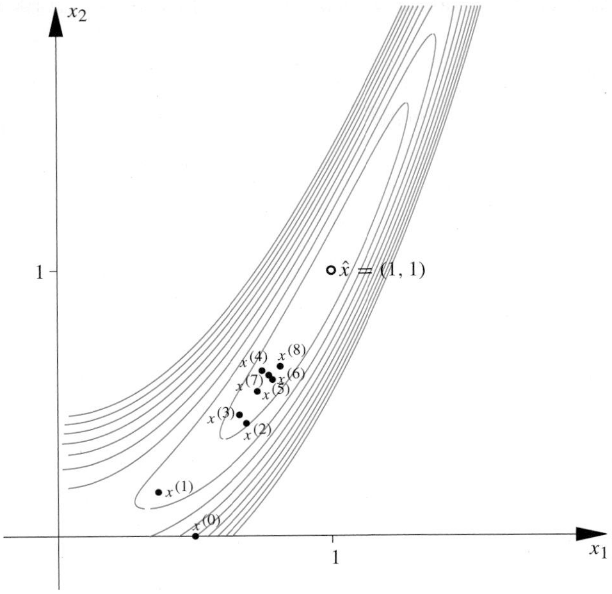

Abb. 35.14 Einige Iterationsschritte zur Rosenbrock-Funktion mit dem Gradientenverfahren. Eingezeichnet sind Niveaulinien von f und die ersten acht Iterationsschritte

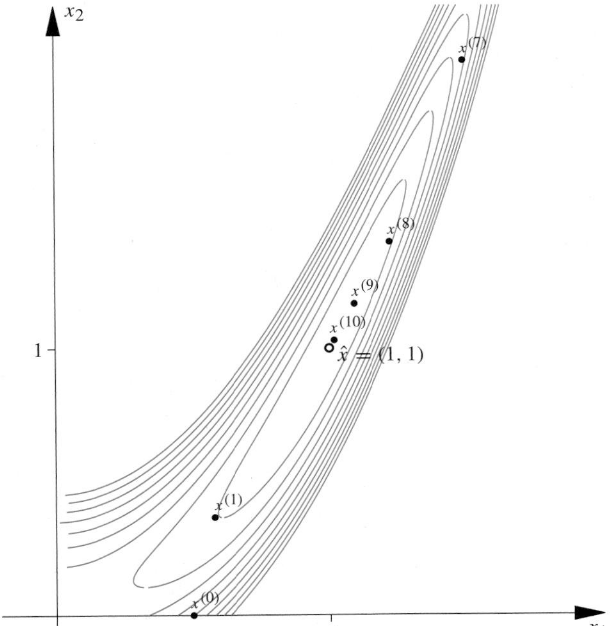

Abb. 35.15 Niveaulinien zur Rosenbrock-Funktion und einige Iterationen des Newton-Verfahrens aus dem Beispiel auf S. 1340

Zick-Zack-Kurs stark verlangsamt. Dieser Nachteil liegt in der Wahl der Abstiegsrichtung begründet. Die Gradienten bzw. $\boldsymbol{p}^{(k)} = \nabla f(\boldsymbol{x}^{(k)})/\|\nabla f(\boldsymbol{x}^{(k)})\|$ stehen senkrecht auf den Niveaulinien. Daher werden diese bei elliptisch geformten Niveaulinien um die Minimalstelle nur in Ausnahmefällen in eine effiziente Abstiegsrichtung weisen. Diesen Effekt versuchen andere Verfahren zu vermeiden.

Mit der Optimalitätsbedingung führen Newton- und Quasi-Newton-Verfahren auf schnelle Algorithmen

Mit der notwendigen Bedingung $\nabla f(\hat{\boldsymbol{x}}) = 0$ in einem Minimum der Funktion f bietet sich ein anderes Vorgehen zur Auswahl der Abstiegsrichtung an. Ist die Funktion f zweimal stetig differenzierbar, so können wir zur Bestimmung von Nullstellen des Gradienten das **Newton-Verfahren** (siehe S. 895) anwenden. Die Iterationsvorschrift in unserem iterativem Algorithmus lautet dann

$$\boldsymbol{x}^{(k+1)} = \boldsymbol{x}^{(k)} - (\boldsymbol{H}(\boldsymbol{x}^{(k)}))^{-1}\nabla f(\boldsymbol{x}^{(k)})$$

mit der Hesse-Matrix $\boldsymbol{H}(\boldsymbol{x})$ der Funktion f an einer Stelle $\boldsymbol{x}$. Im Sinne des Modell-Algorithmus ist hier die Schrittweite $t_k = 1$ und die Richtung $\boldsymbol{p}^{(k)} = \left(\boldsymbol{H}(\boldsymbol{x}^{(k)})\right)^{-1} \nabla f(\boldsymbol{x}^{(k)})$. Es lässt sich zeigen, dass, zumindest wenn der Startwert $x^{(0)}$ genügend nah bei einem wirklichen Minimum liegt, die so bestimmte Iterationsfolge gegen diese Minimalstelle strebt.

Konvergenz des Newton-Verfahrens

Es wird vorausgesetzt, dass $f : D \to \mathbb{R}$ eine zweimal stetig differenzierbare Funktion auf einer offenen Teilmenge $D \subseteq \mathbb{R}^n$ ist, die in einer Stelle $\hat{\boldsymbol{x}} \in D$ einen stationären Punkt hat, d. h. $\nabla f(\hat{\boldsymbol{x}}) = 0$, und deren Hesse-Matrix $\boldsymbol{H}(\hat{\boldsymbol{x}})$ an der Stelle $\hat{\boldsymbol{x}}$ nicht singulär ist. Dann gibt es $\varepsilon > 0$, sodass für Startwerte $\boldsymbol{x}^{(0)} \in U$ in einer Umgebung $U = \{\boldsymbol{x} \in D : \|\boldsymbol{x} - \hat{\boldsymbol{x}}\| \leq \varepsilon\}$ die durch

$$\boldsymbol{x}^{(k+1)} = \boldsymbol{x}^{(k)} - \left(\boldsymbol{H}(\boldsymbol{x}^{(k)})\right)^{-1}\nabla f(\boldsymbol{x}^{(k)})$$

definierte Folge gegen $\hat{x}$ konvergiert.

Ist die Hesse-Matrix $\boldsymbol{H}(\hat{x})$ positiv definit, so ist durch $\boldsymbol{p}^{(k)} = -\boldsymbol{H}(\boldsymbol{x}^{(k)})\nabla f(\boldsymbol{x}^{(k)})$ eine Abstiegsrichtung gegeben. Zur Konvergenzgeschwindigkeit lässt sich festhalten, dass das Verfahren *super-linear* gegen $\hat{\boldsymbol{x}}$ konvergiert. Dies bedeutet, dass

$$\lim_{k\to\infty} \frac{\|\boldsymbol{x}^{(k+1)} - \hat{\boldsymbol{x}}\|}{\|\boldsymbol{x}^{(k)} - \hat{\boldsymbol{x}}\|} = 0$$

Beispiel: Konvergenz eines Gradientenverfahrens

Die Häufungspunkte des Gradientenverfahrens mit Powell-Schrittweitensteuerung sind stationäre Punkte der Zielfunktion unter moderaten Voraussetzungen an die Funktion $f : D \to \mathbb{R}$ und den Startwert $\boldsymbol{x}_0 \in D$. Eine Konvergenzaussage für das Optimierungsverfahren ergibt sich unter Konvexitätsvoraussetzungen an f, die die Existenz nur einer einzigen Minimalstelle sichern.

Problemanalyse und Strategie: Es müssen allgemeine Voraussetzungen an f formuliert werden, die einen Konvergenznachweis ermöglichen. Dabei spielt die Abschätzung der Differenzen $|f(\boldsymbol{x}^{(k)}) - f(\boldsymbol{x}^{(k)} + t\boldsymbol{p}^{(k)})|$ die entscheidende Rolle.

Lösung: Damit ein Gradientenverfahren wie angegeben durchgeführt werden kann, muss von einer stetig differenzierbare Zielfunktion $f : D \to \mathbb{R}$ auf einer offenen Teilmenge $D \subseteq \mathbb{R}^n$ ausgegangen werden. Darüber hinaus setzen wir voraus, dass die Niveaumenge

$$M_0 = \{\boldsymbol{x} \in \mathbb{R}^n \,|\, f(\boldsymbol{x}) \leq f(\boldsymbol{x}_0)\}$$

für den Startwert $\boldsymbol{x}_0 \in D$ eine kompakte Teilmenge $M_0 \subseteq D$ ist und dass der Gradient ∇f auf M_0 eine Lipschitz-stetige Funktion ist, d. h., es gibt eine Konstante $c > 0$ mit

$$\|\nabla f(\boldsymbol{x}) - \nabla f(\boldsymbol{y})\| \leq c\|\boldsymbol{x} - \boldsymbol{y}\|$$

für alle $\boldsymbol{x}, \boldsymbol{y} \in M_0$.

Mit der Update-Formel $\boldsymbol{x}^{(k+1)} = \boldsymbol{x}^{(k)} - t_k \nabla f(\boldsymbol{x}^{(k)})$ ergibt sich eine monoton fallende Folge $(f(x^{(k)}))_{k=0}^{\infty}$, denn die Powell-Schrittweite t_k ist so zu wählen, dass die Bedingung $f(\boldsymbol{x}^{(k)} + t_k\boldsymbol{p}^{(k)}) \leq f(\boldsymbol{x}^{(k)}) - \alpha t_k \|\nabla f(\boldsymbol{x}^{(k)})\|^2$ erfüllt ist. Da die Folge monoton und nach Voraussetzung an die Niveaumenge M_0 auch beschränkt ist, konvergiert die Folge der Funktionswerte $(f(\boldsymbol{x}^{(k)}))$.

Unter den Voraussetzungen gibt es, wie im Beispiel auf S. 1337 erwähnt, eine Konstante $\gamma > 0$, sodass bei der Wahl des Gradienten als Abstiegsrichtung eine Abschätzung

$$f(x^{(k)}) - f(\boldsymbol{x}^{(k)} + t\boldsymbol{p}^{(k)}) \geq \gamma \|\nabla f(\boldsymbol{x}^{(k)})\|^2$$

für alle $k \in \mathbb{N}$ gilt. Wegen der Konvergenz der Folge $(f(\boldsymbol{x}^{(k)}))_{k\in\mathbb{N}}$ konvergiert die linke Seite $f(\boldsymbol{x}^{(k)}) - f(\boldsymbol{x}^{(k+1)})$ der Abschätzung für $k \to \infty$ gegen null. Damit folgt für die Folge der Gradienten

$$\|\nabla f(\boldsymbol{x}^{(k)})\| \to 0, \quad k \to \infty\,.$$

Da die Folge der Iterierten $(\boldsymbol{x}^{(k)})$ in der kompakten Menge M_0 liegt, besitzt diese Folge Häufungspunkte. Wegen der stetigen Differenzierbarkeit von f gilt für einen solchen Häufungspunkt $\hat{\boldsymbol{x}} = \lim_{j\to\infty} \boldsymbol{x}^{(k_j)}$ mit der obigen Überlegung

$$\|\nabla f(\hat{\boldsymbol{x}})\| = \lim_{j\to\infty} \|\nabla f(\boldsymbol{x}^{(k_j)})\| = 0\,.$$

Der Häufungspunkt ist also ein stationärer Punkt der Zielfunktion f.

Ist die Zielfunktion auf der Niveaumenge M_0 strikt konvex, so ist garantiert, dass es nur ein Extremum, eine Minimalstelle, von f in M_0 gibt, sodass die Folge $x^{(k)}$ in diesem Fall gegen die Minimalstelle konvergieren muss.

Kommentar Diese Konvergenzaussage zum Gradientenverfahren können wir auf andere Strategien zur Wahl der Abstiegsrichtungen verallgemeinern, wenn eine Abschätzung der Form

$$f(\boldsymbol{x}^{(k)}) - f(\boldsymbol{x}^{(k)} + t\boldsymbol{p}^{(k)}) \geq \gamma \frac{\left(\nabla f(\boldsymbol{x}^{(k)}) \cdot \boldsymbol{p}^{(k)}\right)^2}{\|\boldsymbol{p}^{(k)}\|^2}$$

gegeben ist. ◄

ist. Sind alle zweiten Ableitungen Lipschitz-stetig, so ergibt sich eine quadratische Konvergenz des Verfahrens, d. h., es existiert eine Konstante C, sodass $\|\boldsymbol{x}^{(k+1)} - \hat{\boldsymbol{x}}\| \leq C\|\boldsymbol{x}^{(k)} - \hat{\boldsymbol{x}}\|^2$ gilt.

Beispiel Greifen wir das Beispiel auf S. 1338 wieder auf. Mit der Zielfunktion

$$f(\boldsymbol{x}) = \frac{1}{2}\|\boldsymbol{F}(\boldsymbol{x})\|^2 = \frac{1}{2}\boldsymbol{F}(\boldsymbol{x}) \cdot \boldsymbol{F}(\boldsymbol{x})$$

für

$$F(\boldsymbol{x}) = \begin{pmatrix} 4(x_2 - x_1^2) \\ x_2 - 1 \end{pmatrix}$$

berechnen wir den Gradienten

$$\nabla f(\boldsymbol{x}) = \begin{pmatrix} -32(x_2 - x_1^2)x_1 \\ 16(x_2 - x_1^2) + x_2 - 1 \end{pmatrix}$$

und die Hesse-Matrix

$$\boldsymbol{H}(\boldsymbol{x}) = \begin{pmatrix} 96x_1^2 - 32x_2 & -32x_1 \\ -32x_1 & 17 \end{pmatrix}$$

(siehe Abb. 35.15). Die Newton-Iteration

$$\boldsymbol{x}^{(k+1)} = \boldsymbol{x}^{(k)} - \left(\boldsymbol{H}(\boldsymbol{x}^{(k)})\right)^{-1} \nabla f(\boldsymbol{x}^{(k)})$$

und der Startwert $x^{(0)} = (0.5, 0)^{\mathrm{T}}$ führen auf die in der Tab. 35.2 gezeigten Werte.

Tab. 35.2 Die ersten Iterationsschritte des Newton-Verfahrens zur Optimierung des Betrags der Rosenbrock-Funktion im Beispiel auf S. 1340 auf vier Stellen gerundet

k	$x_1^{(k)}$	$x_2^{(k)}$	$f(\boldsymbol{x}^{(k)})$
0	0.5000	0.0000	1.0000
1	0.5789	0.3684	0.2082
2	4.2355	4.3591	1480.9
3	3.9665	14.798	102.18
4	2.7325	5.6529	37.137
5	2.3464	5.1001	9.7200
6	1.7558	2.6322	2.9575
7	1.4914	2.0863	0.7421
8	1.2226	1.3975	0.1545
9	1.0922	1.1656	0.0197
10	1.0183	1.0300	0.0009
11	1.0012	1.0020	$3.3 \cdot 10^{-6}$
12	1.0000	1.0000	$5.6 \cdot 10^{-11}$

Wir sehen, dass der Startwert für das Newton-Verfahren kritisch ist. Die erwartete schnelle Konvergenz gilt nur lokal, wenn wir hinreichend nah an der Minimalstelle sind. Eine Schrittweitensteuerung wäre hier angebracht gewesen. Aber auch eine Kombination aus Gradienten- und Newton-Verfahren kann das Problem beseitigen. Führen wir zunächst zwei Gradientenschritte aus und starten erst mit den Werten $\boldsymbol{x} = (0.689\,2, 0.435\,3)^{\mathrm{T}}$ das Newton-Verfahren, so erreichen wir die Minimalstelle nach drei weiteren Iterationsschritten auf vier Stellen genau mit einem Zielfunktionswert in der Größenordnung 10^{-12}. ◀

Die Konvergenz des Newton-Verfahrens gilt nur lokal in einer Umgebung $U \subseteq D$ um den kritischen Punkt $\hat{\boldsymbol{x}}$. Diesen Konvergenzbereich kann man versuchen zu erweitern, indem man zusätzlich eine Schrittweitensteuerung $t_k \in (0, 1)$ wählt. Dann lautet die Iterationsfolge

$$\boldsymbol{x}^{(k+1)} = \boldsymbol{x}^{(k)} - t_k\big(\boldsymbol{H}(\boldsymbol{x}^{(k)})\big)^{-1}\nabla f(\boldsymbol{x}^{(k)})$$

und es wird von einem **gedämpften Newton-Verfahren** gesprochen.

Da beim Newton-Verfahren in jedem Iterationsschritt die Hesse-Matrix $\boldsymbol{H}(\boldsymbol{x}^{(k)})$ benötigt wird, ist das Verfahren relativ aufwendig. Schon die Berechnung des Gradienten der Zielfunktion ist in der Praxis oft nur mithilfe von finiten Differenzen (siehe den Abschnitt auf S. 354) näherungsweise durchführbar. Wenn dann auch noch die zweite Ableitung zu approximieren ist, steigt der Rechenaufwand beträchtlich. Daher kommen in den Anwendungen häufig Modifikationen zum Einsatz.

Eine einfache Variante ist das sogenannte *eingefrorene Newton-Verfahren*, bei dem nur im ersten Schritt die Hesse-Matrix $\boldsymbol{B} = \boldsymbol{H}(x^{(0)})$ berechnet wird. Danach werden weitere Abstiegsrichtungen mithilfe dieser Matrix aus $\boldsymbol{p}^{(k)} = -\boldsymbol{B}^{-1}\nabla f(\boldsymbol{x}^{(k)})$ bestimmt. Unter entsprechenden Voraussetzungen erreicht man Konvergenz dieser Methode, aber keine super-lineare Konvergenzgeschwindigkeit.

Wesentlich wichtiger für die Anwendungen sind die sogenannte **Quasi-Newton-Verfahren**. Bei diesen Verfahren wird in jedem Iterationsschritt eine Approximation $\boldsymbol{B}_k$ an die Hesse-Matrix berechnet und damit eine neue Abstiegsrichtung

$$\boldsymbol{p}^{(k)} = \boldsymbol{B}_k^{-1}\nabla f(\boldsymbol{x}^{(k)})$$

ermittelt. Dabei gehen üblicherweise in die Berechnung von $\boldsymbol{B}_{k+1}$ nur die vorhergehende Matrix $\boldsymbol{B}_k$ und die Differenzen $\boldsymbol{x}^{(k+1)} - \boldsymbol{x}^{(k)}$ und $\nabla f(\boldsymbol{x}^{(k+1)}) - \nabla f(\boldsymbol{x}^{(k)})$ ein. Man spricht von einem Quasi-Newton-Verfahren, wenn die Approximationen an die Hesse-Matrizen so gestaltet sind, dass eine super-lineare Konvergenzgeschwindigkeit des Verfahrens erreicht wird, wie beim klassischen Newton-Verfahren.

Es gibt verschiedene Varianten für die Berechnung der Matrix $\boldsymbol{B}_{k+1}$. Allen gemeinsam ist, dass $\boldsymbol{B}_{k+1}$ symmetrisch und positiv definit bleiben sollte, wenn $\boldsymbol{B}_k$ diese Eigenschaft hat. Dies entspricht den Eigenschaften der Hesse-Matrix bei strikt konvexer Zielfunktion. Außerdem ist $\boldsymbol{B}_{k+1}$ so zu wählen, dass die *Quasi-Newton-Gleichung*

$$\boldsymbol{B}_{k+1}(\boldsymbol{x}^{(k+1)} - \boldsymbol{x}^{(k)}) = \nabla f(\boldsymbol{x}^{(k+1)}) - \nabla f(\boldsymbol{x}^{(k)})$$

erfüllt ist. Motiviert ist diese Gleichung durch die Linearisierung

$$\nabla f(\boldsymbol{x}^{(k+1)}) \approx \nabla f(\boldsymbol{x}^{(k)}) + \boldsymbol{H}(\boldsymbol{x}^{(k)})(\boldsymbol{x}^{(k+1)} - \boldsymbol{x}^{(k)})$$

von ∇f um $\boldsymbol{x}^{(k)}$, die auch dem Newton-Schritt zugrunde liegt. Sind $\boldsymbol{x}^{(k)}$ und $\boldsymbol{x}^{(k+1)}$ bekannt, so wird diese Linearisierung als Bedingung für den Update der neuen Matrix B_{k+1} herangezogen. Dies gewährleistet, dass die Approximation *nah* an der wahren Hesse-Matrix bleibt. Die Methoden werden manchmal auch als Sekanten-Verfahren bezeichnet, denn die Quasi-Newton-Gleichung ist die Gleichung der Sekante im eindimensionalen Fall.

Beispiel Das wohl bekannteste und am häufigsten genutzte Quasi-Newton-Verfahren ist das **BFGS-Verfahren**. Es ist benannt nach Broyden, Fletcher, Goldfarb und Shanno, die diese Methode unabhängig voneinander um 1970 entwickelt haben.

Beim BFGS-Verfahren wird die nächste Matrix nach der Bestimmung von $\boldsymbol{x}^{(k+1)}$ durch

$$\boldsymbol{B}_{k+1} = \boldsymbol{B}_k - \frac{(\boldsymbol{B}_k\boldsymbol{d}^{(k)})(\boldsymbol{B}_k\boldsymbol{d}^{(k)})^{\mathrm{T}}}{(\boldsymbol{d}^{(k)})^{\mathrm{T}}\boldsymbol{B}_k\boldsymbol{d}^{(k)}} + \frac{\boldsymbol{g}^{(k)}(\boldsymbol{g}^{(k)})^{\mathrm{T}}}{(\boldsymbol{g}^{(k)})^{\mathrm{T}}\boldsymbol{d}^{(k)}}$$

mit $\boldsymbol{d}^{(k)} = \boldsymbol{x}^{(k+1)} - \boldsymbol{x}^{(k)}$ und $\boldsymbol{g}^{(k)} = \nabla f(\boldsymbol{x}^{(k+1)}) - \nabla f(\boldsymbol{x}^{(k)})$ berechnet. Beachten Sie die Schreibweise der Matrizen als dyadische Produkt etwa $\boldsymbol{g}^{(k)}(\boldsymbol{g}^{(k)})^{\mathrm{T}} \in \mathbb{R}^{n\times n}$ (siehe S. 592).

Offensichtlich ist die Matrix $\boldsymbol{B}_{k+1}$ symmetrisch, wenn $\boldsymbol{B}_k$ symmetrisch ist, da nur symmetrische Matrizen addiert werden. Die Quasi-Newton-Gleichung lässt sich mit der Symmetrie von $\boldsymbol{B}_k$ direkt nachrechnen. Es ist

$$\begin{aligned}\boldsymbol{B}_{k+1}\boldsymbol{d}^{(k)} &= \boldsymbol{B}_k\boldsymbol{d}^{(k)} - \frac{(\boldsymbol{B}_k\boldsymbol{d}^{(k)})(\boldsymbol{B}_k\boldsymbol{d}^{(k)})^{\mathrm{T}}\boldsymbol{d}^{(k)}}{(\boldsymbol{d}^{(k)})^{\mathrm{T}}\boldsymbol{B}_k\boldsymbol{d}^{(k)}} + \frac{\boldsymbol{g}^{(k)}(\boldsymbol{g}^{(k)})^{\mathrm{T}}\boldsymbol{d}^{(k)}}{(\boldsymbol{g}^{(k)})^{\mathrm{T}}\boldsymbol{d}^{(k)}}\\ &= \boldsymbol{B}_k\boldsymbol{d}^{(k)} - \boldsymbol{B}_k\boldsymbol{d}^{(k)} + \boldsymbol{g}^{(k)} = \boldsymbol{g}^{(k)}\,.\end{aligned}$$

Es bleibt zu zeigen, dass $\boldsymbol{B}_{k+1}$ positiv definit ist, wenn $\boldsymbol{B}_k$ diese Eigenschaft hat. Für diesen aufwendigeren Beweis verweisen wir auf die Literatur. ◀

Teil V

Die Methode der konjugierten Gradienten kann auch bei nichtlinearen Problemen angewandt werden

Bei den Newton-ähnlichen Verfahren ist es nötig, in jedem Iterationsschritt die Hesse-Matrix oder eine Approximation zu speichern und zu invertieren. Dies kann bei hochdimensionalen Problemen zu einem beträchtlichen Aufwand führen. In diesem Fall bietet sich eine weitere Alternative an, bei der letztendlich nur Produkte zwischen Matrix und bestimmten Richtungen ermittelt werden müssen.

Wir haben auf S. 762 die Idee der konjugierten Gradienten angesprochen. Das dort ausführlich erläuterte Vorgehen, um lineare Gleichungssysteme zu lösen, ist ursprünglich motiviert als Lösungsverfahren zu hochdimensionalen quadratischen Optimierungsproblemen mit einer Zielfunktion f der Form

$$f(\boldsymbol{x}) = \frac{1}{2}\boldsymbol{x}^{\mathrm{T}}\boldsymbol{A}\boldsymbol{x} - \boldsymbol{b}^{\mathrm{T}}\boldsymbol{x},$$

einer symmetrischen, positiv definiten Matrix $\boldsymbol{A} \in \mathbb{R}^{n\times n}$ und einem Vektor $\boldsymbol{b} \in \mathbb{R}^n$. Da das Optimierungsproblem genau eine Lösung besitzt, die durch die Bedingung

$$0 = \nabla f(\boldsymbol{x}) = \boldsymbol{A}\boldsymbol{x} - \boldsymbol{b}$$

charakterisiert ist, ist die Äquivalenz zur Lösung des linearen Gleichungssystems offensichtlich.

Der erste Ansatz, diese Idee auch auf nichtlineare Optimierungsprobleme

$$\operatorname*{Min}_{\boldsymbol{x}\in\mathbb{R}^n} f(\boldsymbol{x})$$

mit einer stetig differenzierbaren Zielfunktion $f : \mathbb{R}^n \to \mathbb{R}$ zu erweitern, geht auf R. Fletcher und C. M. Reeves (1964) zurück. Das iterative Verfahren von Fletcher und Reeves lässt sich im Sinne unseres Modell-Verfahrens wie folgt formulieren:

1. Zunächst wählen wir einen Startwert $\boldsymbol{x}^{(0)} \in \mathbb{R}^n$, berechnen $\boldsymbol{g}^{(0)} = \nabla f(\boldsymbol{x}^{(0)})$ und setzen $k = 0$ und $\boldsymbol{p}^{(0)} = -\boldsymbol{g}^{(0)}$.
2. Wenn $\boldsymbol{g}^{(k)} = 0$ gilt, bricht das Verfahren mit der stationären Stelle $\boldsymbol{x}^{(k)}$ ab
3. Wir berechnen eine exakte Schrittweite $t_k > 0$ in Richtung $\boldsymbol{p}^{(k)}$, d. h. die erste positive Nullstelle $t > 0$ von $\nabla f(\boldsymbol{x}^{(k)} + t\boldsymbol{p}^{(k)}) \cdot \boldsymbol{p}^{(k)}$.
4. Für den nächsten Schritt setzen wir

$$\begin{aligned}\boldsymbol{x}^{(k+1)} &= \boldsymbol{x}^{(k)} + t_k\boldsymbol{p}^{(k)}\\ \boldsymbol{g}^{(k+1)} &= \nabla f(\boldsymbol{x}^{(k+1)})\\ \beta_k &= \frac{\|\boldsymbol{g}^{(k+1)}\|^2}{\|\boldsymbol{g}^{(k)}\|^2}\\ \boldsymbol{p}^{(k+1)} &= -\boldsymbol{g}^{(k+1)} + \beta_k\boldsymbol{p}^{(k)}.\end{aligned}$$

5. Wir erhöhen k um 1 und setzen die Iteration bei 2. fort.

Tab. 35.3 Die ersten Iterationsschritte des Fletcher-Reeves-Verfahrens aus dem Beispiel auf S. 1342 auf vier Stellen gerundet

k	$x_1^{(k)}$	$x_2^{(k)}$	$f(\boldsymbol{x}^{(k)})$
0	0.5000	0.0000	1.0000
1	0.3664	0.1670	0.3555
2	0.3981	0.2348	0.3393
3	0.8556	0.6541	0.1083
4	0.8353	0.6288	0.1069
5	0.9893	0.9105	0.0413
6	1.0489	1.0813	0.0062
7	1.0468	1.0920	0.0043

Im Fall einer quadratischen Zielfunktion ist dies genau der in Abschn. 20.4 beschriebene CG-Algorithmus. Eine Überprüfung dieser Aussage ist als Aufgabe zum Kapitel vorgeschlagen.

Beispiel Auch das Fletcher-Reeves-Verfahren testen wir am Beispiel der Zielfunktion

$$f(\boldsymbol{x}) = \frac{1}{2}\|\boldsymbol{F}(\boldsymbol{x})\|^2$$

für

$$F(\boldsymbol{x}) = \begin{pmatrix} 4(x_2 - x_1^2)\\ x_2 - 1\end{pmatrix}$$

wie auf S. 1338 für das Gradienten-Verfahren. In der Tab. 35.3 sind die Ergebnisse der ersten acht Iterationen aufgelistet. Offensichtlich kommt dieses Verfahren besser mit dem vorgegebenen Startwert zurecht als das Newton-Verfahren und wir erhalten schnell sinnvolle Approximationen an das Minimum. ◀

Setzt man wieder voraus, dass die Menge $M_0 = \{\boldsymbol{x} \in \mathbb{R}^n \mid f(\boldsymbol{x}) \leq f(\boldsymbol{x}^{(0)})\}$ kompakt ist und der Gradient ∇f auf M_0 Lipschitz-stetig, so lässt sich auch für dieses Verfahren Konvergenz zeigen. Analog zu den vorhergehenden Verfahren ergibt sich, wenn dass Verfahren nicht in einem stationären Punkt abbricht, dass die erzeugte Folge $\boldsymbol{x}^{(k)}$ von Punkten gegen einen stationären Punkt der Funktion f konvergiert.

Auch Modifikationen dieses Verfahrens, die im Wesentlichen die Wahl des Parameters β_k betreffen, werden in der Literatur diskutiert. Baut man zusätzlich in die Verfahren nach n Schritten einen *Restart* ein, d. h., man beginnt das Verfahren neu mit $\boldsymbol{p}^{(n+1)} = -\nabla f(\boldsymbol{x}^{(n)})$, so lässt sich bei geeigneten Voraussetzungen super-lineare Konvergenz beweisen.

Das Levenberg-Marquardt-Verfahren löst nichtlineare Ausgleichsprobleme

Das letzte Verfahren, dass wir vorstellen, passt nicht ganz in unser Modell-Schema. Wir kommen noch einmal auf das Optimierungsproblem aus dem Beispiel auf S. 1338 zurück.

Vertiefung: Stochastische Optimierung

Zu Beginn des Kapitels wurde angedeutet, dass die Suche nach globalen Minima einer Zielfunktion problematisch sein kann. Neben deterministischen Suchalgorithmen werden daher zunehmend stochastische Verfahren eingesetzt.

Bei Optimierungsaufgaben in der Praxis treten vier wesentliche Probleme auf, die die Anwendung numerischer Methoden erschweren. Zum einen kann nicht immer gewährleistet werden, dass die Zielfunktion stetig differenzierbar ist (*nichtglatte* Optimierung). Weiter gehen häufig in die Auswertung der Zielfunktion Messdaten ein, sodass die zur Verfügung stehenden Werte der Zielfunktion verrauscht sind.

Das dritte Problem ist die Anzahl der Variablen. Mit steigender Zahl an Freiheitsgraden, also wachsender Dimension n für die Menge der zulässigen Punkte $D \subseteq \mathbb{R}^n$, nimmt der Rechenaufwand enorm zu, sodass auch Hochleistungsrechner schnell an ihre Grenzen stoßen.

Zudem kann eine **globale Optimierung** schon bei niedriger Dimension und ohne Rauschen in den Daten problematisch sein. Weist die Zielfunktion neben dem globalen Minimum viele weitere lokale Minimalstellen auf, so ist es schwierig das globale Minimum zu finden.

Die vorgestellten numerischen Verfahren bleiben in einem lokalen Minimum hängen. Um diesen Effekt zu überwinden, werden oft stochastische Optimierungsalgorithmen genutzt. Man spricht von **Monte-Carlo-Methoden**, wenn künstlich der Zufall in ein Verfahren eingebaut wird. Bei einer Optimierungsroutine bedeutet dies, dass man mit einer gewissen Wahrscheinlichkeit auch Stellen betrachtet, an denen die Zielfunktion größere Werte aufweist als an der bis dahin gefundenen Stelle mit kleinstem Funktionswert. Damit hofft man zu vermeiden, dass der Algorithmus in einem lokalen Minimum stecken bleibt. Zwei moderne Konzepte stellen wir kurz vor.

Dem **Simulated Annealing** liegt die Idee zugrunde, einen Abkühlungsprozess nachzubilden. Es ist ein Begriff aus der statistischen Mechanik, den man am besten mit *simulierte langsame Abkühlung* übersetzt. Beim Annealing in der Metallurgie wird das Material zunächst erhitzt und dann kontrolliert, langsam wieder abgekühlt, um letztendlich einen stabileren Zustand zu erreichen. Diese Beobachtung überträgt man im Simulated Annealing Algorithmus.

Dazu beginnt man mit einem Startwert $\boldsymbol{x}^{(0)} \in D$, wählt eine *Temperatur* $T_0 \in \mathbb{R}_{>0}$ und eine Strategie zur Abkühlung, d. h. zur Berechnung von T_k, etwa $T_k = \alpha^{k-1} T_0$ mit einem Faktor $\alpha \in (0, 1)$. Die Iteration des Algorithmus besteht aus zwei Schritten:

- Es wird in der *Nachbarschaft* von $\boldsymbol{x}^{(k)}$ ein $\boldsymbol{y} \in D$ zufällig gewählt.
- Ist $f(\boldsymbol{y}) \leq f(\boldsymbol{x}^{(k)})$, so setzt man $\boldsymbol{x}^{(k+1)} = \boldsymbol{y}$. Im Fall $f(\boldsymbol{y}) > f(\boldsymbol{x}^{(k)})$ wird mit einer Wahrscheinlichkeit

  $$p_k = \exp\left(-\frac{f(\boldsymbol{y}) - f(\boldsymbol{x}^{(k)})}{T_k}\right)$$

  auch ein Update $\boldsymbol{x}^{(k+1)} = \boldsymbol{y}$ vorgenommen und mit Wahrscheinlichkeit $1 - p_k$ der alte Punkt $\boldsymbol{x}^{(k+1)} = \boldsymbol{x}^{(k)}$ beibehalten.

Diese beiden Schritte werden wiederholt bis hin zu einer fest vorgegebenen Anzahl an Iterationen oder bis keine nennenswerten Änderungen auftauchen.

Entscheidend für den Annealing-Prozess ist die Wahl der Wahrscheinlichkeit p_k. Diese ist so gewählt, dass sie der Boltzmann-Gibbs-Verteilung entspricht, die die Besetzung von Energieniveaus in der statistischen Mechanik modelliert. In den Varianten des Verfahrens werden die Strategie für die Reduktion der *Temperaturen* T_k und die Auswahl von Nachbarn diskutiert. Meistens wird im ersten Schritt eine n-dimensionale Gauß-Verteilung für die zufällige Auswahl von $\boldsymbol{y}$ gewählt (siehe S. 1492).

Eine weitere Klasse von stochastischen Verfahren zur globalen Optimierung sind **genetische Algorithmen** in Anlehnung an die Evolution. Bei solchen Verfahren wird aus einer *Population*, d. h. einer diskreten Menge $P_k \subseteq D$ von $N \in \mathbb{N}$ Punkten nach verschiedenen Gesichtspunkten eine neue *Generation* $P_{k+1} \subseteq D$ berechnet. Bei der Bestimmung der nächsten Generation geht man in drei Schritten vor, die einen Evolutionsprozess nachbilden sollen:

1. **Selektion:** Aus der Population P_k werden $N_b < N$ Elemente ausgewählte, die *Eltern* der nächsten Generation. Nach dem Prinzip *Survival of the fittest* werden meistens die Stellen mit den kleinsten Zielfunktionswerten $f(\boldsymbol{x})$ genommen.
2. **Kreuzung:** Die N_b Eltern bleiben erhalten und für die Menge P_{k+1} werden durch zufällige Kombination dieser Stellen $N - N_b$ neue Punkte in D bestimmt.
3. **Mutation:** Mit einer festzulegenden Wahrscheinlichkeit werden die im zweiten Schritt gefundenen neuen Punkte noch einmal verändert.

Bei solchen Verfahren bietet es sich an, dem enormen Rechenaufwand durch paralleles Berechnen der Zielfunktionswerte $f(\boldsymbol{x})$ für $\boldsymbol{x} \in P_k$ zu begegnen. Für Varianten und weitere Details zu stochastischen Optimierungsmethoden verweisen wir auf die Literatur, etwa das Buch *Introduction to Stochastic Search and Optimization* von J. V. Spall, Wiley & Sons, 2003.

Betrachten wir ein **nichtlineares Ausgleichsproblem** mit der Zielfunktion

$$f(\boldsymbol{x}) = \frac{1}{2}\|\boldsymbol{F}(\boldsymbol{x})\|^2$$

zu einer Funktion $\boldsymbol{F} : \mathbb{R}^n \to \mathbb{R}^m$.

Statt dieses nichtlineare Problem direkt mit einem Gradienten-Verfahren wie im Beispiel auf S. 1338 oder einem Newton-Verfahren zu lösen, geht man in diesem Fall anders vor: Weiterhin wird eine Lösung durch eine Folge von Näherungen iteriert. Es wird aber keine Abstiegsrichtung explizit ermittelt, sondern in jedem Iterationsschritt, wird die Funktion F zunächst um die aktuelle Stelle $\boldsymbol{x}^{(k)}$ linearisiert. Die neue Näherung $\boldsymbol{x}^{(k+1)}$ wird berechnet durch Minimieren des $m \times n$ dimensionalen linearen Ausgleichsproblems mit der Zielfunktion

$$f_k(\boldsymbol{x}) = \frac{1}{2}\left\|\boldsymbol{F}(\boldsymbol{x}^{(k)}) + \boldsymbol{F}'(\boldsymbol{x}^{(k)})(\boldsymbol{x} - \boldsymbol{x}^{(k)})\right\|^2 .$$

Die Optimalitätsbedingung $\nabla f_k(\boldsymbol{x}^{(k+1)}) = 0$ führt hier auf das sogenannte *Gauß-Newton-Verfahren.*

Selbstfrage 5

Beschreiben Sie die Gauß-Newton-Iteration im Sinne des Modell-Algorithmus unter der Annahme, dass die Matrix $F'^{\mathrm{T}}(\boldsymbol{x}^{(k)})F'(\boldsymbol{x}^{(k)})$ invertierbar ist.

Da die Konvergenz dieser Iteration im Allgemeinen nicht gewährleistet werden kann, wird die Idee modifiziert. Es wird zusätzlich eine Nebenbedingung der Form

$$\|\boldsymbol{x} - \boldsymbol{x}^{(k)}\| \leq \rho_k$$

verlangt. Man bezeichnet ein solches Vorgehen als **Trust-Region**-Methode. Das bedeutet, dass der Linearisierung und anschließenden Minimierung nur *getraut* wird, wenn die Lösung hinreichend nahe an $\boldsymbol{x}^{(k)}$ ist.

Definieren wir, um die Ungleichungsnebenbedingung zu beschreiben, eine Funktion h mit $h(\boldsymbol{x}) = \|\boldsymbol{x} - \boldsymbol{x}^{(k)}\|^2 - \rho_k^2$, so ist das **Levenberg-Marquardt-Verfahren** zur Minimierung eines nichtlinearen Ausgleichsproblems eine Iteration, wobei jeder Iterationsschritt im Lösen des Optimierungsproblems

$$\operatorname{Min} f_k(\boldsymbol{x}) \quad \text{unter} \quad h(\boldsymbol{x}) \leq 0\,,$$

besteht.

Eine Anwendung der Lagrange'sche Multiplikatorenregel (siehe S. 1325) liefert einen nicht negativen Multiplikator $\lambda_k \geq 0$, sodass in einem Minimum $\hat{\boldsymbol{x}}$ von f_k unter dieser Nebenbedingung die zugehörige Lagrange-Funktion

$$L(\boldsymbol{x}, \lambda_k) = f_k(\boldsymbol{x}) + \lambda_k h(\boldsymbol{x})$$

einen stationären Punkt hat. Wir berechnen den Gradienten dieser Funktionen (wie im Beispiel auf S. 1338) und erhalten für einen kritischen Punkt $\hat{\boldsymbol{x}}$ die Bedingung

$$\begin{aligned}\nabla_x L(\hat{\boldsymbol{x}}) &= \big(F'(\boldsymbol{x}^{(k)})\big)^{\mathrm{T}}\big((F(\boldsymbol{x}^{(k)}) + F'(\boldsymbol{x}^{(k)})(\hat{\boldsymbol{x}} - \boldsymbol{x}^{(k)}))\big) \\ &\quad + \lambda_k(\hat{\boldsymbol{x}} - \boldsymbol{x}^{(k)}) \\ &= 0\end{aligned}$$

bzw. das lineare Gleichungssystem

$$\big((F'(\boldsymbol{x}^{(k)}))^{\mathrm{T}}F'(\boldsymbol{x}^{(k)}) + \lambda_k I\big)(\hat{\boldsymbol{x}} - \boldsymbol{x}^{(k)}) = -\big(F'(\boldsymbol{x}^{(k)})\big)^{\mathrm{T}}(F(\boldsymbol{x}^{(k)})$$

mit $\lambda_k \geq 0$ und der weiteren Bedingung

$$\lambda_k\big(\|\hat{\boldsymbol{x}} - \boldsymbol{x}_k\|^2 - \rho^2\big) = 0\,.$$

Die Formulierung des Iterationsschritts mithilfe eines Lagrange-Multiplikators kann genutzt werden, um die nächste Iterierte $\boldsymbol{x}^{(k+1)} = \hat{\boldsymbol{x}}$ zu bestimmen. Für Details und Konvergenzaussagen zu Trust-Region-Methoden, wie auch zu den anderen angesprochenen Methoden, verweisen wir auf J. Werner: *Numerische Mathematik II.* Vieweg Verlag, 1991.

Vertiefung: MATLAB® Programm zum Newton-Verfahren

Um die in diesem Abschnitt vorgestellten Verfahren kennenzulernen, ist es sinnvoll selbst ein Programm zu schreiben. Exemplarisch stellen wir die Aufgabe, das Newton-Verfahren zur Lösung von unrestringierten Optimierungsproblemen in der Programmiersprache MATLAB® zu implementieren.

Das Newton-Verfahren zur Optimierung einer gegbenen Zielfunktion $f : \mathbb{R}^n \to \mathbb{R}$ benötigt neben einem Startwert $x_0 \in \mathbb{R}^n$ Unterprogramme, die den Gradienten und die Hessematrix zu f berechnen, und ein Programm, das Newton-Iterationen ausführt, also einen Schritt

$$\boldsymbol{x}_{n+1} = \boldsymbol{x}_n - (J_{\boldsymbol{g}}(\boldsymbol{x}_n))^{-1}\boldsymbol{g}(\boldsymbol{x}_n),$$

wie auf S. 326 beschrieben.

Wir realisieren zunächst die Iterationen. Dazu können wir etwa das folgende Unterprogramm in eine Datei mit Namen *myNV.m* schreiben. Siehe dazu auch die MATLAB®-Box auf S. 89.

```
function [x,iter] = myNV(x0,g,Jg)
%***************************************
%  Newton-Verfahren
%
%  Syntax: [x,iter] = myNV(x0,g,Jg)
%
%  Eingabe:
%     x0 Startvektor
%     g Funktionsname: Auswertung g(x)
%    [optional]
%     Jg Funktionsname: Auswertung J_g(x)
%
%  Ausgabe:
%     x  Loesung
%     iter  benoetigte Iterationen
%***************************************

%Parameter festlegen
neweps  = 1e-4;  % Abbruch-Genauigkeit
maxiter = 100;   % Max. Zahl an Iterationen
% Initialisierung der Iterationen
x      = x0;
gvalue = feval(g,x);
iter   = 0;

% Newton Iterationen
while((norm(gvalue) > neweps) & (iter < maxiter
    ))
  % Jacobimatrix berechnen
  if nargin < 3
    dgvalue = finitediff(x,g);
  else
    dgvalue = feval(Jg,x);
  end
  % LGS zur Newton-Iteration
  h = - dgvalue \ gvalue;
  % Update
  x      =  x + h;
  gvalue = feval(g,x);
  iter   = iter + 1;
end
```

In unserem Programm werden die Steuerstrukturen *while* und *if* verwendet, wie sie bereits auf S. 89 erläutert sind. Das Programm liefert eine kritische Stelle und die Anzahl der benötigten Iterationen. Um den Verlauf der Iteration zu verfolgen, müsste der Programm-Code modifiziert werden, sodass die in der Schleife berechneten Ergebnisse x_n und die Funktionswerte $g(x_n)$ in einem Feld gesammelt werden.

Im Programm haben wir zwei Varianten eingebaut. Wenn in der Eingabe keine Funktion zur Berechnung der Ableitung der Funktion $g : \mathbb{R}^n \to \mathbb{R}^n$ angegeben wird, soll diese numerisch mithilfe finiter Differenzen approximiert werden. Ansonsten wird das Unterprogramm zur Auswertung der Ableitung aufgerufen. Um diese Unterscheidung zu machen, nutzen wir die Variable „nargin", die in einem MATLAB® Unterprogramm die Anzahl der Eingabeparameter bei Aufruf des Programms liefert. Eine Fortsetzung dieser Vertiefung findet sich auf S. 1346.

Vertiefung: MATLAB® Programm zum Newton-Verfahren (Fortsetzung)

Um die zweite Variante nutzen zu können, müssen wir noch ein weiteres Unterprogramm schreiben, das zu einer gegebenen Funktion die Jacobi-Matrix mithilfe finiter Differenzen (s. S. 354 und 1076) an einer Stelle $x \in \mathbb{R}^n$ approximiert. Dies kann etwa wie folgt in einer Datei *finitediff.m* aussehen:

```
function [Jf] = finitediff(x,f)
%*************************************
%  Approximation der Jacobimatrix
%  zu f: R^n -> R^m in  x
%  durch zentralen Differenzenquotienten
%
%  Syntax: [Jf] = finitediff(x,f)
%
%  Eingabe:
%      x  Stelle
%      f  Funktionsname: Auswertung f(x)
%
%  Ausgabe:
%      Jf Approximation von f'(x)
%*************************************

% Schrittweite
heps = 1e-4;

% Initialisierung
% 1-ter Einheitsvektor
ej    = zeros(size(x));
ej(1) = 1;

% 1-te Spalte der Jacobimatrix
Jf = (feval(f, x+heps*ej)  ...
      - feval(f, x-heps*ej)) / 2.0 / heps;

% Jacobimatrix
for j = 2:size(x,1)
  % j-ter Einheitsvektor
  ej    = zeros(size(x));
  ej(j) = 1;

  % j-te Spalte der Jacobimatrix
  Jf = [Jf,(feval(f, x+heps*ej)  ...
        - feval(f, x-heps*ej)) / 2.0 / heps];
end
```

Jetzt haben wir die Bausteine zur Anwendung des Newton-Verfahrens etwa für die Rosenbrook-Funktion (s. S. 1340) zur Verfügung. Wir schreiben die zu testende Funktion, ihren Gradienten und ihre Hessematrix noch in weitere kleine Programme:

```
function [f]=rb(x)
% Rosenbrock-Funktion
f = 0.5 * (16*((x(2)-x(1)^2))^2 ...
    + (x(2)-1.0)^2);

function [df]=grad_rb(x)
% Gradient der Rosenbrock-Funktion
df = [-32*(x(2)-x(1)^2) * x(1);
      16*(x(2)-x(1)^2) + (x(2)-1.0)];

function [hf]=hesse_rb(x)
% Hesse-Matrix zur Rosenbrock-Funktion
 hf = [ [96*x(1)^2-32*x(2), -32*x(1)];
        [-32*x(1), 17] ];

function [df]=grad_app(x)
% Appr. des Gradienten der Rosenbrock-Funktion
% durch finite Differenzen
df = finitediff(x,'rb');
df = df';
```

Nun lässt sich etwa durch folgende Eingabe in MATLAB® das Verfahren in den drei Fällen austesten. Wir starten das Verfahren im Startpunkt $x_0 = (1/2, 0)^\top$ und probieren alle drei Varianten aus: die Funktionen werden exakt ausgewertet, die Hessematrix wird mit finiten Differenzen berechnet, oder Gradient und Hessematrix werden numerisch approximiert.

```
>> x0 = [0.5 ; 0]
>> [x1,iter1] = myNV(x0,'grad_rb','hesse_rb')
>> [x2,iter2] = myNV(x0,'grad_rb')
>> [x3,iter3] = myNV(x0,'grad_app')
```

Bei der im Programm gewählten Genauigkeit erhalten wir in allen drei Fällen Ergebnisse, wie sie in der Tabelle 35.2 aufgelistet sind. Der Startwert ist aber für eine garantierte Konvergenz des Newton Verfahrens zu weit entfernt. Betrachten wir etwa den Startwert $(0, 0.5)^\top$ so sind wir nach einem Iterationsschritt nah am Sattel bei $(0, 0)^\top$ und das Verfahren bricht ab. Starten wir das Verfahren bei $(0.5, 1)^\top$, so stoppt das Verfahren nach zehn Iterationen, aber wir bekommen eine andere kritische Stelle in $(-1, 1)^\top$.

Um sicher zu gehen, dass das Newton-Verfahren gegen die gesuchte Lösung konvergiert, müssen wir mit einem besseren Startwert beginnen. Wir erhalten zum Beispiel mit $x_0 = (1.1, 1.1)^\top$ bereits nach vier Iterationsschritten die gesuchte Lösung mit hoher Genauigkeit zumindest in der ersten und zweiten Variante. Durch Tests etwa bei geänderter Rechengenauigkeit oder mit anderen Funktionen können Sie weitere Erfahrungen sammeln.

Zusammenfassung

Zielfunktion und zulässige Punkte definieren ein Optimierungsproblem

Ein Optimierungsproblem lässt sich mathematisch fassen, wenn eine Zielfunktion $f : D \to \mathbb{R}$ und die Menge D der zulässigen Punkte beschrieben werden. Abstrakt ist ein solches Problem dann durch die Notation

$$\operatorname*{Min}_{x \in D} f(x)$$

gegeben.

Die Gâteaux-Ableitung liefert eine Optimalitätsbedingung

Um bei allgemeinen Zielfunktionalen mithilfe einer Ableitung das lokale Verhalten zu beschreiben, lässt sich das Konzept der Gâteaux-Ableitung anwenden.

Die Gâteaux-Ableitung

Ist V ein normierter Vektorraum und $f : D \to \mathbb{R}$ eine Funktion auf einer nicht leeren, offenen Teilmenge $D \subseteq V$. Dann heißt f an einer Stelle $\hat{x}$ **Gâteaux-differenzierbar**, wenn der Grenzwert

$$\delta f(\hat{x})h = \lim_{\varepsilon \to 0} \frac{1}{\varepsilon}\left(f(\hat{x} + \varepsilon h) - f(\hat{x})\right)$$

für jede Richtung $h \in V$ existiert und wenn mit $\delta f(\hat{x}) : V \to \mathbb{R}$ eine beschränkte lineare Abbildung gegeben ist.

Analog zu differenzierbaren Funktionen einer Veränderlichen ergibt sich mit der Ableitung ein notwendiges Optimalitätskriterium für Minimalstellen.

Notwendiges Optimalitätskriterium

Ist $f : D \to \mathbb{R}$ ein Funktional auf einer offenen Menge $D \subseteq V$, das an einer Stelle $\hat{x} \in D$ ein Minimum besitzt und das in $\hat{x}$ Gâteaux-differenzierbar ist, so gilt

$$\delta f(\hat{x})h = 0$$

für alle $h \in V$.

Bei konvexen Funktionalen sind stationäre Punkte Minimalstellen

Ist eine **stationäre** Stelle, d. h. ein zulässiges Element $\hat{x} \in D$ mit $\delta f(\hat{x}) = 0$, gefunden, so muss noch gezeigt werden, dass die Zielfunktion in einer Umgebung um diese Stelle konvex ist, um zu beweisen, dass es sich um ein lokales Minimum handelt.

Stationäre Punkte der Lagrange-Funktion sind Kandidaten für Extrema

Ist die Menge der zulässigen Punkte durch Gleichungs- oder Ungleichungsnebenbedingungen beschränkt, so lassen sich Minimalstellen durch Lagrange'sche Multiplikatoren charakterisieren.

Lagrange'sche Multiplikatorenregel

Wir bezeichnen mit $L = f + \sum_{j=1}^{k} \lambda_j g_j$ die Lagrange-Funktion zu einem Optimierungsproblem

$$\operatorname*{Min}_{\boldsymbol{x} \in D} f(\boldsymbol{x})$$

mit einer Zielfunktion $f : \mathbb{R}^n \to \mathbb{R}$ und Nebenbedingungen

$$D = \{\boldsymbol{x} \in \mathbb{R}^n \mid g_j(\boldsymbol{x}) = 0, j = 1, \ldots, k\}.$$

Ist $\hat{\boldsymbol{x}} \in D$ ein lokales Minimum der Funktion f auf der Menge D und sind die k Gradienten

$$\nabla g_1(\hat{\boldsymbol{x}}), \nabla g_2(\hat{\boldsymbol{x}}), \ldots, \nabla g_k(\hat{\boldsymbol{x}})$$

an der Stelle $\hat{x}$ linear unabhängig, dann existieren Lagrange'sche Multiplikatoren $\hat{\lambda}_1, \ldots, \hat{\lambda}_k \in \mathbb{R}$, sodass die $n + k$ Gleichungen mit

$$\frac{\partial L}{\partial x_i}(\hat{\boldsymbol{x}}, \hat{\boldsymbol{\lambda}}) = 0, \quad i = 1, \ldots, n$$
$$\frac{\partial L}{\partial \lambda_i}(\hat{\boldsymbol{x}}, \hat{\boldsymbol{\lambda}}) = 0, \quad i = 1, \ldots, k$$

erfüllt sind.

Die Gâteaux-Variation bei einem Variationsproblem folgt aus der Kettenregel

Besteht das Optimierungsproblem darin, Funktionen zu finden, die ein durch ein Integral gegebenes Funktional minimieren, so nennt man die Aufgabe ein **Variationsproblem**.

Die notwendige Minimalitätsbedingung führt auf die Euler-Gleichung

Bei einem Variationsproblem ergeben sich aus der notwendigen Bedingung einer verschwindenden Gâteaux-Ableitung im Optimum die Euler-Gleichungen.

Euler-Gleichung zum Variationsproblem

Ist g zweimal stetig differenzierbar und $\hat{u} \in D$ lokale Extremalfunktion des Funktionals J mit

$$J(u) = \int_a^b g(u(t), u'(t), t)\,\mathrm{d}t$$

auf dem Zulässigkeitsbereich

$$D = \{u \in C^1([a,b]) \mid u(a) = u_a,\ u(b) = u_b\}$$

zu vorgegebenen Werten $u_a, u_b \in \mathbb{R}$, dann gilt die **Euler-Gleichung**

$$\frac{\partial g}{\partial u}(\hat{u}(t), \hat{u}'(t), t) - \frac{\mathrm{d}}{\mathrm{d}t}\frac{\partial g}{\partial u'}(\hat{u}(t), \hat{u}'(t), t) = 0$$

für alle $t \in [a,b]$.

Mit den Methoden der Variationsrechnung lassen sich grundlegende Gleichungen der Physik aus elementaren Optimalitätsbedingungen herleiten.

Ein Modell-Verfahren illustriert das numerische Vorgehen

In den Anwendungen ist man meistens auf numerische Verfahren zur Approximation von optimalen Lösungen angewiesen. Dabei geht man üblicherweise iterativ vor. Ausgehend von einem Startpunkt wird durch Berechnen von **Abstiegsrichtungen** und **Schrittweiten** versucht, sich sukzessive einem Optimum zu nähern.

Der negative Gradient liefert die Richtung für die Methode des steilsten Abstiegs

Die grundlegenden Algorithmen bei nichtlinearen Optimierungsproblemen sind das Gradienten-Verfahren, das Newton-Verfahren, Quasi-Newton-Verfahren und das Verfahren der konjugierten Gradienten. Im Fall der linearen Optimierung wird das Simplex-Verfahren genutzt. Bei nichtlinearen Ausgleichsproblemen bietet sich das Levenberg-Marquardt-Verfahren an.

Aufgaben

Die Aufgaben gliedern sich in drei Kategorien: Anhand der *Verständnisfragen* können Sie prüfen, ob Sie die Begriffe und zentralen Aussagen verstanden haben, mit den *Rechenaufgaben* üben Sie Ihre technischen Fertigkeiten und die *Anwendungsprobleme* geben Ihnen Gelegenheit, das Gelernte an praktischen Fragestellungen auszuprobieren.
Ein Punktesystem unterscheidet leichte •, mittelschwere •• und anspruchsvolle ••• Aufgaben. Lösungshinweise am Ende des Buches helfen Ihnen, falls Sie bei einer Aufgabe partout nicht weiterkommen. Dort finden Sie auch die Lösungen – betrügen Sie sich aber nicht selbst und schlagen Sie erst nach, wenn Sie selber zu einer Lösung gekommen sind. Ausführliche Lösungswege, Beweise und Abbildungen finden Sie als digitales Zusatzmaterial (electronic supplementary material).
Viel Spaß und Erfolg bei den Aufgaben!

Verständnisfragen

35.1 • Angenommen $(\hat{x}, \hat{y})^T \in \mathbb{R}^2$ ist die Minimalstelle einer differenzierbaren Funktion $f : \mathbb{R}^2 \to \mathbb{R}$ unter der Nebenbedingung $g(x, y) = 0$ mit einer differenzierbaren Funktion $g : \mathbb{R}^2 \to \mathbb{R}$, und es gilt $\frac{\partial g}{\partial y}(\hat{x}, \hat{y}) \neq 0$. Leiten Sie für diese Stelle $(\hat{x}, \hat{y})$ die Lagrange'sche Multiplikatorenregel mittels implizitem Differenzierens her.

35.2 •• Die Funktion $f : Q \to \mathbb{R}$ mit $Q = \{\boldsymbol{x} \in \mathbb{R}^n : x_i > 0, i = 1, \ldots, n\}$ ist definiert durch

$$f(\boldsymbol{x}) = \sqrt[n]{x_1 \cdot x_2 \cdot \ldots \cdot x_n}\,.$$

- Bestimmen Sie die Extremalstellen von f unter der Nebenbedingung

$$g(\boldsymbol{x}) = x_1 + x_2 + \ldots + x_n - 1 = 0\,.$$

- Folgern Sie aus dem ersten Teil für $y \in Q$ die Ungleichung zwischen dem arithmetischen und dem geometrischen Mittel

$$\sqrt[n]{y_1 \cdot y_2 \cdot \ldots \cdot y_n} \leq \frac{1}{n}(y_1 + y_2 + \ldots + y_n)\,.$$

35.3 • Gegeben ist das Variationsproblem, ein Funktional

$$J(y) = \int_a^b p\big(x, y(x)\big) + q\big(x, y(x)\big)y'(x)\,\mathrm{d}x$$

bei Randbedingungen $y(a) = y_a$ und $y(b) = y_b$ zu minimieren. Zeigen Sie, dass die zugehörige Euler-Gleichung die Bedingung $p_y(x, y) = q_x(x, y)$ impliziert und interpretieren Sie das Ergebnis, wenn das Vektorfeld $\boldsymbol{v} : \mathbb{R}^2 \to \mathbb{R}^2$ mit $\boldsymbol{v}(x, y) = (p(x, y), q(x, y))^T$ konservativ ist.

35.4 ••• Zeigen Sie, dass das Fletcher-Reeves-Verfahren im Fall einer quadratischen Zielfunktion, d. h. $f : \mathbb{R}^n \to \mathbb{R}$ mit

$$f(\boldsymbol{x}) = \frac{1}{2}\boldsymbol{x}^T\boldsymbol{A}\boldsymbol{x} - \boldsymbol{x}^T\boldsymbol{b}\,,$$

$\boldsymbol{A} \in \mathbb{R}^{n \times n}$ symmetrische und positiv definit und $\boldsymbol{b} \in \mathbb{R}^n$, die im Abschn. 20.4 beschriebene Methode der konjugierten Gradienten ist.

Rechenaufgaben

35.5 •• Gesucht sind der maximale und der minimale Wert der Koordinate x_1 von Punkten $\boldsymbol{x} \in D = A \cup B$, wobei A die Ebene

$$A = \{\boldsymbol{x} \in \mathbb{R}^3 \mid x_1 + x_2 + x_3 = 1\}$$

und B den Ellipsoid

$$B = \left\{\boldsymbol{x} \in \mathbb{R}^3 \mid \frac{1}{4}(x_1 - 1)^2 + x_2^2 + x_3^2 = 1\right\}$$

beschreiben.

35.6 •• Finden Sie die Seitenlängen des achsenparallelen Quaders Q mit maximalem Volumen unter der Bedingung, dass $Q \subseteq K$ in dem Kegel

$$K = \left\{\boldsymbol{x} \in \mathbb{R}^3 \mid \frac{x_1^2}{a^2} + \frac{x_2^2}{b^2} \leq (1 - x_3)^2, 0 \leq x_3 \leq 1\right\}$$

mit $a, b > 0$ liegt.

35.7 • Bestimmen Sie die stetig differenzierbare Funktion $u : [0, 1] \to \mathbb{R}$ mit $u(0) = 1$ und $u(1) = \mathrm{e}$, die die *Norm*

$$\|u\|_{H^1} = \int_0^1 \big(u(t)\big)^2 + \big(u'(t)\big)^2\,\mathrm{d}t$$

minimiert.

35.8 •• Berechnen Sie in der Menge D aller stetig differenzierbaren Funktionen $u : [0,1] \to \mathbb{R}$ mit $u(0) = 0$ und $u(1) = 1$ Extrema folgender Funktionale, wenn diese existieren:

(a) $J(u) = \int\limits_0^1 \frac{(u'(t))^2}{t^2}\,dt$

(b) $J(u) = \int\limits_0^1 \frac{(u'(t))^2}{1+(u(t))^2}\,dt$

(c) $J(u) = \int\limits_0^1 t(u(t))^2 - t^2 u(t)\,dt.$

35.9 • Gesucht ist ein Minimum der Funktion $f : \mathbb{R}^2 \to \mathbb{R}$ mit

$$f(\boldsymbol{x}) = \sin x_1 + \cos x_2 + 2(x_1^2 + x_2^2) + 2x_1x_2.$$

Gibt es ein lokales bzw. globales Minimum?
Approximieren Sie gegebenenfalls eine Extremalstelle durch zwei Schritte des Newton-Verfahrens mit dem Startwert $(0,0)^T$.

35.10 ••• Implementieren Sie in MATLAB® das BFGS-Verfahren mit einer Armijo-Schrittweitensteuerung ($t = 1/2^j$) und der Startmatrix $B_0 = I$, d. h., der erste Schritt geht in negative Gradientenrichtung. Testen Sie Ihr Verfahren mit der Rosenbrock-Funktion aus dem Beispiel auf S. 1338 ausgehend vom Startpunkt $\boldsymbol{x} = (0.5, 0)^\top$.

Anwendungsprobleme

35.11 • Es soll eine Kiste ohne Deckel mit 1 l Inhalt konstruiert werden. Wie sind die Kantenlängen zu wählen, damit die geringste Menge an Holz verbraucht wird?

35.12 •• Eine Fabrik soll zum Zeitpunkt T die Menge G eines Produkts ausliefern. Der Produktionsprozess startet zum Zeitpunkt null und soll optimal gesteuert werden. Mit $u(t)$ wird die bis zum Zeitpunkt t hergestellte Menge des Produkts bezeichnet. Die anfallenden Kosten setzen sich aus zwei Anteilen zusammen, den Produktionskosten und den Lagerkosten. Die Lagerkosten sind konstant und betragen C_l Euro pro Produkt- und Zeiteinheit. Die Produktionskosten erhöhen sich linear mit der Produktionsrate. Über die gesamte Produktionsmenge lassen sich somit die Produktionskosten bilanzieren durch

$$K_p = \int\limits_0^G C_p u'\,du$$

mit einer Konstante $C_p > 0$. Geben Sie das Kostenfunktional über dem Zeitintervall $[0,T]$ an, und berechnen Sie den Produktionsplan $u : [0,T] \to \mathbb{R}$ mit den geringsten Kosten.

35.13 • Die Formänderungsarbeit $W(u)$ bei der Biegung eines Balkens ist durch

$$W(u) = \int\limits_0^1 \frac{a(x)}{2}(u''(x))^2 + p(x)u(x)\,dx$$

beschrieben, wenn mit $u : [0,1] \to \mathbb{R}$ die Biegelinie des Balkens, $a : [0,1] \to \mathbb{R}$ die Biegesteifigkeit und $p : [0,1] \to \mathbb{R}$ die (spezifische) Last bezeichnet werden. Die Gleichgewichtslage ist durch ein Minimum dieses Funktionals gegeben, wobei bei starrer Befestigung die Randbedingungen $u(0) = u(1) = u'(0) = u'(1) = 0$ vorausgesetzt werden. Ermitteln Sie die Euler-Gleichung zu diesem Funktional unter der Annahme, dass u viermal stetig differenzierbar ist und das Funktional Gâteaux-differenzierbar ist.

Antworten zu den Selbstfragen

Antwort 1 Die Menge der zulässigen Punkte ist

$$D = \{(a,b)^{\mathrm{T}} \in \mathbb{R}^2 \mid 0 < a < 1 \text{ und } 0 < b < 1\}$$

und als Zielfunktional ergibt sich die Funktion $f : D \to \mathbb{R}$ mit

$$f(a,b) = \int_0^1 \exp\left(\frac{(a^2 - a + 1)x^2}{1 + b - b^2}\right) \mathrm{d}x\,.$$

Antwort 2 Die Definition der Gâteaux-Variation von f liefert den Grenzwert des Differenzenquotienten zu g an der Stelle $\varepsilon = 0$ wegen

$$\begin{aligned}\delta f(\hat{x})h &= \lim_{\varepsilon\to 0} \frac{f(\hat{x} + \varepsilon h) - f(\hat{x})}{\varepsilon} \\ &= \lim_{\varepsilon\to 0} \frac{g(\varepsilon) - g(0)}{\varepsilon} = g'(0)\,.\end{aligned}$$

Wenn es den Grenzwert auf der linken Seite dieser Identität gibt, existiert auch der Grenzwert des Differenzenquotienten rechts, d. h. g ist differenzierbar in $\varepsilon = 0$.

Antwort 3 Mit der Zielfunktion f mit

$$f(x_1, x_2, u_1, u_2) = (x_1^2 - u_1^2)^2 + (x_2^2 - u_2^2)^2$$

und den beiden Nebenbedingungen $g_1(x_1, x_2) = x_1^2 + (x_2 - 2)^2 - 1 = 0$ und $g_2(u_1, u_2) = u_1 - u_2 = 0$ erhalten wir mit einem Multiplikator $\lambda \in \mathbb{R}$ die Lagrange-Funktion

$$\begin{aligned}L(x_1, x_2, u_1, \lambda) &= (x_1^2 - u_1^2)^2 + (x_2^2 - u_1^2)^2 \\ &\quad + \lambda(x_1^2 + (x_2 - 2)^2 - 1)\,,\end{aligned}$$

wenn wir die zweite Bedingung $u_1 = u_2$ gleich einsetzen.

Antwort 4 Die Euler-Gleichung lautet, ohne die Argumente von u und u' notiert, $\frac{\mathrm{d}}{\mathrm{d}t}(g_{u'}(t,u,u')) = g_u(t,u,u')$. Also folgt mit der Kettenregel

$$\begin{aligned}&\frac{\mathrm{d}}{\mathrm{d}t}(g(t,u,u') - u' g_{u'}(t,u,u')) \\ &\quad = g_t(t,u,u') + u' g_u(t,u,u') + u'' g_{u'}(t,u,u') \\ &\qquad - u'' g_{u'}(t,u,u') - u' \frac{\mathrm{d}}{\mathrm{d}t}(g_{u'}(t,u,u')) \\ &\quad = g_t(t,u,u')\,.\end{aligned}$$

Antwort 5 Analog zum Beispiel auf S. 1338 berechnen wir den Gradienten

$$\nabla f_k(\boldsymbol{x}) = (\boldsymbol{F}'(\boldsymbol{x}^{(k)}))^{\mathrm{T}}(\boldsymbol{F}(\boldsymbol{x}^k) + \boldsymbol{F}'(\boldsymbol{x}^{(k)})(\boldsymbol{x} - \boldsymbol{x}^{(k)}))\,.$$

Lösen wir nun die Bedingung $\nabla f_k(\boldsymbol{x}^{(k+1)}) = 0$ nach $\boldsymbol{x}^{(k+1)}$ auf, so folgt die Update-Formel

$$\boldsymbol{x}^{(k+1)} = \boldsymbol{x}^{(k)} - \underbrace{\left[(\boldsymbol{F}'(\boldsymbol{x}^{(k)}))^{\mathrm{T}}(\boldsymbol{F}'(\boldsymbol{x}^{(k)}))\right]^{-1} \boldsymbol{F}'(\boldsymbol{x}^{(k)})}_{=\boldsymbol{A}^\dagger} \boldsymbol{F}(\boldsymbol{x}^{(k)})\,.$$

Bemerkung: Die Matrix $\boldsymbol{A}^\dagger$ heißt Moore-Penrose-Inverse oder Pseudo-Inverse zur Jacobi-Matrix $\boldsymbol{F}'(\boldsymbol{x}^{(k)})$ (siehe Bonusmaterial zu Kap. 20).

Wahrscheinlichkeits-theorie und Statistik

VI

Deskriptive Statistik – wie man Daten beschreibt

36

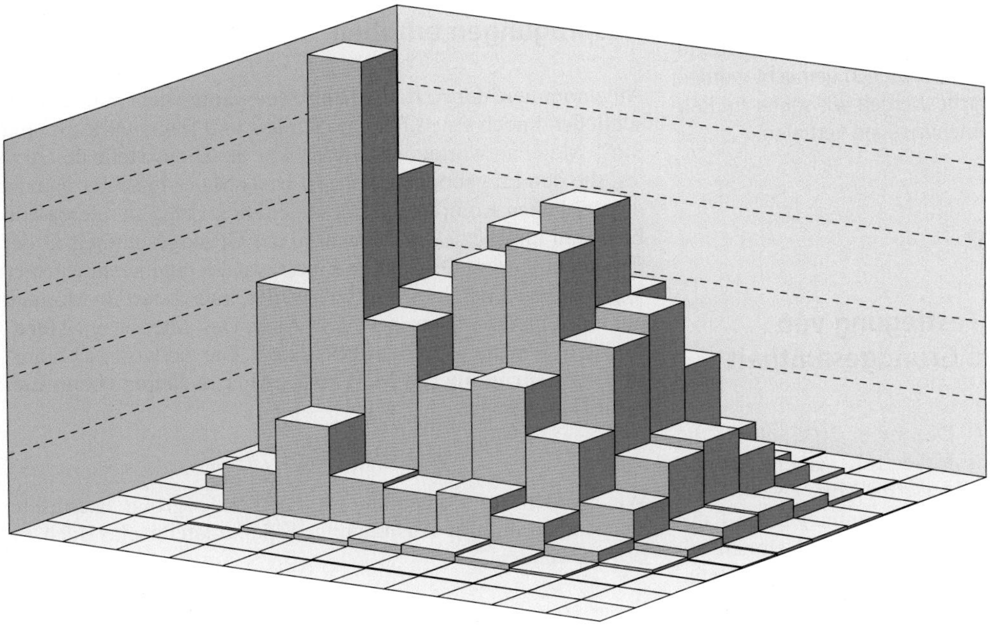

Was sind Daten?

Wie beschreiben wir Häufigkeitsverteilungen?

Wie beschreiben wir Zusammenhänge?

Ergänzende Information Die elektronische Version dieses Kapitels enthält Zusatzmaterial, auf das über folgenden Link zugegriffen werden kann https://doi.org/10.1007/978-3-662-64389-1_36.

T. Arens et al., *Mathematik*, https://doi.org/10.1007/978-3-662-64389-1_36

Deskriptive Statistik ordnet Daten und beschreibt sie in konzentrierter Form. Dagegen schließen wir in der induktiven Statistik aus beobachteten Daten auf latente Strukturen und bewerten unsere Schlüsse innerhalb vorgegebener Modelle der Wahrscheinlichkeitstheorie. In der deskriptiven Statistik lässt man nur die Daten selbst reden und kommt zumindest bei den ersten Schritten ohne wahrscheinlichkeitstheoretischen Überbau aus. Gegenstand der deskriptiven Statistik sind die Elemente einer Grundgesamtheit, die Eigenschaften der Elemente, die Arten der Merkmale, die Häufigkeiten der einzelnen Ausprägungen und die Abhängigkeiten zwischen den Merkmalen. All dieses soll durch geeignete Parameter charakterisiert und durch geeignete Grafiken anschaulich gemacht werden. Die dann vertraut gewordenen Begriffe werden wir später im Rahmen der schließenden Statistik übernehmen und vertiefen.

36.1 Grundbegriffe

Statistik beginnt mit der Festlegung von Untersuchungseinheit und Grundgesamtheit

„An einem kalten Sonntag am 10. Dezember 2006 stürzte der schwer bepackte Radfahrer Hans Meier mit seinem Fahrrad auf der regennassen Goethestraße in Berlin Mitte. Nach kurzer Behandlung in einem Krankenwagen konnte er seine Fahrt fortsetzen.“ So könnte eine Erzählung beginnen. Nehmen wir die Beschreibung als korrekt an und fragen nach ihrem statistischen Gehalt. Versuchen wir, das Wesentliche herauszuholen. Doch was wichtig ist, hängt von uns und unseren Interessen ab: Wollen wir etwas aussagen über das Wetter im Dezember, über Hans Meier, über Unfälle in der Goethestraße oder über Unfälle mit Fahrrädern?

Je nach unserem Blickwinkel halten wir anderes für wichtig oder irrelevant. Zuerst müssen wir klären, worüber wir eine Aussage machen wollen. Dann auf welche Einzelbeobachtung wir uns stützen. Das erste ist die Frage nach der **Grundgesamtheit** Ω, das zweite die Frage nach den **Untersuchungseinheiten** ω. Die Statistik macht Aussagen über Grundgesamtheiten, gestützt auf Beobachtungen an Einzelnen.

Statt von Untersuchungseinheiten sprechen wir – je nach Kontext – auch von Elementen, Objekten, Individuen und bezeichnen sie mit ω. Die Grundgesamtheit Ω ist die Menge ihrer Elemente $\boldsymbol{\omega}$. Wir verwenden einen naiven Mengenbegriff und fordern allein, dass für jedes ω eindeutig geklärt ist, ob

$$\omega \in \Omega \quad \text{oder} \quad \omega \notin \Omega$$

gilt. Was wir hier als selbstverständlich voraussetzen, ist in der Praxis oft nur sehr schwer zu erfüllen. Viele Grundgesamtheiten, von denen wir täglich sprechen, sind in der Regel nicht eindeutig bestimmt. Nehmen wir z. B. an, in unserem obigen Beispiel sei Ω die Gesamtheit der schweren Unfälle in Berlin. Gehört unser Fall dazu?

Achtung Unterschiede in den Definitionen sind oft Ursache von Fehlschlüssen, sie verzerren und verhindern Vergleiche. ◄

An Objekten werden Merkmale und deren Ausprägungen erhoben

Angenommen, der Arzt, der Hans Meier untersucht hat, füllt abschließend noch einen Fragebogen aus und fragt: „Wie alt sind Sie?“ Meier antwortet: „23 Jahre.“ Für die Dienststelle des Arztes, die den Fragebogen erhält, ist Hans Meier in seiner ganzen menschlichen Komplexität im Augenblick völlig uninteressant. Er ist nur ein spezielles Element ω der Grundgesamtheit Ω der Patienten, die am 10.12.06 im Einsatzwagen untersucht wurden. Von diesem ω, nämlich von Hans Meier, interessiert im Moment nur eine einzige Eigenschaft, sein Alter. Das Alter ist ein **Merkmal** der Elemente der Grundgesamtheit. Die Antwort „23 Jahre“ ist die **Ausprägung** des Merkmals „Alter in Jahren“ beim Element Hans Meier,

$$\text{Alter (Hans Meier)} = 23.$$

Wir werden im Folgenden für Merkmale große lateinische Buchstaben und für Ausprägungen kleine lateinische Buchstaben verwenden,

$$X(\omega) = x.$$

Das Untersuchungsmerkmal X ist eine Frage an ω, die Antwort $X(\omega) = x$ ist die Ausprägung. Das Merkmal ist abstrakt, die Antwort ist konkret. Was uns interessiert, ist das abstrakte Merkmal $X =$ „Alter in Jahren“, was wir erfahren, sind nur die Realisationen: $X(\text{Hans Meier}) = 23$, $X(\text{Anne Müller}) = 22$ und so fort. Allgemein erhalten wir bei n Elementen die Werte $X(\omega_1) = x_1, X(\omega_2) = x_2, \ldots, X(\omega_n) = x_n$.

Wir haben hier eine Fülle unterschiedlichster Daten $x_1, x_2, \ldots, x_n$, vorliegen. Was uns interessiert, sind nicht die x_i, sondern X. Aber was ist nun eigentlich unter $X =$ „Alter einer verunglückten Person“ zu verstehen? Existiert das Abstraktum X neben den *zufällig* oder *beliebig* variierenden x_i überhaupt? Wir werden später dafür das Modell der „zufälligen Variablen“ einführen, um den Merkmalen einen formalen, mathematisch fassbaren Sinn zu geben.

Der Arzt stellt mehrere Fragen, zum Beispiel: $X_1 =$ „Alter in Jahren“, $X_2 =$ „Krankenversicherung“, $X_3 =$ „subjektives Befinden“, die in einem Fragebogen

$$\boldsymbol{X}(\omega) = (X_1(\omega), X_2(\omega), X_3(\omega))$$

zusammengefasst sind. Hans Meier könnte antworten

$$\boldsymbol{X}(\text{Hans Meier}) = (23, \text{Studentenkasse, gut}).$$

Teil VI

X_1 ist ein eindimensionales Merkmal, $\boldsymbol{X} = (X_1, X_2, X_3)$ ist ein dreidimensionales Merkmal. Ein k-dimensionales Merkmal ist ein Fragebogen mit k Fragen, der jeweils von einem Individuum beantwortet wird.

Achtung Eine bloße Aneinanderreihung von Antworten auf k verschiedene Fragen ergibt kein k-dimensionales Merkmal:

$$(X_1(\text{Anne}), X_2(\text{Bernd}), X_3(\text{Ulli}))$$

ist keine Ausprägung des Merkmals $\boldsymbol{X} = (X_1, X_2, X_3)$. In der Praxis entstehen hier oft große Probleme. Zum Beispiel existieren umfangreiche Daten über das Einkaufsverhalten von Konsumenten, die sich freiwillig bereit erklärt haben, alle ihre Einkäufe an der Kasse automatisch registrieren zu lassen. Ebenso gibt es Daten über den Fernsehkonsum. Für Marktforscher wäre es außerordentlich interessant, beide Datenmengen zusammenzuführen. Bloß sind die Merkmale der ersten und der zweiten Kategorie bei unterschiedlichen Individuen erhoben und lassen sich nicht zu einem höherdimensionalen Merkmal zusammenfassen. ◄

Kann man Antworten untereinander vergleichen?

Betrachten wir eine Kindergruppe und die Merkmale Geschlecht und Körpergröße. Zuerst teilen wir die Kinder in zwei Klassen auf: „Mädchen“ und „Jungen“. Hier ist das Merkmal Geschlecht **nominal skaliert**: Seine Ausprägungen sind Namen.

Anschließend stellen sich die Kinder paarweise Rücken an Rücken und entscheiden, ob beide gleich groß oder ob das eine größer oder kleiner als das andere ist. Daraufhin können sich die Kinder wie die Orgelpfeifen der Größe nach in eine Reihe stellen. Jetzt ist das Merkmal Körpergröße **ordinal skaliert**: Seine Ausprägungen sind Namen einer Reihenfolge: der Kleinste, der Zweitkleinste, bis zum Zweitgrößten und dem Größten.

Schließlich wird eine Waage geholt und die Kinder werden gewogen: 18 kg, 25 kg, usw. Jetzt ist das Merkmal Körpergewicht **kardinal skaliert**: Seine Ausprägungen sind Maße.

Merkmale sind unterschiedlich informativ, je nachdem welche Skala verwendet wird. Bei einem nominalen Merkmal wird nur ein Name angegeben. Man kann nur feststellen, ob zwei Ausprägungen gleich oder ungleich sind. Bei einem ordinalen Merkmal wird eine Position auf einer Rangskala angegeben. Wir nennen ein nominales oder ordinales Merkmal auch ein **qualitatives Merkmal**. Bei einem **kardinalen** oder **quantitativem Merkmal** wird ein metrisches Maß angegeben.

Bei einer Nominalskala können wir nur feststellen, ob eine Ausprägung vorhanden ist oder nicht, bei einer Ordinalskala können wir Ausprägungen im Sinne von kleiner oder größer vergleichen, bei einer Kardinalskala sind auch die Differenzen von Ausprägungen sinnvoll.

Skalierung	Vergleichsmöglichkeiten
Nominal	$X(\omega_1) = X(\omega_2)$ oder $X(\omega_1) \neq X(\omega_2)$
Ordinal	$X(\omega_1) \preceq X(\omega_2)$ oder $X(\omega_1) \simeq X(\omega_2)$
Kardinal	$X(\omega_1) - X(\omega_2)$

Beispiel Beim Fahrradunfall von Hans Meier ist X_1 = „Alter in Jahren“ ein kardinales Merkmal, X_2 = „Name der Krankenversicherung“ ein nominales und X_3 =„subjektives Befinden des Patienten“ ein ordinales Merkmal. ◄

Wir fassen im Folgenden zusammen und verallgemeinern.

Definition Merkmal

Ein **Merkmal** X ist eine Abbildung von Ω in eine Menge $\mathcal{M}$:

$$X : \Omega \to \mathcal{M} \quad \text{mit } X(\omega) = x \in X(\Omega)$$

Wenn die Wertemenge $X(\Omega) = \{X(\omega) \mid \omega \in \Omega\}$ eine Menge ohne weitere Struktur ist, so ist X ein **nominales Merkmal**. Ist $X(\Omega)$ eine geordnete Menge, so ist X ein **ordinales Merkmal**. Ist $X(\Omega) \subset \mathbb{R}^k$ und übernimmt $X(\Omega)$ die euklidische Metrik, so ist X ein k-dimensionales quantitatives oder **kardinales Merkmal**.

Zum Beispiel ist die Steuerklasse ein nominales Merkmal, auch wenn die Ausprägungen die Zahlen von 1 bis 6 sind: $X(\Omega) = \{1, 2, 3, 4, 5, 6\}$. Auf $X(\Omega)$ wird aber nicht die euklidische Metrik übernommen, die Differenz zweier Steuerklassen ist sinnlos.

Quantitative Skalen lassen sich noch weiter in **Intervallskalen** und **Proportionalskalen** unterteilen: Ist ein Metallstab 10 cm lang und ein zweiter 20 cm, so ist der zweite nicht nur 10 cm länger als der erste, er ist auch doppelt so lang. Hat aber der erste die Temperatur von 10 °C und der zweite von 20 °C, so ist der zweite zwar 10 Grad wärmer, aber nicht doppelt so warm wie der erste. Bei einer Intervallskala sind nur Differenzen sinnvoll, bei einer Proportionalskala auch die Quotienten.

Achtung Grundsätzlich gilt: Ein statistisches Merkmal ist nur dann definiert, wenn für dieses Merkmal eine eindeutige Messvorschrift vorliegt. Die Auswahl und Definition der Merkmale ist eine der wichtigsten und schwierigsten Aufgaben vor jeder statistischen Erhebung. Was hier versäumt wurde, lässt sich während der statistischen Auswertung meist nicht mehr korrigieren. ◄

Beispiel Wie schwierig diese Festlegung ist, erkennt man, wenn man Begriffe wie Wohlstand, Armut, Reichtum, Arbeitslosigkeit, Intelligenz, Gesundheit, Tod und Leben definieren und daraus messbare Merkmale ableiten will. ◄

Ein diskretes Merkmal hat nur abzählbar viele mögliche Ausprägungen, bei einem stetigen Merkmal existiert ein Kontinuum von Ausprägungen

Betrachten wir eine Wägung. Lesen wir das Gewicht X auf einer Digitalwaage ab, so ist Xein endliches **diskretes Merkmal**. Nehmen wir eine Federwaage und nehmen als X die Ausdehnung der Feder, so ist X ein **stetiges Merkmal**. Messen wir die Federlänge auf einer Millimeterskala ab, so ist Xwieder diskret.

Achtung Ob ein Merkmal stetig oder diskret ist, ist nicht naturgegeben, sondern hängt vom Modell und der Messung ab. Wir betrachten stetige und diskrete Merkmale als Modelle zur Beschreibung von Messvorgängen. Bei der Auswahl der Modelle ist stets zwischen der angemessenen Beschreibung der Realität und der mathematisch statistischen Berechenbarkeit abzuwägen. Numerisch sind diskrete Merkmal oft einfacher zu behandeln, theoretisch einfacher sind oft stetige Merkmale. ◄

Bei einem endlichen diskreten Merkmal könnte man eine Liste der möglichen Antworten aufstellen und die Ausprägung $X(\omega)$ dann durch Ankreuzen auf dieser Liste notieren. Bei einem stetigen Merkmal ist die Angabe einer Liste aller möglichen Antworten unmöglich. Man wird daher das Antwortfeld freihalten und nach der Messung die gemessene Ausprägung individuell eintragen.Wir wollen es vorerst bei dieser vagen Beschreibung und dem umgangssprachlichen Verständnis von Stetigkeit belassen. Später werden wir im Rahmen der Wahrscheinlichkeitstheorie den Begriff des stetigen Merkmals sauber definieren.

Beispiel Wir können uns eine Zeitdauer gut als ein stetiges Merkmal vorstellen. Wenn wir sie in Sekunden, Stunden oder Jahren messen, wird das Merkmal abzählbar und diskret. Umgekehrt ist das Einkommen einer Person eine diskrete Größe, die aber in theoretischen Modellen gern als stetige Größe behandelt wird. Im Übrigen gibt es auch Merkmale, die weder stetig noch diskret sind. Modellieren wir zum Beispiel das Einkommen als stetiges Merkmal und definieren ein neues Merkmal „angegebenes Einkommen" mit den Ausprägungen „Einkommen" und „Aussage verweigert", so ist dies Merkmal weder stetig, noch diskret. ◄

Selbstfrage 1

Suchen Sie Beispiele: a) für ein diskretes Merkmal X mit abzählbar unendlich vielen Ausprägungen und b) für ein qualitatives Merkmal mit einem Kontinuum von Ausprägungen.

Teil VI

36.2 Darstellungsformen

Daten lassen sich in Tabellen zusammenfassen

Die bei einer Beobachtung, einer Befragung, einem Experiment gewonnenen ursprünglichen Daten nennen wir die Rohdaten. In der Regel werden die Rohdaten anschließend noch bearbeitet, sie werden auf ihre Plausibilität überprüft, Ausreißer werden identifiziert, die Daten werden sortiert, gruppiert, standardisiert. Die Ergebnisse werden meist in Tabellen präsentiert. Tabellen gliedern sich in Zellen, Zeilen und Spalten. Die Bezeichnungen der Zeilen und Spalten und Zusammenfassungen der Zellen stehen in den Randspalten sowie Kopf und Fußzeilen. Jede Tabelle – sowie jede statistische Aussage – braucht eine Quellenangabe.

Tabellen enthalten eine Fülle von Informationen, die in ihrer Gesamtheit meist nicht überschaubar ist und oft den Leser überfordert. Er sieht den Wald vor Bäumen nicht. Daher werden die Inhalte von Tabellen gern grafisch dargestellt. Ein Bild sagt mehr – und anderes – als eine Tabelle. Die wichtigsten grafischen Darstellungen sind Zeitreihen und Häufigkeitsverteilungen.

Chronologisch geordnete Merkmalswerte lassen sich als Zeitreihe darstellen

Sind die Realisationen x_t zeitlich geordnet, so nennt man die Folge der Wertepaare (t, x_t) mit $t = 1 \ldots T$ eine diskrete **Zeitreihe**. Abbildung 36.1 zeigt die Zeitreihe der Anzahl x_t (in 10 000) der Beschäftigten des Landes Berlin von 1997 bis 2005.

Häufig werden die Werte x_t auch durch Interpolation verbunden, siehe auch die Kap. 4 und 10.

Die Zeitreihe x_t wird dann als Funktion von t dargestellt. Die bekanntesten Beispiele sind Fieberkurven oder die Darstellung

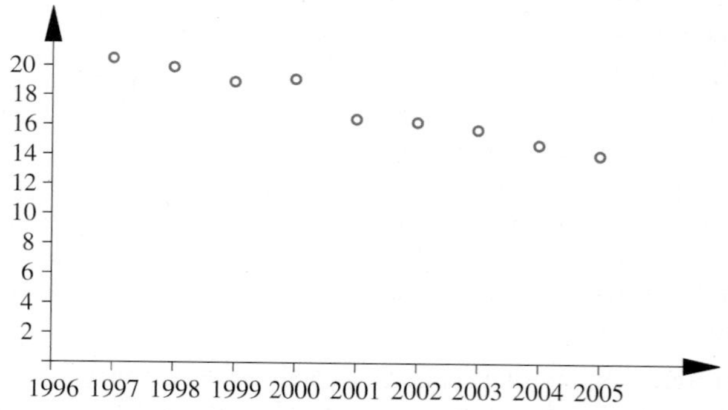

Abb. 36.1 Anzahl (in 10 000) der Beschäftigten des Landes Berlin von 1997 bis 2005

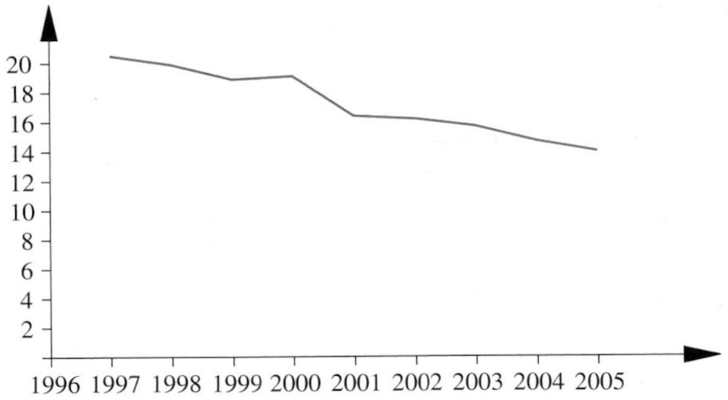

Abb. 36.2 Anzahl (in 10 000) der Beschäftigten des Landes Berlin von 1997 bis 2005, linear interpoliert

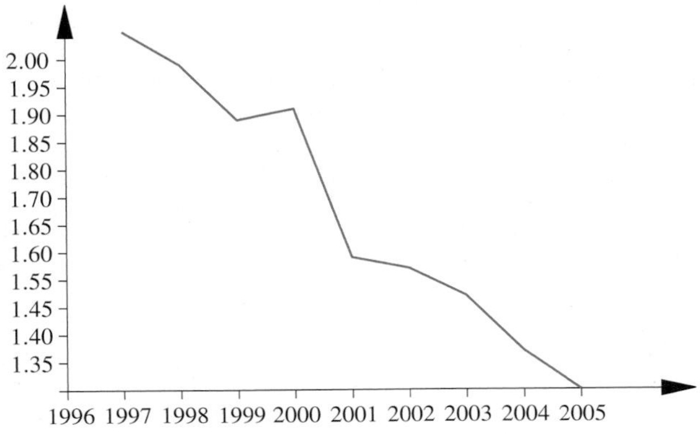

Abb. 36.3 Anzahl (in 100 000) der Beschäftigten des Landes Berlin von 1997 bis 2005

von Aktienkursen. Abbildung 36.2 zeigt die gleiche Zeitreihe wie in Abb. 36.1, nun linear interpoliert.

Bei der grafischen Darstellung von Zeitreihen kann der optische Eindruck durch Wahl der Maßstäbe auf der Achse und durch einseitig beschnittene Achsen stark verzerrt werden. Als Beispiel zeigt Abb. 36.3 die Sparbemühungen von Berlin besonders deutlich.

In einer korrekten Grafik muss der Nullpunkt der Ordinate angegeben werden. Falls dies nicht möglich oder nicht sinnvoll ist, muss die Ordinate deutlich unterbrochen gezeichnet werden.

Häufigkeitsverteilung qualitativer Merkmale lassen sich in Stab- oder Kreisdiagrammen darstellen

Bei einem Strich- Stab- oder Balkendiagramm sind die Häufigkeiten der einzelnen Merkmalsausprägungen als Striche oder, der besseren Lesbarkeit wegen, als breite Stäbe angegeben. Die bekanntesten Beispiele sind die Darstellungen der Ergebnisse von Bundes- und Landtagswahlen. Dort werden parallel zu den Balkendiagrammen auch Kreissektoren- oder Tortendiagramme verwendet. Bei diesen wird jeder Ausprägung oder Klasse ein Kreissegment zugeordnet. Dabei ist der Winkel des Kreissegmentes einer Klasse proportional zu der Besetzungszahl dieser Klasse. Vergleicht man verschiedene Grundgesamtheiten, wählt man die Fläche der Kreises proportional zu der Gesamthäufigkeit n, das heißt, den Radius proportional zu $\sqrt{n}$.

Beispiel Bei der Landtagswahl Berlin 2006 wurden 1 377 355 gültige Zweitstimmen abgegeben, die sich wie folgt verteilten (Angaben in Prozent):

SPD	CDU	Linke	Grüne	FDP	Sonst.
30.8	21.3	13.4	13.1	7.6	13.7

Diese Verteilung können wir als Strichdiagramm oder als Stab- oder Balkendiagramm darstellen.

Sie unterscheiden sich nur in der Strichstärke. Im Bezirk Friedrichshain-Kreuzberg wurden 90 619 gültige Zweitstimmen abgegeben, die sich wie folgt verteilten:

SPD	CDU	Linke	Grüne	FDP	Sonst.
30.1	8.7	16.8	26.6	4.1	13.7

Im Torten- oder Kreissektorendiagramm erhalten wir folgende Darstellung für den Bezirk Friedrichshain und ganz Berlin, siehe Abb. 36.6. ◀

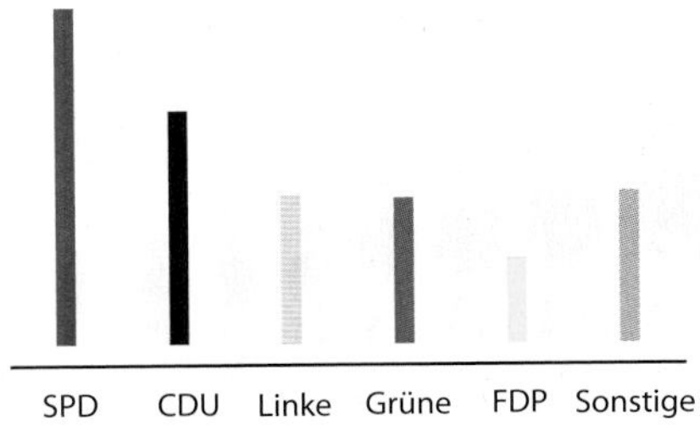

Abb. 36.4 Prozentuale Verteilung der Zweitstimmen bei der Landtagswahl 2006 in Berlin. Darstellung mit Strichen

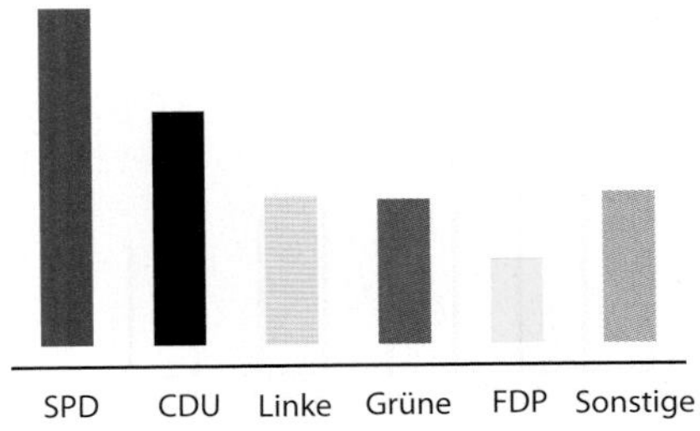

Abb. 36.5 Prozentuale Verteilung der Zweitstimmen bei der Landtagswahl 2006 in Berlin. Darstellung mit Balken

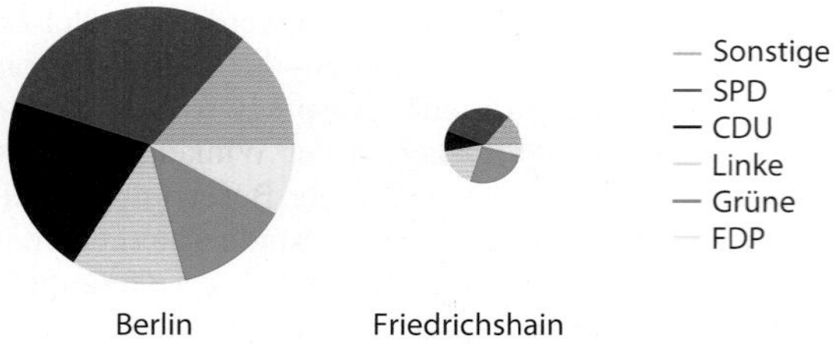

Abb. 36.6 Kreissektorendiagramme der Stimmverteilung bei der Wahl zum Abgeordnetenhaus in Berlin 2006 von ganz Berlin und Friedrichshain

---

Selbstfrage 2

Begründen Sie, warum in Abb. 36.6 die Radien im Verhältnis 1 : 0.26 gewählt wurden.

Achtung Die Reihenfolge und die Breite der Balken sind irrelevant. Unterschiedlich breite Balken können aber optisch einen falschen Eindruck hinterlassen und sollten daher vermieden werden. Mitunter werden die Balken grafisch ausgeschmückt und belebt. Dies kann die Grafik ansprechender und interessanter machen, sie kann aber auch den Inhalt der Grafik völlig verzerren. Abbildung 36.7 zeigt eine Grafik aus der Wochenzeitschrift Focus, Heft 21 aus dem Jahr 1994 zum Thema Subventionen in der EU, sinngemäß rekonstruiert.

Der Betrag, den Luxemburg pro Kopf erhält, ist riesig im Vergleich zum winzigen Betrag, den Portugal erhält. Wenn wir aber die Menschen in der Abbildung durch gleich hohe Stäbe ersetzen, vermittelt Abb. 36.8 einen ganz anderen Eindruck.

Abb. 36.7 Subventionen der EU pro Beschäftigten im Jahr 1994

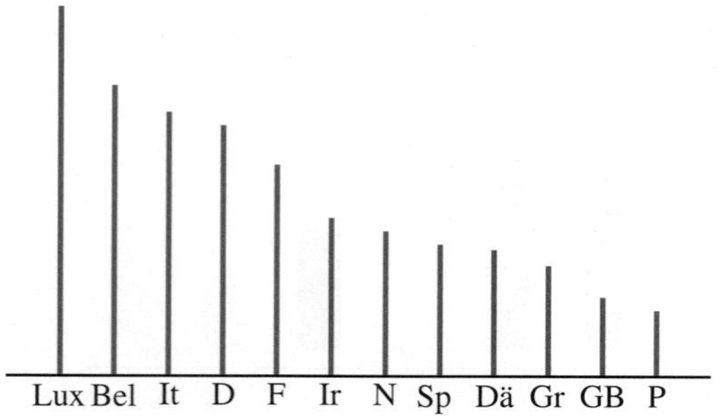

Abb. 36.8 Strichdiagramm der Subventionen der EU

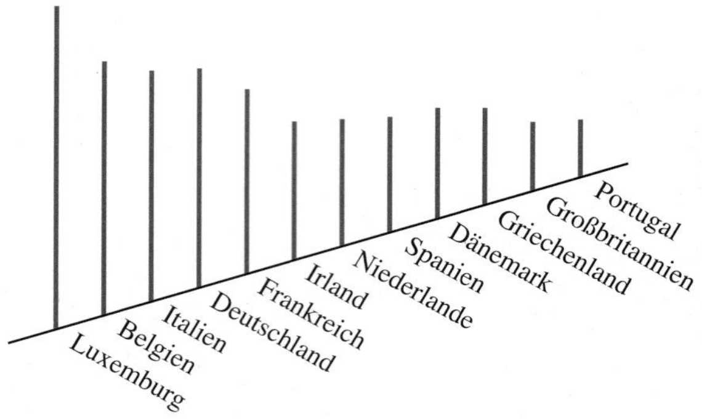

Abb. 36.9 Subventionen der EU pro Beschäftigten im Jahr 1994

Der Grund der bewussten oder fahrlässigen optischen Täuschung: Im ersten Bild sehen wir Menschen und damit Volumen. Größenunterschiede wirken sich aber im Volumen annähernd in der dritten Potenz aus. Wir können aber auch den umgekehrten Effekt erzielen. Betrachten wir Abb. 36.9.

Bei dieser schrägen Anordnung können wir die Ländernamen vollständig schreiben. Aber das Auge interpretiert die Diagonale als Perspektive und vergrößert die hinteren Vertikalen. ◄

Achtung Häufig werden Grafiken bewusst oder fahrlässig verfälscht, indem man den Nullpunkt unterschlägt. Schauen wir beispielsweise in den Berliner *Tagesspiegel* vom 14.11.02. Unter der Überschrift: *Triumph der Struwwelpeter. Die Reformschulen haben bei PISA Traumergebnisse erzielt.* zeigt der *Tagesspiegel* unter einem Bild mit fröhlichen Schulkindern die folgende Grafik über die beim Pisa-Test erzielten Punkte in der Kategorie *Lesen.*

Dabei steht S_1 für die Helene Lange Schule, S_2 für den PISA Sieger Finnland, S_3 ist die Laborschule und S_4 ist der deutscher PISA-Sieger Bayern. Es sticht sofort ins Auge, um wie viel „Klassen“ die Helene Lange Reformschule besser ist als der beste deutsche PISA-Sieger. Schamhaft werden aber die wirklich erzielten Punkte neben die schwarzen Punktebalken geschrieben. Zeichnet man aber die Balkenlänge proportional zu den erzielten Punkten, erhält man die folgende Grafik:

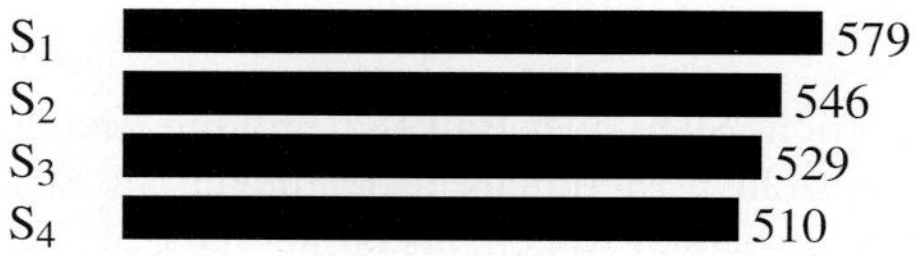

Was ist hier geschehen: Man hat links die Balken abgeschnitten und den Rest vergrößert. Damit werden optisch alle Verhältnisse grob verfälscht. Vorsicht daher vor abgeschnittenen Balken. ◀

Die empirische Verteilungsfunktion beschreibt die Häufigkeitsverteilung eines quantitativen Merkmals

Bei stetigen Merkmalen finden wir ein Kontinuum von möglichen Ausprägungen. Deshalb versagen Strich- und Balkendiagramme. Dies wird an einem einfachen Beispiel deutlich.

Beispiel An 15 verschiedenen Messstationen $\omega_1, \ldots, \omega_{15}$ zur Kontrolle des Stickstoff-Monoxid-Gehaltes X der Berliner Luft wurden am 18.1.1997 die folgenden Werte ermittelt (in $\frac{\text{mg}}{\text{m}^3}$):

$$35,\ 36,\ 37,\ 27,\ 43,\ 23,\ 33,\ 31,\ 21,\ 35,\ 26,\ 38,\ 34,\ 33,\ 28$$

Diese Daten zeigt Abb. 36.10 als Strichdiagramm. Die Grafik erweist sich leider als wenig aussagekräftig. Nicht besser wird es, wenn wir nicht nur 15 sondern doppelt so viel Messwerte hätten, die darüber hinaus bis auf 4 Stellen nach dem Komma genau angegeben werden. Es ist also höchst unwahrscheinlich, dass zufällig gleiche Messwerte x_i auftreten. Das Bild könnte nun wie in Abb. 36.11 aussehen. Für die Daten eines Messnetzes mit Hunderten von Werten würden wir schließlich nur einen wenig gegliederten schwarzen Streifen erhalten, der an den Strichkode an der Ladenkasse erinnert.

Die Idee mit dem Strichdiagramm versagt. ◀

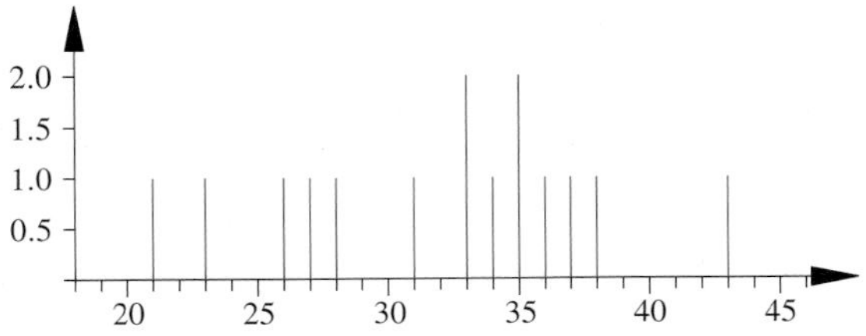

Abb. 36.10 15 gemessene Stickstoff-Monoxid-Werte in Berlin

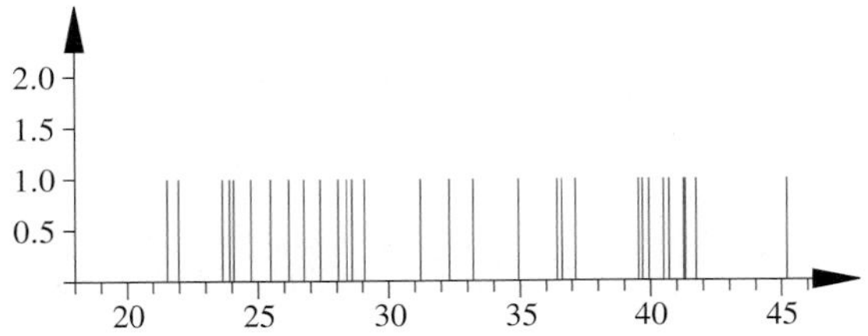

Abb. 36.11 30 gemessene Stickstoff-Monoxid-Werte in Berlin

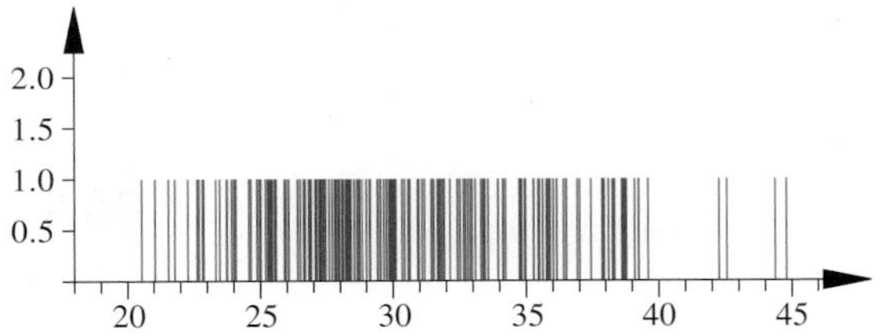

Abb. 36.12 300 gemessene Stickstoff-Monoxid-Werte in Berlin

Strichdiagramme versagen, denn wir beschreiben hier kein diskretes Merkmal mit endlich vielen Ausprägungen, sondern ein stetiges Merkmal mit einem potenziellen Kontinuum von Ausprägungen. Wir werden daher unser Strichdiagramm modifizieren. Dazu ordnen wir zuerst die Messdaten der Größe nach

$$21, 23, 26, 27, 28, 31, 33, 33, 34, 35, 35, 36, 37, 38, 43.$$

Wir setzen die Striche nicht nur nebeneinander, sondern wir verschieben die Striche, von links nach rechts fortschreitend, zusätzlich nach oben. Wählen wir als Strichlänge nicht 1, sondern $\frac{1}{n} = \frac{1}{15}$, so erhalten wir Abb. 36.13.

Verbinden wir nun Endpunkt mit Fußpunkt aufeinander folgender Striche, erhalten wir die in Abb. 36.14 dargestellte **empirische Verteilungsfunktion** $\widehat{F}$.

Bei einer Strichlänge 1, bzw. einer Sprunghöhe von 1, spricht man von der **Summenkurve**.

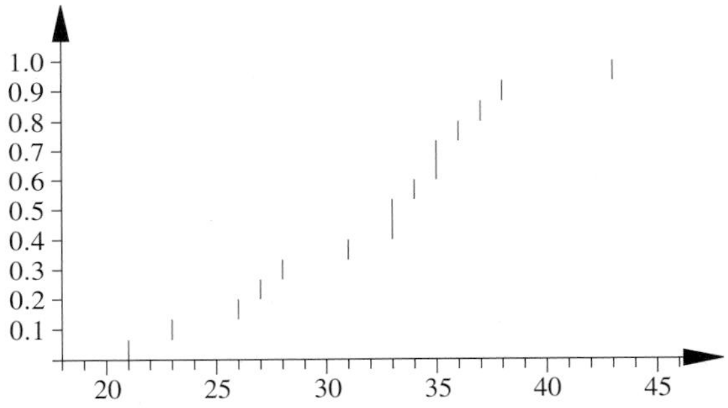

Abb. 36.13 Vertikal verschobenes Strichdiagramm

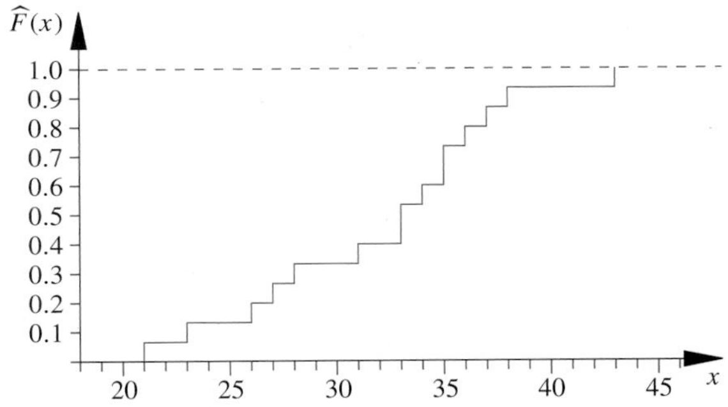

Abb. 36.14 Die empirische Verteilungsfunktion $\widehat{F}$ der 15 gemessenen Stickstoff-Monoxid-Werte

Definition der empirischen Verteilungsfunktion

Der Wert $\widehat{F}(x)$ der empirischen Verteilungsfunktion ist die relative Häufigkeit der Elemente, deren Ausprägungen kleiner oder gleich x sind:

$$\widehat{F}(x) = \frac{1}{n} \sum_{i=1}^{n} I_{(-\infty,x]}(x_i) = \frac{1}{n} \operatorname{card}\{x_i : x_i \leq x\}.$$

Dabei ist card$\{M\}$ die Anzahl der Elemente der Menge M und $I_{(-\infty,x]}(a)$ die **Indikatorfunktion** des Intervalls $(-\infty, x]$,

$$I_{(-\infty,x]}(a) = \begin{cases} 1, & \text{falls } a \leq x, \\ 0, & \text{falls } a > x. \end{cases}$$

In der Übersicht auf S. 1363 sind Eigenschaften der empirischen Verteilungsfunktion zusammengestellt.

Nun stellen wir uns vor, wir hätten nicht 15, sondern 30 Beobachtungswerte erhoben. Was würde sich nun an der empirischen Verteilungsfunktion ändern? Wir erhielten wieder eine Treppe mit 30 Stufen, nur dass die Stufenhöhe auf $\frac{1}{30}$ gesunken ist. Die Treppe könnte z. B. aussehen wie in Abb. 36.15

Nun gehen wir gleich einen Schritt weiter und denken uns 3 000 Messwerte und könnten z. B. eine Kurve wie in Abb. 36.16 erhalten.

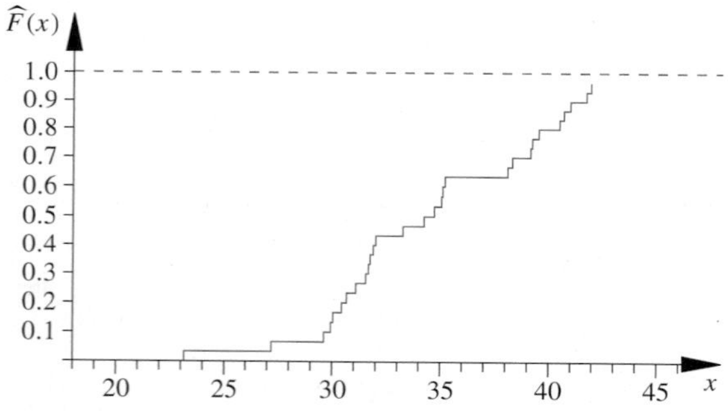

Abb. 36.15 Empirische Verteilungsfunktion aus 30 Beobachtungen

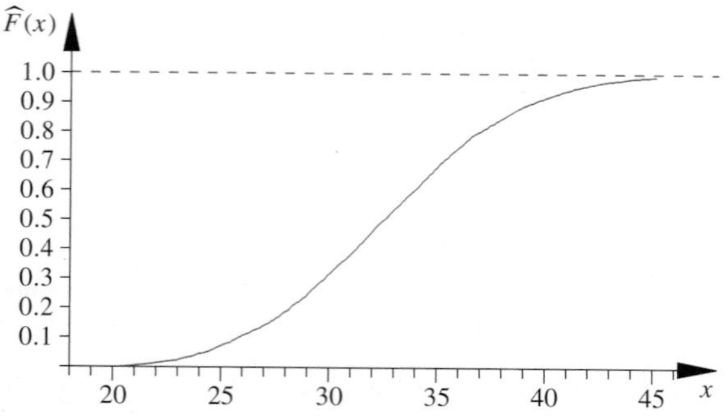

Abb. 36.16 Empirische Verteilungsfunktion aus 3000 Beobachtungen

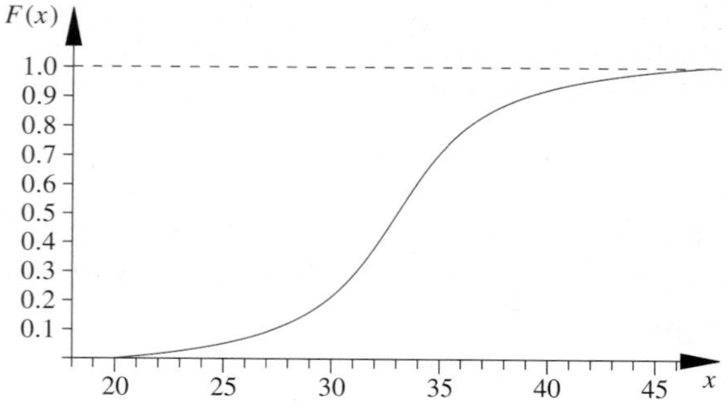

Abb. 36.17 Modellvorstellung: Denkbare Grenzverteilung aus „unendlich" vielen Beobachtungen

Die Treppenstufen sind kaum mehr zu erkennen. Wir extrapolieren kühn weiter. Bei unendlich vielen Messwerten wäre es denkbar, dass im Grenzfall die folgende glatte Kurve F wie in Abb. 36.17 erscheint.

Wäre es nicht vorstellbar, dass diese Kurve die wahre Belastung mit Stickstoff-Monoxid beschreiben würde, frei von den Zufälligkeiten der empirischen Verteilungsfunktion $\widehat{F}$?

Nun drehen wir den Gedanken herum und postulieren die Existenz einer solchen Kurve F als Modell der Realität. F nennen wir die **theoretische Verteilungsfunktion**. Was wir beobachtet haben, ist dagegen die datengestützte **empirische Verteilungsfunktion** $\widehat{F}$. Viele statistische Konzepte werden leichter verständlich, wenn man sie vor dem Hintergrund einer theoretischen Verteilungsfunktion betrachtet. Wir könnten $\widehat{F}$ als Schätzung der unbekannten, hypothetischen F ansehen. Diesen Ansatz werden wir später im Rahmen der Wahrscheinlichkeits- und Schätztheorie aufgreifen und präzisieren.

Kehren wir nun zu unseren 15 Werten zurück. Häufig sind die Originalwerte nicht mehr verfügbar, sondern die Daten liegen tabellarisch gruppiert vor, zum Beispiel wie in Tab. 36.1.

Dabei ist n_j die Anzahl oder Besetzungszahl der j-ten Gruppe $(g_{j-1},\ g_j]$. Jetzt ist eine exakte Angabe der Werte $\widehat{F}(x)$ nur an den rechten Gruppengrenzen g_j möglich (siehe Abb. 36.18).

Zwischen diesen fünf Zwischenwerten interpolieren wir linear und erhalten die geglättete Kurve $\widetilde{F}$ als Approximation sowohl von $\widehat{F}$ als auch von F (siehe Abb. 36.19).

Wir bezeichnen alle drei Funktionen $\widehat{F}$, $\widetilde{F}$ und F als Verteilungsfunktionen. Gilt eine Aussage für alle drei Verteilungsfunktionen, so werden wir nur von F sprechen.

Tab. 36.1 Die gruppierten Daten aus dem Beispiel von S. 1361

Von g_{j-1} bis unter g_j	n_j	$\sum n_j$	$\widehat{F}(x) = \frac{1}{15} \sum n_j$
19.5...29.5	5	5	0.333
29.5...34.5	4	9	0.600
34.5...39.5	5	14	0.933
39.5...44.5	1	15	1.000

Übersicht: Eigenschaften der empirischen Verteilungsfunktion

Ist $\widehat{F}$ die auf der Basis der n Beobachtungswerte $x_1, \ldots, x_n$ erstellte empirische Verteilungsfunktion, dann gilt:

- $\widehat{F}(x)$ ist für alle x mit $-\infty < x < +\infty$ definiert, nicht nur an den Stellen x_i, an denen Beobachtungswerte vorliegen.
- $\widehat{F}$ ist eine monoton wachsende Treppenkurve mit $0 \leq \widehat{F}(x) \leq 1$.
- $\widehat{F}$ ist von rechts stetig (siehe Kap. 7). Es ist

$$\lim_{\substack{\varepsilon \to 0 \\ \varepsilon > 0}} \widehat{F}(x + \varepsilon) = \widehat{F}(x).$$

- $1 - \widehat{F}(x) = \frac{1}{n} \operatorname{card}\{x_i : x_i > x\}$ ist die relative Häufigkeit der Merkmalswerte, die den Wert x überschreiten.
- An jeder Sprungstelle x ist die Höhe der „Treppenstufe" die relative Häufigkeit, mit der die Ausprägung x auftritt:

$$\widehat{F}(x) - \lim_{\substack{\varepsilon \to 0 \\ \varepsilon > 0}} \widehat{F}(x - \varepsilon) = \frac{1}{n} \operatorname{card}\{x_i : x_i = x\}.$$

- Die relative Häufigkeit der Werte, die größer als a und kleiner-gleich b sind, ist

$$\widehat{F}(b) - \widehat{F}(a) = \frac{1}{n} \operatorname{card}\{x_i : a < x_i \leq b\}.$$

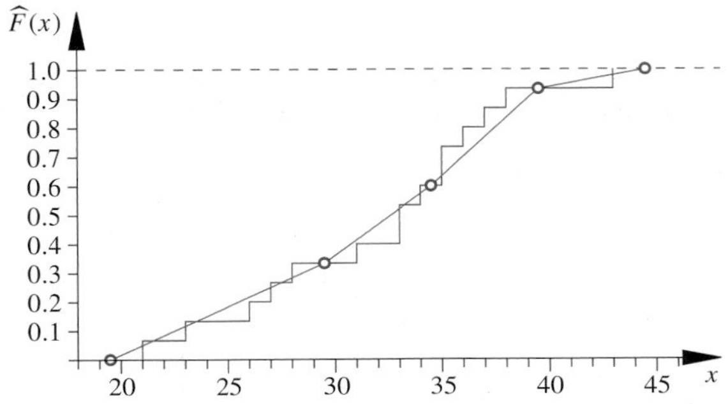

Abb. 36.18 Empirische Verteilungsfunktion mit Zwischenwerten

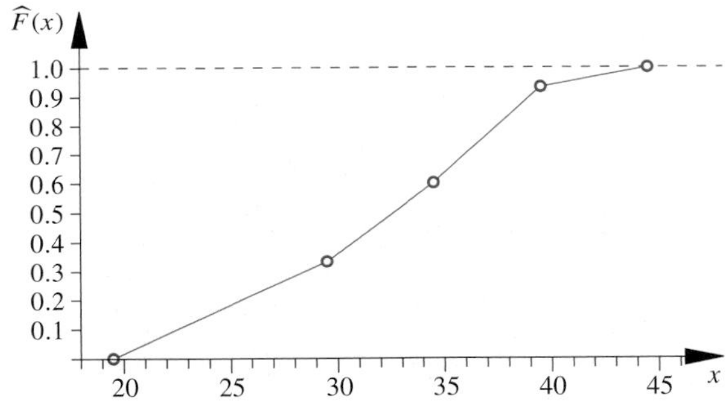

Abb. 36.19 Die empirische Verteilungsfunktion $\widetilde{F}(x)$ aus gruppierten Daten

Das Histogramm ist eine approximative Darstellung der Häufigkeitsdichten eines quantitativen, stetigen Merkmals

Stellen Sie sich vor, es fängt an zu regnen und Sie wollten feststellen, wo es am Dachfirst durchregnet. Sie sind sehr genau und markieren daher jeden einzelnen Tropfen auf dem Dachboden. Die ersten paar Tropfen können Sie noch einzeln feststellen. Doch nach einer Stunde ist alles nass und Sie können nicht

Abb. 36.20 Der Regen wird in Eimern aufgefangen

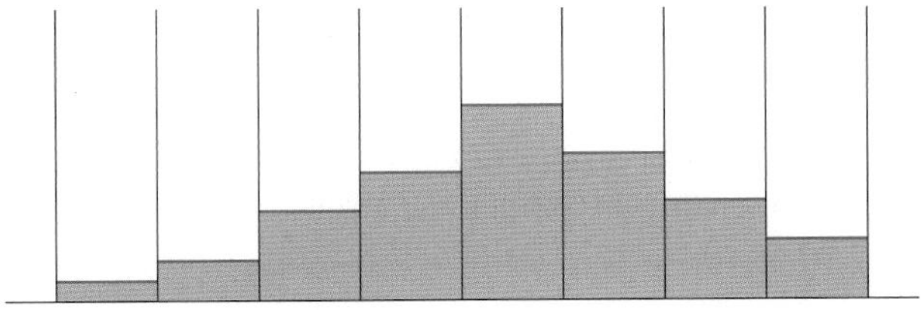

Abb. 36.21 Der Regen wird zwischen Trennscheiben aufgefangen

mehr erkennen, wo es stärker oder schwächer hereingeregnet hat. Anstelle einer besonders detaillierten Information über die Verteilung der Tropfen haben Sie das Gegenteil erreicht. Natürlich werden Sie so nicht vorgehen, sondern Eimer auf dem Dachboden aufstellen. Nach dem Regen könnte sich – bei gläsernen Eimern – eine Situation wie in Abb. 36.20 ergeben.

Ersetzen wir die Eimer durch parallele „Aquariumscheiben", so hätte sich eine Situation wie in Abb. 36.21 ergeben können.

Innerhalb eines jeden „Eimers" ist die Lageposition der einzelnen Tropfen verloren. Dafür erfahren wir die Wassermenge pro Eimer. Wir erhalten ein Bild der Regendichte pro Fläche.

Genauso werden wir nun mit unseren Daten vorgehen. Diese werden gruppiert. Über den Gruppen wird nicht die absolute Häufigkeit, sondern die Häufigkeit pro Gruppenbreite als Säule abgetragen. Wir erläutern dies an einem Beispiel.

Beispiel Wir schreiben noch einmal die der Größe nach geordneten Daten aus dem Beispiel von S. 1361 auf und zeichnen die symbolischen Trennwände als senkrechte Striche ein:

$$| 21, 23, 26, 27, 28 | 31, 33, 33, 34 | 35, 35, 36, 37, 38 | 43 |$$

Anwendung: Arbeiten mit Quantilen

Quartile teilen die Grundgesamtheit in vier gleich große Teile, Quantile erlauben eine feinere Unterteilung. An Verteilungsfunktionen lassen sich die Quantile leicht ablesen.

Ist α eine Zahl zwischen 0 und 1, so ist ein „unteres" α-**Quantil** x_α jede Zahl mit der Eigenschaft $F(x_\alpha) = \alpha$. Das „obere" α-Quantil ist dann $x_{1-\alpha}$. Quantile sind nicht eindeutig bestimmt. Durch die Festlegung

$$x_\alpha = \min\{x \text{ mit } F(x) \geq \alpha\}$$

können wir die Eindeutigkeit erzwingen. Spezielle Quantile sind: Das **untere Quartil** $x_{0.25}$, das **obere Quartil** $x_{0.75}$ und der **Median** $x_{0.5} = x_{\text{med}}$.

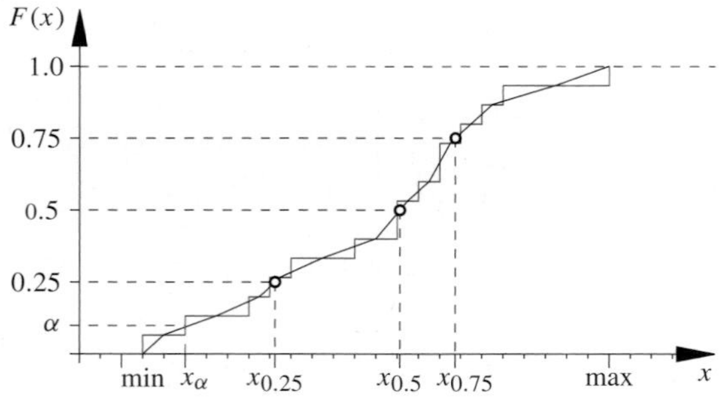

Mit dem Median werden wir uns auf S. 1367 noch ausführlicher beschäftigen. Werden die Beobachtungswerte x_1, x_2, …, x_n der Größe nach geordnet, bezeichnen wir sie mit

$$x_{(1)}, x_{(2)}, \ldots, x_{(n)}.$$

Zur Unterscheidung haben wir nun die Indizes geklammert: x_1 ist die erste und x_n die letzte Beobachtung, aber $x_{(1)}$ ist die kleinste und $x_{(n)}$ die größte Beobachtung. Ist

$$\frac{i-1}{n} < \alpha \leq \frac{i}{n},$$

dann erhalten wir das α−Quantil als

$$x_\alpha = x_{(i)}.$$

Mit der Abkürzung $\lceil \alpha n \rceil$ für die kleinste ganze Zahl größergleich αn gilt

$$x_\alpha = x_{(\lceil \alpha n \rceil)}.$$

Mitunter werden die Sprünge der empirischen Verteilungsfunktion durch Interpolation geglättet. Von dieser geglätteten Verteilungsfunktion werden dann die Quantile genommen. Ob und wie man glättet ist meist unwesentlich, sofern man nicht innerhalb eines Modells die Definitionen wechselt. Dies ist zu beachten, wenn man Ergebnisse vergleicht, die von unterschiedlichen statistischen Softwarepaketen errechnet wurden. Aus empirischen Daten wird SAS ein anderes Quantil berechnen als Excel, SPSS oder SPLUS.

Wir bestimmen in jeder Gruppe $(g_{j-1}, g_j]$ die Besetzungszahl n_j, die Breite b_j und die Höhe h_j des zur Gruppe gehörenden Balkens:

Von g_{j-1} bis unter g_j	n_j	b_j	$h_j = \frac{n_j}{b_j}$
19.5 … 29.5	5	10	0.5
29.5 … 34.5	4	5	0.8
34.5 … 39.5	5	5	1.0
39.5 … 44.5	1	5	0.2

Damit erhalten wir Abb. 36.22. ◀

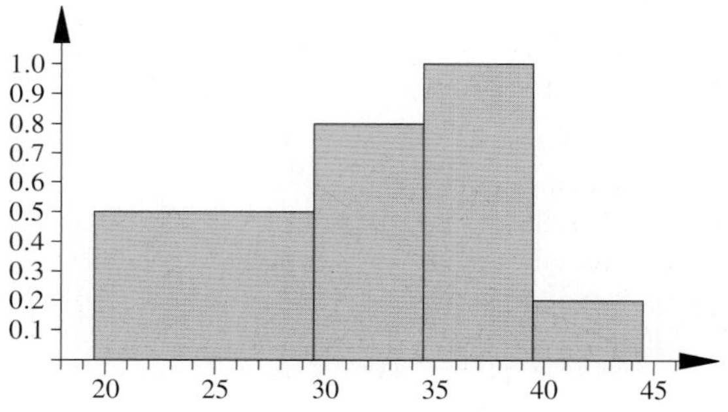

Abb. 36.22 Das Histogramm der Stickstoff-Monoxidwerte

Definition Histogramm

Ein Histogramm ist die flächentreue Darstellung der Häufigkeitsverteilung eines gruppierten stetigen Merkmals. Die Fläche der Säule über einer Gruppe entspricht der Gruppenbesetzung: $b_j \cdot h_j = n_j$.

Ein Histogramm gibt eine Häufigkeitsdichte an, nämlich Häufigkeit pro Gruppenbreite. Die Fläche über jedem anderen Abszissen-Intervall ist ein Schätzwert der Häufigkeit der Ausprägungen in diesem Intervall.

Die Gestalt eines Histogramms hängt von der Wahl folgender Parameter ab: Anzahl der Gruppen und Gruppenbreite sowie untere Grenze der ersten Gruppe und obere Grenze der letzten Gruppe. Aufgrund der Vielzahl der verschiedenen möglichen Intentionen, die man bei der Aufstellung eines Histogramms verfolgen kann, ist eine Angabe von allgemein gültigen Kriterien nur schwer möglich, mit Ausnahme der folgenden Leitlinie:

Wähle die Parameter so, dass ein Maximum an relevanter und ein Minimum an irrelevanter Information vermittelt wird.

Teil VI

Anwendung: Boxplots

Aus den fünf Werten Minimum $x_{(1)}$, unteres Quartil $x_{0.25}$, Median $x_{0.5}$, oberes Quartil $x_{0.75}$ und dem Maximum $x_{(n)}$ wird eine der am meisten verwendeten Grafiken der Statistik konstruiert, der **Box-and-Whiskers-Plot** oder kurz **Boxplot**.

Wir betrachten die gruppierten Daten von Tab. 36.1. Die folgende Abbildung zeigt die geglättete Verteilungsfunktion aus den gruppierten Daten mit den Quartilen $x_{0.25} = 27$, $x_{0.5} = 32.625$ und $x_{0.75} = 36.75$.

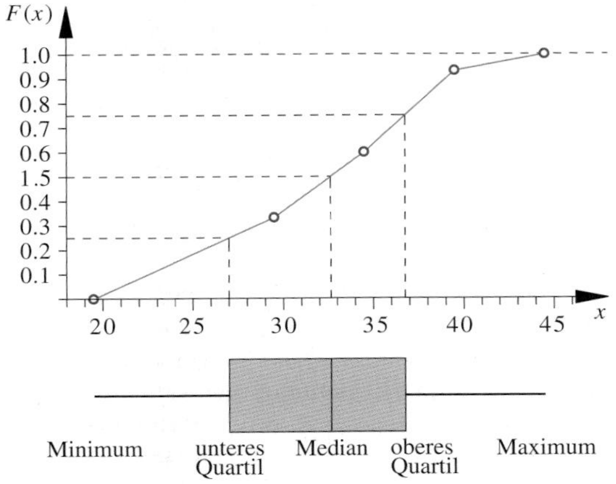

Die Box wird dabei mit willkürlich gewählter Höhe vom unteren bis zum oberen Quartil gezeichnet, der Median wird als Querstrich in die Box eingezeichnet. Die Breite der Box ist der **Quartilsabstand** $QA = x_{0.75} - x_{0.25}$. Die „Whiskers" laufen vom Minimum bis $x_{0.25}$ bzw. von $x_{0.75}$ bis zum Maximum, umfassen also die Spannweite der Daten. Boxplots können sowohl horizontal als auch vertikal gezeichnet werden.

Wir betrachten ein reales Beispiel: In einer deutschen Großstadt wurden als Grundlage einer Diskussion über Gebührenerhöhung und Konzessionsvergabe an Taxenbetriebe die monatlichen Umsätze für jedes einzelne Fahrzeug erhoben und getrennt für Betriebe mit nur einer Taxe und Betriebe mit mehreren Taxen ausgewertet. Die Abbildung zeigt als Zusammenfassung der Erhebungsdaten die Boxplots der Umsatzverteilungen für die Jahre 1995 und 1996. Diese vier Boxplots lassen sich leichter auf einen Blick überschauen als vier Verteilungsfunktionen.

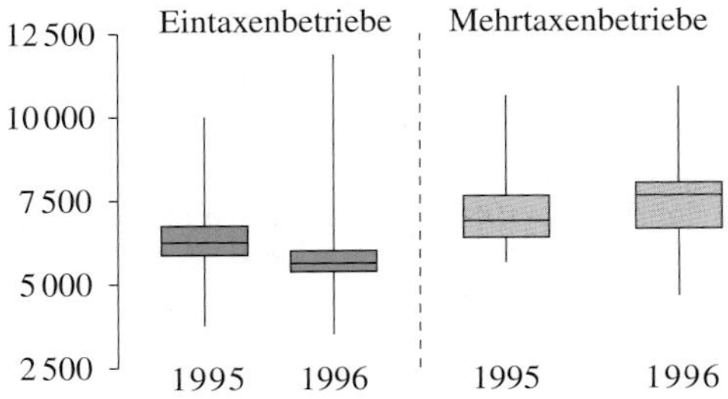

Man erkennt, dass bei Eintaxenbetrieben die Umsätze von 1995 zum Jahr 1996 gefallen sind. Bei den Mehrtaxenbetrieben ist dies nicht zu erkennen ist. Man sieht weiter, dass für die mittleren 50% der Taxen die Spannweite der Umsätze bei den Eintaxenbetrieben deutlich geringer ist als bei den Mehrtaxenbetrieben. Die Boxen sind deutlich schmaler. Bei den Eintaxenbetrieben ist die Verteilung der Umsätze im Jahr 1995 relativ symmetrisch, während sie im Jahr 1996 deutlich asymmetrisch ist. Auffällig ist die große Streuung der Werte im Jahr 1996, mit Monatsumsätzen bis über 12 000 DM. Vielleicht liegt hier ein Schreibfehler vor, oder ein Fahrer hatte einen Kunden mit dem Taxi in den Urlaub gefahren und daher extrem hohe Umsätze erzielt. Für die Gesamtheit aller anderen Taxen ist dieser Wert aber nicht repräsentativ. Statistiker sprechen von „**Ausreißern**". Eine Faustregel verwendet den Quartilsabstand $QA = x_{0.75} - x_{0.25}$ zur Identifizierung von Ausreißern. Der QA ist ein Streuungsmaß, das angibt, wie stark die mittleren 50% der Daten streuen. Die Faustregel lautet nun so: Alle Daten, die kleiner als $x_{0.25} - 1.5 \cdot QA$ oder größer als $x_{0.75} + 1.5 \cdot QA$ sind, gelten als ausreißerverdächtig und werden in Boxplotvarianten oft gesondert mit einem Sternchen gekennzeichnet; die Whiskers gehen nur bis zur „nächstinneren" Beobachtung, die nicht mehr als Ausreißer gilt.

36.3 Lageparameter

Fragen Sie einen Nachbarn „Wie geht's?", so erwarten Sie keinen stundenlangen Gesundheitsbericht, der bei den Kinderkrankheiten anfängt und beim letzten Schnupfen aufhört, sondern z. B. nur die knappe Antwort „Gut".

Die Verteilungsfunktionen und Histogramme liefern ebenfalls eine Fülle von Informationen, aber auf kurze Fragen wie „Wo liegen die Daten? Wie liegen die Daten? Wie weit streuen sie? Ist die Verteilung symmetrisch? Wie schief ist die Verteilung? Wie schnell klingt die Verteilung an den Rändern ab?" geben sie keine knappen Antworten. Diese Antworten liefern **Verteilungsparameter**. Dies sind Kennzahlen, die charakteristische Eigenschaften der Verteilung herausgreifen und numerisch quantifizieren. Sie sind anschaulich, leicht zu berechnen, aber beschreiben nie das Ganze der Verteilung, sondern jeweils nur bestimmte Aspekte.

Wir werden zuerst Lageparameter, anschließend Streuungs- und Strukturparameter behandeln.

Anwendung: Histogramme

Durch geeignete Wahl der Gruppenbreite werden in Histogrammen Strukturen sichtbar, die in Tabellen verborgen sind. Dazu muss die Gruppenbreite dort gering sein, wo es auf Details ankommt. Randgruppen ohne explizit vorgegebene Begrenzung, sogenannte offene Gruppen, müssen adäquat geschlossen werden.

Als Beispiel betrachten wir das Histogramm der Altersverteilung der im Jahr 1985 (in der BRD) im Verkehr tödlich verletzten Personen. Aus der Tabelle „13.30" des Statistischen Jahrbuchs 1985 greifen wir eine Spalte mit der Altersverteilung der Todesopfer heraus. In der folgenden Tabelle haben wir die Daten und die Nebenrechnungen für das Histogramm aufgeführt.

Alter von ... bis unter	Besetzungszahl n_j	Breite b_j	Höhe h_j
unter 6	138	6	23.00
6 ... 10	118	4	29.50
10 ... 15	103	5	20.60
15 ... 18	310	3	103.33
18 ... 25	779	7	111.29
25 ... 65	1334	40	33.35
65 ... 85*	1492	20	74.6

Die Abbildung zeigt das sich aus diesen Daten ergebende Histogramm. Die Daten in der letzten Zeile der obigen Tabelle haben wir gegenüber den Originaldaten aus dem Statistischen Jahrbuch ändern müssen. In der Originaltabelle lautet der Zeilenkopf: „65 und mehr". Damit ist die letzte Gruppe nicht mehr nach oben, bzw. nach rechts abgeschlossen. Ihre Gruppenbreite ist unbegrenzt. Man spricht von einer

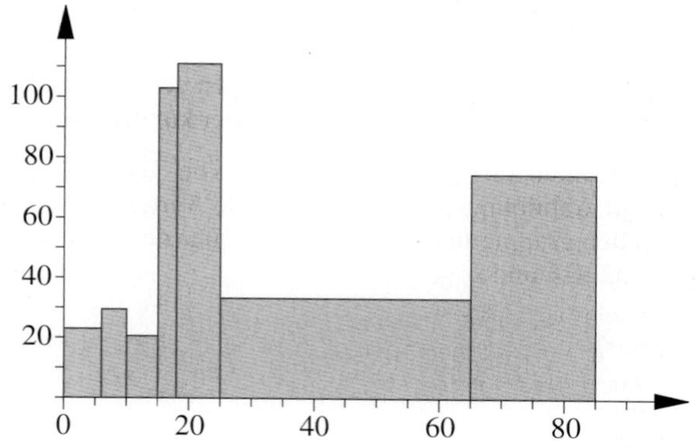

offenen Gruppe. Eine solche offene Gruppe entspricht in unserem „Aquarienmodell" einem Aquarium, dessen rechte Wand fehlt, das Wasser würde vollständig auslaufen. Die Säulenhöhe wäre null. In einem Histogramm kann eine offene Gruppe nur berücksichtigt werden, wenn sie durch eine inhaltlich begründete Grenze abgeschlossen wird. Dieser willkürliche Abschluss einer offenen Randgruppe muss im Kommentar zum Histogramm angegeben werden. Hätten wir die letzte Gruppe z. B. erst bei 105 abgeschlossen, wäre der letzte Balken halb so hoch aber doppelt so breit geworden. Hätten wir die erste Gruppe der Unter-6-jährigen als offene Gruppe aufgefasst und bei 3 Jahren geschlossen, wäre diese Gruppe doppelt so hoch und halb so breit erschienen. Die Gefährdung der Kleinkinder wäre dann noch deutlicher geworden. Generell muss bei Extremwerten am Rande eines Histogramms überprüft werden, ob es sich nicht um Artefakte handelt, die durch willkürlichen Abschluss einer offenen Gruppe entstanden sind.

Ein Lageparameter beschreibt das Zentrum der Daten

Was aber ist das „Zentrum"? Je nach Fragestellung gibt es unterschiedliche Antworten. Wir werden drei kennenlernen: den Modus, den Median und das arithmetische Mittel.

Definition Modus

Der **Modus** x_{mod} ist die am häufigsten vorkommende Ausprägung.

Der Modus ist vor allem bei qualitativen Merkmalen sinnvoll. Zum Beispiel: Die am häufigsten nachgefragte Schuhgröße, die häufigste Unfallursache, die Partei mit den meisten Stimmen. Bei einem Histogramm spricht man vom Modusintervall oder der Modusklasse, dies ist das Intervall mit dem höchsten Balken. Bei einer multimodalen Verteilung weist das Histogramm mehrere lokale Maxima auf.

Bei der Bestimmung des Medians ist die Reihenfolge der Daten wichtig: Die Daten werden der Größe nach sortiert und dann am Median in zwei gleich große Hälften geteilt. Er gibt so eine unmittelbar einleuchtende Antwort auf die Frage nach der Mitte einer Verteilung.

Der Median der 5 Daten $3, 7, 8, 9, 12$ ist die 8. Zwei Beobachtungen sind kleiner, zwei sind größer als 8.

Bei einer geraden Anzahl von Daten ist der Median nur eindeutig, wenn man den Median als Quantil $x_{0.5}$ definiert und sich auf die eindeutige Festlegung des Quantils $x_{0.5}$ als kleinster Wert x mit $F(x) \geq 0.5$ beruft. In diesem Sinne ist der Median $x_{0.5}$ der 6 Daten $3, 7, 8, 9, 12, 13$ ebenfalls die 8. Häufig wird jedoch nur von der Medianklasse $[8, 9]$ gesprochen oder der Mittelpunkt 8.5 der Medianklasse gewählt. Im Sinne dieser Konvention ist es üblich, den Median wie folgt zu bestimmen.

Teil VI

Vertiefung: Zusammenhang von Histogramm und Verteilungsfunktion bei stetigen gruppierten Merkmalen

Histogramm und Verteilungsfunktion enthalten die gleiche Information in unterschiedlicher Darstellung. Sie gehen durch Differenziation bzw. Integration ineinander über.

In der folgenden Abbildung stellen wir das Histogramm der relativen Häufigkeiten und die empirische Verteilungsfunktion der gruppierten Daten aus dem Beispiel auf S. 1361 einander gegenüber. Achten wir auf den Anstieg $\tan\alpha_j$ der empirische Verteilungsfunktion in der j-ten Gruppe und die Balkenhöhe des Histogramms der relativen Häufigkeiten:

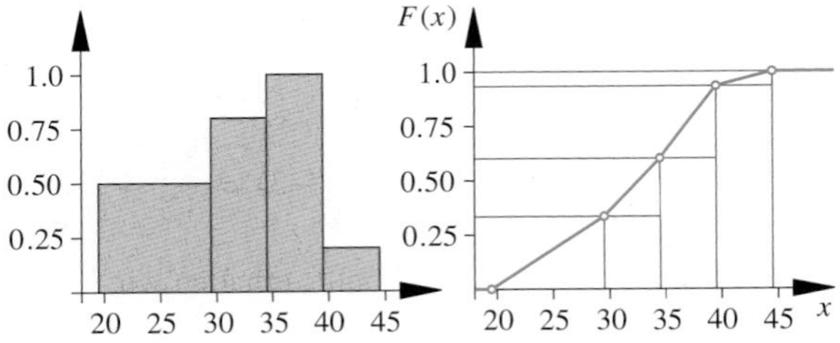

n_j ist die absolute Besetzungszahl der j-ten Gruppe $(a_{j-1}, a_j]$ und $b_j = a_j - a_{j-1}$ ist die Breite der j-ten Gruppe. Für das Histogramm der absoluten Häufigkeiten ist $\frac{n_j}{b_j}$ die Höhe des Histogrammbalkens über der j-ten Gruppe. Gleichzeitig ist n_j der Zuwachs, den die j-te Gruppe zur Summenkurve liefert. $\frac{n_j}{b_j}$ ist daher gerade der Anstieg der Summenkurve über der j-ten Gruppe.

Betrachten wir statt der absoluten Häufigkeiten n_j die relativen Häufigkeiten $\frac{n_j}{n}$, erhalten wir analog

$$\frac{n_j/n}{b_j} = \frac{\text{Zuwachs in der } j\text{-ten Gruppe}}{\text{Breite der } j\text{-ten Gruppe}} = \tan\alpha_j.$$

Wir spinnen aber den Gedanken weiter: Da der Anstieg die Ableitung der Verteilungsfunktion $\widetilde{F}$ ist, gilt im Inneren des j-ten Intervalls I_j:

$$f_j = \frac{\mathrm{d}}{\mathrm{d}x}\widetilde{F}(x), \quad \text{falls } x \in I_j.$$

Betrachten wir die obere Berandung des Histogramms als Graph einer Funktion f, könnten wir auch schreiben

$$\widetilde{F}(x) = \int_{-\infty}^{x} f(u)\mathrm{d}u.$$

Histogramm und Verteilungsfunktion gehen durch Integrieren bzw. Differenzieren ineinander über. Gehen wir noch einen Schritt weiter: Denken wir uns eine theoretische Verteilungsfunktion mit einem differenzierbaren Verlauf wie in der folgenden Abbildung:

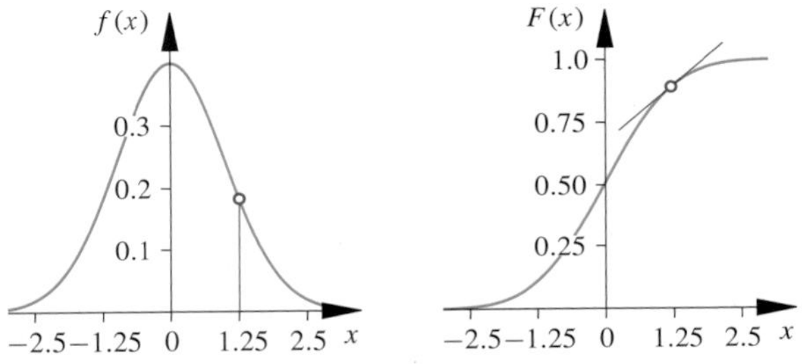

Bestimmen wir in jedem Punkt x den Anstieg der theoretischen Verteilungsfunktion $F(x)$, so erhalten wir als Bild die **theoretische Verteilungsdichte** $f(x)$ als Ableitung der **theoretischen Verteilungsfunktion**. Beide sind durch $f(x) = \frac{\mathrm{d}}{\mathrm{d}x}F(x)$ bzw. $F(x) = \int f(x)\mathrm{d}x$ aufeinander bezogen. So ist z. B. im Punkt $x = 1.25$ der Anstieg der Tangente 0.182 6. Dies ist genau der Wert der Dichtefunktion an der Stelle $x = 1.25$. Wir werden diesen Zusammenhang bei der Behandlung der stetigen zufälligen Variablen in Kap. 38 noch ausführlich erläutern und vertiefen.

Definition Median

Der **Median** $\mathrm{Med}\{x_i \mid i = 1, \ldots, n\}$ der geordneten Daten $x_{(1)}, x_{(2)}, \ldots, x_{(n)}$ ist

$$x_{\text{med}} = \begin{cases} x_{(\frac{n+1}{2})}, & \text{falls } n \text{ ungerade ist,} \\ \frac{1}{2}(x_{(\frac{n}{2})} + x_{(\frac{n}{2}+1)}), & \text{falls } n \text{ gerade ist.} \end{cases}$$

Beispiel Der Median der 5 Daten 3, 7, 8, 9, 12 ist die 8. Logarithmieren wir die Daten, erhalten wir ln 3, ln 7, ln 8, ln 9, ln 12, mit dem Median ln 8. Der logarithmierte Median ist der Median der logarithmierten Daten:

$$\mathrm{Med}\{\ln(x_i) \mid i = 1, \ldots, n\} = \ln(\mathrm{Med}\{x_i \mid i = 1, \ldots, n\})$$

Diese Eigenschaft gilt für alle streng monoton wachsenden Transformationen $t(x)$, denn dabei bleibt die Reihenfolge erhalten: Wird jedes x_i auf einem dehnbaren Gummiband als Punkt markiert und wird dann das Gummiband beliebig verzerrt und gestaucht, so bleibt die Reihenfolge der Markierungspunkte erhalten,

$$t(x_{(i)}) = t(x)_{(i)}.$$

Speziell gilt dies für den Median. Etwas salopp formuliert: Der Median macht alle streng monoton wachsenden Transformationen mit,

$$\text{Med}\{t(x)\} = t(\text{Med}\{x\}).$$ ◂

Angenommen durch einen Fleck auf dem Papier würden die Daten irrtümlich als 3, 7, 8, 9, 1.2 gelesen. Dann würde der Median von 8 auf 7 fallen. Würde der Punkt bei 1.2 dagegen als optischer Trennpunkt für Tausender gelesen und die Zahl 1.2 als 1200 interpretiert, würde sich der Median überhaupt nicht ändern: Der Statistiker spricht von **Robustheit des Medians**. Diese Eigenschaft lässt sich auf unterschiedlichste Weise quantifizieren. Wir belassen es hier bei der qualitativen Bemerkung: Ein robuster Parameter toleriert grobe Fehler und bleibt dann immer noch in vernünftigem Rahmen.

Selbstfrage 3

Wie viel Prozent der Daten $x_{(1)}, x_{(2)}, \ldots, x_{(n)}$ könnten durch $-\infty$ oder $+\infty$ ersetzt werden, ohne dass der Median das Intervall $[x_{(1)}, x_{(n)}]$ verlässt?

Das arithmetische Mittel $\overline{x}$, der Durchschnitt aus allen Beobachtungen, ist der bekannteste, am häufigsten gebrauchte und bei theoretischen statistischen Betrachtungen wichtigste Lageparameter.

Definition des arithmetischen Mittels

Das **arithmetische Mittel**

$$\overline{x} = \frac{1}{n}\sum_{i=1}^{n} x_i$$

ist der Schwerpunkt der Daten.

Die Bezeichnung $\overline{x}$ ist die in der Statistik übliche Bezeichnung für den Mittelwert. Der Querstrich über dem x darf nicht mit der Bildung des Konjugiert-komplexen verwechselt werden.

Aus der Definition des arithmetischen Mittels folgen drei offensichtliche, dennoch aber wichtige Eigenschaften:

- $\overline{x}$ liegt zwischen kleinstem und größtem Wert: $x_{(1)} \leq \overline{x} \leq x_{(n)}$.
- Aus $\sum_{i=1}^{n}(x_i - \overline{x}) = \sum_{i=1}^{n} x_i - \sum_{i=1}^{n} \overline{x} = n\overline{x} - n\overline{x} = 0$ folgt: Die Summe der Abweichungen vom Mittelwert ist null:

$$\sum_{i=1}^{n}(x_i - \overline{x}) = 0.$$

- Werden die Daten geordnet, dann kann jede Ausprägung mehrfach auftreten: $x_i \in \{a_1, \ldots, a_k\}$. Dabei sind die a_j, $j = 1, \ldots, k$, die voneinander verschiedenen Werte der beobachteten Ausprägung. Ist n_j die absolute und $f_j = \frac{n_j}{n}$ die relative Häufigkeit der Ausprägung a_j, so ist

$$\overline{x} = \frac{1}{n}\sum_{j=1}^{k} n_j a_j = \sum_{j=1}^{k} a_j f_j.$$

Dabei ist $n = \sum_{j=1}^{k} n_j$ und $\sum_{j=1}^{k} f_j = 1$.

Beispiel Die Daten seien

$$2, 3, 4, 1, 3, 5, 1, 3, 5, 2, 1, 3.$$

Dann ist

$$\overline{x} = \frac{1}{12}(2 + 3 + \ldots + 2 + 1 + 3) = \frac{33}{12} = 2.75.$$

Ordnen wir die Daten in einer Tabelle, erhalten wir

Ausprägung a_i	Häufigkeit n_i	$a_i \cdot n_i$
1	3	3
2	2	4
3	4	12
4	1	4
5	2	10
Summe	12	33

Hier ergibt sich ebenfalls $\overline{x} = \frac{33}{12} = 2.75$. ◂

Häufig zerfällt die Grundgesamtheit in kleinere voneinander unterschiedene, disjunkte Teilgesamtheiten: $\Omega = \bigcup_{j=1}^{k} \Omega_j$. Ist von jeder Teilgesamtheit Ω_j die Besetzungszahl n_j und der Mittelwert $\overline{x}_j$ bekannt, $j = 1, \ldots, k$, so ist der Gesamtmittelwert gegeben durch

$$\overline{x} = \frac{1}{n}\sum_{j=1}^{k} n_j \overline{x}_j. \quad (36.1)$$

Beispiel Wir teilen die Zahlen des letzten Beispiels in zwei Klassen, nämlich Ω_1 = „Klein" = $\{x \leq 2\}$ und Ω_2 = „Groß" = $\{x > 2\}$ ein. Dann gilt:

	n_j	$\overline{x}_j$	$n_j \cdot \overline{x}_j$
$\Omega_1 = \{2, 1, 1, 2, 1\}$	5	7/5	7
$\Omega_2 = \{3, 4, 3, 5, 3, 5, 3\}$	7	26/7	26
Summe	12		33

Also ist $\overline{x} = \frac{1}{12}(5 \cdot \frac{7}{5} + 7 \cdot \frac{26}{7}) = \frac{33}{12} = 2.75$. ◂

Selbstfrage 4

Bei einer Firma arbeiten 200 Frauen und 300 Männer. Der Durchschnittsstundenlohn beträgt 8 € für Frauen und 10 € für Männer. Wie groß ist der Durchschnittsstundenlohn der Belegschaft?

Bei gruppierten Daten können wir das arithmetische Mittel nicht nach der Definition ausrechnen, da die Einzelwerte x_i unbekannt sind. In diesem Fall fassen wir die j-ten Gruppe als j-te Teilgesamtheit Ω_j auf und schätzen den Mittelwert $\overline{x}_j$ durch die Mitte m_j der Gruppe. Ist n_j die Besetzungszahl der Gruppe, so schätzen wir danach $\overline{x}$ nach (36.1) als

$$\overline{x} = \frac{1}{n}\sum_{j=1}^{k} n_j m_j .$$

Beispiel Im Beispiel auf S. 1361 berechnen wir zuerst den Mittelwert aus den Roh- oder Urdaten:

$$\overline{x} = \frac{1}{15}(21 + 23 + 26 + 27 + 28 + 31 + 33 + 33 + 34 + 35 + 35 + 36 + 37 + 38 + 43) = 32.$$

Aus den gruppierten Daten schätzen wir den Mittelwert mit der folgenden Tabelle:

Von g_{j-1} bis unter g_j	n_j	Gruppenmitte m_j	$n_j \cdot m_j$
19.5 … 29.5	5	24	122.5
29.5 … 34.5	4	32	128.0
34.5 … 39.5	5	37	185.0
39.5 … 44.5	1	42	42.0
Summe	15		477.5

Jetzt erhalten wir ein $\overline{x} = \frac{477.5}{15} = 31.833$. Das so bestimmte $\overline{x}$ ist der Schwerpunkt der durch das Histogramm bestimmten „Häufigkeitsmasse“.

Stellen wir uns die Fläche des Histogramms als eine massive homogene Holzplatte vor und unterstützen sie im Schwerpunkt $\overline{x} = 31.833$, dann bleibt die Platte im Gleichgewicht (siehe Abb. 36.23). ◄

$\overline{x}$ ist der Schwerpunkt der Daten, bzw. der Schwerpunkt des Histogramms. Daher ist das arithmetische Mittel gegenüber Ausreißern sehr empfindlich: Eine einzige grob falsche Zahl genügt, um das arithmetische Mittel vollständig zu verzerren. Denken wir an eine Balkenwaage: Ein kleines Gewicht an einem langen Hebelarm kann ein großes Gewicht am kurzen Hebelarm im Gleichgewicht halten, siehe Abb. 36.24.

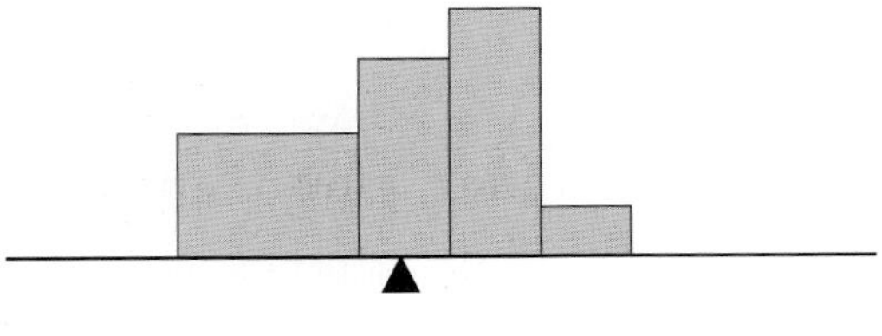

Abb. 36.23 Der Mittelwert als Schwerpunkt des Histogramms

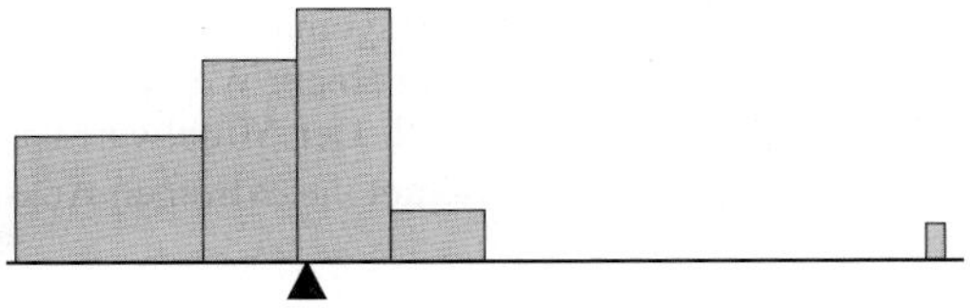

Abb. 36.24 Beim arithmetischen Mittel haben Ausreißer einen Hebeleffekt

Achtung Das arithmetische Mittel beschreibt den Schwerpunkt einer Verteilung, aber kennzeichnet nicht notwendig irgendein einzelnes Element in der Gesamtheit. Mit den Wörtern „Im Schnitt“ oder „Im Mittel“ wird mitunter das arithmetische Mittel irrigerweise auf ein Element der Grundgesamtheit bezogen und missverstanden. Zwei Beispiele: Die meisten Menschen haben zwei Augen, es gibt aber auch Einäugige und Blinde. Daher ist der Mittelwert des Merkmals „Anzahl der Augen eines Menschen“ kleiner als 2. Eine Aussage aber: „Im Schnitt hat ein Mensch weniger als zwei Augen.“ wirkt grotesk. Analog belegen Aussagen wie: „Jede Frau in A-Land hat im Schnitt 0.7 Ehemänner, 1.3 Kinder und 250 € Schulden“ nicht den Unsinn der Statistik, sondern nur, dass hier Mittelwerte fälschlich auf Elemente der Grundgesamtheit bezogen werden. ◄

Anwendungsbeispiel Wir betrachten die gedämpfte Schwingung $f(x) = e^{-0.2x}\cos(\pi x)$ an den 41 äquidistanten Stellen $x_i \in \{-20, -19, \ldots, 19, 20\}$. Die Schwingung oszilliert um den Nullpunkt (siehe Abb. 36.25). Der Median der Werte

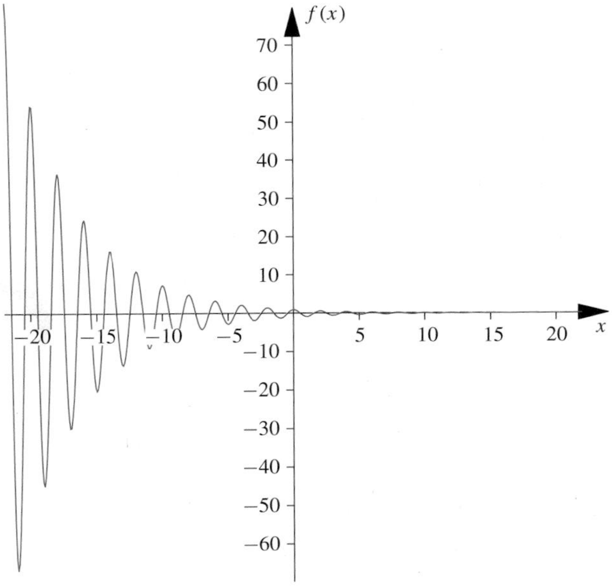

Abb. 36.25 Eine gedämpfte Schwingung

$\{f(x_i) \mid i = 1, \ldots, 41\}$ ist erwartungsgemäß nahezu null, nämlich 0.0183. Der Median zählt ab. Zu einem Wert größer als null gehört auch ein Wert kleiner als null. Der Mittelwert ist jedoch $\overline{f(x)} = 0.75$. Der Mittelwert gewichtet die extremen Ausschläge zu Anfang mit. ◀

Bei linearen Transformationen $y_i = \alpha + \beta x_i$ stimmen das arithmetische Mittel der transformierten Daten und das transformierte arithmetische Mittel der Originaldaten überein,

$$\overline{y} = \overline{\alpha + \beta x} = \alpha + \beta \overline{x},$$

denn es gilt

$$\sum_{i=1}^{n} y_i = \sum_{i=1}^{n} (\alpha + \beta x_i) = \sum_{i=1}^{n} \alpha + \beta \sum_{i=1}^{n} x_i = n\alpha + \beta n \overline{x}.$$

Beispiel Wir messen die gleichen Temperaturen in Grad Celsius als x_i und in Grad Fahrenheit als y_i. Dann ist

$$y_i = 32 + 1.8 x_i.$$

Nun ist es gleich, ob wir zuerst die Durchschnittstemperatur $\overline{x}$ in Celsius berechnen und dann in Fahrenheit umrechnen oder zuerst die Celsiusgrade in Fahrenheit umrechnen und dann den Mittelwert bestimmen,

$$\overline{y} = 32 + 1.8 \overline{x}.$$ ◀

Das Mittel der Transformierten ist nicht die Transformierte des Mittels

Bei einer nichtlinearen Transformation $y = g(x)$ ist in der Regel

$$\overline{g(x)} \neq g(\overline{x}).$$

Beispiel

- Ein Objekt mit der Masse m und der Geschwindigkeit v hat die kinetische Energie $\frac{1}{2}mv^2$. Denken wir uns der Einfachheit halber Objekte mit der Masse $m = 2[\text{kg}]$, dann ist die kinetische Energie gerade $v^2[\text{kg}\frac{\text{m}^2}{\text{s}^2}]$. Für zwei Objekte mit den Geschwindigkeiten $v_1 = 1[\frac{\text{m}}{\text{s}}]$ und $v_2 = 3[\frac{\text{m}}{\text{s}}]$ erhalten wir:

i	v_i $[\frac{\text{m}}{\text{s}}]$	v_i^2 $[\frac{\text{m}^2}{\text{s}^2}]$
1	1	1
2	3	9
Summe	4	10

Die mittlere Geschwindigkeit ist $\overline{v} = \frac{4}{2} = 2$, die mittlere Energie ist $\overline{v^2} = \frac{10}{2} = 5$. Es ist also

$$2^2 = \overline{v}^2 < \overline{v^2} = 5.$$

- Bei einer Welle werden Wellenlänge λ und Frequenz $\nu = \frac{c}{\lambda}$ gemessen. Dann ist die durchschnittliche Wellenlänge $\overline{\lambda}$ größer als Geschwindigkeit geteilt durch durchschnittliche Frequenz $\overline{\nu}$. Es gilt

$$\overline{\lambda} = \overline{\left(\frac{c}{\nu}\right)} > \frac{c}{\overline{\nu}}.$$

Im folgenden Zahlenbeispiel (ohne Einheiten, $c = 1$)

i	λ_i	$\nu_i = \frac{1}{\lambda_i}$
1	1	1
2	5	0.2
Summe	6	1.2

ist $\overline{\lambda} = \frac{6}{2} = 3$ und $\overline{\nu} = \frac{1.2}{2} = 0.6 > \frac{1}{3}$. ◀

In beiden Beispielen hängen die Ungleichungen $\overline{v}^2 < \overline{v^2}$ und $\frac{c}{\overline{\lambda}} < \overline{\nu}$ nicht von den willkürlich gewählten Zahlen ab. Sie folgen aus der Konvexität der Funktionen $g(x) = x^2$ und $g(x) = \frac{1}{x}$ und der sogenannten Jensen-Ungleichung für konvexe Funktionen. Dies wird ausführlich in einer Vertiefung behandelt.

Anwendungsbeispiel Die Verteilungsdichte $f(v)$ der Geschwindigkeit v der Moleküle eines idealen Gases gehorcht der Maxwell-Boltzmann-Verteilung. Es ist

$$f(v) = \frac{2}{\sigma^3 \sqrt{2\pi}} v^2 \, \mathrm{e}^{-\frac{v^2}{2\sigma^2}}$$

Dabei ist $\sigma = \sqrt{\frac{kT}{\mu}}$ eine Konstante, hier ist $k = 1.380 \cdot 10^{-23} \frac{\text{J}}{\text{K}}$ die Boltzmann-Konstante, T die Temperatur in Kelvin und μ die Masse eines Gasmoleküles in kg. Betrachten wir zum Beispiel ein Wasserstoffgas bei einer Zimmertemperatur von 300 K. Ein H_2-Molekül hat die Masse $\mu = 3.346 \cdot 10^{-27}$ kg. Dann ist

$$\sigma = \sqrt{\frac{kT}{\mu}} = \sqrt{\frac{1.380 \cdot 10^{-23} \cdot 300}{3.346 \cdot 10^{-27}}} \left[\frac{\text{m}}{\text{s}}\right] = 1112.3 \left[\frac{\text{m}}{\text{s}}\right].$$

Die Geschwindigkeitsdichte $f(v)$ hat dann die in Abb. 36.26 angegebene Gestalt.

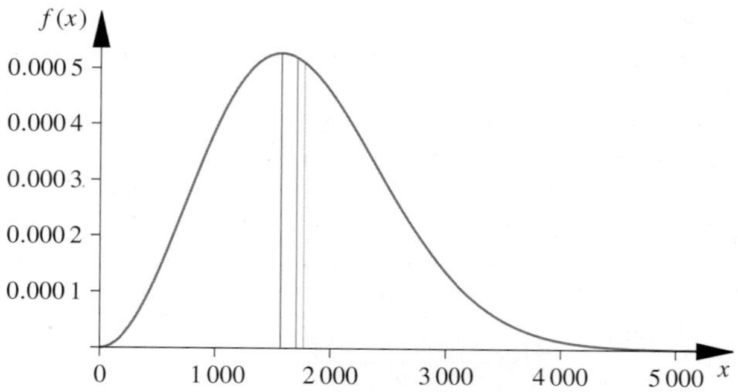

Abb. 36.26 Verteilungsdichte der Geschwindigkeit von Wasserstoffmolekülen bei einer Temperatur von 300 Kelvin mit Modus (rot), Median (grün) und Mittelwert (orange)

Vertiefung: Die Jensen-Ungleichung

Nur bei linearen Funktionen $g(x) = a + bx$ gilt $g(\overline{x}) = \overline{g(x)}$. Ist g eine konvexe oder konkave Funktion, so lässt sich das Gleichheitszeichen durch ein Ungleichheitszeichen ersetzen. Ist g eine beliebige nichtlineare Funktion, lässt sich über die Beziehung zwischen $g(\overline{x})$ und $\overline{g(x)}$ nichts aussagen. Siehe auch S. 907.

In Kap. 10 wurden bereits konvexe Funktionen und ihre Eigenschaften behandelt: Eine reelle Funktion $g : I \to \mathbb{R}$ heißt im Intervall I konvex, wenn für alle $a, b \in I$ und jedes $0 \leq \lambda \leq 1$ stets gilt:

$$g(\lambda a + (1-\lambda)b) \leq \lambda g(a) + (1-\lambda)g(b).$$

Eine reelle Funktion g heißt im Intervall I konkav, wenn $-g$ konvex ist. Ist g im Intervall I konvex, so besitzt g in jedem Punkt $a \in I$ eine Stützgerade k, die den Graph von unten berührt, $k(x) = g(a) + \beta(x-a)$, mit der Eigenschaft, $g(x) \geq k(x)$ für alle $x \in I$ und $g(a) = k(a)$.

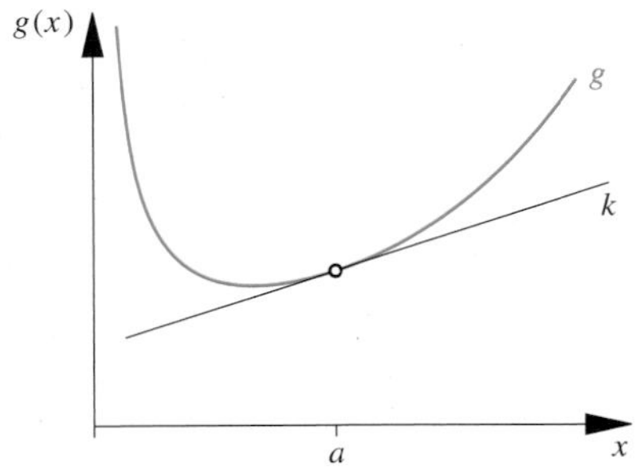

Dann gilt die Ungleichung von Jensen:

Ist g eine konvexe Funktion, so ist $\overline{g(x)} \geq g(\overline{x})$.

Ist g eine konkave Funktion, so ist $\overline{g(x)} \leq g(\overline{x})$.

Beweis Es sei $g : I \to \mathbb{R}$ eine im Intervall I konvexe Funktion. $x_1, \ldots, x_n$ seien n Punkte aus I. Dann liegt auch $\overline{x}$ in I. Sei $k(x) = g(\overline{x}) + \beta(x - \overline{x})$ die Stützgerade an $g(x)$ im Punkte $\overline{x}$. Dann gilt $g(x_i) \geq k(x_i)$ für alle i. Also

$$g(x_i) \geq g(\overline{x}) + \beta(x_i - \overline{x}).$$

Summation über i liefert:

$$\begin{aligned}\frac{1}{n}\sum_{i=1}^{n} g(x_i) &\geq \frac{1}{n}\sum_{i=1}^{n}[g(\overline{x}) + \beta(x_i - \overline{x})]\\ &= g(\overline{x}) + \frac{\beta}{n}\underbrace{\sum_{i=1}^{n}(x_i - \overline{x})}_{=0}\\ &= g(\overline{x}).\end{aligned}$$

Also ist $\overline{g(x)} \geq g(\overline{x})$. Bei einer konkaven Funktion g ist $-g$ konvex. Daher gilt in diesem Fall $-\overline{g(x)} \geq -g(\overline{x})$ oder $\overline{g(x)} \leq g(\overline{x})$. ■

Die Verteilung ist offensichtlich linkssteil. Der Modus der Verteilung liegt bei $\sigma\sqrt{2} \approx 1.4142\sigma$, der Median bei 1.5382σ und der Mittelwert bei $\sigma\sqrt{\frac{8}{\pi}} \approx 1.5958\sigma$. Die häufigste Geschwindigkeit liegt bei $1573\,\frac{\text{m}}{\text{s}}$, die Hälfte der Moleküle sind langsamer als $1710.9\,\frac{\text{m}}{\text{s}}$ und die mittlere Geschwindigkeit liegt bei $1775.0\,\frac{\text{m}}{\text{s}}$. ◀

Selbstfrage 5

Im obigen Beispiel ist mehr als die Hälfte der Moleküle langsamer als der Mittelwert. Nach Umfragen glauben mehr als die Hälfte der deutschen Autofahrer, sie führen besser als der Durchschnitt. Angenommen, die Autofahrer verwechseln „besser fahren" mit „schneller fahren". Bei welcher Verteilung der Geschwindigkeiten würde die Aussage stimmen?

Verallgemeinerte Mittelwerte

Wie schon in Kap. 3 auf S. 82 angeschnitten, gibt es neben dem arithmetischen Mittelwert noch verschiedene andere Mittelwerte. Der Grundgedanke dabei ist: Angenommen n verschiedene Ursachen, Faktoren oder Stufen führen zu einem Endergebnis E. Dabei sei x_i der Beitrag der i-ten Stufe zu E. Angenommen jede Stufe erbrächte stattdessen den gleichen Beitrag x_{mittel}. Wie groß muss x_{mittel} sein, damit dasselbe Endergebnis S erzeugt wird. Dieses x_{mittel} ließe sich als ein „Mittelwert" aus den x_i interpretieren. Zum Beispiel lässt sich beim arithmetischen Mittel die Summe $\sum_{i=1}^{n} x_i$ auch als $n \cdot \overline{x}$ erzeugen.

Je nachdem welches Problem behandelt wird und ob die Beiträge x_i noch gewichtet werden, ergeben sich die unterschiedlichsten „Mittelwerte", die dann in der Regel keine Lageparameter mehr sind.

Teil VI

Vertiefung: Die Modus-Median-Mittelwert-Ungleichung

Viele Häufigkeitsverteilung sind unsymmetrisch. Wenn sie einen eindeutigen Modalwert haben, haben sie oft eine typische schiefe Gestalt, die sich häufig an der Größenrelation von Modus, Median und Mittelwert erkennen lässt.

Wir wollen der Einfachheit halber keine Histogramme, sondern Häufigkeitsdichten, ansehen. Die folgende Abbildung zeigt eine asymmetrische Dichte.

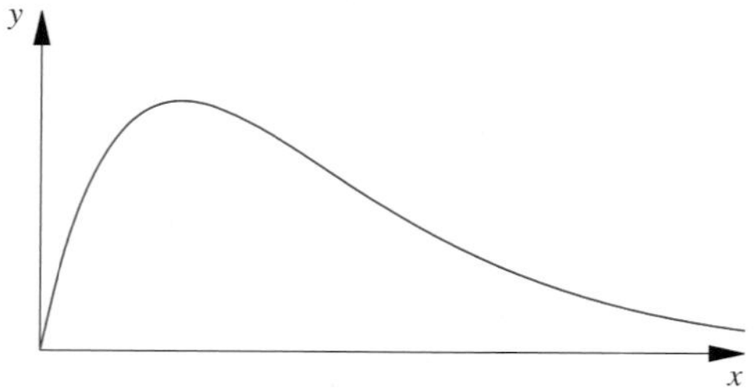

Der Graph steigt links steil an und flacht rechts langsam ab. Man sagt: Die Verteilung ist linkssteil. (Ein Schifahrer würde sagen: Links ist die steile schwarze Piste und rechts der sanfte Übungshang.) Einkommensverteilungen sind typischerweise linkssteile Verteilungen, da hier meist viele niedrige Einkommen wenigen sehr hohen Einkommen gegenüberstehen. Die nächste Abbildung zeigt eine rechtssteile Verteilung.

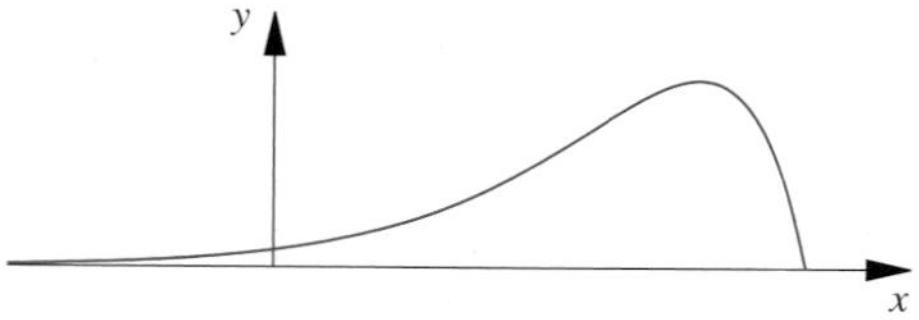

Dabei wollen wir es bei den anschaulichen Vorstellungen „linkssteil" und „rechtssteil" belassen und auf den Versuch einer Definition verzichten. Für linkssteile Verteilungen gilt meistens die folgende Aussage:

$$\text{Modus} < \text{Median} < \text{Schwerpunkt}$$

Für rechtssteile Verteilungen gilt analog meistens die umgekehrte Reihenfolge:

$$\text{Schwerpunkt} < \text{Median} < \text{Modus}$$

Wir formulieren diese Aussage nicht als zu beweisenden Satz, sondern als eine brauchbare Heuristik, denn wir haben gar nicht präzise definiert, was rechtssteil bzw. linkssteil ist. Außerdem genügte ein einziger Ausreißer, der in der Grafik überhaupt nicht in Erscheinung träte und weder Modus noch Median änderte, um den Schwerpunkt auf jeden beliebigen Platz zu schieben. Wir wollen aber eine plausible Erklärung für diese heuristische Aussage geben. Dazu betrachten wir noch einmal die erste Abbildung mit der Dichte. Hier liegt der Modus bei 0.44. Nun spiegeln wir den linken Teil der Dichte an einer vertikalen Achse durch den Modus und erhalten die folgende Abbildung.

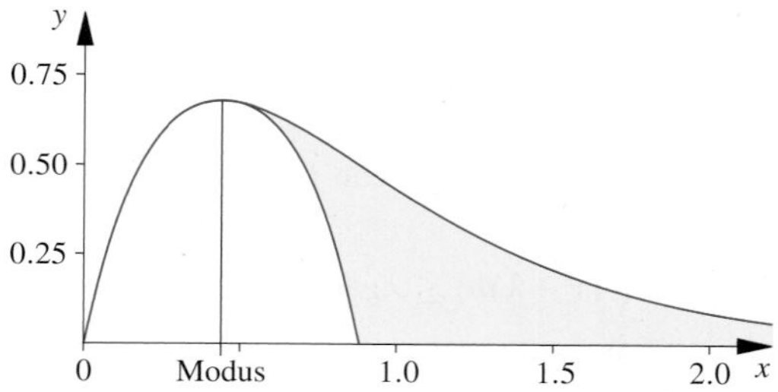

Da es sich um eine Verteilung der relativen Häufigkeiten handelt, ist die Fläche unter der Dichtekurve genau 1. Die Fläche unter der spiegelsymmetrischen, annähernd parabolischen Kurve ist kleiner als 1, denn im rechten Bereich ist der gelb markierte Teil der Fläche nicht erfasst. Also muss die Fläche links vom Modus kleiner als 0.5 sein. Also liegt der Median weiter rechts. Daher gilt Modus $\leq$ Median. In unserem Beispiel liegt der Median übrigens bei 0.88. Nun wiederholen wir das Spiel, spiegeln am Median und erhalten wieder eine spiegelsymmetrische Kurve (siehe die folgende Abbildung).

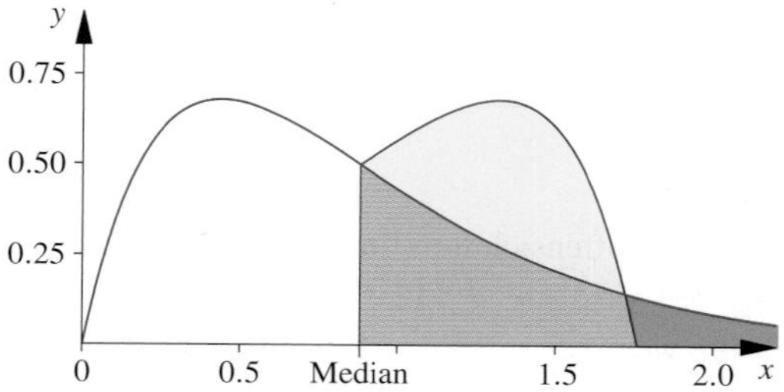

Die Größe der Fläche links vom Median ist 0.5, daher ist die Größe der gespiegelten Fläche rechts vom Median ebenfalls 0.5. Das heißt, die Größe der Fläche unter der Doppelkurve ist 1. Damit beschreibt sie ebenfalls eine Häufigkeitsdichte. Aufgrund der Symmetrie der Doppelkurve fallen Median und Schwerpunkt im Punkt 0.88 zusammen. Unter beiden Kurven rechts vom Median liegen Flächen der Größe 0.5. Gemeinsam ist beiden Flächen die annähernd trapezförmige blau markierte Schnittfläche. Daher muss der gelbe „Buckel" darüber und der grüne „Abhang" rechts daneben gleich groß sein. Nun stellen wir uns vor, der Buckel besteht aus Schnee, rutscht an der geneigten Hangkante ab und kommt als Lawinenkegel rechts zur Ruhe. Vor dem „Lawinenabgang" lag der Schwerpunkt der Doppelkurve bei 0.88. Nach dem Lawinenabgang ist der Schwerpunkt nach rechts gewandert. Das heißt, der Schwerpunkt der Ausgangskurve liegt rechts von 0.88.

Teil VI

Das harmonische Mittel ist der Kehrwert aus dem arithmetischen Mittel der Kehrwerte

Sind $x_1, \ldots, x_n$ positive Zahlen und $\gamma_1, \ldots, \gamma_n$ positive Gewichte mit $\sum_{i=1}^n \gamma_i = 1$, so ist das gewichtete **harmonische Mittel** der x_i

$$\overline{x}_{\text{harmonisch}} = \left(\sum_{i=1}^n \gamma_i x_i^{-1}\right)^{-1}.$$

Speziell bei konstanten Gewichten $\gamma_i = \frac{1}{n}$ ist

$$\overline{x}_{\text{harmonisch}} = n\left(\sum_{i=1}^n x_i^{-1}\right)^{-1}.$$

Der Name „harmonisches Mittel" kommt aus der pythagoräischen Musik- und Harmonielehre. Wird eine schwingende Saite so unterteilt, dass die Teilpunkte harmonische Mittelwerte der angrenzenden Teilpunkte sind, ergeben sich harmonische Akkorde. In der harmonischen Reihe

$$\sum_{j=1}^\infty \frac{1}{j} = 1 + \frac{1}{2} + \frac{1}{3} + \cdots + \frac{1}{n} + \frac{1}{n+1} + \frac{1}{n+2} + \cdots$$

ist bis auf das Anfangsglied 1 jede Zahl das harmonische Mittel der beiden Nachbarzahlen, d. h.

$$2\left(\left(\frac{1}{n}\right)^{-1} + \left(\frac{1}{n+2}\right)^{-1}\right)^{-1} = \frac{1}{n+1}.$$

Beispiel In der Physik stößt man häufig auf das harmonische Mittel: Verzeigt sich ein elektrischer Strom zwischen zwei Punkten A und B in n Einzelleiter, die jeweils den gleichen Widerstand r haben, so ist der Gesamtwiderstand R der Verzweigung gerade $R = \frac{1}{n}r$. Hat dagegen jeder Einzelleiter den Widerstand r_i, so ist nach den Kirchhoff'schen Regeln der Gesamtwiderstand $R = \frac{1}{n}\overline{r}_{\text{harmonisch}}$.

Ein anderes Beispiel: Sie fahren mit dem Fahrrad einen Berg langsam hinauf. Ihre Geschwindigkeit ist $v_1 = 4$ km/h. Dann fahren Sie den gleichen Berg mit der Geschwindigkeit $v_2 = 40$ km/h wieder hinunter. Wie groß ist Ihre Durchschnittsgeschwindigkeit v? Ist s die Länge der Bergstrecke und sind t_1 und t_2 die für beide Strecken benötigten Zeiten, so ist

$$v = \frac{s+s}{t_1+t_2} = \frac{2}{\frac{t_1}{s}+\frac{t_2}{s}} = \frac{2}{\frac{1}{v_1}+\frac{1}{v_2}} = 7.27\,\text{km/h}.$$

Die Durchschnittsgeschwindigkeit ist das harmonische Mittel der Geschwindigkeiten v_i! Siehe auch Aufgabe 36.18. ◀

Der Logarithmus des geometrischen Mittels ist das arithmetische Mittel aus den logarithmierten Daten

Sind $x_1, \ldots, x_n$ positiven Zahlen und $\gamma_1, \ldots, \gamma_n$ positive Gewichte mit $\sum_{i=1}^n \gamma_i = 1$, so ist das **gewogene geometrische Mittel** der x_i

$$\overline{x}_{\text{geometrisch}} = x_1^{\gamma_1} \cdot x_2^{\gamma_2} \cdots x_n^{\gamma_n}.$$

Speziell bei konstanten Gewichten $\gamma_i = \frac{1}{n}$ ist

$$\overline{x}_{\text{geometrisch}} = \sqrt[n]{x_1 \cdot x_2 \cdots x_n}.$$

Dieser Name erklärt sich aus der Geometrie: Die Seitenlänge q eines Quadrats, das denselben Flächeninhalt hat wie ein Rechteck mit den Seiten a und b, ist das geometrische Mittel aus a und b. Geometrische Mittel bieten sich z. B. an, wenn Wachstumsraten gemittelt werden. Dazu ein einfaches Beispiel. Die folgende Tabelle zeigt Preis und Preissteigerung für ein Gut in drei aufeinander folgenden Jahren.

Jahr	Preis	Steigerungsfaktor
2004	A	–
2005	$1.08 \cdot A$	1.08
2006	$1.03 \cdot 1.08 \cdot A$	1.03
2007	$1.07 \cdot 1.03 \cdot 1.08 \cdot A$	1.07

Wie groß müsste der (fiktive) konstante Steigerungsfaktor p sein, damit das Gut im Jahr 2007 den gleichen Endpreis erhält? Es muss gelten

$$p^3 A = 1.07 \cdot 1.03 \cdot 1.08 \cdot A$$
$$p = \sqrt[3]{1.08 \cdot 1.03 \cdot 1.07} = 1.0597 = \overline{p}_{\text{geometrisch}}.$$

Wären die Preise in jedem Jahr konstant um 5.97 % gestiegen, so hätten die Preise im Endjahr dasselbe Niveau erreicht. p ist das geometrische Mittel aus den drei Steigerungsfaktoren.

Der verallgemeinerte p-Mittelwert umfasst geometrisches, harmonisches und arithmetisches Mittel

Sind $x_1, \ldots, x_n$ positive Zahlen und $\gamma_1, \ldots, \gamma_n$ positive Gewichte mit $\sum_{i=1}^n \gamma_i = 1$ und $-\infty < p < +\infty$ eine feste reelle Zahl, so ist der verallgemeinerte p-Mittelwert definiert durch

$$\overline{x}(p) = \left(\sum_{i=1}^n x_i^p \gamma_i\right)^{\frac{1}{p}}.$$

Für $p = -1$ erhält man das harmonische Mittel, für $p = +1$ erhält man das arithmetische Mittel. Für $p = 0$ lässt sich die obige Formel nicht verwenden. Aber der Grenzwert $\lim_{p\to 0}\overline{x}(p)$ existiert und wird als $\overline{x}(0)$ definiert:

$$\lim_{p\to 0}\overline{x}(p) = \overline{x}(0) = x_1^{\gamma_1} \cdot x_2^{\gamma_2} \cdots x_n^{\gamma_n}.$$

$\overline{x}(0)$ ist gerade das geometrische Mittel (siehe auch S. 346).

Teil VI

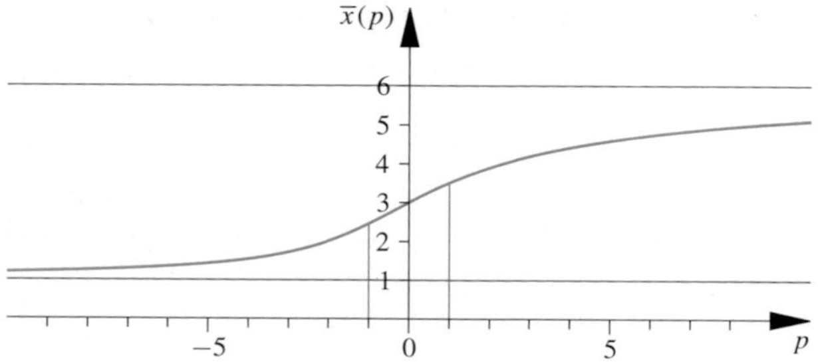

Abb. 36.27 Die Potenz-Mittelfunktion $\overline{x}(p) = (\frac{1}{6}\sum_{j=1}^{6} j^p)^{\frac{1}{p}}$ beim Würfel

Betrachtet man $\overline{x}(p)$ bei festen γ_j und x_j als Funktion von p, so lässt sich beweisen: $\overline{x}(p)$ ist für $-\infty < p < +\infty$ eine streng monoton wachsende, differenzierbare Funktion mit

$$\lim_{p\to-\infty} \overline{x}(p) = \min\{x_1, \ldots, x_n\},$$

$$\lim_{p\to+\infty} \overline{x}(p) = \max\{x_1, \ldots, x_n\}.$$

Abbildung 36.27 zeigt den Verlauf der Funktion $\overline{x}(p)$ für das Beispiel (Würfelwurf mit fairem Würfel) $x_1 = 1$, $x_2 = 2$, …, $x_6 = 6$ und $\gamma_j = \frac{1}{6}$. Hier ist das Minimum $\min\{x_j\} = 1$, das harmonische Mittel $\overline{x}(-1) = 2.449$, das geometrische Mittel $\overline{x}(0) = 2.9937$, das arithmetische Mittel $\overline{x}(1) = 3.5$ und schließlich das Maximum $\max\{x_j\} = 6$.

36.4 Streuungsparameter

Streuungsparameter geben an, wie die Ausprägungen um das „Zentrum" streuen

Wenn der monatliche Durchschnittslohn in einer Firma 100 000 € beträgt, heißt dies noch lange nicht, dass sich eine Anstellung in dieser Firma lohnt. Es könnte ja sein, dass die 1000 Angestellten jeweils nur 1000 € erhalten und die 10 Vorstände jeweils 10 Millionen. Der Mittelwert ist hier nicht so interessant wie die Streuung. Wir betrachten die wichtigsten vier Streuungsmaße.

Die Spannweite ist die Differenz zwischen größtem und kleinstem Wert

Die **Spannweite** ist gegeben durch

$$\max_i\{x_i\} - \min_i\{x_i\}.$$

Bei Kies oder Sand ist die Spannweite der Korngröße leicht durch Sieben zu ermitteln: Bestimme die kleinste Maschenweite des gröbsten Siebes, durch das noch jedes Korn hindurchpasst und die größte Maschenweite des feinsten Siebes durch das kein Korn mehr passt. Die Differenz der Maschenweiten ist die Spannweite.

Die Spannweite ist anschaulich und leicht zu bestimmen. Sie hängt aber vom Stichprobenumfang ab und ist sehr empfindlich gegen Ausreißer: In einer Gruppe von 10 Studenten kann die Spannweite des verfügbaren Monatseinkommens vielleicht 50 € betragen. Bei 500 Studenten beträgt die Spannweite vielleicht 1000 €. Ist zufällig der Sohn eines Ölscheichs dabei, dann könnte die Spannweite 1 000 000 € betragen.

Der Quartilsabstand ist die Differenz zwischen oberem und unterem Quartil

Der **Quartilsabstand** ist gegeben durch

$$x_{0.75} - x_{0.25}.$$

Der Quartilsabstand gibt an, wie „die mittleren 50 %" streuen. Er bestimmt die Länge der Box in einem Boxplot (siehe Anwendung auf S. 1365). Im Gegensatz zur Spannweite ist er ein sehr robustes Streuungsmaß: Im Extremfall können bis zu 25 % der Daten grob falsch sein, ohne dass der Quartilsabstand wesentlich verfälscht wird.

Die mittlere absolute Abweichung ist der Mittelwert der Abweichungen vom Median

Die **mittlere absolute Abweichung** ist gegeben durch

$$\frac{1}{n}\sum_{i=1}^{n} |x_i - x_{\text{med}}|.$$

Betrachten wir zuerst die Summe der Abweichungen von einem beliebigen festen Bezugspunkt a, also $\sum_{i=1}^{n} |x_i - a|$. Je nachdem, wie man a wählt, kann $\sum_{i=1}^{n} |x_i - a|$ beliebig groß gemacht werden. Kann aber $\sum_{i=1}^{n} |x_i - a|$ durch geschickte Wahl von a auch beliebig klein gemacht werden? Betrachten wir zum Beispiel fünf Büros $x_{(1)}, x_{(2)}, x_{(3)}, x_{(4)}$ und $x_{(5)}$, die an einem langen Korridor liegen. Irgendwo in diesem Korridor soll an einem Ort a ein zentraler Drucker aufgestellt werden. Dann ist $s = \sum_{i=1}^{n} |x_i - a|$ die Gesamtlänge der Kabel von den Büros zum Drucker. Wo muss a liegen, damit s minimal wird?

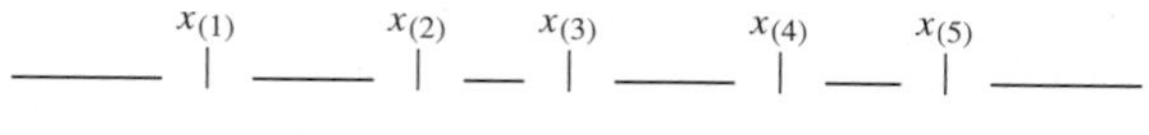

Betrachten wir zuerst nur $x_{(1)}$ und $x_{(5)}$.

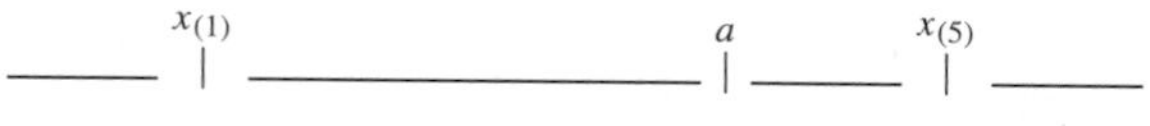

Liegt a irgendwo zwischen $x_{(1)}$ und $x_{(5)}$, so ist $|x_{(1)}-a|+|x_{(5)}-a|$ in jedem Fall gleich $|x_{(1)} - x_{(5)}|$. Liegt aber a außerhalb des Intervalls $[x_{(1)}, x_{(5)}]$, z. B. rechts von $x_{(5)}$, so ist

$$|x_{(1)} - a| + |x_{(5)} - a| = |x_{(1)} - x_{(5)}| + 2|x_{(5)} - a|.$$

größer als $|x_{(1)} - x_{(5)}|$. Also ist es für die beiden Büros $x_{(1)}$ und $x_{(5)}$ belanglos, wo a liegt, sofern es nur zwischen $x_{(1)}$ und $x_{(5)}$ liegt. Nun betrachten wir die nächsten beiden Büros $x_{(2)}$ und $x_{(4)}$. Für sie gilt analog: Die Lage von a ist belanglos, wenn a nur zwischen $x_{(2)}$ und $x_{(4)}$ liegt. Also ist nur noch $x_{(3)}$ zu versorgen. Hier ist aber die Entscheidung klar: a wird auf $x_{(3)}$ gelegt. $x_{(3)}$ ist der Median der fünf Werte. Diese Beweisidee lässt sich leicht verallgemeinern und liefert:

Optimalität des Medians

Für jeden Bezugspunkt a gilt

$$\sum_{i=1}^{n} |x_i - x_{\text{med}}| \leq \sum_{i=1}^{n} |x_i - a|.$$

Zwar ist der Median ein robuster Lageparameter, der grobe Messfehler toleriert. Aber es genügt eine einzige grob falsche Messung, um die mittlere absolute Abweichung unbrauchbar zu machen. Ersetzen wir daher den Mittelwert der Abweichungen $|x_i - x_{\text{med}}|$ durch den Median, so ist diese Schwäche behoben.

Der Median der absoluten Abweichungen vom Median ist ein robustes Streuungsmaß

Der Median der absoluten Abweichungen vom Median, MAD, ist gegeben durch

$$\text{MAD} = \text{Median}\{|x_i - \text{Median}\{x_i\}|\}.$$

Selbst wenn fast 50% der Daten willkürlich durch $+\infty$ oder $-\infty$ ersetzt werden, gibt der Streuungsparameter MAD noch eine sinnvolle Antwort über die Streuung der Mehrheit der nichtverfälschten Daten.

Die Varianz ist der Mittelwert der quadrierten Abweichungen vom Mittelwert

Das wichtigste und theoretisch am besten erforschte Streuungsmaß ist die **Varianz**:

$$\text{var}(\boldsymbol{x}) = \frac{1}{n}\sum_{i=1}^{n}(x_i - \overline{x})^2. \tag{36.2}$$

Andere gleichwertige Schreibweisen für die Varianz sind

$$\text{var}(\boldsymbol{x}) = \text{var}\{x_i \mid i = 1, \ldots, n\} = \text{var}\{x_i\} = s^2.$$

Wir wählen dabei jeweils die einfachste unmissverständliche Schreibweise. Dabei steht der Datenvektor $\boldsymbol{x}$ für die Gesamtheit der Ausprägungen $\{x_1, x_2, \ldots, x_n\}$. Den Anfangsbuchstaben v bei var schreiben wir klein, um daran zu erinnern, dass es sich um die aus Beobachtungen berechnete **empirische** Varianz handelt. Später werden wir die **theoretische** Varianz $\text{Var}(X) = \sigma^2$ einer zufälligen Variablen definieren.

Die Wurzel aus der Varianz ist die **Standardabweichung**

$$s = \sqrt{\text{var}(\boldsymbol{x})} = \sqrt{\frac{1}{n}\sum_{i=1}^{n}(x_i - \overline{x})^2}.$$

Wird zum Beispiel das Merkmal X in Zentimetern gemessen, so haben Mittelwert $\overline{x}$ und Standardabweichung s ebenfalls die Dimension Zentimeter, dagegen ist (Zentimeter)^2 die Dimension der Varianz s^2.

Die Bedeutung von Varianz und Standardabweichung zur Beschreibung der Genauigkeit einer Messung wird später deutlich, wenn wir Parameterschätzungen mit Modellen der Wahrscheinlichkeitstheorie bewerten. Dann werden wir auch begründen können, warum in manchen Lehrbüchern die empirische Varianz mit dem Faktor $\frac{1}{n-1}$ anstelle des Faktors $\frac{1}{n}$ definiert wird,

$$\text{var}(\boldsymbol{x}) = \frac{1}{n-1}\sum_{i=1}^{n}(x_i - \overline{x})^2.$$

Wir werden aber weiterhin mit dem Faktor $\frac{1}{n}$ arbeiten. Als Faustregel sollte man sich merken: Sollte eine statistisch fundierte Entscheidung wirklich einmal davon abhängen, ob bei der Varianz im Nenner n oder $n-1$ steht, so ist schlicht zu befürchten, dass der Stichprobenumfang zu klein gewählt ist.

Analog zu den Berechnungsweisen des arithmetischen Mittels kann die Varianz auf unterschiedliche Weise berechnet, bei gruppierten Daten geschätzt werden. Sind die Daten sortiert und ist n_j die Häufigkeit der Ausprägung a_j, so ist

$$\text{var}(\boldsymbol{x}) = \frac{1}{n}\sum_{j=1}^{k}(a_j - \overline{x})^2 \cdot n_j.$$

Beispiel In der Schulklasse A_1 wurden 10 Schüler, in den Klassen A_2 und A_3 wurden jeweils nur 5 Schüler nach ihrem Taschengeld x befragt. Dabei erhielt man folgendes Ergebnis:

Klasse	Taschengeld x_i					Summe
A_1	6	8	4	5	5	
	6	7	5	6	2	54
A_2	5	2	5	6	6	24
A_3	3	2	5	6	6	22
						100

Das arithmetische Mittel ist $\overline{x} = \frac{100}{20} = 5$. Ignoriert man die Klassenstruktur und sortiert die Daten, so liefert die nächste Tabelle die Berechnung der Varianz:

a_i	n_i	$a_i - \overline{x}$	$(a_i - \overline{x})^2$	$(a_i - \overline{x})^2 \cdot n_i$
2	3	−3	9	27
3	1	−2	4	4
4	1	−1	1	1
5	6	0	0	0
6	7	1	1	7
7	1	2	4	4
8	1	3	9	9
Summe	20			52

Demnach ist $\operatorname{var}(\boldsymbol{x}) = \frac{52}{20} = 2.6$. ◄

Die Varianz ist ein quadratisches Streuungsmaß: Werden Daten linear transformiert: $y_i = a + bx_i$, so ist

$$\operatorname{var}(\{a + bx_i\}) = b^2 \operatorname{var}(\{x_i\}).$$

Die Verschiebung der Daten um den Wert a spielt für die Varianz keine Rolle. Die Verschiebung ändert die Lage, aber nicht die Streuung.

Beweis Sei $y_i = a + bx_i$. Dann ist $\overline{y} = a + b\overline{x}$ und $y_i - \overline{y} = b(x_i - \overline{x})$. Also $\sum_{i=1}^n (y_i - \overline{y})^2 = b^2 \sum_{i=1}^n (x_i - \overline{x})$. ■

Es ist oft bequemer $\sum_{i=1}^n (x_i - a)^2$ mit einem geeigneten a als $\sum_{i=1}^n (x_i - \overline{x})^2$ zu berechnen. Beide Summen lassen sich mit dem Binomischen Lehrsatz $(a+b)^2 = a^2 + 2ab + b^2$ leicht ineinander umrechnen:

$$\begin{aligned}(x_i - a)^2 &= [(x_i - \overline{x}) + (\overline{x} - a)]^2 \\ &= (x_i - \overline{x})^2 + 2(x_i - \overline{x})(\overline{x} - a) + (\overline{x} - a)^2.\end{aligned}$$

Summation über i liefert

$$\sum_{i=1}^n (x_i - a)^2 = \sum_{i=1}^n (x_i - \overline{x})^2 + 2(\overline{x} - a) \underbrace{\sum_{i=1}^n (x_i - \overline{x})}_{=0} + n(\overline{x} - a)^2.$$

Es gilt also:

$$\sum_{i=1}^n (x_i - a)^2 = \sum_{i=1}^n (x_i - \overline{x})^2 + n(\overline{x} - a)^2.$$

Sind die Daten nach ihren Häufigkeiten sortiert und ist n_j die Häufigkeit von a_j, erhalten wir

$$\sum_{j=1}^k n_j (a_j - a)^2 = \sum_{j=1}^k n_j (a_j - \overline{x})^2 + n(\overline{x} - a)^2.$$

Division durch $\frac{1}{n}$ liefert:

Der Verschiebungssatz

$$\frac{1}{n} \sum_{j=1}^k n_j (a_j - a)^2 = \operatorname{var}(\boldsymbol{x}) + (\overline{x} - a)^2.$$

Für den Spezialfall $a = 0$ erhalten wir

$$\frac{1}{n} \sum_{j=1}^k n_j a_j^2 = \operatorname{var}(\boldsymbol{x}) + \overline{x}^2. \qquad (36.3)$$

Beispiel Wir setzen das Beispiel von S. 1375 fort und berechnen zur Kontrolle die Varianz mit dem Verschiebungssatz. Dazu wählen wir $a = 0$:

a_j	n_j	a_j^2	$a_j^2 \cdot n_j$
2	3	4	12
3	1	9	9
4	1	16	16
5	6	25	150
6	7	36	252
7	1	49	49
8	1	64	64
Summe	20		552

Dann gilt

$$\operatorname{var}(\boldsymbol{x}) = \frac{1}{n} \sum a_j^2 \cdot n_j - \overline{x}^2 = \frac{552}{20} - 5^2 = 2.6.$$ ◄

In der Physik ist der Verschiebungssatz als Satz von Steiner bekannt:

Das Trägheitsmoment eines Körpers in Bezug auf eine Achse A ist gleich dem Trägheitsmoment der ganzen im Schwerpunkt vereinigten Masse in Bezug auf A, vermehrt um das Trägheitsmoment des Körpers in Bezug auf eine durch den Schwerpunkt gelegte zu A parallele Achse.

Aus dem Verschiebungssatz folgt: Die Summe der quadrierten Abweichungen von einem Zentrum a ist genau dann minimal, wenn $a = \overline{x}$ ist,

$$\sum_{i=1}^n (x_i - a)^2 \geq \sum_{i=1}^n (x_i - \overline{x})^2.$$

Vergleichen wir dieses Ergebnis mit der Aussage über die Optimalität des Medians (siehe S. 1375), sehen wir: Der Median minimiert die Summe der absoluten Abstände, das arithmetische Mittel die quadrierten Abstände von einem Bezugspunkt a.

Setzt sich eine Grundgesamtheit Ω aus k disjunkten Teilgesamtheiten $\Omega_1, \ldots, \Omega_k$ zusammen, $\Omega = \bigcup_{j=1}^k \Omega_j$, und ist von jeder Teilgesamtheit Ω_j der Mittelwert $\overline{x_j}$, die Varianz $\operatorname{var}(\boldsymbol{x}_j)$ und der Umfang der $|\Omega_j| = n_j$ bekannt, so gilt:

Teil VI

Die Varianz einer Mischverteilung

$$\operatorname{var}(\boldsymbol{x}) = \frac{1}{n}\sum_{j=1}^{k} n_j \cdot \operatorname{var}(\boldsymbol{x}_j) + \frac{1}{n}\sum_{j=1}^{k}(\overline{x}_j - \overline{x})^2 \cdot n_j.$$

Die Varianz einer Mischverteilung ist der Mittelwert der Varianzen plus die Varianz der Mittelwerte.

Beweis Wir wenden den Verschiebungssatz auf die Varianz der j-ten Teilgesamtheit an. Dabei ersetzen wir a durch den Gesamtmittelwert $\overline{x}$:

$$\sum_{x\in\Omega_j}(x_i - \overline{x})^2 = \sum_{x\in\Omega_j}(x_i - \overline{x}_j)^2 + n_j(\overline{x}_j - \overline{x})^2$$

Summation über die Teilgesamtheiten Ω_j liefert

$$\begin{aligned}\sum_{j=1}^{k}\sum_{x\in\Omega_j}(x_i - \overline{x})^2 &= \sum_{j=1}^{k}\sum_{x\in\Omega_j}(x_i - \overline{x}_j)^2 + \sum_{j=1}^{k} n_j(\overline{x}_j - \overline{x})^2\\ &= \sum_{j=1}^{k} n_j \operatorname{var}(\boldsymbol{x}_j) + \sum_{j=1}^{k} n_j(\overline{x}_j - \overline{x})^2.\end{aligned}$$

Division durch $n = \sum_{j=1}^{k} n_j$ liefert die angegebene Formel. ■

Selbstfrage 6

Suchen Sie ein Beispiel einer Mischverteilung mit positiver Varianz, in der alle Teilvarianzen $\operatorname{var}(\boldsymbol{x}_j)$ null sind.

Beispiel Wir setzen das Beispiel mit den Schulklassen fort, betrachten jede Klasse für sich und berechnen in jeder Klasse den Mittelwert $\overline{x}_j$ und $\operatorname{var}(\boldsymbol{x}_j)$. Wir erhalten

Klasse	n_j	$\operatorname{var}(\boldsymbol{x}_j)$	$n_j \operatorname{var}(\boldsymbol{x}_j)$
A_1	10	2.44	24.4
A_2	5	2.16	10.8
A_3	5	2.64	13.2
Summe	20		48.4

Andererseits folgt mit dem Gesamtmittel $\overline{x} = 5$

Klasse	n_j	$\overline{x}_j$	$n_j(\overline{x}_j - \overline{x})^2$
A_1	10	5.4	1.6
A_2	5	4.8	0.2
A_3	5	4.4	1.8
Summe	20		3.6

Demnach ist

$$\begin{aligned}\operatorname{var}(\boldsymbol{x}) &= \frac{1}{n}\sum_{j=1}^{k} n_j \cdot \operatorname{var}(\boldsymbol{x}_j) + \frac{1}{n}\sum_{j=1}^{k}(\overline{x}_j - \overline{x})^2 \cdot n_j\\ &= \frac{48.4}{20} + \frac{3.6}{20} = \frac{52}{20} = 2.6\,.\end{aligned}$$

◄

Häufig liegen die Daten in Tabellenform gruppiert vor. Da die Einzelwerte nicht vorliegen, lässt sich die Varianz nur noch schätzen. Dazu betrachten wir jedes Intervall als eigene Klasse und stellen uns vor, alle Daten einer Klasse j seien in der Intervallmitte m_j konzentriert. Dann ist $m_j = \overline{x}_j$ und $\operatorname{var}(\boldsymbol{x}_j) = 0$. In diesem Fall liefert die Formel für die Varianz einer Mischverteilung das Ergebnis

$$\operatorname{var}(\boldsymbol{x}) = \frac{1}{n}\sum_{j=1}^{k}(m_j - \overline{x})^2 \cdot n_j = \frac{1}{n}\sum_{j=1}^{k} m_j^2 \cdot n_j - \overline{x}^2.$$

Wir verwenden diese Formel als Schätzung für die Varianz von gruppierten Daten. Die Schätzformel lässt sich auch so interpretieren: Wir ersetzen das stetige gruppierte Merkmal durch ein diskretes Merkmal mit den Ausprägungen m_j und den Häufigkeiten n_j und bestimmen dann die Varianz dieses diskreten Merkmals.

Beispiel Wir setzen das Beispiel mit den Taschengeldern fort. Angenommen die Daten lägen wie in der folgenden Tabelle gruppiert vor. Dort sind auch die einzelnen Rechenschritte ersichtlich.

Von ... bis unter	n_j	m_j	$n_j m_j$	m_j^2	$n_j m_j^2$
2 bis unter 4	4	3	12	9	36
4 bis unter 6	7	5	35	25	175
6 bis unter 8	8	7	56	49	392
8 bis unter 10	1	9	9	81	81
Summe	20		112		684

Wir haben den Verschiebungssatz mit $a = 0$ verwendet. Aus dieser Tabelle entnehmen wir $\overline{x} = \frac{1}{n}\sum_{j=1}^{k} m_j \cdot n_j = \frac{112}{20}$ sowie $\frac{1}{n}\sum_{j=1}^{k} n_j m_j^2 = \frac{684}{20}$. Dann schätzen wir die Varianz mit

$$\begin{aligned}\operatorname{var}(\boldsymbol{x}) &= \frac{1}{n}\sum_{j=1}^{k} m_j^2 \cdot n_j - \overline{x}^2\\ &= \frac{684}{20} - \left(\frac{112}{20}\right)^2 = 2.84\,.\end{aligned}$$

Der Wert von $\operatorname{var}(\boldsymbol{x})$ hängt von der Gruppierung ab. In der nächsten Tabelle wird nur geringfügig anders gruppiert.

Von ... bis unter	n_j	m_j	$n_j m_j$	m_j^2	$n_j \cdot m_j^2$
0 bis unter 3	3	1.5	4.5	2.25	6.75
3 bis unter 6	8	4.5	36	20.20	162.00
6 bis unter 9	9	7.5	67.50	56.25	506.25
Summe	20		108		

Aber wir erhalten eine fast doppelt so große Varianzschätzung:

$$\begin{aligned}\operatorname{var}(\boldsymbol{x}) &= \frac{1}{n}\sum_{j=1}^{k} m_j^2 \cdot n_j - \overline{x}^2\\ &= \frac{675}{20} - \left(\frac{108}{20}\right)^2 = 4.59\,.\end{aligned}$$

◄

Vertiefung: Erstes Arbeiten mit R

Wir zeigen an einem Beispiel mit realen Daten, wie man Daten aufbereitet, ihre elementaren Lage- und Streuungsparameter bestimmt, sie grafisch darstellt und Korrelation zwischen ihnen misst. Dabei werden wir mit dem Softwarepaket R arbeiten.

Die statistische Praxis wird durch spezifische Softwarepakete erheblich erleichtert. Dabei hat sich das seit 1992 zuerst von den Statistikern Ross Ihaka und Robert Gentleman und später als freie Implementierung entwickelte R-Projekt besonders bewährt. Seine Vorzüge sind die besonders einfache Bedienung, die ausführlichen Hilfefunktionen, ihre fast universellen Werkzeuge und vor allem ist es kostenlos aus dem Netz für die wichtigsten Plattformen herunterzuladen (www.cran.r-project.org). Wir wollen nun an realen Daten mit R üben.

Der pensionierte Statistiker Martin hat im Urlaub auf dem Bauernhof 72 Eier gesammelt, sie einzeln gewogen und Länge wie Breite gemessen. Unter „EierdatenR.csv" sind die Daten im csv-Format (comma-separeted-value) gespeichert. Wir importieren und speichern sie unter dem Variablennamen „Eier".

```
>Eier<-read.csv2("EierdatenR.csv")
```

Die Zeichenkombination <- ist der Zuweisungspfeil. Mit dem Prompt-Zeichen > wartet R auf neue Befehle. Als Nächstes fragen wir formale Eigenschaften der Datei ab

```
>dim(Eier)[1] 72 3 # Spalten und Zeilen
class(Eier)
[1]  data.frame
```

Die Daten sind als sogenannter Data-Frame gespeichert. Wir lassen die ersten drei Zeilen der Datei anzeigen:

```
>head(Eier,3)
    Gewicht Laenge Breite
1       64   58.5   44.0
2       62   57.6   43.5
3       58   59.5   41.9
```

Jede Spalte in diesem Dataframe definiert eine eigene Variable, die durch ihren Namen ansprechbar und aufrufbar ist. Der Befehl

```
>summary(Eier)
```

liefert die Extremwerte, Mediane, Mittelwerte sowie erste und dritte Quantile der drei Variablen Gewicht, Länge und Breite.

Mit dem Kommando

```
>attach(Eier)
```

sagen wir dem Programm, dass wir uns hier nur mit dem Eierdatensatz befassen wollen. Der Befehl

```
>sd(Laenge)
```

liefert die Standardabweichung und

```
>var(Laenge)
```

die Varianz, mit

```
>round(var(Laenge),2)
```

erhalten wir sie auf zwei Kommastellen gerundet. Dabei ist zu beachten, dass R Groß- und Kleinschreibung unterscheidet, also `var` ist nicht `Var`. Mit dem doppelten Gleichheitszeichen überprüfen wir, ob die Standardabweichung gleich der Wurzel der Varianz ist.

```
>sqrt(var(Gewicht))==sd(Gewicht)
```

Darauf antwortet R mit

```
>TRUE
```

Wir veranschaulichen die Daten in Boxplots:

```
>boxplot(Eier,col=c(8,2,3))
```

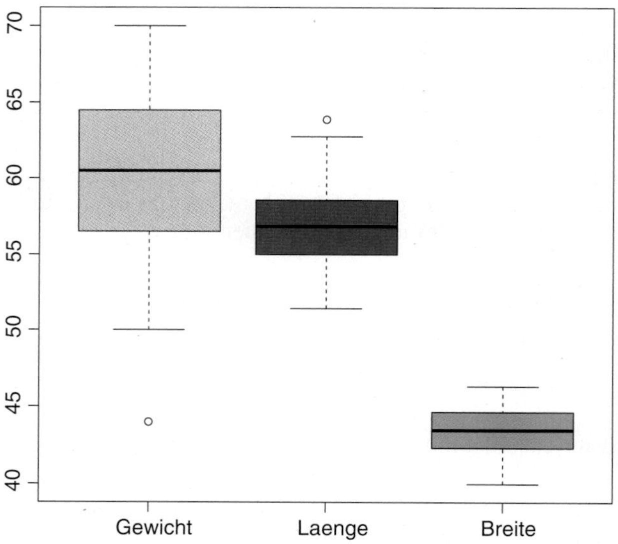

Die Angabe `col` legt die Farben (colour) für die drei Boxplots fest, durch die Angabe `c(8,2,3)`, (c wie „combine") werden die Farbangaben 8, 2 und 3 in einem Vektor zusammengefasst.

Vertiefung: Erstes Arbeiten mit R (Fortsetzung)

Wenn wir mehr über Boxplots wissen wollen, fragen wir nur

```
>help(boxplot)
```

oder

```
>??boxplot
```

Dann werden sehr detailliert alle mögliche Optionen erläutert. Wir werden daher im Folgenden auf Details verzichten und verweisen auf diese Hilfeoption. In diesen Boxplots sind zwei Ausreißer erkennbar. Ein Wert liegt bei Gewicht unterhalb und bei Länge oberhalb der Boxen.

Durch

```
>hist(Gewicht)
```

erhalten wir ein Histogramm für das Merkmal Gewicht.

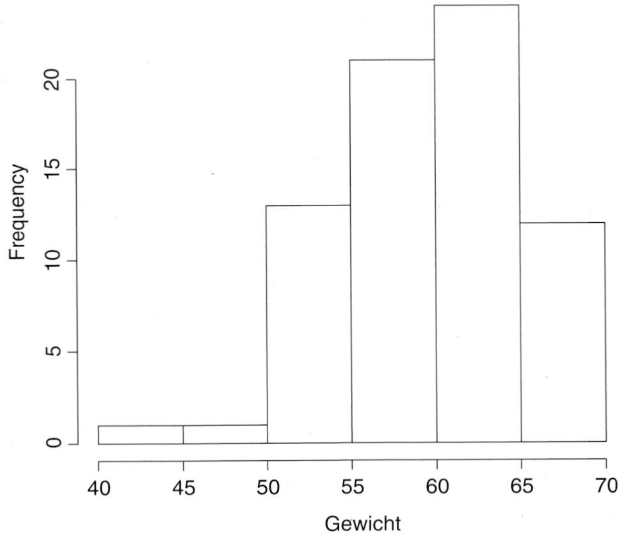

Optionen über die Wahl von Klassen, Farbe, Balkenbreite usw. können wir wieder über `help(hist)` erfragen. Die empirische Verteilungsfunktion `ecdf` erzeugen wir aus den Originaldaten mit

```
>plot(ecdf(Gewicht),verticals=TRUE,
 do.points=FALSE)
```

Aufgrund der Option `verticals=TRUE` werden die senkrechten Sprunglinien der Verteilungsfunktion gezeichnet, `do.points=FALSE` verzichtet auf eine Hervorhebung der Sprungstellen.

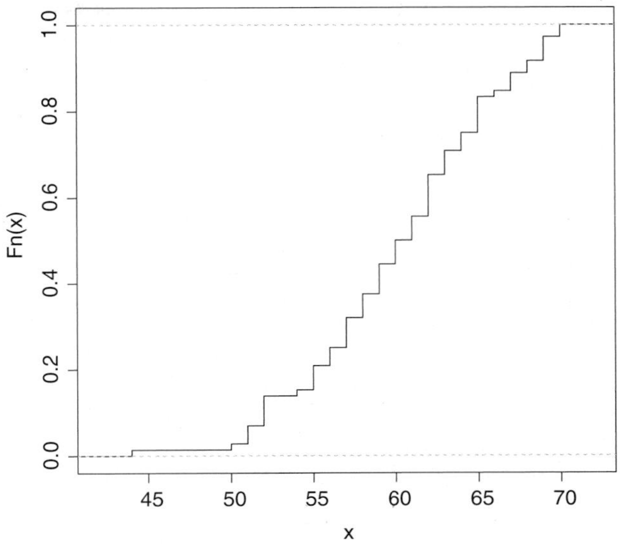

Zum Schluss überprüfen wir die Daten auf doppelte Einträge. (Gleicht ein Ei dem anderen?) Wir verwandeln dazu die Zeilen des Dataframe in eine Liste mit 72 Elementen. Der Dataframe wird zuerst transponiert und danach mit der Funktion `split` als Liste angeordnet.

```
>eier.list<-split(tmp<-t(Eier), col(tmp))
```

In dieser Liste suchen wir mit der Funktion `duplicated` eventuell mehrfach auftretende Elemente und speichern sie unter dem Namen `dop.ei`

```
>dop.ei<-eier.list[duplicated(eier.list)]
```

Rufen wir `dop.ei` auf, erhalten wir

```
>$`63`  [1] 62.0 55.0 44.5
```

Also tritt das 63. Element der Liste `eier.list` mit den Ausprägungen `62.0 55.0 44.5` mehrfach auf. Mit der R-Funktion `match(%in%)`

```
>eier.list %in% dop.ei
```

suchen wir in der Liste `eier.list` nach allen Elementen, die mit `dop.ei` übereinstimmen. Das Ergebnis ist ein logischer Vektor mit 70 FALSE und 2 TRUE Elementen. Mit diesem Vektor selektieren wir 2 Zeilen der ursprünglichen Eier-Dataframe.

```
>Eier[(eier.list %in% dop.ei),]
```

Die Antwort nennt die Indizes der beiden Eier und ihre identischen Merkmale.

```
      Gewicht Laenge Breite
57         62     55   44.5
63         62     55   44.5
```

Teil VI

Die Ungleichung von Tschebyschev ist ein Universalwerkzeug für Prognosen

Es seien $\bar{x}$ und s^2 Mittelwert und Varianz einer Stichprobe $\{x_i : 1, \ldots, n\}$ und k eine beliebige feste positive Zahl. Dann sagt die **Ungleichung von Tschebyschev**: Der Anteil der Daten x_i, die vom Mittelwert $\bar{x}$ einen Abstand von mindestens k Standardabweichungen haben, ist höchstens $\frac{1}{k^2}$:

$$\frac{\operatorname{card}\{x_i \mid |x_i - \bar{x}| \geq k \cdot s\}}{n} \leq \frac{1}{k^2} \tag{36.4}$$

Eine gleichwertige Formulierung ist: Der Anteil der Daten x_i, die vom Mittelwert $\bar{x}$ einen kleineren Abstand haben als k Standardabweichungen, ist mindestens $1 - \frac{1}{k^2}$:

$$\frac{\operatorname{card}\{x_i \mid |x_i - \bar{x}| < k \cdot s\}}{n} \geq 1 - \frac{1}{k^2}$$

Die Ungleichung von Tschebyschev gilt universell. Wenn man nichts weiter über die Daten weiß als $\bar{x}$ und s, so gibt es keine genaueren Abschätzungen. Wenn wir jedoch mehr wissen, z. B., dass die Verteilung unimodal oder glockenförmig oder die x_i selber Summen sind, so gibt es genauere Ungleichungen, die wir später kennenlernen werden.

Beweis Nach Definition ist $s^2 = \frac{1}{n}\sum_{i=1}^{n}(x_i - \bar{x})^2$. Nun spalten wir die Summe auf in Summanden die größer gleich und die kleiner als $k \cdot s$ sind. Letztere schätzen wir nach unten durch 0 ab:

$$\begin{aligned} ns^2 &= \sum_{i=1}^{n}(x_i - \bar{x})^2. \\ &= \sum_{|x_i - \bar{x}| \geq k \cdot s}(x_i - \bar{x})^2 + \sum_{|x_i - \bar{x}| < k \cdot s}(x_i - \bar{x})^2 \\ &\geq \sum_{|x_i - \bar{x}| \geq k \cdot s}(x_i - \bar{x})^2 \\ &\geq k^2 \cdot s^2 \cdot \operatorname{card}\{x_i \mid |x_i - \bar{x}| \geq k \cdot s\}. \end{aligned}$$

■

Anwendungsbeispiel Die Ungleichung von Tschebyschev ist ein Universalwerkzeug, um Prognosen über unbekannte Daten zu machen, sofern wir von den Daten nur Mittelwert $\bar{x}$ und Varianz s^2 kennen. Die Ungleichung von Tschebyschev sagt zum Beispiel für $k = 2$: Geht man vom Mittelwert zwei Standardabweichungen nach links und zwei Standardabweichungen nach rechts, so liegen in diesem Intervall $[\bar{x} - 2s, \bar{x} + 2s]$ mindestens 75% $(= 1 - \frac{1}{2^2})$ der Daten. Außerhalb dieses Intervalls liegen höchstens 25% der Daten.

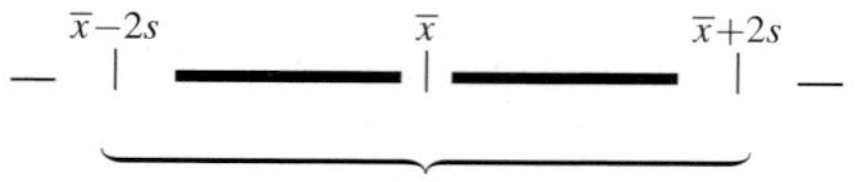

In diesem Intervall liegen mindestens 75% der Daten

Für $k = 3$ ergibt sich: Innerhalb des Intervalls $[\bar{x} - 3s, \bar{x} + 3s]$ liegen mindestens $8/9$ der Daten, also rund 90 %. Höchstens 10 % der Daten liegen außerhalb des Intervalls.

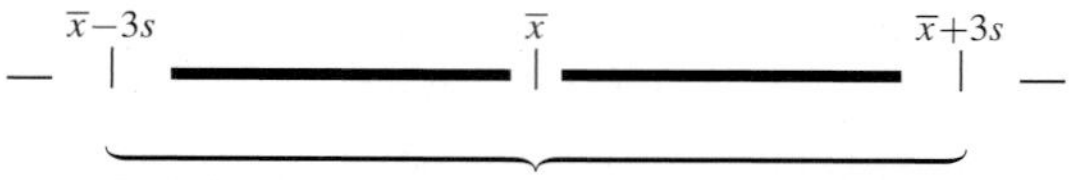

In diesem Intervall liegen mindestens 90% der Daten

Häufig werden bei technischen Maßangaben Messwerte mit Toleranzbereichen in der Form „Mittelwert ± 1 Standardabweichung" angegeben, zum Beispiel: Das Maß ist 10 cm $\pm$ 1 mm. Wir können dann sicher sein, dass mindestens 90% der Werte im Intervall 10 cm $\pm$ 3 mm liegen. ◀

Selbstfrage 7

Sind die Aussagen der Ungleichung von Tschebyschev für $0 \leq k \leq 1$ falsch oder richtig, aber wertlos?

Der Variations-Koeffizient $\gamma = s/\bar{x}$ ist ein dimensionsloses Maß für die relative Streuung

Wenn eine Briefwaage auf ein Gramm genau wiegt und eine Brückenwaage, mit der beladene Eisenbahnwaggons gewogen werden, auf ein kg genau wiegt, so ist es nicht leicht, die Genauigkeit beider Waagen zu vergleichen. Bei der Briefwaage haben wir es mit Gewichten zwischen 1 und 100 Gramm zu tun, bei der Brückenwaage mit Gewichten zwischen 0 und 100 Tonnen. Messen wir die Genauigkeit der Messungen an der Standardabweichung s, so bezieht der Variationskoeffizient $\gamma = \frac{s}{\bar{x}}$ die Standardabweichung s auf die Größe des Mittelwerts. γ ist ein in technischen Anwendungen häufig verwendetes Maß der relativen Genauigkeit. Dabei versteht es sich von selbst, dass der Variationskoeffizient nur bei positiven Merkmalen $x_i > 0$ sinnvoll ist. γ ist darüber hinaus dimensionslos, da s und $\bar{x}$ die gleiche Dimension haben.

36.5 Strukturparameter

Skalierung hilft, Daten besser zu vergleichen

Sollen Häufigkeitsverteilungen oder auch nur einzelne Daten miteinander verglichen werden, ist es oft sinnvoll, störende Nebeneffekte auszuschalten. Dies geschieht durch Quotientenbildung und geeignete Skalierung.

Beispiel In einem Bericht des Bundesministeriums für Familie, Senioren, Frauen und Jugend vom Juli 2006 heißt es: „Am 31.12.2002 gab es für Kinder unter 3 Jahren in Hessen etwas mehr Betreuungsplätze als in Hamburg, nämlich 6 079 in Hamburg und 6 301 in Hessen". Im Vergleich der Länder sagt diese Zahl wenig. In der Platz pro Kind Relation (PKR) erkennt man erst die wahre Geschichte: Auf 100 Kinder in Hamburg kommen 13.1 und in Hessen 3.7 Plätze. ◀

- Wir arbeiten mit **Gliederungszahlen**, wenn eine Teilmasse in Beziehung zu einer Gesamtmasse gesetzt wird. Dies sind vor allem Anteilswerte und relative Häufigkeiten, zum Beispiel Gewichtsanteile von Spurenelementen in Trinkwasser, Krankheitsfälle in einer Bevölkerung usw.
  Bei **Beziehungszahlen** werden verschiedenartige, aber sachlich zusammengehörige Daten in Beziehung gesetzt. Dies sind zum Beispiel der Variationskoeffizient oder die meisten physikalischen und technischen Größen wie Kraft pro Fläche oder Strecke pro Zeit.
  Bei **Messzahlen** werden Zeitreihenwerte mit einem analogen Werte eines Basiszeitpunktes verglichen, zum Beispiel Preissteigerung im Bezug auf ein Basisjahr.
- Wir arbeiten mit **zentrierten Daten** $\widetilde{x}_i$, wenn unterschiedliche Nullpunkte der Verteilungen stören. Bei der **Zentrierung** wird der Nullpunkt in den Schwerpunkt $\overline{x}$ gelegt,

  $$\widetilde{x}_i = x_i - \overline{x}.$$

  Der Schwerpunkt der zentrierten Daten ist null,

  $$\sum_{i=1}^{n} \widetilde{x}_i = 0.$$

  Zentrierung ist immer dann wichtig, wenn es auf die Abweichung von einem Bezugspunkt ankommt. Zum Beispiel arbeiten wir bei der Berechnung der Streuung mit zentrierten Daten.
- Wir arbeiten mit **normierten Daten,** wenn die unterschiedliche Länge der Datenvektoren stört. Bei der **Normierung** wird x_i durch $\|\boldsymbol{x}\| = \sqrt{\sum_{i=1}^{n} x_i^2}$ geteilt. Normierte Datenvektoren haben alle die Länge 1. Zum Beispiel werden technische oder physikalische Einflussgrößen durch Vektoren mit unterschiedlicher Länge und Richtung beschrieben. Bei der Analyse der Richtungen ist es oft sinnvoller mit normierten Vektoren zu arbeiten.
- Wir arbeiten mit **standardisierten Daten** x_i^*, wenn unterschiedliche Nullpunkte und Maßeinheiten stören. Die Daten legen den eigenen Nullpunkt fest, nämlich $\overline{x}$, und die eigene Maßeinheit, nämlich die Standardabweichung $\sqrt{\operatorname{var}(\boldsymbol{x})}$,

  $$x_i^* = \frac{x_i - \overline{x}}{\sqrt{\operatorname{var}(\boldsymbol{x})}}.$$

  Standardisierte Daten sind dimensionslos, der Schwerpunkt ist null, die Varianz ist eins,

  $$\overline{x^*} = 0, \quad \operatorname{var}(\boldsymbol{x}^*) = 1.$$

Beim Vergleich von zwei Häufigkeitsverteilungen können wir zuerst fragen: Unterscheiden sie sich in der Lage? Dies beantworten wir mit einem geeigneten Lageparameter. Dann eliminieren wir den Lageunterschied durch Zentrierung und fragen: Unterscheiden sie sich in der Streuung? Dies beantworten wir mit einem geeigneten Streuungsparameter. Dann eliminieren wir den Streuungsunterschied durch Standardisierung und fragen: Welche Strukturunterschiede sind nun noch erkenntlich?

Beispiel Da sich Dichten leichter zeichnen lassen als Histogramme, betrachten wir als Beispiel die zwei Häufigkeitsdichten aus Abb. 36.28.

Auf den ersten Blick fällt der Unterschied in der Lage auf. Die Hauptmasse der roten Verteilung liegt rechts von der blauen Verteilung. Nun zentrieren wir die Verteilungen und erhalten das Bild 36.29.

Die rote Verteilung besitzt eine etwas größere Streuung als die blaue Verteilung. Standardisieren wir die Verteilungen, erhalten wir Abb. 36.30.

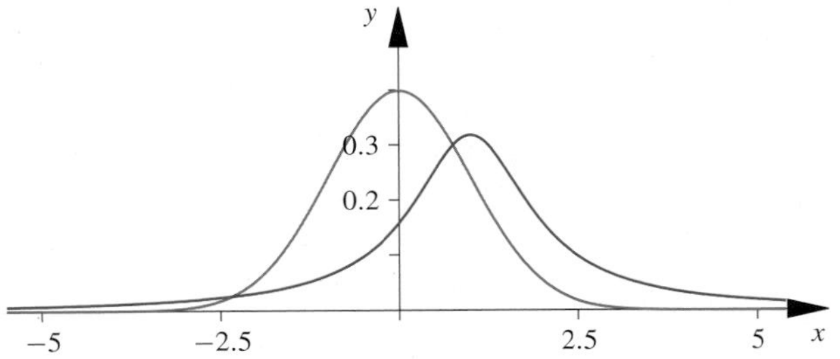

Abb. 36.28 Zwei Dichten mit unterschiedlicher Lage und Streuung

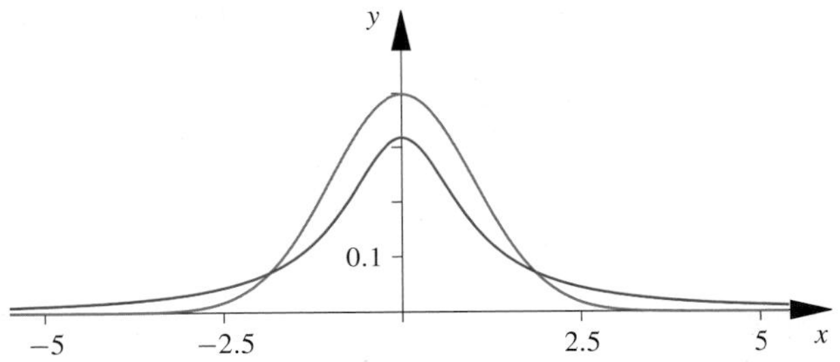

Abb. 36.29 Die beiden Verteilungen sind zentriert

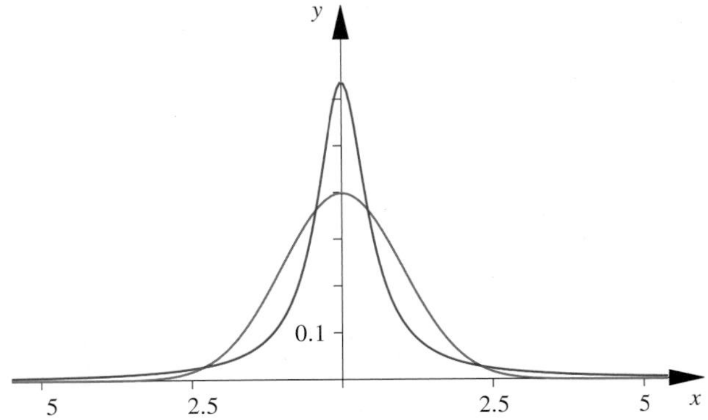

Abb. 36.30 Die beiden Verteilungen sind standardisiert

Beide Verteilungen haben den gleichen Schwerpunkt, nämlich die Null und die Varianz 1. Aber die Verteilung mit der roten Dichte hat offensichtlich wesentlich mehr Masse im Zentrum konzentriert und klingt dafür an den Rändern langsamer ab. ◄

An standardisierten Daten sind weitere Strukturmerkmale erkenn- und messbar

Bis jetzt haben wir nur Lage und Streuung einer Verteilung mit Parametern quantifiziert. Damit haben wir aber noch nicht die gesamte Gestalt einer Häufigkeitsverteilung erfasst. In einer Grafik steckt erheblich mehr Information als in ein paar Parametern. Dies erfährt man spätestens, wenn man den Speicherbedarf auf einem PC für ein Bild und für eine Textdatei vergleicht. Man kann beliebig viele neue Parameter definieren, die jeweils einen anderen Aspekt einer Verteilung erfassen. Trotzdem ist eine Verteilung allein durch ihre Parameter nicht notwendig eindeutig charakterisiert. Wir haben im Zusammenhang mit der Mittelwert-Median-Modus-Ungleichung von schiefen Verteilungen gesprochen. Eine Möglichkeit, Schiefe zu quantifizieren, ist der **Schiefeparameter**:

$$\frac{1}{n}\sum_{i=1}^{n}(x_i^*)^3 = \frac{1}{n}\sum_{i=1}^{n}\left(\frac{x_i - \overline{x}}{\sqrt{\operatorname{var}(\boldsymbol{x})}}\right)^3$$

Dabei sind die x_i^* die standardisierten Daten. Die dritte Potenz $(x_i^*)^3$ erhält das Vorzeichen von x_i^*. Nach der Summation über $(x_i^*)^3$ wird erkennbar, ob die Masse der Verteilung links oder rechts vom Schwerpunkt liegt, wie asymmetrisch also die Verteilung ist. Abbildung 36.31 zeigt drei Verteilungen mit abnehmendem Schiefemaß.

Der Parameter kann nur Aspekte des Phänomens Schiefe erfassen. Zwar ist für jede symmetrische Verteilung das Schiefemaß null, aber die Umkehrung der Aussage gilt nicht, wie das folgende Beispiel zeigt.

Beispiel Die folgende Tabelle zeigt die Verteilung der relativen Häufigkeiten f_i eines Merkmals X mit nur drei Ausprägungen.

x_i	f_i	$x_i \cdot f_i$	$x_i^3 \cdot f_i$
−1.5	0.1	−0.15	−0.3375
−0.5	0.5	−0.25	−0.0625
1	0.4	0.4	0.4
$\sum$	1	0	0

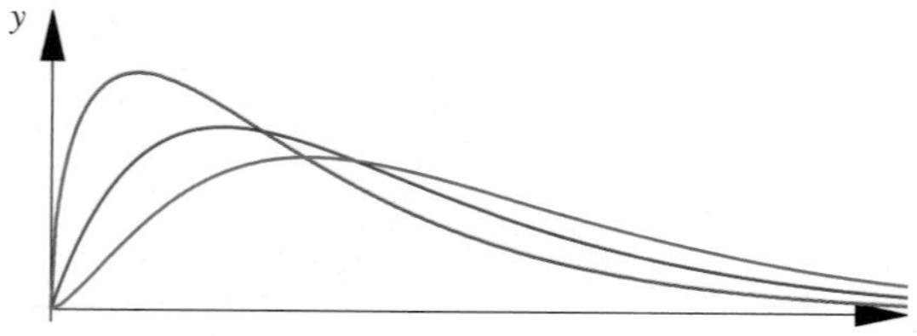

Abb. 36.31 Drei Verteilungen mit den Schiefemaßen $\sqrt{2}$, $\sqrt{8/3}$ und 1. Die grün markierte Dichte hat die Schiefe $\sqrt{2}$, die rote die Schiefe $\sqrt{8/3}$, die blaue hat die Schiefe 1

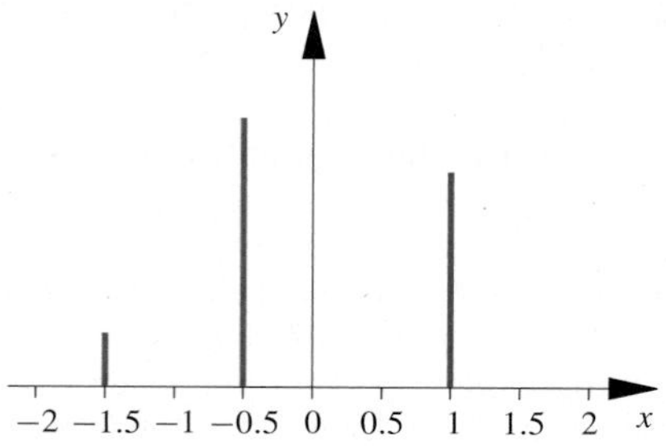

Abb. 36.32 Asymmetrische Verteilung mit Schiefemaß null

Bei dieser Verteilung ist $\overline{x} = \sum_{i=1}^{3} x_i \cdot f_i = 0$ und $\sum_{i=1}^{3}(x - \overline{x})^3 f_i = \sum_{i=1}^{3} x_i^3 \cdot f_i = 0$. Also ist das Schiefemaß 0. Trotzdem ist die Verteilung, wie Abb. 36.32 zeigt, asymmetrisch. ◄

Im Beispiel auf S. 1381 haben beide Verteilungen die gleiche Streuung, aber die rote Verteilung hat eine charakteristische andere Gestalt: Sie hat mehr „Masse" in der Umgebung des Schwerpunkts und in den Rändern, dafür ist die „Mittellage" ausgedünnt. Diese Eigenschaft wird vom folgenden Wölbungsparameter quantifiziert,

$$\frac{1}{n}\sum_{i=1}^{n}(x_i^*)^4 = \frac{1}{n}\sum_{i=1}^{n}\left(\frac{x_i - \overline{x}}{\sqrt{\operatorname{var}(\boldsymbol{x})}}\right)^4.$$

Verteilungen mit hoher Wölbung erinnern etwas an eine Reißzwecke. Eine Spitze in der Mitte mit einem weiten flachen Rand. Auf eine Reißzwecke zu treten, ist äußerst unangenehm und genau so unangenehm ist es, wenn Verteilungen eine Reißzwecken-Gestalt haben, d. h. eine hohe Wölbung. Diese Verteilungen sind ausreißerverdächtig: Man muss damit rechnen, dass Realisationen auftreten, die fernab von der Masse der anderen Werte liegen, Mittelwert und Varianz extrem verzerren und statistische Schlüsse verfälschen.

36.6 Mehrdimensionale Verteilungen

Beginnen wir mit einem einfachen Beispiel: Auf einem Bio-Bauernhof mit freilaufenden Hühner wurden 1000 Eier aus den Nestern der Hühner eingesammelt. Von jedem Ei ω sei die Länge $X(\omega)$ und die Breite $Y(\omega)$ gemessen worden. Fassen wir die beiden Einzelmessungen zu einer Gesamtmessung (Länge, Breite) zusammen, so bildet (X, Y) ein zweidimensionales Merkmal. Die separaten Verteilungen von X und Y heißen (eindimensionale) **Randverteilungen,** im Gegensatz zur ursprünglichen (zweidimensionalen) **gemeinsamen Verteilung** von (X, Y). Die Häufigkeitsverteilung von (X, Y) lässt sich mit zweidimensionalen Histogrammen darstellen. Das Prinzip der Flächentreue bleibt auch dort gültig (siehe Abb. 36.33).

Übersicht: Lage- und Streuungsparameter

Wir stellen die wichtigsten Aussagen über Lage-, Streuungs- und Strukturparameter zusammen.

Der **Modus** x_{mod} ist die am häufigsten vorkommende Ausprägung.

Der **Median** x_{med} ist die Ausprägung in der Mitte:

$$x_{\text{med}} = \begin{cases} x_{(\frac{n+1}{2})}, & \text{falls } n \text{ ungerade ist} \\ \frac{1}{2}(x_{(\frac{n}{2})} + x_{(\frac{n}{2}+1)}), & \text{falls } n \text{ gerade ist} \end{cases}$$

Der Median ist robust und macht alle streng monoton wachsenden Transformationen mit.

Das **arithmetische Mittel** $\overline{x}$ ist der Schwerpunkt der Daten.

- Berechnung:

$$\overline{x} = \frac{1}{n}\sum_{i=1}^{n} x_i = \frac{1}{n}\sum_{j=1}^{m} n_j a_j = \sum_{i=1}^{m} n_j f_j$$

  Hierbei sind n_j die absolute und f_j die relative Häufigkeit der Ausprägung a_j.
- Linearität: $\overline{x}$ macht alle linearen Transformationen mit:

$$\overline{a + bx} = a + b\overline{x}$$

- Bei zentrierten Daten, $\widetilde{x}_i = x_i - \overline{x}$, liegt der Schwerpunkt im Nullpunkt:

$$\sum_{i=1}^{n} \widetilde{x}_i = \sum_{i=1}^{n}(x_i - \overline{x}) = 0$$

- Die Jensen-Ungleichung:

$$\overline{g(x)} \geq g(\overline{x}) \quad \text{falls } g \text{ konvex ist,}$$
$$\overline{g(x)} \leq g(\overline{x}) \quad \text{falls } g \text{ konkav ist.}$$

- Die Markov-Ungleichung: Für $x_i \geq 0$ und alle $k > 0$ gilt

$$\overline{x} \geq \frac{k}{n} \cdot \text{card}\{x_i \geq k\}$$

Die **Spannweite**

$$\max_i\{x_i\} - \min_i\{x_i\}$$

Der **Quartilsabstand**

$$x_{0.75} - x_{0.25}$$

Die **mittlere absolute Abweichung**

$$\frac{1}{n}\sum_{i=1}^{n} |x_i - x_{\text{med}}|$$

Der **Median der Abweichungen vom Median**

$$\text{MAD} = \text{Median}\{|x_i - \text{Median}\{x_i\}|\}$$

Die **Varianz und Standardabweichung**

$$\text{var}(\boldsymbol{x}) = \frac{1}{n}\sum_{i=1}^{n}(x_i - \overline{x})^2 = \frac{1}{n}\sum_{j=1}^{k}(a_j - \overline{x})^2 \cdot n_j$$
$$s = \sqrt{\text{var}(\boldsymbol{x})}$$

- Die Varianz einer Mischverteilung ist die Varianz der Mitten plus dem Mittel der Varianzen. Ist $\text{var}(\boldsymbol{x}_j)$ die Varianz und $\overline{x}_j$ der Mittelwert der j-ten Teilgesamtheit, so ist:

$$\text{var}(\boldsymbol{x}) = \frac{1}{n}\sum_{j=1}^{k} n_j \text{var}(\boldsymbol{x}_j) + \frac{1}{n}\sum_{j=1}^{k} n_j(\overline{x}_j - \overline{x})^2$$

- Der Verschiebungssatz:

$$\frac{1}{n}\sum_{i=1}^{n}(x_i - a)^2 = \text{var}(\boldsymbol{x}) + (\overline{x} - a)^2$$

- Die Ungleichung von Tschebyschev:

$$\frac{\text{card}\{x_i \mid |x_i - \overline{x}| < k \cdot s\}}{n} \geq 1 - \frac{1}{k^2}$$

Der **Variationskoeffizient** $\gamma = \frac{s}{\overline{x}}$ ist ein dimensionsloses Maß für die relative Streuung.

Standardisierte Daten besitzen den Mittelwert null und die Varianz eins:

$$x_i^* = \frac{x_i - \overline{x}}{\sqrt{\text{var}(\boldsymbol{x})}}, \quad \sum_{i=1}^{n} x_i^* = 0, \quad \text{var}(\boldsymbol{x}^*) = 1$$

Schiefeparameter

$$\frac{1}{n}\sum_{i=1}^{n}(x_i^*)^3 = \frac{1}{n}\sum_{i=1}^{n}\left(\frac{x_i - \overline{x}}{\sqrt{\text{var}(\boldsymbol{x})}}\right)^3$$

Wölbungsparameter

$$\frac{1}{n}\sum_{i=1}^{n}(x_i^*)^4 = \frac{1}{n}\sum_{i=1}^{n}\left(\frac{x_i - \overline{x}}{\sqrt{\text{var}(\boldsymbol{x})}}\right)^4$$

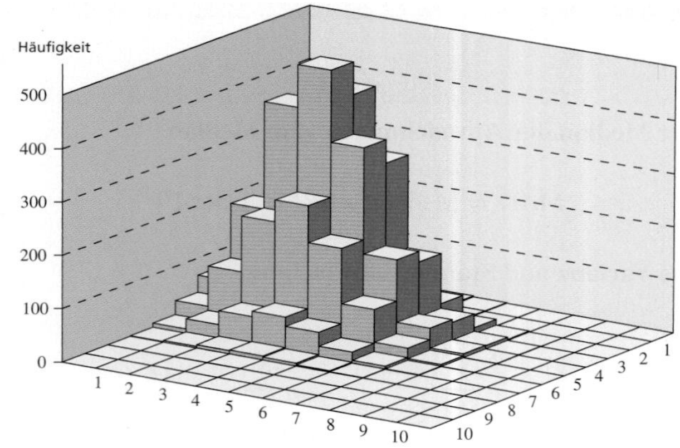

Abb. 36.33 Histogramm eines zweidimensionalen Merkmals

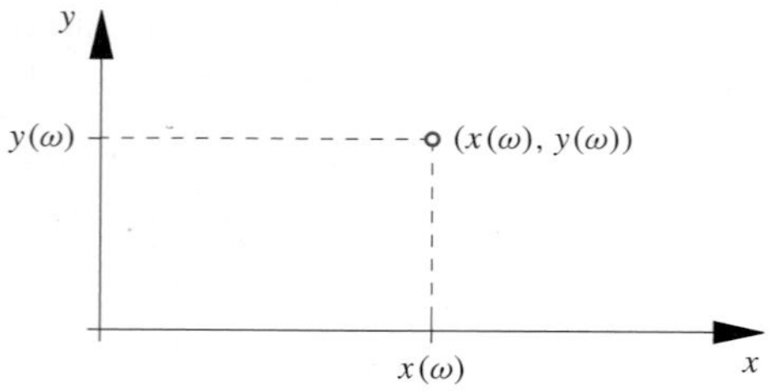

Abb. 36.34 Koordinatendarstellung des Objektes ω

Diese Grafiken können sehr hilfreich sein, wenn sich die Struktur „auf einen Blick" erfassen lässt. Oft sind aber Teile der Struktur wegen verdeckter Kanten nicht erkennbar. Moderne Grafikpakete erlauben es daher, Histogramme auf dem Bildschirm zu drehen, um sie so von allen Seiten zu betrachten. Eine andere nützliche Darstellung zweidimensionaler quantitativer Merkmale ist der zweidimensionale Plot. Hier wird jedes Objekt ω durch seinen Merkmalsvektor $(x(\omega), y(\omega))$ als Punkt der zweidimensionalen xy-Ebene dargestellt (siehe Abb. 36.34).

Wird jedes gemessene Objekt so dargestellt, entsteht der zweidimensionale Plot, anschaulich gesagt: eine Punktwolke. Bild 36.35 zeigt die Punktwolke der Messwerte der anfangs erwähnten 1000 Eier.

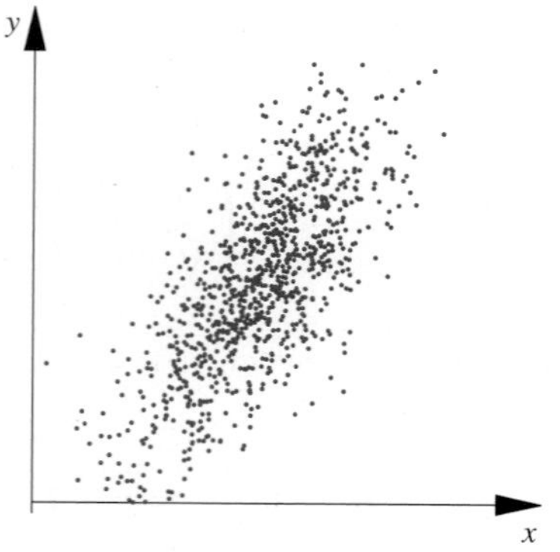

Abb. 36.35 Punktwolke mit Länge und Breite von Hühnereiern

Kovarianz und Korrelation sind Indikatoren eines Zusammenhangs

Auffällig an der Punktwolke aus Abb. 36.35 ist ihre deutlich ausgeprägte Tendenz: Mit wachsendem x wachsen im Schnitt auch die y. Oder anders gesagt: Zu einem großem x gehört im Schnitt auch ein großes y. Analog gehört zu einem kleinem x im Schnitt auch ein kleines y. Dabei ist es durchaus möglich, dass zu einem größeren x auch einmal ein kleineres y kommt. Wie lässt sich diese Tendenz formal fassen?

Zuerst präzisieren wir: x_i heiße *groß*, wenn x_i größer als der Mittelwert ist, also genau dann falls $x_i - \overline{x} > 0$ ist. x_i heiße *klein*, falls $x_i - \overline{x} < 0$ ist. Analog definieren wir *groß* und *klein* bei y.

Nun können wir die xy-Ebene nach zwei Kriterien in zwei Halbebenen zerlegen, einmal nach großen und kleine x und dann nach großen und kleine y (siehe Abb. 36.36). Insgesamt zerfällt die xy-Ebene in vier Quadranten.

Achten wir nur auf die Vorzeichen von $y-\overline{y}$ bzw. $x-\overline{x}$, so finden wir in den vier Quadranten die folgenden Vorzeichen.

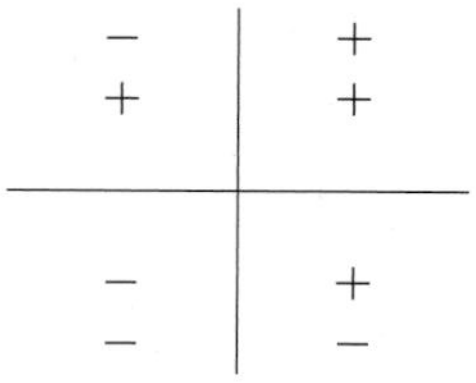

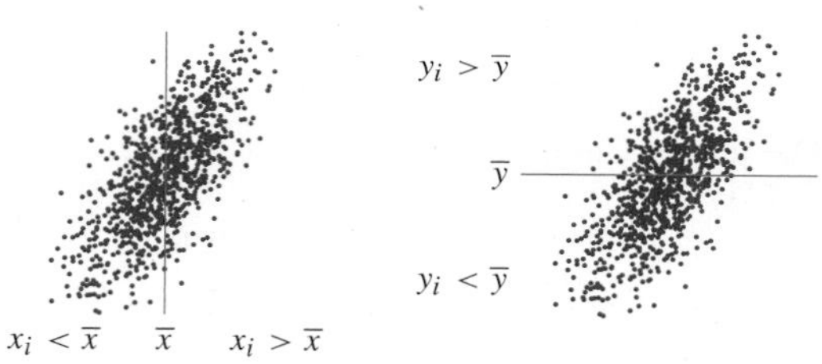

Abb. 36.36 Links: Aufteilung in große und kleine x. Rechts: Aufteilung in große und kleine y

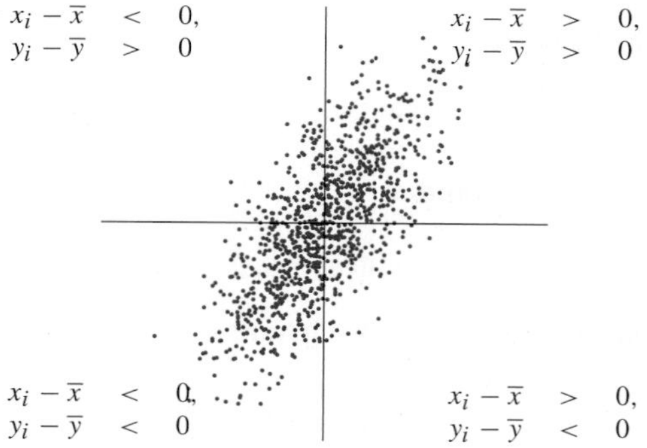

Abb. 36.37 Zerlegung des Streubereichs in vier Quadranten

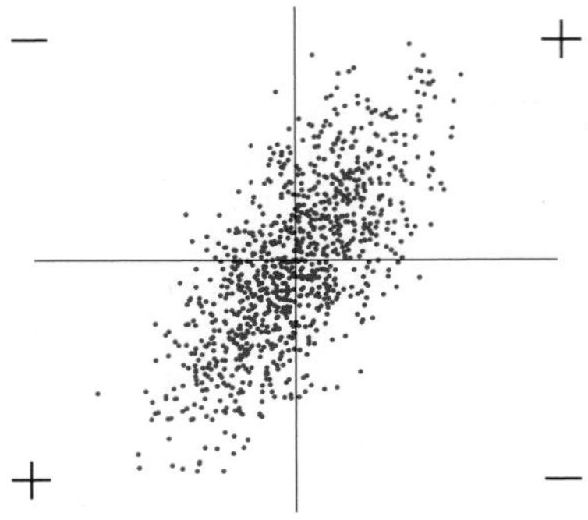

Abb. 36.38 Vorzeichen des Produktes $(x_i - \overline{x})(y_i - \overline{y})$ in den vier Quadranten

Abbildung 36.38 zeigt die Vorzeichen des Produktes $(x_i - \overline{x})(y_i - \overline{y})$ in den vier Quadranten.

Nun bilden wir den Mittelwert über alle Wertepaare und berechnen

$$\frac{1}{n}\sum_{i=1}^{n}(x_i - \overline{x})(y_i - \overline{y}).$$

Das Vorzeichen dieser Summe gibt an, ob die Punkte eher in den beiden „+" Quadranten oder eher in den beiden „−" Quadranten liegen.

Definition der empirischen Kovarianz

Die empirische Kovarianz der Punktwolke $\{(x_i, y_i) \mid i = 1, \ldots, n\}$ oder kurz die Kovarianz von $(\boldsymbol{x}, \boldsymbol{y})$ ist definiert als

$$\operatorname{cov}(\{x_i, y_i\}) = \operatorname{cov}(\boldsymbol{x}, \boldsymbol{y}) = \frac{1}{n}\sum_{i=1}^{n}(x_i - \overline{x})(y_i - \overline{y}).$$

Das Vorzeichen von $\operatorname{cov}(\boldsymbol{x}, \boldsymbol{y})$ sagt aus, ob die Punktwolke eher steigt oder eher fällt.

Bevor wir im folgenden Beispiel eine Kovarianz explizit ausrechnen, notieren wir elementare Umformungen der Kovarianz, die bei der Berechnung mitunter sehr nützlich sind. Sie ergeben sich, wenn man in der Definition die Klammern ausmultipliziert und beim Aufsummieren $\sum(x_i - \overline{x}) = \sum(y_i - \overline{y}) = 0$ beachtet:

$$\begin{aligned}
\operatorname{cov}(\boldsymbol{x}, \boldsymbol{y}) &= \frac{1}{n}\sum_{i=1}^{n} x_i(y_i - \overline{y}) \\
&= \frac{1}{n}\sum_{i=1}^{n}(x_i - \overline{x})y_i \\
&= \frac{1}{n}\sum_{i=1}^{n} x_i \cdot y_i - \overline{x}\,\overline{y}
\end{aligned}$$

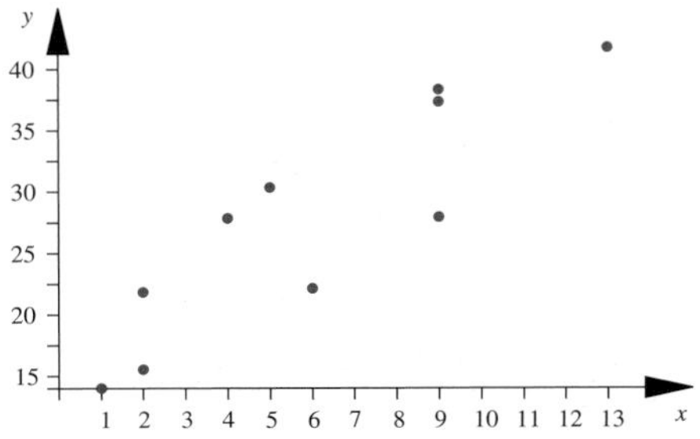

Abb. 36.39 Plot von y gegen x

Beispiel Bei 10 Objekten seien jeweils die Länge X (in cm) und das Gewicht Y (in kg) gemessen worden. Die Messwerte und die Berechnung der Kovarianz zeigt die folgende Tabelle.

y_i	x_i	$x_i - \overline{x}$	$y_i - \overline{y}$	$(x_i - \overline{x})(y_i - \overline{y})$
14.07	1.0	−5.0	−13.70	68.49
15.60	2.0	−4.0	−12.17	48.68
21.92	2.0	−4.0	−5.85	23.39
27.90	4.0	−2.0	0.13	−0.25
30.40	5.0	−1.0	2.62	−2.62
22.25	6.0	0.0	−5.52	0.00
37.43	9.0	3.0	9.66	28.97
38.40	9.0	3.0	10.63	31.90
27.95	9.0	3.0	0.18	0.53
41.79	13.0	7.0	14.02	98.13
277.71	60.0	0.0	0.0	297.21

Aus der Tabelle lesen wir ab: $\overline{x} = \frac{60.0}{10} = 6$ und $\overline{y} = \frac{277.71}{10} = 27.771$. Es ist

$$\operatorname{cov}(\boldsymbol{x}, \boldsymbol{y}) = \frac{1}{10} \cdot 297.21 = 29.72\,.$$

Abbildung 36.39 zeigt den Plot von y gegen x. ◀

Angenommen, in diesem Beispiel wären die Merkmale X in Millimeter statt Zentimeter und Y in Gramm statt Kilogramm gemessen worden. Damit wäre jeder x-Wert 10-mal und jeder y-Wert 1000-mal größer. Die Kovarianz der neuen Werte wäre nun 297 200.

Die Kovarianz $\operatorname{cov}(\boldsymbol{x}, \boldsymbol{y})$ ist abhängig von den Dimensionen, in denen die Merkmale gemessen werden. Daher ist der numerische Wert der Kovarianz – abgesehen vom Vorzeichen – für sich allein schwer interpretierbar. Um zu dimensionslosen, skaleninvarianten Parametern zu kommen, standardisieren wir die Merkmale. Dabei sind die standardisierten Merkmalswerte definiert durch

$$x_i^* = \frac{x_i - \overline{x}}{\sqrt{\operatorname{var}(\boldsymbol{x})}}, \quad y_i^* = \frac{y_i - \overline{y}}{\sqrt{\operatorname{var}(\boldsymbol{y})}}.$$

Teil VI

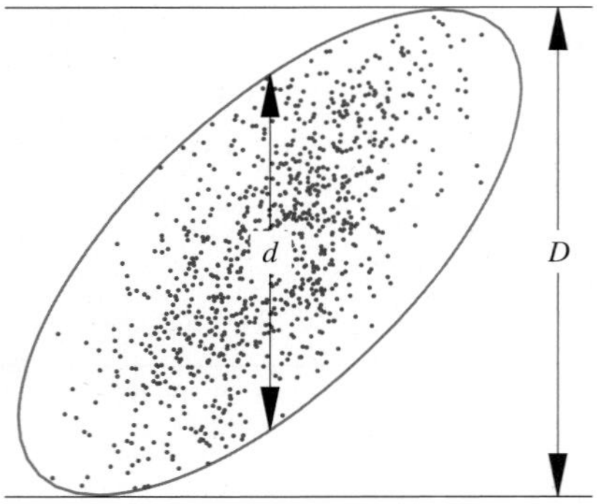

Abb. 36.40 Die Punktwolke wird mit einer Ellipse umschrieben

Definition Korrelationskoeffizient

Der **empirische Korrelationskoeffizient** $r(x, y)$ der Punktwolke der $\{(x_i, y_i) : i = 1, \ldots, n\}$, oder kurz der Korrelationskoeffizient, ist die Kovarianz der standardisierten Merkmale

$$r(\boldsymbol{x}, \boldsymbol{y}) = \operatorname{cov}(\boldsymbol{x}^*, \boldsymbol{y}^*).$$

Eine andere Bezeichnung ist Korrelationskoeffizient nach **Bravais** und **Pearson**.

Der Korrelationskoeffizient lässt sich leicht veranschaulichen. Dazu umschreiben wir die Punktwolke mit einer freihändig gezeichneten Ellipse, die nur die Struktur der Punktwolke näherungsweise erfassen soll, siehe Abb. 36.40. Die Ellipse begrenzen wir von oben und unten mit zwei zur x-Achse parallelen Geraden. Der Abstand der beiden Parallelen sei D. Der vertikal gemessene Innendurchmesser der Ellipse an ihrer dicksten Stelle im Zentrum $(\overline{x}, \overline{y})$ sei d. Dann gilt mit überraschend guter Näherung

Die Ellipsenregel

$$r(\boldsymbol{x}, \boldsymbol{y})^2 \approx 1 - \left(\frac{d}{D}\right)^2$$

Im Eier-Beispiel lesen wir an der grob mit der Hand gezeichneten Ellipse $d \approx 9$ und $D \approx 14.8$ ab. Damit ist

$$r(\boldsymbol{x}, \boldsymbol{y}) \approx \sqrt{1 - \left(\frac{9}{14.8}\right)^2} = 0.79\,.$$

Der aus den Originaldaten vom Computer ermittelte Wert beträgt $r(\boldsymbol{x}, \boldsymbol{y}) = 0.84$.

Kommentar 1. Die Ellipsenregel stimmt exakt, wenn wir eine sogenannte Konzentrationsellipse zeichnen. Wir werden Konzentrationsellipsen in der Vertiefung auf S. 1391 behandeln und dann diese Aussage beweisen. Vorläufig wollen wir die Ellipsenregel ohne Beweis akzeptieren. Sie erlaubt uns, einen unmittelbaren Zugang zu den Eigenschaften des Korrelationskoeffizienten. 2. Mit der Ellipsenregel können wir nur $r(\boldsymbol{x}, \boldsymbol{y})^2$ bestimmen. Das Vorzeichen von $r(\boldsymbol{x}, \boldsymbol{y})$ ist das Vorzeichen der Kovarianz. Es ist positiv, falls die Ellipse steigt, und negativ, wenn die Ellipse fällt. ◀

Halten wir zwei wichtige Eigenschaften des Korrelationskoeffizienten fest:

- Der Korrelationskoeffizient ist auf das Intervall $[-1, +1]$ beschränkt,

$$-1 \leq r(\boldsymbol{x}, \boldsymbol{y}) \leq 1.$$

- Werden Nullpunkt und Maßstabsfaktor bei X und Y geändert, ändert sich der Korrelationskoeffizient nicht: $r(\boldsymbol{x}, \boldsymbol{y})$ ist invariant gegen lineare Transformationen der Daten:

$$r(\boldsymbol{x}, \boldsymbol{y}) = r(\alpha + \beta\boldsymbol{x}, \gamma + \delta\boldsymbol{y}).$$

Die erste Aussage ist wegen der Ellipsenregel plausibel. Wir werden später auf S. 1389 $|r(\boldsymbol{x}, \boldsymbol{y})| \leq 1$ mit geometrischen Überlegungen beweisen.

Die zweite Aussage folgt sofort, da wir $r(\boldsymbol{x}, \boldsymbol{y})$ aus den standardisierten Daten berechnen. Diese sind invariant gegenüber linearen Transformationen. Wir sehen dies auch an der Ellipsenregel: Wenn wir die Punktwolke nach links oder rechts verschieben, in der x-Achse oder y-Achse stauchen oder dehnen, ändert sich das Verhältnis $d : D$ nicht. Dagegen ändert sich die Korrelation bei nichtlinearen Transformationen wie die beiden folgenden Beispiele zeigen.

Beispiel

- Die Korrelation zwischen zwei Merkmalen hängt von deren präziser Definition ab. Denken wir uns einen Versuch, bei dem ein zu reinigendes Medium eine Filterschicht aus kleinen porösen Tonkugeln passieren muss. Gefragt wird nach dem Zusammenhang zwischen der Filterwirkung Y und der *Größe* der Kugeln. Lassen wir die Frage nach der genauen Definition und Messung von Y beiseite und betrachten die *Größe*. Ist mit *Größe* der Radius d, die Oberfläche $o \simeq d^2$ oder das Volumen $v \simeq d^3$ gemeint? Bei 10 Messwerten wurden die folgenden Korrelationen berechnet (siehe Aufgabe 36.20):

$$\begin{aligned} r(\boldsymbol{y}, \boldsymbol{d}) &= 0.273 \\ r(\boldsymbol{y}, \boldsymbol{o}) = r(\boldsymbol{y}, \boldsymbol{d}^2) &= 0.331 \\ r(\boldsymbol{y}, \boldsymbol{v}) = r(\boldsymbol{y}, \boldsymbol{d}^3) &= 0.402 \end{aligned}$$

Jede Präzisierung des Wortes *Größe* führt zu einer anderen Antwort auf die Frage nach der Korrelation zwischen Filterwirkung $\boldsymbol{y}$ und *Kugelgröße*. Die Korrelation zwischen Variablen bleibt nur bei linearen Transformationen invariant. o und v sind jedoch nichtlineare Funktionen von d. Daher ändert sich die Korrelation.

- Es ist möglich, dass zwei Merkmale X und Y exakt linear voneinander abhängen, ihre Kehrwerte aber unkorreliert sind. In Aufgabe 36.15 wird ein entsprechender Datensatz angegeben. ◀

Kehren wir zu Abb. 36.40 und der Ellipsenregel zurück. Wir sehen: $r(\boldsymbol{x},\boldsymbol{y})^2$ strebt genau dann gegen 1, wenn $\frac{d}{D}$ gegen null strebt. Dann degeneriert aber die Ellipse zu einer Geraden.

Maximale Korrelation

$r(\boldsymbol{x},\boldsymbol{y})^2 = 1$ ergibt sich genau dann, wenn $\boldsymbol{x}$ und $\boldsymbol{y}$ voneinander linear abhängen, und zwar gilt

$$r(\boldsymbol{x},\boldsymbol{y}) = 1 \quad \Leftrightarrow \quad y_i = \alpha + \beta x_i \quad \text{mit } \beta > 0\,.$$
$$r(\boldsymbol{x},\boldsymbol{y}) = -1 \quad \Leftrightarrow \quad y_i = \alpha + \beta x_i \quad \text{mit } \beta < 0\,.$$

An den Bildern erkennen wir: Genau dann, wenn die Ellipse horizontal liegt, ist $d = D$. Genau dann ist die Korrelation null. Dies kann in zwei grundverschiedenen Situationen auftreten: Abbildung 36.41 zeigt eine völlig regellose Punktwolke ohne auffällige innere Struktur. In Abb. 36.42 besteht links zwischen y und x ein ganz deutlicher quadratischer Zusammenhang und rechts ein sinusförmiger Zusammenhang. Trotzdem ist in allen drei Fällen die Korrelation null. Gemeinsam ist den drei Punktwolken: Es besteht kein **linearer Zusammenhang**.

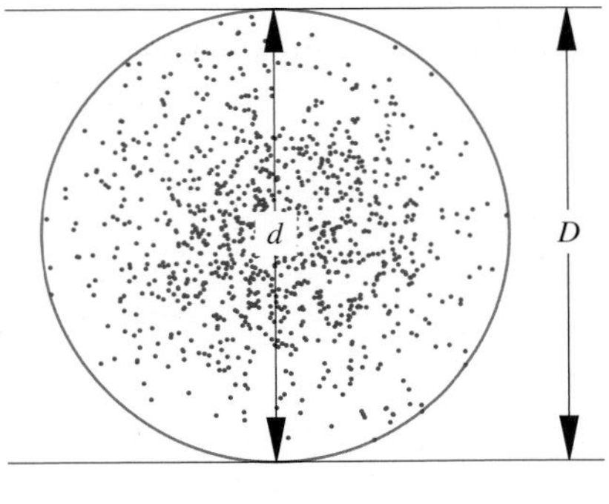

Abb. 36.41 In der xy-Punktwolke ist keine Struktur erkennbar

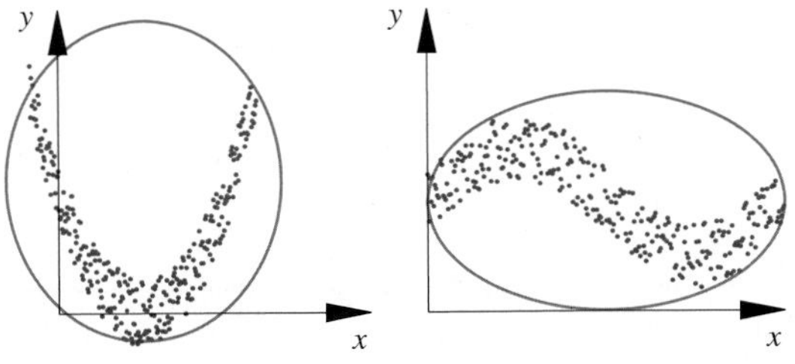

Abb. 36.42 Die Punktwolken deuten jeweils auf einen ausgeprägten Zusammenhang zwischen x und y hin. Trotzdem ist die Korrelation null

Definition Unkorreliertheit

Ist $r(\boldsymbol{x},\boldsymbol{y}) = 0$, so heißen $\boldsymbol{x}$ und $\boldsymbol{y}$ **unkorreliert**.

Anschaulich heißt dies, dass die Ellipse horizontal liegt. Im Ganzen gesehen zeigt die Punktwolke weder eine steigende noch eine fallende Tendenz, selbst wenn die Punktwolke steigende oder fallende Partien aufweisen sollte.

Der Korrelationskoeffizient ist ein Maß des linearen Zusammenhangs. Ist $r(\boldsymbol{x},\boldsymbol{y}) = 1$ oder $r(\boldsymbol{x},\boldsymbol{y}) = -1$, so besteht zwischen $\boldsymbol{x}$ und $\boldsymbol{y}$ ein exakter linearer Zusammenhang. Je weiter $|r(\boldsymbol{x},\boldsymbol{y})|$ von 1 abweicht, um so stärker ist der Zusammenhang gestört. Ist $r(\boldsymbol{x},\boldsymbol{y}) \approx 0$, so ist kein linearer Zusammenhang erkennbar.

Achtung Unkorreliertheit bedeutet nicht Fehlen eines Zusammenhangs. Es kann sehr wohl zwischen $\boldsymbol{x}$ und $\boldsymbol{y}$ ein mehr oder weniger stark gestörter Zusammenhang bestehen, obwohl $r(\boldsymbol{x},\boldsymbol{y}) \approx 0$ ist. Es ist bloß kein linearer Zusammenhang. ◀

Der Korrelationskoeffizient ist die Kovarianz der standardisierten Daten. Um weitere Eigenschaften des Korrelationskoeffizienten kennenzulernen, wollen wir uns nun wieder der Kovarianz zuwenden. Wir notieren Eigenschaften, die sich unmittelbar aus der Definition ergeben.

Eigenschaften der Kovarianz

Ersetzen wir in der Definition der Kovarianz den Buchstaben $\boldsymbol{y}$ durch $\boldsymbol{x}$, ergibt sich die Formel der Varianz von x. Es gilt also: Die Kovarianz eines Merkmals mit sich selbst ist die Varianz,

$$\operatorname{cov}(\boldsymbol{x},\boldsymbol{x}) = \operatorname{var}(\boldsymbol{x}).$$

Da wir für $\operatorname{var}(\boldsymbol{x})$ auch $s^2(\boldsymbol{x})$ oder $s_{\boldsymbol{x}}^2$ schreiben, werden wir für die Kovarianz auch diese Bezeichnungen verwenden,

$$\operatorname{cov}(\boldsymbol{x},\boldsymbol{y}) = s(\boldsymbol{x},\boldsymbol{y}) = s_{\boldsymbol{xy}}\,.$$

Mit dieser Bezeichnung kann man den Korrelationskoeffizienten schreiben als

$$r(\boldsymbol{x},\boldsymbol{y}) = \frac{s_{xy}}{s_x s_y}.$$

In der Definition der Kovarianz ist es gleich, ob wir $\sum_{i=1}^{n}(x_i - \overline{x})(y_i - \overline{y})$ oder $\sum_{i=1}^{n}(y_i - \overline{y})(x_i - \overline{x})$ schreiben. Die Kovarianz ist also symmetrisch,

$$\operatorname{cov}(\boldsymbol{x},\boldsymbol{y}) = \operatorname{cov}(\boldsymbol{y},\boldsymbol{x}).$$

Eine Verschiebung des Nullpunkts lässt die Kovarianz invariant. Ein multiplikativer Faktor lässt sich ausklammern: Ist $u_i = \alpha + \beta x_i$ und $v_i = \gamma + \delta y_i$ mit konstanten Koeffizienten $\alpha, \beta, \gamma, \delta$, so ist $u_i - \overline{u} = \beta(x_i - \overline{x})$ und $v_i - \overline{v} = \delta(y_i - \overline{y})$. Daher ist

$$\sum_{i=1}^{n}(u_i - \overline{u})(v_i - \overline{v}) = \beta\delta \sum_{i=1}^{n}(x_i - \overline{x})(y_i - \overline{y}).$$

Daher gilt $\operatorname{cov}(\{\alpha + \beta x_i, \gamma + \delta y_i\}) = \beta\delta \operatorname{cov}(\{x_i, y_i\})$.

Invarianz und Linearität der Kovarianz

$$\operatorname{cov}(\alpha\mathbf{1} + \beta\boldsymbol{x}, \gamma\mathbf{1} + \delta\boldsymbol{y}) = \beta\delta \operatorname{cov}(\boldsymbol{x}, \boldsymbol{y})$$

Bei der Berechnung der Kovarianz $\operatorname{cov}(\boldsymbol{x}, \boldsymbol{y})$ können wir demnach ohne Einschränkung der Allgemeinheit stets annehmen, dass die Daten zentriert sind, $\overline{\boldsymbol{x}} = \overline{\boldsymbol{y}} = 0$, andernfalls könnten wir die Mittelwerte abziehen, ohne die Kovarianz zu ändern.

Angenommen eine Klausur, sagen wir in Mathematik, wird in zwei Teilen geschrieben, Mathe 1 und Mathe 2. Sei X die Punktzahl in Mathe 1, Y die aus Mathe 2 und Z die Punktzahl aus der Physikklausur. $X + Y$ ist die Gesamtpunktzahl aus den Mathe-Klausuren. Dann lässt sich $\operatorname{cov}(\boldsymbol{z}, \boldsymbol{x} + \boldsymbol{y})$ aus der Summe von $\operatorname{cov}(\boldsymbol{z}, \boldsymbol{x})$ und $\operatorname{cov}(\boldsymbol{z}, \boldsymbol{y})$ zusammensetzen:

Distributivgesetz der Kovarianz

$$\operatorname{cov}(\boldsymbol{z}, \boldsymbol{x} + \boldsymbol{y}) = \operatorname{cov}(\boldsymbol{z}, \boldsymbol{x}) + \operatorname{cov}(\boldsymbol{z}, \boldsymbol{y})$$

Zum Beweis setzen wir voraus, dass die Merkmale zentriert sind. Stets gilt

$$\sum_{i=1}^{n} z_i(x_i + y_i) = \sum_{i=1}^{n} z_i x_i + \sum_{i=1}^{n} z_i y_i.$$

Dann liefert Division durch n das Distributivgesetz. Die Kovarianz $\operatorname{cov}(\boldsymbol{x}, \boldsymbol{y})$ hat alle Eigenschaften eines Skalarproduktes. Wir können uns im Distributivgesetz das Wort cov wegdenken, die Klammern als Skalarprodukt lesen und wie ein Skalarprodukt ausmultiplizieren: $\boldsymbol{z} \cdot (\boldsymbol{x} + \boldsymbol{y}) = \boldsymbol{z} \cdot \boldsymbol{x} + \boldsymbol{z} \cdot \boldsymbol{y}$. Speziell folgt in dieser vereinfachten Schreibweise,

$$(\boldsymbol{x} + \boldsymbol{y}) \cdot (\boldsymbol{x} + \boldsymbol{y}) = \boldsymbol{x} \cdot \boldsymbol{x} + \boldsymbol{x} \cdot \boldsymbol{y} + \boldsymbol{y} \cdot \boldsymbol{x} + \boldsymbol{y} \cdot \boldsymbol{y}.$$

Übersetzen wir wieder $\boldsymbol{x} \cdot \boldsymbol{x}$ in $\operatorname{var}(\boldsymbol{x})$ und nutzen die Symmetrie $\boldsymbol{x} \cdot \boldsymbol{y} = \boldsymbol{y} \cdot \boldsymbol{x}$, so erhalten wir die nützliche Formel für die Varianz einer Summe,

$$\operatorname{var}(\boldsymbol{x} + \boldsymbol{y}) = \operatorname{var}(\boldsymbol{x}) + \operatorname{var}(\boldsymbol{y}) + 2 \cdot \operatorname{cov}(\boldsymbol{x}, \boldsymbol{y}).$$

Durch vollständige Induktion nach n folgt für n Merkmale:

Summenformel für die Varianz

$$\operatorname{var}\left(\sum_{i=1}^{n} \boldsymbol{x}_i\right) = \sum_{i=1}^{n} \operatorname{var}(\boldsymbol{x}_i) + 2 \cdot \sum_{i<j} \operatorname{cov}(\boldsymbol{x}_i, \boldsymbol{x}_j)$$

Beispiel In einem Versandhaus werden große und kleine Gegenstände verpackt. Es sei x_i das Gewicht des i-ten Gegenstands und y_i das Gewicht seiner Verpackung. $x_i + y_i$ ist das Gesamtgewicht. Nehmen wir an, dass besonders schwere Objekte eine besonders schwere Verpackung erhalten, leichte Objekte aber eine leichte Verpackung, so sind X und Y positiv korreliert. Dadurch, dass Schweres auf Schweres und Leichtes auf Leichtes trifft, wird die Streuung der Summe vergrößert: $\operatorname{cov}(\boldsymbol{x}; \boldsymbol{y})$ ist positiv und

$$\operatorname{var}(\boldsymbol{x} + \boldsymbol{y}) > \operatorname{var}(\boldsymbol{x}) + \operatorname{var}(\boldsymbol{y}).$$

Nehmen wir dagegen an, dass die Pakete möglichst gleichartig 500 Gramm wiegen sollen. Ist dann x_i zu klein, wird man bei der Verpackung y_i etwas mehr dazu tun. Ist dagegen x_i zu groß, muss man bei y_i sparen. Jetzt sind X und Y negativ korreliert. Dadurch, dass Schweres mit Leichtem und Leichtes mit Schwerem kombiniert wird, wird die Streuung der Summe verkleinert: $\operatorname{cov}(\boldsymbol{x}, \boldsymbol{y})$ ist negativ und

$$\operatorname{var}(\boldsymbol{x} + \boldsymbol{y}) < \operatorname{var}(\boldsymbol{x}) + \operatorname{var}(\boldsymbol{y}).$$ ◄

Wir wollen noch eine Rechenformeln für den Korrelationskoeffizienten ableiten: Aus $x_i^* = \frac{x_i - \overline{x}}{\sqrt{\operatorname{var} \boldsymbol{x}}}$ und der Linearität erhalten wir folgende Formel.

Rechenformeln für den Korrelationskoeffizienten

$$\begin{aligned} r(\boldsymbol{x}, \boldsymbol{y}) &= \operatorname{cov}(\boldsymbol{x}^*, \boldsymbol{y}^*) \\ &= \frac{\operatorname{cov}(\boldsymbol{x}, \boldsymbol{y})}{\sqrt{\operatorname{var} \boldsymbol{x}}\sqrt{\operatorname{var} \boldsymbol{y}}} \\ &= \frac{\sum_{i=1}^{n}(x_i - \overline{x})(y_i - \overline{y})}{\sqrt{\sum_{i=1}^{n}(x_i - \overline{x})^2 \cdot \sum_{i=1}^{n}(y_i - \overline{y})^2}} \end{aligned}$$

Im Beispiel auf S. 1385 haben wir $\operatorname{cov}(\boldsymbol{x}, \boldsymbol{y}) = 29.72$ berechnet. Weiter berechnet man $\sqrt{\operatorname{var} \boldsymbol{x}} = 3.71$ sowie $\sqrt{\operatorname{var} \boldsymbol{y}} = 9$. Damit erhalten wir

$$r(\boldsymbol{x}, \boldsymbol{y}) = \frac{29.72}{3.71 \cdot 9} = 0.89.$$

Kreisen Sie die Punktwolke in Abb. 36.39 mit einer freihändig gezeichneten Ellipse ein und schätzen Sie den Korrelationskoeffizienten nach der Ellipsenregel.

Selbstfrage 8

Warum ist diese Schätzung unabhängig davon, wie stark Sie das Bild vergrößern und wie Sie dabei die Proportionen von Breite und Höhe der Abbildung verändern?

Anwendung: Ein einfaches Überlagerungsmodell für den Korrelationskoeffizienten

Überlagern Störungen $\boldsymbol{\varepsilon}$ zu messende Werte $\boldsymbol{x}$, so sind wahre und gemessene Werte korreliert. Die Korrelation ist um so größer, je kleiner das Verhältnis der Varianzen $\operatorname{var}(\boldsymbol{\varepsilon})$ zu $\operatorname{var}(\boldsymbol{x})$ ist.

Zum besseren Verständnis des Korrelationskoeffizienten betrachten wir ein einfaches Messmodell.

$$y_i = x_i + \varepsilon_i \quad i = 1, \ldots, n.$$

Dabei ist x_i der wahre Wert, ε_i ein Messfehler, der additiv den wahren Wert überlagert. Allein y_i kann beobachtet werden. Gesucht wird $r(\boldsymbol{y}, \boldsymbol{x})$, die Korrelation zwischen wahrem Wert und Messwert. Der Einfachheit halber setzen wir voraus, dass Messfehler und wahrer Wert unkorreliert sind,

$$\operatorname{cov}(\boldsymbol{x}, \boldsymbol{\varepsilon}) = 0.$$

Dann folgt hieraus und aus dem Distributivgesetz der Kovarianz

$$\operatorname{cov}(\boldsymbol{y}, \boldsymbol{x}) = \operatorname{cov}(\boldsymbol{x} + \boldsymbol{\varepsilon}, \boldsymbol{x}) = \operatorname{cov}(\boldsymbol{x}, \boldsymbol{x}) + \operatorname{cov}(\boldsymbol{\varepsilon}, \boldsymbol{x}) = \operatorname{var}(\boldsymbol{x}).$$

Damit ist die Korrelation zwischen y und x:

$$r(\boldsymbol{y}, \boldsymbol{x}) = \frac{\operatorname{cov}(\boldsymbol{y}, \boldsymbol{x})}{\sqrt{\operatorname{var}(\boldsymbol{y}) \cdot \operatorname{var}(\boldsymbol{x})}} = \frac{\operatorname{var}(\boldsymbol{x})}{\sqrt{\operatorname{var}(\boldsymbol{y}) \cdot \operatorname{var}(\boldsymbol{x})}} = \frac{\sqrt{\operatorname{var}(\boldsymbol{x})}}{\sqrt{\operatorname{var}(\boldsymbol{y})}}.$$

Den letzten Ausdruck können wir noch etwas vereinfachen. Aus $y_i = x_i + \varepsilon_i$, der Unkorreliertheit von x und $\boldsymbol{\varepsilon}$ und der Summenformel folgt:

$$\operatorname{var}(\boldsymbol{y}) = \operatorname{var}(\boldsymbol{x}) + \operatorname{var}(\boldsymbol{\varepsilon}).$$

Also

$$r(\boldsymbol{y}, \boldsymbol{x}) = \frac{\sqrt{\operatorname{var}(\boldsymbol{x})}}{\sqrt{\operatorname{var}(\boldsymbol{x}) + \operatorname{var}(\boldsymbol{\varepsilon})}} = \frac{1}{\sqrt{1 + \frac{\operatorname{var}(\boldsymbol{\varepsilon})}{\operatorname{var}(\boldsymbol{x})}}}.$$

Für die Korrelation kommt es also allein auf das Verhältnis der Varianzen $\operatorname{var}(\boldsymbol{\varepsilon}) : \operatorname{var}(\boldsymbol{x})$ an. Je kleiner die Varianz der Störgröße $\boldsymbol{\varepsilon}$ im Vergleich zur Varianz von x ist, um so größer ist die Korrelation, um so weniger wird die Messung gestört.

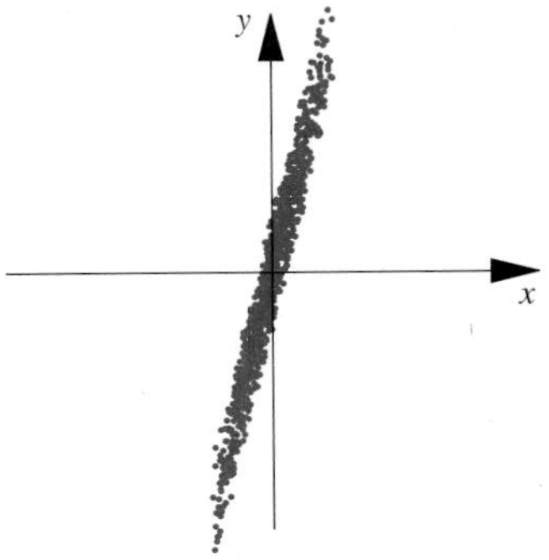

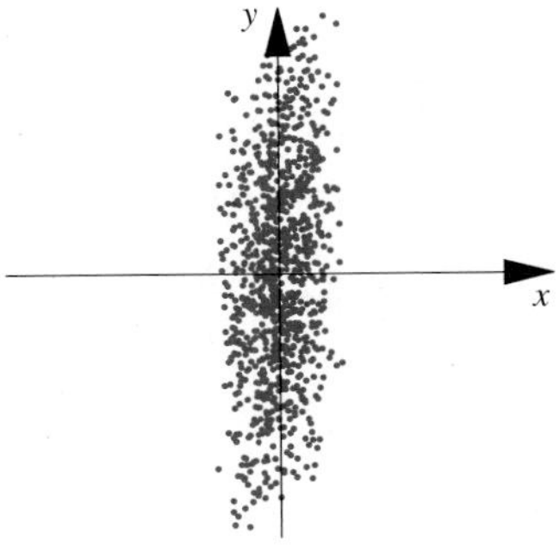

In den Abbildungen sind zwei (x, y)-Punktwolken geplottet, die durch Überlagerung der x-Werte und der $\boldsymbol{\varepsilon}$-Messfehler konstruiert wurden. Die Tabelle zeigt die gewählten Parameter der beiden Punktwolken, PW_1 und PW_2.

PW	$\operatorname{var}(\boldsymbol{x})$	$\operatorname{var}(\boldsymbol{\varepsilon})$	$\operatorname{var}(\boldsymbol{y})$	$r^2(\boldsymbol{y}, \boldsymbol{x})$	$r(\boldsymbol{y}, \boldsymbol{x})$
1	16	1	17	$\frac{16}{17}$	0.97
2	1	16	17	$\frac{1}{17}$	0.24

In der ersten Punktwolke erkennt man noch den nur gering gestörten Zusammenhang zwischen x und y, der jedoch in der zweiten Punktwolke fast nicht mehr erkennbar ist.

Der Korrelations-Koeffizient misst den Winkel zwischen zwei Merkmalsvektoren

Bislang betrachteten wir n Punkte im $\mathbb{R}^2$, die eine Punktwolke $\{(x_i, y_i) : i = 1, \ldots, n\}$ im $\mathbb{R}^2$ bilden. Wir können stattdessen auch zwei Vektoren im $\mathbb{R}^n$ betrachten. Dazu fassen wir x-Werte und die y-Werte zu zwei Datenvektoren im $\mathbb{R}^n$ zusammen:

$$\boldsymbol{x} = \begin{pmatrix} x_1 \\ \vdots \\ x_n \end{pmatrix} \text{ und } \boldsymbol{y} = \begin{pmatrix} y_1 \\ \vdots \\ y_n \end{pmatrix}.$$

Im $\mathbb{R}^n$ ist

$$\|\boldsymbol{x}\| = \sqrt{\sum_{i=1}^{n} x_i^2}$$

die euklidische Länge des Vektors $\boldsymbol{x}$ und

$$\boldsymbol{x} \cdot \boldsymbol{y} = \sum_{i=1}^{n} x_i y_i$$

das Skalarprodukt von $\boldsymbol{x}$ und $\boldsymbol{y}$. Es gilt

$$\boldsymbol{x} \cdot \boldsymbol{y} = \|\boldsymbol{x}\| \cdot \|\boldsymbol{y}\| \cdot \cos(\alpha).$$

Übersicht: Kovarianz und Korrelation

Wir stellen die wichtigsten Aussagen über Kovarianz und Korrelationskoeffizienten zusammen.

Die **empirische Kovarianz** der Punktwolke $\{(x_i, y_i) \mid i = 1, \ldots, n\}$ ist definiert als

$$\operatorname{cov}(\{x_i, y_i\}) = \frac{1}{n}\sum_{i=1}^{n}(x_i - \overline{x})(y_i - \overline{y})$$
$$= \frac{1}{n}\sum_{i=1}^{n} x_i \cdot y_i - \overline{x}\,\overline{y}$$

Schreibweisen:

$$\operatorname{cov}(\{x_i, y_i\}) = \operatorname{cov}(\boldsymbol{x}, \boldsymbol{y})$$
$$= s(\boldsymbol{x}, \boldsymbol{y}) = s_{xy}$$

Eigenschaften der Kovarianz:

$$\operatorname{cov}(\boldsymbol{x}, \boldsymbol{x}) = \operatorname{var}(\boldsymbol{x})$$
$$\operatorname{cov}(\boldsymbol{x}, \boldsymbol{y}) = \operatorname{cov}(\boldsymbol{y}, \boldsymbol{x})$$
$$\operatorname{cov}(\alpha\mathbf{1} + \beta\boldsymbol{x}, \gamma\mathbf{1} + \delta\boldsymbol{y}) = \beta\delta \operatorname{cov}(\boldsymbol{x}, \boldsymbol{y})$$
$$\operatorname{cov}(\boldsymbol{z}, \boldsymbol{x} + \boldsymbol{y}) = \operatorname{cov}(\boldsymbol{z}, \boldsymbol{x}) + \operatorname{cov}(\boldsymbol{z}, \boldsymbol{y})$$
$$\operatorname{var}(\boldsymbol{x} + \boldsymbol{y}) = \operatorname{var}(\boldsymbol{x}) + \operatorname{var}(\boldsymbol{y}) + 2 \cdot \operatorname{cov}(\boldsymbol{x}, \boldsymbol{y})$$
$$\operatorname{var}\Big(\sum_{i=1}^{n} \boldsymbol{x}_i\Big) = \sum_{i=1}^{n} \operatorname{var}(\boldsymbol{x}_i) + 2 \cdot \sum_{i<j} \operatorname{cov}(\boldsymbol{x}_i, \boldsymbol{x}_j)$$

Der **Korrelationskoeffizient** ist die Kovarianz der standardisierten Daten:

$$r(\boldsymbol{x}, \boldsymbol{y}) = \frac{\operatorname{cov}(\boldsymbol{x}, \boldsymbol{y})}{\sqrt{\operatorname{var}(\boldsymbol{x}) \cdot \operatorname{var}(\boldsymbol{y})}} = \frac{s_{xy}}{s_x s_y}$$
$$= \frac{\sum_{i=1}^{n}(x_i - \overline{x})(y_i - \overline{y})}{\sqrt{\sum_{i=1}^{n}(x_i - \overline{x})^2 \cdot \sum_{i=1}^{n}(y_i - \overline{y})^2}}$$

Eigenschaften des Korrelationskoeffizienten:

Beschränktheit

$$-1 \leq r(\boldsymbol{x}, \boldsymbol{y}) \leq +1$$

Linearität im Grenzfall

$$r(x, y) = 1 \iff y_i = \alpha + \beta x_i \quad \text{mit } \beta > 0.$$
$$r(x, y) = -1 \iff y_i = \alpha + \beta x_i \quad \text{mit } \beta < 0.$$

Invarianz gegen lineare Transformationen

$$r(\boldsymbol{x}, \boldsymbol{y}) = r(\alpha\mathbf{1} + \beta\boldsymbol{x}, \gamma\mathbf{1} + \delta\boldsymbol{y})$$

Ellipsenformel für Konzentrationsellipsen

$$r(\boldsymbol{x}, \boldsymbol{y})^2 = 1 - \left(\frac{d}{D}\right)^2$$

Die Korrelation ist der Kosinus des Winkels zwischen den zentrierten Merkmalsvektoren

$$r(\boldsymbol{x}, \boldsymbol{y}) = \cos(\alpha)$$

Dabei ist α der Winkel zwischen $\boldsymbol{x}$ und $\boldsymbol{y}$. Da der Korrelationskoeffizient invariant gegen Verschiebungen ist, können wir ohne Beschränkung der Allgemeinheit voraussetzen, dass die Vektoren $\boldsymbol{x}$ und $\boldsymbol{y}$ zentriert sind, also: $\overline{x} = \overline{y} = 0$. Dann folgt:

$$\operatorname{var}(\boldsymbol{x}) = \frac{1}{n}\sum_{i=1}^{n} x_i^2 = \frac{1}{n}\|\boldsymbol{x}\|^2$$
$$\operatorname{var}(\boldsymbol{y}) = \frac{1}{n}\sum_{i=1}^{n} y_i^2 = \frac{1}{n}\|\boldsymbol{y}\|^2$$
$$\operatorname{cov}(\boldsymbol{x}, \boldsymbol{y}) = \frac{1}{n}\sum_{i=1}^{n} x_i y_i = \frac{1}{n}\boldsymbol{x} \cdot \boldsymbol{y}$$
$$r(\boldsymbol{x}, \boldsymbol{y}) = \frac{\operatorname{cov}(\boldsymbol{x}, \boldsymbol{y})}{\sqrt{\operatorname{var}(\boldsymbol{x}) \cdot \operatorname{var}(\boldsymbol{y})}} = \frac{\boldsymbol{x} \cdot \boldsymbol{y}}{\|\boldsymbol{x}\| \cdot \|\boldsymbol{y}\|} = \cos(\alpha).$$

Die Korrelation $r(\boldsymbol{x}, \boldsymbol{y})$ ist also gerade der Kosinus des Winkels zwischen den zentrierten Merkmalsvektoren, siehe die folgende Abbildung.

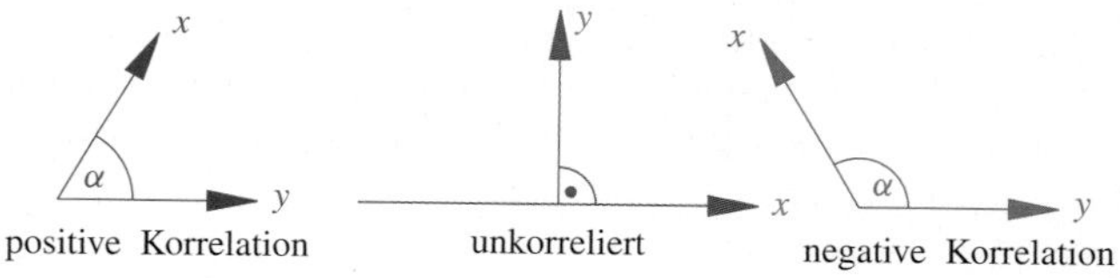

Aus $r(\boldsymbol{x}, \boldsymbol{y}) = \cos(\alpha)$ folgt unmittelbar,

- $-1 \leq r(\boldsymbol{x}, \boldsymbol{y}) \leq +1$.
- $\boldsymbol{x}$ und $\boldsymbol{y}$ sind unkorreliert, wenn die zentrierten Vektoren orthogonal sind.
- $|r(\boldsymbol{x}, \boldsymbol{y})| = 1$, genau dann, wenn $\boldsymbol{x}$ und $\boldsymbol{y}$ linear voneinander abhängen.

In der Vertiefung auf S. 1392 betrachten wir Interpretationsprobleme der Korrelation und Erweiterungen des Korrelationsbegriffs.

Teil VI

Vertiefung: Kovarianzmatrix und Konzentrationsellipsen

Betrachtet man m Merkmale $(X_1, \ldots, X_m) = \boldsymbol{X}$ als ein m-dimensionales Merkmal $\boldsymbol{X}$, kann man alle Varianzen und paarweisen Kovarianzen in einer symmetrischen $m \times m$ Matrix $\boldsymbol{C}$, der Kovarianzmatrix von $\boldsymbol{X}$, zusammenfassen. Dabei ist $\boldsymbol{C}_{ij} = \operatorname{cov}(\boldsymbol{x}_i, \boldsymbol{x}_j)$. Diese gibt einen ersten Eindruck von dem gegenseitigen Abhängigkeiten der Merkmale. Das durch $\boldsymbol{C}$ definierte **Konzentrationsellipsoid** gestattet eine Veranschaulichung der Punktwolke und eine mehrdimensionale Verallgemeinerung der Ungleichung von Tschebyschev.

Als Beispiel untersuchen wir den Eier-Datensatz, den wir schon in der Vertiefungsbox auf S. 1378 mit R behandelt haben. Der Befehl `C<-cov(Eier)` liefert für das 3-dimensionale Merkmal (Gewicht, Laenge, Breite) die Matrix

$$\boldsymbol{C} = \begin{pmatrix} 31.938 & 10.281 & 6.8003 \\ 10.281 & 6.6734 & 1.2294 \\ 6.8003 & 1.2294 & 2.1971 \end{pmatrix}$$

Wir lesen ab:

$$\operatorname{var}(Gewicht) = 31.938 \text{ und } \operatorname{cov}(Laenge, Breite) = 1.229.$$

Bilden wir mit konstanten Koeffizienten a_i ein neues Merkmal $Z = \sum_{i=1}^{m} a_i X_i = \boldsymbol{a}^T \boldsymbol{X}$, dann ist nach S. 1388

$$0 \leq \operatorname{var}(z) = \sum_{i=1}^{m} a_i a_j \operatorname{cov}(\boldsymbol{x}_i, \boldsymbol{x}_j) = \boldsymbol{a}^T \boldsymbol{C} \boldsymbol{a}.$$

$\boldsymbol{C}$ ist daher eine nicht negativ-definite symmetrische Matrix. Ist $\boldsymbol{a}^T \boldsymbol{C} \boldsymbol{a} = 0$, so folgt $\operatorname{var}(z) = 0$.

Daher ist z eine Konstante. Das heißt, die Merkmale $X_1, \ldots, X_m$ sind linear abhängig. Sind also die Merkmale von einander linear unabhängig, so ist $\boldsymbol{C}$ positiv-definit und daher invertierbar. In diesem Fall ist das **Konzentrationsellipsoid** $\mathcal{E}_k$ der zentrierten Punktwolke $\{\boldsymbol{x}_1, \ldots, \boldsymbol{x}_n\} \in \mathbb{R}^m$ zum Radius k definiert als

$$\mathcal{E}_k = \left\{ \boldsymbol{x} : \boldsymbol{x}^T \boldsymbol{C}^{-1} \boldsymbol{x} \leq k^2 \right\}. \qquad (*)$$

Mit variierendem k^2 erhält man die Schar der Konzentrationsellipsoide. Diese Ellipsoide haben denselben Mittelpunkt $\boldsymbol{0}$ und gleiche Richtungen der Hauptachsen. Die Längen der Hauptachsen sind proportional zu k. Mit diesen Ellipsoiden lässt sich die Ungleichung von Tschebyschev auf m-dimensionale Punktwolke erweitern: Der Anteil der Punkte $\boldsymbol{x}_i$ innerhalb des Ellipsoids $\mathcal{E}_k$ ist mindestens $1 - \frac{m}{k^2}$. Auf S. 1386 haben wir für eine 2-dimensionale Punktwolke mit der Ellipsenregel eine geometrische Näherungsformel für den Korrelationskoeffizient genannt. Ersetzen wir die freihändig gezeichnete Ellipse durch eine Konzentrationsellipse, wird aus der Näherung eine Gleichung. Die Beweise beider Behauptungen findet man auf den Webseiten zum Buch. Als konkretes Beispiel betrachten wir weiter den Eier-Datensatz. Zuerst bestimmen wir aus $(*)$ die explizite Gleichung für den Rand von $\mathcal{E}_k$:

$$y^* = rx^* \pm \sqrt{(1-r^2)(k^2 - x^{*2})}.$$

Wir betrachten den oberen Rand, zu dem das +Zeichen gehört und definieren die R-Funktion elo:

```
elo<-function(x,r,k)
{ob<-r*x+sqrt((1-r^2)*(k^2-x^2)) ob}.
```

Anschließend machen wir die Standardisierung rückgängig und verwenden dazu die Abkürzungen

```
mb<-mean(Breite);sb<-sd(Breite)
```

analog ml und sl für die Laenge.

```
ELO<-function(x,r,k)
{z<-ml+elo((x-mb)/sb,r,k)*sl z}.
```

Entsprechende Funktionen definieren wir für den unteren Rand. Der Korrelationskoeffizient ist

```
>r<-cor(Laenge,Breite)} = 0.32 .
```

Wir wählen für k schrittweise die Werte 1.5, 2, 2.5.

Durch

```
plot(NULL,xlim=c(39,48), ylim=c(49,65),
xlab="Breite",ylab="Laenge", las=1,     bty="n")
```

geben wir erst einen leeren Rahmen vor, in dem wir Intervallgrenzen für x und y und die Achsenbeschriftung festlegen. Durch `points` plotten wir die Punktwolke der Eier, die wir vorsorglich in drei Gewichtsklassen „klein", „mittel", „groß" geteilt haben, siehe die Vertiefungsbox auf S. 1392. Dabei verwenden wir mit `bg` (Background) mit `pch` (Pointcharakter) unterschiedliche Farben und Symbole, um die Gewichtsklassen voneinander abzugrenzen. `curve` liefert den Rand der Konzentrationsellipse. Schließlich geben wir dem Bild noch einen Titel.

```
>points(klein, pch=21, bg="green")
>points(mittel, pch=22, bg="blue")
>points(groß , pch=23, bg="red")
>curve(ELO(x,0.32,1.5),40,50,n=500,add=TRUE)
>title("Huehnereier nach Gewichtsklasse ...")
```

Die Grafik selbst findet man in der Vertiefungsbox auf S. 1392.

Teil VI

Vertiefung: Erweiterungen des Korrelationsbegriffs

Korrelation ist ein Maß für die linearen Beziehungen zwischen zwei Merkmalen. In der Praxis haben wir es aber meist mit mehreren Merkmalen zu tun, die sich gegenseitig beeinflussen. Die Beschränkung auf zwei und die gleichzeitige Vernachlässigung der anderen führt oft zu Fehlschlüssen oder im Extrem zu den sogenannten Scheinkorrelationen.

Betrachten wir die linke Punktwolke in Abbildung 36.41 mit der annähernd parabelförmigen Struktur und der Korrelation Null. Betrachten wir nur den linken Parabelast, so finden wir eine starke negative Korrelation. Betrachten wir den rechten Parabelast, so finden wir ein starke, positive Korrelation. Wir erkennen: Messen wir den Zusammenhang zwischen zwei Merkmalen mit dem Korrelationskoeffizienten, so hängt dieser ganz wesentlich davon ab, welcher Wertebereich für die Merkmale betrachtet wird.

In der Vertiefungsbox auf S. 1378 und deren Fortsetzung auf S. 1391 haben wir mit dem Paket R in einer Datei Gewicht, Länge und Breite von 72 Eiern untersucht. Wir arbeiten mit diesem Datensatz weiter und interessieren uns nun für die Korrelation von Länge und Breite, die wir uns auf zwei Kommastellen angeben lassen: Nach `round(cor(Laenge,Breite))` erhalten wir die positive Korrelation, nämlich 0.32. Nun sortieren wir die Eier nach Gewicht. Durch

```
>klein<-Eier[Gewicht<53,c(3,2)]
>mittel<-Eier[(Gewicht>=53)&
                    (Gewicht<63),c(3,2)]
>gross<-Eier[Gewicht>=63,c(3,2)]
```

teilen wir den Dateframe „Eier" in drei neue, den üblichen Gewichtsklassen entsprechende Dataframes auf. In jedem dieser Frames bestimmen wir erneut die Korrelation zwischen Länge und Breite:

```
> cor(klein$Laenge,klein$Breite)
[1] -0.747426
> cor(mittel$Laenge,mittel$Breite)
[1] -0.4192843
> cor(gross$Laenge,gross$Breite)
[1] -0.3779215
```

Bei kleinen, mittleren und großen Eiern ist die Korrelation zwischen Länge und Breite negativ, bei der Gesamtheit aber positiv! Wieso? Bei Eiern mit einem konstanten Gewicht ist auch das Volumen annähernd konstant. Ist ein Ei besonders lang, muss es besonders schmal sein, ist es besonders kurz, wird es besonders breit sein: Länge und Breite sind negativ korreliert. Bei den nach Gewichtsklassen sortierten Eiern ist das Gewicht *kontrolliert*, dagegen wird in der Gesamtheit das Gewicht *ignoriert*.

Wie die Abbildung mit den drei rot, blau und grün markierten Teilmengen zeigt, setzt sich die positiv korrelierte Gesamtheit aus drei negativ korrelierten zusammen.

Hühnereier nach Gewichtsklasse und Konzentrationsellipsen

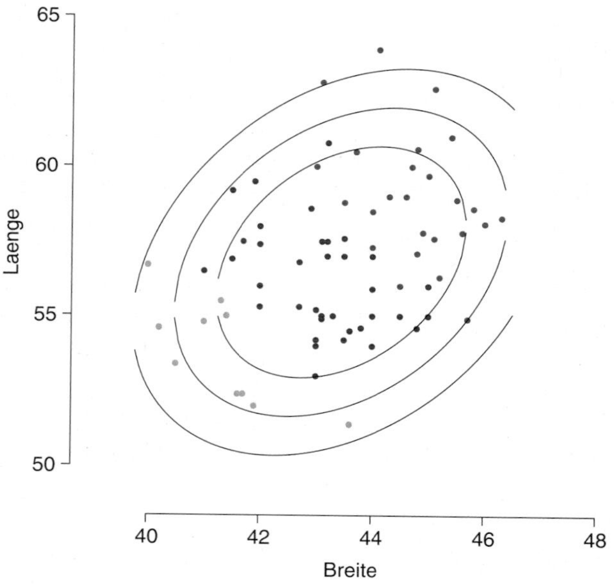

Außerdem wird deutlich, dass Korrelation nur einen Zusammenhang beschreibt, aber keine Aussage über Kausalität oder die Richtung einer kausalen Beziehung macht. In der Aussage: „Bei Kindern sind Körpergewicht und Wortschatz positiv korreliert." liegt eine ähnliche Situation vor: Das ignorierte Merkmal ist das Alter. Bei konstantem Alter ist die Korrelation sicherlich Null.

Generell haben wir es mit zwei Merkmalen X und Y zu tun, die von einem dritten latenten Merkmal Z oder einer Gruppe von Merkmalen $\boldsymbol{Z}$ beeinflusst werden. Im Gegensatz zur gewöhnlichen, paarweisen Korrelation $r(x, y)$ sprechen wir von der **bedingten Korrelation** $r(\boldsymbol{x}, \boldsymbol{y} \mid \boldsymbol{Z} = z)$, wenn der Wert der latenten Merkmale festgehalten wird.

Wir sprechen von der **partiellen Korrelation** $r(\boldsymbol{x}, \boldsymbol{y})_{\bullet Z}$, wenn der lineare Einfluss von Z auf X und Y numerisch herausgerechnet wird und nur noch die Korrelation der bereinigten Komponenten $\boldsymbol{x} - \boldsymbol{P}_Z\boldsymbol{x}$ und $\boldsymbol{y} - \boldsymbol{P}_Z\boldsymbol{y}$ berechnet wird. Dabei ist $\boldsymbol{P}_Z\boldsymbol{x}$ die Orthogonalprojektion von $\boldsymbol{x}$ auf den von $\boldsymbol{Z}$ aufgespannten linearen Raum und damit die in der euklidischen Norm beste lineare Approximation von $\boldsymbol{x}$ durch ein Element aus dem Raum $\boldsymbol{Z}$.

Die **partielle Korrelation** $r(\boldsymbol{x}, \boldsymbol{y})_{\bullet Z}$ können wir uns leicht geometrisch veranschaulichen. Dazu repräsentieren wir **x**, **y** und **z** durch drei Vektoren, die einen dreidimensionalen Raum aufspannen. Die Winkel α, β und γ zwischen den drei Vektoren sind durch die paarweisen Korrelationen bestimmt:

$$\cos(\alpha) = \operatorname{cor}(\boldsymbol{x}, \boldsymbol{y}), \quad \cos(\beta) = \operatorname{cor}(\boldsymbol{x}, z) \quad \text{und}$$
$$\cos(\gamma) = \operatorname{cor}(\boldsymbol{y}, \boldsymbol{y}).$$

Teil VI

Vertiefung: Erweiterungen des Korrelationsbegriffs (Fortsetzung)

Dann nehmen wir ein rechteckiges Blatt Papier, falten es in der Mitte und legen Nullpunkt und den Vektor z in diese Mittelfalte. Das Blatt wird so gefaltet, dass $\boldsymbol{x}$ in der einen Hälfte des Blattes und $\boldsymbol{y}$ in der anderen Hälfte des Blattes liegt. Dann ist der Kosinus des Winkels δ zwischen den beiden Blatthälften gerade die **partielle Korrelation** $r(\boldsymbol{x}, \boldsymbol{y})_{\bullet z} = \cos(\delta)$.

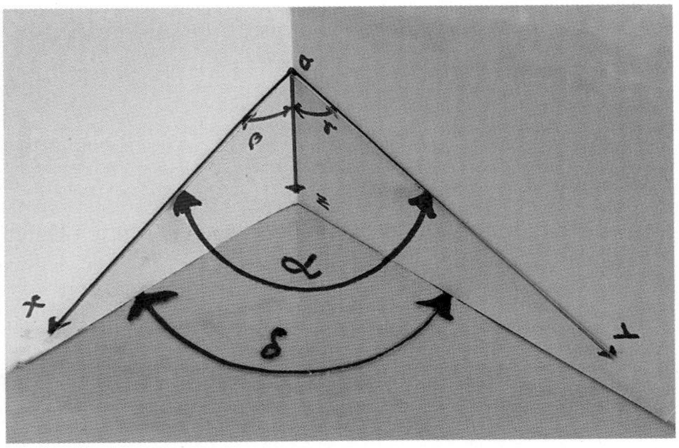

Zum Beweis: Die Seitenkanten des Blattes stehen orthogonal zur Mittelfalte z. Also liegen $\boldsymbol{y}_{\bullet z}$ und $\boldsymbol{x}_{\bullet z}$ auf diesen Kanten. Der Winkel δ zwischen diesen Kanten ist der Winkel zwischen beiden Blatthälften und damit ist

$$\cos(\delta) = r(\boldsymbol{x}_{\bullet z}, \boldsymbol{y}_{\bullet z}) = r(\boldsymbol{x}, \boldsymbol{y})_{\bullet z}$$

Diese Struktur ist bei einem mehrdimensionalen $\boldsymbol{Z}$ analog zu interpretieren. Eine offensichtliche Konsequenz ist, dass zu gegebenem $r(\boldsymbol{x}, \boldsymbol{y}) \neq 1$ sich stets ein z finden lässt, so dass $r(\boldsymbol{x}, \boldsymbol{y})_{\bullet z}$ jeden Wert zwischen -1 und $+1$ annehmen kann und umgekehrt.

Die **multiple Korrelation** $r(y, \boldsymbol{X})$ zwischen einem Merkmal Y und einer Gruppe von Merkmalen $\boldsymbol{X}$ ist die Korrelation $r(y, \boldsymbol{P_X y})$. Dabei ist $\boldsymbol{P_X y}$ die Projektion von $\boldsymbol{y}$ in den von $\boldsymbol{X}$ erzeugten linearen Raum und damit diejenige Linearkombination der Vektoren aus $\boldsymbol{X}$, die maximal mit $\boldsymbol{y}$ korreliert.

Diese Korrelationen lassen sich mit R leicht berechnen: Durch `C<-cor(X)` werden alle paarweisen Korrelationen berechnet und in einer Matrix $\boldsymbol{C}$ zusammengefasst. Sind die Variablen nicht untereinander linear abhängig, hat $\boldsymbol{C}$ den vollen Rang m. Mit dem Befehl `V<-solve(C)` invertieren wir $\boldsymbol{C}$ und geben ihr den Namen $\boldsymbol{V} = \boldsymbol{C}^{-1}$. An den Elementen V_{ij} dieser Matrix kann man die multiple Korrelation zwischen jedem Merkmal X_i und allen anderen, $\{X_k, k \neq i\}$, sowie die partielle Korrelation zwischen jeweils zwei Variablen X_i und X_j nach Elimination des linearen Einflusses der anderen, $\{X_k, k \neq i, j\}$, ablesen. Es gilt

$$r^2(\boldsymbol{x}_i, \{X_k, k \neq i\}) = 1 - (V_{ii})^{-1},$$

$$r(\boldsymbol{x}_i, \boldsymbol{x}_j)_{\bullet\{X_k, k\neq i,j\}} = \frac{-V_{ij}}{\sqrt{V_{ii}V_{jj}}}.$$

Den Beweis verschieben wir ins Zusatzmaterial zu diesem Kapitel. Wir wollen dies an den Eierdaten berechnen. Nach

```
> C<-cor(Eier)    und
> V<-solve(C)
```

erhalten wir die Matrizen

$$\boldsymbol{C} = \begin{pmatrix} 1.00 & 0.70 & 0.81 \\ 0.70 & 1.00 & 0.32 \\ 0.81 & 0.32 & 1.00 \end{pmatrix},$$

$$\boldsymbol{V} = \begin{pmatrix} 8.23 & -4.07 & -5.37 \\ -4.07 & 3.13 & 2.30 \\ -5.37 & 2.30 & 4.62 \end{pmatrix} = \boldsymbol{C}^{-1}.$$

Die multiple Korrelation zwischen Gewicht auf der einen und Länge und Breite auf der anderen Seite ist demnach

$$r(\text{Gewicht, Länge und Breite}) = \sqrt{1 - 8.23^{-1}} = 0.94.$$

Obwohl das Gewicht **keine lineare** Funktion von Länge und Breite ist, lässt es sich dennoch sehr gut von beiden approximieren! Die partielle Korrelation zwischen Länge und Breite nach Elimination des Gewichtes ist

$$r(\text{Länge, Breite})_{\bullet\text{Gewicht}} = \frac{-V_{23}}{\sqrt{V_{22}V_{33}}} = \frac{-2.30}{\sqrt{3.13 \cdot 4.62}} = -0.604\,83.$$

Sie ist wie die drei bedingten Korrelationen negativ und liegt in der Größenordnung dazwischen. Dagegen sind die beiden anderen partiellen Korrelationen positiv.

$$r(\text{Länge, Gewicht})_{\bullet\text{Breite}} = \frac{4.07}{\sqrt{8.23 \cdot 3.13}} = 0.80,$$

$$r(\text{Breite, Gewicht})_{\bullet\text{Länge}} = \frac{5.37}{\sqrt{8.23 \cdot 4.62}} = 0.87.$$

Bei der **kanonischen Korrelation** stehen sich zwei Merkmalblöcke $\boldsymbol{X}$ und $\boldsymbol{Y}$ gegenüber. Hier werden aus den von $\boldsymbol{X}$ und $\boldsymbol{Y}$ erzeugten linearen Räumen jeweils ein Repräsentant $\widehat{X}$ und $\widehat{Y}$ ausgewählt, die maximal miteinander korrelieren.

Bei der **Rangkorrelation** bestimmt man nicht die Stärke der linearen sondern einer monotonen Abhängigkeit. Hierbei werden die Zahlwerte durch ihre Rangzahlen ersetzt und die Korrelation der Ränge bestimmt. Diese Korrelation ist vor allem auch anwendbar, wenn die Merkmale nur ordinal skaliert sind.

Zusammenfassung

Die Merkmale

Definition Merkmal

Ein **Merkmal** X ist eine Abbildung von Ω in eine Menge $\mathcal{M}$.

$$X : \Omega \to \mathcal{M}$$

Merkmale können nominal, ordinal oder kardinal skaliert sein.

Grafische Darstellungen

Häufigkeitsverteilung qualitativer Merkmale lassen sich in Stab- oder Kreisdiagrammen darstellen.

Empirische Verteilungsfunktion

Die empirische Verteilungsfunktion

$$\widehat{F}(x) = \frac{1}{n}\sum_{i=1}^{n} I_{(-\infty,x]}(x_i) = \frac{1}{n}\operatorname{card}\{x_i : x_i \le x\}$$

beschreibt die Häufigkeitsverteilung eines quantitativen Merkmals.

Der Wert $\widehat{F}(x)$ ist die relative Häufigkeit der Elemente, deren Ausprägungen kleiner oder gleich x sind.

Histogramm

Ein Histogramm ist die flächentreue Darstellung der Häufigkeitsverteilung eines gruppierten stetigen Merkmals.

Die Fläche der Säule über einer Gruppe entspricht der Gruppenbesetzung: (Breite b_j mal Höhe h_j) $= n_j$.

Lageparameter beschreiben das Zentrum der Daten

Modus

Der Modus x_{mod} ist die am häufigsten vorkommende Ausprägung.

Median

Der Median x_{med} teilt die der Größe nach sortierten Daten in zwei zwei gleich große Hälften

$$x_{\text{med}} = \begin{cases} x_{(\frac{n+1}{2})}, & \text{falls } n \text{ ungerade ist,} \\ \frac{1}{2}\left(x_{(\frac{n}{2})} + x_{(\frac{n}{2}+1)}\right), & \text{falls } n \text{ gerade ist.} \end{cases}$$

Der Median ist ein robuster Lageparameter, der alle streng monoton wachsenden Transformationen mitmacht.

Arithmetisches Mittel

Das arithmetische Mittel $\overline{x} = \frac{1}{n}\sum_{i=1}^{n} x_i$ ist der Schwerpunkt der Daten.

Bei linearen Transformationen $y_i = \alpha + \beta x_i$ stimmen das arithmetische Mittel der transformierten Daten und das transformierte arithmetische Mittel der Originaldaten überein,

$$\overline{y} = \overline{\alpha + \beta x} = \alpha + \beta \overline{x}.$$

Bei nichtlinearen Transformationen $y_i = g(x_i)$ erlaubt die Ungleichungen von Jensen eine Abschätzung.

Verallgemeinerter p-Mittelwert

Der verallgemeinerte p-Mittelwert

$$\overline{x}(p) = \left(\sum_{j=1}^{k} x_j^p \gamma_j\right)^{\frac{1}{p}},$$

umfasst geometrisches, harmonisches und arithmetisches Mittel. Dabei ist $x_j > 0$ und $0 < \gamma_j < 1$ mit $\sum_{j=1}^{k} \gamma_j = 1$. Dann ist $\overline{x}(p)$ eine streng monoton wachsende, differenzierbare Funktion von p mit $\min_j\{x_j\} \le \overline{x}(p) \le \max_j\{x_j\}$.

Teil VI

Streuungsparameter geben an, wie die Ausprägungen um das Zentrum streuen

Spannweite

Die Spannweite $\max_i\{x_i\} - \min_i\{x_i\}$ ist die Differenz zwischen größtem und kleinstem Wert.

Quartilsabstand

Der Quartilsabstand $x_{0.75} - x_{0.25}$ ist die Differenz zwischen oberem und unterem Quartil.

Mittlere absolute Abweichung

Die mittlere absolute Abweichung

$$\frac{1}{n}\sum_{i=1}^{n}|x_i - x_{\text{med}}|$$

ist der Mittelwert der Abweichungen vom Median.

Der Median der absoluten Abweichungen vom Median

$$\text{MAD} = \text{Med}\{|x_i - \text{Med}\{x_i\}|\}.$$

ist ein robustes Streuungsmaß.

Varianz

Die Varianz

$$\text{var}(\boldsymbol{x}) = \frac{1}{n}\sum_{i=1}^{n}(x_i - \overline{x})^2$$

ist der Mittelwert der quadrierten Abweichungen vom Mittelwert.

Die Varianz ist ein quadratisches Streuungsmaß,

$$\text{var}(\{a + bx_i\}) = b^2 \,\text{var}(\{x_i\}).$$

Es gilt der Verschiebungssatz,

$$\frac{1}{n}\sum_{i=1}^{n}(x_i - a)^2 = \text{var}(\boldsymbol{x}) + (\overline{x} - a)^2.$$

Die Wurzel aus der Varianz ist die Standardabweichung $s = \sqrt{\text{var}(\boldsymbol{x})}$.

Ungleichung von Tschebyschev

$$\frac{\text{card}\{x_i \mid |x_i - \overline{x}| \geq k \cdot s\}}{n} \leq \frac{1}{k^2},$$
$$\frac{\text{card}\{x_i \mid |x_i - \overline{x}| < k \cdot s\}}{n} \geq 1 - \frac{1}{k^2}$$

Variations-Koeffizient

Der Variations-Koeffizient $\gamma = \frac{s}{\overline{x}}$ ist ein dimensionsloses Maß für die relative Streuung.

Standardisierte Daten x_i^* sind dimensionslos, der Schwerpunkt ist null, die Varianz ist eins,

$$x_i^* = \frac{x_i - \overline{x}}{\sqrt{\text{var}(\boldsymbol{x})}}.$$

Nach der Standardisierung sind weitere Strukturunterschiede wie Schiefe und Wölbung besser erkennbar.

Mehrdimensionale Verteilungen

Bei einem zweidimensionalen Merkmal (X, Y) bilden die separaten Verteilungen von X und Y die eindimensionalen Randverteilungen, im Gegensatz zur zweidimensionalen gemeinsamen Verteilung von (X, Y). Bei dem zweidimensionalen Plot wird jedes Objekt ω durch seinen Merkmalsvektor $(x(w), y(w))$ als Punkt der zweidimensionalen xy-Ebene dargestellt. Die Gesamtheit der abgebildeten Objekte bildet eine Punktwolke.

Empirische Kovarianz

Die empirische Kovarianz der Punktwolke ist definiert als

$$\text{cov}(\boldsymbol{x}, \boldsymbol{y}) = \frac{1}{n}\sum_{i=1}^{n}(x_i - \overline{x})(y_i - \overline{y}).$$

Bei einer positiven Kovarianz hat die Punktwolke eine steigende, bei einer negativen Kovarianz hat die Punktwolke eine fallende Tendenz. Eine Verschiebung des Nullpunkts lässt die Kovarianz invariant. Ein multiplikativer Faktor lässt sich ausklammern,

$$\text{cov}(\{\alpha + \beta x_i, \gamma + \delta y_i\}) = \beta\delta\,\text{cov}(\{x_i, y_i\}).$$

Die Kovarianz $\text{cov}(\boldsymbol{x}, \boldsymbol{y})$ hat alle Eigenschaften eines Skalarproduktes

$$\text{cov}(\boldsymbol{z}, \boldsymbol{x} + \boldsymbol{y}) = \text{cov}(\boldsymbol{z}, \boldsymbol{x}) + \text{cov}(\boldsymbol{z}, \boldsymbol{y}).$$

Speziell gilt die Summenformel

$$\operatorname{var}(\boldsymbol{x} + \boldsymbol{y}) = \operatorname{var}\boldsymbol{x} + \operatorname{var}\boldsymbol{y} + 2 \cdot \operatorname{cov}(\boldsymbol{x}, \boldsymbol{y}).$$

Empirischer Korrelationskoeffizient

Der empirische Korrelationskoeffizient $r(\boldsymbol{x}, \boldsymbol{y})$ der Punktwolke der $\{(x_i, y_i) : i = 1, \cdots, n\}$, ist die Kovarianz der standardisierten Merkmale,

$$r(\boldsymbol{x}, \boldsymbol{y}) = \operatorname{cov}(\boldsymbol{x}^*, \boldsymbol{y}^*).$$

Der Korrelationskoeffizient ist ein Maß des linearen Zusammenhangs. Er lässt sich an der Konzentrationsellipse ablesen mit

$$r(\boldsymbol{x}, \boldsymbol{y})^2 = 1 - \left(\frac{d}{D}\right)^2.$$

Bei einer freihändig gezeichneten Ellipse gilt dies nur noch als Näherung. Genau dann, wenn x und y voneinander linear abhängen, ist $r(x, y)^2 = 1$. Ist $r(x, y) = 0$, so heißen $\boldsymbol{x}$ und $\boldsymbol{y}$ unkorreliert. Je weiter $|r(x, y)|$ von 1 abweicht, um so stärker ist der lineare Zusammenhang gestört. Ist $r(x, y) \approx 0$, so ist kein linearer Zusammenhang erkennbar.

Aufgaben

Die Aufgaben gliedern sich in drei Kategorien: Anhand der *Verständnisfragen* können Sie prüfen, ob Sie die Begriffe und zentralen Aussagen verstanden haben, mit den *Rechenaufgaben* üben Sie Ihre technischen Fertigkeiten und die *Anwendungsprobleme* geben Ihnen Gelegenheit, das Gelernte an praktischen Fragestellungen auszuprobieren.
Ein Punktesystem unterscheidet leichte •, mittelschwere •• und anspruchsvolle ••• Aufgaben. Lösungshinweise am Ende des Buches helfen Ihnen, falls Sie bei einer Aufgabe partout nicht weiterkommen. Dort finden Sie auch die Lösungen – betrügen Sie sich aber nicht selbst und schlagen Sie erst nach, wenn Sie selber zu einer Lösung gekommen sind. Ausführliche Lösungswege, Beweise und Abbildungen finden Sie als digitales Zusatzmaterial (electronic supplementary material).
Viel Spaß und Erfolg bei den Aufgaben!

Verständnisfragen

36.1 • Entscheiden Sie, ob die folgenden Behauptungen zutreffen oder nicht.

1) „Gesundheit" eines Patienten ist ein statistisches Merkmal.
2) Ordinale Merkmale besitzen keinen Mittelwert, wohl aber eine Mitte.
3) Um ein Histogramm zu zeichnen, müssen die Daten gruppiert sein.
4) Um eine Verteilungsfunktion zeichnen zu können, müssen die Daten gruppiert sein.

36.2 •• Für das Jahr 1997 wurden in den deutschen Bundesländern (außer Berlin) folgende Zahlen für den Anteil (in %) von Bäumen mit deutlichen Umweltschäden ausgewiesen:

BL	HE	NS	NRW	SH	BB	MV	S
Anteil	16	15	20	20	10	10	19

BL	SA	TH	BW	B	HH	RP	SL
Anteil	14	38	19	19	33	24	19

Erläutern Sie die Begriffe Grundgesamtheit, Untersuchungseinheit, Merkmal und Ausprägung anhand dieses Beispiels.

Zeichnen Sie für die obigen Angaben einen Boxplot. Vergleichen Sie arithmetisches Mittel und Median der Angaben.

36.3 • Von einer Fußballmannschaft (11 Mann) sind 4 Spieler jünger als 25 Jahre, 3 sind 25, der Rest (4 Spieler) ist älter. Das Durchschnittsalter liegt bei 28 Jahren. Wo liegt der Median? Wie ändern sich Median und Mittelwert, wenn für den 40-jährigen Torwart ein 18-jähriger eingewechselt wird?

36.4 • Der Ernteertrag Y hängt unter anderem vom Wassergehalt X des Bodens ab. Dabei ist Y minimal, wenn der Boden zu trocken oder zu feucht ist. Optimal ist er bei mittleren Werten $X \approx x_{\text{opt}}$. Dann ist die Korrelation $\rho(X, Y)$ abhängig vom Wertebereich, in dem X gemessen wird. Gilt nun: a):

$$\begin{aligned} \rho(X, Y) &> 0 \quad \text{falls } X \leq x_{\text{opt}} \\ \rho(X, Y) &< 0 \quad \text{falls } X \geq x_{\text{opt}} \end{aligned}$$

oder b):

$$\begin{aligned} \rho(X, Y) &< 0 \quad \text{falls } X \leq x_{\text{opt}} \\ \rho(X, Y) &> 0 \quad \text{falls } X \geq x_{\text{opt}} \end{aligned}$$

oder weder a) noch b)?

36.5 • Bei einer Verpackungsmaschine seien das Nettogewicht N des Füllgutes und das Gewicht T der Verpackung voneinander unabhängig. Das Bruttogewicht B ist die Summe aus beiden

$$B = N + T\,.$$

Sind B und N unkorreliert oder positiv- oder negativ-korreliert?

36.6 • Bei einer Abfüllmaschine werden Ölsardinen in Öl in Dosen verpackt. Es sei S das Gewicht der Sardinen und O das Gewicht des Öls in einer Dose. Sind dann S und O unkorreliert oder positiv- oder negativ-korreliert? Wie groß ist die Korrelation zwischen S und O, wenn das Gesamtgewicht $S + O$ genau 100 Gramm beträgt?

36.7 • Sei E_S die von der Sonne eingestrahlte und E_P die von Pflanzen genutzte Energie. Hängt dann die Korrelation zwischen E_S und E_P davon ab, ob E_S durch die Wellenlänge λ oder die Frequenz $\frac{c}{\lambda}$ des Lichtes gemessen wird?

36.8 • Unterstellt man feste Umrechnungskurse zwischen den nationalen Währungen und dem Euro, sind dann die Korrelationen zwischen Einfuhr- und Ausfuhrpreisen abhängig davon, ob die Preise in DM oder in Euro gemessen werden?

36.9 • „Wenn zwei Merkmale X und Y stark miteinander korrelieren, dann muss eine kausale Beziehung zwischen X und Y herrschen." Ist diese Aussage richtig?

36.10 • In einem Betrieb arbeiteten im Jahr 1990 etwa gleich viele Frauen wie Männer im Alter zwischen 40 und 50 Jahren. Ist dann die Korrelation zwischen der Schuhgröße der Beschäftigten und ihrem Einkommen positiv?

36.11 • Kann die Varianz der Summe zweier Merkmale kleiner als die kleinste Einzelvarianz sein?

$$\mathrm{var}(X+Y) < \min(\mathrm{var}\, X; \mathrm{var}\, Y)?$$

36.12 • In der Abb. 36.43 sind sechs verschiedene Punktwolken $A, B, C\ldots$ symbolisch durch Ellipsen angezeigt. In welchen Punktwolken ist die Korrelation positiv oder negativ? Wo ist die Korrelation gleich null? Ordnen Sie die Punktwolken nach der Größe ihrer Korrelation von -1 bis $+1$.

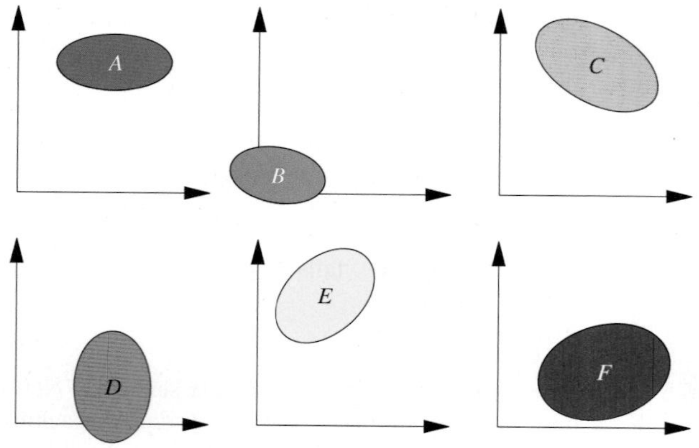

Abb. 36.43 Sechs verschiedene Punktwolken

Rechenaufgaben

36.13 •• Bei 20 Beobachtungen wurde ein Merkmal X erhoben. Die Verteilungsfunktion ist in der Abbildung dargestellt. Wie groß ist der Anteil der Beobachtungen zwischen 3 und 4? Wie viele Beobachtungen liegen bei $X = 7$? Wie viele Beobachtungen sind größer oder gleich 8?

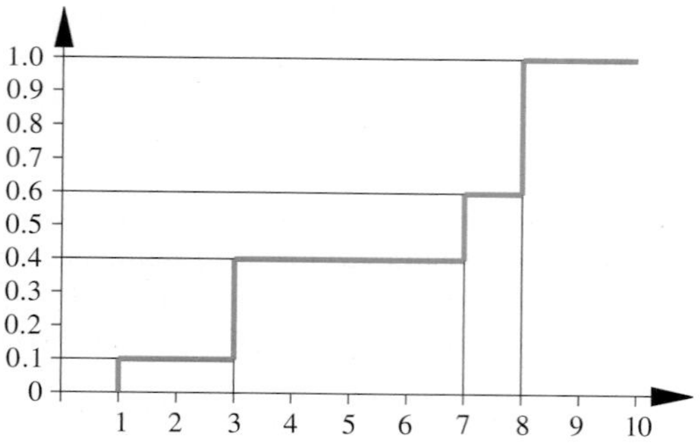

36.14 •• Sie erhalten die folgenden 8 Datenwerte: 34, 45, 11, 42, 49, 33, 27, 11.

1. Bestimmen Sie die empirische Verteilungsfunktion $\widehat{F}$.
2. Geben Sie arithmetisches Mittel, Median und Modus an.
3. Berechnen Sie die Varianz a) aus den ungruppierten Originalwerten, b) aus den geordneten Werten und c) mit dem Verschiebungssatz.
4. Berechnen Sie die Standardabweichung, die mittlere absolute Abweichung vom Median und die Spannweite.

36.15 • Es seien die folgenden 6 Werte x_i gegeben:

$$-1.188,\ -1.354,\ -1.854,\ 0.146,\ -0.354,\ -0.521$$

Die zugehörigen y_i Werte sind definiert durch $y_i = x_i + 0.85433$. Wie groß ist die Korrelation $r(\boldsymbol{x}, \boldsymbol{y})$? Nun wird definiert: $u_i = \frac{1}{x_i}$ und $v_i = \frac{1}{y_i}$. Wie groß ist die Korrelation $r(\boldsymbol{u}, \boldsymbol{v})$?

Anwendungsprobleme

36.16 • In einer Studie wurden 478 amerikanische Schüler in der 4. bis 6. Klassenstufe befragt, durch welche Eigenschaften Jugendliche beliebt werden. Die Schüler stammten sowohl aus städtischen, vorstädischen und ländlichen Schulbezirken und wurden zusätzlich nach einigen demografischen Informationen gefragt. Die erhobenen Merkmale in der Studie waren u. a.

1. Geschlecht: Mädchen oder Junge
2. Klassenstufe: 4, 5 oder 6
3. Alter (in Jahren)
4. Hautfarbe: Weiß, Andere
5. Region: ländlich, vorstädtisch, städtisch
6. Schule: Brentwood Elementary, Brentwood Middle, usw.
7. Ziele: die Antwortalternativen waren 1 = gute Noten, 2 = beliebt sein, 3 = gut im Sport
8. Noten: Wie wichtig sind Noten für die Beliebtheit (1 = am wichtigsten bis 4 = am unwichtigsten)

Geben Sie für die acht Merkmale jeweils den Typ und die Skalierung sowie geeignete Parameter und grafische Darstellungen an.

36.17 •• Der Umweltbeauftragte der bayrischen Staatsregierung lässt eine Untersuchung zur Schädigung der heimischen Wälder erstellen. Es werden in 70 unterschiedlichen Waldgebieten jeweils 100 Bäume ausgewählt, die auf eine mögliche Schädigung durch Umweltschadstoffe hin untersucht werden. Die Ergebnisse sind in nachfolgender Tabelle dargestellt:

Anzahl der geschädigten Bäume im Waldgebiet von … bis unter	Anzahl der Waldgebiete
0 – 20	25
20 – 40	20
40 – 80	15
80 – 100	10

1. Stellen Sie die Verteilung der absoluten Häufigkeiten dieser gruppierten Daten in einem Histogramm dar. Was ändert sich, wenn Sie die relativen Häufigkeiten darstellen?
2. Zeichnen Sie die empirische Verteilungsfunktion.

3. Bestimmen Sie grafisch den Median und die Quantile $x_{0.25}$ und $x_{0.75}$ dieser Häufigkeitsverteilung.
4. Berechnen Sie diese Quantile aus den gruppierten Daten.
5. In welchem Intervall liegen die mittleren 50% der Werte?
6. Berechnen Sie den Quartilsabstand, das arithmetische Mittel und die Varianz aus den gruppierten Daten. Aus den Urdaten wurde $\bar{x} = 39$ und $s^2 = 720$ ermittelt. Begründen Sie die Unterschiede!

36.18 ••

(a) Bei einer Autofahrt lösen Sie sich mit Ihrem Beifahrer am Lenker ab. Bei jedem Wechsel notieren Sie die gefahrene Strecke s_i und die dabei erzielte Durchschnittsgeschwindigkeit v_i. Wie groß ist Ihre Durchschnittsgeschwindigkeit v auf der Gesamtstrecke?
(b) Bei einer Autofahrt lösen Sie sich mit Ihrem Beifahrer am Lenker ab. Bei jedem Wechsel notieren Sie die gefahrene Zeit t_i und die dabei erzielte Durchschnittsgeschwindigkeit v_i. Wie groß ist ihre Durchschnittsgeschwindigkeit v auf der Gesamtstrecke?
(c) Auf einer Autobahnbrücke hat die Polizei eine Radar-Messstation eingerichtet und notiert die Geschwindigkeiten v_i der vorbeifahrenden Autos. Wie groß ist die Durchschnittsgeschwindigkeit v auf der Autobahn?

36.19 •• Bei einer Versuchsserie muss ein zu reinigendes Medium eine Filterschicht aus kleinen porösen Tonkugeln mit dem Durchmesser D passieren. Die Filterwirkung wird durch die quantitative Variable Y gemessen. Bei 10 Versuchen seien die folgenden Wertepaare gemessen worden.

Y	2.07	2.73	2.52	2.68	2.65	2.30	2.52	1.78	2.37	3.68
D	1	2	3	4	5	6	7	8	9	10

Bestimmen Sie die Korrelation zwischen der Filterwirkung Y und der *Größe* der Kugeln. Definieren Sie dabei die *Größe* a) über den Durchmesser D, b) über die Oberfläche $O \simeq D^2$ und c) über das Volumen $V \simeq D^3$ der Kugeln. Wieso erhalten Sie drei verschiedene Ergebnisse?

36.20 ••• Angenommen, wir haben die in der folgenden Tabelle dargestellten Daten aus 10 Ländern: Dabei bedeuten F_i die Fläche des i-ten Landes in km^2, B_i die Anzahl (in Tausend) der im letzten Jahr dort geborenen Babys, S_i die Anzahl der Störche und W_i die Gesamtgröße der Wasserfläche in km^2 (die Zahlen sind fiktiv).

					Quoten mal 100		
Land	F_i	B_i	S_i	W_i	S_F	B_F	S_W
1	8624	370	213	157	2.47	4.3	135
2	9936	210	48	150	0.48	2.1	32
3	2093	323	100	190	4.78	15.4	53
4	3150	306	152	185	4.83	9.7	82
5	4584	373	146	177	3.18	8.1	82
6	4294	556	95	179	2.21	13.0	53
7	15 570	520	85	122	0.55	3.3	69
8	9260	300	149	154	1.61	3.2	97
9	2377	580	149	288	6.27	24.4	52
10	12 149	287	192	139	1.58	2.4	138

(a) Bestimmen Sie die Korrelationen $r(F, B)$, $r(F, S)$ und $r(B, S)$.
(b) Beziehen Sie dann die jeweilige Anzahl der Babys und der Störche auf die zur Verfügung stehende Fläche. Es sei $(S_F)_i = S_i/F_i$ und $(B_F)_i = B_i/F_i$ die Anzahl der Störche pro km^2 bzw. die Anzahl der Babys pro km^2. Bestimmen Sie die Korrelation $r(S_F, B_F)$.
(c) Nun beziehen Sie die Anzahl der Störche nicht auf die Größe des Landes, sondern auf die Größe der nahrungsspendenden Wasserfläche W. Jetzt ist $(S_W)_i = S_i/W_i$ die Anzahl der Störche pro km^2 Wasserfläche. Bestimmen Sie die Korrelation $r(S_W, B_F)$.

Was lässt sich aus diesen Korrelationen lernen?

Antworten zu den Selbstfragen

Antwort 1

(a) Anzahl der Würfe mit einem Würfel, bis zum ersten Mal eine 6 erscheint.
(b) Klangfarben in einem Orchester, Duftnote eines Parfüms.

Antwort 2 Es wurden in Berlin 1 377 355 in Friedrichshain-Kreuzberg 90 619 gültige Zweitstimmen abgegeben. Daher verhalten sich die Radien wie $\sqrt{1\,377\,355} : \sqrt{90\,619}$

Antwort 3 Solange weniger als 50% der Daten verändert werden, bliebt der Median in $[x_{(1)}, x_{(n)}]$.

Antwort 4 Es ist

$$\begin{aligned}\overline{x}_{\text{gesamt}} &= \frac{1}{n_{\text{gesamt}}}(\overline{x}_{\text{Männer}} n_{\text{Männer}} + \overline{x}_{\text{Frauen}} n_{\text{Frauen}}) \\ &= \frac{1}{500}(10 \cdot 300 + 8 \cdot 200) = 9.2.\end{aligned}$$

Antwort 5 Ist die Verteilung rechtssteil, so ist der Mittelwert kleiner als der Median: Die Hälfte der Autofahrer fährt schneller als der Durchschnitt.

Antwort 6 Legen Sie alle Daten mit der selben Ausprägung a_j in eine Klasse Ω_j. Dann ist in Ω_j die Varianz $\operatorname{var}(\boldsymbol{x}_j) = 0$, der Mittelwert $\overline{x}_j = a_j$. Dann ist

$$\operatorname{var}(\boldsymbol{x}) = \frac{1}{n}\sum_{j=1}^{k}(a_j - \overline{x})^2 \cdot n_j.$$

Antwort 7 Ist $k \leq 1$, ist $\frac{1}{k^2} \geq 1$, und $1 - \frac{1}{k^2} \leq 0$. Daher sagt die Ungleichung

$$\frac{\operatorname{card}\{x_i \mid |x_i - \overline{x}| > k \cdot s\}}{n} \leq 1$$

$$\frac{\operatorname{card}\{x_i \mid |x_i - \overline{x}| < k \cdot s\}}{n} \geq 0.$$

Diese Aussagen sind zweifellos richtig, aber trivial.

Antwort 8 Die Änderung der Proportionen von Breite und Höhe sind lineare Transformationen, die den Korrelationskoeffizienten invariant lassen.

Wahrscheinlichkeit – die Gesetze des Zufalls

37

Existiert Wahrscheinlichkeit oder ist es nur ein Begriff?

Wie kann man mit Wahrscheinlichkeiten rechnen?

Wie wahrscheinlich ist ein *Sechser* im Lotto?

Teil VI

T. Arens et al., *Mathematik*, https://doi.org/10.1007/978-3-662-64389-1_37

Der Begriff *Wahrscheinlichkeit* steht für ein Denkmodell, mit dem sich *zufällige Ereignisse* erfolgreich beschreiben lassen. Das Faszinierende an diesem Modell ist die offensichtliche Paradoxie, dass mathematische Gesetze für *regellose* Erscheinungen aufgestellt werden. Über die Frage, was *Wahrscheinlichkeit* eigentlich inhaltlich ist und ob *Wahrscheinlichkeit an sich* überhaupt existiert, sind die Meinungen gespalten.

Die *objektivistische Schule* betrachtet Wahrscheinlichkeit als eine quasi-physikalische Größe, die unabhängig vom Betrachter existiert, und die sich bei wiederholbaren Experimenten durch die relative Häufigkeit beliebig genau approximieren lässt.

Der *subjektivistischen Schule* erscheint diese Betrachtung suspekt, wenn sie nicht gar als Aberglaube verurteilt wird. Für die *Subjektivisten* oder *Bayesianer*, wie sie aus historischen Gründen auch heißen, ist Wahrscheinlichkeit nichts anderes als eine Gradzahl, die angibt, wie stark das jeweilige Individuum an das Eintreten eines bestimmten Ereignisses glaubt.

Fassen wir einmal die uns umgebenden mehr oder weniger zufälligen Phänomene der Realität mit dem Begriff „die Welt" zusammen, so können wir überspitzt sagen: Der Objektivist modelliert *die Welt*, der Subjektivist modelliert sein *Wissen über die Welt*.

Es ist nicht nötig, den Konflikt zwischen den Wahrscheinlichkeits-Schulen zu lösen. Was alle Schulen trennt, ist die Interpretation der Wahrscheinlichkeit und die Leitideen des statistischen Schließens; was alle Schulen verbindet, sind die für alle gültigen mathematischen Gesetze, nach denen mit Wahrscheinlichkeiten gerechnet wird. Dabei greifen alle auf den gleichen mathematischen Wahrscheinlichkeits-Begriff zurück, der aus den drei Kolmogorov-Axiomen entwickelt wird.

37.1 Wahrscheinlichkeits-Axiomatik

Der Siegeszug der Wahrscheinlichkeitstheorie beginnt, als man nicht mehr die inhaltliche Interpretation in den Vordergrund schiebt, sondern Wahrscheinlichkeit als einen rein axiomatisch fundierten Begriff behandelt. So werden wir auch vorgehen. Wir begreifen Wahrscheinlichkeit als ein mathematisches Denkmodell zur Beschreibung von Zufall, Unsicherheit, Nichtdeterminiertem. Erst wenn wir in unserer Realität konkrete Situationen mit Modellen der Wahrscheinlichkeitstheorie beschreiben wollen und wir entscheiden müssen, welches Modell angemessen ist, stellt sich die Frage, was Wahrscheinlichkeit inhaltlich bedeutet. Wir sind hier zum doppelten *Salto mortale* gezwungen:

In der Realität tritt ein konkretes Problem auf. Um es zu lösen, übersetzen wir einen relevanten Ausschnitt der Realität in ein mathematisches, genauer ein wahrscheinlichkeitstheoretisches Modell der Realität. Dies ist der erste Salto mortale. Innerhalb des Modells selbst sind wir in der mathematischen Axiomatik geborgen. Hier können wir Sätze formulieren und sie mathematisch streng beweisen.

Nun müssen wir aber die im Modell gewonnenen Antworten in die Realität zurückübersetzen. Dies ist der zweite Salto mortale (siehe Abb. 4.3).

Nur bei diesen beiden Sprüngen müssen wir für uns eine Antwort auf die Frage nach der inhaltlichen Bedeutung von *Wahrscheinlichkeit* finden.

Innerhalb des Modells ist diese Frage belanglos, ja, sie ist unzulässig.

Ereignisse lassen sich als Teilmengen einer Obermenge beschreiben

Wenden wir uns daher zuerst der einfacheren Aufgabe zu, der axiomatischen Modellierung. Denken wir uns einen Teich, in dem eben eine Ente untergetaucht ist. Irgendwo wird sie wieder auftauchen, das ist sicher. Aber wo? Das ist mehr oder weniger wahrscheinlich. Wir wollen dafür Begriffe entwickeln.

Hier unterscheiden sich bereits Statistik und Wahrscheinlichkeitstheorie. Der Statistiker geht von der realen beobachteten Situation aus und fragt: Angenommen, das Verhalten der Ente lasse sich wirklich mit Wahrscheinlichkeiten beschreiben, was kann ich *aufgrund der Beobachtungen* über diese Wahrscheinlichkeiten aussagen?

Den Wahrscheinlichkeitstheoretiker interessiert der reale Teich und die reale Ente herzlich wenig. Er ersetzt den realen Teich durch ein Modell des Teichs und fragt: Welche Ereignisse lassen sich in diesem Modell definieren? Wie kann man diesen Ereignissen Wahrscheinlichkeiten zuordnen? Welche Konsequenzen lassen sich mathematisch daraus ableiten? (Ob die Ereignisse am realen Teich wirklich Wahrscheinlichkeiten besitzen, ist für ihn irrelevant.)

Wir folgen zunächst den Überlegungen des Wahrscheinlichkeitstheoretikers. Wahrscheinlichkeiten werden für Ereignisse erklärt. Aber was sind Ereignisse?

Kehren wir zu unserm Teich zurück. Probeweise bezeichnen wir jeden Teil A der Oberfläche Ω des Teiches als Ereignis A. Taucht die Ente in diesem Teil auf, sagen wir: Das Ereignis A ist eingetreten. Den Ereignissen sollen nun Wahrscheinlichkeiten $\mathrm{P}(A)$ zugeordnet werden. Als einfachste Lösung normieren wir die Gesamtfläche des Teiches zu eins und definieren:

$$\mathrm{P}(A) = \text{Flächeninhalt von } A.$$

Nun lässt sich beweisen, dass es Teilmengen von Ω gibt, die sogenannten *nichtmessbaren* Mengen, denen man keinen sinnvollen Flächeninhalt und damit auch keine Wahrscheinlichkeit zuordnen kann. Der anfangs gehegte Plan, jede Teilmenge $A \subseteq \Omega$ als Ereignis zuzulassen, ist zum Scheitern verurteilt. Wir müssen uns auf *„gutartige"* Teilmengen beschränken.

Lassen wir uns vom Beispiel der ebenen Flächen leiten und betrachten ein quadratisches Blatt Papier mit der Seitenlänge Eins. Diesem Blatt weisen wir den Flächeninhalt Eins zu. Ein achsenparalleles Rechteck in diesem Blatt ist dann auch eine *„gutartige"* Fläche, es erhält den Flächeninhalt Länge mal

Teil VI

Breite. Komplement eines Rechtecks, Vereinigung und Schnitt zweier solchen Rechtecken liefern ebenfalls gutartige Flächen, denen wir leicht einen Flächeninhalt zuordnen können. Was bei zwei Rechtecken möglich ist, erweitern wir durch Induktion auf Flächen, die durch endlich viele Mengenoperationen aus unseren anfänglichen Rechtecken entstehen können. Auch diese sind gutartig und erhalten einen Flächeninhalt. Schließlich, da wir nicht an Ecken und Kanten hängenbleiben wollen, betrachten wir auch Flächen als gutartig, die durch abzählbar viele Mengenoperationen aus unseren bereits als gutartig akzeptierten Flächen entstehen können.

Obwohl wir nur für Rechtecke festgelegt haben, wie deren Flächeninhalt zu berechnen sei, haben wir bereits ein Universum von gutartigen Flächen erzeugt, denen wir einen eindeutig bestimmten Flächeninhalt zuordnen können, nämlich die Gesamtheit der Borel-Mengen, die alle Teilmengen auf diesem Blatt umfasst, die wir uns sinnlich vorstellen können. Sicher, es gibt noch Mengen, die keinen Flächeninhalt erhalten, aber da lässt sich nur deren Existenz beweisen, vorstellen können wir uns diese Mengen nicht.

Wir stoßen hier bei der Behandlung der Flächen auf drei Grundgedanken, die wir analog in die Wahrscheinlichkeitstheorie übertragen werden.

Erstens: Wir trennen die Begriffe Fläche und Flächeninhalt. Zweitens: Wenn gewisse Flächen A_λ Flächeninhalte besitzen, dann auch alle Flächen B_γ, die sich aus den A_λ durch abzählbare Mengenoperationen erzeugen lassen. Drittens: Die Flächeninhalte der so erzeugten B_γ sind durch die A_λ bereits eindeutig bestimmt. Diese Gedanken wollen wir nun übertragen. Zuerst müssen wir unser Vokabular präzisieren. Umgangssprachlich werden Worte wie Ergebnis, Ereignis, Resultat, Geschehen oft im gleichen Sinn verwendet: Das Resultat von $2 + 2$ ist 4. Das Ergebnis eines Würfelwurfs ist die Vier. Die Überschwemmung im letzten Jahr war ein furchtbares Geschehen, ein unvorhersehbares Ereignis.

Wir werden Worte wie Ergebnis, Resultat, Geschehen weiterhin im gewohnten umgangssprachlichen Sinn verwenden. Nur das Wort „Ereignis" nehmen wir hierbei aus. Wir werden **Ereignis** nur für Geschehen verwenden, denen wir eine Wahrscheinlichkeit zuordnen. Häufig werden wir zur Verdeutlichung von einem „zufälligen Ereignis" sprechen. Dabei werden wir nicht versuchen, zu erklären, was Zufall ist. Im Englischen wird für „Ereignis" das Wort „event" benutzt, zur Verdeutlichung auch „random event".

Weiter brauchen wir Symbole, um zu beschreiben, dass ein Ereignis nicht eintritt, dass zwei Ereignisse gleichzeitig, dass mindestens eins von beiden oder dass gar keins eintritt. Wir verwenden dazu die Sprache und die Symbole der Mengenlehre und werden mit Ereignissen wie mit Mengen rechnen.

Wenn wir von Mengen reden, vermeiden wir logische Probleme, wenn wir Mengen als Teilmengen einer Obermenge Ω auffassen. Bei Ereignissen nennen wir diese Obermenge Ω das **sichere Ereignis.** Die leere Menge $\emptyset$, das Komplement von Ω, nennen wir das **unmögliche Ereignis** und verwenden dafür das Symbol der leeren Menge. Jedes Ereignis A ist Teilmenge von Ω:

$$A \subseteq \Omega .$$

Ereignisse sind dadurch ausgezeichnet, dass wir ihnen eine Wahrscheinlichkeit zuordnen können, wobei wir uns jetzt nicht darum kümmern wollen, wie dies geschehen soll. Wenn wir nun mit Ereignissen und ihren Wahrscheinlichkeiten rechnen wollen, müssen wir fordern:

Sind A und B zwei Ereignisse, dann sind A^C, $A \cap B$ und $A \cup B$ ebenfalls Ereignisse. Dabei ist das **Komplement** A^C von A das Ereignis, dass A eben nicht eingetreten ist bzw. eintreten wird. Der **Durchschnitt** $A \cap B$ ist das Ereignis, dass A und B gemeinsam eingetreten sind, bzw. eintreten werden und die **Vereinigung** $A \cup B$ das Ereignis, dass mindestens eines der beiden Ereignisse eingetreten ist, bzw. eintreten wird. Schließen sich zwei Ereignisse A und B gegenseitig aus, ist es also unmöglich, dass sie gemeinsam auftreten, so ist $A \cap B = \emptyset$, das unmögliche Ereignis.

Beispiel Wir werfen einen Würfel, bei dem die Ereignisse $\{1\}$, $\{2\}$, $\{3\}$, $\{4\}$, $\{5\}$ und $\{6\}$ eintreten können. Dann ist $\Omega = \{1, 2, 3, 4, 5, 6\}$ das sichere Ereignis: Eine der sechs Zahlen wird fallen. Das Ereignis A, dass eine gerade Zahl fällt, ist $A = \{2, 4, 6\}$. Das Ereignis B, dass eine Zahl fällt, die größer als 3 ist, ist $B = \{4, 5, 6\}$. Das Ereignis $A \cap B$ ist $\{4, 6\}$, das Ereignis $A \cup B$ ist $\{2, 4, 5, 6\}$. Das Ereignis A^C ist $A^C = \{1, 3, 5\}$ und $A \cap \{3\} = \emptyset$. ◄

Die Forderung an die Ereignisse reicht noch nicht aus, um hinreichend komplexe Modelle zu entwickeln. Wir müssen zusätzlich fordern, dass die elementaren Operationen der Mengenlehre, nämlich Komplement, Vereinigung und Durchschnitt nicht nur endlich, sondern **abzählbar unendlich** oft auf Ereignisse angewendet werden können und im Endergebnis wieder ein „Ereignis" liefern. In der Sprache der Mengenlehre: Die Gesamtheit der Ereignisse muss eine σ-**Algebra** bilden.

Definition einer σ-Algebra

Ist S eine Menge von Teilmengen einer Obermenge Ω, dann heißt S eine σ-**Algebra** über Ω, falls für S gilt:

- $\Omega \in S$.
- Ist $A \in S$, dann ist auch $A^C \in S$. Dabei ist A^C das Komplement von A bezüglich Ω.
- Sind $A_i \in S$, $i \in \mathbb{N}$, so ist auch $\bigcup_{i=1}^{\infty} A_i \in S$.

Die Durchschnittsbildung braucht in den Forderungen an S nicht gesondert aufgeführt zu werden, denn aufgrund der Morganregel

$$A \cap B = (A^C \cup B^C)^C$$

lässt sich der Durchschnitt durch die beiden Operationen Komplement und Vereinigung erzeugen.

Teil VI

Sind $A_\lambda \subseteq \Omega$, $\lambda \in \Lambda$ Mengen aus Ω, dann heißt die kleinste σ-Algebra, die alle A_λ enthält, die von den A_λ **erzeugte σ-Algebra**. Sie besteht aus allen Mengen, die man aus den A_λ durch abzählbar viele Mengenoperationen erzeugen kann.

Beispiel Wir betrachten eine Reihe von Mengen und Mengensystemen.

1. Wir betrachten den Wurf einer Münze mit den Ereignissen K=„Kopf" und Z=„Zahl". Dann ist $\Omega = \{K, Z\}$. Die von K und Z erzeugte σ-Algebra S ist die Potenzmenge von Ω, nämlich $S = \{\emptyset, K, Z, \{K, Z\}\}$.
2. Wir betrachten einen Würfel mit den 6 möglichen Ereignissen 1, 2, 3, 4, 5 und 6. Dann ist $\Omega = \{1, 2, 3, 4, 5, 6\}$. Die von den 6 Ereignissen erzeugte σ-Algebra S ist die Potenzmenge von Ω. Bezeichnen wir das Ereignis $\{1\} \cup \{2\}$ mit $\{1, 2\}$ und analog die anderen Vereinigungen, dann besteht S aus den folgenden 2^6 Ereignissen: $S = \{\emptyset, \{1\}, \{2\}, \{3\}, \{4\}, \{5\}, \{6\}, \{1,2\}, \{1,3\}, \ldots, \{1,6\}, \{2,3\}, \ldots, \{1,2,3\}, \{1,2,4\}, \ldots, \{1,2,3,4,5,6\}\}$
3. Generell lässt sich bei jeder endlichen Menge die Potenzmenge als σ-Algebra einsetzen. Dies ist aber nicht notwendig. Wie das folgende Beispiel zeigt, kann die σ-Algebra auch deutlich kleiner sein: Ω sei wieder die Menge der Ergebnisse beim Würfelwurf. Auf Ω betrachten wir nur die folgenden drei Ereignisse, $A = \{2, 4, 6\}$ = „Wurf einer gerade Zahl", $B = \{1, 3, 5\}$ = „Wurf einer ungerade Zahl" und $C = \{6\}$. Die von A, B und C erzeugte σ-Algebra S besteht aus den folgenden 2^3 Ereignissen: $\{\emptyset, \{6\}, \{2,4\}, \{1,3,5\}, \{2,4,6\}, \{1,3,5,6\}, \{1,2,3,4,5\}, \{1,2,3,4,5,6\}\}$.
4. Ein Würfel wird mehrfach hintereinander geworfen. Sei S die von Ereignissen A_i = „der i-te Wurf ist eine Sechs" erzeugte σ-Algebra. Ereignisse sind dann z. B. A_i^C = „der i-te Wurf ist keine Sechs", $\bigcap_{i=1}^{4} A_i$ = „die ersten vier Würfe sind alles Sechser", $\bigcup_{i=1}^{4} A_i$ = „mindestens eine Sechs unter den ersten vier Würfen", $\bigcap_{i=1}^{4} A_i^C$ = „keine Sechs unter den ersten vier Würfen". Aber auch die folgenden Ausdrücke bezeichnen Ereignisse:

$$\bigcap_{n=1}^{\infty} \bigcup_{i=n}^{\infty} A_i = \text{„Die Sechs wird unendlich oft geworfen"}$$

$$\bigcup_{n=1}^{\infty} \bigcap_{i=n}^{\infty} A_i = \text{„Die Sechs wird fast immer geworfen"}$$

$$\bigcup_{n=1}^{\infty} \bigcap_{i=n}^{\infty} A_i^C = \text{„Die Sechs wird nur ein paarmal geworfen"}$$

5. Die Potenzmenge einer Menge Ω bildet die umfassendste σ-Algebra und $\{\emptyset, \Omega\}$ bildet die kleinste σ-Algebra auf Ω.
6. Die Menge der offenen Mengen $\subseteq \mathbb{R}$ bildet keine σ-Algebra, da das Komplement einer offenen Menge nicht offen ist.
7. Wir betrachten im $\mathbb{R}^n$ die Menge $\mathcal{Q}$ aller Quader mit achsenparallelen Kanten. Die kleinste σ-Algebra $\mathcal{B}^n$, die $\mathcal{Q}$ enthält, heißt die σ-Algebra der **Borelmengen** im $\mathbb{R}^n$. Jedes $B \in \mathcal{B}^n$ heißt eine Borelmenge. Hier lässt sich zeigen: Jede offene und jede abgeschlossene Mengen im $\mathbb{R}^n$ ist eine Borelmenge. Ordnen wir jedem Quader das Produkt seiner Kantenlängen als Maß zu, lässt sich dieses Maß auf eindeutige Weise auf alle Borelmengen im $\mathbb{R}^n$ erweitern. Dieses Maß heißt das **Lebesgue-Maß**. Bei der Theorie der **Lebesgue-Integrale** wird dieses Maß zugrunde gelegt. Vergleiche auch die Ausführungen in Kap. 11 über die Integration. ◀

Achtung In den ersten beiden σ-Algebren des obigen Beispiels ist S die Potenzmenge von Ω. Die dritte σ-Algebra ist echt in der Potenzmenge enthalten. Generell gilt: Aus $A \in S$ folgt $A \subseteq \Omega$, aber nicht umgekehrt: Aus $A \subseteq \Omega$, folgt nicht $A \in S$. Das wichtigste Beispiel hierfür ist die σ-Algebra der Borelmengen. Es gibt Teilmengen des $\mathbb{R}^n$, die keine Borelmengen sind.

Im $\mathbb{R}^n$ ist jeder einzelne Punkt eine Borelmenge. Aber auch dies gilt nicht allgemein: Aus $\omega \in \Omega$ folgt nicht notwendig $\{\omega\} \in S$.

Trotzdem wird üblicherweise jedes $\omega \in \Omega$ ein **Elementarereignis** genannt, selbst wenn $\{\omega\}$ kein Ereignis ist. Diese mögliche Quelle von Missverständnissen braucht uns nicht zu besorgen. Im Rahmen dieses Buches werden nur Modelle betrachtet, bei denen jedes Elementarereignis auch Ereignis ist. ◀

Die drei Axiome von Kolmogorov bilden das Fundament der Wahrscheinlichkeitstheorie

Fassen wir zusammen, was wir bei „ gutartigen" Flächen gesehen haben: Sie bilden eine σ-Algebra. Der Flächeninhalt einer Fläche ist eine wohlbestimmte Zahl kleiner gleich dem Inhalt der Gesamtfläche. Der Flächeninhalt von zwei disjunkten Flächen ist die Summe der Flächeninhalte der einzelnen Flächen.

Diese Prinzipien übertragen wir nun wörtlich und sprechen statt von Flächen von Ereignissen und statt von Flächeninhalt von Wahrscheinlichkeiten. Wir werden mit Wahrscheinlichkeit von Ereignissen so rechnen wie mit Inhalten von Flächen. Der einzige Unterschied: Bei Flächen ist uns der Begriff des Flächeninhaltes eines Rechtecks vertraut und wir konnten, – darauf aufbauend –, eine Vorstellung entwickeln, was der „Flächeninhalt" einer beliebigen Fläche ist. Genau darauf müssen wir nun verzichten.

Es gibt keine „Rechtecke", auf denen eine Wahrscheinlichkeitstheorie aufbaut. Es werden nur axiomatisch die formalen Regeln gesetzt, nach denen wir rechnen und denen eine „Wahrscheinlichkeit" zu gehorchen hat. Der Begriff „Wahrscheinlichkeit" selbst bleibt inhaltlich offen. In dieser Beschränkung liegt die Stärke dieses axiomatischen Ansatzes: die Regeln werden gesetzt, aber die Interpretation bleibt uns frei. Wir können Wahrscheinlichkeit als relative Häufigkeit, als Grenzwert von Häufigkeiten, als Flächenanteil, als subjektive Bewertung, als Expertenurteil und was auch immer interpretieren, solange wir

Beispiel: Eine σ-Algebra für unendliche Folgen

Folgen vom Münzwürfen werden in der Wahrscheinlichkeitstheorie gern als Beispiele verwendet. Wir konstruieren eine σ-Algebra S, die alle abzähl-unendlichen Wurfsequenzen als Ereignisse enthält.

Problemanalyse und Strategie: Wir definieren endliche Folgen als unvollständig notierte unendliche Folgen und erzeugen mit ihnen eine σ-Algebra.

Lösung: Wir werfen eine Münze n mal hintereinander und kodieren die Ergebnisse als $a_1, a_2, \ldots, a_n$. Dabei sei $a_i = 1$, falls beim i-ten Wurf „Kopf" fällt und $a_i = 0$, falls „Zahl" fällt. Die Kodierung dieser Münzwurfsequenz $(a_i)_{i=1}^n$ bildet eine endliche binären Folge der Längen n. Jede unendliche binäre Folge $(a_i)_{i=1}^\infty$ stellen wir uns als die Kodierung einer unendlichen Münzwurfsequenz vor. Nun nehmen wir die Menge aller unendlichen binären Folgen als Grundmenge

$$\Omega = \{\omega \mid \omega = (a_i)_{i=1}^\infty \text{ mit } a_i \in \{0, 1\}\}.$$

In Ω betten wir die endlichen Folgen ein. Dazu identifizieren wir $(a_i)_{i=1}^n$ mit der Menge $\{a_i\}_{i=1}^n$ aller Folgen, bei denen die ersten n Glieder mit $(a_i)_{i=1}^n$ übereinstimmen

$$\{a_i\}_{i=1}^n = \bigcup_{\substack{b_i=a_i \\ \text{falls } i\leq n}} (b_i)_{i=1}^\infty .$$

Wir können $\{a_i\}_{i=1}^n$ als eine unendliche Folge auffassen, bei der nur die Ergebnisse der ersten n Würfe notiert wurden.

$$\{a_i\}_{i=1}^n = a_1, a_2, \ldots, a_n, *, *, *, *, *, *, *, * \ldots$$

Wir nennen $\{a_i\}_{i=1}^n$ wiederum eine endliche Folge der Länge n in Ω. Sei S die von allen endlichen Folgen in Ω erzeugte σ-Algebra. S ist die kleinste Algebra, bei der alle endlichen Folgen Ereignisse darstellen. Dann ist auch jede unendliche binäre Folge $\omega = (a_i)_{i=1}^\infty$ ein Ereignis. Denn wegen $\{a_i\}_{i=1}^n \in S$ und

$$(a_i)_{i=1}^\infty = \bigcap_{n=1}^\infty \{a_i\}_{i=1}^n$$

ist auch $\omega \in S$.

uns in der Berechnung an die folgenden drei Axiome von Kolmogorov halten, die dieser 1933 veröffentlicht hat und damit eine etwa 50-jährige Diskussion um die Grundlagen der Wahrscheinlichkeitstheorie vorläufig abschloss:

Die drei Axiome von Kolmogorov

Ist Ω eine Obermenge und S eine σ-Algebra von Teilmengen von Ω. Eine Abbildung P von S nach $\mathbb{R}$ heißt Wahrscheinlichkeit oder Wahrscheinlichkeitsmaß, wenn P die folgenden drei Eigenschaften besitzt:

1. Axiom: Für alle $A \in S$ ist $0 \leq \mathrm{P}(A) \leq 1$.
2. Axiom: $\mathrm{P}(\Omega) = 1$.
3. Axiom: Für jede abzählbare Folge von disjunkten Mengen $A_i \in S$ gilt

$$\mathrm{P}\Bigl(\bigcup_{i=1}^\infty A_i\Bigr) = \sum_{i=1}^\infty \mathrm{P}(A_i). \tag{37.1}$$

Man sagt auch: P ist eine σ-additive Mengenfunktion. Das Tripel $(\Omega; S; P)$ heißt Wahrscheinlichkeitsraum. Wir werden uns jedoch mit der Festlegung von Ω und S im Weiteren nicht aufhalten, sondern sie in der Regel stets stillschweigend als vorgegeben betrachten und uns nur mit der Wahrscheinlichkeit P beschäftigen.

Das erste Axiom ist alles andere als trivial. Kolmogorov verzichtet auf jede Aussage darüber, was $\mathrm{P}(A)$ inhaltlich ist, sondern legt nur fest, dass $\mathrm{P}(A)$ eine reelle Zahl ist. Damit schließt er alle Ansätze aus, die $\mathrm{P}(A)$ als Intervall, als Relation oder sonst eine Struktur erklären wollen.

Das zweite Axiom ist nicht umkehrbar. Aus $\mathrm{P}(A) = 1$ folgt nicht $A = \Omega$.

Nehmen wir als Beispiel wieder Flächen. Dort erhält jeder Punkt den Flächeninhalt null, denn wir können uns jeden Punkt als Grenzfall einer Folge von Rechtecken vorstellen, die auf diesen Punkt zusammen schrumpfen. Nehmen wir aus der Gesamtfläche einen Punkt heraus, ist die Fläche nicht mehr vollständig, behält aber ihren Flächeninhalt 1.

Als heuristisches Anschauungsbeispiel betrachten wir unseren Ententeich Ω als eine rechteckige Fläche im $\mathbb{R}^2$ der Größe 1 mit den Borelmengen als Ereignissen. Als Wahrscheinlichkeit eines Ereignisses, d. h. einer Borelmenge $B \subseteq \Omega$, definieren wir die Fläche dieser Menge B. Nehmen wir nun aus Ω einen einzigen Punkt x_0 heraus, – der keine Fläche besitzt –, und definieren $\Omega' = \Omega \setminus \{x_0\}$, so ist Ω' ebenfalls ein Ereignis mit der Wahrscheinlichkeit $\mathrm{P}(\Omega') = 1$. Es ist zwar „*so gut wie sicher*", dass die Ente nicht genau an der Stelle x_0 auftaucht, aber keinesfalls ein sicheres Ereignis.

So gut wie sicher

Wir bezeichnen ein Ereignis $A \in S$ mit $\mathrm{P}(A) = 1$ als so *gut wie sicher* oder *fast sicher*, und ein Ereignis $B \in S$ mit $\mathrm{P}(B) = 0$ als so *gut wie unmöglich* oder *fast unmöglich*.

Vorläufig soll dies nur eine Abkürzung für $\mathrm{P}(A) = 1$ bzw. für $\mathrm{P}(B) = 0$ sein. Aber

> *Gewöhnlich glaubt der Mensch, wenn er nur Worte hört, es müsse sich dabei doch auch was denken lassen.*
>
> Mephisto in der Hexenküche, Faust, Teil I Goethe

Natürlich haben wir uns bei dieser Abkürzung etwas gedacht, und werden im nächsten Kapitel diesen Redeweisen einen Sinn geben und damit eine inhaltliche, praktisch anwendbare Interpretation des abstrakten Wahrscheinlichkeitsbegriffs gewinnen. In einer Vertiefungsbox auf S. 1410 bringen wir zusätzlich Beispiele für *fast unmögliche* Ereignisse. Später bei der Behandlung von stetigen zufälligen Variablen im Kap. 38 werden wir stets auf *fast sichere* Ereignisse stoßen.

Aus dem dritten Axiom folgt speziell für zwei disjunkte Ereignisse A und B:

$$\mathrm{P}(A \cup B) = \mathrm{P}(A) + \mathrm{P}(B). \tag{37.2}$$

Beispiel Angenommen, Sie bewerteten die Ereignisse: $A =$ „Morgen wird es regnen." und $B =$ „Morgen wird den ganzen Tag lang die Sonne scheinen." mit den subjektiven Wahrscheinlichkeiten $\mathrm{P}(A) = 0.2$ und $\mathrm{P}(B) = 0.5$, dann müssen Sie dem Ereignis $A \cup B =$ „Entweder wird es morgen regnen oder den ganzen Tag lang die Sonne scheinen" die Wahrscheinlichkeit $\mathrm{P}(A \cup B) = 0.7$ geben. ◀

Fordern wir nur die Gültigkeit von (37.2) für jeweils zwei disjunkte Ereignisse, so folgt daraus durch vollständige Induktion die Additivität von P für endlich viele, aber nicht die Additivität für abzählbar unendlich viele Ereignisse. Diese ist aber für den Aufbau der mathematischen Wahrscheinlichkeitstheorie, vor allem für asymptotische Aussagen unverzichtbar. Wichtig ist aber, dass die Additivität nur für abzählbar unendlich viele Ereignisse gelten muss. Denken wir an das Beispiel der Flächenberechnung: Obwohl jeder Punkt die Fläche null hat, hat jedes Rechteck, das sich aus **überabzählbar vielen** Punkten zusammensetzt, einen positiven Flächeninhalt!

Aus den drei Axiomen ziehen wir einige unmittelbare Folgerungen. Da A und das Komplement A^C disjunkt sind und außerdem $A \cup A^C = \Omega$ ist, folgt aus dem zweiten Axiom zusammen mit dem dritten

$$1 = \mathrm{P}(\Omega) = \mathrm{P}\left(A \cup A^C\right) = \mathrm{P}(A) + \mathrm{P}\left(A^C\right).$$

Also erhalten wir:

$$\mathrm{P}\left(A^C\right) = 1 - \mathrm{P}(A) \quad \text{speziell } \mathrm{P}(\emptyset) = 0.$$

Ist $A \subseteq B$, können wir B in zwei disjunkte Mengen zerlegen, nämlich $B = A \cup (A^C \cap B)$. Nach dem dritten Axiom ist $\mathrm{P}(B) = \mathrm{P}(A) + \mathrm{P}(A^C \cap B) \geq \mathrm{P}(A)$. Also gilt:

$$\mathrm{P}(A) \leq \mathrm{P}(B).$$

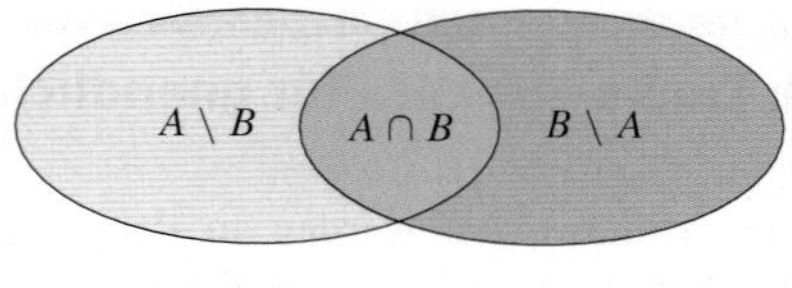

Abb. 37.1 Zerlegung von $A \cup B$ in drei disjunkte Mengen $(A \cap B) \cup (A \setminus B) \cup (B \setminus A)$

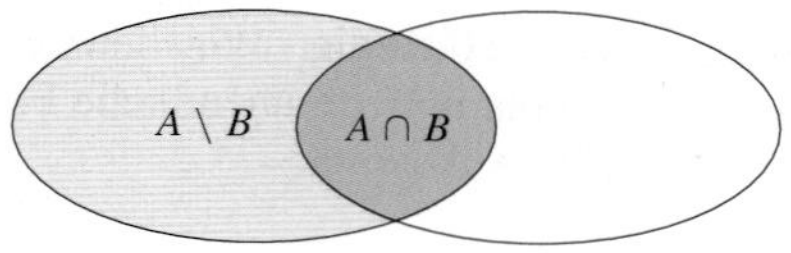

Abb. 37.2 Zerlegung von A in zwei disjunkte Mengen $(A \cap B) \cup (A \setminus B)$

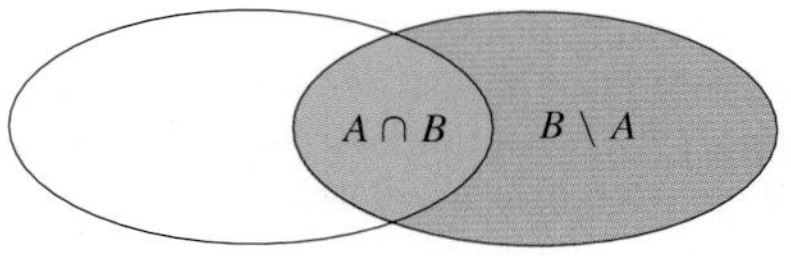

Abb. 37.3 Zerlegung von B in zwei disjunkte Mengen$(A \cap B) \cup (B \setminus A)$

Sind zwei Ereignisse A und B nicht disjunkt, so ist die Additionsformel (37.2) nicht anwendbar. Wir zerlegen $A \cup B$ in drei disjunkte Teile, siehe Abb. 37.1. Dabei verwenden wir die anschauliche Abkürzung

$$A \setminus B = A \cap B^C = \{a \in A \mid a \notin B\}.$$

Dann ist

$$A \cup B = (A \cap B) \cup (A \setminus B) \cup (B \setminus A).$$

Das dritte Axiom liefert die Additionsformel

$$\mathrm{P}(A \cup B) = \mathrm{P}(A \cap B) + \mathrm{P}(A \setminus B) + \mathrm{P}(B \setminus A). \tag{37.3}$$

Nun ist ebenfalls nach dem dritten Axiom $\mathrm{P}(A) = \mathrm{P}(A \cap B) + \mathrm{P}(A \setminus B)$, siehe Abb. 37.2, und analog ist $\mathrm{P}(B) = \mathrm{P}(A \cap B) + \mathrm{P}(B \setminus A)$, siehe Abb. 37.3.

Addieren und subtrahieren wir in (37.3) den Term $\mathrm{P}(A \cap B)$ können wir diese Formel wie folgt schreiben:

$$\begin{aligned} \mathrm{P}(A \cup B) = {} & \underbrace{\mathrm{P}(A \cap B) + \mathrm{P}(A \setminus B)}_{\mathrm{P}(A)} \\ & + \underbrace{\mathrm{P}(A \cap B) + \mathrm{P}(B \setminus A)}_{\mathrm{P}(B)} - \mathrm{P}(A \cap B). \end{aligned}$$

Wir erhalten somit den Additionssatz für nicht disjunkte Ereignisse:

$$\mathrm{P}(A \cup B) = \mathrm{P}(A) + \mathrm{P}(B) - \mathrm{P}(A \cap B). \tag{37.4}$$

Selbstfrage 1

Es sei $\mathrm{P}(A) = 0.6$ und $\mathrm{P}(B) = 0.7$. Wie groß muss die Wahrscheinlichkeit $\mathrm{P}(A \cap B)$ mindestens sein?

Durch vollständige Induktion lässt sich diese Formel auf n Ereignisse erweitern:

Siebformel für beliebige Vereinigungen

$$\begin{aligned}\mathrm{P}\left(\bigcup_{i=1}^{n} A_i\right) &= \sum_{k=1}^{n} \mathrm{P}(A_i) - \sum_{i<j} \mathrm{P}(A_i \cap A_j) \\ &\quad + \sum_{i<j<k} \mathrm{P}(A_i \cap A_j \cap A_k) - \ldots \\ &= \sum_{k=1}^{n} (-1)^{k+1} \sum_{1 \le i_1 < i_2 \ldots < i_k \le n} \mathrm{P}(A_{i_1} \cap A_{i_2} \cap \ldots \cap A_{i_k}).\end{aligned}$$

In Aufgabe 38.15 werden wir einen einfachen Beweis der Siebformel führen. Aus (37.4) folgt sofort

$$\mathrm{P}(A \cup B) \le \mathrm{P}(A) + \mathrm{P}(B).$$

Auch diese Formel lässt sich leicht auf abzählbar viele Ereignisse erweitern. Es gilt die Summenabschätzung:

$$\mathrm{P}\left(\bigcup_{i=1}^{\infty} A_i\right) \le \sum_{i=1}^{\infty} \mathrm{P}(A_i). \tag{37.5}$$

Dabei brauchen wir uns über die Konvergenz der Reihe auf der rechten Seite keine Gedanken zu machen: Ist $\sum \mathrm{P}(A_i) > 1$ oder gar divergent, ist die Ungleichung trivialerweise richtig.

Beweis Wir beweisen die Ungleichung (37.5). Die Menge $B_i = A_i \setminus \bigcup_{k=1}^{i-1} A_k \subseteq A_i$ ist der reale Zuwachs, den A_i zur Vereinigungsmenge liefert. Also ist $\mathrm{P}(B_i) \le \mathrm{P}(A_i)$. Die Mengen B_i sind disjunkt. Darüber hinaus gilt $\bigcup_{i=1}^{\infty} A_i = \bigcup_{i=1}^{\infty} B_i$. Also ist $\mathrm{P}(\bigcup_{i=1}^{\infty} A_i) = \sum_{i=1}^{\infty} \mathrm{P}(B_i) \le \sum_{i=1}^{\infty} \mathrm{P}(A_i)$. ■

In der Praxis tauchen häufig Fragen wie diese auf: Eine Maschine bestehe aus n Einzelteilen, die alle fehlerfrei arbeiten müssen, damit die Maschine selbst korrekt arbeitet. Ist A_i das Ereignis: „*Das i-te Teil arbeitet korrekt*", so lässt sich die gesuchte Wahrscheinlichkeit $\mathrm{P}(\bigcap_{i=1}^{n} A_i)$, dass die Maschine korrekt läuft, mit der Ungleichung von Bonferroni nach unten abschätzen.

Die Ungleichung von Bonferroni

$$\mathrm{P}\left(\bigcap_{i=1}^{n} A_i\right) \ge 1 - \sum_{i=1}^{n} \mathrm{P}(A_i^{\mathrm{C}}).$$

Beweis Um die Ungleichung von Bonferroni auf die Summenabschätzung (37.5) zurückzuführen, gehen wir zum Komplement über und verwenden die Morganregel, siehe Kap. 2, Aufgabe 2.14. Dabei lassen wir im Beweis gleich abzählbar viele Ereignisse zu.

$$\begin{aligned}\mathrm{P}\left(\bigcap_{i=1}^{\infty} A_i\right) &= 1 - \mathrm{P}\left(\left(\bigcap_{i=1}^{\infty} A_i\right)^{\mathrm{C}}\right) \\ &= 1 - \mathrm{P}\left(\bigcup_{i=1}^{\infty} (A_i)^{\mathrm{C}}\right) \\ &\ge 1 - \sum_{i=1}^{\infty} \mathrm{P}(A_i^{\mathrm{C}}).\end{aligned}$$ ■

Beispiel Es sei $n = 10$ und $\mathrm{P}(A_i) = 0.99$ für alle i. Dann ist $\mathrm{P}(A_i^{\mathrm{C}}) = 0.01$ und

$$\mathrm{P}\left(\bigcap_{i=1}^{10} A_i\right) \ge 1 - \sum_{i=1}^{10} \mathrm{P}(A_i^{\mathrm{C}}) = 1 - \sum_{i=1}^{10} 0.01 = 0.9.$$

Wir werden etwas später auf S. 1415 das gleiche Beispiel noch einmal betrachten, dann aber voraussetzen, dass die Ereignisse A_i von einander stochastisch unabhängig sind. ◄

Die Wahrscheinlichkeit P besitzt eine Stetigkeitseigenschaft

Wie wir bereits gesehen haben, folgt $\mathrm{P}(B_1) \le \mathrm{P}(B_2)$ aus $B_1 \subseteq B_2$. Betrachten wir eine monoton wachsende Mengenfolge $B_i \subseteq B_{i+1}$, dann muss auch $\mathrm{P}(B_i)$ monoton wachsen. $\mathrm{P}(B_i)$ ist aber nach oben beschränkt. Folglich muss $\mathrm{P}(B_i)$ konvergieren. Ebenso müssen bei einer monoton fallenden Mengenfolge $A_i \supseteq A_{i+1}$ die monoton fallenden Wahrscheinlichkeiten $\mathrm{P}(A_i)$ konvergieren. Beide Grenzwerte lassen sich leicht bestimmen.

Stetigkeit der Wahrscheinlichkeit

Auf monotonen Mengenfolgen gilt

$$\lim_{i\to\infty} \mathrm{P}(B_i) = \mathrm{P}\left(\bigcup_{i=1}^{\infty} B_i\right), \quad \text{falls } B_i \subseteq B_{i+1}\ \forall i$$

$$\lim_{i\to\infty} \mathrm{P}(A_i) = \mathrm{P}\left(\bigcap_{i=1}^{\infty} A_i\right), \quad \text{falls } A_i \supseteq A_{i+1}\ \forall i.$$

Beweis Wir betrachten zunächst den Fall monoton wachsender B_i, also $B_i \subseteq B_{i+1}\ \forall i$. Mit $B_0 = \emptyset$ und $C_i = B_i \setminus B_{i-1}$

folgt $\bigcup_{i=1}^{\infty} B_i = \bigcup_{i=1}^{\infty} C_i$ mit disjunkten Mengen C_i. Aus dem dritten Axiom folgt daher

$$\begin{aligned} \mathrm{P}\left(\bigcup_{i=1}^{\infty} B_i\right) &= \mathrm{P}\left(\bigcup_{i=1}^{\infty} C_i\right) = \sum_{i=1}^{\infty} \mathrm{P}(C_i) = \lim_{n\to\infty} \sum_{i=1}^{n} \mathrm{P}(C_i) \\ &= \lim_{n\to\infty} \sum_{i=1}^{n} [\mathrm{P}(B_i) - \mathrm{P}(B_{i-1})] \\ &= \lim_{n\to\infty} [\mathrm{P}(B_1) - \mathrm{P}(B_0) + \mathrm{P}(B_2) - \mathrm{P}(B_1) \\ &\quad + \ldots + \mathrm{P}(B_n) - \mathrm{P}(B_{n-1})] \\ &= \lim_{n\to\infty} (\mathrm{P}(B_n) - \mathrm{P}(B_0)) = \lim_{n\to\infty} \mathrm{P}(B_n), \end{aligned}$$

denn $\mathrm{P}(B_0) = 0$. Sind die B_i monoton fallend, gehen wir zum Komplement über:

$$\begin{aligned} \mathrm{P}\left(\bigcap_{i=1}^{\infty} B_i\right) &= 1 - \mathrm{P}\left(\bigcup_{i=1}^{\infty} B_i^{\mathrm{C}}\right) = 1 - \lim_{i\to\infty} \mathrm{P}(B_i^{\mathrm{C}}) \\ &= 1 - \lim_{i\to\infty} (1 - \mathrm{P}(B_i)). \end{aligned}$$ ■

Selbstfrage 2

Auf den Borelmengen im Intervall $[0, 1]$ sei eine Wahrscheinlichkeit definiert. Dabei wird jedem offenen Intervall $(a, b) \subset [0, 1]$ die Länge $(b - a)$ als Wahrscheinlichkeit zugeordnet: $\mathrm{P}(\{(a, b)\}) = b - a$. Wie groß ist dann die Wahrscheinlichkeit des abgeschlossenen Intervalls $[a, b]$?

Ein vollständiges Ereignisfeld ist eine abzählbare Familie von disjunkten Ereignissen, von denen eines mit Sicherheit eintreten muss

Im Volkslied heißt es: *Morgen kommt Hansl, da freut sich die Lies. Ob er aber über Oberammergau oder aber über Unterammergau oder aber überhaupt nicht kommt, ist nicht gewiss.* Hier wird von drei Ereignissen erzählt, die sich gegenseitig ausschließen, von denen aber eines eintreten muss. Eine Situation, die im täglichen Leben oft eintritt. Wir wollen dies verallgemeinern und in eine Definition zusammenfassen:

Definition vollständiger Ereignisfelder

Es sei (Ω, S, P) ein Wahrscheinlichkeitsraum, $A_i \in S$ Ereignisse und $I \subseteq \mathbb{N}$ eine Indexmenge. Wir nennen $\{A_i : i \in I\}$ ein **vollständiges Ereignisfeld,** falls $A_i \cap A_j = \emptyset$ für alle $i \neq j$ und $\bigcup_{i\in I} A_i = \Omega$ ist.

Besonders übersichtlich sind endliche vollständige Ereignisfelder, bei denen I endlich ist. Zum Beispiel sind die ersten drei σ-Algebren aus dem Beispiel von S. 1404 von endlichen vollständigen Ereignisfeldern erzeugt.

Sind die Ereignisse des endlichen vollständigen Ereignisfeldes auch noch gleichwahrscheinlich, spricht man von einem **Laplace-Experiment**.

Im Laplace-Experiment zerfällt Ω in n disjunkte gleichwahrscheinlich Ereignisse $A_1, A_2, A_3, \ldots, A_n$, von denen genau eines eintreten muss. Zuerst zeigen wir, dass für alle A_i gilt:

$$\mathrm{P}(A_i) = \frac{1}{n}.$$

Nach Voraussetzung sind alle A_i gleichwahrscheinlich: $\mathrm{P}(A_1) = \mathrm{P}(A_2) = \ldots = \mathrm{P}(A_n) = p$. Dann folgt aus dem zweiten und dritten Axiom:

$$1 = \mathrm{P}(\Omega) = \mathrm{P}\left(\bigcup_{i=1}^{n} A_i\right) = \sum_{1=1}^{n} \mathrm{P}(A_i) = np.$$

Also ist $p = \frac{1}{n}$. Sei nun B ein weiteres Ereignis, das sich als Vereinigung der A_i darstellen lässt:

$$B = A_{i_i} \cup A_{i_2} \cup \ldots \cup A_{i_k}.$$

Dann ist

$$\begin{aligned} \mathrm{P}(B) &= \sum_{j=1}^{k} \mathrm{P}(A_{i_j}) = k \cdot \frac{1}{n} \\ &= \frac{\text{Anzahl der Ereignisse } A_i \text{, die } B \text{ bilden}}{n}. \end{aligned}$$

Es kommt gar nicht darauf an, aus welchen der disjunkten, gleichwahrscheinlichen Ereignissen A_i sich das Ereignis B zusammensetzt. Es kommt allein auf die Anzahl k an. Häufig nennt man auch k die Anzahl der für B günstigen Ereignisse. Dann gilt:

Laplace-Regel

Im Laplace-Experiment über einem vollständigen Ereignisfeld aus n Ereignissen ist die Wahrscheinlichkeit eines Ereignisses B

$$\mathrm{P}(B) = \frac{\text{Anzahl der für } B \text{ günstigen Ereignisse}}{n}.$$

Diese Formel wurde bereits von J. Bernoulli verwendet, später von Laplace propagiert, sie heißt daher auch Laplace-Regel. Die Bezeichnung „Laplace'scher Wahrscheinlichkeits-Begriff" ist irreführend. Als Definition von Wahrscheinlichkeit ist die Formel nicht verwendbar, da die Formel bereits den Begriff der Gleichwahrscheinlichkeit voraussetzt. Denn die Zahl n im Nenner ist die Zahl der gleichwahrscheinlichen disjunkten Ereignisse, die die σ-Algebra des Laplace-Experiments erzeugen.

Häufig wird n auch als Zahl der „*gleichmöglichen*“ oder gar nur der „möglichen“ Ereignisse bezeichnet.

Letzteren Sprachgebrauch sollte man möglichst vermeiden, denn „möglich“ ist nicht gleichwahrscheinlich. Es soll Personen geben, die aus der Laplace-Regel schließen, dass die Wahrscheinlichkeit für einen Hauptgewinn im Lotto $\frac{1}{2}$ sei. Denn es gibt nur einen *günstigen* und zwei *mögliche* Fälle, nämlich „zu gewinnen“ und „nicht zu gewinnen“. Die Redeweise „*gleichmöglichen*“ ist nur akzeptabel, wenn man sie nicht umgangssprachlich, sondern allein als Synonym für gleichwahrscheinlich verwendet.

Ansonsten könnte man z. B. so schließen: In der Dezimalbruchdarstellung der Zahl π treten die Ziffern $0, 1, 2, 3, 4, \ldots, 9$ auf. Alle sind offenbar *gleichmöglich*. Also tritt jede Ziffer mit der Wahrscheinlichkeit $\frac{1}{10}$ auf. Diese Argumentation ist natürlich Unfug. Mit der Kennzeichnung als *gleichmöglich* hat man sie implizit bereits als gleichwahrscheinlich definiert, um sie dann mit der Laplace-Regel explizit als gleichwahrscheinlich aus dem Hut zu ziehen: ein klassischer Zirkelschluss.

Es gibt viele Situationen, in denen das Modell des Laplace-Experiments sinnvoll und intuitiv akzeptabel ist, z. B. in der Stichproben-Theorie und bei kombinatorischen Problemen. Um hier die Laplace-Regel anzuwenden, müssen wir nicht erklären, was wir unter Wahrscheinlichkeit verstehen, sofern nur das Grundmodell gleichwahrscheinlicher Ereignisse akzeptiert wird. Dieses Modell wird oft verbal umschrieben.

Zur Bestimmung der Anzahlen k und n sind häufig Kenntnisse der Kombinatorik nützlich. Wir brauchen aus der Kombinatorik hier und in den folgenden Kapiteln nur die beiden bereits in Kap. 3 auf S. 77 und S. 79 eingeführten Begriffe „Fakultät“ und „Binomialkoeffizient“. Weitere und vertiefende Ergebnisse der Kombinatorik enthält ein Abschnitt auf S. 1416.

Beispiel Beim Lotto kreuzen Sie auf dem Tippzettel 6 aus einer Gesamtheit von 49 möglichen Zahlen an. Dann werden aus einer Urne zufällig 6 Zahlen gezogen. Wie groß ist die Wahrscheinlichkeit für „6 Richtige“, das heißt, dass genau die von Ihnen angekreuzten Zahlen gezogen werden?

Unter der Voraussetzung, dass jede Auswahl von sechs Zahlen aus den 49 Zahlen dieselbe Wahrscheinlichkeit besitzt, lässt sich die Laplace-Regel von S. 1408 anwenden. Die Anzahl der günstigen Fälle ist 1, denn es gibt genau einen Fall, bei dem genau die 6 von Ihnen markierten Zahlen gezogen werden. Die Anzahl der gleichmöglichen Fälle ist $\binom{49}{6}$. Dies ist die Anzahl der verschiedenen Möglichkeiten 6 Zahlen aus 49 auszuwählen. (Es geht auch ohne den Binomialkoeffizient: Für die erste Kugel gibt es 49 Möglichkeiten, für die zweite Kugel nur noch 48, für die dritte noch 47 Möglichkeiten und so fort. Insgesamt $49 \cdot 48 \cdot \ldots 45 \cdot 44$ Möglichkeiten. Da aber hinterher die Zahlen der Größe nach geordnet werden, führen jeweils alle 6! Permutationen zum gleichen Ergebnis. Wir erhalten so $\binom{49}{6} = \frac{49 \cdot 48 \cdot \ldots 45 \cdot 44}{6!} = 13\,983\,816$. Daher ist

$$\mathrm{P}(6\ \text{Richtige}) = \frac{1}{\binom{49}{6}} = \frac{1}{13\,983\,816} = 0.000\,000\,071\,51. \quad ◀$$

Selbstfrage 3

Haben wir nun bewiesen, dass die Wahrscheinlichkeit für einen Sechser im Lotto rund 1 zu 14 Millionen ist?

37.2 Die bedingte Wahrscheinlichkeit

Betrachten wir eine Tafel Ω, auf die jemand aufs Geratewohl ein Stückchen Kreide wirft. (Treffer außerhalb von Ω werden ignoriert.) Nehmen wir weiter an, dass jedes Fleckchen der Tafel mit gleicher Wahrscheinlichkeit getroffen werden kann. Die letzte Aussage präzisieren wir wie folgt: Die Wahrscheinlichkeit, mit der die Kreide in einem Flächenstück $A \subseteq \Omega$ landet, sei proportional zur Fläche von A:

$$\mathrm{P}(A) = \frac{\text{Fläche von } A}{\text{Fläche von } \Omega}.$$

Siehe Abb. 37.4.

Dabei soll es uns gleich sein, ob wir Wahrscheinlichkeit zum Beispiel als relative Häufigkeit oder als subjektive Einschätzung verstehen wollen. Nun beschränken wir uns auf die linke Hälfte der Tafel oder allgemeiner auf ein Teilstück B der Tafel Ω und betrachten nur noch Würfe, die in B landen. Unsere neue „Tafel“, unser neues Ω, ist nun B (siehe Abb. 37.5).

Die Wahrscheinlichkeit, dass die Kreide in A landet, ist weiterhin das Verhältnis der Flächen, aber von A kann nur der Teil

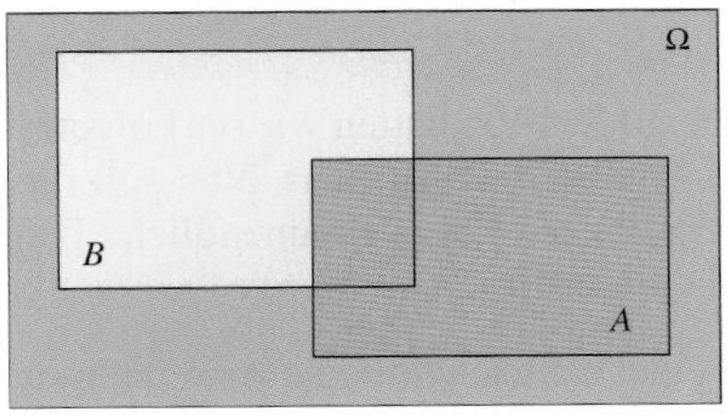

Abb. 37.4 Die Wahrscheinlichkeit eines Treffers in A ist proportional zur Fläche von A

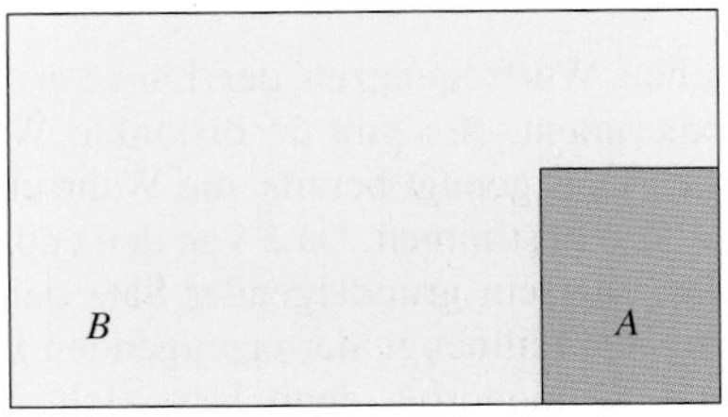

Abb. 37.5 Nur noch Treffer in B werden betrachtet

Anwendung: Laplace-Experimente in der Praxis

Das Modell der gleichwahrscheinlichen Elementarereignisse ist vielen als quasi naturgesetzliche Tatsache verinnerlicht worden. Auf die Frage: „Wie groß sind die Wahrscheinlichkeiten, mit einem Würfel eine 6 bzw. mit einer Münze Kopf zu werfen?" kommt wie selbstverständlich die Antwort „$\frac{1}{6}$", bzw. „$\frac{1}{2}$".

Wir wollen diese Intuition nicht verwerfen, aber sie als Folgerungen spezieller, explizit nicht genannter Modelle erkennen, diese Modelle sauber definieren und so nutzbar machen. Diese Modelle entsprechen ein wenig den Rechtecken in der Analogie von Flächeninhalt und Wahrscheinlichkeit, von der wir in der Einleitung zu diesem Kapitel gesprochen haben.

Die Aussage: „Dies ist ein **idealer Würfel**" bedeutet: Für diesen Würfel verwenden wir das Modell gleichwahrscheinlicher Seiten. Hier ist $\Omega = \{1, 2, 3, 4, 5, 6\}$ und die σ-Algebra wird von den Ereignissen $\{1\}, \{2\}, \{3\}, \{4\}, \{5\}, \{6\}$ erzeugt.

Die Aussage: „Dies ist ein **gut gemischtes** Kartenspiel" bedeutet: Wir verwenden das Modell, dass alle Kartenziehungen gleich wahrscheinlich sind. Nummerieren wir die Karten von 1 bis n durch, so ist $\Omega = \{1, \ldots, n\}$ und die σ-Algebra wird von den Ereignissen $\{1\}, \ldots, \{n\}$ erzeugt.

Die Aussage: „Aus einer Urne mit n Kugeln werden **zufällig** k Kugeln **gezogen**" bedeutet: Wir verwenden das Modell, dass alle Teilmengen vom Umfang k dieselbe Wahrscheinlichkeit besitzen, gezogen zu werden. Nummerieren wir die Kugeln von 1 bis n durch, so ist $\Omega = \{1, \ldots, n\}$ und die σ-Algebra wird von den Ereignissen $\{1\}, \ldots, \{n\}$ erzeugt.

In einem unverfälschten **Roulettespiel** fällt die Kugel mit gleicher Wahrscheinlichkeit $\frac{1}{37}$ in eines von 37, von 0 bis 36 durchnummerierten Feldern einer rotierenden Scheibe. Entsprechend sind 36 Felder des Roulettetisches nummeriert. 18 Felder sind rot, „rouge", und 18 sind schwarz, „noir", markiert. Die Wahrscheinlichkeit mit „rouge" oder mit „noir" zu gewinnen ist $\frac{18}{37}$. Bei einer „Transversale pleine" zum Beispiel setzt man auf drei Zahlen einer Querreihe des Tableaus. Die Wahrscheinlichkeit, hier zu gewinnen, ist $\frac{3}{37}$.

Ein Beispiel für Skatspieler: Die Wahrscheinlichkeit, dass in einem gut gemischten Skat-Kartenspiel 2 Buben im Stock liegen, ist

$$\frac{\binom{4}{2}\binom{28}{0}}{\binom{32}{2}} = 1.210 \cdot 10^{-2}.$$

Haben Sie dagegen keinen Buben auf der Hand, so ist diese Wahrscheinlichkeit,

$$\frac{\binom{4}{2}\binom{18}{0}}{\binom{22}{2}} = 2.597 \cdot 10^{-2}$$

mehr als doppelt so hoch. Zur Berechnung dieser Zahlen siehe auch die Ausführungen über Kombinationen ab S. 1419.

Vertiefung: Ein Wahrscheinlichkeitsraum, in dem alle Elementarereignisse die Wahrscheinlichkeit null besitzen

Im Beispiel auf S. 1405 hatten wir für Folgen von Münzwürfen eine σ-Algebra S konstruiert. Nun soll für jede endliche und darauf aufbauend für jede unendliche Folge eine Wahrscheinlichkeit konstruiert werden.

Um auf S eine Wahrscheinlichkeit zu definieren, gehen wir schrittweise vor: Für jede endliche Folge $A = \{a_i\}_{i=1}^n$ der Länge n definieren wir:

$$P(A) = 2^{-n}.$$

Alle endlichen Wurfsequenzen der Länge n bilden so ein Laplace-Experiment. (Es gibt 2^n disjunkte Wurfsequenzen der Länge n.) Dies genügt bereits, die Wahrscheinlichkeit P für alle $A \in S$ zu bestimmen. Da S von den endlichen Folgen erzeugt wird, sagt ein grundlegender Satz der Maßtheorie: Erfüllt P auf der Teilmenge der erzeugenden Ereignisse die Axiome von Kolmogorov, dann lässt sich die Definition von P auf alle Ereignisse von S übertragen und bildet dort eine Wahrscheinlichkeit. Damit haben wir einen Wahrscheinlichkeitsraum gefunden, der alle endlichen Folgen enthält und jeder endlichen Folge eine positive Wahrscheinlichkeit zuordnet. Wegen der Stetigkeit der Wahrscheinlichkeit gilt jedoch für jede Folge $\omega = (a_i)_{i=1}^{\infty}$ die Identität

$$P((a_i)_{i=1}^{\infty})) = \lim_{n\to\infty} P(\{a_i\}_{i=1}^n) = \lim_{n\to\infty} 2^{-n} = 0.$$

Jede Folge $(a_i)_{i=1}^{\infty}$, das heißt jedes $\omega \in \Omega$, besitzt also die Wahrscheinlichkeit null. Dies überrascht auf den ersten Blick:

$$P(\Omega) = 1 \text{ aber } P(\omega) = 0 \text{ für alle } \omega \in \Omega$$

Hier liegt aber kein Widerspruch zum dritten Axiom vor, da es sich hier nicht um eine abzählbare Vereinigung handelt. Selbst wenn alle Elemente $\omega \in \Omega$ Ereignisse sind, genügt es demnach nicht, wenn man nur die Wahrscheinlichkeiten $P(\omega)$ kennt.

Teil VI

$A \cap B$ berücksichtigt werden, der in B liegt. Die Trefferwahrscheinlichkeit in A bei Beschränkung auf B ist daher:

$$\frac{\text{Fläche von } A \cap B}{\text{Fläche von } B} = \frac{\frac{\text{Fläche von } A \cap B}{\text{Fläche von } \Omega}}{\frac{\text{Fläche von } B}{\text{Fläche von } \Omega}} = \frac{\mathrm{P}(A \cap B)}{\mathrm{P}(B)}$$

Definition der bedingten Wahrscheinlichkeit

Sind A und B zwei zufällige Ereignisse und ist $\mathrm{P}(B) \neq 0$, so wird die **bedingte Wahrscheinlichkeit** von A unter der Bedingung B definiert als

$$\mathrm{P}(A|B) = \frac{\mathrm{P}(A \cap B)}{\mathrm{P}(B)}.$$

Wir können $\mathrm{P}(A|B)$ objektivistisch interpretieren als relative Häufigkeit der Ereignisse A in der Gesamtheit der Ereignisse, in denen B eingetreten ist. Subjektiv können wir $\mathrm{P}(A|B)$ interpretieren als unsere Einschätzung, dass A eintritt, wenn wir wissen, dass B eingetreten ist.

Multipliziert man in der Formel der bedingten Wahrscheinlichkeit beide Seiten mit $\mathrm{P}(B)$ und vertauscht dann die Buchstaben A und B, erhält man die symmetrische Darstellung:

$$\mathrm{P}(A \mid B)\mathrm{P}(B) = \mathrm{P}(A \cap B) = \mathrm{P}(B \mid A)\mathrm{P}(A). \qquad (37.6)$$

Eine scheinbar triviale Folgerung aus dieser Formel ist der Satz von Bayes, den wir hier in seiner elementarsten Form zitieren.

Die Bayes-Formel

Sind A und B zwei zufällige Ereignisse und ist $\mathrm{P}(B) \neq 0$, so ist

$$\mathrm{P}(A \mid B) = \frac{\mathrm{P}(B \mid A)}{\mathrm{P}(B)}\mathrm{P}(A).$$

Die Bedeutung dieser Formel zeigt sich erst, wenn man die Buchstaben mit Inhalt füllt. Sagen wir, A ist eine unbekannte, potenzielle Ursache für eine Beobachtung oder ein Symptom B. Die Ursache A trete mit Wahrscheinlichkeit $\mathrm{P}(A)$ auf. Liegt A vor, tritt das Symptom B mit Wahrscheinlichkeit $\mathrm{P}(B|A)$ auf. Nun wird B beobachtet: Mit welcher Wahrscheinlichkeit liegt A vor? Nun können wir die Bayes-Formel subjektiv neu interpretieren:

$$\underbrace{\mathrm{P}(A \mid B)}_{\text{a posteriori}} = \frac{\mathrm{P}(B \mid A)}{\mathrm{P}(B)} \underbrace{\mathrm{P}(A)}_{\text{a priori}}.$$

$\mathrm{P}(A)$ ist die A-priori-Wahrscheinlichkeit von A. Sie repräsentiert unser Wissen über A **vor** der Beobachtung. $\mathrm{P}(A \mid B)$ ist die A-posteriori-Wahrscheinlichkeit von A. Sie repräsentiert unser Wissen über A **nach** der Beobachtung. Auf diese Weise beschreibt der Satz von Bayes, wie wir aus Beobachtungen lernen können. Er ist das wichtigste Werkzeug der Schule der subjektiven Wahrscheinlichkeit. Diese heißt daher auch konsequent die Bayesianische Schule und ihre Anhänger Subjektivisten oder Bayesianer. Der Bayesianer reichert mit der Bayes-Formel sein subjektives Vorwissen mit objektivem Tatsachenwissen an und objektiviert so seine Aussagen.

Ein Bayesianer lernt zeitlebens. Nach der Beobachtung B_i übernimmt $\mathrm{P}(A \mid B_i)$ die Rolle der A-priori-Wahrscheinlichkeit vor der nächsten Beobachtung B_{i+1}. So entsteht eine Folge von immer fester auf Beobachtung und Erfahrung gestützten Wahrscheinlichkeiten. Es lässt sich zeigen, dass – abgesehen von Sonderfällen – bei wachsender Anzahl von Beobachtungen die *A-priori*-Verteilung immer unwesentlicher wird und die *A-posteriori*-Verteilung gegen eine Grenzverteilung konvergiert. Diese stimmt mit der Verteilung überein, die auch ein Objektivist wählen würde.

Die Formel von Bayes wird bei lernenden Spam-Filtern verwendet, um Junk-Mail auszusortieren, sie steht im Zentrum der Diskussion um die Sinnhaftigkeit des Massenscreenings mit Mammografie bei Frauen zur Entdeckung des Mammakarzinoms bei Frauen oder des Prostata-spezifischen Antikörperspiegels (PSA) zur Entdeckung des Prostatakarzinoms bei Männern. Siehe auch die Anwendungsbeispiele auf S. 1413 und auf S. 1418.

Man vermutet, dass das menschliche Gehirn bayesianisch vorgeht, dabei werden optische oder akustische Reize auf der Basis von A-priori-Wahrscheinlichkeiten interpretiert. Viele bekannte optische Täuschungen lassen sich so erklären, dass zwar das Großhirn die wahre Ursache erkennt, sie aber verwirft, da die A-priori-Wahrscheinlichkeit zu klein ist.

Im Bonusmaterial werden wir Grundideen der Subjektiven Wahrscheinlichkeitstheorie erläutern.

Häufig werden mehrere einander ausschließende Ursachen betrachtet. Mithilfe des folgenden Satzes lässt sich die Formel von Bayes leicht verallgemeinern.

Der Satz von der totalen Wahrscheinlichkeit

Es sei $\{A_i \mid i \in I \subseteq \mathbb{N}\}$ ein vollständiges Ereignisfeld, das heißt, die A_i sind disjunkt mit $\bigcup_{i \in I} A_i = \Omega$.

B sei ein beliebiges Ereignis mit den bedingten Wahrscheinlichkeiten $\mathrm{P}(B \mid A_i)$. Dann ist die Wahrscheinlichkeit von B gegeben durch

$$\mathrm{P}(B) = \sum_{i \in I} \mathrm{P}(A_i)\mathrm{P}(B \mid A_i).$$

Um $\mathrm{P}(B)$ sprachlich von den bedingten Wahrscheinlichkeiten $\mathrm{P}(B|A_i)$ abzuheben, nennt man $\mathrm{P}(B)$ auch die unbedingte oder totale Wahrscheinlichkeit.

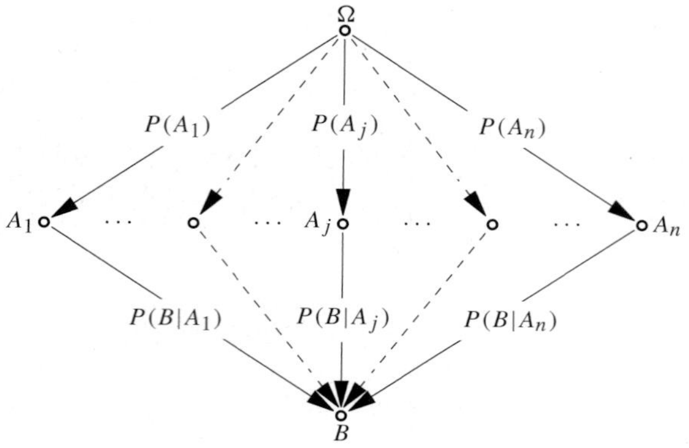

Abb. 37.6 Die totale Wahrscheinlichkeit erhält man durch Summation über alle Pfade: $\mathrm{P}(B) = \sum_{j=1}^{n} \mathrm{P}(A_j)\mathrm{P}(B|A_j)$

Beweis Es ist

$$B = B \cap \Omega = B \cap \left(\bigcup_{i \in I} A_i\right) = \bigcup_{i \in I}(B \cap A_i).$$

Da die A_i disjunkt sind, sind auch die $B \cap A_i$ disjunkt. Also folgt aus dem 3. Axiom von Kolmogorov und aus (37.6) von S. 1411

$$\begin{aligned}\mathrm{P}(B) &= \mathrm{P}\left(\bigcup_{i \in I}(B \cap A_i)\right) = \sum_{i \in I} \mathrm{P}(B \cap A_i)\\ &= \sum_{i \in I} \mathrm{P}(A_i)\mathrm{P}(B \mid A_i).\end{aligned}$$ ■

Der Satz von der totalen Wahrscheinlichkeit lässt sich leicht in einem gerichteten Graphen veranschaulichen (siehe Abb. 37.6):

Die Knoten sind das sichere Ereignis Ω sowie die Ereignisse A_j und B. An den Pfeilen stehen die jeweiligen bedingten bzw. unbedingten Wahrscheinlichkeiten. Dann werden die Wahrscheinlichkeiten, die längs eines jeden Pfades von der Wurzel Ω nach B angetroffen werden, miteinander multipliziert. Schließlich werden die so gebildeten Produkte über alle Pfade summiert.

In der Praxis wird nicht nur ein Ereignis B sondern werden viele Ereignis B_i betrachtet, die wieder Ausgangsknoten für weitere Ereignisse C_j sind. Die auf diese Weise entstehenden Abhängigkeitsgraphen heißen Bayes'sche Netze. Sie sind wesentliche Werkzeuge zur Beschreibung, Analyse und Inferenz in komplexen Strukturen, mit denen sich die Künstliche Intelligenz beschäftigt.

Bei mehreren Ursachen erhält die Bayes-Formel mithilfe des Satzes von der totalen Wahrscheinlichkeit die Gestalt.

Der Satz von Bayes

Ist $\{A_i \mid i \in I\}$ ein vollständiges Ereignisfeld, B ein weiteres zufälliges Ereignis mit $\mathrm{P}(B) \neq 0$, so ist

$$\mathrm{P}(A_j \mid B) = \frac{\mathrm{P}(B \mid A_j)}{\sum_{i \in I} \mathrm{P}(B \mid A_i)\mathrm{P}(A_i)} \mathrm{P}(A_j).$$

Beispiel Eine Firma kauft 70 % ihrer Bauteile vom Lieferanten L_1 und 30 % vom Lieferanten L_2, die jedoch mit unterschiedlichen Qualitäten arbeiten. Ein Bauteil von L_1 führt mit Wahrscheinlichkeit von 5 % zu einer Beanstandung (B), dagegen werden 10 % der Teile von L_2 beanstandet. Bei einer Qualitätsprüfung versagt ein Teil. Mit welcher Wahrscheinlichkeit stammt dieses Teil vom Lieferanten L_1? Wie formalisieren alle Angaben wie folgt:

$$\begin{aligned}\mathrm{P}(L_1) &= 0.7\\ \mathrm{P}(L_2) &= 0.3\\ \mathrm{P}(B \mid L_1) &= 0.05\\ \mathrm{P}(B \mid L_2) &= 0.10\end{aligned}$$

Dann ist

$$\begin{aligned}\mathrm{P}(L_1 \mid B) &= \frac{\mathrm{P}(B \mid L_1)}{\mathrm{P}(B \mid L_1)\mathrm{P}(L_1) + \mathrm{P}(B \mid L_2)\mathrm{P}(L_2)} \mathrm{P}(L_1)\\ &= \frac{0.05}{0.05 \cdot 0.7 + 0.10 \cdot 0.3} \cdot 0.7\\ &= 0.538\,46\end{aligned}$$ ◀

Bei bedingten Wahrscheinlichkeiten gilt die folgende Äquivalenz: Es ist

$$\mathrm{P}(B \mid A) > \mathrm{P}(B \mid A^{\mathrm{C}})$$

genau dann wenn

$$\mathrm{P}(B \mid A) > \mathrm{P}(B).$$

Beweis Es gelte $\mathrm{P}(B \mid A) > \mathrm{P}(B \mid A^{\mathrm{C}})$. Multiplikation dieser Ungleichung mit $(1 - \mathrm{P}(A))$ liefert

$$\mathrm{P}(B \mid A)(1 - \mathrm{P}(A)) > \mathrm{P}(B \mid A^{\mathrm{C}})(1 - \mathrm{P}(A)).$$

Addieren wir auf beiden Seiten $\mathrm{P}(B \mid A)\mathrm{P}(A)$ erhalten wir:

$$\mathrm{P}(B \mid A) > \mathrm{P}(B \mid A^{\mathrm{C}})(1 - \mathrm{P}(A)) + \mathrm{P}(B \mid A)\mathrm{P}(A) = \mathrm{P}(B).$$

Diese Schlüsse sind umkehrbar. ■

Diese Äquivalenz legt es nahe, $\mathrm{P}(B \mid A)$ als Maß einer Wirkung von A auf B zu interpretieren, etwa in der Art: $\mathrm{P}(B \mid A) > \mathrm{P}(B \mid A^{\mathrm{C}})$ bedeutet: „Wenn A vorliegt, ist B wahrscheinlicher, als wenn A nicht vorliegt." Oder kurz: „A ist günstig für B". Diese Redeweise ist nicht ungefährlich, denn dieses „günstig" ist nicht transitiv. Aus „A günstig für B" und „B günstig für C", folgt nicht „A günstig für C", wie das folgende Beispiel zeigt.

Beispiel Auf einer Grundgesamtheit Ω bilden die folgenden 6 disjunkten Elementen $\omega_1, \ldots, \omega_6$ ein vollständiges Ereignisfeld.

Element ω_i	ω_1	ω_2	ω_3	ω_4	ω_5	ω_6
Wahrscheinlichkeit $\mathrm{P}(\omega_i)$	0.1	0.2	0.1	0.2	0.1	0.3

Anwendung: Die Diskussion um den *Eliza*-Aidstest

Am 11. August 1989 kritisierte die Wochenzeitschrift, die *ZEIT*, in einem Artikel scharf die bayerische Regierung, welche für alle jungen Männer in der Obhut des Freistaats Bayern wie Rekruten, Angestellte oder Beamte, die Einführung des *Eliza*-Aidstest obligatorisch vorschreiben wollte. Dieser Test zeichnet sich durch eine sehr hohe Sensitivität und Spezifität aus. Trotzdem sind die meisten Positiv-Aussagen des Tests falsch.

Der Befund des Eliza-Tests ist eine Aussage darüber, ob HIV-Antikörper im Blut vorhanden sind oder nicht. Dabei sind die Aussagen des Tests nicht notwendig richtig. Wir betrachten die folgenden vier Ereignisse:

A^+ Im Blut sind **A**ntikörper vorhanden.
A^- Im Blut sind keine **A**ntikörper vorhanden.
B^+ Der **B**efund ist positiv: „Antikörper vorhanden".
B^- Der **B**efund ist negativ: „keine Antikörper vorhanden".

Wir könnten auch statt B^+ und B^- in mengentheoretischer Schreibweise B und B^C schreiben. Mediziner sprechen aber von den Befunden „Antikörper positiv" bzw. „Antikörper negativ". Die Qualität eines diagnostischen Tests wird in der medizinischen Statistik durch die folgenden Maßzahlen bestimmt:

$P(B^+ \mid A^+)$ die Sensitivität,
$P(B^- \mid A^-)$ die Spezifität.

Im Artikel in der *ZEIT* waren für den Eliza Test die folgenden Werte angegeben: Sensitivität $P(B^+ \mid A^+) = 0.999$, Spezifität $P(B^- \mid A^-) = 0.995$, dazu die A-priori-Wahrscheinlichkeit $P(A^+) = 0.001$. Mediziner bezeichnen $P(A^+)$ als die Prävalenz. (Dabei wollen wir den Begriff Wahrscheinlichkeit, der sich hier ja auf eine reale Situation und nicht auf ein mathematisches Modell bezieht, intuitiv hinnehmen und nicht weiter hinterfragen. Es ist für die formalen Rechnungen in diesem Beispiel gleichgültig, was wir unter Wahrscheinlichkeit verstehen, eine relative Häufigkeit oder eine subjektive Bewertung oder was auch immer. Erst wenn aus den Zahlen konkrete Schlüsse gezogen werden, muss geklärt werden, was man unter Wahrscheinlichkeit verstehen will. Dieser Frage werden wir uns aber erst im nächsten Kapitel widmen.)

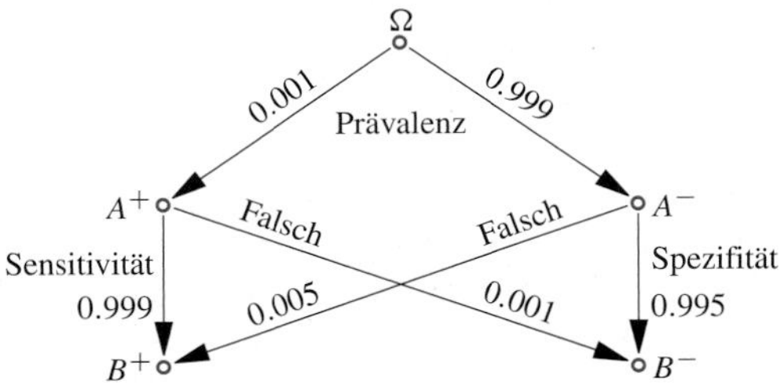

Die Abbildung zeigt den Graphen mit den möglichen Ereignissen und ihren Wahrscheinlichkeiten. Dann gilt:

$$\begin{aligned} P(B^+) &= P(B^+ \mid A^+) \cdot P(A^+) + P(B^+ \mid A^-) \cdot P(A^-) \\ &= 0.999 \cdot 0.001 + 0.005 \cdot 0.999 = 0.00599 \\ P(A^+ \mid B^+) &= \frac{P(B^+ \mid A^+)}{P(B^+)} P(A^+) \\ &= \frac{0.999 \cdot 0.001}{0.005\,99} = 0.1667 \end{aligned}$$

Ist der Befund des Tests positiv, so ist die Wahrscheinlichkeit $P(A^+ \mid B^+)$, dass wirklich HIV-Antikörper im Blut vorhanden sind, nicht einmal 17%. Dies war der Grund, warum sich die *ZEIT* gegen die Massenanwendung diese Tests wandte. Rund 83 % aller positiv getesteten Personen wären grundlos in Verzweiflung gestürzt worden.

Aber wozu ist dieser Test überhaupt gut? Wir berechnen $P(A^- \mid B^-)$. Es ist

$$\begin{aligned} P(B^-) &= 1 - P(B^+) = 0.994\,01, \\ P(A^- \mid B^-) &= \frac{P(B^- \mid A^-)}{P(B^-)} P(A^-) \\ &= \frac{0.995 \cdot 0.999}{0.994\,01} = 0.999\,999. \end{aligned}$$

Wenn der Test eine Blutprobe für von HIV-Antikörpern frei erklärt, so ist dies mit höchster Wahrscheinlichkeit auch richtig. Der Test ist zum Beispiel gut geeignet, um Blutkonserven zu testen. Ist der Befund positiv, wird die Konserve vernichtet, nur wenn der Befund negativ ist, kann die Konserve verwandt werden. Zwar werden rund 83% der vernichteten Konserven fälschlich vernichtet, aber dafür hat der Test die guten Konserven herausgefiltert.

Überprüfen wir noch einmal die Zahlen unserer Ausgangsbasis, wie weit sie glaubhaft sind. Interpretieren wir Wahrscheinlichkeiten als relative Häufigkeiten, so lässt sich $P(B^+ \mid A^+)$ sehr gut überprüfen. Dazu brauchen wir nur Blutproben mit Antikörpern zu versetzen und zu sehen, wie oft der Test Alarm gibt. $P(B^- \mid A^-)$ ist schon etwas schwieriger zu bestimmen, dazu brauchen wir Blutproben, die mit Sicherheit frei von Antikörpern sind.

Aber woher kommt die Prävalenz, die A-priori-Wahrscheinlichkeit, $P(A^+) = 0.001$? Hier liegt der Schwachpunkt. Die Prävalenz ist unbekannt und kann nur grob geschätzt werden.

Die A-priori-Wahrscheinlichkeiten sind die Achillesferse der subjektiven Wahrscheinlichkeitstheorie. Sie sind nach „objektivistischen Kriterien" in den seltensten Fällen verlässlich. Daher spielt die Bayesformel in der objektivistischen Statistik nur eine untergeordnete Rolle.

Aus ihnen werden drei Ereignisse $A = \{\omega_1, \omega_2, \omega_3\}$, $B = \{\omega_2, \omega_3, \omega_4\}$, und $C = \{\omega_3, \omega_4, \omega_5\}$ und ihre Schnitt-Ereignisse gebildet.

$$\begin{aligned} A &= \{\omega_1, \omega_2, \omega_3\} & A \cap B &= \{\omega_2, \omega_3\} \\ B &= \{\omega_2, \omega_3, \omega_4\} & B \cap C &= \{\omega_3, \omega_4\} \\ C &= \{\omega_3, \omega_4, \omega_5\} & A \cap C &= \{\omega_3\} \end{aligned}$$

Dann ist zum Beispiel $\mathrm{P}(A) = \mathrm{P}(\omega_1) + \mathrm{P}(\omega_2) + \mathrm{P}(\omega_3) = 0.4$. Analog werden die Wahrscheinlichkeiten der anderen Ereignisse berechnet:

$$\begin{aligned} \mathrm{P}(A) &= 0.4 & \mathrm{P}(A \cap B) &= 0.3 \\ \mathrm{P}(B) &= 0.5 & \mathrm{P}(B \cap C) &= 0.3 \\ \mathrm{P}(C) &= 0.4 & \mathrm{P}(A \cap C) &= 0.1 \end{aligned}$$

Daraus folgt

$$\begin{aligned} 0.3 &= \mathrm{P}(B \cap A) > \mathrm{P}(B)\mathrm{P}(A) = 0.2 \\ 0.3 &= \mathrm{P}(B \cap C) > \mathrm{P}(B)\mathrm{P}(C) = 0.2 \\ 0.1 &= \mathrm{P}(A \cap C) < \mathrm{P}(A)\mathrm{P}(C) = 0.16. \end{aligned}$$

Also ist

$$\begin{aligned} \mathrm{P}(B \mid A) &> \mathrm{P}(B) \\ \mathrm{P}(C \mid B) &> \mathrm{P}(C) \\ \mathrm{P}(C \mid A) &< \mathrm{P}(C). \end{aligned}$$

Das heißt „A günstig für B“ und „B ist günstig für C“, aber „A ist ungünstig für C“. ◀

37.3 Die stochastische Unabhängigkeit

Betrachten wir wieder das Beispiel mit der Tafel als Zielscheibe und der Fläche als Maß für die Wahrscheinlichkeit. Wir teilen die Tafel in eine obere Hälfte A, so wie eine linke Hälfte B (siehe Abb. 37.7).

Dann gilt

$$\mathrm{P}(A) = \frac{1}{2}, \quad \mathrm{P}(B) = \frac{1}{2}, \quad \mathrm{P}(A \cap B) = \frac{1}{4}.$$

Das folgende Angebot ist eine faire Wette: „Sie erhalten 10 €, falls die Kreide in der oberen Hälfte A landet und zahlen 10 €, wenn die Kreide in der unteren Hälfte A^C landet“. Sie stehen in einem Nebenraum und überlegen, ob Sie die Wette annehmen sollen. In der Zwischenzeit wird die Kreide geworfen. Da Sie das Ergebnis nicht kennen, können Sie noch auf A oder A^C wetten. Da erscheint ein „Spion“, der Ihnen erklärt: „Für eine hinreichende Summe bin ich bereit, Ihnen zu verraten, ob die Kreide in die linke oder die rechte Hälfte geflogen ist, ob also B oder B^Ceingetreten ist.“ Welche Summe sind Sie bereit zu zahlen?

Das Angebot ist für Sie wertlos: Die durch B oder B^C gelieferte Information (links oder rechts) ändert nichts an Ihrem Wissen über das Eintreten von A (oben oder unten). Es gilt

$$\mathrm{P}(A \mid B) = \frac{\mathrm{P}(A \cap B)}{\mathrm{P}(B)} = \frac{\frac{1}{4}}{\frac{1}{2}} = \frac{1}{2} = \mathrm{P}(A).$$

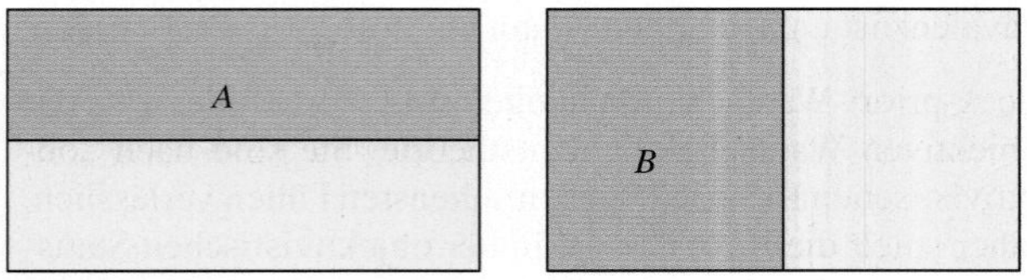

Abb. 37.7 Die geteilte Tafel

Definition der Unabhängigkeit

Zwei Ereignisse A und B heißen stochastisch unabhängig, wenn gilt

$$\mathrm{P}(A \cap B) = \mathrm{P}(A)\mathrm{P}(B).$$

Soweit keine Verwechslung mit dem Begriff der linearen Unabhängigkeit zu befürchten ist, lassen wir den Zusatz „stochastisch“ weg und sprechen nur kurz von Unabhängigkeit. A und B sind genau dann unabhängig, wenn $\mathrm{P}(A \mid B) = \mathrm{P}(A)$ ist. Da die Definition symmetrisch in A und B ist, können wir die Buchstaben A und B vertauschen. Daher sind A und B genau dann unabhängig, wenn $\mathrm{P}(B \mid A) = \mathrm{P}(B)$ ist.

A und B sind – bezogen auf das Wahrscheinlichkeitsmaß P – unabhängig, wenn die Information über das Eintreten des einen Ereignisses die Wahrscheinlichkeit des Eintretens des anderen Ereignisses nicht ändert. Unabhängigkeit ist eine Aussage über die Irrelevanz einer Information.

Der Unabhängigkeitsbegriff ist mehrdeutig. Einerseits ist *Unabhängigkeit* ein Begriff der Stochastik. Ob zwei Ereignisse unabhängig sind, hängt allein von dem verwendeten Wahrscheinlichkeitsmaß P ab und wird allein über P definiert (siehe auch Aufgabe 37.20). Andererseits ist *Unabhängigkeit* ein umgangssprachlicher Begriff. Wenn zwischen A und B keine physikalische Kausalitätsbeziehung besteht, sie sich also nicht beeinflussen, bezeichnen wir im täglichen Leben A und B ebenfalls als unabhängig. In diesem Fall fehlender erkennbarer Kausalitätsbeziehung spricht nichts gegen das Modell der stochastischen Unabhängigkeit.

Achtung Unabhängigkeit darf nicht mit Disjunktheit verwechselt werden. Sind die Ereignisse A und B disjunkt, so ist $\mathrm{P}(A \cap B) = 0$. Sind dagegen A und B unabhängig, so ist $\mathrm{P}(A \cap B) = \mathrm{P}(A)\mathrm{P}(B) \neq 0$, es sei denn $\mathrm{P}(A) = 0$ oder $\mathrm{P}(B) = 0$. Disjunktheit ist eine extreme Form stochastischer Abhängigkeit! Tritt A ein, weiß ich, dass B nicht eingetreten ist. ◀

Anwendung: Simpsons Paradox

Bedingte Wahrscheinlichkeiten sind mit größter Vorsicht zu interpretieren, wenn in der Bedingung mehrere Ereignisse zusammengefasst sind.

Wir zeigen ein berühmtes, politisch brisantes Beispiel. Die Daten der folgenden Tabelle wurden im *New York Times Magazine* am 11. März 1979 veröffentlicht. Sie betreffen die Häufigkeit, mit der im Bundesstaat Florida Angeklagte wegen Mordes zum Tode verurteilt wurden. (Dabei steht „s" als Abkürzung für „schwarz" und „w" als Abkürzung für „weiß".)

Hautfarbe des Angeklagten	s	w	$\sum$
Todesurteil	59	72	131
kein Todesurteil	2448	2185	4633
Summe	2507	2257	4764
Anteil	2.4 %	3.2 %	2.7 %

Diese Tabelle gibt keinerlei Anlass, eine Benachteiligung der Schwarzen zu vermuten, denn Weiße werden häufiger zum Tode verurteilt als Schwarze. In der ausführlicheren, folgenden Tabelle jedoch werden die Daten zusätzlich nach der Hautfarbe des Opfers aufgeschlüsselt.

Hautfarbe des Opfers	schwarz		weiß	
Hautfarbe des Angeklagten	s	w	s	w
Todesurteil	11	0	48	72
kein Todesurteil	2209	111	239	2074
Summe	2220	111	287	2146
Anteil	0.5 %	0.0 %	16.7 %	3.4 %

Für den hier vorliegenden Datensatz gilt also: Wie auch immer die Hautfarbe des Opfers sein mag, in jedem Fall ist – in dem vorliegenden Datensatz – das Risiko für schwarze Angeklagte, zum Tode verurteilt zu werden, größer als für weiße Angeklagte. Formalisieren wir diese Ereignisse. Es sei

A „Der **A**ngeklagte wird zum Tod verurteilt."
B „Die Hautfarbe des Angeklagten ist **B**lack."
V „Die Hautfarbe des **V**ictims ist Black."
V^C „Die Hautfarbe des **V**ictims ist weiß."

Interpretieren wir relative Häufigkeiten als Wahrscheinlichkeiten, so sagt die zweite Tabelle

$$0.005 = P(A \mid B \cap V) > P(A \mid V) = 0.0047$$
$$0.2008 = P(A \mid B \cap V^C) > P(A \mid V^C) = 0.0518.$$

Was auch immer gilt: V oder V^C: stets finden wir „B ist günstig für A". Ignorieren wir aber die anscheinend überflüssige Bedingung V, so folgt aus der ersten Tabelle das Gegenteil

$$0.024 = P(A \mid B) < P(A) = 0.028.$$

Dieser Fehlschluss heißt Simpson-Paradox. Er liegt immer dort nahe, wo ein Ereignis von zwei oder mehr Bedingungen abhängt. Je nach dem, ob man die zweite Bedingung ignoriert oder berücksichtigt, kann man zu unterschiedlichen Ergebnissen kommen.

Selbstfrage 4

Zu einer Zeit, da die ersten Flugzeuge entführt wurden und es noch keine Sicherheitskontrollen gab, lehnte Herr A es strikt ab, mit dem Flugzeug zu fliegen, da mit einer Wahrscheinlichkeit von $1/1000$ ein Mann mit einer Bombe an Bord säße. Einige Wochen später traf Herr B seinen Freund A zufällig im Flugzeug an und fragte, ob sich denn die Wahrscheinlichkeit gewandelt habe. „Nein", sagte Herr A, „aber ich habe gelernt, dass die Wahrscheinlichkeit, dass zwei Bomben unabhängig voneinander an Bord seien, $(1/1000)^2 = 1/10^6$ ist. Daher habe ich stets eine Bombe dabei." Hat A recht? Wie sieht die Sache aus der Sicht des Flugzeugkapitäns aus?

Bei drei Ereignissen A, B und C gibt es verschiedene Möglichkeiten den Begriff zu verallgemeinern: Bei der paarweisen Unabhängigkeit wird gefordert, dass A und B unabhängig sind, ebenso A und C sowie B und C. Aber aus der paarweisen Unabhängigkeit von A, B und C folgt nicht die Gültigkeit von

$$P(A \cap B \cap C) = P(A) \cdot P(B) \cdot P(C).$$

Fordern wir aber nur die Gültigkeit dieser Faktorisierung, so folgt daraus nicht die Gültigkeit von $P(A \cap B) = P(A) \cdot P(B)$. Beispiele dazu bietet die Aufgabe 37.7. Wir müssen beide Eigenschaften gemeinsam einfordern.

Definition der totalen Unabhängigkeit

Die n Ereignisse $A_1, A_2, \ldots, A_n$ heißen **total unabhängig**, falls für jede Auswahl $A_{i_1}, \ldots, A_{i_k}$ von k Ereignissen stets gilt:

$$P(A_{i_1} \cap A_{i_2} \cap \ldots \cap A_{i_k}) = P(A_{i_1}) \cdot P(A_{i_2}) \cdot \ldots \cdot P(A_{i_k}).$$

Dabei ist $i_j \in \{1, \ldots, n\}$ und $k \in \{2, \ldots, n\}$. Dagegen sprechen wir von **paarweiser Unabhängigkeit**, wenn diese Faktorisierung nur für $k = 2$ gilt.

Beispiel Wir greifen das Beispiel von S. 1407 noch einmal auf. Wir betrachteten $n = 10$ Ereignisse A_i mit $P(A_i) = 0.99$ für alle i. Mit der Ungleichung von Bonferroni schlossen wir, dass $P(\bigcap_{i=1}^{10} A_i) \geq 0.9$ ist. Sind jedoch die A_i von einander total unabhängig, so ist

$$P\left(\bigcap_{i=1}^{10} A_i\right) = (P(A_i))^{10} = (0.99)^{10} = 0.9044. \blacktriangleleft$$

Teil VI

Achtung Die totale Unabhängigkeit ist in der Praxis wesentlich wichtiger als die bloße paarweise Unabhängigkeit. Daher wird in der Literatur oft der Zusatz „total" weggelassen. Unabhängigkeit heißt dann totale Unabhängigkeit. Nur die Ausnahme paarweise Unabhängigkeit wird dann extra hervorgehoben. ◀

Beispiel Die Geburt der mathematischen Wahrscheinlichkeitstheorie lässt sich auf das Jahr 1654 datieren. In diesem Jahr treffen sich der französische Mathematiker Blaise Pascal und der Chevalier de Méré, ein hochgebildeter Hofmann und Erzieher. Méré schildert Pascal zwei schon seit mehr als 100 Jahren bekannte Probleme aus dem Bereich der Glücksspiele, an deren Lösung Méré aus prinzipiellen Gründen brennend interessiert ist. Diese beiden Probleme sind als die Fragen des Chevalier de Méré in die Geschichte der Wahrscheinlichkeitstheorie eingegangen. Das 1. Problem des Chevalier de Méré lautet in unserer heutigen Formulierung:

Welches der beiden Ereignisse A und B ist wahrscheinlicher?

$A =$ „Bei 4 Würfen mit einem Würfel wird mindestens eine Sechs geworfen."

$B =$ „Bei 24 Würfen mit 2 Würfeln wird mindestens eine Doppelsechs geworfen."

Méré kannte weder den Begriff der Wahrscheinlichkeit noch den der Unabhängigkeit. Wir setzen voraus, dass die Würfel ideal und die Würfe voneinander total unabhängig sind.

Pascal erkennt, dass auch der Zufall den Gesetzen der Mathematik unterworfen ist. In einem Schreiben an die französische Akademie der Wissenschaften kündet er 1654 triumphierend die Geburt einer neuen Wissenschaft an, der er den Namen Geometrie des Zufalls verleiht. Von da ab beginnt der Siegeszug der Wahrscheinlichkeitstheorie. Für uns ist die erste Frage des Chevalier leicht zu beantworten:

$$\text{P(„Sechs")} = \frac{1}{6}$$

$$\text{P(„Keine Sechs")} = \frac{5}{6}$$

$$\text{P(„Keine Sechs bei den ersten 4 Würfen")} = \left(\frac{5}{6}\right)^4$$

$$\mathrm{P}(A) = 1 - \left(\frac{5}{6}\right)^4 = 0.517\,75.$$

$$\text{P(„Doppelsechs")} = \frac{1}{6^2}$$

$$\text{P(„Keine Doppelsechs")} = \frac{35}{36}$$

$$\text{P(„Keine Doppelsechs bei den ersten 24 Würfen")} = \left(\frac{35}{36}\right)^{24}$$

$$\mathrm{P}(B) = 1 - \left(\frac{35}{36}\right)^{24} = 0.4914.$$

◀

Randbemerkung Nobody is perfect. Jeder Mensch macht Fehler. Auch wenn wir glauben, dass etwas richtig ist, können wir es – außerhalb der Mathematik – nicht beweisen. Wir akzeptieren nur etwas als richtig, wenn wir es gründlichst geprüft und keine Fehler entdeckt haben. Daher bleibt immer noch eine minimale Wahrscheinlichkeit, dass wir uns geirrt haben. Sagen wir es formaler: Wir entscheiden uns, eine Aussage als „wahr" anzusehen, wenn sie mit Wahrscheinlichkeit $1 - \varepsilon$ wahr ist. Was heißt dies konkret? Nehmen wir einmal $1 - \varepsilon = 0.99995$ an und nehmen wir weiter an, dass jedes Wort in diesem Buch „wahr" ist. Angenommen, auf jeder Seite stehen mindestens 300 Worte, so ergibt dies bei 1200 Seiten insgesamt $3.6 \cdot 10^5$ Worte. Nehmen wir weiter an, dass die Fehler in den Worten unabhängig von einander auftreten, dann ist die Wahrscheinlichkeit, dass alle Worte fehlerfrei sind, gerade $(0.99995)^{3.6 \cdot 10^5} = 1.5 \cdot 10^{-8}$. Wir müssen nach unserem Kriterium die Aussage: „Mindestens ein Wort ist falsch" als „wahr" akzeptieren. Konsequenterweise sind demnach die folgenden beiden Aussagen „wahr": a) Jedes einzelne Wort in diesem Buch ist richtig. b) Mindestens ein Wort ist falsch. Menschliche und mathematische Logik unterscheiden sich eben.

37.4 Kombinatorik

Bereits in Abschn. 3.4 wurden Auswahlen eingeführt. Wir wiederholen, erweitern und vertiefen die dort genannten Begriffe. Dabei betrachten wir nur die Fälle, in denen Objekte anzuordnen oder auszuwählen sind.

Anordnungen heißen Permutationen

Für jede natürliche Zahl $n \in \mathbb{N}$ ist

$$n! = 1 \cdot 2 \cdot 3 \cdot 4 \cdot \ldots \cdot (n-1) \cdot n.$$

die Anzahl der unterschiedlichen Permutationen, das heißt der Möglichkeiten, n verschiedene Objekte hintereinander anzuordnen (siehe auch S. 76). Nützlich ist die Stirling-Formel, mit der man $n!$ abschätzen kann:

$$\left(\frac{n}{\mathrm{e}}\right)^n \sqrt{2\pi n} \leq n! \leq \left(\frac{n}{\mathrm{e}}\right)^n \sqrt{2\pi n}\,\mathrm{e}^{\frac{1}{12n}},$$

siehe auch das Bonusmaterial im Kap. 34. Die Verallgemeinerung der Fakultät von natürlichen Zahlen auf reelle oder komplexe Zahlen ist die in Kap. 34 vorgestellte Gamma-Funktion $\Gamma(z)$, die durch $\Gamma(z+1) = z\,\Gamma(z)$ und $\Gamma(1) = 1$ definiert ist.

Ein wichtiger Fall sind Permutationen von teilweise nicht unterscheidbaren Objekten. Zum Beispiel gibt es von den Zahlen 1,2,3 genau 6 Permutationen. Ersetzen wir die 2 durch die 1 erhalten wir nur 3 verschiedene Anordnungen:

Drei verschiedene Ziffern	Zwei und Eins sind identifiziert
123	113
213	113
321	311
312	311
132	131
231	131

Teil VI

Anwendung: Hintereinander- und Parallelschaltung

Ein System wird umso fehleranfälliger, je größer die Zahl der Einzelteile ist, die unabhängig von einander funktionieren müssen. Durch Redundanz kann dagegen auch bei anfälligen Einzelteilen die Gesamtsicherheit beliebig hoch gesetzt werden.

Wir betrachten zwei Lampen a_1 und a_2, die wie in der folgenden Abbildung

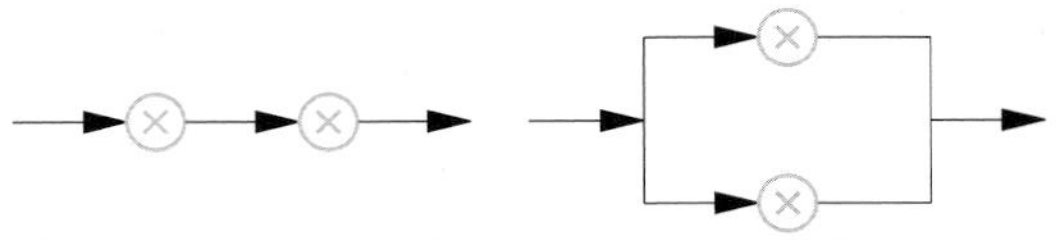

Hintereinanderschaltung Parallelschaltung

hintereinander oder parallel geschaltet werden können. Wir betrachten die folgenden beiden Ereignisse A_1 und A_2:

$$A_i = \text{„Die Lampe } a_i \text{ ist intakt und brennt."}$$

Die Ausfallwahrscheinlichkeiten jeder Lampe a_i sei α. Es gilt also

$$\mathrm{P}(A_1) = \mathrm{P}(A_2) = 1 - \alpha.$$

Nehmen wir an, dass die beiden Lampen unabhängig voneinander ausfallen, das heißt, wir betrachten A_1 und A_2 als unabhängige Ereignisse. Wir sagen: „Das System funktioniert, wenn Strom fließt". Sind die Lampen hintereinander geschaltet, ist dies genau dann der Fall, wenn beide Lampen funktionieren. Die Wahrscheinlichkeit hierfür ist

$$\mathrm{P}(A_1 \cap A_2) = (1 - \alpha)^2.$$

Nun betrachten wir nicht nur zwei Lampen, sondern n hintereinander geschaltete Lampen mit derselben Ausfallwahrscheinlichkeit α, die total unabhängig voneinander funktionieren. Dann funktioniert das System mit der Wahrscheinlichkeit

$$\mathrm{P}\left(\bigcap_{i=1}^{n} A_i\right) = \mathrm{P}(A_1) \cdot \ldots \cdot \mathrm{P}(A_n) = (1 - \alpha)^n.$$

Bei hinreichend großem n kann $(1 - \alpha)^n$ beliebig klein werden; mit hoher Wahrscheinlichkeit wird das System nicht funktionieren.

Betrachten wir nun die Parallelschaltung der Lampen. Strom fließt und das System funktioniert, wenn mindestens eine der beiden Lampen brennt. Die Ausfallwahrscheinlichkeit des Systems ist nun

$$\mathrm{P}\big(A^{\mathrm{C}} \cap B^{\mathrm{C}}\big) = \mathrm{P}\big(A^{\mathrm{C}}\big) \cdot \mathrm{P}\big(B^{\mathrm{C}}\big) = \alpha^2.$$

Schalten wir nicht nur zwei sondern k Lampen parallel, so ist die Ausfallwahrscheinlichkeit des Systems α^k. Betrachten wir nun n hintereinander geschaltete „Lampensysteme", die aus jeweils k parallel geschalteten Lampen bestehen, so funktioniert dieses – mit k-facher Redundanz versehene – System mit der Wahrscheinlichkeit $(1 - \alpha^k)^n$. Die folgende Tabelle zeigt für $\alpha = 0,10$ die Werte der Funktion $(1 - \alpha^k)^n$ in Abhängigkeit von k und n.

	n							
k	1	2	4	8	10	20	50	100
1	0.9000	0.8100	0.6561	0.4305	0.3487	0.1216	0.00515	0.00002
2	0.9900	0.9801	0.9606	0.9227	0.9044	0.8179	0.60500	0.36603
3	0.9990	0.9980	0.9960	0.9920	0.9900	0.9802	0.95120	0.90479
4	0.9999	0.9998	0.9996	0.9992	0.9990	0.9980	0.99501	0.99004
5	1.0000	1.0000	1.0000	0.9999	0.9999	0.9998	0.99949	0.99899
6	1.0000	1.0000	1.0000	1.0000	1.0000	1.0000	0.99994	0.99989
7	1.0000	1.0000	1.0000	1.0000	1.0000	1.0000	0.99999	0.99998

Alle Permutationen der linken Seite der Tabelle, die sich nur durch eine Permutation der Zahlen 1 und 2 unterscheiden, fallen auf der rechten Seite zusammen. Da es genau 2! verschiedene Permutationen der Zahlen 1 und 2 gibt, gibt es genau $\frac{3!}{2!}$ verschiedenen Permutationen der drei Objekte 1,1,3, von denen die 1 doppelt auftritt.

Übertragen wir diesen Gedanken auf n Objekten, bei denen n_1 Objekte nachträglich identifiziert wurden, finden wir, dass es nach der Identifikation genau noch $\frac{n!}{n_1!}$ verschiedene Anordnungen gibt. Werden nun weitere n_2 vorher unterscheidbare Objekte nachträglich identifiziert, reduziert sich die Anzahl der verschiedenen Anordnungen um weitere n_2! Anordnungen. Die Gesamtzahl ist nunmehr $\frac{n!}{n_1! n_2!}$. Setzen wir diesen Prozess der Identifikation fort, erhalten wir Folgendes:

Permutationen mit Wiederholungen

Die Anzahl der verschiedenen Permutationen von n Objekten, von denen k Objekte in mehrfacher nicht unterscheidbarer Wiederholung auftreten, ist

$$\frac{n!}{n_1! \cdot n_2! \cdot \ldots \cdot n_k!}.$$

Dabei ist n_i die Anzahl der Wiederholungen des i-ten Objektes, mit $\sum_{i=1}^{k} n_i \leq n$.

Beispiel: Bayesianische Spamfilter

Fast jeder Empfänger von E-Mails leidet unter Spam-Mails, die seine Postbox überschwemmen. Abhilfe sollen Spam-Filter schaffen, die Spam, die schlechte Mail, von Ham, der guten Mail, trennen.

Problemanalyse und Strategie: Der Spamfilter soll sich auf den individuellen Mailempfänger einstellen und die Unterscheidung zwischen Spam und Ham lernen. Dies leisten Filter mithilfe der Regel von Bayes.

Lösung: Nachrichten können aus Texten, Bildern und akustischen Anteilen bestehen. Wir betrachten nur Filter, die Texte analysieren. Texte bestehen aus Worten oder Wortsegmenten. Gewisse Worte wie zum Beispiel Viagra sind bei den meisten Empfängern eindeutige Indikatoren für Spam, könnten aber bei einem Urologen durchaus auch in der regulären Post auftauchen. Spam-Filter bauen einen Katalog von Schlüsselworten $\{w_i, i = 1, \ldots\}$ auf und klassifizieren Mails an Hand der Schlüsselworte sowie der Mailstruktur des Empfängers nach Spam oder Ham.

Betrachten wir einen individuellen Empfänger A. Es sei $\mathrm{P}(S)$, die A-priori-Wahrscheinlichkeit, mit der Empfänger A Spam erhält. Weiter sei

$$\mathrm{P}(w_1, \ldots, w_n \mid S) \text{ bzw. } \mathrm{P}(w_1, \ldots, w_n \mid H)$$

die Wahrscheinlichkeit, mit der in einer Spam-Mail bzw. einer Ham-Mail an A die Schlüsselworte $w_1, \ldots, w_n$ auftauchen. Für die Klassifikation entscheidend ist die Wahrscheinlichkeit $\mathrm{P}(S \mid w_1, \ldots, w_n)$, dass ein Text, in dem sich die Schlüsselworte finden, Spam ist. Nach Bayes gilt

$$\mathrm{P}(S \mid w_1, \ldots, w_n) = \frac{\mathrm{P}(w_1, \ldots, w_n \mid S)}{\mathrm{P}(w_1, \ldots, w_n)} \mathrm{P}(S),$$

$$\mathrm{P}(H \mid w_1, \ldots, w_n) = \frac{\mathrm{P}(w_1, \ldots, w_n \mid H)}{\mathrm{P}(w_1, \ldots, w_n)} \mathrm{P}(H).$$

Bilden wir den Spam-Ham-Quotienten Q, kürzt sich $\mathrm{P}(w_1, \ldots, w_n)$ heraus:

$$Q = \frac{\mathrm{P}(S \mid w_1, \ldots, w_n)}{\mathrm{P}(H \mid w_1, \ldots, w_n)} = \frac{\mathrm{P}(w_1, \ldots, w_n \mid S)}{\mathrm{P}(w_1, \ldots, w_n \mid H)} \frac{\mathrm{P}(S)}{\mathrm{P}(H)}$$

Zur weiteren Vereinfachung wird der grammatische und inhaltliche Zusammenhang der Worte ignoriert und angenommen, dass die Schlüsselworte w_i unter der Bedingung *Spam* ebenso wie unter der Bedingung *Ham* unabhängig sind:

$$\mathrm{P}(w_1, \ldots, w_n \mid S) = \prod_{i=1}^{n} \mathrm{P}(w_i \mid S)$$

$$\mathrm{P}(w_1, \ldots, w_n \mid H) = \prod_{i=1}^{n} \mathrm{P}(w_i \mid H)$$

Dann ist der Spam-Ham-Quotient gleich

$$\frac{\mathrm{P}(S \mid w_1, \ldots, w_n)}{\mathrm{P}(H \mid w_1, \ldots, w_n)} = \frac{\mathrm{P}(S)}{\mathrm{P}(H)} \prod_{i=1}^{n} \frac{\mathrm{P}(w_i \mid S)}{\mathrm{P}(w_i \mid H)}.$$

Worte, die mit gleicher Wahrscheinlichkeit in einer Spam- wie in einer Ham-Mail auftauchen, wie zum Beispiel *to, and, the,* brauchen nicht berücksichtigt zu werden, da sich ihre Wahrscheinlichkeit herauskürzt. Sie sind im Katalog der Schlüsselworte nicht enthalten.

Überschreitet der Quotient Q eine individuell festsetzbare Schranke, wird die Mail als Spam klassifiziert. Nun bleibt die Aufgabe die Wahrscheinlichkeiten auf der rechten Seite der Gleichung zu schätzen. $\frac{\mathrm{P}(S)}{\mathrm{P}(H)}$ wird aus dem Verhältnis der Anzahlen von Spam- zu Ham-Mail geschätzt. Erhielt der Empfänger A zum Beispiel n^S Spam- und n^H-Mails, so wird $\frac{\mathrm{P}(S)}{\mathrm{P}(H)}$ durch $\frac{n^S}{n^H}$ geschätzt. Taucht in den n^S Spam-Mails das Wort w_i insgesamt n_i^S auf, so wird $\mathrm{P}(w_i \mid S)$ durch $\frac{n_i^S}{n_S}$ geschätzt. Taucht das Wort in den Ham-Mails n_i^H mal auf, wird $\mathrm{P}(w_i \mid S)$ durch $\frac{n_i^H}{n^H}$ geschätzt. Damit wird der Spam-Ham-Quotient geschätzt durch

$$\widehat{Q} = \frac{n^S}{n^H} \prod_{i=1}^{n} \frac{\frac{n_i^S}{n_S}}{\frac{n_i^H}{n_H}}.$$

Nach jedem Empfang einer Mail wird die Entscheidung Spam oder Ham getroffen. Wird sie von Empfänger bestätigt bzw. widerrufen, werden die Zahlen n^S, n^H, n_i^S und n_i^H sowie gegebenenfalls das Wörterbuch aktualisiert. Wir haben hier nur einen einzigen Aspekt betrachtet. Gute Spamfilter nutzen weitere Informationsquellen, wie zum Beispiel Adressbücher und berücksichtigen, dass Schlüsselworte oft durch Sonderzeichen zerlegt erscheinen.

Teil VI

Übersicht: Formeln zur Wahrscheinlichkeitstheorie

Zwar lässt sich alles auf die Axiome von Kolmogorov zurückführen, aber für den täglichen Gebrauch sind die folgenden Formeln nützlich.

Die drei **Axiome von Kolmogorov**

- $0 \leq P(A) \leq 1$.
- $P(\Omega) = 1$.
- $P\left(\bigcup_{i=1}^{\infty} A_i\right) = \sum_{i=1}^{\infty} P(A_i)$, falls $A_i \cap A_j = \emptyset$ für $i \neq j$.

Summenformel

$$P(A \cup B) = P(A) + P(B) - P(A \cap B).$$

Siebformel

$$P\left(\bigcup_{i=1}^{n} A_i\right) = \sum_{k=1}^{n} P(A_i) - \sum_{i<j} P(A_i \cap A_j) + \sum_{i<j<k} P(A_i \cap A_j \cap A_k) - \ldots = \sum_{k=1}^{n} (-1)^{k+1} \sum_{1 \leq i_1 < i_2 \ldots < i_k \leq n} P(A_{i_1} \cap A_{i_2} \cap \ldots \cap A_{i_k}).$$

Abschätzung von Vereinigung und Durchschnitt

$$P\left(\bigcup_{i=1}^{\infty} A_i\right) \leq \sum_{i=1}^{\infty} P(A_i)$$

$$P\left(\bigcap_{i=1}^{\infty} A_i\right) \geq 1 - \sum_{i=1}^{\infty} P(A_i^C).$$

Monotonie

$$P(A) \leq P(B), \quad \text{falls } A \subseteq B$$

Stetigkeit

$$P\left(\bigcup_{i=1}^{\infty} A_i\right) = \lim_{i\to\infty} P(A_i), \quad \text{falls } A_i \subseteq A_{i+1}$$

$$P\left(\bigcap_{i=1}^{\infty} B_i\right) = \lim_{i\to\infty} P(B_i), \quad \text{falls } B_i \supseteq B_{i+1}$$

Laplace-Experiment in einem vollständigen Ereignissystem aus n gleichwahrscheinlichen Ereignissen

$$P(B) = \frac{\text{Anzahl der für } B \text{ günstigen Ereignisse}}{n}$$

Bedingte Wahrscheinlichkeit von A unter der Bedingung B

$$P(A \mid B) = \frac{P(A \cap B)}{P(B)}$$

$$P(A \mid B)P(B) = P(A \cap B) = P(B \mid A)P(A).$$

Satz von der totalen Wahrscheinlichkeit, falls $A_i \cap A_j = \emptyset$ für $i \neq j$ und $\bigcup_{i \in I \subseteq \mathbb{N}} A_i = \Omega$, dann

$$P(B) = \sum_{i \in I} P(A_i)P(B \mid A_i)$$

Satz von Bayes, falls $A_i \cap A_j = \emptyset$ für $i \neq j$ und $\bigcup_{i \in I} A_i = \Omega$, dann

$$P(A_j \mid B) = \frac{P(B \mid A_j)}{\sum_{i \in I} P(B \mid A_i)P(A_i)} P(A_j).$$

Unabhängige Ereignisse A und B

$$P(A \cap B) = P(A)P(B)$$

$$P(A \mid B) = P(A) \text{ und } P(B \mid A) = P(B)$$

Total unabhängige Ereignisse $A_1, A_2, \ldots, A_n$

$$P(A_{i_1} \cap A_{i_2} \cap \ldots \cap A_{i_k}) = P(A_{i_1}) \cdot P(A_{i_2}) \cdot \ldots \cdot P(A_{i_k}).$$

Dabei ist $i_j \in \{1, \ldots, n\}$ und $k \in \{2, \ldots, n\}$.

Auswahlen ohne Berücksichtigung der Reihenfolge heißen Kombinationen

Die Anzahl der verschiedenen möglichen Auswahlen von k Objekten aus einer Menge von n unterschiedlichen Objekten ist

$$\binom{n}{k} = \frac{n \cdot (n-1) \cdot \ldots \cdot (n-k+1)}{1 \cdot 2 \cdot \ldots \cdot k} = \frac{n!}{k!(n-k)!}$$

(Siehe auch ab S. 79.) $\binom{n}{k}$ heißt Binomialkoeffizient und wird gesprochen als „n über k". Bei den Auswahlen lassen wir nun ebenfalls Wiederholungen zu. Betrachten wir zum Beispiel ein Bücherregal mit 10 Bänden B_1 bis B_{10}. Wir nehmen ein Buch aus dem Regal, schauen etwas nach und stellen das Buch wieder an seinen Platz. Das wiederholen wir dreimal. Markieren wir die Auswahl eines Buches mit dem „+"-Zeichen, den wir mit einem Zettel unter das Buch ans Regal kleben, so könnte unsere Auswahl z. B. so aussehen.

B_1	B_2	B_3	B_4	B_5	B_6	B_7	B_8	B_9	B_{10}
+				++					

Diese Darstellung kann ohne Informationsverlust noch weiter vereinfacht werden:

+ | | | | ++ | | | | |

Teil VI

Übersicht: Kombinatorik

Ob etwas kombiniert, permutiert oder variiert wird, bringt man leicht durcheinander. Merken Sie sich lieber den Sachverhalt und die Formeln als den Namen.

Permutationen

Anordnungen von n Objekten, Reihenfolge wichtig:

- Ohne Wiederholung:

$$n! = 1 \cdot 2 \cdot 3 \cdot 4 \cdot \ldots \cdot (n-1) \cdot n.$$

- Mit Wiederholung: i-tes Objekt n_i-fach wiederholt:

$$\frac{n!}{n_1! \cdot n_2! \cdot \ldots \cdot n_k!}.$$

Kombinationen

Auswahlen von k aus n unterscheidbaren Objekten, Reihenfolge unwichtig:

- Ohne Wiederholungen:

$$\binom{n}{k} = \frac{n \cdot (n-1) \cdot \ldots \cdot (n-k+1)}{1 \cdot 2 \cdot \ldots \cdot k} = \frac{n!}{k!(n-k)!}$$

- Mit Wiederholungen:

$$\frac{(n+k-1)!}{k!(n-1)!} = \binom{n-1+k}{k}.$$

Variationen

Auswahlen von k aus n unterscheidbaren Objekten, Reihenfolge wichtig:

- Ohne Wiederholungen:

$$\binom{n}{k} k! = n \cdot (n-1) \cdot \ldots \cdot (n-k+1) = \frac{n!}{(n-k)!}$$

- Mit Wiederholungen:

$$n^k$$

Wir haben hier eine Anordnung von $9 = 10 - 1$ Strichen und 3 Kreuzen. Jede Permutation dieser $9+3$ Zeichen gibt eine Auswahl der drei Bücher an. Insgesamt sind es $\frac{(9+3)!}{9!3!} = \binom{10-1+3}{3}$ Permutationen, da die Striche und die Kreuze untereinander nicht unterscheidbar sind. Bei n Büchern, von denen k ausgewählt werden, brauchen wir $n-1$ Striche und k Kreuze. Aus der Formel für Permutationen mit Wiederholungen (siehe S. 1419) erhalten wir dann folgenden Zusammenhang:

Auswahlen mit Wiederholungen

Die Anzahl der Auswahlen mit Wiederholungen von k aus n unterscheidbaren Objekten ist

$$\frac{(n+k-1)!}{k!(n-1)!} = \binom{n-1+k}{k}.$$

Auswahlen mit Berücksichtigung der Reihenfolge heißen Variationen

Berücksichtigen wir bei der Auswahl von k aus n unterschiedlichen Objekten die Reihenfolge der Auswahl, sprechen wir von Variationen. Zu jeder der $\binom{n}{k}$ verschiedenen Auswahlmöglichkeiten treten noch $k!$ unterschiedliche Permutationen hinzu. Die Gesamtanzahl ist dann:

$$\binom{n}{k} k! = n \cdot (n-1) \cdot \ldots \cdot (n-k+1).$$

Als nächste Erweiterung lassen wir auch Wiederholungen zu. Nehmen wir zum Beispiel die Ziffern von 0 bis 10 und schauen, wie viele 2-stellige Zahlen sich daraus bilden lassen: Für die erste Stellen stehen uns alle 10 Ziffern zur Verfügung und für die zweite Stelle wiederum alle 10. Insgesamt haben wir demnach 10^2 verschiedenen Zahlen, sprich Möglichkeiten. In Verallgemeinerung dieser Überlegung erhalten wir Folgendes:

Variationen mit Wiederholungen

Sind k Stellen zu besetzen und stehen uns für jede Stelle jeweils dieselben n Objekte zur Verfügung, gibt es n^k verschiedene Möglichkeiten der Besetzung.

Anders gesagt: Die Anzahl der Auswahlen mit Wiederholungen und Berücksichtigung der Reihenfolge von k Objekten aus n Objekten ist n^k.

Zusammenfassung

In diesem Kapitel wird der Begriff der Wahrscheinlichkeit eingeführt.

Ereignisse lassen sich als Teilmengen einer Obermenge beschreiben

In Analogie zu Flächenberechnungen werden Ereignisse als Elemente einer σ-Ereignisalgebra eingeführt. Damit können alle elementaren Operationen der Mengenlehre abzählbar unendlich oft auf Ereignisse angewandt werden und liefern im Endergebnis wieder Ereignisse. So wie man Flächen einen Inhalt zuordnet, werden Ereignissen Wahrscheinlichkeiten zugeordnet.

Die drei Axiome von Kolmogorov bilden das Fundament der Wahrscheinlichkeitstheorie

Die Axiome von Kolmogorov legen die Regeln fest, denen eine „Wahrscheinlichkeit" zu gehorchen hat. Dabei bleibt der Begriff „Wahrscheinlichkeit" selbst inhaltlich offen.

Die drei Axiome von Kolmogorov

Ist Ω eine Obermenge und S eine σ-Algebra von Teilmengen von Ω. Eine Abbildung P von S nach $\mathbb{R}$ heißt Wahrscheinlichkeit oder Wahrscheinlichkeitsmaß, wenn P die folgenden drei Eigenschaften besitzt:

1. Axiom: Für alle $A \in S$ ist $0 \leq \mathrm{P}(A) \leq 1$.

2. Axiom: $\mathrm{P}(\Omega) = 1$.

3. Axiom: Für jede abzählbare Folge von disjunkten Mengen $A_i \in S$ gilt

$$\mathrm{P}\left(\bigcup_{i=1}^{\infty} A_i\right) = \sum_{i=1}^{\infty} \mathrm{P}(A_i).$$

Ein vollständiges Ereignisfeld ist eine abzählbare Familie von disjunkten Ereignissen, von denen eines mit Sicherheit eintreten muss

Einen intuitiven Zugang zum Verständnis von Wahrscheinlichkeit bieten Laplace-Experimente, bei denen nur endlich viele gleichwahrscheinliche, sich paarweise ausschließende Ereignisse betrachtet werden, von denen aber genau eines eintreten muss. Umgangssprachliche Begriffe wie der „faire Würfel", das „gut gemischte" Kartenspiel, das „ideale" Roulette lassen sich so im Rahmen der Kolmogorov-Axiomatik einbetten und neu definieren.

Die Laplace-Regel

Im Laplace-Experiment über einem vollständigen Ereignisfeld aus n Ereignissen ist die Wahrscheinlichkeit eines Ereignisses B

$$\mathrm{P}(B) = \frac{\text{Anzahl der für } B \text{ günstigen Ereignisse}}{n}.$$

Bedingtheit und Unabhängigkeit

Die Wahrscheinlichkeitstheorie unterscheidet sich von der mathematischen Maßtheorie durch zwei zentrale Begriffe, nämlich Bedingtheit und Unabhängigkeit.

Definition der bedingten Wahrscheinlichkeit

Sind A und B zwei zufällige Ereignisse und ist $\mathrm{P}(B) \neq 0$, so wird die **bedingte Wahrscheinlichkeit** von A unter der Bedingung B definiert als

$$\mathrm{P}(A \mid B) = \frac{\mathrm{P}(A \cap B)}{\mathrm{P}(B)}.$$

Dabei lässt sich die bedingte Wahrscheinlichkeit $\mathrm{P}(A \mid B)$ objektivistisch interpretieren als relative Häufigkeit der Ereignisse A in der Gesamtheit der Ereignisse, in denen B eingetreten ist.

Subjektiv kann ich $P(A \mid B)$ interpretieren als meine Einschätzung, dass A eintritt, wenn ich weiß, dass B eingetreten ist.

Der Satz der totalen Wahrscheinlichkeit erlaubt es, aus der Gesamtheit der bedingten Wahrscheinlichkeiten die unbedingte Wahrscheinlichkeit zu bestimmen.

Der Satz von der totalen Wahrscheinlichkeit

Es sei $\{A_i \mid i \in I \subseteq \mathbb{N}\}$ ein vollständiges Ereignisfeld, das heißt, die A_i sind disjunkt mit $\bigcup_{i \in I} A_i = \Omega$.

B sei ein beliebiges Ereignis mit den bedingten Wahrscheinlichkeiten $P(B \mid A_i)$. Dann ist die Wahrscheinlichkeit von B gegeben durch

$$P(B) = \sum_{i \in I} P(A_i) P(B \mid A_i).$$

Aus diesem Satz und der Definition der bedingten Wahrscheinlichkeit wird der Satz von Bayes abgeleitet. Er beschreibt, wie wir aus Beobachtungen lernen können.

Der Satz von Bayes

Ist $\{A_i \mid i \in I \subseteq \mathbb{N}\}$ ein vollständiges Ereignisfeld, B ein weiteres zufälliges Ereignis mit $P(B) \neq 0$, so ist

$$P(A_j \mid B) = \frac{P(B \mid A_j)}{\sum_{i \in I} P(B \mid A_i) P(A_i)} P(A_j).$$

Er ist das wichtigste Werkzeug der Schule der subjektiven Wahrscheinlichkeitslehre. Beide Sätze sind grundlegend für die Schule der subjektiven, bzw. Bayesianischen Wahrscheinlichkeitstheorie und wesentliche Werkzeuge zur Beschreibung, Analyse und Inferenz in komplexen Strukturen, mit denen sich die Künstliche Intelligenz beschäftigt.

Definition der Unabhängigkeit

Zwei Ereignisse A und B heißen stochastisch unabhängig, wenn gilt

$$P(A \cap B) = P(A) P(B).$$

Unabhängigkeit ist eine Aussage über die Irrelevanz einer Information. A und B sind – bezogen auf das Wahrscheinlichkeitsmaß P – unabhängig, wenn die Information über das Eintreten des einen Ereignisses die Wahrscheinlichkeit des Eintreten des anderen Ereignisses nicht ändert.

Aufgaben

Die Aufgaben gliedern sich in drei Kategorien: Anhand der *Verständnisfragen* können Sie prüfen, ob Sie die Begriffe und zentralen Aussagen verstanden haben, mit den *Rechenaufgaben* üben Sie Ihre technischen Fertigkeiten und die *Anwendungsprobleme* geben Ihnen Gelegenheit, das Gelernte an praktischen Fragestellungen auszuprobieren.
Ein Punktesystem unterscheidet leichte •, mittelschwere •• und anspruchsvolle ••• Aufgaben. Lösungshinweise am Ende des Buches helfen Ihnen, falls Sie bei einer Aufgabe partout nicht weiterkommen. Dort finden Sie auch die Lösungen – betrügen Sie sich aber nicht selbst und schlagen Sie erst nach, wenn Sie selber zu einer Lösung gekommen sind. Ausführliche Lösungswege, Beweise und Abbildungen finden Sie als digitales Zusatzmaterial (electronic supplementary material).
Viel Spaß und Erfolg bei den Aufgaben!

Verständnisfragen

37.1 • Zeigen Sie:

$$\bigcup_{i=1}^{\infty} A_i = \{\text{alle } x\text{, die in mindestens einem } A_i \text{ liegen}\}$$

$$\bigcap_{i=1}^{\infty} A_i = \{\text{alle } x\text{, die in allen } A_i \text{ liegen}\}$$

$$\bigcap_{i=1}^{\infty}\bigcup_{k=i}^{\infty} A_i = \{\text{alle } x\text{, die in unendlich vielen } A_i \text{ liegen}\}$$

$$\bigcup_{i=1}^{\infty}\bigcap_{k=i}^{\infty} A_i = \{\text{alle } x\text{, die in fast allen } A_i \text{ liegen}\}$$

37.2 • Eine Münze wird zweimal hintereinander geworfen. Dabei kann jeweils Kopf oder Zahl geworfen werden.

(a) Aus wie viel Elementen besteht die von allen möglichen Elementarereignissen erzeugte σ-Ereignisalgebra S_0?
(b) Aus welchen Ereignissen besteht die von den Ereignissen $A =$ „Der erste Wurf ist Kopf" und $B =$ „Es wurde mindestens einmal Kopf geworfen" erzeugte σ-Ereignisalgebra S_1? Enthält S_1 auch: $C =$ „Der zweite Wurf ist Kopf"?

37.3 • Sind bei einem idealen Kartenspiel mit jeweils 8 Karten in den vier Farben: „Herz", „Karo", „Pik" und „Kreuz" (insgesamt 32 Karten) die Ereignisse: „Herz" und „10" voneinander stochastisch unabhängig?

37.4 •• Zeige: Sind A und B unabhängig, dann sind auch A und B^C unabhängig, ebenso B und A^C, A^C und B^C

37.5 ••• Scheich Abdul hat einen zauberhaften Ring, der die Gabe besitzt, in der Schlacht unverwundbar zu machen. Er hat aber auch drei Söhne, Mechmed, Hassan und Suleiman, die er alle drei gleich liebt. Da er nicht einen vor dem anderen vorziehen will, überlässt er Allah die Entscheidung, wer von den dreien den Schutzring erben soll. Er lässt vom besten Goldschmied des Landes zwei Kopien des Rings herstellen, sodass am Ende alle drei Ringe äußerlich nicht zu unterscheiden sind. Nun verlost er die drei Ringe an seine drei Söhne, die auch sofort die Ringe aufsetzen und nie wieder abnehmen.

Nach seinem Tod überfällt der böse Feind mit seinen Truppen das Land und alle Brüder wollen in den Krieg ziehen. Leider hat Hassan Schnupfen, liegt im Bett und kann nicht mitkommen. Die Schlacht wird auch ohne ihn gewonnen. Leider aber ist Suleiman in der Schlacht gefallen. Mechmed besucht Hassan im Krankenzimmer und erzählt. Da äußert Hassan eine Bitte: Er will seinen Ring mit dem von Mechmed tauschen. Nach langem Zögern und Verhandeln willigt Mechmed ein, aber nur unter einer Bedingung: Er möchte Hassans Lieblingssklavin Suleika dazu haben. Hassan willigt ein, die Ringe werden getauscht. Da fragt Hassan: Sag mal, warum wolltest Du ausgerechnet Suleika haben? Da gesteht Mechmed: Weißt Du, ich war gar nicht in der Schlacht, ich war die ganze Zeit bei Suleika.

Frage: Wie bewerten Sie den Tausch vor und nach dem Geständnis?

37.6 ••• Vater Martin, Mutter Silke, die Kinder Anja und Dirk sowie Opa Arnold gehen gemeinsam zum Picknick im Wald spazieren. Auf dem Nachhauseweg bemerken die Kinder plötzlich, dass der Opa nicht mehr da ist. Es gibt genau drei Möglichkeiten

(H): Opa ist schon zuhause und sitzt gemütlich in seinem Sessel.
(M): Opa ist noch auf dem Picknick-Platz und flirtet mit jungen Mädchen.
(W): Opa ist in den nahegelegenen Wald gegangen und sucht Pilze.

Aufgrund der Gewohnheiten des Opas kennt man die Wahrscheinlichkeiten für das Eintreten der Ereignisse H, M und W:

$$P(H) = 15\,\%; \quad P(M) = 80\,\%; \quad P(W) = 5\,\%$$

Anja wird zurück zum Picknick-Platz und Dirk zum Waldrand geschickt, um den Opa zu suchen. Wenn Opa auf dem Picknick–Platz ist, findet ihn Anja mit 90 %-iger Wahrscheinlichkeit, läuft er aber im Wald herum, wird ihn Dirk mit einer Wahrscheinlichkeit von nur 50 % finden.

1. Wie groß ist die Wahrscheinlichkeit, dass Anja den Opa findet?
2. Wie groß ist die Wahrscheinlichkeit, dass eines der Kinder den Opa finden wird?
3. Wie groß ist die Wahrscheinlichkeit dafür, den Opa bei Rückkehr zuhause in seinem Sessel sitzend anzutreffen, falls die Kinder ihn nicht finden sollten?

37.7 ••• Es seien α, β und γ drei Krankheitssymptome, die gemeinsam auftreten können. Dabei bedeute α^C, dass das Symptom α nicht aufgetreten ist; Analoges gilt für β^C und γ^C. Die Wahrscheinlichkeiten der einzelnen Kombinationen seien:

$$\begin{aligned} P(\alpha\beta\gamma) &= \frac{1}{8} & P(\alpha\beta\gamma^C) &= 0 \\ P(\alpha\beta^C\gamma) &= \frac{1}{8} & P(\alpha\beta^C\gamma^C) &= \frac{1}{4} \\ P(\alpha^C\beta\gamma) &= \frac{1}{8} & P(\alpha^C\beta\gamma^C) &= \frac{1}{4} \\ P(\alpha^C\beta^C\gamma) &= \frac{1}{8} & P(\alpha^C\beta^C\gamma^C) &= 0 \end{aligned}$$

Dabei haben wir abkürzend $\alpha\beta\gamma$ für $\alpha \cap \beta \cap \gamma$ geschrieben. Analog in den übrigen Formeln.

Zeigen Sie:

(a) $P(\alpha\beta\gamma) = P(\alpha)P(\beta)P(\gamma)$.
(b) $P(\alpha\beta) \neq P(\alpha)P(\beta)$.

37.8 ••• Es seien die n Ereignisse A_i, $i = 1, \ldots, n$ disjunkt und $V = \bigcup_{i=1}^{n} A_i$. Weiter sei jedes A_i unabhängig vom Ereignis B.

(a) Zeigen Sie, dass dann auch V und B unabhängig sind.
(b) Zeigen Sie an einem Beispiel, dass dies nicht mehr gilt, wenn die A_i nicht disjunkt sind.

Rechenaufgaben

37.9 •

1. An der Frankfurter Börse wurde eine Gruppe von 70 Wertpapierbesitzern befragt. Es stellte sich heraus, dass 50 von ihnen Aktien und 40 Pfandbriefe besitzen. Wie viele der Befragten besitzen sowohl Aktien als auch Pfandbriefe?
2. Aus einer zweiten Umfrage unter allen Rechtsanwälten in Frankfurt wurde bekannt, dass 60 % der Anwälte ein Haus und 80 % ein Auto besitzen. 20 % der Anwälte sind Mitglied einer Partei.
   Von allen Befragten sind 40 % Auto- und Hausbesitzer, 10 % Autobesitzer und Mitglied einer Partei und 15 % Hausbesitzer und Mitglied einer Partei. Wie viel Prozent besitzen sowohl eine Auto als auch ein Haus und sind Mitglied einer Partei?

37.10 • Wie viele k-stellige Zahlen lassen sich aus den Ziffern von 1 bis 9 bilden?

37.11 •• Wie viele verschiedene Arbeitsgruppen mit jeweils 4 Personen kann man aus einer Belegschaft von 9 Personen bilden?

37.12 •• An einem Wettkampf beteiligen sich 8 Sportler. Sie wollen die drei Medaillengewinner voraussagen.

(a) Wie viele Tipps müssen Sie abgeben, damit Sie mit Sicherheit die drei Gewinner dabei haben?
(b) Wie viele Tipps brauchen Sie, wenn auch noch die Rangfolge – Golf, Silber, Bronze – stimmen soll?

37.13 • Wie viele verschiedene – nicht notwendig sinnvolle – Worte kann man aus allen Buchstaben der folgenden Worte bilden?

(a) dort,
(b) gelesen,
(c) Ruderregatta.

37.14 ••• Wie viele Arten gibt es, 8 Türme auf ein sonst leeres Schachbrett zu stellen, sodass sie sich nicht schlagen können?

37.15 • Ein Autokennzeichen bestehe aus ein bis drei Buchstaben gefolgt von 4 Ziffern. Wie viel verschiedene Kennzeichen können so erzeugt werden?

37.16 •• In einem Büro mit 3 Angestellten sind 4 Telefonate zu erledigen. Wie viele Möglichkeiten gibt es, diese 4 Aufgaben auf die drei Personen zu verteilen?

37.17 •• Zu einer Feier wollen Ihre Gäste Weißwein trinken. Sie haben von drei Sorten jeweils 12 Flaschen im Keller und wollen einige Flaschen im Kühlschrank kalt stellen. Der Kühlschrank fasst aber nur 6 Flaschen. Wie groß ist die Anzahl der Möglichkeiten 6 Flaschen auszuwählen und im Kühlschrank zu verstauen?

37.18 ••

(a) Auf wie viel verschiedene Arten lassen sich m verschiedene Kugeln auf n verschiedene Schubladen aufteilen?
(b) Auf wie viel verschiedene Arten lassen sich m gleiche Kugeln auf n verschiedene Schubladen aufteilen?

37.19 ••• Wir betrachten vier Spielkarten $B \mathrel{\hat{=}}$ *Bube*, $D \mathrel{\hat{=}}$ *Dame*, $K \mathrel{\hat{=}}$ *König* und den *Joker* $\mathrel{\hat{=}} J$. Jede dieser vier Karten werde mit gleicher Wahrscheinlichkeit $\frac{1}{4}$ gezogen. Der Joker kann als *Bube*, *Dame* oder *König* gewertet werden. Wir ziehen eine Karte und definieren die drei Ereignisse:

$$\begin{aligned} b &= \{B \cup J\} & &\Rightarrow & P(b) &= \frac{1}{2} \\ d &= \{D \cup J\} & &\Rightarrow & P(d) &= \frac{1}{2} \\ k &= \{K \cup J\} & &\Rightarrow & P(k) &= \frac{1}{2} \end{aligned}$$

Zeigen Sie: Die Ereignisse b, d, k sind paarweise, aber nicht total unabhängig.

37.20 ••• Gegeben sei eine Münze, die mit Wahrscheinlichkeit α Kopf und mit Wahrscheinlichkeit $1-\alpha$ Zahl wirft: $P(K)=\alpha$ und $P(Z)=1-\alpha$. Die Münze wird dreimal total unabhängig voneinander geworfen. Wir betrachten die beiden Ereignisse A = „Es fällt höchstens einmal Zahl" und B = „Es fällt jedesmal dasselbe Ereignis". Für welche Werte von α sind A und B unabhängig?

37.21 ••• Bei einem Münz-Wurf-Spiel wird eine Münze hintereinander mehrmals geworfen, die mit Wahrscheinlichkeit γ „Kopf" wirft. Dabei seien die Würfe total unabhängig voneinander. Wird „Kopf" geworfen, erhalten Sie einen Euro, wird „Zahl" geworfen, zahlen Sie einen Euro. Sie starten mit 0 €. Das Spiel bricht ab, wenn Ihr Spielkonto entweder ein Guthaben von 2 € oder Schulden von 2 € aufweist. Wie groß ist die Wahrscheinlichkeit α, dass Sie mit einem Guthaben von 2 € das Spiel beenden?

37.22 •• Bei einer Klausur sind bei jeder Frage m Antwortmöglichkeiten angegeben. Mit Wahrscheinlichkeit α weiß jeder Prüfling die richtige Antwort. Nehmen Sie an, dass ein Prüfling, der die korrekte Antwort nicht weiß, würfelt und eine der m Antworten mit gleicher Wahrscheinlichkeit ankreuzt. Weiß er dagegen die Antwort, so kreuzt er mit Sicherheit die richtige Antwort an. Angenommen, eine Frage sei richtig beantwortet. Wie groß ist die Wahrscheinlichkeit γ, dass der Prüfling die Antwort wusste?

37.23 ••• n Ehepaare feiern gemeinsam Silvester. Um 24:00 Uhr wird getanzt. Dazu werden alle Tanzpaare ausgelost.

(a) Wie groß ist die Wahrscheinlichkeit, dass niemand dabei mit seinem eigenen Ehepartner tanzt?
(b) Gegen welche Zahl konvergiert diese Wahrscheinlichkeit, falls $n \to \infty$ geht?

Anwendungsprobleme

37.24 •• Der zerstreute Professor verliert mitunter seine Schlüssel. Nun kommt er einmal abends nach Hause und sucht wieder einmal den Schlüssel. Er weiß, dass er mit gleicher Wahrscheinlichkeit in jeder seiner 10 Taschen stecken kann. Neun Taschen hat er bereits erfolglos durchsucht. Er fragt sich, wie groß die Wahrscheinlichkeit ist, dass der Schlüssel in der letzten Tasche steckt, wenn er weiß, dass er auf dem Heimweg mit 5 % Wahrscheinlichkeit seine Schlüssel verliert.

37.25 ••• Die Fußballmannschaften der Länder A, B, C, D stehen im Halbfinale. Hier wird A gegen B und C gegen D kämpfen. Die Sieger der Spiele (A gegen B) und (C gegen D) kämpfen im Finale um den Sieg. Nehmen wir weiter an, dass im Spiel der Sieg unabhängig davon ist, wie die Mannschaften früher gespielt haben und wie die anderen spielen. Aus langjähriger Erfahrung kennt man die Wahrscheinlichkeit, mit der eine Mannschaft gegen eine andere gewinnt. Diese Wahrscheinlichkeiten mit der Zeilenmannschaft gegen Spaltenmannschaft siegt, sind in der folgenden Tabelle wiedergegeben:

	A	B	C	D
A	–	0.7	0.2	0.4
B		–	0.8	0.6
C			–	0.1

Zum Beispiel gewinnt A gegen B, mit Wahrscheinlichkeit 0.7, im Symbol $P(A \succ B) = 0.7$

(a) Mit welcher Wahrscheinlichkeit siegt D im Finale?
(b) Mit welcher Wahrscheinlichkeit spielt D im Finale gegen A?

37.26 ••• Ein Labor hat einen Alkoholtest entworfen. Aus den bisherigen Erfahrungen weiß man, dass 60 % der von der Polizei kontrollierten Personen tatsächlich betrunken sind. Bezüglich der Funktionsweise des Tests wurde ermittelt, dass in 95 % der Fälle der Test positiv reagiert, wenn die Person tatsächlich betrunken ist, in 97 % der Fälle der Test negativ reagiert, wenn die Person nicht betrunken ist.

1. Wie wahrscheinlich ist es, dass eine Person ein negatives Testergebnis hat und trotzdem betrunken ist?
2. Wie wahrscheinlich ist es, dass ein Test positiv ausfällt?
3. Wie groß ist die Wahrscheinlichkeit, dass eine Person betrunken ist, wenn der Test positiv reagiert?

Verwenden Sie die Symbole A für „Person ist betrunken" und T für „der Test ist positiv".

37.27 ••• Im Nachlass des in der Forschung tätigen Arztes S. Impson wurde ein Karteikasten mit den Daten über den Zusammenhang zwischen einem im Blut nachweisbaren Antikörper und dem Auftreten einer Krankheit gefunden. Auf den Karteikarten sind die folgenden Merkmale notiert:

Geschlecht:	M = Mann	F = Frau
Antikörper:	A = vorhanden	A^C = nicht vorhanden
Krankheit:	K = krank	G = gesund

Die Auswertung der Karten erbrachte die in der folgenden Tabelle notierte Häufigkeitsverteilung:

	Antikörper					
	Männer			Frauen		
	A	A^C	Summe	A	A^C	Summe
krank K	1	20	21	36	9	45
gesund G	4	20	24	9	1	10
Summe	5	40	45	45	10	55

1. Interpretieren Sie relative Häufigkeiten als (*bedingte*) Wahrscheinlichkeiten. Wie groß sind dann $P(G \mid AM)$; $P(G \mid A^C M)$; $P(G \mid AF)$; $P(G \mid A^C F)$? Spricht aufgrund dieser Tabelle das Vorliegen des Antikörpers eher für oder eher gegen die Krankheit.
2. Ignorieren Sie jeweils ein Merkmal und stellen Sie die zweidimensionale Häufigkeitstabelle für die beiden anderen Merkmale zusammen. Deuten Sie mithilfe der bedingten Wahrscheinlichkeiten deren Zusammenhang.

3. Die sichere Diagnose, ob die Krankheit wirklich bei einem Patienten vorliegt, sei sehr zeitaufwendig (14 Tage). Die Feststellung, ob der Antikörper im Blut vorhanden ist, gehe sehr schnell (10 Minuten). Sie sind Leiter einer Unfallklinik. Bei Unfallpatienten, die in die Erste-Hilfe-Station eingeliefert werden, hängt die richtige Behandlung davon ab, ob die Krankheit K. vorliegt oder nicht. (Es können sonst gefährliche Allergie-Reaktionen auftreten.) Wie würden Sie als behandelnder Arzt entscheiden, wenn die Antikörperwerte des Patienten vorliegen?
4. In Ihrer Klinik wird eine Person Toni P. eingeliefert, die zu den Patienten von Dr. S. Impson gehörte. Bei P. liegen Antikörper vor. Aus dem Krankenblatt geht nicht hervor, ob Toni P. männlich oder weiblich ist. Wie würden Sie entscheiden (Krankheit K ja oder nein)?
5. Sie erfahren, dass Toni P. ein Mann ist. Ändert dies Ihre Entscheidung?
6. Aus einer anderen Untersuchung weiß man, dass in der Gesamtbevölkerung 15 % der Männer und 70 % der Frauen den Antikörper in sich tragen. Weiter seien 52 % der Bevölkerung männlich. Wie groß schätzen Sie den Anteil der Kranken in der Bevölkerung?
7. Welche Daten können Sie dazu aus den Unterlagen von Dr. Impson verwenden, wenn Sie wissen, dass er seine Auswertung auf eine Zufallsstichprobe stützte, bei der 50 Personen mit und 50 Personen ohne Antikörper ausgewählt wurden.

Antworten zu den Selbstfragen

Antwort 1 Aus (37.4) mit $\mathrm{P}(A \cup B) \leq 1$ folgt $\mathrm{P}(A \cap B) \geq \mathrm{P}(A) + \mathrm{P}(B) - 1$. In unserem Fall also $\mathrm{P}(A \cap B) \geq 0.3$.

Antwort 2 Es ist ebenfalls $\mathrm{P}(\{[a, b]\}) = b - a$. Denn

$$[a, b] = \bigcap_{i=1}^{\infty} \left(a - \frac{1}{n}, b + \frac{1}{n} \right).$$

Daher ist

$$\begin{aligned} \mathrm{P}(\{[a, b]\}) &= \lim_{n\to\infty} \left(b + \frac{1}{n} - \left(a - \frac{1}{n} \right) \right) \\ &= \lim_{n\to\infty} \left(b - a + \frac{2}{n} \right) = b - a. \end{aligned}$$

Antwort 3 Nein, haben wir nicht. Die Formel gilt nur unter der Prämisse, dass die Ziehung der 6 Zahlen ein Laplaceexperiment ist. Dies ist eine nicht beweisbare, wenn auch recht plausible Modellannahme. Wenn jemand dieses Modell verwirft, weil 13 seine Glückszahl ist, oder er an eine Glücksfee glaubt, ist die oben berechnete Wahrscheinlichkeit für ihn irrelevant.

Antwort 4 A hat unrecht. Für ihn zählt nur die bedingte Wahrscheinlichkeit, dass ein zweiter Mensch mit einer Bombe an Bord sitzt. Diese ist aber bei $1/1000$ geblieben. Für den Pilot, der von all dem nichts weiß, ist die Wahrscheinlichkeit für zwei Bomben an Bord gleich $1/10^6$.

38 Zufällige Variable – der Zufall betritt den $\mathbb{R}^1$

Was sind Daten?

Was ist eine Wahrscheinlichkeitsverteilung?

Kann man den Erwartungswert erwarten?

Was sagt das Gesetz der großen Zahlen?

Ergänzende Information Die elektronische Version dieses Kapitels enthält Zusatzmaterial, auf das über folgenden Link zugegriffen werden kann https://doi.org/10.1007/978-3-662-64389-1_38.

T. Arens et al., *Mathematik*, https://doi.org/10.1007/978-3-662-64389-1_38

In den kombinatorischen Beispielen konnten wir Wahrscheinlichkeit explizit ausrechnen. Aber das Modell des Wahrscheinlichkeitsraums $(\Omega; S; P)$ ist noch sehr abstrakt geblieben. Wie können wir von hier aus die Brücke zu praktischen Problemen schlagen und vor allem, wie können wir Wahrscheinlichkeiten für ganz reale, nicht triviale Probleme berechnen?

Dazu werden wir den abstrakten Raum Ω in den uns vertrauten $\mathbb{R}^1$ abbilden, und zwar so, dass wir auch dort Ereignisse und Wahrscheinlichkeiten definieren können, die aber die Struktur aus $(\Omega; S; P)$ im Wesentlichen bewahren. Wir hatten in Kap. 36 Merkmale definiert als Abbildung der Objekte in einen Merkmalsraum, nun definieren wir Zufallsvariable als Abbildung der Ereignisse in die reellen Zahlen. Einfachstes Beispiel für Zufallsvariable sind absolute und relative Häufigkeiten, Längen, Gewichte und ähnliches. Mithilfe von Zufallsvariablen können wir Wahrscheinlichkeiten für alle Borel-Mengen definieren und so den $\mathbb{R}^1$ zu einem Wahrscheinlichkeitsraum erweitern. Durch diesen Kunstgriff steht uns das ganze Werkzeug der reellen Analysis zur Verfügung. Damit gelingt es, den wichtigsten Satz der Wahrscheinlichkeitstheorie zu beweisen, das Gesetz der großen Zahlen. Mit diesem Gesetz können wir endlich anschaulich erklären, was Wahrscheinlichkeit inhaltlich bedeutet. Nun fängt die Wahrscheinlichkeitstheorie erst richtig an.

Analog zur Behandlung von Merkmalen in der deskriptiven Statistik werden wir Häufigkeitsverteilungen, Mittelwerte und Streuungsparameter einführen und lernen, wie man mit Zufallsvariablen rechnet. Dabei werden nur die Namen, nicht aber die wesentlichen Eigenschaften neu für uns sein.

38.1 Der Begriff der Zufallsvariablen

In einer Studentengruppe spielt der Dozent mit Studenten folgendes Spiel: Jeder Student zahlt dem Dozenten 20 Cent Einsatz und wirft dann 3 Münzen. Bei den Münzen wird „Kopf $\mathrel{\hat{=}} K$" oder „Zahl $\mathrel{\hat{=}} Z$" registriert. Je nach der Zahl der geworfenen „Köpfe" zahlt der Dozent anschließend die folgenden Beträge an den Studenten aus.

Anzahl der Köpfe	Auszahlung in Cent
0	0
1	0
2	20
3	100

Wie wahrscheinlich sind die einzelnen Auszahlungen? Was muss der Dozent im Schnitt zahlen? Ist das Spiel fair? Zur Klärung führen wir die folgenden Namen ein:

X_i Anzahl der vom i-ten Studenten bei drei Versuchen geworfenen „Köpfe".
Y_i Auszahlung an den i-ten Studenten.

Wir betrachten den ersten Studenten. Der Student wirft 2 „Köpfe". Also ist $X_1 = 2$. Was heißt das? Wie unterscheiden sich „X_1" von „$X_1 = 2$"?

X_1 ist eine symbolische Kurzbeschreibung des Münzspiels mit seinen potenziellen zufälligen Ergebnissen. Wir nennen X_1 eine **zufällige Variable** und 2 die Realisation von X_1. Die Aussage „$X_1 = 2$" ist eine Abkürzung für „Die Realisation 2 von X_1 ist eingetreten oder wird eintreten."

Dabei werden wir die Worte **zufällige Variable** und **Zufallsvariable** synonym verwenden.

Bei dem Münzspiel hätte das Ergebnis aber genauso gut $X_1 = 0$, $X_1 = 1$ oder $X_1 = 3$ sein können. Genauso gut – oder genauso wahrscheinlich? Berechnen wir die Wahrscheinlichkeiten, mit der $X_1 = 2$ eintritt: Dazu bezeichnen wir mit

$$\Omega = \{ZZZ, KZZ, ZKZ, ZZK, KKZ, KZK, ZKK, KKK\}$$

die Grundgesamtheit der 8 möglichen, voneinander verschiedenen Ergebnissequenzen, die beim Wurf der drei Münzen auftreten können. Weiter wollen wir annehmen, dass die Münzen fair sind, $\mathrm{P}(Z) = \mathrm{P}(K) = \frac{1}{2}$ und alle Ereignisse total unabhängig voneinander sind. Daher ist z. B. $\mathrm{P}(ZKZ) = \mathrm{P}(Z)\mathrm{P}(K)\mathrm{P}(Z) = (\frac{1}{2})^3 = \frac{1}{8}$. Analog zeigt man, dass die Wahrscheinlichkeit für jede der 7 anderen Sequenzen ebenfalls gerade $\frac{1}{8}$ ist. Damit wird Ω zu einem endlichen Wahrscheinlichkeitsraum mit einem vollständigen, gleichwahrscheinlichen Ereignissystem. Durch die Zuordnung $X_1(ZZZ) = 0$, $X_1(KZZ) = 1, \ldots, X_1(ZKK) = 2, \ldots, X_1(KKK) = 3$ ist X_1 eine Abbildung von Ω nach $\mathbb{R}$,

$$X_1 : \Omega \to \mathbb{R}.$$

Die Abbildung ist nicht bijektiv: Zum Beispiel ist $X_1 = 2$ genau dann, wenn eine der drei Sequenzen KKZ, KZK oder ZKK eintritt. Daher ist das vollständige Urbild der 2

$$(X_1)^{-1}(2) = \{KKZ,\ KZK,\ ZKK\}.$$

Damit können wir der 2 eine von X_1 abhängende Wahrscheinlichkeit zuordnen, nämlich die seines Urbildes:

$$P_{X_1}(2) = \mathrm{P}\big((X_1)^{-1}(2)\big) = \mathrm{P}(\{KKZ,\ KZK,\ ZKK\}).$$

Hierfür schreiben wir vereinfacht

$$\mathrm{P}(X_1 = 2) = \mathrm{P}(\{KKZ,\ KZK,\ ZKK\}).$$

$\mathrm{P}(X_1 = 2)$ lässt sich einfach berechnen, denn die drei Sequenzen KKZ, KZK und ZKK schließen sich paarweise aus. Bei KKZ war der erste Wurf ein K, während bei ZKK der erste Wurf ein Z ist. Also ist:

$$\begin{aligned}\mathrm{P}(X_1 = 2) &= \mathrm{P}(KKZ) + \mathrm{P}(KZK) + \mathrm{P}(ZKK)\\ &= \frac{1}{8} + \frac{1}{8} + \frac{1}{8} = \frac{3}{8}.\end{aligned}$$

Wir können auch sagen: Der Zahl 2 wird durch X_1 die Wahrscheinlichkeit

$$P_{X_1}(2) = \mathrm{P}(X_1 = 2) = \frac{3}{8}$$

zugeordnet. Analog berechnen wir die Wahrscheinlichkeiten der anderen Realisationen. Die Gesamtheit der Realisationen von X_1 mit ihren Wahrscheinlichkeiten bildet die Wahrscheinlichkeitsverteilung von X_1. In Tab. 38.1 ist diese Verteilung tabellarisch angegeben.

Tab. 38.1 Ereignisse, Realisationen und Wahrscheinlichkeiten beim Münzwurf

Ereignisse	Realisationen von X_1	Wahrscheinlichkeit P_{X_1}
$\{ZZZ\}$	0	$P(X_1 = 0) = \frac{1}{8}$
$\{KZZ, ZKZ, ZZK\}$	1	$P(X_1 = 1) = \frac{3}{8}$
$\{KKZ, KZK, ZKK\}$	2	$P(X_1 = 2) = \frac{3}{8}$
$\{KKK\}$	3	$P(X_1 = 3) = \frac{1}{8}$

Die Abbildung $X : \Omega \to \mathbb{R}$ heißt Zufallsvariable X, wenn sie eine Verteilungsfunktion $F_X(x) = P(X \leq x)$ besitzt

Wir wollen den Begriff Zufallsvariable noch etwas genauer fassen, denn die Forderung, dass $X : \Omega \to \mathbb{R}$ eine Abbildung ist, reicht noch nicht aus. X soll ja auch die auf dem Wahrscheinlichkeitsraum (Ω, S, P) erklärte Wahrscheinlichkeit auf $(\mathbb{R}, \mathcal{B}, P_X)$ übertragen. Dabei haben wir als einfachste σ-Algebra auf $\mathbb{R}$ die Borel-Mengen genommen. P_X soll nun jedem Ereignis B, das heißt, jeder Borel-Menge B, eine Wahrscheinlichkeit $P_X(B)$ zuordnen. Die „Verursacher" für das Ereignis $B \in \mathcal{B}$ sind alle $\omega \in \Omega$ mit $X(\omega) \in B$, sie bilden die Menge $X^{-1}(B)$. Dem Ereignis $B \in \mathcal{B}$ ordnen wir nun die Wahrscheinlichkeit seiner „Verursacher" zu (siehe Abb. 38.1):

$$\underbrace{P_X(B)}_{\substack{\text{Wahrscheinlichkeit}\\ \text{für ein Ereignis in } \mathbb{R}}} = P(X \in B) = \underbrace{P(X^{-1}(B))}_{\substack{\text{Wahrscheinlichkeit}\\ \text{für ein Ereignis in } \Omega}}$$

Damit aber $X^{-1}(B)$ eine Wahrscheinlichkeit besitzt, muss $X^{-1}(B)$ ein Ereignis sein, das heißt Element der auf Ω erklärten σ-Algebra S. Wir präzisieren daher wie folgt.

Definition der Zufallsvariablen

Eine Zufallsvariable X ist eine Abbildung $X : \Omega \to \mathbb{R}$, bei der das vollständige Urbild $X^{-1}(B)$ jeder Borel-Menge $B \in \mathcal{B}$ ein Element der σ-Algebra S ist.

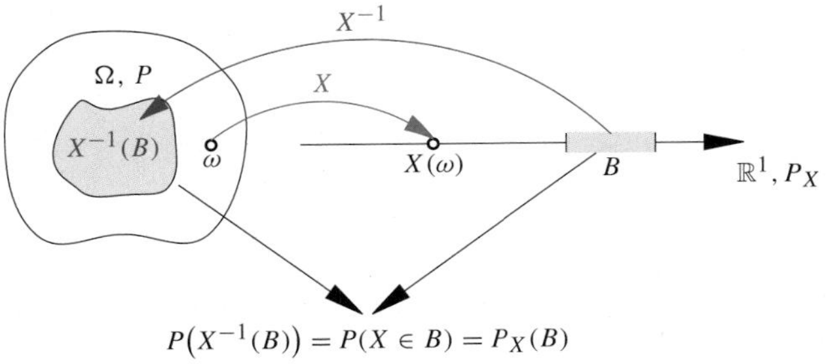

Abb. 38.1 Die Zufallsvariable X bildet Ω in $\mathbb{R}$ ab und überträgt die Wahrscheinlichkeiten der Ereignisse

Borel-Mengen im $\mathbb{R}^1$ werden von den Intervallen $(-\infty, x]$ erzeugt. Es genügt daher, die Existenz von $P(X^{-1}(B))$ nur für diese Intervalle $(-\infty, x]$ zu fordern. Dies führt uns zum Begriff der Verteilungsfunktion.

Definition der Verteilungsfunktion einer Zufallsvariablen

Für jedes $x \in \mathbb{R}$ ist die Verteilungsfunktion $F_X : \mathbb{R} \to [0, 1]$ der Zufallsvariablen X definiert durch:

$$F_X(x) = P(X \leq x)$$

Wir können daher zusammenfassend sagen: Die Abbildung $X : \Omega \to \mathbb{R}$ heißt genau dann eine Zufallsvariable, wenn X eine Verteilungsfunktion F_X besitzt.

Für Zufallsvariable verwenden wir meist Großbuchstaben vom Ende des Alphabets, für ihre Realisationen verwenden wir kleine Buchstaben. Wenn klar ist, welche Zufallsvariable X gemeint ist, oder wenn eine Aussage für alle Zufallsvariablen gilt, lassen wir den Index X bei F_X weg und schreiben nur F.

Die zufällige Variable X_1, die wir oben eingeführt haben, hat eine besonders einfache Gestalt, denn sie nimmt nur die vier Werte 0, 1, 2 und 3 an. X_1 ist eine **diskrete** zufällige Variable.

Definition der Wahrscheinlichkeitsverteilung einer diskreten zufälligen Variablen

Eine diskrete zufällige Variable X besitzt endlich oder abzählbar unendlich viele Realisationen x_i, die mit Wahrscheinlichkeit $p_i = P(X = x_i) > 0$ angenommen werden. Für diese x_i gilt

$$\sum_{i=1}^{\infty} P(X = x_i) = 1.$$

Die Angabe aller p_i, $i = 1, \ldots, \infty$ heißt die **Wahrscheinlichkeitsverteilung** von X.

Achtung Die Wahrscheinlichkeitsverteilung oder kurz die **Verteilung** von X gibt die Werte $P(X = x_i)$ an. Die Verteilungsfunktion $F_X(x)$ gibt die Werte $P(X \leq x)$ an. ◄

In der folgenden Tabelle werden Verteilung und Verteilungsfunktion von X_1, der Zufallsvariablen aus unserem Beispiel mit dem Wurf der drei Münzen numerisch angegeben.

x	$P(X_1 = x)$	$F_X(x) = P(X_1 \leq x)$
0	1/8	1/8
1	3/8	4/8
2	3/8	7/8
3	1/8	8/8

Teil VI

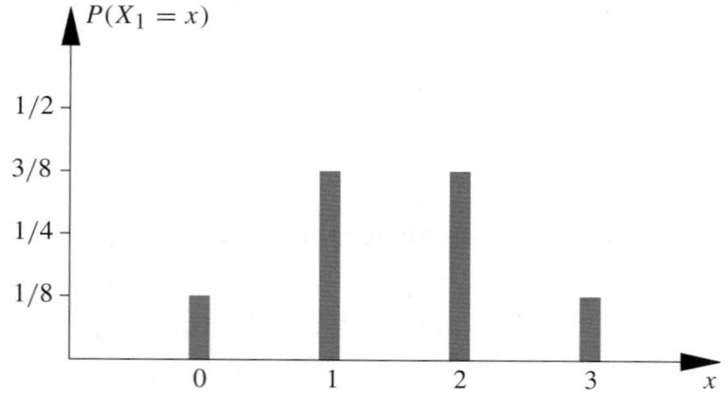

Abb. 38.2 Die Verteilung von X_1

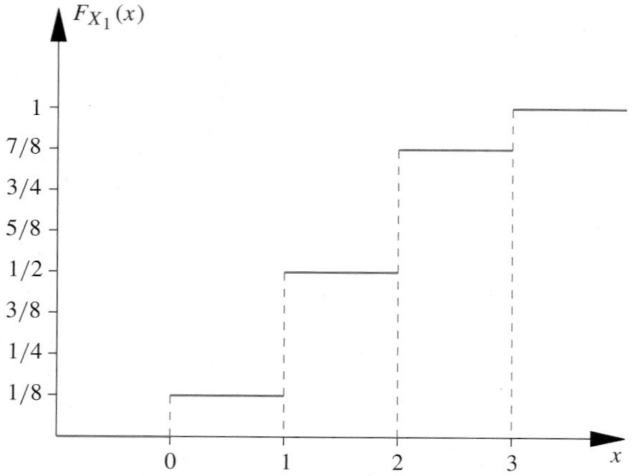

Abb. 38.3 Die Verteilungsfunktion von X_1

In Abb. 38.2 wird die Wahrscheinlichkeitsverteilung und in Abb. 38.3 die Verteilungsfunktion grafisch angegeben.

Im nächsten Kapitel werden wir als weiteren Spezialfall stetige Zufallsvariable kennenlernen. Es gibt aber Zufallsvariable, die weder stetig noch diskret sind. Wir werden in diesem Kapitel, in Beweisen, Beispielen und Aufgaben nur diskrete zufällige Variable behandeln. Die Aussagen über Zufallsvariable sind aber auch ohne diese Einschränkung richtig.

Den erklärenden Zusatz „theoretisch" beim Wort Verteilungsfunktion, den wir im Kapitel über die deskriptive Statistik zur besseren Abgrenzung verwendet haben, lassen wir künftig weg. Die Begriffe Zufallsvariable und Merkmal entsprechen sich:

Merkmal X	Zufällige Variable X
$X : \Omega \to M$	$X : \Omega \to \mathbb{R}^1$
Ω ist die Grundgesamtheit	Ω ist ein Wahrscheinlichkeitsraum
M ist der Merkmalsraum	$\mathbb{R}^1$ ist die Menge der reellen Zahlen
$X(\omega)$ ist die Ausprägung	$X(\omega)$ ist die Realisation
X besitzt eine Häufigkeitsverteilung	X besitzt eine Wahrscheinlichkeitsverteilung
X besitzt eine empirische Verteilungsfunktion	X besitzt eine theoretische Verteilungsfunktion
$\widehat{F}(x) = \frac{1}{n}\operatorname{card}\{x_i : x_i \le x\}$	$F(x) = \mathrm{P}(X \le x)$

Alle in Abschn. 36.2 aufgezählten Eigenschaften von empirischen Verteilungsfunktionen $\widehat{F}$ gelten auch für Verteilungsfunktionen F.

Eigenschaften der Verteilungsfunktion

- Die Verteilungsfunktion $F : \mathbb{R} \to [0, 1]$ einer Zufallsvariablen ist eine monoton wachsende, von rechts stetige Funktion von x mit

$$\lim_{x\to-\infty} F(x) = 0 \le F(x) \le 1 = \lim_{x\to\infty} F(x).$$

- $1 - F(x) = \mathrm{P}(X > x)$ ist die Wahrscheinlichkeit, dass X den Wert x überschreitet.
- Die Wahrscheinlichkeit, dass X im Intervall $(a, b]$ liegt, ist

$$\mathrm{P}(a < X \le b) = F(b) - F(a).$$

- Ist $F(b) - F(a) = 0$ so ist $\mathrm{P}(a < X \le b) = 0$.

Beweis 1. Wir zeigen die Rechtsstetigkeit von F:

Sei (x_n) eine monoton fallende Folge mit $\lim_{n\to\infty} x_n = x$. Die Intervalle $(-\infty, x_n]$ und ebenso die Urbilder $X^{-1}\{(-\infty, x_n]\}$ bilden eine monoton fallende Mengenfolge mit

$$\bigcap_{n=1}^{\infty} X^{-1}\{(-\infty, x_n]\} = X^{-1}\{(-\infty, x]\}.$$

Wegen der Stetigkeit von P (siehe Kap. 37 auf S. 1407), folgt

$$\begin{aligned}\lim_{n\to\infty} F(x_n) &= \lim_{n\to\infty} \mathrm{P}(X^{-1}\{(-\infty, x_n]\})\\ &= \mathrm{P}\left(\bigcap_{n=1}^{\infty} X^{-1}\{(-\infty, x_n]\}\right)\\ &= \mathrm{P}(X^{-1}\{(-\infty, x]\})\\ &= F(x).\end{aligned}$$

2. Wir zeigen $\mathrm{P}(a < X \le b) = F(b) - F(a)$:

Es sei $a < b$. Wir zerlegen das Intervall $(-\infty, b]$ in zwei disjunkte Teile

$$(-\infty, b] = (-\infty, a] \cup (a, b].$$

Dann sind auch die Urbilder

$$X^{-1}\{(-\infty, b]\} = X^{-1}\{(-\infty, a]\} \cup X^{-1}\{(a, b]\}$$

disjunkt. Daher gilt nach dem 3. Axiom von Kolmogorov

$$\mathrm{P}\big(X^{-1}\{(-\infty, b]\}\big) = \mathrm{P}\big(X^{-1}\{(-\infty, a]\}\big) + \mathrm{P}\big(X^{-1}\{(a, b]\}\big).$$

Das heißt aber gerade

$$F_X(b) = F_X(a) + \mathrm{P}(a < X \le b).$$

Die anderen Aussagen sind evident. ■

Teil VI

Was gewinnen wir durch die Einführung von zufälligen Variablen?

Erstens bewegen wir uns nicht mehr in irgendeinem abstrakten Wahrscheinlichkeitsraum $(\Omega; S; P)$, sondern im vertrauten $\mathbb{R}^1$.

Zweitens werden hier die Wahrscheinlichkeiten von $(\Omega; S; P)$ auf die reellen Zahlen, genauer gesagt, auf $(\mathbb{R}^1; \mathcal{B}; P_X)$ übertragen. Um P auf S zu bestimmen, muss für jedes Ereignis $A \in S$ die Wahrscheinlichkeit $\mathrm{P}(A)$ einzeln angegeben werden. Wenn Ω nicht nur aus endlich vielen Elementen besteht, enthält S überabzählbar viele Elemente. Da macht die Bestimmung von $\mathrm{P}(A)$ für alle $A \in S$ schon Mühe, wenn es nicht ganz hoffnungslos ist. Bei dem durch X definierten Wahrscheinlichkeitsraum $(\mathbb{R}^1; \mathcal{B}; P_X)$ genügt dagegen allein die Angabe einer einzigen Funktion, nämlich der Verteilungsfunktion $F_X(x)$. Kennen wir F_X, so kennen wir die Wahrscheinlichkeit eines jeden Intervalls und von Intervallen ausgehend, die Wahrscheinlichkeit einer jeden Borel-Menge.

Wir haben oben die Eigenschaften der Verteilungsfunktion einer Zufallsvariablen notiert. Darauf aufbauend wollen wir die Definition erweitern.

Allgemeine Definition der Verteilungsfunktion

Jede monoton wachsende, von rechts stetige Funktion $F : \mathbb{R} \to [0, 1]$ mit

$$\lim_{x \to -\infty} F(x) = 0 \leq F(x) \leq 1 = \lim_{x \to \infty} F(x)$$

heißt Verteilungsfunktion.

Die Verteilungsfunktion F_X einer Zufallsvariablen ist also in diesem Sinne eine Verteilungsfunktion. Umgekehrt ist aber auch jede Verteilungsfunktion F die Verteilungsfunktion F_X einer Zufallsvariablen X. Wir brauchen dazu nur den $\mathbb{R}^1$ als Ω und die Borel-Mengen $\mathcal{B}$ als S zu wählen. Das Wahrscheinlichkeitsmaß P definieren wir für die erzeugenden Intervalle $(a, b]$ durch $\mathrm{P}((a, b]) = F(b) - F(a)$. Dadurch ist P auf ganz $\mathcal{B}$ festgelegt. Als Zufallsvariable X, die Ω nach $\mathbb{R}$ abbildet, wählen wir die Identität. Dann hat X gerade die Verteilungsfunktion $F = F_X$.

Übrigens haben wir dabei weder gefordert noch benutzt, dass F eine Treppenfunktion ist. Dies werden wir später benutzen, um Zufallsvariable nach der Gestalt ihrer Verteilungsfunktionen in drei Klassen {diskrete, stetige oder sonstige} aufzugliedern. Mit stetigen Zufallsvariablen werden wir uns im nächsten Kapitel ausführlich beschäftigen.

Achtung In der Literatur wird die Verteilungsfunktion $F_X(x)$ manchmal als

$$F_X(x) = \mathrm{P}(X < x)$$

definiert. Prinzipiell ist diese Variante gleichwertig, da auch die Intervalle $(-\infty, x)$ die Borel-Mengen erzeugen. Nur sind bei dieser Definition die Verteilungsfunktionen von links stetig. ◀

Durch arithmetische Operationen und stückweise stetige Abbildungen lassen sich aus Zufallsvariablen neue Zufallsvariable erstellen

In unserem Münzbeispiel haben wir bislang nur die Zufallsvariable X, die Anzahl der „Köpfe" betrachtet. Abhängig von X war die Auszahlung Y. Die Wahrscheinlichkeitsverteilung von Y wird in Tab. 38.2 zurückgeführt auf die Verteilung von X.

Y hat nur drei Realisationen, nämlich 0, 20 und 100. Zum Beispiel tritt $Y = 0$ genau dann auf, wenn $X = 0$ oder $X = 1$ ist. Abbildung 38.4 zeigt die Wahrscheinlichkeitsverteilung und Abb. 38.5 die Verteilungsfunktion von Y. Daher ist Y wieder eine Zufallsvariable.

Allgemein gilt: Sei g eine reelle Funktion, X eine Zufallsvariable und $Y = g(X)$. Damit Y eine Zufallsvariable ist, muss für jede Borel-Menge B die Wahrscheinlichkeit $\mathrm{P}(Y \in B)$ erklärt sein. Dabei gilt

$$\mathrm{P}(Y \in B) = \mathrm{P}(g(X) \in B) = \mathrm{P}\big(X \in g^{-1}(B)\big).$$

Tab. 38.2 Die Auszahlungswahrscheinlichkeiten

Anzahl x der Köpfe	Auszahlung y in Cent	$\mathrm{P}(X = x)$	$\mathrm{P}(Y = y)$
0	0	1/8	4/8
1	0	3/8	
2	20	3/8	3/8
3	100	1/8	1/8

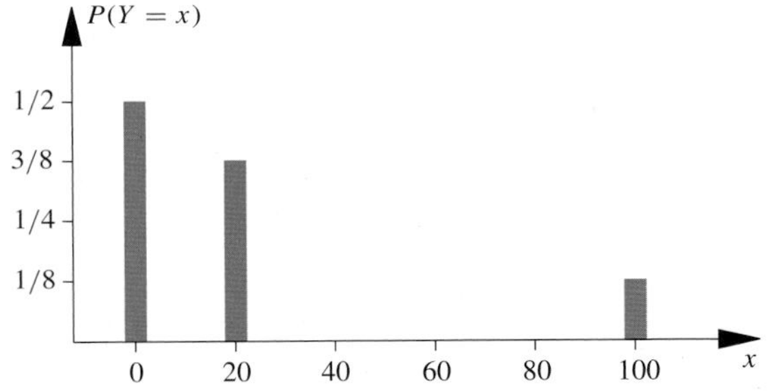

Abb. 38.4 Die Verteilung von Y

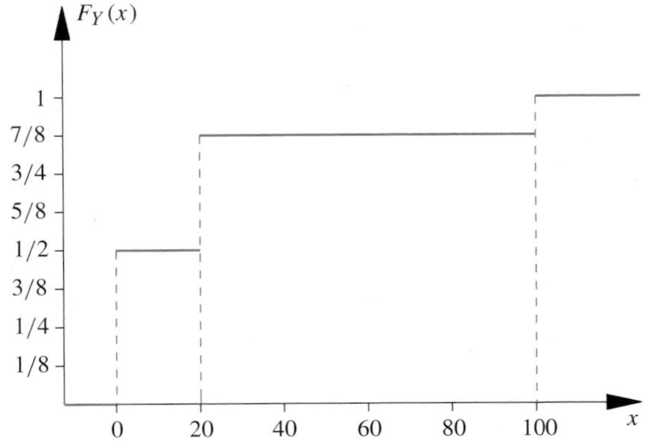

Abb. 38.5 Die Verteilungsfunktion von Y

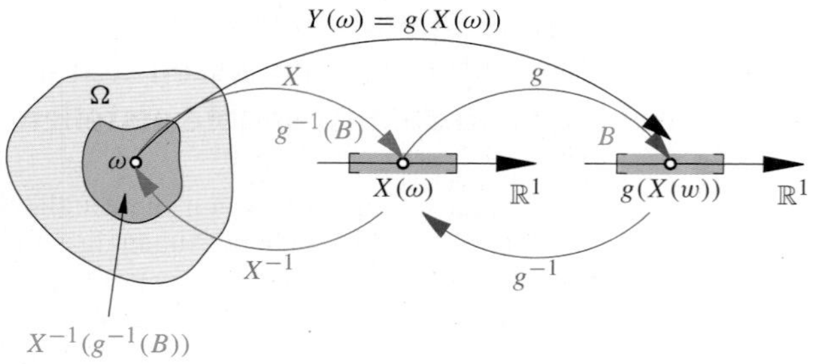

Abb. 38.6 Die Folge der Abbildungen $X : \Omega \to \mathbb{R}$ und $g : \mathbb{R} \to \mathbb{R}$ definiert die Zufallsvariable $g(X)$

Folglich muss $g^{-1}(B)$ selbst eine Borel-Menge sein, andernfalls wäre $P(X \in g^{-1}(B))$ nicht definiert. Eine notwendige und hinreichende Bedingung dafür, dass $g(X)$ eine Zufallsvariable ist, ist folglich: Das vollständige Urbild $g^{-1}(B)$ einer Borel-Menge B muss selbst eine Borel-Menge sein.

Funktionen mit dieser Eigenschaft heißen Baire'sche Funktionen. Stückweise stetige Funktionen sind Baire'sche Funktionen. Ist also g stückweise stetig, so ist $g(X)$ wieder eine Zufallsvariable (siehe Abb. 38.6).

Beispiel Es sei X eine Zufallsvariable. Wir betrachten zwei Funktionen $a + bx$ und $a + bx + cx^2$ und leiten aus ihnen neue Zufallsvariable ab.

- $Y = g(X) = a + bX$ ist eine Zufallsvariable mit
$$P(Y = y) = P(a + bX = y) = P\left(X = \frac{y-a}{b}\right)$$
(siehe Abb. 38.7).
- Ist $c \neq 0$, so ist $Z = a + bX + cX^2$ eine zufällige Variable mit
$$\begin{aligned} P(Z = z) &= P(a + bX + cX^2 = z) \\ &= P\left(X = -\frac{1}{2}\frac{b}{c} - \sqrt{\frac{z-a}{c} + \frac{b^2}{4c^2}}\right) \\ &\quad + P\left(X = -\frac{1}{2}\frac{b}{c} + \sqrt{\frac{z-a}{c} + \frac{b^2}{4c^2}}\right), \end{aligned}$$
speziell ist $P(Z = z) = 0$, falls $z \leq \frac{4ac-b^2}{4c}$ ist (siehe Abb. 38.8). ◄

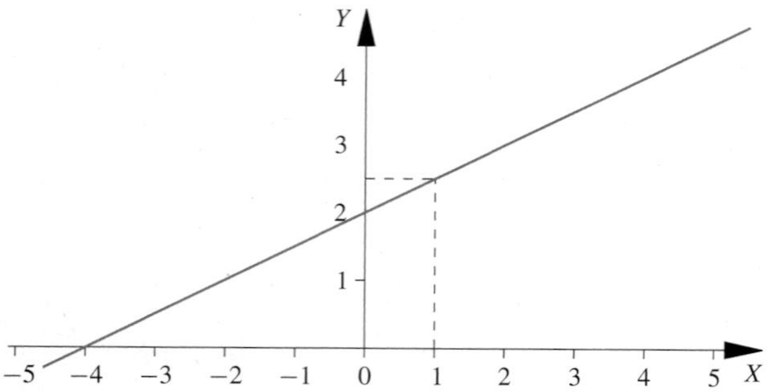

Abb. 38.7 Ist $Y = 2 + \frac{1}{2}X$, so ist $P(Y = 2.5) = P(X = 1)$

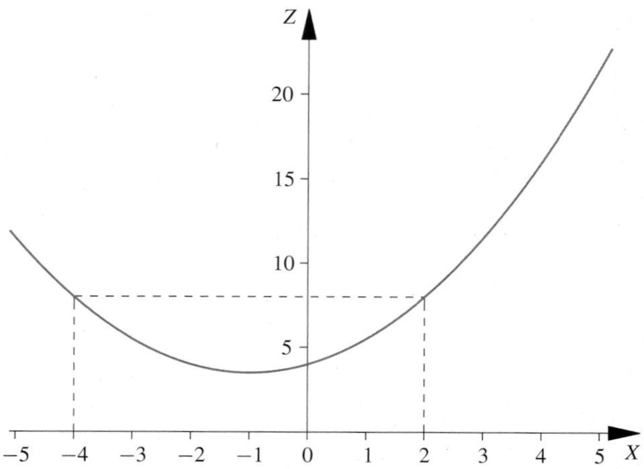

Abb. 38.8 Ist $Z = 4 + X + \frac{1}{2}X^2$, so ist $P(Z = 8) = P(X = -4) + P(X = 2)$

Unabhängige Zufallsvariablen liefern keine Informationen übereinander

Kehren wir zu unserem Anfangsbeispiel zurück und spielen das Münzspiel mit dem zweiten Studenten. Bei ihm werfen wir die Sequenz ZZK, also ist $X_2 = 1$.

Was ist bei $X_1 = 2$ und $X_2 = 1$ unterschiedlich und was ist bei X_1 und X_2 gleich geblieben?

Beim ersten Spiel war die Realisation $X_1 = 2$, beim zweiten Spiel war die Realisation $X_2 = 1$. Das erste und das zweite Spiel sind zwei verschiedene Vorgänge oder Experimente. Es ist $X_1 \neq X_2$. Gleich geblieben bei X_1 und X_2 sind die Wahrscheinlichkeitsverteilungen,
$$P(X_1 = i) = P(X_2 = i) \quad \text{für } i = 0, 1, 2, 3$$
und damit auch die Verteilungsfunktionen
$$F_{X_1}(x) = F_{X_2}(x)\,.$$

Achtung X_1 und X_2 sowie alle X_i in unserem Beispiel besitzen die gleiche Verteilung. Sie sind identisch verteilt, aber nicht *gleichverteilt*. Mit dem Begriff *gleichverteilt* bezeichnen wir eine spezielle Verteilungsform, die wir im nächsten Kapitel kennenlernen werden. ◄

Spielen wir nun mit dem dritten Studenten weiter. Wir hatten bereits $X_1 = 2$ und $X_2 = 1$ gesehen. Was können wir daraus zusätzlich über X_3 lernen? Natürlich nichts! Natürlich? Es ist eine Eigenschaft eines Modells, mit dem wir die Münzwürfe beschreiben. Es ist das Modell der Unabhängigkeit!

Die zufälligen Variablen X und Y heißen stochastisch unabhängig, falls unser Wissen über die Realisationen der einen Variablen keinen Einfluss hat auf die Wahrscheinlichkeitsverteilung der anderen Variablen. Um es genauer zu sagen, übertragen wir den Begriff der Unabhängigkeit von Ereignissen auf Zufallsvariablen. Erinnern wir uns: zwei Ereignisse A und B sind unabhängig, falls $\mathrm{P}(A|B) = \mathrm{P}(A)$ oder gleichwertig $\mathrm{P}(A \cap B) = \mathrm{P}(A)\mathrm{P}(B)$. Ersetzen wir die Ereignisse A und B durch die Ereignisse $X \leq x$ und $Y \leq y$, so erhalten wir folgende Definition.

Definition der Unabhängigkeit

X und Y heißen unabhängig, wenn für alle $x \in \mathbb{R}$ und $y \in \mathbb{R}$ die Ereignisse $X \leq x$ und $Y \leq y$ unabhängig sind. Das heißt, es muss gelten

$$\mathrm{P}(X \leq x | Y \leq y) = \mathrm{P}(X \leq x) \tag{38.1}$$

oder gleichwertig

$$\mathrm{P}(X \leq x \cap Y \leq y) = \mathrm{P}(X \leq x) \cdot \mathrm{P}(Y \leq y). \tag{38.2}$$

Eigentlich müssten wir genauer $\mathrm{P}(\{X \leq x\} \cap \{Y \leq y\})$ schreiben. Wir vermeiden die unschönen Doppelklammern und ersetzen stattdessen das $\cap$-Symbol durch ein Komma und schreiben $\mathrm{P}(X \leq x,\ Y \leq y)$. In dieser Notation gilt: X und Y sind genau dann unabhängig, wenn

$$\mathrm{P}(X \in A, Y \in B) = \mathrm{P}(X \in A) \cdot \mathrm{P}(Y \in B) \tag{38.3}$$

für alle Borel-Mengen A und $B \in \mathbb{B}$ gilt. Speziell sind diskrete Zufallsvariable genau dann unabhängig, wenn

$$\mathrm{P}(X = x_i, Y = y_j) = \mathrm{P}(X = x_i) \cdot \mathrm{P}(Y = y_j) \tag{38.4}$$

für alle x_i und y_j gilt. Wie bei unabhängigen Ereignissen müssen wir bei mehr als zwei Zufallsvariablen paarweise und totale Unabhängigkeit unterscheiden (siehe dazu die Definition in Abschn. 37.3).

Definition der Unabhängigkeit für mehr als zwei Variablen

Die n zufälligen Variablen $X_1, \ldots, X_n$ heißen unabhängig, wenn für alle Realisationen x_i von X_i die Ereignisse $\{X_1 \leq x_1\}, \{X_2 \leq x_2\}, \ldots, \{X_n \leq x_n\}$ total unabhängig sind.

Wenn wir von Unabhängigkeit von Zufallsvariablen sprechen, meinen wir stets die totale Unabhängigkeit der Ereignisse. Paarweise Unabhängigkeit ist der Sonderfall, der extra genannt wird. Sehr häufig werden wir Situationen beschreiben, bei denen Versuche unter identischen Start- und Randbedingungen n-mal unabhängig voneinander wiederholt werden. Bezeichnen wir mit X_1 bis X_n die Ergebnisse dieser Versuchsserie, so wird meist das Modell verwendet, nach dem die X_i unabhängig und identisch verteilt sind. Für diese Modellannahme hat sich, ausgehend von der englischen Literatur, eine Abkürzung eingebürgert.

Definition von i.i.d

Die Aussage: „Die Zufallsvariablen $X_1 \ldots, X_n$ sind **i**ndependent and **i**dentically **d**istributed" wird abgekürzt mit: „Die Zufallsvariablen $X_1 \ldots, X_n$ sind i.i.d."

Sind X und Y unabhängig, dann sind auch die Funktionen $g(X)$ und $k(Y)$ unabhängig. Wenn X nichts über die Verteilung von Y aussagen kann, dann kann auch $g(X)$ nichts über die Verteilung von $k(Y)$ aussagen. Diese Eigenschaft gilt auch für mehr als zwei Zufallsvariable.

Unabhängigkeit überträgt sich

Sind die Zufallsvariablen $X_1, \ldots, X_n$ unabhängig und sind $U = g(X_1, \ldots, X_k)$ sowie $V = k(X_{k+1}, \ldots, X_n)$ ebenfalls Zufallsvariable, so sind auch U und V unabhängig.

Wir setzen unser Münzbeispiel von S. 1433 fort. Der Dozent in unserem Münzbeispiel fragt sich weniger, wie viel er bei jedem einzelnen Studenten, sondern wie viel er insgesamt zahlen muss. Ihn interessiert die Verteilung von

$$S_n = \sum_{i=1}^{n} Y_i.$$

Zur Bestimmung von S_n gehen wir schrittweise vor. Die Wahrscheinlichkeitsverteilung von $S_2 = Y_1 + Y_2$ geht nicht etwa aus der Addition der Verteilungen von Y_1 und Y_2 hervor, sondern muss individuell bestimmt werden. Dazu fragen wir: Welche verschiedenen Y-Wertkombinationen sind die Verursacher für einen bestimmten Wert von S_2? Tabelle 38.3 zeigt die Entstehungen der möglichen Werte von S_2.

In dieser Tabelle stehen an den Rändern die Realisationen von Y_1 und Y_2. Die Zellen im Inneren der Tabelle zeigen die Realisationen von S_2 als Summe der jeweiligen Realisationen von Y_1 und Y_2. Zum Beispiel tritt $S_2 = 20$ genau dann auf, wenn entweder die Kombination $\{Y_1 = 0\} \cap \{Y_2 = 20\}$ oder $\{Y_1 = 20\} \cap \{Y_2 = 0\}$ eintritt. Da die beiden Kombinationen sich gegenseitig ausschließen, folgt nach dem dritten Axiom von Kolmogorov

$$\begin{aligned}\mathrm{P}(S_2 = 20) &= \mathrm{P}(Y_1 = 0, Y_2 = 20) + \mathrm{P}(Y_1 = 20, Y_2 = 0) \\ &= \mathrm{P}(Y_1 = 0)\mathrm{P}(Y_2 = 20) + \mathrm{P}(Y_1 = 20)\mathrm{P}(Y_2 = 0),\end{aligned}$$

Tab. 38.3 Die möglichen Endsummen bei der Auszahlung an zwei Spieler

S_2	$Y_1 = 0$	$Y_1 = 20$	$Y_1 = 100$
$Y_2 = 0$	0	20	100
$Y_2 = 20$	20	40	120
$Y_2 = 100$	100	120	200

Tab. 38.4 Berechnung der Zellenwahrscheinlichkeiten: Es ist $P(Y_1 = y_i, Y_2 = y_j) = P(Y_1 = y_i)P(Y_2 = y_j)$

$P(Y_1 = y_i, Y_2 = y_j)$	$P(Y_1 = 0)$	$P(Y_1 = 20)$	$P(Y_1 = 100)$
$P(Y_2 = 0) = 4/8$	16/64	12/64	4/64
$P(Y_2 = 20) = 3/8$	12/64	9/64	3/64
$P(Y_2 = 100) = 1/8$	4/64	3/64	1/64

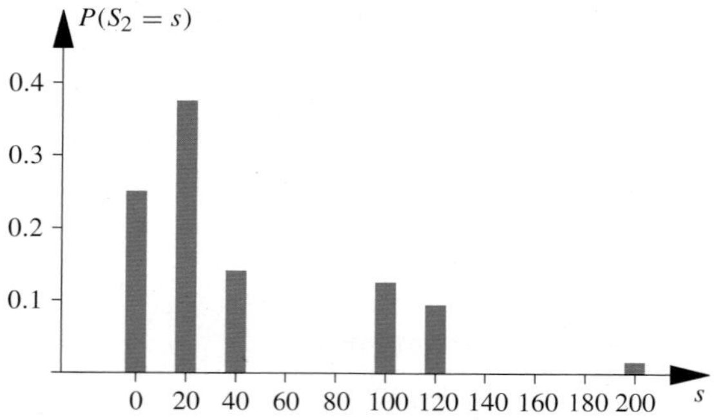

Abb. 38.9 Wahrscheinlichkeitsverteilung von S_2

denn die Ereignisse sind unabhängig voneinander. Allgemein gilt

$$P(S_2 = 20) = \sum_{y_1+y_2=20} P(Y_1 = y_1, Y_2 = y_2)$$
$$= \sum_{y_1} P(Y_1 = y_1, Y_2 = 20 - y_1).$$

Dabei laufen y_1 und y_2 über den Wertebereich der Zufallsvariablen Y_1 und Y_2. Tabelle 38.4 zeigt die Berechnung der Zellenwahrscheinlichkeiten.

Zum Beispiel ist

$$P(Y_1 = 0, Y_2 = 20) = P(Y_1 = 0)P(Y_2 = 20)$$
$$= \frac{4}{8} \cdot \frac{3}{8} = \frac{12}{64}.$$

Addieren wir die Wahrscheinlichkeiten aller Realisationen von S_2, die in der Tab. 38.3 mehrfach auftreten, so erhalten wir die Verteilung von $S_2 = Y_1 + Y_2$.

s	0	20	40	100	120	200	$\sum$
$P(S_2 = s)$	$\frac{16}{64}$	$\frac{24}{64}$	$\frac{9}{64}$	$\frac{8}{64}$	$\frac{6}{64}$	$\frac{1}{64}$	1

Die Abb. 38.9 und 38.10 zeigen die Wahrscheinlichkeitsverteilung und die Verteilungsfunktion von S_2.

Auf die gleiche Weise wird die Verteilung von

$$S_3 = Y_1 + Y_2 + Y_3 = S_2 + Y_3$$

bestimmt. Wir bilden die Tafel mit den Realisationen von S_3 als Summe aller Kombinationen der Realisationen von S_2 und Y_3.

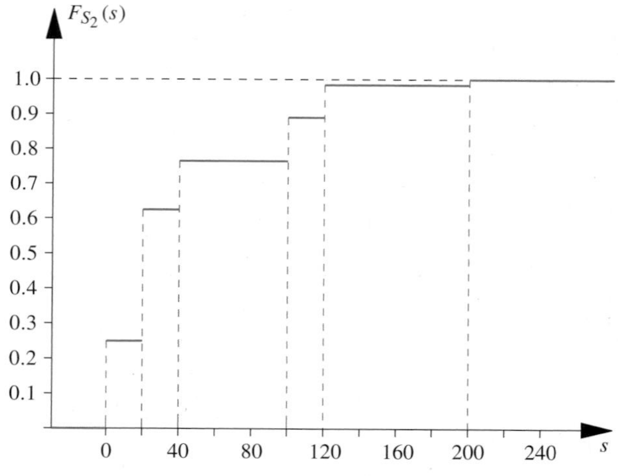

Abb. 38.10 Die Verteilungsfunktion der Summe S_2

Tab. 38.5 Verteilung von S_3

s	0	20	40	60	100	120	140	200	220	300
$P(S_3 = s) \cdot 512$	64	144	108	27	48	72	27	12	9	1

Dabei benutzen wir die Unabhängigkeit von S_2 und Y_3. Dann berechnen wir die Wahrscheinlichkeiten der Zellen durch Multiplikation der Wahrscheinlichkeiten der Ränder; z. B. ist

$$P(S_3 = 300) = P(Y_3 = 100, S_2 = 200)$$
$$= P(Y_3 = 100) \cdot P(S_2 = 200)$$
$$= \frac{1}{8} \cdot \frac{1}{64} = \frac{1}{512}.$$

Addieren wir die Wahrscheinlichkeiten aller Auszahlungen, die in der Tafel mehrfach auftreten, so erhalten wir die in Tab. 38.5 angegebene Verteilung von S_3.

Das Verfahren lässt sich beliebig fortsetzen zur Bestimmung von $\sum_{i=1}^{n} Y_i = S_n$. Tabelle 38.6 zeigt im Ausschnitt die so berechneten Wahrscheinlichkeit von $S_1 = Y_1$ bis S_5.

Tab. 38.6 Die Verteilungen der Summen

s	$P_{S_1}(s)$	$P_{S_2}(s)$	$P_{S_3}(s)$	$P_{S_4}(s)$	$P_{S_5}(s)$
0	0.500	0.250	0.125	0.0625	0.03125
20	0.375	0.375	0.281	0.1875	0.11719
40	0.000	0.141	0.211	0.2109	0.17578
60	0.000	0.000	0.053	0.1055	0.13184
80	0.000	0.000	0.000	0.0198	0.04944
100	0.125	0.125	0.094	0.0625	0.04648
120	0.000	0.094	0.141	0.1406	0.11719
⋮	⋮	⋮	⋮	⋮	⋮
380	0.000	0.000	0.000	0.0000	0.00000
400	0.000	0.000	0.000	0.0002	0.00061
420	0.000	0.000	0.000	0.0000	0.00046
440	0.000	0.000	0.000	0.0000	0.00000
460	0.000	0.000	0.000	0.0000	0.00000
480	0.000	0.000	0.000	0.0000	0.00000
500	0.000	0.000	0.000	0.0000	0.00003

Tab. 38.7 Die Verteilungsfunktionen der Summen

s	$F_{S_1}(s)$	$F_{S_2}(s)$	$F_{S_3}(s)$	$F_{S_4}(s)$	$F_{S_5}(s)$
0	0.500	0.250	0.125	0.0625	0.0313
20	0.875	0.625	0.406	0.2500	0.1484
40	0.875	0.766	0.617	0.4609	0.3242
60	0.875	0.766	0.670	0.5664	0.4561
80	0.875	0.766	0.670	0.5862	0.5055
100	1.000	0.891	0.764	0.6487	0.5520
120	1.000	0.984	0.904	0.7893	0.6692
⋮	⋮	⋮	⋮	⋮	⋮
380	1.000	1.000	1.000	0.9998	0.9989
400	1.000	1.000	1.000	1.0000	0.9995
420	1.000	1.000	1.000	1.0000	1.0000
440	1.000	1.000	1.000	1.0000	1.0000
460	1.000	1.000	1.000	1.0000	1.0000
480	1.000	1.000	1.000	1.0000	1.0000
500	1.000	1.000	1.000	1.0000	1.0000

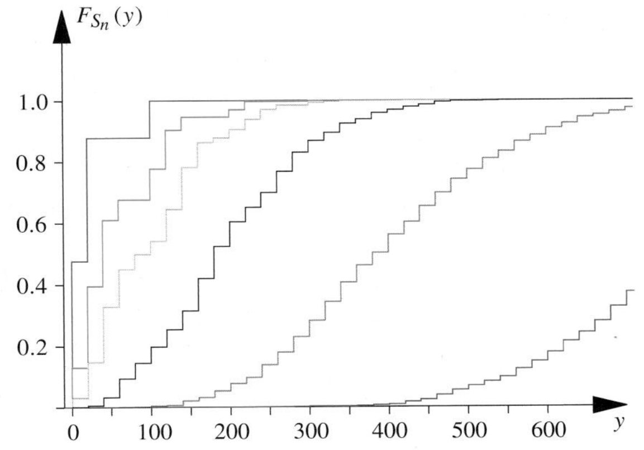

Abb. 38.11 Die Verteilungsfunktionen F_{S_n} für $n = 1, 3, 5, 10, 20$ und 40

Für den Dozenten, der mit 5 Studenten spielt, ist $\mathrm{P}(S_5 = 420) = 0.000\,457\,8$ irrelevant, wichtiger ist für ihn die Wahrscheinlichkeit, dass er höchstens 420 Cent oder irgend einen anderen Betrag s zahlen muss. Das heißt, die Verteilungsfunktion ist wichtig. Tabelle 38.7 zeigt die Werte der Verteilungsfunktionen F_{S_1} bis F_{S_5}.

Aus der Verteilungsfunktion $\mathrm{F}_{S_5}(x)$ liest man z. B. ab:

$$\begin{aligned}\mathrm{P}(S_5 \leq 20) &= 0.1484\\ \mathrm{P}(S_5 \leq 80) &= 0.5055\\ \mathrm{P}(S_5 \leq 400) &= 0.9995\\ \mathrm{P}(20 < S_5 \leq 400) &= 0.9995 - 0.1484 = 0.8511\end{aligned}$$

Mit Wahrscheinlichkeit von rund 50% werden höchstens 80 Cent ausgezahlt. Mit einer Wahrscheinlichkeit von rund 85% werden mehr als 20 aber höchsten 400 Cent gezahlt.

Die Berechnung der Wahrscheinlichkeitsverteilung S_n mit dem eben beschriebenen Verfahren wird für großes n immer aufwendiger. Die Verteilung der Summe S_n lässt sich formal eleganter durch geeignete Transformationen der zufälligen Variablen bestimmen. Wir können aber hier nicht darauf eingehen. Mit diesen Verfahren wurden dann die Verteilungen von S_n für $n = 10, 20, 40$ und 80 berechnet. Mithilfe des Zentralen Grenzwertsatzes werden wir später gute Approximationen für die Verteilungen bestimmen.

In Abb. 38.11 sind die Verteilungsfunktionen F_{S_n} für $n = 1, 3, 5, 10, 20$ und 40 dargestellt. Dabei erkennt man:

1. Mit wachsendem n werden die Sprunghöhen der Verteilungsfunktionen immer geringer.
2. Mit wachsendem n fließen die Verteilungen immer weiter auseinander.

Überraschendes entdeckt man aber, wenn man alle Verteilungen durch Umskalierung der x-Achse über dem gleichen Intervall $[0, 100]$ betrachtet. Dazu stauchen wir in der Darstellung von S_n die Abszisse um den Faktor n. Anders gesagt, wir betrachten nicht die Verteilungsfunktion der Variablen S_n, sondern die von

$$\overline{Y}^{(n)} = \frac{S_n}{n} = \frac{1}{n}\sum_{i=1}^{n} Y_i.$$

$\overline{Y}^{(n)} = \frac{S_n}{n}$ ist die mittlere Auszahlung pro Student, wenn mit n Studenten gespielt wird. $\overline{Y}^{(n)}$ ist genau so eine Zufallsvariable wie es S_n ist. Die Verteilung von $\overline{Y}^{(n)}$ erhält man sofort aus der Verteilung von S_n:

$$\begin{aligned}F_{\overline{Y}^{(n)}}(y) &= \mathrm{P}(\overline{Y}^{(n)} \leq y) = \mathrm{P}\left(\frac{S_n}{n} \leq y\right)\\ &= \mathrm{P}(S_n \leq yn) = F_{S_n}(yn).\end{aligned}$$

Bei den Verteilungsfunktionen $F_{\overline{Y}^{(n)}}$ in Abb. 38.12 wird durch die Stauchung eine ganz verblüffende Eigenschaft deutlich.

Mit wachsendem n werden die Sprünge der Verteilungsfunktionen kleiner, sie erscheinen glatter und gleichzeitig steiler. Die Verteilungsfunktion für $n = 800$ zeigt Abb. 38.13.

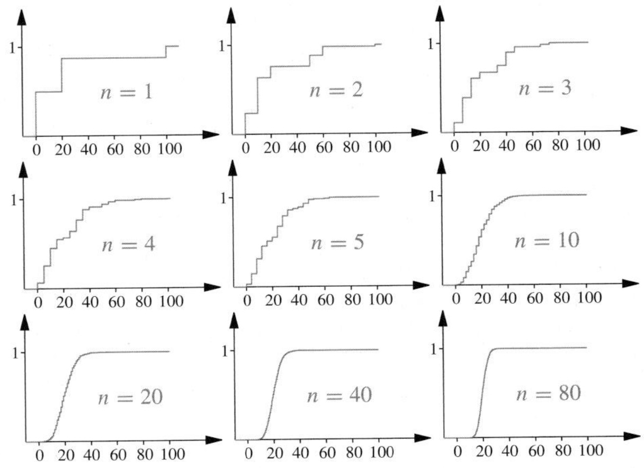

Abb. 38.12 Verteilungsfunktionen $F_{\overline{Y}^{(n)}}$ für $n = 1$ bis $n = 80$

Teil VI

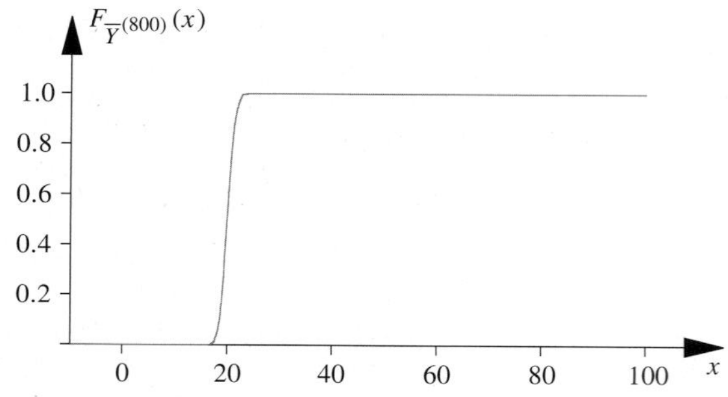

Abb. 38.13 Die Verteilungsfunktion des Mittelwertes $\overline{Y}^{(800)}$

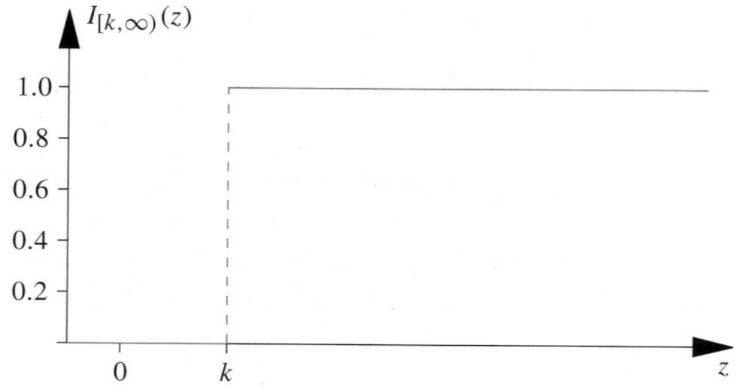

Abb. 38.14 Sprungfunktion mit Sprung an der Stelle $z = k$

Anscheinend konvergieren die Verteilungsfunktionen gegen eine Sprungfunktion. In Abb. 38.14 ist die Sprungfunktion

$$I_{[k,\infty)}(z) = \begin{cases} 0 & \text{falls } z < k \\ 1 & \text{falls } z \geq k \end{cases}$$

dargestellt, die an der Stelle $z = k$ von 0 auf 1 springt.

Besitzt eine Zufallsvariable Z die Sprungfunktion $I_{[k,\infty)}(z)$ als Verteilungsfunktion, so muss für Z gelten

$$\mathrm{P}(Z < k) = 0;\ \mathrm{P}(Z = k) = 1;\ \mathrm{P}(Z > k) = 0\,.$$

Der Definitionsbereich von Z zerfällt in zwei disjunkte Bereiche $\{\omega : Z(\omega) = k\}$ und $\{\omega : Z(\omega) \neq k\}$. Der erste Bereich hat die Wahrscheinlichkeit eins, der zweite die Wahrscheinlichkeit null. Z ist nicht identisch k, nur mit Wahrscheinlichkeit 1. Wir sagen „Z ist fast sicher gleich k."

Definition: Eine fast sicher konstante Zufallsvariable

Existiert für die Zufallsvariable Z ein Wert k mit $\mathrm{P}(Z = k) = 1$, so heißt Z fast sicher konstant gleich k. Eine fast sicher konstante Zufallsvariable Z heißt auch entartete Zufallsvariable.

Anscheinend verhält sich $\overline{Y}^{(n)}$ für große n immer stärker wie eine Konstante und verliert seinen zufälligen Charakter. Zwei Fragen drängen sich auf:

1. Was ist das für eine Zahl k, an der sich der Sprung vollzieht?
2. Ist dies eine allgemeingültige Eigenschaft oder gilt dies nur für die Verteilungsfunktion unseres Münzspiels?

Die Antwort auf die letzten beiden Fragen ist grundlegend für die Wahrscheinlichkeitstheorie und unser Verständnis von Statistik. Wir werden uns damit in den nächsten Abschnitten befassen.

Selbstfrage 1

Es seien X und Y zwei entartete Zufallsvariable und zwar sei $\mathrm{P}(X = 5) = 1$ und $\mathrm{P}(Y = 3) = 1$. Ist dann auch $X + Y$ eine entartete Zufallsvariable? Wie groß ist $\mathrm{P}(X + Y = 8)$?

38.2 Erwartungswert und Varianz einer zufälligen Variablen

Betrachten wir die Wahrscheinlichkeitsverteilung der Variablen Y in Abb. 38.4 auf S. 1433. Sie sieht aus wie die Verteilung der relativen Häufigkeiten eines Merkmals mit den drei Ausprägungen 0, 20 und 100 und den relativen Häufigkeiten 0.5, 0.375 und 0.125.

So wie wir für empirische Häufigkeitsverteilungen Lage- und Streuungsparameter definiert haben, werden wir es nun ganz analog für Wahrscheinlichkeitsverteilungen tun.

Der Erwartungswert einer Zufallsvariablen ist der Schwerpunkt ihrer Verteilung

Im Abschnitt über Lageparameter haben wir das arithmetische Mittel als Schwerpunkt der Verteilung bestimmt, indem wir Ausprägungen mit den relativen Häufigkeiten multipliziert und dann darüber summiert haben. Genauso gehen wir nun vor, bloß multiplizieren wir nun Realisationen mit ihren Wahrscheinlichkeiten.

Definition des Erwartungswertes

Ist Y eine diskrete Zufallsvariable mit der Wahrscheinlichkeitsverteilung $\mathrm{P}(Y = y_j)$, $j = 1, 2, \ldots, \infty$. Dann ist der **Erwartungswert** $\mathrm{E}(Y)$ von Y definiert als

$$\mathrm{E}(Y) = \sum_{j=1}^{\infty} y_j \cdot \mathrm{P}(Y = y_j),$$

sofern die unendliche Reihe $(\sum_{j=1}^{n} y_j \mathrm{P}(Y = y_j))_{n=1}^{\infty}$ absolut konvergiert. Andernfalls existiert der Erwartungswert nicht.

Das übliche Symbol für den Erwartungswert ist μ. Mitunter setzen wir den Namen der jeweiligen Zufallsvariablen als Index an μ, um Erwartungswerte mehrerer Variabler zu unterscheiden, also $\mathrm{E}(Y) = \mu_Y$ und $\mathrm{E}(X) = \mu_X$.

Wenn wir im Folgenden von Erwartungswerten und ihren Eigenschaften sprechen, setzen wir stillschweigend voraus, dass diese Erwartungswerte existieren.

Beispiel Wir bestimmen den Erwartungswert der Zufallsvariablen Y aus dem Münzwurfbeispiel.

y	$\mathrm{P}(Y = y)$	$y \cdot \mathrm{P}(Y = y)$
0	4/8	0
20	3/8	60/8
100	1/8	100/8
$\sum$	1	160/8

Also ist $\mathrm{E}(Y) = 20$.

Mit $S_2 = Y_1 + Y_2$ hatten wir auf S. 1435 die Summe der Auszahlungen aus zwei unabhängigen Spielen bezeichnet. Für S_2 hatten wir die Verteilung bestimmt. Nun berechnen wir den Erwartungswert von S_2:

s	$\mathrm{P}(S_2 = s)$	$s \cdot \mathrm{P}(S_2 = s)$
0	16/64	0
20	24/64	480/64
40	9/64	360/64
100	8/64	800/64
120	6/64	720/64
200	1/64	200/64
$\sum$	1	2560/64

Es ist $\mathrm{E}(S_2) = \frac{2560}{64} = 40$. Dieses Ergebnis hätten wir auch einfacher – ohne explizite und mühsame Bestimmung der Verteilung von S_2 – erhalten können. Es ist $\mathrm{E}(Y_1 + Y_2) = \mathrm{E}(Y_1) + \mathrm{E}(Y_2) = 20 + 20 = 40$. Diese Eigenschaft gilt allgemein. Wir verzichten auf einen Beweis. ◄

Additivität des Erwartungswertes

Sind X und Y zwei Zufallsvariablen, die auch voneinander abhängig sein können, mit den Erwartungswerten $\mathrm{E}(X)$ und $\mathrm{E}(Y)$, dann gilt

$$\mathrm{E}(X + Y) = \mathrm{E}(X) + \mathrm{E}(Y).$$

Betrachten wir die Wahrscheinlichkeitsverteilung einer diskreten Zufallsvariablen und vergessen dabei, dass es sich um eine Zufallsvariable handelt, sondern lesen die Zahlen $p_i = \mathrm{P}(Y = y_i)$ als wären sie relative Häufigkeiten, so sehen wir, dass die Berechnung des Erwartungswertes genau so erfolgt wie die Berechnung des arithmetischen Mittels. Daher hat der Erwartungswert dieselben Eigenschaften wie das arithmetische Mittel. So wie das arithmetische Mittel der Schwerpunkt der empirischen Häufigkeitsverteilung ist, ist analog der Erwartungswert der Schwerpunkt der Wahrscheinlichkeitsverteilung. Eigenschaften des Erwartungswerts sind in der Übersicht auf S. 1446 zusammengestellt.

Beispiel Im Münzspiel sollte jeder Student vor dem Spiel einen Einsatz von 20 Cent zahlen. Wir definieren den Gewinn $Z = Y - 20$ als eine neue Zufallsvariable. Der Erwartungswert des Gewinns ist $\mathrm{E}(Z) = \mathrm{E}(Y-20) = \mathrm{E}(Y)-20 = 20-20 = 0$. Wenn der Dozent mit n Studenten spielt, so ist sein Verlust $V = \sum_{I=1}^{n}(Y_i - 20)$. Der Erwartungswert des Verlusts ist

$$\mathrm{E}(V) = \mathrm{E}\left(\sum_{I=1}^{n}(Y_i - 20)\right) = \sum_{I=1}^{n}\mathrm{E}(Y_i - 20) = 0. \quad ◄$$

Achtung Der Erwartungswert ist trotz seines Namens nicht der Wert, den wir erwarten. Er ist der Schwerpunkt der Verteilung. Dass der Erwartungswert trotzdem etwas mit einer Erwartung zu tun hat, wird uns das Gesetz der großen Zahlen zeigen. ◄

Beispiel Wir betrachten einen idealen Würfel. Die Zufallsvariable W sei die geworfene Augenzahl: $\mathrm{P}(W = i) = \frac{1}{6}$ für $i = 1, \ldots, 6$. Abbildung 38.15 zeigt die Wahrscheinlichkeitsverteilung von W.

Die Verteilung hat die Gestalt eine Harke mit 6 gleich langen Zinken. Wenn wir sie in der Mitte, bei 3.5, unterstützen, bleibt sie im Gleichgewicht. Also ist der Erwartungswert $\mathrm{E}(W) = 3.5$. Wir können es numerisch verifizieren:

$$\begin{aligned}\mathrm{E}(W) &= 1 \cdot \frac{1}{6} + 2 \cdot \frac{1}{6} + 3 \cdot \frac{1}{6} + 4 \cdot \frac{1}{6} + 5 \cdot \frac{1}{6} + 6 \cdot \frac{1}{6} \\ &= 21 \cdot \frac{1}{6} = 3.5.\end{aligned}$$

Kein Mensch wird beim Würfeln erwarten, eine 3.5 zu werfen! ◄

Häufig haben wir es mit Zufallsvariablen $Y = g(X)$ zu tun, die selbst Funktionen einer Zufallsvariablen X sind. Dann lässt sich $\mathrm{E}(Y)$ auf zweierlei Art berechnen.

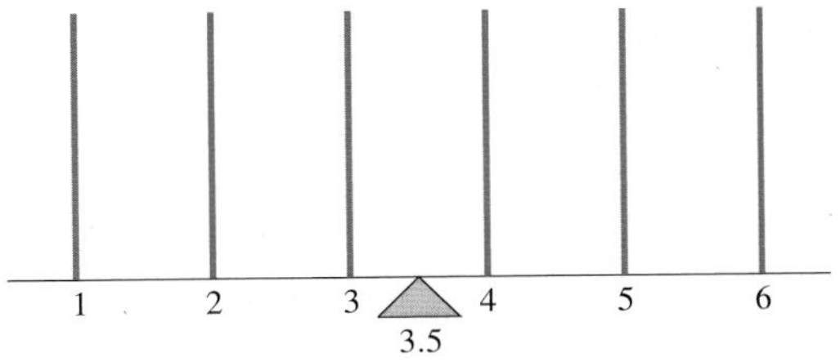

Abb. 38.15 Die Wahrscheinlichkeitsverteilung der Augenzahl W beim idealen Würfel. Hier ist $\mathrm{E}(W) = 3.5$

Teil VI

Zwei Wege zum Erwartungswert von $Y = g(X)$

1. Wir bleiben in der „X-Welt" und berechnen $\mathrm{E}(Y)$ als gewichteten Mittelwert der Ausprägungen $g(x_i)$,

$$\mathrm{E}(Y) = \mathrm{E}(g(X)) = \sum_{i=1}^{\infty} g(x_i) \cdot \mathrm{P}(X = x_i)\,.$$

2. Wir bestimmen die Verteilung von Y und berechnen $\mathrm{E}(Y)$ in der „Y-Welt" definitionsgemäß als

$$\mathrm{E}(Y) = \sum_{j=1}^{\infty} y_j \cdot \mathrm{P}(Y = y_j)\,.$$

Wir verzichten auf einen formalen Beweis und veranschaulichen die Äquivalenz der beiden Berechnungswege an einem Beispiel.

Beispiel Es sei $Y = g(X) = (X-2)^2$. Dabei nehme X die drei Werte $1, 2, 3$ mit den Wahrscheinlichkeiten $\mathrm{P}(X = 1) = 0.2$, $\mathrm{P}(X = 2) = 0.6$, $\mathrm{P}(X = 3) = 0.2$ an.

1. Wir wählen den ersten Weg und berechnen $\mathrm{E}(g(X))$ mithilfe der Wahrscheinlichkeitsverteilung von X

x	$\mathrm{P}(X = x)$	$g(x) = (x-2)^2$	$g(x) \cdot \mathrm{P}(X = x)$
1	0.2	1	0.2
2	0.6	0	0
3	0.2	1	0.2
$\sum$	1		0.4

Also $\mathrm{E}(g(X)) = 0.4$.

2. Wir wählen den zweiten Weg und berechnen $\mathrm{E}(Y)$ mithilfe der Wahrscheinlichkeitsverteilung von Y. Aus der obigen Tabelle folgt, dass $Y = (X-2)^2$ nur die beiden Werte $Y = 0$ und $Y = 1$ annimmt. Dabei ist

$$\begin{aligned}\mathrm{P}(Y = 1) &= \mathrm{P}((X-2)^2 = 1) = \mathrm{P}(\{X = 1\} \cup \{X = 3\}) \\ &= \mathrm{P}(X = 1) + \mathrm{P}(X = 3) = 0.2 + 0.2\end{aligned}$$

Die Berechnung des Erwartungswertes von Y liefert nun

y	$\mathrm{P}(Y = y)$	$y \cdot \mathrm{P}(Y = y)$
0	0.6	0
1	0.4	0.4
		0.4

Also ebenfalls $\mathrm{E}(Y) = 0.4$.

Warum beide Berechnungswege zum gleichen Ergebnis führen, wird im Vergleich deutlich: Wenn mehrere x-Werte zum gleichen y-Wert führen, werden ihre Wahrscheinlichkeiten bei der Bestimmung der Wahrscheinlichkeit des y-Werts addiert: Die Summe $\sum_{j=1}^{\infty} y_j \cdot \mathrm{P}(Y = y_j)$ ist nur eine Umordnung und Zusammenfassung der Summe $\sum_{i=1}^{\infty} g(x_i) \cdot \mathrm{P}(X = x_i)$. ◀

Die Aussage über die Gleichheit der beiden Berechnungswege von $\mathrm{E}(g(X))$ darf nicht zur Annahme $\mathrm{E}(g(X)) = g(\mathrm{E}(X))$ verleiten. Diese Gleichheit gilt nur, falls $g(x) = a + bx$ eine lineare Funktion ist.

Beispiel Die Zufallsvariable X nehme die Werte -1 und $+1$ jeweils mit Wahrscheinlichkeit 0.5 an. Dann ist $\mathrm{E}(X) = 0.5 \cdot (-1) + 0.5 \cdot (+1) = 0$. Andererseits ist X^2 identisch 1, also auch $\mathrm{E}(X^2) = 1$. Also ist $0 = (\mathrm{E}(X))^2 < \mathrm{E}(X^2) = 1$. ◀

Ist dagegen $g(x)$ eine konvexe oder konkave Funktion, so können wir $\mathrm{E}(g(X))$ mit der uns bereits aus Kap. 36 bekannten Jensen-Ungleichung abschätzen.

Die Jensen-Ungleichung

Ist $g(x)$ eine reelle Funktion, dann ist

$$\begin{aligned}\mathrm{E}(g(X)) &\geq g(\mathrm{E}(X)) \quad \text{falls } g(x) \text{ konvex ist,}\\ \mathrm{E}(g(X)) &\leq g(\mathrm{E}(X)) \quad \text{falls } g(x) \text{ konkav ist.}\end{aligned}$$

Der Beweis der beiden Ungleichungen ist völlig analog zu dem in Kap. 36 auf S. 1371 geführten Beweis für empirische Merkmale, dabei haben wir nur Mittelwert durch Erwartungswert und Häufigkeit durch Wahrscheinlichkeit zu ersetzen.

Beispiel Wir betrachten ein vereinfachtes Modell eines idealen Gases, dessen Moleküle sich nur in einer Dimension bewegen sollen. Die Geschwindigkeit eines Moleküls lässt sich als eine Zufallsvariable X mit dem Erwartungswert $\mathrm{E}(X)$ modellieren. Ist m die Masse des Gasmoleküls, so ist $Y = \frac{1}{2}mX^2$ seine kinetische Energie. Enthält das Gas N Moleküle, so ist die mittlere Energie des Gases

$$\mathrm{E}\left(\sum_{i=1}^{N} Y_i\right) = N \cdot \mathrm{E}(Y) = \frac{1}{2}mN\mathrm{E}(X^2) > \frac{1}{2}mN(\mathrm{E}(X))^2.$$

Die mittlere Energie ist also größer als die Energie eines Gases, in dem alle Moleküle die konstante mittlere Geschwindigkeit $\mathrm{E}(X)$ besitzen. ◀

Während der Mittelwert als gewichtete endliche Summe stets existiert, ist dies beim Erwartungswert von Zufallsvariablen mit unendlich vielen Ausprägungen nicht notwendig der Fall. Wir zeigen dies an einem berühmten historischen Beispiel, dem „Petersburger Paradoxon", das vor 200 Jahren Kopfzerbrechen bereitete.

Beispiel Der Dozent bietet seinen Studenten das folgende Glücksspiel mit einer fairen Münze an: Der Student zahlt einen Einsatz von M €. Dann wird die Münze sooft hintereinander und unabhängig voneinander geworfen, bis zum ersten Mal „Kopf" erscheint. Nun ist das Spiel beendet und der Student erhält seinen Gewinn Y nach folgender Regel: Erscheint „Kopf" beim n-ten Wurf zum ersten Mal, werden $Y = 2^n$ € ausgezahlt.

Ist X_i die Indikatorvariable des i-ten Wurfs, mit $X_i = 1$, falls „Kopf" fällt, dann ist

$$P(Y = 2^n) = P(X_1 = 0, X_2 = 0, \ldots, X_{n-1} = 0, X_n = 1).$$

Wegen der Unabhängigkeit der Würfe ist

$$P(Y = 2^n) = P(X_1 = 0) \cdot P(X_2 = 0) \cdot \ldots \cdot P(X_n = 1).$$

Da die Münze mit gleicher Wahrscheinlichkeit „Kopf" und „Zahl" wirft, ist $P(X_i = 0) = P(X_i = 1) = \frac{1}{2}$. Daher ist $P(Y = 2^n) = 2^{-n}$. Zur Bestimmung des Erwartungswertes berechnen wir zuerst die Partialsumme:

$$\sum_{j=1}^{N} y_j \cdot P(Y = y_j) = \sum_{j=1}^{N} 2^n \cdot P(Y = 2^n) = \sum_{j=1}^{N} 2^n \cdot 2^{-n} = N.$$

Die Reihe konvergiert nicht. Der Erwartungswert existiert nicht. Müsste man ihn beziffern, könnte man sagen, der Erwartungswert sei unendlich groß. Trotzdem wird kein vernünftiger Mensch für dieses Spiel einen Einsatz von mehr als etwa $M = 10$ € riskieren. ◀

Achtung Der Erwartungswert verhält sich beim Multiplizieren von Zufallsvariablen völlig anderes als beim Addieren.

- Immer gilt $E(X + Y) = E(X) + E(Y)$.
- Mitunter gilt $E(X \cdot Y) = E(X) \cdot E(Y)$.
- Nie gilt $E(X \cdot X) = E(X) \cdot E(X)$, es sei denn, X ist fast sicher eine Konstante. ◀

Der Spezialfall erhält einen eigenen Namen.

Definition Unkorreliertheit

Zwei Zufallsvariable X und Y heißen genau dann **unkorreliert**, falls gilt

$$E(X \cdot Y) = E(X) \cdot E(Y). \qquad (38.5)$$

Mit dem Thema Unkorreliertheit und damit zusammenhängend Korrelation und Kovarianz werden wir uns in Abschn. 38.4 noch ausführlich befassen. Dort werden wir auch beweisen, dass Unkorreliertheit eine schwächere Aussage als Unabhängigkeit ist.

Die Varianz ist ein quadratisches Streuungsmaß

Bei empirischen Häufigkeitsverteilungen definierten wir die empirische Varianz als Mittelwert der quadrierten Abweichungen der einzelnen Ausprägungen vom Schwerpunkt der Verteilung. Ersetzen wir Ausprägung durch Realisation und gewichten statt mit den relativen Häufigkeiten mit den Wahrscheinlichkeiten, erhalten wir analog dazu die Varianz.

Definition der Varianz

Ist X eine Zufallsvariable mit dem Erwartungswert μ, dann ist die Varianz von X definiert als

$$\mathrm{Var}(X) = E(X - \mu)^2 = \sigma^2,$$

sofern der Erwartungswert $E(X - \mu)^2$ existiert. Andernfalls existiert die Varianz nicht. Das übliche Symbol für die Varianz ist σ^2. Die Wurzel aus der Varianz ist die Standardabweichung σ.

$(X - \mu)^2$ ist eine Funktion von X. Ist X eine diskrete Zufallsvariable mit dem Erwartungswert μ und der Wahrscheinlichkeitsverteilung $P(X = x_j)$, $j = 1, 2, \ldots, \infty$, dann liefert der *erste Weg* zur Berechnung von $E(X - \mu)^2$ (siehe S. 1440)

$$\mathrm{Var}(X) = \sum_{j=1}^{\infty} (x_j - \mu)^2 \cdot P(X = x_j),$$

sofern die unendlichen Reihe $\left(\sum_{j=1}^{n} (x_j - \mu)^2 P(X = x_j)\right)_{n=1}^{\infty}$ konvergiert. Andernfalls existiert die Varianz nicht.

Wie beim Erwartungswert fügen wir an σ^2 noch den Namen der jeweiligen Variablen als Index an, wenn dies der Verständlichkeit hilft, und schreiben z. B. σ_X^2 bzw. σ_X. Wenn wir im Folgenden von der Varianz und ihren Eigenschaften sprechen, setzten wir – wie beim Erwartungswert – stillschweigend voraus, dass die Varianz existiert.

Multiplizieren wir $(X - \mu)^2$ aus

$$(X - \mu)^2 = X^2 - 2X\mu + \mu^2$$

und benutzen die Linearität des Erwartungswertes, erhalten wir wegen $E(X) = \mu$:

$$\begin{aligned} E(X - \mu)^2 &= E(X^2) - 2E(X\mu) + E(\mu^2) \\ &= E(X^2) - 2\mu^2 + \mu^2 = E(X^2) - \mu^2. \end{aligned}$$

Analog zum Verschiebungssatz für die empirische Varianz, siehe Kap. 36, S. 1376, erhalten wir nun den Verschiebungssatz für die theoretische Varianz.

Der Verschiebungssatz

Für jede Zufallsvariable X mit existierender Varianz gilt

$$\mathrm{Var}(X) = E(X - \mu)^2 = E(X^2) - \mu^2.$$

Ordnen wir die Formel um, erhalten wir

$$E(X^2) = (E(X))^2 + \mathrm{Var}(X) \geq (E(X))^2.$$

Dies ist eine Bestätigung der Jensen-Ungleichung, da $g(x) = x^2$ eine konvexe Funktion ist.

Vertiefung: Allgemeine Definition des Erwartungswertes

Wir haben bisher den Erwartungswert nur für diskrete Zufallsvariable definiert. Um die Definition zu erweitern, brauchen wir einen erweiterten Integrationsbegriff, den des Lebesgue-Stieltjes Integrals (siehe auch Kap. 11).

Ist X eine Zufallsvariable mit der Verteilungsfunktion F, so ist der Erwartungswert von X definiert als

$$\mathrm{E}(X) = \int x \, \mathrm{d}F(x),$$

sofern das Intergral auf der rechten Seite existiert. Dieses Integral ist wie folgt zu verstehen: Während beim Lebesgue-Integral jedem Intervall $[a, b]$ als Maß seine Länge $(b - a)$ zugeordnet wird, wird nun dem Intervall $[a, b]$ das Maß $F(b) - F(a)$ zugeordnet.

Ist z. B. $F(x)$ eine monoton wachsende Treppenfunktion mit abzählbar vielen Sprüngen der Höhe p_i an den Stellen x_i so ist

$$\mathrm{E}(X) = \int x \, \mathrm{d}F(x) = \sum_{i=1}^{\infty} x_i p_i,$$

sofern die Reihe absolut konvergiert. Falls F die Verteilungsfunktion der diskreten Zufallsvariablen X ist, stimmt also die vertraute spezielle Definition des Erwartungswertes auf S. 1438 mit der allgemeinen Definition überein.

Ist F dagegen differenzierbar mit der Ableitung F', so ist

$$\mathrm{E}(X) = \int x \, \mathrm{d}F(x) = \int x F'(x) \, \mathrm{d}x.$$

Zufällige Variable mit differenzierbarer Verteilungsfunktion heißen stetige Zufallsvariable. Mit ihnen werden wir uns im nächsten Kapitel noch ausführlich beschäftigen.

Alle Eigenschaften des Erwartungswertes lassen sich nun unter Ausnützung von Eigenschaften des Lebesgue-Stieltjes-Integrals beweisen, so die bereits zitierten wie auch die folgenden beiden:

- Schnelles Abklingen von F: Wenn der Erwartungswert der Zufallsvariablen X existiert, dann müssen die Wahrscheinlichkeiten für sehr große wie für sehr kleine x-Werte schneller als $\frac{1}{x}$ gegen null gehen. Genauer gesagt: Wenn $\mathrm{E}(X)$ existiert, dann folgt

$$\lim_{x\to\infty} x(1 - F(x)) = \lim_{x\to\infty} x\mathrm{P}(X > x) = 0,$$
$$\lim_{x\to-\infty} xF(x) = \lim_{x\to-\infty} x\mathrm{P}(X \le x) = 0.$$

- Berechnung des Erwartungswertes durch partielle Integration: Wenn $\mathrm{E}(X)$ existiert, dann ist

$$\mathrm{E}(X) = \int_0^{\infty} (1 - F(x)) \, \mathrm{d}x - \int_{-\infty}^{0} F(x) \, \mathrm{d}x.$$

Der Begriff Erwartungswert lässt sich zum Begriff des **Momentes** verallgemeinern. Für jedes $k > 0$ heißt $\mathrm{E}(X^k)$ das k**-te Moment** und $\mathrm{E}(|X|^k)$ k**-te absolute Moment** der Zufallsvariablen X bzw. der Verteilung F, sofern die Erwartungswerte existieren. Existiert $\mathrm{E}(|X|^k)$ für ein $k > 0$, so existiert $\mathrm{E}(|X|^j)$ für alle $0 < j < k$.

Beispiel Wir berechnen die Varianz der zufälligen Variablen Y aus unserem Münzbeispiel einmal gemäß der Definition und dann mit dem Verschiebungssatz. Wir hatten auf S. 1439 bereits $\mathrm{E}(Y) = 20$ berechnet. Dann folgt

y	$\mathrm{P}(Y = y)$	$(y - 20)^2\mathrm{P}(Y = y)$	$y^2\mathrm{P}(Y = y)$
0	4/8	200	0
20	3/8	0	150
100	1/8	800	1250
Summe	1	1000	1400

Einerseits ist $\mathrm{Var}(Y) = \sum_{j=1}^{3}(y_j - \mu)^2 \cdot \mathrm{P}(X = y_j) = 1000$. Andererseits ist $\mathrm{E}(Y)^2 = 1400$ und $(\mathrm{E}(Y))^2 = 20^2$. Also

$$\mathrm{Var}(Y) = 1400 - 400 = 1000 = \sigma_Y^2$$
$$\sigma_Y = \sqrt{\mathrm{Var}(Y)} = \sqrt{1000} \approx 31.6\,.$$ ◄

Für die Varianz gelten dieselben Regeln, die wir schon für die empirische Varianz aufgestellt haben, vor allem gilt Folgendes:

Die Varianz ist invariant bei Verschiebungen

Die Varianz ist ein quadratisches Streuungsmaß, das invariant bei Verschiebungen ist:

$$\mathrm{Var}(a + bX) = b^2 \, \mathrm{Var}(X)$$

Beispiel Im Münzspiel haben wir den Gewinn $Z = Y - 20$ als eine neue Zufallsvariable eingeführt. Dann ist $\mathrm{Var}(Z) = \mathrm{Var}(Y - 20) = \mathrm{Var}(Y) = 1\,000$ und $\sigma_Z \approx 31.6$. ◄

Während für alle Zufallsvariablen Summation und Erwartungswertbildung vertauschbar sind, gilt die analoge Beziehung für die Varianz nur für unkorrelierte Variable.

Die Summenregel für unkorrelierte Zufallsvariable

Sind die Zufallsvariablen X_i paarweise unkorreliert, gilt

$$\operatorname{Var}\left(\sum_{i=1}^{n} X_i\right) = \sum_{i=1}^{n} \operatorname{Var}(X_i).$$

Da unabhängige Variable unkorreliert sind, gilt die Summenregel auch für unabhängige Zufallsvariable.

Beweis Da die Varianz gegen eine Verschiebung der Variablen invariant ist, können wir ohne Beschränkung der Allgemeinheit annehmen, dass $\mathrm{E}(X_i) = 0$ ist. Dann ist $\operatorname{Var}(X_i) = \mathrm{E}(X_i)^2$. Zur Abkürzung setzen wir $Y = \sum_{i=1}^{n} X_i$. Dann ist

$$\mathrm{E}(Y) = \mathrm{E}\left(\sum_{i=1}^{n} X_i\right) = \sum_{i=1}^{n} \mathrm{E}(X_i) = 0.$$

Dann folgt weiter:

$$\operatorname{Var}(Y) = \mathrm{E}(Y^2) = \mathrm{E}\left(\sum_{i=1}^{n} X_i^2 + 2\sum_{i \neq j} X_i X_j\right).$$

Wegen der Linearität des Erwartungswertes können wir Summation und Erwartungswert vertauschen:

$$\operatorname{Var}(Y) = \sum_{i=1}^{n} \mathrm{E}(X_i^2) + 2\sum_{i \neq j} \mathrm{E}(X_i X_j).$$

Falls $i \neq j$ ist, können wir wegen der Unkorreliertheit $\mathrm{E}(X_i X_j) = \mathrm{E}(X_i)\mathrm{E}(X_j)$ faktorisieren. Nach Voraussetzung ist aber $\mathrm{E}(X_i) = \mathrm{E}(X_j) = 0$. Also ist $\mathrm{E}(X_i X_j) = 0$. Folglich gilt:

$$\operatorname{Var}(Y) = \sum_{i=1}^{n} \mathrm{E}(X_i^2) = \sum_{i=1}^{n} \operatorname{Var}(X_i). \qquad \blacksquare$$

Selbstfrage 2

Es seien X und Y zwei unabhängige, identisch verteilte Zufallsvariable mit $\mathrm{E}(X) = \mu$ und $\operatorname{Var}(X) = \sigma^2$.

(a) Wie unterscheiden sich $X + X$, $2 \cdot X$, $X + Y$?
(b) Wie groß sind ihre Erwartungswerte und Varianzen?

Die Konsequenzen dieser scheinbar einfachen Summenregel für unkorrelierte Zufallsvariable sind grundlegend für die gesamte Statistik. Wir werden immer wieder auf sie stoßen. Als erste Folgerung betrachten wir unkorrelierte Zufallsvariablen X_i mit derselben Varianz σ^2. Dann gilt

$$\operatorname{Var}\left(\sum_{i=1}^{n} X_i\right) = n\sigma^2.$$

Die Varianz der Summe wächst nur linear mit n. Haben die Zufallsvariablen auch noch denselben Erwartungswert μ, so gilt

$$\mathrm{E}\left(\sum_{i=1}^{n} X_i\right) = n\mu.$$

Der Erwartungswert der Summe wächst ebenfalls linear mit n, die Standardabweichung der Summe aber nur linear mit $\sqrt{n}$. Relativ zum Wachstum des Erwartungswertes nimmt die Streuung der Summe ab. Aussagen über Summen aus unabhängigen Zufallsvariablen sind relativ zur Größe von n genauer als Aussagen über die einzelnen Summanden. Am deutlichsten wird dieser Effekt, wenn wir nicht die Summe, sondern den Mittelwert

$$\overline{X}^{(n)} = \frac{1}{n}\sum_{i=1}^{n} X_i$$

betrachten.

Mittelwertsregel für unkorrelierte Zufallsvariable

Sind $X_1, X_2, \ldots, X_n$ unkorrelierte zufällige Variable, die alle denselben Erwartungswert $\mathrm{E}(X_i) = \mu$ und dieselbe Varianz $\operatorname{Var}(X_i) = \sigma^2$ besitzen, dann gilt

$$\mathrm{E}(\overline{X}^{(n)}) = \mu \quad \text{und} \quad \operatorname{Var}(\overline{X}^{(n)}) = \frac{\sigma^2}{n}.$$

Beweis Wegen der Linearität des Erwartungswertes können wir Summation und Erwartungswert vertauschen,

$$\mathrm{E}(\overline{X}^{(n)}) = \mathrm{E}\left(\frac{1}{n}\sum_{i=1}^{n} X_i\right) = \frac{1}{n}\sum_{i=1}^{n} \mathrm{E}(X_i) = \frac{1}{n} n\mu = \mu.$$

Da die Varianz ein quadratisches Streuungsmaß ist, folgt

$$\operatorname{Var}(\overline{X}^{(n)}) = \operatorname{Var}\left(\frac{1}{n}\sum_{i=1}^{n} X_i\right) = \frac{1}{n^2}\operatorname{Var}\left(\sum_{i=1}^{n} X_i\right),$$

denn beim Ausklammern der Konstante $\frac{1}{n}$ wird sie quadriert. Da die X_i unkorreliert sind, greift die Summenregel,

$$\frac{1}{n^2}\operatorname{Var}\left(\sum_{i=1}^{n} X_i\right) = \frac{1}{n^2}\sum_{i=1}^{n} \operatorname{Var}(X_i) = \frac{1}{n^2} n\sigma^2 = \frac{\sigma^2}{n}. \qquad \blacksquare$$

Es seien $X_1, X_2, \ldots, X_n$ fehlerbehaftete Messung, die zufällig mit einer Varianz σ^2 um den wahren Wert $\mathrm{E}(X_i) = \mu$ streuen. Beobachten wir nur eine einzige Messung $X_1 = x_1$, so werden wir x_1 als Schätzwert für den unbekannten Wert μ nehmen. Nehmen wir dagegen alle n Messungen und bilden daraus den Mittelwert, so streut $\overline{X}^{(n)}$ wie jede Einzelmessung ebenfalls um den wahren Wert μ, aber mit einer um den Faktor $1/n$ verringerten Varianz. Daher ergibt sich die dringende Empfehlung an jeden empirisch Arbeitenden:

Wiederhole Messungen unabhängig voneinander und bilde Mittelwerte!

Standardisierung

Eine Zufallsvariable X mit Erwartungswert gleich null und Varianz gleich eins heißt **standardisierte** Zufallsvariable. Ist X eine beliebige Zufallsvariable mit $\mathrm{E}(X) = \mu$ und $\mathrm{Var}(X) = \sigma^2$, dann heißt

$$X^* = \frac{X - \mu}{\sigma}$$

die **Standardisierte** von X. Der Vorgang selbst heißt Standardisierung. Für die standardisierte Variable X^* gilt:

$$\mathrm{E}(X^*) = 0$$
$$\mathrm{Var}(X^*) = 1.$$

Selbstfrage 3

Beweisen Sie die beiden letzten Gleichungen.

Wie in der deskriptiven Statistik gelten die Ungleichungen von Tschebyschev.

Die Ungleichungen von Tschebyschev für standardisierte Variable

Für jede standardisierte Variable X und jede beliebige positive Zahl k gilt:

$$\mathrm{P}(|X| \geq k) \leq \frac{1}{k^2},$$
$$\mathrm{P}(|X| < k) \geq 1 - \frac{1}{k^2}.$$

Beweis Definieren Sie die zufällige Variable Y durch

$$Y = \begin{cases} 0 & \text{falls } X^2 < k^2 \\ k^2 & \text{falls } X^2 \geq k^2. \end{cases}$$

Nach Definition nimmt Y nur die beiden Werte 0 und k^2 an. Daher ist

$$\mathrm{E}(Y) = 0 \cdot \mathrm{P}(X^2 < k^2) + k^2 \cdot \mathrm{P}(X^2 \geq k^2) = k^2\mathrm{P}(X^2 \geq k^2).$$

Andererseits ist ebenfalls nach Definition $X^2 \geq Y$. Daher folgt $\mathrm{E}(X^2) \geq \mathrm{E}(Y)$. Da X standardisiert ist, folgt $\mathrm{Var}(X) = \mathrm{E}(X^2) = 1$. Zusammengefasst gilt also

$$1 = \mathrm{E}(X^2) \geq \mathrm{E}(Y) = k^2\mathrm{P}(X^2 \geq k^2).$$

Daraus folgt

$$\frac{1}{k^2} \geq \mathrm{P}(X^2 \geq k^2) = \mathrm{P}(|X| \geq k).$$

Die zweite Ungleichung ist die Wahrscheinlichkeit des Komplementärereignisses. ■

Ist X eine beliebige zufällige Variable mit $\mathrm{E}(X) = \mu$ und $\mathrm{Var}\,X = \sigma^2$, so wenden wir die Ungleichungen von Tschebyschev auf die Standardisierte X^* von X an und erhalten die äquivalenten Aussagen.

Die Ungleichungen von Tschebyschev

Für jede Variable X mit existierender Varianz σ^2 und jede beliebige positive Zahl k gilt:

$$\mathrm{P}(|X - \mu| \geq k\sigma) \leq \frac{1}{k^2},$$
$$\mathrm{P}(|X - \mu| < k\sigma) \geq 1 - \frac{1}{k^2}.$$

38.3 Das Gesetz der großen Zahlen und der Hauptsatz der Statistik

Das Starke Gesetz der großen Zahlen rechtfertigt die Häufigkeitsinterpretation der Wahrscheinlichkeit

Bei geringem Stichprobenumfang n ist die Tschebyschev-Ungleichung oft ein stumpfes Werkzeug. Sie wird aber immer schärfer, je größer n wird und erlaubt im Grenzfall eine überraschende Erkenntnis.

Es seien $X_1, X_2, \ldots, X_n$ i.i.d.-zufällige Variable mit $\mathrm{E}(X_i) = \mu$ und $\mathrm{Var}(X_i) = \sigma^2$. Jetzt wenden wir die Tschebyschev-Ungleichung in der zweiten Version auf $\overline{X}^{(n)}$ an,

$$\mathrm{P}\big(|\overline{X}^{(n)} - \mathrm{E}(\overline{X}^{(n)})| < k\sigma_{\overline{X}^{(n)}}\big) \geq 1 - \frac{1}{k^2}.$$

Die X_i sind unabhängig und identisch verteilt. Nach der Mittelwertsregel für unkorrelierte Zufallsvariable ist $\mathrm{E}(\overline{X}^{(n)}) = \mu$, $\mathrm{Var}(\overline{X}^{(n)}) = \frac{\sigma^2}{n}$ und $\sigma_{\overline{X}^{(n)}} = \frac{\sigma}{\sqrt{n}}$. Also folgt

$$\mathrm{P}\left(|\overline{X}^{(n)} - \mu| < k\frac{\sigma}{\sqrt{n}}\right) \geq 1 - \frac{1}{k^2}. \tag{38.6}$$

Wir halten $k\frac{\sigma}{\sqrt{n}}$ fest und kürzen es ab mit

$$\varepsilon = k\frac{\sigma}{\sqrt{n}}.$$

Eliminieren wir $k = \frac{\varepsilon\sqrt{n}}{\sigma}$ aus (38.6), erhalten wir

$$\mathrm{P}\big(|\overline{X}^{(n)} - \mu| < \varepsilon\big) \geq 1 - \frac{\sigma^2}{\varepsilon^2 n}.$$

Bei festgehaltenem ε schicken wir n gegen unendlich und erhalten

$$\lim_{n\to\infty} \mathrm{P}\big(|\overline{X}^{(n)} - \mu| < \varepsilon\big) \geq 1.$$

Teil VI

Anwendung: Prognosen mit den Ungleichungen von Tschebyschev

Ist die zufällige Variable X noch nicht beobachtet worden, so ist eine Aussage „$|X - \mu| \geq k\sigma$" eine Prognose über die zukünftige Realisation von X. Die Tschebyschev-Ungleichung gibt an, mit welcher Wahrscheinlichkeit die Prognose zutrifft. Die Länge des Prognoseintervalls ist $2k\sigma$. Bei festem σ ist das Prognoseintervall umso größer, je größer man k wählt. Die Prognose wird dadurch ungenauer und gleichzeitig sicherer.

Die Tschebyschev-Ungleichung gestattet folgende Aussage über Y

$$\mathrm{P}(|Y - \mu| < k \cdot \sigma) \geq 1 - \frac{1}{k^2}.$$

Daraus leiten wir die folgende Prognose ab: Mit Wahrscheinlichkeit von mindestens $(1 - \frac{1}{k^2})100\%$ liegt Y im Intervall

$$\mu - k \cdot \sigma \leq Y \leq \mu + k \cdot \sigma.$$

Wir nennen diese Abschätzung ein $(k \cdot \sigma)$-Prognoseintervall zum Niveau $1 - \frac{1}{k^2}$. Wählen wir zum Beispiel $k = 2$, erhalten wir das $(2 \cdot \sigma)$-Prognoseintervall zum Niveau 75%

$$\mu - 2 \cdot \sigma \leq Y \leq \mu + 2 \cdot \sigma,$$

bzw. für $k = 3$ erhalten wir das $(3 \cdot \sigma)$-Prognoseintervall zum Niveau 89%

$$\mu - 3 \cdot \sigma \leq Y \leq \mu + 3 \cdot \sigma.$$

Wenden wir die Ungleichung von Tschebyschev auf das Münzspiel an und betrachten, wie sich die Anzahl der Mitspieler auf eine Prognose über die Gesamtauszahlung auswirkt. Die Auszahlung bei n mitspielenden Studenten ist $S_n = \sum_{i=1}^{n} Y_i$. Dabei sind die Y_i unabhängig und identisch verteilt (i.i.d.) mit $\mathrm{E}(Y) = 20$, $\mathrm{Var}(Y) = 1\,000$ und $\sigma_Y = 31.6$.

- Ein Mitspieler: Für die Auszahlung $S_1 = Y$ ist $\mathrm{E}(S_1) = 20$, $\mathrm{Var}(S_1) = 1000$ und $\sigma_{S_1} = 31.6$. Das $(k \cdot \sigma)$-Prognoseintervall für S_1 lautet daher:

  $$20 - k \cdot 31.6 \leq S_1 \leq \mu + k \cdot 31.6.$$

  Wählen wir zum Beispiel $k = 2$, können wir sagen: Mit einer Wahrscheinlichkeit von mindestens 75 % ist

  $$-43 < S_1 < 83.$$

  Wählen wir $k = 3$, können wir sagen: Mit einer Wahrscheinlichkeit von mindestens 89 % ist

  $$-75 < S_1 < 115.$$

  Für das einzelne Spiel ist die Tschebyschev-Ungleichung zwar nicht falsch, aber viel zu grob. Wir wissen ja, dass S_1 nie negativ und höchstens 100 ist.
- Fünf Mitspieler: Für die Auszahlung S_5 ist $\mathrm{E}(S_5) = 5 \cdot 20 = 100$ sowie $\mathrm{Var}(S_5) = 5 \cdot 1000 = 5000$ und $\sigma_{S_5} = \sqrt{5000} = 70.711$. Für $k = 3$ ist $3\sigma_{S_5} = 212.13$. Das 3σ-Prognoseintervall für S_5 zum Niveau von 89 % ist

  $$-112.1 = 100 - 212.1 \leq S_5 \leq 100 + 212.1 = 312.1.$$

  Da die Auszahlung nie negativ ist, können wir also sagen: Mit einer Wahrscheinlichkeit von mindestens 89 % ist $S_5 \leq 312.13$. Andererseits haben wir die Verteilungsfunktion F_{S_5} explizit bestimmen können (siehe Abb. 38.11). Danach gilt

  $$\mathrm{P}(0 \leq S_5 \leq 312.13) = 0.988\,8.$$

  Kennt man also die Verteilung von S_5, so kann man wesentlich sicherere Aussagen oder bei gleicher Sicherheit wesentlich schärfere Aussagen als nur mit Tschebyschev machen.
- Vierzig Mitspieler: Im schlimmsten Fall zahlt der Dozent 40 € und im besten Fall 0 €. Beide Extreme sind aber sehr unwahrscheinlich. Welche Beträge sind wahrscheinlicher? Es ist $S_{40} = \sum_{i=1}^{40} Y_i$. Daher ist:

  $$\mathrm{E}(S_{40}) = \sum_{i=1}^{40} \mathrm{E}(Y_i) = 40 \cdot 20 = 800,$$

  $$\mathrm{Var}(S_{40}) = \sum_{i=1}^{40} \mathrm{Var}(Y_i) = 40 \cdot 1000 = 4 \cdot 10^4,$$

  $$\sigma_{S_{40}} = 200.$$

  Die 4σ-Prognose zum Niveau $1 - \frac{1}{4^2} = 0.94$ ist demnach

  $$0 = 800 - 4 \cdot 200 \leq S_{40} \leq 800 + 4 \cdot 200 = 1600.$$

  Der Dozent weiß also, dass er mit einer Wahrscheinlichkeit von mindestens 94 % nicht mehr als 16 € ausgeben wird. Verlangt er pro Spiel den fairen Einsatz von 20 Cent, so wird er mit hoher Wahrscheinlichkeit nicht mehr als 8 € gewinnen oder verlieren.

Übersicht: Eigenschaften des Erwartungswerts und der Varianz

Es seien $X, Y, X_1, \ldots, X_n$ zufällige Variable und a und b Konstanten. Dann gilt, sofern Erwartungswerte und Varianzen existieren:

- $\mathrm{E}(X)$ ist der Schwerpunkt der Wahrscheinlichkeitsverteilung von X.
- Ist X fast sicher eine Konstante, $\mathrm{P}(X = a) = 1$ oder identisch gleich a, so ist $\mathrm{E}(X) = a$.
- Der Erwartungswert ist ein linearer Operator. Es gilt:

$$\mathrm{E}(a + bX) = a + b\mathrm{E}(X),$$
$$\mathrm{E}(X - \mathrm{E}(X)) = 0,$$
$$\mathrm{E}\left(\sum_{i=1}^{n} X_i\right) = \sum_{i=1}^{n} \mathrm{E}(X_i).$$

- Der Erwartungswert erhält die Rangordnung. Ist $X \leq Y$, so folgt $\mathrm{E}(X) \leq \mathrm{E}(Y)$. Dabei bedeutet $X \leq Y$, dass $\mathrm{P}(Y - X \geq 0) = 1$ ist.
- Es gilt die Markov-Ungleichung für positive Zufallsvariable. Ist $\mathrm{P}(X \geq 0) = 1$, so folgt für jede Zahl $k \geq 0$

$$\mathrm{P}(X \geq k) \leq \frac{1}{k}\mathrm{E}(X).$$

- Sind X und Y unkorreliert, so ist

$$\mathrm{E}(X \cdot Y) = \mathrm{E}(X)\mathrm{E}(Y).$$

- Ist $\mathrm{E}(X) = \mu$ und existiert $\mathrm{E}(X - \mu)^2$, so ist

$$\mathrm{Var}(X) = \mathrm{E}(X - \mu)^2 = \sigma^2.$$

- Die Standardabweichung ist $\sigma = \sqrt{\mathrm{Var}(X)}$.
- Die Varianz ist ein quadratisches Streuungsmaß

$$\mathrm{Var}(a + bX) = b^2\,\mathrm{Var}(X).$$

- Sind $X_1 \ldots, X_n$ paarweise unkorreliert, so ist

$$\mathrm{Var}\left(\sum_{i=1}^{n} X_i\right) = \sum_{i=1}^{n} \mathrm{Var}(X_i).$$

Besitzen die X_i alle dieselbe Varianz σ^2, so gilt speziell

$$\mathrm{Var}(\overline{X}^{(n)}) = \frac{\sigma^2}{n}.$$

- Es gelten die Ungleichungen von Tschebyschev. Für jede positive reelle Zahl k ist

$$\mathrm{P}(|X - \mu| \geq k\sigma) \leq \frac{1}{k^2},$$
$$\mathrm{P}(|X - \mu| < k\sigma) \geq 1 - \frac{1}{k^2}.$$

Da Wahrscheinlichkeiten nicht größer als 1 sind, ist der Grenzwert gleich 1. Was wir hier gefunden haben ist das Schwache Gesetz der großen Zahlen.

Das Schwache Gesetz der großen Zahlen

Es sei $(X_n)_{n\in\mathbb{N}}$ eine Folge von i.i.d.-zufälligen Variablen mit $\mathrm{E}(X_n) = \mu$. Dann gilt für jedes $\varepsilon > 0$

$$\lim_{n\to\infty} \mathrm{P}\big(|\overline{X}^{(n)} - \mu| < \varepsilon\big) = 1.$$

Genau genommen haben wir das Schwache Gesetz der großen Zahlen nur unter der Voraussetzung bewiesen, dass die X_i eine endliche Varianz besitzen. Diese Einschränkung ist aber irrelevant, denn wir können eine wesentlich stärkere und allgemeinere Aussage machen.

Das Schwache Gesetz sagt nämlich nur aus, dass große Abweichungen immer unwahrscheinlicher werden. Aber die Traumaussage

$$\lim_{n\to\infty} \overline{X}^{(n)} = \mu$$

folgt nicht daraus. Diese Aussage würde uns aller interpretatorischen Nöte entheben und die Welt für Statistiker einfach machen. Sie lässt sich bloß nicht beweisen. Was sich dagegen beweisen lässt: $\lim_{n\to\infty} \overline{X}^{(n)} = \mu$ gilt nicht immer, sondern nur „so gut wie immer". Genau dies sagt das Starke Gesetz der großen Zahlen aus.

Das Starke Gesetz der großen Zahlen

Es sei $(X_n)_{n\in\mathbb{N}}$ eine Folge von i.i.d.-zufälligen Variablen mit $\mathrm{E}(X_i) = \mu$. Dann gilt

$$\mathrm{P}\big(\lim_{n\to\infty} \overline{X}^{(n)} = \mu\big) = 1.$$

Man sagt: $\overline{X}^{(n)}$ **konvergiert fast sicher** gegen μ.

Das Starke Gesetz der großen Zahlen setzt nicht die Existenz der Varianz voraus, sondern nur die Existenz des Erwartungswertes. Besitzen Zufallsvariable keinen Erwartungswert, kann das Gesetz der großen Zahlen nicht gelten. Es gilt nämlich auch die Umkehrung: Wenn $\overline{X}^{(n)}$ mit Wahrscheinlichkeit 1 gegen eine Zahl z konvergiert, dann ist z der Erwartungswert der X_i.

Während das Schwache Gesetz der großen Zahlen leicht zu beweisen, aber schwer zu interpretieren ist, ist das Starke Gesetz der großen Zahlen leicht zu interpretieren, aber schwer zu beweisen. Daher verzichten wir auf eine Beweisskizze.

Das Starke Gesetz der großen Zahlen sagt aus, dass der Grenzwert $\lim \overline{X}^{(n)}$ eine entartete zufällige Variable ist. Die Menge aller ω, für die $\overline{X}^{(n)}$ nicht gegen μ konvergiert, hat das Wahrscheinlichkeitsmaß null. Ignorieren wir die ω aus dieser Ausnahmemenge, so gilt für alle anderen ω

$$\lim_{n\to\infty} \overline{X}^{(n)}(\omega) = \mu\,.$$

$\overline{X}^{(n)}(\omega)$ ist aber ein von uns beobachteter empirischer Mittelwert $\overline{x}^{(n)}$. Bis auf ein Ereignis mit der Wahrscheinlichkeit null gilt also:

Das empirische Gesetz der großen Zahlen

Das arithmetische Mittel $\overline{x}^{(n)}$, das aus den Realisationen $x_1, x_2, \ldots, x_n$ der i.i.d.-zufälligen Variablen $X_1, X_2, \ldots, X_n$ berechnet wird, konvergiert wie eine gewöhnliche arithmetische Folge mit wachsendem n „so gut wie sicher" gegen μ:

$$\lim_{n\to\infty} \overline{x}^{(n)} = \mu.$$

Noch einmal: Es ist nicht sicher, dass $\overline{x}^{(n)}$ gegen μ konvergiert! Wenn $\overline{x}^{(n)}$ ausnahmsweise mal nicht gegen μ konvergiert, dann ist ein Ereignis eingetreten, welches die Wahrscheinlichkeit null besitzt.

Damit hat man eine Erklärung für das Grenzverhalten der Verteilungsfunktionen $F_{\overline{Y}^{(n)}}$ auf S. 1437 gefunden. Die Zahl, an der im Grenzfall die Verteilungsfunktionen von 0 auf 1 springen, ist der Erwartungswert $\mathrm{E}(Y) = 20$.

Nun können wir auch den Namen Erwartungswert rechtfertigen: Wenn wir einen Versuch hinreichend oft unabhängig voneinander wiederholen, so können wir erwarten, dass der empirische Mittelwert $\overline{x}^{(n)}$ in der Nähe des Erwartungswertes liegt.

Beispiel Wir betrachten den Wurf von drei unabhängigen fairen Münzen. Dabei sei die Zufallsvariable X die Anzahl der „Kopfwürfe". Wir hatten bereits früher die Wahrscheinlichkeitsverteilung von X bestimmt:

x	$\mathrm{P}(X = x)$	$x \cdot \mathrm{P}(X = x)$	$x^2 \cdot \mathrm{P}(X = x)$
0	1/8	0	0
1	3/8	3/8	3/8
2	3/8	6/8	12/8
3	1/8	3/8	9/8
Summe	1	12/8 = 1.5	24/8 = 3

Der Erwartungswert $\mathrm{E}(X)$ ist 1.5, die Varianz ist $\mathrm{Var}(X) = \mathrm{E}(X^2) - (\mathrm{E}(X))^2 = 3 - (1.5)^2 = 0.75$. Soweit das Modell.

Nun wollen wir das im Experiment im Hörsaal überprüfen. Jeder Student wird gebeten, alle Münzen, die er bei sich hat, in Dreierreihen geordnet vor sich auf den Tisch zu legen. Für jede Dreierreihe gibt er an, wie viele Münzen „Kopf" zeigen. Diese Zahl X kann 0, 1, 2 oder 3 sein. Anschließend wird gezählt, wie oft diese Realisationen auftreten. Modell und Realität können wir in Beziehung setzen, wenn wir annehmen, dass a) jede real verwendete Münze eine faire Münze ist, die – unsortiert auf den Tisch gelegt – mit Wahrscheinlichkeit $\frac{1}{2}$ „Kopf" zeigt, und dass b) die Münzen unabhängig voneinander gelegt werden. Dann gilt für $\overline{X}^{(n)}$ das Starke Gesetz der großen Zahlen. Wir können daher erwarten, dass das beobachtete $\overline{x}$ in der Nähe von 1.5 liegt.

Bei dem Experiment im Hörsaal wurden 48 Dreierreihen erzeugt. Mit den Abkürzungen h_i für absolute Häufigkeit und $p_i = \frac{h_i}{48}$ für die relative Häufigkeit ergab die Auszählung:

x_i	hi	$hi \cdot x_i$	$p_i = h_i/48$	$\mathrm{P}(X = x_i)$
0	8	0	0.17	0.125
1	19	19	0.40	0.375
2	18	36	0.37	0.375
3	3	9	0.06	0.125
Summe	48	64	1.00	1

Der Mittelwert ist $\overline{x}^{(48)} = \frac{1}{48}\sum_{i=1}^{48} h_i \cdot x_i = \frac{64}{48} = 1.33$, in guter Übereinstimmung mit $\mathrm{E}(X) = 1.5$ Weiter beobachten wir eine gewisse Übereinstimmung von beobachteten relativen Häufigkeiten p_i und theoretischen Wahrscheinlichkeiten. Diese Übereinstimmung ist aber nicht überraschend, wie wir gleich sehen werden. ◀

Selbstfrage 4

Bestimmen Sie mithilfe der Ungleichung von Tschebyschev ein 2σ-Prognoseintervall für $\overline{X}^{(48)}$ aus dem obigen Münzexperiment. War die Prognose zutreffend?

Wir wollen nun das Gesetz der großen Zahlen auf Indikatorvariable anwenden.

Definition der Indikatorvariablen

Sei A ein zufälliges Ereignis, das bei einem Versuch eintreten oder ausbleiben kann. Die Indikatorvariable I_A gibt an, ob A eintritt oder nicht:

$$I_A(\omega) = \begin{cases} 1, & \text{falls } A \text{ eintritt,} \\ 0, & \text{falls } A \text{ nicht eintritt.} \end{cases}$$

I_A ist eine binäre Variable, da sie nur die beiden Realisationen 0 und 1 hat. I_A heißt auch **Bernoulli**-Variable. Für die Indikatorvariable I_A ist

$$\mathrm{E}(I_A) = \mathrm{P}(A) \text{ und } \mathrm{Var}(I_A) = \mathrm{P}(A)(1 - \mathrm{P}(A)).$$

Teil VI

Selbstfrage 5

Bestätigen Sie die Aussagen über Erwartungswert und Varianz der Indikatorvariable.

Nun betrachten wir eine Folge von unabhängigen Wiederholungen eines Versuchs, bei dem A jeweils mit der Wahrscheinlichkeit $P(A)$ eintritt. Sei I_{A_i} die Indikatorvariable des i-ten Versuchs. Dann ist

$$\sum_{i=1}^{n} I_{A_i} \qquad \text{die absolute Häufigkeit und}$$

$$\overline{I}_A^{(n)} = \frac{1}{n}\sum_{i=1}^{n} I_{A_i} \qquad \text{die relative Häufigkeit,}$$

mit der A bei den n Versuchen eintritt. Da die Ereignisse unabhängig sind, sind auch ihre Indikatorfunktionen unabhängig. Folglich gilt für sie das Starke Gesetz der großen Zahlen.

Das Starke Gesetz der großen Zahlen für Wahrscheinlichkeiten

In einer Serie unabhängiger Versuche, bei der das Ereignis A jeweils mit der Wahrscheinlichkeit $P(A)$ auftritt, konvergiert die relative Häufigkeit, mit der A in der Serie wirklich aufgetreten ist, mit Wahrscheinlichkeit 1 gegen den Grenzwert $P(A)$.

Sprechen wir etwas einfacher, weniger mathematisch exakt: Das Starke Gesetz der großen Zahlen sagt **nicht** aus

$$\lim_{n\to\infty} (\text{relative Häufigkeit}) = \text{Wahrscheinlichkeit},$$

sondern nur, dass diese Aussage mit Wahrscheinlichkeit 1 gilt:

$$P(\lim_{n\to\infty} (\text{relative Häufigkeit}) = \text{Wahrscheinlichkeit}) = 1.$$

Diese Gleichung hilft uns nicht, wenn wir nicht von vornherein etwas darüber wissen, was Wahrscheinlichkeit ist. Als Definition von Wahrscheinlichkeit führt sie uns im Kreise. Der Versuch von Richard von Mises (1883–1953), im Starken Gesetz der großen Zahlen den entscheidenden Zusatz: „Mit Wahrscheinlichkeit 1 gilt:" wegzulassen, führt zu bislang nicht bewältigten logischen und mathematischen Problemen. Akzeptieren wir jedoch die außermathematische Vereinbarung

- Ein Ereignis mit Wahrscheinlichkeit 1 ist so gut wie sicher.
- Ein Ereignis mit Wahrscheinlichkeit 0 ist so gut wie unmöglich.

ohne „so gut wie sicher" und „so gut wie unmöglich" weiter zu hinterfragen, können wir nun sagen:

Das empirische Gesetz der großen Zahlen für Wahrscheinlichkeiten

In einer Serie unabhängiger Versuche, bei der das Ereignis A jeweils mit der Wahrscheinlichkeit $P(A)$ auftritt, konvergiert die relative Häufigkeit, mit der A in der Serie wirklich aufgetreten ist, so gut wie sicher gegen die Wahrscheinlichkeit von A.

Mit dieser Vereinbarung haben wir zwar keine inhaltliche Definition von Wahrscheinlichkeit gefunden, aber eine tragfähige Interpretation der Wahrscheinlichkeit und eine Brücke zwischen unserer erfahrbaren Realität und dem mathematischen, axiomatischen Modell Kolmogorovs.

Diese Interpretation des Starken Gesetzes der großen Zahlen ist das Fundament des objektivistischen oder frequentistischen Wahrscheinlichkeitsbegriffs. Nach diesem ist Wahrscheinlichkeit eine objektive, quasi-physikalische Eigenschaft der Dinge. So wie ein Würfel Masse, Gewicht, Temperatur und andere physikalische Eigenschaften hat, hat er auch Wahrscheinlichkeit für das Auftreten seiner Seiten beim Würfeln. Diese Wahrscheinlichkeit existiert unabhängig vom Betrachter. Daher der Name *Objektivisten*. Dieser objektivistische Wahrscheinlichkeitsbegriff liegt auch der modernen Grundlagenphysik der Elementarteilchen, der Quantenmechanik, zugrunde.

Das deterministische Weltbild wird hier aufgegeben. Anstelle vorhersagbarer Beobachtungen werden Wahrscheinlichkeiten für ihr Eintreten berechnet (Atomzerfall, Quantensprünge). Positionen und Geschwindigkeiten eines Partikels werden durch Wahrscheinlichkeitswellen beschrieben. Auch wenn Einstein selbst dieser Entwicklung skeptisch gegenüber stand (Gott würfelt nicht), ist sie jetzt generell akzeptierte Grundlage der modernen Physik.

Die entscheidende Frage: „Wie messe ich Wahrscheinlichkeiten?" kann der Objektivist beantworten: Durch Messung der relativen Häufigkeit in langen Versuchsserien. Daher heißt der objektivistische Wahrscheinlichkeitsbegriff auch der *frequentistische* Wahrscheinlichkeitsbegriff.

Hier liegt aber auch seine Schwäche. Denn Wahrscheinlichkeiten lassen sich nur für wiederholbare Ereignisse messen. Der frequentistische Wahrscheinlichkeitsbegriff ist ein Werkzeug, das für große Serien taugt, für Aussagen über große Mengen. Sollen dagegen Aussagen über nicht wiederholbare Einzelereignisse gemacht werden, ist der objektivistische Wahrscheinlichkeitsbegriff nicht anwendbar.

Nehmen Sie ein rohes Ei, markieren sie es mit dem Rotstift und fragen: „Wie groß ist die Wahrscheinlichkeit, dass *dieses* Ei zerbricht, wenn ich es nun fallen lasse?" Diese Frage ist für den Objektivisten nicht beantwortbar. Der Versuch ist nicht wiederholbar. Hier liegt die Stärke des *subjektiven* Wahrscheinlichkeitsbegriffs, der nicht an Wiederholbarkeit gebunden ist. Im

Anwendung: Empirische Verifikation des Starken Gesetzes der großen Zahlen

Wir überprüfen experimentell die Wahrscheinlichkeit, in einem gut gemischten Kartenspiel eine Karte mit der Spielfarbe *Herz* zu ziehen. Wir haben weder die Zeit, beliebig lange Karten zu spielen, noch wissen wir, ob ein ideales Kartenspiel und überhaupt eine Wahrscheinlichkeit für *Herz* existiert. Wir müssen das Spiel am Rechner simulieren. Dabei verwenden wir vom Rechner erzeugte *Pseudozufallszahlen*. Diese sind zwar nach mathematischen Algorithmen erzeugt, erfüllen aber alle vernünftigen Ansprüche, die man an echte Zufallszahlen stellen könnte.

Wir fragen nach der Wahrscheinlichkeit, in einem gut gemischten Kartenspiel ein *Herz* zu ziehen. Um eine lange Serie zu erzeugen, wird die Kartenziehung in einem Rechner simuliert werden. Wir lassen den Rechner eine „pseudozufällige" Folge von Nullen und Einsen erzeugen. Dabei entspreche die 1 der Ziehung eines *Herz* und die 0 der Ziehung von *Pik*, *Karo* oder *Kreuz*. Ohne uns um das Verfahren zur Simulation einer zufälligen Ziehung mit vorgegebenen Wahrscheinlichkeiten im Rechner zu kümmern, lassen wir den Rechner 10 zufällige Ziehungen mit $P(1) = 0.25$ und $P(0) = 0.75$ ausführen. Das Ergebnis der ersten 10 Züge zeigt die untere Tabelle. Dabei ist n die Nummer des Versuchs, x_n das Ergebnis im n-ten Versuch, $\sum_{i=1}^{n} x_i$ die Anzahl der *Herz*-Karten unter den ersten n Versuchen und $\overline{x}^{(n)} = \frac{1}{n}\sum_{i=1}^{n} x_i$ der Anteil der *Herz*-Karten unter den ersten n Versuchen.

n	1	2	3	4	5	6	7	8	9	10
x_n	0	1	1	0	0	0	0	0	1	1
$\sum_{i=1}^{n} x_i$	0	1	2	2	2	2	2	2	3	4
$\overline{x}^{(n)}$	0	0.50	0.66	0.50	0.40	0.33	0.28	0.25	0.33	0.40

In den Abbildungen ist $\overline{x}^{(n)}$ gegen n geplottet. Dort sieht man deutlich, wie $\overline{x}^{(n)}$, die relative Häufigkeit des Auftretens von *Herz*, immer stärker gegen die Zahl 0.25 strebt. Diese Zahl ist aber gerade die vorgegebene Wahrscheinlichkeit von *Herz*.

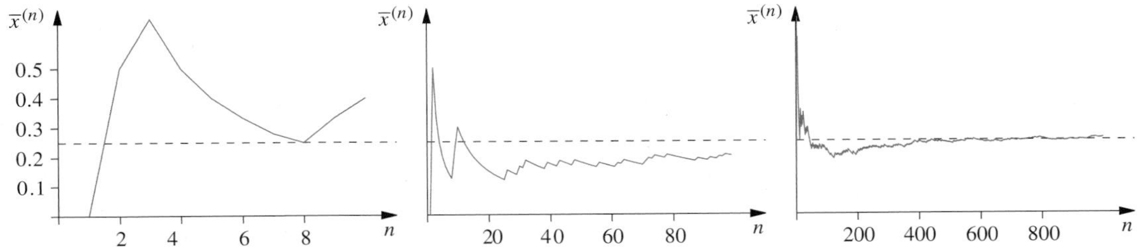

Bonusmaterial werden wir Grundbegriffe und Ideen der subjektiven Wahrscheinlichkeitsschule skizzieren.

Häufig wird das Starke Gesetz der großen Zahlen missverstanden, als gäbe es eine mystische Wahrscheinlichkeitskraft, die dafür sorgen würde, dass die Häufigkeiten der Ereignisse in langen Serien sich ausbalancieren müssten. In diesem Sinne äußert sich Edgar Allan Poe am Schluss seiner Erzählung „Das Geheimnis der Marie Rogêt", und benutzt dichterische Freiheit, um wissenschaftlichen Unsinn zu schreiben. Weniger literarisch, dafür häufiger sind Argumente wie: Wenn beim Roulette „Rot" in einer langen Serie hintereinander erscheint, dann sei es immer wahrscheinlicher, dass nun „Schwarz" erscheinen müsse. Dies ist eine nicht durch das Starke Gesetz der großen Zahlen gedeckte irrige Glaubensaussage. Unabhängige Zufallsvariable haben kein Gedächtnis. In der Roulettekugel steckt kein grünes Wahrscheinlichkeitsmännchen vom Mars, das nach einer langen Rot-Serie für schwarze Gerechtigkeit sorgt.

Die Wahrscheinlichkeitsverteilung von X_{n+1} hängt nicht davon ab, welche Ergebnisse bei den vorhergehenden X_i aufgetreten sind. Das Starke Gesetz sagt nur etwas aus über die relativen Häufigkeiten bei wachsendem n. Tritt nun *zufällig* in einer langen Serie „Rot" zu häufig auf, so sorgt der wachsende Nenner n dafür, dass der Einfluss dieser Serie im Mittel allmählich wieder verschwindet.

Die empirische Verteilungsfunktion konvergiert punktweise und gleichmäßig gegen die theoretische Verteilungsfunktion

Beim Wurf von drei idealen Münzen, die unabhängig voneinander geworfen werden, sind die Realisationen 0, 1, 2 und 3 möglich. Im Beispiel auf S. 1447 wurden 48-mal drei reale Münzen geworfen und die relative Häufigkeit der drei Realisationen notiert. Die Tabelle stellt noch einmal Realisationen x_i, relative Häufigkeiten p_i, empirische Verteilungsfunktion $\hat{F}^{(48)}(x_i)$ und Wahrscheinlichkeiten $P(X = x_i)$ sowie Verteilungsfunktion $F(x_i)$ gegenüber.

Teil VI

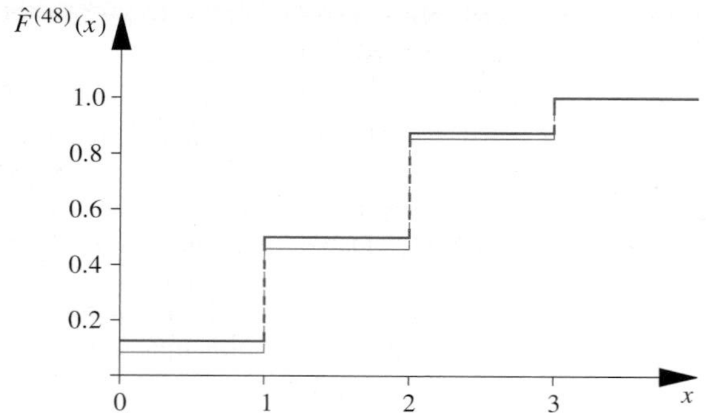

Abb. 38.16 Empirische (blau) und theoretische Verteilungsfunktion

x_i	p_i	$\hat{F}^{(48)}(x_i)$	$P(X = x_i)$	$F(x_i)$
0	0.17	0.17	0.125	0.125
1	0.40	0.57	0.375	0.5
2	0.37	0.94	0.375	0.875
3	0.06	1	0.125	1

Abbildung 38.16 zeigt die empirische Verteilungsfunktion $\hat{F}^{(48)}$ und die theoretische Verteilungsfunktion F.

Die maximale Abweichung sowohl zwischen p_i und $P(X = x_i)$ sowie zwischen $\hat{F}^{(48)}$ und F ist geringer als 0.07. Dass die Abweichung zwischen jedem einzelnen p_i und dem dazugehörigem $P(X = x_i)$ mit wachsendem n gegen null geht, überrascht nicht, es ist eine Folge des Gesetzes der großen Zahlen. Dass dies aber auch für die kumulierten Werte, also die beiden Verteilungsfunktionen $\hat{F}^{(48)}$ und F gilt, ist nicht zufällig.

Es seien $X_1, \ldots, X_n$ unabhängige, identisch verteilte zufällige Variable (i.i.d.) mit der Verteilungsfunktion $F_X(x)$ und $x_1, \ldots, x_n$ die Realisationen. Die empirische Verteilungsfunktion

$$\hat{F}^{(n)}(x) = \frac{1}{n} \cdot \sum_{i=1}^{n} I_{(-\infty,x]}(x_i)$$

ist Realisation des arithmetischen Mittels

$$\frac{1}{n} \cdot \sum_{i=1}^{n} I_{(-\infty,x]}(X_i)$$

der Zufallsvariablen $I_{(-\infty,x]}(X_i)$. Diese sind unabhängig und identisch verteilt mit

$$E(I_{(-\infty,x]}(X_i)) = P(X \leq x) = F_X(x).$$

Daher gilt das Starke Gesetz der großen Zahlen. Danach konvergiert die empirische Verteilungsfunktion $\hat{F}^{(n)}(x)$ punktweise gegen die theoretische Verteilungsfunktion $F_X(x)$. Dieser Satz lässt sich aber noch weiter verschärfen.

Der Satz von Glivenko-Cantelli

$\widehat{F}^{(n)}(x)$ konvergiert punktweise und – im Sinne der Supremumsnorm – gleichmäßig für alle x gegen $F_X(x)$, und zwar gilt für jedes $\varepsilon > 0$

$$\lim_{n\to\infty} P\Big(\sup_x |F_X(x) - \widehat{F}^{(n)}(x)| > \varepsilon\Big) = 0\,.$$

Dieser Satz von W. I. Glivenko (1896–1940) und F. P. Cantelli (1875–1966) heißt auch Hauptsatz der Statistik und dies nicht ohne Grund: Eine statistische Aussage ist nie eine Aussage über eine einzelne Realisation, sondern über eine Verteilung. Außerhalb der Modelle und innerhalb der Realität sind Verteilungen prinzipiell unbekannt. Was wir erkennen können, sind allein die empirischen Verteilungsfunktionen. Der Satz von Glivenko-Cantelli sichert nun, dass $\widehat{F}^{(n)}$ ein verlässlicher, über alle x von $-\infty$ bis $+\infty$ hinweg, gleichmäßig guter Schätzer der unbekannten Verteilungsfunktion F_X ist.

38.4 Mehrdimensionale zufällige Variable

Mehrdimensionale zufällige Variable entsprechen mehrdimensionalen Merkmalen

Es seien X und Y zwei Zufallsvariable, die auf demselben Wahrscheinlichkeitsraum Ω definiert sind. Dann können X und Y zu einer zweidimensionalen Zufallsvariablen (X, Y) zusammengefasst werden. Die gemeinsame Wahrscheinlichkeitsverteilung der zweidimensionalen Zufallsvariablen (X, Y) ist die Angabe der Wahrscheinlichkeit aller Ereignisse $\{X = x_i\} \cap \{Y = y_j\}$. Hierfür schreiben wir – sofern dies ohne Missverständnis möglich ist – in wachsender Vereinfachung,

$$P(\{X = x_i\} \cap \{Y = y_j\}) = P(X = x_i, Y = y_j) = P(x_i, y_j).$$

Die gemeinsame Verteilung kann in einer zweidimensionalen Tabelle angegeben werden. Tabelle 38.8 zeigt schematisch die Verteilung einer diskreten zweidimensionalen Zufallsvariablen (X, Y), dabei hat X die Realisationen $x_1 \ldots, x_I$ und Y die Realisationen $y_1 \ldots, y_J$.

In den Innenzellen der Tabelle steht die **gemeinsame Verteilung**, an den Rändern der Tabelle stehen die Verteilungen von X und Y. Diese Verteilungen heißen darum auch anschaulich die **Rand-** oder **Marginalverteilungen**. Bei einer diskreten zweidi-

Teil VI

Tab. 38.8 Tabelle einer zweidimensionalen Wahrscheinlichkeits-Verteilung

	y_1	$\cdots$	y_j	$\cdots$	y_J	$\sum$
x_1	$\mathrm{P}(x_1, y_1)$	$\cdots$	$\mathrm{P}(x_1, y_j)$	$\cdots$	$\mathrm{P}(x_1, y_J)$	$\mathrm{P}(X = x_1)$
$\vdots$	$\vdots$	$\ddots$	$\vdots$	$\ddots$	$\vdots$	$\vdots$
x_i	$\mathrm{P}(x_i, y_1)$	$\cdots$	$\mathrm{P}(x_i, y_j)$	$\cdots$	$\mathrm{P}(x_i, y_J)$	$\mathrm{P}(X = x_i)$
$\vdots$	$\vdots$	$\ddots$	$\vdots$	$\ddots$	$\vdots$	$\vdots$
x_I	$\mathrm{P}(x_I, y_1)$	$\cdots$	$\mathrm{P}(x_I, y_j)$	$\cdots$	$\mathrm{P}(x_I, y_J)$	$\mathrm{P}(X = x_I)$
$\sum$	$\mathrm{P}(Y = y_1)$	$\cdots$	$\mathrm{P}(Y = y_j)$	$\cdots$	$\mathrm{P}(Y = y_J)$	1

mensionalen Zufallsvariablen (X, Y) gilt:

$$\sum_{i=1}^{\infty} \mathrm{P}(X = x_i, Y = y_j) = \mathrm{P}(Y = y_j)$$

$$\sum_{j=1}^{\infty} \mathrm{P}(X = x_i, Y = y_j) = \mathrm{P}(X = x_i)$$

$$\sum_{i=1}^{\infty}\sum_{j=1}^{\infty} \mathrm{P}(X = x_i, Y = y_j) = 1$$

Beispiel Wir betrachten einen fairen roten und eine fairen blauen Würfel, die unabhängig voneinander geworfen werden. Es seien R und B, die jeweils geworfenen Augenzahlen und $X = \max(R, B)$ sowie $Y = \min(R, B)$. Zwar sind R und B unabhängig voneinander. Gilt dies aber auch für X und Y? Wir wollen die gemeinsame Verteilung der zweidimensionalen Zufallsvariablen (X, Y) bestimmen.

Bei den Würfeln sind 36 gleich wahrscheinliche (R, B)-Kombinationen möglich. Das Ereignis $\{\max(R, B) = 5\} \cap \{\min(R, B) = 3\}$ tritt genau dann auf, wenn entweder $\{R = 5\} \cap \{B = 3\}$ oder $\{R = 3\} \cap \{B = 5\}$ auftritt. Da diese Ereignisse disjunkt und R und B unabhängig sind, ist

$$\mathrm{P}(\max(R, B) = 5, \min(R, B) = 3) = \frac{2}{36}.$$

Analog bestimmen wir die gemeinsame Wahrscheinlichkeitsverteilung von $X = \max(R, B)$ und $Y = \min(R, B)$:

$$\mathrm{P}(X = x, Y = y) = \frac{1}{36}\begin{cases} 0 & \text{falls } x < y \\ 1 & \text{falls } x = y \\ 2 & \text{falls } x > y \end{cases}$$

Tabelle 38.9 gibt die gemeinsame Wahrscheinlichkeitsverteilung der zweidimensionalen zufälligen Variablen (X, Y) wieder.

An den Rändern der Tab. 38.9 erscheinen die Randverteilungen von X und Y. Abbildung 38.17 zeigt die gemeinsame Verteilung von X und Y sowie die beiden Randverteilungen. Hier erkennen wir auch, die Abhängigkeit von X und Y. Es ist zwar $\mathrm{P}(X = 1) = \frac{1}{36}$ und $\mathrm{P}(Y = 2) = \frac{9}{36}$. Aber es ist $\mathrm{P}(X = 1, Y = 2) = 0$ und nicht $\frac{1}{36} \cdot \frac{9}{36}$, wie es bei Unabhängigkeit sein müsste. ◀

Tab. 38.9 Wahrscheinlichkeitsverteilung von (X, Y) (jeweils multipliziert mit 36)

$\mathrm{P}(X = x, Y = y) \cdot 36$	$Y =$						$\mathrm{P}(X = x) \cdot 36$
	1	2	3	4	5	6	
$X = 1$	1	0	0	0	0	0	1
$X = 2$	2	1	0	0	0	0	3
$X = 3$	2	2	1	0	0	0	5
$X = 4$	2	2	2	1	0	0	7
$X = 5$	2	2	2	2	1	0	9
$X = 6$	2	2	2	2	2	1	11
$\mathrm{P}(Y = y) \cdot 36$	11	9	7	5	3	1	36

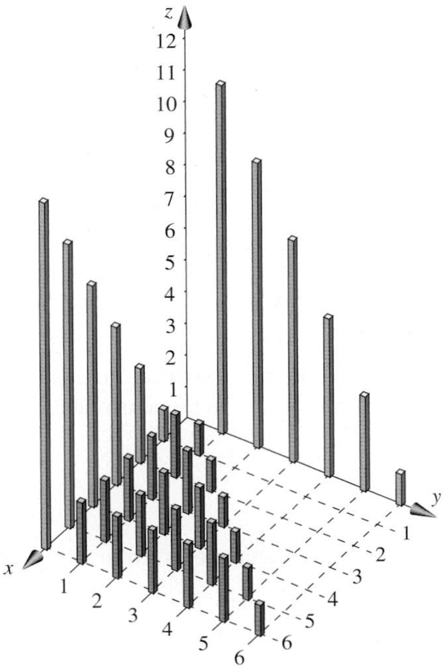

Abb. 38.17 Die gemeinsame Verteilung (rot) $\mathrm{P}(X = x_i, Y = y_j)$ des Minimums X und des Maximums Y der Augenzahlen beim Wurf mit zwei Würfeln. Die beiden Randverteilungen sind blau dargestellt

Aus der gemeinsamen Verteilung lassen sich stets die Randverteilungen bestimmen. Die Umkehrung gilt nicht. Die gemeinsame Verteilung enthält mehr Information als beide Randverteilungen. Nur wenn X und Y unabhängig voneinander sind, enthalten die Randverteilungen zusammen dieselbe Information wie die gemeinsame Verteilung. Diese ist ja im Fall der Unabhängigkeit gerade das Produkt der Randverteilungen,

$$\mathrm{P}(X = x, Y = y) = \mathrm{P}(X = x)\mathrm{P}(Y = y).$$

Randverteilungen erfassen nicht die gegenseitigen Abhängigkeiten von X und Y. Haben wir es mit beiden Zufallsvariablen zur gleichen Zeit zu tun, so können Schlüsse, die wir allein aus den beiden Randverteilungen ziehen, grundverschieden sein von den Schlüssen, die wir aus der gemeinsamen Verteilung ziehen können. Beispiele dafür werden wir im Bonusmaterial vorstellen.

Werden n eindimensionale Zufallsvariable $X_1, X_2, \ldots, X_n$, die über einem gemeinsamen Wahrscheinlichkeitsraum Ω definiert sind, zusammengefasst und gemeinsam betrachtet, spricht man von einer n-dimensionalen Zufallsvariablen $\boldsymbol{X} = (X_1, X_2, \ldots, X_n)$. Ihre Verteilung ist durch die gemeinsame Verteilungsfunktion

$$\begin{aligned} F_{\boldsymbol{X}}(\boldsymbol{x}) &= F_{X_1,X_2,\ldots,X_n}(x_1, x_2, \ldots, x_n) \\ &= \mathrm{P}(X_1 \le x_1, X_2 \le x_2, \ldots, X_n \le x_n) \end{aligned}$$

gegeben. Dabei heißt X_i die i-te Komponente von $\boldsymbol{X}$. Fasst man $X_1, X_2, \ldots, X_n$ zu einem n-dimensionalen Spaltenvektor zusammen, so spricht man auch von einem n-dimensionalen Zufallsvektor $\boldsymbol{X} = (X_1, X_2, \ldots, X_n)^{\mathrm{T}}$. Der Unterschied zwischen einer n-dimensionalen Zufallsvariablen und einem n-dimensionalen Zufallsvektor ist minimal und nur dann wesentlich, wenn es bei algebraischen Ausdrücken darauf ankommt, ob man mit Zeilen- oder Spaltenvektoren arbeitet. So ist zum Beispiel $\boldsymbol{X}\boldsymbol{X}^{\mathrm{T}}$ eine zufällige $(n{\times}n)$-Matrix und $\boldsymbol{X}^{\mathrm{T}}\boldsymbol{X} = \sum_{i=1}^n X_i^2$ eine eindimensionale Zufallsvariable.

Die oben erwähnte zweidimensionale Zufallsvariable (X, Y) können wir somit auch als zweidimensionalen Zufallsvektor $\begin{pmatrix} X \\ Y \end{pmatrix}$ auffassen.

Definition des Erwartungswerts einer mehrdimensionalen Zufallsvariablen

Wird eine n-dimensionale Zufallsvariable $\boldsymbol{X}$ als ein strukturiertes n-Tupel $(X_i, i = 1, \ldots, n)$ zusammengefasst, dann definieren wir:

$$\mathrm{E}(X_i,\ i = 1, \ldots, n) = (\mathrm{E}(X_i), i = 1, \ldots, n)$$

Dabei erhält $(\mathrm{E}(X_i), i = 1, \ldots, n)$ dieselbe Struktur wie $(X_i, i = 1, \ldots, n)$.

Beispiel Der Erwartungswert eines n-dimensionalen Zufallsvektors ist der Vektor der Erwartungswerte:

$$\mathrm{E}(\boldsymbol{X}) = \mathrm{E}\begin{pmatrix} X_1 \\ \vdots \\ X_n \end{pmatrix} = \begin{pmatrix} \mathrm{E}(X_1) \\ \vdots \\ \mathrm{E}(X_n) \end{pmatrix}.$$

Ist $\boldsymbol{A}$ eine deterministische $(k \times n)$-Matrix and $\boldsymbol{a}$ ein deterministischer Vektor, dann ist

$$\begin{aligned} \mathrm{E}(\boldsymbol{A}\boldsymbol{X} + \boldsymbol{a}) &= \boldsymbol{A}\mathrm{E}(\boldsymbol{X}) + \boldsymbol{a}, \\ \mathrm{E}(\boldsymbol{X}^{\mathrm{T}}) &= (\mathrm{E}(\boldsymbol{X}))^{\mathrm{T}}. \end{aligned}$$ ◀

Ist die Zufallsvariable $Y = g(\boldsymbol{X})$ eine Funktion der n-dimensionalen diskreten Zufallsvariablen $\boldsymbol{X}$, so gelten auch hier die beiden Wege zur Berechnung von $\mathrm{E}(Y)$. Es ist

$$\mathrm{E}(Y) = \sum y \cdot \mathrm{P}(Y = y) = \sum g(\boldsymbol{x})\mathrm{P}(\boldsymbol{X} = \boldsymbol{x}).$$

Dabei wird jeweils über alle Realisationen von Y bzw. vom $\boldsymbol{X}$ zu summiert.

Beispiel Die Geschwindigkeit $\boldsymbol{X} = (X_1, X_2, X_3)$ eines Moleküls in einem idealen Gas lässt sich als eine dreidimensionale Zufallsvariable modellieren. Ist m die Masse eines Gasmoleküls, so ist

$$Y = \frac{1}{2}m\|\boldsymbol{X}\|^2 = \frac{1}{2}m(X_1^2 + X_2^2 + X_3^2)$$

seine kinetische Energie. Die mittlere Energie des Gases ist

$$\begin{aligned} \mathrm{E}(Y) &= \frac{1}{2}m\mathrm{E}(\|\boldsymbol{X}\|^2) = \frac{1}{2}m(\mathrm{E}(X_1^2) + \mathrm{E}(X_2^2) + \mathrm{E}(X_3^2)) \\ &\ge \frac{1}{2}m((\mathrm{E}(X_1))^2 + (\mathrm{E}(X_2))^2 + (\mathrm{E}(X_3))^2) \\ &= \frac{1}{2}m\|\mathrm{E}(\boldsymbol{X})\|^2. \end{aligned}$$

Dabei folgt die Abschätzung aus der Jensen-Ungleichung. ◀

Analog zur deskriptiven Statistik definieren wir die Kovarianz und den Korrelations-Koeffizienten.

Definition von Kovarianz und Korrelation

Ist (X, Y) eine zweidimensionale Zufallsvariable mit dem Erwartungswert $\mathrm{E}(X, Y) = (\mu_X, \mu_Y)$, so ist die **Kovarianz** $\mathrm{Cov}(X, Y)$ definiert durch

$$\mathrm{Cov}(X, Y) = \mathrm{E}((X - \mu_X)(Y - \mu_Y)) = \sigma_{xy}.$$

Der **Korrelations-Koeffizient** $\rho(X, Y)$ ist definiert durch

$$\rho(X, Y) = \frac{\mathrm{Cov}(X, Y)}{\sqrt{\mathrm{Var}(X) \cdot \mathrm{Var}(Y)}} = \frac{\sigma_{xy}}{\sigma_x \sigma_y}.$$

Bei einer diskreten Zufallsvariablen ist

$$\mathrm{Cov}(X, Y) = \sum_{i=1}^{\infty}\sum_{j=1}^{\infty}(x_i - \mu_X) \cdot (y_j - \mu_Y) \cdot \mathrm{P}(x_i, y_j)\,,$$

sofern die Reihe konvergiert. Multiplizieren wir $(X - \mu_X)(Y - \mu_Y)$ aus und nutzen die Linearität des Erwartungswertes aus, folgt

$$\begin{aligned} \mathrm{Cov}(X, Y) &= \mathrm{E}((X - \mu_X)(Y - \mu_Y)) \\ &= \mathrm{E}(XY - Y\mu_X - X\mu_Y + \mu_X\mu_Y) \\ &= \mathrm{E}(XY) - \mu_Y\mu_X - \mu_X\mu_Y + \mu_X\mu_Y \\ &= \mathrm{E}(XY) - \mu_X\mu_Y \\ &= \mathrm{E}(XY) - \mathrm{E}(X) \cdot \mathrm{E}(Y). \end{aligned}$$

Beispiel: Beim Wurf mit zwei unabhängigen Würfeln sind Maximum und Minimum miteinander korreliert

In Beispiel auf S. 1451 werden ein fairer roter und ein fairer blauer Würfel unabhängig voneinander geworfen. Es seien R und B die jeweils geworfenen Augenzahlen und $X = \max(R, B)$ sowie $Y = \min(R, B)$. Zwar sind R und B unabhängig voneinander, dies gilt aber nicht für X und Y.

Problemanalyse und Strategie: Aus der gemeinsamen Verteilung der zweidimensionalen Zufallsvariablen (X, Y) werden die Randverteilungen von X und Y sowie Kovarianz und Korrelation berechnet.

Lösung: An den Rändern der Tab. 38.9 von S. 1451 lesen wir die Randverteilungen von X und Y ab und berechnen $\mathrm{E}(X) = \frac{161}{36} = 4.47$ und $\mathrm{Var}(X) = \frac{2\,555}{1\,296} = 1.97$. Aus der Tabelle folgt weiter, dass $\mathrm{P}(X = z) = \mathrm{P}(7 - Y = z)$ für jede natürliche Zahl z gilt. Die zufälligen Variablen X und $7-Y$ haben also dieselbe Wahrscheinlichkeitsverteilung, sind aber selbst verschieden voneinander. Da X und $7 - Y$ dieselbe Verteilung haben, haben sie auch die gleichen Parameter. Daher ist $\mathrm{Var}(X) = \mathrm{Var}(7 - Y) = \mathrm{Var}(Y)$ und $\mathrm{E}(X) = \mathrm{E}(7-Y) = 7-\mathrm{E}(Y)$, also $\mathrm{E}(Y) = 7-\mathrm{E}(X) = 2.53$.

Als Nächstes berechnen wir

$$\mathrm{E}(XY) = \sum_{i=1}^{6}\sum_{j=1}^{6} x_i y_j \mathrm{P}(X = x_i, Y = y_j)\,.$$

Wir hatten in dem Beispiel bereits errechnet:

$$\mathrm{P}(X = x, Y = y) = \frac{1}{36}\begin{cases} 0, & \text{falls } x < y, \\ 1, & \text{falls } x = y, \\ 2, & \text{falls } x > y. \end{cases}$$

Daher ist

$$\begin{aligned}\mathrm{E}(XY) &= \frac{1}{36}\sum_{i=1}^{6} x_i y_i + \frac{2}{36}\sum_{i=1}^{6}\sum_{j>i}^{6} x_i y_j \\ &= \frac{1\cdot 1 + \ldots + 6\cdot 6}{36} + \frac{1\cdot 2 + \ldots + 5\cdot 6}{18} = \frac{441}{36}.\end{aligned}$$

Damit ist

$$\begin{aligned}\mathrm{Cov}(X, Y) &= \mathrm{E}(XY) - \mathrm{E}(X)\mathrm{E}(Y) \\ &= \frac{441}{36} - 2.53 \cdot 4.47 = 0.94.\end{aligned}$$

$X + Y$ sind deutlich korreliert. Der Korrelationskoeffizient $\rho(X, Y)$ ist wegen $\mathrm{Var}(X) = \mathrm{Var}(Y)$

$$\begin{aligned}\rho(X, Y) &= \frac{\mathrm{Cov}(X, Y)}{\sqrt{\mathrm{Var}(X)}\sqrt{\mathrm{Var}(Y)}} \\ &= \frac{\mathrm{Cov}(X, Y)}{\mathrm{Var}(X)} = \frac{0.94}{1.97} = 0.48.\end{aligned}$$

Bereits auf S. 1441 haben wir den Begriff *Unkorreliertheit* eingeführt und nannten zwei Variable X und Y unkorreliert, falls $\mathrm{E}(XY) = \mathrm{E}(X) \cdot \mathrm{E}(Y)$ war. In diesem Fall ist $\mathrm{Cov}(X, Y) = \mathrm{E}(XY) - \mathrm{E}(X) \cdot \mathrm{E}(Y) = 0$ und damit auch $\rho(X, Y) = 0$. Jetzt wiederholen und bestätigen wir den Begriff.

Unkorreliertheit

Zwei Variable X und Y sind genau dann unkorreliert, wenn der Korrelationskoeffizient null ist:

$$\rho(X, Y) = 0.$$

Unkorreliertheit ist eine schwächere Eigenschaft als Unabhängigkeit. Wir hatten es bereits früher erwähnt. Nun können wir es beweisen, zumindest, wenn es sich um diskrete Zufallsvariable handelt.

Unabhängig ist stärker als unkorreliert

Sind zwei Variable X und Y unabhängig, so sind sie auch unkorreliert.

Beweis Wir greifen auf die erste der beiden auf S. 1440 genannten Methoden zur Berechnung des Erwartungswertes zurück,

$$\mathrm{E}(XY) = \sum_{i,j} x_i y_j \mathrm{P}(X = x_i, Y = y_j).$$

Da X und Y unabhängig sind, ist

$$\mathrm{P}(X = x_i, Y = y_j) = \mathrm{P}(X = x_i)\mathrm{P}(Y = y_j).$$

Also ist:

$$\begin{aligned}\mathrm{E}(XY) &= \sum_{i,j} x_i y_j \mathrm{P}(X = x_i)\mathrm{P}(Y = y_j) \\ &= \underbrace{\left\{\sum_i x_i \mathrm{P}(X = x_i)\right\}}_{\mathrm{E}(X)}\underbrace{\left\{\sum_j y_j \mathrm{P}(Y = y_j)\right\}}_{\mathrm{E}(Y)} \\ &= \mathrm{E}(X) \cdot \mathrm{E}(Y).\end{aligned}$$

Deswegen ist

$$\mathrm{Cov}(X, Y) = \mathrm{E}(XY) - \mathrm{E}(X) \cdot \mathrm{E}(Y) = 0.$$

■

Der Ausdruck für die Kovarianz vereinfacht sich, falls eine der beiden Variablen zentriert ist, also $\mu_X = 0$ oder $\mu_Y = 0$ ist. Dann ist

$$\mathrm{Cov}(X, Y) = \mathrm{E}(XY).$$

Alle Eigenschaften der empirischen Kovarianz und des Korrelationskoeffizienten eines zweidimensionalen Merkmals wie Bilinearität und Distributivgesetz gelten auch hier. In der Übersicht auf S. 1455 haben wir Eigenschaften der Kovarianz zusammengestellt.

Aus der Unkorreliertheit folgt nicht die Unabhängigkeit, wie das folgende Beispiel zeigt.

Beispiel Es seien X und Y zwei Zufallsvariable, welche dieselbe Varianz besitzen sollen: $\mathrm{Var}(X) = \mathrm{Var}(Y)$. Dabei können X und Y durchaus voneinander abhängen. Trotzdem sind die Zufallsvariablen $X + Y$ und $X - Y$ unkorreliert: Wegen des Distributivgesetzes der Kovarianz (siehe Übersicht auf S. 1455) gilt nämlich

$$\begin{aligned}\mathrm{Cov}(X + Y, X - Y) &= \mathrm{Cov}(X, X) + \mathrm{Cov}(X, -Y)\\ &\quad + \mathrm{Cov}(Y, X) + \mathrm{Cov}(Y, -Y)\\ &= \mathrm{Var}(X) - \mathrm{Cov}(X, Y)\\ &\quad + \mathrm{Cov}(X, Y) - \mathrm{Var}(Y)\\ &= 0.\end{aligned}$$

$X + Y$ und $X - Y$ können voneinander abhängen, es besteht aber keine lineare Beziehung zwischen beiden Variablen.

Im Beispiel auf S. 1454 waren R und B die jeweils von zwei idealen Würfeln unabhängig voneinander geworfenen Augenzahlen und $X = \max(R, B)$ sowie $Y = \min(R, B)$. Dann sind $X + Y$ und $X - Y$ voneinander abhängig: Ist zum Beispiel $X + Y = 2$, so muss $R = B = 1 = X = Y$ und damit $X - Y = 0$ sein. Ist zum Beispiel $X - Y = 5$, so muss $X + Y = 7$ sein. $X - Y$ liefert Information über $X + Y$ und umgekehrt. Die Variablen sind voneinander abhängig, die Abhängigkeit ist aber nicht linear. ◀

Die Kovarianzmatrix

Wir erweitern die Begriffe Varianz und Kovarianz auf höherdimensionale Zufallsvariable. Es seien $\boldsymbol{X} = (X_1, \ldots, X_n)^\mathrm{T}$ und $\boldsymbol{Y} = (Y_1, \ldots, Y_m)^\mathrm{T}$ zwei zufällige Spaltenvektoren.

Definition der Kovarianzmatrix

Die **Kovarianzmatrix**

$$\mathrm{Cov}(\boldsymbol{X}, \boldsymbol{Y})$$

von $\boldsymbol{X}$ und $\boldsymbol{Y}$ ist die Matrix der Kovarianzen der Komponenten von $\boldsymbol{X}$ und $\boldsymbol{Y}$:

$$\mathrm{Cov}(\boldsymbol{X}, \boldsymbol{Y})_{ij} = \mathrm{Cov}(X_i, Y_j),$$

für $i = 1, \ldots, n$ und $j = 1, \ldots, m$.

Ist $\boldsymbol{X} = \boldsymbol{Y}$, schreiben wir $\mathrm{Cov}(\boldsymbol{X}, \boldsymbol{X})) = \mathrm{Cov}(\boldsymbol{X})$.

Beispiel Ist $\boldsymbol{X} = (X_1, X_2)^\mathrm{T}$ und $\boldsymbol{Y} = (Y_1, Y_2, Y_3)^\mathrm{T}$, dann ist $\mathrm{Cov}(\boldsymbol{X}, \boldsymbol{Y})$ eine 2×3 und $\mathrm{Cov}(\boldsymbol{Y})$ eine 3×3-Matrix:

$$\mathrm{Cov}(\boldsymbol{X}, \boldsymbol{Y}) = \begin{pmatrix} \mathrm{Cov}(X_1, Y_1) & \mathrm{Cov}(X_1, Y_2) & \mathrm{Cov}(X_1, Y_3) \\ \mathrm{Cov}(X_2, Y_1) & \mathrm{Cov}(X_2, Y_2) & \mathrm{Cov}(X_2, Y_3) \end{pmatrix}$$

$$\mathrm{Cov}(\boldsymbol{Y}) = \begin{pmatrix} \mathrm{Var}(Y_1) & \mathrm{Cov}(Y_1, Y_2) & \mathrm{Cov}(Y_1, Y_3) \\ \mathrm{Cov}(Y_2, Y_1) & \mathrm{Var}(Y_2) & \mathrm{Cov}(Y_2, Y_3) \\ \mathrm{Cov}(Y_3, Y_1) & \mathrm{Cov}(Y_3, Y_2) & \mathrm{Var}(Y_3) \end{pmatrix}$$

Der wichtigste Unterschied zwischen der Kovarianz $\mathrm{Cov}(X, Y)$ zweier eindimensionaler Zufallsvariabler und der Kovarianzmatrix $\mathrm{Cov}(\boldsymbol{X}, \boldsymbol{Y})$ zweier mehrdimensionaler Zufallsvektoren ist die fehlende Symmetrie: Es ist $\mathrm{Cov}(X, Y) = \mathrm{Cov}(Y, X)$, aber $\mathrm{Cov}(\boldsymbol{X}, \boldsymbol{Y}) = (\mathrm{Cov}(\boldsymbol{Y}, \boldsymbol{X}))^\mathrm{T}$.

Wichtige Eigenschaften der Kovarianzmatrix sind in der Übersicht oben zusammengestellt. Wir heben hier eine Eigenschaft hervor. ◀

Invertierbarkeit der Kovarianzmatrix

Sind die zentrierten Zufallsvariablen $X_1, \ldots, X_n$ voneinander linear unabhängig, so ist die Kovarianzmatrix $\mathrm{Cov}(\boldsymbol{X})$ positiv definit und damit invertierbar. Sind die $X_1, \ldots, X_n$ voneinander linear abhängig, so ist $\mathrm{Cov}(\boldsymbol{X})$ positiv semidefinit.

Beweis Sei $\boldsymbol{a} \in \mathbb{R}^n$ beliebig und fest gewählt. Dann ist $\boldsymbol{a}^\mathrm{T}\,\mathrm{Cov}(\boldsymbol{X})\boldsymbol{a} = \mathrm{Var}(\boldsymbol{a}^\mathrm{T}\boldsymbol{X}) \geq 0$. Es gebe nun ein $\boldsymbol{a}$ mit $\boldsymbol{a}^\mathrm{T}\,\mathrm{Cov}(\boldsymbol{X})\boldsymbol{a} = 0$. Dann ist $\mathrm{Var}(\boldsymbol{a}^\mathrm{T}\boldsymbol{X}) = 0$. Wie in Aufgabe 38.17 gezeigt, folgt daraus, $\mathrm{P}(\boldsymbol{a}^\mathrm{T}\boldsymbol{X} = \boldsymbol{a}^\mathrm{T}\mathrm{E}(\boldsymbol{X})) = 1$. Mit Wahrscheinlichkeit 1 ist also

$$\boldsymbol{a}^\mathrm{T}(\boldsymbol{X} - \mathrm{E}(\boldsymbol{X})) = \sum_{i=1}^{n} a_i(X_i - \mu_i) = 0. \qquad \blacksquare$$

Teil VI

Übersicht: Die Eigenschaften der Kovarianz und der Kovarianzmatrix

In der Übersicht sind a, b, c, d sowie $\boldsymbol{a}, \boldsymbol{b}$ und $\boldsymbol{A}, \boldsymbol{B}$ nichtstochastische Zahlen, Vektoren und Matrizen. Alle anderen Größen sind zufällig.

- Bilinearität:

$$\text{Cov}(a + bX, c + dY) = b \cdot d \cdot \text{Cov}(X, Y)$$

- Verschiebungssatz:

$$\text{Cov}(X, Y) = \text{E}(XY) - \text{E}(X)\text{E}(Y)$$

- Distributivgesetz:

$$\text{Cov}(X, Y + Z) = \text{Cov}(X, Y) + \text{Cov}(X, Z)$$

- Symmetrie:

$$\text{Cov}(X, Y) = \text{Cov}(Y, X)$$

- Kovarianz bei Identität:

$$\text{Cov}(X, X) = \text{Var}(X)$$

- Spezielle Summenformel:

$$\text{Var}(X + Y) = \text{Var}(X) + \text{Var}(Y) + 2\,\text{Cov}(X, Y)$$

- Allgemeine Summenformel:

$$\text{Var}\left(\sum_{i=1}^{n} X_i\right) = \sum_{i=1}^{n} \text{Var}(X_i) + 2\sum_{i<j} \text{Cov}(X_i, X_j)$$

- $\text{Cov}(\boldsymbol{X})$ ist eine symmetrische, positiv-semi-definite Matrix.
- Bilinearität:

$$\text{Cov}(\boldsymbol{A}\boldsymbol{X} + \boldsymbol{a}, \boldsymbol{B}\boldsymbol{Y} + \boldsymbol{b}) = \boldsymbol{A}\,\text{Cov}(\boldsymbol{X}, \boldsymbol{Y})\boldsymbol{B}^{\mathrm{T}}$$

Speziell

$$\text{Cov}(\boldsymbol{A}\boldsymbol{X}) = \boldsymbol{A}\,\text{Cov}(\boldsymbol{X})\,\boldsymbol{A}^{\mathrm{T}}$$

Varianzformel

$$\text{Var}\left(\boldsymbol{a}^{\mathrm{T}}\boldsymbol{X}\right) = \boldsymbol{a}^{\mathrm{T}}\,\text{Cov}(\boldsymbol{X})\boldsymbol{a}$$

- Verschiebungssatz:

$$\text{Cov}(\boldsymbol{X}, \boldsymbol{Y}) = \text{E}\left(\boldsymbol{X}\boldsymbol{Y}^{\mathrm{T}}\right) - \text{E}(\boldsymbol{X})\text{E}\left(\boldsymbol{Y}^{\mathrm{T}}\right)$$

- Antisymmetrie:

$$\text{Cov}(\boldsymbol{X}, \boldsymbol{Y}) = (\text{Cov}(\boldsymbol{Y}, \boldsymbol{X}))^{\mathrm{T}}$$

- Kovarianz bei Identität:

$$\text{Cov}(\boldsymbol{X}, \boldsymbol{X}) = \text{Cov}(\boldsymbol{X})$$

- Erwartungswert einer quadratischen Form

$$\text{E}\left(\boldsymbol{X}^{\mathrm{T}}\boldsymbol{A}\boldsymbol{X}\right) = \text{E}\left(\boldsymbol{X}^{\mathrm{T}}\right)\boldsymbol{A}\text{E}(\boldsymbol{X}) + \text{Spur}(\boldsymbol{A}\,\text{Cov}(\boldsymbol{X}))$$

Teil VI

Zusammenfassung

In diesem Kapitel wird der grundlegende Begriff der Zufallsvariablen vorgestellt und zusammen mit ihrer Verteilungsfunktion eingeführt.

Die Abbildung $X : \Omega \to \mathbb{R}$ heißt Zufallsvariable X, wenn sie eine Verteilungsfunktion $F_X(x) = \mathrm{P}(X \leq x)$ besitzt

Eine diskrete zufällige Variable X besitzt endlich oder abzählbar unendlich viele Realisationen x_i, die mit Wahrscheinlichkeit $p_i = \mathrm{P}(X = x_i) > 0$ angenommen werden. Für diese x_i gilt

$$\sum_{i=1}^{\infty} \mathrm{P}(X = x_i) = 1.$$

Eigenschaften der Verteilungsfunktion

- Die Verteilungsfunktion $F : \mathbb{R} \to [0,1]$ einer Zufallsvariablen ist eine monoton wachsende, von rechts stetige Funktion von x mit

$$\lim_{x \to -\infty} F(x) = 0 \leq F(x) \leq 1 = \lim_{x \to \infty} F(x).$$

- Die Wahrscheinlichkeit, dass X im Intervall $(a, b]$ liegt, ist

$$\mathrm{P}(a < X \leq b) = F(b) - F(a).$$

Durch arithmetische Operationen und stückweise stetige Abbildungen lassen sich aus Zufallsvariablen neue Zufallsvariable erstellen.

Unabhängige Zufallsvariable liefern keine Informationen übereinander

Unabhängigkeit

- X und Y heißen unabhängig, wenn für alle $x \in \mathbb{R}$ und $y \in \mathbb{R}$ die Ereignisse $X \leq x$ und $Y \leq y$ unabhängig sind. Das heißt, es muss gelten

$$\mathrm{P}(X \leq x \mid Y \leq y) = \mathrm{P}(X \leq x)$$

oder gleichwertig

$$\mathrm{P}(X \leq x \cap Y \leq y) = \mathrm{P}(X \leq x) \cdot \mathrm{P}(Y \leq y).$$

- Die n zufälligen Variablen $X_1, \ldots, X_n$ heißen unabhängig, wenn für alle Realisationen x_i von X_i die Ereignisse $\{X_1 \leq x_1\}, \{X_2 \leq x_2\}, \ldots, \{X_n \leq x_n\}$ total unabhängig sind.
- Sind die Zufallsvariablen $X_1, \ldots, X_n$ unabhängig und sind $U = g(X_1, \ldots, X_k)$ sowie $V = k(X_{k+1}, \ldots, X_n)$ ebenfalls Zufallsvariable, so sind auch U und V unabhängig.

Die Aussage: „Die Zufallsvariablen $X_1 \ldots, X_n$ sind **i**ndependent and **i**dentically **d**istributed" wird abgekürzt mit: „Die Zufallsvariablen $X_1 \ldots, X_n$ sind i.i.d."

Die beiden wichtigsten Parameter einer Verteilungsfunktion sind Erwartungswert und Varianz. Diese Parameter existieren für alle beschränkten Verteilungen.

Der Erwartungswert einer Zufallsvariablen ist der Schwerpunkt ihrer Verteilung

Definition des Erwartungswertes

Ist Y eine diskrete Zufallsvariable mit der Wahrscheinlichkeitsverteilung $\mathrm{P}(Y = y_j)$, $j = 1, 2, \ldots, \infty$. Dann ist der **Erwartungswert** $\mathrm{E}(Y)$ von Y definiert als

$$\mathrm{E}(Y) = \sum_{j=1}^{\infty} y_j \cdot \mathrm{P}(Y = y_j),$$

sofern die unendliche Reihe $\sum_{j=1}^{\infty} y_j \cdot \mathrm{P}(Y = y_j)$ absolut konvergiert. Andernfalls existiert der Erwartungswert nicht.

Der Erwartungswert ist ein linearer Operator, der die Rangordnung erhält. Bei nichtlinearen Funktionen $g(X)$ ist $\mathrm{E}(g(X)) \neq g(\mathrm{E}(X))$. Ebenso ist $\mathrm{E}(X \cdot Y) \neq \mathrm{E}(X) \cdot \mathrm{E}(Y)$, es sei denn X und Y sind unkorreliert.

Die Varianz ist ein quadratisches Streuungsmaß

Definition der Varianz

Ist X eine Zufallsvariable mit dem Erwartungswert μ. Dann ist die Varianz von X definiert als

$$\operatorname{Var}(X) = \operatorname{E}(X-\mu)^2 = \sigma^2,$$

sofern der Erwartungswert $\operatorname{E}(X-\mu)^2$ existiert. Andernfalls existiert die Varianz nicht.

Die wichtigsten Eigenschaften der Varianz sind der Verschiebungssatz und die Summenregel.

Für Erwartungswert und Varianz gelten drei theoretische wie praktisch wichtige Ungleichungen.

Wichtige Ungleichungen

- Die Markov-Ungleichung für positive Zufallsvariable: Ist $\operatorname{P}(X \geq 0) = 1$, so folgt für jede Zahl $k \geq 0$
$$\operatorname{P}(X \geq k) \leq \frac{1}{k}\operatorname{E}(X).$$
- Die Jensen-Ungleichung: Ist $g(x)$ eine reelle Funktion, dann ist:
$$\begin{aligned} \operatorname{E}(g(X)) &\geq g(\operatorname{E}(X)), \quad \text{falls } g(x) \text{ konvex ist,} \\ \operatorname{E}(g(X)) &\leq g(\operatorname{E}(X)), \quad \text{falls } g(x) \text{ konkav ist.} \end{aligned}$$
- Die Tschebyschev-Ungleichung
$$\begin{aligned} \operatorname{P}(|X-\mu| \geq k\sigma) &\leq \frac{1}{k^2}, \\ \operatorname{P}(|X-\mu| < k\sigma) &\geq 1 - \frac{1}{k^2}. \end{aligned}$$

Das Starke Gesetz der großen Zahlen rechtfertigt die Häufigkeitsinterpretation der Wahrscheinlichkeit

Theoretische wie angewandte Statistik basieren auf zwei fundamentalen Grenzwertsätzen. Das Starke Gesetz der großen Zahlen erlaubt eine Interpretation der Wahrscheinlichkeit als Grenzwert relativer Häufigkeiten: In einer Serie unabhängiger Versuche, bei der das Ereignis A mit der Wahrscheinlichkeit $\operatorname{P}(A)$ auftritt, konvergiert die relative Häufigkeit, mit der A in der Serie wirklich aufgetreten ist, mit Wahrscheinlichkeit 1 gegen den Grenzwert $\operatorname{P}(A)$.

Für die objektivistische oder frequentistische Schule der Wahrscheinlichkeitstheorie ist Wahrscheinlichkeit eine vom Betrachter unabhängige Eigenschaft der Gegenstände, Versuchsanordnungen oder Experimenten. Diese Wahrscheinlichkeit lässt sich auf der Grundlage des Starken Gesetzes der großen Zahlen als relative Häufigkeit in langen Versuchsserien beliebig genau messen.

Das Starke Gesetz der großen Zahlen

Ist $(X_n)_{\in\mathbb{N}}$ eine Folge von i.i.d.-zufälligen Variablen mit $\operatorname{E}(X_i) = \mu$, dann konvergiert $\overline{X}^{(n)}$ fast sicher gegen μ.

Der Satz von Glivenko-Cantelli erlaubt es, die beobachtbare empirische Verteilungsfunktion als Schätzung der nichtbeobachtbaren theoretischen Verteilungsfunktion zu verwenden.

Der Satz von Glivenko-Cantelli

Ist $(X_n)_{\in\mathbb{N}}$ eine Folge von i.i.d.-zufälligen Variablen, dann konvergiert die empirische Verteilungsfunktion $\widehat{F}^{(n)}(x)$ punktweise und – im Sinne der Supremumsnorm – gleichmäßig für alle x gegen $F_X(x)$.

Mehrdimensionale zufällige Variable entsprechen mehrdimensionalen Merkmalen

So wie eindimensionale Zufallsvariable eindimensionalen Merkmalen entsprechen, verallgemeinern wir das mehrdimensionale Merkmal zur mehrdimensionalen zufälligen Variablen. Diese ist durch ihre gemeinsame Verteilung ihrer Randkomponenten gekennzeichnet. Aus ihr lassen sich die Randverteilungen der einzelnen Komponenten ableiten. Randverteilungen- und Komponenten enthalten nur dann die gleiche Information, die in der gemeinsamen Verteilung enthalten ist, wenn die Komponenten unabhängig sind. Während der Erwartungswert der mehrdimensionalen Verteilung sich aus den Erwartungswerten der einzelnen Randkomponenten zusammensetzt, können Kovarianz und Kovarianzmatrix nur aus der gemeinsamen Verteilung bestimmt werden. Diese Parameter geben ersten Aufschluss über die Abhängigkeit der Komponenten.

Die gemeinsame Verteilung

Es seien X und Y zwei Zufallsvariable, die auf demselben Wahrscheinlichkeitsraum Ω definiert sind. Die gemeinsame Wahrscheinlichkeitsverteilung der zweidimensionalen Zufallsvariablen (X, Y) ist die Angabe der Wahrscheinlichkeit aller Ereignisse

$$\mathrm{P}(\{X = x_i\} \cap \{Y = y_j\}) = \mathrm{P}(X = x_i, Y = y_j) = \mathrm{P}(x_i, y_j).$$

Wird eine n-dimensionale Zufallsvariable $\boldsymbol{X} = (X_i,\ i = 1, \ldots, n)$ als ein strukturiertes n-Tupel zusammengefasst, dann ist

$$\mathrm{E}(\boldsymbol{X}) = \mathrm{E}(X_i,\ i = 1, \ldots, n) = (\mathrm{E}(X_i), i = 1, \ldots, n)$$

Kovarianz und Korrelation

Ist (X, Y) eine zweidimensionale Zufallsvariable, mit dem Erwartungswert $\mathrm{E}(X, Y) = (\mu_X, \mu_Y)$, so ist die Kovarianz $\mathrm{Cov}(X, Y)$ definiert durch

$$\mathrm{Cov}(X, Y) = \mathrm{E}((X - \mu_X)(Y - \mu_Y)) = \sigma_{xy}.$$

Der Korrelations-Koeffizient $\rho(X, Y)$ ist definiert durch

$$\rho(X, Y) = \frac{\mathrm{Cov}(X, Y)}{\sqrt{\mathrm{Var}(X) \cdot \mathrm{Var}(Y)}} = \frac{\sigma_{xy}}{\sigma_x \sigma_y}.$$

Sind zwei Variable X und Y unabhängig, so sind sie auch unkorreliert.

Sind $\boldsymbol{X}$ und $\boldsymbol{Y}$ zwei n- bzw. m-dimensionale Variable, dann ist die **Kovarianzmatrix** $\mathrm{Cov}(\boldsymbol{X}, \boldsymbol{Y})$ die Matrix der Kovarianzen der Komponenten von $\boldsymbol{X}$ und $\boldsymbol{Y}$:

$$\mathrm{Cov}(\boldsymbol{X}, \boldsymbol{Y})_{ij} = \mathrm{Cov}(X_i, Y_j)$$

für $i = 1, \ldots, n, j = 1, \ldots, m$.

Bonusmaterial

Das Bonusmaterial enthält Beispiele für zweidimensionale Zufallsvariable, bei denen Schlüsse, die sich auf die gemeinsame Verteilung stützen, in überraschendem Gegensatz zu denen stehen, die sich nur auf die beiden Randverteilungen stützen, sowie eine Verallgemeinerung der Tschebyschev-Ungleichung auf mehrdimensionale Zufallsvariable.

Vor allem werden die Grundbegriffe und Grundannahmen der subjektiven Wahrscheinlichkeitstheorie erläutert. Subjektive Wahrscheinlichkeiten lassen sich durch Wettsysteme ermitteln, müssen aber den Kolmogorov-Axiomen gehorchen. Durch Anwendung der Bayes-Regel wird aus Beobachtungen gelernt. Entscheidungen werden aufgrund des Bernoulli-Prinzips getroffen.

Aufgaben

Die Aufgaben gliedern sich in drei Kategorien: Anhand der *Verständnisfragen* können Sie prüfen, ob Sie die Begriffe und zentralen Aussagen verstanden haben, mit den *Rechenaufgaben* üben Sie Ihre technischen Fertigkeiten und die *Anwendungsprobleme* geben Ihnen Gelegenheit, das Gelernte an praktischen Fragestellungen auszuprobieren.
Ein Punktesystem unterscheidet leichte •, mittelschwere •• und anspruchsvolle ••• Aufgaben. Lösungshinweise am Ende des Buches helfen Ihnen, falls Sie bei einer Aufgabe partout nicht weiterkommen. Dort finden Sie auch die Lösungen – betrügen Sie sich aber nicht selbst und schlagen Sie erst nach, wenn Sie selber zu einer Lösung gekommen sind. Ausführliche Lösungswege, Beweise und Abbildungen finden Sie als digitales Zusatzmaterial (electronic supplementary material).
Viel Spaß und Erfolg bei den Aufgaben!

Verständnisfragen

38.1 • Welche der folgenden vier Aussagen sind richtig:

1. Kennt man die Verteilung von X und die Verteilung von Y, dann kann man daraus die Verteilung von $X + Y$ berechnen.
2. Kennt man die gemeinsame Verteilung von (X, Y), kann man daraus die Verteilung von X berechnen.
3. Haben X und Y dieselbe Verteilung, dann ist $X + Y$ verteilt wie $2X$.
4. Haben zwei standardisierte Variable X und Y dieselbe Verteilung, dann ist $X = a + bY$.
5. Haben zwei standardisierte Variable X und Y dieselbe Verteilung, dann ist X verteilt wie $a + bY$.

38.2 • Welche der folgenden 8 Aussagen sind richtig:

1. Jede diskrete Variable, die nur endlich viele Realisationen besitzt, besitzt auch Erwartungswert und Varianz.
2. Eine diskrete zufällige Variable, die mit positiver Wahrscheinlichkeit beliebig groß werden kann, $\mathrm{P}(X > n) > 0$ für alle $n \in \mathbb{N}$, besitzt keinen Erwartungswert.
3. X und $-X$ haben die gleichen Varianz.
4. Haben X und $-X$ den gleichen Erwartungswert, dann ist $\mathrm{E}(X) = 0$.
5. Wenn X den Erwartungswert μ besitzt, dann kann man erwarten, dass die Realisationen von X meistens in der näheren Umgebung von μ liegen.
6. Bei jeder zufälligen Variablen sind stets 50% aller Realisationen größer als der Erwartungswert.
7. Sind X und Y zwei zufällige Variable, so ist $\mathrm{E}(X + Y) = \mathrm{E}(X) + \mathrm{E}(Y)$.
8. Ist die zufällige Variable $Y = g(X)$ eine nichtlineare Funktion der zufälligen Variablen X, dann ist $\mathrm{E}(Y) = g(\mathrm{E}(X))$.

38.3 • Welche der folgenden Aussagen sind richtig?

1. Sind X und Y unabhängig, dann sind auch $1/X$ und $1/Y$ unabhängig.
2. Sind X und Y unkorreliert, dann sind auch $1/X$ und $1/Y$ unkorreliert.

38.4 • Zeigen Sie: Aus $\mathrm{E}(X^2) = (\mathrm{E}(X))^2$ folgt: X ist mit Wahrscheinlichkeit 1 konstant.

38.5 •• Zeigen Sie:

(a) Ist X eine positive Zufallsvariable, so ist $\mathrm{E}(\frac{1}{X}) \geq \frac{1}{\mathrm{E}(X)}$.
(b) Zeigen Sie an einem Beispiel, dass diese Aussage falsch ist, falls X positive und negative Werte annehmen kann.

38.6 •• Beweisen oder widerlegen Sie die Aussage: Ist $(X_n)_{n\in\mathbb{N}}$ eine Folge von zufälligen Variablen X_n mit $\lim\limits_{n\to\infty} \mathrm{P}(X_n > 0) = 1$, dann gilt auch $\lim\limits_{n\to\infty} \mathrm{E}(X_n) > 0$.

38.7 •• Beweisen Sie die Markov-Ungleichung aus der Übersicht auf S. 1446.

38.8 ••• Zeigen Sie:

(a) Aus $X \leq Y$ folgt $F_X(t) \geq F_Y(t)$, aber aus $F_X(t) \geq F_Y(t)$ folgt nicht $X \leq Y$.
(b) Aus $F_X(x) \geq F_Y(x)$ folgt $\mathrm{E}(X) \leq \mathrm{E}(Y)$, falls $\mathrm{E}(X)$ und $\mathrm{E}(Y)$ existieren.

38.9 ••• Im Beispiel auf S. 1453 sind R und B die Augenzahlen zweier unabhängig voneinander geworfener idealer Würfel und $X = \max(R, B)$ sowie $Y = \min(R, B)$. Weiter war $\mathrm{Var}(X) = \mathrm{Var}(Y) = 1.97$. Berechnen Sie $\mathrm{Cov}(X, Y)$ aus diesen Angaben ohne die Verteilung von (X, Y) explizit zu benutzen.

38.10 • Welche der folgenden Aussagen sind wahr? Begründen Sie Ihre Antwort.

1. Um eine Prognose über die zukünftige Realisation einer zufälligen Variablen zu machen, genügt die Kenntnis des Erwartungswerts.
2. Um eine Prognose über die Abweichung der zukünftigen Realisation einer zufälligen Variablen von ihrem Erwartungswert zu machen, genügt die Kenntnis der Varianz.
3. Eine Prognose über die Summe zufälliger i.i.d.-Variablen ist in der Regel genauer als über jede einzelne.

4. Das Prognoseintervall über die Summe von 100 identisch verteilten zufälligen Variablen (mit Erwartungswert μ und Varianz σ^2) ist 10-mal so lang wie das Prognoseintervall für eine einzelne Variable bei gleichem Niveau.
5. Wenn man hinreichend viele Beobachtungen machen kann, dann ist $E(X)$ ein gute Prognose für die nächste Beobachtung.

Rechenaufgaben

38.11 • Bestimmen Sie die Verteilung der Augensumme $S = X_1 + X_2$ von zwei unabhängigen idealen Würfeln X_1 und X_2.

38.12 •• Beim Werfen von 3 Würfeln tritt die Augensumme 11 häufiger auf als 12, obwohl doch 11 durch die sechs Kombinationen $(6,4,1)$; $(6,3,2)$; $(5,5,1)$; $(5,4,2)$; $(5,3,3)$; $(4,4,3)$ und die Augensumme 12 ebenfalls durch sechs Kombinationen, nämlich $(6,5,1)$, $(6,5,2)$, $(6,3,3)$, $(5,5,2)$, $(5,4,3)$, $(4,4,4)$ erzeugt wird.

(a) Ist diese Beobachtung nur durch den Zufall zu erklären oder gibt es noch einen anderen Grund dafür?
(b) Bestimmen Sie die Wahrscheinlichkeitsverteilung der Augensumme von drei unabhängigen idealen Würfeln.

38.13 •• Ein fairer Würfel wird dreimal geworfen.

1. Berechnen Sie die Wahrscheinlichkeitsverteilung des Medians X_{med} der drei Augenzahlen.
2. Ermitteln Sie die Verteilungsfunktion von X_{med}.
3. Berechnen Sie Erwartungswert und Varianz des Medians.

38.14 •• Sei X die Augenzahl bei einem idealen n-seitigen Würfel: $P(X = i) = \frac{1}{n}$ für $i = 1, \cdots, n$. Berechnen Sie $E(X)$ und $\text{Var}(X)$.

38.15 ••• Für Indikatorfunktionen I_A gilt:

$$I_{A^C} = 1 - I_A$$

$$I_{A\cap B} = I_A I_B$$

$$I_{A\cup B} = 1 - I_{A^C} I_{B^C}$$

Ist A ein zufälliges Ereignis, so ist $E(I_A) = P(A)$. Beweisen Sie mit diesen Eigenschaften die Siebformel aus Abschn. 37.1:

$$P\left(\bigcup_{i=1}^{n} A_i\right) = \sum_{k=1}^{n}(-1)^{k+1} \sum_{1\le i_1<i_2\cdots<i_k\le n} P(A_{i_1} \cap A_{i_2} \cap \cdots \cap A_{i_k}).$$

38.16 ••• Beweisen Sie die folgende Ungleichung:

$$P(X \ge t) \le \inf_{s>0}(e^{-st}E(e^{sX})).$$

Dabei läuft das Infimum über alle $s > 0$, für die $E(e^{sX})$ existiert.

38.17 ••• Zeigen Sie:

(a) Ist für eine diskrete Zufallsvariable X die Varianz identisch null, so ist X mit Wahrscheinlichkeit 1 konstant: $P(X = E(X)) = 1$.
(b) Zeigen Sie die gleiche Aussage für eine beliebige Zufallsvariable X.

38.18 ••• Verifizieren Sie die folgende Aussage:

$$E(\boldsymbol{X}^T \boldsymbol{A} \boldsymbol{X}) = E(\boldsymbol{X}^T)\boldsymbol{A}E(\boldsymbol{X}) + \text{Spur}(\boldsymbol{A}\,\text{Cov}(\boldsymbol{X}))$$

38.19 ••• Ein idealer n-seitiger Würfel wird geworfen. Fällt dabei die Zahl n, so wird der Wurf unabhängig vom ersten Wurf wiederholt. Das Ergebnis des zweiten Wurfs wird dann zum Ergebnis n des ersten Wurfs addiert. Fällt beim zweiten Wurf wiederum die Zahl n, wird wie beim ersten Wurf wiederholt und addiert, usw.

Sei X die bei diesem Spiel gezielte Endsumme. Bestimmen Sie die Wahrscheinlichkeitsverteilung von X und den Erwartungswert.

38.20 •• Es seien X_1 und X_2 die Augensummen von zwei idealen Würfeln, die unabhängig voneinander geworfen werden. Weiter sei $Y = X_1 - X_2$. Zeigen Sie, dass Y und Y^2 unkorreliert sind.

38.21 •• Das zweidimensionale Merkmal (X, Y) besitze die folgende Verteilung:

		Y		
		1	2	3
X	1	0.1	0.3	0.2
	2	0.1	0.1	0.2

1. Bestimmen Sie Erwartungswerte und Varianzen
   (a) von X und Y,
   (b) von $S = X + Y$ und
   (c) von $X \cdot Y$.
2. Wie hoch ist die Korrelation von X und Y?

Anwendungsprobleme

38.22 •• Sie schütten einen Sack mit n idealen Würfeln aus. Die Würfel rollen zufällig über den Tisch. Keiner liegt über dem anderen. Machen Sie eine verlässliche Prognose über die Augensumme aller Würfel.

38.23 • Es seien X und Y jeweils der Gewinn aus zwei risikobehafteten Investitionen. Abbildung 38.18 zeigt die Verteilungsfunktionen F_X (rot) und F_Y (blau).

(a) Welche der beiden Investitionen ist aussichtsreicher?
(b) Kann man aus der Abbildung schließen, dass $X \leq Y$ oder $Y \leq X$ ist?

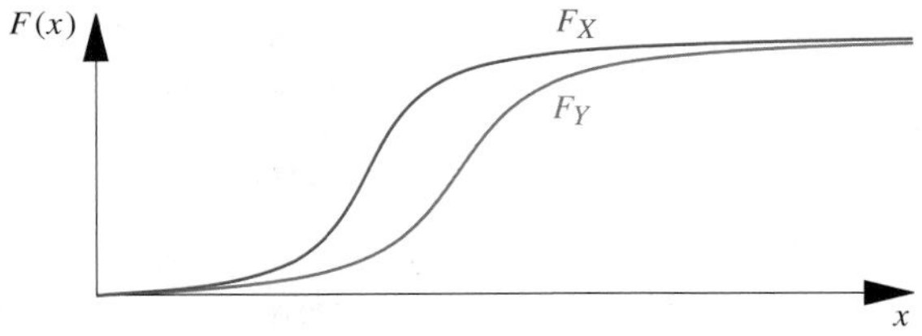

Abb. 38.18 Die Verteilungsfunktionen F_X (rot) und F_Y (blau) des Gewinns aus zwei Investitionen X und Y

38.24 • Die Weinmenge, die von einer automatischen Abfüllanlage in eine 0.75-l-Flasche abgefüllt wird, sei aus mancherlei Gründen als eine Zufallsvariable aufzufassen, deren Erwartungswert gleich 0.72 und deren Standardabweichung gleich 0.01 beträgt.

1. Wie groß ist die Wahrscheinlichkeit mindestens, dass in eine Flasche zwischen 0.71 und 0.91 abgefüllt werden?
2. Wie groß ist höchstens die Wahrscheinlichkeit, dass in eine Flasche weniger als 0.71 abgefüllt werden, wenn die Verteilung der von der Abfüllanlage abgegebenen Menge symmetrisch ist?

Antworten zu den Selbstfragen

Antwort 1 $X + Y$ ist eine entartete Zufallsvariable mit $P(X + Y = 8) = 1$: Aus

$$(X + Y = 8) \supseteq (X = 5) \cap (Y = 3)$$

folgt

$$P(X + Y = 8) \geq P((X = 5) \cap (Y = 3)) = 1.$$

Denn es kann gezeigt werden: Sind A und B zwei Ereignise mit $P(A) = P(B) = 1$, so ist $P(A \cap B) = 1$.

Antwort 2

(a) Die Abbildungen $X+X$ und $2 \cdot X$ sind identisch. Dagegen sind $X+X$ und $X+Y$ zwei verschiedene Abbildungen, z. B. kann $2 \cdot X$ nur gerade Werte annehmen, dies ist für $X + Y$ nicht notwendig.

(b) Da X und Y identisch verteilt sind, haben sie auch gleiche Erwartungswerte und Varianzen: $E(X) = E(Y) = \mu$ und $\mathrm{Var}(X) = \mathrm{Var}(Y) = \sigma^2$. Weiter ist $E(2 \cdot X) = 2E(X) = 2\mu = E(X)+E(Y) = E(X+Y)$. Dagegen unterscheiden sich die Varianzen: Einerseits ist $\mathrm{Var}(2 \cdot X) = 4\,\mathrm{Var}(X) = 4\sigma^2$. Da X und Y unabhängig und daher erst recht unkorreliert sind, folgt andererseits $\mathrm{Var}(X + Y) = \mathrm{Var}(X) + \mathrm{Var}(Y) = 2\sigma^2$.

Antwort 3

$E(X^*) = E(\frac{X-\mu}{\sigma}) = \frac{1}{\sigma}E(X - \mu) = \frac{1}{\sigma}(E(X) - \mu) = 0$

$\mathrm{Var}(X^*) = \mathrm{Var}(\frac{X-\mu}{\sigma}) = \frac{1}{\sigma^2}\mathrm{Var}(X - \mu) = \frac{1}{\sigma^2}\mathrm{Var}(X)$
$= \frac{\sigma^2}{\sigma^2} = 1.$

Antwort 4 Es war $E(X) = \mu = 1.5$ und $\mathrm{Var}(X) = \sigma^2 = 0.75$. Dann ist $E(\overline{X}^{(48)}) = \mu = 1.5$ und $\mathrm{Var}(\overline{X}^{(48)}) = \frac{\sigma^2}{n} = \frac{0.75}{48}$. Die Standardabweichung ist demnach $\sigma_{\overline{X}^{(48)}} = \sqrt{\frac{0.75}{48}} = 0.125$. Damit hat das 2σ-Prognoseintervall für $\overline{X}^{(48)}$ die Gestalt

$$|\overline{X}^{(48)} - 1.5| \leq 2 \cdot 0.125$$

oder

$$1.25 \leq \overline{X}^{(48)} \leq 1.75\,.$$

Beobachtet wurde $\overline{x}^{(48)} = 1.33$. Die Prognose hat sich bestätigt.

Antwort 5 $E(I_A) = 1 \cdot P(A) + 0 \cdot P(A^C) = P(A)$. Da $(I_A)^2 = I_A$ ist, ist $E((I_A)^2) = E(I_A) = P(A)$. Die Varianz berechnen wir über $\mathrm{Var}(I_A) = E((I_A)^2) - (E(I_A))^2 = P(A) - (P(A))^2$.

Spezielle Verteilungen – Modelle des Zufalls

39

Wie viele faule Äpfel sind in der Tüte, wenn n in der Kiste sind?

Wie oft tickt der Geigerzähler?

Warum erscheint die Gauß-Verteilung auf dem alten 10-DM-Schein?

Teil VI

Ergänzende Information Die elektronische Version dieses Kapitels enthält Zusatzmaterial, auf das über folgenden Link zugegriffen werden kann https://doi.org/10.1007/978-3-662-64389-1_39.

T. Arens et al., *Mathematik*, https://doi.org/10.1007/978-3-662-64389-1_39

Im vorigen Kapitel haben wir den Begriff der Zufallsvariablen als globales Modell kennengelernt. Nun sollen die Modelle spezialisiert werden. Vor allem werden wir nun auch stetige Zufallsvariable vorstellen und uns den zentralen Begriff einer Wahrscheinlichkeitsdichte erarbeiten. Wir werden für die wichtigsten, in der Praxis häufig auftretenden Fragestellungen Standardmodelle entwickeln und deren Eigenschaften studieren. Zum Beispiel: Gut-Schlechtprüfung einer laufenden Produktion oder einer bestimmten Warenlieferung, Kapazitätsplanung einer Telefonzentrale, Wartezeit bis zu einem Systemausfall, approximative Verteilung eines Mittelwertes, Lebensdauer einer Maschine, Tragfähigkeit einer Kette.

39.1 Spezielle diskrete Verteilungsmodelle

Überall wo wir etwas abzählen, ob es sich nun um Anzahlen von Fehlern, Treffer im Lotto, abgewartete Tage oder Anzahlen sonstiger Ereignisse handelt, stoßen wir auf diskrete Zufallsvariablen. Im Folgenden wollen wir die wichtigsten diskreten Verteilungsmodelle und ihre Anwendungen vorstellen.

Die Bernoulli-Variable besitzt eine Zweipunktverteilung

Eine Bernoulli-Variable ist eine Zufallsvariable, die nur die zwei Werte null und eins annehmen kann:

$$\begin{aligned} P(X = 1) &= \theta, \\ P(X = 0) &= 1 - \theta. \end{aligned}$$

Dabei ist $E(X) = \theta$ (siehe Abb. 39.1).

Da die Bernoulli-Variable nur die Werte 0 und 1 annehmen kann, ist $X = X^2$. Daraus folgt

$$E(X^2) = E(X) = 0 \cdot P(X = 0) + 1 \cdot P(X = 1) = \theta$$

und

$$\operatorname{Var}(X) = E(X^2) - E(X)^2 = \theta - \theta^2 = \theta(1 - \theta).$$

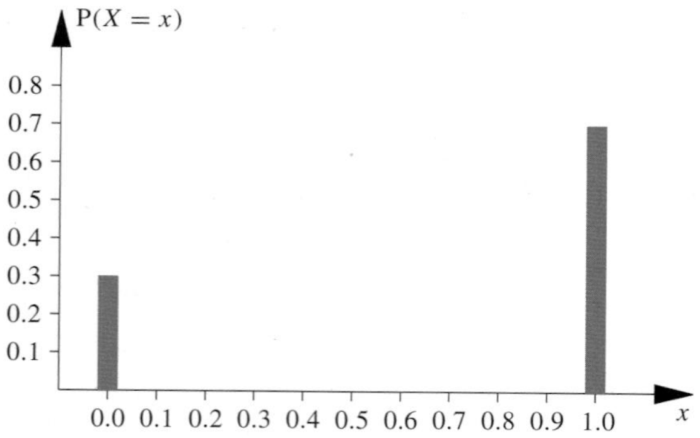

Abb. 39.1 Verteilung einer Bernoulli-Variablen mit $P(X = 1) = 0.7$

Wir haben die Bernoulli-Variable schon im letzten Kapitel als Indikatorvariable kennengelernt. Ist A ein Ereignis, das mit Wahrscheinlichkeit θ eintritt, dann ist die Indikatorvariable X von A eine Bernoulli-Variable,

$$X = \begin{cases} 1, & \text{falls } A \text{ eintritt}, \\ 0, & \text{falls } A \text{ nicht eintritt}, \end{cases}$$

mit

$$\begin{aligned} P(X = 1) &= P(A) = \theta, \\ P(X = 0) &= P(A^C) = 1 - \theta. \end{aligned}$$

Die Binomialverteilung beschreibt die Ereignisse bei einer Gut-Schlechtprüfung bei laufender Produktion

Wir betrachten eine verbogene Münze. Die Wahrscheinlichkeit, „Kopf" oder K zu werfen, sei θ, die Wahrscheinlichkeit, „Zahl" oder Z zu werfen, sei $1 - \theta$. Die Münze wird 3-mal unabhängig voneinander geworfen. Angenommen, das Ergebnis des ersten Wurfs sei Z, des zweiten Wurfs sei Z und des dritten Wurfes sei K. Wir schreiben für dieses Ergebnis ZZK als Abkürzung für $\{1.\text{ Wurf} = Z\} \cap \{2.\text{ Wurf} = Z\} \cap \{3.\text{ Wurf} = K\}$. Da die Ereignisse unabhängig voneinander sind, ist

$$P(ZZK) = P(Z)P(Z)P(K) = (1 - \theta)(1 - \theta)\theta = \theta(1 - \theta)^2.$$

Nun fragen wir nicht nach der individuellen Wurfsequenz, sondern allein nach der Anzahl X der Würfe, bei denen „Kopf" erscheint. Im obigen Fall, bei der Sequenz ZZK, ist $X = 1$. Doch $X = 1$ folgt auch aus anderen Sequenzen, nämlich genau bei den folgenden drei Wurfsequenzen

$$ZZK,\ ZKZ,\ KZZ.$$

Da die Wurfsequenzen sich gegenseitig ausschließen, ist

$$\begin{aligned} P(X = 1) &= P(\{ZZK, ZKZ, KZZ\}) \\ &= P(ZZK) + P(ZKZ) + P(KZZ). \end{aligned}$$

$P(ZZK) = \theta(1 - \theta)^2$ hatten wir bereits bestimmt. Doch die beiden anderen Sequenzen besitzen dieselbe Wahrscheinlichkeit:

$$\begin{aligned} P(ZKZ) &= P(Z)P(K)P(Z) \\ &= (1 - \theta)\theta(1 - \theta) = \theta(1 - \theta)^2 \\ P(KZZ) &= P(K)P(Z)P(Z) \\ &= \theta(1 - \theta)(1 - \theta) = \theta(1 - \theta)^2 \end{aligned}$$

Also ist

$$P(X = 1) = 3\theta(1 - \theta)^2.$$

Diese Überlegung lässt sich sofort verallgemeinern:

Ist X die Anzahl der *Kopfwürfe* bei n Würfen, so tritt das Ereignis $X = k$ genau dann auf, wenn in einer Wurfsequenz $\cdots K \cdots Z \cdots Z \cdots$ genau k-mal K auftritt und daher auch $(n-k)$-mal Z.

Die Wahrscheinlichkeit einer solchen Sequenz ist wegen der Unabhängigkeit der Ereignisse, die diese Sequenz bilden, gerade $\theta^k(1-\theta)^{n-k}$. Nun müssen wir nur noch bestimmen, wie viele verschiedene Sequenzen existieren: Es gibt genauso viele Sequenzen, wie es Möglichkeiten gibt, aus einer Liste mit n Stellen k Stellen auszuwählen, auf die der Buchstabe K geschrieben wird. Auf die restlichen $n-k$ Stellen wird dann Z geschrieben. Dies ist aber gerade die Anzahl der Möglichkeiten aus n unterschiedlichen Objekten k auszuwählen, also $\binom{n}{k}$. Demnach ist $\binom{n}{k}$ die Anzahl der verschiedenen Sequenzen und $\theta^k(1-\theta)^{n-k}$ die Wahrscheinlichkeit der einzelnen Sequenz. Die Wahrscheinlichkeitsverteilung, die wir soeben abgeleitet haben, erhält einen eigenen Namen.

Die Binomialverteilung

Eine Zufallsvariable mit der Verteilung

$$\mathrm{P}(X = k) = \binom{n}{k}\theta^k(1-\theta)^{n-k} \quad \text{für } k = 0, 1, 2, \ldots, n$$

heißt binomialverteilt mit den Parametern n und θ, geschrieben $\mathrm{B}_n(\theta)$.

Im Weiteren werden wir in diesem Buch das Symbol $\sim$ als Abkürzung für „(ist) verteilt nach" verwenden. In unserem Fall gilt also

$$X \sim \mathrm{B}_n(\theta).$$

Dieses nützliche Kürzel $\sim$ wird von vielen Autoren verwendet, eine international gültige Abkürzung für „(ist) verteilt nach" gibt es nicht.

Die Binomialverteilung beschreibt die folgenden Modellsituationen:

- Ein Versuch wird unabhängig voneinander unter identischen Bedingungen n-mal wiederholt. Bei jedem Einzelversuch können nur zwei Ereignisse eintreten, die wir *Erfolg* und *Misserfolg* nennen. Bei jedem Einzelversuch tritt *Erfolg* mit derselben Wahrscheinlichkeit θ ein. Ist X die Anzahl der Erfolge bei den n Versuchen, so ist $X \sim \mathrm{B}_n(\theta)$.
- Eine äquivalente Beschreibung ist das sogenannte **Urnen-Modell mit Zurücklegen**. In einer Urne liegen rote und weiße Kugeln. Der Anteil der roten Kugeln ist θ. Nun werden zufällig nacheinander n Kugeln gezogen. Dabei wird die Farbe jeder Kugel notiert, dann wird die Kugel zurückgelegt, es wird neu und gut gemischt und die nächste Kugel gezogen. Ist X die Anzahl der insgesamt gezogenen roten Kugeln, so ist $X \sim \mathrm{B}_n(\theta)$.
- Bei einer laufenden Produktion entstehen zufällig und unabhängig voneinander defekte Teile. Dabei beeinflusse der Fehler eines Teils nicht die Produktion des nächsten Teils, außerdem soll der Zustand (defekt oder intakt) eines Teils nichts über den möglichen Zustand des folgenden Teils aussagen. Also gibt es keinen Trend oder irgend eine Systematik in der Fehlerfolge. Aus der laufenden Produktion werden als Stichprobe zufällig n Teile entnommen und überprüft. Ist θ die Wahrscheinlichkeit, dass ein Teil defekt ist, und ist X die Anzahl der defekten Teile in der Stichprobe, so ist $X \sim \mathrm{B}_n(\theta)$.
- Es seien X_1 bis X_n unabhängige, identisch verteilte Bernoulli-Variable mit $\mathrm{P}(X_i = 1) = \theta$ für alle i. Dann ist die Summe binomialverteilt,

$$X = \sum_{i=1}^{n} X_i \sim \mathrm{B}_n(\theta). \tag{39.1}$$

Aus (39.1) und den Formeln für Erwartungswert und Varianz der Bernoulli-Variablen lassen sich leicht Erwartungswert und Varianz der Binomialverteilung ableiten:

$$\mathrm{E}(X) = \sum_{i=1}^{n} \mathrm{E}(X_i) = n\theta,$$

$$\mathrm{Var}(X) = \sum_{i=1}^{n} \mathrm{Var}(X_i) = n\theta(1-\theta).$$

Dabei ist $\mathrm{Var}(X) = \sum \mathrm{Var}(X_i)$ wegen der Unabhängigkeit der X_i.

Beispiel Sei X die Anzahl der Sechser bei drei Würfen mit einem idealem Würfel. Dann ist $n = 3$, $\theta = \frac{1}{6}$ und $X \sim \mathrm{B}_3(\frac{1}{6})$.

$$\mathrm{P}(X = k) = \binom{3}{k}\left(\frac{1}{6}\right)^k\left(\frac{5}{6}\right)^{6-k},$$

$$\mathrm{E}(X) = n\theta = 3 \cdot \frac{1}{6} = 0.5.$$

$$\mathrm{Var}(X) = n\theta(1-\theta) = 3 \cdot \frac{1}{6} \cdot \frac{5}{6} = \frac{5}{12}.$$

Zur Übung berechnen wir die Werte noch einmal explizit:

k	$\mathrm{P}(X=k) \cdot 216$	$k \cdot \mathrm{P}(X=k) \cdot 216$	k^2	$k^2 \cdot \mathrm{P}(X=k) \cdot 216$
0	125	0	0	0
1	75	75	1	75
2	15	30	4	60
3	1	3	9	9
$\sum$	216	108		144

Daraus folgt:

$$\mathrm{E}(X) = \frac{108}{216} = 0.5$$

$$\mathrm{E}(X^2) = \frac{144}{216} = \frac{2}{3}$$

$$\mathrm{Var}(X) = \mathrm{E}(X^2) - (\mathrm{E}(X))^2 = \frac{2}{3} - \frac{1}{4} = \frac{5}{12}.$$

◀

Häufig werden nicht so sehr Aussagen über absolute Häufigkeiten, das heißt *Anzahlen,* sondern vielmehr Aussagen über relative Häufigkeiten, das heißt *Anteile*, gebraucht. Ist

$$X \sim \mathrm{B}_n(\theta)$$

die Anzahl, so ist

$$\frac{1}{n}X = Y \sim \frac{1}{n}\mathrm{B}_n(\theta)$$

der Anteil. Dabei verwenden wir die Schreibweise $Y \sim \frac{1}{n}\mathrm{B}_n(\theta)$ als Abkürzung für $nY \sim \mathrm{B}_n(\theta)$. Auf den ersten Blick sieht man keinen prinzipiellen Unterschied zwischen Anzahl und Anteil. Die Varianzen von Anzahlen und Anteilen verhalten sich aber diametral verschieden.

Beispiel Als Beispiel betrachten wir eine ideale Münze. $\mathrm{P}(Kopf) = \frac{1}{2}$. Die Münze wird n-mal geworfen. X ist die Anzahl, die *absolute Häufigkeit*, und

$$Y = \frac{X}{n}$$

der Anteil, die *relative Häufigkeit*, mit der *Kopf* geworfen wird. Dann gilt zwar $\mathrm{E}(Y) = \mathrm{E}\left(\frac{X}{n}\right) = \frac{1}{n}\mathrm{E}(X)$, aber $\mathrm{Var}(Y) = \mathrm{Var}\left(\frac{X}{n}\right) = \frac{1}{n^2}\mathrm{Var}(X)$. Wir erhalten also

Anzahl $X \sim \mathrm{B}_n(\theta)$	Anteil $Y \sim \frac{1}{n}\mathrm{B}_n(\theta)$
$\mathrm{E}(X) = n\theta$	$\mathrm{E}(Y) = \theta$
$\mathrm{Var}(X) = n\theta(1-\theta)$	$\mathrm{Var}(Y) = \frac{\theta(1-\theta)}{n}$

Betrachten wir zum Beispiel die 2σ-Prognoseintervalle, welche die Tschebyschev-Ungleichung liefert (siehe S. 1444),

$$\mathrm{E}(X) - 2\sqrt{\mathrm{Var}(X)} \le X \le \mathrm{E}(X) + 2\sqrt{\mathrm{Var}(X)}.$$

Für $\theta = \frac{1}{2}$ und $\mathrm{E}(X) = \frac{n}{2}$ mit $\mathrm{Var}(X) = \frac{n}{4}$ sowie $\mathrm{E}(Y) = \frac{1}{2}$ mit $\mathrm{Var}(Y) = \frac{1}{4n}$ erhalten wir die folgenden beiden Intervalle einmal für die absolute Häufigkeit X zum anderen für die relative Häufigkeit Y,

$$\frac{n}{2} - \sqrt{n} \le \text{Anzahl } X \le \frac{n}{2} + \sqrt{n},$$
$$\frac{1}{2} - \frac{1}{\sqrt{n}} \le \text{Anteil } Y \le \frac{1}{2} + \frac{1}{\sqrt{n}}.$$

Während die Prognoseintervalle für die absolute Häufigkeit X mit $\sqrt{n}$ immer weiter und so die Prognosen (absolut genommen) immer ungenauer werden, werden die Prognoseintervalle für die relativen Häufigkeiten mit $\frac{1}{\sqrt{n}}$ immer schmaler und absolut genommen immer genauer. ◀

Wir notieren weitere Eigenschaften der Binomialverteilung:

- Ist X die Anzahl der Erfolge und $X \sim \mathrm{B}_n(\theta)$, so ist $Y = n - X$ die Anzahl der Misserfolge. Ist θ die Wahrscheinlichkeit eines Erfolgs, so ist $1-\theta$ die Wahrscheinlichkeit eines Misserfolges. Also gilt:

$$\text{Ist } X \sim \mathrm{B}_n(\theta), \quad \text{so ist} \quad Y \sim \mathrm{B}_n(1-\theta).$$

Die $\mathrm{B}_n(\theta)$ wird daher nur für $\theta \le 0.5$ tabelliert. Die fehlenden Werte bestimmt man über die folgende Umrechnung:

$$\begin{aligned}\mathrm{P}(X \le k) &= \mathrm{P}(Y \ge n-k)\\ &= 1 - \mathrm{P}(Y < n-k)\\ &= 1 - \mathrm{P}(Y \le n-k-1).\end{aligned}$$

Bezeichnen wir die Verteilungsfunktion der $\mathrm{B}_n(\theta)$ mit $F_{\mathrm{B}_n(\theta)}$, so gilt demnach

$$F_{\mathrm{B}_n(\theta)}(k) = 1 - F_{\mathrm{B}_n(1-\theta)}(n-k-1).$$

- Nur für $\theta = \frac{1}{2}$ ist die $\mathrm{B}_n(\theta)$ symmetrisch:

$$\begin{aligned}\mathrm{P}(X = k) &= \binom{n}{k}0.5^k 0.5^{n-k} = \binom{n}{k}0.5^n\\ &= \binom{n}{n-k}0.5^n\\ &= \mathrm{P}(X = n-k).\end{aligned}$$

Je weiter θ von $\frac{1}{2}$ entfernt ist, um so asymmetrischer wird die Verteilung: Ist θ nahe bei null, so werden Erfolge sehr selten sein. X wird vor allem Werte in der Nähe von null annehmen. Ist umgekehrt θ nahe bei Eins, so werden Erfolge sehr häufig sein. X wird vor allem Werte in der Nähe von n annehmen (siehe auch Abb. 39.2).
Je stärker die Verteilung sich an den linken oder rechten Rand schmiegt, um so geringer wird auch die Varianz. $\mathrm{Var}(X) = n\theta(1-\theta)$ hat als Funktion von θ die Gestalt einer nach unten geöffneten Parabel, die ihr Maximum bei $\theta = 0.5$ annimmt.
- Für die Binomialverteilung gilt ein Additionstheorem: Wir führen einen Versuch in zwei Etappen aus: Zuerst machen

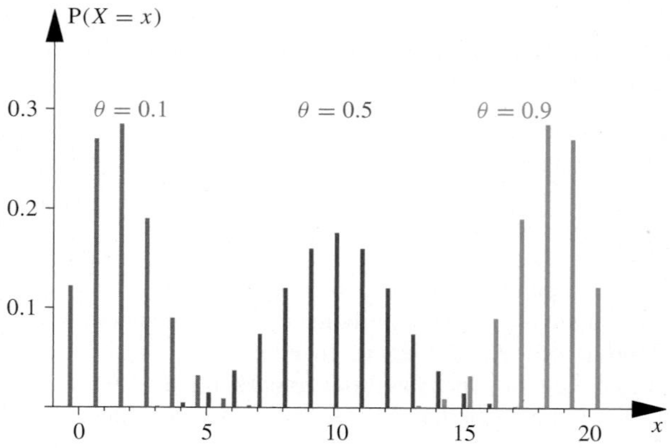

Abb. 39.2 Binomialverteilungen, $n = 20$, $\theta = 0.1, 0.5, 0.9$ (aus Darstellungsgründen sind die blauen Striche etwas nach links verschoben, die grünen nach rechts)

wir n Versuche und notieren das Ergebnis X. Dann setzen wir die Serie mit weiteren m Versuchen fort und notieren das Ergebnis Y. Insgesamt haben wir $n + m$ Versuche mit dem Ergebnis $X + Y$ durchgeführt. Da die Versuchsunterbrechung der unabhängigen Versuchsserie unwesentlich ist, erhalten wir folgendes Ergebnis:
Sind X und Y unabhängig voneinander binomialverteilt mit gleichem θ, dann ist auch $X + Y$ binomial verteilt:

$$\text{Aus } \left.\begin{matrix} X \sim \mathrm{B}_n(\theta) \\ Y \sim \mathrm{B}_m(\theta) \end{matrix}\right\} \text{ folgt } X + Y \sim \mathrm{B}_{n+m}(\theta).$$

- Liegen in unserer Urne nicht nur rote und weiße Kugeln, sondern auch noch blaue, schwarze, ... und gelbe, tauschen wir die Binomialverteilung gegen die Polynomialverteilung. Hier gilt analog zur Binomialverteilung

$$\mathrm{P}(r, w, \ldots g) = \frac{n!}{r!w! \cdot \ldots \cdot g!}(\theta_r)^r(\theta_w)^w \cdot \ldots \cdot (\theta_g)^g.$$

Dabei sind $r, w, \ldots, g$ die Anzahlen der einzelnen Farben in der Stichprobe vom Umfang n und $\theta_r, \theta_w, \ldots, \theta_g$ die Wahrscheinlichkeiten, bzw. die Anteile der Farben in der Grundgesamtheit.

Die hypergeometrische Verteilung beschreibt die Ereignisse bei einer Gut-Schlechtprüfung bei einer festen Warenlieferung

In einer Obstkiste mit 50 Äpfeln sind 10 wurmstichig. Sie greifen sich zufällig 2 Äpfel heraus. Wie groß ist die Wahrscheinlichkeit, dass Sie keinen wurmstichigen Apfel greifen?

Probleme wie diese kommen in der Praxis oft vor, zum Beispiel, wenn ein größere Warensendung stichprobenartig auf die Qualität geprüft wird oder wenn in einer Telefonumfrage der Anteil der Bevölkerung geschätzt wird, der eine bestimmte Meinung vertritt.

Wir wollen von Äpfeln und Obstkisten abstrahieren und greifen zu der von Statistikern geschätzten Urne mit roten und weißen Kugeln. Es seien N Kugeln in der Urne und zwar R rote und W weiße Kugeln. Die Kugeln werden gut gemischt. Dann greifen Sie in die Urne und holen n Kugeln heraus – ohne sie einzeln wieder zurück zu legen. Es sei X die Anzahl der roten unter den gezogenen n Kugeln. Wenn wir voraussetzen, dass jede Auswahl von n Kugeln aus den N Kugeln der Urne die gleiche Wahrscheinlichkeit hat, können wir die Wahrscheinlichkeiten nach der Laplace-Formel bestimmen (siehe S. 1408),

$$\mathrm{P}(X = r) = \frac{\binom{R}{r}\binom{W}{w}}{\binom{N}{n}}. \tag{39.2}$$

Dabei ist $r + w = n$ und $R + W = N$. Es gibt nämlich $\binom{R}{r}$ Möglichkeiten aus den R roten Kugeln der Urne genau r rote Kugeln auszuwählen. Ebenso gibt es $\binom{W}{w}$ Möglichkeiten aus den W weißen Kugeln der Urne genau w weiße Kugeln auszuwählen. Jede Auswahl der roten ist mit jeder Auswahl der weißen kombinierbar. Also ist $\binom{R}{r} \cdot \binom{W}{w}$ die Anzahl aller Auswahlen, die zum Ergebnis r Rote aus N führen. Im Nenner steht die Anzahl aller möglichen Auswahlen.

Die Wahrscheinlichkeitsverteilung, die wir soeben abgeleitet haben, erhält einen eigenen Namen.

Die hypergeometrische Verteilung

Eine Zufallsvariable mit der Verteilung

$$\mathrm{P}(X = k) = \frac{\binom{R}{k}\binom{N-R}{n-k}}{\binom{N}{n}} \quad \text{für } k = 0, 1, 2, \ldots, n$$

heißt hypergeometrisch verteilt mit den Parametern N, R und n,

$$X \sim \mathrm{H}(N, R, n).$$

In Abb. 39.3 sind die Verteilungen für $N = 200, n = 20$ und $R = 20, 100, 180$ dargestellt

Die Formel der hypergeometrischen Verteilung hat eine leicht zu merkende Struktur: In den oberen Termen der auftretenden Binomialkoeffizienten spiegelt sich die Zusammensetzung der Urne, in den unteren Termen die Stichprobe:

$$\text{Urne: } \frac{\binom{R}{*}\binom{N-R}{*}}{\binom{N}{*}} \qquad \text{Stichprobe: } \frac{\binom{*}{r}\binom{*}{n-r}}{\binom{*}{n}}$$

Selbstfrage 1

Ist $k > R$, so ist $\binom{R}{k} = 0$ und demnach $\mathrm{P}(X = k) = 0$. Ist dies sinnvoll?

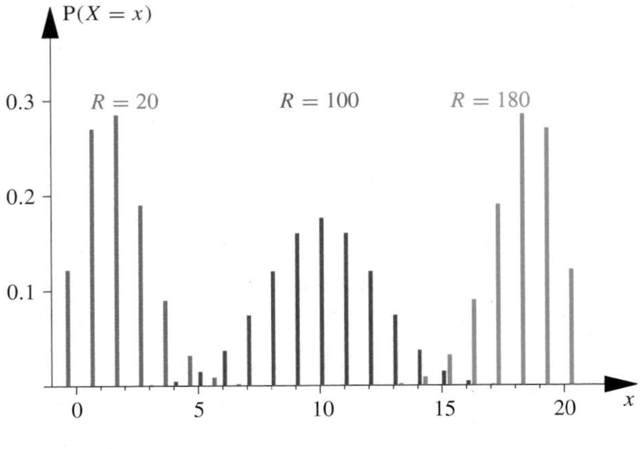

Abb. 39.3 Hypergeometrische Verteilung für $N = 200, n = 20$ und $R = 20, 100, 180$ (aus Darstellungsgründen sind die blauen Striche etwas nach links verschoben, die grünen nach rechts)

Den Erwartungswert der hypergeometrischen Verteilung können wir wie bei der Binomialverteilung bestimmen: Dazu bezeichnen wir den ursprünglichen Anteil der roten Kugeln in der Urne mit

$$\theta = \frac{R}{N}.$$

Sei X_i die Indikatorvariable der i-ten Ziehung. Zum Beispiel ist $X_1 = 1$, falls die erste Kugel rot ist. Für die Indikatorvariable X_1 gilt daher $\mathrm{E}(X_1) = \theta = \frac{R}{N}$ und $\mathrm{Var}(X_1) = \theta(1-\theta)$. Nun ist $X = \sum_{i=1}^{n} X_i$, also ist $\mathrm{E}(X) = \sum_{i=1}^{n} \mathrm{E}(X_i)$. Wie groß ist aber $\mathrm{E}(X_i)$?

Dazu wiederholen wir die Auswahl der Kugeln mit einer kleinen Modifizierung in Gedanken noch einmal: Wir ziehen die Kugeln nacheinander aus der Urne, aber legen sie, ohne die Farbe zu beachten, jede in ein eigenes Kästchen. Erst wenn die letzte Kugel gezogen ist, werden die Kästchen geöffnet und die Farben notiert. Die Wahrscheinlichkeit, dass die erste Kugel, also die im ersten Kästchen, rot ist, ist $\theta = \frac{R}{N}$. Aber wir haben vergessen, welches Kästchen das erste war. Sie sehen alle gleich aus. Spielt es überhaupt eine Rolle, welches Kästchen das erste, welches das zweite, das dritte war? Solange noch kein Kästchen geöffnet ist, ist für jedes Kästchen die Wahrscheinlichkeit, dass es eine rote Kugel enthält, gleich $\theta = \frac{R}{N}$.

Für die Indikatorvariablen X_i heißt dies: Sie besitzen alle *dieselbe Verteilung* $\mathrm{P}(X_i = 1) = \theta$ und $\mathrm{P}(X_i = 0) = 1 - \theta$, aber sie sind *nicht unabhängig*. Denn in dem Augenblick, in dem bekannt wird, dass die erste gezogene Kugel rot ist, ändern sich die Wahrscheinlichkeiten der folgenden Züge.

Wenn aber alle X_i die gleiche Verteilung haben, dann haben sie auch den gleichen Erwartungswert, das heißt: $\mathrm{E}(X_i) = \theta$. Damit haben wir den Erwartungswert der hypergeometrischen Verteilung gefunden.

$$\mathrm{E}(X) = \sum_{i=1}^{n} \mathrm{E}(X_i) = \sum_{i=1}^{n} \theta = n\theta.$$

Die Varianz können wir auf diese Weise leider nicht bestimmen. Da die X_i voneinander abhängig sind, ist $\mathrm{Var}(X) = \mathrm{Var}\left(\sum_{i=1}^{n} X_i\right) \neq \sum_{i=1}^{n} \mathrm{Var}(X_i)$. Nach einigen Umrechnungen, die wir uns sparen wollen, zeigt man

$$\mathrm{Var}(X) = n\theta(1-\theta)\frac{N-n}{N-1}.$$

Den Faktor $\frac{N-n}{N-1}$, um den die Varianz der hypergeometrischen Verteilung kleiner ist als die Varianz der Binomialverteilung, bezeichnet man als den **Korrekturfaktor** für die endliche Gesamtheit.

Selbstfrage 2

Was müsste man berechnen, um die Varianz korrekt zu bestimmen?

Die hypergeometrische Verteilung beschreibt die folgende Modellsituation.

In einer endlichen Grundgesamtheit vom Umfang N besitzt ein Anteil θ der Elemente eine bestimmte Eigenschaft, zum Beispiel „Rot". Aus der Grundgesamtheit wird eine Stichprobe vom Umfang n gezogen, und zwar so, dass jede Teilmenge vom Umfang n die gleiche Wahrscheinlichkeit besitzt, in die Stichprobe zu gelangen. Ist X die Anzahl der „Roten" in der Stichprobe, dann ist

$$X \sim H(N; \theta N; n).$$

Die hypergeometrischen Verteilung ist daher die geeignete Verteilung zur Beschreibung von Umfragen oder der Qualitätskontrolle in endlichen Grundgesamtheiten auf Stichprobenbasis.

Eigenschaften der hypergeometrischen Verteilung:

- Falls $n \leq \frac{N}{20}$ und N groß ist, lässt sich die hypergeometrische durch die Binomialverteilung approximieren. Man kann dies durch Grenzübergang aus der Formel für die Wahrscheinlichkeit der hypergeometrischen Verteilung ableiten. Uns soll folgende Heuristik genügen: Enthält die Urne hinreichend viele Kugeln und werden nur einige Kugeln aus der Urne entnommen, dann ändert sich die Zusammensetzung der Urne nur unmerklich. Es ist praktisch irrelevant, ob die gezogenen Kugeln wieder zurückgelegt werden oder nicht. Dann können wir aber gleich das Modell der Ziehung mit Zurücklegen, das heißt die Binomialverteilung, verwenden.
- Liegen in unserer Urne nicht nur rote und weiße Kugeln, sondern auch noch blaue, schwarze , ... und gelbe, tauschen wir die hypergeometrische gegen die poly-hypergeometrische Verteilung. Hier gilt analog:

$$\mathrm{P}(r, w, b, \ldots g) = \frac{\binom{R}{r}\binom{W}{w}\binom{B}{b}\cdots\binom{G}{g}}{\binom{N}{n}}.$$

Dabei sind $r, w, b, \ldots, g$ die Anzahlen der einzelnen Farben in der Stichprobe vom Umfang n und $R, W, B, \ldots, G$ die Anzahlen der einzelnen Farben in der Grundgesamtheit.

Beispiel In einer Obstkiste liegen 50 äußerlich makellose Äpfel. Leider sind 10 von ihnen wurmstichig. Sie greifen zufällig 2 von den Äpfeln heraus. Ist X die Anzahl der schlechten Äpfel, so ist

$$X \sim \mathrm{H}(50; 10; 2).$$

Demnach ist die Wahrscheinlichkeit, dass Sie k wurmstichige Äpfel erhalten, gerade

k	$\mathrm{P}(X = k)$
0	$\frac{\binom{10}{0}\binom{40}{2}}{\binom{50}{2}} = 0.636\,73$
1	$\frac{\binom{10}{1}\binom{40}{1}}{\binom{50}{2}} = 0.326\,53$
2	$\frac{\binom{10}{2}\binom{40}{0}}{\binom{50}{2}} = 3.673\,5 \cdot 10^{-2}$

◄

Beispiel Beim Lottospiel „6 aus 49" werden aus einer Urne mit 49 nummerierten Kugeln zufällig und ohne Zurücklegen 6 Kugeln mit den Gewinnzahlen gezogen. Nehmen wir an, Sie hätten Lotto gespielt und einen Tipp abgegeben. Dabei haben

Tab. 39.1 Gewinn-Auszahlung beim Lotto (fiktive Zahlen)

x	$\mathrm{P}(X = x)$	$F(x)$	$G(x)$	$G(x) \cdot \mathrm{P}(X = x)$
0	0.435 964 975	0.435 964 975	0	0
1	0.413 019 450	0.848 984 426	0	0
2	0.132 378 029	0.981 362 455	0	0
3	0.017 650 403	0.999 012 858	10	0.18
4	0.000 968 620	0.999 981 479	100	0.10
5	0.000 018 449 9	0.999 999 928	10 000	0.18
6	0.000 000 071 51	1.000 000 000	1 000 000	0.07
$\sum$				0.53

Sie 6 Zahlen auf Ihrem Tippschein angekreuzt. Sie könnten sich vorstellen, dass durch dieses Ankreuzen die 6 Kugeln in der Urne, die diese Nummern tragen, mit einer nur für Sie sichtbaren Farbe „rot" angemalt wurden. Unterstellen wir, dass jede Auswahl von 6 Kugeln aus dieser rotierenden Urne die gleiche Wahrscheinlichkeit besitzt, gezogen zu werden, so ist die Anzahl X der dabei gezogenen „roten Kugeln", das heißt Ihrer Gewinnzahlen, hypergeometrisch verteilt,

$$X \sim \mathrm{H}(49; 6; 6).$$

In der Tab. 39.1 sind die Wahrscheinlichkeiten für 0 bis 6 Richtige angegeben. Erwartungswert und Varianz von X sind:

$$\begin{aligned}
\mathrm{E}(X) &= n\theta = 6 \cdot \frac{6}{49} = 0.734\,69 \\
\mathrm{Var}(X) &= n\theta(1-\theta)\frac{N-n}{N-1} = 6 \cdot \frac{6}{49} \cdot \frac{43}{49} \cdot \frac{43}{48} = 0.577\,57 \\
\sigma_x &= 0.759\,98
\end{aligned}$$

Die Wahrscheinlichkeit, höchstens 2 Richtige zu haben, ist rund 98 %. Stellen wir uns vor, die Gewinne $G(x)$ würden, so wie in Spalte 4 der Tabelle angegeben, ausgeschüttet werden. (In Wirklichkeit ist die Auszahlung komplizierter. Es werden Gewinnklassen gebildet, jeder Gewinnklasse eine Gewinnsumme zugewiesen und diese dann unter allen Gewinnern einer Gewinnklasse aufgeteilt.) In der letzten Spalte der Tab. 39.1 wird der Erwartungswert des Gewinns berechnet. Er beträgt $\mathrm{E}(G(X)) = 0.53$. ◀

Selbstfrage 3

Im letzten Beispiel wurde eine fiktive Auszahlungsfunktion zugrunde gelegt und der Erwartungswert des Gewinns $\mathrm{E}(G) = 0.53$ pro Tipp beim Lottospielen berechnet. Angenommen ein Tipp kostet einen Euro.

(a) Was bedeutet der Erwartungswert des Gewinns pro Spiel für die Lotto-Verwaltung?
(b) Was bedeutet der Erwartungswert für Sie, wenn Sie höchstens an Ihrem Geburtstag spielen?
(c) Was verdient die Lottozentrale im Schnitt pro Tipp?
(d) Wie viel verdient die Lottozentrale im Schnitt an einem Spielabend, wenn 10 Millionen Tippzettel abgegeben werden?
(e) Wieso ist es möglich, dass mitunter zahlreiche Spieler zur gleichen Zeit sechs Richtige haben?

Die geometrische Verteilung beschreibt die Anzahl der Versuche bis zum ersten Erfolg

Beim Spiel „Mensch ärgere dich nicht" muss man zuerst eine 6 würfeln, bevor man am Spiel teilnehmen kann. Angenommen, Sie spielen mit einem realen Würfel, bei dem mit Wahrscheinlichkeit θ eine 6 fällt und angenommen, die Würfe seien unabhängig voneinander. Wie lange müssen Sie warten, bis Sie mitspielen können?

Sei X die Anzahl der Würfe bis zur ersten 6. Angenommen, Sie hatten bei den ersten $k-1$ Würfen keine 6, diese fiel erst beim k-ten Wurf, dann ist $X = k$. Daher ist

$$\mathrm{P}(X = k) = \theta(1-\theta)^{k-1}. \tag{39.3}$$

Dabei läuft k durch alle natürlichen Zahlen. Wegen

$$\begin{aligned}
\sum_{k=1}^{\infty} \mathrm{P}(X = k) &= \theta \sum_{k=1}^{\infty} (1-\theta)^{k-1} \\
&= \theta \sum_{k=0}^{\infty} (1-\theta)^{k} = \frac{\theta}{1-(1-\theta)} = 1.
\end{aligned}$$

ist durch (39.3) eine Wahrscheinlichkeitsverteilung definiert. Sie erhält einen eigenen Namen.

Die geometrische Verteilung

Eine Zufallsvariable mit der Verteilung

$$\mathrm{P}(X = k) = \theta(1-\theta)^{k-1} \text{ für } k = 1, 2, 3, \ldots$$

heißt geometrisch verteilt mit dem Parameter θ.

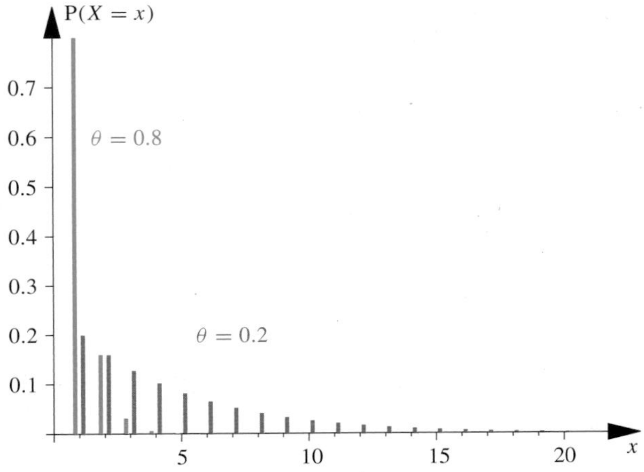

Abb. 39.4 Geometrische Verteilung für $n = 20$, $\theta = 0.2$ und 0.8

Die Gleichung $\sum_{k=1}^{\infty} \mathrm{P}(X = k) = 1$ ist äquivalent mit $\mathrm{P}(X \in \mathbb{N}) = 1$. Dies ist eine bemerkenswerte Aussage. Sie bedeutet inhaltlich: Die Wahrscheinlichkeit, dass irgend einmal ein Erfolg eintreten wird, ist eins. Gemäß unserer Interpretation der Wahrscheinlichkeit können wir also sagen: Gleichgültig, wie klein die Wahrscheinlichkeit $\theta > 0$ ist, es ist so gut wie sicher, dass irgend einmal ein Erfolg auftreten wird, wenn nur die Versuchsserie hinreichend lang ist.

Die Berechnung von Erwartungswert und Varianz ist eine Übung in Potenzreihenrechnung, die wir Ihnen als Aufgabe 39.13 überlassen. Wir zitieren hier nur das Ergebnis:

$$\mathrm{E}(X) = \frac{1}{\theta},$$
$$\mathrm{Var}(X) = \frac{1-\theta}{\theta^2}.$$

Achtung Die geometrische Verteilung wird in zwei Varianten definiert. Bei uns ist X die Anzahl der Versuche bis zum ersten Erfolg. Bei der anderen Variante ist $Y = X - 1$ die Anzahl der Fehlversuche bis zum ersten Erfolg:

$$\mathrm{P}(X = k) = \theta(1-\theta)^{k-1} \quad \text{für } k = 1, 2, 3, \ldots$$
$$\mathrm{P}(Y = k) = \theta(1-\theta)^{k} \quad \text{für } k = 0, 1, 2, 3, \ldots$$ ◄

Kehren wir zum Spiel „Mensch ärgere dich nicht" zurück. Jeder weiß, dass die Wahrscheinlichkeit in der nächsten Runde ins Spiel zu kommen, unabhängig davon ist, wie lange man bereits gewartet hat. Der Würfel hat weder ein Gedächtnis noch ein Gefühl für Gerechtigkeit. Dies gilt auch für die geometrische Verteilung.

Die geometrische Verteilung hat kein Gedächtnis

Die Wahrscheinlichkeit, dass Sie erst beim $(k+j)$-ten Wurf Erfolg haben unter der Bedingung, dass die ersten j Versuche Misserfolge waren, ist gerade die Wahrscheinlichkeit, dass Sie erst beim k-ten Versuch Erfolg haben,

$$\mathrm{P}(X = k + j \mid X > j) = \mathrm{P}(X = k).$$

Beweis Wir berechnen $\mathrm{P}(X > j)$:

$$\begin{aligned}
\mathrm{P}(X > j) &= \sum_{k=j+1}^{\infty} \mathrm{P}(X = k) = \sum_{k=j+1}^{\infty} \theta(1-\theta)^{k-1} \\
&= \theta(1-\theta)^j \sum_{s=0}^{\infty} (1-\theta)^s \\
&= \theta(1-\theta)^j \frac{1}{\theta} = (1-\theta)^j.
\end{aligned}$$

Wir berechnen:

$$\mathrm{P}(X = k + j \mid X > j) = \frac{\mathrm{P}(\{X = k + j\} \cap \{X > j\})}{\mathrm{P}(X > j)}$$

Wegen $k + j > j$, ist $\{X = k + j\} \cap \{X > j\} = \{X = k + j\}$. Also ist:

$$\begin{aligned}
\mathrm{P}(X = k + j \mid X > j) &= \frac{\mathrm{P}(X = k + j)}{\mathrm{P}(X > j)} \\
&= \frac{\theta(1-\theta)^{k+j-1}}{(1-\theta)^j} \\
&= \theta(1-\theta)^{k-1} \\
&= \mathrm{P}(X = k).
\end{aligned}$$ ■

Unter der Voraussetzung, dass die einzelnen Versuche, Experimente, Kontrollen, Ausfälle, Schäden usw. unabhängig voneinander mit derselben Wahrscheinlichkeit „Erfolg" oder „Ereignis" liefern, beschreibt die geometrische Verteilung folgende Modellsituationen:

- In der Qualitätskontrolle: Anzahl der Kontrollen bis zur Entdeckung eines verdeckten Fehlers.
- Bei der Lebensdauerbestimmung von Maschinen: Anzahl der Tage bis zu einem Ausfall.
- Bei einer Versicherung: Wartezeit in Zeiteinheiten bis zur Meldung eines bestimmten Schadens.

Achtung Hängt die Wartezeit von der Länge einer vorangegangenen schadensfreien Periode ab, ist das Modell der geometrischen Verteilung nicht angebracht. So hängt zum Beispiel bei einer Lebensversicherung die noch zu erwartende Lebenszeit eines Versicherten vom Alter des Versicherten ab. ◄

Die Gleichverteilung beschreibt den Wurf mit einem idealen n-seitigen Würfel

Denken wir uns einen idealen n-seitigen Würfel, dessen Seiten die Zahlen von 1 bis n tragen. Sei X die geworfene Augenzahl. Dann ist für $k = 1, \ldots, n$

$$\mathrm{P}(X = k) = \frac{1}{n}.$$

Die Verteilung von X heißt die **diskrete Gleichverteilung** über den Zahlen von $1, \ldots, n$. Für Erwartungswert und Varianz von X gilt:

$$\begin{aligned}
\mathrm{E}(X) &= \sum_{k=1}^{n} k\mathrm{P}(X = k) = \frac{1}{n}\sum_{k=1}^{n} k \\
&= \frac{1}{n}\frac{n(n+1)}{2} = \frac{(n+1)}{2}. \\
\mathrm{E}\left(X^2\right) &= \sum_{k=1}^{n} k^2\mathrm{P}(X = k) = \frac{1}{n}\sum_{k=1}^{n} k^2 \\
&= \frac{1}{n}\frac{n(n+1)(2n+1)}{6}. \\
\mathrm{Var}(X) &= \mathrm{E}\left(X^2\right) - (\mathrm{E}(X))^2 \\
&= \frac{(n+1)(2n+1)}{6} - \left(\frac{(n+1)}{2}\right)^2 = \frac{n^2-1}{12}.
\end{aligned}$$

Teil VI

Selbstfrage 4

Wie groß sind Erwartungswert und Varianz der Augenzahl eines idealen 6-seitigen Würfels?

Die Poisson-Verteilung beschreibt die Häufigkeit punktförmiger Ereignisse in einem Kontinuum

Angenommen, Sie stehen mit einem Geigerzähler vor einem Gesteinsbrocken und achten auf das unregelmäßige Klicken des Geigerzählers. Ein Physiker erklärt Ihnen, dass diese Substanz mit $\lambda = 15$ Becquerel strahlt, das heißt, im Schnitt findet pro Sekunde λ-mal ein Atomzerfall statt, Teilchen werden emittiert und als Klicks im Geigerzähler registriert. Was heißt hier aber „im Schnitt" und was folgt daraus für das „jetzt"?

Nehmen wir an, die Atome zerfallen zufällig und unabhängig voneinander. Die Beobachtungszeit (hier eine Sekunde) wird in n so kleine Mini-Zeitintervalle zerlegt, (sagen wir Nanosekunden oder noch kleiner), dass pro Mini-Intervall maximal ein Teilchen emittiert wird. In jedem dieser Mini-Intervall sei θ_n die Wahrscheinlichkeit für einen Atomzerfall und X_i die Indikatorvariable für den Atomzerfall im i-ten Intervall: $P(X_i = 1) = \theta_n$. Die Gesamtanzahl aller in der Beobachtungszeit zerfallenen Atome ist dann

$$X = \sum_{i=1}^{n} X_i.$$

Da die X_i unabhängige, identisch verteilte Indikatorvariable sind, ist X binomialverteilt $X \sim B_n(\theta_n)$. Dabei kennen wir weder n noch θ_n genau, was wir aber kennen ist

$$\lambda = E(X) = n\theta_n,$$

die mittlere Anzahl der Emissionen pro Sekunde. Außerdem wissen wir, dass n sehr groß und θ_n sehr klein ist. Bestimmen wir doch einmal den Grenzwert der Binomialverteilung für den Fall $n \to \infty$ und gleichzeitig $\theta_n \to 0$ unter Berücksichtigung $n\theta_n = \lambda$.

Dazu zerlegen wir den Wert der $B_n(\theta_n)$ für $P(X = k)$ in vier Faktoren und bestimmen für jeden den Grenzwert:

$$\begin{aligned} P(X = k) &= \binom{n}{k} \cdot (\theta_n)^k (1-\theta_n)^{n-k} \\ &= \left[\binom{n}{k}\frac{1}{n^k}\right]\left[(n\theta_n)^k\right]\left[(1-\theta_n)^n\right]\left[(1-\theta_n)^{-k}\right]. \end{aligned}$$

Der erste Faktor konvergiert gegen $\frac{1}{k!}$, denn:

$$\binom{n}{k}\frac{1}{n^k} = \frac{1}{k!} \cdot \left(\frac{n}{n} \cdot \frac{n-1}{n} \cdots \frac{n-k+1}{n}\right)$$

$$\lim_{n\to\infty}\left[\binom{n}{k}\frac{1}{n^k}\right] = \frac{1}{k!} \cdot \prod_{j=0}^{k-1} \lim_{n\to\infty}\left(\frac{n-j}{n}\right) = \frac{1}{k!} \cdot 1.$$

Der zweite Faktor ist wegen $n\theta_n = \lambda$ identisch λ^k.

Der dritte Faktor konvergiert wegen $\theta_n = \frac{\lambda}{n}$ gegen $e^{-\lambda}$

$$\lim_{n\to\infty} (1-\theta_n)^n = \lim_{n\to\infty}\left(1 - \frac{\lambda}{n}\right)^n = e^{-\lambda}.$$

Der letzte Faktor $(1-\theta_n)^{-k}$ konvergiert wegen $\lim_{n\to\infty}\theta_n = 0$ gegen 1. Damit erhalten wir schließlich als Grenzwert

$$P(X = k) = \frac{1}{k!} \cdot \lambda^k \cdot e^{-\lambda}. \tag{39.4}$$

Dabei kann k jede natürliche Zahl sowie die Null sein.

Wir haben diesen Beweis unter der Bedingung $n\theta_n = \lambda$ geführt. Er läuft mit nur geringer Modifizierung auch unter der allgemeineren Bedingung, dass für die Folge $(\theta_n)_{n=1}^{\infty}$ gilt: $\lim_{n\to\infty} n\theta_n = \lambda$. Als Nächstes prüfen wir, ob durch Formel (39.4) überhaupt eine Wahrscheinlichkeitsverteilung definiert ist. Dazu muss die Summe der Wahrscheinlichkeiten gleich 1 sein. Dies ist glücklicherweise der Fall:

$$\begin{aligned} \sum_{k=0}^{\infty} P(X = k) &= \sum_{k=0}^{\infty} \frac{1}{k!} \cdot \lambda^k \cdot e^{-\lambda} \\ &= e^{-\lambda} \sum_{k=0}^{\infty} \frac{1}{k!} \cdot \lambda^k = e^{-\lambda}e^{\lambda} = 1 \end{aligned}$$

Dabei haben wir benutzt, dass $\sum_{k=0}^{\infty} \frac{\lambda^k}{k!}$ die Potenzreihenentwicklung von e^{λ} ist. Siehe S. 293 in Kap. 9.

Die Wahrscheinlichkeitsverteilung, die wir soeben abgeleitet haben, erhält zu Ehren von Siméon Denis Poisson (1781–1840), der sie 1837 zum ersten Mal vorstellte, einen eigenen Namen.

Die Poisson-Verteilung

Eine Zufallsvariable mit der Verteilung

$$P(X = k) = \frac{\lambda^k}{k!} \cdot e^{-\lambda}$$

heißt Poisson-verteilt mit dem Parameter λ, geschrieben $PV(\lambda)$. Ist $X \sim PV(\lambda)$, dann ist

$$E(X) = Var(X) = \lambda.$$

Beweis Wir berechnen $E(X)$:

$$\begin{aligned} E(X) &= \sum_{k=0}^{\infty} k \cdot P(X = k) = \sum_{k=1}^{\infty} k\frac{1}{k!} \cdot \lambda^k \cdot e^{-\lambda} \\ &= \lambda e^{-\lambda} \sum_{k=1}^{\infty} \frac{\lambda^{k-1}}{(k-1)!} \\ &= \lambda e^{-\lambda} e^{\lambda} = \lambda. \end{aligned}$$

Zur Bestimmung von $\text{Var}(X) = \text{E}\left(X^2\right) - (\text{E}(X))^2$ berechnet man $\text{E}\left(X^2\right)$ ganz analog. Wir verzichten auf die Details. Stattdessen greifen wir auf die Binomialverteilung zurück. Ist $X \sim \text{B}_n(\theta_n)$, so ist

$$\begin{aligned}\text{E}(X) &= n\theta_n = \lambda\,,\\ \text{Var}(X) &= n\theta_n(1-\theta_n) = \lambda\left(1-\frac{\lambda}{n}\right).\end{aligned}$$

Lassen wir n gegen unendlich streben, erhalten wir

$$\lim_{n\to\infty} \text{E}(X) = \lim_{n\to\infty} \text{Var}(X) = \lambda\,. \qquad \blacksquare$$

Ausgehend von der Binomialverteilung können wir mit der Poisson-Verteilung die folgende Situation modellieren: In einem zeitlich oder räumlich fixierten „Rahmen" werden gleichartige Ereignisse beobachtet. Dieser Rahmen lässt sich gedanklich in eine große Zahl von n gleichartigen, extrem kleinen Segmenten zerlegen. Diese Segmente sind so klein, dass in jedem höchstens ein Ereignis stattfindet, und zwar – unabhängig von den Ereignissen in den anderen Segmenten – jeweils mit Wahrscheinlichkeit θ_n. Dabei ist θ_n sehr klein, aber $\text{E}(X) = n\theta_n = \lambda$ ist endlich.

X ist dabei Gesamtzahl der Ereignisse über alle Segmente hinweg summiert. Dann gilt: Die Anzahl der Erfolge bei einer großen Zahl von unabhängigen Versuchen mit minimaler Erfolgswahrscheinlichkeit für den einzelnen Versuch ist Poisson-verteilt.

Oder noch knapper: Die Anzahl punktförmiger Ereignisse in einem Kontinuum ist Poisson-verteilt.

Die Poisson-Verteilung ist nicht nur Grenzverteilung der Binomialverteilung, sondern eine autonome Wahrscheinlichkeitsverteilung. Sie eignet sich zur Beschreibung der folgenden Modellsituationen:

- Zeitpunkte, in denen eine radioaktive Substanz ein Teilchen emittiert oder ein Atom zerfällt.
- Fehler in einer Isolierung: Das Kontinuum ist die Isolierung, die Fehler sind die punktförmigen Ereignisse. Dabei dürfen sich die Fehler nicht gegenseitig beeinflussen. Klumpen müssten als ein Fehler gerechnet werden.
- Treffer am Rand einer Zielscheibe: Im Zentrum der Scheibe könnte das Modell unpassend sein, wenn sich die Treffer im Zentrum häufen.
- Tippfehler in einem Text.
- Bakterien in einer Suspension: Auch hier müssen Klumpen oder Kolonien als ein Ereignis betrachtet werden
- Anrufe in einer Telefonzentrale: Hier müssen genügend freie Leitungen sein, damit ein Anruf nicht die anderen blockiert.
- Bestellungen in einem Warenlager oder Schadensmeldungen in einer Versicherung: Das Kontinuum ist die Zeit, die punktförmigen Ereignisse sind die Zeitpunkte, an denen die Anrufe eingehen.

Beispiel Wir betrachten die Telefonzentrale bei einer großen Feuerwehrstation. Sei X die Anzahl der Alarmmeldungen pro Stunde und $\lambda = 10$ die durchschnittliche Zahl von Alarmmeldungen pro Stunde, dann kann $X \sim \text{PV}(10)$ modelliert werden. Die punktförmigen Ereignisse sind dabei die Augenblicke, in denen die Anrufe eintreffen. Dabei gehen wir davon aus, dass erstens hinreichend viele freie Leitungen existieren, sodass kein Anruf den anderen blockiert. Außerdem werden Anrufe, die wegen desselben Ereignisses eintreffen, z. B. wegen eines Großfeuers, als ein einziger Anruf gewertet. Die Verteilungsfunktion der PV(10) zeigt die folgende Tabelle:

k	$\text{P}(X \le k)$	k	$\text{P}(X \le k)$	k	$\text{P}(X \le k)$
0	$4.5400 \cdot 10^{-5}$	7	0.220 22	14	0.916 54
1	$4.9940 \cdot 10^{-4}$	8	0.332 82	15	0.951 26
2	$2.7694 \cdot 10^{-3}$	9	0.457 93	16	0.972 96
3	$1.0336 \cdot 10^{-2}$	10	0.583 04	17	0.985 72
4	$2.9253 \cdot 10^{-2}$	11	0.696 78	18	0.992 81
5	$6.7086 \cdot 10^{-2}$	12	0.791 56	19	0.996 55
6	0.130 14	13	0.864 46	20	0.998 41

Zum Beispiel ist die Wahrscheinlichkeit, dass pro Stunde mehr als 15 Anrufe eingehen, geringer als 5 %. ◀

Wir notieren wichtige Eigenschaften der Poisson-Verteilung:

- Die Poisson-Verteilung eignet sich zur Approximation der Binomialverteilung $\text{B}_n(\theta)$, wenn n groß und θ klein ist. Eine Faustregel fordert dazu $n \ge 50,\ \theta \le 0.1$ und $n\theta \le 10$.
- Die Verteilung wandert mit wachsendem λ nach rechts und wird dabei flacher: $\text{E}(X) = \lambda$, $\text{Var}(X) = \lambda$. Abbildung 39.5 zeigt die Poisson-Verteilung für wachsende Werte von λ.
- Der Variationskoeffizient der $\text{PV}(\lambda)$ ist $\frac{1}{\sqrt{\lambda}}$: Relativ zur Größe von $\text{E}(X)$ nimmt die Streuung ab.
- Wie für die Binomialverteilung gilt für die Poisson-Verteilung ein Additionstheorem: Sind $X \sim \text{PV}(\lambda_1)$ und $Y \sim \text{PV}(\lambda_2)$ unabhängig voneinander, dann ist auch $X + Y$ Poisson-verteilt:

$$(X + Y) \sim \text{PV}(\lambda_1 + \lambda_2)$$

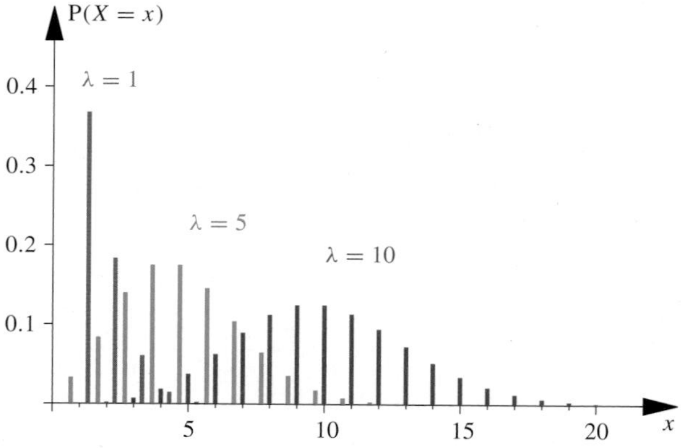

Abb. 39.5 Poisson-Verteilungen für $\lambda = 1, 5$ und 10

Vertiefung: Der Poisson-Prozess

Bei einem radioaktiven Körper ist die Anzahl X_t der zerfallenden Atome im Intervall $[0, t]$ Poisson-verteilt. Betrachten wir zwei Zeitpunkte t_1 und t_2, so erhalten wir zwei Zufallsvariable X_{t_1} und X_{t_2}, die wir in der zweidimensionalen Zufallsvariablen (X_{t_1}, X_{t_2}) zusammenfassen können. Betrachten wir aber nicht mehr einzelne Zeitpunkte, sondern das Kontinuum der Zeit, so erhalten wir auch ein Kontinuum von Zufallsvariablen $\{X_t : t \geq 0\}$. Wir sprechen nun von einem stochastischen Prozess, in unserem Fall von einem Poisson-Prozess. Dieser Prozess lässt sich genau charakterisieren.

Wir kehren noch einmal zum Eingangsbeispiel mit der strahlenden Substanz und dem Geigerzähler zurück. Nun halten wir die Zeit nicht fest, sondern betrachten die Zeit als eine variable Größe. In unregelmäßigen Abständen werden die Klicks vom Zähler registriert. Sei X_t die Anzahl der Klicks im Intervall $[0, t]$. Die Gesamtheit $\{X_t \mid t \in [0, T]\}$ der Zufallsvariablen bildet einen **stochastischen Prozess**.

$$X_t = \text{Anzahl der Signale im Intervall } [0, t].$$

Wir greifen eine Folge von Zeitpunkten heraus und erhalten eine Folge

$$X_{t_1}, X_{t_2}, X_{t_3}, X_{t_4}, X_{t_5}, \ldots$$

Für sie sollen die folgenden drei Eigenschaften gelten:

- **Homogenität:** Die Anzahl der Signale im Intervall $[t, t+h]$ – genauer gesagt, die Verteilung von $X_{t+h} - X_t$ – hängt nur von der Länge h des betrachteten Intervalls ab, nicht aber vom Anfangszeitpunkt t.

  $X_{t+h} - X_t$ ist verteilt wie $X_{t'+h} - X_{t'}$
  Man sagt auch, der Prozess $(X_t : t \geq 0)$ hat homogene Zuwächse.

- **Unabhängigkeit:** Die Anzahlen der Signale in nicht überlappenden Zeitabschnitten sind unabhängig voneinander:

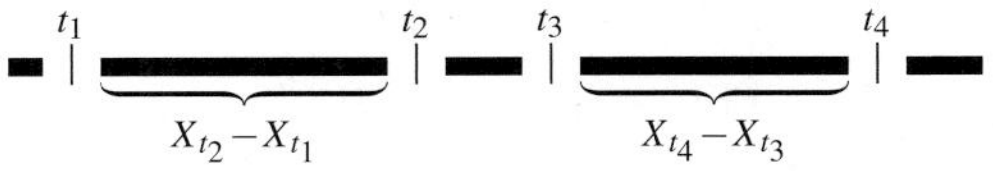

  $X_{t_2} - X_{t_1}$ ist unabhängig von $X_{t_4} - X_{t_3}$
  Man sagt auch, der Prozess $(X_t : \quad t \geq 0)$ hat unabhängige Zuwächse.

- **Intensität:** Die Wahrscheinlichkeit, dass in einem sehr kleinen Zeitintervallen der Länge h genau ein Signal eintrifft, ist proportional zu h,

$$\mathrm{P}(X_{t+h} - X_t = 1) \approx \lambda h.$$

Die Signale kommen einzeln an, zwei oder mehr Signale zum gleichen Zeitpunkt treten so gut wie nie auf,

$$\mathrm{P}(X_{t+h} - X_t > 1) \approx 0.$$

Wir präzisieren beide Forderungen:

$$\lim_{h \to 0} \frac{\mathrm{P}(X_{t+h} - X_t = 1)}{h} = \lambda,$$
$$\lim_{h \to 0} \frac{\mathrm{P}(X_{t+h} - X_t > 1)}{h} = 0.$$

Gilt darüber hinaus die Normierungsbedingung, dass im Startpunkt null kein Ereignis eintritt: $\mathrm{P}(X_0 = 0) = 1$, so folgt: Die Zufallsvariablen X_t bilden einen Poisson-Prozess

$$X_t \sim \mathrm{PV}(\lambda t).$$

Dabei heißt λ die Intensität des Prozesses. In den meisten Fällen, in denen wir eine Poisson-Verteilung unterstellen, liegt ein Poisson-Prozess vor, bei dem wir die Zeit t als Variable laufen lassen und betrachten, wie die Ereignisse im Laufe der Zeit eintreffen.

- λ ist die mittlere Anzahl der Ereignisse pro Maßeinheit. Betrachten wir ein t-faches der Maßeinheit und ist Y die Anzahl der Ereignisse in diesem Rahmen, so geschehen im Schnitt t-mal so viel Ereignisse: $\mathrm{E}(Y) = \lambda t$. Demnach ist $Y \sim \mathrm{PV}(\lambda t)$. Die Änderungen der Wahrscheinlichkeiten sind aber nicht proportional zu t. Siehe dazu auch das folgende Beispiel.

Beispiel In einer Glasschmelze sind minimale Einschlüsse wie z. B. Gasbläschen oder Aschekörnchen regellos in der Glasschmelze verteilt. Sei X die Anzahl der Einschlüsse pro gegossenem Objekt. Wir betrachten die Einschlüsse als punktförmige Ereignisse in einem Kontinuum und modellieren X als Poisson-verteilt. Dabei gehen wir davon aus, dass pro kg Glasschmelze im Schnitt $\lambda = 10$ Einschlüsse auftreten.

(a) Es werden 2 kg schwere Glasspiegel gegossen: Dann ist $E(X) = 2\lambda = 20$ und $X \sim PV(20)$. Dann gilt:

$$\begin{aligned} P(X = 0) &= 2.06 \cdot 10^{-9} \\ P(X = 1) &= 4.12 \cdot 10^{-8} \\ P(X = 2) &= 4.12 \cdot 10^{-7} \\ P(X = 3) &= 2.75 \cdot 10^{-6} \\ P(X > 3) &= 1 - 3.204 \cdot 10^{-6} \end{aligned}$$

Mit großer Wahrscheinlichkeit sind in jedem Spiegel mehr als 3 Einschlüsse.

(b) Es werden 2 g schwere Linsen gegossen. Jetzt ist $E(X) = 0.002 \cdot \lambda = 0.02$ und $X \sim PV(0.02)$ Dann gilt:

$$\begin{aligned} P(X = 0) &= 0.98 \\ P(X = 1) &= 0.0196 \\ P(X \geq 2) &= 0.0004 \end{aligned}$$

98 % aller Linsen werden fehlerfrei sein, 1.9 % werden genau einen Fehler, 0.04 % werden mehr als einen Fehler haben. ◀

39.2 Stetige Verteilungen

Ein Zeitungsreporter sitzt in einer Feuerwache und wartet auf den nächsten Alarm, denn er möchte eine Reportage über einen Einsatz schreiben. Er – und wir mit ihm – gehen davon aus, dass die Anrufe Poisson-verteilt sind, im Schnitt $\lambda = 2$ Anrufe pro Stunde. Uns interessiert, wie lange er noch warten muss.

Es sei X die Anzahl der Anrufe in einer Stunde und X_t die Anzahl der Anrufe in t Stunden. Nach unserer Voraussetzung ist $E(X_t) = \lambda t$, also $X_t \sim PV(\lambda t)$. Die Wahrscheinlichkeit, dass in t Stunden k Anrufe kommen, ist

$$P(X_t = k) = \frac{(t\lambda)^k}{k!} e^{-\lambda t}.$$

Die Wahrscheinlichkeit, dass in t Stunden kein Anruf kommt, ist

$$P(X_t = 0) = e^{-\lambda t}.$$

Wir fragen aber weniger nach der Anzahl der Anrufe, als nach der Wartezeit T bis zum ersten Anruf. Für den Reporter bedeutet $X_t = 0$: Kein Anruf in den ersten t Stunden, daher muss er weiter warten,

$$X_t = 0 \quad \text{genau dann, wenn} \quad T > t.$$

Daher gilt für die Wartezeit T,

$$P(T > t) = P(X_t = 0) = e^{-\lambda t}$$

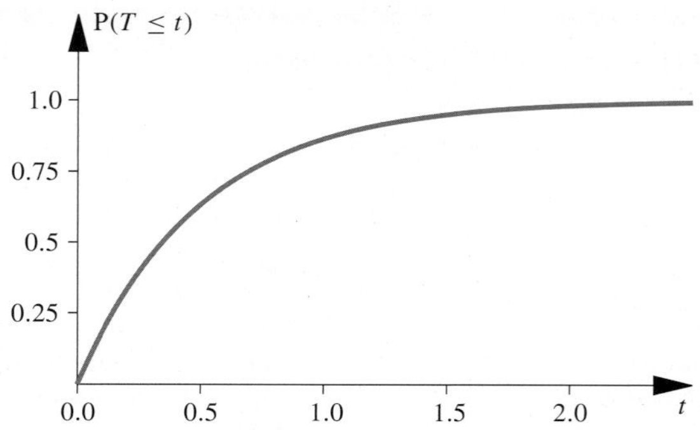

Abb. 39.6 Die Verteilungsfunktion der Wartezeit T für $\lambda = 2$

und

$$P(T \leq t) = 1 - e^{-\lambda t}.$$

Doch $P(T \leq t)$ ist die Verteilungsfunktion $F_T(t)$ der Zufallsvariablen T. Damit haben wir gefunden: T besitzt die Verteilungsfunktion

$$F_T(t) = 1 - e^{-\lambda t}.$$

Abbildung 39.6 zeigt diese Verteilungsfunktion für unser Beispiel mit $\lambda = 2$.

An dieser Verteilungsfunktion können wir wie gewohnt Wahrscheinlichkeiten ablesen.

Beispiel Wie groß ist die Wahrscheinlichkeit, höchstens eine halbe Stunde auf einen Anruf warten zu müssen? Mit $\lambda = 2$ folgt

$$\begin{aligned} F_T(0.5) = P(T \leq 0.5) &= 1 - e^{-\lambda \cdot 0.5} \\ &= 1 - e^{-2 \cdot 0.5} = 1 - e^{-1} = 0.63. \end{aligned}$$

Wie groß ist die Wahrscheinlichkeit, höchstens eine Stunde auf einen Anruf warten zu müssen?

$$\begin{aligned} F_T(1) = P(T \leq 1) &= 1 - e^{-\lambda} \\ &= 1 - e^{-2} = 0.87. \end{aligned}$$

Wie groß ist die Wahrscheinlichkeit, mindestens ein halbe Stunde und höchstens eine Stunde auf einen Anruf warten zu müssen?

$$\begin{aligned} F_T(1) - F_T(0.5) &= P(0.5 \leq T \leq 1) \\ &= 0.87 - 0.63 = 0.24. \end{aligned}$$ ◀

Wahrscheinlichkeiten für konkrete *Zeitintervalle* lassen sich wie gewohnt an der Verteilungsfunktion ablesen. Doch wie steht es um *Zeitpunkte*? Wie groß ist zum Beispiel die Wahrscheinlichkeit, *genau* eine Stunde warten zu müssen? Für jede

Verteilungsfunktion und daher auch für $F_T(t)$ gilt: An jeder Stelle t ist $\mathrm{P}(T = t)$ die Höhe der „Treppenstufe" an der Stelle t, nämlich

$$\mathrm{P}(T = t) = F_T(t) - \lim_{\substack{\varepsilon>0 \\ \varepsilon\to 0}} F_T(t-\varepsilon)$$

(siehe auch S. 1432). Unsere Verteilung hat aber gar keine Stufen. Sie ist stetig, sogar differenzierbar, für jeden Wert von t, speziell ist $\mathrm{P}(T = t) = 0$.

Zum gleichen Ergebnis kommen wir, wenn wir ein Intervall betrachten und die Länge des Intervalls gegen null schicken. Das Ergebnis $\mathrm{P}(T = t) = 0$ ist nur auf den ersten Augenblick überraschend. In unserem Modell kann jederzeit ein Anruf kommen, aber je kleiner das von uns betrachtete Zeitintervall ist, um so unwahrscheinlicher wird es, dass genau in diesem Intervall etwas geschehen soll. Wenn nun das Intervall auf einen Punkt zusammenschrumpft, ist es so gut wie sicher, dass gerade hier nichts passiert.

Aber – widerspricht dieses Ergebnis nicht dem dritten Axiom von Kolmogorov? Einerseits haben wir

$$1 = \mathrm{P}(T < \infty) = \mathrm{P}\left(\bigcup_{t\in\mathbb{R}}(T = t)\right).$$

Anderseits ist $\mathrm{P}(T = t) = 0$ für alle $t \in \mathbb{R}$. Nach dem dritten Axiom ist die Wahrscheinlichkeit einer *abzählbaren* disjunkten Vereinigung die Summe der Einzelwahrscheinlichkeiten. Hier aber ist $\bigcup_{t\in\mathbb{R}}(T = t)$ eine Vereinigung von *überabzählbar* vielen disjunkten Ereignissen $(T = t)$, denn $\mathbb{R}$ ist überabzählbar. Daher greift das dritte Axiom nicht.

Die punktweise Bestimmung der Wahrscheinlichkeiten $\mathrm{P}(T = t)$ führt uns nicht weiter. Erfolgversprechend ist dagegen die Bestimmung von $\mathrm{P}(T \approx t)$. In unserem Beispiel ist $F_T(t)$ differenzierbar,

$$\frac{\mathrm{d}}{\mathrm{d}t}F_T(t) = \frac{\mathrm{d}}{\mathrm{d}t}\left(1 - \mathrm{e}^{-\lambda t}\right) = \lambda\mathrm{e}^{-\lambda t} = f_T(t).$$

Diese Ableitung $f_T(t)$ nennen wir die **Dichte** von T. Präzisieren wir $T \approx t$ als $t - \frac{\Delta}{2} < T \leq t + \frac{\Delta}{2}$ mit hinreichend kleinem Δ, so gilt, wenn wir den Differenzenquotient durch den Differenzialquotienten approximieren,

$$\begin{aligned}\mathrm{P}\left(t - \frac{\Delta}{2} < T \leq t + \frac{\Delta}{2}\right) &= F_T\left(t + \frac{\Delta}{2}\right) - F_T\left(t - \frac{\Delta}{2}\right) \\ &= \mathrm{e}^{-\lambda\left(t-\frac{\Delta}{2}\right)} - \mathrm{e}^{-\lambda\left(t+\frac{\Delta}{2}\right)} \\ &\approx \lambda\mathrm{e}^{-\lambda t}\Delta = f_T(t)\cdot\Delta.\end{aligned}$$

Wir wollen noch den Begriff „Dichte" erläutern. Dazu benutzen wir die Dualität von Integration und Differenziation: Die Dichte $f_T(t)$ ist die Ableitung der Verteilungsfunktion $F_T(t)$ und $F_T(t)$ ist eine Stammfunktion der Dichte $f_T(t)$. Daher gilt

$$\mathrm{P}(a < T \leq b) = F_T(b) - F_T(a) = \int_a^b f_T(t)\,\mathrm{d}t.$$

Wir können uns die Dichte $f_T(t)$ wie eine „Wahrscheinlichkeitsmasse" vorstellen, mit der die t-Achse belegt ist. Die Wahrscheinlichkeit, dass T im Intervall $[a, b]$ liegt, ist gerade die Wahrscheinlichkeitsmasse im Intervall $[a, b]$.

Stetige Zufallsvariable besitzen eine Dichte

Was wir an unserem Beispiel gesehen haben, wollen wir nun verallgemeinern.

Definition: Stetige Zufallsvariable

Eine Zufallsvariable X heißt stetig, wenn sie eine Dichte f besitzt. Dies ist eine integrierbare Funktion mit der Eigenschaft, dass für alle $a, b \in \mathbb{R}$ gilt:

$$\mathrm{P}(a < X \leq b) = F(b) - F(a) = \int_a^b f(x)\,\mathrm{d}x.$$

Betrachten wir mehrere stetige Zufallsvariable $X, Y, \ldots Z$, dann setzen wir zur Unterscheidung der Dichten den Namen der Zufallsvariablen als Index unten an die Dichten und schreiben $f_X, f_Y, \ldots f_Z$.

Aus der Definition folgt eine Reihe von Eigenschaften, die wir bereits am letzten Beispiel kennengelernt haben.

- Lässt man das linke Intervallende a gegen b gehen, so erhält man

  $$\mathrm{P}(X = b) = \lim_{a\to b}\mathrm{P}(a < X \leq b) = \lim_{a\to b}\int_a^b f(x)\,\mathrm{d}x = 0.$$

  Für jede Realisation $b \in \mathbb{R}$ gilt $\mathrm{P}(X = b) = 0$. Daher ist die Angabe der genauen Ränder bei Intervallen überflüssig,

  $$\begin{aligned}\mathrm{P}(a < X < b) &= \mathrm{P}(a \leq X < b) = \mathrm{P}(a < X \leq b) \\ &= \mathrm{P}(a \leq X \leq b).\end{aligned}$$

- Eine Dichte darf nicht negativ sein: Ist nämlich $N = \{x : f(x) < 0\}$, dann ist

  $$0 \leq \mathrm{P}(X \in N) = \int_N f(x)\,\mathrm{d}x \leq 0.$$

  Also ist $\mathrm{P}(X \in N) = 0$. Bis auf eine Ausnahmemenge N, in der X mit Wahrscheinlichkeit 1 keine Realisationen annimmt, ist $f(x) \geq 0$.
- Für jede Zufallsvariable gilt $\mathrm{P}(-\infty < X < \infty) = 1$. Daher folgt für das Integral

  $$\int_{-\infty}^{+\infty} f(x)\,\mathrm{d}x = 1.$$

- Allgemein gilt für jede Borel-Menge B

$$\mathrm{P}(X \in B) = \int_B f(x)\,\mathrm{d}x.$$

- Die Wahrscheinlichkeit, dass in einer hinreichend kleinen Umgebung von x etwas geschieht, ist proportional zur Dichte $f(x)$. Für hinreichend kleines Δ gilt

$$\mathrm{P}\left(x - \frac{\Delta}{2} < X \leq x + \frac{\Delta}{2}\right) \approx f(x) \cdot \Delta.$$

Selbstfrage 5

(a) Muss eine Dichte kleiner als 1 sein?
(b) Muss eine Dichte stetig sein?

Abbildung 39.7 zeigt eine typische Verteilungsfunktion und ihre Dichte. Die Größe der schraffierten Fläche in dieser Abbildung ist gerade die Wahrscheinlichkeit, dass eine Realisation von X im Intervall $[a, b]$ liegt.

Definition Erwartungswert und Varianz

Ist X eine stetige Zufallsvariable mit der Dichte $f(x)$, dann sind Erwartungswert und Varianz von X definiert als

$$\mathrm{E}(X) = \int_{-\infty}^{\infty} x f(x)\,\mathrm{d}x = \mu,$$

$$\mathrm{Var}(X) = \mathrm{E}\left((X - \mu)^2\right) = \int_{-\infty}^{\infty} (x - \mu)^2 f(x)\,\mathrm{d}x = \sigma^2,$$

sofern die Integrale existieren.

Anmerkung: In der Vertiefung zum Erwartungswert auf S. 1442 wurde der Erwartungswert ganz allgemein definiert als

$$\mathrm{E}(X) = \int_{\mathbb{R}} x\,\mathrm{d}F.$$

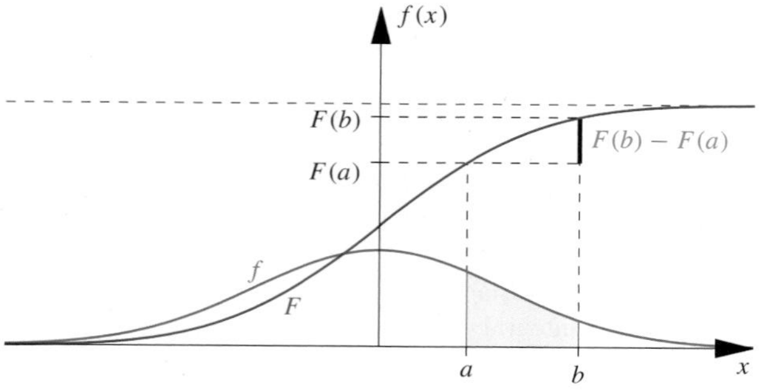

Abb. 39.7 Dichte f und Verteilungsfunktion F einer Zufallsvariablen X. Dabei ist $\mathrm{P}(a \leq X \leq b) = F(b) - F(a) = \int_a^b f(x)\,\mathrm{d}x$

Ist F differenzierbar mit der Ableitung f, so ist $\int_{\mathbb{R}} x\,\mathrm{d}F = \int_{-\infty}^{\infty} x f(x)\,\mathrm{d}x$. Unsere Definition des Erwartungswertes einer stetigen Zufallsvariablen ist demnach im Einklang mit der allgemeinen Definition. Demnach gelten alle Eigenschaften, die wir für den Erwartungswert einer diskreten Zufallsvariablen bereits notiert haben, für stetige Zufallsvariable erst recht, speziell

$$\mathrm{E}\left(\sum_{i=1}^n \alpha_i X_i\right) = \sum_{i=1}^n \alpha_i \mathrm{E}(X_i),$$

$$\mathrm{Var}\left(\sum_{i=1}^n \alpha_i X_i\right) = \sum_{i=1}^n \alpha_i^2 \,\mathrm{Var}(X_i) \text{ bei Unabhängigkeit.}$$

Mehrdimensionale stetige Zufallsvariable

Von eindimensionalen Zufallsvariablen zu zweidimensionalen ist es nur ein Schritt.

Dichte einer zweidimensionalen Zufallsvariablen X

$\boldsymbol{X} = (X_1, X_2)$ hat die Dichte $f_{\boldsymbol{X}}(\boldsymbol{x})$, wenn für alle $(a_1, a_2) \in \mathbb{R}^2$ gilt

$$\mathrm{P}(X_1 \leq a_1, X_2 \leq a_2) = \int_{-\infty}^{a_2} \int_{-\infty}^{a_1} f_{\boldsymbol{X}}(x_1, x_2)\,\mathrm{d}x_1\,\mathrm{d}x_2.$$

Bei mehrdimensionalen Zufallsvariablen müssen wir Randverteilungen und bedingte Verteilungen unterscheiden:

- Ignorieren wir z. B. die Variable X_2 und betrachten nur die restliche Variable X_1, so erhalten wir die **Randverteilung** von X_1. Die Dichte der Randverteilung von X_1 finden wir durch Integration über X_2,

$$f_{X_1}(x) = \int_{-\infty}^{\infty} f_{\boldsymbol{X}}(x, x_2)\,\mathrm{d}x_2.$$

  Analog für X_2

$$f_{X_2}(x) = \int_{-\infty}^{\infty} f_{\boldsymbol{X}}(x_1, x)\,\mathrm{d}x_1.$$

- Halten wir dagegen $X_2 = x_2$ fest und betrachten nur die restliche Variable X_1, so erhalten wir die **bedingte Verteilung** von X_1 bei gegebenem $X_2 = x_2$.

Hier entsteht ein begriffliches Problem: Der Versuch, die *bedingte Wahrscheinlichkeit* wie gewohnt als

$$\mathrm{P}(X_1 \leq x_1 \mid X_2 = x_2) = \frac{\mathrm{P}(\{X_1 \leq x_1\} \cap \{X_2 = x_2\})}{\mathrm{P}(\{X_2 = x_2\})}$$

zu definieren, scheitert, da die Wahrscheinlichkeiten in Zähler und Nenner auf der rechten Seite der Gleichung beide null sind. Nun hilft uns der Satz der totalen Wahrscheinlichkeit weiter. Ist X_2 eine diskrete Zufallsvariable, so gilt

$$\mathrm{P}(X_1 \le a) = \sum_{i=1}^{\infty} \mathrm{P}(X_1 \le a \,|\, X_2 = x_i)\mathrm{P}(X_2 = x_i).$$

Bei stetigen Variablen fordern wir die Gültigkeit der analogen Beziehung, nämlich

$$\mathrm{P}(X_1 \le a) = \int_{-\infty}^{\infty} \mathrm{P}(X_1 \le a \,|\, X_2 = x_2) f_{X_2}(x_2)\,\mathrm{d}x_2.$$

Diese Forderung lässt sich leicht erfüllen durch die Setzung

$$\mathrm{P}(X_1 \le a|X_2 = x_2) = \int_{-\infty}^{a} \frac{f_{X_1X_2}(x_1, x_2)}{f_{X_2}(x_2)}\,\mathrm{d}x_1.$$

Dann ist nämlich nach Vertauschung der Reihenfolge der Integrationen:

$$\begin{aligned}
&\int_{-\infty}^{\infty}\left(\int_{-\infty}^{a} \frac{f_{X_1X_2}(x_1, x_2)}{f_{X_2}(x_2)}\,\mathrm{d}x_1\right) f_{X_2}(x_2)\,\mathrm{d}x_2 \\
&= \int_{-\infty}^{a}\left(\int_{-\infty}^{\infty} f_{X_1X_2}(x_1, x_2)\,\mathrm{d}x_2\right)\mathrm{d}x_1 \\
&= \int_{-\infty}^{a} f_{X_1}(x_1)\,\mathrm{d}x_1 \\
&= \mathrm{P}(X_1 \le a).
\end{aligned}$$

Die bedingte Wahrscheinlichkeit $\mathrm{P}(X_1 \le a \,|\, X_2 = x_2)$ konnten wir als Integral schreiben. Daher können wir einen Schritt weiter gehen und definieren die bedingte Dichte.

Die bedingte Dichte

Für alle x_2 mit $f_{X_2}(x_2) \neq 0$ ist die bedingte Dichte von X_1 unter der Bedingung $X_2 = x_2$ definiert als:

$$f_{X_1 \,|\, X_2 = x_2}(x_1) = \frac{f_{\mathbf{X}}(x_1, x_2)}{f_{X_2}(x_2)}$$

In Abb. 39.8 ist exemplarisch das „Dichtegebirge" $f_{\mathbf{X}}(x_1, x_2)$ einer zweidimensionalen Zufallsvariablen abgebildet. Diese Gebirge wird mit zwei vertikalen Ebenen $X_1 = a$ und $X_2 = b$ geschnitten. Die weiße geht durch den Punkt $X_1 = a$ und ist parallel zur x_2-Achse, die grüne geht durch den Punkt $X_2 = b$ und ist parallel zur x_1-Achse.

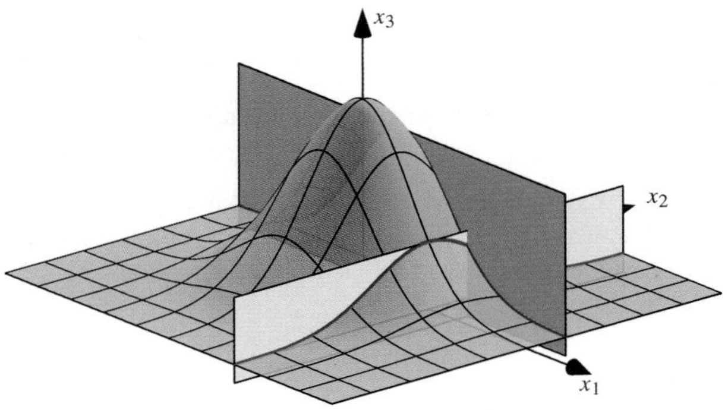

Abb. 39.8 Zweidimensionale Dichte mit Schnittebenen $X_1 = a$ und $X_2 = b$

Die erste Schnittkurve ist – als Funktion von x_2 betrachtet – gerade $f_{\mathbf{X}}(a, x_2)$, die andere $f_{\mathbf{X}}(x_1, b)$.

Halten wir z. B. $x_1 = a$ fest und lassen x_2 variabel. Abbildung 39.9 zeigt die Schnittkurve $f_{\mathbf{X}}(a, x_2)$.

Diese Funktion ist noch nicht die bedingte Dichte $f_{X_2|X_1=a}(x_2)$, denn die Fläche unter der Schnittkurve ist noch nicht eins, sondern

$$\int_{-\infty}^{\infty} f_{\mathbf{X}}(a, x_2)\,\mathrm{d}x_2 = f_{X_1}(a).$$

Dividieren wir $f_{\mathbf{X}}(a, x_2)$ durch den Flächeninhalt $f_{X_1}(a)$, wird die Fläche unter der Kurve auf eins normiert und wir erhalten die bedingte Dichte,

$$f_{X_2|X_1=a}(x_2) = \frac{f_{\mathbf{X}}(a, x_2)}{f_{X_1}(a)}.$$

Die zweite Schnittebene liefert analog die bedingte Dichte $f_{X_2|X_1=b}(x_1)$.

Die Verallgemeinerung auf n-dimensionale Zufallsvariable und ihre Randverteilungen und bedingte Verteilungen ist jetzt offensichtlich. Die Definitionen sind analog zu erweitern.

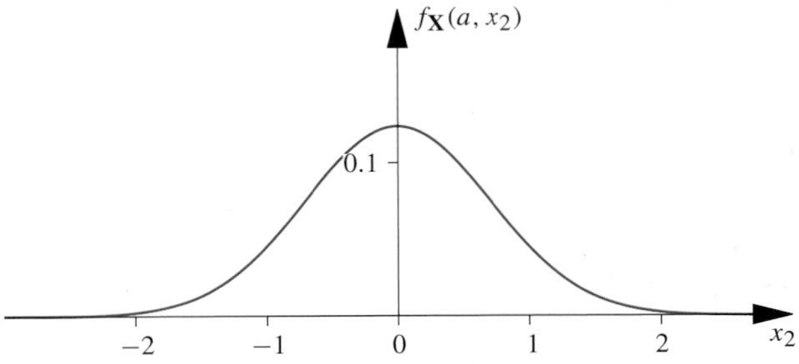

Abb. 39.9 Die Schnittkurve $f_{\mathbf{X}}(a, x_2)$

Teil VI

Speziell gilt:

Bei Unabhängigkeit werden die Randdichten multipliziert

$X_1, \ldots, X_n$ sind genau dann stetige Zufallsvariable mit den Dichten f_{X_i}, falls $\boldsymbol{X} = (X_1, \ldots, X_n)$ eine stetige n-dimensionale Zufallsvariable ist mit der Dichte

$$f_X(x_1, \ldots, x_n) = \prod_{i=1}^{n} f_{X_i}(x_i).$$

Die Exponentialverteilung ExpV(λ) kann Wartezeiten beschreiben

Ehe wir weitere Eigenschaften von stetigen Zufallsvariablen studieren, wollen wir vorher exemplarisch zwei wichtige stetige Verteilungen kennenlernen, die Exponentialverteilung und die Gleichverteilung. Die erste Verteilung haben wir schon in der Einführung kennengelernt.

Die Exponentialverteilung

Die Verteilung mit der Dichte ($\lambda > 0$)

$$f(x) = \begin{cases} \lambda e^{-\lambda x}, & \text{falls } x \geq 0, \\ 0 & \text{sonst,} \end{cases}$$

heißt Exponentialverteilung und wird mit ExpV(λ) notiert. Dabei ist

$$\mathrm{E}(X) = \frac{1}{\lambda},$$

$$\mathrm{Var}(X) = \frac{1}{\lambda^2},$$

$$\mathrm{Med}(X) = \frac{\ln 2}{\lambda}.$$

Abbildung 39.10 zeigt die Gestalt der Dichten für verschiedene Werte von λ.

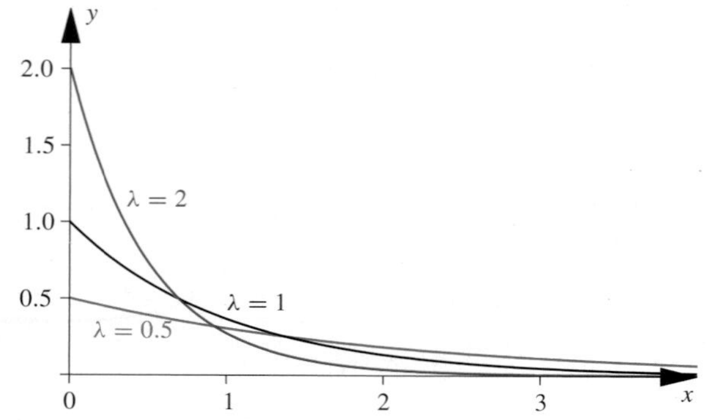

Abb. 39.10 Dichten der Exponentialverteilung für $\lambda = 0.5$, 1 und 2

Ist die Anzahl Y_t der Ereignisse im Zeitintervall $[0, t]$ Poisson-verteilt, PV(λt), so ist die Wartezeit X bis zum Eintreten eines Ereignisses exponentialverteilt ExpV(λ). Dabei ist $F(x) = \mathrm{P}(X \leq x) = 1 - e^{-\lambda x}$ die Wahrscheinlichkeit höchstens und $\mathrm{P}(X > x) = e^{-\lambda x}$ mindestens x Zeiteinheiten zu warten.

Beweis Wir beweisen die Aussagen über Erwartungswert, Varianz und Median (siehe auch S. 427):

$$\mathrm{E}(X) = \int_{-\infty}^{\infty} x f(x)\,\mathrm{d}x = \int_{0}^{\infty} \lambda x e^{-\lambda x}\,\mathrm{d}x.$$

Wir führen eine neue Variable $y = \lambda x$ ein. Dann ist

$$\mathrm{E}(X) = \frac{1}{\lambda} \int_{0}^{\infty} y e^{-y}\,\mathrm{d}y = \frac{1}{\lambda}.$$

Die Berechnung von $\mathrm{E}\left(X^2\right) = \frac{2}{\lambda^2}$ geht analog und liefert $\mathrm{Var}(X) = \mathrm{E}\left(X^2\right) - \mathrm{E}(X)^2 = \frac{1}{\lambda^2}$. Der Median m ist definiert durch $F(m) = 0.5$. Also

$$\begin{aligned} \frac{1}{2} &= F(m) = 1 - e^{-\lambda m}, \\ e^{-\lambda m} &= \frac{1}{2}, \\ -\lambda m &= \ln \frac{1}{2} = -\ln 2. \end{aligned}$$

■

Wie die Abb. 39.10 zeigt ist, sind die Dichtefunktionen asymmetrisch, sie sind links steil. Es gilt

$$\mathrm{Modus}(X) = 0 < \mathrm{Med}(X) = \frac{\ln 2}{\lambda} < \mathrm{E}(X) = \frac{1}{\lambda}.$$

Die häufigsten Wartezeiten liegen bei 0, die Hälfte der Wartezeiten ist geringer als $\frac{\ln 2}{\lambda}$ und die mittlere Wartezeit liegt bei $\frac{1}{\lambda}$.

Die Exponentialverteilung besitzt eine charakteristische Eigenschaft: Sie ist eine „Verteilung ohne Gedächtnis“. Es gilt

$$\mathrm{P}(X \geq t + h \mid X \geq t) = \mathrm{P}(X \geq h).$$

Beweis Nach Definition der bedingten Wahrscheinlichkeit ist

$$\mathrm{P}(X \geq t + h \mid X \geq t) = \frac{\mathrm{P}\left(\{X \geq t + h\} \cap \{X \geq t\}\right)}{\mathrm{P}(X \geq t)}.$$

Für die Zeitintervalle gilt

$$\{X \geq t + h\} \cap \{X \geq t\} = \{X \geq t + h\}.$$

Also ist

$$\begin{aligned} \mathrm{P}(X \geq t + h \mid X \geq t) &= \frac{\mathrm{P}(X \geq t + h)}{\mathrm{P}(X \geq t)} \\ &= \frac{e^{-\lambda(t+h)}}{e^{-\lambda t}} \\ &= e^{-\lambda h} \\ &= \mathrm{P}(X \geq h). \end{aligned}$$

■

Beispiel Angenommen, die Wartezeit T (in Minuten) auf eine freie Telefonleitung bei einem Callcenter sei exponential verteilt. Sie wissen aus Erfahrung, dass man im Schnitt 5 Minuten auf einen Anschluss warten muss. $\lambda = \frac{1}{\mathrm{E}(T)} = 0.2$ und $T \sim \mathrm{ExpV}(0.2)$. Die Wahrscheinlichkeit, mehr als 5 Minuten zu warten, ist

$$\mathrm{P}(X \geq 5) = \mathrm{e}^{-\lambda \cdot 5} = \mathrm{e}^{-0.2 \cdot 5} = 0.367\,88.$$

Heute haben Sie Pech, Sie warten bereits 10 Minuten. Die Wahrscheinlichkeit, mindestens weitere 5 Minuten warten zu müssen, bleibt bei 0.367 88. ◀

Häufig wird die Exponentialverteilung benutzt, um Lebensdauern zu modellieren. T ist dann die Wartezeit bis zu einem Ausfall. Da die Exponentialverteilung eine „Verteilung ohne Gedächtnis" ist, ist sie nicht geeignet, falls Lebensdauern durch Alterungs- oder Verschleißprozesse beeinflusst werden.

Die stetige Gleichverteilung beschreibt den Stand des Zeigers am Glücksrad

Ein gut ausbalanciertes Glücksrad wird angestoßen, rotiert eine Weile um seine Achse und bleibt dann zufällig stehen. Ein fester Zeiger zeigt auf eine Stelle x des Radumfangs.

Beim Rad in Abb. 39.11 links ist der Umfang mit Nägeln in gleichem Abstand besetzt, die gleichbreite mit 1 bis n beschriftete Felder abgrenzen. Bei einem *idealen Glücksrad* besitzt jede Zahl die gleiche Wahrscheinlichkeit, vom Zeiger herausgegriffen zu werden. Die Zahlen besitzen eine diskrete Gleichverteilung. Beim Glücksrad rechts in der Abbildung fehlt die Unterteilung in diskrete Einzelsegmente. Normieren wir den Umfang auf die Länge 1, so kann der Zeiger jede reelle Zahl zwischen 0 und 1 herausgreifen: Auf den Zahlen wird eine stetige Gleichverteilung definiert.

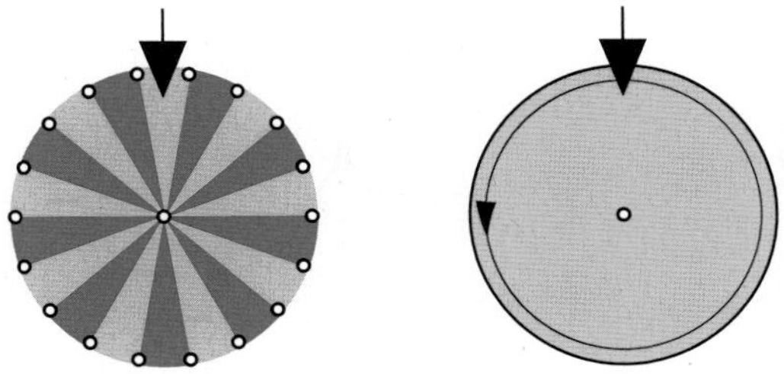

Abb. 39.11 Die Halteposition im Sektor des linken Glücksrads besitzt eine diskrete Gleichverteilung, die Halteposition am Umfang des rechten Glückrads besitzt eine stetige Gleichverteilung

Die stetige Gleichverteilung im Intervall [0, 1]

Eine Zufallsvariable U mit der Dichte

$$f(u) = \begin{cases} 1 & \text{für } 0 \leq u \leq 1, \\ 0 & \text{sonst,} \end{cases}$$

besitzt eine **stetige Gleichverteilung** auf dem Intervall $[0, 1]$. Erwartungswert und Varianz sind

$$\mathrm{E}(U) = 0.5 \quad \text{und} \quad \mathrm{Var}(U) = \frac{1}{12}.$$

Die stetige Gleichverteilung heißt in der englischen Literatur auch **uniform distribution**. Daher wird oft der Buchstabe U für sie verwendet. Die Abb. 39.12 und 39.13 zeigen die Dichte und Verteilungsfunktion der Gleichverteilung.

Die Dichte hat zwei Sprungstellen. Die Verteilungsfunktion der Gleichverteilung ist

$$F_U(u) = \begin{cases} 0 & \text{für } u < 0, \\ u & \text{für } 0 \leq u \leq 1, \\ 1 & \text{für } 1 \leq u. \end{cases}$$

X ist gleichverteilt, wenn für jedes Intervall $I \subset [0, 1]$ die Wahrscheinlichkeit $\mathrm{P}(X \in I)$ nur von der Länge des Intervalls, aber nicht von der Lage des Intervalls abhängt. Für jeden Punkt x_0 im offenen Intervall $(0, 1)$ ist die Wahrscheinlichkeit, dass X in einer Umgebung von x_0 liegt, gleich groß.

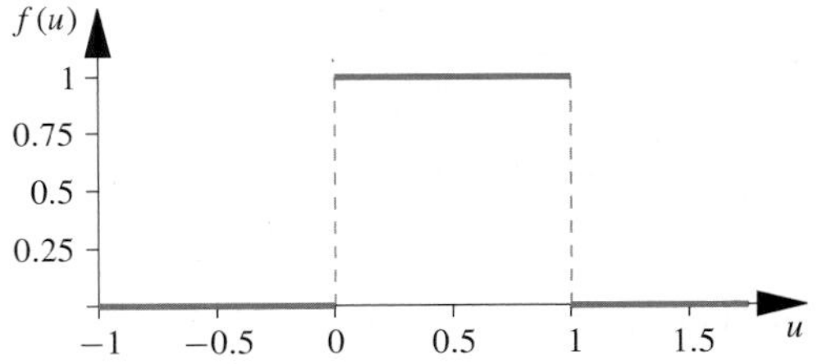

Abb. 39.12 Dichte der Gleichverteilung

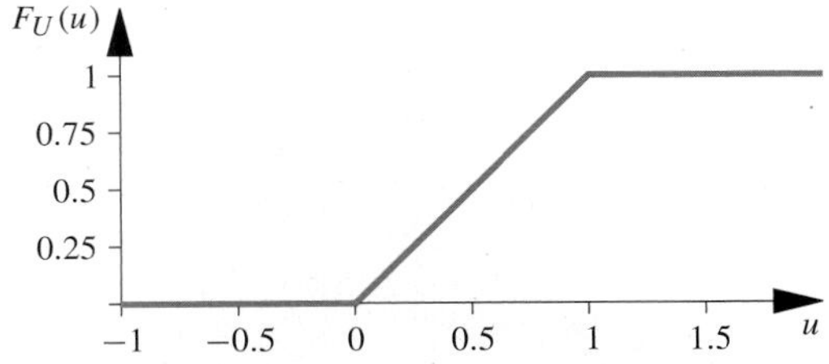

Abb. 39.13 Verteilungsfunktion der Gleichverteilung

Selbstfrage 6

Verifizieren Sie die Varianz der Gleichverteilung.

Die Definition der Gleichverteilung auf $[0, 1]$ lässt sich leicht auf beliebige Intervalle und Vereinigungen von Intervallen verallgemeinern.

Die stetige Gleichverteilung im Intervall $[a, a + b]$

Ist U im Intervall $[0, 1]$ gleichverteilt und $Y = a + bU$, dann ist Y im Intervall $[a, a + b]$ gleichverteilt mit der Dichte

$$f_Y(y) = \begin{cases} \frac{1}{b} & \text{für } a \leq y \leq a + b, \\ 0 & \text{sonst.} \end{cases}$$

Weiter ist $\mathrm{E}(Y) = a + \frac{b}{2}$ und $\mathrm{Var}(Y) = \frac{b^2}{12}$.

Eine Zufallsvariable Z heißt stückweise gleichverteilt, wenn ihre Dichte über den Intervallen (g_{i-1}, g_i) $i = 1, \ldots, I$ konstant ist. Dabei ist der Wert der Dichte an den Intervallgrenzen beliebig. Abbildung 39.14 zeigt die Dichte einer stückweise stetigen Gleichverteilung.

Diese Dichte erinnert uns an Histogramme: Bei jeder stetigen zufälligen Variablen X ist die Wahrscheinlichkeit, mit der X in einem Intervall $[a, b]$ liegt, gleich der von $f(x)$ berandeten Fläche über dem Intervall $[a, b]$. Bei einem Histogramm eines stetigen gruppierten Merkmals X ist die relative Häufigkeit, mit der Ausprägungen von X in einer Gruppe $[a, b]$ liegen, gleich der vom Histogramm berandeten Fläche über der Gruppe $[a, b]$. Dies liefert uns eine neue Interpretation eines Histogramms.

Wir beobachten n Realisationen einer stetigen, zufälligen Variablen X mit unbekannter Dichte f. Wir approximieren f durch eine stückweise Gleichverteilung. Diese wird so gewählt, dass die Wahrscheinlichkeiten der Gruppen mit den beobachteten relativen Häufigkeiten übereinstimmen. Damit schätzen wir im Histogramm mit der Fläche über einem Intervall $[c, d]$ die Wahrscheinlichkeit, mit der Ausprägungen in diesem Intervall liegen. Die empirische Verteilungsfunktion $\widehat{F}$ des Merkmals X schätzt die unbekannte Verteilungsfunktion F der zufälligen Variablen X.

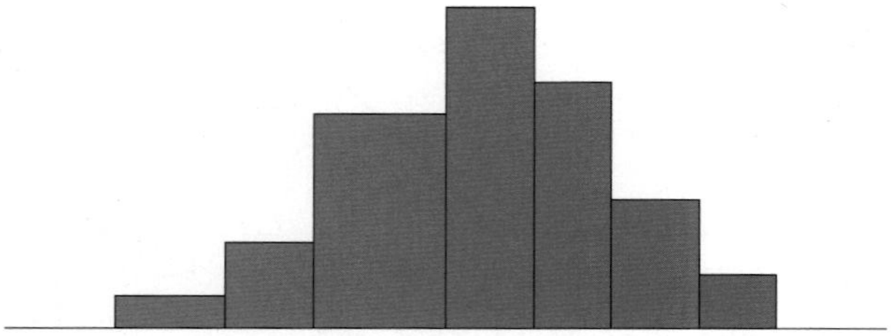

Abb. 39.14 Die Dichte der stückweise stetigen Gleichverteilung gleicht einem Histogramm

Achtung Vorsicht vor falscher Anwendung der Gleichverteilung! In vielen Fällen – vor allem bei Anwendung des subjektiven Wahrscheinlichkeitsbegriffs – muss man mit zufälligen Variablen arbeiten, von denen man nur weiß, dass sie auf ein Intervall $[a, b]$ beschränkt sind. Oft wird in solchen Fällen argumentiert: Wenn ich nichts weiß, ist alles möglich, darum auch alles gleichmöglich, also verwende ich für X die Gleichverteilung. Dies kann zu erheblichen Fehlschlüssen führen. ◂

Bei Transformationen eindimensionaler Variabler spiegelt sich in den Dichten die Längenänderung

Häufig werden wir nicht nur eine Zufallsvariable X, sondern vor allem auch Funktionen von X betrachten. Dabei gehen wir zuerst von den einfachsten, nämlich streng monoton wachsenden Transformationen aus.

Zur Veranschaulichung betrachten wir 100 Realisationen x_i einer in $[0, 1]$ gleichverteilten Variablen U. Die Daten sind in 5 gleichgroßen Gruppen aufgeteilt. Nehmen wir der Einfachheit halber an, in jeder der 5 Klassen befänden sich genau 20 Beobachtungen, dann hätte das Histogramm der gruppierten Daten eine Gestalt wie in Abb. 39.15.

Nun werden die u_i einmal zu u_i^2, dann zu $\sqrt{u_i}$ transformiert. Abbildung 39.16 zeigt die beiden Histogramme von U^2 und $\sqrt{U}$.

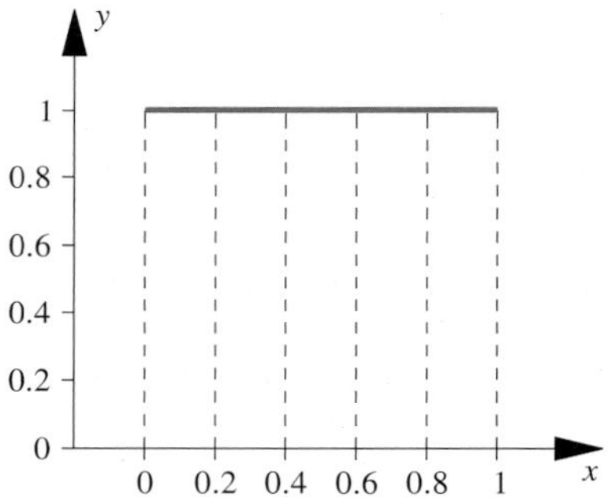

Abb. 39.15 Histogramm von 100 Realisationen einer in $[0, 1]$ gleichverteilten Variablen U

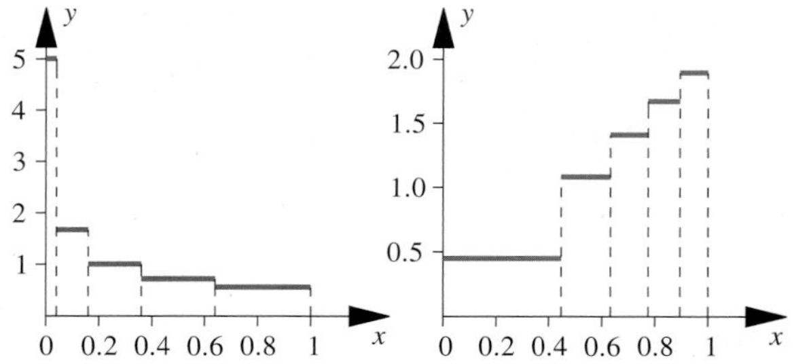

Abb. 39.16 Histogramme von U^2 (links) und $\sqrt{U}$ (rechts)

Zur Berechnung der Histogramme siehe Aufgabe 39.15. Der Grund für die extreme Verzerrung der Histogramme liegt im Prinzip der Flächentreue: Durch die Transformation $x \mapsto x^2$ wird die positive x-Halbachse nach links gestaucht und nach rechts gedehnt. Bei der Transformation $x \mapsto \sqrt{x}$ wird sie links gedehnt und rechts gestaucht.

Denken wir zurück an die Einführung des Histogramms mit den Wassersäulen zwischen Glasscheiben. Die Transformation der x-Achse verschiebt die trennenden „Glasscheiben", entsprechend muss der Wasserspiegel des eingeschlossenen Wassers steigen oder fallen.

Die Auswirkung dieser und ähnlicher Transformationen auf Dichtefunktionen wollen wir nun untersuchen. Im Folgenden sei ψ eine streng monotone, daher umkehrbare Funktion.

Transformationssatz für Dichten

Es sei X eine stetige zufällige Variable mit der Verteilung F_X, bzw. der Dichte f_X und ψ eine streng monoton wachsende Funktion. Ist $Y = \psi(X)$, so ist

$$F_X(x) = F_Y(\psi(x)).$$

Ist ψ streng monoton fallend, so ist

$$F_X(x) = 1 - F_Y(\psi(x)).$$

In beiden Fällen ist

$$f_X(x) = f_Y(\psi(x)) \left| \frac{\mathrm{d}\psi(x)}{\mathrm{d}x} \right|.$$

Beweis Bei einem streng monoton wachsenden $y = \psi(x)$ ist

$$X \le x \text{ genau dann, wenn } \psi(X) \le \psi(x).$$

Daher folgt

$$\mathrm{P}(X \le x) = \mathrm{P}(\psi(X) \le \psi(x)) = \mathrm{P}(Y \le \psi(x)).$$

Also

$$F_X(x) = F_Y(\psi(x)).$$

Aus der Kettenregel folgt dann mit $y = \psi(x)$:

$$f_X(x) = \frac{\mathrm{d}F_X(x)}{\mathrm{d}x} = \frac{\mathrm{d}F_Y(\psi(x))}{\mathrm{d}x} = \frac{\mathrm{d}F_Y(y)}{\mathrm{d}y}\frac{\mathrm{d}y}{\mathrm{d}x}$$
$$= f_Y(y)\frac{\mathrm{d}y}{\mathrm{d}x}.$$

Ist $\psi(x)$ streng monoton fallend, so ist

$$X \le x \text{ genau dann, wenn } \psi(X) \ge \psi(x).$$

Daher folgt

$$F_X(x) = \mathrm{P}(X \le x) = 1 - \mathrm{P}(\psi(X) \ge \psi(x)) = 1 - F_Y(y).$$

Aus der Kettenregel folgt dann:

$$f_X(x) = -f_Y(y)\frac{\mathrm{d}y}{\mathrm{d}x}.$$

Da bei fallenden ψ die Ableitung $\frac{\mathrm{d}y}{\mathrm{d}x} = \frac{\mathrm{d}\psi(x)}{\mathrm{d}x}$ negativ ist, ist $-\frac{\mathrm{d}y}{\mathrm{d}x} = \left|\frac{\mathrm{d}y}{\mathrm{d}x}\right|$. ■

Die Transformationsregel lässt sich leichter merken, wenn wir das Differenzial $\mathrm{d}y$ als Längenmaß einer kleinen y-Umgebung und $\mathrm{d}x$ als Längenmaß einer kleinen x-Umgebung interpretieren. Dann ist:

$$\mathrm{P}(Y \in \text{Umgebung von } y) = f_Y(y)\,|\mathrm{d}y|\,,$$
$$\mathrm{P}(X \in \text{Umgebung von } x) = f_X(x)\,|\mathrm{d}x|\,.$$

Weiter verzichten wir zur Kennzeichnung der eineindeutigen Beziehung zwischen y und x auf die explizite Bezeichnung der Transformation ψ und schreiben statt

$$y = \psi(x) \text{ und } x = \psi^{-1}(y),$$

bloß

$$y = y(x) \text{ und } x = x(y).$$

Verstehen wir bei gegebenem x ein y stets als $y(x)$, bzw. bei gegebenem y ein x stets als $x(y)$, dann lautet der Transformationssatz

$$\mathrm{P}(Y \in \text{Umgebung von } y) = \mathrm{P}(X \in \text{Umgebung von } x).$$

Nun lässt sich der Transformationssatz für Dichten ganz knapp und symbolisch schreiben.

Eselsbrücke für den Transformationssatz

$$F_X(x) = F_Y(y)$$
$$f_Y(y)\,|\mathrm{d}y| = f_X(x)\,|\mathrm{d}x|$$

Oder etwas ausführlicher:

$$f_Y(y) = f_X(x)\left|\frac{\mathrm{d}x}{\mathrm{d}y}\right| \quad \Leftrightarrow \quad f_X(x) = f_Y(y)\left|\frac{\mathrm{d}y}{\mathrm{d}x}\right|.$$

Dabei gibt der Differenzialquotient $\left|\frac{\mathrm{d}y}{\mathrm{d}x}\right|$ an, wie stark eine x-Umgebung bei der Transformation in die y-Umgebung gedehnt bzw. gestaucht wird.

Beispiel Für lineare Abbildungen $y = a + bx$ ist $x = \frac{y-a}{b}$ und $\frac{\mathrm{d}x}{\mathrm{d}y} = \frac{1}{b}$. Also gilt für die lineare Transformation $Y = a + bX$

$$f_Y(y) = f_X\left(\frac{y-a}{b}\right)\left|\frac{1}{b}\right|.$$

Teil VI

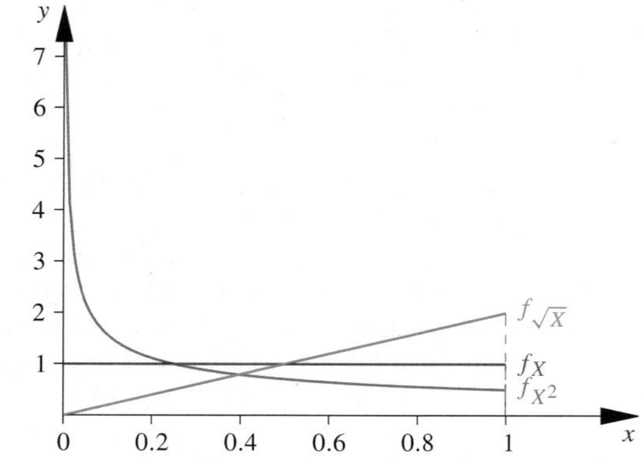

Abb. 39.17 Dichten von X, $\sqrt{X}$ und X^2 bei gleichverteiltem X

Ist X gleichverteilt in $[0, 1]$ mit der Dichte $f_X(x) = I_{[0,1]}(x)$, dann erhalten wir

- Bei einer linearen Transformation $Y = a + bX$ mit $b > 0$

$$f_Y(y) = \frac{1}{b}, \text{ falls } y \in [a, a+b] \text{ und 0 sonst.}$$

- Bei einer quadratischen Transformation $Y = X^2$

$$f_Y(y) = \frac{1}{2\sqrt{y}}, \text{ falls } y \in [0, 1] \text{ und 0 sonst.}$$

- Bei der Wurzeltransformation $Z = \sqrt{X}$

$$f_Z(z) = 2z, \text{ falls } z \in [0, 1] \text{ und 0 sonst.}$$

Siehe Abb. 39.17 und zum Vergleich Abb. 39.16.

Dass die Dichte von $Y = X^2$ für $y \to 0$ gegen unendlich strebt und wir ihr an der Stelle $y = 0$ jeden noch so hohen Wert zuordnen können, ist nur auf den ersten Blick überraschend. Im Randintervall $[0, \frac{1}{n}]$ wächst die Dichte mit $\sqrt{n} \to \infty$. Dennoch geht die Wahrscheinlichkeit, dass Y in diesem Intervall liegt, mit $\frac{1}{\sqrt{n}}$ gegen null. Der *Extremwert* am Rande wird mit wachsendem n bedeutungslos, obwohl er optisch die Dichte dominiert. ◀

Achtung Hohe Werte von $f(x)$ sind mit Vorsicht zu interpretieren. Die absolute Größe der Dichte von $f(x)$ ist nicht entscheidend, sondern die Fläche unter der Dichte. ◀

Wir betrachten nun den Fall einer nicht monotonen und daher nicht umkehrbaren Funktion

$$y = \psi(x),$$

zum Beispiel $\psi(x) = x^2$ (siehe Abb. 39.18).

Wir zerlegen den Definitionsbereich Ω von X in disjunkte Gebiete Ω_i, $i = 1, \dots, k$,

$$\Omega = \bigcup_{i=1}^{k} \Omega_i,$$

in denen die Abbildung $y = \psi(x)$ umkehrbar ist:

$$x = \psi_i^{-1}(y) \text{ für } x \in \Omega_i.$$

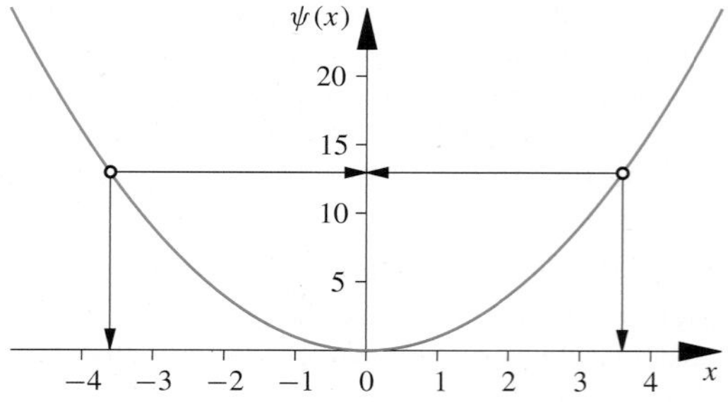

Abb. 39.18 Nicht umkehrbare Abbildung $\psi(x) = x^2$ mit den Eindeutigkeitsgebieten $\Omega_1 = (-\infty, 0)$ und $\Omega_2 = [0, \infty)$

Dann ist

$$f_Y(y) = \sum_{i=1}^{k} f_X\left(\psi_i^{-1}(y)\right) \left| \frac{\mathrm{d}\psi_i^{-1}(y)}{\mathrm{d}y} \right|.$$

Werden die Punkte $x_1, \cdots, x_k$ durch ψ auf den Punkt y abgebildet, $y = \psi(x_i)$, so lässt sich verkürzt schreiben

$$f_Y(y) = \sum_{i=1}^{k} f_X(x_i) \left| \frac{\mathrm{d}x_i}{\mathrm{d}y} \right|.$$

Ignorieren wir die Vorzeichen der Differenziale, erhält man folgende einprägsame Formel.

Eselsbrücke

Sind die Punkte $x_1, \cdots, x_k$ die Urbilder von y, so ist

$$f_Y(y)\,\mathrm{d}y = \sum_{i=1}^{k} f(x_i)\,\mathrm{d}x_i,$$

oder

$$\mathrm{P}(Y \in \text{Umgebung von } y) = \sum_{i=1}^{k} \mathrm{P}(X \in \text{Umgebung von } x_i).$$

Beispiel Hat X die Dichte $f_X(x)$ und ist $Y = X^2$, dann ist $f_Y(y) = 0$ für $y \leq 0$ und für $y > 0$ hat Y die Dichte

$$f_Y(y) = \left[f_X\left(-\sqrt{y}\right) + f_X\left(+\sqrt{y}\right)\right] \frac{1}{2\sqrt{y}}.$$

Zum Beweis setzen wir $\psi(x) = x^2$ sowie $\Omega_1 = (-\infty, 0]$ und $\Omega_2 = (0, \infty)$. In Ω_1 bzw. Ω_2 gilt:

$$\psi_1^{-1}(y) = -\sqrt{y},$$
$$\psi_2^{-1}(y) = \sqrt{y}.$$

In beiden Fällen ist

$$\left|\frac{\mathrm{d}\psi_i^{-1}(y)}{\mathrm{d}y}\right| = \frac{1}{2\sqrt{y}}.$$

Also

$$f_Y(y) = \left[f_X\left(\psi_1^{-1}(y)\right) + f_X(\psi_2^{-1}(y)\right]\frac{1}{2\sqrt{y}}.$$ ◀

Bei Transformationen mehrdimensionaler Variabler spiegelt sich in den Dichten die Volumenänderung

Wir betrachten nun Transformationen einer n-dimensionalen Variablen $\boldsymbol{x}$ in eine n-dimensionale Variable $\boldsymbol{y}$. Wir schreiben dafür knapp

$$\boldsymbol{y} = \boldsymbol{y}(\boldsymbol{x}).$$

An die Stelle der Ableitung $\frac{\mathrm{d}y}{\mathrm{d}x}$ tritt bei n-dimensionalen Variablen die Jacobi-Matrix $\left(\frac{\partial \boldsymbol{y}}{\partial \boldsymbol{x}}\right)$ der ersten partiellen Ableitungen der Komponenten von $\boldsymbol{y}$ nach den Komponenten von $\boldsymbol{x}$,

$$\left(\frac{\partial \boldsymbol{y}}{\partial \boldsymbol{x}}\right)_{ij} = \frac{\partial y_i}{\partial x_j}.$$

Die Umkehrbarkeit der Abbildung wird durch die Forderung

$$\det\left(\frac{\partial \boldsymbol{y}}{\partial \boldsymbol{x}}\right) = \left|\left(\frac{\partial \boldsymbol{y}}{\partial \boldsymbol{x}}\right)\right| \neq 0$$

gesichert. Die Determinante $\left|\frac{\partial \boldsymbol{x}}{\partial \boldsymbol{y}}\right|$ der Jacobi-Matrix gibt an, wie stark das Volumenelement bei der Transformation gestaucht oder gedehnt wird. Die Transformationsformel für Dichten übernehmen wir in Analogie zum eindimensionalen Fall oder greifen auf die Transformationsformel für Gebietsintegrale von S. 936 aus Kap. 25 zurück.

Allgemeine Transformationsformel für Dichten

Ist $\boldsymbol{y} = \boldsymbol{y}(\boldsymbol{x})$ eine umkehrbare Transformation, so ist

$$f_Y(\boldsymbol{y}) = f_X(\boldsymbol{x})\left|\frac{\partial \boldsymbol{x}}{\partial \boldsymbol{y}}\right| = f_X(\boldsymbol{x})\left|\frac{\partial \boldsymbol{y}}{\partial \boldsymbol{x}}\right|^{-1}.$$

Bei nicht eindeutig umkehrbaren Abbildungen gilt analog zum eindimensionalen Fall:

$$f_Y(\boldsymbol{y}) = \sum_{i=1}^{k} f_X(\boldsymbol{x}_i)\left|\frac{\partial \boldsymbol{x}_i}{\partial \boldsymbol{y}}\right| = \sum_{i=1}^{k} f_X(\boldsymbol{x}_i)\left|\frac{\partial \boldsymbol{y}}{\partial \boldsymbol{x}_i}\right|^{-1}.$$

Dabei ist $\Omega = \bigcup_{i=1}^{k} \Omega_i$. Die Eindeutigkeitsgebiete sind die Ω_i, in denen $\boldsymbol{x} = \psi_i^{-1}(\boldsymbol{y})$ gilt.

Der Beweis für den mehrdeutigen Fall findet sich zum Beispiel bei H. Richter: *Wahrscheinlichkeitstheorie.* Springer, 1966. Wir verzichten auf Details und begnügen uns mit dem Beispiel auf S. 1484.

Achtung Während wir genau angeben können, wie sich die Dichten bei Transformationen der Zufallsvariablen ändern, gibt es keine allgemeine Regeln wie sich Erwartungswert und Varianz ändern, es sei denn $Y = \psi(X) = a + bX$ ist eine lineare Funktion von X. Dann ist bekanntlich $\mathrm{E}(Y) = a + b\mathrm{E}(X)$ und $\mathrm{Var}(Y) = b^2\mathrm{Var}(X)$. (Siehe auch die Übersicht mit den Eigenschaften von Erwartungswert und Varianz auf S. 1446.) ◀

39.3 Die Normalverteilungsfamilie

Wir haben von „der" Exponentialverteilung gesprochen, obwohl es beliebig viele Exponentialverteilungen $\mathrm{ExpV}(\lambda)$ gibt, für jeden Wert von $\lambda > 0$ eine eigene. Die Exponentialverteilungen bilden eine mit dem Parameter λ indizierte **Verteilungsfamilie**, die selbst wieder Teil der umfassenderen Exponentialfamilie ist. Eine andere, zwei-parametrige Verteilungsfamilie ist die Famile der Binomialverteilungen $B_n(\theta)$. In der Statistik werden Zufallsvariable mit ähnlichen Eigenschaften, die sich nur durch gewisse Parameterwerte unterscheiden oder durch einfache Transformationen in einander überführt werden können, gern zu Verteilungsfamilien zusammengefasst. Die wichtigste, die wir nun kennenlernen wollen, ist die Familie der Normalverteilungen. Andere, wie z.B. die der Beta- oder der Gammaverteilungen werden wir im Bonusmaterial vorstellen.

Normal, doch außergewöhnlich – die Gauß-Verteilung

Die Gauß-Verteilung oder – wie sie international genannt wird – die Normalverteilung gehört zu den theoretisch und praktisch wichtigsten Wahrscheinlichkeitsverteilungen. Mit ihr lässt sich eine Fülle realer Situationen mit hinreichender Genauigkeit gut beschreiben. Dabei darf aber der historisch entstandene Name nicht dahingehend interpretiert werden, dass die Normalverteilung die „*normale*" Verteilung sei oder dass es in der „Wirklichkeit" überhaupt eine normalverteilte zufällige Variable gäbe. Diese Frage ist abwegig, da „Wahrscheinlichkeit", „zufällige Variable", „Normalverteilung" etc. nur Denkmodelle sind.

Der Name „normal curve" wurde vielmehr vom englischen Statistiker K. Pearson (1857–1936) eingeführt, der einen Prioritätsstreit zwischen Markov (1856–1922) und Gauß (1777–1855) vermeiden wollte. Dabei wurde die Normalverteilung bereits 1733 von Abraham de Moivre (1667–1754) beschrieben. 1808 wurde sie von Carl Friedrich Gauß, in seinem Buch *Theoria Motus corporum coelestium* behandelt. In Deutschland zierten das Bild von Gauß und die Gauß'sche Glockenkurve den 10-DM-Schein.

Anwendung: Die Dichte von Summe, Produkt und Quotient zweier Zufallsvariablen

Sind X_1 und X_2 zwei eindimensionale, unabhängige, stetige Zufallsvariable mit den Dichten f_{X_1} und f_{X_2}, dann lässt sich daraus die Dichte der neuen Zufallsvariablen $Y = h(X_1, X_2)$ ableiten. Wir betrachten die drei einfachsten Fälle $X_1 + X_2$, $X_1 \cdot X_2$ und $\frac{X_1}{X_2}$.

Dazu erweitern wir zunächst die Abbildung $Y_1 = h(X_1, X_2)$ durch $Y_2 = X_2$

$$\boldsymbol{Y} = \begin{pmatrix} Y_1 \\ Y_2 \end{pmatrix} = \begin{pmatrix} h(X_1, X_2) \\ X_2 \end{pmatrix}$$

zu einer umkehrbaren Abbildung von $\boldsymbol{X}$ auf $\boldsymbol{Y}$. Anschließend wird mit der allgemeinen Transformationsformel die Dichte von $\boldsymbol{Y}$ bestimmt. Im letzten Schritt wird die Randverteilung von Y_1 durch Integration über Y_2 gewonnen.

- Ist $Y = X_1 + X_2$, so ist

$$f_Y(y) = \int_{-\infty}^{\infty} f_{X_1}(y - x_2) f_{X_2}(x_2)\,\mathrm{d}x_2.$$

- Ist $Y = X_1 X_2$, so ist

$$f_Y(y) = \int_{-\infty}^{\infty} f_{X_1}\left(\frac{y}{x_2}\right) f_{X_2}(x_2)\,|x_2|^{-1}\,\mathrm{d}x_2.$$

- Ist $Y = \frac{X_1}{X_2}$, so ist

$$f_Y(y) = \int_{-\infty}^{\infty} f_{X_1}(y x_2) f_{X_2}(x_2)\,|x_2|\,\mathrm{d}x_2.$$

Beweis Wir beweisen allein die erste Gleichung, der Beweis der beiden anderen Gleichungen ist Ihnen in Aufgabe 39.18 überlassen. Dazu erweitern wir die Transformation $Y = X_1 + X_2$ zu einer umkehrbaren,

$$Y_1 = X_1 + X_2,$$
$$Y_2 = X_2.$$

Die Umkehrung lautet

$$X_1 = Y_1 - Y_2,$$
$$X_2 = Y_2.$$

Daraus folgt

$$\frac{\partial y_1}{\partial x_1} = 1, \quad \frac{\partial y_1}{\partial x_2} = 1, \quad \frac{\partial y_2}{\partial x_1} = 0, \quad \frac{\partial y_2}{\partial x_2} = 1.$$

Mit $\boldsymbol{x} = (x_1, x_2)^{\mathrm{T}}$ und $\boldsymbol{y} = (y_1, y_2)^{\mathrm{T}}$ folgt

$$\left(\frac{\partial \boldsymbol{y}}{\partial \boldsymbol{x}}\right) = \begin{pmatrix} 1 & 1 \\ 0 & 1 \end{pmatrix} \text{ und } \left|\frac{\partial \boldsymbol{y}}{\partial \boldsymbol{x}}\right| = 1.$$

Also

$$f_Y(y_1, y_2) = f_X(x_1, x_2) \left|\frac{\partial \boldsymbol{y}}{\partial \boldsymbol{x}}\right|^{-1} = f_X(y_1 - y_2, y_2).$$

Die Verteilung von Y_1 ergibt sich nun als Randverteilung von $\boldsymbol{Y} = (Y_1, Y_2)^{\mathrm{T}}$:

$$f_{Y_1}(y_1) = \int_{-\infty}^{\infty} f_Y(y_1, y_2)\,\mathrm{d}y_2$$
$$= \int_{-\infty}^{\infty} f_X(y_1 - y_2, y_2)\,\mathrm{d}y_2.$$

Sind X_1 und X_2 unabhängig, faktorisiert $f_X(y_1 - y_2, y_2)$ zu $f_{X_1}(y_1 - y_2) f_{X_2}(y_2)$. ■

In diesem Fall ist f_{Y_1} das Faltungsprodukt der Dichten f_{X_1} und f_{X_2} (siehe auch Kap. 33).

Die Standardnormalverteilung

Eine Zufallsvariable X mit der Dichte

$$f(x) = \frac{1}{\sqrt{2\pi}} \mathrm{e}^{-\frac{x^2}{2}}$$

heißt standardnormalverteilt. Wir schreiben

$$X \sim \mathrm{N}(0; 1).$$

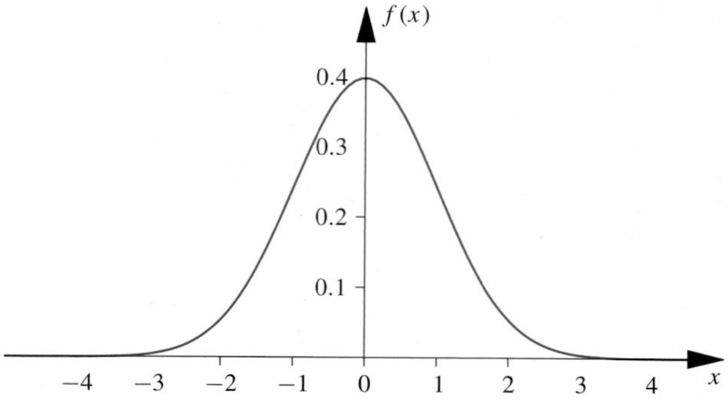

Abb. 39.19 Die Dichte der Standardnormalverteilung

Abbildung 39.19 zeigt die schöne, geschwungene Glockenkurve der Dichte der N(0; 1).

Der Faktor $\frac{1}{\sqrt{2\pi}}$ ist eine Integrationskonstante, die erzwingt, dass die Fläche unter der Kurve gerade 1 beträgt (siehe die Berechnung der bestimmten Integrale auf den S. 435 und 942). Für die Normalverteilung existieren alle Momente und zwar gilt

$$\mathrm{E}(X^{2k+1}) = 0,$$
$$\mathrm{E}(X^{2k}) = \frac{1}{\sqrt{2\pi}} \int_{-\infty}^{\infty} x^{2k} \mathrm{e}^{-\frac{x^2}{2}}\, \mathrm{d}x = \frac{(2k)!}{2^k k!}.$$

Die erste Gleichung ist aufgrund der Symmetrie der Dichte naheliegend. Für die zweite Gleichung geben wir in der Vertiefung auf S. 1494 eine Beweisskizze an.

Speziell ist $\mathrm{E}(X) = 0$, $\mathrm{Var}(X) = \mathrm{E}\left(X^2\right) = 1$ und $\mathrm{E}\left(X^4\right) = 3$. Daher ist die Standardnormalverteilung die Verteilung einer standardisierten Zufallsvariablen. Da man Verteilungen gern mit der Normalverteilung vergleicht, hat man den Wert 3 als Vergleichswert für die Wölbung eine Dichtekurve genommen und führt ein neues Wölbungsmaß ein,

$$\text{Exzess} = \text{Wölbung} - 3.$$

Die Dichte der $\mathrm{N}(0; 1)$ wird oft auch mit φ, die Verteilungsfunktion mit Φ bezeichnet. Die Funktion $\Phi(x)$ ist tabelliert und fast in jedem Rechner als Standard aufrufbar,

$$\varphi(x) = \frac{1}{\sqrt{2\pi}} \cdot \mathrm{e}^{-\frac{1}{2}x^2},$$
$$\Phi(x) = \frac{1}{\sqrt{2\pi}} \int_{-\infty}^{x} \mathrm{e}^{-\frac{1}{2}t^2}\, \mathrm{d}t.$$

Aufgrund der Symmetrie der Dichte gilt für die $\mathrm{N}(0; 1)$-Verteilung:

$$\varphi(-x) = \varphi(x),$$
$$\mathrm{P}(X < -x) = \mathrm{P}(X > x),$$
$$\Phi(-x) = 1 - \Phi(x).$$

Alle Verteilungen, die aus der Standardnormalverteilung durch lineare Transformationen hervorgehen, bilden die Familie der Normalverteilungen.

Die Normalverteilungsfamilie $\mathrm{N}(\mu; \sigma^2)$

Ist $X \sim \mathrm{N}(0; 1)$ und wird X linear transformiert zu $Y = \mu + \sigma X$ dann hat Y den Erwartungswert μ, die Varianz σ^2 und die Dichte

$$f_Y(y) = \frac{1}{\sigma\sqrt{2\pi}} \cdot \mathrm{e}^{-\frac{1}{2}\left(\frac{y-\mu}{\sigma}\right)^2}.$$

Y heißt normalverteilt, geschrieben

$$Y \sim \mathrm{N}(\mu; \sigma^2).$$

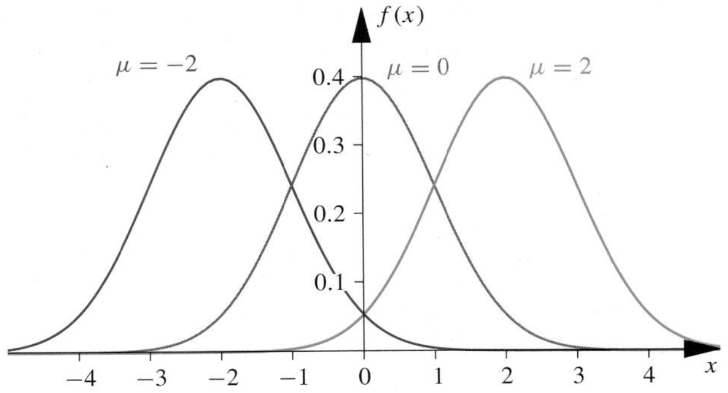

Abb. 39.20 Dichte der $\mathrm{N}(\mu; 1)$ für $\mu = -2, 0, +2$

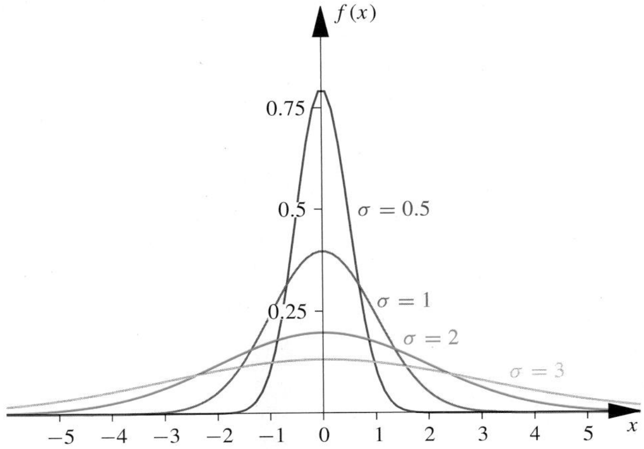

Abb. 39.21 Dichte der $\mathrm{N}\left(0; \sigma^2\right)$ für $\sigma = 0.5, 1, 2, 3$

Beweis Aus $Y = \mu + \sigma X$ und $\mathrm{E}(X) = 0$, $\mathrm{Var}(X) = 1$ folgt $\mathrm{E}(Y) = \mathrm{E}(\mu + \sigma X) = \mu + \sigma \mathrm{E}(X) = \mu$ und $\mathrm{Var}(Y) = \mathrm{Var}(\mu + \sigma X) = \sigma^2 \mathrm{Var}(X) = \sigma^2$. Der Transformationssatz $f_Y(y) = f_X(x)\frac{\mathrm{d}x}{\mathrm{d}y}$ mit $x = \frac{y-\mu}{\sigma}$ und $\frac{\mathrm{d}x}{\mathrm{d}y} = \frac{1}{\sigma}$ liefert die Dichtefunktion. ∎

Durch Wahl von μ wird die Kurve nach links oder rechts verschoben, siehe Abb. 39.20. Änderungen von σ lassen das Zentrum der Kurve invariant, die Gestalt hingegen ändert sich: Mit wachsendem σ wird die Kurve flacher, geht σ gegen 0, wird die Kurve steiler, siehe Abb. 39.21.

Achtung Die Kennzeichnung der Normalverteilung ist nicht einheitlich. Es werden sowohl die Schreibweisen $\mathrm{N}(\mu; \sigma^2)$ wie $\mathrm{N}(\mu; \sigma)$ verwendet. Daher ist eine Aussage wie $X \sim \mathrm{N}(0; 4)$ missverständlich, solange nicht klar ist, welche von beiden Konventionen verwendet wird. In diesem Buch wird die international übliche Bezeichnung $\mathrm{N}(\mu; \sigma^2)$ verwendet! ◄

Aus der Definition der Normalverteilung folgt sofort die Geschlossenheit der Familie der Normalverteilungen bei linearen Transformationen.

Vertiefung: Kerndichteschätzer

Histogramme geben nur eine relative grobe Schätzung für die unterliegende Dichtefunktion. Wir arbeiten mit der Statistik-Software R und zeigen an einem realen Datensatz, dass Kerndichteschätzer leistungsfähigere Werkzeuge sind.

Wir wollen einen historischen Datensatz betrachten. Es handelt sich um die in Inches gemessenen Schneehöhen aus 60 aufeinanderfolgenden Wintern von 1910 bis 1969 aus Buffalo im State New York. Sie sind in der Literatur oft behandelt. Den Datensatz finden Sie auf der Website zum Buch. Wir lesen die Daten ein mit

```
dat<-read.csv2("~/buffalodaten-nur60.csv")
```

Wir wollen die Verteilung der Daten zunächst mit Histogrammen untersuchen. Nach `>hist(dat)` konstruiert R das Histogramm allein. Wir nutzen aber stattdessen einige Optionen:

```
>hist(schnee,breaks=c(15,seq(27,147,12)),
col="red", border="blue", las=1, freq=FALSE,
main="Buffalodata", xlab="Schneehöhen,
Beginn bei 15 Inch",ylab="")
```

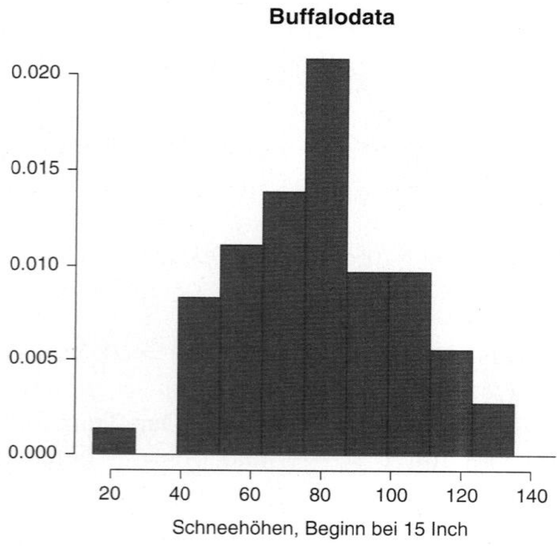

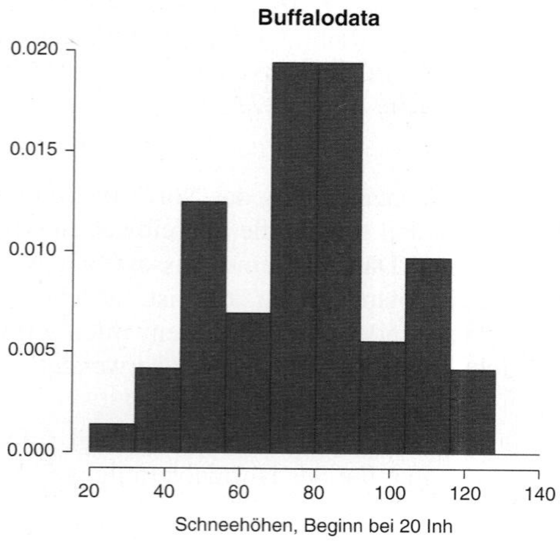

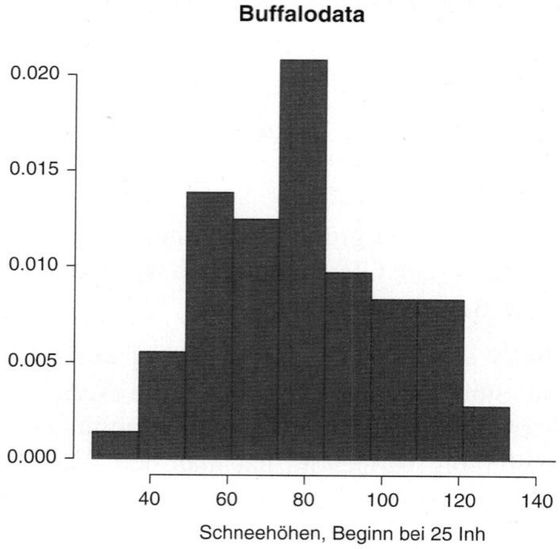

Mit `breaks` geben wir die Klassengrenzen vor. Wir hätten die Teilpunkte auch explizit aufzählen können: `breaks=c(15,27,39,....,147)`. Die Farbe der Balken bestimmt `col` und `border` die der Trennstriche. Nach `las=1` ist die Beschriftung der Achsen horizontal. Nach `freq=TRUE` werden absolute, nach `freq=FALSE` relative Häufigkeiten angegeben. `main` ist die Überschrift, `xlab` ist die Beschriftung der x-Achse, durch `ylab=` wird auf die der y-Achse verzichtet. Die folgenden Abbildungen zeigen drei völlig verschiedene Histogramme, die sich nur im Anfangspunkt unterscheiden. Ist die Verteilung unimodal, trimodal, links oder rechts schief?

Die Schneehöhe X ist ein stetiges Merkmal und unsere, nur auf eine Kommastelle angegebenen Beobachtungswerte sind gerundet. Ein Wert wie z. B. $x_1 = 126.4$ muss als $x_1 \approx 126.4$ interpretiert werden. Wir formalisieren unsere Unsicherheit über die möglichen Werte von X, indem wir über die Stelle $x_1 = 126.4$ die Dichte einer Normalverteilung $\mathrm{N}(x_1; \sigma^2)$ legen und dann sagen

$$P\{X \in \text{Umgebung von } x_1 \mid x_1\} = \frac{1}{\sigma} f\left(\frac{x - x_1}{\sigma}\right) \varepsilon.$$

Dabei ist $f(x)$ die Dichte der $\mathrm{N}(0; 1)$. Wir denken uns ε, σ und die Umgebung von x_1 hinreichend klein. Statt x_1 hätten wir auch jeden anderen der 60 Beobachtungswerte nehmen können; sie sind gleichberechtigt. Wir belegen sie mit den gleichen Wahrscheinlichkeiten $\frac{1}{60}$ und fassen sie nach dem Satz über die totale Wahrscheinlichkeit zusammen:

$$\begin{aligned} &P\{X \in \text{Umgebung von } x\} \\ &\quad = \sum_{i=1}^{60} P\{X \in \text{Umgebung von } x_i \mid x_i\} \frac{1}{60} \\ &\quad = \frac{1}{60} \sum_{i=1}^{60} \frac{1}{\sigma} f\left(\frac{x - x_i}{\sigma}\right) \varepsilon. \end{aligned}$$

Vertiefung: Kerndichteschätzer (Fortsetzung)

Lassen wir ε beliebig klein werden, erhalten wir einen Schätzer für die Dichte von X, der aber noch vom frei zu wählenden Parameter σ abhängt:

$$\widehat{f}_X(x \mid \sigma) = \frac{1}{60} \sum_{i=1}^{60} \frac{1}{\sigma} f\left(\frac{x - x_i}{\sigma}\right).$$

Anstelle der Dichte der Normalverteilung hätten wir auch andere Verteilungen nehmen können, z. B. Dreiecks- oder Rechteckverteilungen. Aus historischen Gründen spricht man hier nicht von Dichte- sondern von Kernfunktionen oder kurz nur von Kernen. Der positive Parameter σ heißt dann Fensterbreite oder Bandweite.

Mit R geht die Darstellung sehr einfach:

```
d=density(dat,bw=1)
```

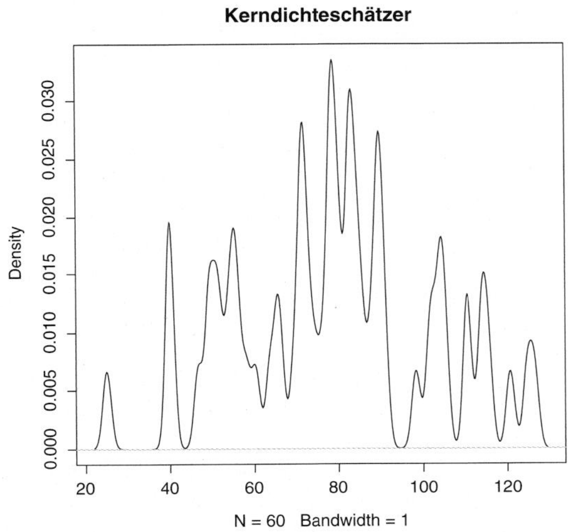

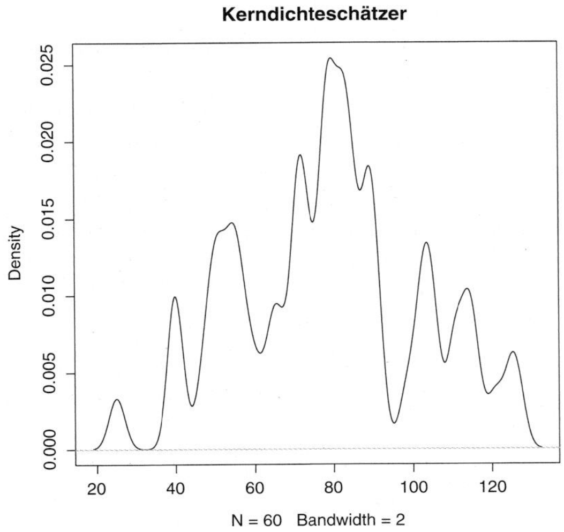

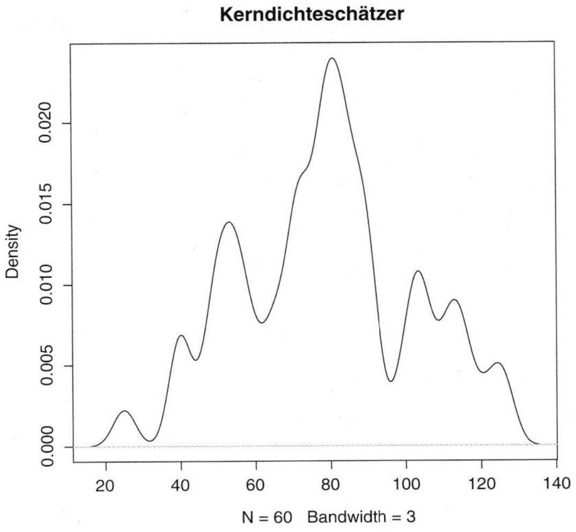

Die Normalverteilung oder Gaußkern ist die Defaulteinstellung. Als Bandweite haben wir zuerst `bw=1` gewählt. Durch `plot(d)` lassen wir die erzeugte Dichteschätzung ausdrucken. Die Abbildung zeigt diese Schätzung und die Wirkung einer Steigerung der Bandweite auf 2 und 3.

Wir sehen: Je kleiner die Bandweite ist, umso stärker ist die Dichteschätzung vom Zufall verzerrt. Mit wachsender Bandweite wird die Darstellung glatter, die wesentlichen Züge treten deutlicher hervor. Im Beispiel der Schneehöhen werden offenbar drei Wintertypen erkennbar, milde und extrem schneereiche sowie in der Mehrheit normale Winter. Wir verallgemeinern:

Die Kernfunktion $K(x)$ und Kerndichteschätzung

Eine Kernfunktion oder kurz ein Kern $K(x)$ ist eine zum Nullpunkt symmetrische Dichtefunktion. Sind $x_1, \ldots, x_n$ unabängig voneinander gewonnene Beobachtungswerte eines eindimensionalen stetigen Merkmals X, dann ist

$$\widehat{f}_X(x \mid \sigma) = \frac{1}{n\sigma} \sum_{i=1}^{n} K\left(\frac{x - x_i}{\sigma}\right)$$

ein Kernschätzer der unbekannten Dichte $f_X(x)$ mit der Bandbreite σ.

Neben dem Gaußkern, d. h. der Dichte der $N(0; 1)$, werden mitunter andere Kerne verwendet. Grundsätzlich hat jedoch die Wahl des Kerns nicht entfernt den Einfluss wie die Wahl der Bandbreite. Bei zwei verschiedenen Kernen K_1 und K_2 lassen sich in der Regel Bandbreiten σ_1 und σ_2 angeben, so dass die daraus gewonnenen Schätzungen einander im Wesentlichen entsprechen.

Normalverteilungen bei linearen Transformationen

Ist Y normalverteilt und sind a und b feste reelle Zahlen, so ist auch $a + bY$ normalverteilt: Speziell gilt:

$$Y \sim \mathrm{N}(\mu; \sigma^2) \text{ genau dann, falls } Y^* = \frac{Y-\mu}{\sigma} \sim \mathrm{N}(0; 1).$$

Beweis Genau dann ist $Y \sim \mathrm{N}(\mu; \sigma^2)$, wenn ein $X \sim \mathrm{N}(0; 1)$ existiert, mit $Y = \mu + \sigma X$. Dann ist aber $a + bY = (a + b\mu) + (b\sigma)X$. Demnach ist $a + bY \sim \mathrm{N}(a + b\mu; b^2\sigma^2)$. ■

Die Tabelle der Standardnormalverteilung genügt, um alle Wahrscheinlichkeiten der $\mathrm{N}(\mu; \sigma^2)$-Verteilungsfamilie zu berechnen: Es sei $X \sim \mathrm{N}(\mu; \sigma^2)$. Gesucht wird $\mathrm{P}(a < X < b)$. Dazu standardisieren wir X und transformieren die Grenze a und b gleich mit. Die Aussagen

$$a < X < b$$

und

$$\frac{a-\mu}{\sigma} < \frac{X-\mu}{\sigma} < \frac{b-\mu}{\sigma}$$

sind äquivalent. $\frac{X-\mu}{\sigma}$ ist die standardisierte Variable

$$X^* = \frac{X-\mu}{\sigma}.$$

Nun benutzen wir den Index $*$ auch als Abkürzung, um die *„Standardisierung der Grenzen"* zu bezeichnen,

$$a^* = \frac{a-\mu}{\sigma} \text{ und } b^* = \frac{b-\mu}{\sigma}.$$

Wir werden diese Abkürzung stets verwenden, wenn der Bezug auf die zu standardisierende Zufallsvariable unmissverständlich ist. Dann können wir einprägsam schreiben:

$$a < X < b \text{ genau dann, falls } a^* < X^* < b^*.$$

Da X^* standardisiert ist, $X^* \sim \mathrm{N}(0; 1)$, folgt

$$\mathrm{P}(a < X < b) = \mathrm{P}(a^* < X^* < b^*) = \Phi(b^*) - \Phi(a^*).$$

Wir erinnern uns, $\Phi(x)$ ist die Verteilungsfunktion der $\mathrm{N}(0; 1)$. Speziell gilt:

$$\mathrm{P}(X < b) = \Phi(b^*) = \Phi\left(\frac{b-\mu}{\sigma}\right),$$

$$\mathrm{P}(X > a) = 1 - \Phi(a^*) = 1 - \Phi\left(\frac{a-\mu}{\sigma}\right).$$

Beispiel Es sei X die Temperatur eines Kühlschranks im Haushalt. Beim Reinigen des Kühlschranks wird der Thermostat zufällig und unbeabsichtigt verstellt. Die Temperatur X, auf die sich der Kühlschrank nun einstellt, modellieren wir als zufällige normalverteilte Variable X mit $\mu = 3\,°\mathrm{C}$ und $\sigma = 10\,°\mathrm{C}$, also $X \sim \mathrm{N}\left(3; 10^2\right)$.

a) Wie groß ist die Wahrscheinlichkeit, dass die Temperatur den als kritisch angesehenen Wert von $+9\,°\mathrm{C}$ übersteigt?

$$\begin{aligned}\mathrm{P}(X > 9) &= 1 - \Phi(9^*) = 1 - \Phi\left(\frac{9-3}{10}\right) \\ &= 1 - \Phi(0.6) = 1 - 0.726 = 0.274.\end{aligned}$$

b) Wie groß ist die Wahrscheinlichkeit dafür, dass die Temperatur im Kühlschrank unter dem Gefrierpunkt von $0\,°\mathrm{C}$ liegt?

$$\begin{aligned}\mathrm{P}(X < 0) &= \Phi(0^*) = \Phi\left(\frac{0-3}{10}\right) \\ &= \Phi(-0.3) = 1 - \Phi(0.3) = 0.382\,09.\end{aligned}$$

c) Wie groß ist die Wahrscheinlichkeit für eine Temperatur zwischen $+1\,°\mathrm{C}$ und $+7\,°\mathrm{C}$?

$$\begin{aligned}\mathrm{P}(1 < X < 7) &= \Phi(7^*) - \Phi(1^*) = \Phi\left(\frac{7-3}{10}\right) - \Phi\left(\frac{1-3}{10}\right) \\ &= \Phi(0.4) - \Phi(-0.2) \\ &= \Phi(0.4) - (1 - \Phi(0.2)) \\ &= 0.655 - (1 - 0.579) = 0.234.\end{aligned}$$

d) Welche Temperatureinstellung c (in °C) wird mit einer Wahrscheinlichkeit von 99% nicht überschritten?

$$0.99 = \mathrm{P}(X \le c) = \mathrm{P}\left(X^* \le c^*\right)$$

Aus der Tabelle entnehmen wir:

$$2.33 = c^* = \frac{c-3}{10}.$$

Also ist $c = 2.33 \cdot 10 + 3 = 26.3$. ◄

In Frage d) des letzten Beispiels wurde nach einem Quantil gefragt, genauer nach dem 99 %-Quantil der $\mathrm{N}(\mu; \sigma^2)$-Verteilung. Das α-Quantil x_α einer Zufallsvariablen ist definiert durch

$$\mathrm{P}(X \le x_\alpha) = \alpha.$$

Da die Quantile der Normalverteilung eine so große Rolle spielen, bezeichnen wir sie mit einem eigenen Buchstaben, nämlich τ_α. Die Quantile τ_α der Normalverteilung lassen sich aus den Quantilen τ_α^* der Standardnormalverteilung ableiten.

Quantile der Normalverteilung

Ist $X \sim \mathrm{N}\left(\mu; \sigma^2\right)$ und $X^* \sim \mathrm{N}(0; 1)$, dann sind die α-Quantile τ_α bzw. τ_α^* definiert durch

$$\mathrm{P}(X \le \tau_\alpha) = \mathrm{P}\left(X^* \le \tau_\alpha^*\right) = \alpha.$$

Dabei ist

$$\tau_\alpha = \mu + \sigma\tau_\alpha^*.$$

Teil VI

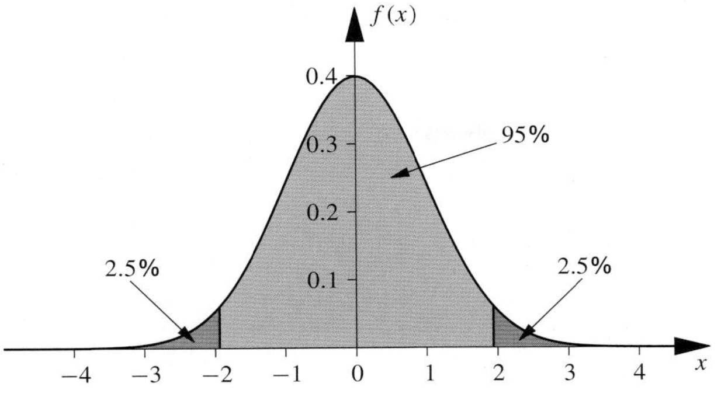

Abb. 39.22 Die Standardnormalverteilungen mit den Quantilen $\tau^*_{0.025}$ und $\tau^*_{0.975}$ und dem 95%-Prognoseintervall

Die letzte Gleichung folgt mit der Standardisierung der $\mathrm{N}\left(\mu;\sigma^2\right)$ aus $\tau^*_\alpha = \frac{\tau_\alpha-\mu}{\sigma}$.

Bei einer standardisierten normalverteilten Zufallsvariablen X^* ist die Wahrscheinlichkeit, dass eine Realisation kleiner als τ^*_α ausfällt, gerade α. Da die Dichte der N(0; 1) symmetrisch ist, ist α auch die Wahrscheinlichkeit, dass eine Realisation größer als $\tau^*_{1-\alpha}$ ist. Links von τ^*_α liegt die Wahrscheinlichkeit α, rechts davon die Wahrscheinlichkeit $1-\alpha$. Zwischen τ^*_α und $\tau^*_{1-\alpha}$ liegt die Wahrscheinlichkeit $1-2\alpha$ (siehe Abb. 39.22):

$$\tau^*_{1-\alpha} = -\tau^*_\alpha,$$
$$\mathrm{P}\left(|X^*| < \tau^*_{1-\alpha}\right) = \mathrm{P}(\tau^*_\alpha < X^* < \tau^*_{1-\alpha}) = 1-2\alpha.$$

Die wichtigsten Quantile der N(0, 1) sind:

α in %	$\tau^*_{1-\alpha}$
5.0	1.65
2.5	1.96
1.0	2.33
0.5	2.58

In dieser Tabelle sind die oberen Quantile $\tau^*_{1-\alpha}$ angegeben, da die entsprechenden unteren Quantile $\tau^*_\alpha = -\tau^*_{1-\alpha}$ negativ sind.

Anwendungsbeispiel Ist X eine zufällige Variable, so beantworten wir die Fragen „Welche X-Werte können wir erwarten, mit welchen X-Werten sollten wir rechnen?" in der Regel mit einem Prognoseintervall zum Sicherheitsniveau $1-\alpha$. Das symmetrische $(1-\alpha)$-Prognoseintervall für ein standardisiertes X^* ist

$$|X^*| < \tau^*_{1-\frac{\alpha}{2}},$$
$$\left|\frac{X-\mu}{\sigma}\right| < \tau^*_{1-\frac{\alpha}{2}}$$

oder ausführlicher

$$\mu - \tau^*_{1-\frac{\alpha}{2}} \cdot \sigma < X < \mu + \tau^*_{1-\frac{\alpha}{2}} \cdot \sigma.$$

Zum Beispiel erhalten wir für $\alpha = 5\%$ mit $\tau^*_{0.975} = +1.96$ das Prognoseintervall zum Niveau 0.95,

$$\mu - 1.96 \cdot \sigma < X < \mu + 1.96 \cdot \sigma.$$

In der Praxis genügt es, wenn Statistiker nur bis zwei zählen können und sich statt des korrekten Quantils 1.96 nur den Wert 2 merken. Dann ist bei normalverteiltem X

$$\mu - 2 \cdot \sigma < X < \mu + 2 \cdot \sigma$$

ein Prognoseintervall zum Niveau von geringfügig mehr als 95%. Dies ist außerdem ein geringer Sicherheitsaufschlag, da die Annahme der Normalverteilung meist nur annähernd gerechtfertigt sein wird. Ist uns die Verteilung von X dagegen unbekannt, so können wir allein gestützt auf die Tschebyschev-Ungleichung diesem Prognoseintervall nur das Niveau von 75% zusichern.

Um bei unbekannter Verteilung von X ein 0.95-Prognoseintervall zu erhalten, müssen wir ein k wählen mit $1 - \frac{1}{k^2} = 0.95$. Also ist $k^2 = 20$ und $k = 4.47$. Die Tschebyschev-Ungleichung liefert demnach das 0.95-Prognoseintervall,

$$\mu - 4.47 \cdot \sigma < X < \mu + 4.47 \cdot \sigma.$$

Es ist also 2.3-mal so lang wie das auf der Normalverteilung basierende Intervall. ◀

Selbstfrage 7

Es sei $X \sim \mathrm{N}\left(\mu;\sigma^2\right)$. Wie groß sind die Sicherheitsniveaus der Prognoseintervalle $\mu - 2\cdot\sigma < X < \mu + 2\cdot\sigma$ bzw. $\mu - 3\cdot\sigma < X < \mu + 3\cdot\sigma$ genau?

Als erste Hilfe unentbehrlich: der zentrale Grenzwertsatz

Sind $X_1, \ldots, X_n$ unabhängig voneinander normalverteilt, so ist auch ihre Summe $\sum X_i$ normalverteilt. Diese Additivität wollen wir hier nicht beweisen, sondern im zentralen Grenzwertsatz eine viel umfassendere Eigenschaft vorstellen. Dieser Satz, den wir in zwei Varianten zeigen, erklärt die fundamentale Bedeutung der Normalverteilung für die Statistik. Dabei kommt die erste abgeschwächte einfache Variante ohne zusätzliche Nebenbedingungen aus.

Der zentrale Grenzwertsatz für i.i.d.-Zufallsvariable

Es sei $(X_i)_{i\in\mathbb{N}}$ eine Folge unabhängiger identisch verteilter zufälliger Variablen mit $\mathrm{E}(X_i) = \mu$, $\mathrm{Var}(X_i) = \sigma^2$. Dann konvergiert die Verteilungsfunktion der standardisierten Summe der X_i

$$\overline{X}^{(n)*} = \frac{\sum_{i=1}^{n} X_i - n\mu}{\sigma\sqrt{n}} = \frac{\overline{X}^{(n)} - \mu}{\sigma}\sqrt{n}$$

mit wachsendem n punktweise gegen die Verteilungsfunktion Φ der $\mathrm{N}(0;1)$,

$$\lim_{n\to\infty} \mathrm{P}(\overline{X}^{(n)*} \leq x) = \Phi(x).$$

Man sagt: Die standardisierte Summe ist *asymptotisch normalverteilt* und schreibt

$$\overline{X}^{(n)*} \underset{\to}{\sim} \mathrm{N}(0;1).$$

Selbstfrage 8

Warum ist es bei der Formulierung des zentralen Grenzwertsatzes gleichgültig, ob die Summe oder der Mittelwert $\overline{X}^{(n)} = \frac{1}{n}\sum_{i=1}^{n} X_i$ standardisiert werden?

Zur Illustration kehren wir zu unserem oft benutzten Spiel mit Münzen und der Auszahlungsfunktion A zurück. Dabei war S_n die Summe der unabhängigen Auszahlungen an n Spieler. Im vorigen Kapitel über Zufallsvariable haben wir auf S. 1437 die Verteilungsfunktionen von S_n für $n = 1, 3, 5, 10, 20$ geplottet. Abbildung 39.23 zeigt nun die Verteilungsfunktionen der standardisierten Variablen S_n^*.

Um den zentralen Grenzwertsatz mit dem Starken Gesetz der großen Zahlen zu vergleichen, beschränken wir uns auf zentrierte Zufallsvariable, es sei also $\mathrm{E}(X_i) = 0$. Das Starke Gesetz der großen Zahlen sagt: Mit Wahrscheinlichkeit 1 gilt

$$\lim_{n\to\infty} \overline{X}^{(n)} = \lim_{n\to\infty} \frac{1}{n}\sum_{i=1}^{n} X_i = 0.$$

Die Zufallsvariable $\overline{X}^{(n)}$ selber konvergiert fast sicher gegen null. Dabei ist die einzige Voraussetzung die Existenz des Erwartungswertes. Durch die Division von $\sum_{i=1}^{n} X_i$ durch den Nenner n werden alle Realisationen der X_i soweit reduziert, dass große Abweichungen in der Summe irrelevant werden. Nun ersetzen wir den Nenner n durch $\sqrt{n}$ und betrachten

$$\frac{1}{\sqrt{n}}\sum_{i=1}^{n} X_i = \sqrt{n} \cdot \overline{X}^{(n)}.$$

Diese Summe konvergiert gegen keine Konstante, sie bleibt eine Zufallsvariable, deren Verteilungsfunktion wir mit wachsendem n beliebig genau angeben können: Es ist die Verteilung der $\mathrm{N}(0;\sigma^2)$.

Die Verteilungsfunktion von $\overline{X}^{(n)}$ konvergiert gegen die Sprungfunktion. Nehmen wir die Lupe und vergrößern die Umgebung der Null mit dem Faktor $\sqrt{n}$, sehen wir: Die Verteilungsfunktion von $\sqrt{n} \cdot \overline{X}^{(n)}$ konvergiert gegen die der $\mathrm{N}(0;\sigma^2)$ (siehe Abb. 39.24).

Der zentrale Grenzwertsatz gilt jedoch im Allgemeinen auch, wenn die Variablen $X_1, \ldots, X_n$ nicht alle dieselbe Verteilung haben, sofern diese Verteilungen nur gewisse Zusatzbedingungen erfüllen.

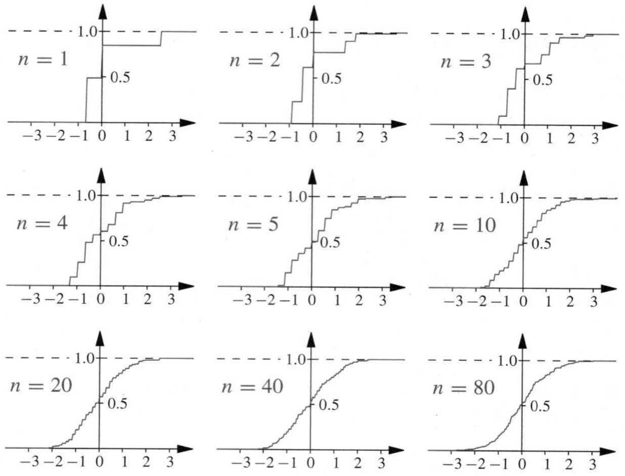

Abb. 39.23 Die Verteilung der standardisierten Summe bei wachsendem n

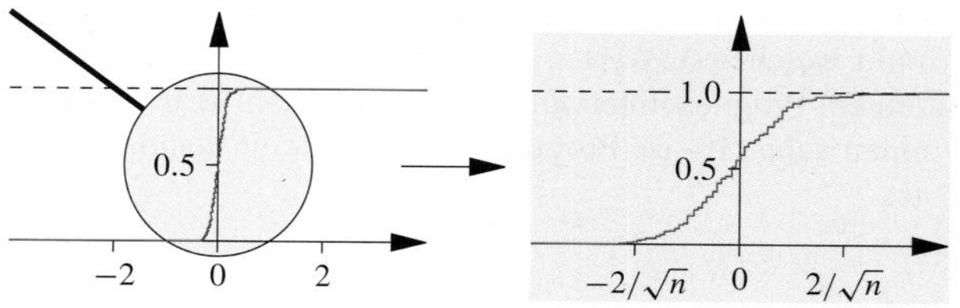

Abb. 39.24 Die Verteilung von $\overline{X}^{(n)}$ unter der Lupe

Der zentrale Grenzwertsatz

Es sei $(X_n)_{n\in\mathbb{N}}$ eine Folge unabhängiger zufälliger Variablen mit existierenden Erwartungswerten $\mathrm{E}(X_i) = \mu_i$ und Varianzen $\mathrm{Var}(X_i) = \sigma_i^2$.

Unter schwachen mathematischen Nebenbedingungen gilt: Die Verteilungsfunktion der standardisierten Summe der X_i,

$$\overline{X}^{(n)*} = \frac{\sum_{i=1}^{n} X_i - \sum_{i=1}^{n} \mu_i}{\sqrt{\sum_{i=1}^{n} \sigma_i^2}},$$

konvergiert mit wachsendem n punktweise gegen die Verteilungsfunktion $\Phi(x)$ der $\mathrm{N}(0;1)$,

$$\lim_{n\to\infty} \mathrm{P}\left(\overline{X}^{(n)*} \leq x\right) = \Phi(x).$$

Man sagt: Die standardisierte Summe ist *asymptotisch normalverteilt*:

$$\overline{X}^{(n)*} \underset{\to}{\sim} \mathrm{N}(0;1).$$

Unter der Formulierung von den „schwachen mathematischen Nebenbedingungen" verbirgt sich die Lindeberg-Bedingung, die wir in einer Vertiefung auf S. 1492 vorstellen.

Inhaltlich bedeuten die Nebenbedingungen, dass die Varianzen der X_i nicht zu schnell gegen null konvergieren oder gegen $+\infty$ divergieren dürfen. Im ersten Fall würde sich die X_i mit wachsendem n eher wie Konstanten denn wie Zufallsvariablen verhalten. Im zweiten würde bei zu schnell wachsenden Varianzen die Ausreißer in der Summe nicht mehr ausgeglichen werden können.

Approximieren wir die Verteilung der standardisierten Summe $\overline{X}^*$ bereits für ein endliches n, so können wir schreiben:

$$\overline{X}^{(n)*} \underset{\text{appr}}{\sim} \mathrm{N}(0;1)$$

Machen wir nun die Standardisierung rückgängig, erhalten wir eine nützliche Faustregel.

Der zentrale Grenzwertsatz als Faustregel

Werden unabhängige Zufallsvariable X_i mit existierenden Varianzen addiert, so gilt bei großem n

$$\overline{X}^{(n)} \underset{\text{appr}}{\sim} \mathrm{N}(\mathrm{E}(\overline{X}^{(n)}); \mathrm{Var}(\overline{X}^{(n)})).$$

Diese Faustregel bedeutet keine Metamorphose von $\overline{X}^{(n)}$, der sich als diskrete Raupe bei hinreichend großem n in einen stetigen Schmetterling verwandelte. Aber die Verteilungsfunktion von $\overline{X}^{(n)}$ kann mit wachsendem n immer besser durch die Verteilungsfunktion der $\mathrm{N}(\mathrm{E}(\overline{X}^{(n)}); \mathrm{Var}(\overline{X}^{(n)}))$ approximiert werden.

Ist X binomialverteilt, $X \sim B_n(\theta)$, so lässt sich X schreiben als

$$X = \sum_{i=1}^{n} X_i.$$

Dabei sind die X_i unabhängig und identisch Bernoulli-verteilt. Daher sind alle Voraussetzungen des zentralen Grenzwertsatz für i.i.d.-Variable erfüllt. Bei hinreichend großem n können wir die Verteilungsfunktion der $B_n(\theta)$ durch die Verteilungsfunktion der Normalverteilung mit gleichen Parametern ersetzen:

$$X \sim B_n(\theta)$$

wird approximiert durch

$$X \underset{\text{appr}}{\sim} \mathrm{N}\left(n\theta; n\theta(1-\theta)\right).$$

Bleibt die Frage: Was heißt hinreichend groß? Hier gibt es verschiedene Faustregeln.

Faustregeln für die Normalapproximation der Binomialverteilung

1. Faustregel: Es sollte $n\theta(1-\theta) \geq 9$ sein.
2. Faustregel: Es sollte $n\theta \geq 5$ und $n(1-\theta) \geq 5$ sein.

Analog zur Binomialverteilung gibt es auch für die Poisson-Verteilung die Möglichkeit der Approximation durch die Normalverteilung.

Faustregel für die Normalapproximation der Poisson-Verteilung

Ist $X \sim \mathrm{PV}(\lambda)$-verteilt, so ist approximativ $X \underset{\text{appr}}{\sim} \mathrm{N}(\lambda;\lambda)$.

Dabei sollte λ mindestens 10 sein.

Selbstfrage 9

Ist $X \sim B_n(\theta)$, so ist für jedes $k \leq n$ stets $\mathrm{P}(X = k) > 0$. Verwenden wir aber die approximierende Normalverteilung $X \underset{\text{appr}}{\sim} \mathrm{N}\left(n\theta; n\theta(1-\theta)\right)$, so ist $\mathrm{P}(X = k) = 0$. Wie löst sich dieser Widerspruch?

Ist $X \sim B_n(\theta)$, so kann man $\mathrm{P}(X = k)$ approximativ wie folgt bestimmen: Wir ersetzen das Ereignis „$X = k$" durch das äquivalente Ereignis „$k - 0.5 < X < k + 0.5$" und bestimmen die

Vertiefung: Die Lindeberg-Bedingung

Im Jahre 1922 konnte der Finne J.W. Lindeberg (1876–1932) die folgende hinreichend Bedingung für die Gültigkeit des zentralen Grenzwertsatzes aufstellen.

Es sei $(X_i)_{i\in\mathbb{N}}$ eine Folge unabhängiger zufälliger Variablen mit $\mathrm{E}(X_i) = 0$ und $\mathrm{Var}(X_i) = \sigma_i^2$. Weiter sei

$$\delta_n^2 = \sum_{i=1}^{n} \sigma_i^2 = \mathrm{Var}\left(\sum_{i=1}^{n} X_i\right).$$

Die Folge $(X_i)_{i\in\mathbb{N}}$ erfüllt die Lindeberg-Bedingung, wenn alle $\delta_n > 0$ und für alle $\varepsilon > 0$ gilt:

$$\lim_{n\to\infty} \frac{1}{\delta_n^2} \sum_{i=1}^{n} \int_{|y|>\varepsilon\delta_n} y^2 \, \mathrm{d}F_n(y) = 0.$$

Ist die Lindeberg-Bedingung erfüllt, gilt der zentrale Grenzwertsatz. 1935 konnte W. Feller (1906–1970) zeigen: Gilt für die Folge $(X_i)_{i\in\mathbb{N}}$ noch $\lim_{n\to\infty} \delta_n = +\infty$ und $\lim_{n\to\infty} \frac{\sigma_n}{\delta_n} = 0$, so ist die Lindeberg-Bedingung auch notwendig.

Anschaulich besagt die Lindeberg-Bedingung, dass sich die Varianz der Summe $\sum_{i=1}^{n} X_i$ asymptotisch nicht ändert, wenn man die X_i durch die kupierten Variablen X_i' ersetzt. Dabei ist $X_i' = X_i$ für $|X_i| \le \varepsilon\delta_n$ und $X_i' = 0$ sonst und $\varepsilon > 0$ beliebig.

Literatur

- Heinz Bauer: *Wahrscheinlichkeitstheorie.* De Gruyter, Berlin, New York, 1991
- Hans Richter: *Wahrscheinlichkeitstheorie.* Springer, Berlin, Heidelberg, New York, 1966

Wahrscheinlichkeit dieses Ereignisses mit der approximierenden Normalverteilung:

$$\begin{aligned}
&\mathrm{P}\left(X = k \,\|\, X \sim B_n(\theta)\right)\\
&\quad = \mathrm{P}\left(k - 0.5 < X < k + 0.5 \,\|\, X \sim B_n(\theta)\right)\\
&\quad \approx \mathrm{P}\left(k - 0.5 < X < k + 0.5 \,\|\, X \sim \mathrm{N}\left(n\theta; n\theta(1-\theta)\right)\right)\\
&\quad = \mathrm{P}\left((k-0.5)^* < X^* < (k+0.5)^*\right)\\
&\quad = \Phi\left(\frac{k + 0.5 - n\theta}{\sqrt{n\theta(1-\theta)}}\right) - \Phi\left(\frac{k - 0.5 - n\theta}{\sqrt{n\theta(1-\theta)}}\right)
\end{aligned}$$

Als Beispiel wählen wir $n = 60$, $\theta = 0.2$ und bestimmen $\mathrm{P}(X = 11)$. Es ist $\mathrm{E}(X) = n\theta = 12$ und $\mathrm{Var}(X) = n\theta(1-\theta) = 9.6$ (siehe Abb. 39.25).

Die Höhe der Treppenstufe an der Stelle $X = 11$ ist $\mathrm{P}(X = 11) = 0.125\,21$. Stattdessen bestimmen wir den Zuwachs der Verteilungsfunktion der $\mathrm{N}(12; 9.6)$ im Intervall von 10.5 bis 11.5.

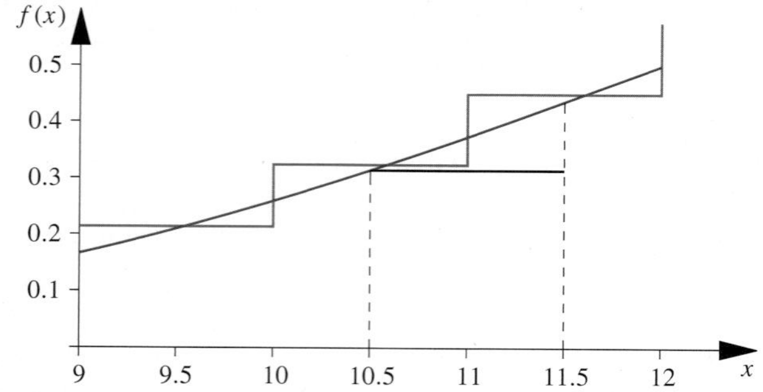

Abb. 39.25 Verteilungsfunktionen der $\mathrm{B}_{60}(0.2)$ als Treppenlinie und der $\mathrm{N}(12; 9.6)$ als kaum gebogene, rote Linie. Der Zuwachs der Verteilungsfunktion der $\mathrm{N}(12; 9.6)$ im Intervall $[10.5, 11.5]$ approximiert die diskrete Wahrscheinlichkeit $\mathrm{P}(X = 11)$ des binomialverteilten X

k	$\mathrm{P}(X \le k \,\|\, X \sim \mathrm{N}(12; 9.6))$
10.5	0.314 15
11.5	0.435 90

Die Normalverteilung liefert als Näherung

$$\mathrm{P}(X = 11) \approx 0.435\,90 - 0.314\,15 = 0.121\,75.$$

Die n-dimensionale Normalverteilung

Die n-dimensionale Normalverteilung

Es seien $X_1, \ldots, X_n$ voneinander unabhängige, nach $\mathrm{N}(0; 1)$ verteilte Zufallsvariable, die zu einem n-dimensionalen Zufallsvektor $\boldsymbol{X} = (X_1, \ldots, X_n)^{\mathrm{T}}$ zusammengefasst sind. Dann heißt $\boldsymbol{X}$ **n-dimensional standardnormalverteilt**, geschrieben

$$\boldsymbol{X} \sim \mathrm{N}_n(\boldsymbol{0}_n; \boldsymbol{I}_n).$$

Dabei sind $\boldsymbol{0}_n = \mathrm{E}(\boldsymbol{X})$ der n-dimensionale Nullvektor und $\boldsymbol{I}_n = \mathrm{Cov}(\boldsymbol{X})$ die n-dimensionale Einheitsmatrix:

$$\boldsymbol{0}_n = \begin{pmatrix} 0 \\ \vdots \\ 0 \end{pmatrix} \text{ und } \boldsymbol{I}_n = \begin{pmatrix} 1 & \cdots & 0 \\ \vdots & \ddots & \vdots \\ 0 & \cdots & 1 \end{pmatrix}.$$

Ist $\boldsymbol{A} \neq \boldsymbol{0}$ eine nichtstochastische $m \cdot n$-Matrix und $\boldsymbol{\mu}$ ein nichtstochastischer m-dimensionaler Vektor und $\boldsymbol{Y} = \boldsymbol{A}\boldsymbol{X} + \boldsymbol{\mu}$, dann heißt $\boldsymbol{Y}$ **m-dimensional normalverteilt**,

$$\boldsymbol{Y} \sim \mathrm{N}_m(\boldsymbol{\mu}; \boldsymbol{C}).$$

Dabei ist $\boldsymbol{\mu} = \mathrm{E}(\boldsymbol{Y})$ und $\boldsymbol{C} = \mathrm{Cov}(\boldsymbol{Y})$.

Teil VI

Anwendung: Bestimmung einer Summenverteilung

Bei einem Passagierflugzeug werden nur die Gepäckstücke gewogen, nicht aber die Passagiere. Im Fahrstuhl wird die Maximalzahl der Benutzer angegeben, bei einem Müllfahrzeug kennt man die Anzahl der geleerten Mülltonnen, aber nicht das Gesamtgewicht des beladenen Autos. Auf der Grundlage des zentralen Grenzwertsatzes kann man recht genaue Aussagen über Gesamtlasten machen, selbst wenn man über die Einzellast sehr wenig weiß.

Der Aufzug in einem Berliner Hörsaalgebäude ist zugelassen für jeweils 12 Personen bzw. 1 000 kg. Das Durchschnittsgewicht μ der Berliner Studierenden sei $\mu = 70\,\text{kg}$ mit einer Standardabweichung von $\sigma = 15\,\text{kg}$. Das Ladegewicht eines mit n Studierenden besetzten Fahrstuhls ist

$$X^{(n)} = \sum_{i=1}^{n} X_i.$$

Da wir davon ausgehen können, dass die X_i unabhängig voneinander sind und alle eine recht ähnliche Verteilung besitzen, können wir auch bei geringem n approximativ

$$X^{(n)} \underset{\text{appr}}{\sim} \mathrm{N}(n\mu; n\sigma^2)$$

annehmen. (Sollte jedoch zufällig eine Klasse von Sumo-Ringern der Universität einen Besuch abstatten, so ist die Annahme der Unabhängigkeit sicher verletzt.) Die Wahrscheinlichkeit, dass die zulässige Maximallast M überschritten wird, ist unter der Normalverteilungsannahme

$$\begin{aligned}\mathrm{P}(X^{(n)} > M) &= \mathrm{P}\left(X^{(n)*} > \frac{M - n\mu}{\sigma\sqrt{n}}\right)\\ &= 1 - \Phi\left(\frac{M - n\mu}{\sigma\sqrt{n}}\right).\end{aligned}$$

Bei $M = 1\,000$, $n = 12$, $\mu = 70$ und $\sigma = 15$ gilt

$$\theta = \mathrm{P}(X^{(12)} > 1000) = 1 - \Phi\left(\frac{1000 - 840}{51.96}\right) = 0.001\,035$$

θ ist die Wahrscheinlichkeit, dass der voll besetzte Aufzug bei einer Fahrt steckenbleibt. Angenommen, der Aufzug werde pro Arbeitstag etwa 20-mal voll besetzt. Die Wahrscheinlichkeit δ, dass der Aufzug an einem Arbeitstag überlastet wird und dann festsitzt, ist dann

$$\delta = 1 - (1 - \theta)^{20} = 1 - (0.998\,965)^{20} = 0.020\,5.$$

Die Wahrscheinlichkeit, dass der Lift in den nächsten 10 Tagen nicht ausfällt, ist

$$\rho = (1 - \delta)^{10} = (1 - 0.020\,5)^{10} = 0.812\,9.$$

Betrachten wir einen längeren Zeitabschnitt. Die Anzahl der Tage, an denen der Aufzug steckenbleibt, ist binomialverteilt. Da δ klein ist, approximieren wir die Binomialverteilung durch eine Poisson-Verteilung $\mathrm{PV}(\lambda)$. Wählen wir als Maßeinheit den Tag, so ist λ der Erwartungswert der Ausfälle pro Tag. Daher ist $\lambda = \delta = 0.020\,5$. Die Wartezeit Y zwischen zwei Ausfällen ist dann eine Exponentialverteilung mit dem Parameter λ. Mit dem Exponentialverteilungsmodell berechnen wir zur Kontrolle die Wahrscheinlichkeit ρ, dass der Lift in den nächsten 10 Tagen nicht ausfällt als

$$\mathrm{P}(Y > 10) = 1 - \mathrm{P}(Y \leq 10) = \mathrm{e}^{-10\lambda} = \mathrm{e}^{-0.205} = 0.815.$$

Die mittlere Betriebsdauer in Tagen zwischen zwei Ausfällen ist

$$\mathrm{E}(Y) = \frac{1}{\lambda} = 48.8.$$

Der Median der Betriebsdauer ist

$$\mathrm{Med}\,(Y) = \frac{\ln 2}{\lambda} = 33.81.$$

In 82% aller Fälle läuft der Fahrstuhl länger als 10 Tage störungsfrei. In der Hälfte aller Fälle ist die Zeit zwischen zwei Überlastungen länger als 34 Tage und im Schnitt vergehen zwischen zwei Überlastungen rund 49 Arbeitstage.

Zwei neue Aufzüge werden – bei sonst gleichen technischen und sonstigen Bedingungen – gebaut, und zwar der eine für 24 Personen bzw. 2 000 kg Belastung, der andere für 6 Personen bzw. 500 kg Belastung. Welcher der drei Fahrstühle wird eher überlastet? Es ist:

$$\begin{aligned}\mathrm{P}(X^{(24)} > 2\,000) &= 1 - \Phi\left(\frac{2\,000 - 24 \cdot 70}{15 \cdot \sqrt{24}}\right)\\ &= 1 - \Phi(4.35) = 0.68 \cdot 10^{-5}\\ \mathrm{P}(X^{(6)} > 500) &= 1 - \Phi\left(\frac{500 - 6 \cdot 70}{15 \cdot \sqrt{6}}\right)\\ &= 1 - \Phi(2.18) = 0.015.\end{aligned}$$

Der kleine Fahrstuhl wird am ehesten überlastet. Die Summe wächst proportional zu n, ihre Standardabweichung aber nur proportional zu $\sqrt{n}$. Daher ist die relative Genauigkeit von Aussagen über Summen um so größer, je größer n ist. Siehe auch Aufgabe 39.22.

Vertiefung: Charakteristische Funktionen, die Momente der Normalverteilung und eine Beweisskizze des zentralen Grenzwertsatzes

Ein wichtiges Werkzeug bei der Arbeit mit Zufallsvariablen bilden die sogenannten charakteristischen Funktionen.

Ist X eine Zufallsvariable, so ist die charakteristische Funktion $\phi_X(t)$ definiert als

$$\phi_X(t) = \mathrm{E}(\mathrm{e}^{\mathrm{i}Xt}).$$

Da $|\mathrm{e}^{\mathrm{i}Xt}| = 1$ ist, existiert $\mathrm{E}(\mathrm{e}^{\mathrm{i}Xt})$ und damit $\phi_X(t)$ für jede Zufallsvariable. Speziell ist $\phi_X(0) = 1$. Die vier wichtigsten Eigenschaften der charakteristischen Funktionen sind:

- Die Verteilungsfunktion F_X lässt sich aus der charakteristischen Funktion ϕ_X rekonstruieren. F_X ist durch ϕ_X eindeutig bestimmt.
- Sind X und Y zwei unabhängige Zufallsvariable mit den charakteristischen Funktionen ϕ_X und ϕ_Y, so ist
$$\begin{aligned}\phi_{X+Y}(t) &= \mathrm{E}(\mathrm{e}^{\mathrm{i}(X+Y)t}) = \mathrm{E}(\mathrm{e}^{\mathrm{i}Xt}\mathrm{e}^{\mathrm{i}Yt})\\ &= \mathrm{E}(\mathrm{e}^{\mathrm{i}Xt})\mathrm{E}(\mathrm{e}^{\mathrm{i}Yt}) = \phi_X(t)\phi_Y(t).\end{aligned}$$
Die charakteristische Funktion einer Summe ist das Produkt der charakteristischen Funktionen der unabhängigen Summanden.
- Bei linearen Transformationen verändern sich die charakteristischen Funktion wie folgt:
$$\phi_{aX+b}(t) = \mathrm{E}(\mathrm{e}^{\mathrm{i}(aX+b)t}) = \mathrm{e}^{\mathrm{i}bt}\mathrm{E}(\mathrm{e}^{\mathrm{i}aXt}) = \mathrm{e}^{\mathrm{i}bt}\phi_X(at).$$
- Differenzieren wir $\phi_X(t) = \mathrm{E}(\mathrm{e}^{\mathrm{i}Xt})$ nach t und vertauschen formal Erwartungswertbildung und Differenziation erhalten wir
$$\begin{aligned}\phi_X^{(1)}(t) &= \frac{\mathrm{d}}{\mathrm{d}t}\mathrm{E}(\mathrm{e}^{\mathrm{i}Xt}) = \mathrm{E}\left(\frac{\mathrm{d}}{\mathrm{d}t}\mathrm{e}^{\mathrm{i}Xt}\right) = \mathrm{i}\mathrm{E}(X\mathrm{e}^{\mathrm{i}Xt}),\\ \phi_X^{(1)}(0) &= \mathrm{i}\mathrm{E}(X).\end{aligned}$$
Für die zweiten, dritten, k-ten Ableitungen erhalten wir analog
$$\phi_X^{(k)}(0) = \mathrm{i}^k\mathrm{E}(X^k).$$
Dabei sind diese Vertauschungen genau dann erlaubt, wenn $\mathrm{E}(X^k)$ existiert. Für eine standardisierte Zufallsvariable X mit $\mathrm{E}(X) = 0$ und $\mathrm{E}(X^2) = 1$ gilt daher $\phi_X^{(1)}(0) = 0$ und $\phi_X^{(2)}(0) = -1$.

Die charakteristische Funktion der Standardnormalverteilung ist zum Beispiel

$$\begin{aligned}\phi_X(t) &= \int_{-\infty}^{\infty} \mathrm{e}^{\mathrm{i}xt} f_X(x)\,\mathrm{d}x = \int_{-\infty}^{\infty} \mathrm{e}^{\mathrm{i}xt}\frac{1}{\sqrt{2\pi}}\mathrm{e}^{-\frac{1}{2}x^2}\,\mathrm{d}x\\ &= \frac{1}{\sqrt{2\pi}}\int_{-\infty}^{\infty} \exp\left(\mathrm{i}xt - \frac{1}{2}x^2\right)\mathrm{d}x\\ &= \mathrm{e}^{-\frac{1}{2}t^2}\cdot\frac{1}{\sqrt{2\pi}}\int_{-\infty}^{\infty}\exp\left(-\frac{1}{2}(x-\mathrm{i}t)^2\right)\mathrm{d}x.\end{aligned}$$

Würden wir das komplexe $\mathrm{i}t$ im Exponenten der e-Funktion durch ein reelles μ ersetzen, wäre das Integral als Integral über die Dichte der $\mathrm{N}(\mu; 1)$ gleich 1. Durch komplexe Integration, bzw. den Cauchy-Integralsatz von S. 1229 lässt sich zeigen, dass dies genauso für ein komplexes μ gilt. Daher ist für die Standardnormalverteilung:

$$\phi_X(t) = \mathrm{e}^{-\frac{1}{2}t^2} = \sum_{n=0}^{\infty}(-1)^n\frac{t^{2n}}{2^n n!},$$

$$\phi_X^{(k)}(0) = \begin{cases}0, & \text{falls } k = 2n+1,\\ (-1)^n\dfrac{(2n)!}{2^n n!}, & \text{falls } k = 2n.\end{cases}$$

Andererseits ist $\phi_X^{(k)}(0) = \mathrm{i}^k\mathrm{E}(X^k)$. Folglich ist für die Standardnormalverteilung $\mathrm{E}(X^{2n+1}) = 0$ und $\mathrm{E}(X^{2n}) = \frac{(2n)!}{2^n n!}$. Siehe auch die Fouriertransformation auf S. 1271.

Zum Schluss skizzieren wir den Beweis des zentralen Grenzwertsatzes im einfachsten Fall. Es sei $(X_n)_{n\in\mathbb{N}}$ eine Folge von standardisierten i.i.d.-Zufallsvariablen mit der charakteristischen Funktion $\phi_X(t)$. Entwickeln wir $\phi_X(t)$ in eine Taylorreihe um den Punkt $t = 0$, so ist

$$\begin{aligned}\phi_X(t) &= 1 + t\phi_X^{(1)}(0) + \phi_X^{(2)}(0)\frac{t^2}{2} + \psi(t)\\ &= 1 - \frac{t^2}{2} + \psi(t).\end{aligned}$$

Dabei ist $\psi(t)$ ein Restglied, dessen Abschätzung wir uns hier sparen. Die charakteristische Funktion der Summe ist

$$\begin{aligned}\phi_Y(t) &= \prod_{i=1}^{n}\phi_{X_i}(t)\\ &= (\phi_X(t))^n = \left(1 - \frac{t^2}{2} + \psi(t)\right)^n.\end{aligned}$$

Nun wird die Summe standardisiert: $Y^* = \frac{Y}{\sqrt{n}}$. Dann ist

$$\begin{aligned}\phi_{Y^*}(t) &= \phi_Y\left(\frac{t}{\sqrt{n}}\right) = \left(1 - \frac{t^2}{2n} + \psi\left(\frac{t}{\sqrt{n}}\right)\right)^n\\ &= \mathrm{e}^{-\frac{t^2}{2}+\text{Restglied}}.\end{aligned}$$

Eine sorgfältige Analyse des Restgliedes zeigt, dass dieses mit wachsendem n gegen null geht. Also ist

$$\lim_{n\to\infty}\phi_{Y^*}(t) = \mathrm{e}^{-\frac{t^2}{2}}.$$

Dies ist aber die charakteristische Funktion von $\mathrm{N}(0; 1)$. Da diese die Verteilung eindeutig bestimmt, folgt daraus, dass die Grenzverteilung der standardisierten Summe die Standardnormalverteilung ist.

Schreibweise Bislang wurde die n-dimensionale Einheitsmatrix mit E_n bezeichnet. Der Buchstabe E ist aber bereits für den Erwartungswert gepachtet. Dafür verwenden wir in der Statistik den Buchstaben I für die Einheitsmatrix.

$\boldsymbol{A}$ und $\boldsymbol{\mu}$ sind nichtstochastisch, das heißt, ihre Elemente sind keine zufälligen Größen, sondern determinierte feste Zahlen. Sind keine Missverständnisse über die Dimension m möglich, so lassen wir m weg und schreiben $\boldsymbol{Y} \sim \mathrm{N}(\boldsymbol{\mu}; \boldsymbol{C})$. Ist $\boldsymbol{Y}$ m-dimensional normalverteilt, so ist die Verteilung von $\boldsymbol{Y}$ durch die Angabe von Erwartungswert $\mathrm{E}(\boldsymbol{Y}) = \boldsymbol{\mu}$ und die Kovarianzmatrix $\mathrm{Cov}(\boldsymbol{Y}) = \boldsymbol{C}$ bereits eindeutig festgelegt.

Ist $\boldsymbol{X} \sim \mathrm{N}_n(\boldsymbol{0}_n; \boldsymbol{I}_n)$, so ist aufgrund der Unabhängigkeit der Komponenten X_i die Dichte von $\boldsymbol{X}$ das Produkt der Randdichten

$$\begin{aligned} f_X(\boldsymbol{x}) &= (2\pi)^{-\frac{n}{2}} \exp\left(-\frac{1}{2}\sum_{i=1}^{n} x_i^2\right) \\ &= (2\pi)^{-\frac{n}{2}} \exp\left(-\frac{1}{2}\boldsymbol{x}^{\mathrm{T}}\boldsymbol{x}\right). \end{aligned}$$

Ist $\boldsymbol{Y} = \boldsymbol{A}\boldsymbol{X} + \boldsymbol{\mu}$ und ist $\mathrm{Cov}(\boldsymbol{Y}) = \boldsymbol{A}^{\mathrm{T}}\boldsymbol{A} = \boldsymbol{C}$ invertierbar, so liefert der Transformationssatz für mehrdimensionale stetige Zufallsvariable die Dichte von $\boldsymbol{Y}$.

Die Dichte der $\mathrm{N}_m(\mu; C)$

Ist $\boldsymbol{Y} \sim \mathrm{N}_m(\mu; \boldsymbol{C})$ und ist $\boldsymbol{C}$ invertierbar, so hat Y die Dichte

$$f_Y(y) = |\boldsymbol{C}|^{-\frac{1}{2}}(2\pi)^{-\frac{m}{2}} \exp\left(-\frac{1}{2}(y-\boldsymbol{\mu})^{\mathrm{T}}\boldsymbol{C}^{-1}(y-\boldsymbol{\mu})\right).$$

Beweis Wir beschränken uns auf den Fall, dass $\boldsymbol{A}$ eine invertierbare $n \cdot n$-Matrix ist. Dann ist $\boldsymbol{X} = \boldsymbol{A}^{-1}(\boldsymbol{Y} - \boldsymbol{\mu})$ und

$$\boldsymbol{x}^{\mathrm{T}}\boldsymbol{x} = (y-\boldsymbol{\mu})^{\mathrm{T}}\left(\boldsymbol{A}^{\mathrm{T}}\boldsymbol{A}\right)^{-1}(y-\boldsymbol{\mu}) = (y-\boldsymbol{\mu})^{\mathrm{T}}\boldsymbol{C}^{-1}(y-\boldsymbol{\mu}).$$

Weiter ist $\left|\frac{\partial X}{\partial Y}\right| = |\boldsymbol{A}|^{-1} = |\boldsymbol{C}|^{-\frac{1}{2}}$. Im allgemeinen Fall, in dem nicht $\boldsymbol{A}$ sondern nur $\boldsymbol{A}^{\mathrm{T}}\boldsymbol{A}$ invertierbar ist, müssen wir geeignete Unterräume betrachten. Auf diese Einzelheiten wollen wir aber hier verzichten. ■

Achtung Ist $\boldsymbol{C}$ nicht invertierbar, dann hat die m-dimensionale Normalverteilung $\mathrm{N}_m(\boldsymbol{\mu}; \boldsymbol{C})$ keine Dichte. Wir werden diesen Fall im Bonusmaterial zu diesem Kapitel ansprechen. ◄

Die m-dimensionale Normalverteilung ist – im Gegensatz zu vielen anderen Verteilungsfamilien – durch ihre zweidimensionalen Randverteilungen bereits eindeutig festgelegt. Aus dem Grund ist es sinnvoll, sich zweidimensionale Normalverteilungen näher anzusehen, vor allem, da sie sich leicht grafisch darstellen lassen.

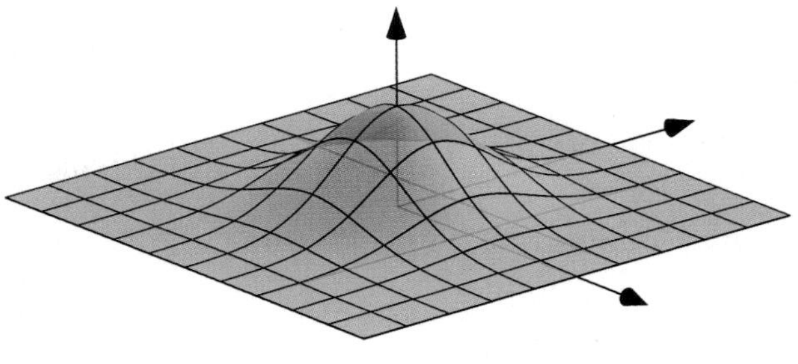

Abb. 39.26 Die zweidimensionale Dichte der $\mathrm{N}_2(\boldsymbol{0}; \boldsymbol{I}_2)$

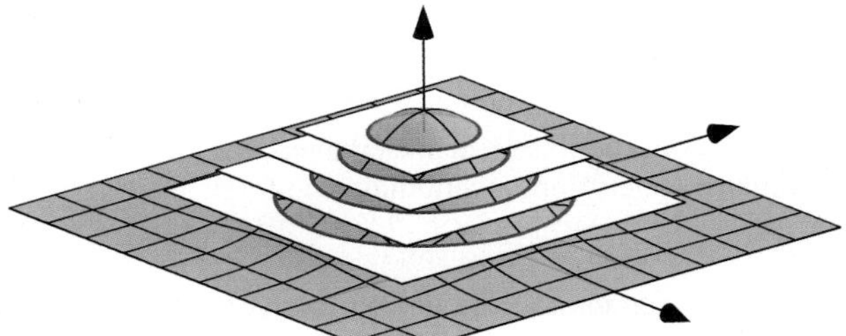

Abb. 39.27 Schnitt des Dichtegebirges mit horizontalen Ebenen

Sind $U \sim \mathrm{N}(0; 1)$ und $V \sim \mathrm{N}(0; 1)$ voneinander unabhängig, so ist die zweidimensionale Variable

$$\boldsymbol{X} = \begin{pmatrix} U \\ V \end{pmatrix} \sim \mathrm{N}_2(\boldsymbol{0}; \boldsymbol{I}_2)$$

standardnormalverteilt. Aufgrund der Unabhängigkeit von U und V ist die Dichte von $\boldsymbol{Y}$ das Produkt der Randdichten.

$$f_X(u; v) = \frac{1}{2\pi} \exp\left(-\frac{u^2+v^2}{2}\right).$$

Die Abb. 39.26 zeigt die zweidimensionale Dichte.

Der Graph der Dichte ist rotationssymmetrisch. Schneidet man das „Dichtegebirge" mit horizontalen Ebenen in der Höhe h, entsteht das System der Höhenlinien: $f_Y(u; v) = h$ (siehe Abb. 39.27). Dies sind konzentrische Kreise

$$u^2 + v^2 = k^2 = -2\ln(h2\pi)$$

mit dem Radius k (siehe Abb. 39.28).

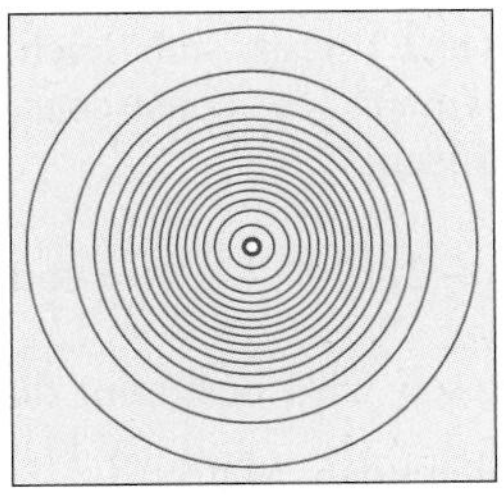

Abb. 39.28 Die Linien gleicher Dichte sind Kreise

Wir berechnen das Matrizenprodukt im Exponenten der Dichte der $\mathrm{N}_2(\boldsymbol{\mu}; \boldsymbol{C})$. Ist

$$\boldsymbol{C} = \begin{pmatrix} \sigma_U^2 & \sigma_{UV} \\ \sigma_{UV} & \sigma_V^2 \end{pmatrix}$$

die Kovarianzmatrix und sind

$$u^* = \frac{u - \mu_U}{\sigma_U} \text{ und } v^* = \frac{v - \mu_V}{\sigma_V}$$

die standardisierten Variablen sowie

$$\rho = \frac{\sigma_{UV}}{\sigma_U \sigma_V}$$

der Korrelationskoeffizient, dann erhalten wie die Dichte der zweidimensionalen Normalverteilung wie folgt.

Dichte der zweidimensionalen Normalverteilung

Ist $\boldsymbol{Y} = \binom{U}{V} \sim \mathrm{N}_2(\boldsymbol{\mu}; \boldsymbol{C})$ mit einer invertierbaren Kovarianzmatrix $\boldsymbol{C}$, so hat $\boldsymbol{Y}$ die Dichte

$$f_Y(u, v) = \frac{1}{2\pi\sigma_U\sigma_V\sqrt{1-\rho^2}} \exp\left(-\frac{u^{*2} - 2\rho u^* v^* + v^{*2}}{2(1-\rho^2)}\right).$$

Beweis Zum Beweis schreiben wir die Kovarianzmatrix $\boldsymbol{C}$ als Produkt,

$$\boldsymbol{C} = \begin{pmatrix} \sigma_U & 0 \\ 0 & \sigma_V \end{pmatrix} \begin{pmatrix} 1 & \rho \\ \rho & 1 \end{pmatrix} \begin{pmatrix} \sigma_U & 0 \\ 0 & \sigma_V \end{pmatrix}.$$

Dann ist die Determinante $|\boldsymbol{C}| = \sigma_U^2\sigma_V^2\,(1-\rho^2)$ und

$$\boldsymbol{C}^{-1} = \frac{1}{1-\rho^2} \begin{pmatrix} \sigma_U & 0 \\ 0 & \sigma_V \end{pmatrix}^{-1} \begin{pmatrix} 1 & -\rho \\ -\rho & 1 \end{pmatrix} \begin{pmatrix} \sigma_U & 0 \\ 0 & \sigma_V \end{pmatrix}^{-1}.$$

Berücksichtigt man noch

$$\begin{pmatrix} u^* \\ v^* \end{pmatrix} = \begin{pmatrix} \sigma_U & 0 \\ 0 & \sigma_U \end{pmatrix}^{-1} (\boldsymbol{y} - \boldsymbol{\mu})$$

für die standardisierten Variablen, so erhält man die Dichteformel. ∎

Die Dichte der $\mathrm{N}_2(\boldsymbol{\mu}; \boldsymbol{C})$ lässt sich leicht veranschaulichen: Die Höhenlinien $f_Y(u, v) = \text{const.}$ des Graphen sind die **Konzentrations-Ellipsen**,

$$u^{*2} - 2\rho u^* v^* + v^{*2} = \text{const.}$$

Die Gestalt der Ellipsen wird bestimmt durch die Eigenwertzerlegung der definierenden Matrix $\begin{pmatrix} 1 & \rho \\ \rho & 1 \end{pmatrix}$. Diese hat die Eigenwerte $\lambda_1 = 1 + \rho$ und $\lambda_2 = 1 - \rho$, sie gehören zu

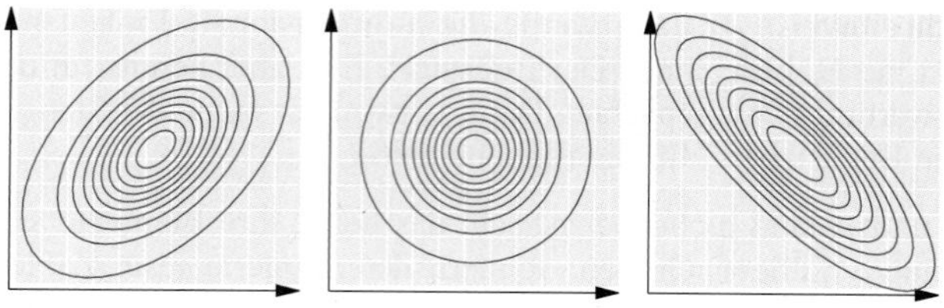

Abb. 39.29 Linien gleicher Dichte, links $\rho > 0$, Mitte $\rho = 0$ und rechts $\rho < 0$

den Eigenvektoren $(1, 1)$ und $(1, -1)$. Das Längenverhältnis von Haupt- und Nebenachse der Ellipsen ist unabhängig von h und zwar gleich

$$\sqrt{\frac{1 + |\rho|}{1 - |\rho|}}.$$

Je größer $|\rho|$, um so schmaler werden die Ellipsen. In Abb. 39.29 sind drei typische Fälle vereint.

Aus der Definition der mehrdimensionalen Normalverteilung folgt eine wesentliche Eigenschaft.

Abgeschlossenheit bei linearen Abbildungen, bei Bildung von Rand- und bedingten Verteilungen

Ist $\boldsymbol{X} \sim \mathrm{N}(\boldsymbol{\mu}; \boldsymbol{C})$ normalverteilt, so ist $\boldsymbol{Y} = \boldsymbol{B}\boldsymbol{X} + \boldsymbol{b}$ ebenfalls normalverteilt und zwar

$$\boldsymbol{Y} \sim \mathrm{N}(\boldsymbol{B}\boldsymbol{\mu} + \boldsymbol{b}; \boldsymbol{B}^{\mathrm{T}}\boldsymbol{C}\boldsymbol{B}).$$

Es sei $\boldsymbol{X}$ unterteilt in einen r-Vektor $\boldsymbol{U}$ und einen s-Vektor $\boldsymbol{V}$, $n = r + s$.

$$\boldsymbol{X} = \begin{pmatrix} \boldsymbol{U} \\ \boldsymbol{V} \end{pmatrix} \quad \boldsymbol{\mu} = \begin{pmatrix} \boldsymbol{\mu}_U \\ \boldsymbol{\mu}_V \end{pmatrix} \quad \boldsymbol{C} = \begin{pmatrix} \boldsymbol{C}_{UU} & \boldsymbol{C}_{UV} \\ \boldsymbol{C}_{VU} & \boldsymbol{C}_{VV} \end{pmatrix}.$$

Dann sind $\boldsymbol{U}$ und $\boldsymbol{V}$ selbst normalverteilt mit

$$\boldsymbol{U} \sim \mathrm{N}_r(\boldsymbol{\mu}_U; \boldsymbol{C}_{UU}), \quad \boldsymbol{V} \sim \mathrm{N}_s(\boldsymbol{\mu}_V; \boldsymbol{C}_{VV}).$$

Die bedingte Verteilung von $\boldsymbol{U}$ bei gegebenem $\boldsymbol{V} = \boldsymbol{v}$ ist die r-dimensionale Normalverteilung

$$\boldsymbol{U}|_{\boldsymbol{V}=\boldsymbol{v}} \sim \mathrm{N}_r(\mathrm{E}(\boldsymbol{U}|\boldsymbol{v}); \mathrm{Cov}(\boldsymbol{U}|\boldsymbol{v})).$$

Dabei ist

$$\mathrm{E}(\boldsymbol{U} \mid \boldsymbol{v}) = \boldsymbol{\mu}_U + \boldsymbol{C}_{UV}\boldsymbol{C}_{VV}^{-1}(\boldsymbol{v} - \boldsymbol{\mu}_V),$$
$$\mathrm{Cov}(\boldsymbol{U} \mid \boldsymbol{v}) = \boldsymbol{C}_{UU} - \boldsymbol{C}_{UV}\boldsymbol{C}_{VV}^{-1}\boldsymbol{C}_{VU}.$$

Selbstfrage 10

Es seien $U \sim \mathrm{N}(0; 1)$ und $V \sim \mathrm{N}(0; 1)$ und $\boldsymbol{X} = (U, V)$. Ist $V = 1$, so habe $U|_{V=1}$ die Varianz $= 1$, ist $V = 2$, so habe $U|_{V=2}$ die Varianz $= 1.5$. Kann $\boldsymbol{X} = (U, V)$ zweidimensional normalverteilt sein?

Übersicht: Diskrete und stetige eindimensionale Verteilungen mit ihren Parametern

Wir charakterisieren die wichtigsten im Text besprochenen Verteilungen durch ihr Anwendungsmodell, ihren Erwartungswert und ihre Varianz.

Diskrete Verteilungen

Zweipunkt-Verteilung, Bernoulli-Variable

Modell	Indikatorvariable
Wahrscheinlichkeit	$\mathrm{P}(X=1)=\theta, \mathrm{P}(X=0)=1-\theta$
Erwartungswert	θ
Varianz	$\theta(1-\theta)$

Binomialverteilung, $\mathrm{B}_n(\theta)$

Modell	Anzahl der Erfolge beim Ziehen mit Zurücklegen
Wahrscheinlichkeit	$\mathrm{P}(X=k)=\binom{n}{k}\theta^k(1-\theta)^{n-k}$
Erwartungswert	$n\theta$
Varianz	$n\theta(1-\theta)$

Hypergeometrische Verteilung, $\mathrm{H}(N, R, n)$

Modell	Anzahl der Erfolge beim Ziehen ohne Zurücklegen
Wahrscheinlichkeit	$\mathrm{P}(X=r)=\dfrac{\binom{R}{r}\binom{N-R}{n-r}}{\binom{N}{n}}$
Erwartungswert	$n\theta$ mit $\theta=\dfrac{R}{N}$
Varianz	$n\theta(1-\theta)\dfrac{N-n}{N-1}$

Geometrische Verteilung

Modell	Anzahl der Versuche bis zum ersten Erfolg
Wahrscheinlichkeit	$\mathrm{P}(X=k)=\theta(1-\theta)^{k-1}$
Erwartungswert	$\dfrac{1}{\theta}$
Varianz	$\dfrac{1-\theta}{\theta^2}$

Gleichverteilung

Modell	Augenzahl bei idealem n-seitigen Würfel
Wahrscheinlichkeit	$\mathrm{P}(X=k)=\dfrac{1}{n}$
Erwartungswert	$\dfrac{n+1}{2}$
Varianz	$\dfrac{n^2-1}{12}$

Poisson-Verteilung, $\mathrm{PV}(\lambda)$

Modell	Punktförmige Ereignisse in einem Kontinuum
Wahrscheinlichkeit	$\mathrm{P}(X=k)=\dfrac{\lambda^k}{k!}\mathrm{e}^{-\lambda}$
Erwartungswert	λ
Varianz	λ

Stetige Verteilungen

Exponentialverteilung, $\mathrm{ExpV}(\lambda)$

Modell	Wartezeit im Poisson-Prozess
Dichte	$\lambda\mathrm{e}^{-\lambda x}$
Erwartungswert	$\dfrac{1}{\lambda}$
Varianz	$\dfrac{1}{\lambda^2}$

Gleichverteilung in $[a, b]$, $\mathrm{U}_{[a,b]}$

Modell	Glücksrad
Dichte	$\dfrac{1}{b-a}$ für $x\in[a,b]$
Erwartungswert	$\dfrac{a+b}{2}$
Varianz	$\dfrac{(b-a)^2}{12}$

Normalverteilung, $\mathrm{N}(\mu;\sigma^2)$

Modell	Grenzverteilung für unabhängige Summen
Dichte	$\dfrac{1}{\sigma\sqrt{2\pi}}\exp\left(-\dfrac{1}{2}\left(\dfrac{x-\mu}{\sigma}\right)^2\right)$
Erwartungswert	μ
Varianz	σ^2

Bei allen Verteilungen, die wir bis jetzt kennengelernt haben, war Unkorreliertheit eine schwächere Eigenschaft als Unabhängigkeit. Bei der Normalverteilungsfamilien sind beide Begriffe im Wesentlichen äquivalent.

Unkorrelierte Randverteilungen einer mehrdimensionalen Normalverteilung sind unabhängig

Sei $\boldsymbol{Y} \sim \mathrm{N}(\boldsymbol{\mu}; \boldsymbol{C})$ und $\boldsymbol{U} = \boldsymbol{A}\boldsymbol{Y} + \boldsymbol{a}$ und $\boldsymbol{V} = \boldsymbol{B}\boldsymbol{Y} + \boldsymbol{b}$. Dann sind die zufälligen Vektoren $\boldsymbol{U}$ und $\boldsymbol{V}$ genau dann unabhängig, wenn sie unkorreliert sind, d. h., wenn $\mathrm{Cov}(\boldsymbol{U}; \boldsymbol{V}) = \boldsymbol{0}$ ist. Dies ist genau dann der Fall, wenn $\boldsymbol{A}\boldsymbol{C}\boldsymbol{B}^{\mathrm{T}} = \boldsymbol{0}$ ist.

Diese Aussage folgt aus der Gestalt der Dichtefunktion. Lässt sich die Kovarianzmatrix in der Form $\begin{pmatrix} \boldsymbol{C}_{11} & \boldsymbol{0} \\ \boldsymbol{0} & \boldsymbol{C}_{22} \end{pmatrix}$ partitionieren, lässt sich in der Dichteformel der Exponent als Summe und daraufhin die Dichte als Produkt schreiben. Diese Eigenschaft ist aber kennzeichnend für die Unabhängigkeit. Wir verzichten auf weitere Details und verweisen auf Aufgabe 39.19.

Achtung Der Satz wird falsch, wenn man nur die Unkorreliertheit der einzeln normalverteilten Variablen $\boldsymbol{U}$ und $\boldsymbol{V}$ voraussetzt, nicht aber die Existenz einer übergeordneten gemeinsamen Normalverteilung $\boldsymbol{Y}$, aus der sich beide als Randverteilungen ableiten lassen. Siehe dazu das folgende Beispiel. ◀

Beispiel Es sei $X \sim \mathrm{N}(0; 1)$ und V ein von X unabhängig gewähltes Vorzeichen,

$$\mathrm{P}(V = +1) = \mathrm{P}(V = -1) = 0.5.$$

Weiter sei $Y = X \cdot V$. Dann ist

$$\begin{aligned}
\mathrm{P}(Y \leq y) &= \mathrm{P}(X \cdot V \leq y) \\
&= \mathrm{P}(X \cdot V \leq y \mid V = +1)\mathrm{P}(V = +1) \\
&\quad + \mathrm{P}(X \cdot V \leq y \mid V = -1)\mathrm{P}(V = -1) \\
&= \mathrm{P}(X \leq y) \cdot 0.5 + \mathrm{P}(-X \leq y) \cdot 0.5 \\
&= \mathrm{P}(X \leq y).
\end{aligned}$$

Also ist auch $Y \sim \mathrm{N}(0; 1)$. Aus $\mathrm{E}(X) = 0$ und der Unabhängigkeit von X^2 und V folgt weiter:

$$\begin{aligned}
\mathrm{Cov}(X, Y) &= \mathrm{E}(XY) - \mathrm{E}(X)\mathrm{E}(Y) \\
&= \mathrm{E}(X^2 V) \\
&= \mathrm{E}(X^2)\mathrm{E}(V) = 0.
\end{aligned}$$

X und Y sind daher zwei unkorrelierte normalverteilte Variable, die in höchstem Grade voneinander abhängen. Außerdem ist (X, Y) nicht zweidimensional normalverteilt. Die Realisationen (x, y) liegen im $\mathbb{R}^2$ nur auf den beiden Diagonalen. ◀

Teil VI

Zusammenfassung

Die in der Praxis wichtigsten diskreten Verteilungsmodelle sind:

- Eine **Bernoulli-Variable** ist eine Zufallsvariable, die nur die zwei Werte null und eins annehmen kann. Bernoulli-Variable sind Indikatorvariable, die das Eintreten oder Nichteintreten eines Ereignisses beschreiben. Ist $\mathrm{P}(X = 1) = \theta$, so ist $\mathrm{E}(X) = \theta$.
- Die **Binomial-** und die **hypergeometrische Verteilung** beschreiben die zufällige Ziehung aus einer Urne, deren Kugeln entweder rot oder weiß sind. Bei der Binomialverteilung wird jede Kugel nach der Ziehung wieder zurückgelegt, bei der hypergeometrischen Verteilung bleibt jede gezogene Kugel draußen.
  Beide Modelle eignen sich zur Beschreibung einer Prüfung, bei der nur festgestellt wird, ob ein Objekt eine Eigenschaft hat oder nicht hat. Bei der Binomialverteilung ist die Grundgesamtheit, aus der die Stichprobe gezogen wird, unendlich groß (laufende Produktion), bei der hypergeometrischen Verteilung ist der Umfang N der Grundgesamtheit endlich.
  Die Binomialverteilung kann durch die Normalverteilung approximiert werden. Eine Faustregel fordert dazu: Es sollte $n\theta(1-\theta) \geq 9$ sein. Eine andere Faustregel fordert: Es sollte $n\theta \geq 5$ und $n(1-\theta) \geq 5$ sein.
- Wird ein Versuch so oft mit gleichen Bedingungen und unabhängig von den vorhergegangenen Versuchen wiederholt, bis ein „Erfolg" genanntes Ereignis eingetreten ist, dann beschreibt die **geometrische Verteilung** die Anzahl der Versuche bis zum ersten Erfolg.
- Die **Gleichverteilung** beschreibt den Wurf mit einem idealen n-seitigen Würfel.
- Die **Poisson-Verteilung** beschreibt die Häufigkeit punktförmiger Ereignisse in einem Kontinuum. Ist $X \sim \mathrm{PV}(\lambda)$, so ist approximativ $X \underset{\text{appr}}{\sim} \mathrm{N}(\lambda; \lambda)$. Dabei sollte λ mindestens 10 sein.

Stetige Verteilungen besitzen eine Dichte

Die Dichte einer stetigen Zufallsvariablen

Eine Dichte f ist eine integrierbare, nicht negative Funktion mit der Eigenschaft, dass für alle $a, b \in \mathbb{R}$ gilt:

$$\mathrm{P}(a < X \leq b) = F(b) - F(a) = \int_a^b f(x)\,\mathrm{d}x$$

Daher ist für jeden Einzelwert $X = x$ die Wahrscheinlichkeit $\mathrm{P}(X = x) = 0$. Sofern die Integrale existieren, sind Erwartungswert und Varianz von X definiert als

$$\mathrm{E}(X) = \int_{-\infty}^{\infty} x f(x)\,\mathrm{d}x = \mu,$$

$$\mathrm{Var}(X) = \mathrm{E}\left((X-\mu)^2\right) = \int_{-\infty}^{\infty} (x-\mu)^2 f(x)\,\mathrm{d}x = \sigma^2.$$

Eine n-dimensionale stetige Zufallsvariable $\boldsymbol{X}$ besitzt eine n-dimensionale Dichte. Je nachdem, ob einzelne Komponenten von $\boldsymbol{X}$ ignoriert oder konstant gehalten werden, unterscheidet man Randverteilungen und bedingte Verteilungen. Für zweidimensionale Zufallsvariablen gilt:

Dichte einer zweidimensionalen Zufallsvariablen X

$\boldsymbol{X} = (X_1, X_2)$ hat die Dichte $f_X(\boldsymbol{x})$, wenn für alle $(a_1, a_2) \in \mathbb{R}^2$ gilt

$$\mathrm{P}(X_1 \leq a_1; X_2 \leq a_2) = \int_{-\infty}^{a_2} \int_{-\infty}^{a_1} f_X(x_1, x_2)\,\mathrm{d}x_1\,\mathrm{d}x_2.$$

Die Dichte der Randverteilung von X_1 finden wir durch Integration über X_2.

$$f_{X_1}(x) = \int_{-\infty}^{\infty} f_X(x, x_2)\,\mathrm{d}x_2.$$

Für alle x_2 mit $f_{X_2}(x_2) \neq 0$ ist die bedingte Dichte von X_1 unter der Bedingung $X_2 = x_2$

$$f_{X_1|X_2=x_2}(x_1) = \frac{f_X(x_1, x_2)}{f_{X_2}(x_2)}.$$

Bei streng monotonen Transformationen $Y = \psi(X)$ einer eindimensionalen Variablen X wird beim Übergang von X zu Y die x-Achse gestaucht bzw. gedehnt. Entsprechend ändern sich die Dichten. Der Transformationssatz für Dichten lässt sich ganz knapp und symbolisch schreiben.

Eselsbrücke für den Transformationssatz

$$F_X(x) = F_Y(y)$$
$$f_Y(y)\,|\mathrm{d}y| = f_X(x)\,|\mathrm{d}x|$$

Oder etwas ausführlicher

$$f_Y(y) = f_X(x)\left|\frac{\mathrm{d}x}{\mathrm{d}y}\right| \quad\Leftrightarrow\quad f_X(x) = f_Y(y)\left|\frac{\mathrm{d}y}{\mathrm{d}x}\right|.$$

Bei nicht umkehrbaren Transformationen wird die Transformationsformel sinngemäß auf jede umkehrbare Teilabbildung in Eindeutigkeitsgebieten Ω_i angewandt, in denen $x = \psi(y)$ umkehrbar ist. Bei Transformationen mehrdimensionaler Variablen spiegelt sich die Volumenänderung in den Dichten.

Allgemeine Transformationsformel für Dichten

Ist $\boldsymbol{y} = \boldsymbol{y}(\boldsymbol{x})$ eine umkehrbare Transformation, so ist

$$f_Y(\boldsymbol{y}) = f_X(\boldsymbol{x})\left|\frac{\partial \boldsymbol{x}}{\partial \boldsymbol{y}}\right| = f_X(\boldsymbol{x})\left|\frac{\partial \boldsymbol{y}}{\partial \boldsymbol{x}}\right|^{-1}.$$

Bei nicht eindeutig umkehrbaren Abbildungen gilt analog zum eindimensionalen Fall

$$f_Y(\boldsymbol{y}) = \sum_{i=1}^{k} f_X(\boldsymbol{x}_i)\left|\frac{\partial \boldsymbol{x}_i}{\partial \boldsymbol{y}}\right| = \sum_{i=1}^{k} f_X(\boldsymbol{x}_i)\left|\frac{\partial \boldsymbol{y}}{\partial \boldsymbol{x}_i}\right|^{-1}.$$

Wichtige stetige Verteilungen

- Die **Exponentialverteilung** $\mathrm{ExpV}(\lambda)$ besitzt die Dichte $f(x) = \lambda \mathrm{e}^{-\lambda x}$ für positive x. Sie beschreibt Wartezeiten im Poisson-Prozess. Die Exponentialverteilung ist eine „Verteilung ohne Gedächtnis".
- Die **stetige Gleichverteilung im** Intervall $[a, a+b]$ besitzt eine in $[a, a+b]$ konstante Dichte. Bei einer stückweisen Gleichverteilung ist die Dichte intervallweise konstant. Der Graph der Dichte gleicht einem Histogramm.
- **Die Familie der Normalverteilungen** $\mathrm{N}(\mu; \sigma^2)$ besteht aus allen Verteilungen, die aus linearen Transformationen der Standardnormalverteilung hervorgehen:

$$Y \sim \mathrm{N}(\mu; \sigma^2) \text{ genau dann, wenn } Y^* = \frac{Y-\mu}{\sigma} \sim \mathrm{N}(0; 1)$$

Die große Bedeutung der Normalverteilung liegt im **zentralen Grenzwertsatz** für Summen unabhängiger Zufallsvariablen X_i mit existierenden Varianzen.

Der zentrale Grenzwertsatz

Es sei $(X_n)_{n\in\mathbb{N}}$ eine Folge unabhängiger zufälliger Variablen mit existierenden Erwartungswerten und Varianzen. Unter schwachen mathematischen Nebenbedingungen gilt: Die Verteilungsfunktion der standardisierten Summe der X_i

$$\overline{X}^{(n)*} = \frac{\sum_{i=1}^{n} X_i - \mathrm{E}\left(\sum_{i=1}^{n} X_i\right)}{\sqrt{\mathrm{Var}\left(\sum_{i=1}^{n} X_i\right)}}$$

konvergiert mit wachsendem n punktweise gegen die Verteilungsfunktion Φ der $\mathrm{N}(0; 1)$,

$$\lim_{n\to\infty} \mathrm{P}(\overline{X}^{(n)*} \le x) = \Phi(x).$$

Die Nebenbedingungen sind zum Beispiel erfüllt, falls die $X_1, \ldots, X_n, \ldots$ identisch verteilt sind. Insgesamt notieren wir als Faustregel: Werden unabhängige Zufallsvariable X_i mit existierenden Varianzen addiert, so gilt bei großem n

$$\overline{X}^{(n)} \underset{\text{appr}}{\sim} \mathrm{N}(\mathrm{E}(\overline{X}^{(n)}); \mathrm{Var}(\overline{X}^{(n)})).$$

Die Familie der mehrdimensionalen Normalverteilungen $\mathrm{N}_n(\boldsymbol{\mu}; \boldsymbol{C})$ besteht aus allen Verteilungen, die aus linearen Transformationen unabhängiger standardnormalverteilter Zufallsvariablen hervorgehen.

Die n-dimensionale Normalverteilung

Es seien $X_1, \ldots, X_n$ voneinander unabhängige, nach $\mathrm{N}(0; 1)$ verteilte Zufallsvariable, die zu einem n-dimensionalen Zufallsvektor $\boldsymbol{X} = (X_1, \ldots, X_n)^{\mathrm{T}}$ zusammengefasst sind. Dann heißt $\boldsymbol{X}$ n-dimensional standardnormalverteilt, geschriebenw

$$\boldsymbol{X} \sim \mathrm{N}_n(\boldsymbol{0}_n; \boldsymbol{I}_n).$$

Ist $\boldsymbol{A} \neq \boldsymbol{0}$ eine nichtstochastische $m \cdot n$-Matrix und $\boldsymbol{\mu}$ ein nichtstochastischer m-dimensionaler Vektor und $\boldsymbol{Y} = \boldsymbol{A}\boldsymbol{X} + \boldsymbol{\mu}$, dann heißt $\boldsymbol{Y}$ m-dimensional normalverteilt,

$$\boldsymbol{Y} \sim \mathrm{N}_m(\boldsymbol{\mu}; \boldsymbol{C}).$$

Dabei ist $\boldsymbol{\mu} = \mathrm{E}(\boldsymbol{Y})$ und $\boldsymbol{C} = \mathrm{Cov}(\boldsymbol{Y})$. Ist $\boldsymbol{C}$ invertierbar, so hat Y die Dichte

$$f_Y(\boldsymbol{y}) = |\boldsymbol{C}|^{-\frac{1}{2}} (2\pi)^{-\frac{m}{2}} \exp\left(-\frac{1}{2}(\boldsymbol{y}-\boldsymbol{\mu})^{\mathrm{T}} \boldsymbol{C}^{-1} (\boldsymbol{y}-\boldsymbol{\mu})\right).$$

Teil VI

Die Familie der mehrdimensionalen Normalverteilungen ist abgeschlossenen bei linearen Abbildungen, bei Bildung von Rand- und bedingten Verteilungen. Sind die zwei Randverteilungen unkorreliert, so sind die zugehörigen Variablen unabhängig.

Bonusmaterial

Im Bonusmaterial zu diesem Kapitel werden wir uns kurz mit Pseudozufallszahlen befassen und dann eine Reihe wichtiger, miteinander verwandter Verteilungen vorstellen. Dazu gehören Maxwell-Verteilung und die Familien der Gamma-, der Beta- und der t-Verteilungen, ebenso wie Lebensdauer- und Extremwertverteilungen.

Die **Gammaverteilung** ist auf dem Intervall $(0, \infty)$ definiert, ihre Dichte hat die Gestalt $cy^{\alpha-1}e^{-y\beta}$, dabei sind $\alpha > 0$ und $\beta > 0$ frei zu wählende Parameter und c ist eine Integrationskonstante. Die wichtigsten Verteilungen der Gammafamilie sind die Exponential-, die Erlang- und die χ^2-Verteilung. Sind $X_1, \ldots, X_n$ i.i.d.-exponentialverteilt, so besitzt $\sum_{i=1}^n X_i$ eine Erlangverteilung. Sind $X_1, \ldots, X_n$ i.i.d. N(0; 1)-verteilt, so besitzt $\sum_{i=1}^n X_i^2$ eine χ^2-Verteilung. Sie wird für datengestützte Schlussfolgerungen über unbekannte Varianzen benutzt.

Die **Betaverteilung**, die eng mit der Gammaverteilung zusammenhängt, ist auf dem Intervall $[0, 1]$ definiert. Sie ist daher besonders geeignet, um Aussagen über Anteile und speziell über subjektive Wahrscheinlichkeiten zu bewerten. Sie hat die Dichte $cx^{\alpha-1}(1-x)^{\beta-1}$. Auch hier sind $\alpha > 0$ und $\beta > 0$ geeignet zu wählende Parameter und c ist eine Integrationskonstante.

Die **t-Verteilung** ist die wichtigste Verteilung, um Schlussfolgerungen über die unbekannten Parameter normalverteilter Grundgesamtheiten zu machen. Die t-Verteilungsfamilie reicht vom statistischen Himmel, der Normalverteilung bis zur Hölle, der Cauchy-Verteilung, für die weder das Gesetz der großen Zahlen noch der zentrale Grenzwertsatz gelten.

Lebensdauer- und **Extremwertverteilungen** sind wichtige Hilfsmittel, um technische Belastungsgrenzen zu ermitteln. Hier werden wir in der **Hazardrate** eine dritte Möglichkeit kennenlernen, stetige Wahrscheinlichkeitsverteilungen zu beschreiben.

Aufgaben

Die Aufgaben gliedern sich in drei Kategorien: Anhand der *Verständnisfragen* können Sie prüfen, ob Sie die Begriffe und zentralen Aussagen verstanden haben, mit den *Rechenaufgaben* üben Sie Ihre technischen Fertigkeiten und die *Anwendungsprobleme* geben Ihnen Gelegenheit, das Gelernte an praktischen Fragestellungen auszuprobieren.
Ein Punktesystem unterscheidet leichte •, mittelschwere •• und anspruchsvolle ••• Aufgaben. Lösungshinweise am Ende des Buches helfen Ihnen, falls Sie bei einer Aufgabe partout nicht weiterkommen. Dort finden Sie auch die Lösungen – betrügen Sie sich aber nicht selbst und schlagen Sie erst nach, wenn Sie selber zu einer Lösung gekommen sind. Ausführliche Lösungswege, Beweise und Abbildungen finden Sie als digitales Zusatzmaterial (electronic supplementary material).
Viel Spaß und Erfolg bei den Aufgaben!

Verständnisfragen

39.1 • Welche der folgenden Aussagen sind richtig?

(a) Das Prognoseintervall für die **Anzahl** der Erfolge bei n unabhängigen Wiederholungen eines Versuchs wird umso breiter, je größer n wird.
(b) Das Prognoseintervall für den **Anteil** der Erfolge bei n unabhängigen Wiederholungen eines Versuchs wird umso breiter, je größer n wird.
(c) Sind X und Y unabhängig voneinander binomialverteilt, dann ist auch $X + Y$ binomialverteilt.

39.2 •• In einer Stadt gibt es ein großes und ein kleines Krankenhaus. Im kleinen Krankenhaus K werden im Schnitt jeden Tag 15 Kinder geboren. Im großen Krankenhaus G sind es täglich 45 Kinder. Im Jahr 2006 wurden in beiden Krankenhäusern die Tage gezählt, an denen mindestens 60 % der Kinder männlich waren. Es stellte sich heraus, dass im kleinen Krankenhaus rund dreimal so häufig ein Jungenüberschuss festgestellt wurde wie am großen Krankenhaus. Ist dies Zufall? Berechnen Sie die relevanten Wahrscheinlichkeiten, wobei Sie $\mathrm{P}(\text{Junge}) = \mathrm{P}(\text{Mädchen}) = 0.5$ unterstellen sollen.

39.3 • Sie ziehen ohne Zurücklegen aus einer Urne mit roten und anders farbigen Kugeln. Es sei X_i die Indikatorvariable für Rot im i-ten Zug und $X = \sum X_i$ die Anzahl der gezogenen roten Kugeln. Welche der folgenden 4 Aussagen ist richtig? Die X_i sind

(a) unabhängig voneinander, identisch verteilt,
(b) unabhängig voneinander, nicht identisch verteilt,
(c) abhängig voneinander, identisch verteilt,
(d) abhängig voneinander, nicht identisch verteilt.

39.4 • In der Küche liegen 10 Eier, von denen 7 bereits gekocht sind. Die anderen drei Eier sind roh. Sie nehmen zufällig 5 Eier. Wie groß ist die Wahrscheinlichkeit, dass Sie genau 4 gekochte und ein rohes Ei erwischt haben?

39.5 ••• In einer Urne befinden sich 10 000 bunte Kugeln. Die Hälfte davon ist weiß, aber nur 5% sind rot. Sie ziehen mit einer Schöpfkelle auf einmal 100 Kugeln aus der Urne. Es sei X die Anzahl der weißen und Y die Anzahl der roten Kugeln bei dieser Ziehung.

(a) Wie sind X und Y einzeln und wie gemeinsam verteilt?
(b) Sind X und Y voneinander unabhängig, positiv oder negativ korreliert?
(c) Wenn Sie jeweils für X und Y eine Prognose zum gleichen Niveau $1 - \alpha$ erstellen, welches Prognoseintervall ist länger und warum?

39.6 • Die Dauer X eines Gesprächs sei exponentialverteilt. Die Wahrscheinlichkeit, dass ein gerade begonnenes Gespräch mindestens 10 Minuten andauert, sei 0.5. Ist dann die Wahrscheinlichkeit, dass ein bereits 30 Minuten andauerndes Gespräch mindestens noch weitere 10 Minuten andauert, kleiner als 0.5?

39.7 • Wegen eines Streikes fahren die Busse nicht mehr nach Fahrplan. Die Anzahl der Wartenden an einer Bushaltestelle ist ein Indikator für die seit Abfahrt des letzten Busses verstrichene Zeit. Sie wissen, je mehr Wartende an der Bushaltestelle stehen, um so wahrscheinlicher ist die Ankunft des nächsten Busses. Kann dann die Wartezeit exponential verteilt sein?

39.8 ••• Beantworten Sie die folgenden Fragen. Überlegen Sie sich eine kurze Begründung.

(a) Es sei X eine stetige zufällige Variable. $g(x)$ sei eine stetige Funktion. Ist dann auch $Y = g(X)$ eine stetige zufällige Variable?
(b) Darf die Dichte einer stetigen Zufallsvariablen größer als eins sein?

(c) Darf die Dichte einer Zufallsvariablen Sprünge aufweisen?
(d) Die Verteilungsfunktion einer Zufallsvariablen X sei bis auf endlich viele Sprünge differenzierbar. Ist X dann stetig?
(e) Die Verteilungsfunktion einer Zufallsvariablen X sei stetig. Ist X dann stetig?
(f) Die Durchmesser von gesiebten Sandkörnern seien innerhalb der Siebmaschenweite annähernd gleichverteilt. Ist dann auch das Gewicht der Körner gleichverteilt?
(g) Es seien X und Y unabhängig voneinander gemeinsam normalverteilt. Welche der folgenden Terme sind dann ebenfalls normalverteilt?

$$a + bX;\ X + Y;\ X - Y;\ X \cdot Y;\ \frac{X}{Y};\ X^2;\ X^2 + Y^2$$

39.9 •• Bei der Umstellung auf den Euro wurden in einer Bank Pfennige eingesammelt, die von Kunden abgegeben wurden. In einem Sack liegen 1 000 Pfennige. Jeder Pfennig wiegt 2 g mit einer Standardabweichung von 0.1 g. Der leere Sack wiegt 500 g. Wie schwer ist der volle Sack?

Rechenaufgaben

39.10 • Die Wahrscheinlichkeit, bei einer U-Bahn-Fahrt kontrolliert zu werden, betrage $\theta = 0.1$. Wie groß ist die Wahrscheinlichkeit, innerhalb von 20 Fahrten

(a) höchstens 3-mal,
(b) mehr als 3-mal,
(c) weniger als 3-mal,
(d) mindestens 3-mal,
(e) genau 3-mal,
(f) mehr als einmal und weniger als 4-mal kontrolliert zu werden?

39.11 • 80% aller Verkehrsunfälle werden durch überhöhte Geschwindigkeit verursacht. Wie groß ist die Wahrscheinlichkeit, dass von 20 Verkehrsunfällen a) mindestens 10, b) weniger als 15, durch überhöhte Geschwindigkeit verursacht wurden?

39.12 • Sie machen im Schnitt auf 10 Seiten einen Tippfehler. Wie groß ist die Wahrscheinlichkeit, dass Sie auf 50 Seiten höchstens 5 Fehler gemacht haben?

39.13 •• Bestimmen Sie Erwartungswert und Varianz der geometrischen Verteilung.

39.14 •• Zeige:

(a) Sind X und Y unabhängig voneinander Poisson-verteilt. Dann ist $P(X = k \mid X + Y = n)$ binomial verteilt.
(b) Sind $X \sim B_n(\theta)$ und $Y \sim B_m(\theta)$ unabhängig voneinander binomialverteilt mit gleichem θ, dann ist $P(X = k \mid X + Y = z)$ hypergeometrisch verteilt.

39.15 •• Bei der Behandlung der Dichtetransformation stetiger Zufallsvariabler auf S. 1480 betrachteten wir die folgende Situation: Angenommen, es liegen 100 Realisationen einer in $[0, 1]$ gleichverteilten Zufallsvariablen X vor, die wie folgt verteilt sind:

Von bis unter	0–0.2	0.2–0.4	0.4–0.6	0.6–0.8	0.8–1
Anzahl	20	20	20	20	20

Bestimmen Sie die Histogramme der Variablen $\sqrt{X}$ bzw. X^2, die sich aus den obigen Realisationen ergeben würden.

39.16 • Die Dicke eines Blattes Schreibmaschinenpapier sei 1/10 mm mit einer Standardabweichung von 1/50 mm. Wie hoch ist dann ein Stapel von 1000 Blatt, wenn Sie voraussetzen, dass die Papierdicken der einzelnen Blätter unabhängige zufällige Größen sind?

39.17 •• In einem Liter Industrieabwasser seien im Mittel $\lambda = 1000$ Kolibakterien. Der Werksdirektor möchte Journalisten „beweisen", dass sein Wasser frei von Bakterien ist. Er schöpft dazu ein Reagenzglas voll mit Wasser und lässt den Inhalt mikroskopisch nach Bakterien absuchen. Wie klein muss das Glas sein, damit gilt: $P(X = 0) \geq 0.90$?

39.18 ••• Es seien X_1 und X_2 unabhängige stetige Zufallsvariablen. Bestimmen Sie die Dichten von X_1X_2 und X_1/X_2.

39.19 •• Es seien $\boldsymbol{U}$ und $\boldsymbol{V}$ unkorrelierte normalverteilte Variable, die lineare Funktionen einer übergeordneten normalverteilte Variable $\boldsymbol{Y}$ sind:

$$\boldsymbol{Y} \sim N_n(\boldsymbol{0}; \boldsymbol{C});\quad \boldsymbol{U} = \boldsymbol{AY};\quad \boldsymbol{V} = \boldsymbol{BY}$$
$$\text{sowie } \operatorname{Cov}(\boldsymbol{U}; \boldsymbol{V}) = \boldsymbol{0}.$$

Dann sind $\boldsymbol{U}$ und $\boldsymbol{V}$ stochastisch unabhängig.

Beweisen Sie diese Aussage für den Spezialfall, dass $\operatorname{Cov}(\boldsymbol{U})$ und $\operatorname{Cov}(\boldsymbol{V})$ invertierbar sind.

39.20 •• Die n-dimensionale zufällige Variable $\boldsymbol{X}$ heißt in einem Bereich $\boldsymbol{B}$ **stetig gleichverteilt**, falls die Dichte von $\boldsymbol{X}$ außerhalb von $\boldsymbol{B}$ identisch null und in $\boldsymbol{B}$ konstant gleich $(\text{Volumen}(\boldsymbol{B}))^{-1}$ ist.

In Aufgabe 39.21 wird gezeigt: Ist $\boldsymbol{X} = (X_1, X_2)^{\mathrm{T}} \in \mathbb{R}^2$ im Einheitskreis gleichverteilt ist, dann sind X_1 und X_2 unkorreliert.

Frage: Sind dann X_1 und X_2 auch unabhängig?

39.21 ••• Zeigen Sie: Ist $\boldsymbol{X}$ in der n-dimensionalen Kugel $\boldsymbol{K}_n(\boldsymbol{\mu}; r)$ mit dem Mittelpunkt $\boldsymbol{\mu} \in \mathbb{R}^n$ und dem Radius r gleichverteilt, so ist

$$\mathrm{E}(\boldsymbol{X}) = \boldsymbol{\mu} \text{ und } \operatorname{Cov}(\boldsymbol{X}) = \frac{r^2}{n+2}\boldsymbol{I}.$$

Die Komponenten X_i von $\boldsymbol{X}$ sind demnach unkorreliert. Ist $Y = \|\boldsymbol{X} - \boldsymbol{\mu}\|^2$, so hat Y die Dichte $f_Y(y) = \frac{n}{2r^n}y^{\frac{n}{2}-1}$ und $\mathrm{E}(Y) = \frac{n}{n+2}r^2$.

Anwendungsprobleme

39.22 • Fluggesellschaften haben festgestellt, dass Passagiere, die einen Flug reserviert haben – unabhängig von den anderen Passagieren – mit Wahrscheinlichkeit $1/10$ nicht am Check-in erscheinen. Deshalb verkauft Gesellschaft A zehn Tickets für ihr neunsitziges Charterflugzeug und Gesellschaft B verkauft 20 Tickets für ihre Flugzeuge mit 18 Sitzen. Die Fluggesellschaft C verkauft für ihren Jumbo mit 500 Plätzen 525 Tickets.

Welche Gesellschaft ist mit höherer Wahrscheinlichkeit überbucht?

39.23 •• Bei jeder Lottoziehung wird unabhängig von den sechs Glückszahlen aus den Zahlen 0 bis 9 noch eine weitere Zahl, die Superzahl gezogen. Wie groß ist die Wahrscheinlichkeit, drei Richtige und die Superzahl zu tippen?

39.24 •• Die Halbwertszeit einer radioaktiven Substanz ist die Zeit, in der die Hälfte aller Atome zerfallen ist. Die Halbwertszeit von Caesium 137 ist rund 30 Jahre. Nach wie viel Jahren sind 90 % aller Caesiumatome zerfallen, die beim Reaktorunfall von Tschernobyl 1986 freigesetzt wurden?

39.25 •• Bei Weizen tritt eine begehrte Mutation mit der Wahrscheinlichkeit von $1/1000$ auf. Auf einem Acker werden 10^5 Weizenkörner gesät, bei denen unabhängig voneinander die Mutationen auftreten können. Wie ist die Anzahl X der mutierten Weizenkörner verteilt? Durch welche diskrete Verteilung lässt sich die Verteilung von X approximieren? Durch welche stetige Verteilung lässt sich die Verteilung von X approximieren? Mit wie vielen Mutationen auf dem Acker können wir rechnen?

39.26 •• Der Schachspieler A ist etwas schwächer als der Spieler B: Mit Wahrscheinlichkeit $\theta = 0.49$ wird A in einer Schachpartie gegen B gewinnen. In einem Meisterschaftskampf zwischen A und B werden n Partien gespielt. Wir betrachten drei Varianten.

1. Derjenige ist Meister, der von 6 Partien mehr als 3 gewinnt.
2. Derjenige ist Meister, der von 12 Partien mehr als 6 gewinnt.
3. Derjenige ist Meister, der mehr als den Anteil $\beta > \theta$ der Partien gewinnt. Dabei sei n so groß, dass Sie die Normalapproximation nehmen können. Wählen Sie für einen numerischen Vergleich $\beta = 0.55$ und $n = 36$.

Mit welcher Variante hat A die größeren Siegchancen?

39.27 •• In Simulationsstudien werden häufig standardnormalverteilte Zufallszahlen benötigt. Primär stehen jedoch nur gleichverteilte Zufallszahlen, d. h. Realisationen unabhängiger, über dem Intervall $[0, 1]$ gleichverteilte Zufallsvariablen zur Verfügung. Aus je 12 dieser gleichverteilten Zufallsvariablen $X_1, X_2, \dots X_{12}$, erzeugt man eine Zufallszahl Y folgendermaßen

$$Y = \sum_{i=1}^{12} X_i - 6.$$

Dann ist Y approximativ standardnormalverteilt. Warum?

39.28 •• In einem Schmelzofen sollen Gold und Kupfer getrennt werden. Dazu muss der Ofen auf jeden Fall eine Temperatur von weniger als 1 083 °C haben, da dies der Schmelzpunkt von Kupfer ist. Der Schmelzpunkt von Gold liegt bei 1 064 °C.

Um die Temperatur im Schmelzofen zu bestimmen, wird eine Messsonde benutzt. Ist μ die tatsächliche Temperatur im Schmelzofen, so sind die Messwerte X der Sonde normalverteilt mit Erwartungswert μ und Varianz $\sigma^2 = 25$.

Der Schmelzofen ist betriebsbereit, wenn die Temperatur μ über dem Schmelzpunkt von Gold aber noch unter den Schmelzpunkt des Kupfers liegt. Die Entscheidung, ob der Ofen betriebsbereit ist, wird mithilfe der Messsonde bestimmt. Dabei wird so vorgegangen, dass der Ofen als betriebsbereit erklärt und mit dem Einschmelzen begonnen wird, wenn die Messsonde einen Messwert zwischen 1064 und 1070 °C anzeigt.

(a) Wie groß ist die Wahrscheinlichkeit, dass bei diesem Vorgehen der Ofen irrtümlich für betriebsbereit erklärt wird, wenn die Temperatur mindestens 1083 °C beträgt?
(b) Wie groß ist die Wahrscheinlichkeit, dass die Temperatur im Ofen bei diesem Vorgehen den Schmelzpunkt des Goldes nicht überschreitet?
(c) Ist es möglich eine Wahrscheinlichkeit dafür anzugeben, dass die Temperatur im Hochofen zwischen 1064 und 1083 °C liegt?

39.29 ••• Ein Müllwagen mit dem Leergewicht von $L = 6000$ kg fährt auf seiner Route täglich 80 Haushalte ab. Je nach Größe der Mülltonne sind die Haushalte in drei Kategorien $j = 1, 2, 3$ geteilt. Für jeden Haushaltstyp j ist aus langjähriger Erfahrung für die Tonne das Durchschnittsgewicht μ_j und die Standardabweichung σ_j in kg bekannt. Diese Daten sind in der Tab. 39.2 zusammengestellt.

Tab. 39.2 Verteilungsparameter der Haushalte

Haushaltstyp j	Anzahl der Haushalte n_j	μ_j	σ_j
1	40	50	10
2	20	100	15
3	20	200	50
$\sum$	80		

(a) Wie ist das Gewicht Y des beladen zur Deponie zurückkehrenden Müllwagens approximativ verteilt?
(b) Vor der Deponie wurde eine Behelfsbrücke mit einer maximalen Tragfähigkeit von 15 Tonnen errichtet. Wie groß ist die Wahrscheinlichkeit α, dass die Brücke durch den Müllwagen überlastet wird?
(c) Der beladene Müllwagen passiert täglich einmal die Brücke. Wie groß ist die Wahrscheinlichkeit β, dass in den nächsten 5 Jahren die Brücke nie überlastet wird?
(d) Der Schaden, der durch Überlastung der Brücke entstehen würde, sei 10 Millionen €. Die Brücke kann aber auch sofort verstärkt werden. Die Kosten hierfür betragen 500 000 €. Da die Brücke aber in 5 Jahren auf jeden Fall abgerissen wird, überlegt der Landrat, ob eine Verstärkung nicht eine Geldverschwendung wäre. Wie sollte er entscheiden?

Antworten zu den Selbstfragen

Antwort 1 Man kann aus der Urne nicht mehr rote Kugeln entnehmen als drin sind. In diesem Fall ist $X = k$ ein unmögliches Ereignis mit der Wahrscheinlichkeit null.

Antwort 2 Es ist $\operatorname{Var}(X) = \mathrm{E}\left(X^2\right) - (\mathrm{E}(X))^2$. Da wir $\mathrm{E}(X)$ bereits kennen, muss noch $\mathrm{E}\left(X^2\right)$ berechnet werden. Dabei ist

$$\mathrm{E}\left(X^2\right) = \sum_{r=0}^{\min\{R,n\}} r^2 \frac{\binom{R}{r}\binom{N-R}{n-r}}{\binom{N}{n}}.$$

Antwort 3

(a) Für die Lottozentrale bewährt sich das Starke Gesetz der großen Zahlen: Sie zahlt im Mittel pro Spieler 53 Cent aus.
(b) Für Sie ist der Erwartungswert irrelevant, da Sie kein regelmäßiger Spieler sind. Träumen Sie eine Woche lang vom großen Gewinn und werfen Sie hinterher erleichtert den Tippzettel weg. Für alle anderen Spieler gilt: Je regelmäßiger sie spielen, um so sicherer werden sie verlieren.
(c) Die Lottozentrale verdient pro Tipp im Schnitt: 1 € Einnahme − 53 Cent Auszahlung = 47 Cent.
(d) Der Verdienst pro Spielabend beträgt im Schnitt $10^7 \cdot 0.47 = 4.7 \cdot 10^6$ Euro.
(e) Die Wahrscheinlichkeit, dass 2 Spieler unabhängig voneinander 6 Richtige haben, ist rund $5 \cdot 10^{-15}$. Jedoch werden die Tipps nicht unabhängig voneinander abgegeben. Es werden oft Muster auf dem Tippschein angekreuzt. Zum Beispiel wurden alle Gewinner bitter enttäuscht, als einmal die Zahlen 1, 2, 3, 4, 5, 6 fielen. Weiterhin beliebt sind Datumsangaben, daher ist es ungünstig, Zahlen von 1 bis 31 anzukreuzen.

Antwort 4 Es ist $n = 6$ also $\mathrm{E}(X) = \frac{7}{2} = 3.5$ und $\operatorname{Var}(X) = \frac{36-1}{12} = 2.917$.

Antwort 5 a) Nein: Zum Beispiel nimmt die Dichte $f(t) = \lambda \mathrm{e}^{-\lambda t}$ an der Stelle 0 den Wert $f(0) = \lambda$ an. Dieser Wert kann beliebig groß sein. b) Nein: Die Dichte muss nur integrabel sein, sie kann daher z. B. abzählbar viele Sprungstellen besitzen.

Antwort 6 $\mathrm{E}\left(U^2\right) = \int_0^1 u^2 \,\mathrm{d}u = \frac{1}{3}$.

$\operatorname{Var}(U) = \mathrm{E}\left(U^2\right) - (\mathrm{E}(U))^2 = \frac{1}{3} - \frac{1}{4}$.

Antwort 7 Das Sicherheitsniveau der Intervalle ist 0.954 5 bzw. 0.997 3. Denn ist $X \sim \mathrm{N}(0; 1)$, so ist

$$\begin{aligned} \mathrm{P}(X > 2) &= 1 - 0.977\,25 = 0.022\,75 \\ \mathrm{P}(|X| > 2) &= 2 \cdot 0.022\,75 = 0.045\,5, \\ \mathrm{P}(|X| \leq 2) &= 1 - 0.045\,5 = 0.954\,5. \end{aligned}$$

Analog ist

$$\begin{aligned} \mathrm{P}(|X| > 3) &= 0.002\,7, \\ \mathrm{P}(|X| \leq 3) &= 0.997\,3. \end{aligned}$$

Antwort 8 Beide unterscheiden sich nur durch den Faktor n. Dieser Unterschied wird beim Standardisieren aufgehoben.

Antwort 9 Approximationsregeln gelten für die Verteilungsfunktionen und für Intervalle, nicht aber für einzelne Wahrscheinlichkeiten.

Antwort 10 Nein. Bei einer Normalverteilung hängen die bedingten Varianzen nicht explizit von $V = v$ ab. Wäre $\boldsymbol{X} \sim \mathrm{N}_2(\boldsymbol{\mu}; \boldsymbol{C})$, so wäre

$$\operatorname{Var}(U|V = v) = \sigma_U^2 - \sigma_{UV} \frac{1}{\sigma_V^2} \sigma_{UV} = \sigma_U^2 \left(1 - \rho^2\right)$$

und daher für alle Werte von v konstant.

Teil VI

Schätz- und Testtheorie – Bewerten und Entscheiden

40

Was ist ein Maximum-Likelihood-Schätzer?

Was ist ein Konfidenzintervall?

Was ist ein systematischer Schätzfehler?

Wann ist ein Ergebnis signifikant?

Was ist der Fehler 1. Art?

Ergänzende Information Die elektronische Version dieses Kapitels enthält Zusatzmaterial, auf das über folgenden Link zugegriffen werden kann https://doi.org/10.1007/978-3-662-64389-1_40.

T. Arens et al., *Mathematik*, https://doi.org/10.1007/978-3-662-64389-1_40

In der Wahrscheinlichkeitstheorie bewegen wir uns im gesicherten Rahmen eines mathematischen Modells. Nun treten wir hinaus in die nichtmathematische Realität. Hier stürmen unzählige Fragen und Probleme auf uns ein.

Angenommen, Sie gehen auf einen Trödelmarkt und sehen einen alten Stuhl aus einem glatten roten Holz. Sie fragen sich: Wie alt wird der Stuhl wohl sein? Ist das Holz Mahagoni? Handelt es sich um einen Nachbau oder ist er ein Original? Wird er meinem Freund gefallen, mit dem ich die Wohnung teile?

Angenommen, Sie fahren Ihren Wagen zum TÜV, dort wird unter anderem geprüft: Wie groß ist der Abgaswert? Werden die Grenzwerte eingehalten? Wird das Auto bis zur nächsten Untersuchung noch fahrtüchtig bleiben?

Diese Fragen sind einerseits Schätzungen. Hier wird die Größe eines unbekannten Parameters erfragt: Alter eines Möbels, Bremskraft und Abgaswerte eines PKW. Bei einem Test andererseits muss eine Entscheidung getroffen werden, ob ein Annahme akzeptiert werden kann oder nicht: Fahrtüchtig oder nicht? Mahagoni oder nicht? Nachbau oder Original?

Bei einer Prognose machen wir eine Aussage über ein zukünftiges Ereignis: Morgen wird es wahrscheinlich regnen! Dem Freund wird der Stuhl gefallen! Die Brücke wird der Belastung standhalten!

In diesem Kapitel legen wir die Grundlagen für Schätzungen, Prognosen und Tests. Dabei werden wir reale Beobachtungen in ein mathematisches Modell einbetten und dort mithilfe der axiomatischen Wahrscheinlichkeitstheorie Schlüsse ziehen und diese wieder in die Realität rückübertragen.

Alle so von uns getroffenen Aussagen hängen von dem jeweils verwendeten Modell ab. Was jedoch die so gewonnenen statistischen Aussagen von bloßen Erfahrungsaussagen oder Aussagen aufs Geratewohl unterscheidet: Jede statistische Aussage besitzt ein Gütesiegel: nämlich ein Maß der Glaubwürdigkeit und Verlässlichkeit des Verfahrens, das diese Aussage geliefert hat.

40.1 Grundaufgaben der induktiven Statistik

Grundaufgaben der induktiven Statistik sind unter anderem:

- Prognosen über die zukünftigen Realisationen zufälliger Variablen,
- Schätzungen unbekannter Parameter oder unbekannter Verteilungen,
- Tests von Hypothesen.

Bei der Parameterschätzung unterscheiden wir noch, ob als Schätzung

- eine Zahl (bzw. bei einem mehrdimensionalen Parameter ein Zahlenvektor) oder
- ein Intervall bzw. ein Zahlenbereich angegeben wird.

Im ersten Fall sprechen wir von einem Punktschätzer, im zweiten von einem Bereichsschätzer.

Dabei geht die induktive Statistik grundsätzlich in drei Schritten vor:

1. Übersetzung der Realität in ein Modell
2. Auswertung der Daten innerhalb des Modells
3. Rückübersetzung der Modellergebnisse in die Realität

Das Modell legt eine Familie von Wahrscheinlichkeitsverteilungen fest

Das gewählte Modell soll ein getreues Abbild des Vorwissens über den Sachverhalt sein. Es darf weder relevante Tatsachen ignorieren, noch dürfen sich aus dem Modell Folgerungen ergeben, die nicht durch Tatsachenwissen abgedeckt sind. Die Frage, ob ein Modell wahr ist, ist unzulässig. Dies ist eine philosophische Frage und in der Regel nicht zu beantworten.

Dagegen ist die Frage zulässig, ob ein Modell brauchbar und plausibel ist. Das Modell ist zumindest dann unplausibel, wenn einige Modellvoraussetzungen offensichtlich nicht erfüllt sind. Es ist nicht brauchbar, wenn man mit dem verfügbaren mathematischen Apparat und den gegebenen Beobachtungen in der vorhandenen Zeit keine verwendbaren Resultate erzielen kann.

Oft legt das Modell die Wahrscheinlichkeitsverteilungen aller beteiligten zufälligen Variablen nicht vollständig fest. Es wird dann nur der Verteilungstyp festgelegt, während einige Eigenschaften der Verteilung noch unbestimmt sind und in gewissen Bereichen variieren können. Fasst man den Begriff „Verteilungsparameter" weit genug, so lässt sich ein Modell formal als Festlegung einer Familie von Wahrscheinlichkeitsverteilungen $\{F(x \,\|\, \theta) \mid \theta \in \Theta\}$ auffassen, dabei ist Θ der Parameterraum.

Während es kein „wahres" Modell gibt, gibt es innerhalb des einmal gewählten Modells sehr wohl die „wahre" Verteilung und den „wahren" Parameter. Es wird nämlich vorausgesetzt, dass innerhalb des Modells alle zufällige Variablen eindeutig festgelegte Verteilungen und alle Parameter eindeutig festgelegte Werte haben. Diese Festlegung ist dann die „wahre". Formal: Unter den zugelassenen Verteilungen des Modells $\{F(x \,\|\, \theta) \mid \theta \in \Theta\}$ gibt es eine ausgezeichnete Verteilung F_{θ_0}, die „wahre" Verteilung mit dem „wahren" Parameter θ_0. Der Begriff „wahr" ist also niemals absolut, sondern stets nur relativ zum jeweils betrachteten Modell zu sehen.

Wenn das Modell zum Beispiel festlegt, dass die Anzahl Y der fehlerhaften Teile in einer Stichprobe binomialverteilt ist, $Y \sim B_n(\theta)$, so könnte der wahre Parameter zum Beispiel $\theta_0 = 0.04$ sein.

Selbstfrage 1

Das Abfüllgewicht Y (in Gramm) einer Verpackungsmaschine sei normalverteilt, $Y \sim \mathrm{N}(\mu; \sigma^2)$, mit unbekanntem μ und σ. Was sind θ und der Parameterraum Θ? Was könnte zum Beispiel der wahre Parameter θ_0 sein?

Achtung Beachte die Schreibweise $F(x \| \theta)$. Der Doppelstrich $\cdot \| \theta$ soll daran erinnern, dass θ kein zufälliges Ereignis, sondern ein fester Parameter ist. Bei einer Schreibweise wie $F(x; \theta)$oder $F(x \mid \theta)$ könnte θ mit einer zufälligen Variablen verwechselt werden. ◀

Ein statistisches Modell soll auf einer Zufallsstichprobe aufbauen

Grundlage jeder statistischen Analyse sind Daten. Aber Daten ohne Vorwissen sind stumm. Wir müssen wissen, wo die Daten herkommen und wie sie gewonnen wurden. Wenn wir hören, dass bei einer Umfrage 95 % der Befragten für einen Politiker stimmten, so bedeutete dieses gar nichts, solange wir nicht wissen, wer, wo und wie befragt wurde. Waren es Parteifreunde vor laufender Kamera, eine geheime Wahl, eine Passantenbefragung oder eine Zufallsstichprobe? Dazu müssen wir zuerst die Begriffe festlegen.

Definition Zufallsstichprobe

Eine **Stichprobe** ist eine Teilmenge der Grundgesamtheit. Bei einer **Zufallsstichprobe** hat jedes Element der Grundgesamtheit eine angebbare, von null verschiedene Wahrscheinlichkeit, in die Auswahl zu gelangen. Bei einer **reinen Zufallsstichprobe** haben alle gleichgroßen Teilmengen der Grundgesamtheit dieselbe Wahrscheinlichkeit, dass ihre Elemente in die Auswahl gelangen.

Beispiel Der Dozent spricht zu 20 Studentinnen und 30 Studenten, die in einem Hörsaal mit 5 Bankreihen vor ihm sitzen. Er will aus dieser Grundgesamtheit von 50 Anwesenden eine Stichprobe ziehen.

- Bewusste Auswahlen oder Auswahlen aufs Geratewohl sind zum Beispiel:
  - Er wählt die Studenten, auf die zufällig sein Blick fällt.
  - Er wählt die Studenten, die als erste oder als letzte erschienen sind.
  - Er wählt die Studentinnen Anna, Berta, Christa und Doris, weil sie besonders nett sind.

  Dies sind alles keine Zufallsstichproben.
- Zufallsauswahlen sind zum Beispiel:
  - Die Anwesenden werden von 1 bis 50 durchnummeriert, 10 Zahlen werden zufällig gezogen.
  - Jeder Anwesende würfelt, wer eine 6 würfelt, wird gezogen.
  - Von den Studentinnen werden gesondert durch eine reine Zufallsauswahl 4 und von den Studenten gesondert durch eine reine Zufallsauswahl 6 gezogen.
  - Eine der 5 Bänke wird zufällig gewählt. Dann werden alle Zuhörer aus dieser Bank genommen.

  Die ersten beiden Ziehungen sind **reine Zufallsauswahlen**: Jede Gruppe von k Studierenden besitzt bei beiden Auswahlen dieselbe Wahrscheinlichkeit, gezogen zu werden. Bei der ersten Auswahl ist der Stichprobenumfang $n = 10$ von vornherein bekannt, bei der zweiten Auswahl ist n eine zufällige Größe. Die dritte Auswahl beschreibt die **geschichtete Stichprobe**. Die Grundgesamtheit ist in Schichten unterteilt, die in sich möglichst homogen, aber untereinander möglichst verschieden sind, hier in männlich und weiblich. Aus jeder Schicht werden durch reine Zufallsauswahl einige Elemente gezogen. Die letzte Ziehung ist eine sogenannte **Klumpenstichprobe**: Die Grundgesamtheit ist in sogenannte Klumpen unterteilt, die untereinander möglichst ähnlich sind, aber in sich die ganze Inhomogenität der Grundgesamtheit widerspiegeln. Im Beispiel werden die Klumpen durch die Bänke definiert. Dann wird durch Zufallsauswahl ein Klumpen gewählt und alle Elemente des Klumpens gezogen. Geschichtete Auswahl und Klumpenauswahlen sind Zufallsauswahlen, aber keine **reinen** Zufallsauswahlen. Bei der geschichteten Auswahl im obigen Beispiel in der dritten Variante hat eine Gruppe von 5 Studentinnen die Wahrscheinlichkeit null gezogen zu werden, während diese Wahrscheinlichkeit für eine Gruppe von 5 Studenten positiv ist. Bei der Klumpenstichprobe in der vierten Variante haben zwei Studenten, die in einer Bank sitzen, die Wahrscheinlichkeit $\frac{1}{5}$ gezogen zu werden. Zwei Studenten, die in zwei verschiedenen Bänken sitzen, kommen nie gemeinsam in die Stichprobe. ◀

Die Stichprobe als Zufallsvektor

Häufig wird nicht nur die Teilmenge, sondern auch der Vektor der Merkmale der erhobenen Elemente als Stichprobe bezeichnet. In diesem Sinn ist eine Zufallsstichprobe ein Modell, bei dem die Merkmalsausprägungen x_i der Elemente der Stichprobe als Realisationen zufälliger Variablen X_i angesehen werden.

Bei einer **unverbundenen Zufallsstichprobe** sind die X_i unabhängige Zufallsvariablen.

Bei einer **einfachen Zufallsstichprobe** sind die X_i unabhängig und darüber hinaus identisch verteilt.

Ob eine Zufallsstichprobe vorliegt oder nicht, ist keine Tatsachenfeststellung, sondern eine Entscheidung über ein stochastisches Modell, mit dem man die Datenauswertung beschreiben will. Das Modell der Zufallsstichprobe ist vor allem dann naheliegend, wenn auch die Auswahl der Elemente selbst zufällig ist.

Achtung In der englischen Literatur gibt es für unser Wort Stichprobe zwei Begriffe nämlich: Sample und Statistic. Das Sample ist die Stichprobe als Teilmenge, die Statistic ist die Stichprobe als Zufallsvektor. ◀

Beispiel Der ADAC untersucht den Gummiabrieb von Autoreifen und lässt 20 PKWs mit neuen Reifen bestücken und auf Probestrecken fahren. Es sei X_{ij} der Reifenabrieb am j-ten Reifen des i-ten Fahrzeugs, $i = 1, \ldots, 20$ und $j = 1, \ldots, 4$. Dann bilden die Werte des i-ten Fahrzeugs X_{i1}, X_{i2}, X_{i3} und X_{i4} eine abhängige Stichprobe, da sie untereinander durch die gleiche Strecke, die gleiche Fahrweise und ihre Position am Wagen verbunden sind. Dagegen lassen sich die Mittelwerte $\overline{X}_i = \frac{1}{4} \sum_{j=1}^{4} X_{ij}$ als unverbundene Stichprobe vom Umfang 20 auffassen. Sind alle Fahrzeuge vom gleichen Typ, so lässt sich der Vektor der Mittelwerte $(\overline{X}_1, \ldots, \overline{X}_{20})$ als einfache Stichprobe modellieren. ◀

40.2 Die Likelihood und der Maximum-Likelihood-Schätzer

Mit dem Begriff **„Statistische Inferenz"** beschreibt man die Theorie und Praxis des statistischen Schließens auf der Grundlage von Daten. Was A. N. Kolmogorov für die Wahrscheinlichkeitstheorie ist R. A. Fisher (1890-1962) für die statistische Inferenz. Er führte unter anderem zur Unterscheidung von „probability" den Begriff „likelihood" ein, der oft unbeholfen mit „Mutmaßlichkeit" übersetzt wird, am besten aber unübersetzt bleibt. Die Likelihood hat sich als einer der fruchtbarsten Begriffe, der Maximum-Likelihood-Schätzer als eines der mächtigsten Werkzeuge der modernen Statistik erwiesen.

Die Likelihood-Funktion misst die Plausibilität eines Parameters im Licht der Beobachtung

Bleiben wir bei unserem Beispiel mit dem Hörsaal und den 50 Studierenden der Fachrichtung Maschinenbau. Angenommen, der Dozent wollte abschätzen, wie hoch der Frauenanteil θ im Studiengang Maschinenbau ist. Der Anteil der Studentinnen im Hörsaal ist $p = \frac{20}{50} = 0.4$. Er könnte z. B. θ durch diesen beobachteten Anteil $p = 0.4$ schätzen. Dies ist eine **Punktschätzung**. Er könnte θ vorsichtiger durch ein Intervall abschätzen, etwa $0.3 \leq \theta \leq 0.5$ oder $\theta \geq 0.2$. Dies wären **Bereichsschätzungen**. Dabei stellen sich prinzipiell zwei Fragen:

- Wie erhält man solche Schätzungen?
- Wie gut bzw. wie verlässlich sind solche Schätzungen?

Wir werden uns nacheinander beiden Fragen widmen, zuerst für Punkt-, dann für Bereichsschätzer. Bleiben wir bei unserem Hörsaalbeispiel. Die vorhandene Information sind die Daten aus dem Hörsaal. Diese Daten lassen sich mindestens in zwei verschiedene Modelle einpassen:

1. Das hypergeometrische Verteilungsmodell:
   Wir repräsentieren die Studierenden der Fachrichtung Maschinenbau durch farbige Kugeln. Weiße Kugeln (W) repräsentieren die Studentinnen, marineblaue Kugeln (M) die männlichen Studenten. Insgesamt gibt es $N = W + M$ Kugeln. Gesucht wird $\theta = \frac{W}{N}$.
2. Das Binomialmodell:
   Die n Anwesenden im Saal bilden keine zufällige Auswahl aus der Grundgesamtheit der Studierenden. Aber zwischen den Auswahlkriterien „Student(in) hört jetzt und hier Vorlesung über Mathematik" und dem Untersuchungsmerkmal „Geschlecht" besteht kein erkennbarer Zusammenhang. Das Geschlecht können wir als Realisation eines Zufallsprozesses ansehen. Dazu definieren wir n unabhängige, identisch verteilte zufällige Variable $Y_1, \ldots, Y_n$:
   $$Y_i = \begin{cases} 1 & \text{Person } i \text{ ist weiblich} \\ 0 & \text{Person } i \text{ ist männlich} \end{cases}$$
   $\mathrm{P}(Y_i = 1) = \theta$ ist die Wahrscheinlichkeit, dass die ausgewählte i-te Person „zufällig" eine Studentin ist. Wir interpretieren diese Zahl als den Anteil der Studentinnen in der Grundgesamtheit. $Y = \sum_{i=1}^{n} Y_i$ ist in diesem Modell $\mathrm{B}_n(\theta)$ verteilt. Gesucht wird $\theta = \frac{1}{n}\mathrm{E}(Y)$.

In diesem Beispiel stehen uns zwei Modelle zur Verfügung. Im ersten Modell ist die beobachtete Anzahl Y der Studentinnen hypergeometrisch verteilt. Die Verteilung wird durch zwei unbekannte Parameter, nämlich W und M, bestimmt. Außerdem ist die zufällige Ziehung der „Kugeln" interpretationsbedürftig. Im zweiten Modell ist $Y \sim \mathrm{B}_n(\theta)$. Hier tritt nur ein unbekannter Parameter θ auf. Das Wahrscheinlichkeitsmodell lässt sich zwangloser übernehmen. Wir werden daher mit diesem zweiten Modell weiterarbeiten.

Zur Schätzung von θ fragen wir: Wie wahrscheinlich ist es im vorgegebenen Modell, den von uns beobachteten Wert zu erhalten? Da $Y \sim \mathrm{B}_n(\theta)$ verteilt ist, gilt:

$$\mathrm{P}(Y = k \,\|\, \theta) = \binom{n}{k} \theta^k (1-\theta)^{n-k}.$$

In unserem Beispiel war $n = 50$ und $Y = 20$. Also ist

$$\mathrm{P}(Y = 20 \,\|\, \theta) = \binom{50}{20} \theta^{20} (1-\theta)^{30}.$$

Bisher haben wir bei der Binomialverteilung die Wahrscheinlichkeit für die verschiedenen Werte von Y bei festem θ berechnet. Nun betrachten wir die Wahrscheinlichkeit einer festen Beobachtung für unterschiedliche Werte von θ. Zum Beispiel ist:

$$\mathrm{P}(Y = 20 \,\|\, 0.2) = 6.1177 \cdot 10^{-4},$$
$$\mathrm{P}(Y = 20 \,\|\, 0.3) = 3.7039 \cdot 10^{-2},$$
$$\mathrm{P}(Y = 20 \,\|\, 0.4) = 0.11456.$$

Diese Werte sind sehr klein. In der unendlichen Fülle der Möglichkeiten besitzt das, was wirklich geschieht, meist nur eine verschwindende Wahrscheinlichkeit. Aber darauf kommt es nicht an. Informativ sind die Verhältnisse der Wahrscheinlichkeiten und nicht deren absolute Größe. Vergleichen wir etwa die

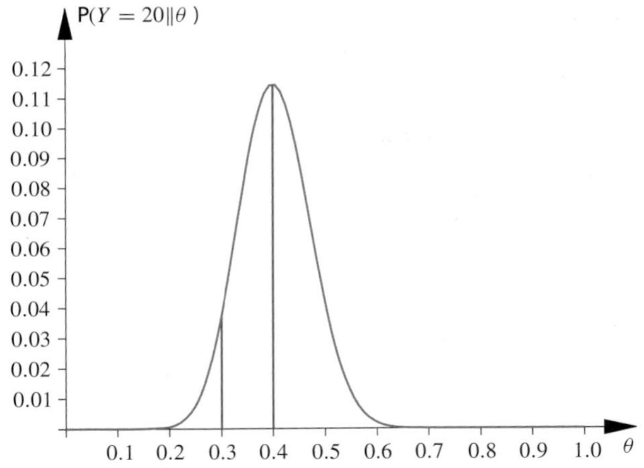

Abb. 40.1 Die Funktion $P(Y = 20 \parallel \theta)$ beschreibt die Wahrscheinlichkeit, bei gegebenem θ den Wert $y = 20$ zu beobachten

Werte $\theta = 0.2$ und $\theta = 0.3$, so gilt:

$$\frac{P(Y = 20\|0.3)}{P(Y = 20\|0.2)} = \frac{3.7039 \cdot 10^{-2}}{6.1177 \cdot 10^{-4}} = 60.54.$$

Bei $\theta = 0.3$ wäre also das beobachtete Ereignis $Y = 20$ rund 61-mal so wahrscheinlich gewesen wie bei $\theta = 0.2$. Im Licht der Beobachtung $Y = 20$ ist der Parameter $\theta = 0.3$ wesentlich **plausibler** als $\theta = 0.2$. Um alle möglichen Werte von θ zu vergleichen, zeigt Abb. 40.1 die Wahrscheinlichkeit $P(Y = 20 \parallel \theta) = \binom{50}{20}\theta^{20}(1-\theta)^{30}$ als Funktion von θ, dabei sind die beiden letzten Werte $\theta = 0.3$ und 0.4 besonders hervorgehoben.

Für den Wert $\theta = 0.4$ nimmt $P(Y = 20\|\theta)$ das Maximum an. Im Vergleich mit $\theta = 0.2$ und $\theta = 0.3$ gilt:

$$\frac{P(Y = 20 \parallel 0.4)}{P(Y = 20 \parallel 0.2)} = \frac{0.11456}{6.1177 \cdot 10^{-4}} = 187.3,$$

$$\frac{P(Y = 20 \parallel 0.4)}{P(Y = 20 \parallel 0.3)} = \frac{0.11456}{3.7039 \cdot 10^{-2}} = 3.09.$$

$\theta = 0.4$ ist also rund 187-mal plausibler als $\theta = 0.2$ und dreimal so plausibel wie $\theta = 0.3$. Daher bietet sich $\theta = 0.4$, der Wert mit der größten Plausibilität, als Schätzwert für θ an.

Außerdem sehen wir an der Zeichnung, dass die Werte von θ zwischen 0.3 und 0.5 insgesamt alle relativ plausibel sind, während Werte von θ die kleiner als 0.2 oder größer als 0.7 höchst unplausibel sind. Dabei wollen wir das Wort plausibel selbst naiv, umgangssprachlich verwenden, ohne es näher definieren zu wollen.

Ausgangspunkt unserer Überlegungen war die Wahrscheinlichkeit $P(Y = 20 \parallel \theta) = \binom{50}{20}\theta^{20}(1-\theta)^{30}$ als Funktion von θ. Diese Funktion erhält einen eigenen Namen.

Definition der Likelihood-Funktion

Gegeben sei ein Wahrscheinlichkeitsmodell, in dem die Wahrscheinlichkeiten der Ereignisse von einem Parameter $\theta \in \Theta$ abhängen. Das Ereignis A sei eingetreten. Innerhalb des Modells besitzt A die Wahrscheinlichkeit $P(A \parallel \theta) > 0$. Dann heißt

$$L(\theta \mid A) = c(A)\,P(A \parallel \theta)$$

die **Likelihood-Funktion** von θ bei gegebener Beobachtung A. Dabei ist $c(A)$ eine beliebige, nicht von θ abhängende Konstante. Wenn das Ereignis A unmissverständlich oder im Zusammenhang unwesentlich ist, schreiben wir auch einfach $L(\theta)$ statt $L(\theta \mid A)$.

$L(\theta \mid A)$ ist eine bis auf den konstanten Faktor $c(A)$ eindeutig bestimmte Funktion des Parameters $\theta \in \Theta$. Genau genommen bezeichnet $L(\theta \mid A)$ eine Äquivalenzklasse von Funktionen, die sich alle nur um eine von θ unabhängige Konstante unterscheiden. Zwei Likelihood-Funktionen von θ bei gegebener Beobachtung A heißen gleich, wenn sie bis auf einen multiplikativen, nicht von θ abhängenden Faktor übereinstimmen. In diesem Sinne ist es üblich, sprachlich die Mehrdeutigkeit von $L(\theta \mid A)$ zu unterschlagen und an Stelle von **einer** Likelihood-Funktion von **der** Likelihood-Funktion zu sprechen, auch wenn man nur einen bestimmten Repräsentanten $c^*P(A \parallel \theta)$ der Likelihood-Äquivalenzklasse im Auge hat.

An Stelle von Likelihood-Funktion werden wir oft auch nur abkürzend von der **Likelihood** sprechen. Während die Likelihood noch mehrdeutig ist, ist der **Likelihood-Quotient** eindeutig, da sich die Konstante $c(A)$ herauskürzt:

$$\frac{L(\theta_1 \mid A)}{L(\theta_2 \mid A)} = \frac{P(A \parallel \theta_1)}{P(A \parallel \theta_2)}$$

Die Zahl $L(\theta \mid A)$ für ein einzelnes θ ist irrelevant. Nur der Likelihood-Quotient, also der Vergleich zweier Wahrscheinlichkeiten, ist interpretierbar.

Interpretation des Likelihood-Quotienten

Sind θ_1 und θ_2 zwei konkurrierende Parameter des Modells, so ist θ_1 um so **plausibler** als θ_2, je größer der Likelihood-Quotient ist. Er ist ein relatives Maß für die Plausibilität der Parameter θ_1 und θ_2 im Licht der Beobachtung A.

Beispiel Abbildung 40.2 zeigt den Zusammenhang zwischen Likelihood und Wahrscheinlichkeitsverteilung am Beispiel der Binomialverteilung $B_5(\theta)$.

Über der k-θ-Ebene ist die Wahrscheinlichkeit $P(Y = k \parallel \theta)$ aufgetragen. Ein Schnitt parallel zur k-Achse durch θ_0 liefert die

Teil VI

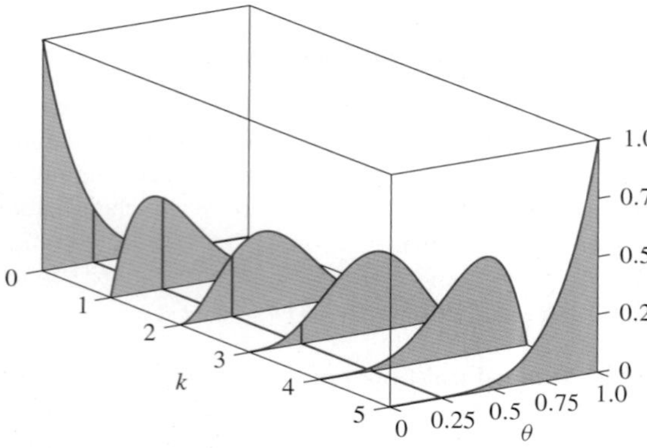

Abb. 40.2 Die Binomialverteilung als Funktion von n und θ. Die Graphen der 6 Likelihood-Funktionen $L(\theta \mid k)$ sind blau unterlegt. Der Schnitt bei der Konstanten $\theta = 0.25$ in k-Richtung liefert die diskreten Werte der $B_5(0.25)$

sechs diskreten Werte der Binomialverteilung $B_5(\theta_0)$, nämlich

$$P(Y = k \parallel \theta_0) = \binom{5}{k} \theta_0^k (1-\theta_0)^{5-k} \quad k = 0, \dots, 5.$$

Schneiden wir den Graphen bei festem $Y = k_0$ in θ-Richtung, erhalten wir die Likelihood-Funktion $L(\theta \mid Y = k_0)$, z. B. für $k_0 = 3$ die Funktion

$$L(\theta \mid Y = 3) = \binom{5}{3} \theta^3 (1-\theta)^2 \quad \theta \in [0, 1].$$

Läuft k_0 von 0, 1, 2 bis 5, erhalten wir sechs stetige Likelihood-Funktionen. (Die Wahrscheinlichkeit ist hier unverändert als Likelihood übernommen.) ◀

Der Maximum-Likelihood-Schätzer ist der Parameterwert, an dem die Likelihood ihr Maximum annimmt

Der Maximum-Likelihood-Schätzer (ML-Schätzer) $\widehat{\theta}$ von θ bei beobachtetem Ereignis A ist derjenige Wert von θ, bei dem die Likelihood im Parameterraum maximal wird:

$$L(\widehat{\theta} \mid A) \geq L(\theta \mid A) \quad \forall \theta \in \Theta.$$

Der Maximum-Likelihood-Schätzer kann in theoretisch wichtigen Standardmodellen analytisch bestimmt werden, muss aber in den meisten praktisch relevanten Fällen numerisch approximiert werden.

Beispiel Bei der Binomialverteilung ist $P(Y = k \parallel \theta) = \binom{n}{k}\theta^k (1-\theta)^{n-k}$. Da wir die Konstante $\binom{n}{k}$ ignorieren können, ist die Likelihood

$$L(\theta \mid Y = k) = L(\theta) = \theta^k (1-\theta)^{n-k}.$$

Ist $k = 0$, dann ist $\widehat{\theta} = 0$. Ist $k = n$, so ist $\widehat{\theta} = 1$. Für $k \neq 0, n$ bestimmen wir das Maximum von $L(\theta)$ durch Ableiten,

$$\begin{aligned}\frac{\mathrm{d}}{\mathrm{d}\theta} L(\theta) &= k\theta^{k-1} (1-\theta)^{n-k} - (n-k)\, \theta^k (1-\theta)^{n-k-1} \\ &= \theta^{k-1} (1-\theta)^{n-k-1} (k - n\theta).\end{aligned}$$

An den Stellen $\theta = 0$ und $\theta = 1$ hat die Likelihood ein Minimum. Das Maximum liegt bei

$$\widehat{\theta} = \frac{k}{n}.$$

Der Maximum-Likelihood-Schätzer $\widehat{\theta}$ für die unbekannte Wahrscheinlichkeit θ von „Erfolg" ist gerade die relative Häufigkeit des Erfolgs in einer unabhängigen Versuchsreihe. ◀

Ist Y ein stetige zufällige Variable mit der Dichte $f(y \mid \theta)$, so ist $P(Y = y \parallel \theta) = 0$ für jeden Wert von θ. Die anfangs gegebene Definition der Likelihood scheint zu versagen. Betrachten wir aber die Sache etwas genauer: Haben wir wirklich $Y = y$ beobachtet? Wir sind gar nicht in der Lage bei einer stetigen Zufallsvariablen mit realen Messinstrumenten die Realisation y exakt als reelle Zahl festzustellen. Aufgrund der nie zu beseitigenden Messungenauigkeit können wir nur von $Y \approx y$ reden. Präzisieren wir $Y \approx y$ durch $y - \frac{\varepsilon}{2} \leq Y \leq y + \frac{\varepsilon}{2}$ mit hinreichend kleinem ε so gilt

$$P(y - \varepsilon \leq Y \leq y + \varepsilon \parallel \theta) \approx f(y \parallel \theta) 2\varepsilon.$$

Da die Likelihood nur bis auf einen multiplikativen Faktor bestimmt ist, können wir nun die Likelihood von θ bei beobachtetem $Y = y$ definieren.

Die Likelihood für stetige Zufallsvariable

Ist Y eine stetige zufällige Variable mit der Dichte $f(y \parallel \theta)$, so ist die Likelihood-Funktion von θ bei beobachtetem $Y = y$

$$L(\theta \mid Y = y) = c(y) f(y \parallel \theta).$$

Dabei ist $c(y)$ eine beliebige Funktion, die nicht von θ abhängt.

Ist die Likelihood-Funktion auf dem Definitionsbereich Θ beschränkt, kann sie eindeutig gemacht werden, wenn man fordert, dass sie im Maximum den Wert 1 annehmen soll. Wir sprechen dann von einer **normierten** Likelihood.

Beispiel Es sei Y binomialverteilt, $Y \sim B_n(\theta)$. Abbildung 40.3 zeigt die normierten Likelihoods für $n = 20$ und $y = 2, 4, 6, 8, 10$ und 12.

Man sieht deutlich wie mit wachsendem y der Bereich der plausiblen Parameter sich von links, den kleinen Werten von θ,

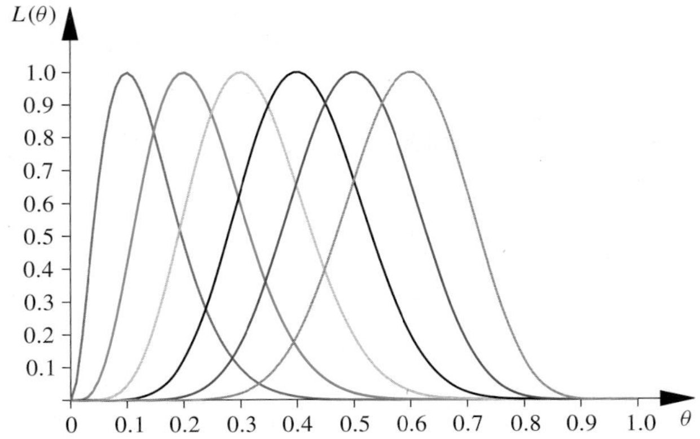

Abb. 40.3 Normierte Binomial-Likelihoods für $n = 20$ und $y = 2, 4, 6, 8, 10$ und 12

nach rechts zu den großen Werten von θ verschiebt. Mit dieser Verschiebung wandert auch das Maximum der Likelihood, der Maximum-Likelihood-Schätzer $\widehat{\theta}$, nach rechts. ◄

Selbstfrage 2

Wie sieht bei der Poisson-Verteilung die Likelihood von λ aus, wenn $y = 2$ beobachtet wurde?

Die Likelihood enthält die gesamte, im Ereignis A enthaltene Information über den Parameter θ

Diese Behauptung ist das sogenannte **Likelihood-Prinzip.** Für viele Statistiker, vor allem die Anhänger der bayesianischen Statistik, ist dieses Prinzip die Grundlage der gesamten statistischen Inferenz. Statistiker haben in den 60er-Jahren des letzten Jahrhunderts versucht, Inferenz und Information axiomatisch zu fassen. Aus diesen Axiomen lässt sich das Likelihood-Prinzip ableiten. Es ist aber – wie alle anderen konkurrierenden Prinzipien der schließenden Statistik – nicht frei von Widersprüchen. Wir werden – mit dem Likelihood-Prinzip im Hinterkopf – viele Methoden und Begriffe der schließenden Statistik besser verstehen.

Wenn die Likelihood die gesamte Information enthält, dann ist diese auch in der logarithmierten Likelihood enthalten.

Definition der Log-Likelihood

Die Log-Likelihood ist die logarithmierte Likelihood

$$l(\theta \mid A) = \ln L(\theta \mid A).$$

Sie ist nicht nur in der Praxis, sondern vor allem auch in der statistischen Theorie das handlichere und wichtigere Werkzeug.

Im Übrigen ist es gleichgültig, ob der ML-Schätzer aus der Likelihood oder der Log-Likelihood bestimmt wird, beide Funktionen nehmen an denselben Stellen ihre Extremwerte an:

$$\frac{\mathrm{d}}{\mathrm{d}\theta} l(\theta \mid A) = \frac{\mathrm{d}}{\mathrm{d}\theta} \ln L(\theta \mid A) = \frac{1}{L(\theta \mid A)} \frac{\mathrm{d}}{\mathrm{d}\theta} L(\theta \mid A).$$

Also ist $l'(\theta \mid A) = 0$ genau dann, wenn $L'(\theta \mid A) = 0$ ist. Als Beispiel bestimmen wir noch einmal den ML-Schätzer bei der Binomialverteilung.

Beispiel Im Beispiel auf S. 1512 wurde die Likelihood bestimmt als

$$L(\theta) = \theta^k (1-\theta)^{n-k}.$$

Daher sind die Log-Likelihood und ihre Ableitung

$$l(\theta) = k \ln \theta + (n-k) \ln (1-\theta)$$
$$l'(\theta) = \frac{k}{\theta} + \frac{n-k}{1-\theta}(-1).$$

Aus $l'(\widehat{\theta}) = 0$, folgt

$$\frac{k}{\widehat{\theta}} = \frac{n-k}{1-\widehat{\theta}},$$
$$\widehat{\theta} = \frac{k}{n}.$$ ◄

Setzt ein Ereignis A sich aus n Teilereignissen A_i zusammen,

$$A = A_1 \cap A_2 \cap \ldots \cap A_n,$$

die bei jeder Wahl des Parameters $\theta \in \Theta$ unabhängig sind, so ist

$$\begin{aligned} \mathrm{P}(A \parallel \theta) &= \mathrm{P}(A_1 \cap A_2 \ldots \cap A_n \parallel \theta) \\ &= \mathrm{P}(A_1 \parallel \theta) \cdots \mathrm{P}(A_n \parallel \theta). \end{aligned}$$

Liest man dies als Aussage über die Likelihood, so erhält man einen ebenso elementaren wie wichtigen Satz.

Multiplikationssatz für Likelihoods

Das Ereignis $A = A_1 \cap A_2 \cap \ldots \cap A_n$ setze sich aus n unabhängigen Ereignissen zusammen: Dann ist

$$L(\theta \mid A) = \prod_{i=1}^{n} L(\theta \mid A_i).$$

Für die Log-Likelihood gilt entsprechend

$$l(\theta \mid A) = \sum_{i=1}^{n} l(\theta \mid A_i).$$

Teil VI

Nehmen wir als Information nicht die Likelihood, sondern die Log-Likelihood, so sagt die letzte Formel ganz anschaulich: Bei unabhängigen Quellen ist die Gesamtinformation die Summe der Einzelinformationen.

Beispiel Bei einer nichtidealen Münze sei θ die Wahrscheinlichkeit für „Kopf". Zur Schätzung von θ wird die Münze n_1-mal geworfen, dabei sei k_1-mal „Kopf" gefallen. Anschließend wir die Münze noch n_2-mal geworfen dabei sei k_2-mal „Kopf" gefallen. Wie groß ist die Likelihood von θ, wenn alle Würfe unabhängig voneinander sind?

Wir betrachten zuerst einen einzelnen Wurf: Es sei X_i die Indikatorvariable des i-ten Wurfs. Dabei bedeute $X_i = 1$: Der i-te Wurf ist „Kopf". Da jeder Wurf die gleiche Wahrscheinlichkeit θ für „Kopf" hat, ist

$$L(\theta \mid X_i = 1) = \mathrm{P}(X_i = 1 \parallel \theta) = \theta,$$
$$L(\theta \mid X_i = 0) = \mathrm{P}(X_i = 0 \parallel \theta) = 1 - \theta.$$

Nun betrachten wir die erste Wurfserie A_1, sie sei zum Beispiel

$$A_1 = \{X_1 = 1, X_2 = 0, X_3 = 1, X_4 = 0, X_5 = 0, X_6 = 0\}.$$

Hier ist $n_1 = 6$ und $k_1 = 2$. Da die Würfe unabhängig voneinander sind, ist

$$\begin{aligned} L(\theta \mid A_1) &= L(\theta \mid X_1 = 1, X_2 = 0, \ldots, X_5 = 0, X_6 = 0) \\ &= L(\theta \mid X_1 = 1) L(\theta \mid X_2 = 0) \\ &\quad \cdot \ldots \cdot L(\theta \mid X_5 = 0) L(\theta \mid X_6 = 0) \\ &= \theta (1-\theta) \cdots (1-\theta)(1-\theta) \\ &= \theta^2 (1-\theta)^4 \\ &= \theta^{k_1} (1-\theta)^{n_1 - k_1}. \end{aligned}$$

Um die Likelihood zu bestimmen, ist die vollständige Angabe der Einzelergebnisse und ihrer Abfolge überflüssig. Das einzige, was wir brauchen, ist die Angabe von n_1 und k_1. Nur sie enthalten die relevante Information. Nun betrachten wir die zweite Serie A_2. Aus ihr schließen wir analog

$$L(\theta \mid A_2) = \theta^{k_2} (1-\theta)^{n_2 - k_2}.$$

Die Likelihood aus beiden Wurfserien ist

$$\begin{aligned} L(\theta \mid A_1 \cap A_2) &= L(\theta \mid A_1) L(\theta \mid A_2) \\ &= \theta^{k_1} (1-\theta)^{n_1 - k_1} \cdot \theta^{k_2} (1-\theta)^{n_2 - k_2} \\ &= \theta^{k_1 + k_2} (1-\theta)^{n_1 + n_2 - k_1 - k_2} \\ &= \theta^{k} (1-\theta)^{n-k}. \end{aligned}$$

Offensichtlich brauchen wir nur die Information: Eine Münze wurde unabhängig voneinander ($n = n_1 + n_2$)-mal geworfen und zeigte ($k = k_1 + k_2$)-mal Kopf.

Wir hätten also gleich von vornherein nur mit $Y = \sum_{i=1}^{n} X_i$, der Anzahl der Kopfwürfe bei n unabhängigen Versuchen, arbeiten können: Dann ist $Y \sim B_n(\theta)$ und

$$L(\theta \mid Y = k) = \mathrm{P}(Y = k \parallel \theta) = \binom{n}{k} \theta^k (1-\theta)^{n-k}.$$

Da es bei der Likelihood nicht auf eine multiplikative Konstante ankommt, erhalten wir die gleiche Likelihood wie oben. Geben wir nur den Wert von Y an, haben wir keine relevante Information verschenkt. ◄

In diesem Beispiel bilden $(X_1, X_2, \ldots, X_n) = \boldsymbol{X}$ die ursprüngliche Stichprobe. Diese Einzeldaten waren aber zur Berechnung der Likelihood unnötig. Gebraucht wurde nur eine Funktion von $\boldsymbol{X}$, nämlich $Y = \sum_{i=1}^{n} X_i$. In Y steckte die gesamte Information der Stichprobe über θ. Diese Eigenschaft von Y führt uns in natürlicher Weise auf den Begriff der Suffizienz, der in der theoretischen Statistik eine zentrale Bedeutung einnimmt.

Der Suffizienzbegriff

Eine Funktion $T(\boldsymbol{X})$ heißt suffizient für θ, wenn die Likelihood von θ nur von $T(\boldsymbol{X})$ abhängt

$$L(\theta \mid \boldsymbol{X} = \boldsymbol{x}) = L(\theta \mid T(\boldsymbol{x}) = \boldsymbol{t}).$$

Anders gesagt: $T(\boldsymbol{X})$ ist suffizient, wenn alleine der Wert $T(\boldsymbol{x}) = \boldsymbol{t}$ ausreicht, um die Likelihood zu bestimmen. Eine suffiziente Statistik komprimiert demnach ohne Verlust die Information über einen Parameter aus einer Stichprobe. Man sagt: $T(\boldsymbol{x})$ enthält die gleiche Information über θ wie die Stichprobe $\boldsymbol{x}$ selbst. $T(\boldsymbol{X})$ schöpft die Information der Stichprobe voll aus. Daher wird eine suffiziente Stichprobenfunktion oft auch eine **erschöpfende** Stichprobenfunktion genannt.

Beispiel Sind $Y_1, \ldots, Y_n$ unabhängige Zufallsvariable mit den Verteilungen $F_{Y_i}(y \parallel \theta)$. Wegen der Unabhängigkeit der Y_i lässt sich die Likelihood faktorisieren, wobei die Faktoren beliebig permutiert werden können. Daher kommt es bei der Bestimmung der Likelihood nicht auf die Reihenfolge der Y_i an,

$$L(\theta \mid y_1, \ldots, y_n) = L(\theta \mid y_{(1)}, \ldots, y_{(n)}).$$

Die Orderstatistik, bei der die Beobachtungen der Größe nach sortiert sind, ist suffizient. ◄

Im nächsten Beispiel zeigen wir, dass im Normalverteilungsmodell der Mittelwert $\overline{y}$ und die empirische Varianz suffiziente Statistiken und gleichzeitig die Maximum-Likelihood-Schätzer von μ und σ^2 sind:

$$\widehat{\mu} = \overline{y},$$
$$\widehat{\sigma^2}_{\mathrm{ML}} = \frac{1}{n} \sum_{i=1}^{n} (y_i - \overline{y})^2 = \operatorname{var}(\boldsymbol{y}).$$

Dabei haben wir der Deutlichkeit halber den Maximum-Likelihood-Schätzer von σ^2 mit dem Index ML versehen. Wir werden später auf S. 1519 in Formel 40.1 noch einen anderen Schätzer $\widehat{\sigma^2}_{\text{UB}}$ kennenlernen.

Beispiel Es seien $Y_1, \ldots, Y_n$ n i.i.d. nach $\mathrm{N}(\mu; \sigma^2)$ verteilte, zufällige Variable. Beobachtet wird $\mathbf{y} = (y_1, \ldots, y_n)$. Gesucht sind μ und σ. Wir betrachten zuerst eine einzige Beobachtung y_i. Die Dichte von y_i ist

$$f(y_i \parallel \mu; \sigma) = \frac{1}{\sigma\sqrt{2\pi}} \exp\left(-\frac{(y_i - \mu)^2}{2\sigma^2}\right).$$

Wir können die Konstante $\sqrt{2\pi}$ ignorieren und erhalten als Log-Likelihood

$$l(\mu; \sigma \mid y_i) = -\ln\sigma - \frac{(y_i - \mu)^2}{2\sigma^2}.$$

Da die Einzelbeobachtungen unabhängig sind, ist die Log-Likelihood von $\mathbf{y}$ auf der Grundlage der gesamten Beobachtung

$$l(\mu; \sigma \mid \mathbf{y}) = \sum_{i=1}^{n} l(\mu; \sigma | y_i) = -n \ln\sigma - \frac{1}{2\sigma^2} \sum_{i=1}^{n} (y_i - \mu)^2.$$

Der Summenterm lässt sich nach dem Verschiebungssatz umformen,

$$\sum_{i=1}^{n} (y_i - \mu)^2 = \sum_{i=1}^{n} (y_i - \bar{y})^2 + n(\bar{y} - \mu)^2 = n \operatorname{var}(\mathbf{y}) + n(\bar{y} - \mu)^2.$$

Dabei ist $\operatorname{var}(\mathbf{y})$ die empirische Varianz der Stichprobe. Wir erhalten so

$$l(\mu; \sigma \mid \mathbf{y}) = -n \ln\sigma - \frac{n}{2\sigma^2}\left(\operatorname{var}(\mathbf{y}) + (\bar{y} - \mu)^2\right).$$

Die Log-Likelihood $l(\mu; \sigma \mid \mathbf{y})$ ist demnach bereits bekannt, wenn nur der Mittelwert $\bar{y}$ und die empirische Varianz $\operatorname{var}(\mathbf{y})$ bekannt sind. Die Einzelwerte $y_1, \ldots, y_n$ werden dagegen nicht benötigt. Im Falle i.i.d.-normalverteilter, zufälliger Variabler ist also die gesamte Information über die unbekannten Parameter μ und σ im Mittelwert und der empirischen Varianz der Stichprobe enthalten. Beide Stichprobenfunktionen gemeinsam schöpfen die Information der Stichprobe voll aus. Sie sind suffizient. Wir bestimmen noch die Maximum-Likelihood-Schätzer:

$$\frac{\partial l(\mu; \sigma)}{\partial \mu} = -2(\bar{y} - \mu) \stackrel{!}{=} 0,$$

$$\frac{\partial l(\mu; \sigma)}{\partial \sigma} = \frac{-n}{\sigma} + \frac{n}{2} 2\sigma^{-3}\left(\operatorname{var}(\mathbf{y}) + (\bar{y} - \mu)^2\right) \stackrel{!}{=} 0.$$

Aus der ersten Gleichung folgt

$$\widehat{\mu} = \bar{y},$$

aus der zweiten Gleichung folgt dann

$$\widehat{\sigma} = \sqrt{\operatorname{var}(\mathbf{y})} = \sqrt{\frac{1}{n} \sum_{i=1}^{n} (y_i - \bar{y})^2}.$$

Bei der Normalverteilung sind gerade Mittelwert und die Wurzel aus der empirischen Varianz die Maximum-Likelihood-Schätzer für μ und σ. ◀

Im obigen Beispiel hatten wir $l(\mu; \sigma)$ bestimmt. Angenommen, der uns interessierende Parameter wäre nicht die Standardabweichung σ, sondern die Varianz σ^2 gewesen. Was hätte sich geändert?

Dazu führen wir σ^2 als neuen Parameter $\gamma = \sigma^2$ ein und erhalten die Likelihood $l(\mu; \gamma)$, indem wir überall σ durch $\sqrt{\gamma}$ ersetzen. Dann ist:

$$l(\mu; \sigma \mid \mathbf{y}) = -n \ln\sigma - \frac{n}{2\sigma^2}\left(\operatorname{var}(\mathbf{y}) + (\bar{y} - \mu)^2\right),$$

$$l(\mu; \gamma \mid \mathbf{y}) = -\frac{n}{2} \ln\gamma - \frac{n}{2\gamma}\left(\operatorname{var}(\mathbf{y}) + (\bar{y} - \mu)^2\right).$$

Dann ist wiederum $\widehat{\mu} = \bar{y}$ und

$$\frac{\mathrm{d}}{\mathrm{d}\gamma} l(\widehat{\mu}; \gamma) = -\frac{n}{2\gamma} + \frac{n}{2\gamma^2} \operatorname{var}(\mathbf{y}).$$

Aus $\frac{\mathrm{d}}{\mathrm{d}\gamma} l(\widehat{\mu}; \gamma) = 0$ folgt $\widehat{\gamma} = \operatorname{var}(\mathbf{y}) = \widehat{\sigma}^2$.

Der Maximum-Likelihood-Schätzer für σ ist $\widehat{\sigma} = \sqrt{\operatorname{var}(\mathbf{y})}$. Der Maximum-Likelihood-Schätzer für σ^2 ist $\widehat{\sigma^2} = \operatorname{var}(\mathbf{y}) = (\widehat{\sigma})^2$. Dieses Prinzip gilt allgemein.

Ist $\gamma = \gamma(\theta)$ bzw. $\theta = \theta(\gamma)$ eine eineindeutige Abbildung der Parametermenge Θ auf die Parametermenge Γ, dann geht die Likelihood $L(\gamma)$ von γ aus der Likelihood $L(\theta)$ dadurch hervor, dass θ durch $\theta(\gamma)$ ersetzt und damit als Funktion von γ geschrieben wird. Zur Verdeutlichung schreiben wir vorübergehend die Likelihood-Funktion eines Parameters θ an der Stelle ϑ als $L_\theta(\vartheta)$. Dann gilt für die Likelihood von γ:

$$\underbrace{L_\theta(\theta)}_{\text{Likelihood von } \theta} = \underbrace{L_\theta(\theta(\gamma))}_{\theta \text{ geschrieben als Funktion von } \gamma} = \underbrace{L_\gamma(\gamma)}_{\text{Likelihood von } \gamma}$$

Der Maximum-Likelihood-Schätzer macht alle Transformationen mit

Ist $\gamma = \gamma(\theta)$ bzw. $\theta = \theta(\gamma)$ eine eineindeutige Abbildung der Parametermenge Θ auf die Parametermenge Γ und ist $\widehat{\theta}$ der Maximum-Likelihood-Schätzer von θ, so ist

$$\widehat{\gamma} = \widehat{\gamma(\theta)} = \gamma(\widehat{\theta})$$

der Maximum-Likelihood-Schätzer von γ.

Parametertransformationen haben für die Likelihood allein den Effekt einer Umbenennung. Wechselt man die Bezeichnung eines Parameters, so ändert man nicht die Verteilung, sondern nur ihren Namen.

Beweis

$$\frac{\mathrm{d}}{\mathrm{d}\theta}L_\theta(\theta) = \frac{\mathrm{d}}{\mathrm{d}\gamma}L_\gamma(\gamma)\frac{\mathrm{d}\gamma}{\mathrm{d}\theta},$$

$$\frac{\mathrm{d}^2}{\mathrm{d}\theta^2}L_\theta(\theta) = \frac{\mathrm{d}^2}{\mathrm{d}\gamma^2}L_\gamma(\gamma)\left(\frac{\mathrm{d}\gamma}{\mathrm{d}\theta}\right)^2 + \frac{\mathrm{d}}{\mathrm{d}\gamma}L_\gamma(\gamma)\frac{\mathrm{d}^2\gamma}{\mathrm{d}\theta^2}.$$

Wegen der Eineindeutigkeit der Transformation ist $\frac{\mathrm{d}\gamma}{\mathrm{d}\theta} \neq 0$. Als Funktion von θ ist $\frac{\mathrm{d}}{\mathrm{d}\theta}L_\theta$ genau an der Stelle gleich null, an der $\frac{\mathrm{d}}{\mathrm{d}\gamma}L_\gamma$ als Funktion von γ eine Nullstelle hat. Die Vorzeichen der zweiten Ableitungen stimmen an den Nullstellen der ersten Ableitung überein. ■

Selbstfrage 3

Es sei $Y \sim B_n(\theta)$ und $\widehat{\theta} = 0.2$ geschätzt. Wie werden dann $\mathrm{E}(Y)$ und $\mathrm{Var}(Y)$ geschätzt?

Im Regelfall ist die Likelihood eine differenzierbare Funktion des Parameters und hat im Glücksfall keine lokalen Nebenmaxima. Dass es auch anders geht, zeigen die folgenden beiden Beispiele. Ein drittes Beispiel mit einem diskreten Parameterraum finden Sie als Aufgabe 40.23.

Beispiel Vor Ihrem Büro befindet sich eine Bushaltestelle ohne Fahrplananzeige. Die Busse fahren in festem Abstand, alle θ Minuten. Sie kennen θ nicht, denn der Fahrplan hat sich geändert. Sie könnten θ exakt bestimmen, wenn Sie einen Bus vorbeifahren ließen und auf den nächsten warten würden. Dazu haben Sie aber keine Lust. Sie gehen lieber täglich aufs Geratewohl an die Haltestelle und warten bis zum ersten Bus. Sie haben nach n Tagen insgesamt die Wartezeiten $t_1, \ldots, t_n$ erlebt.

Bevor wir von der Likelihood von θ sprechen können, muss zuerst das Wahrscheinlichkeitsmodell festgelegt werden. Wir nehmen an, die Wartezeit T bis zum Eintreffen des Busses sei im Intervall $[0, \theta]$ gleichverteilt. Dann ist

$$f(t) = \begin{cases} \frac{1}{\theta} & \text{falls } 0 \le t \le \theta, \\ 0 & \text{sonst.} \end{cases}$$

Daher ist

$$\begin{aligned} L(\theta \mid t_1, \ldots, t_n) &= \prod_{i=1}^{n} L(\theta \mid t_i) = \prod_{i=1}^{n} f(t_i). \\ &= \begin{cases} \frac{1}{\theta^n} & \text{falls } 0 \le t_i \le \theta \text{ für alle } i, \\ 0 & \text{sonst.} \end{cases} \\ &= \begin{cases} \frac{1}{\theta^n} & \text{falls } \theta \ge \max\{t_1, \ldots, t_n\}, \\ 0 & \text{falls } \theta < \max\{t_1, \ldots, t_n\}. \end{cases} \end{aligned}$$

Die Likelihood hängt demnach allein von $t_{(n)} = \max\{t_1, \ldots, t_n\}$ ab. Die maximale Wartezeit $t_{(n)}$ ist suffizient für θ. Abbildung 40.4 zeigt die Likelihood für den Fall $n = 10$ und $t_{(10)} = 8$. (Der Skalierungsfaktor c ist 10^{10}.) Der Maximum-Likelihood-Schätzer ist $\widehat{\theta} = t_{(n)} = 8$. ◄

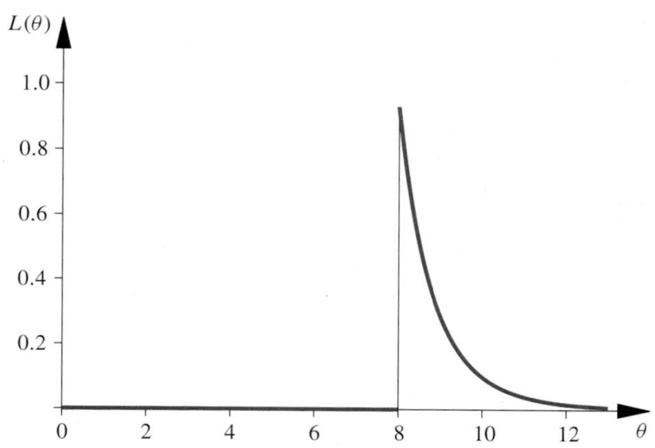

Abb. 40.4 Die Likelihood aus n Beobachtungen mit der maximalen Wartezeit $t = 8$

Das folgende Beispiel zeigt eine mehrgipflige Likelihood.

Beispiel Im Bonusmaterial zu Kap. 39 behandeln wir die Cauchy-Verteilung mit dem Median θ. Ihre glockenförmige Dichte ist

$$f(y \,\|\, \theta) = \frac{1}{\pi}\frac{1}{1 + (y - \theta)^2}.$$

θ ist Modus und Median, aber nicht der Erwartungswert! Die Cauchy-Verteilung besitzt keinen Erwartungswert! Bei zwei unabhängigen Beobachtungen y_1 und y_2 lässt sich der Nullpunkt stets so definieren, dass die Beobachtungen in $y_1 = +a$ und $y_2 = -a$ liegen. Die Likelihood für θ ist dann

$$\begin{aligned} L(\theta) &= L(\theta \mid y_1 = +a\,; y_2 = -a) \\ &= \frac{1}{1 + (\theta + a)^2}\frac{1}{1 + (\theta - a)^2}. \end{aligned}$$

Für $a^2 \le 1$ existiert nur ein reelles Maximum in $\theta = 0$. Für $a^2 > 1$ hat $L(\theta)$ in $\theta = 0$ ein Minimum und zwei Maxima in $\widehat{\theta}_1 = -\sqrt{a^2 - 1}$ und $\widehat{\theta}_2 = +\sqrt{a^2 - 1}$. Abbildung 40.5 zeigt die normierten Likelihoods für $a = 1, 2, 3$ und 4.

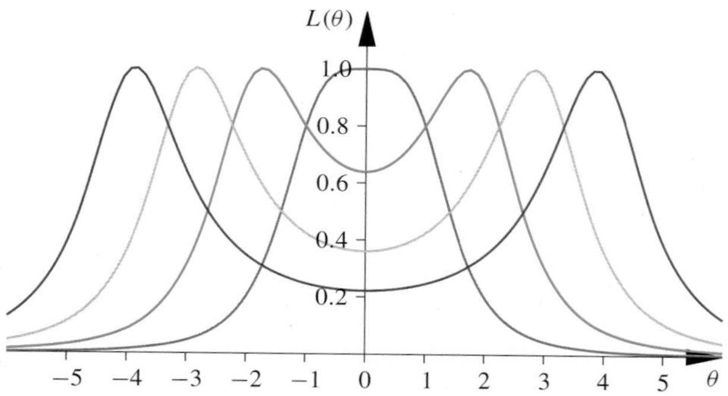

Abb. 40.5 Cauchy-Likelihoods für jeweils zwei Beobachtungen in $a = \pm 1$, ± 2, ± 3 und ± 4

Anwendung: Schätzung einer mittleren Wartezeit aus zensierten Beobachtungen

Will man eine Wartezeit schätzen, z. B. die Keimdauer von Samen, die Brenndauer von Glühbirnen, die Überlebenszeit verpflanzter Organe, passiert es mitunter, dass ein Bericht geschrieben oder eine Entscheidung gefällt werden muss, bevor das letzte Ereignis eingetreten ist. Zum Beispiel, wenn ein Samenkorn nicht keimen will oder eine verpflanzte Niere vom Körper angenommen und nicht abgestoßen wird. Man spricht in diesem Fall von zensierten Beobachtungen. Auch hier lässt sich die Likelihood bestimmen.

n Patienten erhalten nach einer Operation ein Schmerzmittel. Um die Wirkung des Mittels zu bestimmen, werden die Patienten gebeten, mitzuteilen, wie lange sie nach Einnahme des Medikaments schmerzfrei sind. Es sei Y die schmerzfreie Zeit. Ist $Y = y$, so haben nach y Stunden die Schmerzen wieder eingesetzt. Gesucht wird $\mathrm{E}(Y)$, die mittlere schmerzfreie Zeit. Wir modellieren $Y_1, \ldots, Y_n$ als unabhängige exponentialverteilte Zufallsvariable,

$$Y_i \sim \mathrm{ExpV}(\lambda) \quad i = 1, \ldots, n.$$

Nach einem Zeitpunkt T wird der Versuch beendet und der Bericht geschrieben. b Patienten melden die Zeiten $y_1, \ldots, y_b$ (b wie *b*eobachtet.) Aber die restlichen $n - b$ Patienten sind immer noch schmerzfrei. Bei ihnen ist nur $Y > T$ bekannt. Man sagt: Die Beobachtungen sind **zensiert**. Das Ereignis, auf das sich die Likelihood stützt, ist – nach geeigneter Indizierung der Beobachtungen –

$$A = \{Y_1 = y_1, \ldots, Y_b = y_b, Y_{b+1} > T, \ldots, Y_n > T\}.$$

Die Dichte der Exponentialverteilung ist $f(y \,\|\, \lambda) = \lambda \exp(-y\lambda)$, die Verteilungsfunktion ist $F(y \,\|\, \lambda) = 1 - \exp(-y\lambda)$. Dann ist

$$\mathrm{P}(Y > T \,\|\, \lambda) = 1 - F_Y(T \,\|\, \lambda) = \exp(-T\lambda).$$

Damit ist die Likelihood für λ:

$$\begin{aligned} L(\lambda | A) &= \prod_{i:\text{ beobachtet}} f_{Y_i}(y_i) \prod_{i:\text{ zensiert}} (1 - F_{Y_i}(T)) \\ &= \prod_{i=1}^{b} (\lambda \exp(-y_i\lambda)) \prod_{i=b+1}^{n} (\exp(-T\lambda)) \\ &= \lambda^b \exp\left(-\lambda \sum_{i=1}^{b} y_i\right) (\exp(-T\lambda))^{n-b} \\ &= \lambda^b \exp\left\{-\lambda \left[b\,\overline{y}^{(b)} + T(n-b)\right]\right\}. \end{aligned}$$

Dabei ist

$$\overline{y}^{(b)} = \frac{1}{b} \sum_{i=1}^{b} y_i.$$

Die Log-Likelihood ist

$$l(\lambda \,|\, y_1, \ldots, y_b, T) = b \ln \lambda - \lambda \left[b\,\overline{y}^{(b)} + T(n-b)\right].$$

Der Maximum-Likelihood-Schätzer für λ ergibt sich aus

$$\frac{\mathrm{d}}{\mathrm{d}\lambda} l(\lambda \,|\, y_1, \ldots, y_b, T) = \frac{b}{\lambda} - \left(b\,\overline{y}^{(b)} + T(n-b)\right) \stackrel{!}{=} 0.$$

Es ist $\widehat{\lambda} = \frac{b}{b\overline{y}^{(b)} + T(n-b)}$. Damit haben wir den Parameter λ geschätzt. Dann wird die mittlere Wartezeit $\mathrm{E}(Y) = \frac{1}{\lambda}$ geschätzt durch

$$\widehat{\lambda^{-1}} = \left(\widehat{\lambda}\right)^{-1} = \overline{y}^{(b)} + T\frac{n-b}{b}.$$

Zum Mittelwert $\overline{y}^{(b)}$ aus den beobachteten Zeiten kommt nun noch der Term $T\frac{n-b}{b}$, der die Mindestdauern der nicht beobachteten Zeiten berücksichtigt.

Liegen die beiden Beobachtungen y_1 und y_2 zu weit auseinander, so wird offenbar der eine Wert als Ausreißer und der andere als Wert in der Nähe des Medians interpretiert. Bei mehr als zwei Beobachtungen kann die Likelihood zahlreiche lokale Extremwerte aufweisen. Angenommen, wir beobachten die Werte $y = 2, 5, 8$ und 12. Dann erhalten wir die Likelihood

$$L(\theta) = \frac{1}{1 + (2-\theta)^2} \frac{1}{1 + (5-\theta)^2} \frac{1}{1 + (8-\theta)^2} \frac{1}{1 + (12-\theta)^2}.$$

Abbildung 40.6 zeigt den Graphen dieser Likelihood.

An der Stelle des Mittelwerts der Beobachtungen:

$$\overline{y} = \frac{27}{4} = 6.75$$

besitzt die Likelihood ein lokales Minimum. Jeder Wert für θ in der Umgebung von $\overline{y}$ ist plausibler als $\overline{y}$ selbst! ◄

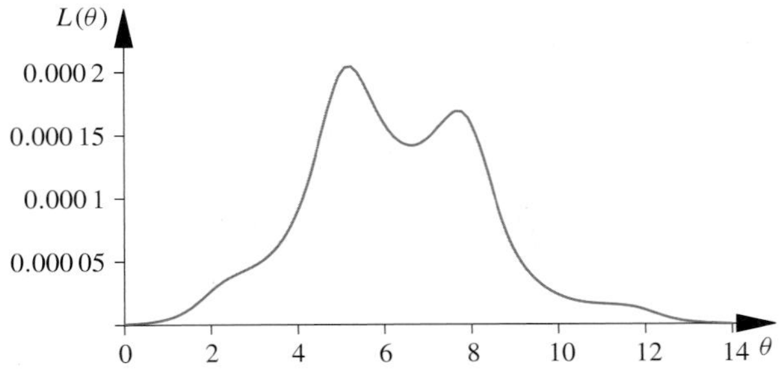

Abb. 40.6 Die Likelihood der Cauchy-Verteilung bei vier Beobachtungen in 2, 5, 8 und 12

Teil VI

Beispiel: Bestimmung der Kanzerogenität einer Substanz

Bei einem medizinischen Experiment soll die Kanzerogenität einer Substanz geschätzt werden. Erhält eine Maus eine Dosis t einer giftigen Substanz, so haben sich mit Wahrscheinlichkeit $\pi_t = 1 - e^{-\theta t}$ nach 14 Tagen an den Nieren Tumore entwickelt. Der Koeffizient θ ist ein Maß für die Gefährlichkeit des Stoffes. Je größer θ ist, um so eher und um so wahrscheinlicher werden Tumore auftreten. In zwei gekoppelten Experimenten soll θ bestimmt werden. Dazu erhalten n_i Mäuse jeweils einzeln die Dosis t_i. Nach 14 Tagen werden die Mäuse seziert und die Anzahl k_i der erkrankten Tiere bestimmt.

Problemanalyse und Strategie: Die Datenbasis besteht aus den Daten zweier unabhängiger Versuche V_1 und V_2. Daher lässt sich die Likelihood faktorisieren. $L(\theta \mid V_1 \cap V_2) = L(\theta \mid V_1)L(\theta \mid V_2)$. Wenn wir davon ausgehen, dass die Tiere unabhängig voneinander gehalten sind, ist die Anzahl der bei Dosis t erkrankten Tiere binomialverteilt mit dem Parameter π_t. Anschließend berücksichtigen wir die Abhängigkeit der Wahrscheinlichkeit π_t von θ.

Lösung: Die folgende Tabelle fasst die Daten aus beiden Versuchen zusammen:

	Versuch V_1	Versuch V_2
insgesamt n_i	10	8
Dosis t_i	4	8
erkrankt k_i	4	7
gesund $n_i - k_i$	6	1

Im ersten Versuch hat jede Maus die Wahrscheinlichkeit π_1 zu erkranken. Die Wahrscheinlichkeit, dass von n_1 Mäusen genau k_1 erkrankt sind, ist

$$P(Y = k_1 \parallel \pi_1) = \binom{n_1}{k_1} \pi_1^{k_1} (1 - \pi_1)^{n_1 - k_1} .$$

Im ersten Versuch V_1 ist $\pi_1 = 1 - e^{-\theta \cdot t_1}$. Also ist

$$L(\theta \mid V_1) = \pi_1^{k_1} (1 - \pi_1)^{n_1 - k_1} = (1 - e^{-\theta \cdot t_1})^{k_1} (e^{-\theta \cdot t_1})^{n_1 - k_1} .$$

Analog liefert der zweite Versuch

$$L(\theta \mid V_2) = (1 - e^{-\theta \cdot t_2})^{k_2} (e^{-\theta \cdot t_2})^{n_2 - k_2} .$$

Die Gesamtlikelihood ist nach dem Multiplikationssatz:

$$\begin{aligned} L(\theta \mid V_1 \cap V_2) &= L(\theta \mid V_1) \cdot L(\theta \mid V_2) \\ &= (1 - e^{-\theta \cdot t_1})^{k_1} \cdot (1 - e^{-\theta \cdot t_2})^{k_2} \\ &\quad \cdot e^{-\theta \cdot (t_1 (n_1 - k_1) + t_2 (n_2 - k_2))} . \end{aligned}$$

Setzen wir die Zahlen aus der Tabelle ein, erhalten wir:

$$L(\theta \mid V_1 \cap V_2) = (1 - e^{-4\theta})^4 \cdot (1 - e^{-8\theta})^7 \cdot e^{-32\theta} .$$

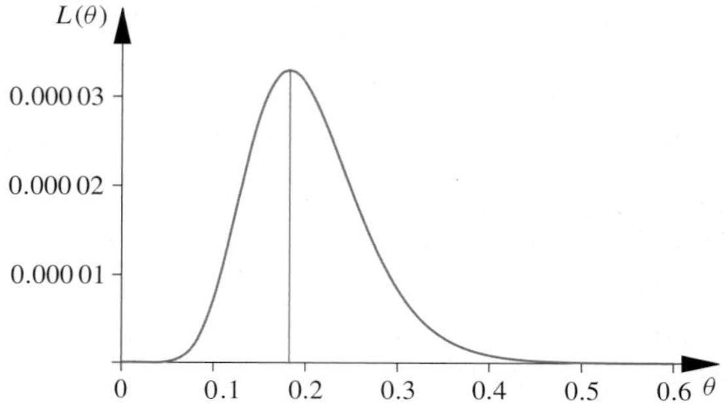

Die Abbildung zeigt den Graphen der Likelihood-Funktion. Aus ihr lesen wir ab, dass plausible Werte von θ zwischen 0.11 und 0.35 liegen. Der Maximum-Likelihood-Schätzer ist $\widehat{\theta} = 0.182$.

Achtung Likelihoods sind keine Wahrscheinlichkeiten!

Wahrscheinlichkeiten sind additiv, Likelihoods nicht: Die Fläche unter dem Graphen der Likelihood-Funktion hat keine inhaltliche Bedeutung. $P(Y \in B) = \int_B dF(y)$ ist erklärt, aber $L(\theta \in B \mid y)$ ist nicht erklärt.

Likelihoods transformieren sich anders als Wahrscheinlichkeiten. Bei einer Likelihood ist der Übergang des Parameters θ zu $\gamma = \gamma(\theta)$ nur ein Namenswechsel, während bei einer Zufallsvariablen X die Dichten sich beim Übergang von X zu $Y = Y(X)$ gemäß der Transformationsformel $f_Y(y)\, dy = f_X(x)\, dx$ verändern. ◀

40.3 Die Güte einer Schätzung

Angenommen, Sie müssten schätzen, wie viel Prozent der Stimmen am nächsten Sonntag der Kandidat der Dings-Partei bei der Wahl zum Bürgermeister in Werweißwo kriegt. Angenommen, Sie befragen in einer aufwendigen reinen Zufallsstichprobe die Wähler und schätzen $\widehat{\theta} = 12\,\%$. Gleichzeitig schaut eine Hellseherin tief in ihre Kristallkugel, streichelt ihre schwarze Katze und erklärt:

„Der Kandidat erhält 8.4 %."

Teil VI

In der Stunde der Wahrheit am nächsten Sonntag stellt sich heraus: Der Kandidat erhielt 8.7 %. War die Schätzung der Hellseherin besser oder hatte sie nur Glück?

Eines steht fest: Der **Schätzwert** der Hellseherin lag näher am wahren Wert. Aber war ihre Methode besser?

Gütekriterien für Schätzer bewerten die Eigenschaften der Wahrscheinlichkeitsverteilung der Schätzfunktion

Bei der Beurteilung der Güte von Schätzungen müssen wir unterscheiden zwischen **Schätzwert** und **Schätzfunktion.** Die Schätzfunktion $\widehat{\theta}\,(\boldsymbol{Y})$ ist die Methode, die Vorschrift, die einer Stichprobe $(Y_1, \ldots, Y_n)$ eine Zahl, den Schätzwert $\widehat{\theta}$, zuordnet.

Die Schätzfunktion bildet die Stichprobe $\boldsymbol{Y} = (Y_1, \ldots, Y_n)$ in die reellen Zahlen ab. $\widehat{\theta}(\boldsymbol{Y})$ ist damit selbst eine zufällige Variable. Da unser griechisches Alphabet nicht ausreicht, werden wir den Buchstaben $\widehat{\theta}$ sowohl für Schätzwert als auch für Schätzfunktion verwenden und zur Vereinfachung des Schriftbildes meistens das Argument $(\boldsymbol{y})$ bzw. $(\boldsymbol{Y})$ bei Schätzwert und Schätzfunktion fortlassen, sofern keine Missverständnisse zu befürchten sind.

Falls die Angabe wichtig ist, dass ein Schätzer aus einer Stichprobe vom Umfang n kommt, werden wir statt $\widehat{\theta}$ ausführlicher $\widehat{\theta}^{(n)}$ schreiben.

Über den konkreten Schätzfehler können wir nichts aussagen, solange wir den wahren Wert nicht kennen. Aber die Güte einer Schätzfunktion können wir anhand der Eigenschaften ihrer Wahrscheinlichkeitsverteilung beurteilen.

Beispiel Es seien $Y_1, \ldots, Y_n$ i.i.d.-normalverteilt, $Y_i \sim \mathrm{N}\left(\mu; \sigma^2\right)$. Der Maximum-Likelihood-Schätzer für μ ist

$$\widehat{\mu}\,(\boldsymbol{Y}) = \overline{Y} = \frac{1}{n}\sum_{i=1}^{n} Y_i.$$

Dann ist $\widehat{\mu} \sim \mathrm{N}\left(\mu; \frac{\sigma^2}{n}\right)$. Die Schätzwerte $\widehat{\mu}\,(\boldsymbol{y})$ werden also mit einer Varianz von $\frac{\sigma^2}{n}$ um den wahren Wert μ streuen. Je größer n ist, um so wahrscheinlicher ist es, dass die Schätzwerte in der Nähe des wahren Wertes μ liegen. ◄

Schreiben wir $\widehat{\theta} = \theta + (\widehat{\theta} - \theta)$, dann ist $\widehat{\theta} - \theta$ der konkrete Schätzfehler. Über ihn können wir nichts sagen, wohl aber über seinen Erwartungswert, den mittleren Schätzfehler.

Der systematische Schätzfehler oder Bias

Der Bias ist die Abweichung

$$\mathrm{E}(\widehat{\theta}) - \theta.$$

$\widehat{\theta}$ heißt **erwartungstreu**, **unverfälscht** oder englisch **unbiased**, falls der Bias null ist. Dann ist

$$\mathrm{E}(\widehat{\theta}) = \theta.$$

Konvergiert der Bias mit wachsendem Stichprobenumfang gegen null, so heißt die Schätzfunktion asymptotisch unverfälscht.

Beispiel Sind $Y_1, \ldots, Y_n$ i.i.d.-normalverteilt, $Y_i \sim \mathrm{N}\left(\mu; \sigma^2\right)$ so sind $\widehat{\mu} = \overline{Y}$ und

$$\widehat{\sigma}^2_{\mathrm{ML}} = \frac{1}{n}\sum_{i=1}^{n}\left(Y_i - \overline{Y}\right)^2$$

die Maximum-Likelihood-Schätzer für μ und σ^2. Wegen $\mathrm{E}\,(\widehat{\mu}) = \mu$ ist $\widehat{\mu}$ ein erwartungstreuer Schätzer von μ. Andererseits ist aufgrund des Verschiebungssatzes und der Linearität des Erwartungswerts:

$$\begin{aligned}\sum_{i=1}^{n}\left(Y_i - \overline{Y}\right)^2 &= \sum_{i=1}^{n} Y_i^2 - n\overline{Y}^2,\\ \mathrm{E}\left(\sum_{i=1}^{n}\left(Y_i - \overline{Y}\right)^2\right) &= \sum_{i=1}^{n}\mathrm{E}\big(Y_i^2\big) - n\mathrm{E}\big(\overline{Y}^2\big)\\ &= n\mathrm{E}\big(Y^2\big) - n\mathrm{E}\big(\overline{Y}^2\big).\end{aligned}$$

Wegen $\mathrm{E}\left(Y^2\right) = \mathrm{Var}\,(Y) + \mu^2 = \sigma^2 + \mu^2$ und $\mathrm{E}\big(\overline{Y}^2\big) = \mathrm{Var}\,\big(\overline{Y}\big) + \mu^2 = \frac{\sigma^2}{n} + \mu^2$ folgt

$$\begin{aligned}\mathrm{E}\left(\sum_{i=1}^{n}\left(Y_i - \overline{Y}\right)^2\right) &= n(\sigma^2 + \mu^2) - n\left(\frac{\sigma^2}{n} + \mu^2\right)\\ &= (n-1)\,\sigma^2.\end{aligned}$$

Daher ist

$$\mathrm{E}\big(\widehat{\sigma}^2_{\mathrm{ML}}\big) = \frac{n-1}{n}\sigma^2 = \sigma^2 - \frac{1}{n}\sigma^2.$$

Der Maximum-Likelihood-Schätzer $\widehat{\sigma}^2_{\mathrm{ML}}$ ist also nicht erwartungstreu für σ^2, er unterschätzt systematisch die Varianz σ^2. Der Bias ist $\frac{-1}{n}\sigma^2$. Dagegen ist der Schätzer

$$\widehat{\sigma}^2_{\mathrm{UB}} = \frac{1}{n-1}\sum_{i=1}^{n}\left(Y_i - \overline{Y}\right)^2 \qquad (40.1)$$

erwartungstreu, unbiased, denn

$$\mathrm{E}\big(\widehat{\sigma}^2_{\mathrm{UB}}\big) = \frac{1}{n-1}\,(n-1)\,\sigma^2 = \sigma^2.$$ ◄

Teil VI

Dies erklärt auch, warum es zwei verschiedene Schätzer für die Varianz gibt. Der mit dem Nenner n ist im Normalmodell der Maximum-Likelihood-Schätzer, der andere ist der unverfälschte Schätzer. Bleibt die Frage: Wer von beiden ist der „bessere" Schätzer? Diese Frage ist ebenso wenig zu beantworten, wie etwa ob ein BMW oder ein Audi das bessere Auto ist. Im Leben wie in der Statistik gibt es eine Fülle von Kriterien, mit denen man die Güte eines Objektes oder eines Verfahrens beurteilen kann. Der Bias ist nur eines von vielen. Wir werden später mit dem Mean Square Error ein weiteres Kriterium kennenlernen.

Selbstfrage 4

Angenommen, die $Y_1, \ldots, Y_n$ sind beliebig verteilt, besitzen aber alle den gleichen Erwartungswert $\mathrm{E}(Y_i) = \mu$. Ist dann $\widehat{\mu} = \overline{Y}$ ein erwartungstreuer Schätzer von μ?

Achtung Die Eigenschaft „erwartungstreu" bedeutet auf keinen Fall, dass man erwarten könne, der Schätzer würde schon den wahren Wert liefern. Erwartungstreue bedeutet allein, dass der Schwerpunkt der Verteilung der Schätzwerte der wahre Wert θ ist und nicht systematisch oder „parteiisch" davon abweicht. ◀

Selbstfrage 5

(a) Eine beschädigte Waage zeige jedes Gewicht μ mit Wahrscheinlichkeit $\frac{1}{2}$ ein Kilo zu hoch und mit Wahrscheinlichkeit $\frac{1}{2}$ ein Kilo zu niedrig an. Es sei Y das angezeigte Gewicht. Ist $\widehat{\mu} = Y$ erwartungstreu für μ?

(b) $\widehat{\sigma}^2_{\mathrm{UB}}$ ist ein erwartungstreuer Schätzer für σ^2. Ist dann auch $\widehat{\sigma}_{\mathrm{UB}} = \sqrt{\widehat{\sigma}^2_{\mathrm{UB}}}$ erwartungstreu für σ?

Nach dem Starken Gesetz der großen Zahlen gilt für i.i.d.-verteilte Zufallsvariable $Y_1, \ldots, Y_n$ mit existierendem Erwartungswert $\mathrm{P}\left(\lim_{n\to\infty} \overline{Y}^{(n)} = \mu\right) = 1$. Verwenden wir $\overline{Y} = \widehat{\mu}^{(n)}$ als Schätzer für μ, so konvergiert $\widehat{\mu}^{(n)}$ mit Wahrscheinlichkeit 1 gegen μ. Diese Eigenschaft erhält einen eigenen Namen. Wir definieren: Eine Schätzfunktion $\widehat{\theta}^{(n)}$ heißt stark konsistent, falls mit Wahrscheinlichkeit 1 gilt

$$\lim_{n\to\infty} \widehat{\theta}^{(n)} = \theta.$$

Starke Konsistenz ist oft schwer nachzuweisen. Daher schwächen wir das Kriterium ab und fordern bloß noch, dass mit wachsendem n große Abweichungen vom wahren Parameter θ immer unwahrscheinlicher werden sollen.

Definition Konsistenz

$\widehat{\theta}^{(n)}$ heißt konsistent, falls für alle $\varepsilon > 0$ gilt

$$\lim_{n\to\infty} \mathrm{P}(|\widehat{\theta}^{(n)} - \theta| > \varepsilon) = 0.$$

Man sagt auch: $\widehat{\theta}^{(n)}$ konvergiert schwach im Sinne der Wahrscheinlichkeit gegen θ. Mithilfe der Markov-Ungleichung lässt sich zeigen: Ein asymptotisch erwartungstreuer Schätzer $\widehat{\theta}^{(n)}$, dessen Varianz gegen null konvergiert, ist konsistent. Der Beweis ist Ihnen als Aufgabe 40.15 gestellt.

Konsistenz und asymptotische Erwartungstreue sind bei endlichen Stichprobenumfängen nicht immer relevant. Wichtiger ist oft der Verlust, den man mit einer falschen Schätzung erleidet. Sei $\mathrm{V}(\theta; \widehat{\theta})$ der Verlust oder Schaden, der entsteht, wenn θ durch $\widehat{\theta}$ geschätzt wird. Nun ist $\widehat{\theta}$ eine Zufallsvariable und θ selbst unbekannt. Aber man kann den Erwartungswert des Verlustes $\mathrm{E}\,(V(\theta, \widehat{\theta}))$ als Funktion des wahren Parameters bestimmen und danach Schätzfunktionen bewerten. Am häufigsten wird die quadratische Verlustfunktion $\mathrm{V}(\theta, \widehat{\theta}) = (\widehat{\theta} - \theta)^2$ verwendet.

Der mittlerer quadratischer Fehler, MSE

Der Erwartungswert der quadratischen Verlustfunktion heißt mittlerer quadratischer Fehler oder englisch Mean Square Error (MSE)

$$\begin{aligned}\mathrm{MSE}(\widehat{\theta}) &= \mathrm{E}(\widehat{\theta} - \theta)^2 \\ &= \mathrm{Var}(\widehat{\theta}) + (\mathrm{E}(\widehat{\theta}) - \theta)^2 \\ &= \mathrm{Var}(\widehat{\theta}) + \mathrm{Bias}^2.\end{aligned}$$

Die zweite Gleichung ist eine Folge des Verschiebungssatzes der Varianz: Wendet man $\mathrm{Var}\,(X) = \mathrm{E}(X^2) - (\mathrm{E}\,(X))^2$ auf $X = \widehat{\theta} - \theta$ an und stellt die Summanden um, erhält man die zweite Gleichung.

Der MSE bewertet zwei Fehlergrößen: a) die Streuung der Schätzwerte um ihren eigenen Schwerpunkt und b) den Abstand dieses Schwerpunkts vom eigentliche Ziel.

Abbildung 40.7 soll dies verdeutlichen. Stellen wir uns zwei Schützen vor, die auf ein Ziel θ schießen. Der eine ist ein sicherer Schütze, aber er schielt ein bisschen. Seine Schüsse liegen dicht beieinander, aber mit großem Bias vom Ziel entfernt. Der andere Schütze zielt genau, aber er wackelt beim Schießen, der Bias ist null, aber die Varianz ist groß.

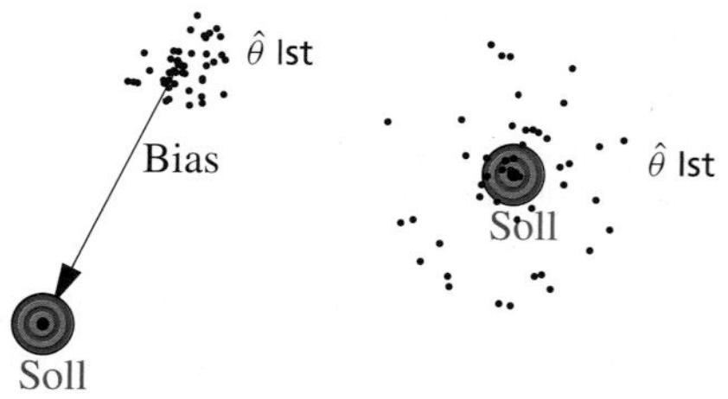

Abb. 40.7 Zwei Zielscheiben: Links mit großem Bias und kleiner Varianz, rechts unbiased, aber mit großer Varianz

In der Praxis etwa bei der Einrichtung von Maschinen trifft man häufig auf analoge Situationen, bei denen meist ein Bias leichter zu korrigieren ist als eine große Varianz.

Der MSE ist ein geeignetes Kriterium, um die Güte nicht erwartungstreuer Schätzer zu vergleichen. Oft sind nicht erwartungstreue Schätzfunktionen mit geringem MSE erwartungstreuen Schätzern mit größerer Varianz vorzuziehen.

Beispiel Sind $Y_1, Y_2, \ldots, Y_n$ i.i.d.-N$(\mu;\sigma^2)$-verteilt, dann sind

$$\widehat{\sigma}^2_{\mathrm{UB}} = \frac{1}{n-1}\sum_{i=1}^{n}(Y_i - \overline{Y})^2,$$

$$\widehat{\sigma}^2_{\mathrm{ML}} = \frac{1}{n}\sum_{i=1}^{n}(Y_i - \overline{Y})^2,$$

$$\widehat{\sigma}^2_{MSE} = \frac{1}{n+1}\sum_{i=1}^{n}(Y_i - \overline{Y})^2.$$

konsistente, asymptotisch erwartungstreue Schätzer für σ^2. Dabei ist allein $\widehat{\sigma}^2_{\mathrm{UB}}$ erwartungstreu. Weiter gilt

$$\mathrm{MSE}\,(\widehat{\sigma}^2_{\mathrm{UB}}) > \mathrm{MSE}(\widehat{\sigma}^2_{\mathrm{ML}}) > \mathrm{MSE}(\widehat{\sigma}^2_{MSE}).$$

Der Beweis dieser Ungleichungen wird als Aufgabe 40.17 gestellt. ◄

Bei erwartungstreuen Schätzern ist der Bias null. Der MSE ist in diesem Fall nichts anderes als die Varianz des Schätzers. Dieser wichtige Spezialfall führt zu einem neuen Begriff.

Definition der Effizienz

Sind $\widehat{\theta}_1$ und $\widehat{\theta}_2$ zwei erwartungstreue Schätzer von θ, dann heißt $\widehat{\theta}_1$ **wirksamer** oder **effizienter** als $\widehat{\theta}_2$, falls $\mathrm{Var}(\widehat{\theta}_1) < \mathrm{Var}(\widehat{\theta}_2)$. Ein Schätzer $\widehat{\theta}$ heißt **effizient** oder auch **wirksamst** in einer Klasse von Schätzfunktionen, wenn er unter allen erwartungstreuen Schätzern dieser Klasse minimale Varianz besitzt.

Selbstfrage 6

Die Schätzfunktion $\widehat{\theta}_{17} \equiv 17$, die jeden Parameter mit 17 schätzt, hat die Varianz null. Warum ist sie nicht effizient?

Sind $Y_1, Y_2, \ldots, Y_n$ i.i.d. N$(\mu;\sigma^2)$, so sind Y_1, der Median Med$(\boldsymbol{Y})$ und der Mittelwert $\overline{Y}$ bereits drei verschiedene erwartungstreue Schätzer für μ. Für sie gilt: $\mathrm{Var}\,(Y_1) > \mathrm{Var}\,(\mathrm{Med}\,(\boldsymbol{Y})) > \mathrm{Var}\,(\overline{Y}) = \frac{\sigma^2}{n}$. Daher stellt sich die Frage, ob es nicht weitere, bessere Schätzer, vielleicht sogar einen wirksamsten Schätzer für μ gibt. Diese Frage lässt sich mithilfe der Ungleichung von C. R. Rao (1920–) und H. Cramer (1893–1985) beantworten.

Sie besagt, dass für erwartungstreue Schätzer innerhalb eines vorgegebenen Modells bei festem Stichprobenumfang n die Varianz nicht beliebig klein gemacht werden kann. Es gibt eine untere Schranke RC für die Varianz eines jeden Schätzers. Je näher die Varianz eines Schätzers dieser Schranke RC kommt, um so besser ist der Schätzer. Erreicht der Schätzer diese Schranke, so ist er effizient. Bessere erwartungstreue Schätzer existieren nicht.

Ungleichung von Rao-Cramer

Sind $Y_1, \ldots, Y_n$ i.i.d.-zufällige Variable, deren Verteilung von θ abhängt und ist $\widehat{\theta}^{(n)} = \widehat{\theta}(Y_1;\ldots;Y_n)$ eine erwartungstreue Schätzung für θ, so ist unter schwachen mathematischen Regularitätsbedingungen

$$\mathrm{Var}(\widehat{\theta}^{(n)}) \geq \frac{1}{n}\mathrm{RC}.$$

Dabei hängt RC, die Schranke von Rao-Cramer, weder vom Schätzer noch vom Stichprobenumfang, sondern allein vom Wahrscheinlichkeitsmodell ab.

Dabei bedeuten die „schwachen mathematischen Regularitätsbedingungen" im Wesentlichen, dass die Log-Likelihood nach θ differenzierbar ist und die Reihenfolgen von Integration und Differenziation nach θ vertauschbar sind. Die Konstante RC lässt sich dann explizit berechnen. Ist $l(\theta \mid Y)$ die Log-Likelihood von θ auf der Basis einer einzelnen Beobachtung Y, so ist

$$\frac{1}{\mathrm{RC}} = -\mathrm{E}\left(\frac{\partial^2}{\partial\theta^2}l(\theta \mid Y)\right).$$

Beispiel Für die Normalverteilung sind die Likelihood $L(\theta \mid Y)$ und die Log-Likelihood gegeben durch

$$L(\theta \mid Y) = L(\mu,\sigma|Y) = \frac{1}{\sigma}\exp\left(-\frac{(y-\mu)^2}{2\sigma^2}\right),$$

$$l(\theta \mid Y) = l(\mu,\sigma|Y) = -\ln\sigma - \frac{(y-\mu)^2}{2\sigma^2}.$$

Daher ist

$$\frac{\partial^2}{\partial\mu^2}l(\mu,\sigma \mid y) = -\frac{1}{\sigma^2} = \mathrm{E}\left(\frac{\partial^2}{\partial\mu^2}l(\mu,\sigma \mid Y)\right).$$

Die letzte Gleichung gilt, denn $-\frac{1}{\sigma^2}$ hängt gar nicht mehr von y ab, der Erwartungswert einer Konstante ist die Konstante. Daher gilt im Normalverteilungsmodell für jeden erwartungstreuen Schätzer von μ:

$$\mathrm{RC} = \sigma^2.$$

$\frac{\mathrm{RC}}{n} = \frac{\sigma^2}{n}$ ist aber gerade die Varianz von $\overline{Y}^{(n)}$. Demnach ist $\overline{Y}^{(n)}$ ein effizienter Schätzer von μ. Übrigens ist im Normalverteilungsmodell $\overline{Y}^{(n)}$ der einzige effiziente Schätzer von μ. ◄

Teil VI

In der Schranke RC von Rao-Cramer wird die Log-Likelihood nicht nur als Funktion von θ, sondern auch als Funktion der Variablen Y betrachtet und erscheint so selbst als Zufallsvariable. Nun ist

$$l(\theta \mid Y_1, \ldots, Y_n) = \sum_{i=1}^{n} l(\theta \mid Y_i).$$

Sind die Y_i i.i.d., so sind die $l(\theta \mid Y_i)$ ebenfalls i.i.d. Besitzen sie einen Erwartungswert und eine Varianz, so sind alle Bedingungen des zentralen Grenzwertsatzes erfüllt. Daher ist $l(\theta \mid Y_1, \ldots, Y_n)$ asymptotisch normalverteilt. Durch Taylorreihenentwicklung der Log-Likelihood und sorgfältige Abschätzung des Restgliedes kann man daraus das folgende für die Praxis grundlegende Ergebnis ableiten.

Optimalität des Maximum-Likelihood-Schätzers

Unter schwachen mathematischen Regularitätsbedingungen an die Likelihood gilt: Sind $Y_1, \ldots, Y_n$ i.i.d., so ist $\widehat{\theta}^{(n)}$ konsistent, asymptotisch erwartungstreu, asymptotisch effizient und asymptotisch normalverteilt,

$$\lim_{n\to\infty} \mathrm{P}\left(\frac{\widehat{\theta}^{(n)} - \theta}{\sqrt{\mathrm{RC}}}\sqrt{n} \le t\right) = \Phi\,(t)\,.$$

Dabei ist $\Phi\,(t)$ die Verteilungsfunktion der $\mathrm{N}(0; 1)$. Für endliche n gilt daher approximativ

$$\widehat{\theta}^{(n)} \approx \mathrm{N}\left(\theta; \frac{\mathrm{RC}}{n}\right).$$

Oder noch stärker vereinfacht:

$$\widehat{\theta}^{(n)} \approx \mathrm{N}(\theta; \mathrm{Var}(\widehat{\theta}^{(n)})).$$

Die schwachen mathematischen Regularitätsbedingungen bedeuten im Wesentlichen die zweifache stetige Differenzierbarkeit der Likelihood sowie die Vertauschbarkeit von Integration und Differenziation. Asymptotische Effizienz heißt: Die Varianz des Schätzers nähert sich asymptotisch der Schranke von Rao-Cramer.

Diese Aussage ist ganz konkret und praktisch verwertbar, denn die Rao-Cramer-Schranke RC lässt sich abschätzen, wenn wir den Erwartungswert in der Schranke durch einen Mittelwert und den wahren Parameter durch den Maximum-Likelihood-Schätzer selbst ersetzen. Dann ist

$$\begin{aligned}\frac{1}{\mathrm{RC}} &= -\mathrm{E}\left(\frac{\partial^2}{\partial\theta^2} l(\theta \mid Y)\right) \\ &\approx -\frac{1}{n}\sum_{i=1}^{n} \frac{\partial^2}{\partial\theta^2} l(\widehat{\theta} \mid y_i) \\ &= -\frac{1}{n}\frac{\partial^2}{\partial\theta^2} l(\widehat{\theta} \mid y_i, \ldots, y_n).\end{aligned}$$

Wir können daher zusammenfassen: Für große n ist der Maximum-Likelihood-Schätzer approximativ normalverteilt mit

$$\widehat{\theta}^{(n)} \approx \mathrm{N}\left(\theta; \frac{1}{-\frac{\partial^2}{\partial\theta^2} l(\widehat{\theta} \mid y_1, \ldots, y_n)}\right).$$

$\frac{\partial^2}{\partial\theta^2} l(\widehat{\theta} \mid y_1, \ldots, y_n)$ ist die Krümmung der Log-Likelihood im Maximum, d. h. an der Stelle $\widehat{\theta}$. Je größer die Krümmung im Maximum, um so schärfer wird das Maximum $\widehat{\theta}$ gegenüber seiner konkurrierenden Umgebung herausgestellt, um so präziser ist die Schätzung, um so kleiner die Varianz der Schätzfunktion $\widehat{\theta}^{(n)}$.

(An der Stelle $\widehat{\theta}$ hat die Likelihood ein Maximum, daher ist die zweite Ableitung negativ. Durch das Minus-Vorzeichen erhalten wir eine positive Varianz.)

Achtung Eine generelle Abwägung der Kriterien Erwartungstreue, Konsistenz, Effizienz, MSE gegeneinander ist unmöglich. Auch lassen sich die einzelnen Kriterien nicht aus einem übergeordneten Generalprinzip ableiten. Im Gegenteil: Es sind Beispiele konstruierbar, in denen derselbe Schätzer nach einem Kriterium besonders gut und nach einem anderen besonders schlecht abschneidet. Siehe Aufgabe 40.21.

Für wichtige Familien von Wahrscheinlichkeitsverteilungen lassen sich nach den obigen Kriterien gute oder gar optimale Schätzer konstruieren. Diesen Schätzern begegnet man heute wieder mit Misstrauen, da sie zu genau auf spezielle Verteilungsmodelle zugeschnitten sind. In der Praxis passt das gewählte Modell oft nicht so gut; man hat dann zwar optimale Schätzer, aber im ungeeigneten Modell – und trifft als Konsequenz unbrauchbare bis falsche Entscheidungen. Daher verwendet man häufig Schätzer, die zwar weniger effizient sind, dafür aber nicht so engherzig mit den Modellvoraussetzungen. Sie zahlen einen Teil der Effizienz als Versicherungsprämie gegen Modellverletzungen. Die Theorie dieser sogenannten **robusten Schätzer** ist mathematisch anspruchsvoll, ihre Berechnung numerisch aufwendig. Ihre detaillierte Behandlung geht über den Rahmen des Buches hinaus. ◀

40.4 Konfidenzintervalle

Ein Punktschätzer ist präzise, aber – genau genommen – meistens falsch. Ist z. B. die Schätzfunktion $\widehat{\theta}$ eine stetige Zufallsvariable, so ist $\mathrm{P}(\widehat{\theta} = \theta) = 0$. Die Präzision des Punktschätzers wird erkauft mit dem Verlust jeder Sicherheit. Intervallschätzer gehen genau den entgegengesetzten Weg, sie machen unscharfe Aussagen mit angebbarer Verlässlichkeit. Um Intervallschätzer oder Konfidenzintervalle zu konstruieren, befassen wir uns noch einmal mit Prognosen.

Übersicht: Die Likelihood und Punktschätzer

Die Likelihood-Funktion ist bis auf eine multiplikative Konstante die Wahrscheinlichkeit eines Ereignisses als Funktion des Parameters θ. Der Maximum-Likelihood-Schätzer $\widehat{\theta}$ ist der Parameterwert, an dem die Likelihood ihr Maximum annimmt. Gütekriterien bewerten Eigenschaften der Verteilungsfunktion des Schätzers.

- $L(\theta \mid A) = c\mathrm{P}(A \parallel \theta)$, falls $\mathrm{P}(A \parallel \theta) > 0$ ist und $L(\theta \mid Y = y) = cf_Y(y \parallel \theta)$, falls Y eine stetige Zufallsvariable mit der Dichte $f_Y(y \parallel \theta)$ ist.
- Die Log-Likelihood ist die logarithmierte Likelihood $l(\theta) = \ln(L(\theta))$.
- Eine Funktion $T(\boldsymbol{X})$ heißt suffizient für θ, wenn die Likelihood von θ nur von $T(\boldsymbol{X})$ abhängt.
- Setzt sich das Ereignis $A = A_1 \cap A_2 \cap \ldots \cap A_n$ aus n unabhängigen Ereignissen zusammen, dann ist

$$L(\theta \mid A) = \prod_{i=1}^{n} L(\theta \mid A_i) \text{ und } l(\theta \mid A) = \sum_{i=1}^{n} l(\theta \mid A_i).$$

- Der Maximum-Likelihood-Schätzer macht alle Transformationen mit. Ist $\gamma = \gamma(\theta)$ eine eineindeutige Abbildung, so ist

$$\widehat{\gamma} = \widehat{\gamma(\theta)} = \gamma\left(\widehat{\theta}\right).$$

- Unter schwachen mathematischen Voraussetzungen gilt: Sind $Y_1, \ldots, Y_n$ i.i.d., so ist der Maximum-Likelihood-Schätzer $\widehat{\theta}^{(n)}$ konsistent und asymptotisch erwartungstreu, effizient und normalverteilt. Für endliche n gilt approximativ

$$\widehat{\theta}^{(n)} \approx \mathrm{N}\left(\theta; \frac{-1}{\frac{\partial^2}{\partial\theta^2} l(\widehat{\theta} \mid y_1, \ldots, y_n)}\right).$$

- Ist $Y \sim B_n(\theta)$, so ist der ML-Schätzer $\widehat{\theta} = \frac{Y}{n}$.
- Sind $Y_1, \ldots, Y_n$ i.i.d. $\mathrm{N}(\mu; \sigma^2)$, so sind die ML-Schätzer $\widehat{\mu} = \overline{Y}$ und $\widehat{\sigma}^2_{\mathrm{ML}} = \frac{1}{n}\sum\left(Y_i - \overline{Y}\right)^2$.
- Ist $Y \sim PV(\lambda)$, so ist der ML-Schätzer $\widehat{\lambda} = Y$.
- Der systematische Schätzfehler oder Bias ist $\mathrm{E}(\widehat{\theta}) - \theta$. Dabei ist $\widehat{\theta}$ erwartungstreu, falls $\mathrm{E}(\widehat{\theta}) = \theta$ ist.
- $\widehat{\sigma}^2_{\mathrm{UB}} = \frac{n}{n-1}\widehat{\sigma}^2_{\mathrm{ML}}$ ist erwartungstreu.
- Konvergiert der Bias mit wachsendem Stichprobenumfang gegen null, so ist die $\widehat{\theta}^{(n)}$ asymptotisch erwartungstreu.
- Der mittlere quadratische Fehler oder Mean Square Error (MSE) ist

$$\mathrm{MSE}(\widehat{\theta}) = \mathrm{E}(\theta - \widehat{\theta})^2 = \mathrm{Var}(\widehat{\theta}) + \mathrm{Bias}^2.$$

- $\widehat{\sigma}^2_{\mathrm{ML}}$ hat einen kleineren MSE als $\widehat{\sigma}^2_{\mathrm{UB}}$.
- Eine Schätzfunktion $\widehat{\theta}^{(n)}$ ist konsistent, falls für alle $\varepsilon > 0$ gilt

$$\lim_{n\to\infty} \mathrm{P}\left(\left|\widehat{\theta}^{(n)} - \theta\right| > \varepsilon\right) = 0.$$

- Ein Schätzer $\widehat{\theta}^{(n)}$, dessen MSE gegen null konvergiert, ist konsistent.
- Sind $\widehat{\theta}_1$ und $\widehat{\theta}_2$ erwartungstreue Schätzer von θ, dann heißt $\widehat{\theta}_1$ effizienter als $\widehat{\theta}_2$, falls $\mathrm{Var}\left(\widehat{\theta}_1\right) < \mathrm{Var}\left(\widehat{\theta}_2\right)$ ist.
- Ein erwartungstreuer Schätzer $\widehat{\theta}$ ist effizient in einer Klasse von Schätzfunktionen, wenn er unter allen erwartungstreuen Schätzern dieser Klasse minimale Varianz besitzt.
- Ist $\widehat{\theta}^{(n)}$ erwartungstreu, so gilt unter schwachen mathematischen Voraussetzungen die Schranke von Rao-Cramer für die Varianz,

$$\mathrm{Var}(\widehat{\theta}^{(n)}) \geq \frac{\mathrm{RC}}{n}.$$

Dabei hängt RC nicht vom Schätzer, sondern allein vom Wahrscheinlichkeitsmodell ab.

Eine Prognose ist eine Aussage über das Eintreten eines zufälligen Ereignisses

Prognosen sollten präzise und sicher sein; in der Regel sind sie das eine nur auf Kosten des anderen. Der Ausgang einer Prognose ist keine nachträgliche Rechtfertigung für das Vertrauen, das wir vorher in die Prognose setzen. Nicht das einzelne zufällige Ergebnis ist relevant, sondern das **Verfahren**, das zu dieser Prognose geführt hat. Modellieren wir das zu prognostizierende, unbekannte Ereignis als Realisation einer eindimensionalen zufälligen Variablen Y, so heißt jedes Intervall $[a, b]$ ein $(1-\alpha)$-**Prognoseintervall**, falls gilt:

$$\mathrm{P}(a \leq Y \leq b) \geq 1 - \alpha.$$

$a \leq Y \leq b$ ist die Prognose. Wir verallgemeinern wie folgt:

Definition Prognosebereich

Jeder Bereich B mit

$$\mathrm{P}(Y \in B) \geq 1 - \alpha$$

heißt Prognosebereich für Y und $Y \in B$ eine Prognose über Y zum Niveau $1 - \alpha$.

Prognosebereiche erlauben es, Wahrscheinlichkeitsaussagen über mögliche oder zukünftige Realisationen der zufälligen Variablen Y zu machen. Ist z. B. $Y \sim \mathrm{N}(5; 2^2)$, so ist $|Y - 5| \leq 1.96 \cdot 2$ oder

$$1.08 \leq Y \leq 8.92$$

ein (0.95)-Prognoseintervall. Mit 95 % Wahrscheinlichkeit wird eine Realisation von Y in diesem Intervall liegen. Wird nun $Y = 2$ beobachtet, war die Prognose richtig, wird $Y = 9$ beobachtet, war die Prognose falsch. Ist aber nur $Y \sim \mathrm{N}(\mu; \sigma^2)$ bekannt, bei unbekanntem μ und σ, so gilt immer noch die Prognose zum Niveau 0.95:

$$\mu - 1.96 \cdot \sigma \leq Y \leq \mu + 1.96 \cdot \sigma$$

Wird nun $Y = 3$ beobachtet, so lässt sich nicht sagen, ob die Prognose wahr oder falsch ist. Da μ und σ unbekannt sind, ist die Richtigkeit der Prognose nicht verifizierbar. Die Verlässlichkeit der Prognose ist davon aber unberührt. Sie beruht allein auf dem starken Gesetz der großen Zahlen. Dieses sichert, dass bei einer wachsenden Zahl von unabhängigen Prognosen der Anteil der richtigen Prognosen mit Wahrscheinlichkeit von eins gegen 0.95 konvergiert.

Die Konfidenzstrategie: Eine nicht verifizierbare Prognose wird für wahr erklärt

Angenommen, Sie seien farbenblind und wollten dies aber verheimlichen. Nun werden Sie bei einer Veranstaltung gebeten, auf die Bühne zu kommen und Glücksfee zu spielen. Dazu sollen Sie aus einer Urne mit 95 roten und 5 grünen Kugeln zufällig eine Kugel ziehen, sie hochhalten, sodass alle die Kugel sehen können, und laut die Farbe der Kugel ansagen.

Bevor Sie die Kugel gezogen haben, können Sie mit ziemlicher Sicherheit prognostizieren, dass Sie eine rote Kugel ziehen werden. Genauer gesagt: Ihre Prognose „Die Kugel wird rot sein!" wird mit 95 % Wahrscheinlichkeit zutreffen. Das Beste, was Sie in dieser Situation tun können, wird daher sein, auf gut Glück eine Kugel zu ziehen und einfach zu behaupten: „Diese Kugel ist rot!"

Haben Sie Glück, ist die Kugel rot. Haben Sie Pech, ist die Kugel grün. Trotzdem wissen Sie, bevor Sie die Kugel gezogen haben, dass mit der Wahrscheinlichkeit von 95 % Ihre Aussage stimmen wird.

Übrigens lassen sich die Kugeln aufschrauben. Im Inneren liegt eine Praline. Die Praline aus jeder grünen Kugel ist mit Senf gefüllt. Da Sie nun aber erklärt haben, dass die Kugel rot ist, werden Sie die gezogene Kugel aufschrauben und die Praline wohlgemut verzehren. Übrigens werden Sie jetzt erkennen, ob Sie richtig entschieden haben.

Dieses Gedankenspiel übertragen wir auf folgendes Schätzproblem: Sei Y eine zufällige normalverteilte Variable mit $\mathrm{E}(Y) = \mu$ und $\mathrm{Var}(Y) = 1$. Nach Beobachtung von Y soll die Größenordnung von μ abgeschätzt werden. Für Y gilt die Aussage:

$$\mathrm{P}(|Y - \mu| \leq 1.96) = 0.95.$$

Im Kugelbeispiel sind Sie farbenblind, im Schätzproblem sind Sie „parameterblind". In beiden Fällen existiert ein Wahrscheinlichkeitsmodell, aus dem Sie eine Prognosen zum Niveau 0.95 ableiten konnten:

Einerseits: „Ich werde eine rote Kugel ziehen."
Andererseits: $|Y - \mu| \leq 1.96$

Im Kugelbeispiel war Ihre Strategie: „Geh davon aus, dass die Prognose stimmt. Zieh eine Kugel und erkläre: Die Kugel ist rot." Im Schätzproblem beobachten Sie zum Beispiel ein $Y = 7$ und erklären:

$$|7 - \mu| \leq 1.96.$$

Im Kugelbeispiel öffnen Sie die Kugel und essen die Praline. Im Schätzproblem lösen Sie die Ungleichung nach μ auf und erhalten die Intervallabschätzung für μ:

$$5.04 \leq \mu \leq 8.96.$$

Dieses Intervall ist ein **Konfidenzintervall** für μ zum Niveau von 95 %. Im Kugelbeispiel erfahren Sie sofort, ob Ihre Aussage stimmt. Im Schätzproblem werden Sie es vielleicht nie erfahren. In beiden Situationen gilt: Die Strategie wird in 95 % aller Fälle zu richtigen Entscheidungen führen. Wir fassen unser Vorgehen zusammen.

Die Konfidenzstrategie

Gegeben sei die zufällige Variable Y, deren Verteilung vom unbekannten Parameter θ abhängt. Wir bestimmen für Y einen $(1-\alpha)$-Prognosebereich $A(\theta)$ zum Niveau α:

$$\mathrm{P}(Y \in A(\theta)) \geq 1 - \alpha.$$

Nun wird $Y = y$ beobachtet. Obwohl wir θ nicht kennen, **behaupten** wir einfach, dass y im Prognosebereich liegt:

$$y \in A(\theta).$$

Daraufhin bestimmen wir die Menge aller θ, für die diese Behauptung gilt

$$K(y) = \{\theta \mid y \in A(\theta)\}.$$

Diese Menge $K(y)$ bildet den Konfidenzbereich für θ zum Niveau $(1-\alpha)$. Kurz

$$y \in A(\theta) \quad \Leftrightarrow \quad \theta \in K(y).$$

Korrekterweise müssten wir $A_\alpha(\theta)$ und $K_\alpha(y)$ schreiben, denn alle Mengen beziehen sich auf ein fest vorgegebenes Niveau. Um das Schriftbild einfach zu halten, haben wir darauf verzichtet. Wir sprechen in der allgemeinen Definition von Konfidenz- bzw. Prognosebereichen und nicht von Intervallen, denn gerade bei mehrdimensionalen Parametern werden wir nicht notwendig mehrdimensionale Intervalle finden. Außerdem hätten wir den Prognosebereich mnemotechnisch vielleicht mit $\mathrm{P}(\theta)$ bezeichnen sollen, aber das P ist bereits verbraucht und bei $A(\theta)$

Teil VI

können wir annehmen, dass in diesem Bereich mit hoher Wahrscheinlichkeit die Werte von Y liegen werden. Wir werden $A(\theta)$ später im Zusammenhang mit der Testtheorie auch den Annahmebereich nennen.

Beispiel Sei Y eine zufällige Variable mit $\mathrm{E}(X) = \mu$ und bekannter Varianz σ^2. Dann gilt aufgrund der Tschebyschev-Ungleichung

$$\mathrm{P}\left(\left|\frac{Y-\mu}{\sigma}\right| \leq k\right) \geq 1 - \frac{1}{k^2}.$$

Also ist

$$\left|\frac{Y-\mu}{\sigma}\right| \leq k$$

eine Prognose über Y zum Niveau von mindestens $1 - \frac{1}{k^2}$. Nun beobachten Sie $Y = y$ und behaupten

$$\left|\frac{y-\mu}{\sigma}\right| \leq k.$$

Lösen Sie diese Ungleichung nach μ auf, so erhalten Sie das folgende Konfidenzintervall zum Niveau von mindestens $1-\frac{1}{k^2}$,

$$y - k\sigma \leq \mu \leq y + k\sigma.$$ ◀

Achtung **Vor** der Beobachtung machen Sie eine **Wahrscheinlichkeits-Aussage**. Nach der Beobachtung machen Sie eine **Behauptung.** Diese Behauptung besitzt keine Wahrscheinlichkeit mehr. Eine Aussage wie $3 \leq \mu \leq 7$ ist wahr, wenn $\mu = 4$ ist, und ist falsch, wenn $\mu = 8$ ist. Aber sie ist nicht mit 95 % Wahrscheinlichkeit wahr bzw. mit 5 % Wahrscheinlichkeit falsch. Die **Wahrscheinlichkeit gehört zur Strategie, nicht zu den einzelnen Aussagen.** ◀

Beispiel Angenommen, fast jeden Abend um 8 Uhr ruft Eva ihren Freund Adam an. Adam weiß, wenn es um 8 Uhr klingelt, ist mit 95 % Wahrscheinlichkeit Eva am Telefon. Es ist 8 Uhr, das Telefon klingelt. Adam denkt: Eva ist am Apparat. Er nimmt den Hörer ab und sagt „Hallo, Liebling!"

Nun sind zwei Fälle möglich: Im Regelfall ist Eva am Telefon und freut sich. Es kann z. B. aber auch der Vermieter der Wohnung sein, der sich natürlich mächtig wundert. Adam wird sich sicher nicht mit den Worten entschuldigen: „Beruhigen Sie sich, Sie sind mit 95 % Wahrscheinlichkeit meine Freundin gewesen." Der Vermieter würde ihn für verrückt erklären.

Nachdem das Ereignis eingetreten ist, gibt es nur noch ein wahr oder falsch, aber keine Wahrscheinlichkeitsaussage. ◀

Konfidenzintervalle lassen sich auch aus einer Variante der oben genannten Konfidenzstrategie konstruieren. Dazu betrachten wir die Bestimmung von Konfidenzintervallen bei der Normalverteilung. Es sei $Y \sim \mathrm{N}(\mu; \sigma^2)$. Die folgenden Aussagen sind äquivalent

$$Y \sim \mathrm{N}(\mu; \sigma^2) \quad \text{und} \quad \frac{Y-\mu}{\sigma} \sim \mathrm{N}(0; 1).$$

Sie unterscheiden sich dennoch in einer fundamentalen Weise. Links ist Y eine beobachtbare Zufallsvariable mit einer unbekannten Verteilung, unbekannt, da die Parameter unbekannt sind. Konkrete, in expliziten Zahlen ausgedrückte Wahrscheinlichkeitsaussagen lassen sich über Y nicht machen. Rechts ist $\frac{Y-\mu}{\sigma}$ eine nicht beobachtbare Zufallsvariable, denn μ und σ sind unbekannt. Dafür ist aber die Verteilung, nämlich die $\mathrm{N}(0; 1)$, vollständig bekannt. Was bekannt und was unbekannt ist, hat sich in beiden Darstellungen vertauscht. Wir nennen $\frac{Y-\mu}{\sigma}$ eine Schlüssel- oder Pivotvariable.

Definition Pivotvariable

Es sei Y eine zufällige Variable, deren Verteilung vom unbekannten Parameter θ abhängt. Dann heißt eine von Y und θ abhängende Variable

$$V = V(Y; \theta)$$

eine **Pivotvariable**, wenn die Verteilung von $V(Y; \theta)$ vollständig bekannt ist.

Während Y eine beobachtbare Variable mit unbekannter Verteilung ist, ist V eine nicht beobachtbare Variable mit bekannter Verteilung. Da die Verteilung von V bekannt ist, können wir für V Wahrscheinlichkeitsaussagen der Art

$$\mathrm{P}(a \leq V \leq b) = 1 - \alpha,$$

aufstellen. Daraus gewinnen wir die Prognose zum Niveau $1-\alpha$,

$$a \leq V \leq b.$$

Nun berücksichtigen wir, dass V von y und θ abhängt und lesen $a \leq V \leq b$ als eine Prognose über $V(Y; \theta)$,

$$a \leq V(Y; \theta) \leq b.$$

Lösen wir diese Ungleichung nach Y auf, erhalten wir eine Prognose für Y; lösen wir sie nach θ auf, erhalten wir ein Konfidenzintervall für θ, beides zum Niveau $1 - \alpha$.

Beispiel Es seien $Y_1, \ldots, Y_n$ i.i.d. $\sim \mathrm{N}(\mu; \sigma^2)$ mit bekanntem σ. Gesucht werden Konfidenzintervalle für μ. Aus der Modellannahme folgt $\overline{Y} \sim \mathrm{N}\big(\mu; \frac{\sigma^2}{n}\big)$. Dann ist die standardisierte Variable eine Pivotvariable,

$$V = \frac{\overline{Y}-\mu}{\sigma}\sqrt{n} \sim \mathrm{N}(0; 1).$$

Ist τ_α^* das α -Quantil der $\mathrm{N}(0; 1)$ und wird α in zwei Anteile $\alpha = \alpha_1 + \alpha_2$ aufgespaltet, so gilt mit Wahrscheinlichkeit α

$$\mathrm{P}\big(\tau_{\alpha_1}^* \leq V \leq \tau_{1-\alpha_2}^*\big) = 1 - \alpha.$$

Die Prognose $\tau_{\alpha_1}^* \leq V \leq \tau_{1-\alpha_2}^*$ lesen wir als Prognose für das standardisierte $\overline{Y}$

$$\tau_{\alpha_1}^* \leq \frac{\overline{Y}-\mu}{\sigma}\sqrt{n} \leq \tau_{1-\alpha_2}^*.$$

Teil VI

Damit erhalten wir das Konfidenzintervall für μ zum Niveau $1-\alpha$

$$\overline{y} - \tau^*_{1-\alpha_2} \frac{\sigma}{\sqrt{n}} \leq \mu \leq \overline{y} - \tau^*_{\alpha_1} \frac{\sigma}{\sqrt{n}}. \tag{40.2}$$

◀

Wir betrachten die drei wichtigsten Spezialfälle in einem ausführlichen Beispiel auf S. 1527

Im Normalverteilungsmodell ist bei unbekanntem σ der studentisierte Mittelwert eine Pivotvariable

Im Jahr 1908 entdeckte William S. Gosset, der als Biometriker bei der schottischen Bierbrauerei Guinness arbeitete, ein statistisches Verteilungsgesetz. Guinness erklärte dieses sofort zum Betriebsgeheimnis und belegte Gosset mit einem Publikationsverbot. Gosset ignorierte das Verbot und veröffentlichte seine Erkenntnisse unter dem Pseudonym „Student". Fortan heißt die von ihm gefundene t-Verteilung im englischsprachigen Raum die Studentverteilung.

Worum geht es dabei? Sind $X_1, \ldots, X_n$ i.i.d.-N $(\mu; \sigma^2)$-verteilt, so ist der standardisierte Mittelwert

$$\frac{\overline{X} - \mu}{\sigma} \sqrt{n} \sim \mathrm{N}(0; 1)$$

verteilt. Diese Standardisierung nützt nur, solange σ^2 bekannt ist. Ersetzt man dagegen die unbekannte Varianz σ^2 durch ihren erwartungstreuen Schätzer $\widehat{\sigma}^2_{\mathrm{UB}} = \frac{1}{n-1} \sum \left(X_i - \overline{X}\right)^2$, dann hat der entsprechend modifizierte Quotient eine Verteilung, die weder von μ, noch von σ, sondern einzig vom Stichprobenumfang n abhängt, nämlich die t-Verteilung. Diese t-Verteilung wird im Bonusmaterial zu Kap. 39 ausführlich behandelt.

Der studentisierte Mittelwert ist t-verteilt

Sind $X_1, \ldots, X_n$ i.i.d. N $(\mu; \sigma^2)$, dann besitzt

$$T = \frac{\overline{X} - \mu}{\widehat{\sigma}_{\mathrm{UB}}} \sqrt{n}$$

eine t-Verteilung mit $(n-1)$ Freiheitsgraden. Wir schreiben $T \sim t(n-1)$.

Die t-Verteilung mit n Freiheitsgraden hat die Dichte

$$f_T^{(n)}(t) = c_n \left(1 + \frac{t^2}{n}\right)^{-\frac{1}{2}(n+1)}.$$

Dabei ist c_n eine nur von n abhängende Integrationskonstante.

Wir sprechen allgemein von der t-Verteilung und nur, wenn die Anzahl n der Freiheitsgrade wichtig ist, genauer von der $t(n)$-Verteilung. (Die Bezeichnung Freiheitsgrad für den Stichprobenumfang n lässt sich in einem allgemeineren Rahmen als Dimension des Raumes erklären, in dem sich die zentrierten Variablen $X_i - \overline{X}$ bewegen.) Im Unterschied zum **Standardisieren**, bei dem im Nenner die wahre Standardabweichung σ steht, spricht man nun vom **Studentisieren** und nennt T den studentisierten Mittelwert.

Was gewinnen wir dadurch? Da die $t(n)$-Verteilung vollständig bekannt ist, ist der studentisierte Mittelwert T eine Pivotvariable, in der einzig der unbekannte Parameter μ vorkommt, alle anderen Terme wie $\overline{x}$ und $\widehat{\sigma}_{\mathrm{UB}}$ sind beobachtbare Größen. Ist $t(n-1)_\alpha$ das α-Quantil der $t(n-1)$-Verteilung, so ist demnach

$$\overline{x} - \frac{\widehat{\sigma}_{\mathrm{UB}}}{\sqrt{n}} t(n-1)_{1-\alpha_2} \leq \mu \leq \overline{x} - \frac{\widehat{\sigma}_{\mathrm{UB}}}{\sqrt{n}} t(n-1)_{\alpha_1}$$

ein Konfidenzintervall zum Niveau $1 - (\alpha_1 + \alpha_2)$. Vergleichen wir dieses mit der Formel (40.2) für μ bei bekanntem σ, so sehen wir: Es wurde allein σ durch $\widehat{\sigma}_{\mathrm{UB}}$ ersetzt und das Quantil der N(0; 1) durch das entsprechende Quantil der $t(n-1)$-Verteilung ersetzt.

Beispiel Im Beispiel auf S. 1527 bestimmten wir die Temperatur in einem Schmelzofen. Angenommen, das wahre σ der Temperaturmesssonde sei unbekannt. Statt dessen seien bei $n = 6$ Temperaturmessungen die Werte $\overline{x} = 1\,073$ und $\widehat{\sigma}_{\mathrm{UB}} = 5$ gemessen worden. Bei einem $\alpha = 5\,\%$ lesen wir aus der Tab. 40.1 das Quantil $t(n-1)_{1-\alpha/2} = t(5)_{0.975} = 2.57$. Das Konfidenzintervall für μ ist nun:

$$1073 - \frac{5}{\sqrt{6}} 2.57 \leq \mu \leq 1073 + \frac{5}{\sqrt{6}} 2.57$$
$$1067.75 \leq \mu \leq 1078.25$$

◀

Wie unterscheidet sich die $t(n)$-Verteilung von der Standardnormalverteilung? Je nachdem wie groß n ist, liegen Welten dazwischen, oder sie unterscheiden sich kaum. Abbildung 40.8 zeigt Dichtekurven der $t(n)$-Verteilung mit $n = 1$, 4, 8 und 32 Freiheitsgraden und als Grenzverteilung die Dichte der N(0; 1).

Die Verteilungen sind symmetrisch zum Median 0. Ab $n = 40$ kann man die Dichten mit dem bloßem Auge kaum noch von der Dichte für N(0; 1) unterscheiden. Praktisch bedeutet dies, dass man ab $n = 35$ die Quantile der $t(n-1)$-Verteilung mit guter Näherung durch die der N(0; 1) ersetzen kann (siehe Tab. 40.1).

Tab. 40.1 Die Quantile $t(n)_\alpha = -t(n)_{1-\alpha}$ der $t(n)$-Verteilung

	α			
n	0.95	0.97	0.99	0.995
1	6.31	12.71	31.82	63.66
5	2.02	2.57	3.37	4.03
10	1.81	2.23	2.76	3.17
20	1.73	2.09	2.53	2.85
30	1.70	2.04	2.46	2.75
35	1.69	2.03	2.44	2.72
∞	1.65	1.96	2.33	2.58

Beispiel: Temperaturmessung in einem Schmelzofen

In einem Schmelzofen sollen Gold und Kupfer getrennt werden. Dazu muss der Ofen auf jeden Fall eine Temperatur von weniger als 1083 °C haben, da dies der Schmelzpunkt von Kupfer ist. Der Schmelzpunkt von Gold liegt bei 1064 °C. Um die Temperatur im Schmelzofen zu bestimmen, wird ein Messsonde benutzt. Ist μ die tatsächliche Temperatur im Schmelzofen, so seien die Messwerte Y der Sonde normalverteilt mit Erwartungswert μ und Varianz $\sigma^2 = 25$. Die Sonde zeigt eine Temperatur von 1073 °C an. Wie groß ist die Temperatur μ im Ofen?

Problemanalyse und Strategie: Wir bestimmen einseitige und zweiseitige Konfidenzintervalle für μ im Normalverteilungsmodell.

Lösung: Wir schätzen μ nach oben und unten ab und bestimmen dazu ein zweiseitiges Konfidenzintervall für μ. Wir wählen in Formel (40.2) $\alpha_1 = \alpha_2 = \alpha/2$. Dann ist $\tau^*_{1-\alpha_2} = \tau^*_{1-\alpha/2}$ und $\tau^*_{\alpha_1} = \tau^*_{\alpha/2} = -\tau^*_{1-\alpha/2}$. Das Konfidenzintervall für μ ist daher

$$\overline{y} - \tau^*_{1-\alpha/2}\frac{\sigma}{\sqrt{n}} \leq \mu \leq \overline{y} + \tau^*_{1-\alpha/2}\frac{\sigma}{\sqrt{n}}.$$

Wählen wir $\alpha = 5\,\%$, so ist $\tau^*_{1-\alpha/2} = \tau^*_{0.975} = 1.960$. Wir haben nur eine Messung, also ist $n = 1$ mit dem Messwert $y = 1\,073$. Dabei war $\sigma = 5$. Mit diesen Daten erhalten wir das Konfidenzintervall:

$$1073 - 1.96 \cdot 5 \leq \mu \leq 1073 + 1.96 \cdot 5,$$
$$1063.2 \leq \mu \leq 1082.8.$$

Die Temperatur des Ofens liegt demnach unter der Schmelztemperatur von Kupfer mit 1083 °C, kann aber sogar unter der Schmelztemperatur von Gold mit 1064 °C liegen.

Nun ändern wir unsere Frage: Wie groß ist die Temperatur im Ofen mindestens? Wir schätzen μ nach unten ab: Wir wählen $\alpha_2 = \alpha$ und $\alpha_1 = 0$. Dann ist $\tau^*_{\alpha_1} = -\infty$ und $\tau^*_{1-\alpha_2} = \tau^*_{1-\alpha}$. Das Konfidenzintervall für μ ist:

$$\overline{y} - \tau^*_{1-\alpha}\frac{\sigma}{\sqrt{n}} \leq \mu.$$

Wählen wir $\alpha = 5\,\%$, dann ist $\tau^*_{1-\alpha} = \tau^*_{0.95} = 1.65$. Das Konfidenzintervall ist

$$1073 - 1.65 \cdot 5 = 1064.75 \leq \mu.$$

Die Schmelztemperatur von Gold wird überschritten.

Jetzt wollen wir noch die Höchsttemperatur wissen und schätzen μ nach oben ab: Wir wählen $\alpha_2 = 0$ und $\alpha_1 = \alpha$. Dann ist $\tau^*_{1-\alpha_2} = \infty$ und $\tau^*_{\alpha_1} = -\tau^*_{1-\alpha}$. Das Konfidenzintervall für μ ist:

$$\mu \leq \overline{y} + \tau^*_{1-\alpha}\frac{\sigma}{\sqrt{n}}.$$

Mit unseren Daten ergibt sich

$$\mu \leq 1073 + 1.65 \cdot 5 = 1081.25.$$

Wir haben auf die drei Fragen drei verschiedene Antworten erhalten, die alle die gleiche Glaubwürdigkeit beanspruchen:

$$1063.2 \leq \mu \leq 1082.8,$$
$$1064.75 \leq \mu,$$
$$\mu \leq 1081.25.$$

Von allen drei Aussagen behaupten wir, sie seien wahr. Warum können wir dann nicht alle drei zur schärfsten Aussage $1064.75 \leq \mu \leq 1081.2$ zusammenfassen? Erinnern wir uns: Jedes Konfidenzintervall ist das Ergebnis einer Strategie, die mit der Wahrscheinlichkeit von 95 % ein richtiges Ergebnis liefert. Die Wahrscheinlichkeit β, dass alle drei **gemeinsam** eine richtige Aussage liefern, ist wesentlich kleiner. Wir können β mit der Ungleichung von Bonferroni nach unten abschätzen:

$$\beta \geq 1 - 3 \cdot \alpha = 0.85.$$

Wenn uns die Aussage $1063.18 \leq \mu \leq 1082.8$ zu ungenau ist, wie können wir sie verbessern? Indem wir die Messung wiederholen! Bei n unabhängigen Messungen ist die Varianz von $\overline{Y}$ nur noch σ^2/n. Die Länge des Konfidenzintervalls ist um den Faktor $\sqrt{n}$ kleiner.

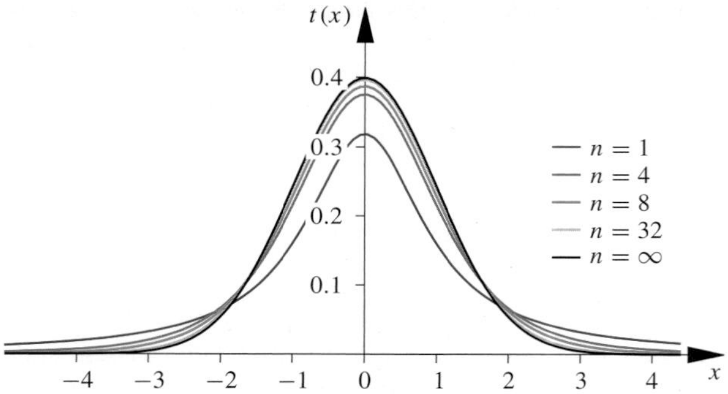

Abb. 40.8 Die Dichten der t-Verteilung mit $n = 1, 4, 8, 32$ Freiheitsgraden und für $n = \infty$ die $\mathrm{N}(0; 1)$

Aus der Grafik und vor allem auch aus der Tab. 40.1 wird deutlich: je kleiner n, um so mehr „Wahrscheinlichkeitsmasse" wandert aus der Mitte an die Ränder. Die oberen Quantile $t(n)_{1-\alpha}$ wandern mit abnehmenden n nach rechts, die unteren Quantile spiegelbildlich nach links. Dies bedeutet: Die gefürchteten Ausreißer sind z. B. bei einer $t(3)$-Verteilung erheblich wahrscheinlicher als bei der $\mathrm{N}(0; 1)$.

Allgemein klingt die Dichte der $t(n)$-Verteilung mit wachsendem $|x|$ wie $|x|^{-(n+1)}$ ab. Daraus folgt, dass die $t(n)$ erst ab $n \geq 2$ einen Erwartungswert und erst ab $n \geq 3$ eine Varianz besitzt. Im Grenzfall gilt bei der $t(1)$-Verteilung, der sogenannten Cauchy-Verteilung, weder das Gesetz der Großen Zahlen noch der Zentrale Grenzwertsatz.

Der standardisierte Maximum-Likelihood-Schätzer ist asymptotisch eine Pivotvariable

Pivotvariable weisen uns den Königsweg zum Konfidenzintervall. Doch wo finden wir geeignete? Glücklicherweise hilft uns die Theorie der ML-Schätzer weiter. Wie wir auf S. 1522 notiert haben, ist in der Regel der ML-Schätzer $\widehat{\theta}^{(n)}$ für große n asymptotisch normalverteilt,

$$\widehat{\theta}^{(n)} \approx \mathrm{N}(\theta; \mathrm{Var}(\widehat{\theta}^{(n)})).$$

Der standardisierte ML-Schätzer ist daher asymptotisch eine Pivotvariable

$$\frac{\widehat{\theta}^{(n)} - \theta}{\sqrt{\mathrm{Var}(\widehat{\theta}^{(n)})}} \approx \mathrm{N}(0; 1).$$

Beispiel

- Binomialverteilung
  Ist $X \sim B_n(\theta)$-verteilt, so ist $\widehat{\theta}^{(n)} = \frac{X}{n}$ für große n asymptotisch normalverteilt
  $$\widehat{\theta}^{(n)} \approx \mathrm{N}\left(\theta; \frac{\theta(1-\theta)}{n}\right).$$
  Daher ist
  $$\frac{\widehat{\theta}^{(n)} - \theta}{\sqrt{\theta(1-\theta)}}\sqrt{n} \approx \mathrm{N}(0; 1)$$
  die geeignete Pivotvariable zur Bestimmung von Konfidenzintervallen für θ. Eine Prognose zum Niveau $1-\alpha$ ist dann gegeben durch
  $$|\widehat{\theta}^{(n)} - \theta| \leq \tau^*_{1-\alpha/2}\sqrt{\frac{\theta(1-\theta)}{n}}.$$
  Um daraus das Konfidenzintervall für θ zu bestimmen, müssen wir diese Ungleichung nach θ auflösen. Dazu quadrieren wir die Ungleichung und erhalten mit den Abkürzungen
  $$\gamma = \frac{(\tau^*_{1-\alpha/2})^2}{n} \quad \text{und} \quad \widehat{\theta} = \widehat{\theta}^{(n)}$$
  die Ungleichung
  $$(\widehat{\theta} - \theta)^2 \leq \gamma\theta(1-\theta). \tag{40.3}$$
  Die quadratische Ergänzung liefert schließlich das Konfidenzintervall zum Niveau $1-\alpha$:
  $$\left|\theta - \frac{\widehat{\theta} + \frac{\gamma}{2}}{1+\gamma}\right| \leq \frac{\sqrt{\gamma}}{1+\gamma}\sqrt{\widehat{\theta}(1-\widehat{\theta}) + \frac{\gamma}{4}}.$$
- Die Poisson-Verteilung
  Ist $X \sim PV(\lambda)$, so ist $\widehat{\lambda} = X$ für große λ asymptotisch normalverteilt: $\widehat{\lambda} \approx \mathrm{N}(\lambda; \lambda)$. Also ist
  $$\frac{\widehat{\lambda} - \lambda}{\sqrt{\lambda}} \approx \mathrm{N}(0; 1)$$
  die geeignete Pivotvariable zur Bestimmung von Konfidenzintervallen für θ. Die explizite Bestimmung des Konfidenzintervalls für λ geht analog wie bei der Binomialverteilung. ◄

Die Formel für das Konfidenzintervall für θ bei der Binomialverteilung ist schwer zu merken, sie lässt sich aber bei großem n ohne erhebliche Genauigkeitsverluste stark vereinfachen, wenn wir γ gegenüber 1 und $\widehat{\theta}(1-\widehat{\theta})$ vernachlässigen.

Das angenäherte Konfidenzintervall im Binomialmodell

Wird die Binomialverteilung durch die Normalverteilung approximiert und werden kleinere Terme vernachlässigt, ist

$$|\theta - \widehat{\theta}| \leq \tau^*_{1-\alpha/2}\sqrt{\frac{\widehat{\theta}(1-\widehat{\theta})}{n}}$$

ein zweiseitiges Konfidenzintervall für θ zum Niveau $1-\alpha$.

Dieses Konfidenzintervall lässt sich leicht merken: Dazu schreiben wir die approximative Verteilung von $\widehat{\theta}$ in der Form $\widehat{\theta} \sim \mathrm{N}(\theta; \sigma^2_{\widehat{\theta}})$ und tun so, als sei uns $\sigma^2_{\widehat{\theta}}$ bekannt. Dann erhalten wir

$$|\theta - \widehat{\theta}| \leq \tau^*_{1-\alpha/2}\sigma_{\widehat{\theta}}.$$

als ein Konfidenzintervall für θ. Anschließend erinnern wir uns, dass wir $\sigma_{\widehat{\theta}} = \sqrt{\frac{\theta(1-\theta)}{n}}$ noch nicht kennen, da das unbekannte θ in der Formel für $\sigma_{\widehat{\theta}}$ steckt und schätzen dort einfach θ durch $\widehat{\theta}$.

Die Konfidenzprognosemenge gibt ein anschauliches Bild aller Konfidenzbereiche

Kehren wir noch einmal zur Ungleichung (40.3) von oben zurück, aus der wir im Binomialmodell das approximative Konfidenzintervall für θ abgeleitet haben:

$$(\widehat{\theta} - \theta)^2 \leq \gamma\theta\,(1 - \theta)\,.$$

Bei festem θ bildet die Menge aller $\widehat{\theta}$, die die Ungleichung erfüllen, den Prognosebereich für $\widehat{\theta}$. Bei festem $\widehat{\theta}$ bildet die Menge aller θ, die die Ungleichung erfüllen, das Konfidenzintervall für θ. Was liegt näher, als die Ungleichung simultan für θ und $\widehat{\theta}$ zu betrachten und damit die Menge

$$\{(\widehat{\theta}, \theta) : (\widehat{\theta} - \theta)^2 \leq \gamma\theta(1 - \theta)\}$$

zu untersuchen. Im $(\widehat{\theta}, \theta)$-Raum bildet sie eine Ellipse. Abbildung 40.9 zeigt diese Ellipse für den Fall $n = 40$ und $\alpha = 5\,\%$.

Schneiden wir diese Ellipse in der Abbildung zum Beispiel horizontal in Höhe $\theta = 0.5$ erhalten wir das Prognoseintervall $[0.345, 0.655]$ für $\widehat{\theta}$. Schneiden wir die Ellipse vertikal an der Stelle $\widehat{\theta} = 0.4$ erhalten wir das Konfidenzintervall $[0.263, 0.554]$ für θ.

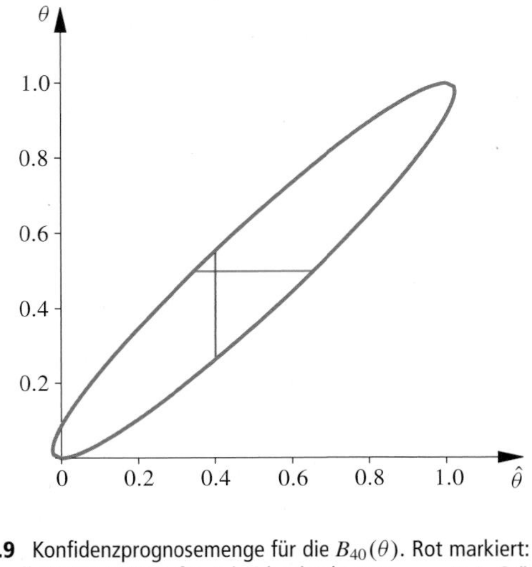

Abb. 40.9 Konfidenzprognosemenge für die $B_{40}(\theta)$. Rot markiert: Das Konfidenzintervall $[0.263, 0.554]$ für θ bei beobachtetem $y = 0.4$. Grün markiert: Der Prognosebereich $[0.345, 0.655]$ für $\widehat{\theta}$ bei gegebenem $\theta = 0.5$

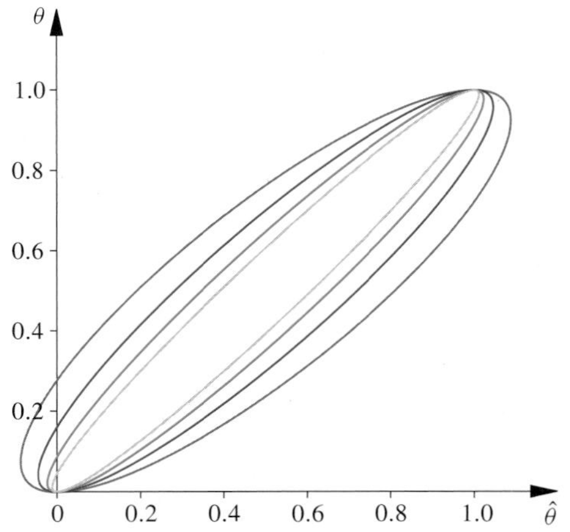

Abb. 40.10 Konfidenzprognosemengen für die Binomialverteilung in Abhängigkeit vom Stichprobenumfang n. Von außen nach innen: $n = 10$, 20, 40 und 80

In der folgenden Abb. 40.10 sind die Ellipsen für $n = 10$, 20, 40, 80 und $\alpha = 0.05$ gezeichnet.

Man sieht, wie mit steigendem Stichprobenumfang n die Ellipsen und damit die Konfidenz- wie Prognoseintervalle schmaler und damit schärfer werden.

In diesen Ellipsen wird die Dualität

$$y \in A\,(\theta) \Leftrightarrow \theta \in K\,(y)$$

von Konfidenzbereich $K\,(y)$ und Prognosebereich $A\,(\theta)$ sichtbar. Im allgemeinen Fall haben wir keine Ellipse, sondern wir sprechen von einer Konfidenzprognosemenge.

Definition der Konfidenzprognosemenge

Ist Y eine zufällige Variable, deren Verteilung vom unbekannten Parameter θ abhängt, und $A\,(\theta)$ der Prognosebereich sowie $K(y)$ der zugehörige Konfidenzbereich zum Niveau $1 - \alpha$, dann heißt

$$\{(y, \theta) : \; y \in A\,(\theta)\} = \{(y, \theta) : \; \theta \in K\,(y)\}$$

Konfidenzprognosemenge zum Niveau $1 - \alpha$.

Mit der Konfidenzprognosemenge lassen sich Konfidenzintervalle bestimmen, wenn wir keine Pivotvariable finden. Ist zum Beispiel $X \sim B_n\,(\theta)$ verteilt, aber n so klein, dass die Normalapproximation zu grob ist, lässt sich die Konfidenzprognosemenge „scheibchenweise" konstruieren. Dazu bestimmen wir für jeden Wert von θ den Prognosebereich $A\,(\theta)$ und bauen so die Konfidenzprognosemenge schichtweise auf. Abbildung 40.11 zeigt eine so konstruierte Konfidenzprognosemenge

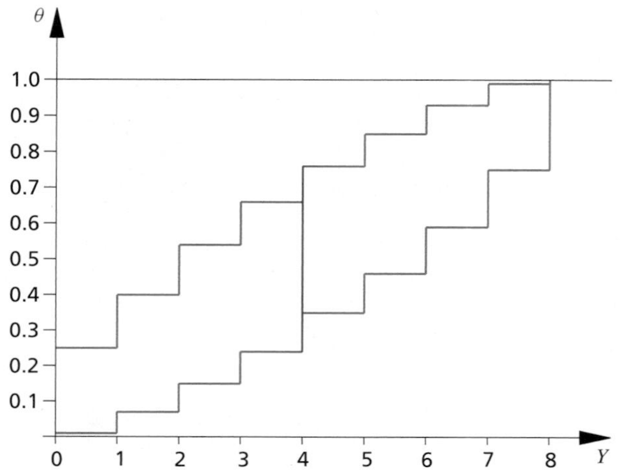

Abb. 40.11 Konfidenzprognosemenge für die $B_8(\theta)$ zum Niveau 80 %. Eingezeichnet ist das Konfidenzintervall für θ bei beobachtetem $Y = 4$

für ein binomialverteiltes Y mit $n = 8$ und $\alpha = 20\,\%$. Bei einem beobachteten $Y = 4$ ist $0.245 \leq \theta \leq 0.76$ das Konfidenzintervall für θ. Die numerischen Details werden im Bonusmaterial behandelt.

Als wir die Verteilung der $B_n(\theta)$ durch eine Normalverteilung approximierten, waren die Konfidenzprognosemengen Ellipsen, siehe Abb. 40.10. Diese sind Näherungen für die im endlichen, diskreten Fall durch Treppenlinien begrenzte Konfidenzprognosemenge.

40.5 Grundprinzipien der Testtheorie

Bislang war unsere Aufgabe, den Wert eines unbekannten Parameters zu schätzen, entweder durch Angabe eines Schätzwertes oder eines Schätzintervalls. Während beim Schätzen zum Beispiel gefragt werden könnte: „Wie groß ist die Reißfestigkeit dieses Gewebes?", lautet nun die Frage: „Können wir auf der Basis unserer Daten diesen Stoff zur Herstellung von Fallschirmen benutzen?" Jetzt wird keine Zahl, sondern eine Entscheidung gefragt: Ja oder Nein. Dieser Aufgabe stellt sich die Testtheorie. Ein Test ist eine Entscheidung über die Gültigkeit einer Hypothese.

Die Prüfgröße des Tests liegt entweder im Annahmebereich oder in der kritischen Region

Bei einem Test wird auf der Grundlage einer Stichprobe $\boldsymbol{Y} = (Y_1, \ldots, Y_n)$ eine Entscheidung über eine Hypothese gefällt. In der Regel werden die Daten nicht unmittelbar verwendet, sondern man berechnet aus ihnen eine ein- oder mehrdimensionale **Prüfgröße** PG. Diese ist eine einfacher zu handhabende Stichprobenfunktion, welche die relevante Information aus der Stichprobe $\boldsymbol{Y}$ enthalten soll, im Idealfall also eine suffiziente Statistik. Häufig verwendete Prüfgrößen sind Mittelwert, empirischer Varianz, Anzahlen, Anteilswerte, Minimum, Maximum oder der Median der Stichprobe. Wir unterscheiden die Prüfgröße $PG = PG(\boldsymbol{Y})$ von der Realisation der Prüfgröße $pg = PG(\boldsymbol{y})$. Ist zum Beispiel $\boldsymbol{Y} = (Y_1, Y_2, \ldots, Y_n)$, dann könnte die Prüfgröße $PG = (\overline{Y}; \widehat{\sigma}^2)$ und ihre Realisation $pg = (-3.7;\ 2.2)$ sein.

Am Anfang jeder Testentscheidung steht eine Prognose über den zukünftigen Wert der Prüfgröße. Dabei wird die Gültigkeit der Hypothese vorausgesetzt,

$$\mathrm{P}(PG \in \mathrm{AB}) \geq 1 - \alpha.$$

α heißt das **Signifikanzniveau** des Tests. Der Prognosebereich heißt **Annahmebereich** AB. Das Komplement des Annahmebereichs ist die **kritische Region** KR,

$$\mathrm{P}(PG \in \mathrm{KR}) \leq \alpha.$$

Wir haben die Prognose über PG zum Niveau $1 - \alpha$ gemacht,

$$PG \in \mathrm{AB}.$$

Nun wird $PG = pg$ beobachtet: War unsere Prognose richtig?

Angenommen, die Prüfgröße sei standardnormalverteilt, d. h. $PG \sim \mathrm{N}(0; 1)$, und angenommen, wir haben die folgende Prognose über PG zum Niveau 95 % gemacht,

$$-1.96 \leq PG \leq 1.96.$$

Nun wird pg beobachtet. Zwei Fälle sind möglich:

- Zum Beispiel ist $pg = 0.4$. Dann stimmte unsere Prognose. Alles ist in Ordnung und wir können zufrieden sein.
- Zum Beispiel ist $pg = 2.4$. Jetzt ist die Prognose falsch. Was nun?
  Entweder ist ein **seltenes Ereignis eingetreten,** denn wenn $PG \sim \mathrm{N}(0; 1)$ ist, kann ja durchaus einmal ein $pg \geq 2.4$ beobachtet werden. Oder aber **die Ausgangsannahme** $PG \sim \mathrm{N}(0; 1)$ **ist falsch.** Was aber kann an $PG \sim \mathrm{N}(0; 1)$ falsch sein? Es kann $\mu = 0$ falsch sein oder $\sigma = 1$ oder PG ist überhaupt nicht normalverteilt?

Wir präzisieren daher. Es könnte sein, dass wir bereit sind, den Wert von μ anzweifeln zu lassen, nicht aber $\sigma = 1$ und die Annahme der Normalverteilung

Vor dem Test sind das Modell, die Nullhypothese und die Alternative festzulegen

Das Modell und die beiden Hypothesen

- Das **Grundmodell** ist die Präzisierung des nicht bezweifelten Vorwissens.
- Die **Nullhypothese** H_0 ist die Präzisierung der angezweifelten Aussage, über deren Richtigkeit eine Entscheidung zu fällen ist.
- Die **Alternativhypothese** oder kurz die **Alternative** H_1 sagt: Was gilt, wenn H_0 falsch ist?

Wir setzen das obige Beispiel fort. Da weder an der Normalverteilung noch an der Varianz $\sigma^2 = 1$ gezweifelt wird, ist das Grundmodell

$$PG \sim N(\mu; 1).$$

Über μ sind wir nicht so sicher. Aber wir gehen davon aus, dass $\mu = 0$ gilt. Die Nullhypothese H_0 lautet daher

$$H_0: \ \ „\mu = 0".$$

Die Alternative H_1 ist

$$H_1: \ \ „\mu \neq 0".$$

Die Teststrategie: Liegt die Prüfgröße in der kritischen Region, wird H_0 abgelehnt

Angenommen, Signifikanzniveau α, Annahmebereich AB und kritische Region KR liegen fest. Nun verhalten wir uns nach folgender Strategie. Nach der Beobachtung von $PG = pg$ entscheiden wir wie folgt:

- Liegt $pg \in AB$, ist also die Prognose wahr, dann sprechen die Daten nicht gegen H_0. Aufgrund der Daten besteht kein Grund, an H_0 zu zweifeln. Wir kürzen diese Bewertung ab und sagen: „H_0 **wird angenommen.**"
- Liegt $pg \notin AB$, also $pg \in KR$, so ist die Prognose falsch. Wir sagen: „Die Daten sprechen **signifikant** gegen H_0" und erklären: „Im Rahmen des Modells und des gewählten Signifikanzniveaus α sind die Daten nicht mit H_0 verträglich." Wir kürzen diese Bewertung ab und sagen: „H_0 **wird abgelehnt.**"

Wir setzen das obige Beispiel fort. Das Modell war $PG \sim N(\mu; 1)$, die Nullhypothese „$\mu = 0$". Das Signifikanzniveau haben wir mit $\alpha = 5\%$ festgelegt. Dann machten wir die folgende Prognose $-1.96 \leq PG \leq 1.96$ zum Niveau $1 - \alpha$. Der Annahmebereich AB ist demnach das Intervall $[-1.96, 1.96]$.

Angenommen, wir beobachten $pg = 1.3$, so erklären wir H_0 für angenommen. Falls $pg = 2.3$ ist, erklären wir H_0 für abgelehnt.

Achtung Die Annahme von H_0 ist keine Bestätigung von H_0. Die Ablehnung von H_0 ist keine zwingende, logische Widerlegung von H_0. Im Test werden wir zu einer Entscheidung gezwungen und handeln nach einer von uns festgelegten Strategie. Diese Strategie entspricht dem **Trägheitsprinzip des menschlichen Handelns**. Solange wir Beobachtungen mit unserem Wissen erklären können, sehen wir keinen Grund, an ihm zu zweifeln. Jeder psychisch gesunde Mensch hat ein relativ stabiles Weltbild, mit der er sich die Welt erklärt und danach handelt. Unser Weltbild besteht aus lauter akzeptierten, aber nicht notwendig wahren Nullhypothesen. Diese behalten wir solange bei, bis wir sie nicht mehr mit unseren Erfahrungen vereinbaren können. ◀

Unsere Teststrategie kann zwei völlig unterschiedliche Ergebnisse liefern:

- Die Annahme von H_0 ist windelweich. Sie ist fast eine leere Aussage: „Die Daten sprechen nicht gegen H_0." Na und? Daraus folgt wenig. Betrachten wir ein extrem überzeichnetes Beispiel: Angenommen, mein Modell lautet: „Die Welt steckt voller Gespenster" und die Nullhypothese heißt: „Gespenster sind unsichtbar". Dann ist die Beobachtung: „Kein Mensch hat jemals ein Gespenst gesehen" mit H_0 verträglich. Ist aber dadurch H_0 bestätigt oder gar bekräftigt?
- Die Ablehnung von H_0 dagegen ist eine ernst zunehmende, starke Aussage. Denn entweder ist H_0 wirklich falsch, oder es ist ein seltenes Ereignis eingetreten, das höchstens mit Wahrscheinlichkeit α eintreten konnte.

Die fälschliche Ablehnung der richtigen Nullhypothese ist der Fehler 1. Art

Entsprechend zur unterschiedlichen Qualität der Aussagen werden auch die Fehler unterschiedlich gewichtet.

- Sollte H_0 falsch sein und wird H_0 trotzdem von uns „angenommen", so zucken wir nur mit den Achseln, die Annahme von H_0 bedeutete ja nicht viel. Diese Fehlentscheidung heißt **Fehler 2. Art.**
- Ist aber H_0 richtig und wird von uns fälschlicherweise verworfen, so haben wir den **Fehler 1. Art** begangen, denn die starke Aussage war falsch.

	Realität	
Entscheidung	H_0 ist wahr	H_1 ist wahr
Annahme von H_0	richtig	**Fehler 2. Art**
Ablehnung von H_0	**Fehler 1. Art**	richtig

Das Ziel unserer Teststrategie sollte sein: Vermeide den Fehler 1. Art! Dies ist ein unerfüllbarer Wunsch, denn Fehler sind unvermeidlich, da wir die Wahrheit nicht kennen. Aber eine schwächere Forderung ist erfüllbar:

Kontrolliere die Wahrscheinlichkeit des Fehlers 1. Art!

Diese Forderung haben wir durch das Signifikanzniveau α erfüllt: Wir begehen den Fehler 1. Art, wenn H_0 richtig ist, aber $pg \in$ KR liegt. Durch die Wahl des Annahmebereichs AB haben wir erzwungen, dass gilt:

$$\mathrm{P}(PG \in \mathrm{AB} \,\|\, H_0) \geq 1 - \alpha,$$
$$\mathrm{P}(PG \in \mathrm{KR} \,\|\, H_0) \leq \alpha.$$

Die Wahrscheinlichkeit für den Fehler 1. Art ist höchstens so groß wie das Signifikanzniveau α. Kurz und symbolisch abgekürzt:

$$\mathrm{P}\,(H_0 \,\|\, H_0) \geq 1 - \alpha,$$
$$\mathrm{P}\,(H_1 \,\|\, H_0) \leq \alpha.$$

Ein Test lässt sich vergleichen mit einer Gerichtsverhandlung über das angeklagte H_0. Aufgrund der durch die Prüfgröße gelieferten Indizien muss der Richter entscheiden: Spricht H_0 die Wahrheit oder ist H_0 falsch. Grundlage des Prozesses ist die Unschuldsvermutung von H_0. Die Annahme von H_0 ist ein *Freispruch mangels Beweises*: Die Indizien haben nicht ausgereicht, H_0 zu widerlegen. Der Fehler 1. Art ist die Verurteilung eines Unschuldigen, beim Fehler 2. Art wird ein Sünder laufengelassen.

Achtung Unterscheide **Signifikanz** und **Relevanz:** Eine Beobachtung ist **signifikant**, wenn sie zur Ablehnung der Nullhypothese führt. Eine Abweichung zweier Parameter ist **relevant**, wenn ihre Konsequenzen für den Entscheidenden relevant sind. Es ist möglich, dass in einem Fall irrelevante Abweichungen signifikant sind und in einem anderen Fall relevante Unterschiede nicht signifikant sind. ◄

Der Entscheidungsspielraum vor einem Test: Die Wahl von α, der Hypothesen und des Annahmebereichs

Das Niveau α ist vergleichbar einer DIN-Norm zum wissenschaftlichen Vergleich empirisch überprüfter Hypothesen. Daher werden meist Standardwerte wie $\alpha \in \{1\%, 5\,\%, 10\,\%\}$ etc. verwendet. Generell gilt: Je kleiner α,

- um so stärker bin ich voreingenommen für H_0,
- um so schwerer ist es, H_0 zu verwerfen,
- um so schwerer wiegt die Ablehnung von H_0.

Häufig spielen auch Kostenerwägungen eine Rolle, wenn die Kosten einer Fehlentscheidung abgewogen werden müssen.

Bei der Wahl der Hypothesen gilt ein Grundprinzip: Die Nullhypothese muss vor der Beobachtung aufgestellt werden. Eine Prognose über PG ist sinnlos, wenn pg bereits bekannt ist.

Wem ist es noch nicht geschehen, dass man beim Einkaufen an der „falschen" Ladenkasse steht? An allen anderen Kassen wird zügig kassiert, nur in der eigenen Warteschlange geschieht nichts. Hat man aber endlich die Kasse passiert, dann gibt es nichts Schlimmeres, als wenn dann die Begleiterin oder der Begleiter sagt: „Du bist immer so ein Trottel. Das hätte ich dir auch schon vorher sagen können, dass du dich immer an der falschen Kasse anstellst." Ungerecht und ärgerlich ist dieser Tadel vor allem, weil er hinterher kommt. Erst wird die Beobachtung gemacht und dann wird darauf eine sich selbstbestätigende Ex-Post-Prognose gesattelt: Das hätte ich dir auch schon vorher sagen können.

Beim Test liegt die Situation genauso. Die Hypothesen, der Annahmebereich und das Signifikanzniveau α werden als vorher festgelegte, deterministische Größen behandelt, die nicht von der Zufallsvariablen $\boldsymbol{Y}$ abhängen dürfen.

Nullhypothese und Alternative sind asymmetrisch in der Bedeutung, der Behandlung und in ihren Konsequenzen. Es gibt verschieden Gesichtspunkte bei der Wahl der Hypothesen.

- Statistische Kriterien:
  Bei einem Test muss ich die Wahrscheinlichkeit des Fehlers 1. Art kontrollieren können. Dazu muss ich eine geeignete Prüfgröße finden, deren Verteilung unter H_0 ich kenne. Zum Beispiel gibt es keinen sinnvollen Test, mit dem man die Hypothese H_0: „X und Y sind **abhängig**" testen kann. Dagegen gibt es sehr wohl Tests zur Prüfung der Hypothese H_0: „X und Y sind **unabhängig**." Wir werden einen Unabhängigkeitstest im Bonusmaterial vorstellen.
- Wissenschaftliche Kriterien:
  Was will ich mit dem Test zeigen? Nur die Ablehnung ist eine starke Aussage. Um die Aussage A durch einen Test zu stützen, behaupte ich, als *Advocatus Diaboli*, das Gegenteil von A und versuche, diese Behauptung zu widerlegen. Also A wird zu H_1 und „nicht A" wird zu H_0. Gelingt die Ablehnung von „nicht A", so ist die Aussage A durch den Test gestützt und zwar um so stärker, je kleiner α war.
- Wirtschaftliche Kriterien:
  Jede Fehlentscheidung verursacht Kosten. Wo liegt der größere Schaden? Der schlimmere Fehler wird zum Fehler 1. Art.

Beispiel In der Sahara und in Berlin wird das Wasser aus einem neu gebohrten Brunnen auf seine Trinkwasserqualität geprüft. Angenommen, das Wasser wird als Trinkwasser zugelassen, wenn der Salzgehalt pro Liter geringer ist als μ_0 Einheiten.

	Realität	
Entscheidung	Wasser ist gut, $\mu \leq \mu_0$	Wasser ist schlecht, $\mu > \mu_0$
$\mu \leq \mu_0$	richtig	schlechter Brunnen zugelassen
$\mu > \mu_0$	guter Brunnen gesperrt	richtig

Was sind die Konsequenzen aus den möglichen Fehlentscheidungen? In Berlin gibt es gutes Trinkwasser in Fülle. Die Schließung eines zusätzlichen Trinkwasserbrunnens wäre bei

Weitem nicht so schlimm, wie die Zulassung eines Brunnens mit schlechtem Wasser. Daher ist in Berlin die Nullhypothese:

$$H_0: \text{„}\mu \geq \mu_0\text{"}.$$

Die Behörde geht erst mal davon aus, dass das Wasser schlecht ist. Erst wenn überzeugend nachgewiesen wird, dass diese Annahme falsch ist, wird das Wasser zugelassen. In der Sahara ist es umgekehrt. Die Schließung eines Trinkwasserbrunnens könnte katastrophal sein. Daher ist in der Sahara die Nullhypothese:

$$H_0: \text{„}\mu \leq \mu_0\text{"}.$$

Hier geht man davon aus: „Das Wasser ist trinkbar." Erst wenn nachgewiesen wird, dass das Wasser ungenießbar ist, wird der Brunnen geschlossen. ◄

Wir unterscheiden **einfache** und **zusammengesetzte** Hypothesen: Bei einer einfachen Hypothesen wird genau ein Parameterwert festgelegt, z. B. „$\mu = \mu_0$". Bei einer zusammengesetzten Hypothese wird eine Parametermenge festgelegt, etwa wie im obigen Beispiel „$\mu \geq \mu_0$" bzw. „$\mu \leq \mu_0$". Man könnte fragen, warum nicht die inhaltlich näher liegenden Hypothesen „$\mu > \mu_0$" bzw. „$\mu < \mu_0$" getestet werden. In der Regel – und so ist es auch im obigen Beispiel – hängt die Wahrscheinlichkeit stetig vom Parameter ab. Wenn $\mathrm{P}(PG \in \mathrm{KR} \| \mu) \leq \alpha$ für alle $\mu > \mu_0$ gilt, dann gilt dies auch für $\mu = \mu_0$. Darum wählt man für zusammengesetzte Nullhypothesen von vornherein abgeschlossene Bereiche.

Sind Signifikanzniveau α und Hypothesen festgelegt, bleibt als letztes Problem die Wahl des Annahmebereichs. Hier ist das Kriterium leicht formuliert: Wähle den Annahmebereich so, dass einerseits das Signifikanzniveau α eingehalten wird und gleichzeitig die Wahrscheinlichkeit für den Fehler 2. Art minimiert wird. Mit dieser nicht immer lösbaren Optimierungsaufgabe beschäftigt sich die mathematische Testtheorie. Wir werden sie im Bonusmaterial zu diesem Kapitel kurz streifen.

Die Gütefunktion zeigt die möglichen Konsequenzen des Tests

Wir haben uns bislang vor allem um die Kontrolle der Wahrscheinlichkeit für den Fehler 1. Art bemüht. Aber nicht jeder Test, der das Signifikanzniveau α einhält, ist damit auch ein sinnvoller Test. Dies zeigt der **triviale Test**, der als Extremfall eines Tests im folgenden Beispiel vorgestellt wird.

Beispiel Um eine Entscheidung zwischen zwei Hypothesen H_0 und H_1 zu fällen, wird in eine Urne mit 95 grünen und 5 roten Kugeln gegriffen und zufällig eine Kugel herausgeholt. Ist sie rot, wird H_0 abgelehnt, sonst nicht. Die Wahrscheinlichkeit, mit der eine richtige Nullhypothese abgelehnt wird, ist genau 5 %. Dieser sogenannte **triviale Test** hält das Signifikanzniveau von 5 % exakt ein. ◄

Die Güte eines Test zeigt sich, wenn man das Verhalten des Tests bei einer falschen Nullhypothese betrachtet. Dies ist am einfachsten beim Parametertest zu erkennen. Bei einem Parametertest ist die Verteilung von Y,

$$Y \sim F(y \| \theta),$$

bis auf einen unbekannten Parameter $\theta \in \Theta$ bekannt. (Nichtparametrische Tests prüfen Hypothesen wie „X und Y sind unabhängig" oder „X ist normalverteilt".) H_0 lässt sich dann als Hypothese über θ formulieren: Der Parameterraum Θ zerfällt in zwei disjunkte Klassen: $\Theta = \Theta_0 \cup \Theta_1$. Dabei bedeutet H_0: $\theta \in \Theta_0$ und H_1 bedeutet: $\theta \in \Theta_1$. Häufig werden gleiche Buchstaben für Hypothesen und zugeordnete Parametermengen verwendet:

$$H_0 \mathrel{\hat=} \Theta_0 \quad H_1 \mathrel{\hat=} \Theta_1.$$

Definition der Gütefunktion

Die Gütefunktion $g(\theta)$ ist die Wahrscheinlichkeit der Ablehnung der Nullhypothese als Funktion von θ:

$$g(\theta) = \mathrm{P}(H_1 \| \theta) = \mathrm{P}(PG \in KR \| \theta).$$

Wir erläutern dies am Beispiel des Tests auf μ.

Test auf μ im Normalverteilungsmodell mit bekannter Varianz

Es seien Y_i i.i.d. $\sim \mathrm{N}(\mu; \sigma)$ mit bekanntem σ. Wir testen die einfache Nullhypothese

$$H_0: \text{„}\mu = \mu_0\text{"}$$

gegen die zusammengesetzte Alternative

$$H_1: \text{„}\mu \neq \mu_0\text{"}$$

zum Niveau α. Wir verwenden die Prüfgröße

$$PG = \overline{Y} \sim \mathrm{N}\left(\mu; \frac{\sigma^2}{n}\right).$$

Gilt H_0, so sollten die Werte von $\overline{Y}$ um den Erwartungswert μ_0 streuen. Gilt H_1, dann werden die Werte von $\overline{Y}$ eher weiter links oder rechts von μ_0 liegen. Wir werden daher einen um μ_0 symmetrisch liegenden Annahmebereich wählen:

$$\mu_0 - \tau^*_{1-\alpha/2}\frac{\sigma}{\sqrt{n}} \leq \overline{Y} \leq \mu_0 + \tau^*_{1-\alpha/2}\frac{\sigma}{\sqrt{n}}.$$

Abbildung 40.12 zeigt die Dichte der Prüfgröße für den konkreten Fall $n = 50$, $\mu_0 = 5$, $\sigma = 2$ und $\alpha = 5\,\%$.

Teil VI

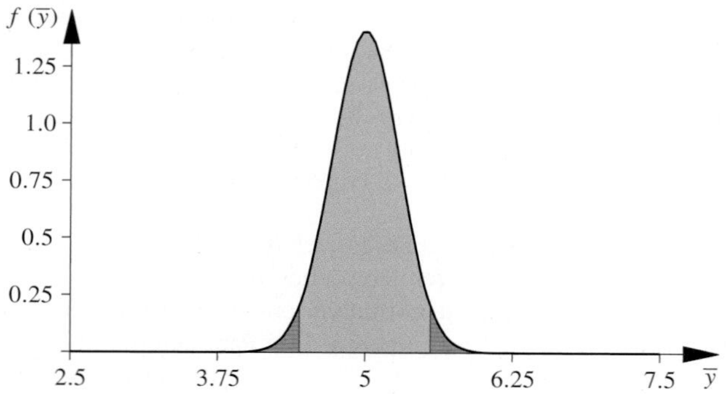

Abb. 40.12 Die Dichte der Prüfgröße unter der Nullhypothese. Annahmebereich und Annahmewahrscheinlichkeit sind grün, kritische Region und Ablehnwahrscheinlichkeit sind rot markiert

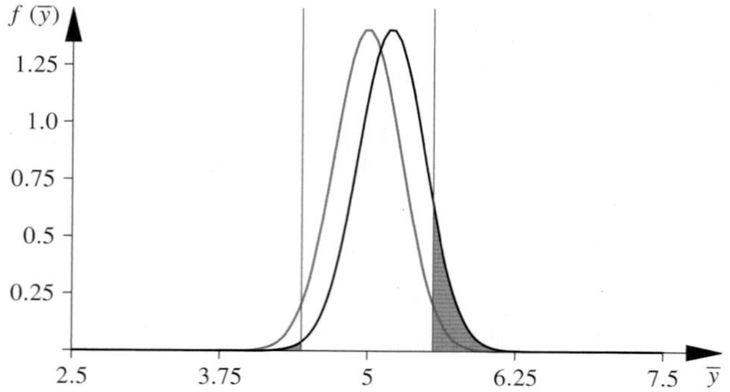

Abb. 40.13 Die Verteilung der Prüfgröße im Fall $\mu = 5.2$. Die Wahrscheinlichkeit einer Ablehnung entspricht der rot markierten Fläche

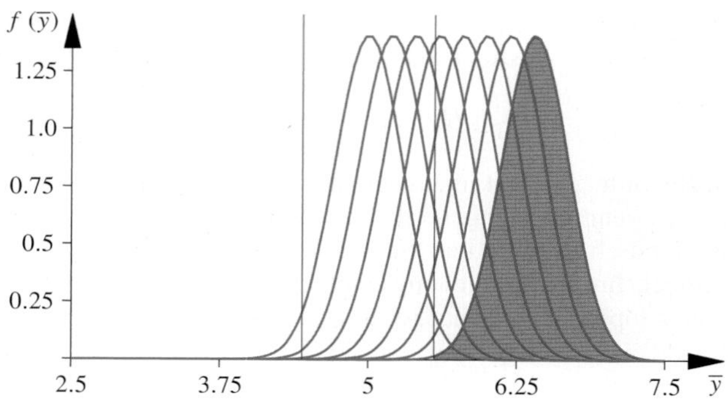

Abb. 40.14 Mit wachsendem μ wandern die Werte der Prüfgröße aus dem Annahmebereich. Die Wahrscheinlichkeit einer Ablehnung im Fall $\mu = 6.6$ entspricht der rot markierten Fläche

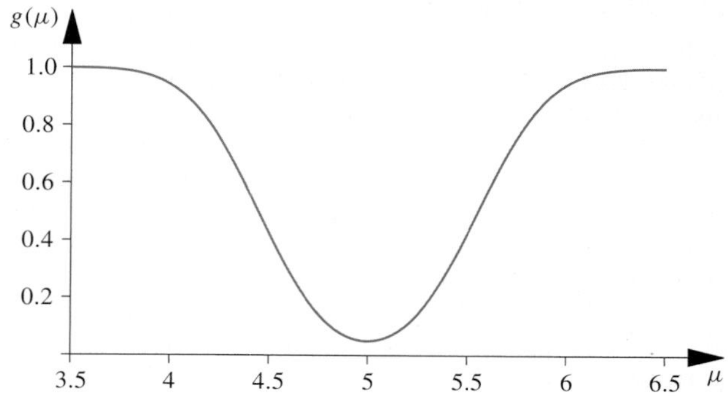

Abb. 40.15 Gütefunktion des zweiseitigen Tests von H_0: „$\mu = 5$" gegen H_1: „$\mu \neq 5$" mit $\alpha = 5\,\%$

Ist die Nullhypothese richtig, liegen 95 % der Werte im Annahmebereich. Nur 5 % liegen in der kritischen Region. Ist das wahre μ ein wenig größer als μ_0, z. B. $\mu = 5.2$, verschiebt sich die wahre Verteilung nach rechts. Die Werte wandern aus dem Annahmebereich hinaus und in die kritische Region hinein (siehe Abb. 40.13).

Die Wahrscheinlichkeit der Ablehnung der falschen Nullhypothese ist im Fall $\mu = 5.2$ rund 10 %. Je weiter μ nach rechts wandert, um so größer wird die Wahrscheinlichkeit, dass die Werte von $\overline{Y}$ in der kritischen Region liegen (siehe Abb. 40.14).

Wenn μ nach links wandert und Werte annimmt, die kleiner als μ_0 sind, erhalten wir spiegelbildlich die gleiche Situation. Abbildung 40.15 zeigt die Gütefunktion, $g(\mu) = \mathrm{P}\left(\overline{Y} \in KR \,\|\, \mu\right)$, die sich hieraus ergibt.

Wir wollen nun $g(\mu)$ theoretisch bestimmen. Bei dem hier behandelten zweiseitigen Test auf μ hat der Annahmebereich die Gestalt

$$\left[\mu_0 - \tau\frac{\sigma}{\sqrt{n}}, \mu_0 + \tau\frac{\sigma}{\sqrt{n}}\right].$$

Dabei ist $\tau = \tau^*_{1-\alpha/2}$ abgekürzt. Also ist

$$\begin{aligned} g(\mu) &= \mathrm{P}\left(\overline{Y} \in KR \,\Big\|\, \mu\right) \\ &= \mathrm{P}\left(\overline{Y} \leq \mu_0 - \tau\frac{\sigma}{\sqrt{n}} \,\Big\|\, \mu\right) \\ &\quad + \mathrm{P}\left(\overline{Y} \geq \mu_0 + \tau\frac{\sigma}{\sqrt{n}} \,\Big\|\, \mu\right). \end{aligned}$$

Wir standardisieren $\overline{Y}$. Wegen $\overline{Y} \sim \mathrm{N}\left(\mu; \frac{\sigma^2}{n}\right)$ und mit der Verteilungsfunktion $\Phi(x)$ der $\mathrm{N}(0; 1)$ erhalten wir

$$\begin{aligned} g(\mu) &= \mathrm{P}\left(\overline{Y}^* \leq \frac{\mu_0 - \tau\frac{\sigma}{\sqrt{n}} - \mu}{\frac{\sigma}{\sqrt{n}}}\right) \\ &\quad + \mathrm{P}\left(\overline{Y}^* \geq \frac{\mu_0 + \tau\frac{\sigma}{\sqrt{n}} - \mu}{\frac{\sigma}{\sqrt{n}}}\right) \\ &= \Phi\left(\frac{\mu_0 - \mu}{\sigma}\sqrt{n} - \tau\right) + 1 - \Phi\left(\frac{\mu_0 - \mu}{\sigma}\sqrt{n} + \tau\right). \end{aligned}$$

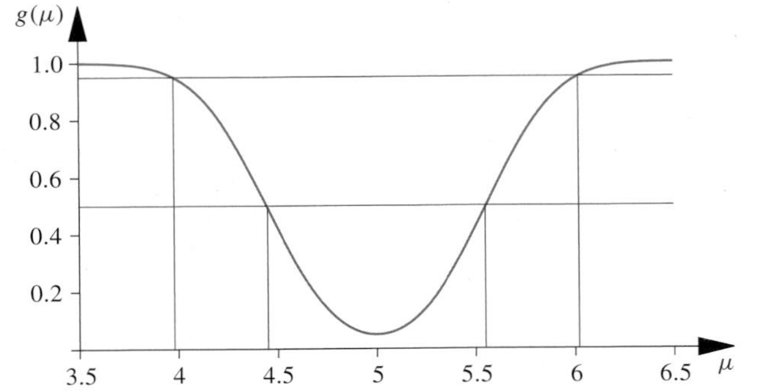

Abb. 40.16 Im Intervall [4.45, 5.55] ist die Wahrscheinlichkeit einer richtigen Ablehnung der falschen Nullhypothese geringer als 1/2. Erst außerhalb dieses Intervalls ist die Entscheidung des Tests verlässlicher als ein Münzwurf. Ist $\mu \leq 3.98$ oder $\mu \geq 6.02$ ist die Wahrscheinlichkeit einer richtigen Ablehnung der falschen Nullhypothese größer als 95 %

In unserem konkreten Beispiel ist $n = 50$, $\sigma = 2$, $\alpha = 5\,\%$ und $\mu_0 = 5$. Dann folgt

$$g(\mu) = 1 - \Phi\left(\frac{5-\mu}{2}\sqrt{50}+1.96\right) + \Phi\left(\frac{5-\mu}{2}\sqrt{50}-1.96\right).$$

Den Graphen der Funktion $g(\mu)$ zeigt Abb. 40.15.

Ist z. B. μ in Wirklichkeit gleich 5.1, so wird die falsche Nullhypothese nur mit der Wahrscheinlichkeit von $g(5.1) = 0.064$ abgelehnt. In der Nähe von $\mu = \mu_0 = 5$ ist der Test fast blind und erkennt kleine Abweichungen von der Nullhypothese $\mu_0 = 5$ nicht. Er nimmt die falsche Nullhypothese fast mit der Wahrscheinlichkeit von $1 - \alpha = 0.95$ an. Schneiden wir den Graphen der Gütefunktion mit einer horizontalen Linie in der Höhe 0.5 erkennen wir: Im Intervall [4.45, 5.55] ist $g(\mu) \leq 0.5$. Nur wenn μ außerhalb dieses Intervalls liegt, ist die Chance, die falsche Nullhypothese zu verwerfen, größer als 50 %. Erst bei großen Abweichungen wacht der Test auf und wird scharf. Außerhalb des Intervalls [3.98, 6.02] ist die Gütefunktion $g(\mu) \geq 0.95$ (siehe Abb. 40.16).

Selbstfrage 7

Im obigen Beispiel ist der Annahmebereich das Intervall [4.45, 5.55]. Der Wert der Gütefunktion an den Grenzen des Annahmebereichs ist bis auf Rundungsfehler $g(4.45) = g(5.55) = 0.5$. Ist dies zufällig?

Abbildung 40.17 zeigt den Einfluss von α bei festem Stichprobenumfang n: Mit wachsendem α wandert die Gütefunktion nach oben, die Wahrscheinlichkeit für den Fehler 2. Art sinkt.

Abbildung 40.18 zeigt den Einfluss des Stichprobenumfangs n bei festem α. Mit wachsendem n wird die Gütefunktion steiler, die Wahrscheinlichkeit für den Fehler 2. Art sinkt.

Selbstfrage 8

Wie sieht die Gütefunktion $g(\theta)$ des trivialen Tests aus?

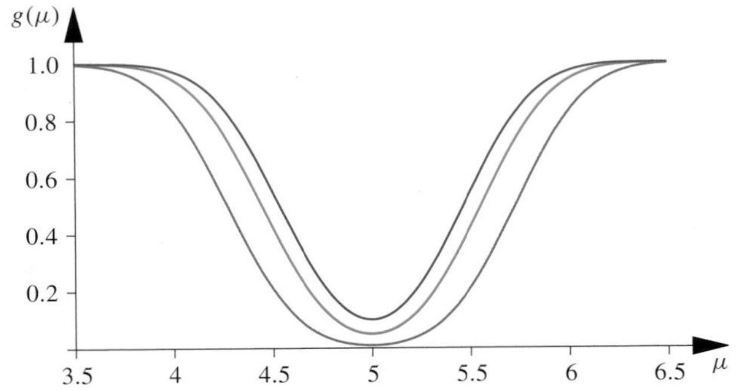

Abb. 40.17 Drei Gütefunktionen für $\alpha = 1\%$ (blau), 5 % (grün), 10 % (rot) und $n = 50$

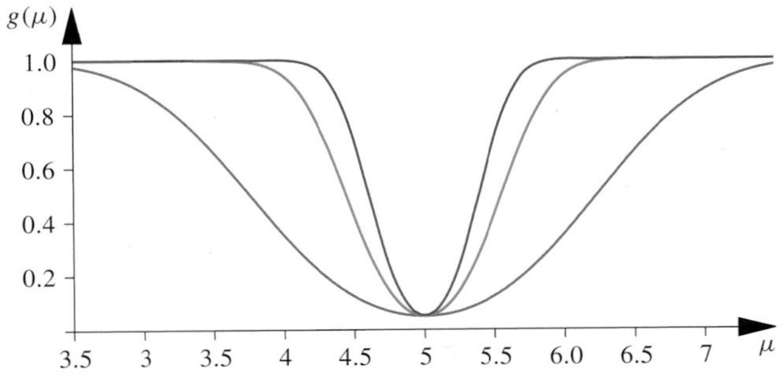

Abb. 40.18 Drei Gütefunktionen für $n = 10, 50, 100$ und $\alpha = 5\,\%$

Häufig interessiert nicht so sehr, ob ein Erwartungswert einen bestimmten Wert μ_0 exakt einhält, als vielmehr, ob er einen Schwellenwert μ_0 unterschreitet oder überschreitet.

Beispiel Wir betrachten eine Abfüllmaschine, die Packungen mit einem Sollgewicht in kg von $\mu_0 = 5$ abfüllen soll. Aus Furcht vor Verbraucherklagen darf μ den Wert 5 nicht unterschreiten. Daher prüft die Firma die Nullhypothese H_0: „$\mu \leq \mu_0$" in der Hoffnung, H_0 verwerfen zu können. Ist $(Y_1, \ldots Y_n)$ eine einfache Stichprobe, so ist

$$PG = \overline{Y} \sim \mathrm{N}\left(\mu; \frac{\sigma^2}{n}\right).$$

Der Annahmebereich besteht nun ausschließlich aus den kleinen Werten.

$$\overline{Y} \leq \mu_0 + \tau_{1-\alpha}\frac{\sigma}{\sqrt{n}}.$$

Die Wahrscheinlichkeit, dass $\overline{Y}$ in der kritischen Region liegt, ist nun:

$$\begin{aligned} g(\mu) &= \mathrm{P}\left(\overline{Y} \in KR \parallel \mu\right) \\ &= \mathrm{P}\left(\overline{Y} > \mu_0 + \tau_{1-\alpha}\frac{\sigma}{\sqrt{n}} \parallel \mu\right). \end{aligned}$$

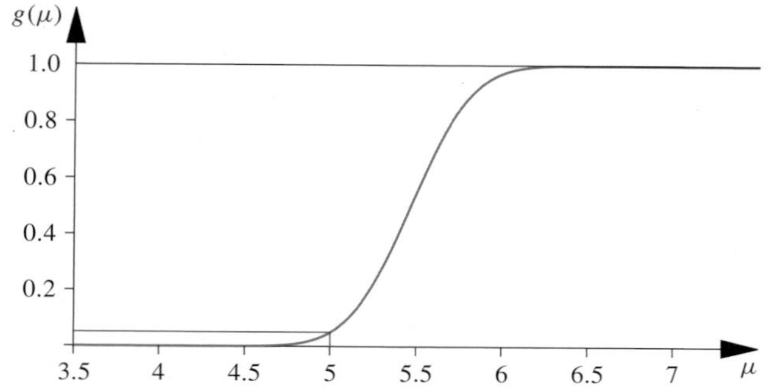

Abb. 40.19 Gütefunktion des Tests der Hypothese $\mu \leq \mu_0$

Nach Standardisierung folgt

$$g(\mu) = \mathrm{P}\left(\overline{Y}^* > \frac{\mu_0 + \tau_{1-\alpha}\frac{\sigma}{\sqrt{n}} - \mu}{\frac{\sigma}{\sqrt{n}}}\right)$$
$$= 1 - \Phi\left(\frac{\mu_0 - \mu}{\sigma}\sqrt{n} + \tau_{1-\alpha}\right).$$

In unserem konkreten Beispiel ist $n = 50$, $\sigma = 2$, $\alpha = 5\,\%$, $\mu_0 = 5$. Dann folgt

$$g(\mu) = 1 - \Phi\left(\frac{5-\mu}{2}\sqrt{50} + 1.65\right).$$

Die Gütefunktion hat nun die in Abb. 40.19 angegebene Gestalt.

Würde dagegen die Hypothese H_0: „$\mu \geq \mu_0$" geprüft, hätte der Test mit dem Annahmebereich $\overline{Y} \geq \mu_0 - \tau_{1-\alpha}\frac{\sigma}{\sqrt{n}}$ die spiegelbildliche Gestalt (siehe auch Aufgabe 40.25). ◄

Die Konfidenzprognosemenge zeigt die Dualität von Tests und Konfidenzbereichen

Auf S. 1529 hatten wir die Konfidenzprognosemenge eingeführt. Erinnern wir uns: Ist Y eine zufällige Variable, $A(\theta)$ der Prognosebereich sowie $K(y)$ der zugehörige Konfidenzbereich zum Niveau $1-\alpha$, dann gilt:

$$\{(y,\theta) \mid y \in A(\theta)\} = \{(y,\theta) \mid \theta \in K(y)\}.$$

Wir nannten den Prognosebereich $A(\theta)$, weil wir annehmen durften, dass sich die Werte von Y mit hoher Wahrscheinlichkeit in $A(\theta)$ befinden werden. $A(\theta)$ ist damit nichts anderes als der Annahmebereich eines Tests der Hypothese über θ.

Dualität von Konfidenzintervall und Testfamilie

y liegt genau dann im Annahmebereich des Tests der Nullhypothese H_0: „$\theta = \theta_0$", wenn bei gegebenem y der Parameter θ_0 im dualen Konfidenzintervall für θ liegt.

Das Konfidenzintervall für θ konnten wir konstruieren, wenn wir für jeden Wert von θ den Bereich $A(\theta)$ bestimmt haben. Wir müssen also für jeden Wert von θ einen entsprechenden Test konstruieren. Das Konfidenzintervall entspricht so einer Familie von Tests. Soll nur ein einziger Parameterwert θ_0 überprüft werden, so ist es oft einfacher, einen Test der Hypothese H_0: „$\theta = \theta_0$" zu konstruieren als ein Konfidenzintervall.

Dieselbe Dualität finden wir in den Pivotvariablen $V = V(Y;\theta)$. Die Aussage

$$\mathrm{P}(a \leq V \leq b) = 1 - \alpha$$

liefert bei festem θ den Annahmebereich des Tests der Nullhypothese H_0: „$\theta = \theta_0$" und bei festem Y ein Konfidenzintervall für θ. Wir zeigen dies am Beispiel des t-Tests und des approximativen Binomialtests.

Der t-Test prüft die Hypothesen über den Erwartungswert μ im Normalverteilungsmodell

Sind $X_1, \ldots, X_n$ i.i.d. $\sim \mathrm{N}(\mu;\sigma^2)$, so ist, wie wir auf S. 1526 gesehen haben,

$$T = \frac{\overline{X} - \mu}{\widehat{\sigma}_{\mathrm{UB}}}\sqrt{n} \sim t(n-1),$$

eine Pivotvariable. Dabei ist $\widehat{\sigma}^2_{\mathrm{UB}} = \frac{1}{n}\sum_{i=1}^n (y_i - \overline{y})^2$ der erwartungstreue Schätzer von σ^2. Daher ist

$$\left|\frac{\overline{X} - \mu_0}{\widehat{\sigma}_{\mathrm{UB}}}\sqrt{n}\right| \leq t_{1-\alpha/2}(n-1)$$

ein Annahmebereich für H_0: „$\mu = \mu_0$". Der Annahmebereich des Tests der Hypothese H_0: „$\mu \leq \mu_0$" ist

$$\frac{\overline{X} - \mu_0}{\widehat{\sigma}_{\mathrm{UB}}}\sqrt{n} \leq t_{1-\alpha}(n-1).$$

Der Annahmebereich der Hypothese H_0: „$\mu \geq \mu_0$" ist

$$\frac{\overline{X} - \mu_0}{\widehat{\sigma}_{\mathrm{UB}}}\sqrt{n} \geq t_{1-\alpha}(n-1).$$

Bei bekannter Varianz σ^2 konnten wir die Gütefunktion des Tests auf μ geschlossen angeben. Beim t-Test ist dies nicht der Fall, denn die Prüfgröße $\frac{\overline{X}-\mu_0}{\widehat{\sigma}_{\mathrm{UB}}}\sqrt{n}$ ist nur im Fall $\mathrm{E}(\overline{X}) = \mu_0$ t-verteilt. Ist $\mathrm{E}(\overline{X}) = \mu \neq \mu_0$, so besitzt die Prüfgröße eine **nichtzentrale t-Verteilung**, deren Dichte sich nur als unendliche Funktionenreihe angeben lässt. Die Gütefunktion für den t-Test lässt sich daher nicht geschlossen angeben, sondern am einfachsten durch Simulation approximieren.

Der Binomialtest prüft Hypothesen über θ im Binomialverteilungsmodell

Ist X binomialverteilt, $X \sim B_n(\theta)$, und n hinreichend groß, so kann die Verteilung von X durch die Normalverteilung $\mathrm{N}(n\theta; n\theta(1-\theta))$ approximiert werden. Dann ist wie bei der Erörterung der asymptotischen Konfidenzintervalle im Beispiel auf S. 1528 gezeigt

$$\frac{|\widehat{\theta}-\theta|}{\sqrt{\theta(1-\theta)}}\sqrt{n} \sim \mathrm{N}(0;1)$$

eine Pivotvariable. Damit ist

$$\frac{|\widehat{\theta}-\theta_0|}{\sqrt{\theta_0(1-\theta_0)}}\sqrt{n} \leq \tau^*_{1-\alpha/2} \quad \text{oder}$$

$$\theta_0 - \tau^*_{1-\alpha/2}\sqrt{\frac{\theta_0(1-\theta_0)}{n}} \leq \widehat{\theta} \leq \theta_0 + \tau^*_{1-\alpha/2}\sqrt{\frac{\theta_0(1-\theta_0)}{n}}$$

der Annahmebereich für einen zweiseitigen Test der Hypothese H_0: „$\theta = \theta_0$" gegen die Alternative H_0: „$\theta \neq \theta_0$" zum Niveau $1-\alpha$. Ist aber n zu klein und ist die asymptotische Verteilung nicht zu rechtfertigen, muss der Annahmebereich explizit konstruiert werden (siehe auch Abb. 40.11).

Teil VI

Zusammenfassung

Die zentralen Grundbegriffe aus diesem Kapitel sind Modell, Zufallsstichprobe, Likelihood, Konfidenzbereich und Test.

Das statistische Modell legt eine Familie von Wahrscheinlichkeitsverteilungen fest

Das Modell soll auf einer Zufallsstichprobe aufbauen. Dabei hat jedes Element der Grundgesamtheit eine angebbare, von null verschiedene Wahrscheinlichkeit, in die Auswahl zu gelangen. Bei einer reinen Zufallsstichprobe haben alle gleichgroßen Teilmengen der Grundgesamtheit dieselbe Wahrscheinlichkeit, dass ihre Elemente in die Auswahl gelangen.

Die Likelihood-Funktion misst die Plausibilität eines Parameters im Licht der Beobachtung

Die Likelihood-Funktion

Gegeben sei ein Wahrscheinlichkeitsmodell, in dem die Wahrscheinlichkeiten der Ereignisse von einem Parameter $\theta \in \Theta$ abhängen. Das Ereignis A sei eingetreten. Innerhalb des Modells besitze A die Wahrscheinlichkeit $\mathrm{P}(A \parallel \theta) > 0$. Dann heißt

$$L(\theta \mid A) = c\,(A)\,\mathrm{P}(A \parallel \theta)$$

die Likelihood-Funktion von θ bei gegebener Beobachtung A. Ist Y eine stetige, zufällige Variable mit der Dichte $f\,(y \parallel \theta)$, so ist die Likelihood-Funktion von θ bei beobachtetem $Y = y$

$$L(\theta \mid Y = y) = c(y) f(a \parallel \theta).$$

Dabei sind $c\,(A)$ und $c\,(y)$ beliebige, nicht von θ abhängende Konstante.

Interpretation des Likelihood-Quotienten

Sind θ_1 und θ_2 zwei konkurrierende Parameter des Modells, so ist θ_1 um so **plausibler** als θ_2, je größer der Likelihood-Quotient ist. Er ist ein relatives Maß für die Plausibilität der Parameter θ_1 und θ_2 im Licht der Beobachtung A.

Die Likelihood enthält die gesamte im Ereignis A enthaltene Information über den Parameter θ

Der Suffizienzbegriff

Eine Funktion $T\,(X) = T\,(X_1, X_2, \ldots, X_n)$ heißt suffizient für θ, wenn die Likelihood von θ nur von $T\,(X)$ abhängt

$$L(\theta \mid X = x) = L(\theta \mid T\,(x) = t).$$

Der Maximum-Likelihood-Schätzer ist der Parameterwert, an dem die Likelihood ihr Maximum annimmt

Der Maximum-Likelihood-Schätzer macht alle Transformationen mit

Ist $\gamma = \gamma\,(\theta)$ bzw. $\theta = \theta\,(\gamma)$ eine eineindeutige Abbildung der Parametermenge Θ auf die Parametermenge Γ und ist $\widehat{\theta}$ der Maximum-Likelihood-Schätzer von θ, so ist

$$\widehat{\gamma} = \widehat{\gamma(\theta)} = \gamma(\widehat{\theta}).$$

Gütekriterien für Schätzer bewerten die Eigenschaften der Wahrscheinlichkeitsverteilung der Schätzfunktion

Die wichtigsten Kriterien einer Schätzfunktion sind der Bias, die Varianz und der Mean Square Error (MSE) sowie das asymptotische Verhalten für große n. Dabei heißt $\widehat{\theta}^{(n)}$ asymptotisch erwartungstreu, falls $\lim_{n\to\infty} \mathrm{E}(\widehat{\theta}^{(n)}) = \theta$ ist, und konsistent, wenn $\lim_{n\to\infty} \widehat{\theta}^{(n)} = \theta$ gilt. Dabei ist der letzte Grenzwert im Sinne der schwachen Konvergenz oder Konvergenz nach Wahrscheinlichkeit zu verstehen.

Ungleichung von Rao-Cramer

Sind $Y_1, \ldots, Y_n$ i.i.d.-zufällige Variable, deren Verteilung von θ abhängt, und ist $\widehat{\theta}^{(n)} = \widehat{\theta}(Y_1; \ldots; Y_n)$ eine erwartungstreue Schätzung für θ, so ist unter schwachen mathematischen Regularitätsbedingungen

$$\operatorname{Var}(\widehat{\theta}^{(n)}) \geq \frac{1}{n}\mathrm{RC}.$$

Dabei hängt RC, die Schranke von Rao-Cramer, weder vom Schätzer noch vom Stichprobenumfang, sondern allein vom Wahrscheinlichkeitsmodell ab.

Maximum-Likelihood-Schätzer stellen die höchsten Anforderungen an Modell und Vorwissen, da die Verteilung der beteiligten Zufallsvariablen bis auf den unbekannten Parameter bekannt sein muss. Sie haben dafür aber auch optimale Eigenschaften.

Optimalität des Maximum-Likelihood-Schätzers

Unter schwachen mathematischen Regularitätsbedingungen an die Likelihood gilt: Sind $Y_1, \ldots, Y_n$ i.i.d., so ist $\widehat{\theta}^{(n)}$ konsistent, asymptotisch normalverteilt, asymptotisch effizient und asymptotisch erwartungstreu.

Punktschätzer sind präzise, aber man kann keine Aussage darüber machen, wie verlässlich sie sind. Intervallschätzer gehen genau den entgegengesetzten Weg, sie machen unscharfe Aussagen mit angebbarer Verlässlichkeit.

Eine Prognose ist eine Aussage über das Eintreten eines zufälligen Ereignisses

Prognosebereich

Jeder Bereich B mit $\mathrm{P}(Y \in B) \geq 1-\alpha$ heißt Prognosebereich für Y und $Y \in B$ eine Prognose über Y zum Niveau $1-\alpha$.

Die Konfidenzstrategie: Eine nicht verifizierbare Prognose wird für wahr erklärt

Die Konfidenzstrategie

Gegeben sei die zufällige Variable Y, deren Verteilung vom unbekannten Parameter θ abhängt. Ist $A(\theta)$ ein $(1-\alpha)$-Prognosebereich zum Niveau α für Y,

$$\mathrm{P}(Y \in A(\theta)) \geq 1-\alpha,$$

dann ist die Menge aller θ, für welche $y \in A(\theta)$ gilt,

$$K(y) = \{\theta \mid y \in A(\theta)\}$$

ein Konfidenzbereich für θ zum Niveau $(1-\alpha)$. Kurz

$$y \in A(\theta) \quad \Leftrightarrow \quad \theta \in K(y).$$

Konfidenzintervalle lassen sich leicht konstruieren, wenn man eine Pivotvariable besitzt.

Pivotvariable

Es sei Y eine zufällige Variable, deren Verteilung vom unbekannten Parameter θ abhängt. Dann heißt eine von Y und θ abhängende Variable

$$V = V(Y;\theta)$$

eine Pivotvariable, wenn die Verteilung von $V(Y;\theta)$ vollständig bekannt ist.

Im Normalverteilungsmodell ist bei unbekanntem σ der studentisierte Mittelwert eine Pivotvariable

Der studentisierte Mittelwert ist t-verteilt

Sind $X_1, \ldots, X_n$ i.i.d. $\mathrm{N}(\mu;\sigma^2)$, dann besitzt

$$\frac{\overline{X}-\mu}{\widehat{\sigma}_{\mathrm{UB}}}\sqrt{n}$$

eine t-Verteilung mit $(n-1)$ Freiheitsgraden.

Der standardisierte Maximum-LikelihoodSchätzer ist asymptotisch eine Pivotvariable

Das angenäherte Konfidenzintervall im Binomialmodell

Wird die Binomialverteilung durch die Normalverteilung approximiert und werden kleinere Terme vernachlässigt, ist

$$|\theta - \widehat{\theta}| \le \tau^*_{1-\alpha/2} \sqrt{\frac{\widehat{\theta}(1-\widehat{\theta})}{n}}$$

ein zweiseitiges Konfidenzintervall für θ zum Niveau $1-\alpha$.

Die Konfidenzprognosemenge gibt ein anschauliches Bild aller Konfidenzbereiche

Die Konfidenzprognosemenge

Ist Y eine zufällige Variable, deren Verteilung vom unbekannten Parameter θ abhängt, und $A(\theta)$ der Prognosebereich sowie $K(y)$ der zugehörige Konfidenzbereich zum Niveau $1-\alpha$, dann heißt

$$\{(y,\theta) \mid y \in A(\theta)\} = \{(y,\theta) \mid \theta \in K(y)\}$$

Konfidenzprognosemenge zum Niveau $1-\alpha$.

Ein Test ist eine Entscheidung über die Gültigkeit einer Hypothese

Die Grundbegriffe der Testtheorie sind Prüfgröße, Annahmebereich und kritische Region, Null- und Alternativhypothese, Signifikanzniveau, Fehler 1. und 2. Art sowie die Gütefunktion.

Vor dem Test sind das Modell, die Nullhypothese und die Alternative festzulegen

Das Modell und die beiden Hypothesen

- Das Grundmodell ist die Präzisierung des nicht bezweifelten Vorwissens.
- Die Nullhypothese H_0 ist die Präzisierung der angezweifelten Aussage, über deren Richtigkeit eine Entscheidung zu fällen ist.
- Die Alternativhypothese oder kurz die Alternative H_1 sagt: Was gilt, wenn H_0 falsch ist?

Die Prüfgröße des Tests liegt entweder im Annahmebereich oder in der kritischen Region

Liegt die Prüfgröße in der kritischen Region, wird H_0 abgelehnt.

Dualität von Konfidenzintervall und Testfamilie

y liegt genau dann im Annahmebereich des Tests der Nullhypothese H_0: „$\theta = \theta_0$“, wenn bei gegebenem y der Parameter θ_0 im dualen Konfidenzintervall für θ liegt.

Die fälschliche Ablehnung der richtigen Nullhypothese ist der Fehler 1. Art

Das Signifikanzniveau α ist die Wahrscheinlichkeit des Fehlers 1. Art.

Definition der Gütefunktion

Die Gütefunktion $g(\theta)$ ist die Wahrscheinlichkeit der Ablehnung der Nullhypothese als Funktion von θ,

$$g(\theta) = \mathrm{P}(H_1 \parallel \theta) = \mathrm{P}(„PG \in KR“ \parallel \theta).$$

Der t-Test prüft die Hypothesen über den Erwartungswert μ im Normalverteilungsmodell. Der Binomialtest prüft Hypothesen über θ im Binomialverteilungsmodell.

Bonusmaterial

Im Bonusmaterial streifen wir kurz die Stichprobentheorie und betrachten Eigenschaften geschichteter Stichproben. Wir konstruieren Konfidenzintervalle für die Binomialverteilung. Dann behandeln wir die Schätztheorie aus einem ganz neuen Blickwinkel, nämlich die bayesianische Schätztheorie. Hier wird gefragt: Welche Schätzfunktion minimiert den Erwartungswert des Schadens einer Fehlschätzung? Dabei sind die relevanten Wahrscheinlichkeitsverteilungen die A-posteriori-Verteilungen auf der Basis von A-priori-Vorwissen und der Likelihood aus Stichproben. Schließlich vertiefen wir die Testtheorie und betrachten nichtparametrische Tests und das grundlegende Lemma von Neyman und Pearson.

Aufgaben

Die Aufgaben gliedern sich in drei Kategorien: Anhand der *Verständnisfragen* können Sie prüfen, ob Sie die Begriffe und zentralen Aussagen verstanden haben, mit den *Rechenaufgaben* üben Sie Ihre technischen Fertigkeiten und die *Anwendungsprobleme* geben Ihnen Gelegenheit, das Gelernte an praktischen Fragestellungen auszuprobieren.
Ein Punktesystem unterscheidet leichte •, mittelschwere •• und anspruchsvolle ••• Aufgaben. Lösungshinweise am Ende des Buches helfen Ihnen, falls Sie bei einer Aufgabe partout nicht weiterkommen. Dort finden Sie auch die Lösungen – betrügen Sie sich aber nicht selbst und schlagen Sie erst nach, wenn Sie selber zu einer Lösung gekommen sind. Ausführliche Lösungswege, Beweise und Abbildungen finden Sie als digitales Zusatzmaterial (electronic supplementary material).
Viel Spaß und Erfolg bei den Aufgaben!

Verständnisfragen

40.1 • Es seien $X_1, \ldots, X_n$ i.i.d.-gleichverteilt im Intervall $[a, b]$. Wie sieht die Likelihood-Funktion $L(a, b)$ aus?

40.2 • Sie kaufen n Lose. Sie gewinnen mit dem ersten Los. Die restlichen $n-1$ Lose sind Nieten. Wie groß ist die Likelihood von θ der Wahrscheinlichkeit, mit einem Los zu gewinnen?

40.3 • Sie kaufen n Lose. Das erste Los ist eine Niete. Bei den restlichen Losen ist aber mindestens ein Gewinn dabei. Wie groß ist die Likelihood von θ der Wahrscheinlichkeit, mit einem Los zu gewinnen?

40.4 • Bei einem Experiment zur Schätzung des Parameters θ gehen Daten verloren. Sie können nicht mehr feststellen, ob $X = x_1$ oder $X = x_2$ beobachtet wurden. Wie groß ist $L(\theta \mid x_1 \text{ oder } x_2)$?

40.5 • Welche der folgenden Aussagen sind richtig?

(a) Die Likelihood-Funktion hat stets genau ein Maximum.
(b) Für die Likelihood-Funktion $L(\theta \mid x)$ gilt stets $0 \leq L(\theta \mid x) \leq 1$.
(c) Die Likelihood-Funktion $L(\theta \mid x)$ kann erst nach Vorlage der Stichprobe berechnet werden.

40.6 • Der Ausschussanteil in einer laufenden Produktion sei θ. Es werden unabhängig voneinander zwei einfache Stichproben vom Umfang n_1 bzw. n_2 gezogen. Dabei seien x_1 bzw. x_2 schlechte Stücke getroffen worden. θ wird jeweils geschätzt durch $\widehat{\theta}_{(i)} = \frac{x_i}{n_i}$. Wie lassen sich beide Schätzer kombinieren?

40.7 •• Welche der folgenden Aussagen (a) bis (c) sind richtig:

(a) Der Anteil θ wird bei einer einfachen Stichprobe durch die relative Häufigkeit $\widehat{\theta}$ in der Stichprobe geschätzt. Bei dieser Schätzung ist der MSE umso größer, je näher θ an 0.5 liegt.
(b) $\overline{X}$ ist stets ein effizienter Schätzer für $\mathrm{E}(X)$.
(c) Eine nichtideale Münze zeigt „Kopf" mit Wahrscheinlichkeit θ. Sie werfen die Münze ein einziges Mal und schätzen

$$\widehat{\theta} = \begin{cases} 1, & \text{falls die Münze „Kopf" zeigt.} \\ 0, & \text{falls die Münze „Zahl" zeigt.} \end{cases}$$

Dann ist diese Schätzung erwartungstreu.

40.8 •• Das Gewicht μ eines Briefes liegt zwischen 10 und 20 Gramm. Um μ zu schätzen, haben Sie zwei Alternativen:

(a) Sie schätzen μ durch $\widehat{\mu}_1 = 15$.
(b) Sie lesen das Gewicht X auf einer ungenauen Waage ab und schätzen $\widehat{\mu}_2 = X$. Dabei ist $\mathrm{E}(X) = \mu$ und $\mathrm{Var}(X) = 36$.

Welche Schätzung hat den kleineren MSE?

Nun müssen Sie das Gesamtgewicht von 100 derartigen Briefen mit von einander unabhängigen Gewichten abschätzen. Wieder haben Sie die Alternative: $\widehat{\mu}_1 = 15 \cdot 100$ oder $\widehat{\mu}_2 = \sum X_i$. Welche Schätzung hat den kleineren MSE?

40.9 •• Es sei X binomialverteilt: $X \sim B_n(\theta)$. Was sind die ML-Schätzer von $\mathrm{E}(X)$ und $\mathrm{Var}(X)$ und wie groß ist der Bias von $\widehat{\mu}$ und von $\widehat{\sigma^2}$. Warum geht der Bias von $\widehat{\sigma^2}$ nicht mit wachsendem n gegen 0?

40.10 • Bei einer einfachen Stichprobe vom Umfang n wird σ^2 erwartungstreu durch die Stichprobenvarianz $\widehat{\sigma^2_{\mathrm{UB}}}$ geschätzt. Wird dann auch σ erwartungstreu durch $\widehat{\sigma}$ geschätzt?

40.11 •• Welche der folgenden Aussagen von (a) bis (d) sind richtig:

(a) Erwartungstreue Schätzer haben stets einen kleineren MSE als nicht erwartungstreue Schätzer.
(b) Effiziente Schätzer haben stets einen kleineren MSE als nichteffiziente Schätzer.
(c) Mit wachsendem Stichprobenumfang konvergiert jede Schätzfunktion nach Wahrscheinlichkeit gegen den wahren Parameter.
(d) Ist X in $[a, b]$ gleichverteilt, dann sind $\min X_i$ und $\max X_i$ suffiziente Statistiken.

40.12 • Sie schätzen aus einer einfachen Stichprobe $\widehat{\mu} = \overline{Y}$. Wie schätzen Sie μ^2 und wie groß ist der Bias der Schätzung?

40.13 •• Welche der folgenden Aussagen von (a) bis (c) ist richtig:

(a) Es sei $10 \leq \mu \leq 20$ ein Konfidenzintervall für μ zum Niveau $1 - \alpha = 0.95$. Dann liegt μ mit hoher Wahrscheinlichkeit zwischen 10 und 20.
(b) Für den Parameter μ liegen zwei Konfidenzintervalle vor, die jeweils zum Niveau $1 - \alpha = 0.90$ aus unabhängigen Stichproben gewonnen wurden und zwar $10 \leq \mu \leq 20$ und $15 \leq \mu \leq 25$. Dann ist $15 \leq \mu \leq 20$ ein Konfidenzintervall zum Niveau 0.9^2.
(c) Wird bei gleichem Testniveau α der Stichprobenumfang vervierfacht, so halbiert sich die Wahrscheinlichkeit für den Fehler 2. Art.

40.14 ••• Ein nichtidealer Würfel werfe mit Wahrscheinlichkeit θ eine Sechs. Sie werfen mit dem Würfel unabhängig voneinander solange, bis zum ersten Mal Sechs erscheint. Nun wiederholen Sie das Experiment k-mal. Dabei sei X_i die Anzahl der Würfe in der i-ten Wiederholung. Insgesamt haben Sie $n = \sum_{i=1}^{k} X_i$ Würfe getan.

In einem zweiten Experiment werfen Sie von vornherein den Würfel n-mal und beobachten $X = k$ mal die Sechs. Vergleichen Sie die Likelihoods in beiden Fällen. Welche Schlussfolgerungen ziehen daraus? Ziehen wir aus der gleichen Information gleiche Schlüsse?

Rechenaufgaben

40.15 ••• Beweisen Sie mithilfe der Markov-Ungleichung die Aussage: Ein $\widehat{\theta}^{(n)}$, dessen Mean Square Error MSE gegen null konvergiert, ist konsistent.

40.16 ••• Es sei X exponentialverteilt. $X \sim \mathrm{ExpV}(\lambda)$. Zeigen Sie: Ein erwartungstreuer Schätzer $\widehat{\lambda} > 0$ für λ existiert nicht. $\frac{1}{X}$ ist asymptotisch erwartungstreu, dabei ist $\mathrm{E}\left(\frac{1}{X}\right) \geq \lambda$.

40.17 • Die Zufallsvariablen $Y_1, Y_2, \ldots, Y_n$ seien i.i.d.-$\mathrm{N}(\mu; \sigma^2)$-verteilt. Weiter sei Q eine Abkürzung für

$$Q = \sum_{i=1}^{n} (Y_i - \overline{Y})^2.$$

Zeigen Sie: $\widehat{\sigma}^2_{\mathrm{UB}} = \frac{Q}{n-1}$, $\widehat{\sigma}^2_{\mathrm{ML}} = \frac{Q}{n}$ und $\widehat{\sigma}^2_{\mathrm{MSE}} = \frac{Q}{n+1}$ sind konsistente Schätzer für σ^2. Dabei ist allein $\widehat{\sigma}^2_{\mathrm{UB}}$ erwartungstreu. Weiter gilt

$$\mathrm{MSE}(\widehat{\sigma}^2_{\mathrm{UB}}) > \mathrm{MSE}(\widehat{\sigma}^2_{\mathrm{ML}}) > \mathrm{MSE}(\widehat{\sigma}^2_{\mathrm{MSE}}).$$

40.18 ••• Die Dichte der Zufallsvariable Z sei eine Mischung von zwei Normalverteilungen:

$$f(z \,\|\, \mu; \sigma) = \frac{1}{2\sqrt{2\pi}\sigma} \exp\left(-\frac{(z-\mu)^2}{2\sigma^2}\right) + \frac{1}{2\sqrt{2\pi}} \exp\left(-\frac{z^2}{2}\right).$$

Dabei sind μ und $\sigma > 0$ unbekannt. Zeigen Sie: Sind $Z_1, \ldots, Z_n$ i.i.d.-verteilt wie Z, und werden ihre Realisationen $z_1, \ldots, z_n$ beobachtet, dann lässt sich aus ihnen kein ML-Schätzer für μ und σ konstruieren.

40.19 ••• Bei einer Messung positiver Werte seien die Messungen normalverteilt mit konstantem bekannten Variationskoeffizient γ, also mit bekannter relativer Genauigkeit. Bei einer einfachen Stichprobe liegen die Messwerte $x_1, \ldots, x_n$ vor. Nehmen Sie an, dass die X_i i.i.d.-$\mathrm{N}(\mu; \sigma^2)$-verteilt sind mit $\mu > 0$. Wie groß sind die ML-Schätzer $\widehat{\mu}$ und $\widehat{\sigma}$?

40.20 •• Ein nichtidealer Würfel werfe mit Wahrscheinlichkeit θ eine Sechs. Sie werfen mit dem Würfel unabhängig voneinander solange, bis zum ersten Mal Sechs erscheint. Bestimmen Sie daraus ein Konfidenzintervall für θ. Wie sieht das Intervall für ein $\alpha = 5\,\%$ aus, wenn dies nach dem sechsten Wurf zuerst geschieht.

40.21 ••• Der ML-Schätzer für θ bei der geometrischen Verteilung ist $\widehat{\theta}_{\mathrm{ML}} = \frac{1}{k}$. Bestimmen Sie $\mathrm{E}(\widehat{\theta}_{\mathrm{ML}})$. Bestimmen Sie den einzigen erwartungtreuen Schätzer. Ist dieser Schätzer sinnvoll?

40.22 ••• Es seien $X_1, \ldots, X_n$ im Intervall $[0, \theta]$ i.i.d.-gleichverteilt.

(a) Bestimmen Sie den ML-Schätzer für θ und daraus einen erwartungstreuen Schätzer für θ.
(b) Hat der ML-Schätzer oder der erwartungstreue Schätzer den kleineren MSE?
(c) Bestimmen Sie ein Konfidenzintervall für θ zum Niveau $1 - \alpha$.

Anwendungsprobleme

40.23 • Biologen stehen oft vor der Aufgabe, die Anzahl von freilebenden Tieren in einer festgelegten Umgebung abzuschätzen. Bei **Capture-Recapture-Schätzungen** wird ein Teil der Tiere gefangen, markiert und wieder ausgesetzt. Nach einer Weile, wenn sich die Tiere wieder mit den anderen vermischt haben und ihr gewohntes Leben wieder aufgenommen haben, werden erneut einige Tiere gefangen. Es seien N Fische im Teich und m Fische markiert worden. Es sei Y die Anzahl der markierten Fische, die bei einer zweiten Stichprobe von insgesamt n gefangenen Fischen gefunden wurden. Was ist der ML-Schätzer von N?

40.24 ••• Bei der Suche nach medizinisch wirksamen Substanzen werden 1000 von Wissenschaftlern gesammelte Pflanzen auf ihre Wirksamkeit getestet. Dabei bedeute $\mu = 0$ Wirkungslosigkeit und $\mu \neq 0$ potenzielle Wirksamkeit. Das Testniveau sei $\alpha = 10\,\%$. Falls alle Pflanzen in Wirklichkeit wirkungslos sind, wie groß ist mit hoher Wahrscheinlichkeit der Anteil der Pflanzen, denen fälschlicherweise Wirksamkeit unterstellt wird:

(a) unbekannt.
(b) genau 10 %
(c) zwischen 8 und 12 %.

Der größte Schaden für das Unternehmen besteht darin, wenn wirksame Pflanzen übersehen werden. Wie können Sie diese Problem durch geeignete Wahl der Hypothesen, des Niveaus und des Stichprobenumfangs lösen?

40.25 ••• Betrachten wir eine Produktion, bei der ein Zuschlagsstoff ein Sollgewicht von $\mu_0 = 5\,\text{kg}$ nicht überschreiten darf. Durch eine Kontrollstichprobe $Y_1, \ldots, Y_n$ soll der Sollwert geprüft werden. Welche Hypothese ist zu testen. Wie groß muss n sein, wenn der Fehler 1. Art höchsten 5 % und der Fehler 2. Art höchstens 10 % sein darf falls μ 4,17 ist? Nehmen Sie dabei an, die Y_i seien i.i.d. $\text{N}(\mu; 4)$. Zeichnen Sie die Gütefunktion des Tests.

40.26 ••• 30 % der Patienten, die an einer speziellen Krankheit erkrankt sind, reagieren positiv auf ein von der Krankenschwester verabreichtes Placebo. Bei einem Experiment mit 20 Patienten soll überprüft werden, ob sich die Wirkung des Placebos ändert, wenn es vom Oberarzt überreicht wird. Welche Hypothesen testen Sie? Wie sieht bei einem $\alpha = 5\,\%$ der Annahmebereich aus? Mit welchem α arbeiten Sie wirklich?

Teil VI

Antworten zu den Selbstfragen

Antwort 1 Der zweidimensionale Parameter ist $\theta = (\mu, \sigma)$. Der Parameterraum im weitestens Sinn ist $\mathbb{R} \times \mathbb{R}_+$, der wahre Parameter $\theta_0 = (\mu_0, \sigma_0)$ könnte zum Beispiel $\mu_0 = 500$ und $\sigma_0 = 1$ sein.

Antwort 2 Es ist $\mathrm{P}(Y = 2 \parallel \lambda) = \frac{\lambda^2}{2!}\mathrm{e}^{-\lambda}$. Da wir die Konstante $\frac{1}{2!}$ ignorieren können, ist

$$L(\lambda \mid Y = 2) = \lambda^2 \mathrm{e}^{-\lambda}.$$

Antwort 3 Es ist $\mathrm{E}(Y) = n\theta$ und $\mathrm{Var}(Y) = n\theta(1 - \theta)$. Daher ist $\widehat{\mu} = n \cdot 0.2$ und $\widehat{\sigma^2} = \widehat{\sigma}^2 = n \cdot 0.2 \cdot 0.8$.

Antwort 4 Ja. Die Verteilung der Y_i spielt keine Rolle, solange die Y_i nur einen Erwartungswert besitzen, denn $\mathrm{E}(\widehat{\mu}) = \mathrm{E}(\overline{Y}) = \frac{1}{n}\sum_{i=1}^{n} \mathrm{E}(Y_i) = \frac{1}{n}\sum_{i=1}^{n} \mu = \mu$.

Antwort 5 a) Ja, denn

$$\mathrm{P}(Y = \mu + 1 \parallel \mu) = \mathrm{P}(Y = \mu - 1 \parallel \mu) = 0.5.$$

Daher ist

$$\mathrm{E}(Y) = \frac{1}{2}(\mu + 1) + \frac{1}{2}(\mu - 1) = \mu.$$

Obwohl wir mit Sicherheit wissen, dass das angezeigte Gewicht Y falsch ist, ist Y erwartungstreu.

b) Nein. Der Erwartungswert macht nur alle linearen Transformationen mit. Die Wurzelfunktion ist nichtlinear. Daher ist

$$\mathrm{E}(\widehat{\sigma}_{\mathrm{UB}}) \neq \sqrt{\mathrm{E}(\widehat{\sigma}^2_{\mathrm{UB}})} = \sqrt{\sigma^2}.$$

Antwort 6 $\widehat{\theta}_{17}$ ist nicht erwartungstreu.

Antwort 7 Nein. Die Normalverteilung ist symmetrisch. Liegt das wahre μ genau auf der oberen Grenze des Annahmebereichs, so liegen genau 50 % der Realisationen links und 50 % rechts davon. Der linke „Schwanz" der Dichtefunktion ragt zwar noch über den linken Rand des Annahmebereich hinaus, die sich dort noch befindliche Wahrscheinlichkeitsmasse ist aber sehr klein und kann vernachlässigt werden.

Antwort 8 Die Gütefunktion ist eine Konstante $g(\theta) = \alpha$. Denn unabhängig davon, welche Hypothese getestet und welcher Parameter wahr ist, es wird stets mit Wahrscheinlichkeit α abgelehnt.

Lineare Regression – die Suche nach Abhängigkeiten

41

Wie viele Ausgleichsgeraden sind möglich und wie finde ich sie?

Was ist die Empfindlichkeit einer Messanordnung?

Wie kann ich von y auf x zurückschließen?

Was heißt: Unter der Nachweisbarkeitsgrenze?

Ergänzende Information Die elektronische Version dieses Kapitels enthält Zusatzmaterial, auf das über folgenden Link zugegriffen werden kann https://doi.org/10.1007/978-3-662-64389-1_41.

T. Arens et al., *Mathematik*, https://doi.org/10.1007/978-3-662-64389-1_41

Fausts Wunsch „... dass ich erkenne, was die Welt im Innersten zusammenhält ... " ist auch heute noch Inbegriff menschlichen Forschens; nämlich erstens die Beziehung zwischen Variablen zu entdecken und zu beschreiben und zweitens sie nach Ursache und Wirkung, Input und Output zu trennen. Im weitesten Sinne ist die Beschäftigung mit dieser Aufgabe das Thema dieses letzten Kapitels. Dabei werden wir ganz bescheiden uns allein mit linearen Zusammenhängen beschäftigen. Während Korrelationen lineare Zusammenhänge zwischen gleichartigen Variablen beschreiben, haben wir es in der Regressionsrechnung mit der Wirkung $\mu(\boldsymbol{x})$ einer determinierten Größe $\boldsymbol{x}$ auf eine davon abhängige Variable y zu tun. Unser Grundmodell ist

$$\begin{aligned}\text{Beobachtung} &= \text{Systematische } \mu(\boldsymbol{x})\text{-Komponente plus Störung}\\ y &= \mu(\boldsymbol{x}) + \varepsilon.\end{aligned}$$

Dabei steht $\boldsymbol{x}$ für eine noch näher zu definierende ein- oder mehrdimensionale Variable.

Die geschätzte $\mu(\boldsymbol{x})$-Komponente soll „möglichst nah" bei y liegen und der nicht erfasste Rest möglichst wenig mit der $\boldsymbol{x}$-Komponente zu tun haben.

Wir beginnen zuerst ganz pragmatisch mit der Aufgabe, eine (x, y)-Punktwolke durch ein Gerade zu beschreiben. Dann streifen wir kurz den Begriff „Zusammenhang" und entwickeln das **lineare Modell** als mathematischen Rahmen für unsere Aufgabe. Hierbei präzisieren wir die intuitive Vorstellung „nah" durch die euklidische Distanz in geeigneten Räumen und finden in dem Begriff der „Projektion" das geeignete Werkzeug zur eleganten und transparenten Lösung unserer Aufgabe. Danach widmen wir uns noch ausführlicher dem einfachsten Spezialfall einer eindimensionalen Variablen x.

41.1 Die Ausgleichsgeraden

Wir kehren zu den euklidischen Vektorräumen aus Kap. 20 und zur Optimierungstheorie aus Kap. 35 zurück. In Anwendungen auf S. 759 und auf S. 1318 wird die Methode der kleinsten Quadrate, werden Normalgleichungen und die Bestimmung der Ausgleichsgeraden aus rein geometrischen Bezügen entwickelt. Wir greifen diese Begriffe hier noch einmal auf und stellen sie in einen statistischen Zusammenhang. Worum geht es?

Häufig finden wir eine Menge von Punktepaaren $z_i = (x_i, y_i) \in \mathbb{R}^2$, $i = 1, \ldots, n$, die wir uns als Punktwolke im $\mathbb{R}^2$ veranschaulichen. Oft möchte man die Punktwolke durch eine Gerade $y = g(x)$ beschreiben, die möglichst gut die Gestalt der Punktwolke wiedergibt. Diese **Ausgleichsgerade** g kann man nach Gefühl und Augenmaß zeichnen. Doch Augenmaß allein reicht oft nicht aus. Man sucht eine besonders „gute" Ausgleichsgerade. Je nachdem, was „gut" bedeuten soll, lassen sich mindestens drei verschiedene Lösungen anbieten.

Dazu stellen wir uns vor, dass jeder Punkt z_i auf einen Bezugspunkt $\widehat{z}_i$ auf der Ausgleichsgerade abgebildet wird. $\|z_i - \hat{z}_i\|$ ist dann der individuelle Fehler bei der Abbildung von z_i. Ein Maß für die globale Güte der Abbildung ist die Summe der quadrierten Fehler,

$$\text{SSE} = \sum_{i=1}^{n} \|z_i - \widehat{z}_i\|^2 = \textbf{S}\text{um of }\textbf{S}\text{quares of }\textbf{E}\text{rror}.$$

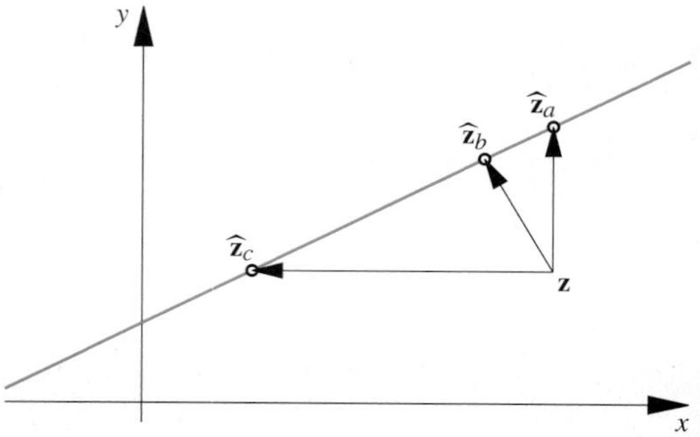

Abb. 41.1 Der Punkt z besitzt mindestens drei mögliche Bezugspunkte auf der Ausgleichsgeraden

Gesucht wird dann diejenige Gerade als optimale Ausgleichsgerade, die dieses Kriterium SSE minimiert. Nun stellt sich die Frage: Wie soll der jeweilige Bezugspunkt $\widehat{z}_i$ definiert werden? In Abb. 41.1 ist eine Ausgleichsgerade mit nur einem einzigen Punkt z der dazugehörigen Punktwolke gezeichnet. Zu z lässt sich auf drei verschiedene Weisen ein Bezugspunkt $\widehat{z}$ auf der Ausgleichsgerade definieren.

Jede der drei Optionen ergibt eine andere Ausgleichsgerade:

- Der zu z gehörende Bezugspunkt ist der vertikal über z auf der Ausgleichsgeraden gelegene Punkt $\widehat{z}_a$. Die sich daraus ergebende Ausgleichsgerade heißt **Ausgleichsgerade von y nach x**.
- Der zu z gehörende Bezugspunkt ist der Punkt $\widehat{z}_b$ mit euklidisch kleinstem Abstand zu z. Die sich daraus ergebende Ausgleichsgerade heißt **Hauptachse der Punktwolke**.
- Der zu z gehörende Bezugspunkt ist der horizontal neben z auf der Ausgleichsgeraden nächst gelegene Punkt $\widehat{z}_c$. Die sich daraus ergebende Ausgleichsgerade heißt **Ausgleichsgerade von x nach y**.

Die drei sich aus diesen Optionen ergebenden Ausgleichsgeraden lassen sich am einfachsten an der Konzentrationsellipse veranschaulichen. (Zu Konzentrationsellipsen siehe auch die Vertiefung auf S. 1391 und auf S. 807.)

In Abb. 41.2 ist eine Punktwolke zusammen mit einer Konzentrationsellipse E_r dargestellt. Dabei ist der Nullpunkt des Koordinatensystems in den Schwerpunkt der Punktwolke und damit in den Mittelpunkt der Ellipse gelegt. Um die drei Ausgleichsgeraden zu zeichnen, benötigen wir nur noch die Konzentrationsellipse. In Abb. 41.3 ist die Ellipse E_r mit einem achsenparallelen Tangentenviereck umrahmt. Sei z_{oben} der höchste Punkt und z_{rechts} der am weitesten rechts gelegene Punkt der Ellipse. Dann gilt folgender Zusammenhang.

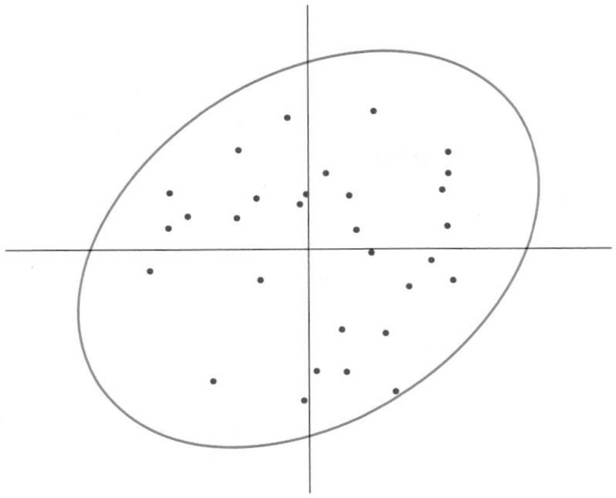

Abb. 41.2 Punktwolke mit einer Konzentrationsellipse

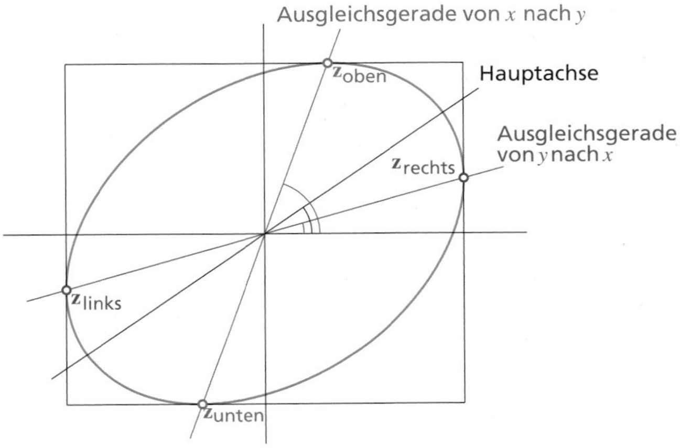

Abb. 41.3 Drei Ausgleichgeraden durch eine Punktwolke, die nur durch eine Konzentrationsellipse dargestellt ist

Die drei Ausgleichsgeraden

Alle drei Ausgleichsgeraden gehen durch den Schwerpunkt $(\bar{x};\bar{y})$ der Punktwolke. Die Gerade durch den Schwerpunkt und den Punkt z_{oben} ist die Ausgleichsgerade von x nach y, die Gerade durch den Schwerpunkt und z_{rechts} ist die Ausgleichsgerade von y nach x. Die Hauptachse der Punktwolke ist die Hauptachse der Ellipse und liegt somit zwischen beiden anderen Ausgleichsgeraden.

Die Hauptachse repräsentiert die Punktwolke, in der die x-Koordinate und die y-Koordinaten gleichrangig sind

Zeichnen wir durch die Punktwolke eine Konzentrationsellipse, so bietet sich die Verlängerung der Hauptachse als Ausgleichsgerade g_0 an. Sie minimiert die Summe der quadrierten orthogonalen Abstände,

$$\sum_{i=1}^{n} \left\|z_i - \boldsymbol{P}_{g_0} z_i\right\|^2 = \min_g \sum_{i=1}^{n} \left\|z_i - \boldsymbol{P}_g z_i\right\|^2.$$

Dabei ist $\boldsymbol{P}_g z$ die Projektion von z auf die Gerade g. Die Hauptachse ist eine sinnvolle Ausgleichsgerade, wenn eine einfache, möglichst strukturerhaltende Abbildung der Punkte z_i auf eine Geraden gesucht wird. Dabei sind die x_i- und y_i-Werte prinzipiell gleichwertig. Die Gleichung der Ausgleichsgeraden ist $g_0(x) = \widehat{\alpha}_0 + \widehat{\alpha}_1 x$. Mit der Abkürzung r für den Korrelationskoeffizienten und

$$\Delta = \frac{\operatorname{var}(\boldsymbol{x}) - \operatorname{var}(\boldsymbol{y})}{\sqrt{\operatorname{var}(\boldsymbol{x}) \cdot \operatorname{var}(\boldsymbol{y})}}$$

ist

$$\widehat{\alpha}_1 = \frac{\sqrt{4r^2 + \Delta^2} - \Delta}{2r} \tag{41.1}$$

$$\widehat{\alpha}_0 = \bar{y} - \widehat{\alpha}_1 \bar{x}. \tag{41.2}$$

Die Bestätigung dieser Angaben ist Ihnen als Aufgabe 41.8 überlassen.

Im Modell der linearen Ausgleichsgerade von y nach x ist y eine lineare Funktion eines fehlerfrei gemessenen x

Soll y *möglichst gut* als lineare Funktion von x dargestellt werden, wählt man die lineare Ausgleichsgerade von y nach x. Der Konstruktion dieser Ausgleichsgerade liegt die Vorstellung zugrunde, dass zwischen x und y eine lineare Beziehung

$$y = \beta_0 + \beta_1 x$$

besteht, bei der aber nur gestörte y-Werte

$$y_i = \beta_0 + \beta_1 x_i + \varepsilon_i$$

beobachtet werden können. Die Ausgleichsgerade versucht, aus den Beobachtungspaaren (x_i, y_i) den wahren Zusammenhang mit

$$y = \widehat{\beta}_0 + \widehat{\beta}_1 x$$

zu rekonstruieren. Die folgenden vier Szenen in Abb. 41.4 sollen dies verdeutlichen: Im Bild links oben liegen fünf durch kleine Kreise markierte, ungestörte Wertepaare auf einer Geraden. Im nächsten Bild rechts davon werden die Werte durch eine Störung ε in y-Richtung von der Geraden nach oben oder unten verschoben. Was wir allein beobachten können, zeigt das Bild links unten, nämlich die verschobenen, durch Kreise markierten Punkte. Durch diese beobachtete Punktwolke wird nun die im Bild rechts unten gezeigte Ausgleichsgerade gelegt.

Nach diesem Modell über die Entstehung der Punkte ist es naheliegend, dass wir die Abweichungen in y-Richtung minimieren.

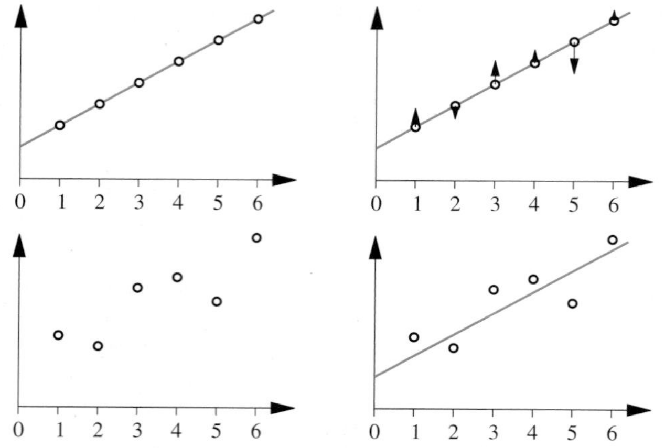

Abb. 41.4 Die ungestörte systematische Komponente und die Schätzung der Ausgleichgeraden

Der zu $z_i = (x_i, y_i)^T$ gehörige Punkt $\widehat{z}_i$ liegt nun in y-Richtung auf der Vertikalen durch z_i. Dann ist $\widehat{z}_i = (x_i, \widehat{y}_i)^T$. Gesucht wird also $\widehat{y}_i = \widehat{\beta}_0 + \widehat{\beta}_1 x_i$, denn x_i ist bekannt. Das **Optimalitäts-Kriterium** heißt: Suche Koeffizienten $\widehat{\beta}_0$ und $\widehat{\beta}_1$ so, dass

$$\mathrm{SSE} = \sum_{i=1}^{n}(y_i - \widehat{y}_i)^2 = \sum_{i=1}^{n}(y_i - (\widehat{\beta}_0 + \widehat{\beta}_1 x_i))^2 \qquad (41.3)$$

minimal wird. Die Koeffizienten $\widehat{\beta}_0$ und $\widehat{\beta}_1$ lassen sich z. B. durch Differenziation von SSE nach $\widehat{\beta}_0$ und $\widehat{\beta}_1$ leicht bestimmen.

Wir werden wenig später diese Aufgabe in einem wesentlich weiteren Rahmen neu stellen und dann mit dem Projektionskalkül allgemein in wenigen Zeilen lösen. Nach Nullsetzen der ersten Ableitungen von SSE nach $\widehat{\beta}_0$ und $\widehat{\beta}_1$ erhält man ein lineares Gleichungssystem, das System der Normalgleichungen.

Die Normalgleichungen

Das System der Normalgleichungen ist

$$\sum_{i=1}^{n}[y_i - (\widehat{\beta}_0 + \widehat{\beta}_1 x_i)] = 0$$

$$\sum_{i=1}^{n}[y_i - (\widehat{\beta}_0 + \widehat{\beta}_1 x_i)]x_i = 0.$$

Die Lösungen der Normalgleichungen sind:

$$\widehat{\beta}_0 = \overline{y} - \overline{x}\widehat{\beta}_1, \qquad (41.4)$$

$$\widehat{\beta}_1 = \frac{\operatorname{cov}(\boldsymbol{x},\boldsymbol{y})}{\operatorname{var}(\boldsymbol{x})} = r(\boldsymbol{x},\boldsymbol{y})\,\frac{s(\boldsymbol{y})}{s(\boldsymbol{x})}. \qquad (41.5)$$

Ist dagegen die Messung von x durch Messfehler verzerrt und soll x *möglichst gut* als lineare Funktion eines fehlerfrei gemessenen y dargestellt werden, wählt man die lineare Ausgleichsgerade $x = \widehat{\beta}_0 + \widehat{\beta}_1 y$ von x nach y. Wir minimieren nun den horizontalen Abstand des Punktes z_i von der Ausgleichsgeraden (siehe Abb. 41.1). Zur Bestimmung dieser Ausgleichsgeraden übernehmen wir die Ergebnisse des vorigen Abschnitts und vertauschen gleichzeitig x und y.

Beispiel Wir kehren zurück zum Beispiel von S. 1385 in Kap. 36. Es war $\overline{x} = 6$; $\overline{y} = 7$; $\operatorname{var}(\boldsymbol{x}) = 13.80$; $\operatorname{var}(\boldsymbol{y}) = 8.242$; $\operatorname{cov}(\boldsymbol{x},\boldsymbol{y}) = 4.5$; $r(\boldsymbol{x},\boldsymbol{y}) = 0.42$. Daraus folgt

1. Die Gleichung der Hauptachse der Punktwolke ist $y = \widehat{\alpha}_0 + \widehat{\alpha}_1 x$ mit

$$\widehat{\alpha}_1 = \frac{\sqrt{4r^2 + \Delta^2} - \Delta}{2r} = 0.56$$
$$\widehat{\alpha}_0 = \overline{y} - \widehat{\alpha}_1\overline{x} = 3.64$$
$$\Delta = \frac{\operatorname{var}(\boldsymbol{x}) - \operatorname{var}(\boldsymbol{y})}{\sqrt{\operatorname{var}(\boldsymbol{x}) \cdot \operatorname{var}(\boldsymbol{y})}} = 0.52.$$

2. Die Gleichung der Ausgleichsgeraden von y nach x ist $y = \widehat{\beta}_0 + \widehat{\beta}_1 x$ mit

$$\widehat{\beta}_1 = \frac{\operatorname{cov}(\boldsymbol{x},\boldsymbol{y})}{\operatorname{var}(\boldsymbol{x})} = \frac{4.5}{13.80} = 0.33,$$
$$\widehat{\beta}_0 = \overline{y} - \widehat{\beta}_1\overline{x} = 5.04.$$

3. Setzen wir die Gerade in der Form $x = \widehat{\gamma}_0 + \widehat{\gamma}_1 y$ an, so erhalten wir $\widehat{\gamma}_i$, wenn wir in der Darstellung der $\widehat{\beta}_i$ die Variablen x und y vertauschen. Wollen wir aber beide Ausgleichsgeraden im gleichen (x, y)-Koordinatensystem darstellen, dann hat die Ausgleichgerade die Form $y = -\frac{\widehat{\gamma_0}}{\gamma_1} + \frac{1}{\gamma_1}x = \widehat{\delta}_0 + \widehat{\delta}_1 x$. Dabei ist

$$\widehat{\delta}_1 = \frac{\operatorname{var}(\boldsymbol{y})}{\operatorname{cov}(\boldsymbol{x},\boldsymbol{y})} = \frac{8.242}{4.5} = 1.83$$
$$\widehat{\delta}_0 = \overline{y} - \widehat{\delta}_1\overline{x} = -3.99.$$

◀

41.2 Das Regressionsmodell

Die Suche nach Abhängigkeiten ist unser Thema. Es lohnt sich daher, kurz über den Begriff „Abhängigkeit" nachzudenken. Erste wichtige Impulse für die wissenschaftliche Praxis lieferte der englische Philosoph John Stuart Mill in seinen 1843 veröffentlichten *„Five Canons of Experimental Inquiry"*. Er definierte Vorbedingungen einer gültigen kausalen Inferenz: Erstens muss die Ursache der Folge zeitlich vorausgehen, zweitens müssen Ursache und Wirkung zusammenhängen und schließlich muss jede weitere plausible Erklärung ausgeschlossen sein:

> *Whatever phenomenon varies in any manner whenever another phenomenon varies in a particular manner, is either a cause or an effect of that phenomenon or is connected with it through some fact of causation.*

Teil VI

Kausalität und Einflussnahmen können sich in unterschiedlichster Weise zeigen

Ursache $\to$ Wirkung

In dieser unmittelbaren Ursache-Wirkungsbeziehung ist Y die Folge der Ursache X. Ändert sich X, so kann die Änderung von Y vorhergesagt werden; ändert sich Y, so kann auf X zurückgeschlossen werden. Zum Beispiel ist bei einem PKW mit intakten Bremsen auf trockener gerader Straße die Geschwindigkeit die primäre Ursache für die Länge des Bremsweges.

Wechselwirkung

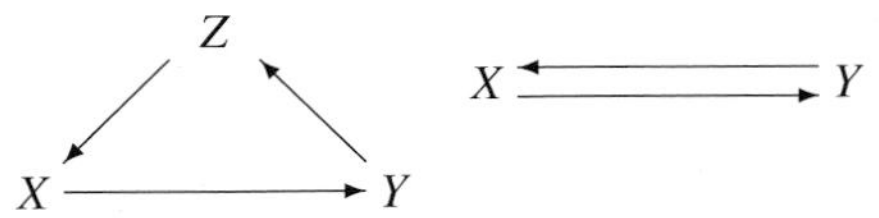

Beide Variablen beeinflussen sich unmittelbar oder über dritte Variablen wechselseitig. Eine eindeutige Trennung nach Ursache und Wirkung ist selten möglich. Häufig sind die Variablen über die Zeit miteinander verknüpft. (Was war zuerst da: Ei oder Henne?) Wir finden Rückkopplung und rekursive Bindungen. Zum Beispiel besteht eine Wechselwirkung zwischen Preisen und Löhnen oder zwischen elektrischem und magnetischem Feld.

Latente Variable

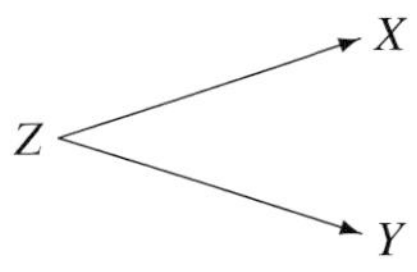

Der scheinbare Zusammenhang zwischen X und Y erklärt sich durch eine verborgene dritte Variable, die beide gemeinsam beeinflusst. Zum Beispiel können die medizinischen Befunde X und Y verursacht sein durch eine genetische Konditionierung Z als latente Variable.

Vermengte Variable

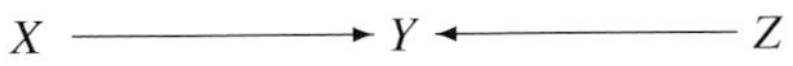

Auf Y wirkt nicht nur die Variable X, sondern gleichzeitig und oft auch physikalisch unabhängig von X eine Variable Z. Dabei variieren X und Z simultan: Immer wenn X den Wert x annimmt, hat Z den Wert z angenommen. Am Ergebnis y kann dann nicht mehr erkannt werden, was der Einfluss von X und was der Einfluss von Z ist. (Es ist unter anderem eine der wichtigsten Aufgaben der statistischen Versuchsplanung zu vermeiden, dass interessierende Einflussgrößen und Störeffekte miteinander vermengt werden.)

Zum Beispiel kann Y der Lernerfolg eines Schülers, X ein Lehrkonzept und Z die pädagogische Begabung des Lehrers sein. Hält in einer Schule jeder Lehrer an seinem, nur ihm eigenen Lehrkonzept fest, dann sind X und Z miteinander vermengt.

Beziehungen lassen sich implizit oder explizit, deterministisch oder stochastisch darstellen

Mathematisch beschreiben wir die Beziehungen zwischen Variablen durch Funktionen. Dazu seien $\boldsymbol{X}$, $\boldsymbol{Y}$ und $\boldsymbol{U}$ mehrdimensionale Variable und g eine den jeweiligen mathematischen Anforderungen genügende Funktion. Dabei seien $\boldsymbol{X}$ und $\boldsymbol{Y}$ wohldefinierte direkt oder indirekt messbare Variable, während $\boldsymbol{U}$ den Charakter einer Störvariablen erhält. Unter dem in der Regel nicht beobachtbaren $\boldsymbol{U}$ werden alle sonstigen Einflüsse subsummiert. Uns interessieren vor allem die Beziehungen zwischen $\boldsymbol{X}$ und $\boldsymbol{Y}$. Je nach Art der Relation zwischen diesen Variablen unterscheiden wir verschiedene Abhängigkeitsstrukturen.

- Explizit $\leftrightarrow$ implizit:
  $g(\boldsymbol{X}, \boldsymbol{Y}) = 0$ ist eine implizite, $\boldsymbol{Y} = g(\boldsymbol{X})$ eine explizite Darstellung.
- Gestört $\leftrightarrow$ ungestört:
  $g(\boldsymbol{X}, \boldsymbol{Y}) = 0$ ist ein ungestörter, $g(\boldsymbol{X}, \boldsymbol{Y}, \boldsymbol{U}) = 0$ ein durch $\boldsymbol{U}$ gestörter Zusammenhang zwischen $\boldsymbol{X}$ und $\boldsymbol{Y}$.
- Deterministisch $\leftrightarrow$ stochastisch:
  Im deterministischen Modell ist $\boldsymbol{Y}$ durch die Gleichung $\boldsymbol{Y} = g(\boldsymbol{X})$ eindeutig bestimmt, wenn $\boldsymbol{X}$ gegeben ist. Im stochastischen Modell $\boldsymbol{Y} = g(\boldsymbol{X}, \boldsymbol{U})$ sind $\boldsymbol{U}$ (mitunter auch $\boldsymbol{X}$) und damit auf jeden Fall auch $\boldsymbol{Y}$ zufällig. Modelliert werden weniger Aussagen über die Variablen selbst als über ihre Wahrscheinlichkeitsverteilungen und deren Parameter.

Beispiel In der Physik sind zum Beispiel Energieerhaltungssätze meist implizite Beschreibungen; dagegen sind Aussagen wie „Kraft = Masse · Beschleunigung" explizite Beschreibungen physikalischer Vorgänge. Die Modelle der Quantenelektrodynamik sind stochastisch. ◄

In der Regel werden Beziehungen zwischen beobachtbaren Variablen als gestörte, die Beziehungen zwischen Modellparametern als ungestörte Zusammenhänge modelliert.

Zusammenhänge lassen sich kausal oder funktional interpretieren

Die kausale Interpretation unterstellt zwischen $\boldsymbol{Y}$ und $\boldsymbol{X}$ eine Ursache-Wirkung-Beziehung: Weil $\boldsymbol{X}$ einen bestimmten Wert angenommen hat, ist der Wert von $\boldsymbol{Y}$ gerade $g(\boldsymbol{X})$ oder – falls die Beziehung durch ein $\boldsymbol{U}$ gestört ist – wenigstens annähernd gleich $g(\boldsymbol{X})$.

Die funktionale Interpretation ist eine deskriptive Interpretation. Hier wird die Relation zwischen $\boldsymbol{Y}$ und $\boldsymbol{X}$ gelesen wie eine Rechenvorschrift, die es erlaubt, aus den $\boldsymbol{X}$-Werten die entsprechenden $\boldsymbol{Y}$-Werte zu errechnen. Kurz gefasst gilt:

Kausale Interpretation begründet: $\boldsymbol{Y}$ weil $\boldsymbol{X}$.
Funktionale Interpretation beschreibt: $\boldsymbol{Y}$ wenn $\boldsymbol{X}$.

Existieren kausale Beziehungen, so kann $\boldsymbol{Y}$ über $\boldsymbol{X}$ gesteuert und reguliert werden. Dagegen reicht eine funktionale Beziehung zwischen $\boldsymbol{X}$ und $\boldsymbol{Y}$ meist für eine Prognose von $\boldsymbol{Y}$ aus. Eine erfolgreiche Prognose setzt keine Kausalität voraus! So sind viele erfolgreiche Wetterprognosen des Bauernkalenders allein funktional, aber nie kausal zu verstehen.

Beispiel Im Paar $(X; Y)$ ist X die geografische Länge und Breite eines Punktes der Erdoberfläche, der Y-Wert ist die jeweilige Höhe des Punktes über dem Meeresspiegel. Im Paar $(X; Y)$ ist X der Name und Y die Telefonnummer eines Einwohners. In diesen Beispielen kann von einer kausalen Beziehung zwischen X und Y keine Rede sein. Die Relation g beschreibt nur den *Zustand* von Y, wenn der *Zustand* von X bekannt ist. ◂

Für den Statistiker, der nur über das Modell und die Daten verfügt, ist einzig die funktional-deskriptive Interpretation erlaubt. Aufgabe des Statistikers ist es, die Variable $\boldsymbol{Y}$ möglichst gut durch die Variable $\boldsymbol{X}$ und einen möglichen Störterm $\boldsymbol{U}$ zu beschreiben und die Stringenz des Zusammenhanges durch geeignete Gütemaße zu beurteilen. Diese Maße sind dann ein wesentliches Hilfsmittel bei der Bewertung der Genauigkeit der Beschreibung von $\boldsymbol{Y}$ durch $\boldsymbol{X}$ und der Bewertung der Verlässlichkeit von Prognosen von $\boldsymbol{Y}$ mithilfe von $\boldsymbol{X}$. Jedoch lässt sich keine Aussage über die Relevanz der Beschreibung von $\boldsymbol{Y}$ durch $\boldsymbol{X}$ machen. Dabei ist selbst ein expliziter, ungestörter enger Zusammenhang von $\boldsymbol{Y}$ und $\boldsymbol{X}$ nicht als Beweis einer Kausalität anzusehen. Dennoch können überzeugende deskriptive Zusammenhänge Anlass sein, Kausalitätshypothesen zu formulieren, die dann in eigenen Experimenten überprüft werden könnten.

In stochastischen Korrelationsmodellen untersucht man die wechselseitigen Abhängigkeiten von zufälligen Variablen

Bei realen beobachteten Wertepaaren (x_i, y_i) wird selten ein einfacher mathematisch funktionaler Zusammenhang $y_i = g(x_i)$ existieren, und wenn, werden wir die Funktion g nicht kennen. Zudem werden in der Regel die Ausprägungen y_i und x_i nur fehlerhaft gemessen sein. Weitere die Beziehung zwischen y_i und x_i bestimmende Faktoren und Variablen u_i sind ebenfalls unbekannt oder werden ignoriert. Schließlich können sich kausale Beziehungen zwischen y_i und x_i im Laufe der Beobachtung ändern. Anstatt das fragliche $g(x)$ zu suchen, geht man nun das Problem von der anderen Seite an und fragt nach der schwächsten Form der gegenseitigen Abhängigkeit: „Wenn die x_i wachsen, werden dann die y_i im Schnitt auch größer oder nehmen sie eher ab?" Die Antwort auf diese Frage wird durch den **Korrelations-Koeffizienten** quantifiziert, den wir in den vorangegangenen Kapiteln bereits kennengelernt haben. In stochastischen **Korrelationsmodellen** untersucht man die wechselseitigen Abhängigkeiten von zwei oder mehreren zufälligen Variablen. Modelliert und analysiert wird die Kovarianzmatrix, in der sich alle gesuchten Eigenschaften finden lassen.

Im Regressionsmodell untersucht man die Wirkung mehrerer determinierter Einflussgrößen auf eine zufällige Zielgröße

Die erste Frage ist: „Wie hängt y von den x_i ab?" Nun ist Y zufällig. Auch wenn wir den Versuch unter gleichen Bedingungen wiederholen, werden wir ein anderes y beobachten. Daher schwächen wir unsere Frage ab: „Wie hängt y *im Schnitt* von den x_i ab?" Dies führt auf die Untersuchung des Erwartungswertes von Y. Dabei werden wir uns auf den einfachsten, aber für die Praxis dennoch wichtigsten Fall beschränken, dass sich der Erwartungswert $\mathrm{E}(Y)$ als Linearkombination geeigneter, bekannter Funktionen der x_i schreiben lässt. Dann können wir die Daten in einem **linearen Modell** analysieren. Sind alle Einflussgrößen quantitative metrische Variable, sprechen wir von einem **linearen Regressionsmodell** im engeren Sinn. Ist x eine eindimensionale Variable sprechen wir von der **Einfachregression**, andernfalls von der **multiplen Regression.**

Sind alle Einflussgrößen qualitative Variable, sprechen wir von einem Modell der **Varianzanalyse**. Quantitative und qualitative Variable werden in der **Kovarianzanalyse** behandelt. Beide Themen können in diesem Buch nicht besprochen werden.

Formal sind die Unterscheidungen dieser Modelle unwesentlich, alle sind nur Spielarten des übergeordneten **linearen statistischen Modells**. In der Praxis unterscheiden sie sich jedoch durch die unterschiedlichen Fragestellungen und Schwerpunkte.

Im Regressionsmodell wird die Struktur des Erwartungswertes bestimmt

Es seien $x_1, x_2, \ldots$ endlich viele beobachtbare, steuer- oder kontrollierbare – auf jeden Fall nicht-stochastische – **Einflussgrößen**. Zur Vereinfachung schreiben wir dafür auch kurz $\boldsymbol{x} = (x_1, x_2, \ldots)$. Die **systematische Komponente** $\mu(\boldsymbol{x})$ beschreibt die Wirkung von $\boldsymbol{x}$ auf die **Zielgröße** Y.

Die Einflussgrößen heißen auch die **Regressoren**, die Zielgröße Y ist der **Regressand**. Zusätzlich zum deterministischen $\boldsymbol{x}$ wirkt auf Y eine stochastische, nicht kontrollierbare und nicht beobachtbare **Störgröße $\boldsymbol{\varepsilon}$**. Beide Einflüsse überlagern sich additiv:

$$Y(\boldsymbol{x}, \boldsymbol{\varepsilon}) = \mu(\boldsymbol{x}) + \boldsymbol{\varepsilon}.$$

Die beobachtbare Variable Y ist die Summe aus der systematischen Komponente $\mu(\boldsymbol{x})$ und der Störkomponente $\boldsymbol{\varepsilon}$:

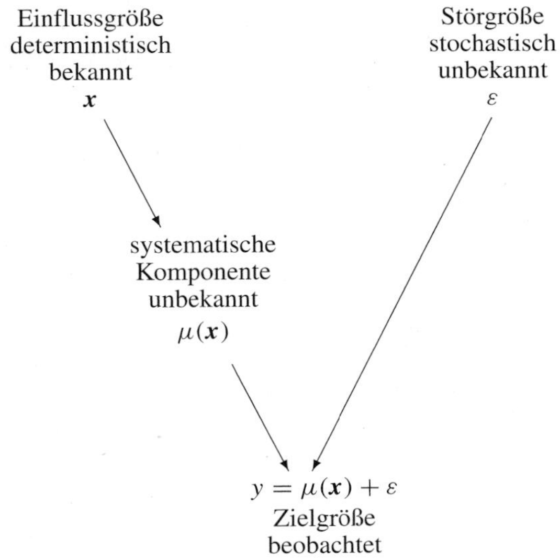

Beispiel Hier sind einige Beispiele für $\boldsymbol{x}$, Y und ε zusammengestellt:

Y Ernteertrag eines Ackers,
$\boldsymbol{x}$ Dünger, Bewässerung, Saatgut,
$\boldsymbol{\varepsilon}$ Boden, Wetter.

Y Bremsweg eines Fahrzeuges,
$\boldsymbol{x}$ Geschwindigkeit, Wagentyp,
$\boldsymbol{\varepsilon}$ Reaktionsverhalten.

Y Absatz einer Ware,
$\boldsymbol{x}$ Preis, Werbung, Qualität,
$\boldsymbol{\varepsilon}$ Verbraucherverhalten, Mode.

Y Gewicht eines Tieres,
$\boldsymbol{x}$ Alter, Ernährung, Rasse,
$\boldsymbol{\varepsilon}$ Individualität, Gesundheit.

Y Messwert,
$\boldsymbol{x}$ wahrer Wert,
$\boldsymbol{\varepsilon}$ Messfehler. ◀

Aufgabe der Regressionsrechnung ist es, aus der Beobachtung von Y bei variierendem $\boldsymbol{x}$ Aussagen über die systematische Komponente $\mu(\boldsymbol{x})$ zu gewinnen und die Genauigkeit der Aussagen zu bewerten. Methoden der **nichtparametrischen** und **semiparametrischen** Modellierung bieten sich an, wenn wir überhaupt kein oder nur minimales Vorwissen über die Gestalt von $\mu(\boldsymbol{x})$ haben. In der **parametrischen** Regressionsanalyse ist die funktionale Gestalt von $\mu(\boldsymbol{x}) = \mu(\boldsymbol{x}; \boldsymbol{\beta})$ bis auf endlich viele feste Modellparameter $\beta_0, \ldots, \beta_m$ bekannt. Ist die Störgröße $\boldsymbol{\varepsilon}$ additiv und unabhängig von $\mu(\boldsymbol{x}; \boldsymbol{\beta})$, so erhalten wir das **parametrische Regressionsmodell**,

$$Y = \mu(\boldsymbol{x}; \boldsymbol{\beta}) + \varepsilon.$$

Ist $\mu(\boldsymbol{x}; \boldsymbol{\beta})$ eine **nichtlineare Funktion** von $\boldsymbol{\beta}$, sprechen wir von einer **nichtlinearen Regression**.

Beispiel Schaltet man in einem Stromkreis mit einem Kondensator und einem Widerstand den Strom ein, so nimmt dieser erst allmählich seine endgültige Stromstärke an. Ist $\mu(x; \boldsymbol{\beta})$ die Stromstärke zum Zeitpunkt x, so ist

$$\mu(x; \boldsymbol{\beta}) = \beta_0(1 - \exp(-\beta_1 x)).$$

In Kap 14 wurde in einer Anwendung auf S. 514 die Schwingungsdauer T eines Pendels in Abhängigkeit seiner Länge L, seiner Masse M und der Erdbeschleunigung g wie folgt modelliert,

$$T = \beta_0 L^{\beta_1} M^{\beta_2} g^{\beta_3}.$$

Die unbekannten Parameter β_0, β_1, β_2 und β_3 wurden dort aus physikalischen Gesetzen hergeleitet und nicht aus Beobachtungen geschätzt. ◀

Die Schätzung der unbekannten Parameter $\boldsymbol{\beta}_0, \beta_1, \ldots, \beta_m$ ist in der Regel nur durch numerische Optimierung möglich. Im **linearen Regressionsmodell** lässt sich $\mu(\boldsymbol{x}; \boldsymbol{\beta})$ als Linearkombination endlich vieler explizit bekannter Funktionen $g_j(\boldsymbol{x})$ mit unbekannten Koeffizienten β_j schreiben,

$$\mu(\boldsymbol{x}; \boldsymbol{\beta}) = \sum_{j=0}^{m} \beta_j g_j(\boldsymbol{x}).$$

Beispiel In einem Versuch zur Bestimmung der Zugfestigkeit μ von Stahl in Abhängigkeit der Zusatzstoffe Cäsium (c), Silizium (s) und Mangan (m) kann diese innerhalb gewisser Grenzen für c, s und m in guter Näherung modelliert werden durch

$$\begin{aligned}\mu(c, s, m; \boldsymbol{\beta}) &= \beta_0 + \beta_1 c + \beta_2 s + \beta_3 m + \beta_4 c \cdot s \\ &\quad + \beta_5 c \cdot m + \beta_6 s \cdot m + \beta_7 c \cdot s \cdot m.\end{aligned}$$ ◀

Sehr häufig ist die Gestalt von $\mu(\boldsymbol{x})$ unbekannt. Setzt man aber voraus, dass $\mu(\boldsymbol{x})$ in der Umgebung eines festen Punktes $\boldsymbol{x}_0$ hinreichend glatt ist, so kann $\mu(\boldsymbol{x})$ in guter Näherung durch eine Taylorreihe approximiert werden. Zum Beispiel gilt bei einer eindimensionalen Einflussgröße x

$$\begin{aligned}\mu(x) &= \mu(x_0) + (x - x_0)\mu'(x_0) + \ldots \\ &\quad + \frac{(x - x_0)^k}{k!}\mu^{(k)}(x_0) + \text{Rest}.\end{aligned}$$

Ordnet man nach x um, erhält man ein Polynom k-ten Grades,

$$\mu(x) = \beta_0 + \beta_1 x + \ldots + \beta_k x^k + \text{Rest}.$$

All diesen Beispielen ist Folgendes gemeinsam: Die unbekannten Koeffizienten β_j treten als Gewichtungskoeffizienten bekannter Funktionen $g_j(\boldsymbol{x})$ auf. Selbst wenn $\mu(\boldsymbol{x};\boldsymbol{\beta})$ eine hochgradig nichtlineare Funktion von $\boldsymbol{x}$ ist, ist in diesen Modellen $\mu(\boldsymbol{x};\boldsymbol{\beta})$ eine lineare Funktion der Parameter β_j.

Das Erscheinungsbild von $\mu(\boldsymbol{x};\boldsymbol{\beta})$ lässt sich noch wesentlich vereinfachen und vereinheitlichen, wenn wir die Bezeichnungen ändern und durch die Definition

$$x_j = g_j(\boldsymbol{x})$$

neue formale Regressoren einführen. Dann hat $\mu(\boldsymbol{x};\boldsymbol{\beta})$ die Gestalt

$$\mu(\boldsymbol{x};\boldsymbol{\beta}) = \beta_0 + \sum_{j=1}^{m} \beta_j x_j.$$

So definieren wir im Beispiel der Zugfestigkeit von Stahl

$$x_1 = c, x_2 = s, x_3 = m, \ldots, x_8 = c \cdot s \cdot m$$

und im Beispiel der Taylorentwicklung

$$x_1 = x, x_2 = x^2, x_3 = x^3, \ldots, x_k = x^k.$$

Da sich im Weiteren die Abhängigkeit von $\boldsymbol{\beta}$ von selbst versteht, schreiben wir von nun an abkürzend für $\mu(\boldsymbol{x};\boldsymbol{\beta})$ nur noch $\mu(\boldsymbol{x})$ oder ganz knapp μ. Häufig verzichtet man darauf, das Absolutglied β_0 explizit auszuweisen. Dazu wird einfach die Konstante 1 formal als Regressor $x_0 = 1$ aufgefasst. Mit dieser Umbenennung erhalten wir die Strukturgleichung des linearen Modells.

Die Strukturgleichung des linearen Modells

$$y = \sum_{j=0}^{m} \beta_j x_j + \varepsilon$$

Dabei ist ε die unbekannte stochastische Störgröße, x_j ist der bekannte j-te Regressor, β_j der unbekannte Regressionskoeffizient und y die beobachtbare Zielgröße.

In dieser Gleichung werden alle Regressoren x_0 bis x_m formal gleich behandelt. Dabei ist unter der Bezeichnung x_0 nicht notwendigerweise die Konstante 1 verborgen. Daher ist nicht stets erkennbar, ob die Konstante 1 überhaupt explizit oder implizit als Regressor im Modell enthalten ist. In Zweifelsfällen ist dies gesondert anzugeben. Wir sprechen dann von Modellen **mit** Eins oder **ohne** Eins, bzw. mit oder ohne **Absolutglied**, mit oder ohne **Offset**. Diese Unterscheidung ist in der Praxis wichtig, da Modelle ohne Absolutglied andere Eigenschaften haben als Modelle mit Absolutglied.

Das Design schreibt vor, wie beim i-ten Versuch die Einflussgrößen x_j einzustellen sind

Zur Schätzung der Regressionskoeffizienten β_j und der systematischen Komponente μ werden Versuche angestellt und y wird bei variierendem $\boldsymbol{x}$ gemessen. Die Wahl des Designs hat entscheidenden Einfluss auf die Genauigkeit der Schätzungen. Die Bestimmung optimaler Designs ist die wichtigste Aufgabe der **statistischen Versuchsplanung**, die wir hier jedoch nicht behandeln können. Wir gehen von einem vorgegebenen Design aus.

Greifen wir uns einen einzelnen Versuch, den i-ten Versuch heraus. Die Werte der Einflussgrößen und das Ergebnis des Einzelversuchs selbst beschreiben wir mit folgenden Bezeichnungen:

x_{ij}	der Wert der j-ten Einflussgröße,
$(x_{i0}, x_{i1}, \ldots x_{im})$	die Werte aller Einflussgrößen,
μ_i	der Wert der systematischen Komponente,
ε_i	der Wert der Störkomponente,
y_i	der Wert der Zielvariablen.

Die i-te **Beobachtungsgleichung** lautet nun in zwei äquivalenten Schreibweisen

$$y_i = \mu_i + \varepsilon_i = \sum_{j=0}^{m} x_{ij}\beta_j + \varepsilon_i.$$

Die n Beobachtungsgleichungen lassen sich weiter als n Zeilen einer Matrix lesen und so zu einer vektoriellen Gleichung mit drei äquivalenten Schreibweisen zusammenfassen:

$$\boldsymbol{y} = \boldsymbol{\mu} + \boldsymbol{\varepsilon}$$
$$\boldsymbol{y} = \boldsymbol{X}\boldsymbol{\beta} + \boldsymbol{\varepsilon}$$
$$\boldsymbol{y} = \sum_{j=0}^{m} \boldsymbol{x}_j \beta_j + \boldsymbol{\varepsilon}.$$

Dabei haben wir die folgenden Abkürzungen verwendet:

$\boldsymbol{y} = (y_1; \ldots; y_n)^\mathrm{T}$	der Vektor der Zielvariablen
$\boldsymbol{\mu} = (\mu_1; \ldots; \mu_n)^\mathrm{T}$	der Vektor der systematischen Komponente
$\boldsymbol{\varepsilon} = (\varepsilon_1; \ldots; \varepsilon_n)^\mathrm{T}$	der Vektor der Störvariablen
$\boldsymbol{X} = (\boldsymbol{x}_0; \ldots; \boldsymbol{x}_m)$	die Designmatrix

Zeilen und Spalten der Designmatrix haben unterschiedliche Bedeutung:

- $\boldsymbol{x}_j$, die j-te Spalte der Designmatrix, ist der Vektor mit den Werten des j-ten Regressors, die dieser während aller n Versuche annimmt, $j = 0, \ldots, m$.
- $(x_{i0}, x_{i1}, \ldots x_{im})$, die i-te Zeile der Designmatrix, ist der Vektor mit den Werten, welche die $m + 1$ Regressoren während des i-ten Versuchs annehmen, $i = 0, \ldots, n$.
- Die Spalte kennzeichnet den Regressor, die Zeile die Beobachtungsstelle.

Haben die x_{ij} ihre Zahlenwerte angenommen, so ist $\boldsymbol{X}$ eine reelle $(n \times (m + 1))$-Matrix. Es ist durchaus möglich, dass unterschiedliche Versuchsanordnungen zur gleichen Designmatrix $\boldsymbol{X}$ führen. Im realisierten Design ist die ursprüngliche, datenerzeugende Struktur verschwunden. Wir schreiben daher auch in der Strukturgleichung $\boldsymbol{\mu}(\boldsymbol{x};\boldsymbol{\beta})$, in der Beobachtungsgleichung aber nur $\boldsymbol{\mu}$. Im ersten Fall handelt es sich um eine Funktion des Variablenvektors $\boldsymbol{x}$, im zweiten Fall um einen festen Vektor des $\mathbb{R}^n$.

Die Einflussgrößen $x_0, \ldots, x_m$ spannen den Modellraum M auf

Die systematische Komponente $\boldsymbol{\mu} = \sum_{j=0}^{m} \boldsymbol{x}_j \beta_j$ ist Linearkombination der Einflussgrößen $\boldsymbol{x}_0, \ldots, \boldsymbol{x}_m$. Die Menge aller Linearkombination der Einflussgrößen bildet einen linearen Raum. Wir nennen diesen von $\boldsymbol{x}_0, \ldots, \boldsymbol{x}_m$, den Spalten der Designmatrix $\boldsymbol{X}$, erzeugten linearen Raum den Modellraum,

$$\mathrm{M} = \left\{ \sum_{j=0}^{m} \boldsymbol{x}_j \beta_j : \beta_j \in \mathbb{R}, j = 0, \ldots, m \right\}.$$

Wir schreiben in Übereinstimmung mit Kap. 15 auch $\mathrm{M} = \langle \boldsymbol{X} \rangle = \langle \boldsymbol{x}_0, \ldots, \boldsymbol{x}_m \rangle$. Die Aussage $\boldsymbol{\mu} = \sum_{j=0}^{m} \boldsymbol{x}_j \beta_j$ ist dann äquivalent mit der Aussage

$$\boldsymbol{\mu} \in \mathrm{M}.$$

Selbstfrage 1

Aber warum führen wir überhaupt die zusätzliche Bezeichnung M ein und begnügen uns nicht mit $\langle \boldsymbol{X} \rangle$?

Sind die $\boldsymbol{x}_0, \ldots, \boldsymbol{x}_m$ linear abhängig, dann sind die Koeffizienten β_j in der Darstellung $\boldsymbol{\mu} = \sum_{j=0}^{m} \boldsymbol{x}_j \beta_j$ nicht eindeutig. Hängt z. B. $\boldsymbol{x}_m$ von den anderen Einflussgrößen linear ab, $\boldsymbol{x}_m = \sum_{j=0}^{m-1} \boldsymbol{x}_j \gamma_j$, dann kann $\boldsymbol{x}_m$ in der Darstellung von $\boldsymbol{\mu}$ eliminiert werden,

$$\begin{aligned}\boldsymbol{\mu} &= \sum_{j=0}^{m-1} \boldsymbol{x}_j \beta_j + \boldsymbol{x}_m \beta_m = \sum_{j=0}^{m-1} \boldsymbol{x}_j \beta_j + \beta_m \sum_{j=0}^{m-1} \boldsymbol{x}_j \gamma_j \\ &= \sum_{j=0}^{m-1} \boldsymbol{x}_j \left(\beta_j + \beta_m \gamma_j \right).\end{aligned}$$

Der Modellraum M kann also auch von $\boldsymbol{x}_0, \ldots, \boldsymbol{x}_{m-1}$ erzeugt werden, $\boldsymbol{\mu}$ kann mit weniger Einflussgrößen genauso gut dargestellt werden. Die Eindeutigkeit der Darstellung von $\boldsymbol{\mu}$ ist genau dann gesichert, wenn eine der drei äquivalenten Formulierungen der Identifikationsbedingung erfüllt ist.

Die Identifikationsbedingung

Die Einflussgrößen sind linear unabhängig.

Die Designmatrix $\boldsymbol{X}$ hat den vollen Spaltenrang $m + 1$.

Die Dimension d des Modellraums ist $m + 1$.

Die Erfüllung dieser Forderung vereinfacht die Darstellung des Modells und die Schätzungen der Parameter, bei der Komplikationen wegen der Mehrdeutigkeit der Parameter vermieden werden. Formal ist sie unwesentlich. Im Bonusmaterial zu diesem Kapitel zeigen wir, was sich ändert, wenn die Identifikationsbedingung nicht erfüllt ist.

Durch den Modellraum M wird das lineare Modell, aber noch nicht seine Parametrisierung festgelegt. Bei einem Wechsel der Basis von M ändert sich allein die Parametrisierung, während der Modellraum invariant bleibt. So ist es bei der Schätzung von $\boldsymbol{\mu}$ oft nützlich, die ursprünglich gegebenen Einflussgrößen gegen eine neue orthogonale Basis auszutauschen.

41.3 Schätzen und Testen im linearen Modell

Wir werden uns zunächst der Aufgabe zuwenden, die unbekannten Parameter im Modell zu schätzen. Der Angelpunkt ist die Schätzung von $\boldsymbol{\mu}$. Wir wissen von $\boldsymbol{\mu}$ lediglich, dass $\boldsymbol{\mu} \in \mathrm{M}$ ist. Anstelle von $\boldsymbol{\mu}$ konnten wir allein $\boldsymbol{y}$ beobachten. Als Schätzwert für $\boldsymbol{\mu}$ nehmen wir den nächstbesten Wert aus M, genauer gesagt: Der beste Wert ist der nächstgelegene. Dieses intuitive Schätzprinzip besitzt eine Fülle von optimalen Eigenschaften, die wir demnächst kennenlernen werden.

Der Schätzwert $\widehat{\boldsymbol{\mu}}$ ist die Projektion von $\boldsymbol{y}$ in den Modellraum

Besitzen wir $\widehat{\boldsymbol{\mu}}$, so lassen sich daraus alle anderen Schätzer ableiten.

Der Kleinst-Quadrat-Schätzer

Die Methode der kleinsten Quadrate schätzt das unbekannte $\boldsymbol{\mu}$ durch $\widehat{\boldsymbol{\mu}} \in \mathrm{M}$, den Vektor mit minimalem Abstand zu $\boldsymbol{y}$:

$$\widehat{\boldsymbol{\mu}} = \underset{\boldsymbol{m} \in \mathrm{M}}{\operatorname{argmin}} \|\boldsymbol{m} - \boldsymbol{y}\|^2.$$

Es gilt also

$$\|\widehat{\boldsymbol{\mu}} - \boldsymbol{y}\|^2 \leq \|\boldsymbol{m} - \boldsymbol{y}\|^2 \quad \text{für alle } \boldsymbol{m} \in \mathrm{M}.$$

Jede Lösung $\widehat{\boldsymbol{\beta}}$ von $\widehat{\boldsymbol{\mu}} = \boldsymbol{X}\widehat{\boldsymbol{\beta}}$ heißt Kleinst-Quadrat-Schätzer oder kurz KQ-Schätzer von $\boldsymbol{\beta}$. Ist der Parametervektor $\boldsymbol{\gamma} = \boldsymbol{A}\boldsymbol{\mu}$ eine lineare Funktion von $\boldsymbol{\mu}$, so heißt

$$\widehat{\boldsymbol{\gamma}} = \boldsymbol{A}\widehat{\boldsymbol{\mu}}$$

der Kleinst-Quadrat-Schätzer von $\boldsymbol{\gamma}$.

Der Schlüssel zur Bestimmung des Kleinst-Quadrat-Schätzers und seiner Eigenschaften ist der Begriff der orthogonalen Projektion $\boldsymbol{P}_{\mathrm{M}}$ in einen endlichdimensionalen Vektorraum M, den wir bereits in Kap. 20 kennengelernt haben. Wir stellen hier noch einmal die für uns wichtigsten Eigenschaften einer Projektion zusammen.

Projektion in einen Unterraum

Ist $\mathrm{M} \subseteq \mathbb{R}^n$ ein beliebiger Unterraum, dann existiert stets die lineare Projektion von $\mathbb{R}^n$ nach M. Diese ist eindeutig,

$$\boldsymbol{P}_{\mathrm{M}} : \mathbb{R}^n \to \mathrm{M} \quad \text{mit } \boldsymbol{P}_{\mathrm{M}}\boldsymbol{y} \in \mathrm{M} \text{ für alle } \boldsymbol{y} \in \mathbb{R}^n.$$

$\boldsymbol{P}_{\mathrm{M}}$ ist eine idempotente symmetrische Matrix,

$$\boldsymbol{P}_{\mathrm{M}} = (\boldsymbol{P}_{\mathrm{M}})^{\mathrm{T}},$$

$$\boldsymbol{P}_{\mathrm{M}}\boldsymbol{P}_{\mathrm{M}} = \boldsymbol{P}_{\mathrm{M}},$$

$$\boldsymbol{P}_{\mathrm{M}}(\boldsymbol{I} - \boldsymbol{P}_{\mathrm{M}}) = 0.$$

Die wichtigste Eigenschaft ist die Minimalität. Ein Punkt $\boldsymbol{m} \in \mathrm{M}$ hat genau dann minimalen Abstand zu einem Punkt $\boldsymbol{y} \in \mathbb{R}^n$, falls $\boldsymbol{m} = \boldsymbol{P}_{\mathrm{M}}\boldsymbol{y}$ ist,

$$\|\boldsymbol{y} - \boldsymbol{m}\|^2 \geq \|\boldsymbol{y} - \boldsymbol{P}_{\mathrm{M}}\boldsymbol{y}\|^2.$$

Wird M von den Spalten einer Matrix $\boldsymbol{X}$ erzeugt, $\mathrm{M} = \langle \boldsymbol{X} \rangle$, dann lässt sich $\boldsymbol{P}_{\mathrm{M}}$ darstellen als

$$\boldsymbol{P}_{\mathrm{M}} = \boldsymbol{X}\boldsymbol{X}^{+}.$$

Dabei ist $\boldsymbol{X}^{+}$ die Moore-Penrose-Inverse der Matrix. Sind die Spalten von $\boldsymbol{X}$ linear unabhängig, so ist

$$\boldsymbol{X}^{+} = (\boldsymbol{X}^{\mathrm{T}}\boldsymbol{X})^{-1}\boldsymbol{X}^{\mathrm{T}}.$$

Achtung In Kap. 21 wurde bereits die Pseudoinverse bzw. Moore-Penrose-Inverse X^{ps} einer Abbildung bzw. einer Matrix eingeführt (siehe zum Beispiel auf S. 800). In der Statistik ist dagegen die Bezeichnung $\boldsymbol{X}^{+}$ für die Moore-Penrose-Inverse einer Matrix $\boldsymbol{X}$ üblich. Diese unterschiedlichen Bezeichnungskulturen in den einzelnen Unterabteilungen der Mathematik sind leider nicht zu vermeiden. Wir werden hier die in der Statistik übliche Bezeichnung $\boldsymbol{X}^{+}$ weiter verwenden. ◀

Wenden wir diesen Satz auf unser Schätzproblem an, so erhalten wir sofort folgende Eigenschaft des KQ-Schätzers.

Eigenschaften des Kleinst-Quadrat-Schätzers

Der KQ-Schätzer $\widehat{\boldsymbol{\mu}}$ ist die Orthogonalprojektion von $\boldsymbol{y}$ in den Modellraum M,

$$\widehat{\boldsymbol{\mu}} = \boldsymbol{P}_{\mathrm{M}}\boldsymbol{y} = \boldsymbol{X}\boldsymbol{X}^{+}\boldsymbol{y}.$$

$\widehat{\boldsymbol{\mu}}$ existiert stets, ist eindeutig und invariant gegenüber allen Transformationen der Regressoren, die den Raum M invariant lassen. Ein Kleinst-Quadrat-Schätzer von $\boldsymbol{\beta}$ ist $\widehat{\boldsymbol{\beta}} = \boldsymbol{X}^{+}\boldsymbol{y}$. Ist die Identifikationsbedingung von S. 1553 erfüllt, so ist

$$\widehat{\boldsymbol{\mu}} = \boldsymbol{X}(\boldsymbol{X}^{\mathrm{T}}\boldsymbol{X})^{-1}\boldsymbol{X}^{\mathrm{T}}\boldsymbol{y}.$$

Dann ist auch $\widehat{\boldsymbol{\beta}}$ eindeutig bestimmt als

$$\widehat{\boldsymbol{\beta}} = (\boldsymbol{X}^{\mathrm{T}}\boldsymbol{X})^{-1}\boldsymbol{X}^{\mathrm{T}}\boldsymbol{y}.$$

Die Abweichung zwischen der Beobachtung $\boldsymbol{y}$ und dem geschätzten Erwartungswert $\widehat{\boldsymbol{\mu}}$ ist das **Residuum**

$$\widehat{\boldsymbol{\varepsilon}} = \boldsymbol{y} - \widehat{\boldsymbol{\mu}}.$$

Achtung Wir müssen sorgfältig unterscheiden zwischen der unbekannten **Störgröße** $\boldsymbol{\varepsilon}$ und dem berechneten Residuum $\widehat{\boldsymbol{\varepsilon}} = (\boldsymbol{I} - \boldsymbol{P}_{\mathrm{M}})\boldsymbol{y}$. Das Residuum ist der orthogonal zum Modellraum M stehende, bei der Schätzung verbleibenden Rest. ◀

Selbstfrage 2

1. Warum ist $\widehat{\boldsymbol{\varepsilon}}$ orthogonal zu M?
2. Warum ist im Regressionsmodell mit Eins die Summe der Residuen gleich null? Und warum gilt dies nicht in Modellen ohne Eins?

Mitunter wird $\widehat{\boldsymbol{\varepsilon}}$ auch als *geschätztes* Residuum bezeichnet. Diese Benennung ist etwas problematisch, da $\boldsymbol{\varepsilon}$ eine zufällige Variable und kein Parameter ist. Daher kann von einer „Schätzung" von $\boldsymbol{\varepsilon}$ schlecht die Rede sein. Mit diesen Bezeichnungen entspricht der Modellannahme die geschätzte Zerlegung:

Modell: $\boldsymbol{y} = \boldsymbol{\mu} + \boldsymbol{\varepsilon};\ \boldsymbol{\mu} \in \mathrm{M}$
Schätzung: $\boldsymbol{y} = \widehat{\boldsymbol{\mu}} + \widehat{\boldsymbol{\varepsilon}};\ \widehat{\boldsymbol{\mu}} \in \mathrm{M};\ \widehat{\boldsymbol{\varepsilon}} \perp \mathrm{M}$

$\widehat{\boldsymbol{\mu}}$ und $\widehat{\boldsymbol{\beta}}$ lassen sich auch aus den Normalgleichungen bestimmen. Dazu gehen wir von der Darstellung

$$\boldsymbol{y} = \widehat{\boldsymbol{\mu}} + \widehat{\boldsymbol{\varepsilon}} = \boldsymbol{X}\widehat{\boldsymbol{\beta}} + \widehat{\boldsymbol{\varepsilon}}$$

aus. Das Residuum $\widehat{\boldsymbol{\varepsilon}}$ steht senkrecht zum Modellraum M. Daher steht $\widehat{\boldsymbol{\varepsilon}}$ senkrecht auf allen Regressoren, die den Modellraum aufspannen. Also ist $(\boldsymbol{x}_j)^{\mathrm{T}}\,\widehat{\boldsymbol{\varepsilon}} = 0$. Fassen wir diese Gleichung in einer Matrizengleichung zusammen, erhalten wir $\boldsymbol{X}^{\mathrm{T}}\widehat{\boldsymbol{\varepsilon}} = 0$. Multiplizieren wir die Schätzgleichung $\boldsymbol{y} = \widehat{\boldsymbol{\mu}} + \widehat{\boldsymbol{\varepsilon}}$ mit $\boldsymbol{X}^{\mathrm{T}}$, so folgt

$$\boldsymbol{X}^{\mathrm{T}}\boldsymbol{y} = \boldsymbol{X}^{\mathrm{T}}\boldsymbol{X}\widehat{\boldsymbol{\beta}} + \boldsymbol{X}^{\mathrm{T}}\widehat{\boldsymbol{\varepsilon}}.$$

Da $\boldsymbol{X}^{\mathrm{T}}\widehat{\boldsymbol{\varepsilon}} = 0$ ist, erhalten wir das System der Normalgleichungen, das wir im einfachsten Fall schon bei der Bestimmung der Ausgleichsgeraden auf S. 1548 kennengelernt haben.

Die Normalgleichungen

Der KQ-Schätzer $\widehat{\boldsymbol{\beta}}$ ist Lösung der Normalgleichung

$$\boldsymbol{X}^{\mathrm{T}}\boldsymbol{y} = \boldsymbol{X}^{\mathrm{T}}\boldsymbol{X}\widehat{\boldsymbol{\beta}}.$$

Das Gleichungssystem der Normalgleichungen ist stets lösbar.

Wir werden je nach Zielsetzung die Schreibweisen

$$\boldsymbol{P}_{\mathrm{M}}\boldsymbol{y} = \boldsymbol{P}\boldsymbol{y} = \widehat{\boldsymbol{\mu}} = \widehat{\boldsymbol{y}}$$

für denselben Sachverhalt verwenden. $\boldsymbol{P}_{\mathrm{M}}\boldsymbol{y}$ ist die vollständige, informativste Bezeichnung. Arbeiten wir nur mit einem festen Modellraum M, so lassen wir den Index M weg und schreiben $\boldsymbol{P}\boldsymbol{y}$ statt $\boldsymbol{P}_{\mathrm{M}}\boldsymbol{y}$, falls dadurch keine Missverständnisse zu befürchten sind. Bei $\widehat{\boldsymbol{\mu}}$ denken wir an die Schätzung der systematischen Komponente, bei $\widehat{\boldsymbol{y}}$ an die Glättung oder Approximation von $\boldsymbol{y}$.

Beispiel Als Beispiel betrachten wir einen Datensatz aus dem Buch von Draper und Smith (1966): *Applied regression analysis*, S. 351–363. Hier wird in einem Chemiewerk heißer Wasserdampf benötigt. Der Verbrauch von Wasserdampf wird in Abhängigkeit von neun Einflussgrößen untersucht. Für die insgesamt 10 Variablen liegen jeweils 25 Beobachtungen vor. Die Variablen sind:

y Response vector: Pounds of steam used monthly
x_1 Pounds of real fatty acid in storage per month
x_2 Pounds of crude glycerin made
x_3 Average wind velocity (in mph)
x_4 Calendar days per month
x_5 Operating days per month
x_6 Days below 32 °F
x_7 Average atmospheric temperature (°F)
x_8 (Average wind velocity)^2
x_9 Number of startups

Bei diesem Datensatz sind im Gegensatz zu unserer Modellvoraussetzung nicht alle Einflussgrößen kontrollierbare Variable.

Tab. 41.1 Daten zum Wasserdampfverbrauch eines Chemiewerkes (Erklärung der Größen im Text)

i	y	x_1	x_2	x_3	x_4	x_5	x_6	x_7	x_8	x_9
1	10.98	5.20	0.61	7.4	31	20	22	35.3	54.8	4
2	11.13	5.12	0.64	8.0	29	20	25	29.7	64.0	5
3	12.51	6.19	0.78	7.4	31	23	17	30.8	54.8	4
4	8.40	3.89	0.49	7.5	30	20	22	58.8	56.3	4
5	9.27	6.28	0.84	5.5	31	21	0	61.4	30.3	5
6	8.73	5.76	0.74	8.9	30	22	0	71.3	79.2	4
7	6.36	3.45	0.42	4.1	31	11	0	74.4	16.8	2
8	8.50	6.57	0.87	4.1	31	23	0	76.7	16.8	5
9	7.82	5.69	0.75	4.1	30	21	0	70.7	16.8	4
10	9.14	6.14	0.76	4.5	31	20	0	57.5	20.3	5
11	8.24	4.84	0.65	10.3	30	20	11	46.4	106.1	4
12	12.19	4.88	0.62	6.9	31	21	12	28.9	47.6	4
13	11.88	6.03	0.79	6.6	31	21	25	28.1	43.6	5
14	9.57	4.55	0.60	7.3	28	19	18	39.1	53.3	5
15	10.94	5.71	0.70	8.1	31	23	5	46.8	65.6	4
16	9.58	5.67	0.74	8.4	30	20	7	48.5	70.6	4
17	10.09	6.72	0.85	6.1	31	22	0	59.3	37.2	6
18	8.11	4.95	0.67	4.9	30	22	0	70.0	24.0	4
19	6.83	4.62	0.45	4.6	31	11	0	70.0	21.2	3
20	8.88	6.60	0.95	3.7	31	23	0	74.5	13.7	4
21	7.68	5.01	0.64	4.7	30	20	0	72.1	22.1	4
22	8.47	5.68	0.75	5.3	31	21	1	58.1	28.1	6
23	8.86	5.28	0.70	6.2	30	20	14	44.6	38.4	4
24	10.36	5.36	0.67	6.8	31	20	22	33.4	46.2	4
25	11.08	5.87	0.70	7.5	31	22	28	28.6	56.3	5

Tab. 41.2 Die Korrelationsmatrix der Daten zum Dampfverbrauch (siehe Text)

	y	x_1	x_2	x_3	x_4	x_5	x_6	x_7	x_8	x_9
y	1	0.4	0.3	0.5	0.1	0.5	0.6	−0.9	0.4	0.4
x_1	0.4	1	0.9	−0.1	0.4	0.7	−0.2	−0.0	−0.1	0.6
x_2	0.3	0.9	1	−0.1	0.3	0.8	−0.2	0.1	−0.1	0.6
x_3	0.5	−0.1	−0.1	1	−0.3	0.2	0.6	−0.6	1	0.1
x_4	0.1	0.4	0.3	−0.3	1	0	−0.2	0.1	−0.3	−0.1
x_5	0.5	0.7	0.8	0.2	0	1	0.1	−0.2	0.2	0.6
x_6	0.6	−0.2	−0.2	0.6	−0.2	0.1	1	−0.9	0.5	0.1
x_7	−0.9	−0.0	0.1	−0.6	0.1	−0.2	−0.9	1	−0.5	−0.2
x_8	0.4	−0.1	−0.1	1	−0.3	0.2	0.5	−0.5	1	0
x_9	0.4	0.6	0.6	0.1	−0.1	0.6	0.1	−0.2	0	1

Zum Beispiel lässt sich x_7, die mittlere Tagestemperatur, durchaus als zufällige Variable betrachten. Wir haben es also mit einer bedingten Analyse von $\boldsymbol{y}$ bei gegebenem $\boldsymbol{X}$ zu tun. Tabelle 41.1 enthält alle Daten der Regressoren und der Zielvariablen y.

Nun soll geklärt werden, ob und wie stark y von den Einflussgrößen x_1 bis x_9 abhängt. Im ersten Schritt wollen wir nur eine einzige erklärende Variable berücksichtigen. Dazu suchen wir diejenige Variable, die am stärksten mit y korreliert. Tabelle 41.2 zeigt die Korrelationen aller Variablen an, dabei haben wir nur die erste Stelle nach dem Komma angegeben.

Aus der Korrelationsmatrix ergibt sich, dass $\boldsymbol{y}$ am stärksten mit $\boldsymbol{x}_7$ korreliert: $|r(\boldsymbol{y}, \boldsymbol{x}_7)| = 0.9$. Wir betrachten daher zunächst die lineare Struktur

$$y = \beta_0 + \beta_7 x_7 + \varepsilon.$$

Die 25 Beobachtungsgleichungen sind dann

$$y_i = \beta_0 + \beta_7 x_{i7} + \varepsilon_i, \quad i = 1, \ldots, 25.$$

Vektoriell zusammengefasst lauten die Beobachtungsgleichungen

$$\boldsymbol{y} = \beta_0 \mathbf{1} + \beta_7 \boldsymbol{x}_7 + \boldsymbol{\varepsilon}.$$

Mit der Matrix $\boldsymbol{X} = (\mathbf{1}; \boldsymbol{x}_7)$ erhalten wir

$$\boldsymbol{y} = \boldsymbol{X}\boldsymbol{\beta} + \boldsymbol{\varepsilon}.$$

Der Modellraum ist $\mathrm{M}_1 = \langle \boldsymbol{X} \rangle = \langle \mathbf{1}, \boldsymbol{x}_7 \rangle$. Betrachten wir $\boldsymbol{y}$ und $\boldsymbol{X}$ im Detail:

$$\boldsymbol{y} = \begin{pmatrix} 10.98 \\ 11.13 \\ 12.51 \\ 8.40 \\ \vdots \\ 11.08 \end{pmatrix} \quad \text{und} \quad \boldsymbol{X} = \begin{pmatrix} 1 & 35.3 \\ 1 & 29.7 \\ 1 & 30.8 \\ 1 & 58.8 \\ \vdots & \vdots \\ 1 & 28.6 \end{pmatrix}$$

Wie man leicht erkennt, sind die Spalten von $\boldsymbol{X}$ linear unabhängig. Daher ist $\mathrm{rg}\,(\boldsymbol{X}) = 2$ und $\boldsymbol{\beta} = (\beta_0; \beta_7)^{\mathrm{T}}$ lässt sich eindeutig durch

$$\widehat{\boldsymbol{\beta}} = (\boldsymbol{X}^{\mathrm{T}}\boldsymbol{X})^{-1}\boldsymbol{X}^{\mathrm{T}}\boldsymbol{y}$$

schätzen. Wir berechnen die dazu notwendigen Matrizen im Einzelnen:

$$\begin{aligned}
\boldsymbol{X}^{\mathrm{T}}\boldsymbol{X} &= \begin{pmatrix} 25 & 1315 \\ 1315 & 76\,323.42 \end{pmatrix} \\
(\boldsymbol{X}^{\mathrm{T}}\boldsymbol{X})^{-1} &= \begin{pmatrix} 0.426\,70 & -0.007\,352 \\ -0.007\,352 & 0.000\,139\,8 \end{pmatrix} \\
\boldsymbol{X}^{\mathrm{T}}\boldsymbol{y} &= \begin{pmatrix} 235.6 \\ 1182.4 \end{pmatrix} \\
\widehat{\boldsymbol{\beta}} &= (\boldsymbol{X}^{\mathrm{T}}\boldsymbol{X})^{-1}\boldsymbol{X}^{\mathrm{T}}\boldsymbol{y} = \begin{pmatrix} 13.624 \\ -0.0798 \end{pmatrix}.
\end{aligned}$$

Die geschätzte Struktur ist also

$$\widehat{\mu} = 13.624 - 0.0798\,x_7.$$

Wir wollen nun unsere Struktur erweitern und einen zweiten Regressor ins Modell aufnehmen. Dazu suchen wir einen Regressor, der möglichst hoch mit $\boldsymbol{y}$, aber gleichzeitig wenig mit $\boldsymbol{x}_7$ korreliert, denn er soll ja einen neuen Aspekt ins Modell bringen. Nach einem Blick auf die Korrelationstabelle wählen wir $\boldsymbol{x}_5$. Es ist $r(\boldsymbol{y}, \boldsymbol{x}_5) = 0.54$ und $r(\boldsymbol{x}_7, \boldsymbol{x}_5) = -0.21$. Jetzt ist der Modellraum $\mathrm{M}_2 = \langle \mathbf{1}, \boldsymbol{x}_7, \boldsymbol{x}_5 \rangle$. Die neue Designmatrix ist:

$$\boldsymbol{X} = (\mathbf{1}; \boldsymbol{x}_7; \boldsymbol{x}_5) = \begin{pmatrix} 1 & 35.3 & 20 \\ 1 & 29.7 & 20 \\ 1 & 30.8 & 23 \\ 1 & 58.8 & 20 \\ \vdots & \vdots & \vdots \\ 1 & 28.6 & 22 \end{pmatrix}.$$

Die Spalten von $\boldsymbol{X}$ sind linear unabhängig. Daher hat $\boldsymbol{X}^{\mathrm{T}}\boldsymbol{X}$ den vollen Rang 3, die Inverse $(\boldsymbol{X}^{\mathrm{T}}\boldsymbol{X})^{-1}$ existiert. Die analoge Rechnung liefert

$$\left(\boldsymbol{X}^{\mathrm{T}}\boldsymbol{X}\right)^{-1}\boldsymbol{X}^{\mathrm{T}}\boldsymbol{y} = \begin{pmatrix} 9.1269 \\ -0.0724 \\ 0.2028 \end{pmatrix}.$$

Die geschätzte Struktur ist

$$\widehat{\mu} = 9.1269 - 0.0724 x_7 + 0.2028 x_5.$$

Vergleichen wir die Strukturgleichungen in beiden Modellen, so sehen wir, dass die gemeinsam vorkommenden Parameter, nämlich das Absolutglied β_0 und der Koeffizient β_7 von x_7, in beiden Modellen mit durchaus verschiedenen Werten geschätzt werden.

Die Regression mit allen neun Variablen liefert als Modell

$$y = \beta_0 + \beta_1 x_1 + \ldots + \beta_7 x_7 + \beta_8 x_8 + \beta_9 x_9.$$

Der Modellraum ist $\mathrm{M}_3 = \langle \mathbf{1}, \boldsymbol{x}_1, \boldsymbol{x}_2, \boldsymbol{x}_3, \ldots, \boldsymbol{x}_7, \boldsymbol{x}_9 \rangle$. Die Berechnung der einzelnen Matrizen ist aufwendiger. Prinzipiell kommt aber nichts Neues hinzu. Ohne auf die weiteren Rechnungen im Detail einzugehen, geben wir die resultierenden Parameterschätzwerte an:

$$\begin{aligned}
\widehat{\beta}_0 &= 1.90 & \widehat{\beta}_5 &= 0.18 \\
\widehat{\beta}_1 &= 0.71 & \widehat{\beta}_6 &= -0.02 \\
\widehat{\beta}_2 &= -1.90 & \widehat{\beta}_7 &= -0.08 \\
\widehat{\beta}_3 &= 1.13 & \widehat{\beta}_8 &= -0.09 \\
\widehat{\beta}_4 &= 0.12 & \widehat{\beta}_9 &= -0.35
\end{aligned}$$

Wir haben auf ein und demselben Datensatz drei verschiedene, immer reichhaltigere Modelle entwickelt: $\mathrm{M}_1 = \langle \mathbf{1}, \boldsymbol{x}_7 \rangle$, $\mathrm{M}_2 = \langle \mathbf{1}, \boldsymbol{x}_7, \boldsymbol{x}_5 \rangle$ und $\mathrm{M}_3 = \langle \mathbf{1}, \boldsymbol{x}_1, \boldsymbol{x}_2, \boldsymbol{x}_3, \ldots, \boldsymbol{x}_7, \boldsymbol{x}_9 \rangle$. Jedes Modell liefert andere Schätzwerte. Welches Modell das wahre ist, wissen wir nicht. Grundsätzlich lässt sich sagen, dass das umfassendste Modell, hier M_3, nicht notwendig die besten Schätzwerte liefert. ◀

Zu jedem Schätzer gehört eine Aussage über seine Genauigkeit

Ohne Vorwissen sind Daten stumm. Wenn wir aus den Beobachtungswerten Schlüsse über die Parameter ziehen wollen, müssen wir von genau definiertem Vorwissen ausgehen. Dieses Vorwissen beschreiben wir in Annahmen über die Wahrscheinlichkeitsverteilung der Daten. Von nun an wollen wir von einem linearen statistischen Modell ausgehen.

Die Grundannahme im linearen statistischen Modell

Die Einflussgrößen $\boldsymbol{x}_j$, die Koeffizienten β_j und damit die systematische Komponente $\boldsymbol{\mu}$ sind determinierte, nicht zufällige Größen. Allein die Störgröße $\boldsymbol{\varepsilon}$ und die Beobachtungen sind zufällige Variablen.

Achtung Zur optischen Vereinfachung und um Verwechslungen von Matrizen und zufälligen Vektoren zu vermeiden, müssen wir von nun an auf unsere Konvention verzichten, zufällige Variablen und ihre Realisationen im Schriftbild zu unterscheiden. Wir verwenden für beide nur noch klein geschriebene Buchstaben. Um was es sich im Einzelnen handelt, muss aus dem Sinnzusammenhang erschlossen werden. Wir werden aber weiterhin Vektoren mit kleinen fetten und Matrizen mit großen fetten Buchstaben bezeichnen. In der Gleichung $\boldsymbol{y} = \boldsymbol{\mu} + \boldsymbol{\varepsilon}$ können daher $\boldsymbol{y}$ und $\boldsymbol{\varepsilon}$ sowohl n-dimensionale zufällige Vektoren als auch deren Realisationen bedeuten. Sprechen wir zum Beispiel von der Verteilung von $\boldsymbol{y}$, vom Erwartungswert oder der Kovarianzmatrix von $\boldsymbol{y}$, so ist mit $\boldsymbol{y}$ der zufällige Vektor gemeint. Werten wir eine konkrete Beobachtung aus, so ist $\boldsymbol{y}$ schlicht ein Zahlenvektor des $\mathbb{R}^n$. ◀

Die systematische Komponente ist der Erwartungswert von y

Um in der Darstellung des Modells die systematische Komponente $\boldsymbol{\mu}$ von der stochastischen Komponente $\boldsymbol{\varepsilon}$ eindeutig zu trennen, schreiben wir $\boldsymbol{y} = (\boldsymbol{\mu} + \mathrm{E}(\boldsymbol{\varepsilon})) + (\boldsymbol{\varepsilon} - \mathrm{E}(\boldsymbol{\varepsilon}))$ und fassen den Erwartungswert der Störgröße $\boldsymbol{\varepsilon}$ als Teil der systematischen Komponente auf. Der Erwartungswert der verbleibenden Störgröße ist damit null. Die systematische Komponente ist schlicht der Erwartungswert von $\boldsymbol{y}$. Mit dieser Vereinbarung sind $\boldsymbol{y}$ und $\boldsymbol{\varepsilon}$ n-dimensionale zufällige Vektoren mit

$$\boldsymbol{y} = \boldsymbol{\mu} + \boldsymbol{\varepsilon},$$
$$\mathrm{E}(\boldsymbol{y}) = \boldsymbol{\mu}, \quad \mathrm{E}(\boldsymbol{\varepsilon}) = \mathbf{0}.$$

Wir haben hier $\boldsymbol{\mu}$ unabhängig von M durch $\boldsymbol{\mu} = \mathrm{E}(\boldsymbol{y})$ definiert. Dieses $\boldsymbol{\mu}$ nennen wir den *wahren* Parameter. Durch die Wahl von M legen wir ein spezielles Modell fest. In diesem Modell kann die Aussage

$$\boldsymbol{\mu} \in \mathrm{M}$$

falsch oder wahr sein. Ist sie wahr, spricht man von einem **richtig spezifizierten** oder **korrekten** Modell; anderenfalls ist das Modell **falsch spezifiziert**. Wenn nichts anderes gesagt ist, werden wir von nun an stets voraussetzen, dass unsere Modellannahme $\boldsymbol{\mu} \in \mathrm{M}$ wahr sei. Diese Voraussetzung darf aber nicht überstrapaziert werden. Im Beispiel auf S. 1555 hatten wir nacheinander die drei Modelle $\mathrm{M}_1 = \langle \mathbf{1}, \boldsymbol{x}_7 \rangle$, $\mathrm{M}_2 = \langle \mathbf{1}, \boldsymbol{x}_7, \boldsymbol{x}_5 \rangle$ und schließlich das volle Modell $\mathrm{M}_3 = \langle \mathbf{1}, \boldsymbol{x}_1, \boldsymbol{x}_2, \boldsymbol{x}_3, \ldots, \boldsymbol{x}_7, \boldsymbol{x}_9 \rangle$ mit allen 10 Einflussgrößen behandelt. Hätte $\boldsymbol{\mu}$ zum Beispiel in Wahrheit die Gestalt $\mu = 10 + 0.3x_5 - 0.2x_7$ dann wäre das Modell M_1, das auf $\boldsymbol{x}_5$ verzichtet, falsch, das Modell M_3 zwar nicht falsch, aber überflüssig groß. Für den KQ-Schätzer ergibt sich daraus Folgendes.

Erwartungstreue der Kleinst-Quadrat-Schätzer

Im korrekten Modell ist der Kleinst-Quadrat-Schätzer $\widehat{\boldsymbol{\mu}}$ erwartungstreu. Für einen Parametervektor $\boldsymbol{\gamma}$ existiert genau dann eine lineare erwartungstreue Schätzfunktion, wenn $\boldsymbol{\gamma}$ lineare Funktion von $\boldsymbol{\mu}$ ist. Ist speziell die Identifikationsbedingung erfüllt, so ist auch $\widehat{\boldsymbol{\beta}}$ erwartungstreu,

$$\mathrm{E}(\widehat{\boldsymbol{\mu}}) = \boldsymbol{\mu} \text{ und } \mathrm{E}(\widehat{\boldsymbol{\beta}}) = \boldsymbol{\beta}.$$

Beweis Da der Erwartungswert ein linearer Operator ist, folgt $\mathrm{E}(\widehat{\boldsymbol{\mu}}) = \mathrm{E}(\boldsymbol{P}_{\mathrm{M}}\boldsymbol{y}) = \boldsymbol{P}_{\mathrm{M}}\mathrm{E}(\boldsymbol{y}) = \boldsymbol{P}_{\mathrm{M}}\boldsymbol{\mu}$. Ist das Modell korrekt, so ist $\boldsymbol{\mu} \in \mathrm{M}$ und daher $\boldsymbol{P}_{\mathrm{M}}\boldsymbol{\mu} = \boldsymbol{\mu}$. Existiert für den Parametervektor $\boldsymbol{\gamma}$ eine lineare erwartungstreue Schätzfunktion $\widehat{\boldsymbol{\gamma}} = \boldsymbol{A}\boldsymbol{y}$, so ist $\boldsymbol{\gamma} = \mathrm{E}(\widehat{\boldsymbol{\gamma}}) = \mathrm{E}(\boldsymbol{A}\boldsymbol{y}) = \boldsymbol{A}\mathrm{E}(\boldsymbol{y}) = \boldsymbol{A}\boldsymbol{\mu}$. Hat umgekehrt $\boldsymbol{\gamma}$ die Gestalt $\boldsymbol{\gamma} = \boldsymbol{A}\boldsymbol{\mu}$, so ist $\widehat{\boldsymbol{\gamma}} = \boldsymbol{A}\widehat{\boldsymbol{\mu}}$ erwartungstreu. Ist speziell die Identifikationsbedingung erfüllt, so ist $(\boldsymbol{X}^{\mathrm{T}}\boldsymbol{X})$ invertierbar. Daher ist $\boldsymbol{\beta} = (\boldsymbol{X}^{\mathrm{T}}\boldsymbol{X})^{-1}(\boldsymbol{X}^{\mathrm{T}}\boldsymbol{X})\boldsymbol{\beta} = (\boldsymbol{X}^{\mathrm{T}}\boldsymbol{X})^{-1}\boldsymbol{X}^{\mathrm{T}}\boldsymbol{\mu}$ eine lineare Funktion von $\boldsymbol{\mu}$ und wird daher erwartungstreu geschätzt. Oder direkt: Aus $\widehat{\boldsymbol{\beta}} = (\boldsymbol{X}^{\mathrm{T}}\boldsymbol{X})^{-1}\boldsymbol{X}^{\mathrm{T}}\boldsymbol{y}$ folgt $\mathrm{E}(\widehat{\boldsymbol{\beta}}) = (\boldsymbol{X}^{\mathrm{T}}\boldsymbol{X})^{-1}\boldsymbol{X}^{\mathrm{T}}\mathrm{E}(\boldsymbol{y}) = (\boldsymbol{X}^{\mathrm{T}}\boldsymbol{X})^{-1}\boldsymbol{X}^{\mathrm{T}}(\boldsymbol{X}\boldsymbol{\beta}) = (\boldsymbol{X}^{\mathrm{T}}\boldsymbol{X})^{-1}(\boldsymbol{X}^{\mathrm{T}}\boldsymbol{X})\boldsymbol{\beta} = \boldsymbol{\beta}$. ■

Uns fehlt noch eine Aussage über die Verlässlichkeit der einzelnen Schätzwerte selbst und die stochastischen Abhängigkeiten zwischen den Schätzern. Beide Fragen sind eng miteinander verbunden. Um sie zu beantworten, müssen wir unser Modell verfeinern. Der Annahme über den Erwartungswert $\mathrm{E}(\boldsymbol{y}) = \boldsymbol{\mu} \in M$ fügen wir nun die Annahme über die Struktur der Kovarianzmatrix hinzu. Wegen $\boldsymbol{y} = \boldsymbol{\mu} + \boldsymbol{\varepsilon}$ ist $\mathrm{Cov}(\boldsymbol{\varepsilon}) = \mathrm{Cov}(\boldsymbol{y})$, denn $\boldsymbol{\mu}$ ist eine Konstante. Es ist also gleich, ob wir Forderungen an die Kovarianzen der Störungen $\boldsymbol{\varepsilon}$ oder der Beobachtungen $\boldsymbol{y}$ stellen.

Die Kovarianzstruktur der Beobachtungen

Die n Beobachtungen y_i sind untereinander unkorreliert und besitzen dieselbe von $\boldsymbol{x}$ und i unabhängige Varianz σ^2:

$$\mathrm{Var}(y_i) = \mathrm{Var}(\varepsilon_i) = \sigma^2 \quad \text{für alle } i,$$
$$\mathrm{Cov}\left(y_i, y_j\right) = \mathrm{Cov}\left(\varepsilon_i, \varepsilon_j\right) = 0 \quad \text{für alle } i \neq j,$$
$$\mathrm{Cov}(\boldsymbol{y}) = \mathrm{Cov}(\boldsymbol{\varepsilon}) = \sigma^2 \boldsymbol{I}.$$

Mit diesem Modell können wir zum Beispiel die n-fache unabhängige Wiederholung eines Versuchs beschreiben, bei der sich in Abhängigkeit der variierenden Versuchsbedingungen allein der Lageparameter $\boldsymbol{\mu}$ verschiebt, aber die Messgenauigkeit σ^2 konstant bleibt.

Das Modell ist nicht angebracht zur Beschreibung von Vorgängen, bei denen die Störgröße mit der Zeit abnimmt oder zunimmt, zum Beispiel bei Experimenten, die sich allmählich einpendeln oder aufschaukeln. Ebenso wenig ist dieses Modell geeignet für Messungen, die teils mit genauen, teils mit ungenauen Messgeräten vorgenommen werden.

Aus der Annahme $\operatorname{Cov}(\boldsymbol{y}) = \sigma^2 \boldsymbol{I}$ lassen sich die folgenden Aussagen ableiten. Den Beweis stellen wir als Aufgabe 41.10 zurück

Die Kovarianzmatrizen der Schätzer

Hat die Matrix $\boldsymbol{X}$ den vollen Spaltenrang und ist $\operatorname{Cov}(\boldsymbol{y}) = \sigma^2 \boldsymbol{I}$, so gilt:

$$\operatorname{Cov}(\widehat{\boldsymbol{\mu}}) = \sigma^2 \boldsymbol{P}_{\mathrm{M}} = \sigma^2 \boldsymbol{X}(\boldsymbol{X}^{\mathrm{T}}\boldsymbol{X})^{-1}\boldsymbol{X}^{\mathrm{T}},$$

$$\operatorname{Cov}(\widehat{\boldsymbol{\beta}}) = \sigma^2 (\boldsymbol{X}^{\mathrm{T}}\boldsymbol{X})^{-1},$$

$$\operatorname{Cov}(\widehat{\boldsymbol{\mu}}; \widehat{\boldsymbol{\varepsilon}}) = 0.$$

Die Vektoren der geschätzten systematischen Komponente $\widehat{\boldsymbol{\mu}}$ und der Residuen $\widehat{\boldsymbol{\varepsilon}}$ sind sowohl orthogonal als auch unkorreliert. Dies lässt sich leicht anschaulich interpretieren: Alle linearen Anteile von $\boldsymbol{y}$, die sich durch die Regressoren erfassen lassen, stecken in $\widehat{\boldsymbol{\mu}}$, alles was sich nicht mehr erfassen lässt, bildet den dazu unkorrelierten und orthogonalen Rest $\widehat{\boldsymbol{\varepsilon}}$.

Selbstfrage 3

In Aufgabe 41.10 wird zusätzlich $\operatorname{Cov}(\widehat{\boldsymbol{\varepsilon}}) = \sigma^2 (\boldsymbol{I} - \boldsymbol{P}_{\mathrm{M}})$ gezeigt. Erklären Sie inhaltlich, nicht formal über Matrizen, warum die Residuen $\widehat{\boldsymbol{\varepsilon}}$ korreliert sind, obwohl die wahren Störungen $\boldsymbol{\varepsilon}$ nach unserer Voraussetzung unkorreliert sind?

Die Varianz σ^2 der Störgröße schätzen wir als Funktion der Norm des Residuums

Wir kennen zwar die Struktur der Kovarianzmatrizen, können damit aber noch nicht viel anfangen, solange wir σ nicht kennen. Also müssen wir noch eine Schätzung für σ finden. Während die in M liegende Komponente $\boldsymbol{P}_{\mathrm{M}}\boldsymbol{y}$ den Schätzer $\widehat{\boldsymbol{\mu}}$ liefert, gewinnen wir aus dem zu M orthogonalen Residuum $\widehat{\boldsymbol{\varepsilon}} = \boldsymbol{y} - \boldsymbol{P}_{\mathrm{M}}\boldsymbol{y}$ den Schätzer für σ. Den Beweis des folgenden Satzes finden Sie im Bonusmaterial.

Ein erwartungstreuer Schätzer für σ^2

Ist das Modell korrekt, also $\mathrm{E}(\boldsymbol{y}) = \boldsymbol{\mu} \in \mathrm{M}$, dann wird σ^2 erwartungstreu geschätzt durch

$$\widehat{\sigma}^2 = \frac{\mathrm{SSE}}{n-d} = \frac{1}{n-d}\sum_{i=1}^{n} \widehat{\varepsilon}_i^2 .$$

Dabei ist d die Dimension des Modellraums, also der Rang der Designmatrix $\boldsymbol{X}$. Ist die Identifikationsbedingung erfüllt, ist $d = m + 1$.

Achtung Die Größe $\frac{\mathrm{SSE}}{n-d}$ wird im linearen Modell üblicherweise als Mean Square Error (MSE) bezeichnet. Wir haben jedoch im vorangehenden Kapitel den Erwartungswert des quadrierten Schätzfehlers $\mathrm{E}(\boldsymbol{\theta} - \widehat{\boldsymbol{\theta}})^2$ bereits als MSE bezeichnet. Beide Bezeichnungen sind nicht miteinander verträglich. In der Schätztheorie ist der MSE eine nicht stochastische Funktion des wahren Parameters $\boldsymbol{\theta}$, im linearen Modell ist der MSE eine Zufallsvariable. Diese Kollision ist bedauerlich, aber in der statistischen Literatur nicht mehr auszumerzen. Wir werden jedoch in diesem Kapitel die Bezeichnung MSE für $\widehat{\sigma}^2$ vermeiden. ◄

Wollen wir außer der Angabe der Schätzwerte und ihrer geschätzten Varianzen zusätzlich noch Konfidenzintervalle angeben oder wollen wir Prognosen über künftige Beobachtungen machen und wollen wir Hypothesen über die Parameter testen, brauchen wir eine zusätzliche Annahme über die Verteilung von $\boldsymbol{y}$ und $\boldsymbol{\varepsilon}$.

Daher setzten wir im Folgenden stets voraus, dass die Störgrößen ε_i unabhängig voneinander normalverteilt sind,

$$\boldsymbol{\varepsilon} \sim \mathrm{N}_n(\boldsymbol{0}; \sigma^2 \boldsymbol{I}).$$

Dies ist wegen $\boldsymbol{y} = \boldsymbol{\mu} + \boldsymbol{\varepsilon}$ gleichbedeutend mit

$$\boldsymbol{y} \sim \mathrm{N}_n(\boldsymbol{\mu}; \sigma^2 \boldsymbol{I}).$$

Aus der Annahme der Normalverteilung können wir unmittelbar zwei wichtige Folgerungen ziehen.

KQ- und ML-Schätzer stimmen überein

Im Normalverteilungsmodell sind die Kleinst-Quadrat-Schätzer identisch mit den Maximum-Likelihood-Schätzern.

Beweis Likelihood und Loglikelihood von $\boldsymbol{\mu} = \boldsymbol{\mu}(\boldsymbol{x}, \boldsymbol{\beta})$ und σ bei gegebenen y_i sind:

$$L(\boldsymbol{\mu}, \sigma \mid \boldsymbol{y}) = \prod_{i=1}^{n} \frac{1}{\sigma} \exp\left(-\frac{(y_i - \mu_i)^2}{2\sigma^2}\right),$$

$$\begin{aligned} l(\boldsymbol{\mu}, \sigma \mid \boldsymbol{y}) &= -n \ln \sigma - \frac{1}{2\sigma^2} \sum_{i=1}^{n} (y_i - \mu_i)^2 \\ &= -n \ln \sigma - \frac{1}{2\sigma^2} \|\boldsymbol{y} - \boldsymbol{\mu}\|^2 . \end{aligned}$$

Teil VI

Der Parameter $\boldsymbol{\beta}$, der über $\boldsymbol{\mu} = \boldsymbol{X\beta}$ die Likelihood maximiert, ist derselbe, der den Abstand $\|\boldsymbol{y} - \boldsymbol{\mu}\|$ minimiert. ■

Der Maximum-Likelihood-Schätzer von σ^2 ist

$$\widehat{\sigma}^2_{ML} = \frac{\|\boldsymbol{y} - \widehat{\boldsymbol{\mu}}\|^2}{n} = \frac{\text{SSE}}{n}.$$

Er stimmt nicht mit dem von uns verwendeten erwartungstreuen Schätzer $\widehat{\sigma}^2 = \frac{\text{SSE}}{n-d}$ überein. Wir arbeiten aber mit dem erwartungstreuen Schätzer, da wir für das Studentisieren einen erwartungstreuen Schätzer brauchen. Ausführlicher wird dies im Bonusmaterial besprochen. Aus der Abgeschlossenheit der Normalverteilung gegen lineare Transformationen ergibt sich Folgendes.

Die Verteilung der Schätzer

Aus der Annahme $\boldsymbol{y} \sim \mathrm{N}_n(\boldsymbol{\mu}; \sigma^2 \boldsymbol{I})$ folgt:

$$\begin{aligned}\widehat{\boldsymbol{\mu}} &\sim \mathrm{N}_n(\boldsymbol{\mu}; \sigma^2 \boldsymbol{P}_\mathrm{M}),\\ \widehat{\boldsymbol{\beta}} &\sim \mathrm{N}_{m+1}(\boldsymbol{\beta}; \sigma^2 (\boldsymbol{X}^\mathrm{T}\boldsymbol{X})^{-1}),\\ \widehat{\beta}_j &\sim \mathrm{N}(\beta_j; \sigma^2 (\boldsymbol{X}^\mathrm{T}\boldsymbol{X})^{-1}_{jj}).\end{aligned}$$

Dabei ist $(\boldsymbol{X}^\mathrm{T}\boldsymbol{X})^{-1}_{jj}$ das j-te Diagonalelement von $(\boldsymbol{X}^\mathrm{T}\boldsymbol{X})^{-1}$.

Wir haben oben einen erwartungstreuen Schätzer für σ^2 bestimmt. Im Bonusmaterial werden wir die Verteilung von $\widehat{\sigma}^2$ bestimmen, es ist die χ^2-Verteilung mit $n - m - 1$ Freiheitsgraden. Dann werden wir zeigen, dass $\widehat{\sigma}^2$ nicht nur erwartungstreu, sondern auch konsistent und stochastisch unabhängig von $\widehat{\boldsymbol{\beta}}$ und $\widehat{\boldsymbol{\mu}}$ ist. Daraus folgt für uns als wichtigste praktische Eigenschaft, dass die studentisierten $\widehat{\beta}_j$-Koeffizienten t-verteilt sind.

Der studentisierte Regressionskoeffizient

Ersetzt man σ^2 durch die erwartungstreue Schätzung $\widehat{\sigma}^2 = \frac{\text{SSE}}{n-m-1}$, dann sind unter der Normalverteilungsannahme die studentisierten Regressionskoeffizienten t-verteilt mit $n - d$ Freiheitsgraden,

$$\frac{\widehat{\beta}_j - \beta_j}{\widehat{\sigma}_{\widehat{\beta}_j}} = \frac{\widehat{\beta}_j - \beta_j}{\widehat{\sigma}\sqrt{(\boldsymbol{X}^\mathrm{T}\boldsymbol{X})^{-1}_{jj}}} \sim t(n - m - 1).$$

Dabei ist $\widehat{\sigma}_{\widehat{\beta}_j}$ die geschätzte Standardabweichung von $\widehat{\beta}_j$.

Der studentisierte Regressionskoeffizient ist demnach eine Pivotvariable, mit der wir Tests und Konfidenzintervalle bestimmen können.

Beispiel Wir kehren zurück zum Beispiel auf S. 1555. Im maximalen Modell hatten wir mit der Konstanten und allen 9 Einflussgrößen gearbeitet. Diese waren linear unabhängig. Daher

Tab. 41.3 Die Schätzwerte aus dem Dampf-Beispiel

j	$\widehat{\beta}_j$	$(\boldsymbol{X}^\mathrm{T}\boldsymbol{X})^{-1}_{jj}$	$\widehat{\sigma}_{\widehat{\beta}_j}$	$t_{pg} = \lvert\widehat{\beta}_j\rvert / \widehat{\sigma}_{\widehat{\beta}_j}$
0	**1.90**	0.015	**0.07**	**27.14**
1	0.71	0.98	0.565	1.25
2	−1.90	53	4.148	−0.46
3	1.13	1.7	0.747	1.52
4	0.12	0.13	0.205	0.58
5	**0.18**	0.02	**0.081**	**2.21**
6	−0.02	0.0019	0.025	−0.74
7	**−0.08**	0.000 85	**0.017**	**−4.66**
8	−0.09	0.0083	0.052	−1.65
9	−0.35	0.14	0.211	−1.64

ist die Identifikationsbedingung erfüllt und $d = m + 1 = 10$. Bei der Rechnung ergab sich SSE $= 4.869\,2$. Daraus folgt

$$\begin{aligned}\widehat{\sigma}^2 &= \frac{\text{SSE}}{n-d} = \frac{4.8692}{25-10} = 0.325,\\ \widehat{\sigma} &= 0.57.\end{aligned}$$

Die Schätzwerte $\widehat{\beta}_j$ hatten wir bereits auf S. 1555 angegeben. Die Varianz $\sigma^2_{\widehat{\beta}_j}$ von $\widehat{\beta}_j$ ist $\sigma^2 (\boldsymbol{X}^\mathrm{T}\boldsymbol{X})^{-1}_{jj}$. Sie wird geschätzt durch $\widehat{\sigma}^2 (\boldsymbol{X}^\mathrm{T}\boldsymbol{X})^{-1}_{jj}$. Den Wert $\widehat{\sigma} = 0.57$ hatten wir oben berechnet. Die Diagonale der Matrix $(\boldsymbol{X}^\mathrm{T}\boldsymbol{X})^{-1}$ liefert uns die Werte $(\boldsymbol{X}^\mathrm{T}\boldsymbol{X})^{-1}_{jj}$. Wir verzichten darauf, die Matrix $(\boldsymbol{X}^\mathrm{T}\boldsymbol{X})^{-1}$ vollständig abzudrucken, und begnügen uns mit den Werten auf der Diagonalen. In der Tab. 41.3 sind sie zusammen mit den Schätzwerten $\widehat{\beta}_j$ und ihren Standardabweichungen $\widehat{\sigma}_{\widehat{\beta}_j}$ aufgeführt. Die letzte Spalte benötigen wir, um zu testen, ob die einzelnen Parameterwerte signifikant von null verschieden sind.

Dabei ergibt sich zum Beispiel für $\widehat{\beta}_0 = -1.90$ die geschätzte Standardabweichung aus $\widehat{\sigma}_{\widehat{\beta}_0} = \widehat{\sigma}\sqrt{(\boldsymbol{X}^\mathrm{T}\boldsymbol{X})^{-1}_{00}} = 0.57\sqrt{0.015} = 6.981\,05 \cdot 10^{-2}$ oder für $\widehat{\beta}_7 = -0.08$ als $\widehat{\sigma}_{\widehat{\beta}_7} = \widehat{\sigma}\sqrt{(\boldsymbol{X}^\mathrm{T}\boldsymbol{X})^{-1}_{77}} = 0.57\sqrt{0.000\,85} = 1.661\,82 \cdot 10^{-2}$.

Nun wollen wir testen, ob wir wirklich alle Einflussgrößen brauchen. Da $\widehat{\beta}_j$ normalverteilt ist, ist die studentisierte Variable t-verteilt,

$$\frac{\widehat{\beta}_j - \beta_j}{\widehat{\sigma}_{\widehat{\beta}_j}} \sim t(n - d).$$

Um zu testen, ob der Regressor $\boldsymbol{x}_j$ im Modell notwendig ist, testen wir die Hypothese H_0 : „$\beta_j = 0$" gegen die Alternative H_1 : „$\beta_j \neq 0$". Der Annahmebereich der Prüfgröße des t-Tests ist dann

$$t_{pg} = \frac{|\widehat{\beta}_j|}{\widehat{\sigma}_{\widehat{\beta}_j}} \leq t(n - d)_{1-\alpha/2}.$$

In unserem Beispiel ist $n = 25$, $d = m + 1 = 10$. Bei einem $\alpha = 5\,\%$ ist $t(15)_{0.975} = 2.131$. In der vierten Spalte von Tab. 41.3 sind die realisierten Werte t_{pg} der Prüfgröße angegeben. Vergleichen wir sie mit dem Schwellenwert von $t(15)_{0.975} = 2.131$, schließen wir: Bei einem α von 5% sind allein β_0, β_5 und β_7 signifikant von null verschieden. Bei allen anderen Einflussgrößen kann die Nullhypothese H_0 : „$\beta_j = 0$" nicht abgelehnt werden. Wir verzichten auf die explizite Berechnung. ◀

Selbstfrage 4

Welche der folgenden vier Aussagen sind richtig?

1. Im Regressionsmodell werden die Störvariablen ε_i als unabhängig und identisch verteilt angenommen.
2. Im Regressionsmodell sind die Residuen $\widehat{\varepsilon}_i$ unabhängig und identisch verteilt.
3. Im Regressionsmodell sind die Residuen $\widehat{\varepsilon}_i$ korreliert.
4. Im Regressionsmodell mit normalverteilten Störgrößen ε_i sind auch die Residuen $\widehat{\varepsilon}_i$ normalverteilt.

Der Satz von Gauß-Markov verleiht der Methode der kleinsten Quadrate das Gütesiegel

Wir haben die Methode der kleinsten Quadrate mit geometrischen Überlegungen eingeführt und dann als statistisches Gütekriterium die Erwartungstreue nachgewiesen. Das wichtigste statistische Argument für die Methode der kleinsten Quadrate ist ihre Effizienz. Unter der Annahme $\boldsymbol{y} \sim \mathrm{N}_n(\boldsymbol{\mu}; \sigma^2\boldsymbol{I})$ sind die KQ-Schätzer eindeutig bestimmte, erwartungstreue, effiziente Maximum-Likelihoodschätzer. Sie sind hier nämlich die einzigen, deren Varianz die untere Schranke von Rao-Cramer erreicht, siehe S. 1521.

Aber selbst wenn man auf die Annahme der Normalverteilung verzichtet, bleiben die KQ-Schätzer effizient, wenn man sich nur auf lineare Schätzfunktionen beschränkt. Im Modell $\mathrm{E}(\boldsymbol{y}) = \boldsymbol{\mu} \in M$ und $\mathrm{Cov}(\boldsymbol{y}) = \sigma^2\boldsymbol{I}$ lässt sich nämlich die Brücke von geometrischen zu statistischen Konzepten schlagen. Sind $\boldsymbol{a}$ und $\boldsymbol{b}$ zwei feste Vektoren im $\mathbb{R}^n$, dann ist

$$\mathrm{Var}\left(\boldsymbol{a}^{\mathrm{T}}\boldsymbol{y}\right) = \sigma^2\|\boldsymbol{a}\|^2 \text{ und } \mathrm{Cov}(\boldsymbol{a}^{\mathrm{T}}\boldsymbol{y}, \boldsymbol{b}^{\mathrm{T}}\boldsymbol{y}) = \sigma^2\boldsymbol{a}^{\mathrm{T}}\boldsymbol{b}.$$

Das Skalarprodukt der Koeffizientenvektoren entspricht der Kovarianz, die quadrierte Norm der Varianz. Speziell sind $\boldsymbol{a}^{\mathrm{T}}\boldsymbol{y}$ und $\boldsymbol{b}^{\mathrm{T}}\boldsymbol{y}$ genau dann unkorreliert, wenn $\boldsymbol{a}$ und $\boldsymbol{b}$ orthogonal sind. Dieser Zusammenhang ist grundlegend für die Theorie des linearen Modells. Die Minimalität des Abstandes beim Projizieren überträgt sich als Minimalität der Varianz beim Schätzen. Dies ist der Kern des fundamentalen Satzes von Gauß-Markov.

Der Satz von Gauß-Markov

In der Klasse der in $\boldsymbol{y}$ linearen erwartungstreuen Schätzer von $\boldsymbol{\mu}$ ist der KQ-Schätzer $\widehat{\mu}_i$ für alle i der eindeutig bestimmte Schätzer von μ_i mit minimaler Varianz. Sind die Spalten von $\boldsymbol{X}$ linear unabhängig, so ist $\widehat{\beta}_j$ für alle j der eindeutig bestimmte Schätzer von β_j mit minimaler Varianz.

Selbstfrage 5

1. Wieso sind $\widehat{\boldsymbol{\beta}}$ und $\widehat{\boldsymbol{\mu}}$ in $\boldsymbol{y}$ lineare Schätzfunktionen?
2. Wieso wird die Einschränkung gemacht: „Sind die Spalten von $\boldsymbol{X}$ linear unabhängig ..."?

41.4 Die lineare Einfachregression

Bei der linearen Einfachregression $y_i = \beta_0 + \beta_1 x_i + \varepsilon_i$, $i = 1, \ldots, n$ können wir $(\boldsymbol{X}^{\mathrm{T}}\boldsymbol{X})^{-1}$ explizit und allgemein angeben. Damit sind hier auch allgemeinere und detaillierte Aussagen über die Regressionsgerade und Konfidenzintervalle möglich. Daher wollen wir uns diesem Bereich noch einmal zuwenden.

Die Schätzer $\widehat{\beta}_0$, $\widehat{\beta}_1$ und $\widehat{\sigma}$ erhalten wir aus den bereits allgemein abgeleiteten Schätzformeln

Wir berechnen zuerst $(\boldsymbol{X}^{\mathrm{T}}\boldsymbol{X})^{-1}$:

$$\begin{aligned}\boldsymbol{X}^{\mathrm{T}}\boldsymbol{X} &= \begin{pmatrix} 1 & 1 & \cdots & 1 \\ x_1 & x_2 & \cdots & x_n \end{pmatrix} \cdot \begin{pmatrix} 1 & x_1 \\ 1 & x_2 \\ \vdots & \vdots \\ 1 & x_n \end{pmatrix} \\ &= \begin{pmatrix} n & \sum x_i \\ \sum x_i & \sum x_i^2 \end{pmatrix} = n \cdot \begin{pmatrix} 1 & \overline{x} \\ \overline{x} & \mathrm{var}\,(\boldsymbol{x}) + \overline{x}^2 \end{pmatrix}, \\ (\boldsymbol{X}^{\mathrm{T}}\boldsymbol{X})^{-1} &= \frac{1}{n\,\mathrm{var}\,(\boldsymbol{x})} \begin{pmatrix} \mathrm{var}\,(\boldsymbol{x}) + \overline{x}^2 & -\overline{x} \\ -\overline{x} & 1 \end{pmatrix}.\end{aligned}$$

Dabei ist $\mathrm{var}\,(\boldsymbol{x}) = \frac{1}{n}\sum (x_i - \overline{x})^2$ die **empirische** Varianz der x-Werte. Weiter ist

$$\boldsymbol{X}^{\mathrm{T}}\boldsymbol{y} = \begin{pmatrix} \sum y_i \\ \sum y_i x_i \end{pmatrix} = n \begin{pmatrix} \overline{y} \\ \mathrm{cov}(\boldsymbol{x}, \boldsymbol{y}) + \overline{yx} \end{pmatrix}.$$

Daraus folgt

$$\begin{aligned}\widehat{\boldsymbol{\beta}} &= (\boldsymbol{X}^{\mathrm{T}}\boldsymbol{X})^{-1}\boldsymbol{X}^{\mathrm{T}}\boldsymbol{y} \\ &= \frac{1}{\mathrm{var}\,(\boldsymbol{x})} \begin{pmatrix} \mathrm{var}\,(\boldsymbol{x}) + \overline{x}^2 & -\overline{x} \\ -\overline{x} & 1 \end{pmatrix} \begin{pmatrix} \overline{y} \\ \mathrm{cov}(\boldsymbol{x}, \boldsymbol{y}) + \overline{yx} \end{pmatrix}.\end{aligned}$$

Damit erhalten wir den bereits auf S. 1548 erhaltenen Schätzer $\widehat{\boldsymbol{\beta}}$, diesmal als Vektor geschrieben,

$$\widehat{\boldsymbol{\beta}} = \begin{pmatrix} \overline{y} - \overline{x}\frac{\mathrm{cov}(\boldsymbol{x},\boldsymbol{y})}{\mathrm{var}(\boldsymbol{x})} \\ \frac{\mathrm{cov}(\boldsymbol{x},\boldsymbol{y})}{\mathrm{var}(\boldsymbol{x})} \end{pmatrix}.$$

Mit $(\boldsymbol{X}^{\mathrm{T}}\boldsymbol{X})^{-1}$ haben wir bis auf die unbekannte Varianz σ^2 bereits die Kovarianzmatrix von $\widehat{\boldsymbol{\beta}}$ gefunden,

$$\mathrm{Cov}\left(\widehat{\boldsymbol{\beta}}\right) = \sigma^2(\boldsymbol{X}^{\mathrm{T}}\boldsymbol{X})^{-1} = \frac{\sigma^2}{n\,\mathrm{var}\,(\boldsymbol{x})} \begin{pmatrix} \mathrm{var}\,(\boldsymbol{x}) + \overline{x}^2 & -\overline{x} \\ -\overline{x} & 1 \end{pmatrix}.$$

Vertiefung: Die Bestimmtheitsmaße

In Modellen mit Absolutglied ist das Bestimmtheitsmaß R^2 ein Standardkriterium zur Beurteilung der Übereinstimmung zwischen Daten $\boldsymbol{y}$ und Schätzung $\widehat{\boldsymbol{\mu}}$. R^2 ist der quadrierte *empirische* Korrelationskoeffizient zwischen dem beobachteten Vektor $\boldsymbol{y}$ und dem geschätzten Vektor $\widehat{\boldsymbol{\mu}}$ als auch der quadrierte *empirische* multiple Korrelationskoeffizient zwischen den beobachteten Daten $\boldsymbol{y}$ und der Gesamtheit aller Einflussgrößen. Besser geeignet als Gütemaß ist das adjustierte Bestimmtheitsmaß R^2_{adj}.

In der Abbildung wird die Lage der vier Punkte $\mathbf{0}, \boldsymbol{y}, \widehat{\boldsymbol{\mu}}$ und $\overline{y}\mathbf{1}$ gezeigt. Der Modellraum M wird als Ebene dargestellt, $\boldsymbol{y}$ als ein Punkt außerhalb dieser Ebene und $\widehat{\boldsymbol{\mu}}$ als Projektion von $\boldsymbol{y}$ in den Modellraum M. Außerdem wird in dieser Zeichnung angenommen, dass die $\mathbf{1}$ im Modellraum liegt, dass also eine Regression mit einem Absolutglied β_0 vorliegt.

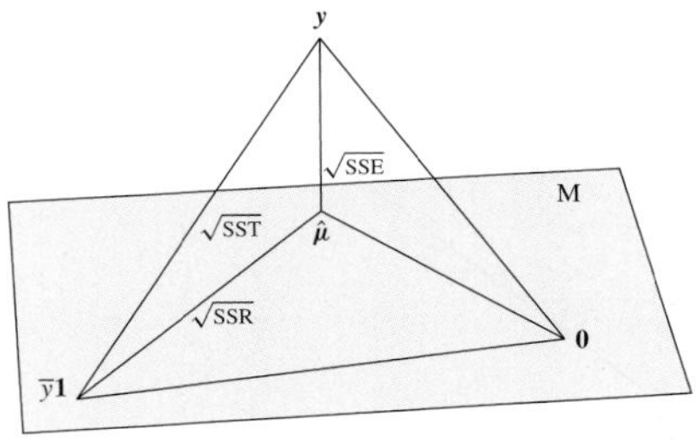

Die drei Punkte $\boldsymbol{y}$, $\widehat{\boldsymbol{\mu}}$ und $\overline{y}\mathbf{1}$ bilden ein rechtwinkliges Dreieck, denn $\boldsymbol{y} - \widehat{\boldsymbol{\mu}}$ steht senkrecht zu M und $\widehat{\boldsymbol{\mu}}$ und $\mathbf{1}$ liegen in M. Man erkennt dies auch an der orthogonalen Zerlegung,

$$\boldsymbol{y} - \overline{y}\mathbf{1} = \underbrace{\widehat{\boldsymbol{\mu}} - \overline{y}\mathbf{1}}_{\in \mathrm{M}} + \underbrace{(\boldsymbol{y} - \widehat{\boldsymbol{\mu}})}_{\perp \mathrm{M}}.$$

Die quadrierten Kantenlängen des rechtwinkligen Dreiecks sind:

$$\|\boldsymbol{y} - \overline{y}\mathbf{1}\|^2 = \sum_{i=1}^{n} (y_i - \overline{y})^2 = \mathrm{SST},$$

$$\|\boldsymbol{y} - \widehat{\boldsymbol{\mu}}\|^2 = \sum_{i=1}^{n} (y_i - \widehat{\mu}_i)^2 = \mathrm{SSE},$$

$$\|\widehat{\boldsymbol{\mu}} - \overline{y}\mathbf{1}\|^2 = \sum_{i=1}^{n} (\widehat{\mu}_i - \overline{y})^2 = \mathrm{SSR},$$

dabei steht SST für „**S**um of **S**quares **T**otal", SSE für „**S**um of **S**quares **E**rror" und SSR für „**S**um of **S**quares **R**egression". Aus dem Satz von Pythagoras folgt: SST = SSR + SSE. Division durch SST liefert $1 = \frac{\mathrm{SSR}}{\mathrm{SST}} + \frac{\mathrm{SSE}}{\mathrm{SST}}$. Beide Summanden tragen eigene Namen:

Das Bestimmtheitsmaß ist $\frac{\mathrm{SSR}}{\mathrm{SST}} = R^2$.

Das Unbestimmtheitsmaß ist $\frac{\mathrm{SSE}}{\mathrm{SST}} = 1 - R^2$.

R^2 misst das Quadrat des Kosinus des Winkels γ, $1 - R^2$ das Quadrat des Sinus zwischen den Vektoren $\boldsymbol{y} - \overline{y}\mathbf{1}$ und $\widehat{\boldsymbol{\mu}} - \overline{y}\mathbf{1}$. R^2 ist genau dann 1, falls $\boldsymbol{y} - \widehat{\boldsymbol{\mu}} = \mathbf{0}$, d. h. $\boldsymbol{y} \in \mathrm{M}$ ist. R^2 ist genau dann 0, falls $\widehat{\boldsymbol{\mu}} = \overline{y}\mathbf{1}$ ist. In diesem Fall haben die Einflussgrößen das Nullmodell, das nur aus der Konstanten $\mathbf{1}$ besteht, nicht verbessern können. Dabei ist unbedingt zu beachten, dass „*Korrelation*" nur im Sinne der deskriptiven Statistik zu verstehen ist und sich nur auf die empirisch gegebenen Punktwolken beziehen. Eine Korrelation im stochastischen Sinn zwischen dem zufälligen Vektor $\boldsymbol{y}$ und den deterministischen Einflussgrößen $\boldsymbol{x}_j$ ist nicht definiert.

Mit jeder Modellerweiterung von M auf M′ mit M ⊂ M′ nimmt $\mathrm{SSE} = \|\boldsymbol{y} - \widehat{\boldsymbol{\mu}}\|^2$ monoton ab und R^2 monoton zu. An SSE ist nicht erkennbar, mit welchem Aufwand die jeweilige Approximation erzielt wurde. Besser geeignet als Gütemaß der Übereinstimmung zwischen beobachtetem Vektor $\boldsymbol{y}$ und geschätztem Vektor $\widehat{\boldsymbol{\mu}}$ im Modell M ist der Schätzwert $\widehat{\sigma}^2\,(\mathrm{M})$ von σ^2,

$$\frac{\|\boldsymbol{y} - \widehat{\boldsymbol{\mu}}\|^2}{n - \mathrm{Dim}\,(\mathrm{M})} = \frac{\mathrm{SSE}\,(\mathrm{M})}{n - \mathrm{Dim}\,(\mathrm{M})} = \widehat{\sigma}^2\,(\mathrm{M}).$$

Der Nenner $n - \mathrm{Dim}\,(\mathrm{M})$ trägt der wachsenden Komplexität Rechnung und setzt SSE mit der Dimension des Modellraums und der Anzahl n der Beobachtungen in Beziehung. Im sogenannten Nullmodell $\mathrm{M}_0 = \langle \mathbf{1} \rangle$ hat man überhaupt keine Regressoren außer der stets zur Verfügung stehenden Konstanten Eins. Im Nullmodell wird σ^2 durch $\widehat{\sigma}^2\,(\mathrm{M}_0) = \frac{\mathrm{SST}}{n-1}$ geschätzt. Der Vergleich beider Varianzschätzer liefert das adjustierte Bestimmtheitsmaß R^2_{adj},

$$R^2_{\text{adj}} = 1 - \frac{\widehat{\sigma}^2\,(\mathrm{M})}{\widehat{\sigma}^2\,(\mathrm{M}_0)} = 1 - \frac{(n-1)}{(n-d)}\left(1 - R^2\right).$$

R^2_{adj} berücksichtigt besser die *Kosten* einer Modellerweiterung als R^2. Je größer die Dimension des Modells ist, um so stärker nimmt R^2_{adj} gegenüber dem gewöhnlichen Bestimmtheitsmaß R^2 ab.

Achtung Das Bestimmtheitsmaß ist nicht sinnvoll in Modellen ohne Eins und in der nichtlinearen Regression. Siehe dazu die Beispiele in den Aufgaben 41.6 und 41.7. ◄

Teil VI

Bei festem n und σ^2 hängt die Kovarianzmatrix der Schätzer nur ab vom Mittelwert $\overline{x}$ und der empirischen Varianz $\operatorname{var}(\boldsymbol{x})$ der x_i. Je größer $\operatorname{var}(\boldsymbol{x})$ ist, um so genauer werden beide Parameter geschätzt, je kleiner $\overline{x}^2$, um so genauer wird β_0 geschätzt. Bei wachsendem Stichprobenumfang n gehen alle Varianzen und Kovarianzen mit $\frac{1}{n}$ gegen null. Die Korrelation $\rho(\widehat{\beta}_0, \widehat{\beta}_1)$ zwischen den Schätzern hängt dagegen nicht explizit von n ab,

$$\rho(\widehat{\beta}_0, \widehat{\beta}_1) = \frac{-\overline{x}}{\sqrt{\overline{x^2} + \operatorname{var}(\boldsymbol{x})}}.$$

Dass $\widehat{\beta}_0$ und $\widehat{\beta}_1$ bei $\overline{x} > 0$ negativ korrelieren, überrascht nicht: Wird das Absolutglied β_0 überschätzt, so wird der Anstieg β_1 unterschätzt und umgekehrt. Aus $\operatorname{Cov}(\widehat{\boldsymbol{\beta}})$ lässt sich weiter die Varianz der geschätzten systematischen Komponenten an einer beliebigen Stelle ξ bestimmen. Wir haben den Buchstaben ξ anstatt des vertrauten x gewählt, um die x_i-Werte, die zur Schätzung der Parameter und der Regressionsgeraden benutzt wurden, von neuen, davon unabhängigen x-Werten zu unterscheiden:

$$\begin{aligned}
\widehat{\mu}(\xi) &= \widehat{\beta}_0 + \widehat{\beta}_1 \xi, \\
\operatorname{Var}(\widehat{\mu}(\xi)) &= \operatorname{Var}(\widehat{\beta}_0 + \widehat{\beta}_1 \xi) \\
&= \operatorname{Var}(\widehat{\beta}_0) + 2\xi \operatorname{Cov}(\widehat{\beta}_0; \widehat{\beta}_1) + \xi^2 \operatorname{Var}(\widehat{\beta}_1) \\
&= \frac{\sigma^2}{n} \cdot \left(1 + \frac{\overline{x}^2}{\operatorname{var}(\boldsymbol{x})} + 2\xi \frac{-\overline{x}}{\operatorname{var}(\boldsymbol{x})} + \frac{\xi^2}{\operatorname{var}(\boldsymbol{x})}\right) \\
&= \frac{\sigma^2}{n} \left(1 + \frac{(\xi - \overline{x})^2}{\operatorname{var}(\boldsymbol{x})}\right).
\end{aligned}$$

Die punktweise konstruierten Konfidenzintervalle für $\mu(\xi)$ bilden den Konfidenzgürtel

Während die Varianzen der $\widehat{\beta}_i$ nur von $\overline{x}$ und $\operatorname{var}(\boldsymbol{x})$ abhängen, wächst die Varianz von $\widehat{\mu}(\xi)$ quadratisch mit der Entfernung $\xi - \overline{x}$ und ist im Punkte $\overline{x}$ minimal. Ein Wert $\mu(\xi) = \beta_0 + \beta_1 \xi$ auf der Regressionsgerade wird also um so genauer geschätzt, je näher ξ am Schwerpunkt $\overline{x}$ der Regressorwerte liegt. Dies hat Auswirkungen auf die Konfidenzintervalle für $\mu(\xi)$. Kürzen wir $t(n-d)_{1-\frac{\alpha}{2}}$ mit t ab. Dann ist ein Konfidenzintervall für $\mu(\xi)$ gegeben durch

$$|\mu(\xi) - \widehat{\mu}(\xi)| \leq t \cdot \widehat{\sigma}_{\widehat{\mu}(\xi)} = t \cdot \frac{\widehat{\sigma}}{\sqrt{n}} \sqrt{1 + \frac{(\xi - \overline{x})^2}{\operatorname{var}(\boldsymbol{x})}}.$$

Zeichnet man für jeden ξ-Wert das Konfidenzintervall für $\mu(\xi)$, erhält man den **Konfidenzgürtel** für die einzelnen $\mu(\xi)$, der mit $(\xi - \overline{x})^2$ breiter wird.

Beispiel Bei diesem Beispiel handelt es sich um fotometrische Bestimmung von Nitrit in einer wässrigen Lösung. Dabei wird im ersten Schritt mit bekannten Nitritkonzentrationen das Messverfahren kalibriert. In einem zweiten Schritt wird dann an der kalibrierten Messanordnung der Gehalt einer unbekannten Lösung bestimmt. **Der erste Schritt:** Dazu werden zu 10 vorgegebenen, bekannten Nitritkonzentrationen x_i die Extinktionen y_i gemessen. (Um einen deutlicher sichtbaren Konfidenzgürtel zu erhalten, wurden die Originalwerte leicht verändert, dabei wurde die Störkomponente um den Faktor 10 vergrößert.)

Tab. 41.4 Berechnung des SSE zu dem Beispiel der Nitrit-Messung

x_i	y_i	$(x_i - \overline{x})^2$	$\widehat{\mu}_i$	$(x_i - \overline{x})(y_i - \overline{y})$	$\widehat{\varepsilon}_i$	$\widehat{\varepsilon}_i^2$
0.05	0.079	0.051	0.147	0.146	−0.068	0.005
0.10	0.331	0.031	0.276	0.069	0.055	0.003
0.15	0.411	0.016	0.404	0.039	0.007	0.000
0.20	0.552	0.006	0.533	0.013	0.019	0.000
0.25	0.664	0.001	0.662	0.002	0.002	0.000
0.30	0.775	0.001	0.791	0.001	−0.016	0.000
0.35	0.885	0.006	0.919	0.012	−0.034	0.001
0.40	1.147	0.016	1.048	0.053	0.099	0.010
0.45	1.139	0.031	1.177	0.072	−0.038	0.001
0.50	1.280	0.051	1.306	0.125	−0.026	0.001
2.75	**7.263**	**0.206**	**7.263**	**0.531**	**0**	**0.021**
$n\overline{x}$	$n\overline{y}$	$n \operatorname{var}(\boldsymbol{x})$	$n\overline{\widehat{\mu}}$	$n \operatorname{cov}(\boldsymbol{x}; \boldsymbol{y})$	$n\overline{\widehat{\varepsilon}}$	SSE

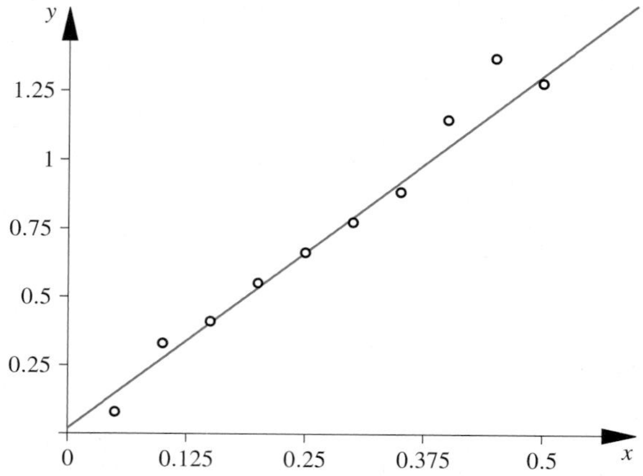

Abb. 41.5 Messdaten mit Regressionsgerade der Kalibrierung der Nitrit-Messmethode

Wie Abb. 41.5 zeigt, kann man im Messbereich eine lineare Abhängigkeit unterstellen. Die Tab. 41.4 zeigt die Daten und die notwendigen Nebenrechnungen.

Für diesen Datensatz ist $n = 10$, $\overline{y} = 0.726$, $\overline{x} = 0.275$, $\operatorname{var}(\boldsymbol{x}) = 0.020\,6$, $\operatorname{cov}(\boldsymbol{x}, \boldsymbol{y}) = 0.053\,1$.

Selbstfrage 6

Die letzten beiden Zeilen von Tab. 41.4 liefern das Ergebnis $\sum_{i=1}^n y_i = \sum_{i=1}^n \widehat{\mu}_i$ sowie $\sum_{i=1}^n \widehat{\varepsilon}_i = 0$. Warum?

Wir betrachten zuerst die Regressionskoeffizienten: β_1 ist die **Empfindlichkeit** der Messanordnung. Sie wird geschätzt durch

$$\widehat{\beta}_1 = \frac{\operatorname{cov}(\boldsymbol{x},\boldsymbol{y})}{\operatorname{var}(\boldsymbol{x})} = \frac{0.053\,1}{0.020\,6} = 2.578.$$

β_0 ist der **Blindwert** der Messanordnung. Er wird geschätzt durch

$$\widehat{\beta}_0 = \overline{y} - \widehat{\beta}_1\overline{x} = 0.726 - 2.578 \cdot 0.275 = 0.017.$$

Die Genauigkeit der Schätzer ergibt sich aus ihren Varianzen. Aus Tab. 41.4 liest man SSE $= 0.021$ ab. Damit ist

$$\widehat{\sigma}^2 = \frac{\text{SSE}}{n-2} = \frac{0.021}{8} = 0.002\,6.$$

Die geschätzten Varianzen sind

$$\begin{aligned}\widehat{\operatorname{Var}}\left(\widehat{\beta}_0\right) &= \frac{\widehat{\sigma}^2}{n}\left(1 + \frac{\overline{x}^2}{\operatorname{var}(\boldsymbol{x})}\right) = 0.000\,26 \cdot \left(1 + \frac{0.275^2}{0.0206}\right)\\ &= 0.0012,\\ \widehat{\operatorname{Var}}\left(\widehat{\beta}_1\right) &= \frac{\widehat{\sigma}^2}{n}\frac{1}{\operatorname{var}(\boldsymbol{x})} = 0.000\,26 \cdot \frac{1}{0.0206} = 0.0126.\end{aligned}$$

Selbstfrage 7

Warum wird $\widehat{\operatorname{Var}}(\widehat{\beta}_0)$ mit großem V, aber $\operatorname{var}(\boldsymbol{x})$ mit kleinen v geschrieben?

Die Ergebnisse sind in der folgende Tabelle zusammen gefasst:

Parameter	Schätzwert $\widehat{\beta}_j$	$\widehat{\operatorname{Var}}(\widehat{\beta}_j)$	$\widehat{\sigma}_{\widehat{\beta}_j}$
β_0	0.017	0.0012	0.0350
β_1	2.578	0.0126	0.112

Aus theoretischer Sicht sollte die wahre Regressionsgerade durch den Ursprung gehen. Wir testen daher die Nullhypothese H_0 : „$\beta_0 = 0$". Nach dem Satz über die Verteilung des studentisierten Regressionskoeffizienten auf S. 1559 ist

$$\frac{\widehat{\beta}_0 - \beta_0}{\widehat{\sigma}_{\widehat{\beta}_0}} \sim t\,(n-2)\,.$$

Der Annahmebereich für die Prüfgröße t_{PG} des t-Tests für H_0 „$\beta_0 = 0$" ist

$$t_{PG} = \left|\frac{\widehat{\beta}_0}{\widehat{\sigma}_{\widehat{\beta}_0}}\right| \leq t\,(n-2)_{1-\alpha/2}\,.$$

Bei einem $\alpha = 5\%$ ist $t\,(8)_{0.975} = 2.306$. Wir haben $\widehat{\beta}_0 = 0.017$ geschätzt. Der Wert der Prüfgröße ist $t_{pg} = \left|\frac{0.017}{0.035}\right| = 0.486$. Damit kann aufgrund der Daten H_0 nicht abgelehnt werden.

Um β_0 abzuschätzen, bestimmen wir ein Konfidenzintervall zum Niveau 0.975:

$$\begin{aligned}|\beta_0 - \widehat{\beta}_0| &\leq t\,(8)_{0.975} \cdot \widehat{\sigma}_{\widehat{\beta}_0} = 2.306 \cdot 0.035 = 0.087\\ -0.063\,71 &\leq \beta_0 \leq 0.098.\end{aligned}$$

Dieses Intervall deckt den Wert null ab. Analog können Hypothesen über β_1 getestet werden.

Nun wenden wir uns der Regressionsgeraden zu. Ihre Gleichung lautet

$$\widehat{\mu}\,(\xi) = 0.018 + 2.578\xi.$$

Wir betrachten zwei konkrete Stellen, nämlich $\xi = 0.6$ außerhalb und $\xi = 0.275$ im Zentrum des Messbereichs. Für $\xi = 0.6$ erhalten wir

$$\widehat{\mu}(0.6) = 0.018 + 2.578 \cdot 0.6 = 1.565.$$

Für die Varianz von $\widehat{\mu}(0.6)$ gilt

$$\begin{aligned}\widehat{\operatorname{Var}}\,(\widehat{\mu}(0.6)) &= \frac{\widehat{\sigma}^2}{n}\left(1 + \frac{(0.6 - \overline{x})^2}{\operatorname{var}(x)}\right) = 0.001\,61,\\ \widehat{\sigma}_{\widehat{\mu}(0.6)} &= 0.04.\end{aligned}$$

Wir wählen mit $\alpha = 0.01$ ein Konfidenzintervall zum Niveau 99%. Mit $t = t\,(8)_{0.995} = 3.355\,4$ ist die halbe Breite Δ des Konfidenzintervalls

$$\Delta = 3.355\,4 \cdot 0.04 = 0.135.$$

Das Konfidenzintervall für $\mu\,(0.6)$ ist damit $|\mu\,(0.6) - 1.565| \leq 0.134$ oder

$$1.43 \leq \mu\,(0.6) \leq 1.7.$$

Analog schätzen wir an der Stelle $\xi = 0.275$ den Wert

$$\begin{aligned}\widehat{\mu}(0.275) &= 0.727,\\ \widehat{\operatorname{Var}}\,(\widehat{\mu}(0.275)) &= 0.000\,26,\\ \widehat{\sigma}_{\widehat{\mu}(0.275)} &= 0.0163.\end{aligned}$$

Die halbe Breite Δ des Konfidenzintervalls ist nun $\Delta = 3.355\,4 \cdot 0.016\,3 = 0.055$. Das Konfidenzintervall für $\mu\,(0.275)$ ist damit

$$0.671 \leq \mu\,(0.275) \leq 0.781.$$

An der Stelle $\xi = 0.275$ ist das Konfidenzintervall etwa halb so breit wie am Rande bei $\xi = 0.6$. Trägt man zu jedem x-Wert das zugehörige Konfidenzintervall auf, so erhält man einen **Konfidenzgürtel** zum Niveau 0.95 um die Regressionsgerade. Dieser ist in Abb. 41.6 gezeichnet. Hier sieht man deutlich, dass der Konfidenzgürtel an der Stelle $\overline{x}$ am schmalsten ist. An den Rändern des Messbereichs dagegen wird die Messung entsprechend ungenauer. ◄

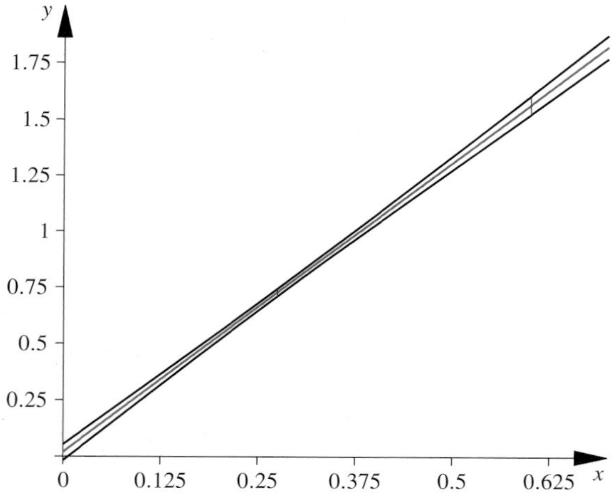

Abb. 41.6 Der Konfidenzgürtel umgibt die Regressionsgerade und ist an der Stelle $\bar{x}$ am schmalsten

Selbstfrage 8

Welche der folgende vier Aussagen sind richtig?

1. Hat der Regressor x im Regressionsmodell $y_i = \beta_0 + \beta_1 x_i + \varepsilon_i$ in Wirklichkeit keinen Einfluss auf die abhängige Variable y, so muss $\widehat{\beta}_1 = 0$ sein.
2. Hat der Regressor x im Regressionsmodell $y_i = \beta_0 + \beta_1 x_i + \varepsilon_i$ in der Wirklichkeit keinen Einfluss auf die abhängige Variable y, so sollte mit hoher Wahrscheinlichkeit das Konfidenzintervall für β_1 den Wert 0 überdecken.
3. Wird die Hypothese $H_0 : \beta_1 = 0$ bei einem Signifikanzniveau $\alpha = 0.001$ angenommen, so hat x mit großer Wahrscheinlichkeit keinen Einfluss auf x.
4. Die Hypothese $H_0 : \beta_0 = 0$ sei angenommen worden. Dies widerlegt die Annahme, dass die Regressionsgerade nicht durch den Ursprung geht.

Prognosen liefern Aussagen über mögliche oder künftige Beobachtungen

Wir haben bisher nur Parameter geschätzt. Bei einer Prognose stellt sich eine andere, verwandte Aufgabe. Beginnen wir mit einem Beispiel.

Beispiel Stellen Sie sich vor, bei einem Experiment wird in Abhängigkeit vom Wert einer Variable ξ elektrischer Strom erzeugt, der eine Herdplatte aufheizt. Für die in Grad Celsius gemessene Temperatur y der Herdplatte gelte $y(\xi) = \beta_0 + \beta_1 \xi + \varepsilon$; dabei seien alle bisherigen Annahmen des Regressionsmodells erfüllt. Nach einer langen und sehr genauen Messreihe erfahren Sie als Resultat, die Regressionsgerade sei $\widehat{\mu}(\xi) = 5 + 2\xi$. Dabei seien die Standardabweichungen der Schätzer für β_0 und β_1 vernachlässigbar klein (Größenordnung 10^{-4} °C). Nun wird der Wert $\xi = 10$ eingestellt und $\widehat{\mu}(10)$ mit 25 °C geschätzt. Wären Sie nun bereit, die Hand auf die Herdplatte zu legen?

Hoffentlich nicht! Sie könnten sich böse verbrennen! Die Temperatur der Herdplatte ist nicht $\widehat{\mu}(10)$, sondern die sich bei $\xi = 10$ einstellende Temperatur $y(10)$. Diese ist Realisation der zufälligen Variablen $Y(\xi) \sim \mathrm{N}(\mu(\xi); \sigma^2)$. Sie haben $\mu(\xi)$ geschätzt; was Sie gefährdet, ist $y(\xi)$. Was Sie benötigten, wäre ein Prognose über den zukünftigen Wert von $y(\xi)$ gewesen! Dies wollen wir nun nachholen. ◀

Für den Wert ξ soll die zukünftige Beobachtung $y(\xi)$ prognostiziert werden. Es gilt

$$y(\xi) \sim \mathrm{N}(\mu(\xi); \sigma^2),$$
$$\widehat{\mu}(\xi) \sim \mathrm{N}(\mu(\xi); \sigma^2_{\widehat{\mu}(\xi)}).$$

Setzen wir voraus, dass die zukünftige Beobachtung y unabhängig ist von den früheren Beobachtungen y_i, aus denen $\widehat{\mu}$ geschätzt wurde, so folgt

$$y(\xi) - \widehat{\mu}(\xi) \sim \mathrm{N}(0; \sigma^2 + \sigma^2_{\widehat{\mu}(\xi)}).$$

Dabei ist

$$\sigma^2 + \sigma^2_{\widehat{\mu}(\xi)} = \sigma^2 + \frac{\sigma^2}{n}\left(1 + \frac{(\bar{x} - \xi)^2}{\operatorname{var}(\boldsymbol{x})}\right).$$

Die standardisierte Differenz

$$\frac{y(\xi) - \widehat{\mu}(\xi)}{\sigma\sqrt{1 + \frac{1}{n}\left(1 + \frac{(\bar{x}-\xi)^2}{\operatorname{var}(\boldsymbol{x})}\right)}}$$

ist standardnormalverteilt, die studentisierte Differenz dagegen t-verteilt,

$$\frac{y(\xi) - \widehat{\mu}(\xi)}{\widehat{\sigma}\sqrt{1 + \frac{1}{n}\left(1 + \frac{(\bar{x}-\xi)^2}{\operatorname{var}(\boldsymbol{x})}\right)}} \sim t(n-2).$$

Damit können wir ein $(1-\alpha)$ Prognoseintervall für $y(\xi)$ bestimmen: $|y(\xi) - \widehat{\mu}(\xi)| \leq \Delta_{\text{Prognose}}$. Die halbe Breite Δ_{Prognose} des Prognoseintervalls ist gegeben durch:

$$\Delta_{\text{Prognose}} = t(n-2)_{1-\alpha/2} \cdot \widehat{\sigma}\sqrt{1 + \frac{1}{n}\left(1 + \frac{(\bar{x} - \xi)^2}{\operatorname{var}(\boldsymbol{x})}\right)}.$$

Die Ungenauigkeit der Prognose hat also drei prinzipielle Ursachen:

- die Unsicherheit $\sigma^2_{\widehat{\mu}(\xi)}$ der Bestimmung von $\mu(\xi)$,
- die Streuung σ^2 der y-Werte um den Erwartungswert $\mu(\xi)$,
- die Ungenauigkeit der Schätzung der eben genannten Varianzen $\sigma^2_{\widehat{\mu}(\xi)}$ und σ^2.

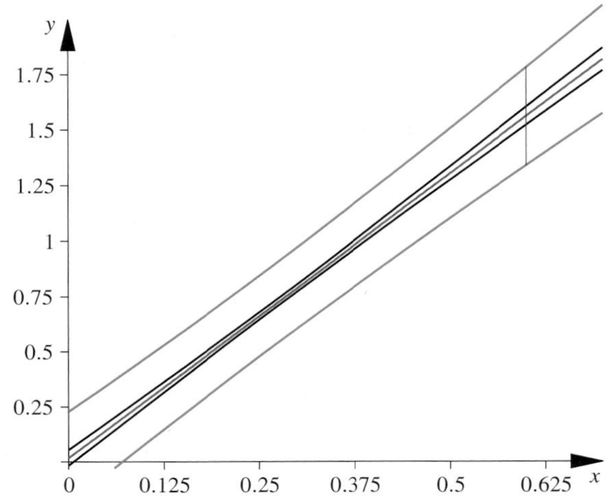

Abb. 41.7 Der Prognosegürtel für y umfasst den Konfidenzgürtel für x

Durch wachsenden Stichprobenumfang können nur die an erster und dritter Stelle genannten Ursachen für die Ungenauigkeit einer Prognose behoben werden. Die Streuung der y-Werte um $\mu(\xi)$ bleibt aber immer bestehen.

Beispiel Wir kehren zu den Wasseranalyse-Daten zurück und berechnen an der Stelle $\xi = 0.6$ ein Prognoseintervall für $y(\xi)$. Mit den bereits berechneten Schätzwerten erhalten wir

$$\sqrt{\widehat{\sigma}^2 + \widehat{\sigma}^2_{\widehat{\mu}(0.6)}} = \sqrt{0.0026 + 0.001\,61} = 0.066.$$

An der Stelle $\xi = 0.6$ ist Δ_{Prognose} für $\alpha = 0.001$ mit $t(8)_{0.995} = 3.355$,

$$3.355\,4 \cdot 0.066 = 0.221\,1.$$

Mit $\widehat{\mu}(0,6) = 1.563$ erhalten wir das 0.99-Prognoseintervall für y an der Stelle $\xi = 0.6$,

$$1.34 \leq y \leq 1.78.$$

Analog zu den Konfidenzgürteln können wir nun von Prognosegürteln sprechen. In Abb. 41.7 ist dieser Prognosegürtel eingezeichnet.

Er ist der breite, kaum gekrümmte Gürtel, der den anderen überdeckt. ◀

Bei der inversen Regression wird zu gegebenem y der x-Wert geschätzt

Bleiben wir bei unseren zuletzt besprochenem Beispiel. Im ersten Schritt wurde mit bekannten Nitritkonzentrationen die Regressionsgerade bestimmt und damit das Messverfahren kalibriert. In einem zweiten Schritt soll nun mithilfe der soeben kalibrierten Messanordnung der unbekannte Nitritgehalt einer neuen Wasserprobe bestimmt werden. Der Messwert ergab $y = 0.641$. Wie ist nun der unbekannte Wert von x zu schätzen?

Allgemein haben wir es mit folgender Aufgabe zu tun: Aufgrund von n Beobachtungen $(y_i; x_i)$, $i = 1, \ldots, n$ mit den Mittelwerten $\overline{y}$ und $\overline{x}$ ist eine Regressionsgerade $\widehat{\mu}(\xi) = \widehat{\beta}_0 + \widehat{\beta}_1 \xi$ geschätzt worden.

Nun werden bei einem festen, aber unbekannten Wert ξ des Regressors r weitere, von den vorangegangenen unabhängige Beobachtungen $y_{n+1}, \ldots, y_{n+r}$ gemessen. Der Mittelwert aus den r Messwerten y_{n+1} bis y_{n+r} sei $\overline{y}_\xi$. Dann ist $\overline{y}_\xi \sim N(\mu(\xi); \frac{\sigma^2}{r})$. Unsere Aufgabe ist es nun, den Wert ξ zu schätzen. Haben wir die Regressionsgerade $\widehat{\mu}(\xi) = \widehat{\beta}_0 + \widehat{\beta}_1 \xi$ gezeichnet, so ist

$$\widehat{\xi} = \frac{\overline{y}_\xi - \widehat{\beta}_0}{\widehat{\beta}_1}$$

der Schnitt der Regressionsgerade mit der Parallelen zur x-Achse durch $\overline{y}_\xi$. Es lässt sich zeigen, dass $\widehat{\xi}$ gerade der Maximum-Likelihood-Schätzer von ξ ist. Wie genau ist aber diese Schätzung? Wir müssen darauf verzichten, die Wahrscheinlichkeitsverteilung von $\widehat{\xi}$ anzugeben.

Selbstfrage 9

Warum ist die Angabe der Wahrscheinlichkeitsverteilung von $\widehat{\xi}$ so schwierig?

Stattdessen geben wir ein Konfidenzintervall für ξ an. Dabei übernimmt der Prognosegürtel die Rolle der Konfidenz-Prognosemenge: Unsere Prognose sagte:

Mit 99 % Wahrscheinlichkeit wird ein Wertepaar $(\xi; \overline{y}_\xi)$ im Prognosegürtel liegen.

Nehmen wir das Irrtumsrisiko von einem Prozent in Kauf, können wir behaupten:

Jedes Wertepaar $(\xi; \overline{y}_\xi)$ liegt im Prognosegürtel!

Nun haben wir $\overline{y}_\xi$ beobachtet. Die einzigen dazu passenden ξ-Werte im Prognosegürtel bilden das Konfidenzintervall zum Niveau 99% für ξ.

Das Konfidenzintervall für ξ zum Niveau $1 - \alpha$

Wir erhalten das Konfidenzintervall, indem wir den Prognosegürtel für $\overline{y}_\xi$ zum Niveau $1 - \alpha$ mit der horizontalen Geraden $y = \overline{y}_\xi$ schneiden.

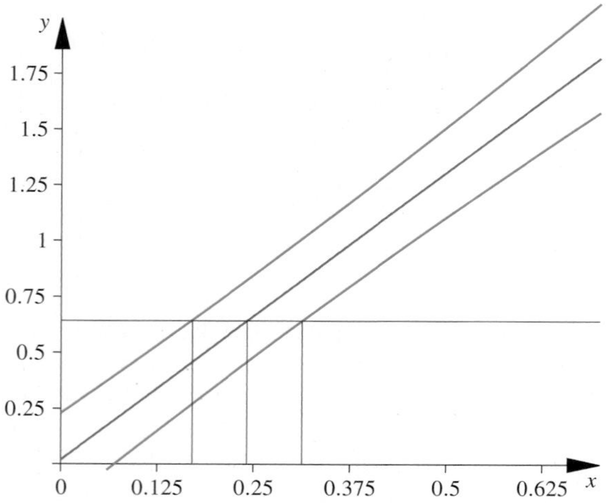

Abb. 41.8 Der Prognosegürtel für y und die Bestimmung des Konfidenzintervalls für ξ bei gegebenem $y_\xi = 0.641$

Beispiel Im letzten Beispiel hatten wir den in Abb. 41.7 gezeichneten Prognosegürtel für y zum Niveau 0.99 berechnet. Die geschätzte Regressionsgerade ist

$$\widehat{\mu}(\xi) = 0.018 + 2.578\xi.$$

Es liege nur ein Beobachtungswert $y_\xi = 0.641$ vor. Also ist $r = 1$. Dann wird das dazugehörige ξ geschätzt durch $0.641 = 0.018 + 2.578\widehat{\xi}$ oder

$$\widehat{\xi} = \frac{0.641 - 0.018}{2.578} = 0.241\,66.$$

An Abb. 41.8 lesen wir das Konfidenzinterval für ξ wie folgt ab:

$$0.17 \leq \xi \leq 0.31.$$ ◀

Die numerische Bestimmung der Schnittpunkte ist etwas mühsamer. Der Erwartungswert von $\overline{y}_\xi$ ist $\mu(\xi)$. Dieser wird durch $\widehat{\mu}(\xi) = \widehat{\beta}_0 + \widehat{\beta}_1\xi$ geschätzt. Setzen wir wieder $t = t(n-2)_{1-\frac{\alpha}{2}}$, so erhalten wir, wie im vorigen Abschnitt gezeigt, das folgende Prognoseintervall für $\overline{y}_\xi$,

$$|\widehat{\mu}(\xi) - \overline{y}_\xi| \leq t \cdot \sqrt{\widehat{\sigma}^2_{\overline{y}_\xi} + \widehat{\sigma}^2_{\widehat{\mu}(\xi)}}.$$

Diese Prognose ist mit der Wahrscheinlichkeit $1-\alpha$ wahr. Ersetzen wir $\widehat{\mu}(\xi)$, $\widehat{\sigma}^2_{\overline{y}_\xi}$ und $\widehat{\sigma}^2_{\widehat{\mu}(\xi)}$ durch ihre funktionalen Ausdrücke, erhalten wir

$$|\widehat{\beta}_0 + \widehat{\beta}_1\xi - \overline{y}_\xi| \leq t \cdot \widehat{\sigma}\sqrt{\frac{1}{r} + \frac{1}{n} + \frac{(\xi - \overline{x})^2}{n \operatorname{var}(\boldsymbol{x})}}.$$

Erklären wir bei beobachtetem $\overline{y}_\xi$ die Prognose für wahr und lösen die Ungleichung nach ξ auf, so erhalten wir das Konfidenzintervall für ξ,

$$|\xi - x_*| \leq \Delta_x.$$

Dabei ist x_* die Mitte und Δ_x die halbe Breite des Konfidenzintervalls. δ ist ein Korrekturfaktor:

$$x_* = \frac{\widehat{\xi} - \delta\overline{x}}{1-\delta},$$

$$\Delta_x = t \cdot \frac{\widehat{\sigma}}{|\widehat{\beta}_1|} \cdot \sqrt{\frac{1}{1-\delta}\left(\frac{1}{r} + \frac{1}{n}\right) + \frac{1}{(1-\delta)^2} \cdot \frac{(\overline{x} - \widehat{\xi})^2}{n \operatorname{var}(\boldsymbol{x})}},$$

$$\delta = \frac{t^2 \cdot \widehat{\sigma}^2}{\widehat{\beta}_1^2 \cdot n \operatorname{var}(\boldsymbol{x})}.$$

In vielen Fällen ist δ sehr klein. Dann ergibt sich das folgende vereinfachte Konfidenzintervall,

$$|\xi - \widehat{\xi}| \leq t \cdot \frac{\widehat{\sigma}}{|\widehat{\beta}_1|} \cdot \sqrt{\frac{1}{r} + \frac{1}{n} + \frac{(\overline{x} - \widehat{\xi})^2}{n \operatorname{var}(\boldsymbol{x})}}.$$

Die Länge des Konfidenzintervalls ist umgekehrt proportional zu $|\widehat{\beta}_1|$. Dies erklärt die Bezeichnung Empfindlichkeit für β_1. Je größer die Empfindlichkeit der Messanordnung um so kleiner das Konfidenzintervall für ξ.

Selbstfrage 10

Welche der folgenden vier Aussagen sind richtig?

1. Im Regressionsmodell $y_i = \beta_0 + \beta_1 x_i + \varepsilon_i$ wird β_1 um so genauer geschätzt, je größer die Streuung der Regressorwerte x_i ist.
2. Im Regressionsmodell $y_i = \beta_0 + \beta_1 x_i + \varepsilon_i$ wird β_0 um so genauer geschätzt, je näher der Schwerpunkt der Regressorwerte x_i beim Nullpunkt liegt.
3. Im Regressionsmodell $y_i = \beta_0 + \beta_1 x_i + \varepsilon_i = \mu_i + \varepsilon_i$ wird jeder Wert μ_i gleich genau geschätzt.

41.5 Fallstricke im linearen Modell

Einer schlanken Darstellung willen konnten wir die Schlussweisen im linearen Modell nur skizzieren. Wichtige Aussagen und Beweise finden sich im Bonusmaterial. Daher geben wir Ihnen hier den üblichen Rat: Zu Risiken und Nebenwirkungen fragen Sie – nicht Ihren Apotheker – sondern Ihren Statistiker.

Wir zeigen nur an einigen Beispielen, wo Fehlschlüsse auftreten können.

Übersicht: Die Schätzer und ihre Varianzen bei der linearen Einfachregression

Bei der linearen Einfachregression $y_i = \beta_0 + \beta_1 x_i + \varepsilon_i$ wird der zweidimensionale Modellraum M von den beiden Einflussgrößen $\boldsymbol{x}_0 = \mathbf{1}$ und $\boldsymbol{x}_1 = \boldsymbol{x}$ aufgespannt.

Über die Verteilung der ε_i wird vorausgesetzt: $\mathrm{E}(\varepsilon_i) = 0$, $\mathrm{Var}(\varepsilon_i) = \sigma^2$ und $\mathrm{Cov}(\varepsilon_i, \varepsilon_k) = 0$ für alle $i \neq k$. Bei den folgenden Tests, Prognosen und Konfidenzintervallen ist das Signifikanzniveau α bzw. das Konfidenzniveau $1-\alpha$. Weiter ist $t = t(n-2)_{1-\alpha/2}$.

- β_0 wird geschätzt durch $\widehat{\beta}_0 = \overline{y} - \widehat{\beta}_1 \overline{x}$ mit der Varianz
$$\mathrm{Var}(\widehat{\beta}_0) = \sigma^2_{\widehat{\beta}_0} = \frac{\sigma^2}{n}\left(1 + \frac{\overline{x}^2}{\mathrm{var}(\boldsymbol{x})}\right).$$
- β_1 wird geschätzt durch $\widehat{\beta}_1 = \frac{\mathrm{cov}(\boldsymbol{x},\boldsymbol{y})}{\mathrm{var}(\boldsymbol{x})}$ mit der Varianz
$$\mathrm{Var}(\widehat{\beta}_1) = \sigma^2_{\widehat{\beta}_1} = \frac{\sigma^2}{n} \cdot \frac{1}{\mathrm{var}(\boldsymbol{x})}.$$
- $\mu(\xi)$ wird geschätzt durch $\widehat{\mu}(x) = \widehat{\beta}_0 + \widehat{\beta}_1 \xi$ mit der Varianz
$$\mathrm{Var}(\widehat{\mu}(\xi)) = \sigma^2_{\widehat{\mu}(\xi)} = \frac{\sigma^2}{n}\left(1 + \frac{(\xi - \overline{x})^2}{\mathrm{var}(\boldsymbol{x})}\right).$$
- σ^2 wird erwartungstreu geschätzt durch
$$\widehat{\sigma}^2 = \frac{\mathrm{SSE}}{n-2}.$$
- Die geschätzten Varianzen $\widehat{\sigma}^2_{\widehat{\beta}}$ bzw. $\widehat{\sigma}^2_{\widehat{\mu}}$ erhält man, wenn man in den Formeln für die Varianz einfach σ^2 durch $\widehat{\sigma}^2$ ersetzt. Folglich ist zum Beispiel
$$\widehat{\sigma}^2_{\widehat{\beta}_0} = \frac{\widehat{\sigma}^2}{n}\left(1 + \frac{\overline{x}^2}{\mathrm{var}(\boldsymbol{x})}\right).$$
- Den Annahmebereich des Tests einer Hypothese über β_i bzw. das Konfidenzintervall für β_i zum Konfidenzniveau $1-\alpha$ erhalten wir aus
$$|\widehat{\beta}_i - \beta_i| \leq t \cdot \widehat{\sigma}_{\widehat{\beta}_i}.$$
- Den Annahmebereich des Tests einer Hypothese über μ bzw. das Konfidenzintervall für μ zum Konfidenzniveau $1-\alpha$ erhalten wir aus
$$|\mu(\xi) - \widehat{\mu}(\xi)| \leq t \cdot \frac{\widehat{\sigma}}{\sqrt{n}} \sqrt{1 + \frac{(\xi - \overline{x})^2}{\mathrm{var}(\boldsymbol{x})}}.$$
- Eine Prognose über $y(\xi)$ zum Niveau $1-\alpha$ ist
$$|y(\xi) - \widehat{\mu}(\xi)| \leq t \cdot \widehat{\sigma} \sqrt{1 + \frac{1}{n}\left(1 + \frac{(\overline{x} - \xi)^2}{\mathrm{var}(\boldsymbol{x})}\right)}.$$
- Ein approximatives Konfidenzintervall für ξ zum Niveau $1-\alpha$ bei gegebenem $\overline{y}_\xi$ ist
$$|\xi - \widehat{\xi}| \leq t \cdot \frac{\widehat{\sigma}}{|\widehat{\beta}_1|} \cdot \sqrt{\frac{1}{r} + \frac{1}{n} + \frac{(\overline{x} - \widehat{\xi})^2}{n\,\mathrm{var}(\boldsymbol{x})}}.$$

Dabei ist $\widehat{\xi} = \frac{\overline{y}_\xi - \widehat{\beta}_0}{\widehat{\beta}_1}$ der ML-Schätzer für ξ.

Beispiel Wir betrachten dazu ein Beispiel von Anscombe (1973). Es handelt sich dabei um vier verschiedene Datensätze A, B, C und D. Jeder Datensatz besteht aus 11 Punktepaaren $(x_i; y_i)$:

A		B		C		D	
x	y	x	y	x	y	x	y
4	4.26	4	3.10	4	5.39	8	7.04
5	5.68	5	4.74	5	5.73	8	6.89
6	7.24	6	6.13	6	6.08	8	5.25
7	4.82	7	7.26	7	6.42	8	7.91
8	6.95	8	8.14	8	6.77	8	5.76
9	8.81	9	8.77	9	7.11	8	8.84
10	8.04	10	9.14	10	7.46	8	6.58
11	8.33	11	9.26	11	7.81	8	8.47
12	10.84	12	9.13	12	8.15	8	5.56
13	7.58	13	8.74	13	12.74	8	7.71
14	9.96	14	8.10	14	8.84	19	12.50

An jeden Datensatz wird jeweils das lineare Modell
$$y_i = \beta_0 + \beta_1 x_i + \varepsilon_i$$
angepasst. In allen vier Fällen wird $\widehat{\beta}_0 = 3.0$ und $\widehat{\beta}_1 = 0.5$ und damit jeweils dieselbe Regressionsgerade $\mu(\xi) = 3.0 + 0.5\xi$ geschätzt. In allen vier Fällen ist $\mathrm{SSE} = 13.75$ und das Bestimmtheitsmaß $R^2 = 0.667$. Der Plot der vier Punktwolken in der folgenden Abbildung zeigt aber deutlich, wie unterschiedlich die Regressionsgerade die Punktwolke durchschneidet.

A: Hier ist nichts gegen ein lineares Regressionsmodell einzuwenden.
B: Hier wäre ein quadratischer Ansatz angemessen.
C: Das Wertepaar $(x_{10};\, y_{10}) = (13.0;\, 12.74)$ hat einen dominierenden Einfluss auf die Regressionsgerade. Ließe man dieses Wertepaar fort, lieferten die verbleibenden Werte eine neue Gerade $\widehat{\mu}(\xi) = 4 + 0.346\xi$, die exakt durch die verbleibenden Punkten liefe. Offensichtlich ist $(x_{10}; y_{10})$ ein Sonderfall.

Vertiefung: Erkennungsgrenze, Erfassungsgrenze und Erfassungsvermögen

Mit diesen drei Kenngrößen wird die Fähigkeit einer Messanordnung im Grenzbereich kleinster Größen beschrieben.

Bleiben wir bei dem Beispiel der Messung von Nitritkonzentrationen und betrachten noch einmal den Prognosegürtel für $\overline{y}_\xi$,

$$|\widehat{\beta}_0 + \widehat{\beta}_1\xi - \overline{y}_\xi| \leq t \cdot \widehat{\sigma}\sqrt{\frac{1}{r} + \frac{1}{n} + \frac{(\xi - \overline{x})^2}{n \operatorname{var}(\boldsymbol{x})}}.$$

Der obere Rand des Gürtels ist

$$\widehat{\beta}_0 + \widehat{\beta}_1\xi + t \cdot \widehat{\sigma}\sqrt{\frac{1}{r} + \frac{1}{n} + \frac{(\xi - \overline{x})^2}{n \operatorname{var}(\boldsymbol{x})}}.$$

An der Stelle $\xi = 0$ schneidet der Gürtel die y-Achse in der Höhe

$$\text{ErkG} = \widehat{\beta}_0 + t \cdot \widehat{\sigma}\sqrt{\frac{1}{r} + \frac{1}{n} + \frac{\overline{x}^2}{n \operatorname{var}(\boldsymbol{x})}}.$$

ErkG heißt die **Erkennungsgrenze**.

Ist $\overline{y}_\xi \leq$ ErkG, so enthält das Konfidenzintervall für ξ den Wert 0. Der Test der Hypothese H_0 : „$\xi = 0$" wird nicht abgelehnt. Der beobachtete Wert $\overline{y}_\xi$ ist so klein, dass wir nicht mehr unterscheiden können, ob $\xi = 0$ oder $\xi \neq 0$ ist.

Verwenden wir für t das Quantil $t = t(n-2)_{1-\alpha}$ oder $t = t(n-2)_{1-\alpha/2}$? Da wir die Hypothese H_0 : „$\xi = 0$" gegen die Alternative H_1 :„$\xi > 0$" testen, verwenden wir einseitige Prognose- und Annahmebereiche. Also $t = t(n-2)_{1-\alpha}$.

Der ML-Schätzer von ξ, der zur Erkennungsgrenze ErkG gehört, ist die **Erfassungsgrenze**,

$$\text{ErfG} = \frac{\text{ErkG} - \widehat{\beta}_0}{\widehat{\beta}_1} = \frac{t \cdot \widehat{\sigma}}{\widehat{\beta}_1}\sqrt{\frac{1}{r} + \frac{1}{n} + \frac{\overline{x}^2}{n \operatorname{var}(\boldsymbol{x})}}.$$

Ist ein Schätzwert $\widehat{\xi} <$ ErfG, so ist $\overline{y}_\xi <$ ErkG. Daher kann nicht unterschieden werden, ob $\xi = 0$ oder $\xi \neq 0$ ist.

Die nächste Frage ist: Wie groß muss denn ξ überhaupt sein, damit man mit einigermaßen großen Sicherheit überhaupt erkennen kann, dass $\xi \neq 0$ ist. Diese Frage lässt sich mit der Gütefunktion des t-Tests beantworten. Wir testen die Nullhypothese H_0: „$\xi = 0$" gegen die Alternative H_1: „$\xi > 0$" zum Niveau α.

Die Zahl ξ^*, an der die Gütefunktion den Wert $1 - \gamma$ erreicht, heißt das **Erfassungsvermögen**. Ist $\xi > \xi^*$, so ist die Wahrscheinlichkeit, dass H_0 abgelehnt wird, mindestens $1 - \gamma$. Anders gesagt, erst wenn $\xi > \xi^*$ ist, wird mit hoher Wahrscheinlichkeit erkannt, dass $\xi > 0$ ist. Das Erfassungsvermögen ξ^* hängt ab vom Signifikanzniveau α und dem vorgegebenen Wert $1 - \gamma$ der Gütefunktion.

ξ^* lässt sich nur für Einzelwerte numerisch angeben, da zur Berechnung der Gütefunktion des t-Tests die Nichtzentrale t-Verteilung benötigt wird, die nicht geschlossen angebbar ist. Es existieren aber Tabellen zur Berechnung einzelner Werte.

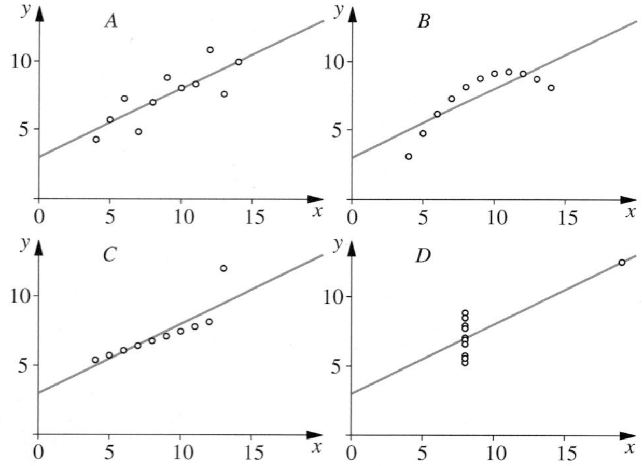

Abb. 41.9 Vier Punktwolken mit identischen Ausgleichsgeraden

D: Hier scheint der lineare Ansatz vollständig fehl am Platze. Vielleicht sind hier Beobachtungen aus zwei verschiedenen Modellen miteinander gemischt. Aber Vorsicht! Vielleicht liegt wirklich ein lineares Modell vor, aber es konnten nur für die Stellen $x = 8$ und $x = 19$ Versuche angestellt werden. ◄

Die Lehre aus diesem Beispiel: Man soll stets die Punktwolke der Wertpaare $(x_i; y_i)$ zusammen mit der geschätzten Regressionsgerade $\widehat{\mu} = \widehat{\beta}_0 + \widehat{\beta}_1\xi$ zeichnen und es nicht bei der bloßen Berechnung des Bestimmtheitsmaßes, der Schätzwerte und ihrer Varianzen belassen. Ein einziger Blick auf die Punktwolke genügt oft, um die Unangemessenheit des gewählten Modells zu erkennen.

Das folgende Beispiel illustriert zwei Warnungen:

Achtung Je besser ein Modell an die Beobachtungsdaten angepasst wird, um so größer ist die Gefahr, dass es auf neuen Daten versagt.

Je mehr überflüssige Regressoren ein Modell enthält, um so schlechter werden die relevanten Regressionskoeffizienten geschätzt. Müll im Modell verdirbt die Schätzung. ◀

Beispiel Betrachten wir das Beispiel von S. 1562. Hier war aus physikalischen und chemischen Überlegungen heraus ein einfaches lineare Modell $\mu(x)$ als lineare Funktion geschätzt worden. Nun wollen wir das Modell „verbessern" und nehmen nacheinander höhere Potenzen von x ins Modell auf. Die systematische Komponente wird in den vier Modellen wie folgt geschätzt:

$$\widehat{\mu}_a(x) = 0.017 \ + 2.578x$$

$$\widehat{\mu}_b(x) = -0.03 + 3.02x - 0.80x^2$$

$$\widehat{\mu}_c(x) = -2.04 \cdot 10^{-2} + 2.85x + 4.37 \cdot 10^{-2}x^2 - 2.24x^3$$

$$\widehat{\mu}_d(x) = -3.56 \cdot 10^{-2} + 3.11x - 0.95x^2 - 1.47x^3 + 0.74x^4$$

Zwar wird mit wachsendem Polynomgrad innerhalb des Beobachtungsintervalls $(0, 0.5)$ die Anpassung der geschätzten systematischen Komponente an die Beobachtungsdaten immer besser. Bei Extrapolationen außerhalb des Beobachtungsintervalls $(0, 0.5)$ gehen mit wachsendem Polynomgrad die Schätzungen immer stärker auseinander und werden physikalisch unsinnig.

Zeichnen Sie als Aufgabe die Graphen der vier Polynome und vergleichen Sie die Anpassung im Beobachtungsbereich $[0, 0.6]$ und im Extrapolationsbereich $[0.6, 2]$.

Vergleichen wir nun das einfachste Modell μ_a und das umfassendste μ_d, in dem μ mit einem Polynom vierten Grades geschätzt wurde. Scheinbar wird im Beobachtungsbereich die Anpassung mit den umfassenderen Modellen immer besser, SSE sinkt und das Bestimmtheitsmaß wächst. Die wichtigen Güteparameter R^2_{adj} und $\widehat{\sigma}^2(\text{M})$ beweisen das Gegenteil. Das Modell hat sich rapide verschlechtert. R^2_{adj} ist abgestürzt und die Varianz hat sich vergrößert.

	Modell μ_a	Modell μ_d
dim(M)	2	5
SSE	0.021	0.016
R^2	0.985	0.988
R^2_{adj}	0.983	0.199
$\widehat{\sigma}^2(\text{M})$	0.0026	0.0033

Die Schätzwerte der Parameter und ihre t-Werte sind im Modell:

	Schätzwert	$\widehat{\sigma}_{\widehat{\beta}}$	t-Wert
$\widehat{\beta}_0$	−0.003 56	0.105	−0.34
$\widehat{\beta}_1$	3.11	1.49	2.09
$\widehat{\beta}_2$	−0.95	5.46	−0.17
$\widehat{\beta}_3$	−1.47	4.77	−0.31
$\widehat{\beta}_4$	0.74	3.93	0.19

Der Schwellenwert der t-Verteilung mit nur noch 5 Freiheitsgraden und bei einem $\alpha = 5\%$ ist 2.57. Jetzt ist in diesem Modell kein einziger Parameter mehr signifikant. Umgekehrt zeigt dieses Beispiel, dass wir nicht einfach von einem übersättigten Modell ausgehen können und dann alle nicht signifikanten Regressoren eliminieren können. In diesem Fall hätten wir auch die einzigen relevante lineare Komponente entfernt. ◀

Achtung Werden in einem Modell auf einmal alle nicht signifikanten Regressoren eliminiert, können auch relevante Regressoren gestrichen werden, die in einem einfacheren Modell signifikant sind. ◀

Schließlich sollte man nach Abschluss seine Regressionsanalyse noch einmal die Daten auf kollineare Regressoren, auf Ausreißer und Beobachtungen mit unzulässig hohem Einfluss auf die Schätzungen überprüfen. Diese sogenannte Regressionsdiagnose können wir hier aus Platzgründen nicht behandeln. Sie ist aber in allen guten Statistik-Software-Programmen mit enthalten.

Achtung Wird ein Effekt auf mehrere Regressoren aufgeteilt, bleibt für jeden nur ein Bruchteil übrig, der dann nicht mehr signifikant zu sein braucht.

Beobachtungen am Rande des Beobachtungsbereichs haben einen besonderen Einfluss auf die Schätzung.

Ausreißer können eine Regressionsanalyse vollständig entwerten. ◀

Vertiefung: Regression mit R

Wir wollen am Beispiel von S. 1555 Diagnosewerkzeuge mit R vorstellen und Probleme beim Testen in Regressionsmodellen erkennen.

Als erstes laden wir den Datensatz dazu herunter:

```
dat<-Mathebuch/R-Erweiterung/...
```

Unser Modellraum ist $\boldsymbol{M}_{10} = \{\mathbf{1}, \boldsymbol{x}_i, i = 1, \ldots, 9\}$ mit $d = \dim \boldsymbol{M}_{10} = 10$. Wir rufen die Regression von $\boldsymbol{y}$ nach allen $\boldsymbol{x}_i$ auf:

```
lm10<-lm(y~x1+x2+x3+x4+x5+x6+x7+x8+x9)
```

In dieser Anweisung wird die Konstante **1** nicht explizit genannt, nur in einem Modell ohne Konstante wird dies in der Form `lm(y~-1+x1+x2+..)` festgelegt. Nach dem Aufruf `summary(lm10)` bringt R die Schätzer der Koeffizienten, ihre geschätzten Standardabweichungen und mit den t- und p-Werten die Grundlagen für die Einzel-t-Tests der Hypothesen $H_{0,i} : \beta_i = 0$:

```
            Estimate Std.Error t value Pr(>|t|)
(Intercept) 1.89     6.99      0.27    0.79
x1          0.71     0.56      1.25    0.23
:           :        :         :       :
x9          -0.35    0.21      -1.64   0.12
Residual standard error: 0.56 on 15 degrees of
    freedom,
Multiple R-squared: 0.9237, Adjusted R-squared:
    0.8779
F-statistic: 20.18 on 9 and 15 DF, p-value:
    7.97e-07
```

Die $\widehat{\beta}_i$ stimmen mit denen im Beispiel genannten überein. Um die drei „Sum of Squares" zu berechnen, rufen wir die Residuen $\widehat{\varepsilon}_i$ und die „gefitteten" Werte $\widehat{\mu}_i = y_i - \widehat{\varepsilon}_i$ ab und speichern sie unter den Namen r10 und m10.

```
r10<-residuals(lm10)
m10<-fitted-values(lm10)
```

Wir berechnen $\mathrm{SSE}(\boldsymbol{M}_{10}) = \sum_{i=1}^{25} \widehat{\varepsilon}_i^2$ als `(n-1)*var(r10)` und analog $\mathrm{SSR}(\boldsymbol{M}_{10}) =$ `24*var(m10)` sowie SST = `24*var(y)` und bestätigen die Grundgleichung des linearen Modells sowie die Schätzung von $\widehat{\sigma}(\boldsymbol{M}_{10})$:

$$\mathrm{SST} = \mathrm{SSR}(\boldsymbol{M}_{10}) + \mathrm{SSE}(\boldsymbol{M}_{10}),$$
$$63.816 = 58.947 + 4.869.$$
$$\widehat{\sigma}^2(\boldsymbol{M}_{10}) = \frac{\mathrm{SSE}(\boldsymbol{M}_{10})}{n-d} = \frac{4.869}{15} = 0.325.$$

Wir wollen mit Modelldiagnosen für $\boldsymbol{M}_{10}$ abschließen. Dazu dient in R der Befehl `influence.measures(lm10)`. R antwortet mit einer Tabelle mit 26 Zeilen und 13 Spalten. Dabei stehen die Spalten für 13 verschieden Diagnosewerte und jede der 25 Zeilen – ohne die Kopfzeile – für eine Beobachtung. Bis auf das letzte Kriterium messen alle anderen, wie stark sich eine Schätzung ändert, wenn die i-te Beobachtung weggelassen wird. Diese Änderung wird dann noch geeignet skaliert. Bei all diesen Empfindlichkeitsmaßen sind Zähler und Nenner nicht stochastisch unabhängig. Daher gelten nur Faustregeln für die Beurteilung, was auffällig ist oder nicht. Die letzte Diagnosespalte listet die „`hat`"-Werte auf, es sind die Diagonalwerte p_{ii} der Projektionsmatrix

$$\boldsymbol{P} = X(X^T\mathbf{X})^{-1}X^T.$$

$\boldsymbol{P}$ heißt im Englischen die „`hat`"-matrix, da sie wegen $\widehat{\boldsymbol{\mu}} = \widehat{\boldsymbol{y}} = \boldsymbol{P}\boldsymbol{y}$ dem $\boldsymbol{y}$ das Hütchen aufsetzt. Beobachtungen mit großem $p_{ii} = \boldsymbol{P}_{ii}$ haben **Hebelkraft**: p_{ii} ist das Gewicht der Beobachtung y_i bei der Schätzung ihres eigenen Erwartungswertes $\widehat{\mu}_i$. Weiter ist $\mathrm{var}(\widehat{\mu}_i) = \sigma^2 p_{ii}$ und $\mathrm{var}(\widehat{\varepsilon}_i) = \sigma^2(1 - p_{ii})$. Je näher p_{ii} an 1 liegt, umso kleiner wird $\widehat{\varepsilon}_i$, umso stärker wird die Regressionshyperebene an y_i gebunden. Was heißt dabei groß? Für die p_{ii} gilt $0 \le p_{ii} \le 1$ und $\sum_{i=1}^{n} p_{ii} = \dim(\boldsymbol{M})$. Daher ist $p_{ii} \approx \frac{\dim(\boldsymbol{M})}{n}$ normal. Ein mehr als doppelt so großes p_{ii} ist auffällig. Bei unseren Daten ist $p_{11,11} = 0.85 > \frac{10}{25} \cdot 2 = 0.8$. Schauen wir die Erklärung der Daten auf S. 1555 an, erkennen wir, dass am 11. Tag offenbar ein Sturm gewütet haben muss. Rufen wir die anderen Diagnosewerte für das Modell $\boldsymbol{M}_3$ auf, das nur aus den drei im Modell $\boldsymbol{M}_{10}$ signifikanten Regressoren besteht, werden zusätzlich der 1. und der 19. Tag als extrem angezeigt. Ein Blick auf die Daten zeigt, dass an diesen beiden Tagen nur halb soviel gearbeitet wurde, wie an den anderen Tagen. Lag hier ein Maschinenschaden vor? Hier muss ein Fachmann entscheiden, ob diese Beobachtungen im Modell verbleiben dürfen, der Statistiker kann nur auf sie hinweisen.

Bei der Analyse eines Regressionsmodells werden meist mehrere Tests auf der Grundlagen derselben Daten gestellt. Das Signifikanzniveau sichert aber nur jeweils jeden einzelnen Test, nicht aber die Gesamtheit ab. So ist es möglich, dass zwei einzeln getestete Hypothesen $H_{0,1} : \beta_1 = 0$ und $H_{0,2} : \beta_2 = 0$ zu der entgegengesetzten Aussage führen, wie der zusammengesetzte Test $H_{0,12} : \beta_1 = \beta_2 = 0$.

Teil VI

Vertiefung: Regression mit R (Fortsetzung)

Dazu ein Beispiel mit 7 Regressoren, unabhängigen, normalverteilten ε_i und zwei Beobachtungsvektoren $\boldsymbol{y}_A$ und $\boldsymbol{y}_B$ mit jeweils $n = 14$ Beobachtungen. (Die Daten sind konstruiert.) Wir laden den Datensatz herunter:

```
read.csv2("~/Regression/doppeltestdatei1.csv")
```

Fall A: Wir untersuchen $\boldsymbol{y}_A$ im Modell $\boldsymbol{M}_8 = \{\mathbf{1}, \boldsymbol{x}_i, i = 1, \ldots, 7\}$ mit

```
lm8A<-lm(YA~x1+x2+x3+x4+x5+x6+x7)
```

Die Funktion `>summary(lm8A)` zeigt eine optimale Modellanpassung:

```
            Estimate Std. Error t value Pr(>|t|)
(Intercept) -34.55   1.163       -29.71  0.00
x1           0.466   0.216        2.15   0.07
x2           0.0684  0.039        1.80   0.12
x3           1.004   0.043       23.57   0.00
x4          -0.230   0.251        0.91   0.40
x5          -0.067   0.063       -1.06   0.33
x6           0.010   0.036        0.28   0.79
x7           0.007   0.092        0.08   0.94
Residual standard error: 0.9115 on 6 degrees of
     freedom
```

Wir testen die beiden Einzelhypothesen $H_{0,1} : \beta_1 = 0$ und $H_{0,2} : \beta_2 = 0$ mit dem t-Test und wählen $\alpha = 0.05$. Die beobachteten p-Werte `Pr(>|t|)=0.07` und `Pr(>|t|)=0.12` sind beide größer als 0.05. **Daher werden beide Hypothesen $\beta_1 = 0$ und $\beta_2 = 0$ angenommen.**

Jetzt testen wir die Hypothese $H_{0,12} : \beta_1 = \beta_2 = 0$. Gilt $H_{0,12}$, so ist $\mu \in \boldsymbol{M}_6 = \{\mathbf{1}, \boldsymbol{x}_3, \boldsymbol{x}_4, \boldsymbol{x}_5, \boldsymbol{x}_6, \boldsymbol{x}_7\}$ mit $\dim \boldsymbol{M}_6 = h = 6$. Nun rufen wir

```
lm6A<-lm(yA~x3+x4+x5+x6+x7)
```

auf. Mit R berechnen wir $\text{SSE}(\boldsymbol{M}_8) = 4.99$, $\text{SSE}(\boldsymbol{M}_6) = 17.01$ und $\widehat{\sigma}^2(\boldsymbol{M}_6) = 0.832$. (Die Berechnung geht wie oben, wir verzichten auf die Angabe der Rechenschritte.) Die Prüfgröße des F-Tests F_{pg} ist der skalierte Anpassungsverlust bei Reduktion von $\boldsymbol{M}_8$ auf $\boldsymbol{M}_6$:

$$F_{pg}(A) = \frac{\text{SSE}(\boldsymbol{M}_6) - \text{SSE}(\boldsymbol{M}_8)}{(d-h)\widehat{\sigma}^2} = \frac{17.01 - 4.99}{2 \cdot 0.832} = 7.22.$$

Der Schwellenwert des F Tests ist $F(2,6)_{0.95} = 5.1433$. **Also wird im Widerspruch zu den beiden Einzelhypothesen die zusammenfassende Hypothese $H_{012} : \beta_1 = \beta_2 = 0$ abgelehnt!**

Fall B: Wir behalten alle Regressoren, aber wählen statt $\boldsymbol{y}_A$ den von uns konstruierten Beobachtungsvektor $\boldsymbol{y}_B = \boldsymbol{y}_A + 0.093\boldsymbol{x}1 - 0.17\boldsymbol{x}_2$:

```
lm8B<-lm(YB~x1+x2+x3+x4+x5+x6+x7)
```

Wegen der Gestalt von $\mathbf{y}_B$ ändern sich nur die Parameter $\widehat{\beta}_1$ und $\widehat{\beta}_2$. $\widehat{\sigma}$ und $\text{SSE}(\boldsymbol{M}_8)$ bleiben ungeändert. (Warum?) Wir zeigen nur die ersten Zeilen der `summary(lm8B)`:

```
            Estimate Std. Error t value Pr(>|t|)
(Intercept) -34.55   1.163       -29.71  9.70e-08
x1           0.559   0.216        2.59   0.0412
x2          -0.102   0.038       -2.678  0.0366
x3           1.003838 0.042628   23.549  3.85e-07
```

Die p-Werte sind kleiner als 0.05, also werden bei $\alpha = 0.05$ **die beiden einzelnen Hypothesen $H_{0,1} : \beta_1 = 0$ und $H_{0,2} : \beta_2 = 0$ abgelehnt.**

Dagegen wird nun die gemeinsame Hypothese: $H_{0,12} : \beta_1 = \beta_2 = 0$ **angenommen.** R berechnet $\text{SSE}(\boldsymbol{M}_6) = 12.91$, die Prüfgröße des F-Tests ist $F_{pg}(B) = 4.77 < F(2,6)_{0.95}$.

Die Lösung dieser scheinbaren Paradoxie liegt in der unterschiedlichen Struktur der drei Annahmebereiche AB der Hypothesen in der $(\widehat{\beta}_1, \widehat{\beta}_2)$-Ebene. Siehe die Abbildung. Der AB des t-Tests für $H_{0,1}$ ist

$$|\widehat{\beta}_1| \leq \widehat{\sigma}_{\beta_1} \cdot t(6)_{0.975} = 0.216 \cdot 2.447 = 0.529,$$

in der $(\widehat{\beta}_1, \widehat{\beta}_2)$-Ebene also der senkrechte Streifen. Gilt H_0, so liegt $(\widehat{\beta}_1, \widehat{\beta}_2)$ mit 95 % Wahrscheinlichkeit in diesem Streifen. Analog ist der AB für H_{02}

$$|\widehat{\beta}_2| \leq \widehat{\sigma}_{\beta_2} t(6)_{0.975} = 0.038 \cdot 2.447 = 0.093,$$

also der waagrechte Streifen. Im Schnittrechteck werden beide Einzelhypothesen angenommen. Die Wahrscheinlichkeit, dass $(\widehat{\beta}_1, \widehat{\beta}_2)$ in diesem Rechteck liegt, ist jedoch kleiner als 95 %.

Vertiefung: Regression mit R (Fortsetzung)

Wo liegt nun der Annahmebereich für $H_{0,12}$? Dazu übersetzen wir die als Aussage über Modellräume formulierte Hypothese in eine äquivalente Hypothese über den Parameter $\boldsymbol{b} = (\beta_1, \beta_2)^T$. Wir schreiben $\boldsymbol{b}$, um ihn vom ungekürzten Vektor $\boldsymbol{\beta} = (\beta_0, \ldots, \beta_7)^T$ zu unterscheiden. Unter $H_{0,12}$ ist $\widehat{\boldsymbol{b}} \sim \mathrm{N}_2(\mathbf{0}; \sigma^2 \boldsymbol{C})$, daher $\frac{1}{\sigma^2}\widehat{\boldsymbol{b}}^T \boldsymbol{C}^{-1}\widehat{\boldsymbol{b}} \sim \chi^2(2)$.

Wegen der Unabhängigkeit von $\widehat{\boldsymbol{b}}$ und $\widehat{\sigma}$ ist dann der mit den Freiheitsgraden skalierte Quotient F-verteilt:

$$\frac{\widehat{\boldsymbol{b}}^T \boldsymbol{C}^{-1}\widehat{\boldsymbol{b}}}{2\widehat{\sigma}^2} \sim F(2,6).$$

Das 5 %-Quantil dieser Verteilung ist $F(2,6)_{0.95} = 5.143$. Der Annahmebereich in der $(\widehat{\beta}_1, \widehat{\beta}_2)$-Ebene ist die Ellipse:

$$\widehat{\boldsymbol{b}}^T \boldsymbol{C}^{-1}\widehat{\boldsymbol{b}} \leq 2\widehat{\sigma}^2 F(2,6)_{0.95} = 8.53.$$

Wir müssen dazu die Kovarianzmatrix $\boldsymbol{C}$ und ihre Inverse bestimmen. In $\boldsymbol{M}_8$ ist $\mathrm{Cov}(\widehat{\boldsymbol{\beta}}) = \sigma^2(\boldsymbol{X}^T\boldsymbol{X})^{-1}$. Zur Berechnung von $\boldsymbol{X}$ verwandeln wir den Dataframe `dat` durch den Befehl `as.matrix(dat)` in eine Matrix, löschen die Spalten YA und YB und fügen für die Konstante eine erste Spalte aus lauter Einsen ein.

```
X<-cbind(rep(1,14), dat[1:14,1:7])
```

Dann erhalten wir $(\boldsymbol{X}^T\boldsymbol{X})^{-1}$ durch

```
CovBeta<-solve(t(X)%*%X)
```

Mit `C<-CovBeta[2:3,2:3]` schneiden wir die gesuchte Teilmatrix heraus, invertieren sie mit `Cinv<-solve(C)` und finden so die gesuchte Submatrix

$$\texttt{Cinv} = \boldsymbol{C}^{-1} = \begin{pmatrix} 22.63 & 59.90 \\ 59.90 & 746.81 \end{pmatrix}.$$

Die Abbildung zeigt den Annahmebereich in der $(\widehat{\beta}_1, \widehat{\beta}_2)$-Ebene

$$22.63 \cdot \widehat{\beta}_1^2 + 2 \cdot 59.90 \cdot \widehat{\beta}_1\widehat{\beta}_2 + 746.81 \cdot \widehat{\beta}_2^2 \leq 8.53.$$

Im Fall A liegt $(\widehat{\beta}_1, \widehat{\beta}_2) = (0.466, 0.0684)$ in der rechten oberen Ecke des Rechtecks, aber außerhalb der Ellipse. Im Fall B liegt $(\widehat{\beta}_1, \widehat{\beta}_2) = (0.559, -0.102)$ außerhalb der linken unteren Ecke des Rechtecks, aber innerhalb der Ellipse.

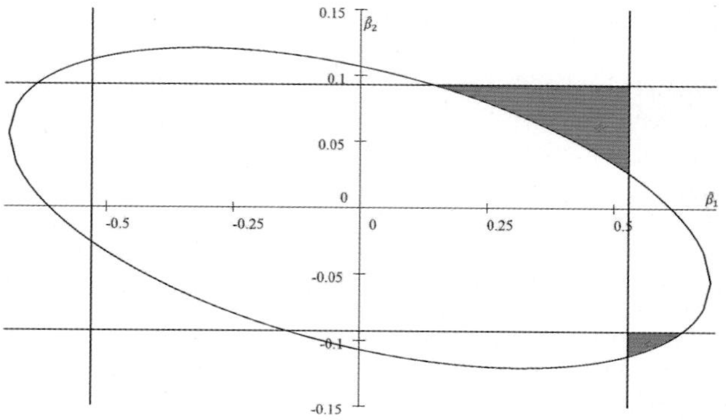

Vertiefung: Grundaufgaben und einige Methoden des maschinellen Lernens

„Denn eben wenn Begriffe fehlen, da stellt ein Wort zur rechten Zeit sich ein.“ Dieser Spott Mephistos gilt immer noch. *Maschinelles Lernen* (ML), *Künstliche Intelligenz* (KI) und allgemein *Big Data* sind Worthülsen, die inzwischen geradezu inflationär benutzt werde, aber keineswegs sauber oder gar einheitlich definiert sind. Diese Begriffe sind, um gleich einen Begriff aus der KI zu verwenden, eher *fuzzy*.

Es mag sich zwar nicht lohnen, für sie eine klare Definition zu finden. Man ahnt aber doch, was gemeint ist – und neben viel Marketing verbirgt sich hinter ihnen auch viel Interessantes und Nützliches.

Klassische Mathematik und Statistik analysieren zu einem gegebenen Problem die funktionalen Zusammenhänge von Variablen und suchen die optimale Lösung. Aber die Menge der so behandelbaren Aufgaben ist beschränkt.

Mit dem exponentiellen Wachstum von Rechnerleistung ist dieser Kreis erheblich erweitert worden. Er umfasst auch Bereiche mit wenigen Beobachtungen und Abertausende von Parametern und Variablen, wie in der Genanalyse, oder aber mit wenigen Variablen, aber einer Flut an Daten, wie in der Marktforschung.

Man hofft meist nicht auf die optimale Lösung, sondern ist mit einer brauchbaren Lösung schon zufrieden. Dafür erhält man sie in annehmbarer Zeit und zu tragbaren Kosten. Man verzichtet darauf, den zu Grunde liegenden physikalischen oder statistischen Prozess und dessen relevante Parameter zu identifizieren, sondern versucht beispielsweise, „natürliche Entscheidungsfindung“ auf dem Rechner zu imitieren. Das Ziel aber bleibt es, effiziente Methoden entwickeln, um Wissen zu erlangen, zu verarbeiten und zu präsentieren.

Klassifizieren: Das Lernen mit Lehrer Gegeben sind ein Merkmalsraum Ω und eine Menge A von Labeln, Klassen oder ganz allgemein von Aktionen. Jedes $\varepsilon \in \Omega$ trägt ein „unsichtbares“ Label $a \in A$. Zum Beispiel ist beim Handschriftenlesen Ω die Menge der geschriebenen Buchstaben und A die Menge der Druckbuchstaben. Beim Credit-Scoring soll auf Grund der Historie der Abwicklung von Bankgeschäften gelernt werden, welche Bankkunden kreditwürdig sind oder nicht. Ω und A können aber auch unendliche Mengen sein, wie z. B. beim autonomen Fahren, wo zu jeder speziellen Verkehrssituation eine spezielle Reaktion wie Beschleunigung, Verzögerung und Lenkereinschlag gehört.

Der Entscheider verfügt über eine Menge S von Strategien. Jede Strategie $s \in S$ ordnet jedem $a \in A$ ein Label $s(a)$ zu. Eine Teilmenge $T \subset \Omega$ bildet den Testdatensatz oder die Lernstichprobe. Beim Lernen mit Lehrer oder dem *supervised learning* sind die Label der Lernstichprobe bekannt.

Man kann also sofort erkennen, wo $s(a)$ falsch liegt. Gesucht wird eine Strategie, die sich auf der Lernstichprobe auszeichnet, sich dann aber auch auf ganz Ω bewährt. Dabei sind nicht nur die Anzahl der Fehlentscheidungen, sondern auch die wahrscheinlichen Kosten von Fehlentscheidungen zu berücksichtigen.

Die ältesten Verfahren dazu stammen aus der multivariaten Statistik. Die Voraussetzungen sind: $\Omega \subset \mathbb{R}^n$ und $A = \{1, 2, \ldots, k\}$. Auf dem $\mathbb{R}^n$ ist eine Metrik d (d. h. ein Abstandsbegriff) definiert, die Wahl dieser Metrik kann ebenfalls zur Aufgabenstellung gehören. Die Teilstichprobe T zerfällt in k Klassen T_i, $i = 1, \ldots, k$. Die gesuchte Strategie s ordnet jedes durch seinen Vektor $\boldsymbol{x} \in \mathbb{R}^n$ repräsentiertes Element in eine Klasse T_i ein.

In der **metrischen Diskriminanzanalyse** (DA) wird jede Klasse T_i durch ihren Schwerpunkt $\bar{\boldsymbol{x}}_i$ repräsentiert. Dann wird jedes $\boldsymbol{x} \in \Omega$ in die Klasse eingeordnet, deren Schwerpunkt am nächsten zu $\boldsymbol{x}$ liegt:

$$s(\boldsymbol{x}) = \underset{i}{\operatorname{argmin}}\, d(\boldsymbol{x}, \bar{\boldsymbol{x}}_i)$$

Ist d die euklidische Metrik, so werden jeweils zwei Klassen durch eine Hyperebene getrennt.

In der **Fischer'schen Diskriminanzanalyse** wird zuerst eine geeignete Projektion von Ω in einen Unterraum gesucht, in dem dann die metrische DA angewendet wird. Praktisch bedeutet dies, dass jedes Element statt durch $\boldsymbol{x}$ durch einen Satz neuer Variablen charakterisiert wird. Oder anschaulich gesagt: Stehen zwei Objekte nebeneinander, so kann man auf den ersten Blick oft nicht entscheiden, wo das eine anfängt und das andere aufhört. Geht man aber um die Dinge herum, findet sich meist ein Blickwinkel, aus dem beide Objekte klar getrennt erscheinen.

Bei der von V. N. Vapnik entwickelten **Supportvektormaschine** (SVM) werden die Klassen nicht durch Hyperebenen, sondern durch *„möglichst dicke Bretter“* getrennt. Außerdem wird nicht in Unterräume, sondern im Gegenteil in Oberräume höherer, ja sogar unendlicher Dimension abgebildet. Die Idee dahinter: Ein ausgestrecktes Seil (eine Strecke im $\mathbb{R}^1$) kann man nicht mit einem einzigen Schnitt in drei Teile zerschneiden. Fasst man das Seil an beiden Enden und lässt es U-förmig hängen, dann ist dies leicht: Nach einer geeigneten Abbildung des Seils in den $\mathbb{R}^2$ erlaubt eine Gerade eine Zerlegung in drei Teile, was mit einem Punkt im $\mathbb{R}^1$ eben nicht möglich ist.

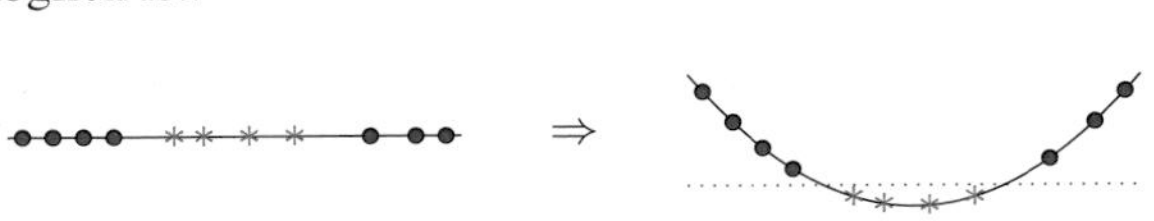

Vertiefung: Grundaufgaben und einige Methoden des maschinellen Lernens (Fortsetzung)

Im Verfahren der k **nächsten Nachbarn** entscheidet nicht der Abstand zum Klassenschwerpunkt, sondern es wird gefragt: Wo liegen die k nächsten Nachbarn von $\boldsymbol{x}$? Gehört die Mehrzahl dieser Nachbarn zur Klasse T_i, wird auch $\boldsymbol{x}$ in T_i eingeordnet. Diese Strategie stößt in hochdimensionalen Räumen allerdings schnell an seine Grenzen, weil dort die Punktedichte meist gering ist. Bei vielen Trainingsdaten ist der Speicher- und Rechenaufwand des Algorithmus sehr groß.

Neuronale Netze (NN) sind gerichtete Graphen, deren Knoten („Neuronen") über gewichtete Links („Axonen") miteinander verbunden sind. Oft sind die Neuronen in Schichten angeordnet, wo zwischen einer Ein- und einer Ausgabeschicht ein oder mehrere (im *Deep Learning* sehr viele) versteckte Schichten liegen.

Ein solches Neuron beinhaltet insbesondere eine Aktivierungsfunktion, die abhängig vom Input wieder einen Output sendet. Das kann ein einfaches Schwellenwertelement sein, aber auch eine kompliziertere Funktion.

Beim Trainieren des Netzes werden Funktionsparameter und Gewichtungen iterativ (meist mit Hilfe der mehrdimensionalen Kettenregel) so variiert, dass beim Input aus der Lernstichprobe der gewünschte Output in der Ausgabeschicht resultiert. Ein neuronales Netz kann gute Klassifikationsergebnisse liefern, aber der funktionale Zusammenhang zwischen Input und Output ist i. Allg. nicht mehr erkennbar. Das NN ist, mit den Begriffen von S. 7, ein Blackbox-Modell.

Entscheidungsbäume liefern über eine Kaskade lokaler, leicht interpretierbarer Einzelentscheidungen verständliche Gesamtaussagen. Statt reellwertiger Vektoren können qualitative Variable, Listen von Attributen, auch Strings verarbeitet werden: Ergebnisse können als logische Ausdrücke formuliert werden: „wenn … und … dann …". Auch ganze „Wälder" von Entscheidungsbäumen, die durch zufälligen Ausschluss von Datenpunkten oder Merkmalen etwas unterschiedlich sind (*random forests*) kommen zum Einsatz.

Strukturieren: Das Lernen ohne Lehrer Beim „Lernen ohne Lehrer" (*unsupervised learning*) ist keine Zielgröße vorgegeben. Stattdessen sollen Strukturen in den Daten gefunden werden, Zusammengehöriges zueinander gestellt und einander Fremdes getrennt werden. Zentral dabei ist die Definition und Messung von „Ähnlichkeit". Meist ist nicht von vornherein klar, welche Strukturen oder wieviel Klassen es geben soll. Carl von Linné klassifizierte 1735 die Tier- und Pflanzenwelt. Sein Werk *Systema Naturae* ist auch heute noch grundlegend. Oder aktuell: Denken Sie z. B. an die Aufgabe, den eigenen Bücherschrank aufzuräumen, oder wenn Ihnen bei einer Onlinebestellung sofort gemeldet wird: „Kunden, die dieses Buch kauften, haben sich auch für folgendes interessiert …"

Die bekanntesten Verfahren gehören zur Clusteranalyse, die auch als automatische Klassifikation oder numerische Taxonomie bezeichnet wird. Man unterscheidet hierarchische und nicht hierarchische Verfahren. Bei ersterem entsteht eine Pyramide von einander immer stärker umfassenden Teilmengen, die mit Einzelelementen beginnen und bei der Gesamtmenge endet. Dabei kann diese Pyramide von oben nach unten konstruiert werden (divisive Verfahren) oder von unten nach oben (agglomerative Verfahren). Bei nicht hierarchischen, dynamischen Verfahren werden z. B. Zufallspartitionen erzeugt, diese durch Repräsentanten ersetzt, über die mit Methoden der DA eine neue Partition konstruiert wird. Dies wird solange iteriert, bis stabile Partitionen erreicht werden.

Methoden, die vage Informationen benutzen Hier lassen sich Methoden zusammenfassen, die zufällige, unsichere oder unvollständige Informationen verwenden. Wichtigste Vertreter sind **Bayes'sche Netze** und **Fuzzy-Systeme**. Ein Bayes'sches Netz ist ein azyklischer Graph. Die Knoten sind zufällige Variable, die Links bedingte Wahrscheinlichkeiten. Je nachdem, welche Zustände einzelne Variablen im konkreten Fall annehmen, pflanzen sich Wahrscheinlichkeiten aller Zustände über das ganze Netz fort.

Fuzzy-Systeme berücksichtigen, dass im menschlichen Miteinander die meisten Aussagen unscharf sind: Warm, kalt, alt, gesund, etwas, viel, bald, schnell, … Diese Aussagen werden nicht durch Wahrscheinlichkeiten präzisiert, sondern durch Zugehörigkeitsgrade beschrieben. Dahinter stehen Fuzzy-Mengentheorie und Fuzzy-Logik.

Literatur

- C. Bishop: *Pattern Recognition and Machine Learning*, Springer; 2006
- T. Hastie, R. Tibshirani, J. Friedman: *The Elements of Statistical Learning: Data Mining, Inference and Prediction*, Springer; 2009
- R. Kruse et al.: *Computational Intelligence: Eine methodische Einführung in Künstliche Neuronale Netze, Evolutionäre Algorithmen, Fuzzy-Systeme und Bayes-Netze*, Springer, 2. Aufl. 2015
- K. Murphy: *Machine Learning – A Probabilistic Perspective*, MIT Press; 2012
- B. Schölkopf, A. Smola: *Learning with Kernels: support vector machines, regularization, optimization, and beyond*, MIT Press; 2002

Vertiefung: Grundprobleme im maschinellen Lernen

Wir haben in der Vertiefungsbox auf S. 1573f bereits Grundaufgaben und Verfahren des maschinellen Lernens (ML) angesprochen. Nun wenden wir uns Problemen zu, die bei deren Anwendung entstehen können.

Datenerhebung Grundlage jeder statistischen Analyse sind Daten. Aber Daten ohne Vorwissen sind stumm. Wir müssen wissen, wo die Daten herkommen und wie sie gewonnen wurden. Wenn wir hören, dass bei einer Umfrage 95% der Befragten für einen Politiker stimmten, so bedeutete dieses gar nichts, solange wir nicht wissen, wer, wo und wie befragt wurde. Wurden Parteifreunde vor laufender Kamera gefragt, war es eine geheime Wahl, eine Passantenbefragung oder eine Zufallsstichprobe?

Fehlschlüsse sind bei aufs Geratewohl gesammelten Daten leicht möglich. Systematische Fehler und Verzerrungen bei der Datenerhebung, übersehene oder gar bewusst verschwiegene Einschränkungen lassen sich in der späteren Auswertung kaum mehr beheben.

Wir diskutieren dazu anhand einiger Beispiele, wie sich solche irreführenden Schlüsse ergeben können:

Situationen:

(a) In einer Übungsstunde zur Statistikvorlesung sollte die durchschnittliche Anzahl von Kindern pro Ehepaar geschätzt werden. Dazu nannte jeder Anwesende die Anzahl seiner Geschwister, den Sprecher jeweils mit eingeschlossen. Bei der Auswertung der genannten Zahlen lag der Mittelwert bei 2.3 Kindern pro Student oder Studentin. Diese Zahl steht im krassen Widerspruch zu den Zahlen des Statistischen Bundesamt. Ohne näher definieren zu wollen, was wir unter Ehepaar verstehen wollen, liegt jetzt die Zahl der Kinder pro Paar unter 0.8. Woher kommt die Diskrepanz?

(b) Die Dozentin reicht eine Tüte mit Bonbons und Schokoriegeln und einer kleine Waage herum. Jeder Student darf mit geschlossenen Augen in die Tüte greifen, eine Handvoll Süßigkeiten herausgreifen, diese wiegen und soll dann das Gewicht der Tüte schätzen. So gut wie alle Studenten überschätzen das Gewicht der Tüte. Warum?

(c) Eine bestimmte Krankheit verläuft meist gutartig, kann mitunter aber auch chronisch und bösartig werden. Aus den Unterlagen der Krankenkassen geht hervor, dass die mittlere Dauer der Krankheit, über gutartige und bösartige Fälle gemittelt, drei Wochen beträgt. Die meisten Fachärzte schätzen die mittlere Dauer der Krankheit erheblich länger. Warum?

(d) Wenn man Lebensdauern von Verstorbenen nach deren Beruf ordnet, stellt sich heraus, dass Fußballspieler und Studenten am frühesten und Päpste am spätesten sterben. Liegt dies am Beruf?

(e) Die meisten Fahrradunfälle passieren bei schönem Wetter. Kann man daraus schließen, dass man bei Regen sicherer fährt?

Antworten:

(a) In der Stichprobe sind alle Paare ohne Kinder – und davon gibt es in der Bundesrepublik rund 9 Millionen – nicht vertreten. Wir müssen daher als Vergleichszahl die Kinderzahl in Familien, bzw. bei Paaren mit Kindern, heranziehen. Diese beträgt rund 1.6 pro Familie. Auch so ist die Abweichung von den beobachteten 2.3 auffällig. Der Grund ist ein weiterer Fehler in der Stichprobe: Bei der amtlichen Statistik ist die Untersuchungseinheit die Familie, bei der Befragung im Hörsaal ist die Untersuchungseinheit das einzelne Kind. Kinderreiche Familien sind demnach in der Stichprobe mit größerer Wahrscheinlichkeit vertreten als kinderarme.

(b) Wer in die Tüte greift, packt mit höherer Wahrscheinlichkeit die größeren und schwereren Schokoriegel als die kleineren und leichteren Bonbons.

(c) Fachärzte erleben in der Praxis vor allem die chronisch Kranken, die immer wieder ihre Hilfe beanspruchen. Diese Fälle graben sich ins Gedächtnis, während die leichten Fälle eher vergessen werden.

(d) Student oder Fußballspieler ist man nur in jungen Jahren, Päpste werden hingegen meist aus einen hochbetagten Kardinalskolleg gewählt.

(e) Bei Sonnenschein sind meist deutlich mehr Radler und Radlerinnen unterwegs als bei Regen. Auch wenn das einzelne Risiko für einen Unfall wohl geringer ist, ist die Wahrscheinlichkeit, dass irgendjemand in einen Unfall verwickelt wird, höher.

Verlässliche statistische Schlüsse lassen sich in der Regel nur aus Zufallsstichproben ziehen, wie sie in Abschn. 40.1 eingeführt wurde.

Vertiefung: Grundprobleme im maschinellen Lernen (Fortsetzung)

Ob eine Zufallsstichprobe vorliegt oder nicht, ist keine Tatsachenfeststellung, sondern eine Entscheidung über ein statistisches Modell, mit dem man die Datenauswertung beschreiben will. Das Modell der unverbundenen Zufallsstichprobe ist vor allem dann naheliegend, wenn auch die Auswahl der Elemente selbst zufällig ist.

Die Problematik in der Datenanalyse beginnt also oft bereits bei der Qualität der vorliegenden Daten. Im Gegensatz zu den gut strukturierten und dokumentierten Daten, die z. B. aus sorgfältig geplanten Messungen oder Erhebungen stammen, hat man es im Reich von *Big Data* oft mit sehr großen Mengen an heterogenen, oft unvollständigen Daten zu tun. Diese wurden oft nur deswegen aufgezeichnet, weil es technisch einfach möglich war (und Speicherplatz so billig geworden ist), und nicht, weil bereits eine spezielle Untersuchung geplant war.

Entsprechend muss man mit diversen Verzerrungen (Biases) rechnen. Einige dieser Verzerrungen, die natürlich nicht nur im ML zum Tragen kommen, sind:

- *Survivorship Bias*: Es stehen nur Daten für (nach irgend einem Kriterium) „positive" Fälle zur Verfügung. Ein Beispiel: Zu Beginn des zweiten Weltkriegs überprüfte die amerikanische Luftwaffe vom Einsatz zurückgekehrte Flugzeuge auf Schusslöcher und verstärkte erfolglos an diesen Stellen die Panzerung. Abraham Wald, einer der Großen der Statistik, wurde zur Beratung dazugeholt. Er sagte nur: „yes, but those are the planes that came back". An den empfindlichsten Stellen der Flugzeuge lagen die Tanks. Wer dort getroffen wurde, stürzte ab. Also waren alle zurückgekehrten Flugzeuge an diesen Stellen unversehrt und wurden daher auch nicht verstärkt.
- *Availability Bias*: Es werden nur die Daten erhoben, die leichter zugänglich sind. Ein Beispiel: Bei der Präsidentenwahl von 1948 in den USA sagten die meisten Wahlforscher einen überwältigenden Sieg des Republikaners Thomas E. Dewey über den Demokraten Harry S. Truman voraus. Aber Truman gewann! Die Wahlforscher hatten sich auf Telefonumfragen gestützt. Doch die Mehrzahl der Trumanwähler hatte kein Telefon.
- *Confirmation Bias*: In die Datenerhebung wird bereits eine Hypothese gesteckt, die die Datenerhebung beeinflusst, wodurch die Hypothese unabhängig von ihrem Wahrheitsgehalt bestätigt erscheint. Ein Beispiel: Werden bestimmte Stadtbezirke als besonders kriminell eingeschätzt und konzentriert die Polizei ihre Präsenz dort, so ist zu erwarten, dass in diesen Bezirken auch kleine Vergehen eher bemerkt werden, wodurch die Kriminalitätsstatistik die Vorhersage zu bestätigen scheint.

Das Modell: Eine ganz wesentliche Aufgabe ist die *Feature Selection*: Welche Variablen oder Faktoren nehmen wir ins Modell auf? Im Bereich des ML ist es nicht ungewöhnlich, dass ein Modell mehr unbekannte Parameter als Daten besitzt. (Insbesondere im Deep Learning ist das sogar der Normalfall.)

Zum Beispiel hat man in der Genomanalyse meist nur relativ wenig genetisches Material aus unabhängigen Stichproben aber zigtausende an Genorten, Genen und ihren möglichen Methylisierungen. Die Komplexität eines Modells, so die Philosophie in diesem Feld, sollte an die Komplexität der zu lösenden Aufgabe angepasst werden, nicht an die Menge der aktuell zur Verfügung stehenden Datenpunkte. Durch spezielle Techniken (Regularisierung, Bayes'sche Ansätze) versucht man eine Überanpassung zu vermeiden.

Andererseits ist es aber auch gefährlich, soviel wie Variablen wie möglich ins Modell zu nehmen. Dies zeigt sich bereits bei der Regressionsanalyse: Ein einfaches Modell, bei dem die Varianzen aller Störgrößen als gleich vorausgesetzt werden, kann im Endeffekt bessere Ergebnisse liefern, als eines, in dem die unterschiedlichen Varianzen eigens geschätzt werden. Ein anderes ist der Kollinearitätseffekt: Wenn n einflussreiche Faktoren nahezu dasselbe messen, dann teilen statistische Verfahren ihren Gesamteffekt γ auf diese n Faktoren auf. Der Effekt γ_i, der dann dem i-ten Faktor zugewiesen wird, ist von der Größenordnung $\frac{\gamma}{n}$ und wird möglicherweise als nicht mehr signifikant entfernt. Weil das mit jedem Faktor passiert, wird der gesamte Effekt γ nicht mehr erkannt.

Gerade im ML mit seinen vielen Parametern und oft schwer durchschaubaren Modellen gerät man leicht in den Bereich den *Overfittings*, der Überanpassung. Statt generelle Strukturen zu lernen, werden die Parameter des Modells benutzt, um eine übertriebene Anpassung an zufällige Details der Trainingsdaten zu erreichen. Man spricht hier bei von einer Balance bzw. einer Abwägungen zwischen *Bias* (Voreingenommenheit) und *Variance* (Anpassungsfähigkeit).

Zu einfache, starre Modelle weisen zu wenig Flexibilität auf, um die Daten sinnvoll zu beschreiben. Zu flexible Modelle bilden, wenn man nicht acht gibt, auch zufällige Details wieder und liegen dafür bei unbekannten Daten vielleicht völlig falsch.

Vertiefung: Grundprobleme im maschinellen Lernen (Fortsetzung)

Betrachten wir etwa die Aufgabe, zehn Datenpunkte durch ein Polynom n-ten Grades zu beschreiben:

$n = 1$ (underfitting) $\quad n = 3 \quad$ $n = 9$ (overfitting)

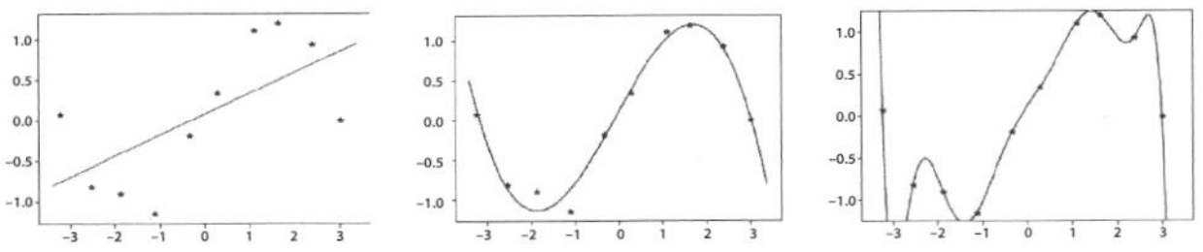

Ein naiver Fit mit einem Polynome neunten Grades liefert eine Kurve, die zwar perfekt durch alle Datenpunkte verläuft, dazwischen aber einen eher fragwürdigen Verlauf zeigt.

Die Methoden und ihr Risiko: Hat man das Modell, so ist man in der Wahl der Methoden meist noch frei. Sei $\mathcal{H}$ die Menge der möglichen Methoden oder Entscheidungsverfahren und $h \in \mathcal{H}$ eine daraus individuell ausgewählte Strategie. Die Anwendung von h erzeugt in Abhängigkeit der realen Umstände der Welt Verluste. Der Erwartungswert dieser Verluste ist das wahre, aber unbekannte Risiko $R[h]$. Dem Entscheider steht aber nur eine beschränkte Datenbasis, die Testdaten, zur Verfügung. Auf diesen Daten kann er die Wirkung von h beobachten, das empirische Risiko $\widehat{R}[h]$ messen und die Strategie $\widehat{h}_{\text{opt}}$ bestimmen, die $\widehat{R}[h]$ minimiert. Man sagt auch, man habe das Modell anhand der Daten trainiert. Dies ist meist eine Optimierungsaufgabe, und viele der Techniken, die in Kap. 35 besprochen wurden, können dabei zum Einsatz kommen.

Aber $\widehat{h}_{\text{opt}}$ soll auf die unbekannte reale äußere Welt angewendet werden. Wie unterscheiden sich empirisches und reales Risiko $\left|R[h] - \widehat{R}[h]\right|$?

In einer bahnbrechenden Arbeit schätzte V. N. Vapnik das wahre Risiko in einer probabilistischen Ungleichung der folgender Bauart nach oben ab:

$$P(R[h] \leq \widehat{R}[h] + \varepsilon(n; \text{VCdim}(\mathcal{H}); \beta)) \geq 1 - \beta,$$

Dabei ist $\text{VCdim}(\mathcal{H})$, die VC-Dimension, ein Maß für die Komplexität von $\mathcal{H}$, grob gesagt, die Fähigkeit, unterschiedliche Punkte im Raum zu trennen. Das überraschende Ergebnis: Mit wachsender Diskriminierungsfähigkeit wird die wahrscheinliche Diskrepanz zwischen wahrem und empirischen Risiko nicht etwa gleichmäßig kleiner, sondern wächst später wieder an.

Es ist nicht immer ratsam, ein kompliziertes Verfahren zu verwenden, das auf der Testmenge fehlerfrei funktioniert, sondern einfachere Verfahren, die im Test nicht optimal sind, können in der Natur besser sein. So wie ein übereifriger Schüler, der alle Worte des Lehrers auswendig lernt und alle Testfragen beherrscht, im Leben versagt, denn bereits eine kleine Abweichung der Frage stürzt ihn in Unsicherheit.

In der Praxis wird man daher nur einen Teil der Übungsdaten zur Suche nach $\widehat{h}_{\text{opt}}$ verwenden und das Verhalten von $\widehat{h}_{\text{opt}}$ auf den anderen bewerten. Man führt einen *Train-Test-Split* durch, teilt seine Lernstichprobe also in zwei Teile auf. Einer wird tatsächlich zum Training verwendet, der andere zur Validierung.

Typischerweise wird der Fehler im Verlauf des Trainingsprozesses grob den folgenden Verlauf nehmen:

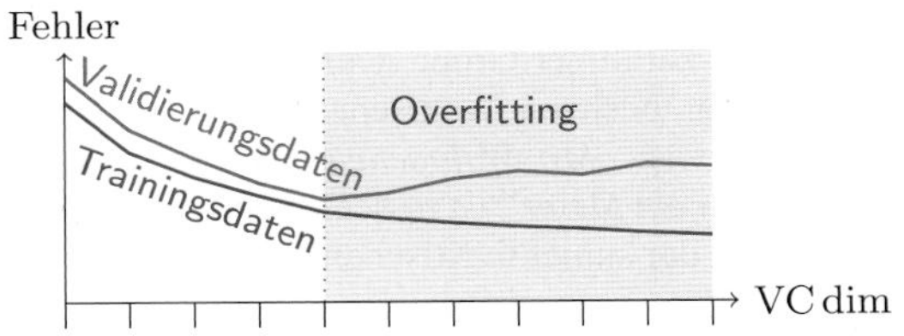

Ab einer bestimmten Stufe des Trainingsprozesses (oder allgemeiner einer Erhöhung der effektiven Modellkomplexität) wird der Fehler bzgl. Trainingsdaten zwar noch sinken, jener bzgl. Validierungsdaten aber wieder ansteigen. Ab hier macht man keine echten Fortschritte mehr, sondern investiert seine Rechenzeit nur noch in Überanpassung.

Eine Alternative ist die Kreuzvalidierung, bei der die Daten in k einigermaßen gleich große „Blöcke" geteilt werden. Nun werden k Modelle trainiert, jedes auf einem Datensatz, in dem jeweils genau ein Block fehlt – und dieser verbleibende Block wird zur Validierung eingesetzt.

Auch die Wahl der besten *Hyperparameter* (wie der VC-Dimension) kann allerdings als Teil des Lernprozesses gesehen werden, und daher ist es gute Praxis, das Modell vor dem Einsatz in der Praxis noch einmal auf ganz neuen Daten zu testen.

Literatur

- C. O'Neil: *Weapons of Math Destruction: How Big Data Increases Inequality and Threatens Democracy*, Penguin; 2017
- V. N. Vapnik: *Statistical Learning Theory*, Wiley-Interscience; 1998

Vertiefung: Parameter und Bayes-Updates

Wie schon in Kap. 37 angesprochen, gibt es neben dem objektivistischen oder frequentistischen Wahrscheinlichkeitsbegriff auch den subjektivischen. Die entsprechende Richtung in Wahrscheinlichkeitstheorie und Statistik wird wegen der überragenden Bedeutung, die das Bayes'sche Theorem darin spielt, auch als Bayes'sche oder Bayesianische Schule bezeichnet.

Objektivisten und Subjektivisten beantworten die Frage: „Was ist Wahrscheinlichkeit?" grundlegend anders. Sie verwenden unterschiedliche statistische Verfahren und interpretieren die Ergebnisse verschieden. Aber in beiden Schulen muss „Wahrscheinlichkeit" den Axiomen von Kolmogorov gehorchen.

Für den Bayesianer gibt es nur zwei Typen von Objekten: solche, die er kennt, und solche, die er nicht kennt. Die Unsicherheit oder sein eingeschränktes Wissen beschreibt er durch Wahrscheinlichkeitsverteilungen. Die Unterscheidung zwischen zufälliger Größe X und Parameter θ entfällt. Auch Parameter besitzen Wahrscheinlichkeitsverteilungen. Eine Aussage wie: „*Mit Wahrscheinlichkeit* $1/2$ *ist dieser Tisch länger als ein Meter*" ist in der objektivistischen Theorie unsinnig, in der subjektivistischen Theorie aber zulässig.

Als Bayesianer quantifiziere ich mein Wissen über den Parameter θ durch die A-priori-Wahrscheinlichkeit $P(\theta)$. Diese ist der messbare Ausdruck meines Glaubens an die Gültigkeit des Zahlenwerts von θ. Beachte: Für den Objektivisten sind Worte wie „mein Wissen" oder „mein Glauben" bedeutungslos, für den Subjektivisten sind sie zentral. Informationen über θ erlange ich durch Beobachtungen und Experimente. Nach Beobachtung eines Wertes x erfolgt eine Aktualisierung meines Vorwissens $P(\theta)$ mit Hilfe des Satzes von Bayes:

$$P(\theta \mid x) = \frac{P(x \mid \theta)P(\theta)}{P(x)}.$$

$P(x \mid \theta) = L(\theta \mid x)$ ist die Likelihood-Funktion, sie ist die einzige vom Bayesianer aus der Beobachtung x extrahierte Information über θ . Bezeichnen wir die A-priori-Wahrscheinlichkeit kurz als Prior, die A-posteriori-Wahrscheinlichkeit als Posterior und die totale Wahrscheinlichkeit $P(x)$ als Evidenz, erhalten wir:

$$\text{Posterior} = \frac{\text{Likelihood} \cdot \text{Prior}}{\text{Evidenz}}.$$

Die *Evidenz* $P(x)$ sagt aus, wie gut die Beobachtung von x überhaupt mit dem Modell kompatibel ist. Bei der Berechnung von $P(\theta \mid x)$ ist der von θ unabhängige Faktor $P(x)$ eine Normierungskonstante und muss in vielen Anwendungen nicht extra berechnet werden. Dann können wir noch stärker vereinfachen:

$$\text{Posterior} \propto \text{Likelihood} \cdot \text{Prior}.$$

Nach dem Experiment gibt $P(\theta \mid x)$ an, wie stark sich mein in $P(\theta)$ zusammengefasstes Vorwissen durch die Beobachtung von x geändert hat. Fragen über θ werden nun nicht mehr durch $P(\theta)$ sondern mithilfe von $P(\theta \mid x)$ beantwortet. (Bei stetigen zufälligen Variablen sind die diskreten Wahrscheinlichkeiten durch die entsprechenden Dichten zu ersetzen.)

Natürlich – und das ist eine der großen Stärke des Bayes'schen Ansatzes –, lässt sich dieses Update wiederholen. Der bisherige Posterior wird zum neuen Prior, und die neue Beobachtung bringt über eine neue Likelihood zusätzliche Information ein, mit der die Verteilung von θ aktualisiert werden kann. Daher sind Bayes'sche Ansätze sehr gut für sequentiell vorliegende Daten geeignet – oder für Online-Schätzungen, bei denen laufend neue Beobachtungen eintreffen.

Die Stärken des Bayesianischen Zugangs sind:

- Vorkenntnisse, Expertenwissen und subjektive Einschätzungen lassen sich modellieren und gut ins Modell einbringen.
- Ich kann aus Beobachtungen lernen und somit auch gut mit nacheinander eintreffenden Daten arbeiten.
- Nutzen und Schaden einer statistischen Handlung werden erfasst und berücksichtigt.
- Es gilt das universale Entscheidungsprinzip von Bernoulli: Minimiere den Erwartungswert des Schadens.

Die Schwäche des Bayesianischen Zugangs sind:

- Die willkürliche Setzung von (A-priori-)Wahrscheinlichkeiten wird oft als „unwissenschaftlich" angesehen.
- Was tun, wenn der Handelnde sagt: „Ich kann beim besten Wissen und Gewissen nichts über θ aussagen."? Nach der axiomatischen Fundierung der subjektivistischen Theorie darf es ein Vorwissen Null nicht geben. In der Praxis tritt dieser Fall trotzdem auf. Dann versagt die Bayesianische Theorie. Es ist nicht gelungen, „Nichtwissen" mathematisch und axiomatisch widerspruchsfrei zu formalisieren. Die Bayesianische Praxis bietet hier jedoch eine Reihe (im Allgemeinen leider nicht widerspruchsfreier) Hilfskonstruktionen wie etwa den Jeffreys-Prior an.

Vertiefung: Parameter und Bayes-Updates (Fortsetzung)

Ein Beispiel: Es seien $X \sim N(\mu;\sigma^2)$, normalverteilt mit unbekanntem μ bei bekanntem σ. Nach Beobachtung von $X = x$ schätzt der Objektivist das unbekannte μ durch $\widehat{\mu}_{\text{Obj}} = x$. Der Subjektivist sagt: „Ich weiß, dass μ irgendwo in der Nähe von ν liegt." und modelliert dieses Vorwissen in der Form $\mu \sim N(\nu;\tau^2)$. Dabei drückt τ seine Vorbehalte gegenüber ν aus. Je größer τ, um so unsicherer ist seine Annahme über μ. Hat er nun $X = x$ beobachtet, ist seine A-posteriori-Dichte

$$f(\mu \mid x) \propto f(x \mid \mu) f(\mu) = \frac{1}{\sigma\sqrt{2\pi}} \exp\left(-\frac{(x-\mu)^2}{2\sigma^2}\right) \cdot \frac{1}{\tau\sqrt{2\pi}} \exp\left(-\frac{(\mu-\nu)^2}{2\tau^2}\right)$$

Fassen wir alle von μ abhängenden Faktoren zusammen und stecken alle anderen Faktoren in die Normierungskonstante, erhalten wir

$$f(\mu \mid x) \propto \exp\left(-\frac{\tau^2+\sigma^2}{2\tau^2\sigma^2}\left(\mu - \frac{\tau^2 x + \sigma^2 \nu}{\tau^2+\sigma^2}\right)^2\right)$$

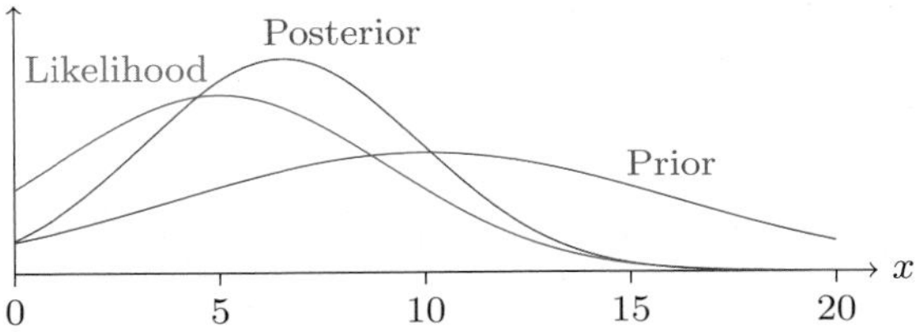

Das Ergebnis lässt sich nun leicht interpretieren: Die A-posteriori-Dichte von μ ist wieder eine Normalverteilung.

$$\mu \sim N(\mu_{|x};\, \sigma^2_{|x})$$

Die Parameter werden transparenter, wenn wir statt mit den Varianzen mit den Kehrwerten der Varianzen rechnen. Diese können wir als Präzision oder Zuverlässigkeit interpretieren. Je kleiner die Varianz, um so größer die Präzision. Dann ist

$$\mu_{|x} = \frac{\tau^2 x + \sigma^2 \nu}{\tau^2+\sigma^2} = \frac{\frac{1}{\sigma^2} x + \frac{1}{\tau^2}\nu}{\frac{1}{\sigma^2}+\frac{1}{\tau^2}}$$

$$\frac{1}{\sigma^2_{|x}} = \frac{1}{\sigma^2} + \frac{1}{\tau^2}.$$

Der A-posteriori-Erwartungswert $\mu_{|x}$ ist das gewogene Mittel aus Beobachtung x und Vorwissen ν, wobei beide mit ihren Präzisionen gewichtet werden. Die A-posteriori-Präzision ist die Summe der Präzisionen von μ und x. Im oben gezeigten Beispiel ist $\nu = 10$, $\tau^2 = 36$, $x = 5$ und $\sigma^2 = 16$, woraus $\mu_{|x} = \frac{85}{13}$ und $\sigma^2_{|x} = \frac{144}{13}$ resultieren.

Das durch die Beobachtung x gewonnene Wissen über μ steckt in dieser neuen Verteilung. Wenn nun ein konkreter Schätzwert $\widehat{\mu}_{\text{Bayes}}$ angegeben werden soll, wie ist dieser zu bestimmen? Das hängt ab vom Schaden, den ein Schätzfehler verursacht. Ist $s(\mu, \widehat{\mu})$ der Schaden, der entsteht, wenn das „wahre" μ durch $\widehat{\mu}$ geschätzt wird, dann bestimmt das *Bernoulli-Prinzip*: Wähle den Schätzwert $\widehat{\mu}_{\text{Bayes}}$, der den Erwartungswert des Schaden $\mathbf{E}(s(\mu, \widehat{\mu}))$ minimiert. Bei einer quadratischen Schadensfunktion

$$s(\mu, \widehat{\mu}) = (\mu - \widehat{\mu})^2$$

wird

$$\mathbf{E}(s(\mu,\widehat{\mu})) = \frac{1}{\sigma_{|x}\sqrt{2\pi}} \cdot \int_{-\infty}^{+\infty} (\mu-\widehat{\mu})^2 \exp\left(-\frac{1}{2\sigma^2_{|x}}(\mu-\mu_{|x})^2\right) d\mu$$

minimal für $\widehat{\mu}_{\text{Bayes}} = \mu_{|x}$.

Was passiert, wenn unser Vorwissen gegen Null tendiert? Wir können dies dadurch beschreiben, indem wir die Varianz τ^2 gegen Unendlich wachsen lassen. Dann konvergieren die Terme:

$$\lim_{\tau\to\infty} \mu_{|x} = x \quad \text{und} \quad \lim_{\tau\to\infty} \sigma^2{}_{|x} = \sigma^2.$$

Objektivist und Subjektivist erhalten den gleichen Schätzwert $\widehat{\mu}_{\text{Bayes}} = \widehat{\mu}_{\text{Obj}} = x$. Der einzige Unterschied: Für den Objektivisten bleibt μ ein fester, unbekannter Parameter, für den Subjektivisten ist μ nun eine normalverteilte zufällige Variable $\mu \sim N(x;\, \sigma^2)$.

Dass der Posterior wieder die gleiche Form hat wie der Prior ist übrigens keineswegs selbstverständlich, sondern tritt hier auf, weil zur (vom Modell vorgegebenen) Likelihood ein *konjugierter Prior* gewählt wurde. Im Falle der Normalverteilung, ist das besonders einfach, weil auch die Normalverteilung zu sich selbst konjugiert ist, zumindest solange die Varianz σ^2 bekannt ist – ansonsten wird es auch da schon komplizierter.

Auch für andere Verteilungen, die zur sogenannten *Exponentialfamilie* gehören, lassen sich aber konjugierte A-priori-Verteilungen finden, die eine A-posteriori-Verteilung gleicher Gestalt liefern.

Literatur

- A. Gelman et al.: *Bayesian Data Analysis*, Chapman & Hall/CRC, 3. Aufl 2013
- K. Murphy: *Machine Learning – A Probabilistic Perspective*, MIT Press; 2012

Zusammenfassung

Im Regressionsmodell untersucht man die Wirkung mehrerer determinierter Einflussgrößen auf eine zufällige Zielgröße

Die Einflussgrößen sind die Regressoren, die systematische Komponente ist $\mu(x)$, die Zielgröße Y ist der Regressand, die Störgröße ist ε. Die Einflüsse überlagern sich additiv.

Die Gleichungen des linearen Modells

Die Strukturgleichung, die i-te Beobachtungsgleichung und die vektoriell zusammengefassten Beobachtungsgleichungen des linearen Modells sind

$$y = \mu + \varepsilon = \sum_{j=0}^{m} \beta_j x_j + \varepsilon,$$

$$y_i = \mu_i + \varepsilon_i = \sum_{j=0}^{m} x_{ij}\beta_j + \varepsilon_i,$$

$$\boldsymbol{y} = \boldsymbol{\mu} + \boldsymbol{\varepsilon} = \sum_{j=0}^{m} \boldsymbol{x}_j\beta_j + \boldsymbol{\varepsilon} = \boldsymbol{X\beta} + \boldsymbol{\varepsilon}.$$

Die Einflussgrößen $\boldsymbol{x}_0, \ldots, \boldsymbol{x}_m$ spannen den Modellraum $\mathrm{M} = \langle \boldsymbol{X} \rangle = \langle \boldsymbol{x}_0, \ldots, \boldsymbol{x}_m \rangle$ auf. Die Aussage $\boldsymbol{\mu} = \sum_{j=0}^{m} \boldsymbol{x}_j \beta_j$ ist äquivalent mit der Aussage $\boldsymbol{\mu} \in \mathbf{M}$. Je nachdem, ob der Vektor $\mathbf{1}$, dessen Komponenten sämtlich aus Einsen bestehen, in M enthalten ist oder nicht, unterscheiden wir Modelle mit Eins oder Modelle ohne Eins. Ist die Identifikationsbedingung erfüllt, so ist jeder Vektor des Modellraums eindeutig als Linearkombination der Regressoren darstellbar.

Die Identifikationsbedingung

Die Einflussgrößen sind linear unabhängig. Die Designmatrix $\boldsymbol{X}$ hat den vollen Spaltenrang $m + 1$. Die Dimension des Modellraums ist $m + 1$.

Der Schätzwert $\widehat{\mu}$ ist die Projektion von y in den Modellraum

Der Kleinst-Quadrat-Schätzer

Die Methode der kleinsten Quadrate schätzt das unbekannte $\boldsymbol{\mu}$ durch den Vektor $\widehat{\boldsymbol{\mu}} \in \mathrm{M}$ mit minimalem Abstand zu $\boldsymbol{y}$,

$$\widehat{\boldsymbol{\mu}} = \underset{\boldsymbol{m} \in \mathrm{M}}{\operatorname{argmin}} \|\boldsymbol{m} - \boldsymbol{y}\|^2 .$$

Jede Lösung $\widehat{\boldsymbol{\beta}}$ von $\widehat{\boldsymbol{\mu}} = \boldsymbol{X}\widehat{\boldsymbol{\beta}}$ heißt Kleinst-Quadrat-Schätzer von $\boldsymbol{\beta}$. Ist der Parametervektor $\boldsymbol{\gamma} = \boldsymbol{A\mu}$ eine lineare Funktion von $\boldsymbol{\mu}$, so heißt $\widehat{\boldsymbol{\gamma}} = \boldsymbol{A}\widehat{\boldsymbol{\mu}}$ der Kleinst-Quadrat-Schätzer von $\boldsymbol{\gamma}$.

Die Eigenschaften des Kleinst-Quadrat-Schätzers folgen aus den Eigenschaften der orthogonalen Projektion $\boldsymbol{P}_{\mathrm{M}}$ in einem endlichdimensionalen Vektorraum M.

Eigenschaften des Kleinst-Quadrat-Schätzers

Der KQ-Schätzer $\widehat{\boldsymbol{\mu}}$ ist die Orthogonalprojektion von $\boldsymbol{y}$ in den Modellraum M,

$$\widehat{\boldsymbol{\mu}} = \boldsymbol{P}_{\mathrm{M}}\boldsymbol{y} = \boldsymbol{X}\boldsymbol{X}^{+}\boldsymbol{y}.$$

$\widehat{\boldsymbol{\mu}}$ existiert stets, ist eindeutig und invariant gegenüber allen Transformationen der Regressoren, die den Raum M invariant lassen. Ein Kleinst-Quadrat-Schätzer von $\boldsymbol{\beta}$ ist $\widehat{\boldsymbol{\beta}} = \boldsymbol{X}^{+}\boldsymbol{y}$. Ist die Identifikationsbedingung erfüllt, so ist

$$\widehat{\boldsymbol{\mu}} = \boldsymbol{X}(\boldsymbol{X}^{\mathrm{T}}\boldsymbol{X})^{-1}\boldsymbol{X}^{\mathrm{T}}\boldsymbol{y}.$$

Dann ist auch $\widehat{\boldsymbol{\beta}}$ eindeutig bestimmt als

$$\widehat{\boldsymbol{\beta}} = (\boldsymbol{X}^{\mathrm{T}}\boldsymbol{X})^{-1}\boldsymbol{X}^{\mathrm{T}}\boldsymbol{y}.$$

Die Abweichung zwischen der Beobachtung $\boldsymbol{y}$ und dem geschätzten Erwartungswert $\widehat{\boldsymbol{\mu}}$ ist das Residuum $\widehat{\boldsymbol{\varepsilon}} = \boldsymbol{y} - \widehat{\boldsymbol{\mu}}$. Aus den stets lösbaren Normalgleichungen lassen sich $\widehat{\boldsymbol{\mu}}$ und $\widehat{\boldsymbol{\beta}}$ bestimmen.

Die Normalgleichungen

Der KQ-Schätzer $\widehat{\boldsymbol{\beta}}$ ist Lösung der Normalgleichung

$$\boldsymbol{X}^{\mathrm{T}}\boldsymbol{y} = \boldsymbol{X}^{\mathrm{T}}\boldsymbol{X}\widehat{\boldsymbol{\beta}}.$$

Die systematische Komponente ist der Erwartungswert von y

Die Einflussgrößen $\boldsymbol{x}_j$, die Koeffizienten β_j und damit die systematische Komponente $\boldsymbol{\mu}$ sind determinierte, nicht zufällige Größen. Allein die Störgröße $\boldsymbol{\varepsilon}$ und die Beobachtungen sind zufällige Variable

$$\begin{aligned} \boldsymbol{y} &= \boldsymbol{\mu} + \boldsymbol{\varepsilon}, \\ \mathrm{E}(\boldsymbol{y}) &= \boldsymbol{\mu}, \\ \mathrm{E}(\boldsymbol{\varepsilon}) &= \mathbf{0}. \end{aligned}$$

Im richtig spezifizierten oder korrekten Modell ist $\boldsymbol{\mu} \in \mathrm{M}$; anderenfalls ist das Modell falsch spezifiziert.

Erwartungstreue der Kleinst-Quadrat-Schätzer

Im korrekten Modell ist der Kleinst-Quadrat-Schätzer $\widehat{\boldsymbol{\mu}}$ erwartungstreu. Für einen Parametervektor $\boldsymbol{\gamma}$ existiert genau dann eine lineare erwartungstreue Schätzfunktion, wenn $\boldsymbol{\gamma}$ lineare Funktion von $\boldsymbol{\mu}$ ist. Ist speziell die Identifikationsbedingung erfüllt, so ist auch $\widehat{\boldsymbol{\beta}}$ erwartungstreu,

$$\mathrm{E}(\widehat{\boldsymbol{\mu}}) = \boldsymbol{\mu} \text{ und } \mathrm{E}(\widehat{\boldsymbol{\beta}}) = \boldsymbol{\beta}.$$

Der Annahme über die Erwartungswerte werden Annahmen über die Varianzen und Kovarianzen hinzu gefügt.

Die Kovarianzstruktur der Beobachtungen

Die n Beobachtungen y_i sind untereinander unkorreliert und besitzen dieselbe von $\boldsymbol{x}$ und i unabhängige Varianz σ^2

$$\begin{aligned} \mathrm{Var}(y_i) &= \mathrm{Var}(\varepsilon_i) = \sigma^2 && \text{für alle } i, \\ \mathrm{Cov}(y_i, y_j) &= \mathrm{Cov}(\varepsilon_i, \varepsilon_j) = 0 && \text{für alle } i \neq j, \\ \mathrm{Cov}(\boldsymbol{y}) &= \mathrm{Cov}(\boldsymbol{\varepsilon}) = \sigma^2 \boldsymbol{I}. \end{aligned}$$

Daraus lassen sich die folgenden Aussagen ableiten.

Die Kovarianzmatrizen der Schätzer

Hat die Matrix $\boldsymbol{X}$ den vollen Spaltenrang, so gilt im korrekten Modell

$$\begin{aligned} \mathrm{Cov}(\widehat{\boldsymbol{\mu}}) &= \sigma^2 \boldsymbol{P}_{\mathrm{M}} = \sigma^2 \boldsymbol{X}(\boldsymbol{X}^{\mathrm{T}}\boldsymbol{X})^{-1}\boldsymbol{X}^{\mathrm{T}}, \\ \mathrm{Cov}(\widehat{\boldsymbol{\beta}}) &= \sigma^2 (\boldsymbol{X}^{\mathrm{T}}\boldsymbol{X})^{-1}, \\ \mathrm{Cov}(\widehat{\boldsymbol{\mu}}; \widehat{\boldsymbol{\varepsilon}}) &= 0. \end{aligned}$$

Während die in M liegende Komponente $\boldsymbol{P}_{\mathrm{M}}\boldsymbol{y}$ den Schätzer $\widehat{\boldsymbol{\mu}}$ liefert, gewinnen wir aus dem zu M orthogonalen Residuum $\widehat{\boldsymbol{\varepsilon}} = \boldsymbol{y} - \boldsymbol{P}_{\mathrm{M}}\boldsymbol{y}$ den Schätzer für σ.

Ein erwartungstreuer Schätzer für σ^2

Ist das Modell korrekt, also $\mathrm{E}(\boldsymbol{y}) = \boldsymbol{\mu} \in \mathrm{M}$, dann wird σ^2 erwartungstreu geschätzt durch

$$\widehat{\sigma}^2 = \frac{\mathrm{SSE}}{n-d} = \frac{\|\widehat{\boldsymbol{\varepsilon}}\|^2}{n-d} = \frac{1}{n-d} \sum \widehat{\varepsilon}_i^2.$$

Dabei ist d die Dimension des Modellraums, also der Rang der Designmatrix $\boldsymbol{X}$. Ist die Identifikationsbedingung erfüllt, ist $d = m + 1$.

Sind die Störgrößen ε_i unabhängig voneinander normalverteilt, so lassen sich daraus die Verteilungen aller Schätzer gewinnen.

Die Verteilung der Schätzer

Ist $\boldsymbol{\varepsilon} \sim \mathrm{N}_n(\mathbf{0}; \sigma^2 \boldsymbol{I})$ bzw. gleichwertig $\boldsymbol{y} \sim \mathrm{N}_n(\boldsymbol{\mu}; \sigma^2 \boldsymbol{I})$, so folgt:

$$\begin{aligned} \widehat{\boldsymbol{\mu}} &\sim \mathrm{N}_n(\boldsymbol{\mu}; \sigma^2 \boldsymbol{P}_{\mathrm{M}}), \\ \widehat{\boldsymbol{\beta}} &\sim \mathrm{N}_{m+1}(\boldsymbol{\beta}; \sigma^2 (\boldsymbol{X}^{\mathrm{T}}\boldsymbol{X})^{-1}), \\ \widehat{\beta}_j &\sim \mathrm{N}(\beta_j; \sigma^2 (\boldsymbol{X}^{\mathrm{T}}\boldsymbol{X})_{jj}^{-1}). \end{aligned}$$

Dabei ist $(\boldsymbol{X}^{\mathrm{T}}\boldsymbol{X})_{jj}^{-1}$ das j-te Diagonalelement von $(\boldsymbol{X}^{\mathrm{T}}\boldsymbol{X})^{-1}$. Ersetzt man σ^2 durch die erwartungstreue Schätzung $\widehat{\sigma}^2$, dann sind die studentisierten Regressionskoeffizienten

$$\frac{\widehat{\beta}_j - \beta_j}{\widehat{\sigma}_{\hat{\beta}_j}} = \frac{\widehat{\beta}_j - \beta_j}{\widehat{\sigma}_{\sqrt{(\boldsymbol{X}+\boldsymbol{X})_{jj}^{-1}}}} \sim t(n-m-1)$$

t-verteilt mit $n - m - 1$ Freiheitsgraden.

Teil VI

Zu jedem Schätzer gehört eine Aussage über seine Genauigkeit

Sind die Störgrößen i.i.d. standardnormalverteilt, so sind die KQ-Schätzer identisch mit den Maximum-LikelihoodSchätzer, sie sind darüber hinaus effizient. Verzichtet man auf die Annahme der Normalverteilung und beschränkt sich nur auf die Grundforderung $\operatorname{Cov}(\boldsymbol{y}) = \sigma^2 \boldsymbol{I}$, bleiben die KQ-Schätzer in einer eingeschränkten Klasse noch optimal.

Der Satz von Gauß-Markov

In der Klasse der in $\boldsymbol{y}$ linearen erwartungstreuen Schätzer von $\boldsymbol{\mu}$ ist der KQ-Schätzer $\widehat{\mu_i}$ für alle i der eindeutig bestimmte Schätzer von μ_i mit minimaler Varianz. Sind die Spalten von $\boldsymbol{X}$ linear unabhängig, so ist $\widehat{\beta_j}$ für alle j der eindeutig bestimmte Schätzer von β_j mit minimaler Varianz.

Ist $\mathbf{1} \in$ M, so ist das Bestimmtheitsmaß R^2 der quadrierte empirische Korrelationskoeffizient zwischen dem beobachteten Vektor $\boldsymbol{y}$ und dem geschätzten Vektor $\widehat{\boldsymbol{\mu}}$. Das adjustierte Bestimmtheitsmaß R^2_{adj} berücksichtigt besser die Kosten einer Modellerweiterung als R^2.

Die Bestimmtheitsmaße

Das Bestimmtheitsmaß ist R^2, das adjustierte Bestimmtheitsmaß ist R^2_{adj},

$$R^2 = \frac{\text{SSR}}{\text{SST}}, \quad R^2_{\text{adj}} = 1 - \frac{(n-1)}{(n-d)}\left(1 - R^2\right).$$

Der einfachste Spezialfall des linearen Modells ist die lineare Einfachregression $y = \beta_0 + \beta_1 x + \varepsilon$

Die Konfidenzintervalle für $\mu(\xi) = \beta_0 + \beta_1 \xi$ ergeben den Konfidenzgürtel. Dieser ist an der Stelle $\xi = \overline{x}$ am schmalsten und wird mit wachsender Entfernung von der Stelle $|\xi - \overline{x}|$ breiter. Um eine zukünftige Beobachtung y bei einem Regressorwert ξ zu prognostizieren, müssen wir zuerst $\mu(\xi)$ schätzen. Danach können wir ein $(1-\alpha)$-Prognoseintervall für $y(\xi)$ bestimmen. Bei der inversen Regression wird zu gegebenem y der x-Wert geschätzt.

Bonusmaterial

Im Bonusmaterial werden wir die Aussagen über die Verteilungen der Schätzer und deren Varianzen beweisen. Dabei werden wir Eigenschaften der t-, χ^2- und F-Verteilungen und vor allem den Satz von Cochran benutzen. Damit können wir auch allgemeinere Fragen von Tests in linearen Modellen behandeln. Wir werden den Satz von Gauß-Markov beweisen und spezielle Fragen der Schätztheorie aufgreifen.

Aufgaben

Die Aufgaben gliedern sich in drei Kategorien: Anhand der *Verständnisfragen* können Sie prüfen, ob Sie die Begriffe und zentralen Aussagen verstanden haben, mit den *Rechenaufgaben* üben Sie Ihre technischen Fertigkeiten und die *Anwendungsprobleme* geben Ihnen Gelegenheit, das Gelernte an praktischen Fragestellungen auszuprobieren.
Ein Punktesystem unterscheidet leichte •, mittelschwere •• und anspruchsvolle ••• Aufgaben. Lösungshinweise am Ende des Buches helfen Ihnen, falls Sie bei einer Aufgabe partout nicht weiterkommen. Dort finden Sie auch die Lösungen – betrügen Sie sich aber nicht selbst und schlagen Sie erst nach, wenn Sie selber zu einer Lösung gekommen sind. Ausführliche Lösungswege, Beweise und Abbildungen finden Sie als digitales Zusatzmaterial (electronic supplementary material).
Viel Spaß und Erfolg bei den Aufgaben!

Verständnisfragen

41.1 •• Zeigen Sie, dass die Normalgleichungen stets lösbar sind und bestimmen Sie die allgemeine Lösung.

41.2 • Wieso gilt in einem Modell mit Eins $\sum_{i=1}^n \widehat{\varepsilon}_i = 0$ sowie $\sum_{i=1}^n \widehat{\mu}_i = \sum_{i=1}^n y_i$? Warum gilt dies in einem Modell ohne Eins nicht?

41.3 • Was ist der KQ-Schätzer für β bei der linearen Einfachregression $y_i = \beta x_i + \varepsilon_i$ ohne Absolutglied?

41.4 • Im Ansatz $y = \beta_0 + \beta_1 x + \beta_2 x^2 + \beta_3 x^3 + \beta_4 x^4 + \beta_5 x^5 + \varepsilon$ wird die Abhängigkeit einer Variablen Y von x modelliert. Dabei sind die ε_i voneinander unabhängige, $N(0;\sigma^2)$-verteilte Störterme.

(a) Wann handelt es sich um ein lineares Regressionsmodell?
(b) Was ist oder sind die Einflussvariable(n)?
(c) Wie groß ist die Anzahl der Regressoren?
(d) Wie groß ist die Anzahl der unbekannten Parameter?
(e) Wie groß ist die Dimension des Modellraums?
(f) Aufgrund einer Stichprobe von $n = 37$ Wertepaaren (x_i, y_i) wurden die Parameter wie folgt geschätzt:

Regressor	1	x	x^2	x^3	x^4	x^5
$\widehat{\beta}$	3	20	0.5	10	5	7
$\widehat{\sigma}_{\widehat{\beta}}$	0.2	1	1.5	25	4	6

Welche Parameter sind „*bei jedem vernünftigen* α" signifikant von null verschieden?
(g) Wie lautet die geschätzte systematische Komponente $\widehat{\mu}(\xi)$, wenn alle nicht signifikanten Regressoren im Modell gestrichen werden?
(h) Wie schätzen Sie $\widehat{\mu}$ an der Stelle $\xi = 2$?

41.5 • Zeigen Sie: Bei der linearen Einfachregression gilt für das Bestimmtheitsmaß R^2 die Darstellung:

$$R^2 = \widehat{\beta}_1^2 \frac{\operatorname{var}(\boldsymbol{x})}{\operatorname{var}(\boldsymbol{y})} = r^2(\boldsymbol{x}, \boldsymbol{y}).$$

Das heißt, R^2 ist gerade das Quadrat des gewöhnlichen Korrelationskoeffizienten $r(\boldsymbol{x}, \boldsymbol{y})$.

41.6 ••• Beobachtet werden die folgenden 4 Punktepaare $(x_i; y_i)$, nämlich $(-z, -z^3)$, $(-1, 0)$, $(1, 0)$ und (z, z^3). Dabei ist z noch eine feste, aber frei wählbare Zahl. Suchen Sie den KQ-Schätzer $\widehat{\beta}$, der

$$\sum (y_i - x_i^\beta)^2 = \|\boldsymbol{y} - \boldsymbol{x}^\beta\|^2$$

minimiert. Sei $\widehat{\mu} = \widehat{x^\beta}$ der geglättete y-Wert. Zeigen Sie, dass die empirische Varianz var $(\boldsymbol{y})$ der Ausgangswerte kleiner ist als var $(\widehat{\boldsymbol{\mu}})$, die Varianz der geglätteten Werte. Zeigen Sie, dass das Bestimmtheitsmaß $R^2 = \frac{\operatorname{var}(\widehat{\boldsymbol{\mu}})}{\operatorname{var}(\boldsymbol{y})} > 1$ ist. Interpretieren Sie das Ergebnis.

41.7 ••• Im folgenden Beispiel sind die Regressoren und der Regressand wie folgt konstruiert: Die Regressoren sind orthogonal: $\boldsymbol{x}_1 \perp \mathbf{1}$ und $\boldsymbol{x}_2 \perp \mathbf{1}$, außerdem wurde $\boldsymbol{y} = \boldsymbol{x}_1 + \boldsymbol{x}_2 + 6 \cdot \mathbf{1}$ gesetzt.

y	8	8	2	4	8
x_1	2	−1	−3	0	2
x_2	0	3	−1	−2	0

Nun wird an diese Werte ein lineares Modell ohne Absolutglied angepasst: $\widehat{\mu} = \widehat{\beta}_1 x_1 + \widehat{\beta}_2 x_2$. Bestimmen Sie $\widehat{\beta}_1$ und $\widehat{\beta}_2$. Zeigen Sie: $\overline{y} \neq \overline{\widehat{\mu}}$. Berechnen Sie das Bestimmtheitsmaß einmal als $R^2 = \frac{\operatorname{var}(\widehat{\boldsymbol{\mu}})}{\operatorname{var}(\boldsymbol{y})}$ und zum anderen $R^2 = \frac{\sum(\widehat{\mu}_i - \overline{y})^2}{\sum(y_i - \overline{y})^2}$. Interpretieren Sie das Ergebnis.

41.8 •• In der Abb. 41.10 ist eine (x, y)-Punktwolke durch diejenige Ellipse angedeutet, die am besten Lage und Gestalt der Punktwolke wiedergibt. Zeichnen Sie in diese Ellipse die nach der Methode der kleinsten Quadrate bestimmte Ausgleichsgerade von y nach x ein.

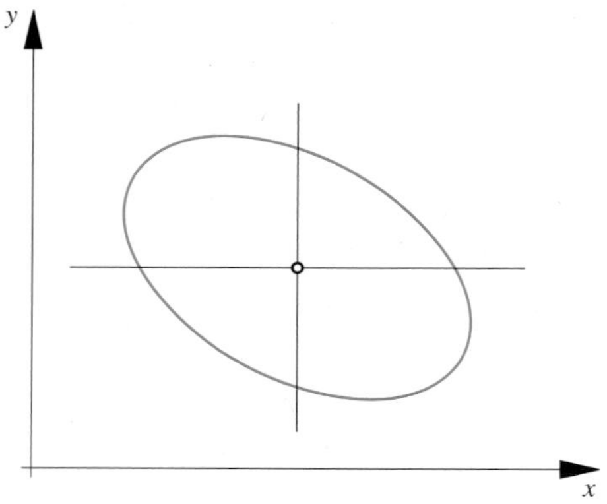

Abb. 41.10 Die Ellipse deutet die Punktwolke an

Rechenaufgaben

41.9 •• Berechnen Sie die Hauptachse einer Punktwolke und bestätigen Sie die Formeln (41.1) und (41.2) von S. 1547.

41.10 •• Zeigen Sie: Ist $\widehat{\mu} = P_M y$ der KQ-Schätzer von μ und $\operatorname{Cov}(y) = \sigma^2 I$, dann ist $\operatorname{Cov}(\widehat{\mu}) = \sigma^2 P_M$, $\operatorname{Cov}(\widehat{\varepsilon}) = \sigma^2 (I - P_M)$, $\operatorname{Cov}(\widehat{\mu}; \widehat{\varepsilon}) = 0$. Hat die Matrix X den vollen Spaltenrang, dann ist weiter $\operatorname{Cov}(\widehat{\beta}) = \sigma^2 (X^T X)^{-1}$.

41.11 •• Bestimmen Sie den ML-Schätzer für x bei der inversen Regression im Modell der linearen Einfachregression.

Anwendungsprobleme

41.12 •• Ein wichtiges Flugzeugteil scheint sich mit den Jahren, die ein Flugzeug im Einsatz ist, stärker abzunutzen, als man ursprünglich annahm. Eine Kenngröße Y beschreibt den Schaden an dem Gerät. Man geht davon aus, dass Y linear von der Zeit X abhängt. Wegen des großen Aufwands der Kenngrößenberechnung können nicht mehr als 10 Maschinen in die Untersuchung einbezogen werden. Sie wollen den Anstieg β_1 und β_0 möglichst genau schätzen und planen dazu eine Versuchsreihe aus 10 Messungen. Bei der Auswahl der 10 Maschinen können Sie unter den Möglichkeiten a, b, c, d und e wählen:

	Alter der Maschinen in Jahren X									
	x_1	x_2	x_3	x_4	x_5	x_6	x_7	x_8	x_9	x_{10}
a	1	1	1	1	1	1	1	1	1	10
b	1	1	1	1	1	10	10	10	10	10
c	1	2	3	4	5	6	7	8	9	10
d	1	10	10	10	10	10	10	10	10	10
e	1	5	5	5	5	5	5	5	5	10

1. Inwiefern hat der Versuchsplan Einfluss auf die Genauigkeit des Schätzers? An welchem Parameter kann man dies ablesen?
2. Welche dieser 5 Versuchsreihen führen Sie durch und warum?
3. Welchen Versuch würden Sie wählen, wenn es nicht so sicher wäre, ob der Zusammenhang zwischen X und Y linear ist?

41.13 •• Bei einem Befragungsinstitut legen 14 Interviewer die Aufwandsabrechnung über die geleisteten Interviews vor. Dabei sei y der Zeitaufwand in Stunden, x_1 die Anzahl der jeweils durchgeführten Interviews, x_2 die Anzahl der zurückgelegten Kilometer.

Durch eine Regressionsrechnung soll die Abhängigkeit der aufgewendeten Zeit von den erledigten Interviews und der gefahrenen Strecke bestimmt werden. Die Daten:

i	1	2	3	4	5	6	7	8	9	10	11	12	13	14
y	52	25	49	30	82	42	56	21	28	36	69	39	23	35
x_1	17	6	13	11	23	16	15	5	10	12	20	12	8	8
x_2	36	11	29	26	51	27	31	10	19	25	40	33	24	29

1. Wählen Sie zuerst ein lineares Modell mit beiden Regressoren $y = \beta_0 + \beta_1 x_1 + \beta_2 x_2 + \varepsilon$.
2. Wählen Sie nun ein lineares Modell mit nur einem der beiden Regressoren, z. B. $y = \beta_0 + \beta_1 x_1 + \varepsilon$. Wie groß sind in beiden Modellen die Koeffizienten? Sind sie signifikant von null verschieden? Wie groß ist R^2? Interpretieren Sie das Ergebnis.

41.14 •• Stellen wir uns vor, ein Neurologe misst an einem zentralen Nervenknoten die Reaktion y auf die Reize x an vier paarig gelegenen Rezeptoren:

y	x_1	x_2	x_3	x_4
7.3314	0.009 77	−0.039 38	0.458 40	0.562 91
3.9664	−0.554 47	−0.601 13	−0.219 01	−0.284 51
3.1442	−0.336 33	−0.317 52	−0.280 20	−0.294 25
7.9933	0.352 60	0.307 14	0.203 06	0.105 71
1.6787	−0.174 42	−0.066 24	−0.168 00	−0.043 02
−0.0758	0.163 56	0.356 31	0.271 28	0.207 12
2.9497	0.502 65	0.617 95	−0.223 25	−0.230 55
8.7032	−0.154 34	−0.284 02	0.040 19	0.024 56
7.4931	0.333 32	0.234 49	−0.543 96	−0.479 37
7.4827	−0.142 34	−0.207 60	0.461 48	0.431 38

(a) Schätzen Sie die Koeffizienten im vollen Modell $M_{1234} = \langle \mathbf{1}, x_1, x_2, x_3, x_4 \rangle$.
(b) Verzichten Sie nun auf den Regressor x_4 und schätzen Sie die Koeffizienten im Modell $M_{123} = \langle \mathbf{1}, x_1, x_2, x_3 \rangle$.
(c) Verzichten Sie nun auf den Regressor x_2 und schätzen Sie die Koeffizienten im Modell $M_{134} = \langle \mathbf{1}, x_1, x_3, x_4 \rangle$.

Interpretieren Sie die Ergebnisse.

41.15 •• Ein Immobilien-Auktionator fragt sich, ob der im Auktionskatalog genannte Wert x eines Hauses überhaupt eine Prognose über den in der Auktion realisierten Erlös y zulässt. (Alle Angaben in Tausend €.) Er beauftragt Sie mit einer entsprechenden Analyse und überlässt Ihnen dazu die in der

Teil VI

folgenden Tabelle enthaltenen Unterlagen von zehn zufällig ausgewählten und bereits versteigerten Häusern. Unterstellen Sie einen durch Zufallsschwankungen gestörten linearen Zusammenhang zwischen Katalogpreis x und Auktionserlös y.

x_i	132	337	241	187	292	159	208	98	284	52
y_i	145	296	207	165	319	124	154	117	256	34

1. Thema Schätzung:
   (a) Modellieren Sie diesen Zusammenhang als lineare Gleichung. Wie hängt demnach – in Ihrem Modell – der i-te Auktionserlös vom i-ten Katalogpreis ab.
   (b) Wie groß sind die empirischen Verteilungsparameter der x- bzw y-Werte? Dabei können Sie auf folgende Zahlen zurückgreifen:

	x_i	y_i	$x_i y_i$	x_i^2	y_i^2
$\sum_{i=1}^n$	1990	1817	430 468	470 816	399 949

   (b) Schätzen Sie $\widehat{\beta}_0$ und $\widehat{\beta}_1$ mit der Methode der kleinsten Quadrate.
   (c) Wie lautet nun Ihre Schätzgleichung für $\widehat{\mu}$?
   (d) Zu welchem Preis werden Häuser mit einem Katalogwert von 190 Tausend € im Mittel verkauft?
   (e) Zu welchem Preis werden Häuser mit einem Katalogwert von 0 € im Mittel verkauft? Was können Sie dem Auktionator sagen, der daraufhin Ihre Rechnungen in den Papierkorb werfen will?
2. Thema Wie aussagekräftig sind Ihre Schätzungen?:
   (a) Welche Annahmen machen Sie über die Verteilung der Störkomponenten, ehe Sie überhaupt Aussagen über Güte und Genauigkeit der Schätzungen machen können?
   (b) Schätzen Sie die σ^2, wenn sich aus der Rechnung $\sum_{i=1}^n \widehat{\varepsilon}_i^2 = 6\,367$ ergibt.
   (c) Schätzen Sie die Standardabweichung von $\widehat{\beta_0}$.
   (d) Der Auktionator war überzeugt, dass im Mittel der erzielte Preis proportional zum Katalogpreis ist. Also $\mathrm{E}(Y) = \beta x$. Sprechen die Daten gegen die Vermutung?
   (e) Schätzen Sie die Standardabweichung von $\widehat{\beta}_1$. Innerhalb welcher Grenzen liegt β_1? Geben Sie ein Konfidenzintervall zum Niveau $1 - \alpha = 0.99$ an.
3. Thema Preisprognosen: In der aktuellen Auktion werden im Katalog zwei Häuser mit 190 Tausend € bzw. 300 Tausend € angeboten.
   (a) Machen Sie eine Prognose zum Niveau $1 - \alpha = 0.99$, zu welchen Preis das billigere der beiden Häuser verkauft werden wird.
   (b) Wie wird im Vergleich dazu die Prognose über das teurere der beiden Häuser sein? Wird das Prognoseintervall schmaler, gleich breit, breiter oder nicht vergleichbar sein. Begründen Sie Ihre Antwort ohne Rechnung.

41.16 ••• Die Wassertemperatur $y(x)$ Ihres Durchlauferhitzer schwankt sehr stark, wenn sich die Wassermenge x ändert. Zur Kontrolle haben Sie die Wassertemperatur $y(x)$ in Grad Celsius bei variierender Wassermenge x Liter pro 10 s gemessen. Die notierten $n = 17$ Werte sind:

x	1.5	2.1	2.3	0.8	0.2	1	1	1.9
y	24.5	40	42.5	33	22	26	29	44.5

x	1.6	1.8	1.8	2.1	1.5	1.3	0.9	0.7	0.6
y	53	51	49.5	46	26.5	27	31	18.5	15

1. Unterstellen Sie einen linearen Zusammenhang der Merkmale Temperatur und Wassermenge und führen Sie eine lineare Einfachregression durch. Betrachten Sie die (x, y)-Punktwolke mit der geschätzten Regressionsgerade. Ist die Anpassung befriedigend?
2. Sie erfahren aus der Betriebsanleitung, dass das Gerät zwei Erhitzungsstufen hat. Bei einer Durchflussmenge von 1.5 l/10 s springt das Gerät in eine andere Schaltstufe. Versuchen Sie, das Modell dem Sachverhalt durch abschnittsweise Modellierung noch besser anzupassen. Gehen Sie davon aus, dass die Messfehler ε_i unabhängig von der Schaltstufe sind. Wie lauten jetzt die Geradengleichungen?
   Wie sieht Ihre Designmatrix aus? Wie groß ist die Anzahl der linear unabhängigen Regressoren? Enthält Ihr Modell die Eins? Schätzen Sie nun die Parameter des Modells.
3. Mit welcher mittleren Temperatur können Sie rechnen, falls Sie den Wasserhahn durch einen größeren ersetzen, der 6 l/10 s Wasser durchfließen lässt? Ist das Ergebnis sinnvoll?

41.17 ••• Alternative Energieversorgungsanlagen, wie Wind- und Sonnenkraftwerke, werden in Zukunft immer mehr an Bedeutung gewinnen. Eine solche Anlage befindet sich auf der Nordseeinsel Pellworm und soll den Energiebedarf des dortigen Kurzentrums decken. Gegenstand der Betrachtung sollen nur die Windenergiekonverter des Typs AEROMAN 11/20 der Firma M.A.N. sein. Die Rotoren sind jeweils in einer Höhe von 15 m installiert und zeigten bei einer Untersuchung folgendes Leistungsverhalten:

x	3	4	5	6	7	8	9	10	11	12	13	14	15
y	10	35	41	45	51	61	55	64	65	52	42	34	31

Dabei ist x die Windgeschwindigkeit in m/s und y die elektrische Leistung in kW. Es soll der tendenzielle Verlauf dieses Leistungsverhaltens untersucht werden: 1. Berechnen Sie die Parameter der geschätzten Regressionsgeraden. Wie lautet die Geradengleichung? 2. Überprüfen Sie das gewählte Modell anhand eines Residuenplots. 3. Untersuchen Sie, ob sich Ihre Anpassung durch die Verwendung von x^2 als zusätzlichen Regressor verbessern lässt.

Antworten zu den Selbstfragen

Antwort 1 Der gleiche Modellraum lässt sich auch mit anderen Regressoren erzeugen. Werden die Regressoren zum Beispiel orthogonalisiert, ändert sich $\boldsymbol{X}$, aber der Modellraum M bleibt invariant. Auch können bei linear abhängigen Regressoren überflüssige Vektoren weggelassen werden, ohne dass M sich ändert.

Antwort 2 1. Für jedes $\boldsymbol{m} \in \mathrm{M}$ ist $\boldsymbol{m} = \boldsymbol{P}_{\mathrm{M}}\boldsymbol{m}$. Also

$$\begin{aligned} \boldsymbol{m}^{\mathrm{T}}\widehat{\boldsymbol{\varepsilon}} &= (\boldsymbol{P}_{\mathrm{M}}\boldsymbol{m})^{\mathrm{T}}(\boldsymbol{I} - \boldsymbol{P}_{\mathrm{M}})\boldsymbol{y} \\ &= m^{\mathrm{T}}(\boldsymbol{P}_{\mathrm{M}})^{\mathrm{T}}(\boldsymbol{I} - \boldsymbol{P}_{\mathrm{M}})\boldsymbol{y} \\ &= \boldsymbol{m}^{\mathrm{T}}\boldsymbol{P}_{\mathrm{M}}(\boldsymbol{I} - \boldsymbol{P}_{\mathrm{M}})\boldsymbol{y} = 0. \end{aligned}$$

2. Ist also $\mathbf{1} \in \mathrm{M}$, so ist $\widehat{\boldsymbol{\varepsilon}}^{\mathrm{T}}\mathbf{1} = \sum_{i=1}^{n}\widehat{\varepsilon}_i = 0$. Ist dagegen $\mathbf{1} \notin \boldsymbol{M}$, so braucht $\widehat{\boldsymbol{\varepsilon}}^{\mathrm{T}}\mathbf{1} = 0$ nicht zu gelten.

Antwort 3 Die Residuen $\widehat{\boldsymbol{\varepsilon}}$ sind lineare Funktionen der $\boldsymbol{\varepsilon}$, nämlich gewichtete Summen der ε_i. Zum Beispiel wirkt sich eine zufällig sehr große Störung ε_1 über die Schätzgleichungen auf alle anderen $\widehat{\varepsilon}_i$ aus.

Antwort 4 Antwort: Nur die 2. Aussage ist falsch.

Antwort 5 1. Es ist $\widehat{\boldsymbol{\mu}} = \boldsymbol{X}\boldsymbol{X}^{+}\boldsymbol{y}$ und $\widehat{\boldsymbol{\beta}} = \boldsymbol{X}^{+}\boldsymbol{y}$. Beide Schätzer haben also die Gestalt: nichtstochastische Matrix mal Beobachtungsvektor $\boldsymbol{y}$. Sie sind daher lineare Funktionen von $\boldsymbol{y}$.

2. Sind die Spalten von $\boldsymbol{X}$ linear abhängig, so ist $\widehat{\boldsymbol{\beta}}$ überhaupt nicht eindeutig bestimmt.

Antwort 6 Das Modell enthält die Konstante 1. Daher ist $\sum_{i=1}^{n}\widehat{\varepsilon}_i = 0$. Aus $y_i = \widehat{\mu}_i + \widehat{\varepsilon}_i$ folgt $\sum_{i=1}^{n} y_i = \sum_{i=1}^{n}\widehat{\mu}_i + \sum_{i=1}^{n}\widehat{\varepsilon}_i = \sum_{i=1}^{n}\widehat{\mu}_i$.

Antwort 7 $\widehat{\beta}_0$ ist eine zufällige Variable und $\widehat{\mathrm{Var}}(\widehat{\beta}_0)$ ist die geschätzte Varianz dieser Zufallsvariable. Dagegen ist $\boldsymbol{x}$ ein determinierter Zahlenvektor und $\mathrm{var}(\boldsymbol{x})$ die empirische Varianz dieser Zahlenmenge.

Antwort 8 1. ist falsch: Auch wenn β_1 null ist, kann $\widehat{\beta}_1 \neq 0$ sein. 2. Richtig. 3. Falsch: Bei diesem kleinen α kann die Wahrscheinlichkeit des Fehlers zweiter Art groß sein. 4. Falsch.

Antwort 9 $\widehat{\xi}$ ist der Quotient zweier korrelierter normalverteilter Variabler. $\widehat{\xi}$ besitzt daher keine der uns bereits bekannten Verteilungen.

Antwort 10 Allein 3. ist falsch.

Hinweise zu den Aufgaben

Zu einigen Aufgaben gibt es keine Hinweise.

Kapitel 2

2.1 Bedenken Sie auch den Fall negativer Zahlen.

2.2 Auf formaler Ebene folgt aus „Alle $x \in A$ haben Eigenschaft E", dass auch alle $y \in B$ mit $B \subseteq A$ die Eigenschaft E haben. Hingegen gilt nicht, dass wenn alle $x \in A$ und alle $y \in B$ Eigenschaft E haben, dass deswegen $A \subseteq B$, $B \subseteq A$ oder gar $A = B$ sein muss. Bei Betrachtung der Wahrheitswerte gilt allerdings *ex falso quodlibet*.

2.3 Beim Verneinen einer Allaussage entsteht eine Existenzaussage.

2.4 Hier sind eine All- und eine Existenzaussage verknüpft. Beide ändern bei Verneinung ihren Charakter; im zweiten Fall ist es allerdings sprachlich schwierig (und verzichtbar), dies explizit auszuführen.

2.5 Welche Elemente von A und B können in $A \Delta B$ enthalten bzw. nicht enthalten sein?

2.6 Die bijektive Abbildung liegt auf der Hand. Um eine injektive, aber nicht surjektive Abbildung zu konstruieren, muss man nur in der Wertemenge Elemente überspringen. Für eine surjektive, aber nicht injektive Abbildung muss man mehrere Elemente des Wertebereichs auf das gleiche Element des Bildbereichs abbilden, diesen aber insgesamt immer noch voll ausschöpfen.

2.7 Zählen Sie die möglichen Belegungen einer entsprechenden Wahrheitstafel!

2.8 Bei der Verneinung der Quantoren ändert sich wie gehabt deren Charakteristik – aus All- werden Existenzquantoren und umgekehrt.

2.9 Beim Verneinen klappen die Quantoren um, ändern also ihre Charakteristik.

2.10 Zeigen Sie, dass ein Element der links stehenden Menge stets ein Element der rechts stehenden Menge sein muss und umgekehrt.

2.11 Versuchen Sie, jeweils eine derartige Abbildung explizit zu konstruieren. Das liefert Einsichten, warum es manche Abbildungen mit den geforderten Eigenschaften nicht geben kann.

2.12 Überprüfen Sie, ob Sie einen Wahrheitswert zurordnen können bzw. ob noch freie Variablen vorhanden sind.

2.13 Konstruieren Sie eine Möglichkeit, alle Polynome mit ganzen Koeffizienten abzuzählen.

2.14 Zeigen Sie, dass ein Element der linken Seite auch eines der rechten Seite sein muss und umgekehrt.

2.15 Erinnern Sie sich an die Regeln beim Verneinen von Quantoren.

2.16 Stellen Sie eine entsprechende Wahrheitstafel auf.

2.17 Stellen Sie eine entsprechende Wahrheitstafel auf.

2.18 Stellen Sie eine entsprechende Wahrheitstafel auf.

2.19 Benutzen Sie die Definitionen aus Abschn. 2.4.

2.20 Betrachten Sie ein beliebiges Element und zeigen Sie, dass es genau dann zur Menge auf der linken Seite der Gleichung gehört, wenn es auch zu der Menge auf der rechten gehört. Dabei ist ein Rückgriff auf die Aussagenlogik notwendig.

2.21 Zeigen Sie, dass ein Element der linken Seite auch eines der rechten Seite sein muss und umgekehrt.

2.22 Betrachten Sie die Wahrheitstafel der Implikation und bedenken Sie das Prinzip des indirekten Beweises.

2.23 Spielen Sie alle möglichen Fälle durch und überprüfen Sie, wo sich Widersprüche ergeben. Alternativ können Sie auch eine aussagenlogische Formulierung finden und diese analysieren.

2.24 Versuchen Sie, eine Frage zu konstruieren, auf die jeder der beiden Brüder gleich antworten muss. Dabei ist es notwendig, das Verhalten des jeweils anderen Bruders miteinzubeziehen.

T. Arens et al., *Mathematik*, https://doi.org/10.1007/978-3-662-64389-1

2.25 Nur in zwei Fällen ist nach Definition der Implikation ein Widerspruch zur Aussage überhaupt möglich; diese Fälle sind zu identifizieren.

2.26 Einfacher zu verstehen ist, wie die disjunktive Normalform zustandekommt. Orientieren Sie sich zunächst an den w-Einträgen der Wahrheitstafel. Wie müssen beispielsweise die Eingangsvariablen (oder ihre Negationen) mittels $\wedge$ verknüpft sein, damit man genau dann eine wahre Aussage erhält, wenn A falsch ist, B und C hingegen wahr sind? Wie muss man die aus den einzelnen Zeilen resultierenden Einträge verknüpfen, um alle derartigen Möglichkeiten zu berücksichtigen? Drehen Sie die Überlegung für die konjunktive Normalform einfach um.

Kapitel 3

3.1 Ist der Schritt in der ersten Zeile für alle $x \in \mathbb{R}$ möglich? Wo geht eine implizite Annahme ein?

3.2 Kann etwa das Verkehrsaufkommen auf einer Straße um 120% zunehmen?

3.3 Welchen Effekt will man bei leeren Summen bzw. Produkten erreichen?

3.4 Benutzen Sie die arithmetische Summenformel.

3.5 Überprüfen Sie, ob sich der Induktionsschritt vollziehen lässt, ob also aus der Ungeradheit von $2n+1$ auch die Ungeradheit von $2(n+1)+1$ folgen würde. Ist die Aussage für $n = 100$ wahr?

3.6 Schreiben Sie T_1, T_2, T_3 explizit an und versuchen Sie, ein Muster zu erkennen.

3.7 Sie können zum Beispiel eine gültige Summenformel so modifizieren, dass der Induktionsschritt unbeeinflusst bleibt.

3.8 Überlegen Sie, ob die so definierte Zahl p_n für beliebige $n \in \mathbb{N}$ prim sein kann.

3.9 Spielen Sie alle Möglichkeiten durch, mit $m = 3$ Zahlen $n_i \in \mathbb{N}_0$ in Summe $n = 2$ zu erhalten.

3.10 Benutzen Sie nach geeigneter Indexverschiebung die Pascal'sche Formel (3.11) in der Form

$$\binom{n+1}{k} = \binom{n}{k-1} + \binom{n}{k}.$$

3.11 Lässt sich der Induktionsschritt für alle n durchführen?

3.12 Überlegen Sie, unter welchen Umständen das Ergebnis einer *und*- bzw. *oder*-Verknüpfung bereits durch eine logische Variable festgelegt ist.

3.13 Was liefert `isreal` für Zeichenketten? Wie könnte in MATLAB® (das standardmäßig mit komplexen Zahlen rechnet) die Überprüfung, ob eine Zahl reell ist, aussehen?

3.14 Es handelt sich um eine geometrische Summe, für die man nur die entsprechende Summenformel anwenden muss.

3.15 Benutzen Sie die Rechenregeln für Brüche, Potenzen und Beträge, wie sie in den Abschn. 3.1 und 3.3 angegeben sind.

3.16 Gehen Sie wie bei den Beispielen auf S. 71 vor. Welche Bereiche sind hier zu unterscheiden?

3.17 Schreiben Sie die Voraussetzung $\frac{a}{b} = \frac{c}{d}$ in bruchfreier Form und addieren Sie einen Term, der Ihnen erlaubt, auf der linken Seite a und auf der rechten c herauszuheben. Sie können auch mit der zu beweisenden Gleichung $\frac{a}{a+b} = \frac{c}{c+d}$ beginnen und diese durch Äquivalenzumformungen zu $\frac{a}{b} = \frac{c}{d}$ vereinfachen.

3.18 Das Vorgehen erfolgt analog zu dem auf S. 83 für die arithmetische Summenformel.

3.19 Induktionsbeweis mit Induktionsanfang bei $n = 2$ oder Beweis per Indexverschiebung.

3.20 Gehen Sie wie bei den Beispielen auf S. 71 vor. Welche Bereiche sind hier zu unterscheiden?

3.21 Spalten Sie die Binomialkoeffizienten gemäß Definition in Quotienten von Fakultäten auf. Beginnen Sie mit $\binom{n}{k} + \binom{n}{k+1}$ und heben Sie aus der Summe so viele gemeinsame Faktoren wie möglich heraus.

3.22 Es handelt sich in beiden Fällen um Standard-Induktionsbeweise, wie sie in Abschn. 3.5 behandelt werden.

3.23 Orientieren Sie sich am Beispiel auf S. 85. Eine Fallunterscheidung oder die Anwendung einer binomischen Formel kann unter Umständen notwendig sein.

3.24 Bestimmen Sie die Ausdrücke für $p_2(x)$, $p_3(x)$ und $p_4(x)$, und versuchen Sie, ein Muster zu erkennen.

3.25 Hier ist es besonders hilfreich, die Induktionsbehauptung so umzuschreiben, dass bei den später notwendigen Umformungen klar ist, worauf diese abzielen.

3.26 Mit den gemachten Annahmen ist $1 + x_k > 0$.

3.27 Setzen Sie in die binomische Formel (3.10) geeignete Werte ein.

3.28 Schreiben Sie im ersten Teil die Ungleichung auf ein vollständiges Quadrat um und beweisen Sie den zweiten Teil mittels vollständiger Induktion unter Zuhilfenahme des ersten.

3.29 Spalten Sie im Produkt in der Induktionsbehauptung den letzten Faktor ab, benutzen Sie die Induktionsannahme und vereinfachen Sie das Ergebnis.

3.30 Bei diesem Induktionsbeweis ist es günstig, mit der linken Seite der Behauptung zu beginnen und die Summe so aufzuspalten, dass man einerseits die linke Seite der Annahme erhält, andererseits nur Summen, die sich leicht auswerten lassen. Man beachte insbesondere, dass Summen, in deren Summanden der Summationsindex nicht vorkommt, einfache Produkte sind.

3.31 Es sind nicht hundert; hier liegt wieder ein doppelter Dreisatz vor.

3.32 Die Prozentangaben sind jeweils auf den neuen Ausgangswert zu beziehen.

3.33 Kann sich die Prozentangabe realistischerweise auf den Ausgangsverbrauch beziehen?

3.34 Die Prozentangaben sind jeweils auf den letzten Wert zu beziehen.

3.35 Der Induktionsanfang ist schon gemacht; für den Induktionsschritt fassen Sie jeweils n Widerstände zu einem zusammen, dessen Widerstand Sie nach Induktionsannahme bereits kennen.

3.36 Betrachten Sie Füllraten (Volumen pro Zeit); die Gesamtfüllrate ist die Summe der drei einzelnen Füllraten. Es kann hilfreich sein, das unbekannte Gesamtvolumen V explizit einzuführen.

3.37 Die kinetische Energie des Stoßprodukts ist durch $E = (m_1 + m_2)\,w^2/2$ gegeben. Bestimmen Sie die Differenz ΔE zwischen der ursprünglichen kinetischen Energie und diesem Ausdruck.

3.38 In allen Fällen sind einfache Umformungen ausreichend. Manchmal ergibt sich durch Wurzelziehen ein Doppelvorzeichen, dann ist zu überlegen, ob negative Werte für die entsprechende Größe sinnvoll sind.

Kapitel 4

4.1 Einsetzen der angegebenen Stellen in einen Ansatz der Form $p(x) = a_0 + a_1x + a_2x^2 + a_3x^3$ liefert die Koeffizienten.

4.2 Setzen Sie eine Nullstelle $\hat{x}$ ins Polynom ein und vergessen Sie nicht die Identität $\frac{|a_n|}{|a_n|} = 1$.

4.3 Setzen Sie $x = \frac{\pi}{e} - 1$ in die Ungleichung ein.

4.4 Nutzen Sie sowohl die Abschätzung $\ln z \leq z - 1$ für eine geeignete Zahl $z > 0$ als auch die Funktionalgleichung des Logarithmus.

4.5 –

4.6 Ersetzen Sie $x = (x - x_0) + x_0$.

4.7 Auswerten der Polynome an Stellen wie $0, 1, -1$ und/oder quadratische Ergänzung liefert Nullstellen. Durch Polynomdivision lassen sich die Polynome dann in Faktoren zerlegen.

4.8 Für die Definitionsbereiche bestimme man die Nullstellen der Nenner. Außerhalb dieser Nullstellen müssen wir versuchen, die Gleichungen $y = f(x)$ bzw. $y = g(x)$ nach x aufzulösen, um die Bildmengen und die Umkehrfunktionen zu bestimmen.

4.9 Nutzen Sie die Funktionalgleichung der Exponentialfunktion und/oder des Logarithmus und die Umkehreigenschaften der beiden Funktionen.

4.10 Verwenden Sie die Funktionalgleichung des Logarithmus.

4.11 Verwenden Sie die Definitionen von sinh und cosh und binomische Formeln.

4.12 Verwenden Sie die Folgerungen aus den Additionstheoremen in der Übersicht zu den Eigenschaften von sin und cos.

4.13 Verwenden Sie in beiden Fällen die Beziehung $\sin^2 x + \cos^2 x = 1$ und die Umkehreigenschaft der jeweiligen Arkus-Funktion.

4.14 Berücksichtigen Sie die Transformationen, wie sie etwa in der Übersicht auf S. 107 aufgelistet sind.

4.15 Bestimmen Sie aus den Angaben zur Verdoppelung der Lichtempfindlichkeit und der Funktionalgleichung des Logarithmus eine Basis b für die Funktion $f(x) = \log_b x + c$.

4.16 Verwenden Sie ein passendes Additionstheorem, um die Summe als Produkt zu schreiben und interpretieren Sie die entsprechenden Frequenzen.

Kapitel 5

5.1 Es gilt $z = r(\cos\varphi + \mathrm{i}\sin\varphi)$ mit $|z| = r$. Die Argumente der Zahlen sind in der Gauß'schen Zahlenebene ablesbar.

5.2 Mit dem Betrag ist der euklidische Abstand zwischen komplexen Zahlen angebbar.

5.3 Quadrieren Sie die Aussage und nutzen Sie $|v|^2 = v\overline{v}$ für $v \in \mathbb{C}$.

5.4 Anwendung der Rechenregeln zu komplexen Zahlen.

5.5 Versuchen Sie zunächst, den Bruch weitestgehend zu vereinfachen, bevor Sie den Real- und den Imaginärteil von z einsetzen.

5.6 Beachten Sie die Faktorisierung $z^2 - (1 + \mathrm{i})z + \mathrm{i} = (z - 1)(z - \mathrm{i})$.

5.7 Quadratische Ergänzung und gegebenenfalls ein Koeffizientenvergleich, um komplexe Wurzeln zu bestimmen.

5.8 Substituieren Sie $u = z^3$ und verwenden Sie Polarkoordinaten, um die Wurzeln $z_1, \ldots, z_6$ zu bestimmen.

5.9 Substituieren Sie $z = \frac{v}{u}$.

5.10 Es sind zwei Richtungen zu zeigen. Nutzen Sie die Gleichung $|a + b|^2 = |a|^2 + |b|^2 + 2\,\mathrm{Re}(a\overline{b})$ für komplexe Zahlen $a, b \in \mathbb{C}$.

5.11 Quadrieren Sie die Gleichung und verwenden Sie $|w| = w\overline{w}$, um die beschreibende Gleichung auf eine Form zu bringen, die grafisch interpretiert werden kann.

5.12 Betrachten Sie

$$\left|\frac{1}{1+z} + \frac{1}{3}\right|^2 .$$

5.14 Schreiben Sie die Abbildung in Polarkoordinaten $z = r(\cos\varphi + \mathrm{i}\sin\varphi)$.

5.15 Klammern Sie den harmonisch schwingenden Term $\cos(\omega t) + \mathrm{i}\sin(\omega t)$ aus.

Kapitel 6

6.1 Vereinfachen Sie den Ausdruck $x_n - 1$.

6.2 Berechnen Sie die ersten vier Folgenglieder. Welche Zahlen erhalten Sie?

6.3 Schätzen Sie die Folgenglieder nach unten und oben durch Terme ab, in denen nur die größere der beiden Zahlen vorkommt und verwenden Sie das Einschließungskriterium.

6.4 Gehen Sie die im Kapitel formulierten Aussagen zur Konvergenz durch, die Antworten ergeben sich daraus unmittelbar.

6.5 Schreiben Sie mit der Definition des Grenzwerts auf, was es bedeutet, dass (a_n) eine Nullfolge ist. Spalten Sie die Summe in der Definition von (b_n) entsprechend auf.

6.6 Um Beschränktheit zu zeigen, vereinfachen Sie die Ausdrücke und verwenden geeignete Abschätzungen. Für die Monotoniebetrachtungen bestimmen Sie die Differenz oder den Quotienten aufeinanderfolgender Glieder.

6.7 Formen Sie die Ausdrücke so um, dass in Zähler und Nenner nur bekannte Nullfolgen oder Konstanten stehen und wenden Sie die Rechenregeln an.

6.8 Kürzen Sie höchste Potenzen in Zähler und Nenner. Bei (b) können Sie x_n/n^2 betrachten. Bei Differenzen von Wurzeln führt das Erweitern mit der Summe der Wurzeln zum Ziel.

6.9 Bei (a) können Sie den Bruch in der Wurzel verkleinern bzw. vergrößern. Bei (b) sollte man mit der Summe der Wurzeln erweitern und dann eine obere Schranke bestimmen.

6.10 Wenn Sie vermuten, dass eine Folge divergiert, untersuchen Sie zuerst, ob die Folge überhaupt beschränkt bleibt. Für die Folgen (c_n) und (d_n) benötigen Sie eine Fallunterscheidung. Was wissen Sie über die Folge (q^n) mit $q \in \mathbb{C}$?

6.11 Nutzen Sie quadratische Ergänzung geschickt aus. Sie benötigen das Monotoniekriterium und für die Bestimmung des Grenzwerts die Fixpunktgleichung.

6.12 Überlegen Sie sich zunächst, welche Kandidaten für den Grenzwert es gibt. Betrachten Sie erst nur positive Startwerte, und überlegen Sie sich, ob die Folge monoton und beschränkt ist.

6.13 Die Glieder aller drei Folgen können als Potenzen der Zahl $\sqrt[8]{2}$ angegeben werden. Stellen Sie für (a_n) eine Vermutung auf, deren Richtigkeit Sie mit vollständiger Induktion beweisen.

6.14 Die Formel für das Heron-Verfahren entnehmen Sie der Anwendung auf S. 189.

6.15 Schreiben Sie die Van-der-Waals-Gleichung als eine Fixpunktgleichung um und machen Sie aus dieser eine Rekursionsvorschrift. Die gewünschte Abschätzung ergibt sich dann aus einer Anwendung der dritten binomischen Formel. Für Teil (b) nutzt man die vorgegebene Konvergenzabschätzung zur Bestimmung eines n, für das V_n die gewünschte Genauigkeit besitzt.

Kapitel 7

7.1 Finden Sie zunächst alle $x \in \mathbb{R}$, für die $f(x)$ nicht definiert ist. Um das Bild zu bestimmen, versuchen Sie durch

Kürzen oder durch die binomischen Formeln, die Ausdrücke auf einfache Funktionen wie $\frac{1}{x}$, $\frac{1}{x^2}$ oder $\sqrt{x}$ zurückzuführen.

7.2 Veranschaulichen Sie sich die Funktionen durch eine Skizze des Graphen. Sind sie injektiv? Bei (c) und (d) können die Ausdrücke mit binomischen Formeln vereinfacht werden.

7.3 Fertigen Sie Skizzen der Mengen an. Überlegen Sie sich, ob die Ränder der Mengen dazugehören oder nicht. Eventuell ist es hilfreich, die Ungleichungszeichen durch Gleichheitszeichen zu ersetzen, die Lösungen dieser Gleichungen ergeben die Ränder. In einem zweiten Schritt ist zu überlegen, welche Mengen durch die Ungleichungen beschrieben werden.

7.4 Wenn Sie vermuten, dass eine Aussage falsch ist, versuchen Sie, ein explizites Beispiel dafür zu konstruieren.

7.5 Nullstellen der Nenner bestimmen, Polynomdivision.

7.6 (a), (b) Polynomdivision (bei (b) mit Rest), (c) dritte binomische Formel, (d) als ein Bruch schreiben.

7.7 Betrachten Sie zunächst die Abschnitte $x \geq 1$ und $x < 1$ getrennt und bestimmen dort jeweils den Ausdruck für die Umkehrfunktion. Anschließend setzen Sie alles zusammen und zeigen, dass dies tatsächlich die Umkehrfunktion von f ist.

7.8 Schreiben Sie die Funktion so um, dass Sie Intervalle, auf denen die Funktion injektiv ist, leicht ablesen können (quadratisches Ergänzen). Anschließend überlegen Sie sich, ob Sie diese Intervalle noch vergrößern können. Eine Skizze der Funktion ist sicher hilfreich.

7.10 Auf was für Mengen ist die Funktion konstant? Machen Sie sich geometrisch klar, wann der Funktionswert maximal bzw. minimal wird.

7.11 Überprüfen Sie zunächst, ob es ganzzahlige Nullstellen gibt. Weitere Nullstellen können Sie mit dem Zwischenwertsatz finden.

7.12 Suchen Sie geeignete Intervalle, auf denen sowohl f also auch g stetig sind. Betrachten Sie dort die Differenz der beiden Funktionen.

7.13 Modellieren Sie Hin- als auch Rückweg durch geeignete stetige Funktionen und betrachten Sie die Differenz.

7.14 Betrachten Sie nur den Äquator. Nutzen Sie aus, dass die Erde rund ist, d. h., die Temperatur auf dem Äquator ist periodisch. Gibt es Extrema der Temperatur?

7.17 Implementieren Sie die Iterationen in einer `while`-Schleife, die abbricht, wenn die Intervalllänge auf die vorgegebene Genauigkeit zusammengeschrumpft ist.

Kapitel 8

8.1 Gibt es hier einen Widerspruch zum Leibniz-Kriterium?

8.2 Verwenden Sie das Monotoniekriterium für die Folge der Partialsummen.

8.3 Stellen Sie a_n als Differenz zweier Partialsummen dar.

8.4 Benutzen Sie für die Reihe das Leibniz-Kriterium, schätzen Sie die Terme im Cauchy-Produkt geeignet ab.

8.5 Betrachten Sie Partialsummen der Umordnung. Zeigen Sie, dass die Umordnung sogar absolut konvergiert.

8.6 Bei (a) kann das Majoranten-, bei (b) das Quotienten- und bei (c) das Leibniz-Kriterium angewandt werden.

8.7 Bei (a) handelt es sich um eine Teleskopsumme, bei (b) um eine geometrische Reihe.

8.8 Wenden Sie jeweils das Quotienten- oder Wurzelkriterium an.

8.9 Verwenden Sie das Quotientenkriterium.

8.10 Bei (a) kann das Quotientenkriterium angewendet werden, bei (b) und (c) führen Vergleichskriterien zum Erfolg.

8.11 Konvergenz kann man mit dem Leibniz-Kriterium nachweisen. Kann man bei (b) den Ausdruck vereinfachen?

8.12 In (a) und (b) liegen geometrische Reihen vor, in (c) können Sie mit einer Reihe über $1/n^{x-3}$ vergleichen.

8.13 Bestimmen Sie Umfang und Flächeninhalt der ersten drei oder vier Dreiecke und versuchen Sie ein Schema zu erkennen.

8.14 Verwenden Sie die geometrische Reihe.

8.15 Überlegen Sie sich, aus wie vielen Strecken welcher Länge die Kurve nach der n-ten Iteration besteht. Wie viele Dreiecke welcher Fläche kommen dann im nächsten Schritt dazu?

Kapitel 9

9.1 Überlegen Sie sich, ob Sie die Reihenglieder geschickt umschreiben können. Sind bekannte Formeln anwendbar?

9.2 Die Aussagen lassen sich bis auf die letzte direkt aus den Sätzen über Potenzreihen und ihre Konvergenzkreise aus dem Kapitel ableiten. Für die letzte Aussage kann man das Majoranten-/Minorantenkriterium anwenden.

9.3 Stellen Sie die Funktionen im Zähler und Nenner als Potenzreihen dar. Die Darstellung kann durch Nutzung der Landau-Symbolik vereinfacht werden.

9.4 Benutzen Sie die Euler'sche Formel für den Nachweis der Formel von Moivre. Die Identität ergibt sich als Realteil der rechten Seite.

9.5 Wählen Sie sich zunächst ein festes w mit $\mathrm{Re}(w) > 0$ und finden Sie heraus, wie sich die beiden Seiten der Funktionalgleichung für verschiedene z verhalten.

9.6 Versuchen Sie, das Quotienten- oder das Wurzelkriterium auf die Reihen anzuwenden.

9.7 Den Konvergenzradius kann man entweder mit dem Quotienten- oder dem Wurzelkriterium bestimmen. Für die Randpunkte muss man das Majoranten-/Minorantenkriterium oder das Leibniz-Kriterium bemühen.

9.8 Zur Bestimmung des Konvergenzradius können Sie das Wurzelkriterium verwenden. Versuchen Sie für z auf dem Rand des Konvergenzkreises eine konvergente Majorante zu bestimmen.

9.9 Teil (a) lösen Sie durch Koeffizientenvergleich. Zur Bestimmung des Konvergenzradius in Teil (b) kann das Quotientenkriterium angewandt werden.

9.10 Aus dem Ansatz kann man durch Koeffizientenvergleich eine Rekursionsformel für die Koeffizienten herleiten. Indem Sie die ersten paar Koeffizienten ausrechnen, können Sie eine explizite Darstellung finden. Zum Bestimmen des Konvergenzradius ist das Wurzelkriterium geeignet.

9.11 Klammern Sie im Nenner 2 aus, damit Sie die geometrische Reihe anwenden können.

9.12 Benutzen Sie das Cauchy-Produkt. Zur einfacheren Darstellung sollten Sie die Landau-Symbolik verwenden.

9.13 Nutzen Sie die Darstellung der cosh-Funktion durch die Exponentialfunktion. Führen Sie anschließend eine Substitution durch, die auf eine quadratische Gleichung führt.

9.14 Drücken Sie die Kosinus- durch die Exponentialfunktion aus. Mithilfe der Euler'schen Formel können Sie sich überlegen, wie die komplexen Konjugationen umgeformt werden können.

9.15 Schreiben Sie die Partialsumme mit N Gliedern auf und schätzen Sie den Rest der Reihe durch eine geometrische Reihe ab.

9.16 Benutzen Sie die Landau-Symbolik zur Darstellung der Potenzreihen.

9.17 Lösen Sie nach p auf und verwenden Sie die geometrische Reihe für b/V.

Kapitel 10

10.1 Betrachten Sie zum einen die Grenzwerte der Funktionen und ihrer Ableitungsfunktionen in $x = 0$ und zum anderen die Grenzwerte der Differenzenquotienten.

10.2 Überlegen Sie sich, dass die Bedingungen strenge Monotonie der $(2n-1)$-ten Ableitungsfunktion mit sich bringen und somit der Vorzeichenwechsel zeigt, dass die $(2n-2)$-te Ableitung ein Minimum in $\hat{x}$ besitzt. Argumentieren Sie dann induktiv.

10.3 Man verwende die Taylorformel 1. Ordnung.

10.4 Nutzen Sie, dass die Potenzreihe der Funktion die Taylorreihe zu f ist.

10.5 Einsetzen der Iterationsvorschrift bezüglich x_j, ausklammern des Nenners und verwenden der Taylorformel zweiter Ordnung mit der Lagrange'schen Restglieddarstellung sind erste wichtige Schritte für die gesuchte Abschätzung. Überlegen Sie sich auch, dass der Nenner in der Iterationsvorschrift in einer Umgebung um $\hat{x}$ nicht null wird.

10.6 Wenden Sie passende Kombinationen von Produkt und Kettenregel an.

10.7 Mit der Iterationsvorschrift lässt sich die Differenz $|x_{k+1} - x_k|$ abschätzen.

10.8 Es gilt $\binom{n}{k} + \binom{n}{k+1} = \binom{n+1}{k+1}$.

10.9 Verwenden Sie das Additionstheorem

$$\sin x + \cos x = \frac{\sin\left(x + \frac{\pi}{4}\right)}{\sin\frac{\pi}{4}}, \qquad x \in \mathbb{R}.$$

10.10 Betrachten Sie die Potenzreihe zum Ausdruck $1/x$ und die Ableitung.

10.11 Mit den binomischen Formeln folgt allgemein $2ab \leq a^2 + b^2$ für $a, b \in \mathbb{R}$.

10.12 Bestimmen Sie lokale Minima und untersuchen Sie das Verhalten am Rand des Definitionsbereichs.

10.13 Ermitteln Sie die kritischen Stellen und betrachten Sie die zweite Ableitung an diesen Stellen.

10.14 Mit einer Induktion lässt sich die n-te Ableitung zeigen.

10.15 Nutzen Sie die Darstellung $f(x) = \ln(1-x) - \ln(1+x)$ und berechnen Sie die n-te Ableitung. Für die Fehlerabschätzung muss eine passende Stelle x in die Taylorformel eingesetzt werden.

10.16 In allen vier Beispielen lässt sich die L'Hospital'sche Regel, gegebenenfalls nach Umformungen des Ausdrucks, anwenden.

10.17 Stetigkeit bedeutet insbesondere, dass der Grenzwert für $x \to 0$ mit dem Funktionswert bei $x = 0$ übereinstimmt.

10.18 Schreiben Sie die allgemeine Potenz mithilfe der Exponentialfunktion und dem natürlichen Logarithmus und überlegen Sie sich, dass der Grenzwert des Exponenten mit der L'Hospital'schen Regel gefunden werden kann.

10.19 Bestimmen Sie die Tangente an der Erdkugel, die den Horizont berührt und die Spitze des Turms trifft.

10.20 Aus den Gleichungen am Ufer, etwa $f(0) = 10$ und $f(30) = 12$, kann man eine Gleichung für das Verhältnis $y = x_0/a$ gewinnen. Die Lösung y der Gleichung kann nicht analytisch berechnet werden, sie lässt sich aber mit dem Newton-Verfahren approximieren.

10.21 Mit dem Satz des Pythagoras lässt sich die Länge der Teilstrecken in den Medien in Abhängigkeit von x bestimmen und daraus die benötigte Zeit ermitteln. Die Summe dieser Zeiten ergibt die gesuchte Funktion.

10.22 Stellen Sie eine Funktion für die Länge eines Baumstamms dar, wie ihn die Abbildung zeigt, mit der horizontalen Länge, in der der Baumstamm in das 2 m breite Fließband hineinragt, als Argument. Bestimmen Sie das Minimum dieser Funktion.

10.23 Machen Sie einen Ansatz für die Polynome 3. Grades, so dass die Randbedinungen bei $x = 0$ und $x = 12$ erfüllt sind. Aus den Bedingungen bei $x = 8$ erhält man ein Gleichungssystem für die verbleibenden Koeffizienten.

Kapitel 11

11.1 Betrachten Sie die Differenz von F_1 und F_2.

11.2 Führen Sie den Beweis durch Widerspruch, indem Sie annehmen, dass f an einer Stelle $x_0 \in [a, b]$ ungleich null wäre.

11.3 1. Die Nullfunktion ist auf jedem Intervall integrierbar. Können Sie die Nullfunktion als Summe zweier Funktionen darstellen, die jeweils nicht integrierbar sind?

2. Betrachten Sie die Funktionen f und g mit $f(x) = g(x) = x^{-\alpha}$ mit geeignetem α auf $[0, 1]$.

3. Betrachten Sie die Funktionen f und g mit $f(x) = g(x) = x^{-\alpha}$ mit geeignetem α auf $[1, \infty)$.

11.4 Mit einer Darstellung für $f' - f$ und $e^x \geq 1$ in $[0, 1]$ lässt sich eine Abschätzung für den Wert des Integrals schnell auswerten.

11.5 Betrachten Sie die auf $\mathbb{R}$ definierte Funktion:

$$f(x) = \Theta_0(x) = \begin{cases} 0 & \text{für } x \leq 0 \\ 1 & \text{für } x > 0 \end{cases}$$

11.6 $\int x^{n+1}\,dx = \frac{1}{n+2}\,x^{n+2}$.

11.7 Benutzen Sie die Regeln von L'Hospital.

11.8 Benutzen Sie die Linearität der Integration sowie die Tabelle der Stammfunktionen von S. 391.

11.9 Stellen Sie eine Formel für die Summe der beiden Teilflächen in Abhängigkeit von m dar und leiten Sie sie nach m ab.

11.10 Nutzen Sie den ersten Hauptsatz der Differenzial- und Integralrechnung, der auf S. 386 dargestellt wurde. Für die Klassifizierung der Extreme sind Fallunterscheidungen notwendig.

11.11 Nutzen Sie den ersten Hauptsatz der Differenzial- und Integralrechnung, der auf S. 386 dargestellt wurde, aus.

11.12 Fallunterscheidung für positive und negative x.

11.13 Benutzen Sie die Regeln von L'Hospital oder wenden Sie den Mittelwertsatz der Integralrechnung an.

11.14 Mit dem ersten Hauptsatz der Differenzial- und Integralrechnung können Sie alle Mittel der klassischen Kurvendiskussion benutzen.

11.15 Schreiben Sie die Grenzwerte auf die oben gegebene Form um. Die notwendigen Integrationen sind elementar ausführbar.

11.16 Bestimmen Sie

$$\lim_{b\to\infty} \int_0^b \left(e^{-2x} + e^{-3x} + e^{-4x}\right) dx\,.$$

Eine Stammfunktion lässt sich leicht angeben.

11.17 Gehen Sie wie beim Beispiel von S. 398 vor.

11.18 Benutzen Sie eine geeignete binomische Formel, trennen Sie den Integrationsbereich auf und schätzen Sie passend ab.

11.19 Welche Abschätzung können Sie für $|\ln x|$ mit $x \in [0, \frac{1}{e}]$ angeben?

11.20 Vergleichen Sie mit $\int_0^{\pi/2} \frac{dx}{x}$.

11.21 Bestimmen Sie den Wert des allgemeinen Integrals $\int_{-\infty}^{0} e^{kx}\, dx$.

11.22 Differenziation und Integration dürfen hier vertauscht werden. Integration von $J'(t)$ bezüglich t liefert bis auf eine Konstante $J(t)$. Die Konstante kann aus $J(0) = 0$ bestimmt werden.

11.23 Im Gegensatz zur Cantormenge von S. 380 hat die hier beschriebene ein endliches Maß $0 < \mu(C) < 1$. Um es zu bestimmen, berechnen Sie die Länge L_n aller bis zum n-ten Schritt entfernten Intervalle.

11.24 Wie viel würden die Studierenden nach diesem Modell *insgesamt* lernen?

11.25 Integrieren Sie $\pi\, x(y)^2$ für die Hyperbel von $y = 1$ bis $y = c$ und für die Gerade von $y = 0$ bis $y = c$.

11.26 Am einfachsten lassen sich die Forderungen mit einem Polynom siebenten Grades oder mehreren passend zusammengesetzten Polynomen niedrigeren Grades erfüllen.

Kapitel 12

12.1 Jede Integrationsregel ist die Umkehrung einer Ableitungsregel. Welche Regeln kommen infrage?

12.2 Untersuchen Sie die Symmetrieeigenschaften des Integranden.

12.3 Beachten Sie die Übersicht auf S. 397.

12.4 Existieren die Integrale I_1 und I_2?

12.5 Partielle Integration.

12.6 Für diese Integrale benötigen Sie keine speziellen Integrationstechniken.

12.7 Partielle Integration.

12.8 Partielle Integration.

12.9 Substituieren Sie im ersten Beispiel $u = e^x$, im zweiten $u = \ln x$.

12.10 Arbeiten Sie mit der Substitution $u = \sin x$. Im weiteren Verlauf der Rechnung wird eine weitere Substitution notwendig sein.

12.11 Standardsubstitutionen, in I_1 die Exponentialfunktion, in I_2 den Logarithmus.

12.12 Substituieren Sie $u = e^x$ und benutzen Sie an geeigneter Stelle die Definitionsgleichung des hyperbolischen Kosinus.

12.13 Partialbruchzerlegung. Eine Nullstelle des Nenners liegt offensichtlich bei $x = 0$.

12.14 Partialbruchzerlegung.

12.15 Schreiben Sie in I_1 den Zähler so um, dass Sie zwei Integrale erhalten, von denen Sie eines mittels logarithmischer Integration lösen können. Benutzen Sie notfalls die Formeln von S. 442. In I_2 hilft eine Aufspaltung des hyperbolischen Sinus anhand der Definitionsgleichung. Der so erhaltene Ausdruck vereinfacht sich durch kluges Anwenden der binomischen Formeln.

12.16 Das ist ein Kandidat für logarithmische Integration.

12.17 In I_1 partielle Integration, wobei der Logarithmus zu differenzieren ist. Bei I_2 ist es hilfreich, den Tangens aufzuspalten, danach führt eine Substitution weiter.

12.18 Substitution $u = e^x$ und anschließende partielle Integration.

12.19 Die naheliegende Substitution $u = \sin x$ führt zu keinem einfacheren Integral. Da der Integrand ungerade in $\sin x$ ist, hilft hingegen, wie aus der Zusammenfassung auf S. 444 ersichtlich, die Substitution $u = \cos x$.

12.20 Eine schnelle Möglichkeit ist es, in I_1 die gesamte Wurzel zu substituieren. In I_2 erhalten Sie mit einer der Standardsubstitutionen von S. 444 ein Integral über eine rationale Funktion. Bei diesem besonderen Beispiel gibt es jedoch sogar noch einen schnelleren Weg.

12.21 Spalten Sie das Integral an der Stelle $x = 1$ auf und substituieren Sie in einem der beiden Teilintervalle $u = 1/x$.

12.22 Das folgt unmittelbar aus partieller Integration.

12.23 Arbeiten Sie mit partieller Integration, und kontrollieren Sie das Ergebnis durch Differenzieren.

12.24 In beiden Fällen hilft partielle Integration; spalten Sie im zweiten Beispiel das Produkt so auf, dass Sie die Stammfunktion eines Faktors sofort angeben können.

12.25 Bestimmen Sie einen expliziten Ausdruck für die Partialsummen, benutzen Sie dazu Partialbruchzerlegung und Indexverschiebungen.

12.26 Benutzen Sie $\int \ln f(x)\, dx = \int 1 \cdot \ln f(x)\, dx$ und partielle Integration. Überlegen Sie für die Frage nach der Gültigkeit, wie lange eine Rakete der Masse m_0 Treibstoff mit einer Rate q verbrauchen kann.

12.27 Definieren Sie, falls möglich, die aufzurufende Funktion extern, um sie leichter austauschen zu können. Es wird vermutlich am einfachsten sein, zwei Schleifen ineinander zu schachteln, die äußere für die Verfeinerung der Zerlegung, die innere für das Aufsummieren der Teilergebnisse. Machen Sie sich am Anfang nicht zu viele Gedanken um eine Optimierung (etwa durch Wiederverwenden von schon ermittelten Funktionswerten).

12.28 Definieren Sie, falls möglich, die aufzurufende Funktion extern, um sie leichter austauschen zu können. Die zentrale Zutat für ein solches Programm ist ein Zufallsgenerator, mit dem die Punkte für die Funktionsauswertung bestimmt werden. Liefert etwa die Routine RAND() eine im Intervall (0, 1) gleichverteilte Zufallszahl, so erhält man die Stützpunkte über $a + (b - a) \cdot \text{RAND}()$. Zudem benötigt man eine Schleife, in der die Ergebnisse aufsummiert werden. Denken Sie daran, die Zahl der Funktionsauswertungen zu speichern.

12.29 Orientieren sich sich an Abb. 12.7 und berücksichtigen Sie, dass für den Konvergenztest nur die Werte an fünf (äquidistanten) Stellen verwendet werden.

12.30 Führen Sie in der Funktion ein zusätzliches Argument ein, das die schon berechneten Funktionswerte enthält. In der Funktion soll am Anfang überprüft werden (mit `exist` oder `nargin`), ob dieses Argument übergeben wurde. Wenn ja, verwenden Sie die entsprechenden Werte weiter.

Sehen Sie zwei weitere Rückgabewerte für die Zahl der gesamten Funktionsaufrufe sowie für die Rekursionstiefe vor. Bei der Ermittlung der Rekursionstiefe bietet es sich an, „von unten", d.h. bei der tiefesten Ebene zu zählen zu beginnen.

Kapitel 13

13.1 Der Ansatz liefert eine lineare Differenzialgleichung der 1. Ordnung für die Funktion v'.

13.2 Die Differenzialgleichung kann durch Separation gelöst werden. Beachten Sie für Teil (c) die Skizze des Richtungsfelds aus Teil (a).

13.3 $u(x) = 1/(1 - c\,\mathrm{e}^x)$.

13.4 Durch Differenzieren der Gleichung erhalten Sie zwei verschiedene Bedingungen für eine Lösung. Die eine Bedingung liefert die Geraden aus (a), die zweite die Einhüllende aus (b). Stellen Sie die Gleichung einer Tangente an die Lösung aus (b) auf und versuchen Sie, diese auf die Gestalt aus (a) zu bringen.

13.5 (a) Es handelt sich um eine lineare Differenzialgleichung. (b) Man kann den Nachweis durch vollständige Induktion führen. (c) Verwenden Sie Teil (b) und die Darstellung der Exponentialfunktion über den Grenzwert $\exp(x) = \lim\limits_{n\to\infty} (1 + x/n)^n$.

13.6 Die Differenzialgleichungen können durch Trennung der Veränderlichen gelöst werden.

13.7 Beide Differenzialgleichungen können durch Separation gelöst werden. Im Fall (b) benötigen Sie eine Partialbruchzerlegung.

13.8 Die Lösung kann durch Separation bestimmt werden. Bestimmen Sie direkt nach jeder Integration die Integrationskonstante aus den Anfangsbedingungen. Beachten Sie, dass x und A negativ sind.

13.9 Berechnen Sie zuerst die allgemeine Lösung der homogenen linearen Differenzialgleichung durch Separation. Eine partikuläre Lösung der inhomogenen Differenzialgleichung können Sie anschließend durch Variation der Konstanten gewinnen. Beachten Sie $\sin(2x) = 2\sin(x)\cos(x)$.

13.10 Es handelt sich um eine Bernoulli'sche Differenzialgleichung, die durch die Substitution $u(x) = (v(x))^{1/2}$ in eine lineare Differenzialgleichung transformiert werden kann.

13.11 Es handelt sich um eine homogene Differenzialgleichung. Die Substitution $z(x) = y(x)/x$ führt zum Erfolg.

13.12 Es handelt sich um eine lineare Differenzialgleichung mit konstanten Koeffizienten. Verwenden Sie einen Exponentialansatz. Zu einem Paar komplex konjugierter Lösungen erhalten Sie die reellwertigen Lösungen aus Real- und Imaginärteil.

3.13 Die allgemeine Lösung der homogenen linearen Differenzialgleichung kann durch den Exponentialansatz bestimmt werden. Ein partikuläre Lösung der inhomogenen Gleichung erhält man mit dem Ansatz vom Typ der rechten Seite. Achten Sie auf Resonanz.

3.14 Da die Differenzialgleichung linear mit konstanten Koeffizienten ist, kann der Exponentialansatz für (a) verwendet werden. Die partikuläre Lösung kann man mit einem Ansatz vom Typ der rechten Seite bestimmen.

3.15 Die allgemeine Lösung einer homogenen Euler'schen Differenzialgleichung kann mit dem Potenzansatz $u(x) = x^\lambda$ bestimmt werden.

3.16 Das Anfangswertproblem kann durch einen Potenzreihenansatz mit Entwicklungspunkt $x_0 = 0$ gelöst werden. Aus der Rekursionsformel für die Koeffizienten kann geschlossen werden, dass nur endlich viele Koeffizienten ungleich null sind. Die Lösung ist also ein Polynom.

3.17 Beide Seiten der Differenzialgleichung können als eine Potenzreihe geschrieben werden. Anschließend kann man Koeffizientenvergleich durchführen.

3.18 Beachten Sie bei der Bestimmung der Potenzreihe den Entwicklungspunkt. Auch die Koeffizienten x und $2+x$ müssen um $x_0 = 1$ entwickelt werden. Rechnen Sie mit der Rekursionsformel, die Sie erhalten, die ersten paar Reihenglieder aus, um eine Vermutung für eine explizite Darstellung der Glieder zu erhalten.

3.19 Gehen Sie zunächst vor wie bei einem gewöhnlichen Potenzreihenansatz. Der Koeffizientenvergleich liefert dann Bedingungen an λ. Im einen Fall erhalten Sie eine Potenzreihe als Lösung. Im zweiten Fall erhalten Sie zusätzliche Terme. Wählt man λ so, dass man eine Potenzreihe als Lösung erhält, so gilt für die Koeffizienten die Formel $a_k = (-1)^k\, 6(k+1)\, a_0/(k+3)!$ für $k \in \mathbb{N}_0$ mit $a_0 \in \mathbb{R}$ beliebig.

3.20 (a) Nehmen Sie an, dass die Kontakte zwischen Infizierten und Nichtinfizierten proportional zum Produkt der beiden Anteile an der Population sind. Die Differenzialgleichung können Sie entweder durch eine Substitution oder durch Trennung der Veränderlichen lösen.

(b) Die prinzipielle Lösungsmethode ist wie bei (a), nur die Ausdrücke sind etwas komplizierter. Für das Lösungsverhalten betrachten Sie den Grenzwert für $t \to \infty$.

3.21 Die Lösung bei beiden Teilaufgaben hat eine bestimmte Struktur. Nutzen Sie Symmetrien des Problems, um einen geeigneten Ansatz aufzustellen, und bestimmen Sie die Parameter aus den Randbedingungen und der Tatsache, dass es sich um eine Lösung der Differenzialgleichung handelt.

3.22 (a) Das Problem wird durch die Differenzialgleichung des harmonischen Oszillators beschrieben. Feder- und Dämpfungskonstante können aus den vorliegenden Informationen abgeleitet werden. Die Lösung erfolgt über den Exponentialansatz und den Ansatz vom Typ der rechten Seite.

(b) Verwenden Sie ein Additionstheorem, um $\cos(\omega t - \delta)$ umzuformen. Identifizieren Sie anschließend Terme der stationären Lösung, die $\cos(\delta)$ und $\sin(\delta)$ entsprechen. Nutzen Sie dazu die Gleichgung $\cos^2(\delta) + \sin^2(\delta) = 1$ aus.

3.23 Das Programm entspricht genau dem Flussdiagram von Abbildung 13.21. Beachten Sie aber, dass Indizes von Vektoren in MATLAB® bei 1 beginnen, in unserer Darstellung aber bei 0. Man muss den Index j also um 1 verschieben.

Kapitel 14

14.1 Siehe S. 531.

14.2 Man betrachte die Zeilenstufenform.

14.3 Man ermittle die Zeilenstufenform der erweiterten Koeffizientenmatrix.

14.4 Man suche ein Gegenbeispiel.

14.5 Will man die Zeile i mit der Zeile j vertauschen, so beginne man mit der Addition der j-ten Zeile zur i-ten Zeile.

14.6 Bringen Sie die erweiterte Koeffizientenmatrix auf Zeilenstufenform.

14.7 Benutzen Sie das Eliminationsverfahren von Gauß oder das von Gauß und Jordan.

14.8 Bringen Sie die erweiterte Koeffizientenmatrix auf Zeilenstufenform und unterscheiden Sie dann verschiedene Fälle für a.

14.9 Man bilde die erweiterte Koeffizientenmatrix und wende das Verfahren von Gauß an.

14.10 Führen Sie das Eliminationsverfahren von Gauß durch.

14.11 Wenden Sie elementare Zeilenumformungen auf die erweiterte Koeffizientenmatrix an, und beachten Sie jeweils, unter welchen Voraussetzungen an a und b diese zulässig sind.

14.12 Man setze eine Formel für die Strecke s mit den gegebenen Größen und unbestimmten Exponenten an.

14.13 Man setze x_1 bzw. x_2 für die gesuchte Anzahl der Kilogramm der Legierungen und formuliere die Problemstellung als lineares Gleichungssystem.

14.14 Man zerlege die Kraft $\boldsymbol{F}$ in drei Kräfte $\boldsymbol{F_a}$, $\boldsymbol{F_b}$ und $\boldsymbol{F_c}$ in Richtung der Stäbe.

14.15 Man formuliere das Hooke'sche Gesetz ($F = -k\,x$) für die drei Massenpunkte. Dies ergibt ein Gleichungssystem in den Unbestimmten x_1, x_2 und x_3.

Kapitel 15

15.1 Weisen Sie die neun Vektorraumaxiome (V1)–(V9) von S. 546 nach.

15.2 Weisen Sie die definierenden Eigenschaften für Untervektorräume nach. Die Aussage in (c) begründen Sie am besten, indem Sie die beiden Inklusionen $\subseteq$ und $\supseteq$ nachweisen.

15.3 Beachten Sie die Definitionen von Erzeugendensystem, linear unabhängiger Menge und Basis.

15.4 Man beweise oder widerlege die Ausagen.

15.5 Wenden Sie das Kriterium für lineare Unabhängigkeit auf S. 558 an.

15.6 Wenden Sie das Kriterium für lineare Unabhängigkeit auf S. 558 an.

15.7 Prüfen Sie für jede Menge nach, ob sie nichtleer ist und ob für je zwei Elemente auch deren Summe und zu jedem Element auch das skalare Vielfache davon wieder in der entsprechenden Menge liegt.

15.8 Zeigen Sie, dass die Menge einen Untervektorraum des $\mathbb{R}^n$ bildet. Betrachten Sie für Basisvektoren Elemente von U, die abgesehen von einer 1 und einer -1 nur Nullen als Komponenten haben.

15.9 Prüfen Sie für jede Menge nach, ob sie nichtleer ist und ob für je zwei Elemente auch deren Summe und zu jedem Element auch das skalare Vielfache davon wieder in der entsprechenden Menge liegt.

15.10 Geben Sie zur Standardbasis des $\mathbb{R}^n$ einen weiteren Vektor an.

15.11 Berechnen Sie $(1 + 1)(\boldsymbol{v} + \boldsymbol{w})$ auf zwei verschiedene Arten.

15.12 Begründen Sie, dass V ein Untervektorraum von $\mathbb{K}^M$ ist. Da die Menge B durchaus unendlich sein kann, ist es hier notwendig, die lineare Unabhängigkeit von B dadurch zu beweisen, dass man die lineare Unabhängigkeit jeder endlichen Teilmenge von B beweist.

15.13 Bestimmen Sie die Mengen in einer Zeichnung.

15.14 Überprüfen Sie die Menge auf lineare Unabhängigkeit.

15.15 Überprüfen Sie die angegebenen Vektoren auf lineare Unabhängigkeit.

15.16 Stellen Sie $-\boldsymbol{F}$ als Linearkombination der drei Kräfte $\boldsymbol{F}_1$, $\boldsymbol{F}_2$, $\boldsymbol{F}_3$ dar.

15.17 Beachten Sie das Superpositionsprinzip und das Coulomb'sche Gesetz.

15.18 Bestimmen Sie die Koordinaten der Planeten und benutzen Sie die Formel für den Schwerpunkt auf S. 548.

Kapitel 16

16.1 Man prüfe dies an oberen und unteren 2×2-Matrizen nach und verallgemeinere die Beobachtung.

16.2 Man beachte den Determinantenmultiplikationssatz auf S. 604.

16.3 Man beachte die Regeln in der Übersicht auf S. 606

16.4 Man beachte die Formel auf S. 609.

16.5 Prüfen Sie, ob $(\boldsymbol{A}\,\boldsymbol{B})^T = \boldsymbol{A}\,\boldsymbol{B}$ für alle symmetrischen 2×2-Matrizen $\boldsymbol{A}$ und $\boldsymbol{B}$ gilt.

16.6 Prüfen Sie, ob für eine symmetrische Matrix $\boldsymbol{A}$ die Gleichung $(\boldsymbol{A}^{-1})^T = (\boldsymbol{A}^T)^{-1}$ gilt.

16.7 Beachte die Übersicht auf S. 606.

16.8 Führen Sie Zeilenumformungen an der Matrix $\boldsymbol{M}$ durch.

16.9 Berechnen Sie $\boldsymbol{A}\,\boldsymbol{B}$, $\boldsymbol{A}\,\boldsymbol{C}$, $\boldsymbol{B}\,\boldsymbol{A}$, $\boldsymbol{C}\,\boldsymbol{B}$, $\boldsymbol{B}\,\boldsymbol{D}$, $\boldsymbol{D}\,\boldsymbol{A}$ und $\boldsymbol{C}\,\boldsymbol{C}$, $\boldsymbol{D}\,\boldsymbol{D}$.

16.10 Führen Sie die Multiplikation durch und vergleichen Sie die Komponenten.

16.11 Man verwende das auf S. 583 beschriebene Verfahren.

16.12 Das Gleichungssystem ist homogen, besteht nur aus einer Zeile und hat drei Unbekannte.

16.13 Verwenden Sie den ab S. 596 beschriebenen Algorithmus.

16.14 Die Spalten bzw. Zeilen einer orthogonalen Matrix haben die Länge 1 und stehen senkrecht aufeinander.

16.15 Verwenden Sie die Regeln in der Übersicht auf S. 606.

16.16 Unterscheiden Sie nach den Fällen n gerade und n ungerade.

16.17 Man beachte die Anwendung auf S. 585.

16.18 Keine Veränderung der Verteilung heißt, dass nach einem Zyklus die Verteilung gleich ist. Machen Sie einen entsprechenden Ansatz.

16.19 Beachten Sie die Methoden in der Anwendung auf S. 578.

Kapitel 17

17.1 Überprüfen Sie die Abbildungen auf Linearität oder widerlegen Sie die Linearität durch Angabe eines Beispiels.

17.2 Nehmen Sie an, dass die Abbildung linear ist. Untersuchen Sie, welche Bedingung $\boldsymbol{u}$ erfüllen muss.

17.3 Beachten Sie das Prinzip der linearen Fortsetzung auf S. 625.

17.4 Bestimmen Sie das Bild von φ und beachten Sie die Dimensionsformel auf S. 629.

17.5 Zeigen Sie direkt, dass $\psi \circ \varphi$ und φ^{-1} linear sind. Beachten Sie die Definition der Linearität.

17.6 Prüfen Sie die Menge A' auf lineare Unabhängigkeit, bedenken Sie dabei aber, dass A' durchaus unendlich viele Elemente enthalten kann. Beachten Sie auch das Injektivitätskriterium auf S. 628.

17.7 Man beachte die Regel *Zeilenrang ist gleich Spaltenrang*.

17.8 Wählen Sie geeignete Vektoren $\boldsymbol{v}$ und $\boldsymbol{v}'$ und betrachten Sie $\boldsymbol{v} + \varphi(\boldsymbol{v})$ und $\boldsymbol{v}' - \varphi(\boldsymbol{v}')$.

17.9 Beachten Sie das Injektivitätskriterium auf S. 628.

17.10 In der i-ten Spalten der Darstellungsmatrix steht der Koordinatenvektor des Bildes des i-ten Basisvektors.

17.11 Beachten Sie die Formel auf S. 636.

17.12 Beachten Sie die Basistransformationsformel auf S. 637.

17.13 Schreiben Sie ${}_B\boldsymbol{M}(\varphi)_B = {}_B\,\boldsymbol{M}(\mathrm{id} \circ \varphi \circ \mathrm{id})_B$ und beachten Sie die Formel für das Produkt von Darstellungsmatrizen auf S. 636.

17.14 Beachten Sie die Definitionen der Linearität und der Darstellungsmatrix.

17.15 Führen Sie die Rechnung auf S. 622 mit Ebenenspiegelungen σ durch, deren Darstellungsmatrizen die Form $\boldsymbol{E}_3 - 2\,\boldsymbol{n}\,\boldsymbol{n}^T$ haben.

17.16 Bestimmen Sie die Bilder der Basisvektoren unter der Drehung.

Kapitel 18

18.1 Bilden Sie das Produkt von $\boldsymbol{A}^2$ bzw. $\boldsymbol{A}^{-1}$ mit dem Eigenvektor.

18.2 Betrachten Sie $(\boldsymbol{A} - \boldsymbol{E}_n)\,(\boldsymbol{A} - \boldsymbol{E}_n)$.

18.3 Wählen Sie jeweils eine passende Basis, von der Sie entscheiden können, ob die Basisvektoren auf Vielfache von sich abgebildet werden.

18.4 Transponieren und konjugieren Sie die Matrix $\boldsymbol{B}$.

18.5 Wenden Sie den Determinantenmultiplikationssatz an und zeigen Sie, dass es nur eine Möglichkeit für einen Eigenwert der Matrix geben kann. Der Fundamentalsatz der Algebra besagt dann, dass dieser Eigenwert auch tatsächlich existiert. Für die Aussage in (c) beachte man den Satz von Cayley-Hamilton auf S. 657.

18.7 Begründen Sie, dass die charakteristischen Polynome der beiden Matrizen $\boldsymbol{A}$ und $\boldsymbol{A}^T$ gleich sind.

18.8 Geben Sie ein Gegenbeispiel an.

18.9 Bestimmen Sie das charakteristische Polynom, dessen Nullstellen und dann die Eigenräume zu den so ermittelten Eigenwerten.

18.10 Bestimmen Sie die Eigenwerte, Eigenräume und wenden Sie das Kriterium für Diagonalisierbarkeit auf S. 662 an.

18.11 Bestimmen Sie die Eigenwerte von $\boldsymbol{A}$, dann eine Basis des $\mathbb{R}^3$ aus Eigenvektoren von $\boldsymbol{A}$ und orthonormieren Sie schließlich diese Basis. Wählen Sie schließlich die Matrix $\boldsymbol{S}$, deren Spalten die orthonormierten Basisvektoren sind.

18.12 Diagonalisieren Sie die Darstellungsmatrix von φ bezüglich der Standardbasis.

18.13 Bestimmen Sie die Eigenwerte und Eigenvektoren von $\boldsymbol{F}$ und interpretieren Sie die Bedeutung eines eventuell größten Eigenwertes, beachten Sie hierzu die Vektoriteration auf S. 673.

18.14 Beachten Sie die Merkregel auf S. 678.

18.15 Setzen Sie die Abbildungen $\boldsymbol{y}_j$ in die Differenzialgleichung ein. Machen Sie den üblichen Ansatz, um zu zeigen, dass die Vektoren $\boldsymbol{y}_1, \ldots, \boldsymbol{y}_r$ linear unabhängig sind und setzen Sie einen speziellen Wert ein.

18.16 Beachten Sie die Anwendung auf S. 671.

18.17 Ermitteln Sie die Darstellungsmatrix $\boldsymbol{A}$ der zugehörigen linearen Abbildung bezüglich der Standardbasis und bestimmen Sie die Form der Menge $\{\boldsymbol{A}\,\boldsymbol{v} \in \mathbb{R}^2 \,|\, |\boldsymbol{v}| = 1\}$. Ermitteln Sie letztlich die Eigenwerte und Eigenvektoren von $\boldsymbol{A}$.

Kapitel 19

19.1 Berechnen Sie das Skalarprodukt $\boldsymbol{u} \cdot \boldsymbol{v}$.

19.2 Berechnen Sie $(\boldsymbol{u} - \boldsymbol{v}) \cdot (\boldsymbol{u} + \boldsymbol{v})$.

19.3 Jede dieser Ebenen hat eine Gleichung, welche die Lösungsmenge des durch die Gleichungen von E_1 und E_2 gegebenen linearen Gleichungssystem nicht weiter einschränkt.

19.4 Beachten Sie den Determinantenmultiplikationssatz aus Kap. 16, S. 604.

19.5 Jede eigentlich orthogonale Matrix stellt eine Drehung dar, und ein Eigenvektor zum Eigenwert 1 bestimmt die Richtung der Drehachse (siehe S. 728).

19.6 Beachte die geometrische Deutung des Skalarproduktes oder des Vektorproduktes im $\mathbb{R}^3$.

19.7 Jeder zum Richtungsvektor von G orthogonale Vektor ist Normalvektor einer derartigen Ebene. Das zugehörige Absolutglied in der Ebenengleichung folgt aus der Bedingung, dass der gegebene Punkt von G auch die Ebenengleichung erfüllen muss.

19.8 Es muss $\boldsymbol{d}$ eine Affinkombination von $\boldsymbol{a}$, $\boldsymbol{b}$ und $\boldsymbol{c}$ sein. Wenn $\boldsymbol{d}$ der abgeschlossenen Dreiecksscheibe angehört, ist dies sogar eine Konvexkombination.

19.9 Der Normalvektor von E ist zu den Richtungsvektoren von G und H orthogonal. Für die Berechnungen der Abstände wird zweckmäßig die Hesse'sche Normalform von E verwendet.

19.10 Der Richtungsvektor von G ist ein Normalvektor von E.

19.11 Verwenden Sie die Formeln von S. 721.

19.12 Beachten Sie die Formel auf S. 721.

19.13 Beachten Sie die Formel auf S. 721.

19.14 Die Gleichung dieses Drehkegels muss ausdrücken, dass die Verbindungsgerade des Punktes $\boldsymbol{x}$ mit der Kegelspitze $\boldsymbol{p}$ mit dem Richtungsvektor $\boldsymbol{u}$ der Kegelachse den Winkel φ einschließt.

19.15 Definitionsgemäß müssen die Spaltenvektoren ein orthonormiertes Rechtsdreibein bilden.

19.16 Wende die Formel (19.16) für die Drehmatrix $\boldsymbol{R}_{\widehat{d},\varphi}$ an.

19.17 Verwenden Sie die Darstellung in (19.16).

19.18 Beachte das Anwendungsbeispiel auf S. 722.

19.19 Beachten Sie die Koordinatenvektoren der acht Eckpunkte eines Parallelepipeds auf S. 712.

19.20 Benutzen Sie bei $i \neq j$ die Gleichung $(\boldsymbol{p}_i - \boldsymbol{p}_j)^2 = 1$, um das Skalarprodukt $(\boldsymbol{p}_i \cdot \boldsymbol{p}_j)$ durch eine Funktion von $\boldsymbol{p}_i^2$ und $\boldsymbol{p}_j^2$ zu substituieren.

19.21 Nach den Ergebnissen auf S. 728 ist $\boldsymbol{d}$ ein Eigenvektor von $\boldsymbol{A}$ zum Eigenwert 1 und $\cos\varphi$ aus der Spur zu ermitteln. Die Orientierung von $\boldsymbol{d}$ bestimmt das Vorzeichen von φ.

19.22 Beachten Sie die Anwendung auf S. 727

19.23 Berechnen Sie die Drehmatrix gemäß (19.16). Sie müssen allerdings beachten, dass die Drehachse diesmal nicht durch den Ursprung geht.

Kapitel 20

20.1 Man beachte die Definition eines euklidischen Skalarproduktes auf S. 742.

20.2 Man beachte das Kriterium von S. 745.

20.3 Beachten Sie die positive Definitheit des Skalarproduktes.

20.4 Wählen Sie in der für alle $\lambda, \mu \in \mathbb{K}$ geltenden Ungleichung $0 \leq (\lambda\,\boldsymbol{v} + \mu\,\boldsymbol{w}) \cdot (\lambda\,\boldsymbol{v} + \mu\,\boldsymbol{w})$ spezielle Werte für λ und μ.

20.5 Wählen Sie eine Orthonormalbasis in U und setzen Sie diese zu einer Orthonormalbasis von V fort.

20.6 Man suche ein Gegenbeispiel.

20.7 Beachten Sie bei (1) den Projektionssatz auf S. 756 bezüglich des durch die Matrix $\boldsymbol{A}$ definierten Skalarproduktes. Die Aussage (2) können Sie per Induktion beweisen.

20.8 Verwenden Sie das Orthonormierungsverfahren von Gram und Schmidt (siehe S. 754).

20.9 Bestimmen Sie alle Vektoren $\boldsymbol{v} = (v_i)$, welche die Bedingungen $\boldsymbol{v} \perp \boldsymbol{v}_1$ und $\boldsymbol{v} \perp \boldsymbol{v}_2$ und $\|\boldsymbol{v}\| = 1$ erfüllen.

20.10 Man beachte den Projektionssatz auf S. 756 und die anschließenden Ausführungen.

20.11 Man beachte die Methode der kleinsten Quadrate auf S. 759. Als Basisfunktionen wähle man Funktionen, welche diese 12-Stunden-Periodizität des Wasserstandes berücksichtigen.

20.12 Beachten Sie die Anwendung auf S. 753.

Kapitel 21

21.1 Beachten Sie die Definitionen auf den Seiten 775 und 786.

21.2 Beachten Sie die jeweiligen Definitionen auf den Seiten 774 und 781.

21.3 Verwenden Sie den ab S. 778 erklärten Algorithmus und reduzieren Sie die Einheitsmatrix bei den Spaltenoperationen mit.

21.4 Hier ist der Algorithmus von S. 778 mit den Zeilenoperationen und allerdings konjugiert komplexen Spaltenoperationen zu verwenden.

21.5 Beachten Sie S. 776.

21.6 Suchen Sie zunächst einen Basiswechsel, welcher die auf $\mathbb{R}^2$ definierte quadratische Form $\rho(\boldsymbol{x}) = x_1x_2$ diagonalisiert.

21.7 Nach der Zusammenfassung auf S. 784 besteht die gesuchte orthonormierte Basis H aus Eigenvektoren der Darstellungsmatrix von ρ.

21.8 Folgen Sie den Schritten 1 und 2 von S. 788.

21.9 Die Bestimmung des Typs gemäß S. 793 ist auch ohne Hauptachsentransformation möglich. Achtung, im Fall b) ist $\psi(\boldsymbol{x})$ als Funktion auf dem $\mathbb{R}^3$ aufzufassen.

21.10 Beachten Sie das Kriterium auf S. 789.

21.11 Folgen Sie den Schritten 1 und 2 von S. 788.

21.12 Beachten Sie das Kriterium auf S. 789 für den parabolischen Typ sowie die Definition des Mittelpunktes auf S. 788.

21.13 Beachten Sie die Aufgabe 21.6.

21.14 Nach der Merkregel von S. 800 sind die Singulärwerte die Wurzeln aus den von null verschiedenen Eigenwerten der symmetrischen Matrix $\boldsymbol{A}^T\boldsymbol{A}$.

21.15 Folgen Sie der auf S. 799 beschriebenen Vorgangsweise.

21.16 Wählen Sie $\boldsymbol{b}_3 \in \ker\varphi$ (siehe Abb. 21.21) und ergänzen Sie zu einer Basis B mit $\boldsymbol{b}_1, \boldsymbol{b}_2 \in \ker\varphi^{\perp}$. Ebenso ergänzen Sie im Zielraum $\varphi(\boldsymbol{b}_1), \varphi(\boldsymbol{b}_2) \in \operatorname{Im}(\varphi)$ durch einen dazu orthogonalen Vektor $\boldsymbol{b}'_3 \in \ker\varphi^{\mathrm{ad}}$ zu einer Basis B'. Dann ist φ^{ps} durch $\varphi(\boldsymbol{b}_i) \mapsto \boldsymbol{b}_i$, $i = 1, 2$, und $\boldsymbol{b}'_3 \mapsto \boldsymbol{0}$ festgelegt.

21.17 Lösen Sie die Normalgleichungen.

21.18 G ist die Lösungsmenge einer linearen Gleichung $l(\boldsymbol{x}) = u_0 + u_1x_1 + u_2x_2$ mit drei zunächst unbekannten Koeffizienten u_0, u_1, u_2. Die gegebenen Punkte führen auf vier lineare homogene Gleichungen für diese Unbekannten. Dabei ist der Wert $l(\boldsymbol{p}_i)$ proportional zum Normalabstand des Punktes $\boldsymbol{p}_i$ von der Geraden G (beachten Sie die Hesse'sche Normalform auf S. 714).

21.19 P ist die Nullstellenmenge einer quadratischen Funktion $x_2 = ax_1^2 + bx_1 + c$. Jeder der gegebenen Punkte führt auf eine lineare Gleichung für die unbekannten Koeffizienten.

Kapitel 22

22.1 Beachten Sie die Definition eines kartesischen Tensors auf S. 824.

22.2 Es ist $s^{ij} = s^{ji}$ und $a_{ij} = -a_{ji}$.

22.3 Vergleichen Sie das Transformationsverhalten von t_{ij} mit jenem von t_{ji}.

22.4 Beachten Sie die Cramer'sche Regel auf S. 610 sowie die Formel (22.11).

22.5 Mit dem Quadrat ist die zweifache Anwendung gemeint. Beachten Sie die Formeln (22.13) und (22.16) oder auch die geometrische Bedeutung dieser Tensoren, dargestellt in den Abbildungen 22.1 und 22.3. In (22.13) ist $\|\boldsymbol{d}\| = \omega$, in (22.16) $\|\boldsymbol{d}\| = 1$ vorausgesetzt.

22.6 In den Summen läuft jeder Summationsindex von 1 bis 3.

22.7 Beachten Sie die S. 826 sowie (22.14).

22.8 ${}_B\boldsymbol{T}_{\overline{B}} = (\overline{a}_j^{\,i})$ und ${}_{\overline{B}}\boldsymbol{T}_B = (\underline{a}_j^{\,i})$.

22.9 Im Sinne der Bemerkung auf S. 823 wird hier der Dualraum V^* mit dem Vektorraum $V = \mathbb{R}^3$ identifiziert.

22.10 Die Transformation der Tensorkomponenten wird übersichtlicher, wenn sie in Matrizenschreibweise erfolgt.

22.11 Die B-Koordinaten der verdrehten Vektoren $\overline{\boldsymbol{b}}_j$ legen die $\underline{a}_j^{\,i}$ fest.

22.12 Beachten Sie die S. 826 sowie die Abb. 22.2.

22.13 Beachten Sie die Spur und den alternierenden Anteil des Drehtensors.

22.14 Verwenden Sie die Gleichung (22.15).

22.15 Verwenden Sie die Gleichung (22.15).

22.16 Verwenden Sie die Gleichung (22.15).

22.17 Beachten Sie die Erklärungen auf der S. 828.

22.18 Beachten Sie die Anwendung auf S. 830.

Kapitel 23

23.1 Zeichnen Sie den Polyeder der Punkte, die die Nebenbedingungen erfüllen, und überlegen Sie sich, wie die Niveaulinien der Zielfunktion verlaufen.

23.2 Beachten Sie, dass optimale Lösungen nicht notwendigerweise eindeutig sein oder überhaupt existieren müssen.

23.3 Suchen Sie gegebenenfalls ein einfaches Gegenbeispiel.

23.4 Zu (b): Überlegen Sie sich, wie die Niveaulinien der Zielfunktion aussehen müssen.

23.5 Zeigen Sie, dass die Punkte der Menge die Nebenbedingungen erfüllen und bestimmen Sie den Zielfunktionswert in diesen Punkten.

23.6 Zeichnen Sie die Pyramide, und überlegen Sie sich, wie die Niveauflächen der Zielfunktionen aussehen bzw. aussehen müssen.

23.7 (a) Die optimale Lösung ist $\boldsymbol{x}^* = (2, 3)^T$.

(b) Die Ecke $(2, 3)^T$ ist eine optimale Lösung für alle $r > 0$ und $\alpha \in [\frac{\pi}{4}, \frac{3\pi}{4}]$.

(c) Es gilt $\boldsymbol{c}(r, \alpha) \in K \Leftrightarrow (r, \alpha) \in \mathbb{R}_{>0} \times [\frac{\pi}{4}, \frac{3\pi}{4}]$.

23.8 Gehen Sie zunächst anschaulich vor.

23.9 Führen Sie Schlupfvaribablen ein und und bestimmen Sie das Optimum mithilfe des Simplexalgorithmus.

23.10 Die Aufgabe ist ein lineares Optimierungsproblem in Standardform.

23.11 Rekapitulieren Sie, welche Charakteristika das Simplextableau in entarteten Ecken zeigt.

23.12 Lösen Sie die Aufgabe mithilfe des Simplexalgorithmus.

23.13 Um Teil (b) zu lösen, versuchen Sie den Gedanken aus Teil (a) zu verallgemeinern.

23.14 Formulieren Sie das Beispiel als lineares Optimierungsproblem und lösen Sie es grafisch.

Kapitel 24

24.1 Die Beziehung zwischen den verschiedenen Begriffen wird in Abb. 24.13 dargestellt.

24.2 Richtungsstetigkeit in jede Richtung impliziert insbesondere Stetigkeit in Richtung der Koordinatenachsen. Zum Zusammenhang zwischen Differenzierbarkeit und Stetigkeit siehe Abb. 24.13.

24.3 Nach den Variablen x und y unabhängig ableiten; wegen des Satzes von Schwarz ist z. B. $f_{xy} = f_{yx}$.

24.4 Finden Sie zu jedem $x \in (0, 1)$ die Strecke mit maximalem Wert für $y = f(x)$, eliminieren Sie t aus dem Ergebnis. Dabei hilft es, eine Funktion F von beiden Variablen x und t zu definieren.

24.5 Benutzen Sie Polarkoordinaten, gehen Sie vor wie auf S. 877.

24.6 Benutzen Sie Polarkoordinaten, entwickeln Sie den Kosinus.

24.7 Der einzige fragliche Punkt ist $\boldsymbol{x} = \boldsymbol{0}$, dort hilft die Einführung von Polarkoordinaten. Die partiellen Ableitungen muss man gemäß Definition als Differenzialquotienten bestimmen.

24.8 Bestimmen Sie alle partiellen Ableitungen bis zur zweiten Ordnung und setzen Sie in die Koeffizientenformel (24.2) ein.

24.9 Bestimmen Sie alle partiellen Ableitungen bis zur zweiten Ordnung und setzen Sie in die Koeffizientenformel (24.2) ein. Mithilfe des Taylorpolynoms können Sie sofort eine Näherung für $\sqrt[10]{(1.05)^9} = (1 + 0.05)^{1-0.1}$ angeben, da die Abweichung von der Entwicklungsmitte klein ist.

24.10 Man kann die allgemeine Ableitungen nach x_i und die allgemeine Ableitung $\frac{\partial^2 f}{\partial x_j \, \partial x_i}$ betrachten, in letzterer ergibt sich eine Unterscheidung zwischen den Fällen $i = j$ und $i \neq j$.

24.11 Betrachten Sie die Gleichung $F(x, y) = x^y - y^x = 0$ und überprüfen Sie, ob durch diese Gleichung in einer Umgebung von $x = 1$ eine Funktion y von x implizit gegeben ist. Die Ableitung dieser Funktion lässt sich durch implizites Differenzieren bestimmen.

24.12 Bilden Sie die Ableitungen aller Komponenten nach allen Argumenten.

24.13 Benutzen Sie das Ergebnis von S. 893 und gehen Sie vor wie in diesem Beispiel.

24.14 Sie können natürlich die Ergebnisse von S. 894 benutzen.

24.15 Gehen Sie vor wie auf S. 895.

24.16 Leiten Sie die Homogenitätsbeziehung nach λ ab, schreiben Sie Ableitung nach λ auf Ableitungen nach den Argumenten λx_i und weiter nach den Koordinaten x_i um.

24.17 Es handelt sich um exakte Differenzialgleichungen.

24.18 Benutzen Sie einen integrierenden Faktor der Form $\mu(x, y) = \mu(x)$.

24.19 Benutzen Sie einen integrierenden Faktor der Form $\mu(x, y) = X(x)Y(y)$.

24.20 Benutzen Sie den Hauptsatz über implizite Funktionen und implizites Differenzieren.

24.21 Benutzen Sie den Hauptsatz über implizite Funktionen und implizites Differenzieren.

24.22 Benutzen Sie den Hauptsatz über implizite Funktionen und implizites Differenzieren.

24.23 Hauptsatz über implizite Funktionen. Zur expliziten Bestimmung von φ_1 und φ_2 muss man lediglich eine quadratische Gleichung lösen – der Zweig der Wurzel ist dabei eindeutig festgelegt.

24.24 Bestimmen Sie die Jacobi-Matrix von $\boldsymbol{h}$ durch Matrixmultiplikation und überprüfen Sie, ob $\det \boldsymbol{J}_h \neq 0$ ist.

24.25 Nullsetzen des Gradienten und Überprüfen der Hesse-Matrix an den fünf kritischen Punkten.

24.26 Nullsetzen des Gradienten liefert ein Gleichungssystem mit genau einer Lösung. Überprüfen Sie für diesen Punkt die Hesse-Matrix.

24.27 Lösen Sie die Nebenbedingung explizit nach einer der Variablen (zum Beispiel z) auf, und definieren Sie eine neue Funktion $\mathbb{R}^2 \to \mathbb{R}$, deren kritische Stellen Sie mittels Nullsetzen des Gradienten bestimmen können.

24.28 Nullsetzen des Gradienten liefert drei kritische Punkte. An zwei davon erlaubt die Hesse-Matrix eine Aussage. Am dritten können Sie beispielsweise $f(x, 0)$ betrachten.

24.29 Benutzen Sie die Fehlerformeln, die sich aus dem totalen Differenzial ergeben, gehen Sie vor wie auf S. 885.

24.30 Lösen Sie jeweils nach der fraglichen Variablen auf, und bilden Sie die gewünschte Ableitung, wobei die andere Variable konstant gehalten wird. Benutzen Sie im Endergebnis nochmals die Zustandsgleichung.

24.31 Behandeln Sie Z als unbekannte, beliebig oft differenzierbare Funktion, die klarerweise allen gängigen Ableitungsregeln gehorcht.

Kapitel 25

25.1 Wählen Sie eine Integrationsreihenfolge, bei der durch die innerste Integration die Wurzel verschwindet.

25.2 Durch das Vertauschen der Integrationsreihenfolge können beide Integrale zu einem zusammengefasst werden.

25.3 Am einfachsten sind die Kugelkoordinaten.

25.4 Formen Sie die Bedingungen aus den Definitionen der Mengen so um, dass Intervalle entstehen. Gibt es Ausdrücke, die auf bekannte Transformationen hinweisen?

25.5 Verwenden Sie die Vektoren $\boldsymbol{b} - \boldsymbol{a}$ und $\boldsymbol{c} - \boldsymbol{a}$ als Basis für ein Koordinatensystem im $\mathbb{R}^2$. Die Fläche des Dreiecks ist $|\det((\boldsymbol{b} - \boldsymbol{a}, \boldsymbol{c} - \boldsymbol{a}))|/2$.

25.6 Substituieren Sie in den Gleichung so, dass die Gleichung einer Kugel entsteht.

25.7 Zeigen Sie zunächst, dass die Reihe auf der rechten Seite der Gleichung konvergiert. Dazu kann das Monotoniekriterium verwendet werden. Um die Gleichheit nachzuweisen, muss man die Definition der Integrale über Treppenfunktionen verwenden. Wählen Sie eine Folge von Treppenfunktionen für jedes D_n und konstruieren Sie damit eine Folge für D.

25.8 Verwenden Sie den Satz von Fubini, um die Gebietsintegrale als iterierte Integrale zu schreiben.

25.9 Schreiben Sie die Integrale für beide möglichen Integrationsreihenfolgen als iteriertes Integral. Lassen sich auf beiden Wegen die Integrale berechnen?

25.10 Setzen Sie $V_0 = 1$ und rechnen Sie die Formel für $n = 1, n = 2$ und $n = 3$ explizit aus. Stellen Sie eine Vermutung für das allgemeine Ergebnis auf und beweisen diese durch vollständige Induktion.

25.11 Schreiben Sie das Integral als iteriertes Integral, bei dem im inneren Integral die Integration über x_2 durchgeführt wird.

25.12 Bestimmen Sie die Funktionaldeterminante der Transformation und wenden Sie die Transformationsformel an. Dazu müssen Sie den Integranden durch u_1 und u_2 ausdrücken. Was ist $x_1^2 + x_2^2$?

25.13 Fertigen Sie eine Skizze des Integrationsbereichs an. Welches sind geeignete Koordinaten für eine Anwendung der Transformationsformel?

25.14 Führen Sie die Rechnung in Zylinderkoordinaten durch und nutzen Sie soweit wie möglich die Symmetrien des Systems aus. Das Zerlegen des Integrationsgebietes in zwei Normalbereiche ist dennoch notwendig.

25.15 Substituieren Sie $u = r^2$ für das Integral über r.

25.16 Verwenden Sie Zylinderkoordinaten. Im Integral über r kann man $u = r^2$ substituieren.

25.17 Verwenden Sie Kugelkoordinaten.

25.18 Verwenden Sie Kugelkoordinaten für beide Gebietsintegrale.

25.19 Stellen Sie das Volumen durch Zylinderkoordinaten dar.

25.20 Bestimmen Sie einfach zu beschreibende Teilflächen, für die Sie die Flächeninhalte berechnen können. Ggf. ist es sinnvoll, eine Fläche zunächst mehrfach zu bestimmen und dann entsprechend oft wieder abzuziehen.

25.21 Überlegen Sie sich einfache Teilgebiete, aus denen sich der Hammer zusammensetzt. Setzen Sie ggf. bekannte Formeln für Integrale über Quader oder Rotationskörper ein.

Kapitel 26

26.1 Versuchen Sie ein Beispiel mit immer dichter liegenden Oszillationen gleicher Amplitude zu konstruieren.

26.2 Schon Anfangs- und Endpunkt der Kurven sind aufschlussreich, um einige Möglichkeiten auszuschließen.

26.3 Beginnen Sie mit einer Konstruktion ähnlich wie in Abb. 26.9 dargestellt. Drücken Sie die Dreiecksflächen als Determinanten aus und benutzen Sie den Mittelwertsatz der Differenzialrechnung.

26.4 Bestimmen Sie zunächst die Bahn des Mittelpunktes des äußeren Rades und überlegen Sie, wie sich die Winkelgeschwindigkeiten der beiden Räder zueinander verhalten.

26.5 Ein Geradenstücke von $\boldsymbol{p}_1$ nach $\boldsymbol{p}_2$ lässt sich immer in der Form $\boldsymbol{x} = \boldsymbol{p}_1 + t\,(\boldsymbol{p}_2 - \boldsymbol{p}_1)$ mit $t \in [0, 1]$ parametrisieren. Teile eines positiv durchlaufenen Kreises mit Mittelpunkt $\boldsymbol{m}$ und Radius r_0 lassen sich stets als $\boldsymbol{x} = (m_1 + r_0 \cos t \quad m_2 + r_0 \sin t)^\top$ mit einem geeigneten Intervall für t schreiben. Bei allen Kurven hilft es, zunächst einmal eine Skizze anzufertigen.

26.6 Benutzen Sie die Darstellung $x_1 = r(\varphi) \cos\varphi$, $x_2 = r(\varphi) \sin\varphi$ und Formel (26.8).

26.7 Sie können $\boldsymbol{\gamma}(t) = (a(1 + \cos t) \cos t, a(1 + \cos t) \sin t)^\top$ setzen und die Formeln (26.5), (26.6) sowie (26.9) benutzen. Dadurch, dass die Kurve in Polarkoordinaten gegeben ist, gibt es für manche dieser Ausdrücke jedoch sogar einfachere Formen.

26.8 Benutzen Sie die Identität $\cos(2\varphi) = \cos^2\varphi - \sin^2\varphi$. Sie können die Symmetrieeigenschaften der Kurve benutzen, um die Rechnungen zu vereinfachen.

26.9 Die Polarkoordinatendarstellung lässt sich sofort ablesen. Nach Multiplikation mit r kann man direkt die bekannten Umrechungsbeziehungen zwischen kartesischen und Polarkoordinaten benutzen. Die Bestimmung des Flächeninhalts erfolgt am einfachsten in Polarkoordinaten.

26.10 Benutzen Sie die Identität $\cos(2\varphi) = \cos^2\varphi - \sin^2\varphi$, um die Gleichung in kartesischen Koordinaten zu erhalten. Einsetzen der Parametrisierung in diese Gleichung muss eine wahre Aussage liefern. Der Ursprung entspricht den Parameterwerten $t = \pm 1$, die Tangenten bestimmt man am besten aus der Parameterdarstellung; diese erlaubt mit $t \to \pm\infty$ auch ein einfaches Auffinden der Asymptoten.

26.11 Gehen Sie wie im Fall der Schraubenlinie in Abschn. 26.4 vor.

26.12 Betrachten Sie die im $\mathbb{R}^3$ durch $\boldsymbol{\gamma}(t) = \boldsymbol{x}(u(t), v(t))$ definierte Kurve. Behandeln Sie die beiden Stücke der Kurve separat und addieren Sie anschließend die Ergebnisse für die Bogenlänge.

26.13 Bilden Sie die Skalarprodukte $\boldsymbol{e}_r \cdot \boldsymbol{e}_\vartheta$, $\boldsymbol{e}_r \cdot \boldsymbol{e}_\varphi$, $\boldsymbol{e}_\vartheta \cdot \boldsymbol{e}_\varphi$ bzw. $\boldsymbol{e}_\rho \cdot \boldsymbol{e}_\varphi$, $\boldsymbol{e}_\rho \cdot \boldsymbol{e}_z$ und $\boldsymbol{e}_\varphi \cdot \boldsymbol{e}_z$.

26.14 Bilden Sie die kovarianten Basisvektoren durch Ableitungen nach den neuen Koordinaten und vergleichen Sie die Skalarprodukte dieser Vektoren miteinander.

26.15 Die Korrektur ist negativ.

26.16 Die Ziege kommt auf der Seite der Säule dann am weitesten, wenn das Seil bis zu einem Punkt $\boldsymbol{p}$ an der Säule anliegt und von diesem Punkt an tangential weiterläuft. Aus dieser Bedingung lässt sich eine Parameterdarstellung der Grenzkurve bestimmen.

26.17 Beachten Sie, dass $\boldsymbol{p}$ stets auf der Geraden durch $\boldsymbol{g}$ und $\boldsymbol{h}$ liegt und zudem der Abstand $\|\boldsymbol{p} - \boldsymbol{h}\| = \ell$ ist.

26.18 Orientieren Sie sich an der Anwendung von S. 969. Den Schwerpunkt erhalten Sie aus Symmetrieüberlegungen und der Berechnung eines Doppelintegrals.

26.19 Der Hauptsatz der Differenzial- und Integralrechnung (Kap. 11) klärt, was beim Ableiten nach der variablen Grenze passiert, der Rest ist simples Einsetzen in (26.8) und (26.6). Überlegen Sie sich, welche Nachteile es hätte, im Straßenbau nur Geraden- und Kreisabschnitte zur Verfügung zu haben.

Kapitel 27

27.1 Bestimmen Sie Rotation und Divergenz der Felder und vergleichen Sie mit den Angaben in den Abbildungen. Zudem kann es helfen, die Werte der Vektorfelder an einzelnen charakteristischen Punkten zu berechnen.

27.2 Zu den Kriterien für die Existenz eines Potenzials, siehe Abschn. 27.3 ab S. 1012.

27.3 An welchen Stellen käme es zu einer Division durch null? Für die Existenz eines Potenzials muss die Rotation verschwinden und das Definitionsgebiet D einfach zusammenhängend sein.

27.4 Betrachten Sie die Rotation in Kugelkoordinaten (siehe S. 1029), und überlegen Sie, welche Form A_r, A_ϑ und A_φ haben müssen, damit jeder Term in den dortigen Differenzen verschwindet.

27.5 Das Ergebnis für $\operatorname{\mathbf{rot}} \boldsymbol{v}$ kann das Berechnen des Kurvenintegrals vereinfachen.

27.6 Untersuchen Sie, ob das Vektorfeld ein Potenzial besitzt.

27.7 Untersuchen Sie, ob ein Potenzial existiert.

27.8 Untersuchen Sie Definitionsgebiet und Integrabilitätsbedingungen $\frac{\partial v_i}{\partial x_j} = \frac{\partial v_j}{\partial x_i}$.

27.9 Um die Gleichung der Schnittkurve zu bestimmen, benutzen Sie eine Flächengleichung, um z^2 aus der anderen zu eliminieren. Nun können Sie einen geeigneten Integralsatz benutzen.

27.10 Eine Skizze hilft bei diesem Beispiel außerordentlich. Benutzen Sie zum Auswerten des Integrals einen geeigneten Integralsatz.

27.11 Bestimmen Sie die Form von S, indem Sie seine Randkurven ermitteln. Diese erhalten Sie, wenn Sie in jeder Ungleichung das Gleichheitszeichen nehmen. Gehen Sie für die Bestimmung des Integrals so vor wie im Beispiel auf S. 1016; eine Auswertung in Polarkoordinaten bietet sich an.

27.12 Die Abhängigkeit des Oberflächenelements $d\sigma = \|\boldsymbol{x}_u \times \boldsymbol{x}_v\|\, du\, dv$ von einer der beiden Variablen ist trivial, damit faktorisiert das Doppelintegral.

27.13 Benutzen Sie einen geeigneten Integralsatz. Die Auswertung des Integrals erfolgt am besten in kartesischen Koordinaten, wobei x die äußerste Integrationsvariable ist.

27.14 Skizzieren Sie die Menge S. Durch die Struktur von Integrand und Integrationsgebiet bietet es sich an, zuerst über y, dann über x zu integrieren.

27.15 Bestimmen und skizzieren Sie den Bereich $S \subseteq \mathbb{R}^2$, über dem die Fläche definiert ist.

27.16 Benutzen Sie einen geeigneten Integralsatz.

27.17 Das Doppelintegral ist am einfachsten in Polarkoordinaten auszuwerten.

27.18 Das Doppelintegral ist am einfachsten in Polarkoordinaten auszuwerten.

27.19 Benutzen Sie einen geeigneten Integralsatz.

27.20 Bilden Sie die kovarianten Basisvektoren durch Ableitungen nach den Koordinaten, die metrischen Koeffizienten ergeben sich als Betrag dieser Vektoren. Mit den metrischen Koeffizienten kann man dann sowohl die differenziellen Elemente als auch die Differenzialoperatoren bestimmen.

27.21 Stellen Sie das Vektorfeld in Zylinderkoordinaten dar. Die gefragten Integrale lassen sich auch mittels geeigneter Integralsätze (Gauß bzw. Stokes) bestimmen. Bei Integration über die Oberfläche des Zylinders muss man Mantel, Grund- und Deckfläche separat behandeln; dabei trägt jeweils nur eine Komponente von $\boldsymbol{V}$ zum Integral bei.

27.22 Bestimmen Sie die Projektionen $V_r = \boldsymbol{V} \cdot \boldsymbol{e}_r$ etc. Das Oberflächenintegral lässt sich direkt oder mit dem Satz von Gauß ermitteln. Bestimmen Sie für die zweite Variante die Divergenz direkt in Kugelkoordinaten.

27.23 Beschreiben Sie den Dipol durch einen Vektor $\boldsymbol{a}$ mit Norm a, der vom Dipolmittelpunkt $\tilde{\boldsymbol{x}}$ zur Ladung q weist. (Entsprechend weist $-\boldsymbol{a}$ von $\tilde{\boldsymbol{x}}$ nach $-q$.) Die Kräfte $\boldsymbol{F}$ ergeben sich jeweils als Produkt der Ladung $\pm q$ mit dem elektrischen Feld am Ort dieser Ladung.

Die Kraft auf den Dipol ergibt sich als Summe der Kräfte auf die Einzelladungen, das Drehmoment wie angeben als Summe von Kreuzprodukten. Beachten Sie, dass die Basisvektoren in Kugelkoordinaten ortsabhängig sind! Bei der Arbeit mit Ortsvektoren kann man benutzen, dass beispielsweise $\boldsymbol{e}_r(\tilde{\boldsymbol{x}} + \boldsymbol{a}) = \frac{\tilde{\boldsymbol{x}}+\boldsymbol{a}}{\|\tilde{\boldsymbol{x}}+\boldsymbol{a}\|}$ gilt.

Überlegen Sie sich, in welchen Grenzfällen die erhaltenen Ausdrücke verschwinden und welche physikalische Interpretation das hat.

27.24 Bestimmen Sie die Länge der Kurve auf S. 1009, und stellen Sie die Gleichungen einer stückweise affin linearen Funktion bzw. Parabel auf, die durch die Punkte $(-\ln 2, \frac{5}{4})^\top$ und $(\ln 2, \frac{5}{4})^\top$ verlaufen und zwischen diesen Punkten die gleiche Länge haben. Bestimmen Sie nun das Kurvenintegral über $U(\boldsymbol{x}) = x_2$ entlang dieser beiden Kurven.

27.25 Suchen Sie nach Definitionslücken im Geschwindigkeitsfeld. Fertigen Sie eine Skizze an. Anhand der skizzierten Verhältnisse können Sie bereits abschätzen, welches Ergebnis Sie für die Arbeitsintegrale erwarten können.

27.26

- Bestimmen Sie das Potenzial einer Kugelschale der Dicke dr. Integrieren Sie dieses Potenzial von R_1 nach R_2 um das Potenzial der Kugelschale zu erhalten. Die Kraft ergibt sich unmittelbar durch Gradientenbildung.
- Mit den Ergebnissen aus dem ersten Teil der Aufgabe können Sie die Kraft auf eine Probemasse sofort bestimmen. Einsetzen in die Newton'sche Bewegungsgleichung $m\,\frac{d^2r}{dt^2} = F(r)$ liefert eine bekannte Differenzialgleichung, deren Lösung Sie sofort angeben können.

Kapitel 28

28.1 Bestimmen Sie jeweils die Eigenwerte der Matrix und konsultieren Sie die Übersicht auf S. 1043.

28.2 Bestimmen Sie das Maximum von f auf R und verwenden Sie die Aussage des Satzes von Picard-Lindelöf. Die Differenzialgleichung kann durch Separation gelöst werden.

28.3 Für (a) und (b) muss nur lineare Algebra verwendet werden. Stellen Sie für (c) die Wronski-Determinante auf.

28.4 Wie viele Elemente hat ein Fundamentalsystem eines $n \times n$-Differenzialgleichungssystems?

28.5 Wenden Sie das verbesserte Euler-Verfahren auf die Testprobleme für Stabilitätsuntersuchungen an.

28.6 Es ist eine Euler'sche Differenzialgleichung, deren Fundamentalsystem durch den Ansatz $y(x) = x^\lambda$ bestimmt werden kann. Versuchen Sie, die Randwerte durch eine Linearkombination der Funktionen des Fundamentalsystems zu erfüllen.

28.7 Die kritischen Punkte bestimmen Sie durch Lösen der Gleichung $\boldsymbol{x}' = \boldsymbol{0}$. Für die Stabilität des kritischen Punkts z müssen Sie die Eigenwerte von $\boldsymbol{F}'(z)$ bestimmen, wobei $\boldsymbol{F}$ die Funktion ist, die das System beschreibt.

28.8 Formulieren Sie das Anfangswertproblem als Integralgleichung und leiten Sie daraus eine Fixpunktgleichung her.

28.9 Verwenden Sie den Exponentialansatz $\boldsymbol{u}(x) = \boldsymbol{v} \exp(\lambda x)$ mit Eigenwert λ und Eigenvektor $\boldsymbol{v}$.

28.10 Wählen Sie bei der Variation der Konstanten Forderungen so, dass keine zweiten oder noch höheren Ableitungen der freien Funktionen auftreten.

28.11 Leiten Sie den Ansatz ab und setzen Sie ihn in das Differenzialgleichungssystem ein. Sie erhalten ein lineares Gleichungssystem für die Ableitungen der $c_j, j = 1, 2$.

28.12 Bestimmen Sie kritische Punkte des Differenzialgleichungssystems. Welche davon sind stabil? Interpretieren Sie auf dieser Grundlage das Verhalten der Trajektorien.

28.13 Bestimmen Sie die allgemeine Lösung des Systems durch einen Exponentialansatz. Überlegen Sie sich die Vorzeichen der Eigenwerte der zugehörigen Matrix.

28.14 Lösen Sie die Gleichung des Rückwärts-Euler-Verfahrens nach $\boldsymbol{x}_{k+1}$ auf.

28.15 Nutzen Sie $xu''(x) + u'(x) = (xu'(x))'$ und verwenden Sie partielle Integration zur Herleitung der Variationsgleichung. Schreiben Sie die Hutfunktionen explizit auf und bestimmen damit die Koeffizienten im Gleichungssystem.

28.16 Sie müssen das Problem als ein Anfangswertproblem für ein System von Differenzialgleichungen erster Ordnung $\boldsymbol{y}'(x) = f(x, \boldsymbol{y}(x))$ umformulieren. Die rechte Seite dieses Systems können Sie dann in MATLAB® als Funktion `function w = f(x,v)` realisieren. Hierbei ist `x` skalar und `v`, `w` sind Spaltenvektoren der Länge 2.

Kapitel 29

29.1 Stellen Sie die Matrizen auf, die den Hauptteil der Differenzialgleichungen beschreiben. Wie lauten deren Eigenwerte?

29.2 Bestimmen Sie die partiellen Ableitungen von v über die mehrdimensionale Kettenregel.

29.3 Verwenden Sie die erste Green'sche Identität (erster Green'scher Satz).

29.4 Verwenden Sie die mehrdimensionale Kettenregel, um die partiellen Ableitungen von v auszudrücken.

29.5 Einsetzen der partiellen Ableitungen der Funktionen in die Differenzialgleichungen liefert Bedingungen für die gesuchten Parameter.

29.6 Der Separationsansatz führt auf die Differenzialgleichungen des harmonischen Oszillators (siehe Kap. 13). Aus sämtlichen durch die Separation gewonnenen Lösungen muss eine Reihe gebildet werden. Die Koeffizienten ergeben sich dann durch einen Koeffizientenvergleich mit den Randwerten.

29.7 Bilden Sie aus allen durch die Separation erhaltenen Lösungen eine Reihe. Dabei können die Randbedingungen schon verwendet werden. Aus den Anfangswerten lassen sich die Koeffizienten der Reihenglieder bestimmen.

29.8 Bei (b) ist eine Separationsansatz in kartesischen Koordinaten durchzuführen, der auf einfache gewöhnliche Differenzialgleichungen führt.

29.9 Führen Sie die Separation in Polarkoordinaten durch und substituieren Sie anschließend $t = kr$.

29.10 Lösen Sie zunächst die Differenzialgleichungen für k_1, k_2. Dadurch vereinfacht sich diejenige für w.

29.11 Das Charakteristikenverfahren kann angewandt werden. Die Differenzialgleichung für k_2 vereinfacht sich, wenn zunächst diejenigen für k_1 und w gelöst werden.

29.12 Verwenden Sie die Formel von d'Alembert. Vereinfachen und beachten Sie, dass in den verbleibenden Integralen $x + t$ bzw. $x - t$ substituiert werden kann.

29.13 (a) Bestimmen Sie die Anzahl der Fahrzeuge auf einem Intervall $[a, b]$ zum Zeitpunkt t und die Ableitung dieser Größe nach t. (b) Verwenden Sie Teil (a) und die Beziehung $q = v\rho$. (c) Wenden Sie das Charakteristikenverfahren für die einzelnen Abschnitte der Anfangskurve getrennt an. In welchen Gebieten wird so die Lösung bestimmt?

29.14 Wie lauten die Knoten des Gitters? Mit welchen Knoten des Gitters sind Basisfunktionen assoziiert? Wie sehen diese Basisfunktionen aus?

Kapitel 30

30.1 Nutzen Sie die vereinfachten Formeln zur Berechnung der Fourierkoeffizienten für gerade bzw. ungerade Funktionen und den Zusammenhang zwischen reellen und komplexen Fourierkoeffizienten.

30.2 Berechnen Sie die reellen Fourierkoeffizienten und setzen Sie sie in die Parseval'sche Gleichung in der komplexen Form ein.

30.3 Wie sieht f an den Stellen $\pm\pi$ aus? Stellen Sie für die Bestimmung der Fourierreihe fest, ob die Funktion gerade oder ungerade ist und nutzen Sie die vereinfachten Formeln für die Fourierkoeffizienten.

30.4 Schreiben Sie einen Ausdruck zur Berechnung von h_k hin und vertauschen Sie die Reihenfolge der Integrale. Nutzen Sie dann die Periodizität von f bzw. von g.

30.5 (a) Nutzen Sie die geometrische Summenformel. (b) und (c): Die Aussagen folgen durch einfaches Einsetzen aus Teil (a).

30.6 Verwenden Sie die Formel für die Fourierkoeffizienten und berechnen Sie das Integral.

30.7 Ist die Funktion gerade oder ungerade, so dass die vereinfachten Formeln für die Fourierkoeffizienten verwendet werden können? Zur Berechnung der Integrale zeigen Sie zunächst $\cos(x)\,\sin(kx) = (1/2)\,(\sin((k+1)x) + \sin((k-1)x))$.

30.8 Verwenden Sie zur Berechnung der reellen Fourierkoeffizienten die Tatsache, dass f gerade ist. Man muss partiell integrieren. Den Reihenwert erhält man durch Anwendung der Parseval'schen Gleichung für die Funktion f.

30.9 Bei der zunächst zu zeigenden Formel führt man für die linke Seite zweimal eine partielle Integration durch. Man erhält wieder dasselbe Integral mit einem anderen Vorfaktor und kann auflösen. Die Fourierreihe müssen Sie an der Stelle 0 betrachten.

30.10 (a) Berechnen Sie g explizit. (b) Nutzen Sie die vereinfachten Formeln für eine gerade Funktion. (c) Nutzen Sie, dass g außerhalb eines bestimmten Intervalls verschwindet, und verwenden Sie die Euler'sche Formel.

30.11 Betrachten Sie eine Saite der Länge π. Die Anfangsauslenkung modelliert man als eine stückweise lineare Funktion. Aus ihren Fourierkoeffizienten erhält man die Lösung nach den Überlegungen vom Anfang des Kapitels.

30.12 Schreiben Sie $u(x,t) = v(t)w(x)$ und stellen Sie gewöhnliche Differenzialgleichungen für v und w auf. Die Gesamtlösung ist eine Reihe über alle so erhaltene Lösungen. Indem man die Fourierreihe der Anfangswerte aufstellt, erhält man die Koeffizienten durch Koeffizientenvergleich. Ausführlich sind Separationsansätze im Kap. 29 beschrieben.

30.13 (a) In jeder Zeile müssen dieselben Einträge vorkommen, aber jeweils nach rechts verschoben. (b) Drücken Sie $(\boldsymbol{Fb})_j$ durch γ, $\boldsymbol{a}$ und ω_{jk} aus und nutzen Sie die Periodizität von γ. (c) FFT.

Kapitel 31

31.1 Überprüfen Sie, ob die angegebenen Abbildungen alle Eigenschaften einer Norm erfüllen.

31.2 Betrachten Sie endliche Teilintervalle von $\mathbb{R}$ und deren Komplemente. Zeigen Sie, dass bei einer Cauchy-Folge die Funktionswerte auf den unbeschränkten Teilintervallen unabhängig von n klein werden.

31.3 Bilden Sie die Stammfunktion der Grenzfunktion der Folge der Ableitungen, und zeigen Sie, dass diese mit der Grenzfunktion der Folge selbst übereinstimmt.

31.4 Für den Nachweis der Orthogonalität muss man die Fälle unterscheiden, dass der j-Index der beiden Funktionen gleich oder verschieden ist. Im ersten Fall ist das Produkt der Funktionen null, im zweiten Fall ist die eine konstant, wenn die andere von null verschieden ist.

31.5 Für die Linearität nutzen Sie die Eigenschaften der Orthogonalprojektion und die Tatsache, dass in einem abgeschlossenen Unterraum nur der Nullvektor zu allen anderen Vektoren orthogonal ist. Für die Norm muss man nachweisen, dass 1 sowohl eine obere als auch eine untere Schranke für die Operatornorm ist.

31.6 Für (a) können Sie zeigen, dass es eine Konstante $q \in (0,1)$ gibt mit $|a_{n+1} - a_n| \leq |a_n - a_{n-1}|$. Für jede Folge mit einer solchen Eigenschaft kann man mit der geometrischen Reihe allgemein nachweisen, dass es sich um eine Cauchy-Folge handelt.

Bei den anderen Teilaufgaben kann man die Eigenschaft direkt ausrechnen oder widerlegen.

31.7 Ersetzen Sie Quadrate der Norm durch Skalarprodukte.

31.8 Zeigen Sie eine obere Schranke A für die Norm und geben Sie dann eine Funktion f mit $\|\mathcal{B}_n f\| = A\,\|f\|$.

31.9 Dass die Neumann'sche Reihe hier angewandt werden kann, wurde schon im Kapitel gezeigt. Leiten Sie eine Formel für $\mathcal{A}^j \exp(\cdot)$ her.

31.10 Nutzen Sie die Definition der distributionellen Ableitung und die Produktregel für stetig differenzierbare Funktionen.

31.11 Definieren Sie einen geeigneten Hilbertraum, so dass sich das Problem, eine Ausgleichsgerade zu finden, als das Problem der Bestapproximation entpuppt.

31.12 Verwenden Sie Variation der Konstanten.

31.13 Berücksichtigen Sie die besonderen Eigenschaften der v_j, wenn Sie das Gleichungssystem hinschreiben.

Kapitel 32

32.1 Benutzen Sie, dass sich alle n Wurzeln als Potenzen der ersten darstellen lassen. (Die Zählung beginnt bei der nullten.) Zeichnen Sie die Wurzeln als Vektoren in $\mathbb{C}$ und skizzieren Sie die Vektoraddition.

32.2 Benutzen Sie die Formel von Moivre (32.1) für $n = 4$ und den trigonometrischen Satz von Pythagoras.

32.3 Wie auf S. 1216 dargestellt, ist es entscheidend, zu prüfen, ob Vereinigung bzw. Durchschnitt zusammenhängend sind.

32.4 Suchen Sie ein (Gegen-)Beispiel.

32.5 Hier erlaubt der Identitätssatz für holomorphe Funktionen eine klare Aussage.

32.6 Bestimmen Sie den Abstand der Entwicklungsmitte zur nächsten Singularität.

32.7 Suchen Sie nach den Nullstellen der Nenner. Für einen Pol k-ter Ordnung ist die k-te Ableitung des Nenners an der entsprechenden Stelle ungleich null.

32.8

- Mit
$$z = x + \mathrm{i}y, \quad \bar{z} = x - \mathrm{i}y$$
und
$$x = \frac{z + \bar{z}}{2}, \quad x = \frac{z - \bar{z}}{2}$$
kann man derartige Ausdrücke immer umschreiben. Bestimmte Kombinationen von z und $\bar{z}$ ergeben allerdings besonders einfache Ausdrücke, etwa $z\bar{z} = x^2 + y^2$.
- Hier genügt simples Einsetzen.
- Benutzen Sie $z = x + \mathrm{i}y$ und multiplizieren Sie die dritte Potenz aus.
- Wir haben einen Weg kennengelernt, den komplexen Logarithmus durch den reellen ln und das Argument $\varphi = \operatorname{Arg} z$ auszudrücken.
- Drücken Sie im Limes $z \to z_0$ die Differenz $z - z_0$ in der Form $\Delta z = r\,\mathrm{e}^{\mathrm{i}\varphi}$ aus, und untersuchen Sie, ob der Ausdruck für $r \to 0$ von φ unabhängig ist.

32.9 In (a) genügt es, den Grenzwerte aus zwei unterschiedlichen Richtungen zu bilden, etwa entlang der x- und der y-Achse. Für (b) muss man $u = \operatorname{Re} f$ und $v = \operatorname{Im} f$ auf Gültigkeit der C-R-Gleichungen untersuchen.

32.10 Spalten Sie die Funktionen in Real- und Imaginärteil auf, differenzieren Sie jeden nach $x = \operatorname{Re} z$ und $y = \operatorname{Im} z$. Mit diesen Ergebnissen sehen Sie sofort, ob die Bedingung der reellen Differenzierbarkeit sowie Gleichungen (32.3) erfüllt sind.

32.11 Man ermittle zuerst $u(x, 0)$, $v(x, 0)$, $u(0, y)$ und $u(0, y)$ und berechne daraus die partiellen Ableitungen.

32.12 Multiplizieren Sie aus und integrieren Sie die Cauchy-Riemann-Gleichungen.

32.13 Benutzen Sie für I_1 die Euler'sche Formel, um ein Integral über trigonometrische Funktionen zu erhalten. I_2 ist als Polynom unmittelbar integrierbar, in I_3 ist eine Partialbruchzerlegung notwendig.

32.14 Geradenstücke von z_A nach z_B lassen sich mittels $z(t) = z_A + t\,(z_E - z_A)$, $t \in [0, 1]$ parametrisieren, Teile von Kreisen mittels $z(t) = z_0 + r_0\,\mathrm{e}^{\pm\mathrm{i}\varphi}$, wobei z_0 der Mittelpunkt und $r_0 \in \mathbb{R}_{>0}$ der Radius ist. Es ist nicht notwendig, eine durchgehende Parametrisierung zu finden.

32.15 Für die Integrale über $\bar{z}$ und $\operatorname{Re} z$ müssen wir die Parametrisierung der Kurven verwenden, bei $\mathrm{e}^{\pi z}$ und z^5 genügt es wegen der Holomorphie des Integranden, eine Stammfunktion zu finden (oder das Integral entlang einer der Kurven zu berechnen).

32.16 Bestimmen Sie die Lage der Pole der Integranden und skizzieren Sie die Kurven. (Welche geometrische Figur ist dadurch gegeben, dass die Summe der Abstände von zwei Punkten konstant ist?)

Benutzen Sie die Cauchy'sche Integralformel oder gegebenenfalls den Cauchy'schen Integralsatz. (Die Anwendung des Residuensatzes ist selbstverständlich ebenfalls möglich.)

32.17 Quadratische Ergänzung: Sie können selbstverständlich das bekannte Resultat $\int_{-\infty}^{+\infty} \mathrm{e}^{-x^2}\,\mathrm{d}x = \sqrt{\pi}$ benutzen. Suchen Sie nach einer geeigneten Abschätzung für die Integrale entlang der Wege, die parallel zur imaginären Achse verlaufen.

32.18 Den Kosinus mithilfe von komplexen Exponentialfunktionen aufschreiben, den binomischen Satz verwenden. In der Reihe liefert nur ein Integral einen Beitrag.

32.19 Benutzen Sie die Potenzreihenentwicklung des Sinus.

32.20 Benutzen Sie die Summenformel für geometrische Reihen wie in einem Beispiel auf S. 1236.

32.21 Beginnen Sie mit einer Partialbruchzerlegung. Auf jeden der beiden Terme können Sie die Summenformel für geometrische Reihen anwenden, in unterschiedlichen Bereichen allerdings auf unterschiedliche Weise.

32.22 Die Residuen sind die Koeffizienten der Partialbruchzerlegung.

32.23 Suchen Sie nach Nullstellen des Nenners. An Polen erster Ordnung können Sie Formel 32.8 benutzen.

32.24 Mit Kenntnis über Lage und Art der Singularitäten der beiden Funktionen können Sie sofort die Residuen bestimmen. (Jede der beiden Funktionen hat zwei Pole erster Ordnung.) Die Windungszahlen lassen sich durch Abzählen herausfinden – Sie können die Kurven wie auf S. 1232 gezeigt in einfachere Teilkurven zerlegen.

32.25 Benutzen Sie die Methode, die auf S. 1242 vorgestellt wurde. Den Wert von I_1 haben wir in früheren Kapiteln schon auf mehrere andere Arten bestimmt – das erlaubt eine schnelle Kontrolle. Bei der Bestimmung von I_3 ist eine Identität von S. 1212 hilfreich.

32.26 I_a und I_b sind vom Typ, der auf S. 1242 besprochen wurde, I_c ergibt sich durch Betrachten des Imaginärteils von $\tilde{I}_c = \int_{\infty}^{\infty} \frac{t}{t^2+4} \, e^{it} \, dt$ – dieser Typ von Integralen wird direkt im Anschluss behandelt.

32.27 Für rationale Funktionen in Sinus und Kosinus haben wir auf S. 1242 eine Methode vorgestellt, Integrale mithilfe der Residuen im Inneren des Einheitskreises zu bestimmen.

32.28 Ist eine Ladung q an $w = w_0$ angebracht, so bewirkt das Anbringen einer Spielladung $-q$ an $w = \overline{w_0}$, dass das Potenzial der reellen w-Achse überall null ist.

Kapitel 33

33.1 Stellen Sie e^{-st}/t als Integral bezüglich s dar und vertauschen Sie die Integrationsreihenfolge.

33.2 Benutzen Sie eine vollständige Induktion bezüglich m.

33.3 Setzen Sie direkt in die Definition der Fouriertransformation ein. Für die zusätzliche Aussage können Sie (d) benutzen.

33.4 Verwenden Sie die Rechenregeln für die Laplacetransformation, insbesondere bei Teil (b) den Dämpfungssatz und bei (c) den Verschiebungssatz.

33.5 Schreiben Sie die Laplacetransformierten jeweils als Produkt von zwei Funktionen, die selbst Laplacetransformierte bekannter Funktionen sind. Anschließend wenden Sie den Faltungssatz an.

33.6 Bei (a) können Sie die Kosinus-Transformation verwenden und das Integral elementar berechnen. Versuchen Sie, bei (b) die Formel für die Ableitung im Bildbereich zu verwenden.

33.7 (a) Vertauschen der Integration und Differenziation.

33.8 Wenden Sie die Laplacetransformation auf die Differenzialgleichung an, und lösen die transformierte Gleichung. Eine Rücktransformation führt auf die gesuchte Lösung.

33.9 Wenden Sie auf jede Gleichung die Laplacetransformation an. Es entsteht ein LGS mit s als Parameter, das Sie lösen können. Anschließend müssen Sie noch eine Partialbruchzerlegung durchführen, um die Lösung zu bestimmen.

33.10 Nutzen Sie sowohl die Formel im Orginalbereich als auch den Faltungssatz. Anschließend müssen Sie noch eine Partialbruchzerlegung durchführen.

33.11 Führen Sie die Laplacetransformation bezüglich t durch und lösen Sie die resultierende gewöhnliche Differenzialgleichung in x. Aus den Anfangs- und Randbedingungen lassen sich die Koeffizienten bestimmen. Anschließend muss noch der Verschiebungssatz angewandt werden.

33.12 Führen Sie eine Fouriertransformation bezüglich x_1 durch und lösen Sie die resultierende gewöhnliche Differenzialgleichung in x_2. Aus der Beschränktheitsbedingung für u lassen sich die Koeffizienten bestimmen. Die Integraldarstellung ergibt sich dann aus dem Faltungssatz.

33.13 Verwenden Sie die Formel von Plancherel für x und auch für x' sowie die Cauchy-Schwarz'sche Ungleichung im $L^2(\mathbb{R})$.

Kapitel 34

34.1 Die Antwort findet sich ganz zu Beginn dieses Kapitels.

34.2 Von welchem Grad ist das Produkt von P_3 und P_4? Welche Symmetrieeigenschaften hat das Produkt der beiden Polynome?

34.3 Vergleichen Sie den Ursprung der Zylinder- bzw. Kugelfunktionen, wie in Abschn. 34.2 behandelt.

34.4 Wie viele linear unabhängige Funktionen benötigen Sie, um eine bzw. zwei Randbedingungen zu erfüllen? Sind Bessel- bzw. Neumannfunktionen in $\varrho \leq b$ regulär?

34.5 Benutzen Sie die Funktionalgleichung $\Gamma(n+1) = n\Gamma(n)$ für $n \in \mathbb{N}$, $\Gamma(x+1) = x\Gamma(x)$ und den Wert $\Gamma(1/2) = \sqrt{\pi}$.

34.6 Benutzen Sie im ersten Teil die Integraldarstellung der Gammafunktionen und ihre Stetigkeit. Die Beziehung $e^{\bar{z}} = \overline{e^z}$ lässt sich mithilfe der Euler'schen Formel leicht zeigen. Für den zweiten Teil benötigen Sie den Ergänzungssatz und den Zusammenhang zwischen Sinus mit imaginärem Argument und hyperbolischem Sinus.

34.7 Interpretieren Sie die linke Seite als logarithmische Ableitung. Nach Erweitern zu einem geeigneten Bruch können Sie die Verdopplungsformel einsetzen.

34.8 Verdopplungsformel für $z = \frac{1}{6}$ und nach geeignetem Erweitern der Gleichung Verwendung des Ergänzungssatzes an geeigneter Stelle.

34.9 In einer Reihe ist eine Umnummerierung notwendig, dadurch erhält man den Koeffizienten a_{k+2}.

34.10 Der Nachweis für gerades n ist geringfügig übersichtlicher, beginnen Sie mit diesem Fall. Wenden Sie den binomischen Satz auf $(x^2-1)^n$ an, bestimmen Sie die allgemeine Form eines Koeffizienten a_k und drücken Sie a_{k+2} durch a_k aus.

34.11 Die Relation ergibt sich unmittelbar durch Umnummerieren in der Reihendarstellung von $J_{-n}(z)$.

34.12 $P_5(x) = \frac{1}{2^5\,5!}\frac{d^5}{dx^5}(x^2-1)^5$. Für f müssen Sie die entsprechenden Integrale bestimmen. Dabei können Sie die Symmetrieeigenschaften von f ausnutzen. Die Entwicklung von g können Sie auch mit dieser Methode oder mittels Übereinstimmung der höchsten Potenzen ermitteln.

34.13 Verschieben Sie für die erste Beziehung einen der Reihenindizes so, dass Sie das Produkt der beiden Exponentialfunktionen $e^{zt/2}$ und $e^{-z/2t}$ erhalten. Auch in der zweiten Beziehung ist eine Umnummerierung notwendig. Sie können $\frac{1}{(-1)!} = 0$ setzen.

34.14 Setzen Sie zur Vereinfachung $x = \arccos t$, benutzen Sie, dass arccos die Umkehrfunktion des Kosinus ist und verwenden Sie für T_2 die Identität $\cos(2x) = 2\cos^2 x - 1$.

34.15

- Nähern Sie die Orange als Kugel. Sie können die Formeln von S. 1295 benutzen, das richtige Ergebnis folgt allerdings bereits aus der simplen Abhängigkeit $V(B^n) \sim r^n$.
- Setzen Sie das Gravitationspotenzial in der Form $\Phi(r) = \frac{\alpha}{r^\beta}$ an. Da die resultierende Kraft radial gerichtet ist, kann das Flussintegral, auch wenn es in ungewohnten Dimensionen definiert ist, ohne Probleme ausgewertet werden.

34.16 Legen Sie das Koordinatensystem so, dass eine Ladung im Ursprung, die zweite auf der positiven x_3-Achse liegt. Das Potenzial beider Ladungen ist die Summe der Potenziale der Einzelladungen. Für eine Ladung erhalten Sie ein Potenzial proportional zu $\frac{1}{r}$, für die andere einen Wurzelausdruck, den Sie mithilfe der erzeugenden Funktion auf Legendre-Polynome umschreiben können.

Kapitel 35

35.1 Lösen Sie $g(x,y) = 0$ nach y auf (Satz über implizite Funktionen!) und betrachten Sie $h : D \subseteq \mathbb{R} \to \mathbb{R}$ mit $h(x) = f(x, y(x))$.

35.2 Mit der Lagrange'schen Multiplikatorenregel lässt sich die Extremalstelle bestimmen. Betrachten Sie im zweiten Teil $x_i = y_i / \sum_{j=1}^n y_j$.

35.3 Aufstellen der Euler-Gleichung für diesen Spezialfall führt direkt auf die Bedingung. Ein konservatives Vektorfeld bedeutet, dass es eine Funktion $u : D \subseteq \mathbb{R}^2 \to \mathbb{R}^2$ mit $\nabla u = (p,q)^\top$ gibt, und es lässt sich das Integral $J(y)$ in Abhängigkeit von u angeben.

35.4 Berechnen Sie zunächst die Iterierten des Fletcher-Reeves-Verfahrens für die Funktion f. Außerdem muss die angegebene Notation zum CG-Verfahren auf die des Modellalgorithmus übertragen werden. Induktiv lässt sich dann nachvollziehen, dass beide Beschreibungen in jedem Schritt denselben Vektor $\boldsymbol{x}^{(k+1)}$ bzw. $\boldsymbol{p}^{(k+1)}$ berechnen. Um dies zu belegen, muss gezeigt werden, dass die Abstiegsrichtungen zueinander *konjugiert* liegen, d. h. $(\boldsymbol{p}^{(k+1)})^\top \boldsymbol{A}\boldsymbol{p}^{(k)} = 0$.

35.5 Mit der Zielfunktion $f(\boldsymbol{x}) = x_1$ und den zwei Nebenbedingungen, die D beschreiben, lässt sich die Lagrange'sche Multiplikatorenregel anwenden.

35.6 Als Zielfunktion bietet sich das Volumen des Quaders mit Eckpunkt $\boldsymbol{x} \in \mathbb{R}^3$ im ersten Oktanden an. Diese Funktion ist unter der Nebenbedingung $\boldsymbol{x} \in K$ mit der Lagrange'schen Multiplikatorenregel zu maximieren.

35.7 Aufstellen der Euler-Gleichung zu diesem Variationsproblem und lösen der resultierenden gewöhnlichen Differenzialgleichung führt auf die gesuchte Funktion.

35.8 Man untersuche jeweils die Euler-Gleichung zu diesen Funktionalen. In Teilaufgabe (b) hängt der Integrand nicht explizit von t ab, und es lässt sich, wie im Beispiel zur Katenoide auf S. 1332, eine Differenzialgleichung für u' finden.

35.9 Bestimmen Sie aus $\nabla f(\boldsymbol{x}) = 0$ die stationären Punkte und zeigen Sie, dass die Hesse-Matrix postiv definit ist.

35.10 Schreiben Sie sich zunächst wie beim CG-Verfahren im Text den Modellalgorithmus für das BFGS-Verfahren auf.

35.11 Formulieren Sie das Problem als Optimierungsproblem mit einer Nebenbedingung und wenden Sie die Lagrange'sche Multiplikatorenregel an.

35.12 Für das Zielfunktional integriere man die beiden Kostenarten über dem Intervall $[0, T]$. Mit Lösungen der Euler-Gleichung zu diesem Funktional und den Randbedingungen $u(0) = 0$ und $u(T) = G$ lässt sich eine stationäre Funktion finden, die einem Produktionsplan mit geringsten Kosten entspricht.

35.13 Die Euler-Gleichung ergibt sich aus der Ableitung von $J(u + \varepsilon h)$ bezüglich einer Variablen ε an der Stelle $\varepsilon = 0$.

Kapitel 36

36.18 Geschwindigkeit ist Strecke pro Zeit. Für die i-te Teilstrecke gilt

$$v_j = \frac{s_j}{t_j}, \quad j = 1, \ldots, n.$$

36.19 Berechnen Sie $r(\boldsymbol{y}, \boldsymbol{d})$, $r(\boldsymbol{y}, \boldsymbol{d}^2)$ und $r(\boldsymbol{y}, \boldsymbol{d}^3)$. Überlegen Sie, ob Sie Faktoren wie 4π bzw. $\frac{4}{3}\pi$ berücksichtigen müssen?

Kapitel 37

37.7 Zeichnen Sie ein Venn-Diagramm mit den drei Ereignissen und tragen Sie die jeweiligen Wahrscheinlichkeiten ein.

37.8 Betrachten Sie vier disjunkte gleichwahrscheinliche Ereignisse a, b, c, g mit $P(a) = P(b) = P(c) = P(g) = \frac{1}{4}$ und bilden Sie daraus die Ereignisse $A = \{a, g\}$, $B = \{b, g\}$ und $C = \{c, g\}$. (g wie gemeinsam!) Was sind die Wahrscheinlichkeiten dieser Ereignisse? Sind sie oder Vereinigungen aus ihnen von einander unabhängig?

37.9 Interpretieren Sie relative Häufigkeiten als Wahrscheinlichkeiten. Gehen Sie vereinfachend davon aus, dass es nur die zwei genannten Arten von Wertpapieren gibt und dass für alle Hochschullehrer mindestens eins der drei Merkmale zutrifft.

37.25 Setzen Sie A_i = „das Ehepaar i tanzt miteinander" und bestimmen Sie $P\left(\bigcup_{i=1}^{n} A_i\right)$ mit der Siebformel.

37.25 Zeichnen Sie den Bayes-Graph mit den für D relevanten Ereignissen. Benutzen Sie die Symbole $A : B$ für das Spiel von A gegen B und $A \succ B$ für den Gewinn von A gegen B

Kapitel 38

38.4 Arbeiten Sie mit der Varianz.

38.5 Verwenden Sie die Jensen-Ungleichung.

38.7 Betrachten Sie die Zufallsvariable $Y = 0$ falls $X < k$ und $Y = k$ falls $X \geq k$. Berechnen Sie $\mathrm{E}(Y)$ und benutzen Sie die Montonie des Erwartungswertes.

38.8 zu a) Verwenden Sie: $X \leq Y$ genau dann, wenn $X(\omega) \leq Y(\omega)$ $\forall \omega \in \Omega$. Ignorieren Sie die Ausnahmemenge vom Maß Null mit $X(\omega) > Y(\omega)$.

Hinweis zu b): Verwenden Sie die Darstellung $\mathrm{E}(X)$ aus der Vertiefung von S. 1442.

38.9 Verwenden Sie $X + Y = R + B$.

38.14 Berechnen Sie $\mathrm{Var}(X) = \mathrm{E}\left(X^2\right) - (\mathrm{E}(X))^2$.

38.15 Sei $B = \bigcup_i A_i$ dann ist $B^C = \bigcap_i A_i^C$ und $\mathrm{P}(B) = 1 - \mathrm{E}(I_{B^C})$.

38.16 Wenden Sie die Markovungleichung auf e^{sX} an.

38.18 Benutzen Sie, dass die Operationen Spur und Erwartungswert vertauschbar sind und $\mathrm{Sp}(\boldsymbol{X}^\top \boldsymbol{A} \boldsymbol{X}) = \mathrm{Sp}(\boldsymbol{A} \boldsymbol{X} \boldsymbol{X}^\top)$.

38.20 Verwenden Sie die Symmetrie von Y.

Kapitel 39

39.13 Potenzreihen können im Konvergenzkreis gliedweise differenziert werden.

39.18 Gehen Sie vor wie im Beispiel auf S. 1484.

39.19 Fassen Sie $\boldsymbol{U}$ und $\boldsymbol{V}$ zu einer neuen Variable zusammen und bestimmen Sie deren Dichte.

39.21 Beschränken Sie sich auf den Fall $\boldsymbol{\mu} = \boldsymbol{0}$. Berechnen Sie zuerst die Verteilungsfunktion von Y und daraus Dichte und Erwartungswert. Für die Bestimmung von $\mathrm{Cov}(\boldsymbol{X})$ nutzen Sie die Invarianz von $\boldsymbol{X}$ bei orthogonalen Abildungen und die Regel $\mathrm{Cov}(\boldsymbol{A}\boldsymbol{X}) = \boldsymbol{A}\,\mathrm{Cov}(\boldsymbol{X})\boldsymbol{A}^\top$ aus.

39.24 Die Halbwertszeit ist der Median der exponentialverteilten Lebensdauer.

Kapitel 40

40.1 Was ist die Dichte von X_i?

40.2 Gehen Sie davon aus, dass die Lose unabhängig voneinander gezogen werden.

40.3 Gehen Sie davon aus, dass die Lose unabhängig voneinander gezogen werden.

40.4 Wie groß ist die Wahrscheinlichkeit, x_1 oder x_2 zu beobachten?

40.6 Wie groß ist die Wahrscheinlichkeit des beobachteten Ereignisses?

40.8 Was ist der MSE einer Konstanten?

40.16 Sei $\widehat{\lambda}(X) \geq 0$ ein erwartungstreuer Schätzer. Setzen Sie voraus, dass $\frac{\mathrm{dE}(\widehat{\lambda}(X))}{\mathrm{d}\lambda} = \mathrm{E}\left(\frac{\mathrm{d}(\widehat{\lambda}(X))}{\mathrm{d}\lambda}\right)$ ist.

40.17 Benutzen Sie die im Bonusmaterial zu Kap. 39 bewiesene Tatsache, dass unter den genannten Voraussetzungen $Q \sim \sigma^2\chi^2(n-1)$ verteilt ist und daher $\mathrm{E}(Q) = \sigma^2(n-1)$ und $\mathrm{Var}(Q) = \sigma^4 \cdot 2(n-1)$ ist.

40.18 Zeigen Sie, dass die Likelihood für festes $\widehat{\mu} = z_i$ und $\widehat{\sigma} \to 0$ gegen Unendlich divergiert.

40.21 Benutze $\frac{1}{k}u^k = \int_0^u t^{k-1}dt$ und vertausche in geeigneter Weise Summation und Integration.

40.22 Bestimmen Sie zuerst die Verteilungsfunktion von $X_{(n)}$ (wann ist $X_{(n)} \leq x$?), daraus die Dichte und dann ein Prognoseintervall für $X_{(n)}$.

40.23 Y ist hypergeometrisch verteilt. Betrachten Sie den Likelihood-Quotienten $\frac{L(N-1 \mid m;n;y)}{L(N \mid m;n;y)}$.

40.24 c) ist richtig. Da nur die Nullhypothese $H_0 : \mu = 0$ gegen die Alternative $H_1 : \mu \neq 0$ getestet werden kann, sollte α sehr groß gewählt werden, z. B. $\alpha = 20\%$ oder gar 40%. Außerdem sollte n sehr hoch sein, um die Wahrscheinlichkeit des Fehlers 2. Art zu minimieren.

40.27 Da die Exponentialverteilung kein Gedächtnis hat, tun Sie so, als ob am Ende jeder Woche alle Birnen neu eingesetzt werden.

Kapitel 41

41.1 Suchen Sie eine spezielle Lösung und dann die Lösung der homogenen Gleichung. Benutzen Sie $(\boldsymbol{X}^\top)^+ = (\boldsymbol{X}^+)^\top$ und die Vertauschbarkeit $(\boldsymbol{X}^\top\boldsymbol{X})^+ = \boldsymbol{X}^+\boldsymbol{X}^{\top+}$ sowie $(\boldsymbol{X}^{+\top}\boldsymbol{X}^\top) = \boldsymbol{X}\boldsymbol{X}^+$.

41.6 Zeichnen Sie die Punktwolke und die optimale Funktion $\widehat{\mu} = x^{\widehat{\beta}}$ und markieren Sie die beobachteten und die geschätzten Wertepaare.

41.10 Beachten Sie $\mathrm{Cov}(\boldsymbol{A}\boldsymbol{y}) = \boldsymbol{A}\,\mathrm{Cov}(\boldsymbol{y})\boldsymbol{A}^\top$ sowie $\mathrm{Cov}(\boldsymbol{A}\boldsymbol{y}, \boldsymbol{B}\boldsymbol{y}) = \boldsymbol{A}\,\mathrm{Cov}(\boldsymbol{y})\boldsymbol{B}^\top$ und benutzen Sie die auf S. 1554 aufgeführten Eigenschaften der Projektion.

41.14 Bestimmen Sie die Korrelationen aller Variablen.

41.16 Spalten Sie jeden Regressor in zwei neue auf, die jeweils ein Teilmodell beschreiben.

Lösungen zu den Aufgaben

In einigen Aufgaben ist keine Lösung angegeben, z. B. bei Herleitungen oder Beweisen. Sie finden die Lösungswege auf der Website des Verlags.

Kapitel 2

2.1 Nur die erste Aussage ist richtig.

2.2 Die Schlüsse 1 und 2 sind formal richtig, 3 und 4 sind formal falsch. Bei Betrachtung der entsprechenden Wahrheitswerte sind alle Aussagen wahr.

2.3 „Es gibt stetige Funktionen, die nicht differenzierbar sind."

2.4 „Es gibt ein bekanntes Teilchen, zu dem es kein entsprechendes Antiteilchen gibt."

2.5 $A \Delta B$ enthält jene Elemente, die entweder in A oder in B enthalten sind, aber nicht in beiden.

2.6 Eine injektive, nicht surjektive Abbildung ist $f(n) = \frac{1}{2n}$. Surjektiv, aber nicht injektiv ist etwa $g(2k-1) = \frac{1}{k}$, $g(2k) = \frac{1}{k}$ mit $k \in \mathbb{N}$. Eine simple bijektive Abbildung wäre $h(n) = \frac{1}{n}$.

2.7 Es sind 16.

2.8 „Für alle reellen Zahlen x und z gibt es eine reelle Zahl y, so dass $x \cdot y = z$ ist" lautet verneint „Es gibt reelle Zahlen x und z, so dass für alle reellen Zahlen y stets $x \cdot y \neq z$ ist". Die ursprüngliche Aussage ist falsch, die Negation wahr.

2.9 „$\exists x \in X \; \forall y \in Y \; \exists z \in Z : x \cdot y \geq z$."

2.11 tabellarisch dargestellt:

	inj., ¬ surj.	surj., ¬ inj.	bijektiv
f_{43}	nein	ja	nein
f_{44}	nein	nein	ja
f_{45}	ja	nein	nein

2.12 (a) und (b) sind Aussagen, (c) ist eine Aussageform, (d) ist eine Aussage.

2.15 „Alle Kreter sind Lügner" von einem Kreter ist zwar falsch, aber kein Widerspruch – im Gegensatz zu „Diese Aussage ist falsch".

2.19 $M_1 \cap M_2 = \{e\}$, $M_1 \cup M_2 = \{a, b, c, d, e, f, g, h, i\}$, $\ldots$, $\bigcup_{n=1}^{3} M_n = \{a, b, c, d, e, f, g, h, i\}$

2.22 Nein.

2.23 A ist auf jeden Fall unschuldig, B schuldig. Ob auch C schuldig ist, lässt sich anhand der vorliegenden Fakten nicht feststellen.

2.24 „Von welchem Weg würde dein Bruder sagen, dass er zur Oase führt?"

2.25 Man muss die Karten [A] und [7] umdrehen.

2.26 Disjunktive Normalform: $H \Leftrightarrow \big((A \wedge B \wedge C) \vee ((\neg A) \wedge B \wedge C) \vee ((\neg A) \wedge (\neg B) \wedge C) \vee ((\neg A) \wedge (\neg B) \wedge (\neg C))\big)$

Konjunktive Normalform: $H \Leftrightarrow \big(((\neg A) \vee (\neg B) \vee C) \wedge ((\neg A) \vee B \vee (\neg C)) \wedge ((\neg A) \vee B \vee C) \wedge (A \vee (\neg B) \vee C)\big)$

Eine Vereinfachung ist in beiden Fällen noch möglich.

Kapitel 3

3.1 Die Lösung $x = 0$ geht verloren.

3.2 Ja.

3.3 Um sie „wirkungslos" zu machen.

3.4 500500.

3.5 Am Induktionsanfang.

3.6 $T_n = a_n - a_1$

3.7 Ein Beispiel wäre die Gültigkeit der Summenformel $\sum_{k=1}^{n} k = 42 + \frac{n(n+1)}{2}$ für alle $n \in \mathbb{N}$.

3.8 Die Zahl p_n ist nicht für alle $n \in \mathbb{N}$ prim.

3.9 $(a+b+c)^2 = a^2 + b^2 + c^2 + 2ab + 2ac + 2bc$

3.11 Im Induktionsschritt $n \to n+1$ wird implizit $n \geq 2$ vorausgesetzt.

3.12 `a=false` → `a&&b=false`, daher wird `b` nicht mehr ausgewertet; analog für `a=true` und `a||b`.

3.13 z. B. `x='a'`

3.14 $s = 127/64$

3.15 $A_1 = 4, A_2 = x - 1, A_3 = |(x-1)/(x+1)|, A_4 = 258048, A_5 = 3 + x$.

3.16 $L = (-4, 2) \setminus \{-2\} = (-4, -2) \cup (-2, 2)$

3.17 Wenn a, b, c und d alle positiv sind, folgt aus $\frac{a}{b} < \frac{c}{d}$ völlig analog zum Gleichungsfall $\frac{a}{a+b} < \frac{c}{c+d}$.

3.20 $L = \{x \,|\, x < 0 \vee x > \sqrt{2}\}$

3.24 $p_n(x) = \sum_{k=0}^{2^n-1} x^k$

3.31 Sie fangen tausend Mäuse.

3.32 Nein, bestenfalls auf 28%.

3.33 Die Lampe würde Energie liefern, statt sie zu verbrauchen!

3.34 Für die Umsätze U gilt $U_B = U_C = 0.75\, U_A$.

3.36 750 Minuten.

3.37 $\Delta E = m_1 m_2/(m_1 + m_2) \cdot (v_1 - v_2)^2/2$.

3.38 Zum Beispiel erhält man:

(a) $a = 2\,s/t^2$, $t = \sqrt{2s/a}$

(b) $m = F/a$, $a = F/m$

(c) $G = F\,r^2/(m_1\,m_2)$, $r = \sqrt{G\,m_1\,m_2/F}$, $m_1 = F\,r^2/(G\,m_2)$, $m_2 = F\,r^2/(G\,m_1)$

Kapitel 4

4.1 $p(x) = x^3 + 2x^2 + x - 1$

4.3 $\mathrm{e}^{\pi} > \pi^{\mathrm{e}}$.

4.6 (a) $p(x) = (x-1)^3 + 2(x-1)^2 - 3(x-1) - 2$

(b) $p(x) = (x+2)^4 - 2(x+2)^3 - 2(x+2)^2 + 8$.

4.7

$$p(x) = (x+1)\left(x - \frac{1}{2}(1+\sqrt{5})\right)\left(x - \frac{1}{2}(1-\sqrt{5})\right)$$
$$q(x) = (x-1)^2(x+2)(x-3)$$
$$r(x) = \left(x + \sqrt{3+\sqrt{2}}\right)\left(x - \sqrt{3+\sqrt{2}}\right) \cdot \left(x + \sqrt{3-\sqrt{2}}\right)\left(x - \sqrt{3-\sqrt{2}}\right)$$

4.8 Die Funktion f besitzt den Wertebereich $f(D_f) = \mathbb{R}$ und folgende Umkehrfunktionen lassen sich angeben: Für $f : \mathbb{R}_{>-1} \to \mathbb{R}$ mit $f^{-1}(y) = \frac{1}{2}(y - 2 + \sqrt{y^2+4})$ und für $f : \mathbb{R}_{<-1} \to \mathbb{R}$ mit $f^{-1}(y) = \frac{1}{2}(y - 2 - \sqrt{y^2+4})$.

Die Funktion g besitzt den Wertebereich $f(D_g) = \mathbb{R}_{<-3-2\sqrt{3}} \cup \mathbb{R}_{>-3+3\sqrt{3}}$ und als Umkehrfunktionen lassen sich angeben: $g^{-1} : \mathbb{R}_{<-3-2\sqrt{3}} \to \mathbb{R}_{<-2-\sqrt{3}}$ mit $g^{-1}(y) = \frac{y}{2} - \frac{1}{2} - \frac{1}{2}\sqrt{y^2+6y-3}$, $g^{-1} : \mathbb{R}_{<-3-2\sqrt{3}} \to \mathbb{R}_{(-2-\sqrt{3},-2)}$ mit $g^{-1}(y) = \frac{y}{2} - \frac{1}{2} + \frac{1}{2}\sqrt{y^2+6y-3}$, $g^{-1} : \mathbb{R}_{>-3+2\sqrt{3}} \to \mathbb{R}_{(-2,-2+\sqrt{3})}$ mit $g^{-1}(y) = \frac{y}{2} - \frac{1}{2} - \frac{1}{2}\sqrt{y^2+6y-3}$ und $g^{-1} : \mathbb{R}_{>-3+2\sqrt{3}} \to \mathbb{R}_{>-2+\sqrt{3}}$ mit $g^{-1}(y) = \frac{y}{2} - \frac{1}{2} + \frac{1}{2}\sqrt{y^2+6y-3}$.

4.9 8, 1, e^4

4.10 (a) $\ln\left(\frac{xy}{z}\right)$, (b) $\ln(x+y) - \ln 2$, (c) $2\ln x$.

4.12 Bei der zweiten Gleichung ist ein Vorzeichen nicht korrekt. Es muss lauten:

$$\cos(3(x+y)) = 4\cos^3(x+y) - 3\cos x \cos y + 3\sin x \sin y$$

4.15 $f(x) = \log_b x + 1 = \dfrac{3\ln x}{\ln 2} + 1 \quad \text{mit } b = \sqrt[3]{2}$.

4.16 Die Schwebung ist gegeben durch

$$\sin(2\pi\omega_1 t) + \sin(2\pi\omega_2 t) = 2\cos\left(\frac{2\pi}{10}t\right)\sin(4\pi t)\,.$$

Kapitel 5

5.1 Es gilt

$$
\begin{aligned}
z_1 &= 2\left(\cos\left(-\frac{1}{2}\pi\right) + \mathrm{i}\sin\left(-\frac{1}{2}\pi\right)\right)\\
z_2 &= \sqrt{2}\left(\cos\frac{\pi}{4} + \mathrm{i}\sin\frac{\pi}{4}\right)\\
z_3 &= \cos\frac{2}{3}\pi + \mathrm{i}\sin\frac{2}{3}\pi\\
z_4 &= 2\mathrm{i}\\
z_5 &= \frac{1}{\sqrt{2}}(-1+\mathrm{i})\\
z_6 &= -\frac{3}{\sqrt{2}}(1+\mathrm{i})\,.
\end{aligned}
$$

5.2 Die ersten beiden Mengen beschreiben Geraden in der komplexen Ebene und die dritte ist eine Kreisscheibe um $(1-\mathrm{i})/2$ mit Radius $3/2$.

5.4

$$
\begin{aligned}
-z_1 &= -1+\mathrm{i}\\
\overline{z_1} &= 1+\mathrm{i}\\
z_1 z_2 &= 4+2\mathrm{i}\\
\frac{z_2}{z_3} &= -\frac{1}{2}+\frac{1}{2}\mathrm{i}\\
\frac{z_1}{\overline{z_2}-z_1^2} &= 1\\
\frac{z_3}{2z_1-\overline{z_2}} &= -1-3\mathrm{i}
\end{aligned}
$$

5.5 Die Zahl

$$w = 1 - \mathrm{i}\,.$$

hängt nicht von z ab.

5.6 Mit $z = 2 \pm \mathrm{i}$ sind alle Lösungen der Gleichung gegeben.

5.7 Es ergeben sich die Lösungen

(a) $z_1 = z_2 = -2 + 2\mathrm{i}$,

(b) $z_1 = -1 + \mathrm{i}$ und $z_2 = 2 + \mathrm{i}$,

(c) $z_{1,2} = -(1+\mathrm{i}) \pm \frac{1}{2}\left(\sqrt{2+2\sqrt{2}} - \mathrm{i}\sqrt{2\sqrt{2}-2}\right)$.

5.8 In Polarkoordinaten sind die sechs Lösungen gegeben durch

$$
\begin{aligned}
z_1 &= 2^{\frac{1}{3}}\left(\cos\frac{\pi}{6} + \mathrm{i}\sin\frac{\pi}{6}\right),\\
z_2 &= 2^{\frac{1}{3}}\left(\cos\frac{5\pi}{6} + \mathrm{i}\sin\frac{5\pi}{6}\right),\\
z_3 &= 2^{\frac{1}{3}}\left(\cos\frac{3\pi}{2} + \mathrm{i}\sin\frac{3\pi}{2}\right),\\
z_4 &= 2^{\frac{1}{6}}\left(\cos\frac{\pi}{4} + \mathrm{i}\sin\frac{\pi}{4}\right),\\
z_5 &= 2^{\frac{1}{6}}\left(\cos\frac{11\pi}{12} + \mathrm{i}\sin\frac{11\pi}{12}\right),\\
z_6 &= 2^{\frac{1}{6}}\left(\cos\frac{19\pi}{12} + \mathrm{i}\sin\frac{19\pi}{12}\right).
\end{aligned}
$$

5.9 Die Gleichung gilt für Paare $u, v \in \mathbb{C} \setminus \{0\}$ mit

$$v = \frac{-1}{2}\left(1 \pm \mathrm{i}\sqrt{3}\right) u\,.$$

5.11 Die Menge M ist ein Kreis mit Radius 4 um den Mittelpunkt $z_M = -5$.

5.12 Der Radius beträgt $r = 2/3$.

5.13 Es ist $f \colon \mathbb{C} \setminus \{-\mathrm{i}\} \to \mathbb{C} \setminus \{1\}$ mit

$$f(z) = \frac{z-\mathrm{i}}{z+\mathrm{i}}$$

und die Umkehrtransformation $f^{-1} \colon \mathbb{C} \setminus \{1\} \to \mathbb{C} \setminus \{-\mathrm{i}\}$ ist durch

$$f^{-1}(z) = -\mathrm{i}\frac{z+1}{z-1}$$

gegeben. Die reelle Achse wird auf den Einheitskreis abgebildet und die obere Halbebene in das Innere dieses Kreises.

5.14 In Polarkoordinaten gilt

$$f(z) = \frac{r}{r+a}(\cos\varphi + \mathrm{i}\sin\varphi)$$

und die inverse Transformation ist gegeben durch

$$f^{-1}(w) = \frac{aw}{1-|w|}\,.$$

Es wird die reelle Achse durch f auf das Intervall $(-1, 1) \subseteq \mathbb{C}$ abgebildet und Kreise um den Ursprung werden auf Kreise mit entsprechend kleinerem Radius abgebildet.

Kapitel 6

6.1 (a) $N = 29$, (b) $N = 299$.

6.2 Es gilt $a_n = 3^{n-1}$ für $n \in \mathbb{N}$.

6.4 (a) Richtig, (b) falsch, (c) falsch, (d) richtig, (e) falsch.

6.6 (a) unbeschränkt, streng monoton wachsend, (b) beschränkt, monoton wachsend, (c) beschränkt, nicht monoton, (d) beschränkt, streng monoton fallend.

6.7 (a_n) und (d_n) sind konvergent. (b_n) und (c_n) sind unbeschränkt, also insbesondere divergent.

6.8 (a) $\lim_{n\to\infty} x_n = 1$, (b) divergent, (c) $\lim_{n\to\infty} x_n = 1/2$, (d) $\lim_{n\to\infty} x_n = 1/4$.

6.9 $\lim_{n\to\infty} a_n = 1$, $\lim_{n\to\infty} b_n = 0$.

6.10 $\lim_{n\to\infty} a_n = 1$, (b_n) divergiert. Für $q < 1$ ist $\lim_{n\to\infty} c_n = 1$, für $q \geq 1$ divergiert die Folge. Die Folge (d_n) divergiert für $|q| \geq 2$ und konvergiert gegen null für $|q| < 2$.

6.11 Die Folge wächst monoton, und es ist $\lim_{n\to\infty} x_n = 1/a$.

6.12 Für $-3 < a_0 < 3$ konvergiert die Folge mit $\lim_{n\to\infty} a_n = 1$. Für $a_0 = -3$ und $a_0 = 3$ konvergiert sie ebenfalls, aber mit $\lim_{n\to\infty} a_n = 3$. Für alle anderen Startwerte ist die Folge unbeschränkt und daher divergent.

6.13 Mit $k = \sqrt[8]{2}$ gilt $a_n = k^{2-4n}$, $b_n = k^{4-4n}$, $c_n = k^{3-4n}$.

6.14 4 Schritte für eine, 6 Schritte für 4 und 8 Schritte für 12 korrekte Dezimalstellen. Beim Heron-Verfahren werden 2, 4 und 5 Schritte benötigt.

6.15 Für $V_2 \approx 25.03341/\mathrm{mol}$ ist die gewünschte Näherung erreicht.

Kapitel 7

7.1 (a) $D = \mathbb{R} \setminus \{0\}, f(D) = \mathbb{R}_{>1}$

(b) $D = \mathbb{R} \setminus \{1, -2\}, f(D) = \mathbb{R} \setminus \{1, \frac{1}{3}\}$

(c) $D = \mathbb{R} \setminus \{-1, 1\}, f(D) = \mathbb{R}_{>0}$

(d) $D = \mathbb{R} \setminus \{1 - \sqrt{2}, 1 + \sqrt{2}\}, f(D) = \mathbb{R}_{\geq 0}$

7.2 (a) Keine Umkehrfunktion

(b) $f^{-1}(y) = \begin{cases} \sqrt[3]{\frac{1}{y}}, & y > 0 \\ -\sqrt[3]{-\frac{1}{y}}, & y < 0 \end{cases}$

(c) Keine Umkehrfunktion

(d) $f^{-1} = -1 + \frac{2}{1-y}$

7.3 (a) Beschränkt, abgeschlossen, kompakt.

(b) Abgeschlossen, aber nicht beschränkt oder kompakt.

(c) Beschränkt, abgeschlossen, kompakt.

(d) Beschränkt, nicht abgeschlossen, nicht kompakt.

7.4 (a) Falsch.

(b) Richtig.

(c) Falsch.

(d) Falsch.

(e) Falsch.

7.5 (a) $\frac{4}{3}$, (b) -3

7.6 (a) $-\frac{5}{3}$, (b) 2, (c) 0, (d) $-\infty$

7.7
$$f^{-1}(y) = \begin{cases} 1 + \sqrt{y-1}, & y \geq 1 \\ 1 - \sqrt{\frac{1-y}{2}}, & y < 1 \end{cases}$$

7.8 $(f|_{(-\infty,-1]})^{-1}(y) = -1 - \sqrt{2-y} \quad y \leq 2$

$$(f|_{[-1,3-\sqrt{2})})^{-1}(y) = \begin{cases} -1 + \sqrt{2-y}, & -2 \leq y \leq 2 \\ 3 - \sqrt{y}, & 2 < y < 4 \end{cases}$$

$$(f|_{(-1+\sqrt{2},3]})^{-1}(y) = \begin{cases} -1 + \sqrt{2-y}, & -2 \leq y < 0 \\ 3 - \sqrt{y}, & 0 \leq y < 4 \end{cases}$$

$$(f|_{[1,\infty)})^{-1}(y) = 3 + \sqrt{y} \quad 0 \leq y$$

7.10 Maximalstelle $z^+ = \frac{6}{5} + \frac{8}{5}\,\mathrm{i}$ mit $f(z^+) = 10$, Minimalstelle $z^- = -\frac{6}{5} - \frac{8}{5}\,\mathrm{i}$ mit $f(z^-) = -10$.

7.13 Ja.

7.16 Auf zwei Dezimalstellen gerundet ist die Nullstelle 0.76.

Kapitel 8

8.1 Eine solche Reihe kann konstruiert werden.

8.7

$$\sum_{n=1}^{\infty}\left(\frac{1}{\sqrt{n}}-\frac{1}{\sqrt{n+1}}\right)=1$$

$$\sum_{n=0}^{\infty}\left(\frac{3+4\mathrm{i}}{6}\right)^n=\frac{18}{25}+\frac{24}{25}\mathrm{i}$$

8.9 Die Reihe ist divergent.

8.10 (a) und (c) sind absolut konvergente Reihen, (b) ist divergent.

8.11 (a) konvergiert, aber nicht absolut. Die Reihe in (b) konvergiert absolut.

8.12 (a) $M = (-\pi,\pi)\setminus\{-\frac{3\pi}{4},-\frac{\pi}{4},\frac{\pi}{4},\frac{3\pi}{4}\}$, (b) $M = (-\sqrt{5},-\sqrt{3})\cup(\sqrt{3},\sqrt{5})$, (c) $M=(0,2)$

8.13 Der Gesamtumfang ist $U = 6a/(2-\sqrt{3})$), der gesamte Flächeninhalt $A=\sqrt{3}\,a^2$.

8.14 13 Freunde müssen feiern, es sind fünf Runden zu trinken.

8.15 Der Flächeninhalt ist $(4/10)\,\sqrt{3}$, die Umfang ist unendlich.

Kapitel 9

9.1 (a) Nein, (b) nein, aber als Potenzreihe darstellbar mit Entwicklungspunkt 1, (c) ja, mit Entwicklungspunkt -1 und $a_n = 1/n!$, (d) nein, aber als Potenzreihe darstellbar mit Entwicklungspunkt 0 und $a_n = \sum_{k=0}^{n}(-1)^k/(2k)!$.

9.2 (a) Richtig, (b) falsch, (c) richtig, (d) falsch, (e) richtig.

9.3 (a) $1/2$, (b) 2.

9.5 Für (i,i) mit $\beta = 0$, für $(\mathrm{i},-1)$ mit $\beta = 1$ und für $(-\mathrm{i},-\mathrm{i})$ mit $\beta=-1$.

9.6 (a) Konvergenzradius 256, Entwicklungspunkt 0, (b) Konvergenzradius 0, Entwicklungspunkt 2, (c) Konvergenzradius $2^{-3/4}$, Entwicklungspunkt 0, (d) Konvergenzradius $1/\sqrt{5}$, Entwicklungspunkt $-\mathrm{i}$.

9.7 (a) Konvergenz für $x\in(0,1]$, (b) Konvergenz für $x\in(0,4)$, (c) Konvergenz für $x\in[-3,1]$.

9.8 Die Reihe konvergiert für alle z mit $|z-2\mathrm{i}|\le 1/2$.

9.9 Die Reihe konvergiert genau für $x\in(-1,1)$.

9.10 (a) $D=\mathbb{C}\setminus\{\sqrt{2}\,\mathrm{i},-\sqrt{2}\,\mathrm{i}\}$, (b) $a_{2k}=\left(-\frac{1}{2}\right)^{k+1}$, $a_{2k+1} = -\left(-\frac{1}{2}\right)^{k+1}$, jeweils für $k\in\mathbb{N}_0$. Der Konvergenzradius ist $\sqrt{2}$.

9.11 $2f(z)=\frac{1}{2}+\frac{z}{4}+\frac{z^2}{8}+9\sum_{n=3}^{\infty}\left(\frac{z}{2}\right)^n$ für $|z|<2$.

9.12 $(1+x)^{1/n}=\sqrt[n]{2}+\frac{\sqrt[n]{2}}{2n}(x-1)+\mathrm{O}((x-1)^2)$ für alle $n\in\mathbb{N}$ und $x\to 1$.

9.13 (a) $z=(2n+1)\,\pi\mathrm{i}$, $n\in\mathbb{Z}$, (b) $z=\ln(2\sqrt{2})+\left(\frac{\pi}{4}+2\pi n\right)\mathrm{i}$, $n\in\mathbb{Z}$.

9.14 (a) Jedes $z\in\mathbb{C}$ erfüllt diese Gleichung. (b) $z=\pi n$, $n\in\mathbb{Z}$.

9.15 Es sind die 13 Glieder (inklusive dem 0-ten Glied) aufzusummieren. Der berechnete Wert ist 7.38905.

9.16 Die ersten acht Nachkommastellen sind in allen drei Fällen null. Für die Differenz ergibt sich $1/45\,x^7+O(x^8)$ für $x\to 0$.

9.17 $p=(RT/b)(\sum_{n=1}^{\infty}(b/V)^n-(ab)/(RT\,V^2)$, der erste Term liefert die Gleichung des idealen Gases $p=RT/V$.

Kapitel 10

10.1 Für $x\neq 0$ sind die Funktionen stetig differenzierbar. In $x=0$ ist f_1 stetig aber nicht differenzierbar, f_2 differenzierbar, aber nicht stetig differenzierbar und f_3 stetig differenzierbar.

10.4 $f^{(8)}(0)=0$ und $f^{(9)}(0)=7!$.

10.6

$$f_1'(x)=2\left(x-\frac{1}{x^3}\right)$$

$$f_2'(x)=-2x\sin(x^2)\,\cos^2 x-2\cos(x^2)\,\cos x\,\sin x$$

$$f_3'(x)=\frac{1}{\mathrm{e}^x-1}$$

$$f_4'(x)=x^{(x^x)}(x^{(x-1)}+x^x\ln x(\ln x+1))$$

10.7 Für die Funktion f ist das Newton-Verfahren linearkonvergent. Im zweiten Fall divergiert das Verfahren.

10.10 Es gilt

$$\frac{1}{x^2}=\sum_{n=0}^{\infty}(n+1)\,(-1)^n(x-1)^n$$

für $x\in(0,2)$.

10.13 Die Funktion hat Minimalstellen bei $\hat{x}_n=n\pi$ für $n\in\mathbb{Z}$, und Maximalstellen bei $\hat{y}_0=\arccos\left(-\frac{1}{3a}+\sqrt{\frac{5}{3}+\frac{1}{9a^2}}\right)$ und $\hat{y}_n^+=\hat{y}_0+2n\pi$, $\hat{y}_n^-=-\hat{y}_0+2n\pi$ für $n\in\mathbb{Z}$.

10.14 Die Taylorreihe/Potenzreihe lautet

$$f(x) = \sum_{n=0}^{\infty} \frac{n+1}{n!}(x-1)^n$$

für $x \in \mathbb{R}$, d. h., der Konvergenzradius ist unendlich.

10.16

$$\lim_{x\to\infty} \frac{\ln(\ln x)}{\ln x} = 0$$
$$\lim_{x\to a} \frac{x^a - a^x}{a^x - a^a} = \frac{1-\ln a}{\ln a}$$
$$\lim_{x\to 0} \frac{1}{e^x - 1} - \frac{1}{x} = -\frac{1}{2}$$
$$\lim_{x\to 0} \cot(x)(\arcsin(x)) = 1$$

10.17 Mit $c = 1/\sqrt{e}$ ist f stetig auf $[-\pi/2, \pi/2]$.

10.19 Die Entfernung beträgt

$$L = \sqrt{2Rh + h^2} \approx 11\,\text{km}\,.$$

Bemerkung: In dieser speziellen Situation lässt sich übrigens auch rein geometrisch argumentieren, wenn wir die Information, dass die Tangente senkrecht zur radialen Richtung ist, voraussetzen. Denn, legen wir anstelle der Turmspitze die Koordinaten des Sichtpunkts bei $(0, R) \in \mathbb{R}^2$ fest, so ist die Tangente eine Parallele zur y-Achse durch diesen Punkt. Auf dieser Linie liegt die Turmspitze an der Stelle (R, L) mit dem Betrag $|(R, L)| = (R+h)^2$. Der Satz des Pythagoras im rechtwinkligen Dreieck $(0, 0)$, $(0, R)$ und (R, L) liefert die Sichtweite L.

10.20 Es gilt $a = 39.12049$ und $x_0 = 12.45659$, wenn bei $x = 0$ das Ufer mit 10 m Höhe liegt.

10.22 Die Stämme dürfen maximal 7.02 m lang sein.

10.23 Das Spline ist

$$s(x) = \begin{cases} 0.004\,x^3 - 0.533\,x, & x \in [0, 8], \\ -0.008\,(x-12)^3 + 0.667\,(x-12), & x \in (8, 12]. \end{cases}$$

Kapitel 11

11.5 Eine solche Stammfunktion muss es nicht allgemein geben.

11.6 Eine mögliche Wahl ist $f(x) = x$. Diese ist nicht eindeutig.

11.7 Man erhält $\ln b - \ln a$.

11.8 $F_1(x) = \frac{x^4}{4}$, $F_2(x) = \frac{x^4}{4} + \frac{x^3}{3} + \frac{x^2}{2} + x$, $F_3(x) = e^x + \sin x$, $F_4(x) = \frac{e^{5x}}{5} - 2\arctan x + x$.

11.9 $m = (a+b)/2$.

11.10 C hat

lokale Minima an $x = -\sqrt{\frac{4k+1}{2}\pi}$ und $x = +\sqrt{\frac{4k+3}{2}\pi}$,

lokale Maxima an $x = +\sqrt{\frac{4k+1}{2}\pi}$ und $x = -\sqrt{\frac{4k+3}{2}\pi}$,

S hat

lokale Minima an $x = \sqrt{2k\pi}$ und $x = -\sqrt{(2k+1)\pi}$,

lokale Maxima an $x = -\sqrt{2k\pi}$ und $x = \sqrt{(2k+1)\pi}$,

jeweils mit $k \in \mathbb{N}$.

11.11 $T_2(x; 0) = 1 + x - \frac{1}{2}x^2$.

11.13 $G = \sin(1)$.

11.14 f hat keine Extrema, g hat Minima an $x = 2k\pi$ und Maxima an $x = (2k+1)\pi$ mit $k \in \mathbb{Z}$.

11.15 $G_1 = \frac{\pi}{4}$, $G_2 = \frac{1}{1+\alpha}$.

11.16 $I = 13/12$.

11.17 I_1 und I_2 existieren, I_3 existiert nicht.

11.21 Der Grenzwert existiert nicht.

11.22 $J(t) = -\frac{1}{t} + \frac{\sqrt{1-t^2}}{t} + \arcsin t$, die stetige Fortsetzung nach $t = 1$ liefert $\lim_{t\to 1} J(t) = -1 + \frac{\pi}{2}$.

11.23 $\mu(C) = 1/2$

11.24 Der insgesamt gelernte Stoff divergiert.

11.25 Das Flüssigkeitsvolumen für $c = 3$ ist $V_h(3) = \big(6 + \frac{2}{3}\big)\pi\,\text{cm}^3$, die Masse eines leeren Glases der Höhe c beträgt $M(c, \rho) = \pi(c - \frac{2}{3})\,\rho$.

11.26 Die genaue Lösung ist von der gewählten Modellfunktion abhängig. Auf jeden Fall aber lassen sich Schranken angeben, für das Volumen V des Spielkegels gilt $5\pi < V < 17\pi$.

Kapitel 12

12.1 Kettenregel und Produktregel.

12.2 $I = 0$

12.3 $I = \int_1^\infty \frac{du}{u^{2-\alpha}}$

12.5 $I = -x\cos x + \sin x + C$

12.6 $I_1 = 4x^{7/4} + C, I_2 = 8x^{15/8} + C$

12.7
$$I_1 = x \cdot \tanh x - \ln\cosh x + C$$
$$I_2 = -\frac{\ln(x^2)}{x} - \frac{2}{x} + C$$

12.8 $I_1 = \frac{\sqrt{3}\pi}{6} + \ln 2, I_2 = 16/105$

12.9 $I_1 = \frac{1}{2} - \frac{1}{1+e}, I_2 = \sin(\ln x) + C$

12.10 $I = \sin\left(e^{\sin x}\right) + C.$

12.11 $I_1 = \frac{1}{2}\ln\left|e^{2x} + 1\right| + C, I_2 = \frac{\ln^3 x}{3} + C$

12.12 $I = \frac{1}{4}\left[e^{2e^x} + 2e^x\right] + C$

12.13 $I = 18\ln 2 - 7\ln 3$

12.14 $I = -\frac{3}{2} - 3\ln 2$

12.15 $I_1 = 2\ln(x^2+3x+3) - \frac{16}{\sqrt{3}}\arctan\frac{2x+3}{\sqrt{3}} + C, I_2 = \frac{e^x - x}{2} + C$

12.16 $I = \frac{1}{3}\ln\left|x^3 + 3x^2 + 6x + 12\right| + C$

12.17 $I_1 = \frac{x^2}{2}\ln(x^2) - \frac{x^2}{2} + C, I_2 = \frac{1}{\cos x} + C$

12.18 $I = e^x\sinh(e^x) - \cosh(e^x) + C$

12.19 $I = -\frac{2}{\sqrt{5}}\operatorname{arcoth}\left(\frac{2}{\sqrt{5}}\cos x + \frac{1}{\sqrt{5}}\right) + C$

12.20 $I_1 = \operatorname{arcoth}\sqrt{1+e^{2x}} + C, I_2 = \ln\left(\tan^2\frac{x}{2} + 1\right) + C = -\ln(1+\cos x) + D$

12.23 $I_m = \frac{x^{n+1}}{n+1}\ln x - \frac{x^{n+1}}{(n+1)^2}$

12.24 $I_n = -x^n e^{-x} + n I_{n-1}$, $J_n = (1 - \frac{1}{n}) J_{n-2} - \frac{1}{n}\sin^{n-1} x \cos x.$

12.25 Der Wert der Reihe ist $S = \frac{1}{4}$.

12.26 $s(t_f) = ut_f - \frac{g}{2}t_f^2 + u(t_f - \frac{m_0}{q})\ln\frac{m_0}{m_0 - qt_f}$, das kann bestenfalls gültig sein für $t_f < \frac{m_0}{q}$.

12.29 z. B. `f = @(x)sin(x)^2` im Intervall $[-2\pi, 2\pi]$

Kapitel 13

13.1 $u_2(x) = x^2 - 1$

13.2 (a) siehe ausführlichen Lösungsweg, (b) $y(x) = 1/(1+x^2)$, (c) $y(x) = 0$.

13.3 Die Lösung kann durch Separation bestimmt werden. Zur Integration von $1/h(u)$ können Sie eine Partialbruchzerlegung durchführen.

13.4 (a) Für jedes $a \in \mathbb{R}$ ist $y(x) = ax + f(a)$ eine Lösung. (b) $y(x) = -\ln(\cos(x))$ für $x \in (-\pi/2, \pi/2)$. (c) Siehe ausführlichen Lösungsweg. (d) 4.

13.5 Die Lösung zu (a) ist $y(x) = x + (y_0 - x_0)\exp(x - x_0)$ für $x \in \mathbb{R}$. Zu (b) und (c) siehe den ausführlichen Lösungsweg.

13.6 (a) $y(x) = C\mathrm{e}^{x^3/3}$ für $x \in \mathbb{R}$, (b) $y(x) = \frac{1}{x^2/2 - C}$ für $x \in \mathbb{R} \setminus \{\sqrt{2C}\}$, (c) $y(x) = \sin(\ln|x| + C)$ für $x \in \mathbb{R} \setminus \{0\}$.

13.7 (a) $u(x) = (\sqrt{1+x^2} + 26)^{1/3}$, (b) $u(x) = 3 - \sqrt{4 - 3/x}$.

13.8 Die Lösung lautet

$$y(x) = \frac{c\,|A|^{\frac{-1}{c}}\,|x|^{\frac{c+1}{c}}}{2(c+1)} - \frac{c\,|A|^{\frac{1}{c}}\,|x|^{\frac{c-1}{c}}}{2(c-1)} + \frac{c\,|A|}{c^2 - 1}$$

für $x \in (0, A)$. Für $c < 1$ ist sie unbeschränkt, für $c > 1$ beschränkt.

13.9 $u(x) = \sin(x) - 1 + C\mathrm{e}^{-\sin x}$.

13.10 $u(x) = \sqrt{x(C - \ln x)}, x \in (0, 1)$. Damit u reellwertig ist, muss $C \geq 0$ sein.

13.11 $y(x) = x\left(-1 \pm \sqrt{2\ln x + C}\right), x > 0.$

13.12 $y(x) = c_1\mathrm{e}^{-x} + c_2\mathrm{e}^{-x/2}\cos(\sqrt{3}x/2) + c_3\mathrm{e}^{-x/2}\sin(\sqrt{3}x/2)$ für $x \in \mathbb{R}$ mit $c_1, c_2, c_3 \in \mathbb{R}$.

13.13 $u(x) = Ax - 3 + x^3\mathrm{e}^{-x} + c_1\mathrm{e}^{-x} + c_2 x\mathrm{e}^{-x} + c_3 x^2\mathrm{e}^{-x}$ für $x \in \mathbb{R}$ mit $c_1, c_2, c_3 \in \mathbb{R}$.

13.14 (a) $y_h(x) = c_1\mathrm{e}^x\cos(x) + c_2\mathrm{e}^x\sin(x)$, (b) $y_p(x) = (\mathrm{e}^{2x}/5)(\sin x - 2\cos x)$, (c) $y(x) = (\mathrm{e}^{2x}/5)(\sin x - 2\cos x) + (\mathrm{e}^x/5)(5\cos x + 3\sin x)$, jeweils für $x \in \mathbb{R}$.

13.15 Die reellwertige Lösung ist $u(x) = c_1 x + c_2 x^2\cos(\ln x) + c_3 x^2\sin(\ln x)$ für $x > 0$ mit $c_j \in \mathbb{R}, j = 1, 2, 3$.

13.16 $u(x) = x^3 + x, x \in \mathbb{R}$.

13.17 (a) $a_{n+2} = \frac{1+n^2}{(n+2)!} - \frac{2n-1}{(n+2)(n+1)}a_n$ für $n \geq 0$, (b) $u(x) = \frac{1}{2}x\mathrm{e}^x, x \in \mathbb{R}$.

13.18 $u(x) = \sum_{n=0}^{\infty}(1-x)^n = 1/x$ mit dem Konvergenzbereich $(0, 2)$.

13.19 Die Lösung ist

$$y(x) = c_1 \left(\frac{1}{x} - \frac{1}{2}\right) + c_2 \sum_{k=2}^{\infty} (-1)^k \frac{6\,(k-1)}{(k+1)!} x^k$$

mit zwei Integrationskonstanten $c_1, c_2 \in \mathbb{R}$.

13.20 (a) Die Differenzialgleichung ist $I'(t) = k_1\, I(t)\,(1-I(t))$, $t > 0$, mit der Lösung $I(t) = 1 - (1 + \frac{I_0}{1-I_0}\, e^{k_1 t})^{-1}$ für $t > 0$. Die Lösung geht für $t \to \infty$ gegen 1.

(b) Die Differenzialgleichung ist $I'(t) = k_1\, I(t)\,(1 - I(t)) - k_2 I(t)$, $t > 0$, mit der Lösung $I(t) = (k_1 - k_2)\, I_0\, (k_1 I_0 + (k_1 - k_2 - k_1 I_0)\, \exp(-(k_1 - k_2)\, t))^{-1}$. Die Lösung geht für $t \to \infty$ gegen 0 falls $k_1 < k_2$ und gegen $(k_1 - k_2)/k_1$ für $k_1 > k_2$. Einen Gleichgewichtszustand gibt es nur für $I_0 = (k_1 - k_2)/k_1$, dann ist I konstant.

13.21

(a) Die Lösung ist

$$w(x) = 2.5 \cdot 10^{-4}\,\mathrm{m}^{-3} \left(x^2 - \frac{9}{4}\,\mathrm{m}^2\right)(x^2 - \frac{207}{4}\,\mathrm{m}^2)$$

für $x \in [-L/2, L/2]$.

(b) Die Lösung ist

$$w(x) = \begin{cases} 5 \cdot 10^{-4}\,\mathrm{m}^{-2} \big(x - \frac{3}{2}\,\mathrm{m}\big)\big(x^2 - 3\,\mathrm{m}\,x - \frac{9}{2}\,\mathrm{m}\big), & x \geq 0, \\ -5 \cdot 10^{-4}\,\mathrm{m}^{-2} \big(x + \frac{3}{2}\,\mathrm{m}\big)\big(x^2 + 3\,\mathrm{m}\,x - \frac{9}{2}\,\mathrm{m}\big), & x < 0. \end{cases}$$

13.22 (a) Die allgemeine Lösung der Differenzialgleichung ist

$$\begin{aligned} u(t) &= c_1\, \cos(5\sqrt{3}\,t)\, e^{-5t} + c_2\, \sin(5\sqrt{3}\,t)\, e^{-5t} \\ &+ \frac{2\,(100 - \omega^2)}{5\,((100 - \omega^2)^2 + 100\omega^2)} \cos(\omega t)\,\mathrm{m} \\ &+ \frac{2\omega}{(100 - \omega^2)^2 + 100\omega^2} \sin(\omega t)\,\mathrm{m}. \end{aligned}$$

(b) Die stationäre Lösung ist

$$s(t) = \frac{2}{5\sqrt{(100 - \omega^2)^2 + 100\omega^2}} \cos(\omega t - \delta)\,\mathrm{m}.$$

Die Amplitude wird für $\omega = 5\sqrt{2}$ maximal.

Kapitel 14

14.1 Ja.

14.2 Nein.

14.3 Ja.

14.4 Nein.

14.6 Die eindeutig bestimmte Lösung des allgemeinen Systems ist $(\frac{rd-bs}{ad-bc}, \frac{as-rc}{ad-bc})$ und die eindeutige Lösung des Beispiels lautet $(\frac{-10m+33}{7}, \frac{22-2m}{7})$.

14.7 Das erste System ist nicht lösbar, die Lösungsmenge des zweiten Systems ist $L = \{(\frac{1}{3}\,(1-t), \frac{1}{3}(-1+4\,t), t) \mid t \in \mathbb{R}\}$.

14.8 Für $a = -1$ gibt es keine Lösung. Für $a = 2$ und $a = 3$ gibt es unendlich viele Lösungen. Für alle anderen reellen Zahlen a gibt es genau eine Lösung. Im Fall $a = 0$ ist dies $L = \{(1, 0, 0)\}$, und im Fall $a = 2$ ist $L = \{(\frac{1}{3} + \frac{1}{3}\lambda, \lambda, 0) \mid \lambda \in \mathbb{R}\}$ die Lösungsmenge.

14.9 Die Lösungsmenge ist $L = \{\frac{1}{5}\,(3 + \mathrm{i}, 3 - 4\,\mathrm{i}, 3 + 6\,\mathrm{i})\}$.

14.10 Im Fall $r = -2$ ist $L = \emptyset$. Im Fall $r = 1$ ist $L = \{(1 - s - t, s, t) \mid s, t \in \mathbb{R}\}$ die Lösungsmenge und für alle anderen $r \in \mathbb{R}$ ist $L = \{(\frac{1}{2+r}, \frac{1}{2+r}, \frac{1}{2+r})\}$ die Lösungsmenge.

14.11 Das Gleichungssystem ist für alle Paare (a, b) der Hyperbel $H = \{(a, b) \mid b^2 - a\,(a+2) = 0\}$ nicht lösbar. Für alle anderen Paare $(a, b) \in \mathbb{R}^2 \setminus H = G$ ist das System lösbar. Es ist nicht eindeutig lösbar, falls $a = 2$ gilt, d. h. für alle Paare $(a, b) = (2, b) \in G$. Für die restlichen Paare ist das System eindeutig lösbar.$s = a\,g\,t^2$ mit $a \in \mathbb{R}$.

14.12 $s = a\,g\,t^2$ mit $a \in \mathbb{R}$.

14.13 Man braucht 1 Kilogramm der ersten und 7 Kilogramm der zweiten Legierung.

14.14 $\boldsymbol{F}_a = (-12, 6, -30)$, $\boldsymbol{F}_b = (10, -10, -20)$, $\boldsymbol{F}_c = (2, 4, -6)$.

14.15 Es wirken keine Kräfte, wenn alle Auslenkungen gleich sind.

Kapitel 15

15.3 Die Aussagen in (a) und (b) sind richtig, die Aussagen (c) und (d) sind falsch.

15.4 Die Aussagen in (a) und (b) sind falsch, die Aussage in (c) ist richtig.

15.5 Ja.

15.6 Ja.

15.7 U_1, U_3 und U_4 sind keine Untervektorräume, U_2 hingegen schon.

15.8 Es ist

$$B := \left\{ \begin{pmatrix}1\\0\\\vdots\\0\\-1\end{pmatrix}, \begin{pmatrix}0\\1\\\vdots\\0\\-1\end{pmatrix}, \dots, \begin{pmatrix}0\\0\\\vdots\\1\\-1\end{pmatrix} \right\}$$

eine Basis von U, insbesondere gilt $\dim(U) = n-1$.

15.9 U_2, U_3 und U_5 sind keine Untervektorräume, U_1, U_4 und U_6 hingegen schon.

15.10 Ja, es ist $A = \{\boldsymbol{e}_1, \dots, \boldsymbol{e}_n, \boldsymbol{v}\}$ mit den Standard-Einheitsvektoren $\boldsymbol{e}_1, \dots, \boldsymbol{e}_n$ und $\boldsymbol{v} = \boldsymbol{e}_1 + \dots + \boldsymbol{e}_n$ eine solche Menge.

15.13 Alle Aussagen sind richtig.

15.14 Ja, die Menge bildet eine Basis.

15.15 Die Standardbasis $E_4 = \{\boldsymbol{e}_1, \boldsymbol{e}_2, \boldsymbol{e}_3, \boldsymbol{e}_4\}$ ist eine Basis von U.

15.16 Es ist $-\boldsymbol{F} = -2\boldsymbol{F}_1 + 3\boldsymbol{F}_2 - 4\boldsymbol{F}_3$.

15.17 $\boldsymbol{F} = \dfrac{1}{4\pi\varepsilon} \begin{pmatrix} -3\sqrt{2}(4\sqrt{2}+1) \\ -3\sqrt{2} \end{pmatrix}$.

15.18 $\boldsymbol{s} = \dfrac{1}{333445} \begin{pmatrix} 1290 \\ -440 \end{pmatrix}$.

Kapitel 16

16.1 Ja.

16.2 Ja.

16.3 Ja.

16.4 Ja.

16.5 Nein.

16.6 Ja.

16.7 Ja.

16.9 $\boldsymbol{AB} = \begin{pmatrix}4 & 10\\7 & 18\end{pmatrix}$, $\boldsymbol{AC} = \begin{pmatrix}3 & 2 & 15\\5 & 4 & 26\end{pmatrix}$, $\boldsymbol{BA} = \begin{pmatrix}3 & 10 & 15\\4 & 16 & 24\\1 & 2 & 3\end{pmatrix}$, $\boldsymbol{CB} = \begin{pmatrix}5 & 2\\2 & 6\\3 & 0\end{pmatrix}$, $\boldsymbol{BD} = \begin{pmatrix}1 & 10\\0 & 16\\1 & 2\end{pmatrix}$, $\boldsymbol{DA} = \begin{pmatrix}3 & 10 & 15\\4 & 16 & 24\end{pmatrix}$, $\boldsymbol{CC} = \begin{pmatrix}1 & 0 & 16\\2 & 1 & 8\\0 & 0 & 9\end{pmatrix}$, $\boldsymbol{DD} = \begin{pmatrix}1 & 10\\0 & 16\end{pmatrix}$.

16.10 $\boldsymbol{A} = \begin{pmatrix}1 & 2 & 3\\2 & 1 & 3\\0 & -1 & -2\end{pmatrix}$, $\boldsymbol{B} = \begin{pmatrix}2 & -2 & 1\\0 & -2 & 2\\0 & 1 & 2\end{pmatrix}$, $\boldsymbol{C} = \begin{pmatrix}2 & 3 & 11\\4 & -3 & 10\\0 & 0 & -6\end{pmatrix}$.

16.11 Die Matrizen $\boldsymbol{A}$, $\boldsymbol{B}$, $\boldsymbol{C}$ sind invertierbar, die Matrix $\boldsymbol{D}$ nicht. Es gilt $\boldsymbol{A}^{-1} = \begin{pmatrix}1 & -3 & -2\\-1 & 10 & 4\\-1 & 6 & 3\end{pmatrix}$, $\boldsymbol{B}^{-1} = \begin{pmatrix}-1 & \frac{5}{4} & -\frac{1}{2}\\1 & -\frac{1}{2} & 0\\1 & -\frac{3}{4} & \frac{1}{2}\end{pmatrix}$, $\boldsymbol{C}^{-1} = \begin{pmatrix}1 & -1 & -1 & 3\\0 & 1 & 0 & -2\\0 & 0 & 1 & -3\\0 & 0 & 0 & 1\end{pmatrix}$.

16.12 $x_1 + x_2 + x_3 = 0$.

16.13

$$\boldsymbol{A} = \underbrace{\begin{pmatrix}1 & 0 & 0 & 0\\2/3 & 1 & 0 & 0\\1/2 & 6/5 & 1 & 0\\2/5 & 6/5 & 12/7 & 1\end{pmatrix}}_{=\boldsymbol{L}} \underbrace{\begin{pmatrix}1/2 & 1/3 & 1/4 & 1/5\\0 & 1/36 & 1/30 & 1/30\\0 & 0 & 1/600 & 1/350\\0 & 0 & 0 & 1/9800\end{pmatrix}}_{=\boldsymbol{R}},$$

$$\det \boldsymbol{A} = \frac{1}{2 \cdot 36 \cdot 600 \cdot 9800}.$$

16.14 $\boldsymbol{A} = \begin{pmatrix}1/2 & -1/2 & 1/\sqrt{2}\\1/2 & -1/2 & -1/\sqrt{2}\\1/\sqrt{2} & 1/\sqrt{2} & 0\end{pmatrix}$.

16.15 $\det \boldsymbol{A} = 21$, $\det \boldsymbol{B} = 0$.

16.16 $\det \boldsymbol{A} = (-1)^{\frac{n(n-1)}{2}} d_1 d_2 \dots d_n$.

16.17 (a) $\boldsymbol{v} = \begin{pmatrix}61\\18\\13\end{pmatrix}$, $\boldsymbol{r} = \begin{pmatrix}422\\231\\438\end{pmatrix}$; (b) $\boldsymbol{g} = \begin{pmatrix}240\\570\\300\end{pmatrix}$, $\boldsymbol{r} = \begin{pmatrix}900\\486\\918\end{pmatrix}$; (c) $\boldsymbol{g} = \dfrac{1}{99}\begin{pmatrix}3000\\15000\\6000\end{pmatrix}$.

16.18 (a) 15 : 8 : 7. (b) 28 : 10 : 11.

16.19 $\boldsymbol{A} = \begin{pmatrix}0 & 1 & 0 & 0\\ -\frac{1}{m_1}(k_1+k_2) & 0 & \frac{1}{m_1}k_2 & 0\\ 0 & 0 & 0 & 1\\ \frac{1}{m_2}k_2 & 0 & -\frac{1}{m_2}(k_2+k_3) & 0\end{pmatrix} \in \mathbb{R}^{4\times 4}$.

Kapitel 17

17.1 (a) φ_1 ist nicht linear. (b) φ_2 ist linear. (c) φ_3 ist nicht linear.

17.2 Nur für $\boldsymbol{u} = \mathbf{0}$.

17.3 (a) Nein. (b) Ja.

17.4 $\dim \varphi(\mathbb{R}^2) = 1$ und $\dim \varphi^{-1}(\{\mathbf{0}\}) = 1$.

17.6 Ja.

17.7 Ja.

17.9 (a) $\varphi(\boldsymbol{a}) = \boldsymbol{c}$, $\varphi(\boldsymbol{b}) = \mathbf{0}$, φ ist nicht injektiv. (b) Der Kern hat die Dimension 1 und das Bild die Dimension 3. (c) Es ist $\{\boldsymbol{b}\}$ eine Basis des Kerns von φ und $\left\{\begin{pmatrix}3\\1\\1\\-1\end{pmatrix}, \begin{pmatrix}1\\3\\-1\\1\end{pmatrix}, \begin{pmatrix}1\\-1\\3\\1\end{pmatrix}\right\}$ eine Basis des Bildes von φ. (d) $L = \boldsymbol{a} + \varphi^{-1}(\{\mathbf{0}\})$.

17.10

$$_E\boldsymbol{M}\left(\frac{\mathrm{d}}{\mathrm{d}X}\right)_E = \begin{pmatrix}0&1&0&0\\0&0&2&0\\0&0&0&3\\0&0&0&0\end{pmatrix} \quad \text{und}$$

$$_B\boldsymbol{M}\left(\frac{\mathrm{d}}{\mathrm{d}X}\right)_B = \begin{pmatrix}0&0&0&0\\1&0&0&0\\0&1&0&0\\0&0&1&0\end{pmatrix}.$$

17.11

$$_B\boldsymbol{M}(\varphi)_{E_2} = \begin{pmatrix}2&-1\\-2&1\\1&-1\end{pmatrix}, \quad _C\boldsymbol{M}(\psi)_B = \begin{pmatrix}5&2&2\\-3&0&-1\\-2&-1&-1\\3&0&1\end{pmatrix},$$

$$_C\boldsymbol{M}(\psi \circ \varphi)_{E_2} = \begin{pmatrix}8&-5\\-7&4\\-3&2\\7&-4\end{pmatrix}.$$

17.12 (b) Es gilt $_B\boldsymbol{M}(\varphi)_B = \begin{pmatrix}1&0&0\\0&2&0\\0&0&3\end{pmatrix}$ und $\boldsymbol{S} = \begin{pmatrix}2&1&2\\2&1&1\\3&1&1\end{pmatrix}$.

17.13 (a) Es gilt $_B\boldsymbol{M}(\varphi)_B = \begin{pmatrix}16&47&-88\\18&44&-92\\12&27&-59\end{pmatrix}$.

(b) Es gilt $_A\boldsymbol{M}(\varphi)_B = \begin{pmatrix}-2&10&-3\\-8&0&23\\-2&17&-10\end{pmatrix}$ und $_B\boldsymbol{M}(\varphi)_A = \begin{pmatrix}7&-13&22\\6&-2&14\\4&1&7\end{pmatrix}$.

17.14 (a) $_E\boldsymbol{M}(\triangle)_E = \begin{pmatrix}0&1&1&1&1\\0&0&2&3&4\\0&0&0&3&6\\0&0&0&0&4\\0&0&0&0&0\end{pmatrix}$,

$\dim \varphi^{-1}(\{\mathbf{0}\}) = 1$, $\dim(\triangle(V)) = 4$.

(b) $_B\boldsymbol{M}(\triangle)_B = \begin{pmatrix}0&1&0&0&0\\0&0&1&0&0\\0&0&0&1&0\\0&0&0&0&1\\0&0&0&0&0\end{pmatrix}$.

(c) Die Basis B.

17.15 Der einfallende Lichtstrahl verlässt in umgekehrter Richtung die Spiegelanordnung.

17.16

$$_{E_3}\boldsymbol{M}(\delta_{\boldsymbol{e}_1,\alpha})_{E_3} = \begin{pmatrix}1&0&0\\0&\cos\alpha&-\sin\alpha\\0&\sin\alpha&\cos\alpha\end{pmatrix},$$

$$_{E_3}\boldsymbol{M}(\delta_{\boldsymbol{e}_2,\alpha})_{E_3} = \begin{pmatrix}\cos\alpha&0&\sin\alpha\\0&1&0\\-\sin\alpha&0&\cos\alpha\end{pmatrix},$$

$$_{E_3}\boldsymbol{M}(\delta_{\boldsymbol{e}_3,\alpha})_{E_3} = \begin{pmatrix}\cos\alpha&-\sin\alpha&0\\\sin\alpha&\cos\alpha&0\\0&0&1\end{pmatrix}.$$

Kapitel 18

18.1 (a) Ja, zum Eigenwert λ^2. (b) Ja, zum Eigenwert λ^{-1}.

18.5 Die Matrix hat den n-fachen Eigenwert 0.

18.6 Ja, ähnliche Matrizen haben dieselben Eigenwerte mit den gleichen algebraischen und geometrischen Vielfachheiten.

18.7 Die Matrizen $\boldsymbol{A}$ und $\boldsymbol{A}^T$ haben dieselben Eigenwerte und auch jeweils dieselben algebraischen und geometrischen Vielfachheiten.

18.8 Nein.

18.9 (a) Es ist 2 der einzige Eigenwert von $\boldsymbol{A}$ und jeder Vektor aus $\left\langle\begin{pmatrix}1\\1\end{pmatrix}\right\rangle \setminus \{\mathbf{0}\}$ ist ein Eigenvektor zum Eigenwert 2 von $\boldsymbol{A}$.

(b) Es sind ± 1 die beiden Eigenwert von $\boldsymbol{B}$ und jeder Vektor aus $\left\langle\begin{pmatrix}1\\1\end{pmatrix}\right\rangle \setminus \{\mathbf{0}\}$ ist ein Eigenvektor zum Eigenwert 1 von $\boldsymbol{B}$ und jeder Vektor aus $\left\langle\begin{pmatrix}1\\-1\end{pmatrix}\right\rangle \setminus \{\mathbf{0}\}$ ist ein Eigenvektor zum Eigenwert -1 von $\boldsymbol{B}$.

(c) Im Fall $b = 0$ sind die Eigenwerte a und d mit den zugehörigen Eigenvektoren $\boldsymbol{e}_1$ und $\boldsymbol{e}_2$. Für $b \neq 0$ sind die Eigenwerte $\lambda_{1,2} = \frac{a+d\pm\omega}{2}$ mit $\omega = \sqrt{(a-d)^2 + 4b^2}$ und die Eigenräume

$$\mathrm{Eig}_C(\lambda_{1,2}) = \left\langle \begin{pmatrix} -b \\ \frac{a-d\mp\omega}{2} \end{pmatrix} \right\rangle.$$

18.10 (a) Die Matrix $\boldsymbol{A}$ ist nicht diagonalisierbar. (b) Die Matrix $\boldsymbol{B}$ ist diagonalisierbar. (c) Die Matrix ist diagonalisierbar.

18.11 Es ist $\boldsymbol{S} = \frac{1}{\sqrt{6}} \begin{pmatrix} -\sqrt{3} & -1 & \sqrt{2} \\ \sqrt{3} & -1 & \sqrt{2} \\ 0 & 2 & \sqrt{2} \end{pmatrix}$.

18.12 (b) $_{E_3}\boldsymbol{M}(\varphi)_{E_3} = \begin{pmatrix} 1 & 0 & -a^2 & -2\,a^3 \\ 0 & 1 & 2\,a & 3\,a^2 \\ 0 & 0 & 0 & 0 \\ 0 & 0 & 0 & 0 \end{pmatrix}$.

(c) Es ist $B = (a^2 - 2\,a\,X + X^2,\ 2\,a^3 - 3\,a^2\,X + X^3,\ 1,\ X)$ eine geeignete geordnete Basis, es gilt

$${}_B\boldsymbol{M}(\varphi)_B = \begin{pmatrix} 0 & 0 & 0 & 0 \\ 0 & 0 & 0 & 0 \\ 0 & 0 & 1 & 0 \\ 0 & 0 & 0 & 1 \end{pmatrix}.$$

18.13 Die drei Arten a_2, a_3, a_4 werden die Art a_1 verdrängen und gleichhäufig vorkommen.

18.14 $b(t) = -\frac{10}{9}\mathrm{e}^{-t} + \frac{10}{9}\mathrm{e}^{-t/10}$ und $d(t) = \mathrm{e}^{-t}$.

18.17 (a) Die Einheitskreislinie wird auf eine Ellipse mit den Halbachsen 2 und 8 abgebildet. (b) Die zwei Geraden $\left\langle \begin{pmatrix} 1 \\ 1 \end{pmatrix} \right\rangle$ und $\left\langle \begin{pmatrix} 1 \\ -1 \end{pmatrix} \right\rangle$ werden auf sich abgebildet.

Kapitel 19

19.2 Ein Parallelogramm hat genau dann orthogonale Diagonalen, wenn alle Seitenlängen übereinstimmen.

19.3 $\{(\lambda \boldsymbol{n}_1 + \mu \boldsymbol{n}_2)\cdot \boldsymbol{x} = \lambda k_1 + \mu k_2 \mid (\lambda, \mu) \in \mathbb{R}^2 \setminus \{(0,0)\}\}$

19.5 Es gibt zwei Lösungen,

$$\boldsymbol{A}_1 = \begin{pmatrix} 0 & 0 & 1 \\ 1 & 0 & 0 \\ 0 & 1 & 0 \end{pmatrix} \quad \text{und} \quad \boldsymbol{A}_2 = \begin{pmatrix} 0 & 1 & 0 \\ 0 & 0 & 1 \\ 1 & 0 & 0 \end{pmatrix} = \boldsymbol{A}_1^2.$$

Keine uneigentlich orthogonale Matrix kann diese Bedingungen erfüllen.

19.6 $\|\boldsymbol{u}\| = 3,\quad \|\boldsymbol{v}\| = 15,\quad \cos\varphi = 8/45,\quad \varphi \approx 79.76°$

$$\boldsymbol{u} \times \boldsymbol{v} = \begin{pmatrix} -33 \\ -26 \\ 14 \end{pmatrix}$$

19.7

$$E_1:\quad x_2 + 2x_3 - 8 = 0$$
$$E_2:\quad -x_1 + 2x_3 - 5 = 0$$

Jede weitere Ebenengleichung ist eine Linearkombination dieser beiden.

19.8 $x_3 = 2$. Der Punkt $\boldsymbol{d}$ liegt außerhalb des Dreiecks.

19.9 $E:\ x_1 - x_2 + 2x_3 = 0$. Die Entfernung der Ebene E von G beträgt $2\sqrt{6}/3$, jene von der Geraden H $\sqrt{6}/2$.

19.10 $l(\boldsymbol{x}) = \frac{1}{3}(2x_1 + x_2 - 2x_3 - 1) = 0$

19.11 $d = \sqrt{2}, \boldsymbol{a}_1 = \begin{pmatrix} 1 \\ 2 \\ 3 \end{pmatrix}, \boldsymbol{a}_2 = \begin{pmatrix} 2 \\ 3 \\ 3 \end{pmatrix}$.

19.12 $5x_1^2 + 5x_2^2 + 8x_3^2 + 8x_1x_2 - 4x_1x_3 + 4x_2x_3$
$-10x_1 - 26x_2 - 32x_3 = 31.$

19.13 $3x_1^2 - 3x_3^2 - 4x_1x_2 + 8x_1x_3 - 12x_2x_3$
$-42x_1 + 26x_2 + 38x_3 = 27.$

19.14 $11x_1^2 + 11x_2^2 + 23x_3^2 + 32x_1x_2 - 16x_1x_3$
$+16x_2x_3 - 22x_1 - 86x_2 - 92x_3 + 146 = 0.$

19.15 Es gibt vier Lösungen, wobei in den folgenden Darstellungen einmal die oberen, einmal die unteren Vorzeichen zu wählen sind:

$$\boldsymbol{M}_{12} = \frac{1}{3}\begin{pmatrix} \mp 1 & -2 & 2 \\ \pm 2 & 1 & 2 \\ -2 & \pm 2 & \pm 1 \end{pmatrix}$$
$$\boldsymbol{M}_{34} = \frac{1}{15}\begin{pmatrix} \pm 5 & -10 & 10 \\ \pm 14 & 5 & -2 \\ -2 & \pm 10 & \pm 11 \end{pmatrix}$$

19.16 Die zugehörige Drehmatrix lautet

$$\boldsymbol{R}_{\widehat{d},\varphi} = \frac{1}{3}\begin{pmatrix} 2 & -1 & 2 \\ 2 & 2 & -1 \\ -1 & 2 & 2 \end{pmatrix}.$$

Die Koordinatenvektoren der verdrehten Würfelecken sind die Spaltenvektoren in

$$\frac{1}{3}\begin{pmatrix} 0 & 2 & 1 & -1 & 2 & 4 & 3 & 1 \\ 0 & 2 & 4 & 2 & -1 & 1 & 3 & 1 \\ 0 & -1 & 1 & 2 & 2 & 1 & 3 & 4 \end{pmatrix}.$$

19.17 Bei Benutzung der üblichen Abkürzungen $\mathrm{s}\,\varphi$ und $\mathrm{c}\,\varphi$ für den Sinus und Kosinus des Drehwinkels lautet die Drehmatrix $\boldsymbol{R}_{\boldsymbol{d},\varphi}$

$$\begin{pmatrix} (1-d_1^2)\,\mathrm{c}\,\varphi + d_1^2 & d_1d_2(1-\mathrm{c}\,\varphi) - d_3\,\mathrm{s}\,\varphi & d_1d_3(1-\mathrm{c}\,\varphi) + d_2\,\mathrm{s}\,\varphi \\ d_1d_2(1-\mathrm{c}\,\varphi) + d_3\,\mathrm{s}\,\varphi & (1-d_2^2)\,\mathrm{c}\,\varphi + d_2^2 & d_2d_3(1-\mathrm{c}\,\varphi) - d_1\,\mathrm{s}\,\varphi \\ d_1d_3(1-\mathrm{c}\,\varphi) - d_2\,\mathrm{s}\,\varphi & d_2d_3(1-\mathrm{c}\,\varphi) + d_1\,\mathrm{s}\,\varphi & (1-d_3^2)\,\mathrm{c}\,\varphi + d_3^2 \end{pmatrix}$$

19.18

$$\boldsymbol{m} = \frac{1}{2}\begin{pmatrix} 3 \\ 5 \\ 6 \end{pmatrix}$$

19.20 Die Entfernung der Eckpunkte vom Schwerpunkt lautet

$$\|\boldsymbol{x} - \boldsymbol{p}_i\| = \sqrt{\frac{3}{8}}\,.$$

Die Seitenlänge des Quadrates ist $\frac{1}{2}$.

19.21

$$\boldsymbol{d} = \begin{pmatrix} \frac{\sqrt{2}-1}{\sqrt{2}-\sqrt{3}} \\ 1 \\ 1-\sqrt{2} \end{pmatrix},$$

$\cos\varphi = \frac{1}{2\sqrt{6}}(2+\sqrt{2}+\sqrt{3}-\sqrt{6})$ und $\varphi \approx -56.60°$.

19.22

$$\begin{aligned} \cos\alpha &= \frac{1}{\sqrt{2}}, & \sin\alpha &= \frac{1}{\sqrt{2}}, & \alpha &= 45° \\ \cos\beta &= \frac{1}{3}, & \sin\beta &= \frac{2\sqrt{2}}{3}, & \beta &\approx 70.53° \\ \cos\gamma &= \frac{1}{\sqrt{2}}, & \sin\gamma &= -\frac{1}{\sqrt{2}}, & \gamma &= 315° \end{aligned}$$

19.23

$$\boldsymbol{D}^* = \begin{pmatrix} 1 & 0 & 0 & 0 \\ -3 & 0 & 0 & 1 \\ 1 & 1 & 0 & 0 \\ 2 & 0 & 1 & 0 \end{pmatrix}.$$

Kapitel 20

20.1 Das erste Produkt ist kein Skalarprodukt, das zweite schon.

20.2 Das Produkt ist für $a = -2$ und $b \in \mathbb{R}$ hermitesch und für $a = -2$ und $b > 0$ positiv definit.

20.3 Ja.

20.6 Nein.

20.8 (a) Es ist $\left\{\frac{1}{\sqrt{2}},\ \sqrt{\frac{3}{2}}\,X,\ \sqrt{\frac{45}{8}}(X^2 - \frac{1}{3}),\ \sqrt{\frac{175}{8}}(X^3 - \frac{3}{5}X)\right\}$ eine Orthonormalbasis von V.

(b) Der Abstand beträgt $\sqrt{\frac{32}{5}}$.

20.9

$$\left\{ \frac{\mathrm{e}^{\mathrm{i}\varphi}}{\sqrt{3}}\begin{pmatrix} \mathrm{i} \\ 1 \\ 1 \end{pmatrix} \;\middle|\; \varphi \in [0,\,2\pi[\right\}.$$

20.10 Der minimale Abstand ist $\sqrt{2}$.

20.11 Die Näherungsfunktion f lautet

$$f = 0.93 + 0.23\cos\left(\frac{2\pi t}{12}\right) + 0.46\sin\left(\frac{2\pi t}{12}\right).$$

20.12 Es gilt $a_k = 0$ für alle k, und $b_1 = 1$, $b_2 = -1$, $b_3 = 2/3$, $b_4 = -1/2$.

Kapitel 21

21.1 d) ist eine quadratische Form, b), c) und d) sind quadratische Funktionen.

21.2 a) ist hermitesch. Es gibt keine symmetrische Bilinearform.

21.3 Die Darstellungsmatrix $\boldsymbol{M}_{B'}(\rho)$ und eine mögliche Umrechnungsmatrix ${}_B\boldsymbol{T}_{B'}$ von der Ausgangsbasis zur diagonalisierenden Basis lauten

a) $\boldsymbol{M}_{B'}(\rho) = \begin{pmatrix} 1 & 0 & 0 \\ 0 & 1 & 0 \\ 0 & 0 & -1 \end{pmatrix},\ {}_B\boldsymbol{T}_{B'} = \begin{pmatrix} \frac{1}{2} & 0 & \frac{1}{2} \\ 0 & 1 & 1 \\ 0 & 1 & 0 \end{pmatrix},$

b) $\boldsymbol{M}_{B'}(\rho) = \begin{pmatrix} 1 & 0 & 0 \\ 0 & -1 & 0 \\ 0 & 0 & -1 \end{pmatrix},\ {}_B\boldsymbol{T}_{B'} = \begin{pmatrix} 1 & -1 & -1 \\ 1 & 1 & -1 \\ 0 & 0 & 1 \end{pmatrix}.$

Die Signatur $(p,\ r-p,\ n-r)$ lautet in a) $(2,1,0)$, in b) $(1,2,0)$.

21.4 Die diagonalisierte Darstellungsmatrix und eine zugehörige Transformationsmatrix lauten

$$\boldsymbol{M}_{B'}(\rho) = \begin{pmatrix} 1 & 0 & 0 \\ 0 & -1 & 0 \\ 0 & 0 & 0 \end{pmatrix}, \quad {}_B\boldsymbol{T}_{B'} = \begin{pmatrix} 1/\sqrt{2} & -i/\sqrt{2} & 0 \\ 0 & 1/\sqrt{2} & 0 \\ 0 & 0 & 1 \end{pmatrix}.$$

Die Signatur von ρ ist $(p,\ r-p,\ n-r) = (1,1,1)$.

21.5 a) $\sigma(\boldsymbol{x},\boldsymbol{y}) = 2x_1y_2 + 2x_2y_1 + x_2y_2 + x_2y_3 + x_3y_2$

b) $\sigma(\boldsymbol{x},\boldsymbol{y}) = x_1y_1 - \frac{1}{2}x_1y_2 - \frac{1}{2}x_2y_1 + 3x_1y_3 + 3x_3y_1 - 2x_3y_3$.

21.6 Der Rang ist 6, die Signatur $(3,3,0)$.

21.7 a) $\rho(\boldsymbol{x}) = 10x_3'^2 - 4x_2'^2$, $(p,\ r-p,\ n-r) = (1,1,1)$,

b) $\rho(\boldsymbol{x}) = 3x_1'^2 + 6x_3'^2$, $(p,\ r-p,\ n-r) = (2,0,1)$.

c) $\rho(\boldsymbol{x}) = 2x_1'^2 + 2x_2'^2 + 8x_3'^2$, $(p,\ r-p,\ n-r) = (3,0,0)$,

21.8 a) $\psi(\boldsymbol{x}) = \dfrac{\sqrt{2}+1}{4}x_1'^2 - \dfrac{\sqrt{2}-1}{4}x_2'^2 - 1.$

Mittelpunkt ist $\boldsymbol{0}$, die Achsen der Hyperbel haben die Richtung der Vektoren $(1 \pm \sqrt{2},\ 1)^T$.

b) $\psi(\boldsymbol{x}) = \frac{1}{4}x_1'^2 + \frac{1}{9}x_2'^2 - 1$. Mittelpunkt $(0,\ \sqrt{5})^T$, Hauptachsen in Richtung von $(2,\ 1)^T$ und $(-1,\ 2)^T$.

c) $\psi(\boldsymbol{x}) = \frac{1}{2}x_1'^2 - 2x_2$ mit dem Ursprung $\boldsymbol{p} = (-9,\ -3)^T$ und den Achsenrichtungen $(-3,\ -4)^T$ und $(-4,\ -3)^T$.

21.9 a) $Q(\psi)$ ist kegelig (Typ 1) mit Mittelpunkt beliebig auf der Geraden $G = (t, -\frac{1}{2} - 2t, 2t)^T$, $t \in \mathbb{R}$. Wegen $\psi(\boldsymbol{x}) = (2x_1 - x_3)(4x_1 + 2x_2 + 1)$ besteht $Q(\psi)$ aus zwei Ebenen durch G.

b) $Q(\psi)$ ist eine Quadrik vom Typ 2 mit Mittelpunkt auf der Geraden $(-\frac{1}{2},\ -\frac{5}{12},\ t)^T$, $t \in \mathbb{R}$, und zwar ein hyperbolischer Zylinder mit Erzeugenden parallel zur x_3-Achse.

c) $Q(\psi)$ ist parabolisch (Typ 3), und zwar wegen der Signatur $(2, 0, 1)$ der quadratischen Form ein elliptisches Paraboloid.

21.10 $Q(\psi)$ ist bei $c = 1$ ein quadratischer Kegel, bei $c = 0$ ein hyperbolisches Paraboloid und ansonsten ein einschaliges Hyperboloid.

21.11 a) $3x_1'^2 + (\sqrt{2}-1)x_2'^2 - (\sqrt{2}+1)x_3'^2 - \frac{11}{6} = 0$. $Q(\psi)$ ist ein einschaliges Hyperboloid.

b) $\frac{\sqrt{6}(3+\sqrt{105})x_1'^2}{8} - \frac{\sqrt{6}(\sqrt{105}-3)x_2'^2}{8} + 2x_3 = 0$. $Q(\psi)$ ist ein hyperbolisches Paraboloid.

c) $\frac{x_1'^2}{9} + \frac{x_2'^2}{4} + \frac{x_3'^2}{4} - 1 = 0$. $Q(\psi)$ ist ein linsenförmiges Drehellipsoid.

21.12 b) ist parabolisch.

21.13 $Q(\psi_0)$ ist von Typ 1, $Q(\psi_1)$ von Typ 2 mit $n = r = 6$, $p = 3$.

21.14 Die Singulärwerte sind $10\sqrt{2}$, $5\sqrt{2}$ und 5.

21.15
$$\boldsymbol{A} = \begin{pmatrix} -2 & 4 & -4 \\ 6 & 6 & 3 \\ -2 & 4 & -4 \end{pmatrix} = \boldsymbol{U}\begin{pmatrix} 6\sqrt{2} & 0 & 0 \\ 0 & 9 & 0 \\ 0 & 0 & 0 \end{pmatrix}\boldsymbol{V}^T$$
$$\boldsymbol{U} = \frac{1}{\sqrt{2}}\begin{pmatrix} -1 & 0 & 1 \\ 0 & \sqrt{2} & 0 \\ -1 & 0 & -1 \end{pmatrix},\quad \boldsymbol{V}^T = \frac{1}{3}\begin{pmatrix} 1 & -2 & 2 \\ 2 & 2 & 1 \\ -2 & 1 & 2 \end{pmatrix}$$

21.16
$$\varphi^{\text{ps}}:\quad \begin{pmatrix} y_1 \\ y_2 \\ y_3 \end{pmatrix} = \frac{1}{10}\begin{pmatrix} 5 & 5 & 0 \\ -2 & -2 & 4 \\ -1 & -1 & 2 \end{pmatrix}\begin{pmatrix} y_1' \\ y_2' \\ y_3' \end{pmatrix}.$$

21.17 $x_1 = 5.583$, $x_2 = 4.183$.

21.18 Gleichung von G:

$-0.34017x_1 + 0.33778x_2 + 0.87761 = 0.$

21.19 P: $x_2 = \frac{5}{12}x_1^2 - \frac{235}{156}x_1 + \frac{263}{52}$.

Kapitel 22

22.1 Koordinateninvariant sind s_{ii}, $s_{ij}t_{ji}$ und $s_{ij}t_{jk}s_{ki}$.

22.2 $-s^{ij}a_{ji} = s^{ij}a_{ij} = -s^{ij}a_{ij} = 0.$

22.3 $t_{ij} = \pm t_{ji} \implies \bar{t}_{ij} = \pm \bar{t}_{ji}$.

22.4 Es ist $\beta = \varepsilon_{ijk}a_iv_jc_k / \varepsilon_{ijk}a_ib_jc_k$ und $\gamma = \varepsilon_{ijk}a_ib_jv_k / \varepsilon_{ijk}a_ib_jc_k$.

22.5 $t_{ik}t_{km} = d_id_m - \omega^2\delta_{im}$. Das Quadrat des Drehtensors ist jener zum doppelten Drehwinkel, also ausführlich
$$d_{ij}d_{jk} = d_id_k(1 - \cos 2\varphi) + \delta_{ik}\cos 2\varphi - \varepsilon_{ikl}d_l \sin 2\varphi.$$

22.6 $\delta_{ii} = \delta_{ij}\delta_{ji} = \delta_{ij}\delta_{jk}\delta_{ki} = 3$, $\delta_{ij}\delta_{jk} = \delta_{ik}$.

22.7 Es ist
$$(s_{ij}) = \begin{pmatrix} 3 & 1 & 4 \\ 1 & -4 & 7 \\ 4 & 7 & -5 \end{pmatrix},\ (a_{ij}) = \begin{pmatrix} 0 & 1 & -3 \\ -1 & 0 & -4 \\ 3 & 4 & 0 \end{pmatrix} \text{ und } d_j = \begin{pmatrix} 4 \\ -3 \\ -1 \end{pmatrix}.$$

22.8
$$(\overline{a}_j^i) = \begin{pmatrix} 0 & 1 & 0 \\ 0 & 0 & 1 \\ 1 & 0 & 0 \end{pmatrix},\quad (\underline{a}_j^i) = \begin{pmatrix} 0 & 0 & 1 \\ 1 & 0 & 0 \\ 0 & 1 & 0 \end{pmatrix}.$$
$$\overline{g}_{11} = g_{22},\quad \overline{g}_{12} = g_{23},\quad \overline{g}_{13} = g_{12},$$
$$\overline{g}_{22} = g_{33},\quad \overline{g}_{23} = g_{13},\quad \overline{g}_{33} = g_{11}.$$

22.9
$$\boldsymbol{b}^1 = \frac{1}{2}\begin{pmatrix} 1 \\ 0 \\ 1 \end{pmatrix},\quad \boldsymbol{b}^2 = \begin{pmatrix} -1 \\ 1 \\ 0 \end{pmatrix},\quad \boldsymbol{b}^3 = \frac{1}{2}\begin{pmatrix} 1 \\ -2 \\ 1 \end{pmatrix}.$$
$$(g_{ij}) = \begin{pmatrix} 3 & 0 & -1 \\ 0 & 2 & 2 \\ -1 & 2 & 3 \end{pmatrix},\quad (g^{ij}) = \frac{1}{2}\begin{pmatrix} 1 & -1 & 1 \\ -1 & 4 & -3 \\ 1 & -3 & 3 \end{pmatrix}.$$

22.10
$$(\bar{t}_{ij}) = \begin{pmatrix} 1 & 0 & 2 \\ 3 & 4 & 5 \\ 2 & 1 & 3 \end{pmatrix},\quad (\bar{t}^i_j) = \begin{pmatrix} 0 & -2 & \frac{1}{2} \\ 2 & 5 & \frac{7}{2} \\ -1 & -3 & -2 \end{pmatrix}.$$

22.11
$$(\bar{t}_{ij}) = \frac{1}{4}\begin{pmatrix} \lambda_1 + 3\lambda_2 & \sqrt{3}(-\lambda_1 + \lambda_2) & 0 \\ \sqrt{3}(-\lambda_1 + \lambda_2) & 3\lambda_1 + \lambda_2 & 0 \\ 0 & 0 & 4\lambda_3 \end{pmatrix}$$

22.12
$$n_{ij} = \frac{1}{6}\begin{pmatrix} 1 & -1 & 2 \\ -1 & 1 & -2 \\ 2 & -2 & 4 \end{pmatrix},\ \boldsymbol{v}' = \frac{1}{3}\begin{pmatrix} 1 \\ -1 \\ 2 \end{pmatrix},\ \boldsymbol{v}'' = \frac{1}{3}\begin{pmatrix} 2 \\ 4 \\ 1 \end{pmatrix}.$$

22.13

$$\widehat{d} = \frac{1}{\sqrt{2}}\begin{pmatrix}1\\1\\0\end{pmatrix}, \quad \cos\varphi = \frac{1}{3}, \quad \varphi = 70.528\ldots^\circ.$$

22.14 $\varepsilon_{ijk}\varepsilon_{ijl} = 2\delta_{kl}$, $\varepsilon_{ijk}\varepsilon_{ijk} = 6$.

22.15 $\boldsymbol{v} = (\boldsymbol{v}\cdot\boldsymbol{e})\,\boldsymbol{e} + \boldsymbol{e}\times(\boldsymbol{v}\times\boldsymbol{e})$.

22.17 Entweder $x = y = 1$ und $\sigma = -2\tau \neq 0$ oder $\sigma = \tau = 0$ und x, y beliebig.

22.18 Die Hauptdehnungen sind 0.0014 und zweimal 0 und sie erfolgen in den Richtungen von

$$\boldsymbol{h}_1 = \frac{1}{\sqrt{14}}\begin{pmatrix}1\\2\\-3\end{pmatrix}, \boldsymbol{h}_2 = \frac{1}{\sqrt{10}}\begin{pmatrix}3\\0\\1\end{pmatrix}, \boldsymbol{h}_3 = \frac{1}{\sqrt{140}}\begin{pmatrix}2\\-10\\-6\end{pmatrix}.$$

Kapitel 23

23.1 (a) $\boldsymbol{x}^* = (3, -1)^T$, (b) $\boldsymbol{x}^* = (0, 2)^T$.

23.2 (a) Die Zielfunktion ist auf dem Zulässigkeitsbereich unbeschränkt. Es existieren keine optimalen Lösungen.

(b) Alle Punkte der von $(0, 1)^T$ ins Unendliche laufenden Halbgerade

$$\{\boldsymbol{x} \in \mathbb{R}^2 \mid -x_1 + x_2 = 1,\ x_2 \geq 0\}$$

sind optimale Lösungen der Zielfunktion.

(c) $\boldsymbol{x}^* = (0, 0)^T$.

23.3 (a) Falsch.

(b) Wahr.

(c) Falsch.

(d) Wahr.

(e) Wahr.

23.4 (a) $\boldsymbol{x}^* = (3, 1)^T$ im Fall $\boldsymbol{c} = (1, 0)^T$ und $\boldsymbol{x}^* = (1, 3)^T$ im Fall $\boldsymbol{c} = (0, 1)^T$.

(b) Die Kante ist für jeden der Zielfunktionsvektoren $\boldsymbol{c} = c \cdot (1, 1)^T$ mit $c > 0$ optimal.

23.6 (a) $\boldsymbol{x}^* = (0, 0, 1)^T$.

(b) Die Zielfunktion muss die Gestalt $z = -c \cdot x_3$ mit einem $c > 0$ haben.

23.7 (a) Die optimale Lösung ist $\boldsymbol{x}^* = (2, 3)^T$.

(b) Die Ecke $(2, 3)^T$ ist eine optimale Lösung für alle $r > 0$ und $\alpha \in [\frac{\pi}{4}, \frac{3\pi}{4}]$.

(c) Es gilt $\boldsymbol{c}\,(r, \alpha) \in K \Leftrightarrow (r, \alpha) \in \mathbb{R}_{>0} \times [\frac{\pi}{4}, \frac{3\pi}{4}]$.

23.8 (a) Der Polyeder ist ein reguläres Achteck mit Ecken auf dem Einheitskreis.

(b) Die Ecke $\boldsymbol{p}_k = \big(\cos(k\frac{\pi}{4}), \sin(k\frac{\pi}{4})\big)$ ist genau dann eine optimale Lösung des Optimierungsproblems zum Zielfunktionsvektor $\boldsymbol{c}\,(r, \alpha)$, wenn $r > 0$ und $\alpha \in [k\frac{\pi}{4} - \frac{\pi}{8}, k\frac{\pi}{4} + \frac{\pi}{8}] + 2\pi\mathbb{Z}$ sind.

23.9 Die Funktion z nimmt ihr Maximum $z(\boldsymbol{x}^*) = 38/3$ im Punkt $\boldsymbol{x}^* = (0, 8/3, 10/3)^T$ an.

23.10 Das Maximum der Funktion $z(\boldsymbol{x}^*) = 1$ auf dem Zulässigkeitsbereich wird im Punkt $(1, 2, 0)^T$ angenommen.

23.11 Die Zielfunktion z nimmt ihr Maximum $z(\boldsymbol{x}^*) = 2$ in allen Punkten $\boldsymbol{x}^*$ auf der Kante $\{\lambda(1, 2)^T + \mu(3, 1)^T \mid \lambda, \mu \geq 0, \lambda + \mu = 1\}$ an. Im Laufe des Algorithmus werden die beiden entarteten Ecken $(1, 2)^T$ und $(3, 1)^T$ durchlaufen.

23.12 Im Fall $\beta \leq 0$ ist die Zielfunktion unbeschränkt. Im Fall $\beta > 0$ ist für $\alpha < 1/\beta$ die Ecke $\boldsymbol{x}^* = (1/\beta, 0)^T$ und für $\alpha > 1/\beta$ die Ecke $\boldsymbol{x}^* = (0, 1)^T$ optimal. Falls $\beta > 0$ und $\alpha = 1/\beta$, sind alle Punkte der Kante $\{\lambda(1/\beta, 0)^T + \mu(0, 1)^T \mid \lambda, \mu \geq 0, \lambda + \mu = 1\}$ zwischen diesen beiden Ecken optimale Lösungen.

23.13 (a) Es ist $\boldsymbol{x}^* = (0, 0, 10000)^T$ und $z(\boldsymbol{x}^*) = 10000$. Wählt man im ersten Simplexschritt die dritte Spalte als Pivotspalte, so erreicht man schon nach einem Schritt diese Ecke.

(b) Die optimale Lösung ist $\boldsymbol{x}^* = (0, \ldots, 0, 10^{n-1})^T$ mit dem zugehörigen Zielfunktionswert $z(\boldsymbol{x}^*) = 10^{n-1}$.

23.14 (a) Es sollten 120 Yachten jedes der beiden Typen M_1 und M_2 produziert werden.

(b) Der Gewinn müsste mehr als 1500 Euro betragen. Der limitierende Faktor ist die zur Verfügung stehende Arbeitszeit.

Kapitel 24

24.1 Die Aussagen (a), (b) und (e) sind richtig, (c) und (d) sind falsch.

24.2 Für (a) genügt jede der Bedingungen **1.** bis **4.**, für (b) hingegen sind nur **1.** und **3.** stark genug.

24.3 (Siehe ausführlichen Lösungsweg.)

24.4 Die Einhüllende e_F ist die Funktion $[0, 1] \to [0, 1]$ mit der Vorschrift $e_F(x) = \big(1 - \sqrt{x}\big)^2$.

24.5 f ist nicht stetig im Ursprung, g ist stetig.

24.6 f ist unstetig.

24.7 f ist stetig, aber nicht differenzierbar.

24.8
$$p_2\left(x, y; \frac{1}{e}, -1\right) = 2 + \frac{e^2}{2}\left(x - \frac{1}{e}\right)^2 + \frac{1}{2}(y+1)^2 + 2e\left(x - \frac{1}{e}\right)(y+1)$$

24.9 $\sqrt[10]{(1.05)^9} \approx 1.045$

24.10
$$T_2(\boldsymbol{x}; 1, 1, 1) = \frac{1}{\sqrt{3}} - \sum_{i=1}^{3} \frac{x_i - 1}{3^{3/2}} + \sum_{i=1}^{3} \sum_{j=i+1}^{3} \frac{(x_i - 1)(x_j - 1)}{3^{3/2}}.$$

24.11 $\dfrac{dy}{dx} = \dfrac{y}{x} \dfrac{x^{y-1} - y^{x-1} \ln y}{y^{x-1} - x^{y-1} \ln x}$, t: $y = x$

24.13 $P_2(t; 1) = \frac{(t-1)^2}{e^4}$

24.14 $W = \frac{\partial u}{\partial r}$

24.15 $x_2 \approx 0.10202$, $y_2 \approx 0.19074$

24.17 Alle Lösungen der ersten Gleichung sind implizit durch $x^2 \cos y = C$ mit Konstanten C gegeben, explizit durch $y(x) = \arccos \frac{C}{x^2}$. Für die zweite Gleichung erhalten wir aus $e^x y + y^2 = C$ zu $y(x) = -\frac{e^x}{2} \pm \sqrt{C + \frac{e^{2x}}{4}}$.

24.18 $\mu(x) = 1 + x^2$, $(1 + x^2)\sin(x + y) = C$

24.19 $\mu(x, y) = e^{x+y^2}$, $\sin x\, e^{x+y^2} = C$

24.20 Das Gleichungssystem ist auflösbar, $\varphi_x(0, 1) = 1$ und $\varphi_y(0, 1) = 0$.

24.21 $y'(1) = 2$, $z'(1) = 0$ und $y''(1) = 8$, $z''(1) = -8$

24.22 $z_x(\pi, 1) = -\frac{1}{4\pi}$ und $z_y(\pi, 1) = -\frac{3}{4}$.

24.23
$$x = \varphi_1(z) = \frac{1}{2} + \sqrt{\frac{1}{4} + z^3 + z + 22},$$
$$y = \varphi_2(z) = \sqrt{-z^3 - \frac{1}{2} - \sqrt{\frac{1}{4} + z^3 + z + 22}}$$

24.24 Die Abbildung ist umkehrbar.

24.25 $\boldsymbol{p}_1 = (0, 0)^\top$ ist ein Sattelpunkt, $\boldsymbol{p}_2 = (0, \sqrt{2})^\top$ und $\boldsymbol{p}_3 = (0, -\sqrt{2})^\top$ sind lokale Maxima; $\boldsymbol{p}_4 = (\sqrt{2}, 0)^\top$ und $\boldsymbol{p}_5 = (-\sqrt{2}, 0)^\top$ sind lokale Minima.

24.26 Das Minimum der Funktion liegt bei $x = -\frac{3}{2}$, $y = -2$.

24.27 Der einzige kritische Punkt ist $\boldsymbol{p} = (2, 1, -2)^\top$, dort liegt kein Extremum.

24.28 $\boldsymbol{p}_1 = (0, 0)^\top$ ist ein Sattelpunkt, $\boldsymbol{p}_2 = (\frac{3}{2}, \frac{3}{2})^\top$ und $\boldsymbol{p}_3 = (\frac{3}{2}, -\frac{3}{2})^\top$ sind lokale Minima.

24.29 $V = (1571 \pm 35) \cdot 10\,\text{cm}^3$, $a = (13.42 \pm 0.10)\,\frac{\text{m}}{\text{s}^2}$, $R_{12} = (33.3 \pm 2.8)\,\Omega$

24.31 Mit „perm" für alle Permutationen von (x_i, x_j, x_k, x_l) erhalten wir
$$\begin{aligned}\frac{\partial^4 \ln Z}{\partial x_i\, \partial x_j\, \partial x_k\, \partial x_l} &= \left\langle \frac{\partial^4 Z}{\partial x_i\, \partial x_j\, \partial x_k\, \partial x_l} \right\rangle \\ &+ \sum_{\text{perm}} \left\{ -\frac{1}{6} \left\langle \frac{\partial^3 Z}{\partial x_{i_1}\, \partial x_{i_2}\, \partial x_{i_3}} \right\rangle \left\langle \frac{\partial Z}{\partial x_{i_4}} \right\rangle \right. \\ &\quad - \frac{1}{8} \left\langle \frac{\partial^2 Z}{\partial x_{i_1}\, \partial x_{i_2}} \right\rangle \left\langle \frac{\partial^2 Z}{\partial x_{i_3}\, \partial x_{i_4}} \right\rangle \\ &\quad \left. + \frac{1}{2} \left\langle \frac{\partial^2 Z}{\partial x_{i_1}\, \partial x_{i_2}} \right\rangle \left\langle \frac{\partial Z}{\partial x_{i_3}} \right\rangle \left\langle \frac{\partial Z}{\partial x_{i_4}} \right\rangle \right\} \\ &- 6 \left\langle \frac{\partial Z}{\partial x_i} \right\rangle \left\langle \frac{\partial Z}{\partial x_j} \right\rangle \left\langle \frac{\partial Z}{\partial x_k} \right\rangle \left\langle \frac{\partial Z}{\partial x_l} \right\rangle.\end{aligned}$$

Kapitel 25

25.1 Der Wert ist $\frac{16}{15}\sqrt{2}$.

25.2 Der Wert des Integrals ist 4.

25.3 Die Darstellungen des Gebiets lautet:
$$\begin{aligned} D = \{&\boldsymbol{x} \in \mathbb{R}^3 \mid 0 < x_1 < 1, \\ &0 < x_2 < \sqrt{1 - x_1^2},\ x_1^2 + x_2^2 + x_3^2 = 1\} \\ = \{&(\rho \cos\varphi, \rho \sin\varphi, z)^\top \in \mathbb{R}^3 \mid \\ &0 < \varphi < \pi/2,\ 0 < \rho < 1,\ z^2 + \rho^2 = 1\} \\ = \{&(\cos\varphi \sin\vartheta, \sin\varphi \sin\vartheta, \cos\vartheta)^\top \in \mathbb{R}^3 \mid \\ &0 < \varphi < \pi/2,\ 0 < \vartheta < \pi/2\} \end{aligned}$$

25.4 (a) Polarkoordinaten, $B = (0, 2) \times (0, \pi/4)$, (b) Kugelkoordinaten, $B = (0, 1) \times (0, \pi/2) \times (0, \pi)$, (c) $B = (0, 1) \times (0, 2)$ und $\psi(u_1, u_2) = (u_1 + u_2, u_1)^\top$, (d) Zylinderkoordinaten, $B = (0, 3) \times (0, \pi) \times (0, 1)$.

25.6 Die Transformation ist
$$\begin{aligned} x_1 &= \frac{r}{\sqrt{a}} \cos\varphi \sin\vartheta, \\ x_2 &= \frac{r}{\sqrt{b}} \sin\varphi \sin\vartheta, \\ x_3 &= \frac{r}{\sqrt{c}} \cos\vartheta \end{aligned}$$
mit der Funktionaldeterminante $r^2 \sin\vartheta / \sqrt{abc}$.

25.8 (a) $J = \ln 2\,(\sqrt{2} - 1)$, (b) $(\pi/2)\,(1/\sqrt{3} - 1/4)$.

25.9 (a) $\int_B (x^2 - y^2)\,\mathrm{d}(x, y) = 2/105$,
(b) $\int_B \sin(y)/y\,\mathrm{d}(x, y) = 1$.

25.11 $\int_D \sqrt{\sin x_1 \sin x_2}\cos x_2\,\mathrm{d}\boldsymbol{x} = \pi/3$.

25.12 Der Wert des Integrals ist $5/12$.

25.13 $I = 60$

25.14 $V = 2\sqrt{2}\pi$

25.15 $\pi\,(1 - 2/\mathrm{e})$.

25.16 Die Masse ist $m = (\pi/2)\,(3\mathrm{e}^4 + 1)$. Die Schwerpunktkoordinaten s_1 und s_2 verschwinden. Es gilt $s_3 = (7\mathrm{e}^8 + 1)/(8(3\mathrm{e}^4 + 1))$.

25.17 $\int_D \sqrt{x^2 + y^2 + z^2}\,\mathrm{d}(x, y, z) = \pi\,(R^4 - r^4)$.

25.18 Die Masse ist $m = a\pi\,R^4/4$, für die dritte Schwerpunktkoordinate gilt $s_3 = 8R/15$.

25.19 Das Volumen ist, unabhängig vom Radius des Planeten, $\pi\,B^3/6$.

25.20 Die Fläche ist

$$\frac{1}{2}\left(b\sqrt{\rho^2 - b^2} + e\sqrt{\rho^2 - e^2} + \rho^2\left[\arcsin\frac{b}{\rho} + \arcsin\frac{e}{\rho}\right]\right) - be.$$

25.21 Aus Symmetriegründen gilt $s_2 = s_3 = 0\,\mathrm{m}$. Für die erste Koordinate ergibt sich $s_1 \approx 0.2701\,\mathrm{m}$.

Kapitel 26

26.1 Ja.

26.2 1f, 2c, 3a, 4b, 5d, 6e

26.4 $\boldsymbol{\gamma}(\varphi) = \begin{pmatrix} (R + a)\,\cos\varphi + a\,\cos\frac{a\varphi}{R} \\ (R + a)\,\sin\varphi + a\,\sin\frac{a\varphi}{R} \end{pmatrix}$, $\varphi \in \mathbb{R}$

26.5 Siehe Lösung auf der Website.

26.6 $\kappa(\varphi) = (r^2 + 2\dot{r}^2 - r\,\ddot{r})/(r^2 + \dot{r}^2)^{3/2}$.

26.7 $A = \frac{3\pi}{2}\,a^2$, $\ell = 8a$.

26.8 $(x_1^2 + x_2^2)^2 = 2a^2(x_1^2 - x_2^2)$, $A = 2a^2$.

26.9 $r = a\,\cos\varphi + b$, $(x_1^2 + x_2^2 - a\,x_1)^2 = b^2\,(x_1^2 + x_2^2)$, $A = \frac{\pi}{2}\,a^2 + \pi\,b^2$.

26.10 $(x_1 + a)\,x_1^2 + (x_1 - a)\,x_2^2 = 0$, die Tangenten haben die Steigung ± 1, $A_S = 2a^2 - \frac{\pi}{2}\,a^2$, $A_F = 2a^2 + \frac{\pi}{2}\,a^2$.

26.11 $\kappa_\alpha = \tau_\alpha = 1/(2\cosh^2 t)$.

26.12 $s = 2\pi\big(1 + \frac{1}{\sqrt{2}}\,\sqrt{1 + 2\pi^2}\big) + \operatorname{arsinh}\frac{2\pi}{\sqrt{2}}$.

26.14 Siehe Lösung auf der Website.

26.15 $s \approx 939.8856$ Mio. km.

26.16 $A = \frac{5}{6}a^2\,\pi^3$.

26.17 $\boldsymbol{p}(\varphi) = \begin{pmatrix} a\,\cos\varphi \\ a\,\sin\varphi \end{pmatrix} + \dfrac{\ell}{\sqrt{a^2 + b^2 - 2a\,\cos\varphi}}\begin{pmatrix} b - a\,\cos\varphi \\ -a\,\sin\varphi \end{pmatrix}$.

26.18 Die Bedingung lautet $a\,c < 5/6$.

26.19 $s(0, t) = t$, $\kappa(t) = 2t$, die Krümmung ändert sich stetig und kann beliebige Werte annehmen.

Kapitel 27

27.1 $\boldsymbol{v}_1$ – Abb. 27.15 rechts oben, $\boldsymbol{v}_2$ – Abb. 27.15 links unten, $\boldsymbol{v}_3$ – Abb. 27.16 links, $\boldsymbol{v}_4$ – Abb. 27.15 rechts unten, $\boldsymbol{v}_5$ – Abb. 27.15 links oben, $\boldsymbol{v}_6$ – Abb. 27.16 rechts.

27.2 Nein.

27.3 $D(\boldsymbol{v}) = \{\boldsymbol{x} \in \mathbb{R}^3 \mid x_1 \neq 0 \text{ oder } x_2 \neq 0\}$, $D(\boldsymbol{w}) = \mathbb{R}^3 \setminus \{\boldsymbol{0}\}$, beide Vektorfelder besitzen (aus unterschiedlichen Gründen) kein Potenzial.

27.4 $\boldsymbol{A}(r, \vartheta, \varphi) = F(r)\,\boldsymbol{e}_r + \frac{G(\vartheta)}{r}\,\boldsymbol{e}_\vartheta + \frac{H(\varphi)}{r\,\sin\vartheta}\,\boldsymbol{e}_\varphi$ mit beliebigen stetig differenzierbaren Funktionen F, G und H.

27.5 $\mathbf{rot}\,\boldsymbol{v} = \boldsymbol{0}$, $\operatorname{div}\boldsymbol{v} = 6x_1x_2x_3$,

$\mathbf{grad}\operatorname{div}\boldsymbol{v} = (6x_2x_3,\ 6x_1x_3,\ 6x_1x_2)^\top$, $I = 54$.

27.6 $I = 8$.

27.7

- $\int_{K_1} \boldsymbol{v}\cdot\mathbf{ds} = \int_{K_2} \boldsymbol{v}\cdot\mathbf{ds} = \frac{1}{2}$
- $\int_{K_1} \boldsymbol{v}\cdot\mathbf{ds} = -\big(1 + \frac{\pi}{2}\big)$, $\int_{K_2} \boldsymbol{v}\cdot\mathbf{ds} = -1$
- $\int_{K_1} \boldsymbol{v}\cdot\mathbf{ds} = \int_{K_2} \boldsymbol{v}\cdot\mathbf{ds} = -\frac{\mathrm{e}^\pi + \mathrm{e}^{-\pi}}{\pi}$.

27.8 Wegunabhängigkeit ist in beiden Fällen gegeben; man erhält $I_1 = 1$ und $I_2 = -(2\mathrm{e}^\pi + 1)$.

27.9 $L = 12\pi$.

27.10 $K = -\frac{46}{3}$.

27.11 $I = \frac{\pi^2}{384} \cdot (17^{3/2} - 5^{3/2})$.

27.12 $\int_F \mathrm{d}\sigma = \pi^2$.

27.13 $I = \frac{16}{15}$.

27.14 $\int_F y \,\mathrm{d}\sigma = \frac{37}{20}$.

27.15 $\int_F G \,\mathrm{d}\sigma = 8$.

27.16 $I = \frac{16\pi}{3}$.

27.17 $\frac{64}{5}\pi$.

27.18 $\frac{153}{7}$.

27.19 $I = 16/3$.

27.21 $\oint_{\partial \text{Zyl.}} \boldsymbol{V} \cdot \boldsymbol{d\sigma} = \frac{27\pi}{8}$, $\oint_{C_{z_0}} \boldsymbol{V} \cdot \boldsymbol{ds} = \frac{27\pi}{8}$

27.22 $\boldsymbol{V}(r, \vartheta, \varphi) = r \sin\vartheta \cos\varphi \, \boldsymbol{e}_r - r \sin^2\vartheta \sin\varphi \, \boldsymbol{e}_\varphi$,

$\oint_{\mathcal{K}} \boldsymbol{V} \cdot \boldsymbol{d\sigma} = 0$

27.23

- $\boldsymbol{F} = \boldsymbol{0}$, $\boldsymbol{T} = qE_0(2\boldsymbol{a}) \times \boldsymbol{e}_3$
- $$\boldsymbol{F} = \frac{qQ}{4\pi\,\varepsilon_0}\left\{\frac{\boldsymbol{e}_r(\tilde{\boldsymbol{x}} + \boldsymbol{a})}{\|\tilde{\boldsymbol{x}} + \boldsymbol{a}\|^2} - \frac{\boldsymbol{e}_r(\tilde{\boldsymbol{x}} - \boldsymbol{a})}{\|\tilde{\boldsymbol{x}} - \boldsymbol{a}\|^2}\right\} \approx \frac{qQ}{4\pi\,\varepsilon_0}\frac{1}{\|\tilde{\boldsymbol{x}}\|^3}\left(2\boldsymbol{a} - 3\,(2\boldsymbol{a}\cdot\boldsymbol{e}_r(\tilde{\boldsymbol{x}}))\,\boldsymbol{e}_r(\tilde{\boldsymbol{x}})\right),$$
  $$\boldsymbol{T} = \frac{qQ}{4\pi\varepsilon_0}\left\{\frac{\boldsymbol{a} \times \boldsymbol{e}_r(\tilde{\boldsymbol{x}} + \boldsymbol{a})}{\|\tilde{\boldsymbol{x}} + \boldsymbol{a}\|^2} + \frac{\boldsymbol{a} \times \boldsymbol{e}_r(\tilde{\boldsymbol{x}} - \boldsymbol{a})}{\|\tilde{\boldsymbol{x}} - \boldsymbol{a}\|^2}\right\} \approx \frac{qQ}{4\pi\varepsilon_0}\frac{1}{\|\tilde{\boldsymbol{x}}\|^2}(2\boldsymbol{a}) \times \boldsymbol{e}_r(\tilde{\boldsymbol{x}}).$$

27.24 Wir erhalten für die stückweise gerade Kurve $W_{\text{lin}} \approx 1.66017$, für die Parabel $W_{\text{par}} \approx 1.63069$.

27.25 Die Wirbel liegen an $\boldsymbol{x} = (-a, 0)^\top$ und $\boldsymbol{x} = (a, 0)^\top$. Die Arbeitsintegrale liefern $\int_{C_1} \boldsymbol{v} \cdot \mathbf{ds} = 2\pi$, $\int_{C_2} \boldsymbol{v} \cdot \mathbf{ds} = -2\pi$ und $\int_{C_3} \boldsymbol{v} \cdot \mathbf{ds} = \int_{C_4} \boldsymbol{v} \cdot \mathbf{ds} = 0$.

27.26 außerhalb: $\boldsymbol{F} = -G\,\frac{4\pi\,\rho(R_2^3 - R_1^3)}{3}\,\frac{m}{a^2}\,\boldsymbol{e}_r$; innerhalb: $\boldsymbol{F} = \boldsymbol{0}$; man erhält eine Schwingungsgleichung mit Frequenz $\omega = \sqrt{G\,\frac{4\pi\,\rho}{3}}$.

Kapitel 28

28.1 (a) Instabiler Sattelpunkt, (b) instabiler Spiralpunkt, (c) asymptotisch stabiler uneigentlicher Knoten, (d) stabiles Zentrum.

28.2 (a) $\alpha = b/(1 + (1 + b)^2)$, (b) Maximum für $b = \sqrt{2}$, (c) $y(x) = \tan(x + \pi/4)$ für $x \in (-3\pi/4, \pi/4)$.

28.3 (a), (c) siehe ausführlicher Lösungsweg, (b) $\boldsymbol{v}_2 = (0, 1)^\top$.

28.4 Die Dimension der Matrix ist 2. $\{\boldsymbol{u}_1, \boldsymbol{u}_2, \boldsymbol{v}\}$ ist kein Fundamentalsystem, $\{\boldsymbol{u}_1 + \boldsymbol{u}_2, \boldsymbol{u}_1 - \boldsymbol{u}_2\}$ ist ein Fundamentalsystem.

28.5 Die Stabilitätsbedingung lautet $\left|1 + h\lambda + \frac{(h\lambda)^2}{2}\right| < 1$.

28.6 Ein Fundamentalsystem ist durch $\{x, x \ln x\}$ gegeben. Für $A \neq$ e ist das Randwertproblem eindeutig lösbar. Für $A = b =$ e gibt es unendlich viele Lösungen, ansonsten ist das Randwertproblem unlösbar.

28.7 (a) Kritische Punkte $z_1 = (0, 0)^\top$ und $z_2 = (-1, 1)^\top$. Beide sind instabil. (b) Kritischer Punkt ist $z = (1, 1)^\top$, der asymptotisch stabil ist.

28.8 Die Iterierten sind

$$u_1(x) = 1 - x + \frac{x^2}{2},$$
$$u_2(x) = 1 - x + \frac{3}{2}x^2 - \frac{2}{3}x^3 + \frac{1}{4}x^4 - \frac{1}{20}x^5,$$
$$u_3(x) = 1 - x + \frac{3}{2}x^2 - \frac{4}{3}x^3 + \frac{13}{12}x^4 - \frac{49}{60}x^5 + \frac{13}{30}x^6 - \frac{233}{1260}x^7 + \frac{29}{480}x^8 - \frac{31}{2160}x^9 + \frac{1}{400}x^{10} - \frac{1}{4400}x^{11}.$$

28.9 $\boldsymbol{u}(x) = \mathrm{e}^x\,(1, \cos x - \sin x, \cos x + \sin x)^\top$, $x \in \mathbb{R}$.

28.10 (a) $y_{\text{h}}(x) = c_1 x^2 + x_2 \sqrt{x}$ für $x > 0$, (b) $y(x) = \frac{2}{5}x^3 + c_1 x^2 + c_2\sqrt{x}$, $x > 0$, (c) $c_1 = 1$ und $c_2 = 2$.

28.11 $\boldsymbol{y}_p(x) = (-x/2, -1/2)^\top$, $x > 0$.

28.12 (a) Siehe ausführlichen Lösungsweg, (b) ja, asymptotisch nehmen die Populationen den Wert $(x, y)^\top = (3/4, 1/2)^\top$ an.

28.13 Die Lösung ist

$$B(t) = c_1\,(\gamma + \lambda_1)\,\mathrm{e}^{\lambda_1 t} + c_2\,(\gamma + \lambda_2)\,\mathrm{e}^{\lambda_2 t},$$
$$G(t) = c_1\,\beta\,\mathrm{e}^{\lambda_1 t} + c_2\,\beta\,\mathrm{e}^{\lambda_2 t}$$

für $t > 0$ mit zwei Konstanten $c_1, c_2 \in \mathbb{R}$.

28.14 Siehe ausführlichen Lösungsweg.

28.15 Das Gleichungssystem ist

$$\frac{1}{15}\begin{pmatrix} 32 & -22 & 0 & 0 \\ -22 & 62 & -37 & 0 \\ 0 & -37 & 92 & -52 \\ 0 & 0 & -53 & 122 \end{pmatrix}\begin{pmatrix} c_1 \\ c_2 \\ c_3 \\ c_4 \end{pmatrix} = \frac{1}{750}\begin{pmatrix} 7 \\ 25 \\ 55 \\ 97 \end{pmatrix},$$

wobei die c_j die Koeffizienten der entsprechenden Hutfunktion sind.

Kapitel 29

29.1 (a) elliptisch für $y > 0$, parabolisch für $y = 0$, hyperbolisch für $y < 0$. (b) parabolisch. (c) $|x|$, $|y|$ beide größer oder beide kleiner 1: elliptisch, einer der beiden Beträge gleich 1: parabolisch, sonst hyperbolisch.

29.3 Die konstanten Funktionen sind die Lösungen.

29.5 (a) $a = 2$, (b) $\boldsymbol{p}$ muss orthogonal zu $\boldsymbol{d}$ sein.

29.6 $u(x,t) = -\dfrac{2}{\cosh\pi}\sin(\pi x)\cosh(\pi y) + \sin(3\pi x)\cosh(3\pi y)$.

29.7 $u(x,t) = \dfrac{3}{4}\mathrm{e}^{t}\sin x - \dfrac{1}{4}\mathrm{e}^{3t}\sin 3x$.

29.8 (b) $u(x_1,x_2) = \sum\limits_{n,m} c_{nm}\sin\left(\dfrac{\pi m}{a}x_1\right)\sin\left(\dfrac{\pi n}{b}x_2\right)$

29.10 $u(x,y) = \exp\left(\dfrac{1}{2}\dfrac{y^4}{x^4}\right)\exp\left(-\dfrac{1}{2}(x^2+y^2)\right)$

29.11 $u(x,y) = x/y^2$

29.13 (a), (b) siehe ausführlicher Lösungsweg, (c) Die Lösung lautet für $t \leq 1$:

$$u(x,t) = \begin{cases} 1, & x \leq t, \\ \frac{1-x}{1-t}, & t < x < 1, \\ 0, & x \geq 1. \end{cases}$$

An der Stelle $x = 1$ besitzt $u(\cdot\,,1)$ einen Sprung.

29.14 Die Matrix hat Dimension $(N-1)^2$, in jeder Zeile sind maximal neun Einträge von null verschieden. Mit den Knoten $\boldsymbol{x}_m$, $m = 1,\ldots,(N-1)^2$ sind die Basisfunktionen φ_m definiert durch $\varphi_m(\boldsymbol{x}_{m'}) = \delta_{m\,m'}$ und $\varphi_m(\boldsymbol{x}) = (a\,x_1 + b)(c\,x_2 + d)$ auf jedem Quadrat des Gitters. Die Formfunktionen sind $\psi_1(y_1,y_2) = y_1\,y_2$, $\psi_2(y_1,y_2) = (1-y_1)\,y_2$, $\psi_3(y_1,y_2) = y_1\,(1-y_2)$, $\psi_4(y_1,y_2) = (1-y_1)\,(1-y_2)$, jeweils für $0 < y_1, y_2 < 1$.

Kapitel 30

30.1 (a) $c_0 = a_0 = (3/8)\,\pi$, $a_1 = -2/\pi$, $b_1 = 0$, $c_1 = c_{-1} = -1/\pi$.

(b) $c_0 = a_0 = a_1 = 0$, $b_1 = 1 + 2/\pi$, $c_1 = -\mathrm{i}\,(1/2 + 1/\pi)$, $c_{-1} = \mathrm{i}\,(1/2 + 1/\pi)$.

(c) $c_0 = a_0 = (3/8)\,\pi$, $a_1 = b_1 = c_1 = c_{-1} = 0$.

30.2 Siehe ausführlichen Lösungsweg.

30.3 $a_0 = \sinh(\pi)/\pi$, $a_k = (2\,(-1)^k\sinh(\pi))/(\pi\,(1+k^2))$.

Das Gibbs'sche Phänomen tritt nicht auf.

30.4 Siehe ausführlichen Lösungsweg.

30.5 Siehe ausführlichen Lösungsweg.

30.6 $c_1 = 1/2$, $c_k = 0$ für k ungerade, $k \neq 1$ und $c_k = \mathrm{i}/(\pi\,(1-k))$, k gerade.

30.7 Die Fourierreihe lautet

$$\left(-\frac{1}{2}\sin(x) + \sum_{k=2}^{\infty}\frac{(-1)^k\,2k}{k^2-1}\sin(kx)\right).$$

30.8 $a_0 = \pi^2/6$, $a_{2k-1} = 0$, $a_{2k} = (-1)/(k^2)$, $b_k = 0$, $k \in \mathbb{N}$.

30.9 Die Fourierreihe von f lautet

$$\left(\frac{2}{\pi} + \sum_{n=1}^{\infty}\frac{4}{\pi}\frac{(-1)^{n+1}}{4n^2-1}\cos(nx)\right).$$

30.10 (b) Die Fourierkoeffizienten sind $a_n = -\frac{2\,(-1)^k}{(2k)^2}$ für $n = 2k$, $k = 1,2,3,\ldots$, bzw. $a_n = \frac{4\,(-1)^k}{\pi\,(2k+1)^3}$ für $n = 2k+1$, $k = 0,1,2,3,\ldots$ sowie $b_n = 0$, $n = 1,2,3,\ldots$. (c) Die Fourierkoeffizienten sind $c_0 = \pi^2/12$ und $c_{\pm n} = -\frac{1}{(2k)^2}$ für $n = 2k$, $k = 1,2,3,\ldots$, bzw. $c_{\pm n} = \mp\frac{2i}{\pi\,(2k+1)^2}$ für $n = 2k+1$, $k = 0,1,2,3,\ldots$

30.11 Für eine Saite der Länge π muss man an einer der Stellen $x_0 = n\pi/7$, $n = 1,\ldots,6$, anschlagen.

30.12 Die Lösung lautet

$$u(x,t) = \sum_{n=1}^{\infty}\frac{12\,(-1)^n}{n^3}\,\mathrm{e}^{\frac{3+n^2}{4}t}\sin(nx).$$

30.13 (a) Ein Beispiel ist

$$\boldsymbol{C} = \begin{pmatrix} 2 & -1 & 3 & 0 \\ 0 & 2 & -1 & 3 \\ 3 & 0 & 2 & -1 \\ -1 & 3 & 0 & 2 \end{pmatrix}$$

(b) Siehe ausführlichen Lösungsweg.

(c) Mithilfe der FFT ist der Aufwand $O(N \ln N)$ Operationen.

Kapitel 31

31.1 (a) ja, (b) nein, (c) ja.

31.2 Siehe ausführlicher Lösungsweg.

31.3 Siehe ausführlicher Lösungsweg.

31.4 Siehe ausführlicher Lösungsweg.

31.5 Siehe ausführlicher Lösungsweg.

31.6 (a) ja, (b) nein, (c) nein, (d) ja.

31.7 Die Funktionen $f(x) = x$, $g(x) = 1 - x$, $x \in [0, 1]$, sind ein Paar von Funktionen aus $C([0, 1]$, das die Parallelogrammgleichung nicht erfüllt.

31.8 Es ist $\|\mathcal{B}_n\| = 1$.

31.9 $u(x) = (x + 1)\,\mathrm{e}^x$, $x \in [0, 1]$.

31.10 $(\sin(\cdot)\,H)' = \cos(\cdot)\,H$.

31.11 Das Gleichungssystem lautet

$$\sum_{j=1}^{n} x_j\,(a\,x_j + b - y_j) = 0,$$

$$\sum_{j=1}^{n} a\,x_j + b - y_j = 0.$$

31.12 Die Lösung ist

$$\begin{aligned} Q(t) = {} & [1 - \cos(\omega t_0)\cos(\omega t) - \sin(\omega t_0)\sin(\omega t)]H(\omega(t - t_0)) \\ & - 2[1 - \cos(\omega t_1)\cos(\omega t) - \sin(\omega t_1)\sin(\omega t)]H(\omega(t - t_1)) \\ & + [1 - \cos(\omega t_2)\cos(\omega t) - \sin(\omega t_2)\sin(\omega t)]H(\omega(t - t_2)). \end{aligned}$$

31.13 Das Gleichungssystem für die Koeffizienten c_j lautet $\boldsymbol{Ac} = \boldsymbol{b}$ mit

$$a_{jk} = \delta_{jk} + \frac{1 - x_j}{2} \int_{(k-1)h}^{kh} \mathrm{e}^{-x_j y}\,\mathrm{d}y,$$

$$b_j = f(x_j),$$

für $j, k = 1, \dots, N$.

Kapitel 32

32.1 In Vektordarstellung bilden die Wurzeln ein regelmäßiges n-Eck mit Seitenlänge 1.

32.2 $\sin(4\varphi) = 4\cos^3\varphi\,\sin\varphi - 4\,\cos\varphi\,\sin^3\varphi$.

32.3 Eine Möglichkeit wäre:

$G_1^{(1)} = D_{r_1}(0)$, $G_2^{(1)} = D_{r_2}(0)$;

$G_1^{(2)} = \{z \mid |\operatorname{Im} z| < 1\}$, $G_2^{(2)} = D_{2,3}(0)$;

$G_1^{(3)} = \{z \mid \operatorname{Re} z < -1\}$, $G_2^{(3)} = \{z \mid \operatorname{Re} z > 1\}$.

32.5 (a) ja, (b) nein.

32.6 $R_a = 1$, $R_b = \sqrt{5}$, $R_c = 1$.

32.7 (a) Pol zweiter Ordnung an $z = 0$, Pole erster Ordnung an den sechsten Wurzeln von -1.

(b) Pole erster Ordnung an $z = \frac{2}{(2k+1)\pi}$, $k \in \mathbb{Z}$, eine in unserem Schema nicht klassifizierbare Singularität an $z = 0$.

(c) Pole erster Ordnung an $z = \pm\mathrm{i}$, wesentliche Singularität an $z = 0$.

32.8

- Wir erhalten $\frac{1}{2}\,(z^2\,\bar{z} + z\,\bar{z}^2)$ und $x^3 + xy^2 + \mathrm{i}(x^2y + y^3)$
- –
- $\mathrm{e}^{(z_1^3)} = \frac{1}{\mathrm{e}^{2\pi}}$
- $\operatorname{Log} z_1 = \mathrm{i}\frac{\pi}{2}$, $\operatorname{Log} z_2 = \ln 2 + \mathrm{i}\frac{\pi}{4}$, $\operatorname{Log} z_3 = \ln 2 + \mathrm{i}\frac{3\pi}{4}$
- $G_1 = 0$, G_2 existiert nicht.

32.11 Die C-R-Gleichungen sind erfüllt, die Funktion ist in $z = 0$ aber nicht komplex differenzierbar.

32.12 $v(x, y) = x^2 - y^2 + 2y + C$, $f(z) = \mathrm{i}z^2 + 2z$.

32.13 $I_1 = \frac{\pi}{2}$, $I_2 = \frac{1}{12} + \frac{17}{6}\,\mathrm{i}$, $I_3 = \frac{6\ln 2 - \pi}{4} + \frac{2\ln 2 - \pi}{4}\,\mathrm{i}$.

32.15 $I_{a,1} = 0$, $I_{b,1} = -\frac{1}{2}$, $I_{c,1} = -\frac{1+\mathrm{e}^{-\pi}}{\pi}$, $I_{d,1} = -\frac{1}{3}$; vollständige Ergebnisse siehe Lösungsweg.

32.16 $I_{1,1} = 2\pi\mathrm{i}\mathrm{e}^2$, $I_{1,2} = 0$, $I_2 = 2\pi\mathrm{i}$, $I_3 = 0$.

32.18 $I = \dfrac{2\pi}{4^p}\dbinom{2p}{p}$.

32.19 $\sin\dfrac{1}{z^2} = \displaystyle\sum_{n=0}^{\infty} \frac{(-1)^n}{(2n+1)\,!}\,\frac{1}{z^{2n+1}}$.

32.21 $f(z) = \sum_{n=0}^{\infty}\left(1 - \frac{1}{2^{n+1}}\right)z^n$ für $|z| < 1$,

$f(z) = -\sum_{k=-\infty}^{-1} z^k - \sum_{k=0}^{\infty} \frac{1}{2^{k+1}} z^k$ für $1 < |z| < 2$,

$f(z) = \sum_{k=-\infty}^{-1}\left(-1 + \frac{1}{2^{k+1}}\right) z^k$ für $|z| > 2$.

32.22 $\operatorname{Res}(f, 1) = 2$, $\operatorname{Res}(f, -2\mathrm{i}) = \operatorname{Res}(f, 2\mathrm{i}) = 1$.

32.23 (a) $\operatorname{Res}(f, \mathrm{i}) = \frac{\mathrm{i}}{2}$, $\operatorname{Res}(f, -\mathrm{i}) = -\frac{\mathrm{i}}{2}$

(b) $\operatorname{Res}(f, 1) = \frac{1}{8}$, $\operatorname{Res}(f, -1) = -\frac{1}{8}$, $\operatorname{Res}(f, \sqrt{3}\,\mathrm{i}) = \frac{\mathrm{i}}{8\sqrt{3}}$, $\operatorname{Res}(f, -\sqrt{3}\,\mathrm{i}) = -\frac{\mathrm{i}}{8\sqrt{3}}$

(c) $\operatorname{Res}(f, 0) = 3$, $\operatorname{Res}(f, 1) = 1$.

32.24 $\int_{C_1} f(z)\,\mathrm{d}z = \int_{C_2} f(z)\,\mathrm{d}z = -2\pi(1+\mathrm{e}^{\pi}) + 2\pi(1+\mathrm{e}^{\pi})\,\mathrm{i}$, $\int_{C_3} f(z)\,\mathrm{d}z = -\pi\,\mathrm{e}^{\pi} + \pi\,\mathrm{e}^{\pi}\,\mathrm{i}$, $\int_{C_1} g(z)\,\mathrm{d}z = \int_{C_2} g(z)\,\mathrm{d}z = 2\pi + 4\pi\mathrm{i}$, $\int_{C_3} g(z)\,\mathrm{d}z = 0$.

32.25 $I_1 = \frac{\pi}{2}$, $I_2 = \frac{\pi}{3}$, $I_3 = \frac{\pi}{24}$.

32.26 $I_a = \frac{\pi}{\sqrt{2}}$, $I_b = \frac{\pi}{3}$, $I_c = \frac{\pi}{\mathrm{e}^2}$.

32.27 $I = \frac{2\pi}{\sqrt{a^2-b^2}}$.

32.28 Sitzt die Ladung an $z = ib$ und beschreiben wir die beiden Platten durch $\operatorname{Im} z = 0$ und $\operatorname{Im} z = a$, so ist das Potenzial $\Phi = 2q \operatorname{Re} \frac{\mathrm{e}^{\frac{\pi z}{a}} - \mathrm{e}^{\frac{\pi b i}{a}}}{\mathrm{e}^{\frac{\pi z}{a}} - \mathrm{e}^{-\frac{\pi b i}{a}}}$.

Kapitel 33

33.1 $\int_0^{\infty} \operatorname{sinc}(t)\,\mathrm{d}t = \frac{\pi}{2}$.

33.4 (a) $\mathcal{L}f(s) = 3\frac{1}{s-4} + 2\frac{1}{s}$, (b) $\mathcal{L}h(s) = \frac{s+1}{(s+1)^2+4}$, (c) $\mathcal{L}g(s) = \frac{1}{\omega}\mathrm{e}^{-\varphi s/\omega}\frac{\omega^2}{s^2+\omega^2}$, (d) $\mathcal{L}u(s) = \frac{1}{s}\frac{3!}{s^4}$.

33.5 (a) $f(t) = t - \sin t$, (b) $g(t) = \frac{1}{2}(\sin t - t\cos t)$.

33.6 (a) $\mathcal{F}x(s) = 4\,\frac{\sin^2(s/2)}{s^2}$, (b) $\mathcal{F}x(s) = -\mathrm{i}\pi\,\frac{s}{|s|}\,\mathrm{e}^{-|s|}$.

33.7 (b) Die Eigenwerte sind $\lambda_n = (-\mathrm{i})^n\sqrt{2\pi}$, $n \in \mathbb{N}_0$.

33.8 Es gilt

$$u(x) = \left(\frac{1}{60}t^5 - \frac{1}{2}t^2 - t + 1\right)\mathrm{e}^t .$$

33.9 $u(t) = 0$, $v(t) = -\mathrm{e}^t\left(\frac{1}{2}t\sin 2t + \sin 2t\right)$, $w(t) = \mathrm{e}^t\left(\cos 2t + \frac{1}{2}t\cos 2t + \frac{1}{4}\sin 2t\right)$.

33.10 $u(t) = \frac{1}{3}\mathrm{e}^t - \frac{1}{3}\mathrm{e}^{-\frac{1}{2}t}\cos\frac{\sqrt{3}}{2}t + \frac{1}{\sqrt{3}}\mathrm{e}^{-\frac{1}{2}t}\sin\frac{\sqrt{3}}{2}t$.

33.11 Es ist

$$u(x,t) = \begin{cases} f(t - x/c), & t > x/c, \\ 0, & t \le x/c. \end{cases}$$

33.12 Es ist

$$u(\boldsymbol{x}) = \frac{x_2}{\pi}\int_{-\infty}^{\infty} \frac{f(t)}{(x_1 - t)^2 + x_2^2}\,\mathrm{d}t$$

für alle $x_1 \in \mathbb{R}$, $x_2 > 0$.

Kapitel 34

34.1 Keiner.

34.2 Zahlen b_i bzw. c_j mit den geforderten Eigenschaften kann es nicht geben.

34.3 Die erste und die letzte Aussage sind richtig.

34.4 Im ersten Fall benötigt man nur die Besselfunktion, im zweiten Fall beide.

34.5 $\Gamma(6) = 120$, $\Gamma(13/2) = (10395/64)\sqrt{\pi}$, $\Gamma(-5/2) = -\frac{8}{15}\sqrt{\pi}$.

34.12 $P_5(x) = \frac{1}{2^5\,5!}\frac{\mathrm{d}^5}{\mathrm{d}x^5}(x^2-1)^5$,

$\sin\frac{\pi x}{2} \approx \frac{12}{\pi^2}P_1(x) + \frac{168(\pi^2-10)}{\pi^4}P_3(x) + \frac{660(\pi^4-112\pi^2+1008)}{\pi^6}P_5(x)$,

$x^5 + x^2 = \frac{8}{63}P_5(x) + \frac{4}{9}P_3(x) + \frac{2}{3}P_2(x) + \frac{3}{7}P_1(x) + \frac{1}{3}P_0(x)$.

34.14 $T_1(t) = t$, $T_2(t) = 2t^2 - 1$, $T_{n+1}(t) = 2\,t\,T_n(t) - T_{n-1}(t)$

34.15 Fast zwei Drittel, $\Phi(r) = \frac{\gamma M}{8\pi^2 r^3}$.

34.16

$$U(\boldsymbol{x}) = \frac{q}{4\pi\,\varepsilon_0}\cdot\frac{1}{r}\left(2 + \sum_{n=1}^{\infty} P_n(\cos\vartheta)\left(\frac{d}{r}\right)^n\right) \xrightarrow[r \gg d]{} \frac{2q}{4\pi\,\varepsilon_0}\cdot\frac{1}{r}.$$

Kapitel 35

35.2 Das Extremum liegt in

$$\hat{\boldsymbol{x}} = \left(\frac{1}{n}, \frac{1}{n}, \dots, \frac{1}{n}\right)^{\top}.$$

35.3 Das Integral ist wegunabhängig, d. h., für jede Funktion y gilt $J(y) = u(y_b) - u(y_a)$. Damit ist jede differenzierbare Funktion, die die Punkte $(a, y_a)^\top$ und $(b, y_b)^\top$ verbindet, eine Lösung des Optimierungsproblems. Die Aufgabe hat unendlich viele Lösungen.

35.5 Die Koordinate x_1 von Punkten in D hat maximal den Wert $x_{\max} = 1 + \frac{2}{\sqrt{3}}$. Der kleinste mögliche Wert ist $x_{\min} = 1 - \frac{2}{\sqrt{3}}$.

35.6 Das maximale Volumen wird erreicht, wenn eine Ecke des Quaders in den Punkt

$$\boldsymbol{x} = \left(\frac{\sqrt{2}}{3}a, \frac{\sqrt{2}}{3}b, \frac{1}{3}\right)^\top$$

gelegt wird.

35.7 Die Exponentialfunktion, d. h. $u : [0, 1] \to \mathbb{R}$ mit

$$u(t) = \mathrm{e}^t ,$$

minimiert das Funktional.

35.8 (a) $u(t) = t^3$, (b) $u(t) = \tan\left(\frac{\pi}{4}t\right)$

In Teilaufgabe (c) gibt es kein Extremum.

35.9 Es gibt ein globales Minimum mit den Koordinaten $\hat{\boldsymbol{x}} \approx (-0.3515, 0.2337)^\top$.

35.11 Die optimale Kantenlängen sind $x = \sqrt[3]{2}\,\mathrm{dm}$, $y = x$ und $z = \frac{x}{2}$.

35.12 Minimale Kosten werden erreicht durch

$$u(t) = \frac{C_l}{C_p}t^2 + \frac{G - \frac{C_l}{C_p}T^2}{T}t .$$

35.13 Die Differenzialgleichung der Balkenbiegung ist

$$(a(x)u''(x))'' + p(x) = 0 .$$

Kapitel 36

36.1 1) Falsch, solange „Gesundheit" nicht durch eine Messvorschrift eindeutig definiert ist. 2) Richtig, den Median. 3) Richtig. 4) Falsch.

36.2 Grundgesamtheit: Bäume in den deutschen Bundesländern (außer Berlin) im Jahr 1997. Untersuchungseinheit: Baum. Untersuchungsmerkmal: Umweltschaden. Ausprägung: Umweltschaden Ja/Nein.

Die geordneten Daten sind

i	1	2	3	4	5	6	7	8	9	10	11	12	13	14
	10	10	14	15	16	19	19	19	19	20	20	24	33	38

Die für den Boxplot notwendigen Größen sind: Minimum $x_{(1)} = 10$, unteres Quartil $x_{0.25} = x_{(4)} = 15$, Median $x_{\text{Med}} = x_{(7)} = x_{(8)} = 19$, oberes Quartil $x_{0.75} = x_{(11)} = 20$, Maximum $x_{(14)} = 38$. Die folgende Abbildung zeigt den Boxplot der Baumschäden.

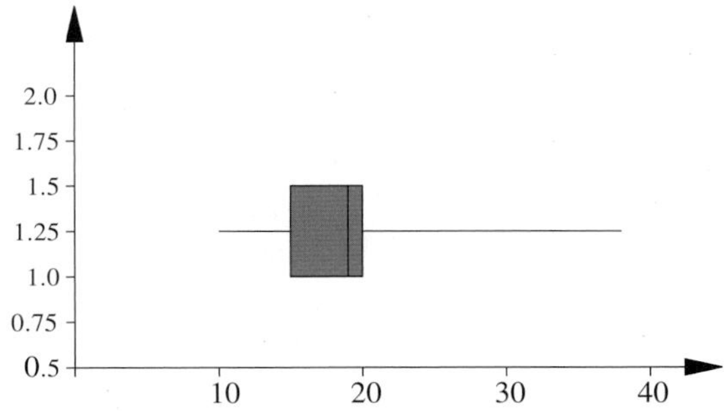

Der Boxplot zeigt eine linkssteile Verteilung. Die wird durch die Relation: Modus = Median = $19 < \bar{x} = 19.71$ bekräftigt.

36.3 Der Median ist und bleibt 25, der Mittelwert des Alters nimmt beim Torwarttausch um 2 Jahre ab.

36.4 Die Aussage a) gilt

36.5 B und N sind positiv korreliert, denn $\operatorname{cov}(B, N) = \operatorname{cov}(N + T, N) = \operatorname{var}(N) > 0$.

36.6 S und O sind negativ-korreliert. Je mehr Sardinen in der Dose sind, umso weniger Öl passt rein. Ist $S + O = 100$, so ist die Korrelation gleich -1.

36.7 Ja, denn die Beziehung zwischen Wellenlänge und Frequenz ist nicht linear.

36.8 Nein, denn der Umrechnungskurs von Euro in DM ist linear.

36.9 Nein, denn die Korrelation kann durch eine latente dritte Variable verursacht sein.

36.10 Leider ja, denn Frauen haben in der Regel kleinere Füße und geringeres Gehalt.

36.11 Ja. Ist zum Beispiel $Y = -X$, dann ist $\operatorname{var}(X + Y) = 0$.

36.12 Bezeichen wir mit r_A die Korrelation der Punktwolke A und entsprechend auch die der anderen Punktwolken, so gilt:

$$r_C < r_B < 0 \approx r_A \approx r_D < r_F < r_E$$

36.13 Im Intervall $(3, 4]$ liegen 0%, im Intervall $[3, 4]$ liegen 30%, bei $X = 7$ liegen 20% und größer oder gleich 8 sind 40.

36.14 Die folgende Abbildung zeigt $\widehat{F}$ (Verteilungsfunktion aus acht Daten).

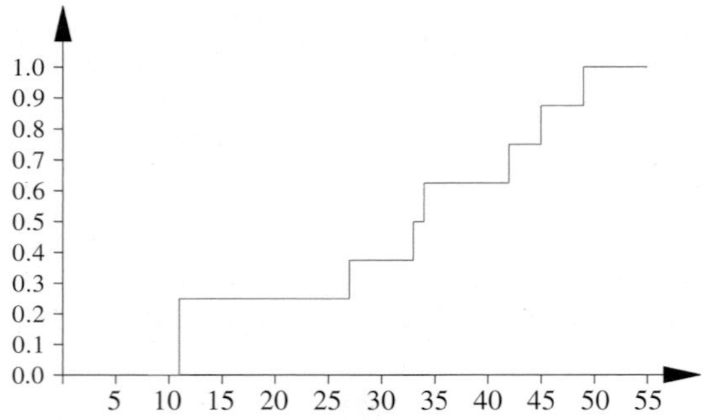

Weiter ist $\bar{x} = 31.5$, $x_{\text{med}} = 33.5$ und der Modus liegt bei 11. $\text{var}(\boldsymbol{x}) = 183.5$, $\sqrt{\text{var}(\boldsymbol{x})} = 13.546$. Die absolute Abweichung ist 11, die Spannweite ist 38.

36.15 Bis auf Rundungsfehler ist $r(\boldsymbol{x}, \boldsymbol{y}) = 1$ und $\text{r}(\boldsymbol{u}, \boldsymbol{v}) = 0$

36.16

Merkmal	Typ	Skalierung
Geschlecht	diskret	nominal
Stufe	diskret	kardinal/ordinal
Alter	diskret	kardinal
Rasse	diskret	nominal
Region	diskret	nominal
Schule	diskret	nominal/ordinal
Ziele	diskret	nominal
Noten	diskret	ordinal

Merkmal	Lageparameter	Streuung	graf. Darstellung
Geschlecht	Modus	–	Kreis
Stufe	Modus	–	Kreis, Balken
Alter	Mittelwert	Varianz	Histogramm, Box-Plot
Rasse	Modus	–	Kreis, Balken
Region	Modus	–	Kreis, Balken
Schule	Modus	–	Kreis, Balken
Ziele	Modus	–	Kreis, Balken
Noten	Modus	–	Kreis, Balken

36.17 1. Das Histogramm der absoluten Häufigkeit ist

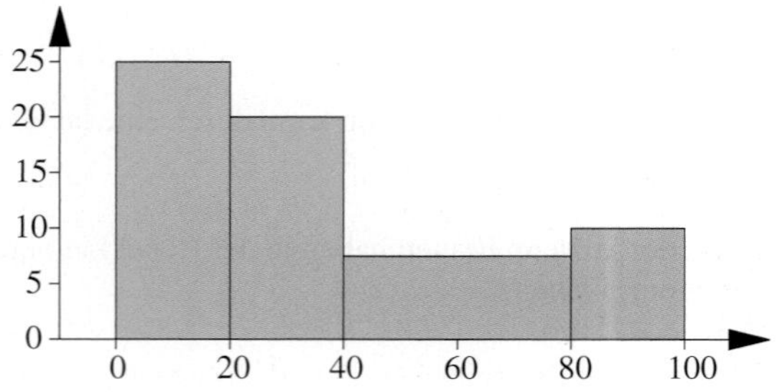

Bei der Darstellung der relativen Häufigkeit (Histogramm der Waldschäden) würde sich nur die Skala der Ordinatenachse ändern, alle Werte wären um den Faktor $n = 70$ kleiner.

2. Die empirische Verteilungsfunktion $\widetilde{F}$ aus den gruppierten Daten und den Boxplot zeigt die unten stehende Abbildung.

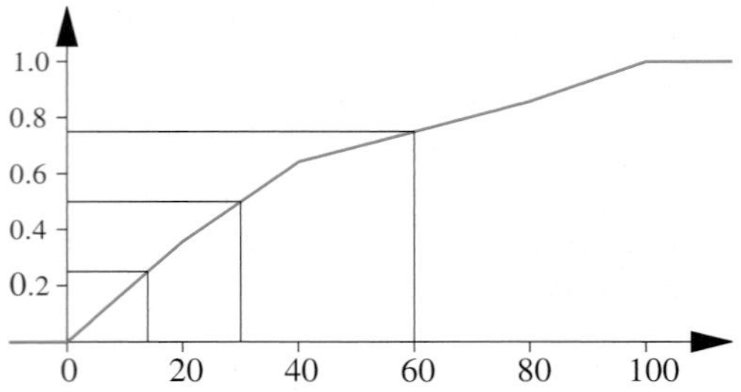

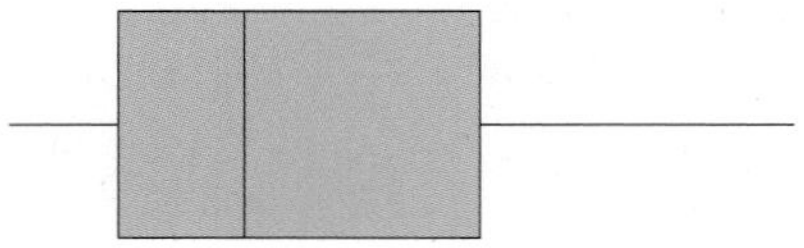

Aus ihr liest man ab: $x_{0.25} \approx 14$, $x_{0.5} \approx 30$ und $x_{0.75} \approx 60$. Dies sind auch die berechneten Werte. Weiter ist 46 der Quartilsabstand, $\bar{x} = 37.857$ und $\text{var}(\boldsymbol{x}) = 788.265$. Durch die Gruppierung der Daten geht Information verloren. Entsprechend der Wahl der Gruppengrenzen verschiebt sich der arithmetische Mittelwert und die empirische Varianz.

36.18 a) mit den Strecken gewichtetes harmonisches Mittel, b) mit den Zeiten gewichtetes arithmetisches Mittel, c) ungewichtetes arithmetisches Mittel.

36.19

$$\begin{aligned} r(\boldsymbol{y}, \boldsymbol{d}) &= 0.2681 \\ r(\boldsymbol{y}, \boldsymbol{o}) = r(\boldsymbol{y}, \boldsymbol{d}^2) &= 0.3263 \\ r(\boldsymbol{y}, \boldsymbol{v}) = r(\boldsymbol{y}, \boldsymbol{d}^3) &= 0.6744 \end{aligned}$$

36.20 B, S und F sind praktisch unkorreliert: $r(F, B) = -0.15$, $r(F, S) = -0.05$ und $r(B, S) = -0.05$.

Trotzdem sind die Baby- und die Storchquoten hochgradig miteinander korreliert $r(B_F, S_F) = 0.87$! Ein arg naiver Betrachter könnte aus der erfreulichen Zunahme der Störche auch auf ein Ansteigen der Geburtenziffer hoffen. Berücksichtigt man dagegen die Wasserfläche, so sind auf einmal Baby- und Storchquoten negativ korreliert: $r(B_F, S_W) = -0.46$! Also je weniger Störche, umso mehr Kinder! Oder??

Was lässt sich aus diesem Beispiel lernen? Eine kausale Verknüpfung zwischen F, B und S ist nirgends ersichtlich. Berechnet man jedoch Quoten oder andere Gliederungszahlen, so können sich die Korrelationen unvorhersehbar ändern.

Kapitel 37

37.3 Ja

37.4 Aus $P(A \cap B) = P(A)P(B)$ folgt

$$\begin{aligned} P(A) &= P(A \cap B) + P(A \cap B^C) \\ &= P(A)P(B) + P(A \cap B^C) \\ P(A \cap B^C) &= P(A) - P(A)P(B) \\ &= P(A)(1 - P(B)) \\ &= P(A)P(B^C). \end{aligned}$$

Also sind A und B^C unabhängig. Vertauschen wir die Buchstaben A und B folgt die Unabhängigkeit von B und A^C. Wenden wir dieses Ergebnis erneut auf B und A^C an, erhalten wir die Unabhängigkeit von B^C und A^C.

37.5 Vor dem Geständnis besaß Mechmed mit Wahrscheinlichkeit 2/3 den wahren Ring und Hassan mit Wahrscheinlichkeit 1/3. Nach dem Geständnis besitzen beide mit gleicher Wahrscheinlichkeit den wahren Ring.

37.6 Mit dem Symbol G für das Ereignis Opa wird gefunden, gilt

$P(G \cap M) = 0.72$, $P(G) = 0.745$, $P(H \mid G^C) = 0.588$.

37.7 a) Es ist $P(\alpha) = P(\beta) = P(\gamma) = \frac{1}{2}$ und $P(\alpha\beta\gamma) = \frac{1}{8} = \left(\frac{1}{2}\right)^3 = P(\alpha)P(\beta)P(\gamma)$.

b) $P(\alpha\beta) = \frac{1}{8} \neq \left(\frac{1}{2}\right)^2 = P(\alpha)P(\beta)$.

37.8 a) Sind die A_i disjunkt, so folgt $P(V \cap B) = P\left(\bigcup_{i=1}^n (A_i \cap B)\right) = \sum_{i=1}^n P(A_i \cap B) = \sum_{i=1}^n P(A_i)P(B) = P(B)\sum_{i=1}^n P(A_i) = P(B)P\left(\bigcup_{i=1}^n A_i\right) = P(B)P(V)$.

b) Für die drei im Hinweis zu dieser Aufgabe genannten Ereignisse $A = \{a, g\}$, $B = \{b, g\}$ und $C = \{c, g\}$ gilt erstens $P(A) = P(B) = P(C) = \frac{1}{2}$, zweitens $P(A \cap B) = P(A \cap C) = P(B \cap C) = \frac{1}{4}$. Daher sind A, B und C unabhängig, denn z. B. $P(A \cap B) = P(g) = \frac{1}{4} = P(A)P(B) = \frac{1}{2} \cdot \frac{1}{2}$. Aber $P((A \cup B) \cap C) = P(g) = \frac{1}{4} \neq \frac{3}{4} \cdot \frac{1}{2} = P(A \cup B) \cdot P(C)$. Daher sind $A \cup B$ und C abhängig.

37.9 20 der Befragten besitzen beide Arten von Wertpapieren. Fünf Prozent der befragten Anwälte sind autofahrende, hausbesitzende Mitglieder einer Partei.

37.10 9^k.

37.11 $\binom{9}{4} = 126$.

37.12 a) $\binom{8}{3} = 56$, b) $\binom{8}{3}3! = 336$.

37.13 a) $4! = 24$, b) $\frac{7!}{3!} = 840$; c) $\frac{12!}{3!2!2!2!} = 9.9792 \times 10^6$.

37.14 Es gibt $8! = 40320$ Positionen.

37.15 $26^3 \cdot 10^4 + 26^2 \cdot 10^4 + 26 \cdot 10^4 = 1.8278 \times 10^8$

37.16 $\binom{3-1+4}{4} = \binom{6}{4} = 15$.

37.17 $\binom{3-1+6}{6} = 28$.

37.18 a) n^m, b) $\binom{m-1+n}{m}$

37.19 Es ist $P(b \cap d) = P(b \cap k) = P(d \cap k) = P(J) = \frac{1}{4} = \frac{1}{2} \cdot \frac{1}{2} = P(b)\,P(d)$ usw. Die Ereignisse b, d, k sind demnach paarweise unabhängig. Sie sind aber nicht total unabhängig, denn:

$$P(b \cap d \cap k) = P(J) = \frac{1}{4} \neq P(b)\,P(d)\,P(k) = \frac{1}{8}.$$

37.20 Nur für $\alpha = 0$, $\alpha = 1$ und $\alpha = \frac{1}{2}$ sind A und B unabhängig.

37.21 Die Wahrscheinlichkeit ist $\alpha = \left(\left(\frac{1-\gamma}{\gamma}\right)^2 + 1\right)^{-1}$. Bei einer fairen Münze ist $\gamma = \frac{1}{2}$. Dann ist $P(\text{A gewinnt}) = P(\text{B gewinnt})$.

37.22 Sei W die Abkürzung für „Der Student weiß die Antwort" und R die Abkürzung für „Die Antwort war richtig". Dann gilt:

$$\begin{aligned} P(W \mid R) &= \frac{P(R \mid W)\,P(W)}{P(R \mid W)\,P(W) + P\left(R \mid \overline{W}\right)P\left(\overline{W}\right)} \\ &= \frac{\alpha}{\alpha + \frac{1}{m}(1-\alpha)} = \frac{m\alpha}{\alpha(m-1)+1}. \end{aligned}$$

37.23 a) Die gesuchte Wahrscheinlichkeit ist $1 - \mathrm{P}\left(\bigcup_{i=1}^n A_i\right) = \sum_{i=0}^n \frac{(-1)^i}{i!}$.

b) $\lim_{n\to\infty} 1 - \mathrm{P}\left(\bigcup_{i=1}^n A_i\right) = e^{-1}$.

37.24 Die Wahrscheinlichkeit, dass der Schlüssel in der letzten Tasche steckt, ist 0.655.

37.25 D gewinnt das Finale mit Wahrscheinlichkeit 0.486 und spielt im Finale mit der Wahrscheinlichkeit 0.63 gegen A

37.26 1. Die Wahrscheinlichkeit beträgt $P\left(A \cap \bar{T}\right) = 0.03$, $P(T) = 0.582$, $P(A|T) = 0.979$.

37.27 1. Bei Frauen wie bei Männern gilt: Das Vorliegen der Antikörper ist eher ein Indikator für Gesundheit (G) als für Krankheit (K)

2. Die Wahrscheinlichkeit, dass eine Frau erkrankt ist, ist fast doppelt so groß wie bei einem Mann. Bei Frauen sind Antikörper mehr als 7-mal so häufig wie bei Männern. Die Wahrscheinlichkeit, dass Patienten mit Antikörpern erkrankt sind, ist fast anderthalb mal so groß wie bei den Patienten ohne Antikörpern. Das Vorliegen von Antikörpern ist ein Indikator für Krankheit!

3. Bei den Patienten aus der Kartei von Dr. I. sprechen Antikörper A für die Krankheit, bei Männern dagegen. Bei unbekannten

Patienten lässt sich nichts schließen. Die Wahrscheinlichkeiten sind nicht übertragbar.

4. $P(K \mid A) = \frac{37}{50} = 0.74$ und $P(K \mid A^C) = \frac{29}{50} = 0.58$. Sie entscheiden auf das Vorliegen von K.

5. Wegen $P(K \mid AM) = 0.2 < P(G \mid A^C M) = 0.8$ entscheiden Sie auf das Vorliegen von G.

6. Die gesuchte Wahrscheinlichkeit beträgt 0.635.

Kapitel 38

38.1 2. und 5. sind richtig, 1., 3. und 4. sind falsch.

38.2 Die Aussagen 1, 3, 4 und 7 sind richtig, 2, 5, 6 und 8 sind falsch.

38.3 1. ist richtig und 2. ist falsch. Unabhängigkeit überträgt sich, Unkorreliertheit nicht.

38.4 Aus $\mathrm{E}(X^2) = (\mathrm{E}(X))^2$ folgt $\mathrm{Var}(X) = \mathrm{E}(X^2) - \mathrm{E}(X)^2 = 0$. Wie in Aufgabe 38.17 gezeigt wird, folgt daraus, dass X eine entartete Zufallsvariable ist.

38.5 $f(x) = x^{-1}$ ist für $x > 0$ konvex. Daher ist für eine Zufallsvariable, die nur positive Werte annimmt, $\mathrm{E}(X^{-1}) > (\mathrm{E}(X))^{-1}$.

Die Jensenungleichung braucht nicht zu gelten, falls X auch negative Werte annehmen kann. Als Gegenbeispiel nehme X die Werte 1 und -0.5 jeweils mit Wahrscheinlichkeit 0.5 an. Dann ist

$$\mathrm{E}(X) = \frac{1}{2} \cdot 1 - \frac{1}{2} 0.5 = 0.25$$
$$\mathrm{E}(X^{-1}) = \frac{1}{2} \cdot 1 - \frac{1}{2} 2 = -0.5 < (\mathrm{E}(X))^{-1}.$$

38.6 Die Aussage ist falsch. Gegenbeispiel: Die Zufallsvariable X_n nehme den Wert 1 mit Wahrscheinlichkeit $1 - \frac{1}{n}$ und den Wert $-n^2$ mit Wahrscheinlichkeit $\frac{1}{n}$ an. Dann ist $\lim_{n\to\infty} P(X_n > 0) = 1$, aber $\mathrm{E}(X_n) = 1 \cdot \left(1 - \frac{1}{n}\right) - n^2 \cdot \frac{1}{n} = -n + 1 - \frac{1}{n} < 0$.

38.7 Es ist $\mathrm{E}(Y) = 0 \cdot P(X < k) + kP(X \geq k) = kP(X \geq k)$. Nach Definition ist $Y \leq X$. Daher ist $\mathrm{E}(Y) \leq \mathrm{E}(X)$.

38.8 a) Aus $X \leq Y$ folgt $\{\omega \in \Omega \mid Y(\omega) \leq t\} \subseteq \{\omega \in \Omega \mid X(\omega) \leq t\}$. Daher ist

$$\begin{aligned} F_Y(t) &= P(Y \leq t) \\ &= P(\omega \in \Omega : Y(\omega) \leq t) \\ &\leq P(\omega \in \Omega : X(\omega) \leq t) \\ &= F_X(t). \end{aligned}$$

Wir zeigen mit einem Gegenbeispiel, dass aus $F_X(t) \geq F_Y(t)$ nicht $X \leq Y$ folgt. Dazu sei $\Omega = \{1, 2, 3\}$ mit $P(1) = P(2) = P(3) = 1/3$. Die Zufallsvariablen X und Y seien definiert durch

i	$X(i)$	$Y(i)$
1	0	0
2	2	1
3	0	2

Dann ist weder $X \leq Y$ noch $Y \leq X$. Die Verteilungen von X und Y sind:

X	$P(X = x)$	F_X
0	2/3	2/3
2	1/3	1

Y	$P(Y = y)$	F_Y
0	1/3	1/3
1	1/3	2/3
2	1/3	1

Also ist $F_X(t) \geq F_Y(t)\ \forall t$. Aber $Y \geq X$ ist falsch.

b) Aus $F_X(t) \geq F_Y(t)$ folgt mit der Darstellung von $\mathrm{E}(X)$ aus der Vertiefung von S. 1442:

$$\begin{aligned} \mathrm{E}(X) &= \int_0^\infty (1 - F_X(t))\,\mathrm{d}t - \int_{-\infty}^\infty F_X(t)\,\mathrm{d}t \\ &\leq \int_0^\infty (1 - F_Y(t))\,\mathrm{d}t - \int_{-\infty}^\infty F_X(t)\,\mathrm{d}t \\ &= \mathrm{E}(Y). \end{aligned}$$

38.10 Falsch sind 1. und 5. Richtig sind 2. und 4. Die Antwort zu 3. hängt ab, ob die absolute oder die relative Genauigkeit gemeint ist. Im ersten Fall ist die Aussage falsch, im zweiten Fall richtig.

38.11

s_1	$P(S = s_i)$
2	1/36
3	2/36
4	3/36
5	4/36
6	5/36
7	6/36

s_1	$P(S = s_i)$
8	5/36
9	4/36
10	3/36
11	2/36
12	1/36

38.12 a) Die Angabe der möglichen Würfelereignisse ist unvollständig, da die Reihenfolge der Zahlen nicht beachtet wurde. Berücksicht man die Reihenfolge, dann gibt es $6 = 3!$ verschiedene Permutationen von $(6, 4, 1)$, die auf die gleiche Reihenfolge führen, aber nur drei verschiedene Permutationen von $(5, 5, 1)$. Beachtet man die Reihenfolge , so gibt es 27 verschiedene gleichwahrscheinliche Wurfsequenzen mit der Augensumme 11, aber 25 mit der Augensumme 12.

b)

x_i	$P(X = x_i)$
3	1/216
4	3/216
5	6/216
6	10/216
7	15/216
8	21/216

x_i	$P(X = x_i)$
9	25/216
10	27/216
11	27/216
12	25/216
13	21/216
14	15/216

x_i	$P(X = x_i)$
15	10/216
16	6/216
17	3/216
18	1/216
$\sum$	1

38.13 1. $P(X_{\text{med}} = 1) = P(X_{\text{med}} = 6) = 0.074$
$P(X_{\text{med}} = 2) = P(X_{\text{med}} = 5) = 0.185$
$P(X_{\text{med}} = 3) = P(X_{\text{med}} = 4) = 0.241$

2. Berechnung der Werte für die Verteilungsfunktion:

x	$P(X_{\text{med}} = x)$	$P(X_{\text{med}} \leq x)$
1	0.074	0.074
2	0.185	0.259
3	0.241	0.500
4	0.241	0.741
5	0.185	0.926
6	0.074	1.000

3. $\text{E}(X_{\text{med}}) = 3.5$; $\text{Var}(X_{\text{med}}) = 1.88$

38.14 $\text{E}(X) = \frac{(n+1)}{2}$; $\text{Var}(X) = \frac{(n^2-1)}{12}$.

38.19 $P(X = n \cdot k + i) = \frac{1}{n^{k+1}}$ und $\text{E}(X) = \frac{n(n+1)}{2(n-1)}$.

38.21 $\text{E}(X) = 1.4$ und $\text{Var}(X) = 0.24$.

$\text{E}(Y) = 2.2$ und $\text{Var}(Y) = 0.56$.

$\text{E}(S) = 3.6$ und $\text{Var}(S) = 0.84$.

$\text{E}(XY) = 3.1$ und $\text{Var}(XY) = 2.69$.

$\text{Cov}(X;Y) = 0.02$ und $\rho(X;Y) = 0.0546$.

Kapitel 39

39.1 a) richtig, b) falsch, c) falsch.

39.2 Es ist kein Zufall.

39.3 Antwort c) ist richtig.

39.4 Die Wahrscheinlichkeit ist 42%.

39.5 a) X und Y sind einzeln hypergeometrisch verteilt. Ihre gemeinsame Verteilung ist poly-hypergeometrisch.

b) X und Y sind negativ korreliert.

c) Das Prognoseintervall für X ist länger.

39.6 Nein, die Exponentialverteilung hat kein Gedächtnis.

39.7 Nein, Exponentialverteilung hat kein Gedächtnis.

39.8 a) Nein. b) Ja. c) Ja. d) Ja. e) Nein . f) Nein. g) $a + bX$; $X + Y$; $X - Y$ sind normalverteilt, der Rest nicht.

39.9 Das Gewicht des Sacks wird mit hoher Wahrscheinlichkeit zwischen 2494 g und 2506 g liegen.

39.10 a) 0.87. b) 0.13. c) 0.68. d) 0.32. e) 0.19. f) = 0.48.

39.11 a) 0.9994 und b) 0.1958.

39.12 0.616

39.13 $\text{E}(X) = \frac{1}{\theta}$ und $\text{Var}(X) = \frac{1-\theta}{\theta^2}$.

39.15 Die Histogramme sind in Abb. 39.16 dargestellt.

39.16 Ist S die Dicke des Stapels, so ist $98.76 \leq S \leq 101.24$ eine verlässliche Prognose.

39.17 Der Tropfen umfasst 0.1053 ccm.

39.18 Die Dichte des Produktes ist

$$f_Y(y) = \int_{-\infty}^{\infty} f_{X_1}\left(\frac{y}{t}\right) f_{X_2}(t)|t|^{-1}\, \text{d}t.$$

Die Dichte des Quotienten ist

$$f_Y(y) = \int_{-\infty}^{\infty} f_{X_1}(yt) f_{X_2}(t)|t|\, \text{d}t.$$

39.20 Nein, denn wenn $X_1 = 0$ ist, kann X_2 Werte im Intervall $[-1, +1]$ annehmen. Ist $X_1 = 1$, so ist X_2 notwendig gleich null. Die Verteilung der einen Variable hängt ab von den Werten der anderen.

39.22 Die Wahrscheinlichkeit einer Überbuchung ist bei A 35%, bei B 39% und bei C 3×10^{-3}%.

39.23 Die Wahrscheinlichkeit ist 1.765×10^{-3}.

39.24 Nach 99.66 Jahren.

39.25 X ist $B_{10^5}\left(10^{-3}\right)$ verteilt. Wir können X durch die Poisson-Verteilung $PV\left(10^2\right)$ und diese durch die Normalverteilung $\text{N}\left(10^2; 10^2\right)$ approximieren. Eine Prognose zum Niveau 95% für X ist $80 \leq X \leq 120$.

39.26 Die Chancen von A sind bei der 1. Variante 0.33, bei der 2. Variante 0.36 und bei der dritten Variante 0.24.

39.28 a) Die maximale Wahrscheinlichkeit, dass der Schmelzpunkt des Goldes überschritten wird, beträgt 4.6 Promille.

b) Die maximale Wahrscheinlichkeit, dass der Schmelzpunkt des Goldes nicht überschritten wird, beträgt 38.5%.

c) Nein.

39.29 a) $Y \underset{\text{approx}}{\sim} \text{N}(14\,000; 58\,500)$. b) $\alpha = 0.0000181$. c) $\beta = 0.967$. d) Die Brücke wird nicht verstärkt.

Kapitel 40

40.1 $$L(a; b \mid x_1, \ldots, x_n) = \frac{1}{(b-a)^n} I_{(-\infty, x_{(1)}]}(a) I_{[x_{(n)}, \infty)}(b)$$

Dabei ist $I_{[a,b]}$ die Indikatorfunktion von $[a, b]$ und $x_{(1)} = \min\{x_i\}$ sowie $x_{(n)} = \max\{x_i\}$.

40.2 $L(\theta) = \theta(1-\theta)^{n-1}$; $\hat{\theta} = \frac{1}{n}$.

40.3 $L(\theta) = \theta(1-\theta)^{n-1}$; $\widehat{\theta} = 1 - \frac{1}{\sqrt[n-1]{n}}$.

40.4 $L(\theta \mid x_1 \text{ oder } x_2) = L(\theta \mid x_1) + L(\theta \mid x_2)$

40.5 a) und b) sind falsch, c) ist richtig.

40.6 $\widehat{\theta} = \frac{x_1+x_2}{n_1+n_2} = \frac{n_1\widehat{\theta}_{(1)}+n_2\widehat{\theta}_{(2)}}{n_1+n_2}$

40.7 a) und c) sind richtig, b) ist falsch.

40.8 Handelt es sich nur um einen Brief, dann ist $\text{MSE}(\widehat{\mu}_1) < \text{MSE}(\widehat{\mu}_2)$. Bei der Schätzung des Gesamtgewichtes von 100 Briefen hat $\widehat{\mu}_1 = 15 \times 100$ nur dann einen kleineren MSE, falls $\mu \in [14.4, 15.6]$.

40.9 Es ist $\widehat{\theta} = \frac{X}{n}$, $\widehat{\mu} = n\widehat{\theta}$ und $\widehat{\sigma^2} = n\widehat{\theta}(1-\widehat{\theta})$. $\text{Bias}(\widehat{\mu}) = 0$ und $\text{Bias}(\widehat{\sigma^2}) = -\theta(1-\theta)$.

40.10 Nein, denn $\sqrt{\widehat{\sigma^2_{\text{UB}}}}$ ist keine lineare Funktion von $\widehat{\sigma^2_{\text{UB}}}$.

40.11 a), b) und c) sind falsch, d) ist richtig.

40.12 Es ist $\widehat{\mu^2} = \overline{Y}^2$. Dabei ist $\text{Bias}(\widehat{\mu^2}) = \frac{\sigma^2}{n}$.

40.13 a) und c) sind falsch, b) ist richtig.

40.14 Die Likelihoods sind identisch, aber die Konfidenzintervalle verschieden.

40.19
$$\widehat{\mu} = \frac{\overline{x}}{2\gamma^2}\left(\sqrt{1+4\gamma^2(1+\widehat{\gamma}^2)}-1\right) \quad \text{und}$$
$$\widehat{\sigma} = \frac{\overline{x}}{2\gamma}\left(\sqrt{1+4\gamma^2(1+\widehat{\gamma}^2)}-1\right).$$

Dabei ist $\widehat{\gamma} = \frac{\text{var}(x)}{\overline{x}^2}$ der empirische Variationskoeffizient.

40.20 Das Konfidenzintervall ist $0 \leq \theta \leq 1 - \exp\left(\frac{\ln \alpha}{X}\right)$. Im konkreten Fall ist $0 \leq \theta \leq 0.45$.

40.21 $E(\widehat{\theta}_{\text{ML}}) = -\frac{\theta}{1-\theta}\ln\theta$. Der einzige erwartungtreue Schätzer ist der praktisch unsinnige Schätzer $\widehat{\theta}_{\text{UB}} = 1$ für $k = 1$ und $\widehat{\theta}_{\text{UB}} = 0$ für alle $k > 1$.

40.22 a) Der ML-Schätzer für θ ist $\widehat{\theta}^{(n)}_{\text{ML}} = \max\{X_1, \ldots, X_n\} = X_{(n)}$. Der erwartungstreue Schätzer ist $\widehat{\theta}^{(n)}_{\text{UB}} = \frac{n+1}{n} X_{(n)}$. Der MSE von $\widehat{\theta}^{(n)}_{\text{ML}}$ ist größer als der von $\widehat{\theta}^{(n)}_{\text{UB}}$. c) Das Konfidenzintervall ist $X_{(n)} \leq \theta \leq \alpha^{-1/n} X_{(n)}$.

40.23 Es ist $\lfloor \frac{mn}{y} \rfloor \leq \widehat{N} \leq \lceil \frac{mn}{y} \rceil$.

40.24 c) ist richtig. Da nur die Nullhypothese $H_0 : \mu = 0$ gegen die Alternative $H_1 : \mu \neq 0$ getestet werden kann, sollte α sehr groß gewählt werden, z. B. $\alpha = 20\%$ oder gar 40%. Außerdem sollte n sehr hoch sein, um die Wahrscheinlichkeit des Fehlers 2. Art zu minimieren.

40.25 Es ist H_0: „$\mu \geq \mu_0$". Der notwendige Stichprobenumfang ist $n = 50$.

40.26 Getestet wird $H_0 : \theta = 0.3$. Der Annahmenbereich ist $\text{AB} = [2, 10]$. Das realisierte α ist 2.47%.

40.27 Ist $\gamma = \frac{n}{mN} = \frac{1}{N}\frac{1}{m}\sum_{k=1}^{m} n_k$ der durchschnittliche Anteil der pro Woche ausgefallenen Birnen, dann ist $\widehat{\lambda} = \ln\left(\frac{1}{1-\gamma}\right)$. Der Schätzwert der mittleren Brenndauer ist dann $\frac{1}{\widehat{\lambda}}$ Wochen.

Kapitel 41

41.1 $\widehat{\boldsymbol{\beta}} = \boldsymbol{X}^+\boldsymbol{y} + (\boldsymbol{I} - \boldsymbol{X}^+\boldsymbol{X})\boldsymbol{h}$ mit beliebigem $\boldsymbol{h}$.

41.2 Es ist $\widehat{\boldsymbol{\varepsilon}} \perp \boldsymbol{M}$. Ist $\boldsymbol{1} \in \boldsymbol{M}$, so ist $\widehat{\boldsymbol{\varepsilon}} \perp \boldsymbol{1}$, also $0 = \widehat{\boldsymbol{\varepsilon}}^\top \boldsymbol{1} = \sum_{i=1}^n \widehat{\varepsilon}_i$. Aus $y_i = \widehat{\mu}_i + \widehat{\varepsilon}_i$ und $\sum_{i=1}^n \widehat{\varepsilon}_i = 0$, folgt $\sum_{i=1}^n y_i = \sum_{i=1}^n \widehat{\mu}_i$. Ist $\boldsymbol{1} \notin \boldsymbol{M}$, so kann $\widehat{\boldsymbol{\varepsilon}}^\top \boldsymbol{1} \neq \boldsymbol{0}$ sein.

41.4 a) Es handelt sich um ein lineares Regressionsmodell, wenn die Koeffizienten β_i und die Einflussvariable x nicht stochastische Größen sind. b) Die einzige Einflussvariable ist x. c) Die Anzahl der Regressoren ist 5, bzw. 6, wenn man die Konstante $\boldsymbol{1}$ als Regressor mitzählt. d) Die Anzahl der unbekannten Parameter ist 6. e) Die Dimension des Modellraums ist maximal 6. Sie ist genau dann 6, wenn die Beobachtungsstellen x_i so gewählt sind, dass die 6 Vektoren $\boldsymbol{1}, (x_1, \ldots, x_n)^\top, \ldots, (x_1^5, \ldots, x_n^5)^\top$ linear unabhängig sind. f) Allein β_0 und β_1 sind signifikant von null verschieden. g) $\widehat{\mu}(x) = 3 + 20x$. h) $\widehat{\mu}(2) = 43$.

41.6 $\widehat{\beta} = 3$ sowie $R^2 = 1 + z^{-6}$. Durch die Glättung hat sich die Varianz der Daten vergrößert: R^2 kann – je nach Größe von z – jeden Wert zwischen 1 und Unendlich annehmen. Eine Redeweise wie „R^2 misst den Anteil der erklärten Varianz" wird unsinnig. Das Bestimmtheitsmaß ist bei der nichtlinearen Regression nicht anwendbar.

41.7 Es ist $\widehat{\beta}_1 = \widehat{\beta}_2 = 1$. Im ersten Rall ist $R^2 = 1$, im zweiten Fall ist $R^2 = 6.63$. In Modellen ohne Eins ist das Bestimmtheitsmaß sinnlos, es muss modifiziert werden, z. B. als $R^2_{\text{mod}} = \frac{\left\|\widehat{\boldsymbol{\mu}}\right\|^2}{\|\boldsymbol{y}\|^2}$.

41.8

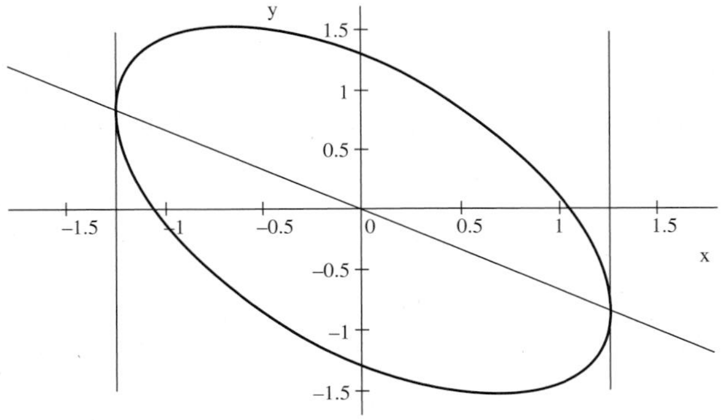

41.11 $\widehat{\beta}_0$ und $\widehat{\beta}_1$ sind die KQ-Schätzer der Kalibrierungsphase und $\widehat{\xi} = \frac{\overline{y}_\xi - \widehat{\beta}_0}{\widehat{\beta}_1}$.

41.12 1. Vom Versuchsplan hängen $\overline{x}$ und $\text{var}(\boldsymbol{x})$ ab. Diese bestimmen aber $\text{Var}(\widehat{\beta}_0)$ und $\text{Var}(\widehat{\beta}_1)$.

2. Es ist $\widehat{\text{Var}}(\widehat{\beta}_1) = \frac{\widehat{\sigma^2}}{n}\left(\frac{1}{\text{var}(x)}\right)$. Daher wird $\widehat{\beta}_1$ am genauesten geschätzt, wenn $\text{var}(\boldsymbol{x})$ maximal ist. Dies ist beim Versuchsplan b) der Fall. In den Plänen a) und d) ist $\text{var}(\boldsymbol{x})$ gleich. In a) würde aber β_0 genauer geschätzt werden. Versuchsplan e) ist am ungünstigsten, da er fast alle Beobachtungen in die Mitte der Punktwolke gelegt hat.

3. Wenn nicht klar ist, ob ein linearer Zusammenhang vorliegt, ist auf jeden Fall der Versuchplan c) vorzuziehen.

41.13 Im Modell $\boldsymbol{M}_{12} = \langle \boldsymbol{x}_1, \boldsymbol{x}_2 \rangle$ ist $\widehat{\mu} = 1.119 + 1.911x_1 + 0.634x_2$ geschätzt. Jedoch sind beide Koeffizienten $\widehat{\beta}_1$ und $\widehat{\beta}_2$ bei einem Niveau von $\alpha = 5\%$ nicht signifikant. Weiter ist $R^2 = 0.903$. Im Modell $\boldsymbol{M}_1 = \langle \boldsymbol{1}, \boldsymbol{x}_1 \rangle$ ist $\widehat{\mu} = 1.074 + 3.250x_1$. Zu denselben Ergebnissen kommen wir im Modell $\boldsymbol{M}_2 = \langle \boldsymbol{1}, \boldsymbol{x}_2 \rangle$.

41.14 Die Parameterschätzwerte im Modell $\boldsymbol{M}_{1234}$ bzw. $\boldsymbol{M}_{123}$ sind:

	Modell $\boldsymbol{M}_{1234}$		Modell $\boldsymbol{M}_{123}$	
Parameter	$\widehat{\beta}$	$\widehat{\sigma}_{\widehat{\beta}}$	$\widehat{\beta}$	$\widehat{\sigma}_{\widehat{\beta}}$
$\widehat{\beta}_0$	5.07	0.13	5.07	0.13
$\widehat{\beta}_1$	31.94	1.60	31.94	1.60
$\widehat{\beta}_2$	−29.03	1.44	−29.03	1.44
$\widehat{\beta}_3$	0.40	1.99	1.92	0.42
$\widehat{\beta}_4$	1.59	2.02		

In $\boldsymbol{M}_{1234}$ sind die Regressoren x_3 und x_4 nicht signifikant. Das Bestimmtheitsmaß ist $R^2 = 0.99$. Im Modell $\boldsymbol{M}_{123}$ ist $\widehat{\beta}_3$ signifikant. Im Modell $\boldsymbol{M}_{124}$ ist kein Parameter mehr signifikant. Es ist $R^2 = 0.06$. Das Modell ist zusammengebrochen. Dasselbe Bild bietet sich, falls $\boldsymbol{x}_1$ statt $\boldsymbol{x}_2$ gestrichen wird. Offensichtlich sind $\boldsymbol{x}_1$ und $\boldsymbol{x}_2$ nur zusammen informativ, einzeln dagegen wertlos.

41.15 1. Thema Schätzung: a) Die Modellbeziehung ist $y_i = \beta_0 + \beta_1 x_i + \varepsilon_i$. b) Die empirischen Parameter sind $\overline{x} = 199$; $\overline{y} = 181.7$; $\text{var}(\boldsymbol{x}) = 7480.6$; $\text{var}(\boldsymbol{y}) = 6980$; $\text{cov}(x, y) = 6888.5$; $r(\boldsymbol{x}, \boldsymbol{y}) = 0.95$. c) $\widehat{\beta}_1 = 0.920\,85$; $\widehat{\beta}_0 = -1.549\,2$; $\widehat{\mu} = -1.55 + 0.92 \cdot x$. d) $\widehat{\mu}(190) = 173.4$ Tausend Euro. e) $\widehat{\mu}(0) = \widehat{\beta}_0 = -1.55$. Inhaltlich keine sinnvolle Aussage: $x = 0$ ist sicher außerhalb des Gültigkeitsbereichs des Modells.

2. Thema: Wie aussagekräftig sind Ihre Schätzungen? a) Die ε_i sind i.i.d. $N(0; \sigma^2)$ verteilt. b) $\widehat{\sigma}^2 = 795.88$. c) $\widehat{\text{Var}}(\widehat{\beta}_0) = 22.38$. d) Die Hypothese H_0: „$\beta_0 = 0$" wird angenommen. e) $\widehat{\sigma}_{\widehat{\beta}_1} = 0.1$. Das Konfidenzintervall für β_1 ist $0.59 \le \beta_1 \le 1.25$

3. Thema Preisprognosen: $74.0 \le y \le 272.8$. Die Prognose für das teuere Haus wird ein breiteres Prognoseintervall haben, da $\xi = 300$ weiter vom Mittelwert $\overline{x} = 199$ entfernt liegt als $\xi = 190$.

41.16 1. Es ist $\mu(x) = 13.52 + 15.10x$ mit einem Bestimmtheitsmaß $R^2 = 0.59$. Die Anpassung ist schlecht. 2. Das bessere Modell ist

$$\widehat{\mu}(x) = \begin{cases} 20.59 + 4.9x & \text{falls } x \le 1.5 \\ 79.74 - 17.03x & \text{falls } x > 1.5. \end{cases}$$

Das Bestimmtheitsmaß ist nun $R^2 = 0.88$. 3. Im ersten Modell wäre $\mu(6) = 13.52 + 15.10 \cdot 6 = 104.12$ Im zweiten Modell wäre $\mu(6) = 79.74 - 17.03 \cdot 6 = -22.44$. Beide Werte sind unsinnig. Der Wert $\xi = 6$ liegt weit außerhalb des Beobachtungsbereichs. Dort sind die ursprünglich gewählten Modelle nicht mehr gültig.

41.17 Das Modell $\widehat{\mu} = 38.321 + 0.738x$ ist ungeeignet. Das Modell mit dem quadratischen Term

$$\widehat{\mu} = -29.09 + 18.09x - 0.91x^2.$$

ist erheblich besser.

Bildnachweis

Kapitel 1 **Eröffnungsbild:** Frank Hettlich, **1.1:** Spektrum Akademischer Verlag (Bildarchiv), **1.2:** Pastell-Portrait von Emanuel Handmann, 1753 (Öffentliche Kunstsammlung Basel), **1.3:** Russische Akademie der Wissenschaften, **1.4:** Mathematikum Gießen, mit freundlicher Genehmigung.

Kapitel 2 **Eröffnungsbild:** unbekannter Künstler, **2.4:** Christian Karpfinger, **2.5:** Claus V. S./panthermedia, **2.6:** Ulrich G. Moltmann, **2.7:** Georg Glaeser, **2.8:** Georg Glaeser.

Kapitel 3 **Eröffnungsbild:** Christian Karpfinger, **Anwendung** (Potenzen in der Natur und ihre Auswirkungen): Georg Glaeser **3.1:** Georg K./panthermedia, **3.4:** grullina, **3.10:** Christian Karpfinger, **Aufgabe 3.11:** NASA (the daily galaxy).

Kapitel 4 **Eröffnungsbild:** Gabriele G./panthermedia, **4.2:** Yamaguchi 先生/Wikipedia, **4.12:** Frank Hettlich, **Vertiefung** (Funktionen in mehreren Variablen): wetter-online.de, **4.24:** Frank Hettlich, **Anwendung** (Harmonische Schwingungen): Frank Hettlich **4.36:** Frank Hettlich.

Kapitel 5 **Eröffnungsbild:** Alex Z./panthermedia.

Kapitel 6 **Eröffnungsbild:** Tilo Arens, **6.4:** Tilo Arens, **Anwendung** (Die Mandelbrotmenge): Programm: http://xaos.sf.net, **Anwendung** (Exponentielles und logistisches Wachstum): Tilo Arens, **Anwendung** (Wie berechnet der Taschenrechner $\sqrt{2}$?): Tilo Arens, **6.20:** Claude Monet, Impression soleil levant, 1873, Musée Marmottan Monet, Paris.

Kapitel 7 **Eröffnungsbild:** Christian S./panthermedia, **7.5:** Die Mathematik, LIFE-Serie Wunder der Wissenschaft, TIME-LIFE International (1965), Seite 117, **7.12:** Tilo Arens, **7.17:** Uwe L./ panthermedia, **7.18:** Thomas Hein.

Kapitel 8 **Eröffnungsbild:** Ronny T./panthermedia, **Anwendung** (Wie baut man ein Mobile?): Tilo Arens.

Kapitel 9 **Eröffnungsbild:** grullina.

Kapitel 10 **Eröffnungsbild:** Jan Kretschmer, **10.2:** Hermann Otto F./panthermedia, **10.5:** Frank Hettlich, **10.8:** Kirchhoff-Institut für Physik, Heidelberg, **10.23:** Frank Hettlich.

Kapitel 11 **Eröffnungsbild:** Christian Karpfinger, **11.17:** Wikipedia.

Kapitel 12 **Eröffnungsbild:** Hans E./panthermedia.

Kapitel 13 **Eröffnungsbild:** Christian Karpfinger, **13.12:** Tilo Arens., **13.30:** Doug Smith, „A Case Study and Analysis of the Tacoma Narrows Bridge Failure“, Department of Mechanical Engineering, Carleton University, Ottawa, Canada, March 29, 1974.

Kapitel 14 **Eröffnungsbild:** Christian Karpfinger.

Kapitel 15 **Eröffnungsbild:** Christian Karpfinger, **15.19:** Christian Karpfinger.

Kapitel 16 **Eröffnungsbild:** Christian Karpfinger, **16.6:** Christian Karpfinger.

Kapitel 17 **Eröffnungsbild:** Christian Karpfinger, **17.13:** Christian Karpfinger, **17.18:** Christian Karpfinger.

Kapitel 18 **Eröffnungsbild:** Christian Karpfinger, **Anwendung** (Diskrete Modellbildung): Bernd K./panthermedia.

Kapitel 19 **Eröffnungsbild:** Hellmuth Stachel, **19.8:** Tilo Arens und Frank Hettlich, **Anwendung** (Die Geometrie hinter dem Global Positioning System (GPS)): NASA, bearbeitet durch Hellmuth Stachel, **Anwendung** (Optimale Approximation eines Schnittpunktes von Geraden): Georg Glaeser, **Beispiel** (Ein Würfel wird wie das Atomium in Brüssel aufgestellt): The University of Kent, Canterbury, Kent, **Anwendung** (Die Vorwärtskinematik serieller Roboter): Hellmuth Stachel.

Kapitel 20 **Eröffnungsbild:** Christian Karpfinger.

Kapitel 21 **Eröffnungsbild:** Hellmuth Stachel, **21.8:** Hellmuth Stachel, **21.9:** Hellmuth Stachel, **21.12:** Hellmuth Stachel.

Kapitel 22 **Eröffnungsbild:** Georg Glaeser.

Kapitel 23 **Eröffnungsbild:** Christian Karpfinger.

Kapitel 24 **Eröffnungsbild:** Klaus Lichtenegger, **24.1:** Geobra Brandstätter GmbH & Co. KG, PLAYMOBIL®, Archiv 1984/1985, **24.2:** Klaus Lichtenegger, **24.16:** Klaus Lichtenegger.

Kapitel 25 **Eröffnungsbild:** Detlef S./panthermedia.

Kapitel 26 **Eröffnungsbild:** UCLA, Department of Physics and Astronomy, Los Angeles, CA, **26.3:** Wikimedia Commons, **26.15:** Claus L./panthermedia, **26.22:** Wikimedia Commons.

Kapitel 27 **Eröffnungsbild:** smoke ©Irene Müller, www.pbase.com/daria90, **27.6:** M.C. Escher's „waterfall 1961“ ©2007 The M.C. Escher Company-Holland. All rights reserved. www.mcescher.com, **27.7:** Klaus Lichtenegger.

Kapitel 28 **Eröffnungsbild:** ©2007 Jos Leys.

Kapitel 29 **Eröffnungsbild:** milk meets coffee ©Irene Müller, www.pbase.com/daria90, **Vertiefung** (Dimensionsanalyse bei Differenzialgleichungen): Windkanal der NASA mit dem Modell eines Flugzeugs., **Anwendung** (Die Maxwell-Gleichungen): Erwin W./panthermedia, **29.3:** Wikimedia Commons, **Anwendung** (Die schwingende Membran): Zachariël, **29.12:** Tilo Arens mithilfe der Software Comsol, **29.13:** Dr. Ulrich Simon, Ulmer Zentrum für Wissenschaftliches Rechnen.

Kapitel 30 **Eröffnungsbild:** Tilo Arens, **30.2:** Tilo Arens, Anwendung (Das JPEG-Format): Tilo Arens.

Kapitel 31 **Eröffnungsbild:** Montage Tilo Arens (Koaxialkabel mit freundlicher Genehmigung von Averse alias c. w.), **31.6:** Office of Naval Research „F/A-18 Hornet breaks the sound barrier“.

Kapitel 32 **Eröffnungsbild:** Klaus Lichtenegger.

Kapitel 33 **Eröffnungsbild:** ©medicalpicture GmbH.

Kapitel 34 **Eröffnungsbild:** Figuren und Fotos von Elmar Bergeler, mit freundlicher Genehmigung, **34.4:** Wikimedia Commons.

Kapitel 35 **Eröffnungsbild:** ©Kiel-Marketing e. V.

Kapitel 36 **Eröffnungsbild:** Ulrich Kockelkorn und Thomas Epp, **36.7:** Ulrich Kockelkorn.

Kapitel 37 **Eröffnungsbild:** Ulrich G. Moltmann.

Kapitel 38 **Eröffnungsbild:** Christian Karpfinger.

Kapitel 39 **Eröffnungsbild:** Christian Karpfinger.

Kapitel 40 **Eröffnungsbild:** Ulrich G. Moltmann.

Kapitel 41 **Eröffnungsbild:** ©Sartorius AG.

Symbolglossar

Um Ihnen das Auffinden zu erleichtern, ist das Symbolglossar in die drei Bereiche *echte Symbole*, *Markierungen* und *Buchstabensymbole* aufgeteilt, davon die letzten beiden noch weiter unterteilt nach Teil I–V und Teil VI (Wahrscheinlichkeitsrechnung und Statistik). Wenn die Aussprache offensichtlich ist, wird sie nicht eigens angegeben. Dieses Symbolglossar dient nur dem schnellen Auffinden des Symbols, für eine Erklärung wird empfohlen, stets im Haupttext nachzulesen.

Symbol	Aussprache/Name	Bedeutung	Seiten-verweis
Echte Symbole			
$\neg$	Für $\neg A$ sagt man *nicht A*	Kennzeichnet die Negation oder Verneinung einer Aussage A. In manchen Büchern wird stattdessen auch die Notation $\sim A$ oder $\overline{A}$ verwendet.	S. 21
$\vee$	Für $A \vee B$ sagt man *A oder B*	Logisches ODER, wird in der Aussagenlogik definiert, tritt bei Verknüpfungen von Aussagen auf.	S. 21
$\wedge$	Für $A \wedge B$ sagt man *A und B*	Logisches UND, wird in der Aussagenlogik definiert, tritt bei Verknüpfungen von Aussagen auf.	S. 21
$\Rightarrow$	Für $A \Rightarrow B$ sagt man *aus A folgt B*	Wenn-Dann-Verknüpfung, Subjunktion. Wenn A wahr ist, so gilt auch B. Man sagt auch *A ist hinreichend für B* oder *B ist notwendig für A*.	S. 22
$\Leftrightarrow$	Für $A \Leftrightarrow B$ sagt man *genau dann A, wenn B* oder *genau dann B, wenn A*	Genau-Dann-Wenn-Verknüpfung, Äquivalenz. Die Gesamtaussage ist wahr, wenn A und B entweder beide wahr oder beide falsch sind. Man sagt auch *A ist hinreichend und notwendig für B* oder *B ist hinreichend und notwendig für A*.	S. 23
$\overset{z\neq i}{\Longleftrightarrow}$	*Für $z \neq$ i folgt (und umgekehrt)*	$\Longleftrightarrow$ gilt nur für die darüberstehende Einschränkung.	S. 213
$\uparrow$	Für $A \uparrow B$ sagt man *A NAND B*	Das NAND (engl. für NICHT-UND) tritt in der Aussagenlogik und der Digitalelektronik auf. $A \uparrow B \Leftrightarrow \neg(A \wedge B)$.	S. 24
$\exists$	Für $\exists x\colon \ldots$ sagt man *es existiert ein x mit der Eigenschaft ...*	Existenzquantor; Quantoren quantifizieren die Gültigkeit von Aussagen.	S. 25
$\forall$	Für $\forall x\colon \ldots$ sagt man *für alle x gilt ...*	Allquantor; Quantoren quantifizieren die Gültigkeit von Aussagen.	S. 25
$\in$	Für $x \in M$ sagt man *x ist Element von M*	x ist Element von M bedeutet, dass das Element x zur Menge M gehört.	S. 30
$\notin$	Für $x \notin M$ sagt man *x ist nicht Element von M*	x ist nicht Element von M bedeutet, dass das Element x nicht zur Menge M gehört.	S. 30
$\mid$	*für die gilt*	$\{x \in M \mid A\}$ ist die Menge aller Elemente von M, für die die Bedingung A gilt. Oft wird statt $\mid$ auch ein Doppelpunkt benutzt.	S. 30
$\emptyset$	*Leere Menge*	Eine Menge, die überhaupt keine Elemente enthält. Wird auch als $\{\}$ geschrieben	S. 30
$\subseteq$	Für $A \subseteq B$ sagt man *A ist Teilmenge von B*	A ist Teilmenge von B, wenn alle Elemente von A auch Elemente von B sind. Alternative Schreibweise: $\subset$	S. 30

Symbol	Aussprache/Name	Bedeutung	Seitenverweis
$\supseteq$	Für $B \supseteq A$ sagt man *A ist Teilmenge von B*	A ist Teilmenge von B, wenn alle Elemente von A auch Elemente von B sind. Alternative Schreibweise: $\supset$	S. 30
$\subsetneq$	Für $A \subsetneq B$ sagt man *A ist echte Teilmenge von B*	A ist echte Teilmenge von B, wenn alle Elemente von A auch Elemente von B sind und B mindestens ein Element hat, das nicht in A liegt.	S. 30
$\supsetneq$	Für $B \supsetneq A$ sagt man *A ist echte Teilmenge von B*	A ist echte Teilmenge von B, wenn alle Elemente von A auch Elemente von B sind und B mindestens ein Element hat, das nicht in A liegt.	S. 30
$\cap$	Für $A \cap B$ sagt man *A geschnitten mit B*	Der Durchschnitt enthält alle Elemente, die sowohl in A als auch in B enthalten sind.	S. 31
$\cup$	Für $A \cup B$ sagt man *A vereinigt mit B*	Die Vereinigung enthält alle Elemente, die in A oder in B enthalten sind.	S. 31
$\bigcap$	Für $\bigcap_{M\in F} M$ sagt man *Durchschnitt aller Mengen M aus F*	Der Durchschnitt enthält jene Elemente, die in allen Mengen M aus der Familie F enthalten sind.	S. 47
$\bigcup$	Für $\bigcup_{M\in F} M$ sagt man *Vereinigung aller Mengen M aus F*	Die Vereinigung enthält jene Elemente, die in zumindest einer Menge M aus der Familie F enthalten sind.	S. 47
$\setminus$	Für $A \setminus B$ sagt man *A ohne B*	Die Differenz enthält alle Elemente von A, die kein Element von B sind. Ist B eine Teilmenge von A, so wird $A \setminus B$ auch Komplement von A bezüglich B genannt. Man schreibt dafür $C_B(A)$, oft auch einfach $A^C, \overline{A}$ oder A'.	S. 31
$\times$	Für $A \times B$ sagt man *A Kreuz B*. In der Mengenlehre sagt man auch *kartesisches Produkt von A und B*	In der Mengenlehre: Menge aller geordneten Paare der Form (a, b). In der Vektorrechnung: Kreuzprodukt (Vektorprodukt).	S. 32; 709
$\lvert\cdot\rvert$	Für $\lvert x\rvert$ sagt man *Betrag von x*	Für $x \in \mathbb{R}$ gilt $\lvert x\rvert = \begin{cases} x & \text{für } x \geq 0, \\ -x & \text{für } x < 0. \end{cases}$ Für $z = a + ib \in \mathbb{C}$ gilt $\lvert z\rvert = \sqrt{a^2 + b^2}$.	S. 35, 68, 152
$\begin{vmatrix} a_{11} & \cdots & a_{1n} \\ \vdots & \ddots & \vdots \\ a_{m1} & \cdots & a_{mn} \end{vmatrix}$	*Determinante von* $\boldsymbol{A}$	Für 2×2-Determinanten gilt $\begin{vmatrix} a_{11} & a_{12} \\ a_{21} & a_{22} \end{vmatrix} = \det \boldsymbol{A} = a_{11}\, a_{22} - a_{12}\, a_{21}$.	S. 598
$\lVert\boldsymbol{u}\rVert$	*Norm oder Länge von* $\boldsymbol{u}$ *(euklidische Norm)*	Es gilt $\lVert\boldsymbol{u}\rVert = \sqrt{\boldsymbol{u}\cdot\boldsymbol{u}}$.	S. 702, 746, 1172
$\lVert p\rVert_{L^2}$	*L^2-Norm*	Es gilt $\lVert p\rVert_{L^2} = (\int_a^b \lvert p(x)\rvert^2 \mathrm{d}x)^{1/2}$.	S. 1141
$\lVert f\rVert_\infty$	*Maximumsnorm oder Supremumsnorm*	Für eine stetige Funktion f auf einem abgeschlossenen Intervall $[a, b]$ gilt $\lVert f\rVert_\infty = \max_{x\in[a,b]} \lvert f(x)\rvert$.	S. 1172
$[a, b]$	*Abgeschlossenes Intervall*	Für ein abgeschlossenes Intervall gilt $[a, b] = \{x \in \mathbb{R} \mid a \leq x \leq b\}$.	S. 35
(a, b)	*Offenes Intervall*	Für ein offenes Intervall gilt $(a, b) = \{x \in \mathbb{R} \mid a < x < b\}$. Es enthält die beiden Endpunkte nicht. Auch die Schreibweise $]a, b[$ für offene Intervalle ist üblich.	S. 35
$(a, b]$	*Halboffenes Intervall*	Ein halboffenes Intervall ist z.B. $(a, b] = \{x \in \mathbb{R} \mid a < x \leq b\}$.	S. 35
$\pm\infty$	$\pm$ *Unendlich*	symbolische Erweiterung des Zahlbereichs, $\frac{x}{\pm\infty} = 0$ für alle $x \in \mathbb{R}$.	S. 36
$\to$	Für $A \to B$ sagt man *die Menge A wird nach B abgebildet*	In dieser Schreibweise wird üblicherweise ein einfacher Pfeil verwendet, wenn man sich auf die Mengen bezieht.	S. 37
$\mapsto$	Für $a \mapsto f(a)$ sagt man *a wird abgebildet auf f(a)*	Der Abbildungspfeil wird verwendet, wenn es um die Elemente, sprich die konkrete Zuordnungsvorschrift geht.	S. 37

Symbol	Aussprache/Name	Bedeutung	Seitenverweis
$\circ$	Für $f \circ g$ sagt man *f nach g* oder *f verkettet g* oder *Komposition von f mit g*	Verkettung, wird verwendet bei Hintereinanderausführung von Abbildungen (speziell: Funktionen).	S. 38
$+$	Für $a + b$ sagt man *a plus b*	Addition	S. 52
$-$	Für $a - b$ sagt man *a minus b*	Subtraktion	S. 52
$\cdot$	Für $a \cdot b$ sagt man *a mal b*	Multiplikation, vgl. auch Standardskalarprodukt.	S. 52, 591
$/$	Für a/b sagt man *a geteilt durch b*. a bezeichnet man als *Zähler*, b als *Nenner*.	Division. Bei der Division sind auch die Schreibweisen $a : b$ und $\frac{a}{b}$ üblich.	S. 52
a^n	Für a^n sagt man *a hoch n*. a bezeichnet man als *Basis*, n als *Exponent*.	Potenzschreibweise: $a^n = a \cdot a \ldots a$ (n Faktoren), wenn $n \in \mathbb{N}$. Es gilt $a^0 = 1, \quad a^{-n} = \frac{1}{a^n}$ und allgemein $a^x = e^{x \ln a}$.	S. 54
$\sqrt{}$	Für $\sqrt[q]{a}$ sagt man *q-te Wurzel aus a*	Es ist $\sqrt[q]{a} = a^{1/q}$. Die Quadratwurzel schreibt man meist ohne explizite Angabe von $q = 2$, d. h. $\sqrt{x} = \sqrt[2]{x}$.	S. 56
$=$	Für $a = b$ sagt man *a ist gleich b*	Gleichungen haben die Form „linke Seite = rechte Seite".	S. 59
$<$	Für $a < b$ sagt man *a ist kleiner als b*	Das Kleiner-Zeichen wird in Ungleichungen verwendet.	S. 67
$\leq$	Für $a \leq b$ sagt man *a ist kleiner gleich b*	$a \leq b$ heißt $a < b$ oder $a = b$.	S. 67
$>$	Für $a > b$ sagt man *a ist größer als b*	Das Größer-Zeichen wird in Ungleichungen verwendet.	S. 67
$\geq$	Für $a \geq b$ sagt man *a ist größer gleich b*	$a \geq b$ heißt $a > b$ oder $a = b$.	S. 67
$\sum$	Für $\sum_{k=1}^{n} a_k$ sagt man *Summe über a_k für k gleich 1 bis n*	Kurzschreibweise für Summen, k ist der Summationsindex.	S. 72
$\prod$	Für $\prod_{k=1}^{n} a_k$ sagt man *Produkt über a_k für k gleich 1 bis n*	Kurzschreibweise für Produkte, k ist der Multiplikationsindex.	S. 72, 74
$n!$	*n Fakultät*	$n! = \prod_{k=1}^{n} k$ ist das Produkt aller natürlichen Zahlen von eins bis n. Man setzt $0! = 1$.	S. 77
$\binom{n}{k}$	Für $\binom{n}{k}$ sagt man *n über k*.	Der Binomialkoeffizient gibt die Anzahl der Möglichkeiten an, aus n Objekten genau k auszuwählen.	S. 79, 1419
$\approx$	Für $a \approx b$ sagt man *a ist ungefähr gleich b*.	Verwendung bei Näherungen, etwa Rundung.	S. 112
$\sim$	(Statistik) *Ist verteilt (nach)*	Bsp. $X \sim N(0, 1)$: Die Zufallsvariable ist standardnormalverteilt.	
$\underset{\rightarrow}{\sim}$	(Statistik) *Ist asymptotisch verteilt nach*	$\overline{X}^{(n)*} \underset{\rightarrow}{\sim} N(0; 1)$: Standardisierte Mittelwerte sind asymptotisch normalverteilt.	S. 1490
$\int$	*Integral*, für $\int_a^b f(x)\mathrm{d}x$ sagt man *Integral f von x dx von a bis b*	Mit Angabe von Integrationsgrenzen für den Wert des Integrals über $[a, b]$; ohne Integrationsgrenzen für eine Stammfunktion; mit Angabe einer Menge und entsprechenden Differenzialen für Gebiets-, Linien- oder Flächenintegrale.	S. 375, 385, 922
$\mathcal{P} \int$	*Hauptwert des Integrals*	Der Cauchy'sche Hauptwert („$\mathcal{P}$ "steht für *(valeur) principale*); alternative Schreibweise: CH $\int$, V.P. $\int$	S. 400
$\cdot$	Für $\boldsymbol{v} \cdot \boldsymbol{w}$ sagt man ***v* mal *w***	Euklidisches oder unitäres Skalarprodukt. Es gilt $\boldsymbol{v} \cdot \boldsymbol{w} = \boldsymbol{v}^T \boldsymbol{w} = \sum_{i=1}^{n} v_i w_i$, falls $\cdot$ das euklidische Standardskalarprodukt ist. Alternative Schreibweise $\langle \boldsymbol{v}, \boldsymbol{w} \rangle$. Der Skalarprodukt-Punkt darf nicht weggelassen werden im Gegensatz zum Multiplikationspunkt bei reellen oder komplexen Variablen, der oft entfällt, z.B. bei $2a$.	S. 52, 591, 764, 1301

Symbol	Aussprache/Name	Bedeutung	Seitenverweis
$\perp$	Für $\boldsymbol{v} \perp \boldsymbol{w}$ sagt man $\boldsymbol{v}$ *steht senkrecht auf oder ist orthogonal zu* $\boldsymbol{w}$.	Zeigt an, dass zwei Vektoren senkrecht aufeinander stehen.	S. 591, 751
$\otimes$	Bei $\boldsymbol{v} \otimes \boldsymbol{w}$ spricht man vom *dyadischen Produkt von* $\boldsymbol{v}$ *mit* $\boldsymbol{w}$, man sagt auch *v dyadisch w*	Es gilt $\boldsymbol{v} \otimes \boldsymbol{w} = \boldsymbol{v}\,\boldsymbol{w}^T$.	S. 592
$((\boldsymbol{s}_1, \ldots, \boldsymbol{s}_n))$	*Matrix mit Spaltenvektoren* $\boldsymbol{s}_1$ *bis* $\boldsymbol{s}_n$	Matrix, durch Spaltenvektoren definiert.	S. 574
$\begin{pmatrix} a_{11} & \cdots & a_{1n} \\ \vdots & \ddots & \vdots \\ a_{m1} & \cdots & a_{mn} \end{pmatrix}$	*m × n-Matrix*	Rechteckiges Zahlenschema aus m Zeilen und n Spalten.	S. 549
$\langle \boldsymbol{v}, \boldsymbol{w} \rangle$	Für $\langle \boldsymbol{v}, \boldsymbol{w} \rangle$ sagt man $\boldsymbol{v}$ *mal* $\boldsymbol{w}$	Standardskalarprodukt oder kanonisches Skalarprodukt. Alternative Schreibweise für $\boldsymbol{v} \cdot \boldsymbol{w}$.	S. 742, 591
$\langle p, q \rangle$	*L^2-Skalarprodukt*	Wird häufig für das L^2-Skalarprodukt $\langle p, q \rangle = \int_a^b p(x)\,\overline{q(x)}\,\mathrm{d}x$ verwendet, aber auch für andere Skalarprodukte in Funktionenräumen.	S. 1140
$\langle X \rangle$	$\langle X \rangle$ ist die *Hülle* oder das *Erzeugnis von X*	$\langle X \rangle$ ist die Menge aller Linearkombinationen von X. Auch die Bezeichnung span ist üblich.	S. 554
∇	*Nabla-Operator*, für ∇f sagt man *Nabla f* oder *grad f*; für $\nabla \times \boldsymbol{v}$ sagt man *Nabla v* oder *rot v*	Steht für die zu einem Vektor zusammengefassten partiellen Ableitungen: $\nabla = (\frac{\partial}{\partial x_1}, \ldots, \frac{\partial}{\partial x_n})^\top$. Man schreibt für $\nabla f(\boldsymbol{p})$ auch $\mathbf{grad}\, f(\boldsymbol{p})$.	S. 883, 982, 996
$*$	Für $f * g$ sagt man *f gefaltet mit g*	Symbol für die einseitige Faltung, $(f * g)(x) = \int_0^\infty f(x-t)g(t)\,\mathrm{d}t$ oder die zweiseitige Faltung $(f * g)(x) = \int_{-\infty}^\infty f(x-t)g(t)\,\mathrm{d}t$.	S. 1191, 1267
$\blacksquare$	*Beweis-Ende*	Steht am Ende eines Beweises. Gängig sind q.e.d. für *quod erat demonstrandum*, w.z.b.w. für *was zu beweisen war* und $\square$.	S. 27
Markierungen in Teil I–V			
A^C	*A Komplement*	Komplement der Menge A, d. h. $X \setminus A$, wenn $A \subseteq X$ ist. Die Grundmenge X muss dabei klar sein.	S. 31
$\overline{z}$	Konjugiert komplexe Zahl, man sagt *z quer* oder *z komplex konjugiert*	Die konjugiert komplexe Zahl $\overline{z} = a - ib$ zu $z = a + ib$, alternative Schreibweise z^*.	S. 145
$\overline{X}^{\\|\cdot\\|_X}$	*Abschluss des Raumes X unter der Norm* $\\|\cdot\\|_X$	Vervollständigung eines normierten Raums	S. 1175
x_n	Folgenglied bzw. Vektorkomponente, man sagt *x n*	Kennzeichnung von Folgengliedern oder Komponenten von Vektoren durch Indizes	S. 172, 547
$(x_n)_{n=1}^\infty$	*Folge* x_n	Schreibweise für Folgen, alternativ auch $(x_n)_{n\in\mathbb{N}}$ oder (x_n)	S. 181
$f\vert_A$	*Einschränkung von f auf A*	Wird benutzt, um den Definitionsbereich einer Funktion einzuschränken.	S. 207
f^{-1}	*Umkehrfunktion von f*	Es gilt $(f \circ f^{-1})(y) = y$, $(f^{-1} \circ f)(x) = x$.	S. 211
$f^{-1}(A)$	*Urbild von A unter f*	Die Menge $\{x \in D(f) \mid f(x) \in A\}$ der Urbilder von Punkten aus A. Das Urbild existiert auch dann, wenn f keine Umkehrfunktion hat.	S. 39
$\left(\sum_{k=1}^{\infty} a_k\right)$	*Reihe (über die a_k für k von 1 bis unendlich)*	Die Glieder a_k der Reihe heißen Reihenglieder.	S. 244
f'	*Ableitung von f* oder *f Strich*	Ableitung einer Funktion f und $f'(x_0)$ Ableitung an einer Stelle x_0	S. 317
f''	*Zweite Ableitung von f* oder *f zwei Strich*	Es gilt $f'' = (f')'$.	S. 322
$f^{(r)}$	*r-te Ableitung von f*	Es gilt $f^{(r)}(x) = \frac{\mathrm{d}^r f}{\mathrm{d}x^r}(x)$.	S. 323
$\tilde{x}$	*Tilde x* oder *x Schlange*	Besonders ausgezeichnete Stelle im Definitionsbereich.	S. 335

Symbol	Aussprache/Name	Bedeutung	Seitenverweis
$\hat{x}$	*x Dach*	Besonders ausgezeichnete Stelle im Definitionsbereich.	S. 335
$\hat{\boldsymbol{e}}$	*Einheitsvektor*	bevorzugt für Vektoren mit der Länge 1	S. 703
$F(x)\big\|_a^b$	*F von b minus F von a*	Differenz von Funktionswerten, d. h. $F(x)\big\|_a^b = F(b) - F(a)$.	S. 389
$\boldsymbol{A}^{-1}$	***A** invers* oder ***A** hoch −1*	Inverse der quadratischen Matrix $\boldsymbol{A}$, also mit $\boldsymbol{A}\boldsymbol{A}^{-1} = \boldsymbol{A}^{-1}\boldsymbol{A} = \boldsymbol{E}_n$.	S. 580
$\boldsymbol{A}^{\text{ps}}$	*Pseudoinverse von **A***	Moore-Penrose Pseudoinverse der Matrix $\boldsymbol{A}$.	S. 803
$\boldsymbol{A}^\top$	*Die Transponierte von **A*** oder *die zu **A** transponierte Matrix* oder ***A** transponiert*	Für $\boldsymbol{A} = (a_{ij})$ gilt $\boldsymbol{A}^\top = (a'_{ij})$ mit $a'_{ij} = a_{ji}$.	S. 586
${}_C\boldsymbol{M}(\varphi)_B$	*Darstellungsmatrix von φ bezüglich der Basen B und C*	Lineare Abbildungen zwischen endlichdimensionalen Vektorräumen sind nach Wahl von Basen B und C durch Matrizen beschreibbar.	S. 641
$\boldsymbol{M}_B(\sigma)$	*Darstellungsmatrix der Bilinearform σ bezüglich der Basis B*	Eine Bilinearform zwischen endlichdimensionalen Vektorräumen ist nach Wahl einer Basis B durch die Matrix $\big(\sigma(\boldsymbol{b}_i, \boldsymbol{b}_j)\big)$ beschreibbar.	S. 775
${}_B\boldsymbol{v}$	*B-Koordinaten des Vektors **v***	Koordinaten des Vektors $\boldsymbol{v}$ bezüglich der Basis B.	S. 816
${}_{(\boldsymbol{o};B)}\boldsymbol{x}$	*affine Koordinaten des Punktes **x***	Koordinaten des Punktes $\boldsymbol{x}$ bezüglich des affinen Koordinatensystems $(\boldsymbol{o}; B)$.	S. 706
$\dot{\boldsymbol{x}}$	Für $\dot{\boldsymbol{x}}$ sagt man *x Punkt*	Ableitung nach dem Parameter t.	S. 959
$x^i\,\boldsymbol{b}_i,\ a_k c_k$	*Einstein'sche Summationskonvention*	Es gilt ${}_B\boldsymbol{x} = \sum_{i=1}^n x^i\,\boldsymbol{b}_i = x^i\,\boldsymbol{b}_i$; $a_k c_k = \sum_{i=1}^n a_i c_i$.	S. 816
$\dot{\mathbb{C}}$	*ℂ ohne Null; punktierte Ebene*	Es gilt $\dot{\mathbb{C}} = \mathbb{C} \setminus \{0\}$. Vgl. auch andere Gebiete der komplexen Ebene auf S. 1216.	S. 1216
Markierungen in Teil VI (Wahrscheinlichkeitsrechnung und Statistik)			
$\widehat{a}$	*a Dach*	Schätzwert. Ein Dach über einem Term bedeutet, dass dieser Term geschätzt wurde, z.B. bei $\widehat{F}$, $\widehat{\mu}, \widehat{\sigma}$.	S. 1512
x_α	*alpha-Quantil*	Es gilt $P(X \le x_\alpha) = \alpha$.	S. 1364
$x_{(i)}$	*i-ter Wert*	Der i-te Wert, wenn die Werte der Größe nach geordnet werden.	S. 1364
x_{mod}	*Modus von x*	Der Modus ist die am häufigsten vorkommende Ausprägung.	S. 1366
x_{med}	*Median von x*	50 Prozent der Daten sind kleiner gleich und 50 Prozent der Daten sind größer gleich x_{med}.	S. 1367
$\overline{x}$	*x quer, arithmetisches Mittel*	Das arithmetische Mittel ist der Schwerpunkt der Daten.	S. 1368
$\widetilde{x_i}$	*x i Schlange, zentrierter Wert*	Bei der Zentrierung wird der Nullpunkt in den Schwerpunkt $\overline{x}$ gelegt.	S. 1381
x_i^*	*x i Stern, standardisierter Wert*	Standardisierte Daten haben den Mittelwert 0 und die Varianz 1.	S. 1381
X^*	*X Stern, standardisierte Zufallsvariable*	Standardisierte Zufallsvariable haben den Erwartungswert 0 und die Varianz 1.	S. 1444
Buchstabensymbole in Teil I–V			
$\operatorname{arccos} z$	*Arkuskosinus von z*	Umkehrfunktion des Kosinus	S. 127
$\operatorname{arcosh} z$	*Areakosinus hyperbolicus von z*	Umkehrfunktion des Kosinus hyperbolicus	S. 123
$\operatorname{arccot} z$	*Arkuskotangens von z*	Umkehrfunktion des Kotangens	S. 131
$\operatorname{arcoth} z$	*Areakotangens hyperbolicus von z*	Umkehrfunktion des Kotangens hyperbolicus	131
$\arcsin z$	*Arkussinus von z*	Umkehrfunktion des Sinus	S. 127
$\arctan z$	*Arkustangens von z*	Umkehrfunktion des Tangens	S. 131
$\operatorname{arsinh} z$	*Areasinus hyperbolicus von z*	Umkehrfunktion des Sinus hyperbolicus	S. 123
$\operatorname{artanh} z$	*Areatangens hyperbolicus von z*	Umkehrfunktion des Tangens hyperbolicus	S. 138, 357
$C^r(D)$	*C r über D*	Vektorraum der auf D r-mal stetig differenzierbaren Funktionen	S. 325

Symbol	Aussprache/Name	Bedeutung	Seitenverweis
$C_0^\infty(\mathbb{R})$	*C Null Unendlich über* $\mathbb{R}$	Raum der unendlich oft differenzierbaren Funktionen mit kompaktem Träger.	S. 1186
$\cos z$	*Kosinus von z*	Kosinusfunktion	S. 183
$\cosh z$	*Kosinus hyperbolicus von z*	Es gilt $\cosh z = \frac{1}{2}(\mathrm{e}^z + \mathrm{e}^{-z})$.	S. 297
$\cot z$	*Kotangens von z*	Es ist $\cot z = \frac{\cos z}{\sin z}$.	S. 134
$\coth z$	*Kotangens hyperbolicus von z*	Definiert durch $\coth z = \frac{\cosh z}{\sinh z} = \frac{\mathrm{e}^z+\mathrm{e}^{-z}}{\mathrm{e}^z-\mathrm{e}^{-z}}$	
$\frac{\mathrm{d}f}{\mathrm{d}x}$	*Differenzialquotient*, man sagt *d f nach d x*	Andere Schreibweise für f'	S. 318
$\mathrm{d}f$	*Differenzial*, man sagt *df*	An einer Stelle x_0 gilt $\mathrm{d}f = f'(x_0)\mathrm{d}x$ mit dem Differenzial $\mathrm{d}x$.	S. 320
$\frac{\partial f}{\partial t}$	*Partielle Ableitung*, man sagt *d partiell f nach d t* oder *f partiell nach t*	Schreibweise für partielle Ableitungen nach Variable t.	S. 414
$\frac{\partial f}{\partial \widehat{\boldsymbol{a}}}$	*Ableitung von f in Richtung* $\widehat{\boldsymbol{a}}$	Richtungsableitung von f in Richtung des Vektors $\widehat{\boldsymbol{a}}$	S. 878
$\frac{\partial f}{\partial x_k}$	*partielle Ableitung von f nach x k, d f nach d x k*	Partielle Ableitung nach dem k-ten Argument, alternative Schreibweise f_{x_k}	S. 878
$\left(\frac{\partial E}{\partial T}\right)_V$	*Partielle Ableitung mit konstant gehaltener Variable*	In diesem Beispiel wird das Volumen V konstant gehalten. Andere Schreibweise: $\frac{\partial E}{\partial T}\Big\|_V$.	S. 879
δ_{ij}	*delta i j*	Kronecker-Delta. Es gilt $\delta_{ij} = \begin{cases} 1 & \text{bei } i = j, \\ 0 & \text{bei } i \neq j. \end{cases}$	S. 705
$\delta(x)$	*Delta-Distribution*	$(\delta, \varphi) = \varphi(0)$, Impulsfunktion	S. 1187
$\delta f(\hat{x})$	*Gâteaux-Ableitung*	Die Gâteaux-Ableitung an einer Stelle $\hat{x}$ ist eine Verallgemeinerung des Ableitungsbegriffs in normierten Räumen. Die Auswertung $\delta f(\hat{x})h$ wird Gâteaux-Variation genannt.	S. 1319
Δ	*Differenz*, für Δx sagt man *Delta x*	z.B. $\Delta x = x - \tilde{x}$	
Δ	*Laplace-Operator*, für Δf sagt man *Laplace f*	Im Kontext der mehrdimensionalen Differenzialrechnung der Laplace-Operator, $\Delta = \nabla \cdot \nabla = div\, \mathbf{grad}$. In kartesischen Koordinaten ist der Laplace-Operator die Summe der reinen zweiten Ableitungen, $\Delta u = \sum_{j=1}^n \frac{\partial^2 u}{\partial x_j^2}$. In krummlinigen Koordinaten hat er eine kompliziertere Gestalt.	S. 1003, 1028
$\det \boldsymbol{A}$, $\det(\boldsymbol{u}, \boldsymbol{v}, \boldsymbol{w})$	*Determinante von* $\boldsymbol{A}$, auch *Spatprodukt* der Vektoren $\boldsymbol{u}, \boldsymbol{v}, \boldsymbol{w} \in \mathbb{R}^3$	Determinante der quadratischen Matrix $\boldsymbol{A}$, insbesondere Spatprodukt dreier Spaltenvektoren aus $\mathbb{R}^3$.	S. 598
$\mathrm{diag}(a_{11}, \ldots, a_{nn})$	*Diagonalmatrix*	Eine quadratische Matrix $\boldsymbol{A}$ nennt man eine Diagonalmatrix, wenn $a_{ij} = 0$ für alle $i \neq j$ gilt.	S. 574
$\mathrm{div}\, \boldsymbol{v}$	*Divergenz von* $\boldsymbol{v}$	Differenzialoperator, gibt die lokale Quelldichte an, in kartesischen Koordinaten gilt $div \boldsymbol{v} = \nabla \cdot \boldsymbol{v}$	S. 1001
e	*Euler'sche Zahl*	$\mathrm{e} = \exp(1) = \sum_{n=0}^{\infty} \frac{1}{n!} \approx 2.718$	S. 120
e^z	*e-Funktion, e hoch z*	Exponentialfunktion, $\mathrm{e}^z = \exp(z) = \sum_{n=0}^{\infty} \frac{1}{n!} z^n$.	S. 294
$\mathrm{e}^{\boldsymbol{A}}$	Man sagt e *hoch* $\boldsymbol{A}$	Es gilt für eine Matrix $\boldsymbol{A}$: $\mathrm{e}^{\boldsymbol{A}} = \sum_{k=0}^{\infty} \frac{1}{k!} \boldsymbol{A}^k$.	S. 675
$\boldsymbol{e}_i$	*Einheitsvektor*	Einheitsvektor der Standardbasis. Der Vektor $\boldsymbol{e}_i$ hat außer an der i-ten Stelle überall Nullen.	S. 554
$\boldsymbol{E}_{rs}$	*Standard-Einheitsmatrizen*	Die Standard-Einheitsmatrizen haben an der r-ten Spalte und s-ten Zeile eine 1 sonst überall Nullen.	S. 560
$\boldsymbol{E}_n$	*n × n-Einheitsmatrix*	Ist die Diagonalmatrix $\mathrm{diag}(1, \ldots, 1)$.	S. 575
$\mathcal{E}$		Menge der auf kompakten Intervallen integrierbaren Funktionen von exponentiellem Typ	S. 1258
ε	*epsilon*	gr. Buchstabe, der meist für positive, *beliebig* kleine reelle Zahlen steht.	S. 181

Symbol	Aussprache/Name	Bedeutung	Seiten-verweis
ε_{ijk}	*Epsilon-Tensor*	Für den Epsilon-Tensor gilt $\varepsilon_{123} = 1$, $\varepsilon_{ijk} = \begin{cases} 0 & \text{mind. 2 Indizes gleich,} \\ 1 & \text{bei zykl. Permutationen,} \\ -1 & \text{sonst.} \end{cases}$	S. 824
$\exp(z)$	*Exponentialfunktion von z*	andere Schreibweise für e^z	S. 120, 294
$\mathcal{F}f$	*Fouriertransformierte von f*	alternativ auch $\hat{f}$ oder $\tilde{f}$	S. 1255
γ_E	*Euler-Mascheroni-Konstante*	Tritt oft in Zusammenhang mit der Gammafunktion auf.	S. 1294
$\Gamma(x)$	*Gamma von x*	Griechischer Buchstabe für die Gammafunktion, $\Gamma(x) = \int_0^\infty e^{-t} t^{x-1}\,dt$ für $\mathrm{Re}\,x > 0$.	S. 409
$\mathbf{grad}\,\boldsymbol{A}$	*Vektorgradient*	Es gilt $\mathbf{grad}\,\boldsymbol{A} = \nabla \boldsymbol{A}^\top$.	S. 1003, 1026
$\boldsymbol{H}$	(oft für) *Hesse-Matrix*	In einer Matrix zusammengefasste zweite Ableitungen.	S. 904
$H_n^\nu(x)$	*Hermite-Polynome*	spezielle Orthogonalpolynome	S. 1302
$H_{(\lambda)}^{(1/2)}(z)$	*Hankel-Funktionen*	spezielle Zylinderfunktionen	S. 1306
i	Imaginäre Einheit, i	Festgelegte komplexe Zahl $i = 0 + i$; $i^2 = -1$, in der Elektrotechnik statt i auch j	S. 142
$\mathrm{Im}(\varphi)$	*Bild von* φ	Bild der linearen Abbildung φ	S. 626
$J_\lambda(z)$	*Besselfunktionen*	spezielle Zylinderfunktionen	S. 1305
$\boldsymbol{J}_f(\boldsymbol{p})$	(meist für) *Jacobi-Matrix*	Die Jacobi-Matrix übernimmt im mehrdimensionalen Fall die Rolle der Ableitung aus dem Eindimensionalen. Alternativschreibweisen $\boldsymbol{f}'$, $\frac{\partial(f_1,\ldots,f_m)}{\partial(x_1,\ldots,x_n)}$	S. 890
$\mathrm{Ker}(\varphi)$	*Kern von* φ	Kern der linearen Abbildung φ	S. 626
$\mathcal{L}$	*Sturm-Liouville-Operator*	ein spezieller Differenzialoperator	S. 1297
$\mathcal{L}f$	*Laplacetransformierte von f*	Schreibweise für die Laplacetransformation	S. 1254
$L_n^\omega(x)$	*Laguerre-Polynome*	spezielle Orthogonalpolynome	S. 1302
λ	(häufige Schreibweise für den) *Eigenwert von* $\boldsymbol{A}$ *mit Eigenvektor* $\boldsymbol{v}$	Es gilt $\boldsymbol{A}\,\boldsymbol{v} = \lambda\,\boldsymbol{v}$.	S. 652
$\lim\limits_{n\to\infty} x_n$	*Limes der Folge* x_n *für n gegen Unendlich*	Für Grenzwerte wird auch die Schreibweise: $x_n \overset{n\to\infty}{\longrightarrow} x$ bzw. $x_n \to x\ (n \to \infty)$ genutzt.	S. 181
$\lim\limits_{x\to\hat{x}} f(x)$	*Limes der Funktion f für x gegen* $\hat{x}$	Grenzwert der Funktionswerte von f. Es ist $\lim\limits_{x\to\hat{x}} f(x) = \lim\limits_{n\to\infty} f(x_n)$ für $x_n \to \hat{x}\ (n \to \infty)$	S. 217
ln	*Logarithmus*	Natürlicher Logarithmus, d. h. Umkehrfunktion zu exp; andere Schreibweisen: $\ln = \log = \log_e$. Dualer Logarithmus zur Basis $a = 2$: $\mathrm{ld} = \log_2$; Logarithmus zur Basis $a = 10$: $\lg = \log_{10}$.	S. 121
$\mathcal{M}f$	*Mellin-Transformierte von f*	Schreibweise für die Mellin-Transformation	S. 1254
$N_\lambda(z)$	*Neumannfunktionen*	spezielle Zylinderfunktionen	S. 1306
$\mathrm{O}(x^6)$	*von der Ordnung* x^6, man sagt auch *groß* O *von* x^6.	Landau-Symbolik, man muss $x \to 0$ o. ä. mit angeben.	S. 293
$P_n(x)$	*Legendre-Polynome*	spezielle Orthogonalpolynome	S. 1298
π	*Kreiszahl Pi*	Es ist $\pi \approx 3.141$ das Verhältnis von Umfang zu Durchmesser eines Kreises.	S. 246
χ_A	*charakteristisches Polynom der Matrix* $\boldsymbol{A} \in \mathbb{K}^{n\times n}$	Die Nullstellen des charakteristischen Polynoms sind die Eigenwerte von $\boldsymbol{A}$.	S. 656
$\mathbf{rot}\,\boldsymbol{v}$	*Rotation* $\boldsymbol{v}$	Differenzialoperator, gibt die lokale Wirbeldichte an, in kartesischen Koordinaten gilt $\mathbf{rot}\,\boldsymbol{v} = \nabla \times \boldsymbol{v}$.	S. 998
$\mathcal{S}(\mathbb{R})$	*Schwartz-Raum*	Vektorraum der „schnell abfallenden" Funktionen	S. 1276
$S_n^{m,r}$	*Splines vom Grad m mit Defekt r*	Bezeichnet die Menge aller Splines vom Grad m mit Defekt r zu n Stützstellen.	S. 364
$\mathrm{Si}(x)$	*Integralsinus von x*	Integral-Sinus, $\mathrm{Si}(x) = \int_0^x \frac{\sin t}{t}\,dt$	S. 399
$\sin z$	*Sinus von z*	Sinusfunktion	S. 183
$\mathrm{sinc}\,z$	*Sinus cardinalis, sinc* von z	Es ist $\mathrm{sinc}\,z = \frac{\sin z}{z}$ für $z \neq 0$ und $\mathrm{sinc}\,0 = 1$.	S. 399

Symbol	Aussprache/Name	Bedeutung	Seiten-verweis
$\sinh z$	*Sinus hyperbolicus von z*	Es gilt $\sinh z = \frac{1}{2}(e^z - e^{-z})$.	S. 297
Sp	Für Sp $\boldsymbol{A}$ sagt man *Spur von* $\boldsymbol{A}$	Unter der Spur einer Matrix $\boldsymbol{A} = (a_{ij}) \in \mathbb{K}^{n \times n}$ versteht man die Summe der Hauptdiagonalelemente. Alternative Schreibweise Tr (für engl. *trace*).	S. 664
$T_n(x)$	*Tschebyschev-Polynome*	spezielle Orthogonalpolynome	S. 1302
$\tan z$	*Tangens von z*	Es gilt $\tan z = \frac{\sin z}{\cos z}$	S. 130
$\tanh z$	*Tangens hyperbolicus von z*	Es gilt $\tanh z = \frac{\sinh z}{\cosh z} = \frac{e^z - e^{-z}}{e^z + e^{-z}}$	S. 137
$V(K)$	*Volumen von K*	Steht häufig für das Volumen einer Menge, $V(K) = \int_K 1\,\mathrm{d}\boldsymbol{x}$	S. 930
$Y_l^m(\vartheta, \varphi)$	*Kugelflächenfunktion*	Für $0 \le m \le l$ ist $Y_l^m(\vartheta, \varphi) = (-1)^m \sqrt{\frac{2l+1}{4\pi} \frac{(l-m)!}{(l+m)!}} P_l^m(\cos\vartheta)\, e^{im\varphi}$	S. 1304
Buchstabensymbole in Teil VI (Statistik)			
α	*alpha*	Quantil, Testniveau, Konfidenzniveau	S. 1364, 1523, 1524
$\mathrm{B}_n(\theta)$		Binomialverteilung	S. 1465
$\operatorname{cov}(\boldsymbol{x}, \boldsymbol{y})$	*empirische Kovarianz*	empirische Kovarianz des zweidimensionalen Datenvektors $(\boldsymbol{x}, \boldsymbol{y})$	S. 1385
$\operatorname{Cov}(X, Y)$	*Kovarianz*	Kovarianz der zweidimensionalen Zufallsvariablen (X, Y)	S. 1452
$\mathrm{E}(X)$	*Erwartungswert von X*	Das übliche Symbol für den Erwartungswert ist μ, ev. mit Namen der jeweiligen Zufallsvariablen als Index an μ, um Erwartungswerte mehrerer Variabler zu unterscheiden, etwa $\mathrm{E}(X) = \mu_X$.	S. 1438
ε	*epsilon*	Störgröße, in der Regressionsrechnung wird die nicht kontrollierte Störgröße meist mit ε bezeichnet	S. 1551
$\operatorname{ExpV}(\lambda)$		Exponentialverteilung	S. 1478
$\widehat{F}(x)$	*F Dach von x*	empirische Verteilungsfunktion	S. 1362
$F_X(x)$	*Verteilungsfunktion*	$F_X(x) = P(X \le x)$	S. 1362
$H(N, R, n)$		hypergeometrische Verteilung	S. 1467
$I_A(x)$	*Indikatorfunktion der Menge A*	$I_A(x) = \begin{cases} 1 & \text{falls } x \in A, \\ 0 & \text{falls } x \notin A. \end{cases}$	S. 1362
I_A	*Bernoulli-Variable*	$I_A = \begin{cases} 1 & \text{falls } A \text{ eintritt}, \\ 0 & \text{falls } A \text{ nicht eintritt}. \end{cases}$	S. 1447
$L(\theta \mid A)$	*Likelihood-Funktion*	Die Likelihoodfunktion von θ bei beobachtetem A ist die Wahrscheinlichkeit des zufälligen Ereignisses A als Funktion des Parameters θ.	S. 1511
$l(\theta \mid A)$	*Log-Likelihood*	Die Log-Likelihood ist die logarithmierte Likelihood.	S. 1513
μ	*mü*	auch μ_X: Erwartungswert $\mathrm{E}(X) = \mu_X$	S. 1439
$\mathrm{N}(\mu; \sigma^2)$	*Normalverteilung*	Die Kennzeichnung der Normalverteilung ist nicht einheitlich. Es werden sowohl die Schreibweisen $\mathrm{N}(\mu; \sigma^2)$ wie $\mathrm{N}(\mu; \sigma)$ verwendet.	S. 1485
$\mathrm{N}_m(\boldsymbol{\mu}; \boldsymbol{C})$		m-dimensionale Normalverteilung	S. 1495
$\boldsymbol{\omega}$	*omega*	Element. Statt von Elementen spricht man – je nach Kontext – auch von Untersuchungseinheiten, Objekten, Individuen.	S. 1356
$\boldsymbol{\Omega}$	*groß omega*	Grundgesamtheit. Die Grundgesamtheit $\boldsymbol{\Omega}$ ist die Menge ihrer Elemente $\boldsymbol{\omega}$.	S. 1356
$P(A)$	*Wahrscheinlichkeit für ein Ereignis A*		S. 1405
$P(A \mid B)$	*Bedingte Wahrscheinlichkeit von A unter der Bedingung B*	Relative Häufigkeit der Ereignisse A in der Gesamtheit der Ereignisse, in denen B eingetreten ist.	S. 1411

Symbol	Aussprache/Name	Bedeutung	Seitenverweis
$P(A \| \theta)$	*P von A im Modell θ*	Wahrscheinlichkeit von A in dem durch den Parameter θ gekennzeichneten Modell. Der Doppelstrich soll daran erinnern, dass θ keine Zufallsvariable ist, sondern ein Parameter.	S. 1509
$\boldsymbol{P}_M(x)$		Projektion von x in den Raum M	S. 1393, 1554
$\mathrm{PV}(\lambda)$		Poissonverteilung	S. 1471
$\Phi(x)$	*groß phi*	Verteilungsfunktion der Standardnormalverteilung	S. 1485
QA		*Quartilsabstand*	S. 1365
$r(\boldsymbol{x}, \boldsymbol{y})$		empirischer Korrelationskoeffizient des zweidimensionalen Datenvektors $(\boldsymbol{x}, \boldsymbol{y})$	S. 1386
$\rho(X, Y)$	*rho von X und Y*	Korrelationskoeffizient der zweidimensionalen Zufallsvariablen (X, Y)	S. 1386
σ	*sigma*	auch σ_X, Standardabweichung $\sigma_X = \sqrt{\mathrm{E}(X - \mu_X)^2}$	S. 1441
S		σ-Algebra	S. 1403
$\widehat{\theta}$	*theta Dach*	Schätzer. $\widehat{\theta}$ wird sowohl für den Schätzwert als auch für die Schätzfunktion verwendet.	S. 1512
$U_{[a,b]}$		Gleichverteilung auf $[a, b]$ (U steht für *uniform*)	S. 1479
$\mathrm{var}(x)$	*empirische Varianz*	Die empirische Varianz des Datenvektors x ist der Mittelwert der quadrierten Abweichungen vom Mittelwert.	S. 1375
$\mathrm{Var}(X)$	*Varianz der Zufallsvariablen X*	$\mathrm{Var}(X) = \mathrm{E}(X - \mathrm{E}(X))^2$	
X		Merkmal, Zufallsvariable	S. 1357

Sachverzeichnis

Printed by Wilco bv, the Netherlands

Vektoren und Matrizen

Matrizen $\boldsymbol{A} = (a_{jk})$, $\boldsymbol{B} = (b_{jk})$, $\boldsymbol{C} = (c_{jk})$

Addition ($\boldsymbol{A}, \boldsymbol{B}, \boldsymbol{C} \in \mathbb{C}^{m\times n}$):

$$\boldsymbol{A} + \boldsymbol{B} = \boldsymbol{C} \qquad \text{mit } c_{jk} = a_{jk} + b_{jk}$$

Multiplikation ($\boldsymbol{A} \in \mathbb{C}^{m\times n}$, $\boldsymbol{B} \in \mathbb{C}^{n\times p}$, $\boldsymbol{C} \in \mathbb{C}^{m\times p}$):

$$\boldsymbol{A}\boldsymbol{B} = \boldsymbol{C} \qquad \text{mit } c_{jk} = \sum_{l=1}^{n} a_{jl} b_{lk}$$

Determinanten für $\boldsymbol{A}, \boldsymbol{B} \in \mathbb{R}^{n\times n}$ (Übersicht Seite 551):

$$\det(\lambda \boldsymbol{A}) = \lambda^n \det \boldsymbol{A} \qquad \det(\boldsymbol{A}\boldsymbol{B}) = \det(\boldsymbol{A}) \det(\boldsymbol{B})$$

$$\det(\mathbf{E}_n) = 1 \qquad \det(\boldsymbol{A}^{-1}) = \frac{1}{\det \boldsymbol{A}}$$

Standardskalarprodukt:

$$\boldsymbol{a}\cdot\boldsymbol{b} = a_1 b_1 + \cdots + a_n b_n = \boldsymbol{a}^\top \boldsymbol{b} \quad \text{im } \mathbb{R}^n$$

$$\boldsymbol{a}\cdot\boldsymbol{b} = a_1 \overline{b_1} + \cdots + a_n \overline{b_n} = \boldsymbol{a}^\top \overline{\boldsymbol{b}} \quad \text{im } \mathbb{C}^n$$

Euklidische Norm eines Vektors:

$$\|\boldsymbol{a}\| = \sqrt{\boldsymbol{a}\cdot\boldsymbol{a}}$$

$$\|\boldsymbol{a}+\boldsymbol{b}\| \le \|\boldsymbol{a}\| + \|\boldsymbol{b}\| \quad \text{(Dreiecksungleichung)}$$

$$|\boldsymbol{a}\cdot\boldsymbol{b}| \le \|\boldsymbol{a}\|\,\|\boldsymbol{b}\| \quad \text{(Cauchy-Schwarz'sche Ungl.)}$$

Vektorprodukt (Kreuzprodukt) im $\mathbb{R}^3$:

$$\begin{pmatrix} a_1 \\ a_2 \\ a_3 \end{pmatrix} \times \begin{pmatrix} b_1 \\ b_2 \\ b_3 \end{pmatrix} = \begin{pmatrix} a_2 b_3 - a_3 b_2 \\ a_3 b_1 - a_1 b_3 \\ a_1 b_2 - a_2 b_1 \end{pmatrix}$$

Grassmann-Identität:

$$\boldsymbol{a} \times (\boldsymbol{b} \times \boldsymbol{c}) = (\boldsymbol{a}\cdot\boldsymbol{c})\,\boldsymbol{b} - (\boldsymbol{a}\cdot\boldsymbol{b})\,\boldsymbol{c}$$

Norm des Vektorprodukts:

$$(\boldsymbol{a}\times\boldsymbol{b})^2 = \|\boldsymbol{a}\|^2\,\|\boldsymbol{b}\|^2 - (\boldsymbol{a}\cdot\boldsymbol{b})^2$$

Koordinatensysteme

Polarkoordinaten:

$$\boldsymbol{x} = \begin{pmatrix} r\cos\varphi \\ r\sin\varphi \end{pmatrix} \qquad r \ge 0,\ \varphi \in (-\pi, \pi]$$

Zylinderkoordinaten:

$$\boldsymbol{x} = \begin{pmatrix} \varrho\cos\varphi \\ \varrho\sin\varphi \\ z \end{pmatrix} \qquad \varrho \ge 0,\ \varphi \in (-\pi, \pi],\ z \in \mathbb{R}$$

Kugelkoordinaten:

$$\boldsymbol{x} = \begin{pmatrix} r\cos\varphi\,\sin\vartheta \\ r\sin\varphi\,\sin\vartheta \\ r\cos\vartheta \end{pmatrix} \qquad r \ge 0,\ \varphi \in (-\pi, \pi],\ \vartheta \in [0, \pi]$$

Differenzialoperatoren

Nabla-Operator: $\nabla = \left(\frac{\partial}{\partial x_1}, \frac{\partial}{\partial x_2}, \ldots, \frac{\partial}{\partial x_n}\right)^\top$

Differenzialoperatoren durch Nabla ausgedrückt:

$$\mathbf{grad}\; u = \nabla u \quad \text{(Gradient)}$$

$$\operatorname{div}\, \boldsymbol{u} = \nabla\cdot\boldsymbol{u} \quad \text{(Divergenz)}$$

$$\mathbf{rot}\; \boldsymbol{u} = \nabla\times\boldsymbol{u} \quad \text{(Rotation in } \mathbb{R}^3\text{)}$$

$$\Delta u = \nabla\cdot(\nabla u) = \operatorname{div}\,\mathbf{grad}\, u \quad \text{(Laplace-Operator)}$$

Die Übersicht S. 1029 gibt die Operatoren in Zylinder- und Kugelkoordinaten an.

Rechenregeln (Übersicht S. 1006):

$$\mathbf{rot}\,\mathbf{grad}\, u = \mathbf{0}$$

$$\operatorname{div}\,\mathbf{rot}\,\boldsymbol{u} = 0$$

$$\mathbf{rot}\,\mathbf{rot}\,\boldsymbol{u} = \mathbf{grad}\,\operatorname{div}\boldsymbol{u} - \Delta\boldsymbol{u}$$

$$\operatorname{div}(v\boldsymbol{u}) = \boldsymbol{u}\cdot\mathbf{grad}\, v + v\,\operatorname{div}\boldsymbol{u}$$

$$\mathbf{rot}(v\boldsymbol{u}) = (\mathbf{grad}\, v)\times\boldsymbol{u} + v\,\mathbf{rot}\,\boldsymbol{u}$$

Kurven- und Flächenintegrale

Kurvenintegrale über γ (Parametrisierung $\boldsymbol{x} : [a, b] \to \mathbb{R}^n$):

$$\int_\gamma f\,\mathrm{d}s = \int_a^b f(\boldsymbol{x}(t))\,\|\dot{\boldsymbol{x}}(t)\|\,\mathrm{d}t$$

$$\int_\gamma \boldsymbol{f}\cdot\mathbf{d}\boldsymbol{s} = \int_a^b \boldsymbol{f}(\boldsymbol{x}(t))\cdot\dot{\boldsymbol{x}}(t)\,\mathrm{d}t$$

Oberflächenintegrale über F (Parametrisierung $\boldsymbol{x} : D \to \mathbb{R}^3$):

$$\int_F f\,\mathrm{d}\sigma = \int_D f(\boldsymbol{x}(u,v))\,\|\boldsymbol{x}_u\times\boldsymbol{x}_v\|\,\mathrm{d}(u,v)$$

$$\int_F \boldsymbol{f}\cdot\mathbf{d}\boldsymbol{\sigma} = \int_D \boldsymbol{f}(\boldsymbol{x}(u,v))\cdot(\boldsymbol{x}_u\times\boldsymbol{x}_v)\,\mathrm{d}(u,v)$$

Integralsätze

Satz von Gauß:

$$\int_{\partial B} \boldsymbol{v}\cdot\mathbf{d}\boldsymbol{\sigma} = \int_B \operatorname{div}\boldsymbol{v}\,\mathrm{d}\boldsymbol{x}$$

Satz von Stokes:

$$\oint_{\partial F} \boldsymbol{v}\cdot\mathbf{d}\boldsymbol{s} = \int_F \mathbf{rot}\,\boldsymbol{v}\cdot\mathbf{d}\boldsymbol{\sigma}$$

Green'sche Sätze (Green'sche Identitäten):

$$\int_B (u\,\Delta v + (\nabla u)\cdot(\nabla v))\,\mathrm{d}\boldsymbol{x} = \oint_{\partial B} u\,\nabla v\cdot\mathbf{d}\boldsymbol{\sigma}$$

$$\int_B (u\,\Delta v - v\,\Delta u)\,\mathrm{d}\boldsymbol{x} = \oint_{\partial B} (u\,\nabla v - v\,\nabla u)\cdot\mathbf{d}\boldsymbol{\sigma}$$